《现代机械设计手册》第二版卷目

第1篇　机械设计基础资料
第2篇　零件结构设计
第3篇　机械制图和几何精度设计
第4篇　机械工程材料
第5篇　连接件与紧固件

第6篇　轴和联轴器
第7篇　滚动轴承
第8篇　滑动轴承
第9篇　机架、箱体及导轨
第10篇　弹簧
第11篇　机构
第12篇　机械零部件设计禁忌
第13篇　带传动、链传动

第14篇　齿轮传动
第15篇　减速器、变速器
第16篇　离合器、制动器
第17篇　润滑
第18篇　密封

第19篇　液力传动
第20篇　液压传动与控制
第21篇　气压传动与控制

第22篇　智能装备系统设计
第23篇　工业机器人系统设计
第24篇　传感器
第25篇　控制元器件和控制单元
第26篇　电动机

第27篇　机械振动与噪声
第28篇　疲劳强度设计
第29篇　可靠性设计
第30篇　优化设计
第31篇　逆向设计
第32篇　数字化设计
第33篇　人机工程与产品造型设计
第34篇　创新设计
第35篇　绿色设计

“十三五”国家重点出版物
出版规划项目

现代机械设计手册

第二版

第6卷

秦大同　谢里阳　主编

MODERN HANDBOOK OF MECHANICAL DESIGN

化学工业出版社
·北京·

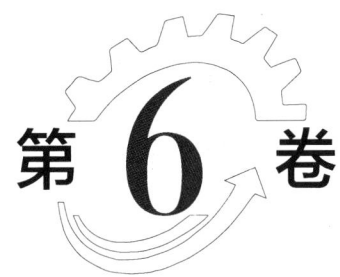

《现代机械设计手册》第二版是顺应"中国制造 2025"智能装备设计新要求、技术先进、数据可靠的一部现代化的机械设计大型工具书,涵盖现代机械零部件及传动设计、智能装备及控制设计、现代机械设计方法三部分内容。第二版重点加强机械智能化产品设计(3D 打印、智能零部件、节能元器件)、智能装备(机器人及智能化装备)控制及系统设计、现代设计方法及应用等内容。

《现代机械设计手册》共 6 卷,其中第 1 卷包括机械设计基础资料,零件结构设计,机械制图和几何精度设计,机械工程材料,连接件与紧固件;第 2 卷包括轴和联轴器,滚动轴承,滑动轴承,机架、箱体及导轨,弹簧,机构,机械零部件设计禁忌,带传动、链传动;第 3 卷包括齿轮传动,减速器、变速器,离合器、制动器,润滑,密封;第 4 卷包括液力传动,液压传动与控制,气压传动与控制;第 5 卷包括智能装备系统设计,工业机器人系统设计,传感器,控制元器件和控制单元,电动机;第 6 卷包括机械振动与噪声,疲劳强度设计,可靠性设计,优化设计,逆向设计,数字化设计,人机工程与产品造型设计,创新设计,绿色设计。

新版手册从新时代机械设计人员的实际需求出发,追求现代感,兼顾实用性、通用性、准确性,涵盖了各种常规和通用的机械设计技术资料,贯彻了最新的国家和行业标准,推荐了国内外先进、智能、节能、通用的产品,体现了便查易用的编写风格。

《现代机械设计手册》可作为机械装备研发、设计技术人员和有关工程技术人员的工具书,也可供高等院校相关专业师生参考使用。

图书在版编目(CIP)数据

现代机械设计手册. 第 6 卷/秦大同,谢里阳主编. —2 版. —北京:化学工业出版社,2019.3
ISBN 978-7-122-33384-1

Ⅰ.①现… Ⅱ.①秦…②谢… Ⅲ.①机械设计-手册 Ⅳ.①TH122-62

中国版本图书馆 CIP 数据核字(2018)第 267806 号

责任编辑:张兴辉　王烨　贾娜　邢涛　项潋　曾越　金林茹
责任校对:王素芹　　　　　　　　　　　　　　装帧设计:尹琳琳

出版发行:化学工业出版社(北京市东城区青年湖南街 13 号　邮政编码 100011)
印　　装:中煤(北京)印务有限公司
787mm×1092mm　1/16　印张 99½　字数 3453 千字　2019 年 3 月北京第 2 版第 1 次印刷

购书咨询:010-64518888　　　售后服务:010-64518899
网　　址:http://www.cip.com.cn

凡购买本书,如有缺损质量问题,本社销售中心负责调换。

定　　价:198.00 元　　　　　　　　　　　　　　　　　　版权所有　违者必究

撰稿和审稿人员

手册主编　　秦大同（重庆大学）　　谢里阳（东北大学）

卷	篇	篇主编	撰稿人	审稿人
第1卷	第1篇	化学工业出版社组织编写	张红燕、刘　梅、李　翔、董　敏	王建军
	第2篇	翟文杰（哈尔滨工业大学）	翟文杰	王连明
	第3篇	郑　鹏（郑州大学） 方东阳（郑州大学）	郑　鹏、方东阳、张琳娜、赵凤霞、 焦利敏、职占新、刘栋梁、吴江昊、 王　敏、尹浩田、辛传福、武钰瑾	张爱梅
	第4篇	方昆凡（东北大学）	方昆凡、单宝峰、石加联、梁　京、 夏永发、陈述平、崔虹雯、黄　英	谭建荣
	第5篇	王三民（西北工业大学）	王三民、袁　茹、高　举、李洲洋	陈国定
第2卷	第6篇	吴立言（西北工业大学）	刘　岚、李洲洋、吴立言	陈国定
	第7篇	郭宝霞 （洛阳轴承研究所有限公司）	郭宝霞、周　宇、勇泰芳、张小玲、 秦汉涛、陈庆熙、张　松	杨晓蔚
	第8篇	徐　华（西安交通大学）	徐　华、诸文俊、谢振宇、郭宝霞、 冯　凯、张胜伦	朱　均
	第9篇	王　瑜（哈尔滨工业大学） 翟文杰（哈尔滨工业大学）	王　瑜、翟文杰、郭宝霞	王连明
	第10篇	姜洪源（哈尔滨工业大学） 敖宏瑞（哈尔滨工业大学）	姜洪源、敖宏瑞、李胜波、王廷剑	陈照波
	第11篇	李瑰贤（哈尔滨工业大学） 郝振洁（陆军军事交通学院）	李瑰贤、郝振洁、孙开元、张丽杰、 徐来春、马　超、李改玲、孙爱丽、 王文照、刘雅倩、赵永强	李瑰贤 孙开元
	第12篇	向敬忠（哈尔滨理工大学）	向敬忠、潘承怡、宋　欣	于惠力 向敬忠
	第13篇	姜洪源（哈尔滨工业大学） 闫　辉（哈尔滨工业大学）	姜洪源、闫　辉	曲建俊 郭建华
第3卷	第14篇	秦大同（重庆大学） 陈兵奎（重庆大学）	张光辉、郭晓东、林腾蛟、林　超、 秦大同、陈兵奎、石万凯、邓效忠、 罗文军、廖映华、张卫青、欧阳志喜	李钊刚
	第15篇	秦大同（重庆大学） 龚仲华（常州机电职业技术学院）	孙冬野、刘振军、秦大同、廖映华、 龚仲华	吴晓铃
	第16篇	秦大同（重庆大学）	秦大同、朱春梅、田兴林	孔庆堂
	第17篇	吴晓铃（郑州大学）	吴晓铃、刘　杰、吴启东	陈大融
	第18篇	郝木明（中国石油大学）	郝木明、孙鑫晖、王淮维、刘馥瑜	陈大融

卷	篇	篇主编	撰稿人	审稿人
第4卷	第19篇	马文星(吉林大学)	马文星、杨乃乔、王宏卫、邹铁汉、宋 斌、刘春宝、卢秀泉、王松林、宋春涛、曹晓宇、熊以恒、潘志勇、邓洪超、才 委、何延东、赵紫苍、姜丽英、侯继海、王佳欣、魏亚宵	方佳雨 刘春朝 刘伟辉
	第20篇	高殿荣(燕山大学)	刘 涛、吴晓明、张 伟、张齐生、赵静一、高殿荣	高殿荣 姚晓先 吴晓明
	第21篇	吴晓明(燕山大学)	吴晓明、包 钢、杨庆俊、向 东	姚晓先
第5卷	第22篇	孟新宇(沈阳工业大学) 郝长中(沈阳理工大学)	孟新宇、刘慧芳、杨国哲、王 剑、勾 轶、谷艳玲、郝长中、王铁军、吴东生、杨 青、高启扬	于国安
	第23篇	吴成东(东北大学) 姜 杨(东北大学)	吴成东、姜 杨、房立金、王 斐、迟剑宁	贾子熙 丁其川
	第24篇	孙红春(东北大学)	王明赞、李 佳、孙红春、胡智勇、叶大勇	林贵瑜
	第25篇	王 洁(沈阳工业大学)	王 洁、王野牧、谷艳玲、杨国哲、孙洪林、张 靖	徐 方
	第26篇	时献江(哈尔滨理工大学)	时献江、杜海艳、王 昕、柴林杰	邵俊鹏
第6卷	第27篇	华宏星(上海交通大学)	华宏星、陈 锋、谌 勇、董兴建、黄修长、黄 煜、焦素娟、蒋伟康、雷 敏、李富才、刘树英、龙新华、饶柱石、塔 娜、吴海军、严 莉、张文明、张志谊	胡宗武 塔 娜
	第28篇	谢里阳(东北大学)	谢里阳、王 雷	赵少汴
	第29篇	谢里阳(东北大学)	谢里阳、钱文学、吴宁祥	孙志礼
	第30篇	何雪浤(东北大学)	何雪浤、张 翔、张瑞金	颜云辉
	第31篇	盛忠起(东北大学) 朱建宁(大连交通大学)	盛忠起、谢华龙、许之伟、李 飞、朱建宁、尤学文、韩朝建、徐 超、葛亦凡、李照祥	卢碧红 隋天中
	第32篇	李卫民(辽宁工业大学)	李卫民、刘淑芬、赵文川、刘 阳、刘志强、唐兆峰、宋小龙、于晓丹、邢 颖	刘永贤
	第33篇	曾 红(辽宁工业大学)	曾 红、陈 明	刘永贤
	第34篇	赵新军(东北大学)	赵新军、钟 莹、孙晓枫	李赤泉
	第35篇	张秀芬(内蒙古工业大学)	张秀芬、蔚 刚	胡志勇

前言

《现代机械设计手册》第一版自 2011 年 3 月出版以来，赢得了机械设计人员、工程技术人员和高等院校专业师生广泛的青睐和好评，荣获了 2011 年全国优秀畅销书（科技类）。同时，因其在机械设计领域重要的科学价值、实用价值和现实意义，《现代机械设计手册》还荣获 2009 年国家出版基金资助和 2012 年中国机械工业科学技术奖。

《现代机械设计手册》第一版出版距今已经 8 年，在这期间，我国的装备制造业发生了许多重大的变化，尤其是 2015 年国家部署并颁布了实现中国制造业发展的十年行动纲领——中国制造 2025，发布了针对"中国制造 2025"的五大"工程实施指南"，为机械制造业的未来发展指明了方向。在国家政策号召和驱使下，我国的机械工业获得了快速的发展，自主创新的能力不断加强，一批高技术、高性能、高精尖的现代化装备不断涌现，各种新材料、新工艺、新结构、新产品、新方法、新技术不断产生、发展并投入实际应用，大大提升了我国机械设计与制造的技术水平和国际竞争力。《现代机械设计手册》第二版最重要的原则就是紧密结合"中国制造 2025"国家规划和创新驱动发展战略，在内容上与时俱进，全面体现创新、智能、节能、环保的主题，进一步呈现机械设计的现代感。鉴于此，《现代机械设计手册》第二版被列入了"十三五国家重点出版物规划项目"。

在本版手册的修订过程中，我们广泛深入机械制造企业、设计院、科研院所和高等院校进行调研，听取各方面读者的意见和建议，最终确定了《现代机械设计手册》第二版的根本宗旨：一方面，新版手册进一步加强机、电、液、控制技术的有机融合，以全面适应机器人等智能化装备系统设计开发的新要求；另一方面，随着现代机械设计方法和工程设计软件的广泛应用和普及，新版手册继续促进传动设计与现代设计的有机结合，将各种新的设计技术、计算技术、设计工具全面融入传统的机械设计实际工作中。

《现代机械设计手册》第二版共 6 卷 35 篇，它是一部面向"中国制造 2025"，适应智能装备设计开发新要求、技术先进、数据可靠、符合现代机械设计潮流的现代化的机械设计大型工具书，涵盖现代机械零部件及传动设计、智能装备及控制设计、现代机械设计方法及应用三部分内容，具有以下六大特色。

1. 权威性。《现代机械设计手册》阵容强大，编、审人员大都来自于设计、生产、教学和科研第一线，具有深厚的理论功底、丰富的设计实践经验。他们中很多人都是所属领域的知名专家，在业内有广泛的影响力和知名度，获得过多项国家和省部级科技进步奖、发明奖和技术专利，承担了许多机械领域国家重要的科研和攻关项目。这支专业、权威的编审队伍确保了手册准确、实用的内容质量。

2. 现代感。追求现代感，体现现代机械设计气氛，满足时代要求，是《现代机械设计手册》的基本宗旨。"现代"二字主要体现在：新标准、新技术、新材料、新结构、新工艺、新产品、智能化、现代的设计理念、现代的设计方法和现代的设计手段等几个方面。第二版重点加强机械智能化产品设计（3D 打印、智能零部件、节能元器件）、智能装备（机器人及智能化装备）控制及系统设计、数字化设计等内容。

（1）"零件结构设计"等篇进一步完善零部件结构设计的内容，结合目前的 3D 打印（增材制造）技术，增加 3D 打印工艺下零件结构设计的相关技术内容。

前言

"机械工程材料"篇增加 3D 打印材料以及新型材料的内容。

（2）机械零部件及传动设计各篇增加了新型智能零部件、节能元器件及其应用技术，例如"滑动轴承"篇增加了新型的智能轴承，"润滑"篇增加了微量润滑技术等内容。

（3）全面增加了工业机器人设计及应用的内容：新增了"工业机器人系统设计"篇；"智能装备系统设计"篇增加了工业机器人应用开发的内容；"机构"篇增加了自动化机构及机构创新的内容；"减速器、变速器"篇增加了工业机器人减速器选用设计的内容；"带传动、链传动"篇增加并完善了工业机器人适用的同步带传动设计的内容；"齿轮传动"篇增加了 RV 减速器传动设计、谐波齿轮传动设计的内容等。

（4）"气压传动与控制""液压传动与控制"篇重点加强并完善了控制技术的内容，新增了气动系统自动控制、气动人工肌肉、液压和气动新型智能元器件及新产品等内容。

（5）继续加强第 5 卷机电控制系统设计的相关内容：除增加"工业机器人系统设计"篇外，原"机电一体化系统设计"篇充实扩充形成"智能装备系统设计"篇，增加并完善了智能装备系统设计的相关内容，增加智能装备系统开发实例等。

"传感器"篇增加了机器人传感器、航空航天装备用传感器、微机械传感器、智能传感器、无线传感器的技术原理和产品，加强传感器应用和选用的内容。

"控制元器件和控制单元"篇和"电动机"篇全面更新产品，重点推荐了一些新型的智能和节能产品，并加强产品选用的内容。

（6）第 6 卷进一步加强现代机械设计方法应用的内容：在 3D 打印、数字化设计等智能制造理念的倡导下，"逆向设计""数字化设计"等篇全面更新，体现了"智能工厂"的全数字化设计的时代特征，增加了相关设计应用实例。

增加"绿色设计"篇；"创新设计"篇进一步完善了机械创新设计原理，全面更新创新实例。

（7）在贯彻新标准方面，收录并合理编排了目前最新颁布的国家和行业标准。

3. 实用性。新版手册继续加强实用性，内容的选定、深度的把握、资料的取舍和章节的编排，都坚持从设计和生产的实际需要出发：例如机械零部件数据资料主要依据最新国家和行业标准，并给出了相应的设计实例供设计人员参考；第 5 卷机电控制设计部分，完全站在机械设计人员的角度来编写——注重产品如何选用，摒弃或简化了控制的基本原理，突出机电系统设计、控制元器件、传感器、电动机部分注重介绍主流产品的技术参数、性能、应用场合、选用原则，并给出了相应的设计选用实例；第 6 卷现代机械设计方法中简化了繁琐的数学推导，突出了最终的计算结果，结合具体的算例将设计方法通俗地呈现出来，便于读者理解和掌握。

为方便广大读者的使用，手册在具体内容的表述上，采用以图表为主的编写风格。这样既增加了手册的信息容量，更重要的是方便了读者的查阅使用，有利于提高设计人员的工作效率和设计速度。

为了进一步增加手册的承载容量和时效性，本版修订将部分篇章的内容放入二维码中，读者可以用手机扫描查看、下载打印或存储在 PC 端进行查看和使用。二维码内容主要涵盖以下几方面的内容：即将被废止的旧标准（新标准一旦正式颁布，会及时将二维码内容更新为新标

前言

准的内容）；部分推荐产品及参数；其他相关内容。

4. 通用性。本手册以通用的机械零部件和控制元器件设计、选用内容为主，主要包括机械设计基础资料、机械制图和几何精度设计、机械工程材料、机械通用零部件设计、机械传动系统设计、液压和气压传动系统设计、机构设计、机架设计、机械振动设计、智能装备系统设计、控制元器件和控制单元等，既适用于传统的通用机械零部件设计选用，又适用于智能化装备的整机系统设计开发，能够满足各类机械设计人员的工作需求。

5. 准确性。本手册尽量采用原始资料，公式、图表、数据力求准确可靠，方法、工艺、技术力求成熟。所有材料、零部件和元器件、产品和工艺方面的标准均采用最新公布的标准资料，对于标准规范的编写，手册没有简单地照抄照搬，而是采取选用、摘录、合理编排的方式，强调其科学性和准确性，尽量避免差错和谬误。所有设计方法、计算公式、参数选用均经过长期检验，设计实例、各种算例均来自工程实际。手册中收录通用性强、标准化程度高的产品，供设计人员在了解企业实际生产品种、规格尺寸、技术参数，以及产品质量和用户的实际反映后选用。

6. 全面性。本手册一方面根据机械设计人员的需要，按照"基本、常用、重要、发展"的原则选取内容，另一方面兼顾了制造企业和大型设计院两大群体的设计特点，即制造企业侧重基础性的设计内容，而大型的设计院、工程公司侧重于产品的选用。因此，本手册力求实现零部件设计与整机系统开发的和谐统一，促进机械设计与控制设计的有机融合，强调产品设计与工艺技术的紧密结合，重视工艺技术与选用材料的合理搭配，倡导结构设计与造型设计的完美统一，以全面适应新时代机械新产品设计开发的需要。

经过广大编审人员和出版社的不懈努力，新版《现代机械设计手册》将以崭新的风貌和鲜明的时代气息展现在广大机械设计工作者面前。值此出版之际，谨向所有给过我们大力支持的单位和各界朋友表示衷心的感谢！

主　编

目录

第27篇 机械振动与噪声

第1章 概述

1.1 机械振动的分类及机械工程中的振动问题 …… 27-3
  1.1.1 机械振动的分类 …… 27-3
  1.1.2 机械工程中的振动问题 …… 27-4
1.2 有关振动的部分标准 …… 27-6
  1.2.1 有关振动的部分国家标准 …… 27-6
    1.2.1.1 基础标准和一般标准 …… 27-6
    1.2.1.2 平衡和试验台的振动标准 …… 27-6
    1.2.1.3 各种机器、设备的振动标准 …… 27-7
    1.2.1.4 振动测量仪器的使用和要求 …… 27-8
    1.2.1.5 人体振动与环境 …… 27-8
  1.2.2 有关振动的部分国际标准 …… 27-9
  1.2.3 机械振动等级的评定 …… 27-10
    1.2.3.1 振动烈度的评定 …… 27-10
    1.2.3.2 振动烈度的等级划分 …… 27-10
    1.2.3.3 泵的振动烈度的评定举例 …… 27-10
1.3 允许振动量 …… 27-12
  1.3.1 机械设备的允许振动量 …… 27-12
  1.3.2 其他要求的允许振动量 …… 27-12

第2章 机械振动基础

2.1 单自由度系统的自由振动 …… 27-13
2.2 单自由度系统的受迫振动 …… 27-15
  2.2.1 简谐激励下的振动响应 …… 27-15
  2.2.2 一般周期激励下的稳态响应 …… 27-17
  2.2.3 扭转振动与直线振动的参数类比 …… 27-17
  2.2.4 机电类比 …… 27-18
2.3 多自由度系统 …… 27-18
  2.3.1 多自由度系统的自由振动及其特性 …… 27-18
  2.3.2 多自由度系统的简谐激励稳态响应 …… 27-20
  2.3.3 常见二自由度系统简谐激励下的稳态响应 …… 27-20
  2.3.4 弹性连接黏性阻尼隔振系统的稳态响应 …… 27-21
  2.3.5 动力反共振隔振系统的稳态响应 …… 27-22
2.4 振动系统对任意激励的响应计算 …… 27-22
  2.4.1 单自由度系统 …… 27-22
  2.4.2 多自由度系统的模态分析法 …… 27-23
  2.4.3 阻抗、导纳和四端参数 …… 27-24

第3章 机械振动的一般资料

3.1 机械振动表示方法 …… 27-26
  3.1.1 简谐振动表示方法 …… 27-26
  3.1.2 周期振动幅值表示方法 …… 27-27
  3.1.3 振动频谱表示方法 …… 27-27
3.2 弹性构件的刚度 …… 27-28
3.3 阻尼系数 …… 27-31
  3.3.1 黏性阻尼系数 …… 27-31
  3.3.2 等效黏性阻尼系数 …… 27-32
3.4 振动系统的固有角频率 …… 27-33
  3.4.1 单自由度系统的固有角频率 …… 27-33
  3.4.2 二自由度系统的固有角频率 …… 27-37
  3.4.3 各种构件的固有角频率 …… 27-39
3.5 同向简谐振动合成 …… 27-44
3.6 各种机械产生振动的扰动频率 …… 27-45

第4章 非线性振动与随机振动

4.1 非线性振动 …… 27-46
  4.1.1 非线性振动问题 …… 27-46
  4.1.2 非线性恢复力的特性曲线 …… 27-47
  4.1.3 非线性阻尼力的特性曲线 …… 27-49
  4.1.4 非线性振动的特性 …… 27-51
  4.1.5 分析非线性振动的常用方法及示例 …… 27-56

4.1.5.1 分析非线性振动的常用方法 … 27-56
4.1.5.2 非线性振动的求解示例 …… 27-57
4.2 自激振动 …………………………………… 27-58
4.2.1 自激振动系统的特性 …………… 27-58
4.2.2 机械工程中的自激振动现象 …… 27-59
4.2.3 非线性振动的稳定性 …………… 27-61
4.2.4 相平面法及稳定性判据 ………… 27-61
4.3 随机振动 …………………………………… 27-64
4.3.1 随机振动问题 …………………… 27-64
4.3.2 平稳随机振动 …………………… 27-66
4.3.3 单自由度线性系统的传递函数 … 27-66
4.3.4 单自由度线性系统的随机响应 … 27-66

第5章 机械振动控制

5.1 振动控制的基本方法 …………………… 27-68
5.1.1 常见的机械振动源 ……………… 27-68
5.1.2 振动控制的基本方法 …………… 27-68
5.1.3 刚性回转体的平衡 ……………… 27-69
5.1.4 挠性回转体的动平衡 …………… 27-69
5.1.5 往复机械惯性力的平衡 ………… 27-69
5.2 定性减少振动的一些方法和手段 ……… 27-69
5.3 隔振原理及隔振设计 …………………… 27-70
5.3.1 隔振原理及一级隔振动力参数设计 … 27-70
5.3.2 一级隔振动力参数设计示例 …… 27-71
5.3.3 二级隔振动力参数设计 ………… 27-72
5.3.4 二级隔振动力参数设计示例 …… 27-73
5.3.5 非刚性基座隔振设计 …………… 27-74
5.3.6 隔振设计的几个问题 …………… 27-74
5.3.6.1 隔振设计步骤 ………… 27-74
5.3.6.2 隔振设计要点 ………… 27-76
5.3.6.3 隔振系统的阻尼 ……… 27-76
5.3.7 隔振元件材料、类型与选择 …… 27-76
5.3.7.1 隔振元件材料、类型 … 27-76
5.3.7.2 隔振元件选择 ………… 27-77
5.3.8 橡胶隔振器 ……………………… 27-78
5.3.9 橡胶隔振器设计 ………………… 27-78
5.3.9.1 橡胶材料的主要性能参数 … 27-78
5.3.9.2 橡胶隔振器刚度计算 … 27-79
5.3.9.3 橡胶隔振器设计要点 … 27-81
5.3.10 钢丝绳隔振器 …………………… 27-81
5.3.10.1 主要特点 …………… 27-81
5.3.10.2 选型原则与方法 …… 27-82
5.4 阻尼减振 ………………………………… 27-82
5.4.1 阻尼减振原理 …………………… 27-82
5.4.2 阻尼类型 ………………………… 27-82
5.4.3 材料的损耗因子与阻尼结构 …… 27-83
5.4.3.1 材料的损耗因子 ……… 27-83
5.4.3.2 阻尼结构 ……………… 27-83
5.4.4 干摩擦阻尼 ……………………… 27-85
5.4.4.1 刚性连接的干摩擦阻尼 … 27-85
5.4.4.2 弹性连接的干摩擦阻尼 … 27-86
5.4.5 干摩擦阻尼减振器 ……………… 27-87
5.5 动力吸振器 ……………………………… 27-87
5.5.1 动力吸振器设计 ………………… 27-87
5.5.1.1 动力吸振器工作原理 … 27-87
5.5.1.2 动力吸振器设计 ……… 27-88
5.5.1.3 动力吸振器设计示例 … 27-89
5.5.2 有阻尼动力吸振器 ……………… 27-89
5.5.2.1 有阻尼动力吸振器的动态特性 … 27-89
5.5.2.2 有阻尼动力吸振器的最佳参数 … 27-90
5.5.2.3 有阻尼动力吸振器设计示例 … 27-98
5.6 缓冲器设计 ……………………………… 27-98
5.6.1 设计思想 ………………………… 27-98
5.6.1.1 冲击现象及冲击传递系数 … 27-98
5.6.1.2 速度阶跃激励 ………… 27-100
5.6.1.3 缓冲弹簧的储能特性 … 27-100
5.6.1.4 阻尼参数选择 ………… 27-102
5.6.2 一级缓冲器设计 ………………… 27-102
5.6.2.1 缓冲器设计原则 ……… 27-102
5.6.2.2 设计要求 ……………… 27-102
5.6.2.3 一次缓冲器动力参数设计 … 27-102
5.6.2.4 加速度脉冲激励波形影响提示 … 27-102
5.6.3 二级缓冲器设计 ………………… 27-103
5.7 机械振动的主动控制 …………………… 27-103
5.7.1 主动控制系统的原理 …………… 27-103
5.7.2 主动控制的类型 ………………… 27-103
5.7.3 控制系统的组成 ………………… 27-104
5.7.4 作动器类型 ……………………… 27-105
5.7.5 主动控制系统的设计过程 ……… 27-105
5.7.6 常用的控制律设计方法 ………… 27-106
5.7.7 主动抑振 ………………………… 27-107
5.7.7.1 随机振动控制 ………… 27-107
5.7.7.2 谐波振动控制 ………… 27-107
5.7.8 主动吸振 ………………………… 27-107
5.7.8.1 惯性可调动力吸振 …… 27-107
5.7.8.2 刚度可调式动力吸振 … 27-108
5.7.9 主动隔振 ………………………… 27-108
5.7.9.1 主动隔振原理 ………… 27-108
5.7.9.2 半主动隔振原理 ……… 27-108

第6章 典型设备振动设计实例

- 6.1 旋转机械的振动设计实例 …………… 27-109
  - 6.1.1 汽轮发电机组轴系线性动力学设计 …………… 27-109
    - 6.1.1.1 建模 …………… 27-109
    - 6.1.1.2 运动方程和求解方法 …………… 27-109
    - 6.1.1.3 临界转速的计算 …………… 27-109
    - 6.1.1.4 不平衡响应计算 …………… 27-109
    - 6.1.1.5 稳定性设计 …………… 27-109
  - 6.1.2 200MW 汽轮发电机组轴系动力学线性分析 …………… 27-110
    - 6.1.2.1 200MW 汽轮发电机组轴系模型 …………… 27-110
    - 6.1.2.2 单跨轴段在刚性支承下的临界转速和模态 …………… 27-110
    - 6.1.2.3 刚性支承轴系的临界转速及主模态 …………… 27-110
    - 6.1.2.4 弹性支承轴系的临界转速 …………… 27-111
- 6.2 往复机械的振动设计实例——CA498 柴油机隔振系统设计与试验研究 …………… 27-112
  - 6.2.1 柴油机振动扰动力分析 …………… 27-112
  - 6.2.2 柴油机隔振系统设计模型 …………… 27-113
  - 6.2.3 隔振方案的选择 …………… 27-113
  - 6.2.4 结论 …………… 27-114
- 6.3 锻压机械的振动设计实例 …………… 27-114
  - 6.3.1 锻锤隔振计算 …………… 27-114
    - 6.3.1.1 锻锤隔振的基本计算 …………… 27-114
    - 6.3.1.2 砧座下基础块的最小厚度要求 …………… 27-115
    - 6.3.1.3 三心合一问题 …………… 27-115
    - 6.3.1.4 阻尼问题 …………… 27-115
    - 6.3.1.5 隔振基础的结构设计 …………… 27-115
  - 6.3.2 锻锤隔振基础的设计步骤 …………… 27-115
    - 6.3.2.1 搜集设计资料 …………… 27-115
    - 6.3.2.2 初步确定基础块的质量和几何尺寸 …………… 27-115
    - 6.3.2.3 确定隔振器应具备的参数并选用或设计隔振器 …………… 27-116
    - 6.3.2.4 基础块振动验算 …………… 27-116
    - 6.3.2.5 砧座振幅验算 …………… 27-116
    - 6.3.2.6 基础箱的设计及振幅 …………… 27-117
  - 6.3.3 设计举例 5t 模锻锤隔振基础设计 …………… 27-117
    - 6.3.3.1 设计资料及设计值 …………… 27-117
    - 6.3.3.2 确定基础块的质量和几何尺寸 …………… 27-117
    - 6.3.3.3 隔振器的选用与设计 …………… 27-117
    - 6.3.3.4 基础块振动验算 …………… 27-117
    - 6.3.3.5 砧座振幅验算 …………… 27-118
    - 6.3.3.6 基础箱设计 …………… 27-118
  - 6.3.4 有关锻锤隔振新理论、新观念、新方法介绍 …………… 27-118
    - 6.3.4.1 锻锤基础弹性隔振新技术 …………… 27-118
    - 6.3.4.2 锻锤隔振系统的 CAD 二次开发与智能制造 …………… 27-119
    - 6.3.4.3 锻锤基础隔振的参数优化设计方法 …………… 27-120

第7章 轴系的临界转速

- 7.1 概述 …………… 27-121
- 7.2 简单转子的临界速度 …………… 27-121
  - 7.2.1 力学模型 …………… 27-121
  - 7.2.2 两支承轴的临界转速 …………… 27-122
  - 7.2.3 两支承单盘转子的临界转速 …………… 27-123
- 7.3 两支承多盘转子临界转速的近似计算 …………… 27-123
  - 7.3.1 带多个圆盘轴的一阶临界转速 …………… 27-123
  - 7.3.2 力学模型 …………… 27-123
  - 7.3.3 临界转速计算公式 …………… 27-123
  - 7.3.4 计算示例 …………… 27-124
- 7.4 阶梯轴的临界转速计算 …………… 27-126
- 7.5 轴系的模型与参数 …………… 27-126
  - 7.5.1 力学模型 …………… 27-126
  - 7.5.2 滚动轴承支承刚度 …………… 27-127
  - 7.5.3 滑动轴承支承刚度 …………… 27-128
  - 7.5.4 支承阻尼 …………… 27-131
- 7.6 轴系的临界转速计算 …………… 27-132
  - 7.6.1 轴系的特征值问题 …………… 27-132
  - 7.6.2 特征值数值计算实例 …………… 27-133
  - 7.6.3 传递矩阵法计算临界转速 …………… 27-134
  - 7.6.4 传递矩阵法计算实例 …………… 27-136
- 7.7 轴系临界转速设计 …………… 27-137
  - 7.7.1 轴系临界转速修改设计 …………… 27-137
  - 7.7.2 轴系临界转速组合设计 …………… 27-138
- 7.8 影响轴系临界转速的因素 …………… 27-139
  - 7.8.1 支撑刚度对临界转速的影响 …………… 27-139
  - 7.8.2 回转力矩对临界转速的影响 …………… 27-139
  - 7.8.3 联轴器对临界转速的影响 …………… 27-139
  - 7.8.4 其他因素的影响 …………… 27-139
  - 7.8.5 改变临界转速的措施 …………… 27-139

第8章 机械振动的利用

8.1 概述 ·· 27-140
　8.1.1 振动机械的组成 ············· 27-140
　8.1.2 振动机械的用途及工艺特性 ······ 27-143
　8.1.3 振动机械的频率特性及结构特征 ····· 27-144
　8.1.4 工程中常用的振动系统 ······ 27-145
　8.1.5 有关振动机械的部门标准 ····· 27-145
8.2 振动机工作面上物料的运动学与动力学 ······················· 27-146
　8.2.1 物料的运动学 ··················· 27-146
　　8.2.1.1 物料的运动状态 ··········· 27-146
　　8.2.1.2 物料的滑行运动 ··········· 27-146
　　8.2.1.3 物料的抛掷运动 ··········· 27-148
　8.2.2 物料的动力学 ··················· 27-149
　　8.2.2.1 物料滑行运动时的结合质量与当量阻尼 ······ 27-149
　　8.2.2.2 物料抛掷运动时的结合质量与当量阻尼 ······ 27-150
　　8.2.2.3 弹性元件的结合质量与阻尼 ····· 27-150
　　8.2.2.4 振动系统的计算质量、总阻尼系数及功率消耗 ····· 27-151
8.3 常用的振动机械 ··················· 27-152
　8.3.1 振动机械的分类 ············· 27-152
　8.3.2 常用振动机的振动参数 ····· 27-152
8.4 惯性式振动机械的计算 ········· 27-153
　8.4.1 单轴惯性式振动机 ··········· 27-153
　8.4.2 双轴惯性式振动机 ··········· 27-155
　8.4.3 多轴惯性振动机 ··············· 27-157
　8.4.4 自同步式振动机 ··············· 27-158
　8.4.5 惯性共振式振动机 ··········· 27-159
　　8.4.5.1 主振系统的动力参数 ····· 27-159
　　8.4.5.2 激振器动力参数设计 ····· 27-160
8.5 弹性连杆式振动机的计算 ····· 27-160
　8.5.1 单质体弹性连杆式振动机 ····· 27-160
　8.5.2 双质体弹性连杆式振动机 ····· 27-161
　8.5.3 隔振平衡式三质体弹性连杆振动机 ····· 27-162
　8.5.4 非线性弹性连杆振动机 ····· 27-162
　8.5.5 弹性连杆振动机动力参数的选择计算 ········· 27-163
　8.5.6 导向杆和橡胶铰链 ··········· 27-165
　8.5.7 振动输送类振动机整体刚度和局部刚度的计算 ······ 27-166
　8.5.8 近共振类振动机工作点的调试 ······ 27-167
8.6 电磁式振动机械的计算 ········· 27-167
8.7 振动机械设计示例 ··············· 27-167
　8.7.1 远超共振惯性振动机设计示例 ····· 27-167
　　8.7.1.1 远超共振惯性振动机的运动参数设计示例 ····· 27-167
　　8.7.1.2 远超共振惯性振动机的动力参数设计示例 ····· 27-169
　8.7.2 惯性共振式振动机的动力参数设计示例 ····· 27-169
　8.7.3 弹性连杆式振动机的动力参数设计示例 ····· 27-170
　8.7.4 电磁式振动机的动力参数设计示例 ····· 27-171
8.8 主要零部件 ·························· 27-172
　8.8.1 振动电机 ·························· 27-172
　8.8.2 仓壁式振动器 ··················· 27-177
　8.8.3 复合弹簧 ·························· 27-178
8.9 利用振动来监测缆索拉力 ····· 27-180
　8.9.1 测量弦振动计算索拉力 ····· 27-180
　　8.9.1.1 弦振动测量原理 ············ 27-180
　　8.9.1.2 MGH 型锚索测力仪 ······ 27-180
　8.9.2 按两端受拉梁的振动测量索拉力 ····· 27-181
　　8.9.2.1 两端受拉梁的振动测量原理 ····· 27-181
　　8.9.2.2 高屏溪桥斜张钢缆检测部分简介 ····· 27-181
　8.9.3 索拉力振动检测的最新方法 ········· 27-182

第9章 机械振动测量

9.1 概述 ·· 27-184
　9.1.1 机械振动测量意义 ··········· 27-184
　9.1.2 振动的测量方法 ··············· 27-184
　　9.1.2.1 振动测量的内容 ··········· 27-184
　　9.1.2.2 测振原理 ······················· 27-184
　　9.1.2.3 振动量级的表述方法 ····· 27-184
　9.1.3 振动测量系统 ··················· 27-185
9.2 振动测量传感器 ··················· 27-185
　9.2.1 加速度传感器 ··················· 27-185
　　9.2.1.1 加速计的原理和结构 ····· 27-185
　　9.2.1.2 加速计的类型 ··············· 27-186
　　9.2.1.3 加速计的主要性能指标 ····· 27-186
　　9.2.1.4 加速计的安装 ··············· 27-187

  9.2.1.5 加速度计的选择 ……………… 27-188
  9.2.1.6 适用于不同场合的
     加速度计 …………………… 27-188
  9.2.1.7 加速度计的标定 ……………… 27-189
 9.2.2 速度传感器 ……………………………… 27-190
  9.2.2.1 磁电式速度传感器 …………… 27-190
  9.2.2.2 多普勒激光测速仪 …………… 27-190
 9.2.3 位移传感器 ……………………………… 27-190
  9.2.3.1 电涡流传感器 ………………… 27-190
  9.2.3.2 激光位移传感器 ……………… 27-191
 9.2.4 其他传感器 ……………………………… 27-191
  9.2.4.1 力传感器 ……………………… 27-191
  9.2.4.2 阻抗头 ………………………… 27-191
  9.2.4.3 扭振/扭矩传感器 …………… 27-191
  9.2.4.4 光纤振动传感器 ……………… 27-192
 9.2.5 传感器标定 ……………………………… 27-192
  9.2.5.1 标定内容 ……………………… 27-192
  9.2.5.2 标定方法 ……………………… 27-192
  9.2.5.3 加速度传感器标定 …………… 27-192
9.3 其他测试仪器 ………………………………… 27-192
 9.3.1 信号放大器 ……………………………… 27-192
  9.3.1.1 电荷放大器 …………………… 27-192
  9.3.1.2 电压放大器 …………………… 27-193
 9.3.2 电源供给器 ……………………………… 27-193
 9.3.3 数据采集仪 ……………………………… 27-193
  9.3.3.1 有线数据采集仪 ……………… 27-193
  9.3.3.2 无线数据采集仪 ……………… 27-193
 9.3.4 便携式测振仪 …………………………… 27-194
9.4 激振设备 ……………………………………… 27-194
 9.4.1 力锤 ……………………………………… 27-194
 9.4.2 电磁式激振设备 ………………………… 27-195
  9.4.2.1 电磁式激振器 ………………… 27-195
  9.4.2.2 电磁式振动台 ………………… 27-195
 9.4.3 电液伺服振动台 ………………………… 27-196
 9.4.4 冲击试验机 ……………………………… 27-196
 9.4.5 压电陶瓷 ………………………………… 27-196
9.5 数据处理与分析 ……………………………… 27-196
9.6 振动测量方法举例 …………………………… 27-197
 9.6.1 系统固有频率的测定 …………………… 27-197
 9.6.2 阻尼参数的测定 ………………………… 27-197
 9.6.3 刚度和柔度测量 ………………………… 27-197

第10章 机械振动信号处理与故障诊断

10.1 概述 ………………………………………… 27-199
 10.1.1 机械故障诊断概述 …………………… 27-199

 10.1.2 机械故障 ……………………………… 27-199
 10.1.3 基本维护策略 ………………………… 27-200
 10.1.4 故障特征参量 ………………………… 27-201
 10.1.5 机械振动信号的分类 ………………… 27-201
10.2 振动信号处理基础 …………………………… 27-202
 10.2.1 频谱 …………………………………… 27-203
 10.2.2 模数（A/D）转换 …………………… 27-205
 10.2.3 模拟信号采样 ………………………… 27-205
 10.2.4 量化误差 ……………………………… 27-206
 10.2.5 混叠与采样定理 ……………………… 27-206
 10.2.6 滤波器 ………………………………… 27-207
 10.2.7 振动传感器的选择 …………………… 27-207
 10.2.8 测试位置的选择 ……………………… 27-207
10.3 机械振动信号时域分析与故障诊断 ……… 27-208
 10.3.1 时域特征与故障检测 ………………… 27-208
 10.3.2 相关分析 ……………………………… 27-211
10.4 机械振动信号频域分析与故障诊断 ……… 27-211
 10.4.1 傅里叶变换基础 ……………………… 27-212
 10.4.2 利用频谱分析进行故障诊断 ………… 27-212
 10.4.3 倒谱（cepstrum）分析基础 ………… 27-216
 10.4.4 利用倒谱分析进行故障诊断 ………… 27-217
10.5 旋转机械振动与故障诊断 ………………… 27-218
 10.5.1 旋转机械振动的基本特征 …………… 27-218
  10.5.1.1 强迫振动 …………………… 27-219
  10.5.1.2 自激振动 …………………… 27-219
 10.5.2 旋转机械常见故障机理与
    诊断 …………………………………… 27-220
  10.5.2.1 振动测量与技术 …………… 27-220
  10.5.2.2 振动标准 …………………… 27-221
  10.5.2.3 旋转机械振动信号特征与故障
     诊断 …………………………… 27-224
10.6 往复机械振动与故障诊断 ………………… 27-228
 10.6.1 往复机械振动的基本特征 …………… 27-228
 10.6.2 往复机械故障诊断 …………………… 27-229
10.7 滚动轴承和齿轮故障诊断 ………………… 27-231
 10.7.1 滚动轴承故障诊断 …………………… 27-231
  10.7.1.1 滚动轴承故障诊断方法及
     应用 …………………………… 27-231
  10.7.1.2 锥形滚子轴承故障诊断
     示例 …………………………… 27-233
 10.7.2 齿轮故障诊断 ………………………… 27-234
10.8 机械故障诊断中的现代信号处理
  方法 ………………………………………… 27-236
 10.8.1 小波变换及其机械故障诊断
    应用 …………………………………… 27-236
 10.8.2 EMD及其机械故障诊断应用 ……… 27-238

第 11 章 机械噪声基础

11.1 声学基本知识 27-240
11.1.1 声波的特性 27-240
11.1.2 描述声场与声源的物理量 27-240
11.1.3 声学物理量的关系及波动方程 27-241
11.1.4 平面、球面和柱面声波 27-241
11.1.5 声波的传播 27-242
11.1.5.1 反射、折射和透射 27-242
11.1.5.2 声波的干涉 27-243
11.1.5.3 散射、绕射和衍射 27-243
11.1.5.4 声波导 27-243
11.1.6 自由声场和混响声场 27-248
11.1.7 声源模型介绍 27-248
11.1.7.1 简单声源模型 27-248
11.1.7.2 组合声源 27-250
11.1.7.3 平面声源 27-250
11.1.7.4 声模态与声辐射模态 27-250
11.1.8 声辐射 27-253
11.2 噪声的评价 27-254
11.2.1 声压级、声强级和声功率级 27-254
11.2.2 声级的综合 27-254
11.2.3 等效声级 27-255
11.2.4 人耳的听觉特性 27-255
11.2.5 噪声的频谱分析 27-256
11.2.6 计权声级 27-256
11.2.7 噪声评价数 NR 27-257
11.3 噪声标准与规范 27-257
11.3.1 噪声的危害 27-257
11.3.2 噪声标准目录 27-257
11.3.3 机械设备噪声限值 27-259
11.3.4 工作场所噪声暴露限值 27-261
11.4 机械工程中的噪声源 27-261
11.4.1 机械噪声 27-262
11.4.2 齿轮噪声 27-262
11.4.3 滚动轴承噪声 27-263
11.4.4 液压系统噪声 27-263
11.4.4.1 液压泵噪声 27-263
11.4.4.2 液压阀噪声 27-264
11.4.4.3 机械噪声 27-264
11.4.5 电磁噪声 27-264
11.4.6 空气动力噪声 27-264

第 12 章 机械噪声测量

12.1 噪声测量概述 27-266
12.1.1 测量目的 27-266
12.1.2 测量注意事项 27-266
12.1.2.1 测点的选择 27-266
12.1.2.2 背景噪声的修正 27-266
12.1.2.3 环境的影响 27-266
12.1.2.4 测量仪器的校准 27-266
12.2 噪声测量仪器 27-267
12.2.1 噪声测量基本系统 27-267
12.2.2 传声器 27-267
12.2.2.1 传声器的性能指标 27-267
12.2.2.2 传声器种类及特点 27-268
12.2.2.3 电容传声器 27-269
12.2.2.4 传声器的使用 27-269
12.2.2.5 特殊传声器 27-270
12.2.2.6 前置放大器 27-270
12.2.3 声级计 27-270
12.2.3.1 声级计的原理及分类 27-270
12.2.3.2 声级计的主要性能 27-270
12.2.3.3 积分声级计 27-272
12.2.3.4 噪声暴露计 27-272
12.2.3.5 统计声级计 27-272
12.2.3.6 频谱声级计 27-272
12.2.4 附件的使用 27-272
12.2.5 记录及分析仪 27-274
12.2.5.1 数据记录与采集 27-274
12.2.5.2 数字式分析仪 27-274
12.2.6 声校准器 27-275
12.3 噪声测量方法 27-276
12.3.1 声级测量 27-276
12.3.1.1 试验目的 27-276
12.3.1.2 试验原理 27-276
12.3.1.3 测点选择 27-276
12.3.1.4 测试内容 27-276
12.3.2 声功率测量 27-277
12.3.2.1 试验目的 27-277
12.3.2.2 试验原理 27-277
12.3.2.3 测点布置 27-278
12.3.3 声强测量 27-279
12.3.3.1 试验目的 27-279
12.3.3.2 试验原理 27-279
12.3.3.3 双传声器探头 27-281
12.3.3.4 声强信号处理方法 27-281

12.3.4 声品质评价 …… 27-282
　12.3.4.1 评价目的 …… 27-282
　12.3.4.2 客观评价 …… 27-282
　12.3.4.3 主观评价 …… 27-285
12.3.5 声成像测试 …… 27-286
　12.3.5.1 波束成型阵列测试技术 …… 27-286
　12.3.5.2 近场声全息测试技术 …… 27-286

第 13 章 机械噪声控制

13.1 噪声源控制 …… 27-288
　13.1.1 噪声控制原则与方法 …… 27-288
　　13.1.1.1 噪声源的控制 …… 27-288
　　13.1.1.2 传播途径的控制 …… 27-288
　　13.1.1.3 噪声接受者（点）的防护 …… 27-288
　13.1.2 机械噪声源控制 …… 27-288
　13.1.3 空气动力噪声源控制 …… 27-289
13.2 隔声降噪 …… 27-289
　13.2.1 隔声性能的评价与测定 …… 27-289
　　13.2.1.1 隔声量 …… 27-289
　　13.2.1.2 计权隔声量 R_W …… 27-289
　　13.2.1.3 空气声隔声量的实验室测定 …… 27-290
　13.2.2 单层均质薄板的隔声性能 …… 27-290
　　13.2.2.1 隔声频率特性曲线 …… 27-290
　　13.2.2.2 隔声量计算 …… 27-290
　　13.2.2.3 常用单层板结构隔声量 …… 27-291
　13.2.3 双层板结构的隔声性能 …… 27-292
　　13.2.3.1 隔声频率特性曲线 …… 27-292
　　13.2.3.2 隔声量计算的经验公式 …… 27-292
　13.2.4 轻型组合结构的隔声性能 …… 27-293
　　13.2.4.1 各类轻型组合结构的隔声特性 …… 27-293
　　13.2.4.2 轻型构造中的声桥和提高轻型构造隔声量的方法 …… 27-294
　13.2.5 隔声罩 …… 27-294
　　13.2.5.1 隔声罩和半隔声罩的常用形式 …… 27-294
　　13.2.5.2 隔声罩隔声效果计算公式 …… 27-294
　　13.2.5.3 隔声罩设计步骤 …… 27-294
　　13.2.5.4 隔声罩设计注意事项 …… 27-295
　13.2.6 隔声屏 …… 27-295
　　13.2.6.1 隔声屏类型 …… 27-295
　　13.2.6.2 隔声屏降噪效果 …… 27-295

13.3 吸声降噪 …… 27-296
　13.3.1 吸声材料和吸声结构 …… 27-296
　13.3.2 吸声性能的评价与测定 …… 27-297
　　13.3.2.1 吸声性能的评价 …… 27-297
　　13.3.2.2 吸声系数的测量 …… 27-298
　13.3.3 多孔吸声材料 …… 27-298
　　13.3.3.1 多孔吸声材料的基本类型 …… 27-298
　　13.3.3.2 多孔吸声材料的吸声性能 …… 27-299
　13.3.4 共振吸声结构 …… 27-299
　　13.3.4.1 穿孔板共振吸声结构 …… 27-299
　　13.3.4.2 微穿孔板共振吸声结构 …… 27-300
　13.3.5 吸声降噪量计算 …… 27-300
　　13.3.5.1 吸声降噪适用条件分析 …… 27-300
　　13.3.5.2 单声源时的室内吸声降噪量计算 …… 27-301
　　13.3.5.3 多声源时的室内吸声降噪量计算 …… 27-301
　　13.3.5.4 吸声降噪设计程序 …… 27-302
13.4 消声器 …… 27-302
　13.4.1 消声器的类型与性能评价 …… 27-302
　　13.4.1.1 消声器的类型 …… 27-302
　　13.4.1.2 消声器的性能评价 …… 27-303
　13.4.2 阻性消声器 …… 27-303
　　13.4.2.1 常见形式 …… 27-303
　　13.4.2.2 直管式消声器的消声量 …… 27-303
　　13.4.2.3 其他消声器的消声量 …… 27-304
　13.4.3 抗性消声器 …… 27-304
　　13.4.3.1 扩张式（膨胀式）消声器 …… 27-304
　　13.4.3.2 共振式消声器 …… 27-305
　　13.4.3.3 微穿孔板消声器 …… 27-306
　13.4.4 复合式消声器 …… 27-306
　13.4.5 喷注消声器 …… 27-306
　　13.4.5.1 节流减压型排气消声器 …… 27-306
　　13.4.5.2 小孔喷注型排气消声器 …… 27-307
　　13.4.5.3 节流减压加小孔喷注复合型排气消声器 …… 27-308
　　13.4.5.4 多孔材料耗散型排气消声器 …… 27-308
13.5 有源降噪 …… 27-308
　13.5.1 有源降噪名词术语 …… 27-308
　13.5.2 自适应有源降噪应用实例 …… 27-309

参考文献 …… 27-310

第28篇 疲劳强度设计

第1章 机械零部件疲劳强度与寿命

1.1 零部件疲劳失效与疲劳寿命 …………… 28-3
　1.1.1 疲劳失效及其特点 ………………… 28-3
　1.1.2 机械零部件常见疲劳失效形式 …… 28-3
　1.1.3 疲劳设计准则 ……………………… 28-3
　　1.1.3.1 名义应力准则 ………………… 28-3
　　1.1.3.2 局部应力应变准则 …………… 28-4
　　1.1.3.3 损伤容限设计准则 …………… 28-4
　　1.1.3.4 多轴疲劳准则 ………………… 28-4
1.2 疲劳载荷 ………………………………… 28-4
　1.2.1 循环应力 …………………………… 28-4
　1.2.2 循环计数法 ………………………… 28-5
　1.2.3 载荷谱编制 ………………………… 28-6
　　1.2.3.1 累积频数曲线 ………………… 28-7
　　1.2.3.2 载荷谱编制 …………………… 28-7
　　1.2.3.3 应用举例 ……………………… 28-8
1.3 材料疲劳性能 …………………………… 28-8
1.4 疲劳损伤累积效应与法则 ……………… 28-9
　1.4.1 线性疲劳累积损伤（Miner）法则 … 28-9
　1.4.2 相对 Miner 法则 …………………… 28-10
1.5 平均应力修正 …………………………… 28-10

第2章 疲劳失效影响因素与提高疲劳强度的措施

2.1 应力集中效应 …………………………… 28-11
　2.1.1 应力分布及材料对应力集中的敏感性 ………………………………… 28-11
　2.1.2 理论应力集中系数 ………………… 28-11
　2.1.3 有效应力集中系数 ………………… 28-12
　　2.1.3.1 带台肩圆角的机械零件的有效应力集中系数 ………………… 28-12
　　2.1.3.2 带沟槽的机械零件的有效应力集中系数 ………………………… 28-14
　　2.1.3.3 开孔的机械零件的有效应力集中系数 ……………………………… 28-17
　　2.1.3.4 其他常用零件的有效应力集中系数 ………………………………… 28-18
2.2 尺寸效应 ………………………………… 28-22
2.3 表面状态效应 …………………………… 28-24
　2.3.1 表面精度影响 ……………………… 28-24
　2.3.2 表面强化效应 ……………………… 28-24
2.4 载荷影响 ………………………………… 28-26
　2.4.1 载荷类型影响 ……………………… 28-26
　2.4.2 载荷频率影响 ……………………… 28-26
　2.4.3 平均应力影响 ……………………… 28-27
2.5 环境因素 ………………………………… 28-29
　2.5.1 腐蚀环境 …………………………… 28-29
　　2.5.1.1 载荷频率的影响 ……………… 28-29
　　2.5.1.2 腐蚀方式的影响 ……………… 28-30
　　2.5.1.3 腐蚀介质的影响 ……………… 28-30
　　2.5.1.4 结构尺寸与形状的影响 ……… 28-30
　2.5.2 温度的影响 ………………………… 28-32
　　2.5.2.1 低温的影响 …………………… 28-32
　　2.5.2.2 高温的影响 …………………… 28-33
2.6 提高零件疲劳强度的方法 ……………… 28-43
　2.6.1 合理选材 …………………………… 28-43
　2.6.2 材料改性 …………………………… 28-43
　2.6.3 改进结构 …………………………… 28-43
　2.6.4 表面强化 …………………………… 28-45
　　2.6.4.1 表面喷丸 ……………………… 28-45
　　2.6.4.2 表面辊压 ……………………… 28-46
　　2.6.4.3 内孔挤压 ……………………… 28-48
　　2.6.4.4 表面化学热处理 ……………… 28-48
　　2.6.4.5 表面淬火 ……………………… 28-51
　　2.6.4.6 表面激光处理 ………………… 28-51

第3章 高周疲劳强度设计方法

3.1 材料的常规疲劳性能数据 ……………… 28-53
　3.1.1 材料疲劳极限 ……………………… 28-53
　3.1.2 材料的 S-N 曲线 …………………… 28-60
　3.1.3 疲劳安全系数 ……………………… 28-74
3.2 无限寿命设计 …………………………… 28-77
　3.2.1 单向应力状态下的无限寿命设计 … 28-77
　　3.2.1.1 计算公式 ……………………… 28-77
　　3.2.1.2 设计实例 ……………………… 28-78
　3.2.2 复杂应力状态下的无限寿命设计 … 28-79
　3.2.3 连接件的疲劳寿命估算——应力严重系数法 ……………………… 28-79
3.3 有限寿命设计 …………………………… 28-81
　3.3.1 计算公式 …………………………… 28-81
　3.3.2 寿命估算 …………………………… 28-81
　3.3.3 设计实例 …………………………… 28-81

3.4 频域疲劳寿命分析方法 ·············· 28-82
　3.4.1 随机过程基本理论 ·············· 28-82
　　3.4.1.1 信号傅里叶变换 ·············· 28-82
　　3.4.1.2 信号采样定理 ·············· 28-83
　　3.4.1.3 平稳随机过程 ·············· 28-83
　　3.4.1.4 平稳随机过程谱参数 ·············· 28-84
　3.4.2 频域疲劳寿命分析方法 ·············· 28-84
　　3.4.2.1 窄带随机载荷疲劳寿命分析 ·············· 28-84
　　3.4.2.2 宽带随机载荷疲劳寿命分析 ·············· 28-84
　3.4.3 算例 ·············· 28-84

第4章 低周疲劳强度设计方法

4.1 材料低周疲劳性能 ·············· 28-86
4.2 循环应力-应变曲线 ·············· 28-88
　4.2.1 滞回线 ·············· 28-88
　4.2.2 循环硬化与循环软化 ·············· 28-89
　4.2.3 循环应力-应变曲线 ·············· 28-89
4.3 应变-寿命曲线 ·············· 28-92
　4.3.1 应变-寿命方程 ·············· 28-92
　4.3.2 四点法求应变-寿命曲线 ·············· 28-94
　4.3.3 通用斜率法 ·············· 28-95
4.4 低周疲劳的寿命估算 ·············· 28-95
　4.4.1 直接法 ·············· 28-95
　4.4.2 裂纹形成寿命估算方法 ·············· 28-96
　　4.4.2.1 局部应力-应变分析 ·············· 28-97
　　4.4.2.2 裂纹形成寿命估算方法 ·············· 28-99
　　4.4.2.3 设计实例 ·············· 28-100

第5章 裂纹扩展寿命估算方法

5.1 应力强度因子与断裂韧性 ·············· 28-103
　5.1.1 应力强度因子 ·············· 28-103
　5.1.2 断裂韧度 ·············· 28-103
5.2 裂纹扩展特性与裂纹扩展速率 ·············· 28-112
　5.2.1 裂纹扩展过程 ·············· 28-112
　5.2.2 裂纹扩展门槛值 ΔK_{th} ·············· 28-113
　5.2.3 裂纹扩展速率 da/dN ·············· 28-115
5.3 疲劳裂纹扩展寿命估算方法 ·············· 28-126
5.4 算例 ·············· 28-126
5.5 损伤容限设计 ·············· 28-127
　5.5.1 损伤容限设计概念 ·············· 28-127
　5.5.2 损伤容限设计的内容 ·············· 28-128
　　5.5.2.1 确定关键件 ·············· 28-128
　　5.5.2.2 材料选择 ·············· 28-128
　　5.5.2.3 结构细节设计的控制 ·············· 28-129
　5.5.3 结构设计 ·············· 28-129
　5.5.4 缺陷假设 ·············· 28-130
　　5.5.4.1 初始裂纹尺寸 ·············· 28-130
　　5.5.4.2 连续损伤假设 ·············· 28-130
　　5.5.4.3 剩余结构损伤 ·············· 28-131
　　5.5.4.4 使用中检查后损伤假设 ·············· 28-131
　5.5.5 剩余强度 ·············· 28-131
　　5.5.5.1 剩余强度概念 ·············· 28-131
　　5.5.5.2 多途径传力结构剩余强度曲线 ·············· 28-132
　5.5.6 损伤检查 ·············· 28-134
　　5.5.6.1 可检查度 ·············· 28-135
　　5.5.6.2 检查能力评估方法 ·············· 28-135
　　5.5.6.3 检查间隔 ·············· 28-137

第6章 疲劳实验与数据处理

6.1 疲劳试验机 ·············· 28-140
　6.1.1 疲劳试验机的种类 ·············· 28-140
　6.1.2 疲劳试验加载方式 ·············· 28-140
　6.1.3 疲劳试验控制方式 ·············· 28-140
　6.1.4 疲劳试验数据采集 ·············· 28-141
6.2 疲劳试样及其制备 ·············· 28-141
　6.2.1 试样 ·············· 28-141
　　6.2.1.1 光滑试样 ·············· 28-141
　　6.2.1.2 缺口试验 ·············· 28-142
　　6.2.1.3 低周疲劳试样 ·············· 28-142
　　6.2.1.4 疲劳裂纹扩展试样 ·············· 28-143
　6.2.2 试样制备 ·············· 28-144
　　6.2.2.1 取样 ·············· 28-144
　　6.2.2.2 机械加工 ·············· 28-145
　　6.2.2.3 热处理 ·············· 28-146
　　6.2.2.4 测量、探伤与储存 ·············· 28-146
6.3 疲劳试验方法 ·············· 28-146
　6.3.1 S-N 曲线试验 ·············· 28-146
　　6.3.1.1 单点试验法 ·············· 28-146
　　6.3.1.2 成组试验法 ·············· 28-147
　6.3.2 疲劳极限试验 ·············· 28-148
　6.3.3 ε-N 曲线试验 ·············· 28-149
　6.3.4 应力-应变曲线试验 ·············· 28-150
　6.3.5 裂纹扩展速率（da/dN 曲线）试验 ·············· 28-151
　6.3.6 断裂韧性试验 ·············· 28-151
6.4 疲劳试验数据处理 ·············· 28-152
　6.4.1 可疑观测值的取舍 ·············· 28-152
　6.4.2 S-N 曲线拟合 ·············· 28-153

6.4.3 ε-N 曲线拟合 ……………………… 28-154
6.4.4 应力-应变曲线拟合 ……………… 28-155
6.4.5 da/dN 曲线拟合 ………………… 28-155
6.4.6 断裂韧性试验数据处理 …………… 28-157

参考文献 …………………………………… 28-159

第 29 篇 可靠性设计

第 1 章 机械失效与可靠性

1.1 机械零部件的典型失效形式 …………… 29-3
 1.1.1 静载失效 ………………………… 29-3
 1.1.2 疲劳失效 ………………………… 29-3
 1.1.3 腐蚀失效 ………………………… 29-3
 1.1.4 磨损失效 ………………………… 29-3
 1.1.5 冲击失效 ………………………… 29-4
 1.1.6 振动失效 ………………………… 29-4
1.2 可靠性及其指标 ……………………………… 29-4
 1.2.1 产品质量 ………………………… 29-4
 1.2.2 产品的可靠性 …………………… 29-4
 1.2.3 产品可靠性与全寿命周期费用 … 29-4
 1.2.4 寿命均值与方差 ………………… 29-5
 1.2.5 平均无故障工作时间 …………… 29-5
 1.2.6 产品寿命分布与可靠度 ………… 29-6
 1.2.7 失效率 …………………………… 29-6
 1.2.8 可靠寿命与特征寿命 …………… 29-8
 1.2.9 维修度 …………………………… 29-8
 1.2.10 有效度 ………………………… 29-8

第 2 章 可靠性设计流程

2.1 可靠性目标及其分解 ………………………… 29-9
2.2 可靠性设计流程 ……………………………… 29-9
2.3 各设计阶段的可靠性内容 …………………… 29-10
 2.3.1 方案设计阶段 …………………… 29-10
 2.3.2 系统设计阶段 …………………… 29-10
 2.3.3 详细设计阶段 …………………… 29-11
 2.3.4 设计评审阶段 …………………… 29-11

第 3 章 可靠性数据及其统计分布

3.1 可靠性数据采集 ……………………………… 29-12
 3.1.1 可靠性设计与评估数据要求 …… 29-12
 3.1.2 可靠性数据来源及采集 ………… 29-12
3.2 可靠性数据统计的内容及方法 ……………… 29-12
 3.2.1 可靠性数据统计内容 …………… 29-12
 3.2.2 可靠性数据统计流程 …………… 29-13

3.3 载荷分布与强度分布 ………………………… 29-13
 3.3.1 正态分布 ………………………… 29-13
 3.3.2 极值分布 ………………………… 29-14
 3.3.3 次序统计量及其分布 …………… 29-15
3.4 载荷作用次数分布及故障次数分布 ………… 29-15
 3.4.1 二项分布 ………………………… 29-15
 3.4.2 泊松（Poisson）分布 …………… 29-15
3.5 寿命分布 ……………………………………… 29-16
 3.5.1 指数分布 ………………………… 29-16
 3.5.2 威布尔（Weibull）分布 ………… 29-16
 3.5.3 对数正态分布 …………………… 29-17

第 4 章 故障模式、影响及危害度分析

4.1 基本概念与方法步骤 ………………………… 29-19
 4.1.1 基本概念 ………………………… 29-19
 4.1.2 FMECA 的层次与分析过程 …… 29-19
 4.1.3 FMECA 的实施步骤 …………… 29-20
4.2 危害度分析 …………………………………… 29-21
 4.2.1 风险优先数 ……………………… 29-21
 4.2.2 危害度矩阵图 …………………… 29-22
 4.2.3 综合评分法 ……………………… 29-22
4.3 FMECA 应用示例 …………………………… 29-23

第 5 章 故障树分析

5.1 基本概念与基本符号 ………………………… 29-33
 5.1.1 故障树基本概念 ………………… 29-33
 5.1.2 故障树基本符号 ………………… 29-34
 5.1.3 割集与路集 ……………………… 29-35
5.2 故障树建树与分析方法 ……………………… 29-35
 5.2.1 建立故障树的方法与步骤 ……… 29-35
 5.2.2 故障树定性分析 ………………… 29-36
 5.2.3 故障树定量分析 ………………… 29-37
5.3 故障树分析实例 ……………………………… 29-39

第 6 章 机械系统可靠性设计

6.1 系统可靠性设计内容 ………………………… 29-46
6.2 系统可靠性模型 ……………………………… 29-46

6.2.1 串联系统可靠性模型 ·············· 29-46
  6.2.1.1 传统模型 ·············· 29-46
  6.2.1.2 精确模型 ·············· 29-47
6.2.2 并联系统可靠性模型 ·············· 29-47
  6.2.2.1 传统模型 ·············· 29-47
  6.2.2.2 精确模型 ·············· 29-48
6.2.3 串-并联系统可靠性模型 ·············· 29-48
6.2.4 并-串联系统可靠性模型 ·············· 29-48
6.2.5 表决系统可靠性模型 ·············· 29-48
6.3 可靠性分配 ·············· 29-49
 6.3.1 等分配法 ·············· 29-49
 6.3.2 再分配法 ·············· 29-49
 6.3.3 比例分配法 ·············· 29-50
 6.3.4 综合评分分配法 ·············· 29-51
 6.3.5 动态规划分配法 ·············· 29-52
  6.3.5.1 串联系统 ·············· 29-52
  6.3.5.2 并联系统 ·············· 29-53
6.4 可靠性预测实例 ·············· 29-53

第7章 机构可靠性设计

7.1 机构可靠性模型及评价指标 ·············· 29-56
 7.1.1 机构可靠性建模方法 ·············· 29-56
 7.1.2 机构工作过程分解 ·············· 29-56
 7.1.3 机构功能可靠性 ·············· 29-57
7.2 曲柄滑块机构运动可靠性 ·············· 29-57
 7.2.1 机构运动误差 ·············· 29-57
 7.2.2 理想状态下机构运动关系 ·············· 29-58
 7.2.3 机构可靠性模型 ·············· 29-58
  7.2.3.1 考虑尺寸误差的计算模型 ·············· 29-58
  7.2.3.2 考虑运动副间隙误差的计算模型 ·············· 29-60

第8章 零件静强度可靠性设计

8.1 基本原理 ·············· 29-62
 8.1.1 安全系数与可靠性参数 ·············· 29-62
 8.1.2 可靠性设计计算基本原理 ·············· 29-62
8.2 应力分布和强度分布影响因素 ·············· 29-64
 8.2.1 载荷 ·············· 29-64
 8.2.2 材料性能 ·············· 29-64
 8.2.3 制造工艺 ·············· 29-64
 8.2.4 几何形状及尺寸 ·············· 29-64
8.3 随机变量函数均值和标准差计算方法 ·············· 29-64
 8.3.1 计算分布参数的矩方法 ·············· 29-64
 8.3.2 常用随机变量函数均值与标准差公式 ·············· 29-65
8.4 零件可靠度计算的应力-强度干涉模型 ·············· 29-65
 8.4.1 应力-强度干涉模型 ·············· 29-65
 8.4.2 载荷多次作用下的可靠性模型 ·············· 29-66
8.5 静强度可靠性设计 ·············· 29-67
 8.5.1 零件静强度可靠性设计的主要内容与步骤 ·············· 29-67
 8.5.2 静强度可靠性设计举例 ·············· 29-68
8.6 断裂可靠性设计 ·············· 29-68
 8.6.1 断裂力学的基本概念 ·············· 29-68
 8.6.2 断裂可靠性设计 ·············· 29-69
8.7 可靠性设计计算的蒙特卡罗法 ·············· 29-70
 8.7.1 蒙特卡罗法求解可靠度的原理 ·············· 29-70
 8.7.2 随机数的产生 ·············· 29-70
 8.7.3 随机变量抽样方法 ·············· 29-70
 8.7.4 应用举例——发动机轮盘可靠性仿真 ·············· 29-70
8.8 典型机械零件可靠性设计举例 ·············· 29-71
 8.8.1 螺纹连接可靠性设计 ·············· 29-71
 8.8.2 过盈连接的可靠性设计 ·············· 29-74

第9章 零部件疲劳及磨损可靠性设计

9.1 零部件疲劳强度可靠性设计 ·············· 29-76
 9.1.1 疲劳强度可靠性设计基本原理 ·············· 29-76
 9.1.2 平均应力效应 ·············· 29-76
 9.1.3 疲劳强度可靠性设计计算 ·············· 29-76
9.2 疲劳强度可靠性递推算法 ·············· 29-77
9.3 随机恒幅循环载荷疲劳可靠度的统计平均算法 ·············· 29-78
9.4 磨损可靠性 ·············· 29-78
 9.4.1 磨损的基本概念 ·············· 29-78
 9.4.2 给定寿命下的磨损可靠度计算 ·············· 29-79
 9.4.3 给定磨损可靠度时的可靠寿命计算 ·············· 29-80

第10章 可靠性评价

10.1 零件可靠性评价 ·············· 29-81
 10.1.1 复杂载荷工况可靠性评价 ·············· 29-81
 10.1.2 强度退化规律 ·············· 29-81
 10.1.3 存在强度退化时的可靠性模型 ·············· 29-82
 10.1.4 离散化的可靠性模型 ·············· 29-82
10.2 系统可靠性评价 ·············· 29-84
 10.2.1 系统可靠性评价方法 ·············· 29-84

10.2.2 行星齿轮系可靠度计算 ·············· 29-84

第11章 可靠性试验与数据处理

11.1 可靠性试验 ·································· 29-86
　11.1.1 可靠性试验类型 ······················· 29-86
　11.1.2 可靠性试验数据类型 ················ 29-86
11.2 可靠性数据分布类型检验 ··············· 29-87
　11.2.1 χ^2 检验法 ······························· 29-87
　11.2.2 K-S 检验法 ···························· 29-88
　11.2.3 回归分析检验法 ······················· 29-89
11.3 参数估计 ···································· 29-91
　11.3.1 矩估计 ································· 29-91
　11.3.2 极大似然估计 ·························· 29-91
11.4 指数分布假设检验与参数估计 ········ 29-91
　11.4.1 拟合性检验 ···························· 29-91
　11.4.2 参数估计 ······························· 29-92
11.5 正态分布统计检验与参数估计 ········ 29-93
　11.5.1 拟合性检验 ···························· 29-93
11.5.2 正态分布参数估计 ···················· 29-94
11.6 非参数估计方法 ··························· 29-95
　11.6.1 基于完全寿命数据的可靠性估计 ··· 29-95
　11.6.2 基于截尾寿命数据的可靠性估计 ··· 29-97

附　　录

附录Ⅰ 可靠性标准 ······························ 29-99
　Ⅰ-1 中国国家可靠性标准 ·················· 29-99
　Ⅰ-2 中国电子行业可靠性标准 ··········· 29-101
　Ⅰ-3 中国机械行业可靠性标准 ··········· 29-101
附录Ⅱ 概率分布表 ····························· 29-102
　Ⅱ-1 标准正态分布表 ······················ 29-102
　Ⅱ-2 χ^2 分布表 ····························· 29-103
　Ⅱ-3 t 分布表 ································· 29-105
　Ⅱ-4 F 分布表 ······························· 29-106
　Ⅱ-5 Γ 函数表 ······························ 29-111

参考文献 ···29-113

第30篇　优化设计

第1章　概　　述

1.1 优化设计的基本概念 ······················· 30-3
1.2 优化设计的分类 ····························· 30-3
1.3 优化设计一般过程 ··························· 30-3
1.4 优化设计的数学模型 ······················· 30-3
1.5 优化设计的三要素 ··························· 30-3
1.6 优化问题的几何解释 ······················· 30-4
　1.6.1 优化问题的设计可行域 ·············· 30-4
　1.6.2 不同优化问题的几何解释 ·········· 30-4
1.7 优化问题的求解 ····························· 30-5
1.8 最优解的判别及约束优化问题的最优解
　　条件 ··· 30-5
　1.8.1 优化问题的最优解 ···················· 30-5
　1.8.2 约束优化问题的最优解 ·············· 30-5
　1.8.3 约束优化设计问题的最优解存在
　　　　条件 ······································· 30-5
1.9 优化设计的迭代算法及终止准则 ······· 30-6
　1.9.1 优化设计中的迭代算法 ·············· 30-6
　1.9.2 迭代算法的终止准则 ················ 30-6

第2章　一维优化搜索方法

2.1 外推法 ··· 30-7
　2.1.1 基本方法 ································· 30-7
　2.1.2 搜索过程 ································· 30-7
　2.1.3 程序框图 ································· 30-7
2.2 黄金分割法（0.618法） ···················· 30-8
　2.2.1 基本方法 ································· 30-8
　2.2.2 黄金分割法进行一维搜索的一般
　　　　过程 ······································· 30-8
　2.2.3 黄金分割法特点 ······················· 30-8
　2.2.4 程序框图 ································· 30-8
2.3 切线法（牛顿法） ··························· 30-9
　2.3.1 基本方法 ································· 30-9
　2.3.2 切线法找极小值的一般过程 ······· 30-9
　2.3.3 切线法特点 ······························ 30-9
　2.3.4 切线法程序框图 ······················· 30-9
2.4 二次插值法 ···································· 30-9
　2.4.1 基本方法 ································· 30-9
　2.4.2 二次插值法的迭代过程 ·············· 30-9
　2.4.3 二次插值法特点 ······················· 30-9
　2.4.4 二次插值法程序框图 ················ 30-10

第3章　无约束优化算法

3.1 梯度法（最速下降法） ····················· 30-11
　3.1.1 基本方法 ································ 30-11

3.1.2 梯度法的迭代公式 …………… 30-11
3.1.3 梯度法的迭代步骤 …………… 30-11
3.1.4 梯度法的特点 ………………… 30-11
3.1.5 梯度法程序框图 ……………… 30-11
3.2 共轭梯度法 ……………………… 30-11
3.2.1 基本方法 ……………………… 30-11
3.2.2 共轭梯度法迭代公式 ………… 30-11
3.2.3 共轭梯度法的计算步骤 ……… 30-11
3.2.4 共轭梯度法特点 ……………… 30-12
3.2.5 共轭梯度法程序框图 ………… 30-12
3.3 牛顿型方法 ……………………… 30-12
3.3.1 牛顿法 ………………………… 30-12
3.3.2 阻尼牛顿法 …………………… 30-12
3.3.3 阻尼牛顿法程序框图 ………… 30-13
3.4 变尺度法 ………………………… 30-13
3.4.1 基本方法 ……………………… 30-13
3.4.2 变尺度法的迭代格式 ………… 30-13
3.4.3 变尺度法的迭代过程 ………… 30-13
3.4.4 变尺度法的特点 ……………… 30-13
3.4.5 变尺度法程序框图 …………… 30-13
3.5 坐标轮换法 ……………………… 30-13
3.5.1 基本方法 ……………………… 30-13
3.5.2 迭代公式 ……………………… 30-13
3.5.3 坐标轮换法的迭代过程 ……… 30-14
3.5.4 坐标轮换法特点 ……………… 30-14
3.5.5 坐标轮换法程序框图 ………… 30-14
3.6 鲍威尔法 ………………………… 30-14
3.6.1 基本方法 ……………………… 30-14
3.6.2 鲍威尔法的迭代过程 ………… 30-14
3.6.3 鲍威尔法特点 ………………… 30-15
3.6.4 鲍威尔法程序框图 …………… 30-15
3.7 单形替换法 ……………………… 30-16
3.7.1 基本方法 ……………………… 30-16
3.7.2 单形替换法的主要计算步骤 … 30-16
3.7.3 单形替换法特点 ……………… 30-16
3.7.4 单形替换法程序框图 ………… 30-16
3.8 无约束优化算法的选用 ………… 30-17

第4章 有约束优化算法

4.1 随机方向法 ……………………… 30-18
4.1.1 基本方法 ……………………… 30-18
4.1.2 随机方向法的特点 …………… 30-18
4.1.3 随机方向法的计算步骤 ……… 30-18
4.1.4 随机方向法程序框图 ………… 30-18
4.2 复合形法 ………………………… 30-18
4.2.1 基本方法 ……………………… 30-18
4.2.2 基本复合形法（只含反射）的计算
步骤 ……………………………… 30-19

4.2.3 基本复合形法的程序框图 …… 30-20
4.3 可行方向法 ……………………… 30-21
4.3.1 基本方法 ……………………… 30-21
4.3.2 可行方向法的搜索策略 ……… 30-21
4.3.3 产生可行方向的条件 ………… 30-22
4.3.3.1 可行条件 ……………… 30-22
4.3.3.2 下降条件 ……………… 30-22
4.3.3.3 可行方向 ……………… 30-22
4.3.4 可行方向的产生方法 ………… 30-23
4.3.4.1 优选方向法 …………… 30-23
4.3.4.2 梯度投影法 …………… 30-23
4.3.5 迭代步长的确定 ……………… 30-23
4.3.6 可行方向法计算步骤 ………… 30-24
4.3.7 可行方向法程序框图 ………… 30-25
4.4 惩罚函数法 ……………………… 30-25
4.4.1 基本方法 ……………………… 30-25
4.4.2 惩罚函数的表达式 …………… 30-25
4.4.3 惩罚函数法的分类与比较 …… 30-25
4.4.4 惩罚函数法的特点 …………… 30-26
4.4.5 惩罚函数法的算法步骤（适用于
内点法、混合法） …………… 30-26
4.5 增广拉格朗日乘子法 …………… 30-26
4.5.1 基本方法 ……………………… 30-26
4.5.2 主要算法步骤 ………………… 30-26
4.5.3 算法特点 ……………………… 30-26
4.6 序列线性规划法 ………………… 30-27
4.6.1 基本方法 ……………………… 30-27
4.6.2 算法步骤 ……………………… 30-27
4.6.3 计算举例 ……………………… 30-27
4.7 序列二次规划法 ………………… 30-28
4.7.1 基本方法 ……………………… 30-28
4.7.2 算法举例 ……………………… 30-28
4.8 简约梯度法及广义简约梯度法 … 30-29
4.8.1 简约梯度法 …………………… 30-29
4.8.1.1 基本方法 ……………… 30-29
4.8.1.2 算法步骤 ……………… 30-29
4.8.1.3 计算举例 ……………… 30-29
4.8.2 广义简约梯度法 ……………… 30-30
4.8.2.1 基本方法 ……………… 30-30
4.8.2.2 算法步骤 ……………… 30-31
4.8.2.3 计算举例 ……………… 30-31

第5章 多目标优化设计方法

5.1 多目标优化设计的数学模型与有效解 … 30-32
5.1.1 多目标优化设计的数学模型 … 30-32
5.1.2 多目标优化的有效解 ………… 30-32
5.2 主要目标法 ……………………… 30-33

5.3 统一目标法 ·············· 30-33
　　5.3.1 评价函数法 ·············· 30-33
　　5.3.2 分目标乘除法 ·············· 30-34
5.4 分层序列法及宽容分层序列法 ·············· 30-34
5.5 协调曲线法 ·············· 30-35
5.6 多目标优化主要方法对比 ·············· 30-35

第6章　离散问题优化设计方法

6.1 基本概念 ·············· 30-37
　　6.1.1 离散优化问题数学模型的一般形式 ·············· 30-37
　　6.1.2 离散变量的概念和表达 ·············· 30-37
　　6.1.3 连续变量的离散化 ·············· 30-38
　　6.1.4 离散变量设计问题的可行域 ·············· 30-39
　　6.1.5 离散变量问题的最优解 ·············· 30-39
　　6.1.6 离散优化方法的收敛准则 ·············· 30-39
　　6.1.7 离散优化方法概述 ·············· 30-39
6.2 离散变量自适应随机搜索法 ·············· 30-39
　　6.2.1 基本方法 ·············· 30-39
　　6.2.2 基本步骤 ·············· 30-39
　　6.2.3 程序框图 ·············· 30-40
6.3 离散变量的组合形法 ·············· 30-41
　　6.3.1 基本方法 ·············· 30-41
　　6.3.2 基本步骤 ·············· 30-41
　　6.3.3 程序框图 ·············· 30-41
6.4 离散性惩罚函数法 ·············· 30-41
　　6.4.1 基本方法 ·············· 30-41
　　6.4.2 基本步骤 ·············· 30-42
　　6.4.3 程序框图 ·············· 30-42

第7章　随机问题优化设计方法

7.1 基本概念和定义 ·············· 30-43
　　7.1.1 随机参数 ·············· 30-43
　　7.1.2 随机设计变量 ·············· 30-43
　　7.1.3 随机设计特性 ·············· 30-43
　　7.1.4 概率约束可行域 ·············· 30-43
7.2 随机优化设计数学模型的一般形式 ·············· 30-44
7.3 随机问题最优解的最优性条件 ·············· 30-44
7.4 一次二阶矩法 ·············· 30-44
　　7.4.1 基本思想 ·············· 30-44
　　7.4.2 基本算法 ·············· 30-44
　　7.4.3 一次二阶矩法的特点 ·············· 30-45
7.5 随机模拟搜索法 ·············· 30-45
　　7.5.1 基本思想 ·············· 30-45
　　7.5.2 基本方法 ·············· 30-45
　　7.5.3 基本步骤 ·············· 30-46
7.6 随机拟次梯度法 ·············· 30-46
　　7.6.1 基本思想 ·············· 30-46
　　7.6.2 基本方法 ·············· 30-46
　　7.6.3 随机步长因子的确定 ·············· 30-47
　　7.6.4 迭代终止准则 ·············· 30-47
　　7.6.5 基本步骤 ·············· 30-47
　　7.6.6 程序框图 ·············· 30-48

第8章　机械模糊优化设计方法

8.1 含模糊因素的优化设计模型 ·············· 30-49
　　8.1.1 模糊数学的若干基本概念和定义 ·············· 30-49
　　8.1.2 设计变量 ·············· 30-49
　　8.1.3 目标函数 ·············· 30-49
　　8.1.4 约束条件 ·············· 30-50
　　8.1.5 数学模型 ·············· 30-50
8.2 模糊优化设计的确定型解法 ·············· 30-51
　　8.2.1 清晰目标函数在模糊约束时的求解方法 ·············· 30-51
　　8.2.2 模糊目标和模糊约束时的求解方法 ·············· 30-52
8.3 模糊优化设计问题的模糊模拟搜索解法 ·············· 30-53
　　8.3.1 清晰等价解法 ·············· 30-53
　　8.3.2 模糊模拟方法 ·············· 30-53

第9章　机械优化设计应用实例

9.1 机构优化设计 ·············· 30-55
9.2 机械零件优化设计 ·············· 30-56
　　9.2.1 弹簧优化设计 ·············· 30-56
　　9.2.2 机床主轴结构优化设计 ·············· 30-56
9.3 机械系统优化设计 ·············· 30-57

参考文献 ·············· 30-59

第31篇　逆向设计

第1章　概　述

第2章　逆向工程数字化数据测量设备

2.1 逆向工程测量方法 ·············· 31-6

2.1.1 接触式测量 ·················· 31-7
2.1.2 非接触式测量 ··············· 31-8
2.2 坐标测量机原理、结构与特点 ······ 31-11
2.2.1 坐标测量机原理 ············· 31-11
2.2.2 直角坐标测量机结构形式与特点 ··· 31-13
2.2.3 便携式关节臂坐标测量机结构
形式与特点 ················· 31-15
2.3 坐标测量机主要生产商及部分产品 ··· 31-15
2.4 典型光学测量设备 ··············· 31-24

第 3 章 逆向设计中的数据预处理

3.1 测头半径补偿 ··················· 31-29
3.1.1 拟合补偿法 ················· 31-30
3.1.1.1 B 样条曲面补偿法 ······ 31-30
3.1.1.2 Kriging 补偿法（参数曲
面法） ················· 31-31
3.1.2 直接计算法 ················· 31-32
3.1.3 三角网格法 ················· 31-33
3.1.4 半球测量法 ················· 31-34
3.2 数据的剔除 ····················· 31-35
3.3 数据的平滑 ····················· 31-35
3.3.1 数据平滑处理方法 ············ 31-35
3.3.2 数据平滑滤波方法 ············ 31-35
3.4 数据的拼合 ····················· 31-38
3.4.1 数据拼合问题 ················ 31-38
3.4.2 基于三基准点对齐的数据拼合 ···· 31-39
3.4.3 多视数据统一 ················ 31-40
3.4.4 数据拼合的误差分析 ·········· 31-41
3.5 数据的修补 ····················· 31-42
3.6 数据的精简 ····················· 31-44
3.7 数据的分割 ····················· 31-45
3.7.1 点云数据分割方法 ············ 31-46
3.7.2 散乱数据的自动分割 ·········· 31-47

第 4 章 三维模型重构技术

4.1 曲线拟合造型 ··················· 31-50
4.1.1 参数曲线的插值与拟合 ········ 31-51
4.1.1.1 参数多项式 ··········· 31-51
4.1.1.2 数据点参数化 ········· 31-51
4.1.1.3 多项式插值曲线 ······· 31-52
4.1.1.4 最小二乘拟合 ········· 31-52
4.1.2 B 样条曲线插值与拟合 ········ 31-53
4.1.2.1 B 样条曲线插值 ······· 31-53
4.1.2.2 B 样条曲线拟合 ······· 31-53

4.2 曲面拟合造型 ··················· 31-55
4.2.1 有序点的 B 样条曲面插值 ······ 31-55
4.2.1.1 曲面插值的一般过程 ···· 31-55
4.2.1.2 双三次 B 样条插值曲面的
反算 ·················· 31-56
4.2.2 B 样条曲面拟合 ·············· 31-58
4.2.2.1 最小二乘曲面拟合 ····· 31-58
4.2.2.2 在规定精度内的曲面拟合 ·· 31-58
4.2.3 任意测量点的 B 样条曲面拟合 ··· 31-58
4.2.3.1 B 样条曲线、曲面及最小二乘
拟合定义 ·············· 31-58
4.2.3.2 基本曲面参数化 ······· 31-59
4.3 曲线的光顺 ····················· 31-62
4.3.1 能量光顺方法 ················ 31-62
4.3.1.1 能量法构造过程 ······· 31-62
4.3.1.2 迭代停止准则及方法 ···· 31-63
4.3.2 参数样条选点光顺 ············ 31-63
4.3.3 NURBS 曲线选点光顺 ········· 31-63
4.3.3.1 曲线选点修改基本原理与
光顺性准则 ············ 31-63
4.3.3.2 节点删除方法与光顺中的误差
控制 ·················· 31-64
4.3.3.3 曲线选点迭代光顺算法 ·· 31-65
4.4 曲面的光顺 ····················· 31-66
4.4.1 网格法光顺 ················· 31-66
4.4.2 能量法光顺 ················· 31-66
4.5 曲线曲面编辑与曲面片重建方法 ···· 31-67
4.5.1 曲线的编辑 ················· 31-67
4.5.2 曲面的编辑 ················· 31-67
4.5.3 基于曲线的曲面片重建 ········ 31-69
4.6 模型重建质量与评价 ·············· 31-71
4.6.1 工程曲面的分类 ·············· 31-71
4.6.2 模型重建误差分析 ············ 31-72
4.6.3 曲线曲面的连续性与光顺性 ···· 31-73
4.6.3.1 曲线曲面的连续性 ····· 31-73
4.6.3.2 曲线曲面的光顺性 ····· 31-74
4.6.4 模型精度分析与评价 ·········· 31-75
4.6.4.1 基于曲率的方法 ······· 31-76
4.6.4.2 基于光照模型的方法 ···· 31-77
4.6.4.3 任意点到曲面的距离 ···· 31-77

第 5 章 常用逆向工程设计软件

5.1 逆向工程设计软件简介 ············ 31-81
5.2 Geomagic Wrap 软件 ············· 31-81
5.2.1 软件介绍 ··················· 31-81

5.2.2 工作流程 …… 31-82
5.2.3 基本功能 …… 31-82
5.2.4 主要数据处理模块 …… 31-82
5.2.5 主要特点 …… 31-82
5.3 Geomagic Design X 软件 …… 31-84
　5.3.1 软件介绍 …… 31-84
　5.3.2 工作流程 …… 31-84
　5.3.3 基本功能 …… 31-84
　5.3.4 主要数据处理模块 …… 31-86
　5.3.5 主要特点 …… 31-87
5.4 Geomagic Control X 软件 …… 31-87
　5.4.1 软件介绍 …… 31-87
　5.4.2 工作流程 …… 31-87
　5.4.3 基本功能 …… 31-87
　5.4.4 主要数据处理模块 …… 31-88
　5.4.5 主要特点 …… 31-91
5.5 UG/Imageware 软件 …… 31-92
　5.5.1 软件介绍 …… 31-92
　5.5.2 工作流程 …… 31-92
　5.5.3 基本功能 …… 31-92
　5.5.4 主要数据处理模块 …… 31-94
　5.5.5 主要特点 …… 31-94
5.6 Creo 软件的逆向设计模块 …… 31-94
　5.6.1 软件介绍 …… 31-94
　5.6.2 扫描工具 …… 31-94
　5.6.3 小平面特征 …… 31-96
　5.6.4 重新造型 …… 31-97
5.7 CATIA 软件的逆向设计模块 …… 31-98
　5.7.1 软件介绍 …… 31-98
　5.7.2 工作流程 …… 31-98
　5.7.3 基本功能 …… 31-98
　5.7.4 主要数据处理模块 …… 31-99
　5.7.5 主要特点 …… 31-100

第 6 章　逆向设计实例

6.1 基于 Geomagic Wrap 的螺旋结构逆向

设计 …… 31-101
　6.1.1 产品分析 …… 31-101
　6.1.2 点云的处理 …… 31-101
　6.1.3 多边形的处理 …… 31-102
　6.1.4 形状阶段处理 …… 31-104
　6.1.5 逆向结果的分析 …… 31-107
6.2 基于 Geomagic Design X 的发动机叶轮
模型逆向设计 …… 31-107
　6.2.1 叶轮模型领域划分与对齐摆正 …… 31-108
　6.2.2 叶轮基体的逆向设计 …… 31-109
　6.2.3 大小叶片的逆向设计 …… 31-110
　6.2.4 叶片阵列及叶轮缝合 …… 31-113
6.3 基于 Geomagic Control X 的机车转向架
构架焊接变形检测 …… 31-114
　6.3.1 点云预处理 …… 31-114
　6.3.2 点云与设计模型坐标系配准 …… 31-116
　6.3.3 检测结果分析 …… 31-117
6.4 基于 UG/Imageware 的发动机气道
逆向设计 …… 31-119
　6.4.1 输入和处理点云数据 …… 31-119
　6.4.2 模型重建 …… 31-121
6.5 基于 Creo 的铸造件逆向设计 …… 31-124
　6.5.1 独立几何模块 …… 31-124
　6.5.2 扫描曲线的创建和修改 …… 31-124
　6.5.3 型曲线的创建和修改 …… 31-126
　6.5.4 型曲面的创建和修改 …… 31-126
　6.5.5 小平面特征 …… 31-126
　6.5.6 重新造型 …… 31-128
6.6 基于 CATIA 的钣金件逆向设计 …… 31-129
　6.6.1 点云处理 …… 31-129
　6.6.2 创建空间曲线曲面 …… 31-131
　6.6.3 钣金件逆向品质分析 …… 31-135

参考文献 …… 31-136

第 32 篇　数字化设计

第 1 章　数字化设计技术概论

1.1 数字化设计技术内涵 …… 32-3
　1.1.1 数字化设计技术的概念 …… 32-3
　1.1.2 数字化设计的主要内容 …… 32-4
　1.1.3 数字化设计的特点 …… 32-6
1.2 数字化设计技术的相关技术 …… 32-7
　1.2.1 "工业 4.0" 与 "中国制造 2025" …… 32-7
　　1.2.1.1 "工业 4.0" …… 32-7
　　1.2.1.2 "中国制造 2025" …… 32-8
　1.2.2 大数据、云计算和物联网技术 …… 32-8

1.2.2.1　大数据 ························ 32-8
　　1.2.2.2　云计算 ························ 32-9
　　1.2.2.3　物联网技术 ················ 32-10
　1.2.3　互联网＋ ······························ 32-11
　1.2.4　虚拟现实技术 ······················ 32-12
　1.2.5　3D打印技术 ······················· 32-13
1.3　数字化设计技术的发展趋势 ············· 32-17

第2章　数字化设计系统的组成

2.1　数字化设计系统的组成 ····················· 32-18
2.2　数字化设计系统的硬件系统 ·············· 32-18
　2.2.1　主机 ······································· 32-18
　2.2.2　内存储器 ······························· 32-19
　2.2.3　外存储器 ······························· 32-19
　2.2.4　输入输出装置 ······················· 32-19
　　2.2.4.1　输入设备 ···················· 32-19
　　2.2.4.2　输出设备 ···················· 32-20
　2.2.5　网络互联设备 ······················· 32-21
　2.2.6　硬件系统配置 ······················· 32-22
2.3　数字化设计系统的软件系统 ·············· 32-22
　2.3.1　常用操作系统 ······················· 32-23
　2.3.2　数据库 ··································· 32-23
　2.3.3　支撑软件 ······························· 32-24
　2.3.4　程序设计语言 ······················· 32-25
　2.3.5　数字化设计典型软件 ············ 32-26
2.4　数字化设计系统的建立 ····················· 32-29
　2.4.1　数字化设计软件系统的开发流程 ··· 32-29
　2.4.2　数字化设计系统软硬件的选型 ······ 32-30

第3章　计算机图形学基础

3.1　概述 ·· 32-33
　3.1.1　计算机图形学的研究内容 ······ 32-33
　3.1.2　计算机图形学的应用领域 ······ 32-33
　3.1.3　计算机图形系统的硬件设备 ··· 32-34
3.2　图形变换 ·· 32-34
　3.2.1　二维图形的基本几何变换 ······ 32-34
　　3.2.1.1　恒等变换 ···················· 32-34
　　3.2.1.2　比例变换 ···················· 32-35
　　3.2.1.3　反射变换 ···················· 32-35
　　3.2.1.4　错切变换 ···················· 32-36
　　3.2.1.5　旋转变换 ···················· 32-37
　　3.2.1.6　平移变换及齐次坐标 ··· 32-37
　3.2.2　二维图形的组合变换 ············ 32-38
　　3.2.2.1　平面图形绕任意点旋转的

变换 ······························ 32-38
　　3.2.2.2　平面图形以任意点为中心的
比例变换 ······················ 32-39
　3.2.3　三维图形的几何变换 ············ 32-39
　　3.2.3.1　平移变换 ···················· 32-39
　　3.2.3.2　比例变换 ···················· 32-40
　　3.2.3.3　旋转变换 ···················· 32-41
　3.2.4　正投影变换 ···························· 32-42
　3.2.5　复合变换 ······························· 32-43
　　3.2.5.1　主视图变换矩阵 ········· 32-44
　　3.2.5.2　俯视图变换矩阵 ········· 32-44
　　3.2.5.3　左视图变换矩阵 ········· 32-44
　　3.2.5.4　三视图变换矩阵应注意的
问题 ······························ 32-44
　3.2.6　复合变换轴测图投影变换 ······ 32-44
3.3　三维物体的表示 ································· 32-45
　3.3.1　曲线 ······································· 32-45
　　3.3.1.1　参数曲线 ···················· 32-45
　　3.3.1.2　Hermite曲线 ·············· 32-46
　　3.3.1.3　Bezier曲线 ················· 32-46
　　3.3.1.4　B样条曲线 ················· 32-47
　　3.3.1.5　非均匀有理B样条曲线
（NURBS） ·················· 32-48
　3.3.2　曲面 ······································· 32-48
　　3.3.2.1　Coons曲面 ················· 32-48
　　3.3.2.2　Bezier曲面 ················· 32-49
　　3.3.2.3　B样条曲面 ················· 32-49

第4章　产品的数字化造型

4.1　概述 ·· 32-50
4.2　形体在计算机内部的表示 ·················· 32-50
　4.2.1　几何信息和拓扑信息 ············ 32-50
　4.2.2　形体的定义及表示形式 ········· 32-50
4.3　线框造型系统 ···································· 32-51
4.4　曲面造型系统 ···································· 32-52
4.5　实体造型系统 ···································· 32-54
　4.5.1　实体造型的定义 ····················· 32-54
　4.5.2　构建实体几何模型（CSG）······ 32-54
　4.5.3　边界表示几何模型（B-Rep）··· 32-55
　4.5.4　空间位置枚举法（spatial oeeupaney
enumeration） ·························· 32-55
　4.5.5　实体空间分解枚举（八叉树）
表示法（spatial partitioning
representations） ······················ 32-55
　4.5.6　扫描表示法（sweep

representations) ……………………… 32-56
4.6 基于特征的实体造型 ……………………… 32-56
　4.6.1 特征造型的定义 ………………………… 32-56
　4.6.2 特征的分类 ……………………………… 32-57
　4.6.3 特征造型技术的实施 …………………… 32-57
　4.6.4 特征造型的优点 ………………………… 32-57
　4.6.5 参数化造型 ……………………………… 32-57
　4.6.6 参数化特征造型系统 …………………… 32-58
4.7 装配造型 ……………………………………… 32-58
　4.7.1 装配造型的功能 ………………………… 32-58
　4.7.2 装配浏览 ………………………………… 32-58
　4.7.3 装配模型的使用 ………………………… 32-59

第 5 章　计算机辅助设计技术

5.1 概述 …………………………………………… 32-60
　5.1.1 CAD 技术的内涵 ………………………… 32-60
　5.1.2 CAD 技术的特点与应用 ………………… 32-61
　　5.1.2.1 CAD 技术的特点 …………………… 32-61
　　5.1.2.2 CAD 技术的应用 …………………… 32-61
5.2 CAD 图形标准 ………………………………… 32-62
　5.2.1 计算机图形接口和图形元文件 ………… 32-62
　　5.2.1.1 计算机图形接口（CGI） …………… 32-63
　　5.2.1.2 计算机图形元文件（CGM） ……… 32-63
　5.2.2 计算机图形软件标准 …………………… 32-64
　　5.2.2.1 GKS 标准（GKS 和
　　　　　　GKS-3D） ……………………………… 32-64
　　5.2.2.2 PHIGS 标准（程序员层次
　　　　　　交互图形系统） ……………………… 32-66
　　5.2.2.3 OpenGL 标准（开放
　　　　　　图形库） ……………………………… 32-67
　5.2.3 产品数据交换标准 ……………………… 32-73
　　5.2.3.1 DXF（图形交换文件） …………… 32-74
　　5.2.3.2 IGES（初始图形交换规范） ……… 32-77
　　5.2.3.3 STEP（产品模型数据交换
　　　　　　标准） ………………………………… 32-83
5.3 工程数据的计算机处理 ……………………… 32-86
　5.3.1 数表的程序化 …………………………… 32-86
　　5.3.1.1 数表的存储 ………………………… 32-86
　　5.3.1.2 一元数表的查取方法 ……………… 32-87
　　5.3.1.3 二元数表的查取方法 ……………… 32-88
　　5.3.1.4 数表的公式化 ……………………… 32-90
　5.3.2 线图的程序化 …………………………… 32-91
　5.3.3 建立数据文件 …………………………… 32-92
　5.3.4 数表的数据库管理 ……………………… 32-93
　　5.3.4.1 数据库系统简介 …………………… 32-93

　　5.3.4.2 数据库管理系统在 CAD 中的
　　　　　　应用 …………………………………… 32-93
　5.3.5 工程数据库 ……………………………… 32-94
　　5.3.5.1 工程数据库的概念 ………………… 32-94
　　5.3.5.2 工程数据库的特点 ………………… 32-94
5.4 CAD 软件工程技术 …………………………… 32-95
　5.4.1 软件工程的基本概念 …………………… 32-96
　5.4.2 CAD 应用软件开发 ……………………… 32-97
　5.4.3 软件开发流程 …………………………… 32-97
　5.4.4 CAD 软件的文档编制规范 …………… 32-100
　　5.4.4.1 可行性研究报告 …………………… 32-100
　　5.4.4.2 项目开发计划 ……………………… 32-101
　　5.4.4.3 软件需求说明书 …………………… 32-101
　　5.4.4.4 数据要求说明书 …………………… 32-101
　　5.4.4.5 概要设计说明书 …………………… 32-101
　　5.4.4.6 详细设计说明书 …………………… 32-102
　　5.4.4.7 测试计划 …………………………… 32-102
　　5.4.4.8 测试分析报告 ……………………… 32-102
　　5.4.4.9 项目开发总结报告 ………………… 32-102

第 6 章　有限元分析技术

6.1 弹性力学基础 ………………………………… 32-103
　6.1.1 弹性力学的主要物理量 ………………… 32-103
　6.1.2 弹性力学的基本方程 …………………… 32-104
　6.1.3 弹性力学问题的主要解法 ……………… 32-105
6.2 有限元法基础 ………………………………… 32-105
　6.2.1 有限元法的基本思想 …………………… 32-105
　6.2.2 有限元法的基本步骤 …………………… 32-106
　6.2.3 常用单元的位移模式 …………………… 32-107
　6.2.4 非节点载荷的移置 ……………………… 32-108
　6.2.5 有限元分析应注意的问题 ……………… 32-109
　6.2.6 有限元法的应用 ………………………… 32-109
6.3 各类问题的有限元法 ………………………… 32-110
　6.3.1 平面问题的有限元法 …………………… 32-110
　6.3.2 轴对称问题的有限元法 ………………… 32-117
　6.3.3 杆件系统的有限元法 …………………… 32-117
　6.3.4 空间问题的有限元法 …………………… 32-120
　6.3.5 等参数单元 ……………………………… 32-123
　6.3.6 板壳问题的有限元法 …………………… 32-126
　　6.3.6.1 平板弯曲问题的有限元法 ………… 32-126
　　6.3.6.2 壳体弯曲问题 ……………………… 32-128
　6.3.7 稳态热传导问题的有限元法 …………… 32-129
　6.3.8 动力学问题的有限元法 ………………… 32-131
　　6.3.8.1 质量矩阵与阻尼矩阵 ……………… 32-132
　　6.3.8.2 直接积分法 ………………………… 32-133

6.3.8.3 振型叠加法 …………………… 32-133
6.3.8.4 大型特征值问题的解法 ……… 32-134
6.3.8.5 缩减系统自由度的方法 ………… 32-134
6.3.9 材料非线性问题的有限元法 …………… 32-135
6.3.9.1 材料非线性本构关系 ………… 32-135
6.3.9.2 弹塑性增量分析有限元格式 …………………… 32-136
6.3.9.3 非线性方程组的解法 ………… 32-136
6.3.10 几何非线性问题的有限元法 ………… 32-136
6.3.10.1 大变形情况下的应变和应力 ………………… 32-136
6.3.10.2 几何非线性问题的表达格式 …………………… 32-138
6.3.10.3 大变形条件下的本构关系 … 32-139
6.3.10.4 几何非线性问题的求解方法 …………………… 32-139
6.4 有限元分析算例 …………………………… 32-140
6.4.1 结构线性静力分析算例 ……………… 32-140
6.4.1.1 平面问题的有限元分析 …… 32-140
6.4.1.2 桁架和梁的有限元分析 …… 32-143
6.4.1.3 多体装配有限元分析 ……… 32-145
6.4.1.4 静力学分析综合应用实例——矿井提升机主轴装置静力学分析 … 32-147
6.4.1.5 静力学分析综合应用实例——材料非线性有限元分析 ………… 32-152
6.4.2 结构线性动力学分析算例 …………… 32-155
6.4.2.1 模态分析 …………………… 32-155
6.4.2.2 瞬态分析 …………………… 32-159
6.4.2.3 热分析 ……………………… 32-162
6.4.2.4 流体动力学分析 …………… 32-169
6.4.3 结构疲劳分析算例 …………………… 32-180
6.4.4 结构优化设计算例 …………………… 32-186
6.4.4.1 优化设计 …………………… 32-186
6.4.4.2 拓扑优化 …………………… 32-193
6.4.5 耦合场分析算例 ……………………… 32-195
6.4.6 电磁分析算例 ………………………… 32-204
6.4.7 注塑分析算例（Moldflow）………… 32-215
6.4.7.1 问题描述 …………………… 32-215
6.4.7.2 分析过程 …………………… 32-215
6.4.7.3 设定分析参数 ……………… 32-218
6.4.7.4 后处理 ……………………… 32-220
6.4.7.5 工艺优化 …………………… 32-222

第7章 并行工程技术

7.1 并行工程的内涵 …………………………… 32-227
7.1.1 并行工程的产生背景 ………………… 32-227
7.1.2 并行工程的概念 ……………………… 32-227
7.1.3 并行工程的主要特点 ………………… 32-228
7.2 并行工程的实质及其过程 ………………… 32-228
7.3 并行工程原理 ……………………………… 32-229
7.4 并行工程的体系结构 ……………………… 32-230
7.5 并行工程关键技术及关键要素 …………… 32-231
7.5.1 并行工程的关键技术 ………………… 32-231
7.5.2 并行工程的关键要素 ………………… 32-232
7.6 并行工程的并行化途径 …………………… 32-233
7.7 并行工程研究热点 ………………………… 32-234
7.8 并行工程的发展趋势 ……………………… 32-235
7.9 并行工程应用案例 ………………………… 32-235
7.9.1 波音777并行设计工程实例 ………… 32-235
7.9.2 并行工程在重庆航天新世纪卫星应用技术有限责任公司中的应用 ……………… 32-237

第8章 虚拟样机技术

8.1 虚拟样机及虚拟样机技术内涵 …………… 32-240
8.1.1 虚拟样机 ……………………………… 32-240
8.1.2 虚拟样机技术 ………………………… 32-241
8.1.3 虚拟样机技术实现方法 ……………… 32-242
8.2 虚拟样机技术体系 ………………………… 32-243
8.2.1 虚拟样机系统的体系结构 …………… 32-243
8.2.2 虚拟样机技术建立的基础 …………… 32-244
8.2.3 系统总体技术 ………………………… 32-245
8.2.4 建模技术 ……………………………… 32-245
8.2.4.1 虚拟样机建模的特点 ……… 32-245
8.2.4.2 虚拟样机建模技术的核心 … 32-245
8.2.4.3 虚拟样机建模的实现方法 … 32-247
8.2.4.4 虚拟样机建模技术应用实例 …………………… 32-248
8.2.5 虚拟样机协同仿真技术 ……………… 32-250
8.2.5.1 虚拟样机协同仿真技术的实现 …………………… 32-250
8.2.5.2 协同仿真实例 ……………… 32-250
8.2.6 虚拟样机数据管理技术 ……………… 32-251
8.2.7 其他相关技术 ………………………… 32-253
8.2.8 虚拟样机结构分析实例 ……………… 32-255
8.3 虚拟样机技术的工业应用 ………………… 32-257
8.3.1 虚拟样机技术在产品全生命周期中的应用 ……………………………… 32-257
8.3.1.1 需求分析及概念设计阶段 …… 32-257
8.3.1.2 初步设计阶段 ……………… 32-258
8.3.1.3 详细设计阶段 ……………… 32-259

8.3.1.4 测试评估阶段 …………… 32-259	（Volkswagen） ………… 32-261
8.3.1.5 生产制造及使用维护阶段 …… 32-260	8.3.2.3 EDO Marine and Aircraft
8.3.2 虚拟样机技术的工业应用实例 …… 32-260	Systems 公司（EDO） ……… 32-262
8.3.2.1 德国宝马汽车公司	
（BMW） ………………… 32-260	**参考文献** ……………………………………… 32-264
8.3.2.2 德国大众汽车公司	

第33篇　人机工程与产品造型设计

第1章　概　　述

1.1 人机工程学的概念 ………………………… 33-3
1.2 人机工程学的研究内容与方法 …………… 33-3
　1.2.1 人机工程学研究的内容 ……………… 33-3
　1.2.2 人机工程学研究的方法 ……………… 33-3
1.3 产品设计中的人机关系 …………………… 33-5
　1.3.1 人机系统的概念 ……………………… 33-5
　1.3.2 人机系统的分类 ……………………… 33-5
　1.3.3 人机的特性 …………………………… 33-6
　1.3.4 人机关系 ……………………………… 33-7
　1.3.5 人机关系设计的基本原则 …………… 33-7
1.4 产品造型设计的概述 ……………………… 33-7
　1.4.1 产品造型设计概念 …………………… 33-7
　1.4.2 造型设计的基本要素 ………………… 33-7
　1.4.3 产品造型设计的基本要求和设计
　　　　原则 …………………………………… 33-8
1.5 人机工程学与产品造型设计 ……………… 33-8

第2章　人机工程

2.1 人体测量 …………………………………… 33-10
　2.1.1 人体测量基本术语 …………………… 33-10
　　2.1.1.1 基本姿势 ………………………… 33-10
　　2.1.1.2 测量基准面和基准轴 …………… 33-10
　　2.1.1.3 测量方向 ………………………… 33-10
　　2.1.1.4 被测者的衣着和支承面 ………… 33-10
　2.1.2 人体尺寸测量分类 …………………… 33-10
　2.1.3 人体测量基础项目 …………………… 33-11
　2.1.4 常用的人体测量数据 ………………… 33-14
　　2.1.4.1 人体尺寸百分位数 ……………… 33-14
　　2.1.4.2 人体主要尺寸 …………………… 33-14
　　2.1.4.3 立姿人体尺寸 …………………… 33-15
　　2.1.4.4 坐姿人体尺寸 …………………… 33-16
　　2.1.4.5 人体水平尺寸 …………………… 33-18
　　2.1.4.6 人体头部尺寸 …………………… 33-19
　　2.1.4.7 人体手部尺寸 …………………… 33-21
　　2.1.4.8 人体足部尺寸 …………………… 33-22
　　2.1.4.9 中国六个区域的身高、胸围、
　　　　　　体重的均值及标准差 …………… 33-22
　2.1.5 人体测量数据的应用 ………………… 33-23
　　2.1.5.1 人体主要尺寸测量数据的应用
　　　　　　原则 ……………………………… 33-23
　　2.1.5.2 人体尺寸测量数据的修正 …… 33-26
　　2.1.5.3 人体尺寸测量数据在产品尺寸
　　　　　　设计中的应用 …………………… 33-27
　　2.1.5.4 人体身高尺寸在设计中的
　　　　　　应用 ……………………………… 33-28
　2.1.6 人体主要参数的计算 ………………… 33-28
　　2.1.6.1 我国成年人人体尺寸的比例
　　　　　　关系 ……………………………… 33-30
　　2.1.6.2 人体体积 V 和表面积 B 与
　　　　　　体重 W（kg）的关系 ………… 33-30
　　2.1.6.3 人体生物力学参数的计算 …… 33-30
　2.1.7 人体模板设计 ………………………… 33-30
　　2.1.7.1 相关术语 ………………………… 33-30
　　2.1.7.2 身高尺寸分级 …………………… 33-30
　　2.1.7.3 模板设计尺寸 …………………… 33-30
　　2.1.7.4 人体模板关节角度的调节
　　　　　　范围 ……………………………… 33-33
　　2.1.7.5 模板的使用要求 ………………… 33-33
2.2 作业空间 …………………………………… 33-34
　2.2.1 与作业空间有关的中国成年人基本
　　　　静态姿势人体尺寸 …………………… 33-34
　　2.2.1.1 相关术语 ………………………… 33-34
　　2.2.1.2 与作业空间有关的立姿人体
　　　　　　尺寸 ……………………………… 33-34
　　2.2.1.3 与作业空间有关的坐姿人体
　　　　　　尺寸 ……………………………… 33-36
　　2.2.1.4 与作业空间有关的跪姿、俯卧姿、
　　　　　　爬姿人体尺寸 …………………… 33-37
　　2.2.1.5 跪姿、俯卧姿、爬姿人体尺寸的
　　　　　　推算公式 ………………………… 33-37

2.2.2 作业空间设计 …………………… 33-37
　2.2.2.1 相关术语 ………………… 33-37
　2.2.2.2 成人肢体正常活动范围和舒适
　　　　姿势的调节范围 ………… 33-38
　2.2.2.3 人体在立、坐、跪、卧姿势下
　　　　手臂自由活动空间 ……… 33-39
　2.2.2.4 人体其他姿态最小占用空间 … 33-40
　2.2.2.5 水平面作业范围 ………… 33-41
　2.2.2.6 坐姿作业的垂直面作业范围 … 33-41
　2.2.2.7 立姿作业的垂直面作业范围 … 33-42
　2.2.2.8 容膝空间设计 …………… 33-43
　2.2.2.9 立姿作业活动余隙设计 … 33-43
　2.2.2.10 立姿作业垂直方向布局
　　　　 设计 ……………………… 33-43
　2.2.2.11 坐姿作业脚作业空间设计 … 33-43
　2.2.2.12 立姿作业脚作业空间设计 … 33-44
　2.2.2.13 人体受限作业空间的最小空间
　　　　 尺寸 ……………………… 33-44
　2.2.2.14 手臂作业出入口的最小
　　　　 尺寸 ……………………… 33-46
　2.2.2.15 单手作业出入口（伸入至腕关节）
　　　　 的最小尺寸 ……………… 33-46
　2.2.2.16 手指作业出入口（伸入至第一
　　　　 指关节）的最小尺寸 …… 33-47
　2.2.2.17 人身空间 ……………… 33-47
　2.2.2.18 作业姿势的选定 ……… 33-48
2.2.3 工作岗位设计 ……………………… 33-48
　2.2.3.1 相关术语 ………………… 33-48
　2.2.3.2 与作业无关的工作岗位尺寸 … 33-49
　2.2.3.3 与作业有关的工作岗位高度
　　　　尺寸 ……………………… 33-50
　2.2.3.4 大腿空间高度和小腿空间高度的
　　　　最小限值 ………………… 33-50
　2.2.3.5 与作业有关的工作岗位其他尺寸
　　　　设计 ……………………… 33-50
　2.2.3.6 坐立姿交替工作岗位尺寸设计
　　　　举例 ……………………… 33-51
2.2.4 工作座椅设计 ……………………… 33-51
　2.2.4.1 工作座椅相关术语 ……… 33-52
　2.2.4.2 工作座椅主要参数 ……… 33-52
2.3 显示器与控制器设计 ………………… 33-53
2.3.1 作业空间的视觉设计 …………… 33-53
　2.3.1.1 相关术语 ………………… 33-53
　2.3.1.2 各种视线的特征及应用 … 33-55
　2.3.1.3 直接视野范围 …………… 33-55
　2.3.1.4 自然视线状态下的眼动视野 … 33-56

2.3.1.5 观察视野 ………………… 33-56
2.3.1.6 色觉视野 ………………… 33-56
2.3.1.7 视觉作业类型与视区划分 … 33-57
2.3.1.8 视觉信号的布置 ………… 33-58
2.3.1.9 视距 ……………………… 33-58
2.3.2 信息显示装置 ……………………… 33-59
　2.3.2.1 信息显示装置的分类 …… 33-59
　2.3.2.2 信息显示装置的要求 …… 33-59
2.3.3 视觉显示装置 ……………………… 33-59
　2.3.3.1 度盘显示器 ……………… 33-59
　2.3.3.2 计数器的设计要求 ……… 33-64
　2.3.3.3 灯光显示器 ……………… 33-65
　2.3.3.4 荧光屏显示器（CRT）…… 33-66
　2.3.3.5 文字符号设计 …………… 33-67
2.3.4 听觉显示器设计 …………………… 33-67
　2.3.4.1 音响及报警装置的设计 … 33-67
　2.3.4.2 言语显示装置的设计 …… 33-68
2.4 操纵器设计 …………………………… 33-68
2.4.1 操纵器的类型及适用范围 ……… 33-68
　2.4.1.1 操纵器的类型 …………… 33-68
　2.4.1.2 常用操纵器的适用性 …… 33-69
　2.4.1.3 各类操纵器的特性 ……… 33-70
2.4.2 人体的施力 ………………………… 33-72
　2.4.2.1 人体主要部位的肌肉力量 … 33-72
　2.4.2.2 坐姿手臂操纵力 ………… 33-72
　2.4.2.3 立姿手臂操纵力 ………… 33-73
　2.4.2.4 坐姿的脚蹬力 …………… 33-73
2.4.3 操纵器的设计 ……………………… 33-73
　2.4.3.1 操纵器的尺寸要求 ……… 33 73
　2.4.3.2 操纵器的配置要求 ……… 33-75
　2.4.3.3 操纵器的作用力要求 …… 33-77
　2.4.3.4 操纵器的编码方式 ……… 33-78
2.5 作业环境 ……………………………… 33-78
2.5.1 照明环境 …………………………… 33-78
　2.5.1.1 基本术语 ………………… 33-78
　2.5.1.2 作业面临近周围照度 …… 33-80
　2.5.1.3 维护系数 ………………… 33-80
　2.5.1.4 直接型灯具的遮光角 …… 33-80
　2.5.1.5 室内照明光源色表 ……… 33-80
　2.5.1.6 工作房间表面反射比 …… 33-80
　2.5.1.7 工业建筑一般照明标准值 … 33-81
　2.5.1.8 工业建筑照明功率密度值 … 33-85
2.5.2 噪声环境 …………………………… 33-87
　2.5.2.1 相关术语 ………………… 33-87
　2.5.2.2 工作场所噪声职业接触限值 … 33-87
　2.5.2.3 工作地点噪声声级的卫生

　　　　　限值 ·················· 33-87
　　2.5.2.4　非噪声工作地点噪声声级的卫生
　　　　　限值 ·················· 33-87
　　2.5.2.5　工作地点脉冲噪声声级的卫生
　　　　　限值 ·················· 33-87
　　2.5.2.6　各类声环境功能区使用的环境
　　　　　噪声等效声级限值 ········ 33-87
　　2.5.2.7　结构传播固定设备室内噪声排放
　　　　　限值 ·················· 33-88
　　2.5.2.8　以噪声污染为主的工业企业卫生
　　　　　防护距离 ··············· 33-89
2.5.3　振动环境 ······················ 33-90
　　2.5.3.1　相关术语 ·················· 33-90
　　2.5.3.2　工作场所手传振动职业接触
　　　　　限值 ·················· 33-90
　　2.5.3.3　局部振动强度卫生限值 ······ 33-90
　　2.5.3.4　全身振动强度卫生限值 ······ 33-90
　　2.5.3.5　辅助用室垂直或水平振动强度
　　　　　卫生限值 ··············· 33-90
　　2.5.3.6　人体各部位共振的大致频率 ··· 33-90
2.5.4　热环境 ························ 33-91
　　2.5.4.1　相关术语 ·················· 33-91
　　2.5.4.2　高温作业分级 ·············· 33-91
　　2.5.4.3　高温作业允许持续接触热时间
　　　　　限值 ·················· 33-91
　　2.5.4.4　夏季工作地点温度 ·········· 33-91
　　2.5.4.5　冬季工作地点的采暖温度 ···· 33-91
　　2.5.4.6　设置系统式局部送风时，工作
　　　　　地点的温度和平均风速 ····· 33-92
2.5.5　空气环境 ······················ 33-92
　　2.5.5.1　相关术语 ·················· 33-92
　　2.5.5.2　环境空气功能区质量要求 ····· 33-92
　　2.5.5.3　工作场所空气中化学物质容许
　　　　　浓度 ·················· 33-93
　　2.5.5.4　工作场所中粉尘容许浓度 ···· 33-103
　　2.5.5.5　工作场所空气中生物因素容许
　　　　　浓度 ·················· 33-104
　　2.5.5.6　化学物质与粉尘的超限
　　　　　倍数 ·················· 33-104
2.5.6　电磁环境 ······················ 33-104
　　2.5.6.1　相关术语 ·················· 33-104
　　2.5.6.2　工作场所超高频辐射职业接触
　　　　　限值 ·················· 33-105
　　2.5.6.3　8h工作场所高频电磁场与工频
　　　　　电场职业接触限值 ········ 33-105
　　2.5.6.4　8h眼直视激光束的职业接触

　　　　　限值 ·················· 33-105
　　2.5.6.5　8h激光照射皮肤的职业接触
　　　　　限值 ·················· 33-106
　　2.5.6.6　工作场所微波辐射职业接触
　　　　　限值 ·················· 33-106
　　2.5.6.7　8h工作场所紫外辐射职业
　　　　　接触限值 ··············· 33-106
2.6　工作研究 ·························· 33-107
　2.6.1　工作研究方法 ··················· 33-107
　　2.6.1.1　动作经济原则 ················ 33-107
　　2.6.1.2　5W1H提问技术 ·············· 33-107
　　2.6.1.3　ECRS四大原则 ·············· 33-108
　2.6.2　方法研究 ······················ 33-108
　　2.6.2.1　程序分析 ··················· 33-108
　　2.6.2.2　作业分析 ··················· 33-109
　　2.6.2.3　动作分析 ··················· 33-109
　2.6.3　作业测定 ······················ 33-111
　　2.6.3.1　作业测定的主要方法 ········· 33-111
　　2.6.3.2　工作阶次 ··················· 33-111
　　2.6.3.3　操作水平与评比值 ··········· 33-111
　　2.6.3.4　以正常时间的百分比表示的
　　　　　疲劳宽放率 ············· 33-112
　　2.6.3.5　操作宽放时间修正值 ········· 33-112
　　2.6.3.6　方法时间衡量 ··············· 33-112
　　2.6.3.7　模排时法 ··················· 33-116
2.7　安全与防护 ························ 33-117
　2.7.1　安全标志 ······················ 33-117
　　2.7.1.1　安全标志类型 ··············· 33-117
　　2.7.1.2　禁止标志 ··················· 33-118
　　2.7.1.3　警告标志 ··················· 33-123
　　2.7.1.4　指令标志 ··················· 33-128
　　2.7.1.5　提示标志 ··················· 33-130
　2.7.2　安全色 ························ 33-131
　　2.7.2.1　相关术语 ··················· 33-131
　　2.7.2.2　安全色与对比色的搭配 ······· 33-131
　　2.7.2.3　颜色表征 ··················· 33-131
　　2.7.2.4　安全色的色度范围 ··········· 33-131
　　2.7.2.5　满足精确颜色要求的安全色
　　　　　色度范围 ··············· 33-132
　　2.7.2.6　磷光材料的对比色和亮度
　　　　　因数 ·················· 33-132
　　2.7.2.7　含有逆反射材料的最小逆反射
　　　　　系数 ·················· 33-132
　　2.7.2.8　透照材料的亮度对比度 ······· 33-133
　2.7.3　防止触及危险区的距离与防挤压
　　　　　间距 ·················· 33-133

- 2.7.3.1 上肢弧形触及安全距离 …… 33-133
- 2.7.3.2 上肢通过规则开口触及的安全距离 …… 33-134
- 2.7.3.3 附加防护结构的安全距离 …… 33-135
- 2.7.3.4 上伸触及安全距离 …… 33-136
- 2.7.3.5 上肢越过防护结构触及的安全距离 …… 33-136
- 2.7.3.6 下肢通过规则形状开口触及的安全距离 …… 33-137
- 2.7.3.7 避免人体各部位挤压的最小间距 …… 33-138
- 2.7.3.8 防护结构高度与限制下肢进入的距离 …… 33-139

第3章 产品造型设计

- 3.1 产品造型的形式法则 …… 33-140
  - 3.1.1 比例与尺度 …… 33-140
    - 3.1.1.1 定义 …… 33-140
    - 3.1.1.2 造型设计中常用的比例 …… 33-140
    - 3.1.1.3 特征矩形的构成与分割方法 …… 33-142
    - 3.1.1.4 比例在造型设计中的应用 …… 33-144
  - 3.1.2 对称与均衡 …… 33-144
    - 3.1.2.1 定义 …… 33-144
    - 3.1.2.2 造型形态均衡的方法 …… 33-144
  - 3.1.3 稳定与轻巧 …… 33-144
    - 3.1.3.1 定义 …… 33-144
    - 3.1.3.2 稳定与轻巧的影响因素及造型设计方法 …… 33-146
  - 3.1.4 对比与调和 …… 33-147
    - 3.1.4.1 定义 …… 33-147
    - 3.1.4.2 造型中的对比和调和方法 …… 33-147
  - 3.1.5 过渡与呼应 …… 33-147
    - 3.1.5.1 定义 …… 33-147
    - 3.1.5.2 造型设计中过渡与呼应的方法 …… 33-147
  - 3.1.6 节奏与韵律 …… 33-147
    - 3.1.6.1 定义 …… 33-147
    - 3.1.6.2 韵律的基本形式 …… 33-149
  - 3.1.7 统一与变化 …… 33-150
    - 3.1.7.1 定义 …… 33-150
    - 3.1.7.2 造型设计中的统一与变化方法 …… 33-150
- 3.2 产品造型要素及其性格 …… 33-152
  - 3.2.1 点 …… 33-152
    - 3.2.1.1 定义 …… 33-152
    - 3.2.1.2 点要素及其性格与表情 …… 33-152
  - 3.2.2 线 …… 33-152
    - 3.2.2.1 定义 …… 33-152
    - 3.2.2.2 线要素及其性格与表情 …… 33-152
    - 3.2.2.3 工程中常用函数曲线方程 …… 33-155
  - 3.2.3 面 …… 33-157
    - 3.2.3.1 定义 …… 33-157
    - 3.2.3.2 平面要素及其性格与表情 …… 33-157
    - 3.2.3.3 曲面要素的形成与演变 …… 33-157
    - 3.2.3.4 平面构成设计 …… 33-161
  - 3.2.4 体 …… 33-163
    - 3.2.4.1 定义 …… 33-163
    - 3.2.4.2 基本几何体的构成与演变 …… 33-164
    - 3.2.4.3 面材的构成形式与方法 …… 33-165
    - 3.2.4.4 块材的构成形式与方法 …… 33-167
  - 3.2.5 色彩 …… 33-169
  - 3.2.6 肌理 …… 33-169
    - 3.2.6.1 定义 …… 33-169
    - 3.2.6.2 肌理的分类 …… 33-169
  - 3.2.7 空间 …… 33-169
  - 3.2.8 视错觉现象与造型设计应用 …… 33-170
    - 3.2.8.1 定义 …… 33-170
    - 3.2.8.2 造型设计中的主要错视及矫正与利用 …… 33-170
- 3.3 色彩设计 …… 33-174
  - 3.3.1 色彩学基础 …… 33-174
  - 3.3.2 色彩的三要素及色立体 …… 33-175
  - 3.3.3 色彩的体系及表示方法 …… 33-177
  - 3.3.4 色彩的功能与应用 …… 33-180
    - 3.3.4.1 色彩的意象与设计应用 …… 33-180
    - 3.3.4.2 色彩的性格与象征 …… 33-180
    - 3.3.4.3 色彩的好恶 …… 33-181
  - 3.3.5 色彩的配置规律 …… 33-182
    - 3.3.5.1 色彩对比 …… 33-182
    - 3.3.5.2 色彩调和 …… 33-184
- 3.4 产品造型设计原理与方法 …… 33-188
  - 3.4.1 产品设计类型与层次 …… 33-188
  - 3.4.2 改进型产品造型设计方法 …… 33-188
    - 3.4.2.1 改进型产品总体分析项目清单 …… 33-189
    - 3.4.2.2 工作场所和工作方法对人的体力和脑力要求的分析项目 …… 33-190
    - 3.4.2.3 产品维护设计分析项目 …… 33-190
    - 3.4.2.4 产品安全设计分析项目 …… 33-190
  - 3.4.3 开发型产品造型设计构思方法 …… 33-190

3.5 机械产品宜人性设计实例 ·············· 33-195
    3.5.1 人-自行车界面分析 ·············· 33-195
    3.5.2 影响自行车性能的人体因素 ······ 33-195
    3.5.3 自行车设计结构要素分析 ········· 33-196
    3.5.4 人-自行车动态特性分析 ·········· 33-197

参考文献 ······································· 33-198

第34篇 创新设计

第1章 创新的理论和方法

1.1 创新的基本概念 ······················· 34-3
    1.1.1 发明、发现、创新、创造 ········ 34-3
    1.1.2 创新、创造的相互关系 ·········· 34-4
    1.1.3 创造能力及其开发 ··············· 34-4
1.2 创新思维方法 ···························· 34-8
    1.2.1 直觉思维 ······················· 34-8
    1.2.2 形象思维 ······················· 34-8
    1.2.3 联想思维 ······················· 34-12
    1.2.4 灵感思维 ······················· 34-13
    1.2.5 逆向思维 ······················· 34-13
    1.2.6 演绎思维 ······················· 34-14
1.3 典型创新技法 ························· 34-14
    1.3.1 头脑风暴法 ···················· 34-16
    1.3.2 列举法 ·························· 34-17
    1.3.3 信息交合法 ···················· 34-18
    1.3.4 联想法 ·························· 34-19
    1.3.5 形态分析法 ···················· 34-21
    1.3.6 移植法 ·························· 34-23
    1.3.7 组合法 ·························· 34-23
    1.3.8 检核表法 ······················· 34-26
    1.3.9 模拟法 ·························· 34-27
    1.3.10 模仿法 ························ 34-29
    1.3.11 逆向发明法 ··················· 34-29
    1.3.12 分解法 ························ 34-29
    1.3.13 分析信息法 ··················· 34-30
    1.3.14 综摄法 ························ 34-30
    1.3.15 德尔菲法 ····················· 34-32
    1.3.16 六顶思考帽法 ················ 34-32
    1.3.17 创造需求法 ··················· 34-34
    1.3.18 替代法 ························ 34-35
    1.3.19 溯源发明法 ··················· 34-35
    1.3.20 卡片分析法 ··················· 34-35

第2章 创新设计理论和方法

2.1 本体论 ································· 34-37
    2.1.1 本体论概述 ···················· 34-37
    2.1.2 本体论开发步骤 ··············· 34-37
    2.1.3 本体论工程方法 ··············· 34-39
2.2 公理性设计 ···························· 34-41
    2.2.1 公理性概述 ···················· 34-41
    2.2.2 设计域、设计方程和设计矩阵 ··· 34-41
    2.2.3 分解、反复迭代与曲折映射 ····· 34-41
    2.2.4 设计公理 ······················· 34-42
2.3 领先用户法 ···························· 34-43
    2.3.1 领先用户法的基本要素 ········· 34-43
    2.3.2 领先用户法的操作流程 ········· 34-44
    2.3.3 领先用户法的使用条件 ········· 34-44
2.4 模糊前端法 ···························· 34-44
    2.4.1 模糊前端的活动要素 ·········· 34-45
    2.4.2 FFE法操作流程 ················ 34-45
    2.4.3 模糊前端法应用实例 ·········· 34-46
2.5 质量功能展开和田口方法 ··········· 34-46
    2.5.1 质量功能展开 ·················· 34-46
    2.5.2 田口方法 ······················· 34-49
2.6 发明问题解决理论 ·················· 34-50
    2.6.1 TRIZ的内涵 ···················· 34-50
    2.6.2 TRIZ解决创新问题的一般方法 ··· 34-50
    2.6.3 TRIZ理论的应用 ················ 34-51

第3章 发明创造的情境分析与描述

3.1 发明创造资源的分析与描述 ········ 34-52
    3.1.1 直接利用资源 ·················· 34-52
    3.1.2 导出资源 ······················· 34-52
    3.1.3 差动资源 ······················· 34-52
3.2 发明创造的理想化描述 ·············· 34-53
    3.2.1 发明创造的理想化概述 ········· 34-53
        3.2.1.1 理想化 ··············· 34-53
        3.2.1.2 理想化设计 ·········· 34-53
    3.2.2 利用理想化思想实现发明创造 ··· 34-54
        3.2.2.1 提高理想化程度的八种方法 ··· 34-54
        3.2.2.2 实现理想化的步骤 ······ 34-57
3.3 发明创造的情境分析与描述 ········ 34-58
    3.3.1 发电的理想方法 ··············· 34-59

3.3.2 汽车驾驶杆的抖振分析 ………… 34-60

第4章 技术系统进化理论分析

4.1 技术进化过程实例分析 …………… 34-62
4.2 技术系统进化模式 …………………… 34-62
    4.2.1 技术系统进化模式概述 ……… 34-62
    4.2.2 技术系统各进化模式分析 …… 34-62
4.3 技术成熟度预测方法 ……………… 34-80
4.4 工程实例分析 ……………………… 34-81
    4.4.1 系统技术成熟度实例分析 …… 34-81
    4.4.2 技术进化模式的典型实例分析 … 34-85
    4.4.3 车轮的发明及其技术进化过程
          分析 …………………………… 34-90

第5章 技术冲突及其解决原理

5.1 物理冲突及解决原理 ……………… 34-93
    5.1.1 物理冲突的概念及类型 ……… 34-93
    5.1.2 物理冲突的解决原理 ………… 34-94
    5.1.3 分离原理及实例分析 ………… 34-94
        5.1.3.1 空间分离原理 ………… 34-95
        5.1.3.2 时间分离原理 ………… 34-95
        5.1.3.3 基于条件的分离 ……… 34-95
        5.1.3.4 总体与部分的分离 …… 34-96
        5.1.3.5 实例分析 ……………… 34-96
5.2 技术冲突及解决原理 ……………… 34-96
    5.2.1 技术冲突的概念及工程实例 … 34-96
    5.2.2 技术冲突的一般化处理 ……… 34-96
        5.2.2.1 通用工程参数 ………… 34-97
        5.2.2.2 应用实例 ……………… 34-98
        5.2.2.3 技术冲突与物理冲突 … 34-98
    5.2.3 技术冲突的解决原理 ………… 34-98
        5.2.3.1 概述 …………………… 34-98
        5.2.3.2 40条发明创造原理 …… 34-99
5.3 利用冲突矩阵实现创新设计 …… 34-115
    5.3.1 冲突矩阵的简介 …………… 34-115
    5.3.2 利用冲突矩阵创新 ………… 34-115
5.4 工程实例分析 …………………… 34-117

第6章 技术系统物-场分析模型

6.1 如何建立物-场分析模型 ………… 34-120
6.2 利用物-场分析模型实现创新 …… 34-123
6.3 工程实例分析 …………………… 34-124

第7章 发明问题解决程序——ARIZ法

7.1 解决发明问题的程序 …………… 34-128
    7.1.1 第一部分 选择问题 ……… 34-128
    7.1.2 第二部分 建立问题模型 … 34-129
    7.1.3 第三部分 分析问题模式 … 34-129
    7.1.4 第四部分 消除物理矛盾 … 34-130
    7.1.5 第五部分 初步评价所得解决
          方案 ………………………… 34-131
    7.1.6 第六部分 发展所得答案 … 34-131
    7.1.7 第七部分 分析解决进程 … 34-131
7.2 工程实例分析 …………………… 34-131

第8章 科学效应及其应用创新

8.1 科学效应概述 …………………… 34-133
    8.1.1 科学现象、科学效应、科学
          原理 ………………………… 34-133
    8.1.2 科学效应的作用 …………… 34-134
    8.1.3 科学效应的应用模式 ……… 34-135
8.2 科学效应知识库 ………………… 34-135
    8.2.1 效应知识库的由来 ………… 34-136
    8.2.2 效应知识库的分类 ………… 34-136
    8.2.3 应用效应解决问题的步骤 … 34-141
8.3 应用科学效应解决问题案例分析 … 34-142
    8.3.1 案例1：肾结石提取工程问题
          （形状记忆效应、热膨胀效应）… 34-142
    8.3.2 案例2："自加热"握笔手套创新设计
          （帕尔贴效应） …………… 34-142
    8.3.3 案例3：可测温儿童汤匙的设计
          （热敏性物质） …………… 34-144

第9章 创新方法与专利规避设计

9.1 概述 ……………………………… 34-145
    9.1.1 专利规避的基本策略 ……… 34-145
    9.1.2 专利规避设计要注意的原则 … 34-146
9.2 专利规避的方法 ………………… 34-148
    9.2.1 专利规避流程 ……………… 34-148
    9.2.2 基于TRIZ的专利规避方法 … 34-151
9.3 专利规避案例 …………………… 34-157
    9.3.1 弧齿锥齿轮铣齿机相关专利的检
          索与分析 …………………… 34-157
    9.3.2 建立主要元件之间的关系 … 34-158
    9.3.3 根据裁剪变体进行设计方案的

　　　　细化 ································ 34-160

附　录

附录1　冲突矩阵表 ···················· 34-162

附录2　76个标准解 ···················· 34-162

附录3　解决发明问题的某些物理效应表 ··· 34-164

附录4　科学效应总表 ··················· 34-165

参考文献 ································ 34-221

第35篇　绿色设计

第1章　绿色设计涉及的基本问题

1.1　绿色产品与绿色设计的内涵 ········· 35-3
1.2　绿色设计的一般流程 ················ 35-4

第2章　绿色设计方法与工具

2.1　概述 ································ 35-6
2.2　模块化设计方法 ···················· 35-6
　2.2.1　绿色模块化设计步骤 ············ 35-6
　2.2.2　基于原子理论的模块化设计方法 ································ 35-9
　2.2.3　绿色模块化设计案例 ············ 35-10
2.3　典型的绿色设计工具 ················ 35-13

第3章　绿色材料选择设计

3.1　绿色材料 ···························· 35-16
3.2　绿色材料的选择 ···················· 35-17
　3.2.1　绿色材料选择原则 ·············· 35-17
　3.2.2　绿色材料的选择步骤 ············ 35-20
　3.2.3　绿色材料选择方法 ·············· 35-21
3.3　绿色材料选择案例 ·················· 35-22
　3.3.1　FA206B型梳棉机锡林绿色材料选择 ····························· 35-22
　3.3.2　减速器高速轴的绿色材料选择 ··· 35-22
　3.3.3　洗碗机内胆材料选择 ············ 35-23
3.4　电冰箱壳体的多目标选材 ··········· 35-24

第4章　结构减量化设计

4.1　结构减量化设计准则 ················ 35-26
4.2　结构减量化设计方法 ················ 35-26
4.3　减量化设计案例 ···················· 35-30
　4.3.1　高速机床工作台的减量化设计 ································ 35-30
　4.3.2　曲轴的减量化设计 ·············· 35-31

第5章　可拆卸设计

5.1　可拆卸设计准则 ···················· 35-32
5.2　基于准则的可拆卸设计方法 ········· 35-34
　5.2.1　设计流程 ······················· 35-34
　5.2.2　可拆卸连接结构设计 ············ 35-36
5.3　主动拆卸设计方法 ·················· 35-38
5.4　可拆卸设计案例 ···················· 35-40
　5.4.1　静电涂油机的可拆卸结构设计 ··· 35-40
　5.4.2　Power Mac G4 Cube的可拆卸设计 ······························ 35-40
　5.4.3　转盘式双色注塑机合模装置的可拆卸设计 ······················ 35-42

第6章　再制造设计

6.1　再制造设计准则 ···················· 35-47
6.2　再制造设计方法 ···················· 35-48
　6.2.1　基于评价的再制造设计方法 ····· 35-48
　6.2.2　基于准则的再制造设计方法 ····· 35-50
6.3　再制造设计案例分析 ················ 35-51
　6.3.1　基于准则的再制造设计案例 ····· 35-51
　　6.3.1.1　手持军用红外热像仪的再制造设计 ···················· 35-51
　　6.3.1.2　基于拆卸准则的QR轿车变速箱的再制造设计 ·········· 35-52
　　6.3.1.3　基于材料准则的发动机盖的再制造设计 ·················· 35-54
　　6.3.1.4　基于强度准则的发动机曲轴再制造设计 ·················· 35-56
　6.3.2　基于评价的柯达相机的再制造设计 ···························· 35-56

第7章　绿色包装设计

7.1　绿色包装设计准则 ·················· 35-59
　7.1.1　包装材料选择 ··················· 35-59

7.1.2 包装减量化 ……………………… 35-60
  7.1.3 包装材料的回收再利用 ………… 35-60
 7.2 绿色包装设计方法 ………………………… 35-62
 7.3 绿色包装设计案例分析 …………………… 35-62

第 8 章 绿色设计评价

 8.1 绿色设计评价指标体系 …………………… 35-64
 8.2 绿色设计评价方法 ………………………… 35-65
 8.3 生命周期评价工具 ………………………… 35-70
 8.4 生命周期评价案例 ………………………… 35-73
  8.4.1 电动玩具熊的生命周期评价 …… 35-73
  8.4.2 碎石机的生命周期评价 ………… 35-76
  8.4.3 基于 GaBi 的汽车转向器防尘罩的生命周期评价 ……………………… 35-78

第 9 章 产品绿色设计综合案例

 9.1 鼠标的绿色设计案例分析 ………………… 35-82
  9.1.1 目标产品 ………………………… 35-82
  9.1.2 产品基本资料分析 ……………… 35-82
  9.1.3 建立核查清单 …………………… 35-84
  9.1.4 绿色设计策略和方案 …………… 35-84
 9.2 产品绿色设计成功案例赏析 ……………… 35-85

参考文献 …………………………………………… 35-90

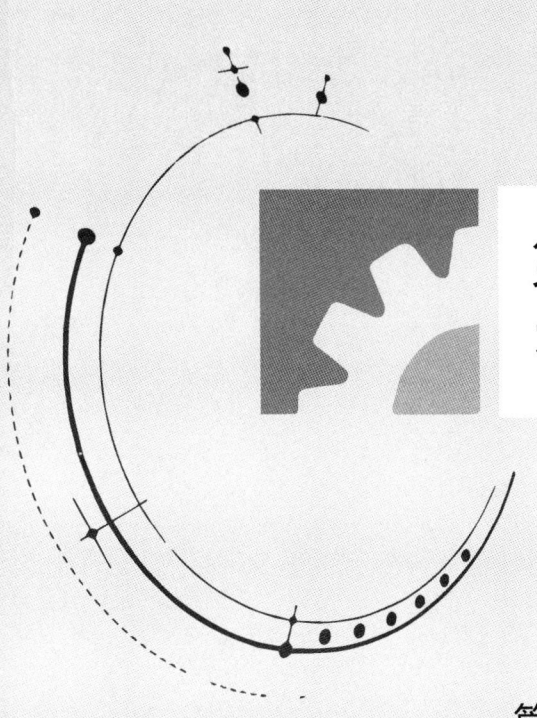

第 27 篇
机械振动与噪声

篇主编：华宏星

撰　　稿：华宏星　陈　锋　谌　勇　董兴建
　　　　　黄修长　黄　煜　焦素娟　蒋伟康
　　　　　雷　敏　李富才　刘树英　龙新华
　　　　　饶柱石　塔　娜　吴海军　严　莉
　　　　　张文明　张志谊

审　　稿：胡宗武　塔　娜

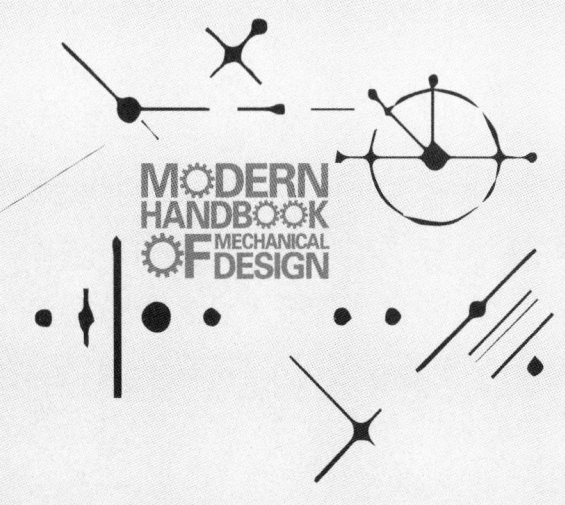

第1章 概 述

1.1 机械振动的分类及机械工程中的振动问题

1.1.1 机械振动的分类

振动与冲击是自然界中广泛存在的现象。机械振动具体说是机械系统在其平衡位置附近的往复运动。冲击则是系统在瞬态或脉冲激励下的运动。

机械振动的分类，根据着眼点的不同可有不同的分类方法，见表27-1-1。

表 27-1-1　　机械振动的分类

分类		基本特征
按产生振动的原因	自由振动	系统受初始干扰或去掉原有的外激励后产生的振动。振动的频率是系统的阻尼固有频率。因阻尼力的存在，振动逐渐衰减；阻尼越大，衰减越快。如系统无阻尼（这只是理想状态，实际是不可能的），则称这种振动为无阻尼自由振动，其振动幅值不变
	受迫振动	系统在外激励力作用下所做的振动。振动特征与外部激励力的大小、方向和频率有关。在简谐激励力作用下，振动系统能同时产生以系统固有频率为振动频率的瞬态响应和以干扰频率为振动频率的稳态响应，其瞬态响应逐渐衰减，乃至最终消失，仅剩余恒定幅值的稳态响应
	自激振动	由于外部能量与系统运动相耦合形成振荡激励所产生的振动，即在非线性系统内由非振荡性能量转变为振荡激励而产生的振动。自激振动中，维持系统振动的振荡激励由运动本身所产生或控制，振动停止，则振荡激励随之消失。振动频率接近于系统固有频率
	参激振动	不是由于外力施加于系统而产生的振动，而是由于外部作用使系统特性参数改变所产生的振动。日常生活中荡秋千就是参激振动的例子，属于单摆摆长周期性变化引起的参激振动
按振动的规律	周期振动	每经过相同的时间间隔，其运动量值重复出现的振动
	简谐振动	运动规律按正弦或余弦函数随时间变化的周期振动。位移、速度、加速度幅值之间相差一个常数（振动圆频率）因子
	准周期振动	由频率比不全为有理数的简谐振动叠加而成，波形稍微偏离周期振动
	准简谐振动	波形很像正弦波，但其频率和（或）振幅有相当缓慢的变化
	确定性振动	可以由时间历程的过去信息预知未来任一时刻瞬时值的振动
	随机振动	在未来任一给定时刻，运动量的瞬时值不能根据以往的运动历程预先加以确定的振动。只能以数理统计方法来描述系统的运动规律
	稳态振动	连续的周期振动
	瞬态振动	非稳态的、非随机的、短暂存在的振动
按振动系统结构参数	线性振动	系统的惯性力、阻尼力和弹性恢复力分别与加速度、速度和位移的一次方成正比，能用常系数线性微分方程描述的振动。系统响应能运用叠加原理
	非线性振动	系统的惯性力、阻尼力和弹性恢复力中的某个或某几个具有非线性性质，只能用非线性微分方程描述的振动。不能运用叠加原理，系统固有频率与其振幅有关

续表

分　类		基　本　特　征
按振动系统的自由度数目	单自由度系统的振动	用一个广义坐标就能确定系统在任意瞬时位置的振动
	多自由度系统的振动	用两个或者两个以上广义坐标才能确定系统在任意瞬时位置的振动
	连续系统的振动	需要无限多个广义坐标才能完全确定系统在任意瞬时位置的振动。常用偏微分运动方程描述,但可以离散化为有限多个自由度系统振动问题来近似处理
按振动位移的特征	纵向振动	振动体上的质点沿其轴线方向的振动,质点运动方向与振动波传播方向平行
	弯曲振动、横向振动	使振动体发生弯曲变形的振动,质点运动方向与振动波传播方向垂直
	扭转振动	振动体垂直轴线的平面上的质点做绕轴线的回转振动
	摆动	振动点绕轴线所做的往复角位移运动
	椭圆振动	振动点的运动轨迹为椭圆形的振动
	圆振动	振动点的运动轨迹为圆形的振动
	直线振动	振动点的运动轨迹为直线的振动
其他	冲击	系统受到瞬态激励,其力、位移、速度或加速度发生突然变化的现象。在冲击作用过程中及停止后将产生初始振动及剩余振动,两者属于瞬态振动
	波动	介质某点的位移同时是时间和空间坐标的函数,其运动状态传播的现象。波动是振动过程向周围介质由近及远的传播,介质某点在其平衡位置振动但不随波前进
	环境振动	与给定环境有关的所有的周围的振动,通常是由远近振源所产生的振动的综合效果
	附加振动	除了主要研究的振动以外的全部振动

1.1.2　机械工程中的振动问题

表 27-1-2　机械工程中的振动问题

振动问题	内容及其控制	振动利用
共振	当外部激励力的频率和系统固有频率接近时,系统产生强烈振动的现象。在机械设计及使用中,多数情况下应该防止或采取措施控制该现象。例如:应该使回转轴系统的工作转速在其各阶临界转速的一定范围之外。工作转速超过临界转速的机械系统在启动和停机过程中,仍然要通过共振区,有可能要产生较强烈的振动,必要时需采取抑制共振的减振、消振措施	在近共振状态下工作的振动机械,就是利用弹性力和惯性力基本接近于平衡状态以及外部激励力主要用来平衡阻尼力的原理工作的,因此所需激励力和功率较非共振类振动机械显著减小
自激振动	自激振动中有机床切削过程的自振、低速运动部件的爬行、滑动轴承油膜振荡、传动带的横向振动、液压随动系统的自振等。这些对各类机械及生产过程都是一种危害,应加以控制	蒸汽机、风镐、凿岩机、液压碎石机等均为自激振动的应用实例

续表

振动问题	内容及其控制	振动利用
不平衡惯性力	旋转机械和往复机械产生振动的根本原因,都是由于不平衡惯性力所引起的。为减小此类机械振动,应采取平衡措施。有关构件不平衡力的计算和静动平衡及各类转子的许用不平衡分别在《现代机械设计手册》"机械设计基础资料篇"和"轴和联轴器篇"进行介绍	惯性振动机械就是依靠偏心质量回转时所产生的离心力作为振源的
振动的传递	为减小外部振动对机械设备的影响或机械设备的振动对周围环境的影响,可安装各类减振器,进行隔振、减振和消振	弹性连杆式激振器就是将曲柄连杆形成的往复运动,通过连杆弹簧传递给振动机体的
非线性振动	在减振器设计中涉及的摩擦阻尼器和黏弹性阻尼器均为非线性阻尼器。自激振动和冲击振动系统也都是非线性振动系统。实际上客观存在的振动问题几乎都是非线性振动问题,只是某些系统的非线性特性较弱,可近似作为线性问题处理	振动输送类振动机等
冲击振动	当机械设备或基础受到冲击作用时,常常需要校核系统对冲击的响应,必要时采取隔振措施	冲击类振动机实际上都可以转化为非线性振动问题加以处理
随机振动	随机振动的隔离和消减与确定性系统的隔振和消振有两点重要区别:一是随机振动的隔离和消减只能由数理统计方法来解决;二是宽带随机振动隔离措施已经失效,只能采取阻尼减振措施	
机械结构抗振能力及噪声	衡量机械结构抗振能力的最重要的指标是动刚度,复杂结构的动刚度多采用有限元法进行优化设计,若要提高结构的动刚度并控制噪声源,通常是合理布置筋板和附以黏弹性阻尼材料。这种问题涉及面较宽,因受篇幅限制,本篇不加以讨论	
振动的测量与调试	振动设计中常碰到系统阻尼系数很难确定的问题,解决这类问题唯一可靠的方法是测试。另外,由于振动设计模型忽略了许多振动影响因素,使得振动系统的实际参数与设计参数间有较大差别,特别像动力吸振器要求附加系统与主振系统的固有频率一致性较高的一类问题,设备安装后必须进行测试,否则振动设计将不能发挥应有的作用。对于实际经验不丰富的设计人员,调试前,可凭借测试对实际系统有一个充分的了解,确定怎样调试,调试后还要借助测试检验调试结果。因此,测试是振动设计的一个重要工具	
颤振	颤振是弹性体(或结构)在相对流动的流体中,由流体力、弹性力和惯性力的交互作用产生的自激振动。颤振的重要特征是存在临界颤振速度 V_F 和临界颤振频率 ω_F。即在一定密度和温度的流体中,弹性体呈持续简谐振动,处于中性稳定状态时的最低流速和相应的振动频率。速度低于 V_F 时,弹性体或结构对外界扰动的响应受到阻尼作用而不发生颤振;在高于 V_F 的一定速度范围内,出现发散振动或幅度随流速增加的等幅振动 由于颤振常导致工程结构在极短时间内严重损坏或引起疲劳而损坏,因此在飞行器、水翼船、叶片机械和大型桥梁等工程结构的设计中,均应仔细分析,消除其影响	
颤抖	机械运动中发生颤抖现象,例如本来应是一个稳定运动却发生暂时停顿、颤动再运动的情况,或者像向前输送物料的振动输送机发生横向的振动或扭振。前者往往是液压系统的毛病,例如背压不足等原因;而后者往往是振动源位置有偏差或振动件没调整好的缘故	

1.2 有关振动的部分标准

1.2.1 有关振动的部分国家标准

1.2.1.1 基础标准和一般标准

表 27-1-3　　基础标准和一般标准

标　准　号	标　准　名　称
GB/T 2298—2010	机械振动、冲击与状态监测　词汇
GB/T 15619—2005	机械振动与冲击　人体暴露　词汇
GB/T 6444—2008	机械振动　平衡词汇
GB/T 14124—2009	机械振动与冲击　建筑物的振动　振动测量及其对建筑物影响的评价指南
GB/T 19874—2005	机械振动　机器不平衡敏感度和不平衡灵敏度
GB/T 14465—1993	材料阻尼特性术语
GB/T 10179—2009	液压伺服振动试验设备　特性的描述方法
GB/T 13437—2009	扭转振动减振器特性描述
GB/T 16305—2009	扭转振动减振器
GB 11349.1～3—2006	振动与冲击机械导纳的试验确定　基本定义与传感器等
GB/T 10408.8—2008	振动入侵探测器
GB/T 14123—2012	机械冲击　试验机　性能特性
GB/T 5168—2008	α-β 钛合金高低倍组织检验方法
GB/T 7670—2009	电动振动发生系统(设备)性能特性
GB/T 6075.1～6—1999～2007	在非旋转部件上测量和评价机器的机械振动　第 1～6 部分
GB/T 13866—1992	振动与冲击测量　描述惯性传感器特性的测定
GB/T 13061—2017	商用车空气悬架用空气弹簧技术规范
GB 50011—2010	建筑抗震设计规范
GB 50223—2008	建筑工程抗震设防分类标准

1.2.1.2 平衡和试验台的振动标准

表 27-1-4　　平衡和试验台的振动标准

标　准　号	标　准　名　称
GB/T 6557—2009	挠性转子机械平衡的方法和准则
GB/T 9239.1—2006	机械振动　恒态(刚性)转子平衡品质要求　第 1 部分:规范与平衡允差的检验
GB/T 4201—2006	平衡机的描述检验与评定
GB/T 20731—2006	车轮平衡机的检验
GB/T 13309—2007	机械振动台　技术条件
GB/T 18328.1—2009	振动发生设备选择指南　第 1 部分:环境试验设备
GB/T 13310—2007	电动振动台
GB/T 5170.13～21—2005～2009	电工电子产品环境试验设备基本参数检定方法
GB 12977—2008	平衡机　防护罩和测量工位的其他保护措施
GB/T 18575—2017	建筑幕墙抗震性能振动台试验方法

1.2.1.3 各种机器、设备的振动标准

表 27-1-5　　　　　　　　　　各种机器、设备的振动标准

	标　准　号	标　准　名　称
振动机械	GB/T 13750—2004	振动沉拔桩机　安全操作规程
	GB/T 8517—2004	振动桩锤(已调整为行业标准 JB/T 10599—2006)
	GB 3883.12—2012	手扶式电动工具的安全　第2部分:混凝土振动器的专用要求
	GB/T 7670—2009	电动振动发生系统(设备)性能特性
	GB/T 8910.2—2004～8910.6—2008	手持便携式动力工具　手柄振动测量方法　第2～6部分
各种往复机械	GB/T 6075.6—2002	在非旋转部件上测量和评价机器的机械振动　第6部分:功率大于100kW的往复式机器
	GB/T 7777—2003	容积式压缩机机械振动测量与评价
	GB/T 7184—2008	中小功率柴油机　振动测量及评级
	GB/T 10398—2008	小型汽油机　振动评级和测试方法
	GB/T 13364—2008	往复泵机械振动测量方法
	GB/T 6072.5—2003	往复式内燃机——性能　第5部分:扭转振动
	GB/T 2820.9—2002	往复式内燃机驱动的交流发电机组　第9部分:机械振动的测量和评价
旋转机械	GB/T 11348.1—1999～11348.5—2008	旋转机械转轴径向振动的测量和评定　第1～5部分
	GB/T 16768—1997	金属切削机床　振动测量方法
	GB/T 13574—1992	金属切削机床　静刚度检验通则
	GB/T 10068—2008	轴中心高为56mm及以上电机的机械振动　振动的测量、评定及限值
	GB/T 15371—2008	曲轴轴系扭转振动的测量与评定方法
	GB/T 17189—2017	水力机械(水轮机、蓄能泵和水泵水轮机)振动和脉动现场测试规程
	GB/T 18051—2000	潜油电泵振动试验方法
	GB/T 10895—2004	离心机　分离机　机械振动测试方法
船舶	GB/T 7727.4—1987	船舶通用术语　船体结构、强度及振动
	GB/T 16301—2008	船舶机舱辅机振动烈度的测量和评价
	GB/T 7094—2016	船用电气设备振动(正弦)试验方法
	GB/T 7452—2007	机械振动　客船和商船适居性振动测量、报告和评价准则
	GB/T 19845—2005	机械振动　船舶设备和机械部件的振动试验要求
车辆类	GB/T 8419—2007	土方机械　司机座椅振动的试验室评价
	GB/T 8421—2000	农业轮式拖拉机　驾驶座传递振动的试验室测量和限值
	GB/T 7927—2007	手扶拖拉机　振动测量方法
	GB/T 21563—2008	轨道交通　机车车辆设备　冲击和振动试验
	GB/T 7031—2005	机械振动　道路路面谱测量数据报告
	GB/T 13860—1992	地面车辆机械振动测量数据的表述方法
	GB/T 5913—1986	柴油机车车内设备机械振动烈度评定方法(已调整为行业标准 TB/T 3146—2007)
其他设备	GB/T 10431—2008	紧固件横向振动试验方法
	GB/T 8910.1～3—2004	手持便携式动力工具　手柄振动测量方法　第1部分～第3部分:总则、铲和铆钉机、凿岩机和回转锤
	GB/T 4857.7—2005	包装　运输包装件基本试验　第7部分:正弦定频振动试验方法
	GB/T 4857.10—2005	包装　运输包装件基本试验　第10部分:正弦变频振动试验方法
	GB/T 4857.23—2003	包装　运输包装件　随机振动试验方法
	GB/T 8169—2008	包装用缓冲材料振动传递特性试验方法

续表

标　准　号	标　准　名　称
GB/T 7287—2008	红外辐射加热器振动试验方法
GB/T 2423.10—2008	电工电子产品环境试验　第2部分:试验方法　试验Fc:振动(正弦)
GB/T 2423.102—2008	电工电子产品环境试验　第2部分:试验方法　试验:温度(低温、高温)/低气压/振动(正弦)综合
GB/T 2424.22—1986	电工电子产品基本环境试验规程　温度(低温、高温)和振动(正弦)综合试验导则
GB/T 2820.9—2002	往复式内燃机驱动的交流发电机组　第9部分:机械振动的测量和评价
GB/T 10263—2006	核辐射探测器环境条件与试验方法
GB/T 11287—2000	电气继电器　第21部分:量度继电器和保护装置的振动、冲击、碰撞和地震试验　第1篇:振动试验(正弦)

(其他设备)

1.2.1.4　振动测量仪器的使用和要求

表27-1-6　　　　　　　　振动测量仪器的使用和要求的国家标准

标　准　号	标　准　名　称
GB/T 13824—2015	旋转与往复式机器的机械振动　对振动烈度测量仪的要求
GB/T 13436—2008	扭转振动测试仪器技术要求
GB/T 14412—2005	机械振动与冲击　加速度计的机械安装
GB/T 6383—2009	振动空蚀试验方法
GB/T 20485.1—2008	振动与冲击传感器校准方法　第1部分:基本概念
GB/T 20485.12—2008	振动与冲击传感器校准方法　第12部分:互易法振动绝对校准
GB/T 20485.22—2008	振动与冲击传感器校准方法　第22部分:冲击比较法校准
GB/T 17214.3—2000	工业过程测量和控制装置的工作条件　第3部分:机械影响
GB/T 11606—2007	分析仪器环境试验方法

1.2.1.5　人体振动与环境

表27-1-7　　　　　　　　人体振动与环境的国家标准

标　准　号	标　准　名　称
GB/T 15619—2005	机械振动与冲击　人体暴露　词汇
GB 10070—1988	城市区域环境振动标准
GB/T 17958—2000	手持式机械作业防振要求
GB/T 5395—2014	林业及园林机械　以内燃机为动力的便携式手持操作机械振动测定规范　手把振动
GB/T 10071—1988	城市区域环境振动测量方法
GB/T 13441.1—2007	机械振动与冲击　人体暴露于全身振动的评价　第1部分:一般要求
GB/T 13441.2—2008	机械振动与冲击　人体暴露于全身振动的评价　第2部分:建筑物内的振动(1~80Hz)
GB/T 19739—2005	机械振动与冲击　手臂振动　手臂系统为负载时弹性材料振动传递率的测量方法
GB/T 19740—2005	机械振动与冲击　人体手臂系统驱动点的自由机械阻抗
GB/T 7452—2007	机械振动　客船和商船适居性振动测量、报告和评价准则
GB/T 16440—1996	振动与冲击　人体的机械驱动点阻抗
GB/T 18368—2001	卧姿人体全身振动舒适性的评价
GB/T 18703—2002	手套掌部振动传递率的测量与评价
GB/T 13670—2010	机械振动　铁道车辆内乘客及乘务员暴露于全身振动的测量与分析

续表

标 准 号	标 准 名 称
GB/T 19846—2005	机械振动　列车通过时引起铁路隧道内部振动的测量
GB/T 10910—2004	农业轮式拖拉机和田间作业机械驾驶员全身振动的测量
GB/T 13876—2007	农业轮式拖拉机驾驶员全身振动的评价指标
GB/T 18707.1—2002	机械振动　评价车辆座椅振动的实验室方法　第1部分：基本要求
GB/T 5395—2014	林业及园林机械　以内燃机为动力的便携式手持操作机械振动测定规范　手把振动
GB 12348—2008	工业企业厂界环境噪声排放标准
GB 18083—2000	以噪声污染为主的工业企业卫生防护距离标准
GB/T 17483—1998	液压泵空气传声噪声级测定规范
GB/T 13921—1992	关于固定结构特别是建筑物和海上结构的居住者对低频(0.063~1Hz)水平运动响应的评价导则

1.2.2 有关振动的部分国际标准

国际标准化组织 ISO 曾颁布了一系列振动标准，作为机器质量评定的依据。主要有以下标准，见表 27-1-8。

表 27-1-8　ISO 振动标准

标准/系列	简介及条目
ISO 2372	工作转速从 10r/s 到 200r/s 的大型旋转机器的机械振动评价标准，是评价机器振动的基础。它将振动烈度从人们可感觉的门槛值 0.071mm/s 为起点，到 71mm/s 的范围分为 15 个量级(得到第 1 个振动烈度范围为 0.071~0.112mm/s 是 0.11 级，下同)，相邻两个烈度量级的比约为 1.6，即相差 4dB 又将机器分成四类：Ⅰ~Ⅳ类，对每类机器都有评定，分 A、B、C、D 四个品质级(见 1.2.3 的详细说明)
ISO 7919 系列	ISO 3945 速度范围从 10r/s 到 200r/s 的大型旋转机器的机械振动——现场振动烈度的测量和评定，是 ISO 2372 的补充。该标准所规定的振动烈度评定等级还决定于机器系统的支承状态，分成刚性支承和挠性支承两大类 旋转机械的机械振动——在回转轴上测量和评价标准。共有 5 部分： ISO 7919.1—1996　第 1 部分：总则 ISO 7919.2—2009　第 2 部分：额定转速为 1500r/min、1800r/min、3000r/min 及 3600r/min，功率超过 50MW 的地面安装的蒸汽轮机和发电机组 ISO 7919.3—2009　第 3 部分：耦合工业机器 ISO 7919.4—1996　第 4 部分：带有流体膜轴承的燃气轮机组 ISO 7919.5—2005　第 5 部分：水力发电厂和泵站机组
ISO 10816 系列	机械振动——在非旋转部件上测量和评定机器振动。在非旋转部件上测量一般指在轴承盖上测量，上述标准基本上可以作为振动频率在 10~1000Hz 范围内的机器振动烈度的等级评定。共有 7 部分： ISO 10816.1—1995　第 1 部分：总则 ISO 10816.2—2001　第 2 部分：额定转速为 1500r/min、1800r/min、3000r/min 及 3600r/min，功率超过 50MW 的地面安装的蒸汽轮机和发电机组 ISO 10816.3—2009　第 3 部分：现场测量时标称功率为 15kW 和标称速度为 120~150r/min 的工业机械 ISO 10816.4—2009　第 4 部分：带有流体膜轴承的燃气轮机组 ISO 10816.5—2000　第 5 部分：水力发电厂和泵站机组 ISO 10816.6—1995　第 6 部分：功率大于 100kW 的往复式机器 ISO 10816.7—2009　第 7 部分：包括在旋转轴上测量的工业设施用旋转动力泵
ISO 其他有关振动标准	ISO 1925—2001　机械振动　平衡　词汇 ISO 1940—1997　机械振动　刚性转子的平衡质量要求　第 2 部分：平衡误差 ISO 11342—1998　挠性转子的机械平衡方法和准则 ISO 13372—2004　机器的状况监测和诊断　词汇 ISO 13373-1：2002　条件监测和机械诊断　振动条件监测　第 1 部分：一般程序 ISO 13379：2003　机器的工况监测和诊断　数据说明和诊断技术通用指南 ISO 13380—2002　机器的条件监控和诊断　对使用性能参数的一般导则 ISO 14694—2003　工业风机　平衡质量和振动等级规范 ISO 14695—2003　工业风机　风机振动的测量方法 ISO 17359：2003　机器的条件监控和诊断　总导则 ISO 18436　机器的工况监测和诊断　人员培训与认证要求 ISO 20806—2005　机械振动　中型和大型转子的现场平衡标准和保护装置

1.2.3 机械振动等级的评定

机械种类很多，针对各种类型的机械有各自的标准。对于振动的特征可以用位移、速度或加速度检测来衡量与评定；振动的量值也可用相对值来评定。但通常还是采用 ISO 2372 的标准，以振动速度来评定机械的振动程度。

1.2.3.1 振动烈度的评定

(1) 如上所说，一般用振动速度作为标准来评定机械的振动程度。美国和加拿大以振动速度的峰值来表示机器的振动特征。西欧国家和我国多采用振动速度的有效值来衡量机器的振动特征。由于机械振动一般都用简谐振动来表示，因此上述振动的峰值和有效值之间有如下简单关系，是可以互相换算的：

$$V_{max} = \sqrt{2} V_e = 2\pi f A \quad (mm/s) \quad (27\text{-}1\text{-}1)$$

式中 V_{max}——振动速度的峰值，mm/s；
V_e——振动速度的有效值，mm/s；
f——频率，Hz；
A——振幅，mm。

(2) 根据 ISO 的建议，以振动速度的均方根值来衡量机器的振动烈度。在垂直、纵向、横向三个方向的几个主要振动点进行振动的测量，以三个方向的振动速度的有效值的均方根值表示机器的振动烈度：

$$V_{rms} = \sqrt{\left(\frac{\Sigma V_x}{N_x}\right)^2 + \left(\frac{\Sigma V_y}{N_y}\right)^2 + \left(\frac{\Sigma V_z}{N_z}\right)^2} \quad (mm/s)$$

$$(27\text{-}1\text{-}2)$$

式中 ΣV_x，ΣV_y，ΣV_z——垂直、纵向、横向三个方向各自振动速度的有效值，mm/s；
N_x，N_y，N_z——垂直、纵向、横向三个方向主要振动点的各自测点数目。

1.2.3.2 振动烈度的等级划分

为便于实用，按 ISO 2732 把振动的品级分为四级：

A 级——良好，不会使机械设备的正常运转发生危险的振动级；
B 级——许可，可验收的、允许的振动级；
C 级——可容忍，振动级是允许的，但有问题、不满意，应设法降低的振动级；
D 级——不允许，振动级太大，机器不得运转。

表 27-1-9 是我国参考上节所述的 ISO 2372（只有四类）、ISO 3945（只有两类）及其他国际标准后得出的，对于尚无国家标准和行业标准的各种设备可以参照执行。表中把机器和设备分为七大类。各种类型的分类大致如下。

Ⅰ 类：在正常条件下与整机连成一体的电动机和机器零件（15kW 以下的生产用电动机；中心高 ≤225mm、转速 ≤1800r/min 或中心高 >225mm、转速 ≤1000r/min 的泵）。

Ⅱ 类：没有专用基础的中等尺寸机器（输出功率 15～75kW 的电动机）；刚性固定在专用基础上的发电机和机器，300kW 以下（转速 >1800～4500r/min、中心高 ≤225mm 或转速 >1000～1800r/min、中心高 >225～550mm 或转速 >600～1500r/min、中心高 >550mm 的泵）。

Ⅲ 类：安装在刚性非常大的（在测振方向上）、重的基础上、带有旋转质量的大型原动机和其他大型机器（中心高 ≤225mm、转速 >4500～12000r/min 或中心高 >225～550mm、转速 >1800～4500r/min 或中心高 >550mm、转速 >1500～3600r/min 的泵）。

Ⅳ 类：安装在刚性非常小的（在测振方向上）基础上、带有旋转质量的大型原动机和其他大型机器（透平发动机组，特别是轻型透平发动机组；中心高 >225～550mm、转速 >4500～12000r/min 或中心高 >550mm、转速 >3600～12000r/min 的泵；对称平衡式压缩机）。

Ⅴ 类：安装在刚性非常大的（在测振方向上）基础上、带有不平衡惯性力的机器和机械驱动系统（由往复运动造成，包括角度式、对置式压缩机；标定转速 ≤3000r/min、刚性支承的多缸柴油机）。

Ⅵ 类：安装在刚性非常小的（在测振方向上）基础上、带有不平衡惯性力的机器和机械驱动系统（立式、卧式压缩机；刚性支承、转速 >3000r/min 或弹性支承、转速 ≤3000r/min 的多缸柴油机）；具有松动耦合旋转质量的机器（如研磨机中的回转轴）；具有可变的不平衡力矩、自成系统地进行工作而不用连接件的机器（如离心机）；加工厂中用的振动筛、动态疲劳试验机和振动台。

Ⅶ 类：安装在弹性支承上、转速 >3000r/min 的多缸柴油机；非固定式压缩机。

我国有些设备标准不完全按表 27-1-9 的规定，例如单缸柴油机（标定转速 ≤3000r/min）的标准，见表 27-1-10。

1.2.3.3 泵的振动烈度的评定举例

基本上采用国际标准 ISO 2372。但在振动速度有效值上只取最大的一个方向。

立式泵主要测点的具体位置应通过试测确定，即在测点的水平圆周上试测，将测得的振动值最大处定为测点。

每个测点都要在三个相互垂直的方向（水平、垂直、轴向）进行振动测量。

比较主要测点在三个方向（水平 X、垂直 Y、轴向 Z）、三个工况（允许用到的小流量、规定流量、大流量）上测得的振动速度有效值，其中最大的一个定为泵的振动烈度。

在 10～1000Hz 的频段内速度均方根值相同的振动被认为具有相同的振动烈度，确定泵的烈度级。

为了评价泵的振动级别，按泵的中心高和转速将泵分为四类，见表 27-1-11。有了泵的类别与烈度级就可用表 27-1-9 来评价泵的振动级别为 A、B、C、D 哪一级。

表 27-1-9　　　　　　　　　　　推荐的机械设备的振动标准

分级范围	振动烈度 V_{rms} /mm·s^{-1}	分贝 /dB	机械设备的类别						
			Ⅰ	Ⅱ	Ⅲ	Ⅳ	Ⅴ	Ⅵ	Ⅶ
0.11	0.071～0.112	81							
0.18	0.112～0.18	85							
0.28	0.18～0.28	89	A	A					
0.45	0.28～0.45	93			A				
0.71	0.45～0.71	97				A	A		
1.12	0.71～1.12	101						A	
1.8	1.12～1.8	105	B						A
2.8	1.8～2.8	109		B					
4.5	2.8～4.5	113	C		B				
7.1	4.5～7.1	117		C		B			
11.2	7.1～11.2	121			C		B		
18	11.2～18	125				C		B	
28	18～28	129	D				C		B
45	28～45	133		D				C	
71	45～71	137			D	D			C
112	71～112	141					D	D	D

注：振动速度级的基准取为 $V_{0(eff)} = 10^{-6}$ cm/s。

表 27-1-10　　　　　单缸柴油机的等级和振动烈度（标定转速≤3000r/min）

等级	水冷		风冷	
	刚性支承	弹性支承	刚性支承	弹性支承
	振动烈度限值/mm·s^{-1}			
A	7.1	11.2	11.2	18.0
B	11.2	18.0	18.0	28.0
C	18.0	28.0	28.0	45.0

表 27-1-11　　　　　　　　　按泵中心高和转速的分类

中心高/mm	≤225	>225～550	≥550
类别	转速/r·min^{-1}		
第一类	≤1800	≤1000	—
第二类	>1800～4500	>1000～1800	>600～1500
第三类	>4500～12000	>1800～4500	>1500～3600
第四类	—	>4500～12000	>3600～12000

注：1. 卧式泵的中心高规定为由泵的轴线到泵的底座上平面间的距离，mm。
2. 立式泵本来没有中心高，为了评价它的振动级别，取一个相当的尺寸当作立式泵的中心高，即把立式泵的出口法兰密封面到泵轴线间的投影距离定为它的相当中心高。

1.3 允许振动量

振动控制必须有一个目标，达不到这个目标就不能消除振动的危害；超过这个目标，势必采取不必要的技术措施形成浪费。这个目标就是允许振动量。

1.3.1 机械设备的允许振动量

机械振动引起的动态力使机械产生动态位移，将影响其工作性能；同时产生的动应力将使其疲劳损伤，有时留下残余变形，降低机器的使用寿命，还产生恶化环境的噪声。为保证机器设计的工作性能和使用寿命，应把机械自身的振动控制在允许量范围之内。

机械的种类很多，各有其自身对振动的要求。因此，出现了针对各类机械的国家标准或行业标准，从中可查到其允许振动量。目前有些机械还没有这个限制振动的标准，可参考表 27-1-12。根据机械设备的使用情况（振动品级），从表中查到其相应的允许振动速度（有效值，也称振动烈度）及等效的位移幅值。

1.3.2 其他要求的允许振动量

在机械的设计和使用中，除了要控制机械自身的振动外，还要兼顾振动对人体、建筑物及精密机器和仪表周围环境的影响。

1) 人体处于振动环境中，将受到不利的影响。轻者使人不舒适；重者使人疲劳，生产率下降；严重者危害人的健康和安全。根据振动方向、振动频率和受振时间，可从有关已有的标准中查到保证生产率不下降、保证人体舒适的振动量以及人体允许振动量的极限。

2) 仪表周围环境的振动，将降低仪表的精度甚至使仪表失灵，影响其使用功能。为保证仪表在使用寿命内能正常工作，要求周围环境的振动小于允许量，以控制环境振动对仪表的干扰。根据仪表的安装类别（环境条件）和振动频域，可从有关已有的标准中查到仪表各振动等级对应的振动极限值。

3) 建筑物内的振动及周围环境的振动，可能使建筑物及其基础变形；严重者墙板开裂甚至造成整个结构破坏。可从已有的机械振动与冲击对建筑物振动影响的测量和评价标准中查到建筑物的允许振动量。

表 27-1-12　　机械设备的允许振动量

振动速度(烈度) V_{rms}/mm·s^{-1}	等效位移幅值 A/μm		评 价						
	50Hz	10Hz	Ⅰ	Ⅱ	Ⅲ	Ⅳ	Ⅴ	Ⅵ	Ⅶ
0.11	0.5	2.5							
0.18	0.8	4							
0.28	1.25	6.25	A	A					
0.45	2	10			A				
0.71	3.15	15.75				A	A		
1.12	5	25	B					A	A
1.8	8	40		B					
2.8	12.5	62.5	C		B				
4.5	20	100		C		B			
7.1	31.5	157.5			C		B		
11.2	50	250				C		B	
18	80	400	D				C		B
28	125	625		D				C	
45	200	1000			D				C
71	315	1575				D		D	
112	500	5000							D

第 2 章 机械振动基础

本章的内容是线性振动。线性振动的特点是系统在平衡位置附近作微幅振动,其位移、速度和加速度分别用 x、$\dot{x}$ 和 $\ddot{x}$ 表示,此时系统的弹性回复力 Kx 和阻尼力 $C\dot{x}$ 均是线性的。为使运动方程具有简单形式,描述系统运动时坐标原点应取在平衡位置。

本章首先介绍单自由度系统的自由振动,包括系统的固有频率、阻尼和振动的对数衰减率。接着介绍单自由度系统在简谐激励下的受迫振动,在频率域对振动响应进行分析,了解简谐激励稳态响应的振幅、相位随激励频率的变化,以及共振的特点等。然后介绍多自由度系统的振动,包括系统的运动方程、频率和振型、振型的正交性,以及几种常见二自由度系统在简谐激励下稳态响应的计算。最后介绍振动系统在任意激励下响应的计算。

2.1 单自由度系统的自由振动

表 27-2-1　　　　　　　　　　单自由度系统的自由振动

序号	项目	无阻尼系统	阻尼系统
1	力学模型	力学模型中质量 m 代表系统的惯性,刚度 K 表示系统的弹性,阻尼 C 代表系统耗散能量的特性;质量、刚度和阻尼称为振动系统力学模型的三要素	
2	运动微分方程	$m\ddot{x}+Kx=0$,或 $\ddot{x}+\omega_n^2 x=0$ m——质量,kg;K——刚度,N/m;C——黏性阻尼系数,N·s/m;δ_s——弹簧在重力 mg 作用下的静伸长	$m\ddot{x}+C\dot{x}+Kx=0$,或 $\ddot{x}+2\zeta\omega_n\dot{x}+\omega_n^2 x=0$ $$\omega_n^2=\frac{K}{m},\zeta=\frac{C}{2m\omega_n}$$
3	特征方程	$ms^2+K=0$ 或 $s^2+\omega_n^2=0$	$ms^2+Cs+K=0$ 或 $s^2+2\zeta\omega_n s+\omega_n^2=0$
4	运动方程的通解	$x=A_1 e^{s_1 t}+A_2 e^{s_2 t}$,当 $s_1\neq s_2$ 时;$x=(A_1+A_2)e^{s_1 t}$,当 $s_1=s_2$ 时(重根) s_1 和 s_2 为特征方程的根,只有 s_1 和 s_2 虚部不等于 0 才有振动产生,此时 $\zeta<1$	
5	振动频率	系统的固有频率 $\omega_n=\sqrt{\dfrac{K}{m}}$,单位 rad/s 圆频率 ω 和频率 f 的关系:$\omega=2\pi f$ f 的单位是 1/s,Hz	阻尼自由振动频率 $\omega_d=\sqrt{1-\zeta^2}\omega_n$,$\zeta<1$ 阻尼比 $\zeta=\dfrac{C_c}{C}$;临界阻尼 $C_c=2m\omega_n$ 当临界阻尼 C_c 小于黏性阻尼系数 C 时,阻尼比 ζ 小于 1(小阻尼),此时才有振动产生。当 ζ 很小时,$\omega_d\approx\omega_n$
6	初位移和初速度引起的振动响应($t=0$ 时 $x=x_0$,$\dot{x}=\dot{x}_0$)	$x=x_0\cos\omega_n t+\dfrac{\dot{x}_0}{\omega_n}\sin\omega_n t=A\sin(\omega_n t+\varphi)$ 式中 $A=\sqrt{x_0^2+\left(\dfrac{\dot{x}_0}{\omega_n}\right)^2}$,$\varphi=\arctan\dfrac{x_0\omega_n}{\dot{x}_0}$	$x=e^{-\zeta\omega_n t}\left(x_0\cos\omega_d t+\dfrac{\dot{x}_0+\zeta\omega_n x_0}{\omega_d}\sin\omega_d t\right)$ $=Ae^{-\zeta\omega_n t}\sin(\omega_d t+\varphi)$ 式中 $A=\sqrt{x_0^2+\left(\dfrac{\dot{x}_0+\zeta\omega_n x_0}{\omega_d}\right)^2}$,$\varphi=\arctan\dfrac{x_0\omega_d}{\dot{x}_0+\zeta\omega_n x_0}$

续表

序号	项　目	无阻尼系统	阻尼系统
7	阻尼自由振动的衰减	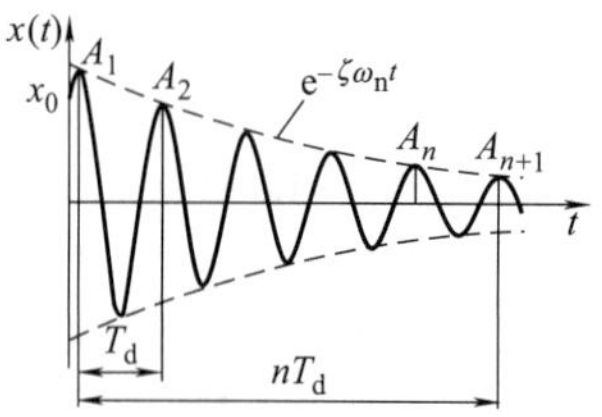 阻尼自由振动的衰减过程，$\zeta=0.05$	相邻两振幅之比：$\dfrac{A_i}{A_{i+1}}=\mathrm{e}^{\zeta\omega_n T_d}$，$T_d=\dfrac{2\pi}{\omega_d}$ 为阻尼自由振动准周期对数衰减率：$\delta=\dfrac{1}{n}\ln\dfrac{A_1}{A_{n+1}}=\zeta\omega_n\ T_d=\dfrac{2\pi\zeta}{\sqrt{1-\zeta^2}}$ 当 ζ 很小时，$\delta\approx2\pi\zeta$；即使 ζ 很小，振幅的衰减也很快。例如 $\zeta=0.05$ 时，$A_{i+1}=0.73A_i$，经过一个周期振幅减小 27%；对 $\zeta=1$（临界阻尼）和 $\zeta>1$（大阻尼）的情形，系统不会产生振动，见本表注
8	振动过程中的能量关系	振动过程中动能 T 和势能 V 相互转换，总能量不变。质量 m 运动到最大位移处时速度为 0，能量全部转换为势能；质量 m 经过平衡位置时速度最大，能量全部转换为动能（平衡位置为势能参考位置，势能为 0）；能量关系为：$T+V=T_{\max}=V_{\max}$	动能和势能相互转换，但由于阻尼消耗能量，振动总能量不断减少，振幅逐渐降低，最后趋于停止
9	干摩擦阻尼及其等效黏性阻尼		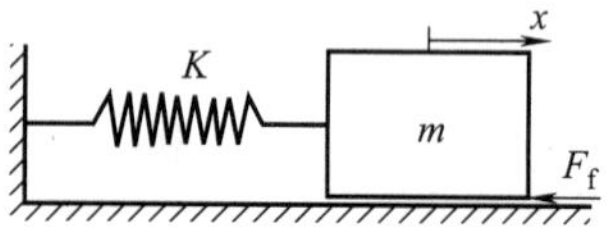 干摩擦在机械运动副之间广泛存在，干摩擦力的表达式为 $$F_f=-\dfrac{\dot{x}}{\|\dot{x}\|}\mu N$$ F_f 为干摩擦力，μ 为滑动摩擦因数，N 为摩擦面上的正压力，$-\dot{x}/\|\dot{x}\|$ 表示摩擦力的方向与相对运动方向相反。干摩擦阻尼自由振动力学模型的运动方程为 $$m\ddot{x}+\mu N\dfrac{\dot{x}}{\|\dot{x}\|}+Kx=0$$ 借助功能原理分析，每经半个循环后系统能量的减少等于期间摩擦力所做的功。可知经过半个循环后振幅的衰减量为 $2\|F_f\|/K$，振幅随时间按直线规律衰减。当振幅小于 $\|F_f\|/K$ 时弹簧力小于摩擦力，振动将停止 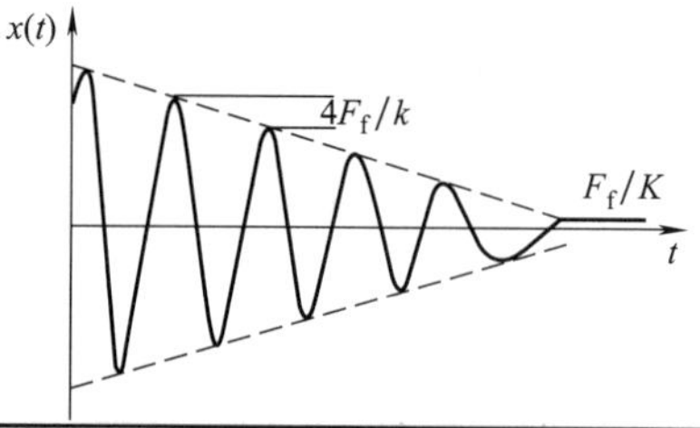

续表

序号	项　目	无阻尼系统	阻尼系统
9	干摩擦阻尼及其等效黏性阻尼		为了简化分析,可利用等效黏性阻尼的概念将不同的阻尼当作等效黏性阻尼处理,阻尼等效的原则是在一个振动周期中不同阻尼所消耗的能量与黏性阻尼在一个周期中所消耗的能量相等,也即 $\pi c \omega x_0^2 = 4\mu N x_0$,得到等效黏性阻尼 $c_{eq} = \dfrac{4\mu N}{\pi \omega x_0}$

注:临界阻尼和大阻尼的情形,如下图所示。

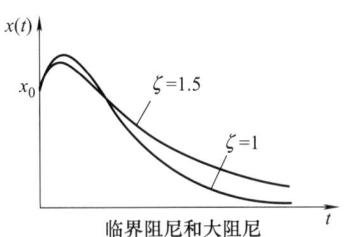

临界阻尼和大阻尼

1) 临界阻尼 $\zeta=1$: $x=[x_0+(\dot{x}_0+\omega_n x_0)t]e^{-\omega_n t}$,如图。

2) 大阻尼 $\zeta>1$: $x=\dfrac{e^{-\zeta\omega_n t}}{2\sqrt{\zeta^2-1}}\left\{\left[(\zeta+\sqrt{\zeta^2-1})x_0+\dfrac{\dot{x}_0}{\omega_n}\right]e^{\sqrt{\zeta^2-1}\,\omega_n t}-\left[(\zeta-\sqrt{\zeta^2-1})x_0+\dfrac{\dot{x}_0}{\omega_n}\right]e^{-\sqrt{\zeta^2-1}\,\omega_n t}\right\}$。

2.2　单自由度系统的受迫振动

2.2.1　简谐激励下的振动响应

表 27-2-2　　　　　　　　　　简谐激励下的振动响应

序号	项目	简谐力引起的受迫振动	偏心回转引起的受迫振动	基础运动引起的受迫振动
1	力学模型	(图) $F_0\sin\omega t$	(图) $m_0 r\omega^2\sin\omega t$	(图) $u=U\sin\omega t$
2	运动微分方程	$m\ddot{x}+C\dot{x}+Kx=F_0\sin\omega t$ F_0——激励力幅值	$m\ddot{x}+C\dot{x}+Kx=m_0 e\omega^2\sin\omega t$ $m_0 e$——偏心质量矩 ω——转子回转角速度	$m\ddot{x}+C\dot{x}+Kx=C\dot{u}+Ku$ $u=U\sin\omega t$ 是以 U 为幅值的基础运动
3	瞬态响应	运动方程的解 $x=Ae^{-\zeta\omega_n t}\sin(\omega_d t+\varphi)+B\sin(\omega t-\psi)$ 包含两个频率的振动:随着时间增加,频率为 ω_d 的振动不断衰减而消失,称为瞬态响应;剩下的振动与外激励频率 ω 相同,称为稳态响应		
4	稳态响应振幅	$B=\dfrac{F_0}{K}\dfrac{1}{\sqrt{(1-r^2)+(2\zeta r)^2}}$	$B=\dfrac{m_0 e\omega^2}{K}\dfrac{1}{\sqrt{(1-r^2)+(2\zeta r)^2}}$	$B=\dfrac{U\sqrt{1+(2\zeta r)^2}}{\sqrt{(1-r^2)+(2\zeta r)^2}}$
		B——振幅;r——频率比,$r=\omega/\omega_n$;ζ——阻尼比		

续表

序号	项目	简谐力引起的受迫振动	偏心回转引起的受迫振动	基础运动引起的受迫振动
5	幅频特性曲线	$\beta=\dfrac{KB}{F_0}=\dfrac{1}{\sqrt{(1-r^2)+(2\zeta r)^2}}$ 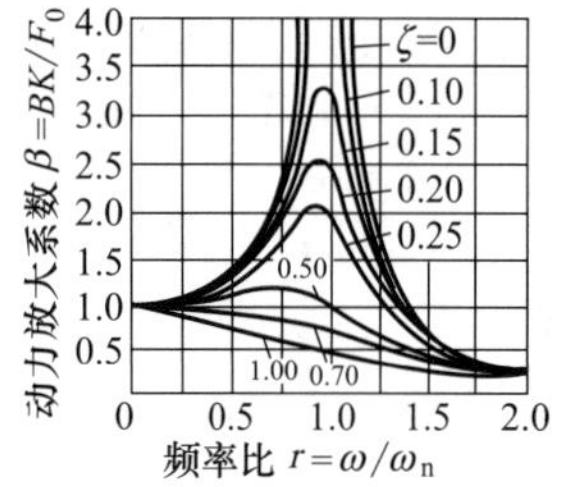 (1) $r\ll 1$, $\beta\to 1$, $B\to F_0/K$, 振幅受弹性控制； (2) $r\gg 1$, $\beta\to\dfrac{1}{r^2}=\dfrac{\omega_n^2}{\omega^2}$, $B\to-\dfrac{F_0}{m\omega^2}$, 振幅受惯性控制； (3) $r=1$ 时发生共振, $\beta=\dfrac{1}{2\zeta}$, 振幅受阻尼控制； (4) 最大振幅在 $r=\sqrt{1-2\zeta^2}$ 处	$\beta=\dfrac{mB}{m_0 e}=\dfrac{r^2}{\sqrt{(1-r^2)+(2\zeta r)^2}}$ 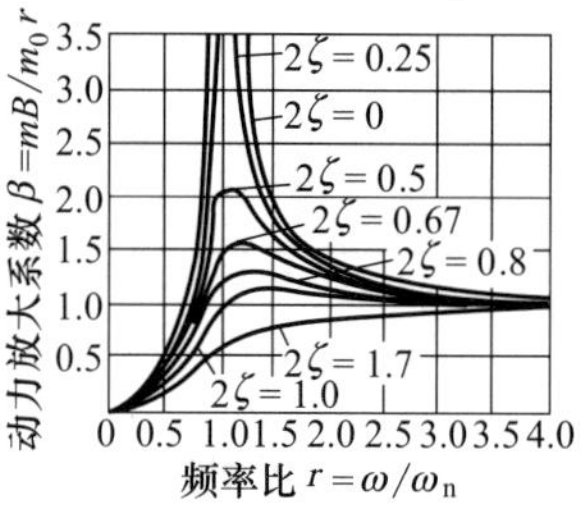 (1) $r\ll 1$, $\beta\to 0$, $B\to 0$； (2) $r\gg 1$, $\beta=\dfrac{mB}{m_0 e}\to 1$； (3) $r=1$ 时发生共振, $\beta\approx\dfrac{1}{2\zeta}$	$T_r=\dfrac{B}{U}=\dfrac{\sqrt{1+(2\zeta r)^2}}{\sqrt{(1-r^2)+(2\zeta r)^2}}$ 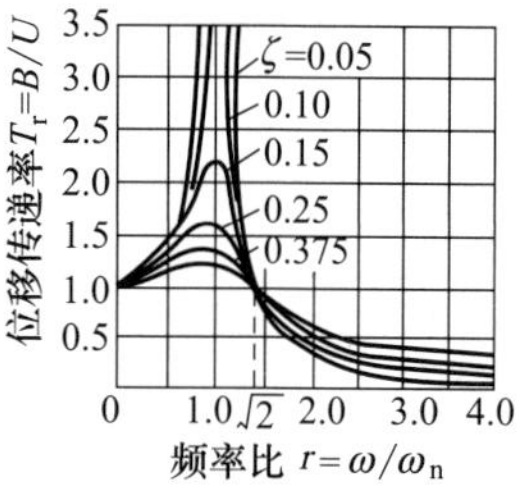 (1) $r\to 0$, $T_r\to 1$； (2) $r=\sqrt{2}$, $T_r=1$； (3) $r>\sqrt{2}$, 位移传递率 $T_r<1$, 此时起隔振作用（隔离基础运动向质量的传递），且 ζ 越小，隔振效果越好
6	相频特性曲线	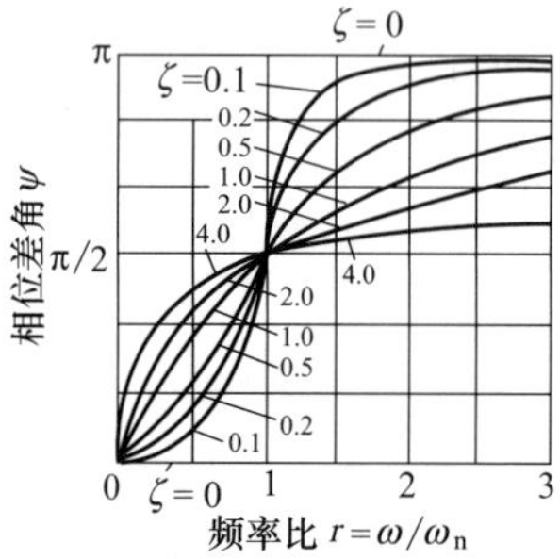 $\psi=\arctan\dfrac{1-r^2}{2\zeta r}$ (1) $r=1$ 时 $\omega=\omega_n$, 产生共振，此时 $\psi=90°$, 激励力和速度同相位； (2) 共振点附近相位变化比较大，结合(1)可以判断系统的共振点以及固有频率		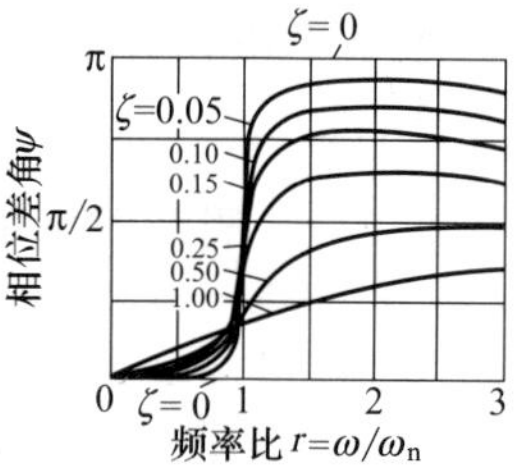 $\psi=\arctan\dfrac{2\zeta r^3}{1-r^2+(2\zeta r)^2}$
7	共振时的半功率点和带宽	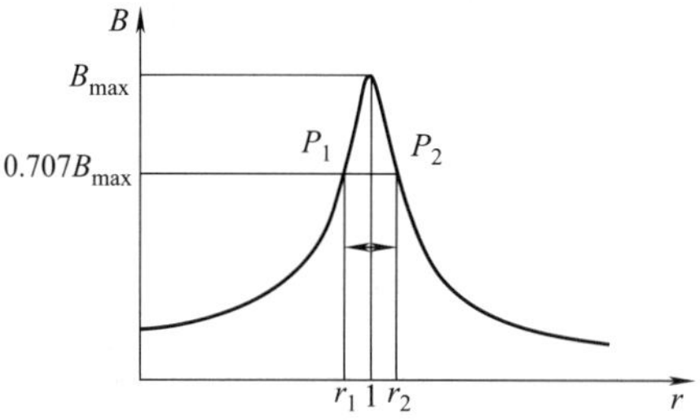 图：B_{max}, $0.707B_{max}$, P_1, P_2, $r_1, 1, r_2$	(1) P_1 和 P_2 为半功率点； (2) 半功率点对应的频率比为 $r_1\approx 1-\zeta$, $r_2\approx 1+\zeta$； (3) 两个半功率点之间 $\Delta r=r_2-r_1\approx 2\zeta$, 频带 $\Delta\omega=\omega_2-\omega_1\approx 2\zeta\omega_n$ 称为带宽； (4) 带宽与阻尼有关，阻尼越小，带宽越窄，共振峰值越尖锐	
8	简谐振动力的平衡关系	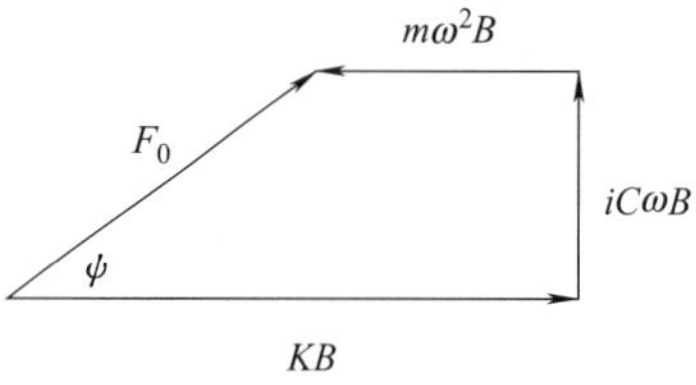 矢量图：$m\omega^2 B$, F_0, $iC\omega B$, KB, ψ	运动方程 $m\ddot{x}+C\dot{x}+Kx=F_0\sin\omega t$ 在频率域的形式： $-m\omega^2 B+iC\omega B+KB=F_0$ 是力的平衡方程，左边第一项是惯性力，第二项是阻尼力，第三项是弹性力，它们的矢量和等于右边的激励力 F_0。弹性力 KB 与位移 B 同相位，与激励力 F_0 的相位差为 ψ	

2.2.2 一般周期激励下的稳态响应

表 27-2-3　　　　　　　　　　　　一般周期激励下的稳态响应

序号	项　目	周 期 激 励	稳 态 响 应
1	力学模型和运动微分方程	$m\ddot{x}+C\dot{x}+Kx=Q(t)$ 式中，$Q(t)$ 为周期激励力，$Q(t+T)=Q(t)$	
2	周期函数的分解	$Q(t)=a_0+\sum_{n=1}^{\infty}(a_n\cos n\omega_0 t+b_n\sin n\omega_0 t)$ $a_0=\dfrac{1}{T}\int_0^T Q(t)\mathrm{d}t$ $a_n=\dfrac{2}{T}\int_0^T Q(t)\cos n\omega_0 t\,\mathrm{d}t$ $b_n=\dfrac{2}{T}\int_0^T Q(t)\sin n\omega_0 t\,\mathrm{d}t$ 式中，$\omega_0=2\pi/T$ 为周期力基频，T 为周期	平均力 a_0 产生的稳态响应： $$x_0=\dfrac{a_0}{K}$$ 简谐力 $a_n\cos n\omega_0 t+b_n\sin n\omega_0 t$ 产生的稳态响应： $x_n=\dfrac{a_n\cos(n\omega_0 t-\psi_n)+b_n\sin(n\omega_0 t-\psi_n)}{K\sqrt{(1-r_n^2)^2+(2\zeta r_n)^2}}$ $=B_n\sin(n\omega_0 t+\varphi_n-\psi_n)$ 式中 $B_n=\dfrac{\sqrt{a_n^2+b_n^2}}{K\sqrt{(1-r_n^2)^2+(2\zeta r_n)^2}}$ $\varphi_n=\arctan\dfrac{a_n}{b_n}$，$\psi_n=\arctan\dfrac{2\zeta r_n}{1-r_n^2}$ $r_n=\dfrac{n\omega_0}{\omega_n}$，$\omega_n=\sqrt{\dfrac{K}{m}}$，$\zeta=\dfrac{C}{2m\omega_n}$
3	稳态响应合成	$x=\dfrac{a_0}{K}+\sum_{n=1}^{\infty}B_n\sin(n\omega_0 t+\varphi_n-\psi_n)$	

2.2.3 扭转振动与直线振动的参数类比

表 27-2-4　　　　　　　　　　　　扭转振动与直线振动的参数类比

序号	项　目	直线振动	扭转振动
1	力学模型		
2	运动微分方程	$m\ddot{x}+C\dot{x}+Kx=F_0\sin\omega t$	$I\ddot{\theta}+C_t\dot{\theta}+K_t\theta=T_0\sin\omega t$
3	位移/扭转角	$x=x(t)$，m	$\theta=\theta(t)$，rad
4	速度/角速度	$\dot{x}$，m/s	$\dot{\theta}$，rad/s
5	加速度/角加速度	$\ddot{x}$，m/s^2	$\ddot{\theta}$，rad/s^2
6	惯性力/力矩	$-m\ddot{x}$ m——质量，kg	$-I\ddot{\theta}$ I——转动惯量，kg·m^2
7	阻尼力/力矩	$C\dot{x}$ C——阻尼系数，N·s/m	$C_t\dot{\theta}$ C_t——扭转阻尼系数，N·ms/rad
8	弹性力/力矩	Kx K——刚度，N/m	$K_t\theta$ K_t——扭转刚度，N·m/rad
9	激励力/力矩	$F_0\sin\omega t$ F_0——力幅值，N	$T_0\sin\omega t$ T_0——扭矩幅值，N·m
10	动能	$T=\dfrac{1}{2}m\dot{x}^2$	$T=\dfrac{1}{2}I\dot{\theta}^2$
11	势能	$V=\dfrac{1}{2}Kx^2$	$V=\dfrac{1}{2}K_t\theta^2$
12	固有频率	$\omega_n=\sqrt{\dfrac{K}{m}}$，rad/s	$\omega_n=\sqrt{\dfrac{K_t}{I}}$，rad/s

2.2.4 机电类比

表 27-2-5　　力学模型和电学模型的参数类比

序号	项目	力学模型	电学模型
1	模型	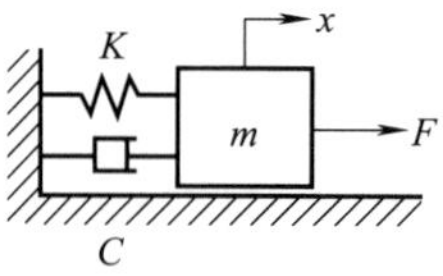 (含 K、m、C、F、x 的力学模型图)	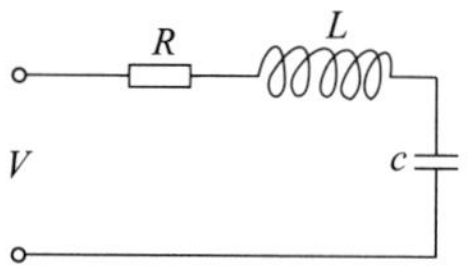 (含 R、L、V、c 的电路图)
2	运动微分方程	$m\dfrac{\mathrm{d}\dot{x}}{\mathrm{d}t}+C\dot{x}+K\int\dot{x}\mathrm{d}t=F_0\sin\omega t$	$L\dfrac{\mathrm{d}I}{\mathrm{d}t}+\dfrac{1}{c}\int I\mathrm{d}t+RI=V_0\sin\omega t$
3	位移/电荷	位移,x	电荷,Q
4	速度/电流	位移,$\dot{x}$	电流,I
5	外力/外电压	力,F	电压,V
6	质量/电感	质量,m	电感,L
7	阻尼系数/电阻	阻尼系数,C	电阻,R
8	刚度系数/电容	刚度,K	电容,$1/c$
9	激励力/电压	$F_0\sin\omega t$	$V_0\sin\omega t$
10	动能/磁余能	$T=\dfrac{1}{2}m\dot{x}^2$	$T=\dfrac{1}{2}LI^2$
11	机械势能/电能	$V=\dfrac{1}{2}Kx^2$	$V=\dfrac{1}{2}\dfrac{Q^2}{c}$
12	固有频率	$\omega_n=\sqrt{\dfrac{K}{m}}$,rad/s	$\omega_n=\sqrt{\dfrac{1}{Lc}}$,rad/s

2.3　多自由度系统

2.3.1　多自由度系统的自由振动及其特性

表 27-2-6　　多自由度系统的自由振动及其特性

序号	项目	二自由度系统	n 自由度系统
1	力学模型	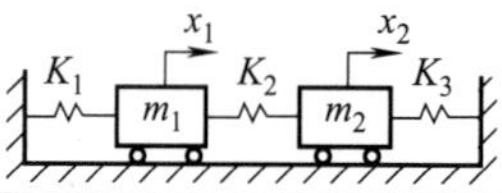 (含 K_1、m_1、K_2、m_2、K_3、x_1、x_2 的力学模型图)	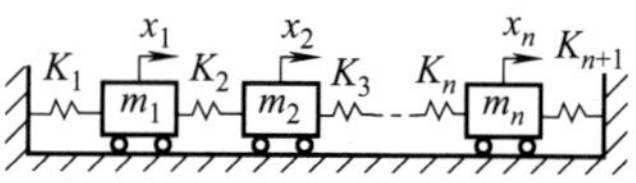 (含 K_1、m_1、K_2、m_2、K_3、…、m_n、K_{n+1}、x_1、x_2、…、x_n 的力学模型图)
2	运动微分方程	$m_1\ddot{x}_1+(K_1+K_2)x_1-K_2x_2=0$ $m_2\ddot{x}_2-K_2x_1+(K_2+K_3)x_2=0$	$M\ddot{x}+Kx=0$ $M=\begin{bmatrix}m_{11}&m_{12}&\cdots&m_{nn}\\m_{21}&m_{22}&\cdots&m_{2n}\\\vdots&\vdots&\ddots&\vdots\\m_{n1}&m_{n2}&\cdots&m_{nn}\end{bmatrix}$ $=\begin{bmatrix}m_1&0&\cdots&0\\0&m_2&\cdots&0\\\vdots&\vdots&\ddots&\vdots\\0&0&\cdots&m_n\end{bmatrix}$ $K=\begin{bmatrix}K_{11}&K_{12}&\cdots&K_{nn}\\K_{21}&K_{22}&\cdots&K_{2n}\\\vdots&\vdots&\ddots&\vdots\\K_{n1}&K_{n2}&\cdots&K_{nn}\end{bmatrix}$ $=\begin{bmatrix}K_1+K_2&-K_2&\cdots&0&0\\-K_2&K_2+K_3&\cdots&0&0\\\vdots&\vdots&\ddots&\vdots&\vdots\\0&0&\cdots&K_{n-1}+K_n&-K_n\\0&0&\cdots&-K_n&K_n+K_{n+1}\end{bmatrix}$

续表

序号	项目	二自由度系统	n 自由度系统
2	运动微分方程	$m_1\ddot{x}_1+(K_1+K_2)x_1-K_2x_2=0$ $m_2\ddot{x}_2-K_2x_1+(K_2+K_3)x_2=0$	M——质量矩阵; K——刚度矩阵; K_{ij}——刚度系数,j 处产生单位位移,其他各处位移为 0 时,i 处需要施加的力 位移矢量 $x=\begin{Bmatrix}x_1\\x_2\\\vdots\\x_n\end{Bmatrix}$,加速度矢量 $\ddot{x}=\begin{Bmatrix}\ddot{x}_1\\\ddot{x}_2\\\vdots\\\ddot{x}_n\end{Bmatrix}$
3	通解	$x_1=A_i\sin\omega_i t, i=1,2$ $x_2=B_i\sin\omega_i t, i=1,2$	$x=\begin{Bmatrix}X_{i1}\\X_{i2}\\\vdots\\X_{in}\end{Bmatrix}\sin\omega_i t, i=1,2,\cdots,n$
4	特征方程	将通解代入运动方程,得到振幅方程 $\begin{bmatrix}K_1+K_2-m_1\omega_i^2 & -K_2\\-K_2 & K_2+K_3-m_2\omega_i^2\end{bmatrix}\begin{Bmatrix}A_i\\B_i\end{Bmatrix}=\begin{Bmatrix}0\\0\end{Bmatrix}$ 有非零解的条件: $\begin{vmatrix}K_1+K_2-m_1\omega_i^2 & -K_2\\-K_2 & K_2+K_3-m_2\omega_i^2\end{vmatrix}=0$ 展开:$a\omega_i^4+b\omega_i^2+c=0$ 式中,$a=m_1m_2$,$b=-m_1(K_2+K_3)-m_2(K_1+K_2)$, $c=K_1K_2+K_1K_3+K_2K_3$	振幅方程 $[K-\omega_i^2 M]x_i=0$ 有非零解的条件: $|K-\omega_i^2 M|=0$ 展开:$a_n\omega_i^{2n}+a_{n-1}\omega_i^{2(n-1)}+\cdots+a_1\omega_i^2+a_0=0$
5	固有频率	一阶频率:$\omega_1^2=\dfrac{-b-\sqrt{b^2-4ac}}{2a}$ 二阶频率:$\omega_2^2=\dfrac{-b+\sqrt{b^2-4ac}}{2a}$	用数值方法计算下列矩阵特征值问题 $Kx=\omega_i^2 Mx$ 可以同时得到 n 对固有频率和振型向量: $\omega_i, x_i=\begin{Bmatrix}X_{i1}\\X_{i2}\\\vdots\\X_{in}\end{Bmatrix}, i=1,2,\cdots,n$
6	振型向量	对二自由度系统可用振幅比表示 一阶振动: $\dfrac{B_1}{A_1}=\dfrac{K_1+K_2-m_1\omega_1^2}{K_2}=\dfrac{K_2}{K_2+K_3-m_2\omega_1^2}=\mu_1$ 二阶振动: $\dfrac{B_2}{A_2}=\dfrac{K_1+K_2-m_1\omega_2^2}{K_2}=\dfrac{K_2}{K_2+K_3-m_2\omega_2^2}=\mu_2$	计算矩阵的特征值和特征向量有各种算法和程序,例如 MATLAB 中的 eig 函数
7	初位移和初速度引起的自由振动	对二自由度系统: $\begin{Bmatrix}x_1\\x_2\end{Bmatrix}=\begin{Bmatrix}A_1\cos(\omega_1 t+\varphi_1)+A_2\cos(\omega_2 t+\varphi_2)\\\mu_1 A_1\cos(\omega_1 t+\varphi_1)+\mu_2 A_2\cos(\omega_2 t+\varphi_2)\end{Bmatrix}$ 常数 $A_1, A_2, \varphi_1, \varphi_2$ 由初位移和初速度 $\begin{Bmatrix}x_1(0)\\x_2(0)\end{Bmatrix}=\begin{Bmatrix}x_{10}\\x_{20}\end{Bmatrix}, \begin{Bmatrix}\dot{x}_1(0)\\\dot{x}_2(0)\end{Bmatrix}=\begin{Bmatrix}\dot{x}_{10}\\\dot{x}_{20}\end{Bmatrix}$ 确定;多自由度系统的计算比较复杂,请参考 2.4.2 多自由度系统的模态分析法	
8	振型向量的正交性	$x_i^T M x_j=\begin{cases}0, i\neq j\\M_i, i=j\end{cases}$, $x_i^T K x_j=\begin{cases}0, i\neq j\\K_i, i=j\end{cases}$, $\omega_i^2=\dfrac{x_i^T K x_i}{x_i^T M x_i}=\dfrac{K_i}{M_i}$	
9	正则振型向量及其正交性	$\Phi_i=\dfrac{x_i}{\sqrt{x_i^T M x_i}}$, $\Phi_i^T M \Phi_j=\begin{cases}0, i\neq j\\1, i=j\end{cases}$, $\Phi_i^T K \Phi_j=\begin{cases}0, i\neq j\\\omega_i^2, i=j\end{cases}$	

2.3.2 多自由度系统的简谐激励稳态响应

表 27-2-7　　　　　　　　　多自由度系统的简谐激励稳态响应

序号	项目	二自由度系统	n 自由度系统
1	运动微分方程	$m_1\ddot{x}_1+C_{11}\dot{x}_1+C_{12}\dot{x}_2+K_{11}x_1+K_{12}x_2=F_1\sin\omega t$ $m_2\ddot{x}_2+C_{21}\dot{x}_1+C_{22}\dot{x}_2+K_{21}x_1+K_{22}x_2=F_2\sin\omega t$	$\boldsymbol{M}\ddot{\boldsymbol{x}}+\boldsymbol{C}\dot{\boldsymbol{x}}+\boldsymbol{K}\boldsymbol{x}=\boldsymbol{F}\sin\omega t$ $\boldsymbol{F}=[F_1\quad F_2\quad\cdots\quad F_n]^T$
2	稳态响应的复振幅	$X_1=\dfrac{(K_{22}-m_2\omega^2+iC_{22}\omega)F_1-(k_{12}+iC_{12}\omega)F_2}{D}$ $X_2=\dfrac{-(K_{21}+iC_{21}\omega)F_1+(K_{11}-m_1\omega^2+iC_{11}\omega)F_2}{D}$ $D=(K_{11}-m_1\omega^2+iC_{11}\omega)(K_{22}-m_2\omega^2+iC_{22}\omega)$ 　　$-(K_{12}+iC_{12}\omega)(K_{21}+iC_{21}\omega)$ 式中 X_1,X_2 为复数,可同时表示稳态响应的振幅和相位,$i=\sqrt{-1}$ 为单位虚数	稳态响应的复振幅矢量: $\boldsymbol{X}=[X_1\quad X_2\quad\cdots\quad X_n]^T=[\boldsymbol{K}-\omega^2\boldsymbol{M}+i\omega\boldsymbol{C}]^{-1}\boldsymbol{F}$ $=\dfrac{\text{adj}[\boldsymbol{K}-\omega^2\boldsymbol{M}+i\omega\boldsymbol{C}]}{\det[\boldsymbol{K}-\omega^2\boldsymbol{M}+i\omega\boldsymbol{C}]}\boldsymbol{F}$ 式中,adj$[\boldsymbol{A}]$ 表示矩阵 $\boldsymbol{A}$ 的伴随矩阵,det$[\boldsymbol{A}]$ 表示矩阵 $\boldsymbol{A}$ 的行列式
3	传递函数及传递函数矩阵（传递函数也称频响函数）	$H_{11}=\dfrac{K_{11}-m_1\omega^2+iC_{11}\omega}{D}$, $H_{12}=-\dfrac{K_{12}+iC_{12}\omega}{D}$ $H_{21}=-\dfrac{K_{21}+iC_{21}\omega}{D}$, $H_{22}=\dfrac{K_{22}-m_2\omega^2+iC_{22}\omega}{D}$	振动系统传递函数 $H_{ij}(\omega)$ 的定义:j 处的单位简谐激励在 i 处引起的稳态响应 $H_{ij}(\omega)$ 是复数,随激励力频率 ω 变化,为系统的固有特性 单自由度系统是单输入—单输出系统,只用一个传递函数 $H(\omega)$ 多自由度系统是多输入—多输出系统,$H_{ij}(\omega)$ 组成传递函数矩阵 $\boldsymbol{H}(\omega)$ $\boldsymbol{H}(\omega)=\begin{bmatrix}H_{11}(\omega)&H_{12}(\omega)&\cdots&H_{1n}(\omega)\\H_{21}(\omega)&H_{22}(\omega)&\cdots&H_{2n}(\omega)\\\vdots&\vdots&\ddots&\vdots\\H_{n1}(\omega)&H_{n2}(\omega)&\cdots&H_{nn}(\omega)\end{bmatrix}$ $=\dfrac{\text{adj}[\boldsymbol{K}-\omega^2\boldsymbol{M}+i\omega\boldsymbol{C}]}{\det[\boldsymbol{K}-\omega^2\boldsymbol{M}+i\omega\boldsymbol{C}]}$
4	输入输出与传递函数的关系	$X_1=H_{11}(\omega)F_1+H_{12}(\omega)F_2$ $X_2=H_{21}(\omega)F_1+H_{22}(\omega)F_2$	$\boldsymbol{X}=\boldsymbol{H}(\omega)\boldsymbol{F}$

2.3.3 常见二自由度系统简谐激励下的稳态响应

表 28-2-8　　　　　　　　　常见二自由度系统简谐激励下的稳态响应

序号	力学模型	运动微分方程	振幅
1	力传递双层隔振	$m_1\ddot{x}_1+C_1\dot{x}_1-C_1\dot{x}_2+K_1x_1-K_1x_2=F\sin\omega t$ $m_2\ddot{x}_2-C_1\dot{x}_1+(C_1+C_2)\dot{x}_2-K_1x_1+(K_1+K_2)$ $x_2=0$	$X_1=F\sqrt{\dfrac{a^2+b^2}{g^2+h^2}}$ $X_2=F\sqrt{\dfrac{K_1^2+(C_1\omega)^2}{g^2+h^2}}$
2	弹性连杆振动机	$m_1\ddot{x}_1+C_1\dot{x}_1-C_1\dot{x}_2+K_1x_1-K_1x_2=F\sin\omega t$ $m_2\ddot{x}_2-C_1\dot{x}_1+(C_1+C_2)\dot{x}_2-K_1x_1+(K_1+K_2)$ $x_2=-F\sin\omega t$	$X_1=F\sqrt{\dfrac{(K_2-m_2\omega^2)^2+(C_2\omega)^2}{g^2+h^2}}$ $X_2=F\dfrac{m_1\omega^2}{\sqrt{g^2+h^2}}$
3	动力吸振器	$m_1\ddot{x}_1+C_1\dot{x}_1-C_1\dot{x}_2+K_1x_1-K_1x_2=0$ $m_2\ddot{x}_2-C_1\dot{x}_1+(C_1+C_2)\dot{x}_2-K_1x_1+(K_1+K_2)$ $x_2=F\sin\omega t$	$X_1=F\sqrt{\dfrac{K_1^2+(C_1\omega)^2}{g^2+h^2}}$ $X_2=F\sqrt{\dfrac{(K_1-m_1\omega^2)^2+(C_1\omega)^2}{g^2+h^2}}$

续表

序号	力学模型	运动微分方程	振幅
4	位移传递双层隔振 $u=U\sin\omega t$	$m_1\ddot{x}_1+C_1\dot{x}_1-C_1\dot{x}_2+K_1x_1-K_1x_2=0$ $m_2\ddot{x}_2-C_1\dot{x}_1+(C_1+C_2)\dot{x}_2-K_1x_1+(K_1+K_2)$ $x_2=C_2\dot{u}+K_2u=\lambda U\sin(\omega t+\varphi)$ 式中 $\lambda=\sqrt{K_2^2+(C_2\omega)^2}$，$\varphi=\arctan\dfrac{C_2\omega}{K_2}$	$X_1=\lambda U\sqrt{\dfrac{K_1^2+(C_1\omega)^2}{g^2+h^2}}$ $X_2=\lambda U\sqrt{\dfrac{(K_1-m_1\omega^2)^2+(C_1\omega)^2}{g^2+h^2}}$

注：$a=K_1+K_2-m_2\omega^2$；$b=(C_1+C_2)\omega$；$g=(K_1-m_1\omega^2)(K_2-m_2\omega^2)-(K_1m_1+C_1C_2)\omega^2$；
$h=(K_1-m_1\omega^2)C_2\omega+[K_2-(m_1+m_2)\omega^2]C_1\omega$。

2.3.4 弹性连接黏性阻尼隔振系统的稳态响应

表 27-2-9　弹性连接黏性阻尼隔振系统的稳态响应

序号	力学模型	运动微分方程	振幅
1	力传递隔振	运动方程 $\dfrac{mC}{NK}\dddot{x}+m\ddot{x}+C\left(1+\dfrac{1}{N}\right)\dot{x}+Kx=\dfrac{C}{NK}\dot{F}+F$ 传递函数 $H(\omega)=\dfrac{1+j2\xi\beta\dfrac{1}{N}}{K\left[1-\beta^2+j2\xi\beta\left(1+\dfrac{1}{N}-\dfrac{\beta^2}{N}\right)\right]}$ 式中 $\beta=\dfrac{\omega}{\omega_n}$，$\omega_n=\sqrt{\dfrac{K}{m}}$，$\xi=\dfrac{C}{C_0}$，$C_0=2\sqrt{Km}$	质量 m 的运动响应系数 $T_m=\left\|\dfrac{x_0}{F_0/K}\right\|=K\|H(\omega)\|=$ $\sqrt{\dfrac{1+\dfrac{4}{N^2}\xi^2\beta^2}{(1-\beta^2)^2+\dfrac{4}{N^2}\xi^2\beta^2(N+1-\beta^2)}}$ 基座传递力绝对传递系数 $T_A=\left\|\dfrac{F_{T0}}{F_0}\right\|=$ $\sqrt{\dfrac{4\left(1+\dfrac{1}{N}\right)^2\xi^2\beta^2+1}{(1-\beta^2)^2+\dfrac{4}{N^2}\xi^2\beta^2(N+1-\beta^2)}}$ 最佳阻尼比 $\xi_{op}^A=\dfrac{N\sqrt{2(N+2)}}{4(N+1)}$
2	位移传递隔振	刚度比 $K_1=NK$ 运动方程 $\dfrac{mC}{NK}\dddot{x}+m\ddot{x}+C\left(1+\dfrac{1}{N}\right)\dot{x}+Kx$ $=C\left(1+\dfrac{1}{N}\right)\dot{u}+Ku$ 传递函数 $H(\omega)=\dfrac{C\left(1+\dfrac{1}{N}\right)(j\omega)+K}{\dfrac{mC}{NK}(j\omega)^3+m(j\omega)^2+C\left(1+\dfrac{1}{N}\right)(j\omega)+K}$ $=\dfrac{1+j2\xi\beta\left(1+\dfrac{1}{N}\right)}{1-\beta^2+j2\xi\beta\left(1+\dfrac{1}{N}-\dfrac{\beta^2}{N}\right)}$ 质量 m 相对基座的相对运动 $\delta=x-u$ $\dfrac{mC}{NK}\dddot{\delta}+m\ddot{\delta}+C\left(1+\dfrac{1}{N}\right)\dot{\delta}+K\delta=-\dfrac{mC}{NK}\dddot{u}-m\ddot{u}$	绝对传递系数 $T_A=\|H(\omega)\|=\left\|\dfrac{x_0}{u_0}\right\|$ $\sqrt{\dfrac{4\left(1+\dfrac{1}{N}\right)^2\xi^2\beta^2+1}{(1-\beta^2)^2+\dfrac{4}{N^2}\xi^2\beta^2(N+1-\beta^2)}}$ 最佳阻尼比 $\xi_{op}^A=\dfrac{N\sqrt{2(N+2)}}{4(N+1)}$ 相对传递函数 $T_R=\left\|\dfrac{\delta_0}{u_0}\right\|$ $\sqrt{\dfrac{\beta^4+\dfrac{4}{N^2}\xi^2\beta^2}{(1-\beta^2)^2+\dfrac{4}{N^2}\xi^2\beta^2(N+1-\beta^2)}}$ 最佳阻尼比 $\xi_{op}^R=\dfrac{N}{\sqrt{2(N+1)(N+2)}}$

2.3.5 动力反共振隔振系统的稳态响应

表 27-2-10　　动力反共振隔振系统的稳态响应

序号	力学模型		运动微分方程	响应及传递力
1	力传递隔振方式 1	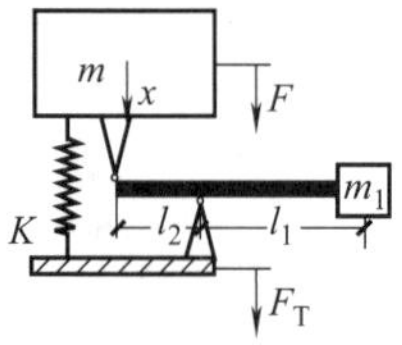	$(m+m_1\alpha^2)\ddot{x}+Kx=F\sin\omega t$ $(1+\mu\alpha^2)\ddot{x}+\omega_0^2 x=\dfrac{F}{m}\sin\omega t$ 其中 $\omega_0^2=\dfrac{K}{m}, \mu=\dfrac{m_1}{m}, \alpha=\dfrac{l_1}{l_2}$	$X=\dfrac{F}{m}\dfrac{1}{\omega_0^2-(1+\mu\alpha^2)\omega^2}$ $T=\dfrac{F_T}{F}=\dfrac{\omega_0^2-\mu\alpha(1+\alpha)\omega^2}{\omega_0^2-(1+\mu\alpha^2)\omega^2}$
2	力传递隔振方式 2	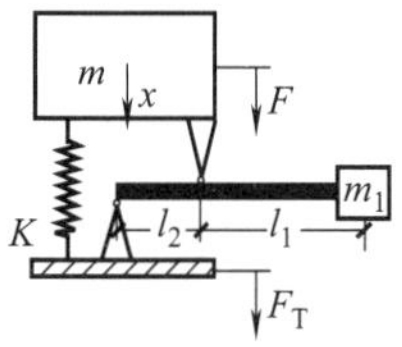	$[m+m_1(1+\alpha)^2]\ddot{x}+Kx=F\sin\omega t$ $[1+\mu(1+\alpha)^2]\ddot{x}+\omega_0^2 x=\dfrac{F}{m}\sin\omega t$ 其中 $\omega_0^2=\dfrac{K}{m}, \mu=\dfrac{m_1}{m}, \alpha=\dfrac{l_1}{l_2}$	$X=\dfrac{F}{m}\dfrac{1}{\omega_0^2-[1+\mu(1+\alpha)^2]\omega^2}$ $T=\dfrac{F_T}{F}=\dfrac{\omega_0^2-\mu\alpha(1+\alpha)\omega^2}{\omega_0^2-[1+\mu(1+\alpha)^2]\omega^2}$
3	位移传递隔振方式 1	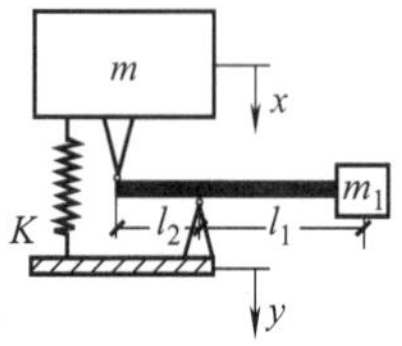	$(m+m_1\alpha^2)\ddot{x}+Kx=m_1\alpha(\alpha+1)\ddot{y}+Ky$ $(1+\mu\alpha^2)\ddot{x}+\omega_0^2 x=\mu(1+\alpha)\alpha\ddot{y}+\omega_0^2 y$	$T=\dfrac{X}{Y}=\dfrac{\omega_0^2-\mu\alpha(1+\alpha)\omega^2}{\omega_0^2-(1+\mu\alpha^2)\omega^2}$
4	位移传递隔振方式 2	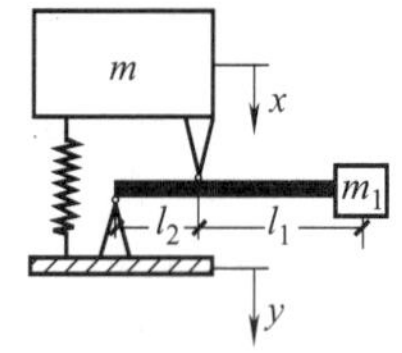	$[m+m_1(1+\alpha)^2]\ddot{x}+Kx=m_1\alpha(1+\alpha)\ddot{y}+Ky$ $[1+\mu(1+\alpha)^2]\ddot{x}+\omega_0^2 x=\mu(1+\alpha)\alpha\ddot{y}+\omega_0^2 y$	$T=\dfrac{X}{Y}=\dfrac{\omega_0^2-\mu\alpha(1+\alpha)\omega^2}{\omega_0^2-[1+\mu(1+\alpha)^2]\omega^2}$

2.4 振动系统对任意激励的响应计算

2.4.1 单自由度系统

表 27-2-11　　单自由度系统对任意激励的响应计算

序号	激励力		无阻尼系统 $m\ddot{x}+Kx=f(t), t=0$ 时, $\dot{x}_0=0, x_0=0$
1	阶跃激励	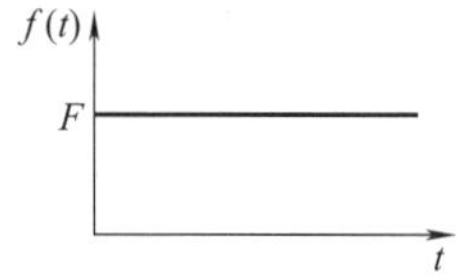	$x=\dfrac{F}{K}(1-\cos\omega_n t)$

续表

序号		激励力	无阻尼系统 $m\ddot{x}+Kx=f(t)$, $t=0$ 时, $\dot{x}_0=0$, $x_0=0$
2	斜坡激励	$f(t)$, at	$x=\dfrac{a}{K}\left(t-\dfrac{\sin\omega_n t}{\omega_n}\right)$
3	方波脉冲	$f(t)$, F, T	$x=\dfrac{F}{K}(1-\cos\omega_n t)$, $t\leqslant T$ $x=\dfrac{F}{K}[\cos\omega_n(t-T)-\cos\omega_n t]$, $t\geqslant T$
4	三角脉冲	$f(t)$, F, T	$x=\dfrac{F}{K}\left(\dfrac{t}{T}-\dfrac{\sin\omega_n t}{\omega_n T}\right)$, $t\leqslant T$ $x=\dfrac{F}{K}\left\{\cos\omega_n(t-T)+\dfrac{\sin\omega_n(t-T)}{\omega_n T}-\dfrac{\sin\omega_n t}{\omega_n T}\right\}$, $t\geqslant T$
5	半波正弦脉冲	$f(t)$, F, $T=\pi/\omega$	$x=\dfrac{F}{K(1-r^2)}[\sin\omega t-r\sin\omega_n t]$, $t\leqslant T$; 式中 $r=\dfrac{\omega}{\omega_n}$ $x=\dfrac{-Fr}{K(1-r^2)}[\sin\omega_n(t-T)+\sin\omega_n t]$, $t\geqslant T$
6	单位脉冲	$f(t)$, $\delta(t)$ $\delta(t)=\begin{cases}\infty, t=0\\0, t\neq 0\end{cases}$, $\int_{-\infty}^{\infty}\delta(t)\mathrm{d}t=1$	单位脉冲作用于质量 m, 结果使 m 产生初速度: $\dot{x}_0=\dfrac{1}{m}$ 阻尼系统的单位脉冲响应: $x=h(t)=\dfrac{1}{m\omega_d}\mathrm{e}^{-\zeta\omega_n t}\sin\omega_d t$ 若在 $t=\tau$ 时刻施加单位脉冲激励: $x=h(t-\tau)=\dfrac{1}{m\omega_d}\mathrm{e}^{-\zeta\omega_n(t-\tau)}\sin\omega_d(t-\tau)$
7	任意激励	$f(t)$	$x=\int_0^t f(\tau)h(t-\tau)\mathrm{d}\tau=\dfrac{1}{m\omega_d}\int_0^t f(\tau)\mathrm{e}^{-\zeta\omega_n(t-\tau)}\sin\omega_d(t-\tau)\mathrm{d}\tau$ 即响应为激励力 $f(t)$ 与系统单位脉冲响应 $h(t)$ 的卷积, 称为杜哈梅积分; 根据卷积的性质, 单自由度系统对任意激励的响应也可用下式计算: $x=f(t)*h(t)=h(t)*f(t)$ $=\int_0^t f(t-\tau)h(\tau)\mathrm{d}\tau=\dfrac{1}{m\omega_d}\int_0^t f(t-\tau)\mathrm{e}^{-\zeta\omega_n\tau}\sin\omega_d\tau\mathrm{d}\tau$ 除激励力外, 若系统还有初位移和初速度 x_0 和 $\dot{x}_0$, 则响应为: $x=\mathrm{e}^{-\zeta\omega_n t}\left(x_0\cos\omega_d t+\dfrac{\dot{x}_0+\zeta\omega_n x_0}{\omega_d}\sin\omega_d t\right)+\int_0^t f(\tau)h(t-\tau)\mathrm{d}\tau$

2.4.2 多自由度系统的模态分析法

表 27-2-12　　　　　　　　　　　多自由度系统的模态分析法

序号	项目	模态分析法(振型叠加法)	振型截断法
1	概述	根据振型向量的正交性,应用线性变换对物理坐标下的运动微分方程进行解耦,计算模态坐标下的响应,再将响应从模态坐标变回物理坐标	与模态分析法相同,但只考虑所需频率范围的那部分振型;计算结果既满足精度,又可节省大量计算时间,适用于大型工程结构的分析计算

序号	项目	模态分析法(振型叠加法)	振型截断法
2	计算步骤	①建立运动微分方程: $M\ddot{x}+Kx=F(t)$ ②计算振动系统的 n 个振型,组成振型矩阵: $$u=[\begin{matrix}x_1 & x_2 & \cdots & x_n\end{matrix}]$$ ③将线性变换 $x=uy$ 代入运动方程并前乘 u^T 得: $$u^T M u\ddot{y}+u^T K u y=u^T F$$ $y=[\begin{matrix}y_1 & y_2 & \cdots & y_n\end{matrix}]^T$ 称为模态坐标的响应 根据表 27-2-6 振型向量的正交性得: $$u^T M u=\begin{bmatrix}M_1 & 0 & \cdots & 0\\ 0 & M_2 & \cdots & 0\\ \vdots & \vdots & \ddots & \vdots\\ 0 & 0 & \cdots & M_n\end{bmatrix}$$ $$u^T K u=\begin{bmatrix}K_1 & 0 & \cdots & 0\\ 0 & K_2 & \cdots & 0\\ \vdots & \vdots & \ddots & \vdots\\ 0 & 0 & \cdots & K_n\end{bmatrix}$$ 于是得到 n 个解耦的模态坐标下的运动方程: $$M_i\ddot{y}_i+K_i y_i=q_i, i=1,2,\cdots,n$$ 如果用正则振型矩阵 $\boldsymbol{\Phi}=[\begin{matrix}\Phi_1 & \Phi_2 & \cdots & \Phi_n\end{matrix}]$ 解耦,则有: $$\ddot{y}_i+\omega_i^2 y_i=p_i, \quad i=1,2,\cdots,n$$ ④计算模态坐标下的激励力: $$q_i=x_i^T F \text{ 或 } p_i=\boldsymbol{\Phi}_i^T F, \quad i=1,2,\cdots,n$$ ⑤将初始速度和初始位移变换到模态坐标: $$\dot{y}_0=u^{-1}\dot{x}_0, y_0=u^{-1}x_0$$ 或 $\dot{y}_0=\boldsymbol{\Phi}^{-1}\dot{x}_0, y_0=\boldsymbol{\Phi}^{-1}x_0$ ⑥计算模态坐标的响应 $y_i, i=1,2,\cdots,n$ ⑦将模态坐标的响应转换到物理坐标: $$x=uy=\sum_{i=1}^n y_i x_i \text{ 或 } x=\boldsymbol{\Phi}y=\sum_{i=1}^n y_i\Phi_i$$	①建立运动微分方程: $M\ddot{x}+Kx=F(t)$ ②计算所需频率范围内的 s 个振型,得振型矩阵: $$u=[\begin{matrix}x_1 & x_2 & \cdots & x_s\end{matrix}]$$ ③将线性变换 $x=uy$ 代入运动方程并前乘 u^T 得: $$u^T M u\ddot{y}+u^T K u y=u^T F$$ $y=[\begin{matrix}y_1 & y_2 & \cdots & y_s\end{matrix}]^T$ 称为模态坐标的响应 得到 n 个解耦的模态坐标下的运动方程: $$M_i\ddot{y}_i+K_i y_i=q_i, i=1,2,\cdots,s$$ 如果用正则振型矩阵 $\boldsymbol{\Phi}=[\begin{matrix}\Phi_1 & \Phi_2 & \cdots & \Phi_s\end{matrix}]$ 解耦,则有: $$\ddot{y}_i+\omega_i^2 y_i=p_i, \quad i=1,2,\cdots,s$$ ④计算模态坐标下的激励力: $$q_i=x_i^T F \text{ 或 } p_i=\boldsymbol{\Phi}_i^T F, \quad i=1,2,\cdots,s$$ ⑤将初始速度和初始位移变换到模态坐标: $$\dot{y}_0=u^T M\dot{x}_0, y_0=u^T M x_0$$ 或 $\dot{y}_0=\boldsymbol{\Phi}^T M\dot{x}_0, y_0=\boldsymbol{\Phi}^T M x_0$ ⑥计算模态坐标的响应 $y_i, i=1,2,\cdots,s$ ⑦将模态坐标的响应转换到物理坐标: $$x=uy=\sum_{i=1}^s y_i x_i \text{ 或 } x=\boldsymbol{\Phi}y=\sum_{i=1}^s y_i\Phi_i$$ 由于振型截断法使用的振型数量 $s\ll n$,计算量大大减少,效率高
3	阻尼的处理	①模态阻尼 在模态坐标下的运动方程中引入阻尼比 ζ_i: $$\ddot{y}_i+2\zeta_i\omega_i\dot{y}_i+\omega_i^2 y_i=p_i, i=1,2,\cdots,n$$ 模态阻尼比 ζ_i 可由经验或试验确定 ②比例阻尼 假定阻尼矩阵由质量矩阵和刚度矩阵组合而成: $$C=\alpha M+\beta K$$ 式中 α,β 为比例系数,则模态坐标下的运动方程为: $$\ddot{y}_i+(\alpha+\beta\omega_i^2)\dot{y}_i+\omega_i^2 y_i=p_i, i=1,2,\cdots,n$$	与模态分析法相同,但只需考虑 s 个方程的阻尼

2.4.3 阻抗、导纳和四端参数

表 27-2-13 阻抗、导纳和四端参数

序号	项目	阻抗			导纳			四端参数
		动刚度 F/X	阻抗 F/V	视在质量 F/A	动柔度 X/F	速度导纳 V/F	加速度导纳 A/F	
1	质量	$-\omega^2 m$	$j\omega m$	m	$-\dfrac{1}{m\omega^2}$	$\dfrac{1}{j\omega m}$	$\dfrac{1}{m}$	$\begin{Bmatrix}F_1\\V_1\end{Bmatrix}=\begin{bmatrix}1 & j\omega m\\0 & 1\end{bmatrix}\begin{Bmatrix}F_2\\V_2\end{Bmatrix}$

续表

序号	项目	阻抗			导纳			四端参数
		动刚度 F/X	阻抗 F/V	视在质量 F/A	动柔度 X/F	速度导纳 V/F	加速度导纳 A/F	
2	弹簧	K	$\dfrac{K}{j\omega}$	$-\dfrac{K}{\omega^2}$	$\dfrac{1}{K}$	$\dfrac{j\omega}{K}$	$-\dfrac{\omega^2}{K}$	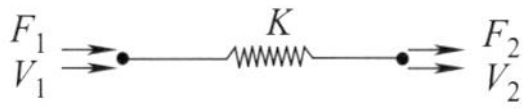 $\begin{Bmatrix} F_1 \\ V_1 \end{Bmatrix} = \begin{bmatrix} 1 & 0 \\ \dfrac{j\omega}{K} & 1 \end{bmatrix} \begin{Bmatrix} F_2 \\ V_2 \end{Bmatrix}$
3	阻尼器	$j\omega C$	C	$\dfrac{C}{j\omega}$	$\dfrac{1}{j\omega C}$	$\dfrac{1}{C}$	$\dfrac{j\omega}{C}$	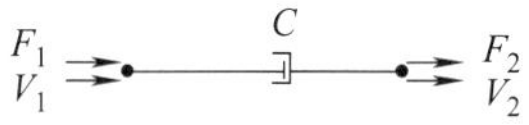 $\begin{Bmatrix} F_1 \\ V_1 \end{Bmatrix} = \begin{bmatrix} 1 & 0 \\ \dfrac{1}{C} & 1 \end{bmatrix} \begin{Bmatrix} F_2 \\ V_2 \end{Bmatrix}$

第3章 机械振动的一般资料

机械振动是指机械或结构在某一平衡位置附近进行的往复运动,简称"振动"。通常情况下,振动是利用振动的时间历程来描述振动的运动规律,即以时间为横坐标,以振动体的某个运动参数(位移、速度或加速度)为纵坐标的曲线图,该运动参数的极大值称为振动的振幅。振动的时间历程分为周期振动和非周期振动。

3.1 机械振动表示方法

3.1.1 简谐振动表示方法

表 27-3-1　　　　　简谐振动表示方法

项目	时间历程表示法	旋转矢量表示法	复数表示法
简图			
说明	作简谐振动的质量 m 上的点光源照射在以运动速度为 v 的紫外线感光纸上记录的曲线	矢量 $\boldsymbol{A}$ 或 $(\boldsymbol{a}+\boldsymbol{b})$ 以等角速度 ω 逆时针方向旋转时,在坐标轴 x 上的投影,其中水平轴为零时间轴	矢量 $\boldsymbol{A}$ 或 $(\boldsymbol{a}+\boldsymbol{b})$ 以等角速度 ω 逆时针方向旋转时,同时在实轴和虚轴上投影,模为 A,幅角为 $(\omega t+\varphi_0)$,实部为 $A\cos(\omega t+\varphi_0)$,虚部为 $A\sin(\omega t+\varphi_0)$
	T——周期,s; f_0——频率,Hz,$f_0=\dfrac{1}{T}$; ω——角频率,rad/s,$\omega=\dfrac{2\pi}{T}=2\pi f_0$; A——振幅,m; φ——相位角,rad,$\varphi=\omega t$; φ_0——初相角,rad,$\varphi_0=\omega t_0$; $\|\boldsymbol{a}\|=\|\boldsymbol{A}\|\cos\varphi_0$; $\|\boldsymbol{b}\|=\|\boldsymbol{A}\|\sin\varphi_0$		
振动位移	$x=A\sin(\omega t+\varphi_0)$		$x=Ae^{i(\omega t+\varphi_0)}$
振动速度	$\dot{x}=A\omega\cos(\omega t+\varphi_0)$		$\dot{x}=i\omega Ae^{i(\omega t+\varphi_0)}$
振动加速度	$\ddot{x}=-A\omega^2\sin(\omega t+\varphi_0)$		$\ddot{x}=-\omega^2 Ae^{i(\omega t+\varphi_0)}$
振动位移、速度、加速度的相位关系	振动位移、速度和加速度的角频率都等于 ω,最大位移即振幅为 A 振动速度矢量比位移矢量超前 90°,最大速度 $v_0=\omega A$ 振动加速度矢量又超前速度矢量 180°,最大加速度 $a_0=\omega^2 A$		

注:时间历程曲线表示法是振动时域描述方法,也可以用来描述周期振动、非周期振动和随机振动。

3.1.2 周期振动幅值表示方法

表 27-3-2　　周期振动幅值表示方法

名　　称	幅　　值	简谐振动幅值	简　　图
峰值 A	$x(t)$ 的最大值	A	
峰峰值 A_{FF}	$x(t)$ 的最大值和最小值之差	$2A$	
平均绝对值 $\overline{A}$	$\dfrac{1}{T}\int_0^T |x(t)|\mathrm{d}t$	$\dfrac{2}{\pi}A$	
均方值 A_{ms}	$\dfrac{1}{T}\int_0^T x^2(t)\mathrm{d}t$	$\dfrac{A^2}{2}$	
均方根值(有效值) A_{rms}	$\sqrt{\dfrac{1}{T}\int_0^T x^2(t)\mathrm{d}t}$	$A\sqrt{1/2}$	

注：1. 周期振动幅值表示法是一种幅域描述方法，也可以用来描述非周期振动和随机振动。
2. 对简谐振动峰值即为振幅，峰峰值即为双振幅。

3.1.3 振动频谱表示方法

表 27-3-3　　振动频谱表示方法

项　　目	周　期　性　振　动	非　周　期　性　振　动
振动时间函数 $f(t)$ 的傅里叶变换	$f(t) = a_0 + \sum_{n=1}^{\infty}(a_n \cos n\omega_0 t + b_n \sin n\omega_0 t)$ $= c_0 + \sum_{n=1}^{\infty} c_n \cos(n\omega_0 t + \varphi_n)$ $= \sum_{n=-\infty}^{\infty} D_n \mathrm{e}^{in\omega_0 t}$	$f(t) = \dfrac{1}{2\pi}\int_{-\infty}^{\infty} F(\omega)\mathrm{e}^{i\omega t}\mathrm{d}\omega$ $= \int_{-\infty}^{\infty} F(f)\mathrm{e}^{i2\pi ft}\mathrm{d}f$
振动的频谱表达式	傅里叶系数：$\left(\omega_0 = \dfrac{2\pi}{T} = 2\pi f_0\right)$ $a_0 = c_0 = \dfrac{1}{T}\int_0^T f(t)\mathrm{d}t$ $a_n = \dfrac{2}{T}\int_0^T f(t)\cos n\omega_0 t\,\mathrm{d}t$ $b_n = \dfrac{2}{T}\int_0^T f(t)\sin n\omega_0 t\,\mathrm{d}t$ 幅值谱：$c_n(\omega) = \sqrt{a_n^2 + b_n^2}$ 相位谱：$\varphi_n(\omega) = \arctan(-b_n/a_n)$ 复谱：$D_n(\omega_0) = \dfrac{1}{T}\int_0^T f(t)\mathrm{e}^{-in\omega_0 t}\mathrm{d}t$ $D_n(f_0) = \dfrac{1}{T}\int_0^T f(t)\mathrm{e}^{-i2\pi n f_0 t}\mathrm{d}t$	$F(\omega) = \int_{-\infty}^{\infty} f(t)\mathrm{e}^{-i\omega t}\mathrm{d}t$ $F(f) = \int_{-\infty}^{\infty} f(t)\mathrm{e}^{-i2\pi ft}\mathrm{d}t$
图例	(a) $f_0=1/T$　　(b) $f_0=1/T$	(c) $F(f) = p_0 t_0 \left|\dfrac{\sin \pi ft}{\pi ft}\right|$

注：图 (a)、(b)、(c) 的下图为上图的频谱。图 (a) 的下图表示只有两个谐波分量，为完全谱。图 (b) 的下图只表示前四个谐波分量，故为非完全谱。该方法是振动的频域描述方法，也可用以描述随机振动。

3.2 弹性构件的刚度

作用在弹性构件上的力（或力矩）的增量 T 与相应的位移（或角位移）的增量 δ_{st} 之比称为刚度。

刚度 K 由下式计算：

$$K = T/\delta_{st} \quad (\text{N/m 或 N·m/rad})$$

表 27-3-4　　弹性构件的刚度

序号	简图	构件说明	刚度 $K/\text{N·m}^{-1}(K_\varphi/\text{N·m·rad}^{-1})$
1	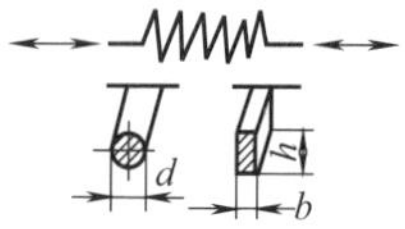	圆柱形拉伸或压缩弹簧	圆形截面　$K = \dfrac{Gd^4}{8nD}$ 矩形截面　$K = \dfrac{4Ghb^3\Delta}{\pi nD}$　　n——弹簧圈数 | h/b | 1 | 1.5 | 2 | 3 | 4 | | --- | --- | --- | --- | --- | --- | | Δ | 0.141 | 0.196 | 0.229 | 0.263 | 0.281 |
2		圆锥形拉伸弹簧	圆形截面　$K = \dfrac{Gd^4}{2n(D_1^2+D_2^2)(D_1+D_2)}$ 矩形截面　$K = \dfrac{16Ghb^3\eta}{\pi n(D_1^2+D_2^2)(D_1+D_2)}$ $\eta = \dfrac{0.276\left(\dfrac{h}{b}\right)^2}{1+\left(\dfrac{h}{b}\right)^2}$　　D_1——大端中径，m 　　　　　　　　D_2——小端中径，m
3	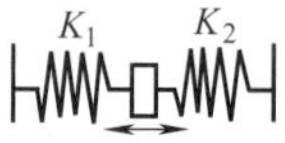	两个弹簧并联	$K = K_1 + K_2$
4	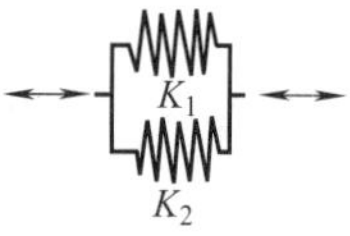	n 个弹簧并联	$K = K_1 + K_2 + \cdots + K_n$
5	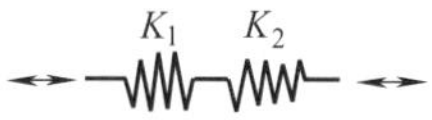	两个弹簧串联	$\dfrac{1}{K} = \dfrac{1}{K_1} + \dfrac{1}{K_2}$
6		n 个弹簧串联	$\dfrac{1}{K} = \dfrac{1}{K_1} + \dfrac{1}{K_2} + \cdots + \dfrac{1}{K_n}$
7	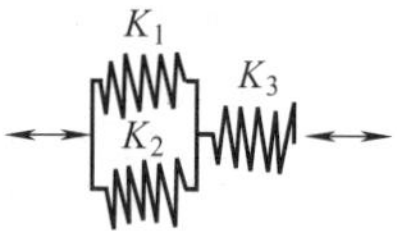	混合连接弹簧	$K = \dfrac{(K_1+K_2)K_3}{K_1+K_2+K_3}$
8	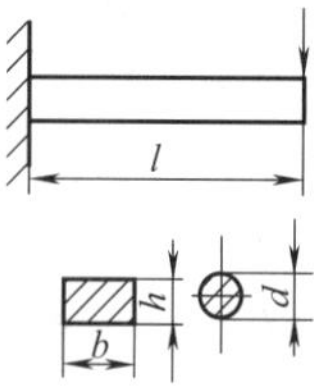	等截面悬臂梁	$K = \dfrac{3EJ}{l^3}$ 圆截面：$K = \dfrac{3\pi d^4 E}{64l^3}$ 矩形截面：$K = \dfrac{bh^3 E}{4l^3}$

续表

序号	简 图	构件说明	刚度 $K/\mathrm{N\cdot m^{-1}}(K_\varphi/\mathrm{N\cdot m\cdot rad^{-1}})$
9	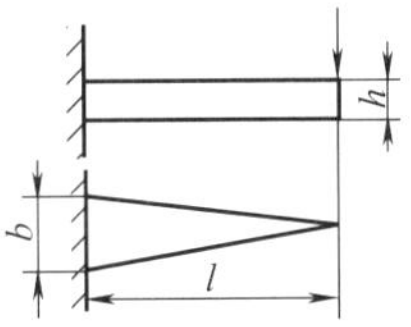	等厚三角形悬臂梁	$K=\dfrac{bh^3E}{6l^3}$
10	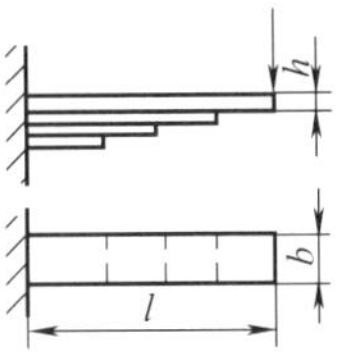	悬臂板簧组(各板排列成等强度梁)	$K=\dfrac{nbh^3E}{6l^3}$ n——钢板数
11	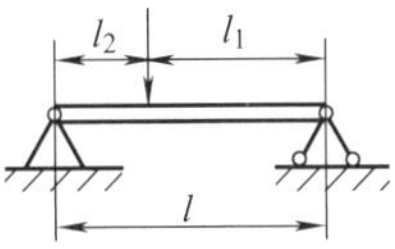	两端简支梁	$K=\dfrac{3EJl}{l_1^2l_2^2}$ 当 $l_1=l_2$ 时,$K=\dfrac{48EJ}{l^3}$
12	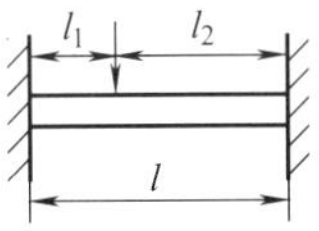	两端固定梁	$K=\dfrac{3EJl^3}{l_1^3l_2^3}$ 当 $l_1=l_2$ 时,$K=\dfrac{192EJ}{l^3}$
扭转刚度			
1	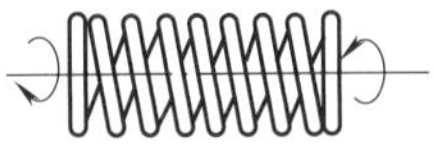	圆柱形扭转弹簧	$K_\varphi=\dfrac{Ed^4}{32nD}$
2	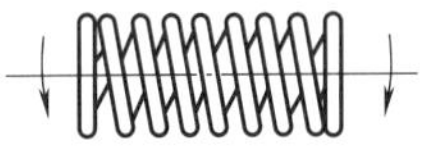	圆柱形弯曲弹簧	$K_\varphi=\dfrac{Ed^4}{32nD}\times\dfrac{1}{1+E/2G}$
3	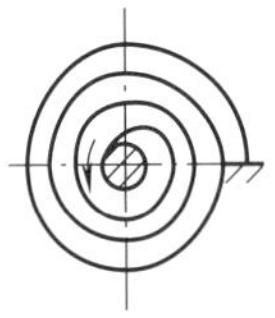	卷簧	$K_\theta=\dfrac{EI_a}{l}$ l——钢丝总长
4	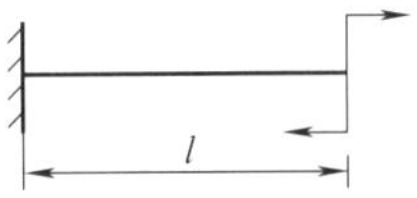	力偶作用于悬臂梁端部	$K_\varphi=\dfrac{EJ}{l}$
5	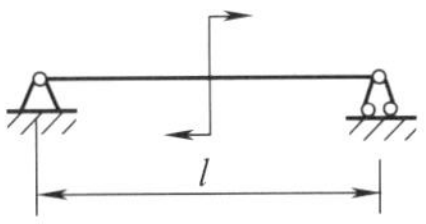	力偶作用于简支梁中点	$K_\varphi=\dfrac{12EJ}{l}$
6	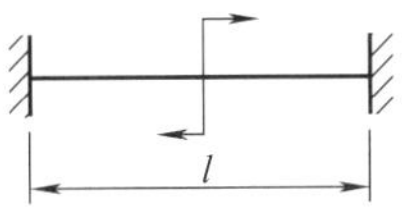	力偶作用于两端固定梁中点	$K_\varphi=\dfrac{16EJ}{l}$

续表

序号	简图	构件说明	刚度 $K/\text{N}\cdot\text{m}^{-1}(K_\varphi/\text{N}\cdot\text{m}\cdot\text{rad}^{-1})$
7	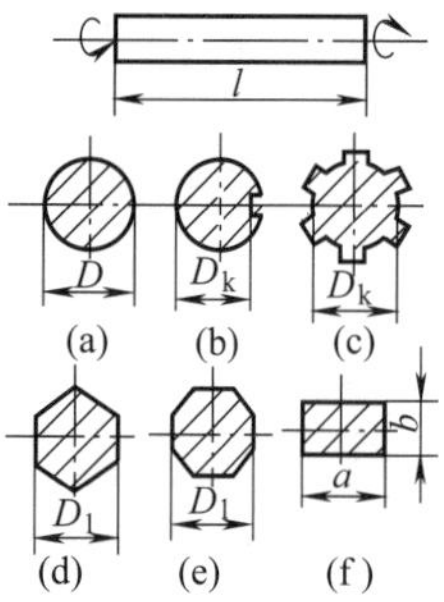 (a)(b)(c)(d)(e)(f)	受扭实心轴	(a) $K_\varphi = \dfrac{G\pi D^4}{32l}$ (b) $K_\varphi = \dfrac{G\pi D_k^4}{32l}$ (c) $K_\varphi = \dfrac{G\pi D_k^4}{32l}$ (d) $K_\varphi = 1.18\dfrac{G\pi D_1^4}{32l}$ (e) $K_\varphi = 1.1\dfrac{G\pi D_1^4}{32l}$ (f) $K_\varphi = \alpha\dfrac{G\pi b^4}{32l}$ | a/b | 1 | 1.5 | 2 | 3 | 4 | |---|---|---|---|---|---| | α | 1.43 | 2.94 | 4.57 | 7.90 | 11.23 |
8	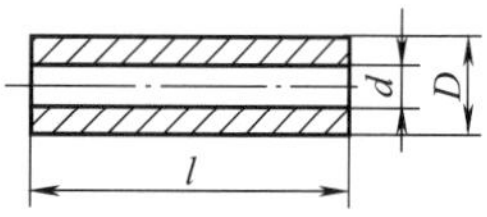	受扭空心轴	$K_\varphi = \dfrac{G\pi(D^4 - d^4)}{32l}$
9	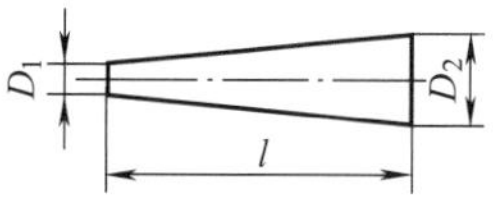	受扭锥形轴	$K_\varphi = \dfrac{3G\pi D_1^3 D_2^3 (D_2 - D_1)}{32l(D_2^3 - D_1^3)}$
10	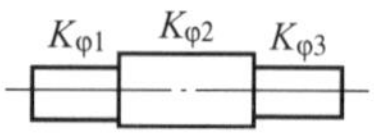	受扭阶梯轴	$\dfrac{1}{K_\varphi} = \dfrac{1}{K_{\varphi 1}} + \dfrac{1}{K_{\varphi 2}} + \dfrac{1}{K_{\varphi 3}} + \cdots$
11	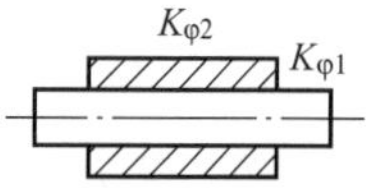	受扭紧配合轴	$K_\varphi = K_{\varphi 1} + K_{\varphi 2} + \cdots$
12	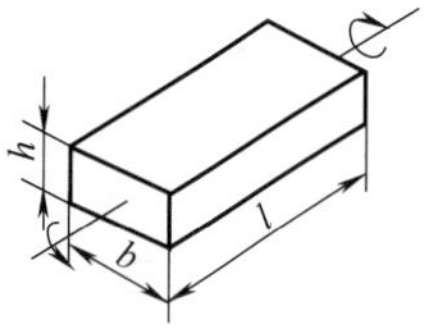	两端受扭的矩形条	当 $\dfrac{b}{h} = 1.75 \sim 20$ $k_\theta = \dfrac{\alpha G b h^3}{l}$ 式中: $\alpha = \dfrac{1}{3} - \dfrac{0.209h}{b}$
		两端受扭的平板	当 $\dfrac{b}{h} > 20$ $k_\theta = \dfrac{G b h^3}{3l}$
13	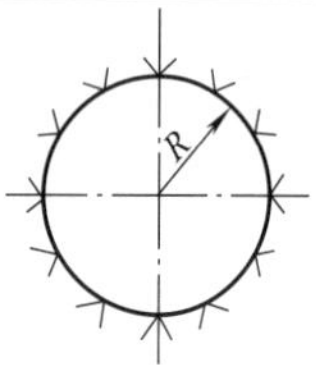	周边简支中心受力的圆板	$K = \dfrac{4\pi E \delta^3}{3R^2(1-\mu)(3+\mu)}$
14	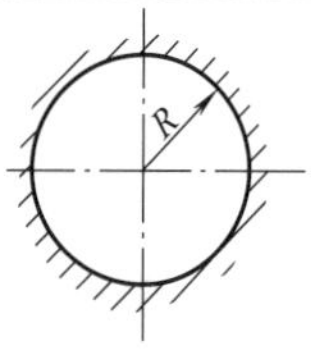	周边固定中心受力的圆板	$K = \dfrac{4\pi E \delta^3}{3R^2(1-\mu^2)}$
15	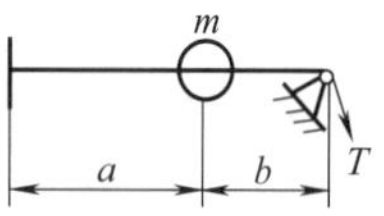	受张力的弦	$K = \dfrac{T(a+b)}{ab}$

注:E——弹性模量,Pa;G——切变模量,Pa;J——截面惯性矩,m^4;D——弹簧中径、轴外径,m;d——弹簧钢丝直径、轴直径,m;n——弹簧有效圈数;δ——板厚,m;μ——泊松比;T——张力,N。

3.3 阻尼系数

黏性阻尼——又称线性阻尼。它在运动中产生的阻力与物体的运动速度成正比：

$$F = -C\dot{x}$$

式中，负号表示阻力的方向与速度方向相反；C 称为阻尼系数，是线性的阻尼系数。

等效黏性阻尼——在运动中产生的阻尼力与物体的运动速度不成正比。非黏性阻尼，有的可以用等效黏性阻尼系数表示，以简化计算。非黏性阻尼在每一个振动周期中所做的功 W 等效于某一黏性阻尼其系数为 C_e 所做的功，以 C_e 为等效黏性阻尼系数。即

$$C_e = W/(\pi\omega A^2)$$

式中，W 为功；A 为振幅；ω 为角频率。

3.3.1 黏性阻尼系数

表 27-3-5　　黏性阻尼系数

序号	简图	机理说明	阻尼力 F/N（或阻尼力矩 M/N·m）	阻尼系数 C/N·s·m^{-1}（C_φ/N·m·s·rad^{-1}）
1	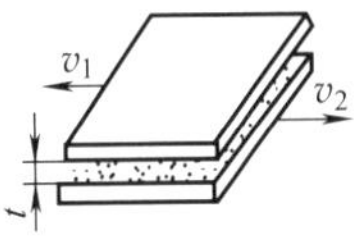	液体介于两相对运动的平行板之间	$F = \dfrac{\eta A}{t}v$ 流体动力黏度 η，N·s/m^2 15℃空气　$\eta = 1.82$　N·s/m^2 20℃水　$\eta = 103$　N·s/m^2 20℃酒精　$\eta = 176$　N·s/m^2 15.6℃机油　$\eta = 11610$　N·s/m^2	$C = \dfrac{\eta A}{t}$ A——与流体接触面积，m^2 t——流体层厚度，m v——两平行板相对运动速度，m/s，$v = v_1 - v_2$
2	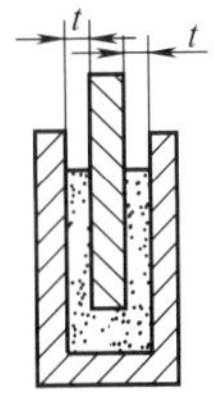	板在液体内平行移动	$F = \dfrac{2\eta A}{t}v$	$C = \dfrac{2\eta A}{t}$ A——动板一侧与液体接触面积，m^2
3	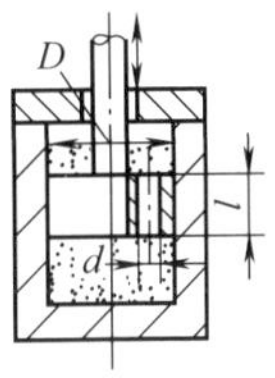	液体通过移动活塞上的小孔	圆孔直径为 d 时： $F = \dfrac{8\pi\eta l}{n}\left(\dfrac{D}{d}\right)^4 v$ n——小孔数 矩形孔面积为 $a \times b$ 时： $F = 12\pi\eta l \dfrac{A^2}{a^3 b} v \ (a \ll b)$ A——活塞面积，m^2	圆形孔： $C = \dfrac{8\pi\eta l}{n}\left(\dfrac{D}{d}\right)^4$ 矩形孔： $C = 12\pi\eta l \dfrac{A^2}{a^3 b}$
4	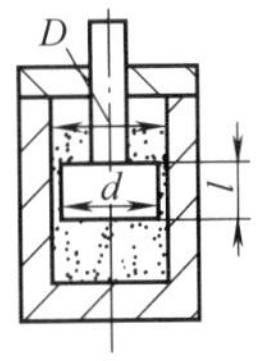	液体通过移动活塞柱面与缸壁的间隙	$F = \dfrac{6\pi\eta l d^3}{(D-d)^3} v$	$C = \dfrac{6\pi\eta l d^3}{(D-d)^3}$

续表

序号	简图	机理说明	阻尼力 F/N（或阻尼力矩 M/N·m）	阻尼系数 C/N·s·m^{-1}（C_φ/N·m·s·rad^{-1}）
5	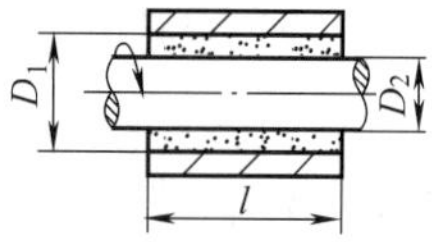	液体介于两相对转动的同心圆柱之间	$M = \dfrac{\pi \eta l (D_1+D_2)^3}{2(D_1-D_2)} \omega$ ω——角速度，rad/s	$C_\varphi = \dfrac{\pi \eta l (D_1+D_2)^3}{2(D_1-D_2)}$
6	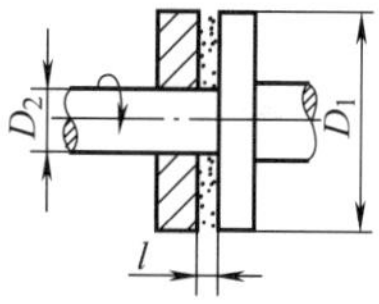	液体介于两相对运动的同心圆盘之间	$M = \dfrac{\pi \eta}{32 t}(D_1^4 - D_2^4)\omega$	$C_\varphi = \dfrac{\pi \eta}{32 t}(D_1^4 - D_2^4)$
7	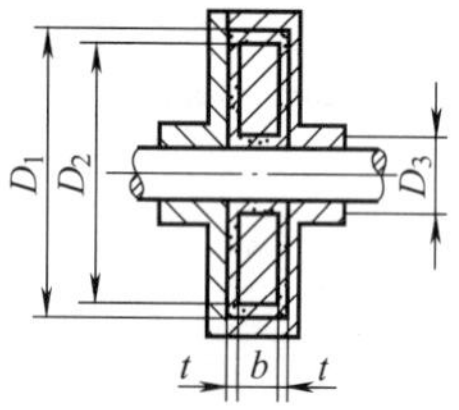	液体介于两相对运动的圆柱形壳和圆盘之间	$M = \pi \eta \left(\dfrac{b D_1^2 D_2^2}{D_1^2 - D_2^2} + \dfrac{D_2^4 - D_3^4}{16 t} \right)\omega$	$C_\varphi = \pi \eta \left(\dfrac{b D_1^2 D_2^2}{D_1^2 - D_2^2} + \dfrac{D_2^4 - D_3^4}{16 t} \right)$

3.3.2 等效黏性阻尼系数

表 27-3-6　　　　等效黏性阻尼系数

序号	阻尼种类	阻尼机理	阻尼力 F/N	等效线性阻尼系数 C_e/N·s·m^{-1}
1	干摩擦阻尼	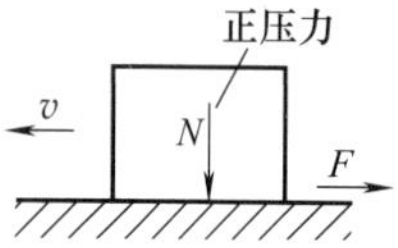	$F = \mu N$ 摩擦因数 μ： 钢与铸铁　$\mu = 0.2 \sim 0.3$ 钢与铸铁(涂油)$\mu = 0.08 \sim 0.16$ 钢与钢　$\mu = 0.15$ 钢与青铜　$\mu = 0.15$	$C_e = \dfrac{4 \mu N}{\pi A \omega}$ 尼龙与金属　$\mu = 0.3$ 塑料与金属　$\mu = 0.05$ 树脂与金属　$\mu = 0.2$
2	速度平方阻尼	物体在流体中以很高速度运动时，也就是当雷诺数 Re 很大时，所产生的阻尼力与速度的平方成正比	$F = C_2 v^2$ 例：当活塞快速运动使流体从活塞上的小孔流出时 $$C_2 = \dfrac{\rho S^3}{2(C_d a)^2}$$ ρ——流体密度，kg/m^3；　a——小孔面积，m^2； S——活塞面积，m^2；　v——活塞运动速度，m/s C_d——流出系数； 孔长较短 $C_d = 0.6$；孔长为直径 3 倍，边缘为直角，$C_d = 0.8$；孔长为直径 3 倍，流入一侧为圆弧，$C_d = 0.9$；带阀门的孔 $C_d = 0.6 \sim 0.7$	$C_e = \dfrac{8}{3\pi} C_2 \omega A$

续表

序号	阻尼种类	阻尼机理	阻尼力 F/N	等效线性阻尼系数 $C_e/\text{N}\cdot\text{s}\cdot\text{m}^{-1}$
3	内部摩擦阻尼	当固体变形时,以滞后形式消耗能量产生的阻尼。例如:橡胶材料谐振时的阻尼	$F=K(1+\mathrm{i}\beta)x$ $K(1+\mathrm{i}\beta)$——复数形式的弹簧常数;i——第二项相对于第一项的相位滞后 90°;K——动弹簧常数;β——力学的材料损耗因子	$C_e=\dfrac{\beta K}{\omega}$ 邵氏硬度: 30° / 50° / 70° β: 5% / 10% / 15% 品种 | β 氯丁橡胶 | 15%~30% 丁腈橡胶 | 25%~40% 苯乙烯橡胶 | 15%~30%
4	一般非线性阻尼	—	$F=f(x,\dot{x})$ 其中: $x=A\sin\varphi$ $\dot{x}=\omega A\cos\varphi$	$C_e=\dfrac{1}{\pi\omega A}\int_0^{2\pi}f(x,\dot{x})\cos\varphi\mathrm{d}\varphi$

注:A——振幅,m;ω——振动频率,rad/s。

3.4 振动系统的固有角频率

3.4.1 单自由度系统的固有角频率

质量为 m 的物体自由振动作简谐运动的角频率 ω_n 称固有角频率(或固有圆频率)。其与弹性构件刚度 K 的关系可由下式计算:

$$\omega_n=\sqrt{\dfrac{K}{m}} \quad (\text{rad/s}) \quad (27\text{-}3\text{-}1)$$

固有频率 f_n 为:$f_n=\dfrac{\omega_n}{2\pi}=\dfrac{1}{2\pi}\sqrt{\dfrac{K}{m}} \quad (\text{s}^{-1})$

$$(27\text{-}3\text{-}2)$$

表 27-3-4 已列出弹性构件的刚度,若其受力点的参振质量为 m,将两者代入式(27-3-1)即可求得各自的角频率。表 27-3-7、表 27-3-8 列出典型的固有角频率,按刚度可直接算得的不一一列出。

表 27-3-7 单自由度系统的固有角频率

序号	系统简图	系统形式	固有角频率 $\omega_n/\text{rad}\cdot\text{s}^{-1}$
1	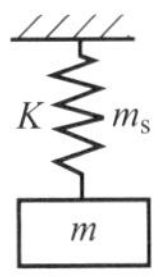	一个质量一个弹簧系统	$\omega_n=\sqrt{\dfrac{K}{m}}\approx\sqrt{\dfrac{g}{\delta}}$ 若计弹簧质量 m_s: $\omega_n=\sqrt{\dfrac{3K}{3m+m_s}}$ K——弹簧刚度,N/m;m——刚体质量,kg;m_s——弹簧分布质量,kg;δ——静变形量,m;g——重力加速度,$g=9.81\text{m/s}^2$
2	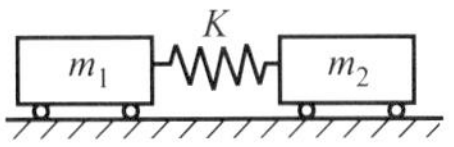	两个质量一个弹簧的系统	$\omega_n=\sqrt{\dfrac{K(m_1+m_2)}{m_1m_2}}$

续表

序号	系统简图	系统形式	固有角频率 ω_n/rad·s^{-1}
3	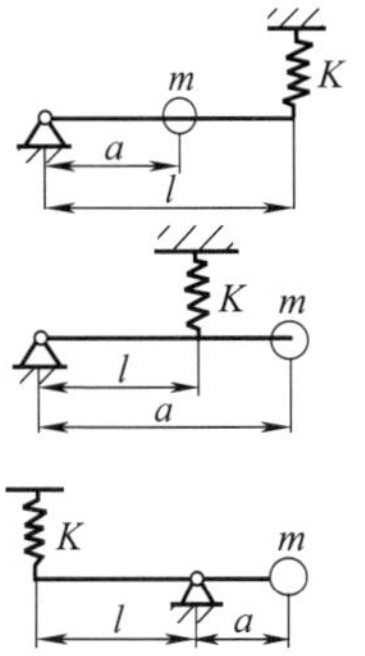	质量 m 和刚性杆弹簧系统	不计杆质量时 $$\omega_n=\sqrt{\frac{Kl^2}{ma^2}}$$ 若计杠杆质量 m_s 时,则 $$\omega_n=\sqrt{\frac{3Kl^2}{3ma^2+m_sl^2}}$$ 系统具有 n 个集中质量时,以 $(m_1a_1^2+m_2a_2^2+\cdots+m_na_n^2)$ 代替式中的 ma^2 系统具有 n 个弹簧时,以 $(K_1l_1^2+K_2l_2^2+\cdots+K_nl_n^2)$ 代替式中的 Kl^2
4	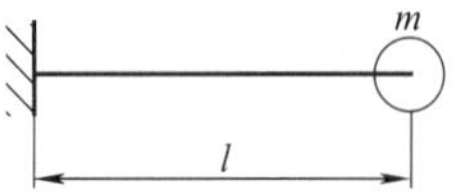	悬臂梁端有集中质量系统	$$\omega_n=\sqrt{\frac{3EJ}{ml^3}}$$ 若计杆质量 m_s 时, $\omega_n=\sqrt{\dfrac{3EJ}{(m+0.24m_s)l^3}}$ E——弹性模量,Pa;J——截面惯性矩,m^4
5	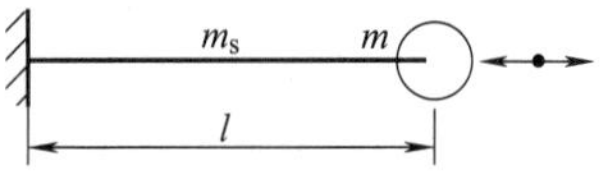	杆端有集中质量的纵向振动	$$\omega_n=\frac{\beta}{l}\sqrt{\frac{E}{\rho_V}}$$ 式中,β 由下式求出 $$\beta\tan\beta=\frac{m_s}{m}$$ ρ_V——体积密度,kg/m^3
6	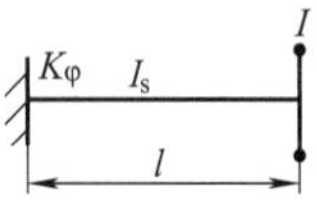	一端固定、另一端有圆盘的扭转轴系	$$\omega_n=\sqrt{\frac{K_\varphi}{I}}$$ 若计轴的转动惯量 I_s 时,$\omega_n=\sqrt{\dfrac{3K_\varphi}{3I+I_s}}$
7	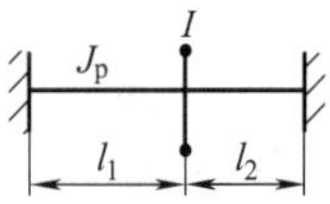	两端固定、中间有圆盘的扭转轴系	$$\omega_n=\sqrt{\frac{GJ_p(l_1+l_2)}{Il_1l_2}}$$ G——变模量,Pa;J_p——截面的极惯性矩,m^4
8	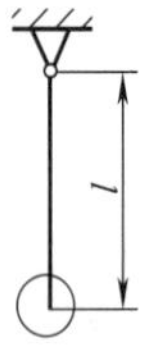	单摆	$$\omega_n=\sqrt{\frac{g}{l}}$$

续表

序号	系统简图	系统形式	固有角频率 ω_n/rad·s^{-1}
9	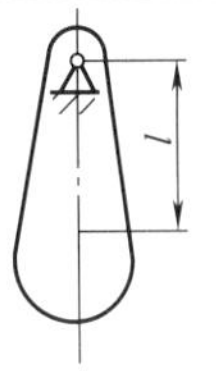	物理摆	$\omega_n = \sqrt{\dfrac{gl}{\rho^2 + l^2}}$ l——摆重心至转轴中心的距离，m ρ——摆对质心的回转半径，m
10	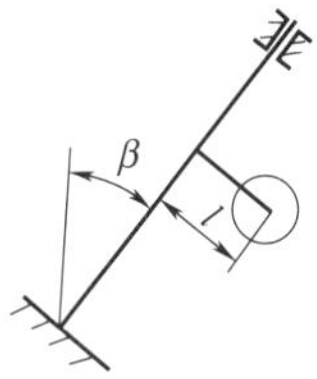	倾斜摆	$\omega_n = \sqrt{\dfrac{g\sin\beta}{l}}$
11	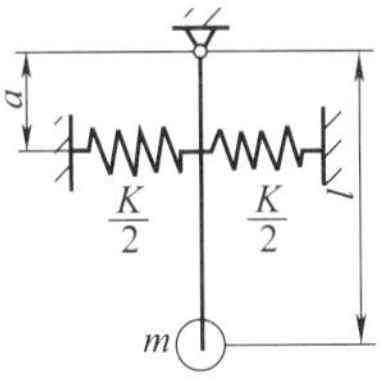	双簧摆	$\omega_n = \sqrt{\dfrac{Ka^2}{ml^2} + \dfrac{g}{l}}$
12	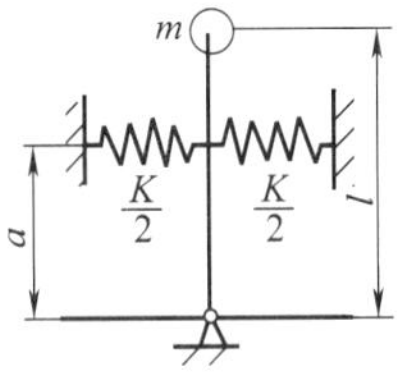	倒立双簧摆	$\omega_n = \sqrt{\dfrac{Ka^2}{ml^2} - \dfrac{g}{l}}$
13	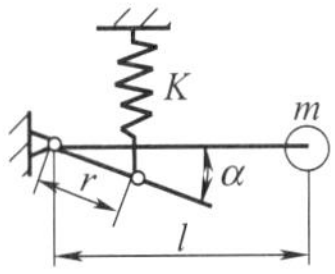	杠杆摆	$\omega_n = \sqrt{\dfrac{Kr^2\cos^2\alpha - K\delta r\sin\alpha}{ml^2}}$ δ——弹簧静变形，m
14	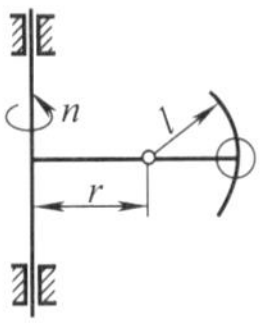	离心摆（转轴中心线在振动物体运动平面中）	$\omega_n = \dfrac{\pi n}{30}\sqrt{\dfrac{l+r}{l}}$ n——转轴转速，r/min
15	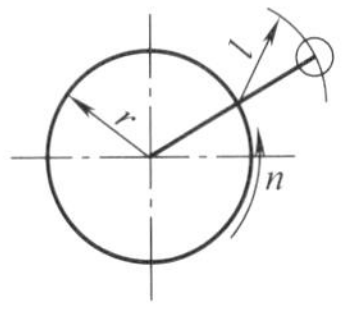	离心摆（转轴中心线垂直于振动物体运动平面）	$\omega_n = \dfrac{\pi n}{30}\sqrt{\dfrac{r}{l}}$
16	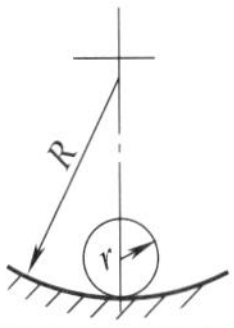	圆柱体在弧面上做无滑动的滚动	$\omega_n = \sqrt{\dfrac{2g}{3(R-r)}}$

续表

序号	系统简图	系统形式	固有角频率 ω_n/rad·s^{-1}
17	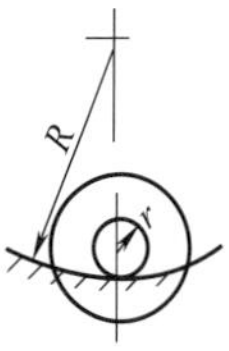	圆盘轴在弧面上做无滑动的滚动	$\omega_n = \sqrt{\dfrac{g}{(R-r)(1+\rho^2/r^2)}}$ ρ——振动体回转半径，m
18	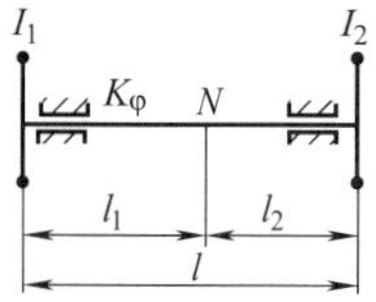	两端有圆盘的扭转轴系	$\omega_n = \sqrt{\dfrac{K_\varphi(I_1+I_2)}{I_1 I_2}}$ 节点 N 的位置： $l_1 = \dfrac{I_2}{I_1+I_2}l \quad l_2 = \dfrac{I_1}{I_1+I_2}l$
19	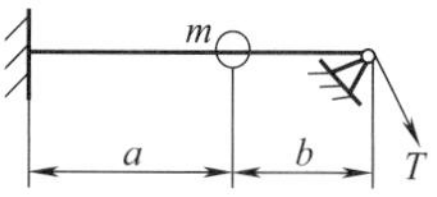	质量位于受张力的弦上	$\omega_n = \sqrt{\dfrac{T(a+b)}{mab}}$；$T$——张力，N 若计及弦的质量 m_s $\omega_n = \sqrt{\dfrac{3T(a+b)}{(3m+m_s)ab}}$
20	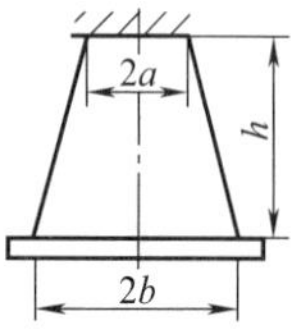	一个水平杆被两根对称的弦吊着的系统	$\omega_n = \sqrt{\dfrac{gab}{\rho^2 h}}$ ρ——杆的回转半径，m
21	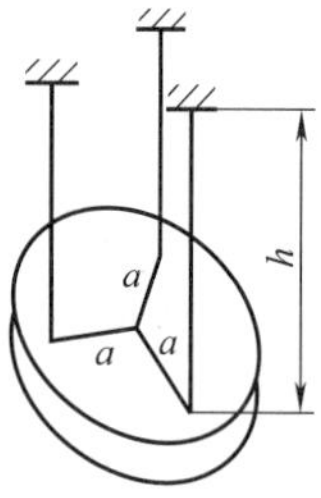	一个水平板被三根等长的平行弦吊着的系统	$\omega_n = \sqrt{\dfrac{ga^2}{\rho^2 h}}$ ρ——板的回转半径，m
22	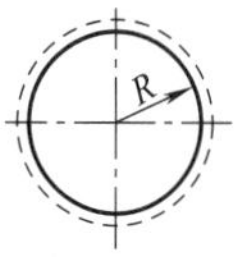	只有径向振动的圆环	$\omega_n = \sqrt{\dfrac{E}{\rho_V R^2}}$ ρ_V——密度，kg/m^3
23	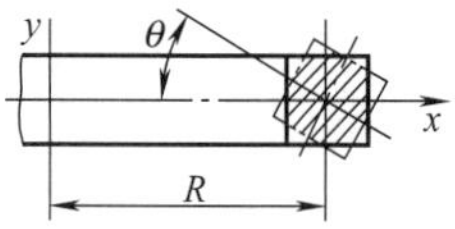	只有扭转振动的圆环	$\omega_n = \sqrt{\dfrac{E}{\rho_V R^2} \times \dfrac{J_x}{J_p}}$ J_x——截面对 x 轴的惯性矩，m^4 J_p——截面的极惯性矩，m^4
24	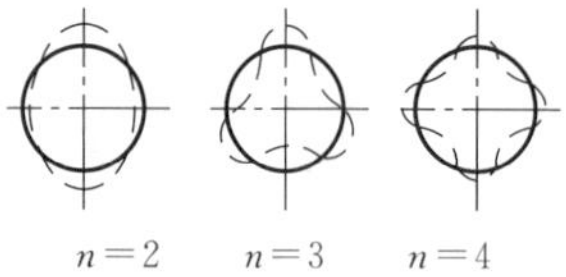	有径向与切向振动的圆环	$\omega_n = \sqrt{\dfrac{EJ_a}{\rho_V A R^4} \times \dfrac{n^2(n^2-1)^2}{n^2+1}}$ n——节点数的一半 A——圆环圈截面积，m^2 J_a——截面惯性矩，m^4

表 27-3-8 管内液面及空气柱振动的固有角频率

序号	系统形式	简图	固有角频率 ω_n/rad·s^{-1}
1	等截面 U 形管中的液柱	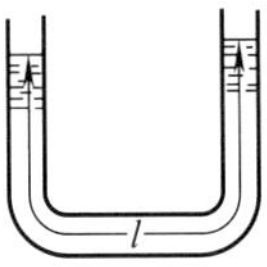	$\omega_n = \sqrt{\dfrac{2g}{l}}$ g——重力加速度，$g=9.81\text{m/s}^2$
2	导管连接的两容器中液面的振动	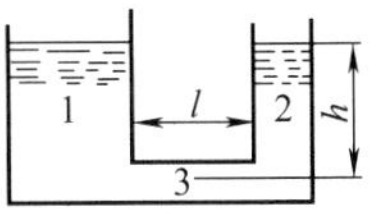	$\omega_n = \sqrt{\dfrac{gA_3(A_1+A_2)}{lA_1A_2+A_3(A_1+A_2)h}}$ A_1, A_2, A_3——分别为容器 1、2 及导管的截面积，m^2
3	空气柱的振动	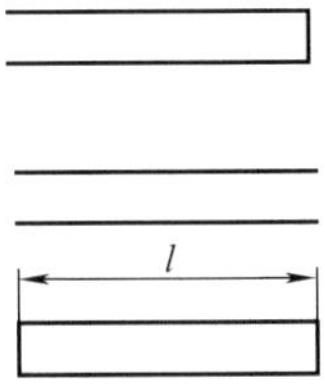	$\omega_n = \dfrac{a_n}{l}\sqrt{\dfrac{1.4p}{\rho}}$ 两端闭 $\quad a_n = \pi, 2\pi, 3\pi, \cdots$ 两端开 $\quad a_n = \pi, 2\pi, 3\pi, \cdots$ 一端开一端闭 $\quad a_n = \dfrac{\pi}{2}, \dfrac{3\pi}{2}, \dfrac{5\pi}{2}, \cdots$ p——空气压强，Pa ρ——空气密度，kg/m^3

3.4.2 二自由度系统的固有角频率

表 27-3-9　　二自由度系统的固有角频率

序号	系统简图	系统形式	固有角频率 ω_n/rad·s^{-1}
1	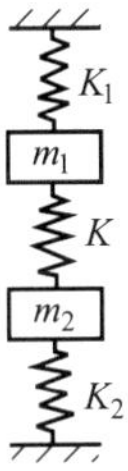	两个质量三个弹簧系统	$\omega_n^2 = \dfrac{1}{2}(\omega_{11}^2 + \omega_{22}^2) \mp \dfrac{1}{2}\sqrt{(\omega_{11}^2 - \omega_{22}^2)^2 + 4\omega_{12}^4}$ $\omega_{11}^2 = \dfrac{K_1+K_2}{m_1} \qquad \omega_{22}^2 = \dfrac{K_2+K_3}{m_2}$ $\omega_{12}^2 = \dfrac{K_2}{\sqrt{m_1 m_2}}$
2	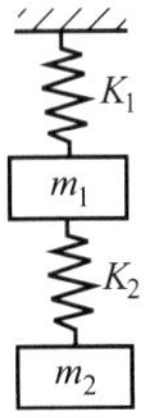	两个质量两个弹簧系统	$\omega_n^2 = \dfrac{1}{2}\left[\omega_1^2 + \omega_2^2\left(1+\dfrac{m_2}{m_1}\right)\right] \mp$ $\dfrac{1}{2}\sqrt{\left[\omega_1^2 + \omega_2^2\left(1+\dfrac{m_2}{m_1}\right)\right]^2 - 4\omega_1^2\omega_2^2}$ $\omega_1^2 = \dfrac{K_1}{m_1} \qquad \omega_2^2 = \dfrac{K_2}{m_2}$
3	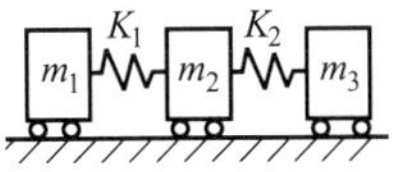	三个质量两个弹簧系统	$\omega_n^2 = \dfrac{1}{2}(\omega_1^2 + \omega_2^2 + \omega_3^2) \mp$ $\dfrac{1}{2}\sqrt{(\omega_1^2+\omega_2^2+\omega_3^2)^2 - 4\omega_1^2\omega_3^2\dfrac{m_1+m_2+m_3}{m_2}}$ $\omega_1^2 = \dfrac{K_1}{m_1} \qquad \omega_2^2 = \dfrac{K_1+K_2}{m_2} \qquad \omega_3^2 = \dfrac{K_2}{m_3}$

续表

序号	系统简图	系统形式	固有角频率 $\omega_n/\mathrm{rad\cdot s^{-1}}$
4		三个弹簧支持的质量系统(质量中心和各弹簧中心线在同一平面内)	$\omega_n^2 = \dfrac{1}{2}(\omega_x^2+\omega_y^2) \mp \dfrac{1}{2}\sqrt{(\omega_x^2+\omega_y^2)^2+4\omega_{xy}^4}$ $\omega_x^2=\dfrac{K_x}{m}\quad \omega_y^2=\dfrac{K_y}{m}\quad \omega_{xy}^2=\dfrac{K_{xy}}{m}$ $K_x=\sum_{i=1}^n K_i\cos^2\alpha_i\quad K_y=\sum_{i=1}^n K_i\sin^2\alpha_i$ $K_{xy}=\sum_{i=1}^n K_i\sin\alpha_i\cos\alpha_i\;(n=3)$
5		刚性杆为两个弹簧所支持的系统	$\omega_n^2=\dfrac{1}{2}(a+c)\mp\dfrac{1}{2}\sqrt{(a-c)^2+\dfrac{4mb^2}{I}}$ $a=\dfrac{K_1+K_2}{m}\quad b=\dfrac{K_2l_2-K_1l_1}{m}$ $c=\dfrac{K_1l_1^2+K_2l_2^2}{I}\quad I\text{——转动惯量,kg·m}^2$
6		直线振动和摇摆振动的联合系统	$\omega_n^2=\dfrac{1}{2}(\omega_y^2+\omega_0^2)\mp\dfrac{1}{2}\sqrt{(\omega_y^2-\omega_0^2)^2+\dfrac{4\omega_y^4 mh^2}{I}}$ $\omega_y^2=\dfrac{2K_2}{m}\quad \omega_0^2=\dfrac{2K_1l^2+2K_2h^2}{I}$
7		三段轴两圆盘扭振系统	$\omega_n^2=\dfrac{1}{2}(\omega_1^2+\omega_2^2)\mp\dfrac{1}{2}\sqrt{(\omega_1^2-\omega_2^2)^2+4\omega_{12}^2}$ $\omega_1^2=\dfrac{K_{\varphi1}+K_{\varphi2}}{I_1}\quad \omega_2^2=\dfrac{K_{\varphi2}+K_{\varphi3}}{I_2}\quad \omega_{12}^2=\dfrac{K_{\varphi2}}{\sqrt{I_1I_2}}$
8		两段轴三圆盘扭振系统	$\omega_n^2=\dfrac{1}{2}(\omega_1^2+\omega_2^2+\omega_3^2)\mp$ $\dfrac{1}{2}\sqrt{(\omega_1^2+\omega_2^2+\omega_3^2)^2-4\omega_1^2\omega_3^2\dfrac{I_1+I_2+I_3}{I_2}}$ $\omega_1^2=\dfrac{K_{\varphi1}}{I_1}\quad \omega_2^2=\dfrac{K_{\varphi1}+K_{\varphi2}}{I_2}\quad \omega_3^2=\dfrac{K_{\varphi2}}{I_3}$
9		两端圆盘轴和轴之间齿轮连接系统	$\omega_n^2=\dfrac{1}{2}(\omega_1^2+\omega_2^2+\omega_3^2)\mp$ $\dfrac{1}{2}\sqrt{(\omega_1^2+\omega_2^2+\omega_3^2)^2-4\omega_1^2\omega_3^2\dfrac{I_1+I_2+I_3}{I_2}}$ $\omega_1^2=\dfrac{K_{\varphi1}}{I_1}\quad \omega_2^2=\dfrac{K_{\varphi1}+K_{\varphi2}}{I_2}\quad \omega_3^2=\dfrac{K_{\varphi2}}{I_3}$ $I_1=I_1'\quad I_2=I_2'+i^2I_2''\quad I_3=i^2I_3'\quad K_{\varphi1}=K_{\varphi1}'\quad K_{\varphi2}=i^2K_{\varphi2}'$
10		二重摆	$\omega_n^2=\dfrac{m_1+m_2}{2m_1}\left[\omega_1^2+\omega_2^2\mp\sqrt{(\omega_1^2-\omega_2^2)^2+4\omega_1^2\omega_2^2\dfrac{m_2}{m_1+m_2}}\right]$ $\omega_1^2=\dfrac{g}{l_1}\quad \omega_2^2=\dfrac{g}{l_2}\quad g\text{——重力加速度},g=9.81\mathrm{m/s^2}$

续表

序号	系统简图	系统形式	固有角频率 $\omega_n/\text{rad}\cdot\text{s}^{-1}$
11	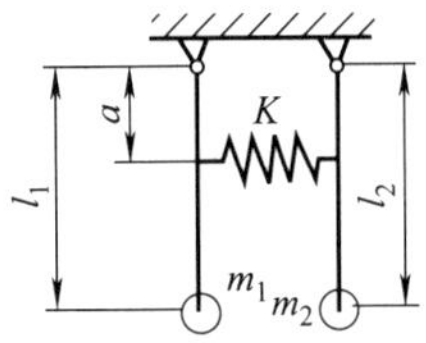	二联合单摆	$\omega_n^2 = \frac{1}{2}(\omega_1^2 + \omega_2^2 + \omega_3^2 + \omega_4^2) \mp$ $\frac{1}{2}\sqrt{(\omega_1^2 + \omega_2^2 + \omega_3^2 + \omega_4^2)^2 - 4(\omega_2^2\omega_3^2 + \omega_1^2\omega_4^2 + \omega_3^2\omega_4^2)}$ $\omega_1^2 = \frac{Ka^2}{m_1 l_1^2} \quad \omega_2^2 = \frac{Ka^2}{m_2 l_2^2} \quad \omega_3^2 = \frac{g}{l_1} \quad \omega_4^2 = \frac{g}{l_2}$
12	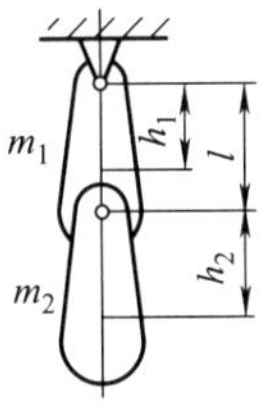	二重物理摆	$\omega_n^2 = \frac{1}{2a}(b \mp \sqrt{b^2 - 4ac})$ $a = (I_1 + m_1 h_1^2 + m_2 l^2)(I_2 + m_2 h_2^2) - m_2^2 h_2^2 l^2$ $b = (I_1 + m_1 h_1^2 + m_2 l^2)m_2 h_2 g + (I_2 + m_2 h_2^2)(m_1 h_1 + m_2 l)g$ $c = (m_1 h_1 + m_2 l)m_2 h_2 g^2$
13	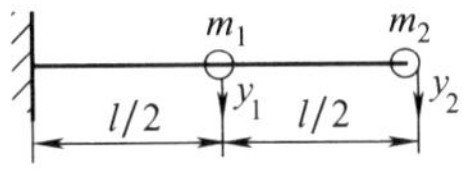	两个质量的悬臂梁系统	$\omega_n^2 = \frac{48EJ}{7m_1 m_2}\left[m_1 + 8m_2 \mp \sqrt{m_1^2 + 9m_1 m_2 + 64m_2^2}\right]$ E——弹性模量,Pa;J——截面惯性矩,m^4
14	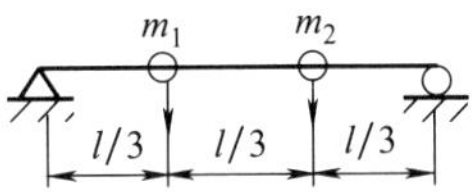	两个质量的简支梁系统	$\omega_n^2 = \frac{162EJ}{5m_1 m_2 l^3}\left[4(m_1 + m_2) \mp \sqrt{16m_1^2 + 17m_1 m_2 + 16m_2^2}\right]$
15	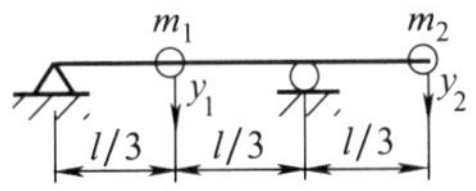	两个质量的外伸简支梁系统	$\omega_n^2 = \frac{32EJ}{5m_1 m_2 l^3}\left[(m_1 + 6m_2) \mp \sqrt{m_1^2 - 3m_1 m_2 + 36m_2^2}\right]$
16	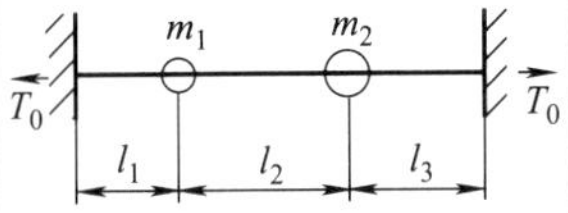	两质量位于受张力弦上	$\omega_n^2 = \frac{T_0}{2}\left[\frac{l_1+l_2}{m_1 l_1 l_2} + \frac{l_2+l_3}{m_2 l_2 l_3} \mp \sqrt{\left(\frac{l_1+l_2}{m_1 l_1 l_2} - \frac{l_2+l_3}{m_2 l_2 l_3}\right)^2 + \frac{4}{m_1 m_2 l_2^2}}\right]$ T_0——张力,N

3.4.3 各种构件的固有角频率

表 27-3-10　　　　弦、梁、膜、板、壳的固有角频率

序号	系统形式	简　图	固有角频率 $\omega_n/\text{rad}\cdot\text{s}^{-1}$
1	两端固定,内受张力的弦	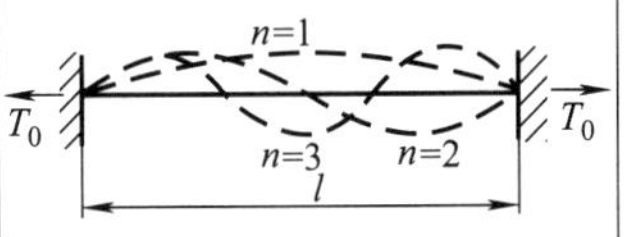	$\omega_n = \frac{n}{l}\sqrt{\frac{T_0}{\rho_l}}$ $n = \pi, 2\pi, 3\pi, \cdots$ T_0——内张力,N

续表

序号	系统形式	简图	固有角频率 $\omega_n/\mathrm{rad\cdot s^{-1}}$
2	两端自由等截面杆、梁的横向振动	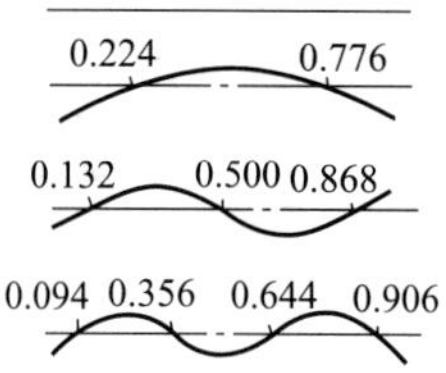 0.224 0.776 0.132 0.500 0.868 0.094 0.356 0.644 0.906	$\omega_n = \dfrac{a_n^2}{l^2}\sqrt{\dfrac{EJ}{\rho_l}}$ E——弹性模量，Pa；J——截面惯性矩，m^4； l——杆、梁长度，m；ρ_l——线密度，kg/m； a_n——振型常数，$a_1=4.73, a_2=7.853, a_3=10.996$
3	一端简支，一端自由等截面杆、梁的横向振动	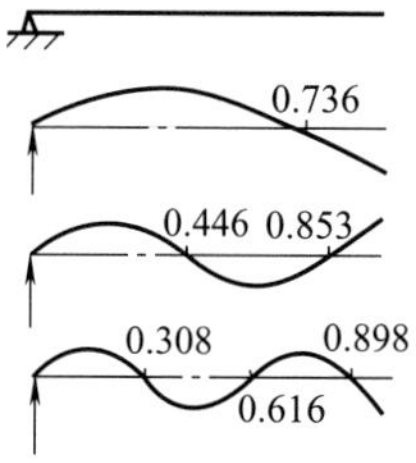 0.736 0.446 0.853 0.308 0.898 0.616	$\omega_n = \dfrac{a_n^2}{l^2}\sqrt{\dfrac{EJ}{\rho_l}}$ $a_1=3.927, a_2=7.069, a_3=10.21$
4	两端简支等截面杆、梁的横向振动	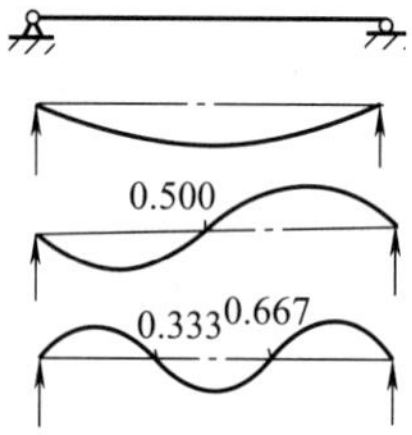 0.500 0.333 0.667	$\omega_n = \dfrac{a_n^2}{l^2}\sqrt{\dfrac{EJ}{\rho_l}}$ $a_1=\pi, a_2=2\pi, a_3=3\pi$
5	一端固定，一端自由等截面杆、梁的横向振动	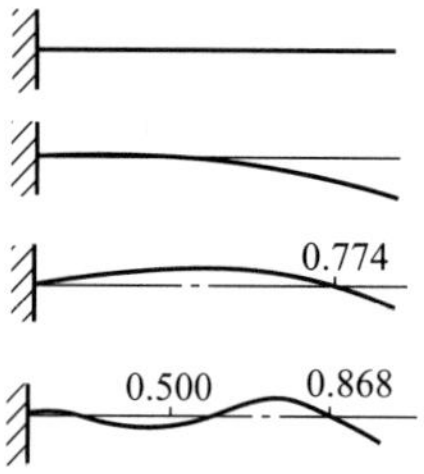 0.774 0.500 0.868	$\omega_n = \dfrac{a_n^2}{l^2}\sqrt{\dfrac{EJ}{\rho_l}}$ $a_1=1.875, a_2=4.694, a_3=7.855$
6	一端固定一端简支等截面杆、梁的横向振动	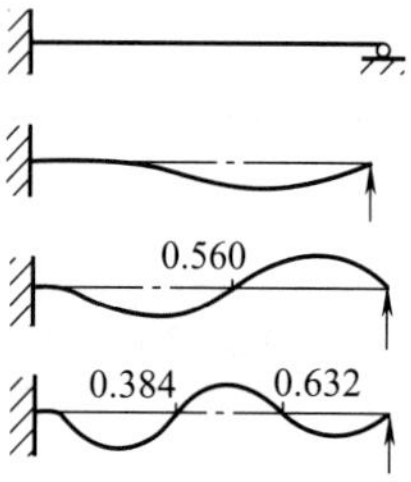 0.560 0.384 0.632	$\omega_n = \dfrac{a_n^2}{l^2}\sqrt{\dfrac{EJ}{\rho_l}}$ $a_1=3.927, a_2=7.069, a_3=10.21$
7	两端固定等截面杆、梁的横向振动	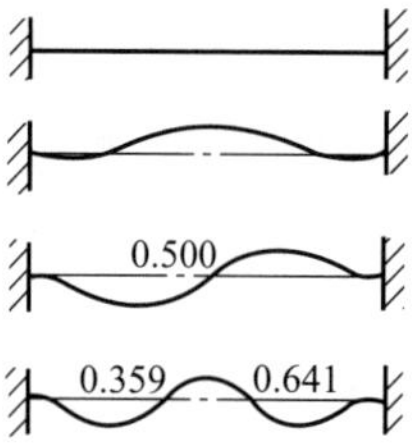 0.500 0.359 0.641	$\omega_n = \dfrac{a_n^2}{l^2}\sqrt{\dfrac{EJ}{\rho_l}}$ $a_1=4.73, a_2=7.853, a_3=10.996$

续表

序号	系统形式	简图	固有角频率 ω_n/rad·s^{-1}
8	两端自由等截面杆的纵向振动	$i=1$ (0.50); $i=2$ (0.25, 0.75); $i=3$ (0.50)	$\omega_n = \dfrac{i\pi}{l}\sqrt{\dfrac{E}{\rho_l}}$ $i=1,2,3,\cdots$
9	一端固定一端自由等截面杆的纵向振动	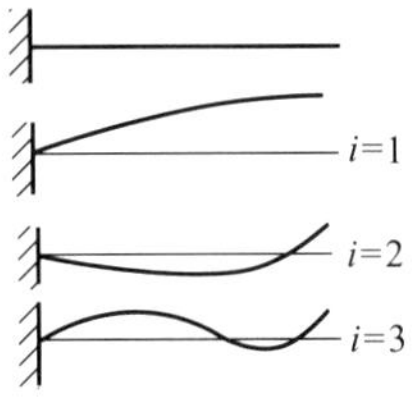 $i=1$; $i=2$; $i=3$	$\omega_n = \dfrac{2i-1}{2} \times \dfrac{\pi}{l}\sqrt{\dfrac{E}{\rho_l}}$ $i=1,2,3,\cdots$
10	两端固定等截面杆的纵向振动	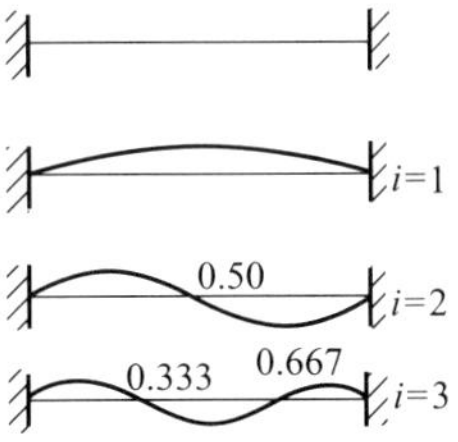 $i=1$; $i=2$ (0.50); $i=3$ (0.333, 0.667)	$\omega_n = \dfrac{i\pi}{l}\sqrt{\dfrac{E}{\rho_l}}$ $i=1,2,3,\cdots$
11	轴向力作用下，两端简支的等截面杆、梁的横向振动	 (a)  受压; (b) 受拉	图(a)受轴向压力 $\omega_n = \left(\dfrac{a_n\pi}{l}\right)^2 \sqrt{\dfrac{EJ}{\rho_l}} \sqrt{1 - \dfrac{Pl^2}{EJa_n^2\pi^2}}$ 图(b)受轴向拉力 $\omega_n = \left(\dfrac{a_n\pi}{l}\right)^2 \sqrt{\dfrac{EJ}{\rho_l}} \sqrt{1 + \dfrac{Pl^2}{EJa_n^2\pi^2}}$ 式中，$a_n=1,2,3,\cdots$
12	周边受张力的矩形膜	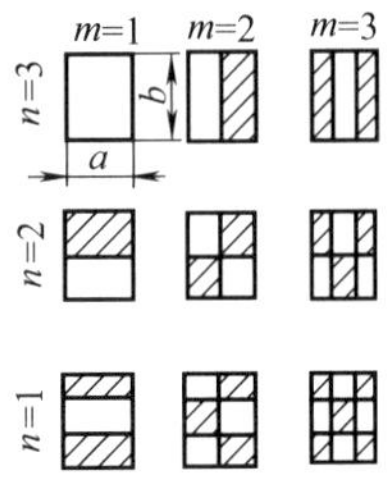 $m=1,2,3$；$n=1,2,3$	$\omega_n = \pi\sqrt{\dfrac{T}{\rho_A}\left(\dfrac{m^2}{a^2}+\dfrac{n^2}{b^2}\right)}$ $m=1,2,3,\cdots$ $n=1,2,3,\cdots$ T——单位长度的张力，N/m；ρ_A——面密度，kg/m^2
13	周边受张力的圆形膜	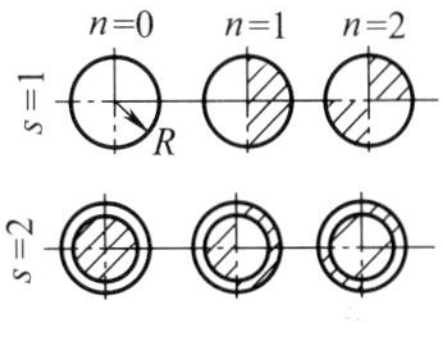 $n=0,1,2$；$s=1,2$	$\omega_n = (a_{ns}\sqrt{T/\rho_A})/R$ 振型常数 a_{ns}： <table><tr><td>n</td><td>$s=1$</td><td>$s=2$</td><td>$s=3$</td></tr><tr><td>0</td><td>2.404</td><td>5.52</td><td>8.654</td></tr><tr><td>1</td><td>3.832</td><td>7.026</td><td>10.173</td></tr><tr><td>2</td><td>5.135</td><td>8.417</td><td>11.62</td></tr></table>

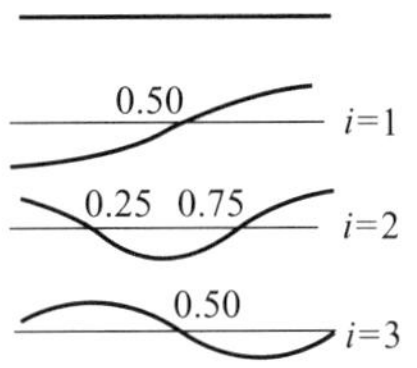

续表

序号	系统形式	简图	固有角频率 $\omega_n/\text{rad}\cdot\text{s}^{-1}$
14	周边简支的矩形板	(图示 $m=1,2,3$；$n=1,2,3$)	$\omega_n = \pi^2 \left(\dfrac{m^2}{a^2} + \dfrac{n^2}{b^2}\right)\sqrt{\dfrac{E\delta^3}{12(1-\mu^2)\rho_A}}$ $m=1,2,3,\cdots$　$n=1,2,3,\cdots$ δ——板厚，m；μ——泊松比
15	周边固定的正方形板	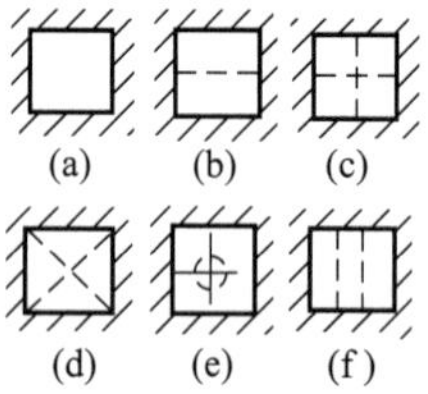 (a)(b)(c)(d)(e)(f)	$\omega_n = \dfrac{a_{ns}}{a^2}\sqrt{\dfrac{E\delta^3}{12(1-\mu^2)\rho_A}}$ 图(a)~(f)中振型常数 a_{ns} 分别为 35.99、73.41、108.27、131.64、132.25、165.15
16	两边固定两边自由的正方形板	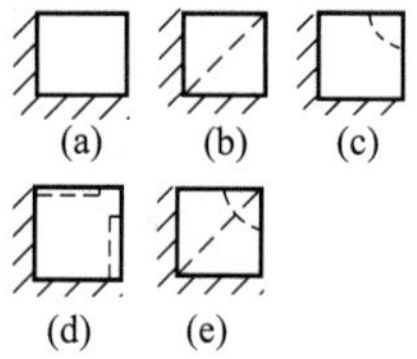 (a)(b)(c)(d)(e)	$\omega_n = \dfrac{a_{ns}}{a^2}\sqrt{\dfrac{E\delta^3}{12(1-\mu^2)\rho_A}}$ 图(a)~(e)中振型常数 a_{ns} 分别为 6.958、24.08、26.80、48.05、63.54
17	一边固定三边自由的正方形板	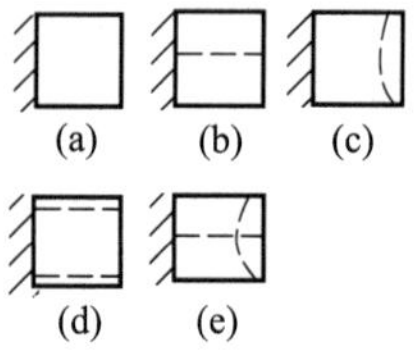 (a)(b)(c)(d)(e)	$\omega_n = \dfrac{a_{ns}}{a^2}\sqrt{\dfrac{E\delta^3}{12(1-\mu^2)\rho_A}}$ 图(a)~(e)中振型常数 a_{ns} 分别为 3.494、8.547、21.44、27.46、31.17
18	周边固定的圆形板	$s=1, s=2$；$n=0,1,2$	$\omega_n = \dfrac{a_{ns}}{R^2}\sqrt{\dfrac{E\delta^3}{12(1-\mu^2)\rho_A}}$ 振型常数 a_{ns}： | s | $n=0$ | $n=1$ | $n=2$ | |---|---|---|---| | 1 | 10.17 | 21.27 | 34.85 | | 2 | 39.76 | 60.80 | 88.35 |

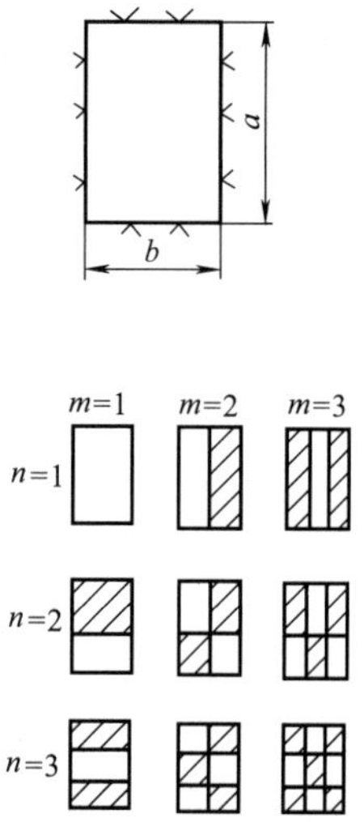

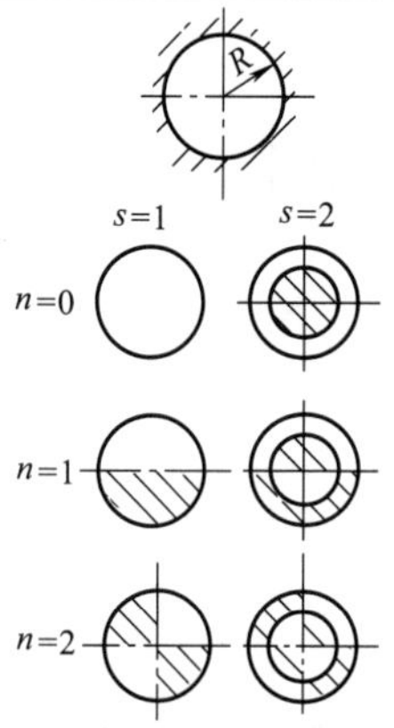

续表

序号	系统形式	简图	固有角频率 ω_n/rad·s^{-1}
19	周边自由的圆板	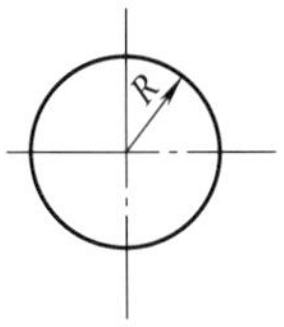	$\omega_n = \dfrac{a_{ns}}{R^2}\sqrt{\dfrac{E\delta^3}{12(1-\mu^2)\rho_A}}$ 振型常数 a_{ns}： | s	$n=0$	$n=1$	$n=2$ | |---|---|---|---| | 1 | — | — | 5.251 | | 2 | 9.076 | 20.52 | 35.24 |
20	周边自由中间固定的圆板	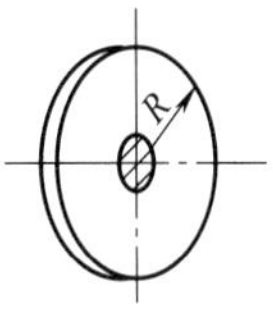	$\omega_n = \dfrac{a_{ns}}{R^2}\sqrt{\dfrac{E\delta^3}{12(1-\mu^2)\rho_A}}$ 振型常数 a_{ns}： | s	$n=0$	$n=1$	$n=2$ | |---|---|---|---| | 1 | 3.75 | — | 5.4 | | 2 | 20.91 | — | 30.48 |
21	有径向和切向位移振动的圆筒	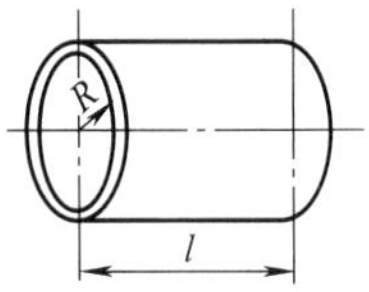	$\omega_n^2 = \dfrac{E\delta^3}{12(1-\mu^2)\rho_A R^4} \times \dfrac{n^2(n^2-1)^2}{n^2+1}$ n——节点数的一半 振型与表 27-3-7 第 24 项相仿
22	有径向和切向位移振动的无限长圆筒		$\omega_n = \dfrac{K}{R}\sqrt{\dfrac{G\delta}{\rho_A}}$　　m——周边的波数 　　　　　　　　　G——切变模量，Pa K 值表
23	半球形壳		$\omega_n = \dfrac{\lambda\delta^2}{R^2}\sqrt{\dfrac{G}{\rho_A}}$ $\lambda = 2.14, 6.01, 11.6, \cdots$ δ——壳厚，m
24	碟形球壳		$\omega_n = \dfrac{\lambda\delta^2}{R^2}\sqrt{\dfrac{G}{\rho_A}}$ $\lambda = 3.27, 8.55, \cdots$

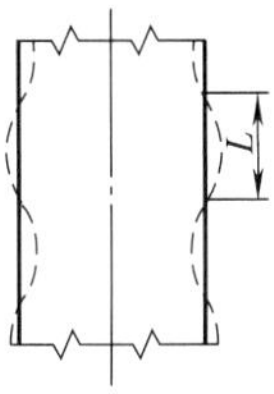

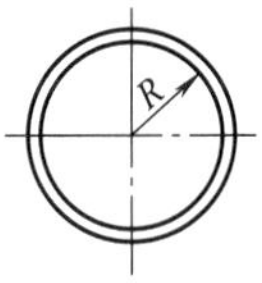

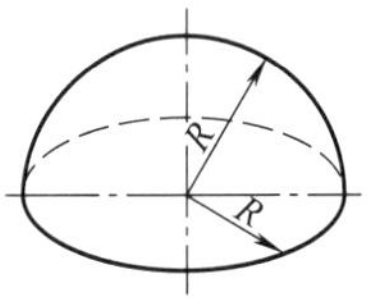

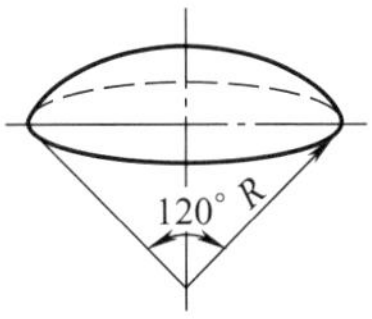

K 值表（序号22）：

m	L/R	扭振 K	非扭振 K_1	非扭振 K_2
0	1	3.142	1.604	5.338
	2	1.571	1.569	2.729
	3	1.017	1.445	1.976
	∞	0		1.691

m	L/R	非扭振 K_1	非扭振 K_2	非扭振 K_3
1	1	1.428	3.357	5.611
	2	0.968	2.109	3.294
	3	0.63	1.724	2.753
	∞	0	1	2.391
2	1	1.102	3.84	6.357
	2	0.553	2.709	4.491
	3	0.307	2.378	4.095
	∞	0	2	3.78

续表

序号	系统形式	简图	固有角频率 ω_n/rad·s^{-1}
25	圆球形壳	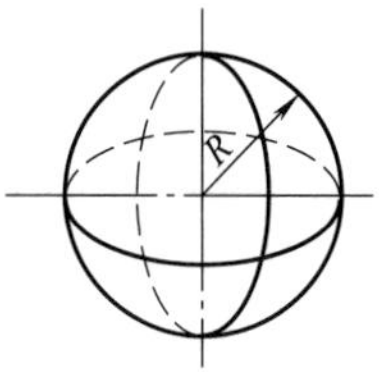	只有径向位移的振动 $$\omega_n = \frac{2}{R}\left(\frac{1+\mu}{1-\mu}\right)\sqrt{\frac{G\delta}{\rho_A}}$$ 只有切向位移的振动 $$\omega_n = \frac{1}{R}\sqrt{(n-1)(n-2)\frac{G\delta}{\rho_A}}$$ 有径向与切向位移的综合振动 $$\omega_n = \frac{\lambda}{R}\sqrt{\frac{G\delta}{\rho_A}}$$ λ 由下式求得：(n 为大于 1 的整数) $$\lambda^4 - \lambda^2\left[(n^4+n+4)\frac{1+\mu}{1-\mu}+(n^2+n-2)\right] + 4(n^2+n-2)\frac{1+\mu}{1-\mu}=0$$

3.5 同向简谐振动合成

表 27-3-11　　同向简谐振动合成

序号	振动分量	合成振动	简图
1	同频率两个简谐振动 $x_1=A_1\sin(\omega t+\varphi_1)$ $x_2=A_2\sin(\omega t+\varphi_2)$	合成振动为简谐振动 $x=A\sin(\omega t+\varphi)$ $A=\sqrt{A_1^2+A_2^2+2A_1A_2\cos(\varphi_2-\varphi_1)}$ $\varphi=\arctan\dfrac{A_1\sin\varphi_1+A_2\sin\varphi_2}{A_1\cos\varphi_1+A_2\cos\varphi_2}$	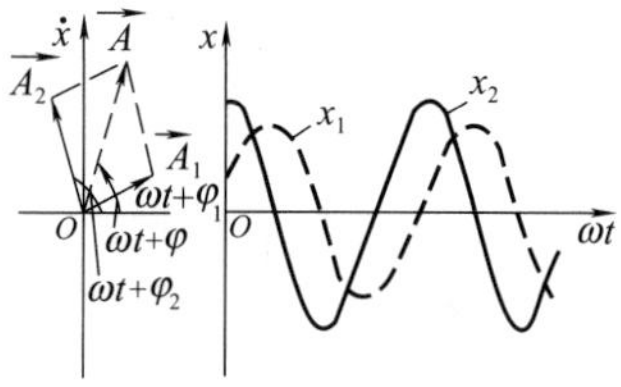
2	同频率多个简谐振动 $x_i=A_i\sin(\omega t+\varphi_i)$ $i=1,2,\cdots,n$	合成振动为简谐振动 $x=A\sin(\omega t+\varphi)$ $A=\left[\left(\sum\limits_{i=1}^{n}A_i\cos\varphi_i\right)^2+\left(\sum\limits_{i=1}^{n}A_i\sin\varphi_i\right)^2\right]^{1/2}$ $\varphi=\arctan\dfrac{\sum\limits_{i=1}^{n}A_i\sin\varphi_i}{\sum\limits_{i=1}^{n}A_i\cos\varphi_i}$	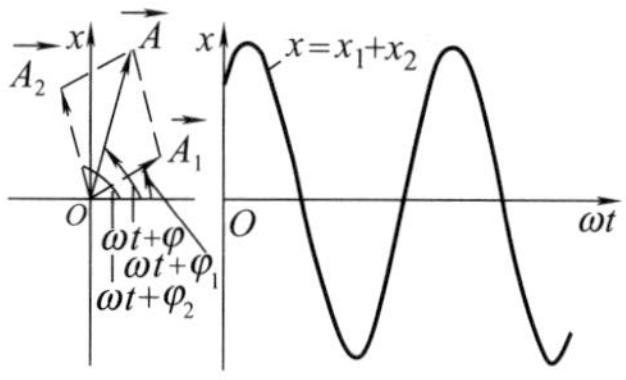
3	不同频率两个简谐振动 $x_1=A_1\sin(\omega_1 t+\varphi_1)$ $x_2=A_2\sin(\omega_2 t+\varphi_2)$ $\omega_1\neq\omega_2$ 频率比为较小的有理数	合成振动为周期性非简谐振动，振动的频率与振动分量中的最低频率相一致，振动波形取决于频率 ω 和振动分量各自振幅的大小和相位角 $x=A_1\sin(\omega_1 t+\varphi_1)+A_2\sin(\omega_2 t+\varphi_2)$	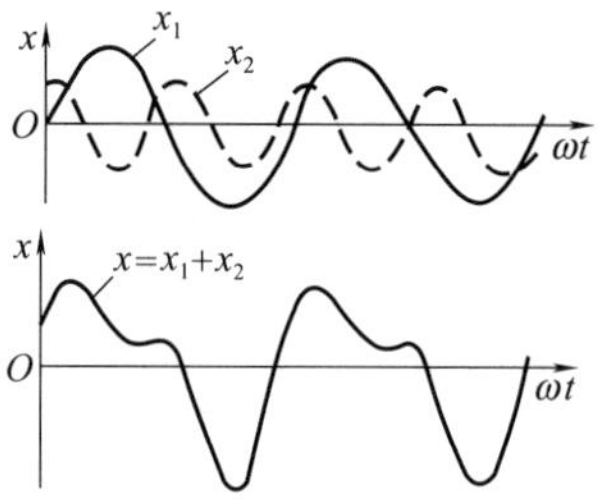

续表

序号	振动分量	合成振动	简图
4	大振幅低频率与小振幅高频率两个简谐振动 $x_1 = A_1\sin(\omega_1 t + \varphi_1)$ $x_2 = A_2\sin(\omega_2 t + \varphi_2)$ $A_1 > A_2$ $\omega_2 > \omega_1$ 频率比为较大的有理数	合成振动为周期性的非简谐振动，主要频率为低频振动频率 $x = A_1\sin(\omega_1 t + \varphi_1) + A_2\sin(\omega_2 t + \varphi_2)$	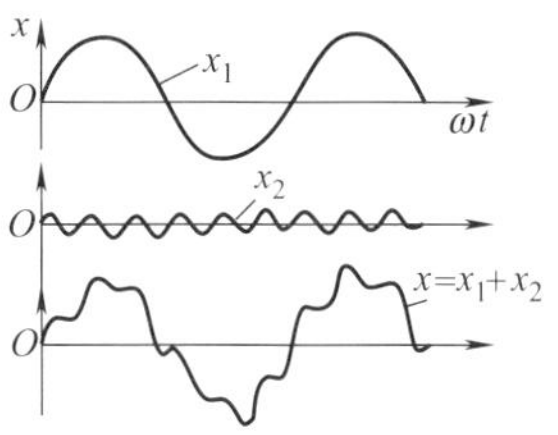
5	大振幅高频率与小振幅低频率两个简谐振动 $x_1 = A_1\sin(\omega_1 t + \varphi_1)$ $x_2 = A_2\sin(\omega_2 t + \varphi_2)$ $A_2 > A_1$ $\omega_2 > \omega_1$ 且频率比为较大的有理数	合成振动为周期性的非简谐振动，主要频率为高频振动频率 $x = A_1\sin(\omega_1 t + \varphi_1) + A_2\sin(\omega_2 t + \varphi_2)$	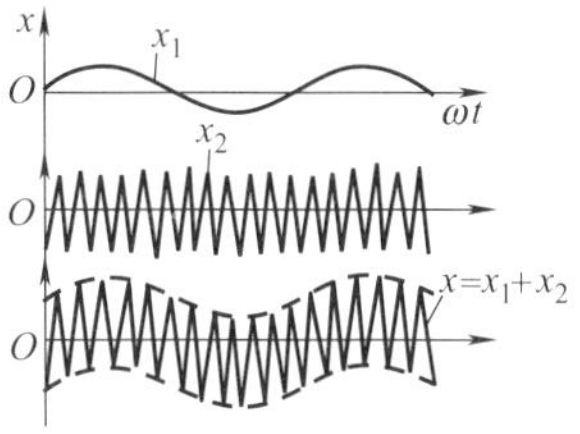
6	两个频率接近的简谐振动 $x_1 = A\cos\omega_1 t$ $x_2 = A\cos\omega_2 t$ $\omega_1 \approx \omega_2$ （两振幅相等时）	合成振动为拍振 $x = 2A\left[\cos\left(\dfrac{\omega_1-\omega_2}{2}\right)t\right] \times \sin\left(\dfrac{\omega_1+\omega_2}{2}\right)t$ 振幅变化频率等于$(\omega_1-\omega_2)$	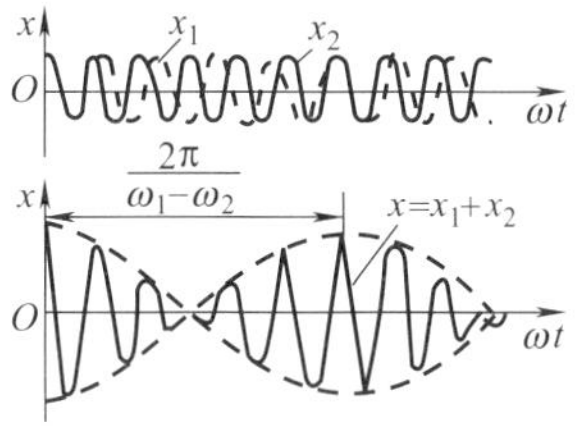

3.6 各种机械产生振动的扰动频率

除转数外，各种机械产生的高次扰动频率见表 27-3-12。

表 27-3-12　　　　各种机械产生的高次扰动频率

机械名称	扰动频率	机械名称	扰动频率
风机	轴转数×叶数	齿轮传动	轴转数×齿数（见说明）
泵	轴转数×叶数	滚动轴承	轴转数×$\dfrac{1}{2}$（滚珠数）
电动机	轴转数×极数	螺旋桨	轴转数×叶片数

注：轴承的脉冲频率是由轴承的故障产生的，一般按如下关系式确定。
① 内环剥落 $f_i = \dfrac{1}{2}Zf_0\left(1 + \dfrac{d}{D}\cos\alpha\right)$
② 外环剥落 $f_i = \dfrac{1}{2}Zf_0\left(1 - \dfrac{d}{D}\cos\alpha\right)$
③ 钢球剥落 $f_i = \dfrac{d}{D}f_0\left[1 - \left(\dfrac{d}{D}\right)^2\cos\alpha\right]$
④ 内滚道不圆 $f_i = f_0, 2f_0, \cdots, nf_0$
⑤ 保持环不平衡 $f_i = \dfrac{1}{2}f_0\left(1 - \dfrac{d}{D}\cos\alpha\right)$

式中，f_0 为轴旋转频率；d 为轴承内径；D 为轴承外径；Z 为滚珠数；α 为滚珠与内外环的接触角。

第4章 非线性振动与随机振动

4.1 非线性振动

4.1.1 非线性振动问题

在对一个振动系统进行研究时，一般情况下其阻尼、弹性恢复力和惯性力可线性化。然而，在振幅比较大的情况下，线性化的阻尼、弹性恢复力和惯性力不能反映其系统的振动特性，必须考虑其非线性项性质。构成非线性振动系统的原因很多，当振幅过大，材料超过线性弹性而进入非线性弹性，甚至超过弹性极限而进入塑性，这种由于材料本身的非线性特性而使系统成为非线性系统，通常称为材料非线性。另外由于几何上或构造上的原因，虽然材料本身仍符合线弹性，但由于位移过大，或变形过大而使结构的几何发生显著变化，而必须按变形后的关系建立运动方程，这样出现的非线性称为几何非线性。在机械系统中非线性力有非线性恢复力、非线性阻尼力和非线性惯性力。

表 27-4-1 为机械工程中的非线性振动问题的典型例子。

表 27-4-1 非线性振动的力学模型、曲线及表达式

类型	力学模型及非线性力曲线	运动微分方程及非线性力表达式
非线性恢复力	（单摆力学模型及曲线）	单摆运动微分方程：$ml^2\ddot{\theta}+mgl\sin\theta=0$，当摆角 θ 较大时，将 $\sin\theta$ 展开成幂级数，即 $$\sin\theta=\theta-\frac{\theta^3}{6}+\frac{\theta^5}{120}+\cdots$$ 如果只取前两项，则非线性运动微分方程： $$\ddot{\theta}+\frac{g}{l}\left(\theta-\frac{\theta^3}{6}\right)=0$$ 这种恢复力系数随着角位移的增大而减小的性质，称为"软特性"
非线性恢复力	（分段线性弹簧模型及曲线）	非线性运动微分方程： $$m\ddot{x}+Q_k(x,t)=Q(t)$$ 其分段线性的非线性弹性恢复力为： $$Q_k(x,t)=\begin{cases} K'x & -e\leqslant x\leqslant e \\ K'x+K''(x-e) & e\leqslant x<\infty \\ K'x+K''(x+e) & -\infty<x\leqslant -e \end{cases}$$ 这里 K' 为中间弹簧的刚度，K'' 为上下两个弹簧的刚度和。这种弹性恢复力系数随着位移幅值的增长而分段增长的性质称为"硬特性"
非线性阻尼力	（库仑摩擦模型）$+\mu mg\ \dot{x}<0$；$-\mu mg\ \dot{x}>0$	非线性运动微分方程：$m\ddot{x}-Q_c(\dot{x},t)+Kx=0$ 其库仑（干摩擦）阻尼： $$Q_c(\dot{x},t)=\begin{cases} -\mu mg & \dot{x}>0 \\ \mu mg & \dot{x}<0 \end{cases}$$ μ——摩擦因子；m——质量，kg

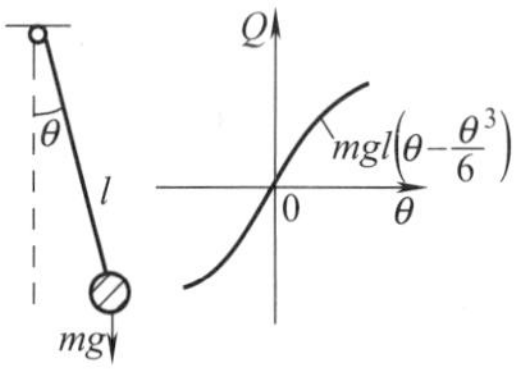

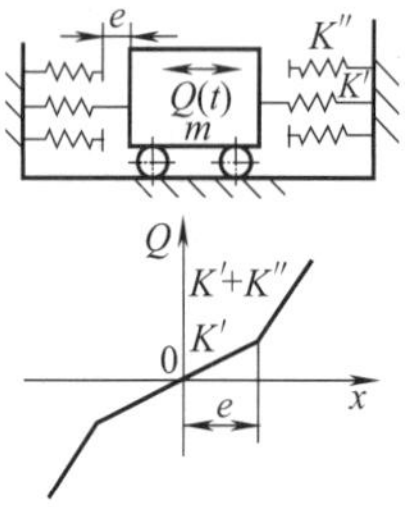

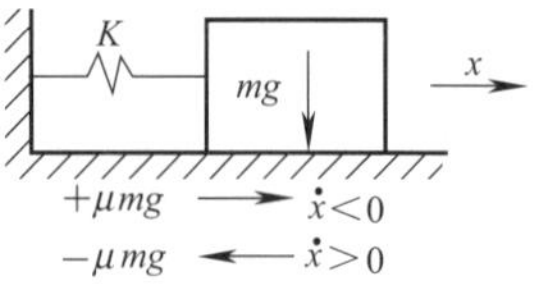

续表

类型	力学模型及非线性力曲线	运动微分方程及非线性力表达式
非线性惯性力	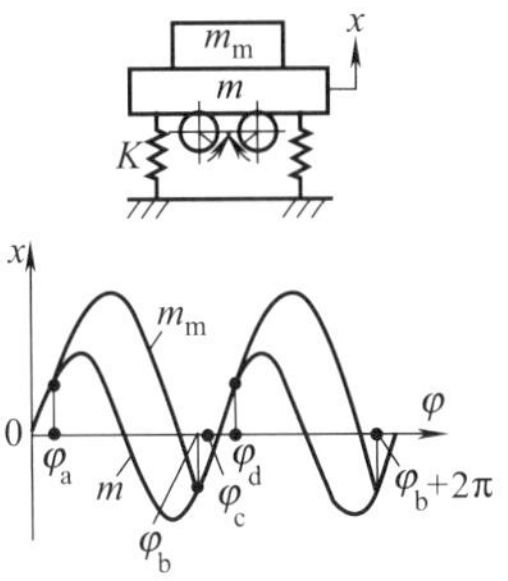	振动落砂机上质量为 m_m 的铸件做抛掷运动时,系统的运动微分方程: $$m\ddot{x}+Q_m(\ddot{x},\dot{x},t)+C\dot{x}+Kx=Q(t)$$ 其分段线性的非线性惯性力为: $$Q_m(\ddot{x},\dot{x},t)=\begin{cases} 0 & \varphi_a\leqslant\varphi\leqslant\varphi_b \\ m_m(\ddot{x}+g) & \varphi_c\leqslant\varphi\leqslant\varphi_d \\ \dfrac{m_m(\dot{x}_m-\dot{x})}{\Delta t} & \varphi_b\leqslant\varphi\leqslant\varphi_c \end{cases}$$ φ_a——m_m 的抛始角;φ_b——m_m 的下落冲击始相位角;$\varphi_d=\varphi_a+2\pi$;$\varphi_c-\varphi_d=\omega t$;$\Delta t$——冲击时间(很短);$\dot{x}_m$,$\dot{x}$——分别为 m_m 和 m 的运动速度

4.1.2 非线性恢复力的特性曲线

表 27-4-2　　　各种系统所常见的几种非线性恢复力的特征曲线

序号	系统说明	系统图例	力的特征曲线
1	以弹簧压于平面的物体	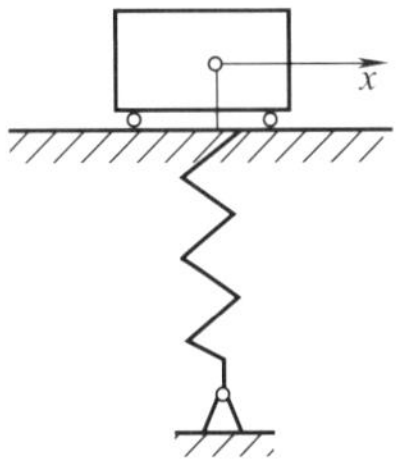	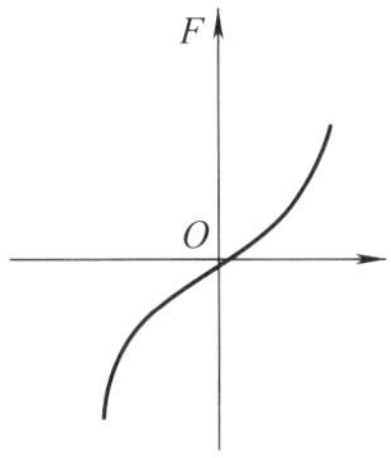
2	置于锥形弹簧上的物体	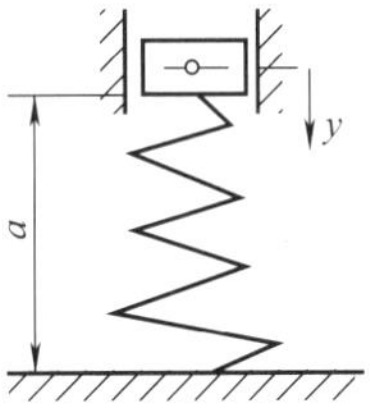	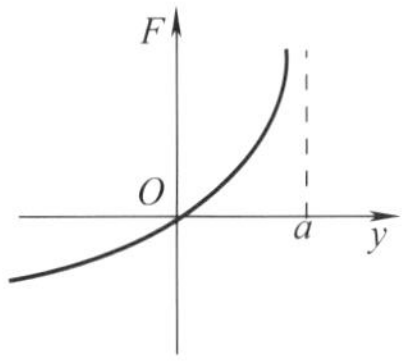
3	柔性弹性梁	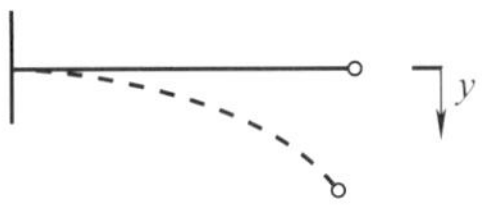	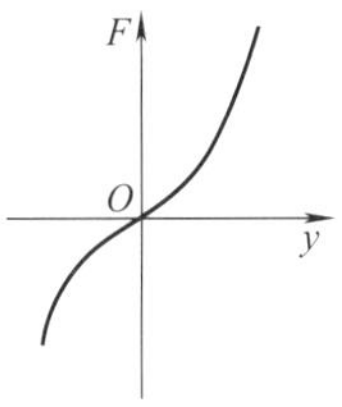
4	集中质量张紧弦的振动	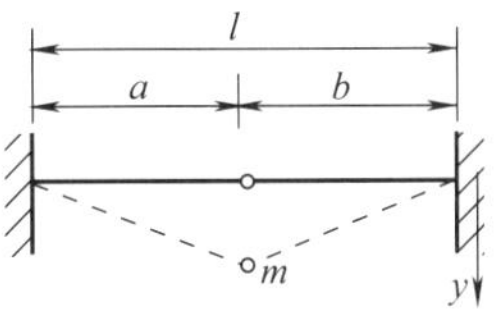	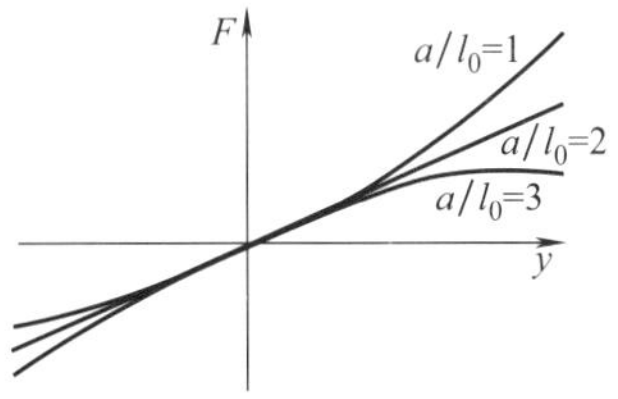 $$F=SE\left(\dfrac{a-l_0}{l_0}\right)(1/ab)y+SE\left(\dfrac{2l_0-a}{l_0}\right)\left(\dfrac{a^3+b^3}{2a^3b^3}\right)y^3$$ S——横截面面积;E——弹性模量

续表

序号	系统说明	系统图例	力的特征曲线
5	柔性弹性板、膜	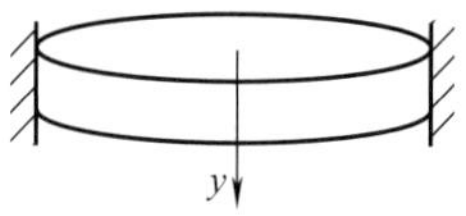	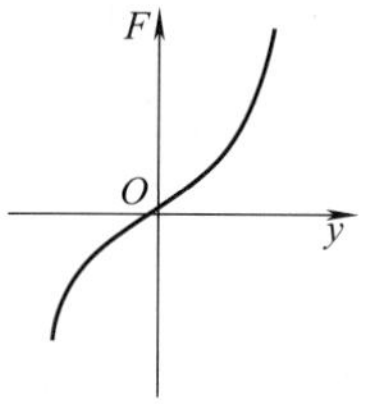
6	密闭缸内的气体上的重物	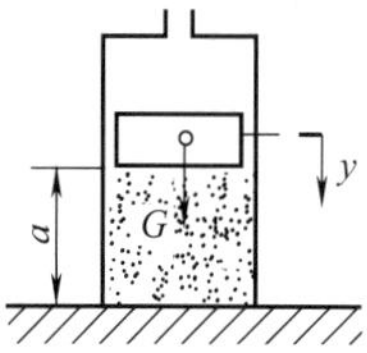	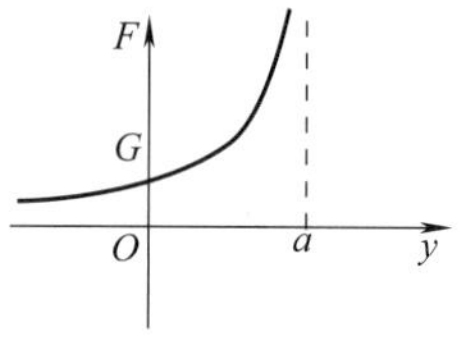
7	悬挂轴旋转的单摆	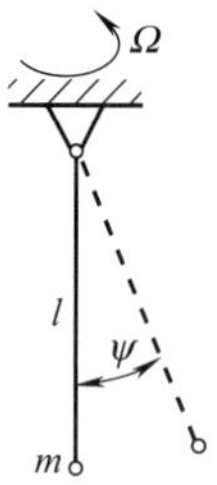	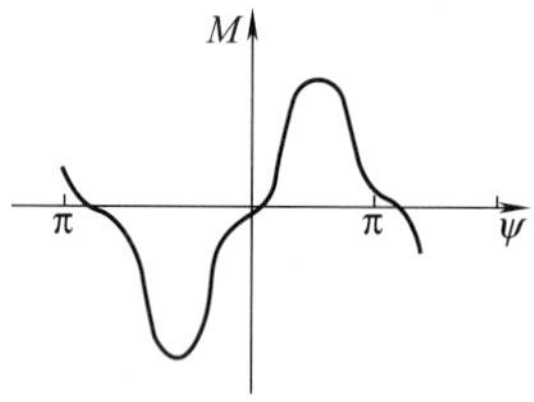 $M = mgl\sin\psi - m\Omega^2 l^2 \cos\psi\sin\psi$
8	曲面船垂直偏离平衡位置	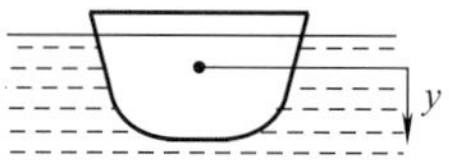	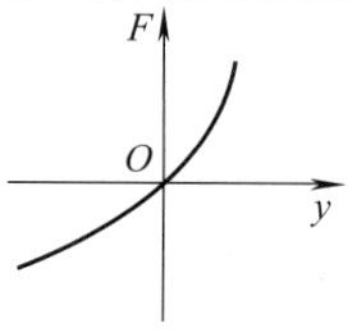
9	曲面船绕平衡位置转动	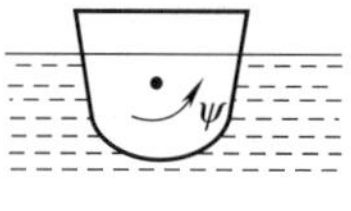	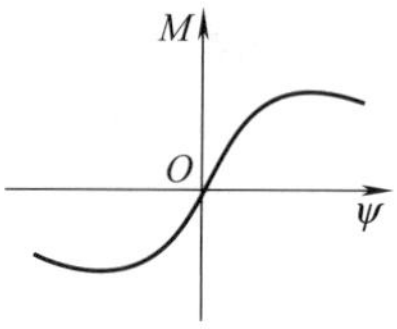
10	磁场中的电枢	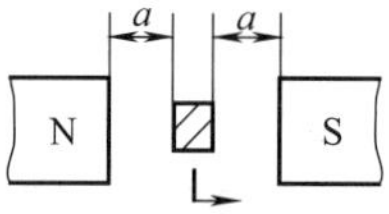	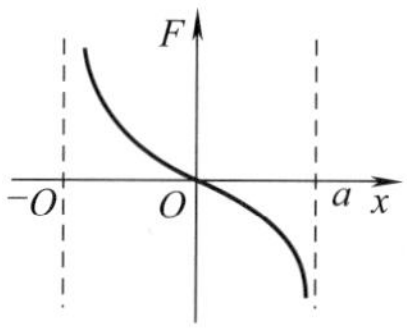
11	有间隙的弹簧	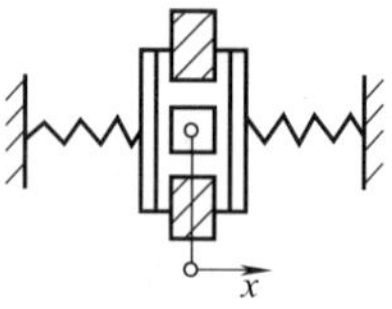	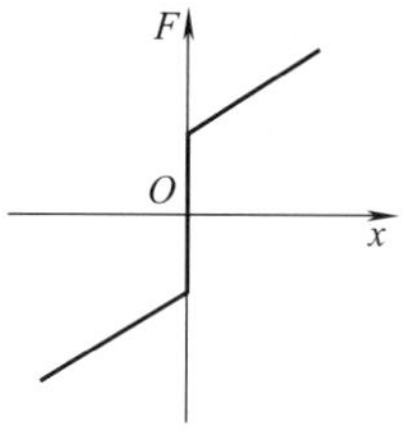

续表

序号	系统说明	系统图例	力的特征曲线
12	右纵向横槽的半圆柱体	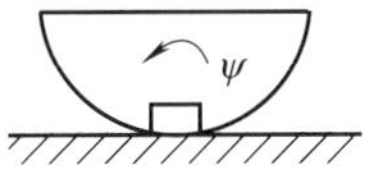	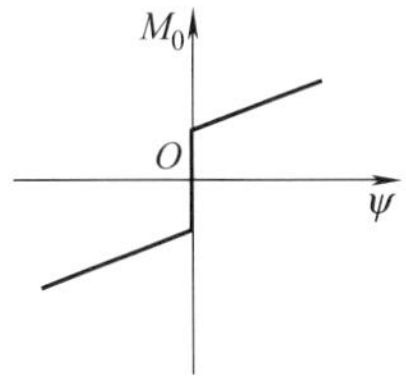
13	缸内有气压的活塞向下压	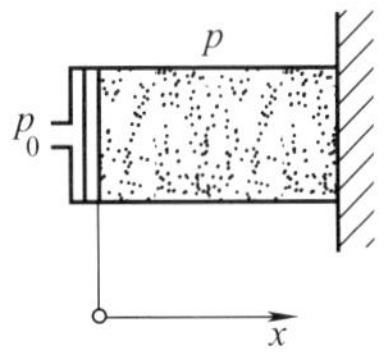	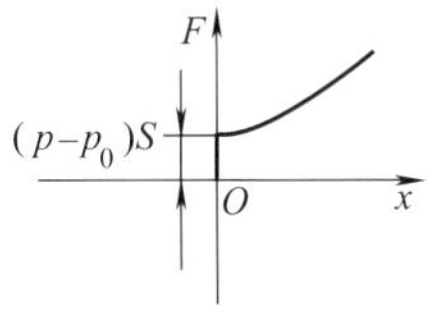 p、p_0——内部压力和大气压；S——气缸横断面积
14	具有间歇性接触运动的转子	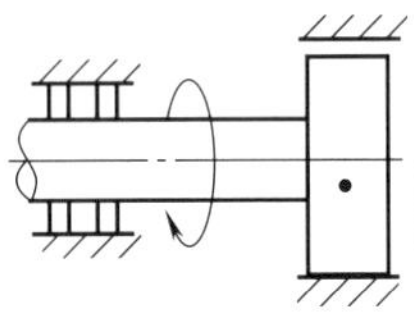	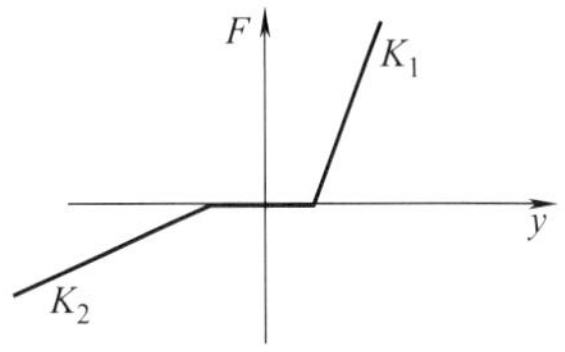

4.1.3 非线性阻尼力的特性曲线

振动系统中的阻尼因素比较复杂，大多数情况下具有非线性特性，目前对阻尼的机理研究还不甚清楚，流体阻尼、干摩擦阻尼、材料阻尼、滑移阻尼是其主要的几种表现形式。其中流体阻尼、干摩擦阻尼指周围的介质或固体外界环境引起的阻尼，该阻尼随着速度的增加，阻尼力不再是速度的线性函数。材料阻尼是由于系统内部的材料的内摩擦引起的，滑移阻尼是结构由于衬垫、铆接和用螺栓固定或其他方法连接在一起时，各部件之间由于界面相对滑动或表面层的剪切效应而产生的阻尼。材料阻尼和滑移阻尼统称为结构阻尼。

表 27-4-3　各种系统所常见的几种流体阻尼、干摩擦阻尼的特征曲线

序号	阻尼说明	阻尼力公式	力的特征曲线
1	幂函数阻尼	$F_1 = b\|v\|^{n-1}v$	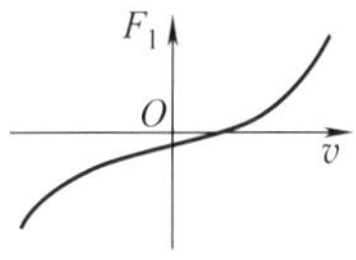
2	库仑摩擦（1中$n=0$时）干摩擦阻尼	$F_1 = b_0 \mathrm{sgn}(v)$	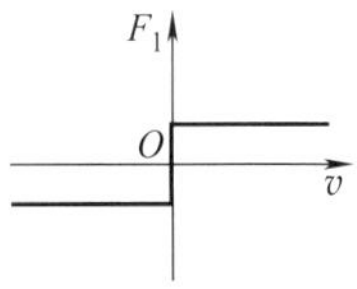
3	平方阻尼（1中$n=2$时）流体阻尼	$F_1 = b_1 \mathrm{sgn}(v) v^2$	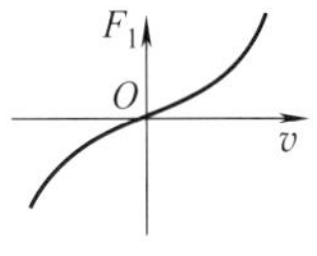

续表

序号	阻尼说明	阻尼力公式	力的特征曲线
4	线性和立方阻尼的组合	(1) $F_1 = b_1 v + b_3 v^3$ (2) $F_1 = b_1 v - b_3 v^3$ (3) $F_1 = -b_1 v + b_3 v^3$	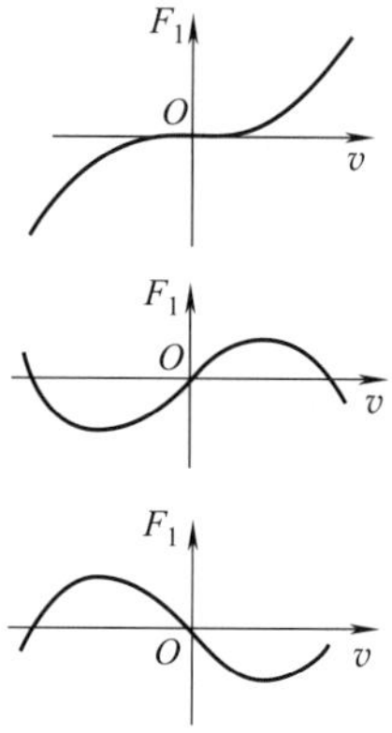
5	线性与库仑阻尼的组合	(1) $F_1 = b_0 \dfrac{v}{\lvert v \rvert} + b_1 v$ (2) $F_1 = b_0 \dfrac{v}{\lvert v \rvert} - b_1 v$ (3) $F_1 = -b_0 \dfrac{v}{\lvert v \rvert} + b_1 v$	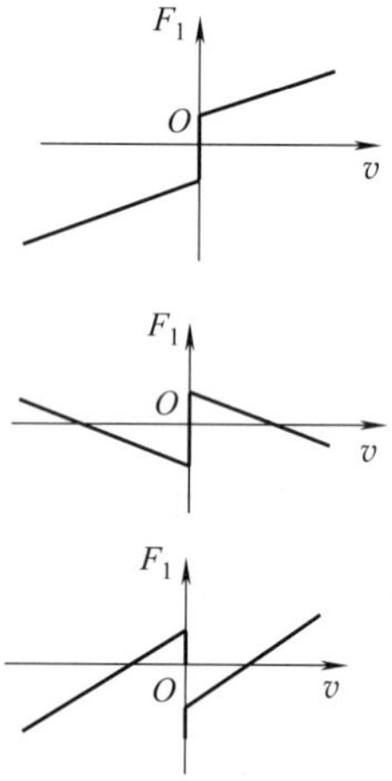
6	干摩擦 （2 和 4 的一部分）	$F_1 = b_0 \dfrac{v}{\lvert v \rvert} - b_1 v + b_3 v^3$	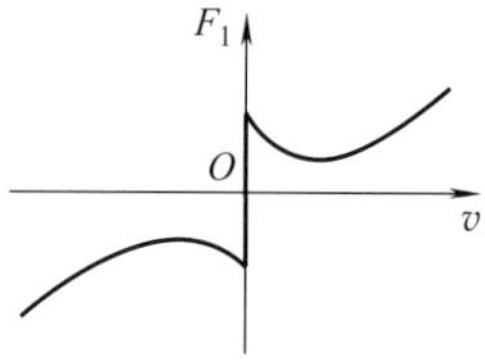

注：v——速度；b_0，b_1，b_3——正常数。在线性振动系统中，一般采用等效黏性阻尼来处理。

表 27-4-4　　各种系统所常见的几种结构阻尼的特征曲线

序号	系统说明	系统图例	力的特征曲线
1	左右两块垫板和中间板之间有库仑摩擦，其恢复力为库仑摩擦力和板弹簧弹性力的组合	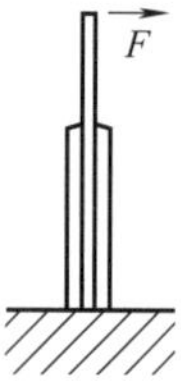	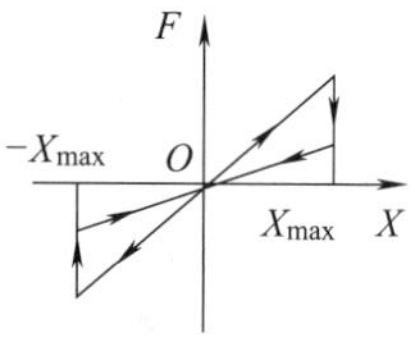

续表

序号	系统说明	系统图例	力的特征曲线
2	固定在螺栓弹簧上的圆盘,在旋转时由于弹簧拧紧,它与粗糙表面A或B压紧	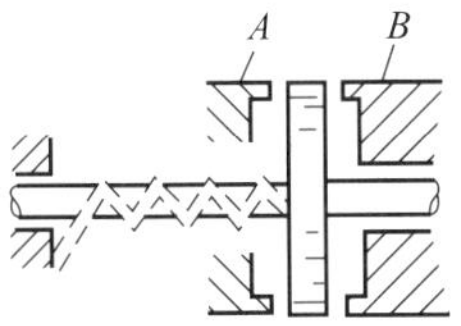	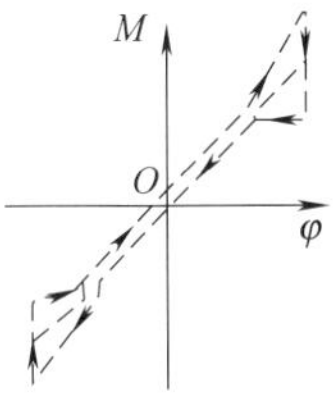
3	弹簧-库仑摩擦系统	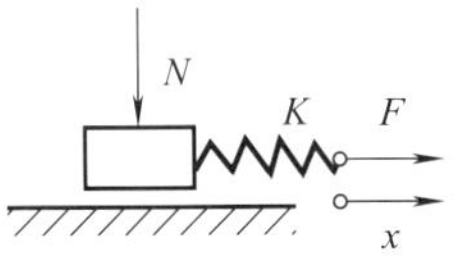	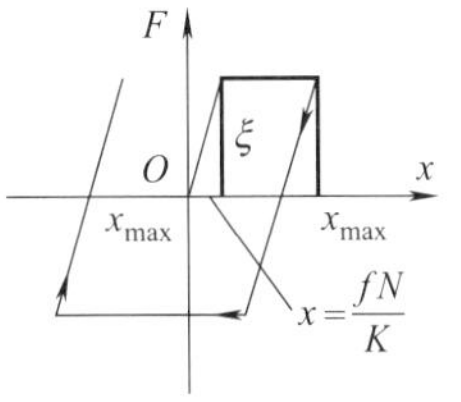 $x = \dfrac{fN}{K}$
4	以常压p压在粗糙表面上的弹性带钢	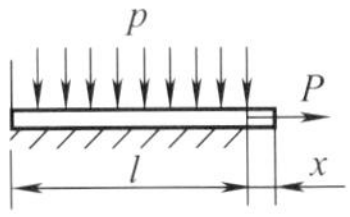 $x_{max} = \dfrac{P_{max}^2}{2fpEFb}$ E — 弹性模量 F — 截面面积 b — 宽度 f — 摩擦因数 $P_{max} = fpbl$	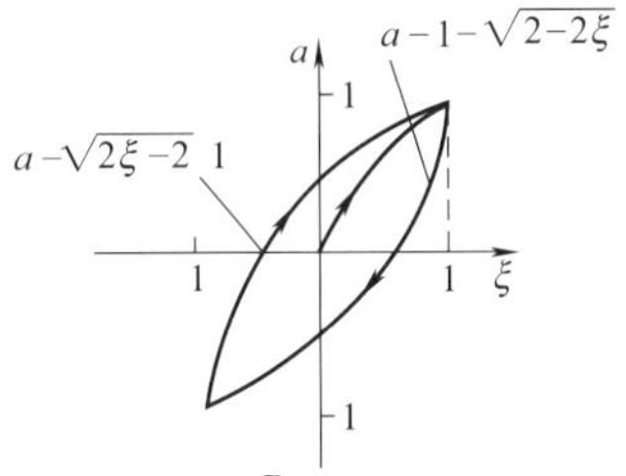 $a-1-\sqrt{2-2\xi}$ $a-\sqrt{2\xi-2}$ $\mu = \dfrac{P}{P_{max}}; \xi = \dfrac{x}{x_{max}}$
5	具有材料内阻的杆	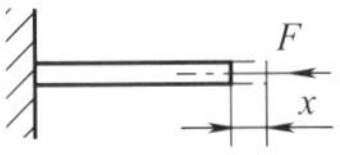	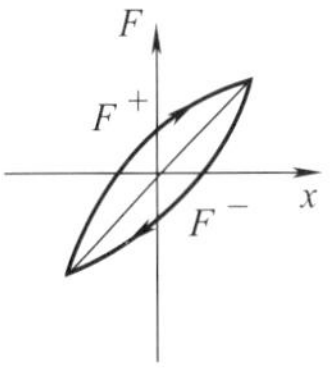

4.1.4 非线性振动的特性

非线性振动与线性振动相比,主要有如下几个方面的不同(其特性曲线与说明见表 27-4-5)。

1) 在线性系统中,由于阻尼的存在,自由振动总是被衰减掉,只有在周期性的激振力作用下才有定常的周期振动;而在非线性系统中,无外激振力作用也有定常的周期振动,如自激振动系统。

2) 在线性系统中,固有频率和初始条件、振幅无关;而在非线性系统中,固有频率则和振幅、相位以及初始条件有关。如表 27-4-5 中的第 2 项。

3) 在缓慢改变激振力频率时,幅频曲线出现分岔点、跳跃和滞后现象,表中第 3 项为恢复力硬特性的非线性系统受简谐激振力作用时的响应曲线,第 4 项为恢复力软特性的响应曲线。

4) 在非线性系统中,对应于平衡状态和周期振动的定常解一般有数个,必须研究解的稳定性问题,才能决定各个解的特性,如表 27-4-5 中的第 5 项。

5) 线性系统中的叠加原理对非线性系统不适用,如表 27-4-5 中的第 6 项。

6) 在线性系统中,强迫振动的频率和激振力的频率相同;而在非线性系统中,在简谐激励力作用下,其定常强迫振动解中,除有和干扰力同频的成分外,还有成倍数的频率成分存在。多个简谐激振力作用下的受迫振动有组合频率的响应,在一定条件下,某个组合频率的分量要比其他频率分量大很多,出现组合共振或次谐波组合共振,如表 27-4-5 中的第 7 项。

7) 频率俘获现象:当非线性系统激振频率ω比较接近于固有角频率ω_n时,产生周期变化的拍振,对线性系统,随 ω 趋近于 ω_n,拍的周期无限增大。在非线性系统中,拍在 ω 达到某一值时就消失,而且出现不同于 ω_n 和 ω 的单一频率的同步简谐振动,这就是频率俘获现象。产生频率俘获现象的频带为俘获带。

8) 广泛存在混沌现象。混沌是在非线性振动系统上有确定的激励作用而产生的不规则的振动。

9) 系统激励受响应影响的系统称为非理想系统,一般来说,非理想系统指供应有限功率的系统。对该类系统,必须研究非线性微分方程才能对其振动规律进行分析,如表 27-4-5 中的第 8 项。

表 27-4-5　　非线性振动系统的特性

序号	物理性质	特征曲线(公式)	说明
1	恢复力为非线性时,频率和振幅间的关系	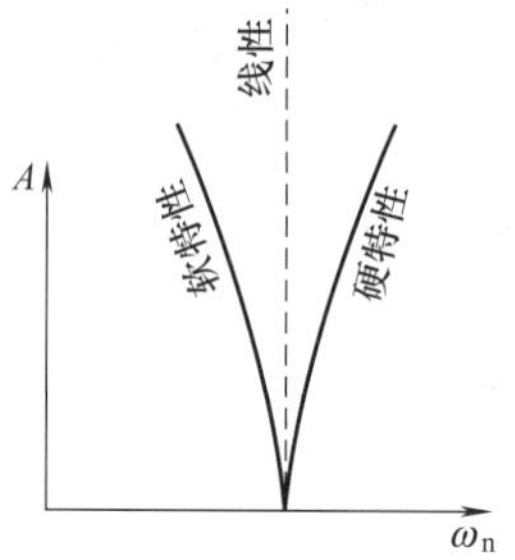 (图：线性、软特性、硬特性曲线，横轴 ω_n，纵轴 A)	第 3、4 项的拐曲可参照
2	固有频率是振幅的函数	弹性恢复力: $f(x)=Kx+ax^2+bx^3$ 系统固有角频率: $\omega_n=\sqrt{\dfrac{K}{m}}\left(1+\dfrac{9Kb-10a^2}{24K}A^2\right)$	系统的固有角频率将随振幅 A 的增大而增大(硬特性)或减小(软特性) 非线性系统的运动微分方程: $m\ddot{x}+Kx+ax^2+bx^3=0$ m——质量,kg;K,a,b——分别为位移的一、二、三次方项的系数;A——位移幅值
3	幅频响应曲线发生拐曲	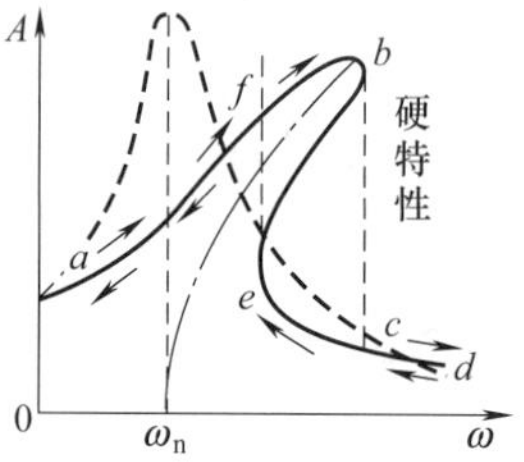 (图：硬特性幅频响应曲线，标注点 a,b,c,d,e,f，横轴 ω，纵轴 A)	硬式非线性系统幅频响应曲线的峰部向右拐 软式非线性系统幅频响应曲线的峰部向左拐,见序号 1
4	受迫振动的跳跃和滞后现象	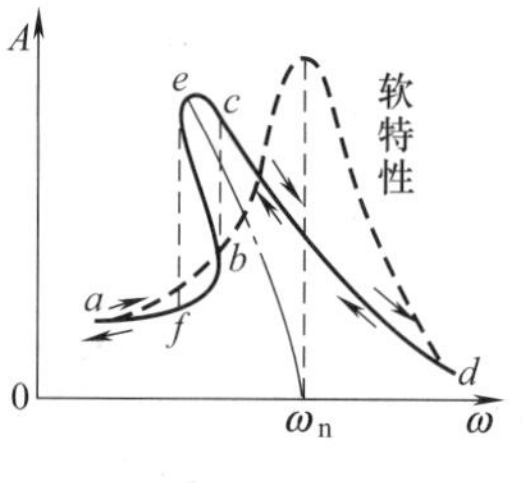 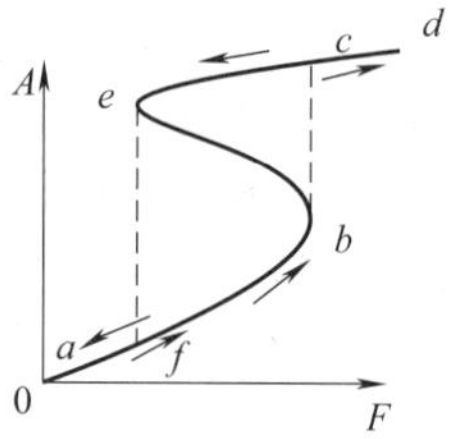 (图：软特性幅频响应曲线，标注点 a,b,c,d,e,f，横轴 ω，纵轴 A) (图：A-F 曲线，标注点 a,b,c,d,e,f)	当激振力幅值(频率)不变时,缓慢改变激振频率(幅值),则受迫振动的幅值 A 将发生如图所示的变化。当 $\omega(F)$ 从 0 开始增大时,则振幅将沿 afb 增大,到 b 点若 ω 再增大,则 A 突然下降(或增大)到 c,这种振幅的突然变化称为跳跃现象,然后若 ω 继续增大,则 A 沿 cd 减小。反之,当 ω 从高向低变化时,A 则沿 cd 方向增大,到达 c 点并不发生跳跃,而是继续沿 ce 方向增大,到 e 点,若 ω 再变小,则振幅又一次出现跳跃现象,这种到 c 不发生跳跃,而到 e 才发生跳跃的现象,称为滞后现象。从 e 点跳跃到 f 点后,振幅 A 将沿 fa 方向减小 除振幅有跳跃现象外,相位也有跳跃现象。下面是非线性系统的相频响应曲线(硬特性) 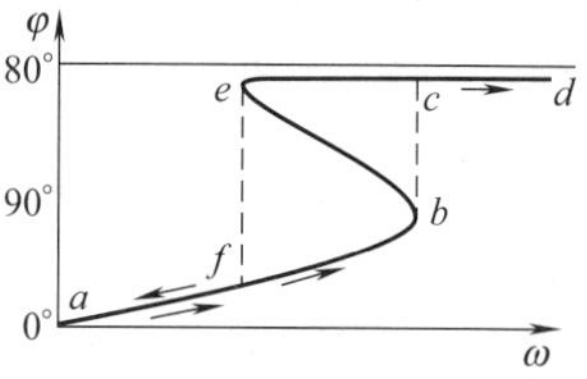 (图：相频响应曲线，纵轴 φ 标注 $0°,90°,180°$，横轴 ω，标注点 a,b,c,d,e,f)

续表

序号	物理性质	特征曲线（公式）	说明
5	稳定区和不稳定区	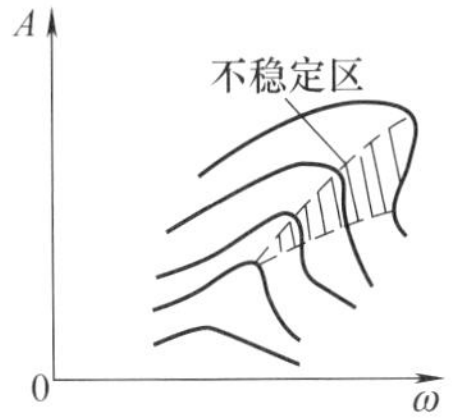 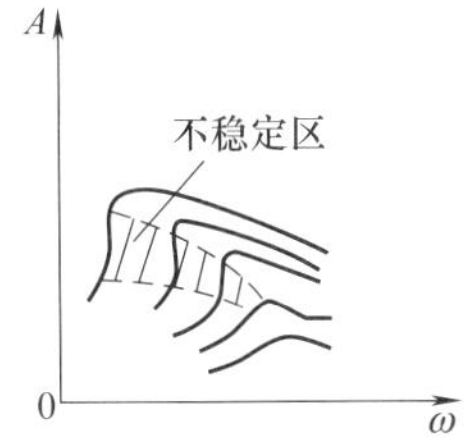 （上图：A-ω 曲线，标注"不稳定区"；下图：A-ω 曲线，标注"不稳定区"）	在非线性系统幅频响应曲线的滞后环（上面两图的 $bcef$）内，即两次跳跃之间，对应同一频率，有三个大小不同的幅值，也就是对同一频率有三个周期解。其中对应 be 段上的解，无法用试验方法获取，该解就是不稳定的。多条幅频响应曲线对应的这一区域称为不稳定区。正因为如此，就需要对多值解的稳定性进行判别
6	线性叠加原理不再适用	$(x_1+x_2)^2 \neq x_1^2 + x_2^2$ $\left[\dfrac{\mathrm{d}(x_1+x_2)}{\mathrm{d}t}\right]^2 \neq \dfrac{\mathrm{d}x_1^2}{\mathrm{d}t} + \dfrac{\mathrm{d}x_2^2}{\mathrm{d}t}$	
7	简谐激振力作用下的受迫振动有组合频率响应	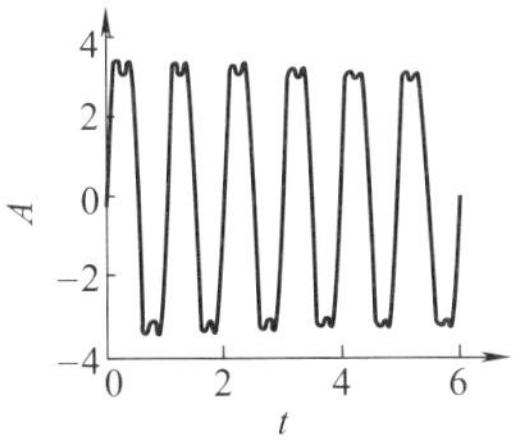 具有立方非线性系统在 $Q_1\sin\omega_1 t$ 作用下，出现角频率等于 $3\omega_1$ 的次谐波振动	非线性系统在 $Q_1\sin\omega_1 t$ 作用下，不仅会出现角频率为 ω_1 的受迫振动，而且还可能出现角频率等于 ω_1/n 的超谐波和角频率等于 $n\omega_1$ 的次谐波振动。当 $\omega=\omega_n$ 时，除谐波共振外，还可能有超谐波共振和次谐波共振。在 $Q_1\sin\omega_1 t$ 和 $Q_2\sin\omega_2 t$ 作用下，不仅会出现角频率为 ω_1 和 ω_2 的受迫振动，而且还可能出现频率为 $m\omega_1\pm n\omega_2$（m、n 为整数）的受迫振动
8	非理想系统	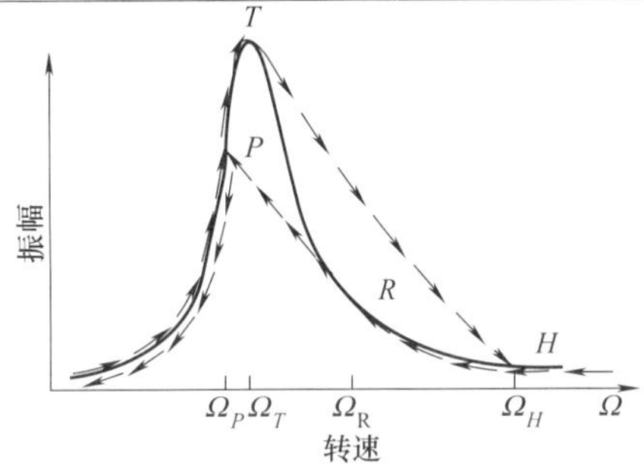 （a）振幅-转速曲线，标注 T、P、R、H，横轴 Ω_P、Ω_T、Ω_R、Ω_H、Ω；（b）功率/W-电机电流/A 曲线，标注"电机转速"、"电动机能量"、"感兴趣区"、750、310 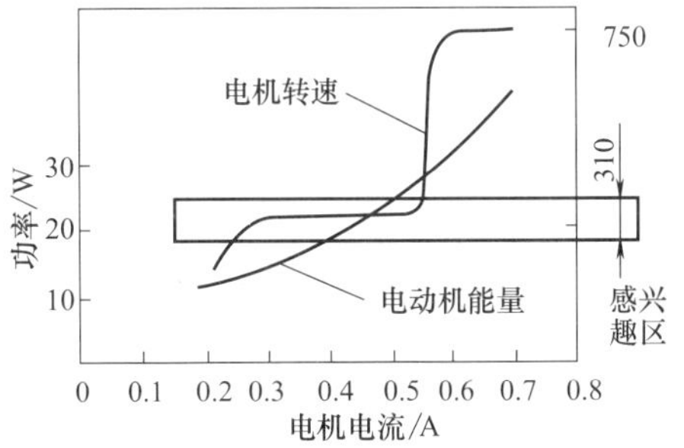	图（a）为一非理想系统的频率响应曲线，在频率响应曲线的左端，输入功率相对低，在 P 点和 T 点间，当输入功率增加时，响应振幅显著增加而频率只改变一点点。在 T 点，运动特性突然改变，此时输入功率的增加引起振幅显著减少而频率显著增加。图（b）为一在弹性支撑桌子上运行电机的 Sommerfeld 数据

非线性振动特性示例如表 27-4-6 所示。

表 27-4-6　　具有非对称刚度、间歇性接触运动的转子系统非线性响应

序号	物理性质	响应图	说　明
1	幅频响应	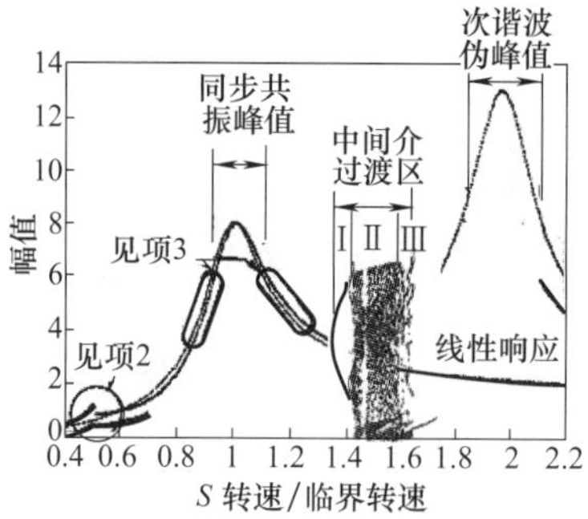	给定转子系统阻尼因子 z，不对称刚度比 $\beta = k_1/k_2$，缓慢改变转子转速（不平衡激励力频率），则转子响应幅值 A 将发生如图所示变化。从图中可以发现，该系统响应具有超谐波、同步、次谐波共振区，具有典型的亚临界/临界/超临界状态
2	超谐波伪临界峰值和介次过渡区	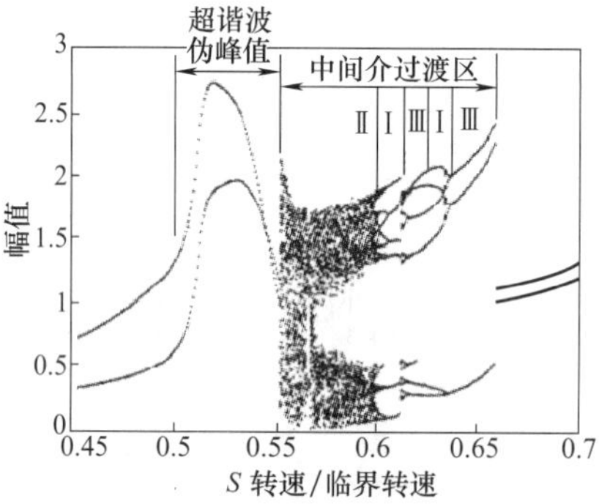	在超谐波共振区及中间介过渡区，出现倍周期、3 倍周期、6 倍周期、8 倍周期、混沌运动等非线性现象
3	同步共振临界峰值和介次过渡区	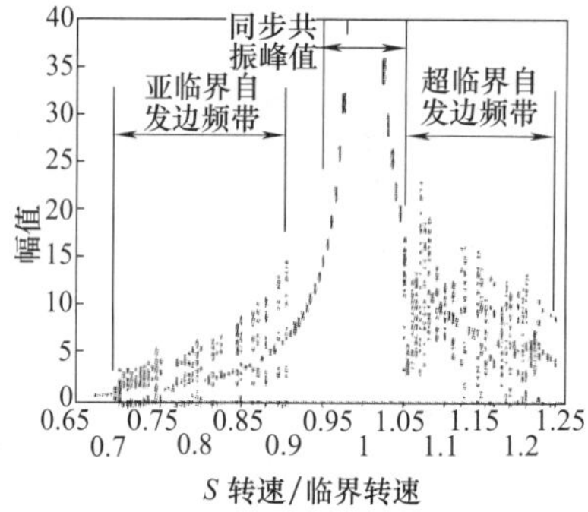	
4	亚临界超谐波响应	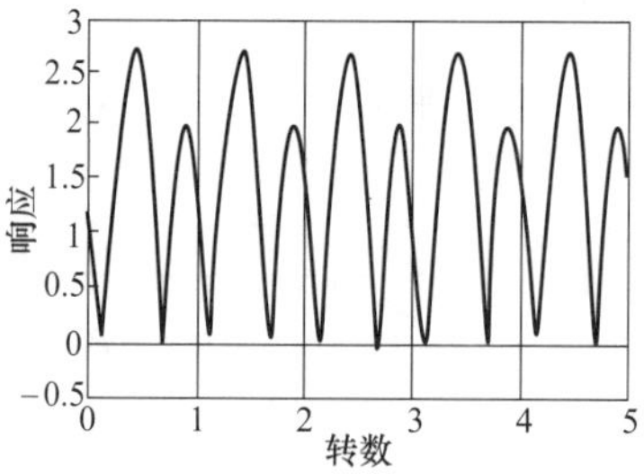	$S = 0.525$，出现角频率为 $\omega_1/2$ 的超谐波振动

续表

序号	物理性质	响应图	说明
5	亚临界混沌过渡区	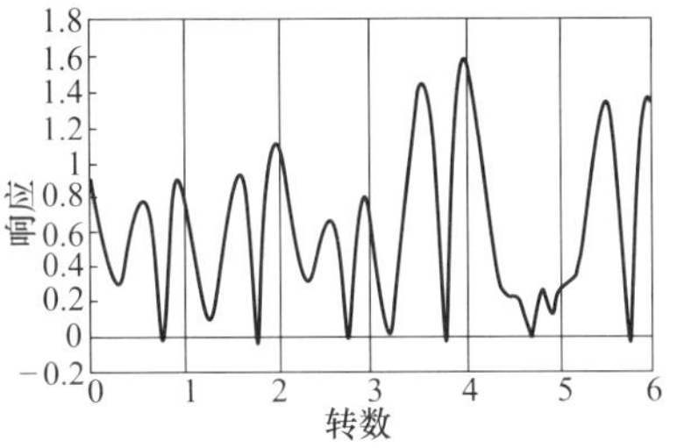 (a) 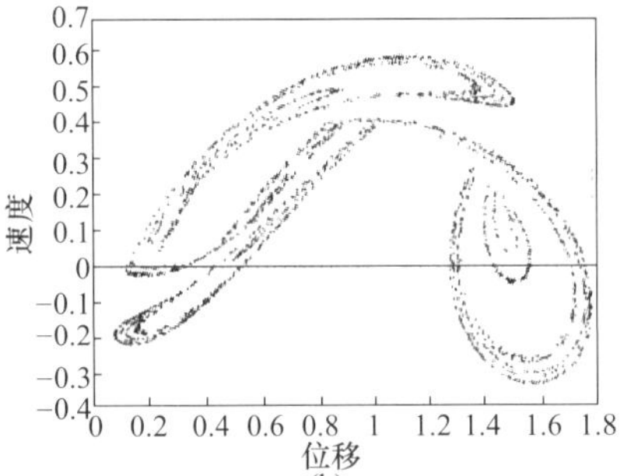 时域响应图；(b) 庞卡莱截面	$S=0.56$，出现混沌振动。图(a)为时域，图(b)是庞卡莱截面
6	临界同步共振响应	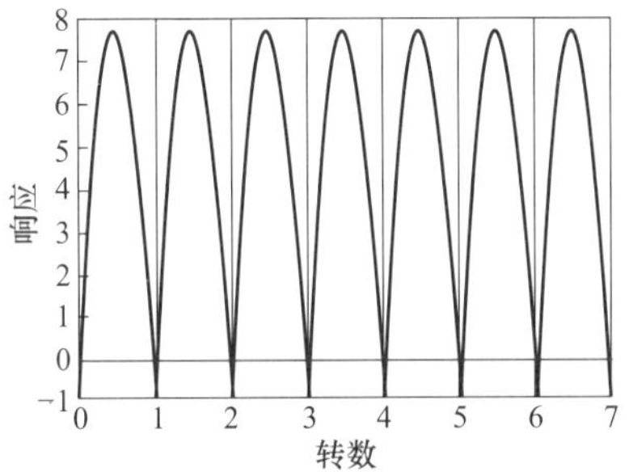 周期振动响应图	$S=1.010$，出现周期振动
7	超临界亚谐波响应	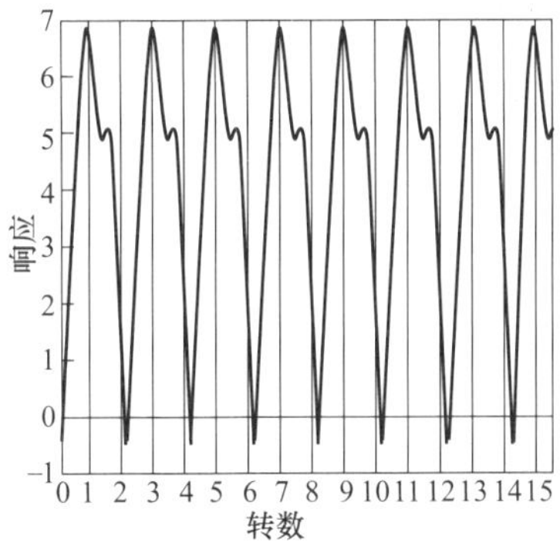 超临界次谐波振动响应图	$S=2.150$，出现超临界次谐波振动
8	张弛振荡	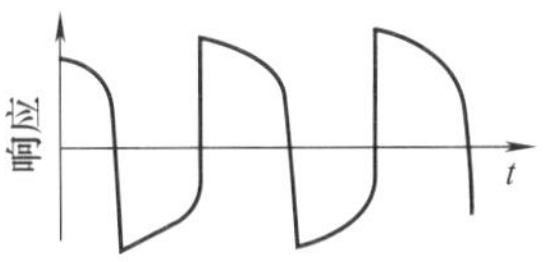 张弛振荡响应图	范德波振子中，系统运动快慢极端不匀，在运动缓慢变化部分，由负阻尼缓慢吸收能量而储存于系统弹簧中，到一定值后，能量又突然被释放出来，引起一段陡峭的变化

几个非线性系统的响应曲线见表27-4-7。

表27-4-7　　　　　　　　　　　　　非线性系统的响应曲线

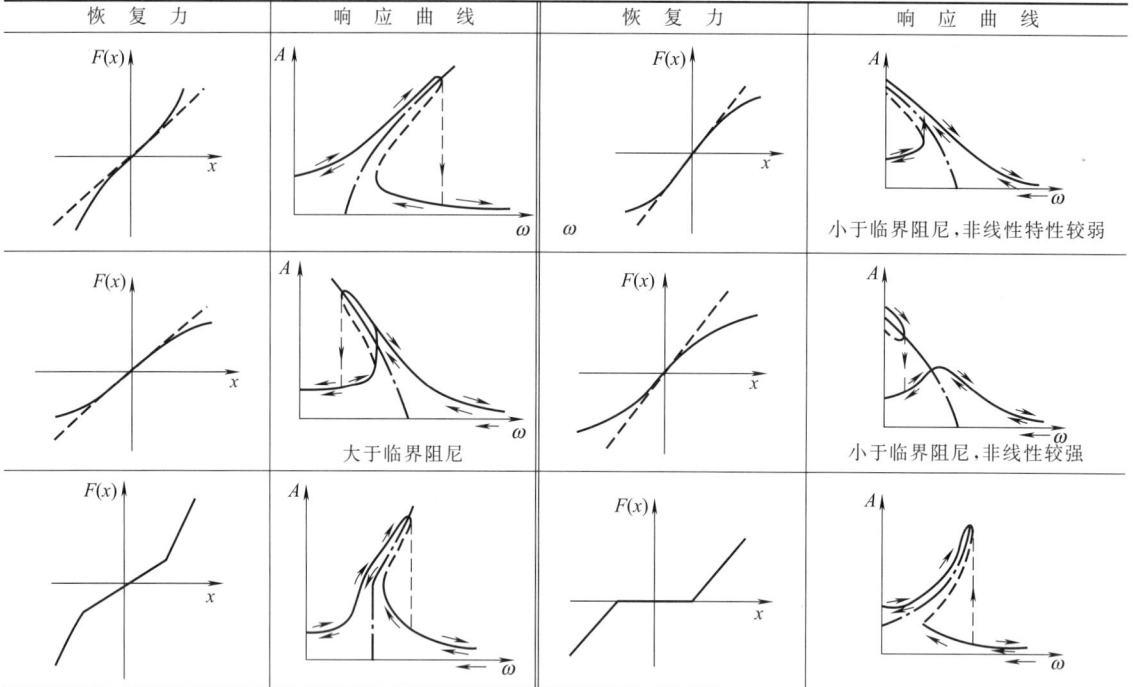

4.1.5 分析非线性振动的常用方法及示例

4.1.5.1 分析非线性振动的常用方法

表27-4-8　　　　　　　　　　　　　分析非线性振动的常用方法

分　类		名　称	适用范围及优缺点
精确解法		特殊函数法	可用椭圆函数或 T 函数等求得精确解的少数特殊问题
		缝接法	分段线性系统每段可以按线性系统求解,而后各段上按位移、速度相等的条件连接起来,得到精确解
近似方法	定性方法	相平面法	可研究强非线性自治系统
		点映射法	可研究强非线性系统的全局性态,并且是研究混沌问题的有力工具
		频闪法	求拟线性系统的周期解和非定常解,但必须将非自治系统化为自治系统
	定量方法	二级数法	求拟线性系统的周期解和非定常解,高阶近似较繁
		平均法	求拟线性系统的周期解和非定常解,高阶近似较简单
		小参数法	求拟线性系统的定常周期解
		多尺度解	求拟线性系统的周期解和非定常解
		谐波平衡法	求强非线性系统和拟线性系统的定常周期解,但必须已知解的谐波成分
		等效线性化法	求拟线性系统的定常周期解和非定常解,该方法和平均法本质上是一致的
		伽辽金法	求解拟线性系统,多取一些项也可用于强非线性系统
		数值解法	求解拟线性系统、强非线性系统的解,是研究混沌问题的有力工具

注：非线性系统运动微分方程中,$\dot{x}$、x 不显含 t 的系统称自治系统,其振动性状完全由系统性质决定,不受外部的影响而产生的自由振动和自激振动。

4.1.5.2 非线性振动的求解示例

求解图 27-4-1 所示受径向预拉力的弹性圆板，考虑其一阶模态，系统在谐波 $p_0\cos\Omega t$ 激励下的非线性振动方程为：

$$\ddot{\psi}+\omega^2\psi=\varepsilon[-\Gamma\psi^3-2\mu\dot{\psi}]+\varepsilon f\cos\Omega t$$

(27-4-1)

式中 ε——小参数，$\varepsilon=12(1-\nu^2)h^2/a^2$；
ν——泊松比；
a——圆板半径；
h——板厚；
ψ——一阶模态坐标；
ω——一阶固有频率；
Γ——与一阶振型、材料参数相关的非线性系数。

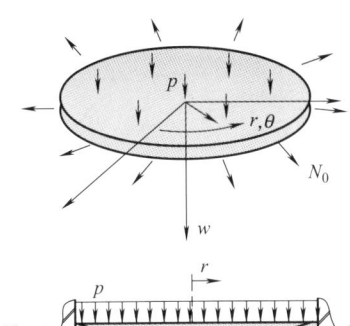

图 27-4-1 受径向预拉力的弹性圆板

利用多尺度法对其求解，把解用不同时间尺度表示为

$$\psi(t;\varepsilon)=\psi_0(T_0,T_1)+\varepsilon\psi_1(T_0,T_1)+\cdots$$

(27-4-2)

式中，$T_0=t$，$T_1=\varepsilon t$。

$$\frac{d}{dt}=\frac{d}{dT_0}\frac{\partial T_0}{\partial t}+\frac{d}{dT_1}\frac{\partial T_1}{\partial t}+\cdots=D_0+\varepsilon D_1+\cdots$$

(27-4-3)

$$\frac{d^2}{dt^2}=\left(\frac{d}{dT_0}\frac{\partial T_0}{\partial t}+\frac{d}{dT_1}\frac{\partial T_1}{\partial t}+\cdots\right)^2$$
$$=D_0^2+2\varepsilon D_0 D_1+\varepsilon^2(D_1^2+2D_0D_2)+\cdots$$

(27-4-4)

将式（27-4-2）~式（27-4-4）代入式（27-4-1）中，按 ε 幂次整理，并使考虑方程式 ε^0 和 ε^1 项系数等于零，可得

$$D_0^2\psi_0+\omega^2\psi_0=0$$

(27-4-5)

$$D_0^2\psi_1+\omega^2\psi_1+2D_1D_0\psi_0+\Gamma\psi_0^3+2\mu D_0\psi_0-f\cos\Omega t=0$$

(27-4-6)

式（27-4-5）的解为

$$\psi_0=A(T_1)e^{iT_0\omega}+\overline{A}(T_1)e^{-iT_0\omega}$$

(27-4-7)

式中，A，$\overline{A}$ 是一对共轭复数，引进一个解谐参数 σ，并让 $\Omega t=\omega t+\sigma T_1$，将式（27-4-7）代入式（27-4-6）可得

$$D_0^2\psi_1+\omega^2\psi_1=-2\omega i D_1(Ae^{iT_0\omega}-\overline{A}e^{-iT_0\omega})$$
$$-\Gamma(A^3e^{i3T_0\omega}+\overline{A}^3e^{-i3T_0\omega})$$
$$+3A^2\overline{A}e^{iT_0\omega}+3\overline{A}^2Ae^{-iT_0\omega}$$
$$-2\mu\omega i(Ae^{iT_0\omega}-\overline{A}e^{-iT_0\omega})$$
$$+\frac{f}{2}(e^{iT_0\omega+\sigma T_1}+e^{-iT_0\omega-\sigma T_1})$$

(27-4-8)

为了消除 ψ_1 中的永期项，必须有

$$2\omega iD_1A+3\Gamma A^2\overline{A}+2\mu\omega i A-\frac{f}{2}e^{i\sigma T_1}=0$$

(27-4-9)

为对（27-4-9）求解，将 A 表达成

$$A=\frac{1}{2}ae^{i\beta} \quad \text{和} \quad \overline{A}=\frac{1}{2}ae^{-i\beta}$$

(27-4-10)

式中 a 和 β 是 T_1 的实函数，代入（27-4-9）得

$$\omega i(a'e^{i\beta}+ia\beta'e^{i\beta})+\frac{\Gamma}{8}3a^3e^{i\beta}+\mu\omega iae^{i\beta}-\frac{f}{2}e^{i\sigma T_1}=0$$

(27-4-11)

将实部和虚部分开，整理可得

$$-\omega(a'\sin\beta+a\beta'\cos\beta)+\frac{3\Gamma a^3\cos\beta}{8}$$
$$-\mu\omega a\sin\beta-\frac{f}{2}\cos\sigma T_1=0 \quad (27\text{-}4\text{-}12a)$$

$$\omega(a'\cos\beta-a\beta'\sin\beta)+\frac{3\Gamma a^3\sin\beta}{8}$$
$$+\mu\omega a\cos\beta-\frac{f}{2}\sin\sigma T_1=0 \quad (27\text{-}4\text{-}12b)$$

式（27-4-12a）和式（27-4-12b）可进一步简化为

$$\omega a'=\frac{\Gamma}{8}b^2a\sin(2\beta-2\gamma)-\mu\omega a-\frac{f}{2}\sin(\beta-\sigma T_1)$$

(27-4-13a)

$$\omega a\beta'=\frac{\Gamma}{8}[3a^3+b^2a\cos(2\beta-2\gamma)+2b^2a]$$
$$-\frac{f}{2}\cos(\beta-\sigma T_1)$$

(27-4-13b)

设 $\theta=\beta-\sigma T_1$，可得 $\beta'=\theta'+\sigma$，并将其代入式（27-4-13），可简化为

$$\omega a'=-\mu\omega a-\frac{f}{2}\sin\theta \quad (27\text{-}4\text{-}14a)$$

$$\omega a(\theta'+\sigma)=\frac{3\Gamma a^3}{8}-\frac{f}{2}\cos\theta \quad (27\text{-}4\text{-}14b)$$

对于稳态运动，$a'=\theta'=0$，式（27-4-14）改写成

$$\mu\omega a=-\frac{f}{2}\sin\theta \quad (27\text{-}4\text{-}15a)$$

$$\frac{3a^3\Gamma}{8} - \omega a\sigma = \frac{f}{2}\cos\theta \quad (27\text{-}4\text{-}15b)$$

这两个方程取平方后相加得

$$\left(\frac{3a^3\Gamma}{8} - \omega a\sigma\right)^2 + (\mu\omega a)^2 = \frac{f^2}{4} \quad (27\text{-}4\text{-}16)$$

方程（27-4-16）是响应振幅 a 作为依赖于解谐参数 σ（激振频率）和激励幅值 f 的隐函数，其幅频曲线和力幅曲线如图 27-4-2 所示。该方程的一阶近似稳态解为：

$$\psi = a\cos(\Omega t - \theta) + O(\varepsilon) \quad (27\text{-}4\text{-}17)$$

对于稳态解，式中 θ 是响应和激励的相位差为一常数。

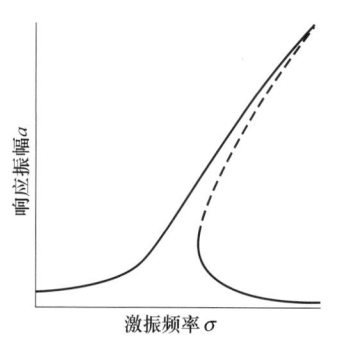
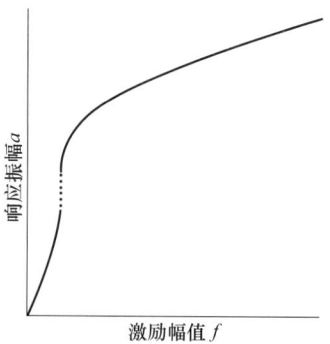

图 27-4-2　图 27-4-1 所示系统的一次近似解的幅频曲线和激励力幅值-响应幅度曲线（其中实线表示稳定解，点线表示不稳定解）

4.2 自激振动

4.2.1 自激振动系统的特性

表 27-4-9　自激振动系统的特性

项目	基 本 特 性	说　　明
自激振动	自振是依靠系统自身各部分间相互耦合而维持的稳态周期运动。自激振动的稳定状态由能量平衡确定，即从能源送入振动系统的能量等于系统所消耗的能量。在这一点上可分为两种情形：如果自激振动的频率是给定的，那么能量平衡的条件就确定自振动的稳定振幅；如果自激振动的振幅是给定的，那么能量平衡的条件就确定自激振动的频率	自振并非由周期性外力所引起的振动。在自激振动中，维持运动的交变力是由运动本身所产生或控制的，当运动停止时，此交变力也随之消失。在受迫振动中，维持运动的交变力的存在与运动无关，这是与稳态受迫振动的根本区别 无阻尼自由振动的振幅和固有频率与系统初始运动状态有关，这是无阻尼自由振动与自振的根本区别
自振系统	自激振动系统为能把固定方向的运动变为往复运动（振动）的装置，它由三部分组成：①能源，用以供给自激振动中的能量消耗；②振动系统；③具有反馈特性的控制和调节系统	能源向自振系统输入的能量，不是任意瞬时都等于系统所消耗的能量。当输入能量大于耗散能量，则振动幅值将增大。当输入能量小于耗散能量时，振动幅值将减小。但无论如何增大减小，最终都得达到输入和耗散能量的平衡，出现稳态周期运动
	自振系统是非线性系统，它具有反馈装置的反馈功能和阀的控制功能	线性阻尼系统没有周期变化外力作用产生衰减振动，只有非线性系统才能将恒定外力转换为激励系统产生振动的周期变化内力，并通过振动的反馈来控制振动

续表

项目	基本特性	说明
自振与稳态受迫振动的联系	如果只将自振系统中的振动系统和作用于系统的周期力作为研究对象,则可将自振问题转化为稳态受迫振动问题	当考察各种稳态受迫振动时,如果扩展被研究系统的组成,把受迫振动周期变化的外力变为扩展后系统的内力,则会发现更多的自激振动
自振与参激振动的联系	当系统受到不能直接产生振动的周期交变力(如交变力垂直位移)作用,通过系统各部分间的相互耦合作用,使系统参数(如摆长、弦和传动带张力、轴的截面惯性矩或刚度等)作周期变化,并与振动保持适当相位滞后关系,交变力向系统输入能量,当参数变化角频率 ω_k 和系统固有角频率 ω_n 之比 $\omega_k/\omega_n=2$、1、2/3、2/4、2/5 等时,可能产生稳定周期振动,这种振动是广义自激振动	例如荡秋千时,利用人体质心周期变化,使摆动增大,但是如果秋千静止,无论人的质心如何上下变化,秋千仍然摆动不起来,这是典型广义自振的例子 如果缩小研究对象的范围,可将广义自振问题转化为参激振动问题,相反,在考察某些参激振动问题时,如果进一步探索系统结构周期性变化的原因,也就是把结构变化的几何性描述转变为相应子系统的动力过程,就可将这类参激振动问题转变为自激振动问题
自振的控制及利用	自振系统往往在达到稳态周期运动之前,振动的幅值就超过了允许的限度,所以,应采取措施控制和防止。但像蒸汽机、风动撞击工具的活塞运动和钟表的擒纵机构运动等则是利用自振来工作的	

注:由于系统中某个参数作周期性变化而引起的振动称为参激振动。如具有周期性变刚度的机械系统、受振动载荷作用的薄拱、柔性梁等,都属于参激振动系统。此时描述该系统的微分方程是变系数的,对单自由度系统为:

$$m(t)\ddot{x}+C(t)\dot{x}+K(t)x=0$$

方程的系数是时间的函数。这些函数与系统的位置无关,且它们的物理意义取决于系统的具体结构和运动状况。

4.2.2 机械工程中的自激振动现象

表 27-4-10　　机械工程中常见的自激振动现象

自振现象	机械系统	振动系统和控制系统相互联系示意图	反馈控制的特性和产生自振条件的简要说明
机床的切削自振	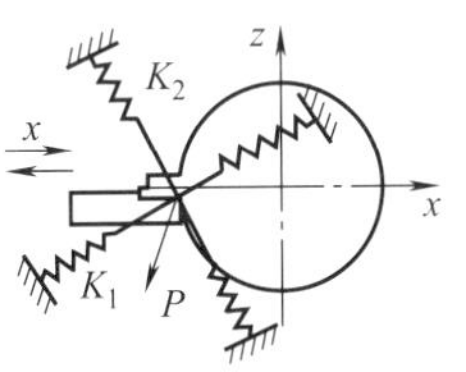	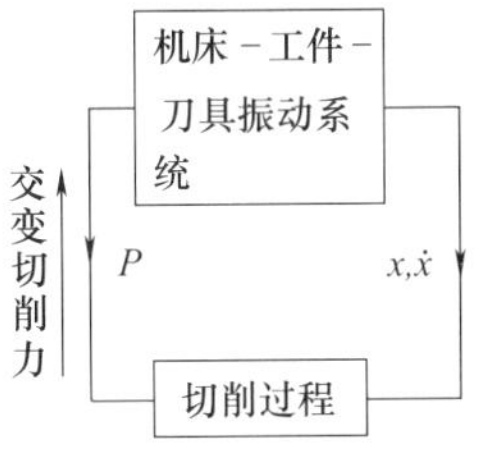 机床-工件-刀具振动系统 ← 交变切削力 P ← 切削过程 ← $x, \dot{x}$	振动系统的动刚度不足或主振方向与切削相对位置不适宜时,因位移 x 的联系产生维持自振的交变切削力 P 切削力具有随切削速度增加而下降的特性时,因速度 $\dot{x}$ 的联系产生交变切削力 P
低速运动部件的爬行	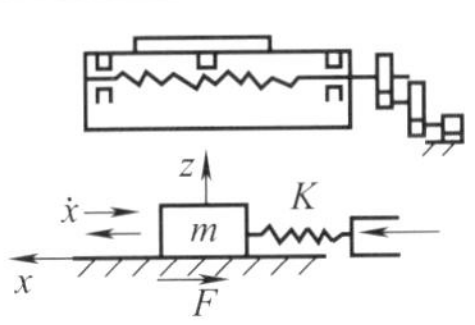	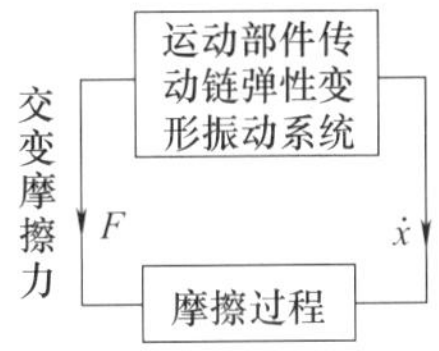 运动部件传动链弹性变形振动系统 ← 交变摩擦力 F ← 摩擦过程 ← $\dot{x}$	摩擦力具有随运动速度增加而下降的特性时,因振动速度 $\dot{x}$ 和运动速度 v 的联系产生维持自振的交变摩擦力 F
液压随动系统的自振	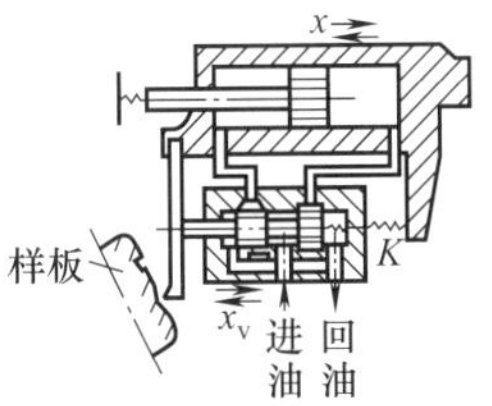	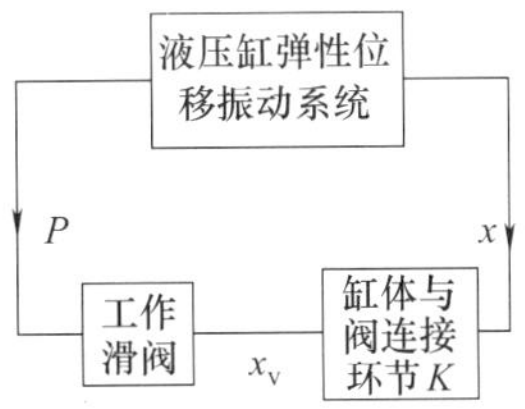 液压缸弹性位移振动系统 ← P ← 工作滑阀 ← x_v ← 缸体与阀连接环节 K	缸体与阀反馈连接的环节 K 的刚度不足或存在间隙时,缸体弹性位移会产生维持自振的交变油压力 P

续表

自振现象	机械系统	振动系统和控制系统相互联系示意图	反馈控制的特性和产生自振条件的简要说明
高速转轴的弓状回转自振	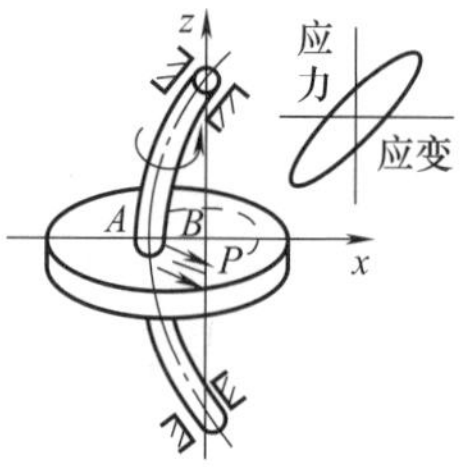	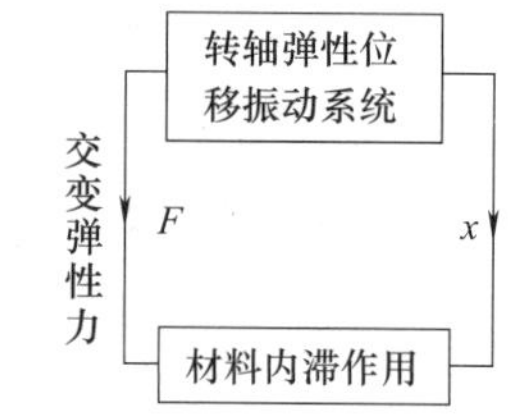 交变弹性力 → 转轴弹性位移振动系统 → 材料内滞作用 → F, x	转轴材料的内滞作用使应力和应变不成线性关系。圆盘与轴配合较松时,内滞更加明显。轴转动时,轴上所受的弹性力 P 不通过中心 B,而使轴心 A 产生绕 B 点(轴线 Z)作弓状回转运动。转速大于轴的临界转速时产生自振,其频率等于临界转速
传动带横向自振	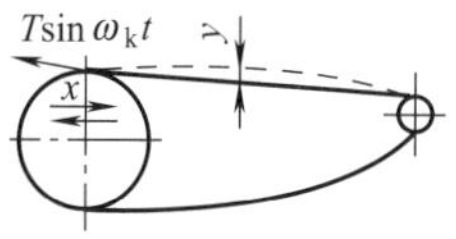	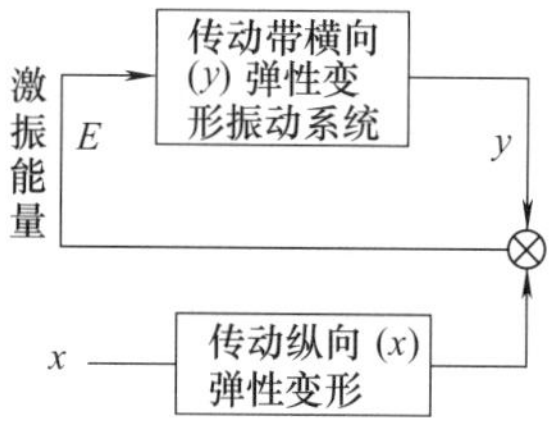 激振能量 E → 传动带横向(y)弹性变形振动系统 → y; x → 传动纵向(x)弹性变形	传动带轮振动位移引起传动带张力的变化,当 x 和 T 的振动角频率 ω_k 为传动带横向弹性变形振动系统的固有角频率 ω_k 的 2 倍时,产生横向 y 的参数自振,y 的振动角频率 ω_0
滑动轴承的油膜振荡	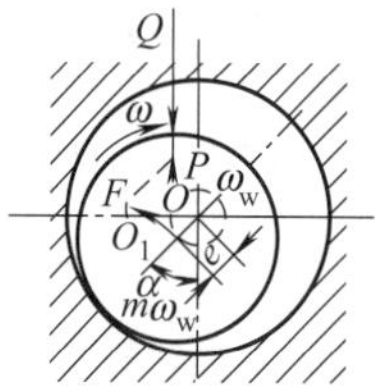	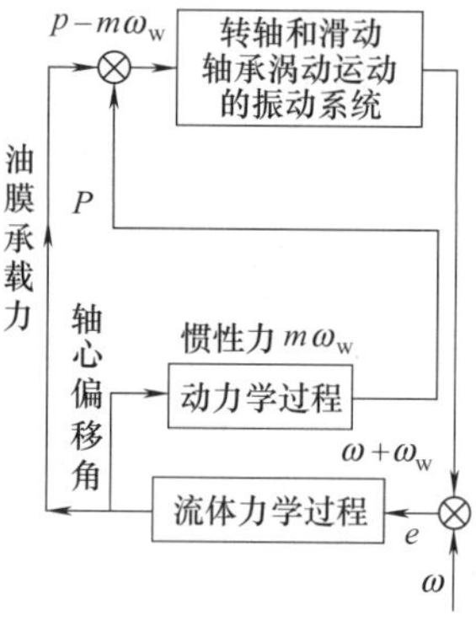 $p-m\omega_w$ → 转轴和滑动轴承涡动运动的振动系统; 油膜承载力 P; 轴心偏移角 → 惯性力 $m\omega_w$ → 动力学过程; 流体力学过程 → e, $\omega+\omega_w$, ω	轴承油膜承载力 P 与轴颈偏离所产生的惯性力 $m\omega_w$ 不平衡,其合力 F 使轴心 O_1 绕轴承中心做涡动运动。其方向与轴的转速 ω 方向相同,涡动角速度 $\omega_k=\dfrac{1}{2}\omega_0$,$\omega>2\omega_0$($\omega_0$ 为轴的一阶临界速度)时,产生强烈的油膜振荡,振荡角频率 $\omega_w=\omega_0$,不随 ω 而变化
汽车车轮的闪动	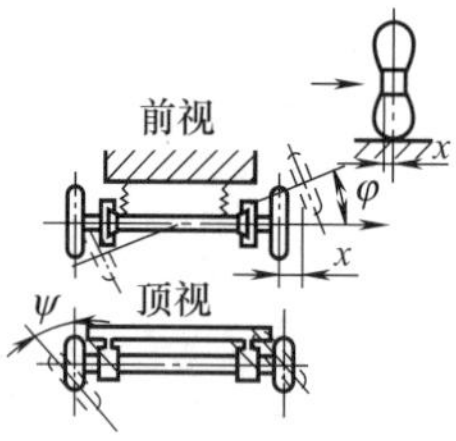	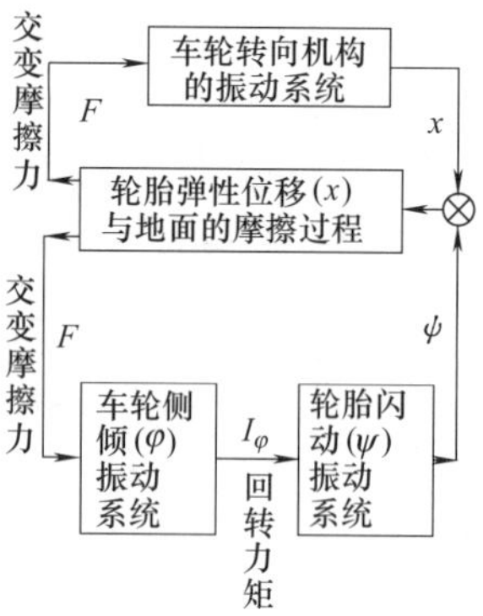 交变摩擦力 F → 车轮转向机构的振动系统 → x; 轮胎弹性位移(x)与地面的摩擦过程; 交变摩擦力 F → ψ; 车轮侧倾(φ)振动系统 → I_φ → 轮胎闪动(ψ)振动系统 → 回转力矩	车轮的侧向位移 x、倾角 φ 和闪动角 ψ 三者相互关联,在一定的行驶速度范围内,产生维持自振的交变摩擦力 轮胎内气压和轮胎侧向刚度愈低,愈容易产生侧向位移;悬挂弹簧刚度愈低,侧倾愈大。侧向位移出现和侧倾的加大,使该振动的相互联系加强,因而愈易产生车轮闪动的自振 提高车轮转向机构的刚度和阻尼,可避免车轮闪动现象出现

自振现象	机械系统	振动系统和控制系统相互联系示意图	反馈控制的特性和产生自振条件的简要说明
受轴向交变力作用的简支梁横向自振		梁横向振动系统 ↔ 交变弯矩 ↔ 变刚度过程	受轴向交变力 P 作用的简支架,由于 P 与振动位移 y 产生交变弯矩作用,使梁抗弯刚度有周期性变化,只要 P 的变化角频率 ω_k 和系统固有角频率 ω_n 之间保持一定关系(ω_k/ω_n = 2、1、2/3、2/4、2/5 等),则梁可能产生横向自激振动
气动冲击工具的自振		活塞振动系统 ↔ 交变力 ↔ 气体动力过程	气动冲击工具的活塞往复运动,通过配气通道交替改变活塞前后腔压力,使活塞维持恒频率恒振幅的稳态振动。压缩空气为活塞往复运动提供了能量,活塞本身完成了振动体、阀和反馈装置的全部职能

4.2.3 非线性振动的稳定性

对于线性系统,除了无阻尼共振的情况外,所有的运动都是稳定的。但是对于非线性系统,正像表 27-4-5 所表述的,可能出现许多不同的周期运动,如各种组合频率振动,其中有些振动是稳定的,有些振动是不稳定的。确定非线性系统运动稳定性是非常重要的,有时判断系统的运动稳定性比求得运动精确形态更重要。例如机床切削过程中常碰到的自激振动,重要的是判断系统在什么条件下会产生颤振及系统各参数对稳定性的影响,人们并不关心自激振动产生后的频率和振幅。

4.2.4 相平面法及稳定性判据

相平面法就是在相平面图上作出系统的运动速度和位移的关系,称相轨迹,以此了解系统可能发生的运动的情况。如表 27-4-8 所示,作为一种定性分析方法可以研究非线性系统在整个相平面上运动的全貌。例如,对于自治系统(见表 27-4-8 的注),非线性单自由度系统的微分方程式可写作:

$$\ddot{x} + f(x, \dot{x}) = 0$$

令

$$y = \dot{x} = \frac{dx}{dt}$$

上式可化为:$\dot{y} = -f(x, y) = Y(x, y)$

而 $\dot{x} = X(x, y)$

两式相除,得:$\frac{\dot{y}}{\dot{x}} = \frac{dy}{dx} = \frac{Y(x, y)}{X(x, y)} = m$

积分后,即为以 x,y 为坐标的相平面图上,由初始条件 (x_0, y_0) 开始画出的等倾线(以斜率 m 为参数)族,作出系统的相平面图。单自由度系统相平面及稳定性的几种主要情况见表 27-4-11。

表 27-4-11 单自由度系统相平面及稳定性

项 目	相轨迹方程及阻尼区划分	相 平 面	平衡点和极限环稳定性
无阻尼系统自由振动(以单摆大摆角振动为例)	单摆运动状态方程为 $\frac{dx}{dt} = y$,$\frac{dy}{dt} = -K\sin x$,$K = \frac{g}{l}$,将两个一阶方程相除,整理并积分得相轨迹方程:$y^2 + 2K(1 - \cos x) = E$ 式中 $E = Y_0^2 + 2K(1 - \cos x_0)$,决定于初始条件,这表明选定不同的初始状态,能绘制出互不相交的一族相轨迹。相同相轨线上系统总能量是一致的	(a) 以 x,y 坐标轴构成的平面为相平面,相平面任意点 $P(x, y)$ 称为相点,表示了系统的一种状态,给定初始状态 $P_0(x_0, y_0)$,按照相轨迹方程可绘制出过该初始状态的相轨迹	当 $E < 4K$ 时,相轨迹为封闭曲线,称为极限环,对应的运动状态为稳态周期运动。当 $E > 4K$ 时,各相点的 y 值均不等于零,对应运动状态为回转运动 当 $x = y = 0$ 时,系统处于静平衡。从微分方程可知平衡点 $(i\pi, 0)$,$(i = 0, \pm 1 \cdots)$。无阻尼自由振动系统受到扰动离开平衡状态,当扰动消失后,系统的状态始终保持在平衡状态附近,既不无限趋近它,也不远离它,这种平衡点称为稳定平衡点。一切稳定平衡点,在其附件的相轨迹是一族彼此不相交的封闭曲线。因此,可以依据此性质判定无阻尼自由振动是稳定的。对于无阻尼系统,所有平衡点都位于 x 轴,平衡点的稳定性还可由其对应的势能具有极大值或极小值来判定

续表

项目	相轨迹方程及阻尼区划分	相平面	平衡点和极限环稳定性
线性阻尼（小阻尼）系统自由振动	线性阻尼系统运动微分方程：$\ddot{x}+2\alpha\dot{x}+\omega_n^2 x=0$ 方程解及其速度为： $x=Ae^{-\alpha t}\cos(\omega_d t+\varphi_0)$ $y=-Ae^{-\alpha t}[\alpha\cos(\omega_d t+\varphi_0)+\omega_d\sin(\omega_d t+\varphi_0)]$ A、φ_0、ω_d 为系统的振幅、初始相位、有阻尼固有频率。 从 x 和 y 的关系可导出相轨迹方程： $y^2+2\alpha xy+\omega_n^2 x^2$ $=R^2 e^{\left[\frac{2\alpha}{\omega_d}\arctan\left(\frac{y_0+\alpha x_0}{\omega_d}\right)\right]}$ 其中：$R=\omega_d A e^{\frac{\alpha\theta}{\omega_d}}$	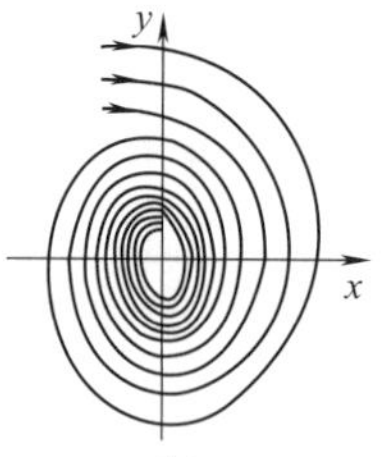 (b) 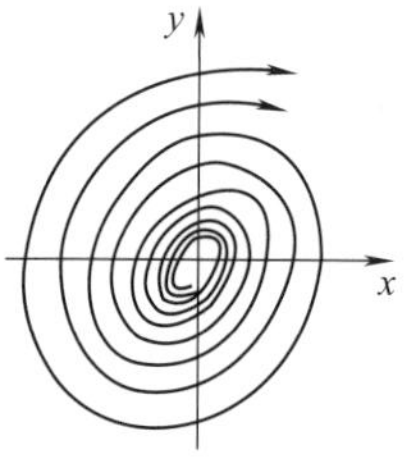 (c)	当 $0<\alpha<\omega_n$ 时，相轨迹为图(b)所示螺旋线，对应的运动状态为指数衰减振动。这种系统受初始扰动离开平衡状态，扰动消失后，系统状态能无限趋近此静平衡状态。这种平衡点称为渐近稳定平衡点 当 $-\omega_n<\alpha<0$（负阻尼）时，相轨迹为图(c)所示螺旋线，对应的运动状态为指数发散振动。这种系统受扰动离开平衡状态，扰动消失后，由于负阻尼的作用，系统的状态越来越远离此平衡状态。这种平衡点称为不稳定平衡点
软激励自振（瑞利方程）	瑞利方程： $\dfrac{dx}{dt}=y,\ \dfrac{dy}{dt}=\varepsilon(1-\mu y^2)y-x$ 两式相除整理积分得相轨迹方程： $y^2-2(y-\mu y^3)x-x^2=E$ 式中 $E=y_0^2-2(y_0-\mu y_0^3)x_0-x_0^2$ 决定于初始条件 单位时间内非线性阻尼力对系统做功： $W=F_d y=\varepsilon(1-\mu y^2)y^2$	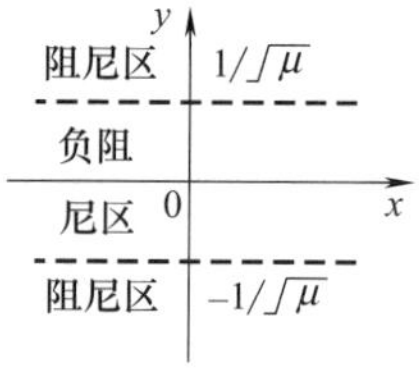 (d) 阻尼区 $1/\sqrt{\mu}$，负阻尼区 0，阻尼区 $-1/\sqrt{\mu}$ 按 W 表达式将相平面划分为如图(d)所示的正阻尼区和负阻尼区 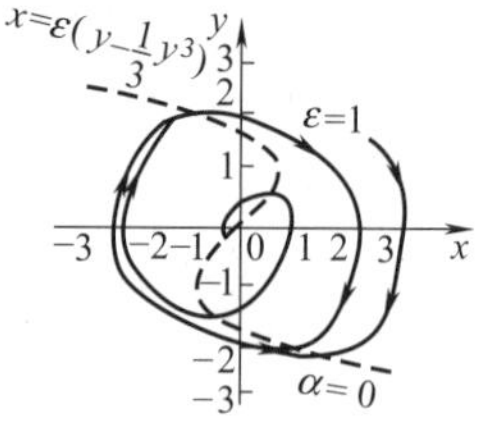 (e) $x=\varepsilon(y-\dfrac{1}{3}y^3)$，$\varepsilon=1$，$\alpha=0$	瑞利方程描述的系统，以等速线将相空间分为正阻尼区和负阻尼区。原点附件是负阻尼区，给小扰动使系统离开平衡位置，其相轨迹必定向外扩展。进入正阻尼区后又会向原点趋近，因而相轨迹不会走向无穷远处。这就意味着距离原点不远不近区域存在一条封闭曲线，在该曲线内外的相轨迹都向它趋近，该相轨线称为极限环。极限环对应的运动状态为周期运动，上述的这种周期运动，称为渐近稳定的运动。于是，便可根据平衡稳定性和极限环，判定稳定周期运动自振能否发生。这种平衡点不稳定的自振系统受很小扰动就能激发的自振，称为软激励自振

续表

项　　目	相轨迹方程及阻尼区划分	相　平　面	平衡点和极限环稳定性
软激励自振（范德波方程）	范德波方程： $\ddot{x}-\varepsilon(1-x^2)\dot{x}+x=0$ 上述方程描述系统承受的阻尼 $F_d=\varepsilon(1-x^2)y$ 单位时间内该力对系统做功： $W=F_d y=\varepsilon(1-x^2)y^2$ 按上式将相平面划分为如图(f)所示的正阻尼区和负阻尼区	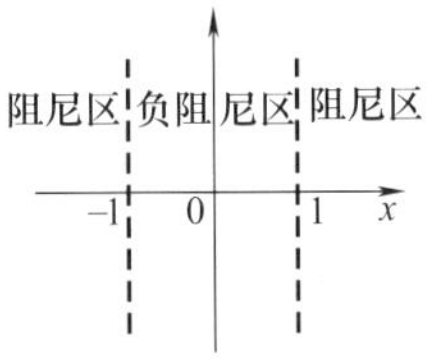 (f)(g) 相平面图 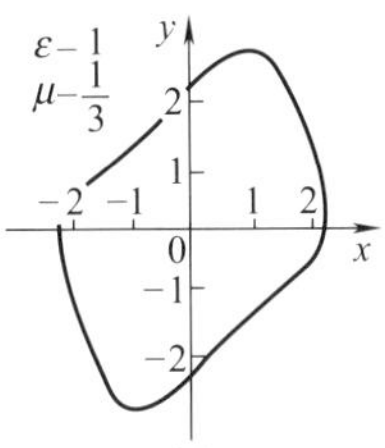	和瑞利方程一样，范德波方程描述的系统以等位移线将相空间分为正阻尼区和负阻尼区
硬激励自振（以复杂阻尼系统为例）	自振系统运动方程： $\ddot{x}+\varepsilon(1-\dot{x}^2+\mu\dot{x}^4)\dot{x}+x=0$ 系统承受的阻尼力： $F_d=-\varepsilon(1-y^2+\mu y^4)y$ 单位时间内该力对系统做功： $W=F_d y=-\varepsilon(1-y^2+\mu y^4)y^2$ 按上式将相平面划分为如图(i)所示的正、负阻尼区	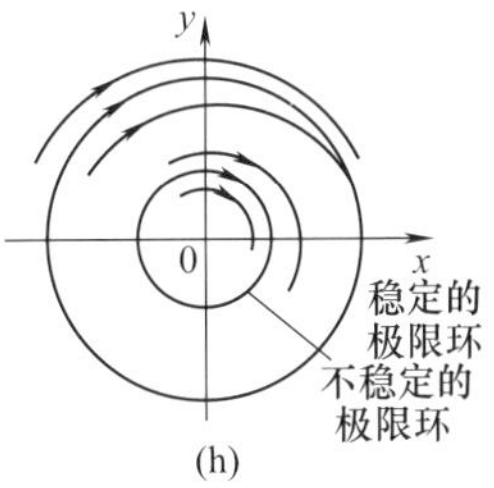 (h)(i) 相平面图，标注 2.979 正阻尼区、1.062 负阻尼区、正阻尼区、-1.062 负阻尼区、-2.979 正阻尼区 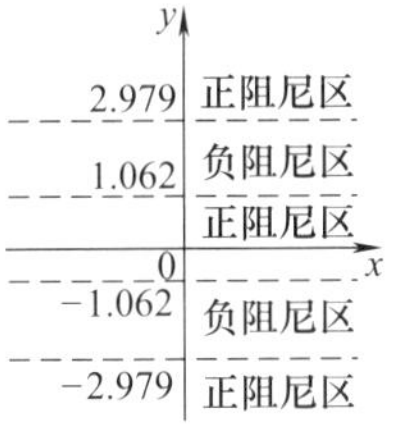	方程描述的系统原点位于正阻尼区，当系统受小扰动时，相轨迹必定无限趋近于它，平衡点为渐近稳定的。当系统受较大扰动时的相轨迹进入两个负阻尼区，相轨迹会充分向外扩展，对这一区域来说，运动是不稳定的。当扰动更大时，相轨迹进入了外面的两个正阻尼区，运动又变成渐近稳定的。在相平面正负阻尼分界处，肯定会有一封闭曲线极限环。该自振系统有两个分界处，相应也有两个极限环。外面极限环内外的相轨迹都趋近于极限环，称为渐近稳定的极限环。内侧极限环内外的相轨迹都远离该极限环，称为不稳定极限环。该系统受小的扰动后离开平衡位置，当干扰消失后，又会恢复平衡状态，不会发生自振。当系统受到足够强的扰动时，则系统的相点位于不稳定极限环之外，这时若干扰消失，系统就会发生自振。这样的自振系统称为硬激励系统

续表

项　　目	相轨迹方程及阻尼区划分	相　平　面	平衡点和极限环稳定性
非线性系统的受迫振动	运动微分方程： $m\ddot{x}+f(x,\dot{x})=Q(t)$ 状态方程： $\dfrac{\mathrm{d}x}{\mathrm{d}t}=X(x,y,t)$ $\dfrac{\mathrm{d}y}{\mathrm{d}t}=Y(x,y,t)$ 两式相除并积分得相轨迹方程	根据相轨迹方程绘制相轨迹，受迫振动相轨迹方程是x、y和时间t的函数	周期解的李亚普诺夫稳定性可定义如下：设初始条件为(x_0, y_0)的解为$[\overline{x}(t), \overline{y}(t)]$，给初始一个扰动，即：初始条件为$(x_0+u_0, y_0+v_0)$的全部解$[x(t), y(t)]$，经过任意时间$t$之后，仍然回到原来解$[\overline{x}(t), \overline{y}(t)]$的近旁时，则该解$[x(t), y(t)]$称为稳定解。反之，不管多靠近$(x_0, y_0)$的某一点$(x_0+u_0, y_0+v_0)$出发的解，在长时间的过程中，离开了原来的解$[\overline{x}(t), \overline{y}(t)]$的近旁，这种情况只要一出现，则$[\overline{x}(t), \overline{y}(t)]$称为不稳定的。若全部解$[x(t), y(t)]$很接近上述稳定解，且当$t\to\infty$时，均收敛于$[\overline{x}(t), \overline{y}(t)]$，则解$[\overline{x}(t), \overline{y}(t)]$称为渐近稳定的，周期解的稳定性也称为轨道稳定性

注：1. 表中 x 表示广义位移，用 y 表示广义速度；x_0、y_0 分别为初始位移和初始速度。
2. 相平面法可定性研究非线性系统全局运动，而对于平衡点、周期解附近的运动性质可采用摄动法得到非线性系统的首次近似方程，定量分析平衡点、周期解附近的运动性质。

4.3 随机振动

4.3.1 随机振动问题

随机振动是指系统的振动情况不可能用一个明确的函数表达式来描述，并且根据以往的记录也无法预测将来振动响应。它的特征是从振动的单个样本观察，有不确定性、不可预估性和相同条件下的各次振动的不重复性。各次振动记录是随机函数，这一类函数的集合称随机过程。随机振动的激励或响应过程的按统计规则性可分为平稳随机和非平稳随机过程；按记忆能力可分纯随机过程（白噪声），马尔可夫过程，独立增量过程，维纳过程和泊松过程。随机振动的系统还可以根据其动态特性分为线性系统和非线性系统。

表 27-4-12　平稳随机振动及特性

项目	定　　义	统　计　特　性	
随机振动	系统的振动情况不可能用一个明确的函数表达式来描述，并且根据以往的记录也无法预测将来振动响应。其特点是不能用简单函数或这些函数的组合来描述，而只能用概率和数理统计方法描述的振动称为随机振动	例如汽车、拖拉机、工程机械、船舶、石油钻井平台及安装在它们上面的机电设备等，在路面、波浪、地震等作用下的响应不能用确定性的时间与空间坐标的函数描述它们。这种振动特性：(1)不能预估一次振动观测记录时间T之外某时刻的振动状态；(2)在相同的试验条件下，各次观察结果不同，即各次记录曲线有不重复性	
随机过程	如果一次随机实验观察记录 $x_i(t)$ 称为样本函数，则随机过程是所有样本函数的总和，即 $X(t)=\{x_1(t), x_2(t), \cdots, x_n(t)\}$	$X(t)$在任一时刻$t_i(t_i\in T)$的状态$X(t_i)$是随机变量，于是可将随机过程和随机变量联系起来。$X(t)$也可以看成x和时间t的二元函数	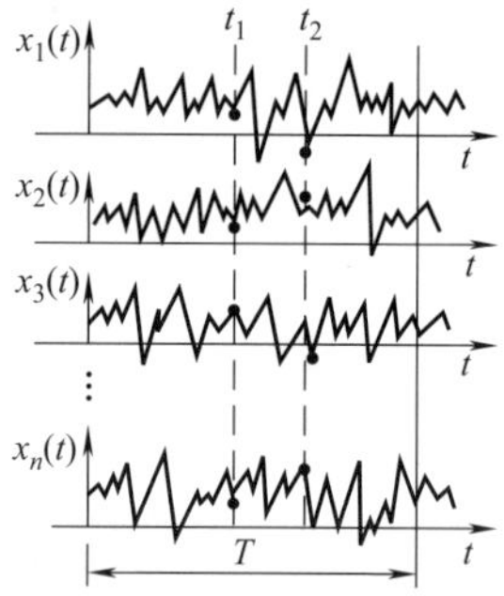
平稳随机过程	统计参数与时间t的原点选取无关的随机过程为平稳随机过程	机械工程中多数随机振动可以作为平稳随机过程，至少可以作为弱随机过程来处理	

续表

项 目		定 义	统 计 特 性	
幅值域描述	概率分布函数	$F(x) = P(X<x)$ 随机过程 $X(t)$ 小于给定 x 值的概率,描述了概率的累积特性	(1) $F(x)$ 为非负非降函数,即 $F(x) \geqslant 0, F'(x) > 0$ (2) $F(-\infty) = 0, F(\infty) = 1$	机械工程中的随机振动多数为具有高斯分布的随机过程,其概率密度函数为 $$f(x) = \frac{1}{\sigma_x \sqrt{2\pi}} e^{-\frac{(x-E[x])^2}{2\sigma_x^2}}$$ 因此,只要求确定其均值 $E[x]$ 和标准差 σ_x,即可确定 $f(x)$,再通过从 $-\infty$ 到 x 的积分可得 $F(x)$
	概率密度函数	$f(x) = \lim_{\Delta x \to 0} \frac{F(x+\Delta x)-F(x)}{\Delta x}$ $= F'(x)$	表示了概率分布的密度状况 (1) 非负函数即 $f(x) \geqslant 0$ (2) $\int_{-\infty}^{\infty} f(x) \mathrm{d}x = 1$	
	均值	$E[x] = \int_{-\infty}^{\infty} x f(x) \mathrm{d}x$ $X(t)$ 的集合平均值	描述随机过程的平均发展趋势,对平稳随机过程,$E[x]$ 是一常数	
	均方差	$D[x] = \int_{-\infty}^{\infty} (x-E[x])^2 f(x) \mathrm{d}x$ $\sigma_x^2 = D[x]$	描述了 $F(x)$、$f(x)$ 围绕均值向两侧的平均分散度,对平稳随机过程 $D[x]$ 为一常数	
时域描述	自相关函数	$R_x(\tau) = E[x(t)x(t+\tau)]$ $= \lim_{T \to \infty} \frac{1}{T} \int_0^T x(t)x(t+\tau) \mathrm{d}t$ 描述平稳随机过程 $X(t)$ 在 t 时刻的状态与 $(t+\tau)$ 时刻状态的相关性。t 为 $X(t)$ 的时间变量,τ 为延时时间	(1) $R_x(\tau)$ 为实偶函数,即 $R_x(\tau) = R_x(-\tau)$ (2) 在 $\tau=0$ 上取极大值,$R_x(0) = E[x^2(t)]$ (3) 当 $E[x(t)] = 0$ 时,$R_x(\infty) = 0$ (4) 当 $X(t)$ 的均值 $E[x(t)] = C \neq 0$ 时,可将各样本函数 $x(t)$ 分解为一恒定量 $E[x(t)]$ 和一均值为零的波动量 $\xi(t)$,即 $x(t) = E[x(t)] + \xi(t)$,则 $R_x(\tau) = \{E[x(t)]\}^2 + R_\xi(\tau)$ (5) 自相关函数 $R_x(\tau)$ 可由功率谱密度函数 $S_x(\omega)$ 的傅里叶变换得到,即 $R_x(\tau) = \int_{-\infty}^{\infty} S_x(\omega) e^{i\omega\tau} \mathrm{d}\omega$,$S_x(\omega)$ 见后 (6) 当 $S_x(\omega) = S_0$ 时,$R_x(\tau) = 2\pi S_0 \delta(\tau)$,$\delta(\tau)$ 为广义函数 $\delta(\tau) = \begin{cases} \infty & \tau = 0 \\ 0 & \tau \neq 0 \end{cases}$ 且 $\int_{-\infty}^{\infty} \delta(\tau) \mathrm{d}\tau = 1$	
	互相关函数	$R_x(\tau) = E[x(t)y(t+\tau)]$ 描述了 $X(t)$ 的 t 时刻状态和 $Y(t)$ 的 $(t+\tau)$ 时刻状态的相关性	(1) $R_{xy}(\tau) = R_{yx}(-\tau)$ (2) $R_{xy}(\tau) = \int_{-\infty}^{\infty} S_{xy}(\omega) e^{i\omega\tau} \mathrm{d}\omega$	
频域描述	自功率谱密度函数	$S_x(\omega) = \lim_{T \to \infty} \frac{\pi}{T} \lvert \overline{X}(\omega, T) \rvert^2$ $\overline{X}(\omega, T) = \frac{1}{2\pi} \int_{-T}^{T} X(t) e^{-i\omega t} \mathrm{d}t$	(1) $S_x(\omega)$ 是非负的实偶函数 (2) $S_x(\omega) = \frac{1}{2\pi} \int_{-\infty}^{\infty} R_x(\tau) e^{-i\omega\tau} \mathrm{d}\tau$ (3) $E[x^2(t)] = \int_{-\infty}^{\infty} S_x(\omega) \mathrm{d}\omega$	

续表

项 目		定 义	统 计 特 性
频域描述	互谱密度函数	$S_{xy}(\omega) = \dfrac{1}{2\pi}\int_{-\infty}^{\infty} R_{xy}(\tau)\mathrm{e}^{-i\omega\tau}\mathrm{d}\tau$, $S_{yx}(\omega) = \dfrac{1}{2\pi}\int_{-\infty}^{\infty} R_{yx}(\tau)\mathrm{e}^{-i\omega\tau}\mathrm{d}\tau$	(1) $S_{xy}(\omega)$ 是一个复值量 (2) $S_{xy}(\omega)$ 和 $S_{yx}(\omega)$ 是复共轭的
	相干函数	$\tau_{X_1 X_2}(\omega) = \dfrac{\lvert S_{X_1 X_2}(\omega) \rvert}{[S_{X_1}(\omega) S_{X_1}(\omega)]^{1/2}}$ 两个平衡随机过程 $X_1(t)$ 与 $X_2(t)$ 之间的相关性在频域的表示	$0 \leqslant \tau_{X_1 X_2}(\omega) \leqslant 1$ 通常当 $\tau_{X_1 X_2}(\omega) > 0.7$ 时,认为 $X_1(t)$ 与 $X_2(t)$ 是相关的随机过程,噪声干扰较小

注：各参数的脚标 x 表示参数为随机过程 $X(t)$ 的对应参数, x 可以为位移、速度、加速度、干扰力等物理量,为区分也可用 $x, \dot{x}, \ddot{x}, \cdots$ 表示。

4.3.2 平稳随机振动

4.3.3 单自由度线性系统的传递函数

1) 频率响应函数（或复频响应函数）：描述系统在频率 ω 下的响应特性。

2) 脉冲响应函数 $h(t)$：稳态、静止系统受到单位脉冲激励后的响应。

4.3.4 单自由度线性系统的随机响应

工程中窄带随机振动问题的处理方法和确定性振动问题相似,所以,通常将其转化为确定性振动来处理。对宽带随机过程,如果其功率谱密度在一定的频带范围内缓慢变化,为了分析方便,可以近似处理为白噪声过程,虽然白噪声是指在 $(-\infty, \infty)$ 整个频域功率谱密度为常数的随机过程,是一种理想状态。表 27-4-14 为单自由度系统响应。

$$\ddot{y} + 2\zeta\omega_0 \dot{y} + \omega_0^2 y = x(t)$$

式中,$x(t)$ 是各态历经具有高斯分布的白噪声过程。

表 27-4-13 单自由度线性系统的传递函数

项 目	数学表达式	动 态 特 征
频率响应函数	$H(\omega) = \dfrac{1}{(\omega_0^2 - \omega^2) + i 2\zeta\omega_0 \omega}$ $\lvert H(\omega) \rvert = \dfrac{1}{\sqrt{(\omega_0^2 - \omega^2)^2 + 4\zeta^2 \omega_0^2 \omega^2}}$ $\alpha = \arctan \dfrac{2\zeta\omega_0 \omega}{\omega_0^2 - \omega^2}$	$\ddot{x} + 2\zeta\omega_0 \dot{x} + \omega_0^2 x = \omega_0^2 \mathrm{e}^{i\omega t}$ 式中 $\omega_0 = \sqrt{\dfrac{K}{m}}$ $\zeta = \dfrac{\alpha}{\omega_0} = \dfrac{C}{2\sqrt{mK}}$ $x(t) = H(\omega)\omega_0^2 \mathrm{e}^{i\omega t}$ $H(\omega)$ 可通过计算或测试得到
脉冲响应函数	$h(t) = \dfrac{\omega_0^2}{\omega_\mathrm{d}} \mathrm{e}^{-\zeta\omega_0 t} \sin\omega_\mathrm{d} t$ 其中 $\omega_\mathrm{d} = \omega_\mathrm{n} \sqrt{1 - \zeta^2}$	上述方程的解： $x(t) = \int_0^t f(\tau) h(t - \tau) \mathrm{d}\tau$（杜哈曼积分） 式中 $f(\tau) = \omega_0^2 \mathrm{e}^{i\omega\tau}$ 杜哈曼积分的卷积形式： $x(t) = \int_0^t h(\theta) f(t - \theta) \mathrm{d}\theta$
$H(\omega)$ 和 $h(t)$ 的关系	$H(\omega) = \dfrac{1}{2\pi}\int_{-\infty}^{\infty} h(t) \mathrm{e}^{-i\omega t} \mathrm{d}t$ $h(t) = \int_{-\infty}^{\infty} H(\omega) \mathrm{e}^{i\omega t} \mathrm{d}\omega$	$H(\omega)$、$h(t)$ 都是反映系统动态特性的,它只与系统本身参数有关,与输入的性质无关

注：1. 频响函数为复数形式的输出（响应）和输入（激励）之比。
2. 系统的传递函数只反映系统的动态特性,与激励性质无关,简谐激励或随机激励都一样传递。

表 27-4-14　　　　　　　　　　　　白噪声激励下的随机响应

项　目	计　算　公　式	计算结果及说明
输入 $x(t)$	$E[x(t)]=0\ \ S_x(\omega)=S_0\ \ R_x(\tau)=2\pi S_0\delta(\tau)$	输入 $x(t)$ 是各态历经具有高斯分布的白噪声过程
响应的均值	$E[y(t)]=0$	
响应的自相关函数	$R_y(\tau)=\int_{-\infty}^{\infty}\int_{-\infty}^{\infty}h(\theta_1)h(\theta_2)R_x(\tau-\theta_2+\theta_1)\mathrm{d}\theta_1\mathrm{d}\theta_2$ $=\dfrac{2\pi S_0\omega_0^4}{\omega_\mathrm{d}^2}\int_{-\infty}^{\infty}\int_{-\infty}^{\infty}\delta(\tau+t_1-t_2)\times$ $\mathrm{e}^{-\zeta\omega_0(t_1-t_2)}\sin\omega_\mathrm{d}t_1\sin\omega_\mathrm{d}t_2\mathrm{d}t_1\mathrm{d}t_2$	$R_y(\tau)=\dfrac{2\pi S_0\omega_0}{4\zeta}\mathrm{e}^{-\zeta\omega_0 t}\times(\cos\omega_\mathrm{d}t$ $\pm\dfrac{\zeta}{\sqrt{1-\zeta^2}}\sin\omega_\mathrm{d}t)$ （当 $t\geqslant 0$ 取正值，$t<0$ 取负值）
响应的自谱密度函数	$S_y(\omega)=H(\omega)H^*(\omega)S_x(\omega)=|H(\omega)|^2S_x(\omega)$	$S_y(\omega)=\dfrac{\omega_0^4 S_0}{(\omega_0^2-\omega^2)^2+4\zeta^2\omega_0^2\omega^2}$
响应的均方值	$E[y^2(t)]=R_y(0)=\int_{-\infty}^{\infty}S_y(\omega)\mathrm{d}\omega$	$E[y^2(t)]=\dfrac{\pi S_0\omega_0}{2\zeta}=\sigma_y^2$
响应的概率密度函数	$f(y)=\dfrac{1}{\sigma_y\sqrt{2\pi}}\mathrm{e}^{-\frac{y^2}{2\sigma_y^2}}$	输入具有高斯分布的，则输出也一定是具有高斯分布的

第 5 章 机械振动控制

振动的危害：影响机械设备的正常工作；降低机床的加工精度；加速机械设备的磨损，甚至导致机械结构破坏；同时振动产生噪声，污染工作和生活环境，危害人体健康。随着生产与工业技术的进步，新的高强度材料不断被采用，新的结构形式不断出现，对机械设备的运转速度、承载能力、工作精度、稳定性和工作环境等方面的要求越来越高，导致振动问题日益突出，对机械设备的振动控制越发迫切和重要。

5.1 振动控制的基本方法

5.1.1 常见的机械振动源

引起机械振动的原因很多，常见的典型机械振动源如下。

(1) 运转机械的不平衡

一般机械可以分为旋转式机械和往复式机械两大类。旋转式机械，如泵、风机、电机等静、动平衡相对比较容易实现，但是由于加工、装配和安装精度等原因，不可避免地或多或少存在偏心，机器作旋转运动时产生不平衡离心惯性力是旋转式机械主要的振动源，不平衡引起转子的挠曲和内应力，使机器产生振动和噪声；而往复式机械，如柴油机、往复式空气压缩机的曲柄-滑块机构运动无法达到完全平衡，机器运转时总存在周期性的扰动力，特别是缸数少的柴油机常成为主要振动源。由运转机械的不平衡所引起的机械振动具有明显的规律性，其振动频率等于机械运转的转速或是其倍数。

(2) 传动轴系振动

传动轴系的振动有：

① 由原动机的转矩不均匀引起的扭转振动；

② 由轴系不对中和过分的轴向间隙相结合、推进器非定常推力引起的轴系纵向振动；

③ 由轴系转子不平衡引起的横向振动。

(3) 冲击运动引起的振动

如冲压设备、冲床、锻床引起的冲击力振动。

(4) 管路振动

由原动机传递的管壁周期性振动和由流体脉动压力激发的管路振动。

(5) 电磁振动

由电机定子、转子的各次谐波相互作用以及磁极气隙不均匀造成定子与转子间磁场引力不平衡等原因引起发电机、电动机的振动。

(6) 其他

由外界激励，如风载、重型交通工具行驶诱发的机械设备的随机振动。

5.1.2 振动控制的基本方法

机械振动控制包含振动利用和振动抑制两个方面。前者指利用机械系统的振动以实现某种工程效用，例如各种振动机械，见第 6 章。后者则指抑制机械系统的振动以保证系统正常工作，本章所说的振动控制是指后者，是减小结构系统或各种设备的振动效应。振动控制的基本方法可分为主动控制和被动控制两个大类。减小和控制振动的方法可归纳为以下几种。

(1) 减小或消除振动源激励

① 选择噪声低、振动小的机械设备，或重新设计机械设备结构以减小振动，如重新设计凸轮轮廓线，减少曲柄行程，减少摆动质量等。

② 改善机械设备内部平衡。采用静、动平衡改善机械设备的平衡性能。

③ 改进加工工艺，提高制造加工装配质量。严格质量检验，减小制造误差，提高平衡精度，保证安装质量。

④ 提高机械设备的结构阻尼，以减弱噪声振动激励。

(2) 防止共振

① 改变机械设备振动系统的固有频率。如采用局部加强结构，改变轴颈尺寸等。

② 改变机械设备的扰动频率。如改变机器转速。

(3) 隔振——隔离振动波的传递路径，减小或隔离机械设备的振动传递

① 隔离振源，即隔离机械设备本身的振动通过其机脚、支座传至基础或基座，目的是隔离或减小动力的传递。

② 隔离响应，即防止周围环境的振动通过支座、机脚传至需要保护的机械设备，目的是隔离或减小运动的传递。

(4) 吸振——增设辅助性的质量弹簧系统，吸收振动能量

安装动力吸振器，扭振减振器。动力吸振器的作用是吸收振动能量。

(5) 阻振——增加阻尼以增加振动能量耗散降低共振幅值

在机械设备结构表面粘贴黏弹性阻尼材料或敷设阻尼涂料以减小机械设备结构振动时共振响应的幅值。

5.1.3 刚性回转体的平衡

当回转体的工作转速远低于其一阶临界转速，此时不平衡离心力较小，回转体比较刚硬，不平衡力引起的转子挠曲变形很小（与转子偏心量相比），可以加以忽略，这种回转体称为刚体回转体。由于制造和装配误差产生的偏心；安装间隙不均匀，转动部件间的相对移动；材质不均匀；回转体存在初始弯曲等原因，实际回转体的中心惯性主轴或多或少地偏离其旋转轴线，因此当回转体转动时，回转体的各微元质量的离心惯性力所组成的力系不是一个平衡力系，这时回转体不平衡或失衡。由刚体回转不平衡产生振动的特点是振动的频率和回转体转动频率相同。

回转体不平衡的类型可分为四类：静不平衡；准静不平衡；偶不平衡；动不平衡。静不平衡和准静不平衡可合称为静不平衡。

刚性回转体的平衡是在回转体选定适当的校正平面，在其上加上适当的校正质量（或质量组），使得回转体（或轴承）的振动（或力）减小至某个允许值，方法有：单面平衡法和二平面平衡法。表 27-5-1 给出了一般刚性回转体的静平衡和动平衡的要求，它主要取决于刚性回转体的长度对其直径之比和工作转速。

表 27-5-1　刚性回转体的平衡方式

长度与直径比	转速/r·min^{-1}	平衡方式
<0.5	0~1000	静平衡
	>1000	动平衡
>0.5	0~150	静平衡
	>150	动平衡

5.1.4 挠性回转体的动平衡

挠性回转体的转速大于其第一阶临界转速，在高转速下会因偏心离心力的作用产生较大的弯曲变形，平衡时必须考虑自身变形的影响。挠性回转体应在高速平衡机上，使用特有的方法，例如振型平衡法、影响系数法进行平衡。

高速动平衡是一个多平面多转速的动平衡过程，回转体主要是在工作转速上的动平衡，把力与力偶的不平衡量以及所出现的各阶固有振型不平衡量依次降低到许可范围。挠性回转体的动平衡的方法基本上可归纳为两大类，第一类是模态平衡法，第二类是影响系数法。目前是趋于将以上两种方法结合起来对转子进行平衡，并应用计算机进行计算与数据处理以提高平衡自动化和精度水平。

5.1.5 往复机械惯性力的平衡

往复机械运转时所产生的往复惯性力和惯性力矩；旋转离心力及离心力矩；以及颠覆力矩的不平衡的简谐分量，将传递到往复机械的机体支承，这些力和力矩都是曲轴转角的周期函数，是一种周期性的激励。往复机械的平衡，就是采取措施抵消这三种激励力和力矩，或使它们减小到容许的程度。

为使往复机械有较好的静力平衡和动力平衡，在设计和制造过程中应使各缸活塞组的重量、连杆重量以及连杆组重量在其大端和小端的分配时控制在一定的公差带内。曲轴在装入往复机械以前，也应将其不平衡的质量（包括静平衡和动平衡）控制在规定的公差范围内。具体平衡方法，可查阅有关手册。

5.2　定性减少振动的一些方法和手段

振动控制方法很多，可根据不同情况、不同要求，而采用不同的措施。除上述振动控制基本方法外，还可以通过下述方法和手段定性减少机械设备的振动和振动传递。几种主要的振动控制措施是结构元件的刚化、谐振系统的解调或去耦、普通振动隔离、大阻尼隔振、动态振动吸振和加缓冲器。

(1) 改变振源机械结构的固有频率

当机械设备发生局部振动时，采用刚化方法，提高结构元件的刚性，从而提高其谐振频率，使其具有较高的强度，以改善对振动环境的防护能力。

(2) 加大机械设备和受振对象之间的距离

在动力设备布置时综合考虑，可将设备分别置于楼层中不同的结构单元，如设置在伸缩缝、抗震缝的两侧，起到增加传递路径作用；又如采用隔振沟可减少机械设备冲击或频率大于 30Hz 以上高频振动的传递。

(3) 机械设备和管路系统的连接

在动力机械设备与管道之间采用柔性连接，如在水泵进出口处加装橡胶软接头，柴油机排气口与管道之间加装金属波纹管。在管道穿墙壁时，在管道与墙体之间应垫弹性材料，减少管道振动通过墙体传递给建筑结构。

（4）精密设备隔振

精密设备的工作台宜采用刚度大的钢筋混凝土水磨石工作台和混凝土地坪，必要时混凝土地坪大于500mm。

（5）采用黏弹性高阻尼材料

对于具有薄壳机体的机械设备，宜采用黏弹性高阻尼材料增加设备结构阻尼，增加振动能量消耗，减小振动。

5.3 隔振原理及隔振设计

机械设备的隔振通常是采用一级隔振系统，有时也采用二级隔振系统。对于一般机械设备的一级隔振系统设计计算，仅考虑一个方向，通常是垂直方向，即为单自由度隔振系统；对于大型、重型机械设备和精密设备隔振系统，需考虑空间6个运动方向，即6个自由度系统，需采用计算机设计计算。

5.3.1 隔振原理及一级隔振动力参数设计

表 27-5-2　　　　　　　　　　　一级隔振系统动力参数

项目	积极（动力）隔振	消极（运动）隔振
隔振目的与适用对象	隔离或减小机械设备产生的振动通过机座、支座传递到基础，使周围环境或邻近结构不受机械设备振动的影响。适用回转机械、往复机械、冲床等各种运转机械设备	防止周围环境的振动通过支座、机座传到需要防护的机械设备。适用精密机械、贵重运输物品等
实施方法	积极隔振和消极隔振的概念不同，但是实施方法相同，即在被隔离机械设备和基础之间安装隔振器。其区别只是在积极隔振中使传递到基础上的力减小，周期性的激励力一部分由机器设备本身的惯性力抵消，另一部分由隔振器吸收耗散；而在消极隔振中，大部分的基础振动被隔振器吸收耗散，被隔离物体凭借惯性基本保持静止	
力学模型	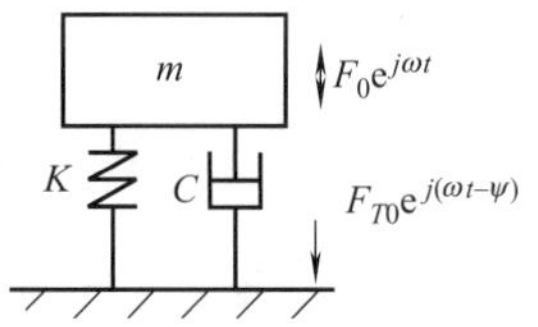 m，$F_0 e^{j\omega t}$，K，C，$F_{T0} e^{j(\omega t-\psi)}$	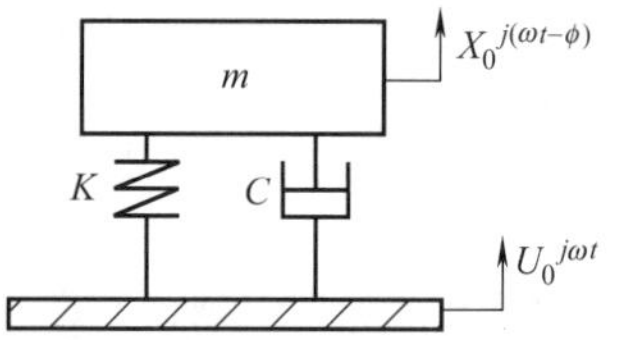 m，$X_0 e^{j(\omega t-\phi)}$，K，C，$U_0 e^{j\omega t}$
考核指标	传递到基础动载荷 $F_{T0}=T_A F_0$ 机械设备稳态响应幅值 $A=\dfrac{F_0}{k}\left\|\dfrac{1}{[1-(\omega/\omega_n)^2]}\right\|$	传递到机械设备位移幅值 $X_0=T_A U_0$
绝对传递系数 T_A 和影响因素	$$T_A=\sqrt{\dfrac{1+(2\zeta\omega/\omega_n)^2}{[1-(\omega/\omega_n)^2]^2+(2\zeta\omega/\omega_n)^2}}$$ 式中　ω_n——系统固有圆频率，$\omega_n=\sqrt{\dfrac{K}{m}}$；　ω——激励力圆频率；　ω/ω_n（或 f/f_n）——频率比，$\omega_n=2\pi f_n$；　ζ——阻尼比，$\zeta=C/(2m\omega_n)$ 不论阻尼比 ζ 取何值，只有当 $\omega/\omega_n>\sqrt{2}$ 时，T_A 才会小于1，才能达到振动隔离目的 绝对传递系数 T_A 的3个影响因素：隔振系统质量、刚度和阻尼。这3个基本参数各自的作用如下 质量：在固定激励力作用下，被隔离物体质量越大，其响应的振幅越小 刚度：在同一激励频率下，隔振器刚度小，隔振效果好，反之隔振效果差。刚度决定了整个系统的隔振效率，同时又关系到系统摇摆的程度 阻尼：在共振区减小共振峰，抑制共振振幅；但在隔振区为系统提供了使弹簧短路的附加连接，从而提高了支承的刚度，使隔振效率降低，工程中常用实际阻尼比 $\zeta=0.05\sim0.15$	

项 目	积极(动力)隔振	消极(运动)隔振
隔振效率	用于积极隔振中,其定义是激励力(力矩)幅值与隔振后传递力(力矩)幅值之差同激励力(力矩)幅值之比,用百分数表示: $$I = \frac{F_0 - F_{T0}}{F_0} = \frac{M_0 - M_{T0}}{M_0} = (1 - T_A) \times 100\%$$	
幅降倍数(或响应比)	用于消极隔振中,其定义是激励位移振幅与被隔离机械设备的位移振幅之比,代表隔振后机械设备振幅较之基础激励振幅降低的倍数,可用下式表示: $$R = \frac{U_0}{X_0} = \frac{1}{T_A}$$	
频率比选择	当 $\omega/\omega_n > \sqrt{2}$ 时,随着频率比增加,T_A 值减小,隔振效率提高,但频率比不宜过大,因为这要求隔振器静态压缩量大,即刚度小,这样机械设备容易摇晃,而且当频率比大于5以后,T_A 值变化很小,所以常选用频率比在 2.5~5 之间,隔振效率为 80%~95%。如果确实由于其他原因只能将频率比设计在小于 $\sqrt{2}$ 的区域,那么尽量使频率比小于 0.4~0.6,相应的 T_A 值为 1.2~1.5,即将该激励频率下的振动放大了 20%~50%,此时隔振目的主要是隔离高频激励振动	
振级落差	用于积极隔振实际测试评价,其定义为机械设备在弹性安装情况下,隔振器上、下振动响应(加速度 a 或速度 v)之比,即 $L_D = 20\lg\frac{a_{\text{上}}(v_{\text{上}})}{a_{\text{下}}(v_{\text{下}})}$(dB)	
插入损失	用于积极隔振实际测试评价,其定义为机械设备刚性安装时的基础响应与弹性安装时基础响应之比,即 $E_I = 20\lg\frac{a_{\text{刚}}(v_{\text{刚}})}{a_{\text{弹}}(v_{\text{弹}})}$(dB)	

5.3.2 一级隔振动力参数设计示例

图 27-5-1 所示某柴油发电机组总质量 $m_1 = 10000$kg,转子的质量 $m_0 = 2940$kg,转子回转转速 1500r/min,偏心质量激振圆频率 $\omega = 157$rad/s。多缸柴油发电机组(包括风机在内)的平衡品质等级为 G250,回转轴心与 m_1 的质心基本重合,试设计一次隔振系统动力参数。

(1) 确定频率比 ω/ω_n 和系统固有频率

选取绝对传递率 T_A 为 0.05,不计阻尼,隔振系统频率比为:

$$T_A = \left|\frac{1}{1-(\omega/\omega_n)^2}\right|, \quad \frac{\omega}{\omega_n} = \sqrt{\frac{1}{T_A}+1} =$$

$\sqrt{\frac{1}{0.05}+1} = 4.58$,设计时取为 4.5,则

系统固有频率 $\omega_n = \omega/4.5 = 157/4.5 = 34.89$rad/s

(2) 隔振器总刚度 K_1

$$\omega_n = \sqrt{K_1/m_1}$$

$K_1 = m_1\omega_n^2 = 10000 \times 34.89^2 = 12172346$N/m

采用8个橡胶隔振器、对称布置,每个隔振器刚度 K_1' 为

$K_1' = K_1/8 = 12172346/8 = 1521543$N/m

(3) 激振力幅值 F_0

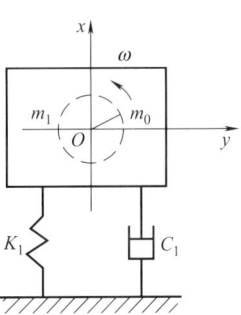

图 27-5-1 某柴油发电机组隔振系统力学模型

$F_0 = m_0 e\omega^2 = 2940 \times 0.0016 \times 157^2 = 115949$N

式中,转子质量偏心半径 $e = \dfrac{G}{\omega \times 10^6} = \dfrac{250}{157 \times 10^6} = 0.0016$m

(4) 稳态响应振幅幅值 A

$$A = \frac{F_0}{K_1}\left|\frac{1}{[1-(\omega/\omega_n)^2]}\right|$$

$$= \frac{115949}{12172346} \times \left|\frac{1}{1-4.5^2}\right| = 0.00049\text{m}$$

(5) 传给基础的动载荷幅值

$F_{T0} = K_1 A = 12172346 \times 0.00049 = 5964$N

5.3.3 二级隔振动力参数设计

一级隔振系统的振级落差一般为 10~20dB，若要提高振级落差，可考虑采用二级隔振系统，即在被隔离的机械设备和基础之间再插入一个弹性支承的中间基座（二次隔振架），二级隔振系统的振级落差，在低频区一般可达到 30~40dB，高频区可达 50dB 以上。二级隔振系统包括机械设备和中间质量两个部分，具有 12 自由度，即机械设备 6 自由度，中间质量 6 自由度，用计算机由专用程序实现设计计算。工程中通常关心的是垂直方向振动，这样可把二级隔振系统简化为两自由度振动系统。

表 27-5-3　二级隔振系统动力参数

项　目	积极（动力）隔振	消极（运动）隔振
力学模型	（图：m_1 受 $F_0\sin\omega t$，经 K_1、C_1 连 m_2，m_2 经 K_2、C_2 接基础，位移 x_1、x_2，传力 F_{T2}）	（图：m_1 经 K_1、C_1 连 m_2，m_2 经 K_2、C_2 接基础 $u=U\sin\omega t$，位移 x_1、x_2）
设计已知条件	当一次隔振满足不了隔振要求时，需采用二次隔振，所以，一次隔振器动力参数设计的已知条件以及一次隔振设计确定的动力参数均为二次隔振设计的已知条件，即已知系统的参数 m_1、K_1、C_1、激振力幅值 F_0 或支承运动幅值 U、激励圆频率 ω、传给基础的允许动载荷幅值 F_{T0} 或被隔振物体允许的位移幅值 A	
确定的动力参数	二次隔振设计所要确定的动力参数是中间基座质量 m_2 和二次隔振器刚度 K_2。为设计计算，引入四个物理量： $$S=\frac{K_2}{K_1}\quad \mu=\frac{m_2}{m_1}\quad \Delta=\frac{B_1}{B_2}\quad \omega_n=\sqrt{\frac{K_1}{m_1}}$$	
系统的固有频率	二次隔振系统无阻尼固有频率为 $$\omega_n^4-\left[\frac{K_1}{m_1}+\frac{K_2}{m_2}+\frac{K_1}{m_2}\right]\omega_n^2+\frac{K_1K_2}{m_1m_2}=0$$ $$\omega_{n1,2}=\sqrt{\frac{\omega_n^2}{2\mu}\left[(S+\mu+1)\mp\sqrt{(S+\mu+1)^2-4S\mu}\right]}$$	
系统稳态响应振幅	$B_1=\dfrac{\omega_n^2[(S+1)\omega_n^2-\mu\omega^2]}{\mu(\omega^2-\omega_{n1}^2)(\omega^2-\omega_{n2}^2)}\dfrac{F_0}{K_1}$ $B_2=\dfrac{\omega_n^4}{\mu(\omega^2-\omega_{n1}^2)(\omega^2-\omega_{n2}^2)}\dfrac{F_0}{K_1}$	$B_1=\dfrac{\omega_n^4 SU_0}{\mu(\omega^2-\omega_{n1}^2)(\omega^2-\omega_{n2}^2)}$ $B_2=\dfrac{\omega_n^2(\omega_n^2-\omega^2)SU_0}{\mu(\omega^2-\omega_{n1}^2)(\omega^2-\omega_{n2}^2)}$
刚度比与质量比关系	$$S=\frac{K_2}{K_1}=K_s\frac{m_1+m_2}{m_1}=K_s(1+\mu)$$ 式中，K_s 为弹簧 1 静变形量 δ_{10} 与弹簧 2 静变形量 δ_{20} 之比，设计取值范围为 0.8~1.2。$\delta_{10}=m_1/K_1$，$\delta_{20}=(m_1+m_2)/K_2$。	
考核指标	传递到基础动载荷 $F_{T2}=\eta F_0$	传递到机械设备位移幅值 $B_1=\eta U_0$

第 5 章 机械振动控制

续表

项　目	积极(动力)隔振	消极(运动)隔振
隔振系数 η	$\eta = \dfrac{\omega_n^4 S}{\mu(\omega^2-\omega_{n1}^2)(\omega^2-\omega_{n2}^2)}$ $= \dfrac{\omega_n^4}{\mu(\omega^2-\omega_{n1}^2)(\omega^2-\omega_{n2}^2)} \dfrac{K_2}{K_1}$	$\eta = \dfrac{\omega_n^4 S}{\mu(\omega^2-\omega_{n1}^2)(\omega^2-\omega_{n2}^2)}$ $= \dfrac{\omega_n^4}{\mu(\omega^2-\omega_{n1}^2)(\omega^2-\omega_{n2}^2)} \dfrac{K_2}{K_1}$
设计思想	在考察二次隔振与一次隔振传给基础的动载荷幅值之比 K_p 和二次隔振 m_2 与 m_1 振动位移幅值之比关系中，寻求在 K_s 给定条件下确定质量比 μ 的计算公式	消极隔振与积极隔振的隔振系数(绝对传递系数)完全一样，所以可将 U_0 看成 F_0，将 B_1 看成 F_{T2}，按积极隔振确定质量比 μ，不影响消极二次隔振的隔振效果
二次隔振与一次隔振传给基础动载荷幅值之比	$K_p = \dfrac{F_{T2}}{F_{T0}} = \dfrac{K_2 B_2}{K_1 B_1} = K_s(1+\mu)|\Delta|$	$K_p = \dfrac{B_1}{X_0} = \dfrac{K_2 \lambda_2}{K_1 \lambda_1} = K_s(1+\mu)|\Delta|$ 等效二次积极隔振稳态振幅 $\lambda_2 = \dfrac{\omega_n^4}{\mu(\omega^2-\omega_{n1}^2)(\omega^2-\omega_{n2}^2)} \dfrac{U_0}{K_1}$ $\lambda_1 = \dfrac{\omega_n^2[(S+1)\omega_n^2-\mu\omega^2]}{\mu(\omega^2-\omega_{n1}^2)(\omega^2-\omega_{n2}^2)} \dfrac{U_0}{K_1}$ 等效一次积极隔振稳态振幅 $\lambda = \dfrac{\omega_n^2 U_0}{\omega^2-\omega_n^2}$
质量比	$\mu = \dfrac{1+K_s(1\mp 1/K_p)}{(\omega/\omega_n)^2-K_s(1\mp 1/K_p)}$　式中正负号的选取应使 μ 取正值	
动力参数	中间基座质量　$m_2 = \mu m_1$ 二次隔振器刚度　$K_2 = K_s(1+\mu)K_1$	

5.3.4 二级隔振动力参数设计示例

某直线振动机二次隔振力学模型如图 27-5-2 所示，其质量 $m_1 = 7360$kg，在与水平方向成 α 角的方向上施加激振力 $F(t) = F_0 \sin\omega t$，激振力幅值 $F_0 = 258.3$kN，激振频率 $\omega = 83.78$rad/s。一次隔振器动力参数设计确定隔振器垂向（x）总刚度 $K_{1x} = 1.972 \times 10^6$N/m，水平向（$y$）总刚度 $K_{1y} = 1.399 \times 10^6$N/m，采用 8 只刚度为 $K'_{1x} = 2.465 \times 10^5$N/m，$K'_{1y} = 1.749 \times 10^5$N/m 的隔振器，传给基础的动载荷幅值分别为 $F_{Tx} = 6508$N，$F_{Ty} = 5500$N，该振动机安装在上层楼板后，由于激振频率 ω 和楼板的固有频率接近，楼板产生强烈的拍振。为减轻楼板振动，试进行二次隔振系统动力参数设计。

（1）质量比

首先选取 $K_s = 1.05$，$K_p = 1/7$，则

$$\mu = \dfrac{1+K_s(1\mp 1/K_p)}{(\omega/\omega_n)^2-K_s(1\mp 1/K_p)}$$

$$= \dfrac{1+1.05(1+7)}{(83.78/16.4)^2-1.05(1+7)} = 0.54$$

式中　$\omega_{nx} = \sqrt{k_{1x}/m_1} = \sqrt{1972000/7360} = 16.4$rad/s

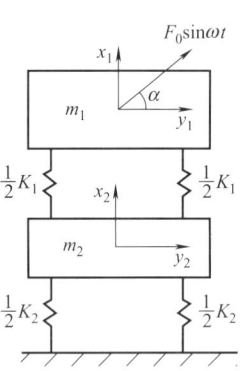

图 27-5-2　直线振动机二次隔振力学模型

（2）中间基座质量
$$m_2 = \mu m_1 = 0.54 \times 7360 = 4120\text{kg}$$

（3）二次隔振器刚度
$$K_{2x} = K_s(1+\mu)K_{1x} = 1.05(1+0.54)1.972 \times 10^6$$
$$= 3.168 \times 10^6 \text{N/m}$$

为方便起见，选用 14 只一次隔振器，并对称振动机质心对称布置，所以最后确定的二次隔振器的刚度为

$$K_{2x} = 14 \times 2.465 \times 10^5 = 3.451 \times 10^6 \text{ N/m}$$
$$K_{2y} = 14 \times 1.749 \times 10^5 = 2.449 \times 10^6 \text{ N/m}$$

(4) 系统的固有频率

x 向固有频率:

$$\begin{Bmatrix} \omega_{nx1} \\ \omega_{nx2} \end{Bmatrix} = \omega_{nx} \sqrt{\frac{1}{2\mu}\left[(S_x + \mu + 1) \mp \sqrt{(S_x + \mu + 1)^2 - 4S_x\mu}\right]}$$

$$= 16.4 \sqrt{\frac{1}{2 \times 0.54}\left[(1.75 + 0.54 + 1) \mp \sqrt{(1.75 + 0.54 + 1)^2 - 4 \times 1.75 \times 0.54}\right]}$$

$$= \begin{Bmatrix} 12.59 \\ 38.47 \end{Bmatrix} \text{rad/s}$$

式中 $S_x = K_{2x}/K_{1x} = 3.451 \times 10^6 / 1.972 \times 10^6 = 1.75$

y 向固有频率:

$$\begin{Bmatrix} \omega_{ny1} \\ \omega_{ny2} \end{Bmatrix} = \omega_{ny} \sqrt{\frac{1}{2\mu}\left[(S_y + \mu + 1) \mp \sqrt{(S_y + \mu + 1)^2 - 4S_y\mu}\right]}$$

$$= 13.79 \sqrt{\frac{1}{2 \times 0.54}\left[(1.75 + 0.54 + 1) \mp \sqrt{(1.75 + 0.54 + 1)^2 - 4 \times 1.75 \times 0.54}\right]}$$

$$= \begin{Bmatrix} 10.62 \\ 32.34 \end{Bmatrix} \text{rad/s}$$

式中 $S_y = K_{2y}/K_{1y} = 2.449 \times 10^6 / 1.399 \times 10^6 = 1.75$

$\omega_{ny} = \sqrt{K_{1y}/m_1} = \sqrt{1.399 \times 10^6 / 7360} = 13.79 \text{ rad/s}$

(5) 稳态响应幅值

$$B_{x1} = \frac{\omega_{nx}^2[(S_x+1)\omega_{nx}^2 - \mu\omega^2]}{\mu(\omega^2 - \omega_{nx1}^2)(\omega^2 - \omega_{nx2}^2)} \cdot \frac{F_0 \sin 40°}{K_{1x}}$$

$$= \frac{16.4^2 \times [(1.75+1) \times 16.4^2 - 0.54 \times 83.78^2]}{0.54 \times (83.78^2 - 12.59^2)(83.78^2 - 38.47^2)} \cdot \frac{258300 \times \sin 40°}{1972000}$$

$$= -0.0034 \text{ m}$$

$$B_{x2} = \frac{\omega_{nx}^4}{\mu(\omega^2 - \omega_{nx1}^2)(\omega^2 - \omega_{nx2}^2)} \cdot \frac{F_0 \sin 40°}{K_{1x}}$$

$$= \frac{16.4^4}{0.54 \times (83.78^2 - 12.59^2)(83.78^2 - 38.47^2)} \cdot \frac{258300 \times \sin 40°}{1972000}$$

$$= 0.0003 \text{ m}$$

$$B_{y1} = \frac{\omega_{ny}^2[(S_y+1)\omega_{ny}^2 - \mu\omega^2]}{\mu(\omega^2 - \omega_{ny1}^2)(\omega^2 - \omega_{ny2}^2)} \cdot \frac{F_0 \cos 40°}{K_{1y}}$$

$$= \frac{13.79^2 \times [(1.75+1) \times 13.79^2 - 0.54 \times 83.78^2]}{0.54 \times (83.78^2 - 10.62^2)(83.78^2 - 32.34^2)} \cdot \frac{258300 \times \cos 40°}{1399000}$$

$$= -0.0039 \text{ m}$$

$$B_{y2} = \frac{\omega_{ny}^4}{\mu(\omega^2 - \omega_{ny1}^2)(\omega^2 - \omega_{ny2}^2)} \cdot \frac{F_0 \cos 40°}{K_{1y}}$$

$$= \frac{13.79^4}{0.54 \times (83.78^2 - 10.62^2)(83.78^2 - 32.34^2)} \cdot \frac{258300 \times \cos 40°}{1399000}$$

$$= 0.00023 \text{ m}$$

(6) 传给基础的动载荷幅值

垂直向动载荷: $F_{Tx} = K_{2x} B_{x2} = 3.451 \times 10^6 \times 0.0003 = 1035 \text{ N}$

水平向动载荷: $F_{Ty} = K_{2y} B_{y2} = 2.449 \times 10^6 \times 0.00023 = 563 \text{ N}$

5.3.5 非刚性基座隔振设计

传统振动隔离理论是假设被隔振的机械设备是没有任何弹性的理想质量块;隔振器由无质量的理想弹簧和阻尼器组成;基础是绝对刚性、质量无限大。由此得到只要激励频率比隔振系统固有频率大 $\sqrt{2}$ 倍就有隔振效果,且随激励频率增加,隔振效果越好。但是实际上隔振系统隔振效果达不到理论预估的结果,传递率曲线在高频时上翘,而且出现很多共振峰值。其原因是上述的三个假设与实际工程隔振系统有出入,其中基础的非刚性是最主要的影响因素。如安装在楼层上的机械设备,安装在钢质框架上的大型机械设备,基础都是非刚性的。

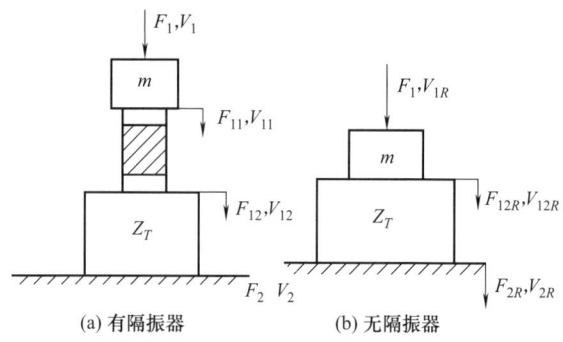

图 27-5-3 具有任意阻抗 Z 的非刚性基础的隔振装置

图 27-5-3 表示一个非刚性基础的隔振装置简图。这里假定被隔振的机械设备仍是一个理想质量块,而基础有一定的弹性,其阻抗为 Z。

一般采用响应比 R 作为衡量非刚性基础隔振效果的技术指标,其定义有三个含义:①安装隔振器后基础上方的振动速度与不安装隔振器时基础上方的振动速度之比;②安装隔振器后传给基础的传递力与不安装隔振器时传给基础的传递力之比;③安装隔振器后基础的输出力与不安装隔振器时基础的输出力之比。响应比由下式计算

$$R = \frac{M_m + M}{M_m + M_1 + M}$$

式中,M_m 为机械设备的导纳;M_1 为隔振器的导纳;M 为基础的导纳。

由上式,考虑具有非刚性基础的机械设备隔振系统,为了提高和改善隔振性能,必须增大隔振器的导纳,或减小机械设备和基础的导纳。

5.3.6 隔振设计的几个问题

5.3.6.1 隔振设计步骤

一般机械设备的隔振设计,通常只考虑垂向振动,可按单自由度隔振系统计算,而不必像设计重型机械或精密设备那样按六自由度计算。隔振设计步骤大体相同。

(1) 隔振设计前的资料准备

① 机械设备的类型、规格及转速范围；

② 机械设备的质量、质心位置、安装位置及外形尺寸；

③ 安装基础的结构特性和环境条件。

(2) 激励力分析

首先判断是积极（动力）隔振还是消极（运动）隔振。若是消极隔振，则要分析所在环境的振动优势频率幅值及方向。对于机械设备来讲，绝大多数是属于积极隔振，则要计算分析机械设备最主要的激励力或激励力矩的频率、幅值和方向。

对于往复机械扰动力的估算，可查阅有关手册，旋转机械激励频率一般取旋转机械的最低转速，即

$$f = \frac{n}{60}(\text{Hz})$$

式中 n——旋转机械的最低转速，r/min。

扰动力幅值 F_0，一般由制造厂提供，或按下式计算

$$F_0 = m_0 r \left(\frac{2\pi n}{60}\right)^2$$

式中 F_0——旋转机械扰动力幅值，N；
m_0——设备主要旋转部件的质量，kg；
r——旋转部件的偏心距，m。

(3) 隔振系统固有频率确定

隔振系统的固有频率应根据设计要求，由所需的振动传递率 T_A 或隔振效率 I 来确定。各类机械设备的振动传递率推荐值可参考表 27-5-4。

(4) 隔振基座设计

为了减小被隔离物体的振幅和调整系统质心，通常是将机器安装在一个有足够刚度和质量的钢制或钢筋混凝土制成的隔振基座上，然后再弹性地支承在船舶基础上。对于各种机械设备隔振系统的隔振基座与机械设备质量之比，可采用表 27-5-5 内的推荐值，安装在楼层上的机械设备，采用推荐值的下限，安装在地面上的机械设备，尽可能取上限。

隔振基座的作用是：

① 使隔振元件受力均匀，设备振幅得到控制；

② 降低隔振系统质心，提高系统稳定性；

③ 减少因设备质心位置计算误差引起的耦合振动，使系统尽可能接近只有垂直方向振动；

④ 抑制机器通过共振转速时的振幅；

⑤ 作为局部能量吸收器减少噪声对基础直接传递。

表 27-5-4 机械设备隔振系统振动传递率的推荐值

1. 按机器功率分类

机器功率 /kW	振动传递率 T_A/%		
	底层	二楼以上（重型结构）	二楼以上（轻型结构）
≤7	只考虑隔声	50	10
10~20	50	25	7
27~54	20	10	5
68~136	10	5	2.5
136~400	5	3	1.5

2. 按机器种类分类

机器种类	振动传递率 T_A/%	
	地下室、工厂底层	二楼以上
泵	20~30	5~10
往复式冷冻机	20~30	5~15
密封式冷冻设备	30	10
离心式冷冻机	15	5
通风机	30	10
发电机	20	10
管路系统	30	5~10
空气调节设备	30	20
冷凝器	30	20
冷却塔	30	15~20

3. 按建筑物用途分类

场所	示例	振动传递率 T_A/%
只考虑隔声	工厂、地下室、仓库、车库	80
一般场所	办公室、商店、食堂	20~40
需注意的场所	旅馆、医院、学校、教室	5~10
特别的场所	音乐厅、录音房、高级宾馆	1~5

表 27-5-5 隔振基座与机械设备质量比的推荐值

机械设备	离心泵	离心风机	往复式空压机	柴油机
比值	1:1	2:1~3:1	3:1~6:1	4:1~6:1

(5) 机器和隔振基座的质量和质心位置确定

对于仅考虑垂向振动的隔振系统，只需要求出机器和隔振基座的全部质量并确定公共质心位置。若要求同时考虑垂向（x 向）、纵向（y 向）和横向（z 向）3 个方向直线振动和绕 3 个方向的回转振动，则需要求出 3 根主惯性轴位置以及绕该 3 根轴的惯性矩。通过调整隔振基座的质量分布，尽可能使主惯性轴落在水平面和垂直面内。

(6) 机械设备的允许振动和机械设备隔振系统振幅的计算

精密设备和机械设备的允许振动的指标在出厂说明书或技术要求中给出。一般机械设备隔振后允许振动，推荐用 10mm/s 的振动速度为控制值；对于小型机械设备可用 6.3mm/s 的振动速度为控制值。振动速度与振动幅值，对于单一频率按下式换算

$$v_0 = 2\pi f A$$

式中 v_0——振动速度幅值，mm/s；
A——振动幅值，mm；
f——激励力频率，Hz。

机械设备隔振系统的振幅 A 由下式计算

$$A = \frac{F_0}{(2\pi f_n)^2 m} \left| \frac{1}{[1-(f/f_n)^2]} \right| \times 1000$$

式中 F_0——激励力幅值，N；
m——机器和隔振基座总质量，kg。

如果计算的振幅 A 超过机器设备允许值时，通常采取加大隔振基座的质量，即增加 m 以减小 A 值。

(7) 隔振器选择和布置

隔振器选择主要考虑刚度和阻尼，耐环境条件的性能。为了安装维护方便，尽可能采用同一种类同一型号的隔振器。

隔振器布置应遵循下列原则：

① 在隔振装置中，尽可能选用相同型号的隔振器，并使每个隔振器受力相等，变形一致；

② 隔振器尽可能按机械设备的主惯性轴作对称布置，避免产生耦合振动；

③ 当机械设备的形状和质量分布特殊而不得不采用不同型号的隔振器时，应使隔振器的各个支承点的变形一致，以保证隔振系统在振动时保持垂直方向振动独立；

④ 为了克服计算误差引起隔振器静态压缩量不一致，可把隔振器安装位置部分设计成为活动的，安装时可以调整，以保证各隔振器静态压缩量一致。

(8) 其他部件的柔性连接

隔振系统的所有管道、动力线及仪表导线在隔振基座上、下连接必须是柔性的，以减少振动传递。

5.3.6.2 隔振设计要点

1) 隔振系统的固有频率确定应该同时考虑隔振效果和机组的稳定性。在满足隔振效率的前提下，固有频率宜设计得高一些，以增加隔振系统的稳定性。

2) 隔振系统的固有频率 f_n 与激励频率 f 两者比值，原则上应在以下范围：$f/f_n = 2.5 \sim 5$，当因为激励频率过低无法满足时，可将隔振系统的固有频率 f_n 设计成使频率比为 0.4～0.6，这时在该激励频率下的振动放大了 20%～50%，主要是隔离高频激励振动。

3) 考虑被隔离机械设备质量计算误差和设备运行时动载荷，隔振系统设计时隔振器所承受的载荷一般为其额定载荷的 70%～80%。

4) 为防止隔振系统摇摆或在启动过程中通过共振区时振幅过大，可考虑安装阻尼器或振幅限位器。

5) 高压水泵、空压机、风机等机械设备运行时在出口处由高压头产生的反作用力将作用在设备的基座上，所以在隔振系统设计时，隔振器除承受设备的静载外，需考虑附加的作用力，同时隔振器布置位置按运行状态设定。

6) 检验和方案比较，在完成隔振设计后，要检查机械设备隔振系统是否符合设计指标，有时需要作几个不同的方案进行比较以满足经济性要求。

5.3.6.3 隔振系统的阻尼

从振动隔离的绝对传递系数分析阻尼对隔离高频振动是不利的，但在生产实际中，常遇见外界冲击和扰动。为避免弹性支承物体产生大幅度自由振动，人为增加阻尼，抑制振幅，特别是当隔振机械设备在启动和停机过程中需经过共振区时，阻尼作用就更为重要。隔振系统阻尼大，启动和停机时间就短，越过共振区的时间短，共振振幅就小，否则相反。综合考虑，从隔振效果来看，实用最佳阻尼比 ζ 在 0.05～0.2，在此范围内，共振振幅不会很大，隔振效果也不会降低很多。通常采用橡胶隔振器可保证隔振系统的阻尼比大于 0.05，当采用金属螺旋弹簧时需要附加阻尼器。

5.3.7 隔振元件材料、类型与选择

5.3.7.1 隔振元件材料、类型

隔振元件是指起支承作用、具有一定刚度和阻尼的弹性件，通常分成隔振垫和隔振器两大类。前者为橡胶隔振垫、海绵橡胶、毛毡、玻璃纤维及矿棉等；后者为金属螺旋弹簧、橡胶隔振器、钢丝绳隔振器、空气弹簧等。

描述隔振元件的静、动态力学性能的主要指标有静刚度、动刚度、阻尼系数以及额定载荷等。隔振元件的静刚度是指在静载荷条件下使隔振元件产生单位变形所需的力；如果载荷是动态的，即频率不等于零，这时的刚度称为动刚度。动刚度一般大于静刚度，而且频率越高，动刚度越大。通过测试隔振元件支承的隔振系统固有频率，按照单自由度系统固有频率 ω_n 计算式，计算得到隔振器的动刚度，即

$$K_d = m\omega_n^2$$

式中，K_d 为隔振器的动刚度；m 为系统质量；ω_n 为系统固有频率。

表 27-5-6　　隔振元件材料和主要特性

性能项目	橡胶隔振器	金属螺旋弹簧	钢丝绳隔振器	空气弹簧	金属丝网隔振器	橡胶隔振垫	海绵橡胶	毛毡	玻璃纤维及矿棉
频率范围/Hz	5～15	2～5	5～10	0～5	20～25	15～25	2～5	>15	>10
多方向性	▲	○	▲	○	○	▲	○	○	○
简便性	▲	○	▲	△	○	▲	○	○	○
阻尼性能	○	×	▲	▲	○	○	△	△	○
高频隔振及隔声	○	×	○	▲	△	○	○	○	○
载荷特性直线性	○	△	○	○	×	○	×	×	×
耐高、低温	△	▲	▲	○	▲	△	×	○	○
耐油性	△	▲	▲	○	▲	△	×	△	△
耐老化	△	▲	▲	○	▲	△	×	○	○
产品质量均匀性	△	▲	○	○	○	△	×	△	△
耐松弛	○	▲	○	○	○	○	×	○	○
耐热膨胀	△	▲	○	○	○	△	×	○	○
价格	中	中	高	高	中	便宜	便宜	便宜	便宜
质量	中	重	中	重	中	中	轻	轻	轻
与计算值一致性	○	▲	○	○	△	○	×	×	○
设计上难易程度	○	▲	○	×	△	○	△	△	○
安装上难易程度	○	△	△	△	○	○	▲	▲	○
寿命	△	▲	▲	○	○	△	×	△	△

注：▲—优；○—良；△—中；×—差。

由于橡胶材料具有蠕变特性，即在额定负荷下，橡胶隔振元件变形在一段时间内仍不断增加。通常 48h 的滞后变形可达蠕变的 90%，所以对于有对中和外接件要求的机械设备，在设备加载到隔振器上后，必须 48h 以后再进行对中及外接件的安装，一般机械设备采用橡胶隔振元件，要求 24h 后再进行外接件的安装。

5.3.7.2　隔振元件选择

隔振元件一般按隔振系统固有频率进行选择。

当固有频率 $f_0 \geqslant 20 \sim 30$Hz，可选用毛毡、橡胶隔振垫及刚度大的橡胶隔振器、金属丝网隔振器。

当固有频率 $f_0 = 2 \sim 10$Hz，可选用金属弹簧、钢丝绳隔振器、橡胶隔振器、海绵橡胶及泡沫塑料等。

当固有频率 $f_0 = 0.5 \sim 2$Hz，可选用空气弹簧隔振器。

隔振元件选择另一个要点是载荷，一般应该使隔振元件所受到的静载荷为允许载荷的 80%～90%，动载荷与静载荷之和不超过其最大允许载荷，对于隔振垫，允许载荷或推荐载荷是指单位面积的载荷，并力求各个隔振元件载荷均匀。

表 27-5-7　　常用隔振器特性和应用场合

类型	特　性	应　用	注意事项
橡胶隔振器	承载能力强，刚度大，阻尼比为 0.05～0.15，可做成各种形状，能自由地选取三个方向的刚度，有蠕变效应	转速 600r/min 以上动力设备、机械设备的积极隔振	根据使用环境条件不同，如耐油、耐磨性、耐热性、耐酸碱性等，选用不同的防振橡胶胶料制作的隔振器
钢丝绳隔振器	具有较好的弹性和阻尼，承载能力强，抗冲击性能好，水平向两刚度相差较大	转速低于 600r/min 机械设备的积极隔振，电子仪器仪表的消极隔振，适用抗冲击环境	安装时采用交叉方向布置，以便使水平两个方向的刚度比较接近

续表

类型	特　性	应　用	注　意　事　项
金属弹簧	承载能力强,变形量大,刚度小,阻尼比小,0.01以下,水平刚度较垂直方向小,容易摇晃	用于仪器仪表的消极隔振和大激振力机械设备的积极隔振	当需要较大阻尼时,可增加阻尼器或与橡胶隔振器联合使用
空气弹簧	刚度由压缩空气的内能决定,阻尼比为0.15～0.50	常用于特殊要求的精密仪器和机械设备的消极隔振	空气压力要求稳定,需要有恒压空气源
海绵橡胶	刚度小,富有弹性,阻尼比为0.1～0.15,承载能力小,性能不稳定,易老化	用于小型仪器仪表的消极隔振	许用应力很低,相对变形量应控制在20%～35%范围内,严禁日晒雨淋,防止接触酸、碱、油

5.3.8 橡胶隔振器

橡胶隔振器是机械设备隔振最常用的隔振器,其结构形式可以分为压缩型、剪切型、压缩-剪切混合型和组合型。压缩型橡胶隔振器承载能力大,固有频率高（15～30Hz）；剪切型橡胶隔振器承载能力较压缩型小,固有频率低（5～10Hz）；混合型兼有两者特点；组合型具有体积小、三向刚度相同的优点。橡胶隔振器的主要特点如下。

1) 橡胶隔振器不仅在轴向,而且在横向和回转方向均具有隔离振动的性能,同一个橡胶隔振器,在三向刚度上,有很宽的选择余地。

2) 作为机械设备的隔振器,具有重量轻、体积小的特点,橡胶容易与金属粘接,强度高,容易实现多个组合,每单位体积的橡胶,其能量吸收是弹性钢的两倍。

3) 具有振动阻尼性能,橡胶内部阻尼比金属大。

4) 可以隔离高频振动,隔声效果好。

5) 设计合理时,可把载荷-变形曲线设计成非线性,如渐软特性和渐硬特性。

6) 橡胶隔振器的缺点是,刚度不可能设计得很小,其固有频率下限约为4～6Hz,大于金属弹簧和空气弹簧；耐高温,耐低温性能差；有蠕变；在空气中容易老化等。

5.3.9 橡胶隔振器设计

5.3.9.1 橡胶材料的主要性能参数

橡胶可以分为天然胶和合成胶两大类。天然胶综合的物理力学性能好,缺点是耐油性及耐热性差。合成胶能满足某些特殊的要求,价格较便宜。通常用作隔振材料的合成胶料有丁腈胶、氯丁胶和丁基胶。丁腈胶主要优点是耐油性好,常作为一般动力机械设备的隔振器材料；氯丁胶主要优点是耐候性好,常用于对耐老化、抗臭氧要求高的环境,缺点是易发热；丁基胶主要优点是阻尼大、耐候性好,缺点是与金属粘接较困难。

表 27-5-8　　　　橡胶材料的主要性能参数

特　性	橡胶的种类			
	天然胶	丁腈胶	氯丁胶	丁基胶
和金属的粘接性能	优	优	优	中
抗张力	优	优	良	中
伸长率	优	优	优	优
耐磨性	优	优	良	中
抗拉裂性	优	良	良	良
抗拉裂性(浸油后)	差	优	中	差
耐油性(润滑油)	差	优	良	差
抗阳光	中	良	优	优
抗臭氧	中	良	优	优
耐老化	良	优	良	优
耐热性	良	优	良	优
耐寒性	优	良	良	良
永久变形	优	良	良	中
加工性	优	良	良	良
阻尼比	0.025～0.075	0.075～0.15	0.075～0.15	0.12～0.20

续表

硬度	肖氏硬度 HA＝30～70	
剪切弹性模量 G 弹性模量 E	HA＝40～60 时 $G=(5\sim12)\times10^5\mathrm{N/m^2}$ $E=(15\sim38)\times10^5\mathrm{N/m^2}$	HA＝55～70 时 $G=(10\sim17)\times10^5\mathrm{N/m^2}$ $E=(38\sim65)\times10^5\mathrm{N/m^2}$
	橡胶弹性模量和硬度间的关系见图 27-5-4。橡胶隔振器制造时，硬度变化范围为±(3°～5°)，相应的弹性模量的变化为±(12～20)％。因此，设计制造时应控制硬度公差	

许用应力	受力类型	许用应力/10^5N·m^{-2}		
		静态	动态	冲击
	拉伸	10～20	5～10	10～15
	压缩	30～50	10～15	25～50
	剪切	10～20	3～5	10～20
	扭转	20	3～10	20

最大许用变形	静态载荷下：压缩变形≤15％，剪切变形≤25％ 动态载荷下：压缩变形≤5％，剪切变形≤8％			
形状系数 m	表征弹性模量 E 和表现弹性模量 E_{ap} 两者关系，即 $E_{ap}=mE$，其值与隔振器外形特征及约束面与自由面之比相关；$m=f(n)$，$n=$ 约束面积/自由面积			
动态系数 d（动态弹性模量与静态弹性模量之比）	1.2～1.6	1.5～2.5	1.4～2.8	1.4～2.8

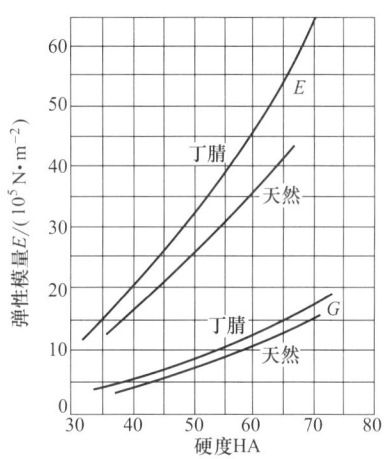

图 27-5-4　橡胶弹性模量和硬度间的关系曲线

5.3.9.2　橡胶隔振器刚度计算

表 27-5-9　　橡胶隔振器的刚度计算

式样	简　图	三 向 刚 度	计 算 说 明
圆柱形		$K_x=\dfrac{A_L m_x}{H}E$ $K_y=K_z=\dfrac{A_L m_y}{H}G$	$m_x=1+1.65n^2$ $m_y=\dfrac{1}{1+0.38(H/D)^2}$ $n=\dfrac{A_L}{A_p}$　$A_L=\dfrac{\pi d^2}{4}$　$A_p=\pi DH$ $\left(一般\dfrac{1}{4}\leqslant\dfrac{H}{D}\leqslant\dfrac{3}{4}\right)$

续表

式样	简图	三向刚度	计算说明
环柱形	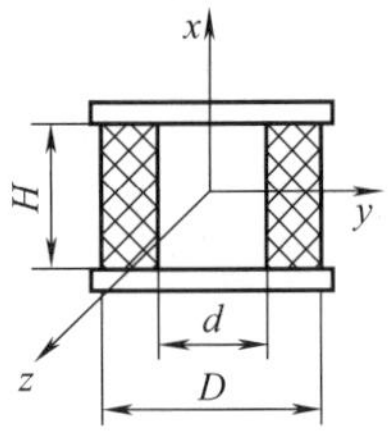	$K_x = \dfrac{A_L m_x}{H} E$ $K_y = K_z = \dfrac{A_L m_y}{H} G$	$m_x = 1.2(1 + 1.65 n^2)$ $m_y = \dfrac{1}{1 + (4/9)(H/D)^2}$ $n = \dfrac{A_L}{A_F}$ $A_L = \dfrac{\pi(D^2 - d^2)}{4}$ $A_F = \pi(D + d)H$
矩形	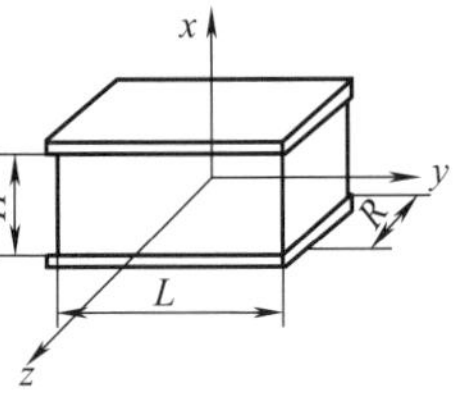	$K_x = \dfrac{A_L m_x}{H} E$ $K_y = \dfrac{A_L m_y}{H} G$ $K_z = \dfrac{A_L m_z}{H} G$	$m_x = 1 + 2.2 n^2$ $m_y = \dfrac{1}{1 + 0.29(H/L)^2}$ $m_z = \dfrac{1}{1 + 0.29(H/B)^2}$ $n = \dfrac{A_L}{A_F}$ $A_L = LB$ $A_F = 2(L + B)H$
圆柱形	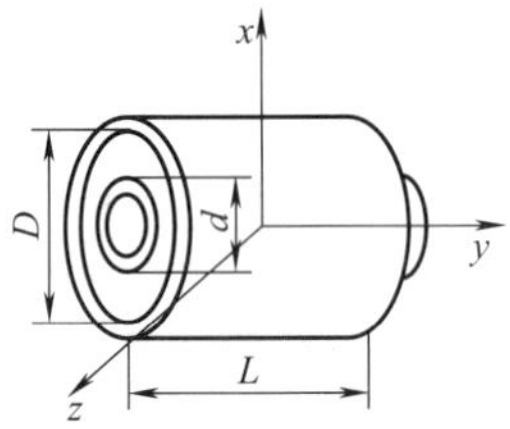	$K_x = \dfrac{\pi L}{\ln(D/d)}(mE + G)$ $K_y = \dfrac{2\pi L}{\ln(D/d)} G$ $K_z = K_x$	$m_x = 1 + 4.67 \dfrac{dL}{(d+L)(D-d)}$ 一般 $m = 2 \sim 5$（硬度高、尺寸大者取大值）
圆筒形	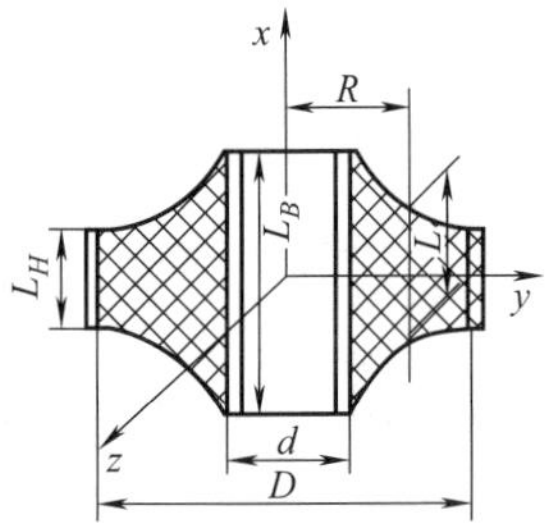	$K_x = \dfrac{2\pi D L_H}{D - d} G$ ① $K_x = \dfrac{4\pi d^2 L_B}{D^2 - d^2} G$ ② $K_y = K_z = (2 \sim 6) K_x$	① LR = 常数，截面等强度设计，适宜于承受轴向载荷 ② LR^2 = 常数，适宜于承受扭矩载荷，此时切应力为常数
圆锥形	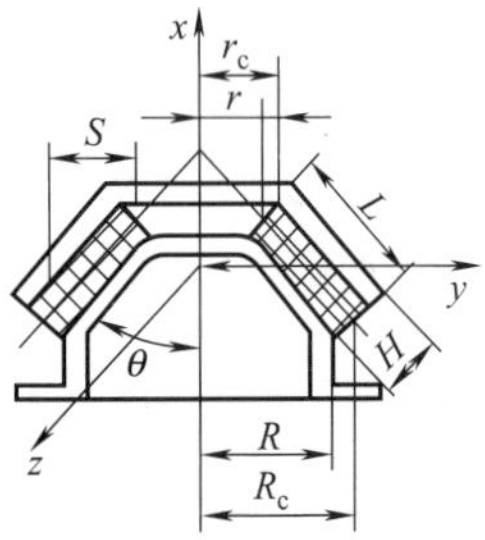	$K_x = \dfrac{\pi L(R_c + r_c)}{H} \times (Em\sin^2\theta + G\cos^2\theta)$ $K_y = \dfrac{\pi(R-r)}{\tan\theta \ln[1 + 2s/(R+r)]} \times (Em\eta + G)$ $K_z = K_y$	$E = 3G$ $m = 1 = 2.33 \dfrac{L}{H}$ $\eta = \dfrac{2(1 - \cos\xi)}{\sin^2\xi \cos\xi}$ $\sin\xi = \delta_y / S$ $\delta_y = F_y / K_y$（初估时可取 $\eta = 1$）
剪切形	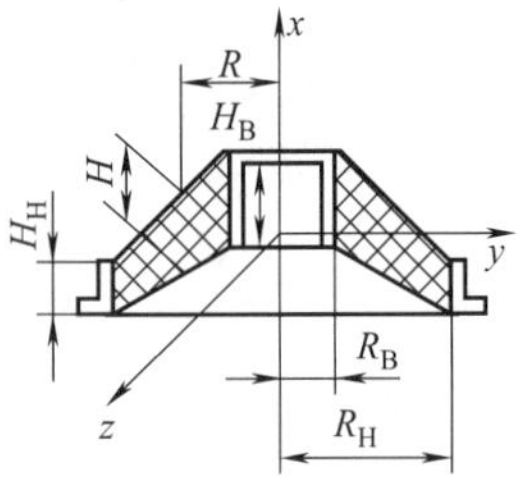	$K_x = \dfrac{2\pi R_B H_B}{R_H - R_B} G$ ① $K_x = \dfrac{2\pi H}{\ln(R_H/R_B)} G$ ② $K_x = \dfrac{2\pi(R_B H_H - R_H H_B)}{(R_H - R_B)\ln(R_B H_H / R_H H_B)} G$ ③ $K_y = K_z = (2 \sim 6) K_x$	① RH = 常数，截面等强度 ② H = 常数，截面等高度 ③ $RH \neq$ 常数，$H \neq$ 常数，截面不等，高度不等

续表

式样	简图	三向刚度	计算说明
剪切、压缩形		$K_x = 2K_p\left(\cos^2\theta + \dfrac{1}{k}\sin^2\theta\right)$ $K_y = 2K_q\left(\sin^2\theta + \dfrac{1}{k}\cos^2\theta\right)$ $K_z = 2K_r$	$K_p = \dfrac{A_L m_x}{H}E$; $K_q = \dfrac{A_L m_y}{H}G$; $K_r = \dfrac{A_L m_z}{H}G$ $m_x = 1 + 2.2n^2$ $m_y = \dfrac{1}{1+0.29(H/L)^2}$ $m_z = \dfrac{1}{1+0.29(H/B)^2}$ $n = A_L/A_F, A_L = LB$ $A_F = 2(L+B)H$ $k = K_p/K_r$

注：1. 表中的 E、G 为橡胶材料的静态弹性模量，计算所得刚度为静刚度，乘上动态系数 d 为动刚度。

2. 表中计算的刚度为 20℃ 下的刚度，当环境温度偏差大时，应用温度影响系数修正。

3. 静刚度设计时，有三个独立尺寸，可先假设两个尺寸，求出第三个尺寸，然后计算刚度，若不满足设计要求，应重新假定尺寸，再进行计算，直至满足设计要求。

5.3.9.3 橡胶隔振器设计要点

1) 应根据使用环境和条件，选用合适的橡胶。

2) 注意橡胶与金属的粘接强度，避免有可能造成应力集中的结构，如采用圆角代替锐角。

3) 通常橡胶隔振器的最大应力发生在橡胶与金属的粘接面上，因此在强度校核时，除了橡胶本身的许用应力外，必须考虑橡胶与金属间的粘接强度，取两者中的较小值作为设计的依据。

4) 隔振器应避免长期在受拉状态下工作，橡胶的变形应按厚度控制在许可的百分比范围内。

5) 对于圆筒形或剪切变形隔振器，为了消除橡胶的收缩应力，提高其耐久性，制造时在垂直剪切方向给予适当预压缩，这样压缩方向刚度变硬，剪切方向刚度变软，因此刚度的正确数值，要按产品实测为准。

6) 由于有阻尼就要消耗能量，这部分损失的能量转换成热能，而橡胶是热的不良导体，为防止温升过高影响橡胶隔振器性能，第一，橡胶隔振器不宜做得过大，其次，从结构上应采取易于散热的措施，或选用生热较少的天然橡胶材料。

5.3.10 钢丝绳隔振器

5.3.10.1 主要特点

钢丝绳隔振器是用钢丝绳绕制而成的，将钢丝绳绕成弹簧状，固定在沿弹簧母线布置的两块金属板之间，典型结构见图 27-5-5。钢丝绳隔振器的特性由钢

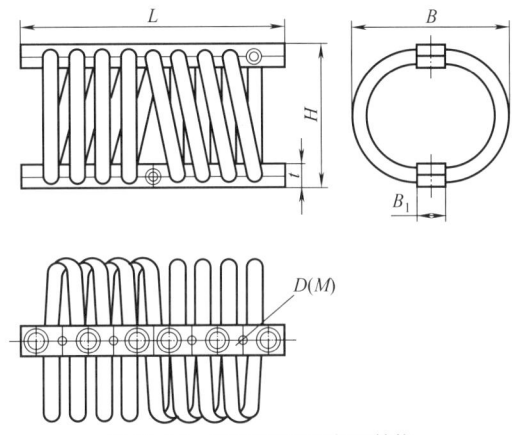

图 27-5-5 典型钢丝绳隔振器结构

丝绳的直径、每匝中钢丝的数目、钢丝绳的长度和扭绞角度以及隔振器中的钢丝绳匝数而定。它广泛用于宇航、飞机、车辆、导弹、卫星、运载工具、舰船电器、舰用照明灯具及仪表仪器、海洋平台、高层建筑、核工业装置以及工业各类动力机械的隔振防冲。其主要特点如下。

1) 金属材料制成，抗疲劳、耐辐射、耐高低温、耐油、抗臭氧、抗盐雾和水分的腐蚀，能长时间在振动状态下工作，寿命长、耐老化，可与被隔振设备同寿命。

2) 承载范围宽（覆盖从 1～50000N 的静载荷），具有非线性软刚度特性，波动效应不明显，具有较好的隔离高频振动效果。

3) 变阻尼特性当外界激励频率变化时减振器的

阻尼也随之发生变化。共振点阻尼比达 0.15 以上，有效地抑制共振峰，越过共振点后，阻尼迅速减小，从而具有良好的隔振效果。

4）钢丝之间有相当大的自由行程，相互之间的干摩擦使其具有较大的非线性阻尼，动力学性能尤其是冲击隔离性能较其他金属隔振器好，具有较好的隔冲效果。

5.3.10.2 选型原则与方法

1）在保证机械设备隔振系统稳定性前提下，尽量降低隔振系统动刚度，增大动变形空间。

2）机械设备隔振系统各个钢丝绳隔振器的安装位置尽可能使隔振系统的刚度中心与质量中心重合，有利于消除振动耦合。

3）隔振系统的技术条件，如在什么样的环境中使用以及它的振动频率、冲击频率，保证系统最大冲击输入能量和冲击力不大于钢丝绳隔振器许可值，并在设计隔振系统时使钢丝绳隔振器承受载荷为额定值的 70%~80%，增加安全系数，使其既抗冲击又能隔离振动。

4）当隔振设备高宽（或深）之比大于 1 时，应考虑增设稳定用隔振器。

5.4 阻尼减振

现实的工程结构多为复杂的多自由度系统，且常处于宽频带随机激励的振动环境，其振动响应往往是很复杂的，单一的隔振技术难以满足振动控制的要求，还必须采用各种形式的阻尼，耗散振动体的能量，达到减小振动的目的。阻尼是指任何振动系统在振动中，由于外界作用和/或系统本身固有的原因引起的振动幅度逐渐下降的特性，以及此特性的量化表征。常用的人工阻尼技术包括阻尼结构、阻尼减振器，后者包括黏弹性阻尼、干摩擦（库仑）、流体阻尼及其他形式几种。阻尼的作用主要有以下几点。

1）阻尼有助于降低机械结构的共振振幅，从而避免结构因动应力达到极限所造成的破坏，增大阻尼是抑制结构共振响应的重要途径。

2）阻尼有助于机械系统受到瞬态冲击后，很快恢复到稳定状态。结构受瞬态激励后产生自由振动时，要使振动水平迅速下降，必须提高结构的阻尼比。

3）阻尼有助于减少因机械振动所产生的声辐射，降低机械噪声。

4）可以提高各类机床、仪器等的加工精度、测量精度和工作精度。

5）阻尼有助于降低结构传递振动的能力。

5.4.1 阻尼减振原理

阻尼是指系统损耗能量的能力。从减振的角度看，就是将机械振动的能量转变成热能或其他可以损耗的能量，从而达到减振的目的。对于振动阻尼产生的机理按物理现象的不同通常可分为五类。

1）材料的内摩擦，由材料内部分子或金属晶格间在运动中相互摩擦而损耗能量所产生的阻尼作用，又称之为材料阻尼。

2）摩擦，摩擦耗损振动能分为两个接合面间相对运动的摩擦和利用介质的摩擦耗能。

3）能量的传输，当机械振动能量从结构向外传输与能量耗损转变为热能有同样的减振作用。

4）电能与机械能的转换效应，通过把机械振动能转换为电能，再由电磁效应的磁滞损失耗散能量或由涡流的能量损失产生阻尼作用。

5）频率变换，当从原频率转换为另一种频率时，那么对机械产生的振动危害有可能被减弱，而且这种振动能量不再对原有频率有效，并且在频率转换之后能更易转变为热能。

5.4.2 阻尼类型

（1）材料阻尼

工程材料种类繁多，衡量其内阻尼的指标通常用损耗因子。通常金属材料的损耗因子很小，阻尼值低，阻尼合金的阻尼值比金属材料高出二至三个数量级，阻尼材料阻尼值高。

表 27-5-10　　常用阻尼材料分类表

阻尼材料	按用途分类	用于减振的平板型及压敏型材料	
		用于噪声控制的泡沫多孔材料	
		用于减振降噪的复合型材料	
		用于特殊工作环境的特种材料	
	按材料性质分类	黏弹类阻尼材料	阻尼橡胶 阻尼塑料
		金属类阻尼材料	阻尼合金 复合阻尼钢板
		液体阻尼涂料	阻尼油料 阻尼涂料
		沥青型阻尼材料	

(2) 黏性阻尼

黏性阻尼的阻尼力与振动速度成正比，常用在机械振动系统的建模和计算。

(3) 结构阻尼

结构阻尼是系统振动时材料内摩擦产生的阻尼，在一个周期中它耗散的能量与频率无关，而与振幅的平方成正比，亦称为迟滞阻尼。结构阻尼力的大小与位移成正比，其方向与速度方向相反。

(4) 流体阻尼

物体在流体中运动受到的阻力与运动速度的平方成正比，又称速度平方阻尼。

(5) 接合面阻尼与库仑摩擦阻尼

机械结构的两个零件表面接触并承受动态载荷时，能够产生接合面阻尼或库仑摩擦阻尼。接合面阻尼是由微观的变形产生，而库仑摩擦阻尼则由接合面之间相对宏观运动的干摩擦耗能所产生，通常库仑摩擦阻尼比接合面阻尼大一到两个数量级。

(6) 冲击阻尼

冲击阻尼是一种结构耗能，工程中可通过设置冲击阻尼器来获得冲击阻尼，例如，砂、细石、铅丸或其他金属块，以致硬质合金都可以用作冲击块，以获得冲击阻尼。

(7) 磁电效应阻尼

机械能转变为电能的过程中，由磁电效应产生涡流阻尼，涡流阻尼的能量损耗由电磁的磁滞损失和涡流通过电阻的能量损失组成。

5.4.3 材料的损耗因子与阻尼结构

5.4.3.1 材料的损耗因子

材料的损耗因子 β 是衡量其吸收振动能量的特征量，当材料受到振动激励时，损耗能量与振动能量之比为损耗因子

$$\beta = \frac{W_d}{2\pi U}$$

式中 W_d——一个周期中阻尼所消耗的功；

U——系统的最大弹性势能，$U = \frac{1}{2}KA^2$；

K——系统刚度；

A——振幅。

常用工程材料的损耗因子见表 27-5-11。

5.4.3.2 阻尼结构

为了增加结构阻尼，常常采用黏弹阻尼材料与金属或非金属结构构成复合阻尼结构，其结构损耗因子可以达到 0.1～0.5，可以有效地抑制结构的谐振响应。

表 27-5-11 常用工程材料的损耗因子 β

材料	损耗因子
钢、铁	0.0001～0.0006
铜、锡	0.002
铅	0.0006～0.002
铝、镁	0.0003
阻尼合金	0.02～0.2
混炼橡胶	0.1～2.0
软木塞	0.13～0.17
复合材料	0.2
有机玻璃	0.02～0.04
夹层板	0.01～0.13
木纤维板	0.01～0.03
塑料	0.005
砖	0.01～0.02
干砂	0.12～0.6
混凝土	0.015～0.05

典型的阻尼结构一般有两种形式。

(1) 自由阻尼层结构

自由阻尼层结构是直接将黏弹性阻尼材料粘贴或者喷涂在需要减振的结构元件的表面上，见图 27-5-6。当原结构件振动发生弯曲变形时，阻尼层以拉压变形的方式与构件的变形相协调，从而将机械振动能转变为热能耗散掉，达到阻尼减振的目的。自由阻尼层的阻尼效果，在附加质量为 20%～30% 的情况下，结构损耗因子可达到 0.05～0.2。自由阻尼层结构的优点是工艺简单、设计方便、费用低、容易实施等，但是在低频时阻尼减振效果较差。

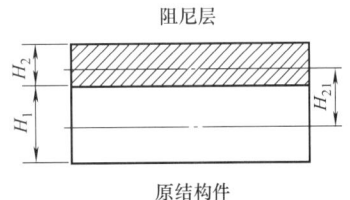

图 27-5-6 自由阻尼层结构

自由阻尼层结构组合梁的损耗因子与结构参数的关系式

$$\eta = \frac{eh(3+6h+4h^2)}{1+eh(5+6h+4h^2)}\beta$$

式中，h 为阻尼层厚度 H_2 与结构层厚度 H_1 之比，$h=H_2/H_1$；e 为阻尼层杨氏模量与结构层杨氏模量之比值，$e=E_2/E_1$；β 为阻尼材料的损耗因子；η 为组合梁结构的损耗因子。

(2) 约束阻尼层结构

约束阻尼层结构由原结构件、阻尼材料层和弹性材料层（称约束层）构成，见图 27-5-7。当原结构件产生弯曲振动时，阻尼层上下表面各自产生压缩和拉伸变形，使阻尼层受剪切应力和应变，从而耗散结构的振动能量。弯曲变形时，由于约束层的作用使阻尼层产生较大的剪切变形可耗散较多的机械能，其减振效果比自由阻尼层结构大。约束阻尼层结构可分为对称型、非对称型和多层结构。用两种以上的阻尼材料构成多层结构，可提高阻尼性能。由于多层结构同时使用不同的玻璃态转变温度和模量的阻尼材料，这样可加宽温度带宽和频率带宽。

约束阻尼结构梁的损耗因子

$$\eta = \frac{XY}{1+(2+Y)X+(1+Y)(1+\beta^2)X^2}\beta$$

式中，β 为阻尼材料的损耗因子；η 为约束阻尼结构的损耗因子；X 为剪切参数；Y 为刚度参数。X 的表达式为

$$X = \frac{G_2 b}{k^2 H_2}\left(\frac{1}{K_1}+\frac{1}{K_3}\right)$$

式中，G_2 为阻尼层材料模量的实部；b 为约束阻尼梁的宽度；k 为约束阻尼梁弯曲振动的波数，$k=\omega\sqrt{m/D}$；D 为组合梁的弯曲刚度，$D=\frac{b}{12}(E_1 H_1^3 + E_3 H_3^3)$；$H_1$，$H_2$ 和 H_3 分别为原结构层、阻尼层和约束层的厚度；K_1 和 K_3 分别为原结构层和约束层的刚度；E_1 和 E_3 分别为原结构层和约束层梁的杨氏弹性模量。

刚度参数 Y 的表达式为

$$Y = \frac{H_{31}^2}{D}\frac{K_1 K_3}{K_1+K_3}$$

式中，H_{31} 是原结构层中性面至约束层中性面的距离，$H_{31}=(H_1+H_3)/2+H_2$。

图 27-5-8 给出典型的约束阻尼结构横截面。图 27-5-9 为典型的外体-嵌入体-黏弹性材料组成的梁的横截面。

阻尼处理位置对于减振性能影响显著，有时在结构的全面积上进行阻尼处理可能会造成浪费，而实际工程结构通常也只能进行局部阻尼处理。如何使局部阻尼处理达到最佳的阻尼效果是阻尼处理位置的优化问题，可以根据不同阻尼结构的阻尼机理，相应地进行优化处理，以达到最佳的性能价格比。

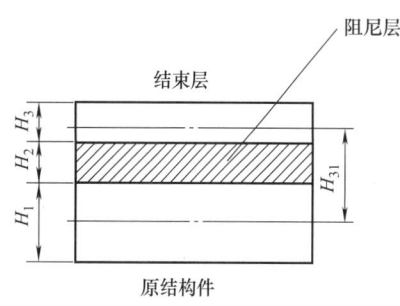

图 27-5-7 约束阻尼层结构

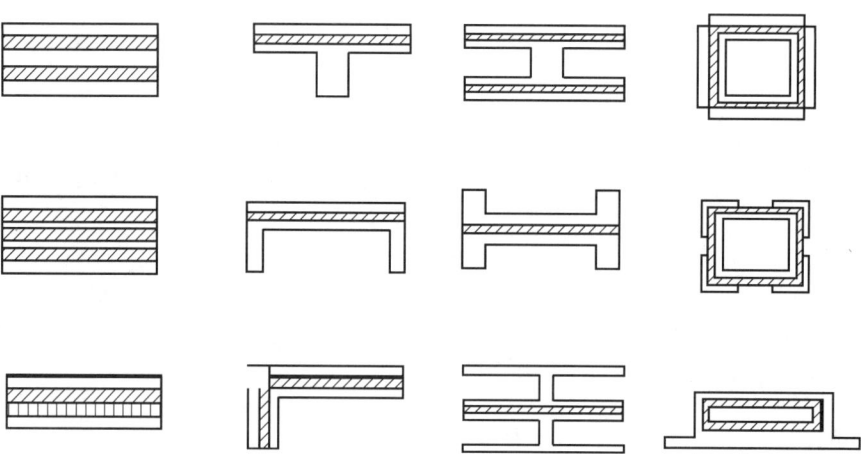

图 27-5-8 典型的约束阻尼层结构横截面

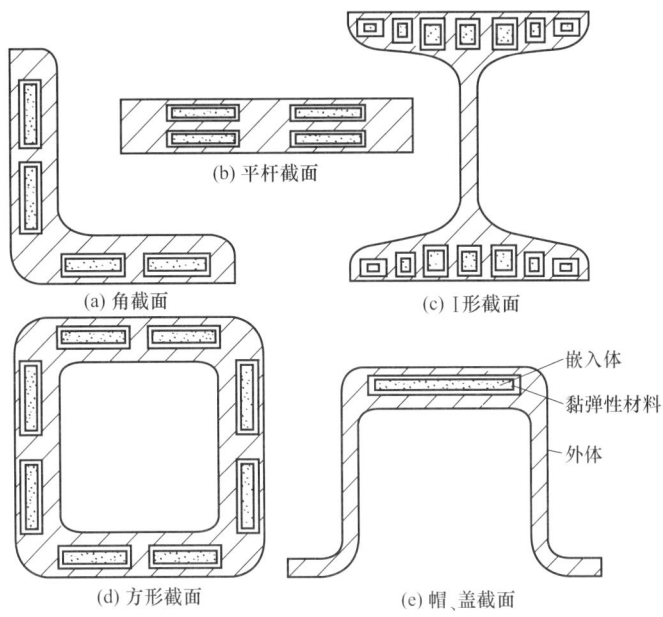

(b) 平杆截面
(a) 角截面
(c) I形截面
(d) 方形截面
(e) 帽、盖截面

嵌入体
黏弹性材料
外体

图 27-5-9 外体-嵌入体-黏弹性材料组成的梁的横截面

5.4.4 干摩擦阻尼

5.4.4.1 刚性连接的干摩擦阻尼

表 27-5-12 刚性连接的干摩擦阻尼

项 目	摩擦(库仑)阻尼系统
力学模型	(a) (b) F_f——极限摩擦力，$F_f = \mu N$； η_1——摩擦阻尼参数．(a) $\eta_1 = \dfrac{F_f}{F_0}$．(b) $\eta_1 = \dfrac{F_f}{KU}$
等效阻尼	等效线性阻尼比 $$\zeta_c = \sqrt{\dfrac{\left(\dfrac{2}{\pi}\eta_1\right)^2 [1-(\omega/\omega_n)^2]^2}{(\omega/\omega_n)^2 \left[(\omega/\omega_n)^4 - \left(\dfrac{4}{\pi}\eta_1\right)^4\right]}}$$
传递系数	绝对传递系数 $T_A = \sqrt{\dfrac{1+\left(\dfrac{4}{\pi}\eta_1\right)^2 \dfrac{12}{(\omega/\omega_n)^2}}{[1-(\omega/\omega_n)^2]^2}}$ 相对传递系数 $T_R = \sqrt{\dfrac{(\omega/\omega_n)^4 - \left(\dfrac{4}{\pi}\eta_1\right)^2}{[1-(\omega/\omega_n)^2]^2}}$ 运动响应系数 $T_M = \sqrt{\dfrac{(\omega/\omega_n)^4 - \left(\dfrac{4}{\pi}\eta_1\right)^2}{(\omega/\omega_n)^4 [1-(\omega/\omega_n)^2]^2}}$

续表

项目	摩擦(库仑)阻尼系统
传递系数	力传递系数 $(T_A)_F = \sqrt{\dfrac{1+\left(\dfrac{4}{\pi}\eta_f\right)^2(\omega/\omega_n)^2[(\omega/\omega_n)^2-2]}{[1-(\omega/\omega_n)^2]^2}}$ η_f——力阻尼参数,$\eta_f = F_f/F_0$
频率比	$Z = \omega/\omega_n$ 摩擦阻尼器松动频率比 近似值:$Z_L = \sqrt{\dfrac{4}{\pi}\eta_1} = \sqrt{\dfrac{4}{\pi}\dfrac{F_f}{KU}}$ 精确值:$Z_L = \sqrt{\eta_1} = \sqrt{\dfrac{F_f}{KU}}$
隔振特征	(1) 在"松动"刚开始的一段频率范围内,振动的一个周期内仍然交替地出现"松动"和"锁住"运动,所以,这一频带对应的 T_A、T_R 近似性较差,计算时应注意 (2) 如果摩擦阻力小于临界最小值,即使系统有阻尼,共振时的位移传递系数也能达到无穷大。为避免共振时 T_A 达到无穷大,给出了摩擦力最小条件和最佳条件 $(F_f)_{min} = 0.79KU$　$(F_f)_{op} = 1.57KU$ (3) 当激振频率较高时,T_A 与 ω^2 成反比

5.4.4.2 弹性连接的干摩擦阻尼

表 27-5-13　弹性连接的干摩擦阻尼

项目	计算公式	说明
力学模型	(a) (b) 力学模型图	
传递系数	$T_A = \sqrt{\dfrac{1+\left(\dfrac{4}{\pi}\eta_1\right)^2\left[\dfrac{S+2}{S}-2\dfrac{S+1}{S(\omega/\omega_n)^2}\right]}{[1-(\omega/\omega_n)^2]^2}}$ $T_R = \sqrt{\dfrac{(\omega/\omega_n)^4+\left(\dfrac{4}{\pi}\eta_1\right)^2\left[\dfrac{2}{S}(\omega/\omega_n)^2-\dfrac{S+2}{S}\right]}{[1-(\omega/\omega_n)^2]^2}}$ $T_M = \sqrt{\dfrac{1+\left(\dfrac{4}{\pi}\eta_1\right)^2\left[\dfrac{2}{S}(\omega/\omega_n)^2-\dfrac{S+2}{S}\right]/(\omega/\omega_n)^4}{[1-(\omega/\omega_n)^2]^2}}$ $(T_A)_F = \sqrt{\dfrac{1+\left(\dfrac{4}{\pi}\eta_f\right)^2(\omega/\omega_n)^2\left[\dfrac{S+2}{S}(\omega/\omega_n)^2-2\dfrac{S+1}{S}\right]}{[1-(\omega/\omega_n)^2]^2}}$ $\eta_1 = \dfrac{F_f}{KU}$　$\eta_f = \dfrac{F_f}{F_0}$　$(T_A)_F = \dfrac{F_{T0}}{F_0}$	(1) 无阻尼($\eta_1 = 0$)和无穷阻尼($\eta_1 = \infty$)的情况下,只有弹簧起作用 (2) 低阻尼(小于最佳阻尼)时,阻尼器松动频率也比较低,当松动频率低于固有圆频率时,即,$\eta_1 < \pi/4$,共振 T_A 为无穷大 (3) 松动和锁住频率比 $Z_L = \sqrt{\dfrac{(4\eta_1/\pi)(S+1)}{(4\eta_1/\pi)\pm S}}$ 取"+"时为松动频率,取"−"时为锁住频率,当根号内出现负值时,松动后不再锁住 (4) 高频时,加速度传递系数与频率平方成反比,所以,高频加速度传递系数相对较小
最佳频率比	$Z_{OPA} = \sqrt{\dfrac{2+(S+1)}{S+2}}$　$Z_{OPR} = \sqrt{\dfrac{S+2}{2}}$	
最佳传递系数	$T_{OP} = T_{OPA} = 1+\dfrac{2}{S} \approx T_{OPR}$	
最佳阻尼参数	$\eta_{OPA} = \dfrac{\pi}{2}\sqrt{\dfrac{S+1}{S+2}}$　$\eta_{OPR} = \dfrac{\pi}{4}\sqrt{S+2}$	

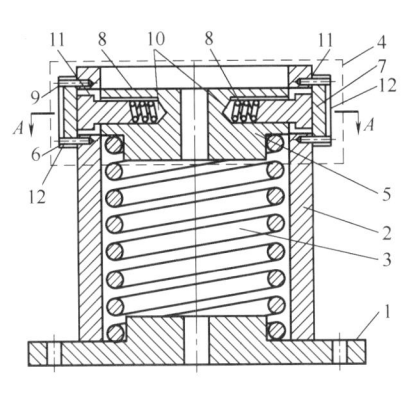
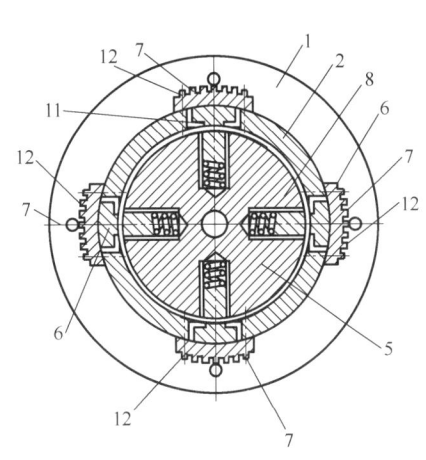

图 27-5-10 非线性干摩擦阻尼减振器
1—底座；2—外壳；3—减振弹簧；4—干摩擦阻尼器；5—摩擦顶盖；6—摩擦棒；7—摩擦板；
8—顶紧弹簧；9—螺杆；10—摩擦棒孔；11—摩擦棒通孔；12—散热翅片

5.4.5 干摩擦阻尼减振器

摩擦阻尼器结构特征，一是选用合适的摩擦材料做摩擦片，二是对摩擦片施加足够的摩擦力，通常施加正压力方法有预压弹簧、气缸或油缸三种加压形式。图 27-5-10 为非线性干摩擦阻尼减振器（专利），该阻尼减振器结构概述如下：摩擦顶盖 5 内开有摩擦棒孔 10，外壳 2 的上部壳壁上开有摩擦棒通孔口，摩擦顶盖 5 的下端设置在减振弹簧 3 的上端，顶紧弹簧 8 设置在摩擦棒孔 10 的里端，摩擦棒 6 的杆端在摩擦棒孔 10 内顶紧弹簧 8 的外端，摩擦棒 6 的摩擦端设在外壳 2 上的摩擦棒通孔 11 内，外壳 2 上摩擦棒通孔 11 的外壁上由螺杆 9 固定有摩擦板 7，摩擦棒 6 摩擦端的外端面与摩擦板 7 的内壁之间摩擦接触。减振原理是将振动能量转化为摩擦功，据称比常规阻尼减振器增大吸振能量二倍以上。摩擦棒及摩擦板可方便更换，大大提高了应用效果。据称寿命比常规橡胶阻尼减振器长三倍，比金属网阻尼减振器长二倍。

5.5 动力吸振器

利用附加的弹性元件、阻尼元件和辅助质量连接在主振动系统所产生的动力作用来减小主系统振动的方法称为动力吸振。该弹性元件、阻尼元件和辅助质量所构成的附加系统称为动力吸振器。

5.5.1 动力吸振器设计

5.5.1.1 动力吸振器工作原理

表 27-5-14　　动力吸振器工作原理

项目	模型示意图	说明
无阻尼主系统	（主系统 m_1，$x_1(t)$，K_1，$f(t)=f_0\sin\omega t$，力激励系统）	$X_1=\dfrac{f_0/K_1}{1-\omega^2/\omega_1^2}=\dfrac{x_{\rm st}}{1-\lambda^2}$ 当激励频率 ω 接近于主系统的固有频率 ω_1，主系统的位移幅值很大

续表

项 目	模型示意图	说 明
安装无阻尼动力吸振器后的组合系统	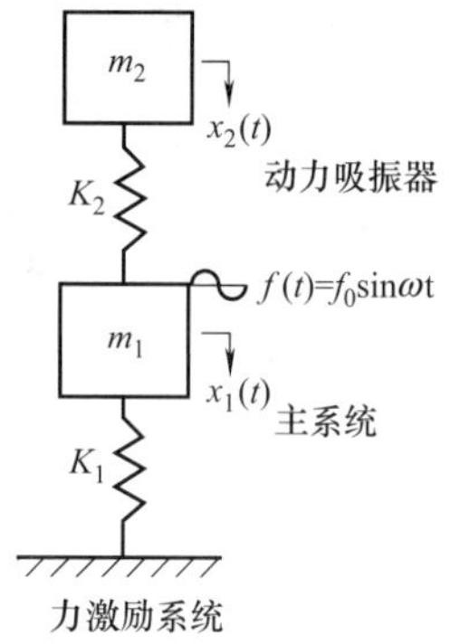 动力吸振器，主系统，力激励系统	$X_1 = \dfrac{x_{st}(\nu^2 - \lambda^2)}{(1-\lambda^2)(\nu^2-\lambda^2) - \nu^2\lambda^2\mu}$ $X_2 = \dfrac{x_{st}\nu^2}{(1-\lambda^2)(\nu^2-\lambda^2) - \nu^2\lambda^2\mu}$ 如果选取吸振器的参数 $\nu = \lambda$，则主系统的位移幅值 $X_1 = 0$，即按 $\omega_2 = \omega$ 来设计动力吸振器即可消除主系统在频率为 ω 时的振动
		安装动力吸振器后的组合系统虽然能消除主系统在激励频率为 ω 时的振动，但组合系统在原始主系统的共振频率附近将出现两个新的共振频率，其频率比为 $\begin{cases}\lambda_1^2 = \dfrac{1+\nu^2+\nu^2\mu}{2} - \dfrac{1}{2}\sqrt{(1+\nu^2+\nu^2\mu)^2 - 4\nu^2}\\ \lambda_2^2 = \dfrac{1+\nu^2+\nu^2\mu}{2} + \dfrac{1}{2}\sqrt{(1+\nu^2+\nu^2\mu)^2 - 4\nu^2}\end{cases}$
	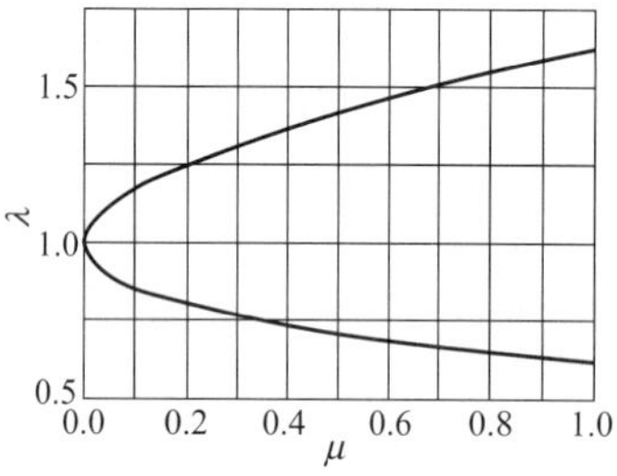 (曲线图：λ vs μ)	新出现的两个共振频率取决于质量比 μ，当 $\nu=1$ 时，λ 和 μ 之间的关系如左图所示。为了扩大减振的频率范围，希望两个新的共振频率相距较远，因此质量比不宜太小
符号定义		X_1 为主系统的位移幅值；X_2 为吸振器的位移幅值；x_{st} 为主系统的静位移，$x_{st} = \dfrac{f_0}{k_1}$；$\omega_1$ 为主系统的固有频率，$\omega_1 = \sqrt{\dfrac{K_1}{m_1}}$；$\omega_2$ 为吸振器的固有频率，$\omega_2 = \sqrt{\dfrac{K_2}{m_2}}$；$\mu$ 为质量比，$\mu = \dfrac{m_2}{m_1}$；λ 为激励频率比，$\lambda = \dfrac{\omega}{\omega_1}$；$\nu$ 为固有频率比，$\nu = \dfrac{\omega_2}{\omega_1}$

5.5.1.2 动力吸振器设计

表 27-5-15　　动力吸振器设计步骤

序号	设计步骤	说 明
1	确定主系统的等效质量 m_1 和等效刚度 K_1；确定激励力频率 ω	如果 m_1，K_1 或 ω 未知，可通过试验确定
2	确定主系统的固有频率 ω_1 以及激励频率比 λ	$\omega_1 = \sqrt{\dfrac{K_1}{m_1}}$，$\lambda = \dfrac{\omega}{\omega_1}$
3	确定吸振器的固有频率 ω_2	$\nu = \lambda$ 即 $\omega_2 = \omega$，$\nu = \dfrac{\omega_2}{\omega_1}$
4	确定组合系统的两个新的共振频率比 λ_1 和 λ_2	如果没有明确要求，可自行针对具体问题来选取
5	根据 λ_1 和 λ_2，确定质量比 μ	$\begin{cases}\lambda_1^2 = \dfrac{1+\nu^2+\nu^2\mu}{2} - \dfrac{1}{2}\sqrt{(1+\nu^2+\nu^2\mu)^2 - 4\nu^2}\\ \lambda_2^2 = \dfrac{1+\nu^2+\nu^2\mu}{2} + \dfrac{1}{2}\sqrt{(1+\nu^2+\nu^2\mu)^2 - 4\nu^2}\end{cases}$
6	确定吸振器的等效质量 m_2，等效刚度 K_2	$\mu = \dfrac{m_2}{m_1}$，$\omega_2 = \sqrt{\dfrac{K_2}{m_2}}$

5.5.1.3 动力吸振器设计示例

表 27-5-16　　　　　　　　　　动力吸振器设计示例

某电机及机座质量为 24.5kg,电机转速为 $n=3000$r/min,机座垂向刚度为 2.45×10^6N/m,电机转速的变化范围为 $\pm15\%$。针对此电机设计一动力吸振器

序号	设计步骤	说　　明
1	主系统的质量 $m_1=24.5$kg,刚度 $K_1=2.45\times10^6$N/m; 激励力频率 $\omega=314.16$rad/s	$\omega=2\pi n/60$
2	主系统的固有频率 $\omega_1=316.23$rad/s; 激励频率比 $\lambda=0.993\approx1$	$\omega_1=\sqrt{\dfrac{K_1}{m_1}},\lambda=\dfrac{\omega}{\omega_1}$
3	吸振器的固有频率 $\omega_2=314.16$rad/s	选取 $\nu=\lambda$ 即 $\omega_2=\omega,\nu=\dfrac{\omega_2}{\omega_1}$
4	两个新的共振频率比 $\lambda_1=0.85$ 和 $\lambda_2=1.15$	根据电机转速的变化范围选取两个新的共振频率比
5	质量比 $\mu=0.11$	把 λ_1 和 λ_2 代入 $\begin{cases}\lambda_1^2=\dfrac{1+\nu^2+\nu^2\mu}{2}-\dfrac{1}{2}\sqrt{(1+\nu^2+\nu^2\mu)^2-4\nu^2}\\ \lambda_2^2=\dfrac{1+\nu^2+\nu^2\mu}{2}+\dfrac{1}{2}\sqrt{(1+\nu^2+\nu^2\mu)^2-4\nu^2}\end{cases}$ 得到 $\mu=0.103$ 或 0.083,选取较大的值
6	吸振器的质量 $m_2=2.7$kg,刚度 $K_2=2.66\times10^5$N/m	$\mu=\dfrac{m_2}{m_1},\omega_2=\sqrt{\dfrac{K_2}{m_2}}$

5.5.2 有阻尼动力吸振器

5.5.2.1 有阻尼动力吸振器的动态特性

表 27-5-17　　　　　　　　　　有阻尼动力吸振器的动态特性

项　目	模型示意图	说　　明
安装有阻尼动力吸振器后的组合系统	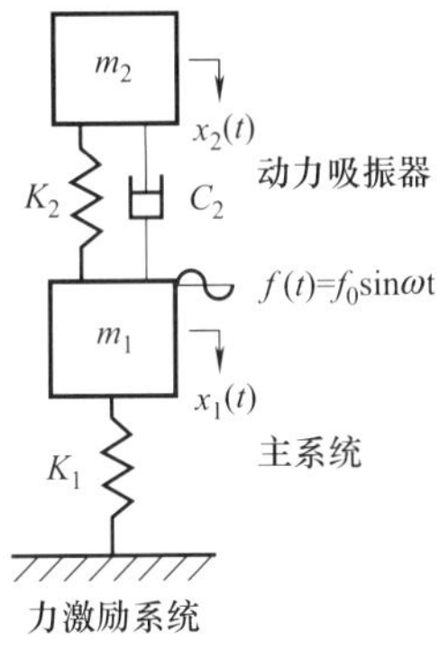 (模型示意图：m_2、$x_2(t)$、K_2、C_2 动力吸振器；$f(t)=f_0\sin\omega t$；m_1、$x_1(t)$ 主系统；K_1；力激励系统)	无阻尼动力吸振器仅适用于激励频率为常数或变化不大的情况。如果不满足这一要求,则加装吸振器不仅无效,还可能破坏主系统的动态特性。通过在吸振器中引入适当的阻尼,可以改善无阻尼动力吸振器的减振频率范围
位移幅值	$X_1=x_{st}\sqrt{\dfrac{\lambda^4+2(-1+2\zeta_2^2)\lambda^2\nu^2+\nu^4}{[(\nu^2-\lambda^2)(1-\lambda^2)-\lambda^2\nu^2\mu]^2+4\lambda^2\nu^2\zeta_2^2(1-\lambda^2-\mu\lambda^2)^2}}$ $X_2=x_{st}\sqrt{\dfrac{\nu^2(4\zeta_2^2+\nu^2)}{[(\nu^2-\lambda^2)(1-\lambda^2)-\lambda^2\nu^2\mu]^2+4\lambda^2\nu^2\zeta_2^2(1-\lambda^2-\mu\lambda^2)^2}}$	

续表

项　目	模型示意图	说　明
幅值频率曲线	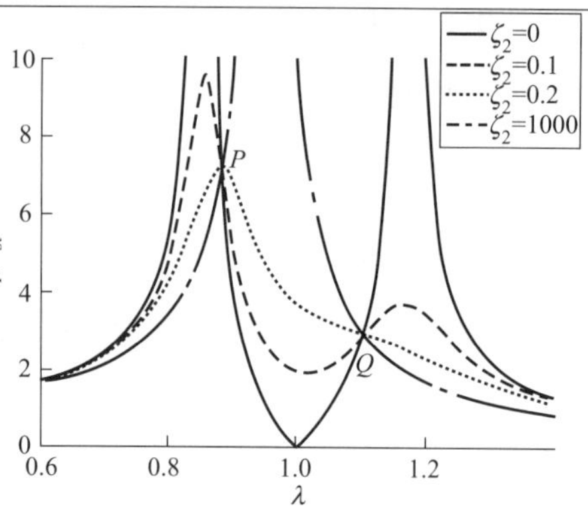 图中曲线：$\zeta_2=0$，$\zeta_2=0.1$，$\zeta_2=0.2$，$\zeta_2=1000$；纵坐标 X_1/x_{st}，横坐标 λ，标注 P、Q 两点	当 $\mu=0.1$ 和 $\nu=1$ 的条件下，取不同 ζ_2 值时，X_1/x_{st} 和 λ 之间的关系如左图所示。由该图可以看出，不论 ζ_2 取何值，所有幅频曲线均通过 P 和 Q 两点
P 和 Q 两点的横坐标	当 $\zeta_2=0$ 时，$X_1=\dfrac{x_{st}(\nu^2-\lambda^2)}{(1-\lambda^2)(\nu^2-\lambda^2)-\nu^2\lambda^2\mu}$ 当 $\zeta_2=\infty$ 时，$X_1=\dfrac{x_{st}}{\lambda^2(1+\mu)-1}$ 令两者相等可以得到 $(2+\mu)\lambda^4-2(1+\nu^2+\mu\nu^2)\lambda^2+2\nu^2=0$	由此可以求出 λ^2 的两个根 λ_P^2 和 λ_Q^2（假设 $\lambda_P^2<\lambda_Q^2$），λ_P 和 λ_Q 是 P 点和 Q 点的横坐标
P 和 Q 两点的纵坐标	$X_{1P}=\dfrac{x_{st}}{1-\lambda_P^2(1+\mu)}$ $X_{1Q}=\dfrac{x_{st}}{\lambda_Q^2(1+\mu)-1}$	把 λ_P^2 和 λ_Q^2 回代即可得到 P 点和 Q 点的纵坐标 X_{1P} 和 X_{1Q}
动力吸振器设计的基本思想	选择适当的吸振器的固有频率和阻尼使 $X_{1P}=X_{1Q}$，并使幅频曲线在通过 P 点和 Q 点时达到最大值。如果 $X_{1P}=X_{1Q}\leqslant\overline{X}$（最大允许位移幅值），则在整个频率范围内，主系统的位移幅值都将小于 $\overline{X}$。满足上述要求的频率比和吸振器阻尼比称作最优调谐 ν_{opt} 和最优阻尼 ζ_{2opt}，它们可由下述公式得到 $\nu_{opt}=\dfrac{1}{1+\mu}$ $\zeta_{2opt}=\sqrt{\dfrac{3\mu}{8(1+\mu)}}$ $X_{1P}=X_{1Q}=x_{st}\sqrt{\dfrac{2+\mu}{\mu}}$	$\begin{cases}\dfrac{x_{st}}{1-\lambda_P^2(1+\mu)}=\dfrac{x_{st}}{\lambda_Q^2(1+\mu)-1}\\ \lambda_P^2+\lambda_Q^2=\dfrac{2(1+\nu^2+\mu\nu^2)}{(2+\mu)}\end{cases}$ $\lambda_{P,Q}^2=\dfrac{1}{1+\mu}\left(1\mp\sqrt{\dfrac{\mu}{2+\mu}}\right)$
符号定义	ζ_2 为吸振器的阻尼比，$\zeta_2=\dfrac{C_2}{2m_2\omega_2}$；$x_{st}=\dfrac{f_0}{K_1}$；$\nu=\dfrac{\omega_2}{\omega_1}$；$\mu=\dfrac{m_2}{m_1}$；$\omega_1=\sqrt{\dfrac{K_1}{m_1}}$；$\omega_2=\sqrt{\dfrac{K_2}{m_2}}$	

5.5.2.2 有阻尼动力吸振器的最佳参数

表 27-5-18　　采用优化准则 1，有阻尼动力吸振器最佳参数

模型	

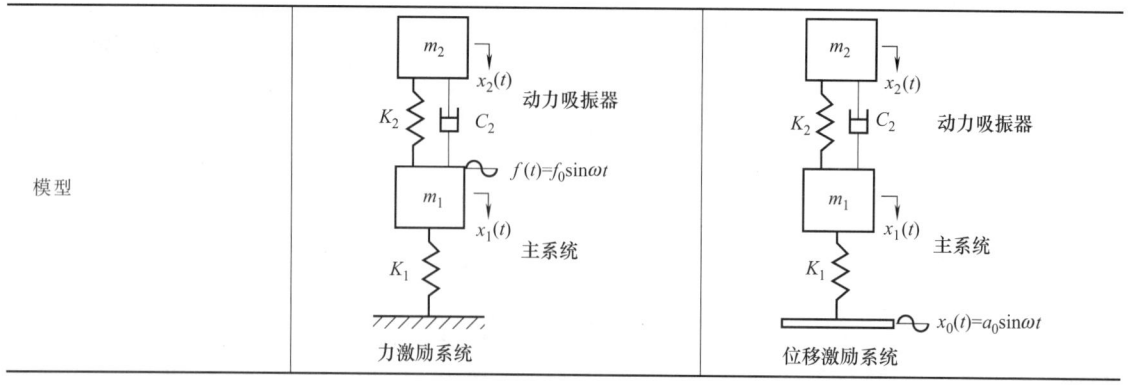

力激励系统　　　　　　　　　位移激励系统

续表

优化准则		H_∞ 优化,极小化主系统位移响应的最大幅值	
性能指标		$\left|\dfrac{x_1}{x_{st}}\right|_{max}$	$\left|\dfrac{x_1}{x_0}\right|_{max}$
最优调谐 ν_{opt}	近似解	$\dfrac{1}{1+\mu}$	
	精确解	$\dfrac{2}{1+\mu}\sqrt{\dfrac{2\left[16+23\mu+9\mu^2+2(2+\mu)\sqrt{4+3\mu}\right]}{3(64+80\mu+27\mu^2)}}$	
最优阻尼 ζ_{2opt}	近似解	$\sqrt{\dfrac{3\mu}{8(1+\mu)}}$	
	精确解	$\dfrac{1}{4}\sqrt{\dfrac{8+9\mu-4\sqrt{4+3\mu}}{1+\mu}}$	
性能指标的最优值	近似解	$\sqrt{\dfrac{2+\mu}{\mu}}$	
	精确解	$\dfrac{1}{3\mu}\sqrt{\dfrac{(8+9\mu)^2(16+9\mu)-128(4+3\mu)^{3/2}}{3(32+27\mu)}}$	
符号定义		x_1 为主系统的绝对位移;ζ_2 为吸振器的阻尼比,$\zeta_2=\dfrac{C_2}{2m_2\omega_2}$;$x_{st}=\dfrac{f_0}{K_1}$;$\nu=\dfrac{\omega_2}{\omega_1}$;$\mu=\dfrac{m_2}{m_1}$;$\omega_1=\sqrt{\dfrac{K_1}{m_1}}$;$\omega_2=\sqrt{\dfrac{K_2}{m_2}}$	

表 27-5-19　采用优化准则 2,有阻尼动力吸振器最佳参数

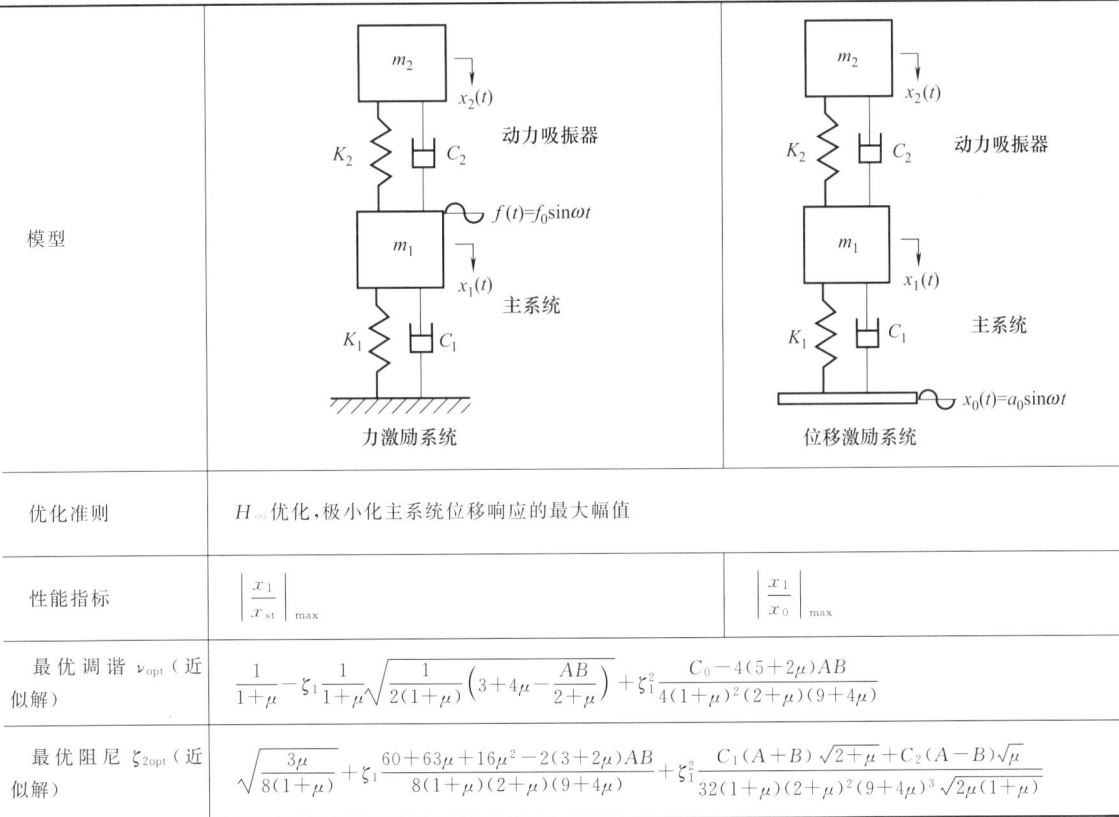

力激励系统　　　位移激励系统

优化准则	H_∞ 优化,极小化主系统位移响应的最大幅值
性能指标	$\left|\dfrac{x_1}{x_{st}}\right|_{max}$ 　　　$\left|\dfrac{x_1}{x_0}\right|_{max}$
最优调谐 ν_{opt}（近似解）	$\dfrac{1}{1+\mu}-\zeta_1\dfrac{1}{1+\mu}\sqrt{\dfrac{1}{2(1+\mu)}\left(3+4\mu-\dfrac{AB}{2+\mu}\right)}+\zeta_1^2\dfrac{C_0-4(5+2\mu)AB}{4(1+\mu)^2(2+\mu)(9+4\mu)}$
最优阻尼 ζ_{2opt}（近似解）	$\sqrt{\dfrac{3\mu}{8(1+\mu)}}+\zeta_1\dfrac{60+63\mu+16\mu^2-2(3+2\mu)AB}{8(1+\mu)(2+\mu)(9+4\mu)}+\zeta_1^2\dfrac{C_1(A+B)\sqrt{2+\mu}+C_2(A-B)\sqrt{\mu}}{32(1+\mu)(2+\mu)^2(9+4\mu)^3\sqrt{2\mu(1+\mu)}}$

常数定义	力激励系统	$A=\sqrt{3(2+\mu)-\sqrt{\mu(2+\mu)}}$, $B=\sqrt{3(2+\mu)+\sqrt{\mu(2+\mu)}}$ $C_0=52+41\mu+8\mu^2$ $C_1=-1296+2124\mu+6509\mu^2+5024\mu^3+1616\mu^4+192\mu^5$ $C_2=48168+112887\mu+105907\mu^2+49664\mu^3+11632\mu^4+1088\mu^5$
	位移激励系统	$C_0=52+113\mu+76\mu^2+16\mu^3$ $C_1=-1296+2124\mu+7157\mu^2+5924\mu^3+2032\mu^4+256\mu^5$ $C_2=48168+105111\mu+91867\mu^2+40172\mu^3+8784\mu^4+768\mu^5$
符号定义		ζ_1 为主系统的阻尼比,$\zeta_1=\dfrac{C_1}{2m_1\omega_1}$; $x_{st}=\dfrac{f_0}{K_1}$; $\nu=\dfrac{\omega_2}{\omega_1}$; $\mu=\dfrac{m_2}{m_1}$; $\zeta_2=\dfrac{C_2}{2m_2\omega_2}$; $\omega_1=\sqrt{\dfrac{K_1}{m_1}}$, $\omega_2=\sqrt{\dfrac{K_2}{m_2}}$

表 27-5-20　采用优化准则 3,有阻尼动力吸振器最佳参数

模型	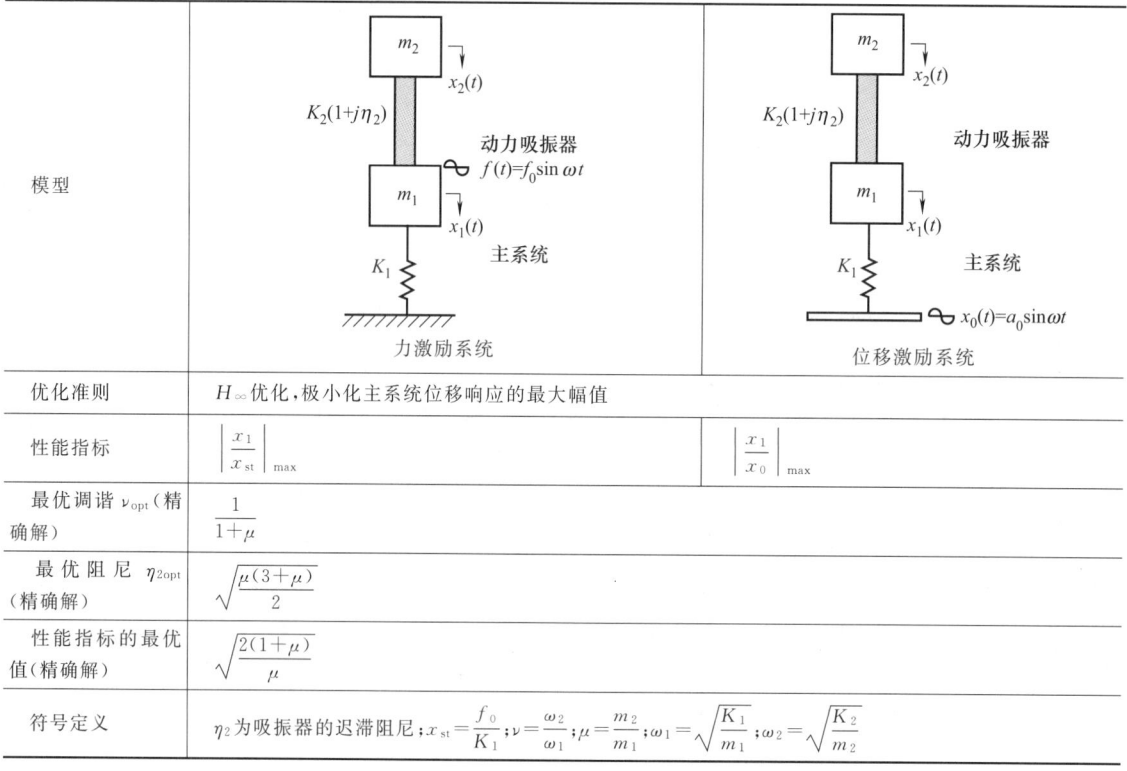
优化准则	H_∞ 优化,极小化主系统位移响应的最大幅值
性能指标	$\left\|\dfrac{x_1}{x_{st}}\right\|_{max}$ ；$\left\|\dfrac{x_1}{x_0}\right\|_{max}$
最优调谐 ν_{opt}(精确解)	$\dfrac{1}{1+\mu}$
最优阻尼 η_{2opt}(精确解)	$\sqrt{\dfrac{\mu(3+\mu)}{2}}$
性能指标的最优值(精确解)	$\sqrt{\dfrac{2(1+\mu)}{\mu}}$
符号定义	η_2 为吸振器的迟滞阻尼；$x_{st}=\dfrac{f_0}{K_1}$;$\nu=\dfrac{\omega_2}{\omega_1}$;$\mu=\dfrac{m_2}{m_1}$;$\omega_1=\sqrt{\dfrac{K_1}{m_1}}$;$\omega_2=\sqrt{\dfrac{K_2}{m_2}}$

表 27-5-21　采用优化准则 4,有阻尼动力吸振器最佳参数

模型	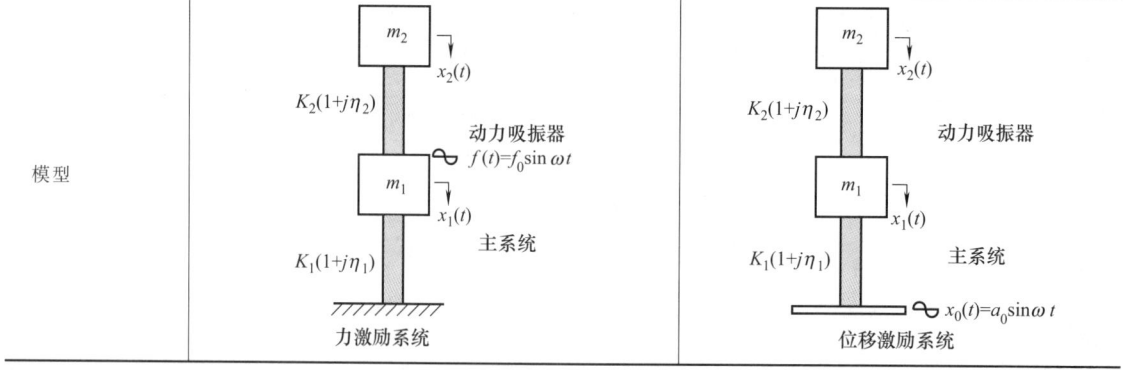

续表

优化准则	H_∞ 优化,极小化主系统位移响应的最大幅值	
性能指标	$\left\|\dfrac{x_1}{x_{\rm st}}\right\|_{\max}$	$\left\|\dfrac{x_1}{x_0}\right\|_{\max}$
最优调谐 $\nu_{\rm opt}$(精确解)	$\sqrt{\dfrac{1}{(1+\mu)(1-\mu)}}\sqrt{\dfrac{2(3+3\mu^2+2\mu^3)-4\mu^2(1-\mu)\eta_1^2-q_1}{6(1+\mu)(1+\eta_{2\rm opt}^2)}}$	
最优阻尼 $\eta_{2\rm opt}$(精确解)	$\dfrac{-b+\sqrt{b^2-4ac}}{2a}$	
性能指标的最优值(精确解)	$(1-\mu)\sqrt{\dfrac{6(1+\mu)}{q_1-2\mu(3+6\mu-\mu^2)+2(1-\mu)(3-\mu^2)\eta_1^2}}$	$(1-\mu)\sqrt{\dfrac{6(1+\mu)(1+\eta_1^2)}{q_1-2\mu(3+6\mu-\mu^2)+2(1-\mu)(3-\mu^2)\eta_1^2}}$
常数定义	$p_0=(3+\mu)^4-4(1-\mu)(3+\mu)(9-3\mu+2\mu^2)\eta_1^2+4\mu^2(1-\mu)^2\eta_1^4$ $p_1=-\mu(3+\mu)^6+3(1-\mu)(3+\mu)^3(9-9\mu+21\mu^2-5\mu^3)\eta_1^2$ $\quad-12\mu^2(1-\mu)^2(45-3\mu^2-2\mu^3)\eta_1^4-8\mu^4(1-\mu)^3\eta_1^6$ $q_0=\mu^2\{p_1-3(1-\mu)^2\eta_1\sqrt{3[-2\mu+(1-\mu)\eta_1^2][(3+\mu)^3+8\mu^2\eta_1^2]^3}\}$ $q_1=\dfrac{\mu^2 p_0}{q_0^{1/3}}+q_0^{1/3}$ $e_0=4\mu^2q_1^2+8\mu q_1[3-6\mu-6\mu^2-6\mu^3-\mu^4+\mu(1-\mu)(3+\mu^2)\eta_1^2]+$ $\quad 4(3-6\mu-6\mu^2-6\mu^3-\mu^4)^2-16\mu^2(1-\mu)(9-6\mu+12\mu^2+18\mu^3+$ $\quad 3\mu^4-4\mu^5)\eta_1^2+32\mu^4(1-\mu)^2(3-\mu^2)\eta_1^4$ $e_1=(1-\mu)^2[q_1+2\mu(3+\mu)^2+4\mu^2(1-\mu)\eta_1^2][q_1-2\mu(3+6\mu-\mu^2)+4\mu^2(1-\mu)\eta_1^2]$ $e_2=-2(1-\mu)\{\mu q_1^2-q_1[3+18\mu+6\mu^2+6\mu^3-\mu^4+2\mu(1-\mu)(3-\mu)\eta_1^2]+$ $\quad 2\mu(3+\mu)(9+15\mu+18\mu^2-6\mu^3-3\mu^4-\mu^5)+4\mu^2(1-\mu)(6-9\mu+3\mu^2+$ $\quad 9\mu^3+7\mu^4)\eta_1^2-8\mu^4(1-\mu)^2(3+\mu)\eta_1^4\}$ $e_3=12\mu(1+\mu)(1-\mu)^2\eta_1[q_1-2(3+3\mu^2+2\mu^3)+4\mu^2(1-\mu)\eta_1^2]$ $a=e_0e_1-e_3^2$ $b=e_3(3e_1-e_2)$ $C=e_1e_2-3e_3^2$	
符号定义	η_1 为主系统的迟滞阻尼; $x_{\rm st}=\dfrac{f_0}{K_1}$; $\nu=\dfrac{\omega_2}{\omega_1}$; $\mu=\dfrac{m_2}{m_1}$; $\omega_1=\sqrt{\dfrac{K_1}{m_1}}$; $\omega_2=\sqrt{\dfrac{K_2}{m_2}}$	

表 27-5-22　　采用优化准则 5,有阻尼动力吸振器最佳参数

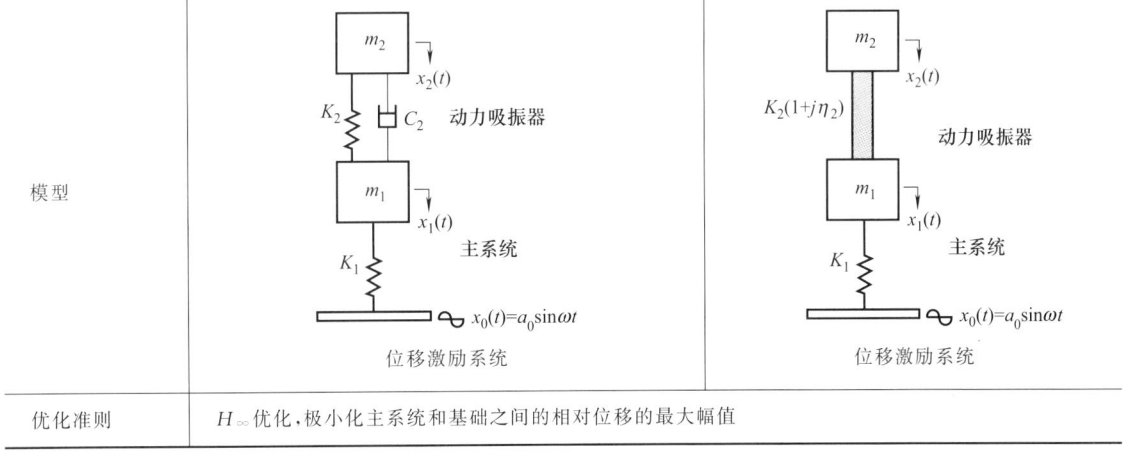

模型		
优化准则	H_∞ 优化,极小化主系统和基础之间的相对位移的最大幅值	

续表

性能指标	$\left\|\dfrac{y_1}{x_0}\right\|_{\max}$	
最优调谐 ν_{opt}（精确解）	$\dfrac{1}{2(1+\mu)}\sqrt{\dfrac{1}{6}(16+9\mu+4\sqrt{4+3\mu})}$	$\sqrt{\dfrac{2}{(1+\mu)(2+\mu)}}$
最优阻尼 $\zeta_{2\text{opt}}$ 或 $\eta_{2\text{opt}}$（精确解）	$\dfrac{1}{4}\sqrt{\dfrac{8+9\mu-4\sqrt{4+3\mu}}{1+\mu}}$	$\sqrt{\dfrac{\mu(3+\mu)}{2}}$
性能指标的最优值（精确解）	$\dfrac{1}{3\mu}\sqrt{\dfrac{(8+9\mu)^2(16+9\mu)-128(4+3\mu)^{3/2}}{3(32+27\mu)}}$	$\sqrt{\dfrac{2(1+\mu)}{\mu}}$
符号定义	y_1 为主系统和基础之间的相对位移，$y_1=x_1-x_0$；$\nu=\dfrac{\omega_2}{\omega_1}$；$\mu=\dfrac{m_2}{m_1}$；$\zeta_2=\dfrac{C_2}{2m_2\omega_2}$；$\omega_1=\sqrt{\dfrac{K_1}{m_1}}$；$\omega_2=\sqrt{\dfrac{K_2}{m_2}}$	

表 27-5-23　　采用优化准则 6，有阻尼动力吸振器最佳参数

模型	(图：m_2，$x_2(t)$；$K_2(1+j\eta_2)$ 动力吸振器；m_1，$x_1(t)$；$K_1(1+j\eta_1)$ 主系统；$x_0(t)=a_0\sin\omega t$ 位移激励系统)
优化准则	$H\infty$ 优化，极小化主系统和基础之间的相对位移的最大幅值
性能指标	$\left\|\dfrac{y_1}{x_0}\right\|_{\max}$
最优调谐 ν_{opt}（精确解）	$\sqrt{\sqrt{\dfrac{(1-\mu)(1+\eta_1^2)}{(1+\mu)}}\sqrt{\dfrac{6(1+\mu)}{[2(3+3\mu^2+2\mu^3)-4\mu^2(1-\mu)\eta_1^2-q_1](1+\eta_{2\text{opt}}^2)}}}$
最优阻尼 $\eta_{2\text{opt}}$（精确解）	$\dfrac{-b+\sqrt{b^2-4ac}}{2a}$
性能指标的最优值（精确解）	$(1-\mu)\sqrt{\dfrac{6(1+\mu)(1+\eta_1^2)}{q_1-2\mu(3+6\mu-\mu^2)+2(1-\mu)(3-\mu^2)\eta_1^2}}$
常数定义	$p_0=(3+\mu)^4-4(1-\mu)(3+\mu)(9-3\mu+2\mu^2)\eta_1^2+4\mu^2(1-\mu)^2\eta_1^4$ $p_1=-\mu(3+\mu)^6+3(1-\mu)(3+\mu)^3(9-9\mu+21\mu^2-5\mu^3)\eta_1^2-12\mu^2(1-\mu)^2(45-3\mu^2-2\mu^3)\eta_1^4-8\mu^4(1-\mu)^3\eta_1^6$ $q_0=\mu^2\{p_1-3(1-\mu)^2\eta_1\sqrt{3[-2\mu+(1-\mu)\eta_1^2][(3+\mu)^3+8\mu^2\eta_1^2]^3}\}$ $q_1=\dfrac{\mu^2 p_0}{q_0^{1/3}}+q_0^{1/3}$ $e_0=4\mu^2 q_1^2+8\mu q_1[3-6\mu-6\mu^2-6\mu^3-\mu^4+\mu(1-\mu)(3+\mu^2)\eta_1^2]+4(3-6\mu-6\mu^2-6\mu^3-\mu^4)^2-16\mu^2(1-\mu)(9-6\mu+12\mu^2+18\mu^3+3\mu^4-4\mu^5)\eta_1^2+32\mu^4(1-\mu)^2(3-\mu^2)\eta_1^4$

常数定义	$e_1=(1-\mu)^2[q_1+2\mu(3+\mu)^2+4\mu^2(1-\mu)\eta_1^2][q_1-2\mu(3+6\mu-\mu^2)+4\mu^2(1-\mu)\eta_1^2]$ $e_2=-2(1-\mu)\{\mu q_1^2-q_1[3+18\mu+6\mu^2+6\mu^3-\mu^4+2\mu^2(1-\mu)(3-\mu)\eta_1^2]+$ $\quad 2\mu(3+\mu)(9+15\mu+18\mu^2-6\mu^3-3\mu^4-\mu^5)+4\mu^2(1-\mu)(6-9\mu+3\mu^2+$ $\quad 9\mu^3+7\mu^4)\eta_1^2-8\mu^4(1-\mu)^2(3+\mu)\eta_1^4\}$ $e_3=12\mu(1+\mu)(1-\mu)^2\eta_1[q_1-2(3+3\mu^2+2\mu^3)+4\mu^2(1-\mu)\eta_1^2]$ $a=e_0e_1-e_3^2$ $b=e_3(3e_1-e_2)$ $C=e_1e_2-3e_3^2$
符号定义	$y_1=x_1-x_0;\nu=\dfrac{\omega_2}{\omega_1};\mu=\dfrac{m_2}{m_1};\omega_1=\sqrt{\dfrac{K_1}{m_1}};\omega_2=\sqrt{\dfrac{K_2}{m_2}}$

表 27-5-24　采用优化准则 7，有阻尼动力吸振器最佳参数

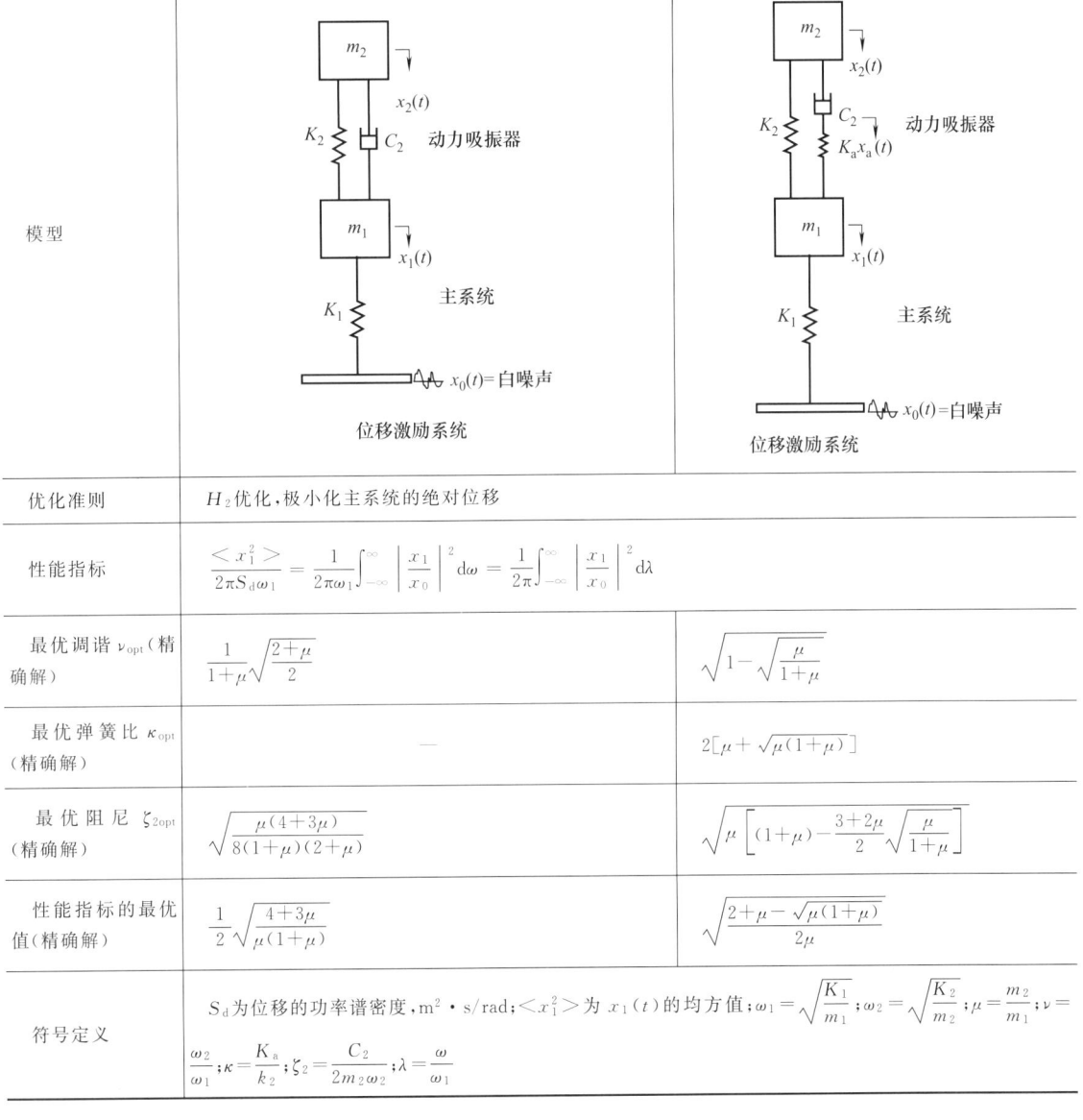

模型	（左图：动力吸振器、主系统、位移激励系统）	（右图：动力吸振器、主系统、位移激励系统）
优化准则	H_2 优化，极小化主系统的绝对位移	
性能指标	$\dfrac{<x_1^2>}{2\pi S_d\omega_1}=\dfrac{1}{2\pi\omega_1}\int_{-\infty}^{\infty}\left|\dfrac{x_1}{x_0}\right|^2\mathrm{d}\omega=\dfrac{1}{2\pi}\int_{-\infty}^{\infty}\left|\dfrac{x_1}{x_0}\right|^2\mathrm{d}\lambda$	
最优调谐 ν_{opt}（精确解）	$\dfrac{1}{1+\mu}\sqrt{\dfrac{2+\mu}{2}}$	$\sqrt{1-\sqrt{\dfrac{\mu}{1+\mu}}}$
最优弹簧比 κ_{opt}（精确解）	—	$2[\mu+\sqrt{\mu(1+\mu)}]$
最优阻尼 $\zeta_{2\mathrm{opt}}$（精确解）	$\sqrt{\dfrac{\mu(4+3\mu)}{8(1+\mu)(2+\mu)}}$	$\sqrt{\mu\left[(1+\mu)-\dfrac{3+2\mu}{2}\sqrt{\dfrac{\mu}{1+\mu}}\right]}$
性能指标的最优值（精确解）	$\dfrac{1}{2}\sqrt{\dfrac{4+3\mu}{\mu(1+\mu)}}$	$\sqrt{\dfrac{2+\mu-\sqrt{\mu(1+\mu)}}{2\mu}}$
符号定义	S_d 为位移的功率谱密度，$\mathrm{m}^2\cdot\mathrm{s/rad}$；$<x_1^2>$ 为 $x_1(t)$ 的均方值；$\omega_1=\sqrt{\dfrac{K_1}{m_1}}$；$\omega_2=\sqrt{\dfrac{K_2}{m_2}}$；$\mu=\dfrac{m_2}{m_1}$；$\nu=\dfrac{\omega_2}{\omega_1}$；$\kappa=\dfrac{K_\mathrm{a}}{k_2}$；$\zeta_2=\dfrac{C_2}{2m_2\omega_2}$；$\lambda=\dfrac{\omega}{\omega_1}$	

表 27-5-25　采用优化准则 8，有阻尼动力吸振器最佳参数

模型	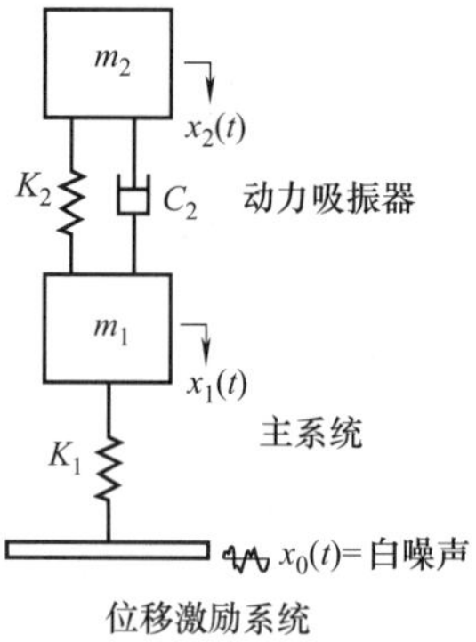 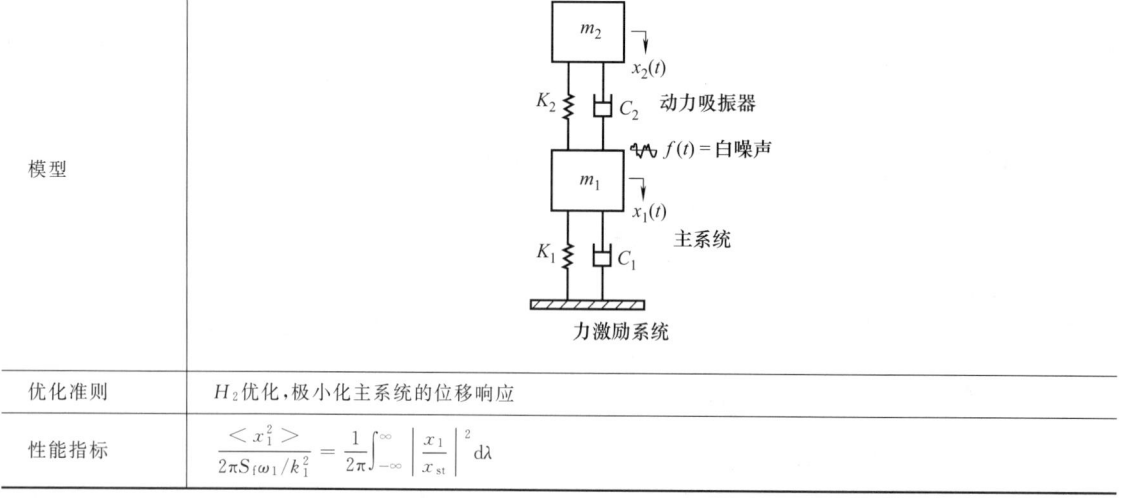	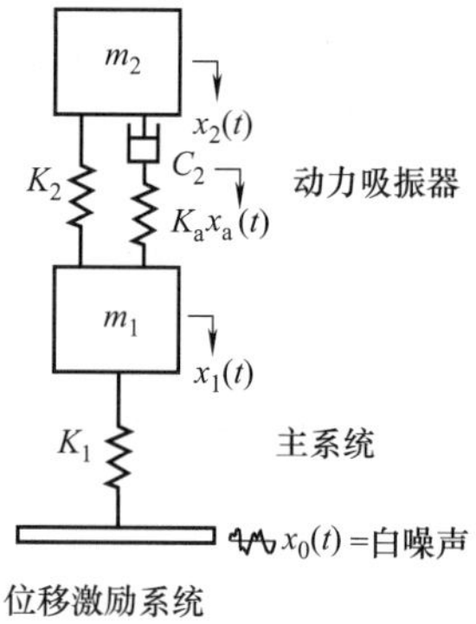
优化准则	H_2 优化，极小化主系统的相对加速度	
性能指标	$\dfrac{\omega_1^3 <y_1^2>}{2\pi S_a} = \dfrac{\omega_1^3}{2\pi}\int_{-\infty}^{\infty}\left|\dfrac{y_1}{\ddot{x}_0}\right|^2 d\omega = \dfrac{1}{2\pi}\int_{-\infty}^{\infty}\left|\dfrac{y_1}{\lambda^2 x_0}\right|^2 d\lambda$	
最优调谐 ν_{opt}（精确解）	$\dfrac{1}{1+\mu}\sqrt{\dfrac{2-\mu}{2}}$	$\dfrac{\sqrt{1-\sqrt{\mu}}}{1+\mu}$
最优弹簧比 κ_{opt}（精确解）	—	$\dfrac{2\sqrt{\mu}}{1-\sqrt{\mu}}$
最优阻尼 ζ_{2opt}（精确解）	$\sqrt{\dfrac{\mu(4-\mu)}{8(1+\mu)(2-\mu)}}$	$\sqrt{\dfrac{\mu(2-\sqrt{\mu})}{2(1+\mu)(1-\sqrt{\mu})}}$
性能指标的最优值（精确解）	$\dfrac{1+\mu}{2}\sqrt{\dfrac{(1+\mu)(4-\mu)}{\mu}}$	$(1+\mu)\sqrt{\dfrac{(1+\mu)(2-\sqrt{\mu})}{2\mu}}$
符号定义	S_a 为加速度的功率谱密度，$m^2/s^3 \cdot rad$；$<y_1^2>$ 为 $y_1(t)$ 的均方值，$y_1=x_1-x_0$；$\omega_1=\sqrt{\dfrac{K_1}{m_1}}$；$\omega_2=\sqrt{\dfrac{K_2}{m_2}}$；$\mu=\dfrac{m_2}{m_1}$；$\nu=\dfrac{\omega_2}{\omega_1}$；$\kappa=\dfrac{K_a}{k_2}$；$\zeta_2=\dfrac{C_2}{2m_2\omega_2}$；$\lambda=\dfrac{\omega}{\omega_1}$	

表 27-5-26　采用优化准则 9，有阻尼动力吸振器最佳参数

模型	
优化准则	H_2 优化，极小化主系统的位移响应
性能指标	$\dfrac{<x_1^2>}{2\pi S_f \omega_1/k_1^2} = \dfrac{1}{2\pi}\int_{-\infty}^{\infty}\left|\dfrac{x_1}{x_{st}}\right|^2 d\lambda$

续表

最优调谐 ν_{opt}（近似解）	$\dfrac{1}{1+\mu}\sqrt{1+\dfrac{\mu}{2}} - \zeta_1(4+\mu)\sqrt{\dfrac{\mu}{8(1+\mu)^3(2+\mu)(4+3\mu)}} + \zeta_1^2\dfrac{\mu(192+304\mu+132\mu^2+13\mu^3)}{8(1+\mu)^2(4+3\mu)^2\sqrt{2(2+\mu)^3}} -$ $\zeta_1^3\dfrac{b_1}{16}\sqrt{\dfrac{\mu^3}{2(1+\mu)^5(2+\mu)^5(4+3\mu)^7}}$ $b_1 = 4096 + 13056\mu + 15360\mu^2 + 8080\mu^3 + 1780\mu^4 + 101\mu^5$
最优阻尼 ζ_{2opt}（近似解）	$\sqrt{\dfrac{\mu(4+3\mu)}{8(1+\mu)(2+\mu)}} - \zeta_1\dfrac{\mu^3}{4(1+\mu)(4+3\mu)}\dfrac{1}{\sqrt{2(2+\mu)^3}} + \zeta_1^2\dfrac{-64-80\mu+15\mu^3}{32}\sqrt{\dfrac{2\mu^5}{(1+\mu)^3(2+\mu)^5(4+3\mu)^5}} +$ $\zeta_1^3\dfrac{\mu^3 b_2}{32(1+\mu)^2(4+3\mu)^4\sqrt{2(2+\mu)^7}}$ $b_2 = 2048 + 6912\mu + 8064\mu^2 + 3616\mu^3 + 288\mu^4 - 125\mu^5$
符号定义	S_f 为激励力的功率谱密度，$N^2 \cdot s/rad$；$x_{st} = \dfrac{f_0}{K_1}$；$\mu = \dfrac{m_2}{m_1}$；$\nu = \dfrac{\omega_2}{\omega_1}$；$\zeta = \dfrac{C_1}{2m_1\omega_1}$；$\zeta_2 = \dfrac{C_2}{2m_2\omega_2}$；$\lambda = \dfrac{\omega}{\omega_1}$；$\omega_1 = \sqrt{\dfrac{K_1}{m_1}}$，$\omega_2 = \sqrt{\dfrac{K_2}{m_2}}$

表 27-5-27　采用优化准则 10，有阻尼动力吸振器最佳参数

模型	（图：m_2 动力吸振器，K_2、C_2，$x_2(t)$；m_1 主系统，K_1、C_1，$x_1(t)$；$x_0(t)=$白噪声，位移激励系统）
优化准则	H_2 优化·极小化主系统的绝对位移响应
性能指标	$\dfrac{<x_1^2>}{2\pi S_d \omega_1} = \dfrac{1}{2\pi}\int_{-\infty}^{\infty}\left|\dfrac{x_1}{x_0}\right|^2 d\lambda$
最优调谐 ν_{opt}（近似解）	$\dfrac{1}{1+\mu}\sqrt{1+\dfrac{\mu}{2}} - \zeta_1(4+\mu)\sqrt{\dfrac{\mu}{8(1+\mu)^3(2+\mu)(4+3\mu)}} + \zeta_1^2\dfrac{\mu(704+1328\mu+804\mu^2+157\mu^3)}{8(1+\mu)^2(4+3\mu)^2\sqrt{2(2+\mu)^3}} +$ $\zeta_1^3\dfrac{b_1}{16}\sqrt{\dfrac{\mu}{2(1+\mu)^5(2+\mu)^5(4+3\mu)^7}}$ $b_1 = 65536 + 241664\mu + 369920\mu^2 + 305664\mu^3 + 148720\mu^4 + 43500\mu^5 + 7339\mu^6 + 576\mu^7$
最优阻尼 ζ_{2opt}（近似解）	$\sqrt{\dfrac{\mu(4+3\mu)}{8(1+\mu)(2+\mu)}} - \zeta_1\dfrac{\mu^3}{4(1+\mu)(4+3\mu)}\dfrac{1}{\sqrt{2(2+\mu)^3}} +$ $\zeta_1^2\dfrac{4096+13760\mu+18608\mu^2+12640\mu^3+4287\mu^4+576\mu^5}{32}\times$ $\sqrt{\dfrac{2\mu^3}{(1+\mu)^3(2+\mu)^5(4+3\mu)^5}} + \zeta_1^3\dfrac{\mu b_2}{32(1+\mu)^2(4+3\mu)^4\sqrt{2(2+\mu)^7}}$ $b_2 = 524288 + 2818048\mu + 6621184\mu^2 + 8864512\mu^3 + 7377280\mu^4 + 3896224\mu^5 + 1271168\mu^6 + 233491\mu^7 + 18432\mu^8$
符号定义	S_d 为位移的功率谱密度，$m^2 \cdot s/rad$；$\omega_1 = \sqrt{\dfrac{K_1}{m_1}}$；$\omega_2 = \sqrt{\dfrac{K_2}{m_2}}$；$\mu = \dfrac{m_2}{m_1}$；$\nu = \dfrac{\omega_2}{\omega_1}$；$\zeta_1 = \dfrac{C_1}{2m_1\omega_1}$；$\zeta_2 = \dfrac{C_2}{2m_2\omega_2}$，$\lambda = \dfrac{\omega}{\omega_1}$

5.5.2.3 有阻尼动力吸振器设计示例

表 27-5-28　　　　　　　　　有阻尼动力吸振器设计示例

说明：设计步骤针对主系统无阻尼且吸振器黏性阻尼的力激励系统。示例中采用最优调谐、最优阻尼和最优性能指标的近似解。某电机及机座质量为 9.8kg，电机转速为 $n=960\mathrm{r/min}$，机座垂向刚度为 $9.8\times10^4\mathrm{N/m}$，电机引起的激励力幅值为 58.8N。针对此电机设计一动力吸振器。

序号	设计步骤	示　例
1	确定主系统的等效质量 m_1 和等效刚度 K_1；确定激励力幅值 f_0 和频率 ω	$m_1=9.8\mathrm{kg}$，$K_1=9.8\times10^4\mathrm{N/m}$，$f_0=58.8\mathrm{N}$，$\omega=2\pi n/60=100.5\mathrm{rad/s}$
2	确定主系统的固有频率 ω_1 和静位移 x_{st} 以及激励频率比 λ	$\omega_1=\sqrt{\dfrac{K_1}{m_1}}=100\mathrm{rad/s}$，$x_{\mathrm{st}}=\dfrac{f_0}{K_1}=0.0006\mathrm{m}$，$\lambda=\dfrac{\omega}{\omega_1}=1.005\approx1$
3	根据给定的主系统的最大允许位移幅值 $\overline{X}$，确定最优质量比 μ_{opt}；如果没有给定主系统的最大允许位移幅值，则根据具体情况选择适当的质量比 μ；从而确定吸振器的质量 m_2	给定 $\overline{X}=0.002\mathrm{m}$，根据 $\overline{X}=x_{\mathrm{st}}\sqrt{\dfrac{2+\mu}{\mu}}$ 得到 $\mu_{\mathrm{opt}}=\dfrac{2}{\left[\left(\dfrac{\overline{X}}{x_{\mathrm{st}}}\right)^2-1\right]}=0.198\approx0.2$，$m_2=\mu m_1=1.96\mathrm{kg}$
4	确定最优调谐 ν_{opt}，从而确定吸振器的固有频率 ω_2 以及弹簧刚度 K_2	$\nu_{\mathrm{opt}}=\dfrac{1}{1+\mu}=0.83$，$\omega_2=\omega_1\nu=83\mathrm{rad/s}$，$K_2=\omega_2^2 m_2=1.35\times10^4\mathrm{N/m}$
5	确定最优阻尼 $\zeta_{2\mathrm{opt}}$ 以及吸振器的黏性阻尼系数 C_2，从而选择适当的阻尼元件	$\zeta_{2\mathrm{opt}}=\sqrt{\dfrac{3\mu}{8(1+\mu)}}=0.25$，$C_2=2m_2\omega_2\zeta_2=81.34\mathrm{N\cdot s/m}$

5.6　缓冲器设计

5.6.1　设计思想

隔振系统所受的激励是振动，缓冲系统所受的激励是冲击，所以缓冲问题与隔振减振问题有所不同。隔振主要处理的是稳态的振动，振幅较小；缓冲则主要处理瞬态振动，振幅较大。由于振幅大，有时就必须考虑非线性问题。隔振器的设计，主要是寻求激振圆频率和系统固有圆频率间的关系，使传递系数控制在允许范围内。缓冲的主要问题是要求所设计的缓冲器能够储存冲击作用的能量，冲击结束后将此能量以系统作自由衰减振动的形式释放出来，使冲击波以较缓和的形式作用于基础和设备。隔振器与缓冲器都是要阻止或减少振动能量的危害，其基本理论是相同的，甚至有些设备都是相似的，例如车辆的缓冲器往往就被通俗地称作隔振器。

5.6.1.1　*冲击现象及冲击传递系数*

冲击是指一个系统在相当短的时间内（通常以毫秒计），受到瞬态激励，其位移、速度或加速度发生突然变化的物理现象。冲击特点：①冲击作用的持续时间非常短暂，因此剧烈的能量释放、转换和传递的时间很短，是骤然完成的。②冲击激励函数不呈现周期性。在冲击作用下，系统所产生的运动为瞬态运动，而振动激励函数一般都是周期性的，系统运动响应为稳态振动。③在冲击作用下，系统的运动响应与冲击作用的持续时间及系统的固有频率或周期有关。④冲击作用下系统的响应（位移、速度或加速度）在冲击持续时间内与冲击作用结束后是不同的。前者称作初始响应，后者称作残余响应。

图 27-5-11 是 5 种常见的冲击运动的加速度、速度和位移曲线。其中加速度脉冲和阶跃加速度是冲击运动的极限情况，是一种较为特殊的冲击脉冲或持续载荷。载荷持续的量级可以瞬时达到或经过有限时间达到。持续载荷之所以归入冲击环境，是由于激励力

或加速度从参考幅值变到最大持续力幅值或加速度幅值是以突然加载的方式进行的。半正弦脉冲加速度、衰减正弦加速度和复杂振荡型运动是工程中常遇到的冲击输入。半正弦冲击输入和矩形脉冲输入等都可以由二个符号相反、时间延迟为脉冲宽度的阶跃信号叠加而成。

缓冲问题是冲击隔离问题，因此，同隔振一样，可将缓冲分为积极缓冲和消极缓冲两类，缓冲系统的力学模型见图 27-5-12，在忽略阻尼和非线性影响以及冲击作用时间的条件下，可以得到两个数学意义相同的运动方程。

积极缓冲时

$$\begin{cases} m\ddot{x}+Kx=F(t) \\ F(t)=\begin{cases}F_m & 0\leqslant t\leqslant \tau \\ 0 & t>\tau \end{cases} \\ \tau=\dfrac{1}{F_m}\int_0^{t_1}F(t)\mathrm{d}t \end{cases}$$

式中 F_m——冲击力最大值。

消极缓冲时

$$\begin{cases} m\ddot{\delta}+K\delta=-m\ddot{u}(t) \\ \ddot{u}(t)=\begin{cases}\ddot{U}_m & 0\leqslant t\leqslant \tau \\ 0 & t>\tau \end{cases} \\ \tau=\dfrac{1}{\ddot{U}_m}\int_0^{t_1}\ddot{u}(t)\mathrm{d}t, \delta=x-u \end{cases}$$

式中 $\ddot{U}_m$——基础加速度冲击最大值。

评价缓冲器品质的重要指标是冲击传递系数。被缓冲器保护的基础或机械设备所受的最大冲击力为 N_m，无缓冲器时基础或机械设备所受的最大冲击力为 $N_{m\infty}$，则冲击传递系数 T_s：

积极缓冲时 $T_s=\dfrac{N_m}{N_{m\infty}}=\dfrac{N_m}{F_m}$

消极缓冲时 $T_s=\dfrac{N_m}{N_{m\infty}}=\dfrac{m\ddot{X}_m}{m\ddot{U}_m}=\dfrac{\ddot{X}}{\ddot{U}}$

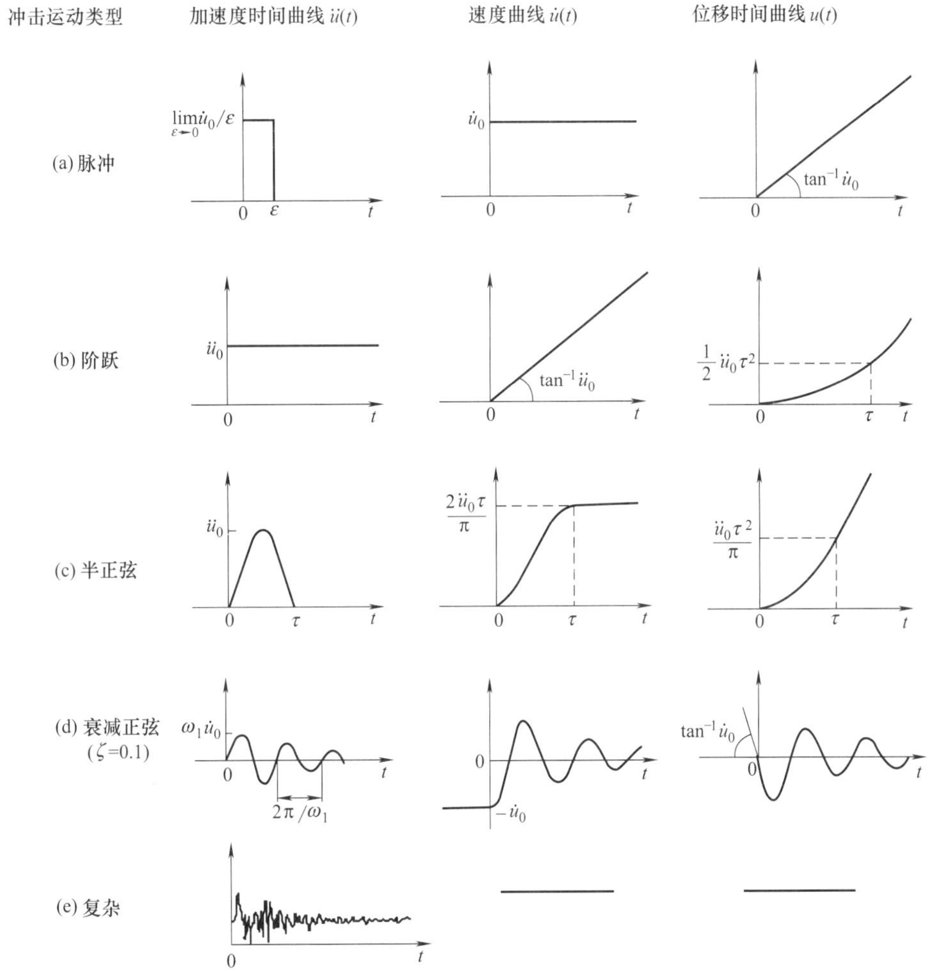

冲击运动类型	加速度时间曲线 $\ddot{u}(t)$	速度曲线 $\dot{u}(t)$	位移时间曲线 $u(t)$
(a) 脉冲	$\lim_{\varepsilon\to 0}\dot{u}_0/\varepsilon$	$\dot{u}_0$	$\tan^{-1}\dot{u}_0$
(b) 阶跃	$\ddot{u}_0$	$\tan^{-1}\ddot{u}_0$	$\dfrac{1}{2}\ddot{u}_0\tau^2$
(c) 半正弦	$\ddot{u}_0$	$\dfrac{2\ddot{u}_0\tau}{\pi}$	$\dfrac{\ddot{u}_0\tau^2}{\pi}$
(d) 衰减正弦 ($\zeta=0.1$)	$\omega_1\dot{u}_0$；$2\pi/\omega_1$	$-\dot{u}_0$	$\tan^{-1}\ddot{u}_0$
(e) 复杂			

图 27-5-11 常见的冲击运动的加速度、速度和位移曲线

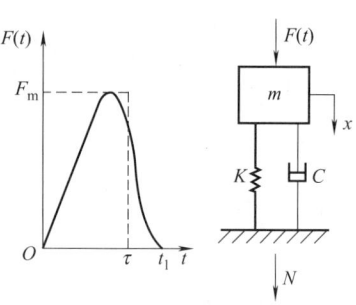

(a) 积极缓冲

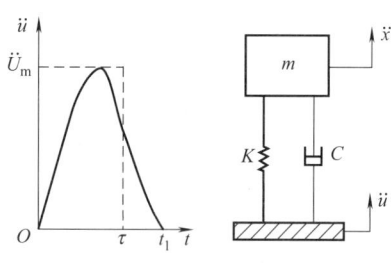

(b) 消极缓冲

图 27-5-12 缓冲系统的力学模型

从力学模型、运动微分方程和传递系数上看，缓冲和隔振非常相似。因此，缓冲问题也同隔振问题一样，从消极缓冲模型动力分析中所得出的结论会完全适用于积极缓冲。

5.6.1.2 速度阶跃激励

当冲击力作用的时间 τ 远小于缓冲系统固有周期 T（一般 $\tau < 0.3T$）时，根据冲量定理，该力的冲击与此力的冲量所产生速度阶跃相同。同理，当加速度脉冲的持续时间 τ 远小于缓冲系统固有周期 T 时，也可将加速度脉冲近似地作为速度阶跃冲击。于是系统的运动方程和初始条件为：

$$\begin{cases} m\ddot{x} + F(\delta, \dot{\delta}) = 0 \\ \delta(0) = 0, \ \dot{\delta}(0) = \dot{U}_m \end{cases}$$

式中 $F(\delta, \dot{\delta})$——缓冲器的恢复力和阻尼力函数。

由于缓冲器的固有圆频率一般都比较低，即固有周期 T 比较长，所以冲击作用时间一般要比 T 小得多，采用速度阶跃模型所得到的结果可满足工程计算要求。

5.6.1.3 缓冲弹簧的储能特性

表 27-5-29　　缓冲弹簧的储能特性

类型	线性弹簧	非线性弹簧	
		硬特性弹簧	软特性弹簧
特性曲线	$F_s(\delta) = K\delta$	$F_s(\delta) = \dfrac{2Kd}{\pi} \tan \dfrac{\pi\delta}{2d}$	$F_s(\delta) = Kd_1 \text{th} \dfrac{\delta}{d_1}$
储能特性	当 $\delta = \delta_m$ 时 $\int_0^{\delta_m} F_s(\delta) \mathrm{d}\delta = \dfrac{1}{2} m \dot{U}_m^2$　　δ_m——最大相对位移		
各参数间的关系	$\ddot{X}_m = \omega_n^2 \delta_m$ $\ddot{X}_m = \omega_n^2 \dot{U}_m$ $\dot{U}_m = \omega_n \delta_m$ $\omega_n = \sqrt{K/m}$	$\dfrac{\ddot{X}_m}{\omega_n^2 d} = \dfrac{2}{\pi} \tan \dfrac{\pi\delta_m}{2d}$ $\dfrac{\ddot{X}_m \delta_m}{\dot{U}_m^2} = \dfrac{\dfrac{\pi\delta_m}{d} \tan \dfrac{\pi\delta_m}{2d}}{4\ln\left(\sec \dfrac{\pi\delta_m}{2d}\right)}$ $\dfrac{\dot{U}_m^2}{\omega_n^2 d^2} = \dfrac{8}{\pi^2} \ln\left(\sec \dfrac{\pi\delta_m}{2d}\right)$ $\dfrac{\ddot{X}_m \delta_m}{\dot{U}_m^2}$、$\dfrac{\dot{U}_m}{\omega_n d}$ 与 $\dfrac{\delta_m}{d}$ 的关系曲线见图 27-5-13	$\dfrac{\ddot{X}_m}{\omega_n^2 d_1} = \text{th} \dfrac{\delta_m}{d_1}$ $\dfrac{\ddot{X}_m \delta_m}{\dot{U}_m^2} = \dfrac{\dfrac{\delta_m}{d_1} \text{th} \dfrac{\delta_m}{d_1}}{\ln\left(\text{ch}^2 \dfrac{\delta_m}{d_1}\right)}$ $\dfrac{\dot{U}_m^2}{\omega_n^2 d_1^2} = \ln\left(\text{ch}^2 \dfrac{\delta_m}{d_1}\right)$ $\dfrac{\ddot{X}_m \delta_m}{\dot{U}_m^2}$、$\dfrac{\dot{U}_m}{\omega_n d_1}$ 与 $\dfrac{\delta_m}{d_1}$ 的关系曲线见图 27-5-14

续表

类型	线性弹簧	非线性弹簧	
		硬特性弹簧	软特性弹簧
说明	当 $\dot{U}_m$ 确定时，$\ddot{X}_m$ 与 ω_n 成正比，而 δ_m 与 ω_n 成反比，两者是相互制约的	K 为曲线的初始斜率，即 δ 很小时的弹簧刚度。$\delta=d$ 为曲线的渐近线。ω_n 为 δ 很小时的固有圆频率	K 和 ω_n 的意义同左，Kd_1 为曲线的渐近线
能量吸收率	$\eta=\dfrac{\ddot{X}_m\delta_m}{\dot{U}_m^2}=1$，能量吸收率为 50% $\ddot{X}_m\delta_m$——弹簧中可能储存的最大能量 $\dot{U}_m^2$——弹簧中实际储存能量的二倍	$\eta>1$，能量吸收率小于 50%，缓冲效果差，抗超载能力强	$\eta<1$，能量吸收率大于 50%，缓冲效果较好，但最大量 δ_m 较大，小冲击能引起较大的 $\ddot{X}_m$
典型弹簧	金属螺旋弹簧	泡沫塑料或橡胶弹簧	垂直方向预压缩的橡胶剪切弹簧或空气弹簧

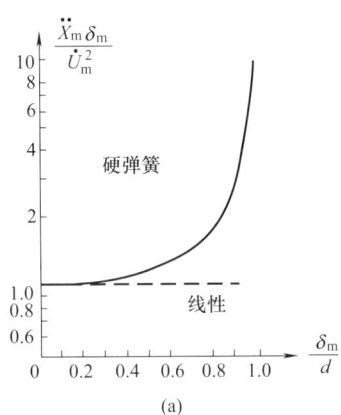

(a)

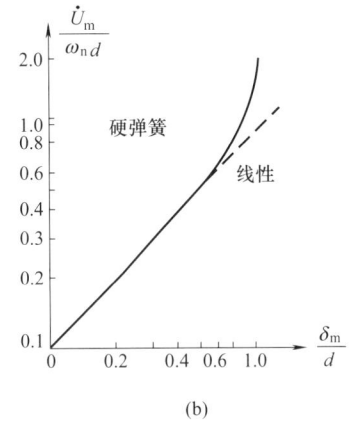

(b)

图 27-5-13 硬特性弹簧 $\dfrac{\ddot{X}_m\delta_m}{\dot{U}_m^2}$、$\dfrac{\dot{U}_m}{\omega_n d}$ 与 $\dfrac{\delta_m}{d}$ 的关系曲线

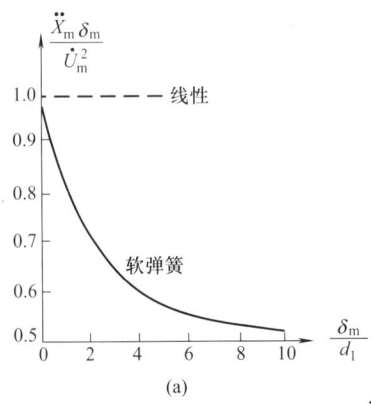

(a)

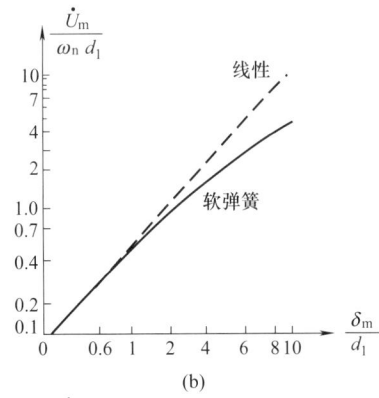

(b)

图 27-5-14 软特性弹簧 $\dfrac{\ddot{X}_m\delta_m}{\dot{U}_m^2}$、$\dfrac{\dot{U}_m}{\omega_n d_1}$ 与 $\dfrac{\delta_m}{d_1}$ 的关系曲线

5.6.1.4 阻尼参数选择

理论分析结果表明：

1) 当 $\zeta = \dfrac{C}{2\sqrt{mK}} < 0.5$ 时，$\dfrac{\ddot{X}_m}{\omega_n \dot{U}_m} < 1$，从表 27-5-29 查得线性弹簧无阻尼时的最大加速度 $\ddot{X}_m = \omega_n \dot{U}_m$，$\dfrac{\ddot{X}_m}{\omega_n \dot{U}_m} = 1$，说明阻尼的存在使最大加速减小，改善了缓冲效果，$\xi > 0.5$ 则相反；

2) 当 $\omega_n \dot{U}_m$ 确定时，$\ddot{X}_m$ 在 $\zeta = 0.265$ 时取最小值，$\left(\dfrac{\ddot{X}_m}{\omega_n \dot{U}_m}\right)_{\min} = 0.81$，所以，$\zeta = 0.265$ 为弹簧刚度固定时的最佳阻尼比；

3) 当 $\dot{U}_m$、δ_m 确定时，$\ddot{X}_m$ 在 $\zeta = 0.404$ 时取小值，$\left(\dfrac{\ddot{X}_m}{\omega_n \dot{U}_m}\right)_{\min} = 0.52$，所以，$\zeta = 0.404$ 为弹簧的最大变形量固定时的最佳阻尼。

5.6.2 一级缓冲器设计

5.6.2.1 缓冲器设计原则

1) 由冲击激励性质分析，确定计算模型。冲击激励一般可以表达为力脉冲、加速度脉冲或速度阶跃。由于缓冲系统的固有振动周期比较长，而冲击的作用时间比较短，所以各种冲击作用一般可以简化为速度阶跃这一较理想的冲击模型，而不致有大的误差。这一模型可使设计计算简化，且偏保守。当需要用力脉冲或加速度脉冲作为冲击输入时，常见的各种形状的脉冲可以简化为等效的矩形脉冲，所得结果能满足工程的精度要求。

2) 根据缓冲要求，确定缓冲器设计控制量，即缓冲器的最大压缩量 δ_m，所保护的对象受到的最大力 F_m 或最大加速度 $\ddot{X}_m$。

3) 分析缓冲器的工作环境，看是否有隔振要求。若要求隔振，则设计就变得复杂。隔振器和缓冲器的设计侧重点不尽相同，应采用前述相应章节分析，进行综合设计。

4) 阻尼的处理是缓冲器设计中的一个重要问题。阻尼的作用是耗散部分冲击能，从而减小冲击力。设计时，一般取相对黏性阻尼系数为 0.3，如果阻尼太大（如 >0.5），反而使受保护设备所受的冲击增大。

5) 根据缓冲对象及缓冲器工作空间环境要求，确定在所设计的缓冲器中是否需加限位器。

6) 无论哪种缓冲器或减振器设计说明中都应标明其缓冲特性，并要求作特性的实测及调整记录。

5.6.2.2 设计要求

积极缓冲：在已知机械设备质量 m、最大冲击力 F_m 和作用时间 τ（已知 $\dot{U}_m = F_m \tau / m$）的条件下，要求通过缓冲器传给基础的最大冲击力 N_m、作用基础的最大冲量和缓冲器的最大变形量 δ_m 小于许用值。

被动缓冲：在已知机械设备质量 m、最大冲击加速度 $\ddot{U}_m$ 和持续时间 τ（已知 $\dot{U}_m = \ddot{U}_m \tau$）的条件下，要求通过缓冲器传递到机械设备最大冲击加速度 $\ddot{X}_m$，最大冲量和缓冲器的最大变形量 δ_m 小于许用值。

5.6.2.3 一次缓冲器动力参数设计

如果再已知最大允许加速度 $\ddot{X}_m$ 和最大允许变形 δ_m，可求缓冲弹簧的参数（线性弹簧 K；硬特性弹簧 K、d；软特性弹簧 K、d_1）。

线性弹簧：由 $\ddot{X}_m = \omega_n \dot{U}_m \leq \ddot{X}_a$，求出 ω_n 的最大允许值，再由 $\delta_m = \dfrac{\dot{U}_m}{\omega_n} \leq \delta_a$，求出 ω_n 的最小允许值，然后再在 ω_n 的最大允许值和最小允许值之间找到合适的值。由 ω_n 求 K 值。

硬特性弹簧：$\dfrac{\ddot{X}_m \delta_m}{\dot{U}_m^2}$ 值在图 27-5-13（a）的曲线上查得 $\dfrac{\delta_m}{d}$ 值，再在图 27-5-13（b）中查得 ω_n 值，由 ω_n 值求 K 值。

软特性弹簧：根据 $\dfrac{\ddot{X}_m \delta_m}{\dot{U}_m^2}$ 值在图 27-5-14（a）的曲线上查得 $\dfrac{\delta_m}{d_1}$ 值，再在图 27-5-14（b）中查得 ω_n 值，由 ω_n 值求 K 值。

线性弹簧黏性阻尼可依照 5.6.1.4 节的方法，在弹簧刚度固定时，选取 $\zeta = 0.265$，在最大变形固定条件下选 $\zeta = 0.404$。阻尼比 ζ 若稍有变化对冲击传递系数影响不是很显著，但对限制最大变形量 δ_m 是很有益的。

5.6.2.4 加速度脉冲激励波形影响提示

当加速度脉冲 $\ddot{U}_m$ 的持续时间（或冲击力作用时间）$\tau > 0.3T$ 时，再用速度阶跃激励则过于保守。甚至会得出完全错误的结果，需参考有关文献，考虑加速度脉冲形状对缓冲的影响。

5.6.3 二级缓冲器设计

表 27-5-30　　二级缓冲器设计

项　目	基础运动冲击	外力冲击
力学模型及运动方程(忽略阻尼)	$m_2\ddot{\delta}_2 + K_2\delta_2 = K_1\delta_1 - m_1\ddot{u}$ $m_1\ddot{\delta}_1 + K_1\delta_1 = -m_1\ddot{\delta}_2 - m_1\ddot{u}$ $\delta_1(0) = \delta_2(0) = \dot{\delta}_1(0) = 0$ $\dot{\delta}_2(0) = \dot{U}_m$ $\delta_1 = x_1 - x_2 \quad \delta_2 = x_2 - \mu$ $\mu = m_2/m_1 \quad S = \omega_2/\omega_1$ $\omega_1 = \sqrt{K_1/m_1} \quad \omega_2 = \sqrt{K_2/m_2}$	$\ddot{\delta}_1 + \omega_1^2\delta_1 = -\ddot{\delta}_2$ $\ddot{\delta}_2 + \omega_2^2\delta_2 = \mu\omega_1^2\delta_1$ $\delta_1(0) = \dot{\delta}_1(0) = \delta_2(0) = 0$ $\dot{\delta}_1(0) = \dot{U}_m = I/m_1$ $I = \int_0^\tau F(t)\mathrm{d}t$ $\delta_1 = x_1 - x_2 \quad \delta_2 = x_2$ $\mu = m_2/m_1 \quad S = \omega_2/\omega_1$ $\omega_1 = \sqrt{K_1/m_1} \quad \omega_2 = \sqrt{K_2/m_2}$
防冲效应	$\ddot{x}_{1m} = \dfrac{\dot{U}_m\omega_1}{\sqrt{(S-1)^2 + \mu S^2}}$ $\dot{\delta}_{2m} = \dfrac{\dot{U}_m[1+S(1+\mu)]}{\omega_2\sqrt{(1+S)^2 + \mu S^2}}$	$\delta_{1m} = \dfrac{I}{m_1\omega_1\sqrt{1+\mu/(1+S)^2}}$ $N_m = \dfrac{I\omega_1}{\sqrt{(1-S)^2 + \mu S^2}}$
参数设计	(1) 给定 m_1、K_1(一次缓冲器设计确定)，减小 K_2 时，能使 $\ddot{X}_{1m}$ 和 N_m 下降，提高缓冲能力 (2) 给定 m_1、K_1、K_2，增加 m_2(μ 随着增加)时，使 $\ddot{X}_{1m}$ 和 N_m 下降。由于 μ 增加，则 S 下降，所以 $\ddot{X}_{1m}$ 和 N_m 又上升，其综合效果 $\ddot{X}_{1m}$ 和 N_m 是下降的，提高了缓冲能力，但第二级弹簧变形量增加	
阻尼比	$\zeta_1 = \zeta_2 = 0.05$	

5.7　机械振动的主动控制

5.7.1　主动控制系统的原理

主动控制是指通过作动器对被控对象施加作用力来实现振动抑制的一类控制方法。主动控制系统构成如图 27-5-15 所示，对于开环控制，控制器根据预先设计的控制律向作动器发出控制指令，作动器将接收到的指令转化为控制力或力矩，施加于被控对象，达到抑制振动的目的；对于闭环控制，控制器接收由测量系统传来的被控对象的振动信息，按照预设的或在线调整的控制律将其转化为控制信号，并输出至作动器，作动器将接收到的指令转化为控制力或者力矩后，施加于被控对象，实现期望的振动控制性能。

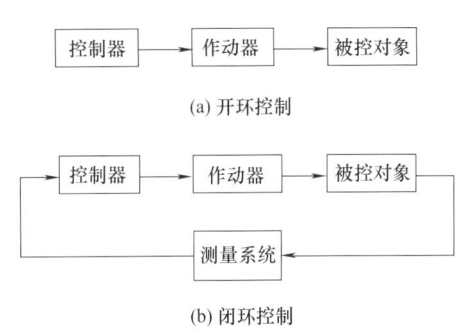

图 27-5-15　主动控制系统构成

5.7.2　主动控制的类型

按照控制原理分类，主动控制可分为开环控制和闭环控制两类。

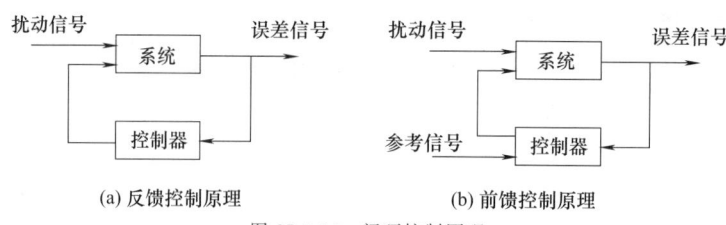

图 27-5-16 闭环控制原理

(1) 开环控制

开环控制原理如图 27-5-15（a）所示，控制器根据预先设计好的控制律实施控制。这种方法不考虑被控对象的实时运动状态，当外界干扰不可忽略或者被控对象参数可变时，具有明显的局限性。虽然开环控制具有简单经济的优点，它只适用于被控对象具有确定的输入输出关系的情况。

(2) 闭环控制

① 反馈控制　反馈控制原理如图 27-5-16（a）所示，反馈控制适用于被控对象存在外扰、参数不确定或可变的情况。反馈常以两种方式应用于结构的振动控制：主动阻尼和基于模型的反馈。前者用于抑制共振峰，后者使给定控制变量趋于期望值，主要包括 LQG、极点配置法（特征结构配置法）、H∞控制方法等。

② 前馈控制　前馈控制原理如图 27-5-16（b）所示，需要使用与干扰信号相关的参考信号。如果能够获得强相关参考信号，前馈控制就能够取得较反馈控制更好的控制性能。与主动阻尼相比，前馈控制可以控制任意选定的频带内的振动。关于前馈和反馈控制的比较见表 27-5-31。

5.7.3 控制系统的组成

除被控对象外，主动控制系统还包括以下环节。

1）作动器　根据控制信号产生控制力或力矩，并将控制力/力矩作用于被控对象的装置，是联系控制器与被控对象的纽带。作动器按其工作原理主要分为两类，一类是基于机械原理实现致动的作动器，例如气动、液压、电磁作动器等；另一类是基于材料机敏性实现致动的作动器，例如压电材料、磁致伸缩材料、磁流变体作动器等。

2）测量系统　由传感器、适调器、放大器以及滤波器等组成，目的是拾取被控对象的运动状态，并将其转化为适于传送和处理的信号。

3）控制器　通过模拟电路/模拟计算机或者数字计算机实现控制律的硬件或者软件，将测量系统传送过来的振动信息（对于闭环）或将预先设定好的程序（对于开环）转变为控制信号，该信号作为作动器的动作指令，驱动作动器。

4）能源　包括电源、气源、液压油源等能够维持系统工作的外界能量。

表 27-5-31　前馈控制和反馈控制的对比

控制类型		应用方式	优　　点	缺　　点
反馈		主动阻尼	简单、易实现、计算量小 不需要精确的被控对象模型 当作动器和传感器同位配置，易保证稳定性	仅在共振点效果明显
		基于模型 （LQG,H∞…）	全局控制 需要被控对象的精确模型 可衰减控制带宽内的干扰	带宽受限制 时延需要补偿 未建模或者未精确建模的模态可能导致系统不稳定
前馈		参考信号的自适应 滤波(Filtered-x LMS)	适用于窄带控制 不需要精确的被控对象模型 对模型的不精确估计以及传递函数的变化具有鲁棒性	需要参考信号 实时计算量较大 局部振动衰减可能导致其他位置的振动增强

5.7.4 作动器类型

(1) 气动/液压作动器

气动和液压作动器的工作原理相似，也分别称为工作介质受伺服控制的空气弹簧和液压缸，利用气/液体传动进行工作。这两种作动器适用于低频、控制力较大、对时滞和控制精度要求不高的场合，都需要较复杂的辅助系统。气动作动器质量轻，但是工作介质易压缩，控制带宽较低（小于10Hz），主要应用于低频主动悬置。液压作动器的工作介质是液压油，工作介质可压缩性对动态性能的影响较小，常用于重型设备振动的主动控制。

(2) 电磁作动器

电磁作动器通常包含线圈和恒定磁场，当位于磁场中的线圈通过交变电流时，形成的交变电磁力将驱动线圈运动，输出控制力。电磁作动器具有频率范围宽、响应快、控制力大等优点。电磁作动器在宽频带内的输入输出特性呈线性关系，结构紧凑，易于安装，输出力与体积、质量的比值较大。

根据运动部件的不同，电磁作动器可分为动圈式和动铁式两种类型。

动圈式：动线圈通交变电流后，在永久磁场中受到周期变化的电磁激励力作用，带动与之相连接的机械部件作往复运动，如图27-5-17所示，实现振动控制。

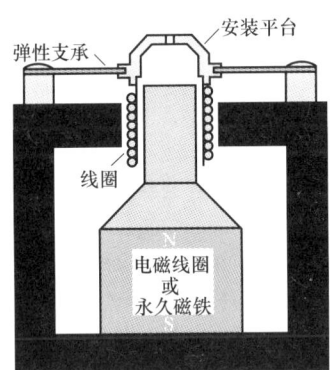

图 27-5-17 电磁作动器

动铁式：由带有线圈的电磁铁铁芯和衔铁组成，衔铁直接固定于需要控制的机械部件上。在励磁电流（直流电流）作用下，铁芯和衔铁间建立了恒定磁场；当控制电流（交流电流）通过交流线圈，衔铁受到交变磁场的作用，产生交变的控制力。

(3) 压电材料作动器

压电材料作动器利用逆压电效应，即在压电晶体上施加交变电场，使压电晶体产生交变的机械应变。压电材料作动器分为薄膜型和叠堆型，在主动隔振中主要应用叠堆型作动器，如图27-5-18所示，以保证控制力。压电材料作动器除位移较小外，突出优点是重量轻、机电转换效率高、响应速度快。

图 27-5-18 压电叠堆型作动器

(4) 磁致伸缩作动器

磁致伸缩材料也属于机敏材料，利用这种材料制成的磁致伸缩作动器具有伸缩应变大、机电耦合系数高、响应快、输出力大、工作频带宽、驱动电压低等特点，因而适于多种场合的主动隔振。磁致伸缩材料抗压能力较强，但是抗剪切和抗拉伸能力较差，所以在设计作动器时需要保证其始终处于受压状态。同时，作动器存在迟滞现象，其输入和输出之间有较强的非线性，因而对控制方法要求较高。

(5) 磁流变流体作动器

磁流变流体作动器使用磁流变液，磁流变液是由磁化的微米粒子悬浮在合适的母液当中形成的，在正常状态下可以流动。加入磁场后，液体中的可磁化粒子排列成链状结构，排列方向与磁力线方向一致，如图27-5-19所示。这种能固化的磁浮粒子限制流体流动，从而使流体产生一定的屈服强度。磁流变液的响应速度快、状态可逆、连续可变。

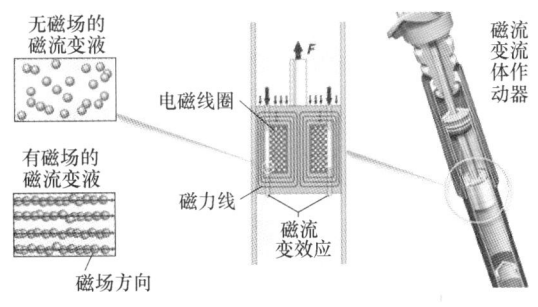

图 27-5-19 磁流变液与磁流变流体作动器

5.7.5 主动控制系统的设计过程

振动主动控制系统的设计过程大体分为以下几个

步骤（图 27-5-20）：

① 分析被控对象，确定动态特性、干扰和响应的类型；

② 采用理论分析、实验建模等方法获得被控对象的数学模型；

③ 如有必要，进行模型缩减，以便于控制器设计和分析；

④ 量化传感器和作动器要求，确定传感器和作动器的类型及安装位置；

⑤ 分析传感器和作动器对控制系统动态特性的影响；

⑥ 在性能指标和稳定性之间作出平衡；

⑦ 确定控制策略，并据此设计控制器；

⑧ 用模型进行仿真，评估控制方法满足控制要求的潜力；

⑨ 如果控制器不能满足指标要求，调整控制器参数或者更换其他类型的控制器；

⑩ 选用硬件和软件，并将它们集成为一个实验系统；

⑪ 设计实验进行系统辨识和模型更新；

⑫ 进行控制和系统测试，评估整体性能；

⑬ 如有必要重复以上过程。

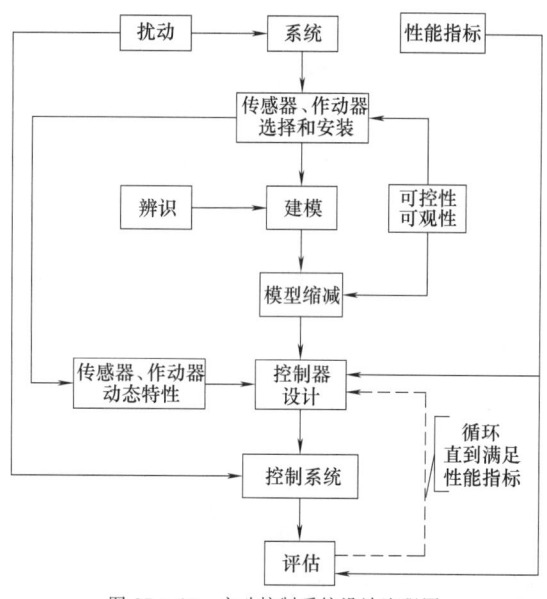

图 27-5-20 主动控制系统设计流程图

5.7.6 常用的控制律设计方法

为达到控制效果，需要综合根据被控对象、控制环境、控制目标等因素来选择和设计控制律。控制律的设计方法包括时域设计法、频域设计法和时频域联合设计法。时域设计法主要包括最优控制、极点配置（特征结构配置）、独立模态控制、自适应控制、智能控制等；频域设计法主要是基于频响函数的设计法；时域频率联合设计法，如基于 H_2、H_∞ 范数优化的鲁棒控制，兼顾时域和频域设计的优点。

(1) 最优控制

最优控制方法是一种利用极值原理、最优滤波或动态规划等最优方法来求解结构振动最优控制的设计方法。通常采用被控对象的状态响应和控制输入的二次型

$$J = \int_0^T (\boldsymbol{X}^T \boldsymbol{T} \boldsymbol{X} + \boldsymbol{U}^T \boldsymbol{R} \boldsymbol{U}) \, \mathrm{d}t$$

作为性能指标，用于同时保证被控对象的动态特性和控制经济性，导出使泛函 J 取极值并满足状态方程的控制向量 $\boldsymbol{U}$。在工程实际中，大多采用 LQG（linear quadratic gaussian）控制。

(2) 极点配置（特征结构配置）

极点配置法包括特征值和特征向量配置，它根据对被控对象的动态品质要求，确定系统的特征值与特征向量，通过状态反馈或输出反馈来改变极点位置，保证闭环系统的极点比开环系统的极点更加靠近需要的极点位置。但是，极点配置在工程实际中很难调整到合适的位置。

(3) 独立模态控制

基本思想是将振动方程从物理坐标系通过线性变换转到模态坐标系，在模态空间进行解耦与控制，通过模态控制实现结构的振动控制。这种方法需要进行模态截断，从而产生没有控制的剩余模态。基于模态缩减的控制器可能破坏剩余模态的稳定性，为避免剩余模态的溢出现象，需要尽量将传感器、作动器布置在剩余模态振型的节点上。

(4) 自适应控制

自适应控制常用来控制参数未知、不确定或缓变的系统，主要分为三类：①使被控对象与参考模型之间的误差最小的模型参考自适应控制；②以参数辨识为基础，利用特征结构配置或最优控制策略实现控制器设计的自校正控制；③基于跟踪滤波的前馈控制。

基于跟踪滤波的前馈控制实质是振动的主动对消，即与被控振动量有强相关性的参考信号通过自适应控制器，输出能够抵消被控振动量的控制信号。自适应控制器一般采用 FxLMS 原理，根据系统和环境的变化调整自身参数，以期始终保持系统的性能指标为最优。

(5) 智能控制

智能控制主要包括神经网络控制和模糊控制。神经网络具有强大的非线性映射能力和并行处理能力，BP 算法、遗传算法常用于神经网络的结构设计、学习和分析。模糊控制理论作为一种处理不精确或者模

糊语言信息的方法发展起来，要求在预先选择模糊集数目和模糊逻辑的基础上进行控制，模糊集数目和模糊逻辑的确定性限制了模糊理论在可变外界激励下柔性结构的主动控制方面的应用。

(6) 鲁棒控制

鲁棒控制致力于在被控对象模型和外部干扰不确定情况下寻求控制性能和稳定性之间的折中和平衡，这些不确定性包括参数误差、模型阶数误差以及被忽略的扰动和非线性。鲁棒控制的价值在于设计出不依赖于这些不确定性控制器，使得闭环系统的稳定性和控制性能具有一定的抗干扰能力。H_∞ 控制理论和 μ 控制理论是目前比较成熟的鲁棒控制理论。H_∞ 控制通常只能在稳定鲁棒性与性能鲁棒性之间达成妥协，μ 方法可以保证系统在模型摄动下具有稳定鲁棒性与性能鲁棒性。

5.7.7 主动抑振

主动抑振是在被控对象上布置作动装置，作动器根据被控对象的振动施加主动控制力或力矩，作用于被控对象，以抑制被控对象振动的控制方法。主动抑振按被控对象的振动响应特征可分为随机振动控制和谐波振动控制。

5.7.7.1 随机振动控制

若系统受随机干扰或处于扰动因素较多且不可检测的情况，宜采用反馈控制方式抑制振动。随机振动控制多采用速度反馈（主动阻尼），根据被控对象的振动速度计算控制力，即 $f(t)=-G\dot{X}$，$G>0$ 为控制增益，$\dot{X}$ 为振动速度。这种控制方法主要用于抑制被控对象的固有振动响应，如图 27-5-21 (a) 所示。

5.7.7.2 谐波振动控制

若被控对象的振动表现为周期振动，从被控对象的振动信号提取主要的谐波分量，通过自适应控制等方法生成谐波控制力，抵消被控对象的谐波振动，实现振动控制。图 27-5-21 (b) 中的 PZT 作动层可产生与旋转激励相关的作用力，增大黏弹性层的耗散作用，抑制弹性板的周期振动。

5.7.8 主动吸振

主动吸振通过控制力改变吸振器的等效质量、刚度或阻尼参数，或按照一定规律直接驱动吸振器运动，使被控对象的振动转移到吸振器上，实现被控对象自身振动的消减。根据所改变的吸振器动力参数，主动吸振可分为惯性可调动力吸振和刚度可调动力吸振；根据吸振器固有频率是否随外界激励频率变化，

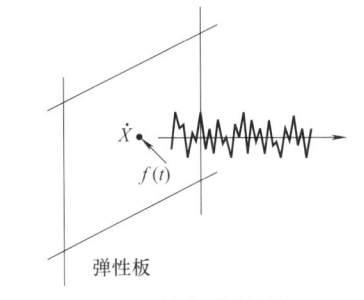

(a) 随机振动的控制

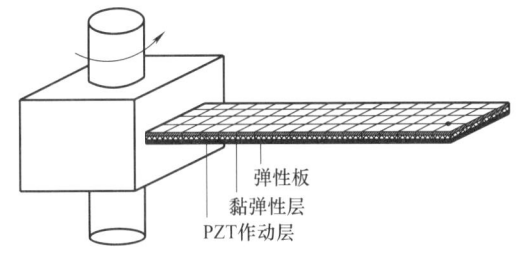

(b) 谐波振动的控制

图 27-5-21 随机振动与谐波振动的控制

主动吸振可分为频率可调式吸振和频率不可调式吸振。

5.7.8.1 惯性可调动力吸振

惯性可调动力吸振包括质量可调式和转动惯量可调式吸振。在图 27-5-22 (a) 所示的质量可调式动力吸振中，控制力使作动器附加质量 $2m$ 处于水平和垂直两个位置，附加质量在水平位置和垂直位置之间转

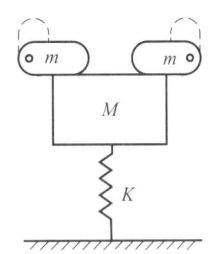

(a) 质量可调式动力吸振

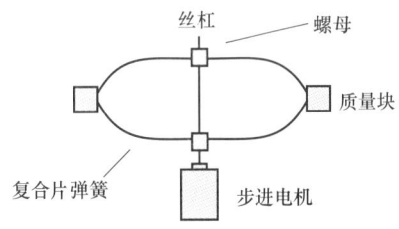

(b) 刚度可调式动力吸振

图 27-5-22 主动吸振

动，系统频率也随着等效质量的变化而变化，变化范围是

$$\sqrt{\frac{K}{M+2m}} \leqslant \omega \leqslant \sqrt{\frac{K}{M}}$$

5.7.8.2 刚度可调式动力吸振

振动频率、振幅与刚度有直接关系，所以刚度可调动力吸振在主动吸振中应用较广。在图 27-5-22 (b) 中，步进电机在控制信号驱动下，带动丝杠转动，使螺母间距发生变化，改变复合片弹簧的分开程度，进而改变两端对中心点的刚度，调整吸振频率。这种吸振器常用于控制旋转机械启动和停止时的振动控制。

5.7.9 主动隔振

隔振是在振源与被控对象之间安置适当的隔振器以隔离振源振动的直接传递，其实质是在振源与被控对象之间附加一个子系统，降低振动传递率。根据隔振过程是否需要外加能量，隔振可分为无源隔振（被动隔振）和有源隔振（主动隔振）。被动隔振是在振源与被控对象之间加入弹性元件、阻尼元件甚至惯性元件以及它们的组合所构成的子系统。主动隔振则是用作动器代替被动隔振装置的部分或全部元件，或是在被动隔振的基础上，并联或串联满足一定要求的作动器。

5.7.9.1 主动隔振原理

主动隔振的原理如图 27-5-23 所示，在干扰源与被控对象之间安装一个作动器，作动器的输出力可以根据控制指令任意变化，改变被控对象的振动状态。与被动隔振相比，主动隔振在低频段具有优越的控制效果，不足之处在于隔振系统较复杂，需要较多的能量输入，因而通常与被动隔振联合使用，以兼顾宽频带隔振性能。

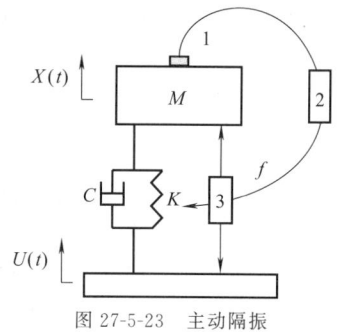

图 27-5-23 主动隔振
1—振动传感器；2—控制系统；3—作动器

5.7.9.2 半主动隔振原理

在保证控制性能相近的情况下，采用半主动隔振可降低隔振系统复杂性，降低能耗。采用可调阻尼器的半主动隔振原理如图 27-5-24 所示，作动器的控制力通过改变阻尼器节流孔径或流体特性实现。因此，为了保证振动控制效果，半主动控制需要实时调节作动器的控制力，其值为 $f_c = C_{sa} v_r$，其中

$$C_{sa} = \begin{cases} \min\left(\left|\dfrac{f_{opt}}{v_r}\right|, c_{max}\right), & f_{opt} v_r < 0 \\ 0, & \text{otherwise} \end{cases}$$

v_r 为被控对象与基础之间的相对速度，$f_{opt} = -\alpha \dot{x}$，$\alpha > 0$。

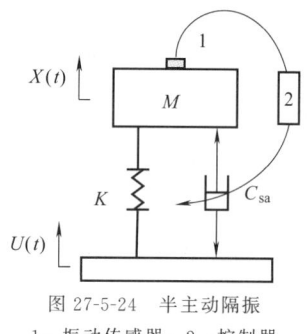

图 27-5-24 半主动隔振
1—振动传感器；2—控制器

第6章 典型设备振动设计实例

6.1 旋转机械的振动设计实例

目前国内应用最广泛的机组有 200MW 国产汽轮发电机组以及 300MW 基于引进技术的汽轮发电机组，本研究以这两种类型机组为研究对象，了解这两种机组的动力学线性设计方法，将为大机组非线性动力学设计打下基础，同时研究成果可作为非线性动力学设计的对比参考依据。

6.1.1 汽轮发电机组轴系线性动力学设计

6.1.1.1 建模

在实际的转子系统中，转子是一个连续部件，因此在进行转子动力学计算和分析之前，需要把实际的转子系统抽象化、离散化，得到一个能反映原来转子系统的动力学特性，而且能适合于计算和分析的具有有限个自由度的离散化力学模型。力学模型的建立是否正确直接影响计算结果的正确性，必须予以充分重视。建立合理的计算模型要考虑以下几个方面：①反映实际转子系统的结构和工作状态；②明确所要计算和分析的力学问题；③要适应现有的计算方法和计算工具。离散化处理的方法一般分为两类：一类是对物理模型进行离散化，再对离散化的模型进行分析，这类方法主要包括集总参数法和有限元法等。如集总参数法是把一个实际的转子视作为有一根变截面轴和多个圆盘组成的系统，也就是将连续的转子简化为由许多无质量弹性轴段连接多个集总质量（节点）所构成的系统；另一类方法是维持原有模型物理和几何形态的连续性，只对其运动的数学描述进行截断而离散化，Rayleigh-Ritz 法即是这类方法的典型代表。

汽轮发电机组轴系是由滑动轴承支承，滑动轴承产生动态油膜力支承轴系。油膜滑动轴承一般可线性化简化为一个具有四个刚度系数和四个阻尼系数的弹性阻尼支承，这八个系数称为油膜动力特性系数。在静平衡位置给轴颈以微小的位移或速度扰动，求解此时油膜的 Reynolds 方程得到油膜压力分布，然后加以积分，就可求得各油膜动力系数。轴承座一般可简化为有一个质量、阻尼和弹簧组成的单自由度系统。常把油膜的刚度、阻尼和轴承座的质量、刚度和阻尼综合成一个等效的弹性阻尼支承，并给出它的等效动力特性系数。

6.1.1.2 运动方程和求解方法

转子系统的运动微分方程式一般可写为：
$$M\ddot{z}+(C+G)\dot{z}+(K+S)z=F$$

式中，M 为质量矩阵；C 为阻尼矩阵，非对称阵；G 为陀螺矩阵，反对称阵；K 为刚度矩阵的对称部分；S 为刚度矩阵的不对称部分；F 为作用在系统上的广义外力。求解这样一个方程的特征值或响应等是很困难的，特别是当自由度较多时更为困难。在转子动力学近百年的历史中，出现过许多计算方法，这都与当时的计算命题和计算工具相适应。发展到今天，现代的计算方法可以分为两大类：传递矩阵法和有限元法。传递矩阵法的特点是矩阵的阶数不随系统的自由度数增加而增加，因而编程简单，占内存少，运算速度快，适用于转子系统的动力学分析。传递矩阵法和与机械阻抗、直接积分等其他方法相结合，可以求解复杂转子系统的动力学求解问题。可以说传递矩阵法在转子动力学的计算中占据主导地位。有限元法在转子动力学的计算和分析中也有应用，这种方法的表达式简洁、规范，在求解复杂转子系统的问题时，具有很突出的优点，其缺点是往往计算时间很长。

6.1.1.3 临界转速的计算

临界转速的计算与设计是轴系线性动力学设计的传统内容，目前研究得较为成熟。其目的是使工作转速与临界转速有一定避开裕度。当临界转速与工作转速比较接近时，需要修改设计参数使轴系的临界转速偏离工作转速一定范围。

6.1.1.4 不平衡响应计算

研究不平衡响应的目的，主要用于研究转子在某些部位上的对不平衡量的敏感程度，为确定最终的设计参数提供依据。

6.1.1.5 稳定性设计

旋转机械的滑动轴承、汽封、叶尖不等蒸汽间隙等非线性因素在一定条件下可能导致转子失稳，而稳定性是制约机组能否安全运行的主要问题。动力学设计的首要任务就是通过一定的途径计算轴系的失稳转速,并使其偏离工作转速足够远。当机组的失稳转速不能精确确定,或者计算的失稳转速与工作转速比较接近,或者实际运行的机组发生了动力失稳现象,此时需要修改设计参数,提高失稳转速,以保证机组的安全。

临界转速、不平衡响应和稳定性三个内容是线性转子动力学设计的主要内容。

6.1.2　200MW 汽轮发电机组轴系动力学线性分析

200MW 汽轮发电机组是目前我国在役机组最多的一种类型,也是稳定性最差的一种,因此本研究首先以这一类型机组为研究对象。本节首先介绍 200MW 汽轮发电机组模型,然后介绍单跨转子及轴系临界转速,最后介绍轴系稳定性线性设计方法。

6.1.2.1　200MW 汽轮发电机组轴系模型

200MW 汽轮发电机组由高压缸、中压缸、低压缸、发电机及励磁机组成,相应的有 5 段转子,通过刚性联轴器连接,各段转子主要参数如表 27-6-1 所示。在本研究中,将 200MW 汽轮发电机组轴系分成 151 段,1~62 段是高中压转子,63~89 是低压转子,90~131 是发电机转子,132~151 是励磁机转子。

各缸体及支承情况如图 27-6-1 所示。转子由 9 个轴承支撑,高中压转子属三支承结构,低压转子、发电机转子及励磁机转子属双支承结构。

6.1.2.2　单跨轴段在刚性支承下的临界转速和模态

(1) 高中压转子

高中压转子由三个轴承支承,用有限元方法将其划成 62 段,63 个结点。表 27-6-2 是有限元和直接积分方法计算结果的对比,说明两种方法均可得到符合工程需要的结果。

(2) 低压转子

低压转子共分为 27 段,28 个结点,低压转子系统临界转速如表 27-6-3 所示。

(3) 发电机转子

在转子轴承系统中,发电机转子长度最长、质量最大,油膜失稳通常发生在这段轴承上,所以研究发电机转子轴承系统的临界转速是非常重要的,其临界转速计算结果如表 27-6-4 所示。

(4) 励磁机转子

励磁机转子轴承系统是轴系中长度最短、质量最轻的转子,临界转速如表 27-6-5 所示。

6.1.2.3　刚性支承轴系的临界转速及主模态

以上是轴系各个部分的临界转速,在此基础上,计算了转子轴系临界转速,如表 27-6-6 所示。轴系有 151 段,152 个结点,9 个刚性轴承支撑。

计算得到的轴系各阶模态如图 27-6-2~图 27-6-7 所示。

表 27-6-1　　200MW 汽轮发电机组转子系统基本参数

各段转子	高中压转子	低压转子	发电机转子	励磁机转子	整个轴系
长度/m	9.895	6.677	11.142	3.5585	31.2725
质量/kg	19804.8	30504	44028.3	2617.3	96954.4

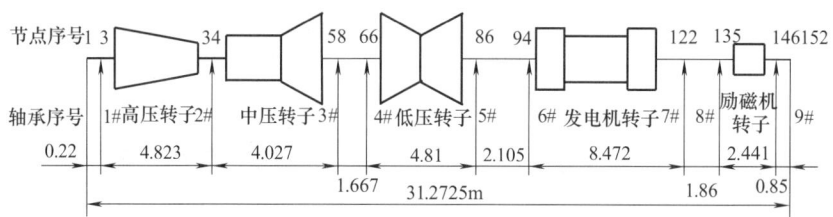

图 27-6-1　200MW 机组轴系的结构简图

表 27-6-2　　高中压转子临界转速　　r/min

固有频率	一阶	二阶	三阶	四阶	五阶	六阶
有限元计算结果	1942.8	2480.7	7582.2	8464.8	11909	17356
传递矩阵结果	1875	2437.5	7687.5	8625	12000	17625
相对差值	3.5%	1.7%	1.4%	1.9%	0.8%	1.6%

表 27-6-3　低压转子系统临界转速　r/min

固有频率	一阶	二阶	三阶	四阶	五阶	六阶
有限元计算结果	1832.9	4890.5	7206.8	9759.6	18881	30313
传递矩阵结果	1875	4875	7125	9562.5	19500	30938
相对差值	2.4%	0.3%	1.1%	2.0%	3.3%	2.1%

表 27-6-4　发电机转子系统临界转速　r/min

固有频率	一阶	二阶	三阶	四阶	五阶	六阶
有限元计算结果	1308.9	3972	6369.6	7587	10793	19313
传递矩阵结果	1312.5	3937.5	6562.5	7687.5	10875	19500
相对差值	0.3%	0.9%	3.0%	1.3%	0.8%	1.0%

表 27-6-5　励磁机转子临界转速　r/min

固有频率	一阶	二阶	三阶	四阶	五阶	六阶
有限元计算结果	2078.7	6822.6	11777	25467	35926	41143
传递矩阵结果	2062.5	6750	11438	24000	35813	41813
相对差值	0.8%	1.1%	2.9%	5.8%	0.3%	1.6%

表 27-6-6　轴系临界转速　r/min

固有频率	一阶	二阶	三阶	四阶	五阶	六阶
有限元计算结果	1427.2	2003	2242.3	2707.1	4510	6940.2
传递矩阵结果	1416	1968	2256	2712	4512	6816
相对差值	0.8%	1.8%	0.6%	0.2%	0.04%	1.8%

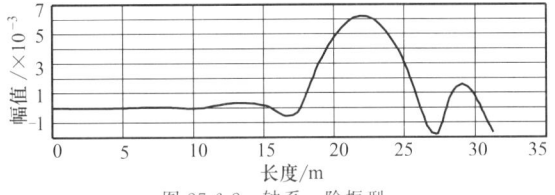

图 27-6-2　轴系一阶振型

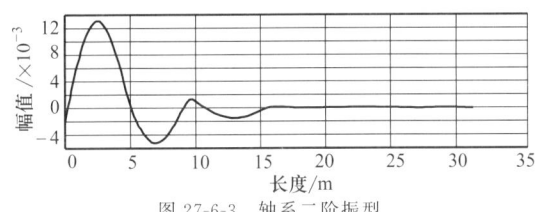

图 27-6-3　轴系二阶振型

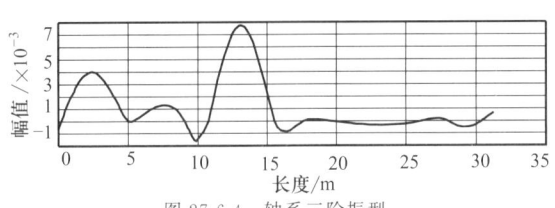

图 27-6-4　轴系三阶振型

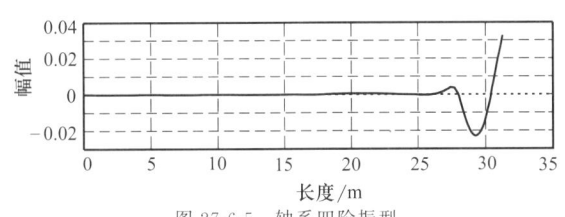

图 27-6-5　轴系四阶振型

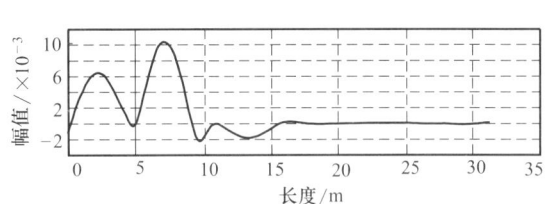

图 27-6-6　轴系五阶振型

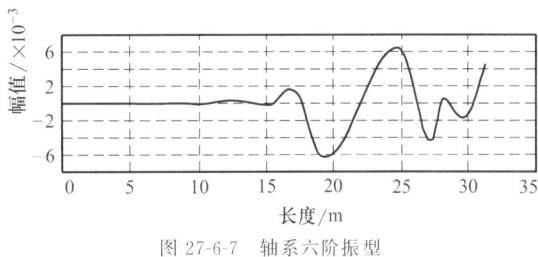

图 27-6-7　轴系六阶振型

6.1.2.4　弹性支承轴系的临界转速

在油膜轴承支承下，各支座支承刚度、油膜刚度及参振质量如表 27-6-7 所示。弹性支承下轴系临界转速如表 27-6-8 所示。

根据轴系线性设计准则，要求计算转子的转速避开率如表 27-6-8 最后一行所示。线性设计准则要求避开率为±10%，因此该临界转速设计是合理的。

图 27-6-8 为基于线性动力学理论的转子-轴承系统动力学设计框图。

表 27-6-7　　　　　　　　　　　　轴承支承刚度、油膜刚度、参振质量

轴承	单位	1号轴承	2号轴承	3号轴承	4号轴承	5号轴承	6号轴承	7号轴承
支承刚度 $C_s \times 10^{-6}$	kgf/cm	1.67	1.67	2.76	2.76	2.76	4.8	4.8
油膜刚度 $P \times 10^{-6}$	kgf/cm	2	2	2	2	2.5	2.5	2.5
参振质量 M_s	kgf	2.9	2.9	3.65	3.65	3.65	14	14

表 27-6-8　　　　　　　　　　　　轴系临界转速　　　　　　　　　　　　r/min

各段转子	高中压转子	低压转子	电机转子
刚性支承	2003	2242	1427
弹性支承	1895	1659	1263,3559
转速避开率	36.8%	44.7%	57.9%,18.6%

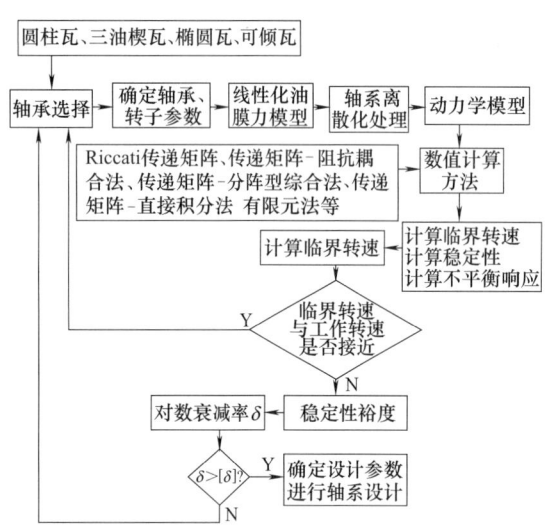

图 27-6-8　转子-轴承系统线性动力学设计框图

6.2 往复机械的振动设计实例——CA498柴油机隔振系统设计与试验研究

往复式内燃机本身存在着引发振动的激振力源，故其振动是不可避免的。内燃机的振动不仅使机器自身的可靠性和寿命下降，而且噪声污染也很严重。随着内燃机向高速、大功率、轻型化方向发展，其振动也进一步加剧。因此，加强对内燃机隔振系统的设计研究显得非常重要。

6.2.1 柴油机振动扰动力分析

柴油机运转时产生的激励主要有两种：一是运动部件的惯性力形成的不平衡力和力矩，属于低阶激励，其激励幅值取决于运动部件的质量、发火顺序、缸数、冲程数、活塞行程及转速，激励频率取决于发火顺序、缸数、冲程数、活塞行程和；二是气缸内油气燃烧后产生气体压力和往复惯性力合成后导致的倾覆力矩，属于高阶激励，其激励幅值取决于缸径、活塞行程、工作压力、缸数、冲程数和转速，其频率取决于缸数、冲程数和转速。

对于CA498柴油机来说（基本参数见表27-6-9），引发柴油机振动的主要扰动力包括往复惯性力及其力矩、倾覆力矩等不平衡量的简谐分量。由于其曲轴采用均匀镜像对称布置，其一阶往复惯性力和惯性力矩以及二阶往复惯性力矩都是平衡的，即：$\sum P_{j1}=0$；$\sum M_{j1}=0$；$\sum M_{j2}=0$；只有二阶往复惯性力 $\sum P_{j2} \neq 0$，以及倾覆力矩的不平衡分量 $\sum M_p \neq 0$。

表 27-6-9　　CA498柴油机基本参数

名称	数据	名称	数据
连杆长度/mm	162	行程/mm	105
活塞组重/kg	1.265	缸心距/mm	110
额定功率/kW	62	连杆重/kg	1.384
最大扭矩/N·m	195~200	标定转速/r·min^{-1}	3600
柴油机净重/kg	245	发火顺序	1-3-4-2

二阶往复惯性力为：
$$\sum P_{j2} = 4\lambda m_j R \omega^2 \cdot \cos 2\alpha$$

在标定工况下，其最大值为3895.5N。倾覆力矩的不平衡分量为：
$$M_p = \sum P_{np} \cdot \sin(m\alpha + \varepsilon_n) \cdot A \cdot B + \sum P_{nw} \cdot A \times R$$

式中，P_{np} 为简谐分析中由气体力所引起的第 n

次切向力；P_{nw} 为简谐分析中由往复惯性力所引起的第 n 次切向力；ε_n 为第 n 次简谐扭矩的初始相位角；A 为活塞面积；R 为曲柄半径。

倾覆力矩的计算，取劳氏简谐系数，其 2、4、6 阶倾覆力矩的最大值分别为：491.9N·m、226.3N·m、84.3N·m。

6.2.2 柴油机隔振系统设计模型

在进行柴油机隔振系统分析计算时，必须先确定机器的重心，本例采用图 27-6-9 所示的柴油机安装简图，并以重心 G 为原点建立坐标系。X、Y、Z 方向分别为柴油机的水平、垂直和曲轴轴线方向。

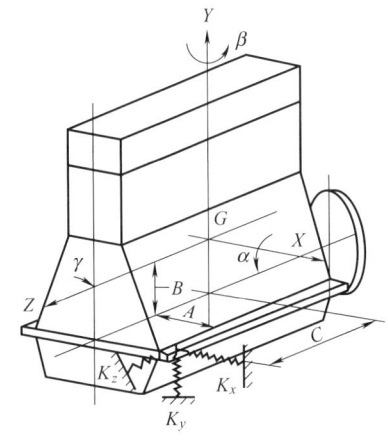

图 27-6-9 柴油机计算模型简图

由于 CA498 柴油机自身条件的限制，其减振器的安装位置不能任意选取，根据原先的设计，置于图中所示的坐标系中的坐标如表 27-6-10 所示。

表 27-6-10 减振器的安装位坐标　　mm

	X	Y	Z
1	218	−120	49
2	−218	−120	49
3	186	−220	−310
4	−186	−220	−310

6.2.3 隔振方案的选择

由 CA498 柴油机振动源的分析可知，其主要的振动是二阶往复惯性力所引起的 Y 向的垂直振动和倾覆力矩的不平衡分量所引起的 Y 方向的横摇振动，故因首先考虑将这两种振动分开，本例采用对称于柴油机轴线的斜支撑布置，这样可产生两组三联耦合振动：垂向-纵向-纵摇及平摇-横向-横摇。

因为各支撑点的载荷相差较大，本例采用两种不同型号的隔振器斜支承布置，为了达到良好的隔振效果，隔振装置的固有频率与相应的扰动频率之比，应小于 $1 : \sqrt{2}$（一般选用 $\frac{1}{2.5} : \frac{1}{4.5}$）。为达到 $\eta \geqslant 80\%$ 的隔振效率，频率比应为 2.5 左右。所以，隔振装置的固有频率 F_n 不应大于：

$$F_{n\max} = \frac{1}{2.5} \times \frac{3600}{60} = 24\text{Hz}$$

在不改变 CA498 柴油机原减振系统设计安装角度的基础上，对隔振器的特性进行分析试选，最终确定的四块减振垫的刚度如表 27-6-11 所示。

表 27-6-11 减振器的三向刚度值　　N/mm

	K_x	K_y	K_z
1	630	810	200
2	630	810	200
3	250	433	100
4	250	433	100

根据以上刚度值对柴油机系统进行自由振动和强迫振动计算，可得到如表 27-6-12 所示结果。

表 27-6-12 六个自由度自振频率及一次临界转速

	固有频率 /Hz	一次临界转速 /r·min⁻¹
垂向	16.24	974
纵向	7.84	470
纵摇	14.15	849
平摇	13.89	833
横向	13.38	803
横摇	21.78	1307

通过进一步计算可以确定各转速下的减振效果，其垂向减振度如图 27-6-10 所示。

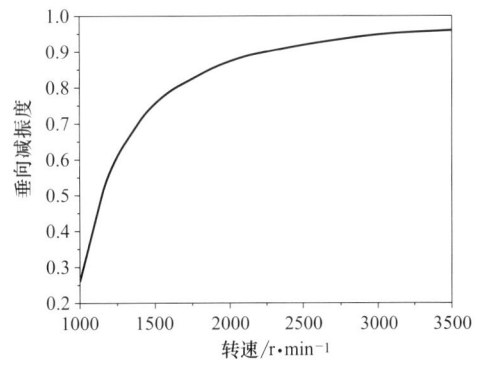

图 27-6-10 垂向减振度随转速变化

从图 27-6-10 可以看出，在转速超过 1600r/min 时，其垂向隔振效率都可以达到 80%。另外由于横摇方向的一次临界转速达到了 1307r/min，故在转速较低时可能引起平摇-横向-横摇耦合共振，但由于其振动的激振力矩不大，不会引起严重的后果。

6.2.4 结论

① CA498 柴油机在安装了上述减振系统后，其额定工况的振动烈度可以从原先的 D 级改善为 C 级，表明该减振系统的设计是成功的。

② 考虑到橡胶减振垫具有一定的阻尼，故在转速较低时，振动会由于阻尼的原因而得到一定程度的抑制。

③ 由于 CA498 柴油机具有较大的转速范围，仅仅靠安装减振垫很难做到在所有转速下的振动都符合标准。

④ 从分析结果来看，二阶往复惯性力是直列四缸机的主要激振源，故应力求减小二阶往复惯性力，例如加装二次往复惯性力的平衡装置等。

6.3 锻压机械的振动设计实例

锻压机械是指在锻压加工中用于成形和分离的机械设备。锻压机械包括成形用的锻锤、机械压力机、液压机、螺旋压力机和平锻机，以及开卷机、矫正机、剪切机、锻造操作机等辅助机械。锻锤是最常见、历史最悠久的锻压机械，由重锤落下或强迫高速运动产生的动能，对坯料做功，使之塑性变形。它结构简单、工作灵活、使用面广，但振动较大。因此，本节以锻锤为研究对象论述其隔振设计。

6.3.1 锻锤隔振计算

6.3.1.1 锻锤隔振的基本计算

如图 27-6-11 所示，锻锤的隔振系统应该属于两自由度质量-弹簧系统，基础块和基础箱简化为质量，隔振器和地基简化为弹簧。但当锻锤采取了隔振措施后，隔振器的刚度远远小于基础箱下地基的刚度，二者耦合作用小，故基础块（即隔振台座）和隔振器之间、基础箱和地基之间可以分别按单自由度质量-弹簧系统进行计算。

重锤（下落质量）m_0 以最大速度 v_0 与锻锤基础块相碰撞，使基础块获得初速度 v_1，从而引起隔振系统的自由振动。按图 27-6-11 所示的动力学模型列出基础块的运动微分方程为

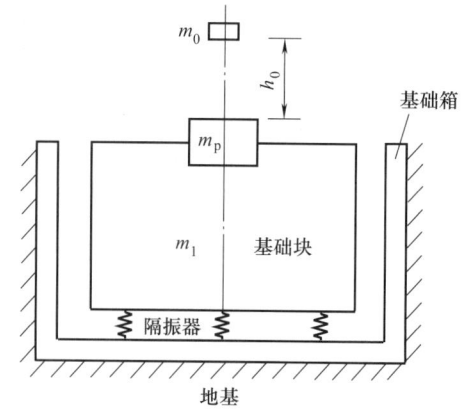

图 27-6-11 锻锤隔振计算简图

$$\begin{cases} m_1 \ddot{z}(t) + K_z z(t) = 0 \\ \dot{z}(0) = v_1 \\ z(0) = 0 \end{cases} \quad (27\text{-}6\text{-}1)$$

式中 m_1——隔振器上面基础块、砧座、锤架等的总质量，kg；
K_z——隔振器总的垂向刚度，N/m；
v_1——基础块的初速度。

初速度 v_1 可由动量守恒定律得出

$$v_1 = (1+e) \frac{m_0 v_0}{m_1 + m_0} \quad (27\text{-}6\text{-}2)$$

式中 m_0——重锤（落下部分）质量，kg；
e——碰撞系数，亦称冲击回弹系数，取决于碰撞物体的材料；对于模锻锤，锻钢制品时 $e=0.5$，锻有色金属时 $e=0.25$；对于自由锻锤 $e=0.25$。

由式（27-6-1）和式（27-6-2）求出基础块的振幅为

$$A_z = (1+e) \frac{m_0 v_0}{(m_1 + m_0) \omega_0} \quad (27\text{-}6\text{-}3)$$

$$\omega_0 = \sqrt{\frac{K_z}{m_1 + m_0}} \quad (27\text{-}6\text{-}4)$$

由于 m_0 通常远小于 m_1，所以 A_z 和 ω_0 可按下面两式近似计算

$$A_z = (1+e) \frac{m_0 v_0}{m_1 \omega_0} \quad (27\text{-}6\text{-}5)$$

$$\omega_0 = \sqrt{\frac{K_z}{m_1}} \quad (27\text{-}6\text{-}6)$$

锻锤的隔振效率 β 采用在隔振和不隔振情况下传递到基础的力进行评定，即

$$\beta = \left(1 - \frac{A_z K_z}{A_z' K_z'}\right) \times 100\% \quad (27\text{-}6\text{-}7)$$

式中 A_z'，K_z'——不隔振情况下基础的振幅和地基刚度。

如果隔振基础与不隔振基础质量相等，则式(27-6-7)可写为

$$\beta = \left(1 - \sqrt{\frac{K_z}{K_z'}}\right) \times 100\% \quad (27\text{-}6\text{-}8)$$

锻锤基础隔振后所引起的锤击能量损失是很小的，可以不考虑。

6.3.1.2 砧座下基础块的最小厚度要求

安装在隔振器上面的基础块，其砧座下部的厚度不应小于表27-6-13中的规定值。当有足够的根据时，才允许将最小厚度适当减小。

表27-6-13　砧座下基础块的最小厚度

落体的公称质量/t	最小厚度/m
0.25	0.5
0.75	0.6
1.0	0.8
2.0	1.0
3.0	1.2
5.0	1.6
10.0	2.2
16.0	3.0

6.3.1.3 三心合一问题

机架、砧座和基础块的质心、落体打击中心和隔振器的刚度中心应在同一垂线上，以避免因偏心打击而出现回转振动。当不能满足这一要求时，基础块的质心、隔振器刚度中心和落体打击中心三者的偏离均不应大于偏离方向基础边长的5%，此时可按中心冲击理论进行计算。对于偏心锤（吨位小于1.0t），则应外调基础来满足三心合一的要求。

6.3.1.4 阻尼问题

锻锤隔振系统的阻尼比至少应大于0.10，一般应在0.15以上，最好在0.25左右。阻尼比大（一般不要超过0.30），能起到以下作用。

① 冲击过后，锻锤基础能迅速回到平衡位置。

② 在锻锤隔振中，增大阻尼比能起到相当于增加基础质量的作用，从而抑制振幅的大小。这也是实测振幅值一般总小于不考虑阻尼时理论计算值的主要原因。从这个意义上讲，阻尼可使振幅计算加上保险系数。另一方面，这也是在砧座下直接实施隔振措施的重要原因之一。

6.3.1.5 隔振基础的结构设计

1) 锻锤隔振基础和基础箱均应为钢筋混凝土结构。隔振器一般采用支承方式装在基础块和基础箱之间，见图27-6-12。设计时必须设置能自由通向各个隔振器的通道，基础块侧边与基础箱侧边之间的宽度不应小于60cm，隔振器应布置在凸出基础箱的钢筋混凝土带条上。为便于检查和拆摸每个隔振器，在基础块底面和基础箱之间应留出不小于70cm的空间。

2) 设计隔振锻锤基础块，应采取下列措施。

① 在基础块和基础箱之间铺设活动盖板，盖板下设置柔性衬垫。

② 在槽衬留出积水坑，以便排出水和油等液体。

③ 锤的导管连接做成柔性接头。

④ 安装隔振器的上、下部位应平整地设置钢板埋设件。

⑤ 基础块和基础箱之间设置水平限位装置，以避免基础滑动。水平限位装置可由厚钢板加型钢物件连接而成，其横向刚度比隔振器刚度小很多，不会影响隔振基础的隔振效果，而它的纵向刚度较大，可以限制基础的侧向位移，见图27-6-12。

6.3.2 锻锤隔振基础的设计步骤

6.3.2.1 搜集设计资料

进行锻锤隔振基础设计时，应具备下列资料：
① 锻锤的基本尺寸、类型、牌号和制造厂；
② 落体的质量；
③ 落体的最大速度；
④ 砧座和机架的质量；
⑤ 每分钟的冲击数；
⑥ 锻锤质量和基础箱的允许振幅或允许振动速度。

6.3.2.2 初步确定基础块的质量和几何尺寸

（1）确定落体的下落速度（亦称锤击速度、冲击速度）v_0

落体（锤头）的锤击速度v_0一般可由说明书上查得。如果说明书上未说明，则可按式（27-6-9）或式（27-6-10）求得。

对自由落锤

$$v_0 = 0.9\sqrt{2gh_0} \quad (27\text{-}6\text{-}9)$$

对双动作用锤，其锤头下落时最大速度v_0为

$$v_0 = 0.65 \times \sqrt{2gh_0\left(\frac{pA_s + W_0}{W_0}\right)} \quad (27\text{-}6\text{-}10)$$

式中　h_0——落体（锤头）最大行程，m；
　　　W_0——落体重量，kN；
　　　p——气缸最大进气压力，kPa；
　　　A_s——气缸活塞面积，m^2；
　　　g——重力加速度，m/s^2。

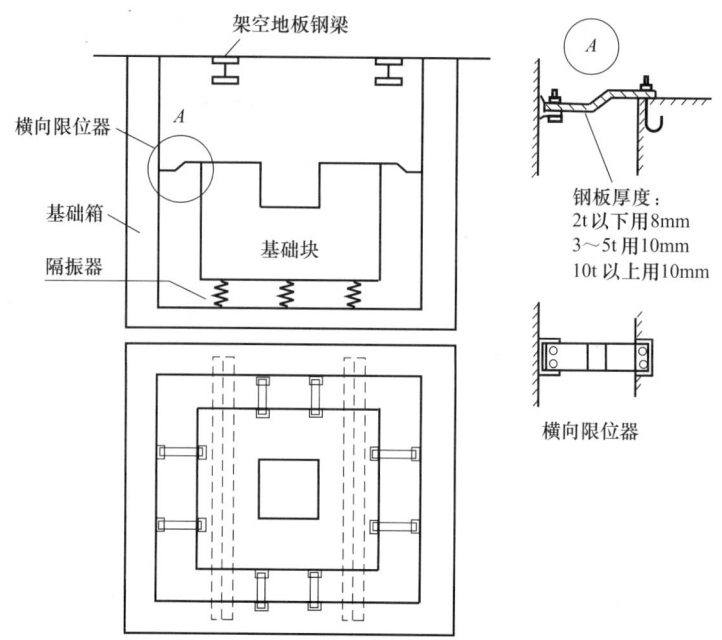

图 27-6-12 锻锤隔振基础结构

如果说明书中仅给出了打击能量 E_0，而未给出其他值，则 v_0 可以按式（27-6-11）计算

$$v_0 = \sqrt{\frac{2.2E_0}{m_0}} \quad (27\text{-}6\text{-}11)$$

式中 E_0——打击能量，kN·m；
m_0——总体质量，t。

(2) 确定基础块的质量

基础块的质量可按式（27-6-12）计算

$$m_3 = \frac{m_0 v_0(1+e)}{\omega_0 [A_z]} - (m_0 + m_p + m_2) \quad (27\text{-}6\text{-}12)$$

式中 m_p——砧座质量，t；
m_2——机架质量，t；
m_0——落体质量，t；
ω_0——基础的固有频率，rad/s；
e——碰撞系数，按式（27-6-2）下说明选取；
$[A_z]$——砧座允许垂向振幅，可按表 27-6-14 选用（目前研究成果允许振幅放宽，这将在后面讨论）。

表 27-6-14 砧座允许垂向振幅

落体的公称质量/t	允许垂向振幅/mm
≤1.0	1.7
2.0	2.0
3.0	3.0
5.0	4.0
10.0	4.5
16.0	5.0

(3) 确定基础块的外形尺寸（略）

6.3.2.3 确定隔振器应具备的参数并选用或设计隔振器

① 确定基础固有频率。一般来说，基础固有频率可在 3～6Hz 范围选取。近些年又有新的选择，将在后面讨论。

② 由 $K_z = m_1 \omega_0^2$ 决定隔振器的垂向刚度。

③ 阻尼比至少应大于 0.10，最好大于 0.15，则可以不考虑冲击隔振。

根据 K_z 和阻尼比 ζ 选用或设计隔振器。一般来说，多采用钢弹簧和橡胶并用，或钢弹簧和油阻尼器，或钢弹簧与黏滞性阻尼器，或钢弹簧和钢丝绳隔振器并用，还有采取蝶簧和阻尼器并用。

6.3.2.4 基础块振动验算

由式（27-6-3）计算的振幅 A_z 必须小于允许振幅 $[A_z]$。

6.3.2.5 砧座振幅验算

砧座振幅 A_{z1} 可由式（27-6-13）计算得到，其应该小于表 27-6-14 中的规定值。

$$A_{z1} = \psi_e W_0 v_0 \sqrt{\frac{d_0}{E_1 W_p S'}} \quad (27\text{-}6\text{-}13)$$

式中 A_{z1}——砧座振幅，mm；
ψ_e——冲击回弹影响系数，对模锻钢制品可取 $0.5 \text{s/m}^{1/2}$；对模锻有色金属制品

可取 $0.35\text{s/m}^{1/2}$，对自由锻锤，可取 $0.4\text{s/m}^{1/2}$；

d_0 ——砧座下垫层的总厚度，m；
E_1 ——垫层的弹性模量，kPa；
W_p ——对模锻应取砧座与锤架的总重力，对自由锻应取砧座的重力，kN。

6.3.2.6 基础箱的设计及振幅

根据基础块的外形尺寸，由静力计算和构造要求确定基础箱的外形尺寸及其质量。有关参数还要保证基础箱振幅 A_z' 小于允许的振幅。

$$A_z' = \frac{A_z K_z}{K_z'}, K_z' = \alpha_z C_z S', \alpha_z = (1+0.4\delta_b)^2, \delta_b = \frac{h_t}{\sqrt{S'}}$$
(27-6-14)

式中 K_z' ——地基抗压刚度；
S' ——基础底面积，基础底面积可先由基础块外形确定，再验算；
α_z ——基础埋深作用对地基抗压刚度的提高系数；
δ_b ——基础埋深比，当 $\delta_b > 0.6$ 时，取 $\delta_b = 0.6$；
h_t ——基础埋置深度。

6.3.3 设计举例 5t 模锻锤隔振基础设计

6.3.3.1 设计资料及设计值

(1) 锻锤原始资料

锤头质量 $m_0 = 5.79\text{t}$
砧座质量 $m_p = 112.55\text{t}$
机架质量 $m_2 = 43.7\text{t}$
最大打击能量 $E_0 = 123\text{kN·m}$
锤击次数 60 次/min

(2) 地质勘测资料

非湿陷性黄土状亚黏土 $R = 198\text{kN/m}^2$，
$\rho = 17.66\text{kt/m}^3$
地基抗压刚度系数 $C_z = 73550\text{kN/m}^3$
土壤内摩擦角 $\varphi = 20°$，$\mu = 0.49$
地下水位在地面下 14m 处。

(3) 设计要求

基础允许垂向振幅 $[A_z] \leq 3\text{mm}$
基础固有频率 $f_0 \leq 3.5\text{Hz}$
砧座允许垂向振幅 $[A_{z1}] \leq 4\text{mm}$
基础箱允许垂向振幅 $[A_z'] \leq 0.2\text{mm}$

6.3.3.2 确定基础块的质量和几何尺寸

(1) 确定落体的下落速度

由式（27-6-11）确定落体的下落速度可得

$$v_0 = \sqrt{\frac{2.2E_0}{m_0}} = \sqrt{\frac{2.2 \times 123}{5.79}} \text{m/s} = 6.83\text{m/s}$$

(2) 确定基础块质量

取 $e = 0.5$，$\omega_0 = 2\pi f_0 = 6.28 \times 3.5\text{rad/s} = 22\text{rad/s}$，$[A_z] = 0.003\text{m}$，则由式（27-6-12）可得基础块质量

$$m_3 = \frac{m_0 v_0 (1+e)}{\omega_0 [A_z]} - (m_0 + m_p + m_2)$$
$$= \frac{5.79 \times 6.83 \times (1+0.5)}{22 \times 0.003} - (5.79 + 112.55 + 43.7)$$
$$= 736.73\text{t}$$

(3) 确定基础块外形尺寸

基础块为钢筋混凝土结构，故基础块所需体积 V_3 为：

$$V_3 = \frac{m_3}{2.5} = \frac{736.73}{2.5}\text{m}^3 = 294.7\text{m}^3$$

基础块几何尺寸（长 L×宽 B×厚 H）取

$LBH = 10 \times 7 \times 4.25\text{m}^3 = 297.5\text{m}^3$

实际质量

$m_3 = [10 \times 7 \times 4.25 + (6.1+2.4) \times 2 \times 0.4] \times 2.5\text{t}$
$= 760.75\text{t} > 736.73\text{t}$

总质量

$m_1 = m_0 + m_p + m_2 + m_3$
$= 5.79 + 112.55 + 43.7 + 760.75\text{t}$
$= 922.8\text{t}$

6.3.3.3 隔振器的选用与设计

由 $K_z = m_1 \omega_0^2$ 可得到

$K_z = 922800 \times 22^2 \text{kg/s}^2 = 446640000\text{kg/s}^2$
$= 4466400\text{N/cm}$

全部载荷可由 40 个隔振器承担，每个隔振器的承载为

$$W_i = \frac{922.8 \times 9.8}{40}\text{kN} = 226.1\text{kN}$$

每个隔振器的刚度

$$K_{zi} = \frac{K_z}{40} = \frac{44664}{40}\text{N/cm} = 1116.1\text{N/cm}$$

6.3.3.4 基础块振动验算

设实际加工的钢弹簧隔振器的刚度为 103394N/cm，则

$$f_z = \frac{1}{2\pi}\sqrt{\frac{10339400 \times 40}{922790}}\text{Hz} = 3.37\text{Hz} < 3.5\text{Hz}$$

由式（27-6-3）可得

$$A_z = (1+0.5)\frac{5.79 \times 6.83}{922.8 \times 22}\text{m} = 3.04 \times 10^{-3}\text{m} \approx$$

3.0mm，允许

6.3.3.5 砧座振幅验算

砧座采用运输胶带，厚度为100mm，由《动力机器基础设计规范》GB 50040—1996 中表 8.1.21 知，$E_1=38000\text{kN/m}^2$，按式（27-6-13）有

$$A_{z1}=\psi_e W_0 v_0 \sqrt{\frac{d_0}{E_1 W_p S'}}$$

$$=0.5\times 5.79\times 9.81\times 6.83\times$$

$$\sqrt{\frac{0.1}{38000\times(112.55+43.7)\times 9.81\times 2\times 3.7}}\text{m}$$

$$=0.00295\text{m}=2.95\text{mm}<4\text{mm}，允许$$

6.3.3.6 基础箱设计

由《隔振设计规范》GB 50463—2008 查得地基调整系数 $\alpha_z=2.67$。由式（27-6-14）可得

$$S'=\frac{A_z K_z}{\alpha_z A_z' C_z}=\frac{0.003\times 413576000}{2.67\times 0.0002\times 73550000}\text{m}^2=31.59\text{m}^2$$

取 $S'=120\text{m}^2$ 允许，则基础箱底面尺寸应为 $12\times 10\text{m}^2=120\text{m}^2$。

6.3.4 有关锻锤隔振新理论、新观念、新方法介绍

6.3.4.1 锻锤基础弹性隔振新技术

锻锤基础弹性隔振技术主要分为两大类：一类是砧座下直接隔振技术，将刚度较小的弹性元件及阻尼元件直接设在砧座下部以代替原有刚度很大的垫幕；另一类是大质量基础弹性隔振技术，即将锻锤安装在大质量块上，在质量块下面加弹性元件和阻尼元件，也有采用刚性浮筏结构的形式。

（1）砧座下直接隔振技术

在20世纪70年代，在国际上（以德国 Gerb 防振工程有限公司为代表）发展起砧座下直接隔振方式，即将刚度较小的弹性元件及阻尼元件直接设在砧座下部以代替原有刚度很大的垫幕。这种方式结构简单、施工方便、成本低、易于推广。由于在隔振器上部缺少了质量很大的基础块，故必然使砧座本身产生很大的振幅，影响打击效率、设备寿命和工作精度。国内外对此展开了一系列理论研究和工程实践，基本结论为：

① 在通常情况下，隔振系统的固有频率可以在 5～8Hz 范围内选取；砧座振幅允许在 10～20mm 之内。

② 无论是自由锻还是模锻锤，当砧座振动加大到 10～20mm，也不会妨碍生产操作。手工操作时，操作者会很快适应砧座 10～20mm 幅度的低频晃动。

③ 由于锻锤砧座质量一般均在落下部分质量的15倍以上，砧座10～20mm 的退让量不会影响打击效率。

④ 砧座10～20mm 的振幅不会妨碍锻锤的正常运转，并且在某些情况下有助于改善应力，有助于保护设备和模具。

⑤ 阻尼在锻锤隔振中起着十分重要的作用。值得指出的是，合理的阻尼不仅能提高工作效率，而且还能抑制砧座振幅。一般情况应使阻尼比大于0.15，在 0.15～0.30 范围内选取为好。

（2）大质量基础弹性隔振技术

加大锻锤的基础质量，可以减小振幅。足够的质量提供了惯性力来平衡扰力。通常是通过加大基础几何尺寸的办法来实现加大质量，当然亦不可太大，一般视锻锤吨位而定。为避免与厂房基础干涉，对于小型锻锤可以加深基础，也可以加钢架、钢板以增加惯性质量，对于大中型锻锤设备则一般需要混凝土基础块，以避免与底座本身产生共振。

当前两类隔振技术研究的重点和难点均集中在弹性与阻尼元件（或系统）的设计开发上，主要分为以下几类：大载荷弹簧阻尼液隔振器、橡胶隔振器和橡胶隔振垫、空气弹簧、液压阻尼减振器和多层弹性体阻尼模块隔振系统。

（1）大载荷弹簧阻尼液隔振器

这种类型隔振器是由钢螺旋压缩弹簧与黏滞性阻尼并联而成，组合在一个箱体内，近年来已广泛用于大/中型锻锤、压力机、空压机等设备的隔振。

这类大载荷弹簧阻尼液隔振具有以下几个特点。

① 工作载荷范围大，工作载荷已可做到 1000 kN。

② 固有频率范围宽，在同样工作载荷下，因有不同的刚度，固有频率范围为 2～8 Hz，为不同类型设备隔振提供了很大选择余地。

③ 阻尼比大，在同样工作载荷和刚度情况下，阻尼比可以做到 0.30 以上，这对冲击运动的隔离十分有利。如将阻尼比选择在 0.30 左右，则既能提高冲击隔振效果，又能减少工作台面的位移。在体积不大的情况下，做到阻尼比 0.30 以上，并且温度适用范围宽。

④ 隔振器和阻尼器可以分开安装，如果二者并在一起装在一个箱体之内，则阻尼器不必单独固定。箱体往往做成预压状态，这样在维修与更换隔振器时，可以做到设备不动，更换过后，一般情况下设备水平无需再调整。

⑤ 隔振器寿命长，其寿命至少为15年以上。

但采用大载荷弹簧阻尼液隔振器也存在如下

缺点。

① 弹簧阻尼液隔振系统价格高昂，隔振系统容易损坏，主要是阻尼液对环境影响非常敏感，怕水和油，容易泄漏，而锻造行业的恶劣环境却又是难以控制和想象的。

② 弹簧容易被小颗粒和氧化皮等损坏，弹簧的疲劳及阻尼器的损坏又不断地需要修理和更换。

③ 安装弹簧隔振器需要大的水泥或钢铁配重来达到合格的锻锤垂直振幅，这是因为弹簧非常软或刚度过于小。

(2) 橡胶隔振器和橡胶隔振垫

砧座下直接隔振常采用橡胶隔振器和橡胶隔振垫。其优点是投资少，但难以做到隔振效率很高，另外其阻尼比最多做到 0.15。研究表明，采用有孔的橡胶垫，其阻尼性能比普通橡胶垫要好一些。此种隔振方法投资少，故也会得到一定程度应用。但是橡胶元件的弹性是通过元件的形状变化而得到的，因此其变形量是有限的，所支承的系统固有频率也很高，由于它是非线性的，在大载荷时会变硬。在橡胶作为阻尼元件时，其阻尼效应引起的热量也会降低橡胶的弹性阻尼特性。

(3) 空气弹簧

该型减振器在锻锤弹性隔振上的应用主要以日本日野、三菱减振器为代表，其是一种帘线增强的橡胶囊，内充压缩空气，利用气体的可压缩性起弹簧作用的减振橡胶制品，有长枕式、葫芦式和隔膜式等类型。空气弹簧可以大致分为自由膜式、混合式、袖筒式和囊式空气弹簧，其橡胶囊结构与无内胎轮胎相似，由内胶层（气密层）、外胶层、帘布增强层及钢丝圈组成，其载荷主要由帘线承受。帘线的材质是空气弹簧的耐压性和耐久性的决定性因素，一般采用高强度的聚酯帘线或尼龙帘线，帘线层交叉并且和气囊的经线方向成一角度布置。与金属弹簧相比，气囊具有质量小、舒适性好、耐疲劳、使用寿命长等优点，它同时具有减振和消声作用，但其在使用时需要增设气站，增加了成本和空间。

(4) 液压阻尼减振器

由于液体阻尼的稳定性、即时性、紧凑性及可控性，以德国 Gerb 防振工程有限公司为代表开发了一系列液压阻尼器。其基本形式是由缸筒、活塞、阻尼材料和导杆等部分组成，活塞在缸筒内作往复运动，活塞上开有适量小孔作为阻尼孔，缸筒内装满流体阻尼材料。当活塞与缸筒之间发生相对运动时，由于活塞前后的压力差使流体阻尼材料从阻尼孔中通过，从而产生阻尼力。黏滞流体阻尼器对锻锤振动控制的机理是将结构的部分振动能量通过阻尼器中黏滞流体的阻滞作用耗散掉，达到减小设备振动的目的。

(5) 多层弹性体阻尼模块隔振系统（MRM）

由美国减振技术公司研发的多层弹性体阻尼模块隔振系统（MRM）是近年来锻锤弹性基础隔振的最新技术。MRM 隔振系统耐油和水、耐热和防老化的物理特征佳。当弹性体模块构成 MRM 受压缩时，弹性体模块就开始以热能的形式散发热量，热量从弹性体阻尼模块传递到钢板中，然后又在环境的空气中散发掉。多层弹性体阻尼模块隔振系统（MRM）可提供约 60%~85% 的隔振效果，隔振系统固有的振动频率范围为 8~15Hz。通常 MRM 的混凝土基础比弹簧隔振器的混凝土基础要小。

6.3.4.2 锻锤隔振系统的 CAD 二次开发与智能制造

锻锤隔振装置主要采用手工设计，设计效率低、直观性差、重复性工作多、往往要查阅手册、计算和校核许多数据、绘制大量图形。因此改变传统的设计方法，采用与 CAD 相结合的技术成为一种趋势。对于 Pro/E 这类通用软件，其自身标准与国内标准存在差异，而且缺乏锻锤隔振方面的专业模块，近年来不少学者提出了在 Pro/E 平台上对锻锤隔振 CAD 系统进行二次开发并以此开展智能制造的新思路。

随着计算机图形技术和三维 CAD 开发软件的成熟，基于 AutoCAD 和 Pro/E 软件作为二次开发平台，根据锻锤隔振的设计原理，利用 VC++6.0 的 MFC 和 Pro/E 自带的二次开发工具包 Pro/TOOLKIT 开发出一套界面友好、交互性强的锻锤隔振 CAD 系统，研究的重点方向如下。

① 解决 Pro/E 软件、VC++6.0 编译器以及 ACCESS 数据库之间的通信及有关接口技术。分析 Pro/TOOLKIT 内部的基本数据结构、功能函数及其使用方法，研究基于 OLE DB、DataGrid 的方式将 ACCESS 数据库与 VC++6.0 连接，实现外部数据库与 Pro/E 软件的结合。

② 研究基于 Pro/TOOLKIT 的菜单设计技术以及 Pro/TOOLKIT 与 MFC 的混合编程技术，研究菜单资源文件、注册文件的建立方法，实现锻锤隔振 CAD 系统可视化界面设计。

③ 研究锻锤隔振 CAD 系统开发的关键技术，在基于特征的参数化、Pro/TOOLKIT 应用程序设计的基础上，提出了基于三维模型的参数化自动建模技术。根据锻锤隔振的设计原理，设计板簧悬吊式隔振参数化系统、螺旋弹簧及橡胶阻尼器的承载式、反压式、惯性块式隔振参数化系统。实现各类隔振系统零件、组件的三维模型及二维工程图的自动化生成。

④ 设计锻锤隔振系统标准件数据库，通过 ACCESS 创建的标准件库零件参数数据库来驱动模型参数，实现对所选标准件进行自动建模。

⑤ 对 Pro/E 进行合理配置并编写 BOM 格式文件，实现自动生成锻锤隔振 CAD 系统零部件的 BOM 清单功能。将零部件的信息（如质量、名称、图号、材料、备注等）通过清单形式进行出，实现智能制造。

6.3.4.3 锻锤基础隔振的参数优化设计方法

锻锤弹性基础的减振效果取决于弹簧刚度、阻尼器阻尼系数、基础块质量及外形尺寸等参数的选取，同时受约束于设计要求及其结构和工艺条件。由于影响因素多，且参数间关系复杂，传统设计方法无法满足设计要求，需要使用目标函数优化。参数优化设计方法通常遵循如下步骤。

（1）建立动力学微分方程

由于锻锤隔振所采用的隔振器的刚度远小于机架、砧座与惯性块之间的垫层刚度，因此无论是砧座下直接隔振还是质量块隔振，都可以简化为两自由度系统，如图 27-6-13 所示。

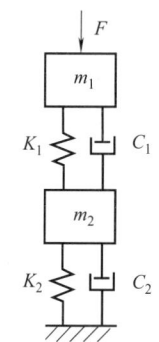

图 27-6-13　锻锤动力学模型

系统的运动微分方程为

$$\begin{bmatrix} m_1 & 0 \\ 0 & m_2 \end{bmatrix} \begin{Bmatrix} \ddot{x}_1 \\ \ddot{x}_2 \end{Bmatrix} + \begin{bmatrix} C_{11} & C_{12} \\ C_{21} & C_{22} \end{bmatrix} \begin{Bmatrix} \dot{x}_1 \\ \dot{x}_2 \end{Bmatrix} + \begin{bmatrix} K_{11} & K_{12} \\ K_{21} & K_{22} \end{bmatrix} \begin{Bmatrix} x_1 \\ x_2 \end{Bmatrix} = \begin{Bmatrix} F_1 \\ F_2 \end{Bmatrix} e^{i\omega t} \quad (27\text{-}6\text{-}15)$$

式中，K_1、K_2 分别为隔振器弹簧刚度和土壤刚度；C_1、C_2 分别为隔振器阻尼系数和土壤阻尼系数；x_1、x_2 分别为砧座和基础块的位移；m_1 为砧座质量（自由锻锤）或机身与砧座质量之和（模锻锤）；m_2 为机架与基础块质量之和（自由锻锤）或基础块质量（模锻锤）。

（2）确定系统的初始条件

如锤击速度、土壤参数和设计要求等，具体确定方法已在 6.3.3 节给出。

（3）建立优化设计的数学模型

对锻锤弹性基础优化设计需要满足以下基本要求：基础和砧座的振幅在允许范围内；作用于地基上的动应力应在允许范围内。当锻锤参数及地基条件确定后可根据上述要求建立优化设计数学模型。

① 确定目标函数。可以根据实际的优化要求确定目标函数，可以对单参数也可以是多参数的，通常以基础的力传递率作为目标函数。

② 确定约束条件。一般为砧座的最大振幅约束、基础块的振幅和最大加速度约束、地基承受的最大动载约束、基础自振频率约束、振动衰减时间约束和设计变量的边界约束等。

③ 选取优化算法开展优化设计，常用的优化算法如序列二次规划法、时频域函数优化参数混合算法和遗传法等。

第 7 章 轴系的临界转速

7.1 概述

轴系由轴、联轴器、安装在轴上的传动件、转动件、紧固件等各种零件以及轴的支承组成。激起轴系共振的转速称为临界转速。当转子的转速接近临界转速时,轴系将引起剧烈的振动,严重时造成轴、轴承及轴上零件破坏,而当转速在临界转速的一定范围之外时,运转趋于平稳。若不考虑陀螺效应和工作环境等因素,轴系的临界转速在数值上等于轴系不转动而仅作横向弯曲振动的固有频率:

$$n_c = 60 f_n = \frac{30}{\pi} \omega_n \qquad (27\text{-}7\text{-}1)$$

式中 n_c——临界转速,r/min;
f_n——固有频率,Hz;
ω_n——固有角频率,rad/s。

由于转子是弹性体,理论上应有无穷多阶固有频率和相应的临界转速,按数值从小到大排列为 n_{c1}、n_{c2}、$\cdots$、n_{ck}、$\cdots$,分别称为一阶、二阶、$\cdots$、k 阶临界转速。在工程中有实际意义的只是前几阶,特别是一阶临界转速。

为了保证机器安全运行和正常工作,在机械设计时,应使各转子的工作转速 n 离开其各阶临界转速一定的范围。一般的要求是,对工作转速 n 低于其一阶临界转速的轴系,$n < 0.75 n_{c1}$;对工作转速高于其一阶临界转速的轴系,$1.4 n_{ck} < n < 0.7 n_{ck+1}$。

临界转速的大小与轴的材料、几何形状、尺寸、结构形式、支承情况、工作环境以及安装在轴上的零件等因素有关。要同时考虑全部影响因素,准确计算临界转速是很困难的,也是不必要的。实际上,常按不同设计要求,只考虑主要影响因素,建立简化计算模型,求得临界转速的近似值。

7.2 简单转子的临界速度

7.2.1 力学模型

表 27-7-1 力学模型

轴系组成	简化模型	说明
两支承轴	等直径均匀分布质量模型 m_0	阶梯轴当量直径: $$D_m = a \frac{\sum d_1 \Delta l_1}{\sum \Delta l_1}$$ 式中 d_1——阶梯轴各阶直径,m Δl_1——对应 d_1 段的轴段长度,m a——经验修正系数 若阶梯轴最初段长超过全长 50%,$a=1$;小于 15%,此段轴可以看成以次粗段直径为直径的轴上套一轴环;a 值一般可参考有准确解的轴通过试算找出,例如一般的压缩机、离心机、鼓风机转子 $a = 1.094$
	两支承等直径梁刚度模型 EJ	
圆盘	集中质量模型 m_1	适用转子转速不高、圆盘位于两支承的中点附近回转力矩影响较小的情况

轴系组成	简化模型	说明
支承	刚性支承模型。各种轴承刚性支承形式按下图选取： 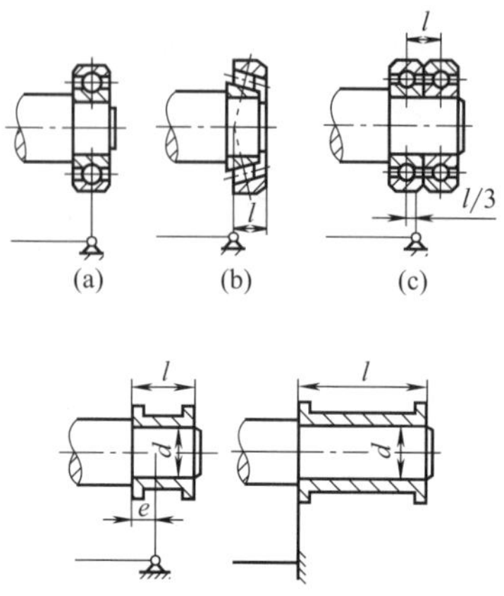 (a) (b) (c) (d) (e)	图(a)为深沟球轴承；图(b)为角接触球轴承或圆锥滚子轴承；图(c)为成对安装角接触球轴承、双列角接触球轴承、调心球轴承、双列短圆柱滚子轴承、调心滚子轴承、双列圆锥滚子轴承；图(d)为短滑动轴承($l/d<2$)；当 $l/d\leqslant 1$ 时，$e=0.5l$，当 $l/d>1$ 时，$e=0.5d$；图(e)为长滑动轴承($l/d>2$)和四列滚动轴承 一般小型机组转速不高，支座总刚度比转子本身刚度大得多，可按刚性支座计算临界转速

7.2.2 两支承轴的临界转速

转轴 k 阶临界转速：

$$n_{ck}=\frac{30\lambda_k}{\pi L^2}\sqrt{\frac{EJL}{m_0}} \quad (\text{r/min}) \quad (27\text{-}7\text{-}2)$$

式中 m_0——轴质量，kg；
L——轴长，m；
E——材料弹性模量，Pa；
J——轴的截面惯性矩，m^4；
λ_k——计算 k 阶临界转速的支承形式系数，见表 27-7-2。

表 27-7-2　等直径轴支承形式系数 λ_k

支座形式	λ_1	λ_2	λ_3	支座形式	λ_1	λ_2	λ_3
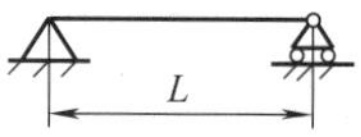 简支梁 L	9.87	39.48	88.83	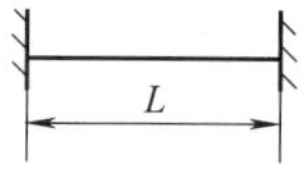 固支-固支 L	22.37	61.67	120.9
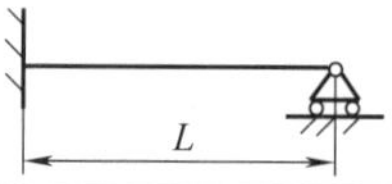 固支-简支 L	15.42	49.97	104.2				

支座形式	λ_1											μ_2
	0	0.05	0.10	0.15	0.20	0.25	0.30	0.35	0.40	0.45	0.50	
两端外伸轴	9.87*	10.92*	12.11*	13.34*	14.44*	15.06*	14.57*	13.13*	11.50*	9.983*	8.716*	0
		12.15	13.58	15.06	16.41	17.06	16.32	14.52	12.52	10.80	9.37	0.05
			15.22	16.94	18.41	18.82	17.55	15.26	13.05	11.17	9.70	0.10
				18.90	20.41	20.54	18.66	15.96	13.54	11.58	10.02	0.15
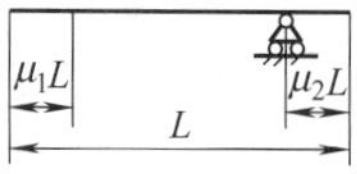					21.89	21.76	19.56	16.65	14.07	12.03	10.39	0.20
						21.70	20.05	17.18	14.61	12.48	10.80	0.25
							19.56	17.55	15.10	12.97	11.29	0.30
								17.18	15.51	13.54	11.78	0.35
									15.46	14.11	12.41	0.40
										14.43	13.15	0.45
											14.05	0.50

注：1. μ_1、μ_2 为外伸端轴长与轴总长 L 的比例系数，μ_1 和 μ_2 之中有一值为零，即为一端外伸。
2. 表中只给出 $\mu_2=0$ 左端外伸时一阶支承形式系数 λ_1，见标记 * 值，当 $\mu_1=0$ 右端外伸只是把表中 μ_1 当成 μ_2，仍见标记 * 值。

7.2.3 两支承单盘转子的临界转速

表 27-7-3　　两支承单盘转子的临界转速

支承形式	不计轴的质量 m_0 $$n_{c1}=\frac{30}{\pi L^2}\sqrt{\frac{K}{m_1}}$$	考虑轴的质量 m_0 $$n_{c1}=\frac{30\lambda_1}{\pi L^2}\sqrt{\frac{EJL}{m_0+\beta m_1}}$$
(简支-简支，盘在跨内)	$K=\dfrac{3EJL}{\mu^2(1-\mu)^2}$	$\beta=32.47\mu^2(1-\mu)^2$
(固支-简支)	$K=\dfrac{12EJL}{\mu^3(1-\mu)^2(4-\mu)}$	$\beta=19.84\mu^3(1-\mu)^2(4-\mu)$
(悬臂，固支)	$K=\dfrac{3EJL}{\mu^3(1-\mu)^3}$	$\beta=166.8\mu^3(1-\mu)^3$
(简支-简支，盘在外伸端)	$K=\dfrac{3EJL}{(1-\mu)^2}$	$\beta=\dfrac{1}{3}(1-\mu)^2\lambda_1^2$

注：m_1——圆盘质量，kg；m_0——轴的质量，kg；E——轴材料弹性模量，Pa；J——轴的截面惯性矩，m⁴；λ_1——支座形式系数，见表 27-7-2；β——集中质量 m_1 转换为分布质量的折算系数；μ——轴段长与轴全长 L 之比的比例系数。

7.3 两支承多盘转子临界转速的近似计算

7.3.1 带多个圆盘轴的一阶临界转速

带多个圆盘并需计及轴的自重时，按如下公式可以计算一阶的临界转速 n_{c1}：

$$\frac{1}{n_{c1}^2}=\frac{1}{n_0^2}+\frac{1}{n_{01}^2}+\frac{1}{n_{02}^2}+\cdots+\frac{1}{n_{0n}^2} \quad (27\text{-}7\text{-}3)$$

式中　　n_0——只有轴自重时轴的一阶临界转速；

$n_{01}, n_{02}, \cdots, n_{0n}$——分别表示只装一个圆盘（盘 $1,2,\cdots,n$）且不考虑轴自重时的一阶临界转速。

应用表 27-7-2 及表 27-7-3 可以分别计算 n_0 及 $n_{01}, n_{02}, \cdots, n_{0n}$ 值，代入即可求得 n_{c1}。

对阶梯轴及复杂转子的轴则用下面的方法计算。

7.3.2 力学模型

将实际转子按轴径和载荷（轴段和轴段上安装零件的重力）的不同，简化成为如图 27-7-1 所示 m 段受均布载荷作用的阶梯轴。各段的均布载荷 $q_i=\dfrac{m_i g}{l_i}$ (N/m)，m_i 为 i 段轴和装在该段轴上零件的质量，kg；l_i 为该轴段长度，m；g 为重力加速度，$g=9.8\text{m/s}^2$。支承为刚性支承，各种形式支承的位置按表 27-7-1 中支承图选取。

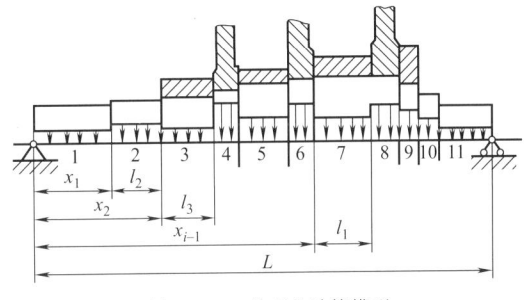

图 27-7-1　轴系的计算模型

7.3.3 临界转速计算公式

$$n_{ck}=\frac{2.95\times 10^2 k^3}{L^2\sqrt{\left(\sum_{i=1}^{m}q_i\Delta_i\right)\left(\sum_{i=1}^{m}\dfrac{\Delta_i}{E_i J_i}\right)}}$$

对于钢轴 $E=2.1\times 10^{11} \text{N/m}^2$，则

$$n_{ck} = \frac{4.28\times 10^2 k^3}{L^2}\sqrt{\frac{J_{max}\times 10^{11}}{\left(\sum_{i=1}^{m}q_i\Delta_i\right)\left(\sum_{i=1}^{m}\frac{J_{max}}{J_i}\Delta_i\right)}}$$

(27-7-4)

式中 k——临界转速阶次，通常只计算一、二阶临界转速，用于计算高于三阶临界转速时误差较大；

L——转子两支承跨距，m；

q_i——第 i 段轴的均布载荷，$q_i=m_i g/l_i$，N/m；

J_i——第 i 段轴截面惯性矩，$J_i=\pi d_i^4/64$，m^4；

J_{max}/J_i——最大截面惯性矩与第 i 段轴截面惯性矩之比；

d_i——第 i 段轴的直径，m；

Δ_i——第 i 段轴的位置函数，$\Delta_i=\phi(\lambda_i)-\phi(\lambda_{i-1})$，$\lambda_i=kx_i/L$，$\phi(\lambda_i)=\lambda_i-\frac{\sin 2\pi\lambda_i}{2\pi}$，也可由表 27-7-4 查出。

7.3.4 计算示例

某转子系统简化成为如图 27-7-1 所示的 11 段阶梯轴均布载荷计算模型，已知条件、计算过程和按式 (27-7-3) 计算的 n_{c1} 和 n_{c2} 列于表 27-7-5。

表 27-7-4　　　　　函数 $\phi(\lambda)$ 数值表

λ	$\phi(\lambda)$	λ	$\phi(\lambda)$	λ	$\phi(\lambda)$	λ	$\phi(\lambda)$	λ	$\phi(\lambda)$
0.000	0								
0.002	0.0000004	0.066	0.00188	0.175	0.0332	0.335	0.1980	0.495	0.4900
0.004	0.0000014	0.068	0.00204	0.180	0.0360	0.340	0.2056	0.500	0.5000
0.006	0.0000014	0.070	0.00226	0.185	0.0389	0.345	0.2134	0.505	0.5100
0.008	0.0000034	0.072	0.00245	0.190	0.0420	0.350	0.2212	0.510	0.5200
0.010	0.0000066	0.074	0.00266	0.195	0.0453	0.355	0.2292	0.515	0.5300
0.012	0.000011	0.076	0.00289	0.200	0.0486	0.360	0.2374	0.520	0.5400
0.014	0.000018	0.078	0.00312	0.205	0.0522	0.365	0.2456	0.525	0.5499
0.016	0.000027	0.080	0.00337	0.210	0.0558	0.370	0.2540	0.530	0.5598
0.018	0.000038	0.082	0.00362	0.215	0.0597	0.375	0.2625	0.535	0.5697
0.020	0.000053	0.084	0.00389	0.220	0.0637	0.380	0.2711	0.540	0.5796
0.022	0.00007	0.086	0.00418	0.225	0.0678	0.385	0.2797	0.545	0.5894
0.024	0.000091	0.088	0.00448	0.230	0.0721	0.390	0.2886	0.550	0.5992
0.026	0.000115	0.090	0.00479	0.235	0.0766	0.395	0.2975	0.555	0.6089
0.028	0.000144	0.092	0.00512	0.240	0.0812	0.400	0.3064	0.560	0.6186
0.030	0.000177	0.094	0.00545	0.245	0.0859	0.405	0.3155	0.565	0.6282
0.032	0.000215	0.096	0.00581	0.250	0.0908	0.410	0.3247	0.570	0.6378
0.034	0.000258	0.098	0.00619	0.255	0.0959	0.415	0.3340	0.575	0.6473
0.036	0.000306	0.100	0.00645	0.260	0.1012	0.420	0.3433	0.580	0.6567
0.038	0.00036	0.105	0.00745	0.265	0.1066	0.425	0.3527	0.585	0.6660
0.040	0.00042	0.110	0.00855	0.270	0.1121	0.430	0.3622	0.590	0.6753
0.042	0.000487	0.115	0.00975	0.275	0.1178	0.435	0.3718	0.595	0.6845
0.044	0.00056	0.120	0.0111	0.280	0.1237	0.440	0.3814	0.600	0.6935
0.046	0.00064	0.125	0.0125	0.285	0.1297	0.445	0.3911	0.605	0.7025
0.048	0.000725	0.130	0.0140	0.290	0.1358	0.450	0.4008	0.610	0.7114
0.050	0.00082	0.135	0.0156	0.295	0.1412	0.455	0.4106	0.615	0.7203
0.052	0.00092	0.140	0.0174	0.300	0.1486	0.460	0.4204	0.620	0.7289
0.054	0.00103	0.145	0.0192	0.305	0.1553	0.465	0.4302	0.625	0.7375
0.056	0.00115	0.150	0.0212	0.310	0.1620	0.470	0.4402	0.630	0.7460
0.058	0.00128	0.155	0.0234	0.315	0.1689	0.475	0.4501	0.635	0.7544
0.060	0.00142	0.160	0.0256	0.320	0.1760	0.480	0.4601	0.640	0.7626
0.062	0.00157	0.165	0.0280	0.325	0.1823	0.485	0.4700	0.645	0.7708
0.064	0.00172	0.170	0.0305	0.330	0.1905	0.490	0.4800	0.650	0.7788

续表

λ	φ(λ)	λ	φ(λ)	λ	φ(λ)	λ	φ(λ)	λ	φ(λ)
0.655	0.7866	0.755	0.9141	0.855	0.9808	0.922	0.99688	0.962	0.99964
0.660	0.7944	0.760	0.9188	0.860	0.9826	0.924	0.99711	0.964	0.999694
0.665	0.8020	0.765	0.9234	0.865	0.9844	0.926	0.99734	0.966	0.999742
0.670	0.8095	0.770	0.9279	0.870	0.9860	0.928	0.99755	0.968	0.999785
0.675	0.8168	0.775	0.9322	0.875	0.9875	0.930	0.99774	0.970	0.999823
0.680	0.8240	0.780	0.9363	0.880	0.9890	0.932	0.99796	0.972	0.999856
0.685	0.8311	0.785	0.9403	0.885	0.9902	0.934	0.99812	0.974	0.999885
0.690	0.8380	0.790	0.9441	0.890	0.9915	0.936	0.99828	0.976	0.999906
0.695	0.8447	0.795	0.9478	0.895	0.9926	0.938	0.99843	0.978	0.999993
0.700	0.8514	0.800	0.9514	0.900	0.99343	0.940	0.99858	0.980	0.999947
0.705	0.8578	0.805	0.9547	0.902	0.99381	0.942	0.99872	0.982	0.999962
0.710	0.8641	0.810	0.9580	0.904	0.99418	0.944	0.99885	0.984	0.999973
0.715	0.8704	0.815	0.9611	0.906	0.99455	0.946	0.99897	0.986	0.999982
0.720	0.8763	0.820	0.9640	0.908	0.99488	0.948	0.99908	0.988	0.999989
0.725	0.8822	0.825	0.9668	0.910	0.99521	0.950	0.99918	0.990	0.9999934
0.730	0.8879	0.830	0.9695	0.912	0.99552	0.952	0.999275	0.992	0.9999956
0.735	0.8935	0.835	0.9720	0.914	0.99582	0.954	0.99936	0.994	0.9999986
0.740	0.8988	0.840	0.9744	0.916	0.99611	0.956	0.99944	0.996	0.9999996
0.745	0.9041	0.845	0.9766	0.918	0.99638	0.958	0.999513	0.998	1
0.750	0.9092	0.850	0.9788	0.920	0.99663	0.960	0.99958	1.000	1

注：当 $\lambda > 1$ 时，$\phi(\lambda)$ 的整数部分与 λ 的整数部分相等，小数部分由表中查得。

表 27-7-5　　　　　　　　　　临界转速近似计算表

轴段号	已知条件					均布载荷 q_i /N·m^{-1}	截面惯性矩 J_i /10^{-6}m^4	$\dfrac{J_{max}}{J_i}$	$k=1$			
	质量 m_i /kg	轴段长 l_i /m	轴径 d_i /m	坐标 x_i /m					λ_i	$\phi(\lambda_i)$	Δ_i	$\dfrac{J_{max}}{J_i}\Delta_i$	$q_i\Delta_i$
1	4.16	0.16	0.065	0.16	254.8	0.876	11.62	0.123	0.0119	0.0119	0.138	3.03
2	8.85	0.168	0.085	0.328	516.3	2.562	3.97	0.252	0.0928	0.0809	0.321	41.77
3	7.74	0.155	0.09	0.483	489.4	3.221	3.16	0.372	0.2574	0.1646	0.520	80.56
4	54.08	0.06	0.105	0.543	8833	6.967	1.71	0.418	0.3396	0.0822	0.141	726.07
5	18.31	0.18	0.11	0.723	996.9	7.187	1.42	0.556	0.6108	0.2712	0.385	270.36
6	53.88	0.06	0.115	0.783	8800	6.585	1.55	0.602	0.6971	0.0863	0.103	759.44
7	18.75	0.15	0.12	0.933	1225	10.18	1	0.718	0.8739	0.1768	0.177	216.58
8	56.84	0.077	0.12	1.01	7234	10.18	1	0.777	0.9338	0.0599	0.060	433.32
9	20.75	0.08	0.11	1.09	2542	7.187	1.42	0.838	0.9734	0.0396	0.056	100.66
10	4.15	0.05	0.10	1.14	813.4	4.909	2.07	0.877	0.9881	0.0147	0.030	11.96
11	4.71	0.16	0.07	1.30	288.5	1.179	8.63	1	1	0.0119	0.103	3.43
总和	252.22	1.30									2.034	2647.18

续表

轴段号	$n_{c1}/\text{r}\cdot\text{min}^{-1}$			$k=2$					$n_{c2}/\text{r}\cdot\text{min}^{-1}$		
	近似	精确	误差	λ_i	$\phi(\lambda_i)$	Δ_i	$\dfrac{J_{\max}}{J_i}\Delta_i$	$q_i\Delta_i$	近似	精确	误差
1	3478	3584	2.96%	0.246	0.0869	0.0869	1.010	22.14	12788	13430	4.78%
2				0.564	0.6263	0.5394	2.141	278.49			
3				0.744	0.0030	0.2767	0.874	135.42			
4				0.836	0.9725	0.0895	0.153	790.55			
5				1.112	1.0090	0.0365	0.052	36.39			
6				1.204	1.0515	0.0425	0.066	374			
7				1.436	1.3737	0.3222	0.322	394.7			
8				1.554	1.6070	0.2333	0.233	1687.69			
9				1.676	1.8182	0.2112	0.299	536.87			
10				1.754	1.9131	0.0949	0.196	77.15			
11				2	2	0.0869	0.750	25.07			
总和							5.863	4358			

7.4 阶梯轴的临界转速计算

可将阶梯轴简化为多质量集中参数的计算模型，使用本章介绍的传递矩阵法，做较准确的计算。

如果只需作近似的估算，则可用式（27-7-2）。但计算轴的截面惯性矩需用当量直径 D_m，阶梯轴的当量直径 D_m 可按式（27-7-5）作粗略计算。

$$D_m = \alpha \frac{\sum d_i \Delta l_i}{\sum \Delta l_i} \qquad (27\text{-}7\text{-}5)$$

式中 d_i——阶梯轴各阶的直径，m；
Δl_i——对应于 d_i 段的轴段长度，m；
α——经验修正系数。

若阶梯轴最粗一段（或几段）的轴长度超过全长的 50% 时，可取 $\alpha=1$，小于 15% 时，此段当作轴环，另按次粗段来考虑。在一般情况下，最好按照同系列机器的计算对象，选取有准确解的轴试算几例，从中找出 α 值。例如，一般的压缩机、离心机、鼓风机可取 $\alpha=1.094$。

7.5 轴系的模型与参数

7.5.1 力学模型

表 27-7-6 力学模型

轴系组成		简化模型	说明
圆盘		刚性质量圆盘模型 m_{ci} 和 $I_i(I_{pf})$	将转子按轴径变化和装在轴上零件不同分为若干段。每段的质量以集中质量代替，并按质心不变原则分配到该段轴的两端。两质量间以弹性无质量等截面梁连接，弯曲刚度 EJ_i 和实际轴段相等。对轴段划分越细，计算精度越高，但计算工作量也越大。有时为简化计算，还可略去轴的质量，仅计轴上件质量
转轴		离散质量模型 $m'_i = m'_{i,i} + m'_{i,i+1}$（$I'_i = I'_{i,i} + I'_{i,i+1}$）	
		无质量弹性梁模型 EJ、l_i、J、a_i、GA_i	
支承	弹性支承模型	支承形式如下图，图(a)只考虑支承静刚度 K；图(b)同时考虑支承静刚度 K 和扭转刚度 K_θ；图(c)同是考虑支承刚度 K_2、油膜刚度 K_1 及参振质量为 m 的弹性支承；图(d)同时考虑支承静刚度 K 和阻尼系数 C 的弹性支承 (a) (b) (c) (d)	弹性支承的刚度可通过测试方法获得。对于大中型机组支承总刚度与转子刚度相近且较精确计算轴系临界转速时，支承必须按弹性支承考虑。特别是支承的动刚度随着转子转速的变化而变化，转速越高支座的动刚度越低，因此，在计算高速转子和高阶临界转速时，支承更应按弹性支承考虑
	刚性支承模型		刚性支承形式和支反力作用点及模型适用范围完全与表 27-7-1 刚性支承模型相同

7.5.2 滚动轴承支承刚度

表 27-7-7　　　　　　　　　　　　　滚动轴承支承刚度

项　　目		计算公式	公式使用说明
单个滚动轴承径向刚度		$K = \dfrac{F}{\delta_1 + \delta_2 + \delta_3}$ (N/μm)	F——径向负荷,N δ_1——轴承的径向弹性位移,μm δ_2——轴承外圈与箱体的接触变形,μm δ_3——轴承内圈与轴颈的接触变形,μm β——弹性位移系数,根据相对间隙 g/δ_0 从图 27-7-2 查出 δ_0——轴承中游隙为零时的径向弹性位移,μm,根据表 27-7-8 的公式进行计算 g——轴承的径向游隙,有游隙时取正号,预紧时取负号,μm Δ——直径上的配合间隙或过盈,μm H_1——系数,由图 27-7-3(a)根据 n 查出,$n = \dfrac{0.096}{\Delta}\sqrt{\dfrac{2F}{bd}}$ H_2——系数,由图 27-7-3(b)根据 Δ/d 查出,当轴承内圈与轴颈为锥体配合时,H_2 可取 0.05,间隙为零时,H_2 可取 0.25 b——轴承套圈宽度,cm d——配合表面直径,cm,计算 δ_3 时为轴承内径,计算 δ_2 时为轴承外径
滚动轴承径向弹性位移	已经预紧时	$\delta_1 = \beta\delta_0$ (μm)	
	存在游隙时	$\delta_1 = \beta\delta_0 - g/2$ (μm)	
轴承配合表面接触变形(外圈或内圈)	有间隙的配合	$\delta_2 = \delta_3 = H_1\Delta$ (μm)	
	有过盈的配合	$\delta_2 = \delta_3 = \dfrac{0.204FH_2}{\pi bd}$ (μm)	

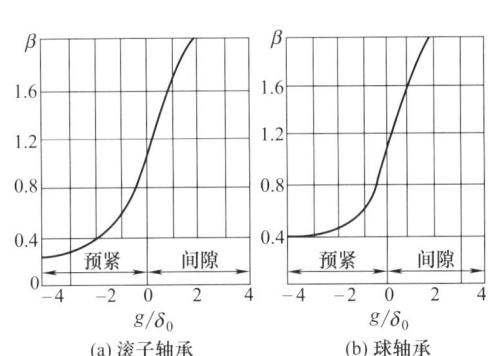

图 27-7-2　弹性位移系数

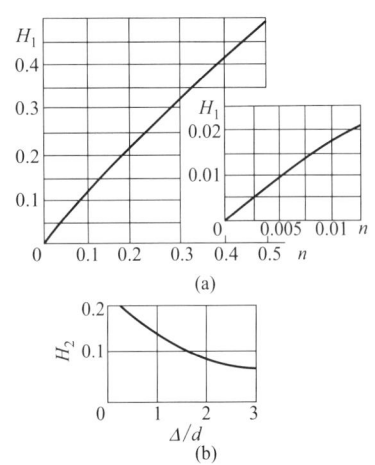

图 27-7-3　接触变形系数曲线

表 27-7-8　　　　　　　　　　　　　滚动轴承径向弹性位移

轴承类型	径向弹性位移 δ_0/μm	轴承类型	径向弹性位移 δ_0/μm
深沟球轴承	$\delta_0 = 0.437\sqrt[3]{Q^2/d_\delta}$ $= 1.277\sqrt[3]{\left(\dfrac{F}{z}\right)^2/d_\delta}$	角接触球轴承	$\delta_0 = \dfrac{0.437}{\cos\alpha}\sqrt[3]{Q^2/d_\delta}$
调心球轴承	$\delta_0 = \dfrac{0.699}{\cos\alpha}\sqrt[3]{Q^2/d_\delta}$	圆柱滚子轴承	$\delta_0 = 0.0769(Q^{0.9}/d_\delta^{0.8})$ $= 0.3333\left(\dfrac{F}{iz}\right)^{0.9}/l_n^{0.8}$
双列圆柱滚子轴承	$\delta_0 = \dfrac{0.0625F^{0.893}}{d^{0.815}}$	内圈无挡边双列圆柱滚子轴承	$\delta_0 = \dfrac{0.045F^{0.897}}{d^{0.8}}$
圆锥滚子轴承	$\delta_0 = \dfrac{0.0769Q^{0.9}}{l_a^{0.8}\cos\alpha}$	滚动体上的负荷	$\delta_0 = \dfrac{5F}{iz\cos\alpha}$ (N)

注:F——轴承的径向负荷,N;i——滚动体列数;z——每列滚动体数;d_δ——滚动体直径,mm;d——轴承孔径,mm;α——轴承的接触角,(°);l_a——滚动体有效长度,mm,$l_a = l - 2r$;l——滚子长度,mm;r——滚子倒圆角半径,mm。

[例] 某机器的支承中装有一个双列圆柱滚子轴承3182120（$d=100\text{mm}$，$D=150\text{mm}$，$b=37\text{mm}$，$i=2$，$z=30$，$d_\delta=11\text{mm}$，$l=11\text{mm}$，$r=0.8\text{mm}$）。轴承的预紧量为$5\mu\text{m}$（即$g=-5\mu\text{m}$），外圆与箱体孔的配合过盈量为$5\mu\text{m}$（即$\Delta=5\mu\text{m}$），$F=4900\text{N}$。求支承的刚度。

解 （1）求间隙为零时轴承的径向弹性位移δ_0
根据表27-7-8

$$\delta_0 = \frac{0.0625 F^{0.893}}{d^{0.815}} = \frac{0.0625 \times 4900^{0.893}}{100^{0.815}}$$
$$= 2.89 \mu\text{m}$$

（2）求轴承有$5\mu\text{m}$预紧量时的径向弹性位移δ_1
计算相对间隙：$g/\delta_0 = -5/2.89 = -1.73$
从图27-7-2查得：$\beta=0.47$，于是得
$$\delta_1 = \beta\delta_0 = 0.47 \times 2.89 = 1.35 \mu\text{m}$$

（3）求轴承外圈与箱体孔的接触变形δ_2
计算Δ/D：$\Delta/D = 5/15 = 0.333$，从图27-7-3（b）查得$H_2=0.2$，于是
$$\delta_2 = \frac{0.204 F H_2}{\pi b D} = \frac{0.204 \times 4900 \times 0.2}{\pi \times 3.7 \times 15} = 1.15 \mu\text{m}$$

（4）求轴承内圈与轴颈的接触变形δ_3
$$\delta_3 = \frac{0.204 F H_2}{\pi b D} = \frac{0.204 \times 4900 \times 0.05}{\pi \times 3.7 \times 10} = 0.43 \mu\text{m}$$

（5）求支承刚度
将δ_1、δ_2、δ_3代入刚度公式得
$$K = \frac{F}{\delta_1+\delta_2+\delta_3} = \frac{4900}{1.35+1.15+0.43} = 1672 \text{N}/\mu\text{m}$$

7.5.3 滑动轴承支承刚度

滑动轴承力学模型如图27-7-4所示。沿各方向的刚度：

$$K_{yy} = \frac{\overline{K}_{yy} W}{c} \text{ (N/m)} \quad K_{xx} = \frac{\overline{K}_{xx} W}{c} \text{ (N/m)}$$

$$K_{yx} = \frac{\overline{K}_{yx} W}{c} \text{ (N/m)} \quad K_{xy} = \frac{\overline{K}_{xy} W}{c} \text{ (N/m)}$$

(27-7-6)

式中　　W——轴颈上受的稳定静载荷，N；
　　　　c——轴承半径间隙，m；
$\overline{K}_{yy}$，$\overline{K}_{xx}$，$\overline{K}_{yx}$，$\overline{K}_{xy}$——量纲一刚度系数，可根据轴瓦形式、S、L/D和δ值由表27-7-9查得。

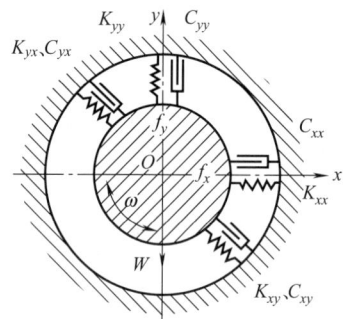

图27-7-4　滑动轴承力学模型

表27-7-9　几种常用轴瓦的参数值

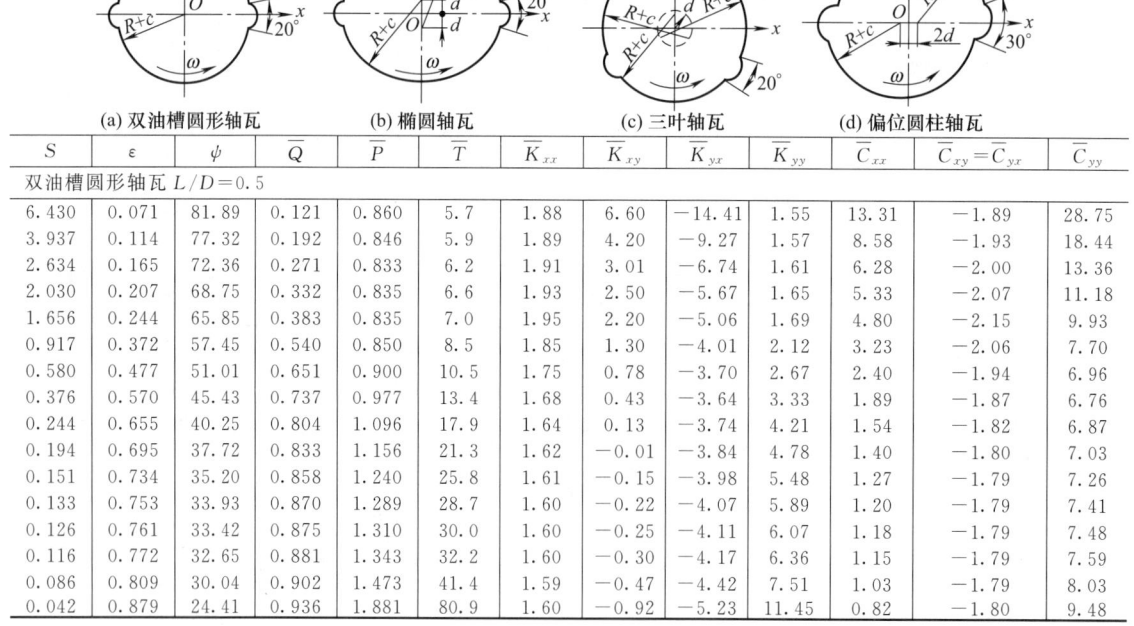

(a) 双油槽圆形轴瓦　　(b) 椭圆轴瓦　　(c) 三叶轴瓦　　(d) 偏位圆柱轴瓦

S	ε	ψ	$\overline{Q}$	$\overline{P}$	$\overline{T}$	$\overline{K}_{xx}$	$\overline{K}_{xy}$	$\overline{K}_{yx}$	$\overline{K}_{yy}$	$\overline{C}_{xx}$	$\overline{C}_{xy}=\overline{C}_{yx}$	$\overline{C}_{yy}$
双油槽圆形轴瓦 $L/D=0.5$												
6.430	0.071	81.89	0.121	0.860	5.7	1.88	6.60	−14.41	1.55	13.31	−1.89	28.75
3.937	0.114	77.32	0.192	0.846	5.9	1.89	4.20	−9.27	1.57	8.58	−1.93	18.44
2.634	0.165	72.36	0.271	0.833	6.2	1.91	3.01	−6.74	1.61	6.28	−2.00	13.36
2.030	0.207	68.75	0.332	0.835	6.6	1.93	2.50	−5.67	1.65	5.33	−2.07	11.18
1.656	0.244	65.85	0.383	0.835	7.0	1.95	2.20	−5.06	1.69	4.80	−2.15	9.93
0.917	0.372	57.45	0.540	0.850	8.5	1.85	1.30	−4.01	2.12	3.23	−2.06	7.70
0.580	0.477	51.01	0.651	0.900	10.5	1.75	0.78	−3.70	2.67	2.40	−1.94	6.96
0.376	0.570	45.43	0.737	0.977	13.4	1.68	0.43	−3.64	3.33	1.89	−1.87	6.76
0.244	0.655	40.25	0.804	1.096	17.9	1.64	0.13	−3.74	4.21	1.54	−1.82	6.87
0.194	0.695	37.72	0.833	1.156	21.3	1.62	−0.01	−3.84	4.78	1.40	−1.80	7.03
0.151	0.734	35.20	0.858	1.240	25.8	1.61	−0.15	−3.98	5.48	1.27	−1.79	7.26
0.133	0.753	33.93	0.870	1.289	28.7	1.60	−0.22	−4.07	5.89	1.20	−1.79	7.41
0.126	0.761	33.42	0.875	1.310	30.0	1.60	−0.25	−4.11	6.07	1.18	−1.79	7.48
0.116	0.772	32.65	0.881	1.343	32.2	1.60	−0.30	−4.17	6.36	1.15	−1.79	7.59
0.086	0.809	30.04	0.902	1.473	41.4	1.59	−0.47	−4.42	7.51	1.03	−1.79	8.03
0.042	0.879	24.41	0.936	1.881	80.9	1.60	−0.92	−5.23	11.45	0.82	−1.80	9.48

续表

S	ε	ψ	$\overline{Q}$	$\overline{P}$	$\overline{T}$	$\overline{K}_{xx}$	$\overline{K}_{xy}$	$\overline{K}_{yx}$	$\overline{K}_{yy}$	$\overline{C}_{xx}$	$\overline{C}_{xy}=\overline{C}_{yx}$	$\overline{C}_{yy}$
双油槽圆形轴瓦 $L/D=1$												
1.470	0.103	75.99	0.135	0.850	5.9	1.50	3.01	−10.14	1.53	6.15	−1.53	20.34
0.991	0.150	70.58	0.189	0.844	6.2	1.52	2.16	−7.29	1.56	4.49	−1.58	14.66
0.636	0.224	63.54	0.264	0.843	6.9	1.56	1.57	−5.33	1.62	3.41	−1.70	10.80
0.358	0.352	55.41	0.369	0.853	8.7	1.48	0.97	−3.94	1.95	2.37	−1.63	8.02
0.235	0.460	49.27	0.436	0.914	11.1	1.55	0.80	−3.57	2.19	2.19	−1.89	7.36
0.159	0.559	44.33	0.484	1.005	14.2	1.48	0.48	−3.36	2.73	1.74	−1.78	6.94
0.108	0.650	39.72	0.516	1.136	19.2	1.44	0.23	−3.34	3.45	1.43	−1.72	6.89
0.071	0.734	35.16	0.534	1.323	27.9	1.44	−0.03	−3.50	4.49	1.20	−1.70	7.15
0.056	0.773	32.82	0.540	1.449	34.9	1.45	−0.18	−3.65	5.23	1.10	−1.71	7.42
0.050	0.793	31.29	0.541	1.524	39.6	1.45	−0.26	−3.75	5.69	1.06	−1.71	7.60
0.044	0.811	30.39	0.543	1.608	45.3	1.46	−0.35	−3.88	6.22	1.01	−1.72	7.81
0.024	0.883	25.02	0.543	2.104	89.6	1.53	−0.83	−4.69	9.77	0.83	−1.78	9.17
椭圆轴瓦 $\delta=0.5, L/D=0.5$												
7.079	0.024	88.79	0.512	1.313	9.8	1.29	57.12	−40.32	91.58	45.50	63.29	159.20
2.723	0.061	88.58	0.518	1.315	10.0	0.74	22.03	−15.77	35.54	17.80	23.96	61.63
1.889	0.086	88.33	0.525	1.318	10.3	0.71	15.33	−11.18	24.93	12.59	16.31	43.14
1.229	0.127	87.75	0.541	1.325	10.8	0.78	10.03	−7.66	16.68	8.57	10.11	28.65
0.976	0.155	87.22	0.555	1.332	11.2	0.84	7.99	−6.39	13.59	7.08	7.66	23.20
0.832	0.176	86.75	0.567	1.338	11.6	0.90	6.82	−5.69	11.88	6.23	6.23	20.14
0.494	0.254	84.36	0.624	1.371	13.5	1.00	3.99	−4.28	8.11	4.27	2.76	13.26
0.318	0.323	81.08	0.684	1.421	16.4	1.23	2.34	−3.82	6.52	3.15	0.81	10.03
0.236	0.364	78.09	0.723	1.468	19.4	1.31	1.49	−3.76	6.07	2.54	−0.11	8.80
0.187	0.391	75.18	0.747	1.515	22.6	1.37	0.92	−3.82	6.03	2.13	−0.66	8.23
0.153	0.410	72.26	0.762	1.562	26.1	1.41	0.52	−3.92	6.21	1.82	−1.02	7.98
0.127	0.424	69.31	0.770	1.612	30.1	1.45	0.21	−4.04	6.53	1.58	−1.26	7.91
0.090	0.444	63.24	0.772	1.727	40.1	1.50	−023	−4.33	7.55	1.23	−1.54	8.11
椭圆轴瓦 $\delta=0.5, L/D=1$												
1.442	0.050	93.81	0.309	1.338	10.8	−1.29	22.14	−22.65	38.58	18.60	28.14	79.05
0.698	0.100	93.12	0.320	1.345	11.2	−0.24	10.79	−11.25	18.93	9.40	12.97	38.73
0.442	0.150	91.97	0.338	1.357	11.9	0.26	6.87	−7.45	12.28	6.36	7.50	25.00
0.308	0.200	90.37	0.361	1.376	12.8	0.58	4.79	−5.58	8.93	4.82	4.50	17.99
0.282	0.213	89.87	0.368	1.382	13.1	0.66	4.38	−5.24	8.30	4.53	3.91	16.66
0.271	0.220	89.61	0.372	1.385	13.2	0.69	4.20	−5.09	8.03	4.40	3.64	16.08
0.261	0.226	89.37	0.375	1.388	13.4	0.72	4.03	−4.96	7.79	4.28	3.41	15.57
0.240	0.239	88.80	0.383	1.396	13.7	0.77	3.70	−4.70	7.31	4.04	2.93	14.54
0.224	0.250	88.28	0.389	1.403	14.1	0.82	3.43	−4.51	6.95	3.86	2.55	13.74
0.211	0.260	87.79	0.395	1.409	14.4	0.86	3.21	−4.36	6.65	3.70	2.23	13.09
0.161	0.304	85.29	0.423	1.445	16.2	1.01	2.32	−3.84	5.63	3.07	1.02	10.75
0.120	0.350	81.80	0.452	1.500	19.1	1.14	1.52	−3.54	4.99	2.49	0.01	9.04
0.097	0.381	78.65	0.470	1.554	22.1	1.21	1.01	−3.46	4.82	2.10	−0.56	8.26
0.081	0.403	75.63	0.479	1.607	25.4	1.26	0.65	−3.47	4.87	1.82	−0.92	7.87
0.069	0.419	72.65	0.484	1.664	29.1	1.31	0.38	−3.52	5.06	1.60	−1.17	7.71
0.060	0.432	69.69	0.485	1.724	33.4	1.34	0.16	−3.60	5.36	1.42	−1.34	7.67
0.045	0.451	63.70	0.478	1.867	44.3	1.40	−0.19	−3.83	6.25	1.16	−1.56	7.88

续表

S	ε	ψ	$\overline{Q}$	$\overline{P}$	$\overline{T}$	$\overline{K}_{xx}$	$\overline{K}_{xy}$	$\overline{K}_{yx}$	$\overline{K}_{yy}$	$\overline{C}_{xx}$	$\overline{C}_{xy}=\overline{C}_{yx}$	$\overline{C}_{yy}$
三叶轴瓦,预载 $\delta=0.5, L/D=0.5$												
6.574	0.018	55.45	0.250	1.420	8.2	31.32	46.78	−45.43	34.58	93.55	1.46	97.87
3.682	0.031	56.03	0.251	1.421	8.5	17.08	26.57	−25.35	20.35	51.73	1.35	56.10
2.523	0.045	56.57	0.252	1.423	8.9	11.48	18.48	−17.41	14.75	35.06	1.22	39.50
1.621	0.070	57.35	0.255	1.429	9.5	7.25	12.20	−11.38	10.53	22.25	1.01	26.81
1.169	0.094	57.95	0.259	1.437	10.2	5.26	9.06	−8.49	8.56	15.96	0.79	20.62
0.717	0.144	58.62	0.271	1.461	11.8	3.49	5.92	−5.85	6.85	9.93	0.37	14.74
0.491	0.192	58.63	0.285	1.497	13.8	2.77	4.34	−4.75	6.27	7.12	−0.02	12.07
0.356	0.237	58.14	0.300	1.543	16.2	2.41	3.35	−4.26	6.15	5.51	−0.36	10.67
0.267	0.278	57.30	0.315	1.599	19.1	2.19	2.63	−4.05	6.29	4.46	−0.66	9.87
0.203	0.314	56.18	0.331	1.665	22.8	2.04	2.05	−4.00	6.62	3.68	−0.91	9.43
0.156	0.347	54.85	0.345	1.742	27.6	1.90	1.55	−4.05	7.11	3.06	−1.12	9.23
0.141	0.360	54.26	0.352	1.776	29.8	1.85	1.36	−4.10	7.35	2.84	−1.20	9.20
1.121	0.377	53.31	0.361	1.830	33.6	1.78	1.09	−4.19	7.77	2.54	−1.30	9.20
0.093	0.402	51.55	0.379	1.931	41.6	1.67	0.67	−4.39	8.63	2.10	−1.44	9.30
0.055	0.441	47.10	0.419	2.182	66.1	1.49	−0.14	−4.94	11.07	1.29	−1.61	9.91
三叶轴瓦,预载 $\delta=0.5, L/D=1$												
3.256	0.020	59.21	0.132	1.424	8.8	25.25	43.40	−43.30	28.31	88.33	1.11	94.58
1.818	0.035	59.68	0.133	1.426	9.2	13.70	24.34	−24.39	16.74	48.27	0.98	54.59
1.243	0.050	60.09	134	1.429	9.6	9.18	16.72	−16.93	12.21	32.37	0.84	38.75
0.796	0.076	60.62	0.136	1.436	10.4	5.80	10.82	−11.26	8.82	20.18	0.61	26.62
0.574	0.103	60.95	0.139	1.447	11.2	4.24	7.90	−8.55	7.24	14.27	0.37	20.73
0.353	0.155	61.00	0.147	1.478	13.0	2.89	5.02	−6.07	5.91	8.70	−0.06	15.15
0.245	0.203	60.44	0.156	1.521	15.2	2.36	3.60	−5.01	5.48	6.16	−0.43	12.59
0.181	0.246	59.46	0.165	1.574	17.8	2.09	2.74	−4.49	5.41	4.73	−0.73	11.20
0.138	0.285	58.22	0.173	1.637	21.0	1.92	2.12	−4.22	5.54	3.81	−0.98	10.39
0.108	0.320	56.80	0.181	1.710	24.9	1.80	1.65	−4.10	5.83	3.16	−1.18	9.91
0.085	0.351	55.23	0.189	1.794	29.9	1.71	1.26	−4.08	6.25	2.67	−1.35	9.64
0.068	0.379	53.54	0.197	1.891	36.2	1.62	0.92	−4.13	6.82	2.29	−1.48	9.54
0.062	0.389	52.82	0.201	1.934	39.2	1.59	0.79	−4.17	7.09	2.16	−1.52	9.54
0.054	0.403	51.68	0.208	2.014	44.4	1.54	0.57	−4.25	7.56	1.92	−1.57	9.57
0.034	0.441	47.19	0.232	2.290	69.8	1.42	−0.11	−4.65	9.70	1.23	−1.67	10.03
偏位圆柱轴瓦,预载 $\delta=0.5, L/D=0.5$												
8.519	0.025	−4.87	1.664	0.971	7.7	64.74	−5.48	−82.04	47.06	59.71	−45.00	97.56
4.240	0.050	−4.82	1.664	0.972	8.0	32.32	−2.64	−41.06	23.60	29.94	−22.62	49.04
2.805	0.075	−4.72	1.664	0.975	8.4	21.49	−1.65	−27.42	15.81	20.06	−15.22	32.97
2.081	0.100	−4.59	1.664	0.978	8.8	16.05	−1.12	−20.61	11.93	15.15	−11.56	25.01
1.339	0.150	−4.14	1.660	0.988	9.7	10.56	−0.54	−13.79	8.08	10.25	−7.98	17.15
0.953	0.200	−3.47	1.649	1.002	10.8	7.78	−0.20	−10.39	6.18	7.83	−6.31	13.34
0.717	0.250	−2.76	1.641	1.023	12.1	6.15	0.05	−8.45	5.14	6.51	−5.43	11.29
0.555	0.300	−2.02	1.637	1.036	13.7	5.00	0.09	−7.20	4.63	5.38	−4.76	10.00
0.493	0.325	−1.78	1.637	1.052	14.2	4.53	−0.01	−6.72	4.56	4.74	−4.38	9.49
0.353	0.400	−1.70	1.645	1.108	16.5	3.53	−0.22	−5.78	4.63	3.40	−3.56	8.51
0.284	0.450	−2.00	1.656	1.154	18.4	3.08	−0.33	−5.40	4.85	2.79	−3.18	8.17
0.228	0.500	−2.51	1.671	1.210	21.0	2.74	−0.42	−5.15	5.18	2.34	−2.88	7.99
0.182	0.551	−3.19	1.690	1.276	24.4	2.48	−0.51	−5.01	5.65	1.98	−2.65	7.95
0.162	0.576	−3.58	1.700	1.314	26.5	2.37	−0.55	−4.97	5.93	1.82	−2.55	7.97
0.143	0.601	−4.02	1.711	1.357	28.9	2.27	−0.60	−4.95	6.26	1.69	−2.46	8.02
0.126	0.627	−4.49	1.723	1.404	31.9	2.19	−0.65	−4.95	6.64	1.56	−2.38	8.10

续表

S	ε	ψ	$\overline{Q}$	$\overline{P}$	$\overline{T}$	$\overline{K}_{xx}$	$\overline{K}_{xy}$	$\overline{K}_{yx}$	$\overline{K}_{yy}$	$\overline{C}_{xx}$	$\overline{C}_{xy}=\overline{C}_{yx}$	$\overline{C}_{yy}$
偏位圆柱轴瓦,预载 $\delta=0.5, L/D=0.5$												
3.780	0.025	−8.21	1.271	1.030	7.7	56.69	−8.14	−83.73	52.13	47.10	−42.08	113.96
1.883	0.051	−8.16	1.271	1.031	8.0	28.31	−3.99	−41.89	26.11	23.61	−21.13	57.20
1.247	0.076	−8.08	1.271	1.034	8.3	18.83	−2.57	−27.95	17.45	15.81	−14.19	38.38
0.927	0.101	−7.96	1.271	1.037	8.7	14.08	−1.83	−20.99	13.13	11.93	−10.75	29.04
0.596	0.151	−7.46	1.266	1.047	9.5	9.22	−1.05	−13.89	8.74	8.00	−7.33	19.61
0.418	0.201	−6.58	1.244	1.061	10.6	6.68	−0.62	−10.17	6.44	5.96	−5.64	14.73
0.316	0.251	−5.85	1.224	1.081	11.8	5.26	−0.33	−8.13	5.22	4.90	−4.78	12.18
0.248	0.301	−5.10	1.206	1.105	13.2	4.35	−0.11	−6.87	4.49	4.28	−4.30	10.71
0.198	0.351	−4.29	1.191	1.133	15.3	3.70	0.04	−6.02	4.08	3.83	−3.99	9.80
0.160	0.401	−3.59	1.179	1.168	17.4	3.17	−0.01	−5.40	4.00	3.22	−3.57	9.07
0.130	0.451	−3.27	1.171	1.223	19.6	2.76	−0.12	−4.96	4.13	2.65	−3.15	8.55
0.107	0.501	−3.28	1.166	1.289	22.4	2.46	−0.22	−4.68	4.37	2.22	−2.84	8.23
0.087	0.551	−3.54	1.165	1.369	26.1	2.23	−0.31	−4.50	4.74	1.89	−2.60	8.08
0.078	0.576	−3.76	1.166	1.415	28.5	2.14	−0.36	−4.45	4.98	1.75	−2.50	8.06
0.070	0.601	−4.03	1.167	1.466	31.2	2.06	−0.41	−4.42	5.25	1.63	−2.42	8.07

S 值的确定方法,一般是先预估轴瓦中油的温度,并确定润滑油的动力黏度 η,再算出 Sommerfeld 数,即 S 值:

$$S=\frac{\eta NDL}{W}\left(\frac{R}{c}\right)^2$$

式中 η——润滑油动力黏度,$N \cdot s/m^2$;
D——轴颈直径,m;
R——轴颈半径,m;
N——轴颈转速,r/s;
L——轴颈长,m。

查表用到的量值:

L/D——轴颈的长径比;
δ——量纲一预载,$\delta=d/c$;
d——轴瓦各段曲面圆心至轴瓦中心距离,不同形式轴瓦的预载详见表 27-7-9 的表头图。

根据轴瓦形式、L/D、δ 和预估油温条件下的 S 值,可由表 27-7-9 查出该轴瓦的量纲一值 $\overline{Q}$、$\overline{P}$、$\overline{T}$。若假定 80% 的摩擦热为润滑油吸收,利用热平衡关系就能得到轴承工作温度:

$$T_{\text{工作}}=T_{\text{供油}}+0.8\frac{P}{c_V Q}T_{\text{供油}}+0.8\frac{\eta\omega}{c_V}\left(\frac{R}{c}\right)^2 4\pi\frac{\overline{P}}{\overline{Q}}$$

(27-7-7)

式中 $\overline{Q}$——量纲一边流,$\overline{Q}=Q/(0.5\pi NDLc)$,查表 27-7-9;
$\overline{P}$——量纲一摩擦功耗,$\overline{P}=Pc/(\pi^3\eta N^2 LD^3)$,查表 27-7-9;
$\overline{T}$——轴瓦量纲一温升,$\overline{T}=\Delta T/\eta\omega/c_V$ $\left(\frac{R}{c}\right)^2$,查表 27-7-9;

c_V——单位体积润滑油的比热容,$J/(m^3 \cdot ℃)$;
ω——轴颈的转动角速度,rad/s;
P——每秒消耗的摩擦功,$N \cdot m/s$。

油膜中的最高温度

$$T_{\max}=T_{\text{工作}}+\Delta T=T_{\text{工作}}+\frac{\eta\omega}{c_V}\left(\frac{R}{c}\right)^2\overline{T}$$

(27-7-8)

所以,可用 $T_{\max}$ 作为确定润滑油黏度的温度。如果 $T_{\max}$ 与最初估计的温度值不同,就需要重新估计温度再按上述过程计算,直到两温度值基本一致为止,最后确定了正确的 S 值,按该 S 值从表 27-7-9 查得量纲一刚度系数 $\overline{K}_{yy}$、$\overline{K}_{xx}$、$\overline{K}_{yx}$、$\overline{K}_{xy}$,这些值虽有差别,但差别不大,所以,在计算轴系临界转速时,只考虑 $\overline{K}_{yy}$。

7.5.4 支承阻尼

各类支承的阻尼值,一般通过试验求得,目前尚无准确的计算公式,表 27-7-10 列出了各类轴承阻尼比的概略值。

表 27-7-10 各类轴承阻尼比的概略值

轴承类型		阻尼比 ζ
滚动轴承	无预负荷	0.01~0.02
	有预负荷	0.02~0.03
滑动轴承	单油楔动压轴承	0.03~0.045
	多油楔动压轴承	0.04~0.06
	静压轴承	0.045~0.065

注:滑动轴承阻尼系数也可从表 27-7-9 查得量纲一阻尼系数 $\overline{C}_{yy}$、$\overline{C}_{xx}$、$\overline{C}_{yx}$、$\overline{C}_{xy}$ 值,换算成有单位的阻尼系数,$C_{yy}=\overline{C}_{yy}W/c\omega$、$C_{xx}=\overline{C}_{xx}W/c\omega$、$C_{xy}=C_{yx}=\overline{C}_{xy}W/c\omega$。

7.6 轴系的临界转速计算

7.6.1 轴系的特征值问题

通常轴系支承在同一水平线上，由于转子的重力作用，未转动时，转轴发生了弯曲静变形，转动时，这种弯曲有可能加大。实际上当转子以 ω 的角速度回转时，由于不平衡质量激励，轴系只能做同步正向涡动，即圆盘相对于轴线弯曲平面的角速度 $(\Omega-\omega)$ 为零，这种状态下，转轴不承受交变力矩，轴材料内阻不起作用，轴系的运动微分方程就是轴系的弯曲振动微分方程，轴系的临界转速问题即为轴系弯曲振动的特征值问题。

为计算轴系的临界转速，首先应将轴系按前节方法转化为质量离散化的有限元单元模型。将各质量单元（圆盘）和梁（转轴）单元自左向右编号，则有 m_i、I_i、I_{pi} $(i=1,2,\cdots,n)$ 和 l_i、EJ_i、$\alpha_i GA_i$ $(i=1,2,\cdots,n-1)$；各支座自左至右编号，则有 K_{pj}、m_{bj}、K_{bj} $(j=1,2,\cdots,l)$；支座轴颈中心编号用数组 $S(j)$ 表示，对于 $l<n$ 系统，轴颈中心编号同有支座作用的质点编号是一致的，它是联系 i 和 j 的桥梁。现对第 i 个轴段进行分析，单元两端面的挠度 γ 和转角 θ 与图 27-7-5 所示弯矩 M 和剪力 Q 存在下列关系：

$$\left\{\begin{array}{c}\gamma\\ \theta\\ M\\ Q\end{array}\right\}_{i+1}=\begin{bmatrix}1 & l_i & l_i^2/2EJ_i & l_i^3(1-v_i)/6EJ_i\\ 0 & 1 & l_i/EJ_i & l_i^2/2EJ_i\\ 0 & 0 & 1 & l_i\\ 0 & 0 & 0 & 1\end{bmatrix}\left\{\begin{array}{c}\gamma'\\ \theta'\\ M'\\ Q'\end{array}\right\}_i \tag{27-7-9}$$

式中 $v_i=(6EJ_i/\alpha_i GA_i l_i^2)$

α_i 为与截面形状有关的因子，对于实心圆轴 $\alpha_i=0.886$，A_i 为截面积，G 切变模量。

再对第 i 个圆盘进行分析，当轴以 ω 的角速度作同步正向涡动时，由图 27-7-5 所示的第 i 个圆盘得：

$$\begin{array}{l}Q_i^L-Q_i^R=K_{pj}(\gamma_j-\gamma_{bj})-m_i\gamma_i\omega^2=Q_i-Q_i' \quad (\text{令 } Q_i=Q_i^L)\\ M_i^R-M_i^L=-(I_i-I_{pi})\omega^2\theta_i=M_i'-M_i\end{array} \tag{27-7-10}$$

K_{pj} 为第 j 个支座的油膜刚度，γ_{bj} 为第 j 个支座质量 m_j 的位移。为使符号统一，将 ω 改为 ω_n，第 i 个单元的特征值方程为：

$$(K_i-\omega_n^2 m_i)X_{Mi}=\{0\} \tag{27-7-11}$$

式中 $X_{Mi}=[\gamma_{i-1},\theta_{i-1},\gamma_{i+1},\theta_{i+1},\gamma_{bj}]^T \tag{27-7-12}$

$$m_i=\begin{bmatrix}0 & 0 & m_i & 0 & 0 & 0\\ 0 & 0 & 0 & I_i-I_{vi} & 0 & 0\\ 0 & 0 & 0 & 0 & 0 & 0\\ 0 & 0 & 0 & 0 & 0 & m_{bj}\end{bmatrix} \tag{27-7-13}$$

$$K_i=\begin{bmatrix}-\beta_{1,i-1} & -\beta_{2,i-1} & \beta_{1,i-1}+\beta_{1,i}+K_{pj} & -\beta_{2,i-1}+\beta_{2,1} & -\beta_{1,i} & \beta_{2,i} & -K_{pj}\\ \beta_{2,i-1} & \beta_{3,i-1} & -\beta_{2,i-1}+\beta_{2,1} & \sum_{s=i-1}^{i}(l_s\beta_{2,s}-\beta_{3,s}) & -\beta_{2,i} & \beta_{3,i} & 0\\ 0 & 0 & -K_{pj} & 0 & 0 & 0 & K_{pj}+K_{bj}\end{bmatrix} \tag{27-7-14}$$

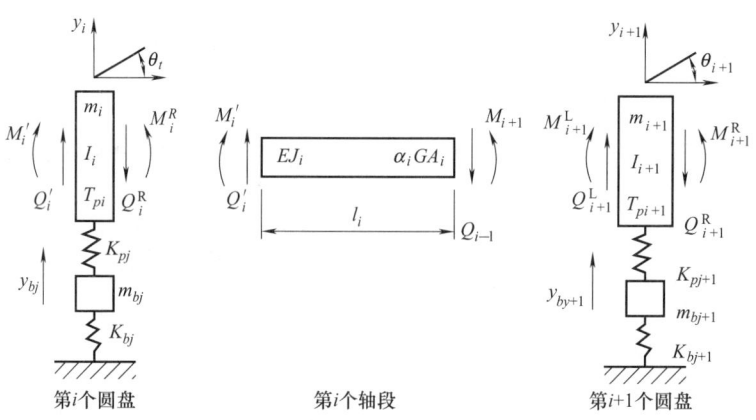

图 27-7-5 单元受力分析

式中

$$\beta_{1,i} = \frac{12EJ_i}{l_i^3(1+2v_i)}, \beta_{2,i} = \frac{l_i\beta_{1,i}}{2}, \beta_{3,i} = \frac{1}{6}l_i^2(1-v_i)\beta_{1,i}$$

(27-7-15)

如果第 i 个圆盘没有支承，则 γ_{bj}、K_{pj}、K_{bj}、m_{bj} 均可去掉，此时 K_{Mi} 为 6×1 阶列阵，$\boldsymbol{m}_i$ 和 $\boldsymbol{K}_i$ 为 2×6 阶矩阵。此处 v_i 定义参阅式（27-7-9）及说明。

以上只是对 i 单元的分析，对其他各单元的分析可得到类似的式（27-7-11）及其相应的式（27-7-12）~式（27-7-15）。将各单元的公式进行组合，就可以得到轴系的 $(2n+1)$ 个自由度的特征方程，求解之，就可得到 ω_n^2 的 $(2n+1)$ 个解。特征值 ω_n^2 并不完全为正实数，除去负数，只有 ω_n^2 为正实数的特征值的平方根才是各阶同步正向涡动的临界角速度。由式（27-7-1）换算为临界转速。

以上只可能运用矩阵迭代法、QR 法等在计算上求解（已有现成软件）。

7.6.2 特征值数值计算实例

[例] 图 27-7-6 所示发电机转子简化模型，两支承参数相同，$K_P = 2.45 \times 10^6$ kN/m，$K_b = 3.92 \times 10^6$ kN/m，$M_b = 17.64$ t，转子数据见表 27-7-11。按上述原始数据以及某些数据做 15% 的调整，根据参数的不同情况分别形成质量矩阵 $\boldsymbol{M}$、刚度矩阵 $\boldsymbol{K}$，用 QR 法计算该转子系统的一、二阶临界转速和振型。

图 27-7-6　发电机转子简化模型

n_{c1}、n_{c2} 的计算结果列于表 27-7-12。其振型矢量由于过于复杂，计算结果未列出。

表 27-7-11　　　　转子各轴段和集中质量数据

轴　段　号	轴段长 l/m	$EJ/10^9$ N·m	集中质量 m/t	质　点　号
1	0.275	0.3116	0.1500	1
2	0.505	0.6674	0.6595	2
3	0.365	0.7948	1.0976	3
4	0.475	1.5856	1.1682	4
5	0.580	1.7160	1.4406	5
6	0.100	6.6669	1.9600	6
7	0.650	7.1324	3.1850	7
8~13	0.650	6.9541	3.9984	8
14	0.650	7.1324	3.9984	9~14
15	0.100	6.6669	3.1850	15
16	0.580	1.5788	1.9404	16
17	0.275	1.4612	1.1476	17
18	0.365	0.7241	0.9486	18
19	0.295	0.5803	0.7791	19
20	0.285	0.3036	0.3989	20
			0.1500	

表 27-7-12　　　调整部分参数值后轴系一、二阶临界转速计算结果

参　数　调　整	用 QR 法计算		用灵敏度公式计算①	
	n_{c1}/r·min^{-1}	n_{c2}/r·min^{-1}	n_{c1}/r·min^{-1}	n_{c2}/r·min^{-1}
两支承的 K_P 和 K_b 都增加 15%	893	2678	893	2687
$i=3,4,5,16,17,18$ 各轴段刚度 EJ 同时增大 15%	905	2695	906	2704
$i=3,4,5,16,17,18$ 各轴段长度 l 同时增大 15%	816	2508	812	2508

① 灵敏度公式见表 27-7-17。

7.6.3 传递矩阵法计算临界转速

传递矩阵法适用于单跨或多跨、弹性支承或刚性支承、有外伸端或无外伸端等各种轴系,而且便于使用计算对轴系的临界转速进行较精确的运算。

把轴系分割成如图 27-7-7 所示的若干单元,每个单元可以是分布质量的轴段、无质量的轴段、集中质量和无质量轴段的组合、弹性支承等。各单元之间的特性也能够矩阵表示,即传递矩阵,再把这些矩阵相乘,求出整个轴系的传递矩阵,利用边界条件得到轴系的临界转速。

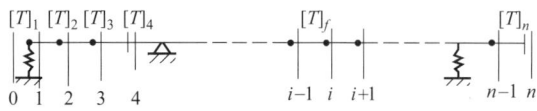

图 27-7-7 传递矩阵法计算模型

每个单元左右两端的状态用挠度 y、倾角 θ、弯矩 M 和剪力 Q 表示,简记为 $\{Z\}=[y、\theta、M、Q]^T$,每个单元的传递关系为

$$\{Z\}_i = [T]_i \{Z\}_{i-1} \quad (27\text{-}7\text{-}16)$$

式中 $[T]_i$——各单元的传递矩阵。

整个轴系的传递方程为

$$\{Z\}_n = [T]_n [T]_{n-1} \cdots [T]_i [T]_{i-1} \cdots [T]_2 [T]_1 \{Z\}_0 = [T]\{Z\}_0 \quad (27\text{-}7\text{-}17)$$

① 单元的传递矩阵 根据各种单元的特性推导出的传递矩阵见表 27-7-13。

② 频率方程 根据各单元的传递矩阵,按式(27-7-17)求出整个轴系的传递方程为

$$\begin{Bmatrix} y \\ \theta \\ M \\ Q \end{Bmatrix}_n = \begin{bmatrix} t_{11} & t_{12} & t_{13} & t_{14} \\ t_{21} & t_{22} & t_{23} & t_{24} \\ t_{31} & t_{32} & t_{33} & t_{34} \\ t_{41} & t_{42} & t_{43} & t_{44} \end{bmatrix} \begin{Bmatrix} y \\ \theta \\ M \\ Q \end{Bmatrix}_0 \quad (27\text{-}7\text{-}18)$$

轴两端的支承形式不同,其边界条件不同,根据边界条件求出频率方程式,见表 27-7-14。求解频率方程得轴系的固有频率,再按式(27-7-1)求得轴系的临界转速。

表 27-7-13 单元的传递矩阵

单元简图	传递矩阵 $[T]_i$ $\{Z\}_i=[T]_i\{Z\}_{i-1}$
无质量轴段	$\begin{Bmatrix} y \\ \theta \\ M \\ Q \end{Bmatrix}_i = \begin{bmatrix} 1 & l & \dfrac{l^2}{2EI} & \dfrac{l^3}{6EI} \\ 0 & 1 & \dfrac{l}{EI} & \dfrac{l^2}{2EI} \\ 0 & 0 & 1 & l \\ 0 & 0 & 0 & 1 \end{bmatrix}_i \times \begin{Bmatrix} y \\ \theta \\ M \\ Q \end{Bmatrix}_{i-1}$
无质量轴段与集中质量的组合	$\begin{Bmatrix} y \\ \theta \\ M \\ Q \end{Bmatrix}_i = \begin{bmatrix} 1 & l & \dfrac{l^2}{2EI} & \dfrac{l^3}{6EI} \\ 0 & 1 & \dfrac{l}{EI} & \dfrac{l^2}{2EI} \\ 0 & 0 & 1 & l \\ m\omega^2 & ml\omega^2 & \dfrac{ml^2\omega^2}{2EI} & 1+\dfrac{ml^3\omega^2}{6EI} \end{bmatrix}_i \times \begin{Bmatrix} y \\ \theta \\ M \\ Q \end{Bmatrix}_{i-1}$
分布质量轴段	$\begin{Bmatrix} y \\ \theta \\ M \\ Q \end{Bmatrix}_i = \begin{bmatrix} S & \dfrac{T}{\lambda} & \dfrac{U}{EI\lambda^2} & \dfrac{V}{EI\lambda^3} \\ \lambda V & S & \dfrac{T}{EI\lambda} & \dfrac{U}{EI\lambda^2} \\ \lambda^2 EIU & \lambda EIV & S & \dfrac{T}{\lambda} \\ \lambda^3 EIT & \lambda^2 EIU & \lambda V & S \end{bmatrix}_i \times \begin{Bmatrix} y \\ \theta \\ M \\ Q \end{Bmatrix}_{i-1}$

续表

单元简图	传递矩阵$[T]_i$ $\qquad \{Z\}_i=[T]_i\{Z\}_{i-1}$
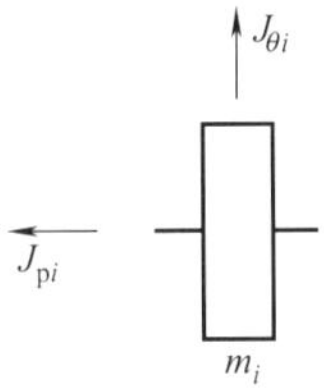 圆盘	$\begin{bmatrix} y \\ \theta \\ M \\ Q \end{bmatrix}_i = \begin{bmatrix} 1 & 0 & 0 & 0 \\ 0 & 1 & 0 & 0 \\ 0 & (J_p-J_0)^2 & 1 & 0 \\ m\omega^2 & 0 & 0 & 1 \end{bmatrix}_i \times \begin{bmatrix} y \\ \theta \\ M \\ Q \end{bmatrix}_{i-1}$
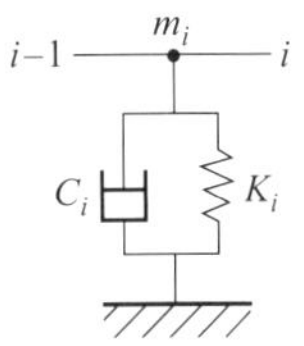 弹性支承	$\begin{bmatrix} y \\ \theta \\ M \\ Q \end{bmatrix}_i = \begin{bmatrix} 1 & 0 & 0 & 0 \\ 0 & 1 & 0 & 0 \\ 0 & 0 & 1 & 0 \\ m\omega^2-iC\omega-K & 0 & 0 & 1 \end{bmatrix}_i \times \begin{bmatrix} y \\ \theta \\ M \\ Q \end{bmatrix}_{i-1}$
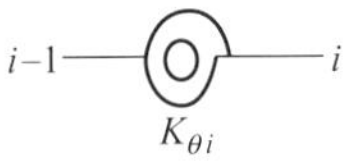 弹性铰链	$\begin{bmatrix} y \\ \theta \\ M \\ Q \end{bmatrix}_i = \begin{bmatrix} 1 & 0 & 0 & 0 \\ 0 & 1 & \dfrac{1}{K_\theta} & 0 \\ 0 & 0 & 1 & 0 \\ 0 & 0 & 0 & 1 \end{bmatrix}_i \times \begin{bmatrix} y \\ \theta \\ M \\ Q \end{bmatrix}_{i-1}$
说明	$\lambda^4=\dfrac{\omega^2\rho A}{EI}$;$S=(\text{ch}\lambda l+\cos\lambda l)/2$;$T=(\text{sh}\lambda l+\sin\lambda l)/2$;$U=(\text{ch}\lambda l-\cos\lambda l)/2$; $V=(\text{sh}\lambda l-\sin\lambda l)/2$ E——横向弹性模量,Pa;I——截面惯性矩,m^4;A——截面积,m^2;l——轴段长,m;ρ——单位体积的质量,kg/m^3;ω——角频率,rad/s;m——质量,kg;C——阻尼系数,N·s/m;K——刚度,N/m;K_θ——扭转刚度,N·m/rad;J_0——圆盘对直径轴的转动惯量,kg·m^2;J_p——极转动惯量,kg·m^2

表 27-7-14　　　　　　　　　　　频率方程式

轴两端的支承形式	边界条件	频率方程式
 自由 0 —— n 自由	$M_0=Q_0=0$ $M_n=Q_n=0$	$t_{31}t_{42}-t_{32}t_{41}=0$
 简支 0 —— n 简支	$y_0=M_0=0$ $y_n=M_n=0$	$t_{12}t_{34}-t_{14}t_{32}=0$
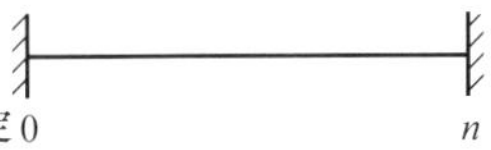 固定 0 —— n 固定	$y_0=\theta_0=0$ $y_n=\theta_n=0$	$t_{13}t_{24}-t_{14}t_{23}=0$
 简支 0 —— n 自由	$y_0=M_0=0$ $M_n=Q_n=0$	$t_{32}t_{44}-t_{34}t_{42}=0$
 固定 0 —— n 自由	$y_0=\theta_0=0$ $M_n=Q_n=0$	$t_{33}t_{44}-t_{32}t_{42}=0$
 固定 0 —— n 简支	$y_0=M_0=0$ $y_n=M_n=0$	$t_{13}t_{34}-t_{14}t_{33}=0$

轴两端的支承形式	边界条件	频率方程式
自由 ─── 简支	$M_0 = Q_0 = 0$ $y_n = M_n = 0$	$t_{11}t_{32} - t_{12}t_{31} = 0$
自由 ─── 固定	$M_0 = Q_0 = 0$ $y_n = \theta_n = 0$	$t_{11}t_{22} - t_{12}t_{21} = 0$
简支 ─── 固定	$y_0 = M_0 = 0$ $y_n = \theta_n = 0$	$t_{12}t_{24} - t_{14}t_{22} = 0$

7.6.4 传递矩阵法计算实例

某转子可以简化为图 27-7-8 所示集总质量系统，数据如下：

$m_1 = m_{13} = 2.94\text{t}$　$m_i = 5.88\text{t}$　$(i = 2, 3, \cdots, 12)$

$l_i = 1.3\text{m}$　$(i = 1, 2, \cdots, 12)$

$\left(\dfrac{l}{EI}\right)_i = 2.9592 \times 10^{-6} (\text{kN} \cdot \text{m})^{-1}$

$i = 1, 2, \cdots, 12$

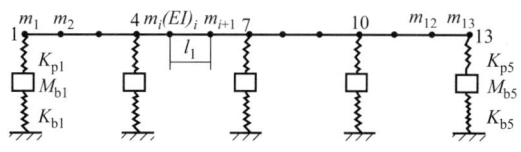

图 27-7-8　机组转子的振型

支承相应参数为：

$K_{pj} = 1.9600 \times 10^6 \text{kN} \cdot \text{m}^{-1}$，$K_{bj} = 2.7048 \times 10^6 \text{kN} \cdot \text{m}^{-1}$，$M_{bj} = 3.577\text{t}$　$j = 1, 2, \cdots, 5$

取第 i 个部件来分析，对 m_i 取分离体，由表 27-7-13 得

$$\begin{bmatrix} y \\ \theta \\ M \\ Q \end{bmatrix}_i^R = \begin{bmatrix} 1 & 0 & 0 & 0 \\ 0 & 1 & 0 & 0 \\ 0 & 0 & 1 & 0 \\ m\omega^2 - K_i & 0 & 0 & 1 \end{bmatrix}_i \times \begin{bmatrix} y \\ \theta \\ M \\ Q \end{bmatrix}_i^L$$

对轴段 l_i 取分离体，如果轴重不计，由表 27-7-13 可得

$$\begin{bmatrix} y \\ \theta \\ M \\ Q \end{bmatrix}_i^L = \begin{bmatrix} 1 & l & \dfrac{l^2}{2EI} & \dfrac{l^3}{6EI} \\ 0 & 1 & \dfrac{l}{EI} & \dfrac{l^2}{2EI} \\ 0 & 0 & 1 & l \\ 0 & 0 & 0 & 1 \end{bmatrix}_i \times \begin{bmatrix} y \\ \theta \\ M \\ Q \end{bmatrix}_{i-1}^R$$

两矩阵合并，即可建立第 i 点与第 $i-1$ 点状态向量之间的关系

$$\begin{bmatrix} y \\ \theta \\ M \\ Q \end{bmatrix}_i^R = \begin{bmatrix} 1 + \dfrac{l^3}{6EI}(m\omega^2 - K_i) & 1 & \dfrac{l^2}{2EI} & \dfrac{l^3}{6EI} \\ \dfrac{l^2}{2EI}(m\omega^2 - K_i) & 1 & \dfrac{l}{EI} & \dfrac{l^2}{2EI} \\ l(m\omega^2 - K_i) & 0 & 1 & l \\ (m\omega^2 - K_i) & 0 & 0 & 1 \end{bmatrix} \times \begin{bmatrix} y \\ \theta \\ M \\ Q \end{bmatrix}_{i-1}^R$$

则系统的传递矩阵可写为

$$\begin{Bmatrix} y \\ \theta \\ M \\ Q \end{Bmatrix}_n = [T]_n [T]_{n-1} \cdots [T]_1 [T]_0 = \begin{bmatrix} t_{11} & t_{12} & t_{13} & t_{14} \\ t_{21} & t_{22} & t_{23} & t_{24} \\ t_{31} & t_{32} & t_{33} & t_{34} \\ t_{41} & t_{42} & t_{43} & t_{44} \end{bmatrix} \begin{Bmatrix} y \\ \theta \\ M \\ Q \end{Bmatrix}_0$$

若边界条件为 $Q_0^R = M_0^R = Q_n^R = 0$，由表 27-7-14 可得满足此边界条件的频率方程为

$$t_{31}t_{42} - t_{32}t_{41} = 0$$

由上式可得转子的临界转速如表 27-7-15 所示，振型如表 27-7-16 所示。

表 27-7-15　　传递矩阵法计算转子临界转速的结果

阶次	1	2	3	4	5	6
临界转速	1864.52	1885.91	2027.31	2122.59	3906.54	4477.20

表 27-7-16　　系统第二阶振型

节点号	1	2	3	4	5	6
振型	0.202966	1.00000	0.976781	0.264381	-0.262426	-0.369531
节点号	7	8	9	10	11	12	13
振型	-0.288419	-0.371316	-0.264176	0.264091	0.979204	1.002566	0.203533

7.7 轴系临界转速设计

7.7.1 轴系临界转速修改设计

当按初步设计图纸提出简化临界转速力学模型，用特征值计算方法求出各阶临界转速及对应的振型矢量以后，如发现某阶临界转速 n_{ci} 与轴系的工作转速接近，立即将计算得到的第 i 阶振型矢量进行正规化处理，求得正规化因子 μ_i，用 μ_i 去除振型矢量的各个值。然后利用轴系同步正向涡动的特征方程导出的第 i 阶临界转速对参数 S_j 的敏感度公式（见表 27-7-17），并给出参数微小变化量 ΔS_j（通常 <20%），计算出引起临界转速的变化量。通过对各种参数改变计算结果的比较，优化组合，选出最佳参数修改组合，对轴系临界转速进行修改设计。如果轴系有 n 个参数 S_j 同时有微小变化($j=1,2,\cdots,n$)，改变量分别为 ΔS_j，轴系第 i 阶临界转速的相对改变量：

$$\Delta n_{ci} = \sum_{j=1}^{n} \frac{\partial n_{ci}}{\partial S_j} \Delta S_j \qquad (27\text{-}7\text{-}19)$$

参数修改后轴的第 i 阶临界转速：

$$n_{ci}^1 = n_{ci} + \Delta n_{ci} \qquad (27\text{-}7\text{-}20)$$

结合图 27-7-6 所示系统实例，按三种不同参数变化组合，用敏感度公式计算轴系的一、二阶临界转速，计算结果列于表 27-7-12 中。将计算结果与用 QR 法计算结果的比较，可以看出用该方法进行修改设计的可靠性。

表 27-7-17　　临界转速对各种参数的敏感度计算公式

改变参数的前提	敏感度计算公式	敏感度说明
设 $S_j=EJ_j$，即考虑系统第 i 段轴的抗弯刚度有微小变化，但对该段轴两端的质量影响不大，并忽略不计	$\dfrac{\partial n_{ci}}{\partial(EJ_j)}=\dfrac{1800}{\pi^2 n_{ci} l_j^3}[3(\overline{Y}_j-\overline{Y}_{j+1})^2+3l_j(\overline{Y}_j-\overline{Y}_{j+1})(\overline{\theta}_j+\overline{\theta}_{j+1})+l_j^2(\overline{\theta}_j^2+\overline{\theta}_j\overline{\theta}_{j+1}+\overline{\theta}_{j+1}^2)]$ $(i=1,2,\cdots;j=1,2,\cdots,n-1)$ $\overline{Y}_j,\overline{Y}_{j+1},\overline{\theta}_j,\overline{\theta}_{j+1}$ 为第 i 阶正规化振型中，第 j 段轴两端质点的挠度值和转角值	
设 $S_j=l_j$，即对第 j 段轴的长度有微小变化，但对该段轴两端的质量影响不大，并忽略不计	$\dfrac{\partial n_{ci}}{\partial l_j}=\dfrac{1800}{\pi^2 n_{ci}}\left(\dfrac{EJ_j}{l_j^4}\right)[9(\overline{Y}_j-\overline{Y}_{j+1})^2+6l_j(\overline{Y}_j-\overline{Y}_{j+1})(\overline{\theta}_j+\overline{\theta}_{j+1})+l_j^2(\overline{\theta}_j^2+\overline{\theta}_j\overline{\theta}_{j+1}+\overline{\theta}_{j+1}^2)]$ $(i=1,2,\cdots;j=1,2,\cdots,n-1)$	
设 $S_j=m_j$，即考虑第 j 个圆盘的质量有微小变化，但不计由此引起圆盘转动惯量的变化	$\dfrac{\partial n_{ci}}{\partial m_j}=-\dfrac{n_{ci}}{2}\overline{\theta}_j^2$ $\left(\begin{array}{l}i=1,2,\cdots \\ j=1,2,\cdots,n\end{array}\right)$	敏感度为负值，说明质量增加，n_{ci} 将下降；如果振型中 $\overline{Y}_j$ 较大，说明敏感，否则相反
设 $S_j=m_{bj}$，即考虑第 j 个轴承座的等效质量有微小变化	$\dfrac{\partial n_{ci}}{\partial m_{bj}}=-\dfrac{n_{ci}}{2}\left(\dfrac{K_{pj}}{K_{pj}+K_{bj}-m_{bj}\omega_{ni}^2}\right)^2 \overline{Y}_{s(j)}^2$ $\left(\begin{array}{l}i=1,2,\cdots \\ j=1,2,\cdots,l\end{array}\right)$ 第 j 个支承轴质点 $S(j)$ 的挠度值	等效质量 m_{bj} 增加，临界转速 n_{ci} 降低
设 $S_j=K_{bj}$，即考虑第 j 个轴承座的等效静刚度有微小变化	$\dfrac{\partial n_{ci}}{\partial K_{bj}}=-\dfrac{450}{\pi^2 n_{ci}}\left(\dfrac{K_{pj}}{K_{pj}+K_{bj}-m_{bj}\omega_{ni}^2}\right)^2 \overline{Y}_{s(j)}^2$ $\left(\begin{array}{l}i=1,2,\cdots \\ j=1,2,\cdots,l\end{array}\right)$	
设 $S_j=K_{pj}$，即考虑第 j 个轴承油膜刚度有微小变化	$\dfrac{\partial n_{ci}}{\partial K_{pj}}=-\dfrac{450}{\pi^2 n_{ci}}\left(\dfrac{K_{bj}-m_{bj}\omega_{ni}^2}{K_{pj}+K_{bj}-m_{bj}\omega_{ni}^2}\right)^2 \overline{Y}_{s(j)}^2$ $\left(\begin{array}{l}i=1,2,\cdots \\ j=1,2,\cdots,l\end{array}\right)$	油膜刚度增加，临界转速上升
设 $S_j=K_j$，即支承为刚度系数是 K_j 的弹性支承，刚度有微小变化时	$\dfrac{\partial n_{ci}}{\partial K_j}=\dfrac{450}{\pi^2 n_{ci}}\overline{Y}_{s(j)}^2$ $\left(\begin{array}{l}i=1,2,\cdots \\ j=1,2,\cdots,l\end{array}\right)$	支承刚度增加，临界转速上升

7.7.2 轴系临界转速组合设计

转子系统经常是由多个转子组合而成。组合转子系统和各单个转子的临界转速间既有区别又有联系，其间存在一定的规律。这种联系就是各轴系具有相同形式的特征方程。设 A、B 为两个不同转子，如图 27-7-9（a）所示，各转子分别有 r 及 s 个圆盘，为简单起见，设备支承为等刚度支承，这一组合系统的特征值方程：

$$\begin{bmatrix} (K_A - \omega_n^2 M_A) & 0 \\ 0 & (K_B - \omega_n^2 M_B) \end{bmatrix} \begin{Bmatrix} x_A \\ \cdots \\ x_B \end{Bmatrix} = 0$$

(27-7-21)

式中

$$x_A = [\gamma_{A1}, \theta_{A1}, \gamma_{A2}, \theta_{A2}, \cdots, \gamma_{Ar}, \theta_{Ar}]^T$$
$$x_B = [\gamma_{B1}, \theta_{B1}, \gamma_{B2}, \theta_{B2}, \cdots, \gamma_{Bs}, \theta_{Bs}]^T$$

K_A、K_B、M_A、M_B 分别为 A、B 两个转子的刚度矩阵和质量矩阵。

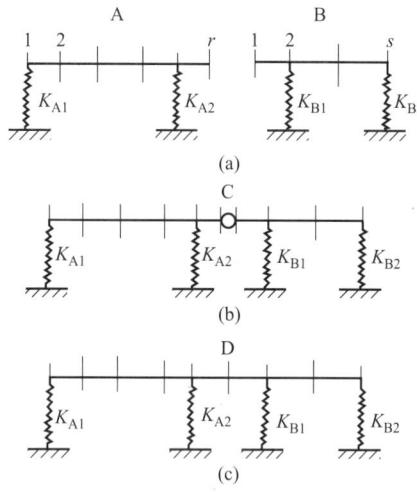

图 27-7-9 轴系组合模型

当对系统坐标进行如下线性变换：

$$\left. \begin{array}{l} q_{2i-1} = \gamma_{Ai} \\ q_{2i} = \theta_{Ai} \end{array} \right\} (i=1,2,\cdots,r)$$

$$q_{2(r+i)-1} = \gamma_{Bi} (i=2,3,\cdots,s)$$
$$q_{2(r+i)} = \theta_{Bi} (i=1,2,\cdots,s)$$
$$q_{2r+1} = \gamma_{Ar} - \gamma_{B1}$$

$$(K' - \omega_n^2 M') q = 0$$

式中 $q = [q_1, q_2, \cdots, q_{2(r+s)}]^T$

系统的频率方程：

$$\Delta(\omega_n^2) |K' - \omega_n^2 M'| = 0 \qquad (27-7-22)$$

线性变化不改变系统的特征值。现将 A、B 两个转子端部铰接成如图 27-7-9（b）所示的系统 C，由连续性条件 $\gamma_{Ar} = \gamma_{B1}$ 决定 $q_{2r+1} = 0$，系统 C 的频率方程实际上就是式（27-7-22）划去 $2r+1$ 行和 $2r+1$ 列的行列式 $\Delta_{2r+1}(\omega_n^2) = 0$。由频率方程根的可分离定理知，系统 C 的临界角速度应介于原系统 A 和 B 各临界角速度之间，这是组合系统与各单个转子临界角速度间的一条重要规律。同理再将系统 C 的铰接改为图 27-7-9（c）所示的刚性连接系统 D 作同样变换，又会得出 D 系统的临界角速度介于 C 系统各临界角速度之间。综合以上结果，这一重要规律可概括为：如果将组合前各系统的所有阶临界角速度混在一起由大到小排列：

$$\omega_1^{A+B} < \omega_2^{A+B} < \cdots \omega_i^{A+B} < \cdots < \omega_{2(r+s)}^{A+B}$$

则按 C 系统组合后第 i 阶临界转速与组合前临界转速之间的关系为

$$\omega_i^{A+B} \leqslant \omega_i^C \leqslant \omega_{i+1}^{A+B} \quad [i=1,2,\cdots,2(r+s)-1]$$

按 D 系统组合后临界转速与组合前临界转速关系为

$$\omega_i^C \leqslant \omega_i^D \leqslant \omega_{i+1}^C \quad [i=1,2,\cdots,2(r+s)-1]$$

所以 $\omega_i^{A+B} \leqslant \omega_i^D \leqslant \omega_{i+2}^{A+B} \quad [i=1,2,\cdots,2(r+s)-1]$

(27-7-23)

现以 200MW 汽轮发电机组为例，组合前后都用数值计算方法计算系统低于 3600r/min 的各阶固有频率及振型矢量，临界转速的计算结果列于表 27-7-15，组合后的各阶振型如图 27-7-10 所示。计算结果也验证了机

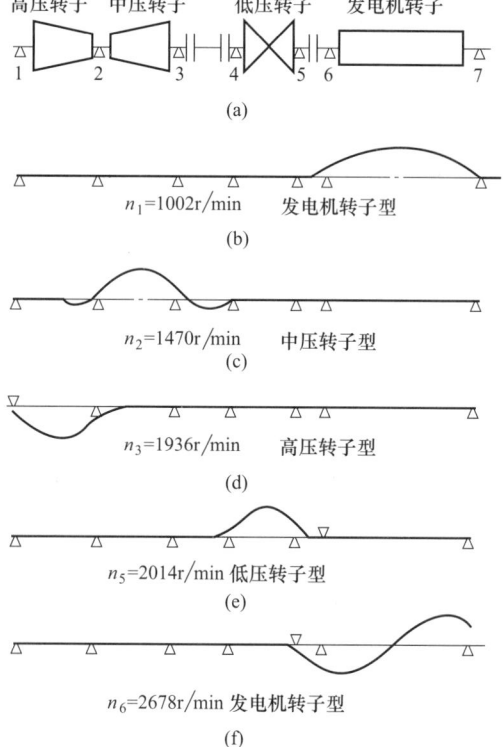

图 27-7-10 机组转子的振型

组的临界转速介于各单机临界转速间，这就使得在设计中，有可能根据各个转子的临界转速去估计机组的临界转速的分布情况，也有助于判断机组临界转速计算是否合理，有无遗漏等。由图 27-7-10 中各阶主振型可以看出，机组的一阶主振型，发动机振动显著，其他转子振动相对较小，所以称一阶主振型为发电机转子型，这一结果对现场测试布点具有重要意义。

7.8 影响轴系临界转速的因素

7.8.1 支撑刚度对临界转速的影响

在常用的临界转速计算公式和近似计算方法中，都假定支承为绝对刚性的。实际上，轴承座、地基和滑动轴承中的油膜都是弹性体，其刚度不可能无穷大，支承刚度越小，临界转速越低。对于支承刚度比本身刚度大得多的情况，可以忽略支承刚度的影响，按刚性支座计算临界转速。反之，则应按弹性支座计算临界转速。对于传递矩阵法，把表 27-7-13 中列出的弹性支承的传递矩阵加入式（27-7-17）中，就计及支承刚度对临界转速的影响。

7.8.2 回转力矩对临界转速的影响

在常用的临界转速的计算公式及计算方法中，都把圆盘简化为集中质量点，即只计重量不计尺寸，只考虑圆盘的离心力。若圆盘处于轴中央部位，如图 27-7-11 (a) 所示，这种简化是适当的，此时，圆盘只在自身的平面内作振动或弓状回旋，圆盘的转动轴线在空间描绘出一个圆柱面，没有回转力矩的影响。而当圆盘不在轴的中央部位时，如图 27-7-11 (b) 所示，圆盘的转动轴线在空间描绘出一个圆锥面，圆盘

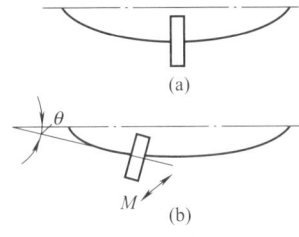

图 27-7-11 回转效应示意图

的自身平面将不断地偏转。因此，应考虑由于圆盘的角运动而引起的惯性力矩，此力矩常称为回转力矩。当轴的转速较高，圆盘位置偏离中部或在悬伸端时，回转力矩较大。一般回转力矩是使转轴的轴线倾角减小，即增加了轴的刚度，提高了临界转速。对于多圆盘转轴，外伸臂式转轴，圆盘尺寸较大以及计算高阶临界转速时应考虑回转力矩的影响。

7.8.3 联轴器对临界转速的影响

在用联轴器把各轴联成轴线时，有时由于联轴器的位移约束作用，轴系比单轴的临界转速要高；有时由于联轴器的重量作用，轴系比单轴的临界转速低。因此，在计算有联轴器的临界转速时，应考虑联轴器的影响。应把联轴器作为一个单元，其左端到右端的传递矩阵见表 27-7-13，把相应的传递矩阵代入轴系的传递矩阵方程，计算出受联轴器影响的轴系临界转速。

7.8.4 其他因素的影响

影响临界转速的因素很多，例如，轴向力、横向力、温度场、阻尼、多支承轴中各支承不同心、转轴的特殊结构形式等。另外，由于转轴水平安装时受重力的影响，还会产生 1/2 的第一阶临界转速的振动。这些影响因素一般可忽略不计，在特殊情况下，应予考虑。可参考相应的振动理论进行处理。最终以实物测试来修正与确定其实在的临界转速。

7.8.5 改变临界转速的措施

当转轴的工作转速与其临界转速比较接近而工作转速又不能变动时，应采取措施改变轴的临界转速。

设计时，一般可采取以下措施：改变轴的刚度和质量分布；合理选取轴承和设计轴承支座。此外，对高速转轴的油膜振荡，对大型机组的基础刚度也要考虑它们对临界转速的影响。

机器运行中发生强烈振动时，首先要检查轴的弯曲变形、动平衡和装配质量等情况。当判别清楚强烈振动是因工作转速和临界转速接近而引起时，一般可采取以下措施：在结构允许的条件下附加质量；改变油膜刚度和轴瓦结构；改变轴承座刚度；采用阻尼减振、动力减振或其他减振措施。

第8章 机械振动的利用

8.1 概述

振动是日常生活和工程实际中普遍存在的一种现象，在某些场合是一种不需要的、有害的振动，应加以消除或隔离；而在有些场合又是需要的和有益的，应加以利用。振动的利用主要表现在几个方面。

1）各种振动机械。利用振动来完成工艺过程的机械设备，称为"振动机械"。如振动给料机、振动输送机、振动筛分机、振动脱水机、振动冷却机、振动破碎机、振动落砂机、振动成型机、振动压路机、振捣器、振动采油装置、振动离心摇床、振动刨床、诊断仪、时效机、光饰机和振动试验装置等。

2）检测诊断设备。利用振动来检测和诊断设备或零部件内部的状态或试验设备的工作状态。如振动测量仪、建筑声学分析仪和振动传感器等。

3）医疗及保健器械。利用机械振动原理制造的医疗器械，如 CT 机、核磁共振机、各种按摩器、生活用具、美容器械等。

由于振动机械具有结构简单、制造容易、重量轻、成本低、能耗少和安装方便等一系列优点，所以在很多工业部门中得到了广泛的应用。目前应用于工业各部门的振动机械品种已超过百余种。但有些振动机械存在着状态不稳定、调试比较困难、动载荷较大、零件使用寿命低和噪声大等缺点，这些正是设计中应当注意的问题。

本章主要介绍振动机械设备，简单介绍钢丝绳拉力的振动检测方法。

8.1.1 振动机械的组成

振动机械通常是由工作机体、弹性元件和激振器三部分组成，如图 27-8-1 所示。

1）工作机体。如输送槽、筛箱、台面和平衡架体。

2）弹性元件。弹性元件包括隔振弹簧（其作用是支承振动体，使机体实现所要求的振动，并减小传给基础或结构架的动载荷）、主振弹簧（即共振弹簧或称蓄能弹簧）和连杆弹簧（传递激振力等）。

3）激振器。用以产生周期性变化的激振力，使工作机体产生持续的振动。最常见的激振器形式有惯性式、弹性连杆式、电磁式、电动式、液压式、气动

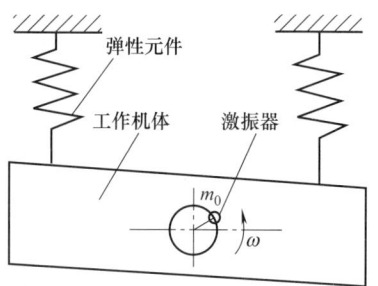

图 27-8-1 振动机械的组成

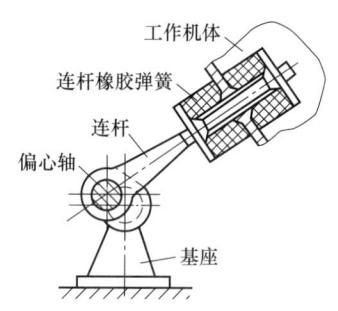

图 27-8-2 弹性连杆式激振器

式和电液式等多种。

① 弹性连杆式激振器　这类激振器由偏心轴、连杆和连杆端部的弹簧所组成，如图 27-8-2 所示。设偏心轴的角速度为 ω，偏心距为 r，弹性连杆的弹簧刚度为 K_0，则这类激振器的激振力 $F(t) = K_0 r \sin\omega t$。从振幅稳定性出发，一般取 K_0 为主振弹簧刚度 K_z 的 $1/5 \sim 1/2$。连杆弹簧的预压量应稍大于其工作时所产生的最大动变形，以避免工作中出现冲击，产生噪声。

② 惯性式激振器　这类激振器利用偏心质量旋转时产生的离心力作为激振力，它具有激振力大、结构简单、易于调节激振力等优点。当多轴联动或交叉轴安装时，可提供复合的激振力及激振矩。当偏心块与电机同轴紧凑安装时，称为激振电机。各种惯性式激振器，见表 27-8-1。

③ 电磁式激振器　这类激振器利用电磁感应原理产生周期变化的电磁力作为激振力，激振频率与电磁线圈供电频率有关且易于调节。按线圈供电方式的不同，可分为五种励磁方式，其特点及力波形图，见表 27-8-2。

表 27-8-1　　惯性式激振器

偏心质量形式			激振力幅值 F/N 激振力矩幅值 $M/\mathrm{N\cdot m}$	激振力性质
单轴式	圆盘偏心块	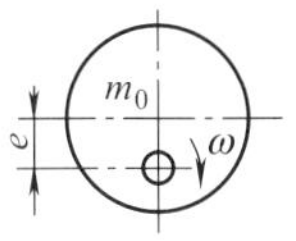	$F=m_0\omega^2 r$ $r=e$	圆周径向力
	扇形偏心块	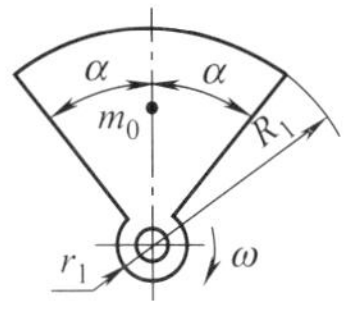	$F=m_0\omega^2 r$ $r=38.217\left(\dfrac{R_1^3-r_1^3}{R_1^2-r_1^2}\right)\dfrac{\sin\alpha}{\alpha}$	圆周径向力
	可调双半圆偏心块	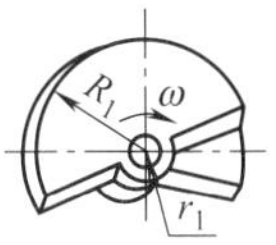	$F=m_0\omega^2 r$ $r=(0\sim 0.424)\dfrac{R_1^3-r_1^3}{R_1^2-r_1^2}$	可调圆周径向力
双轴式	平面双轴式	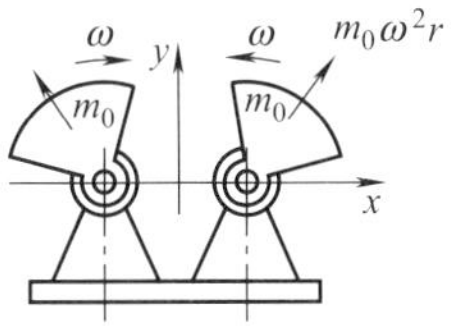	$F_y=2m_0\omega^2 r$ $F_x=0$	交变单向力
	空间平行双轴式	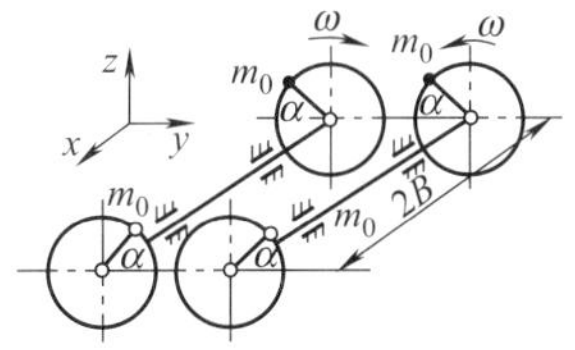	$F_z=4m_0\omega^2 r\sin\alpha$ $M_z=4m_0\omega^2 rB\cos\alpha$ α——偏心块回转至图示位置时与水平面的夹角	垂直方向交变力与绕垂直轴交变力矩 其幅值通过参数 α、B 可调整
	空间交叉双轴式	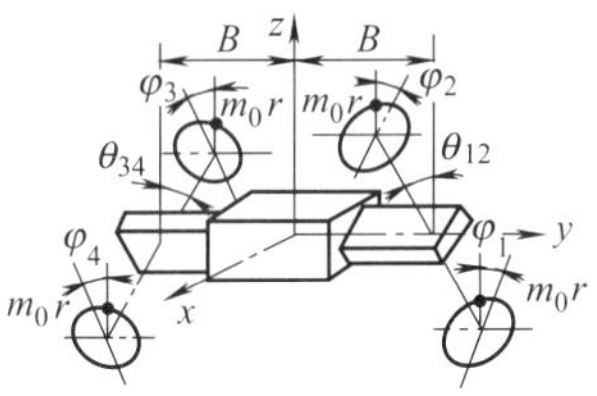	当 $\theta_{12}=\theta_{34}=\theta$ $\varphi_1=\varphi_2=\varphi_3=\varphi_4=\varphi$ 时 $F_z=4m_0\omega^2 r\sin\theta$ $M_z=4m_0\omega^2 rB\cos\theta$	垂直方向交变力 绕垂直轴交变力矩 其幅值通过参数 θ、B 可调整
多轴式	四轴谐波式	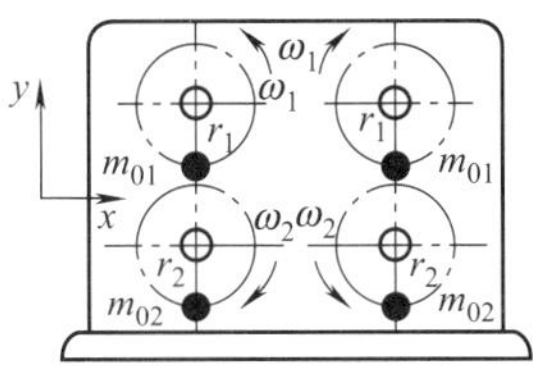	$F_x=0$ $F_y(t)=F_1(t)+F_2(t)$ $F_1=2m_{01}\omega_1^2 r_1$ $F_2=2m_{02}\omega_2^2 r_2$	$\omega_1\neq\omega_2$ 交变单向 非谐力

表 27-8-2　　　　　　　　　　　　　电磁激振器的励磁方式

励磁方式	示意图	特点	力波图形
交流励磁	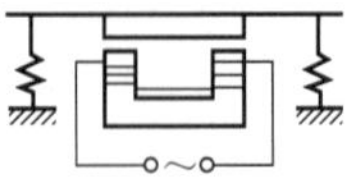	1. 激振频率为电源频率的2倍 2. 供电及调节最简单 3. 高频小振幅	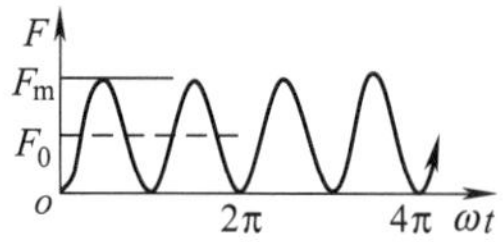
半波整流励磁	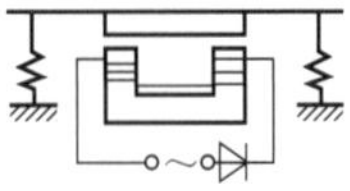	1. 激振频率等于电源频率 2. 供电及调节简单 3. 功率因数低	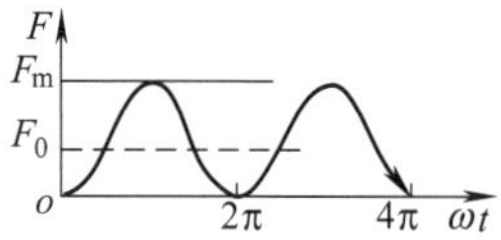
半波加全波整流励磁	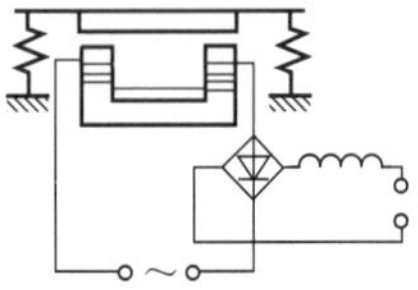	1. 激振频率等于电源频率 2. 功率因数高 3. 电路较复杂,控制设备较笨重	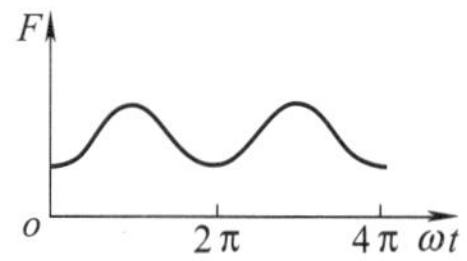
降频励磁	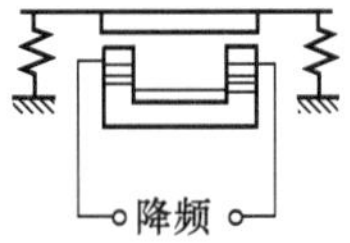	1. 激振频率为电源频率的2倍,但可无级调速 2. 易于调节最佳工作状态	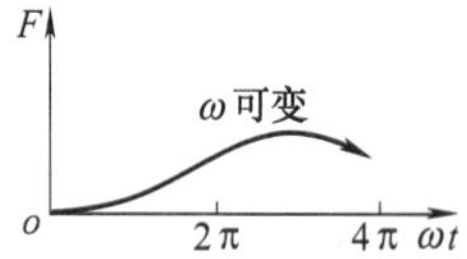
可控半波整流励磁	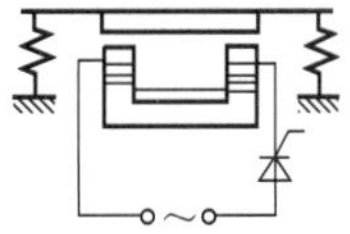	1. 激振频率等于电源频率 2. 功率因数低 3. 容易自动控制 4. 振幅调节容易,控制设备轻小,调节范围大	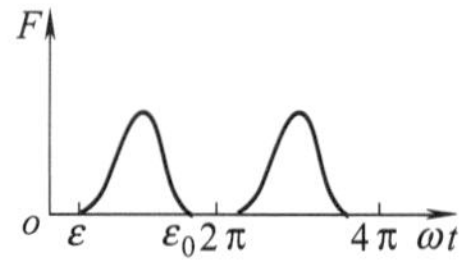

电磁激振器的线圈通以励磁电流后,产生磁通,并经过电磁铁铁心和衔铁形成闭合回路,由于磁能的存在,铁心与衔铁之间就产生电磁力,其频率与励磁电流频率相同。如不计电路内阻及漏磁漏感等,计算电磁力大小的基本公式为:

$$F_a = \frac{SB_a^2}{\mu_0} = \frac{1}{\mu_0} \times \frac{2U}{W\omega S} \quad (27\text{-}8\text{-}1)$$

式中　F_a——基本电磁力,N;
　　　S——电磁铁铁心一个磁极的截面积(Ⅲ形铁心为中间磁极的截面积),m²;
　　　B_a——交流基本磁密,T,$B_a = \frac{\sqrt{2}U}{W\omega S}$;
　　　μ_0——真空磁导率,$\mu_0 = 4\pi \times 10^{-7}$,H/m;
　　　U——励磁交流电压有效值,V;
　　　ω——励磁交流电压圆频率,rad/s;
　　　W——励磁线圈匝数。

励磁方式不同,电磁激振力的波形随之不同,即力的频率成分和大小因励磁方式而异(见表27-8-2)。

④ 液压激振器　这类激振器输出功率大,控制容易,振动参数调节范围广,效率高,寿命长。其分类及特点见表27-8-3。

表 27-8-3　　　　　　　　　　　　　液压激振器的分类及特点

分类	示意图	特点
无配流式	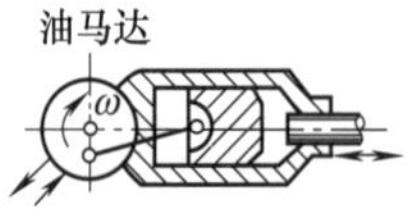	1. 构造简单,振动稳定 2. 惯性较大,振动频率低

续表

分 类	示 意 图	特 点
强制配流式	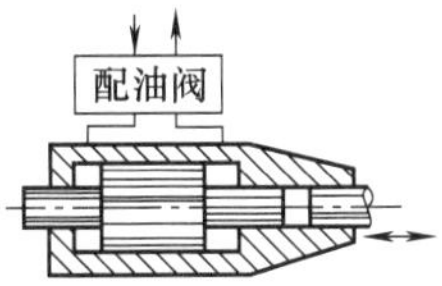	1. 按配油阀又可分为转阀式和滑阀式 2. 按控制方式又可分为机械式和电磁式 3. 惯性较大,振动频率<17Hz,体积较大
反馈配流式	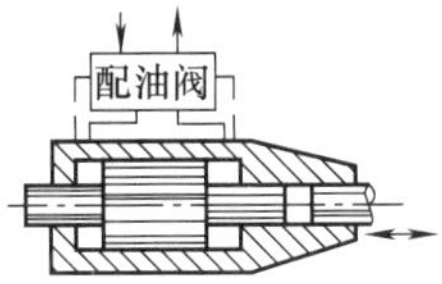	1. 振动活塞反馈控制配油阀,易于调节 2. 按配油阀又可分为外阀式、套式、芯阀式,以芯阀式体积最小(配油滑阀置于空心活塞内部)
液体弹簧式	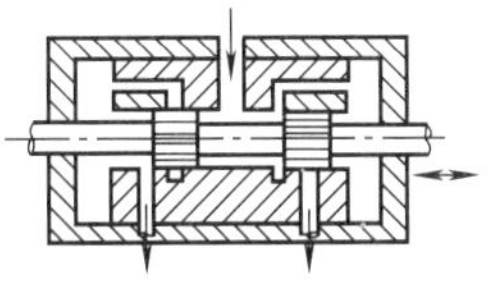	1. 靠液体弹性和活塞惯性维持振动,振动活塞兼作配流用,结构简单 2. 振动频率高,可达 100～150Hz 3. 效率高,噪声小,体积较大
射流式	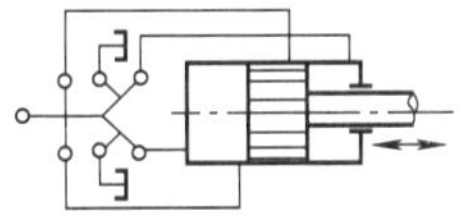	1. 通过射流元件的自动切换,实现活塞振动 2. 结构简单,制造安装方便,工作稳定,维修容易
交流液压式	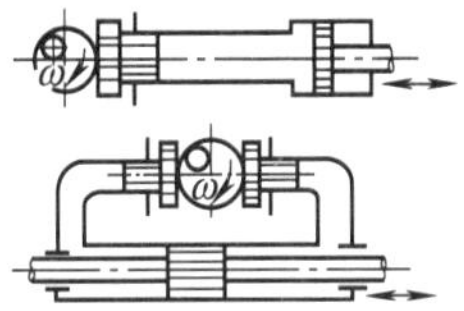	1. 液体不在回路中循环,可采用不同工作液 2. 回路中部分损坏时不影响整个系统,检修容易 3. 对工作液要求不高,选择范围大,效率偏低,要求防振

8.1.2 振动机械的用途及工艺特性

表 27-8-4　　　　振动机械的用途、工艺特性及实例

类 别	用途及工艺特性	实 例
振动输送	物料在工作机体内作滑行或抛掷运动,达到输送或边输送边加工的目的。对黏性物料和料仓结拱有一定疏松作用	水平振动输送机,垂直振动输送机,振动给料机,振动料斗,仓壁振动器,振动冷却机,振动烘干机等
振动分选	物料在工作体内作相对运动,产生一定的惯性力,能提高物料的筛分、选别、脱水和脱介的效率	振动筛,共振筛,弹簧摇床,振动离心摇床,振动离心脱水机,重介质振动溜槽跳汰机等
研磨清理	借工作机体内的物料和介质、工件和磨料、工件和机体间的相对运动和冲击作用,达到对机械零件的粉磨、光饰、落砂、清理和除尘的目的	振动球(棒)磨机,振动光饰机,振动落砂机,振动除灰机,矿车清底振动器等
成型紧实	能降低颗粒状物料的内摩擦,使物料具有类似于流体的性质,因而易于充填模具中的空间并达到一定密实度	石墨制品振动成型机,耐火材料振动成型机,混凝预制件振动成型机,铸造砂型振动造型机等
振动夯实	借振动体对物料的冲击作用,达到夯实目的。有时还将夯实和振动成型结合起来,从而提高振动成型的密实度	振动夯土机,振捣器,振动压路机,重锤加压式振动成型机等
沉拔插入	当某物体要贯入或拔出土壤和物料堆时,振动能降低插入拔出时的阻力	振动沉拔桩机,振动装载机,风动或液压冲击器等

续表

类　　别	用途及工艺特性	实　　例
振动时效	振动可加快铸件或焊接件内部形变晶粒的重新排列,缩短消除内应力的时间	时效振动台
振动切削	刀杆沿切削速度方向作高频振动,可以淬硬高速钢、软铅等特殊材料进行镜面切削,加工精度高	振动切削机床、刨床、镗床、铣床、振动切削滚齿插齿机、拉床、磨床等
振动加工	振动使加工能集中为脉冲形式,使材料得到高速加工,使加工表面光滑,拉、压的深度提高	如振动拉丝、振动轧制、振动拉深、振动冲裁、振动压印
振动采油	在油井附近地面上安装振动台激振一点振动,可使多口井收益	振动采油装置等
振动保健医疗	利用振动按摩脚、腰、背等部位,使血液正常循环,达到保健医疗目的	振动牙刷、振动按摩器、振动理疗床、离子渗透仪、CT机等
海浪发电	气室将海浪的波能转换成空气往复运动,利用这一气流带动发电机组发电	珠江口建造了我国第一座岸式波力电站
试验检测	回转零部件的动平衡试验,设备仪器的耐振试验,机器零部件的振动试验、耐疲劳试验	振动试验台、试验机,振动测量仪,各种检测装置、索桥钢丝绳拉力检测仪
状态监测与故障诊断	结构件、铸件的故障检测,回转机械、转子轴的状态监测与故障诊断	回转机械的振动监测与诊断设备,裂纹检测设备等

8.1.3 振动机械的频率特性及结构特征

表 27-8-5　　振动机械的频率特性及结构特征

类　　别	频　率　特　性	结　构　特　征	应　用　说　明
共振机械	频率比 $z=\dfrac{\omega}{\omega_n}=1$(共振) ω——激振角频率,rad/s ω_n——振动系统的固有角频率,rad/s		由于共振机械参振质量和阻尼(例如物料的等效参振质量和等效阻尼系数)及激振角频率的稍许变化,振动工况很不稳定,因此很少采用
弹性连杆式振动机	$z=0.75\sim 0.95$(近低共振)	具有双振动质体、主振弹簧、隔振弹簧和弹性连杆激振器	振幅稳定性较好,特别是具有硬特性的弹簧具有振幅稳定调节作用,所需激振力小,功率消耗少,传给基础动载荷小等特点
惯性近共振动机		激振器为惯性激振器,其他同上	
电磁式振动机		激振器为电磁激振器,其他同上	同上,但设计、制造要求较高
近超共振振动机	$z=1.05\sim 1.2$(近超共振)	上述三种激振器均可,其他同上	当主振弹簧具有软特性时,振幅稳定性较好,但启动、停机过程中振动也较强烈,较少采用;当主振弹簧为硬特性时,振幅稳定性较差,无法采用
单质体近共振振动机	$z=0.75\sim 0.95$ 或 $z=1.05\sim 1.2$	具有单质体,无隔振弹簧,其他同上	传给基础的动载荷较大,使用受到限制,其他同上

类　别	频　率　特　性	结　构　特　征	应　用　说　明
惯性振动机	$z=2.5\sim8$（远超共振）	除二次隔振外，均具有单质体、隔振弹簧和惯性激振器	振幅稳定性好，阻尼影响小，隔振效果好，但激振力和功率消耗大，应用广泛
非惯性振动机			激振力很大，弹性连杆或电磁激振器均承受不了，很少采用
远低共振振动机	$z<0.7$		任何形式激振器均不能满足生产需要，不能采用

注：1. 通常所说的弹性连杆式振动机、惯性共振式振动机、电磁式振动机，如不加说明，均指双质体远低共振振动机。
2. 通常所说的惯性振动机，如不加说明，指的是远超共振振动机。

8.1.4　工程中常用的振动系统

表 27-8-6　　　　　　　　　　工程中常用的振动系统

类　别	驱动装置	模型简图	特　点	振动机名称
惯性式振动系统	惯性激振器	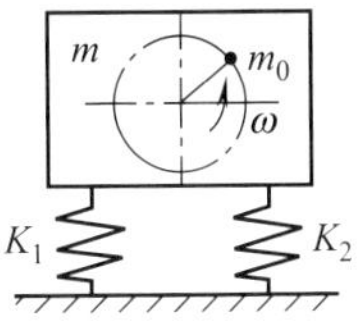	结构紧凑，质量小，制造容易，安装方便，易于实现复合振动，规格品种多	振动破碎机，振动球磨机，自同步振动筛，插入式振捣器，自同步振动给料机，振动成型机
弹性连杆式振动系统	弹性连杆激振器	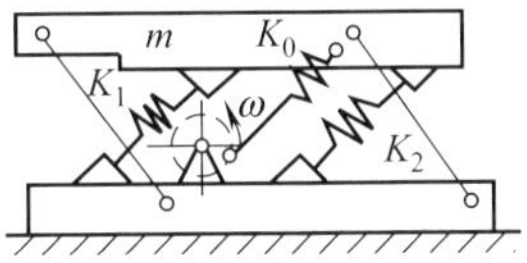	结构简单，制造方便，传动机构受力较小，易于采用双质体或多质体型式，平衡性能好	振动输送机，弹簧摇床，振动脱水机，重介质振动溜槽
电磁式振动系统	电磁激振器	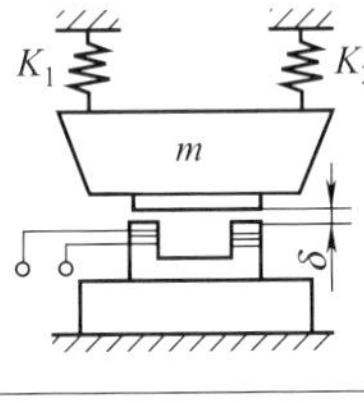	振动频率高，振幅和频率易于控制并能无级调节，用途广泛	电磁振动给料机，电磁振动试验台，电磁振动落砂机，振动按摩器，电动剃须刀
其他振动系统	液压激振器		输出功率大，控制容易	振动压路机
	凸轮激振器		结构简单，制造方便	冲击钻

8.1.5　有关振动机械的部门标准

表 27-8-7　　　　　　　　　　有关振动机械的部门标准

标　准　号	标　准　名　称
JB/T 5330—2007	三相异步电动机　技术条件（激振力 0.6～210kN）
JB/DQ 3185—1986	YZC 系列（IP44）低振动低噪声三相异步电动机技术条件（机座号 80～160）
JB/T 3002—2008	仓壁振动器型式、基本参数和尺寸
JB/T 6572—2008	振动料斗给料机　技术条件
JB/T 9022—1999	振动筛设计规范
JB/T 5496—2004	振动筛制造通用技术条件
JB/T 4042—2008	振动筛　试验方法
JB/T 8114—2008	电磁振动给料机

续表

标 准 号	标 准 名 称
JB/T 10375—2002	焊接构件振动时效工艺参数选择、技术要求和振动时效效果的评定方法
JB/T 5925.1—2005	机械式振动时效装置 第1部分:基本参数
JB/T 5925.2—2005	机械式振动时效装置 第2部分:技术条件
JB/T 5926—2005	振动时效效果评定方法
JB/T 9305—1999	光线示波器振动子
JB/T 9055—1999	机械振动类袋式除尘器 技术条件
JB/T 9981—2008	矩形槽或梯形槽电机振动给料机 型式和基本参数
JB/T 9983—2008	筒形槽电机振动给料机 型式和基本参数
JB/T 7555—2008	惯性振动给料机
JB/T 1806—2010	矿用单轴振动筛(未实施)
JB/T 2444—2008	煤用座式双轴振动筛
JB/T 3687.1—2012	矿用座式振动筛 系列型谱
JB/T 3687.2—2012	矿用座式振动筛 第2部分:技术条件
JB/T 5508—2004	冷矿振动筛
JB/T 6388—2004	YKR 型圆振动筛
JB/T 7891—2010	轴偏心式圆振动筛
JB/T 6389—2007	ZKR 型直线振动筛
JB/T 7892—2010	块偏心直线振动筛
JB/T 20034—2004	药用旋涡振动式筛分机
JB/T 10460—2004	香蕉形直线振动筛
JB/T 9033—2010	SZR 型热矿振动筛
JB/T 938—2010	煤用单轴振动筛
JB/T 8850—2015	振动磨
JB/T 21116—2007	液压振动台
JG/T 44—1999	电动软轴偏心插入式混凝土振动器
JB/T 5279—2013	振动流化床干燥机
JB/T 5280.1—1991	真空振动流动干燥机 型式与基本参数
JB/T 5280.2—1991	真空振动流动干燥机 通用技术条件
JB/T 3263—2000	卧式振动离心机
JB/T 7893.1—1999	立式振动离心机
JB/T 8584—1997	橡胶-金属螺旋复合弹簧

8.2 振动机工作面上物料的运动学与动力学

8.2.1 物料的运动学

8.2.1.1 物料的运动状态

物料的运动状态是由振动机的用途和结构形式所决定的。各类振动机具有不同的激振方式,其工作面有着不同的安装倾角 α、振动方向 δ、振动强度 K 等,因此形成了不同的物料运动状态,物料的不同运动状态见表 27-8-8。

8.2.1.2 物料的滑行运动

在直线振动系统中,工作面的运动规律及物料的受力情况如图 27-8-3 所示。根据出现滑行运动时的受力平衡条件,可推出物料正向滑动(即物料相对工作面沿 x 方向相对工作面滑动)的条件为正向滑行指数 $D_k>1$,并有

$$D_k = K \frac{\cos(\mu_0-\delta)}{\sin(\mu_0-\alpha_0)} \quad (27\text{-}8\text{-}2)$$

而反向滑动的条件是反向滑行指数 $D_q>1$,并有

$$D_q = K \frac{\cos(\mu_0+\delta)}{\sin(\mu_0+\alpha_0)} \quad (27\text{-}8\text{-}3)$$

式中 K——振动强度(机械指数),$K=\lambda\omega^2/g$;
λ——工作面振幅,m;
ω——工作面振动角频率,rad/s;
g——重力加速度,$g=9.8\text{m/s}^2$;
α_0——工作面与水平面夹角;
δ——振动方向角,即振动方向线与工作面的夹角;
μ_0——静摩擦角,$\tan\mu_0=f_0$;
f_0——物料与工作面间的静摩擦因数。

表 27-8-8　　　　　　　　　　　　　　　物料的不同运动状态

类　别		运 动 状 态	特　点	振动机名称
按工作面运动规律分	简谐振动	物料近于简谐振动	易于实现	交流励磁电磁振动机、振动成型机
	非谐振动	物料的振动为各次谐波的合成	可以选别不同密度的物料	多轴惯性振动机 可控硅半波整流电磁振动机
按工作面的运动轨迹分	直线振动	物料的运动轨迹近于直线	常用于物料的输送、脱水、分级等,物件清理	振动输送机、振动落砂机、双轴惯性振动机
	椭圆振动	物料的运动轨迹近于椭圆或其他封闭曲线	常用于物料的筛分、破碎、紧实成型	单轴惯性振动筛 插入式振捣器
按物料相对工作面的运动形式分	滑行运动	物料与工作面保持接触而作相对滑动	用于易碎物料的输送,工作噪声小,工作面易磨损	振动溜槽
	抛掷运动	物料存在离开工作面而作抛物线运动的阶段,抛离与接触阶段相间发生	用于不怕碎物料的输送和筛分,工作效率高,工作面磨损大	共振筛、振动球磨机、振动输送机

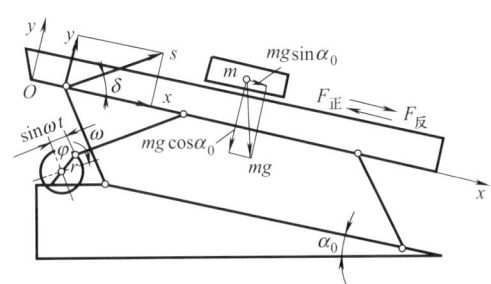

图 27-8-3　工作面的运动规律及物料受力分析

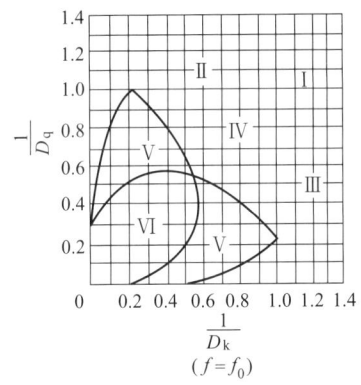

图 27-8-4　各种滑行运动状态区域图

由于运动学参数 ω、λ、α_0、δ 等的不同,滑行指数 D_k、D_q 会出现不同的值,因而出现图 27-8-4 所示的六种不同滑行运动状态,对应着图中的六个区域,分别为：状态 I，$D_k<1$，$D_q<1$，物料相对工作面相对静止,不会滑动,状态 II，$D_k>1$，$D_q<1$，物料只作正向滑动；状态 III，$D_k<1$，$D_q>1$，物料只作反向滑动；状态 IV，$D_k>1$，$D_q>1$，物料正反向滑动并存,每次滑动后有一个相对静止；状态 V，物料正反向滑动并存,每两次滑动后有一个相对静止；状态 VI，物料正反向滑动连续地交换进行。

对于少数振动机械,如槽式振动冷却机、低速振动筛,采用 IV 状态工作；其余大多数按滑行原理工作的振动机械,均采用状态 II 工作,即 $D_k>1$，$D_q<1$。为保证工作效率,通常取 $D_k=2\sim3$，$D_q\leq1$，不希望出现反向滑动。

在设计计算中,首先根据工作要求、物料情况,选定 D_k、D_q、α_0 的具体数值,再进行如下计算。

(1) 振动方向角 δ

$$\delta = \arctan \frac{1-C}{(1+C)f_0} \quad (27\text{-}8\text{-}4)$$

式中

$$C = \frac{D_q \sin(\mu_0 + \alpha_0)}{D_k \sin(\mu_0 - \alpha_0)}$$

(2) 振动强度 K

$$K = \frac{\lambda \omega^2}{g} = D_k \frac{\sin(\mu_0 - \alpha_0)}{\cos(\mu_0 - \delta)} \quad (27\text{-}8\text{-}5a)$$

或

$$K = D_q \frac{\sin(\mu_0 + \alpha_0)}{\cos(\mu_0 + \delta)} \quad (27\text{-}8\text{-}5b)$$

(3) 选定振幅 λ 后,计算每分钟振动次数 n

$$n = 30\sqrt{\frac{Kg}{\pi^2 \lambda}} \quad (27\text{-}8\text{-}6)$$

(4) 选定振动次数 $n/\min$, 计算所需的单振幅 λ

$$\lambda = \frac{900gK}{n^2 \pi^2} \quad (27\text{-}8\text{-}7)$$

(5) 物料滑行运动的平均速度

正向滑行运动的平均速度 v_k 为

$$v_k = \omega\lambda\cos\delta(1 + \tan\mu\tan\delta) \times \frac{P_{km}}{2\pi} \quad (27\text{-}8\text{-}8)$$

其中 $P_{km} = \dfrac{b'^2_m - b'^2_k}{2b_k} - (b'_m - b'_k)$

而 $\sin\varphi'_k = b'_k$, $\sin\varphi'_m = b'_m$, $\sin\varphi_k = b_k$

式中 P_{km}——物料正向滑动速度系数;

φ'_k——物料实际正向滑始角, $\varphi'_k = \arctan\dfrac{1-\cos 2\pi i_k}{\dfrac{\sin\varphi_k}{\sin\varphi'_k}2\pi i_k - \sin 2\pi i_k}$;

φ'_m——物料实际正向滑止角, $\varphi'_m = \theta_k + \varphi'_k$, $\theta_k = 2\pi i_k$;

i_k——正向滑动系数, 正向滑动时间与振动周期 $2\pi/\omega$ 之比称为正向滑动系数;

φ_k——假想物料正向滑始角, $\varphi_k = \arcsin\dfrac{\sin(\mu-\alpha_0)}{K\cos(\mu-\delta)}$;

μ——物料与工作面间的动摩擦因数。

反向滑行运动的平均速度 v_q 为

$$v_q = -\omega\lambda\cos\delta(1 - \tan\mu\tan\delta) \times \frac{P_{qe}}{2\pi} \quad (27\text{-}8\text{-}9)$$

其中 $P_{qe} = \dfrac{b'^2_e - b'^2_q}{2b_q} - (b'_e - b'_q)$

而 $\sin\varphi'_e = b'_e$, $\sin\varphi'_q = b'_q$, $\sin\varphi_q = b_q$

式中 P_{qe}——物料反向滑动速度系数;

φ'_q——物料实际反向滑始角, $\varphi'_q = \arctan\dfrac{1-\cos 2\pi i_q}{\dfrac{\sin\varphi_q}{\sin\varphi'_q}2\pi i_q - \sin 2\pi i_q}$;

φ'_e——物料实际反向滑止角, $\varphi'_e = \theta_q + \varphi'_q$, $\theta_q = 2\pi i_q$;

φ_q——假想物料反向滑始角, $\varphi_q = \arcsin\left(-\dfrac{\sin(\mu+\alpha_0)}{K\cos(\mu+\delta)}\right)$;

μ——物料与工作面间的动摩擦因数。

物料滑行运动的平均速度 v_{kq} 为

$$v_{kq} = v_k + v_q \quad (27\text{-}8\text{-}10)$$

8.2.1.3 物料的抛掷运动

(1) 抛掷指数 D

如图 27-8-3 所示, 由于物料被抛离了工作面, 由出现抛掷运动状态时的受力平衡条件, 可推出产生抛掷运动的条件为抛掷指数 $D > 1$, 而

$$D = \frac{\lambda\omega^2 \sin\delta}{g\cos\alpha_0} = K\frac{\sin\delta}{\cos\alpha_0} \quad (27\text{-}8\text{-}11)$$

对应物料出现抛掷运动时的相位角称为抛始角 φ_d, 即

$$\varphi_d = \arcsin\frac{1}{D} \quad (27\text{-}8\text{-}12)$$

抛掷运动终止的相位角称抛掷角 φ_z, $\theta_d = \varphi_z - \varphi_d$, 称 θ_d 为抛离角, 抛离时间与振动周期之比称为抛离系数 $i_D = \dfrac{\theta_d}{2\pi}$, 抛离系数与抛掷指数 D 的关系为

$$D = \sqrt{\left(\frac{2\pi^2 i_D^2 + \cos(2\pi i_D) - 1}{2\pi i_D - \sin(2\pi i_D)}\right)^2 + 1}$$

$$(27\text{-}8\text{-}13)$$

i_D 值可根据给定的 D 值按式 (27-8-13) 求得, 也可从图 27-8-5 查得。

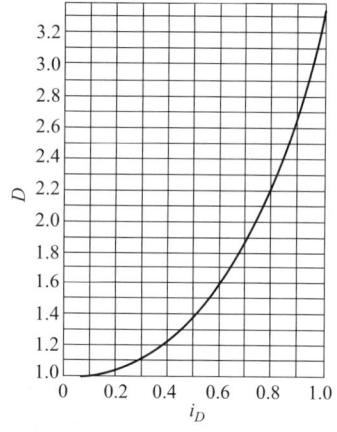

图 27-8-5 抛掷指数 D 与抛离系数 i_D 的关系

抛掷指数 D 的大小, 决定着物料的腾空时间及抛掷强度与性质, 见表 27-8-9、表 27-8-10。

表 27-8-9　　抛掷指数 D 与抛掷情况

D	1	3.3	6.36	9.48
i_D	0	1	2	3
抛掷情况	临界态	振动一次,抛掷一次	振动两次,抛掷一次	振动三次,抛掷一次

表 27-8-10　　　　　　　　　　　物料抛掷运动的分类

D	1～1.75	1.75～3.3	>3.3
抛掷运动的分类	轻微抛掷运动	中速抛掷运动	高速抛掷运动
D	1～3.3 4.6～6.36 7.78～9.48		3.3～4.6 6.36～7.78 9.48～10.94
抛掷运动的分类	周期性抛掷运动		非周期性抛掷运动

(2) 振动次数 n

工业用的振动机械，大多选用周期性抛掷运动，通常取 $1<D<3.3$，使工作面每振动一次，物料出现一次抛掷运动。当选定振幅 λ 和抛掷指数 D 之后，所需振动次数 n 为

$$n = 30\sqrt{\frac{Dg\cos\alpha_0}{\pi^2\lambda\sin\delta}} \qquad (27\text{-}8\text{-}14)$$

(3) 振幅 λ

当选定振动次数 n 和抛掷指数 D 之后，则振幅 λ 为

$$\lambda = \frac{900Dg\cos\alpha_0}{n^2\pi^2\sin\delta} \qquad (27\text{-}8\text{-}15)$$

(4) 物料抛掷运动的实际平均速度

物料抛掷运动的理论平均速度 v_d 为

$$v_d = \lambda\omega\cos\delta \frac{\pi i_D^2}{D}(1+\tan\alpha_0\tan\delta) \quad (\text{m/s})$$
$$(27\text{-}8\text{-}16)$$

物料抛掷运动的实际平均速度 v_s 为

$$v_s = C_\alpha C_h C_m C_w v_d \qquad (27\text{-}8\text{-}17)$$

式中各影响系数可由下列各表查得。式 (27-8-17) 只适用于计算 $1<D\leqslant 3.3$ 时的 v_s。若 $D=4.6\sim 6.36$，计算 v_s 时，上式的右端应乘以 0.5。

表 27-8-11　倾角影响系数 C_α

倾角 $\alpha_0/(°)$	-15	-10	-5	0	5	10	15
C_α	0.6～0.8	0.8～0.9	0.9～0.95	1	10.5～1.1	1.3～1.4	1.5～2

表 27-8-12　料层厚度影响系数 C_h

料层厚度	薄料层	中厚料层	厚料层
C_h	0.9～1	0.8～0.9	0.7～0.8

注：通常筛分为薄料层，振动输送为中厚料层，振动给料为中厚或厚料层。

表 27-8-13　物料性质影响系数 C_m

物料性质	块状物料	颗粒状物料	粉状物料
C_m	0.8～0.9	0.9～1	0.6～0.7

注：物料的粒度、密度、水分、摩擦因数、黏度等都对物料输送速度有影响，由于影响因素多而复杂，目前尚缺乏充足的实验资料，表中只给出了约略的数值。

表 27-8-14　滑动运动影响系数 C_w

抛掷指数 D	1	1.25	1.5	1.75	2	2.5	3
C_w	1.18	1.16	1.15	1.1～1.15	1.05～1.1	1～1.05	1

注：物料平均运动速度是按抛掷运动进行计算的，在一个振动周期中，除完成一次抛掷运动外，还伴随有一定的滑行运动。

作圆和椭圆振动的系统，物料的滑行运动与抛掷运动基本规律不变，只是由于振动轨迹的复杂化，使计算方法有不同，可参阅文献 [15]。

8.2.2　物料的动力学

振动系统总是处理某种运动中的物料，完成一定的工艺过程，因此其动力学特性参数必然受到运动物料的影响。考虑这些影响的简便方法，就是把物料的各种作用力归化到惯性力与阻尼力之中，从而得出结合质量和当量阻尼，描述了运动物料的动力学影响。

8.2.2.1　物料滑行运动时的结合质量与当量阻尼

物料作滑行运动时对机体作用有惯性力和非线性摩擦力，利用谐波平衡法，可将它们的影响转化为物料结合质量 $K_m m_m$（其中 K_m 为结合系数，m_m 为物料质量）和物料当量阻尼系数 c_m。

(1) 结合系数 K_m

其结合系数按下式计算

$$K_m = \sin^2\delta - \frac{b_1}{m_m\omega^2\lambda}\cos\delta \qquad (27\text{-}8\text{-}18)$$

式中　δ——振动方向角；

　　　b_1——谐波平衡的一次谐波项系数，见文献 [15]。

当物料无滑动时或振动方向角 $\delta=90°$ 时，$K_m=1$，物料全部参与振动；出现滑动后，$K_m<1$，振幅增大时，K_m 减小。物料滑行运动时，一般有 $K_m=0.8\sim 0.3$。

(2) 当量阻尼系数 c_m

当量阻尼系数 c_m 可按下式计算

$$c_m = \frac{a_1}{\omega\lambda}\cos\delta \quad (\text{N}\cdot\text{s/m}) \quad (27\text{-}8\text{-}19)$$

当物料无滑动时或振动方向角 $\delta = 90°$ 时, $c_m = 0$, 物料不产生附加阻尼; 出现滑动后, $c_m > 0$, 振幅增大时, c_m 变化不大。物料滑行运动时, 一般有 $c_m = 0.2 \sim 0.3$。

8.2.2.2 物料抛掷运动时的结合质量与当量阻尼

抛掷运动的物料对机体作用着惯性力和非线性的断续摩擦力、冲击力等, 情况更为复杂。通过理论与实验研究分析, K_m 值与抛掷指数 D、振动方向角 δ 有关, 可根据图 27-8-6 由 D、δ 查出相应的 K_m 值。当抛掷指数 $D = 2 \sim 3$ 时, 当量阻尼系数 c_m 在 $(0.16 \sim 0.18) m_m \omega$ 之间变化。表 27-8-15 列出了对应于 $D = 1.75 \sim 3.25$ 的 K_m 值。

对于振动成型机的加压重锤或振动落砂机上的铸件, $D = 4.6 \sim 6.36$, K_m 变为负值, c_m 变化不大, 此时主要计算垂直方向的数据, K_{my} 和 c_{my} 与 D 的关系见表 27-8-16。

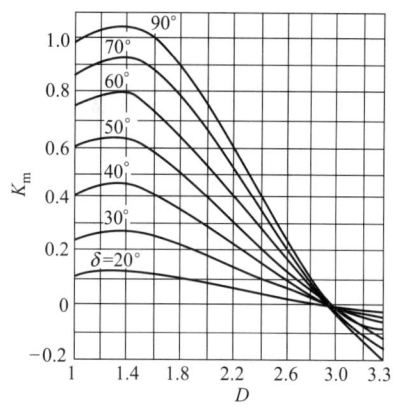

图 27-8-6 不同 δ 角时的 D-K_m 曲线

8.2.2.3 弹性元件的结合质量与阻尼

仿照物料的结合质量与当量阻尼, 考虑弹性元件的质量影响和阻尼影响。利用能量法可求得弹性元件的质量结合系数 K_k, 若弹性元件质量为 m_k, 则其结合质量为 $K_k \cdot m_k$; 其阻尼特性来自材料的内耗, 可用耗损因子 η 表示。表 27-8-17 列出了不同弹性元件的 K_k 值和 η 值。

表 27-8-15 不同抛掷指数的物料等效参振质量折算系数 K_m 和等效阻尼系数 c_m

D	$\varphi_d/(°)$	$\varphi_z/(°)$	K_{my}	K_{mx}	K_m	c_{my}	c_{mx}	c_m
1.75	34.85	261.65	−0.902	−0.014	0.236			
2.00	30	289.2	−0.766	−1.805	0.192			
2.25	26.38	307.2	−0.600	−1.608	0.155	0.66V	0	0.16V
2.50	23.58	333.2	−0.328	−1.410	0.092	0.726V	0	0.18V
2.75	21.32	361.65	−0.044	−0.004	0.008	0.71V	0	0.17V
3.00	19.38	379.47	−0.002	0	0	0.66V	0	0.165V
3.25	17.92	395.92	0.360	0.005	−0.0086			

注: $K_{my} = b_{1y}/(m_m\omega^2\lambda_y)$, $K_{mx} = b_{1x}/(m_{mx}\omega^2\lambda_x)$, $V = m_m\omega$, $c_{my} = a_{1y}/(\omega\lambda_y)$, $c_{mx} = a_{1x}/(\omega\lambda_x)$。

表 27-8-16 不同抛掷指数的重物等效参振质量折算系数 K_{my} 和等效阻尼系数 c_{my}

D	$\varphi_d/(°)$	$\varphi_z/(°)$	K_{my}	c_{my}
4.6	12.56	577.56	0.361	0.007V
4.8	12.02	610.02	0.35	0.058V
5.0	11.54	635.54	0.343	0.134V
5.2	11.09	654.09	0.31	0.2V
5.4	10.67	669.67	0.26	0.254V
5.6	10.29	683.79	0.198	0.294V
5.8	9.93	696.43	0.133	0.318V
6.0	9.59	708.59	0.065	0.327V
6.2	9.28	719.78	0.001	0.322V
6.36	9.05	729.05	−0.05	0.311V

注: $V = m_m\omega$。

表 27-8-17　　不同弹性元件的 K_k 值和 η 值

弹簧种类	安装方式	质量结合系数 K_k			耗损因子 η
		单质体振动机	双质体振动机		
			换算至 m_1	换算至 m_2	
金属板弹簧		$\dfrac{33}{140}$			0.005～0.02
		$\dfrac{13}{35}$			
			$\dfrac{17}{35} \times \dfrac{m_2}{m_1+m_2}$	$\dfrac{17}{35} \times \dfrac{m_1}{m_1+m_2}$	
金属螺旋簧		$\dfrac{1}{3}$	$\dfrac{1}{3} \times \dfrac{m_2}{m_1+m_2}$	$\dfrac{1}{3} \times \dfrac{m_1}{m_1+m_2}$	0.005～0.02
橡胶剪切簧		$\dfrac{1}{3}$	$\dfrac{1}{3} \times \dfrac{m_2}{m_1+m_2}$	$\dfrac{1}{3} \times \dfrac{m_1}{m_1+m_2}$	0.3～1.0

8.2.2.4　振动系统的计算质量、总阻尼系数及功率消耗

(1) 计算质量 m'

在考虑了物料结合质量、各弹性元件的结合质量之后，计算质量为

$$m' = m + K_m m_m + \sum K_{ki} m_{ki} \quad (27\text{-}8\text{-}20)$$

式中　m——振动机体质量，kg；

　　　m_m——物料质量，kg；

　　　m_{ki}——某弹性元件的质量，kg。

(2) 总阻尼系数 c

在考虑了物料运动当量阻尼、弹性元件内耗阻尼之后，总阻尼系数为

$$c = \sum c_{ki} + \sum c_{mi} \quad (27\text{-}8\text{-}21)$$

式中　c_{ki}——某弹性元件的阻尼系数，N·s/m；

　　　c_{mi}——某当量阻尼系数，N·s/m。

振动系统的总阻尼系数 c，除了通过计算得到外，还可以通过振动试验实测得到。

(3) 激振力 F 的计算

激振力 F 可按下式计算

$$F = \sum m_0 r \omega^2 \quad (N) \quad (27\text{-}8\text{-}22)$$

式中　m_0——偏心块质量，kg；

　　　r——偏心块回转半径，m。

(4) 消耗功率 P 的计算

振动阻尼所消耗功率 P_z：

$$P_z = \frac{C_0}{1000} c \omega^2 \lambda^2 \quad (kW) \quad (27\text{-}8\text{-}23)$$

轴承摩擦所消耗功率 P_f：

$$P_f = f \sum m_0 r \omega^3 \frac{d_1}{2000} = \frac{fF\omega d_1}{2000} \quad (kW)$$

$$(27\text{-}8\text{-}24)$$

总功率　　$P = \dfrac{1}{\eta}(P_z + P_f) \quad (kW) \quad (27\text{-}8\text{-}25)$

式中　c——总阻尼系数，$c = (0.1 \sim 0.14) m\omega$；

　　　η——传动效率，一般取 0.95；

　　　d_1——轴承平均直径，$d_1 = (D+d)/2$，m；

　　　D, d——轴承外径和内径，m；

　　　f——滚动轴承摩擦因数，一般 $f = 0.005 \sim 0.007$；

　　　C_0——系数。对非定向振动，例如单轴激振器系统、圆振动系统，$C_0 = 1$；对定向振动，例如双轴激振系统、直线振动系统，$C_0 = 0.5$。

在概算时，可选 $P_f = (0.5 \sim 1.0) P_z$。考虑振动状态参数的变化和计算的误差，实际选用功率应适当放大。在实际工作中，对恶劣条件下，例如矿用振动

放矿机，用最大可能功耗来决定电机最大功率，此时，

对非定向振动输送机

$$P = \frac{\sqrt{2}}{2000} F\omega\lambda \quad (\text{kW}) \quad (27\text{-}8\text{-}26)$$

对定向振动输送机

$$P = \frac{\sqrt{2}}{4000} F\omega\lambda \quad (\text{kW}) \quad (27\text{-}8\text{-}27)$$

式（27-8-26）和式（27-8-27）计算结果远大于式（27-8-23）和式（27-8-25）的计算结果。

8.3 常用的振动机械

利用合适的激振器，驱动工作面以实现要求的振动，有效地完成许多工艺过程，或用来提高某些机器的工作效率，这种应用振动原理而工作的机械称为振动机械。振动机械在矿山、冶金、化工、电力、建筑、石油、粮食、筑路等行业的各个部门中，发挥着极为重要的作用。

8.3.1 振动机械的分类

对振动机械进行分类的目的是：按照振动机械的类型，分别对它们进行分析研究，找出它们的共性与特性，便于了解与掌握各种振动机械的特点，以使它们得到更合理地使用。振动机械可以按照它们的用途、结构特点及动力学特性进行分类。

1) 按用途分类　表 27-8-18 按用途对振动机械进行了分类，并列举了各种常见振动机械的名称。

2) 按驱动装置（激振器）的形式分类　按驱动装置（激振器）的形式进行分类，见表 27-8-6。

3) 按动力学特性分类　表 27-8-19 按照动力学特性对振动机械进行分类，分为线性非共振类振动机、线性近共振类振动机、非线性振动机、冲击式振动机。

8.3.2 常用振动机的振动参数

常用振动机的振动参数，见表 27-8-20。

表 27-8-18　　　　振动机械按用途分类

类　别	用　途	机　器　名　称
输送给料类	物料输送、给料、预防料仓起拱、作闸门用	振动给料机，水平振动输送机，振动料斗，垂直振动输送机，仓壁振动器
选分冷却类	筛分、选别、脱水、冷却、干燥	振动筛，共振筛，弹簧摇床，惯性四轴摇床，振动离心摇床，重介质振动溜槽，振动离心脱水机，槽式振动冷却机，塔式振动冷却机，振动干燥机
研磨清理类	粉磨、光饰、落砂、清理、除灰、破碎	振动破碎机，振动球磨机，振动光饰机，振动落砂机，振动除灰机，矿车清底振动器
成型紧实类	成型、紧实	振动成型机，振动整形机，振动造粒机，振动固井壁装置
振捣打拔类	夯土、振捣、压路、沉拔桩、挖掘、装载、凿岩	振动夯土机，插入式振捣器，振动压路机，振动沉拔桩机，电铲振动斗齿，振动装载机，风动与液压冲击器
试验测试类	测试、试验	试验用激振器，振动试验台，动平衡试验机，振动测试仪器
其他	振动时效、振动采油、振动医疗、海浪发电	振动时效用振动台，振动采油装置，振动按摩器，离子渗透仪，振动理疗床，振动牙刷，CT 机，波力电站

表 27-8-19　　　　振动机械按动力学特性分类

类　别	动力学状态的特性	常用激振器的形式	振动机名称
线性非共振类振动机	线性或近似于线性非共振 ($\omega \gg \omega_n$)	惯性激振器，风动式激振器，液压式激振器	单轴或双轴惯性振动筛，自同步概率筛，自同步振动给料机，双轴振动输送机，双轴振动落砂机，单轴振动球磨机，惯性式振动光饰机，惯性振动成型机，振动压路机，插入式振捣器，惯性式振动试验台，惯性振动冷却机，双轴振动破碎机

续表

类 别	动力学状态的特性	常用激振器的形式	振动机名称
线性近共振类振动机	线性或近似于线性近共振($\omega \approx \omega_n$)	惯性式激振器,弹性连杆式激振器,电磁式激振器等	电磁振动给料机,惯性式近共振给料机,弹性连杆式、惯性式及电磁式近共振输送机,线性共振筛,槽式近共振冷却机,振动炉排,线性振动离心脱水机,电磁振动上料机
非线性振动机	非线性、非共振($\omega \gg \omega_n$),或近共振($\omega \approx \omega_n$)	惯性式激振器,弹性连杆式激振器,电磁式激振器等	非线性振动给料机,非线性振动输送机,非线性共振筛,弹簧摇床,振动离心摇床,附着式振捣器,非线性振动离心脱水机,振动沉拔桩机
冲击式振动机	非线性、非共振($\omega \gg \omega_n$),或近共振($\omega \approx \omega_n$)	惯性式激振器,电磁式激振器,风动式或液压式激振器等	蛙式振动夯土机,振动钻探机,振动锻锤机,冲击式电磁振动落砂机,冲击式振动造型机,风动冲击器,液压冲击器

表 27-8-20　　　　　　　　　　　　常用振动机的振动参数

激振形式		惯　性　式					弹性连杆式	
用　途		输　送			筛分和给料		成型密实落砂清理	输　送	筛　分
		长距离	上倾	下倾	单轴	双轴			
参数	频率 f/Hz		12~16				25~30	5~16	
	振幅 λ/mm	5~6			3~6	3~5	0.8~1.2	5~15	6~9
	方向角 δ/(°)	20~30	20~45	20~30		30~60 多用 45	90	25~35	30~60 多用 45
	倾角 α_0/(°)	0	−8~−3	5~15	12~20	0~10	0	0~10	0~10

注: 1. 表内数据为大致范围,只供选择参考。
2. 输送速度近似与频率 $f\left(\omega=2\pi f=\dfrac{\pi n}{30}\right)$ 成反比,与 $\sqrt{\lambda}$ 成正比,因此,采用低频大振幅可以提高输送速度。
3. 输送磨损性大的物料时,δ 宜取较大值;输送易碎性物料时,δ 可取得小些;筛分时,δ 可选择大些,最大 $\delta_{\max}=65°$。
4. 上倾角 α_0 应小于静摩擦角;下倾角 α_0 加大时,可提高输送速度,但会增加槽体的磨损。
5. 垂直输送的螺旋升角和振动方向角与上倾输送相同。

8.4　惯性式振动机械的计算

振动机械的计算方法是：根据振动机械的具体结构特征,简化出力学模型,在确定出运动学参数后,进行计算质量、总阻尼系数、激振力、功率消耗等动力学参数的计算,再按力学定律,建立系统的运动微分方程,据此即可求解振动机械的运动规律及动态特性。

惯性式振动机械常用于筛分、脱水、给料、振捣、压路、破碎粉磨等工作,其结构简单,制造容易,安装维修方便,规格品种繁多,应用广泛。

8.4.1　单轴惯性式振动机

(1) 平面运动单轴惯性振动机

单轴式惯性激振器的径向激振力沿 x、y 两方向的分量分别为 $F_x(t)=m_0\omega^2 r\cos\omega t$、$F_y(t)=m_0\omega^2 r\sin\omega t$,按激振力与振动机体的相互位置,又可分为激振力通过机体质心与激振力不通过机体质心两种情况。

① 激振力通过机体质心,弹簧刚度矩 $k_1 l_1 + k_2 l_2 = 0$ 的情况,如图 27-8-7 所示。这类振动机的阻尼力远远小于机体的惯性力与激振力,近似计算中可求得机体的振幅为

$$\lambda_x \approx \lambda_y \approx \frac{m_0 r}{m' + m_0} \qquad (27\text{-}8\text{-}28)$$

式中　m'——计算质量,kg,$m'=m+K_m m_m$,m 为机体质量;

m_0——偏心块质量,kg。

机体 x、y 两个方向振动的合成,近似于作圆运动。

② 激振力不通过机体质心,弹簧刚度矩 $\sum k_i l_i \neq 0$ 的情况,如图 27-8-8 所示。此时机体不仅作 x、y

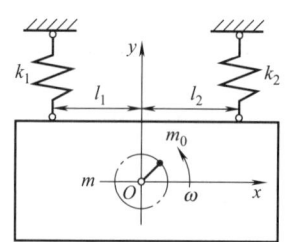

图 27-8-7 激振力通过机体
质心的单轴惯性振动机

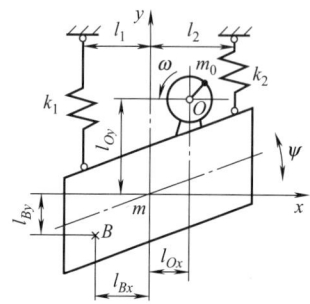

图 27-8-8 激振力不通过机体
质心的单轴惯性振动机

两个方向的振动,还作绕其质心 m 的摆动。设机体与偏心块对质心的转动惯量分别为 J、J_O,l_{Ox}、l_{Oy} 为偏心块回转轴心 O 对质心的坐标,可解出机体的线振幅 λ_x、λ_y 和角振幅 ψ 为

$$\lambda_x \approx \lambda_y \approx \frac{m_0 r}{m' + m_0}$$

$$\psi = \frac{m_0 r}{J + J_O}\sqrt{l_{Ox}^2 + l_{Oy}^2} \quad (27\text{-}8\text{-}29)$$

机体上任意点 B(相对质心 m 的坐标为 l_{Bx},l_{By})的运动方程为

$$x_B = \frac{m_0 r l_{Ox}}{J + J_O} l_{By} \sin\omega t - \left(\frac{m_0 r}{m' + m_0} + \frac{m_0 r l_{Oy}}{J + J_O} l_{By}\right)\cos\omega t$$

$$y_B = \frac{m_0 r l_{Oy}}{J + J_O} l_{Bx} \cos\omega t - \left(\frac{m_0 r}{m' + m_0} + \frac{m_0 r l_{Ox}}{J + J_O} l_{Bx}\right)\sin\omega t$$

(27-8-30)

由式(27-8-30)可求出机体上任意点的轨迹方程,它们大部分为椭圆,而质心的运动轨迹是半径为 $\frac{m_0 r}{m' + m_0}$ 的圆。

(2)空间运动单轴惯性振动机

图 27-8-9 所示立式振动光饰机由单轴惯性激振器驱动。激振器的轴垂直安装。轴上下两端的偏心块夹角为 γ。因此,激振器产生在水平平面 xOy 内沿 x 方向和 y 方向合成的激振力 $F(t)$,以及由绕 x 轴和绕 y 轴的激振力矩所合成的激振力矩 $M(t)$ 分别为:

$$F(t) = \sum m_0 r\omega^2 \cos\frac{\gamma}{2}(\cos\omega t + i\sin\omega t)$$

$$= \sum m_0 r\omega^2 \cos\frac{\gamma}{2} e^{i\omega t}$$

$$M(t) = \sum m_0 r\omega^2 L e^{i(\omega t - \alpha)} \quad (27\text{-}8\text{-}31)$$

其中 $L = \sqrt{\left(\frac{1}{2}l_0 + l_1\right)^2 \cos^2\frac{\gamma}{2} + \frac{1}{4}l_0^2 \sin^2\frac{\gamma}{2}}$

$$\alpha = \arctan\frac{\tan\gamma}{1 + \frac{2l_1}{l_0}}$$

式中 l_0——上下偏心块的垂直距离,m;

l_1——上偏心块至机体质心距离,m;

其他符号同前。

在忽略阻尼的情况下,机体水平振动稳态振幅 λ 和摇摆振动的幅值 λ_ψ 为:

$$\lambda = \frac{\sum m_0 r \cos\frac{\gamma}{2}}{m\left(\frac{1}{z^2} - 1\right)}, \quad \lambda_\psi = \frac{\sum m_0 rL}{I\left(\frac{1}{z_\psi^2} - 1\right)} \quad (27\text{-}8\text{-}32)$$

式中 z、z_ψ——频率比,$z = \omega/\omega_n$,$\omega_n^2 = K/m$,$z_\psi = \omega/\omega_{n\psi}$,$\omega_{n\psi}^2 = K_\psi/I$,频率比 z、z_ψ 均在 3~8 的范围内选取;

m,I——机体的质量及对 x 轴和 y 轴的转动惯量,kg、kg·m^2;

K,K_ψ——水平方向及摇摆方向的刚度,N/m、N·m/rad。

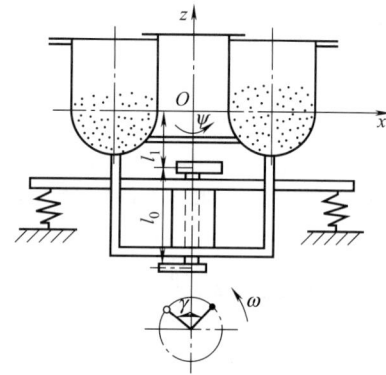

图 27-8-9 立式振动光饰机力学模型

为了提高工作效率,要合理选择偏心块夹角 γ。试验证明 $\gamma = 90°$ 时,水平振动和摇摆振动都比较强烈,这种复合振动研磨效果最佳。

当机体 m、I 和工艺要求的振动参数 λ、λ_ψ、ω 已知,并由隔振设计确定了 K、K_ψ 的条件下,可从式(27-8-32)的前式求得 $\sum m_0 r$,再根据式(27-8-32)的后式求得 L 值。根据 $\sum m_0 r$ 设计偏心块,根据 L 值设计 l_0、l_1。

(3)单轴惯性振动机动力参数

单轴惯性振动机的动力参数(远超共振类),见表 27-8-21。

表 27-8-21　　单轴惯性振动机的动力参数（远超共振类）

项　目	计 算 公 式	参数选择与说明
隔振弹簧总刚度	$K_y = \dfrac{1}{z^2} m\omega^2$ (N/m) 物料对隔振弹簧的影响在频率比的选取中考虑	m——机体质量，kg ω——振动频率，rad/s 隔振弹簧与第5章隔振器设计相同，一般隔振器设计取 $z = 3 \sim 5$，对于有物料作用的振动机，z 值可取得小些，物料量越多，z 值越小
等效参振质量	$m' = m + K_m m_m$　（kg） $m_m = QL/(3600 v_m)$　（kg） $Q = 3600 h b v_m \rho$　（t/h）	Q——振动机的生产能力，t/h h——料层厚度，m b——工作面宽度，m v_m——物料平均速度，m/s L——工作面长度，m ρ——物料松散密度，t/m³ 物料 m_m 的等效参振质量折算系数 K_m 可参照表27-8-15和表27-8-16选取
等效阻尼系数及相位差角	$c = (0.1 \sim 0.14) m\omega$　（N·s/m） $\alpha = \arctan \dfrac{c\omega}{K_y - m\omega^2}$	
激振力幅值及偏心质量矩	$\sum m_0 r \omega^2 = \dfrac{1}{\cos\alpha}(K_y - m\omega^2)\lambda \approx m\omega^2 \lambda$　（N）	λ——振动的振幅，m m_0——偏心块质量，kg r——偏心半径，m 根据 $\sum m_0 r$ 设计偏心块
电机功率	见 8.2.2.4 节	
稳态振幅	$\lambda = \dfrac{\sum m_0 r \omega^2 \cos\alpha}{K_y - m\omega^2}$　（m）	
传给基础的动载荷	$F_{dy} = K_y \lambda_y, \ F_{dx} = K_x \lambda_x$ 启动、停止时， $F'_{dy} = (3 \sim 7) F_{dy}, \ F'_{dx} = (3 \sim 7) F_{dx}$	K_y, K_x——分别为垂直方向和水平方向的刚度，N/m λ_y, λ_x——分别为垂直方向和水平方向的振幅，m 悬挂弹簧时，$F_{dx} \approx 0, F'_{dy} = F_{dy}$

8.4.2　双轴惯性式振动机

双轴式单质体惯性振动机分平面双轴激振和空间双轴激振两种情况。

(1) 平面双轴激振情况

图 27-8-10 所示为平面双轴惯性振动机，当质量为 m_0 的两偏心块以 ω 的角速度同步反向回转，则沿 s 方向和 e 方向的激振力：$F_s = 2m_0 r \omega^2 \sin\omega t$，$F_e = 0$。单向激振力 F_s 作用于图 27-8-10 (b) 所示的振动机机体的质心，将使机体产生沿 s 方向的直线振动。因阻尼系数 $c \ll m\omega$，隔振弹簧沿 s 方向刚度 $k_s \ll m\omega^2$，偏心质量 $m_0 \ll m$，在忽略阻尼、隔振弹簧和偏心块质量对振动影响的条件下，机体的振幅：

$$\lambda_s = -\frac{2m_0 r}{m} \quad (27\text{-}8\text{-}33)$$

(2) 空间双轴激振情况

图 27-8-11 所示为螺旋振动输送机，螺旋振动输送机的惯性激振器有交叉轴式和平行轴式两种，如图 27-8-12 所示。空间双轴激振器能提供沿 z 方向的激振力 F_z 和绕 z 轴的激振力矩 M_z。当 z 轴通过机体质心时，机体的质量为 m，机体绕 z 轴的转动惯量为 J，与前相同，在忽略阻尼、隔振弹簧及偏心块的质量 m_0 和转动惯量 J_0 的条件下，很容易求得机体在 F_z 和 M_z 作用下，机体在 z 方向和绕 z 轴方向

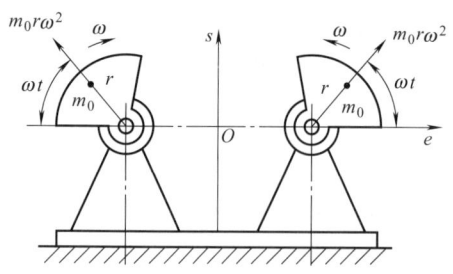

(a) 产生单向激振力的双轴惯性激振器

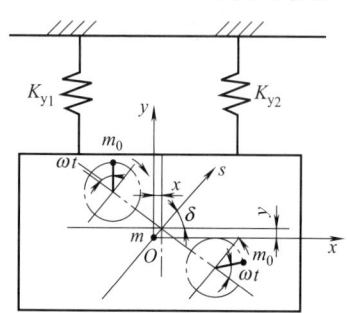

(b) 单向激振力双轴惯性振动机力学模型

图 27-8-10 平面双轴惯性振动机

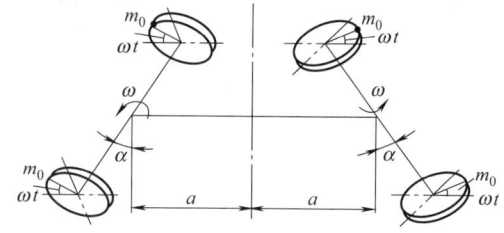

(a) 交叉轴式双轴惯性激振器

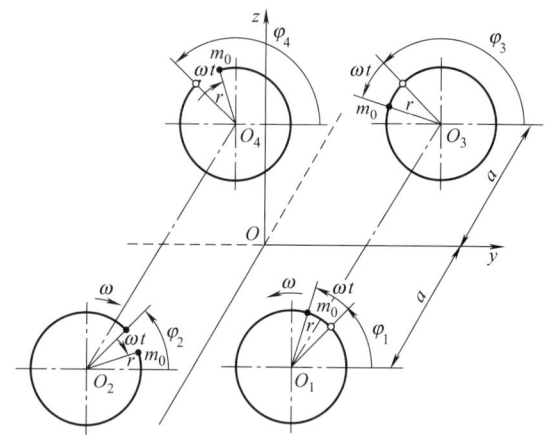

(b) 平行轴式双轴惯性激振器

图 27-8-12 双轴惯性激振器工作原理

按式（27-8-34）求得 λ_z 和 θ_z 后，可进一步求出机体上距 z 轴为 R 处的任一点的合成振幅 λ 和振动角 δ：

$$\lambda = \sqrt{\lambda_z^2 + \theta_z^2 R^2} \quad \delta = \arctan\frac{\lambda_z}{\theta_z R} \quad (27\text{-}8\text{-}35)$$

从式（27-8-35）可以看出，输送槽上的任意点，实际上都是在做直线振动。

由于平行轴式双轴惯性激振多采用强同步，因此，设计激振器时，首先根据工艺要求的合成振幅 λ 和振动角 δ，求得相应的 λ_z 和 θ_z，再从式（27-8-34）求得 $\sum m_0 r$、a（同一轴上两偏心块距离之半）和 α（同一轴上两偏心块夹角之半）。装配时应保证各偏心块离心力作用线与 z 轴夹角为 α。

交叉轴式双轴惯性激振器常采用两台同型号振动电机作为激振器同步反向回转，靠自同步实现，所以，激振力和两激振器轴夹角都便于调整，这样就使设计参数 $\sum m_0 r$、a、α 的匹配变得容易。计算公式相同。

(3) 双轴惯性激振器动力参数

双轴惯性振动机的动力参数（远超共振类），见表 27-8-22。

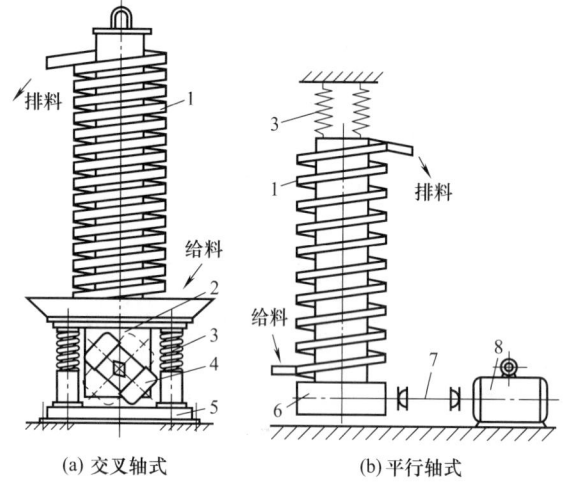

(a) 交叉轴式　　(b) 平行轴式

图 27-8-11 空间双轴惯性振动机
1—螺旋输送槽；2—激振器座；3—隔振弹簧；
4—振动电机；5—机座；6—平行轴式激振器；
7—万向联轴器；8—电机

上的振幅和振动幅角：

$$\lambda_z = \frac{4m_0 r \sin\alpha}{m}$$

$$\theta_z = \frac{4m_0 r a \cos\alpha}{J} \quad (27\text{-}8\text{-}34)$$

表 27-8-22　　双轴惯性振动机的动力参数

项目	平面运动	空间运动	
		交叉轴式	平行轴式
隔振弹簧总刚度	$K_y = \dfrac{1}{z^2}m\omega^2$	m——机体质量，kg z——频率比，$z=\omega/\omega_{ny}$，通常取 $z=3\sim 5$ ω_{ny}——固有角频率，rad/s，$\omega_{ny}=\sqrt{\dfrac{\sum K_y}{m}}$	
等效参振质量	$m' = m + K_m m_m$ m_m 按表 27-8-21 中相关公式计算，K_m 可参照表 27-8-15 和表 27-8-16 选取	$m' = m + K_m m_m$ $J' = J + K_m m_m R^2$ m_m 按表 27-8-21 中相关公式计算，K_m 可参照表 27-8-15 和表 27-8-16 选取，R 为输送槽的平均半径，m	
等效阻尼系数及相位差角	$c = (0.1\sim 0.14)m\omega$ (N·s/m) $\varphi = \arctan\dfrac{c\omega}{K_s - m\omega^2}$ $K_s = K_y\sin^2\delta + K_x\cos^2\delta$	$c = c_y = (0.1\sim 0.14)m\omega$ $c_\theta = (0.1\sim 0.14)mR\omega$ $\varphi \approx \varphi_x \approx \varphi_\theta \approx \varphi_y = \arctan\dfrac{c_y\omega^2}{K_y - m\omega^2}$	
激振力、偏心质量矩及距离 a	$F = \sum m_0 r\omega^2$ $= \dfrac{\lambda}{\cos\varphi}(K_s - m\omega^2)$ (N) $\sum m_0 r = F/\omega^2$ (kg·m)	$F = \dfrac{\lambda}{\cos\varphi\sin\alpha}(K_y - m\omega^2)$ $\sum m_0 r = F/\omega^2$ $a = \dfrac{(K_\theta - J\omega^2)\theta_y}{F\cos\varphi_y\cos\alpha}$ K_θ——隔振弹簧绕 y 轴方向扭转刚度，N·m/rad，$K_\theta = K_x\rho_1$ K_x——隔振弹簧水平刚度，N/m ρ_1——隔振弹簧离 y 轴的距离，m 预定 λ 或 θ_y，给定 a 值计算出 $\sum m_0 r$，a，再根据 $\sum m_0 r$ 和 a，调整 a，重新计算 $\sum m_0 r$ 和 a，直至 $\sum m_0 r$、a 达到最佳匹配为止	$F = \dfrac{\lambda}{\cos\varphi\cos\alpha}(K_y - m\omega^2)$ $\sum m_0 r = F/\omega^2$ $a = \dfrac{(K_\theta - J\omega^2)\theta_y}{F\cos\varphi_y\sin\alpha}$
振幅和振动幅角	$\lambda = \dfrac{F\cos\varphi}{K_s - m\omega^2}$ $\lambda_y = \lambda\sin\delta$ $\lambda_x = \lambda\cos\delta$	$\lambda_y = \dfrac{F\sin\alpha\cos\varphi}{K_y - m\omega^2}$ $\theta_y = \dfrac{Fa\sin\alpha\cos\varphi}{K_\theta - J\omega^2}$ $\lambda_x = \rho_1\theta_y$ $\lambda_x = \sqrt{\lambda_y^2 + \rho_1^2\theta_y^2}$	$\lambda_y = \dfrac{F\cos\alpha\cos\varphi}{K_y - m\omega^2}$ $\theta_y = \dfrac{Fa\sin\alpha\cos\varphi}{K_\theta - J\omega^2}$
电机功率	见本章 8.2.2.4 节		
传给基础的动载荷	$F_y = K_y\lambda_y$ $F_x = K_x\lambda_x$ 启动和停止时：$F'_y = (3\sim 7)F_y$ $F'_x = (3\sim 7)F_x$	说明：如为悬挂弹簧，$F'_y = K_y\lambda_y$，$F_x \approx 0$ K_y、K_x、λ_y、λ_x 分别为垂直与水平方向刚度及振幅	

注：激振器偏转式自同步双轴惯性激振器虽然有力矩作用，但摆动不很大，可近似按产生单向激振力双轴惯性激振器进行程序设计。

8.4.3　多轴惯性振动机

多轴惯性振动机可以使物料获得非谐运动，实现不同性质混合物料的选分，如图 27-8-13 所示的四轴惯性摇床，设 $\omega_2 = 2\omega_1$，高速轴与低速轴相位差为 θ，则激振力 $F_y(t) = 0$，$F_x(t) = F_1(t) + F_2(t) = 2m_{01}\omega_1^2 \times r_1\left[\sin\omega_1 t + \dfrac{4m_{02}r_2}{m_{01}r_1}\sin(2\omega_1 t + \theta)\right]$，忽略阻尼，应用叠加原理，可求出摇床工作面的运动为

$$x(t) = x_1(t) + x_2(t) = \dfrac{-2m_{01}r_1}{m + 2m_{01} + 2m_{02}} \times \left[\sin\omega_1 t + \dfrac{m_{02}r_2}{m_{01}r_1}\sin(2\omega_1 t + \theta)\right] \quad (27\text{-}8\text{-}36)$$

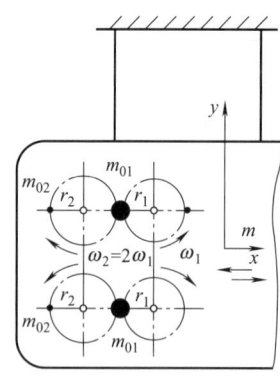

图 27-8-13 四轴惯性摇床

8.4.4 自同步式振动机

自同步惯性振动机的求解与惯性振动机相同，重要的是实现自同步运转及要求的振动状态。为实现同步运转，必须满足同步性条件。同步性条件包含两方面的内容，首先是两台电动机的特性要相近；其次是电动机转速、偏心质量矩、机体的质量分布等要满足一定的要求。这两方面分别通过电动机的选择及自同步设计来实现，统一由振动机的同步性指数 D_a 来衡量自同步性能。

为了进一步获得要求的运动轨迹，还必须满足相应同步状态下的稳定性条件。稳定性条件一般由振动机机体的质量分布及激振电机的安装位置、各运动方向的阻尼系数及弹簧刚度来决定，由振动机的稳定性指数 W 来衡量。不同的 W 值，可获得不同的运动轨迹。

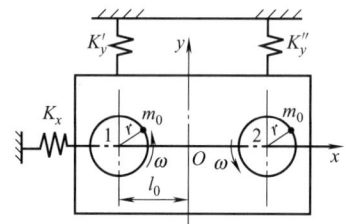

(a) 机体质心位于两轴心连线中点同向回转

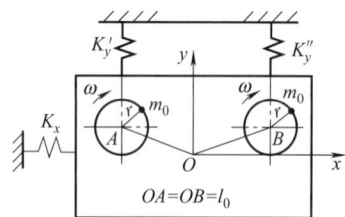

(b) 机体质心位于两轴心连线中垂线上同向回转

图 27-8-14 平面双轴单质体自同步振动机的力学模型

现以平面双轴单质体自同步振动机的对称安装同向回转情况（见图 27-8-14）为例来说明。此时机体质心位于两轴心连线的中点，或位于两轴心连线的中垂线上，通过求解机体沿 x、y 方向和绕质心 O 点的振动微分方程，可导出同步性条件为：

$$|D_a| = \left| \frac{m_0^2 \omega^2 r^2 W}{\Delta M_g - \Delta M_f} \right| \geqslant 1 \quad (27\text{-}8\text{-}37)$$

而稳定性指数 W 为：

$$W = \frac{l_0^2}{J'} \cos^2 \alpha_\psi - \frac{\cos^2 \alpha_y}{m'_y} - \frac{\cos^2 \alpha_x}{m'_x} \quad (27\text{-}8\text{-}38)$$

式中　　ω——两轴的同步转速，rad/s；

m_0，r——每一根轴上的偏心块质量及偏心距，kg，m；

ΔM_g——两轴的电机转矩差，N·m；

ΔM_f——两轴的摩擦阻矩差，N·m；

l_0——轴1或轴2中心至机体质心 O 的距离，m；

J'——机体对质心 O 的计算转动惯量，kg·m²，$J' = J + \sum J_0 - K_\psi/\omega^2$；

$J + \sum J_0$——机体（包括偏心块）对质心 O 的转动惯量，kg·m²；

K_y，K_x，K_ψ——y、x 和 ψ 方向的弹簧刚度，N/m，N/m，N·m/rad；

c_y，c_x，c_ψ——y、x 和 ψ 方向的阻尼系数，N·s/m，N·s/m，N·m·s/rad；

m'_y——y 方向的计算质量，kg，$m'_y = m + \sum m_0 - K_y/\omega^2$；

m'_x——x 方向的计算质量，kg，$m'_x = m + \sum m_0 - K_x/\omega^2$；

$m + \sum m_0$——振动体（包括偏心块）的质量，kg；

α_ψ——绕质心扭摆振动时激振力矩与角位移响应之间的相位差，$\alpha_\psi = \arctan\left(\dfrac{-c_\psi}{J'\omega}\right)$；

α_y——沿 y 方向振动时激振力与位移之间的相位差，$\alpha_y = \arctan\left(\dfrac{-c_y}{m'_y \omega}\right)$；

α_x——沿 x 方向振动时激振力与位移之间的相位差，$\alpha_x = \arctan\left(\dfrac{-c_x}{m'_x \omega}\right)$。

对于平面双轴单质体惯性振动机的这种情况，只要式（27-8-37）得到满足，即 $|D_a| > 1$，两激振主轴就能实现自同步。而稳定性条件为：$W > 0$，机体及其质心作近似圆形的椭圆运动；$W < 0$，则机体及质心作扭摆振动。

若振动机按非共振情况设计，则有 $c_\psi \approx c_y \approx$

$c_x \approx 0$, $J' \approx J + \sum J_0$, $m'_y \approx m'_x \approx m + \sum m_0$,则稳定性指数 W 简化为 $W = \dfrac{l_0^2}{J + \sum J_0} - \dfrac{2}{m + \sum m_0}$,稳定性条件变为:$l_0 > \sqrt{\dfrac{2(J + \sum J_0)}{m + \sum m_0}}$,机体作椭圆运动时;$l_0 < \sqrt{\dfrac{2(J + \sum J_0)}{m + \sum m_0}}$,机体作扭摆振动。

当机体质心偏离两轴心连线的中垂线安装时,同步性条件与稳定性条件基本不变,仅稳定性指数表达式有变化;质心偏移量增大,对于 $W > 0$ 对应的机体椭圆振动不利,过大的偏移量会使椭圆振动不能形成。

当两激振主轴反向回转时,同步性条件 $|D_a| > 1$ 仍然适用。而稳定性条件变为:$W > 0$,机体作近似于 y 方向的直线振动,$W < 0$,机体作扭摆振动加 x 方向的直线振动。

当两激振电机成交叉轴式安装时,同步性条件仍为 $|D_a| > 1$,稳定性指数 W 的计算更为复杂。当 $W > 0$ 时,机体可获得垂直振动与绕 z 轴扭转振动的组合。因此,$|D_a| > 1$ 及 $W > 0$,是交叉双轴式自同步垂直输送机使物料沿螺旋槽上升的条件。

8.4.5 惯性共振式振动机

8.4.5.1 主振系统的动力参数

图 27-8-15(a)所示为单轴惯性共振式振动机,该机在单轴惯性激振器激励下,会产生摆动,但与主系统振动相比,还是很小的。图 27-8-15(b)为双轴惯性共振式振动机,该振动机为直线振动。两机主振系统的力学模型如图 27-8-15(c)所示。动力参数设计见表 27-8-23。

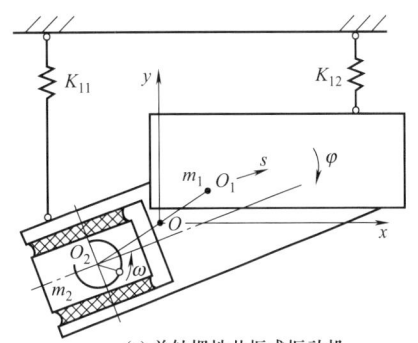

(a) 单轴惯性共振式振动机

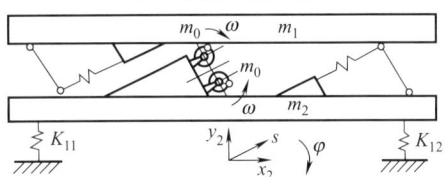

(b) 双轴惯性共振式振动机

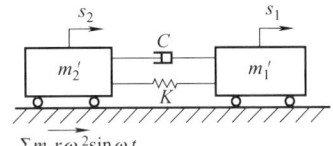

(c) 主振系统的力学模型

图 27-8-15 惯性共振式振动机及主振系统的力学模型

表 27-8-23 惯性共振式与弹性连杆共振式动力参数设计计算

项目	惯性共振式	弹性连杆式
隔振弹簧总刚度	$K_y = \dfrac{1}{z_0^2}(m_1 + m_2)\omega^2$	z_0——频率比,通常取 $z_0 = 3 \sim 5$,对有物料作用振动机,z_0 可适当取小
工作机体质量 m_1	根据振动机的工作要求(包括振动参数、λ_1、ω、Q 和机体尺寸等)及机体的强度和刚度确定	
质体 2 的质量 m_2	$m_2 = (0.4 \sim 0.8)m_1$,m_2 为附加质量,应尽量减小。m_2 越小,则相对运动振幅 λ 越大,因此,m_2 在主振弹簧变形量允许的条件下,尽量选得小些	
诱导质量	$m_u = \dfrac{m'_1 m'_2}{m'_1 + m'_2}$ $\quad m'_1 = m_1 + K_m m_m - \dfrac{K_1}{\omega^2}$ $\quad m'_2 = m_2 - \dfrac{K_2}{\omega^2}$ K_1, K_2 ——分别为作用于 m_1 和 m_2 上的隔振弹簧沿 s 方向的刚度,由 K_{11}、K_{12} 计算求得,K_2 在概算时可忽略	
主振弹簧总刚度	$K = \dfrac{1}{z^2} m_u \omega^2$ (N/m) 通常取 $z = 0.75 \sim 0.95$	$k = m_u \omega^2$ (N/m) $m_u = \dfrac{m'_1 m'_2}{m'_1 + m'_2}$,$m'_1 = m_1 - \dfrac{K_1}{\omega^2}$
连杆弹簧总刚度	线性振动机取 $z = 0.82 \sim 0.88$ 非线性振动机取 $z = 0.85 \sim 0.92$	$K_0 = \left(\dfrac{1}{z^2} - 1\right) m_u \omega^2 = \left(\dfrac{1}{z^2} - 1\right) K$

续表

项 目	惯性共振式	弹性连杆式
相位差角	$\alpha = \arctan\dfrac{2\zeta z}{1-z^2}$ ζ——阻尼比,常取 $\zeta=0.02\sim0.07$ z——频率比,常取 $z=0.75\sim0.95$	$\alpha = \arctan\dfrac{2\zeta z}{1-z^2}$ 常取 $\zeta=0.02\sim0.07$ 在有载条件下:线性振动机取 $z=0.8\sim0.9$ 非线性振动机取 $z=0.85\sim0.95$
相对运动振幅	$\lambda = -\dfrac{m'}{m'_2} \times \dfrac{\sum m_0 r\omega^2 \cos\alpha}{K-m'\omega^2}$ $= -\dfrac{m'}{m'_2} \times \dfrac{z^2\sum m_1 r\omega^2 \cos\alpha}{K-m'\omega^2}$	$\lambda = \dfrac{K_0 r\cos\alpha}{K_0+K-m'\omega^2}$
绝对振幅	$\lambda_1 = \dfrac{K\lambda}{m'_1\omega^2}$, $\lambda_2 = \left(\dfrac{K}{m'_1\omega^2}-1\right)\lambda$	$\lambda_1 = \dfrac{(K_0+K)\lambda}{m'_1\omega^2}$ $\lambda_2 = \left(\dfrac{K_0+K}{m'_1\omega^2}-1\right)\lambda$
传给基础的动载荷	$F_{dx} = K_x \lambda_{1x}$ $\lambda_{1x}, \lambda_{1y}$——$x$、$y$ 方向的弹簧 K_1 的振幅 $F_{dy} = K_y \lambda_{1y}$ k_x, k_y——弹簧 K_1 在 x、y 方向的刚度 说明:需另外加静载荷(总重量)	

8.4.5.2 激振器动力参数设计

表 27-8-24　　　　激振器动力参数设计

项 目	计 算 公 式	概 算 公 式
激振力幅值和偏心质量矩	$\sum m_0 r\omega^2 = -\dfrac{m'_2\lambda(K-m\omega^2)}{m\cos\alpha}$ (N) $\sum m_0 r = (\sum m_0 r\omega^2)/\omega^2$ (kg·m)	$\sum m_0 r = -\dfrac{m'_2\lambda(1-z^2)}{z^2}$ z——频率比,通常取 $z=0.75\sim0.95$
电机功率	振动阻尼所消耗的功率: $P_z = C\omega^2\lambda^2/2000$ 其中 $C = 2\zeta m\omega/z$ 轴承摩擦所消耗的功率: $P_f = f_d \sum m_0 r\omega^3 d_1/2000$ 总功率:$P = (P_z+P_f)/\eta$	ζ——阻尼比,通常取 $\zeta=0.02\sim0.07$ f_d——轴承摩擦因数,通常取 $f_d=0.005\sim0.007$ d_1——轴承内外圈平均直径,m η——传动效率,通常取 $\eta=0.95$

注:概算公式只在假定参振质量 m 条件下试算中用。

8.5　弹性连杆式振动机的计算

曲柄连杆式振动机械,包括弹性连杆式和黏性连杆式。其中弹性连杆式振动机械最为常用,多应用于物料的输送、筛分、选别和冷却等。它结构简单、制造方便、工作时传动机构受力较小,当采用双质体或多质体形式时,机器平衡性好,因而应用较广。

8.5.1　单质体弹性连杆式振动机

(1) 弹性连杆式振动水平输送机

这类振动机械的简图及力学模型如图 27-8-16 所示。当 $r \ll l$ 时,可推出其运动微分方程为:

$$m''\ddot{x} + C\dot{x} + (K+K_0) = K_0 r\sin\omega t \quad (27\text{-}8\text{-}39)$$

式中　m'——考虑了各种结合质量后的计算质量(kg),按式(27-8-20)求出;

C——总阻尼系数(N·s/m),按式(27-8-21)计算;

K——主振弹簧刚度(N/m),$K = K'+K''$。

解此受迫振动微分方程,求出机体的振幅为:

$$\lambda = \dfrac{K_0 r}{(K+K_0)\sqrt{(1-z^2)^2 + 4\zeta^2 z^2}}$$

$$(27\text{-}8\text{-}40)$$

式中　z——频率比,$z = \omega/\omega_n = \omega/\sqrt{(K+K_0)/m'}$,一般取亚共振状态,$z = 0.8\sim0.9$;

ζ——阻尼比,$\zeta = C/(2m'\omega_n)$,一般取 $\zeta = 0.03\sim0.07$。

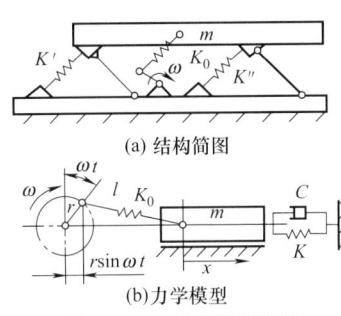

(a) 结构简图

(b) 力学模型

图 27-8-16 单质体弹性连杆式振动水平输送机

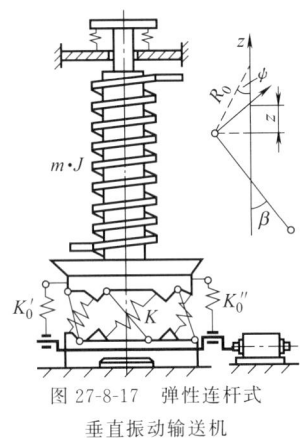

图 27-8-17 弹性连杆式垂直振动输送机

这类振动机械结构简单,但动力不平衡,传给地基的动载荷较大。

(2) 弹性连杆式垂直振动输送机

如图 27-8-17 所示,这类输送机的工作机体为一垂直安装螺旋形槽体,槽体的下方周边安装着沿圆周方向倾斜布置的主振弹簧及导向杆,槽体由水平偏心轴及弹性连杆驱动。由于槽体与基础之间主振弹簧及导向杆的作用,槽体的振动为垂直振动与旋转振动的叠加,可使物料沿螺旋槽向上运动,因而具有输送高度大、占地面积小的显著优点。

设导向杆端点至螺旋槽体轴线的距离为 R_0,导向杆与铅垂线的夹角为 β,则有几何关系:

$$\tan\beta = \frac{z}{R_0\psi} \quad (27\text{-}8\text{-}41)$$

此式联系了垂直振动位移 z 与旋转振动角位移 ψ。由此这叠加振动可化为单自由度系统,求出垂直振幅为

$$\lambda_z = \frac{K_0 r}{\left(K_z + K_\psi \dfrac{1}{R_0^2\tan^2\beta} + K_0\right)\sqrt{(1-z^2)^2 + 4\zeta^2 z^2}} \quad (27\text{-}8\text{-}42)$$

其中

$$z = \frac{\omega}{\omega_n} = \frac{\omega}{\sqrt{\left(K_z + K_\psi \dfrac{1}{R_0^2\tan^2\beta} + K_0\right)\left(m' + J\dfrac{1}{R_0^2\tan^2\beta}\right)^{-1}}}$$

$$\zeta = \frac{\left(C_z + C_\psi \dfrac{1}{R_0^2\tan^2\beta}\right)}{\left[2\omega_n\left(m' + J\dfrac{1}{R_0^2\tan^2\beta}\right)\right]}$$

式中 m'——螺旋槽体的计算质量,kg;
J——螺旋槽体对其轴线 z 轴的转动惯量,kg·m^2;
K_z,K_ψ——垂直方向与圆周方向的弹簧刚度,N/m,N·m/rad;
K_0——连杆弹簧刚度,N/m,$K_0 = K_0' + K_0''$;
C_z,C_ψ——垂直方向与圆周方向的阻尼系数,N·s/m,N·m·s/rad。

而旋转振动的振幅为:

$$\theta_\psi = \frac{\lambda_z}{R_0\tan\beta} \quad (27\text{-}8\text{-}43)$$

螺旋槽体上离轴线 z 距离不同的圆周上具有不同的振动方向角。在槽体外缘,即 $R = R_0$ 的圆周上,振动方向角 δ 等于导向杆与铅垂线的夹角 β。

8.5.2 双质体弹性连杆式振动机

(1) 不平衡式双质体弹性连杆振动机

为减小传给地基的动载荷,对图 27-8-16 所示的单质体振动水平输送机采取隔振措施,即除工作槽体 1 之外,再附加隔振质体 2 及隔振弹簧 K_2($K_2 = K_2' + K_2'' + K_2'''$),形成如图 27-8-18 所示的不平衡式双质体弹性连杆振动机。它属于多自由度系统,近似计算可按诱导单自由度情况进行。即以质体 1 与质体 2 之间的相对运动为诱导坐标,简化为单自由度情况,此时诱导质量为:

$$m_u = \frac{m_1' m_2'}{m_1' + m_2'} \quad (27\text{-}8\text{-}44)$$

式中 m_1'——工作质体 1 的计算质量;
m_2'——隔振质体 2 的计算质量,$m_2' = m_2 - K_2/\omega^2$。

类似地,诱导阻尼系数为

$$C = \frac{m_1' C_2}{m_1' + m_2'} = \frac{m_2' C_1}{m_1' + m_2'} \quad (27\text{-}8\text{-}45)$$

式中 C_1,C_2——质体 1、质体 2 的绝对阻尼系数。

由运动微分方程

$$m\ddot{x} + (C + C_{12})\dot{x} + (K + K_0)x = K_0 r\sin\omega t$$

可求得相对振幅

$$\lambda = \frac{K_0 r}{\sqrt{[(K + K_0) - m\omega^2]^2 + (C + C_{12})^2 \omega^2}} \quad (27\text{-}8\text{-}46)$$

式中 C_{12}——工作质体 1 相对于隔振体 2 的相对阻尼系数。

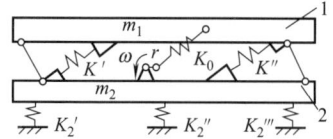

图 27-8-18 不平衡式双质体弹性连杆振动机
1—工作质体；2—隔振质体

而质体 1、质体 2 的绝对振幅为：

$$\lambda_1 = \frac{m_u}{m_1'}\lambda$$

$$\lambda_2 = \frac{m_u}{m_2'}\lambda \quad (27\text{-}8\text{-}47)$$

(2) 双槽体平衡式弹性连杆振动机

减小单质体振动输送机传给地基动载荷的另一种方法是采用双槽体平衡法。即两个相类似的工作槽体 1、2 用橡胶铰式导向杆连接，整个机器通过此导向杆的中间铰链及支架固定于基础上，两槽体之间有弹性连杆激振器及主振弹簧 $K(K=K'+K'')$。工作时两槽体作相反方向的振动，导向杆则绕其中点摆动，因而整机的惯性力可获得平衡，见图 27-8-19。

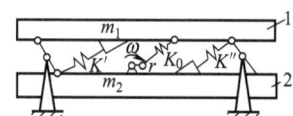

图 27-8-19 双槽体平衡式弹性连杆振动机
1,2—工作槽体

设槽体 1、2 沿振动方向的位移分别为 s_1、s_2，则有 $s_1 = -s_2$，由此可将二自由度系统转化为诱导单自由度系统，并有诱导质量 m 和诱导阻尼系数 C 为

$$m = \frac{1}{4}(m_1' + m_2')$$

$$C = \frac{1}{4}(C_1 + C_2) \quad (27\text{-}8\text{-}48)$$

式中 m_1', m_2'——槽体 1、2 的计算质量，kg，可按式（27-8-20）计算；

C_1, C_2——槽体 1、2 的阻尼系数，N·s/m。

求解运动微分方程可得振幅

$$\lambda_1 = \lambda_2 = \frac{K_0 r}{\sqrt{[(K+K_0)-m_u\omega^2]^2 + C^2\omega^2}}$$

(27-8-49)

两槽体的相对振幅 $\lambda = 2\lambda_1$，而整机传给地基的动载荷幅值为：

$$F_d = (m_1' - m_2')\omega^2\lambda_1 \quad (27\text{-}8\text{-}50)$$

显然，两槽体及其内物料分布相同时，可获得动力平衡。

8.5.3 隔振平衡式三质体弹性连杆振动机

当双质体平衡式弹性连杆振动机的两个槽体相差较大时，传给地基的动载荷仍较大，若对它再采取隔振措施，即附加隔振底架 3 及隔振弹簧 $K_3(K_3 = K_3' + K_3'' + K_3''')$，则形成图 27-8-20 所示的隔振平衡式三质体弹性连杆振动机。

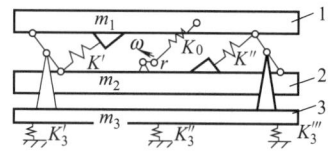

图 27-8-20 隔振平衡式三质体弹性连杆振动机
1,2—工作槽体；3—隔振底架

设 m_1'、m_2' 分别为槽体 1、2 计入物料影响后的计算质量，m_3' 为隔振底架计入隔振弹簧 K_3 后的计算质量（$m_3' = m_3 - K_3/\omega^2$），$\lambda_1$、$\lambda_2$、$\lambda_3$ 分别为槽体 1、2 及底架 3 沿振动方向的振幅。由运动几何条件，相对振幅 $\lambda = \lambda_1 + \lambda_2$，而 $\lambda_3 = |\lambda_1 - \lambda_2|$。在相对运动诱导坐标 $x = x_1 - x_2$ 下，其诱导质量为：

$$m_u = \frac{1}{4}\left[m_1' + m_2' - \frac{(m_1' - m_2')^2}{m_1' + m_2' + m_3'}\right]$$

(27-8-51)

求解该振动系统，得相对振幅 λ 和槽体 1、2 及底架 3 沿振动方向的绝对振幅 λ_1、λ_2、λ_3 分别为：

$$\left.\begin{aligned}
\lambda &= \frac{K_0 r}{K + K_0 - m\omega^2} \\
\lambda_1 &= \lambda \frac{2m_2' + m_3'}{2(m_1' + m_2' + m_3')} \\
\lambda_2 &= \lambda \frac{2m_1' + m_3'}{2(m_1' + m_2' + m_3')} \\
\lambda_3 &= \lambda \frac{m_1' - m_2'}{2(m_1' + m_2' + m_3')}
\end{aligned}\right\} \quad (27\text{-}8\text{-}52)$$

8.5.4 非线性弹性连杆振动机

在双质体振动机的主振弹簧 K 之外，增加两个和振动质体 1 有一定间隙 e 的弹簧 ΔK_1、ΔK_2，形成非线性弹性力，可使工作时振幅稳定，并能采用共振工作状态，频率比 z 可取为 0.95，减少激振力与能量消耗，还可使槽体产生冲击加速度而提高工作效率。这种非线性弹性连杆振动机如图 27-8-21 所示。

第8章 机械振动的利用

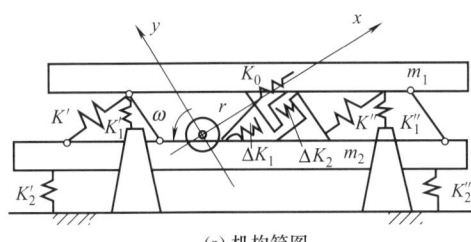

(a) 机构简图

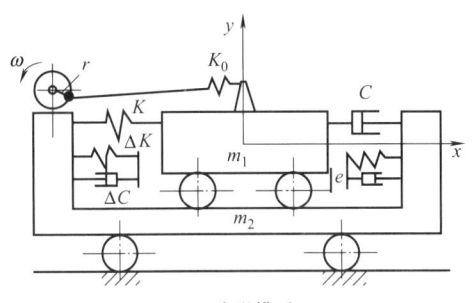

(b) 力学模型

图 27-8-21 非线性弹性连杆振动机

这类振动机的计算与双质体振动机相同，只需将非线性弹簧等效线性化，其等效刚度 K'_e 按非线性理论求出为：

$$K'_e = K + K_0 + \Delta K \times \left\{1 - \frac{4}{\pi} \times \frac{e}{\lambda}\left[1 - \frac{1}{6}\left(\frac{e}{\lambda}\right)^2 - \frac{1}{40}\left(\frac{e}{\lambda}\right)^4\right]\right\}$$

(27-8-53)

其中 $K = K' + K''$，$\Delta K = \Delta K_1 + \Delta K_2$，$\frac{e}{\lambda}$ 为隙幅比，它决定着非线性的强弱，可按机器结构或工艺要求决定。在按双质体隔振式弹性连杆振动机的计算公式计算时，注意此时 $m'_1 = m_1 + k_m m_m - K_1/\omega^2$，$m'_2 = m_2 - K_2/\omega^2$，式中 $K_1 = K'_1 + K''_1$，$K_2 = K'_2 + K''_2$，而 $K + K_0$ 则代之以 K'_e。

8.5.5 弹性连杆振动机动力参数的选择计算

弹性连杆振动机动力参数的选择与计算公式，见表 27-8-25。

表 27-8-25　　弹性连杆振动机动力参数的选择与计算公式

项 目				计 算 公 式	参 数 选 择
振动机体的计算质量与诱导质量	计算质量			$m'_1 = m_1 + k_{m1} m_{m1} - K_{1g}/\omega^2$ $m'_2 = m_2 + k_{m2} m_{m2} - K_{2g}/\omega^2$ $m'_3 = m_3 - K_{3g}/\omega^2$	式中 m'_1, m'_2, m'_3——质体1、2和3的计算质量 m_1, m_2, m_3——质体1、2和3的实际质量 m_{m1}, m_{m2}——质体1和质体2上物料质量 k_{m1}, k_{m2}——质体1和质体2上物料结合系数，一般取 0.1～0.4 K_{1g}, K_{2g}, K_{3g}——质体1、2和3上隔振弹簧的刚度 当质体2上无物料，即作为平衡体使用时，$m_{m2}=0$，当质体1、2上无隔振弹簧时，$K_{1g} = K_{2g} = 0$
	诱导质量	空载诱导质量 m_k	单质体	刚性底架	m	
				弹性底架	$\dfrac{m_1 m'_2}{m_1 + m'_2}$	
			双质体	刚性底架	$\dfrac{1}{4}(m_1 + m_2)$	
				弹性底架	$\dfrac{1}{4}\left[m_1 + m_2 - \dfrac{(m_1 - m_2)^2}{m_1 + m_2 + m_3}\right]$	
		有载诱导质量 m_f	单质体	刚性底架	$m + k_m m_m$	
				弹性底架	$\dfrac{m'_1 m'_2}{m'_1 + m'_2}$	
			双质体	刚性底架	$\dfrac{1}{4}(m'_1 + m'_2)$	
				弹性底架	$\dfrac{1}{4}\left[m'_1 + m'_2 - \dfrac{(m'_1 - m'_2)^2}{m'_1 + m'_2 + m'_3}\right]$	

续表

项　目		计　算　公　式	参　数　选　择
主振固有频率和频率比	空载	$\omega_{nk}=\sqrt{\dfrac{K+K_0+K_e}{m_k}}$，$z_k=\dfrac{\omega}{\omega_{nk}}$	线性振动机：$z_k=0.75\sim0.85$，$K_e=0$ 非线性振动机：$z_k=0.82\sim0.88$
	有载	$\omega_{nf}=\sqrt{\dfrac{K+K_0+K_e}{m_f}}$，$z_f=\dfrac{\omega}{\omega_{nf}}$	线性振动机：$z_f=0.80\sim0.90$，$K_e=0$ 非线性振动机：$z_f=0.85\sim0.95$
隔振弹簧刚度		$K_{gc}=\sum m_j\left(\dfrac{\pi n_{0d}}{30}\right)^2=(m_1+m_2+\cdots+m_j)\left(\dfrac{\pi n_{0d}}{30}\right)^2$ $\sum m_j$——隔振弹簧支承的所有质量的总和 m_1,m_2,m_j——振动质体 1、2 和 j 的质量 K_{gc}——隔振弹簧在垂直方向上的总刚度	通常选取垂直方向上的低频固有频率 n_{0d} 为： $n_{0d}=150\sim300\text{r/min}$
连杆弹簧刚度和主振弹簧刚度		总刚度：$K+K_0+K_e=m_k\omega_{nk}^2=\dfrac{1}{z_k^2}m_k\omega^2=m_f\omega_{nf}^2=\dfrac{1}{z_f^2}m_f\omega^2$ 主振弹簧刚度：$K+K_e=m_f\omega^2$ 连杆弹簧刚度：$K_0=K+K_0+K_e-K-K_e=\left(\dfrac{1}{z_f^2}-1\right)m_f\omega^2$	K_0——连杆弹簧刚度，N/m $K+K_e$——主振弹簧刚度，N/m K_e——间隙弹簧等效线性刚度，N/m $K_e=\Delta K\left\{1-\dfrac{4}{\pi}\times\dfrac{e}{\lambda}\left[1-\dfrac{1}{6}\left(\dfrac{e}{\lambda}\right)^2-\dfrac{1}{40}\left(\dfrac{e}{\lambda}\right)^4\right]\right\}$
激振力与偏心距		相位角：$\alpha=\arctan\dfrac{2\zeta z_f}{1-z_f^2}$ 名义激振力：$K_0 r=\lambda(K+K_0+K_e)(1-z^2)/\cos\alpha=K_0\lambda/\cos\alpha$ 偏心距：$r=\lambda/\cos\alpha$	ζ——阻尼比，对于大多数振动机，取 $\zeta=0.05\sim0.07$
相对振幅	单质体振动机	$\lambda=\lambda_1$	λ——相对振幅 λ_1——质体 1 的绝对振幅 λ_2——质体 2 的绝对振幅
	弹簧隔振单槽双质体振动机	$\lambda=\dfrac{m_1'}{m}\lambda_1$	
	未隔振的双槽振动机	$\lambda=2\lambda_1=2\|\lambda_2\|$	
	弹簧隔振的双槽振动机	$\lambda=\dfrac{2(m_1'+m_2'+m_3')}{2m_2'+m_3'}\lambda_1$ $=-\dfrac{2(m_1'+m_2'+m_3')}{2m_1'+m_3'}\lambda_2$	
非线性弹簧的隙幅比和刚度		$\Delta K=\dfrac{K_e'-K}{1-\dfrac{1}{4}\times\dfrac{e}{\lambda}\left[1-\dfrac{1}{6}\left(\dfrac{e}{\lambda}\right)^2-\dfrac{1}{40}\left(\dfrac{e}{\lambda}\right)^4\right]}$	e/λ——隙幅比，通常取 $e/\lambda=0.3\sim0.5$ e——非线性弹簧的平均间隙 λ——相对振幅 ΔK——非线性弹簧的刚度 K_e',K——主振弹簧等效刚度及其中的线性弹簧刚度

续表

项目	计算公式		参数选择
连杆作用力及传动轴转矩	$F_{lz}=K_0\sqrt{\lambda^2+r^2-2r\lambda\cos\alpha}$ 正常工作时： $M_{cz}=0.5K_0 r(\sqrt{\lambda^2+r^2-2r\lambda\cos\alpha}-\lambda\sin\alpha)$ 启动时对于线性振动机： $F_{lq}=\dfrac{K_j K_{0j}}{K_j+K_{0j}}, M_{cq}=\dfrac{1}{2}\times\dfrac{KK_0 r^2}{k_d K_0+k_{0d} K}=\dfrac{1}{2}\times\dfrac{K_j K_{0j} r^2}{K_{0j}+K_j}$ 启动时对于非线性振动机： $F_{lq}=\dfrac{K_j+\Delta K_j}{K_{0j}+K_j+\Delta K_j}\left(r-\dfrac{\Delta K_j}{K_j+\Delta K_j}e\right)K_{0j}$ $M(\varphi_m)=\dfrac{K_{0j}(K_j+\Delta K_j)}{K_{0j}+K_j+\Delta K_j}\left(\dfrac{1}{2}\sin\varphi_m-\dfrac{\Delta K_j}{K_j+\Delta K_j}\times\dfrac{e}{r}\cos\varphi_m\right)$ 其中 $\varphi_m=\arcsin\left[\dfrac{\Delta K_j e}{4(K_j+\Delta K_j)r}+\sqrt{\left(\dfrac{1}{4}\times\dfrac{\Delta K_j}{K_j+\Delta K_j}\times\dfrac{e}{r}\right)^2+0.5}\right]$		K_j、K_{0j}、ΔK_j——主振弹簧、连杆弹簧和间隙弹簧的静刚度 k_d、k_{0d}——主振弹簧与连杆弹簧的动刚度系数，启动时按静刚度计算 φ_m——最大转矩对应的相角
电机功率	正常运转时功率	$P_z=\dfrac{1}{2000\eta}C\lambda^2\omega^2$ （kW）	η——传动效率，$\eta=0.9\sim0.95$ ω——振动角频率，rad/s λ——相对振幅，m C——阻尼系数，kg/s k_c——启动转矩系数
电机功率	最大启动功率 线性振动机	$P_{max}=\dfrac{M_{cq}\omega}{1000\eta k_c}$ （kW）	
电机功率	最大启动功率 非线性振动机	$P_{max}=\dfrac{M(\varphi_m)\omega}{1000\eta k_c}$ （kW）	
传给基础的最大动载荷	垂直方向的动载荷值：$F_c=K_{gc}\lambda_d\sin\delta$ 水平方向的动载荷值：$F_s=K_{gs}\lambda_d\cos\delta$ 合成动载荷幅值 F_d：$F_d=\sqrt{F_c^2+F_s^2}$ （N）		λ_d——底架的振幅 K_{gc}、K_{gs}——垂直与水平方向隔振弹簧刚度，取 $K_{gs}=K_{gc}/3$

8.5.6 导向杆和橡胶铰链

近共振类振动机主振系统采用的导向杆常见的有两种：一种是板弹簧导向杆（图 27-8-22），可用弹簧钢板、酚醛压层板、竹片或优质木材等制成，多用于中小型振动机；另一种是橡胶铰链导向杆，多用于大中型振动机。

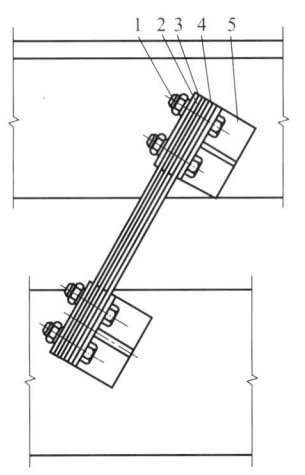

图 27-8-22 板弹簧的结构
1—紧固螺栓；2—压板；3—板弹簧；4—垫片；5—支座

图 27-8-23 是平衡式振动机的橡胶铰链式导向杆，能承受较大负荷，在导向杆的两端和中间部位有三个孔，孔中装有如图 27-8-24 所示的橡胶铰链，橡胶铰链可根据所受扭矩和径向力按有关文献设计。

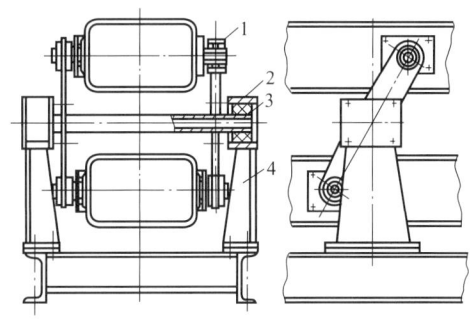

图 27-8-23 平衡式振动机的橡胶铰链式导向杆
1—两端橡胶铰链；2—滑块；3—中间橡胶铰链；4—支座

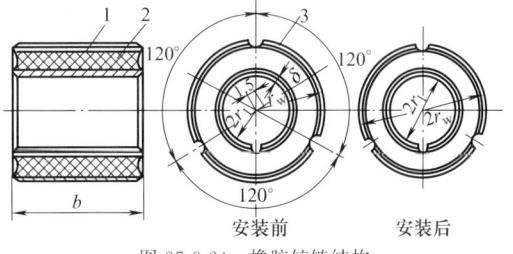

图 27-8-24 橡胶铰链结构
1—橡胶圈；2—内环；3—外环

8.5.7 振动输送类振动机整体刚度和局部刚度的计算

槽体的刚度计算是一项重要的工作。计算槽体的刚度,实际上是计算槽体横向振动的固有角频率。槽体横向振动固有角频率与工作频率一致时,就会使槽体的弯曲振动显著增大。更严重的是,当出现较大弯曲振动时,会使它的振幅和振动方向角发生明显变化;在槽体不同位置上物料平均输送速度有显著差异;某些部位物料急剧跳动,物料快速向前运动;另一些部位,物料仅轻微滑动,有时甚至会出现反方向运动,使机器难以正常工作。因此,在设计与调试时,必须避免槽体各阶弯曲振动的固有角频率与工作频率相接近。

各段槽体固有角频率按表 27-8-26 公式计算。通过对各段槽体固有角频率的计算,可以确定较为合理的支承点间距 l。支承点间距越小,固有角频率越高。因此,支承点间距要根据振动输送机工作频率高低及机器大小在 2.5m 的范围内进行选择。工作频率越高,支承点间距 l 越小;机器越小,即断面惯性矩 I_a 也越小,支承点间距 l 也应越小。通常振动强度 $K=4\sim6$ 及小型机器时,$l<1$m;振动强度 $K<4$ 大机器时,$l=1\sim2.5$m;当支承点间有集中载荷时,应取较小值。

表 27-8-26 振动输送各段槽体的固有角频率

典型模型	固有角频率/rad·s⁻¹	适用范围
（l, m_c, 两端简支）	$\omega_{n1}=\left(\dfrac{n\pi}{l}\right)\sqrt{\dfrac{EI_a}{m_c}}\ (n=1,2,3\cdots)$	振动输送机导向杆之间的各段槽体
（l, l_1, m_c, 外伸）	$\omega_{n1}=\left(\dfrac{a_1}{l}\right)\sqrt{\dfrac{EI_a}{m_c}}$	振动输送机两端槽体段,系数 a_1 参见表 27-8-27
（l, a, b, m_c, m,集中质量）	$\omega_{n1}=\sqrt{\dfrac{3EI_a}{(m/l+0.49m_c)a^2b^2}}$	振动输送机安装有传动部或给料口、排料口的槽体段。集中力为相应部分质量的惯性力
（l, m_c, m, 悬臂）	$\omega_{n1}=\sqrt{\dfrac{3EI_a}{(m/l+0.24m_c)l^4}}$	振动输送机两端有给料口或排料口槽体段

注: I_a——槽体的截面惯性矩, m^4; m——集中质量, kg; m_c——分布质量, kg/m; l——两支承的距离或悬臂长度, m; l_1——外伸端长度, m; a, b——集中质量与两端的距离。

表 27-8-27 系数 a_1

l_1/l	1	0.75	0.5	0.33	0.2
a_1	1.5	1.9	2.5	2.9	3.1

弹簧隔振双质体振动输送机总体出现弹性弯曲振动的固有圆频率:

$$\omega_{n1}=\sqrt{\left[\left(\dfrac{4.73}{l}\right)^4 E\sum I_1+\sum K_1\right]\dfrac{1}{\sum m_1}}$$

$$\omega_{n2}=\sqrt{\left[\left(\dfrac{7.853}{l}\right)^4 E\sum I_1+\sum K_1\right]\dfrac{1}{\sum m_1}}$$

$$\omega_{n3}=\sqrt{\left[\left(\dfrac{10.996}{l}\right)^4 E\sum I_1+\sum K_1\right]\dfrac{1}{\sum m_1}}$$

(27-8-54)

式中 l——输送机长度, m;
$\sum I_1$——弯曲振动方向上总截面惯性矩, m^4;
$\sum m_1$——单位长度上的总质量, kg;
$\sum K_1$——槽体单位长度上所安装的隔振弹簧刚度, N/m。

各阶固有角频率对应的振型如图 27-8-25 所示。

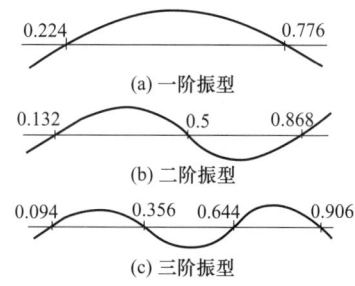

图 27-8-25 振动输送机弯曲振动的振型图

槽体出现弹性弯曲时,主要的调试方法是改变隔振弹簧刚度和支承点,或增减配重,使工作频率避开固有圆频率。

8.5.8 近共振类振动机工作点的调试

借助测试，可以了解近共振振动机的固有圆频率、确定怎样调试，向哪个方向调试。因此，设计时应考虑调试方法：①弹簧数目较多时，可通过改变刚度方法调试工作点；②弹簧数量少时，主要是通过增减配重来进行调试，设计时应留有增减配重的装置；③当激振器采用带传动时，可以适当修改传动带轮直径，改变工作转速可调节频率比，但改变不能太大，以免影响机械的工作性能；④弹性连杆激振器可通过改变连杆弹簧的预压量来改变总体刚度。

8.6 电磁式振动机械的计算

电磁式振动机械是由电磁激振器驱动的。它的振动频率高，振幅和频率易于控制并能进行无级调节，用途广泛。根据激振方式的不同，可分为电动式驱动与电磁式驱动两大类。

（1）电动式驱动类

如图 27-8-26 所示，它由直流电励磁的磁环或永磁环、中心磁极和通有交流电的可动线圈组成，可动线圈则与振动杆或振动机体相连接。这类电磁式振动机常用作振动台、定标台、试验台等。

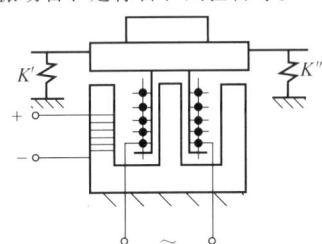

图 27-8-26　电动式驱动类

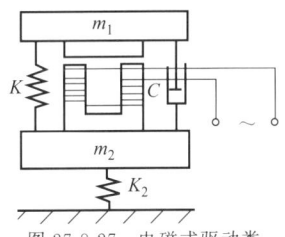

图 27-8-27　电磁式驱动类

（2）电磁式驱动类

如图 27-8-27 所示，它由铁芯、电磁线圈、衔铁和弹簧组成。铁芯通常与平衡质体固接，而衔铁则与槽体或工作机体固连。在工业用的电磁式振动机械中，广泛采用电磁式驱动类。

（3）双质体隔振式电磁振动机

电磁式振动机械一般采用近共振类，频率比 $z \approx 1$，为减小传给基础的动载荷，常采用双质体隔振式（见图 27-8-28）。它属于二自由度系统，正常工作时，槽体 1 及平衡质体 2 的计算质量为：

$$m'_1 = m_1 + k_m m_m + k_{k1} m_k - \frac{K_1}{\omega^2}$$

$$m'_2 = m_2 + k_{k2} m_k - \frac{K_2}{\omega^2} \quad (27\text{-}8\text{-}55)$$

式中　m_m——槽体中的物料质量，kg；
　　　k_m——物料质量结合系数，当抛掷指数 $D = 2.7 \sim 3$ 时，$k_m = 0.1 \sim 0.25$；
　　　m_m——主振弹簧（$K = K' + K''$）的质量，kg；
　　　k_{k1}, k_{k2}——换算至 m_1、m_2 的弹簧质量结合系数。

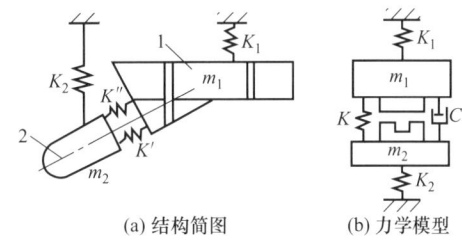

(a) 结构简图　　(b) 力学模型

图 27-8-28　双质体隔振式电磁振动机
1—槽体；2—平衡质体

以槽体 1 与平衡质体 2 之间的相对运动 $x = x_1 - x_2$ 为诱导坐标，可化为诱导单自由度系统，仅考虑主谐波激振力 $F\sin\omega t$，其计算与双质体隔振式弹性连杆振动机类似，见式（27-8-44）～式（27-8-47）。

8.7 振动机械设计示例

8.7.1 远超共振惯性振动机设计示例

8.7.1.1 远超共振惯性振动机的运动参数设计示例

［例 1］　某振动输送机的安装倾角 $\alpha_0 = 0°$，振动次数 $n = 330$ 次/min，要求物料作滑行运动，物料对槽底的动摩擦因数和静摩擦因数分别为 0.6 和 0.95，试选择与计算其运动学参数。

（1）滑行指数的选择

选取正向滑行指数 $D_k = 2 \sim 3$，反向滑行指数 $D_q \approx 1$，抛掷指数 $D < 1$。

（2）振动方向角的计算

当静摩擦因数 $f_0 = 0.95$ 时，则静摩擦角 $\mu_0 = 43.5312°$，按式 $C = [D_q \sin(\mu_0 + \alpha_0)] / [D_k \sin(\mu_0 - \alpha_0)] = 0.5 \sim 0.33$，振动方向角 δ 按式（27-8-4）计算，则得

$$\delta = \arctan\frac{1-C}{f_0(1+C)} = \arctan\frac{1-0.5}{0.95\times(1+0.5)} \sim$$
$$\arctan\frac{1-0.33}{0.95\times(1+0.33)} = 19°20' \sim 27°56'$$

当 $D_k = 2.5$ 时，振动方向角 $\delta = 22°$。

(3) 振幅的计算

由式 (27-8-2) 可计算出振幅为

$$\lambda = \frac{900 D_k g \sin(\mu_0 - \alpha_0)}{n^2 \pi^2 \cos(\mu_0 - \delta)}$$
$$= \frac{900 \times 2.5 \times 9800 \sin(43.5312° - 0°)}{330^2 \pi^2 \cos(43.5312° - 22°)}$$
$$= 15.19 \text{mm}$$

取 $\lambda = 15 \text{mm}$。

(4) 精算正向滑行指数、反向滑行指数和抛掷指数

振动强度为

$$K = \frac{\pi^2 n^2 \lambda}{900 g} = \frac{330^2 \pi^2 \times 15}{900 \times 9800} = 1.828$$

正向滑行指数为

$$D_k = K \frac{\cos(\mu_0 - \delta)}{\sin(\mu_0 - \alpha_0)} = \frac{1.828 \cos(43.5312° - 22°)}{\sin(43.5312° - 0°)}$$
$$= 2.47$$

反向滑行指数为

$$D_q = K \frac{\cos(\mu_0 + \delta)}{\sin(\mu_0 + \alpha_0)} = \frac{1.828 \cos(43.5312° + 22°)}{\sin(43.5312° + 0°)}$$
$$= 1.099 > 1$$

有极轻微反向滑动。

抛掷指数为

$$D = \frac{K \sin\delta}{\cos\alpha_0} = \frac{1.828 \sin 22°}{\cos 0°} = 0.685 < 1$$

(5) 计算滑始角和滑止角，确定滑始运动状态

正向滑始角为

$$\varphi_{k0} = \varphi'_k = \arcsin\frac{1}{D_k} = \arcsin\frac{1}{2.47} = 24°$$

反向滑始角为

$$\varphi_{q0} = \varphi'_q = \arcsin\left(-\frac{1}{D_q}\right) = \arcsin\frac{-1}{1.099} = 294.5°$$

根据正向滑始角 φ_{k0} 和 φ'_k，按文献 [1] 中的图 27-2-3 查得正向滑止角 $\varphi'_m = 233°$，因为 $\varphi'_m < \varphi_{q0}$，所以正向滑动终了与反向滑行开始还有一段时间间隔。再根据反向滑始角 φ_{q0} 和 φ'_q，按文献 [1] 中的图 27-2-3 查得反向滑止角 $\varphi'_e = 320°$，因为 $(\varphi'_e - 360°) < \varphi_{k0}$，所以物料反向滑行终了与正向滑行开始也是不连续的。物料运动状态属于正向滑行与反向滑行两次间断的运动状态。

(6) 滑行理论平均速度的计算

根据正向与反向滑始角 φ_{k0}、φ'_k 和 φ_{q0}、φ'_q，按文献 [1] 中的图 27-2-3 查得正向与反向滑行速度系数 $P_{km} = 1.96$，$P_{qe} = 0.07$。

物料正向滑行理论平均速度为

$$v_k = \omega\lambda\cos\delta(1 + \tan\mu\tan\delta)P_{km}/2\pi$$
$$= \frac{2\pi \times 330 \times 15}{60}\cos 22°$$
$$(1 + 0.6\tan 22°) \times \frac{1.96}{2\pi}$$
$$= 186.3 \text{mm/s} = 0.1863 \text{m/s}$$

物料反向滑行理论平均速度为

$$v_q = -\omega\lambda\cos\delta(1 - \tan\mu\tan\delta)P_{qe}/2\pi$$
$$= \frac{-2\pi \times 330 \times 15}{60}\cos 22°$$
$$(1 - 0.6\tan 22°) \times \frac{0.07}{2\pi}$$
$$= -4.06 \text{mm/s} = -0.00406 \text{m/s}$$

物料滑行运动的理论平均速度为

$$v_{kq} = v_k + v_q = 0.1863 - 0.00406 = 0.1822 \text{m/s}$$

[例 2] 已知某单管振动输送机，工作面倾角 $\alpha_0 = 0$，若选用抛掷运动状态，试确定该振动输送机的运动学参数。

(1) 选取抛掷指数 D 与振动强度 K

对于远超共振惯性振动输送机，通常取 $D = 1.5 \sim 2.5$，现取 $D = 2$。振动强度为 $K = 3 \sim 5$，现取 $K = 4$。

(2) 槽体振动方向角 δ 的选择

对于抛掷运动状态，当根据振动强度 $K = 4$ 时，最佳振动方向角取 $\delta = 30°$。

(3) 振幅 λ 与振动次数 n 的计算

若选取单振幅 $\lambda = 7 \sim 8 \text{mm}$，则按式 (27-8-14) 计算出振动次数为

$$n = 30\sqrt{\frac{Dg\cos\alpha_0}{\pi^2\lambda\sin\delta}} = 30\sqrt{\frac{2 \times 9.8\cos 0°}{\pi^2 \times (0.007 \sim 0.008)\sin 30°}}$$
$$= (715 \sim 668) \text{次/min}$$

取 $n = 680$ 次/min。根据选定的 n，按式 $K = \omega^2\lambda/g$ 和式 (27-8-11) 计算振动强度 K 与抛掷指数 D 分别为

$$K = \frac{\omega^2\lambda}{g} = \frac{\pi^2 n^2 \lambda}{900g} = \frac{3.14^2 \times 680^2 \times 0.008}{900 \times 9.8} = 4.14$$
$$D = K\sin\delta = 4.14\sin 30° = 2.07$$

(4) 物料运行的理论平均速度

当 $D = 2.07$ 时，查文献 [1] 中图 27-2-7，得抛离系数 $i_D = 0.77$。物料运行的理论平均速度为：

$$v_d = \omega\lambda\cos\delta\frac{\pi i_D^2}{D}(1 + \tan\alpha_0\tan\delta)$$
$$= \frac{680\pi}{30} \times 0.008\cos 30° \times$$
$$\frac{3.14 \times 0.77^2}{2.07}(1 + \tan 0°\tan 30°)$$
$$= 0.444 \text{m/s}$$

8.7.1.2 远超共振惯性振动机的动力参数设计示例

某自同步振动给料机，振动机体总质量为 740kg，转速为 $n=930\mathrm{r/min}$，振幅 $\lambda=0.5\mathrm{cm}$，物料呈抛掷运动状态，给料量 $Q=220\mathrm{t/h}$，物料平均输送速度 $v_\mathrm{m}=0.308\mathrm{m/s}$，槽体长 $L=1.5\mathrm{m}$，振动方向角 $\delta=30°$，槽体倾角 $\alpha_0=0°$，设计其动力学参数。

(1) 选取振动系统的频率比，计算隔振弹簧刚度

选振动系统的频率比：$z=2\sim10$

振动机的振动频率为：$\omega=n\pi/30=930\pi/30=97.34\mathrm{rad/s}$

隔振弹簧总刚度为

$$\sum K=\frac{1}{z^2}m\omega^2=\frac{740}{2^2\sim10^2}\times(97.34)^2$$
$$=1752889\sim70116\mathrm{N/m}$$

取 $\sum K=300\mathrm{kN/m}$，该振动机采用 4 只弹簧，每只弹簧的刚度为

$$K=\frac{\sum K}{4}=\frac{300}{4}=75\mathrm{N/m}$$

(2) 振动质体的计算质量

物料的质量 m_m 为

$$m_\mathrm{m}=\frac{QL}{3600v_\mathrm{m}}=\frac{220\times10^3\times1.5}{3600\times0.308}=298\mathrm{kg}$$

取物料结合系数 $k_\mathrm{m}=0.2$，由式 $m=m_\mathrm{j}+k_\mathrm{m}m_\mathrm{m}$ 可求出计算质量 m 为

$$m=m_\mathrm{j}+K_\mathrm{m}m_\mathrm{m}=740+0.2\times298=799.6\mathrm{kg}$$

(3) 振动系统的等效阻尼系数 C

$$C=0.14m\omega=0.14\times799.6\times97.34=10896.6\mathrm{kg/s}$$

(4) 所需要的激振力幅值及偏心块质量矩

折算到振动方向上的弹簧刚度 K_s 为

$$K_\mathrm{s}=\sum K\sin^2\delta=300\sin30°=75\mathrm{kN/m}$$

相位差角 α

$$\alpha=\arctan\frac{c\omega}{K_\mathrm{s}-m\omega^2}=\arctan\frac{10896.6\times97.34}{75000-799.6\times97.34^2}$$
$$=172°$$

激振力幅值为

$$\sum m_0\omega^2r=\frac{1}{\cos172°}(75000-799.6\times97.34^2)\times0.005$$
$$=37875\mathrm{N}$$

采用双轴自同步激振器，每一激振器的激振力为 $0.5\times37875=18937.5\mathrm{N}$，每一激振器采用四片偏心块，每片偏心块的质量矩为

$$m_0r=\frac{18937.5}{4\times97.34^2}=0.5\mathrm{kg\cdot m}$$

(5) 电机功率

若 $C_x=C_y=C$，$\eta=0.95$，则振动阻尼所消耗的功率为：

$$P_z=\frac{1}{1000\eta}\left(\frac{1}{2}C_y\omega^2\lambda_y^2\sin^2\delta+\frac{1}{2}C_x\omega^2\lambda_x^2\cos^2\delta\right)$$
$$=\frac{1}{2000\eta}C\omega^2\lambda^2$$
$$=\frac{1}{2000\times0.95}10896.6\times(97.34)^2\times0.005^2$$
$$=1.359\mathrm{kW}$$

轴直径 $d=0.05\mathrm{m}$，轴与轴承间的摩擦因数取 0.007，则轴承摩擦所消耗功率为：

$$P_\mathrm{f}=\frac{1}{1000\eta}f_\mathrm{d}\sum m_0r\omega^2\frac{d}{2}\omega$$
$$=\frac{1}{1000\times0.95}\times0.007\times37875\times0.5\times0.05\times97.34$$
$$=0.679\mathrm{kW}$$

总功率为

$$P=P_z+P_\mathrm{f}=1.359+0.679=2.038\mathrm{kW}$$

选用两台振动电机以自同步形式作为激振器，根据激振力、激振频率、功率要求，选取两台 YZO-18-6 型振动电机，激振力为 $20\times2=40\mathrm{kN}$，激振频率为 $950\mathrm{r/min}$，功率为 $1.5\times2=3\mathrm{kW}$，满足设计要求。

(6) 传给基础的动载荷

$$F_\mathrm{d}=\sum K\lambda\sin\delta=300000\times0.005\sin30°=750\mathrm{N}$$

8.7.2 惯性共振式振动机的动力参数设计示例

惯性共振式振动机的运动参数设计与远超共振惯性振动机的运动参数设计类似，所以不再重复。下面仅介绍惯性共振式振动机动力参数设计示例。

某非线性惯性共振筛，振动质体 1 的质量为 850kg，振动方向角 $\delta=45°$，振动次数 $n=800\mathrm{r/min}$，振幅 $\lambda_1=6.5\mathrm{mm}$，质量比 $m_2/m_1=0.7$，工作面上物料为质体 1 质量的 10%，试求动力学参数。

(1) 隔振系统频率比及隔振弹簧刚度

隔振系统频率比 z_g 选为 3.2。

隔振弹簧刚度为：

$$\sum K_1=\frac{1}{z_\mathrm{g}^2}(m_1+m_2)\omega^2=\frac{1}{3.2^2}(850+0.7\times850)\left(\frac{\pi\times800}{30}\right)^2$$
$$=990000\mathrm{N/m}$$

采用 4 只弹簧，每只弹簧的刚度为

$$K_1=\sum K_1/4=990000/4=247500\mathrm{N/m}$$

(2) 质体 1 和质体 2 的计算质量及系统的诱导质量

质体 1 的计算质量为：

$$m_1'=m_1+K_\mathrm{m}m_\mathrm{m}-\frac{\sum K_1\sin^2\delta}{\omega^2}$$

$$= 850 + 0.1 \times 850 \times 0.25 - \frac{990000\sin 45°}{(3.14 \times 800/30)^2}$$
$$= 771 \text{kg}$$

质体 2 的计算质量为：
$$m_2 = 0.7 \times 850 = 595 \text{kg}$$

诱导质量为：
$$m = \frac{m'_1 m_2}{m'_1 + m_2} = \frac{771 \times 595}{771 + 595} = 336 \text{kg}$$

(3) 主振系统的频率比及主振弹簧等效刚度
主振系统的频率比取 $z = 0.9$。
主振弹簧等效刚度为：
$$K_e = \frac{1}{z^2} m\omega^2 = \frac{1}{0.9^2} \times 336 \times \left(\frac{3.14 \times 800}{30}\right)^2$$
$$= 2906915 \text{N/m}$$

(4) 非线性弹簧的隙幅比及非线性弹簧刚度
隙幅比选为 $e/\lambda = 0.6$。
非线性弹簧刚度为
$$\Delta K = \frac{K_e - K}{1 - \frac{4}{\pi} \frac{e}{\lambda} \left[1 - \frac{1}{6}\left(\frac{e}{\lambda}\right)^2 - \frac{1}{40}\left(\frac{e}{\lambda}\right)^4\right]}$$
$$= \frac{2906915 - 0}{1 - \frac{4}{\pi} \times 0.6 \times \left[1 - \frac{1}{6} \times 0.6^2 - \frac{1}{40} \times 0.6^4\right]}$$
$$= 10244763 \text{N/m}$$

(5) 振动系统的等效阻尼及相位差角
根据有关实验数据，等效阻尼比一般为 $\zeta = 0.05$。
相位差角为
$$\alpha = \arctan\frac{2\zeta z}{1-z^2} = \arctan\frac{2 \times 0.05 \times 0.9}{1-0.9^2} = 25°$$

(6) 所需激振力幅及偏心块的质量矩
相对振幅为：
$$\lambda = \frac{m'_1 \lambda_1}{m} z^2 = \frac{771 \times 6.5 \times 0.9^2}{336} = 12 \text{mm}$$

偏心块的质量矩为：
$$\sum m_0 r = \frac{m_2 \lambda(1-z^2)}{z^2 \cos\alpha} = \frac{595 \times 0.012 \times (1-0.9^2)}{0.9^2 \cos 25°}$$
$$= 1.848 \text{kg·m}$$

所需激振力为：
$$\sum m_0 r\omega^2 = 1.848 \times \left(\frac{3.14 \times 800}{30}\right)^2 = 12957 \text{N}$$

(7) 电机功率
等效阻尼系数为：
$$C_e = \zeta m\omega_n = 2 \times 0.05 m\omega/0.9 = 0.11 m\omega$$

等效阻尼所消耗的功率为：
$$P_z = \frac{1}{2000} C_e \omega^2 \lambda^2 = \frac{1}{2000} \times 0.11 m\omega^3 \lambda^2$$
$$= \frac{1}{2000} \times 0.11 \times 336 \times \left(\frac{3.14 \times 800}{30}\right)^3 \times 0.012$$
$$= 1.56 \text{kW}$$

轴承摩擦所消耗的功率近似取
$$P_f = 0.5 P_z = 0.5 \times 1.56 = 0.78 \text{kW}$$

总功率为：
$$P = \frac{1}{\eta}(P_z + P_f) = \frac{1}{0.95}(1.56 + 0.78) = 2.47 \text{kW}$$

采用一台 3kW 的电机。

(8) 传给基础的动载荷为：
$$F_d = \sum K_1 \lambda_1 \sin\delta = 990000 \times 0.0065 \sin 45° = 4550 \text{N}$$

8.7.3 弹性连杆式振动机的动力参数设计示例

如图 27-8-18 所示的双质体隔振式振动水平输送机，槽长 $L = 18\text{m}$，其质量为 $m_1 = 2000 \text{kg}$，弹性底架质量为 $m_2 = 8000 \text{kg}$，振动次数为 $n = 700 \text{r/min}$，振动方向角 $\delta = 30°$，输送物料量为 $Q = 60 \text{t/h}$，其抛掷状态下的物料速度为 $v_m = 0.21 \text{m/s}$。试确定系统的动力学参数。

(1) 隔振弹簧刚度的计算
仅在底架下安装隔振弹簧，通常取垂直方向的低频固有圆频率 $\omega_{nd} = \pi(150\sim 300)/30$，则隔振弹簧在垂直方向的总刚度为
$$K_{gc} = (m_1 + m_2)\omega_{nd}^2$$
$$= (2000 + 8000) \times \frac{3.14^2}{30^2} \times (150^2 \sim 300^2)$$
$$= 2464900 \sim 9859600 \text{N/m}$$

取 $K_{gc} = 88 \times 10^5 \text{N/m}$

(2) 振动质体的计算质量与诱导质量
① 槽体的计算质量 m'_1
$$m'_1 = m_1 + k_m m_m$$

物料质量 m_m 为
$$m_m = \frac{QL}{3600 v_m} = \frac{60 \times 10^3 \times 18}{3600 \times 0.21} = 1428 \text{kg}$$

物料结合系数取 $k_m = 0.25$，则槽体的计算质量 m'_1 为
$$m'_1 = m_1 + k_m m_m = 2000 + 0.25 \times 1428 = 2357 \text{kg}$$

② 底架的计算质量 m'_2　工作圆频率为 $\omega = 700 \times 3.14/30 = 73.3 \text{ l/s}$，振动方向上的隔振刚度 K_{gz} 为
$$K_{gz} = K_{gc}\sin^2\delta + 0.3 K_{gc}\cos^2\delta$$
$$= 88 \times 10^5 \sin^2 30° + 0.3 \times 88 \times 10^5 \cos^2 30°$$
$$= 418 \times 10^4 \text{N/m}$$

底架的计算质量 m'_2 为
$$m'_2 = m_2 - K_{gz}/\omega^2 = 8000 - 418 \times 10^4/73.3^2 = 7222 \text{kg}$$

③ 有载时的诱导质量 m_{uf}
$$m_{uf} = \frac{m'_1 m'_2}{m'_1 + m'_2} = \frac{2357 \times 7222}{2357 + 7222} = 1777 \text{kg}$$

④ 空载时的诱导质量 m_{uk}

$$m_{uk} = \frac{m_1 m_2'}{m_1 + m_2'} = \frac{2000 \times 7222}{2000 + 7222} = 1566 \text{kg}$$

（3）主振固有圆频率 ω_n 与频率比 z

有载时频率比取 $z_f = 0.83$

有载时主振固有圆频率 ω_{nf} 为

$$\omega_{nf} = \omega/z_f = 73.3/0.83 = 88.3 \text{ 1/s}$$

空载时频率比 z_k 为

$$z_k = \sqrt{\frac{m_{uk}}{m_{uf}}} z_f = \sqrt{\frac{1566}{1777}} \times 0.83 = 0.78$$

空载时主振固有圆频率 ω_{nk} 为

$$\omega_{nk} = \omega/z_k = 73.3/0.78 = 94 \text{ 1/s}$$

（4）主振弹簧与连杆弹簧的刚度

① 共振弹簧的刚度

$$K + K_0 = m_{uf} \omega_{nf}^2 = 1777 \times 88.3^2 = 13855074 \text{N/m}$$

② 主振弹簧的刚度

$$K = m_{uf} \omega^2 = 1777 \times 73.3^2 = 9547626 \text{N/m}$$

③ 连杆弹簧的刚度

$$K_0 = K + K_0 - K = 13855074 - 9547626 = 4307448 \text{N/m}$$

（5）相位差角与相对振幅

① 相位差角 相对阻尼系数 ζ 取 0.07 时的相位差角为：

$$\alpha = \arctan \frac{2\zeta z_f}{1 - z_f^2} = \arctan \frac{2 \times 0.07 \times 0.83}{1 - 0.83^2} = 20°29'$$

② 相对振幅 输送槽振幅 $\lambda_1 = 6 \text{mm}$ 时，则相对振幅为：

$$\lambda = \frac{m_1'}{m_{uf}} \lambda_1 = \frac{2357}{1777} \times 6 = 7.96 \text{mm}$$

（6）所需的计算激振力及偏心距

① 计算激振力为

$$K_0 r = K_0 \lambda / \cos\alpha = 4307448 \times 0.00796 / \cos 20°29'$$
$$= 36600 \text{N}$$

② 偏心距为

$$r = \lambda / \cos\alpha = 7.96 / \cos 20°29' = 8.5 \text{mm}$$

（7）电机的功率

① 正常运转时的功率消耗 正常运转时传动效率取 $\eta = 0.95$，阻尼系数为

$$C = 2\zeta m_{uf} \omega_{nf} = 2 \times 0.07 \times 1777 \times 88.3$$
$$= 21967.274 \text{kg/s}$$

正常运转时的功率消耗为

$$P_z = \frac{1}{2000\eta} C \lambda^2 \omega^2$$
$$= \frac{1}{2000 \times 0.95} \times 21967.274 \times (0.00796)^2 \times (73.3)^2$$
$$= 3.936 \text{kW}$$

② 按启动条件计算所需功率 连杆弹簧动刚度系数取 $K_{0d} = 1.12$，主振弹簧动刚度系数取 $K_d = 1.05$，最大启动转矩为

$$M_{cq} = \frac{1}{2} \times \frac{K K_0 r^2}{K_d K_0 + K_{0d} K}$$
$$= \frac{1}{2} \times \frac{9547626 \times 4307448 \times (0.0085)^2}{1.05 \times 4307448 + 1.12 \times 9547626}$$
$$= 97.638 \text{N} \cdot \text{m}$$

拟选定 Y 系列电机，起动转矩系数为 $k_c = 1.8$，按启动转矩计算电机功率为

$$P_{cq} = \frac{M_{cq} \omega}{1000 \eta k_c} = \frac{97.638 \times 73.3}{1000 \times 0.95 \times 1.8} = 4.185 \text{kW}$$

选用 Y132M2-6 型电动机，功率为 5.5kW，转速为 960r/min。

（8）连杆最大作用力及连杆弹簧预压力 启动时连杆最大作用力为：

$$F_{lmax} = \frac{K_0 K r}{K_d K_0 + K_{0d} K}$$
$$= \frac{4307448 \times 9547626 \times 0.0085}{1.05 \times 4307448 + 1.12 \times 9547626}$$
$$= 22974 \text{N}$$

正常运转时连杆最大作用力为

$$F_{lz} = K_0 \sqrt{\lambda^2 - 2\lambda r \cos\alpha + r^2} = 4307448 \times$$
$$\sqrt{(0.00796)^2 - 2 \times 0.00796 \times 0.0085 \cos 20°29' + (0.0085)^2}$$
$$= 12811 \text{N}$$

启动时连杆弹簧最大变形量 a_0 为

$$a_0 = \frac{Kr}{K + K_0} = \frac{9547626 \times 0.0085}{9547626 + 4307448} = 0.00586 \text{m}$$

所以，连杆弹簧预压力应大于 a_0，可取 7mm。

（9）传给地基的动载荷幅值

传给地基垂直方向的动载荷幅值

$$F_c = K_{gc}(\lambda - \lambda_1) \sin\delta = 88 \times 10^5 \times$$
$$(0.00796 - 0.006) \sin 30°$$
$$= 8624 \text{N}$$

传给地基水平方向的动载荷幅值

$$F_s = 0.3 K_{gc}(\lambda - \lambda_1) \cos\delta = 0.3 \times 88 \times 10^5 \times$$
$$(0.00796 - 0.006) \cos 30° = 4481 \text{N}$$

传给地基的合成动载荷幅值为

$$F_d = \sqrt{F_c^2 + F_s^2} = \sqrt{8624^2 + 4481^2} = 9719 \text{N}$$

8.7.4 电磁式振动机的动力参数设计示例

如图 27-8-28 所示的电磁式振动给料机，槽体部有效质量（包括物料折算质量）$m_1 = 85 \text{kg}$，电磁铁部有效质量 $m_2 = 136 \text{kg}$，工作面倾角 $\alpha_0 = 0°$，振动方向角 $\delta = 20°$，抛掷指数选取 $D = 3$，采用半波整流激磁方式（$n = 3000 \text{r/min}$），试求动力学参数。

（1）隔振弹簧刚度 $K_1 + K_2$

选取 $\omega_{nd} = 300\pi/30 = 31.4 \text{ 1/s}$，则隔振弹簧刚

度为

$$K_1 + K_2 = (m_1 + m_2)\omega_{nd}^2 = (85+136) \times (31.4)^2$$
$$= 217897 \text{N/m}$$

$$K_1 = \frac{m_1}{m_1+m_2}(K_1+K_2) = \frac{85}{85+136} \times 217897$$
$$= 83807 \text{N/m}$$

$$K_2 = \frac{m_2}{m_1+m_2}(K_1+K_2) = \frac{136}{85+136} \times 217897$$
$$= 134090 \text{N/m}$$

(2) 主振弹簧刚度 K

按电磁铁有漏磁,属于拟线性电振机,取 $z_f = 0.92$,而实际弹簧刚度变化的百分比 $\Delta K_\delta = 0.083$,则主振弹簧刚度 K 为

$$K = \frac{1}{z_f^2} \times \frac{m_1 m_2}{m_1+m_2} \omega^2 \frac{1}{1-\Delta K_\delta}$$
$$= \frac{1}{0.92^2} \times \frac{85 \times 136}{85+136} \times (2\pi \times 50)^2 \times \frac{1}{1-0.083}$$
$$= 6644769 \text{N/m}$$

(3) 槽体 1 的振幅 λ_1 及相对振幅 λ

槽体 1 的振幅 λ_1 为

$$\lambda_1 = \frac{900 D g \cos\alpha_0}{\pi^2 n^2 \sin\delta} = \frac{900 \times 3 \times 9810 \cos 0°}{3.14^2 \times 3000^2 \times \sin 20°} = 0.87 \text{mm}$$

相对振幅 λ 为

$$\lambda = \frac{m_1}{m_u}\lambda_1 = \frac{m_1+m_2}{m_2}\lambda_1 = \frac{85+136}{136} \times 0.87 = 1.41 \text{mm}$$

(4) 所需的激振力 F_z、基本电磁力 F_a 和最大电磁力 F_m

诱导质量 m_u

$$m_u = \frac{m_1 m_2}{m_1+m_2} = \frac{85 \times 136}{85+136} = 52.3 \text{kg}$$

取相对阻尼系数 $\zeta = 0.07$,则 $\alpha = \arctan\dfrac{2\zeta z_f}{1-z_f^2}$

$$\arctan\frac{2 \times 0.07 \times 0.92}{1-0.92^2} = 39°59'$$

半波整流电振机,特征数 $A' = 1$,所以基本电磁力为

$$F_a = \frac{F_z}{2A'} = \frac{1722}{2} = 861 \text{N}$$

最大电磁力为

$$F_m = \frac{(1+A')^2}{2A'} F_z = 2F_z = 1722 \times 2 = 3444 \text{N}$$

(5) 电振机功率

电磁铁效率取 $\eta = 0.9$,则

$$P = \frac{F_z^2 z_f^2 \sin 2\alpha}{4000 \eta m \omega (1-z_f^2)}$$
$$= \frac{1722^2 \times 0.92^2 \sin(2 \times 39°59')}{4000 \times 0.9 \times 52.3 \times 2\pi \times 50 \times (1-0.92^2)}$$
$$= 0.272 \text{kW}$$

最大功率为:

$$P_m = \frac{P}{\sin 2\alpha} = \frac{0.272}{\sin(2 \times 39°59')} = 0.276 \text{kW}$$

8.8 主要零部件

8.8.1 振动电机

已有部颁行业标准,但各厂家生产的产品都有自己的型号。并且,由于厂家可以根据用户的要求设计与制造振动电机,又给以一个号,所以号码较多。有单相的(电压为 220V、380V),有三相的,有半波整流的。一般的使用条件:环境温度不超过 40℃;海拔不超过 1000m;源电压 380V;频率 50Hz;绝缘等级 B 级。部分厂家生产振动源电机范围见表 27-8-28,ZG 型振动电机和 VBB、VB、VLB 系列振动电机的技术参数及安装尺寸见表 27-8-29~表 27-8-32。

表 27-8-28　　部分厂家生产振动源电机范围

型　号	功率/kW	激振力/kN	质量/kg	生　产　厂　家
ZG	0.1~4.5	0.1~0.6	30~427	江苏海安市恒业机电制造有限公司
WXZG 微型	0.095~0.125	1~2		
YZO-卧式	0.15~5.5	1.5~75	19~370	河南威猛振动设备股份有限公司
YZO-立式	0.4~7.5	5~100	40~635	河南威猛振动设备股份有限公司
YZU-系列	0.15~7.5	0.55~17.2	12~430	河南新乡市三田电机有限公司
YZUL-立式	0.25~22	3~30		
TZD-系列	0.15~10	1.5~125	19~830	河南太行振动机械厂
TZD-C(双轴伸型)	0.07~7.5	0.7~100	14~635	

续表

型　号	功率/kW	激振力/kN	质量/kg	生　产　厂　家
T 系列	0.25～3	1.35～45.1	19～184	新乡新兰贝克振动电机有限公司
XVM-A 系列通用型	0.15～14	0.7～160	12～610	
XMV 系列通用型	0.15～14	0.7～180	12～780	
XVML 立式系列	0.1～7.5	2.5～100	20～510	
VB 系列	0.2～15	3～200	20～950	湖北省钟祥市新宇机电制造有限公司(原钟祥电机厂)
VBB 系列(隔爆型)	0.5～7.5	5～100	45～500	
VLB 系列	1.1～2.2	20～35	175～205	

表 27-8-29　　　　ZG 型振动电机（两极）技术参数

型　号	振次/r·min^{-1}	额定激振力/kN	额定功率/kW	额定电流/A	机脚孔尺寸/mm	标　记
ZG201	2900	1	0.09	0.32	75×100(宽)	ZG ×× 激振力,kN / 电机极数 / 惯性 / 振动器
ZG202		2	0.18	0.59	75×100(宽)	
ZG203		3	0.25	0.78	205×165(宽)	
ZG205		5	0.37	1.1	205×165(宽)	
ZG210		10	0.75	1.96	205×165(宽)	
ZG220		20	1.5	3.67	140×190(宽)	
ZG230		30	2.2	5.10	140×190(宽)	
ZG250		50	3.7	8.43	205×310(宽)	
ZG263		63	4.5	10.31	205×310(宽)	

注：生产厂家为江苏海安市恒业机电制造有限公司。

表 27-8-30　　　　ZG 型振动电机（四极）技术参数

型　号	激振力/kN	额定功率/kW	额定电流/A	振动频率/r·min^{-1}	效率/%	功率因数	质量/kg
ZG402	0～2	0.1	0.4	1450	65.94	0.667	30
ZG405	0～5	0.25	0.73	1450	70.24	0.752	46
ZG410	0～10	0.55	1.53	1450	75.02	0.728	81
ZG415	0～15	0.75	1.95	1450	76.77	0.760	90
ZG420	0～20	1.1	2.71	1450	76.85	0.801	129
ZG432	0～32	1.5	3.15	1450	79.13	0.819	145
ZG440	0～40	2.2	5.19	1450	78.48	0.815	234
ZG450	0～50	3.0	6.82	1450	80.68	0.822	245
ZG609	0～9	0.55	1.66	960	76.0	0.662	84
ZG612	0～12	0.75	2.14	960	77.5	0.684	94
ZG618	0～18	1.1	2.97	960	78.6	0.715	141
ZG625	0～25	1.5	3.84	960	80.0	0.740	159
ZG636	0～36	2.2	5.55	960	80.9	0.747	249.5
ZG645	0～45	3.0	7.82	960	82.6	0.756	268
ZG660	0～60	4.0	9.56	960	82.2	0.762	427
ZG820	0～20	1.5	4.36	725	80.0	0.652	185
ZG830	0～30	2.2	6.16	725	81.1	0.667	279
ZG840	0～-40	3.0	8.25	725	80.0	0.700	310

注：生产厂家为江苏海安市恒业机电制造有限公司。

表 27-8-31　　ZG 型振动电机（四极）安装尺寸　　mm

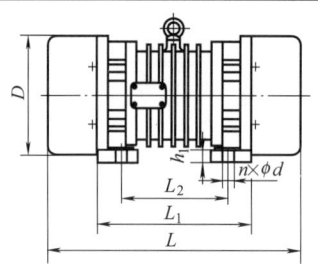
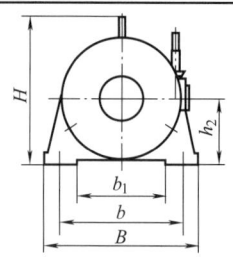

型号	L	B	H	L_1	L_2	b	b_1	h_1	h_2	D	$n \times \phi d$
ZG402	348	210	212	176	130	170	110	18	90	160	4×18
ZG405	368	240	240	190	140	190	120	18	105	190	4×18
ZG410	470	320	303	296	200	260	180	27	140	250	4×26
ZG415	490	320	303	316	220	260	180	27	140	250	4×26
ZG420	537	380	365	333	205	310	210	32	165	303	4×32
ZG432	550	380	365	346	218	310	210	32	165	303	4×32
ZG440	618	450	430	371	227	350	230	45	195	359	4×44
ZG450	643	450	430	396	252	350	230	45	195	359	4×44
ZG609	480	320	303	296	200	260	180	27	140	250	4×26
ZG612	536	320	303	316	220	260	180	27	140	250	4×26
ZG618	537	380	365	333	205	310	210	32	165	303	4×32
ZG625	596	380	365	346	218	310	210	32	165	303	4×32
ZG636	617	450	430	379	227	350	230	45	195	359	4×44
ZG645	676	450	430	404	252	350	230	45	195	359	4×44
ZG660	796	560	512	472	276	430	280	45	240	440	4×50
ZG820	688	380	365	376	248	310	210	32	165	303	4×32
ZG830	724	450	430	404	252	350	230	45	195	359	4×44
ZG840	786	450	430	414	262	350	230	45	195	359	4×44

注：具体安装设计时应与厂方联系，下同。

表 27-8-32　　VBB、VB、VLB 系列振动电机技术参数及安装尺寸

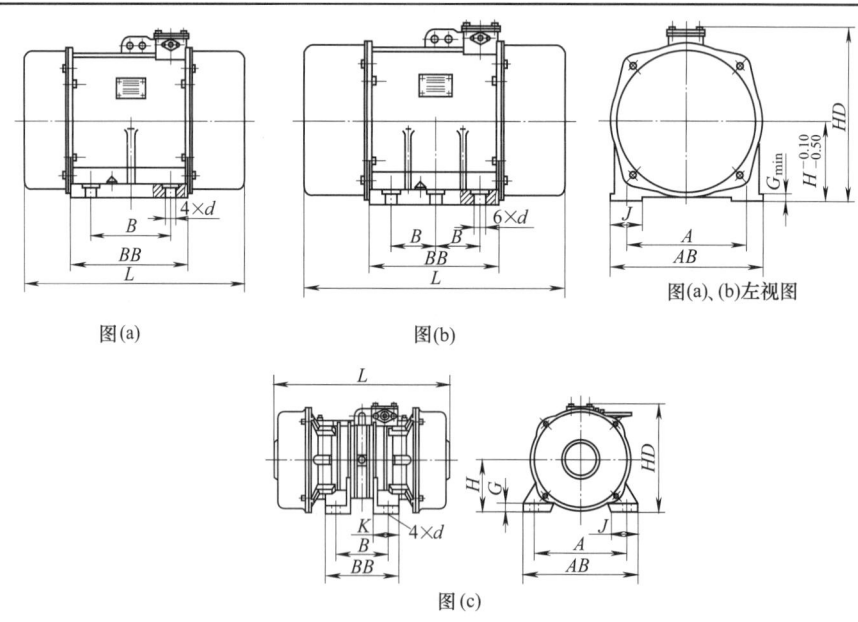

续表

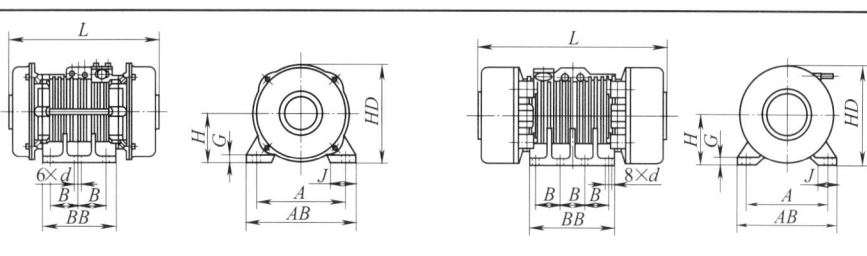

图(d)　　　　　　　　图(e)

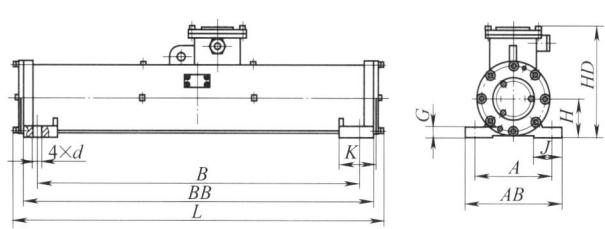

图(f)

类别	相极	型号	最大激振力/N	转速/r·min^{-1}	额定功率/kW	额定电流/A	安装尺寸/mm										安装螺栓尺寸	质量/kg	外形图
							A	AB	J	B	BB	L	G	H	HD	d			
VBB系列隔爆型	3相2极	VBB-552-W	5000	2875	0.5	1.39	170	200	50	100	225	385	14	100	275	14	M12	45	图(a)
		VBB-10102-W	10000	2880	1.0	2.34	200	250	60	110	255	465	16	123	310	22	M20	66	图(a)
		VBB-20202-W	20000	2860	2.0	4.48	260	320	70	180	315	540	24	160	370	26	M24	140	图(a)
		VBB-40302-W	40000	2870	3.0	6.2	280	360	100	180	415	655	33	160	370	38	M36	160	图(a)
	3相4极	VBB-534-W	5000	1430	0.25	0.76	170	200	50	100	225	415	14	100	275	14	M12	46	图(a)
		VBB-1054-W	10000	1445	0.5	1.35	200	250	60	110	235	465	16	123	310	22	M20	66	图(a)
		VBB-20114-W	20000	1430	1.1	2.73	220	270	60	160	295	520	22	140	340	26	M24	110	图(a)
		VBB-32154-W	31500	1450	1.5	3.74	260	320	70	180	315	570	24	160	370	26	M24	133	图(a)
		VBB-52234-W	50000	1450	2.25	5.34	350	430	100	220	363	650	30	190	430	38	M36	210	图(a)
		VBB-75374-W	75000	1455	3.7	8.34	380	460	105	125	385	700	34	210	445	38	M36	350	图(b)
		VBB-84554-W	84000	1450	5.5	11.52	380	460	105	135	465	800	34	210	445	38	M36	370	图(b)
		VBB-100754-W	100000	1460	7.5	15.72	440	530	125	160	525	860	35	215	470	44	M42	500	图(b)
	3相6极	VBB-326-W	3000	950	0.2	0.81	170	200	50	100	225	440	14	100	275	14	M12	48	图(a)
		VBB-546-W	5000	955	0.38	1.24	200	250	60	110	235	485	16	123	310	22	M20	66	图(a)
		VBB-1076-W	10000	960	0.7	2.12	220	270	60	160	295	530	22	140	340	26	M24	99	图(a)
		VBB-20156-W	20000	965	1.52	3.96	260	320	70	180	315	595	24	160	370	26	M24	137	图(a)
		VBB-32246-W	31500	965	2.4	5.96	350	400	100	140	255	520	28	190	430	26	M24	185	图(a)
		VBB-45306-W	45000	975	3.0	7.41	350	430	100	220	363	700	30	190	430	38	M36	275	图(a)
		VBB-60376-W	60000	975	3.7	9.02	350	430	100	220	363	770	30	190	430	38	M36	310	图(a)
		VBB-80556-W	80000	970	5.5	12.1	440	530	125	125	445	840	35	215	470	44	M42	390	图(b)
		VBB-100756-W	100000	980	7.5	16.47	440	530	125	160	525	1000	35	215	470	44	M42	500	图(b)

续表

类别	相极	型号	最大激振力/N	转速/r·min⁻¹	额定功率/kW	额定电流/A	安装尺寸/mm											安装螺栓尺寸	质量/kg	外形图
							A	B	K	J	AB	BB	L	G	H	HD	d			
VB系列	3相2极	VB-322-W	3000	2600	0.20	0.55	160	90	—	50	190	130	325	14	70	180	14	M12	20	图(c)
		VB-552-W	5000	2875	0.50	1.39	170	120	—	55	220	170	370	16	85	202	18	M16	31	图(c)
		VB-10102-W	10000	2880	1.0	2.35	200	140	75	65	250	220	445	18	105	240	22	M20	54	图(c)
		VB-20202-W	20000	2850	2.0	4.52	260	200	—	70	320	290	520	22	140	300	26	M24	105	图(c)
		VB-40302-W	40000	2870	3.0	6.20	350	220	—	100	430	320	560	33	185	355	39	M36	150	图(c)
	3相4极	VB-314-W	2500	1400	0.12	0.57	160	100	55	40	190	150	295	12	92	212	14	M12	28	图(c)
		VB-534-W	5000	1400	0.25	1.02	180	110	—	65	220	140	310	15	112	253	14	M12	48	图(c)
		VB-634-W	6000	1450	0.30	0.93	200	110	—	60	250	160	340	16	112	240	18	M16	43	图(c)
		VB-1054-W	10000	1420	0.50	1.51	220	110	—	60	270	160	380	18	123	264	22	M20	58	图(c)
		VB-1264-W	12000	1440	0.60	1.82	220	145	65	60	270	195	415	18	123	258	22	M20	59	图(c)
	3相4级	VB-16144-W	16000	1440	1.40	3.41	290	280	60	78	340	340	500	52	145	295	27	M24	90	图(c)
		VB-20114-W	20000	1430	1.10	2.75	220	160	75	60	270	220	495	22	140	282	26	M24	80	图(c)
		VB-21164-W	21000	1440	1.60	3.82	290	280	60	78	340	340	500	52	145	295	27	M24	100	图(c)
		VB-32154-W	31500	1450	1.50	3.76	260	180	80	70	320	240	545	25	160	320	26	M24	116	图(c)
		VB-50234-W	50000	1450	2.25	5.55	350	220	—	100	430	370	650	33	192	390	39	M36	195	图(c)
		VB-75304-W	75000	1460	3.0	7.36	380	125	—	105	460	330	615	35	210	412	39	M36	250	图(d)
		VB-84554-W	84000	1455	5.5	11.5	380	125	—	140	460	390	720	35	210	415	39	M36	320	图(d)
		VB-100754-W	100000	1460	7.50	15.92	440	140	—	125	530	450	795	36	240	470	45	M42	440	图(d)
	3相6极	VB-326-W	3000	950	0.20	0.82	160	100	55	40	190	150	330	12	92	210	14	M12	30	图(c)
		VB-546-W	5000	955	0.38	1.21	200	110	—	60	250	160	360	16	123	251	22	M20	50	图(c)
		VB-1076-W	10000	960	0.70	2.14	220	160	75	60	270	220	475	22	140	282	26	M24	77	图(c)
		VB-20156-W	20000	965	1.52	3.99	260	180	80	70	320	240	565	25	160	320	26	M24	127	图(c)
		VB-32246-W	31500	965	2.40	5.99	350	220	—	100	430	370	650	33	192	390	39	M36	192	图(c)
		VB-50326-W	50000	970	3.20	7.83	350	250	—	100	430	400	760	33	192	390	39	M36	235	图(c)
		VB-75556-W	75000	970	5.50	12.60	380	125	—	105	480	385	755	35	240	467	39	M36	370	图(d)
		VB-100756-W	100000	980	7.50	17.12	440	140	—	125	530	450	865	36	240	470	45	M42	520	图(d)
		VB-135906-W	135000	980	9.0	19.2	480	140	—	125	570	510	985	38	265	520	45	M42	630	图(e)
		VB-1601106-W	160000	980	11.0	23.5	480	140	—	125	570	510	998	38	265	520	45	M42	700	图(e)
		VB-1801306-W	180000	986	13.0	27.8	520	140	—	125	610	510	970	38	290	570	45	M42	845	图(e)
	3相8级	VB-50308-W	50000	725	3.0	8.05	380	125	—	105	460	330	780	35	210	412	39	M36	330	图(b)
		VB-75558-W	75000	735	5.5	15.14	440	140	—	125	530	450	985	36	240	470	45	M42	595	图(b)
		VB-100758-W	100000	734	7.5	17.8	480	140	—	125	570	510	985	38	265	520	45	M42	650	图(e)
		VB-135908-W	135000	734	9.0	21.2	480	140	—	125	570	510	998	38	265	520	45	M42	750	图(e)
		VB-1601108-W	160000	739	11.0	25.8	520	140	—	125	610	510	1070	38	290	570	45	M42	800	图(e)
		VB-2001508-W	200000	743	15.0	34.9	520	140	—	125	610	510	1115	38	305	610	45	M42	950	图(e)

续表

类别	相极	型号	最大激振力/N	转速/r·min⁻¹	额定功率/kW	额定电流/A	安装尺寸/mm										安装螺栓尺寸	质量/kg	外形图
							A	B	K	J	AB	BB	L	H	HD	d			
VLB系列	3相4极	VLB-20114-W	20000	1420	1.1	2.88	226±1.2	950±1.2	100	80	282	1030	1087	$114_{-0.50}^{\ 0}$	320	26	M24	175	图(f)
		VLB-25134-W	25000	1400	1.3	3.39												185	
		VLB-30154-W	30000	1435	1.5	4.23							1115					195	
		VLB-35224-W	35000	1410	2.2	5.44												205	

8.8.2 仓壁式振动器

仓壁式振动器及 CZ 型仓壁式振动器技术参数，见表 27-8-33 和表 27-8-34。CZ 型仓壁式振动器安装尺寸见表 27-8-35，仓壁振动器安装位置如图 27-8-29 所示。

表 27-8-33　仓壁式振动器

型号	功率/W	激振力/kN	质量/kg	生产厂家
LZF 型料仓振动防闭塞装置	120～2200	1.5～30	28～262	河南新乡市振动电机力矩电机调速电机专业制造商
CZ 型	20～200	0.1～8	2.6～119	江苏海安市恒业机电制造有限公司
ZFB 型防闭塞装置	90～3700	1～50	1.1～280	该产品执行标准参照 JB 5330—2007

表 27-8-34　CZ 型仓壁式振动器技术参数

型号	激振力/N	适用料仓壁厚/mm	电压/V	有功功率/W	表示电流/A	振动频率/r·min⁻¹	质量/kg	配套控制箱 型号	配套控制箱 外形尺寸（长×宽×高）/mm
CZ10	100	0.6～0.8	220	20	≤0.3	3000	2.6	XKZ-V	196×120×281
CZ50	500	0.8～1.6		30	≤0.5		10		
CZ250	2500	4～8		65	≤1.0		35	XKZ-5G₂	280×168×402
CZ400	4000	6～10		65	≤1.0		62.5		
CZ600	6000	6～12		150	≤2.3		70	XKZ-10G₂	
CZ800	8000	6～14		160	≤3.8		110		

注：1. 适于安装料仓壁厚数值仅供参考。
2. 生产厂家为江苏海安市恒业机电制造有限公司。

表 27-8-35　CZ 型仓壁式振动器安装尺寸

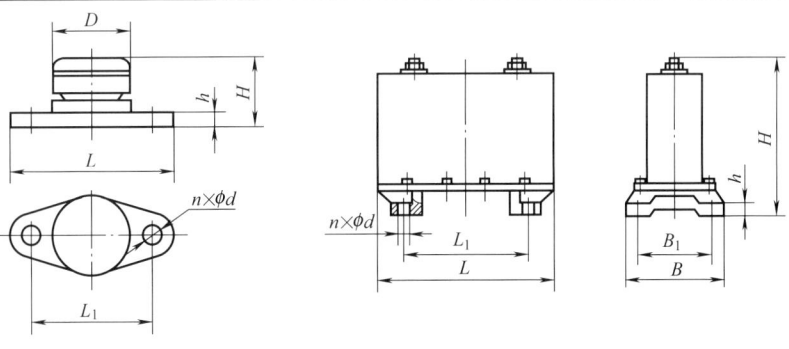

图(a)　CZ10，CZ50　　　　　图(b)　CZ250，CZ400，CZ600

续表

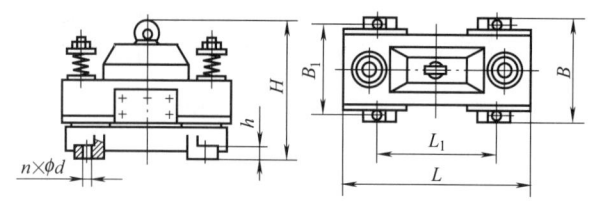

图(c) CZ800

型号	L_1	L	B_1	B	h	H	D	$n \times \phi d$
CZ10	146	166	—	—	10	71	120	2×10
CZ50	250	280	—	—	12	115	180	2×13
CZ250	230	400	145	170	15	328	—	4×13
CZ400	230	400	210	245	16	331	—	4×13
CZ600	230	400	210	245	16	331	—	4×13
CZ800	200	512	306	346	23	380	—	4×13

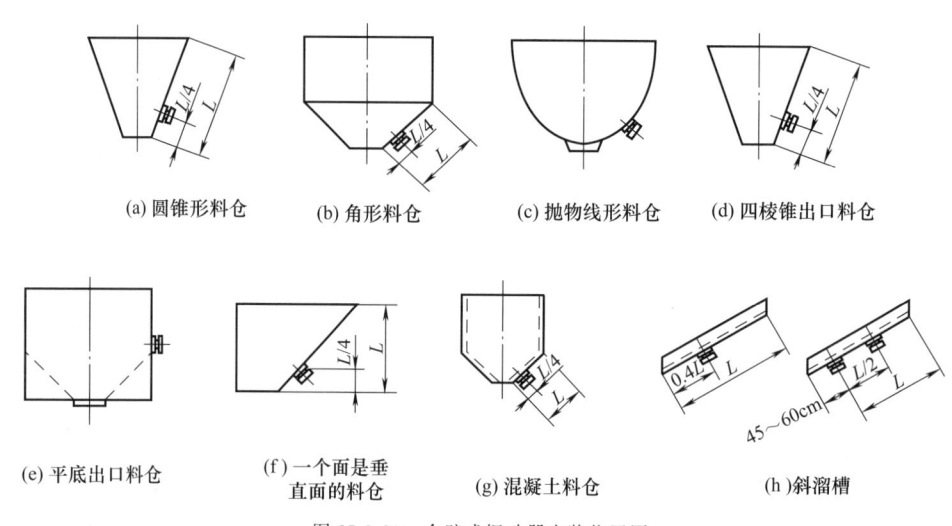

(a) 圆锥形料仓　(b) 角形料仓　(c) 抛物线形料仓　(d) 四棱锥出口料仓

(e) 平底出口料仓　(f) 一个面是垂直面的料仓　(g) 混凝土料仓　(h) 斜溜槽

图 27-8-29　仓壁式振动器安装位置图

8.8.3　复合弹簧

复合弹簧是由金属螺旋弹簧与橡胶（或其他高分子材料）经热塑处理后复合而成的一种筒状弹性体。还可以利用高强度纤维与其他高分子材料做成复合材料弹簧。

（1）复合弹簧的作用与特点

金属螺旋复合橡胶弹簧广泛地用作各类振动机械的弹性元件，一方面它支承着振动机体，使机体实现所需要的振动，另一方面起减振作用，减小机体传递给基础的动载荷。金属螺旋复合橡胶弹簧还可用作汽车前后桥的悬挂弹簧、列车车辆的枕弹簧和各类动力设备（如风机、柴油机、电动机、减速机等）的减振元件。

复合弹簧既有金属螺旋弹簧承载大、变形大、刚度低的特点，又有橡胶和空气弹簧的非线性、结构阻尼特性、各向刚度特性；既克服金属弹簧不适应高频振动、噪声大、横向刚度小、结构阻尼小的缺点，又克服了橡胶弹簧承载小、刚度不能做得很低、性能环境变化出现的不稳定等缺点；结构维护比空气弹簧简便，使用寿命比空气弹簧长。用于振动机械上可使振动平稳，横向摆动减小，起停机时间比金属弹簧缩短50%，过共振时振幅降低40%，减振效率提高，整机噪声减小。对于撞击等引起的高频振动的吸收作用，使得振动机械的机体焊接框架不易开裂，紧固体不易松动，电机轴承寿命得以延长，提高了设备的寿命和安全性。用作列车车辆的枕弹簧，可在路况不变的条件下，提高列车的蛇形运动速度，减小横向摆动以及由于列车启动、制动、溜放、挂靠等操作而引起的车辆加速度值的急剧增加。其对高频振动的吸收作用，使得列车运行更平稳，减振降噪，乘客（客车）更舒适。

（2）复合弹簧的尺寸、允许负荷与静刚度（见表27-8-36）

表 27-8-36　　复合弹簧尺寸、允许负荷与静刚度

产品型号	外径 D_2/mm	内径 D_1/mm	自由高度 H_0/mm	受压时最大外径 D_m/mm	允许负荷/N F_A	允许负荷/N F_B	静态刚度 K /N·mm^{-1}
FB52 FB85	52	25	120	162	980	2250	78
	85	35	120	92	3530	8330	196
	85	35	150	92	3720	8820	167
	85	65	150	108	1860	4510	59
FB102	102	60	255	120	980	2250	52
	102	60	255	120	1470	3430	64
	102	60	255	120	1960	4510	74
	102	60	255	120	2450	5680	98
	102	60	255	120	2940	6860	123
FC135	135	60	150	150	1960	4410	74
	135	60	150	150	2550	5880	98
FA148	148	80	270	170	7840	12050	196
	148	80	270	170	2450	19600	245
	148	92	250	170	20090	32340	342
FA155	155	62	290	180	6270	14410	157
	155	62	290	180	7450	17150	186
	155	62	290	180	8330	19210	206
	155	62	290	180	9800	22540	235
	155	62	290	180	10780	24790	265
	155	62	290	180	11760	27050	294
FC196	196	80	290	220	9800	24500	372
	196	90	270	220	11760	27440	392
	196	100	250	220	13720	31360	412
FA260	260	120	429	310	12740	2940	230
	260	120	429	310	14700	34300	284
	260	120	429	310	19600	45080	392
FA310	310	150	400	370	29400	67620	588

注：1. F_A 为复合弹簧的安装负荷；F_B 为复合弹簧的最大负荷。
2. 生产厂家为新乡市太行橡胶制品厂。

8.9 利用振动来监测缆索拉力

随着大跨度桥梁设计的轻柔化以及结构形式与功能的日趋复杂化，大型桥梁结构安全监测已成为国内外工程界和学术界关注的热点。特别是利用振动法对悬索桥和斜拉桥的钢丝绳拉力的监测方法有许多的研究。这里重点作如下介绍。

对于两端固定的架空索道承载索是完全可以利用振动的方法来检测的。

用于缆索拉力监测的装置有以下几种。

① 电阻应变仪 一般的应力应变监测采用电阻应变传感器。但电阻式应变仪的零漂、接触电阻变化以及温漂等，给系统带来一定的误差。其主要问题是寿命较短，易损坏。并且应变/应力是一个相对量，从长期监测和信号传输等方面考虑，难以准确复现钢丝绳中的真实应力状态。

② 钢丝振弦应变仪 它就是利用振动来测量钢丝绳的拉力，比电阻应变仪准确。振动法测索力是目前测量斜拉桥索力应用最广泛的一种方法。在这种方法中，以环境振动或强迫激励拉索，传感器记录下时程数据，并由此识别出索的振动频率。而索的拉力与其固有频率之间存在着特定的关系，于是索力就可由测得的频率经换算而间接得到。由于电子仪器的日趋小型化，整套仪器携带、安装均很方便，测定结果可信，所以振动法测索力得到了广泛的应用。

③ 磁致弹性测力仪 采用磁致弹性测力仪是较好的选择，它在欧洲应用较为普遍。磁致弹性测力仪是一个环形装置，它缠绕在索股上，利用磁通量的变化与钢丝绳的应力改变有关的原理进行测量。

本手册仅介绍利用振动的原理来测量钢丝绳应力的问题。

8.9.1 测量弦振动计算索拉力

8.9.1.1 弦振动测量原理

根据弦的振动原理，波在弦索中的传播速度可由下式表示：

$$c=\sqrt{\frac{F}{q}} \quad (27\text{-}8\text{-}56)$$

式中 F——索的拉力，N；
q——弦索的单位长度质量，kg/m。

令 L 为索的计算长度；f 为振动频率，用下标 $n=1,2,\cdots$ 表示第 n 阶的固有频率 f_n。则波在弦索中从一端传播至另一端再返回来的时间 t 为

$$t=2L/c, \quad 即\ c=2L/t \quad (27\text{-}8\text{-}57)$$

式中 c——波在弦索中的传播速度，m/s。

将 $c=2L/t$ 代入式（27-8-56），则得：

$$F=4qL^2/t^2=4qL^2f^2 \quad (27\text{-}8\text{-}58a)$$

或

$$F=4KqL^2f_n^2/n^2 \quad (27\text{-}8\text{-}58b)$$

式中 K——考虑钢丝绳与弦的特性不同而修正的系数，由实验确定。

实际应用中，拉索由于自重具有一定垂度和抗弯刚度，为准确使用振动法测定索力，必须考虑垂度、抗弯刚度及边界条件等影响因素，对弦公式进行修正。有的学者用差分法和有限元法很好地解决了这个问题，不仅同时考虑了以上因素，而且还考虑了拉索上装有阻尼减振器等的影响。特别是桥梁的斜拉索，由于长度较短，一阶频率（基频）不容易测量准确，而采用频差法。而对于大跨度架空索道的钢丝绳来说，测量一阶频率是不会有问题的。

8.9.1.2 MGH 型锚索测力仪

MGH 型锚索测力仪（山东科技大学洛赛尔传感技术有限公司研制）用于钢索斜拉桥、大坝、岩土工程边坡、大型地基基础、隧道等处对锚索或锚杆拉力进行检测，及对其应力变化情况进行长期监测；还可用于预应力混凝土桥梁钢筋张拉力的检测和波纹管摩阻的测定，以保证安全和取得准确数据。

(1) 结构原理

MGH 型锚索测力仪由 MGH 型锚索测力传感器与 GSJ-2 型检测仪、GSJ-2 型便携式检测仪或 GSJ-2A 型多功能电脑检测仪配套使用，直接显示锚索拉力。

锚索拉力施压于油缸，使其内部油压升高，油压经过油管传到振弦液压传感器的工作膜，膜挠曲使弦张力减小，固有振动频率降低。若其电缆接 GSJ-2 型检测仪，启动电源，因其内部装有激发电路，则力、油压被转换为频率信号输出。GSJ-2 型的测频电路测定频率 f 后，单片机按以下数学模型计算出拉力 F 并直接数字显示。

$$F=A(f^2-f_0^2)-B(f-f_0) \quad (27\text{-}8\text{-}59)$$

式中 A，B——传感器常数；
f_0——初频（力 $F=0$ 时的频率）；
f——为 F 时的输出频率。

(2) 性能特点

振弦液压传感器的设计精度较高；具有良好的抗振能力，经过老化处理，故在大载荷作用下具有良好的长期稳定性；当温度不同于标定温度时，只要将传感器放在现场 2h，待热平衡后，测定现场温度的初频作为 f_0 输入式（27-8-59），则由 f 计算 F 仍然准

确。对于长期埋设的传感器，若要求精度较高，可事先实测出初频 f_0 与温度 t 的关系曲线，检测时测定传感器的温度 t，找出对应的 f_0 输入式（27-8-59），即可完成温漂修正，获得比较准确的结果。已实现温度补偿。工程上若允许误差在 2% 以内，不需进行温漂修正。

(3) 主要技术参数（FS—频率标准）

量程　　　　　　　200～10000kN
准确度（%FS）　　　0.5、1.0
重复性（%FS）　　　0.2、0.4
分辨率（%FS）　　　0.1～0.01
温度系数　　　　　　≤0.025%FS/℃

8.9.2　按两端受拉梁的振动测量索拉力

8.9.2.1　两端受拉梁的振动测量原理

把钢丝绳当作一根两端固定并承受拉力的梁，测量其振动频率来计算实际拉力也是一个有效的方法。

两端固定并承受拉力的梁的固有振动角频率为：

$$\omega = \left(\frac{i\pi}{L}\right)^2 \sqrt{\frac{EI}{\rho_l}} \sqrt{1+\frac{PL^2}{EJi^2\pi^2}} \quad (i=1,2,\cdots)$$
(27-8-60)

式中　E——梁的弹性模量，Pa。
　　　I——截面惯性矩，m^4。

令 $P=F$；$\rho_l=q$；$\omega=2\pi f_n$（参数符号同 8.9.1 节）代入，整理后可得：

$$F = \frac{4f_n^2 L^2 q}{i^2}\left(1-\frac{EIi^4\pi^2}{4f_n^2 L^4 q}\right) \quad (27\text{-}8\text{-}61)$$

高屏溪桥斜张钢缆的检测基本采用这个原理。

8.9.2.2　高屏溪桥斜张钢缆检测部分简介

高屏溪河川桥主桥系采单桥塔非对称复合式斜张桥设计。桥长 510m，主跨 330m 为全焊接箱型钢梁，侧跨 180m 则为双箱室预力混凝土箱型梁。两侧单面混合扇形斜张钢缆系统分别锚碇于塔柱及箱梁中央处。钢筋混凝土桥塔高 183.5m，采用造型雄伟且结构稳定性高的倒 Y 形设计。

斜张钢缆受风力作用时，其反复振动将可能引起钢绞索产生疲劳现象或支架处产生裂缝破坏，降低其耐久性与安全性。钢缆的风力效应主要包括有涡流振动、尾流驰振及风雨诱发振动等。当涡漩振动的频率与结构的固有频率近似或相等时，便会产生共振现象，此时结构会有较大的位移振动。经计算斜张钢缆的固有频率即可得发生涡流振动时的临界风速，通常，临界风速多发生在第一模态，且此时具有最大的振幅。

在分析高屏溪桥自编号 F101 最长钢缆及至编号 F114 最短钢缆时，发现其固有频率为第一模态时，仅有编号 B114 钢缆在风速 1.5m/s 时会发生共振现象。但由于此时风速极低，几乎无法扰动钢缆。因此，在斜张钢缆上装设一速度测振计，当钢缆受自然力扰动而产生激振反应时，速度计将此振动传送到 FFT 分析器，经快速傅里叶变换解析，判定振动波形内稳态反应的振动频率后，通过计算即可求得钢缆的受力，亦即钢缆索力大小。

考虑斜张钢缆刚度（含外套管刚度），使用轴向拉力梁理论，当受弯曲梁含轴向拉力时的自由振动运动方程式为：

$$EI\frac{\partial^4 y}{\partial x^4}+F\frac{\partial^2 y}{\partial x^2}+q\frac{\partial^2 y}{\partial t^2}=0 \quad (27\text{-}8\text{-}62)$$

令

$$\xi=\sqrt{\frac{F}{EI}}\times L\text{，}c=\sqrt{\frac{EI}{qL^4}}\text{，}$$

$$\Gamma=\sqrt{\frac{qL}{128EK\delta^3\cos^5\theta}}\times\frac{0.31\xi+0.5}{0.31-0.5}$$
(27-8-63)

式中　F——轴向拉力；
　　　q——单位长度的质量；
　　　δ——中垂与钢缆长度之比；
　　　L——钢缆长度；
　　　θ——钢缆的倾斜角；
　　　I——截面惯性矩。

1) 钢缆具有较小垂度时，即 $\Gamma \geqslant 3$，则适用于下列力与第一振动频率的关系式（这里已代入钢丝绳的具体数据，且考虑到阻尼）：

$$F=4m(f_1^B L)^2\left[1-2.2\left(\frac{c}{f_1^B}\right)-0.55\left(\frac{c}{f_1^B}\right)^2\right]$$
（当 $\xi \geqslant 17$ 时）

$$F=4m(f_1^B L)^2\left[0.865-11.6\left(\frac{c}{f_1^B}\right)^2\right]$$
（当 $6 \leqslant \xi \leqslant 17$ 时）

$$F=4m(f_1^B L)^2\left[0.828-10.56\left(\frac{c}{f_1^B}\right)^2\right]$$
（当 $0 \leqslant \xi \leqslant 6$ 时）　(27-8-64)

2) 钢缆具有较大垂度时，即 $\Gamma \leqslant 3$，则适用于下列力与第二振动频率的关系式：

$$F=m(f_2^B L)^2\left[1-4.4\left(\frac{c}{f_2^B}\right)-1.1\left(\frac{c}{f_2^B}\right)^2\right]$$
（当 $\xi \geqslant 60$ 时）

$$F=m(f_2^B L)^2\left[1.03-6.33\left(\frac{c}{f_2^B}\right)-1.58\left(\frac{c}{f_2^B}\right)^2\right]$$
（当 $17 \leqslant \xi \leqslant 60$ 时）

$$F=m(f_2^B L)^2\left[0.882-85\left(\frac{c}{f_2^B}\right)^2\right]$$

3) 钢缆长度较长时,适用于下列力与频率的关系式:

$$F = \frac{4m}{n^2}(f_n^B L)^2 \left[1 - 2.2\left(\frac{nc}{f_n^B}\right)^2\right]$$

(当 $0 \leqslant \xi \leqslant 17$ 时) (27-8-65)

(当 $n \geqslant 2, \xi \geqslant 200$ 时) (27-8-66)

式中 f_1^B、f_2^B、f_n^B——第1、第2、第 n 阶振动频率。

此桥斜张钢缆对涡漩振动不甚敏感。此外,由于钢缆涡流振动、尾流驰振及风雨诱发振动等风力因素相当复杂,若仅欲以数值分析探讨其行为模式似嫌粗糙且不可靠,因此钢缆风力现象仍主要以经验法则配合钢缆频率与阻尼量测值进行综合研判,且研判时机通常选择设定于施工期间与完工后较佳。

由于斜张钢缆在长期预拉力、风力、地震力及车行动载荷下,将随时间变化产生应力松弛现象,造成斜张桥整体结构系统应力的重新分配,如此将影响桥梁的结构静力及动力特性。根据国内外相关施工经验得知,监测系统在斜张桥完工后均规划有定期检测钢缆实存索力的作业,以检核结构系统的稳定性。该桥在检核斜张钢缆受力情形或预力变化时,采用自然振动频率法进行量测。

通常选择较不受乱流干扰的第二振动频率,即可经式(27-8-66)求得钢缆拉力 F,亦即钢缆的索力值。

检测结果如下:

① 本桥在斜张钢缆进行预力施拉作业时,配合液压泵实际输出压力读数对照式(27-8-66)计算所得钢缆索力值时,发现两者相当接近;

② 在钢缆施拉预力作业时,随机挑选某一钢绞索装设单枪测力器检核钢缆的实际索力;

③ 另外在主跨钢缆锚碇承压板内侧及侧跨钢缆锚碇螺母处装设有钢缆应变计,亦可同时量测钢缆索力的变化情况。

经由相互比较结果发现,液压泵实际输出压力读数、单枪测力器测量值、钢缆应变计读数以及固有振动频率计算值等,彼此间数值差异并不大。因此推论日后桥梁维护计划中有关钢缆索力变化检核作业应可藉由固有频率振动法及钢缆应变计进行综合监测。

下面介绍钢缆振动试验(动静态服务载重试验)。

基于阻尼值为判断钢缆抗风稳定性的关键因素,为求得较正确的阻尼值,本工程进行强制振动借以求得较合理的振幅。

该工程钢缆强制振动试验系利用大型吊车以绳索拖拉的方式提供钢缆初始变位值,并利用角材提供临时支撑,再以卡车迅速将角材支撑拖离,让钢缆产生激振反应,并逐渐衰减至停止。试验主要以主跨外侧钢缆为对象,共计七根钢缆,每根钢缆进行二次试验。

按主跨最外侧五根钢缆强制振动试验计算资料,其值显示所有钢缆的对数阻尼衰减值均大于5%,参考前述相关的稳定度判读原则,则可推估所有钢缆均具有相当高的抗风稳定度,此结果与现场观测结果相当接近。

经由长时间的观测结果初判该桥钢缆系统抗风稳定性相当高。虽然强风期间外侧较长钢缆产生振动,但振动行为相当稳定,且振幅不大,对于钢缆服务寿命并无任何影响。但考虑钢缆风力行为不确定因素繁多,故仍规划在桥梁通车后持续进行观测。若发现钢缆产生不稳定振动,则建议于钢缆锚碇处附近安装黏性剪力型阻尼器,以提供抗风所需的额外阻尼量。

8.9.3 索拉力振动检测的最新方法

对于斜拉桥拉索的建模,大致有等效弹性模量法、多段直杆法和曲线索单元法三种方法。这些方法有关的书籍和论文都可以查到。下面介绍我国在这方面的研究成果之一。

(1)考虑索的垂度和弹性伸长 Δl

$$\Delta l^2 = \left(\frac{ql}{F}\right)^2 \frac{ES}{FL_s}$$ (27-8-67)

式中 L_s——索线的弧长;
F——索平行于弦的拉力;
S——索的截面积;

其他参数同前。

根据研究分析,考虑索的垂度、弹性的影响等因素,索的拉力与索的基频的实用关系可以采用以下公式计算,其计算误差都保证在 1‰ 以内:

$$\omega = \frac{\pi}{l}\sqrt{\frac{F}{q}} \quad (\text{当 } \Delta l^2 \leqslant 0.17 \text{ 时})$$

$$\omega^2 = \pi^2 \frac{F}{ql^2} + 0.777 \frac{ES}{q}\left(\frac{q}{F}\right)^2 \quad (\text{当 } 0.17 \leqslant \Delta l^2 \leqslant 4\pi^2 \text{ 时})$$

$$\omega = \frac{2\pi}{l}\sqrt{\frac{F}{q}} \quad (\text{当 } 4\pi^2 \leqslant \Delta l^2 \text{ 时}) \quad (27\text{-}8\text{-}68)$$

或由式(27-8-68)计算得:

$$F = 4ql^2 f^2 \quad (\text{当 } \Delta l^2 \leqslant 0.17 \text{ 时})$$

$$F^3 = 4ql^2 f^2 F^2 + 0.0787 ES q^2 l^2 = 0$$
$$(\text{当 } 0.17 \leqslant \Delta l^2 \leqslant 4\pi^2 \text{ 时})$$

$$F = ql^2 f^2 \quad (\text{当 } 4\pi^2 \leqslant \Delta l^2 \text{ 时}) \quad (27\text{-}8\text{-}69)$$

索的抗弯刚度的影响较小,从略。

(2)频差法

振动在某个较高的阶数之后,频差将趋于稳定,即为一常数,而且是弦理论的基频。令该稳定的频差

为 $\Delta\omega$，则

$$\Delta\omega = \frac{\pi}{l}\sqrt{\frac{F}{q}}$$

即

$$F = 4ql^2\Delta f^2 \qquad (27\text{-}8\text{-}70)$$

如测得索的高阶频差，索力就可方便地确定，而不必考虑是否有垂度的影响。

(3) 拉索基频识别工具箱

拉索基频识别工具箱 GUI，用于福建闽江斜拉桥的检测。原理是当索力一定时，高阶频率是基频的数倍，表现在功率谱上是出现一系列等间距的峰值。峰值的间距就是基频。拾取这一系列峰值，求相邻峰值间距的平均数，即为基频，这是功率谱频差法。由于环境振动测试得到的功率谱结果不够理想，还采用倒频谱分析作为功率谱峰值法的补充。所以该工具箱可绘制自功率谱和倒频谱，各种参数可随时调整。可用鼠标精确捕捉峰值（频谱值），并自动计算差值。亦即所要识别的基频。

鉴于架空索道承载索跨度大，测量基频就能达到目的。

第9章 机械振动测量

9.1 概述

9.1.1 机械振动测量意义

生活中的振动现象人们并不陌生，家用电器的运转、交通工具的颠簸、动力机械设备的运行无不产生机械振动。人们在长期生活和生产实践中积累了大量的振动测试技术。随着科学技术的进步，振动测试仪器和计算机分析软件系统得到广泛的应用和飞速发展，为振动的测量提供了必要的手段。

机械振动测量具有重要的实际意义。首先，在机械振动系统的设计中，振动参数的数值直接影响振动系统和振动元件的设计质量，而振动测量是准确获取这些振动参数的重要手段。其次，在工程上也依靠测量手段获得原始设计参数，通过振动测量和测量数据的分析作为机械振动系统评价依据。最后，工程中的设计计算和理论分析可以通过模拟试验或测量来验证理论的正确性。

9.1.2 振动的测量方法

9.1.2.1 振动测量的内容

表 27-9-1　振动测量的内容

振动测量参数	振动测量内容
振动量	振动体上选定点的位移、速度、加速度的大小；振动时间历程曲线、频率、相位、频谱、激励力等
系统的特征参数	系统的刚度、阻尼、固有频率；振动模态、动态响应特性（系统的频率响应函数、脉冲响应函数）等
机械结构或零部件的动力强度	对机械或零部件进行模拟环境条件的振动或冲击试验；检验其耐振寿命、性能的稳定性；设计、制造、安装、包装运输的合理性
设备、装置或运行机械的振动监测	在线监测、测取振动信息；诊断其运行状态与故障发生的可能性；及时作出处理以保证其可靠的运行

9.1.2.2 测振原理

图 27-9-1 是测振仪原理图，测振仪采用线性阻尼系统，由一个单自由度振动系统构成，包括一个质量块 M，一组刚度为 K 的弹簧和材料内部的摩擦或其他的阻尼 C。测振仪机壳固定于振动物体，随其一起振动；拾振物体相对于壳体作相对运动。系统输入的是壳体运动引起的惯性力，输出的是质量的位移。输出信号与振动量成正比。

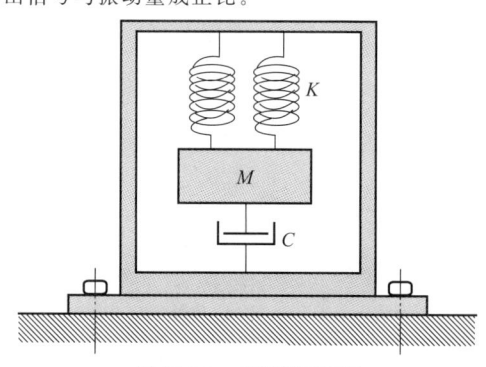

图 27-9-1　测振仪原理图

9.1.2.3 振动量级的表述方法

振动测量的基本参数——振幅、频率和相位。它们既是谐振振动的标征，也是研究复杂振动的基础。一个简谐振动可以用位移 d、速度 v 或加速度 a 来表示。

位移：$\qquad d = d_m \sin\omega t \quad \text{(m)} \qquad (27\text{-}9\text{-}1)$

式中　d_m——位移最大值。

速度：$\qquad v = v_m \sin(\omega t + \pi/2) \quad \text{(m/s)} \qquad (27\text{-}9\text{-}2)$

式中　v_m——速度最大值。

加速度：$\quad a = a_m \sin(\omega t + \pi) \quad \text{(m/s}^2) \quad (27\text{-}9\text{-}3)$

式中　a_m——加速度最大值。

对于简谐（正弦）振动，位移、速度、加速度的数值可以运用如下公式进行简单的换算：

$$a_m = -\omega v_m = -\omega^2 d_m \qquad (27\text{-}9\text{-}4)$$

振动单位有两种表示方法。

（1）绝对单位制

绝对单位制能客观地评定振动的大小，见表 27-9-2。

（2）相对单位制

相对单位制用对数级表示，其定义为待测量与基准量之比取对数，基准量按 ISO 1683 标准执行，单位为 dB，见表 27-9-3。

表 27-9-2　绝对单位制

振动量	单位	适用范围
位移	m 或 mm、μm	建筑、桥梁、水坝、构件等的变形；10Hz 以下的低频振动，测量时会出现明显的变形，适用于位移表达式
速度	m/s 或 mm/s	振动速度与能量成正比；在评定机械设备的振动烈度时选用速度表达式
加速度	m/s² 或 g ($1g = 9.81 \mathrm{m/s^2}$)	人体对振动加速度比较敏感，在评定人体振动响应时使用加速度值；高频振动和宽频带振动测量、冲击试验、频谱分析时选用加速度的表达方式

表 27-9-3　相对单位制

相对单位制	对数表达式/dB	基数
位移级	$L_d = 20\lg \dfrac{d}{d_0}$	$d_0 = 10^{-12}$ m
速度级	$L_v = 20\lg \dfrac{v}{v_0}$	$V_0 = 10^{-9}$ m/s
加速度级	$L_a = 20\lg \dfrac{a}{a_0}$	$a_0 = 10^{-6}$ m/s²

9.1.3　振动测量系统

振动测量系统可分为振动激励设备和振动测试仪器两部分，振动激励设备布置框图见图 27-9-2，振动测试仪器布置图见图 27-9-3。按照测试的需求可以灵活地运用。

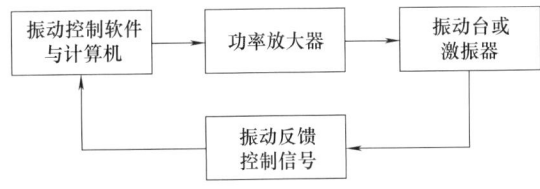

图 27-9-2　振动激励设备布置框图

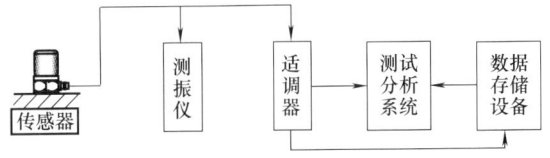

图 27-9-3　振动测试仪器布置图

在测试系统中，接地是抑制噪声、防止干扰的主要方法。具体的做法是将整个测量系统的仪器外壳用导线连接后单点接地。单点接地要求做到以下几点：

① 安装加速度计时做好传感器与测点之间的绝缘；
② 单点接地点的接地电阻状况良好；
③ 若采用交流电源的接地用作单点接地的接地端，只要连接所有仪器外壳即可，避免形成多点接地的状况。因多点接地，电流会通过大地形成回路，产生干扰源，图 27-9-4 为二点接地示意图；
④ 信号屏蔽线的破损、加速度计接插件接触不良也会造成系统干扰。

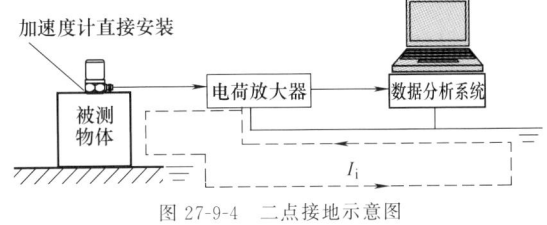

图 27-9-4　二点接地示意图

9.2　振动测量传感器

传感器是能将振动信号或者其他物理信息转换成电信号的重要敏感元件。在振动测量系统中，经常用到的传感器按测量参数的不同可分为加速度计、速度传感器、位移传感器、力传感器等。

9.2.1　加速度传感器

加速度传感器是利用晶体的压电效应原理制成的加速度计，它输出的电量与它承受的加速度值成正比。加速度计由于具有体积小、频响宽、相频特性好等优点，是目前使用最广泛的振动测量传感器。

9.2.1.1　加速度计的原理和结构

压电式加速度计的结构有外缘固定型、中间固定型、倒置中间固定型、剪切型多种形式（见图 27-9-5）。

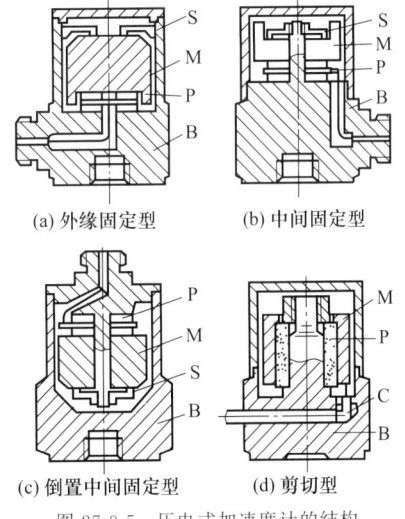

图 27-9-5　压电式加速度计的结构

相比之下剪切型结构的加速度计性能较好,得到广泛的运用,剪切型分为环形剪切和三角形剪切。环形剪切的结构是将压电材料 P 制成圆筒状,并粘接在中心架上,其外圆周粘接一个圆筒状的质量块 M。当加速度计沿其轴线振动时,压电材料将受到剪切变形而呈现电荷。这种结构可以较好避免外界条件的影响,并有利于结构的小型化。三角形剪切用三块压电材料,每块都附加质量块,并以三角形剪切模式排列,外围用高张力预紧环紧固。这种结构具有较高的谐振频率和稳定性能,灵敏度高,压电元件具有良好的隔离、较小的温度瞬变灵敏度,但结构复杂。目前多数加速度计都采用此种结构形式。

用作加速度计的压电材料有两大类,见表27-9-4。

表 27-9-4 加速度计的压电材料

压电材料	性能	用途
压电晶体石英	天然的石英性能稳定,机械强度高,绝缘性能好,耐高温	制造标准加速度计
压电陶瓷	压电陶瓷是人工合成,如钛酸钡、锆钛酸铝等。容易获得,压电常数高	制成各种用途的加速度计
压电薄膜	有机压电材料,如聚偏氟乙烯(PVDF)。材质柔韧,密度低,阻抗低,压电常数高	制成各种用途的加速度计

9.2.1.2 加速度计的类型

加速度计分为压电式加速度计和电压式加速度计。压电式加速度计也称为电荷式加速度计,电压式加速度计简称 ICP(integrated circuits piezoelectric)传感器。上一节详细介绍了压电式加速度计的工作原理和结构。压电式加速度计输出的是电荷信号,其特点是高阻抗信号,不能直接用于信号放大,需要和电荷放大器或电压放大器(9.3.1 节作详细介绍)配套使用。电压式加速度计在压电式加速度计的结构上增加了内置微型阻抗变换器,将高阻抗的电荷信号转换成低阻抗的电压信号输出,与电源供给器配套使用(9.3.2 节作详细介绍)。表 27-9-5 详细列举了压电式加速度计与电压式加速度计的区别,表中有关内容在后面的章节中详细说明。

两种加速度计在外形上相同,分辨的方法看加速度计灵敏度的单位。压电式加速度计电荷灵敏度单位:$pC/(m/s^2)$;电压式加速度计电压灵敏度单位:$mV/(m/s^2)$。

表 27-9-5 压电式加速度计与电压式加速度计的区别

	压电(电荷)式加速度计	电压式加速度计(ICP)
仪器匹配要求	电荷放大器	4mA 恒流源
输出信号	电荷信号	电压信号
输出阻抗	高阻抗	低阻抗
灵敏度单位	电荷灵敏度 $pC/(m/s^2)$	电压灵敏度 $mV/(m/s^2)$
测量范围	大	小
时间常数	可变	固定
随机稳态振动	可选用	可选用
强冲击试验	可选用	不可选用
价格	高价格	低价格
连接电缆	低噪声电缆	无需特殊电缆
电缆长度	电缆长度有限制	允许较长的传输距离

9.2.1.3 加速度计的主要性能指标

1)灵敏度 加速度计的灵敏度是指在一定的频率和环境条件下,承受一定加速度值时,输出电荷量或电压量的大小。或者使用重力加速度单位,电荷灵敏度单位:pC/g;电压灵敏度单位:mV/g。

2)频率响应 当加速度计承受恒定加速度值时,灵敏度随频率变化的情况,通常以曲线的形式表示。见图 27-9-6,生产厂家提供的频响曲线。

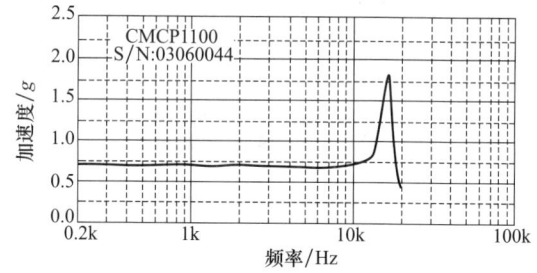

图 27-9-6 某加速度计频响曲线

加速度计的压电效应是静电现象,微弱的电荷量不可避免地会产生泄漏,因此加速度计不适合测量恒定加速度这类单向运动,使用频率下限设在 $0.2 \sim 0.5 Hz$。

从频响曲线可看到,加速度计的工作频响范围很宽,并且灵敏度前端平整;只有在接近共振频率 f_0 时,才会发生急剧变化。使用频率上限设在共振频率 f_0 的 1/5 频段时,灵敏度的偏差为 $\pm5\%$;设在共振

频率 f_0 的 1/3 频段时，灵敏度的偏差为 ±10%。

3) 横向灵敏度　横向灵敏度是与主轴方向成直角的灵敏度，以加速度计灵敏度的百分数表示。一般应控制在 2%～5%。

4) 长期稳定性　长期稳定性是灵敏度随时间变化的情况，年变化率应小于 2%。稳定性指标的好坏是衡量加速度计质量的主要因素。

5) 最高工作温度　常用加速度计最高工作温度大致分为两种：125℃、250℃。

9.2.1.4　加速度计的安装

共振频率 f_0 是指加速度计本身的自然谐振频率。在实际使用中加速度计是被安装在被测物体表面上，由于加速度计的安装方法不同，其安装自然谐振频率 f_1 相对于共振频率 f_0 不同程度地下降，导致测试系统的频响特性大有差异。安装方法包括螺栓安装、绝缘安装、粘贴、磁铁、蜂蜡、探针、机械滤波器，采用哪种安装方法取决于加速度计和试验结构的形式。尽可能地减小加速度计安装对频率响应的影响，机械滤波器方法除外。

1) 螺栓安装　安装加速度计的最好方法是螺栓连接（图 27-9-7），它的安装自然谐振频率 f_1 接近于共振频率 f_0。安装时注意确保安装螺纹必须与表面垂直，且无毛刺；两个安装表面平滑耦合，在安装表面涂少量油脂有助于改善冲击和高频段的响应。因为要在被测物体上打孔，这种安装方法在实际使用中受到很大限制。在高频测量和冲击测试时，螺栓安装是唯一的安装方法。

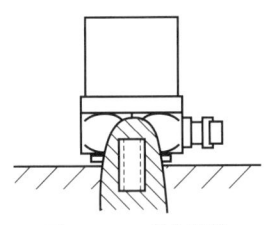

图 27-9-7　螺栓安装

加速度计安装时，安装扭矩要求适当；螺栓安装不要完全拧满加速度计的螺孔，以确保加速度计的安装底座不产生过大的应力和变形而影响灵敏度。

2) 绝缘安装　当加速度计和被测物体之间要求进行电气绝缘和控制接地回路噪声时，可以使用绝缘螺栓和云母垫片的安装方法，绝缘材料可采用尼龙、塑料等（图 27-9-8）。绝缘安装的方法只适用于 10kHz 以下的测量。有些产品在加速度计底部加装了强阳极氧化铝粘接垫，成功地解决了加速度计与地之间的绝缘问题。

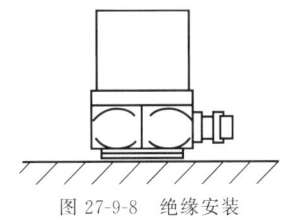

图 27-9-8　绝缘安装

3) 磁铁　如果被测表面是钢铁制品，可以将加速度计旋在永久磁铁座上，直接吸附在测点上进行测量。这种安装方法对若干不同测点的交替快速测量非常便利。测量的频率上限视永久磁铁的性能而定，一般在 5kHz 左右。

选用附加质量较轻的磁铁座，以减轻附加质量对系统特性的影响。此种安装方法的振动测量范围不得大于 50g；测点表面温度不得高于 150℃，因为磁铁内部的粘接剂在高温下会老化失效。

4) 粘贴　常用的方法是使用 502 胶（氰基丙烯酸酯快干胶）将加速度计直接粘贴在测点上，工作温度 －10～＋80℃，耐水、酸、碱能力差。具体操作步骤：

先将测点表面的油漆杂质清除（测点表面的油漆会造成高频信号的衰减）；用细砂皮打磨平整；使用干净的纱布蘸取丙酮，清洗加速度计底部和测点表面的油渍（丙酮属易燃品，注意安全使用）；取少量 502 胶水涂抹在加速度计底座表面；迅速地将加速度计按在测点上，并适当地来回旋转两下，达到排除其间多余胶水和气泡的目的，以求达到最佳粘贴效果；等 502 胶干透后，即可进行试验。试验结束后，使用活络扳手横向扳动加速度计的底部，即可轻松地取下加速度计。502 胶粘贴的方法只适用于 5kHz 以下的振动测量。不宜在潮湿的环境中使用。

5) 蜂蜡　使用蜂蜡将轻型加速度计粘接安装，这种方法适用于试验结构不允许进行任何安装改动的模态和结构分析试验。频率范围在 5kHz 以下。测点表面温度在 50℃ 以上，蜂蜡会明显软化而无法进行测试。

6) 探针　在某些特殊的场合，一般的安装方法因现场条件限制无法使用，可用安装在加速度计底部的金属探针进行测量；或者干脆将加速度计直接按在被测点上；常用于巡回检测，具有简单、方便、灵活的优点。频率范围在 1kHz 以下。探针是便携式测振仪常用配置，见图 27-9-9 探针测量。

7) 机械滤波器　机械滤波器属低通滤波器，频率上限为 1kHz，安装在测点与加速度计之间，两端采用螺栓安装。机械滤波器的结构是在两块金属之间

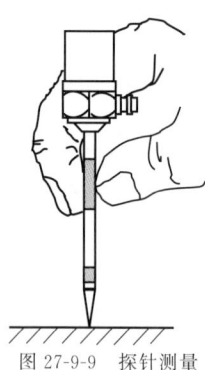

图 27-9-9 探针测量

夹着一层橡胶（见图 27-9-10），利用橡胶的阻尼作用，特意将测点振动信号中高于 1kHz 的高频分量滤除，达到测量的特殊要求，常用于强冲击试验。

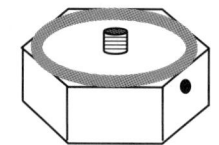

图 27-9-10 机械滤波器

使用机械滤波器时，必须将配套的安装栓插入安装孔内方可装卸加速度计，以免损坏机械滤波器的橡胶层。

8) 导线固定问题　加速度计的连接电缆应固定在加速度计的安装表面上，从而减少试验过程中因晃动而造成信号的干扰或丢失，特别是在强冲击试验中，巨大的冲击力甚至会拉断连接导线。导线连接见图 27-9-11。

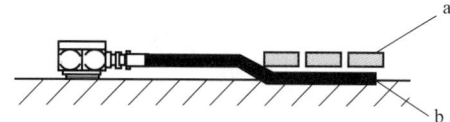

图 27-9-11 导线连接示意图
a—错误的；b—正确的（用蜡、带子或其他方法固定）

9.2.1.5　加速度计的选择

（1）稳态振动测量

稳态振动测量常用压电式加速度计或电压式加速度计。表 27-9-6 列举了三种不同型号的压电式加速度计进行比较，表 27-9-7 列举了同一系列不同规格的电压式加速度计进行比较。

（2）冲击振动测量

冲击加速度计采用压电式加速度计，具有灵敏度低、测量范围大、频率响应宽、质量轻、加速度计本身带有固定螺栓等特点。表 27-9-8 列举了二种不同型号的冲击加速度计进行比较。

表 27-9-6　三种不同型号的压电式加速度计

压电式加速度计	单位	A	B	C
灵敏度 10%	pC/(m/s²)	10	3	1
频率响应	kHz	4.8	8.4	12.6
安装谐振频率	kHz	16	28	42
质量	g	54	17	11
直径尺寸	mm	21	15	14
高度	mm	28	27	24
最高工作温度	℃	250	250	250
适用范围		测量微弱振动信号	一般稳态振动测量	轻型结构振动测量
选择方法		加速度计的选择应从灵敏度、频率响应和加速度计附加质量三个因素，结合整体测量方案、被测物体的情况、现场具体条件等多方面因素全盘考虑		

表 27-9-7　同一系列不同规格的电压式加速度计

电压式加速度计	单位	D	E	F
测量范围（加速度）	g	±25	±50	±100
灵敏度	mV/g	200	100	50
频率响应 5%	Hz	1.0～8K	0.5～10K	0.5～10K
阈值（加速度）	g	0.002	0.004	0.006
质量	g	7.5	7.5	7.5
最高工作温度	℃	100	100	100
选择方法		考虑测量范围与灵敏度之间的关系，测量范围愈大，则灵敏度愈小		

表 27-9-8　不同型号的冲击加速度计

冲击加速度计	单位	G	H
灵敏度 10%	pC/(m/s²)	0.3	0.004
频率响应	kHz	16.5	54
安装谐振频率	kHz	55	180
最高冲击加速度	km/s²	250	1000
质量	g	2.4	3
直径尺寸	mm	7.5	7
高度	mm	11	16.3(含螺栓高度)
最高工作温度	℃	140	180
适用范围		一般冲击试验	强冲击试验
安装方式		螺栓安装	

9.2.1.6　适用于不同场合的加速度计

（1）微型加速度计

微型加速度计本身的质量很小，是专为测量小巧轻盈结构设计的加速度计，可用于高频测量。使用时需采用蜂蜡粘贴安装。

（2）高灵敏度加速度计

高灵敏度加速度计具有极高的灵敏度；内部配备了线路驱动前置放大器和低通滤波器；通过适配器后输出信号电压灵敏度 300mV/(m/s²)；频率范围 0.1～1000Hz；适用于大型结构的低频低振级的测量，如大规模集成电路光刻机基础地面微振动测量；高灵敏度加速度计的测量范围有严格限制，不得使用在大于 10m/s² 的场合。

(3) 高温加速度计

一般加速度计的工作温度为 250℃ 以下，高温加速度计的工作温度为 400℃ 以下，外壳和引出导线具有隔热功能。

(4) 三向加速度计

三向加速度计是在三个正交方向上各安装一个独立的加速度计，适合在三个方向上同时进行振动测量。常用于模态试验。

(5) 电容式加速度计

一般的加速度计的频率下限为 0.1Hz，电容式加速度计的频率范围 DC～300Hz。电容式加速度计采用"变电容"设计原理；结构是由一个振动膜片位于二个电极中间，形成弹簧质量系统中的惯性质量；二个电极与振动膜片之间的间隙分别形成二个电容；当振动膜片由于加速度的作用偏离中心位置时，二个电容值就会出现电容差；这电容差在一定幅值范围内与运动加速度成线性比例；通过电桥电路转换成电压输出；由于二个电容器的工作状态互补，使用差动电路的设计方案产生抗环境干扰。长期稳定性好，适用于低频、静态加速度测试。见图 27-9-12 和表 27-9-9。

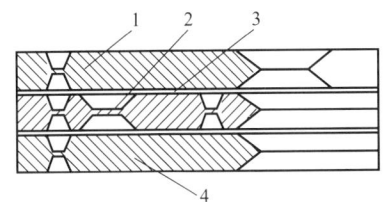

图 27-9-12　电容式加速度计结构图
1—顶电极；2—弹簧；3—质量；4—底电极

表 27-9-9　　电容式加速度计

电容式加速度计	单位	M	N
测量范围(加速度)	g	±2	±10
灵敏度 5%	mV/g	1000	200
零点输出	mV	±30	±30
频率响应	kHz	0～300	0～180
电源	mA	1.3	1.3
质量	g	17	17
尺寸	mm	23×23×11	23×23×11
工作温度	℃	85	85

(6) 石英标准加速度计

天然的石英性能稳定，机械强度高，绝缘性能好，耐高温，适用于制造标准加速度计。用于对其他加速度计进行精密的背靠背比较校准（见表 27-9-10）。

表 27-9-10　各种特殊用途的加速度计

特殊用途的加速度计	单位	微型加速度计	高灵敏度加速度计	石英标准加速度计
灵敏度	pC/(m/s²)	0.11	316	0.125
频率响应 10%	kHz	26	1	4.5(2%)
安装谐振频率	kHz	85	6.5	32
质量	g	0.65	470	40
测量范围	m/s²	—	10	
直径尺寸	mm	3	41	16
高度	mm	6	58.3	28
最高工作温度	℃	250	85	200

9.2.1.7　加速度计的标定

加速度计的标定按标定精度可分为绝对校准方法和相对校准方法。绝对校准精度为 0.5%；校准设备昂贵复杂，一般用于产品出厂检验和针对标准加速度计进行标定。相对校准方法使用经过绝对校准的仪器去标定工程上使用的加速度计，校准精度为 2%。本章节主要介绍加速度计灵敏度的相对校准方法。

加速度计灵敏度的相对校准方法有标准加速度计比较法和激励器校准法二种。

(1) 标准加速度计比较法

这种校准法也称为"背靠背"校准法，具体仪器布置见图 27-9-13。振动台产生已知幅值和频率的正弦波振动，使用石英标准加速度计作为基准值来校准其他的加速度计，获得被校加速度计灵敏度的修正值。

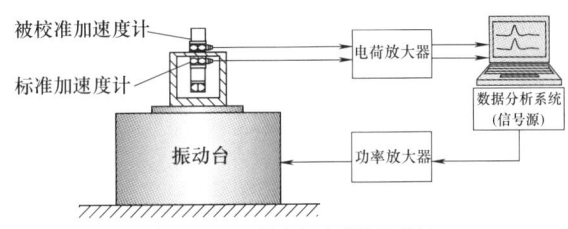

图 27-9-13　标准加速度计比较法

(2) 激励器校准法

将信号源、功放与振动台组合成便携式振动校准激励器（见图 27-9-14），激励器的加速度值 10m/s²（单峰值）、频率 79.6Hz。校准压电式加速度计时，通过调整被测加速度计的电荷灵敏度值来控制电荷放大器的输出电压值。校准电压式加速度计时，可直接获得电压灵敏度值。

小型手持式激励器用于加速度计的校准；加速度值 $10m/s^2$（均方根值）、频率 159.2Hz。

图 27-9-14　激励器校准法（压电式加速度计）

加速度计出厂前均进行校准，随加速度计提供一份检测报告。一年后，每年应到国家认可的计量部门进行校准。

9.2.2　速度传感器

9.2.2.1　磁电式速度传感器

常用的速度传感器（图 27-9-15）属磁电式传感器，工作原理由线圈、芯轴、阻尼环组成一个质量元件；通过弹簧片将质量固定在壳体上，组成一个单质量振动系统；当外壳固定在被测设备上，随被测物振动时，质量—弹簧系统受强迫振动，在线圈中感应电动势产生信号。

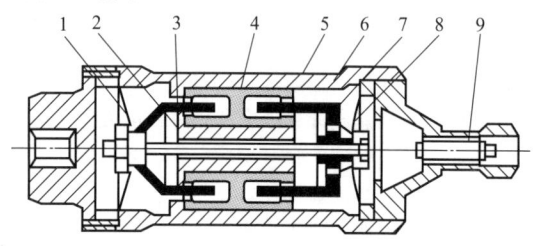

图 27-9-15　速度传感器
1—弹簧片；2—永久磁铁；3—阻尼环；4—铝架；
5—芯杆；6—壳体；7—线圈；8—弹簧片；9—输出头

磁电式速度传感器频率范围在 10～500Hz、振幅范围小于 1.5mm、加速度值小于 10g。因为速度传感器存在频率范围窄、附加质量重等缺点，现在速度传感器测量已被加速度计测量替代。加速度信号通过积分得到速度值，适用于 3Hz 以上的速度测量。

9.2.2.2　多普勒激光测速仪

也可以利用激光法测量振动速度，其中应用较多的是利用光波的多普勒频移原理。一束光源打在被测物体上时，如果被测物体有运动速度，则被反射回的光源频率与原入射光源频率 f 存在一个频率差 Δf，该频率差称为多普勒频移，其表达式为：

$$\Delta f = 2fv/c \tag{27-9-5}$$

式中，v 为运动物体在激光入射方向的速度分量；c 为光速。

因此，只要测量出激光的多普勒频移大小，即可换算出物体的运动速度。图 27-9-16 是激光多普勒测速系统原理图，光学系统测量运动物体，产生多普勒频移信号，光电检测器完成信号的收集及光电转换，经过放大及滤波等信号处理，最后在计算机上计算出多普勒频移大小与被测物体速度。

光学系统 → 光电检测器 → 信号处理 → 计算机数据处理

图 27-9-16　激光多普勒测速系统原理图

这种方法属于非接触式测量，因此不会对被测物体产生影响，工作距离可在 1m 以上。其频率测量范围在 0.2～20kHz，测量最大振动速度高达 5m/s。同时，其抗干扰能力强，误差通常 <2%。但是这种方法测量设备昂贵，体积大，安装烦琐，不便于复杂现场的测量。

9.2.3　位移传感器

9.2.3.1　电涡流传感器

电涡流传感器采用的是感应电涡流原理（见图 27-9-17）。当带有高频电流的线圈靠近被测金属时，线圈上的高频电流所产生的高频电磁场便在金属表面上产生感应电流——电涡流。电涡流效应与被测金属间的距离及电导率、磁导率、几何尺寸、电流频率等参数有关，通过相关电路可将被测金属相对于传感器探头之间距离的变化转变成电压信号输出。

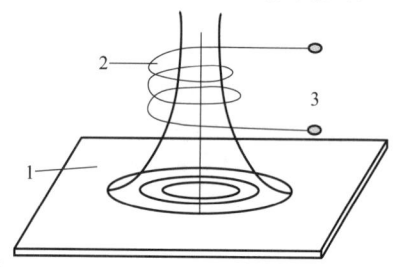

图 27-9-17　电涡流传感器原理图
1—金属板；2—线圈；3—高频电流

电涡流常用的工作电压 −24V；输出交流信号是叠加在安装点的输出直流电压之上，图 27-9-17 中所用电涡流传感器的安装间隙 1mm，测点材料 45 钢，相对应的直流电压 −8VDC；输出信号的电压范围 0～−20V 之间。进行信号处理时应采用交流耦合的输入方式，滤除信号中的直流分量。电涡流传感器在产品出厂时附有一份检定报告，输出信号与被测导体之间的位移特性曲线图（见图 27-9-18）。不同的被测导体灵敏度不同，测点的金属材料改变时，应重新进行电涡流灵敏度的检定。

电涡流检定结果：

线性范围：0.50~2.50mm　线性中点：1.00mm

灵敏度：8.00V/mm　　　工作电压：-24V（DC）

被测材料：45钢　　　　温度：24℃

湿度：60%

间距/mm	输出/V	误差/V
0.50	-3.98	+0.02
0.75	-6.02	-0.02
1.00	-8.01	-0.01
1.25	-9.98	+0.02
1.50	-11.96	+0.04
1.75	-13.99	+0.01
2.00	-15.95	+0.05
2.25	-17.99	+0.01
2.50	-19.93	+0.07

(a) 检定数据

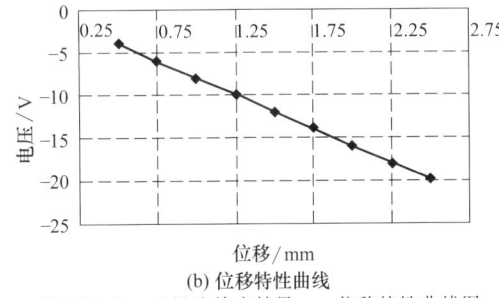

(b) 位移特性曲线

图 27-9-18　电涡流检定结果——位移特性曲线图

电涡流传感器的支架要求安装在质量大的基础上，保证位移测量的精确度。现场经常找不到理想的基准面，所测到的是相对位移量。

9.2.3.2　激光位移传感器

激光位移传感器具有一般位移传感器无法比拟的优点，通常具有50kHz的采样频率，100nm的分辨率，根据被测物体的位移大小，可在PC上通过USB进行灵敏度设置，且不受被测物体材料所限制，对透明、半透明、轻薄及旋转等物体均可实现高精度的无损检测。

9.2.4　其他传感器

9.2.4.1　力传感器

力传感器是利用石英晶体的纵向压电效应。力传感器结构（见图27-9-19）由顶盖、石英片、导电片、基座和输出插座组成；导电片夹在二个石英晶片之间；石英晶片有中心螺钉施加适当的预紧力。当外力通过顶盖传递到石英晶片上时，在晶体两端表面产生电荷，产生的电荷信号通过插座输出。

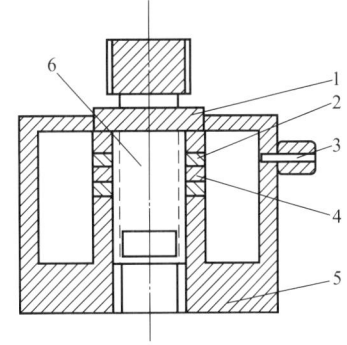

图 27-9-19　石英力传感器结构

1—顶盖；2—石英片；3—输出插座
4—导电片；5—基座；6—中心螺钉

9.2.4.2　阻抗头

阻抗头是由加速度计与力传感器同轴安装构成的传感器，装在激振器顶杆与试件之间（图27-9-20）。用来测量原点导纳或原点阻抗，能保证响应的测量点就是激励点。阻抗头只能承受轻载荷，适用于轻型结构。在测量刚度大的重型结构阻抗时还得分别使用加速度计与力传感器。

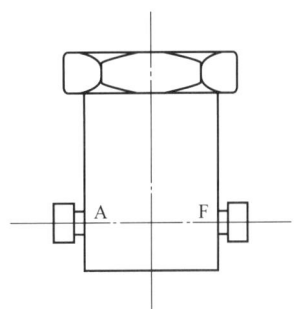

图 27-9-20　阻抗头

9.2.4.3　扭振/扭矩传感器

扭振测试系统通常由磁电式扭振传感器（又称为感应式扭振传感器）、测试齿盘以及安装支架组成。当轴系以某一恒定转速旋转时，扭转振动的存在将使轴系转速产生波动。通过磁电式传感器检测一定时间内测试齿盘的脉冲个数，从而可以计算出轴系扭转振动角速度，并最终得到轴系的扭转振动角。这种测试方法测试范围一般在0.05°~50°，转速范围为0~120000r/min，测量误差在0.5%以内。

扭矩测量时，除了经典的应变片方法，也可以用这种方法测量。通常采用两个磁电式扭振传感器以及两个测试齿盘固定安装在轴的两端，通过测量两个端面的扭振角，从而计算出轴系的扭矩，见图27-9-21。

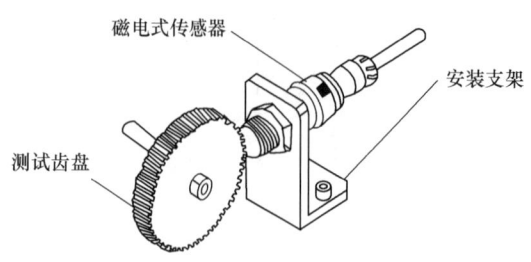

图 27-9-21　扭转振动测量示意图

9.2.4.4　光纤振动传感器

光纤振动传感器的基本工作原理是将光信号经过光纤送入调制器，使待测参数与进入调制区的光相互作用后，导致光的光学性质（如光的强度、频率、相位、波长、偏振态等）发生变化，成为被调制的信号源，再经过光纤送入光探测器，经解调后，从而获得被测参数。光纤振动传感器可用于位移、速度、加速度、压力、应变、声场等的测量。

光纤振动传感器具有很多优异的性能。比如：灵敏度高；几何形状具有多方面的适应性，可以制成任意形状的光纤传感器；可以用于高压、高温、腐蚀或其他的恶劣环境；具有抗电磁和原子辐射干扰的性能等。同时光纤具有径细、质软、重量轻的力学性能，绝缘、无感应的电气性能以及耐水、耐高温、耐腐蚀的化学性能等。

9.2.5　传感器标定

传感器标定是指通过实验测量方法，确定传感器输入量与输出量之间的关系，并且明确不同工作条件下传感器的输出误差范围等。因此，传感器在出厂前，或者使用一段时间后，或在重要试验前，都要对其各项性能指标进行实验，以确定其误差范围。

9.2.5.1　标定内容

对于不同传感器，标定内容可能会有细微差别，对于加速度传感器需包含以下几个方面。

① 灵敏度（定义参考 9.2.1.3 节）。
② 频率特性（定义参考 9.2.1.3 节）。
③ 线性范围：是指传感器的输出电信号与输入机械量能否像理想系统那样保持比例关系（线性关系）的一种度量，是描述传感器静态特性的一个重要指标。
④ 动态范围：是指在保证一定的测量精度下，加速度传感器可以测量的最大、最小加速度值范围。
⑤ 横向灵敏度（定义参考 9.2.1.3 节）。
⑥ 安装共振频率：是指传感器在规定的安装条件下校准得到的共振频率。

⑦ 环境因素的影响，包括高温、高压、强磁等环境。比如传感器在不同温度下工作时，要考虑温度对传感器性能的影响，并给出相应的修正曲线。

9.2.5.2　标定方法

传感器常用的标定方法有相对校准法和绝对校准法两类。

（1）相对校准法

相对校准法是用一个精度较高的传感器（如激光传感器）去校准另一个传感器，也称为"背靠背"校准法。用相对校准法时，应把标准传感器和被校传感器固定在一起后，再安装在振动台上，以便使它们感受相同的振动量。这种校准方法的准确度主要取决于标准传感器的精度。因此标准传感器的灵敏度、频响、线性度等一定要用绝对校准法校准。

（2）绝对校准法

绝对校准法的主要工作是用精密设备进行长度和时间两个基本参数的测量，继而计算出速度和加速度，再用电子仪器测量出电参量，然后对需要标定的参数进行计算。绝对校准法所得到的校准准确度主要取决于测量设备的精度以及操作者的水平。这种方法要求高精度的测量设备，且校准技术复杂、周期长，因此常用于计量部门。

9.2.5.3　加速度传感器标定

本节以加速度传感器为例，简单阐述其标定过程，具体过程见 9.2.1.7 节。

9.3　其他测试仪器

9.3.1　信号放大器

压电式传感器是一种能产生电荷的高阻抗发电元件。通常产生的电荷量很小，如果用一般的测量仪器直接测量，则由于测量仪器的输入阻抗有限，而导致压电材料上的电荷通过其输入阻抗放掉。因此欲测量该电荷量，需要采用输入阻抗很高的测量仪器。通常有两种方法：一种是直接测量电荷量，称之为"电荷放大器"；另一种是把电荷量转换为电压，然后测量电压值，称为"电压放大器"。下面对这两种常用信号放大器进行介绍。

9.3.1.1　电荷放大器

压电式加速度计接上电荷放大器组成一个最简单的振动测量系统。电荷放大器是由阻抗变换器、归一化电压放大器、积分电路、高低通滤波器、输出放大器组成（图 27-9-22）。

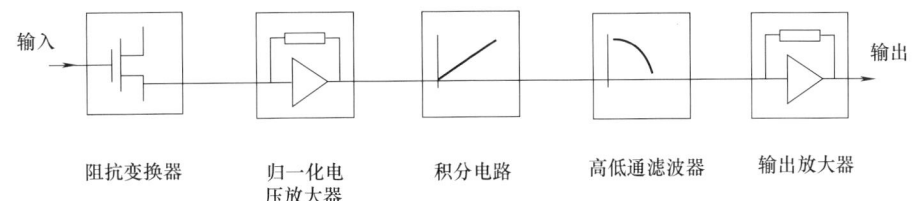

图 27-9-22　电荷放大器框图

由场效应管组成的阻抗变换器将高阻抗的电荷信号转换成低阻抗的电压信号。归一化电压放大器又称适调放大器。归一化的含义：当被测加速度恒定时，同时使用多个不同灵敏度的加速度计进行测量，会得到相同的电压输出，便于测量和简化数据分析的这种换算被称为"归一化"。运用积分电路可得到速度或位移信号。高低通滤波器可以滤除不需要的频率分量。通过改变放大器增益达到调节测量范围的目的。

压电效应所产生的电荷量极其微弱，连接压电式加速度计的导线必须使用经过石墨处理的低噪声电缆，它能有效地克服因电缆晃动造成导线内部材料之间摩擦产生的附加电荷，有效抑制干扰噪声。

电荷放大器的输入阻抗特别高，必须将加速度计用低噪声电缆连接电荷放大器后，方能接通电源。避免造成电荷放大器输入端场效应管的击穿损坏。

9.3.1.2　电压放大器

图 27-9-23 是电压放大器的原理框图。输入信号经电容衰减器衰减到合适的幅度，然后由阻抗变换器变换成低阻抗输出信号，经主放大器放大后，送至积分器，再经输出放大器放大，使信号具有一定的功率输出。其中主放大器设一反馈电阻，调节它的大小可改变放大器增益。

与电荷放大器不同的是当使用电压放大器时，电缆长度以及阻抗都将对加速度灵敏度产生影响，因此需要使用与其相匹配的电缆，以免加速度灵敏度发生改变。

与电荷放大器相比，电压放大器线路图简单，但是其带宽、灵敏度受传感器线路以及电容量限制，且输出信噪比低。

9.3.2　电源供给器

电源供给器提供 4mA 恒流源，用作电压式加速度计内置微型阻抗变换器的工作电压。有些型号的电源供给器带有信号放大功能，仅仅对输入的电压信号进行放大，不能像电荷放大器那样通过改变放大器增益达到调节测量范围的目的〔电压式加速度计的测量范围是固定值（见表 27-9-7）〕。

现在数据采集分析系统的输入端具有提供 4mA 恒流源的功能，测试时直接将电压式加速度计连接到数据采集器的输入端即可进行振动测试。

9.3.3　数据采集仪

数据采集仪是将传感器所测得的振动信号及其变化过程显示并存储下来的设备。数据显示可以用各种表盘、电子示波器或者显示屏来实现。数据存储则可以采用模拟式的磁带记录仪、光线记录示波器或者电脑等设备来实现。而在现代测试工作中，越来越多的是采用虚拟仪器直接记录存储在硬盘上。

通常数据采集仪按其信号传输方式可以分为有线数据采集仪和无线数据采集仪两类。下面分别介绍。

9.3.3.1　有线数据采集仪

有线数据采集仪是指传感器采集的振动信号在传输至存储设备的整个过程中，均是通过电缆传输。目前绝大多数采集系统均是此种类型。

其通常由多路模拟开关、采样保持器、信号调理模块、A/D 转换模块、I/O 扩展口模块以及存储显示设备等组成。见图 27-9-24。

这类数据采集仪采样频率范围宽、通道数多、抗干扰能力强。

9.3.3.2　无线数据采集仪

在某些特殊测试场合，有线数据采集仪无法满足要求。比如测量旋转轴系的振动加速度，此时需要无线数据采集仪。目前无线数据采集仪主要分为两大类：第一类是传感器采集的振动信号在传输给数据采集仪的中间过程使用无线传输方式；第二类是传感器采集的振动信号在传输给数据采集仪后再使用无线传输方式传输给存储设备。

第一类的组成框图如图 27-9-25 所示，通常数据发射模块与数据接收模块间的无线传输方式通过感应线圈进行。由于信号经过整流电路后直接通过电缆传输给数据采集仪，因此这类无线采集系统中，数据采集仪无需特殊定制，使用普通的有线数据采集仪即可。

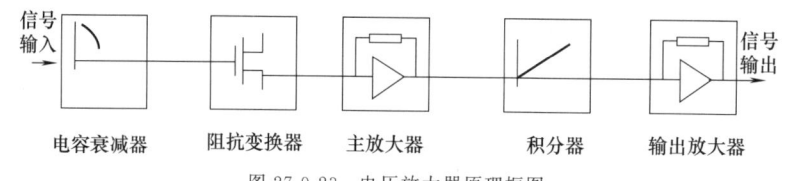

图 27-9-23 电压放大器原理框图

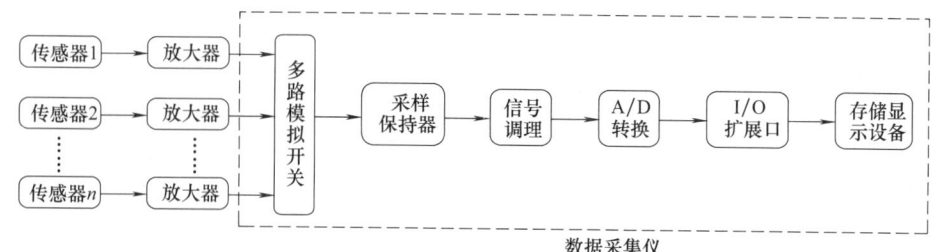

图 27-9-24 有线数据采集仪组成框图

图 27-9-25 第一类无线数据采集系统组成框图

第二类的组成框图如图 27-9-26 所示,通常传感器信号传输给数据采集仪后,通过无线网络的方式与存储设备进行通信,因此这类数据采集仪中含有信号发生模块。这类系统中,由于数据采集仪需与传感器一起安装在旋转设备上,因此其体积通常很小,重量较轻,通道数一般不超过三个。而且由于体积小,电路设计一般比较简单,导致其抗干扰能力较弱。

第一类无线数据采集系统由于使用普通的有线数据采集仪,因此在抗干扰能力、通道数目方面都优于第二类无线数据采集系统。但是其价格昂贵,且安装复杂,对安装人员有很高的技术要求。

图 27-9-26 第二类无线数据采集系统组成框图

9.3.4 便携式测振仪

便携式测振仪由加速度计、放大电路、分析软件、存储器组成;能够进行加速度、速度、位移的测量;具有简单的数据分析存储功能;频率范围在 1kHz 以下,有些测振仪在放大电路中采用了过补偿技术,使得频率范围得到提高;便携式测振仪具有小巧便携,易于操作等特点,适用于现场巡回检测。

9.4 激振设备

激振设备是能按照人们的意志产生干扰力,使结构件发生振动的装置。可进行机械、仪器、仪表等设备的固有频率、固有振型以及产品的例行试验,包括振动强度、振动稳定性、运输颠振试验。激励设备可大致分为力锤、激振器、振动台、冲击试验机等。

9.4.1 力锤

力锤是手握式冲击激励装置,模态分析试验中经常采用的激励设备。力锤由锤帽、锤体和力传感器组成(见图 27-9-27)。当用力锤敲击试件时,冲击力的大小与波形由传感器测得。使用不同的锤帽材料可以得到不同脉宽的力脉冲,相应的力谱也不同。常用的锤帽材料有橡胶、尼龙、铝、钢等。橡胶锤帽的带宽窄、尼龙次之、钢最宽。因此要根据不同的结构和分析带宽选用不同的锤。常用力锤的锤体重几十克到几十千克,冲击力可达数万牛顿。由于力锤结构简单,使用方便,避免使用昂贵的激励设备,力锤被广泛应用于现场的激励试验。

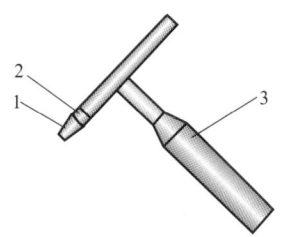

图 27-9-27 力锤
1—锤帽;2—力传感器;3—锤体

脉冲锤击激励法是采用力锤敲击试件,试验系统示意图见图 27-9-28。激励点要求选在刚度大的地方,锤击时要求动作干脆利落,使得激励力谱尽量宽,力谱频率上限以幅值下降 3dB 为限。冲击力函数和频谱图见图 27-9-29。

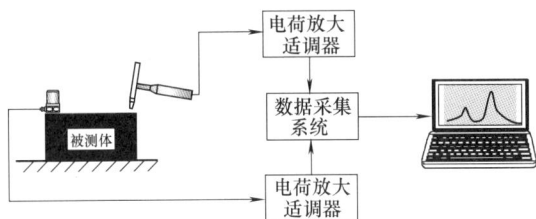

图 27-9-28　脉冲锤击激励法示意图

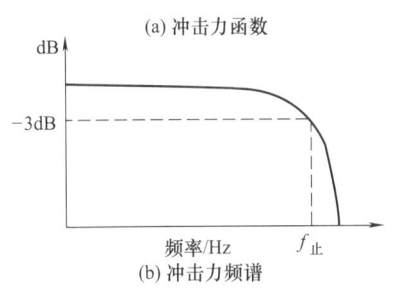

(a) 冲击力函数

(b) 冲击力频谱

图 27-9-29　冲击力函数和频谱图

9.4.2　电磁式激振设备

电磁式激振设备是将置于磁场间隙中的线圈与振动物体相连，磁场可以采用永磁或者是直流励磁线圈形成的磁场，交变电流通过磁场中的线圈产生往返变化的运动，带动线圈框架或台面产生往复振动。电磁式激振设备可分为激振器和电磁振动台。两者在原理上相同，结构和使用方法上存在差异。激振器是传递力，振动台是传递运动。电磁式激振设备的组成见图 27-9-30。

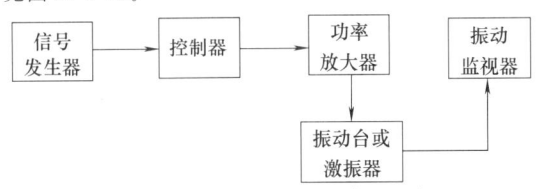

图 27-9-30　电磁式激振设备的组成

9.4.2.1　电磁式激振器

电磁式激振器使用顶杆将激励力传递给试件。顶杆由两端焊接连接螺栓的钢丝做成，顶杆长度一般控制在 150mm 左右，连接激振器和被激励点。安装时要求将激励器位置调整到顶杆两端处于不受力的状态，这点很重要，不仅达到被测系统不受外力影响的目的，同时确保激振器的安全使用。安装方法见图 27-9-31。

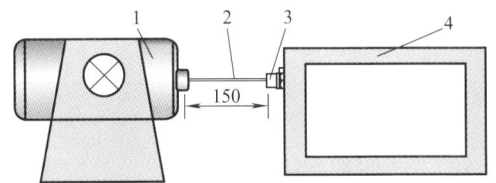

图 27-9-31　电磁式激振器的安装方法
1—电磁式激振器；2—顶杆；3—力传感器；4—被激体

从表 27-9-11 中可看到激振器性能指标中输出力大，加速度和位移就大，激振器重量增加，第一谐振频率下降，相对应的带宽变窄。试验时根据试件的重量、固有频率的分布、所需激励力的大小选用合适的激振器。频率范围处于第一谐振频率的 1/5～1/3 频段，与加速度计的频率响应概念相似。

表 27-9-11　电磁式激振器

型号	单位	A	B	C	D	E
力	N	10	45	112	445	1780
最大加速度峰值	m/s²	500	736	700	981	1450
最大速度峰值	m/s	—	—	—	1.14	1.3
最大位移峰值	mm	6	8	12.7	12.7	19
第一谐振频率	kHz	18	20	12	7.2	5.5
质量	kg	1.1	8.3	35	88	232
励磁方式		小型永磁振动激励器			电磁振动激励器	

9.4.2.2　电磁式振动台

振动台与激振器的最大区别在于激振器仅能提供激励力，在使用过程中不能承受负载。振动台具有一个可运动的平台，被测物件直接安装在运动平台上。为了降低振动台频率下限，平台下方安装有空气弹簧，降低了弹簧刚度，同时采用较大阻尼增加横向振动的稳定性。表 27-9-12 所示振动台技术指标中针对最大载荷作了限定。

选择振动台型号的主要性能指标是额定推力、加速度、速度、位移。负载的选择最终取决于振动台额定推力的大小。电磁式振动台主要运用于高频振动试验。配备了水平滑台后能够分别在 Y、Z 两个方向上进行振动试验。

表 27-9-12　电磁式振动台

型号	单位	F	G	H	J	K	L
振动频率范围	Hz	5～5000	5～3000	5～3000	5～2500	5～2500	5～2500
额定随机推力	kN	5.88	9.8	21.56	39.2	49	58.8
最大加速度	m/s²	980	980	980	980	980	980
最大速度	m/s	2	2	2	2	2	2
最大位移	mm p-p	51	51	51	51	51	51
最大载荷	kg	200	200	300	500	1000	1000
运动部件质量	kg	6	10	22	38	50	58
台面直径	mm	200	240	320	400	445	445
冷却方式		强制风冷					

9.4.3　电液伺服振动台

电液伺服振动台通常称为液压振动台，液压振动台的主要优点是工作频率可低至 0.1Hz、负载大、台面大、运动行程大（见表 27-9-13）。电液伺服振动台广泛用于道路模拟试验、建筑、桥梁振动特性及模态实验研究、地震研究和大型机电产品的振动试验。

振动台的工作原理由驱动信号来控制小型电动式激振器，带动伺服油阀以驱动油缸，油缸带动振动台面产生相对应的振动波形。同时，高压容器用以提供高压油液，调节高压容器通过伺服阀压力的高低，进而控制振动台的振动幅值。同样也配备了水平滑台，供 Y、Z 二个方向上分别进行振动试验。

表 27-9-13　电液伺服振动台

型号	单位	M	N	O	Q	R
最大推力	kN	10	50	100	300	500
频率范围	Hz	0.5～120	0.5～100	0.5～80	0.5～50	0.5～50
最大试验负载	kg	300	1000	2000	8000	10000
额定加速度	m/s²	40	40	40	40	40
额定速度	m/s	0.5	0.5	0.5	0.5	0.5
额定位移	mm	50	51	51	51	51
工作台尺寸	mm	600×600	800×800	1000×1000	1200×1200	1500×1500
冷却方式		水冷				

9.4.4　冲击试验机

冲击试验机采用古典力学自由落体方式，适用于试件的抗冲击试验（见表 27-9-14）。冲击波形可以选择半正弦波、后峰锯齿波、梯形波。采用强力摩擦抱闸防二次冲击机构。

表 27-9-14　冲击试验机

型号	单位	S	P	Q	R	S
最大试验负载	kg	50	100	300	500	1000
脉冲持续时间	ms	50	50	30	18	18
半正弦波峰值加速度	m/s²	150～6000				150～2000
后峰锯齿波峰值加速度	m/s²	150～1000			150～500	

9.4.5　压电陶瓷

压电陶瓷是一种能够将机械能和电能相互转换的陶瓷材料。压电陶瓷属于无机非金属材料，具有压电效应的材料，诸如氧化铝、氧化钡、氧化锆、氧化钛、氧化铌、氧化钠等。

在外力的作用下，压电陶瓷产生形变，引起介质表面带电，称为正压效应。可以将极其微弱的机械振动转换成电信号，输出电压与作用力成正比，亦即与试件的加速度成正比。

反之，在压电陶瓷施加激励电场（图 27-9-32），介质将产生机械变形，称逆压电效应。通常将贴在试件上的压电陶瓷晶体片通以交流电流，产生压电的反效应致使试件振动。适用于小型、薄壁试件，使用方便。所用的功率放大器选择专用的"压电陶瓷驱动电源"，压电陶瓷驱动电源输出的两个电极要求对地绝缘。

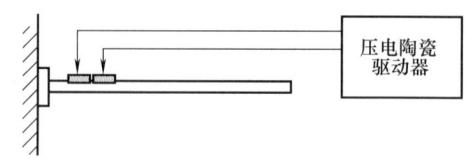

图 27-9-32　压电陶瓷激励图

9.5　数据处理与分析

振动测试得到的原始数据需经过处理才能为工程所参考和应用。从数据的表现形式上可分为模拟信号和数字信号，相应的数据处理方法也分为模拟信号分析（模拟信号相关分析、模拟信号自功率谱分析）和数字信号分析。从数据的规律上可分为周期信号和非周期信号（如非平稳信号、瞬态信号和随机信号等），相应的数据分析方法也分为频谱分析（傅里叶变换、小波变换、线调频小波变换、参数化时频分析、经验模式分解等）、统计分析（期望、方差和概率分布函数等）和相关分析（自相关函数、互相关函数等）等。

9.6 振动测量方法举例

9.6.1 系统固有频率的测定

固有频率是振动系统的一项重要参数。它取决于振动系统结构本身的质量、刚度及分布。确定系统固有频率可以通过理论计算或振动测量得到。对较复杂系统只能通过测量才能得到较准确的系统固有频率。确定系统固有频率的方法是采用振动激励的方法、加速度计信号拾取、使用动态信号测试分析系统得到频率响应函数,其峰值点对应的频率即为固有频率。

振动激励方法采用力锤或电磁式激振器,具体内容可参见 9.4.1 节、9.4.2.1 节的内容。

9.6.2 阻尼参数的测定

阻尼是影响振动的重要因素之一。确定系统的阻尼系数运用实测方法。和固有频率的测定方法相同,采用振动激励的方法、加速度计信号拾取、使用动态信号测试分析系统得到系统的共振曲线(见图 27-9-33)。从共振频率 f_0 峰值下降 3dB 找到对应的 f_1 和 f_2,运用式(27-9-6)求出阻尼比。

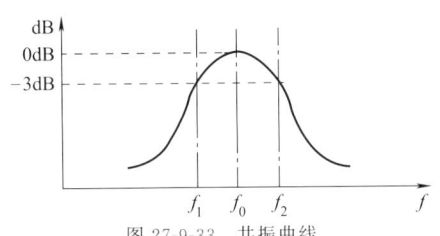

图 27-9-33 共振曲线

阻尼比计算公式:

$$\zeta = \frac{f_2 - f_1}{2 f_0} \qquad (27\text{-}9\text{-}6)$$

阻尼比测试中 f_1 和 f_2 两个频率相差较大时能保证计算所得阻尼比精度。如果共振曲线较窄,在采样分析数据时应提高分辨率,保证阻尼比的计算精度。

9.6.3 刚度和柔度测量

静载荷下抵抗变形的能力称为静刚度,动载荷下抵抗变形的能力称为动刚度,即引起单位振幅所需要的动态力。静刚度一般用结构在静载荷作用下的变形多少来衡量,动刚度则是用结构振动的频率来衡量。刚度的定义为施加的力与所产生变形量的比值,单位为 N/mm。刚度的倒数称为柔度。

静刚度的测量比较简单,对被测物体加以稳态力的同时测量相对应的变形量,所施加的力从小到大,绘出静刚度曲线(见图 27-9-34)。

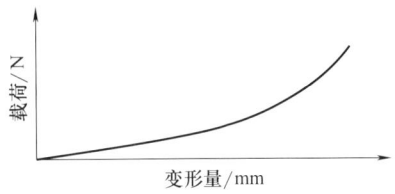

图 27-9-34 静刚度曲线

动刚度的测量采用力锤激励(见 9.4.1 节)或者电磁式激振器激励(见 9.4.2.1 节),采用电磁式激励器激励时,在激励点安装力传感器或阻抗头;安装加速度计,运用动态信号测试分析系统,将拾取的加速度信号经过二次积分后得到该测点的位移;通过力信号与位移信号传递函数求得动刚度曲线(见图 27-9-35)。

当外来作用力的频率与结构的固有频率(见图 27-9-36)相近时,系统可能出现共振现象,此时动刚度最小、变形量最大。

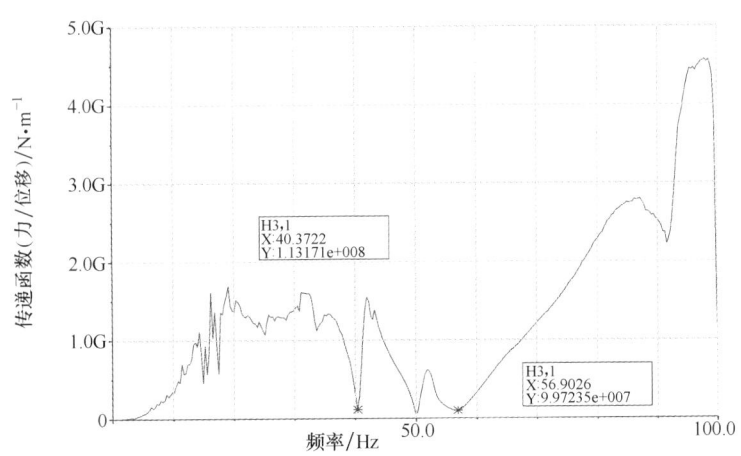

图 27-9-35 动刚度曲线

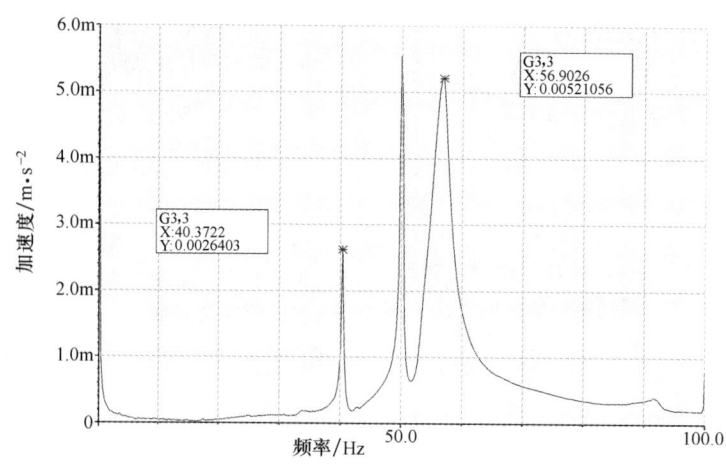

图 27-9-36　测点加速度频谱图

第 10 章 机械振动信号处理与故障诊断

10.1 概述

10.1.1 机械故障诊断概述

在工业工艺和制造等过程中，大约有一半的操作成本都是由设备的维护而产生的。因此，任何能够降低维护成本的方法在工业生产过程中都得到了极大的关注。机械设备状态监测与故障诊断是其中一个重要的分支。机械状态监测与故障诊断定义为：通过对特定物理量的观测，结合机械设备本身的运行特征及参数，对机械设备完整性进行判断的技术领域。一旦估计出机械设备的完整性特征，这些信息将被用于多种不同的目的。其中，设备负荷和维护活动可以最直接地通过这一技术中获得的信息进行确定并实施；而且这两方面也是工业生产过程中最重要的任务。除了上述直接的功能外，还可以根据从机械设备的状态监测与故障诊断技术获取的信息来提高工业生产最终产品的质量控制。因此该技术也可以被认为是一种有效的产品工艺监测手段。

10.1.2 机械故障

大部分机械设备需要在一个相对比较窄的范围内运行。这一范围，或者称之为运行状态，是为了保证机械设备安全运转并且保证在设备本身的参数指标内运行而设计的。它们通常可以保证在可承受负荷的范围内优化最终产品的质量。通常来说，这就意味着设备将在一个特定的速度范围内运转。这一定义包括了稳态运转和变速运转。偶尔，机械设备需要在规定的运转参数范围内进行运转（例如启停机过程和有计划的过载荷运转）。

采用机械设备状态监测与故障诊断技术的主要原因是提供设备当前运行状况的正确的、足够的信息：

① 机械设备是否能承受所施加的负荷（载荷）？
② 机械设备是否需要现在或者稍后的将来进行维护？
③ 需要进行什么样的维护？
④ 设备将在什么时候出现故障？
⑤ 故障模式是什么？

机械故障可以定义为机械不能实现其所要求功能的状态。针对不同的设备，其故障的形式是不同的。

例如：传送带装置中的轴承可能长期使用并造成磨损，但只要轴承还能够运转，则不能称之为故障/失效。但对于其他形式的轴承，例如计算机的磁盘驱动器，一个很小的磨损则可能导致该机构的故障。

(1) 故障的诱因

除了上述的磨损，还有很多造成机械故障的诱因，例如设计缺陷、材料或工艺、不当装配、不当维护和过多的操作指令都可以造成机械设备或系统的早期故障。

(2) 故障的种类

考虑到上述多种故障的诱因，那么故障的种类也可能是千变万化的。在这里，所有这些故障种类都被划分为两类：①突发于设备整体的灾难性故障；②逐渐发展于设备局部的早期故障。通常，绝大部分的灾难性故障都有一个发作和明显的早期故障阶段。机械状态监测与故障诊断的目标就是监测这一故障的发作、诊断其状态和故障发展的整个过程，这有助于制定相应的计划以避免灾难性事故的发生。

(3) 故障率

故障率可以定义为 $\lambda(t)=n/t$，即在一定的机械设备服役期间 t 内所发生故障的次数 n。机械设备在整个服役周期中故障发生的频率可以用典型的"浴缸曲线"来表示，如图 27-10-1 所示。机械设备服役周期的开始阶段通常也是故障的高发期。这一阶段定义为机械设备的磨合期。机械设备在磨合期的故障通常是由于诸如设计误差、制造缺陷、装配失误、安装问题和试车失误等原因造成的。之后，机械设备进入一个相对比较长时间的运行周期（正常磨损期）。在此期间，当设备符合操作规范的前提下进行运行时，故障率则相对较低。当机械设备逐渐接近其设计寿命的极限阶段时，设备的故障率则再次增加。这一阶段被称之为磨损期。这一时期所发生的故障通常是由于金属疲劳、活动部件之间的磨损、腐蚀和性能衰退等造

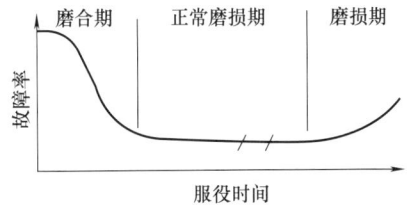

图 27-10-1 典型的浴缸曲线

成的。"浴缸曲线"中磨损期曲线的斜率通常对于不同的机械设备是不同的。它取决于机械设备本身的设计及其服役期间的操作历程。常见机械设备部件的故障率如表 27-10-1 所示。

表 27-10-1　常见机械设备部件的故障率

机械部件	故障率 λ/次·h^{-1}
球轴承	1.64×10^{-6}
滑动轴承	2.38×10^{-6}
传送带	19.72×10^{-6}
耦合器	5.54×10^{-6}
齿轮	4.69×10^{-6}
泵	43.65×10^{-6}
密封垫	5.47×10^{-6}
阀、水压闸	8.83×10^{-6}

(4) 设备部件故障率统计

交流电机的部件故障率统计如表 27-10-2 所示。从表中可以看出轴承（伴随着撕裂和点蚀的材料疲劳、磨损、腐蚀、塑性变形或者在装配和冷却过程中产生的故障）、定子线圈和笼型转子是该设备中最容易发生故障的部件。

表 27-10-2　交流电机部件故障率统计

故障部件	轴承	定子线圈	外部设备	保持架	轴离合器	其他
故障比率/%	51.1	15.8	15.6	4.7	2.4	10.4

类似地，化学工业、水和污水处理工业中最常用的循环泵中机械部件的故障率统计如表 27-10-3 所示。

表 27-10-3　循环泵中机械部件故障率统计

故障部件	滑环密封	球轴承	泄露	电机驱动器	转子	其他
故障比率/%	31	22	10	10	9	18

10.1.3　基本维护策略

机械设备的维护策略可以分为三种：①故障时维护；②定期维护；③基于状态的维护。每种维护策略都有其明显的优点和缺点。针对不同的工业与设备的特定情况可能需要不同的设备维护策略。因此不能肯定地说上述三种维护策略中哪种更优越。

(1) 故障时维护

故障时维护意为当机械设备由于故障发生而无法继续工作的情况下才进行设备维护的策略。通常，故障时维护通常在下述的情况存在时实施才合适：

① 有冗余设备；
② 低备用成本；
③ 生产过程是可中断的或者有库存产品；
④ 所有已知的故障模式都是安全的；
⑤ 平均故障周期是已知的；
⑥ 由故障引起的成本足够低；
⑦ 迅速修复或替换能力。

图 27-10-2 显示了故障时维护策略中设备运行时间与设备性能和负荷的关系。当预估设备性能曲线与设备负荷曲线产生交叉时，则需要对设备进行维护。当工业现场状况与上述曲线相符合时，则可以最大限度地降低机械设备的维护成本。

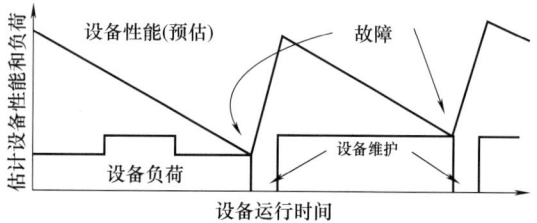

图 27-10-2　机械设备运行时间与设备性能和负荷的关系（故障时维护）

(2) 定期维护

定期维护就是设定机械设备的维护时间间隔的维护策略。在下述情况下，定期维护的策略最为有效：

① 可以获得故障发生率的统计数据；
② 故障分布较窄，即故障平均发生时间间隔可正确估计；
③ 维护范围可以覆盖整个设备完整性；
④ 有单一、已知的主要故障存在；
⑤ 定期维护成本较低；
⑥ 不能预期的停机所造成的损失较大，同时定期停机的损失相对较小；
⑦ 备品成本较低；
⑧ 单一故障可能引发相对严重故障的发生。

(3) 基于状态的维护

基于状态的维护策略要求某种可以评估机械设备实际运行状况的辅助仪器、设备或系统的存在，从而可以优化机械设备的维护计划，以实现最大限度地进行生产并可以避免不能预期的灾难性事故的发生。在下述情况下可以实现基于状态的维护：

① 所监测的设备为昂贵或者整个企业的关键设备；
② 维护所需要的时间较长，同时又无备品；
③ 在工业流程中，该机械设备无法中断运行；
④ 设备的大修成本较高，并且需要专业人员才能实现；

⑤ 可以减少专业维护人员的人数；
⑥ 可以构建有效的监测系统；
⑦ 故障一旦发生则极为危险；

基于以上分析，可以从以下几个方面来确定企业机械设备的维护策略：

① 对企业机械设备进行分类（大小、类型）；
② 设备的重要性；
③ 替换整套机械设备的成本；
④ 替换整套机械设备所需要消耗的时间；
⑤ 设备制造商的建议；
⑥ 故障数据、设备平均故障周期等数据的可利用性；
⑦ 冗余性；
⑧ 安全性（对企业员工、社区和环境）；
⑨ 人力成本和状态监测与故障诊断系统的运行成本。

10.1.4 故障特征参量

通常来说，机械故障检测和诊断是通过两方面来实现的，即由仪器测量得到的物理量和由操作者所观测到的物理量及状态。其中，由仪器所测量到的物理量需要应用各种不同的信号/信息分析和处理的方法来实现故障特征参量的提取，即故障的解析特征；另一方面，通过操作者观测所获得的物理量及状态则需要以观测者或者相关专家的专业经验知识为基础，即故障的经验特征。因此，故障检测和诊断也可以被认为是基于知识的方法。

(1) 解析特征的产生

关于工业过程的解析知识可以用来产生可计量和可解析/分析的信息。要实现这一过程，需要对从机械设备上测量的设备运行信息/数据/信号进行处理和特征参量提取，从而通过以下方式获得特征值：

① 直接通过原始信号的观测实现特征参量的提取；
② 直接对所采集的原始信号应用诸如相关函数、频谱、自相关移动平均或者特征值（例如方差、幅值、频率或者模型参数）等分析方法进行分析，从而获取故障特征参量；
③ 将数学处理方法和参数估计、状态估计和奇偶方程法相结合进行分析所得到的故障特征参量为参数、状态变量或残差。

在有些情况下，可以从通过上述方法获得的特征参量中获得特殊的特征，例如过程系数和特殊的经过滤波或变换的残差等。将这些特殊特征参量与机械设备没有发生故障时的相应参量进行比较，从而通过这些参数的变化进行故障检测和诊断。这些由故障导致的、经过一定的解析方法获得的、可以表明机械故障存在的参量即为该机械设备/系统解析特征。

(2) 经验特征的产生

除了上述的定量信息，还有一种故障特征是通过长时间积累的专家经验而产生的定性的信息，这种信息被称之为经验特征。专业人员可以通过长期的观测和检测，获得以特别的噪声、颜色、味道、振动和磨损等形式存在的经验特征值。同时，将这些特征与相应机械设备的维护、维修、故障历史、服役周期和负荷检测相结合，就可以构成一个强大的经验信息库。这些即为经验特征参量。这些经验特征参量有时候并不是以明确的数值或者变量的形式存在的。

目前，有多种不同的物理量可以被用于评估机械设备的运行状态，例如润滑分析（油/油脂的质量、污染物）、磨损颗粒监测与分析，力、声、温度、最终产品质量、气味和目视检测等。本章专注于基于机械设备振动数据的状态监测与故障诊断。几乎所有的机械设备在运行过程中都在振动。机械设备的振动可以很容易地被大部分人感受到，例如人们可能会由于机械振动的影响而感到疲劳或者烦躁，甚至是恐惧。将手放在运行中的机械设备上，就可以直接感受到机械振动的存在。这些振动包含了机械设备运行状态的最有价值的信息。通过分析从机械设备中获得的振动信息，就可以预报/预知这些机械设备中是否蕴含着损伤的存在和发展趋势，并可以因此尽可能地避免突发性停机以及灾难性事故等的发生。因此基于振动的机械设备故障诊断在该领域具有举足轻重的地位。此外，与传统的定期维护相比，可以通过所捕获的设备运行状态信息制定维护计划，从而最优化地使用机械设备。以加拿大一家造纸厂为例，应用基于振动的设备状态监测与故障诊断系统后，设备的维护停机小时数每月减少了80%以上。

10.1.5 机械振动信号的分类

振动存在于机械系统的很多方面。以一架正在飞行的飞机为例，在这一动态系统中有许多激励源，例如飞机引擎和机翼控制面是整个飞机产生振动的主动激励源，而空气动力的扰动则是致使飞机产生振动的非主动激励源。这些激励源可以控制飞机进行多自由度的运动。

虽然一个机械系统的输入和输出（激励和响应）是时间的函数，它们也可以通过傅里叶变换以频率的形式表现出来。傅里叶频谱可以解释为一个原始信号中所包含的频率分量/成分。信号的频谱有时可以更加明显地反映原始信号的成分特征（关于信号的频域分析和表示详见本章10.4节）。为了对信号进行分类，需要同时用到信号时域和频域的概念。

信号可以根据其特征分为很多种类。值得注意的是，当提到一个信号时，通常指的是时域信号；但上面提出，信号的频域表示有时可以更加清晰地反映信号的特征。对我们来说，一个振动系统的激励和响应则更为重要。根据要处理的振动的不同，振动信号通常可以分为确定性信号和随机信号。

考虑一个如图 27-10-3 所示有阻尼的悬臂结构，其基础部分受到如图所示的横向正弦激励。在稳定状态下，结构的顶端会产生同频率不同振幅的振动，同时也会产生相位偏移。在激励频率和悬臂结构材料特征确定的情况下，顶端振动的振幅和相位可以完全地被确定下来。在这种情况下，当用相同的激励进行多次试验的重复时，顶端的振动也具有可重复性。同时，顶端振动的响应也可以应用数学方法和力学关系唯一地推导出来。由这种振动产生的信号称之为确定性信号。随机信号是不具确定性的信号。它们的数学特征需要用概率的方法来获得。此外，如果应用相同的激励进行重复试验，随机信号中总会有不确定的成分存在。

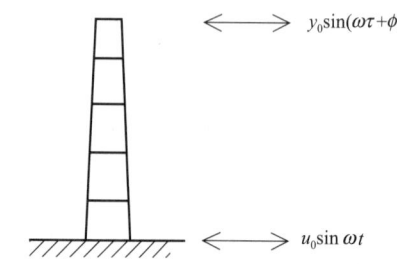

图 27-10-3 有阻尼悬臂结构基础激励引起的响应

确定性信号又可以分为周期信号、准周期信号和瞬态信号。周期信号是指以相同的时间间隔为单位进行重复的信号。周期信号的频域频谱是一系列等间隔的脉冲。这也意味着周期性信号可以用一系列频率比为有理数的正弦信号的和来表示。准周期信号在频域也是离散的频谱，但是这些离散频谱脉冲的间隔是不相等的。瞬态信号在频率域具有连续的频谱，这类信号不能用一系列正弦信号的叠加来表示。所有不能称之为周期信号和准周期信号的信号都可以称之为瞬态信号。表 27-10-4 列出了三种确定性信号的例子。图 27-10-4 为相关的频谱表示。信号的分类和举例列于表 27-10-5 中。

表 27-10-4 确定性信号

确定性信号	傅里叶频谱的特性	举例
周期信号	离散、等间隔	$y_0 \sin\omega t + y_1 \sin\left(\dfrac{5}{3}\omega t + \phi\right)$
准周期信号	离散、非等间隔	$y_0 \sin\omega t + y_1 \sin(\sqrt{2}\omega t + \phi)$
瞬态信号	连续	$y_0 \exp(-\lambda t)\sin(\omega t + \phi)$

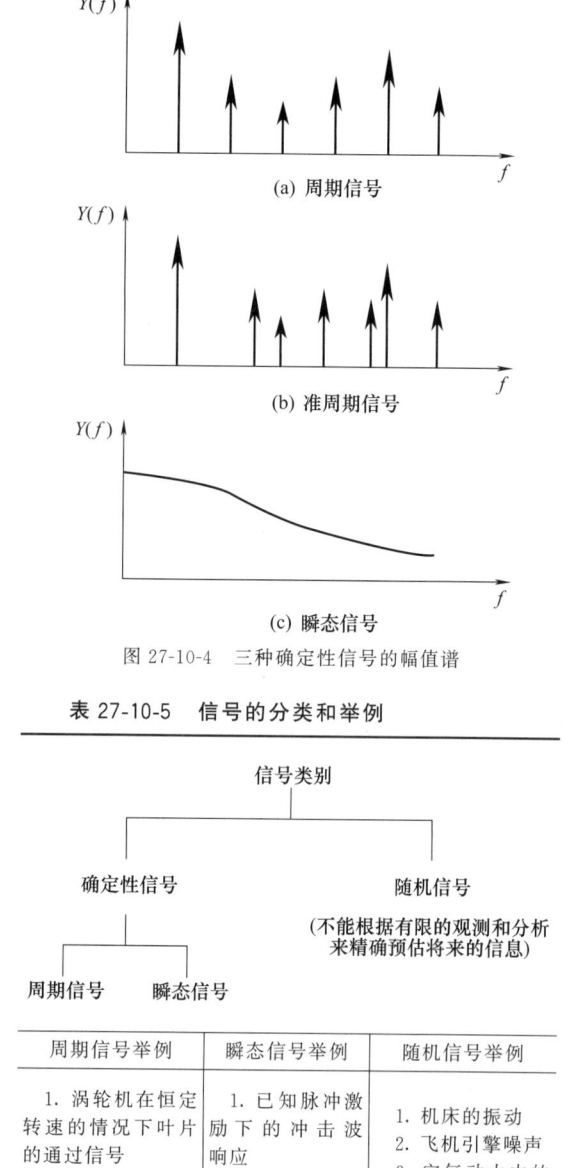

图 27-10-4 三种确定性信号的幅值谱

表 27-10-5 信号的分类和举例

周期信号举例	瞬态信号举例	随机信号举例
1. 涡轮机在恒定转速的情况下叶片的通过信号	1. 已知脉冲激励下的冲击波响应	1. 机床的振动
2. 无阻尼摇摆器的单步响应	2. 有阻尼摇摆器的单步响应	2. 飞机引擎噪声
3. 正弦激励下阻尼系统的稳态响应	3. 变速运转转子的响应	3. 空气动力中的强风作用
		4. 路面不平整性的干扰

10.2 振动信号处理基础

如前所述，即使一个振动系统的输入和输出都是时间的函数，它们也可以在频率域通过傅里叶变换进行描述。一个时域信号的傅里叶变换可以用于表示原始信号中所包含的频率成分。这种频率域的信号描述可以更加明显地表示信号中主要成分的特征。因此，信号的频域表示方法，尤其是傅里叶分析，已经被广泛应用于数据的采集和描述、故障诊断、信号检测等领域。而且，信号频域表示方法在机械振动的分析领域占有举足轻重的地位。

10.2.1 频谱

由于某一系统的激励是随着时间而变化的，因此其系统响应也是随着时间而变化。这种响应即为可采集的信号，并且所采集的信号是时间历程的函数。在这种情况下，信号可以通过时间域来描述。通常，从时间域可获得的信号信息是有限的。这里以图 27-10-5 所示的假设时间域信号为例进行说明。根据图示的时间域信号，可以获得以下信号特征：

a_p：信号的峰值；
T_p：两个相邻峰值之间的时间间隔；
T_e：所采集信号总时间长度；
T_s：强响应的时间长度（例如信号中峰值大于$a_p/2$的信号成分的时间长度）；
N_z：在 T_s 的区间内信号通过时间轴的次数。

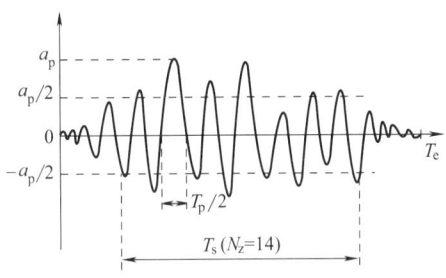

图 27-10-5　信号时间域表示

很明显，要记录上述所有信息是一件复杂的工作，同时，上述参数在描述信号特征时的重要性也不尽相同。但是，值得注意的是上述所有参数都与幅值或者在一定时间内通过时间轴（即值为 0）的次数有关。这就意味着频率在描述一个信号特征时的重要性。上述参数也表明在进行信号的频率域描述时的重要参数，即幅值和频率。此外，信号的相位也是描述一个信号特征的重要参数。

（1）频率

假设如图 27-10-6 所示的时域信号，其周期为 T。该信号由两个周期分别为 T 和 $T/2$ 的谐波（正弦）信号叠加而成。这两个信号分量的周期频率（单位：周期/s，或 Hz）分别为 $f_1=1/T$ 和 $f_2=2/T$。如果要描述信号的角频率（单位：rad/s），上述周期频率需要乘以 2π。

（2）幅值谱

图 27-10-6 中的周期性信号特征可以用图 27-10-7 中谱线来描述。在该图中，图 27-10-6 中周期性信号

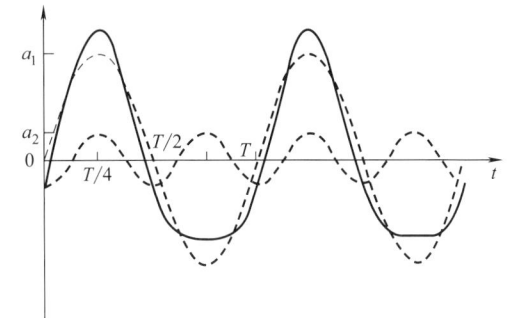

图 27-10-6　周期性信号的时间域表示

的两个正弦信号分量的幅值可以在频域很明显地表示出来，这就是所谓的时域信号的幅值谱。可以看出原始信号的特征可以很明显地通过幅值谱描述出来。

（3）相位角

图 27-10-7 所示的幅值谱并不能完全地反映图 27-10-6 中原始信号的特征。例如，假设原始信号中的半频分量平移半个周期（$T/4$），所得到的信号如图 27-10-8 所示。我们可以很明显地看出平移后图 27-10-8 中的时域信号与图 27-10-6 中的原始时域信号是不同的。但是由于平移后时域信号中正弦信号分量的幅值和频率与原始信号中的信号分量完全相同。因此它们的幅值谱也是完全相同的，如图 27-10-7 所示。也就是说信号的幅值谱中缺乏了描述原始信号中表示信号起点的信息，也即相位信息。我们可以通过将离开时间原点的第一个正峰值的到达时间乘以 $2\pi/T$，即可得到一个角度值。该角度值即为正弦信号分量的相位角。

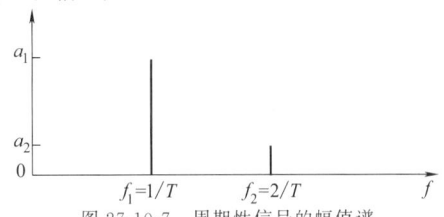

图 27-10-7　周期性信号的幅值谱

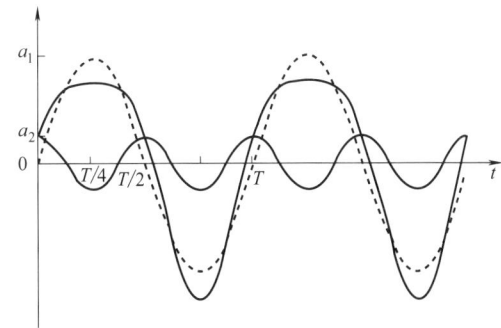

图 27-10-8　与图 27-10-6 中信号具有相同幅值谱的时域信号

（4）谐波信号的矢量图表示

谐波信号通常用下述公式表示：

$$y(t)=a\cos(\omega t+\phi) \qquad (27\text{-}10\text{-}1)$$

这一信号的描述方式可以用图 27-10-9 来表示。具体来说，考虑到一个半径臂 a 以角速度 ω（rad/s）按逆时针的方向旋转。假设该半径臂在时间起点 $t=0$ 时相对于 y 轴（逆时针方向）的转动起点角度是 ϕ，则从图 27-10-9（a）中可以很明显地看出转动的半径臂在 y 轴上的投影即为式（27-10-1）所示的信号 $y(t)$。

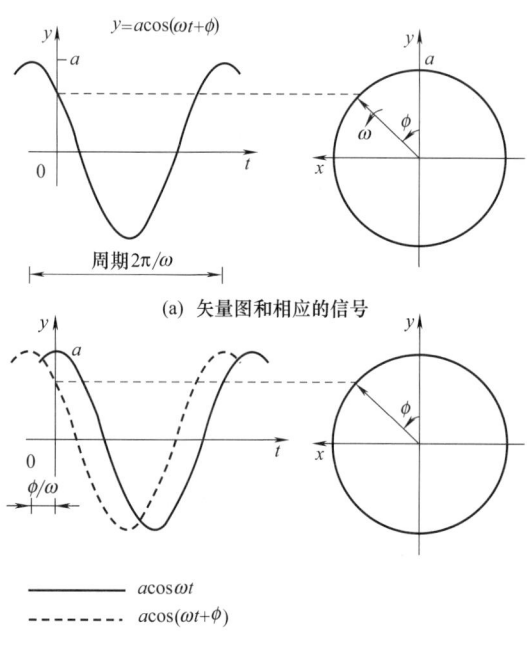

图 27-10-9 正弦信号的矢量表示

图 27-10-9 即为一个信号的矢量图表示，其中：
信号的幅值＝矢量（半径臂）的长度；
信号的频率＝矢量转动的角速度；
信号的相位角＝矢量转动起始点相对于 y 轴的角度（逆时针方向）。

上述振动信号的矢量图表示法通常应用于两个或多个信号进行相位比较的场合。如图 27-10-9（b）所示，在两个信号进行相位比较时，将其中一个信号的起点设为正峰值的位置（即初始相位 $\phi=0$），并因此可以获得另外一个待比较信号的初始相位。另外，两个待比较信号的时移（ϕ/ω）也可以用于比较两个信号的相位差。

此外，也可以应用复数来描述一个信号的相位，即：

$$y(t)=a\,\mathrm{e}^{\mathrm{j}(\omega t+\phi)}=a\cos(\omega t+\phi)+\mathrm{j}a\sin(\omega t+\phi) \qquad (27\text{-}10\text{-}2)$$

其中的实部表示信号的有用成分。根据图 27-10-9（b），如果用 y 轴表示式（27-10-2）中的实部，x 轴表示公式的虚部，那么式（27-10-2）则可以确实地描述一个矢量。振动信号分析方法中一些重要特征可以通过应用式（27-10-2）对一个谐波的复数描述进行推理。在实际应用中只要明白：任何实际的振动信号都是"实"信号，无论用什么数学或者信号处理方法对原始振动信号进行处理，任何复振动信号中只有其实部才可以真正描述振动信号的物理特征。

（5）均方根幅值谱

如果对一个谐波（正弦）信号 $y(t)$ 在周期 T 的时间区间内进行平均，那么得到的均值将会为 0。因此，均值通常不能用于描述一个信号的"强度"。为了定义描述信号的强度指标，定义了一个信号的均方根（RMS）值为：

$$y_{\mathrm{RMS}}=\left[\frac{1}{T}\int_0^T y^2(t)\mathrm{d}t\right]^{\frac{1}{2}}=\frac{a}{\sqrt{2}} \qquad (27\text{-}10\text{-}3)$$

因此，一个信号的均方根幅值谱可以通过将信号的幅值谱除以 $\sqrt{2}$ 得到。例如，图 27-10-6 和图 27-10-8 中的时域信号的均方根幅值谱如图 27-10-10 所示。

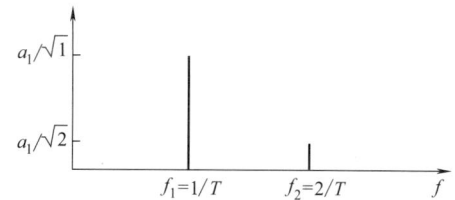

图 27-10-10 周期性信号的 RMS 幅值谱

（6）单边和双边谱

一个信号的均方幅值谱可以通过计算信号的均方值在频率域的表示获得。当信号的变量如果为诸如电压和速度之类的物理量时，信号的平方通常可以用于描述信号的功率或能量，因此信号的均方幅值谱有时也称为功率谱。在工程实际中，由于只用到正的频率坐标，因此只有单边谱才有实际意义。但是，从数学角度考虑，有时候也不得不考虑负频率。此时就出现了双边谱的概念。在这种情况下，在每个频率值下的谱成分就应该等分成正负频率值下的两份（因此，数学意义上的频谱是对称的）。

值得注意的是，虽然可以解释负时间（即过去，在考虑的时间起点之前的信号成分）的存在，但考虑负频率其实是没有任何实际意义的。这里之所以提到负频率和双边谱是仅仅为了便于信号的分析和信号处理方法的解释。

10.2.2 模数（A/D）转换

科学与工程实际中直接遇到的信号通常是连续信号，例如机械设备运转过程中连续不间断的振动信号等。如果需要对这些信号应用计算机技术进行处理，就需要将这些连续的模拟量信号转换为数字信号，即所谓的模数（A/D）转换。数字信息与连续信息的区别在于两个方面：采样和量化。这两个方面确定了一个数字信号所能包含的、所对应的连续信号的信息量。图 27-10-11 显示了数模转换的过程，显然，它包括三个步骤，即采样、量化和编码。

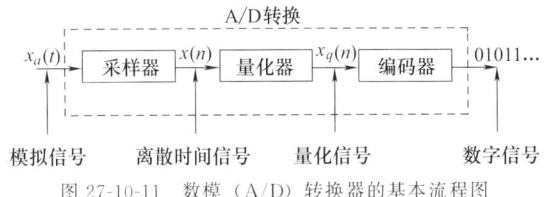

图 27-10-11　数模（A/D）转换器的基本流程图

① 采样　该过程将连续时间信号转换成离散时间信号。因此，如果 $x_a(t)$ 是输入到采样器的连续模拟信号，那么其输出 $x_a(nT) \equiv x(n)$，其中 T 为采样时间间隔。

② 量化　该过程将离散时间、连续值信号转换为离散时间、离散值的信号，即数字信号。在该过程中，采样过程中捕获的每个数据样本的值通过一序列计算机可识别的数值来表示。未经过量化的样本 $x(n)$ 与量化输出 $x_q(n)$ 之间的差称为量化误差。

③ 编码　在该过程中，每个离散的值 $x_q(n)$ 应用 b 位的二进制序列表示出来。

图 27-10-12 简单地说明了 A/D 转换的过程；图 27-10-13 给出了 A/D 转换中的量化过程和概念；图 27-10-14 以示例的形式给出了信号 A/D 转换的整个过程。在确定基于振动信号的机械设备状态监测与故障诊断系统的参数时，首先要根据机械设备本身的振动特征和精度，选择合适的信号采样频率和 A/D 转换器的位数。

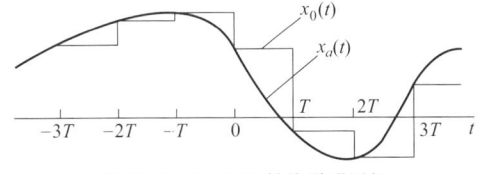

图 27-10-12　A/D 转换说明图解

10.2.3 模拟信号采样

对模拟信号的采样有多种，其中最常用的是等周期采样。连续两个采样点之间的时间间隔 T 称为采

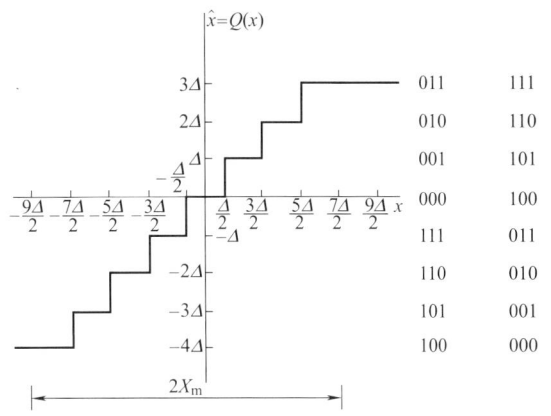

图 27-10-13　A/D 转换中典型的量化器

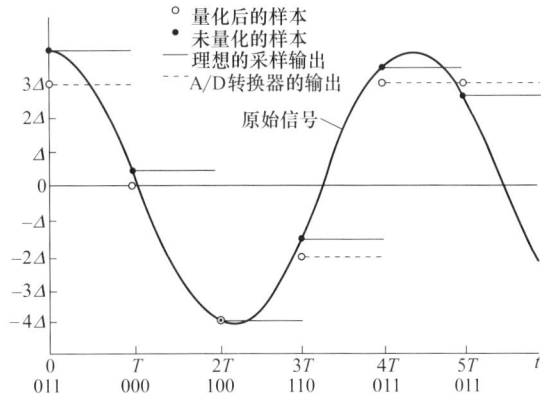

图 27-10-14　A/D 转换过程的采样、量化和编码

样周期或者采样间隔，其倒数 $1/T = f_s$ 称为采样频率（Hz）。

图 27-10-15（a）给出了对于同一连续信号，采用不同采样间隔情况下的采样示例；图 27-10-15（b）给出了在不同采样频率下，对同一连续信号采样后的输出序列。从图中可以看出，改变采样频率会改变数字信号中所包含的原始连续信号中的信息量。因此，在基于振动信号的机械设备状态监测与故障诊断技术

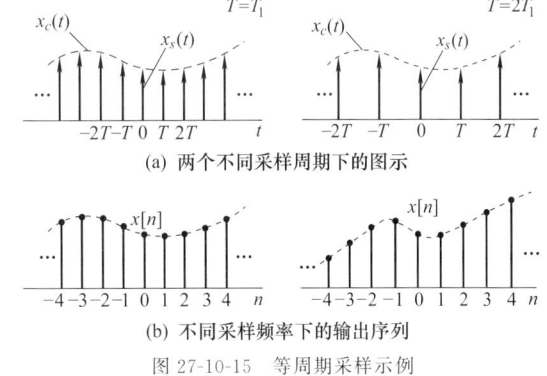

图 27-10-15　等周期采样示例

中,需要首先掌握机械设备本身的运行参数以及不同机械故障所对应振动信号的时、频域特征。这也是本章机械振动信号处理与故障诊断技术的目的和关键所在。

10.2.4 量化误差

由图 27-10-13 和图 27-10-14 可以看出,采样过程中的量化样本 $\hat{x}[n]$ 与实际的采样值 $x[n]$ 是不一定完全相同的。它们之间的差值被称为 A/D 转换过程中的量化误差 $e[n]=\hat{x}[n]-x[n]$。

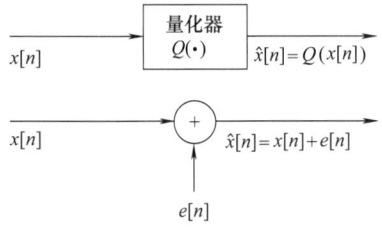

图 27-10-16 量化器的噪声模型

为简化起见,可以将量化误差看成是由量化器而加入的噪声分量,其模型如图 27-10-16 所示。在信号处理中,通常认为量化误差的统计信息满足下述假设条件:

① 量化误差序列为平稳随机过程;
② 量化误差序列与原始信号的采样序列无关;
③ 量化误差为白噪声;
④ 误差过程的概率分布在量化误差范围内保持不变。图 27-10-17 以正弦信号的量化过程为例简要说明了量化误差(其中量化器的位数分别为 3 位和 8 位,详细说明如图所示)。

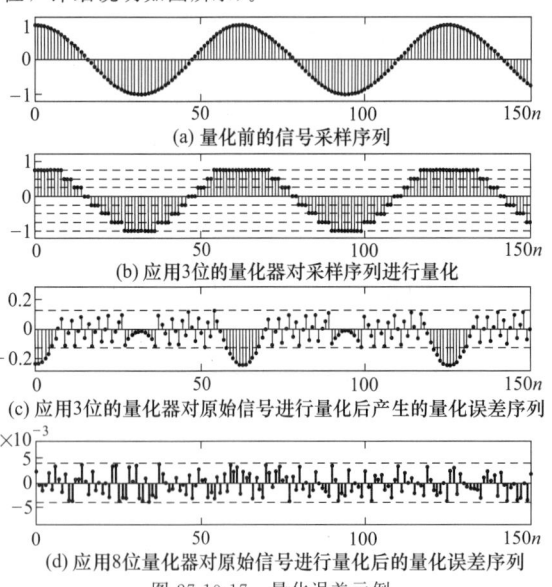

图 27-10-17 量化误差示例

10.2.5 混叠与采样定理

如前所述,对连续信号进行等周期采样的过程就是将原始连续信号与等周期的脉冲进行时域乘积的结果。这一结果在频率域的表示即为:采样后离散信号的傅里叶变换为原始连续信号傅里叶变换在频率域的等周期延伸(复制);其复制移动步长为信号的采样频率(即采样后信号的傅里叶变换是原始连续信号傅里叶变换以采样频率的整数倍在频域进行延拓的结果)。具体过程如图 27-10-18 所示,其中:$X_c(j\Omega)$ 表示原始连续信号的频谱;Ω_N 表示原始连续信号频率的最大值;Ω_S 表示采样频率。从图中可以看出当 $\Omega_S > 2\Omega_N$ 时,不会产生原始连续信号延拓频谱的交叠;而当 $\Omega_S < 2\Omega_N$,相邻延拓频谱则产生了交叠现象。很明显,这种由于采样频率与原始连续信号中最高频率成分的关系而造成的交叠现象将影响最终数字信号处理中对原始信号的解释。这种现象称为混叠失真,或简称为混叠。

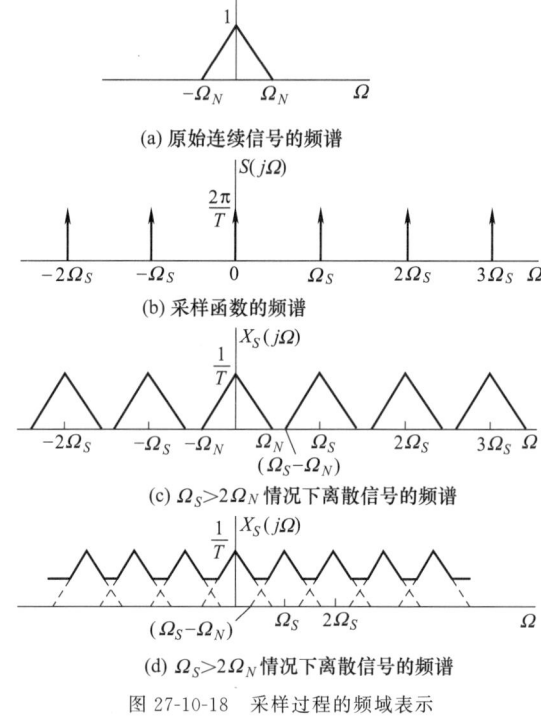

图 27-10-18 采样过程的频域表示

为了避免上述由于连续信号离散化而产生的混叠现象,就需要对原始信号进行滤波,消除原始信号中不感兴趣的高频分量,然后再对信号进行采样。有关对信号的滤波见下节所述。

同时,上述讨论也同样可以看出采样频率的选择对最终数字信号的影响。因此,在进行 A/D 转换时,所选择的采样频率应该满足采样定理,奈奎斯特采样定律,即:在进行连续信号的离散采样时,采样频率需要大于原始信号中最高频率成分频率的2倍。其中原始信号中最高频率成分的频率称为奈奎斯特频率;奈奎斯特频率2倍的频率称为奈奎斯特率。

10.2.6 滤波器

滤波器的功能有两个,即信号分离与信号修复。滤波器可以分为两大类:模拟滤波器和数字滤波器。模拟滤波器具有成本低、快速且具有大的幅频响应区间。但是,数字滤波器由于其是通过计算机来实现的,因此其滤波参数范围可以设置成非常小或者尽可能地大。而模拟滤波器的参数的最小值则通常受到电子元器件性能本身的限制。在实际的机械设备振动信号处理中,通常需要根据应用需求选择合适的滤波器。例如对原始振动信号进行预处理时通常需要应用模拟滤波器,而对采样后的数字信号进行降噪或信号分离等处理时则需要用到数字滤波器。根据其频率响应,常用滤波器的分类如表27-10-6所示。

表27-10-6 常用滤波器的分类

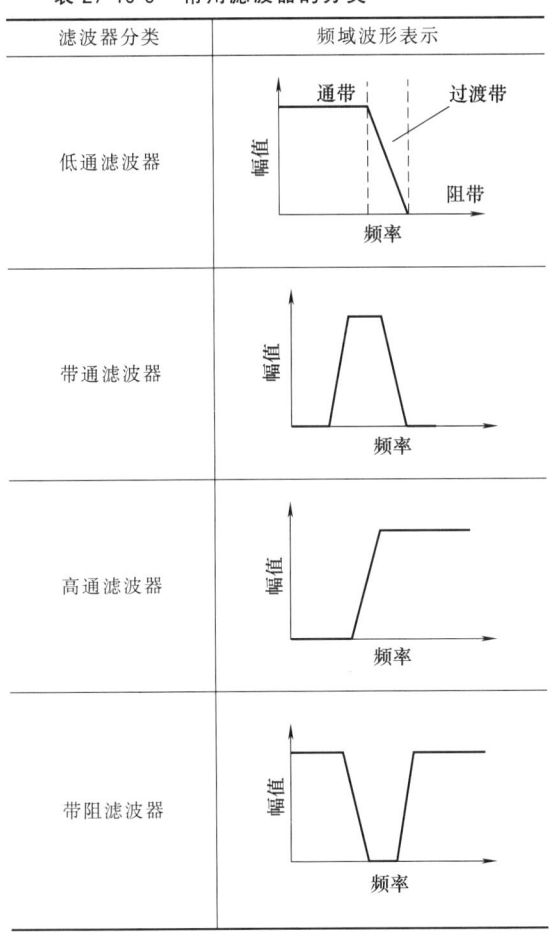

从上表可以看出,在进行上述的A/D转换时,为了避免混叠现象的发生,通常需要在A/D转换之前加入抗混叠的低通滤波器,将原始振动信号中对故障诊断没用的高频信号分量滤除。然后选择合适的采样频率对振动模拟信号进行采样,并进行其他采样过程。

10.2.7 振动传感器的选择

由于基于振动信号的机械设备故障诊断技术的信息源是设备的振动信号,因此传感器在该技术中占有举足轻重的地位。传感器是将信号源的模拟量放大并转换成电信号装置。常用的振动测试传感器分为三类:

① 非接触式位移传感器(也即所谓的接近度传感器或者电涡流传感器);

② 速度传感器(机电式或压电式)

③ 加速度传感器(压电式)

图27-10-19显示了不同振动传感器类型与其响应幅值和频率的对应关系。从图中可以看出,位移传感器通常对于低频振动信号较为敏感;而加速度传感器则对于高频振动信号更加敏感;而速度传感器对宽频带的振动信号的灵敏度相对较为平均。对三种振动传感器特点的总结如表27-10-7所示。

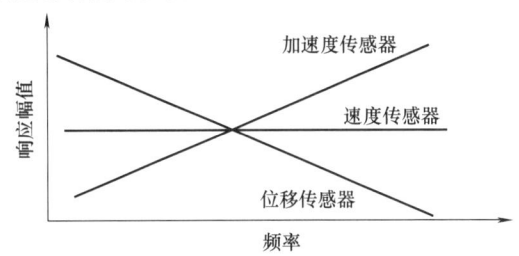

图27-10-19 不同振动传感器频率与响应幅值的对应关系

10.2.8 测试位置的选择

机械振动测试位置(振动传感器的安装位置)在机械设备状态监测与故障诊断中重要性不言而喻。在进行振动测试位置的选择时,需要考虑以下因素:

① 机械的独立性;

② 振动的传递路径;

③ 固有频率容易被激起的位置(柔性部件或附件处)。

在离线监测的情况下,作为通用准则,通常需要对轴承的振动进行如下测试:

① 在可测试轴承的径向测试其振动;

② 对于推力轴承,则需要测试其轴向振动;

③ 通常没必要同时测试其水平和垂直两个方向的振动。

表 27-10-7 各种振动传感器的特点

传感器类型	特点	应用
位移传感器	1. 测量悬浮于油膜的轴承振动 2. 成 90°安装时可以得到转轴的轴心振动轨迹 3. 可同时用于静态和动态测试 4. 针对不同的材料,其线性和灵敏度会发生变化 5. 需要调整其初始位置,以保证振动测量范围位于其线性区域	主要用于具有油膜的轴向(滑动)或推力轴承的振动测试中
速度传感器(以机电式速度传感器为例说明)	1. 常用于低频带的振动测试(例如 10~1500Hz) 2. 力学性能随使用时间的推移而衰减 3. 测量通常仅限于垂直和水平两个方向的振动 4. 在其固有频率周围进行测试时会影响其结果分析	机械设备状态监测与故障诊断系统中应用范围相对较窄
加速度传感器	1. 应用最广泛的振动测量传感器 2. 测量范围较宽(0.5Hz~20kHz,甚至 50kHz) 3. 包含更多的振动源的振动信息 4. 测试时需紧固在刚性座上 5. 由于其宽带信息的敏感性,环境噪声也可影响最终的振动信号输出 6. 对温度的变化较为敏感,容易造成信号的失真 7. 压电晶体受湿度的影响较大	常用于轴承和齿轮振动的信号测试及其故障诊断系统

在在线监测的情况下,需要在掌握各轴承振动频谱的情况下,选择合适的振动测量位置,以满足故障诊断的要求。

10.3 机械振动信号时域分析与故障诊断

振动信号可以通过多种不同的方式进行表示,每种方式都有其优点和缺点。但通常来说,对一个动态振动信号进行的处理越多,越能够获得更加明确和精密的信息,同时去除更多无关信息对信号特征(故障特征)的影响。表 27-10-8 列出了常用振动分析方法在故障诊断中的应用。

表 27-10-8 常用振动分析方法在故障诊断中的典型应用

振动分析方法	应用	故障/机械
缩放	1. 分离近距离部件 2. 提高信噪比	发电机,齿轮箱,汽轮机/透平机
相位	1. ODS(Operational deflection shapes)分析 2. 轴中裂纹扩展检测 3. 平衡	
时域信号	波形扭曲检测	摩擦,冲击,削顶失真,裂纹齿
倒频谱	1. 识别和区分谐波序列 2. 识别和区分边带序列	滚动轴承,齿轮箱
包络分析	1. 幅值解调 2. 观测发生在高频信号中的低频调幅分量	滚动轴承,发电机,齿轮箱
同步时域平均	1. 提高信噪比 2. 波形分析 3. 分离相邻机械的影响 4. 分离不同轴之间的影响 5. 分离由于电和机械导致的振动	发电机,往复机械,齿轮箱等
冲击测试	共振测试	基础,轴承,联轴器,齿轮
扫描分析	非平稳信号的分析	机械升降速过程的振动分析

10.3.1 时域特征与故障检测

在进行时域特征描述时,振动信号是时间的函数。这种分析方法的主要优点是:在进行分析之前,原始振动信号中几乎没有任何信息或者数据被遗失。因此也使得大量的详细分析成为可能。但是,振动信号时域分析方法的缺点是通常有过多的信号需要进行分析以进行故障识别。表 27-10-9 列出了振动信号常用的时域分析方法。其中部分振动信号时域分析方法的计算公式如表 27-10-10 所示。

表 27-10-9 振动信号常用时域分析方法

时域分析方法	特 点	备 注
时域波形分析	1. 用于识别信号的直观特征,例如正弦、随机、重复和瞬态(冲击)等 2. 识别机械设备运行的非稳态工况,例如启停机过程 3. 高速采样情况下可识别诸如齿轮断齿和裂纹轴承圈等故障 4. 通过关闭电气设备的电源来识别由电气引起的振动幅度 5. 缺点是信息量过大,并且时域波形中许多信息均为无用信息	图 27-10-20 显示了正常轴承与故障轴承振动信号的区别

续表

时域分析方法	特　点	备　注
时域波形指标	1. 时域波形指标是基于原始振动信号所计算出的、用于进行趋势分析和比较的量 2. 常用的指标包括峰值 P（最大值）、平均值、均方根（RMS）值（$P/\sqrt{2}$，降低由于噪声或瞬态信号对峰值指标的影响）、峰峰值 $P-P$（最大值与最小值之差），当多个机械部件对所测试的振动信号都有影响时，上述指标通常会增大 3. 峰值因子（P/RMS）通常用于检测振动信号中的冲击、脉冲响应和短支撑瞬态分量，因此可以用于识别滚子轴承早期故障；由于振动信号的 RMS 值随着故障的扩展而增大，该因子随着故障的扩展而降低	正弦信号的峰值因子为 1.414；随机噪声的峰值因子通常小于 3。正常轴承振动信号的峰值因子为 2.5～3.5；故障轴承的峰值因子通常 $>$3.5；当峰值因子～7时，则为轴承损坏的前兆。详细分析见轴承故障诊断部分。图 27-10-21 显示了机械设备运转速度与振动信号幅值的基本对应关系
时域同步平均	1. 减弱背景噪声和非同步瞬态（随机瞬态）对原始振动信号的影响 2. 适用于当机械设备在工作速度变化不大，振动信号非常接近的情况下的信号分析 3. 通常需要一个参考信号（例如来自于转速计）作为每个振动信号的触发采集起点	在正常负荷及工况情况下，对从机械设备中采集到的时域振动信号进行平均的方法称为时域同步平均分析，示例如图 27-10-22 所示
反时域同步平均	当将某一机械设备或者设备中某一部件从其他振动源中隔离的情况下，通常选择反时域同步平均分析法进行振动信号分析与设备故障诊断	该分析法的步骤是：选择基准信号；将经同步采集的振动信号减去基准信号，暴露该信号中的噪声成分和瞬态分量
轨迹分析	1. 轨迹的形式在显示滑动轴承的相对运动方面极为有效，例如轴承磨损、轴不对中、轴不平衡、润滑油膜不平稳（油膜涡动、油膜振荡）和密封圈摩擦等 2. 通常用于在相对低速情况下运转的机械设备	轨迹分析是通过将某一振动源安装角度成 $90°$ 的 x 方向的振动位移量与 y 方向的振动位移量在同一曲线上进行表示的方法，示例如图 27-10-23 所示
概率密度函数	1. 当故障发生时，振动信号的幅值概率密度函数形状和/或幅值将会发生变化 2. 不同故障情况下，振动信号的幅值概率密度函数的形状和/或幅值也不相同	信号中某一幅值在一幅值范围内出现的概率定义为概率密度函数。典型振动信号的概率密度满足高斯分布，示例如图 27-10-24、图 27-10-25 和图 27-10-26 所示
概率密度矩	1. 其中最有用的概率密度指标为峭度指标 2. 峭度指标对信号中冲击脉冲分量较为敏感，因此可以用于识别滚动轴承故障 3. 当轴承中出现早期故障时，其振动信号的峭度指标增大；然后，随着故障的进一步扩展，其振动信号的峭度指标逐渐减小 4. 正常轴承振动信号的峭度值约为 3，当峭度值 $>$4 时，说明轴承中有损伤出现，图 27-10-27 示例了一个轴承从正常到失效过程中峭度指标的变化 5. 当轴承中损伤情况变严重时，振动的随机性变大，振动信号中的脉冲分量变得相对较弱，峭度值减小，因此峭度指标不适合于进行故障变化趋势分析	概率密度矩与上述时域波形指标类似，也是一个标量。其中奇数阶矩（1 阶和 3 阶，分别对应均值和斜度）反映了概率密度函数的峰相对于均值的位置，其中斜度表明振动信号幅值概率密度函数的对称程度；偶数阶矩（2 阶和 4 阶，分别对应标准差和峭度）正比于概率密度函数分散的程度，正弦信号与高斯分布的峭度值分别为 1.5 和 3

表 27-10-10　　**振动信号时域分析方法的计算公式**

指标或方法	公　式	备　注
均值	$E[x] = \dfrac{1}{N}\sum\limits_{i=1}^{N} x(i)$	N：离散信号的总离散点数
均方值	$E[x^2] = \dfrac{1}{N}\sum\limits_{i=1}^{N} x^2(i)$	
标准差	$\sigma = E[x^2] - \{E[x]\}^2 = \dfrac{1}{N}\sum\limits_{i=1}^{N} x^2(i)$	
斜度	$S = \dfrac{1}{\sigma^3 N}\sum\limits_{i=1}^{N} x^3(i)$	
峭度	$K = \dfrac{1}{\sigma^4 N}\sum\limits_{i=1}^{N} x^4(i)$	

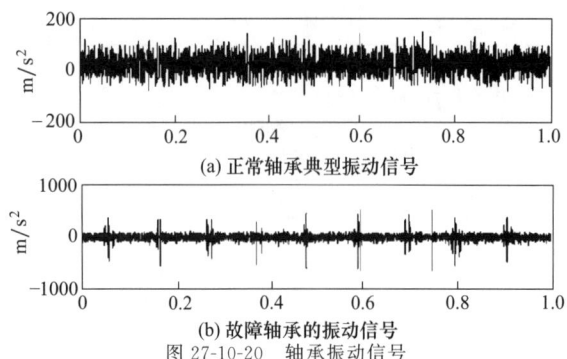

(a) 正常轴承典型振动信号

(b) 故障轴承的振动信号

图 27-10-20　轴承振动信号

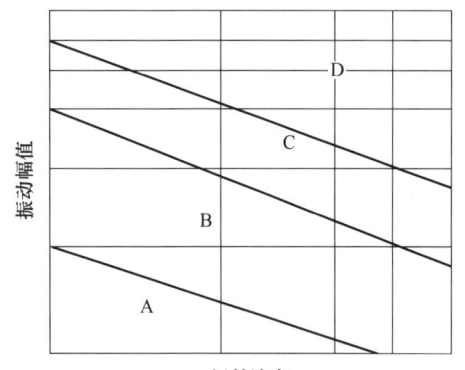

图 27-10-21　振动幅值与设备运转速度的关系（A 区域：新设备；B 区域：可接受振动；C 区域：需频繁观测振动；D 区域：故障发生）

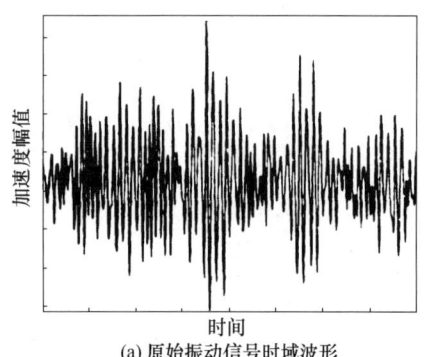

(a) 原始振动信号时域波形

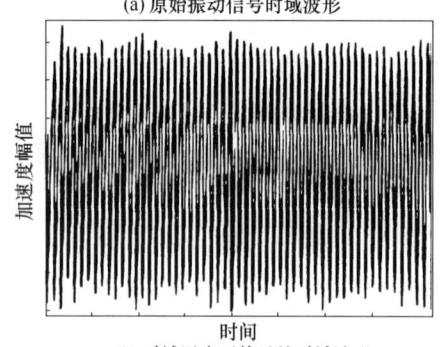

(b) 时域同步平均后的时域波形

图 27-10-22　某电机轴承振动信号的时域波形

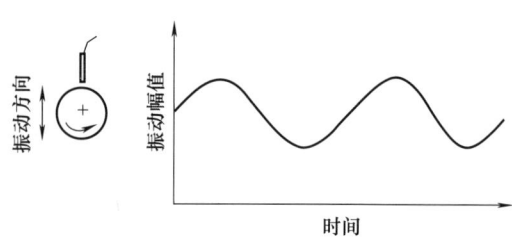

(a) 应用一个位移传感器测量的轴振动信号

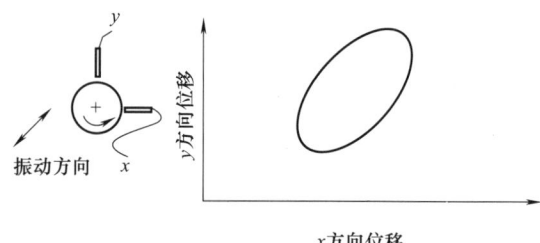

(b) 根据两个方向的轴振动得到的轴心轨迹

图 27-10-23　振动轨迹分析

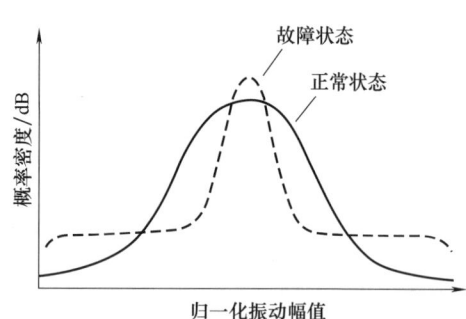

图 27-10-24　正常状态与故障状态下机械设备的概率密度函数曲线

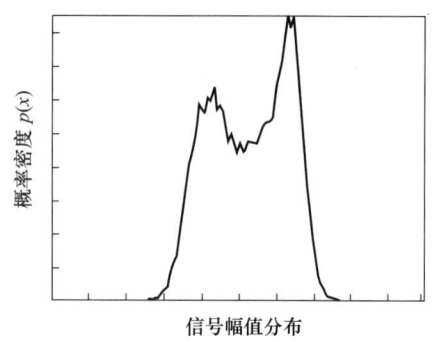

图 27-10-25　图 27-10-22(b) 中所示时域振动信号的概率密度

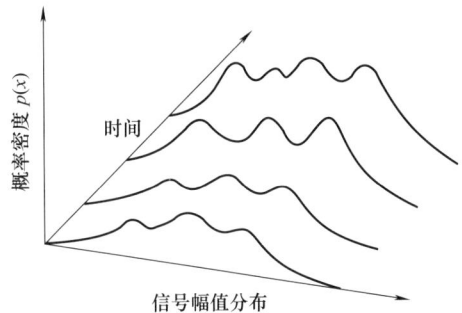

图 27-10-26　某部件振动信号的概率密度变化趋势

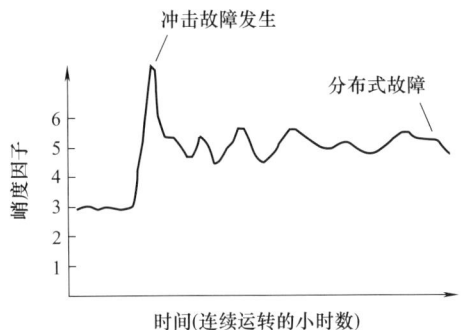

图 27-10-27　峭度随运行时间变化趋势

10.3.2　相关分析

相关分析的理论计算公式：

$$R_{xy}(\tau) = \lim_{T \to \infty} \frac{1}{T} \int_0^T x(t) y(t+\tau) dt$$

(27-10-4)

即：

$$R_{xy}(\tau) = E[x(t) y(t+\tau)]$$ (27-10-5)

对于数字信号：

$$R_{xy}(\tau) = \frac{1}{N} \sum_{n=1}^{N} x_n(t) y_n(t+\tau)$$

(27-10-6)

当 $x(t)$ 与 $y(t)$ 为同一信号时，称为自相关函数；当 $x(t)$ 与 $y(t)$ 为不同的两个信号时，称之为互相关函数。在基于振动信号的机械设备故障诊断中，自相关函数的应用范围相对较广，这里以自相关函数为例进行说明。

理论上来讲，相关分析的优势在于检测两个函数是否在时域有关系或者两个信号中是否有相似的频率分量。自相关函数的特征在于：

① 对于周期性信号而言，$R_{xy}(\tau)$ 也是周期性的；

② 对于随机信号而言，当 τ 足够大时 $R_{xy}(\tau)$ 趋于 0；

③ $R_{xy}(\tau)$ 总是在 $\tau=0$ 时达到峰值；

④ 在 $\tau=0$ 时，$R_{xy}(\tau)$ 为原始信号的均方值；

⑤ 自相关分析减弱了原始信号中非主要频率分量的影响，并更加突出其中主要频率成分的影响，因此，当一个信号经过相关分析后，其相关函数的主要频率成分与原始信号中主要频率成分相同，但原始信号中其高频谐波分量在其相关函数中得到了压缩。

图 27-10-28 显示了从一发动机外壳不同位置采集的振动加速度信号 A 和 B 的自相关函数及其与安装在发动机外壳另外位置的参考信号的互相关函数波形。根据自相关函数，可以验证上述相关函数的特征。此外，根据 A 和 B 的互相关函数可以看出，图 27-10-28（c）中的相关函数幅值大于图 27-10-28（d）中的相关函数幅值。因此可以证明振动信号 A 与参考信号的相关性较大，也即其振动可能源于同一激励源；相比较地，振动信号 B 与参考信号的相关函数幅值相对较小，也即说明其振动的激励源与参考信号的激励源相关性不大。

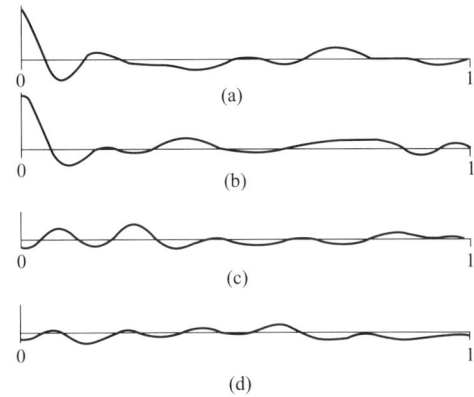

图 27-10-28　两振动信号 A 和 B 的自相关函数 (a)、(b)，及它们与参考信号的互相关函数 (c)、(d)

通常相关函数分析可以作为机械设备状态和振动的粗略识别方法。如果需要进一步的详细信息，需要应用傅里叶变换等振动信号分析方法，对相关分析的结果做进一步地处理。

10.4　机械振动信号频域分析与故障诊断

频域分析是将振动信号作为频率的函数进行显示和分析的过程。通常需要通过傅里叶变换（最常用的为快速傅里叶变换，Fast Fourier Transform，FFT）将一个时域振动信号转换为频域表示。这一分析方法的最主要优点是可以将一个振动信号中重复的特征在频谱中以一个清晰的谱线峰值来描述；而峰值在频率

表 27-10-11　三类傅里叶变换

变换类型		计算公式	备注
傅里叶积分变换	变换	$X(f)=\int_{-\infty}^{\infty}x(t)\exp(-j2\pi ft)\mathrm{d}t$	通常 $x(t)$ 为实信号，但 $X(f)$ 为复函数，因此信号的频谱可以用傅里叶变换的幅值 $|X(f)|$ 和相位 $\angle X(f)$ 来表示。当然，也可以仅仅用 $X(f)$ 的实部或者虚部来表示原始信号的频谱
	逆变换	$x(t)=\int_{-\infty}^{\infty}X(f)\exp(j2\pi ft)\mathrm{d}f$	
傅里叶序列扩展	变换	$A_n=\int_0^T x(t)\exp(-j2\pi nt/T)\mathrm{d}t$	该变换用于周期性信号，T 为原始信号的周期，$\Delta F=1/T$。FSE 变换是 FIT 变换的特殊情况
	逆变换	$x(t)=\Delta F\sum_{n=-\infty}^{\infty}A_n\exp(j2\pi nt/T)$	
离散傅里叶变换	变换	$X_n=\Delta T\sum_{m=0}^{N-1}x_m\exp(-j2\pi nm/N)$	其中 N 为原始离散信号的总采样点数，ΔT 为采样间隔，总采样时间长度 $T=N\cdot\Delta T=1/\Delta F$。离散傅里叶变换的定义假设了原始离散信号是周期为 N 的周期性信号，即：$X_n=X_{n+iN}$，$x_m=x_{m+iN}$，$i=\pm 1,\pm 2,\cdots$
	逆变换	$x_m=\Delta F\sum_{n=0}^{N-1}X_n\exp(j2\pi nm/N)$	

域的位置即为该信号重复发生的频率。这也使其能够检测振动信号中由于故障而激励起来的信号成分，从而早期、正确识别出机械设备中存在的故障以及其随时间而发生、发展的过程和趋势。但是，与此同时，应用频谱分析的主要缺点是：该分析方法在变幻过程中，振动信号中的瞬态、非重复性信号分量被削弱甚至无法应用频谱分析检测出来。而这些瞬态和非重复性信号通常更能反映机械设备的故障特征。迄今为止，基于振动信号的机械设备故障诊断中应用最广泛的仍然是频谱分析。

10.4.1　傅里叶变换基础

傅里叶分析是振动信号频域分析的关键。一个时域信号的频域表示是通过傅里叶变换获得的。傅里叶变换最直接的优势在于它可以将复杂的微积分运算转换成相对比较简单的乘除数学运算。傅里叶变换包括三类逐次数字化的变换，分别为傅里叶积分变换（FIT）、傅里叶序列扩展（FSE）和离散傅里叶变换（DFT）。傅里叶变换的计算公式分别如表 27-10-11 所示；傅里叶变换的重要性质如表 27-10-12 所示。

表 27-10-12　傅里叶变换的重要性质

时域函数	傅里叶频谱
$x(t)$	$X(f)$
$k_1 x_1(t)+k_2 x_2(t)$	$k_1 X_1(f)+k_2 X_2(f)$
$x(t)\exp(-j2\pi ta)$	$X(f+a)$
$x(t+\tau)$	$X(f)\exp(j2\pi f\tau)$
$\dfrac{\mathrm{d}^n x(t)}{\mathrm{d}t^n}$	$(j2\pi f)^n X(f)$
$\int_{-\infty}^{t}x(t)\mathrm{d}t$	$\dfrac{X(f)}{j2\pi f}$

10.4.2　利用频谱分析进行故障诊断

（1）频谱变化与机械状态的关系

只有将相似/同操作状态下的振动信号的频谱进行比较才能获得机械状态变化的真实信息。针对不同的机械设备，其运行状态（例如设备转速、负荷和温度）对振动参数的影响有很大的区别。通常情况下，机械设备的转速变换在 10% 以内时，转速对振动的影响通常可以忽略，因此在这种情况下可以进行设备振动信号频谱的比较。如果设备的转速变换超过这一限度，则有必要认为机械设备的运行状态已经发生了变化。如果要进行频谱比较，则需要选择新的运行状态下的基准信号频谱进行比较。对于新的机械设备，由于其运转部件处于磨合磨损期，因此不能将此时的振动信号频谱作为基准。基准频谱应该从机械设备在过了磨合期后的稳定运行状态下的振动信号获得。而确定频谱变化与机械状态的关系的主要难度在于建立频谱变换到什么程度的情况下需要进行机械设备的停机维护。

（2）频谱解释与故障诊断

快速傅里叶变换（FFT）是迄今为止应用最广泛、相对最有效的振动信号处理方法。它们也可以在分析频带实现较高的分辨率。此外，FFT 也可以提供诸如同步时域平均、倒频谱分析，或者应用希尔伯特变换进行幅值或相位解调分析。表 27-10-13 列出了不同故障在振动信号频谱中的特征分类。

（3）带通分析

带通分析是借助于滤波器技术（见 10.2.6）对

表 27-10-13　　　　　　　　　　　　不同故障在振动信号频谱中的特征

故障类型	主要振动频率 Hz＝工作转速/60	方向	备　注
旋转部件的不平衡	$1 \times rpm$	径向	机械设备中引起振动超标的常见因素
不对中和轴弯曲	通常 $1 \times rpm$ 经常 $2 \times rpm$ 有时 $3 \& 4 \times rpm$	径向和轴向	常见故障
滚动轴承故障（滚子、内圈和外圈等）	对于单一轴承组件的冲击率	径向和轴向	非平稳振动级别，经常伴随着冲击 冲击率 f(Hz)；BD：滚子直径；PD：节圆直径 n：滚子数；f_r：内外圈相对转动频率；β：接触角 外圈故障： $$f(\text{Hz}) = \frac{n}{2} f_r \left(1 - \frac{BD}{PD}\cos\beta\right)$$ 内圈故障： $$f(\text{Hz}) = \frac{n}{2} f_r \left(1 + \frac{BD}{PD}\cos\beta\right)$$ 滚子故障： $$f(\text{Hz}) = \frac{PD}{BD} f_r \left[1 - \left(\frac{BD}{PD}\cos\beta\right)^2\right]$$
滑动轴承在轴承座中的松动	轴转速的谐波，通常为 1/2 或 1/3 倍频	径向为主	松动可能只在工作转速和温度的情况下发生（例如涡轮机组）
滑动轴承的油膜涡动	略小于轴转动频率的半频（0.42～0.48 倍频）	径向为主	在高速旋转设备中较为常见
迟滞涡动	轴临界转速	径向为主	由于通过转子系统临界转速时引起的振动在更高转速的情况下继续保持。有时可以通过紧固转子部件来防止
齿轮故障和磨损	齿的啮合频率（n 倍频，n 为齿数）及其谐波	径向和轴向	齿啮合频率的边带。通常只能通过窄带分析和倒频谱分析进行识别
机械性松动	2 倍频		滑动轴承在轴承座的松动情况见本表相应部分
传动带故障	传动带的 1,2,3,&4 倍频	径向	
不平衡往复力和力偶	1 倍频 高阶不平衡时的高倍频	径向为主	
由电所导致的振动	1 倍频或 1 倍或 2 倍电激励源频率	径向和轴向	关闭电激励源后与之相关的振动将消失

原始振动信号进行滤波，从而获得感兴趣频带的型号，然后进行傅里叶变换而实现的频谱分析方法。该方法应该是频域分析中最基本的分析方法。它可以消除原始信号频谱中大量冗余信息的影响，而只对由故障引起的预期振动信号分量进行分析和显示。由于机械设备本身引起的其他频率成分的改变不会影响对带通内信号成分的分析。

（4）尖峰能量法（冲击脉冲法）

当加速度传感器的固有频率与机械设备中由于某种故障而导致振动的频率相接近时，所测得振动信号在某个频率带的能量突然增大，这种现象称为冲击脉冲；该频率带内信号成分的能量特征指标定义为尖峰能量。该方法通常适用于由故障导致的振动信号分量的频率值可预估情况下的机械设备状态监测与故障诊断，例如滚动轴承内圈、外圈和滚子的故障诊断（其故障特征频率如表 27-10-13 所示），与齿轮箱齿轮啮合频率相关的故障诊断等。应用该方法进行故障诊断所监测的振动信号频谱区域通常在大于 5kHz 的高频范围内。表 27-10-14 以滚动轴承为例说明了尖峰能量（此时单位为 gSE）用于故障诊断的过程。

表 27-10-14　基于尖峰能量法的滚动轴承故障发生、发展监测示例

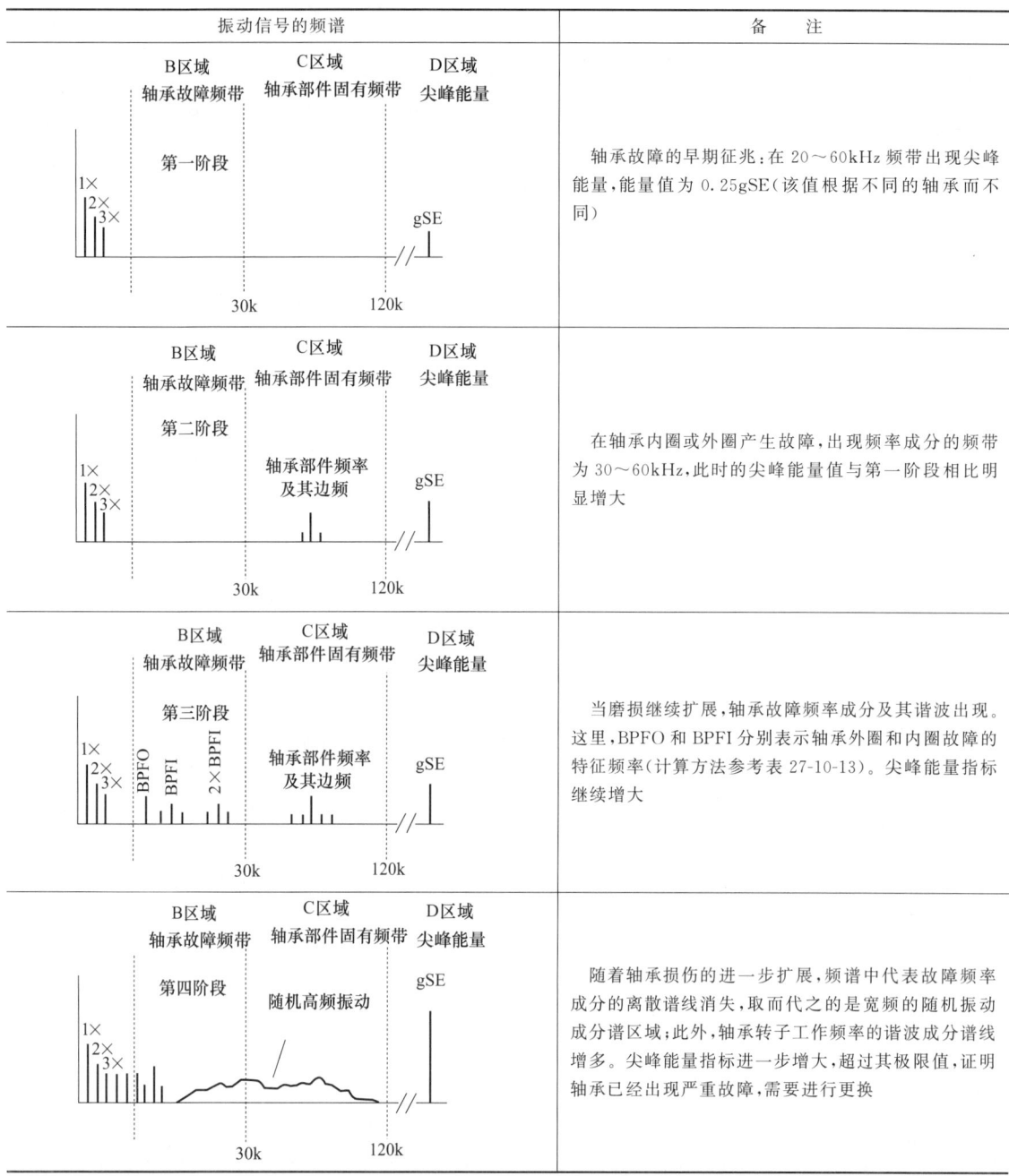

振动信号的频谱	备　注
第一阶段	轴承故障的早期征兆：在 20～60kHz 频带出现尖峰能量，能量值为 0.25gSE（该值根据不同的轴承而不同）
第二阶段	在轴承内圈或外圈产生故障，出现频率成分的频带为 30～60kHz，此时的尖峰能量值与第一阶段相比明显增大
第三阶段	当磨损继续扩展，轴承故障频率成分及其谐波出现。这里，BPFO 和 BPFI 分别表示轴承外圈和内圈故障的特征频率（计算方法参考表 27-10-13）。尖峰能量指标继续增大
第四阶段	随着轴承损伤的进一步扩展，频谱中代表故障频率成分的离散谱线消失，取而代之的是宽频的随机振动成分谱区域；此外，轴承转子工作频率的谐波成分谱线增多。尖峰能量指标进一步增大，超过其极限值，证明轴承已经出现严重故障，需要进行更换

（5）包络谱分析

基于频谱的另外一个有效的故障诊断方法为包络谱分析。它通常用于检测振动信号中由于冲击造成的振动响应信号分量。相对于振动信号本身的主要振动成分，该分量通常具有较高的频率。包络谱分析的步骤为：高通滤波→信号提纯和求包络→计算包络信号的频谱。其中，高通滤波采用本章前面所述的高通滤波器实现，包络分析通常采用希尔伯特变换（详见 10.8 节）实现。图 27-10-29 以示例的形式说明了包络谱分析的处理过程。图 27-10-30 以轴承外圈故障振动信号为例说明了包络谱分析的应用。值得注意的是，在轴承振动过程中，随着轴承磨损程度的大幅度增加，振动信号中的冲击响应信号成分会逐渐减弱。因此，包络谱分析通常用于检测轴承早期故障或其他振动信号中含有冲击响应信号成分的机械设备/部件的故障诊断。

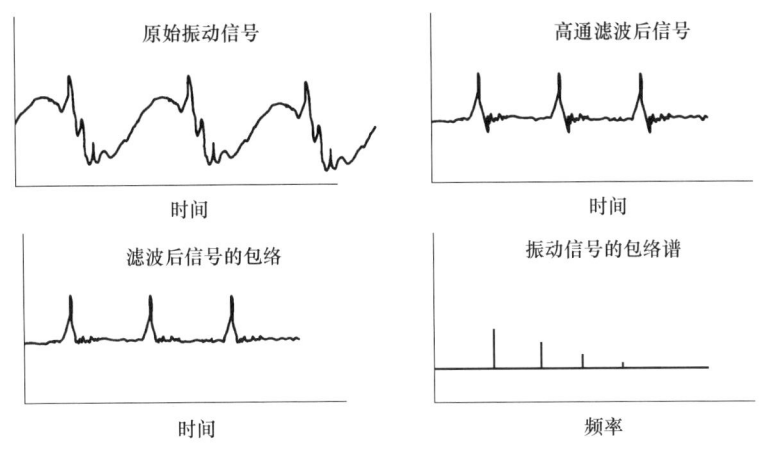

图 27-10-29 包络谱分析数据处理过程

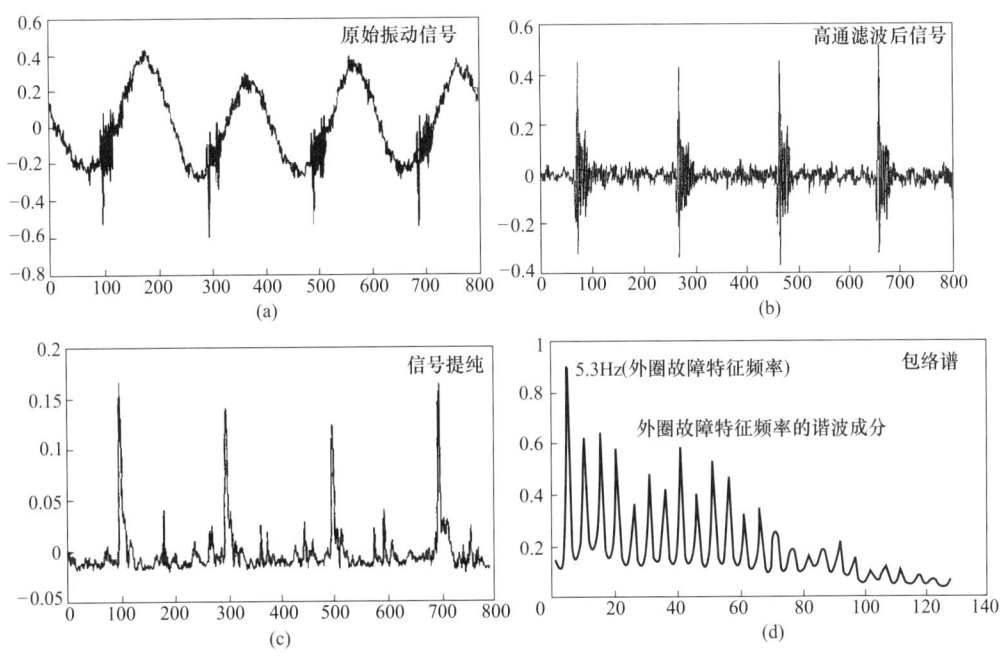

图 27-10-30 轴承外圈故障时振动信号的包络谱分析

(6) 标准谱

标准谱是从全新设备或者刚经过大修的机械设备提取的相关振动信号的频谱。由于该工况为设备全新工作状态的开端,因此可以以这些信号的频谱为设备振动的标准谱。在同一工作状态下设备今后的频谱都可以与该标准谱进行比较,以确定机械设备是否存在故障等。通常可以采用直接观察、比较谱指标等方法进行故障诊断。

(7) 瀑布图

瀑布图是在时间-频率域的三维谱图,表明机械设备振动信号的频谱随运行时间的变化关系。根据瀑布图可以很明显地看出随着机械设备的运行,振动信号的频谱是否发生了变化以及变化的趋势等信息。瀑布图也可以用于描述机械设备瞬态工况的变化趋势,如机械设备的启停机过程等,此时可以将机械设备的运转速度代替时间坐标,与频率轴构成三维谱图。图 27-10-31 (a) 和 (b) 分别显示了典型的瀑布图和带有滑动轴承的旋转机组启动过程的瀑布图。

(8) 频域指标

在基于振动信号的机械设备状态监测与故障诊断技术中,频域的频谱对由机械故障引起的振动信息更加敏感。因此,对应于时域诊断中的时域指标,也可以应用频谱指标进行故障诊断;而且,振动信号频域指标对于机械设备的状态变化更为敏感。因此可以通

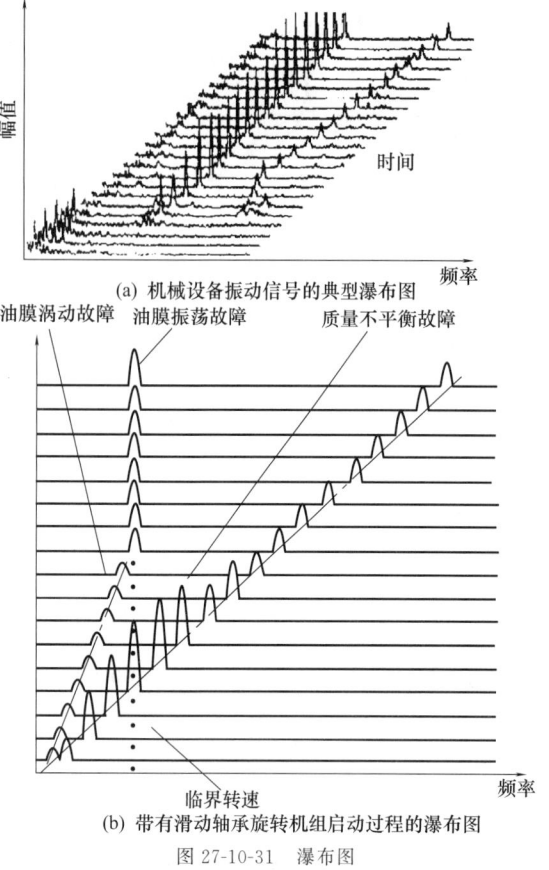

图 27-10-31 瀑布图
(a) 机械设备振动信号的典型瀑布图
(b) 带有滑动轴承旋转机组启动过程的瀑布图

过将机械设备当前工况下振动信号的频域指标与标准谱的频域指标进行比较实现故障诊断。常用的频域指标及其计算方法如表 27-10-15 所示。

很明显，不同机械设备、不同设备的不同部件在不同的工况下的上述参数指标是不同的。作为示例，表 27-10-16 以某滚动轴承为例列出了其无故障、外圈故障（ORF）、滚子故障（REF）及内圈故障（IRF）时的频域指标参数。根据其原始数据可以看出，当轴承出现损伤时，其频域指标参数与无损伤情况下相比有明显的变化。此外，在无损伤轴承情况下，同一频域指标参数的变化很小，同时，在轴承发生损伤情况下，同一频域指标参数的变化也很小。因此，表 27-10-16 同时列出了这些频域指标参数在有损伤和正常情况下的平均值。

10.4.3 倒谱（cepstrum）分析基础

倒谱定义为：功率谱对数的傅里叶逆变换。振动信号进行倒谱分析的数据处理过程如图 27-10-32 所示。

根据算法可以看出，倒谱分析的优点在于它可以将功率谱中由于信号成分的相乘而造成的影响转换成对数功率谱中的相加运算。考虑到数字信号处理中信号与系统的卷积关系，因此倒谱分析可以分离由于振动的传递路径而造成的、对信号频谱的最终的影响。倒谱分析在经常会发生信号成分调制（即高频信号分量重出现边频带的现象）的齿轮箱振动信号处理和故障诊断中非常有效；此外，倒谱分析也可以用于检测振动信号频谱中的诸如谐波成分等的周期性影响（例如检测涡轮叶片失效等故障）。

表 27-10-15　　各种应用于故障诊断的频域指标及其计算方法

频域指标	计 算 公 式	备　注
算术平均(Amn)	$20\lg\left\{\left(\dfrac{1}{N}\sum_{i=1}^{N}A_i\right)/10^{-5}\right\}$	A_i——第 i 个频率分量的幅值 N——频率分量的总数 $A_i(\mathrm{ref})$——参考频谱（标准谱）的第 i 个频率分量的幅值 L_{ci}——第 i 个分量的幅值(dB) L_{oi}——参考频谱（标准谱）第 i 个分量的幅值(dB)
几何平均(Gmn)	$\dfrac{1}{N}\left\{\sum_{i=1}^{N}20\lg\left[\left(\dfrac{A_i}{\sqrt{2}}\right)/10^{-5}\right]\right\}$	
匹配滤波器均方根(Mfrms)	$10\lg\left\{\dfrac{1}{N}\sum_{i=1}^{N}\left(\dfrac{A_i}{A_i(\mathrm{ref})}\right)^2\right\}$	
谱差值均方根(Rdo)	$\left\{\dfrac{1}{N}\sum_{i=1}^{N}(L_{ci}-L_{oi})^2\right\}^{1/2}$	
差值平方和(So)	$\left\{\dfrac{1}{N}\sum_{i=1}^{N}\left[(L_{ci}+L_{oi})\times|L_{ci}-L_{oi}|\right]\right\}^{1/2}$	

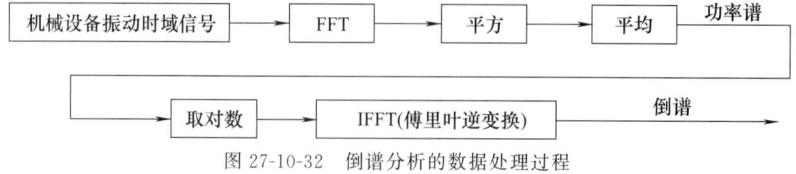

图 27-10-32　倒谱分析的数据处理过程

表 27-10-16　　示例轴承的频域指标结果

频域指标		计算值			均值
算术均值	无故障	73.4	73.1	73.7	73.4
	外圈故障	84.4	83.8	84.5	84.9
	滚子故障	85.2	85.4	85.5	
	内圈故障	85.1	85.5	84.6	
几何均值	无故障	69.9	69.7	69.8	69.8
	外圈故障	79.3	81.1	79.9	80.7
	滚子故障	81.4	80.6	80.9	
	内圈故障	81.4	81.4	80.0	
匹配滤波器均方根	无故障	0.15	0.19	0.14	0.16
	外圈故障	10.8	10.1	10.8	10.5
	滚子故障	10.6	10.8	10.5	
	内圈故障	9.8	10.6	10.2	
谱差值均方根	无故障	1.14	1.08	1.04	1.09
	外圈故障	10.1	10.2	9.9	9.3
	滚子故障	8.7	8.8	9.2	
	内圈故障	8.6	8.8	8.6	
差值平方和	无故障	11.7	11.3	11.3	11.4
	外圈故障	35.3	35.5	34.8	36.5
	滚子故障	37.4	36.9	37.5	
	内圈故障	36.9	36.6	37.0	

倒谱分析的缺点在于：压缩了原始振动信号中始终出现的、主要信号分量的影响。因此，在实际应用中，通常需要将频谱分析与倒谱分析相结合使用，以进行机械设备状态监测与故障诊断。

10.4.4　利用倒谱分析进行故障诊断

值得注意的是：进行信号倒谱分析时，倒谱曲线的横坐标为时间（或称为倒频率）而非频率。图 27-10-33 显示了从齿轮箱采集的振动信号的频谱和倒谱。由于测试过程中大量背景噪声以及信号调制现象的存在，很难从其振动信号的频谱中获得振动信号的特征[如图 27-10-33（a）所示]。通过倒谱分析，如图 27-10-33（b）所示，可以很明显地显示齿轮箱中两齿轮的振动工作频率，即分别为 85Hz 和 50Hz，同时，倒谱分析还证明了原始振动信号中还存在两齿轮工作频率的谐波存在。

下面将以电机振动信号（测试点为轴承）为例说明倒谱分析在故障诊断中的应用。在某交流电机（该电机在运转过程中带一冷却池的离心泵工作）转子的运转过程中，在其振动信号中发现了一个频率约为 1400Hz 的振动分量，并成为所测试轴承振动信号中的主要信号成分。而且，随着电机负荷的增大，该分量的幅值也逐渐增大。该振动信号的频谱如图 27-10-34（a）所示，频谱图中标示出了最大的信号分量。

此后，对此频谱进行了倒谱分析，结果如图 27-10-34（b）所示。在倒谱分析结果中，最大峰值出现的位置在 0.72ms 处，该峰值对应的频率值为 1389Hz。在电机转子中常见的振动源包括：①机械的；②空气动力学的；③电磁的。本章前面已经阐述，验证电机的振源是否是由电磁导致的方法是：当关闭电机所带动的机械设备时，检测振动信号中该频率成分是否依然存在；如果不存在则证明该信号成分是电磁所致。经验证，在本振动信号中出现在 1400Hz 附近的信号成分是由电磁所致。经过计算，电机槽的谐波频率应该为 1300Hz、1400Hz、1500Hz……因此，原始振动信号的频谱中出现在 1400Hz 的频率成分的实际频率应该为 1389Hz。其中理论电机槽的谐波频率 1400Hz 与实际的 1389Hz 之间 11Hz 的频率差应该是由电机的磁场旋转速度与电机电枢转动速度之间的滑动造成的。

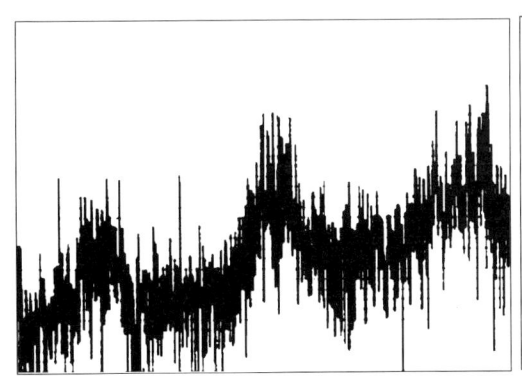

(a) 某齿轮箱振动信号的频谱

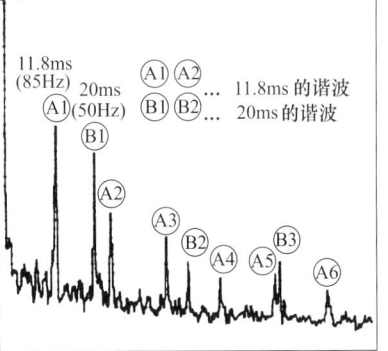

(b) 该振动信号的倒谱

图 27-10-33　从齿轮箱采集的振动信号的频谱和倒谱

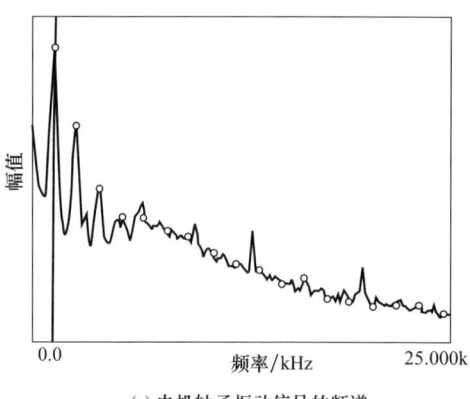
(a) 电机轴承振动信号的频谱

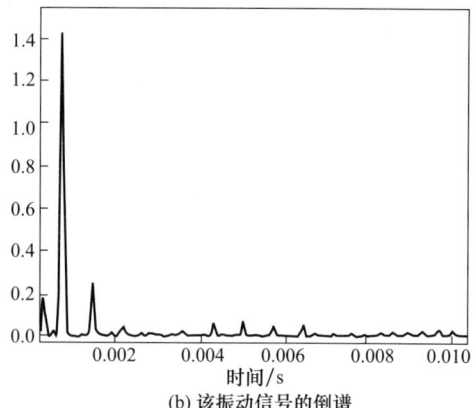
(b) 该振动信号的倒谱

图 27-10-34　从电机采集的振动信号的频谱和倒谱

10.5　旋转机械振动与故障诊断

基于振动的机械设备（例如齿轮、转子和轴、滚动轴承、滑动轴承、柔性耦合器和电动机械设备等）状态监测与故障诊断技术受以下几方面因素的影响：①部件/设备的旋转速度；②背景噪声和/或振动的等级；③监测用传感器的安装位置；④部件/设备的载荷分布特征；⑤被监测部件/设备和与其相连的其他部件/设备之间的相互动态关系。研究表明，对于齿轮故障诊断，其关键因素为上述的①、③和⑤；对于转子故障诊断，其关键因素为上述的①、④和⑤；对于轴承故障诊断，其关键因素为上述的①、②和③。在基于振动信号的机械设备状态检测与故障诊断技术中，通常可检测的设备/部件的故障如表 27-10-17 所示。

表 27-10-17　基于振动信号的故障诊断技术通常可检测的设备/部件的故障

设备/部件	故障
齿轮	齿啮合故障；不对中；齿裂纹或/和磨损；偏心齿轮
转子和轴	不平衡；轴弯曲；不对中；轴颈偏心；部件松动；摩擦；临界转速；轴裂纹；叶片松动；叶片共振
滚动轴承	轴承圈和滚子的点蚀；剥落；其他滚子故障
滑动轴承	油膜涡动；椭圆或筒状轴颈；轴颈或轴承的摩擦
柔性耦合器	不对中；不平衡
电动机械	不平衡磁拉力；电机转子断条；气隙形状变化

基于振动信号的故障诊断技术是目前旋转机械设备（特别是转子和轴）最主要的状态监测与故障识别的工具。常见旋转机械可以分为以下三类，如表 27-10-18 所示。

表 27-10-18　常见旋转机械的分类及特征

旋转机械分类	特征
刚性转子旋转机械	1. 通常采用滚动轴承作为支撑 2. 由于转子的振动可以通过轴承传递到轴承座，因此其振动可以通过安装在轴承座上的传感器进行测量
柔性转子旋转机械	1. 通常采用滑动轴承作为支撑 2. 转子的振动只能采用非接触式传感器（如电涡流传感器）进行测量 3. 设备在启动过程中存在临界转速的问题
准刚性转子旋转机械	1. 通常为专业机械设备 2. 可以采用通过轴承振动测试转子振动的方法，但振动信号与转子/轴的真实振动可能存在不一致的情况

10.5.1　旋转机械振动的基本特征

振动是所有旋转机械运转过程中的内在特征之一。不可避免的残余不平衡质量和旋转机械设备动、静部件之间的交互力是导致旋转机械设备振动的诱因。研究旋转机械振动的目的是找到振动源并尽可能地对振动进行控制，从而使振动降低到设备的设计指标以内。考虑到运行成本等因素，当前旋转机械设备逐渐向高速、高功率、轻量和紧凑的方向发展。这使得大型旋转机械设备通常在高于其临界转速的情况下运行，因此更需要发展旋转机械的振动技术，以保证这些设备安全、可靠地运行。虽然旋转机械的振动是其运行过程中不可避免的一部分，但也可以利用这些振动来评估它们的性能、耐久性和可靠性。

不同领域的工程师可能对旋转机械振动研究的目的不同。本章重点关注应用旋转机械振动来监测设备的健康性，以便对振源进行及时地维护和维修，同时

第 10 章　机械振动信号处理与故障诊断

减少对设备不必要的维护、增长机械设备运行周期并缩短维修时间等，从而提高机械设备的运行效率。

旋转机械中的振动可以分为两大类：强迫振动和自激振动。其中，所谓的激励源必须具有能够激励并保持转子振动的特征。当激励源是一力现象（例如转子中的不平衡质量）时，它将会产生一个类似于受到线性力激励的弹簧-质量系统的强迫挠性振动，即所谓的强迫振动。对于自激振动（自激不稳定性）而言，通常不需要激励力。

10.5.1.1　强迫振动

旋转力向量（例如不平衡）、稳定的方向性力（例如重力）或者周期性的力（例如由泵的叶轮和扩散器之间交互而产生的力）都可以使旋转机械中产生振动。转子的响应取决于这些力函数的特征以及它们是如何影响转子运行的。具体如表 27-10-19 所示。

10.5.1.2　自激振动

旋转机械设备的不稳定性是一种由机械设备本身引起的激励现象，有时又称为持续性瞬态行为。在不稳定性的初期，转子变形随着转速的增加而积累，在临界转速共振区域，这种积累达到最大值；然后，随着转子转速通过临界转速共振区域，转子变形则逐渐降低。如果转子转速的增高使得不稳定性累积到其极限值时，则导致机械发生故障。与旋转设备的强迫振动不同，转子的不稳定性是由于自身激励所引起的，它不需要一个持续的力来维持振动的发生。需要注意的是：转子的涡动频率与转动频率是不同的。

表 27-10-19　　　　　　　　强迫振动及其特征

强迫振动源	特　征
不平衡响应/同步转动	1. 典型的不平衡响应模型如图 27-10-35 所示，其中： C——转盘几何中心；β——相位角；M——转盘质量中心；O——轴承中心；r——转子与远点之间的转向角；θ——旋转角度；ω——转子的角速度 $\omega = \dot{\theta} + \dot{\beta}$；$\omega_N$——无阻尼情况下转子的固有频率 2. 图 27-10-36 显示了上述转子模型不平衡响应随转速的变化关系 3. 图 27-10-37 显示了相位角 β 随转速的变化关系，从图中可以看出，相位角从低转速时的 0° 逐渐变化到高转速时的 180°；在临界转速 ω_N 时，$\beta = 90°$ 4. 在 0 阻尼比的情况下，转子的偏转角和轴承力为无限大；而在其他情况下，转子偏转角与轴承力则是有限的，并且它们的幅值取决于阻尼比 5. 当转子以极快的速度通过其临界转速时，图 27-10-36 和图 27-10-37 中临界转速的情况通常没有足够的时间发生 6. 转子的临界转速并非一固定值，它会随阻尼比而发生微弱微弱的变化，临界转速与阻尼比的关系为： $\omega_{cr} = \dfrac{\omega_N}{\sqrt{1-2\zeta^2}}$，$\zeta$ 为阻尼比
轴弯曲	1. 当轴发生弯曲时，其振动激励响应与轴不平衡质量类似 2. 当转轴转速远大于其临界转速时（$\omega \gg \omega_{cr}$），与不平衡相比（如图 27-10-36 所示），转轴弯曲引起的振动响应将被削弱，如图 27-10-38 所示 3. 当轴弯曲与质量不平衡同时发生在同一转速时，其振动响应取决于不平衡质量与轴弯曲的矢量合成
重力临界	1. 由于重力作用而引起的强迫振动 2. 通常发生在本身质量较大而阻尼又很小的转子上 3. 重力临界的通常发生在转子临界转速一半的转速附近
转子惯性和陀螺效应的影响	1. 图 27-10-35 的转子模型中没有考虑到转子惯性的影响，但实际上，转子惯性和陀螺效应对转子的固有频率、临界转速、转子的不平衡响应是有影响的 2. 惯性影响可能产生前向或后向涡动的现象 3. 前向涡动将增加转子的临界转速；相反，后向涡动将降低转子的临界转速 4. 对于前向临界转速，由于不平衡会产生大的涡动振幅 5. 后向涡动对转子不平衡的影响则不敏感
环形间隙引起的转子响应	1. 转子变形超过了环形间隙时，转轴定子与转子之间会产生连续的摩擦 2. 当弱的接触摩擦产生时，将出现不平衡力产生的前向涡动 3. 当产生强的接触摩擦时，将阻碍转子在定子（滑动轴承瓦等）里面的滑动，并因此产生后向涡动 4. 在某转速下的前向涡动会产生由于转子与定子的啮合而导致的不平衡现象
强迫振动响应的非线性和非对称性的影响	1. 上述响应都是在刚度和阻尼为现行和对称的假设下，响应正比于转子的变形的转速 2. 对于非线性和非对称的情况，上述振动响应将产生严重失真和畸变现象

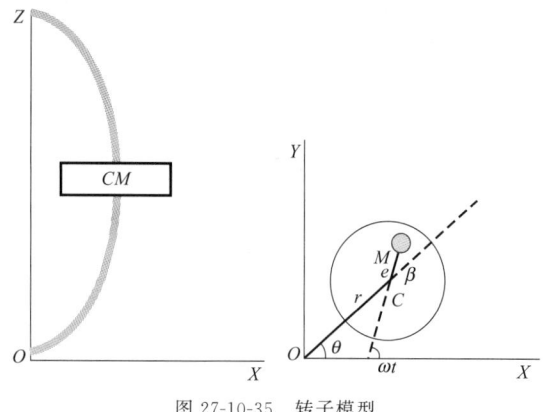

图 27-10-35 转子模型

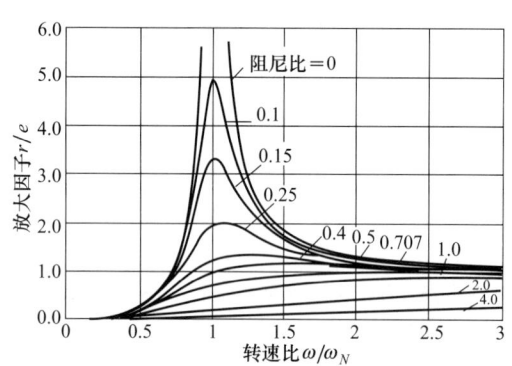

图 27-10-36 转子模型的质量不平衡响应随转速的变化曲线

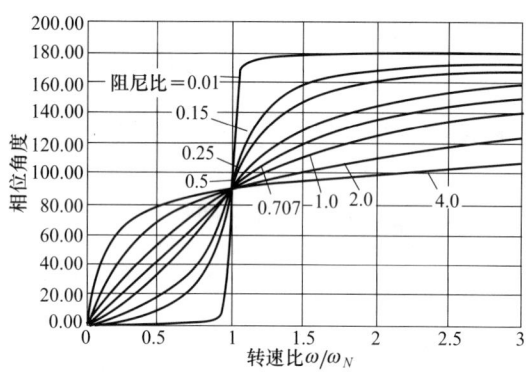

图 27-10-37 转子模型的不平衡相位角度随转速的变化曲线

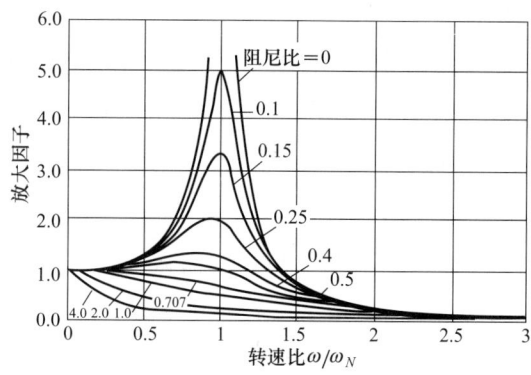

图 27-10-38 轴弯曲时振动响应随转速的变化曲线

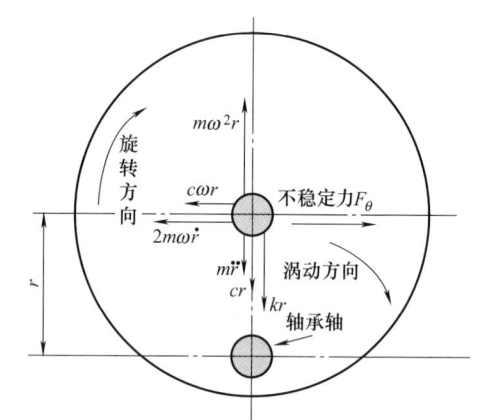

图 27-10-39 转子非平稳性的产生

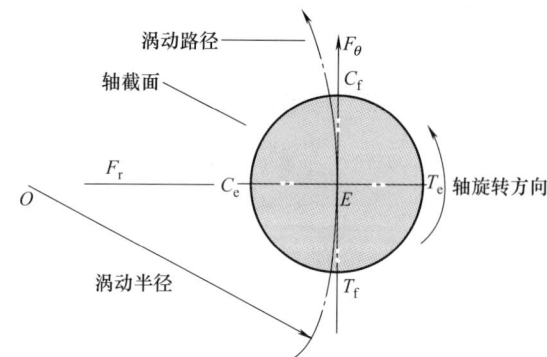

图 27-10-40 内部摩擦阻尼力对转子的振动激励

一般而言,转子的不稳定性是与切向力向量的存在密切相关的。这一切向力向量与转子变形向量垂直并与阻尼力向量反向。具体如图 27-10-39 所示。其中切向力 F_θ 的特征是其幅值正比于转子的变形。从切向力与阻尼力开始相等那一刻起,由于使得转子平稳的力失效,转子不平稳开始发生,随着切向力幅值的增加,产生转子涡动现象。产生上述切向力的可能因素如表 27-10-20 所示。由于转子动力学本身的复杂性,所列出的可能只是部分导致因素,还可能有其他因素存在。

10.5.2 旋转机械常见故障机理与诊断

10.5.2.1 振动测量与技术

振动测量中最常用的单位如表 27-10-21 所示。

对旋转机械设备中振动的定量评估可以通过幅值、速度、加速度或力的幅度来衡量。振动信号的频率、相位角和时变特征则用来描述这些评估量。由于

表 27-10-20　　　　常见旋转机械设备振动的自激振动源及其特征

自激振动源	特征
内部摩擦阻尼	1. 图 27-10-39 为转子转动模型的截面图 2. 由于变形,轴左半侧受到挤压 C_e 而右半侧受到拉伸 T_e 作用,见图 27-10-40 3. 上述拉伸和挤压力增大了轴的强度,并产生一个与离心力反向的恢复力 F_r 4. 由于轴中拉伸和挤压的作用,使得在轴截面上产生一系列的摩擦力 T_f 和 C_f 5. 最终,上述力的联合作用产生了与转子涡动方向相同,但与阻尼方向相反的的涡动作用力 F_θ 6. 在不平稳性的临界值处,阻尼力与涡动力相互抵消;随着涡动力的增大,产生涡动自激振动现象
叶顶间隙激励(Alford 力)	1. 定义:由于转子偏心现象而引起的上下径向间隙不对称而导致的非平稳力,又称为 Alford 力 2. 这一非平稳力是由于叶顶与定子之间的振动造成的,即:当该叶顶间隙缩小,导致泄漏减小,从而功率增加,导致转子的扭矩大于其扭矩的均值;反之则相反,如图 27-10-41 所示 3. 此外,如前所述,转子变形增大会导致非平稳力增加,这也会缩小叶顶间隙
叶轮扩压器激励力	主要导致原因为叶轮箱与盖板之间较窄的缝隙区域
推进器涡动	1. 推进器涡动是飞行器中常见的另外一种非稳定性现象,当推进器的角速度与飞行器的线速度不匹配时,就会出现这种非稳定现象 2. 它的幅值与角度不匹配程度和飞行器的线速度都成正比
干摩擦	1. 干摩擦是由于接触的发生而阻碍了定子与转子之间的滑动 2. 这种接触可能是由于转子不平衡力而引起的转子变形所造成的 3. 干摩擦引起的涡动与转子转动方向相反,而与转子涡动方向相同,因此干摩擦会增大涡动的幅度 4. 干摩擦涡动产生的另外一个原因是涡动的速度接近转子与定子的耦合固有频率 5. 干摩擦通常可能发生在滑动轴承、密封、磨损环和其他动静件之间存在间隙的部件中
转矩涡动/负载转矩	1. 当转盘的轴心线与轴承的轴心线不在同一直线上时,由于不对中而引起的负载转矩与驱动转矩会导致转子的非同步涡动现象,即所谓的转矩涡动 2. 该涡动现象通常发生在细长轴且扭转负载较大的情况下
油膜涡动/振荡	1. 油膜涡动的速度约为转子转速的一半 2. 当转子以 2 倍的临界转速运转时,将可能发生油膜涡动速度与转子临界转速接近的情况,从而导致旋转机械振幅大幅增加
轴承与支撑对转子非平稳性的影响	由于轴承刚性和轴承阻尼而诱发的旋转机械设备的振动

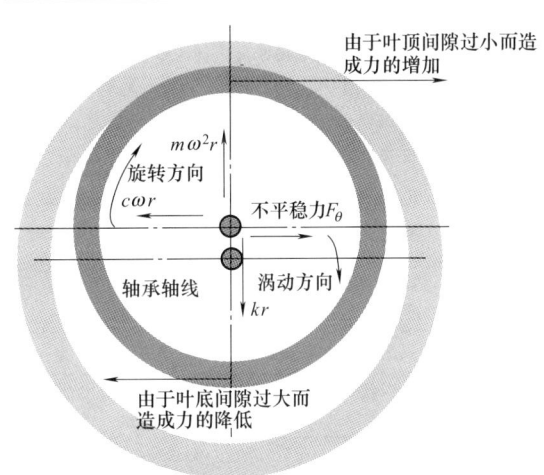

图 27-10-41　叶顶间隙激励

表 27-10-21　　振动测量中的常用单位

振动量	单位
位移(峰峰值)	mm
速度(峰值、均方根值 RMS)	mm/s
加速度(均方根值 RMS)	g 或 m/s²
频率	Hz 或 r/min
相位角	弧度或角度

10.5.2.2 振动标准

所谓振动标准就是解决基于振动信号的故障诊断问题中"多大才是过大"的标准问题。这一问题针对不同的决策者、设备制造商、最终用户等因素而不同。由于振动问题在旋转机械故障诊断中占有举足轻重的地位,因此设备的最终用户为了达到安全操作的目的,通常会制定标准、报警和停机等振动级别。表 27-10-23～表 27-10-25 和表 27-10-26、表 27-10-27 依据相关的国际标准,分别列出了常用旋转机械设备中非转动部件和转轴的振动标准等级。

常见的振动信号并非纯的正弦信号,因此需要用诸如峰值、峰峰值或者均方根值(RMS)来衡量这些振动信号的幅度。在工业实际中,这些参数通常根据机械设备的特性、复杂性、设备类型和设备应用目的来确定。工业实际中对旋转机械设备的振动测量参数和技术指标的确定如表 27-10-22 所示。

表 27-10-22　　振动测量参数与技术指标

测试量/技术指标		定　义	应用场合
加速度（RMS）		需要检测高频分量或者振动力	齿轮箱、滚动轴承、燃气/蒸汽透平机
波德/奈奎斯特图		振动位移的幅值和相位与速度的关系图	观测滑动轴承转子系统中临界转速和非平稳性
倒谱分析		功率谱对数的逆傅里叶变换	检测齿轮箱、滑动轴承和电机振动信号中谐波和边频带
实时状态监测		分析机械设备振动信号以确定其连续或者周期性的运行状态	工业现场的最关键设备，目的是减少对设备备品的需求
位移峰峰值	绝对值	转子振动的绝对振动位移量	转子质量远大于定子质量时，例如大型电机、发电机和鼓风机
	相对值	转子振动的相对位移量	应用滑动轴承或者小蜜蜂间隙的机械设备
	外部振动	定子部件振动的绝对振动位移量	低速机械设备（低于 1000r/min）
模型分析		测试结构对外力的振动响应	确定模型结构的质量、刚度、阻尼特性，也可用于计算结构的固有频率
轨迹分析		转轴在旋转过程中中心线的运动路径	具有滑动轴承的旋转机械的故障诊断，可以显示轴承运动的图像
极坐标图		机械不同转速下振动幅值的极坐标图	与波德图类似，用于检测临界转速和非平稳性，也可用于提取模型的特性
相位角		振动信号的相位	在平衡、诊断临界转速和不对中问题等应用中有效
滚动轴承分析	加速度	检测轴承加速度信号中的通过和离散频率	当故障恶化以至于可以目测到振动信号中噪声成分幅值增加时，可用频率范围为 5～5000Hz
	冲击脉冲法	与传感器固有频率相调制的高频振动响应	故障早期检测、测试超声噪声成分，为相对较专用的技术
	包络技术	轴承故障造成的周期性冲击，该冲击使得轴承部件产生共振，用于检测冲击的频率	用于检测轴承早期故障和晚期故障
	尖峰能量法	检测 5～45000Hz 范围内的宽带加速度信号	用于检测轴承早期故障和晚期故障
	峭度法	振动信号的四阶矩	用于检测轴承早期故障和晚期故障
启停机分析（瀑布图分析）		时间（转速）-频率-幅值域的三维图	用于检测各种基于振动的故障问题，对于分析瞬态信号尤为有效
频谱分析		振动信号的频率-幅值曲线	确定频率、谐波、边频带、敲击、传递函数等各种诊断问题
趋势分析		在时间域显示周期性采集的振动信号的特征	在机械状态评估中用于预测维护时间及策略
时间平均		同步采样中对采集的振动信号进行平均	用于齿轮箱故障诊断，降低振动信号中非同步振动分量对信号的影响，提高信噪比
时域分析		振动幅值随时间的变化关系	观测信号幅值、冲击、瞬态和相位角
速度幅值或 RMS 值		振动信号的速度幅值	工业实际中常用的监测振动的特征量，幅值和 RMS 分别对应振动的幅度和能量

表 27-10-23　　旋转机械中非转动部件可接受的振动等级

机械类型	功率等级	转速范围/r·min^{-1}	振动等级	
			刚性支撑	柔性支撑
蒸汽透平机组	15≤P≤300kW	120≤N≤15000	V1 和 D3	V3 和 D7
	300kW<P≤50MW	120≤N≤15000	V3 和 D5	V6 和 D8
	P>50MW	N<1500 或 N>3600	V3 和 D5	V6 和 D8
	P>50MW	N=1500 或 1800	V5	V5
	P>50MW	N=3000 或 3600	V7	V7

续表

机械类型		功率等级	转速范围/r·min^{-1}	振动等级	
				刚性支撑	柔性支撑
燃气透平机组		$15 \leqslant P \leqslant 300$kW	$120 \leqslant N \leqslant 15000$	V1 和 D3	V3 和 D7
		300kW$<P \leqslant 3$MW	$120 \leqslant N \leqslant 15000$	V3 和 D5	V6 和 D8
		$P>3$MW	$3000 \leqslant N \leqslant 20000$	V8	V8
水力和泵透平机组	水平式机组	$P>1$MW	$60 \leqslant N \leqslant 300$	N/A	V4
		$P>1$MW	$300<N \leqslant 1800$	V2 和 D6	N/A
	垂直式机组	$P>1$MW	$60 \leqslant N \leqslant 1800$	V2 和 D6	N/A
		$P>1$MW	$60 \leqslant N \leqslant 1800$	V2 和 D6	V4 和 D9
离心泵	分离式驱动	$P>15$kW	$120 \leqslant N \leqslant 15000$	V3 和 D2	V6 和 D4
	一体式驱动	$P>15$kW	$120 \leqslant N \leqslant 15000$	V1 和 D1	V3 和 D7
发电机(不包括水力发电机)		$15 \leqslant P \leqslant 300$kW	$120 \leqslant N \leqslant 15000$	V1 和 D3	V3 和 D7
		300kW$<P \leqslant 50$MW	$120 \leqslant N \leqslant 15000$	V3 和 D5	V6 和 D8
		$P>50$MW	$N<1500$ 或 $N>3600$	V3 和 D5	V6 和 D8
		$P>50$MW	$N=1500$ 或 1800	V5	V5
		$P>50$MW	$N=3000$ 或 3600	V7	V7
水力发电机中的发电机和电动机	水平式机组	$P>1$MW	$60 \leqslant N \leqslant 300$	N/A	V4
		$P>1$MW	$300<N \leqslant 1800$	V2 和 D6	N/A
	垂直式机组	$P>1$MW	$60 \leqslant N \leqslant 1800$	V2 和 D6	N/A
		$P>1$MW	$60 \leqslant N \leqslant 1800$	V2 和 D6	V4 和 D9
压缩机和鼓风机		$15 \leqslant P \leqslant 300$kW	$120 \leqslant N \leqslant 15000$	V1 和 D3	V3 和 D7
		300kW$<P \leqslant 50$MW	$120 \leqslant N \leqslant 15000$	V3 和 D5	V6 和 D8

表 27-10-24　　各等级的最大振动速度极限（RMS 值）　　mm/s

振动等级	A	B	C	报警	停机	振动等级	A	B	C	报警	停机
V1	1.4	2.8	4.5	3.5	5.6	V5	2.8	5.3	8.5	6.6	10.6
V2	1.6	2.5	4.0	3.1	5.0	V6	3.8	7.1	11.0	8.9	13.8
V3	2.3	4.5	7.1	5.6	8.9	V7	3.8	7.5	11.8	9.4	14.8
V4	2.5	4.0	6.4	5.0	8.0	V8	4.5	9.3	14.7	11.6	18.4

表 27-10-25　　各等级的最大振动位移极限（RMS 值）　　μm

振动等级	A	B	C	报警	停机	振动等级	A	B	C	报警	停机
D1	11	22	36	28	45	D6	30	50	80	63	100
D2	18	36	56	45	70	D7	37	71	113	89	141
D3	22	45	71	56	89	D8	45	90	140	113	175
D4	28	56	90	70	113	D9	65	100	160	125	200
D5	29	57	90	71	113						

注：A 区域——新投入使用的机械设备应归属于该区域；
　　B 区域——机械振动为可接受的，并且可以认为机械设备可以在该状态下长期使用的情况；
　　C 区域——通常认为机械的振动相对较大，该状态不可以继续长期使用的情况；
　　报警——该区域的值通常为经验值，建议机械设备不能在该区域振动值的状态下继续运行；
　　停机——在该状态下，通常认为机械设备系统已经出现故障，需要停机维修。

表 27-10-26　　旋转机械中转轴可接受的振动等级

机械类型	功率等级	转速范围/r·min^{-1}	振动等级	
			相对位移	绝对位移
蒸汽透平机组	$P \leqslant 50$MW	$1000 \leqslant N \leqslant 30000$	D8	—
	$P>50$MW	$N=1500$	D5	D7
	$P>50$MW	$N=1800$	D4	D6
	$P>50$MW	$N=3000$	D2	D5
	$P>50$MW	$N=3600$	D1	D3

续表

机械类型	功率等级	转速范围/r·min^{-1}	振动等级	
			相对位移	绝对位移
燃气透平机组	$P>3MW$	$3000 \leqslant N \leqslant 30000$	D8	—
	$P \leqslant 3MW$	$1000 \leqslant N \leqslant 30000$	D8	—
水力和泵透平机组	$P>1MW$	$60 \leqslant N \leqslant 1800$	D9	D9
离心泵	所有功率	$1000 \leqslant N \leqslant 30000$	D8	—
电机	所有功率	$1000 \leqslant N \leqslant 30000$	D8	—
发电机（不包括水力发电机）	$P \leqslant 50MW$	$1000 \leqslant N \leqslant 30000$	D8	—
	$P>50MW$	$N=1500$	D5	D7
	$P>50MW$	$N=1800$	D4	D6
	$P>50MW$	$N=3000$	D2	D5
	$P>50MW$	$N=3600$	D1	D3
水力发电机中的发电机和电动机	$P>1MW$	$60 \leqslant N \leqslant 1000$	D9	D9
	$P>1MW$	$1000<N \leqslant 1800$	D8	—
压缩机和鼓风机	所有功率	$1000 \leqslant N \leqslant 30000$	D8	—

表 27-10-27 各等级的最大振动峰峰值极限

μm

振动等级	A	B	C
D1	75	150	240
D2	80	165	260
D3	90	180	290
D4	90	185	290
D5	100	200	320
D6	110	220	350
D7	120	240	385
D8	$4800/\sqrt{n}$	$9000/\sqrt{n}$	$13200/\sqrt{n}$
D9	$10^{(2.3381-0.0704\lg n)}$	$10^{(2.5599-0.0704\lg n)}$	$10^{(2.8609-0.0704\lg n)}$

10.5.2.3 旋转机械振动信号特征与故障诊断

振动是所有旋转机械的基本内在特征。旋转机械的振动可以有很多因素所导致，例如不正确的设计、实际制造精度限制、安装过程误差、系统环境影响、部件性能衰退、操作过程误差或者是以上因素的组合。在机械故障诊断的过程中，由于设备故障导致因素的多样性和组合型，精确地确定旋转机械的故障（振动激励源）是非常困难的。然而，可以通过设备振动信号的一些特征进行故障诊断。表 27-10-28 列出了常见旋转机械设备振动信号的特征与故障的对应关系。

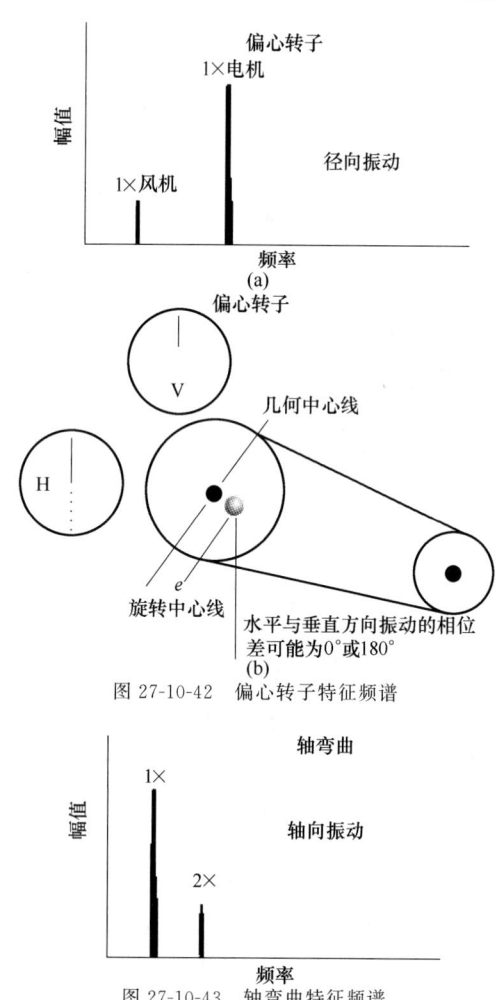

图 27-10-42 偏心转子特征频谱

图 27-10-43 轴弯曲特征频谱

表 27-10-28　　　　　　　　　常见旋转机械设备振动信号的特征与故障诊断

故障	主要频率成分	频谱、时域或轴心轨迹的形状	特征和建议
质量不平衡	1倍频	极大的1倍频分量,并伴随有幅值很小的谐波成分;轴心轨迹为圆形或椭圆形	应用动/静平衡法降低振动
偏心转子	1倍频	幅值随转速的变换而变化	在常见的不平衡故障中,当测试位置从水平变为垂直时,其测量信号的也会相应地产生90°的相位差。但是在偏心转子中,水平和垂直测量信号的相位差可能为0°或者180°。因此,当试图对偏心转子进行平衡时,通常会造成使一个方向的振动降低的同时,却增加了另外一个方向的振动的现象。特征频谱如图27-10-42所示
轴弯曲	1倍频和2倍频	轴的轴向和径向的振动会同时增大。有时候轴向振动甚至大于径向振动。振动信号中通常会同时出现转动频率的1倍频和2倍频	如果1倍频的幅值为振动信号的主要振动分量,那么弯曲通常发生在轴的中心部;如果2倍频的幅值为振动信号的主要振动分量,那么弯曲通常发生在轴的端部;此时轴向振动和径向振动的相位差通常为180°。特征频谱如图27-10-43所示
不对中	1倍频和2倍频,有时还出现3倍频; 8字形轴心轨迹	角度不对中:角度不对中主要会产生驱动轴和被驱动轴的轴向工频振动。角度不对中的各种情况如图27-10-44所示。但角度不对中发生时通常为几种不对中情况的组合。因此角度不对中故障发生时,不仅仅是轴向的1倍频出现,通常还伴随着轴向的1倍频和2倍频同时出现。有时候还伴随着1、2和3倍频同时出现,当然这与由于耦合问题(例如松动)产生的故障特征类似 平行不对中:通常会产生径向2倍频的振动分量。平行不对中通常也不会单独出现,有时可能伴随着角度不对中等故障。因此振动信号中通常会同时出现1倍频与2倍频分量。当平行不对中故障影响大时,其2倍频分量通常大于1倍频分量。但通常也受到耦合及结构本身的影响	角度不对中:通常当在两轴耦合处的两个轴侧测量其轴向振动时,它们的振动信号相位差通常为180° 当角度和平行不对中故障程度都比较大时,从3倍频到8倍频甚至是所有谐波分量的高频振动将被激励出来。当不对中故障程度严重时,耦合的结构通常对频谱的形状影响较大 平行不对中发生时,耦合两侧径向振动振动180°相位差 具体如图27-10-44所示
滑动轴承磨损	1倍频和1/2倍频	两主要频率成分幅值相当	难以通过平衡矫正
重力临界	2倍频	停机过程中在1/2倍临界转速处出现振动激励	可以通过平衡矫正
非对称轴	2倍频	停机过程中在1/2倍临界转速处出现振动激励	通常出现在级联轴系中
轴裂纹	1倍频和2倍频	高的1倍频分量,停机过程中在1/2倍临界转速处出现振动激励	需要应用超声检测进行裂纹定位
部件松动	1倍频、高次谐波、子谐波		对所有旋转机械,其机械松动通常发生在:①内部装配松动;②机械与底座之间的松动;③结构松动。详细内容参见表下内容
耦合自锁	1倍频和2倍频	主要频率分量幅值相当,8字形轴心轨迹	
热不稳定性	1倍频	1倍频峰值随温度发生变化,相位角在此过程中可能发生变化	
油膜涡动	小于1/2倍频,特别是0.35到0.47倍频	升速过程会出现1/2倍频的增加过程,并且始终处于小于1/2倍频的位置	可以通过调整轴瓦维修

续表

故障	主要频率成分	频谱、时域或轴心轨迹的形状	特征和建议
内部摩擦	1/4、1/3、1/2、3、4 倍频等	降速过程可以看到该幅值逐渐减小直至消失；轴心轨迹为环状	可能会引起转轴故障的发生
滚动轴承故障	滚动轴承故障特征频率处	频谱中在故障频率处出现峰值	冲击脉冲测试装置也可用于检测滚动轴承故障
齿轮故障	齿轮啮合频率	齿轮啮合频率处出现谱峰值及其边频带，时域信号中也可能出现脉冲	
电机问题	1 倍频和 2 倍频	1 倍频和 2 倍频附近出现边带；当电机电源关闭后，该振动分量消失	
管道力	1 倍频和 2 倍频	两主要频率分量幅值相当	可能导致轴承或耦合件的不对中
转子和轴承临界	1 倍频	高的 1 倍频，降速过程中 1 倍频迅速降低，并可能伴有大的相位变化	
结构共振	1 倍频和 2 倍频	高的 1 倍频，2 倍频成分稍低，降速过程中可以识别结构共振	改变（增加或降低）结构强度或结构质量，从而改变结构的固有频率
转子迟滞	0.65～0.85 倍频	在主要频率成分区域有大的谱值	常发生在带有过渡配合的组合式转子系统中
液压力	1 倍和 2 倍的叶片通过频率	主要频率成分的频谱幅值较大	离心泵中较常见，是由于流动再循环或者叶轮与缸体之间的空隙不足造成的

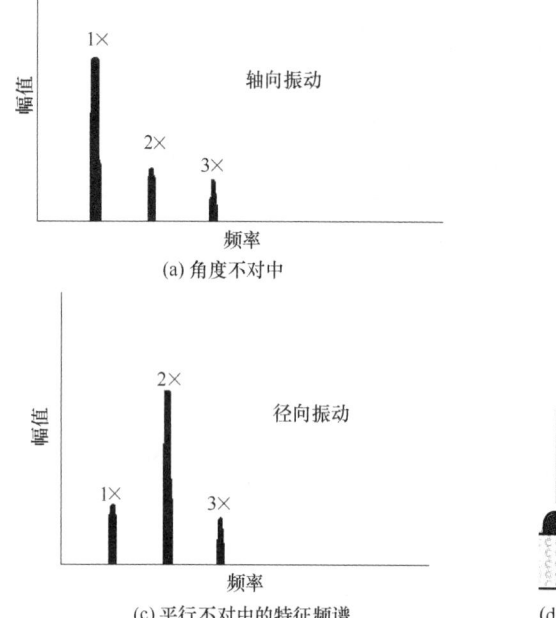
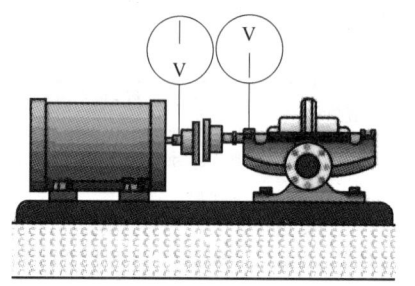

图 27-10-44 不对中故障特征

(1) 不平衡

不平衡故障是由于旋转部件的质量中心与转动几何中心不重合所造成的。在实际制造过程中，几乎不可能使转子完全平衡。因此，不平衡故障是所有旋转机械设备转子中的最常见故障。

不平衡故障通常会导致幅值几乎保持不变的周期性振动信号。其径向振动的特征频率为转子的转动频率，即 1 倍频。当转子为垂直运转时，转子径向振动频谱中也会出现幅值最大的 1 倍频振动信号分量。不平衡故障对旋转机械设备的影响取决于转子的转速，转速越大，不平衡故障引起的振动幅值就越大。当转子低速运转时，其轴振动的最大位移处与不平衡位置一致；随着转速的增加，振动最大位移会逐渐滞后于不平衡的位置；当通过第一阶临界转速时，滞后达到

90°；当通过第二阶及以后更高阶的临界转速后，滞后达到 180°。

（2）不对中

不对中故障的特征如表 27-10-29 所示。用于识别不平衡与不对中故障的特征如表 27-10-29 所示。

表 27-10-29　不平衡与不对中故障识别特征

不平衡	不对中
频谱中 1 倍频幅值最大	1 倍频的谐波幅值较大
轴向振动幅值相对较低	轴向振动幅值较高
在不同位置测试的振动信号的相位角与其测试位置有对应关系	不同测试位置的振动信号区别较大
振动级别与温度无关	振动级别随温度的变化而变化
1 倍频处的振动级别随着转速的增加而增大。离心力与轴转速的平方成正比	振动级别随转速的变化几乎改变不大。由于不平衡而导致的力几乎没变化

（3）机械松动

对所有旋转机械，其机械松动通常发生在：①内部装配松动；②机械与底座之间的松动；③结构松动。

内部装配松动：通常包括诸如轴承瓦和轴承盖、滚动轴承的滚子与沟槽、轴上的叶轮等。这主要是由于部件的非正常配合造成的。由于转子激励器的松动部件的振动，通常会在 FFT 谱中产生许多谐波分量。信号的时域信号通常会出现截断情况，因此造成 FFT 中的许多谐波成分。时域信号的相位通常不稳定。这种松动所造成的设备振动的方向性很强，可以采用在不同方向多布置传感器的方法来检测。此外，这种松动还可能产生子谐波成分，即：1/2×、1/3× 等。其特征频谱如图 27-10-45 所示。

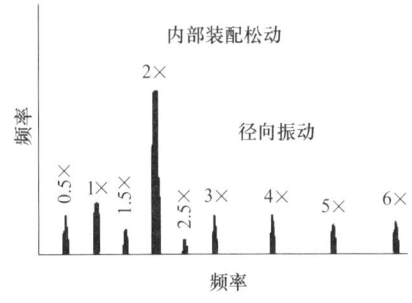

图 27-10-45　内部装配松动特征频谱

设备与底座之间的松动：通常由于底座螺钉松动、结构裂纹或轴承基座造成的。其特征也为高频谐波分量，其特征频谱如图 27-10-46 所示。

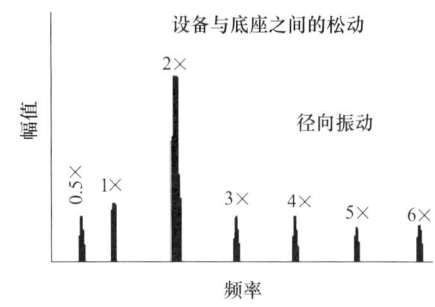

图 27-10-46　设备与底座之间松动的特征频谱

基础结构松动：通常由于结构本身的松动或机械设备基础等本身的缺陷造成的。也有可能是水泥、固定螺钉等本身强度低造成的。此时，底座与机械设备本身的振动可能产生 180°的相位差。其结构示意图和振动特征频谱如图 27-10-47 所示。

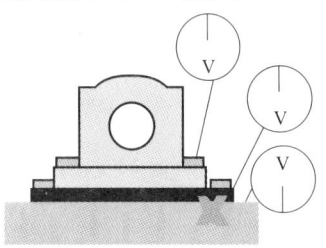

(a) 结构松动引起的 180°相位差示意图

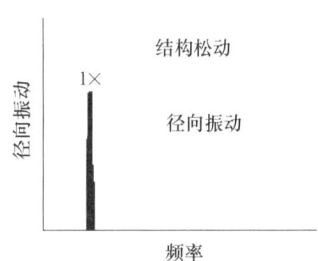

(b) 基础结构松动的特征频谱

图 27-10-47　底座结构示意图和振动特征频谱

另外一种诊断机械松动的方法是通过旋转机械设备振动信号的振动趋势变化来进行，即：机械松动的初期阶段，振动信号中 1 倍频的频率成分最强，此阶段的振动特征与不平衡故障相似；随着机械松动故障的恶化，振动信号中的谐波成分逐渐增强，同时 1 倍频分量幅值降低，振动时域信号的 RMS 值也可能降低；在机械松动的最后阶段，分谐波成分 $\left(1/2，1/3，1\frac{1}{2}，2\frac{1}{2} 等\right)$ 的幅值也逐渐增大。

（4）转子摩擦

转子摩擦的频谱与机械松动的频谱特征相似。摩擦可能发生在转子转动周期的某一段或者整个转动周期。因此，它可以激励起多种频率成分，并且有可能激励起一个或多个固有频率。有时会发出类似与粉笔在黑板上划时所产生的声音,并且在产生强的高频噪声。同时有可能产生整数的子谐波(1/2、1/3、1/4、…)。它们可能满足下述关系(N:转子工作转速;N_c:转子临界转速):

1×;	当 $N<N_c$;
1/2× 或者 1×;	当 $N>2N_c$;
1/3×、1/2× 或者 1×;	当 $N>3N_c$;
1/4×、1/3×、1/2× 或者 1×;	当 $N>4N_c$;

相对于轴摩擦到密封等故障,当转轴摩擦轴瓦时,其故障较为严重,其频谱和波形如图 27-10-48 所示。

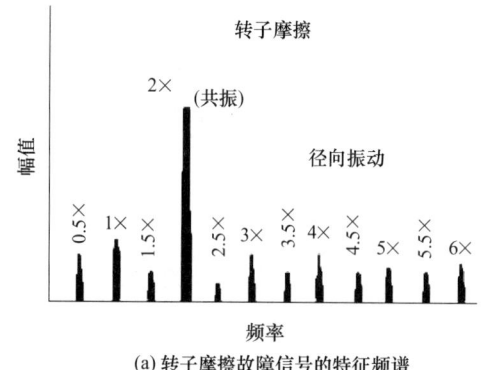

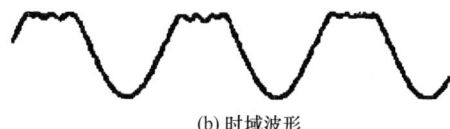

图 27-10-48　转轴摩擦轴瓦的频谱和波形

(5) 滑动轴承

滑动轴承中间隙过大故障:滑动轴承磨损到一定程度时将会出现动静子之间较大的空隙。该故障发生时,其 FFT 频谱与机械松动故障相似。甚至会出现 10×、20× 的高频振动分量。这是由于空隙增大使得油膜强度降低的缘故造成的。其频谱如图 27-10-49 所示。

(6) 油膜涡动

油膜涡动是由油膜激励引起的振动,它发生在高速旋转的滑动轴承中。假设转轴以转速 N 运转时,在轴与轴瓦之间会产生压力润滑油膜。靠近转子的油膜部分与转子一起运动,而其轴瓦(定子)为静止。因此转轴与轴瓦之间的楔形油膜的转速应该为 $1/2N$。但摩擦等因素使得油膜的实际速度为 0.42~0.48 倍频。通常情况下,油膜如图 27-10-50 所示运动。

在某种工况下,油膜的压力可能会大于支撑转子

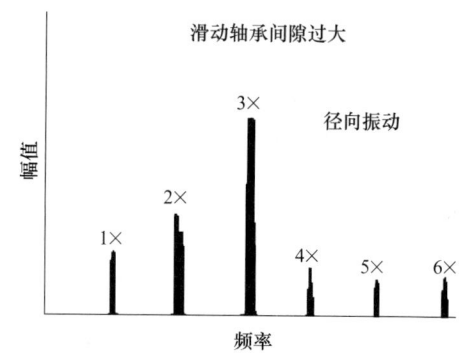

图 27-10-49　滑动轴承间隙过大故障的特征频谱

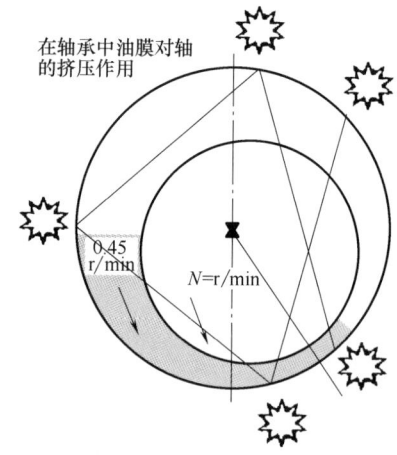

图 27-10-50　油膜涡动现象示意

所需要的压力,这种情况下,就会激励起转子额外的振动,即所谓的油膜涡动。油膜涡动可以通过改变油膜速度、润滑油压力和施加外部预载荷等方法减弱或消除。油膜涡动的特征频率为 0.42~0.48 倍频,而且振动幅值较大。

(7) 油膜振荡

油膜振荡是由于轴没有油膜支撑而造成的,而且当旋转速度与临界转速一致时,这种振动变得非常不平稳。油膜振荡对旋转机械设备的影响远大于油膜涡动。这是由于当油膜振荡发生时,这种涡动频率(临界转速频率)即使在机械设备转速继续提高时仍然存在,可能会对整个机械设备造成不可估量的损坏。油膜涡动、油膜振荡与质量不平衡的振动特征如图 27-10-31(b)中的瀑布图所示。

10.6　往复机械振动与故障诊断

10.6.1　往复机械振动的基本特征

与旋转机械设备相比,往复机械中所激励出的振

动成分更复杂而且更加难以进行振动信号的分析与处理。所有应用活塞驱动进行工作的机械都可以被称为往复机械，例如汽油或柴油机、蒸汽发动机、压缩机和泵等。曲轴的扭转振动是往复机械设备中最主要的振动因素。虽然在工作过程中，曲轴的扭矩是一个周期性的运动（振动）过程，但在其运动周期中，其振动通常极其暴烈，这也使得往复机械振动比常见的旋转机械振动更为复杂。通常可以应用发动机转速及其谐波成分来描述往复机械的振动。但由于发动机及其带动部件（例如泵等）通常采用柔性耦合进行连接，因此整套机械设备的固有频率很少会落入到发动机工作转速或与其不同的谐波成分之内。

通常情况下，往复式发动机在其1倍工作频率及其谐波成分处的振动幅值较大。这些振动是由于气体压力和不平衡造成的；其中气体压力是由于油气在燃烧室内的燃爆造成的；而不平衡则来源于活塞与连杆连接而造成的连续改变的偏心质量半径。这种振动只可以部分地被平衡锤所抵消。对于4冲程发动机来讲，1/2倍频成分通常也会出现在所采集的振动信号中，这是由于在发动机工作过程中，凸轮轴以曲轴1/2的转速在旋转。因此，通常情况下，往复机械振动信号中出现幅值较大的工频、半频以及它们的谐波分量时，并不一定代表机械设备中出现了故障。

许多发动机通常在变转速的情况下进行工作，这使得在往复机械运转的过程中有大的力施加于设备部件或者基础结构上。由于运转问题也能产生往复机械的振动，例如点火失败、活塞敲击和压缩泄漏等。这些问题会导致1/2倍频振动的产生，当只有一个气缸受影响时，发动机的效率和功率输出都将降低。另外，轴承和齿轮故障也可能发生在往复机械设备中，但通常这类故障的特征频率都在高频带，因此在频谱域通常对发动机本身故障特征影响不大。

在所有往复机械（例如活塞发动机、压缩机和往复泵）的曲轴上都存在扭振现象。扭振是在一根轴上发生的扭曲摆动。图27-10-51显示了扭振示例。当图中摆动部分做左右的摆动振动时，B点和C点之间所发生的振动为轴的扭振；但是，在A点与B点之间的轴段虽然也处于整个轴上，但由于此区间不存在扭转的力，因此，此区间不存在扭振现象。也就是说，只有同一转轴上不同轴段的旋转振动不同时才可能发生扭振。

往复机械中导致扭振的原因也包括两类，即：
① 气体压力；
② 连杆上的不平衡质量。

扭振造成了转轴上的切向力，从而有可能导致在转轴的不连续几何点/面处出现裂纹等故障。这种连

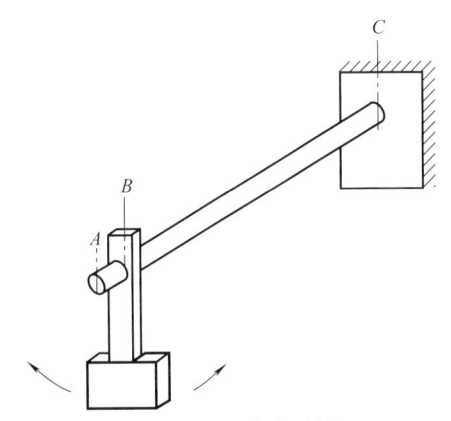

图 27-10-51　扭振示例

续、周期性的扭振最终可能导致转轴出现疲劳损伤。疲劳裂纹的表面通常与轴心线成45°角。通常情况下，扭振的测量比较困难，如果进行扭振测量，需要：

① 在轴上贴应变片，并采用滑动环或者遥测技术输出所测试的振动信号；

② 齿轮调制法，即在需要测试扭振的位置安装一个质量尽可能轻的齿轮，然后采用光或者非接触式传感器检测齿轮中每个齿的通过，将轴的扭振转化为高频的调制信号，然后应用解调器对所采集的信号进行解调，从而实现扭振测试的目的；

③ 光学方法，即在所需要测试轴扭振的位置贴上一片带子，然后利用测光装置测试该带子通过时的反射和轴表面通过时的无反射信号，然后应用齿轮调制法的相同步骤对所采集的信号进行处理获得轴扭振的测试方法。

10.6.2　往复机械故障诊断

往复机械中的振动问题通常包括共振和运转两类。

往复机械的运转问题（例如内燃机点火失败）故障可以通过监测振动信号幅值的变换趋势来诊断。这种方法在被监测设备在同样的速度和负载下进行工作时，在同样的振动测试点测得的信号相比较时才有效。

图27-10-52（a）为在某正常运转状况下的内燃机阀盖上所测得振动加速度信号的频谱。此时，所有气缸的点火都正常。图27-10-52（b）显示的为同一内燃机的其中一个火花塞连接线断开时振动加速度信号的频谱。很明显，此时振动信号中的谐波成分及其1/2谐波成分的振动幅值增大。图27-10-52（c）显示了内燃机的两个火花塞连接线断开时振动加速度信号的频谱。此时，振动信号的谐波成分及其1/2谐波成分的振动幅值进一步增大。在测试过程中，节流阀的

气体压力会导致曲轴产生扭振。这些扭振与线性模式密切相关,因此当扭振发生时,可能导致非常明显的线性振动。由于气体压力导致的振动在4冲程内燃机中通常会导致 $1/2\times$ 倍频及谐波倍频的振动。

不平衡力可以在往复机械的运转频率分量处产生明显的振动幅值。对于一个全新的内燃机而言,其平衡状况通常较好;但是当维修以后,如果替换了不同质量的活塞或者连杆,那么由不平衡力导致的振动会明显增大。最好的办法是比较维修前和维修后的振动信号,从而判断维修的质量。

振动信号时域信号处理方法是其中一个比较重要的信号分析方法。经过长时间对往复机械振动信号的观察,现场状态监测工程师可以直接通过振动信号的时域波形看出每个气缸的燃爆,阀的开、关过程。发动机运行的每一个冲程都是一个冲击振动,因此在振动信号中通常会表示为一个冲击响应信号的波形成分。

由于往复机械振动本身的复杂性,因此要使得故障诊断过程更加有效,通常需要在机械设备正常的情况下,采集相应的振动信号并获得信号的频谱曲线,并以此时的频域信号作为在该工作条件下该机械设备振动的标准信号。在机械设备以后的工作过程中,将设备当前振动信号与标准振动信号进行比较,从而判断往复机械设备的健康状况。

图27-10-53 显示了一个压缩机在正常和故障状态下的振动信号。通过比较,可以很明显地发现压缩机在不同健康状态下振动信号的区别。

此外,往复机械中许多典型的故障都是由于机械松动造成的,这些机械松动在振动信号中通常表现为碰撞或冲击。这些冲击或碰撞所造成的响应信号的持续时间通常很短,它们通常对整个振动信号的振动级别的影响比较小。因此旋转机械故障诊断中的趋势等分析方法通常对往复机械早期故障诊断的效果不明显。旋转机械中的最主要故障包括:

① 螺栓松动或断裂;
② 杆状螺帽的松动或断裂;
③ 连接杆或者活塞杆的裂纹;
④ 十字头或滑块的间隙过大;
⑤ 连接销的间隙过大;
⑥ 气缸中出现液体或碎屑;
⑦ 气缸中的腐蚀洞;
⑧ 其他部件的裂纹或断裂。

如前所述,振动幅值也可以表示一套机械设备的健康状况。图27-10-54 总结了常见往复机械设备振动幅值与健康状态的关系。

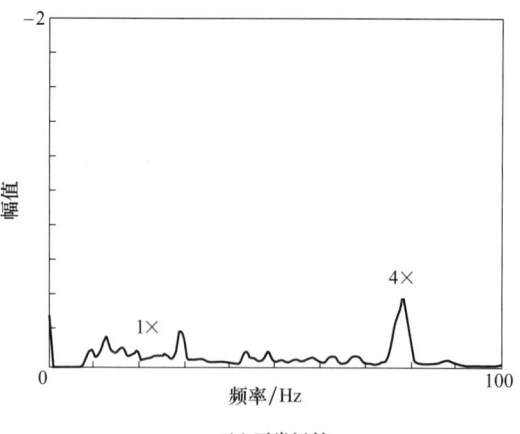

(a) 正常运转

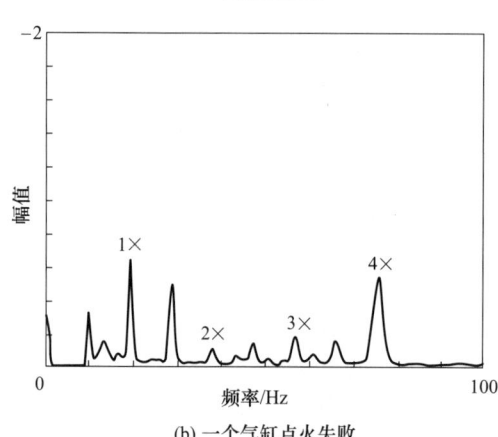

(b) 一个气缸点火失败

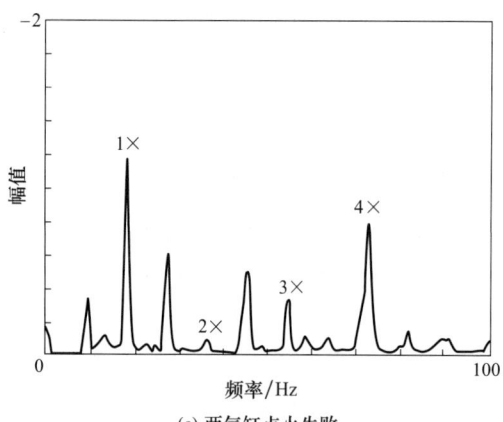

(c) 两气缸点火失败

图27-10-52 内燃机振动加速度信号的频谱

位置保持不变。由于其振动信号的复杂性,在往复机械运转过程中,测试其正常状态下的振动并作为标准信号在往复机械故障诊断中极其重要。

针对往复机械中缝隙过大的故障,可以通过对机械加速或减速时监测其振动幅值来实现,此时,振动信号的幅值有明显的增加。

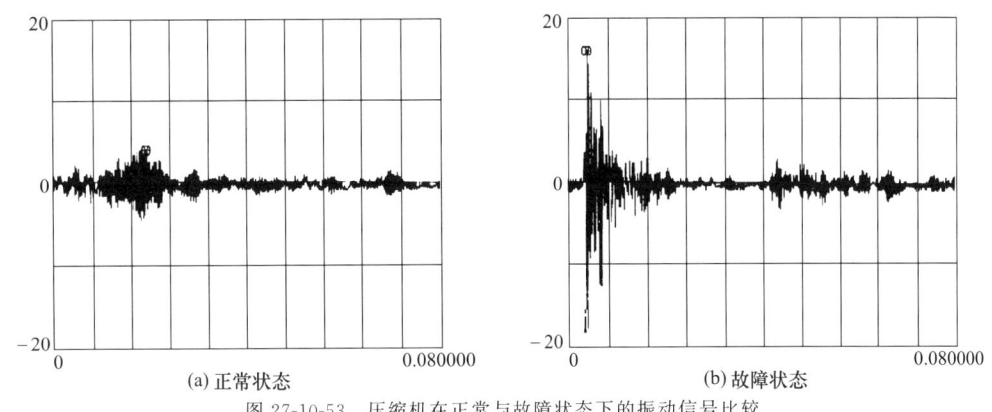

图 27-10-53 压缩机在正常与故障状态下的振动信号比较

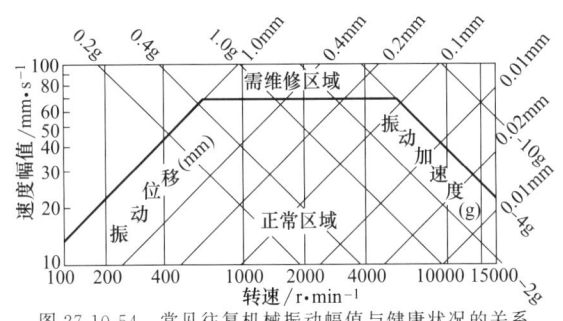

图 27-10-54 常见往复机械振动幅值与健康状况的关系

10.7 滚动轴承和齿轮故障诊断

10.7.1 滚动轴承故障诊断

10.7.1.1 滚动轴承故障诊断方法及应用

无故障滚动轴承在运行过程中的振动级别通常较低，而且当滚动轴承发生故障时，其故障特征频率通常是可以预见的。因此，滚动轴承的故障诊断相对更容易一些。此外，由于滚动轴承中的故障从发生到恶化通常是一个渐变的过程，这也使得滚动轴承的故障诊断更简单。由于正常使用而造成的滚动轴承故障通常从由金属疲劳导致的轴承中某一个部件（内外圈或一个滚子）的损伤出现开始，故障轴承的振动特征通常为振动信号中出现由于轴承部件损伤导致的振动冲击响应信号成分。图 27-10-55 简单说明了一个滚动轴承从正常到故障发生再到恶化的渐变过程中振动信号的时域波形和频谱。随着轴承中故障的出现，振动信号的频谱中与滚动轴承故障相关的特征频率成分出现；而且随着故障的进一步恶化，特征频率成分的幅值降低，同时宽频带噪声的能量迅速提高。当机械设备中存在其他振动时，上述的轴承故障特征频率成分有可能被淹没在振动信号中。此时可以考虑应用信号处理中的峰值因子或者峭度指标进行故障诊断（详见10.3 和 10.4 的相关内容）。

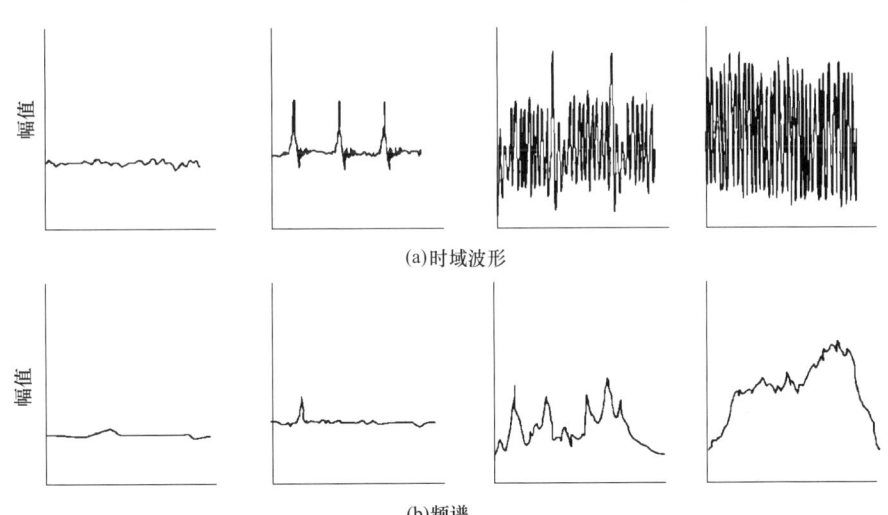

图 27-10-55 滚动轴承运行周期的振动信号时域波形与频谱

正确检测和诊断滚动轴承故障的关键因素是选择合适的振动测试位置。当出现故障时，轴承振动信号中会出现高频的信号分量。因此，在滚动轴承故障诊断中需要应用加速度传感器，并把它们安装在尽可能靠近载荷集中区域的滚动轴承外圈处的轴承座上。

常用的滚动轴承包括两类，即：点接触和线接触滚动轴承。此外，轴承的负荷有可能仅加载在径向（例如径向球或滚子轴承），也有可能同时加载在径向和轴向（滚子或球角轴承）。滚动轴承的故障诊断难度根据不同的机械设备而不同，例如涡轮发电机和电动机中滚动轴承故障诊断相对比较简单，航空发动机主轴轴承则需要采用诸如缩放、通带频谱和包络功率谱等先进的信号处理方法才能达到诊断的目的。这主要是由于后者的应用中噪声和振动的等级较高，诸如RMS、峰值因子和峭度等相对简单的指标难以识别由轴承故障导致的故障特征。

从滚动轴承座上测量得到的振动信号主要包括以下四个振动源：

① 轴承部件的旋转；
② 轴承单元和与之关联的机械设备部件的共振；
③ 声发射；
④ 干扰振动。

轴承单元旋转过程中能够产生一系列的振动，这些振动的频率成分是轴承几何尺寸和旋转速度的函数。它们分别对应于轴承的内圈、外圈和滚子故障。轴承振动的特征频率计算公式如表 27-10-30 所示。

表 27-10-30 列出了滚动轴承运转过程中所有特征频率的计算方法。在轴承实际运行过程中，通常上述频率成分的谐波频率成分也会被激励出来，并被采集到振动信号中。因此倒谱分析对于识别上述各频率成分的谐波周期非常有效。在上述 11 种滚动轴承特征频率中，最重要的特征频率为：

① 轴承滚子在外圈的通过频率 f_{repfo}，它与轴承外圈故障关联；
② 轴承滚子在内圈的通过频率 f_{repfi}，它与轴承内圈故障关联；
③ 轴承滚子自转频率 f_{resf}，它与滚子或滚子保持架故障相关联。

当上述故障发生时，轴承振动信号的频谱相关频率区域中会出现一个窄带的谱峰。当由于强背景噪声和/或大量故障使得上述频率分量的辨识变得非常困难时，就要用到一些现代信号处理方法。在滚动轴承故障诊断中，并没有总是有效的信号处理方法。信号处理方法在滚动轴承故障诊断中的应用如表 27-10-31 所示。

表 27-10-30　　　　　　滚动轴承特征频率汇总

特征频率	计算公式	说　明
轴转动频率 f_r	$f_r = N/60$	
具有固定外圈的轴承保持架旋转频率 f_{bcsor}	$f_{bcsor} = \dfrac{f_r}{2}\left(1 - \dfrac{d}{D}\cos\phi\right)$	
具有固定内圈的轴承保持架旋转频率 f_{bcsir}	$f_{bcsir} = \dfrac{f_r}{2}\left(1 + \dfrac{d}{D}\cos\phi\right)$	
某个滚子转动频率 f_{re}	$f_{re} = \dfrac{f_r}{2} \cdot \dfrac{D}{d}\left[1 - \left(\dfrac{d}{D}\right)^2\cos^2\phi\right]$	
具有固定外圈的轴承滚子的通过频率 f_{repfo}	$f_{repfo} = \dfrac{Zf_r}{2}\left(1 - \dfrac{d}{D}\cos\phi\right)$	N——轴的旋转速度，r/min d——滚子直径 D——轴承的节圆直径 ϕ——轴承中滚子与沟道的接触角（$\phi = 0°$ 时为径向球轴承） Z——滚子数
具有固定内圈的轴承滚子的通过频率 f_{repfi}	$f_{repfi} = \dfrac{Zf_r}{2}\left(1 + \dfrac{d}{D}\cos\phi\right)$	
滚子自转频率（即滚子上以固定点与内外圈接触的频率）f_{resf}	$f_{resf} = f_r \cdot \dfrac{D}{d}\left[1 - \left(\dfrac{d}{D}\right)^2\cos^2\phi\right]$	
外圈固定轴承中保持架与旋转内圈之间相对转动的频率 f_{rciso}	$f_{rciso} = f_r\left[1 - 0.5\left(1 - \dfrac{d}{D}\cos\phi\right)\right]$	
内圈固定轴承中保持架与旋转外圈之间相对转动的频率 f_{rcosi}	$f_{rcosi} = f_r\left[1 - 0.5\left(1 + \dfrac{d}{D}\cos\phi\right)\right]$	
外圈固定轴承中某滚子上某一固定点与内圈接触的频率 f_{recri}	$f_{recri} = Zf_r\left[1 - 0.5\left(1 - \dfrac{d}{D}\cos\phi\right)\right]$	
内圈固定轴承中某滚子上某一固定点与外圈接触的频率 f_{recro}	$f_{recro} = Zf_r\left[1 - 0.5\left(1 + \dfrac{d}{D}\cos\phi\right)\right]$	

表 27-10-31　　　　　　　　　信号处理方法在滚动轴承故障诊断中的应用

信号处理方法	应用
峰值因子	仅当振动信号中出现明显的冲击响应信号成分时才有效；无故障轴承的典型峰值因子范围为 2.5~3.5；当振动信号中出现冲击故障时，峰值因子会达到 11。通常来说，当峰值因子大于 3.5 时，即可认为轴承中出现故障。当转速可以使得轴承振动等级高于背景噪声，而且载荷可以使得轴承完全接触的情况下，振动信号的峰值因子对轴承转速和负荷不敏感。随着设备转速的提高，振动信号的峰值和 RMS 值成比例的增大，但峰值因子几乎保持不变。当振动信号中没有明显的冲击响应信号成分时，峰值因子则不适合于轴承故障诊断
峭度因子	与峰值因子类似，当振动信号中出现冲击响应时该方法有效。根据轴承健康状态的不同，轴承振动信号典型的峭度因子值的范围为 3~45。通常来说，当峭度因子值大于 4 时，就说明轴承中发生故障。与峰值因子相似，峭度因子也对转轴转速和设备负荷的变化不敏感
频谱分析	频谱分析是轴承故障诊断中最有效的诊断和信号分析方法。但该方法要求掌握轴承的几何参数和操作工况。如果轴承的振动信号没有完全淹没在背景噪声中，可以通过上述的轴承振动特征频率进行故障检测和诊断。通常情况下，滚动轴承外圈故障更容易被检测出来，这是由于外圈振动传递到传感器的路径最短。随着损伤程度的加深，振动幅值增大
倒谱分析	倒谱分析是对频谱分析方法的一个非常有意义的补充。它可以用于识别所有不同的谐波和边频带成分。倒谱分析也可以将分离轴承内部振动与传递到传感器的传递函数分离。通常，倒谱分析不会单独使用，这是由于该方法压缩了原始信号中主要频率成分
包络谱分析	该方法也成为高频共振技术。当振动信号中出现强的背景噪声的情况下，该分析方法比较有效。当轴承中没有故障发生时，其振动幅值通常相对较低，同时频谱中信号频率成分类似于一个随机分布。当包络谱中不存在较明显的非谐波峰值时，该轴承可能为无故障轴承，也可能是轴承故障已经恶化到非常极端的程度
在实际的工程应用中，通常需要将上述 5 种方法结合使用，才能更有效、正确地识别滚动轴承的健康状态	

10.7.1.2　锥形滚子轴承故障诊断示例

下面以锥形滚子轴承为例说明轴承故障诊断方法。轴承参数为：节圆直径 $D=34$mm；滚子直径 $d=6$mm；接触角 $\phi=12.96°$；滚子数 $Z=15$。典型的无故障轴承振动（加速度）信号的频谱如图 27-10-56 所示。从图中可以清晰地识别出轴的转动频率及其谐波成分。该信号的重要特征在于所有频谱中的谱线都与轴转动的基础频率及其谐波成分相关。外圈故障时轴承振动加速度信号的频谱如图 27-10-57 所示。其中的主频率成分为滚子通过外圈的通过频率 f_{repfo} 及其

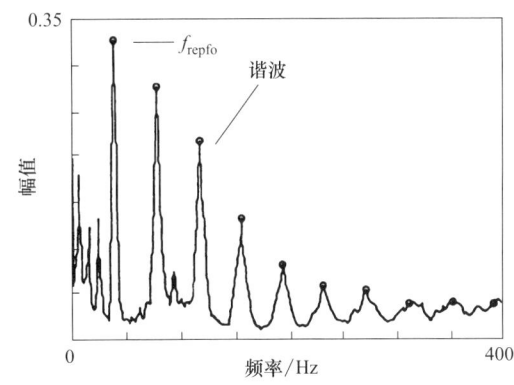

图 27-10-57　外圈故障轴承的频谱

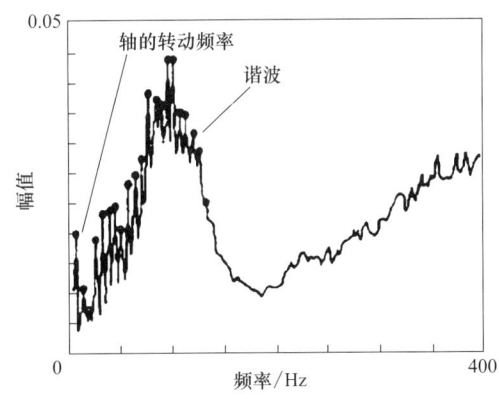

图 27-10-56　无故障轴承的加速度振动信号的频谱

谐波成分，计算方法如表 27-10-30 所示。滚子故障的振动加速度信号的频谱如图 27-10-58 所示；此时滚子的自转频率成分 f_{resf} 并不明显，但其谐波成分则非常明显。此外，如果轴承中同时出现外圈和滚子故障，通常振动信号中外圈故障的特征更加明显，而滚子故障特征有可能被淹没。这是由于外圈距离测量点更近，它的振动特征更容易传输给传感器。图 27-10-58 中振动信号的倒谱如图 27-10-59 所示。倒频率峰值所在位置为 17.5ms，它与滚子故障的特征频率相对应。

当轴承中存在早期外圈故障时，通常很难从其频

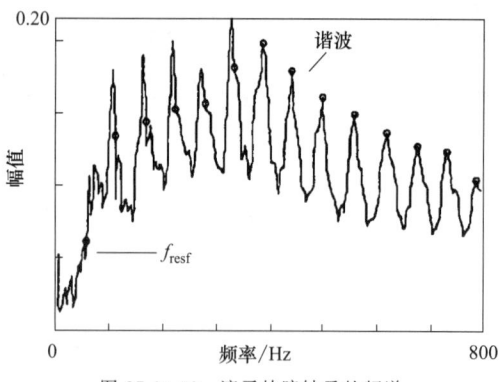

图 27-10-58　滚子故障轴承的频谱

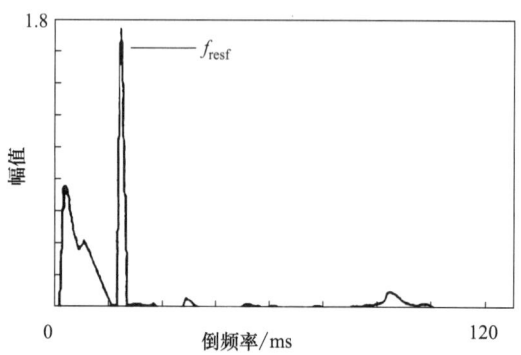

图 27-10-59　滚子故障振动信号的倒谱分析

域表示中识别其故障特征频率。在这种情况下，可以采用包络功率谱来识别。具有早期外圈故障振动加速度信号的包络谱如图 27-10-60 所示，从图中可以识别出其故障特征。对应地，从图 27-10-61 的频谱图中可以看出其信号特征在频谱曲线中太弱以至于无法识别。

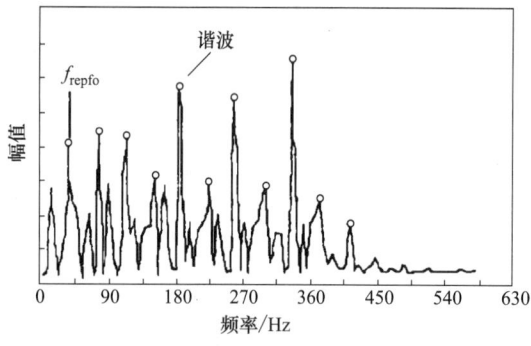

图 27-10-60　早期外圈故障振动加速度信号的包络谱分析

轴承滚子故障的振动加速度信号的包络谱如图 27-10-62 所示，在该包络谱分析中，滚子自转频率特征及其谐波成分可以清晰地识别出来。因此，包络谱分析在轴承早期故障诊断中更有效。但包络谱分析也仅仅对于识别轴承早期故障特征有效，这是由于它们可以突出原始信号中各种不同的冲击响应以及它们的

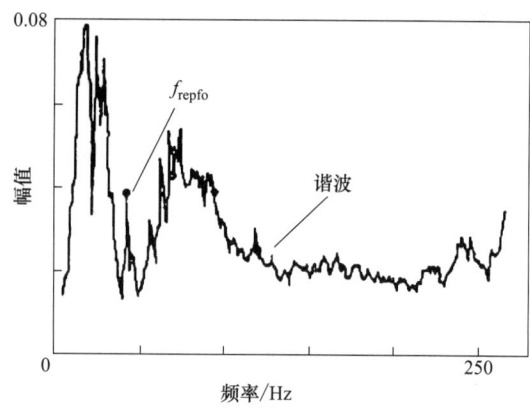

图 27-10-61　早期外圈故障振动加速度信号的频谱分析

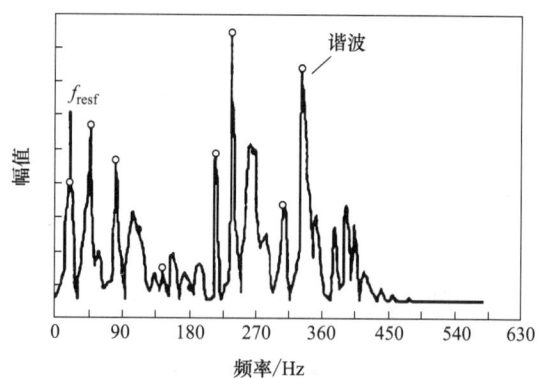

图 27-10-62　滚子振动加速度信号包络谱分析

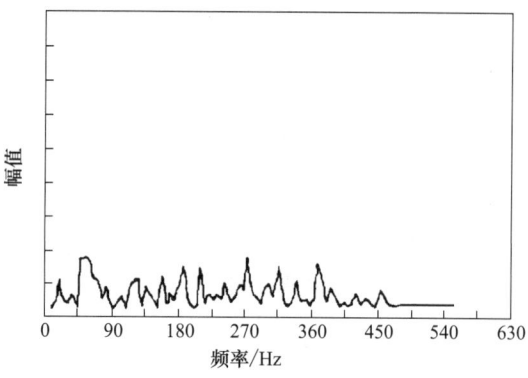

图 27-10-63　无故障轴承振动加速度信号的包络谱分析

谐波成分。当轴承中没有故障发生时，它的振动信号包络谱为一相对平坦的谱线，如图 27-10-63 所示。此外，当轴承故障恶化，以至于其故障称为分布式故障时，其振动信号所表现出来的频谱通常也表现为宽频带分布式的特征，在这种情况下，振动信号的包络谱与轴承无故障时的信号包络谱很相似。

10.7.2　齿轮故障诊断

由于齿轮的功能是从一个旋转轴向另外一个旋转

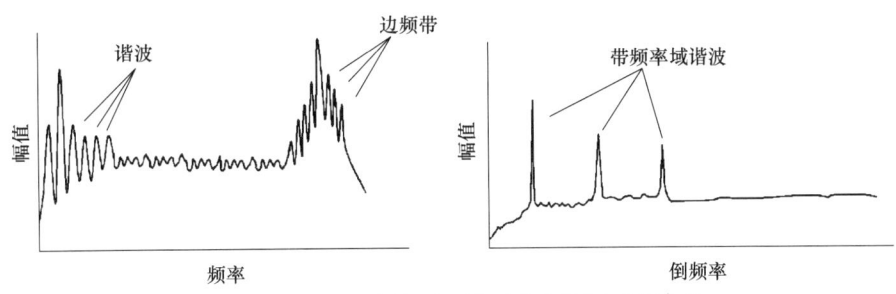

图 27-10-64 无故障轴承振动加速度信号的包络谱分析

轴传递功率,因此在齿轮的啮合齿之间会产生较大的力。负荷及负荷卸载后的回弹等因素会导致齿轮啮合齿的故障。此外,齿轮齿啮合表面上较高的局部应力也会使齿面及齿根产生疲劳损伤。关于基于振动信号的齿轮故障诊断,在 10.3 节和 10.4 节中已经做了初步的介绍。齿轮箱振动信号的时域、频谱和倒谱等分析方法都可以用于齿轮箱的故障诊断。图 27-10-64 为无故障齿轮情况下振动信号的频谱与倒谱,可以看出,当齿轮发生故障时,会在其振动信号中出现谐波或边频带等信号特征分量。

通常情况下,齿轮故障将会调制齿轮的啮合频率(齿轮的齿数与轴转动频率的乘积),在振动信号的频谱中显示为在工频谱峰周围出现边频带。因此,倒谱方法非常适用于齿轮箱振动信号分析与故障诊断。此外,即使是在没有故障发生的情况下,由于齿轮运转过程中频繁的碰撞和齿与齿之间的摩擦等作用。齿轮箱振动信号中也会出现冲击响应和大量噪声成分。

齿轮箱故障通常是由以下一种或几种故障的组合:
① 齿轮齿的不规则性,为局部故障;
② 整个齿轮中存在的磨损,为分布性故障;
③ 由于强的外部动态载荷而导致的齿故障。

如前所述,齿轮啮合频率是齿轮箱故障诊断中一个重要的特征参数,它可以用公式 $f_m = N \cdot f_r$ 来计算,其中 N 表示齿轮的齿数,f_r 为转轴的转动频率。用于故障诊断的齿轮箱振动信号可以在齿轮箱轴的径向或轴向测试。当出现故障时,齿轮箱啮合频率及其谐波频率处的频谱峰值都会相应增大,如图 27-10-65 所示。

当齿轮箱中多个齿轮存在,而且背景噪声相对较强的情况下,通常难以直接从振动信号的频谱中识别出齿轮的啮合频率峰值。此时可以用诸如同步时间平均或者倒谱等振动信号分析方法来检测这些周期性信号分量。图 27-10-33 以示例的形式说明了应用倒谱分析进行齿轮箱故障诊断的方法。

齿轮中最常见的故障为齿序列中存在有损伤或缺口齿。当仅仅只有一个故障发生时,振动信号中通常

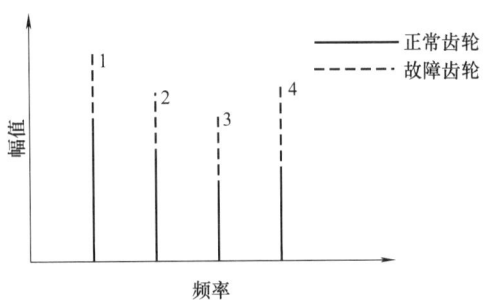

图 27-10-65 齿轮箱振动频谱示意

以噪声和轴的转动频率分量及其谐波为主;此外还存在有齿轮啮合频率及其谐波分量存在。其特征频谱如图 27-10-66 所示。

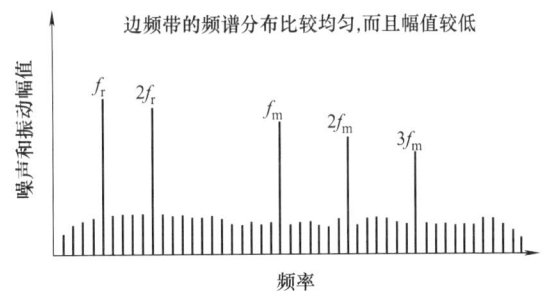

图 27-10-66 具有不规则齿故障的齿轮箱振动频谱特征

对于上述的分布式故障发生时,例如齿轮齿的整体磨损等,边频带的振动幅值与图 27-10-65 中相比会大幅增加,如图 27-10-67 所示。

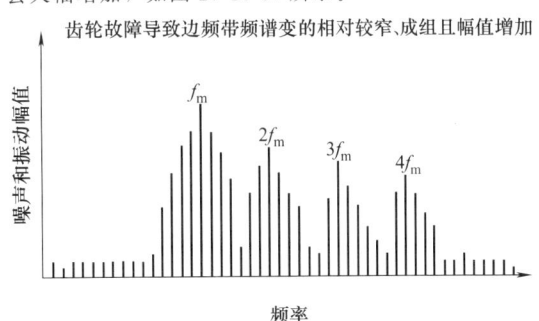

图 27-10-67 齿轮中出现分布式故障时振动信号的频谱特征

10.8 机械故障诊断中的现代信号处理方法

10.8.1 小波变换及其机械故障诊断应用

基于小波基函数的信号表示是对于信号局部特征进行描述的最重要的信号处理方法。这种基于小波基函数的信号变换与处理方法称为小波变换（或小波分析）。实现这一方法的原理是在时间域对小波基函数（也称为母小波）进行伸缩和平移，构成小波函数序列，应用该序列对原始信号进行分析的数字信号处理方法。从原理上讲，小波变换源于傅里叶变换。

从本章前述信号处理及各种不同机械设备故障诊断方法来看，傅里叶变换在基于振动信号的机械设备状态监测与故障诊断中占有举足轻重的地位。傅里叶变换的特征为：

① 用一组正弦信号的叠加来表示任意信号；
② 仅仅在频率域对一个时域信号的特征进行描述；
③ 傅里叶变换不能描述信号的时域特征；
④ 当原始信号中出现局部不连续特征时，在其傅里叶变换中则表示为一序列的信号频率分量；
⑤ 傅里叶变换不能用来准确地描述非平稳信号的特征，示例如图 27-10-68 所示，即：图 27-10-68 (a) 中平稳信号的频谱与图 27-10-68 (b) 中的非平稳信号在傅里叶变换后的频域表示中几乎相同，但实际上其信号特征则完全不同。

为了描述信号的瞬态（局部）特征，就需要在时间-频率域（简称时频域）对信号进行描述和表示。1946 年，Gabor 在其研究中提出基于时间窗的傅里叶变换（也称为 Gabor 变换或者短时傅里叶变换），即：

$$G_x(\omega, t_0) = \int_{-\infty}^{\infty} x(t) g^*(t - t_0) \mathrm{e}^{-j\omega(t-t_0)} \mathrm{d}t$$

(27-10-7)

式中，$g(t)$ 为窗函数；* 表示函数的共轭。其分析过程如图 27-10-69 所示。具有不同中心频率的三个短时傅里叶变换的基函数（也称为时频因子）如图 27-10-70 所示。从图 27-10-69 和图 27-10-70 可以看出，短时傅里叶变换的过程也即某一时域信号 $x(t)$ 在某一时间点 t_0 周围局部信号的傅里叶变换。因此，应用短时傅里叶变换可以在时频域对信号进行描述，其特征为：

① 短时傅里叶变换是傅里叶变换的扩充；
② 它可以同时描述信号在时间域和频率域的特征；
③ 信号分析的精度取决于分析中所选择窗函数

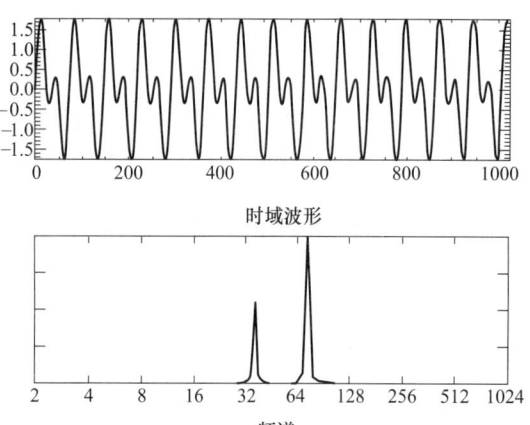

(a) 平稳信号

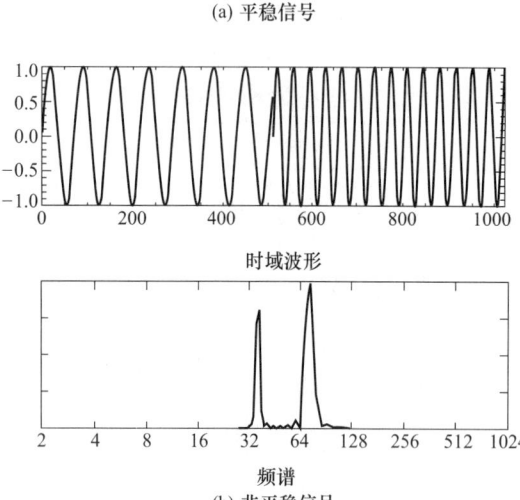

(b) 非平稳信号

图 27-10-68 平稳信号与非平稳信号的傅里叶变换比较

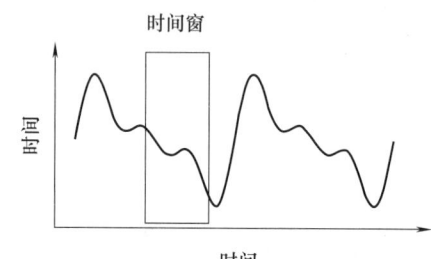

图 27-10-69 短时傅里叶变换分析

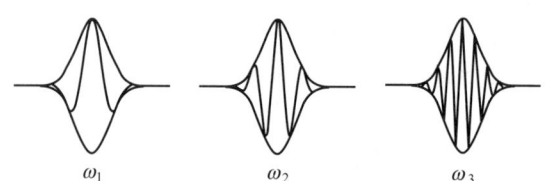

图 27-10-70 短时傅里叶变换的时频因子

的尺寸;

④ 一旦窗函数尺寸确定后,对于整个时间域信号,其分析精度完全一致;因此,为了获得高频率信号成分的特征,通常必须选择窄的窗函数,这将会导致低频率成分的分辨率降低;反之则相反。

基于上述分析,Jean Morlet 和 Stephane Mallat 与 Yves Meyer 分别提出了连续小波变换与离散小波变换方法,即:

$$W_x(a,b) = \frac{1}{\sqrt{a}} \int_{-\infty}^{\infty} x(t) \psi^* \left(\frac{t-b}{a} \right) dt$$

(27-10-8)

式中,$\psi(t)$ 为小波基函数(也称为母小波);a 和 b 分别为小波基函数的尺度(伸缩)因子和平移因子。

从公式中可以看出小波变换中同时包括两个因子,即伸缩因子和平移因子。图 27-10-71 列出了 3 个分别采用不同伸缩因子的小波基函数波形。小波变换过程如图 27-10-72 所示。

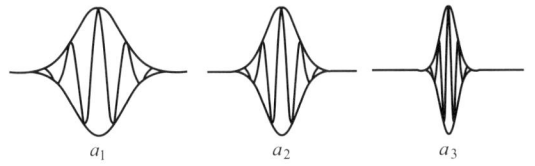

图 27-10-71 经过伸缩的小波基函数波形

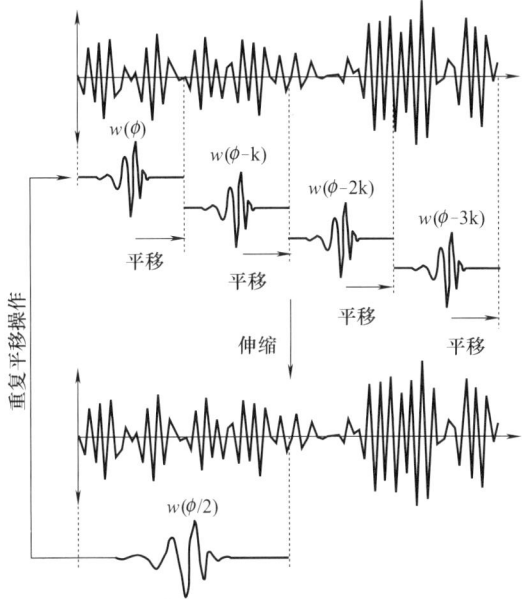

图 27-10-72 小波变换过程

从上面描述可以看出小波变换的特征:

① 小波变换可以通过伸缩和平移同时改变某一信号局部的时域和频域分辨率;

② 它可以实现对信号的多分辨率分析;

③ 当信号中出现局部瞬态时,其特征仅仅会反映在少数几个小波变换系数中,而不会像傅里叶变换在许多频谱区域都有幅值;

④ 图 27-10-68 中两信号的连续小波变换结果分别如图 27-10-73(a)和(b)所示。

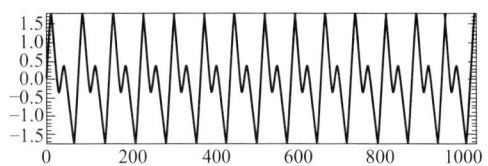

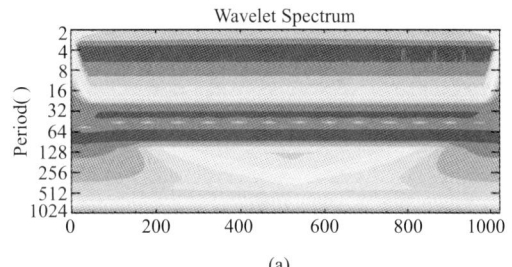

(a)

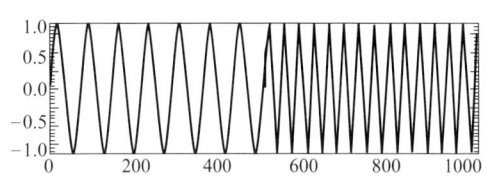

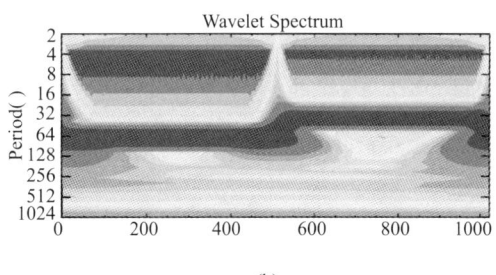

(b)

图 27-10-73 小波变换结果示例

当式(27-10-8)中伸缩和平移因子为离散化值时,即为离散小波变换。离散小波变换的计算公式为:

$$W_x(i,k) = \frac{1}{\sqrt{a_0^i}} \int_{-\infty}^{\infty} x(t) \psi^* (a_0^{-i} - kb_0) dt$$

(27-10-9)

当离散小波变换中尺度因子为 2 时,即所谓小波变换的 Mallat 算法或者称为金字塔算法。

在小波变换中,小波基函数对最终小波变换结果影响最大,常用的小波基函数包括实小波基函数和复小波基函数,如表 27-10-32 所示。

表 27-10-32 常用小波基函数

小波基函数		特征
实小波基函数	Daubechies 小波	正交小波序列 时频域均紧支撑 小波函数非对称 适合于连续与离散小波变换
	Meyer 小波	正交小波序列 频域紧支撑而时域非紧支撑 小波函数对称 适合于连续与离散小波变换
	墨西哥草帽小波	时频域均非紧支撑 小波函数对称 仅适合于连续小波变换
	双正交小波	小波函数对称 适合于连续和离散小波变换
复小波基函数	谐波小波	
	复高斯小波	
	复 Morlet 小波	

10.8.2 EMD 及其机械故障诊断应用

与小波变换类似，EMD（empirical mode decomposition，经验模式分解）分析法也是为提取非平稳信号特征而提出的一种信号处理方法。对非平稳信号比较直观的分析方法是使用具有局域性的基本量和基本函数，如瞬时频率。1996 年，美籍华人 Norden E. Huang 等人在对瞬时频率的概念进行了深入研究之后，创造性地提出了本征模式函数（intrinsic mode function，IMF）的概念以及将任意信号分解为本征模式函数组成的基于经验的模式分解方法，从而赋予了瞬时频率合理的定义、物理意义和求法，初步建立了以瞬时频率为表征信号交变的基本量，以基本模式分量为时域基本信号的新的时频分析方法体系，并被迅速应用于机械设备故障诊断领域。在机械设备故障诊断领域，本征模式函数又称作基本模式分量。

基本模式分量的概念是为了得到有意义的瞬时频率而提出的。基本模式分量 $f(t)$ 需要满足的两个条件为：

① 在整个数据序列中，极值点的数量 N_e（包括极大值点和极小值点）与过零点的数量 N_z 必须相等，或最多相差不多于一个；

② 在任一时间点 t_i 上，信号局部极大值确定的上包络线 $f_{\max}(t)$ 和局部极小值确定的下包络线 $f_{\min}(t)$ 的均值为零。

第一个限定条件类似于传统平稳高斯过程的关于"窄带"的定义；第二个条件把传统的全局性的限定变为局域性的限定。这种限定是必需的，可以去除由于波形不对称而造成的瞬时频率的波动。

经验模式分解的前提假设为：任何信号都是由一些不同的基本模式分量组成的；每个模式可以是线性的，也可以是非线性的，满足 IMF 的两个基本条件；任何时候，一个信号可以包含多个基本模式分量；如果模式之间相互重叠，便形成复合信号。

基于基本模式分量的定义，可以提出信号的模式分解原理，信号模式分解的目的就是要得到使瞬时频率有意义的时间序列－基本模式分量。其分解原理如下。

① 把原始信号 $x(t)$ 作为待处理信号，确定该信号的所有局部极值点（包括极大值和极小值点），然后将所有极大值点和所有极小值点分别用三次样条曲线连接起来，得到 $x(t)$ 的上、下包络线，使信号的所有数据点都处于这两条包络线之间。取上、下包络线均值组成的序列为 $m(t)$。如图 27-10-74 所示，N 表示数据点数，A 表示幅值，实线为原始信号 $x(t)$，"○"和"＊"分别表示了原始信号中的极大值和极小值，双划线和点划线分别表示用这些极大、极小值拟合的上、下包络线，虚线表示均值序列 $m(t)$。

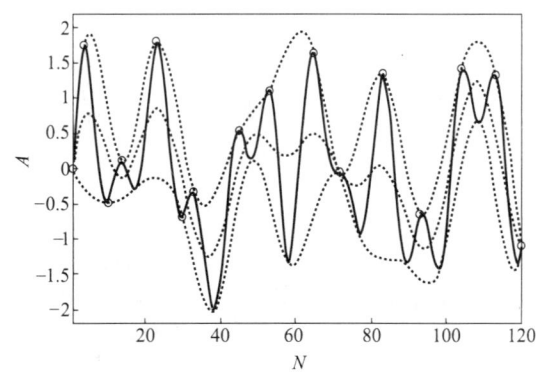

图 27-10-74 信号 $x(t)$ 的上、下包络线及其均值 $m(t)$

② 从待处理信号 $x(t)$ 中减去其上、下包络线均值 $m(t)$，得到 $h_1(t)=x(t)-m(t)$。检测 $h_1(t)$ 是否满足基本模式分量的两个条件。如果不满足，则把 $h_1(t)$ 作为待处理信号，重复上述操作，直至 $h_1(t)$ 是一个基本模式分量，记 $c_1(t)=h_1(t)$。

③ 从原始信号 $x(t)$ 中分解出第一个基本模式分量 $c_1(t)$ 之后，从 $x(t)$ 中减去 $c_1(t)$，得到剩余值序列 $r_1(t)=x(t)-c_1(t)$。

④ 把 $r_1(t)$ 作为新的"原始"信号重复上述操作，依次可得第二、第三直至第 n 个基本模式分量，记为 $c_1(t), c_2(t), \cdots, c_n(t)$，这个处理过程在满足预先设定的停止准则后即可停止，最后剩下原始信号的余项 $r_n(t)$。

这样就将原始信号 $x(t)$ 分解为若干基本模式分量和一个余项的和，即：$x(t)=\sum_{i=1}^{n} c_i(t)+r_n(t)$。

上述第④步中的停止条件被称为分解过程的停止准则，它可以是如下两种条件之一：①当最后一个基本模式分量 $c_n(t)$ 或剩余分量 $r_n(t)$，变得比预期值小时便停止；②当剩余分量 $r_n(t)$ 变成单调函数，从而从中不能再筛选出基本模式分量为止。

观察 IMF 提取过程可以得知，在每次求均值曲线时极大值点（或极小值点或过零点）间的时间间隔是不断增大的，这就意味着每次分解都提取出一个细节信号（基本模式分量）和一个频率低于细节的低频分量。也就是信号震荡周期相对最短的分量（即频率最高分量）先提取出来，剩余信号的频率低于所有已经提取出来的信号频率。最终得到 n 个基本模式分量 $c_i(t)$ 和一个余项 $r_n(t)$，其频率从大到小排列，$c_1(t)$ 所含频率最高，$c_n(t)$ 所含频率最低，$r_n(t)$ 是一个非震荡的单调序列。图 27-10-75 (a)、(b) 分别为小波变换与 EMD 方法对信号频带进行划分的过程，其中 EMD 方法中忽略了余项 $r_4(t)$。由图可知，常用的二进小波在对信号进行分解时，由于其尺度是按二进制变化的，每次分解得到的低频逼近信号和高频细节信号平分被分解信号的频带，二者带宽相等。而 EMD 方法则是根据信号本身具有的特性对其频带进行自适应划分，每个基本模式分量所占据的频带带宽是不确定的。当然，小波变换通过给定分解次数来控制各分解后信号的带宽，EMD 方法则缺乏这方面的灵活性。

下面以某炼油厂重催三机组的振动信号为例说明 EMD 方法在故障诊断中的应用。测试点为滑动轴承，所采用传感器为电涡流传感器，所测试的物理量为振动的位移量。振动信号的时域波形及其频谱如图 27-10-76 所示。采用 4 层 EMD 分析方法得到的 $c_1(t)$、$c_2(t)$、$c_3(t)$、$c_4(t)$ 的时域波形与频谱如图 27-10-77 所示。

由频谱可见，前两个 IMF $c_1(t)$ 和 $c_2(t)$ 为高频分量和噪声成分，第三个 IMF $c_3(t)$ 为工频信号，而分解得到的第四个 IMF $c_4(t)$ 能量较小，且频率与工

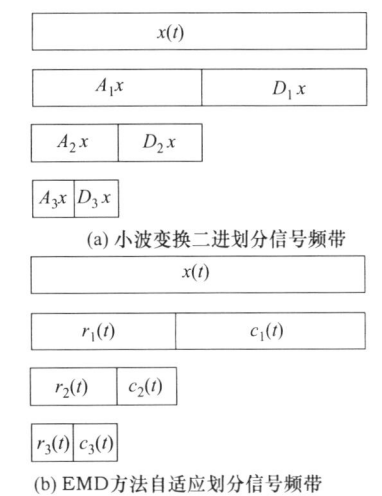

(a) 小波变换二进划分信号频带

(b) EMD方法自适应划分信号频带

图 27-10-75　小波变换与 EMD 方法划分的信号频带比较

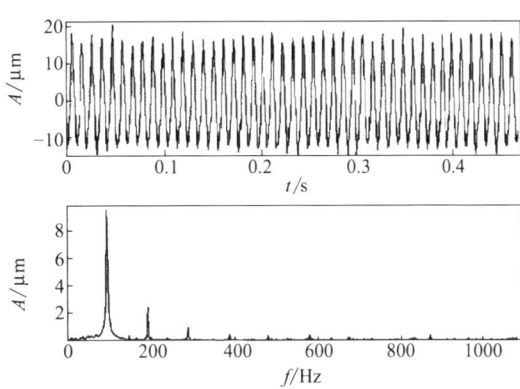

图 27-10-76　某测试点的振动信号时域波形及其频谱

频的一半相当，这是机组发生摩擦故障的特征，由此初步判断烟机出现了摩擦故障。在之后的停机修理中发现，烟机二级静叶上的气封与动叶轮毂上存在明显的划痕，证明烟机确实发生了动静摩擦故障，摩擦部位在烟机 $1^\#$ 瓦附近。

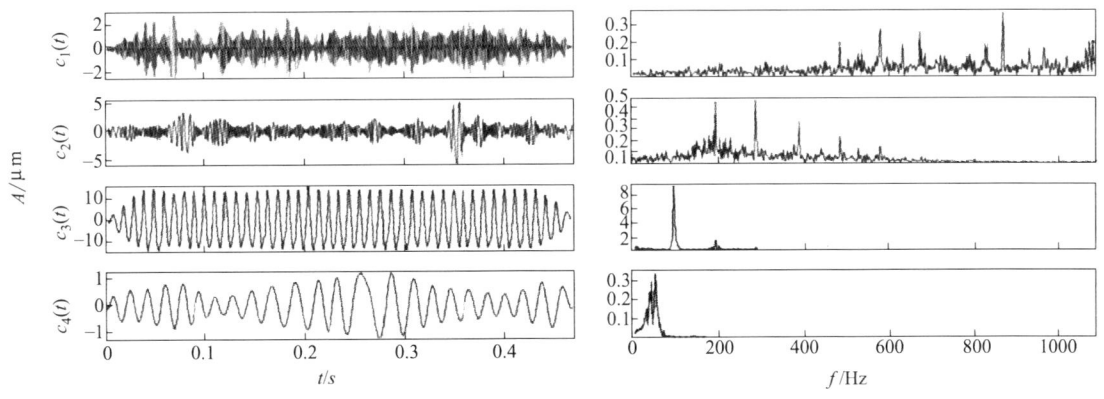

图 27-10-77　4 层 EMD 分析后的时域波形及其频谱

第11章 机械噪声基础

11.1 声学基本知识

11.1.1 声波的特性

声音是日常生活中常见的物理现象，声音由声源的机械振动产生，声源的振动状态通过周围介质向四周扩散传播就形成了声波。声波必须通过介质才能传播，不能像电磁波一样在真空中传播。因此产生声波的条件有两个，一是要有声源（固体、气体、液体均可以），如机械振动物体、压缩机的进排气、水流、炸药爆炸等；二是要有传播机械振动的介质。

声波是物质波，是在弹性介质（气体、液体和固体）中传播的压力、应力、质点运动等的一种或多种变化。在气体和液体中传播的声波是纵波，质点运动方向和传播方向相同；在固体中传播的声波包含纵波外，还包含有横波，横波的质点运动方向与传播方向垂直。

本章主要描述空气中的声波特性以及相应的一些基本知识，其余流体中的声波特性具有类似的性质。

11.1.2 描述声场与声源的物理量

媒质中有声波存在的地方称为声场。对于声场和激发出声场的声源，需要用物理量描述这两者的特性。通常，可以用声压、质点速度和压缩量来描述声场的特性，这三个物理量都表示介质受到声波的扰动之后产生的变化。声压、质点速度和压缩量之间的关系可以通过连续介质的基本特性推导得出。对于声波的描述，声速、波长和频率也是经常要提及的物理量。

表 27-11-1　基本声学物理量

项目	表达式	说明
声压	受到声波的扰动后，各点介质产生压缩或者扩张，引起压力的变化，单位帕斯卡(Pa)： $p(x,y,z,t)=P(x,y,z,t)-P_0(x,y,z,t)$	$P_0(x,y,z,t)$——介质静压力 $P(x,y,z,t)$——压强
质点速度	介质受到声波扰动后产生的速度变化： $\vec{u}(x,y,z,t)=\vec{U}(x,y,z,t)-\vec{U}_0(x,y,z,t)$	$\vec{U}_0(x,y,z,t)$——未受声波扰动静态流速 $\vec{U}(x,y,z,t)$——扰动后介质流速
压缩量	介质密度变动量的相对变化量： $s(x,y,z,t)=\dfrac{\rho(x,y,z,t)-\rho_0(x,y,z,t)}{\rho_0(x,y,z,t)}$	$\rho_0(x,y,z,t)$——未受声波扰动的介质密度 $\rho(x,y,z,t)$——扰动后介质密度
波长	声波在一个周期内传播的距离叫波长	
频率	声源在一秒钟内波动的次数，用字母 f 表示，单位 Hz	
声速	声波在单位时间内传播的距离称为声速： $c_0=f\lambda$	

表 27-11-2　部分介质密度与声速

名称	温度 $t/℃$	密度 $/kg·m^{-3}$	声速 $c/m·s^{-1}$	名称	温度 $t/℃$	密度 $/kg·m^{-3}$	声速 $c/m·s^{-1}$
空气	20	1.205	344	木材		$0.5×10^3$	2400
水	20	$1×10^3$	1450	橡胶		$1~2×10^3$	40~150
玻璃	20	$2.5×10^3$	5200	混凝土		$2.6×10^3$	4000~5000
铝	20	$2.7×10^3$	5100	砖		$1.8×10^3$	2000~4300
钢	20	$7.8×10^3$	5000	石油		780	1330

11.1.3 声学物理量的关系及波动方程

在研究理想流体介质中的声波特性时,需要做一些基本的假设。首先介质是"理想的流体介质",理想指介质运动过程中没有能量损耗,介质团和周围的介质不发生热交换,即忽略介质的热传导作用,介质的形变过程是可逆的过程,也就是将形变的过程视为热力学中的等熵绝热过程。其次,介质是连续的,介质的分子间空隙将不予考虑,研究的是分子运动的整体平均特性。最后假设介质是均匀而且是静态的,即认为流体本身的流动速度远小于声波传播速度。在本章中叙述的内容都是按照上述假设来处理的。按照上述假设,可以获得声学物理量间的关系式,并推导出重要的波动方程。

表 27-11-3 声学基本方程

项目	公式	说明
质量守恒方程	$\dfrac{\partial \rho}{\partial t} + \rho_0 \nabla \vec{u} = 0$	$\nabla = \vec{i}\dfrac{\partial}{\partial x} + \vec{j}\dfrac{\partial}{\partial y} + \vec{k}\dfrac{\partial}{\partial z}$ ——汉密尔顿算子
运动方程	$\rho_0 \dfrac{\partial \vec{u}}{\partial t} + \nabla p = 0$	也称欧拉公式
热力学物态方程	$p = c_0^2 \rho,\ c_0^2 = \dfrac{\gamma P_0}{\rho_0}$	c_0——声速；γ——热力学系数,表示等压比热容和等容比热容的比值
波动方程	$\nabla^2 p - \dfrac{1}{c_0^2}\dfrac{\partial^2 p}{\partial t^2} = 0$	∇^2——拉普拉斯算子

11.1.4 平面、球面和柱面声波

表 27-11-4 平面、球面和柱面声波

名称	示意图	速度和声压	说明
平面波	(图略)	通解:$p = f_1(x - c_0 t) + f_2(x + c_0 t)$ 三角函数形式: $p = p_0 \cos(\omega t - kx)$ $u = \dfrac{p_0}{\rho_0 c_0}\cos(\omega t - kx) = u_0 \cos(\omega t - kx)$ 复数形式: $p = p_0 e^{j(\omega t - kx)}$ $u = \dfrac{p_0}{\rho_0 c_0} e^{j(\omega t - kx)} = u_0 e^{j(\omega t - kx)}$	f_1 和 f_2 是任意函数,具有一次和二次微分,并且连续；$f_1(x - c_0 t)$ 代表向 x 正向传播的声波；$f_2(x + c_0 t)$ 表示向 x 负向传播的声波
球面波	(图略)	$p = \dfrac{A}{r} e^{j(\omega t - kr)}$ $u = \dfrac{A}{j\rho_0 \omega r^2}(1 + jkr) e^{j(\omega t - kr)}$ 其中:$A = \dfrac{j\rho_0 \omega a^2 v_0}{1 + jka} e^{jka}$	声源是半径为 a 的脉动球
柱面波	(图略)	$p(r,t) = [A H_0^{(2)}(kr) + B H_0^{(1)}(kr)] e^{j\omega t}$ 其中:$A H_0^{(2)}(kr) e^{j\omega t}$ 表示向外扩张的柱面波,$B H_0^{(1)}(kr) e^{j\omega t}$ 表示向中心轴收缩的柱面波。$H_0^{(1)}(kr)$ 和 $H_0^{(2)}(kr)$ 是第一和第二类汉克尔函数,A 和 B 是系数	柱面坐标系 (r,θ,z),r 是计算点到 z 轴的垂直距离,θ 是向径在 xy 平面上的投影与 x 轴所成的角度,z 是坐标点的 z 轴坐标

11.1.5 声波的传播

11.1.5.1 反射、折射和透射

当声波从介质Ⅰ中入射到与另一种介质Ⅱ的分界面时,在分界面上一部分声能反射回介质Ⅰ中,其余部分穿过分界面,在介质Ⅱ中继续向前传播,前者是反射现象,后者是折射现象。如图27-11-1所示,入射声压 p_i,反射声压 p_r,折射(透射)声压 p_t,入射角和反射角都等于 θ_1,折射角等于 θ_2,其计算公式如表27-11-5所示。

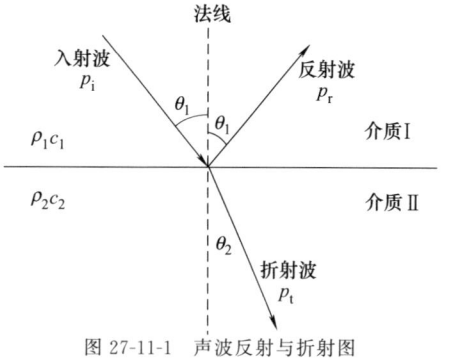

图 27-11-1 声波反射与折射图

当声波遇到介质层阻挡时,声波可能会因为透射而部分穿过介质层。以图27-11-2中的垂直入射波为例,介质层中的入射波和反射波为 p_a 和 p_b。在介质层的前表面($x=0$)和后表面($x=L$)上声压和法向质点速度连续。表27-11-6中集中说明了介质层的声压反射系数、声压透射系数、能量透射系数。

表 27-11-5 声波反射与折射

项 目	公 式	说 明
折射率	$n_{12}=\dfrac{c_2}{c_1}=\dfrac{\sin\theta_1}{\sin\theta_2}$	称为斯涅耳(Snell)定律
声压反射系数	$R=\dfrac{p_r}{p_i}=\dfrac{\rho_2 c_2 \cos\theta_1 - \rho_1 c_1 \cos\theta_2}{\rho_2 c_2 \cos\theta_1 + \rho_1 c_1 \cos\theta_2}$	
声压折射系数	$T=\dfrac{p_t}{p_i}=\dfrac{2\rho_2 c_2 \cos\theta_1}{\rho_2 c_2 \cos\theta_1 + \rho_1 c_1 \cos\theta_2}$	
能量吸声系数	$1-|R|^2$	
能量反射系数	$|R|^2$	

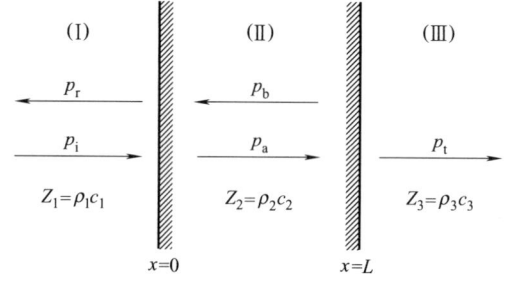

图 27-11-2 介质层中声波透射示意图

表 27-11-6 介质层中声波透射

名 称	表 达 式	说 明
介质Ⅰ中的速度和声压	$\begin{cases} p_1(x)=A_1 e^{-jk_1 x}+B_1 e^{jk_1 x} \\ u_1(x)=\dfrac{1}{Z_1}(A_1 e^{-jk_1 x}-B_1 e^{jk_1 x}) \end{cases}$	A_1,B_1——常系数 Z_1——声阻抗,$Z_1=\rho_1 c_1$
介质Ⅱ中的速度和声压	$\begin{cases} p_2(x)=A_2 e^{-jk_2 x}+B_2 e^{jk_2 x} \\ u_2(x)=\dfrac{1}{Z_2}(A_2 e^{-jk_2 x}-B_2 e^{jk_2 x}) \end{cases}$	A_2,B_2——常系数 Z_2——声阻抗,$Z_2=\rho_2 c_2$
介质Ⅲ中的速度和声压	$\begin{cases} p_3(x)=A_3 e^{-jk_3(x-L)} \\ u_3(x)=\dfrac{1}{Z_3}A_3 e^{-jk_3(x-L)} \end{cases}$	A_3——常系数 Z_3——声阻抗,$Z_3=\rho_3 c_3$
介质层声压反射系数	$R=\dfrac{B_1}{A_1}$ 或 $R=\dfrac{Z_{21}-Z_1}{Z_{21}+Z_1}$	Z_{21}——层输入阻抗 $Z_{21}=\dfrac{p_2(x)}{u_2(x)}\bigg|_{x=0}=Z_2\dfrac{A_2+B_2}{A_2-B_2}$
介质层声压透射系数	$D=\dfrac{A_3}{A_1}$ 或 $D=\dfrac{4Z_2 Z_3}{(Z_3+Z_2)(Z_2+Z_1)e^{jk_2 L}+(Z_3-Z_2)(Z_2-Z_1)e^{jk_2 L}}$	
介质层能量透射系数	$T=\dfrac{I_3}{I_1}=\dfrac{A_3^2/Z_3}{A_1^2/Z_1}=D^2\dfrac{Z_1}{Z_3}$	

11.1.5.2 声波的干涉

表 27-11-7　　　　　　　　　　　　声波的干涉

名称	定 义	说 明
干涉	两个频率相近的声音同时在一个方向传播时,声波之间将产生干涉,使得声音不像是两个声音,而是一个强弱不断变化的声音	
拍	两个声压分别是 $p_1=P\cos\omega t$ 和 $p_2=P\cos(\omega+\Delta\omega)t$,干涉后的声压为:$p=p_1+p_2=2P\cdot\cos\left(\frac{1}{2}\Delta\omega t\right)\cdot\cos\left(\omega+\frac{1}{2}\Delta\omega\right)t$。干涉后的声压产生"拍"现象 拍信号的包络曲线为 $\pm 2P\cdot\cos\left(\frac{1}{2}\Delta\omega t\right)$,形成以频率差为变化频率的强弱变化,在 $\frac{1}{2}\Delta\omega t=\frac{1}{2}\pi,\frac{3}{2}\pi,\frac{5}{2}\pi\cdots\cdots$时出现零点。假设包络线出现零点的时间间隔为 Δt,满足 $\Delta\omega\cdot\Delta t=2\pi$	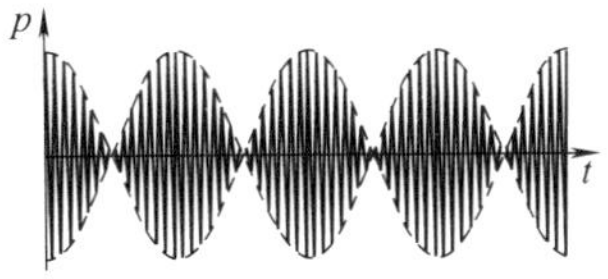 拍现象示意图
测不准原理	从拍现象中发现 $\Delta\omega\cdot\Delta t=2\pi$,该公式说明在声学测量中,采样时间 T 必须大于分辨率 Δf 对应的 ΔT 才可能有效分析声学信号,确保分析结果可以分辨两个频率差不小于 Δf 的两个信号	

11.1.5.3 散射、绕射和衍射

声波在传播过程中遇到阻碍物时,或者介质不均匀处会发生散射现象,从不均匀处向各方向发射散射波。遇到的障碍物大小与波长差不多,则当声波入射时,就产生各个方向几乎均匀的反射;声波传播到界面上时出现反射和折射,如果界面粗糙,则会出现漫反射,这些现象都是散射。

声波传播过程中,遇到障碍物或孔洞时,声波会产生绕射现象,即传播方向发生改变。绕射现象与声波的频率、波长及障碍物的尺寸有关。当声波频率低、波长较长、障碍物尺寸比波长小很多时,声波将绕过障碍物继续向前传播。如果障碍物上有小孔洞,声波仍能透过小孔扩散向前传播。

所谓的衍射现象是指在物体表面附近,入射波和物体表面反射回来的散射波相互作用,形成复杂的干涉声场。这种现象称为衍射,物体附近的声场称为衍射场。

其实,不论是散射、衍射和绕射,从波动原理考虑,三者没有区别,只是名称上的不同而已。

11.1.5.4 声波导

声波导是在三维空间结构的一维或者二维方向上无限延伸,沿着这些延伸的方向声波能够传播的结构,具体见表 27-11-8 管内声场。

单个突变截面管内声波传播具体见表 27-11-9。
旁支管内声波传播见表 27-11-10。
截面连续变化管内的声波传播见表 27-11-11。

一般声源在无界空间辐射的常常是波阵面逐渐发散的球面波,并将声的辐射束缚在管中,则管子形状、尺寸、管壁材料及声源状态都会对管中声波传播产生影响。接下来介绍矩形和圆柱形声波导管理论。

矩形声波导管理论见表 27-11-12。
圆柱形声波导管理论见表 27-11-13。

表 27-11-8　　　　　　　　　　　　管内声场

项目	名称	介 绍	说 明
1	声学负载与声阻抗	管末端有声学负载,发生声波反射、透射现象,一部分声波要受到反射;另一部分要透射,即被声学负载所吸收。声学负载的声学特性是由其表面法向声阻抗 Z_a 或表面法向声阻抗率 Z_s 来表征,通常为复数,称为管末端声阻抗及管末端声阻抗率	声阻抗定义为 $Z_a=\frac{p}{U}$,其中 p 为声压,U 为体积速度。声阻抗率为 $Z_s=\frac{p}{v}$,其中 v 为质点速度

续表

项目	名称	介绍	说明
2	管内平面波假设	如右图所示,入射波为 $p_i = p_{ia}e^{j(\omega t - kx)}$,反射波为 $p_r = p_{ra}e^{j(\omega t + kx)}$,则声压反射系数为: $$r_p = \frac{p_r}{p_i} = \frac{p_{ra}}{p_{ia}} = |r_p|e^{j\sigma\pi}, |\sigma| \leq 1$$ 总声压为: $$p = p_i + p_r = p_{ia}(e^{jkx} + |r_p|e^{j(kx+\sigma\pi)})e^{j\omega t} = |p_a|e^{j(\omega t + \psi)}$$ 其中,$|p_a| = p_{ia}\sqrt{1+|r_p|^2+2|r_p|\cos 2k\left(x+\sigma\frac{\lambda}{4}\right)}$	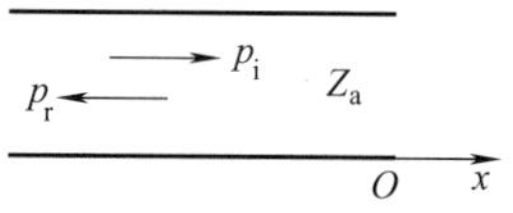 设平面声波在有限长、截面积均匀的管子中传播,其中,管的截面积为 S,入射声压为 p_i,反射声压为 p_r,管末端有一声阻抗 Z_a,$\sigma\pi$ 是反射波与入射波在界面的相位差,λ 为波长
3	驻波比和反射系数	驻波比: $G = \frac{\|p_a\|_{\max}}{\|p_a\|_{\min}} = \frac{1+\|r_p\|}{1-\|r_p\|} \Rightarrow$ 反射系数 $\|r_p\| = \frac{G-1}{G+1}$; 在全吸声端:$\|r_p\|=0 \Rightarrow G=1, p=p_i$,只存在入射平面波; 全反射端:$G=\infty, p=2p_{ia}\cos(kx)e^{j\omega t}$,纯粹的驻波,即定波	
4	阻抗图	阻抗图描述声反射系数与管末端负载的声阻抗之间的关系,下图为一示例 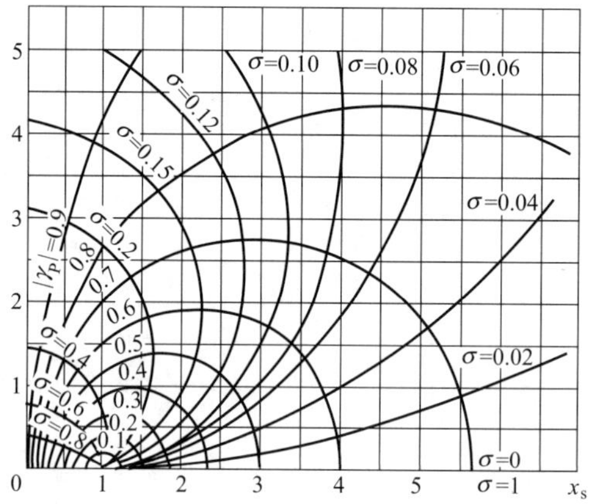	管末端声学负载的声学特性是由阻抗 Z_a 或阻抗率 Z_s 表征,因而管末端的声波反射系数应与声阻抗有关。由此可通过已知表面法向声阻抗确定负载的声压反射系数及吸声系数,或反之
5	驻波管法	驻波管法是用来测量材料吸声系数的。其理论依据为:由驻波比的测量确定声负载的声压反射系数,进而求得负载的声能透射系数(或称吸声系数) $$\alpha_0 = 1 - r_1 = 1 - |r_p|^2 = \frac{4G}{(1+G)^2}$$ 测量装置: 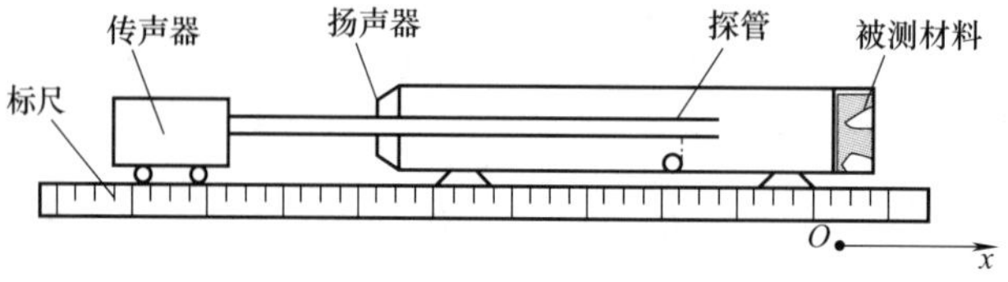	式中,r_1 为声压透射系数,r_p 为反射系数,G 为驻波比

第 11 章 机械噪声基础

表 27-11-9　　　　　　　　　　单个突变截面管内声波传播

名称	表达式	说明
单个突变截面管内声场	如右图所示，其边界条件为： ① 截面声压连续，即： $$p_i + p_r = p_t$$ ② 截面体积速度连续，即： $$S_1(u_i + u_r) = S_2 u_t$$ 可以求出其声压反射系数为： $$r_p = \frac{p_r}{p_i} = \frac{p_{ra}}{p_{ia}} = \frac{S_1 - S_2}{S_1 + S_2} = \frac{S_{21} - 1}{S_{21} + 1} = \frac{1 - S_{12}}{1 + S_{12}}$$ 扩张比为：$S_{21} = \frac{S_1}{S_2}$，$S_{12} = \frac{S_2}{S_1}$ 声强反射系数：$r_1 = \left(\frac{S_{21} - 1}{S_{21} + 1}\right)^2$ 声强透射系数为：$t_1 = \frac{I_t}{I_i} = \dfrac{\frac{\|p_t\|^2}{2\rho_0 c_0}}{\frac{\|p_i\|^2}{2\rho_0 c_0}} = \frac{4}{(1+S_{12})^2}$ 声功率透射系数为：$t_W = \frac{I_t S_2}{I_i S_1} = t_1 \frac{S_2}{S_1} = \frac{4 S_1 S_2}{(S_1 + S_2)^2}$	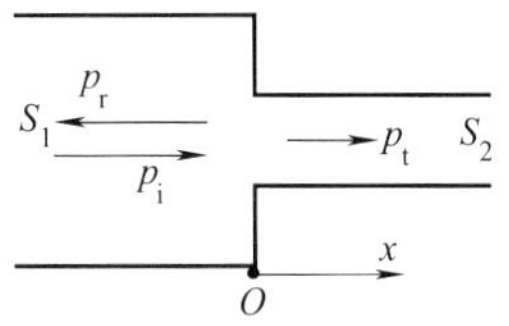 图中，p_i 为入射声压，p_r 为反射声压，p_t 为透射声压，S_1、S_2 为截面积 式中，u_i 为入射声波的振速，u_r 为反射声波的振速，u_t 为透射声波的振速；I_t、I_i 为透射声强和入射声强，ρ_0、c_0 为介质密度和介质中的声速

表 27-11-10　　　　　　　　　　旁支管内声波传播

项目	名称	表达式	说明
1	旁支管	如右图所示，设有一平面波从主管中传来，由于旁支口的影响，主管中将产生反射波及透射波，在旁支中会产生漏入波。如果旁支口线度远比声波波长小，则可把旁支口看作一点。声压反射系数：$r_p = \frac{p_r}{p_i} = $ $$\frac{p_{ra}}{p_{ia}} = \frac{-\frac{\rho_0 c_0}{2S}}{\frac{\rho_0 c_0}{2S} + Z_b}$$ 声强透射系数：$t_1 = \left(\frac{p_{ta}}{p_{ia}}\right)^2 = \frac{R_b^2 + X_b^2}{\left(\frac{\rho_0 c_0}{2S} + R_b\right)^2 + X_b^2}$ 声强透射系数：$t_1 = \dfrac{I_t}{I_i} = \dfrac{\frac{\|p_{ta}\|^2}{2\rho_0 c_0}}{\frac{\|p_{ia}\|^2}{2\rho_0 c_0}} = \frac{4}{(1+S_{12})^2}$	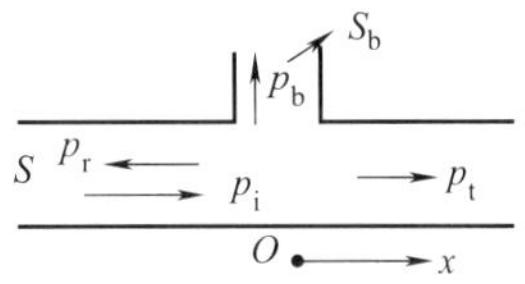 如图所示，S、S_b 为管道和旁支管的截面积；在公式中，R_b 为声阻，X_b 为声抗，I_t、I_i 为透射声强和入射声强，ρ_0、c_0 为介质密度和介质中的声速
2	共振式消声器	右图为一赫姆霍兹共鸣器，声阻可以忽略。声抗为： $$X_b = \omega M_b - \frac{1}{\omega C_b} = \frac{\omega l \rho_0}{S_b} - \frac{\rho_0 c_0^2}{\omega V}$$ 共振频率为：$f_r = \frac{1}{2\pi}\sqrt{\frac{1}{M_b C_b}} = \frac{c_0}{2\pi}\sqrt{\frac{S_b}{l V_b}}$ 共振式消声器的消声原理：共鸣器共振时，$t_1 = 0$，入射声波被共鸣器旁支阻拦，旁支起滤波作用 假设旁支声阻为零不耗能，仅对声波起到阻拦作用，即为抗性消声器，同扩张管式消声器类似 消声量为：$TL = 10\lg\frac{1}{t_1} = 10\lg\left(1 + \frac{\beta^2 z^2}{(z^2-1)^2}\right)$ （dB） 其中：$\beta = \frac{\pi f_r V_b}{c_0 S}$，$z = \frac{f}{f_r}$，$f_r = \frac{1}{2\pi}\sqrt{\frac{1}{M_a C_a}}$	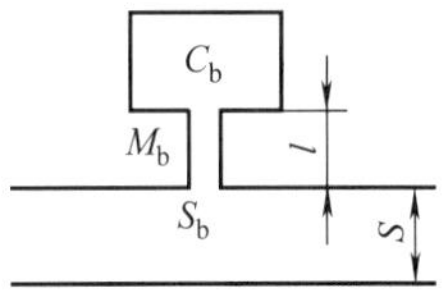 其中，X_b 为声抗；ω 为角频率；M_b 为声质量；C_b 为声容；S、S_b 为管道和旁支管的截面积；ρ_0、c_0 为介质密度和介质中的声速；V_b 为共振腔体积；t_1 为声强透射系数

表 27-11-11　截面连续变化管内的声波传播

项目	名称	表达式	说明
1	截面连续变化管内声场	设有一管子,其截面积是管轴坐标 x 的函数,即 $S=S(x)$,为简单见,假设其中传播的声波,其波阵面也按截面的规律变化。显然,此时声的传播规律应遵循特殊形式的波动方程 $$\frac{\mathrm{d}^2 p(x)}{\mathrm{d}x^2}+\frac{S'}{S}\frac{\mathrm{d}p}{\mathrm{d}x}+k^2 p(x)=0$$	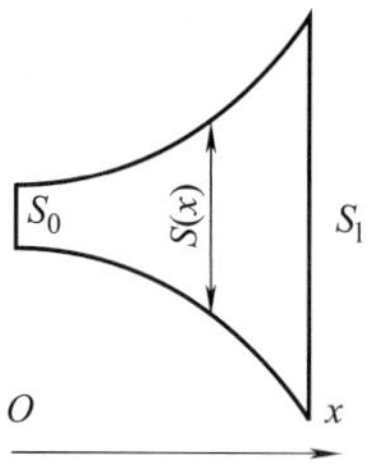
2	有限长指数号筒	有限长指数号筒其截面的变化曲线为: $S(x)=S_0 \mathrm{e}^{\delta x}$ 号筒喉部声阻抗: $$Z_{a0}=R_{a0}+jX_{a0}=\frac{\rho_0 c_0}{S_0}\sqrt{1-\left(\frac{\delta}{2k}\right)^2}+j\frac{\rho_0 c_0^2 \delta}{2S_0 \omega}$$ 其实部声阻的存在表示将出现辐射损耗: $$\overline{W}=\frac{1}{2}(R_{a0}S_0^2)u_a^2=\frac{1}{2}\rho_0 c_0 S_0 \sqrt{1-\left(\frac{\delta}{2k}\right)^2}u_a^2$$ 一个声源要在指数号筒中辐射声音是有条件的,仅当它的频率大于号筒截止频率时,号筒才起传输声波的作用	R_{a0}、X_{a0} 为 Z_{a0} 的实部和虚部,分别为声阻和声抗;δ 为蜿蜓指数,u_a 为声源的速度振幅,ω 为角频率,k 为波数,由于是理想媒质,这里损耗功率只代表声辐射,损耗功率越大,表示声源向号筒输送的声能越多
3	无限长指数号筒	无限长指数号筒其截面的变化曲线同样为: $S(x)=S_0 \mathrm{e}^{\delta x}$,只是其末端无限延伸,则号筒声阻抗为: $$Z_a(x)=\frac{p}{vS}=\frac{j\rho_0 c_0 k}{S\left(\frac{\delta}{2}+j\sqrt{k^2-\frac{\delta^2}{4}}\right)}=R_a(x)+jX_a(x)$$ $$R_a(x)=\frac{\rho_0 c_0}{S}\sqrt{1-\left(\frac{\delta}{2k}\right)^2},X_a(x)=\frac{\rho_0 c_0^2 \delta}{2S\omega}$$	各参数说明同上

表 27-11-12　矩形声波导管理论

项目	名称	定义或公式	说明
1	波导管内声波传播	声场在 x、y、z 方向不均匀,声波方程应采用三维形式: $$\frac{\partial^2 p}{\partial x^2}+\frac{\partial^2 p}{\partial y^2}+\frac{\partial^2 p}{\partial z^2}+k^2 p=0$$ 波动方程通解: $$p=\sum_{n_x=0}^{\infty}\sum_{n_y=0}^{\infty}A_{n_x n_y}\cos k_x x \cos k_y y \exp j(\omega t - k_z z)=\sum_{n_x=0}^{\infty}\sum_{n_y=0}^{\infty}p_{n_x n_y}$$ $p_{n_x n_y}$ 表示与每一组数值对应的波动方程的一个特解,表示在声波导管中可能存在的沿 z 方向传播的一种声波,称为简正波 声波导管中传播波正是由无数这样的简正波组成。其沿管子 z 方向的传播速度为: $c_z=\omega/k_z$。简正频率 $f_{n_x n_y}$ 为: $$f_{n_x n_y}=\frac{c_0}{2}\sqrt{\left(\frac{n_x}{l_x}\right)^2+\left(\frac{n_y}{l_y}\right)^2}$$ 矩形声管截止频率 $f_c=\frac{c_0}{2}\frac{1}{\max(l_x,l_y)}$	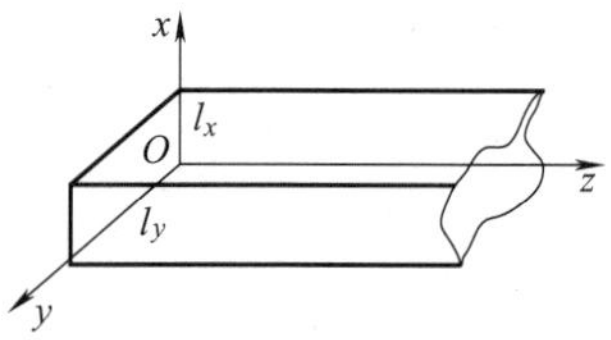 图中,矩形管宽度为 l_y,高度为 l_x,管长用 z 坐标表示,设管口取在 $z=0$ 处,另一端延伸到无限远。式中,c_0 为介质声速;圆频率为 ω;n_x、$n_y=0,1,2\cdots$

续表

项目	名称	定义或公式	说 明
2	管中高次波的传播	对于不同的一组(n_x, n_y)数值将得到不同的波，称为(n_x, n_y)次的简正波。通常称$(0,0)$次波为主波，除$(0,0)$次以外的波称为高次波。只有声源的激发频率f高于某个简正频率$f_{n_x n_y}$时，才能激发出对应的(n_x, n_y)次波 右图表示$(n_x, 0)$次波的传播，对于$(n_x, 0)$次波，其声压可表示为： $$p = \frac{1}{2}A_{n_x 0} e^{j\left(\omega t - \frac{\omega}{c_0}(z\sin\theta + x\cos\theta)\right)} + \frac{1}{2}A_{n_x 0} e^{j\left(\omega t - \frac{\omega}{c_0}(z\sin\theta - x\cos\theta)\right)}$$ 两束平面波的叠加：一束向与x轴成θ角方向传播，另一束向负x轴成θ角方向传播。类似的，$(0, n_y)$次波是一个与y轴交角斜向传播的平面波，(n_x, n_y)次波是两个斜向传播的平面波的叠加	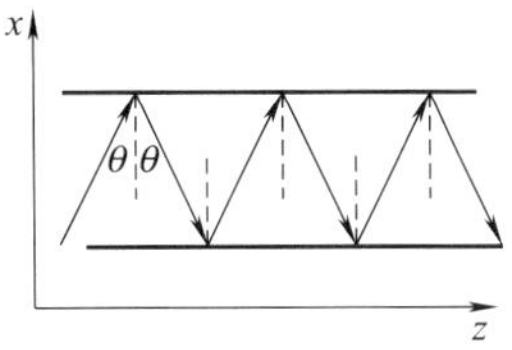 式中θ有如下关系： $$\frac{n_x \pi}{l_x} = \frac{\omega}{c_0}\cos\theta \Rightarrow \sin\theta = \sqrt{1 - \frac{n_x^2 \pi^2 c_0^2}{l_x^2 \omega^2}}$$
3	声管中高次波的传播速度	高次波的速度有相速和群速。 相速c_z代表的是高次波的相位传播速度，其计算公式为： $$c_z = \frac{c_0}{\sin\theta} = \frac{c_0}{\sqrt{1 - \frac{\pi^2 c_0^2}{\omega^2} \times \frac{n_x^2}{l_x^2}}}$$ 由公式可得高次波的相速恒大于自由平面波的传播速度c_0 群速代表能量传播速度，其计算公式为： $$c_g = c_0 \sin\theta = c_0 \sqrt{1 - \frac{\pi^2 c_0^2}{\omega^2} \times \frac{n_x^2}{l_x^2}}$$	各符号说明同 1

表 27-11-13　　　　　　　　　　圆柱形声波导管理论

项目	名称	定义或公式	说 明
1	波导管内声波传播	柱面坐标波动方程为： $$\frac{1}{r} \times \frac{\partial}{\partial r}\left(r \frac{\partial p}{\partial r}\right) + \frac{1}{r^2} \times \frac{\partial^2 p}{\partial \theta^2} + \frac{\partial^2 p}{\partial z^2} = \frac{1}{c^2} \times \frac{\partial^2 (rp)}{\partial t^2}$$	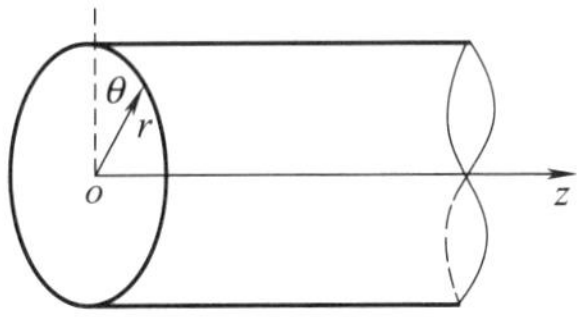
2	波导管内声压、振速	管内的声压表达式： $$p = \sum_{m=0}^{\infty}\sum_{n=0}^{\infty} A_{mn} J_m(k_{mn}r) \cos(m\theta - \varphi_m) e^{j(\omega t - k_z z)}$$ 对应的径向振速表达式： $$u_{rm} = \frac{j}{\rho_0 \omega} \times \frac{\partial p_m}{\partial r} = A_m \frac{jk_r}{\rho_0 \omega} \times \frac{dJ_m(k_r r)}{d(k_r r)} \cos(m\theta - \varphi_m) e^{j(\omega t - k_z z)}$$	式中：$k_z = \sqrt{k^2 - k_{mn}^2}$；$\rho_0, c_0$为介质密度和介质中的声速；$J_m$为$m$阶柱贝塞尔函数
3	主波和其他高次波	声管内的(m, n)次简正波为： $$p_{mn} = A_{mn} J_m(k_{mn}r) \cos(m\theta - \varphi_m) e^{j(\omega t - k_z z)}$$ 主波沿z轴传播的$(0,0)$次波，其声压为$p_{00} = A_{00} e^{j(\omega t - kz)}$，其余的称为高次波，例如$(0, 1)$次波可以表示为：$p_{01} = A_{01} J_0(k_{01}r) e^{j(\omega t - \sqrt{k^2 - k_{01}^2} z)}$	
4	截止频率	$$f_c = f_{10} = k_{10} \frac{c_0}{2\pi} = 1.841 \frac{c_0}{2\pi a}$$	a 为声管半径

11.1.6 自由声场和混响声场

表 27-11-14　　　　　　　　　　自由声场和混响声场

名　称	定义或公式	说　明
自由声场	自由声场是没有边界的、媒质均匀且各向同性的声场	
消声室	声源所在的房屋六面都铺设吸声材料，以实现自由声场条件的房间称为消声室	在室外安静的高空，由于所发出的声音不受周围反射的影响，也可以认为是自由声场条件
半消声室	房间内的五个面是完全吸声边界条件，只有地面存在反射，称为半消声室	实验房屋的空间尺寸很大，以致四周墙面和顶面的反射可以忽略，只剩下地面的反射，此时可近似认为是半自由场条件
直达声场	由声源直接辐射到室内空间，未经任何反射的声场	
混响声场	直达声经过室内界面多次反射，并在室内形成稳定的声场，此时声源若停止发声，由于声音的多次反射或散射而使声音延续的现象，称为混响。在室内形成的声场则称为混响声场	
混响室	一个能在所有边界上全部反射声能，并在其中充分扩散，形成室内各处能量密度均匀、在各传播方向作无规则分布的扩散场的房间	
混响时间	混响时间是室内声音达到稳定状态，声源停止发声后残余声音在房间内反复经吸声材料吸收，平均声能密度自原始值衰变到百万分之一（声能密度减 60dB）所需的时间，用 T_{60} 表示。通常用赛宾公式计算室内混响时间	
赛宾公式（Sabine）	$$T_{60} = \frac{0.163V}{\sum_{(n)} S_i \alpha_i}$$	V——体积 S_i——吸声系数为 α_i 的面积
混响半径	在室内声场中，可以找到一个临界距离，在这一距离上的各点，直达声场与混响声场的作用相等，这一距离称为临界距离或混响半径。混响半径可用下式计算：$$r_0 = 0.1\sqrt{\frac{V}{\pi T_{60}}}$$	

11.1.7 声源模型介绍

11.1.7.1 简单声源模型

表 27-11-15　　　　　　　　　　简单声源模型

名　称	定　义	指向性图
单极子源	脉动球半径 $a \ll \lambda$ 时，该声源就是点源，或称单极子源。设脉动球表面作径向匀速振动 $v = v_0 e^{j\omega t}$，体积振动速度为 $q = 4\pi a^2 v = Q e^{j\omega t}$。单极子源产生的声压为：$p = j\rho_0 \omega \dfrac{Q}{4\pi r} e^{j(\omega t - kr)}$	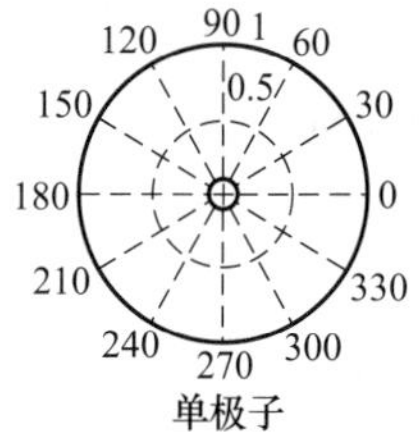 单极子

续表

名 称	定 义	指向性图
偶极子源	两个相位相差180°的单极子相距很近（相对于波长），就可以组成偶极子。其声压为（略去时间因子 $e^{j\omega t}$）： $$p = \frac{j\rho_0 \omega Q}{4\pi r_+}e^{-jkr_+} - \frac{j\rho_0 \omega Q}{4\pi r_-}e^{-jkr_-} = \frac{j\rho_0 \omega Q}{4\pi}\left(\frac{e^{-jkr_+}}{r_+} - \frac{e^{-jkr_-}}{r_-}\right)$$ $$= \frac{j\rho_0 \omega Q b}{4\pi} \frac{1+jkr}{r^2} e^{-jkr}\cos\theta$$	偶极子
同相小球源	两个振幅相等，频率相等，振动相位相等的小脉动球源组成，是构成声柱和声阵辐射的最基本模型 其声压为： $$p \approx \frac{A}{r}e^{j(\omega t-kr)}(e^{jk\Delta}+e^{-jk\Delta}) = \frac{A}{r}e^{j(\omega t-kr)}(2\cos(k\Delta))$$ $$= \frac{A}{r} \times \frac{\sin(2k\Delta)}{\sin(k\Delta)} e^{j(\omega t-kr)} = P(r,\theta)e^{j(\omega t-kr)}$$ 其指向性为： $$D(\theta) = \frac{(p_a)_\theta}{\max\{(p_a)_\theta\}} = \frac{(p_a)_\theta}{(p_a)_{\theta=0}} = \left|\frac{\sin(2k\Delta)}{2\sin(k\Delta)}\right| = |\cos(k\Delta)|$$ 当 l/λ（λ 为波长）不同时，指向性也不同。 主声束张角为 $\bar{\theta} = 2\arcsin(\lambda/2l)$	$l=\lambda$ $l/\lambda=1$ $l/\lambda=0.45$ $l/\lambda=0.1$

续表

名称	定义	指向性图
四极子源	将两个偶极子摆放在相距很小的一个距离间,就得到了一个四极子。两个偶极子矩为 Qb 的偶极子,相距 $b \ll \lambda$。四极子的声压表达式为(略去时间因子 $e^{j\omega t}$): $p = \dfrac{k^3 \rho_0 c_0 Qb^2 \cos\theta \sin\theta}{4\pi r} e^{-jkr}$	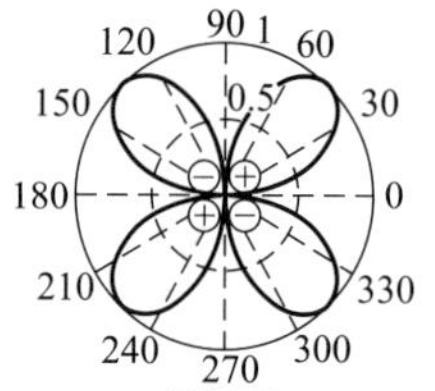 四极子

11.1.7.2 组合声源

主要介绍以声柱表示的组合声源,具体见表 27-11-16。

11.1.7.3 平面声源

主要以无限大障板上圆面活塞介绍平面声源,具体见表 27-11-17 平面声源。

11.1.7.4 声模态与声辐射模态

通过声辐射功率的表达式,可以构造出辐射算子。辐射算子的特征向量称为声辐射模态,特征值正比于声辐射模态的辐射效率。声辐射模态仅与结构的外表面几何形状及分析频率有关。结构的辐射模态是分布于结构表面的相互独立且正交的速度模式。各个模态独立地向外辐射能量,不会产生耦合。具体见表 27-11-18。

表 27-11-16　　声柱及其特性

项目	名称	定义	说明
1	声柱	设 n 个体积速度相等、相位相同的小脉动球源均布在一直线上,如右图所示。小球源间距 l,声柱总长 $L=(n-1)l$,	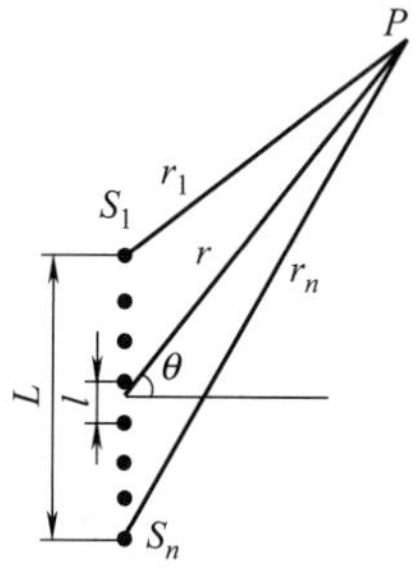
2	声柱声压	合成声压为各小球源辐射声压的叠加,其声压为: $p = \sum\limits_{i=1}^{n} \dfrac{A}{r_i} e^{j(\omega t - k r_i)}$	r_i 为第 i 个小球源距离 P 点的距离,k 为波数,ω 为角频率,A 为振幅
3	声柱的指向性	其指向性为 $D(\theta) = \dfrac{p_a \big|_{\theta}}{p_a \big|_{\theta=0}} = \left| \dfrac{\sin nk\Delta}{n \sin k\Delta} \right|$。当 $l\sin\theta = m\lambda$ ($m = 0,1,2\cdots$)的时候,声压幅值出现极大值,出现极大值的方向为:$\theta = \arcsin \dfrac{m\lambda}{l}$,其中对应于 $\theta = 0°$ 的为主极大值,其余的称为副极大值 消除第一个副极大的条件:小球源的间距小于波长,即 $l < \lambda$ 当 $l\sin\theta = \dfrac{m'}{n}\lambda$,$m'$ 为除了 n 的整数倍以外的整数,$D(\theta) = 0$,在这些方向上声压抵消为零,如右图所示	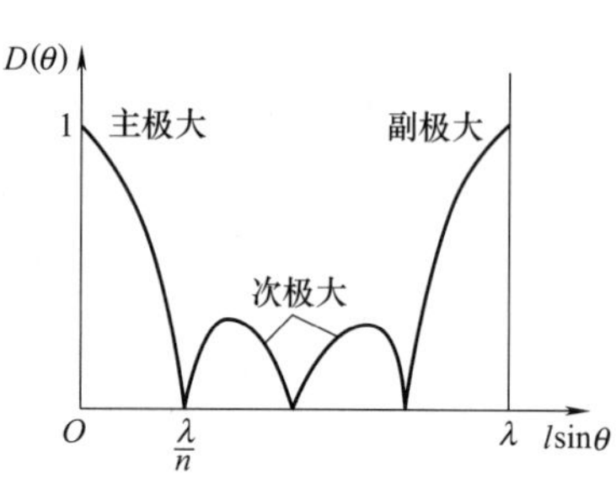 λ 为波长,n 为小球源的个数,l 为小球源间距
4	主声束角	第一次出现零辐射角度的 2 倍,公式为: $\bar{\theta} = 2\arcsin \dfrac{\lambda}{nl}$	

项目	名称	定义	说明
5	不同 L 下指向性	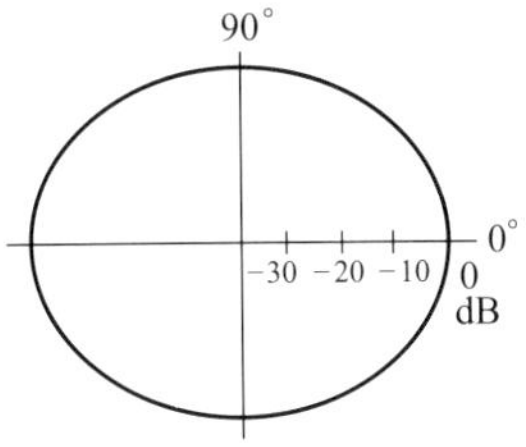 $L=\frac{1}{2}\lambda$，$L=\lambda$，$L=\frac{3}{2}\lambda$，$L=2\lambda$ 的指向性图 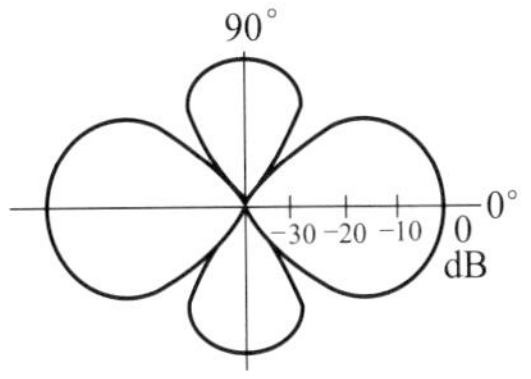 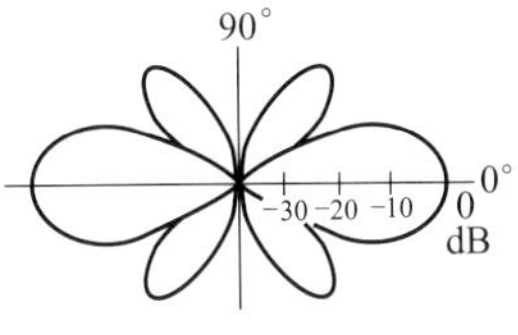 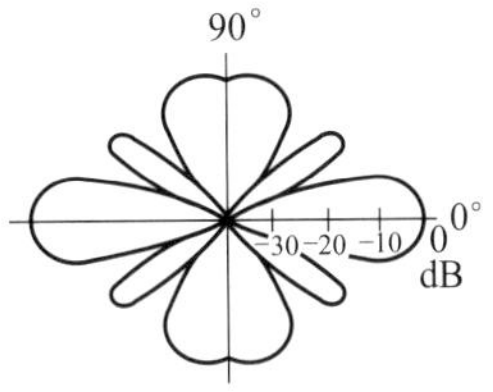	由于都满足 $l<\lambda$，故都不出现副极大，仅出现次极大。增加声柱总长度可减小主声束宽度，但须同时增加小球源的数量，保证不出现副极大；而当总长度一定时，增加小球源的个数可减小次极大的峰值
6	声柱的能量	每个小球源在观察点的声压幅值为 $P_a=A/r$，各小球源对远场观察点声压的总贡献为：$$p=\frac{A}{r}e^{j(\omega t-kr)}\frac{\sin nk\Delta}{\sin k\Delta}\Rightarrow p=np_a e^{j(\omega t-kr)}\frac{\sin nk\Delta}{n\sin k\Delta}$$ 在远场的声强为：$$I=\frac{|p|^2}{2\rho_0 c_0}=\frac{n^2 p_a^2}{2\rho_0 c_0}D^2(\theta)\Rightarrow I\big|_{\theta=0°}=\frac{n^2 p_a^2}{2\rho_0 c_0}$$	Δ 为相邻小球源到观测点的距离的差值；ρ_0、c_0 为介质密度和介质中的声速
7	声柱辐射的特点	强指向性：$I\big|_{\theta=0°}=\frac{n^2 p_a^2}{2\rho_0 c_0}$，能量聚集于 $q=0°$ 方向	n 个小球源组成声柱以后，在 $q=0°$ 方向上的声强比 n 个小球源未作成声柱而是分散使用时的声强提高 n 倍，因为后者只是能量简单相加

表 27-11-17 　　　　　　　　　　平面声源

项目	名称	定义	说明
1	活塞式声源	指一种平面状的振子，当它沿平面的法线方向振动时，其面上各点的振动速度幅值和相位相同。许多常见声源如扬声器纸盆、共鸣器或号筒开口处的空气层，在低频时都可以近似看作活塞辐射	
2	无限大障板	除安装声源部分外，其他表面刚性，用于将无限大空间中媒质分为两部分，两部分媒质无法发生交流。实际中，只要障板尺寸比媒质中的声波波长大很多，就可认为是无限大障板	
3	圆面活塞辐射声场基本特点	活塞面半径与波长相当或大于波长时，各面元辐射波到观察点 P 处的振动不同相，改变场点位置时，各面元辐射声波的声程差也改变，场点声压是空间坐标的函数	
4	近远场临界距离	近远场临界距离为出现最后一个极大值的位置，公式为：$z_g=\frac{a^2}{\lambda}$	a 为圆形活塞半径，λ 为波长

续表

项目	名称	定 义	说 明
5	圆面活塞辐射的远场指向性	声远场特性($r \gg a, r \gg a^2/l$) 声压为： $$p = \frac{j\omega\rho_0 u_a a^2}{2r}\left(\frac{2J_1(ka\sin\theta)}{ka\sin\theta}\right)e^{j(\omega t - kr)}$$ 指向性的特点： $$\left.\frac{J_1(x)}{x}\right|_{x=0} = \frac{1}{2},$$ $$D(\theta) = \frac{P_a(\theta)}{P_a(\theta)|_{\theta=0}} = \left|\frac{2J_1(ka\sin\theta)}{ka\sin\theta}\right|$$ 当 $ka < 1$ 时， $$\left.\frac{J_1(x)}{x}\right|_{x\to 0} \approx \frac{1}{2} \Rightarrow D(\theta) \approx 1 \Rightarrow p = \frac{j\omega\rho_0 u_a a^2}{2r}e^{j(\omega t - kr)}$$ 低频辐射时，活塞与半空间辐射点源相同，指向性近似为一个球 低频辐射声强为： $$I = \frac{\rho_0 c_0 u_a^2 (ka)^2 a^2}{8r^2} = \frac{p_a^2}{2\rho_0 c_0}$$	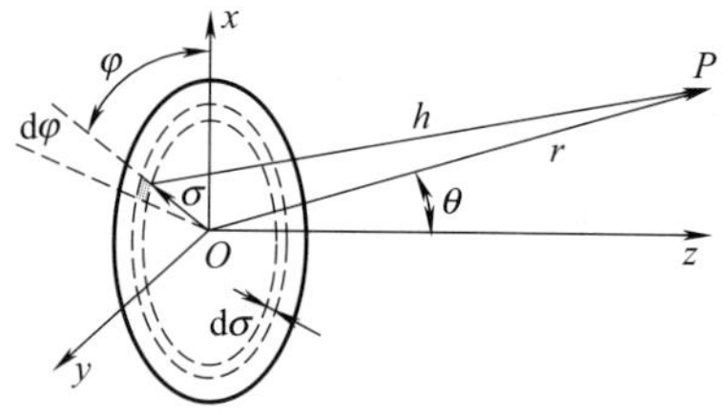 式中，ρ_0、c_0 为介质密度和介质中的声速，k 为波数，u_a 为振速，h 是极径 σ 与极角 φ 的函数，即面元不同，σ 及 φ 不同，面元到观察点的距离 h 也不同
6	圆面活塞辐射的近声场特性	P 点的总声压为： $$P = 2\rho_0 c_0 u_a \sin\left(k\frac{R-z}{2}\right)e^{j\left(\omega t - k\frac{R+z}{2} - \frac{\pi}{2}\right)}$$ 其中：$R = \sqrt{a^2 + z^2}$ 活塞轴上声场特性分析： 如右图所示，当 z 很小即： $k(R-z)/2 = n\pi(n=1,2,\cdots)$声压幅值为 0；在 $k(R-z)/2 = (n+0.5)\pi(n=1,2,\cdots)$的位置，声压幅值最大	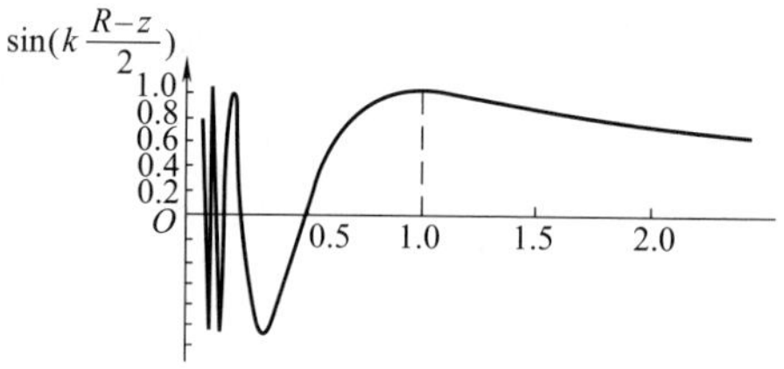

表 27-11-18　　　无限大障板上圆面活塞的声辐射

项目	名称	公 式	说 明
1	辐射声功率	一结构表面 S 以法向速度 v 在振动，向外部区域 E 中辐射能量，结构的表面法向如右图所示，由区域 E 指向内部。一般使用平均辐射声功率来描述振动结构向外辐射能量的大小，即为： $$W = \frac{1}{2}Re\int_S p(x)v(x)^* dS(x)$$ 其中，"＊"对于标量表示复共轭，对于向量表示复共轭转置，$p(x)$、$v(x)$ 表示点 x 处的声压和法向速度	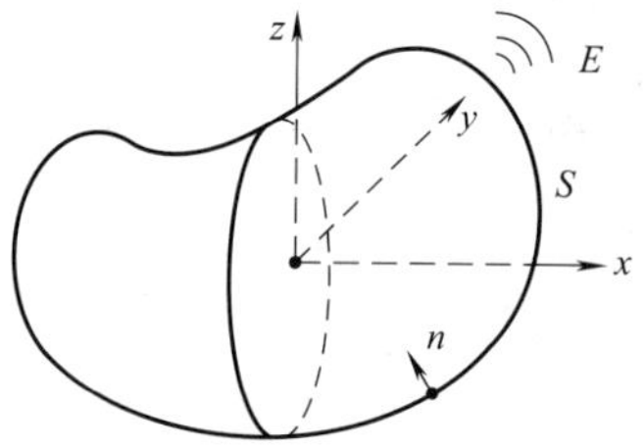
2	声辐射效率与瞬时声强	声辐射效率为 $\sigma = \dfrac{W^2}{\rho c S |v|^2}$ 声场中某处，与质点速度方向垂直的单位面积上在单位时间内通过的声能，称为瞬时声强	S 为结构表面积，均方速度为 $|\hat{v}|^2 = \dfrac{1}{2S}\int_S |v(x)|^2 dS$
3	声辐射模态	声辐射模态为一组分布在结构封闭表面上的、相互独立且正交的速度模式。它只与结构外表面形状、频率及声学介质特性有关 欧拉方程为：$\dfrac{\partial}{\partial n(x)}p(x) = ik\rho c v(x)$ 以常数单元为例，其声功率离散形式为： $p = ik\rho c \mathbf{F}^{-1}\mathbf{G}v; W = Re(v^* \mathbf{R}v)$ 其辐射算子为：$p = -ik\rho c \mathbf{A}_* \mathbf{F}^{-1}G/2$ 其辐射算子 $\mathbf{R}$ 一般是非对称、满的一般复数矩阵	$\mathbf{G}$、$\mathbf{F}$ 矩阵为边界积分方程离散后表面振速和声压前的系数矩阵

项目	名称	公式	说明
4	球的声辐射模态	球调和函数： $Y_n^m(\theta,\varphi) = \frac{1}{\sqrt{2\pi}}\bar{P}_n^m(\mu)e^{im\varphi}, n=1,2\cdots, -n \leqslant m \leqslant n$ 球的解析声辐射模态为： $q_l^t(x) = \frac{\partial}{n(x)}p_l^t(x) = \frac{\partial}{n(x)}h_l(kr_x)Y_l^t(\theta,\varphi)$ 对应的辐射声压即为： $p_l^t(x) = h_l(kr_x)Y_l^t(\theta,\varphi)$ 相应某阶模态的辐射声功率为： $W = \frac{-r^2}{2\rho c}\text{Im}[h_n(kr)h_n'(kr)^*]$ 又由 $\text{Im}[h_n(kr)h_n'(kr)^*] = -i\gamma_n(ka)^{-2} = -(ka)^{-2}$ 代入公式可得： $W = \frac{1}{2\rho ck^2}$ 辐射效率为： $\sigma_l^t =$ $\frac{1}{(ka)^2 a_{l-1}|h_{l-1}(ka)|^2 + (ka)^2 b_{l+1}|h_{l+1}(ka)|^2 - c_l|h_l(ka)|^2}$	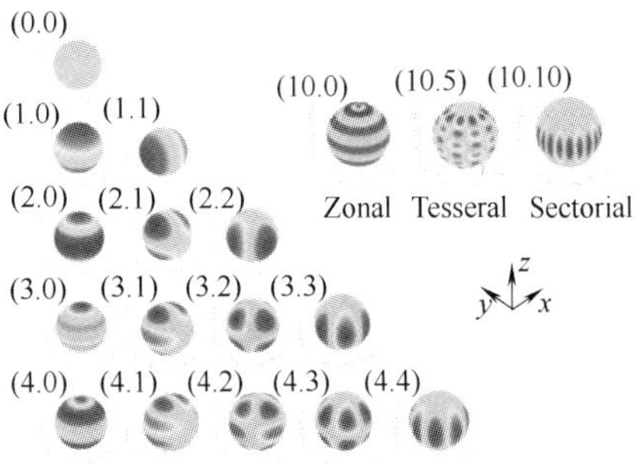 (0,0) (1,0) (1,1) (10,0) (10,5) (10,10) (2,0) (2,1) (2,2) Zonal Tesseral Sectorial (3,0) (3,1) (3,2) (3,3) (4,0) (4,1) (4,2) (4,3) (4,4) 声辐射功率与模态的阶数和尺寸无关，仅与频率和声学介质属性有关 $a_{l-1} = \frac{l}{2l+1}; b_{l+1} = \frac{l+1}{2l+1};$ $c_l = l(l+1)$ $|h_l(x)|^2 = j_l^2(x) + y_l^2(x)$ $= \frac{1}{x^2}\sum_{k=0}^{l}\frac{(2l-k)!(2l-2k)!}{k![(l-k)!]^2}(2x)^{2k-2l}$
5	映射声辐射模态	定义球坐标基本解为非球形结构的映射声辐射模态，它不能对辐射算子进行对角化，但可以作为一组独立的速度分布模式对任意速度进行分解	球在其辐射模态（球坐标基本解）下振动，在任意封闭面上所产生的声场也为球坐标基本解。反之任意结构按球坐标基本解的速度分布振动，可在其内部找到一个等效球体，使其按同阶辐射模态振动，所产生的声场相同

11.1.8 声辐射

声音由于物体的表面振动而产生。声场中的声源尺寸小于波长的1/6时，声源可以近似地认为是点源，此时声源的外形对声场的分布几乎没有影响。简单声源以及简单声源的组合可以用来描述其他声源辐射的声场，现实中很多的声源产生的声场都可以用一组单极子或偶极子的声场叠加来代替（见表27-11-19）。

表 27-11-19 声源声辐射

名称	示意图	说明
脉动球	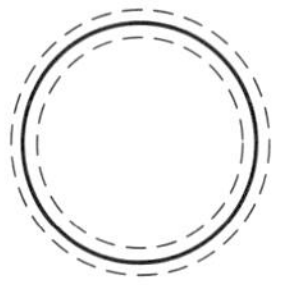	$Z = \frac{p}{u} = \rho_0 c_0\left(1 + \frac{1}{jkr}\right)$
摆动球	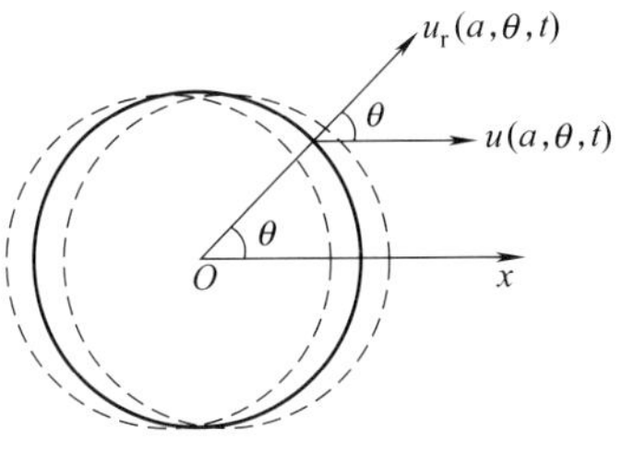	一个表面刚硬的球（半径 a）在 x 方向作往复微幅振动，振速为 $u_0\cos\omega t$。其特性和偶极子源类似 等效偶极子矩：$A = \frac{4\pi a^3 u_0}{(2-k^2a^2)+j2ka}e^{jka}$； 声压：$p(a,\theta) = \frac{\rho_0 c_0 u_0 jka(1+jka)}{(2-k^2a^2)+j2ka}\cos\theta$； 声阻抗：$Z_s = \frac{\rho_0 c_0}{3}4\pi a^2\frac{jka(1+jka)}{(2-k^2a^2)+j2ka}$

续表

名称	示意图	说明
亥姆霍兹面积分定理		声压：$p(r_0) = \iint_S \left(p\dfrac{\partial G}{\partial n} - G\dfrac{\partial p}{\partial n} \right) \mathrm{d}s$ 当时间项为 $e^{j\omega t}$ 时，格林函数：$G = \dfrac{e^{-jkr}}{4\pi r}$，其中 $r = \lvert r_1 - r_2 \rvert$ 从亥姆霍兹积分方程可知，声场中一点的声压为新波面上次声源发射的元波在该点产生的声压叠加
活塞声源		以无限大障板中的圆形活塞声源为例，活塞半径为 a，外部场点 r 和活塞上小振动块的距离是 R，$\overrightarrow{or}$ 和活塞中心轴的夹角为 θ。活塞上每个小振动块产生的声压由于障板的作用而加倍，场点的声压可以通过积分获得： $p(r) = \dfrac{2j\rho ck}{4\pi} \iint_S u(r_s) \dfrac{1}{R} e^{-jkR} \mathrm{d}S$ 当活塞的表面每处的振动速度都是 u_0，场点与中心的距离比活塞半径和波长均要大很多时 $p(r) = \dfrac{j\rho cku_0(\pi a^2)}{4\pi \lvert \overrightarrow{or} \rvert} \left[\dfrac{2J_1(ka\sin\theta)}{ka\sin\theta} \right] e^{-jk\lvert or \rvert}$

11.2 噪声的评价

描述噪声的声学量有声压、声强、声功率等。噪声的强弱需要用数值表示，人们通常用分贝（dB）来表示。分贝是对声学量除以参考量并求对数，再乘以一个常数后得到的值。不用声学物理量的线性值直接评价噪声，主要有两个原因。首先，由于人耳听觉对声信号强弱刺激的反应不是线性的，而是成对数比例关系。所以采用对数形式的分贝值可以适应听觉的特点。其次，日常遇到的声音，若以声学量的线性值表示，变动范围很宽，而用对数换算为分贝值就可以缩小声压变化的范围，使之便于评价日常生活中的噪声。常用的评价量有声压级、声强级和声功率级。

11.2.1 声压级、声强级和声功率级

声压级、声强级和声功率级公式见表 27-11-20。

11.2.2 声级的综合

在声场中，有时存在着多个声源，声场中测量到的声级是各个声源辐射声级叠加后的结果。由于前述的声压级、声强级、声功率级都是通过对数运算得来的，不是线性变化的，因此各个声源辐射声级的叠加不能采用直接相加的方式计算。能进行相加运算的，只能是声音的能量，见表 27-11-21。

表 27-11-20　　声压级、声强级和声功率级公式

项目	名称	公式	说明
1	声压级	$L_p = 20\lg \dfrac{p_e}{p_{\mathrm{ref}}}$	p_e——声压有效值； p_{ref}——参考声压，$p_{\mathrm{ref}} = 2 \times 10^{-5}\,\mathrm{Pa}$
2	声强	$\boldsymbol{I}(t) = p(t)\boldsymbol{u}(t)$	声场中某点上，与质点速度方向垂直的单位面积上在单位时间内通过的声能，称为瞬时声强
3	声强级	$L_I = 10\lg \dfrac{I}{I_{\mathrm{ref}}}$	I_{ref}——参考声强，$I_{\mathrm{ref}} = 1\,\mathrm{pW/m^2} = 10^{-12}\,\mathrm{W/m^2}$
4	声功率	$W = Is$	单位时间内声波通过垂直于传播方向指定面积的声能量
5	声功率级	$L_W = 10\lg \dfrac{W}{W_{\mathrm{ref}}}$	W_{ref}——参考声功率，$W_{\mathrm{ref}} = 1\,\mathrm{pW} = 10^{-12}\,\mathrm{W}$

表 27-11-21　　声级的综合

名称	公式	算例
声压相加	N 个声压级，分别为 $L_{p1}, L_{p2}, \cdots L_{pN}$，则总声压级为： $L_p = 20\lg \dfrac{p}{p_0} = 10\lg \dfrac{p^2}{p_0^2}$ $= 10\lg \dfrac{p_1^2 + p_2^2 + \cdots + p_N^2}{p_0^2} = 10\lg \left(\sum\limits_{i=1}^{N} 10^{\frac{L_{pi}}{10}}\right)$	厂房中有 10 台机器，每台机器辐射的噪声声压级是 100dB，那 10 台机器辐射的总噪声声级可以用下式计算： $L_p = 20\lg \dfrac{p}{p_0} = 10\lg \dfrac{p^2}{p_0^2}$ $= 10\lg \dfrac{p_1^2 + p_2^2 + \cdots + p_{10}^2}{p_0^2} = 10\lg \dfrac{10 p_1^2}{p_0^2}$ $= 10\lg \dfrac{p_1^2}{p_0^2} + 10\lg 10 = 100 + 10 = 110\text{dB}$
平均声压	N 个声压级，分别为 $L_{p1}, L_{p2}, \cdots L_{pN}$，则平均声压级为： $\overline{L}_p = 10\lg \left(\dfrac{1}{N}\sum\limits_{i=1}^{N} 10^{\frac{L_{pi}}{10}}\right)$	2 台机器，机器辐射的噪声声压级分别是 100dB 和 110dB，机器辐射的平均声压级可以用下式计算： $\overline{L}_p = 10\lg\left[\dfrac{1}{2}\left(10^{\frac{100}{10}} + 10^{\frac{110}{10}}\right)\right]$ $= 107.4\text{dB}$
声压相减	$L_{ps} = 10\lg \dfrac{p^2 - p_{bkg}^2}{p_0^2}$ $= 10\lg\left(10^{\frac{L_p}{10}} - 10^{\frac{L_{pbkg}}{10}}\right)$	在背景噪声级 L_{pbkg} 为 92dB 的情形下，测试一台机器辐射的噪声声压级是 100dB，机器辐射的声压级可以用下式计算： $L_{ps} = 10\lg\left(10^{\frac{100}{10}} - 10^{\frac{92}{10}}\right) = 99.3\text{dB}$

11.2.3　等效声级

等效声级示意见图 27-11-3，等效声压级计算见表 27-11-22。

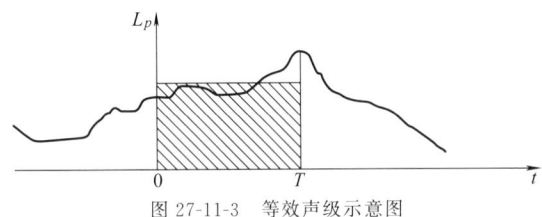

图 27-11-3　等效声级示意图

11.2.4　人耳的听觉特性

人耳听觉非常敏感，0dB 是人耳能听到的最小声压级，正常人能够察觉 1dB 的声音变化，3dB 的差异将感到明显不同。人耳存在掩蔽效应，当一个声音高于另一个声音 10dB 时，较小的声音因掩蔽而难以被听到和理解。由于掩蔽效应，在 90～100dB 的环境中，即使近距离讲话也会听不清。人耳有感知声音频率的能力，频率高的声音人们会有"高音"的感觉，频率低的声音人们会有"低音"的感觉，人耳正常的听觉频率范围是 20～20kHz。人耳耳道类似一个 2～3cm 的小管，由于频率共振的原因，在 2000～3000Hz 的范围内声音被增强，这一频率在语言中的辅音中占主导地位，有利于听清语言和交流，但人耳最先老化的频率也在这个范围内。一般认为，500Hz 以下为低频，500～2000Hz 为中频，2000Hz 以上为高频。语言的频率范围主要集中在中频。人耳听觉敏

表 27-11-22　　等效声压级计算

名　称	定义与公式	说　明
等效连续声压级	某一段时间内的声压级按能量的平均值称为等效连续声级，简称等效声级或平均声级 $L_{eq} = 10\lg\left(1/T \int_0^T \dfrac{p^2(t)}{p_0^2}\mathrm{d}t\right)$	如果使用 A 声级的 L_{eq}，那么就是 L_{Aeq}，此时公式中的声压是 A 计权声压
声暴露级	将 T 时间内的总能量分摊到 1s 时间内，则称为声暴露级 $L_{eq} = 10\lg\left(1/T_0 \int_0^T \dfrac{p^2(t)}{p_0^2}\mathrm{d}t\right)$	$T_0 = 1\text{s}$。声暴露级和等效连续声压级都是对能量的平均，不同之处在于平均的时间长度不同
小时等效连续声压级	$L_{eq} = 10\lg\left(1/T \int_0^T \dfrac{p^2(t)}{p_0^2}\mathrm{d}t\right)$	$T = 1\text{h}$
24 小时噪声暴露级	全天的噪声事件总能量均匀分摊到每一时刻，同时考虑了夜间噪声敏感性的修正因素 $L_{dn} = 10\lg\left[15 \times 10^{(L_{Aeq}(day)/10)} + 9 \times 10^{(L_{Aeq}(night)+10)/10}\right] - 13.8$	夜间小时等效连续声压级 L_{Aeq}(night) 增加 10dB 进行修正

感性由于频率的不同有所不同，频率越低或越高时敏感度变差，也就是说，同样大小的声音，中频听起来要比低频和高频的声音响。

对于人耳能感受的听觉频率，有一个刚好能引起听觉的最小声压级，称为听阈。当声强度在听阈以上继续增加时，听觉的感受也相应增强，但当振动强度增加到某一限度时，它引起的将不单是听觉，同时还会引起耳朵鼓膜的疼痛感觉，这个限度称为最大可听阈。人耳能承受的最大声压级是 120dB。听阈与最大可听阈之间的范围，称为听觉区域。

11.2.5 噪声的频谱分析

噪声通常包含许多频率成分，将噪声的声压级、声级或声功率级按频率顺序展开，使噪声强度成为频率的函数并考查其谱形，这就是频谱分析，频谱分析有时也叫频率分析。频率展开的方法是使噪声信号通过一定带宽的滤波器，通带越窄，频率展开越详细。反之，通带越宽，展开越粗略。经过滤波后各通带对应的声压级、声级或声功率级分贝值的包络线（即轮廓）叫噪声谱。

声音的本质在于它的频谱。实际的声音中，纯音很少，一般声音都包含了若干频率。噪声具有连续频谱，分不出单个频率，要按频带分析。频带有两种，固定带宽和比例带宽。固定带宽分析得到的是通带声压级。用带宽的对数除，即得到 1Hz 带宽内的声压级，称为声压谱密度级。通常所说的倍频带、1/2 倍频带或者更加细的 1/3 倍频带等，指的是比例带宽。假如带宽的下限频率和上限频率分别是 f_1 和 f_2，则 n 倍频带满足下式

$$\log_2 \frac{f_2}{f_1} = n , \quad \left(n=1, \frac{1}{2}, \frac{1}{3} \cdots\right) \quad (27\text{-}11\text{-}1)$$

倍频带的中心频率 f 满足 $f_1 = f/2^{n/2}$ 和 $f_2 = f\ 2^{n/2}$。

11.2.6 计权声级

为了模拟人耳听觉在不同频率有不同的灵敏性，在声级计内设有一种能够模拟人耳的听觉特性，把电信号修正为与听感近似值的网络，这种网络叫作计权网络。通过计权网络测得的声压级，已不再是客观物理量的声压级（叫线性声压级），而是经过听感修正的声压级，叫作计权声级或噪声级。

为了将测量值与主观听感统一起来，人们用均衡网络，或者叫加权网络，对低频和高频都加以适度的衰减，使中频更突出。把这种加权网络接在被测器材和测量仪器之间，于是器材中频噪声的影响就会被该网络"放大"，换言之，对听感影响最大的中频噪声被赋予了更高的权重，此时测得的信噪比就叫计权信噪比，它可以更真实地反映人的主观听感。

根据所使用的计权网不同，分别称为 A 声级、B 声级和 C 声级，单位记作 dB（A）、dB（B）和 dB（C）。A 计权声级是模拟人耳对 55dB 以下低强度噪声的频率特性，B 计权声级是模拟 55dB 到 85dB 的中等强度噪声的频率特性，C 计权声级是模拟高强度噪声的频率特性。三者的主要差别是对噪声低频成分的衰减程度，A 衰减最多，B 次之，C 最少。A 计权声级由于其特性曲线接近于人耳的听感特性，因此是目前世界上噪声测量中应用最广泛的一种，许多与噪声有关的国家规范都是按 A 声级作为指标的。C 计权声级主要用于工业噪声的评价。B 声级用处不大，几乎很少被使用。表 27-11-23 和图 27-11-4 分别是 A 和 C 声级的计权系数表及曲线图。

表 27-11-23　　声压级计权系数表

标称频率 /Hz	频率计权/dB	
	A	C
10	−70.4	−14.3
12.5	−63.4	−11.2
16	−56.7	−8.5
20	−50.5	−6.2
25	−44.7	−4.4
31.5	−39.4	−3.0
40	−34.6	−2.0
50	−30.2	−1.3
63	−26.2	−0.8
80	−22.5	−0.5
100	−19.1	−0.3
125	−16.1	−0.2
160	−13.4	−0.1
200	−10.9	0.0
250	−8.6	0.0
315	−6.6	0.0
400	−4.8	0.0
500	−3.2	0.0
630	−1.9	0.0
800	−0.8	0.0
1000	0.0	0.0
1250	0.6	0.0
1600	1.0	−0.1
2000	1.2	−0.2
2500	1.3	−0.3
3150	1.2	−0.5
4000	1.0	−0.8
5000	0.5	−1.3
6300	−0.1	−2.0
8000	−1.1	−3.0
10000	−2.5	−4.4
12500	−4.3	−6.2
16000	−6.6	−8.5
20000	−9.3	−11.2

注：标称频率由 GB/T 3240—1982 中给出。

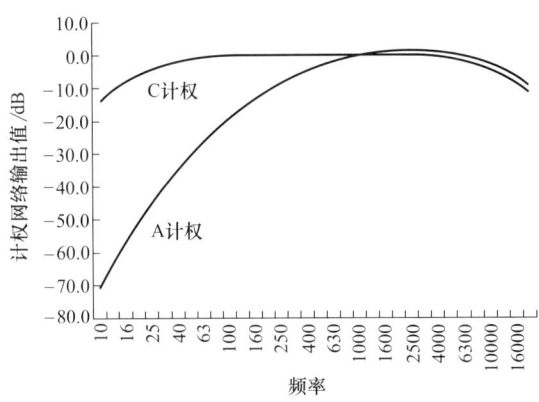

图 27-11-4　声压级计权曲线

11.2.7　噪声评价数 NR

噪声评价曲线是国际推荐的评价环境噪声的曲线族。它的特点是强调了噪声的高频成分比低频成分更为烦扰人的特性，故成为一组倍频程声压级由低频向高频下降的倾斜线，每条曲线在 1000Hz 频带上的声压级即叫该曲线的噪声评价数，见图 27-11-5。

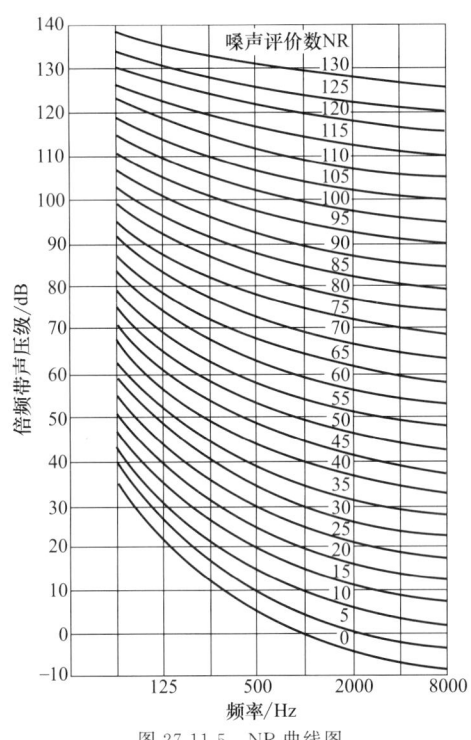

图 27-11-5　NR 曲线图

噪声评价数 NR 曲线如图 27-11-5 所示，NR 数指噪声评价曲线的分数，它是中心频率等于 1000Hz 时倍频带声压级的分贝数，它的噪声级范围是 0～130dB，适用于中心频率从 31.5～8000Hz 的 9 个倍频带。在同一条 NR 曲线上各倍频带的噪声级对人的影响是相同的。

求某一噪声的噪声评价数 NR 的方法如下：先测出噪声八个倍频带宽声压级谱，再把谱画到附图上，再把所测得的噪声频谱曲线叠合在 NR 曲线图上（坐标对准），以频谱与 NR 曲线在任何地方相交的最高 NR 曲线表示该声环境的 NR 数。在听力保护和语言可懂度有关的计算中，只用 500Hz、1000Hz、2000Hz 三个倍频带声压级即可。

噪声评价数 NR 在数值上近似地可写成：

$$NR = dB(A) - 5dB \qquad (27\text{-}11\text{-}2)$$

即用 A 计权声级减去 5dB 来表示，但这样估计可能引起 10dB 的误差。

11.3　噪声标准与规范

11.3.1　噪声的危害

噪声使人感到烦躁、令人讨厌。随着现代社会的发展，噪声已经成为影响我们生活和健康的重要环境问题，又被称为城市新公害。噪声，被称作看不见的敌人，它对人体危害的主要表现有四方面，详见表 27-11-24。

11.3.2　噪声标准目录

噪声标准一般可以分为三类：一是关于人的听力和健康保护的标准；二是环境噪声允许标准；三是工程机械、机电设备及其他产品的噪声控制标准。

表 27-11-24　噪声的危害

危害结果	危害表现
影响睡眠和休息	噪声会影响人的睡眠质量，当睡眠受干扰而不能入睡时，就会出现呼吸急促、神经兴奋等现象。长期下去，就会引起失眠、耳鸣、多梦、疲劳无力、记忆力衰退等
损害听力	噪声可以造成人体暂时性和持久性听力损伤。一般来说，85dB 以下的噪声不至于危害听觉，而超过 100dB 时，将有近一半的人耳聋
引起其他疾病	噪声对人的神经系统、心血管系统都有一定影响，长期的噪声污染可引起头痛、惊慌、神经过敏等，甚至引起神经官能症。噪声也能导致心跳加速、血管痉挛、高血压、冠心病等。极高强度的噪声（如 140dB）甚至会导致人死亡
干扰人的正常工作和学习	当噪声低于 60dB 时，对人的交谈和思维几乎不产生影响。当噪声高于 90dB 时，交谈和思维几乎不能进行，它将严重影响人们的工作和学习

噪声标准的制定必须考虑物理声学、心理学、生

理学、卫生学等多门学科的知识，并且要结合本国的实际情况，使得标准即能保证人们的日常生活和身心健康，又要使标准能够兼顾当下经济活动的开展。标准的制定还要兼顾可操作性，使科研人员、工程人员、监管部门能够按章操作。本节列出了一些常见的声学方面国家标准。

(1) 听力和健康保护的标准

《工业企业噪声卫生标准（试行草案）》1980年1月1日起实施。

(2) 环境噪声标准目录

表27-11-25　　　　环境噪声标准目录

类　别	标准编号	标准名称
声环境质量标准	GB 3096—2008	声环境质量标准
	GB 9660—1988	机场周围飞机噪声环境标准
环境噪声排放标准	GB 12348—2008	工业企业厂界环境噪声排放标准
	GB 22337—2008	社会生活环境噪声排放标准
	GB 14892—2006	城市轨道交通列车噪声限值和测量方法
	GB 4569—2005	摩托车和轻便摩托车定置噪声排放限值及测量方法
	GB 16169—2005	摩托车和轻便摩托车加速行驶噪声限值及测量方法
	GB 19757—2005	三轮汽车和低速货车加速行驶车外噪声限值及测量方法（中国Ⅰ、Ⅱ阶段）
	GB 1495—2002	汽车加速行驶车外噪声限值及测量方法
	GB 16170—1996	汽车定置噪声限值
	GB 12523—2011	建筑施工场界环境噪声排放标准
	GB 12525—1990	铁路边界噪声限值及其测量方法
相关监测规范、方法标准	GB 12348—2008	工业企业厂界环境噪声排放标准
	GB 22337—2008	社会生活环境噪声排放标准
	GB 4569—2005	摩托车和轻便摩托车定置噪声排放限值及测量方法
	GB 16169—2005	摩托车和轻便摩托车加速行驶噪声限值及测量方法
	GB 19757—2005	三轮汽车和低速货车加速行驶车外噪声限值及测量方法（中国Ⅰ、Ⅱ阶段）
	HJ/T 90—2004	声屏障声学设计和测量规范
	GB 1495—2002	汽车加速行驶车外噪声限值及测量方法
	GB/T 14365—2017	声学　机动车辆定置噪声声压级测量方法
	GB 12525—1990	铁路边界噪声限值及其测量方法
	GB/T 10071—1988	城市区域环境振动测量方法
	GB/T 9661—1988	机场周围飞机噪声测量方法
已被替代标准	GB 1495—1979	机动车辆允许噪声标准
	GB 3096—1982	城市区域环境噪声标准
	GB 11339—1989	城市港口及江河两岸区域环境噪声标准
	GB 16169—1996	摩托车和轻便摩托车噪声限值
	GB/T 4569—1996	摩托车和轻便摩托车噪声测量方法
	GB 4569—2000	摩托车噪声限值及测试方法
	GB 16169—2000	轻便摩托车噪声限值及测试方法
	GB 3096—1993	城市区域环境噪声标准
	GB/T 14623—1993	城市区域环境噪声测量方法
	GB 12348—1990	工业企业厂界噪声标准
	GB/T 12349—1990	工业企业厂界噪声测量方法
	GB/T 14892—1994	地下铁道电动车组司机室、客室噪声限值
	GB/T 14893—1994	地下铁道电动车组司机室、客室内部噪声测量

(3) 机电设备和其他产品噪声标准

表 27-11-26　　　　　　　　　机电设备和其他产品噪声标准

类别	标准编号	标准名称
交通运输与动力设备类	GB 18321—2001	农用运输车噪声限值
	GB 6376—1995	拖拉机噪声限值
	GB 13669—1992	铁道机车辐射噪声限值
	GB 11871—2009	船用柴油机辐射的空气噪声限值
	GB/T 14097—2018	往复式内燃机 噪声限值
	GB 14892—2006	城市轨道交通列车噪声限值和测量方法
	GB 4569—2005	摩托车和轻便摩托车定置噪声排放限值及测量方法
	GB 16169—2005	摩托车和轻便摩托车加速行驶噪声限值及测量方法
	GB 19757—2005	三轮汽车和低速货车加速行驶车外噪声限值及测量方法（中国Ⅰ、Ⅱ阶段）
	GB 1495—2002	汽车加速行驶车外噪声限值及测量方法
	GB 16170—1996	汽车定置噪声限值
	GB 12525—1990	铁路边界噪声限值及其测量方法
农用机械与设备	GB 19997—2005	谷物联合收割机噪声限值
加工机械或设备	JB/T 9952—2018	木工平刨床噪声声功率级限值
	JB 9967—1999	液压机噪声限值
	JB 9968—1999	开式压力机噪声限值
	JB 9969—1999	棒料剪断机、鳄鱼式剪断机、剪板机噪声限值
	JB 9970—1999	冲型剪切机、联合冲剪机噪声限值
	JB 9971—1999	弯管机、三辊卷板机噪声限值
	JB 9972—1999	滚丝机、卷簧机、制钉机噪声限值
	JB 9973—1999	空气锤噪声限值
	JB 9974—1999	闭式压力机噪声限值
	JB 9975—1999	自动镦锻机、自动切边机、自动搓丝机、自动弯曲机噪声限值
	JB 9976—1999	板料折弯机、折边机噪声限值
	JB 9977—1999	双盘摩擦压力机噪声限值
	JB/T 9048—2017	冷轧管机噪声测量与限值
	JB/T 10046—2017	机床电器噪声的限值及测定方法标准
	QB/T 2366—1998	皮革机械噪声声功率级限值
	JB/T 8690—1998	工业通风机噪声限值
工程机械	GB 16710—2010	土方机械 噪声限值
	GB/T 20062—2017	流动式起重机作业噪声限值及测量方法
家用和类似用途电器	GB 19606—2004	家用和类似用途电器噪声限值
	GB 10069—2006	旋转电机噪声测定方法及限值

11.3.3 机械设备噪声限值

表 27-11-27　　　　　　　　　机床噪声允许限值

机床类型	噪声允许限值 /dB(A)
高精度机床	<75
精密机床和普通机床	<85

表 27-11-28　　　　　　　　　　　　　机动车辆定置噪声限值

车辆种类	排量、燃料或功率	定置最大声级 /dB(A)	
摩托车和轻便摩托车见 GB/T 4569—2005	发动机排量	2005年7月1日前生产	2005年7月1日起生产
	≤50	85	83
	>50且≤125	90	88
	>125	94	92
汽车类		1998年1月1日前生产	1998年1月1日起生产
轿车	汽油	87	85
微型客车、货车	汽油	90	88
轻型客车、货车，越野车	汽油，转速≤4300r/min	94	92
	转速>4300r/min	97	95
	柴油	100	98
中型客车、货车 大型客车	汽油	97	95
	柴油	103	101
重型货车	≤147kW	101	99
	>147kW	105	103

表 27-11-29　　　　　　　　　　　　　机动车辆加速噪声限值

车辆种类	噪声限值/dB(A)	
	2002年10月1日～2004年12月31日间生产	2005年1月1日起生产
M1	77	74
M2(GVM≤3.5t)，N1(GVM≤3.5t)：		
GVM≤2t	78	76
2t<GVM≤3.5t	79	77
M2(3.5t<GVM≤5t)，M3(GVM>5t)：		
P<150kW	82	80
P≥150kW	85	83
N2(3.5t<GVM≤12t)，N3(GVM>12t)：		
P<75kW	83	81
75kW≤P<150kW	86	83
P≥150kW	88	84

M 类：至少有四个车轮并且用于载客的机动车辆；
M1 类：包括驾驶员座位在内，座位数不超过九个的载客车辆；
M2 类：包括驾驶员座位在内座位数超过九个，且最大设计总质量不超过 5000kg 载客车辆；
M3 类：包括驾驶员座位在内座位数超过九个，且最大设计总质量超过 5000kg 载客车辆；
N 类：至少有四个车轮且用于载货的机动车辆；
N1 类：最大设计总质量不超过 3500kg 的载货车辆；
N2 类：最大设计总质量超过 3500kg，但不超过 12000kg 的载货车辆；
N3 类：最大设计总质量超过 12000kg 的载货车辆；
GVM：最大总质量，t；
P：发动机额定功率，kW

表 27-11-30　家用电器噪声限值（GB/T 19606—2004）　　dB（A）

	额定制冷量/kW		<2.5	≥2.5～4.5	>4.5～7.1	>7.1～14	>14～28
空调器	室内噪声	整体式	52	55	60		
		分体式	40	45	52	55	63
	室外噪声	整体式	57	60	65		
		分体式	52	55	60	65	68
洗衣机	洗涤噪声 62				脱水噪声 72		
微波炉	68						
吸油烟机	风量/m³·min⁻¹		≥7～10		≥10～12		≥12
	噪声		71		72		73
电风扇	台扇、壁扇、台地扇、落地扇				吊扇		
	规格/mm		噪声		规格/mm		噪声
	≤200		59		≤900		62
	≥200～250		61		≥900～1050		65
	≥250～300		63		≥1050～1200		67
	≥300～350		65		≥1200～1400		70
	≥350～400		67		≥1400～1500		72
	≥400～500		70		≥1500～1800		75
	≥500～600		73				
电冰箱			直冷式		风冷式		冷柜
	容积≤250L		45		47		47
	容积>250L		48		52		55

11.3.4　工作场所噪声暴露限值

1971年，国际标准化组织（ISO）公布了噪声允许标准：规定每天工作 8 小时，允许的等效连续 A 声级为 85～90dB；时间减半，允许噪声提高 3dB（A）。ISO 标准的制定以人每天接受噪声辐射的总能量相同为指标，即受噪声影响的暴露时间减半，声级提高 3dB（A）。执行这个标准，一般可以保护 95% 以上的工人长期工作不致耳聋，绝大多数工人不会因噪声而引起血管和神经系统等方面的疾病。

为了贯彻安全生产和"预防为主"的方针，防止工业企业噪声的危害，保障工人身体健康，促进工业生产建设的发展，国家卫生部和国家劳动总局于 1979 年 8 月 31 日制定了《工业企业噪声卫生标准（试行草案）》，并从 1980 年 1 月 1 日起实施。我国的噪声卫生标准参考了 ISO 标准。标准适用于工业企业的生产车间或作业场所。标准分适用于新建、扩建、改建企业的标准和适用于已有企业的标准，噪声标准见表 27-11-31 和表 27-11-32。

表 27-11-31　新建、扩建、改建企业噪声允许标准

每个工作日接触噪声时间/h	8	4	2	1
允许噪声/dB(A)	85	88	91	94	最高限值 115

表 27-11-32　现有企业噪声允许标准

每个工作日接触噪声时间/h	8	4	2	1
允许噪声/dB(A)	90	93	96	99	最高限值 115

11.4　机械工程中的噪声源

工业生产离不开机械的使用，机械运行过程中会发生各种噪声、这些噪声大致可以分为机械噪声、空气动力性噪声和电磁噪声。其中电磁噪声可以归类到

机械噪声中，电磁噪声引起固体结构的振动，继而使结构辐射噪声。

11.4.1 机械噪声

机械噪声是由固体振动产生的，在撞击、摩擦、交变机械应力或磁性应力等作用下，因机械的金属板、轴承、齿轮等发生碰撞、冲击、振动而产生机械性噪声。机械噪声的分类及特性如表27-11-33所示。机床、球磨机、粉碎机械、内燃机、超重运输机械、织布机、电锯等，以及多种运动部件，如齿轮传动部件、曲柄活塞连杆部件、液压传动系统部件、轴承部件、轮轨部件等所产生的噪声均属此类。按照激励力的不同，机械性噪声声源可以分为：来自冲击力影响的撞击噪声、受周期性力激励及随机性力激励的噪声。

11.4.2 齿轮噪声

齿轮在传动系统中占有重要地位，齿轮噪声是由机械振动形成，是机械性噪声中的主要噪声。在激励过程中，齿轮可以看成板弹簧，轮体可视为质量，一个齿轮就是由板弹簧、质量组成的振动系统。当齿轮在交变激励力作用下，产生圆周、径向以及轴向的振动，由振动产生的噪声通过激励齿轮箱辐射到外部，也有一部分从缝隙中通过空气媒质直接传播出去。齿轮产生振动和噪声主要包括4个方面：①啮合噪声；②偏心力产生的噪声；③摩擦噪声，这是由于齿面的不光滑在接触过程中摩擦产生的；④齿轮振动噪声，当激励力和齿轮的自身固有频率相接近时，齿轮产生共振现象，辐射出噪声。

表 27-11-33　　　　　　　　机械噪声的分类及特性

分 类	特 性
撞击噪声	材料和材料的撞击，如金属和金属的撞击，有一部分能量会转化为声音，这些声音称为撞击噪声。这是由于固态物体的撞击激励而发声，例如，打桩机、锤击、汽车制动、飞机着陆、包装物起吊或跌落等发出的声音。在液态和气态的介质中，爆炸产生的声音也是撞击激励的作用 撞击噪声是不连续的脉冲噪声，其作用时间短，产生的峰值比均值要高出很多。当撞击过程是规律的，例如每秒钟1次，此时的撞击噪声也可以认为是周期性力激发的噪声 撞击过程中系统之间动能传递的时间很短；撞击激励因数是非周期性的；在撞击作用下系统所产生的运动与冲击函数(力的时间、空间的分布)及系统的材料和结构有关。撞击响应的最大值可能出现在撞击持续时间内也可能出现在撞击停止后，决定于系统固有周期 T 和撞击持续时间 t 的比值 t/T。控制撞击噪声最有效的方法是对撞击的隔离，这种从源头控制噪声的方法实质是通过隔离器变形将撞击能量贮存起来，然后平缓地释放，降低撞击噪声
周期力激发的噪声	机械系统中广泛地应用旋转机构、往复机构而产生周期性的激励力，电机中电场或磁场周期性交变力的作用，压缩机、水泵、螺旋桨、内燃机排气等周期性压力起伏，这些都是产生周期力激发噪声的因素。周期力激发的噪声频谱具有比较明显的谱线以及其倍频谱线存在
摩擦噪声	在固态物体上摩擦或滚轧时，由于表面粗糙产生随机性力的作用而发声，如轮子、滚动轴承、滑动轴承、滑轨等。在液态和气态媒质中，由于形成紊流的流动过程而发声，如管道内的流动噪声、汽车行驶时的风声、喷气发动机的喷注噪声等。摩擦力具有随机性，因此摩擦噪声是随机性的噪声
结构振动辐射的噪声	噪声的辐射有直接从机械罩壳缝隙中泄漏出去的空气噪声，也有激励力作用到罩壳引发振动，从罩壳表面辐射到空气中去的噪声。各种机械设备的罩壳是与空气接触面积最大的部分，面积越大，辐射噪声的能力越大。这部分由激励力作用到机械设备罩壳引发振动，从而辐射的噪声称为结构振动辐射噪声。机械的罩壳振动越大，噪声也就越强，因此控制机械设备罩壳的结构振动是控制噪声辐射的重要手段 当罩壳与机械振动源直接相连时，振源的振动就直接传递给罩壳使其受激振动，变成一次空气声发射出去，这是固体传声过程。当壳件与振动源有空气隔离而非直接相连时，则振动源在内部先辐射一次空气声作用到壳壁上，使其受激振动，再形成二次空气声发射出去，这是空气传声过程 罩壳有固有频率，一种最不理想的状况就是振动源的频率和罩壳的固有频率已知或很接近，此时将引起共振，辐射出很大的噪声，甚至还会对机械、仪器的使用产生巨大影响。对于齿轮变速箱体，以箱壁作为辐射面，固体传声所辐射的一次空气声占总辐射声功率的95%左右，空气传声只占很小一部分能量。因此，有效控制罩壳的受激振动响应，就能大幅降低噪声辐射功率。在设计过程中，往往将齿轮变速箱体的固有频率设计为远远高于激励力的频率，可以通过加厚壳壁，改变构型和选择材料来实现。对于其他机械，也是同样适用的

在齿轮啮合过程中，齿与齿之间的连续冲击，使齿轮产生啮合频率的受迫振动，啮合频率可由下式计算：

$$f_z = nZ/60 \quad (27\text{-}11\text{-}3)$$

式中，n 为齿轮的转速，r/min；Z 是齿轮的齿数。齿轮转速越高，啮合频率也越高。

在啮合的过程中，由于安装或其他因素导致齿轮偏心，偏心力将导致不平衡性，产生与转速相一致的低频振动，其振动的频率和啮合频率相同。

一般地，控制齿轮的噪声主要可以从以下几个方面着手：①改进齿轮的结构设计参数（如模数、齿数、齿宽、啮合系数等）；②提高齿轮的加工和装配精度；③其他噪声控制措施，如齿轮修缘，合理选择齿轮材料，应用阻尼材料减振降噪，提高齿轮间的润滑等。

11.4.3 滚动轴承噪声

轴承可分为滑动轴承和滚动轴承两大类。滑动轴承运动较平稳，振动小，噪声低，多根据具体结构自行设计。普通滑动轴承由于有可能在启动时无足够的油膜而形成干摩擦，产生很大的噪声并使轴承损坏。因此，在一般机床的重要传动轴中不采用滑动轴承。下面主要介绍滚动轴承的噪声控制。

滚动轴承通常由外环、内环、滚动体和保持器四部件组成。轴承内有滚动体，在内外套圈之间的滚道上滚动，内外圈受力后有变形。在高速旋转时，内外圈本身的变形可能产生径向和轴向振动，其中轴向振动较强烈，这些振动称为弹性振动。当滚动体通过受力区时，滚动体的弹性变形又加剧内外圈的弹性振动，增加了轴承的轴向、径向、轴承座的振动。当内外圈之间的间隙较大时，这种振动与传动轴和齿轮，或其他回转体的弯曲振动或扭转振动发生共振，辐射出强烈的噪声。控制这种本身结构振动引起的噪声，其有效方法是提高轴承刚度、减小变形，即通过调整径向和轴向间隙，增加预紧载荷，可以减少轴承振动和噪声。

轴承的制造、安装、选型对于控制滚动轴承的噪声十分重要。影响滚动轴承噪声的主要因素是轴承精度与滚动轴承类型。有试验对比了球轴承和圆锥滚子轴承，结果表明球轴承的工作噪声较低，而且对轴承零件几何精度及装配质量等反应不敏感，而圆锥滚子轴承就较敏感。从降低噪声要求，应选取球轴承。另外，对于同类型的支承，轴承的内径越大，引起的振动和噪声也越大。根据试验证明，轴承滚动体、内、外环各自精度提高后，轴承噪声降低，而滚动体精度是影响轴承噪声的主要因素。为降低轴承振动的噪

声，可采用精研球工艺方法取代串光球的工艺方法。这样振动平均降低 9～17dB。

对于滚动轴承噪声的一些频率，可以按照以下的公式计算。

1) 由转动不平衡引起回转基频

$$f_r = n/60 \quad (27\text{-}11\text{-}4)$$

式中 n——环转动频率，r/min。

2) 保持架的转动频率（即滚动体绕轴承中心的转动频率），这些频率的噪声表明滚动体或保持架的不规则性。

当内环转动，外环固定时：

$$f_t = \frac{f_r}{2}\left(1 - \frac{d}{E}\cos\beta\right) \quad (27\text{-}11\text{-}5)$$

当内环固定，外环转动时：

$$f_t = \frac{f_r}{2}\left(1 + \frac{d}{E}\cos\beta\right) \quad (27\text{-}11\text{-}6)$$

式中，d 为滚动体直径，mm；E 为轴承节径，mm；β 为接触角，(°)。

3) 滚动体的自转频率：

$$f_s = \frac{E}{2d}f_r\left[1 - \left(\frac{d}{E}\right)^2\cos^2\beta\right] \quad (27\text{-}11\text{-}7)$$

当滚动体上有一个粗糙斑点或凹陷时，粗糙斑点分别与内环和外环各接触一次，由此引起的噪声频率成分为 $2f_s$。

4) 保持架与轴承转动环之间的相对运动频率：

$$f'_t = f_r - f_t \quad (27\text{-}11\text{-}8)$$

设滚动轴承的滚动体数为 N，轴承转动环的轨道不规则，其噪声频率为 Nf'_t，若轴承固定环的轨道不规则时，其频率为 Nf_t。

11.4.4 液压系统噪声

液压系统的噪声主要由液压泵流量脉动引起的噪声、液压阀开闭噪声以及液压系统的机械噪声组成。

11.4.4.1 液压泵噪声

液压传动中噪声产生的原因错综复杂，涉及整个液压系统的设计、液压元件的设计与选配及实际工作中的使用和维护。在液压传动系统中液压泵是主要的噪声源，有大约 70% 的噪声和振动起源于液压泵。液压泵的噪声主要因压力脉动现象和困油气穴现象产生。

液压泵在排油过程中，瞬时流量是不均匀的，每个工作油腔的体积会产生周期性的变化，在吸油区，体积从小变大，在压油区，体积从大变小。当液压泵的转速恒定时，每转的瞬时流量却按同一规律变化，这种固有的流量脉动引起了油液压力的周期脉动现象

将会引起泵壳管道振动而发出噪声。

齿轮泵要平稳地工作，齿轮啮合的重叠系数必须大于1，即总有两对齿轮同时啮合。因此有一部分油液被围困在两对齿轮所形成的封闭腔之内，这个封闭腔的容积先随齿轮转动逐渐减小以后逐渐增大，由于液体的可压缩性很小，封闭腔容积由大变小时会使被困油液受挤压而产生高压，且远远超过齿轮泵的输出压力，使轴承等受到附加的不平衡负载作用，增加了功率损失，并导致油液发热。封闭腔容积的增大又会造成局部真空，使溶于油液中的气体分离，产生气穴。这些都会引起噪声和振动，这就是困油现象，它与液压阀的气穴现象是相互关联的。

11.4.4.2 液压阀噪声

最常见的是因气穴现象而产生的"嘘嘘"高速喷流声。油液通过阀口节流将产生200Hz以上的噪声；在喷流状态下，油液流速不均匀形成涡流或因液流被剪切产生噪声。解决办法是，提高节流口的下游背压，使其高于空气分离压力的临界值，一般可用二级或三级减压的办法，以防产生气穴现象。

液压泵的压力脉动会使阀产生共振（阀开口很小时发生），增大总的噪声；阀芯拍击阀座也会产生很响的蜂鸣声；突然开、关液压阀，会造成液压冲击，引起振动和噪声；因液压阀工作部分的缺陷或磨损而发出尖叫声。

11.4.4.3 机械噪声

产生液压系统机械噪声的原因包括机械结构运动副的冲击及弹性变形、液压冲击、气穴现象及流体的速度能对机械结构的冲击激励。系统中转动件因设计、制造、安装的误差造成偏心，产生周期性的振动并辐射出恒定的噪声。因此，在制造和安装过程中，应尽量减小转动件的偏心量，以保证转动件的平衡，减少管道的振动（共振）引起的噪声，电动机的电磁噪声，轴承损坏引发的噪声，联轴器的振动或撞击引发的噪声和其他机械部位引发的噪声等。

11.4.5 电磁噪声

电磁噪声属于机械性噪声。由于电动机或发电机空隙中磁场脉动、定子与转子之间交变电磁引力、磁致伸缩引起电机结构振动而产生的倍频声。交变力与磁通密度的平方成正比。它的切向矢量形成的转矩有助于转子的转动，而径向分量引起噪声。噪声频率与电源频率有关，电机的电磁振动一般在100~4000Hz频率范围内。电磁噪声的大小与电动机的功率及极数有关。对于一般小型电动机功率不大，电磁噪声并不

突出，但对于大型电机，功率很大，电磁噪声则不可忽略。

电磁噪声主要包括感应电机噪声、沟槽谐波噪声和槽噪声。

感应电机噪声是电机中发出的嗡嗡声，其频率为电源频率 $f_1=50\text{Hz}$ 的两倍，即为 $2\times 50=100\text{Hz}$，它是由定子中磁板伸缩引起的。

当转子的导体通过定子磁板时，作用在转子和定子气隙中的整个磁动势将发生变化而引起噪声，这就是沟槽谐波噪声，其频率表达式为：

$$f_r=Rn/60 \quad \text{或} \quad f_r=Rn/60\pm 2f_1 \quad (27\text{-}11\text{-}9)$$

式中，R 为转子槽数；n 为转速，r/min；f_1 是电源频率。

槽噪声是由于定子内廓引起的气隙的突然变化，使空气压力脉动，从而引起噪声，其频率为：

$$f_s=R_s n/60 \quad (27\text{-}11\text{-}10)$$

式中，R_s 为定子槽数；n 为转子转速，r/min。

电源电压不稳时，最容易产生电磁振动和电磁噪声。由于转子在定子内有偏心，引起气隙偏心，对电磁噪声也有影响。开式电动机的通风是使气流径向通过转子槽，横越气隙并通过定子线包，气流突然中断时，由于空气流的断续，也会引起噪声。

稳定电源电压、提高电机的制造装配精度以及改变槽的数量可明显降低电磁噪声。

11.4.6 空气动力噪声

空气动力性噪声是气体的流动或物体在气体中运动引起空气的振动产生的，如风扇、风机、空气压缩机、内燃机的燃烧和排气、喷气飞机、火箭、高速列车、锅炉排气放空以及气动传动系统的放空等所产生的噪声均属此类。在空气动力机械中，空气动力性噪声一般高于机械性噪声，而且影响范围广、危害也较大。

一些机械有吸排气过程，由于气体非稳定流动，即气流的扰动，气体与气体及气体与物体相互作用产生噪声。以风机为例，从噪声产生的机理来看，它主要由两种成分组成，即旋转噪声和涡流噪声。如风机出口直接排入大气，还有排气噪声。旋转噪声是由于工作轮旋转时，轮上的叶片打击周围的气体介质、引起周围气体的压力脉动而形成的。对于给定的空间某质点来说，每当叶片通过时，打击这一质点气体的压力便迅速起伏一次，旋转叶片连续地这个掠过，就不断地产生压力脉动，造成气流很大的不均匀性，从而向周围辐射噪声。涡流噪声主要是气流流经叶片界面产生分裂时，形成附面层及旋涡分裂脱离，而引起叶片上压力的脉动，辐射出一种非稳定的流动噪声。

产生空气动力性噪声的声源一般可分为三类，分别可以用简单模型表示，即单极子、偶极子和四极子。

单极子声源可认为是一个脉动质量流的点源，类似于一个球作呼吸脉动，产生一个球面波。常见的单极子声源有爆炸、质点的燃烧等，空压机的排气管端，当声波波长大于排气管直径时也可以看成一个单极子声源。

偶极子源可认为是由于气体给气体一个周期力的作用而产生的。常见的机翼和风扇叶片的尾部涡流脱落可以认为是偶极子源。偶极子源有辐射指向性。

四极子源由两个具有相反相位的偶极子源组成。因为偶极有一个轴，所以偶极的组合可以是侧向的，也可以是纵向的。侧向四极子代表切应力造成的，而纵向四极子则表示纵向应力造成的。四极子源既没有净质量流量，也没有净作用力存在。因此四极子源是在自由紊流中产生的。如喷气噪声和阀门噪声等都是四极子声源，四极子源也有辐射指向特性。

根据空气动力性噪声产生的原因，其基本控制原则有：①防止气流压力突变，消除湍流噪声、喷注噪声和激波噪声；②降低气体流速，减小气体压降和分散压降，改变噪声的峰值频率；③设计高效消声器，在进气口和排气口安装消声器；④降低气流管道噪声，如改变管道支撑位置等。

第12章 机械噪声测量

12.1 噪声测量概述

12.1.1 测量目的

噪声测量是噪声控制的重要步骤,通过测量各种机械设备的辐射噪声,可以评价其本身的质量,还可以评估机械设备在运行状态下对个人、对环境的影响。只有充分了解机械设备在不同运行工况下的噪声情况,通过分析声压级大小、声功率大小、频谱特性等,辨识主要噪声源,才能提出控制噪声的有效方法。

噪声测试的第一步就是根据测试对象和目的,选择合适的噪声测量仪器。传声器是噪声测量中的重要传感器,通过它可以测得噪声声压,进而计算出声压级、声功率级等。两个传声器可以组成声强探头,通过它可以测量声强。声级计是噪声测量的基本仪器,它是将传声器、放大器、处理器、显示器集成在一起的设备,体积小便于携带,适合环境监测、车辆噪声测试等现场噪声测试。

根据测试目的,需要选择合适的评价噪声的指标。比较常用的有噪声 A 计权声压级、A 计权声压级 1/3 频谱。当需要对各种机械设备的噪声情况做对比时,需要测试声功率级。当需要评价噪声对人的影响时,可以测试心理声学指标,如响度、粗糙度、抖动度、尖锐度。根据测试的实时性,可以选择现场实时分析或现场数据采集和事后分析。

12.1.2 测量注意事项

12.1.2.1 测点的选择

在现场进行机械设备噪声测量时,由于机械设备所在的环境不是消声室、混响室等声学环境,机械设备辐射的噪声随离机械设备的距离而变化。靠近机械设备附近是近场区,当测量距离小于机械设备所发射噪声的最低频率的波长时,或者小于机械设备最大尺寸的两倍时,认为是近场区。近场区的声场不太稳定,测量时应避免在这一区域。近场区以外是自由场区,在这一区域内随着离开声源的距离增加一倍,声压降低 6dB,现场测量应选择在这个区域进行。当测点离声源太远且距离墙壁或其他物体太近时,反射很强,这个区域称为混响区,也要避免在这一区域内进行测量。

12.1.2.2 背景噪声的修正

噪声测量时,被测声源停止发声后,还有其他噪声存在,这种噪声叫背景噪声。背景噪声会影响到测量的准确性,但可以修正,修正值见表 27-12-1。当总噪声与背景噪声之差大于 10dB 时,背景噪声的影响可以忽略;但如果两者之差小于 3dB,最好采取措施降低背景噪声,或者移到背景噪声较小的场所进行测量,否则测量误差较大。

12.1.2.3 环境的影响

当环境温度、湿度和大气压力变化时,传声器的灵敏度可能会受到影响。一般要求,当大气压力变化 10% 时,对 1 型声级计,整机灵敏度变化不大于 0.7dB,对 2 型声级计不大于 1.0dB。在规定的温度范围内,相对 20℃,1 型声级计灵敏度变化不大于 ±0.8dB,2 型声级计灵敏度变化不大于 ±1.3dB。另外,在规定的湿度范围内,以 65% 相对湿度为参考,对 1 型声级计,灵敏度变化不大于 ±0.8dB,对 2 型声级计灵敏度变化不大于 ±1.3dB。

强的电磁场可能会对声级计有干扰,影响测量的准确性。当现场有磁场干扰时,应当变换声级计的位置或在远离磁场的地方进行测量。

振动也会影响测量的准确性,当振动方向与传声器膜片垂直时,影响尤其严重,也要尽量避免。

12.1.2.4 测量仪器的校准

为了保证测量的准确性,测试前和测试后都要对仪器进行校准。可以用活塞发生器、声级校准器或其他声压校准仪器进行声学校准,这样能对从传声器、前置放大器、电缆、放大器到采集系统等整个噪声测量仪器进行校准。

表 27-12-1 背景噪声的修正值

总噪声与背景噪声的差值/dB	3	4	5	6	7	8	9
测量结果要减去的修正值/dB	3	2	2	1	1	1	1

12.2 噪声测量仪器

12.2.1 噪声测量基本系统

最基本的噪声测试系统由三部分组成，如图 27-12-1 所示。

传声器把声信号转变成电信号，测试用的传声器大多为电容传声器。由于电容传声器输出阻抗高，对信号放大用的放大器有一些特殊要求。通常放大器由两部分组成：前面部分紧接传声器的称作前置放大器，主要是起阻抗变换作用，其输出是低阻抗的电压信号，可以接较长的电缆；其后才是一般电压放大器，经放大后的信号，可以用磁带机记录或由数据采集卡采集到计算机内，最终由计算机进行处理运算并显示在屏幕上。

12.2.2 传声器

噪声测量的主要传感器是传声器，也叫话筒或者麦克风（microphone），它将声信号转换为电信号。传声器的种类很多，它的构造、外形尺寸、测量范围、适用场合等都不尽相同，为了获得准确的噪声信号，需要根据测量要求选择合适的传声器。

12.2.2.1 传声器的性能指标

(1) 频率响应特性

传声器将声压信号转换成电信号，输出电信号对频率的响应，叫做频率响应特性。理想的状况，传声器的频率响应曲线在声频范围内平直，但实际很难做到这一点。如图 27-12-2 所示，低频低一些，高频高一点。这种随频率波动的响应特性，叫做频率不均匀度。通常以 1000Hz 时的频率为基准，相差多少 dB 进行比较。

(2) 灵敏度

传声器的灵敏度是指传声器的输出端开路电压与声压之比，也称开路灵敏度。声压的单位为帕（$Pa=N/m^2$），输出电压为 mV，则灵敏度的单位用 mV/Pa 表示。也可以用 dB 表示传声器的灵敏度，以 1000mV/Pa 为参考灵敏度，即 0dB，则 1mV/Pa 对应 -60dB。

(3) 动态范围

传声器的动态范围是指传声器所能测到的由最低声压和最高声压确定的声压范围。传声器的动态范围很大程度上与灵敏度相关。一般来说，高灵敏度传声器可以测较低声压，但不能测很高的声压；低灵敏度传声器可以测较高声压，但不能测很低的声压。

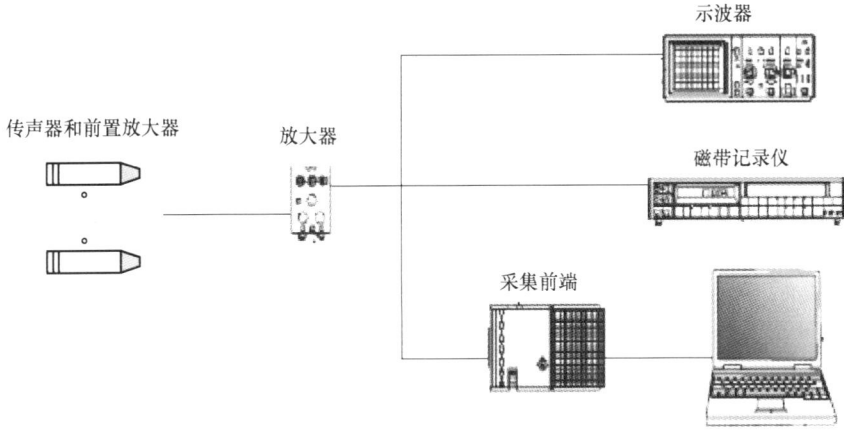

图 27-12-1　噪声测试系统

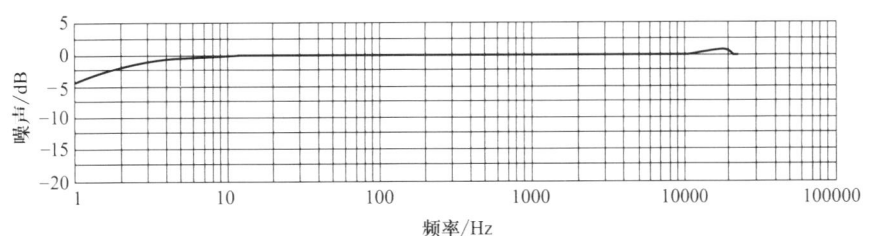

图 27-12-2　传声器频率响应特性

(4) 固有噪声

在一个绝对安静的环境下，没有声波作用在传声器上时，由于周围空气压力的起伏和传声器电路的热噪声，在传声器前置放大器输出端引起一定的噪声电压，称为固有噪声，通常用等效 A 声级来表示。固有噪声也决定传声器所能测到的最低声压级。

(5) 指向性

传声器的响应随着声波入射到传声器的角度不同而变化，称为传声器的指向性。传声器响应随声波入射的角度而变化的图，通常以极坐标图表示。如图 27-12-3 所示。

(6) 非线性失真

声压很高时，传声器的输出不呈线性，称为非线性失真。使传声器的失真度达到 3% 的声压级，一般定义为传声器能测到的最高声压级。

(7) 输出阻抗

不同类型的传声器有不同的输出阻抗。例如动圈式传声器的输出阻抗只有几十欧姆到几百欧姆，可以直接与一般放大器连接；而电容传声器的输出阻抗高达几兆欧姆，不能直接与放大器连接，所以需要使用高输入阻抗的前置放大器来配合。

(8) 稳定性

温度、湿度、气压、振动、冲击等环境因素对传声器的工作稳定性有较大的影响。通常电容传声器可以在 $-30\sim150℃$ 的环境下使用，温度变化系数大约是 $0.008dB/℃$；大气静压的影响大约是 $0.1dB/kPa$。

(9) 几何尺寸

传声器的外形尺寸对声场有干扰。特别当传声器的直径与入射声波的波长相当时，被传声器散射的声波与入射声波会产生干涉，影响测量的准确。

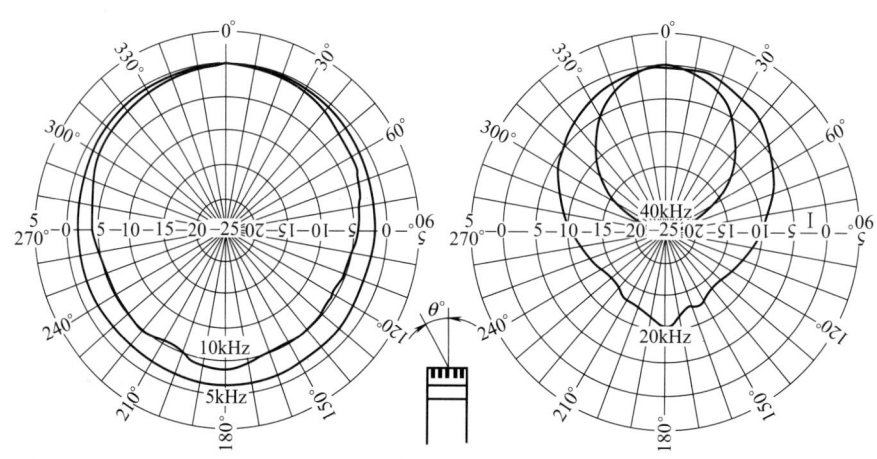

图 27-12-3　传声器指向性极坐标图

12.2.2.2　传声器种类及特点

按照换能原理和结构的不同，传声器大致可以分为：电容式传声器、电动式传声器和压电式传声器。见表 27-12-2。

表 27-12-2　　　　　　传声器的分类

传声器类型	特　点
电容传声器	噪声测量中几乎都用电容传声器，它具有灵敏度高、频率响应平直、稳定性高等优点。但电容传声器需要极化电压，制造工艺复杂，成本高，容易损坏。根据极化电压的不同，电容传声器分为外极化电容传声器和预极化电容传声器
电动式传声器	电动式传声器也叫动圈式传声器，主要由跟线圈连在一起的振膜和磁体构成。当传声器接收到声波后，引起振膜振动，带动线圈在磁场中运动，产生交变电压输出。电动式传声器的固有噪声较小，输出阻抗低，不需要阻抗变换器，可以直接连接到放大器，因此电路比较简单。但它的体积较大，频率响应不平直，容易受到电磁干扰，现在已较少采用
压电传声器	按压电材料不同，压电传声器分成三类：①压电晶体传声器；②压电陶瓷传声器；③高聚物压电传声器。压电传声器靠具有压电效应的材料在声波作用下变形引起电压输出。这种传声器结构简单，价格便宜，频率响应也较平直，但受温度变化影响较大，所以稳定性差，一般用在普通声级计上

12.2.2.3 电容传声器

(1) 电容传声器的结构和原理

电容传声器主要由张紧的振膜和与它靠得很近的背极组成，见图 27-12-4。振膜是一层很薄的膜片，一般是不锈钢镍片。振膜和背极在电气上互相绝缘，从而构成一个以空气为介质的电容器两个极板，一个直流电压加在两个极板上，电容器就充电，所加电压称为极化电压。当有声压入射到膜片上时，张紧的膜片将产生与外界信号一致的振动，使膜片与背极之间的距离改变，引起电容量变化，在负载电阻 R 上将有一个交变电压输出。对于同一传声器，在极化电压、负载等不变的情况下，所产生的交变电压大小和波形由作用在膜片上的声压来决定。输出电压 ΔE 与电容膜片和背极之间的距离变量 ΔX 成正比。

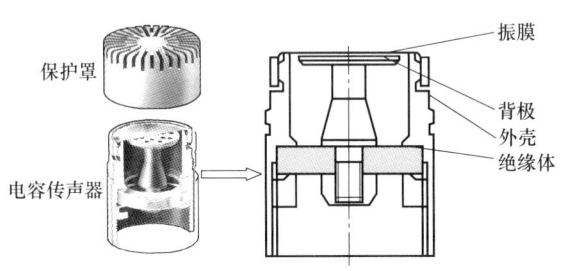

图 27-12-4 电容传声器结构简图

传声器是很精密的传感器，膜片很薄，膜片与后极板的距离只有几十微米。使用时要小心谨慎，一般不要拧开前面的保护罩。安装的时候确保传声器不要从高处摔落地上，以免损坏传声器。同时传声器的灵敏度受温度、湿度变化影响，为避免传声器受潮，可以使用干燥瓶存放传声器。

(2) 电容传声器的性能指标（表 27-12-3）

表 27-12-3　　电容传声器的性能指标

传声器类型	特　点
灵敏度	灵敏度主要由传声器的尺寸和膜片的张力决定。大尺寸的传声器，膜片松弛，灵敏度高；小尺寸的传声器，膜片绷紧，灵敏度低。传声器灵敏度有 50mV/Pa、12.5mV/Pa、4mV/Pa 等
频率范围	目前，传声器的频率范围下限可以低到 1Hz 左右，上限可以高到 140kHz。传声器的上限频率与传声器直径有关，传声器的直径越小，可测的频率越高
动态范围	电容传声器的动态范围较宽。大直径的传声器，灵敏度高，可以测较低声压，但不能测得高的声压；小直径的传声器，灵敏度低，可以测较高声压，但不能测得低的声压。例如 1in 的传声器，动态范围在 15dB(A)～140dB；而 1/8in 的传声器固有噪声有 50dB，所以动态范围为 50dB(A)～180dB

(3) 传声器的灵敏度

电容传声器的灵敏度有自由场灵敏度 S_m、声压灵敏度 S_R 和混响场灵敏度 S_d 三种。

灵敏度随频率改变的关系曲线称为频率响应曲线。如图 27-12-5 所示。

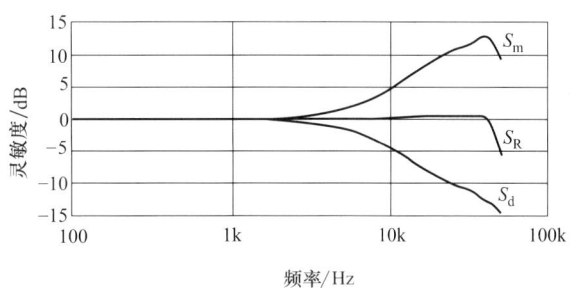

图 27-12-5 电容传声器灵敏度的频率响应曲线

每种电容传声器都有三种灵敏度。根据频率特性，如果自由场灵敏度曲线是平的，称为自由场传声器；如果声压灵敏度曲线是平的，称为声压型传声器；如果混响场灵敏度曲线是平的，称为扩散场传声器。

12.2.2.4 传声器的使用

按测试环境、测试要求、测试目的来选择不同型号的传声器。

(1) 按声场条件

① 自由场　噪声主要来自一个方向，反射声不大，近似自由声场，所用的传声器要求是平直的自由场传声器，且需使声波 0°入射。若用声压型传声器，必须 90°入射，才可使声压型传声器的自由场响应曲线在高频接近平直。

② 混响场　在混响室或具备混响条件的场合，需使用扩散场传声器。

③ 一般室内的近似扩散声场　如果室内有多个反射面，而且噪声来自各个方向，近似一个扩散声场，可选用扩散场传声器。若用自由场传声器，可加入一个无规入射矫正器，起到无规入射修正。上述三种情况可归纳为图 27-12-6。

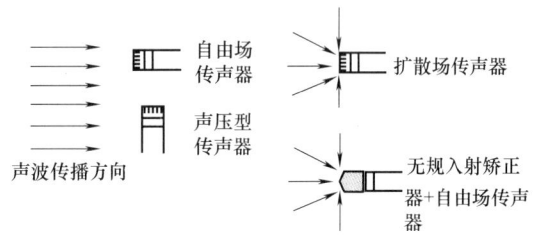

图 27-12-6 不同传声器的选用

(2) 按声级高低

传声器的灵敏度与外形尺寸有关，1in 传声器灵敏度最高，可以测量较低的声压。相反，1/4in 和 1/8in 传声器灵敏度低很多，可以测量很高的声级。

(3) 按测量目的

① 做声级评定或噪声源辨识　评定某一设备的噪声声级大小，要避免其他噪声源的影响，需选用指向性好的自由场传声器，正对声源。声源辨识时，也可以选用自由场传声器。

② 环境噪声测定　要求把来自各个方向的声源产生的声波都能接收到，且有平直的响应，可选用方向性不强的声压型传声器。

12.2.2.5　特殊传声器

表 27-12-4　特殊传声器

传声器类型	特　点
表面传声器	由于独特的外形和尺寸，表面传声器可以直接吸附在一个平面上，如飞机、汽车表面，尽量消除传声器本身对声场的影响，测得压力脉动
声阵列传声器	传声器阵列是由许多传声器按一定方式排列组成的阵列，具有强指向性，可用来测定声源的空间分布，即求出声源的位置和强度，组成这种阵列的传声器称为声阵列传声器。声阵列传声器通常是预极化电容传声器，价格比较便宜，尺寸也做得较小

12.2.2.6　前置放大器

电容传声器输出的是高阻抗信号，需要一个输入高阻抗和输出低阻抗的变换器，这个变换器称为前置放大器。

有两种前置放大器，一种是与外极化传声器配套的传统型前置放大器，连接的电缆是 7 芯电缆；需要电压驱动，电缆上负载的电压信号最高可以达到 50Vpeak。另一种是与预极化传声器配套的恒流源前置放大器，需要 2～20mA 的电流（通常是 4mA）供给。取代复杂的 7 芯电缆，恒流源前置放大器可以使用简单的同轴电缆。电缆上负载的电压信号最高可以达到 8Vpeak。

12.2.3　声级计

声级计（sound level meter）是噪声测量中常用的仪器，它将传声器、前置放大器、分析显示集成在一台设备上，便于携带，非常适合环境噪声评估和监测、车辆噪声测量、建筑声学监测和机械设备噪声测量等应用。

12.2.3.1　声级计的原理及分类

传统模拟声级计主要由传声器、放大器、衰减器、频率计权网络以及有效值指示表头组成。随着数字信号处理技术的发展，数字声级计精度更高、运算速度更快、结果显示更加清晰直观，有渐渐取代模拟声级计之势。数字式声级计主要由下列单元组成，见图 27-12-7。

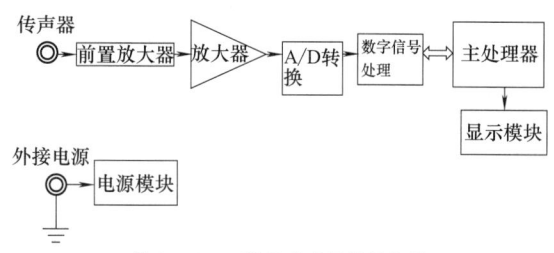

图 27-12-7　数字式声级计结构图

按照测量精度要求和实际测量目的等要求，需要选择合适的声级计进行声学测量。声级计按精度高低分类见表 27-12-5，声级计按用途分类见表 27-12-6。

表 27-12-5　声级计按精度高低分类

声级计类型	特　点
1 型声级计	实验室用精密声级计，精度为 ±0.7dB
2 型声级计	一般用途的普通声级计，精度为 ±1.0dB

表 27-12-6　声级计按用途分类

声级计类型	特　点
一般声级计	用作现场实测
脉冲声级计	具有测量脉冲噪声的功能
积分声级计	能够测量某段时间内噪声的等效连续声级
噪声暴露计	用于测量声暴露的仪器
统计声级计	用来测量噪声声级的统计分布
频谱声级计	可以进行频谱分析并显示

12.2.3.2　声级计的主要性能

(1) 频率计权

声级计中的计权滤波器根据国际标准 IEC 61672《声级计》中规定的频率计权特性（A、C、Z）的要求而设计。A 计权应用最广泛，一般声级计中都有 A

计权功能，有的也有 C 计权。如果声级计具有"线性"频率响应，这时的声级计在频率范围内的频率响应是平直的，不随频率变化，即 Z 计权。为了测量航空噪声，有的声级计具有 D 计权功能，在 IEC537《用于航空噪声测量的频率计权（D 计权）》标准中规定了 D 计权的要求。A、C、Z、D 四种频率计权特性的频率响应见表 27-12-7。

表 27-12-7　　A、C、Z、D 计权响应

频率/Hz	A 计权	C 计权	Z 计权	D 计权
10	−70.4	−38.2	0	−26.6
12.5	−63.4	−33.2	0	−24.6
16	−56.7	−28.5	0	−22.6
20	−50.5	−24.2	0	−20.6
25	−44.7	−20.4	0	−18.7
31.5	−39.4	−17.1	0	−16.7
40	−34.6	−14.2	0	−14.7
50	−30.2	−11.6	0	−12.8
63	−26.2	−9.3	0	−10.9
80	−22.5	−7.4	0	−9.0
100	−19.1	−5.6	0	−7.2
125	−16.1	−4.2	0	−5.5
160	−13.4	−3.0	0	−4.0
200	−10.9	−2.0	0	−2.6
250	−8.6	−1.3	0	−1.6
315	−6.6	−0.8	0	−0.8
400	−4.8	−0.5	0	−0.4
500	−3.2	−0.3	0	−0.3
630	−1.9	−0.1	0	−0.5
800	−0.8	−0.0	0	−0.6
1000	0.0	0.0	0	0.0
1250	0.6	−0.0	0	2.0
1600	1.0	−0.0	0	4.9
2000	1.2	−0.1	0	7.9
2500	1.3	−0.2	0	10.4
3150	1.2	−0.4	0	11.6
4000	1.0	−0.7	0	11.1
5000	0.5	−1.2	0	9.6
6300	−0.1	−1.9	0	7.6
8000	−1.1	−2.9	0	5.5
10000	−2.5	−4.3	0	3.4
12500	−4.3	−6.1	0	1.4
16000	−6.6	−8.4	0	−0.7
20000	−9.3	−11.1	0	−2.7

声级计的频率计权特性是声级计在自由声场中在参考入射方向上的相对响应，不仅与计权滤波器的频率特性有关，也与传声器的频率响应、放大器和检波指示器的频率响应有关。由于传声器的频率响应基本是平直的，所以可以用电信号测量声级计的电响应来代替自由场响应。在高频测量时，可根据传声器频率响应对测量进行修正。

（2）时间计权

声级计还需要有时间计权特性，才能使测量结果反映人的主观感受。所谓时间计权，就是时间平均特性。声级计一般包括三种时间计权："快"（F），"慢"（S）及"脉冲"（I）。

快、慢时间计权主要用于对连续稳定声波的测试，"快"挡时间常数为 125ms，"慢"挡时间常数为 1000ms。测量稳定的连续声时，使用"快"、"慢"一般没有差别。但如果测量的声波有较大的起伏，则用"慢"挡平均起伏比较小，峰值测量会有误差。如果需要准确的了解声波的波峰和波谷，用"快"挡平均比较好。

因为人耳对短促的脉冲声的响度感觉与对稳态声的响度感觉不一样。脉冲声持续时间很短，重复出现的间隔时间可能很长，甚至在一段时间内只出现一次，脉冲声具有很高的峰值因数。脉冲声对人耳和听力损伤的危险性也与稳态声不一样。脉冲时间计权是一种快上升慢下降的特性，能指示短时间有效值的最大值。对于连续的稳态声，脉冲计权特性与"快"、"慢"计权特性的测量结果一致。但对于脉冲声，"脉冲"计权的测量结果通常比"快"、"慢"计权的结果大，最大时可能达到 20dB。因此，对于脉冲声，不能用一般声级计进行测量，否则会有较大的误差。

（3）指向特性

声级计最好是全方向性，这是理想状态。首先传声器有方向性，其次其本身尺寸比传声器大很多，对声场的干扰也严重很多。只有当声波的波长比声级计的尺寸大很多时，才可以认为是全方向性的。因此，测量低频噪声时，声级计的方向性不成问题；但对于高频噪声，如 3000Hz 以上，必须考虑方向性。

对于单一声源，测量时一般总是把声级计正对声源，指向性不成问题。但对于多声源或声源在不定的移动状态，且高频成分比较明显时，必须注意指向性。

改善声级计指向性的方法有：

① 使用延伸杆或延长电缆，把传声器与声级计本体分离开；

② 用无规入射矫正器，改善传声器的指向性性能；

③ 选用比较小的传声器。

12.2.3.3 积分声级计

实际应用中，尤其对非稳定噪声，需要测量噪声的等效连续声级 L_{eq}，其公式如下：

$$L_{eq} = 10\lg\left[\frac{1}{10}\int\left(\frac{P}{P_0}\right)^2 dt\right] \quad (27\text{-}12\text{-}1)$$

一般声级计不能直接测量等效连续声级，只能通过测量不同声级的暴露时间，然后计算等效连续声级。使用积分声级计就能够直接测量并显示某一测量时间内被测噪声等效连续声级。

积分声级计又称积分平均声级计或平均声级计。积分声级计和一般声级计都是对频率计权声压进行平均，但平均过程不一样。第一，一般声级计的平均是对相对较短的时间段内进行指数平均，如前面所讲到的"快"（125ms）挡、"慢"（1000ms）挡。积分声级计是对相对较长的时间段内进行线性平均，时间可达几分钟或几小时。第二，积分声级计对发生在指定时间内的所有声音同样重视，而一般声级计则对最新发生的声音比先发生的声音要重视。积分声级计采用的是线性平均，一般声级计采用的是指数衰减平均。

积分声级计主要用在以下几个应用中：
① 能引起听力损伤或烦恼的工业噪声测量；
② 公共噪声（交通、居民住宅区、工业区及机场）测量；
③ 测量机械设备声源的平均声压级。

12.2.3.4 噪声暴露计

噪声的危害不仅与噪声的强度有关，还与噪声的暴露时间有关。为了衡量噪声对人耳听觉损伤危害程度，一些国家按照噪声的强度和暴露时间制定了有关噪声标准。我国的《工业企业噪声卫生标准》，也按此原则规定了每个工作日八小时噪声暴露量不得超过85dB（A）。

噪声 A 计权噪声声压平方的时间积分称为噪声暴露量。

$$E = \int_0^t P^2 \quad (27\text{-}12\text{-}2)$$

如果声压 P 在测试时间内保持不变，则：

$$E = P^2 T \quad (27\text{-}12\text{-}3)$$

式中　P——A 计权声压，Pa；
　　　T——测试时间，h；
　　　E——噪声暴露值，Pa² · h。

1Pa² · h 的暴露值，相当于85dB（A）暴露八小时，恒定声级积分时间加倍（或减半），噪声暴露量加倍（或减半）；同样的，对恒定积分时间声级增加（或减小）3dB（A），噪声暴露量加倍（或减半）。

对于某一时间内的等效连续声级 L_{eq} 与噪声暴露值之间的关系如下式：

$$L_{eq} = 10\lg\left(\frac{E}{TP_0}\right) \quad (27\text{-}12\text{-}4)$$

式中　T——积分时间，h；
　　　P_0——基准声压，2×10^{-5} Pa。

噪声暴露值与噪声暴露级 L_{AX} 的关系为：

$$E = 10^{0.1(L_{AX}-129.5)} \quad (27\text{-}12\text{-}5)$$

佩戴在人身上的噪声暴露计叫个人噪声暴露计。个人噪声暴露计主要是测量人头部附近的噪声暴露，并由此可按国际标准 ISO 1999 来评估可能的听力损失。

另一种测量噪声暴露的仪器叫噪声剂量计，用来指示法定噪声暴露限定的百分比的噪声剂量（DL）。例如规定每天工作 8 小时的工人，容许噪声标准为 90dB，也就是声暴露为 3.2Pa² · h，此时的噪声剂量为 100%，其他不同的声暴露都与其比较并用百分数表示。对于 1.6 Pa² · h，噪声剂量计上的度数为 50%，对于 6.4 Pa² · h，噪声剂量计上的度数为 200%。

12.2.3.5 统计声级计

当需要测量噪声的变化情况，需要用到统计的方法。例如在道路交通噪声或室外环境噪声检测时，噪声都是在不断变化中，需要用到统计声级计。

统计声级计是用来测量噪声声级的统计分布，并指示 L_n（L_5、L_{10}、L_{50}、L_{90}、L_{95} 等）的一种声级计。例如在某段时间内读得的声级共 $n=200$ 个，以声级大小依次排序，从高声级数起，累积数到达 20 的这个声级，称为百分之 10 的声级，即 L_{10}，如果第 20 个声级是 90dB，则 $L_{10}=90$dB，表示有 10% 个数超过 90dB。同样的，累积数数到 100 个的声级值为累积百分声值 L_{50}，数到 180 个的声级值为累积百分声值 L_{90}。比较常用的是 L_{10}、L_{50}、L_{90}，分别代表高峰、中值和"环境"声级。

12.2.3.6 频谱声级计

随着硬件和软件的发展，声级计功能越来越很强大，如频谱声级计可以显示噪声倍频程频谱、1/3 倍频程频谱等，并可以进行数据存储数据、数据输出、事后分析、数据打印等多项功能。

12.2.4 附件的使用

除了传声器和前置放大器外，还需要选择合适的附件才能确保噪声测量的准确，附件的使用如表 27-12-8 所示。

表 27-12-8　　　　　　　　　　　　　　　　附件的使用

附件	外形图	特点
延伸电缆	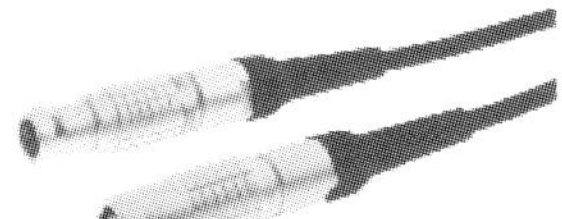 (a) LEMO接头电缆 (b) BNC接头电缆 (c) SMB接头电缆 (d) Microdot接头电缆	延伸电缆是噪声测量的重要附件之一。高质量的延伸电缆提供高性能的噪声屏蔽、低电量、最大的电缆长度和使用的方便性，从而保障噪声测量的准确 根据噪声测试距离，可以选择 3m、10m、20m、30m、50m、100m 和 200m 等不同长度的电缆 根据传声器和前置放大器的种类，电缆连接前置放大器的一端的接头有多种类型，包括 7 芯 LEMO、BNC、SMB。外极化传声器需要使用 7 芯 LEMO 电缆，预极化传声器需要使用 BNC 电缆，声阵列传声器需要使用 SMB 电缆。还有一种接头叫 10-32UNF，也叫"Microdot"，在振动测试中应用比较广泛
风罩		风罩的材料是多孔聚氨酯泡沫塑料，有球形和椭圆形，可以直接套在传声器上，降低风噪声的影响，适用于室外噪声测量。当风速在 1m/s 以下时，可不用；当风速在 1～8m/s 时，可以用；当风速大于 8m/s 时，必须用
转接头	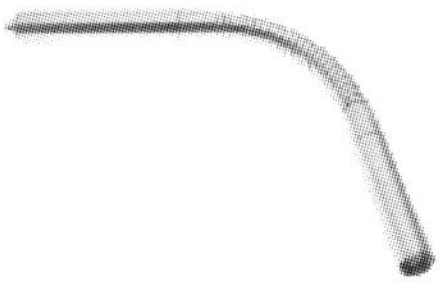 可弯曲的延伸杆	转接头是把前置放大器和延伸杆转接到不同尺寸的传声器上。例如把 1in 传声器转接到 1/2in 前置放大器，1/4in 传声器转接到 1/2in 前置放大器，1/8in 传声器转接到 1/4in 前置放大器，或将传声器延伸出来等，就需要使用相应的转接头或延伸杆
鼻锥	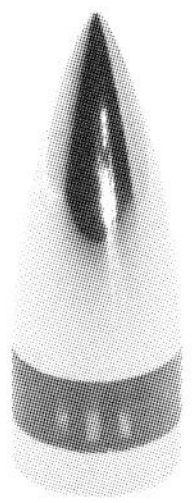	当传声器在某个方向遇到很高的风速时，例如在风洞噪声测试或管道内的噪声测试时，为了降低传声器自身引起的空气动力学噪声，需要使用鼻锥。鼻锥前端设计成流线型的外形，表面非常光洁，使用时用鼻锥代替一般的传声器保护栅罩，尽可能地减少空气阻力。当风速大于 8m/s 时，最好选用鼻锥。尤其是在高速气流时，一定要用

附 件	外 形 图	特 点
无规入射矫正器		为了使来自四面八方的噪声都能在传声器上正确反应,要求传声器有良好的全方向性。但是自由场传声器的灵敏度频率特性与入射角有关,0°入射和无规入射在高频段的差值,最大可达 4～6dB,为此可使用无规入射矫正器,代替传声器原来防护罩,使来自各方向的声波都能被传声器膜片接受,这样就改善了传声器的全方向性
三脚架		三脚架也是噪声测量中经常使用的附件之一,用来支撑固定传声器或声级计,便于调节测量高度和水平位置

12.2.5 记录及分析仪

12.2.5.1 数据记录与采集

传声器将声压信号转变成电压信号,该电压信号经放大后,首先要记录下来。磁带记录仪是声学测量中常用的记录仪器,它具有如下特点:

① 记录的信号能长期保存;
② 能通过改变时间基准的方法(即快速记录慢速回放或相反)改变信号的频率;
③ 使用方便,磁带可以循环重放;
④ 工作频率很宽,可以记录低至直流高至 1MHz 的信号;
⑤ 可以记录不同通道信号,并保证不同通道之间的同步;
⑥ 记录质量高。

但磁带记录仪在信号实时分析处理方面不具有优势,特别在测试现场要求所有通道都能实时监测的情况下,所以磁带记录仪比较适合实时分析要求不高的测试中使用,先记录数据再事后分析。

随着信号采集硬件的发展、计算机的普及和软件功能的支持,越来越多的测试可以实现数据采集和数据分析同时完成,如数字式分析仪。

12.2.5.2 数字式分析仪

数字信号处理技术的发展速度快,应用广泛,可以通过软件在计算机上进行,与模拟信号分析相比具有精度高、灵活性大、可靠性高、可同时处理多个通道等优点。所以数字式分析仪在声学测试中被广泛地应用。在声学测试中,常用的数字式分析仪有两种:以 FFT 硬件为中心的频谱分析仪和将软件和硬件集成在一起的动态信号分析仪。

(1) 频谱分析仪

频谱分析仪大多有两个输入通道。数据采集系统的每个通道由放大器、抗混叠滤波器、采样/保持器和模数转换器组成。频谱分析仪核心运算时 FFT 和加窗处理,大多由数字信号处理器(DSP)实现。功率谱估计和各种平均运算等,则由浮点运算处理器(FPP)完成。

频谱分析仪的主要功能是对噪声信号进行时域和频域分析。时域分析包括瞬态时间波形、平均时间波形、自相关函数、互相关函数、脉冲响应函数等;频域分析包括线性谱、1/3 倍频程谱、功率谱、互功率谱密度、频率响应函数、相干函数等。

如图 27-12-8 所示,只要配有声强探头($p-p$ 形式),就可以利用频率分析仪来计算声强值。

(2) 动态信号分析仪

动态信号分析仪除了数据采集和信号分析外,还具有多功能信号发生器,见图 27-12-9。动态分析仪与频谱分析仪相比,有以下优点。

① 可实现多通道测试。频谱分析仪一般只有两个输入通道,而动态信号分析仪的输入可以达到16～48 通道,甚至更多,信号输出可以有 1～4 个通道。

② 硬件配置灵活。板卡式、机箱式的硬件,使得可以任意选择不同类型输入信号的通道配置方案。

③ 分析功能易于扩展。基于计算机软件的动态分析系统的功能可以进一步开发,随着测试技术的发展和要求的变化,可以增加新的软件模块,甚至用户自己开发。

噪声测试中测点通常较多,特别是在声阵列测试

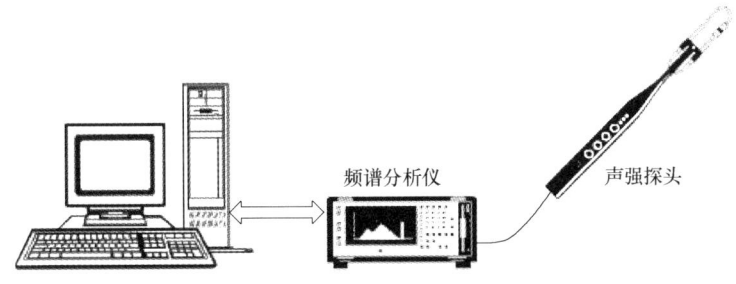

图 27-12-8　声强探头与频谱分析仪组成声强测试系统

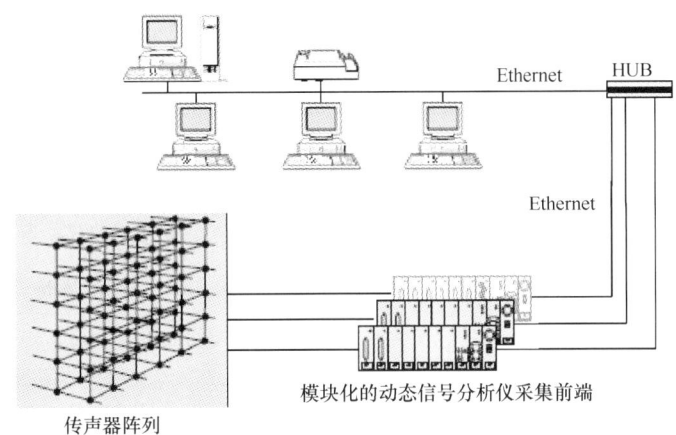

图 27-12-9　动态信号分析仪在声阵列测试中的应用

中要求多个甚至是几十个传声器,而且实时分析的要求也越来越高,需要分析的函数功能也越来越多,所以动态信号分析仪在噪声测试中应用得越来越广泛。

12.2.6　声校准器

电容传声器的校准,按照精度要求,大致可以分为两类:第一类是精确校准方法,也是绝对校准方法,采用互易校准技术,只在个别高级精密实验室才能完成这类校准;第二类是工程实用校准方法,采用校准器产生的声压做参考标准,虽精度没有第一类高,但足以满足工程测量精度,因此广泛被一般实验室和工程试验实际采用。校准器有活塞发生器和声级校准器两种,见表27-12-9。

表27-12-9　　　　　　　　　　　　　　噪声测量中的校准器

校准器	图　示	特　点
活塞发生器	活塞发生器校准声强探头	活塞发生器的优点是精度高,精度可达±0.2dB,结构简单,使用方便。缺点是频率较高时,腔内会产生驻波,无法校准传声器;频率很低时,腔体泄漏后造成较大误差 活塞发生器的非线性畸变规定小于3%。产生畸变的原因主要是长期运转后活塞和凸轮的磨损,以及润滑不良、弹性失调等。因此使用时,不要随意拆卸内部结构,保持适当的润滑,并进行定期的精度校准。当大气压力不是一个标准大气压(760mmHg)时,活塞发生器产生的声压必须进行修正,修正值 ΔL_p 可由随活塞发生器出厂的气压表查到 另外,当校准不同型号的传声器时,即使外径尺寸相同,但它们的等效容积可能不同,因此,也需要进行修正,并将修正值 ΔL_V 加到活塞发生器标准声压级上去

续表

校准器	图　示	特　点
声级校准器	声级校准器校准声级计	与活塞发生器不同,声级校准器的发声原理是通过电子振荡器信号放大后,用扬声器发声。声级校准器由电路产生一个频率 1000Hz 的电信号,经放大器放大后驱动一个小型扬声器发声,声压经被参考传声器接收,并反馈到放大器,控制加到扬声器上的电压,使其产生恒定的声压 声级校准器产生的声压是 94dB,是指声压型传声器的声压响应,用它校准声压传声器时,校准声压是 94dB。当用声级校准器校准自由场传声器时,必须进行修正。这是由于自由场传声器在 1000Hz 时,与声压响应有一个差值。对于 1in 自由场传声器,其差值为 0.4dB,对 1/2in 自由场传声器,其差值为 0.2dB。因此,用声级校准器校准 1/2in 自由场传声器时,实际声压级应为 93.8dB 声级校准器的精度可达±0.3dB,仅次于活塞发生器。而且结构简单,操作方便,无机械运动件,易于携带,使用可靠

12.3　噪声测量方法

12.3.1　声级测量

12.3.1.1　试验目的

工业噪声的现场测量往往用便携式的声级计来进行,在实验室测量除了用声级计外,还可以用传声器与动态信号分析仪组成噪声测量系统,测试噪声声级,并可进行频谱分析,得到噪声源的各频率分量。按此找出主要声源,借以提出改进措施或选用合适的噪声控制方法。

12.3.1.2　试验原理

噪声测量系统见图 27-12-10。用传声器接受声源辐射的声压信号,并转换成电压信号。经放大、滤波等调理后,可以用示波器直接看声压信号的变化,也可以用信号分析仪记录声压信号并进行实时分析。这样的系统,做成专用的仪器,就是声级计。

12.3.1.3　测点选择

现场测量时,按照噪声源的形状和大小,决定测量位置和点数,一般要求前后左右上,分别测量五点,或按照有关机械设备的噪声测试标准进行。若机器尺寸大于 1m,传声器布置在距离机器表面 1m 处;若机器尺寸小于 1m,则传声器布置在距离机器表面 0.5m 处。可用三脚架固定传声器,以避免测量时人体反射的影响。

12.3.1.4　测试内容

(1) 稳态噪声测量

稳态噪声的声压级用声级计测量。对于起伏小于 3dB 的噪声可以测量 10s 时间内的声压级;如果起伏

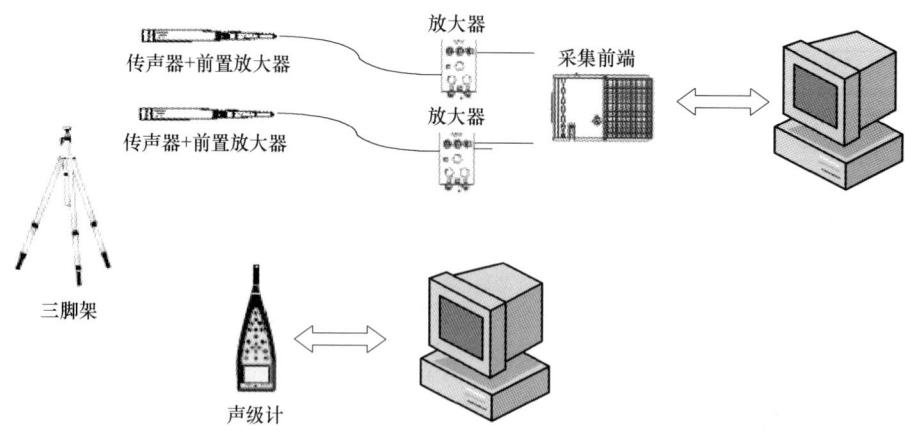

图 27-12-10　噪声测量系统图

大于 3dB 但小于 10dB，则每 5s 读一次声压级并求出平均值：

$$\overline{L}_p = 20\lg \frac{1}{N}\sum_{i=1}^{N} 10^{L_i/20} \quad (27\text{-}12\text{-}6)$$

对于 N 个分贝数非常接近的声压级求平均，可以根据下面的近似公式求平均值：

$$\overline{L}_p = \frac{1}{N}\sum_{i=1}^{N} L_i \quad (27\text{-}12\text{-}7)$$

A 声级是 A 计权声压级，是噪声的主观评价指标之一，可以用 A 计权网络直接测量，也可以由测得的倍频程或 1/3 倍频程声压级转换为 A 声级，转换公式如下：

$$L_A = 10\lg \sum_{i=1}^{N} 10^{-0.1(R_i + \Delta_i)} \quad (27\text{-}12\text{-}8)$$

式中　R_i——测得的 1/3 倍频程声压级；
　　　Δ_i——校正值，由表 27-12-10 给出。

表 27-12-10　　1/3 倍频程声压级换算为 A 声级的校正值

中心频率/Hz	校正值/dB	中心频率/Hz	校正值/dB
20	−50.5	630	−1.9
25	−44.7	800	−0.8
31.5	−39.4	1000	0
40	−34.6	1250	+0.6
50	−30.2	1600	+1.0
60	−26.2	2000	+1.2
80	−22.5	2500	+1.3
100	−19.1	3150	+1.2
125	−16.1	4000	+1.0
160	−13.4	5000	−0.5
200	−10.9	6300	−0.1
250	−8.6	8000	−1.1
315	−6.6	10000	−2.5
400	−4.8	12500	−4.3
500	−3.2	16000	−6.6

（2）非稳态噪声测量

对于不规则噪声，可以测量声压级的时间-频率分布特性，具体包括：最大值、最小值、平均值；声压级的统计分布；等效连续声级和噪声的频谱分布。

测量声压级的时间分布特性时，可每隔 5s 读一次声压级，获得 100 个数值，可以计算出最大值、最小值、平均值以及累计百分声级，如 L_{10}、L_{50}、L_{90} 等。

等效连续 A 声级的计算公式如下：

$$L_{Aeq} = 10\lg \frac{1}{T}\int_0^T 10^{0.1L_A}\,\mathrm{d}t \quad (27\text{-}12\text{-}9)$$

式中　T——测量的总时间（s）；
　　　L_A——瞬时 A 声级，dB（A）。

测量声压级的频率特性，可以用倍频程或 1/3 倍频程声压级谱来表示。

（3）脉冲噪声测量

脉冲噪声是指大部分能量集中在持续时间短于 1s 而间隔时间长于 1s 的猝发噪声。脉冲噪声对人的影响通常是能量而不是峰值、持续时间和脉冲数量。因此，对连续的猝发声应该测量声压级和功率，对于有限数目的猝发声则测量暴露声级。

12.3.2　声功率测量

12.3.2.1　试验目的

声压或声压级可以衡量噪声能量的大小，但声压或声压级与测量距离有关，因此不利于相互比较。为此，国际和国内都用声功率来衡量机器噪声量级的大小。所以，掌握声功率的测量方法是噪声测试重要的内容。

12.3.2.2　试验原理

机器辐射的声功率在稳定工况下是恒定的，用声功率来表示机械设备的噪声大小比较合理，而且也便于对不同机器进行比较。

ISO 3741～ISO 3746 和国家标准详细规定了机器噪声声功率的测试方法。有在消声室测定的方法，也有在混响室测定的方法，还有在现场用的工程法和简易法。对于某一种产品，各个国家相关工业部门也制定了各种产品的声功率测定标准，如冰箱、空调、电动工具等。因此，声功率测量方法已经形成规范，但归纳起来为标准声源法和包络面法两种方法。

（1）标准声源法

标准声功率源是一种专用的声源，它能在一定的频带内辐射比较均匀的声功率谱。

首先，把标准声源放在消声室中进行标定，由于消声室内的声场为自由声场，声压级与声功率级有如下关系：

$$L_p = L_w - 20\lg r - 8 \quad (27\text{-}12\text{-}10)$$

式中　L_p——声压级，dB；
　　　L_w——声功率级，dB；
　　　r——离开声源的距离，m。

只要测得离标准声源一定距离 r 处的平均声压级 L_p，就可获得标准声源的声功率级。一般标准声功率源在产品出厂时已经经过了测试，L_w 已知，所以这一步可以省略。

然后，在现场，测出离被测机器一定距离 r 处的平均声压级 L'_p；再搬走被测机器（若被测机器不能移动，允许将标准声源放在被测机器上面）；把标准声源放在被测机器同一位置上，使标准声源代替机器发声。测得离标准声源 r 距离处的平均声压级 L_p，由于环境条件相同，被测机器的声功率级：

$$L'_w = L'_p - L_p + L_w \quad (27\text{-}12\text{-}11)$$

式中 L'_p——距被测机器 r 处平均声压级，dB；

L_p——距标准声源 r 处平均声压级，dB；

L_w——标准声源声功率级，dB。

(2) 包络面法

包络面法已纳入国家标准，包括精密法、工程法和简易法三种。其中精密法适用于半消声室和消声室内测试，而工程法和简易法适用于现场测试。现把三种标准列表如表 27-12-11 所示。

包络面是一种假想的包围声源的表面，由于声源大小和形状不同，可以分为两种包络面：半球面和矩形六面体。对于小型机器设备，优先选用半球面。测量点布置在包络面上。

表 27-12-11　声功率测量的三种标准对比

内　容	精 密 法	工 程 法	简 易 法
方法等级	精密级	工程级	一般等级
参考 ISO 标准	ISO 3745	ISO 3744	ISO 3746
测试环境	半消声室	现场，要求大房间或广阔室外	现场，一般室内或室外
声源体积	小型声源，最好小于测试房间体积的 0.5%	无限制	无限制
噪声类别	稳态、非稳态、窄带或宽带	稳态、非稳态、窄带或宽带	稳态、非稳态、窄带或宽带
不确定度	标准偏差小于 1.5dB	标准偏差小于 3dB	标准偏差小于 4dB
背景噪声级	$\Delta L \leqslant 10\text{dB}$	$\Delta L \leqslant 6\text{dB}$	$\Delta L \leqslant 3\text{dB}$
测试仪器精度	Ⅰ型以上	Ⅰ型以上	Ⅱ型以上
仪器校准	测试前后校准 校准器精度 ±0.2dB	测试前后校准 校准器精度 ±0.3dB	测试前后校准 校准器精度 ±0.3dB
机器安装	典型安装，最好弹性安装	典型安装，最好弹性安装	典型安装
机器运行状况	各种工况	各种工况	各种工况
测点数量	10 个以上	9 个以上	5 个以上
背景噪声修正	$K_1 \leqslant 0.4\text{dB}$	$K_1 \leqslant 1.3\text{dB}$	$K_1 \leqslant 3\text{dB}$
测试环境修正	$K_2 \leqslant 0.5\text{dB}$	$K_2 \leqslant 2\text{dB}$	$K_2 \leqslant 7\text{dB}$

12.3.2.3　测点布置

1) 当包络面选择半球面时，测点的布置见图 27-12-11，半球面半径 R 为 2～5 倍被测声源尺寸，通常不应小于 1m。

测出各点的 A 声级，然后按公式计算声功率级，计算公式如下：

$$\overline{L}_{pA} = 10\lg \frac{1}{n}\sum_{i=1}^{n} 10^{0.1L_{pi}} \quad (27\text{-}12\text{-}12)$$

$$L_w = (\overline{L}_{pA} - K_1 - K_2) + 10\lg \frac{S}{S_0} \quad (27\text{-}12\text{-}13)$$

式中 L_{pi}——各测点 A 声级，dB (A)；

K_1——背景噪声修正值；

K_2——环境噪声修正值；

S——测量表面面积，m²；

S_0——基准面积，取 $S_0 = 1\text{m}^2$。

其中，背景噪声修正值 K_1，可根据表 27-12-1 计算；环境噪声修正值 K_2，可根据公式 $K_2 = 10\lg(1+4/AS^{-1})$ 计算，$A = 0.161V/T_{60}$，V 为房间体积，S 为房间吸声面积，T_{60} 为混响时间。

2) 当测量表面选择矩形六面体时，测点布置见图 27-12-12。图中参考箱是恰好罩住待测声源的假想矩形体，其长、宽、高分别为 $2a$、$2b$、c，并且 $2a = l_1 + 2d$，$2b = l_2 + 2d$，$c = l_3 + d$。距离 d 通常取 1m，l_1、l_2、l_3 分别是参考箱的长、宽、高，基本测点是如图 27-12-12 所示的 9 点，如相邻测点之间声压级变化较大时，应增加测点。

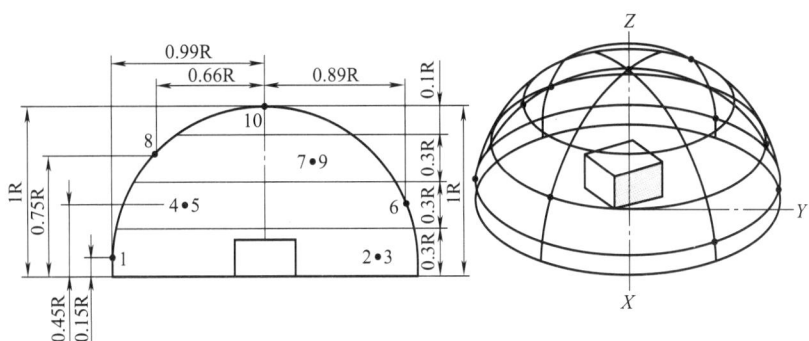

图 27-12-11　半球面测量噪声声功率时测点布置图

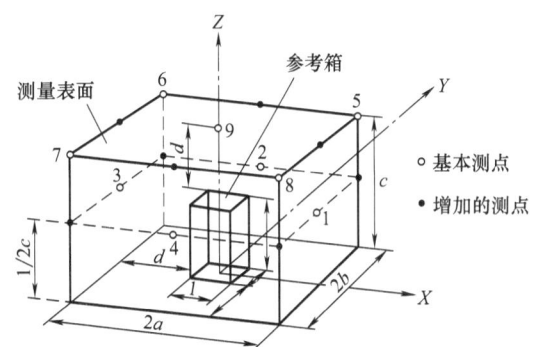

图 27-12-12　矩形六面体测量噪声声功率时测点布置图

12.3.3　声强测量

12.3.3.1　试验目的

声强测量具有受环境影响小的优点，不像声压测量受环境的影响（背景噪声、反射声）较大，因此声强测量能够有效地解决许多现场声学测量问题，成为噪声研究的一种有力工具。

声强测量的主要应用有以下几个方面。
① 用分布测点法现场测试声源的声功率。
② 用扫描法现场测试声源的声功率。
③ 辨识声源。
④ 测试材料的声阻抗率和吸声系数。
⑤ 测试声能传递损失。
⑥ 测试振动表面声辐射效率。

12.3.3.2　试验原理

声能流密度 w，定义为
$$w = pu \quad (27\text{-}12\text{-}14)$$

式中　p——声场中该质点声压，Pa；
　　　u——声场中该质点振速，m/s²。

声场中任意一点的声波强度称为声强，等于通过与能流方向垂直的单位面积的声能量的时间平均值，通常用符号 I 表示，其单位为 W/m²。

$$I = \frac{1}{T}\int_0^T pu\,\mathrm{d}t \quad (27\text{-}12\text{-}15)$$

声能流密度实际上是声强的瞬时值，即 $w = I(x,t)$。

声强级 L_I，定义为
$$L_I = 10\lg\frac{I}{I_0} \quad (27\text{-}12\text{-}16)$$

式中　I——待测声强；
　　　I_0——基准声强，$I_0 = 10^{-12}$ W/m²。

瞬时声强是瞬时声压和瞬时质点振度的乘积，声压可以用传声器测量，而质点速度只能间接测量近似估算。根据质点振度的测量方法，声强测量技术可以分为两大类：一类是将传声器和直接测量质点振速的传感器相结合，简称 $p-u$ 法；另一类是双传声器法，简称 $p-p$ 法。

（1）$p-u$ 法

这种声强探头有两对超声波发射器 S，可同时发射两个方向平行但方向相反的超声波波束，并在等距离处有各自的接收器 R，探头中心装有传声器 M，如图 27-12-13 所示。当在同向上存在声波时，两个接收器所收到的信号存在相位差，可以测出质点振速，传声器测声压，两者相乘后可以得到瞬时声强，在求时间的平均值可以得到有功声强。

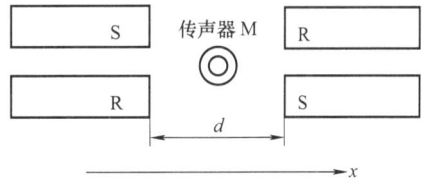

图 27-12-13　$p-u$ 法探头原理图

设超声波发射器和接收器之间的距离为 d，没有声波时超声波由发射到接收所经历的时间为 $t_0 = d/c_0$。若存在声波，其质点速度为 u_x，则两个超声波束所经历的时间各自变成

$$t_+ = \frac{d}{c+u_x} \quad (27\text{-}12\text{-}17)$$

$$t_- = \frac{d}{c-u_x} \quad (27\text{-}12\text{-}18)$$

两超声波束到达接收器时的相位差为：

$$\Delta\varphi = \omega_n t = \left(\frac{1}{c-u_x} - \frac{1}{c+u_x}\right)\omega_n d = \frac{2u_x\omega_n d}{c^2 - u_x^2} \quad (27\text{-}12\text{-}19)$$

式中 ω_n 为超声波角频率，当 $u_x \ll c$，式（27-12-19）可简化为：

$$\Delta\varphi \approx \frac{2u_x\omega_n d}{c^2} \quad (27\text{-}12\text{-}20)$$

由此可以计算出质点振速：

$$u_x \approx \frac{c^2}{2\omega_n d} \quad (27\text{-}12\text{-}21)$$

目前市场上已经开发出体积较小的 $p-u$ 探头，能够满足实际测量的需求。

(2) $p-p$ 法

声场中某点的质点速度可以通过两个传声器组成的探头来测量。图 27-12-14 所示就是典型的面对面式双传声器探头。

两传声器 A 和 B 之间有一小段距离 d，两传声器测出的声压分别是 $p_A(t)$ 和 $p_B(t)$。声波传播方向上，质点速度与声压梯度的积分成正比，即

$$\frac{\partial p}{\partial x} = -\rho_0 \frac{\partial u}{\partial t} \quad (27\text{-}12\text{-}22)$$

则

$$u(t) = -\frac{1}{\rho_0}\int \frac{\partial p(t)}{\partial x}dt \quad (27\text{-}12\text{-}23)$$

式中 ρ_0——空气密度。

当 d 远小于波长 λ 时，$\frac{\partial p(t)}{\partial x}$ 可以近似地改写成 $\frac{p_B(t) - p_A(t)}{d}$，于是上式可改写成

$$u(t) = -\frac{1}{\rho_0 d}\int [p_B(t) - p_A(t)]dt$$

$$(27\text{-}12\text{-}24)$$

两传声器之间中点的声压可以认为是 $p_A(t)$ 和 $p_B(t)$ 的平均值

$$p(t) = \frac{p_B(t) + p_A(t)}{2} \quad (27\text{-}12\text{-}25)$$

则 x 方向上测量点的瞬时声强为

$$I_x(t) = p(t) \cdot u(t)$$
$$= \frac{1}{2\rho_0 d}[p_A(t) + p_B(t)]\int [p_A(t) - p_B(t)]dt$$

$$(27\text{-}12\text{-}26)$$

取其时间平均就可以得到 x 方向上的有功声强：

$$I_x(t) = \frac{p_{aA}p_{aB}\sin(\phi_A - \phi_B)}{2\rho_0\omega d} \quad (27\text{-}12\text{-}27)$$

当 $\phi_A - \phi_B$ 很小时，

$$I_x(t) \approx \frac{p_{aA}p_{aB}(\phi_A - \phi_B)}{2\rho_0\omega d} \quad (27\text{-}12\text{-}28)$$

对于噪声控制，平均声强在频域上的谱分析也非常重要，所以声强测量仪器需要将时域信号变换成频域信号。声压 p 和质点振速 u 之间的互相关函数是：

$$R_{pu}(\tau) = \lim_{T\to\infty}\left(\frac{1}{T}\right)\int_0^T p(t)i(t+\tau)d\tau$$

$$(27\text{-}12\text{-}29)$$

平均声强：

$$I = R_{pu}(0) = \int_{-\infty}^{\infty} S_{pu}(\omega)d\omega$$

$$(27\text{-}12\text{-}30)$$

$S_{pu}(\omega)$ 简称互谱，它表示平均声强的频率分布。$S_{pu}(\omega)$ 是个复数，其实部是偶函数，代表有功声强；虚部是奇函数，代表无功声强，其积分为零。$G_{pu}(\omega)$ 是 $S_{pu}(\omega)$ 的单边谱，则有：

$$I(\omega) = S_{pu}(\omega) + S_{pu}(-\omega) = 2\text{Re}[S_{pu}(\omega)]$$
$$= \text{Re}[G_{pu}(\omega)] \quad (27\text{-}12\text{-}31)$$

当使用 $p-u$ 探头进行测量时，根据式（27-12-30），只需要将测得的 $p(t)$ 及 $u(t)$ 信号，输入双通道 FFT 分析仪，就可直接得到所测方向的 $I(\omega)$。设 $p(t)$ 和 $u(t)$ 的傅里叶变换分别是 $P(\omega)$ 和 $U(\omega)$，由式（27-12-24），有

$$P(\omega) = \frac{P_A(\omega) + P_B(\omega)}{2} \quad (27\text{-}12\text{-}32)$$

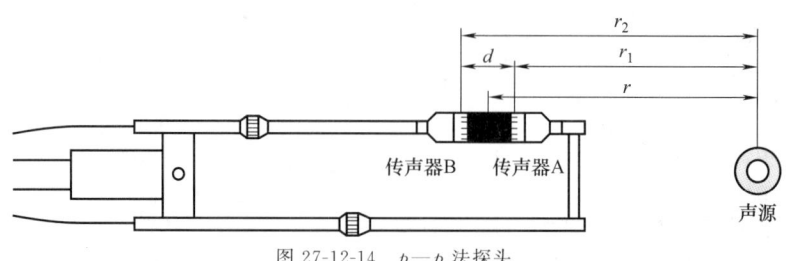

图 27-12-14 $p-p$ 法探头

由式（27-12-34），有

$$U(\omega)=\frac{1}{j\omega\rho_0 d}[P_A(\omega)-P_B(\omega)] \quad (27\text{-}12\text{-}33)$$

$$I(\omega)=\text{Re}[G_{pu}(\omega)]=-\frac{\text{Im}[G_{AB}]}{\omega\rho_0 d} \quad (27\text{-}12\text{-}34)$$

也就是说，用 p-p 探头进行测量时，只要得到两个声压互谱的虚部，就得到有功声强的频率分布 $I(\omega)$。总的平均声强为：

$$I=\int_0^\infty \frac{\text{Im}[G_{AB}]}{\omega\rho_0 d} d t \quad (27\text{-}12\text{-}35)$$

12.3.3.3 双传声器探头

在 p-p 法中由两个传声器组成的声强探头是声强测量系统的重要组成部分，通常有四种形式：并列式、顺置式、背靠背式和面对面式。如表 27-12-12 所示。

两个传声器应具有相同相位响应以及平直的频率响应曲线。正确选择两传声器之间的间距 d 对测量精度有很大影响。表 27-12-13 给出了不同间距的声强探头的频率响应。从表中可以看出，间隔越小，上限频率越高，下限频率也越高。

一种特制的"在位"校准的双静电激发器结构，可以在整个频率和灵敏度范围内同时校准两个传声器，也可以利用活塞发生器或其他声源在专门耦合腔内进行校准。

12.3.3.4 声强信号处理方法

双传声器声强测量仪的信号处理方法可以分为用模拟电路的直接法和用 FFT 计算的间接法两种，见表 27-12-14。

表 27-12-12　　p-p 法探头中传声器排列方式

双传声器布置方式	图 例	说 明
面对面式		面对面式声强探头把两个传声器面对面地布置在一轴线上，测量时传声器中线轴线与声波传播方向一致。传声器之间装有分隔垫块，声波只能沿传声器的径向边缘入射
顺置式		顺置式声强探头的两个传声器前后布置在一轴线上，声波对传声器方向入射。这种形式能够产生较大的声压梯度，但前置放大器要与传声器分开安装
背靠背式		背靠背式声强探头的安装方式仅仅适用于采用薄型的传声器，不然传声器之间的距离不可能做得很小
并列式	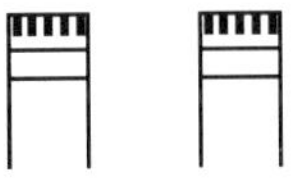	并列式声强探头的两个传声器的中心轴线平行排列，测量时传声器轴线与声波传播方向垂直。这种形式易于安装前置放大器，在测量中易于变换位置以消除测量通道之间的相位误差。主要缺点是对测量轴线不易做到完全几何对称，两传声器之间的声学距离与几何尺寸的距离偏差较大，在高于某一频率时对相位响应产生不利影响。传声器之间距离不能小于传声器的外径

表 27-12-13　　不同 d 的声强探头的频率范围

传声器尺寸 \ d/mm	6	12	25	50
1/4 in	250Hz～10kHz	125Hz～5kHz	—	—
1/2 in	—	125Hz～5kHz	63Hz～2.5kHz	31.5Hz～1.25kHz

表 27-12-14　　声强测量仪的信号处理方法

信号处理方法	特 点
用模拟电路的直接法	直接将双传声器测得的信号，经过运算电路，按式(27-12-25)计算出声强。直接法的优点是可以实时处理，可以直接输出质点速度信号，在测量声阻抗等情况下很有用，但全套仪器价格比较昂贵
用 FFT 计算的间接法	间接法就是根据式(27-12-33)，将双传声器测得的信号输入双通道的 FFT 分析仪，算出其互谱的虚部就可以得到声强。间接法的优点是可以利用通用的 FFT 分析仪进行处理，可使一台仪器有多种用途，提高了仪器的使用率。另一个优点是比较容易修正两通道间的相位误差 间接法的 FFT 计算也可以用专用软件在计算机上实现，这是目前比较常用的方法。虽然在计算机上进行 FFT 运算的速度比不上专门仪器，尤其比不上直接法，但对于比较平稳的声场，这种方法经济、通用

12.3.4 声品质评价

12.3.4.1 评价目的

数十年来,在机电设备噪声的声学测量工作中,过去主要考虑对人耳听力的影响,A 声级是最主要的评价量,所以降低 A 声压级是主要的噪声控制指标。但是,由于声音物理特性和人体主观感知的差异性,具有相同 A 声级的噪声由于频谱结构的差异,引起人耳听觉感受也不同。例如传统的车内噪声评价主要是 A 声级,但是人们发现,相同声压级的噪声经常给人不同的听觉体验,单用 A 声级不能客观地反映车内噪声给人的听觉感受,还需要考虑频谱特性、时域特性、人耳对声音的各种反应等。所以声学工程师提出了车内声品质的概念,成为评价声音适宜性的主要指标。

声品质是一种主观判断的结果。当声音产生了一种令人不悦的、烦恼的听觉感受时,我们就说声品质不好,或者说声品质和产品不协调。相反,如果声音产生了令人愉悦的听觉感受,或者与产品有积极的联系,我们就说起声品质好。声品质反映了人对噪声的主观感受,对产品使用者的购买心理起到了越来越关键的作用,尤其在汽车领域,研究车内声品质,改善车内声品质,提高汽车乘坐舒适性和市场竞争力,日益受到汽车界的高度重视。声品质的研究,实际上提出了现代噪声控制的全新概念,即噪声控制不仅要降低噪声的声压级,还要能够调节产品的声音特性,消除总体噪声中令人烦躁的成分,保留令人愉悦的成分,使得产品符合消费者主观感受的要求。声品质的准确评价是声品质改进和设计的前提基础。

评价声品质的方法有两种:客观评价和主观评价。客观评价通过试验测量并分析车品质评价指标:响度、尖锐度、抖动度、粗糙度等;主观评价试验组织多名评价人员在实验室内通过监听噪声样本,利用打分或对比的方法评价噪声样本,运用统计的数学方法获得主观评价结果。

12.3.4.2 客观评价

(1) 响度

人耳对声波响度的感受,不仅和声压相关,也和频率相关,声压级相同而频率不同的声音听起来可能不一样响。为了既考虑到声音的物理量能量,又考虑到人耳对声音的生理感受,提出了响度级的概念,单位为方(phon)。使用等响度实验方法,以 1000Hz 某一声压级的声压为基准,进行不同频率的响度对比,可以提出不同频率、不同声压级的等响度曲线,见图 27-12-15。

响度级虽然定量地确定了响度感受与声压级、频

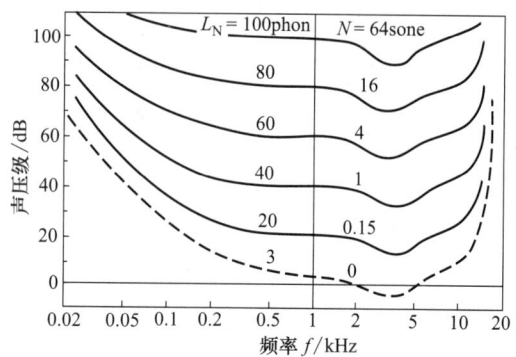

图 27-12-15 自由场纯音等响度曲线

率的关系,但是却未能确定这个声音比那个声音响多少。为此,1947 年国际标准化组织采用了一个与主观感受成正比的参量:响度(loudness),单位宋(sone),符号为 N,并规定响度级 40 方为 1 宋。经实验得到,响度与响度级的关系为:

$$\begin{cases} L_N = 40 + \log_2 N & \text{(phon)} \\ N = 2^{0.1(L_N - 40)} & \text{(sone)} \end{cases} \quad (27\text{-}12\text{-}36)$$

式中,N 是响度(宋);L_N 是响度级(方)。

考虑了时域特性的响度计算目前还没有统一的国际标准。关于稳态噪声的响度计算,国际标准 ISO 532 规定了 A、B 两种计算方法,均考虑了不同频率噪声之间的掩蔽效应。A 方法:由斯蒂文斯(Stevens)提出,详细内容参见标准 ISO 532-A-1975 和 ANSI S3.4-1980。它以倍频程带或 1/3 倍频程声压级数据为基准,适用于具有光滑、宽频带频谱的扩散声场。此方法根据实验得出等响度指数曲线,见图 27-12-16。

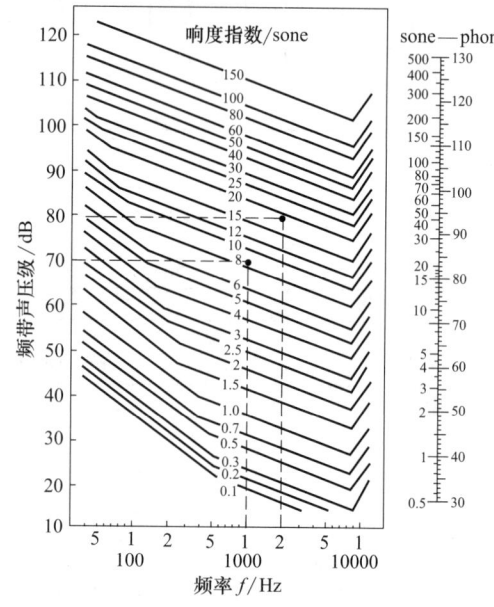

图 27-12-16 Stevens 等响度指数曲线

对带宽掩蔽效应考虑了计权因素，认为响度指数最大的频带贡献最大，而其他频带由于最大响度指数频带声音的掩蔽，它们对总响度的贡献应乘上一个小于 1 的修正因子，这个修正因子和频带宽度的关系见表 27-12-15。

表 27-12-15　总响度修正因子

频带宽度	倍频带	1/2 倍频带	1/3 倍频带
修正因子 F	0.3	0.2	0.15

具体的计算方法为：①测出频带声压级（倍频带或 1/3 倍频带）；②从图 27-12-16 上查出各频带声压级对应的响度指数；③找出响度指数中的最大值 S_m，将各频带响度指数总和中扣除最大值 S_m，再乘以相应带宽修正因子 F，最后与 S_m 相加即可计算响度，用数学表达式可表示为：

$$S = S_m + F \cdot \left(\sum_{i=1}^{n} S_i - S_m\right) \quad (\text{sone})$$

(27-12-37)

B 方法：由茨威格（Zwicker）提出，详细内容参见 ISO 543B。使用 1/3 倍频程作为基础数据，引入特征频带对人耳的掩蔽效应修正，适用于自由声场或扩散声场。由于临界频带对响度计算有很大影响，因此在构造响度模型时，把激励声压级对临界频带率（critical band ratio）模式作为基础，将总响度看作是特征响度临界频带率的积分。可将 B 方法的计算过程归纳为以下四个步骤。

① 求各临界频带的总声压级　人耳的频率选择特性是通过临界频带滤波器来模拟的，由于 300Hz 以上 1/3 倍频程与临界频带比较接近，常用其代替临界频带滤波器，对于 300Hz 以下的低频两者差别较大，解决的办法就是把中心频率 25～80Hz、100～160Hz 和 200～250Hz 分别合并为一个临界频带，如表 27-12-16 所示。

除进行频带修正外，对中心频率 f_T 小于 250Hz 的 1/3 倍频带声压级 L_T 还需要依据等响曲线表 27-12-17 进行修正，ΔL 为修正值。在以上修正的基础上，得到各临界频带的总声压级。

② 求各个临界频带的修正声压级　将第一步计算得到的各频带声压级加上外耳和中耳的传输因子 α_0（表 27-12-18），即可得到各临界频带的修正声压级 L_E。

表 27-12-16　倍频带近似临界频带

f_c/Hz	25 32 40 50 63 80	100 125 160	200 250	315	400	500	630
z/Bark	1	2	3	4	5	6	7
f_c/kHz	0.8 1.0 1.3 1.6	2.0 2.5 3.2	4 5	6.3	8	10	7
z/Bark	8 9 10 11	12 13 14	15 16	17	18	19	20

表 27-12-17　中心频率小于 250Hz 的 1/3 倍频带声压级 L_T 的修正

$L_T + \Delta L \leqslant$/dB \ f_T/Hz	25	32	40	50	63	80	100	125	160	200	250
45	−32	−24	−16	−10	−5	0	−7	−3	0	−2	0
55	−29	−22	−15	−10	−4	0	−7	−2	0	−2	0
65	−27	−19	−14	−9	−4	0	−6	−2	0	−2	0
70	−25	−17	−12	−8	−3	0	−5	−2	0	−2	0
80	−23	−16	−11	−7	−3	0	−4	−1	0	−1	0
90	−20	−14	−10	−6	−3	0	−4	−1	0	−1	0
100	−18	−12	−9	−6	−2	0	−3	−1	0	−1	0
120	−15	−10	−8	−5	−2	0	−3	−1	0	−1	0

表 27-12-18　传输因子 α_0

临界频带数	1	2	3	4	5	6	7	8	9	10	11	12	13	14	15	16	17	18	19	20
传输因子 α_0	0	0	0	0	0	0	0	0	0	0	−0.5	−1.6	−3.2	−5.4	−5.6	−4	−1.5	2	5	12

③ 求各临界频带的特征响度 根据 ISO 532.1975 推荐的计算特征响度的计算公式：

$$N' = K_1 \cdot 10^{0.1 e_1 L_{HS}} [(0.75 + 0.25 \times 10^{0.1(L_E - L_{HS})})^{e_1} - 1] \quad (\text{soneG/Bark})$$
(27-12-38)

式中，指数 e_1 为 0.25；常数 K_1 的计算结果为 0.0635；L_E 为上一步求得的修正声压级；L_{HS} 为静阈值，可根据下式求得：

$$L_{HS} = 3.64 e^{0.8 \ln f} - 6.5 e^{-0.6(f-33)^2} + 0.001 f^4 \quad (\text{dB})$$
(27-12-39)

④ 求整个频带的总响度 在 Bark 域上积分特征响度 N' 可得到噪声的总响度，即

$$N = \int_0^{24\text{Bark}} N'(z) \mathrm{d}z \quad (\text{sone})$$
(27-12-40)

另外，在完成第一步工作后，也可以将各临界频带的总声压级等效画在 Zwick 响度计算曲线（图 27-12-17）上，连接各数据点并求出数据点和横轴围成的面积的平均高度，用此高度对照右侧的列线图即可求出噪声的响度和响度级。

(2) 尖锐度

尖锐度（Sharpness）是描述高频成分在声音频谱中所占比例的物理量，反映了人们对高频声音的主观感受。影响尖锐度的因素有窄带噪声的中心频率、带宽、声压级和频率包络。

尖锐度的符号是 Sh，单位是 acum，规定中心频率为 1kHz、宽带为 160Hz 的 60dB 窄带噪声的尖锐度为 1acum。目前，尖锐度计算还没有统一的国际标准，常用的尖锐度计算模型有以下几种。

Zwicker 提出的尖锐度模型：

$$Sh = 0.11 \times \frac{\int_0^{24\text{Bark}} N'(z) z g(z) \mathrm{d}z}{\int_0^{24\text{Bark}} N'(z) \mathrm{d}z}$$

$$= 0.11 \times \frac{\int_0^{24\text{Bark}} N'(z) z g(z) \mathrm{d}z}{N} \quad \text{acum}$$
(27-12-41)

式中，N 为总响度；N' 为临界频带 z 上的特征响度；$g(z)$ 为 Zwicher 依据不同临界频带设置的响度计权函数，其值为：

当 $z < 16$ 时，$g(z) = 1$；
当 $z \geq 16$ 时，$g(z) = 0.066 e^{(0.171z)}$。

Aures 提出的尖锐度模型：

$$Sh = 0.11 \times \frac{\int_0^{24\text{Bark}} N'(z) e^{0.171z} \mathrm{d}z}{\log(0.05 N + 1)} \quad \text{acum}$$
(27-12-42)

Bismarck 提出的尖锐度模型：

$$Sh = 0.11 \times \frac{\int_0^{24\text{Bark}} N'(z) z g(z) \mathrm{d}z}{\int_0^{24\text{Bark}} N'(z) \mathrm{d}z}$$

$$= 0.11 \times \frac{\int_0^{24\text{Bark}} N'(z) z g(z) \mathrm{d}z}{N} \quad \text{acum}$$
(27-12-43)

当 $z < 14$ 时，$g(z) = 1$；
当 $z \geq 14$ 时，$g(z) = 1 + \frac{1}{1000}(z - 14)^3$。

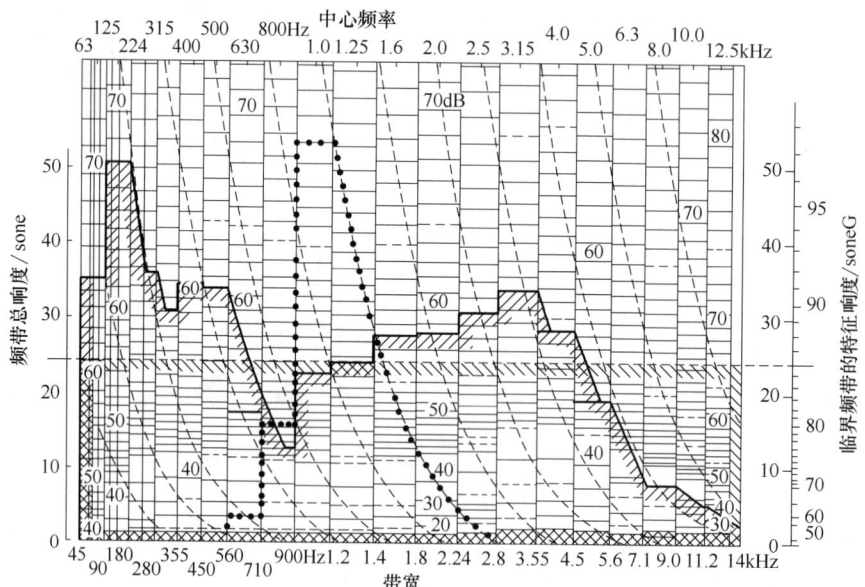

图 27-12-17 Zwick 响度计算曲线

(3) 抖动度

声音的时域变化可以使人类听觉系统形成两种不同的感觉，即粗糙度和抖动度，这取决于调制频率。当调制频率在 20Hz 以下时抖动占主导地位，其最大值出现在调制频率为 4Hz 的时候，调制频率继续升高，波动强度下降。影响抖动度的主要因素有调制频率、调制幅度和声压级等。

用 4Hz 的纯音对 60dB、1kHz 的纯音进行 100% 的幅值调整，此时的抖动度为 1vacil。

(4) 粗糙度

当调制频率从 15Hz 上升到 300Hz 时，人对抖动度的感觉就变成了对粗糙度的印象，调制频率为 70Hz 时人对粗糙度的感觉达到最大值，随后随调制频率的升高而下降。声音的粗糙特性通常会给人一种不愉快的听觉感受，影响粗糙度的主要因素有调制频率、调制幅度和声压级等。

用 70Hz 的纯音对 60dB、1kHz 的纯音进行 100% 的幅值调整，粗糙度为 1asper。

12.3.4.3　主观评价

(1) 样本

传统的单通道声信号记录方式不适合声品质评价。为了在主观评价中获得与实际情况相一致的声事件感觉，一般会选择人工头记录数据，再使用专业的回放系统播放。人工头可以对声音事件进行双耳记录，这种记录基本保持了人耳听觉感知的所有特性，尤其是空间听觉特性，这也是在回放中获得正确听觉印象的条件。

(2) 评价主体

主观评价实验中的测听者称为评价主体。声品质主观评价结果的优劣和评价主体对评价内容和评价方法的理解程度及主体的综合表现密切相关。因此，主体的选择和培训是主观评价实验结果可靠性、有效性的保证。

评价主体的数量取决于是否需要进行主体的培训及评价实验的难度。理论上主体个数可由测试结果的分布状况及测量精度确定。具体测量时的主体个数只能根据主观评价的经验来确定。研究表明，对于大多数心理声学评价测试，20 名主体就已经足够了。

对评价主体的构成考虑三个方面的因素。一是在噪声主观评价方面的经验；二是评价主体对评价产品的熟悉程度；三是主体的结构要符合相应的人口统计学规律（如年龄、性别、文化背景、职业、经济状况等）。

(3) 评价方法

主观评价的方法很多，主要有排序法、等级打分法、成对比较法、语义细分法等。

① 排序法（Rank order）是最简单的主观评价方法之一。实验要求评价主体针对某个或者几个评价指标（如偏好性、烦恼度等）根据听到的所有声音样本进行排序。声音样本是连续播放的。评价过程中，评价者可以根据自身需要对某个声音样本进行多次重放。然而，由于排序工作的复杂性是随着评价样本数量的增加而增加的，所以样本数量通常比较少（6 个或者更少）。该方法的主要缺点是无法给出具体的比例尺度信息，只能得出声音 A 比声音 B 更好，但是具体好多少就无从得知了。因此，只有在人们想快速得到某些声音的简单比较结果时才用到排序法。

② 等级打分法（Rating scales）是评价者在规定的评分范围内对听到的声音进行打分，常用的是 1~10 级打分。评价中声音样本顺序播放，且不能重放。因此，该方法简便快捷，可以直接得到评分结果。但是对于没有声学经验的评价者操作起来比较困难。

③ 成对比较法（Paired comparison methods）又称 A/B 比较法，它是将声音样本成对播放，评价者据此做出相关评判。由于评判是相对的，而不是绝对的，评价者可以不用顾忌地做出评价，因此成对比较法很适合无经验者使用。但该法的一个缺点就是比较对的数量相当大，因为它是按样本数量的平方增长的。这就意味着假如有大量的样本，那么评价势必会相当冗长，容易引起评价者的疲劳。

④ 语义细分法（Semantic differential）是让评价者运用意义相反的形容词对所听到的声音进行等级描述，可以是属性方面的形容词（安静的/响的、平滑的/粗糙的），也可以是主观印象方面的形容词（便宜的/昂贵的、有力的/弱的）。把这些形容词安置在等级的两端，中间使用一些量度性的副词，评价者可以根据对声音的主观感受做出评判。评价等级可以分为 5 级、7 级或者 9 级。成对比较法关注声音的一个属性（偏好性、烦恼度、相似性等），而语义细分法则可以进行多种属性的评价。

⑤ 幅值估计（Magnitude estimation）就是主观评价实验中评价主体就声音的某一特性（例如声音的喧闹或者是愉悦程度）给出一个具体的数值。通常情况下对主体所使用的数值范围没有限制。与打分法或语义细分法相比，这种方法的优点是主体不需要考虑评分越界的问题。而其主要的缺点则是不同的主体可能会给出差异巨大的估计结果。解决这一问题的关键是对评价主体进行良好的培训。起初，主体完成幅值估计这一任务会比较困难，在正式评价之前必须让他们经过一段时期的试验和练习，因此这种方法更适合于那些专家级的评价者。

12.3.5 声成像测试

声成像测试技术可以对设备声辐射进行照相,用图像的方式直观地显示声源的位置和强度,是近年来噪声源辨识领域的研究热点。目前,声成像测试技术已经日趋成熟,工程应用也日益增多。声成像测试技术是基于传声器阵列的测试方法,根据成像原理划分,有近场声全息(near-field acoustic holography,NAH)、波束成型阵列测量(beam forming)等技术。

12.3.5.1 波束成型阵列测试技术

Beamforming 是基于传声器阵列的指向性原理的一种声成像技术。该技术假设所需辨识的声源由位于某个已知平面上的一系列非相干的分布点源组成,各传声器的输出乘以相应的时延与权重函数后相加(称为延迟求和算法),从而获得某个特定方向传来的声音。

轨道交通噪声常用的测量传声器阵列形式包括线型阵列、X 形阵列、环形阵列、L 形阵列、星形阵列、平面阵列、球面阵列等。根据分辨率的要求,所需的传声器数量从十几到几十不等。Beamforming 技术重建的分辨率受到最高分析频率对应的声波波长的限制,无法分辨半波长内的声源。Beamforming 在测量过程中无需移动传声器阵列,通过适当的数据处理算法可以使传声器阵列聚焦在固定的声源位置,并对需要的声源范围进行扫描获得声源的分布,实现声源辐射成像,适合于分析中高频噪声源的定位问题,尤其适合研究高速运动的噪声源定位,如飞机起飞降落噪声、汽车及轨道列车的通过噪声等。常用 Beamforming 阵列及其工程应用如图 27-12-18 所示。

12.3.5.2 近场声全息测试技术

NAH 利用传声器阵列在包围源的全息测量面上测量复声压信息,然后借助源表面和全息面之间的空间场变换关系,由全息面声压重建源面或其他重建面处的声场信息,如声压、法向振速及声强等。常见的重建算法有空间傅里叶变换、边界元法、波叠加法及 HELS 方法等。由于 NAH 在紧靠声源的测量面上(距离小于半波长)记录全息数据,因而它不仅能接收到传播波,还能接收到随垂直于源面方向上的距离很快衰减的"倏逝波"成分,因此,其重建的分辨率不受辐射声波波长的限制。

NAH 采用的传声器阵列有平面、柱面及任意形曲面等面阵列。NAH 具有很高的辨识精度,远高于 Beamforming 技术,但是存在以下缺陷:

① 需要很多的测量通道。该技术要求传声器间距小于最高分析频率对应的半波长,同时,要求全息面必须完整的包围源面,当声源尺寸很大,或辐射噪声频率较高时,所需测量通道通常多达数百个。为了减少测量通道的数目,可以采用阵列扫描技术,即采用少数传声器组成子阵列在测量面上逐步移动以完成声压测量,但是,需要寻找合适的参考声源。

图 27-12-18 常用 Beamforming 阵列及其工程应用

② 难以分析运动声源。因此，NAH 适合于中低频（100Hz～2kHz）的小型或中型非运动声源的精细声学成像，如发动机、压缩机、轮胎、小型飞机机舱等。常用 NAH 阵列及其工程应用如图 27-12-19 所示。

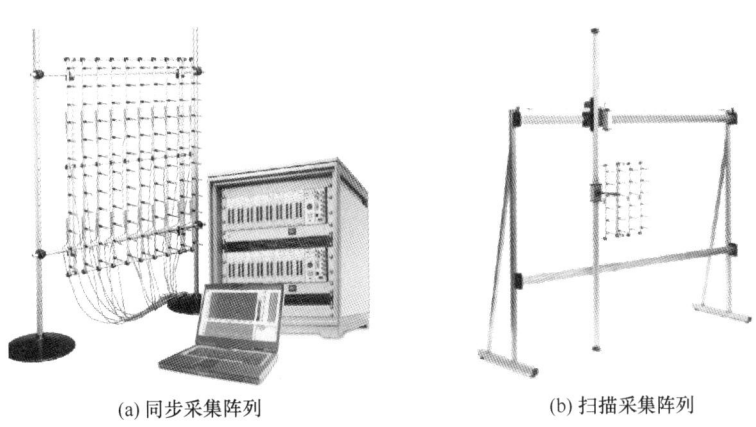

(a) 同步采集阵列　　(b) 扫描采集阵列

图 27-12-19　常用 NAH 阵列

第13章 机械噪声控制

13.1 噪声源控制

根据产生噪声的媒质不同,噪声源可分为机械噪声源(固体结构)及流体噪声源(空气、液体)两大类;根据噪声传播媒质的不同,噪声传播途径可分为流体声传递及结构声传递。

13.1.1 噪声控制原则与方法

噪声控制一般需从三个方面考虑:噪声源的控制,传播途径的控制,接受者(点)的防护。

13.1.1.1 噪声源的控制

直接对噪声源进行处理以降低噪声是噪声控制的最有效方法,主要措施如下。

① 合理选择材料。例如,采用高分子材料等高阻尼材料代替一般金属材料。

② 改进机械设计。例如,用皮带传递代替齿轮传递,优化喷嘴设计等。

③ 减小激振力。例如,减小或避免运动零部件的冲击,减小不平衡惯性力,提高运动零部件间的接触性能等。

④ 降低噪声辐射部件对激振力的响应。例如,减小声辐射面积,增加刚度和阻尼,以尽量避免共振等。

13.1.1.2 传播途径的控制

噪声源传播途径的常见控制措施见表27-13-1。

表27-13-1 噪声源传播途径的常见控制措施

措施	噪声控制原理	应用范围	降噪效果/dB(A)
吸声	利用吸声材料或结构,降低厂房、室内反射声,如悬挂吸声体等	车间内噪声设备多且分散	4～10
隔声	利用隔声窗、隔声罩、隔声屏等隔声结构,将噪声源和接受点隔开	车间少量噪声源,交通噪声等	10～40
消声器	利用阻性、抗性、小孔喷注和多孔扩散等原理,消减气流噪声	气动设备的空气动力性噪声及排空噪声	15～40
隔振	把刚性接触的振动设备改为弹性接触,隔绝固体声传播,如隔振器等	设备振动厉害,固体声传播远,干扰居民	5～25

13.1.1.3 噪声接受者(点)的防护

控制噪声的最后一环是接受者(点)的防护。在其他技术措施不能奏效时,个人防护是一种有效的噪声控制方法。特别是在冲击、风动工具等设备较多的高噪声车间内,就必须采取个人防护措施,如耳塞、耳罩、防声头盔等。

13.1.2 机械噪声源控制

机械噪声是由固体振动产生的。在冲击、摩擦、交变应力或磁性应力等作用下,引起机械设备的构件(杆、板、块)及部件(轴承、齿轮)碰撞、摩擦、振动,而产生机械噪声。表27-13-2给出了常见机械噪声的声源控制措施,表27-13-3给出了声传播途径的常见控制措施。

表27-13-2 常见机械噪声的声源控制措施

噪声种类	控制措施
撞击噪声	增加撞击时间;降低撞击速度;降低自由撞击体的质量;增加固定体的质量;避免有交替负荷的松动部件
齿啮合噪声	增加接触时间;使用斜齿轮;增加啮合齿的数量;提高加工精度(对准、齿形);采用高阻尼材料齿轮
滚动噪声	保持滚动面光滑;使用合适的润滑剂;使用高精度滚动轴承;减小机架公差;使用滑动轴承代替;增加接触面的弹性
摩擦噪声	采用合适的润滑剂;增加可自激结构的阻尼
电磁噪声	选择合适的磁隙避免转子和定子中的共振;避免磁隙与磁极平行;使磁芯位置公差最小以获得磁场对称;优化磁极形状;选择合适的变压器铁芯材料

表27-13-3 机械噪声的声传播途径的常见控制措施

传播媒质	控制措施	基本原则
空气	消声器	对宽带噪声采用阻性或阻-抗复合消声器,且保证流动媒质的速度在20m/s以内;对低频噪声采用抗性消声器
	隔声罩	完全隔离噪声源,即使缝隙和小洞也必须密封;外壳采用隔声材料;内部使用吸声材料;避免机器与隔声罩之间刚性连接,减少安装点的数量;在通风口及电缆、管道的开口处使用消声器
固体	隔振	隔振元件的弹性足够大;底座的刚度和质量足够大;避开共振区域
	阻尼	当原阻尼小时增加额外阻尼;在共振响应区域应用阻尼降低振动传递;在声源附近应用阻尼

13.1.3 空气动力噪声源控制

空气动力噪声是由于空气的湍流、冲击和脉动引起的，常见于空气动力机械（风机、空压机、锅炉等）。随着现代工业的发展，空气动力机械越来越向大功率、高转速的方向发展，空气动力噪声危害也日益严重。

空气动力机械结构形式不同，空气动力噪声产生机理也不尽相同，所以，控制方法也各有不同。但是，从噪声源控制这类噪声时应遵循以下基本原则：①降低工作压力；②降低压降；③最小化流速；④优化喷嘴出口，减小流经喷嘴的速度变化；⑤降低叶片边缘的速度；⑥避免流体中的障碍物；⑦改善流体流态。以离心风机为例，可采取增加风机叶片数目，增大转子尺寸，采用扩压器以减少吸气边的压力损失，避免蜗舌间隙太小及吸气边上有障碍物和扰动，使吸气边上有低紊流度的良好流动等措施从噪声源控制风机噪声。

空气动力性噪声通常非常大，仅靠控制噪声源，在保证工作性能的同时难以达到噪声控制需求，这就需要从噪声传播途径上控制噪声。在空气动力机械的输气管道中或进、排气口上安装合适的消声器，是控制空气动力性噪声的主要技术措施，广泛用于各种风机、内燃机、空气压缩机、燃气轮机及其他高速气流排放的噪声控制中。

13.2 隔声降噪

用材料、构件或结构来隔绝空气中传播的噪声，从而获得较安静的环境称为隔声。上述材料（构件、结构）称为隔声材料（隔声构件、隔声结构）。构件的设置部位，可以在声源附近、接受者周围或在噪声传播的途径上。例如，在工矿企业中常用隔声罩将高噪声源封闭起来，以防止噪声扩散危害操作工人的健康和污染环境；在民用建筑中要求围护结构如墙、楼板、门窗等具有一定的隔声能力，目的是保证室内环境的安静；在高速公路或轨道交通的两侧筑起隔声屏障，以减少交通噪声对环境的污染等。

13.2.1 隔声性能的评价与测定

13.2.1.1 隔声量

构件的隔声能力用隔声量 R 表示，其定义为入射到构件表面上的声功率 W_1 与透过构件的透射声功率 W_2 的分贝数之差，即

$$R = 10\lg(W_1/W_2) \quad (\text{dB}) \qquad (27\text{-}13\text{-}1)$$

构件的隔声性能是频率的函数，通常可采用隔声量随频率的变化曲线，即隔声频率特性曲线来表示构件的隔声性能。但为了便于对构件之间的隔声性能进行比较，也可采用单值评价指标来表示构件的隔声量，如平均隔声量 $\overline{R}$，500Hz隔声量 R_{500}，计权隔声量 R_W 等。

13.2.1.2 计权隔声量 R_W

计权隔声量 R_W 是国际标准化机构 ISO 规定的单值评价指标。它是将已测得的构件隔声频率特性曲线与规定的参考曲线进行比较确定的，采用倍频程或1/3倍频程，频率范围为 100～3150Hz。参考曲线特性如图 27-13-1 所示，100～400Hz 之间以每倍频程增加 9dB 的斜率上升，400～1250Hz 之间以每倍频程增加 3dB 的斜率上升，1250～3150Hz 之间是一段水平线。

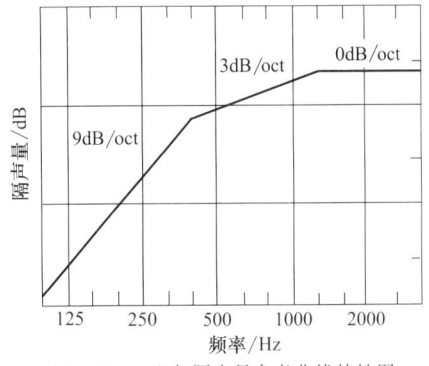

图 27-13-1 空气隔声量参考曲线特性图

确定计权隔声量的步骤：首先将测得的隔声构件各频带的隔声量画在横坐标为频率、纵坐标为隔声量的坐标纸上，并连成隔声频率特性曲线。然后将评价计权隔声量的参考曲线画在具有相同坐标刻度的透明纸上，把透明的参考曲线图放在隔声频率特性曲线图的上面，对准两图的频率坐标，并沿垂直方向上下移动，直至满足以下两个条件：

① 隔声频率特性曲线各频带在参考曲线之下不利偏差的 dB 数总和不大于 32dB（1/3 倍频程）或 10dB（倍频程）；

② 隔声频率特性曲线任一频带的隔声量在参考曲线之下不利偏差的最大值不超过 8dB（1/3 倍频程）或 5dB（倍频程）。

当参考曲线移动到满足上述条件的最高位置时，参考曲线上 500Hz 对应的隔声量读数（以整 dB 数为准）即为该构件的计权隔声量 R_W。

更加详细的隔声量性能评价可参阅 GB/T 50121—2005 建筑隔声评价标准。

13.2.1.3 空气声隔声量的实验室测定

在不同的场合或采用不同的测试方法,隔声构件的隔声效果不同。常用的隔声测试标准如下:

GB/T 19889.3—2005/ISO 140-3:1995 声学 建筑和建筑构件隔声测量 第 3 部分:建筑构件空气声隔声的实验室测量

GB/T 19889.4—2005/ISO 140-4:1998 声学 建筑和建筑构件隔声测量 第 4 部分:房间之间空气声隔声的现场测量

GB/T 19889.5—2006/ISO 140-5:1998 声学 建筑和建筑构件隔声测量 第 5 部分:外墙构件和外墙空气声隔声的现场测量

GB/T 19889.6—2005/ISO 140-6:1998 声学 建筑和建筑构件隔声测量 第 6 部分:楼板撞击声隔声的实验室测量

GB/T 19889.7—2005/ISO 140-7:1998 声学 建筑和建筑构件隔声测量 第 7 部分:楼板撞击声隔声的现场测量

GB/T 19889.10—2006/ISO 140-10:1991 声学 建筑和建筑构件隔声测量 第 10 部分:小建筑构件空气声隔声的实验室测量

其中,隔声构件隔声量的实验室标准测量方法为混响室法,具体内容参见 GB/T 19889.3—2005/ISO 140-3:1995 声学 建筑和建筑构件隔声测量 第 3 部分:建筑构件空气声隔声的实验室测量。

13.2.2 单层均质薄板的隔声性能

13.2.2.1 隔声频率特性曲线

单层均质薄板的隔声性能主要由板的面密度、板的刚度及材料的阻尼决定。均质薄板隔声频率特性曲线的理论结果如图 27-13-2 所示。

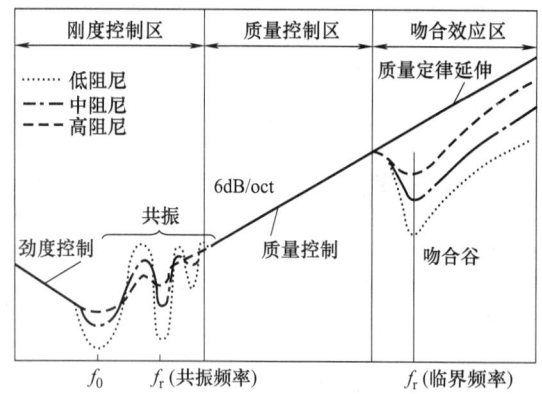

图 27-13-2 典型均质薄板隔声频率特性曲线

(1) 刚度控制区

频率很低时,板受刚度控制,隔声量随频率升高而降低,斜率为 -6dB/oct (倍频程)。而且,刚度加倍,特性曲线向上方平移 6dB,隔声量增加 6dB。频率再升高,质量开始起作用,在刚度和质量共同的作用下,板将产生一系列共振,阻尼增加,共振响应降低,隔声量增加。

(2) 质量控制区

隔声量随频率升高而增加,斜率为 6dB/oct。而且,质量加倍,特性曲线向上方平移 6dB,满足质量定律。

(3) 吻合效应控制区

薄板出现吻合效应,在临界频率(又称吻合频率)f_c 处,产生隔声低谷。吻合谷的深浅随着板的阻尼不同而不同,阻尼高时谷较浅,反之则深。隔声低谷之后频率特性曲线将以 10dB/oct 的斜率上升。经过一段频率后上升斜率又回复到 6dB/oct,称为质量定律延伸。

13.2.2.2 隔声量计算

(1) 理论公式

根据质量定律,质量控制区隔声量计算的理论公式如下。

声波垂直入射时:
$$R_0 = 20\lg m + 20\lg f - 42.5 \quad (\text{dB}) \quad (27\text{-}13\text{-}2)$$

式中 m——板的面密度,kg/m^2;
f——隔声频率。

声波无规入射时(入射角 0°~90°):
$$R_r = R_0 - 10\lg(0.23R_0) \quad (\text{dB}) \quad (27\text{-}13\text{-}3)$$

声波现场入射时(入射角 0°~80°):
$$R_f = R_0 - 5 \quad (\text{dB}) \quad (27\text{-}13\text{-}4)$$

(2) 经验公式

板实际的隔声量达不到理论值。大量实验数据表明,在质量控制区,面密度增加一倍时,隔声量增加 5dB 左右;频率提高一倍频程时,隔声量增加 4dB 左右。通过长期经验积累,总结出质量控制区隔声量计算的两个常用经验公式:

$$R = 18.5\lg m + 18.5\lg f - 47.5 \quad (\text{dB}) \quad (27\text{-}13\text{-}5)$$

$$R = 16\lg m + 14\lg f - 29 \quad (\text{dB}) \quad (27\text{-}13\text{-}6)$$

100~3150Hz 的平均隔声量经验公式为

$$\overline{R} = \begin{cases} 16\lg m + 8 & (m \geqslant 200 kg/m^2) \\ 13.5\lg m + 14 & (m < 200 kg/m^2) \end{cases} \quad (\text{dB})$$
$$(27\text{-}13\text{-}7)$$

图 27-13-3 绘出了式 (27-13-7) 中的平均隔声量经验公式曲线和部分构件的隔声量实测结果。

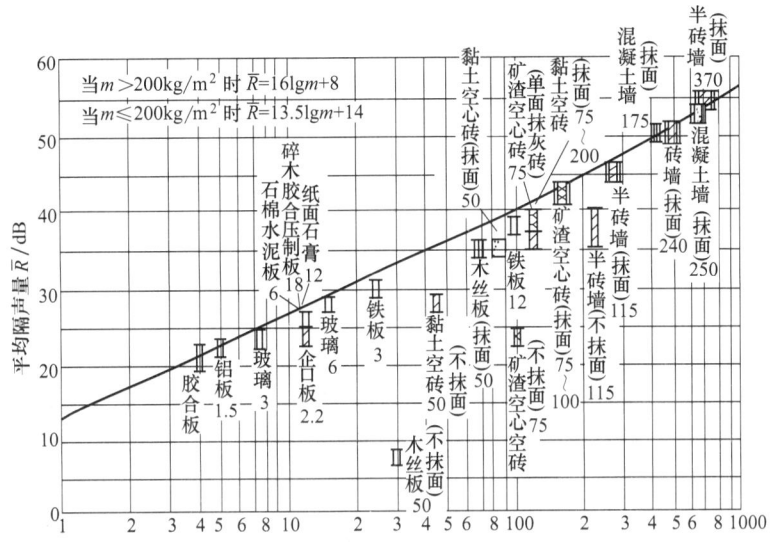

图 27-13-3　墙的面密度与平均隔声量的关系曲线（图中名称下面的数字是厚度，mm）

13.2.2.3　常用单层板结构隔声量

表 27-13-4　　　　　　　　　　常用单层板结构隔声量　　　　　　　　　　　　　　dB

材料及构造尺寸/mm	面密度 /kg·m^{-2}	频率/Hz						$\overline{R}$	R_w
		125	250	500	1000	2000	4000		
铝板 $t=1$	2.6	13	12	17	23	29	33	21	22
钢板 $t=1$	7.8	19	20	26	31	37	39	28	31
钢板 $t_1=1+$,钢板 $t_2=0.5$	11.4	20	22	26	29	37	45	29	30
钢板 $t_1=1$,石棉漆 $t_2=3$	9.6	21	22	27	32	39	45	30	32
镀锌薄钢板 $t=1$	7.8	—	20	26	30	36	43	29	30
彩色复钢板：彩色钢板 $t_1=0.6+$, 聚苯板 $t_2=100+$,彩色钢板 $t_3=0.6$	13	14	24	23	26	53	51	—	21
纤维板 $t=5$	5.1	21	21	23	27	33	36	26	28
五合板 $t=5$	3.4	16	17	19	23	26	23	21	22
刨花板 $t=20$	13.8	22	25	26	34	29	34	29	31
聚氯乙烯塑料板 $t=5$	7.6	17	21	24	29	36	38	27	29
纸面石膏板 $t=12$	8.8	14	21	26	31	30	30	25	28
全聚碳酸酯蜂窝板 $t=6$	3.0	12	8	11	16	19	—	—	16
全铝制蜂窝板(无边框)$t=20$	8.6	18	12	15	20	26	—	—	20
五合板纸蜂窝板 $t=50$	10.8	18	20	30	35	40	38	30	32
砖墙(两面抹灰)$t=240$	480	42	43	49	57	64	62	53	55
加气混凝土墙(条板、喷浆)$t=200$	160	31	37	41	45	51	55	43	46
硅酸盐砌块墙(两面抹灰)$t=200$	450	35	41	49	51	58	60	49	52
黏土空心砖 $t=240$(抹灰共 30)	380	42	45	46	51	60	—	—	51

注：t 为厚度，不含抹灰，单位 mm；+号表示两块板叠合。

13.2.3 双层板结构的隔声性能

均质单层板的隔声性能基本上遵循质量定律，板的厚度（即面密度）增加一倍时隔声量提高约 5dB。但是，只靠增加厚度提高隔声量并不十分显著，且不经济。实践证明，中间夹有一定厚度空气层的双层结构，要比没有空气层的单层结构隔声量大得多，例如半砖墙加 10cm 空气层再加半砖墙的隔声量，比一砖墙的隔声量要高 8~12dB 左右。

13.2.3.1 隔声频率特性曲线

双层板结构的隔声频率特性曲线如图 27-13-4 所示。单双层板的构造形式"板-空气-板"正如一个"质量-弹簧-质量"弹性系统，当外界声波的频率与弹性系统的固有频率相一致时，双层板就会产生共振，此时，声能很容易透过双层板，隔声频率特性曲线在频率 f_0 处形成一个低谷，f_0 称为第一共振频率。当入射频率远低于 f_0 时，隔声曲线为 6dB/oct 的上升斜率，空气层不起作用，隔声值仅相当于两层板面密度和 (m_1+m_2) 的质量定律隔声量。当 $f>\sqrt{2}f_0$ 时，隔声曲线将以 18dB/oct 的斜率急剧上升；频率再升高，两板将产生一系列驻波共振和 f_0 的谐波共振，使隔声曲线趋势转为平缓，并会出现临界频率 f_c，在 f_c 处又是一个隔声低谷。图 27-13-4 中阴影区域就是表示双层板结构隔声性能优于同质量单层板的部分。

13.2.3.2 隔声量计算的经验公式

双层板在某个频率下的隔声量的经验公式为：

$$R = 16\lg[(m_1+m_2)f] - 30 + \Delta R \quad \text{(dB)}$$

(27-13-8)

平均隔声量的经验公式为：

$$\overline{R} = \begin{cases} 16\lg(m_1+m_2)+8+\Delta R & (m_1+m_2) \geqslant 200\text{kg/m}^2 \\ 13.5\lg(m_1+m_2)+14+\Delta R & (m_1+m_2) < 200\text{kg/m}^2 \end{cases} \quad \text{(dB)}$$

(27-13-9)

式中 ΔR——空气层附加隔声量，dB，可由图 27-13-5 查得。

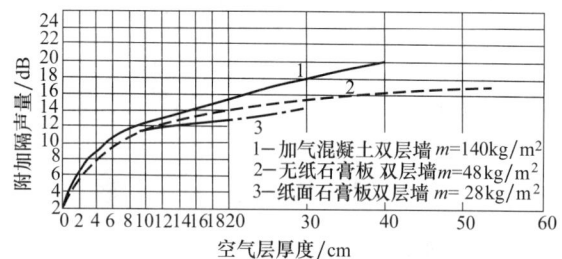

图 27-13-5 双层板空气层的附加隔声量与空气层厚度的关系

图 27-13-5 中的关系曲线是在实验室中通过大量实验得出的，对于不同面密度材料的双层构造，其 ΔR 值不完全相同。在空气层厚度较小时相差不大，反之相差就大些；面密度大的双层构造其 ΔR 要高一些。在实际使用时，重些的双层构造的 ΔR 可选用曲线 1，轻的双层构造可取曲线 3。

常用中空双层板结构的隔声量见表 27-13-5。

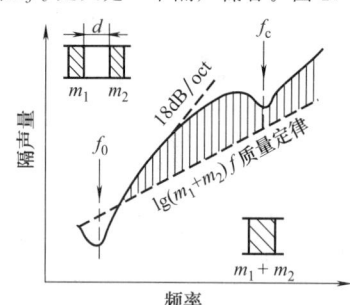

图 27-13-4 双层板结构的隔声频率特性曲线

表 27-13-5 常用中空双层板结构的隔声量 dB

材料及构造尺寸/mm	面密度 /kg·m^{-2}	频率/Hz						$\overline{R}$	R_W
		125	250	500	1000	2000	4000		
$a=b=2$ 铝板,$d=70$,槽钢龙骨	5.2	17	12	22	31	48	53	30	26
$a=b=1$ 钢板,$d=80$,槽钢龙骨	15.3	25	29	39	45	54	56	40	41
$a=b=5$ 纤维板,$d=80$,木龙骨	10.2	25	25	37	44	53	55	39	38
$a=b=5$ 三合板,$d=80$,木龙骨	5.2	16	18	28	34	40	33	28	30
$a=50,b=30$,五合板纸蜂窝板,$d=56$	19.5	21	27	35	40	46	53	36	39
$a=b=12$ 纸面石膏板,$d=80$,木龙骨	25	27	29	35	43	42	44	36	38
$a=b=12$ 纸面石膏板,$d=75$,轻钢龙骨	21	16	32	39	44	45	—	35	37
$a=b=20$ 钢板网抹灰双层墙,$d=80$	—	34	39	52	56	64	67	52	52
$a=b=75$ 加气混凝土双层墙,$d=100$	140	40	50	50	57	65	70	55	55

续表

材料及构造尺寸/mm	面密度 /kg·m^{-2}	频率/Hz						$\overline{R}$	R_w
		125	250	500	1000	2000	4000		
$a=b=240$ 双层砖墙,$d=150$	800	50	51	58	71	78	80	64	63
$a=b=2$ 铝板,$d=70/70$ 超细棉	12	19	27	40	42	48	53	37	39
$a=b=1$ 钢板,$d=80/80$ 超细棉	19.1	28.4	42	50	57	58	60	48	51
$a=b=5$ 纤维板,$d=80/80$ 超细棉	13.3	24	36	48	58	63	63	47	46
$a=50,b=30$,五合板纸蜂窝板, $d=56/56$ 矿棉	22	22	36	45	52	56	55	44	46
$a=b=12$ 纸面石膏板, $d=80/50$ 矿棉毡(波形置放),木龙骨	29	34	40	48	51	57	49	45	49
$a=b=12$ 纸面石膏板, $d=75/30$ 超细棉,轻钢龙骨	22	28	44	49	54	60	—	47	47

注：a，b 为两块板（墙）的厚度；d 表示两板间距，单位 mm。当中空里面填有吸声材料时，在 d 的尺寸后面用"/"分隔，后面标注吸声材料的名称、厚度。

13.2.4 轻型组合结构的隔声性能

13.2.4.1 各类轻型组合结构的隔声特性

表 27-13-6　　　　各类轻型组合结构的隔声特性

名称	构造	隔声特性曲线	说　明
单层板		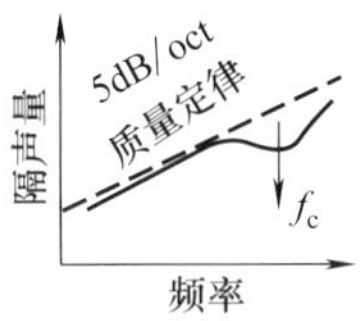	轻质单层板墙,隔声性能差,$\overline{R} \approx 25 \sim 35$dB,$f_c$ 一般在高频。若板拼缝未处理,则 $\overline{R} < 20$dB(图中虚线为质量定律结果)
叠合板	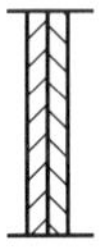	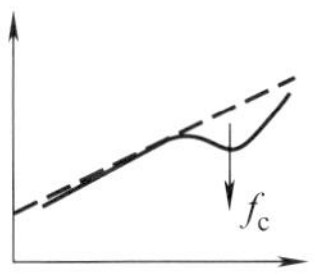	隔声性能与单层板相似,增加一叠合层,$\overline{R}$ 约增加 4dB。f_c 取决于各单层板,若两板胶合成一体,相应于增加板厚,f_c 一般下移
阻尼约束板	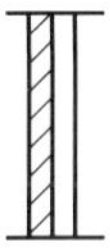	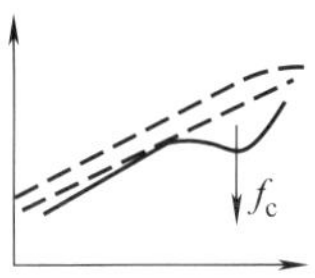	敷设高阻尼因子材料层,减少结构共振,并在所有频率范围内提高隔声量,一般用于金属板隔声构件
空心板	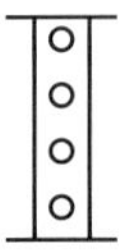	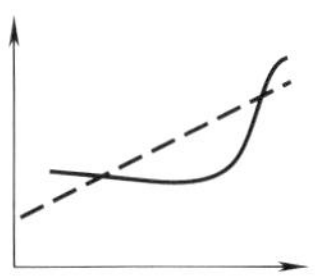	空心部分减轻墙板重量,但对隔声不利,f_c 一般下移,出现了宽钝的吻合谷
刚性夹心板	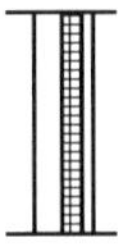	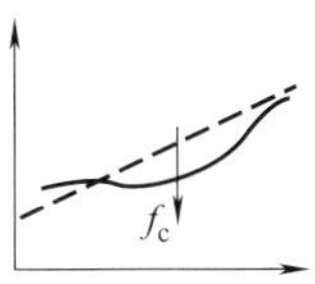	用轻质刚性材料黏合两面层板以提高抗弯刚度和稳定性,但 f_c 一般下移,出现了宽钝的吻合谷,隔声性能并无优势

续表

名称	构造	隔声特性曲线	说明
蜂窝夹心板	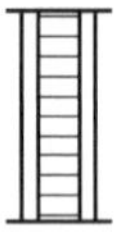	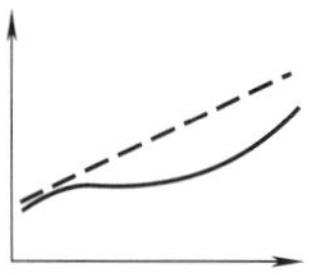	用轻质蜂窝芯材黏合两面层板,以提高结构强度,隔声性能与刚性夹心板相似
弹性夹心板	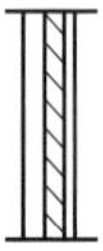	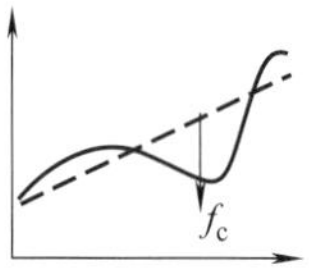 f_c	用柔性不通气发泡材料,黏合两面层板,以提高结构的强度、稳定性和保温性能。在中频范围出现较大隔声低谷
中空板	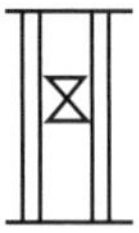	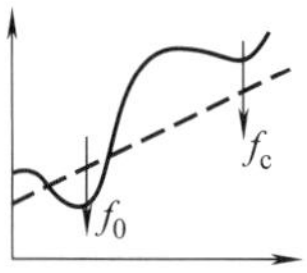 f_0, f_c	轻质薄板固定在支撑龙骨上,有较好的结构强度,隔声性能一般较好。采用不同的龙骨,不同的安装方法,有不同的隔声效果。在尽量减少声桥影响后,可得到相当高的隔声量
中空填棉板	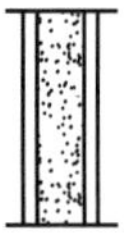	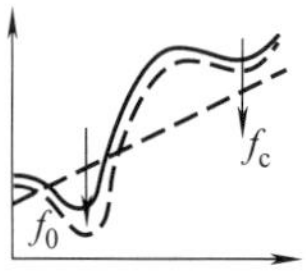 f_0, f_c	在中空板填充一定的吸声材料,以消除空腔中的驻波共振以及降低空腔的声压。性能比中空板更好,填充较厚的吸声材料时,隔声量在全频带范围内有显著提高

13.2.4.2 轻型构造中的声桥和提高轻型构造隔声量的方法

在轻型构造的两层板间若有刚性连接物(如龙骨等)时,轻型构造的隔声性能将会下降。这些刚性连接物称为"声桥",声桥的刚性愈大,隔声量下降也就愈多。虽然声桥会降低隔声量,但是,为了保证轻型构造的强度,龙骨是不可避免的。为了提高轻型结构隔声量,可采取以下措施:

① 龙骨的厚度应大于 7cm,两龙骨之间的距离不应小于 60cm;

② 以轻钢龙骨代替木龙骨约能提高 4dB 的隔声量。在龙骨与板之间加弹性材料,可减少声桥效应,对轻钢龙骨可提高 6~9dB 隔声量。

③ 双层轻板外加一层板,可提高隔声量 5~6dB,但再加一层板只能再增加 2~4dB。

④ 在空气层内填放多孔性吸声材料,如矿棉、玻璃纤维之类,对轻钢龙骨双层板可提高 5dB,对木龙骨可提高 8dB,此时再增加面板的层数,隔声量提高较小。

⑤ 避免共振,为此,保证入射声频率大于 $\sqrt{2}f_0$。

以上措施的效果不能简单叠加,在设计高隔声量双层构造时要全面适当地考虑构造形式。

13.2.5 隔声罩

隔声罩是用隔声构件将噪声源罩在一个较小的空间,隔断噪声传播途径,降低噪声干扰的一类隔声设备。

13.2.5.1 隔声罩和半隔声罩的常用形式
(见图 27-13-6)

13.2.5.2 隔声罩隔声效果计算公式
(见表 27-13-7)

13.2.5.3 隔声罩设计步骤

① 了解或测量噪声源的声级和频谱;

② 根据①和环境安静要求的指标值,确定声源的衰减量和各频段(1/3 或倍频程)的隔声量;

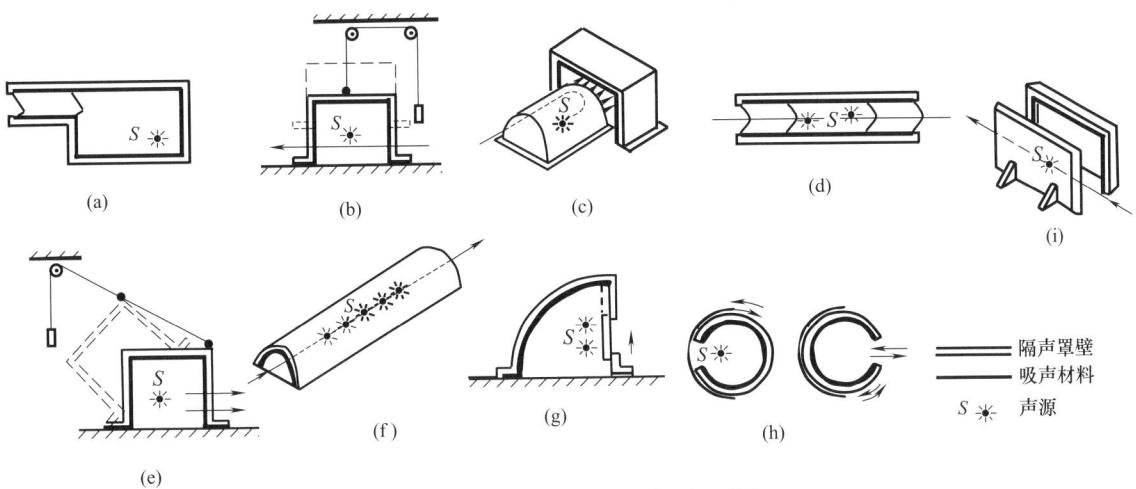

图 27-13-6 隔声罩与半隔声罩的常用形式

表 27-13-7　　隔声罩隔声效果计算公式　　　　　　　　dB

适用情况	计算内容	公　式
隔声罩	室内混响声场的噪声衰减	$NR = L_{p1} - L_{p2} = R_1 - 10\lg \dfrac{S_1}{S_2 \alpha_2}$ 未包括因加隔声罩后罩内声压级 L_{p1} 的增加
隔声罩	室内混响声场的插入损失	$IL = 10\lg\left(\dfrac{\alpha_1 + \tau_1}{\tau_1}\right) = R_1 + 10\lg(\alpha_1 + \tau_1)$ 右方第二项为负值,因此,IL 小于 R_1
局部隔声罩	室内混响声场的插入损失	$IL = 10\lg(W/W_r) = 10\lg\left[(S_0/S_1 + \alpha_1 + \tau_1)/(S_0/S_1 + \tau_1)\right]$

注: 1. 表中公式符号: NR 为噪声衰减量, dB; L_{p1}、L_{p2} 为罩内外声压级, dB; S_1、S_2 分别为罩内表面积和室内表面积, m^2, 见图 27-13-7; α_1、α_2 为上述表面的平均吸声系数; τ_1 为罩的透射系数; R_1 为罩的隔声量, dB; IL 为罩的插入损失, dB; W 为噪声源的声功率, W; W_r 为透过隔声罩辐射出来的声功率, W; S_0 为局部隔声罩开口面积, m^2。
2. 上列符号中注脚 1 代表罩内,注脚 2 代表室内混响声场。当为局部隔声罩时,罩的面积 S_1 需扣除开口面积 S_0。

③ 利用表 27-13-7 挑选合适的隔声材料。

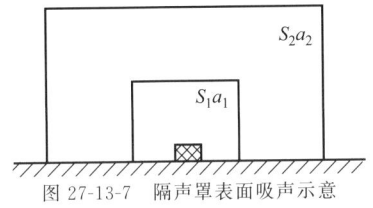

图 27-13-7　隔声罩表面吸声示意

13.2.5.4 隔声罩设计注意事项

① 罩的内壁面与机器设备应留有较大空间,通常应留设备所占空间的 1/3 以上,内壁面与设备间的距离不小于 10cm。

② 隔声罩内应有良好的吸声处理。

③ 隔声罩和声源设备不得有任何刚性连接,并且两者的基础必须有一个作隔振处理。

④ 在使用金属薄板制作隔声罩时,金属板上应涂覆一定厚度的阻尼材料。

⑤ 注意防止缝隙孔洞漏声,作好结构上节点的连接。

⑥ 对于一些有动力、热源的设备,隔声必须考虑通风散热的问题。

13.2.6 隔声屏

隔声屏障是采用吸声材料和隔声材料制造出特殊结构,设置在噪声源与接受点之间,阻止噪声直接传播到接受点的降噪设施。隔声屏障主要用于交通噪声的治理,例如高速公路、轻轨、铁路等。

13.2.6.1 隔声屏类型

隔声屏类型繁多,在降噪效果、造价、景观方面各有特点。隔声屏类型如表 27-13-8 所示。

13.2.6.2 隔声屏降噪效果

隔声屏的降噪效果用插入损失描述,普遍在 5~12dB 之间。各种结构形式隔声屏的降噪效果对比见表 27-13-9。

表27-13-8　按照结构形式分类的隔声屏

	名称	图样	特点
开放结构形	直立形	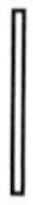	结构简单,占用空间小,设计与安装简单,维修保养方便
	逆L形	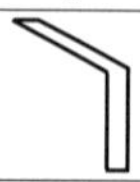	结构较为简单,占用空间较大,设计与安装较为简单,维修保养较为方便,降噪效果较直立形有所提高
	T形	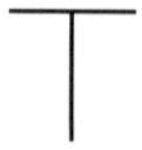	
	Y形	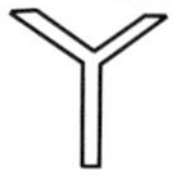	结构较为复杂,占用空间大,设计和安装较为烦琐,降噪效果好于逆L形
	鹿角形	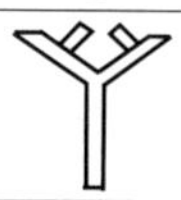	内部结构远比逆L形和Y形复杂,占用空间大,设计与安装烦琐,维修保养不便,防腐能力差,但降噪效果好
	水车形	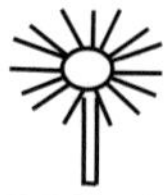	结构过于复杂,设计与安装极其烦琐,维修保养困难
	变形T形	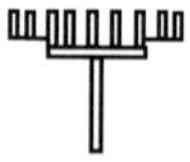	
	管状吸声顶形	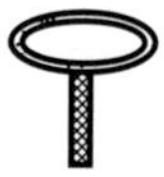	顶部有圆柱或蘑菇形吸声材料,必须设有防风、防雨和不易弯曲的保护材料,以增加其耐久性,设计安装复杂,降噪效果好于直立形
非开放结构形	半封闭形	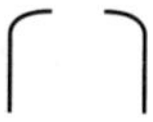	造价高,为直立形隔声屏的2～3倍,对附近居民区的光线影响较大,尤其对于城市景观的影响不可忽视,消防设施要求高
	封闭形	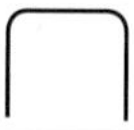	

表27-13-9　各种形式隔声屏降噪效果比较

名称	相对降噪效果
直立形	降噪效果较弱
逆L形 T形	与直立形相比插入损失提高2dB左右
Y形	降噪效果好于逆L形
鹿角形	与Y形相比插入损失大约提高3～5dB
管状吸声顶形	与直立形相比插入损失提高2～3dB左右
半封闭形	降噪效果远高于开放式隔声屏,插入损失可达12dB以上

13.3　吸声降噪

13.3.1　吸声材料和吸声结构

吸声材料(结构)种类很多,按其材料状况可分为以下几类。

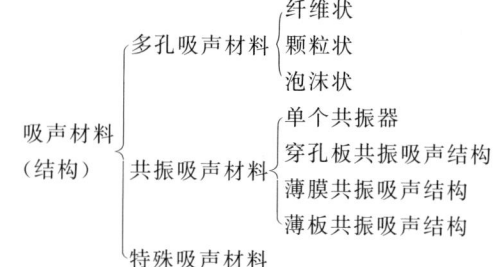

按其吸声特性,可分为表27-13-10所示基本类型。

表 27-13-10　吸声材料（结构）按吸声机理分类

类型	基本构造	吸声特性	材料举例及使用情况
多孔材料	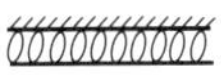	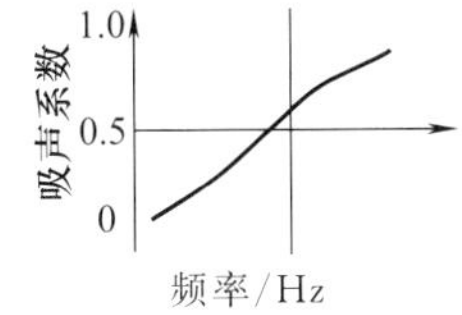	矿棉、玻璃棉及其毡、板、聚氨酯泡沫塑料、珍珠岩吸声块、木丝板 松散纤维材料导致环境污染，需作防护处理
单个共振器	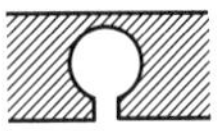	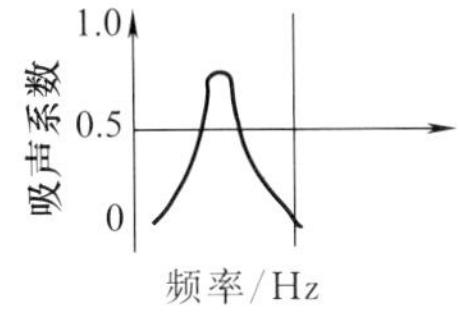	由水泥、粒料等制作的有共振腔的空心吸声砖,使用较少
穿孔板	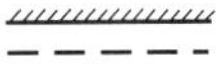	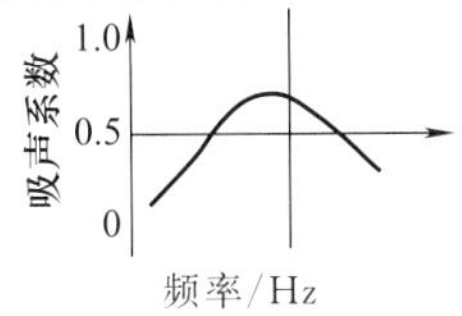	穿孔胶合板、穿孔石棉水泥板、穿孔纤维板、穿孔石膏板、穿孔金属板 吸声性能易于控制，能满足多种使用要求，应用广泛
薄板共振吸声结构	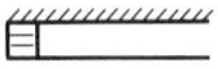	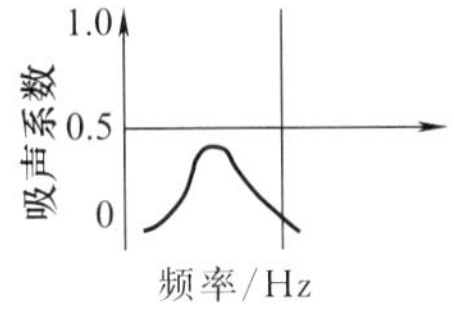	胶合板、石棉水泥板、石膏板等 吸声性能偏低，常与其他吸声材料组合使用
柔顺材料	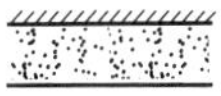	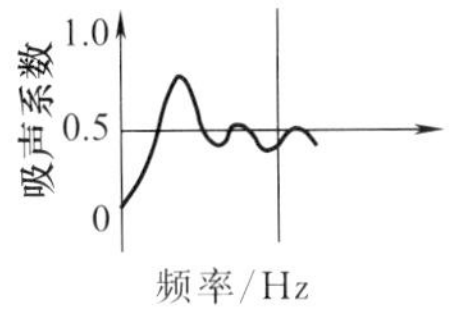	闭孔泡沫塑料，如聚苯乙烯、聚氨基甲酸酯泡沫塑料等 吸声性能不稳定，材质易老化
特殊吸声结构	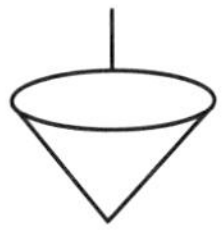	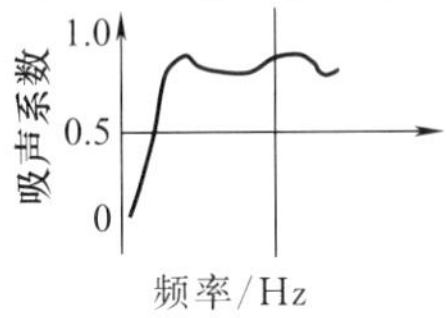	由一种或两种以上吸声材料或结构组成的吸声构件，如空间吸声体、吸声屏、吸声尖劈等 预先制作，现场吊装卸维修方便，适合已建成的大空间公共场所

13.3.2 吸声性能的评价与测定

13.3.2.1 吸声性能的评价

吸声材料的吸声能力，可采用吸声系数 α 表示，定义为：当声波入射到材料表面时，入射声能减去反射声能后与入射声能的比值。材料吸声系数在不同频率处是不同的，为了完整地表示材料的吸声性能，常常绘出 α 关于频率的函数曲线，一般工程要给出 125Hz、250Hz、500Hz、1000Hz、2000Hz、4000Hz 的吸声系数。材料吸声系数的大小还与声波入射角度有关，因此在吸声系数的测量中有垂直入射吸声系数、无规入射吸声系数的区别。除此以外，还存在平均吸声系数、降噪系数等单值评价指标。

① 无规吸声系数　表示声波从各个方向以相同的概率无规入射时测定的吸声系数，其测量条件较接近于材料的实际使用条件，故常作为工程设计的依据，测量需在混响室中进行。

② 垂直吸声系数　当声波垂直入射到材料表面时测定的吸声系数，其数值低于无规吸声系数，通常用于材料吸声性能的研究分析、比较，测量需在驻波管中进行。

③ 平均吸声系数　材料不同频率吸声系数的算术平均值，所考虑的频率应予说明。

④ 降噪系数（NRC）　在 250Hz、500Hz、1000Hz 和 2000Hz 处吸声系数的算术平均值，算到小数点后两位，末位取 0 或 5，吸声系数测量方法应予说明。

13.3.2.2 吸声系数的测量

材料吸声性能的测量有两种方法：混响室法及驻波管法。混响室法可测量声波无规入射时的吸声系数。该方法所需试件面积大，测量结果可在声学设计工程中应用。驻波管法可测量声波法向入射时的吸声系数。该方法所需试件面积小，但测量结果只能用于不同材料和同种材料不同情况下吸声性能的比较，不能在声学设计工程中直接使用。具体测量过程参见 GB/T 20247—2006《声学 混响室法吸声测量》、GB/T 18696.1—2004《阻抗管中吸声系数和声阻抗的测量 第 1 部分：驻波比法》及 GB/T 18696.2—2004《阻抗管中吸声系数和声阻抗的测量 第 2 部分：传递函数法》。

常用建筑材料吸声系数（混响室）如表 27-13-11 所示。

表 27-13-11　　常用建筑材料吸声系数表（混响室）

常用建筑材料	频率/Hz					
	125	250	500	1000	2000	4000
砖墙（抹灰）	0.02	0.02	0.02	0.03	0.03	0.04
砖墙（勾缝）	0.03	0.03	0.04	0.05	0.06	0.06
抹灰砖墙涂油漆	0.01	0.01	0.02	0.02	0.02	0.03
砖墙、拉毛水泥	0.04	0.04	0.05	0.06	0.07	0.05
混凝土未油漆毛面	0.01	0.02	0.02~0.04	0.02~0.06	0.02~0.08	0.03~0.10
混凝土油漆	0.01	0.01	0.01	0.02	0.02	0.02
大理石	0.01	0.01	0.01	0.01	0.02	0.02
水磨石地面	0.01	0.01	0.01	0.02	0.02	0.02
混凝土地面	0.01	0.01	0.02	0.02	0.02	0.04
板条抹灰	0.15	0.10	0.05	0.05	0.05	0.05
木格栅地板	0.15	0.10	0.105	0.07	0.06	0.075
实铺木地板（沥青粘在混凝土上）	0.05	0.05	0.05	0.05	0.05	0.05
玻璃布后空 75mm	0.05	0.22	0.78	0.87	0.43	0.82
纺织品丝绒 0.31kg/m³，直接挂墙上	0.03	0.04	0.11	0.17	0.24	0.35
木门	0.16	0.15	0.10	0.10	0.10	0.10

13.3.3　多孔吸声材料

13.3.3.1　多孔吸声材料的基本类型

表 27-13-12　　　　　多孔吸声材料的基本类型

主要种类			常用材料实例	使用情况
纤维材料	有机纤维材料	动物纤维	毛毡	价格昂贵，使用较少
		植物纤维：麻绒、海草、椰子丝		防火、防潮性能差，原料来源丰富，价格便宜
	无机纤维材料	玻璃纤维：中粗棉、超细棉、玻璃棉毡		吸声性能好，保温隔热，不自燃，防腐防潮，但松散纤维易污染环境，需做护面层或加工成制品
		矿渣棉：散棉、矿棉毡		吸声性能好，不燃、耐腐蚀，但性脆易折断成碎末，污染环境，施工扎手
	纤维材料制品	软质木纤维板、矿棉吸声板、岩棉吸声板、玻璃吸声板、木丝板、甘蔗板		装配式施工，多用于室内吸声装饰工程
颗粒材料	砌块		矿渣吸声砖、膨胀珍珠岩吸声砖、陶土吸声砖	多用于砌筑截面较大的消声器
	板材		珍珠岩吸声装饰板	质轻、不燃、保温、隔热、强度偏低
泡沫材料	泡沫塑料		聚氨酯泡沫塑料、尿醛泡沫塑料	吸声性能不稳定，吸声系数使用前需实测
	其他		吸声型泡沫玻璃	强度高、防水、不燃、耐腐蚀
			加气混凝土	微孔不贯通，使用较少

13.3.3.2 多孔吸声材料的吸声性能

表 27-13-13　　　　　常用多孔吸声材料吸声性能（驻波管测量）

材料（构造）名称	厚度/mm	体积密度/kg·m⁻³	频率/Hz					
			125	250	500	1000	2000	4000
海草	50	100	0.1	0.19	0.50	0.94	0.85	0.86
毛毡	44	160	0.09	0.25	0.61	0.95	0.92	—
超细玻璃棉	50	20	0.15	0.35	0.85	0.85	0.86	0.86
	100	20	0.25	0.60	0.85	0.87	0.87	0.85
	150	20	0.50	0.80	0.85	0.85	0.86	0.80
防水超细玻璃棉	50	20	0.11	0.30	0.78	0.91	0.93	
	100	20	0.25	0.94	0.93	0.90	0.96	
沥青玻璃棉毡，沥青含量2%~5%，纤维直径13~15μm	50	100	0.09	0.24	0.55	0.93	0.98	0.98
	50	150	0.11	0.33	0.65	0.91	0.96	0.98
	50	200	0.14	0.42	0.68	0.80	0.88	0.94
矿渣棉	80	150	0.30	0.64	0.73	0.78	0.93	0.94
	80	240	0.35	0.65	0.65	0.75	0.88	0.92
	80	300	0.35	0.43	0.55	0.67	0.78	0.92
沥青矿棉毡	15	200	0.10	0.09	0.18	0.40	0.79	0.92
	30	200	0.08	0.17	0.50	0.68	0.81	0.89
	60	200	0.19	0.51	0.67	0.68	0.85	0.86
岩棉	50	80	0.08	0.22	0.60	0.93	0.98	0.99
	50	120	0.10	0.30	0.69	0.92	0.91	0.97
	50	150	0.12	0.33	0.73	0.90	0.89	0.96
矿棉吸声板	17	150	0.09	0.18	0.50	0.71	0.76	0.81
膨胀珍珠岩吸声板	18	340	0.10	0.21	0.32	0.37	0.47	—
陶土吸声砖	50	1250	0.11	0.26	0.59	0.55	0.60	
	100	1250	0.27	0.69	0.64	0.65	0.61	
加气混凝土	150	500	0.08	0.14	0.19	0.28	0.34	0.45
吸声泡沫玻璃	25	250~280	0.21	0.27	0.37	0.36	0.48	0.69
聚氨酯泡沫塑料	40	40	0.10	0.19	0.36	0.70	0.75	0.80
	50	45	0.06	0.13	0.31	0.65	0.70	0.82
聚氨酯泡沫塑料（聚酯型）	50	56	0.11	0.31	0.91	0.75	0.86	0.81
	50	71	0.20	0.32	0.70	0.62	0.68	0.65
氨基甲酸泡沫塑料	50	36	0.21	0.31	0.86	0.71	0.86	0.82
脲醛米波罗	50	20	0.22	0.29	0.40	0.68	0.95	0.94

13.3.4 共振吸声结构

多孔吸声材料对低频声吸声性能比较差，因此，往往采用共振吸声原理来解决低频声的吸收。由于它的装饰性强，并有足够的强度，声学性能易于控制，故在建筑物中得到广泛的应用。

13.3.4.1 穿孔板共振吸声结构

在各种薄板上穿孔并在板后设置空气层，必要时在空腔中加衬多孔吸声材料，可以组成穿孔板共振吸声结构。一般硬质纤维板、胶合板、石膏板、纤维水泥板以及钢板、铝板均可作为穿孔板结构的面板材料。穿孔板共振吸声性能的影响因素如表 27-13-14 所示。

表 27-13-14　穿孔板共振吸声性能的影响因素

影响因素	构造	吸声特性	说　明
穿孔板	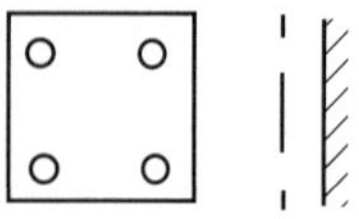		当入射声波的频率与系统共振频率一致时,出现吸收峰
加大穿孔率	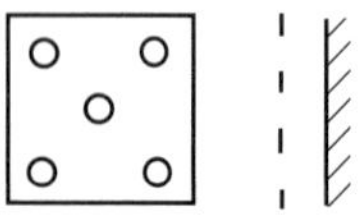	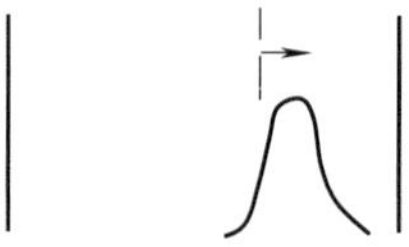	吸收峰向高频移动
缩小孔径	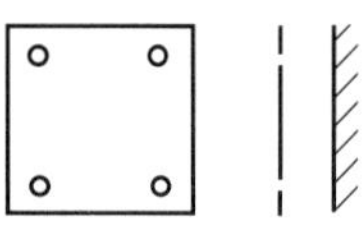	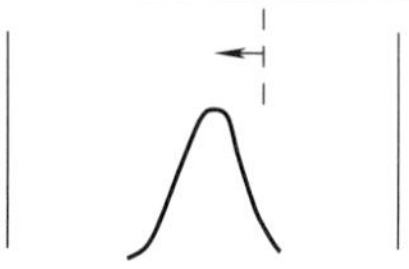	相当于减小穿孔率,吸收峰向低频移动
加大后空	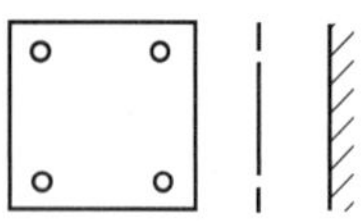	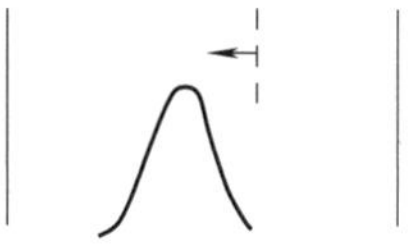	吸收峰向低频移动
板后加衬多孔材料	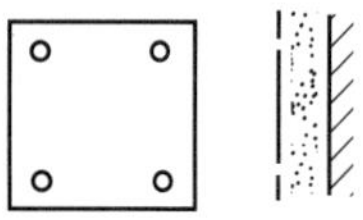		吸收峰变宽,主要影响吸声系数值,共振频率稍向低频移动
加大面板厚度	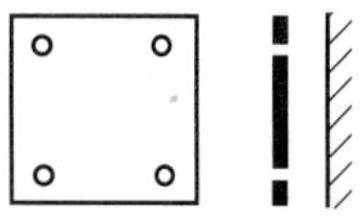		稍向低频移动

要使共振吸声结构在较宽的频率范围内有良好的吸声性能,可由两层或多层穿孔板组合成多层穿孔板吸声结构。

13.3.4.2　微穿孔板共振吸声结构

普通穿孔板在使用中最大问题是声阻过小,背后不填多孔材料时吸声频段较窄,为了加宽吸声频段,用板厚、孔径均在 1mm 以下、穿孔率为 1%～5% 的薄金属板与背后空气层组成共振吸声结构。由于穿孔细而密,因而比穿孔板的声阻大得多,而声质量小得多,不用另加多孔材料就可以成为良好的吸声结构,这种穿孔板称为微穿孔板。微穿孔板适合于高速气流、高温或潮湿等特殊环境。同样地,为达到吸收不同频率声音的要求,常做成双层或多层的组合结构。

常用穿孔板及微穿孔板吸声结构的吸声系数如表 27-13-15 和表 27-13-16 所示。

13.3.5　吸声降噪量计算

吸声降噪是对室内顶棚、墙面等部位进行吸声处理,增加室内的吸声量,以降低室内噪声级的方法。

13.3.5.1　吸声降噪适用条件分析

① 如果室内已有可观的吸声量,混响声不明显,则吸声降噪效果不大;

② 当室内均布多个噪声源时,直达声处处起主要作用,此时吸声降噪效果差;

③ 当室内噪声源很少时,远场范围内的吸声降噪效果比近场范围有显著提高;

④ 当要求降噪的位置离噪声源很近,直达声占主要地位,吸声降噪的效果也不大,只能采取隔声降噪的方法;

⑤ 由于吸声降噪的作用主要在于降低混响声而不能降低直达声,因此,吸声处理只能将室内噪声级降至直达声的水平;

⑥ 吸声降噪量一般为 3～8dB,在混响声十分显著的场所可达 10dB 左右。当要求更高的降噪量时,需结合隔声等其他综合措施。

表 27-13-15　　常用穿孔板吸声结构的吸声系数（混响室测量）

穿孔板结构/mm	空腔距离/mm	频率/Hz					
		125	250	500	1000	2000	4000
穿孔三夹板,孔径5,孔距40	100 不填 100 板后贴布 100 填矿棉	0.04 25 25	0.54 29 25	0.29 39 37	0.09 45 44	0.11 54 53	0.19 56 55
穿孔五夹板,孔径8,孔距50,0.5 kg/m³ 玻璃棉,外包玻璃布	50 100 150	0.20 0.33 0.34	0.67 0.55 0.61	0.61 0.55 0.52	0.37 0.42 0.35	0.27 0.26 0.27	0.27 0.27 0.19
穿孔金属板,孔径6,孔距55,空腔放棉毡,外包玻璃布	100 填矿棉 100 填玻璃棉	0.32 0.31	0.76 0.37	1.0 1.0	0.95 1.0	0.90 1.0	0.98 1.0
石棉穿孔板,板厚4,孔径9,穿孔率1%,0.5kg/m³ 玻璃棉	50 100 200	0.19 0.22 0.23	0.54 0.50 0.44	0.25 0.25 0.33	0.15 0.10 0.11	0.02 0.01 0.04	— — —
石棉穿孔板,板厚4,孔径9,穿孔率5%,0.5kg/m³ 玻璃棉	50 100 200	0.07 0.19 0.27	0.38 0.56 0.50	0.60 0.57 0.46	0.41 0.48 0.25	0.28 0.26 0.33	0.07 0.07 0.15
钙塑穿孔板,孔径7,孔距25	50,放30厚泡沫塑料 50,放30厚超细棉	0.08 0.16	0.27 0.21	0.59 0.73	0.23 0.42	0.15 0.26	0.14 0.15

表 27-13-16　　常用微穿孔板吸声结构的吸声系数（驻波管测量）

微穿孔板结构/mm	穿孔率%	空腔距离/mm	频率/Hz					
			125	250	500	1000	2000	4000
单层微穿孔板,孔径0.8,板厚0.8	1 1 1	50 100 200	0.05 0.24 0.56	0.29 0.71 0.98	0.87 0.96 0.61	0.78 0.40 0.86	0.12 0.29 0.27	— — —
单层微穿孔板,孔径0.8,板厚0.8	2 2 2	50 100 200	0.05 0.10 0.40	0.17 0.46 0.83	0.60 0.92 0.54	0.78 0.31 0.77	0.22 0.40 0.28	— — —
单层微穿孔板,孔径0.8,板厚0.8	3 3 3	50 100 200	0.11 0.12 —	0.25 0.29 —	0.43 0.78 —	0.70 0.40 —	0.25 0.78 0.55	— — —
双层微穿孔板,孔径0.8,板厚0.9	2.5+1 2.5+1 2+1 3+1	40+60 50+50 80+120 80+120	0.21 0.18 0.48 0.40	0.72 0.69 0.97 0.92	0.94 0.96 0.93 0.95	0.84 0.99 0.64 0.66	0.30 0.24 0.15 0.17	— — — —

13.3.5.2　单声源时的室内吸声降噪量计算

吸声处理的改变量是房间常数 R

$$R = \frac{S\bar{\alpha}}{1-\bar{\alpha}} \quad (\text{m}^2) \quad (27\text{-}13\text{-}10)$$

式中　S——室内总表面积，m^2；

$\bar{\alpha}$——室内平均吸声系数。

设处理前后的房间常数为 R_1、R_2（相应的平均吸声系数为 $\bar{\alpha}_1$、$\bar{\alpha}_2$），则吸声处理前后距声源 r（m）处的噪声降低量为：

$$\Delta L_p = 10\lg\left[\left(\frac{Q}{4\pi r^2} + \frac{4}{R_1}\right) \Big/ \left(\frac{Q}{4\pi r^2} + \frac{4}{R_2}\right)\right] \quad (\text{dB})$$

$$(27\text{-}13\text{-}11)$$

式中　Q——声源指向性因素，声源位于房间中央时为1，地面（或侧墙、平顶）中心为2，棱线（如地面和墙交线）为4，房间角隅附近为8。

13.3.5.3　多声源时的室内吸声降噪量计算

$$\Delta \bar{L}_p = 10\lg(\bar{\alpha}_2/\bar{\alpha}_1) \quad (\text{dB}) \quad (27\text{-}13\text{-}12)$$

13.3.5.4 吸声降噪设计程序

① 确定待处理房间的噪声级和噪声频谱,可由测定或有关资料得出;
② 按有关标准,确定室内的降噪量和噪声频谱;
③ 通过测量室内混响时间得出房间处理前的室内平均吸声系数 $\bar{\alpha}$ 及房间常数 R_1;
④ 根据声源在室内的相对位置确定 Q,再由式 (27-13-11) 或式 (27-13-12) 确定 R_2 及 $\bar{\alpha}_2$;
⑤ 根据噪声频谱及 $\bar{\alpha}_2$ 值,选择适当的吸声材料或结构,在室内可能进行处理部位进行处理,以达到预期的降噪要求;
⑥ 上述程序可按 1/3 倍频程中心频率列表逐项进行计算。

13.4 消声器

在噪声控制技术中,消声器是应用最多最广的降噪设备。消声器在工程实际中已被广泛应用于鼓风机、通风机、罗茨风机、轴流风机、空压机等各类空气动力设备的进排气消声;空调机房、锅炉房、冷冻机房、发电机房等建筑设备机房的进出风口消声;通风与空调系统的送回风管道消声;冶金、石化、电力等工业部门的各类高压高温及高速排气放空消声;各类柴油发电机、飞机、轮船、汽车以及摩托车等各类发动机的排气消声等。

13.4.1 消声器的类型与性能评价

13.4.1.1 消声器的类型

随着消声器的研究与应用技术的不断发展,消声器的种类也日趋繁多,其原理、形式、规格、材料、性能及用途等各不相同,常见的各种不同消声器基本上均属于阻性、抗性、阻抗复合式、排气放空式及电子式 5 种类型,如表 27-13-17 所示。

表 27-13-17 消声器类型、工作原理及适用范围

消声器类型		形式	工作原理	消声频率	适用范围
阻性消声器		直管式、片式、折板式、声流式、蜂窝式、列管式、弯头式、百叶式、迷宫式、圆盘式、元件式、圆环式等	利用安装在气流通道内的吸声材料的声阻作用消声	高、中频	风机、燃气轮机、发动机进排气噪声
抗性消声器		扩张室式、共振腔式、声干涉式	利用管道截面突变改变声抗使声波产生反射干涉	低、中频	空压机、内燃机、发动机排气噪声
阻抗复合式消声器		阻-扩型、阻-共型、阻-扩-共型	既利用声阻,也利用声抗的消声作用	宽频带	鼓风机、大型风洞、发动机试车台噪声
		微穿孔板式	利用微穿孔板的声阻和声抗作用	宽频带	高温、潮湿、油污、粉尘等环境
排气放空式消声器	喷注耗散型消声器	小孔喷注式、降压扩容式、多孔扩散式	将大喷口用许多小孔代替,改变噪声发生的机理,从而降低噪声	宽频带	压力气体排放噪声,如锅炉排气、高炉放空等噪声
	喷雾消声器		将液气两种介质混合时产生摩擦消耗一部分声能	宽频带	高温蒸汽排放噪声
	引射掺冷型消声器		利用掺冷在消声器内形成温度梯度,从而导致声速梯度改变而提高消声量	宽频带	高温高速气流排放噪声
电子式消声器			利用同频声波的干涉原理消声	低频	低频消声的一种补助

13.4.1.2 消声器的性能评价

消声器性能的评价指标包括声学性能、空气动力性能及气流再生噪声特性等 3 个主要方面，现分述如下。

（1）声学性能的评价

消声器声学性能的优劣通常用消声量的大小及消声频谱特性表示，主要包括 A 计权声级消声量，倍频带或 1/3 倍频带消声量。根据测试方法的不同，消声器声学性能的评价指标可分为传声损失、插入损失、末端声压级差及声衰减量等几种。

① 传声损失（L_{TL}）。入射于消声器的声功率级和透过消声器的声功率级的差值，即：

$$L_{TL}=10\lg(W_1/W_2)=L_{W_1}-L_{W_2} \quad (dB)$$
(27-13-13)

式中 W_1、W_2——消声器入口与出口端的声功率，W；

L_{W_1}、L_{W_2}——消声器入口与出口端的声功率级，dB。

通常所称的消声量一般均指传声损失。

② 插入损失（L_{IL}）。装消声器前与装消声器后，在某给定点（包括管道内或管口外）测得的平均声压级之差，即：

$$L_{IL}=L_{p_1}-L_{p_2} \quad (dB) \quad (27\text{-}13\text{-}14)$$

（2）空气动力性能的评价

空气动力性能是评价消声器性能的重要指标，也是消声器设计中应予以考虑的重要因素。如果一个消声量很高的消声器安装在管道系统中后，由于空气动力性能差，阻力很大，使通风、排风或空调系统不能正常运行，则此消声器就不能使用。消声器的空气动力性能通常采用压力损失或阻力系数评价。

① 压力损失（Δp）。消声器的压力损失为气流通过消声器前后所产生的压力降低量，也就是消声器前与消声器后气流管道内的平均全压之差。

$$\Delta p=\overline{p}_1-\overline{p}_2 \quad (Pa) \quad (27\text{-}13\text{-}15)$$

消声器的压力损失大小，同消声器的结构形式和通过消声器的气流速度有关，因此，在用压力损失表征消声器的空气动力性能时，必须同时标明通过消声器的气流速度。

② 阻力系数（ξ）

$$\xi=\frac{\Delta p}{p_v} \quad (27\text{-}13\text{-}16)$$

式中 p_v——动压值，Pa。

阻力系数能比较全面地反映消声器的空气动力特性。根据阻力系数就可方便地求得不同流速条件下的压力损失值。

（3）气流再生噪声特性的评价

消声器的气流再生噪声是气流以一定速度通过消声器时所产生的湍流噪声（以中高频为主）以及气流激发消声器的结构振动所产生的噪声（以低频为主）。结构形式愈复杂，气流通道的弯折愈多，气流再生噪声愈高。气流再生噪声 A 声功率级的经验公式为：

$$L_{WA}=a+60\lg v+10\lg S \quad (dB(A))$$
(27-13-17)

式中 a——与消声器结构形式有关，如管式消声器 $a=-5\sim-10dB(A)$，片式消声器 $a=-5\sim5dB(A)$，阻抗复合式消声器 $5\sim15dB(A)$，折板式消声器 $a=15\sim20dB(A)$；

v——消声器内气流平均速度，m/s；

S——消声器内气流通道总面积，m^2。

13.4.2 阻性消声器

13.4.2.1 常见形式

阻性消声器利用气流管道内不同结构形式的多孔吸声材料（常称阻性材料）吸收声能，降低噪声。阻性消声器是各类消声器中形式最多、应用最广的一种消声器，特别是在风机类设备中应用最多。阻性消声器具有较宽的消声频率范围，在中、高频段消声效果尤为显著。常见结构形式如图 27-13-8 所示。

13.4.2.2 直管式消声器的消声量

$$L_{TL}=\phi(\alpha_0)Pl/S \quad (dB) \quad (27\text{-}13\text{-}18)$$

式中 $\phi(\alpha_0)$——消声系数，与材料吸声系数 α_0 有关，表示为

$$\phi(\alpha_0)=4.34\times\frac{1-\sqrt{1-\alpha_0}}{1+\sqrt{1-\alpha_0}} \quad (27\text{-}13\text{-}19)$$

P——消声器通道截面周长，m；
S——消声器通道截面积，m^2；
l——消声器的有效长度，m。

当直管式阻性消声器通道截面积较大时，高频声波将直接通过消声器，而很少与管道内壁吸声层接触，降低了消声效果，称为"上限失效频率"，经验公式如下：

$$f_{up}=1.85c_0/D \quad (Hz) \quad (27\text{-}13\text{-}20)$$

式中 D——消声器通道截面的等效直径，m，当截面为矩形时，$D=1.13\sqrt{ab}$，a、b 为边长；

c_0——声速，m/s。

当气流速度不为 0 时，消声量计算式为

$$L'_{TL}=L_{TL}/(1+M) \quad (dB) \quad (27\text{-}13\text{-}21)$$

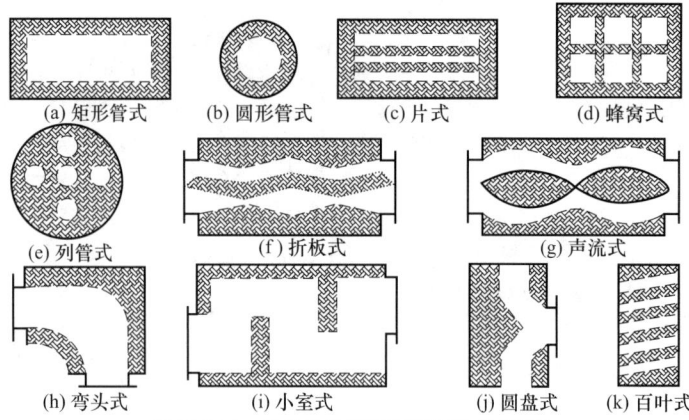

图 27-13-8 常见阻性消声器结构形式示意图

式中 M——马赫数。

当声波的传播方向与气流相反时,消声量增大,反之减小。此外,气流通过消声器时,还将产生气流再生噪声,其大小随气流速度的 6 次方规律变化。气流再生噪声会进一步降低消声量。

13.4.2.3 其他消声器的消声量

片形、蜂窝形消声器的计算与直管形相同,但只需计算一个通道,即代表了整个消声器的消声特性。折板形与声流形消声器实际上是片形的改进,使阻损减小,避免了"高频失效",并由于声波在消声器内的反射次数增加,而提高了消声效果。

13.4.3 抗性消声器

抗性消声器通过管道内声学的突变处将部分声波反射回声源方向,以达到消声目的,主要适用于低、中频段的噪声。抗性消声器的最大优点是不需使用多孔吸声材料,因此在高温、潮湿、流速较大、洁净要求较高时均比阻性消声器有明显的优势。抗性消声器已被广泛地应用于各类空压机、柴油机、汽车及摩托车发动机、变电站、空调系统等许多设备产品的噪声控制中。

13.4.3.1 扩张式(膨胀式)消声器

通常扩张式消声器是由扩张室及连接管串联组合而成,图 27-13-9 为几种扩张式消声器示意图。

(1) 单节扩张式消声器

图 27-13-9(a) 为典型的单节扩张式消声器,S_0 为原管道截面积,S_1 为扩张室截面积,$m = S_1/S_0$ 称为膨胀比。膨胀比 m 值决定了最大消声量;管长 l 决定消声频率特性。消声量计算公式为

$$L_{TL} = 10\lg\left[1 + \frac{1}{4}\left(m - \frac{1}{m}\right)^2 \sin^2(kl)\right] \quad (\text{dB})$$

(27-13-22)

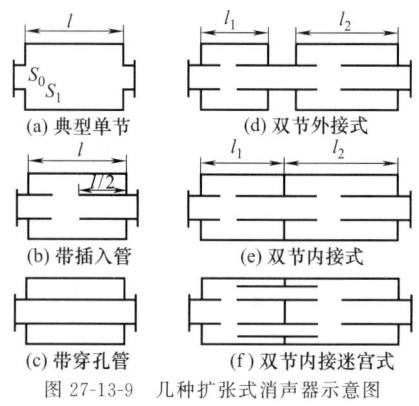

图 27-13-9 几种扩张式消声器示意图

式中 k——声波波数。

图 27-13-10 为单节扩张式消声器的消声频率特性。

上限失效频率

$$f_{up} = 1.22c_0/d \quad (\text{Hz}) \quad (27\text{-}13\text{-}23)$$

式中 D——扩张室截面特征尺寸(m),圆管为直径,方管为边长,矩形管取截面积的平方根。

下限失效频率

$$f_{down} = \frac{c_0}{\pi}\sqrt{\frac{S_0}{2lV}} \quad (\text{Hz}) \quad (27\text{-}13\text{-}24)$$

式中 V,l——扩张室的体积(m^3)和长度(m)。

(2) 复杂扩张式消声器

单节扩张式消声器有许多通过频率(消声量为 0)的缺点。消除通过频率,改善消声效果的途径有:采用多段扩张室(通常不超过 3 段);采用内接管并调整内接管长度至适当位置(通常取为扩张室长度 l 的 1/2 或 1/4);采用穿孔管导流,即将内接管之间用穿孔管连接,穿孔率一般为 30%。膨胀比 m 值决定了扩张式消声器的最大消声量,插入管的形式及长度将影响频率特性。见表 27-13-18。

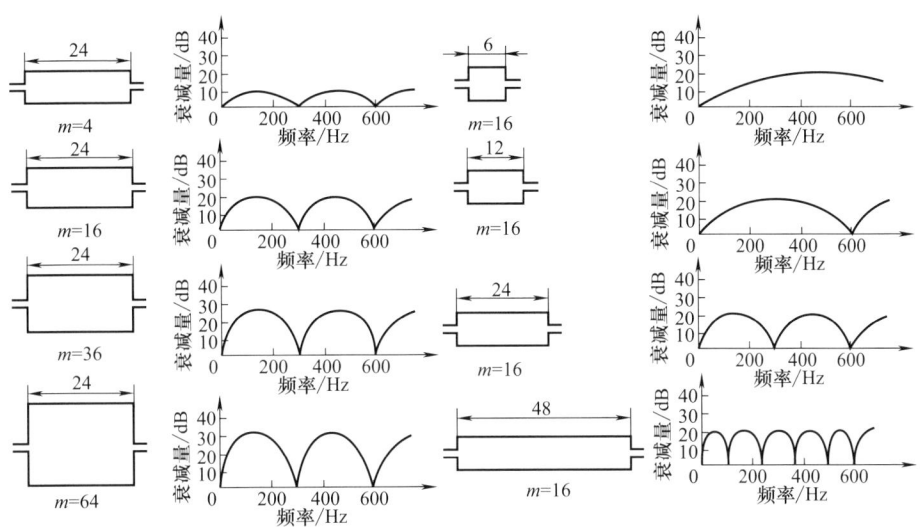

图 27-13-10 单节扩张式消声器消声频率特性

表 27-13-18　带插入管的两节串联扩张式消声器的消声频率特性分析

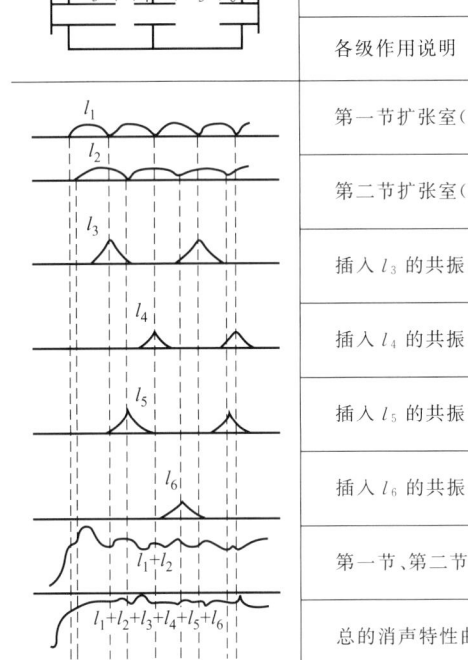

	左视图中 $l_1 > l_2$，$l_3 = l_1/2, l_4 = l_1/4, l_5 = l_2/2, l_6 = l_2/4$
	各级作用说明
l_1	第一节扩张室(长度 l_1)无插入管时的消声特性
l_2	第二节扩张室(长度 l_2)无插入管时的消声特性
l_3	插入 l_3 的共振曲线，其峰值频率与第一节扩张室消声特性的偶次通过频率一致
l_4	插入 l_4 的共振曲线，其峰值频率与第一节扩张室消声特性的奇次通过频率一致
l_5	插入 l_5 的共振曲线，其峰值频率与第二节扩张室消声特性的偶次通过频率一致
l_6	插入 l_6 的共振曲线，其峰值频率与第二节扩张室消声特性的奇次通过频率一致
l_1+l_2	第一节、第二节(不带插入管)消声特性综合
$l_1+l_2+l_3+l_4+l_5+l_6$	总的消声特性曲线

13.4.3.2　共振式消声器

如图 27-13-11 所示，共振式消声器是由一段开有一定数量小孔的管道同管外一个密闭的空腔连通而构成一个共振系统。在共振频率附近，管道连通处的声阻抗很低，当声波沿管道传播到此处时，因为阻抗不匹配，使大部分声能反射回去，此外，由于共振系统的摩擦阻尼作用，部分声能转化为热能被吸收，因此，达到了共振消声的效果。

共振式消声器的消声特性为频率选择性较强，即仅在某一较窄的频率范围内具有较好的消声效果，因此，它也同扩张式消声器一样，更多地用于同阻性消

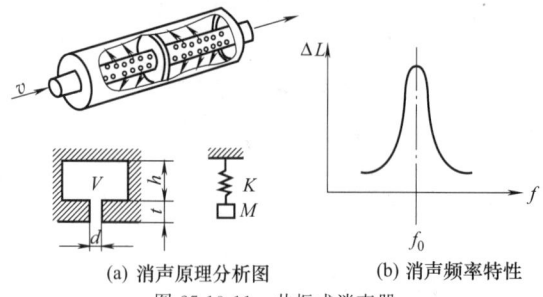

(a) 消声原理分析图　　(b) 消声频率特性

图 27-13-11　共振式消声器

声器组合构成阻共复合式消声器。

设计共振式消声器首先必须根据所要降低噪声源的峰值频率来确定共振消声器的共振频率，然后再设计并确定共振吸声结构。共振频率可由下式计算

$$f_0 = \frac{c_0}{2\pi}\sqrt{\frac{G}{V}} = \frac{c_0}{2\pi}\sqrt{\frac{P}{tD}} \quad (Hz) \quad (27\text{-}13\text{-}25)$$

$$G = \frac{n\pi d^2}{4(t_0 + 0.8d)} \quad (m) \quad (27\text{-}13\text{-}26)$$

式中　G——传导率，m；
　　　n——小孔数量；
　　　t_0——穿孔板厚度，m；
　　　t——穿孔板有效板厚，m，$t = t_0 + 0.8d$；
　　　V——共振腔内体积，m³；
　　　P——内管穿孔率；
　　　D——共振腔深度，m。

单节共振性消声器的消声量可由下式计算

$$\Delta L = 10\lg\left[1 + \frac{1+4r}{4r^2 + (f/f_0 - f_0/f)/k^2}\right] \quad (dB) \quad (27\text{-}13\text{-}27)$$

$$r = \frac{SR_a}{\rho_0 c_0}, \quad k = \frac{\sqrt{GV}}{2S} \quad (27\text{-}13\text{-}28)$$

式中　f——需求消声量的频率，Hz；
　　　S——共振消声器的通道截面积，m²；
　　　R_a——声阻，Pa·s/m³。

图 27-13-12 中给出共振消声器消声量频率特性曲线。

13.4.3.3　微穿孔板消声器

微穿孔板消声器是由孔径小于 1mm 的微穿孔板和孔板背后的空腔组成，利用自身孔板的声阻，代替了阻性消声器穿孔护面板后的多孔吸声材料，使消声器结构简化。微穿孔板消声器消声频带较宽，气流阻力较小，不需用多孔吸声材料，具有适用风速较高、抗潮湿、耐高温、不起尘等许多优点，而且可设计成管式、片式、声流式、小室式等多种不同形式，因此在空调系统等很多降噪工程中得到了广泛应用。微穿孔板消声器的结构特征为微孔（$\phi 0.2 \sim 1$mm）、薄板

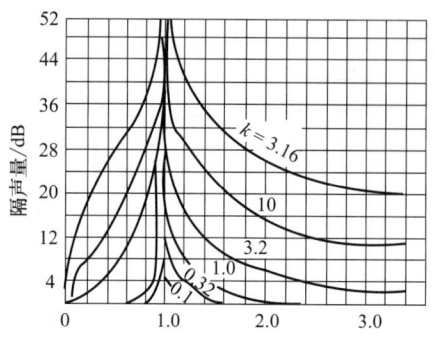

图 27-13-12　共振消声器消声量频率特性曲线

（$0.5 \sim 1$mm）、低穿孔率（$0.5\% \sim 3\%$）和一定的空腔深度（$5 \sim 20$cm）。

13.4.4　复合式消声器

阻性消声器虽有优良的中高频消声性能，但低频消声性能却较差，而扩张式及共振式消声器则正好相反，将阻性及抗性等不同消声原理组合设计构成的消声器可在较宽的频率范围内具有较高的消声效果。这种消声器称为复合式消声器，如阻抗复合式、阻、共振复合式等，如图 27-13-13 所示，广泛应用于通风空调系统消声或其他很多空气动力设备的消声。

13.4.5　喷注消声器

排气放空噪声是工业生产中的重要噪声源，它具有噪声强度大、频谱宽、污染危害范围大以及高温及高速气流排放等特点。喷注消声器是专门用于降低并控制排气放空噪声的一类消声器，可用于降低化工、石油、冶金、电力等工业部门的高压、高温及高速排气放空所产生的高强度噪声。喷注消声器主要包括节流减压型、小孔喷注型、节流减压加小孔喷注复合型及多孔材料耗散型等。

13.4.5.1　节流减压型排气消声器

节流减压型排气消声器利用多层节流穿孔板或穿孔管，分层扩президент减压，即将排出气体的总压通过多层节流孔板逐级减压，而流速也相应逐层降低，使原来的排气口的压力突变成为通过排气消声器的渐变排放，从而达到降低排气放空噪声的目的。节流减压排气消声器主要适用于高温高压排气放空噪声，其消声量一般可达 $15 \sim 20$dB(A)，若需更高的消声量，则应在节流减压消声器后再加后续阻性消声器，或将阻性消声结合在节流减压消声器内部，形成一种节流减压与阻性复合消声器。图 27-13-14 给出了几种节流减压排气消声器示意图。

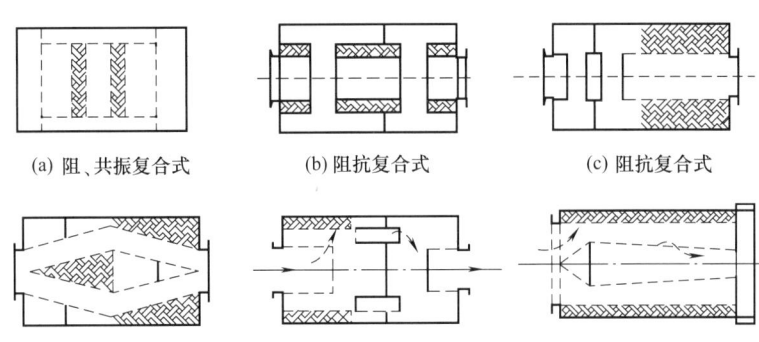

(a) 阻、共振复合式　(b) 阻抗复合式　(c) 阻抗复合式
(d) 阻、共振复合式　(e) 阻抗复合式　(f) 阻抗复合式

图 27-13-13　几种不同形式复合式消声器示意图

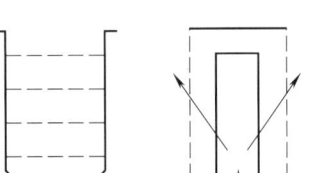 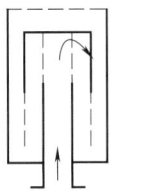 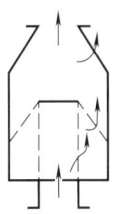

(a) 四级孔板节流　(b) 二级孔管节流　(c) 三级孔管迷路节流　(d) 三级孔管锥管节流

图 27-13-14　节流减压排气消声器示意图

在节流减压装置的设计中，首先要根据排气压力的大小来合理确定节流减压的级数，并使各级节流孔板后的压力与孔板前的压力之比等于临界压比，通过节流孔板的排气流速为临界流速。

（1）节流级数

$$N = \frac{\lg P_m - \lg P_s}{\lg \varepsilon_0} \quad (27\text{-}13\text{-}29)$$

式中　N——节流减压级数；
P_s——排入节流减压装置的排气压力，kgf/cm²；
P_m——通过节流减压装置后的压力，kgf/cm²；
ε_0——临界压比，$\varepsilon_0^N = P_m/P_s$，如空气、氧气、氨气为 0.528，过热蒸汽为 0.546，饱和蒸汽为 0.577。

（2）节流开孔面积

$$S_i = k\mu G \sqrt{\frac{V_i}{P_i}} \quad (\text{cm}^2) \quad (27\text{-}13\text{-}30)$$

式中　S_i——各级节流开孔面积，cm²；
k——气体性质系数，空气、氧气、氨气为 13，过热蒸汽为 13.4，饱和蒸汽为 14；
μ——流量系数，一般可取 1.15～1.2；
G——排气量，t/h；
V_i——各级节流前的气体质量体积，m³/kg，$V_i = \frac{T_i R}{P_i M}$；
P_i——各级节流前的气体绝对压力，kgf/cm²；

T_i——各级节流前的热力学温度，K；
R——普适气体常数，$R = 0.082$；
M——气体相对分子量，g/mol，如蒸汽为 18g/mol。

当高温、高压、高速气流通过节流减压装置后，消声量可由下式计算：

$$\Delta L_A = 10 k' \frac{3.7(P_s - P_m)^3}{N P_s P_m^2} \quad (27\text{-}13\text{-}31)$$

式中　ΔL_A——A 声级消声量，dB（A）；
k'——经验修正系数，$k' = 0.9 \pm 0.2$，随压力高低而定。

13.4.5.2　小孔喷注型排气消声器

小孔喷注型排气消声器是一种直径同原排气口相等而末端封闭的消声管，其管壁上开有很多的排气小孔（孔径 1mm 左右），小孔的总面积一般应大于原排气管口面积，小孔的直径愈小，降低排气噪声的效果也愈好。降低噪声的原理是基于小孔喷注噪声频谱的改变，即当通过小孔的气流速度足够高时，小孔能将排气噪声的频谱移向高频，使噪声频谱的可听声降低，降低环境干扰。小孔喷注排气消声器主要适用于降低排气压力较低（5～10kg/cm²）而流速甚高的排气放空噪声，如压缩空气的排放、锅炉蒸汽的排空等；消声量一般可达 20dB 左右，且具有体积小、重量轻、结构简单等优点。

小孔喷注的消声效果可由下式计算

$$\Delta L_A = 10\lg\left[\frac{2}{\pi}\left(\arctan x_A - \frac{x_A}{1+x_A^2}\right)\right] \quad (\text{dB}(A))$$

(27-13-32)

式中 x_A——A 声级喷注噪声的相对斯特劳哈尔数（指节流减压后）；阻塞喷注时，$x_A = 0.165d$；

亚音速喷注时，$x_A = \dfrac{5f_A D}{v} \times \dfrac{c}{c_0}$；

d——小孔直径，mm；

D——小孔直径，m，即 $D = d/1000$；

f_A——8000Hz 倍频带的上限频率，Hz；

c_0——环境大气声速，m/s；

c——排放气体声速，m/s；

v——经过节流减压后，进入小孔喷注级的蒸汽速度，m/s。

13.4.5.3　节流减压加小孔喷注复合型排气消声器

节流减压加小孔喷注复合排气消声器综合了节流减压和小孔喷注各自的特点，能适用于各种压力条件排气放空消声，消声量也较高。一般为先节流，后小孔，节流孔板的层数少则一至二级，多则三至四级，需根据实际排气压力而定，而后需的小孔喷注一般为一级。

当装设节流减压加小孔喷注复合消声器后，在距消声器喷口垂直方向 r（m）处的排气噪声级可由下式计算：

$$\begin{aligned}L_A = &71 + 20\lg\frac{M_0}{M} + 10\lg\frac{(P_m - P_0)^4}{P_0^2(P_m + 0.5P_0)^2} - 20\lg r \\ &+ 10\lg\left[\frac{2}{\pi}\left(\arctan x_A - \frac{x_A}{1+x_A^2}\right)\right] + 10\lg\frac{S_1 P_1}{P_m}\\ &[\text{dB}(A)]\end{aligned}$$

(27-13-33)

式中 M_0——空气相对分子质量，g/mol，$M_0 = 28.8$，假定小孔喷注外部的排放空间是空气介质的自由空间，如果是其他介质，只要代以相应的相对分子质量即可；

M——排放气体的相对分子质量，g/mol，如蒸汽 $M = 18$g/mol；

S_1——第一级节流孔板的通流面积，mm^2；

P_1——排入消声器的排气绝对压力，kgf/cm^2；

P_m——节流减压后，小孔喷注级前的排气压力，kgf/cm^2；

P_0——环境大气压力，kgf/cm^2。

13.4.5.4　多孔材料耗散型排气消声器

如图 27-13-15 所示，多孔材料耗散型排气消声器利用多孔陶瓷、烧结金属、粉末冶金、烧结塑料及多层金属丝网等具有的大量微小孔隙，当气流通过时被滤成无数股小气流，使排气压力大为降低。同时，多孔材料本身也起到一定的吸声作用。多孔材料耗散排气消声器一般仅在低压高速、小流量的排气条件下应用，消声效果可达 20～40dB（A）。

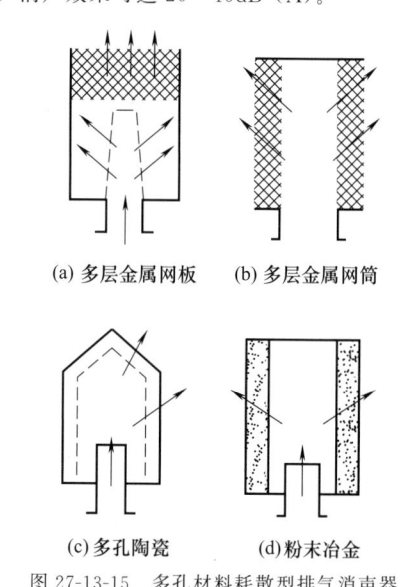

图 27-13-15　多孔材料耗散型排气消声器

13.5　有源降噪

13.5.1　有源降噪名词术语

有源噪声控制（active noise control）是利用两列声波的叠加产生相消性干涉来消除噪声。有源降噪的名词术语规定如下：

① 初级声源（primary sound source）　指需要抵消的噪声源。初级声源发出的声波成为初级噪声。

② 次级声源（secondary sound source）　指为了控制噪声而人为加入的声源。

③ 初级声场（primary sound field）　初级声源产生的声场。

④ 次级声场（secondary sound field）　次级声源产生的声场。

⑤ 初级传感器（primary sensor）　为拾取初级噪声而设置的传感器。

⑥ 误差传感器（error sensor）或监测传感器（monitoring sensor）　为监视降噪效果而设置的传感器。

⑦ 初级通道（primary path）　指初级声源到误差传感器的声传播通道。

⑧ 次级通道（secondary path） 指次级声源到误差传感器的声传播通道。

⑨ 自适应有源噪声控制（adaptive active noise control，AANC） 采用自适应方式完成次级声源控制的有源降噪。

⑩ 降噪空间 采用有源降噪技术后，噪声声压级比原噪声声压级降低的几何空间。

⑪ 降噪频带 在某一测量点，有降噪效果的噪声频带。

⑫ 降噪量（attenuation level，AL） 空间某一点有源降噪前后声压级或声功率级之差，是空间位置的函数。

13.5.2 自适应有源降噪应用实例

自适应有源降噪利用传感器、扬声器等电子设备及自适应控制技术，人为地制造1个或多个次级声源，模拟与原噪声源（初级声源）幅值相同而相位相反的声源，在一定的空间区域内使两个声波产生干涉而抵消，以达到降低噪声的目的（如图27-13-16所示）。其适用的声场环境为：①适用于自由声场和低模态密度的封闭声场，这类声场有利于次级声源的布放，获得较大的降噪量；②适用于初级噪声源为集中式声源，而噪声为单频或窄带噪声的场合。自适应有源降噪在管道、车厢内部、舰船舱室内部及飞机舱室噪声控制等领域得到一定的应用。

如图27-13-17所示，采用自适应有源降噪技术控制重型载货汽车（载重量1t，四缸柴油机驱动）的排气噪声。一个单通道自适应有源降噪系统与一个复合式消声器串联使用，前者安装在排气管尾部，后者安装在排气管的发动机一侧。作为次级声源的扬声器（直径152mm，功率40W）装在封闭声腔内，工作频率设定为40～1000Hz，由输出功率为400W的功率放大器驱动。声腔几何尺寸为0.17m×0.46m×0.17m，内壁为0.1m厚的胶合板，外壁为钢板。误差传感器为商用电容传感器，直径为12.7mm，位于管道出口。该传感器带有风罩，用于保护传声器在高温下长期工作。整个有源消声系统的尺寸为0.6m×0.17m×0.26m。另外，无源消声器的入口和出口管直径为50mm，最大直径0.2m，长度为0.5m，消声频段为300～1500Hz。噪声控制频率设定为500Hz以下，恰好在管道截止频率下，因此，初级噪声可视为平面波。控制系统硬件为TMS320C31数字信号处理板，控制器为FIR滤波器，采用滤波—X LMS算法。试验表明该电子消声器启动后能增加2～10dB的降噪量，基本可消除排气噪声的二次和四次谐波。

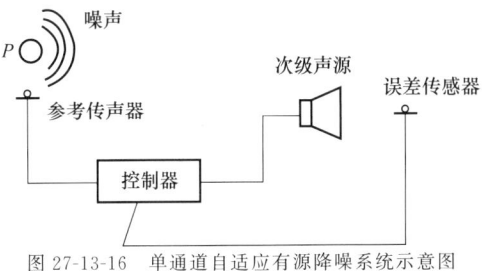

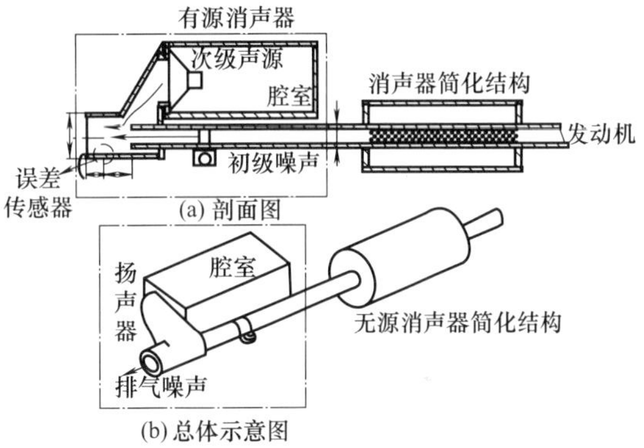

图27-13-16 单通道自适应有源降噪系统示意图

图27-13-17 有源降噪系统示意图

参 考 文 献

[1] 胡宗武，吴天行. 工程振动分析基础. 上海：上海交通大学出版社，2011.
[2] W. T. Thomson. Theory of Vibration with Applications. 5th Ed. New Jersey：Prentice-Hall，1998.
[3] 成大先主编. 机械设计手册·第六版. 第4卷. 北京：化学工业出版社，2016.
[4] 郑兆昌主编. 机械振动·中册. 北京：机械工业出版社，1986.
[5] Nayfeh A. H. and Mook D. T. Nonlinear Oscillations. New York：Wiley，1979，
[6] Miao Y., Long X. -H., and Balachandran B., Sensor Diaphragm under Initial Tension：Nonlinear Responses and Design Implications，Journal of Sound and Vibration，Vol. 312，p. 39-54.
[7] Ehrich F. F. Nonlinear Phenomena in Dynamic Response of Rotors in Anisotropic Mounting Systems，Journal of Vibration and Acoustics，117（B），pp. 154-161，1995.
[8] 黄文虎等. 大型旋转机械非线性动力学设计理论方法. 北京：科学出版社，2005.
[9] 陆殿健，郁其祥，王益民. 498柴油机隔振系统设计与试验研究. 内燃机工程［J］，2004，25（6）：60～65.
[10] 严济宽. 机械振动隔离技术［M］. 上海：上海技术文献出版社，1985.
[11] 谭达明. 内燃机振动控制［M］. 成都：西南交通大学出版社，1993.
[12] 周斌，谭达明. 内燃机弹性基础隔振系统固有频率偏差分析［J］. 西南交通大学学报，1998，33（5）：503～507.
[13] 赫志勇等. 内燃机整机振动部分施控系统理论与试验研究［J］. 内燃机学报，2000，18（3）：230～234.
[14] 钟一谔，何衍宗，王正，李方泽. 转子动力学. 北京：清华大学出版社，1987.
[15] 闻邦椿，刘树英，何勖. 振动机械的理论与动态设计方法. 北京：机械工业出版社，2001.
[16] 闻邦椿，刘树英，陈照波等. 机械振动理论及应用. 北京：高等教育出版社，2009.
[17] 闻邦椿，刘树英，张纯宇. 机械振动学. 北京：冶金工业出版社，2011.
[18] 闻邦椿等. 振动机械理论及应用. 北京：高等教育出版社，2009.
[19] 闻邦椿，李以农，张义民等. 振动利用工程. 北京：科学出版社，2005.
[20] 闻邦椿主编. 机械设计手册·第六版. 第5卷. 北京：机械工业出版社，2018.
[21] 屈维德，唐恒龄. 机械振动手册. 北京：机械工业出版社，2000.
[22] 铁摩辛柯等. 工程中的振动问题. 胡人礼译. 北京：人民铁道出版社，1978.
[23] 秦树人等. 机械测试系统原理与应用. 北京：科学出版社，2005.
[24] 蔡学熙. 钢丝绳拉力的振动测量. 矿山机械，2006，(11)：69～71.
[25] 西北工业大学. 复合弹簧. 淄博市信息中心，2003.
[26] 陈刚. 振动法测索力与实用公式. 福州大学硕士论文，2003.
[27] 周新祥. 噪声控制技术及其新进展. 北京：冶金工业出版社，2007.
[28] 杜功焕，朱哲民，龚秀芬. 声学基础. 南京：南京大学出版社，2001.
[29] 杨玉致. 机械噪声控制技术. 北京：中国农业机械出版社，1983.
[30] 莫尔斯（P. M. Morse，美国）. 振动与声. 北京：科学出版社，1974.
[31] 何祚镛，赵玉芳. 声学理论基础. 北京：国防工业出版社，1981.
[32] 马大猷. 现代声学理论基础. 北京：科学出版社，2004.
[33] 马大猷. 噪声与振动控制工程手册，北京：机械工业出版社，2002.
[34] 陈克安. 声学测量. 北京：科学出版社，2005.
[35] 齐娜. 声频声学测量原理. 北京：国防工业出版社，2008.
[36] 蒋孝煜，连小珉. 声强技术及其在汽车工程中的应用. 北京：清华大学出版社，2001.
[37] 马大猷. 噪声与振动控制工程手册. 北京：机械工业出版社，2002.
[38] 康玉成. 建筑隔声设计—空气声隔声技术. 上海：中国建筑工业出版社，2004.
[39] 袁昌明. 噪声与振动控制技术. 北京：冶金工业出版社，2007.
[40] 周新祥. 噪声控制技术及其新进展. 北京：冶金工业出版社，2007.
[41] 秦佑国，王炳麟. 建筑声环境. 第2版. 北京：清华大学出版社，2007.
[42] Clarence W. S. Vibration and shock handbook. Boca Raton, Fla.：Taylor & Francis, 2005.

[43] Clarence W. S. Computer techniques in vibration,Boca Raton,Fla.:CRC Press,2007.
[44] A. V. 奥本海默等著,刘树棠等译. 离散时间信号处理(第2版). 西安:西安交通大学出版社,2005.
[45] Richard C. D. The engineering handbook. Boca Raton:CRC Press,1996.
[46] Collacott R. A. Mechanical fault diagnosis and condition monitoring. London:Chapman and Hall,1977.
[47] 陈克安. 有源噪声控制. 第2版. 北京:国防工业出版社,2014.
[48] 王海彬. 锻锤隔振CAD系统开发 [D]. 南昌:南昌大学,2009.
[49] 宋朋金. 锻锤基础隔振的参数优化 [D]. 杭州:浙江大学,2003.
[50] 杨鑫. 锻锤隔振技术简述. 黑龙江科技信息 [J],2008(31):12-12.
[51] 战嘉恺,卢岩,林宁等. 我国锻锤隔振技术现状与进展. 劳动保护科学技术 [J],1999,19(5):36-39.
[52] 李兆强,付建华,李永堂等. 锤用黏滞流体阻尼器减振新技术及其应用. 锻压装备与制造技术 [J],2015,50(6):57-62.
[53] 美国减振技术公司亚洲办事处. 锻锤MRM隔振系统的隔振效率. 锻压装备与制造技术 [J],2009,44(2):58-60.
[54] 于向军,李文亮,张强等. 锻锤弹性基础的优化设计. 锻压装备与制造技术 [J],2007,42(4):84-87.

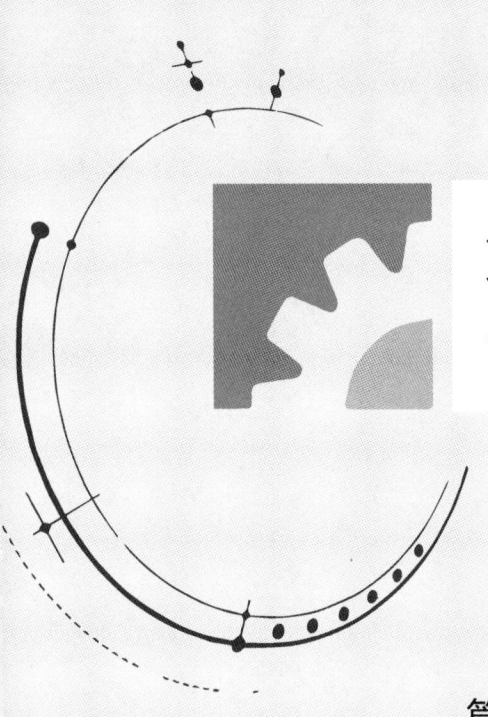

第 28 篇
疲劳强度设计

篇主编：谢里阳
撰　　稿：谢里阳　王　雷
审　　稿：赵少汴

第1章 机械零部件疲劳强度与寿命

1.1 零部件疲劳失效与疲劳寿命

1.1.1 疲劳失效及其特点

工程装备中多数机械零部件承受的工作载荷都是随时间而变化的波动载荷。结构零部件在循环载荷作用下,在某个或某些高应力部位产生损伤并逐渐累积,导致性能退化、裂纹萌生、扩展直到完全断裂的失效形式,称为疲劳失效。由于疲劳这种失效机理存在,机械设备及其零部件就有了疲劳寿命的概念,或使用寿命问题。一般规律是,循环应力水平越高,承力零部件的疲劳寿命就越短。

疲劳失效与静强度失效有本质的区别。静强度失效是由于零件的危险截面上的应力大于其抗拉强度导致断裂失效,或大于屈服极限产生过大的残余形变导致失效;疲劳失效是由于零件局部应力最大处在循环应力作用下形成微裂纹,然后逐渐扩展为宏观裂纹,宏观裂纹再继续扩展而最终导致断裂。疲劳失效有如下特点:

1) 低应力性。在循环应力的最大值远低于材料的抗拉强度 R_m,甚至远低于材料屈服强度 R_{eL} 的情况下,疲劳失效就可能发生。

2) 突发性。不论是脆性材料还是塑性材料,其疲劳失效在宏观上均表现为无明显塑性变形的脆性突然断裂,即疲劳失效一般表现为低应力脆断。

3) 时间性。静强度失效是在一次最大载荷作用下发生的失效;疲劳失效是在循环应力的多次反复作用下损伤逐渐累积产生的,因而要经历一定的时间,甚至很长的时间之后才会发生。

4) 敏感性。静强度失效的抗力主要取决于材料本身,而疲劳失效的抗力对零件尺寸、几何形状、表面状态、使用条件以及环境介质等都很敏感。

5) 疲劳断口。疲劳失效的宏观断口上,存在疲劳源(比较光滑的疲劳裂纹形核区)、疲劳裂纹扩展区(平滑、波纹状)和瞬断区(粗粒状或纤维状)。

1.1.2 机械零部件常见疲劳失效形式

机械零部件的疲劳失效有高周疲劳、低周疲劳、高温疲劳、热疲劳、腐蚀疲劳等疲劳失效形式。

1) 高周疲劳。结构零部件在低于其屈服强度的循环应力作用下,一般经过 $10^4 \sim 10^5$ 次以上的应力循环产生的疲劳失效。高周疲劳应力较低,材料处于弹性范围内,也称应力疲劳,它是机械结构与零部件最常见的疲劳形式。

2) 低周疲劳。结构零部件在接近或超过其屈服强度的循环应力作用下,在低于 $10^4 \sim 10^5$ 次载荷循环下产生的疲劳失效。由于其应力超过了弹性极限,产生较大塑性变形,损伤控制参量是应变,也称为应变疲劳。

3) 超高周疲劳。近年来,高速列车、汽车、航天器中的某些核心部件,承受的疲劳循环已达 $10^8 \sim 10^{10}$ 次甚至更高。研究结果表明,某些高强钢材料在 10^7 次以上的仍会发生疲劳断裂,不存在传统的疲劳极限,称为超高周疲劳失效。

4) 高温疲劳。在高温环境下,零件承受循环载荷发生的疲劳失效。高温是指约在材料熔点 T_m 的50%以上(T_m 以绝对温度表示)或再结晶温度以上的温度水平。高温疲劳一般是疲劳与蠕变共同作用的结果。

5) 热疲劳。由循环变化的温度引起结构零部件中的应力或应变循环变化,这种循环应力与循环应变产生的疲劳称为热疲劳。

6) 腐蚀疲劳。在腐蚀性介质(如酸、碱、海水、淡水、活性气体等)和循环载荷联合作用下产生的疲劳。

1.1.3 疲劳设计准则

结构零部件在较高的循环应力作用下服役,且有使用寿命要求时,需要进行抗疲劳设计。疲劳设计方法有名义应力法、局部应力应变法、损伤容限设计法(断裂力学方法)等。

1.1.3.1 名义应力准则

名义应力准则是以零部件上最大的名义应力值为控制参数进行疲劳强度设计的准则,适用于高周疲劳强度设计。具体做法是,从材料的 S-N 曲线出发,以零部件上最高应力点的名义应力值为载荷参数,计入有效应力集中系数 K_σ、零件尺寸系数 ε、表面系数 β 和平均应力系数 ψ_σ 等影响因素,得到零件的 S-N 曲线,依此进行零部件疲劳强度设计的方法。

当 S-N 曲线的纵坐标 σ 和横坐标 N 都取对数时,一般有如图 28-1-1 所示的以 P 为交点的两条直线段组成的折线形 S-N 曲线。对于钢材,交点的寿命 N_0 一般在 10^7 次左右。该寿命对应的循环应力水平称为疲劳极限。

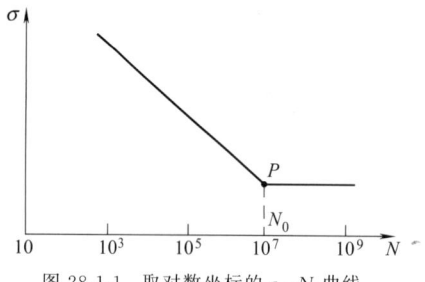

图 28-1-1 取对数坐标的 $\sigma - N$ 曲线

根据平行于横轴的直线（疲劳极限）进行的设计称为无限寿命设计。根据斜线进行的设计称为有限寿命设计。名义应力法通常也称为常规疲劳设计法。详见本篇第 3 章。

1.1.3.2 局部应力应变准则

在应力水平较高的场合，零部件局部最大应力处可能会出现塑性屈服现象。这时，只用应力参量已不能很好地表述零部件的疲劳特性。以零部件应力集中处的局部应力、应变为基本设计参数的疲劳强度设计准则，称为局部应力应变准则。零部件的破坏都是从应力集中部位或应力最高处开始的，应力集中处的塑性变形是疲劳裂纹形成和扩展的主要控制参量，因此局部最大应变决定了零部件的疲劳寿命。

根据相同的循环应变产生相同疲劳损伤的原则，可以根据光滑试样的应变-寿命曲线估算零部件危险部位的损伤及寿命，从而得到零部件的疲劳裂纹形成寿命。详见本篇第 4 章。

1.1.3.3 损伤容限设计准则

机械零部件，尤其是大型零部件，往往存在一定尺寸的初始缺陷甚至初始裂纹。损伤容限设计准则是在承认零部件存在初始裂纹的前提下，应用断裂力学方法来估算其剩余寿命（裂纹扩展寿命），保证在使用期内裂纹不至于扩展到引起破坏的程度，即保证有裂纹的零部件在服役期内的使用安全。详见本篇第 5 章。

1.1.3.4 多轴疲劳准则

多轴疲劳是指多向应力或应变作用下的疲劳。多轴疲劳损伤发生在多轴循环加载条件下，加载过程中有两个或三个应力（或应变）分量独立地随时间发生周期性变化。这些应力（应变）分量的变化可以是同相位的、按比例的，也可以是非同相的、非比例的。

服役中的各种航空航天飞行器、压力容器、核电站、发电厂以及交通运输工具中的一些主要零件通常是承受复杂的多轴比例与非比例交互循环载荷的作用。早期处理复杂应力状态下的多轴疲劳问题时，常将多轴问题利用静强度理论等效成单轴状态，然后利用单轴疲劳理论处理复杂的多轴疲劳问题。这样的处理方法在处理比例加载下的多轴疲劳问题时是可行的。但对于非比例多轴加载问题，由于非比例加载下的疲劳行为完全不同于单轴或比例多轴疲劳加载下的特性，尤其在非比例变幅加载下，应用传统的单轴疲劳理论来预测其疲劳损伤十分困难。

近年来，预测多轴疲劳寿命的临界平面法得到较快的发展和应用。该方法基于断裂模型及裂纹萌生机理，认为裂纹发生在某一特定平面上，疲劳损伤的累积、寿命预测都在该平面上进行，具有一定的物理意义。临界平面法首先要找到最大损伤平面（临界平面），然后将其面上的剪切和法向应力（应变）进行各种组合来构造多轴疲劳损伤参量，建立多轴疲劳寿命预测方程。确定临界平面的方法有多种，根据不同的损伤参量可以得到不同的判断准则。

1.2 疲劳载荷

载荷可分为两大类，即静载荷和动载荷。动载荷又分为周期载荷、非周期载荷和冲击载荷。周期载荷和非周期载荷统称为疲劳载荷。

一般机器和零件承受的载荷，大都是一个连续的随机载荷。承受随机载荷的零件，在进行疲劳强度计算、寿命估算和疲劳试验之前，必须先确定其载荷谱。在机器工作时直接测得的载荷-时间历程称为工作谱或使用谱。由于随机载荷的不确定性，一般需要对工作谱进行统计处理。经过处理后的载荷-时间历程称为载荷谱，能很好地反映零件的疲劳载荷特征。将实测的载荷-时间历程处理成具有代表性的典型载荷谱的过程称为编谱，编谱的重要环节是应用统计理论来处理所获得的实测子样。

统计处理随机载荷历程的方法主要有：循环计数法和功率谱法。循环计数法是从载荷-时间历程中确定出不同载荷参量值及其出现的次数。功率谱法是借助傅氏变换，将连续变化的随机载荷分解为无限多个频率成分，得出其功率谱密度函数。用功率谱密度函数进行疲劳分析也称为疲劳的频域分析方法。基于循环计数的方法称为时域分析方法。

对于疲劳强度与疲劳寿命来说，最主要的是载荷幅值的变化情况，故广泛使用循环计数法。

1.2.1 循环应力

随时间周期性变化的应力称为循环应力。最简单的循环应力为恒幅循环应力。图 28-1-2 是四种循环特征不同的应力变化规律。

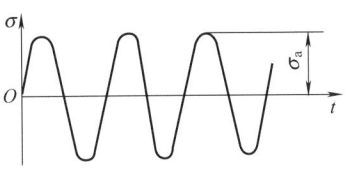
(a) 对称拉压

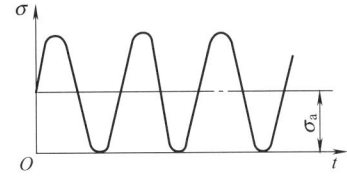
(b) 脉动拉伸

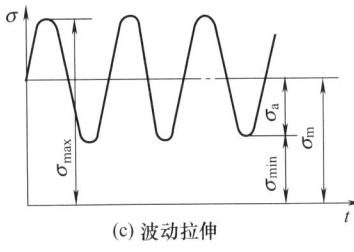
(c) 波动拉伸

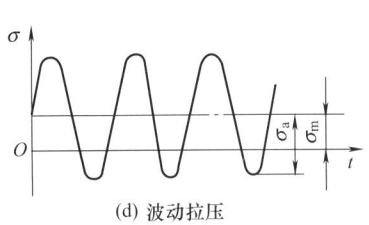
(d) 波动拉压

图 28-1-2　恒幅循环应力的种类

图中 σ 为正应力，t 为时间。各应力分量：

$\sigma_{\max}$——最大应力，即应力循环中具有最大代数值的应力；

$\sigma_{\min}$——最小应力，即应力循环中具有最小代数值的应力；

σ_{m}——平均应力，即应力循环中最大应力和最小应力的代数平均值；

σ_{a}——应力幅，即应力循环中最大应力和最小应力代数差的一半。应力符号规定拉应力为正，压应力为负。

平均应力 σ_{m}、应力幅 σ_{a}、最大应力 $\sigma_{\max}$、最小应力 $\sigma_{\min}$ 之间有如下关系

$$\sigma_{\mathrm{m}} = \frac{\sigma_{\max} + \sigma_{\min}}{2} \quad (28\text{-}1\text{-}1)$$

$$\sigma_{\mathrm{a}} = \frac{\sigma_{\max} - \sigma_{\min}}{2} \quad (28\text{-}1\text{-}2)$$

$$\sigma_{\max} = \sigma_{\mathrm{m}} + \sigma_{\mathrm{a}} \quad (28\text{-}1\text{-}3)$$

$$\sigma_{\min} = \sigma_{\mathrm{m}} - \sigma_{\mathrm{a}} \quad (28\text{-}1\text{-}4)$$

应力每一周期性变化称为一个应力循环。定义应力比 r 为

$$r = \frac{\sigma_{\min}}{\sigma_{\max}} \quad (28\text{-}1\text{-}5)$$

对于对称循环，$r=-1$；对于脉动循环，$r=0$；静应力可以看作应力幅为零的循环应力，此时 $r=+1$。应力循环的应力比在 $-1 \leqslant r \leqslant +1$ 范围内取值。

一种循环应力状态，一般可用 $\sigma_{\max}$、$\sigma_{\min}$、σ_{m}、σ_{a} 和 r 五个参数中的任意两个来确定。如果作用的应力是切应力时，各应力分量之间的关系有

$$\tau_{\mathrm{m}} = \frac{\tau_{\max} + \tau_{\min}}{2} \quad (28\text{-}1\text{-}6)$$

$$\tau_{\mathrm{a}} = \frac{\tau_{\max} - \tau_{\min}}{2} \quad (28\text{-}1\text{-}7)$$

$$\tau_{\max} = \tau_{\mathrm{m}} + \tau_{\mathrm{a}} \quad (28\text{-}1\text{-}8)$$

$$\tau_{\min} = \tau_{\mathrm{m}} - \tau_{\mathrm{a}} \quad (28\text{-}1\text{-}9)$$

1.2.2　循环计数法

把一个随机的载荷-时间历程处理成一系列的全循环或半循环的过程称为循环计数法。循环计数法可分成两大类：单参数计数法和双参数计数法。单参数计数法只记录载荷谱中的一个参量，如峰值或范围（变程），不能给出载荷循环的全部信息。属于这种计数方法的有：峰值计数法，穿级计数法和范围计数法等。双参数计数法可以记录载荷循环中的两个参量。由于载荷循环中只有两个独立参量，因此双参数计数法可以记录载荷循环的全部信息。属于这种计数方法的有：范围对计数法，跑道计数法和雨流计数法等。使用最广泛的是雨流计数法。该法在计数原理上有一定的力学依据，易于实现自动化、程序化。

雨流法的计数原理如下。

如图 28-1-3 所示。对一个实际的载荷时间历程，取一垂直向下的纵坐标轴表示时间，横坐标轴表示载荷。这样载荷-时间历程形同一座宝塔，雨点以峰值、谷值为起点向下流动，根据雨点向下流动的迹线，确定载荷循环，这就是雨流法（或称塔顶法）名称的由来。其计数规则如下。

1) 雨流的起点依次在每个峰（谷）值的内侧开始。

2) 雨流在下一个峰（谷）值处落下，直到对面有一个比开始时的峰（谷）值更大（更小）值为止。

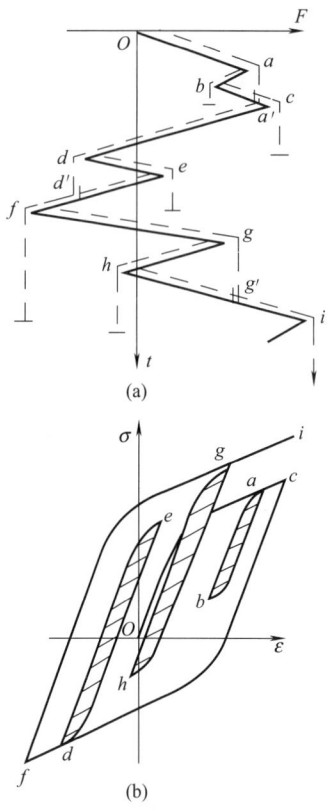

图 28-1-3 雨流法计数原理图

收敛的载荷谱,如图 28-1-4(a)所示,按上述雨流法规则无法继续计数。如把它改造一下使之变成一个收敛-发散谱后,如图 28-1-4(b)所示,就可继续用雨流法计数,这就是雨流法计数第二阶段。

图 28-1-4(a)为一发散-收敛谱,从最高峰值 a_1 或最低谷值 b_1 处截成两段,使左段起点 b_n 和右段末点 a_n 相连接,构成如图 28-1-4(b)那样的收敛-发散谱,则继续用雨流法计数直到完毕。

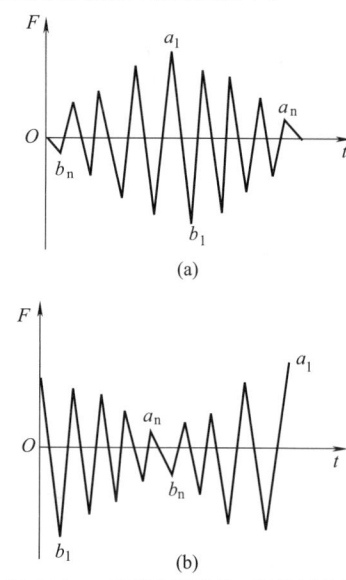

图 28-1-4 雨流法计数第二阶段原理图

3) 当雨流遇到来自上面屋顶流下的雨时就停止。

4) 取出所有的全循环,并记下各自的振程。

5) 按正、负斜率取出所有的半循环,并记下各自的振程。

6) 把取出的半循环按雨流法第二阶段计数法则处理并计数。

根据上述规则,图 28-1-3(a)中的第 1 个雨流应从 O 点开始,流到 a 点落下,经 b 与 c 之间的 a' 点继续流到 c 点落下,最后停止在比谷值 O 更小的谷值 d 的对应处。取出一个半循环 O-a-a'-c。第二个雨流从峰值 a 的内侧开始,由 b 点落下,由于峰值 c 比 a 大,故雨流停止于 c 的对应处,取出半循环 a-b。第三个雨流从 b 点开始流下,由于遇到来自上面的雨流 O-a-a',故止于 a' 点,取出半循环 b-a'。因 b-a' 与 a-b 构成闭合的应力-应变回线,则形成一个全循环 a'-b-a。依次处理,最后可以得到在图 28-1-3(a)所示的载荷-时间历程中三个全循环:a'-b-a,d'-e-d,g'-h-g 和三个半循环:O-a-a'-c,c-d-d'-f,f-g-g'-i。

图 28-1-3(b)是该载荷历程作用下的材料应力-应变回线,可见与雨流法计数所得结果是一致的。

一个实际的载荷时间历程,经过雨流法计数并取出全循环之后,剩下的半循环可能会构成一个发散-

除了雨流计数法以外,峰值计数法和幅值计数法相对更加便于应用。峰值计数法是把载荷-时间历程中的全部峰值和谷值都进行计数,统计每一级载荷的频次数,如图 28-1-5 所示。幅度计数法是对相邻的峰值和谷值的差值,或是一次循环中最大载荷与最小载荷的差值进行计数,统计出不同幅度(变程)的频次数,如图 28-1-6 所示。

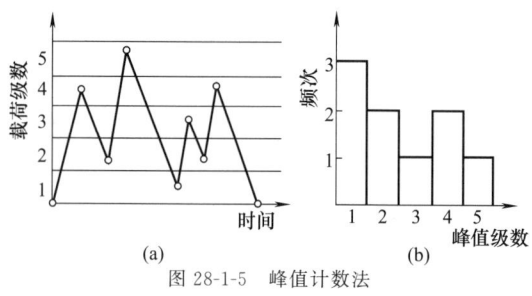

图 28-1-5 峰值计数法

1.2.3 载荷谱编制

由实际的载荷-时间历程简化成典型载荷谱的过程,称为"载荷谱编制",简称"编谱"。编谱时必须遵循损伤等效原则,即把一个连续的随机载荷对零件

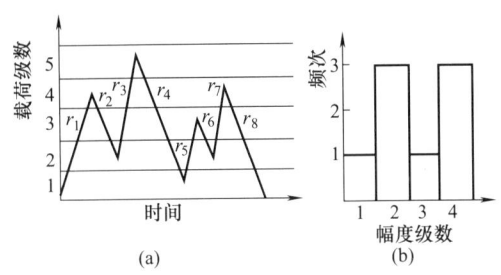

图 28-1-6 幅度计数法

所造成的损伤等量地反映出来。由于载荷谱具有典型性、集中性和概括性的特点,因而成为疲劳试验的基础,也是疲劳寿命估算的依据。

载荷谱有三种类型,即恒幅载荷谱、程序块载荷谱和随机载荷谱。恒幅载荷谱的最大值和最小值不随时间变化。程序块载荷谱以离散的变幅值的程序块代替连续的随机载荷。随机载荷谱是在频域中用人工制造的振动来合成实际载荷历程。恒幅载荷谱常用于材料疲劳性能试验,也用于疲劳分析方法的研究,以及用于比较结构疲劳性能的优劣。随机载荷谱比较严密精确,但要有专用的疲劳试验机,试验费用较高。程序块载荷谱没有考虑载荷顺序的影响,但试验费用较低。一般的编谱过程多指程序块载荷谱的编制。

载荷谱除以载荷-时间历程给出之外,机械工程中还常以力矩-时间历程、转矩-时间历程等形式给出。

1.2.3.1 累积频数曲线

累积频数曲线也叫载荷累积频数图。根据疲劳载荷进行雨流法循环计数,得到各级载荷出现的频数。如果子样的数量足够大,可以将统计结果以累积频数曲线表示出来,如图 28-1-7 中的光滑曲线。

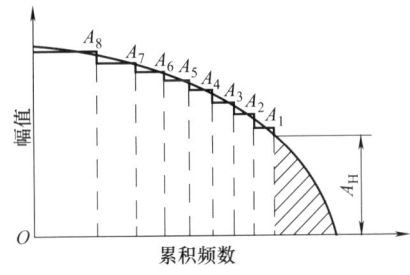

图 28-1-7 累积频数曲线

还可将载荷累积频数转化成概率密度函数,其均值及标准差都可求出。根据概率密度函数可写出相应的概率分布函数。正态分布函数和威布尔分布函数都可以用来描述疲劳载荷数据。

正态概率分布函数形式为

$$f(A)=\frac{1}{\sigma\sqrt{2\pi}}e^{-\frac{(A-\mu)^2}{2\sigma^2}} \quad (-\infty<A<\infty)$$

(28-1-10)

式中 A——幅值;

σ——母体标准差;

μ——母体均值。

威布尔概率分布函数形式为

$$f(A)=\frac{\beta}{\eta}\left(\frac{A-\gamma}{\eta}\right)^{\beta-1}e^{-\left(\frac{A-\gamma}{\eta}\right)^\beta} \quad (\gamma\leqslant A<\infty)$$

(28-1-11)

式中 γ——位置参数;

η——尺度参数;

β——形状参数。

实际工作中,由于受测试时间及费用等限制,一般情况下,人们只能实测整个机械寿命中很小一部分载荷-时间历程。在较短时间内测得的载荷-时间历程难以保证出现整个寿命中的最大载荷。因此,一般建议借助统计方法推算在 10^6 次载荷循环中会出现一次的最大载荷,并将此载荷作为整个寿命周期中的最大载荷。

当零件的工况比较复杂、不能用一种典型工况表示时,需要分别求出每种工况各自的累积频数,再将各种典型工况的累积频数相加,得到总累积频数,然后再将其扩充为含 10^6 次载荷循环的累积频数图。

1.2.3.2 载荷谱编制

编制载荷谱时,首先应确定一个包括所有状态的谱时间 T_S,即所编制的典型谱代表多少工作小时。其次应根据产品实际使用或计划使用情况,给出各种载荷状态在整个寿命期内所占的比例。据此推知在谱时间 T_S 内幅值发生的总频数。

在用雨流计数法处理载荷-时间历程的过程中,没有考虑载荷的作用顺序和载荷频率的影响。就所编制的程序载荷谱而言,载荷级数多少、载荷块大小以及加载顺序对疲劳寿命都有影响。为减小所编制的程序载荷谱所产生的这些影响,常把简化后的程序载荷谱的周期取得短一些,即把程序块的容量减小,块数增加,总周期不变。

通常采用 8 级载荷代表连续载荷谱,如图 28-1-7 所示。图中各级幅值 A_1、A_2、…、A_8 与最大幅值之比依次为 0.125、0.275、0.425、0.575、0.725、0.85、0.95、1。若程序块的重复次数为 k,总寿命为 N 次循环,则每个程序块的循环次数 n_i 应取为

$$n_i=\frac{N}{k}$$

(28-1-12)

为了减少加载顺序对计算或试验结果的影响,必

须使程序块多次重复，一般应在试样或零件寿命周期内重复 10~20 次。每个程序块中各级幅值次数占比由雨流计数法得到。

用 8 级载荷可以组成各种加载程序，常用的加载顺序有 4 种，如图 28-1-8 所示。

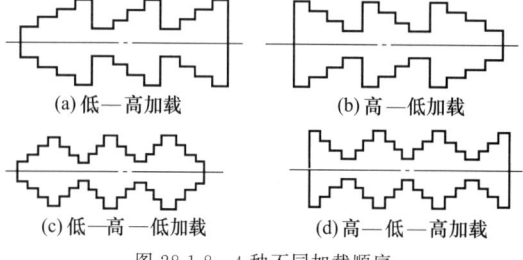

图 28-1-8　4 种不同加载顺序

试验结果表明：低－高加载试样寿命偏长；高－低加载试样寿命偏短，后 2 种加载方式接近随机加载情况。

1.2.3.3　应用举例

编谱步骤：首先将连续载荷时间历程变成由峰谷值表征的离散载荷时间历程，再用循环计数法获得载荷幅值的统计数据并进行分组，一般情况下可分成 10~20 组为宜。然后求出每组中载荷出现的频数 n、频率 $f=n/N_0$，累积频数 N，累积频率 F，其中 N_0 为整个载荷历程中的载荷总数。最后得到载荷频数曲线。有了载荷频数曲线就可以根据情况编制各种形式的载荷谱。

将实测的一段载荷时间历程进行离散化处理，离散后的载荷数据：整个载荷历程峰谷值总数 $N_0=1399$，最大载荷 $P_{max}=1300$N，最小载荷 $P_{min}=0$。将载荷值分成 13 组，将雨流计数后的数据进行统计，得到各组中载荷循环的频数 n、频率 f、累积频数 N 和累积频率 F，列于表 28-1-1 中。

以载荷为纵坐标，累积频数为横坐标（对数坐标），拟合数据得到累积频数曲线，如图 28-1-9 中曲线 AB 所示。

外推累积频数曲线的作法：首先将测得的累积频数曲线 AB 向右平移至 $A'B'$，使 B' 点的横坐标 $N=10^6$，如图 28-1-9 所示。其次确定外推后的累积频率曲线的最大载荷 P'_{max}，曲线连接纵坐标上的 P'_{max} 点与 A' 点，则曲线 $P'_{max}A'B'$ 即为所求的外推累积频率曲线。其中 P'_{max} 的计算公式为：

$$P'_{max} = P_{max}\left(\frac{\lg N_{02}}{\lg N_{01}}\right)^{\frac{1}{n}} \quad (28\text{-}1\text{-}13)$$

式中　P_{max}——统计得到的最大载荷；
　　　N_{02}——扩展后的循环数；
　　　N_{01}——统计的累积次数；

n——载荷块数，本例取 $n=8$。

则得：

$$P'_{max} = 1200\left(\frac{\lg 10^6}{\lg 1339}\right)^{\frac{1}{8}} = 1301.1(\text{N})$$

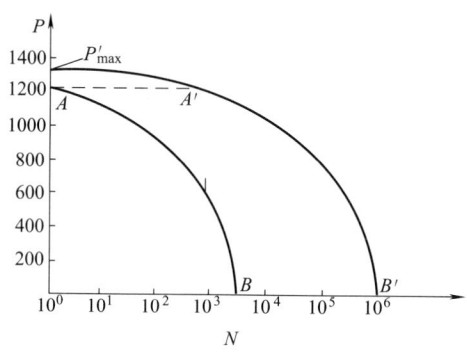

图 28-1-9　扩展累积频数曲线

表 28-1-1　载荷数据

序号	组别	n	f	N	F
1	1200~	2	0.0014	2	0.0014
2	1100~	4	0.0029	6	0.0043
3	1000~	98	0.0701	104	0.0744
4	900~	60	0.0429	164	0.1173
5	800~	35	0.0250	199	0.1428
6	700~	70	0.0500	269	0.1923
7	600~	17	0.0122	286	0.2045
8	500~	70	0.0500	356	0.2545
9	400~	91	0.0650	447	0.3195
10	300~	116	0.0829	563	0.4024
11	200~	129	0.0922	692	0.4946
12	100~	155	0.1106	847	0.6054
13	0~	522	0.3946	1399	1.0000

注：最大载荷是 1300N，所以"1200~"表示 1200~1300N，"1100~"表示 1100~1200N，以此类推，"0~"表示 0~100N。算例中所用公式只适用于本算例，是否可以推广待试证。

1.3　材料疲劳性能

进行疲劳强度设计时，必不可少的是反映材料抗疲劳性能的"循环应力-寿命曲线"，该曲线以疲劳寿命（循环应力作用下发生破坏时的循环数）N 为横坐标，以对试样施加的循环应力水平为纵坐标。一般情况下，弯曲应力、拉伸（压缩）应力用 σ 表示，扭转应力用 τ 表示，应变用 ε 表示，亦即实际试验作出的是 σ-N 曲线、τ-N 曲线或 ε-N 曲线。由于"应力"和"应变"在英文字母中首字母都是"S"，所以这三种曲线统称为 S-N 曲线。

传统的材料应力-寿命曲线一般是在旋转弯曲疲

劳试验机上，用标准试样试验得到的，现在则多用拉压疲劳试验机。图 28-1-10 是用光滑试样在控制应力的试验条件下得到的典型的 S-N 曲线。

从图中曲线可以看出，每一个应力都有一相应的失效循环次数，即相应的疲劳寿命。曲线的水平部分见图 28-1-10（a），在不大于该应力水平下材料经无限次应力循环也不会发生疲劳失效。与此对应的最大应力表示光滑试样对称循环应力条件下的疲劳极限，用 σ_{-1} 表示。若材料的 S-N 曲线有一水平的渐近线，其纵坐标即为疲劳极限 σ_{-1}。一般规定：钢试样经过 10^7 循环仍不破坏时，就认为它可以承受无限次循环。有些材料的 S-N 曲线没有水平部分，见图 28-1-10（b），常以一定的循环数（如 2×10^7 或 10^8）下的应力作为疲劳极限。在 S-N 曲线上，小于 10^7 次循环的点所对应的最大应力，称为材料在该循环数下的条件疲劳极限。

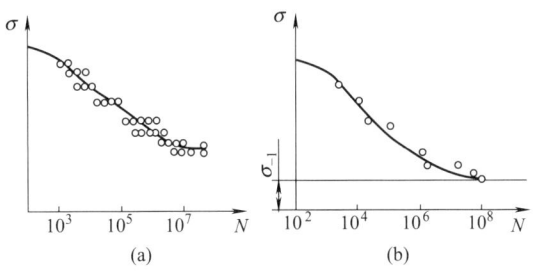

图 28-1-10 典型的 S-N 曲线

1.4 疲劳损伤累积效应与法则

当材料或零件承受高于疲劳极限的应力时，每一循环都使材料产生一定量的损伤，即材料性能或微观结构的变化。在循环载荷作用下，疲劳损伤会不断累积，当损伤累积到临界值时发生疲劳破坏，这就是疲劳损伤累积概念。

在循环应力作用下，疲劳损伤过程是在结构局部高应力或有缺陷的部位形成微裂纹，并逐渐扩展，直至断裂。

疲劳累积损伤理论，归纳起来可分为两大类。

1) 线性疲劳累积损伤理论。材料在各个应力下的疲劳损伤是独立的，总损伤可以线性地累加起来。其中最有代表性的是帕姆格伦-迈因纳（Palmgren-Miner）理论，简称迈因纳理论或 Miner 损伤法则。

2) 非线性疲劳累积损伤理论。基于载荷历程和损伤之间存在着相互作用，即在某应力下产生的损伤与前面应力作用的水平和次数有关。这一理论的代表是科尔顿和多兰（Corten & Dolan）理论。

线性累积损伤理论，包括相对线性损伤理论，特别是 Miner 理论，形式简单、使用方便，在工程中得到了广泛的应用。

1.4.1 线性疲劳累积损伤（Miner）法则

线性疲劳累积损伤理论认为，材料在各个应力下的疲劳损伤是独立进行的，并且总损伤可以线性地累加起来。

图 28-1-11 为疲劳损伤线性累积示意图。图 28-1-11 (a) 为应力历程，图 28-1-11 (b) 为 S-N 曲线。

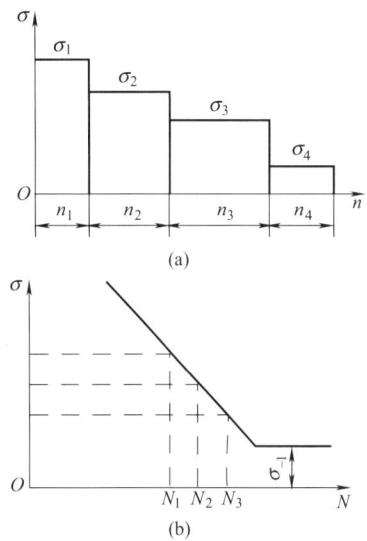

图 28-1-11 疲劳损伤线性累积示意图

应力 σ_1 作用 n_1 次，在该应力水平下材料达到破坏的总循环次数为 N_1。设 D 为最终断裂时的损伤临界值，根据线性疲劳累积损伤理论，应力 σ_1 每作用一次对材料的损伤为 D/N_1，经 n_1 次循环作用后，σ_1 对材料的总损伤为 n_1D/N_1。仅有 σ_2 作用时，材料发生破坏的应力循环数为 N_2，应力 σ_2 每循环一次对材料的损伤为 D/N_2，经 n_2 次循环后，σ_2 对材料的总损伤应为 n_2D/N_2。依此类推，应力 σ_3，循环作用 n_3 次，对材料造成的总损伤为 n_3D/N_3。应力 σ_4 小于材料疲劳极限 σ_{-1}，它可以作用无限次循环而不引起材料疲劳损伤，计算中可以不予考虑。

当各级应力对材料的损伤总和达到临界值 D 时，材料即发生破坏。用公式表示为

$$\frac{n_1 D}{N_1} + \frac{n_2 D}{N_2} + \frac{n_3 D}{N_3} = D$$

或写成

$$\frac{n_1}{N_1} + \frac{n_2}{N_2} + \frac{n_3}{N_3} = 1$$

上面的关系式推广到更普遍的情况时，即有

$$\frac{n_1}{N_1}+\frac{n_2}{N_2}+\cdots+\frac{n_n}{N_n}=1$$

或写成

$$\sum_{i=1}^{n}\frac{n_i}{N_i}=1 \qquad (28\text{-}1\text{-}14)$$

式（28-1-14）称为线性疲劳累积损伤方程式。Miner 理论与试验结果并不完全相符合。这是因为疲劳损伤的累积不但决定于当前的应力状况，而且还和过去作用的应力历史有关。另外，加载顺序对损伤有明显影响。先作用高应力还是先作用低应力，所得结果不一样。因而使得式（28-1-14）的右边不等于 1。

1.4.2 相对 Miner 法则

由于上述的 Miner 法则没有考虑载荷顺序的复杂影响，有时误差很大。相对 Miner 法则一方面保留了 Miner 法则中第一个假设，即线性疲劳累积假设，另一方面又避开了累积损伤 $a=1$ 的第二个假设，其数学表达式为

$$N_A = N_B \frac{\left(\sum \frac{n_i}{N_i}\right)_B}{\left(\sum \frac{n_i}{N_i}\right)_A} \qquad (28\text{-}1\text{-}15)$$

式中　N_A——载荷谱 A 作用下估算的疲劳寿命；
　　　N_B——载荷谱 B 作用下估算的疲劳寿命；
　　　$\left(\sum \frac{n_i}{N_i}\right)_A$——载荷谱 A 的计算累积损伤；
　　　$\left(\sum \frac{n_i}{N_i}\right)_B$——载荷谱 B 的计算累积损伤。

式（28-1-15）表明，只要两个谱的载荷历程相似，则两个谱的寿命之比等于它们的累积损伤之比的倒数。

使用相对 Miner 法则的关键是确定相似谱 B。其中有两点假设：①相似谱 B 的主要峰谷顺序应和计算谱 A 相近或相同；②相似谱 B 的主要峰谷大小和计算谱 A 成比例或近似成比例，比例因子最好接近 1。

用相对 Miner 法则计算和试验结果比较可见，能大幅度消除 Miner 法则计算数值引起的误差，提高其计算精度。

1.5　平均应力修正

对于非对称循环疲劳的平均应力影响，可以采用比较成熟的平均应力修正公式，例如 Gerber 公式、Goodman 公式和 Soderberg 公式等。

格伯（Gerber）公式：

$$\frac{\sigma_a}{\sigma_{-1}}+\left(\frac{\sigma_m}{R_m}\right)^2=1 \qquad (28\text{-}1\text{-}16)$$

古德曼（Goodman）公式：

$$\frac{\sigma_a}{\sigma_{-1}}+\frac{\sigma_m}{R_m}=1 \qquad (28\text{-}1\text{-}17)$$

索德倍尔格（Soderberg）公式：

$$\frac{\sigma_a}{\sigma_{-1}}+\frac{\sigma_m}{R_{eL}}=1 \qquad (28\text{-}1\text{-}18)$$

第 2 章 疲劳失效影响因素与提高疲劳强度的措施

2.1 应力集中效应

2.1.1 应力分布及材料对应力集中的敏感性

在零件几何形状变化处，如轴肩、沟槽、横孔、键槽等，零件的应力分布不均匀，局部应力远大于名义应力的现象称为应力集中效应。

图 28-2-1 表示受拉宽板上圆孔附近的应力分布。通过孔中心的横截面上的轴向应力 σ_y 和横向应力 σ_x 分别为：

$$\frac{\sigma_y}{\sigma_n} = 1 + 0.5\left(\frac{r}{x}\right)^2 + 1.5\left(\frac{r}{x}\right)^4 \quad (28\text{-}2\text{-}1)$$

$$\frac{\sigma_x}{\sigma_n} = 1.5\left(\frac{r}{x}\right)^2 - 1.5\left(\frac{r}{x}\right)^4 \quad (28\text{-}2\text{-}2)$$

式中 σ_n——名义应力；
σ_y——轴向应力；
σ_x——横向应力；
x——离孔中心的距离；
r——孔的半径。

图 28-2-1 (b) 表示 σ_y/σ_n 和 σ_x/σ_n 随 x/r 变化的曲线。可以看出，孔边上的应力 σ_y 为名义应力的三倍，且 σ_y 值随着离孔边距离的增大而迅速降低。

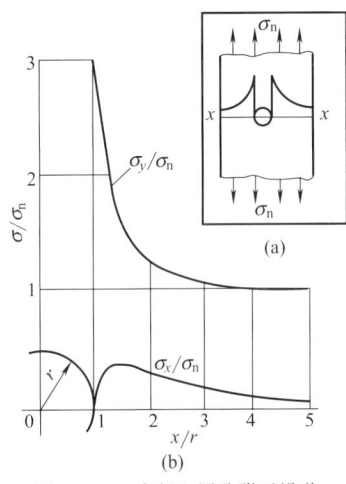

图 28-2-1 宽板上圆孔附近沿着 $x-x$ 截面的应力分布

在材料的弹性范围内，最大局部应力 σ_{max} 与名义应力 σ_n 的比值 α_σ，称为理论应力集中系数，即

$$\alpha_\sigma = \frac{\sigma_{max}}{\sigma_n} \quad (28\text{-}2\text{-}3)$$

剪应力的理论应力集中系数定义为：

$$\alpha_\tau = \frac{\tau_{max}}{\tau_n} \quad (28\text{-}2\text{-}4)$$

理论应力集中系数的大小，一般不能作为由于存在局部峰值应力而使疲劳强度降低的指标。应力集中区的局部峰值应力常超过屈服点，使部分材料产生塑性变形，从而使应力重新分配。应力集中对零部件疲劳强度的影响不仅取决于其几何形状，而且还与材料性质以及载荷类型等因素有关。

在循环应力条件下，把实际衡量应力集中对疲劳强度影响的系数，称为有效应力集中系数 K_σ 或 K_τ。在载荷条件和绝对尺寸相同时，循环应力下的有效应力集中系数，等于光滑试样的疲劳极限与有应力集中试样的疲劳极限之比，即

$$K_\sigma = \frac{\sigma_{-1}}{(\sigma_{-1})_K} \text{ 或 } K_\tau = \frac{\tau_{-1}}{(\tau_{-1})_K} \quad (28\text{-}2\text{-}5)$$

式中 σ_{-1} 和 τ_{-1}——光滑试样对称循环弯曲（或拉压）的疲劳极限和对称循环扭转的疲劳极限；

$(\sigma_{-1})_K$ 和 $(\tau_{-1})_K$——有应力集中试样对称循环弯曲（或拉压）的疲劳极限和对称循环扭转的疲劳极限。

有效应力集中系数 K 总是小于理论应力集中系数 α。为了在数量上估计 K 与 α 之间的差别，引入了材料对应力集中的敏性系数 q，它们之间的关系为

对弯曲或拉压：$q_\sigma = \dfrac{K_\sigma - 1}{\alpha_\sigma - 1} \quad (28\text{-}2\text{-}6)$

对扭转：$q_\tau = \dfrac{K_\tau - 1}{\alpha_\tau - 1} \quad (28\text{-}2\text{-}7)$

或写成
$$\left. \begin{array}{l} K_\sigma = 1 + q_\sigma(\alpha_\sigma - 1) \\ K_\tau = 1 + q_\tau(\alpha_\tau - 1) \end{array} \right\} \quad (28\text{-}2\text{-}8)$$

如 $q_\sigma = 0$ 和 $q_\tau = 0$，则 $K_\sigma = 1$ 和 $K_\tau = 1$，表明材料对应力集中不敏感。如 $q_\sigma = 1$ 和 $q_\tau = 1$，则 $K_\sigma = \alpha_\sigma$ 和 $K_\tau = \alpha_\tau$，表明材料对应力集中十分敏感。q 值一般在 0～1 之间，在实际应用中，常设 $q_\sigma = q_\tau = q$。

敏性系数的统计参数，见表 28-2-1。
钢材的敏性系数 q，可查图 28-2-2。

2.1.2 理论应力集中系数

在一定的应力状态下，理论应力集中系数 α 是几

表 28-2-1　　　　　　材料的敏性系数 q 的统计数值（旋转弯曲疲劳试验）

材　料	热　处　理	R_m /MPa	应力比 r	理论应力集中系数 α_σ	敏性系数均值 q	敏性系数标准差 S_q
Q235	热轧	450	−1	2	0.5144	0.0171
20	900℃正火	463	−1	2	0.4489	0.0156
35	850℃正火	571	−1	2	0.4511	0.0191
45	850℃正火	576～624	−1	2	0.4811	0.0116
45	840℃淬火,560℃回火	710～759	−1	2	0.7332	0.0317
55	840℃淬火,600℃回火	834	−1	2	0.6348	0.0276
16Mn	热轧	533～586	−1	2	0.5798	0.0130
40Cr	850℃油淬,560℃回火	854～940	−1	2	0.6727	0.0343
35CrMo	850℃油淬,550℃回火	924	−1	2	0.7787	0.0342
40MnB	850℃油淬,500℃回火	970～1037	−1	2	0.5477	0.0208
42CrMo	850℃油淬,500℃回火	1134	−1	2	0.6094	0.0139
40CrNiMo	850℃油淬,580℃回火	1167	−1	2	0.7314	0.04686
	900℃正火,850℃油淬,520℃回火,油冷	933～1011	−1	2	0.4771	0.0121
40CrMnMo	850℃油淬,600℃回火	977	−1	2	0.1140	0.0491
55Si2Mn	880℃油淬,480℃回火	1866	−1	2	0.4778	0.0378
60Si2Mn	870℃油淬,460℃回火	1391	−1	2	0.5129	0.0467
30CrMnSiA	890℃油淬,510℃回火	1140	−1	2	0.74373	0.082636
65Mn	830℃油淬,380℃回火	1580	−1	2	0.5374	0.0184
50CrV	860℃油淬,400℃回火	1778	−1	2	0.5513	0.0191
18Cr2Ni4W	870℃油淬,200℃回火	1039	−1	2	0.5367	0.0242
20Cr2Ni4A	880℃油淬,780℃油淬,200℃回火	1483	−1	2	0.6867	0.0206
1Cr13	1050℃油淬,680℃回火	721	−1	2	0.6596	0.0288
2Cr13	1000℃油淬,700℃回火	773	−1	2	0.7895	0.0397
ZG230-450	900℃正火	543	−1	2	0.3080	0.0132
ZG20SiMn	910℃正火,炉冷到520℃,空冷	516	−1	2	0.4001	0.0108
ZG1Cr13	950℃退火,850℃正火	754	−1	2	0.6011	0.0445
QT400-18	900℃退火	433	−1	2	0.1869	0.00561
QT600-3	910℃退火	759	−1	2	0.4741	0.0213
QT700-2	900℃正火	754	−1	2	0.6059	0.0303
QT800-2	900℃正火	858	−1	2	0.7109	0.0390

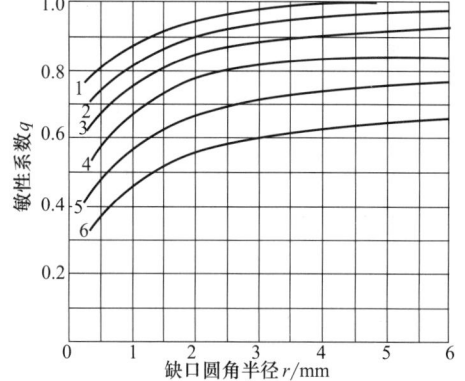

图 28-2-2　钢的应力集中敏性系数与材料的力学性能和缺口圆角半径的关系

1—$R_m=1300$MPa；2—$R_m=1200$MPa；3—$R_m=1000$MPa；4—$R_m=800$MPa；5—$R_m=600$MPa；6—$R_m=400$MPa

何参数，仅由零件的几何形状决定。假设材料是各向同性均匀的，在材料的弹性极限范围内，局部最大应力 σ_{max}（τ_{max}）可以用弹性力学解析法、光弹法或有限元法求得，从而得到不同几何形状的试样在不同载荷下的理论应力集中系数。

2.1.3　有效应力集中系数

求有效应力集中系数有两种方法：一是直接用零部件在特定材料及形状下试验求得；另一种是按照式 (28-2-8) 的关系，由零件的几何形状查得相应的理论应力集中系数 α，当该材料与有关尺寸确定的敏性系数 q 已知时，即可求得有效应力集中系数。前者最能表征实际情况，所以在疲劳强度设计中，应尽可能采用。

某些典型的零件结构的有效应力集中系数如图 28-2-3～图 28-2-33 及表 28-2-2、表 28-2-3 所示。

2.1.3.1　带台肩圆角的机械零件的有效应力集中系数

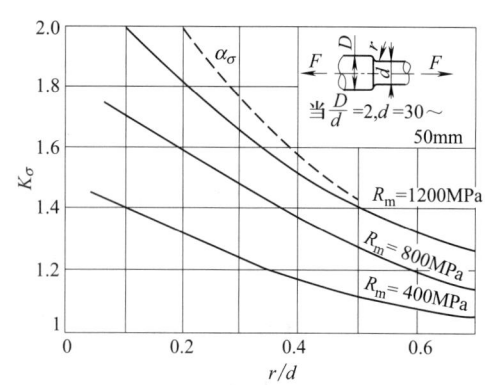

图 28-2-3　阶梯钢轴的对称拉压的有效应力集中系数（实线）

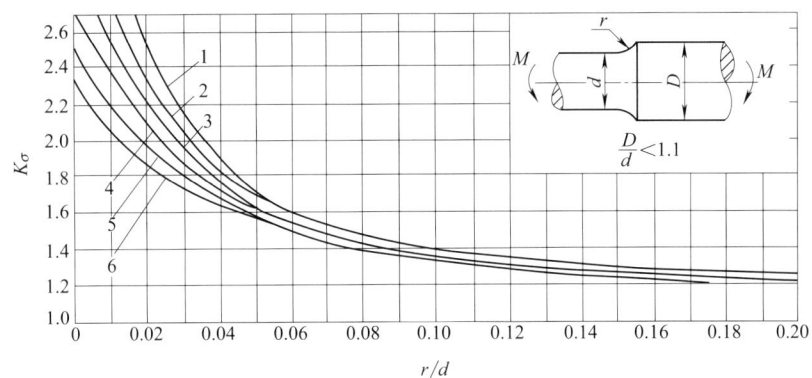

图 28-2-4　阶梯钢轴的弯曲的有效应力集中系数

1—$R_m \geqslant 1000$MPa；2—$R_m=900$MPa；3—$R_m=800$MPa；4—$R_m=700$MPa；5—$R_m=600$MPa；6—$R_m \leqslant 500$MPa

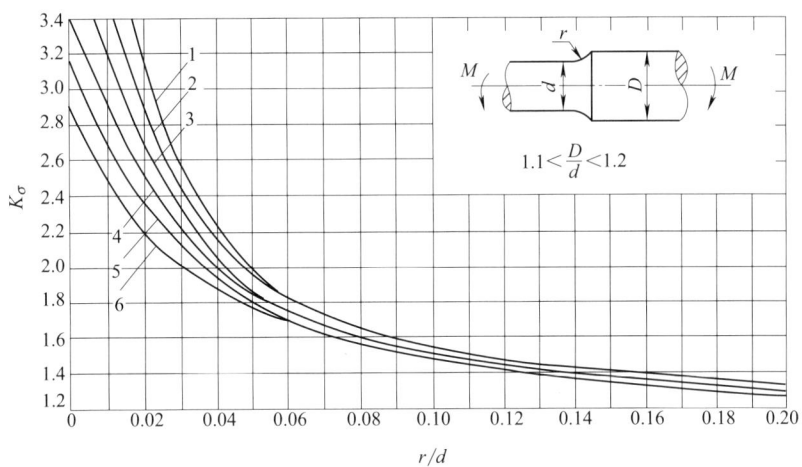

图 28-2-5　阶梯钢轴的弯曲的有效应力集中系数

1—$R_m \geqslant 1000$MPa；2—$R_m=900$MPa；3—$R_m=800$MPa；4—$R_m=700$MPa；5—$R_m=600$MPa；6—$R_m \leqslant 500$MPa

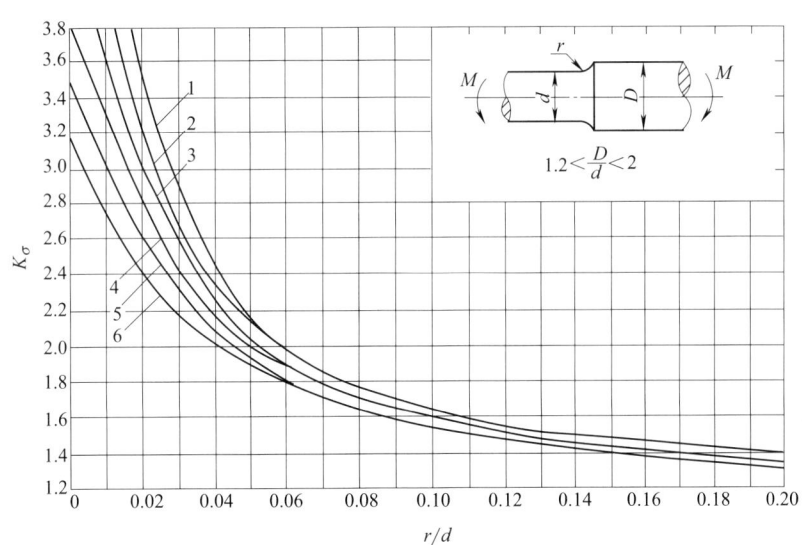

图 28-2-6　阶梯钢轴的弯曲的有效应力集中系数

1—$R_m \geqslant 1000$MPa；2—$R_m=900$MPa；3—$R_m=800$MPa；4—$R_m=700$MPa；5—$R_m=600$MPa；6—$R_m \leqslant 500$MPa

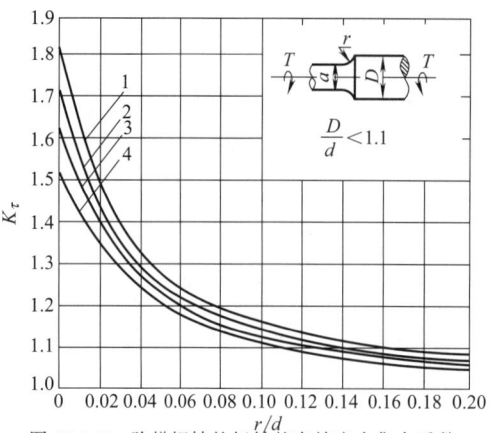

图 28-2-7 阶梯钢轴的扭转的有效应力集中系数
1—$R_m \geqslant 1000$MPa；2—$R_m = 900$MPa；
3—$R_m = 800$MPa；4—$R_m \leqslant 700$MPa

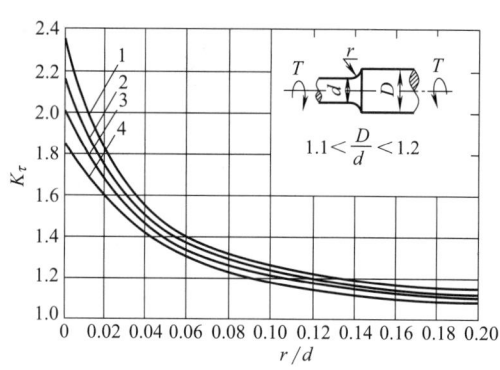

图 28-2-8 阶梯钢轴的扭转的有效应力集中系数
1—$R_m \geqslant 1000$MPa；2—$R_m = 900$MPa；
3—$R_m = 800$MPa；4—$R_m \leqslant 700$MPa

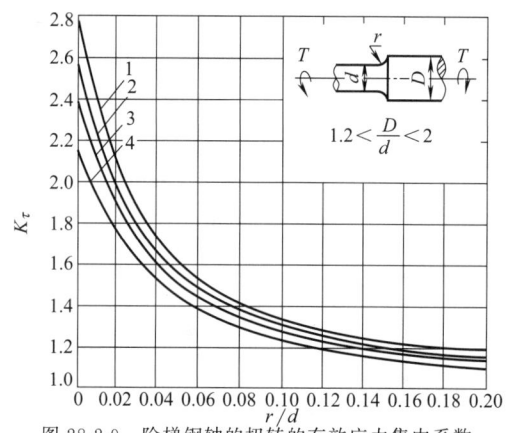

图 28-2-9 阶梯钢轴的扭转的有效应力集中系数
1—$R_m \geqslant 1000$MPa；2—$R_m = 900$MPa；3—$R_m = 800$MPa；4—$R_m \leqslant 700$MPa

2.1.3.2 带沟槽的机械零件的有效应力集中系数

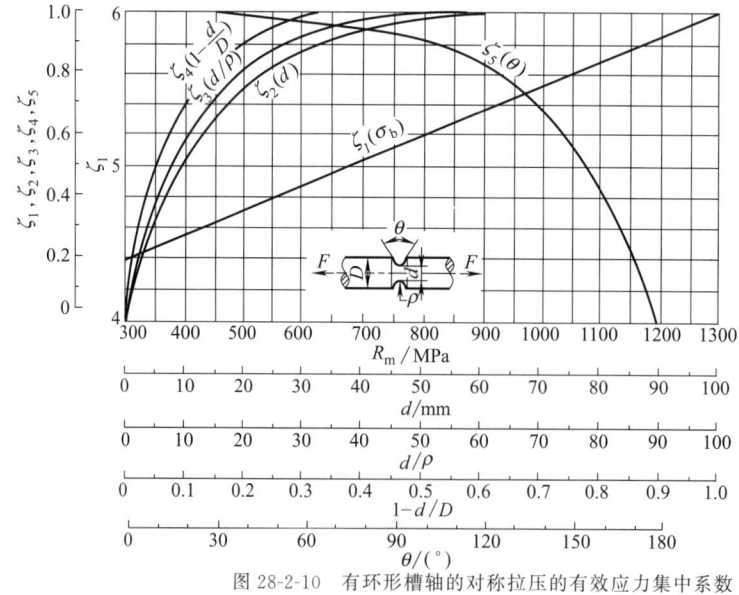

计算公式：

$K_\sigma = 1 + \zeta_1 \zeta_2 \zeta_3 \zeta_4 \zeta_5$

$\zeta_1 = 3.9 + 0.0016 R_m$

$\zeta_2 = 1 - e^{-0.07d}$

$\zeta_3 = 1 - e^{-0.082(d/\rho)}$

$\zeta_4 = 1 - e^{-12\left(1 - \frac{d}{D}\right)}$

$\zeta_5 = 1 - e^{-1.7(\pi - \theta)}$

图 28-2-10 有环形槽轴的对称拉压的有效应力集中系数

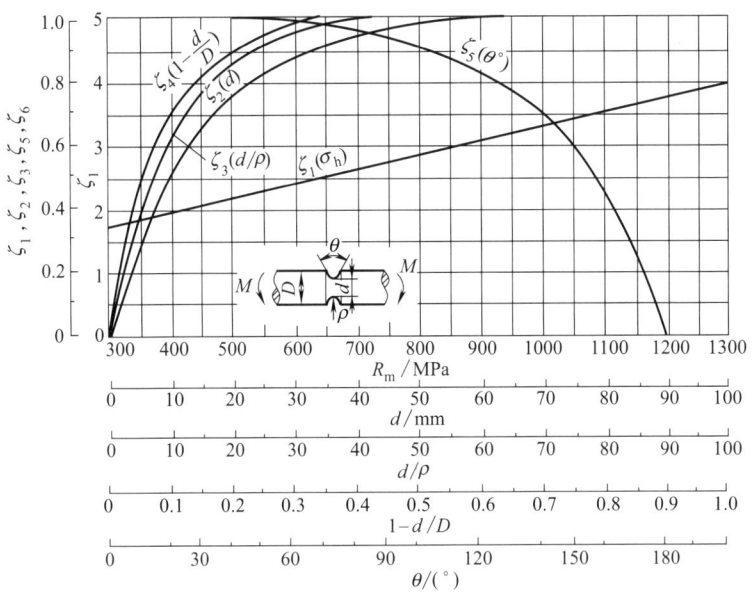

图 28-2-11 有环形槽轴的旋转弯曲的有效应力集中系数

计算公式：
$K_\sigma = 1 + \zeta_1 \zeta_2 \zeta_3 \zeta_4 \zeta_5$
$\zeta_1 = 1.1 + 0.0022 R_m$
$\zeta_2 = 1 - e^{-0.07d}$
$\zeta_3 = 1 - e^{-0.095(d/\rho)}$
$\zeta_4 = 1 - e^{-12(1-\frac{d}{D})}$
$\zeta_5 = 1 - e^{-1.7(x-\theta)}$

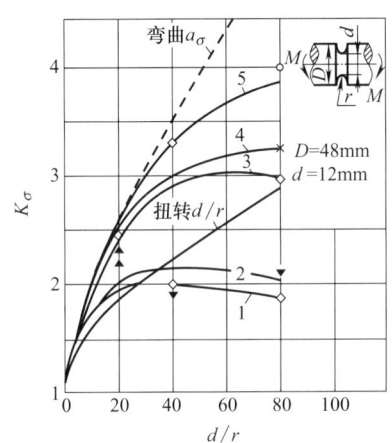

图 28-2-12 有环形深槽钢轴的旋转弯曲的有效应力集中系数（虚线为理论应力集中系数）
1—$w_C=0.25\%$；2—$w_C=0.38\%$；3—$w_C=0.75\%$；4—Ni-Cr 钢；5—Ni-Cr 钢

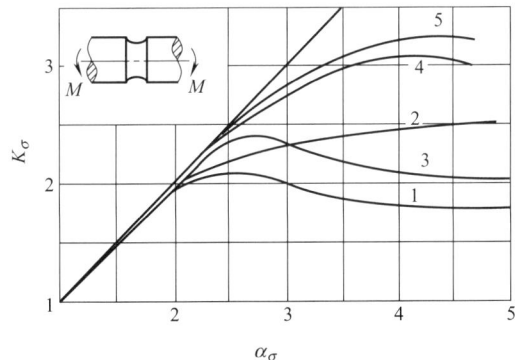

图 28-2-13 有环形槽钢轴的旋转弯曲的有效应力集中系数
1—$w_C=0.22\%$；2—$w_C=0.25\%$；3—$w_C=0.38\%$；4—$w_C=0.76\%$；5—$w_{Ni}=2.8\%$，$\omega_{Cr}=0.7\%$

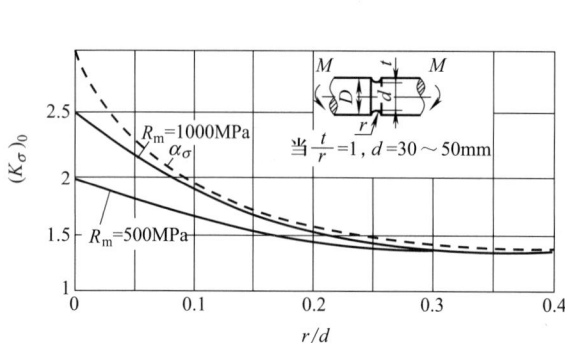
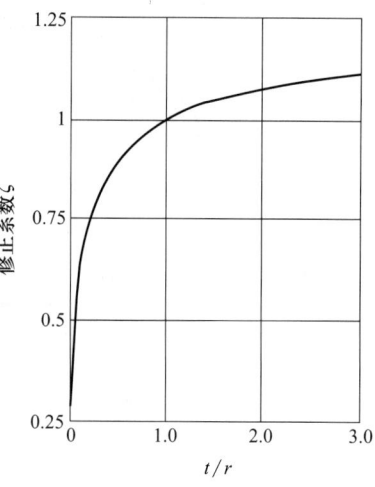

(a) 有环形槽钢轴(当 $\frac{t}{r}=1$ 时)的对称弯曲的有效应力集中系数
(虚线为理论应力集中系数)

(b) 有环形槽钢轴(当 $\frac{D}{d}<2$ 时)的有效应力集中系数的修正系数 ζ

当 $\frac{t}{r}\neq1$ 时的有效应力集中系数的计算式为

$$K_\sigma = 1 + \zeta[(K_\sigma)_0 - 1]$$

图 28-2-14 有环形槽钢轴的对称弯曲的有效应力集中系数

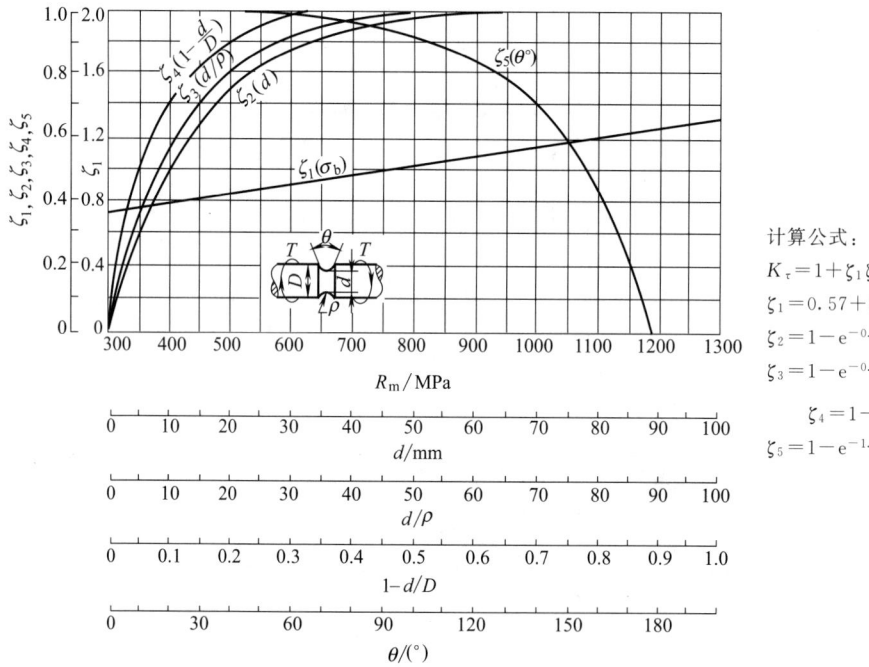

计算公式：
$K_\tau = 1 + \zeta_1\zeta_2\zeta_3\zeta_4\zeta_5$
$\zeta_1 = 0.57 + 0.00057 R_m$
$\zeta_2 = 1 - e^{-0.07d}$
$\zeta_3 = 1 - e^{-0.082(d/\rho)}$
$\zeta_4 = 1 - e^{-12\left(1-\frac{d}{D}\right)}$
$\zeta_5 = 1 - e^{-1.7(x-\theta)}$

图 28-2-15 有环形槽钢轴的对称扭转的有效应力集中系数

2.1.3.3 开孔的机械零件的有效应力集中系数

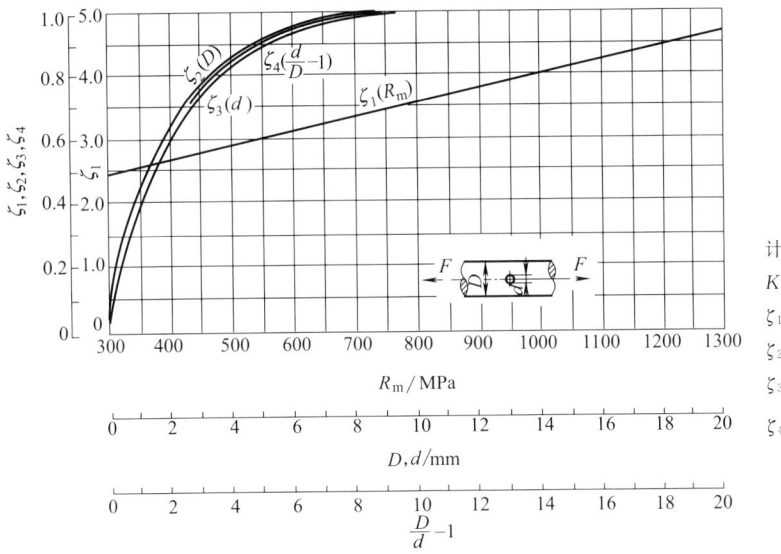

计算公式：
$K_\sigma = 1 + \zeta_1 \zeta_2 \zeta_3 \zeta_4$
$\zeta_1 = 1.8 + 0.0022 R_m$
$\zeta_2 = 1 - e^{-0.5D}$
$\zeta_3 = 1 - e^{-0.46d}$
$\zeta_4 = 1 - e^{-0.465 \left(\frac{D}{d} - 1\right)}$

图 28-2-16 有横孔钢轴的对称拉压的有效应力集中系数

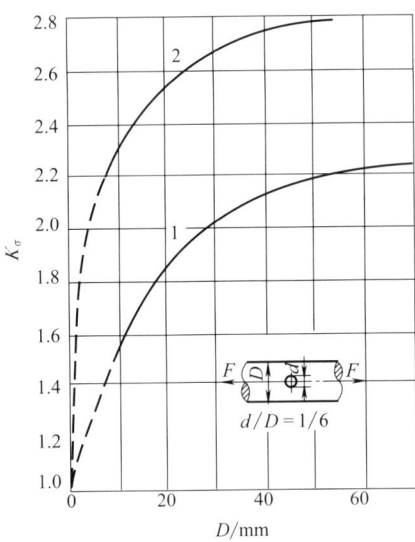

图 28-2-17 有横孔钢轴的拉压的
有效应力集中系数
1—$w_C = 0.07\%$ 低碳钢，$R_m = 330 \mathrm{MPa}$；
2—Ni-Cr-Mo 钢（$w_C = 0.43\%$，$w_{Ni} = 2.64\%$，
$w_{Cr} = 0.75\%$，$w_{Mn} = 0.65\%$，
$w_{Mo} = 0.58\%$，$w_V = 0.05\%$）

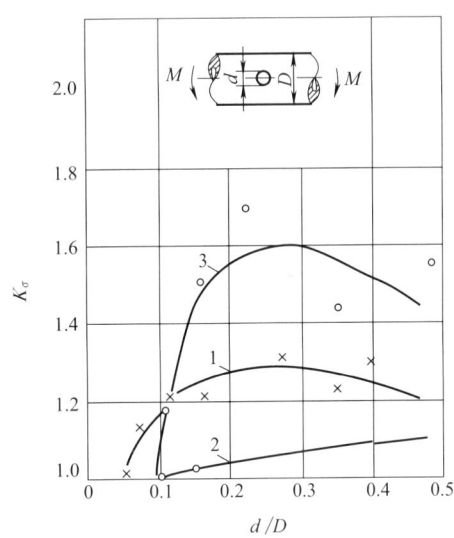

图 28-2-18 有横孔的空心铸铁圆管的
旋转弯曲的有效应力集中系数
1—球墨铸铁，$D = 23 \mathrm{mm}$；2—孕育
铸铁，$D = 12 \mathrm{mm}$；
3—孕育铸铁，$D = 23 \mathrm{mm}$（铁素体包围着片
状石墨的铸铁称孕育铸铁）

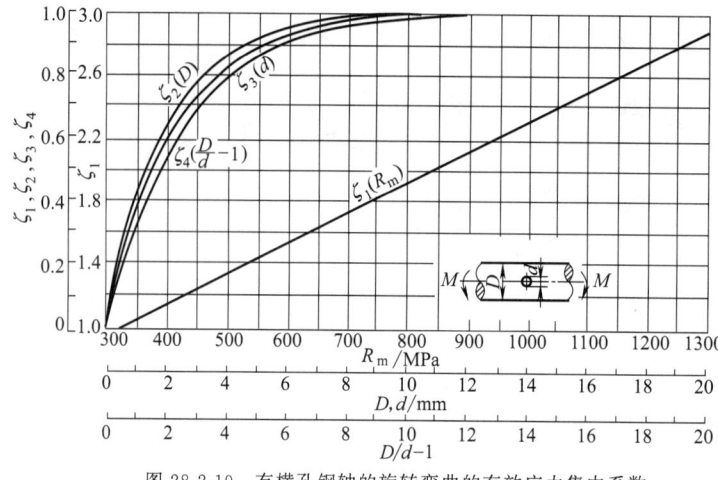

图 28-2-19　有横孔钢轴的旋转弯曲的有效应力集中系数

计算公式：$K_\sigma = 1 + \zeta_1 \zeta_2 \zeta_3 \zeta_4$
$\zeta_1 = 0.4 + 0.0019 R_m$
$\zeta_2 = 1 - e^{-0.5D}$
$\zeta_3 = 1 - e^{-0.4d}$
$\zeta_4 = 1 - e^{-0.45\left(\frac{D}{d}-1\right)}$

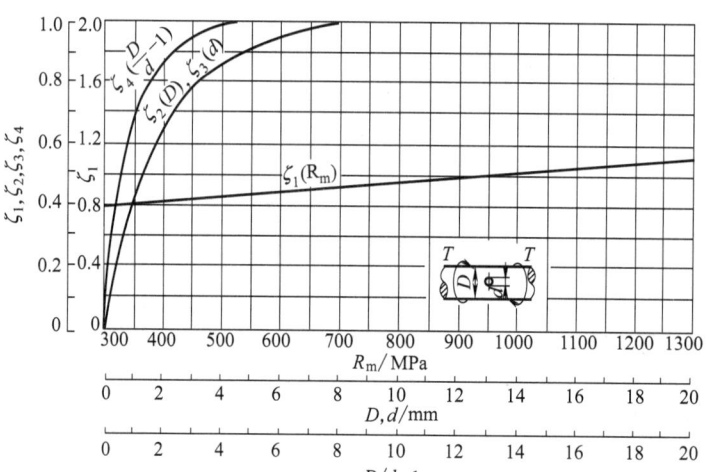

图 28-2-20　有横孔的钢轴的对称扭转的有效应力集中系数

计算公式：$K_\tau = 1 + \zeta_1 \zeta_2 \zeta_3 \zeta_4$
$\zeta_1 = 0.68 + 0.00034 R_m$
$\zeta_2 = 1 - e^{-0.5D}$
$\zeta_3 = 1 - e^{-0.5d}$
$\zeta_4 = 1 - e^{-\left(\frac{D}{d}-1\right)}$

2.1.3.4　其他常用零件的有效应力集中系数

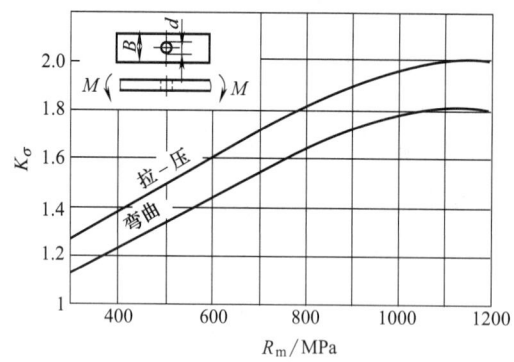

图 28-2-21　有孔钢板的有效应力集中系数

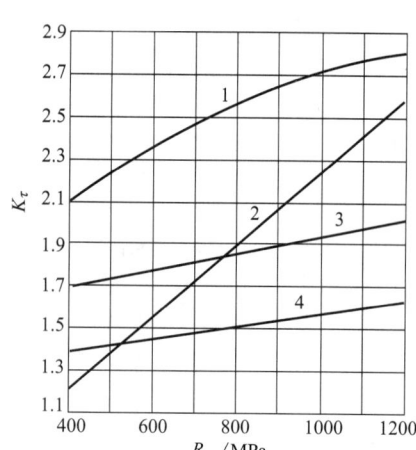

图 28-2-22　有键槽、横孔的钢轴扭转的有效应力集中系数
1—矩形花键；2—渐开线花键；3—键槽；4—横孔 $\frac{d}{D} = 0.05 \sim 0.25$

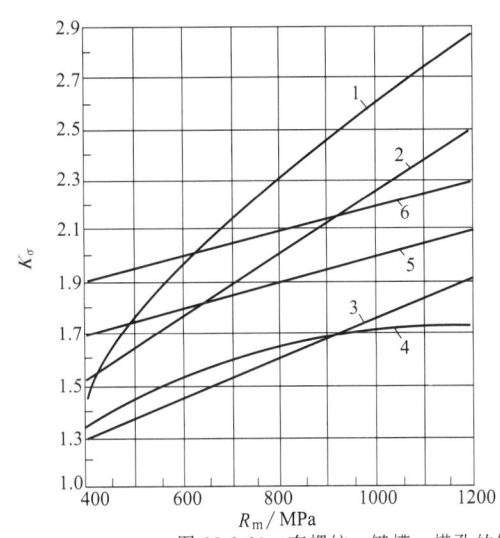
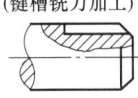
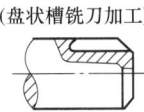
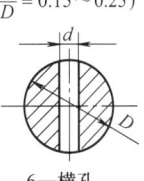

1—螺纹
2—键槽（键槽铣刀加工）
3—键槽（盘状槽铣刀加工）
4—花键
5—横孔 ($\frac{d}{D}=0.15\sim0.25$)
6—横孔 ($\frac{d}{D}=0.05\sim0.15$)

图 28-2-23 有螺纹、键槽、横孔的钢零件的弯曲（拉伸）的有效应力集中系数

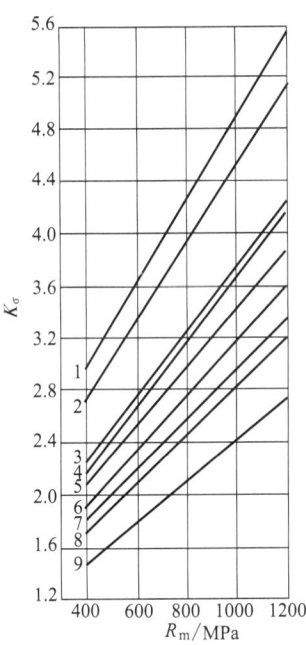

图 28-2-24 压力配合钢轴的弯曲的有效应力集中系数
1—过盈配合 $\frac{H7}{s6}$，$d>100$mm；
2—过盈配合 $\frac{H7}{s6}$，$d=50$mm；
3—过盈配合 $\frac{H7}{s6}$，$d=30$mm；
4—过盈配合 $\frac{H7}{r5}$，$d>100$mm；
5—过盈配合 $\frac{H7}{r5}$，$d=50$mm；
6—间隙配合 $\frac{H7}{h6}$，$d>100$mm；
7—间隙配合 $\frac{H7}{h6}$，$d=50$mm；
8—过盈配合 $\frac{H7}{r5}$，$d=30$mm；
9—间隙配合 $\frac{H7}{h6}$，$d=30$mm

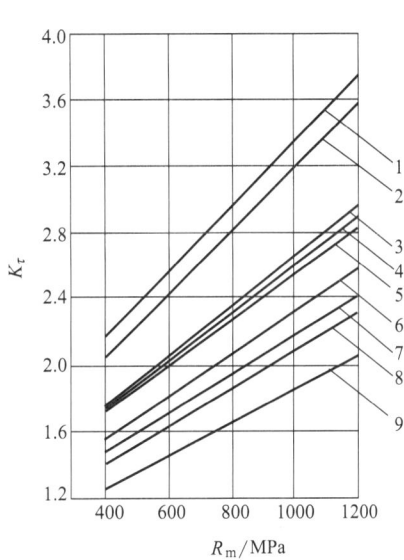

图 28-2-25 压力配合钢轴的扭转的有效应力集中系数
1—过盈配合 $\frac{H7}{s6}$，$d>100$mm；
2—过盈配合 $\frac{H7}{s6}$，$d=50$mm；
3—过盈配合 $\frac{H7}{s6}$，$d=30$mm；
4—过盈配合 $\frac{H7}{r5}$，$d>100$mm；
5—过盈配合 $\frac{H7}{r5}$，$d=50$mm；
6—间隙配合 $\frac{H7}{h6}$，$d>100$mm；
7—间隙配合 $\frac{H7}{h6}$，$d=50$mm；
8—过盈配合 $\frac{H7}{r5}$，$d=30$mm；
9—间隙配合 $\frac{H7}{h6}$，$d=30$mm

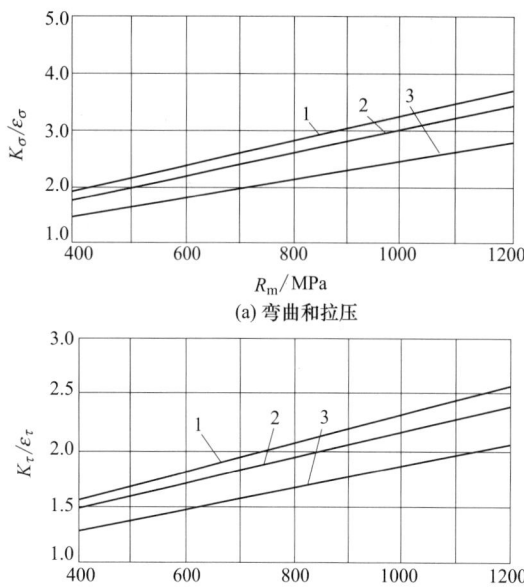

图 28-2-26　钢轴上配合件（间隙配合 $\dfrac{H7}{h6}$）的有效应力

集中系数与尺寸系数的比值

1—$d \geqslant 100$mm；2—$d = 50$mm；3—$d \leqslant 30$mm

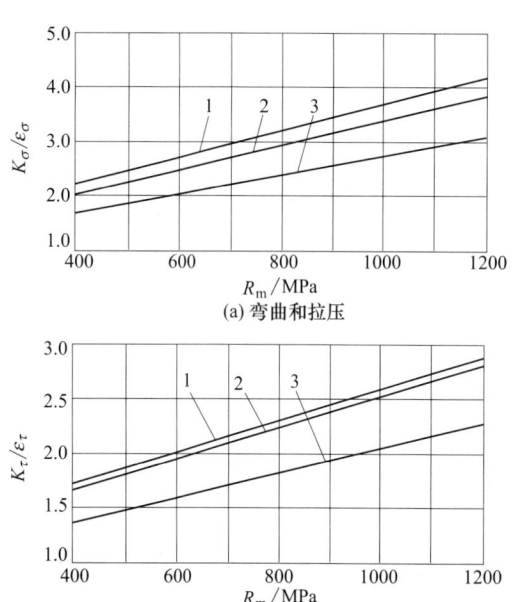

图 28-2-27　钢轴上配合件（过渡配合 $\dfrac{H7}{k6}$）的有效应力

集中系数与尺寸系数的比值

1—$d \geqslant 100$mm；2—$d = 50$mm；3—$d \leqslant 30$mm

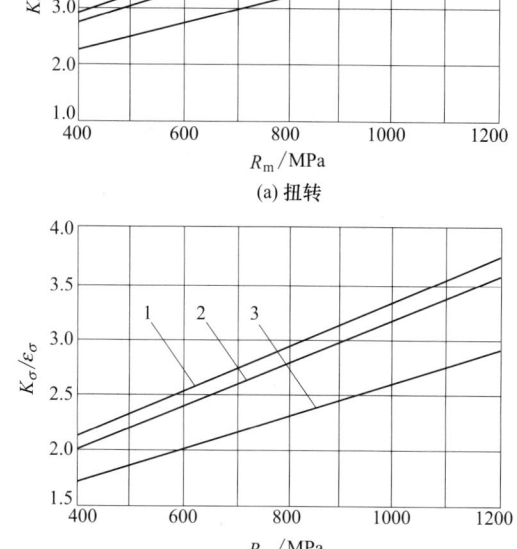

图 28-2-28　钢轴上配合件（过盈配合 $\dfrac{H7}{s6}$）的有效应力

集中系数与尺寸系数的比值

1—$d \geqslant 100$mm；2—$d = 50$mm；3—$d \leqslant 30$mm

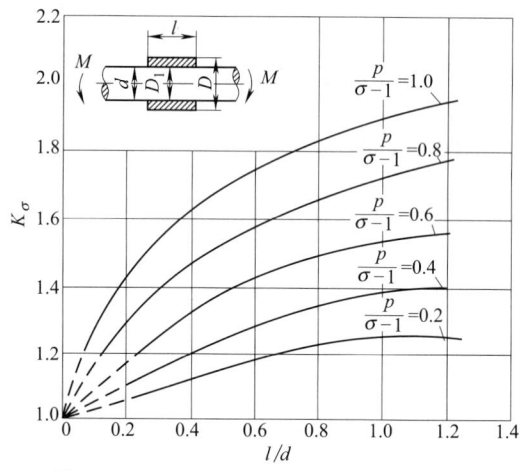

图 28-2-29　压入的过盈配合钢轴的弯曲的有效
应力集中系数

$$p = \dfrac{E(d-D_1)(D^2-d^2)}{2dD^2}$$

p—径向压力，MPa；E—弹性模量，MPa；

D_1—轴套的内径，mm；D—轴套的外径，mm；

d—轴的直径，mm

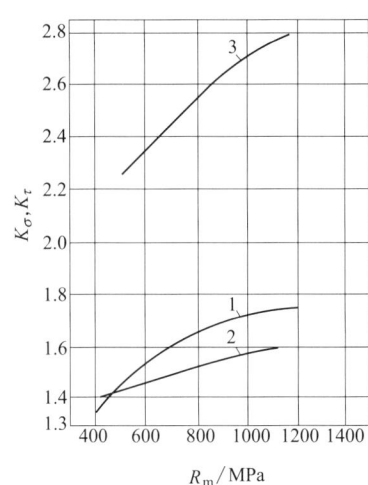

图 28-2-30 花键钢轴的有效应力集中系数
1—渐开线花键轴，弯曲；2—渐开线花键轴，扭转；3—矩形花键轴，扭转

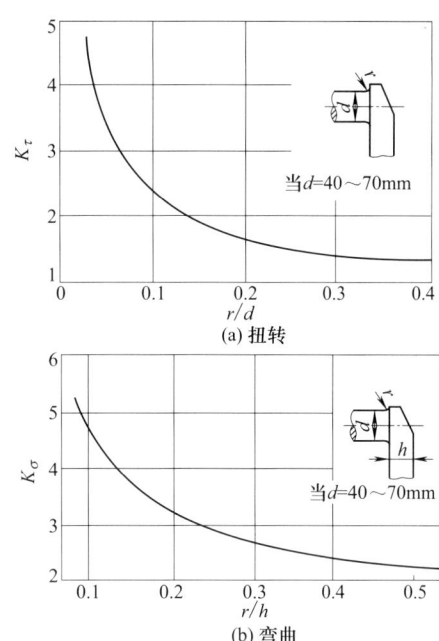

(a) 扭转

(b) 弯曲

图 28-2-32 钢曲轴的有效应力集中系数

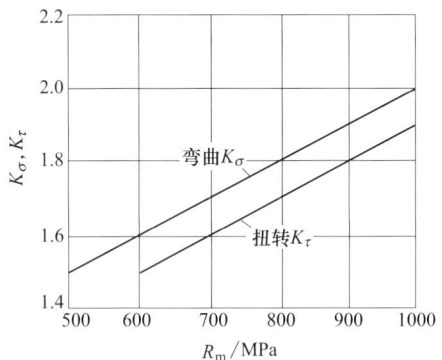

图 28-2-31 有单键槽或双键槽的钢轴的有效应力集中系数

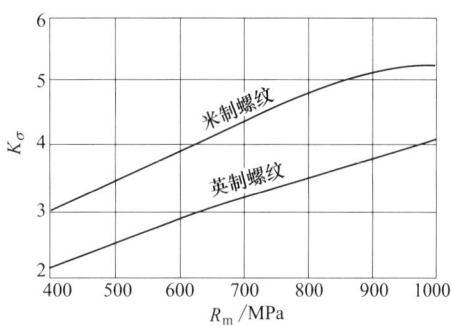

图 28-2-33 螺纹连接的拉压的有效应力集中系数（钢件）

表 28-2-2　　螺纹连接中的有效应力集中系数

钢号	光滑试样的疲劳极限 σ_{-11}/MPa	螺纹的疲劳极限 σ'_{-1}/MPa		有效应力集中系数 K_σ		钢号	光滑试样的疲劳极限 σ_{-11}/MPa	螺纹的疲劳极限 σ'_{-1}/MPa		有效应力集中系数 K_σ	
		切削螺纹	辊压螺纹	切削螺纹	辊压螺纹			切削螺纹	辊压螺纹	切削螺纹	辊压螺纹
35	176	49	63	2.7	2.1	30CrMnSiA	294	73	98	3.0	2.3
45	215	58	78	2.8	2.1	40CrNiMoA	431	93	122	3.5	2.6
38CrA	294	73	98	3.0	2.3	18Cr2Ni4VA	441	98	127	3.4	2.6

注：本表适用于 $d \leqslant 16$mm 的米制螺纹，对于大尺寸的螺纹，应考虑尺寸系数。表中的疲劳极限是拉压疲劳试验得到的数值。

表 28-2-3　　有键槽钢轴的有效应力集中系数

钢轴形式	钢　种	力学性能		有效应力集中系数 K	
		R_m/MPa	σ_{-1}/MPa	弯曲 K_σ	扭转 K_τ
3 个键槽	C	430	190	1.75	—
4.5mm×10mm	C	590	240	1.85	—
$d = 30$mm	3.5Ni	820	370	2.50	—

续表

钢轴形式	钢 种	力学性能		有效应力集中系数 K	
		R_m/MPa	σ_{-1}/MPa	弯曲 K_σ	扭转 K_τ
2个键槽 4.5mm×10mm $d=30$mm	C C 3.5Ni	430 590 820	190 240 370	— — —	2.40[①] 3.20[①] 4.35[①]
2个键槽 5mm×12mm $d=30$mm	C C C C 1045 1.25Ni	430 560 650 880 562 725	190 240 — — 260 406	— — — — 1.32 1.61	1.55 1.75 1.85 2.25 — —

① 在装有配合件情况下试验。

2.2 尺寸效应

在疲劳试验机上试验所用的试样直径通常为6~10mm，而一般零件的尺寸与试样有很大差别。尺寸因素对疲劳机械主要有如下影响：

1) 尺寸增大时，材料的疲劳极限降低；
2) 强度高的合金钢比强度低的合金钢尺寸影响大；
3) 应力分布不均匀性增大时，尺寸影响大。

为在设计中计入这种影响，引入尺寸系数 ε。

尺寸系数的定义为：当应力集中情况相同时，尺寸为 d 的零件的疲劳极限与标准试样的疲劳极限之比值，即

$$\left. \begin{array}{l} \text{弯曲时} \quad \varepsilon_\sigma = \dfrac{(\sigma_{-1})_d}{\sigma_{-1}} \\ \text{扭转时} \quad \varepsilon_\tau = \dfrac{(\tau_{-1})_d}{\tau_{-1}} \end{array} \right\} \quad (28\text{-}2\text{-}9)$$

式中 $(\sigma_{-1})_d$、$(\tau_{-1})_d$——尺寸为 d 的零件对称循环弯曲疲劳极限和对称循环扭转疲劳极限；

σ_{-1}、τ_{-1}——标准直径试样的对称循环弯曲疲劳极限和对称循环扭转疲劳极限。

尺寸系数 ε 的数据很分散，对于重型及一般机械设计，推荐图28-2-34，这是锻钢的尺寸系数值；对于铸钢，应将图28-2-34的数据再降低5%~10%；对于制造质量控制严格的锻钢件，尺寸系数可适当提高。对于低合金结构钢，建议用碳素钢这条曲线。

表28-2-4~表28-2-6分别给出钢试样的尺寸系数 ε 的统计参数，绝对尺寸影响系数 ε_σ、ε_τ 和光滑钢轴和阶梯钢轴对称循环下的弯曲疲劳试验结果。

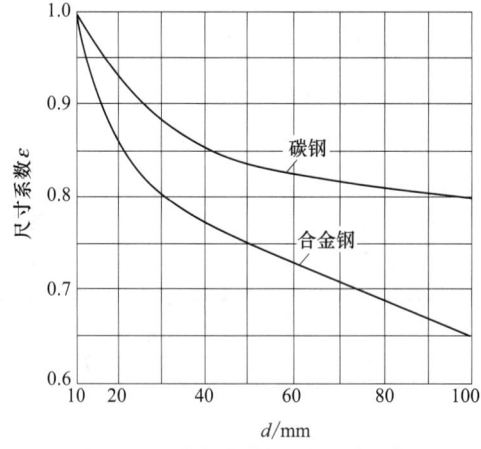

图28-2-34 锻钢疲劳极限的尺寸系数 ε

表 28-2-4　　钢试样的尺寸系数 ε 的统计参数

钢种	尺寸 d/mm	ε 的统计参数			钢种	尺寸 d/mm	ε 的统计参数		
		均值 $\bar{\varepsilon}$	标准差 S_ε	变异系数 $\nu=S_\varepsilon/\bar{\varepsilon}$			均值 $\bar{\varepsilon}$	标准差 S_ε	变异系数 $\nu=S_\varepsilon/\bar{\varepsilon}$
碳钢	30～150	0.8562	0.08895	0.10389	合金钢	30～150	0.79	0.069	0.08734
	150～250	0.8025	0.04773	0.05948		150～250	0.7667	0.07487	0.09765
	250～350	0.7911	0.03444	0.04353		250～350	0.678	0.06834	0.1008
	350 以上	0.73	0.04188	0.05737		350 以上	0.6718	0.07202	0.1072

表 28-2-5　　绝对尺寸影响系数 ε_σ、ε_τ

直径 d/mm		>20～30	>30～40	>40～50	>50～60	>60～70	>70～80	>80～100	>100～120	>120～150	>150～500
ε_σ	碳钢	0.91	0.88	0.84	0.81	0.78	0.75	0.73	0.70	0.68	0.60
	合金钢	0.83	0.77	0.73	0.70	0.68	0.66	0.64	0.62	0.60	0.54
ε_τ	钢	0.89	0.81	0.78	0.76	0.74	0.73	0.72	0.70	0.68	0.60

表 28-2-6　　光滑钢轴和阶梯钢轴对称循环下的弯曲疲劳试验结果

钢牌号	R_m/MPa	$\sigma_{-1(10)}$/MPa	d/mm	σ_{-1d}/MPa	σ_{-1kd}/MPa	α_σ	K_σ	q	ε_σ	加载条件
碳　钢										
Q235A	402	185	190	125	—	—	—	—	0.68	平面弯曲
22g	445	205	20	185	—	—	—	—	—	弯曲，试样静止
			200	165	—	—	—	—	—	
			150	137	—	—	—	—	0.67	
45	580	267	75	195	115	2.0	1.7	0.7	0.59	平面弯曲
45	584	269	42	245	120	2.4	—	—	0.91	弯曲，试样静止
			180	200	130	2.4	1.5	0.4	0.74	
40	711	327	135	200	106	2.2	1.9	0.7	0.61	平面弯曲
			135	—	87	3.4	2.3	0.5	—	
45	700	322	135	191	110	2.2	1.7	0.6	0.59	平面弯曲
			135	—	76	3.4	2.5	0.6	—	
ZG270-500	485	155	200	75	—	—	—	—	0.48	弯曲，试样静止
合　金　钢										
34CrNi3Mo	820	377	20	355	215	1.6	1.6	1.0	0.94	悬臂旋转弯曲
34CrNi3Mo	820	377	170	—	145	1.6	1.6	1.0	0.94	平面弯曲
	997	558	160	245	190	1.6	1.3	0.5	0.51	
	888	440	20	440	295	1.6	1.5	0.8	1.00	
15MnNi4Mo	888	440	170	255	185	1.6	1.4	0.7	0.63	平面弯曲
40Cr	910	311	65	345	235	1.8	1.5	0.6	0.86	
40CrNi	838	385	65	305	185	1.8	1.6	0.7	0.79	
40Cr	805	390	20	365	195	2.3	1.9	0.7	0.94	悬臂旋转弯曲
	805	390	160	330	175	2.4	1.9	0.6	0.85	弯曲，试样静止
40CrNi	821	390	20	390	195	2.3	2.0	0.8	1.00	悬臂旋转弯曲
	821	390	160	335	165	2.4	2.0	0.7	0.88	弯曲，试样静止

续表

钢		d/mm	σ_{-1d}/MPa	σ_{-1kd}/MPa	α_σ	K_σ	q	ε_σ	加载条件
牌号	R_m/MPa $\quad$ $\sigma_{-1(10)}$/MPa								
合 金 钢									
34CrNiMo	810 $\quad$ 373	135	290	152	2.2	1.9	0.8	0.73	平面弯曲
	810 $\quad$ 373	135	—	88	3.4	3.3	1.0		
34CrNiMo	850 $\quad$ 391	160	300	—				0.77	平面弯曲
25CrMoV	912 $\quad$ 420	20	410	175	2.6	2.3	0.8	0.97	悬臂旋转弯曲
	912 $\quad$ 420	160	310	125	2.6	2.2	0.8	0.74	平面弯曲
25CrNi3MoVA	817 $\quad$ 376	280	—	77	3.1				平面弯曲
	823 $\quad$ 379	18	305	—				0.81	悬臂旋转弯曲

2.3 表面状态效应

2.3.1 表面精度影响

疲劳试验的标准试样表面都经过磨光,而实际零件的表面加工方法则多种多样,表面加工粗糙相当于存在很多微缺口,在零件承受载荷时就产生应力集中。不管零件承受弯曲或扭转或两者联合作用的载荷,都是零件表面应力最大,所以疲劳源多从表面开始。因此表面质量不同,其抗疲劳强度也不同。粗糙表面导致疲劳强度降低。为了计入这一影响,在疲劳强度计算中引入了表面加工系数 β_1,其定义为

$$\beta_1 = \frac{(\sigma_{-1})_\beta}{\sigma_{-1}} \quad (28\text{-}2\text{-}10)$$

式中 $(\sigma_{-1})_\beta$——某种表面加工情况下试样的疲劳极限;

σ_{-1}——磨光试样的疲劳极限。

图 28-2-35 为钢试样弯曲或拉压循环载荷时的表面加工系数。对于扭转疲劳,在缺乏试验数据时,可取弯曲时的表面加工系数代之。

表 28-2-7 是表面加工系数的统计参数。

2.3.2 表面强化效应

由于机械零件的疲劳裂纹常开始于表层,所以强化表层是提高零件疲劳强度的有效方法。表面强化工艺可分为三类:①机械方法,如喷丸及辊压等;②化学方法,如渗碳及氮化等;③热处理,如高频、中频

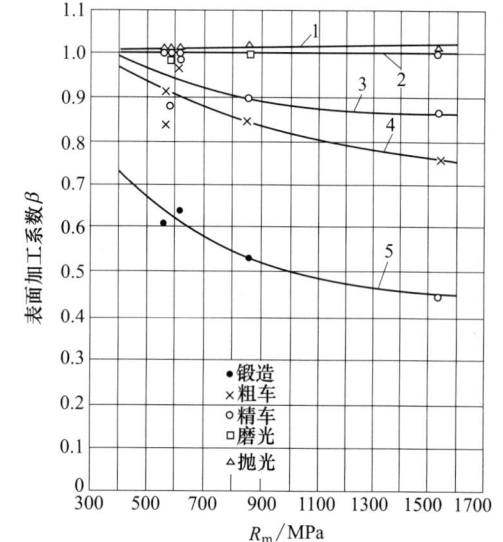

图 28-2-35 钢试样的表面加工系数 β
1—抛光;2—磨光;3—精车;4—粗车;5—锻造

及工频淬火,火焰淬火等。由此引入了表面强化系数 β_2,即

$$\beta_2 = \frac{(\sigma_{-1})_j}{\sigma_{-1}} \quad (28\text{-}2\text{-}11)$$

式中 $(\sigma_{-1})_j$——经强化工艺试样的疲劳极限;

σ_{-1}——未经强化工艺试样的疲劳极限。

各种强化工艺的表面强化系数 β_2 见表 28-2-8。

表 28-2-9～表 28-2-16 为感应加热淬火、渗氮、渗碳、辊压等强化处理后的疲劳试验结果。

表 28-2-7 表面加工系数的均值 $\bar{\beta}$ 及标准差 S_β

钢 种	锻造		粗车 $Ra=12.5\mu m$		精车 $Ra=3.2\mu m$		磨削 $Ra=0.4\mu m$		抛光 $Ra=0.1\mu m$	
	$\bar{\beta}$	S_β	$\bar{\beta}$	S_β	$\bar{\beta}$	S_β	$\bar{\beta}$	S_β	$\bar{\beta}$	S_β
35	0.8795	0.0292	0.9816	0.0166	0.9868	0.0255	1	0.0169	1.0112	0.0228
45	0.6386	0.0160	0.9668	0.0205	0.9873	0.0224	1	0.0221	1.0079	0.0241
Q235	0.6061	0.0148	0.8367	0.0193	0.9104	0.0180	1	0.0190	1.0007	0.0202
40Cr	0.5353	0.0209	0.8479	0.0505	0.9011	0.0355	1	0.0499	1.0210	0.0401
60Si2Mn	0.4560	0.0173	0.7622	0.0307	0.8661	0.0346	1	0.0353	1.0143	0.0331

表 28-2-8　表面强化系数 β_2 荐用值

强化方法	心部强度 R_m/MPa	钢试样的表面强化系数 β_2		
		光滑试样	有应力集中的试样	
			$K_\sigma \leqslant 1.5$ 时	$K_\sigma \geqslant 2.0$ 时
高频淬火	600～800	1.3～1.5	1.4～1.5	1.8～2.2
	800～1000	1.2～1.4	1.5～2.0	—
氮化	900～1200	1.1～1.3	1.5～1.7	1.7～2.1
渗碳	400～600	1.8～2.0	3	
	700～800	1.4～1.5	—	
	1000～1200	1.2～1.3	2	
辊压	600～1500	1.1～1.4	1.4～1.6	1.6～2.0
喷丸	600～1500	1.1～1.4	1.4～1.6	1.6～2.0
镀铬	—	0.5～0.7		
镀镍	—	0.5～0.9		
镀锌(热浸法)	—	0.6～0.95(电镀法取 β_2=1.0)		
镀铜	—	0.9		

表 28-2-9　感应淬火对圆柱钢试样对称弯曲疲劳极限的影响

表面硬度 HV	表面层厚度 t/mm	相对厚度 t/R	疲劳极限 MPa	%
250	—	—	380	100
650～800	1.5	0.1875	590	155
650～800	1.9	0.2375	598	157
650～850	3.3	0.4125	664	175

注：材料为 $w(C)=0.46\%$ 碳钢，$d=2R=16$mm，$R_m=771$MPa。

表 28-2-10　感应淬火对 $w(C)=0.4\%$ 碳钢光滑和缺口试样旋转弯曲疲劳极限的影响
（硬化层厚度 1.2mm）

处理形式	试样形式	疲劳极限 MPa	%	处理形式	试样形式	疲劳极限 MPa	%
正火	光滑	245	100	正火	缺口,1.2mm 深	133	100
表面硬化	光滑	425	173	表面硬化	缺口,1.2mm 深,硬化前加工	285	214
正火	缺口,0.4mm 深①	148	100	表面硬化	缺口,1.2mm 深,硬化后加工	302	227
表面硬化	缺口,0.4mm 深①	422	282	正火	孔,d=3.6mm	145	100
正火	缺口,0.8mm 深①	143	100	表面硬化	孔,d=3.6mm	245	169
表面硬化	缺口,0.8mm 深,硬化前加工	375	262	正火	带压配轴套	142	100
表面硬化	缺口,0.8mm 深,硬化后加工	382	269	表面硬化	带压配轴套	365	259

① 半径 0.3mm 的 U 形缺口。

表 28-2-11　渗氮和渗碳的表面强化系数 β_2

表面处理	厚度 t/mm	硬度 HV	试样形式	试样直径/mm	β_2
渗氮	0.1～0.4	700～1000	光滑	8～15	1.15～1.25
	0.1～0.4	700～1000	光滑	30～40	1.10～1.15
	0.1～0.4	700～1000	缺口	8～15	1.90～3.00
	0.1～0.4	700～1000	缺口	30～40	1.30～2.00

续表

表面处理	厚度 t/mm	硬度 HV	试样形式	试样直径/mm	β_2
渗碳	0.2~0.8	670~750	光滑	8~15	1.2~2.1
	0.2~0.8	670~750	光滑	30~40	1.1~1.5
	0.2~0.8	670~750	缺口	8~15	1.5~2.5
	0.2~0.8	670~750	缺口	30~40	1.2~2.5

表 28-2-12 氮化与未氮化的疲劳极限

MPa

材料	未氮化		氮化	
	光滑试样	缺口试样	光滑试样	缺口试样
普通铸铁	215	156	264	313
球墨铸铁	245	171	269	342
2Cr13	—	225	—	402

表 28-2-13 渗碳钢试样的旋转弯曲疲劳极限

MPa

材料	光滑试样		缺口试样[①]
	处理前	处理后	处理后
$w(C)=0.20\%$ 钢	195	415	260
$w(C)=0.35\%$ 钢	220	470	370
Cr-Ni 钢	300	660	370

① 缺口半径 $R=0.75$mm。

注：试样直径 $d=10$mm，渗碳深度 1.0~1.2mm，渗碳温度 1050℃。

表 28-2-14 辊压对不同尺寸钢试样旋转弯曲疲劳极限的影响

钢材硬度 HV	硬化层相对厚度	直径 /mm	疲劳极限		硬度增量 HV
			MPa	%	
315~325	—	6.5	500	100	—
	—	35	430	100	—
	0.057	6.5	550	110	20
	0.057	35	480	112	65
	0.114	6.5	580	116	25
	0.114	35	500	116	95
	0.170	6.5	610	122	55
	0.170	35	530	123	95
360~365	—	6.5	640	100	—
	—	35	560	100	—
	0.057	6.5	700	109	20
	0.057	35	600	107	10
	0.114	6.5	720	112	50
	0.114	35	580	104	45
	0.170	6.5	720	112	35
	0.170	35	650	116	70
325~370	—	6.5	570	100	—
	—	35	480	100	—
	0.057	6.5	680	119	80
	0.057	35	550	114	105
	0.110	6.5	640	112	60
	0.170	35	670	117	75

表 28-2-15 42CrMo 钢辊压前后的疲劳极限（$N=10^6$） MPa

静强度		疲劳极限（$N=10^6$）	
R_{eL}	R_m	未辊压	辊压
853	963	618	689
880	1044	591	698
982	1145	532	731

表 28-2-16 各种组织的铸铁的辊压效果

组织状态	辊压力 /N	弯曲疲劳极限/MPa		提高率 /%
		辊压前	辊压后	
球光体＋片状石墨	353	115	139	20
铁素体＋片状石墨	490	61	131	114
球光体＋球状石墨	1804	193	468	142
铁素体＋球状石墨	1451	123	360	193

2.4 载荷影响

载荷影响包括载荷类型、载荷频率及平均应力影响等。

2.4.1 载荷类型影响

机械零件承受载荷类型有拉、压、弯、扭及以上4种的组合作用。疲劳数据多是用旋转弯曲疲劳试验获得的。在缺少其他加载方式的试验数据时，用载荷系数 C_L 来修正。一般取拉、压的载荷系数 $C_L=0.85$，扭转的载荷系数 $C_L=0.58$。

对于重要的零构件，应该用相同载荷类型下试验得到的数据来进行计算或设计。

2.4.2 载荷频率影响

对于高周疲劳，在空气中，室温下进行试验，频率对疲劳极限影响很小。但在腐蚀环境或高温条件下试验时，频率对疲劳极限影响很大。图 28-2-36 是几种材料的频率-疲劳极限曲线。由图可见，当频率小于 1000Hz 时，疲劳极限随着频率的增加稍有增加，其后出现最大值。当频率再增加时，疲劳极限下降。

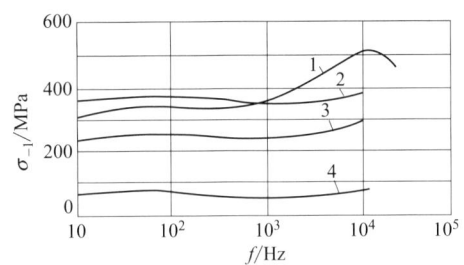

图 28-2-36 载荷频率对金属疲劳极限的影响
1—$w(C)=0.86\%$ 碳素钢；2—$w(C)=0.11\%$ 碳素钢；
3—铜；4—铝

因此，在室温下工作的机械，一般不考虑频率的影响。在腐蚀及高温环境下工作的机械，则必须考虑频率的影响。

2.4.3 平均应力影响

不同的平均应力可用应力比 r 反映。表 28-2-17 和表 28-2-18 是国产钢不同应力比下的拉-压和扭转的疲劳极限。有平均应力的载荷称为不对称载荷，其相应的应力称为不对称循环应力。在进行强度计算时，常将不对称循环应力折算成等效的对称循环应力。等效应力幅 $\sigma_A = \sigma_a + \psi\sigma_m$，$\psi$ 称不对称循度系数或平均应力影响系数。

表 28-2-19 是 7 种国产钢的平均应力影响系数。图 28-2-37 和图 28-2-38 是国产 45 钢和 40Cr 在 3 种应力集中系数 α_σ 下的疲劳极限线图（或称等寿命曲线图）。图 28-2-39 是不同应力集中系数对平均应力影响系数的影响曲线。应用图 28-2-39 中曲线可查出不同应力集中下的 ψ_σ 值。在缺少数据的情况下，用光滑试样的 ψ_σ 值来代替有应力集中条件下的 ψ_σ，对于设计来说是偏于安全的。

其他加载情况和表面状态条件对 ψ_σ 值也有影响，见表 28-2-20 和表 28-2-21。

表 28-2-17　　　　　　7 种国产钢不同应力比下的拉-压疲劳极限　　　　　　MPa

材料	α_σ	应力比 $r=-1$		应力比 $r=0$		应力比 $r=0.3$		应力比 $r=1$	
		均值	标准差	均值	标准差	均值	标准差	均值	标准差
Q345 （热轧）	1	269	9.4	377	23.1	431	17.5	533	6.7
	2	169	5.7	327	7.6	421	11.4	734	15.3
	3	109	3.2	218	8.5	257	12.2	875	7.2
35 （正火）	1	177	9.4	291	11.2	388	7.5	606	10.0
	2	131	6.6	243	10.6	313	16.3	730	7.7
	3	96	4.8	192	5.9	252	12.7	839	15.5
45 （调质）	1	269	8.6	436	13.4	517	22.5	762	36.7
	2	173	7.1	334	12.3	418	19.7	922	32.8
	3	103	4.4	187	8.5	277	13.9	1178	43.7
45 （正火）	1	219	8.9	346	9.2	346	23.3	577	24.8
	2	165	5.7	313	12.2	299	18.6	782	14.8
	3	121	4.1	208	8.2	274	5.0	871	10.3
40Cr （调质）	1	345	17.3	629	44.7	671	25.3	855	21.4
	2	257	8.5	431	18.0	555	21.2	1209	34.6
	3	163	1.6	257	6.0	337	8.3	1358	38.3
40CrNiMo （调质）	1	499	4.5	805	18.7	856	31.0	1001	74.6
	2	276	4.8	490	20.7	599	14.6	1139	26.4
	3	188	5.9	322	14.3	439	17.2	1383	18.9
60Si2Mn （淬火后 中温回火）	1	487	26.3	749	33.8	1118	29.0	1442	31.4
	2	338	14.8	527	21.0	701	24.3	1777	71.5
	3	215	10.4	356	20.7	468	33.0	2041	70.5

表 28-2-18　　两种国产钢不同应力比下的扭转疲劳极限　　　　　　　　　　　　　　　　MPa

材料	α_σ	应力比 $r=-1$		应力比 $r=0$		应力比 $r=0.3$		应力比 $r=1$	
		均值	标准差	均值	标准差	均值	标准差	均值	标准差
45 （正火）	1	233	5.6	450	18.7	—	—	317	7.1
	2	101	5.9	189	12.1	264	5.3	603	18.5
	3	119	5.1	177	6.9	239	6.7	556	10.7
40Cr （调质）	1	314	15.5	574	9.5	—	—	609	48.0
	2	141	3.4	235	6.9	319	10.0	794	42.0
	3	145	4.6	199	8.0	243	7.5	782	30.9

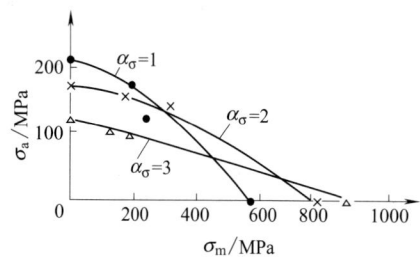

图 28-2-37　45 钢在不同应力集中系数下的疲劳极限线图（$N=10^7$）

45 钢经正火，其 $R_m=612$MPa，$R_{eL}=361$MPa

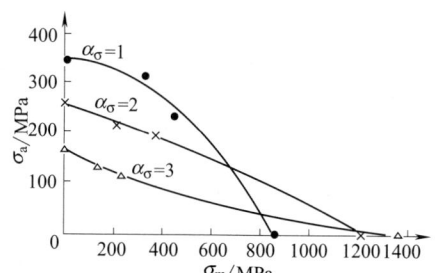

图 28-2-38　40Cr 在不同应力集中系数下的疲劳极限线图（$N=10^7$）

40Cr 经调质，其 $R_m=858$MPa，$R_{eL}=673$MPa

表 28-2-19　　7 种国产钢的平均应力影响系数

材料	热处理	α_σ	平均应力影响系数 ψ_σ		
			$r=0$	$r=0.3$	$r=1$
Q345	热轧	1	0.43	0.42	0.50
		2	0.04	0.08	0.23
		3	0.003	0.12	0.12
35	正火	1	0.22	0.17	0.29
		2	0.08	0.11	0.18
		3	0.014	0.048	0.11
45	正火	1	0.26	0.43	0.38
		2	0.06	0.10	0.21
		3	0.17	0.14	0.14
45	调质	1	0.23	0.26	0.35
		2	0.034	0.10	0.19
		3	0.10	0.034	0.09
40Cr	调质	1	0.10	0.25	0.40
		2	0.20	0.17	0.21
		3	0.27	0.21	0.12
40CrNiMo	调质	1	0.24	0.36	0.50
		2	0.12	0.17	0.24
		3	0.16	0.12	0.14
60Si2Mn	淬火后 中温回火	1	0.23	0.13	0.34
		2	0.28	0.20	0.19
		3	0.21	0.17	0.11

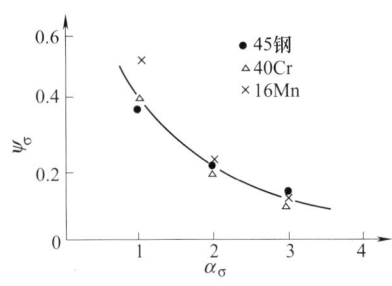

图 28-2-39 应力集中系数与平均应力影响系数 ψ_σ 的关系曲线

表 28-2-20 钢的系数 ψ_σ 和 ψ_τ

应力种类	系数	表面状态				
		抛光	磨削	车削	热轧	锻造
弯曲	ψ_σ	0.50	0.43	0.34	0.215	0.14
拉压	ψ_σ	0.41	0.36	0.30	0.18	0.10
扭转	ψ_τ	0.33	0.29	0.21	0.11	0.05

表 28-2-21 铸铁和铝合金的系数 ψ_σ 和 ψ_τ

材料	ψ_σ		ψ_τ
	弯曲	拉压	扭转
铸铁	0.49	0.41	0.48
铝合金	0.335	0.335	0.335

2.5 环境因素

疲劳试验通常是使试样表面与周围大气直接接触，加循环拉压或弯曲载荷并在室温下进行的。但在某些实际应用中，要求零件在高于或低于室温的温度下工作，或要求在腐蚀环境中工作。这里所讲的温度、腐蚀环境等，都属于环境因素。

2.5.1 腐蚀环境

在腐蚀环境中进行疲劳试验与在空气中进行试验的结果有很大区别。空气中试验的 S-N 曲线一般有水平部分，在腐蚀环境中试验的 S-N 曲线则没有水平部分。由于腐蚀介质的作用，使材料的疲劳强度降低很多，降低的程度，随材料不同而不一样。图 28-2-40 表示多种金属试样，在空气中及盐水和盐水喷雾中进行拉压疲劳试验所得的 S-N 曲线，试验频率为 37Hz。

2.5.1.1 载荷频率的影响

在腐蚀环境中，试验频率对腐蚀疲劳强度有很大影响。当试验频率降低时，腐蚀疲劳极限也随之降低。图 28-2-41 是 20Cr 钢的试验频率和腐蚀系数的关系。

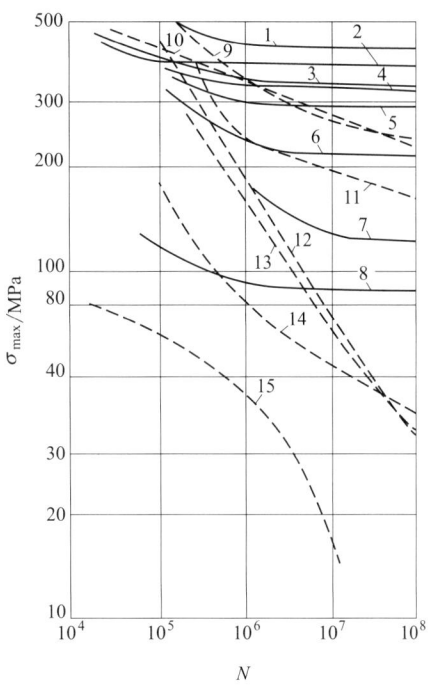

---- 在盐水或盐水喷雾中 —— 在空气中

图 28-2-40 试样在空气中和喷雾的盐水介质中的 S-N 曲线

1—17/7 铬镍钢；2—18/8 铬镍钢；3—15%铬钢；4—0.5%碳钢；5—0.35%碳钢；6—0.17%碳钢；7—硬铝；8—镁合金（2.5%Al）；9—17/7 铬镍钢；10—18/8 铬镍钢；11—15%铬钢；12—0.5%碳钢；13—0.17%碳钢；14—硬铝；15—镁合金（2.5%Al）
（百分数为质量分数）

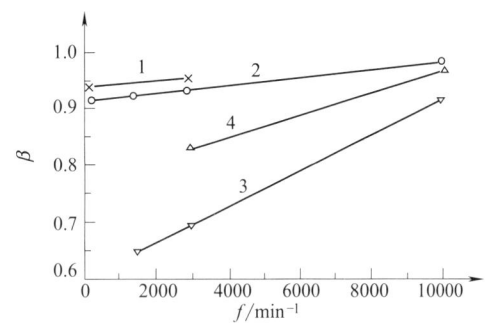

图 28-2-41 20Cr 钢试样的试验频率和腐蚀系数的关系

1—在航空油中，试样磨光；2—在航空油加 2%（质量分数）油酸中，试样磨光；3—在淡水加 2%（质量分数）异戊醇中，试样磨光；4—在淡水加 2%（质量分数）异戊醇中，试样车削

图 28-2-42 为铸钢 ZG20SiMn 和 ZG0Gr13Ni4Mo 在淡水介质中的腐蚀疲劳极限与试验频率的关系曲线。当频率降低，腐蚀疲劳极限也随之降低。

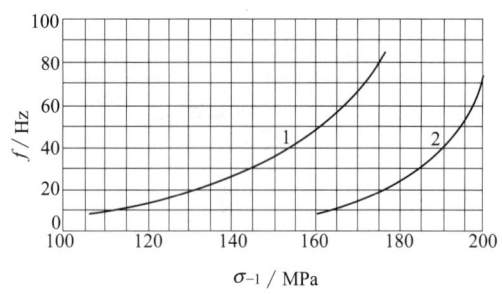

图 28-2-42　试验频率对铸钢
在淡水介质中的腐蚀疲劳强度的影响
1—铸造结构钢 ZG20SiMn；2—铸造不锈钢 ZG0Cr13Ni4Mo

2.5.1.2　腐蚀方式的影响

腐蚀方式有喷雾、滴流和浸入等。喷雾时，腐蚀介质中的含氧量最多，滴流次之，浸入最少。含氧量高，腐蚀介质的活性大，对试样的腐蚀作用严重，使其疲劳强度降低明显。表 28-2-22 为水轮机转轮常用材料在淡水中的疲劳极限，并与空气中的相比较。

表 28-2-22　腐蚀介质加于试样上的
不同方式的疲劳极限　　MPa

钢种＼介质施加方式	滴水	浸水	空气中
ZG20SiMn	175	178	208
ZG0Cr13Ni4Mo	200	218	286

除此以外，试验前试样浸入介质中的时间也对疲劳强度有影响，图 28-2-43 和图 28-2-44 分别为预腐蚀对铝合金和钢试样疲劳极限的影响。

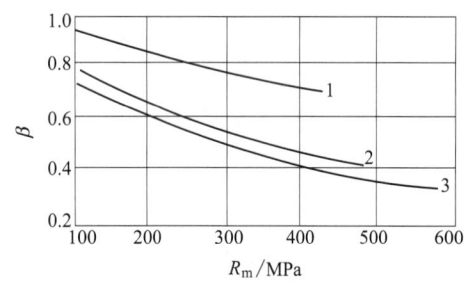

图 28-2-43　预腐蚀对铝合金疲劳极限的影响
1—10 天；2—50 天；3—100 天
（天数——试验前将试样浸于淡水中的天数）
试验循环次数 10^7，旋转弯曲试验

2.5.1.3　腐蚀介质的影响

图 28-2-45 表示在低于疲劳极限的工作应力下 pH 值对 $w_C = 0.18\%$ 钢腐蚀疲劳寿命的影响，从图

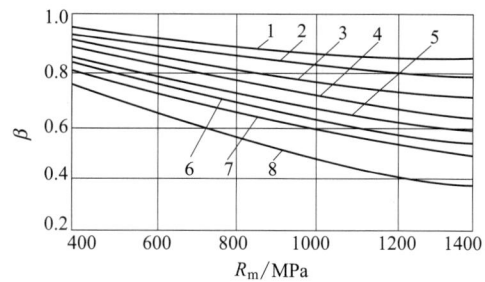

图 28-2-44　预腐蚀对钢试样疲劳极限的影响
1—1 天；2—2 天；3—4 天；4—7 天；5—10 天；
6—25 天；7—50 天；8—200 天
（天数——试验前将试样浸于淡水中的天数）
试验循环次数 10^7，旋转弯曲试验

中可以看出，pH 值在 4 以下时，pH 值下降时腐蚀疲劳寿命降低，pH 值在 4～10 之间寿命保持恒定；pH 值在 10～12 时寿命显著增加；pH＞12 时，疲劳极限接近于空气中的疲劳极限。

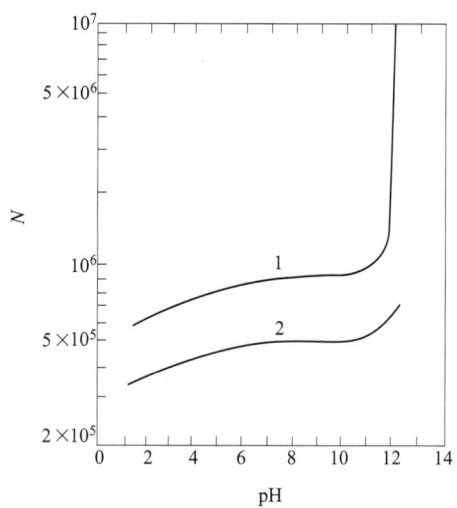

图 28-2-45　pH 值对低碳钢的腐蚀
疲劳寿命的影响
1—$\sigma = 268$ MPa；2—$\sigma = 816$ MPa
腐蚀环境：$w_{NaCl} = 3\%$，空气饱和，25℃

2.5.1.4　结构尺寸与形状的影响

腐蚀疲劳寿命主要由裂纹的扩展阶段所决定，当尺寸增大时，裂纹穿过横截面所需的循环数增大，即寿命增长。表 28-2-23 为 $w_C = 0.22\%$ 时低碳钢旋转弯曲的疲劳试验数据，试验是将试样浸在盐水中进行的。

图 28-2-46 给出了 20Cr 钢的尺寸系数，由图中可以看出，在淡水介质中的腐蚀尺寸系数大于 1.0，其试验数据见表 28-2-24。

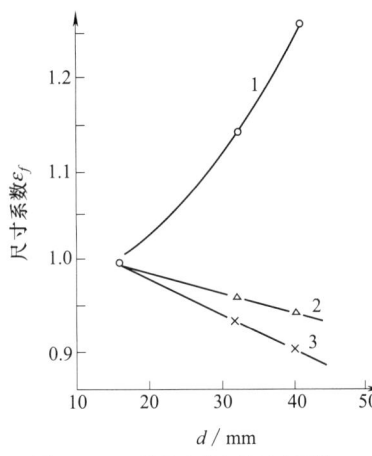

图 28-2-46　腐蚀疲劳中的尺寸系数 ε_f

1—在淡水中；2—在机油加 2%油酸中；3—在空气中

表 28-2-23　低碳钢（w_C＝0.22%）试样的疲劳极限

MPa

试样直径 /mm	在空气中的 疲劳极限	腐蚀疲劳极限 （$N=6\times 10^7$）
10	210	50
130	195	115

表 28-2-24　20Cr 钢试样的尺寸系数

环境	材料性能	试样直径/mm		
		$d=16$	$d=32$	$d=40$
空气	σ_{-1}/MPa	270	253	245
	β	1.0	1.0	1.0
	ε	1.0	0.937	0.907
机油	$(\sigma_{-1})_f$/MPa	248	240	235
	β_2	0.92	0.95	0.96
	ε_f	1.0	0.964	0.945
淡水	$(\sigma_{-1})_f$/MPa	125	143	157
	β_2	0.462	0.565	0.64
	ε_f	1.0	1.14	1.26

图 28-2-47 为 20Cr 钢的光滑试样及有缺口试样，在空气、润滑油及水中对称循环应力下的腐蚀疲劳曲线。

设已知有缺口试样在空气中试验的有效应力集中

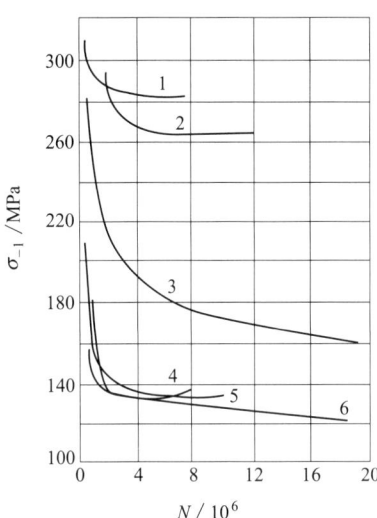

图 28-2-47　20Cr 钢试样的腐蚀疲劳曲线

1—在空气中，光滑试样；2—在机油中，光滑试样；
3—在水中，光滑试样；4—在空气中，缺口试样；
5—在机油中，缺口试样；6—在水中，缺口试样

系数 K_σ，则在腐蚀环境中，有效应力集中系数 $K_{\sigma f}$ 可近似用下式求得，即

$$K_{\sigma f}=K_\sigma+\frac{1}{\beta_3}-1 \quad (28\text{-}2\text{-}12)$$

$$K_\sigma=\frac{\sigma_{-1}}{\sigma'_{-1}} \quad \beta_3=\frac{(\sigma_{-1})_f}{\sigma_{-1}} \quad K_{\sigma f}=\frac{\sigma_{-1}}{(\sigma'_{-1})_f}$$

式中　σ_{-1}——光滑试样在空气中试验的疲劳极限；

σ'_{-1}——有缺口试样在空气中试验的疲劳极限；

$(\sigma_{-1})_f$——光滑试样在腐蚀环境中试验的疲劳极限；

$(\sigma'_{-1})_f$——有缺口试样在腐蚀环境中试验的疲劳极限。

β_3——腐蚀系数。

表 28-2-25 表示光滑试样及有应力集中的试样，在空气或腐蚀环境中试验得到的数据，还给出了由式 (28-2-12) 算得的有效应力集中系数 $K_{\sigma f}$ 值，并与试验得到的 $K_{\sigma f}$ 值相比较。

表 28-2-25　腐蚀环境及应力集中同时作用的疲劳极限

材料及试验形式	试样 d/mm	疲劳极限/MPa		K_σ	β_3	$K_{\sigma f}$		误差/%
		在空气中	在腐蚀环境中			由试验得	由式(28-2-12)得	
20Cr 弯曲	光滑试样 $d=8$ 缺口试样 $d=14$	325 154	215 154	2.11	0.66	2.11	2.62	+24
20Cr 弯曲	光滑试样 $d=20$ 缺口试样 $d=20$	291 136	170 125	2.07	0.61	2.25	2.72	+21

续表

材料及试验形式	试样 d/mm	疲劳极限/MPa		K_σ	β_3	$K_{\sigma f}$		
		在空气中	在腐蚀环境中			由试验得	由式(28-2-12)得	误差/%
40Cr(正火) 弯曲	光滑试样 $d=8$ 缺口试样 $d=8$	435 272	372 253	1.6	0.85	1.72	1.77	+3
铸铁 弯曲	光滑试样 $d=20$ 缺口试样 $d=20$	128 108	110 91	1.11	0.92	1.32	1.20	−9
铬镍钢 $R_m=800$MPa 扭转	光滑试样 有肩试样 有肩试样 有孔试样	308 200 196 154	228 192 210 95	— 1.54 1.57 2.00	0.74	— 1.60 1.47 3.25	— 1.89 1.92 2.35	— +18 +30 −28
铬镍钢① $R_m=1130$MPa 扭转	光滑试样 有肩试样 有孔试样	392 259 210	228 140 140	— 1.51 1.87	0.58	— 2.8 2.8	— 2.23 2.59	— −20 −8
铬镍钢 $R_m=890$MPa 弯曲	光滑试样 有肩试样 有孔试样	448 252 217	238 133 112	— 1.78 2.07	0.53	— 3.37 4.0	— 2.66 2.95	— −21 −26
铬镍钢 $R_m=1100$MPa 弯曲	光滑试样 有肩试样 有孔试样	630 252 217	91 77 63	— 2.5 2.9	0.145	— 8.18 10.0	— 8.42 8.82	— +3 −12
灰铸铁 $R_m=280$MPa	光滑试样 缺口试样	123 105	99 91	— 1.17	0.8	— 1.35	— 1.42	— +5
钢 $R_m=550$MPa 弯曲	光滑试样 有肩试样 有孔试样	378 172 175	203 91 126	— 2.2 2.16	0.54	— 4.15 3.0	— 3.06 3.02	— −26 0
钢 $R_m=495$MPa 弯曲	光滑试样 有肩试样 有孔试样	350 168 166	168 98 119	— 2.08 2.11	0.48	— 3.57 2.94	— 3.16 3.19	— −11 +9
钢 $R_m=640$MPa 弯曲	光滑试样 有肩试样 有孔试样	382 182 186	133 105 112	— 2.1 2.05	0.35	— 3.64 3.41	— 3.97 3.92	— +9 +15
钢 $R_m=875$MPa 弯曲	光滑试样 有肩试样 有孔试样	445 210 175	98 77 91	— 2.12 2.54	0.22	— 5.77 4.88	— 5.65 6.07	— −2 +24

① 铬镍钢的成分：$w_C=0.4\%$，$w_{Mn}=0.75\%$，$w_{Ni}=1.0\%\sim1.5\%$，$w_{Cr}=0.45\%\sim0.75\%$。

2.5.2 温度的影响

2.5.2.1 低温的影响

低温下的疲劳强度，与室温相比，都随温度的降低而升高，几乎所有的金属都是如此，而且温度越低，疲劳强度越高。

温度降低时疲劳极限提高的数值，软金属比硬金属大，特别是碳钢最大。

低温下材料疲劳强度的提高，缺口试样比光滑试样低，即金属在低温下，应力集中的敏性系数特别大。因此，在低温下工作的重要零部件，应尽量减少应力集中，以防止在低温下出现脆性断裂。

表28-2-26和表28-2-27为低温下材料疲劳极限数据。表28-2-28是将各种材料在低温下的疲劳极限处理后得到的平均值，表中大多数的数据是在循环数 $N=10^6$ 次循环下试验得到。

表 28-2-26　　温度对钢静强度和疲劳极限的影响

钢 种	材料情况	试样	+20℃			-75℃			-183℃		
			R_m /MPa	R_{eL} /MPa	σ_{-1} /MPa	R_m /MPa	R_{eL} /MPa	σ_{-1} /MPa	R_m /MPa	R_{eL} /MPa	σ_{-1} /MPa
$w_C=0.15\%$ 碳钢	正火	光试样	430	315	221	543	437	—	778	718	495
	正火	缺口试样	589	374	166	698	542	210	749	749	294
	粗晶粒	光试样	357	155	166	435	277	—	666	647	—
	粗晶粒	缺口试样	469	221	140	506	357	191	605	605	240
Cr4Ni 钢	商品	光试样	761	585	388	888	680	416	1106	944	549
	商品	缺口试样	1022	773	241	1161	1011	248	1106	1106	274
GCr15 钢	淬火回火	光试样			828			818			—

表 28-2-27　　材料的低温疲劳极限

材料	试验循环数 N	疲劳极限 σ_{-1}/MPa					
		20℃	-40℃	-78℃	-188℃	-253℃	-269℃
铜	10^6	98	—	—	142	235	255
黄铜	5×10^7	171	181	—	—	—	—
铸铁	5×10^7	58	73	—	—	—	—
软钢	10^7	181	—	250	559	—	—
碳钢	10^7	225	—	284	612	—	—
镍铬钢	10^7	529	—	568	750	—	—
硬铝	5×10^7	112	142	—	—	—	—
铝合金 2A14	10^7	98	—	—	166	304	—
铝合金 2A11	10^7	122	—	—	152	274	—
铝合金 7A09	10^7	83	—	—	137	235	—

表 28-2-28　　低温下金属的疲劳极限比值

材料	低温下的疲劳极限 / 室温下的疲劳极限（平均值）			缺口试样低温下的疲劳极限 / 缺口试样室温下的疲劳极限（平均值）		光试样的疲劳极限 / 光试样的强度极限（平均值）			
	-40℃	-78℃	-186~-196℃	-78℃	-186~-196℃	室温	-40℃	-78℃	-186~-196℃
碳钢	1.20	1.30	2.57	1.10	1.47	0.43	0.47	0.45	0.67
合金钢	1.06	1.13	1.61	1.06	1.23	0.48	0.51	0.48	0.58
合金铸铁	—	1.22	—	1.05	—	0.27	—	0.27	—
不锈钢	1.15	1.21	1.54	—	—	0.52	0.50	0.57	0.59
铝合金	1.14	1.16	1.69	—	1.35	0.42	—	0.46	0.59
钛合金	—	1.11	1.40	1.22	1.41	0.70	—	0.63	0.54

图 28-2-48 为温度对铝合金及钢的疲劳极限的影响。图 28-2-49 为在 300K 以及在 78K 和 4K 低温下由 5 种材料测得的 S-N 曲线。

表 28-2-29 为材料在低温下的有效应力集中系数。图 28-2-50 及图 28-2-51 为金属在低温下的有效应力集中系数。图 28-2-52 为钢的光滑试样与缺口试样在低温和室温下疲劳极限均值的比值。

2.5.2.2 高温的影响

低碳钢在 400℃ 以下，铝合金或镁合金在 100℃ 或 150℃ 以下时，温度对疲劳极限的影响很小，温度高于以上值，继续升高时，疲劳极限降低很快。疲劳强度随温度提高的变化情况，随不同的金属而异。

高温下材料的疲劳极限之所以降低很多，主要是因为高温下的疲劳总是伴随着蠕变。由于蠕变作用，频率效应就变得很大，破坏有取决于应力作用的总时间的趋势。

高温对材料疲劳极限的影响见图 28-2-53~图 28-2-57。

高温时材料的 S-N 曲线见图 28-2-58~图 28-2-69。

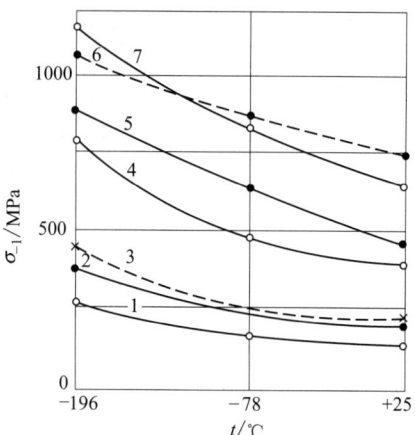

图 28-2-48 温度对铝合金及钢的疲劳极限的影响（$N=10^6$）

各合金及钢的化学成分（质量分数，%）如下：1—铝合金（Mg1.0，Cu0.25，Si0.6，Cr0.25）；2—铝合金（Mn0.6，Mg1.5，Cu4.5）；3—铝合金（Mg2.5，Cu1.6，Cr0.3，Zn5.6）；4—合金钢（C0.3，Mn0.7，Ni3.5）；5—合金钢（C0.3，Mn0.8，Si0.3，Ni0.6，Cr0.53，Mo0.18）；6—合金钢（C0.07，Cr17，Ni6.5，Ti0.37，Al0.12）；7—18-8 奥氏体钢（Cr18，Ni8）

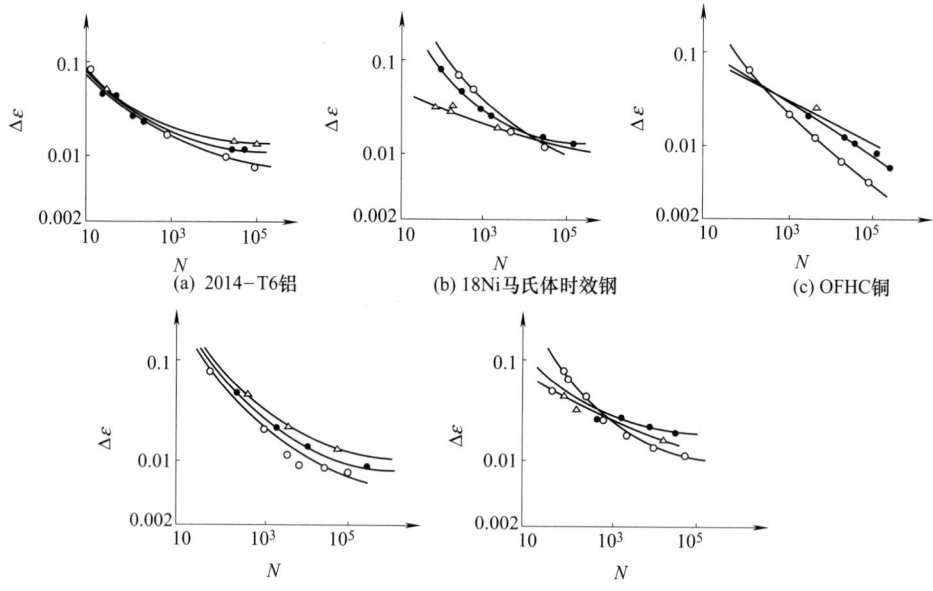

图 28-2-49 低温对低周疲劳的影响

试验温度：○—300K（室温）；●—78K（液氮）；△—4K（液氦）

表 28-2-29 材料在低温下的有效应力集中系数

材料	有效应力集中系数 K_σ						材料	有效应力集中系数 K_σ					
	试验循环数 $N=10^4$		试验循环数 $N=10^5$		试验循环数 $N=10^7$			试验循环数 $N=10^4$		试验循环数 $N=10^5$		试验循环数 $N=10^7$	
	20℃	−196℃	20℃	−196℃	20℃	−196℃		20℃	−196℃	20℃	−196℃	20℃	−196℃
镍钢（500℃回火）	1.16	2.04	1.59	3.42	4.26	3.12	钛合金	1.51	1.73	1.55	1.7	2.68	2.5
低合金钢	1.09	2.27	1.36	2.46	2.33	3.58	铝合金 2A12	1.32	1.74	1.42	1.9	2.28	2.24
18-8 不锈钢	1.64	2.31	2.61	3.62	4.77	3.86	铝合金 7A09	1.55	2.0	1.51	2.17	2.0	2.78
镍铬钢（650℃回火）	1.09	1.93	1.55	3.0	3.68	5.76	镁合金	1.31	1.75	1.7	1.95	2.41	2.5
镍铬钢（440℃回火）	1.63	3.4	2.44	3.7	1.82	3.35							

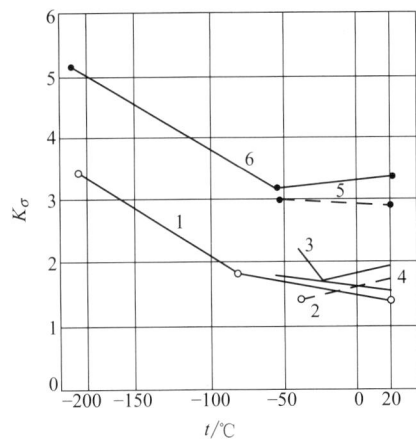

图 28-2-50 碳钢在低温下的有效应力集中系数
1—低碳钢（$w_C=0.08\%$）的拉压疲劳；2—低碳钢
（$w_C=0.08\%$）的旋转弯曲疲劳；3—中碳钢
（$w_C=0.6\%$）的旋转弯曲疲劳；4—焊接结
构轧材，$R_m=402$MPa，$\alpha_\sigma=2$，钢的拉压疲劳；
5—焊接结构轧材，$\alpha_\sigma=4$ 加拉压疲劳；6—焊接
结构轧材，$\alpha_\sigma=5.6$ 加拉压疲劳

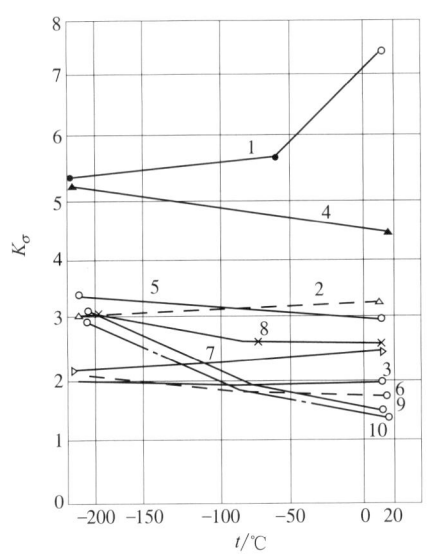

图 28-2-51 金属材料在低温下的有效应力集中系数
1—耐腐蚀铝合金，$\alpha_\sigma=6$，拉压疲劳；2—耐腐蚀铝合金，
$\alpha_\sigma=4$；3—耐腐蚀铝合金，$\alpha_\sigma=2$；4—镍钢（$w_{Ni}=9\%$），
$\alpha_\sigma=6$，拉压疲劳；5—镍钢（$w_{Ni}=9\%$），$\alpha_\sigma=4$；
6—镍钢（$w_{Ni}=9\%$），$\alpha_\sigma=2$；7—不锈钢酸钢，
拉压疲劳；8—铬钼钢（$w_{Cr}=0.83\%$，
（$w_{Mo}=0.22\%$），拉压疲劳；9—60 钢，
拉压疲劳；10—35 钢，拉压疲劳

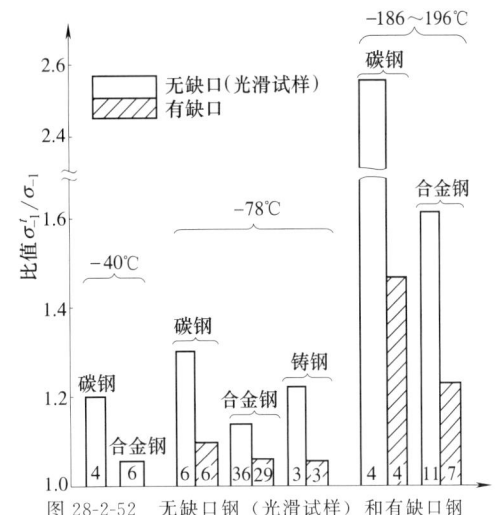

图 28-2-52 无缺口钢（光滑试样）和有缺口钢
（缺口试样）在低温下的疲劳极限与在室
温下的疲劳极限的均值之比值
（各纵行底部示出所用材料种类及数目）

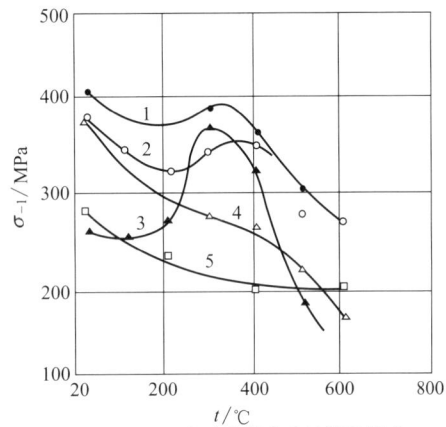

图 28-2-53 温度对材料疲劳极限的影响
1—30CrMo 钢；2—30CrNiMo 钢；3—钢 [$w(C)=0.17$]；
4—1Cr13 钢；5—1Cr18Ni9Ti 钢

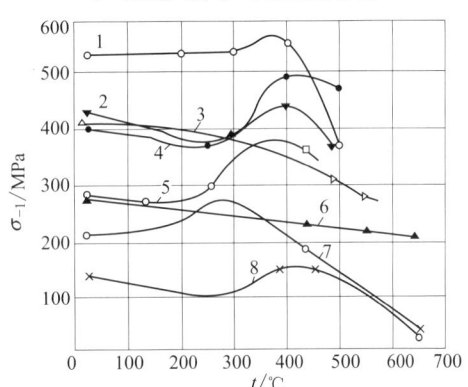

图 28-2-54 温度对材料旋转弯曲疲劳极限的影响
1—Ni-Cr 钢；2—Cr-Mo-V；3—钢（$w_C=12\%$）；
4—钢（$w_C=0.5\%$）；5—钢（$w_C=0.25\%$）；
6—18Cr-8Ni 钢；7—钢（$w_C=0.17\%$）；8—铸铁

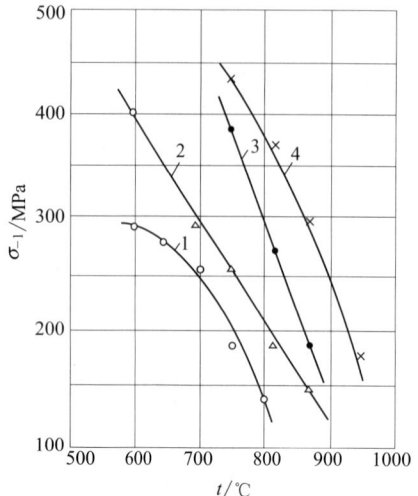

图 28-2-55　温度对尼莫尼克合金疲劳强度的影响
1—尼莫尼克 80，轴向对称循环应力，$N=4\times10^7$；
2—尼莫尼克 90，轴向对称循环应力，$N=3.6\times10^7$；
3—尼莫尼克 90，旋转弯曲应力，$N=3.6\times10^7$；
4—尼莫尼克 100，旋转弯曲应力，$N=4.5\times10^7$

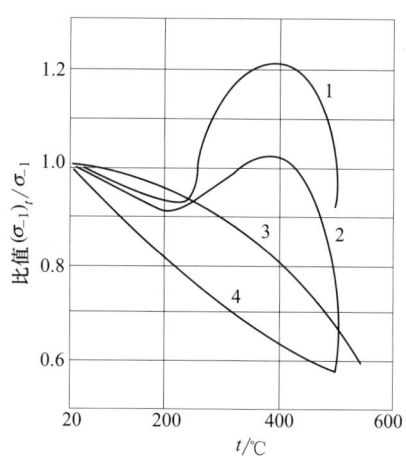

图 28-2-56　温度对材料疲劳极限的影响
1—钢 [$w(C)=0.48\%$]；2—Cr-Ni-Mo 钢；
3—钢 [$w(Cr)=12\%$]；4—耐热钢；
σ_{-1}—室温下的疲劳极限；
$(\sigma_{-1})_t$—温度 t 时的疲劳极限

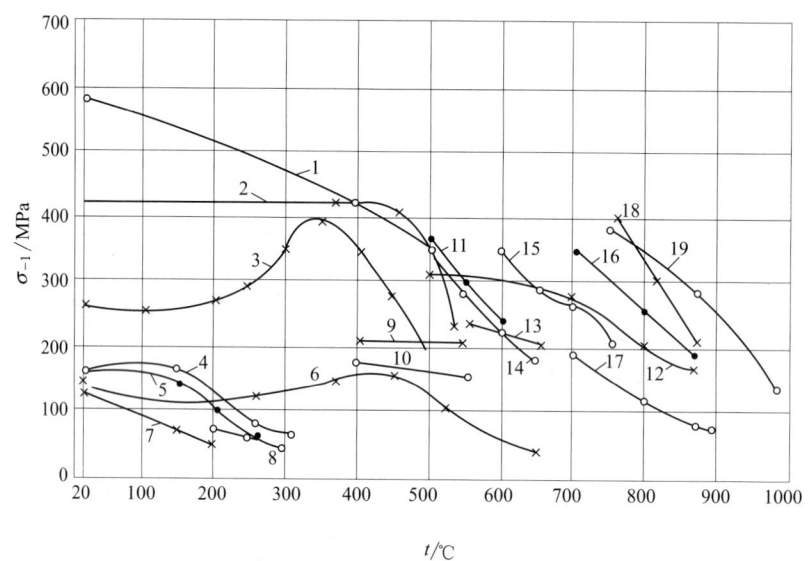

图 28-2-57　温度对金属材料的疲劳强度的影响

各合金及其成分（质量分数，%）如下：
1—钛合金（含铝的钛合金）；2—Ni-Cr-Mo 钢；3—低碳钢（C0.17）；4—铝铜合金；5—铝锌镁合金；
6—高强度铸铁；7—镁铝锌合金；8—镁锌锆钛合金；9—铜镍合金（Ni30，Cr0.5，Al1.5，其余 Cu）；
10—铜镍合金（Ni30，Mn1，Fe1，其余 Cu）；11—合金钢（Cr2.7，Mo0.5，V0.75，W0.5）；
12—奥氏体镍铬钼钢；13—奥氏体钢（Cr18.75，Ni12.0，Nb1.25）；14—合金钢（Cr11.6，Mo0.6，V0.3，Nb0.25）；
15—奥氏体钢（Cr13，Ni13，Co10）；16—钴合金（Cr19，Ni12，Co45）；17—奥氏体钢；18—镍铬合金
（Cr15，Co20，Ti1.2，Al4.5，Mo5，其余 Ni）；19—镍铬合金（20Cr，Co18，Ti2.4，Al1.4，其余 Ni）

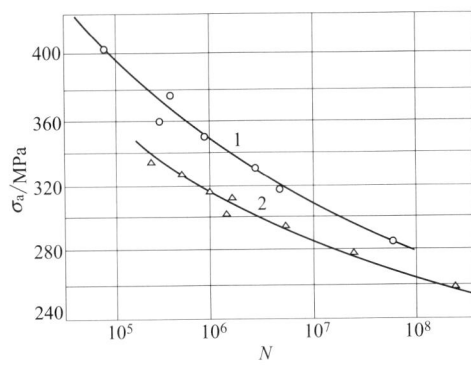

图 28-2-58 低碳钢在 400℃时的 S-N 曲线
1—旋转弯曲疲劳；2—拉压疲劳

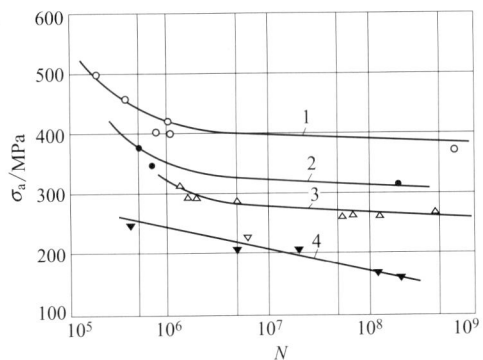

图 28-2-59 铁基合金 N-155 在高温下的
旋转弯曲 S-N 曲线
1—温度 $t=20℃$；2—温度 $t=650℃$；
3—温度 $t=730℃$；4—温度 $t=815℃$
N-155 的合金成分（质量分数,%）：C0.08～0.16，
Mn1.0～2.0，Si 小于 1，Cr2.0～22.5，Ni19.0～
21.0，Co18.5～21.0，Mo20.50～3.50，W2.0～3.0，
Nb0.75～1.25，N0.10～0.20

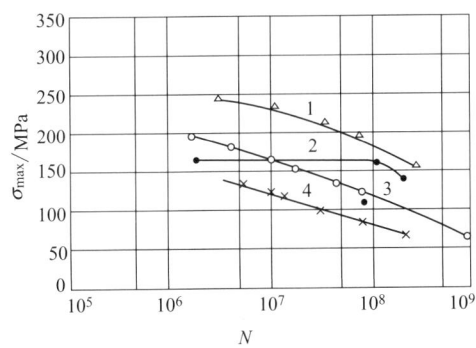

图 28-2-60 铁基合金 N-155 在 815℃时的
S-N 曲线
1—应力比 $r=-0.242$；2—应力比 $r=-1$；
3—应力比 $r=0.6$；4—应力比 $r=1$

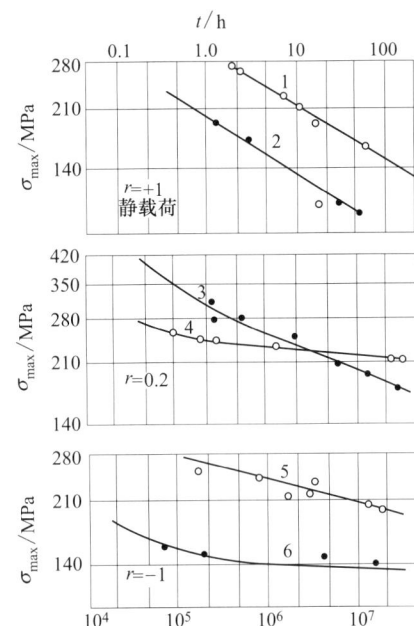

图 28-2-61 缺口对 S-816 合金在 900℃
时的 σ-t 和 σ-N 曲线
1—$r=+1$，$\alpha_\sigma=3.4$；2—$r=+1$，$\alpha_\sigma=1$（光滑试
样）；3—$r=0.2$，$\alpha_\sigma=1$；4—$r=0.2$，$\alpha_\sigma=3.4$；
5—$r=-1$，$\alpha_\sigma=1$；6—$r=-1$，$\alpha_\sigma=3.4$

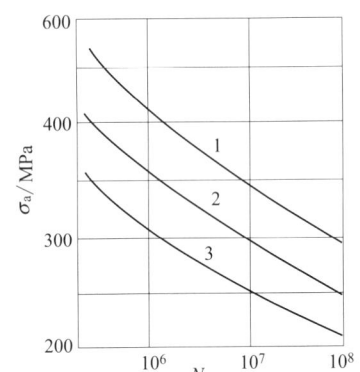

图 28-2-62 GH4037 合金的高温时的 S-N 曲线
1—700℃；2—800℃；3—850℃

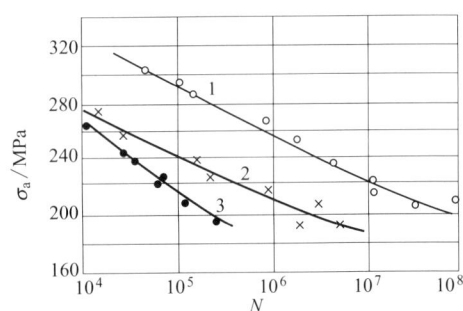

图 28-2-63 碳钢（$w_C=0.17\%$）在 450℃时，
频率对拉压疲劳极限的影响
1—试验频率 $f=2000\text{min}^{-1}$；2—试验频率 $f=125\text{min}^{-1}$；
3—试验频率 $f=10\text{min}^{-1}$

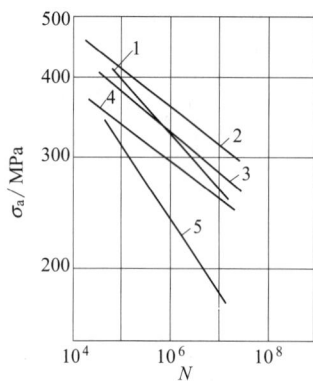

图 28-2-64 镍基高温合金在不同温度下的 S-N 曲线
1—600℃；2—800℃；3—900℃；4—950℃；5—1000℃
镍基高温合金化学成分（质量分数,%）：
Cr5，W5，Mo4，Co4.5，Al5.5，
Ti2.8，C0.15，B0.0

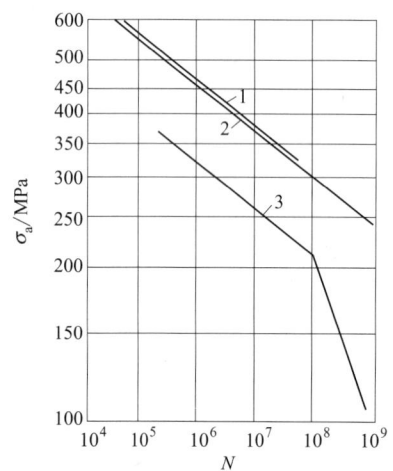

图 28-2-65 GH3032 合金在不同温度下的 S-N 曲线
1—20℃；2—700℃；3—800℃

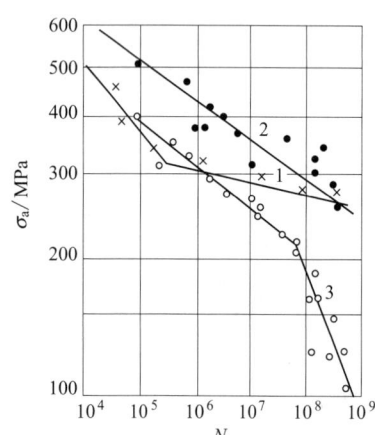

图 28-2-66 材料在高温下的 S-N 曲线
1—钛合金，$t=200℃$；2—镍基合金，
$t=700℃$；3—镍基合金，$t=800℃$

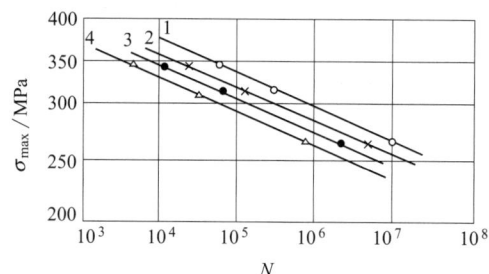

图 28-2-67 Cr2W9V 钢在 800℃时的 p-S-N 曲线
1—存活率 $p=50\%$；2—存活率 $p=68\%$；3—存活率
$p=95.4\%$；4—存活率 $p=99.7\%$

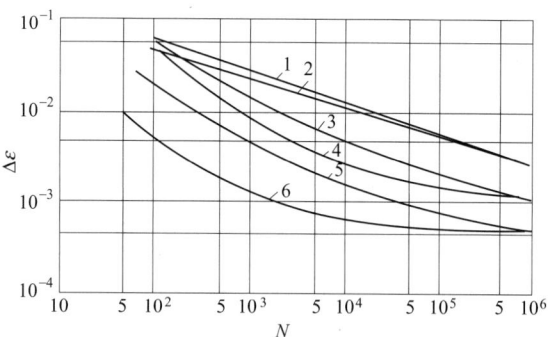

图 28-2-68 温度及频率对 304 奥氏体不锈钢低
周疲劳 S-N 曲线的影响
1—$f=10\min^{-1}$，$t=430℃$；2—$f=10^{-3}\min^{-1}$，$t=430℃$；
3—$f=10\min^{-1}$，$t=650℃$；4—$f=10\min^{-1}$，$t=816℃$；
5—$f=10^{-3}\min^{-1}$，$t=650℃$；6—$f=10^{-3}\min^{-1}$，$t=816℃$

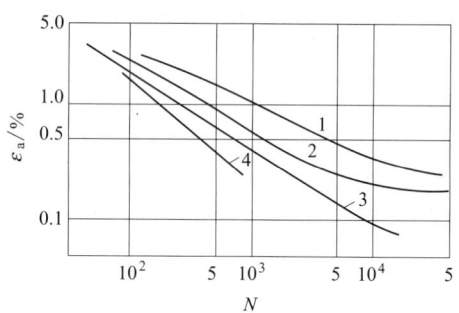

图 28-2-69 2.25Cr-1Mo 钢在高温对称弯曲时
保持时间对 S-N 曲线的影响
1—室温，保持时间为 0，经过时间 1min；2—温度 600℃，
保持时间为 0，经过时间 1min；3—温度 600℃，保持时
间 30min，经过时间 31min；4—温度 600℃，保持
时间 300min，经过时间 301min

高温对金属疲劳性能影响的主要因素包括：材料因素、温度因素、频率因素、应力集中因素、表面状态因素以及平均应力因素。

(1) 材料因素

试验表明,疲劳强度(σ_{-1})与强度极限(R_m)之间存在着一定的关系,但是在不同的材料和不同的组织状态下,这种关系可在很宽的范围内变化。材料的疲劳极限与强度极限的比值σ_{-1}/R_m称为疲劳比。对大多数材料,疲劳比随温度的升高而增高。表28-2-30示出了不同材料在不同温度下的疲劳比。由此可见,材料在不同温度下的疲劳极限和强度极限均需单独试验确定,不宜借助疲劳比相互换算。

(2) 温度因素

随着温度的升高,疲劳强度一般有降低的趋势,越接近熔点,降低趋势越明显。疲劳强度的降低是由于发生了再结晶、扩散和溶解等过程引起的。但也有某些过程能提高疲劳强度,如时效硬化和应变硬化。因此,有些材料在高温时的疲劳强度反而比室温时高,疲劳强度随温度的变化规律比较复杂。表28-2-31~表28-2-34也是温度对疲劳强度的影响数据。

表28-2-30　　　　　　　　　　不同材料在不同温度下的疲劳比

材　　料	试验温度/℃	σ_{-1}/MPa	R_m/MPa	疲劳比
GH3032型	20	330	1190	0.28
	600	343	940	0.36
	700	285	770	0.37
	800	235	780	0.30
GH4033型	20	370	1020	0.36
	600	360	—	—
	700	390	810	0.48
	800	260	620	0.42
GH4037型	20	370	1040	0.36
	700	380	880	0.43
	800	360	750	0.48
	900	280	520	0.54
尼莫尼克80 (Nimonic80)	20	346	820	0.42
	600	299	580	0.52
	650	288	—	—
	700	263	360	0.73
	750	195	—	—
	800	142	200	0.71

表28-2-31　　　　　　　不同温度下材料的疲劳极限 ($N=10^8$) σ_{-1}　　　　　　　MPa

钢的主要化学成分 (质量分数)/%	温　　度		
	20℃	70℃	100℃
C0.6,Mn0.7	430	370	—
C0.24,Ni3.9,Cr1.0	490	430	—
C0.2,Ni4.7,Cr1.4,Mo0.6	570	—	450

表28-2-32　　　　　　不同温度下材料的旋转弯曲疲劳极限 ($N=10^7$) σ_{-1}　　　　　　MPa

材料成分 (质量分数)/%	温　　度					
	20℃	100℃	200℃	300℃	400℃	500℃
灰铸铁(C3.2,Si1.1)	90	90	90	105	110	95
镍铬钢(Ni4.6,Cr1.6)	535	500	—	485	420	—
钢(C0.35)	298	—	310	330	—	275
钢(C0.60)	370	355	395	505	425	185
低合金钢(C0.14,Mo0.5)	315	—	—	400	370	275

表 28-2-33　不同温度下材料的疲劳极限（$N=1.2\times10^8$）σ_{-1}　　MPa

铝合金	温度				
	20℃	150℃	200℃	250℃	300℃
DTD683(Zn5.5)	170	115	60	—	—
BSL65(Cu4.5)	130	80	57	39	39
DTD324(Si12)	127	85	60	39	29
DSL64(Cu4.5)	125	90	62	54	39

表 28-2-34　叶片钢的疲劳极限（$N=10^7$）σ_{-1}　　MPa

钢号	热处理	试样形式	温度					
			20℃	200℃	300℃	400℃	500℃	550℃
1Cr13	1030~1050℃油淬 680~700℃回火	光滑试样	367	—	271		248	191
		缺口试样	183	—	114		104	100
2Cr13	1000~1020℃油淬 700~720℃回火	光滑试样	362	343	313	304	235	

(3) 频率因素

高温疲劳的频率效应显著，主要是由于存在着蠕变作用的关系。频率低，应力作用的时间长，使蠕变的成分增加，裂纹扩展速度加快。此外，随频率的改变，断裂的特征也不同。频率较高时为穿晶断裂，较低时为沿晶断裂，中间则为混合断裂。图 28-2-70 示出了 A-286 合金的断口形态与频率的关系。图 28-2-71 示出了频率对 U-700 镍基高温合金疲劳寿命的影响。

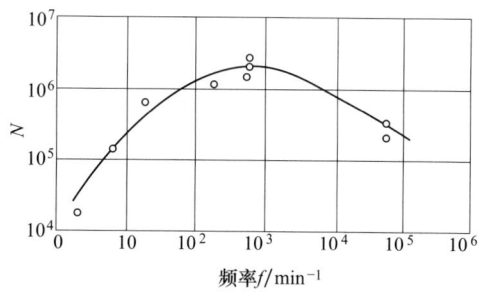

图 28-2-71　频率对 U-700 镍基合金在 760℃时的疲劳寿命的影响

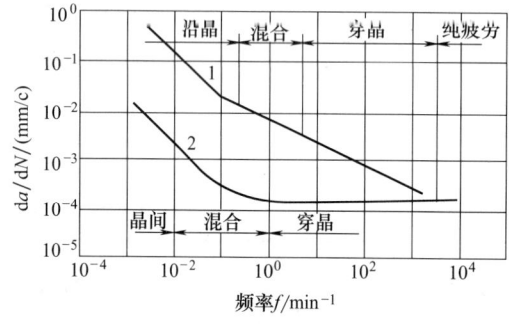

图 28-2-70　A-286 合金在 593℃时断口形态与频率的关系
1—在空气中；2—在真空中

(4) 应力集中因素

在高温下缺口产生的应力集中，大多数情况下会导致疲劳强度降低。缺口越尖锐，应力集中越严重，疲劳强度降低越多。表 28-2-35 为缺口对疲劳极限的影响。

一般讲，在有缺口时，高温疲劳强度是降低的。但是当应力比 r 不同时，也会出现不同的结果。图 28-2-61 为 S-816 合金在 900℃时的 S-N 曲线。当静载荷时，$r=+1$，$\alpha_\sigma=3.4$ 的缺口试样在同一应力水平下的寿命大于光滑试样。当 $r=0.2$，即在蠕变和疲劳复合作用的情况下，在低寿命区，缺口试样的疲劳强度低于光滑试样；在高寿命区，缺口试样的疲劳强度高于光滑试样。当 $r=-1$，即在对称应力循环下，缺口试样的疲劳强度低于光滑试样。

图 28-2-72 为在旋转弯曲试验时，钢试样的应力

表 28-2-35　　缺口对疲劳极限的影响

材料	温度/℃	试验条件	疲劳极限/MPa 光滑试样	疲劳极限/MPa 缺口试样	理论应力集中系数 α_σ	有效应力集中系数 K_σ	敏性系数 q
GH37 型	800	纯弯曲 180kHz 100h	350	250	2	1.40	0.4
	900		280	190	2	1.48	0.48
GH33 型	20	纯弯曲 180kHz 100h	370	220	2	1.68	0.68
	600		360	240	2	1.50	0.50
	700		390	230	2	1.70	0.70
	800		260	230	2	1.13	0.13

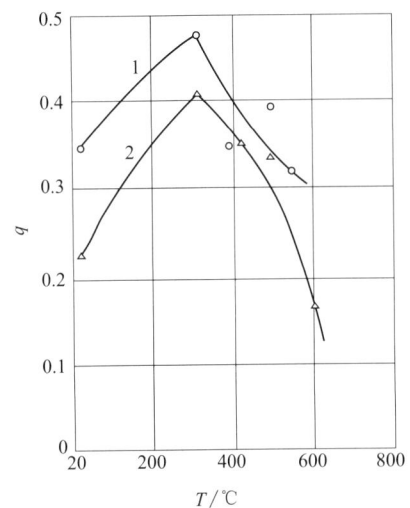

图 28-2-72　钢在高温下的应力集中敏性系数 q
1—1Cr13 钢；2—30CrMo 钢

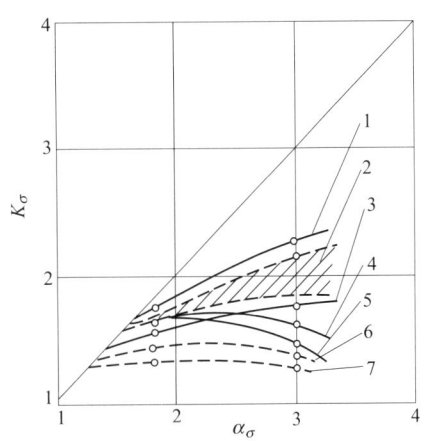

图 28-2-73　高温下碳钢的有效应力集中系数 K_σ
1—$w_C=0.21\%$ 钢，$f=2980\text{min}^{-1}$，$T=300℃$；
2—$w_C=0.21\%\sim0.72\%$ 钢，$f=150\text{min}^{-1}$，$T=20℃$；
3—$w_C=0.21\%$ 钢，$f=2980\text{min}^{-1}$，$T=500℃$；
4—$w_C=0.72\%$ 钢，$f=2980\text{min}^{-1}$，$T=500℃$；
5—$w_C=0.72\%$ 钢，$f=2980\text{min}^{-1}$，$T=575℃$；
6—$w_C=0.72\%$ 钢，$f=150\text{min}^{-1}$，$T=575℃$；
7—$w_C=0.21\%$ 钢，$f=150\text{min}^{-1}$，$T=500℃$

集中敏性系数 q 随温度的变化曲线。图 28-2-73 为高温下碳钢的有效应力集中系数。

(5) 表面状态因素

材料的疲劳强度与表面状态有很大关系。表面粗糙度增加，疲劳强度就降低。各种表面强化工艺，对高温下材料疲劳强度的影响，随着温度的升高而降低。表 28-2-36 为各种加工工艺对镍基合金 GH3032（CrNi77TiAl）试样疲劳寿命的影响。表 28-2-37 为表面喷丸对钴基合金缺口试样疲劳强度的影响，试样为边长 15.2mm 的方形截面，材料为钴基合金 S-816，进行平面弯曲疲劳试验，缺口为有 60° 的 V 形槽，槽深 1.9mm，槽的根部圆角半径 0.76mm。将试样先经磨削引入残余拉应力，再经喷丸引入残余压应力。由于槽部磨削引入残余拉应力，使有效应力集中系数 K_σ 在室温下大于 α_σ；表面喷丸引入残余压应力，使 K_σ 在室温下比 α_σ 值小得多。但随着温度的升高，磨削的有害效应及喷丸的有利效应将逐渐消失。表 28-2-38 为表面残余压应力对铁基合金疲劳性能的影响。

(6) 平均应力因素

平均应力 σ_m 对材料疲劳强度的影响可用等寿命曲线来表示。在高温疲劳中，随着温度的提高，整个曲线向原点移动，即蠕变强度及疲劳强度都降低。图 28-2-74 为钴基合金 S-816 在室温 24℃ 及高温下的等寿命曲线，实线为光滑试样，虚线为缺口试样（$\alpha_\sigma=3.4$）。图 28-2-75 为 N-155 合金的等寿命曲线。

表 28-2-36　　各种加工工艺对镍基合金 GH3032 试样疲劳寿命的影响

加工工艺	硬层厚度 /μm	当 $R_m=412$MPa 时,到达破坏的循环数			
		当 20℃时		当 700℃时	
		N	寿命/%	N	寿命/%
电抛光	—	4.85×10^6	—	13.4×10^6	—
精车	128	2.85×10^6	-41	9.01×10^6	-34
粗车	185	1.53×10^6	-68	5.35×10^6	-61
带电车削	91	2.27×10^6	-53	7.05×10^6	-48
新砂轮磨削	49	3.61×10^6	-25	11.7×10^6	-13
钝砂轮磨削	37	3.44×10^6	-29	10.4×10^6	-23
新刀车削后抛光	75	4.28×10^6	-11.6	10.0×10^6	-26
钝刀车削后抛光	139	3.82×10^6	-21	8.55×10^6	-36
磨削后抛光	37	5.03×10^6	$+3.7$	12.6×10^6	-6
辊压	296	7.83×10^6	$+61$	14.3×10^6	$+6.4$
喷丸	189	17.8×10^6	$+246$	15.2×10^6	$+12.6$

注：电抛光试样的寿命设为 100%。

表 28-2-37　　表面喷丸对钴基合金缺口试样疲劳强度的影响

加工工艺	有效应力集中系数 $K_\sigma(\alpha_\sigma=2.7, N=10^8)$		
	室温	482～593℃	649℃
槽部磨削	4.6	2.9	2.4
表面喷丸	1.3	14.5	1.9

表 28-2-38　　表面残余压应力对铁基合金疲劳性能的影响

铁基合金	试样类型	试验温度 /℃	残余应力 /MPa	$\sigma_{-1}(N=10^7)$/MPa		σ_{-1}增加率 /%
				未喷丸	喷丸	
GH140	板材 $\alpha_\sigma=1$	550	-1100	350	460	31
GH135	缺口 $\alpha_\sigma=2$	450	-950	175	275	57
GH135	缺口 $\alpha_\sigma=2$	550	-950	240	300	25
GH36	缺口 $\alpha_\sigma=2$	600	-1400	$\leqslant 200$	300	$\geqslant 28$
GH132	缺口 $\alpha_\sigma=2$	650	-1600	230	255	30

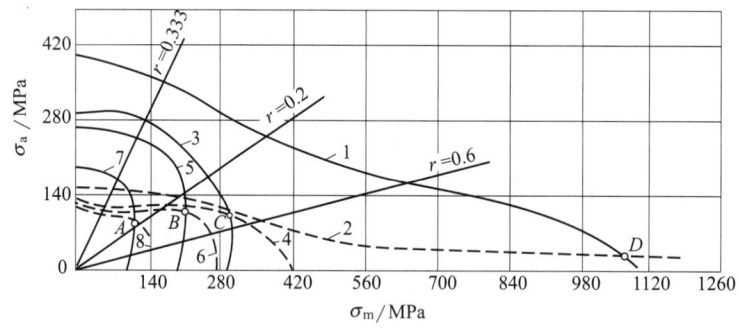

图 28-2-74　钴基合金 S-816 在 100h 寿命或 2.16×10^7 次循环下，有平均拉应力时的等寿命曲线

1—光滑试样，$T=24$℃；2—缺口试样（$\alpha_\sigma=3.4$），$T=24$℃；3—光滑试样，$T=732$℃；4—缺口试样（$\alpha_\sigma=3.4$），$T=732$℃；5—光滑试样，$T=816$℃；6—缺口试样（$\alpha_\sigma=3.4$），$T=816$℃；7—光滑试样，$T=900$℃；8—缺口试样（$\alpha_\sigma=3.4$），$T=900$℃；A 点—900℃；B 点—816℃；C 点—732℃；D 点—24℃

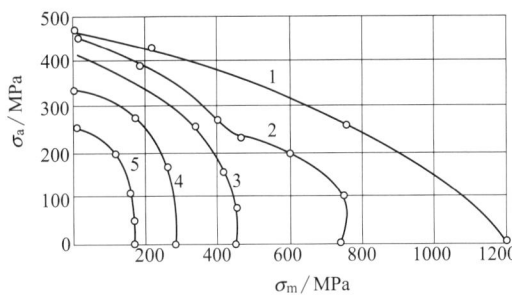

图 28-2-75 N-155 合金光滑试样在 150h 寿命
下有平均应力时的等寿命曲线
1—室温；2—538℃；3—649℃；4—732℃；5—816℃

2.6 提高零件疲劳强度的方法

机械零部件的疲劳强度，主要取决于三个环节，即选材、设计及制造工艺。提高机械零部件疲劳强度的方法，也是从选材合理、设计先进及采用强化工艺三方面来考虑的。

2.6.1 合理选材

在零件设计选材时，既要满足静强度要求，又要注意材料应具有良好的抗疲劳性能。过去在静强度设计时，对于重要的重载零件，有一个基本选材准则，即要求"比强度"高，也即要求材料的抗拉强度与材料的密度的比值高。但是在疲劳强度设计时，一般应从下列几方面进行选材：①在使用期内允许达到的应力值；②材料的应力集中敏感性；③裂纹扩展速度和断裂时的临界裂纹尺寸；④材料的塑性、韧性和强度指标；⑤材料的抗腐蚀性能、高温性能和微动磨损疲劳性能等。

2.6.2 材料改性

材料在制取合成、加工成材后，为了充分发挥材料的性能潜力，往往要通过热处理、表面改性等技术进行处理。常规热处理是材料改性的基本手段，对材料进行整体加热、保温和冷却，改变材料整体的性能。有通常所说的"四把火"之称，即退火、正火、淬火和回火。

热处理后材料的内部组织发生转变。实践证明，晶粒度大小对疲劳强度有影响。晶界能阻止材料的滑移、裂纹形成和扩展。细化晶粒能提高室温下的材料疲劳强度。而在高温条件下，粗晶粒的疲劳强度反而比细晶粒高。

2.6.3 改进结构

大多数的机械零件，由于几何结构和受载等原因，在某些应力集中严重的部位，往往出现峰值应力，成为首先产生裂纹的地方。所以有经验的设计人员，在设计中特别重视可能成为结构件危险部位的细节的设计，避免不必要的应力集中和设法减小应力集中。改进结构无疑是减小应力集中的一个主要措施。为此，提出下列一些设计原则：

1) 在零件设计中，尽量避免横截面有急剧突变，在零件的横截面尺寸和形状有改变的地方，应尽可能用较大的圆角光滑过渡。例如，轴上安装滚动轴承时，因滚动轴承侧面的轴向圆角半径很小，致使轴肩的过渡圆角取值有困难，此时可在轴肩与滚动轴承之间加装内圆倒角垫圈，达到增大轴肩过渡圆角的目的。

2) 铆钉孔和螺栓孔等都是产生应力集中的地方，孔的不同排列得到的峰值应力是不同的，因此要寻求最合理的排列形式，以减小峰值应力。孔的边缘最好用倒角，或在孔的边缘进行挤压，使该处产生残余压应力，以提高该处的疲劳强度。

3) 零件或构件上应尽可能少开缺口，特别是在受拉表面尽量不开缺口。如果必须开缺口，则应特别注意缺口的形状，以减小由此产生的应力集中系数。例如，长轴与正应力方向一致的椭圆孔，其应力集中系数最小；方孔的四个角必须有过渡圆角，而且过渡圆角的半径不能太小。

4) 如有可能，应尽量采用对称结构，并避免带有偏心的结构。在不对称的地方，要注意由于局部弯曲而引起的附加应力。可以在不对称结构的局部采取加强措施，以提高其刚度，确保不出现过大的附加应力。

5) 高速机械经疲劳强度设计计算确定了主要零件的尺寸后，必须对运动系统进行动态分析，如发现有振幅太大的现象，应改进结构，将振幅降到设计任务书中所规定的容许值以下。

6) 焊缝是应力集中的部位，设计焊接件时，要合理布置焊缝。焊缝最好能对称布置，并尽量使其接近中性轴，这样有利于减小焊接变形；应避免焊缝汇交和密集，让次要焊缝中断，主要焊缝连续，这有利于主焊缝采用自动焊接，提高焊接质量，减少焊缝中的缺陷；应使焊缝避开应力集中部位、加工面和表面热处理面。此外，应对焊缝进行磨削加工使焊缝平滑，这是减小焊缝处应力集中的有效措施。

7) 零件上用硬印打上的号码和标志，是容易被忽视的产生应力集中的地方。所以，打印的位置要有规定，应选择在低应力部位。如有可能，应采用无损伤的标记方法，某些重要零件在加工过程中，为了划线，可能被打上样冲眼，这种尖底的样冲眼，如打在零件的高应力区，可能成为疲劳裂纹源。所以，工艺上应规定在零件加工完后，必须将样冲眼打磨掉。

8) 在应力集中部位（如横向圆孔）附近，可开卸载沟槽，以降低峰值应力。

表 28-2-39 为正确的结构设计举例。

表 28-2-39　　正确的结构设计举例

序号	原设计	改进后的设计
1	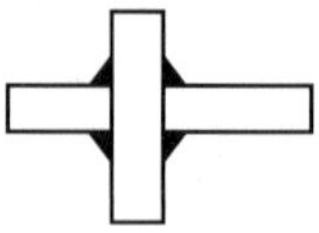	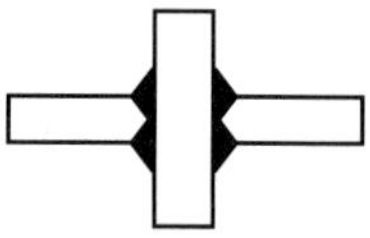
2	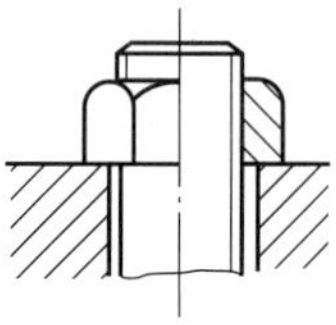	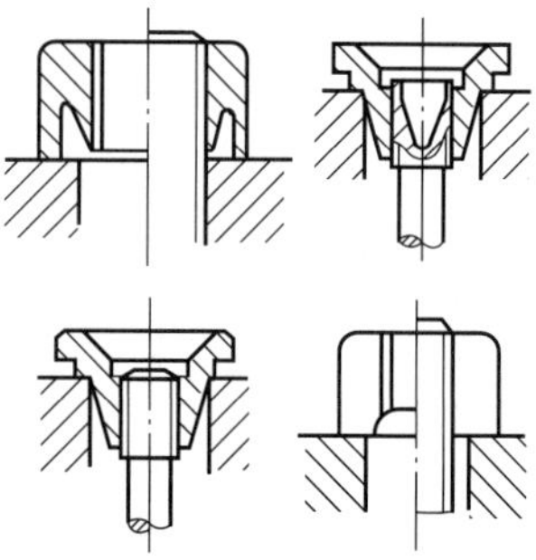
3	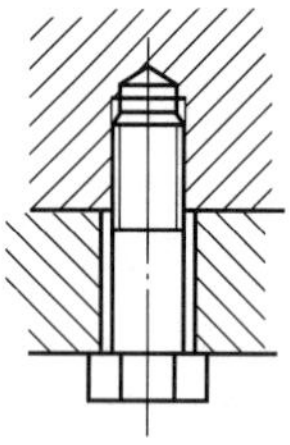	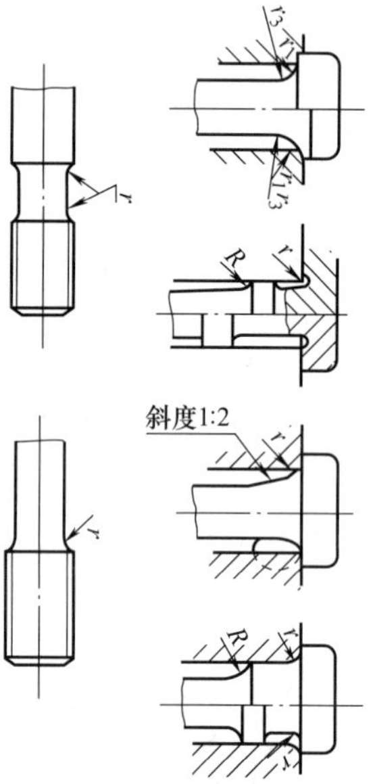
4	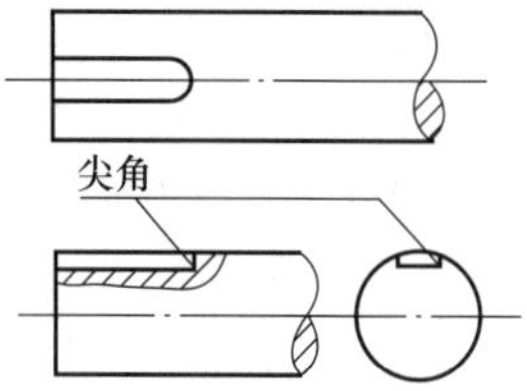	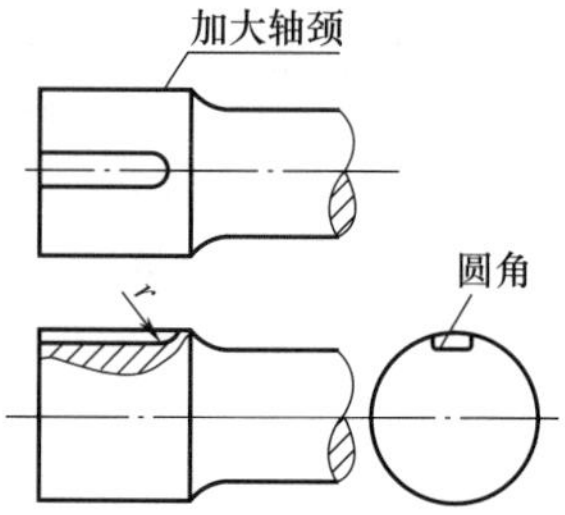

序号	原 设 计	改进后的设计
5	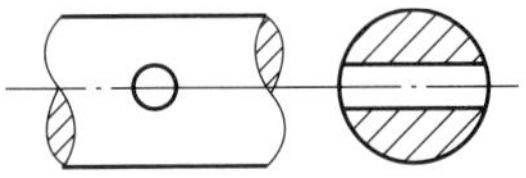	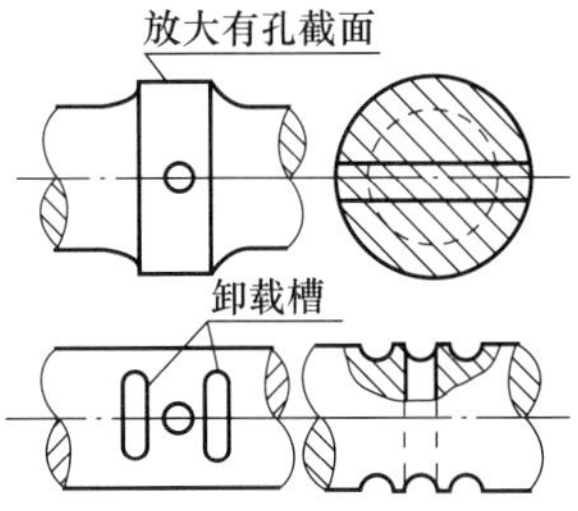 放大有孔截面 / 卸载槽
6	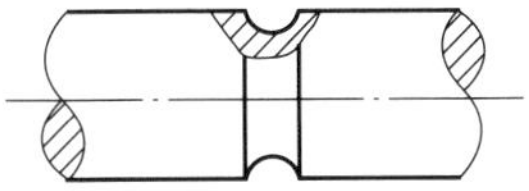	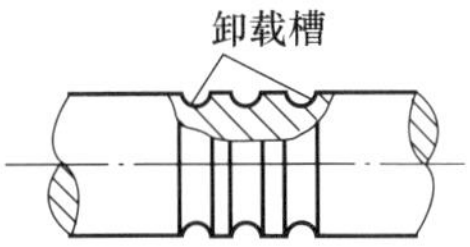 卸载槽
7	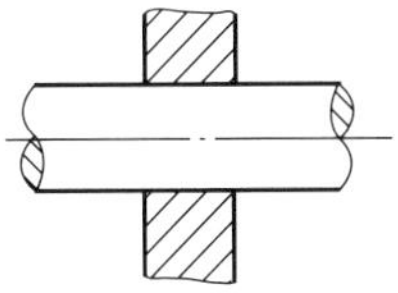	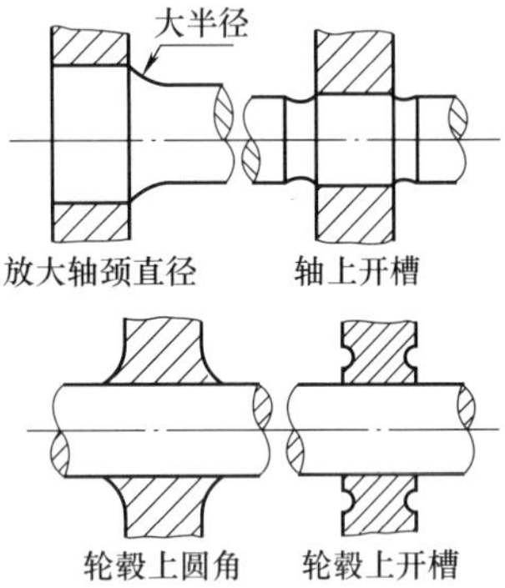 大半径 / 放大轴颈直径 / 轴上开槽 / 轮毂上圆角 / 轮毂上开槽

2.6.4 表面强化

在循环载荷作用下，最大应力总是出现在零件表层的某一范围内。因此，对零件采用表层强化工艺，改善表层的应力状况和化学成分，可以提高零件的疲劳强度。疲劳试验结果表明，平均压应力能够改善零件的抗疲劳能力，抑制或减缓疲劳裂纹的形成和扩展；平均拉应力则具有相反的效果。凡是能在零件表层引入残余压应力的，都能起到提高疲劳强度的作用，若引入残余拉应力，就会使疲劳强度降低。

表层强化工艺常用的有喷丸、辊压、表面热处理、渗碳、氮化等。

2.6.4.1 表面喷丸

表面喷丸是用靠压缩空气得到很高速度的直径为 0.4~2mm 的钢丸或铸铁丸，喷向零件表面进行锤击，使表层材料产生加工硬化，以提高零件的疲劳强度。由于喷丸使零件表层产生了残余压应力，降低了零件受载时表层的最大拉应力，故提高了零件的寿命。由于喷丸工艺受零件几何形状的限制很小，故应用很广。

喷丸强化的效果与喷丸参数、材料性能和零件的表面状态有关。一般材料强度越高，零件表面有应力集中、表面粗糙或有表面缺陷时，喷丸强化的效果越好。

图 28-2-76、图 28-2-77 示出了经表面喷丸后产生的表层残余压应力。图 28-2-78 示出了残余压应力对疲劳强度的影响，当压应力层厚度约为裂纹深度的 5 倍时，疲劳极限提高到饱和值。

表 28-2-40 为喷丸对弹簧钢疲劳极限的影响。

将零件加载使其变形，然后在变形表面进行喷丸，这种工艺称为应力喷丸。应力喷丸较普通喷丸有更高的残余压应力，因而有更高的疲劳极限。应力喷丸在弹簧生产中得到广泛应用。但应注意，施加的预应力方向一定要与工作应力方向一致。

喷丸强化后，如能使材料表层获得最佳残余压应力场，则可更大幅度地提高零件的疲劳强度（图 28-2-79）。

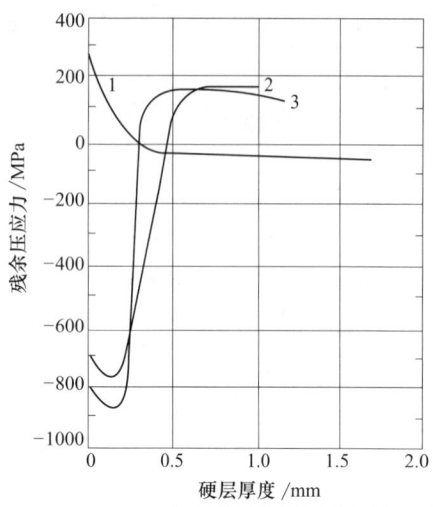

图 28-2-76　SAE4340 钢残余压应力与硬层厚度的关系
（材料 $R_m=1334$MPa）
1—未经喷丸；2—喷丸，32HRC；3—喷丸，52HRC
注：丸子直径 1mm，喷嘴气压 35MPa。

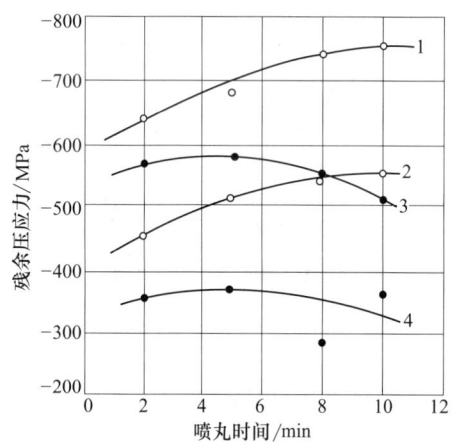

图 28-2-77　喷丸对表面残余压应力的影响
18CrNi1VA 钢的组织状态：
1—马氏体组织，41HRC，丸子直径 0.8～1.2mm；
2—马氏体组织，41HRC，丸子直径 1.5～2.0mm；
3—索氏体组织，22HRC，丸子直径 0.8～1.2mm；
4—索氏体组织，22HRC，丸子直径 1.5～2.0mm

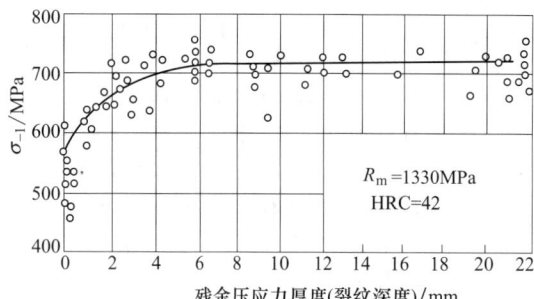

图 28-2-78　SAE4340 钢喷丸后表层残余压应
力厚度对疲劳强度的影响

表 28-2-40　喷丸对弹簧钢疲劳极限的影响

材料	表面状态	疲劳极限/MPa		喷丸后提高/%
		未喷丸	喷丸	
55Si2	无脱碳	235	353	50
	脱碳层 0.15～0.25mm 厚	220	353	60

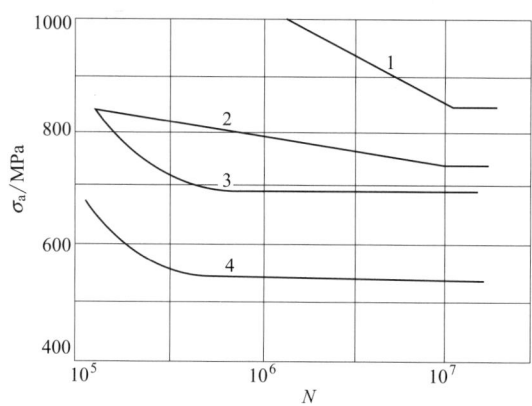

图 28-2-79　喷丸强化对 GC4 钢（$R_m=1950$MPa）
旋转弯曲 S-N 曲线的影响
1—光滑试样，喷丸；2—光滑试样；3—缺口试样，
喷丸；4—缺口试样

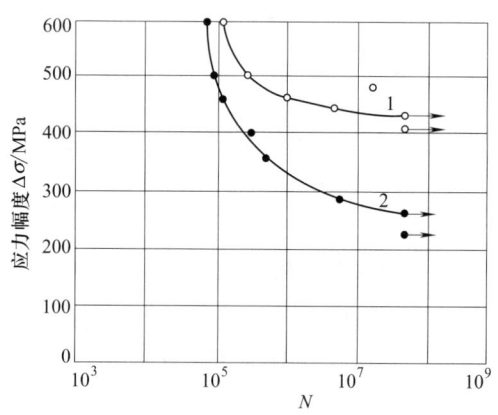

图 28-2-80　喷丸对 2664 钢腐蚀疲劳的影响
1—喷丸；2—电抛光

喷丸强度也可改善腐蚀疲劳性能（图 28-2-80）、高温疲劳性能（图 28-2-81）和微动磨损疲劳性能（图 28-2-82）。此外，喷丸对提高钢的电镀零件的疲劳性能有特别显著的效果。由图 28-2-83 和表 28-2-41 可知，钢件经过镀铬（或镀镍）或镀镍镉之后，疲劳极限通常可降低 1/4～1/3，而喷丸后再行电镀，则可避免由于电镀而给材料带来的损失。

2.6.4.2　表面辊压

辊压强化工艺适用于轴类及圆形零件、各种沟槽的圆角根部，它不适用于形状复杂的零件。

材料本身的组织与性能对辊压也有很大影响，如表 28-2-42、表 28-2-43 所示。

材料的疲劳极限随辊压力的增大而增大，但过高的辊压力会使材料表面产生微裂纹，从而导致疲劳极限下降（见图 28-2-84）。

表 28-2-44 为不同强度级别的 42CrMo 钢辊压前后的板材三点弯曲疲劳试验的结果。

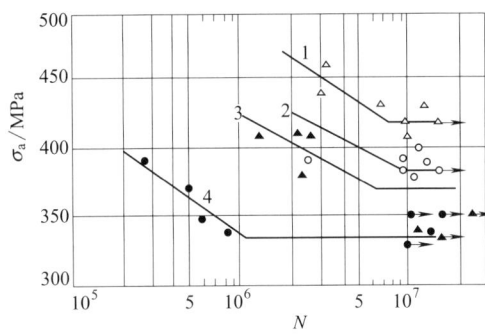

图 28-2-81 喷丸对 K6 镍基铸造合金高温
（650℃）旋转弯曲疲劳的影响
1—缺口试样，喷丸；2—光滑试样，喷丸；
3—光滑试样；4—缺口试样

表 28-2-41 Cr17Ni2 钢叶片平面弯曲的疲劳极限

表面加工工艺	表面残余应力/MPa		疲劳极限 ($N=10^7$)/MPa
	基体	镀层	
手工抛光	−490	—	510
镀镍镉后高温扩散处理	+850	+350	410
喷丸强化	−580	—	545
喷丸后电镀	+510	+100	510
喷丸后电镀，电镀后再喷丸	−890	−355	500

注：负号为压应力；正号为拉应力。

表 28-2-42 不同热处理对 15SiMn3WVA 钢的辊压效果

热 处 理	抗拉强度 R_m/MPa	脉动抗扭强度/MPa		提高/%
		抛光	辊压	
880～900℃空淬，580℃回火	961	372	666	79
880～900℃空淬，220℃回火	1000	431	784	82

注：试样 ϕ14mm，辊压力 1000N，试样转速 44r/min。

表 28-2-43 各种组织的铸铁的辊压效果

组织状态	辊压力/N	抗弯强度/MPa		提高/%
		辊压前	辊压后	
珠光体＋片状石墨	353	115	139	20
铁素体＋片状石墨	490	61	131	114
珠光体＋球状石墨	1804	193	468	142
铁素体＋球状石墨	1451	123	360	193

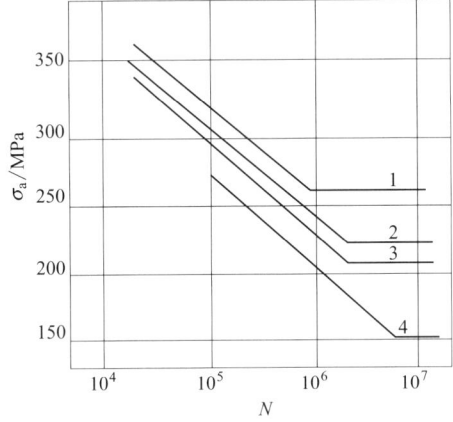

图 28-2-82 喷丸对 $w_C=0.2\%$ 钢的微动磨损疲劳（旋转弯曲）性能的影响
1—高周疲劳（喷丸）；2—微动磨损疲劳（喷丸）；
3—高周疲劳；4—微动磨损疲劳

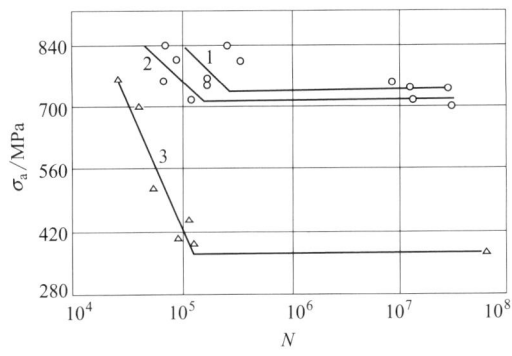

图 28-2-83 镀铬和喷丸对 SAE4340 钢
（52～53HRC）疲劳性能的影响
1—未喷丸；2—喷丸后镀铬；3—镀铬

辊压强化效果与辊压参数（辊压力、辊子半径等）有关。试样尺寸和形状、辊压参数不同，其效果也不一样。

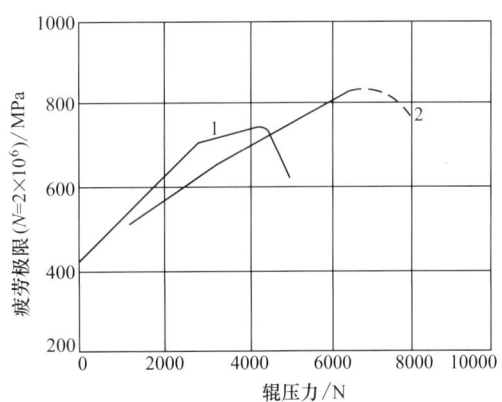

图 28-2-84 辊压力对 20Cr 和 40Cr 钢棒材三点弯曲疲劳极限（$N=2\times10^6$）的影响
1—20Cr；2—40Cr

表 28-2-44　42CrMo 钢辊压前后的疲劳极限（$N=10^6$）

静强度/MPa		疲劳极限（$N=10^6$）/MPa	
R_{eL}	R_m	未辊压	辊压
853	963	618	689
880	1044	591	698
982	1145	532	731

2.6.4.3　内孔挤压

许多带孔的零件，疲劳裂纹往往起源于孔周围的尖角部位，例如，连杆大头的内孔，各种梳状接头上的螺栓孔，各种梁上的螺栓孔，飞机机翼整体壁板螺栓孔等。提高内孔部位疲劳强度的有效途径之一，是采用内孔挤压强化。对于内径为 6～10mm 的孔，挤压后的直径增大 0.2～0.3mm，其疲劳强度就能显著提高。

图 28-2-85～图 28-2-87 分别为 7075-T651、2024-T351 铝合金和 4340 钢中心孔板材试样内孔挤压前后

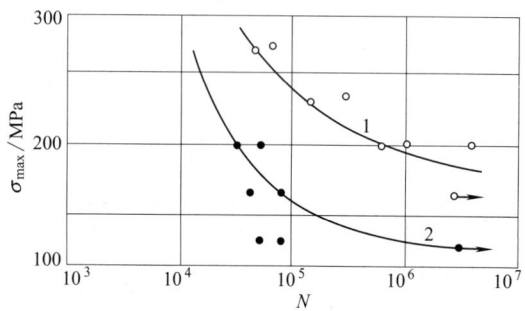

图 28-2-85　7075-T651 铝合金中心孔板材试样
内孔挤压前后的拉-拉疲劳 S-N 曲线（$r=0.1$）
1—内孔挤压；2—内孔未挤压
中心孔直径 $\phi6.5\sim6.6$mm，试样厚 3.2mm

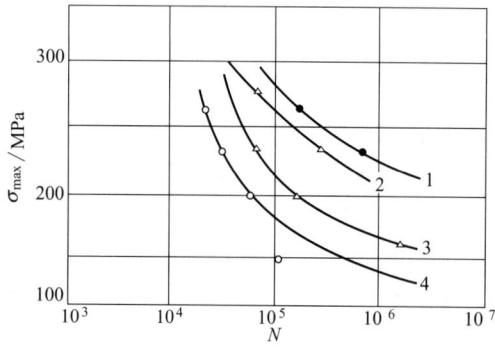

图 28-2-86　2024-T351 铝合金铬酸阳极化处理的
中心孔板材试样内孔边缘挤压前后的拉-拉疲劳
S-N 曲线（$r=0.2$）
1—挤压半径 0.15mm；2—挤压半径 0.1mm；
3—挤压半径 0.076mm；4—未挤压
中心孔直径 $\phi6.5\sim6.6$mm，试样厚 6.4mm

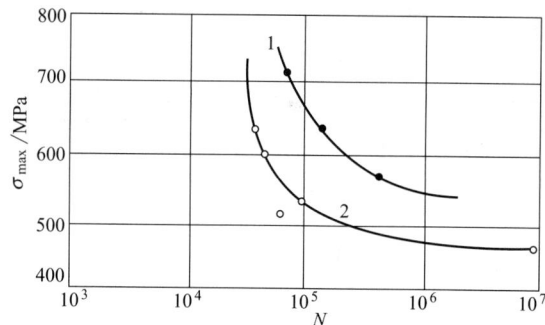

图 28-2-87　4340 钢中心孔板材试样挤压前后
的拉-拉疲劳 S-N 曲线（$r=0.2$）
1—内孔挤压；2—未挤压
中心孔直径 $\phi6.5$mm，试样厚 10.4mm

的拉-拉疲劳 S-N 曲线，对于铝合金，内孔挤压强化可使条件疲劳极限（$N=10^6$）提高 40%～70%；而对于钢（$R_m=1200$MPa），挤压强化可使疲劳极限（$N=10^6$）提高 17%。

30CrMnSiNi2A 高强钢中心孔（$\phi6$mm）板材试样（厚 8mm、宽 23mm）挤压前后的疲劳极限（$N=10^6$）分别为 330MPa 和 610MPa，挤压后的疲劳极限提高 85%。

2.6.4.4　表面化学热处理

钢经渗碳、氮化和碳氮共渗等化学热处理后，得到软的心部和硬的表层。硬化的表面层及所存在的表面层残余压应力，可提高弯曲、扭转和接触疲劳强度以及抗磨损能力。

渗碳件的疲劳强度，受着渗碳层厚度、渗层组织和性能、表面层残余应力及心部强度等因素的综合影响。图 28-2-88 为渗碳层厚度对疲劳极限的影响。表 28-2-45 为耐热铸钢固体渗碳的渗碳层厚度。表 28-2-46 为渗氮对疲劳极限的影响。表 28-2-47 为模具钢的渗氮性能。表 28-2-48 为合金结构钢渗氮后的疲劳极限。表 28-2-49 为渗氮与碳氮共渗对合金结构钢疲劳极限的影响。

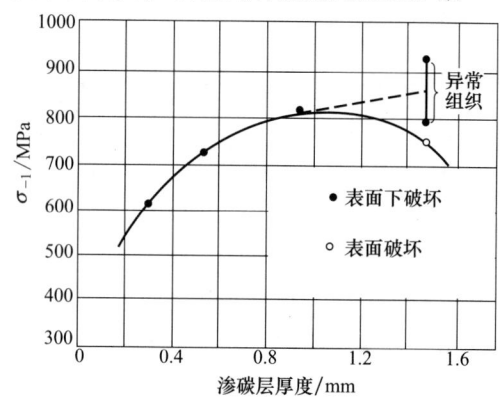

图 28-2-88　渗碳层厚度与疲劳极限的关系

表 28-2-45　　耐热铸钢固体渗碳的渗碳层厚度

材　料	热处理	R_m/MPa	渗碳方法	渗碳温度/℃	渗碳时间/h	渗碳层厚度/mm
ZG30Cr24Ni7SiNRE	铸后经时效处理	544	固体渗碳	1050	10	0.24
					30	0.53
					60	1.11
				1100	10	0.78
					30	1.31
					60	2.32
					100	3.06
ZG30Cr22Mn4Ni4Si2N	铸后经时效处理	701	固体渗碳	1050	10	0.70
					30	1.12
					60	1.45
				1100	10	1.18
					30	1.70
					60	2.14
					100	3.30
ZG45Cr20Mn5Ni5WMoN	铸后经时效处理	639	固体渗碳	1050	10	0.60
					30	0.93
					60	1.38
				1100	10	1.09
					30	1.79
					60	2.66
					100	3.00
ZG40Cr25Ni20	铸后经时效处理	481	固体渗碳	1050	10	0.30
					30	0.66
					60	0.99
				1100	10	0.75
					30	1.36
					60	1.82
					100	2.39
ZG35Cr18Ni25Si2	铸后经时效处理	496	固体渗碳	1050	10	0.16
					30	0.27
					60	0.54
				1100	10	0.57
					30	1.23
					60	1.92
					100	2.38
ZG30Ni35Cr15	铸后经时效处理	466	固体渗碳	1050	10	1.38
					30	2.06
					60	2.71
				1100	10	1.68
					30	2.90
					60	3.78
					100	5.00
ZG30Cr30Ni11N	铸后经时效处理	465	固体渗碳	1050	10	0.42
					30	0.90
					60	1.26
				1100	10	1.08
					30	1.56
					60	2.03
					100	2.83

续表

材料	热处理	R_m/MPa	渗碳方法	渗碳温度/℃	渗碳时间/h	渗碳层深度/mm
18Cr2Ni4W	870℃油淬,560℃回火	1039	气体渗碳炉渗碳	850～940	—	1.20
			碳氮共渗	860	—	0.50

表 28-2-46　　渗氮对疲劳极限的影响

材料	疲劳极限/MPa			
	未渗氮		渗氮	
	光滑试样	缺口试样	光滑试样	缺口试样
普通铸铁	215	156	264	313
球墨铸铁	245	171	269	343
2Cr13	—	225	—	402

表 28-2-47　　25Cr3Mo3VNb 模具钢渗氮性能

材料	热处理	R_m/MPa	a_k/J·cm^{-2}	渗氮温度/℃	介质	渗氮时间/h	层深/mm	表面硬度HV
25Cr3Mo3VNb	1020℃油淬,600℃回火两次	1343	53.9	480	氨分解气	10	0.12	1145～1320
				530			0.16	1120
				580			0.28	1095
				640			0.35～0.38	810～824

表 28-2-48　　38CrMoAl 钢渗氮后的疲劳极限（$r=-1$）

试样号	气体氮化			离子氮化		
	疲劳极限/MPa	循环次数 N	渗氮层深度/mm	疲劳极限/MPa	循环次数 N	渗氮层深度/mm
1	700	10^7 未断	0.546	600	10^7 未断	0.46～0.48
2	708	10^7 未断	0.570	600	10^7 未断	0.455
3	714	10^7 未断	0.570	648	10^7 未断	0.53～0.576
4	720	10^7 未断	0.546	670	10^7 未断	0.58～0.60
5	721	5.55×10^6	0.560	700	10^7 未断	0.50
6	732	10^7 未断	0.530	720	10^7 未断	0.53～0.55
7	744	3.6×10^5	0.546	740	1.5×10^4	0.53
8	738	2.2×10^6	0.546			

注：试验条件：气体渗氮试样硬度 HR15N94～95，渗氮工艺与耐磨试样相同。离子氮化工艺：第一阶段（515±5)℃,8h，第二阶段（540±5)℃,20h。电压 540～560V，加热功率 3.07W/cm^2，电流密度 0.0057A/cm^2，气体流量 17L/min，真空室气体压强 6～7Torr（8.00×10^{-4}～9.33×10^{-4}MPa），阴阳极间距 10mm，离子氮化试样表面硬度 HR15N93～94。疲劳试验是在 12-1 型弯曲疲劳试验机上进行，用光滑无缺口试样，试样尺寸 ϕ7.5mm。

表 28-2-49　　18CrMnTi 渗碳与碳氮共渗的疲劳试验结果

热处理方法	渗层厚度/mm	缺口试样($R1$)的疲劳极限/MPa	齿轮单齿($m=3$)的脉动疲劳极限/kN
渗碳	0.94	421	39
碳氮共渗	0.74	529	51

2.6.4.5 表面淬火

表面淬火包括火焰加热淬火和感应加热淬火等。火焰加热淬火多用氧-乙炔焰，也有用其他火焰的，如冶金厂用的氧气-焦炉煤气火焰等。钢经火焰加热淬火后，硬层厚度为 3～6mm。

感应加热淬火分高频、中频和工频三种。一般情况下，高频的频率为 20000Hz 以上，用于直径小于 100mm 的零件，硬层厚度为 0.5～5mm；中频的频率为 2000～8000Hz，用于直径为 80～300mm 的零件，硬层厚度为 6～10mm；工频的频率为 50Hz，用于直径大于 1000mm 的零件，硬层厚度达 20mm 以上。

图 28-2-89 及图 28-2-90 分别为表面淬火硬层厚度和回火温度对抗扭强度的影响。

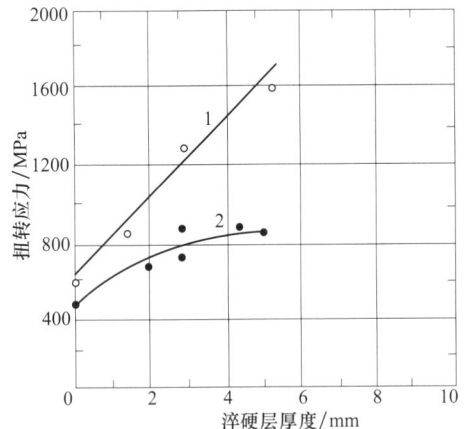

图 28-2-89　淬火硬层厚度对抗扭强度的影响
1—静载抗扭强度；2—抗扭强度

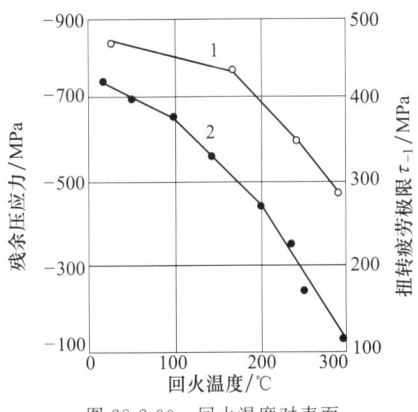

图 28-2-90　回火温度对表面
残余压应力及抗扭强度的影响
1—抗扭强度；2—残余压应力

对于截面变化较大的零件，感应加热淬火存在的最大缺点是在截面变化处产生一个过渡区，此区往往淬不上火，并产生很大的残余拉应力，疲劳强度很低。如采用淬透性低的钢，经强烈淬火后，零件轮廓表面获得一层马氏体组织，这种方法称为薄壳淬火。同感应加热淬火一样，因表面强化并存在很大的残余压应力，使零件的疲劳强度显著提高。与感应加热淬火比较，薄壳淬火特别适用于短而粗且有截面变化的零件，现已在生产中得到应用。

2.6.4.6 表面激光处理

表面激光处理能够极大地细化表层材料的晶粒（或亚晶粒），增高表层硬度。如果处理得当，还可使危险截面产生残余压应力，所以表面激光处理是改善疲劳强度的另一个有效措施。

图 28-2-91 为 1045 钢表面激光处理前后的旋转弯曲疲劳 S-N 曲线。激光处理后的表面硬度提高很多，疲劳极限（$N=10^6$）可提高约 40%。

内燃机铸铁活塞环采用激光处理后的表面硬度可达约 800HV。这种工艺处理不仅可提高活塞环的疲劳强度，同时也改善了其耐磨性能。

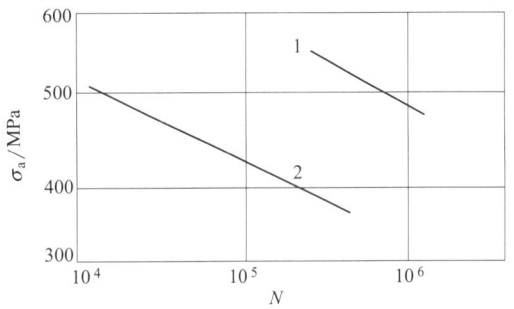

图 28-2-91　1045 钢试样表面激光处理
前后的旋转弯曲疲劳 S-N 曲线
1—激光处理；2—未处理

图 28-2-92 为 2024-T3 铝合金带中心孔板表面激

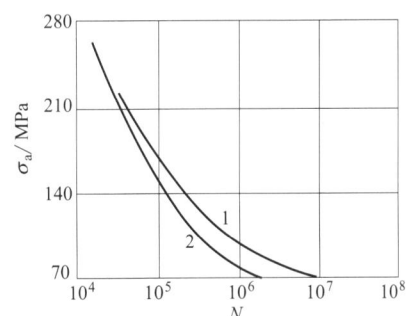

图 28-2-92　2024-T3 铝合金带中心
孔板表面激光处理前后的 S-N 曲线
1—激光处理；2—未处理

光处理前后的疲劳 S-N 曲线。由于孔周围采取了辐照防护措施,所以处理后孔的周围产生残余压应力,孔附近的最大残余压应力约为 55MPa。当外加应力逐渐增高到接近于材料的屈服点($R_\mathrm{m}=344\mathrm{MPa}$),由于残余压应力的松弛,从而对疲劳强度的贡献降低,所以在 S-N 曲线的高应力区,两种试样的疲劳强度趋向一致。但在低循环应力范围内,激光处理使孔周围形成的残余压应力使疲劳强度提高。

激光处理可以用于螺栓孔、铆钉孔、叶片燕尾槽等零件的表面强化。由于它的生产效率高,所以适用于零件的成批生产。

第3章 高周疲劳强度设计方法

试样和零件在高于 $10^4 \sim 10^5$ 次载荷循环而产生的疲劳,称为高周疲劳。对于高周疲劳通常采用常规疲劳强度设计方法。

常规疲劳强度设计是以名义应力为基本设计参数的抗疲劳设计方法,也称名义应力法。它是假设零构件没有初始裂纹,应用标准试样试验得到的疲劳极限、S-N 曲线及疲劳极限图等,再考虑零构件由于尺寸、表面状态及几何形状引起的应力集中等影响因素而进行的疲劳强度设计。把 S-N 曲线用双对数坐标表示时,是由两根直线组成的折线。按水平线部分进行设计称无限寿命设计;按斜线部分进行设计称有限寿命设计。

无限寿命设计要求零构件在无限长的使用期间内不发生疲劳破坏。因此要将零构件的工作应力限制在它的疲劳极限以下,得到的零构件的寿命在理论上是无限的。用这种准则进行设计常造成零构件结构尺寸大、过于笨重。但对于长时间运转的零构件,仍是一个较好的设计准则。

有限寿命设计,也称安全寿命设计。它保证机器在一定使用期限内安全运行,所以它允许零构件的工作应力超过其疲劳极限。其基本依据是材料或零构件的 S-N 曲线的斜线部分。计算的重点是零构件的裂纹形成寿命。这种设计准则能充分利用材料的承载能力,减小零构件的截面尺寸,减轻重量。对于如飞机、汽车等要求减轻重量、更新速度快的产品有重要意义。

对于有限寿命设计来说,疲劳损伤累积理论是其重要依据。而对于无限寿命设计则主要是计算其安全系数。安全系数法的基本思想是:机械结构在承受外载荷后,计算得到的应力应该小于该结构材料的许用应力。

3.1 材料的常规疲劳性能数据

3.1.1 材料疲劳极限

表 28-3-1~表 28-3-3 是一些国产材料的疲劳极限。表 28-3-4 是常用铝合金材料的疲劳极限。

表 28-3-1　　常用国产机械材料的旋转弯曲疲劳极限

序号	材 料	热处理	抗拉强度 R_m/MPa	疲劳极限($N=10^7$) 平均值 σ_{-1}/MPa	标准差 S_{-1}/MPa	变异系数 ν_{-1}	疲劳比 f ($N=10^7$)
1	Q235A	热轧	439	210	7.8	0.037	0.048
2	Q235A(F)	热轧	428	198	9.4	0.047	0.46
3	Q235B	热轧	441	250	3.9	0.016	0.57
4	20	正火	463	250	4.7	0.019	0.54
5	20g	热轧	432	209	2.6	0.012	0.48
6	20R	—	386	209			0.54
7	35	正火	593	261	4.1	0.016	0.44
8	45	正火	624	285.1	7.0	0.026	0.43
9	45	调质	710	388	10.1	0.026	0.53
10	45	电渣重熔	934	433	19.5	0.048	0.43
11	50	正火	661	278	10.3	0.037	0.42
12	55	调质	834	386	13.3	0.034	0.46
13	70	淬火后中温回火	1138	489	17.9	0.037	0.43
14	Q345	热轧	586	298.1	8.6		0.48
15	Q345g	热轧	507	271			0.53
16	20MnVB	碳氮共渗	1210	809	0.6	0.001	0.67
17	25MnTiBRE	碳氮共渗	1193	834	23.2	0.028	0.70
18	35Mn2	调质	937	520	—		0.55
19	40MnB	调质	970	436	19.5	0.045	0.45
20	40MnVB	调质	1111	531	9.0	0.017	0.48

续表

序号	材料	热处理	抗拉强度 R_m/MPa	疲劳极限($N=10^7$) 平均值 σ_{-1}/MPa	标准差 S_{-1}/MPa	变异系数 ν_{-1}	疲劳比 f ($N=10^7$)
21	45Mn2	调质	952	485	8.0	0.016	0.51
22	12Cr2Ni4	调质	793	441	22.6	0.051	0.56
23	18CrNiW	调质	1039	491	23.1	0.047	0.47
24	20Cr	渗碳	577	273	3.9	0.014	0.47
25	20CrMnTi	淬火后低温回火	1416	566	37.4	0.066	0.40
26	20CrMnSi	调质	788	299	13.7	0.046	0.38
27	20Cr2Ni4A	淬火后低温回火	1483	602	14.1	0.023	0.41
28	30CrMnTi	碳氮共渗	1771	730	35.3	0.048	0.41
29	30CrMnSiA	调质	1110	641	25.2	0.039	0.58
30	35CrMo	调质	924	431	13.3	0.031	0.47
31	40Cr	调质	940	422	10.1	0.024	0.45
32	40CrMnMo	调质	977	470	17.2	0.037	0.48
33	40CrMnSiMoVA	淬火后低温回火	1843	677	—	—	0.37
34	40CrNiMo	调质	972	498	7.8	0.016	0.51
35	40CrNiMoA	调质	1040	524	19.7	0.038	0.50
36	42CrMo	调质	1134	504	12.5	0.025	0.44
37	16MnCr5	淬火后低温回火	1373	592	10.9	0.018	0.43
38	20MnCr5	淬火后低温回火	1482	634	8.0	0.013	0.43
39	25MnCr5	淬火后低温回火	1587	509	37.4	0.074	0.32
40	28MnCr5	淬火后低温回火	1307	479	21.1	0.044	0.37
41	50CrV	淬火后中温回火	1586	747	32.0	0.043	0.47
42	55Si2Mn	淬火后中温回火	1866	658	10.5	0.016	0.35
43	60Si2Mn	淬火后中温回火	1625	660	24.2	0.043	0.41
44	65Mn	淬火后中温回火	1687	708	31.1	0.044	0.42
45	0Cr17Ni4Cu4Nb	固溶时效	740	400	—	—	0.54
46	1Cr12Mo	调质	768	382	—	—	0.50
47	1Cr13	调质	721	374	12.5	0.033	0.52
48	2Cr13	调质	687.5	374	14.0	0.038	0.54
49	3Cr13	调质	842	370	12.5	0.034	0.44
50	4Cr5MoVSi	调质	1496	730	—	—	0.49
51	7Cr7Mo3V2Si	调质	2353	512	24.2	0.047	0.22
52	Cr12	淬火后低温回火	2272	709	20.4	0.029	0.31
53	Cr12MoV	淬火后低温回火	2059	633	—	—	0.31
54	ZG20SiMn	正火	515	226	7.5	0.033	0.44
55	ZG230-450	正火	543	207	9.4	0.045	0.38
56	ZG270-500	调质	823	272	5.5	0.020	0.33
57	ZG40Cr	调质	977	294	10.9	0.037	0.30
58	ZG340-640	调质	1044	322	12.6	0.039	0.31
59	ZG0Cr13Ni6Mo	正火后两次回火	779	289	16.8	0.058	0.37
60	ZG1Cr13	退火后正火	789	328	14.8	0.045	0.42
61	QT400-15	退火	484	243	10.9	0.045	0.50
62	QT400-18	退火	453	219	7.4	0.034	0.48
63	QT500-7	退火	625	206	10.9	0.053	0.33
64	QT600-3	正火	809	271	7.4	0.027	0.33
65	QT700-2	正火	754	219	9.9	0.045	0.29
66	QT800-2	正火	842	352	10.1	0.029	0.42

注:S_{-1}和ν_{-1}为对称循环下疲劳的标准差和变异系数。

表 28-3-2　　某些国产机械材料的拉-压疲劳极限

序号	材料	热处理	抗拉强度 R_m/MPa	疲劳极限（$N=10^7$）平均值 σ_{-1l}/MPa	疲劳极限（$N=10^7$）标准差 S_{-1l}/MPa	疲劳极限（$N=10^7$）变异系数 ν_{-1l}	疲劳比 f（$N=10^7$）
1	20	正火	464	241	7.8	0.032	0.52
2	45	调质	735	329①	18.7	0.057	0.45
3	Q345	热轧	586	327	14.0	0.043	0.56
4	09SiVL	热轧	529	284	13.3	0.047	0.54
5	12CrNi3	调质	833	363	14	0.039	0.44
6	25Cr2MoV	调质	1090	335	—	—	0.31
7	35CrMo	调质	924	317	—	—	0.34
8	35VB	热轧	741	331	13.3	0.040	0.45
9	40CrMnSiMoVA	等温淬火	1765	718	—	—	0.41
10	40CrNiMo	调质	972	389	15.6	0.040	0.40
11	45CrNiMoV	淬火后中温回火	1553	486	17.2	0.035	0.31
12	55SiMnVB	淬火后中温回火	1536	536	21.1	0.039	0.35
13	HT200	去应力退火	250	96.5	5.4	0.056	0.39
14	HT300	去应力退火	353	133.3	5.0	0.38	0.38
15	ZG310-570	调质	1012	303	17.2	0.057	0.30

① 应力比 $r=0.1$。
注：S_{-1l} 和 ν_{-1l} 为拉-压对称循环疲劳的标准差。

表 28-3-3　　调质结构钢的疲劳极限

材料	静强度指标	试验条件 r	试验条件 α_σ	寿命 N	疲劳极限均值 $\bar{\sigma}_r$/MPa	标准差 S_r/MPa	变异系数 $\nu=S_r/\bar{\sigma}_r$
45（调质）	$R_m=833.6$MPa $R_{eL}=686.5$MPa $A=16.7\%$ 硬度 250～270HBS	−1	1.9	5×10^4	411.9	13.07	0.03173
				10^5	343.2	9.807	0.02858
				5×10^5	309.9	7.845	0.02531
				10^6	294.2	7.845	0.02667
				5×10^6	286.4	7.845	0.02739
				10^7	279.5	8.169	0.02923
18Cr2Ni4WA (950℃正火, 860℃淬火, 540℃回火)	$R_m=1145.5$MPa $A=18.6\%$	−1	2	10^5	463.9	22.23	0.04792
				5×10^5	411.9	17.00	0.04127
				10^6	384.4	15.69	0.04082
				5×10^6	368.7	13.73	0.03724
				10^7	360.9	11.77	0.03261
30CrMnSiA (890～989℃ 油淬火, 510～520℃ 回火)	$R_m=1108.2\sim1186.6$MPa $R_{eL}=1088.6$MPa $A=15.3\%\sim18.6\%$	−1	1	10^5	784.6	35.96	0.04583
				5×10^5	676.7	19.61	0.02898
				10^6	655.1	17.65	0.02694
				5×10^6	639.4	17.00	0.02659
				10^7	637.5	18.63	0.02922
			2	10^5	411.3	19.61	0.04768
				5×10^5	379.5	14.71	0.03876
				10^6	359.9	10.13	0.02815
				5×10^6	356.0	10.13	0.02846
				10^7	353.1	9.807	0.02777
			3	10^5	308.9	14.71	0.04762
				5×10^5	270.7	10.13	0.03742
				10^6	250.1	9.807	0.03921
				5×10^6	243.2	9.150	0.03762
				10^7	241.3	9.150	0.03792

续表

材料	静强度指标	试验条件		寿命 N	疲劳极限均值 $\bar{\sigma}_r/\text{MPa}$	标准差 S_r/MPa	变异系数 $\nu = S_r\sqrt{\sigma_r}$
		r	α_σ				
30CrMnSiA (890~989℃ 油淬火, 510~520℃ 回火)	$R_m = 1108.2 \sim 1186.6\text{MPa}$ $R_{eL} = 1088.6\text{MPa}$ $A = 15.3\% \sim 18.6\%$	-1	4	10^5	285.4	11.11	0.03893
				5×10^5	245.2	9.807	0.03500
				10^6	221.6	9.150	0.04129
				5×10^6	210.9	8.169	0.03873
				10^7	204.0	6.865	0.03365
		0.1	1	10^5	1176.8	52.30	0.04444
				5×10^5	1108.2	42.49	0.03834
				10^6	1090.5	39.23	0.03597
				5×10^6	1088.6	39.55	0.03633
				10^7	1088.6	39.89	0.03664
			3	10^5	455.0	29.42	0.06466
				5×10^5	377.6	17.00	0.04502
				10^6	347.2	14.39	0.04145
				5×10^6	335.4	15.69	0.04678
				10^7	328.5	16.35	0.04977
		0.5	3	10^5	676.7	35.96	0.05314
				5×10^5	642.4	31.06	0.04835
				10^6	612.0	27.46	0.04487
				5×10^6	609.0	24.84	0.04079
				10^7	608.0	24.84	0.04086
30CrMnSiNi2A (900℃淬火, 260℃回火)	$R_m = 1422 \sim 1618\text{MPa}$ $R_{eL} = 1109\text{MPa}$ $A = 12.5\% \sim 18.5\%$	-0.5	5	5×10^4	415.8	20.92	0.05031
				10^5	343.2	13.73	0.04001
				5×10^5	272.6	10.46	0.03837
				10^6	251.1	9.150	0.03644
				5×10^6	248.1	9.150	0.03688
				10^7	245.2	9.807	0.04000
		0.1	3	10^4	662.0	33.02	0.04988
				5×10^4	539.4	26.80	0.04968
				10^5	441.3	17.98	0.04074
				5×10^5	415.8	16.67	0.04009
				10^6	402.1	16.35	0.04066
				5×10^6	392.3	15.69	0.03999
				10^7	382.5	14.71	0.03846
			4	10^4	686.5	49.04	0.07143
				5×10^4	510.0	29.42	0.05769
				10^5	328.5	17.98	0.05473
				5×10^5	241.3	9.150	0.03792
				10^6	187.3	6.865	0.03665
		0.445	3	10^4	1059.2	58.84	0.05555
				5×10^4	858.1	34.32	0.04000
				10^5	686.5	27.78	0.04047
				5×10^5	583.5	20.59	0.03529
				10^6	578.6	20.27	0.03503
				5×10^6	572.7	19.29	0.03368
				10^7	571.7	18.96	0.03316
		0.5	5	5×10^4	731.6	29.74	0.04065
				10^5	624.7	26.16	0.04188
				5×10^5	525.7	18.31	0.03483
				10^6	517.8	17.33	0.03347
				5×10^6	513.9	16.67	0.03244
				10^7	510.0	16.35	0.03206

第3章 高周疲劳强度设计方法

续表

材料	静强度指标	试验条件		寿命 N	疲劳极限均值 $\bar{\sigma}_r$/MPa	标准差 S_r/MPa	变异系数 $\nu = S_r/\bar{\sigma}_r$
		r	α_σ				
40CrNiMoA (850℃油淬火, 580℃回火)	$R_m = 1040 \sim 1167$ MPa $R_{eL} = 917 \sim 1126$ MPa $A = 15.6\% \sim 17\%$	−1	1	5×10^4	760.0	44.13	0.05807
				10^5	666.9	37.59	0.05637
				5×10^5	590.4	26.16	0.04431
				10^6	559.0	20.92	0.03742
				5×10^6	539.4	20.92	0.03878
				10^7	523.7	19.61	0.03745
			2	10^5	392.3	25.17	0.06416
				5×10^5	333.4	14.05	0.04214
				10^6	318.7	11.44	0.03590
				5×10^6	310.9	10.46	0.03364
				10^7	307.9	9.807	0.03185
			3	10^5	294.2	15.03	0.05109
				5×10^5	245.2	9.807	0.04000
				10^6	217.7	8.169	0.03752
				5×10^6	210.9	6.865	0.03255
				10^7	208.9	6.865	0.03286
		0.1	1	5×10^4	1259.2	60.15	0.04777
				10^5	1211.2	45.77	0.03779
				5×10^5	1157.2	42.49	0.03672
				10^6	1110.2	39.89	0.03593
				5×10^6	1066.0	38.25	0.03588
				10^7	1029.7	32.69	0.03175
			3	5×10^4	490.4	22.88	0.04666
				10^5	384.4	17.65	0.04592
				5×10^5	326.6	11.44	0.03503
				10^6	305.0	10.79	0.03538
				5×10^6	292.2	10.79	0.03693
				10^7	284.4	9.807	0.03448
42CrMnSiMoA (GC-4电渣钢) (920℃加热, 300℃等温, 空冷)	$R_m = 1894$ MPa $R_{eL} = 1388$ MPa $A = 13\%$	−1	1	5×10^4	965.0	65.38	0.06775
				10^5	874.8	49.69	0.05680
				5×10^5	799.3	38.25	0.04785
				10^6	761.0	29.42	0.03866
				5×10^6	735.5	26.80	0.03644
				10^7	717.9	24.84	0.03460
			3	10^4	513.9	45.44	0.08842
				5×10^4	421.7	32.04	0.07598
				10^5	373.6	18.31	0.04901
				5×10^5	323.6	13.07	0.04039
				10^6	284.4	11.44	0.04023
				5×10^6	251.1	9.807	0.03906
				10^7	239.3	9.150	0.03824
		0.1	1	5×10^4	1216.1	65.38	0.05376
				10^5	1118.0	52.30	0.04678
				5×10^5	1074.8	41.19	0.03832
				10^6	1069.0	39.23	0.03670
				5×10^6	1067.0	39.23	0.03677
				10^7	1065.0	38.57	0.03622

续表

材料	静强度指标	试验条件		寿命 N	疲劳极限均值 $\bar{\sigma}_r$/MPa	标准差 S_r/MPa	变异系数 $\nu = S_r / \bar{\sigma}_r$
		r	α_σ				
42CrMnSiMoA (GC-4 电渣钢) (920℃加热, 300℃等温, 空冷)	$R_m = 1894$MPa $R_{eL} = 1388$MPa $A = 13\%$	0.1	3	10^4	672.8	33.02	0.04908
				5×10^4	555.1	26.48	0.04770
				10^5	485.4	18.63	0.03838
				5×10^5	460.9	16.35	0.03547
				10^6	447.2	16.67	0.03728
				5×10^6	433.5	15.69	0.03619
				10^7	427.6	15.03	0.03515

注：S_r 为循环特性为 r 条件下疲劳的标准差。

表 28-3-4　铝合金材料的疲劳极限

材料	静强度指标	试验条件		寿命 N	疲劳极限均值 $\bar{\sigma}_r$/MPa	标准差 S_r/MPa	变异系数 $\nu = S_r / \bar{\sigma}_r$
		r	α_σ				
2A12B ("B"为预拉伸加工硬化)	$R_m = 455 \sim 480$MPa $R_{eL} = 343 \sim 438$MPa $A = 8\% \sim 19\%$	0.1	1	10^4	411.9	22.88	0.05555
				5×10^4	369.7	18.63	0.05039
				10^5	329.5	13.41	0.04070
				5×10^5	293.2	11.77	0.04014
				10^6	264.8	9.807	0.03704
				5×10^6	243.2	9.150	0.03762
				10^7	223.6	7.522	0.03364
		0.1	3	10^4	245.2	13.07	0.05330
				5×10^4	191.2	9.150	0.04786
				10^5	161.8	7.522	0.04649
				5×10^5	134.4	5.227	0.03889
				10^6	114.7	4.246	0.03702
				5×10^6	106.9	3.923	0.03670
				10^7	103.0	3.599	0.03494
		0.1	5	10^4	194.2	9.150	0.04712
				5×10^4	148.1	6.541	0.04417
				10^5	120.6	4.904	0.04066
				5×10^5	99.05	3.923	0.03961
				10^6	87.28	3.266	0.03742
				5×10^6	84.34	3.266	0.03872
				10^7	82.38	2.941	0.03570
		0.5	1	5×10^4	459.0	21.58	0.04702
				10^5	405.0	17.33	0.04279
				5×10^5	360.9	15.03	0.04165
				10^6	347.2	13.73	0.03954
				5×10^6	328.5	12.09	0.03680
				10^7	319.7	11.77	0.03682
		0.5	3	10^4	343.2	16.35	0.04764
				5×10^4	268.7	11.77	0.04380
				10^5	211.8	8.826	0.04167
				5×10^5	169.7	6.541	0.03854
				10^6	151.0	5.227	0.03462
				5×10^6	145.1	5.227	0.03602
				10^7	143.2	4.904	0.03425

续表

材料	静强度指标	试验条件		寿命 N	疲劳极限均值 $\bar{\sigma}_r$/MPa	标准差 S_r/MPa	变异系数 $\nu=S_r/\bar{\sigma}_r$
		r	α_σ				
2A12B ("B"为预拉伸加工硬化)	$R_m=455\sim480$MPa $R_{eL}=343\sim438$MPa $A=8\%\sim19\%$	0.5	5	10^4	299.1	14.71	0.04918
				5×10^4	222.6	10.46	0.04699
				10^5	161.8	6.541	0.04043
				5×10^5	129.4	5.227	0.04039
				10^6	115.7	4.246	0.03670
				5×10^6	109.8	3.923	0.03573
				10^7	104.0	2.941	0.02828
		-0.5	3	10^5	117.5	5.816	0.04950
				5×10^5	108.5	4.776	0.04402
				10^6	100.0	3.923	0.03923
				5×10^6	92.19	3.599	0.03904
				10^7	87.77	2.942	0.03352
2A12-T4	$R_m=407$MPa $R_{eL}=270$MPa $A=13\%$	0.1	1.16	10^5	202.0	9.483	0.04695
				5×10^5	146.1	6.541	0.04477
				10^6	125.5	4.580	0.03649
				5×10^6	115.7	4.246	0.03670
				10^7	110.8	3.923	0.03541
	$R_m=457$MPa $R_{eL}=336$MPa $A=18.7\%$	0.02	1	10^5	277.5	14.05	0.05063
				5×10^5	195.2	8.826	0.04522
				10^6	144.2	5.561	0.03856
				5×10^6	132.4	4.580	0.03459
		0.6	1	5×10^5	331.5	15.69	0.04733
				10^6	309.9	12.43	0.04011
				5×10^6	274.6	9.807	0.03571
2A12-T6	$R_m=429\sim433$MPa $R_{eL}=364\sim370$MPa $A=6.6\%\sim7.8\%$	0.1	1	5×10^4	353.1	21.25	0.06018
				10^5	240.5	11.44	0.04757
				5×10^5	176.5	7.189	0.04073
				10^6	139.3	5.227	0.03752
				5×10^6	133.4	4.904	0.03676
				10^7	131.4	4.680	0.03562
		0.5	1	5×10^4	470.7	22.88	0.04861
				10^5	372.7	16.35	0.04387
				5×10^5	304.0	11.77	0.03872
				10^6	255.0	8.826	0.03461
				5×10^6	225.6	7.846	0.03478
				10^7	206.9	6.865	0.03318
7A09	$R_m=647$MPa $R_{eL}=603$MPa $A=17.2\%$	-1	1	5×10^4	303.0	14.05	0.04637
				10^5	261.8	12.75	0.04870
				5×10^5	220.7	8.826	0.03999
				10^6	188.3	7.189	0.03818
				5×10^6	170.6	6.208	0.03639
				10^7	161.8	5.561	0.03437
			2.4	5×10^4	187.3	8.826	0.04712
				10^5	154.0	6.541	0.04247
				5×10^5	131.4	5.227	0.03978
				10^6	113.8	4.246	0.03731
				5×10^6	98.07	3.599	0.03670
				10^7	93.17	3.266	0.03505

续表

材 料	静强度指标	试验条件		寿命 N	疲劳极限均值 $\bar{\sigma}_r$/MPa	标准差 S_r/MPa	变异系数 $\nu = S_r/\sqrt{\sigma_r}$
		r	α_σ				
7A09	$R_m = 647$MPa $R_{eL} = 603$MPa $A = 17.2\%$	0.1	1	10^5	269.7	13.41	0.04972
				5×10^5	199.1	8.169	0.04103
				10^6	161.8	5.561	0.03437
				5×10^6	142.2	4.904	0.03449
				10^7	130.4	4.246	0.03256
			3	10^5	124.5	5.884	0.04726
				5×10^5	93.17	4.246	0.04557
				10^6	76.49	2.942	0.03846
				5×10^6	70.61	2.618	0.03708
				10^7	66.69	2.285	0.03426
			5	5×10^4	115.7	6.865	0.05933
				10^5	81.40	4.246	0.05216
				5×10^5	63.75	2.618	0.04107
				10^6	57.86	2.285	0.03949
				5×10^6	54.92	1.961	0.03571
				10^7	52.96	1.795	0.03389
		0.5	1	10^5	431.5	26.16	0.06063
				5×10^5	262.8	13.41	0.05103
				10^6	228.5	10.79	0.04722
				5×10^6	204.0	7.846	0.03846
				10^7	186.3	5.884	0.03158
			3	10^5	178.5	9.807	0.05494
				5×10^5	144.2	6.208	0.04305
				10^6	127.5	4.904	0.03846
				5×10^6	116.3	4.119	0.03542
				10^7	109.8	3.599	0.03278
			5	5×10^4	166.7	8.169	0.04900
				10^5	117.7	4.904	0.04167
				5×10^5	92.19	3.599	0.03904
				10^6	82.38	3.267	0.03967
				5×10^6	78.46	2.618	0.03337
				10^7	76.49	2.618	0.03423

当缺乏疲劳极限的试验数值时，采用经验公式估算。

(1) 对于结构钢的对称循环应力的疲劳极限

拉压 $\sigma_{-1l} = 0.23(R_{eL} + R_m)$

弯曲 $\sigma_{-1} = 0.27(R_{eL} + R_m)$

扭转 $\tau_{-1} = 0.15(R_{eL} + R_m)$

(2) 对于结构钢的脉动循环应力的疲劳极限

拉压 $\sigma_{0l} = 1.42\sigma_{-1}$

弯曲 $\sigma_0 = 1.33\sigma_{-1}$

扭转 $\tau_0 = 1.50\tau_{-1}$

(3) 对于铸铁的疲劳极限

拉压 $\sigma_{-1l} = 0.4R_m$ $\sigma_{0l} = 1.42\sigma_{-1l}$

弯曲 $\sigma_{-1} = 0.45R_m$ $\sigma_0 = 1.33\sigma_{-1}$

扭转 $\tau_{-1} = 0.36R_m$ $\tau_0 = 1.35\tau_{-1}$

(4) 对于球墨铸铁的疲劳极限

$\tau_{-1} = 0.26R_m$

(5) 对于铝合金的疲劳极限

$\sigma_{-1l} = R_m/6 + 75$

$\sigma_{-1} = R_m/6 + 75$

$\sigma_{0l} = 1.5\sigma_{-1l}$

(6) 对于青铜的弯曲疲劳极限

$\sigma_{-1} = 0.21R_m$

3.1.2 材料的 S-N 曲线

图 28-3-1～图 28-3-47 是金属材料的 S-N 曲线。钢材的图注中，δ 表示板材厚度，ϕ 表示棒材的直径。铝合金尾部字母 B 表示预拉伸加工硬化；T4 表示固溶热处理后自然时效；T6 表示固溶热处理后人工时效。

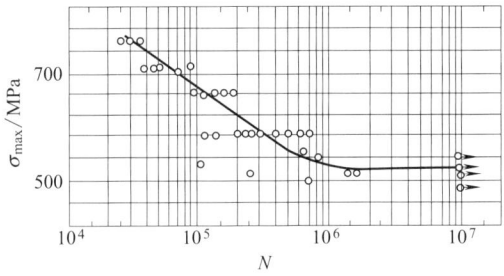

图 28-3-1　40CrNiMoA 钢棒材光滑试样的
　　　　　S-N 曲线（棒材 ϕ30mm）
热处理：850℃油淬火，580℃回火
材料　R_m＝1039MPa
悬臂旋转弯曲，r＝－1

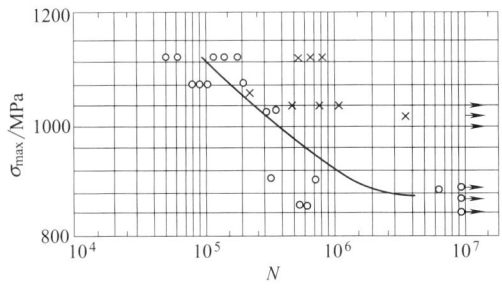

图 28-3-2　40CrNiMoA 钢棒材光滑试样的
　　　　　S-N 曲线（棒材 ϕ180mm）
热处理：850℃油淬火，570℃回火
材料　纵向 R_m＝1167MPa，横向 R_m＝1172MPa
轴向加载试验，r＝0.1
"×"—纵向，"○"—横向

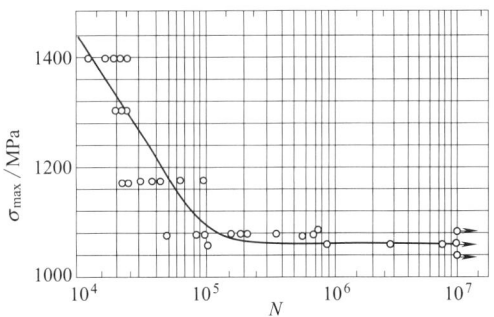

图 28-3-3　40CrMnSiMoA 钢棒材光滑试样的
　　　　　S-N 曲线（棒材 ϕ42mm）
热处理：920℃加热，300℃等温，空冷
材料　R_m＝1893MPa
轴向加载，r＝0.1

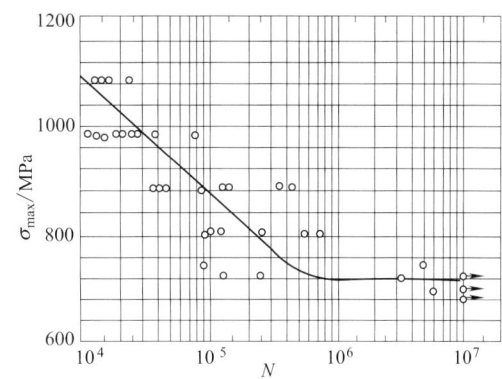

图 28-3-4　40CrMnSiMoA 钢棒材光滑
　　　　　试样的 S-N 曲线（棒材 ϕ42mm）
热处理：920℃加热，300℃等温，空冷
材料　R_m＝1893MPa
轴向加载试验，r＝－1

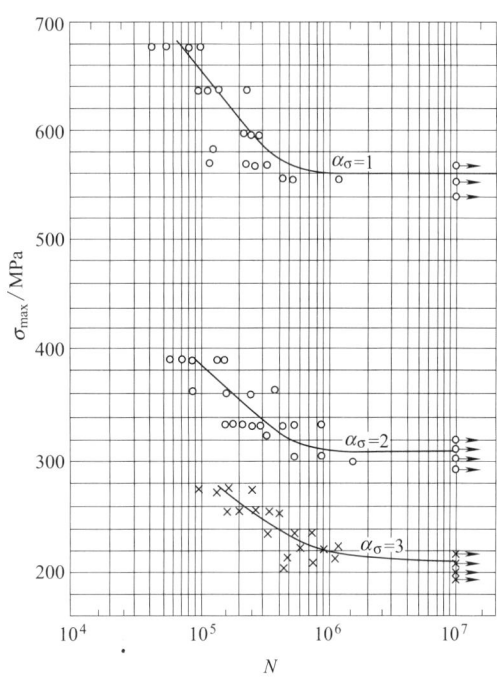

图 28-3-5　40CrNiMoA 钢棒材的 S-N
　　　　　曲线（棒材 ϕ22mm）
热处理：850℃油淬火，580℃回火
材料　R_m＝1049MPa
试样：光滑（α_σ＝1）和缺口（α_σ＝2，3）
试样旋转弯曲试验，r＝－1

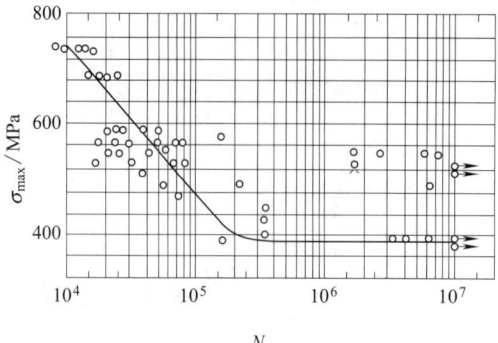

图 28-3-6 40CrMnSiMoA 钢棒材缺口试样
（$\alpha_\sigma=3$）的 S-N 曲线（棒材 ϕ42mm）
热处理：920℃加热，180℃等温，260℃回火
材料 $R_m=1971$MPa
轴向加载试验，$r=0.1$

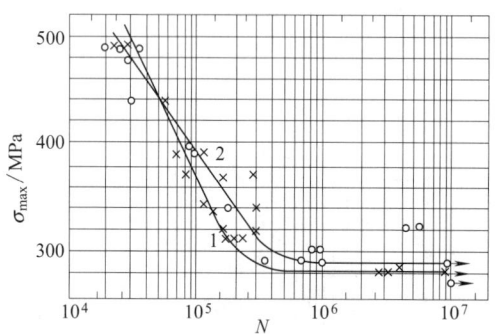

图 28-3-7 40CrNiMoA 钢棒材缺口试样
（$\alpha_\sigma=3$）的 S-N 曲线
热处理：850℃油淬火，570℃回火
材料 纵向 $R_m=1167$MPa，横向 $R_m=1172$MPa
轴向加载试验，$r=0.1$
曲线 1—纵向；曲线 2—横向

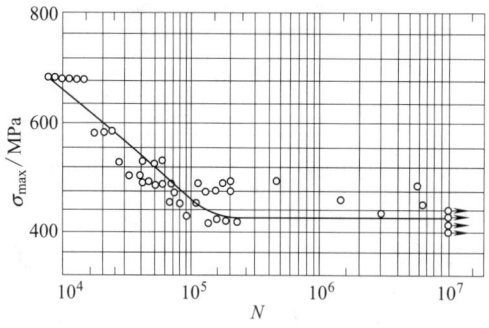

图 28-3-8 40CrMnSiMoA 钢棒材缺口试样
（$\alpha_\sigma=3$）的 S-N 曲线（棒材 ϕ42mm）
热处理：920℃加热，300℃等温，空冷
材料 $R_m=1893$MPa
轴向加载，$r=0.1$

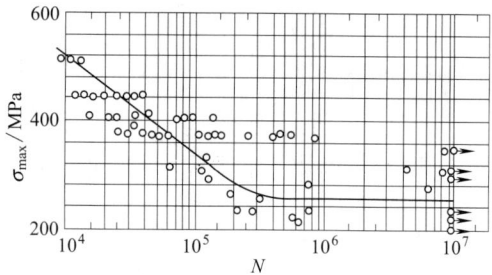

图 28-3-9 40CrMnSiMoA 钢缺口试样（$\alpha_\sigma=3$）的
S-N 曲线（棒材 ϕ42mm）
热处理：920℃加热，300℃等温，空冷
材料 $R_m=1893$MPa
轴向加载，$r=-1$

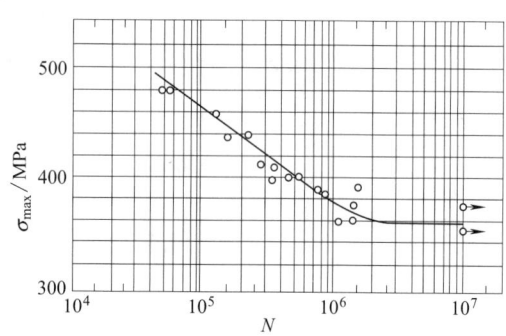

图 28-3-10 18Cr2Ni4WA 钢棒材缺口试样
（$\alpha_\sigma=2$）的 S-N 曲线（棒材 ϕ18mm）
热处理：950℃正火，860℃淬火，540℃回火
材料 $R_m=1145$MPa
旋转弯曲试验，$r=-1$

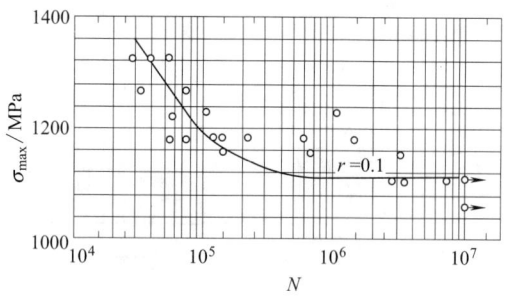

图 28-3-11 30CrMnSiNi2A 钢棒材光滑试
样的 S-N 曲线（棒材 ϕ25mm）
热处理：900℃淬火，250℃回火
材料 $R_m=1584$MPa
轴向加载，$r=0.1$

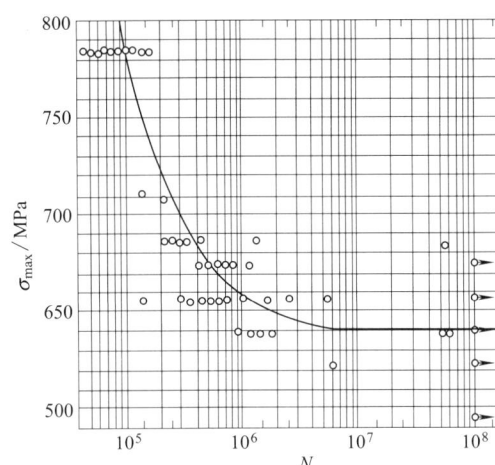

图 28-3-12　30CrMnSiA 钢锻件光滑试样的 S-N 曲线
热处理：900℃油淬火，510℃回火
材料　$R_m = 1110$MPa
悬臂旋转弯曲试验，$r = -1$

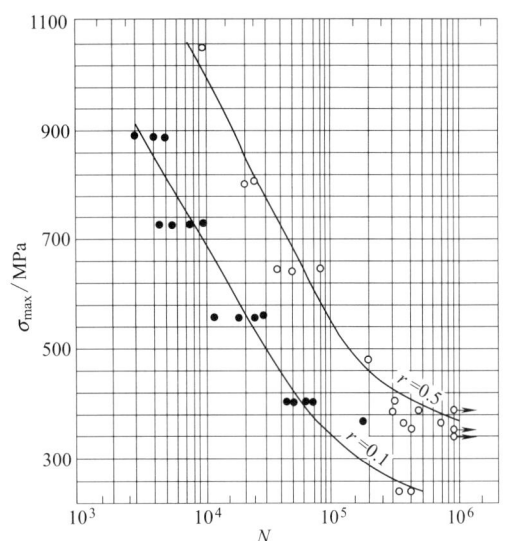

图 28-3-14　30CrMnSiNi2A 钢锻压板缺口
试样（$\alpha_\sigma = 3.7$）的 S-N 曲线
热处理：900℃淬火，250℃回火
材料　$R_m = 1618$MPa
轴向加载，$r = 0.1, 0.5$

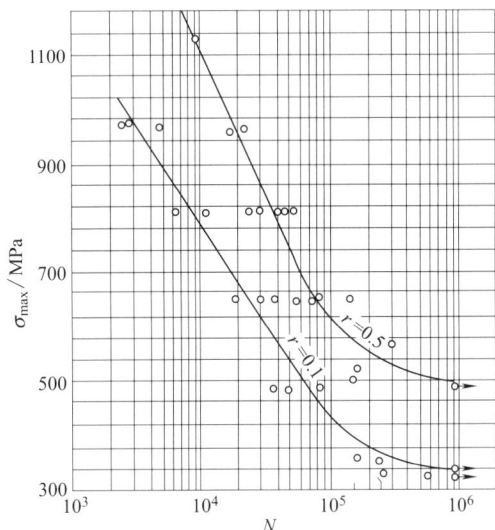

图 28-3-13　30CrMnSiNi2A 钢锻压板缺口
试样（$\alpha_\sigma = 2.9$）的 S-N 曲线
热处理：900℃淬火，250℃回火
材料　$R_m = 1618$MPa
轴向加载，$r = 0.1, 0.5$

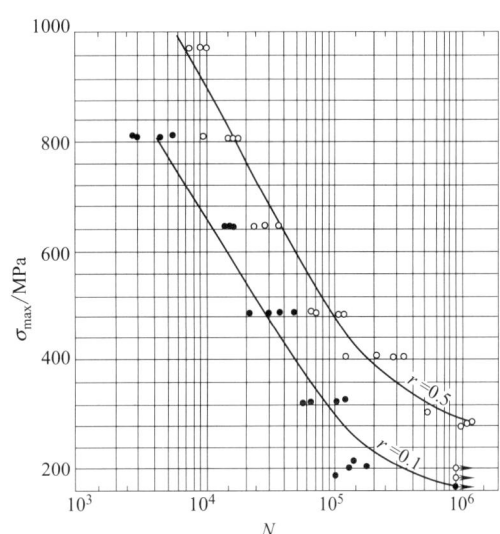

图 28-3-15　30CrMnSiNi2A 钢锻压板缺口
试样（$\alpha_\sigma = 4.1$）的 S-N 曲线
热处理：900℃淬火，250℃回火
材料　$R_m = 1618$MPa
轴向加载，$r = 0.1, 0.5$

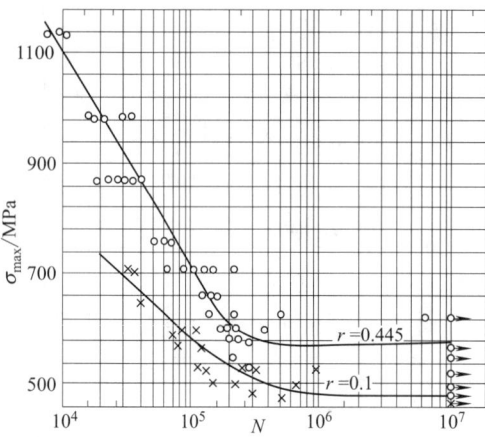

图 28-3-16 30CrMnSiNi2A 钢棒材缺口试样
($\alpha_\sigma=3$) 的 S-N 曲线 (棒材 $\phi25mm$)
热处理：900℃淬火，260℃回火
材料　$R_m=1569MPa$ ($r=0.445$)
　　　$R_m=1665MPa$ ($r=0.1$)
轴向加载，$r=0.1$，0.445

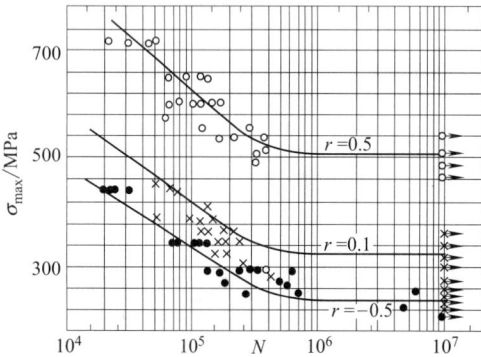

图 28-3-17 30CrMnSiNi2A 钢棒材缺口试样
($\alpha_\sigma=5$) 的 S-N 曲线 (棒材 $\phi25mm$)
热处理：900℃淬火，260℃回火
材料　$R_m=1569MPa$ ($r=0.5$，-0.5)
　　　$R_m=1665MPa$ ($r=0.1$)
轴向加载，$r=0.5$，0.1，-0.5

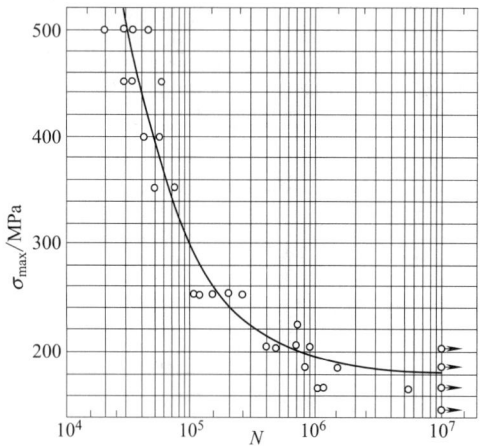

图 28-3-18 30CrMnSiNi2A 钢棒材缺口试样
($\alpha_\sigma=3$) 的 S-N 曲线 (棒材 $\phi55mm$)
热处理：900℃淬火，250℃回火
材料　$R_m=1755MPa$
轴向加载，$r=0.1$

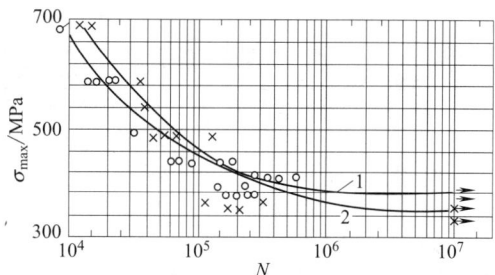

图 28-3-19 30CrMnSiNi2A 钢棒材缺口试样
($\alpha_\sigma=3$) 的 S-N 曲线 (棒材 $\phi30mm$)
材料　$R_m=1417MPa$　1—热处理：900℃淬火，370℃回火
　　　$R_m=1550MPa$　2—热处理：900℃淬火，320℃回火
轴向加载，$r=0.1$

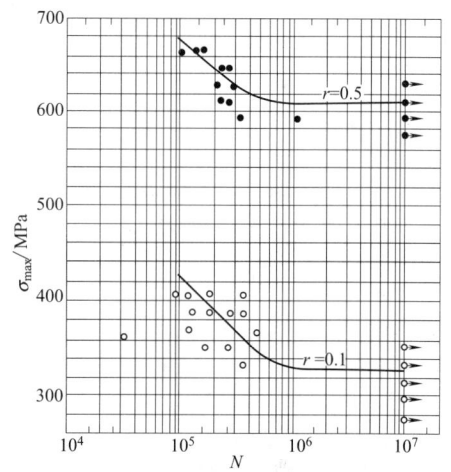

图 28-3-20 30CrMnSiA 钢棒材缺口试样
($\alpha_\sigma=3$) 的 S-N 曲线 (棒材 $\phi26mm$)
热处理：890℃油淬火，520℃回火
材料　$R_m=1184MPa$
轴向加载，$r=0.1$，0.5

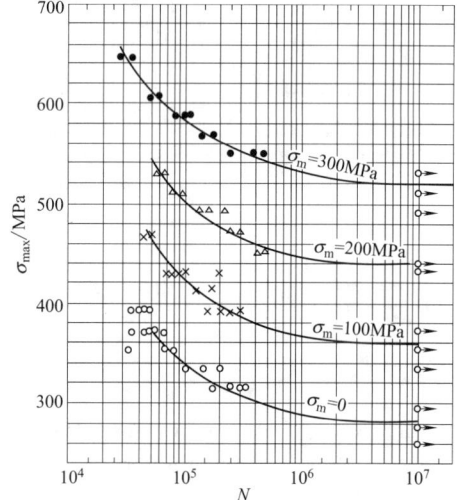

图 28-3-21 45 钢棒材缺口试样 ($\alpha_\sigma=2$)
的 S-N 曲线 (棒材 $\phi26mm$)
热处理：调质
材料　$R_m=834MPa$
轴向加载，$\sigma_m=0MPa$，100MPa，200MPa，300MPa

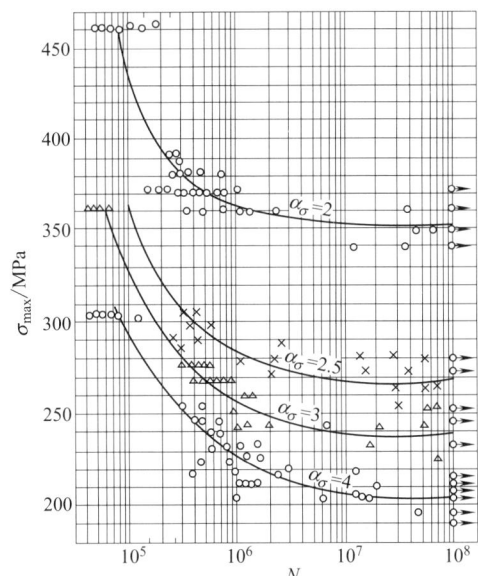

图 28-3-22　30CrMnSiA 钢锻件缺口试样
（$\alpha_\sigma=2$、2.5、3.4）的 S-N 曲线

热处理：900℃油淬火，510℃回火

材料　$R_m=1110\text{MPa}$

悬臂旋转弯曲试验，$r=-1$

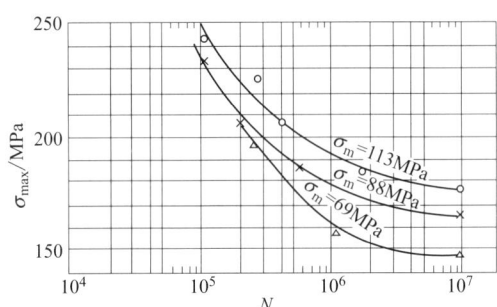

图 28-3-23　2A12-T4 铝合金板材光滑
试样的 S-N 曲线（$\delta=1\text{mm}$）

热处理：T4 状态

材料　$R_m=451\text{MPa}$

轴向加载，$\sigma_m=69\text{MPa}$，88MPa，113MPa

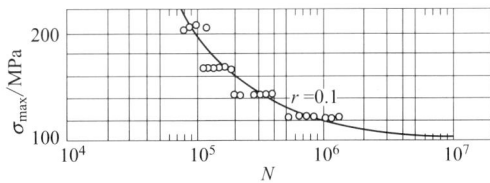

图 28-3-24　2A12-T4 阳极化铝合金板材光滑
试样的 S-N 曲线（$\delta=2.5\text{mm}$）

热处理：T4 状态，无色阳极化

材料　$R_m=407\text{MPa}$

轴向加载，$r=0.1$

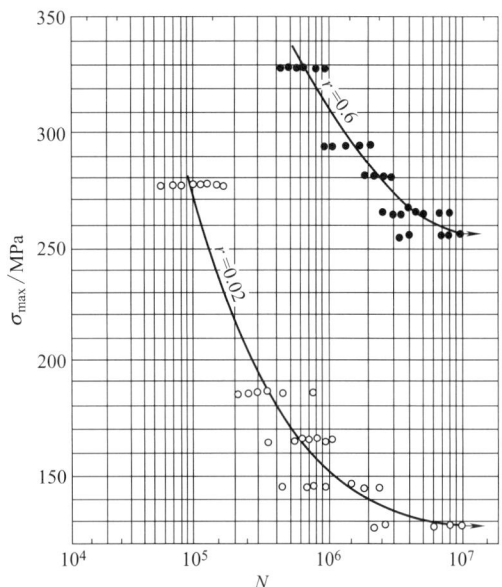

图 28-3-25　2A12-T4 铝合金板材光滑试
样的 S-N 曲线（$\delta=2.5\text{mm}$）

热处理：淬火，自然时效

材料　$R_m=457\text{MPa}$

轴向加载，$r=0.02$，0.6

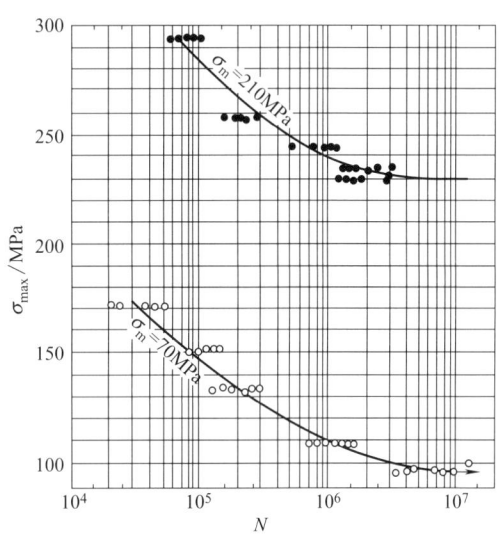

图 28-3-26　2A12-T4 铝合金板材缺口试样
（$\alpha_\sigma=2$）的 S-N 曲线（$\delta=2.5\text{mm}$）

热处理：淬火，自然时效

材料　$R_m=449\text{MPa}$

轴向加载，$\sigma_m=70\text{MPa}$，210MPa

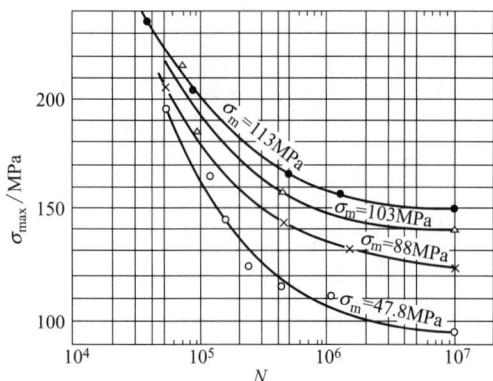

图 28-3-27　2A12-T4 铝合金板材缺口试样
($\alpha_\sigma=2.5$) 的 S-N 曲线（$\delta=1$mm）
热处理：淬火，自然时效
材料　$R_m=451$MPa
轴向加载，$\sigma_m=47.8$MPa，88MPa，103MPa，113MPa

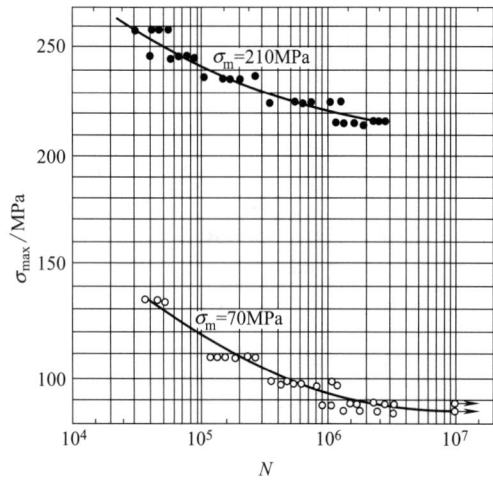

图 28-3-28　2A12-T4 铝合金板材缺口试样
($\alpha_\sigma=4$) 的 S-N 曲线（$\delta=2.5$mm）
热处理：淬火，自然时效
材料　$R_m=441$MPa
轴向加载，$\sigma_m=70$MPa，210MPa

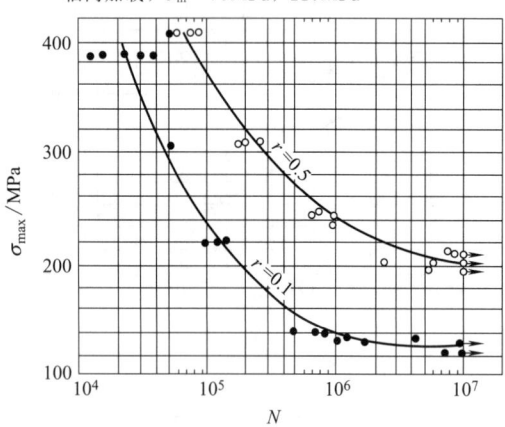

图 28-3-29　2A12-T6 铝合金板材光滑试样
的 S-N 曲线（$\delta=2.5$mm）
热处理：T6 状态
材料　$R_m=429$MPa
轴向加载，$r=0.1$，0.5

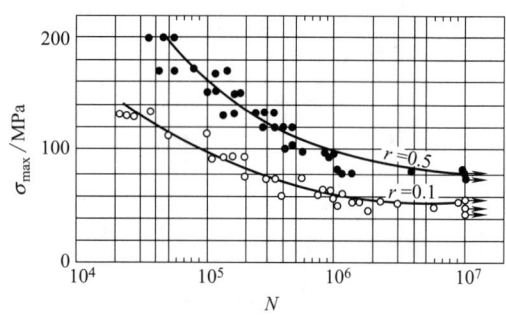

图 28-3-30　2A12-T6 铝合金板材缺口试样
($\alpha_\sigma=3$) 的 S-N 曲线（$\delta=2.5$mm）
热处理：T6 状态
材料　$R_m=429$MPa
轴向加载，$r=0.1$，0.5

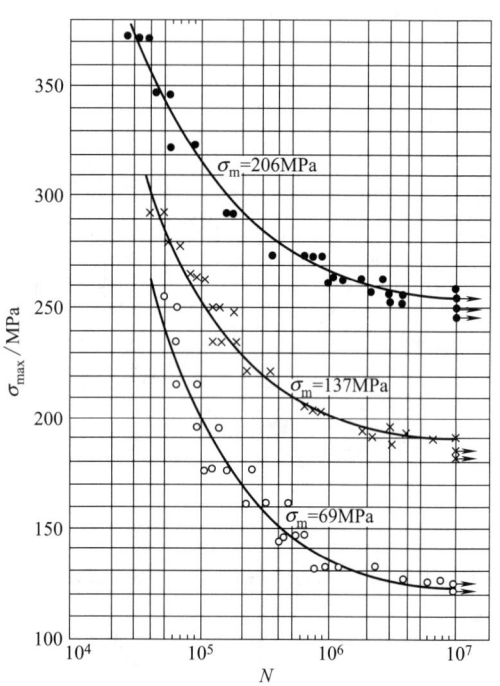

图 28-3-31　7A04 高强度铝合金板材光滑试样
的 S-N 曲线（$\delta=2.5$mm）
热处理：T6 状态
材料　$R_m=538$MPa
轴向加载，$\sigma_m=69$MPa，137MPa，206MPa

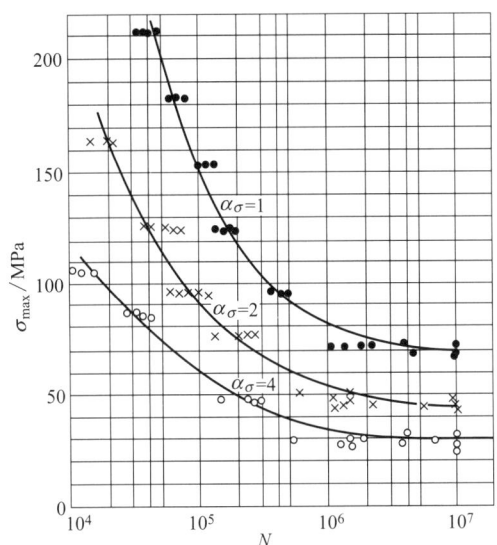

图 28-3-32　7A04 高强度铝合金板材试样
(α_σ=1、2、4) 的 S-N 曲线 (δ=2.5mm)
热处理：T6 状态
材料　R_m=553MPa
轴向加载，σ_m=0

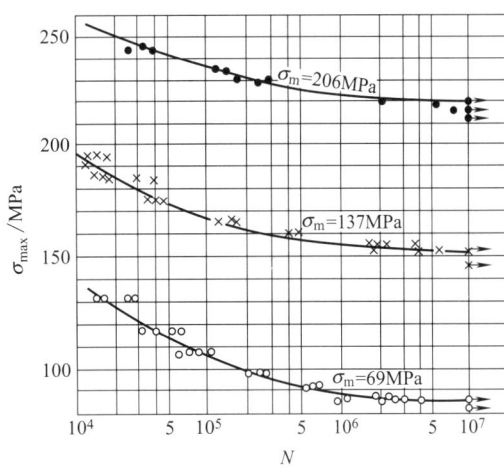

图 28-3-34　7A04 高强度铝合金板材缺口试样
(α_σ=4) 的 S-N 曲线 (δ=2.5mm)
热处理：T6 状态
材料　R_m=538MPa
轴向加载，σ_m=69MPa，137MPa，206MPa

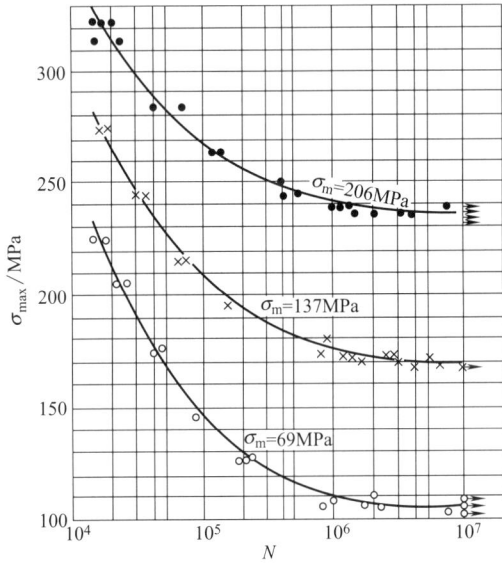

图 28-3-33　7A04 高强度铝合金板材缺口试样
(α_σ=2) 的 S-N 曲线 (δ=2.5mm)
热处理：T6 状态
材料　R_m=538MPa
轴向加载，σ_m=69MPa，137MPa，206MPa

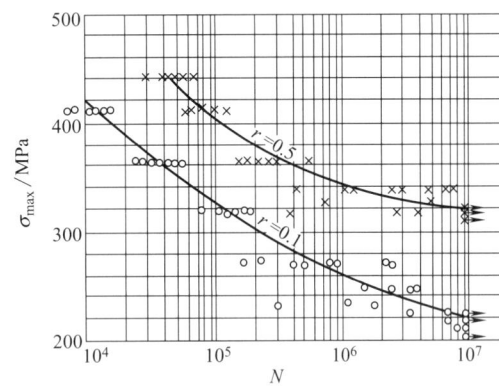

图 28-3-35　2A12B 铝合金预拉伸厚板光滑试
样的 S-N 曲线 (δ=19mm)
热处理：T4 预拉伸
材料　R_m=455MPa
轴向加载，r=0.1，0.5

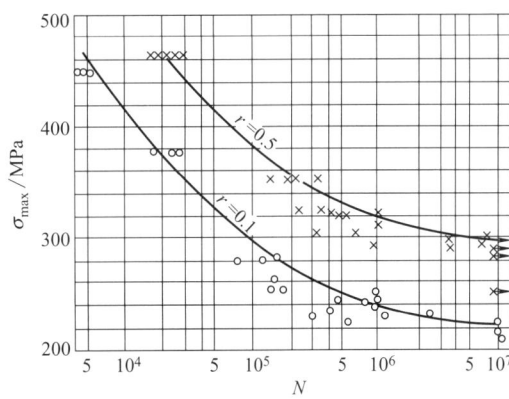

图 28-3-36　2A12B 铝合金预拉伸厚板光滑
试样的 S-N 曲线 (δ=19mm)
热处理：淬火自然时效，预拉伸，190℃，12h，人工时效
材料　R_m=481MPa
轴向加载，r=0.1，0.5

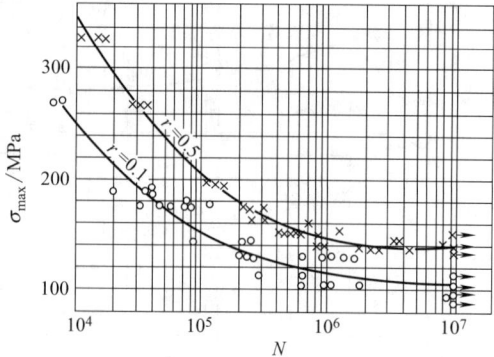

图 28-3-37　2A12B 铝合金预拉伸厚板缺口试样
　　　　（$\alpha_\sigma=2$）的 S-N 曲线（$\delta=19\text{mm}$）
热处理：T4 预拉伸
材料　$R_\text{m}=455\text{MPa}$
轴向加载，$r=0.1,0.5$

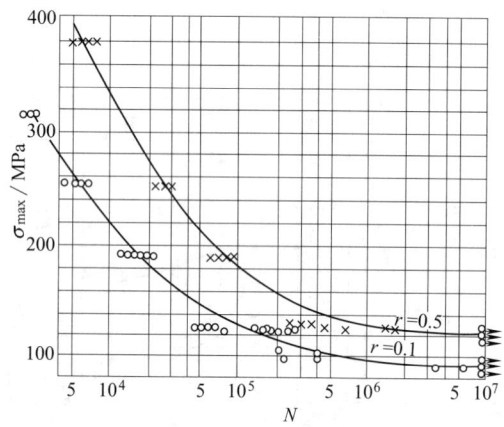

图 28-3-38　2A12B 铝合金预拉伸厚板缺口试样
　　　　（$\alpha_\sigma=3$）的 S-N 曲线（$\delta=19\text{mm}$）
热处理：淬火自然时效，预拉伸，190℃，12h，人工时效
材料　$R_\text{m}=481\text{MPa}$
轴向加载，$r=0.1,0.5$

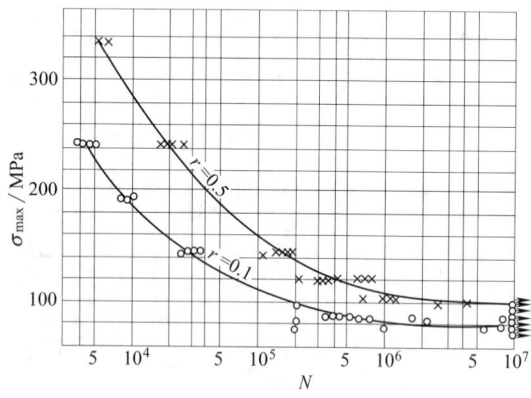

图 28-3-39　2A12B 铝合金预拉伸厚板缺口试样
　　　　（$\alpha_\sigma=5$）的 S-N 曲线（$\delta=19\text{mm}$）
热处理：T4 预拉伸
材料　$R_\text{m}=455\text{MPa}$
轴向加载，$r=0.1,0.5$

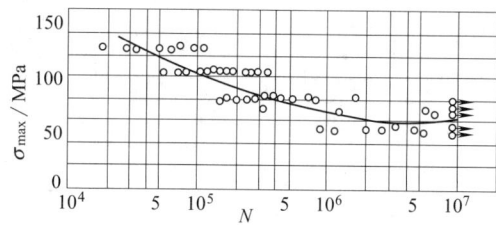

图 28-3-40　2A12B 铝合金预拉伸厚板缺口试样
　　　　（$\alpha_\sigma=5$）的 S-N 曲线（$\delta=19\text{mm}$）
热处理：T4 预拉伸
材料　$R_\text{m}=455\text{MPa}$
轴向加载，$r=-0.5$

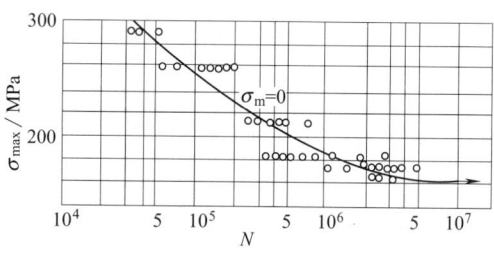

图 28-3-41　7A09 高强度铝合金棒材光滑
　　　　试样的 S-N 曲线（$\phi 25\text{mm}$）
热处理：T6 状态
材料　$R_\text{m}=647\text{MPa}$
轴向加载，$\sigma_\text{m}=0$

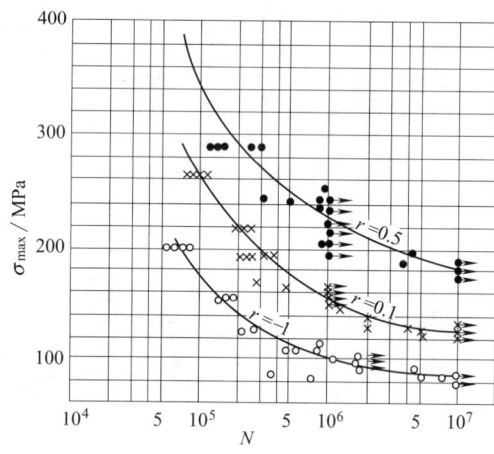

图 28-3-42　7A09 高强度铝合金过时效板材光滑
　　　　试样的 S-N 曲线（$\delta=6\text{mm}$）
热处理：460℃淬火，110℃保温，再 160℃保温
材料　$R_\text{m}=498\text{MPa}$
轴向加载，$r=-1,0.1,0.5$

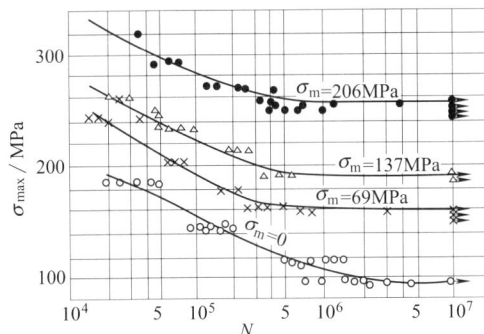

图 28-3-43　7A09 高强度铝合金棒材缺口试样
　　　　　（$\alpha_\sigma=2.4$）的 S-N 曲线（$\phi 25mm$）
热处理：T6 状态
材料　$R_m=647MPa$
轴向加载，$\sigma_m=0MPa$，69MPa，137MPa，206MPa

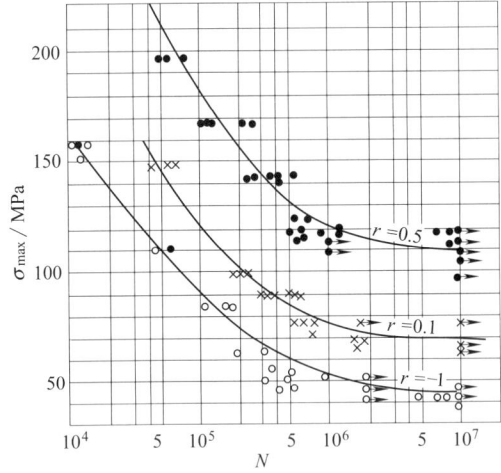

图 28-3-44　7A09 高强度铝合金过时效板材缺口试样
　　　　　（$\alpha_\sigma=3$）的 S-N 曲线（$\delta=6mm$）
热处理：460℃淬火，110℃保温，再 160℃保温
材料　$R_m=498MPa$
轴向加载，$r=-1$，0.1，0.5

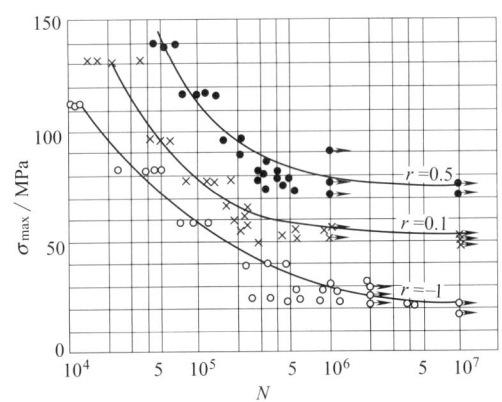

图 28-3-45　7A09 高强度铝合金过时效板材缺口
　　　　　试样（$\alpha_\sigma=5$）的 S-N 曲线（$\delta=6mm$）
热处理：460℃淬火，110℃保温，再 160℃保温
材料　$R_m=498MPa$
轴向加载，$r=-1$，0.1，0.5

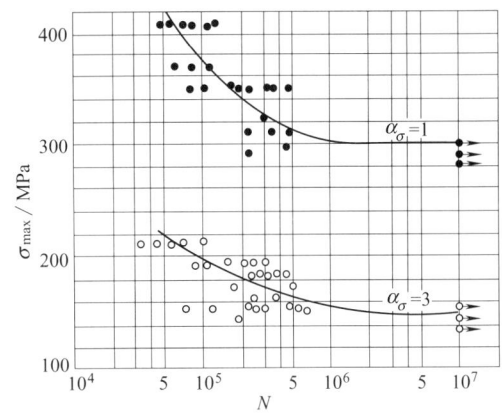

图 28-3-46　2A14 铝合金棒材缺口试样
　　　　　（$\alpha_\sigma=1$，3）的 S-N 曲线（$\phi 25mm$）
热处理：T6 状态
材料　$R_m=541MPa$
轴向加载，$r=0.1$

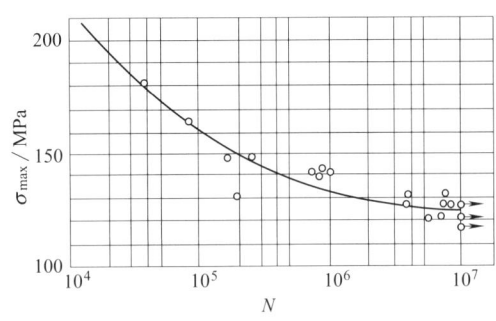

图 28-3-47　MB15 镁合金光滑试样的
　　　　　S-N 曲线（$\phi 20mm$）
热处理：热挤压，人工时效
材料　$R_m=330MPa$
旋转弯曲试验，$r=-1$

用常规方法作出的 S-N 曲线，只能代表中值疲劳寿命与应力水平间的关系（即存活率 $p=50\%$），要得到各种存活率下的疲劳寿命与应力水平间的关系，则必须用 p-S-N 曲线。

在利用对数正态分布或威布尔分布求出不同应力水平下的 p-N 曲线以后，将不同存活率下的数据点分别相连，即可得出一族 S-N 曲线，其中的每条曲线，分别代表某一不同存活率下的应力-寿命关系。这种以应力为纵坐标，以存活率 p 的疲劳寿命为横坐标，所绘出的一族存活率-应力-寿命曲线，称为 p-S-N 曲线。

图 28-3-48～图 28-3-67 是常用金属材料的 p-S-N 曲线。

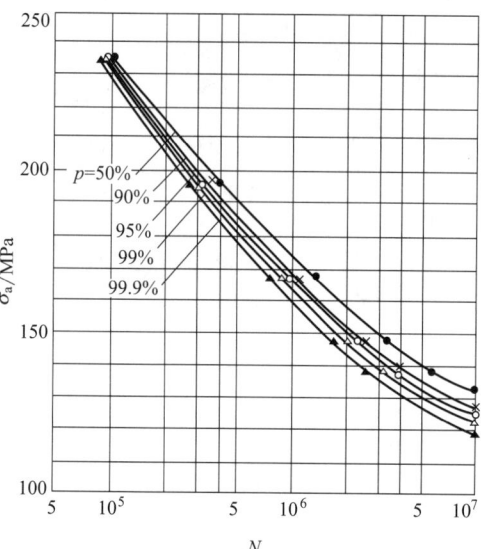

图 28-3-48　Q235A 钢光滑试样的 p-S-N 曲线
（棒材 $\phi25$mm）

热处理：热轧态

材料　$R_m=449$MPa

旋转弯曲试验，$r=-1$

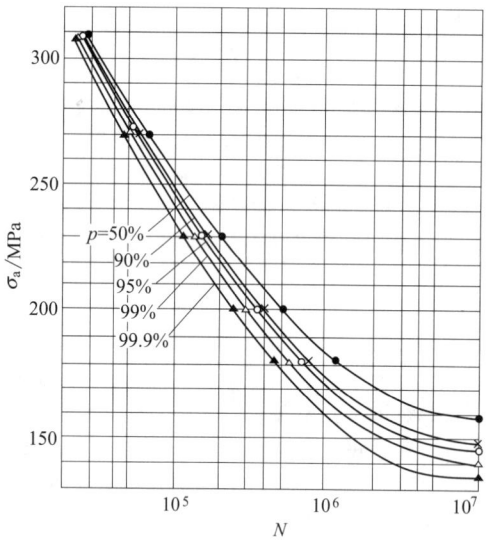

图 28-3-49　Q345 钢缺口试样（$\alpha_\sigma=2$）的 p-S-N 曲线
（棒材 $\phi25$mm）

热处理：热轧态

材料　$R_m=586$MPa

旋转弯曲试验，$r=-1$

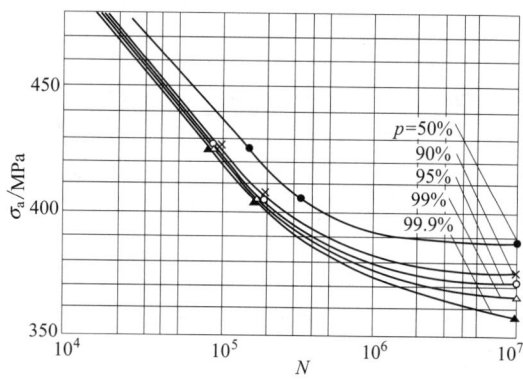

图 28-3-50　45 钢漏斗形试样的 p-S-N 曲线
（棒材 $\phi25$mm）

热处理：850℃水淬火，560℃回火

材料　$R_m=710$MPa

旋转弯曲试验，$r=-1$

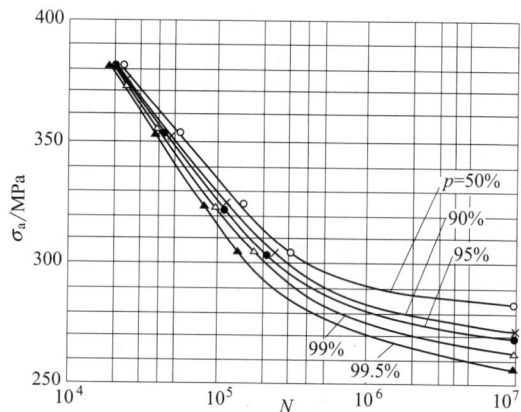

图 28-3-51　45 钢漏斗形试样的 p-S-N 曲线
（棒材 $\phi25$mm）

热处理：850℃正火

材料　$R_m=624$MPa

旋转弯曲试验，$r=-1$

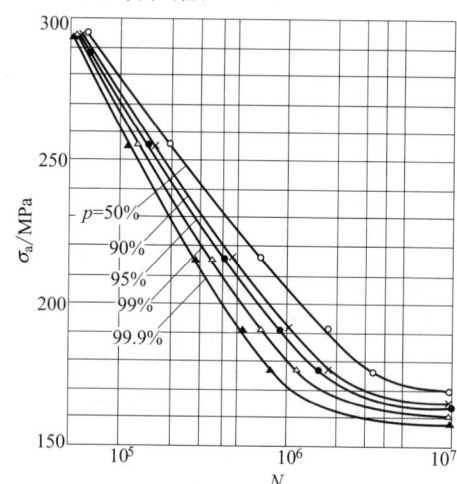

图 28-3-52　45 钢缺口试样（$\alpha_\sigma=2$）的 p-S-N 曲线
（棒材 $\phi25$mm）

热处理：850℃正火

材料　$R_m=624$MPa

旋转弯曲试验，$r=-1$

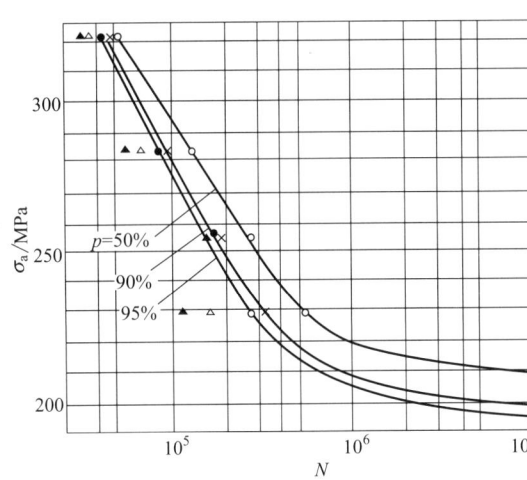

图 28-3-53　45 钢缺口试样（$\alpha_\sigma=2$）的 p-S-N 曲线
（棒材 $\phi25$mm）
热处理：850℃水淬火，560℃回火
材料　$R_m=710$MPa
旋转弯曲试验，$r=-1$

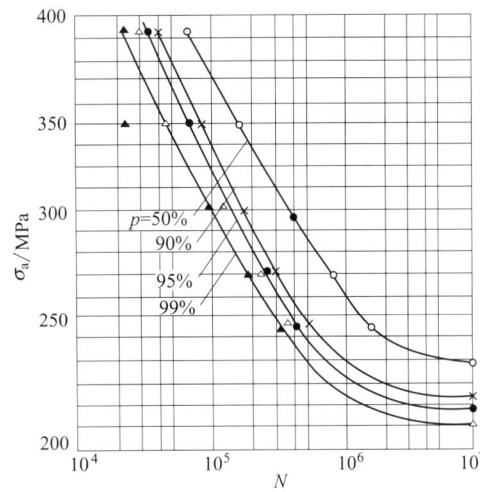

图 28-3-55　40Cr 钢缺口试样（$\alpha_\sigma=2$）的 p-S-N 曲线
（棒材 $\phi25$mm）
热处理：850℃油淬火，560℃回火
材料　$R_m=934$MPa
旋转弯曲试验，$r=-1$

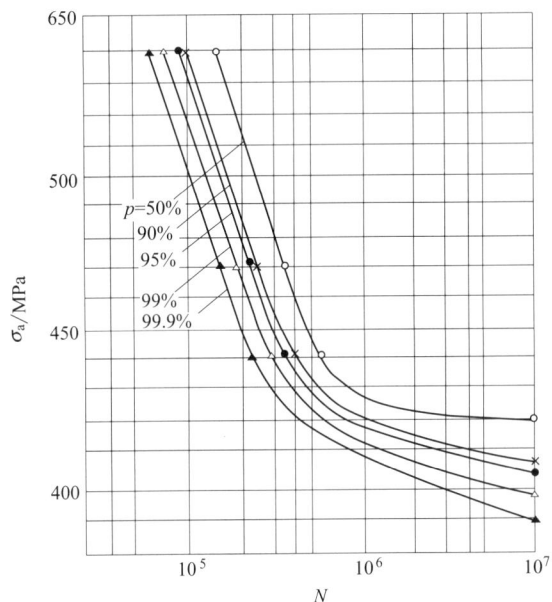

图 28-3-54　40Cr 钢光滑试样的 p-S-N 曲线
（棒材 $\phi25$mm）
热处理：850℃油淬火，560℃回火
材料　$R_m=934$MPa
旋转弯曲试验，$r=-1$

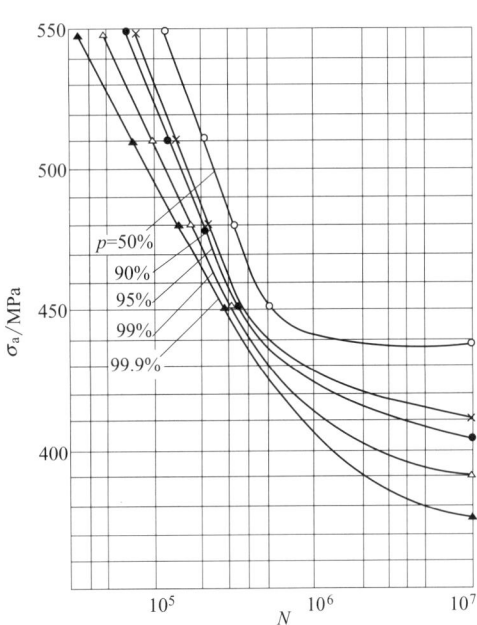

图 28-3-56　40MnB 钢光滑试样的 p-S-N 曲线
（棒材 $\phi25$mm）
热处理：850℃油淬火，500℃回火
材料　$R_m=970$MPa
旋转弯曲试验，$r=-1$

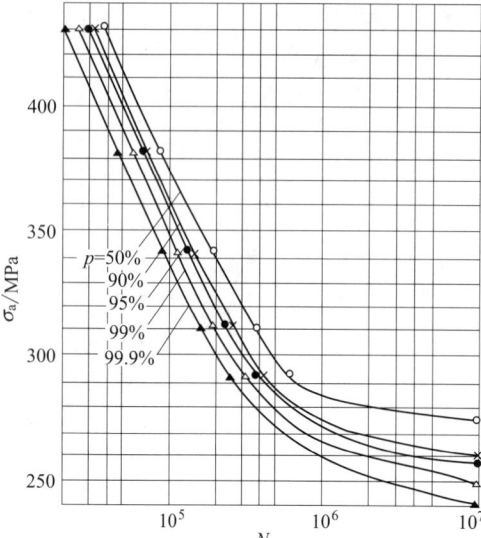

图 28-3-57　40MnB 钢缺口试样（$\alpha_\sigma=2$）的 p-S-N 曲线
（棒材 ϕ25mm）
热处理：850℃ 油淬火，500℃ 回火
材料　$R_\mathrm{m}=970$MPa
旋转弯曲试验，$r=-1$

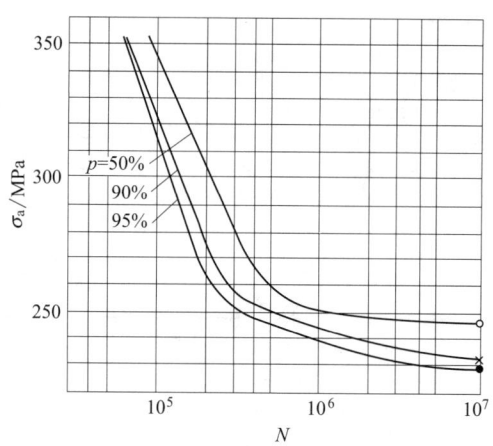

图 28-3-59　35CrMo 钢缺口试样（$\alpha_\sigma=2$）的 p-S-N 曲线
（棒材 ϕ20mm）
热处理：850℃ 油淬火，550℃ 回火
材料　$R_\mathrm{m}=924$MPa
旋转弯曲试验，$r=-1$

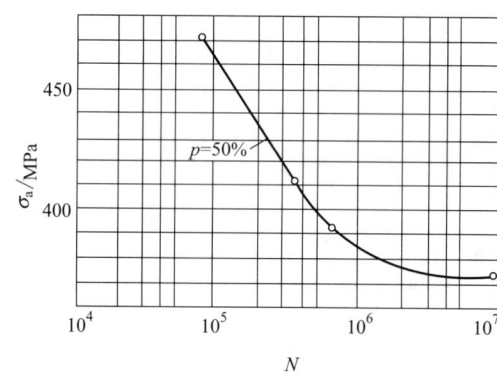

图 28-3-60　2Cr13 钢光滑试样的 p-S-N 曲线
（棒材 ϕ22mm）
热处理：1000℃ 油淬火，700℃ 回火
材料　$R_\mathrm{m}=773$MPa
旋转弯曲试验，$r=-1$

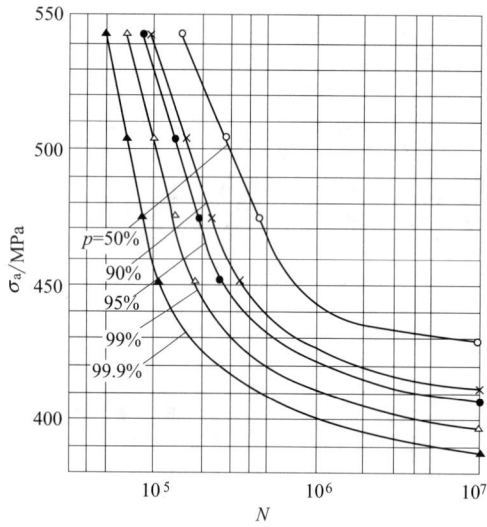

图 28-3-58　35CrMo 钢光滑试样的 p-S-N 曲线
（棒材 ϕ20mm）
热处理：850℃ 油淬火，550℃ 回火
材料　$R_\mathrm{m}=924$MPa
旋转弯曲试验，$r=-1$

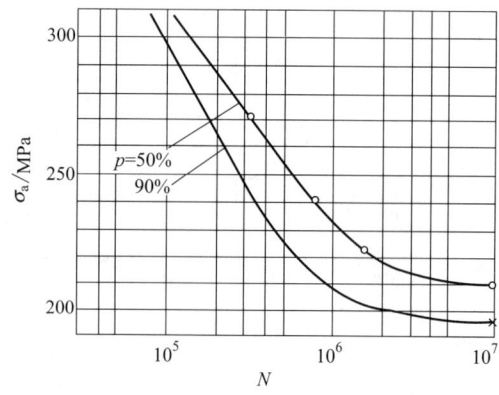

图 28-3-61　2Cr13 钢缺口试样（$\alpha_\sigma=2$）的 p-S-N 曲线
（棒材 ϕ22mm）
热处理：1000℃ 油淬火，700℃ 回火
材料　$R_\mathrm{m}=773$MPa
旋转弯曲试验，$r=-1$

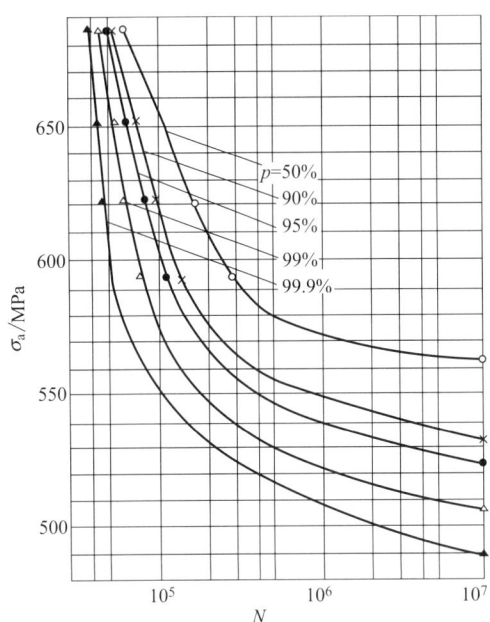

图 28-3-62 60Si2Mn 钢光滑试样的 p-S-N 曲线

（棒材 ϕ25mm）

热处理：870℃油淬火，460℃回火

材料 $R_m=1391$MPa

旋转弯曲试验，$r=-1$

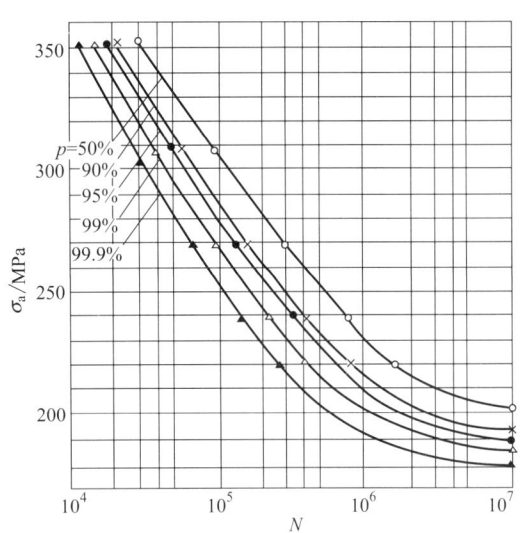

图 28-3-64 QT400-18 球铁光滑试样的 p-S-N 曲线

（楔形试块）

热处理：退火

材料 $R_m=433$MPa

旋转弯曲试验，$r=-1$

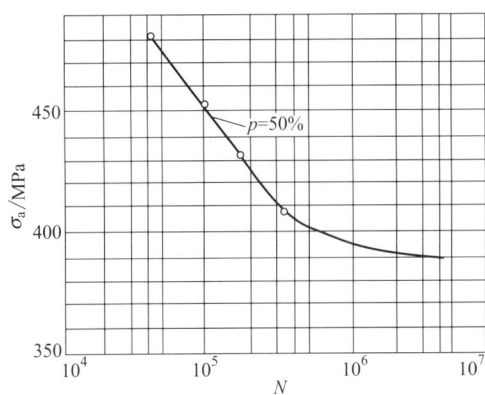

图 28-3-63 60Si2Mn 钢缺口试样

（$\alpha_\sigma=2$）的 p-S-N 曲线

（棒材 ϕ25mm）

热处理：870℃油淬火，460℃回火

材料 $R_m=1391$MPa

旋转弯曲试验，$r=-1$

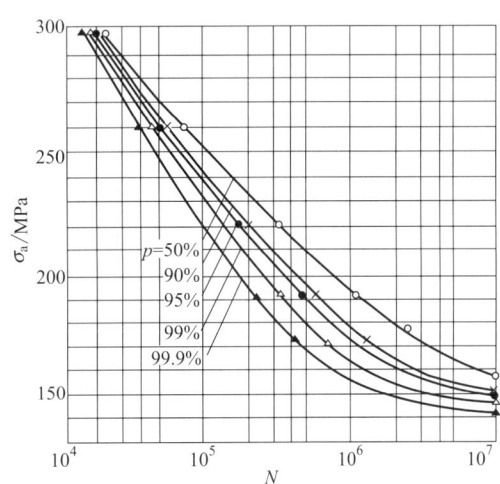

图 28-3-65 QT400-18 球铁缺口试样

（$\alpha_\sigma=2$）的 p-S-N 曲线

（楔形试块）

热处理：退火

材料 $R_m=433$MPa

旋转弯曲试验，$r=-1$

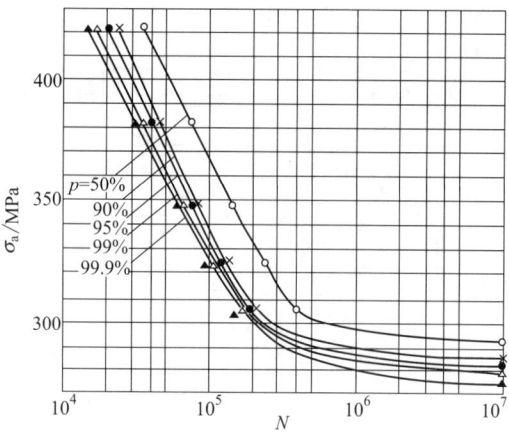

图 28-3-66 QT600-3 球铁光滑试样的 p-S-N 曲线
（楔形试块）

热处理：正火

材料 $R_m = 858 \text{MPa}$

旋转弯曲试验，$r = -1$

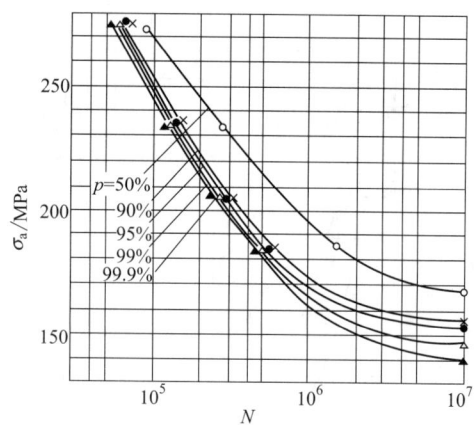

图 28-3-67 QT600-3 球铁缺口试样
（$\alpha_\sigma = 2$）的 p-S-N 曲线
（楔形试块）

热处理：正火

材料 $R_m = 858 \text{MPa}$

旋转弯曲试验，$r = -1$

3.1.3 疲劳安全系数

一般的疲劳强度计算中，许用安全系数推荐用表 28-3-5 的数值。表 28-3-6 为初算时的安全系数荐用值。表 28-3-7 为各类机械零部件的安全系数。

表中所用符号：$n_{bp} = R_m/\sigma_p$；$n_{sp} = R_{eL}/\sigma_p$；$n_{-1p} = \sigma_{-1}/\sigma_p$；$n_{0p} = \sigma_0/\sigma_p$（其中，$R_m$——材料的抗拉强度；$R_{eL}$——材料的屈服强度；$\sigma_{-1}$——对称循环疲劳极限；$\sigma_0$——脉动循环疲劳极限；下角 p 为"许用"）。校核零件的疲劳强度，必须使它同时满足静强度要求。

表 28-3-5 许用安全系数

情 况	n_{-1p}
材料较均匀，载荷及应力较精确时	1.3
材料不够均匀，载荷及应力计算精度较差	1.5～1.8
材料均匀度很差，计算精度很差	1.8～2.5

表 28-3-6 安全系数荐用值（初算用）

材 料		静载荷		冲击载荷		疲劳载荷			
		n_{bp}	n_{sp}	n_{bp}	n_{sp}	n_{bp}		n_{-1p}	
						一般零件	重要零件	一般零件	重要零件①
铸铁		3～4	—	10～15	—	8～10	12～15	—	—
高强度钢		2～3							
结构钢	$R_{eL}/R_m = 0.45～0.6$，计算精确	2.4～2.6	1.2～1.5	2.0～2.8	1.5～2.2	5.0	7	1.3	1.5
	$R_{eL}/R_m = 0.6～0.8$，计算精度一般		1.4～1.8	2.5～4.0	2.0～2.8	5.5	8	1.5	1.8
	$R_{eL}/R_m = 0.8～0.9$，计算不精确		1.7～2.2	3.5～5.0	2.5～3.5	6.0	10	1.8	2.5

① 重要零件是指在整个使用期内不希望破坏的零件。

表 28-3-7 各类机械零部件的安全系数

机械种类	零部件名称	应力状态	材 料	安全系数	附注
起重机械	主梁	弯	Q235A, Q345	$n_{sp} = 1.4～1.6$ $n_{0p} = 1.4～1.6$	运送液态金属的起重机用 1.6
	端梁	弯	Q235A, Q345	$n_{sp} = 2.4$	
	小车梁	弯	Q235A, Q345	$n_{sp} = 3～4$	
	卷筒轴	弯曲疲劳	45	$n_{sp} = 1.3～1.6$, $n_{-1p} = 1.8$	手动，$n_{sp} = 1.3$, 吊钢水包 $n_{sp} = 1.6$

续表

机械种类	零部件名称	应力状态	材　料	安全系数	附注
起重机械	减速机低速轴	弯扭疲劳	45	$n_{sp}=1.6$, $n_{-1p}=1.8$	运送液态金属的起重机用1.6 手动, $n_{sp}=1.3$, 吊钢水包 $n_{sp}=1.6$
	卷筒轴承侧法兰螺栓	拉伸疲劳	Q235A	$n_{sp}=3$, $n_{0p}=2.5$	
	吊钩钩体	拉、弯	20,36Mn2Si	$n_{sp}=1.6$	
	吊钩螺纹尾部	拉	20,36Mn2Si	$n_{sp}=5\sim7$	
	吊钩梁	弯	45	$n_{sp}=3$	
	拉板	拉、挤压	Q345	$n_{sp}=1.6$	
	吊钩滑轮轴	弯	45	$n_{sp}=1.6$	
	小车轮轴	弯扭疲劳	45	$n_{sp}=1.4$, $n_{-1p}=1.6$	
	大车轮轴	弯扭疲劳	45	$n_{sp}=1.4$, $n_{-1p}=1.6$	
矿山机械	矿井提升机卷筒	弯、压	Q235A,Q345	$n_{sp}=1.4\sim1.6$	
	矿井提升机主轴	弯扭疲劳	45	$n_{-1p}=1.2\sim1.5$	
	颚式破碎机机架	弯曲疲劳	ZG270-500	$n_{0p}=1.5$	
	颚式破碎机传动轴	弯扭疲劳	45	$n_{-1p}=1.5$	
	颚式破碎机主轴	弯扭疲劳	45	$n_{-1p}=1.4$	
	圆锥破碎机传动轴	弯扭疲劳	45	$n_{-1p}=1.4$	
	圆锥破碎机主轴	弯扭疲劳	20CrMoV	$n_{-1p}=2$	
	圆锥破碎机液压缸体	内压	ZG270-500	$n_{sp}=2\sim2.4$	
	球磨机筒体	弯	Q235A,20	$n_{sp}=3.5\sim4$	
冶金机械	轧钢机机架(初轧机)	弯、拉、拉伸疲劳	ZG270-500	$n_{bp}=6\sim8$	$n_{0p}=1.6$
	轧钢机机架(板热轧机)	弯、拉、拉伸疲劳	ZG270-500	$n_{bp}=7\sim10$	$n_{0p}=1.7$(厚板)
	轧钢机机架(板冷轧机)	弯、拉	ZG270-500	$n_{bp}=8\sim12$	考虑刚度
	轧钢机轧辊(初轧机辊身)	弯扭疲劳	60CrMnMo,60CrMo,55CrMo	$n_{bp}=6\sim8$	$n_{-1p}=1.8$
	轧钢机轧辊(热轧板工作辊)	弯扭疲劳	HT250,球铁	$n_{bp}=6.5$	$n_{-1p}=1.5\sim2.5$
	冷轧薄板工作辊	弯扭疲劳	9Cr2	$n_{-1p}=1.1$	
	热轧板支承辊	弯曲疲劳	37SiMn2MoV,8CrMoV,40Mn2MoV	$n_{bp}=6$	$n_{-1p}=1.2\sim2$
	冷轧板支承辊	弯曲疲劳	9Cr2,9Cr2Mo	$n_{-1p}=1.2$	
	轧钢机的机架辊	弯曲疲劳	45	$n_{bp}=6$	$n_{-1p}=1.8$
	轧钢机万向接轴	弯扭疲劳	45CrV	$n_{sp}=3$	$n_{-1p}=2.0$
	轧钢机万向接轴叉头	弯扭疲劳	45CrV	$n_{sp}=2.6$	$n_{-1p}=1.8$
	六连杆式热剪机的上剪股	弯曲疲劳	ZG35CrMo,32SiMn2MoV	$n_{sp}=2$	$n_{0p}=1.5$
	六连杆式热剪机的下剪股	弯曲疲劳	ZG35CrMo,32SiMn2MoV	$n_{sp}=3$	$n_{0p}=1.6$
	六连杆式热剪机的偏心轴	弯扭疲劳	40	$n_{sp}=3$	$n_{-1p}=2.0$
	六连杆式热剪机的连杆	拉压弯	40	$n_{sp}=3$	
	六连杆式热剪机的传动轴	弯扭疲劳	35CrMo,35SiMn2MoV	$n_{sp}=3$	$n_{-1p}=2.5$
	摆式飞剪机曲轴	弯扭疲劳	35SiMn2MoV	$n_{-1p}=2$	
	辊式矫直机的工作辊辊身	弯扭疲劳	9Cr2,60CrMoV	$n_{sp}=4\sim12$	考虑刚度
	辊式矫直机的支承辊辊身	弯扭疲劳	9Cr2	$n_{sp}=3\sim6$	考虑刚度
	辊式矫直机的支承辊辊颈	扭	9Cr2	$n_{sp}=1.7$	
	辊式矫直机的支承辊小轴	弯	42MnMoV	$n_{sp}=2$	
	辊式矫直机的机架(铸铁)	弯	HT250	$n_{bp}=6$	
	辊式矫直机的机架(钢)	弯	Q235A	$n_{sp}=3$	
	辊式矫直机的机架盖	弯	Q235A	$n_{bp}=5$	
	辊式矫直机万向接轴	弯扭疲劳	35SiMn	$n_{sp}=4\sim5$	$n_{-1p}=1.6$
	辊式矫直机压下螺杆	扭、压	45,35SiMn	$n_{sp}=2.7$	
	辊式矫直机拉杆	拉	35SiMn	$n_{sp}=3$	

续表

机械种类	零部件名称	应力状态	材料	安全系数	附注
冶金机械	高炉大钟拉杆	拉	20	$n_{sp}=5$	考虑温度
	转炉托圈	弯	—	$n_{sp}=8$	考虑温度
	转炉耳轴	弯	40Cr,38SiMnV	$n_{sp}=3$	
	盛钢桶桶体	内压	Q235A	$n_{sp}=2.5$	$n_{-1p}=2$
	盛钢桶耳轴	弯	ZG270-500	$n_{sp}=7$	
	铁水车减速轴	弯扭疲劳	—	$n_{-1p}=2.3$	
锻压机械	水压机立柱(光滑部分)	拉、弯	40,45,20MnV,20SiMnMo	$n_{sp}=1.7\sim2$	
	水压机立柱(螺纹部分)	拉、弯	40,45,20MnV,20SiMnMo	$n_{sp}=4\sim5$	$n_{-1p}=1.5$
	水压机上横梁	弯	ZG270-500,Q235A	$n_{bp}=6\sim8$	$n_{-1p}=1.4\sim1.6$
	水压机活动横梁	弯	Q235A	$n_{bp}=5\sim6$	
	水压机下横梁	弯	Q235A	$n_{bp}=8\sim12$	
	水压机液压缸缸体	内压	35,45,20MnV,Q345(12MnV)	$n_{sp}=2\sim3$	
	水压机液压缸法兰	弯、压	35,45,ZG35,22MnMo	$n_{sp}=2.2$	有冲击时 $n_{sp}=3\sim4$
	水压机液压缸柱塞	内压	45	$n_{sp}=2.2$	
	水压机高压水罐	内压	20,14CrMnMoV	$n_{sp}=2$	
	水压机充水罐	内压	Q235A	$n_{sp}=3$	
	挤压机柱子(光滑部分)	拉、弯	18MnMoNb	$n_{sp}=2$	
	挤压机柱子(螺纹部分)	拉、弯	18MnMoNb	$n_{sp}=4$	$n_{-1p}=1.9$
	挤压机机架	弯	Q235A,ZG270-500	$n_{sp}=3\sim6$	
	挤压机主缸缸体	内压	18MnMoNb	$n_{sp}=2.5\sim3$	$n_{bp}=4\sim5$
	挤压机动梁回程缸缸体	内压	18MnMoNb	$n_{sp}=3\sim4.5$	
	挤压机穿孔缸缸体	内压	35SiMn,18MnMoNb	$n_{sp}=3\sim4.5$	
	挤压机穿孔回程缸缸体	内压	45	$n_{sp}=2.5$	
	挤压机剪刀缸缸体	内压	45	$n_{sp}=2.5$	
	挤压机移动缸缸体	内压	45	$n_{sp}=2.0$	
	精压机传动轴	弯扭疲劳	35SiMn2MoV	$n_{-1p}=2$	
	锻锤机架	弯、拉伸疲劳	ZG270-500	$n_{bp}=5$	$n_{0p}=1.6$
	锻锤拉杆	拉	40Cr,35CrMnV	$n_{sp}=2.5$	
	热模锻曲轴	弯扭疲劳	40CrNi,35SiMn2MoV	$n_{-1p}=1.6\sim2$	
橡胶塑料机械	橡胶塑料辊机辊筒	弯扭疲劳	HT200	$n_{-1p}=2.5\sim3$	冷硬铸铁
	橡胶塑料辊机机架	弯	HT250,HT300	$n_{bp}=12$	$n_{0p}=5$
	橡胶塑料辊机机架盖	弯	HT250	$n_{bp}=10$	$n_{0p}=4.5$
	橡胶塑料挤出机螺杆	扭	38CrMoAl	$n_{sp}=3$	
	橡胶塑料挤出机机筒		38CrMoAl	$n_{sp}=3$	考虑结构要求
内燃机	内燃机曲轴主轴颈	扭转疲劳	QT600-3,45,40MnB	$n^{\tau}_{-1p}=3\sim4$ (扭应力)	汽车发动机
	内燃机曲轴主轴颈	扭转疲劳	40Cr,40,45Mn2	$n^{\tau}_{-1p}=4\sim5$ (扭应力)	拖拉机发动机
	内燃机曲轴主轴颈	扭转疲劳	30MnMoW,30Mn2MoTiB	$n^{\tau}_{-1p}=2\sim3$ (扭应力)	高增压柴油机
	内燃机曲轴曲柄销	弯扭疲劳	40Mn2SiV	$n_{-1p}=1.3\sim1.5$	汽车发动机
	内燃机曲轴曲柄销	弯扭疲劳	15SiMn3MoWVA	$n_{-1p}=1.5\sim2$	拖拉机发动机
	内燃机曲轴曲柄销	弯扭疲劳	37SiMnMoWV	$n_{-1p}=1.2\sim1.4$	高增压柴油机
	内燃机曲轴曲柄臂	弯扭疲劳		$n_{-1p}=2\sim3$	汽车发动机
	内燃机曲轴曲柄臂	弯扭疲劳		$n_{-1p}=3\sim3.5$	拖拉机发动机
	内燃机曲轴曲柄臂	弯扭疲劳		$n_{-1p}=1.3\sim2$	高增压柴油机
	内燃机活塞销	弯、剪	20,20Cr,20Mn2,18CrMnTi,20SiMnVB	$n_{sp}=2\sim2.2$	渗碳

续表

机械种类	零部件名称	应力状态	材料	安全系数	附注
内燃机	内燃机连杆小头	弯压疲劳	45	$n_{-1p}=2.5\sim5$	汽车发动机
	内燃机连杆杆身	弯压疲劳	40Cr	$n_{-1p}=2\sim2.5$	拖拉机发动机
	内燃机连杆杆身	弯压疲劳	35CrMo	$n_{-1p}=2.5\sim3$	船用中、高速柴油机
	内燃机连杆杆身	弯压疲劳	40MnVB	$n_{-1p}=2\sim3$	高速强载柴油机
	内燃机连杆大头	弯压疲劳		$n_{-1p}=2.0$	汽车、拖拉机发动机
	内燃机连杆大头	弯压疲劳		$n_{-1p}=1.5$	高速强载柴油机
	内燃机连杆螺栓	拉伸疲劳	45,40Cr,35CrMo,40MnVB	$n_{-1p}=1.5\sim2$	
	汽缸体紧螺栓	拉伸疲劳	40Cr,40MnB,35CrMo,40CrMo	$n_{-1p}=1.3\sim2$	
气体压缩机	气体压缩机曲轴	弯扭疲劳	45	$n_{-1p}=2\sim2.5$	$n_{sp}=3\sim6$
	气体压缩机曲柄臂	弯扭疲劳	45	$n_{sp}=1.5$	
	气体压缩机连杆	弯扭疲劳	30	$n_{sp}=3$	
	气体压缩机活塞杆	弯扭疲劳	45	$n_{bp}=10$	
	气体压缩机高压缸阀腔	内压	40	$n_{-1p}=1.4\sim2$	
汽车拖拉机	汽车变速箱轴	弯扭疲劳	40Cr,40MnB,18CrMnTi	$n_{-1p}=1.3$	曲轴、连杆的安全系数见内燃机
	汽车后桥半轴	弯扭疲劳	40MnB,35CrMnSiA	$n_{-1p}=2$	
	拖拉机变速箱轴	弯扭疲劳	40,18CrMnTi	$n_{-1p}=2$	
	拖拉机传动轴	弯扭疲劳	40	$n_{-1p}=1.3$	
	拖拉机履带驱动轮轴	弯扭疲劳	40Cr	$n_{-1p}=1.1$	
水轮机	水轮机转轮叶片	拉、弯	ZG20SiMn,ZG0Cr13Ni4Mo	$n_{sp}=2.5, n_{-1p}=2$	混流式水轮机 n_{-1p} 的数值随使用年限而定,对于使用年限较短时,可取 $n_{-1p}=1.5\sim1.8$
	水轮机主轴轴身	拉、弯、扭	45,20SiMn	$n_{sp}=2.5\sim3$	
	水轮机主轴法兰	弯、压	45,20SiMn	$n_{sp}=1.8\sim2.3$	
	水轮机导叶体	弯、扭	ZG270-500,ZG20SiMn	$n_{sp}=2$	
	水轮机导叶体轴颈	弯、扭	ZG270-500,ZG20SiMn	$n_{sp}=1.8$	
	水轮机导叶臂	弯、扭	ZG270-500	$n_{sp}=1.8$	
	水轮机导叶套筒	弯	HT200	$n_{bp}=10$	
	水轮机接力器缸体	内压	HT200	$n_{bp}=10$	
	水轮机接力器液压缸法兰	弯、压	HT200	$n_{bp}=5$	
	水轮机涡壳	内压	Q235A,Q345(16Mn),Q390(15MnV,15MnTi)	$n_{sp}=1.8\sim2$	
	水轮机顶盖和支持盖	弯	HT200,HT300	$n_{bp}=8.5\sim10$	
	水轮机顶盖和支持盖	弯	ZG270-500	$n_{sp}=2$	
	水轮机导水机构盖板	弯、拉	Q235A	$n_{sp}=2$	
	水轮机连接板	弯、拉	Q235A	$n_{sp}=2$	
	水轮机旋管、导管体	拉	Q235A	$n_{sp}=2.5$	
	水轮机耳柄	拉	35,40Cr	$n_{sp}=2.5$	
	水轮机转臂	弯、挤压	35	$n_{sp}=2.5$	
	水轮机连杆	拉、压	ZG270-500	$n_{sp}=2$	
	水轮机活塞销,连杆销	弯	35	$n_{sp}=2$	
	水轮机叶销	剪切	45	$n_{sp}=2$	
	水轮机联轴螺栓	弯、拉	35,40Cr	$n_{sp}=2.5$	
	水轮机叶片螺栓	弯、拉	35,40Cr	$n_{sp}=2$	
	水轮机分半键,导向键	剪切	Q235A,35	$n_{sp}=2$	
	水轮机叶片键,卡环	剪切	45	$n_{sp}=2$	

3.2 无限寿命设计

3.2.1 单向应力状态下的无限寿命设计

零部件受单向循环应力,是指只承受单向正应力或单向切应力。例如,只承受单向拉压循环应力、弯曲循环应力或扭转循环应力。在单向循环应力下工作的零部件很多,如高炉上料机的钢丝绳受单向波动拉伸应力,曲柄压力机的连杆受单向脉动应力。只承受弯曲力矩的心轴,转动时表面上各点的应力状态是对称循环弯曲应力等。

3.2.1.1 计算公式

表 28-3-8 列出了不同受载情况下单向应力时安全系数的计算公式。

表 28-3-8　　单向应力时安全系数计算式

受载情况	弯曲或拉压时的安全系数	扭转时的安全系数
恒幅对称循环	$n_\sigma = \dfrac{\sigma_{-1}}{\dfrac{K_\sigma}{\varepsilon\beta}\sigma_a}$	$n_\tau = \dfrac{\tau_{-1}}{\dfrac{K_\tau}{\varepsilon\beta}\tau_a}$
恒幅不对称循环	$n_\sigma = \dfrac{\sigma_{-1}}{\dfrac{K_\sigma}{\varepsilon\beta}\sigma_a + \psi_\sigma\sigma_m}$	$n_\tau = \dfrac{\tau_{-1}}{\dfrac{K_\tau}{\varepsilon\beta}\tau_a + \psi_\tau\tau_m}$
变幅对称循环	$n_\sigma = \dfrac{\sigma_{-1}}{\dfrac{K_\sigma}{\varepsilon\beta}\sqrt[m]{\dfrac{N}{N_0}\sum_i \left(\dfrac{\sigma_i}{\sigma_{\max}}\right)^m \dfrac{n_i}{N}} \cdot \sigma_{\max}}$	$n_\tau = \dfrac{\tau_{-1}}{\dfrac{K_\tau}{\varepsilon\beta}\sqrt[m]{\dfrac{N}{N_0}\sum_i \left(\dfrac{\tau_i}{\tau_{\max}}\right)^m \dfrac{n_i}{N}} \cdot \tau_{\max}}$
变幅不对称循环	$n_\sigma = \dfrac{\sigma_{-1}}{\sqrt[m]{\dfrac{N}{N_0}\sum_i \left(\dfrac{\sigma_{di}}{\sigma_{d\max}}\right)^m \dfrac{n_i}{N}} \cdot \sigma_{d\max}}$	$n_\tau = \dfrac{\tau_{-1}}{\sqrt[m]{\dfrac{N}{N_0}\sum_i \left(\dfrac{\tau_{di}}{\tau_{d\max}}\right)^m \dfrac{n_i}{N}} \cdot \tau_{d\max}}$

表 28-3-8 计算公式中的符号含义如下。

n_σ、n_τ——计算的安全系数；

σ_{-1}、τ_{-1}——材料在对称循环下的疲劳极限，弯曲时为 σ_{-1}，拉压时为 σ_{-1l}，扭转时为 τ_{-1}；

K_σ、K_τ——弯曲和扭转时的有效应力集中系数；

ε——尺寸系数；

β——表面系数；

ψ_σ、ψ_τ——不对称循环系数，一般计算式为 $\psi_\sigma = (2\sigma_{-1} - \sigma_0)/\sigma_0$，$\psi_\tau = (2\tau_{-1} - \tau_0)/\tau_0$；

σ_0、τ_0——弯曲和扭转时的脉动循环疲劳极限；

σ_i、τ_i——作用于试样上的第 i 个应力水平；

n_i——第 i 个应力水平 σ_i 或 τ_i 作用时的循环数；

$\sigma_{\max}$、$\tau_{\max}$——载荷谱中的最大应力；

N_0——无限寿命的最小循环数，即循环基数；

N——总寿命，即整个工作循环数；

m——材料常数，即 $S\text{-}N$ 曲线在对数坐标中的倾斜率的负值，即 $m = -\lg N_i / \lg \sigma_i$；

N_i——在应力水平 σ_i 作用下，材料达到疲劳破坏的循环数；

σ_{di}、τ_{di}——第 i 个当量应力，计算式为

$$\sigma_{di} = \left[\dfrac{K_\sigma}{\varepsilon\beta}\sigma_a + \psi_\sigma\sigma_m\right]_i,\ \tau_{di} = \left[\dfrac{K_\tau}{\varepsilon\beta}\tau_a + \psi_\tau\tau_m\right]_i$$

为简化计算，也可用保守的计算式

$$\sigma_{di} = \left[\dfrac{K_\sigma}{\varepsilon\beta}(\sigma_a)_d\right]_i,\ \tau_{di} = \left[\dfrac{K_\tau}{\varepsilon\beta}(\tau_a)_d\right]_i$$

$(\sigma_a)_d = \sigma_a + \psi_\sigma\sigma_m$，$(\tau_a)_d = \tau_a + \psi_\tau\tau_m$

一般情况，表 28-3-8 中变幅循环公式只用于有限寿命设计时单向应力安全系数的计算。无限寿命设计时，可只考虑最大应力。

值得注意的是，表 28-3-8 中的公式认为有效应力集中系数 K_σ（K_τ）、尺寸系数 ε 和表面系数 β 三者相互独立，其对疲劳强度的综合影响呈线性关系。因其表达式简单，在工程上得到广泛应用。但实际上，三者并不是相互独立的。例如零件的应力集中较大或表面粗糙度较高时，其尺寸效应就会被削弱。此时，可采用如下非线性公式：

$$K_a = \dfrac{K_\sigma}{\varepsilon} + \dfrac{1}{\beta} - 1$$

或

$$K_a = \dfrac{1 + (K_\sigma - 1)\beta}{\varepsilon\beta}$$

式中　K_a——综合影响系数。

3.2.1.2　设计实例

如图 28-3-68 所示为轴。载荷 F 为对称循环载荷，$F = 50000$ MPa，轴材料为 45 钢，调质。表面加工方法为精车，校核 A—A 截面的疲劳强度。

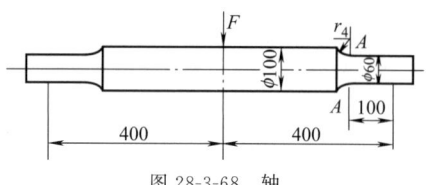

图 28-3-68　轴

解：1) 计算公式。因载荷是等幅对称循环，故用公式

$$n_\sigma = \dfrac{\sigma_{-1}}{\dfrac{K_\sigma}{\varepsilon\beta}\sigma_m}$$

2) 求 σ_a。该轴为简支梁，故 A—A 截面的应力为

$$\sigma_a = \dfrac{M}{W} = \dfrac{16Fl}{\pi d^3} = \dfrac{16 \times 50000 \times 100}{\pi \times 60^3} = 117.9 \text{（MPa）}$$

3) 求 σ_{-1}。查表 28-3-1，材料为 45 钢，调质状态时，$\sigma_{-1} = 388$ MPa，$R_m = 710$ MPa

4) 求 K_σ。查图 28-2-5，$K_\sigma \approx 1.7$。
5) 求 ε。查图 28-2-34，当 $d = 60\text{mm}$，45 钢的 $\varepsilon = 0.825$。
6) 求 β。表面加工方法为精车，故 $\beta = \beta_1$。
查图 28-2-35，当 $R_m = 710\text{MPa}$ 及精车时 $\beta_1 = 0.92$。
7) 求 n_σ。

$$n_\sigma = \frac{\sigma_{-1}}{\frac{K_\sigma}{\varepsilon\beta}\sigma_m} = \frac{388}{\frac{1.7}{0.825 \times 0.92} \times 117.9} = 1.47 > n_p = 1.3$$

故该轴 A—A 截面的疲劳强度符合要求。

3.2.2 复杂应力状态下的无限寿命设计

在复杂应力情况下，把多向应力转化成单向应力，然后利用上述的单向应力设计方法进行设计。变形能强度理论及最大切应力理论是将多向应力状态与单向应力状态联系起来，比较符合实际的理论。这里根据变形能强度理论，把多向应力转化成单向当量应力，其计算公式为

当量应力幅

$$\sigma_{da} = \frac{[(\sigma_{a1} - \sigma_{a2})^2 + (\sigma_{a2} - \sigma_{a3})^2 + (\sigma_{a3} - \sigma_{a1})^2]^{1/2}}{\sqrt{2}}$$
(28-3-1)

当量平均应力

$$\sigma_{dm} = \frac{[(\sigma_{m1} - \sigma_{m2})^2 + (\sigma_{m2} - \sigma_{m3})^2 + (\sigma_{m3} - \sigma_{m1})^2]^{1/2}}{\sqrt{2}}$$
(28-3-2)

式中 σ_{a1}、σ_{a2}、σ_{a3}——主应力幅；
σ_{m1}、σ_{m2}、σ_{m3}——主应力幅方向的平均应力。

对于二向应力状态，公式可简化为

$$\left.\begin{array}{l}\sigma_{da} = (\sigma_{a1}^2 - \sigma_{a1}\sigma_{a2} + \sigma_{a2}^2)^{1/2} \\ \sigma_{dm} = (\sigma_{m1}^2 - \sigma_{m1}\sigma_{m2} + \sigma_{m2}^2)^{1/2}\end{array}\right\}$$
(28-3-3)

有了这两个当量应力后，可以运用单向应力计算公式进行设计。

在二向应力状态时，最常见的承受弯曲和扭转复合循环应力作用的传动轴和曲轴等的设计中，常采用下面的公式计算其安全系数，即

$$n = \frac{1}{\sqrt{\left(\frac{1}{n_\sigma}\right)^2 + \left(\frac{1}{n_\tau}\right)^2}}$$
(28-3-4)

这里的 n_σ 和 n_τ，就是上述的单向弯曲和单向扭转状态下的安全系数（参见表 28-3-8）。

3.2.3 连接件的疲劳寿命估算——应力严重系数法

应力严重系数法也是一种名义应力法，但它不用结构的 S-N 曲线，而是在对结构的应力集中情况进行精确的应力分布计算的基础上，综合考虑表面质量等方面的因素得到综合反映应力集中等影响疲劳特性的各个因素的应力严重系数（SSF）。用它作为"等效理论应力集中系数"。然后根据不同理论应力集中系数的 S-N 曲线确定对应于结构的 S-N 曲线，并以此为基础计算结构的疲劳寿命。

应力严重系数法可以不用结构的 S-N 曲线，费用较低。但是要求疲劳严重系数的计算应比较精确。否则，应力严重系数的较小误差将导致计算出的疲劳寿命的巨大误差。目前该方法主要应用于连接件的疲劳寿命设计。它要求对结构的连接件作细节分析，包括各紧固件所传递的载荷。连接件的疲劳特性在很大程度上受孔的加工情况、紧固件的形式和装配技术等影响。

定义应力严重系数为

$$\text{SSF} = \alpha\beta K_{ta}$$
(28-3-5)

式中 K_{ta}——应力集中系数；
α——孔表面质量系数，见表 28-3-9；
β——孔填充系数，见表 28-3-10。

表 28-3-9　孔表面质量系数

孔质量	系数 α
圆角半径	1.0~1.5
标准钻孔	1.0
扩孔或铰孔	0.9
冷作孔	0.7~0.8

表 28-3-10　孔填充系数

紧固件形式	系数 β
开孔	1.0
锁紧钢螺栓	0.75
铆钉	0.75
螺栓	0.75~0.9
锥形锁紧紧固件	0.5
高-虎克紧固件[①]	0.75

① 高-虎克紧固件，指高强度的虎克螺栓、虎克铆钉等，是一种拉铆钉。拉铆钉紧固件与传统螺栓利用扭力旋转产生紧固力不同，拉铆钉紧固件利用虎克定律原理，经由拉铆钉专用设备，在单向拉力的作用下，拉伸栓杆和推挤套环，将内部光滑的套环挤压到螺杆凹槽使套环和螺栓形成100%的结合，产生永久性紧固力。因此，每根拉铆钉紧固件在组装完成后具有相同的紧固力及永不松动等特性。

现以一个例子介绍应力严重系数法的计算步骤。

有一承受轴向载荷的组合结构，如图 28-3-69（a）所示，把其中一个紧固件连接的下面一块板拿出来作

为分离体,如图 28-3-69 (b) 所示。板承受钉传载荷 ΔP 和旁路载荷 P 作用。其中旁路载荷 P 占总载荷 P' 的 72.85%,钉传载荷 ΔP 占总载荷 P' 的 27.15%,结构参数为为:$W=91.44\text{mm}$,$t=7.62\text{mm}$,$d=17.52\text{mm}$。载荷为 $P'_{\max}=106.97\text{kN}$,$P'_{\min}=20.91\text{kN}$。

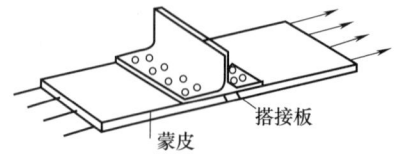

(a) 某飞机局部组合结构

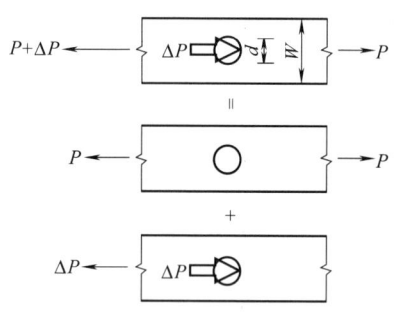

(b) 紧固件处连接板的受力情况

图 28-3-69 连接件例子

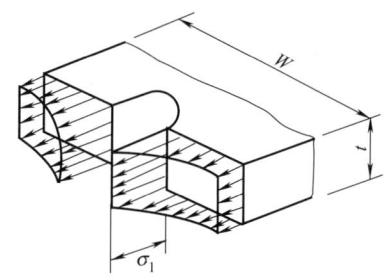

(a) 旁路载荷 P 引起的局部应力

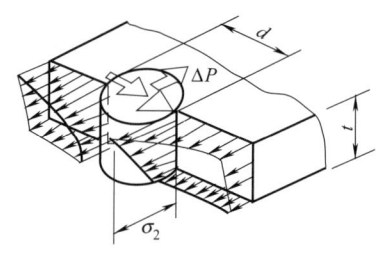

(b) 钉传载荷 ΔP 引起的局部应力

图 28-3-70 紧固件孔边的局部应力

(1) 计算最大应力及应力集中系数

最大应力集中处的应力由两部分组成,即旁路载荷 P 引起的局部最大应力 σ_1 和钉传载荷 ΔP 引起的局部应力 σ_2 (如图 28-3-70 所示):

$$\sigma_1 = K_{\text{tg}} \frac{P}{Wt}, \quad \sigma_2 = K_{\text{tb}} \frac{\Delta P}{dt} \theta$$

式中 K_{tg}——带孔板应力集中系数;
K_{tb}——挤压应力集中系数;
θ——挤压应力分布系数;
d——钉孔直径;
t——板的厚度;
W——板的宽度。

带孔板应力集中系数和挤压应力集中系数都可以从有关应力集中的资料中直接查到。挤压分布系数是考虑孔内侧不均匀挤压的影响,它与板和紧固件材料、连接厚度与紧固件直径之比及紧固件的接头形式等因素有关,一般应由试验得到。在初步设计时,可以近似地采用图 28-3-71 所给数据。

经查表得到,$K_{\text{tg}} = 3$;$K_{\text{tb}} = 1.25$;$\theta = 1.4$。

结构的最大应力为

$$\sigma_{\max} = \sigma_1 + \sigma_2 = 0.7285 P' \frac{K_{\text{tg}}}{Wt} + 0.2715 P' \frac{K_{\text{tb}} \theta}{dt}$$

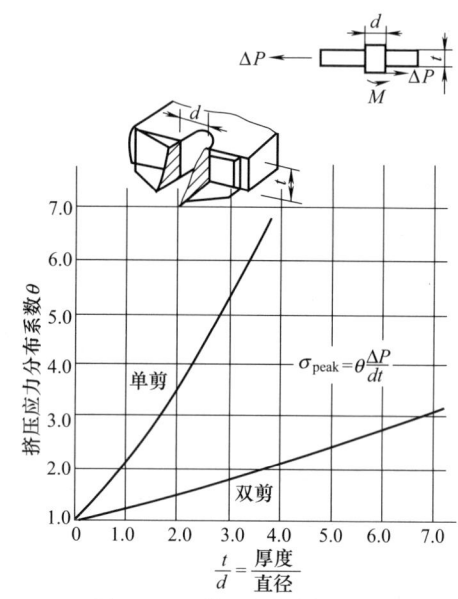

图 28-3-71 挤压应力分布系数 θ

结构名义应力为

$$\sigma_{\text{rg}} = P'/(Wt)$$

应力集中系数为

$$K_{\text{ta}} = \frac{\sigma_{\max}}{\sigma_{\text{rg}}} = \frac{P'[0.7285 K_{\text{tg}}/(Wt) + 0.2715 K_{\text{tb}} \theta/(dt)]}{P'/(Wt)}$$

$= 0.7285 \times 3 + 0.2715 \times 1.25 \times 1.4 \times 91.44/17.52$
$= 4.66$

(2) 计算应力严重系数 (SSF)

查表 28-3-9,取 $\alpha = 1$;查表 28-3-10,$\beta = 0.75$。

应力严重系数为

$$SSF = \alpha\beta K_{ta} = 1 \times 0.75 \times 4.66 = 3.5$$

(3) 计算疲劳寿命

结构的名义疲劳应力为

$$S_m = \frac{P'_{max} + P'_{min}}{2Wt} = 91.77 \text{MPa}$$

$$S_a = \frac{P'_{max} - P'_{min}}{2Wt} = 61.76 \text{MPa}$$

材料的对应理论应力集中系数为 $K_t = SSF = 3.5$,疲劳应力均值为 $S_m = 91.7 \text{MPa}$ 时的 $S\text{-}N$ 曲线,见图 28-3-72。从图中可以查到,对应于疲劳应力幅值 $S_a = 61.76$ 的疲劳寿命为:$N = 4.7 \times 10^5$。

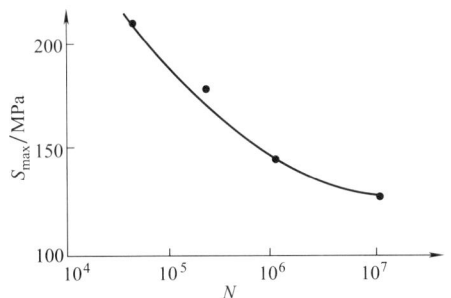

图 28-3-72 $K_t = 3.5$,$S_m = 91.7 \text{MPa}$ 时的 $S\text{-}N$ 曲线

3.3 有限寿命设计

3.3.1 计算公式

在有限寿命设计中,多向应力状态的处理方法与无限寿命设计的方法是一样的,将它转化为单向当量应力。

安全系数计算公式与无限寿命设计中的公式一样,只是其中有些系数取值不一样。推荐的系数取值列于表 28-3-11 中。

表 28-3-11　系数取值

系　数	取　值
有效应力集中系数 $K_{\sigma x}$	$N \leq 10^3$,$K_{\sigma x} = 1.0$ $10^3 < N < 10^6$,$K_{\sigma x} = 1.0 + (K_\sigma - 1.0)(x-3)/3$ $N \geq 10^6$,$K_{\sigma x} = K_\sigma$ x 为循环数的对数,即 $x = \lg N$, K_σ 为无限寿命时的有效应力集中系数
尺寸系数 ε 表面加工系数 β 不对称循环系数 ψ_σ、ψ_τ	与无限寿命设计相同

3.3.2 寿命估算

在进行有限寿命设计时,不但要计算零构件的工作安全系数,还要计算零构件的疲劳寿命。常用的疲劳寿命计算公式列于表 28-3-12 中。

表 28-3-12　疲劳寿命估算方法

应力状态	方　法	内　容
恒幅	简单估算法	根据计算确定的零件危险点处应力幅 σ_i,在零件的 $S\text{-}N$ 曲线上确定对应的循环数,就是所要求的寿命
变幅	线性累积损伤理论的方法	$N = \dfrac{1}{\sum_i \dfrac{1}{N_i} \times \dfrac{n_i}{N}}$ n_i/N 可从载荷谱中求得,N_i 是对应于 σ_i 的循环次数,可以从 $S\text{-}N$ 曲线求得

3.3.3 设计实例

计算一起重机吊钩上端螺纹的疲劳寿命。已知螺纹为 M64 的标准螺纹,螺纹材料是 20 钢锻造,其力学性能为:$R_m = 412 \text{MPa}$,$R_{eL} = 245.3 \text{MPa}$。

解:(1) 确定载荷

由于吊钩螺纹为松螺纹连接,没有预紧力,所以吊钩挂的重量就是螺纹所受之力。用统计的方法,根据吊钩每天的吊重情况,可确定螺纹上承受的名义应力及每一名义应力作用的次数,见表 28-3-13 中的第三列及第一列。由统计表可知,吊钩每天工作的总循环数 $N = 144$ 次,每一应力水平的循环数 n_i 由表中第一列可知,则 n_i/N,即各应力水平所占总循环数的百分数见表中第二列。

表 28-3-13　计算数据

每天工作的循环数	循环数占的百分数 /%	名义应力/MPa	当 $K_\sigma/(\varepsilon\beta) = 4.0$ 时	
			σ_i/MPa	N_i
1	0.695	80.4	323.7	4×10^3
3	2.08	78.5	313.9	6×10^3
5	3.47	73.6	294.3	2.5×10^4
7	4.86	69.7	279.6	4×10^4
9	6.24	63.8	255.1	1×10^5
11	7.64	59.8	240.3	1.7×10^5
13	9.02	55.9	225.2	3.5×10^5
15	10.4	51.0	206.0	1.4×10^6
17	11.8	46.1	186.4	8×10^6
19	13.2	41.2	166.8	$>10^7$
21	14.6	34.3	137.3	$>10^7$
23	16.0	14.2	56.9	$>10^7$

(2) 确定各系数

根据 20 钢锻造的 $R_m = 412\text{MPa}$，由表 28-2-2 得有效应力集中系数 $K_\sigma = 3.0$（估值）

查图 28-2-34，得 $\varepsilon = 0.85$

查图 28-2-35，得 $\beta = 0.88$（螺纹为粗车表面）

由此得

$$\frac{K_\sigma}{\varepsilon\beta} = \frac{3.0}{0.85 \times 0.88} = 4.0$$

螺杆的应力状态是脉动循环变幅应力，将名义应力乘以 $K_\sigma/(\varepsilon\beta) = 4.0$，得表 28-3-13 中第四列的数据。

(3) 确定疲劳极限

20 钢的疲劳极限由本章 3.1.1 中的经验公式求得，即

对于对称拉压

$$\sigma_{-1l} = 0.23(R_m + R_{eL}) = 0.23 \times (412 + 245.3) = 151.2 \text{（MPa）}$$

对于脉动拉压

$$\sigma_{0l} = 1.42 \times 151.2 = 214.5 \text{（MPa）}$$

将表 28-3-13 中第四列数据与疲劳极限比较可知，表中大部分数值超过疲劳极限。因此，这个螺杆的应力变化情况属于有限寿命设计。

(4) 确定 S-N 曲线

因没有 20 钢的 S-N 曲线，所以用近似法作 S-N 曲线。在双对数坐标纸上作两点：一点是 $N = 10^3$，$\sigma = 0.9 R_m = 0.9 \times 412 = 170.8\text{MPa}$；一点是 $N = 10^7$，$\sigma = 0.45 R_m = 185.4\text{MPa}$。连接该两点得一斜线，即为所求的 S-N 曲线，如图 28-3-73 所示。

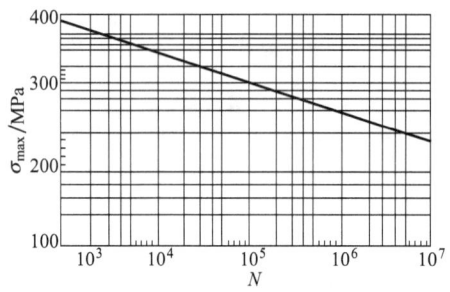

图 28-3-73 20 钢的 S-N 曲线

由图 28-3-73 的 S-N 曲线，查出在应力水平 σ_i 下到达破坏时的循环数 N_i，列于表 28-3-13 中的第五列。由该列的数值可看出，当 $\sigma_i < 186.4\text{MPa}$ 以后，$N_i > 10^7$。但由经验公式求得的 $\sigma_{0l} = 214.5\text{MPa}$，大于 186.4MPa，说明两种假设的近似法之间有误差。本题按表 28-3-13 中数据计算偏于安全。

假设 $N_i \geqslant 10^7$ 时，不产生疲劳损伤，则总寿命为

$$N = 1 \bigg/ \bigg(\frac{0.00695}{4 \times 10^3} + \frac{0.0208}{6 \times 10^3} + \frac{0.0347}{2.5 \times 10^4} + \frac{0.0486}{4 \times 10^4} + \frac{0.0624}{1 \times 10^5} + \frac{0.0764}{1.7 \times 10^5} + \frac{0.0902}{3.5 \times 10^5} + \frac{0.104}{1.4 \times 10^6} + \frac{0.118}{8 \times 10^6} \bigg)$$

$$= 1.082 \times 10^5$$

因每天工作循环数为 144，则工作天数为

$$\frac{1.082 \times 10^5}{144} = 752 \text{天}$$

如起重机每年工作 360 天，则工作年数为

$$\frac{752}{360} = 2.09 \text{年}$$

即该起重机吊钩的螺杆部分的寿命为 2.09 年，如这部分为吊钩的薄弱环节，为保证安全工作，每工作 2 年后，需要更新。

3.4 频域疲劳寿命分析方法

频域和时域表明了随机信号的两个观察面，即对同一事物观察的方法和角度不同。时域分析是以时间为横坐标表示信号的关系，较为形象和直观；频域分析是把信号以频率轴为坐标表示，更为简练，剖析问题更加深刻和方便。对于描述同一事物来说，它们是相互联系、缺一不可的。借助于傅里叶变换，将连续变化的随机载荷分解为无限多个频率成分，得出其功率谱密度函数，用功率谱密度函数进行疲劳分析的方法叫频域疲劳寿命分析方法。经典疲劳评估方法建立在应力（或应变）的时域分析基础上。应力（或应变）通常由试验或时域中计算结构响应获得。而对于大量的多通道测试数据，想通过瞬态响应获得危险部位的应力应变响应是难以实现的。因此，随着测试技术的发展，频域疲劳寿命估算方法在实际工程应用中受到关注。激励在频域和时域间的转换，对研究频域疲劳评估方法至关重要。

3.4.1 随机过程基本理论

3.4.1.1 信号傅里叶变换

(1) 连续信号的傅里叶变换

非周期连续时间信号 $x(t)$ 与连续的非周期频谱函数 $X(\omega)$ 间的关系如下：

$$X(\omega) = \int_{-\infty}^{\infty} x(t) e^{-j\omega t} dt$$

$$x(t) = (1/2\pi) \int_{-\infty}^{\infty} X(\omega) e^{j\omega t} d\omega$$

式中，$\omega = 2\pi f$ 为时间圆频率，单位 rad/s；f 为时间频率，单位 Hz。$X(\omega)$ 为 $x(t)$ 的傅里叶变换

$x(t)$ 为 $X(\omega)$ 的傅里叶逆变换,两者变换关系成为傅里叶变换对。

(2) 离散信号的傅里叶变化

对于非周期连续时间函数,由于计算机不能对连续的函数进行处理,因此在已知连续时域信号 $x(t)$ 求其频谱时,需先将 $x(t)$ 进行离散化。同时非周期序列可能是有限长,也可能是无限长,而计算机只能处理有限长序列,故需对无限长序列进行截断。截断后有限长非周期序列可以看做周期性的序列,利用离散傅里叶级数进行计算,得到有限长序列的离散傅里叶变换。

有限长时域序列与有限长频域序列间关系:

$$X(k) = \sum_{n=0}^{N-1} x(n) e^{-j\frac{2\pi}{N}nk} \quad (0 \leqslant k \leqslant N-1)$$

$$x(n) = \left(\frac{1}{N}\right) \sum_{n=0}^{N-1} X(k) e^{j\frac{2\pi}{N}nk} \quad (0 \leqslant n \leqslant N-1)$$

3.4.1.2 信号采样定理

(1) 时域采样

根据时域采样定理:采样频率 f_s(或采样间隔 Δt)需要满足:

$$f_s \geqslant 2f_u \text{ 或 } \Delta t \leqslant 1/(2f_u)$$

式中,f_u 为频谱分析处理中感兴趣的频率上限。

通常把允许的最低采样频率 $f_s = 2f_u$ 称为奈奎斯特频率。

工程上采样频率大多数采用:

$$f_s = 2.5 f_u$$

(2) 频域采样

频域采样定理:

$$\Delta f \leqslant 1/T$$

式中,T——为时域周期信号的周期。

3.4.1.3 平稳随机过程

随机过程的概率特性不随时间的平移而改变,称为平稳过程。平稳过程中不同样本函数的均值和自相关值都一样,则此随机过程为各态历经的。对于各态历经的随机过程,按时间平均的均值和自相关函数,以及其他按时间平均的量等于相应的随机过程总体平均。

(1) 平稳随机过程功率谱分类

平稳随机过程按功率谱密度图形的形状不同,可以分为平稳窄带随机过程和平稳宽带随机过程。平稳窄带随机过程的频率成分集中在一个狭小的频带上,谱形状呈现一种尖峰状,接近于简谐振动。平稳窄带随机过程还有一个很明显的时域特点:在时域波形中每个波峰与波谷之间的连线必将穿越一次均值线。相比而言,平稳宽带随机过程的频率成分比较分散,频率成分丰富,谱形状平坦,谱形状出现多个峰值,具有很大的随机性。平稳宽带随机过程也有一个很明显的时域特点:在时域波形中波峰与波谷之间的连线不一定穿越均值线,并且至多穿越一次均值线。

典型的平稳窄带和宽带随机过程的时域波形和功率谱密度如图 28-3-37 所示,图 28-3-74(a)表示一种典型平稳窄带随机过程的时域波形,图 28-3-74(c)表示一种典型平稳窄带随机过程的功率谱密度;图 28-3-74(b)表示一种典型平稳宽带随机过程的时域波形,图 28-3-74(d)表示一种典型平稳宽带随机过程的功率谱密度。

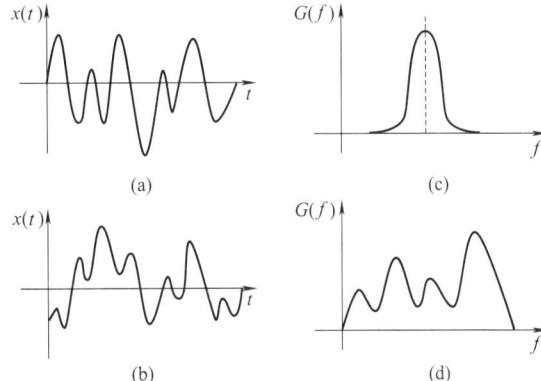

图 28-3-74 典型平稳窄带和宽带随机过程

(2) 平稳随机过程功率谱密度

平稳随机过程的应力响应与激励的功率谱矩阵有:

$$S_x(\omega) = H^*(\omega) S_F(\omega) H^T(\omega)$$

式中,$H(\omega)$ 为系统的传递函数矩阵;$H^*(\omega)$ 为 $H(\omega)$ 的共轭矩阵;$S_F(\omega)$ 为激励功率谱矩阵;$S_x(\omega)$ 为应力响应功率谱矩阵。

功率谱密度函数是描述各态历经随机过程的重要参数,随机信号的自功率谱密度函数(自谱)是该随机信号自相关函数的傅里叶变换。一般利用有限长度随机信号样本的傅里叶变换推求自谱密度函数。

对于平稳随机过程,自功率谱密度函数为自相关函数的傅里叶变换,即

$$S_x(\omega) = \int_{-\infty}^{\infty} R_x(\tau) e^{-j\omega\tau} d\tau$$

其逆变换为

$$R_x(\tau) = (1/2\pi) \int_{-\infty}^{\infty} S_x(\omega) e^{j\omega\tau} d\omega$$

由于工程实际中仅对频率 $\omega > 0$ 有定义,称为单边功率谱,记作 $G_x(f)$

$$G_x(f) = \begin{cases} 2S_x(f) & \omega > 0 \\ S_x(0) & \omega = 0 \end{cases}$$

3.4.1.4 平稳随机过程谱参数

在时域中,常用一些统计参数来描述一个随机应力应变时间历程中 1s 的样本,$E[0]$ 为样本中自下而上穿越均值的次数,$E[P]$ 为样本中出现峰值的次数,不规则因子为:

$$\gamma = E[0]/E[P]$$

这些统计参量可以通过功率谱密度函数的 n 阶惯性矩 m_n 换算得到。惯性矩即为功率谱密度函数曲线下包括的面积。则功率谱密度函数的 n 阶惯性矩为:

$$m_n = \int f^n G(f) \mathrm{d}f$$

式中,$G(f)$ 为某频率处的单边 PSD 值。

由各阶惯性矩可得:

$$E[0] = \sqrt{m_2/m_0},\ E[P] = \sqrt{m_4/m_2}。$$

则不规则因子:$\gamma = \dfrac{E[0]}{E[P]} = \dfrac{\sqrt{m_2/m_0}}{\sqrt{m_4/m_2}} = \dfrac{m_2}{\sqrt{m_0 m_4}}$。

当不规则因子 γ 接近 0 时,平稳随机过程是宽带随机过程,当不规则因子 γ 接近 1 时,平稳过程是窄带随机过程,特别地,当不规则因子 $\gamma = 1$ 时,平稳过程是理想的窄带过程,即单频的简谐波。

3.4.2 频域疲劳寿命分析方法

3.4.2.1 窄带随机载荷疲劳寿命分析

关于窄带随机载荷寿命估算已提出很多理论和模型,最实用性的是 Bendat 提出的基于 PSD 信号求疲劳寿命的方法。一个窄带信号随着带宽的降低,波峰的概率密度函数(PDF)趋向于一个瑞利(Rayleigh)分布(用于描述平坦衰落信号接收包络或独立多径分量接受包络统计时变特性的一种分布类型)。同时在应力范围内概率密度函数也会趋向于一个瑞利分布。

用 PSD 曲线下的惯性矩估计预期的波峰数来预测寿命:

$$N(S) = E[P] T \left\{ \dfrac{S}{m_0} \mathrm{e}^{-\frac{S^2}{2m_0}} \right\} \quad (28\text{-}3\text{-}6)$$

式中,$N(S)$ 为发生在 T 时间内应力幅值为 S 的循环次数。

将 S-N 曲线公式和 Miner 线性累积损伤公式代入式(28-3-6),并令 $D=1$,推导出构件发生破坏时的总循环数:

$$T = \dfrac{N(S)}{E[P]\left(\dfrac{S}{m_0}\mathrm{e}^{-\frac{S^2}{2m_0}}\right)} = \dfrac{m_0 C \mathrm{e}^{\frac{S^2}{2m_0}}}{S^{m+1} E[P]} \quad (28\text{-}3\text{-}7)$$

3.4.2.2 宽带随机载荷疲劳寿命分析

宽带随机振动的峰值概率密度函数是正态分布和瑞利分布的组合。宽带随机振动的寿命估计有许多方法,但应用最多和最准确的是 Dirlik 方法。

Dirlik 方法是通过运用蒙特卡罗(Monte Carlo)技术做大量的计算机模拟,得出频域信号疲劳分析的经验闭合解。Dirlik 法较为复杂,但仍为功率谱密度函数 4 个惯性矩 m_0、m_1、m_2 和 m_4 的一个函数。人们已经发现 Dirlik 方法具有广泛的应用范围,结果较为理想。由 Dirlik 经验公式可以求得应力幅值的概率密度函数,为方便起见写成如下形式:

$$p(S) = \dfrac{\dfrac{D_1}{Q}\mathrm{e}^{-\frac{ZS}{Q}} + \dfrac{D_2 Z}{R^2}\mathrm{e}^{-\frac{z^2 S^2}{2R^2}} + D_3 Z \mathrm{e}^{-\frac{Z^2 S^2}{2}}}{2\sqrt{m_0}}$$

(28-3-8)

其中:$D_1 = \dfrac{2(X_m - \gamma^2)}{1+\gamma^2}$ $D_2 = \dfrac{1-\gamma-D_1+D_1^2}{1-R}$

$D_3 = 1 - D_1 - D_2$

$Q = \dfrac{1.25(\gamma - D_3 - D_2 R)}{D_1}$ $R = \dfrac{\gamma - X_m - D_1^2}{1-\gamma-D_1+D_1^2}$

$Z = \dfrac{1}{2\sqrt{m_0}}$ $X_m = \dfrac{m_1}{m_0}\sqrt{\dfrac{m_2}{m_4}}$

式中,m_0,m_1,m_2,m_4 分别为功率谱密度函数的 0,1,2,4 阶惯性矩;γ 为不规则因子。

Dirlik 方法的数学表达式:

$$N(S) = p(S) E[P] T \quad (28\text{-}3\text{-}9)$$

式中,$p(S)$ 为应力幅值的概率密度函数。

设在时间 T 内应力幅值为 S 的循环次数为 $N(S)$,将 S-N 曲线公式和 Miner 线性累积损伤公式代入式(28-3-9)获得构件的疲劳寿命为:

$$T = \dfrac{N(S)}{E[P] p(S)} = \dfrac{C}{E[P]\int S^m p(S) \mathrm{d}S}$$

(28-3-10)

3.4.3 算例

一个 SAE 1008 钢制的热轧试件,在随机载荷过程的作用下,如图 28-3-75 所示为随机过程的功率谱密度函数 $G(f)$,其中分别对应于 1Hz 和 10Hz 的值为 10000MPa²/Hz 和 2500MPa²/Hz。试件 S-N 曲线参数为 $C = 1.02 \times 10^{17}$ MPa,$m = 5.56$。求该试件的疲劳寿命。

根据功率谱密度的第 i 阶矩:

$$m_i = \int_0^\infty f^i G(f) \mathrm{d}f$$

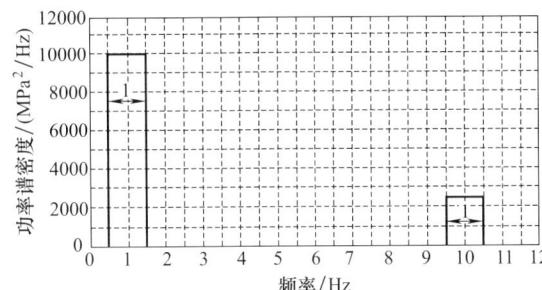

图 28-3-75　一个 SAE1008 钢制零件应力响应的功率谱密度函数

计算得到：

$m_0 = 1^0 \times 10000 \times 1 + 10^0 \times 2500 \times 1 = 12500$

$m_1 = 1^1 \times 10000 \times 1 + 10^1 \times 2500 \times 1 = 35000$

$m_2 = 1^2 \times 10000 \times 1 + 10^2 \times 2500 \times 1 = 260000$

$m_4 = 1^4 \times 10000 \times 1 + 10^4 \times 2500 \times 1 = 25010000$

由此得：

$E[0] = \sqrt{\dfrac{m_2}{m_0}} = \sqrt{\dfrac{260000}{12500}} = 4.56$；

$E[P] = \sqrt{m_4/m_2} = \sqrt{25010000/260000} = 9.81$；

$\gamma = \dfrac{E[0]}{E[P]} = \dfrac{4.56}{9.81} = 0.4650$；

$X_m = \dfrac{m_1}{m_0}\sqrt{\dfrac{m_2}{m_4}} = \dfrac{35000}{12500}\sqrt{\dfrac{260000}{25010000}} = 0.2855$；

于是得到式（28-3-8）中各参数：

$D_1 = \dfrac{2(X_m - \gamma^2)}{1+\gamma^2} = \dfrac{2(0.2855 - 0.465^2)}{1+0.465^2} = 0.1139$；

$R = \dfrac{\gamma - X_m - D_1^2}{1-\gamma-D_1+D_1^2} = \dfrac{0.465 - 0.2855 - 0.1139^2}{1 - 0.465 - 0.1139 + 0.1139^2}$

$= 0.3837$；

$D_2 = \dfrac{1-\gamma-D_1+D_1^2}{1-R} = \dfrac{1-0.465-0.1139+0.1139^2}{1-0.3837}$

$= 0.7043$

$D_3 = 1 - D_1 - D_2 = 1 - 0.1139 - 0.7043 = 0.1818$；

$Q = \dfrac{1.25(\gamma - D_3 - D_2 R)}{D_1}$

$= \dfrac{1.25(0.465 - 0.1818 - 0.7043 \times 0.3837)}{0.1139}$

$= 0.1424$

$Z = \dfrac{1}{2\sqrt{m_0}} = \dfrac{1}{2\sqrt{12500}} = 0.004472$；

得到应力幅值的概率密度函数：

$p(S) = \dfrac{\dfrac{D_1}{Q}e^{-\frac{ZS}{Q}} + \dfrac{D_2 Z}{R^2}e^{\frac{-z^2 S^2}{2R^2}} + D_3 Z e^{\frac{-Z^2 S^2}{2}}}{2\sqrt{m_0}}$

$= 0.0036 e^{-0.0314 S} + 9.5683 \times 10^{-5} e^{-6.7926 \times 10^{-5} S^2}$
$\quad + 3.6360 \times 10^{-6} e^{-1 \times 10^{-5} S^2}$

因此发生破坏时构件的寿命为：

$T = \dfrac{C}{E[P]\int S^m p(S) dS}$

$= \dfrac{1.02 \times 10^{17}}{9.81 \times \int S^{5.56} p(S) dS} = 77483 \text{ (s)}$

第4章 低周疲劳强度设计方法

4.1 材料低周疲劳性能

低周疲劳指的是在较高的循环应力水平作用下，寿命在 $10^2 \sim 10^5$ 次循环范围内的疲劳失效现象。低周疲劳过程中，应力水平较高，其峰值应力常高于材料的弹性极限，有明显的宏观塑性变形，故低周疲劳又称为应变疲劳。

低周疲劳中的 S-N 曲线，常以 ε-N 曲线形式给出。在 ε-N 曲线中，N 可以是应力或应变循环数，也可以是应力或应变"变程"数，在恒幅载荷中，变程数为循环数的两倍，所以有些资料中的寿命坐标用"$2N$"作为计量单位。

图 28-4-1～图 28-4-17 是机械和航空行业中几种常用材料的应变-寿命曲线。

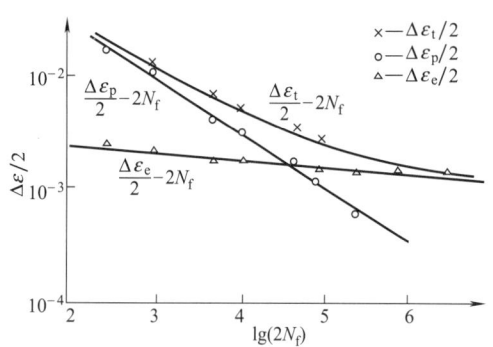

图 28-4-1 Q235A 钢的应变-寿命曲线

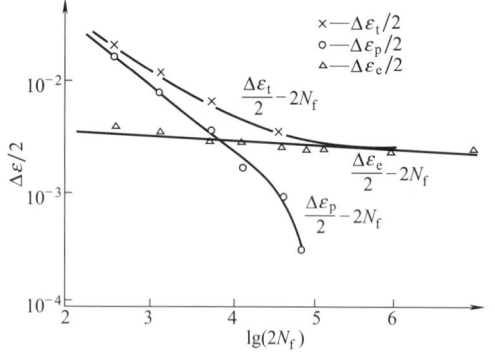

图 28-4-2 45 钢的应变-寿命曲线

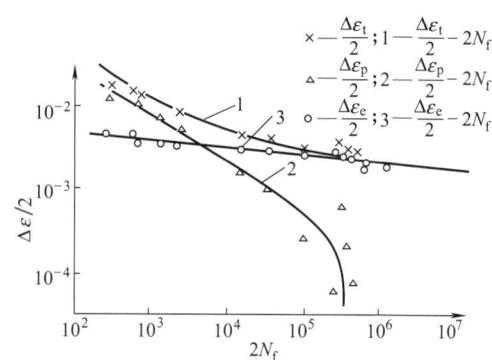

图 28-4-3 40Cr 钢的应变-寿命曲线

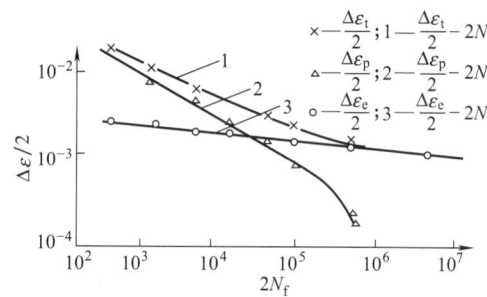

图 28-4-4 Q345 钢的应变-寿命曲线

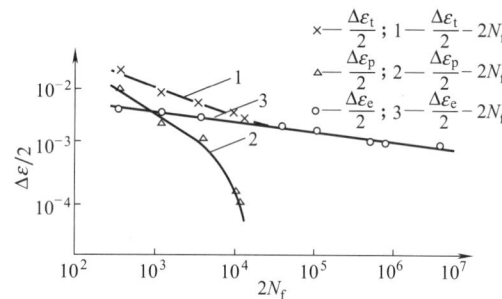

图 28-4-5 60Si2Mn 钢的应变-寿命曲线

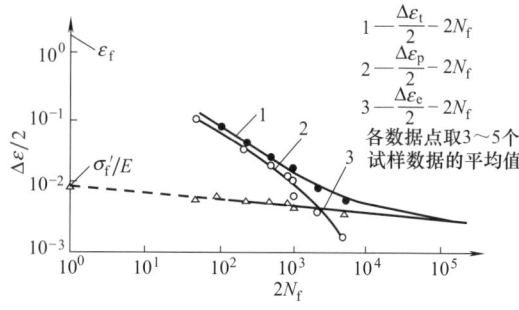

图 28-4-6 30CrMnSiA 钢的应变-寿命曲线

第4章 低周疲劳强度设计方法

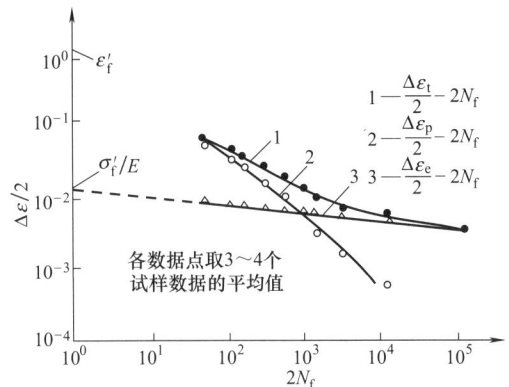

图 28-4-7 30CrMnSiNi2A 钢的应变-寿命曲线

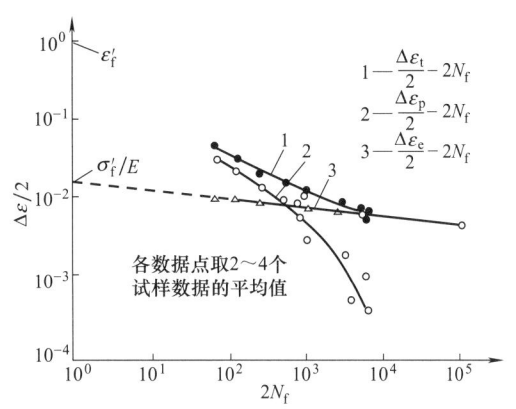

图 28-4-8 40CrMnSiMoVA 钢的应变-寿命曲线

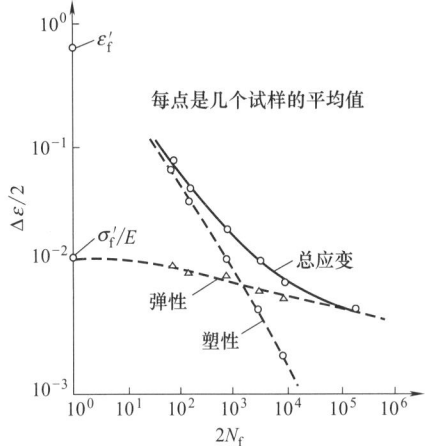

图 28-4-9 Ti-8Al-1Mo-1V 钛合金的应变-寿命曲线

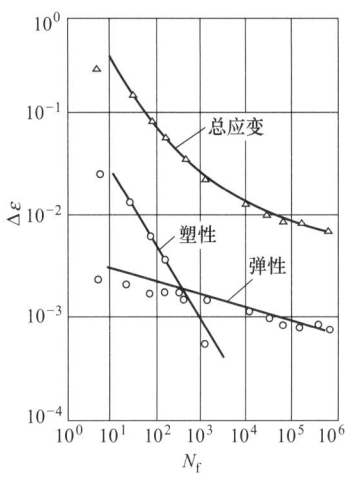

图 28-4-10 Ti-6Al-4V 钛合金的应变-寿命曲线

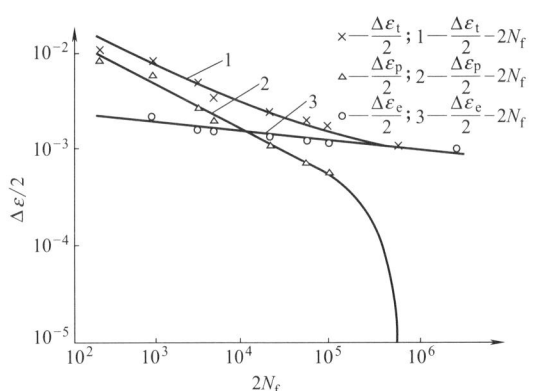

图 28-4-11 ZG270-500 铸钢的应变-寿命曲线

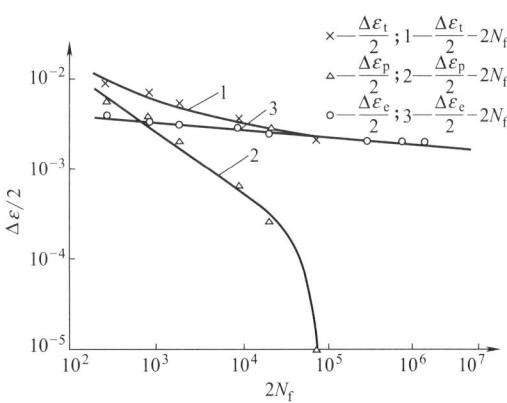

图 28-4-12 QT600-3 球铁（铸件为 Y 形试块）的应变-寿命曲线

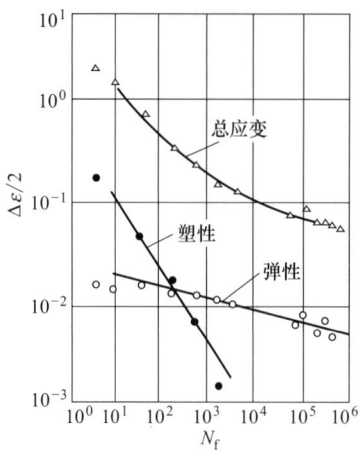

图 28-4-13 2014-T6 铝合金的应变-寿命曲线

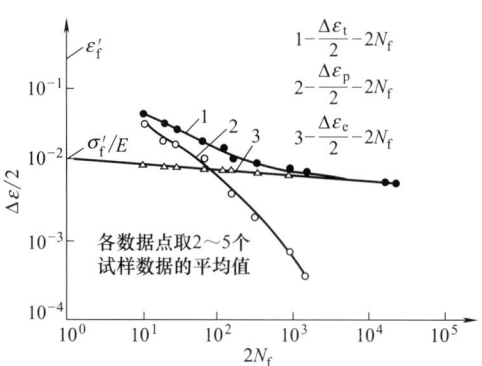

图 28-4-14 7A04-T6 铝合金的应变-寿命曲线

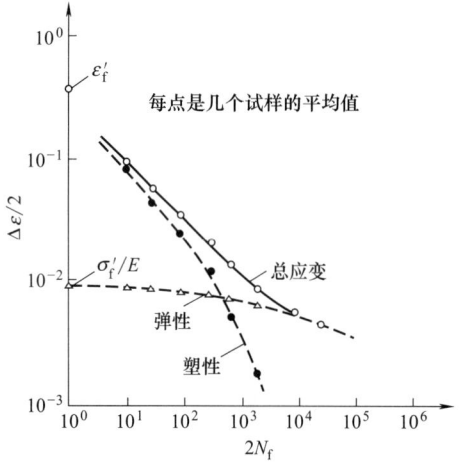

图 28-4-15 2024-T4 铝合金的应力-寿命曲线

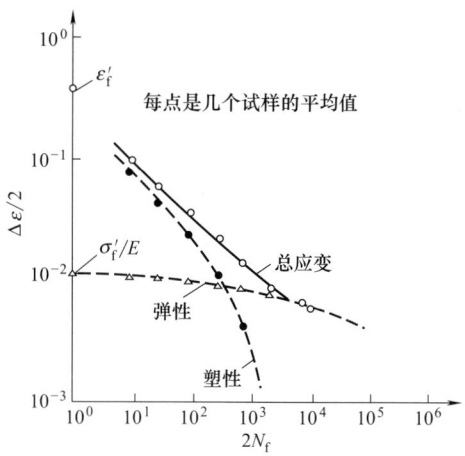

图 28-4-16 7075-T6 铝合金的应变-寿命曲线

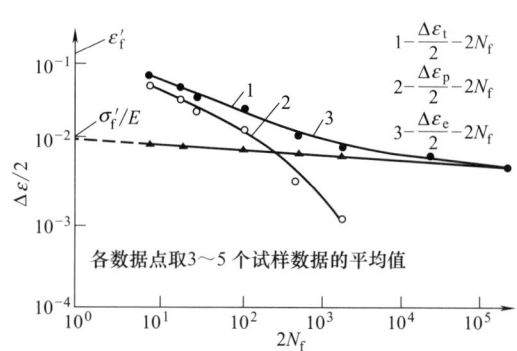

图 28-4-17 2A12-T4 铝合金（棒材）的应变-寿命曲线

图 28-4-18（a）所示的曲线 OA。若用相同的试样作压缩试验，则应力-应变曲线为 OB。曲线 BOA 表示材料一次加载的应力-应变关系，称为单调应力-应变（σ-ε）曲线。一般仅考虑 OA 段曲线。

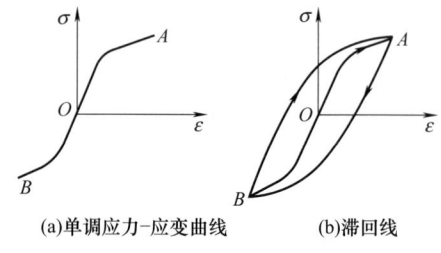

图 28-4-18 应力-应变曲线

将试样先拉伸，应力-应变曲线由 O 点到 A 点；然后进行压缩，应力-应变曲线由 A 点到 B 点；再进行拉伸，应力-应变曲线由 B 点回到 A 点，完成一个循环，如图 28-4-18（b）所示。这种应力-应变循环曲线称为滞回线。滞回线不仅表示了应力、应变的循

4.2 循环应力-应变曲线

4.2.1 滞回线

试样经过一次拉伸试验得到的应力-应变曲线为

环变化，还反映了每个循环中塑性应变的大小。

材料在低周疲劳过程中，其应力应变行为可用滞回线表征，如图 28-4-19 所示。每一应力产生的总应变为

$$\Delta\varepsilon = \Delta\varepsilon_e + \Delta\varepsilon_p$$

式中 $\Delta\varepsilon_e$——弹性应变幅；
　　　$\Delta\varepsilon_p$——塑性应变幅。

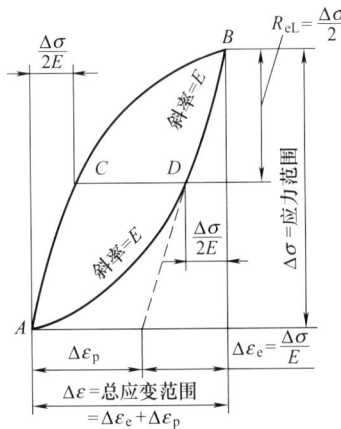

图 28-4-19　应力-应变滞回线

从材料应力-应变行为看，高、低周疲劳的区别主要决定于 $\Delta\varepsilon_e$ 和 $\Delta\varepsilon_p$ 的相对比例。在低周疲劳时 $\Delta\varepsilon_p$ 起主导作用；而在高周疲劳范围内，$\Delta\varepsilon_e$ 起主导作用。

4.2.2　循环硬化与循环软化

金属材料在低周疲劳初期，由于循环应力的作用，会出现循环硬化和软化现象。当控制应变恒定进行低周疲劳试验时，会发现其应力随循环次数而变化的现象。一种是应力随循环次数的增加而增加，然后达到稳定状态；另一种是应力随循环次数的增加而减小，然后达到稳定状态。这种现象称为循环硬化和循环软化。控制应力恒定进行疲劳试验时，应变也会发生类似的变化。

对于循环硬化材料，其应变抗力随着循环数的增加而增大。因此，在恒应变幅度下，材料在每一循环中所需施加的应力将随循环数的增加而逐渐增大；或在恒应力幅度下，材料在每一循环中产生的应变量随循环数的增加而变小。

对于循环软化的材料，其应变抗力随着循环数的增加而变小。因此，在恒应变幅度下，材料在每一循环中所需的应力将随循环数的增加而逐渐变小；或在恒应力幅度下，材料在每一循环中的应变量随循环数的增加而变大。

材料在循环应力作用下将发生循环硬化还是循环软化，基本上由材料的屈强比 R_{eL}/R_m 而定。屈强比小于 0.7 时，材料多产生循环硬化；屈强比大于 0.8 时，材料多产生循环软化。所以，一般的退火材料产生循环硬化，冷加工的材料产生循环软化。

4.2.3　循环应力-应变曲线

无论是循环硬化材料或循环软化材料，虽然在试验开始阶段所得的应力-应变滞回线并不闭合，但经过一定次数的循环后，滞回线接近于封闭环，即可得到稳定的滞回线。把应变幅控制在不同的水平上，可以得到一系列大小不同的稳定的滞回线，将这些滞回线的顶点连接起来，便得到如图 28-4-20 所示的曲线 OC，这曲线称为该金属材料的循环应力-应变（σ-ε）曲线。

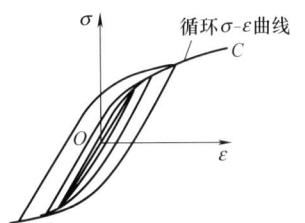

图 28-4-20　循环应力-应变曲线

根据图 28-4-20 循环应力-应变曲线的作图法可知，曲线上的任一点实际上是一个滞回线的顶点，其坐标为该滞回线的应力幅 σ_a 和应变幅 ε_a。因此，循环应力-应变曲线可以用下式拟合，即

$$\varepsilon_a = \varepsilon_e + \varepsilon_p = \frac{\sigma_a}{E} + \left(\frac{\sigma_a}{K'}\right)^{\frac{1}{n'}} \quad (28\text{-}4\text{-}1)$$

或写成幅度的形式（应力幅度 $\Delta\sigma = 2\sigma_a$，应变幅度 $\Delta\varepsilon = 2\varepsilon_a$），即

$$\frac{\Delta\varepsilon}{2} = \frac{\Delta\sigma}{2E} + \left(\frac{\Delta\sigma}{2K'}\right)^{\frac{1}{n'}} \quad (28\text{-}4\text{-}2)$$

式中 ε_e——应变幅的弹性分量；
　　　ε_p——应变幅的塑性分量；
　　　ε_a——总应变幅；
　　　K'——循环强度系数；
　　　n'——循环应变硬化指数。

图 28-4-21～图 28-4-37 给出机械和航空行业中几种常用材料的循环稳定与单调拉伸的应力-应变曲线。

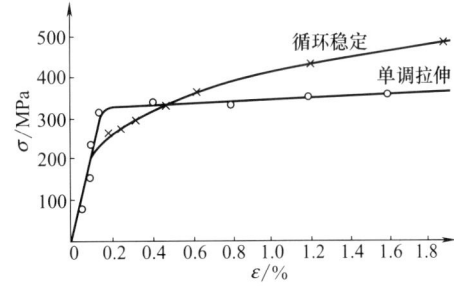

图 28-4-21　Q235A 钢的循环稳定与单调
拉伸应力-应变曲线

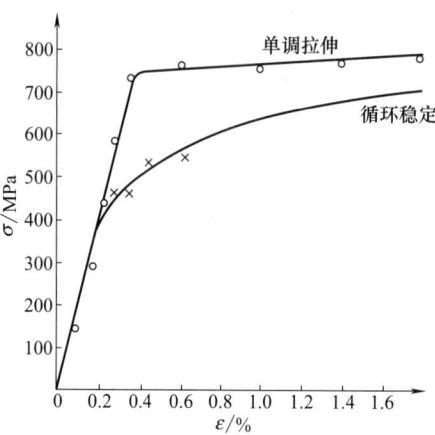

图 28-4-22 45 钢的循环稳定与单调
拉伸应力-应变曲线

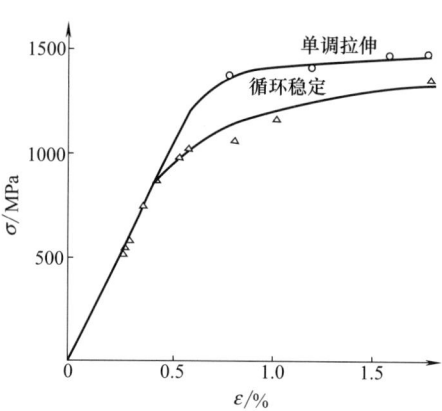

图 28-4-25 60Si2Mn 钢的循环稳定与
单调拉伸应力-应变曲线

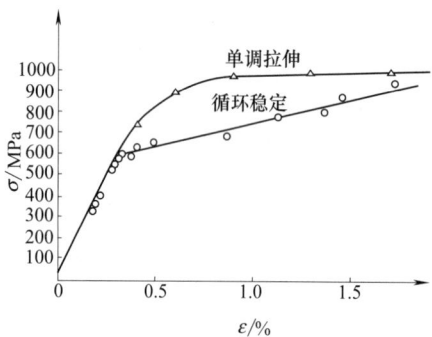

图 28-4-23 40Cr 钢的循环稳定与单调
拉伸应力-应变曲线

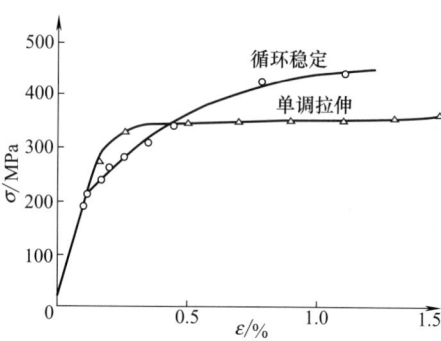

图 28-4-26 ZG270-500 铸钢的循环稳定
与单调拉伸应力-应变曲线

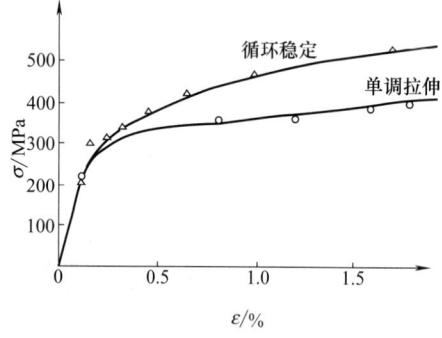

图 28-4-24 16Mn 的循环稳定与
单调拉伸应力-应变曲线

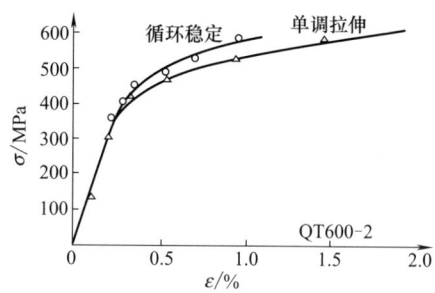

图 28-4-27 QT600-3 球铁（铸件为 Y 形试块）
的循环稳定与单调拉伸应力-应变曲线

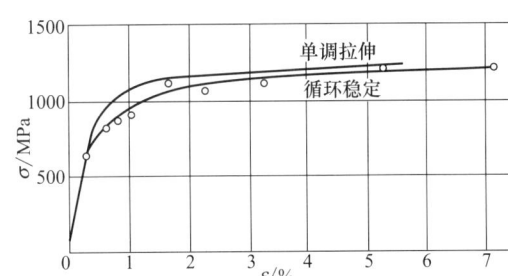

图 28-4-28 30CrMnSiA 钢的循环稳定与单调拉伸应力-应变曲线

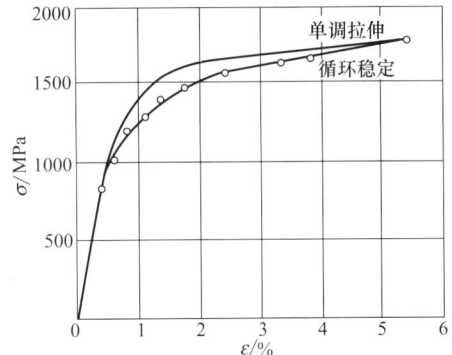

图 28-4-29 30CrMnSiNi2A 钢的循环稳定与单调拉伸应力-应变曲线

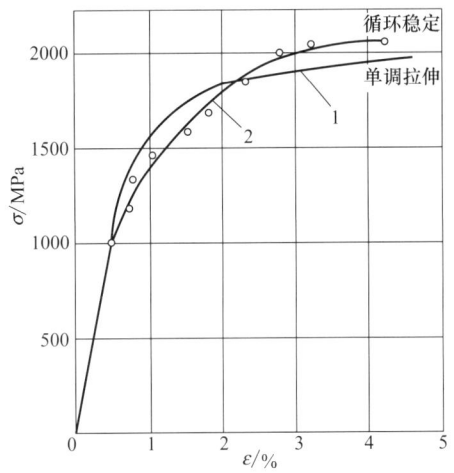

图 28-4-30 40CrMnSiMoVA 钢的循环稳定与单调拉伸应力-应变曲线
1—各数据点取 5 个试样数据的平均值;
2—各数据点取 2～4 个试样数据的平均值

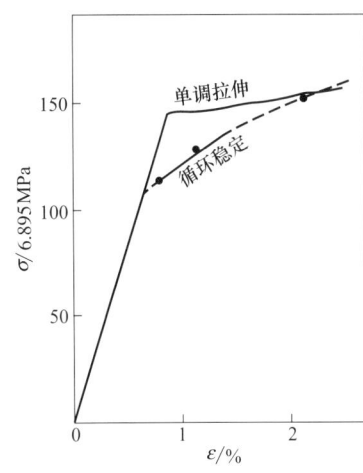

图 28-4-31 Ti-8Al-1Mo-1V 钛合金的循环稳定与单调拉伸应力-应变曲线

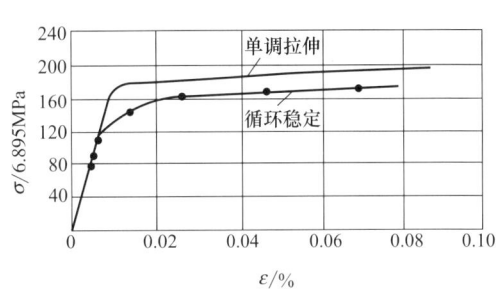

图 28-4-32 Ti-6Al-4V 钛合金的循环稳定与单调拉伸应力-应变曲线

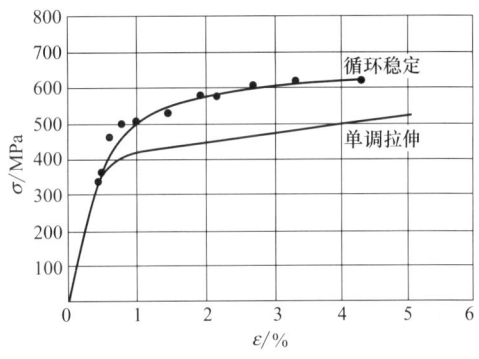

图 28-4-33 2A12-T4 铝合金（棒材）的循环稳定与单调拉伸应力-应变曲线

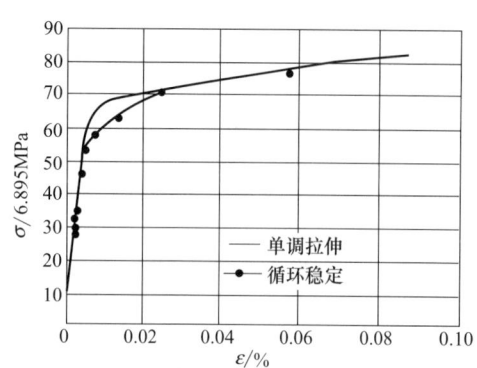

图 28-4-34　2014-T6 铝合金的循环稳定
与单调拉伸应力-应变曲线

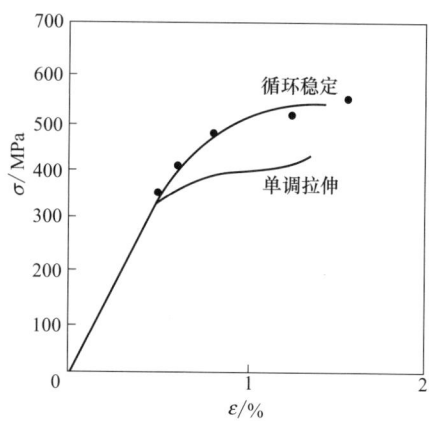

图 28-4-36　2024-T4 铝合金的循环稳定
与单调拉伸应力-应变曲线

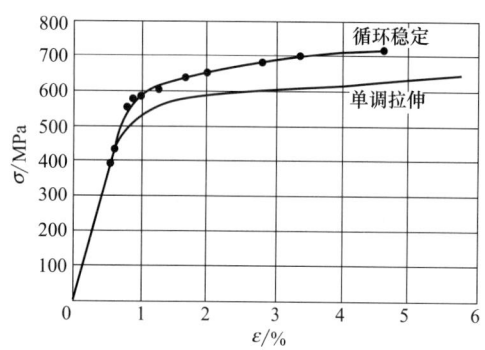

图 28-4-35　7A04-T6 铝合金的循环稳定
与单调拉伸应力-应变曲线

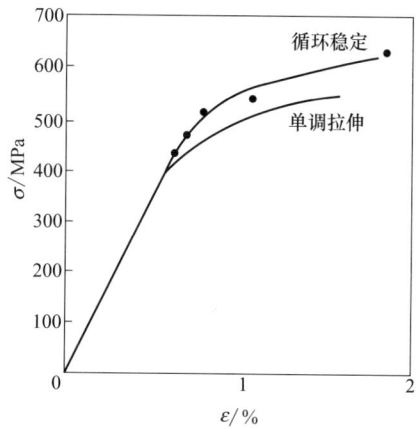

图 28-4-37　7075-T6 铝合金的循环稳定与
单调拉伸应力-应变曲线

4.3　应变-寿命曲线

4.3.1　应变-寿命方程

准备一组材料和尺寸完全相同的试样在疲劳试验机上进行疲劳寿命试验，对每个试样施加不同的载荷，试样将产生不同的应变，疲劳循环次数由计数器自动记录，这样就得到一组应变和寿命循环数的记录数据。由于试验时控制总应变幅常常比较方便，所以得到的数据，一般是总应变幅与寿命循环数。图 28-4-1～图 28-4-17 就是对不同材料得出的总应变幅 ε_a（$\Delta\varepsilon/2$）与寿命循环数 N 的曲线，即 ε-N 曲线。

每一个总应变幅可分为弹性应变分量和塑性应变分量（图 28-4-38）。假设在总应变为 0.6% 时的疲劳寿命为 10^4 次循环。根据实测可知，总应变幅中三分之一为塑性应变幅，其余三分之二，即 0.4% 为弹性应变幅。反之，对同一种材料，只要循环弹性应变幅等于 0.4%，其寿命将是 10^4 次循环。同样，只要知道塑性应变幅为 0.2%，也可以推断它的寿命为 10^4 次循环。

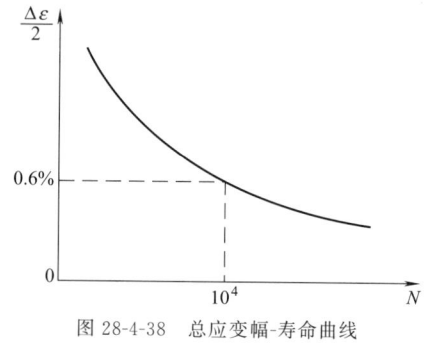

图 28-4-38　总应变幅-寿命曲线

指定一个弹性应变幅或塑性应变幅，就可以得到寿命循环数 N。因此，在同一张总应变幅-寿命曲线图上，可以画出弹性应变-寿命曲线和塑性应变-寿命曲线。在双对数坐标图上，弹性应变-寿命曲线和塑性应变-寿命曲线都是一条近似直线，如图 28-4-39 所示。这两直线的交点 P，称为过渡寿命点；P 点在横轴上的坐标 N_T，称为过渡寿命，它是一试验常数。交点 P 表示低周疲劳与高周疲劳的分界点；在 P 点的右侧，弹性应变起主导作用，在 P 点的左侧，塑性应变起主导作用。或者说，P 点的右侧为高周疲劳区，P 点的左侧为低周疲劳区。当提高材料强度时，P 点左移，提高材料韧性时，P 点右移。

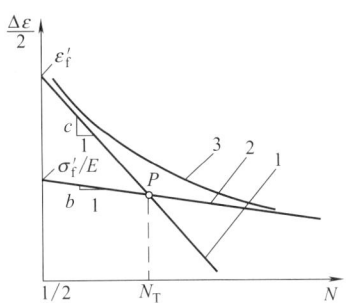

图 28-4-39 通用斜率法的应变-寿命曲线（双对数坐标）
1—塑性应变寿命曲线；2—弹性应变寿命曲线；
3—总应变-寿命曲线

图 28-4-39 中塑性应变-寿命曲线 1 的方程，可以用幂指数函数形式表示为

$$\Delta\varepsilon_p N^\beta = C_1 \quad (28\text{-}4\text{-}3)$$

弹性应变幅度 $\Delta\varepsilon_e$ 和塑性应变幅度 $\Delta\varepsilon_p$ 还可以写成一般常用的形式，即

$$\frac{\Delta\varepsilon_e}{2} = \frac{\sigma'_f}{E}(2N)^b, \quad \frac{\Delta\varepsilon_p}{2} = \varepsilon'_f(2N)^c$$

式中 σ'_f——疲劳强度系数；

σ'_f/E——循环数 $N=\frac{1}{2}$ 处直线 2 的纵坐标截距；

b——疲劳强度指数，直线的斜率；

E——材料的弹性模量；

ε'_f——疲劳塑性系数，$N=\frac{1}{2}$ 处直线 1 的纵坐标截距；

c——疲劳塑性指数。

总应变幅-寿命曲线 3 的数学表达式为

$$\frac{\Delta e}{2} = \frac{\Delta\varepsilon_e}{2} + \frac{\Delta\varepsilon_p}{2} = \frac{\sigma'_f}{E}(2N)^b + \varepsilon'_f(2N)^c \quad (28\text{-}4\text{-}4)$$

这里 N 为反向次数，"$2N$" 在恒幅循环载荷中为循环次数。式（28-4-4）称为曼森-科芬方程。

式（28-4-2）和式（28-4-4）中的 6 个参数：K'、n'、b、c、ε'_f 和 σ'_f，是表征低周疲劳特性的主要参数。机械设计中几种常用钢材的参数见表 28-4-1 和表 28-4-2。

表 28-4-1 低周疲劳性能参数（室温，应变比 $r_\varepsilon = -1$）

材　料	热　处　理	R_m/MPa	K'/MPa	n'	b	c	ε'_f	σ'_f/MPa
45	850℃ 正火	576～624	1153	0.179	−0.123	−0.526	0.465	1115
40Cr	850℃ 油淬,560℃ 回火	854～940	1592	0.173	−0.120	−0.559	0.388	1306
16MnL	热轧	570	1045	0.151	−0.1066	−0.5112	0.3794	1114
20	热轧	432	772	0.18	−0.12	−0.51	0.41	896
40CrNiMoA	850℃ 油淬,580℃ 回火	1167	1439	0.152	−0.061	−0.643	0.463	898
BHW35（德国引进）	920℃ 正火,620℃ 回火	670	896	0.1195	−0.0719	−0.497	0.163	871
BHW35①（350℃）		638	1556	0.1047	−0.092	−0.653	0.415	1288
19Mn5（德国引进）	880～910℃ 正火,550～620℃ 退火	539～559	—	—	−0.0934	−0.5103	0.3294	921
30Cr2MoV	940℃ 正火,840℃ 油冷,700℃ 炉冷	719	886	0.1043	−0.0731	−0.5588	0.2819	965
30Cr2MoV①（450℃）		526	758	0.0971	−0.0979	−0.7985	1.0982	958
30Cr2MoV①（500℃）		454	636	0.0858	−0.1047	−0.8841	1.7341	929
30Cr2MoV①（550℃）		422	619	0.0921	−0.0708	−0.7703	0.8241	683
30CrMnSiA	900℃ 油淬,500℃ 回火	1177	1772	0.127	−0.0860	−0.7735	2.7877	1864
30CrMnSiNi2A	900℃ 加热,245℃ 等温,空冷,270℃ 回火	1655	2468	0.13	−0.1026	−0.7816	2.0751	2974
40CrMnSiMoVA(GC4)	920℃ 加热,190℃ 等温,260℃ 回火,空冷	1875	3411	0.14	−0.1054	−0.8732	2.8838	3501
2A12CZ 铝合金	自然时效（CZ）	545	870	0.097	−0.0638	−0.6539	0.215	759

续表

材料	热处理	R_m/MPa	K'/MPa	n'	b	c	ε'_f	σ'_f/MPa
2A50CS 铝合金	人工时效(CS)	513	697	0.0425	−0.0846	−0.7562	0.56	878
2A14CS 铝合金	人工时效(CS)	532	690	0.0443	−0.0821	−0.5635	0.18	806
7A04CS 铝合金	人工时效(CS)	614	950	0.08	−0.0787	−0.9206	0.7998	876
7A09CS 铝合金	人工时效(CS)	641	894	0.0562	−0.0977	−0.669	0.190	1098
7A09CgS3 铝合金	人工时效(CS)	560	906	0.101	−0.0756	−0.9691	1.7436	856
7A09CgS1 铝合金	固溶处理加第一过时效(CgS1)	530	782	0.087	−0.0840	−0.9710	0.868	770
Ti6Al4V(TC4) 钛合金	800℃空冷	989	1420	0.07	−0.07	−0.96	2.69	1564

① 试验温度高于室温。

注：试样用棒材加工，棒材直径 $\phi18\sim30$mm。

表 28-4-2 金属材料的室温应变疲劳性能

应变-寿命曲线(曼森-科芬方程)：$\dfrac{\Delta\varepsilon}{2}=\dfrac{\sigma'_f}{E}(2N)^b+\varepsilon'_f(2N)^c$

式中，σ'_f 为疲劳强度系数；ε'_f 为疲劳塑性系数；b 为疲劳强度指数；c 为疲劳塑性指数；$\Delta\varepsilon$ 为总应变幅度；N 为反向次数

材料	热处理	R_{eL} MPa	R_m MPa	$\dfrac{\sigma'_f}{E}$	ε'_f	b	c
13MnNiMoNb	910～940℃,空冷, 610～650℃,空冷	519	587				
1. 钢板				4.195×10^{-3}	1.055	−0.0653	−0.708
2. 电渣焊接接头				5.247×10^{-3}	0.327	−0.0811	−0.572
3. 自动焊接接头				5.825×10^{-3}	0.794	−0.0910	−0.712
BHW35	920℃正火,620℃回火	538	670				
1. 试验温度 25℃				4.21×10^{-3}	0.163	−0.0719	−0.497
2. 试验温度 350℃				6.22×10^{-3}	0.415	−0.092	−0.653
16Mn5	880～910℃正火,550～ 620℃消除应力退火	372	539				
1. 自动焊接接头母材				4.447×10^{-3}	0.329	−0.0934	−0.510
2. 电渣焊接头				5.305×10^{-3}	0.773	−0.112	−0.638

举例：13MnNiMoNb 钢板的应变-寿命曲线方程：

$$\dfrac{\Delta\varepsilon}{2}=4.195\times10^{-3}(2N)^{-0.0653}+1.055(2N)^{-0.708}$$

4.3.2 四点法求应变-寿命曲线

曼森指出，确定 $\Delta\varepsilon_e\text{-}N$ 和 $\Delta\varepsilon_p\text{-}N$ 两条直线只要四个点。这四个点可以由单调拉伸试验数据获得，而不用去做疲劳试验。如图 28-4-40 所示，该四个点分别为：

P_1——对应于 1/4 次循环（即一次拉伸至破坏）的应变幅度的弹性分量

$$\Delta\varepsilon_e=2.5(\sigma_f/E) \qquad (28\text{-}4\text{-}5)$$

P_2——对应于 10^5 次循环的应变幅度的弹性分量

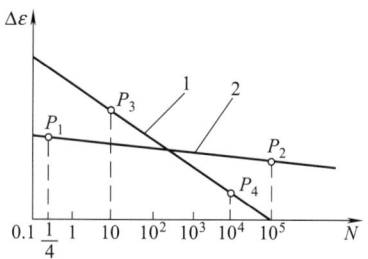

图 28-4-40 四点法求应变-寿命曲线

$$\Delta\varepsilon_e=0.90(R_m/E) \qquad (28\text{-}4\text{-}6)$$

连接 P_1 和 P_2 点，得图 28-4-40 中的曲线 2，

即 $\Delta\varepsilon_e$-N 曲线。这里 $\Delta\varepsilon_e$ 为弹性应变幅度；N 为破断循环数；σ_f 为单调拉断时的真实应力；R_m 为强度极限。

P_3——对应于 10 次循环的应变幅度的塑性分量

$$\Delta\varepsilon_p = \frac{1}{4}\varepsilon_f^{3/4} \qquad (28\text{-}4\text{-}7)$$

P_4——对应于 10^4 次循环的应变幅度的塑性分量

$$\Delta\varepsilon_p = \frac{0.0132 - \Delta\varepsilon_e^*}{1.91} \qquad (28\text{-}4\text{-}8)$$

连接 P_3 和 P_4 点，得图 28-4-40 中的曲线 1，即 $\Delta\varepsilon_p$-N 曲线。这里 $\Delta\varepsilon_e^*$ 为曲线 2 上 $N=10^4$ 所对应的弹性应变幅度；ε_f 为单调拉断时的真实应变，用截面收缩率 A（以%计）近似求得

$$\varepsilon_f = \ln\frac{100}{100-A} \qquad (28\text{-}4\text{-}9)$$

用四点法求材料的应变-寿命曲线，适合于碳钢、合金钢、铝、钛等金属材料。

4.3.3 通用斜率法

曼森对 29 种材料的疲劳试验结果进行了整理归纳，在双对数坐标平面上得出（参见图 28-4-40）塑性应变-寿命直线 1 的斜率为 -0.6，弹性应变-寿命直线 2 的斜率为 -0.12，从而得到下面的关系式，即

$$\Delta\varepsilon = 3.5\frac{R_m}{E}N^{-0.12} + \varepsilon_f^{0.6}N^{-0.6} \qquad (28\text{-}4\text{-}10)$$

由于斜率是根据 29 种材料归纳出来的，即这个斜率对多种材料通用，故本法称为通用斜率法。

4.4 低周疲劳的寿命估算

估算低周疲劳寿命常用两种方法：①类似常规疲劳设计方法，即用 ε-N 曲线直接推算出寿命；②用局部应力-应变法估算裂纹形成寿命。

4.4.1 直接法

用应变-寿命（ε-N）曲线直接推算出寿命时，关键是获得材料的 ε-N 曲线。这可以通过疲劳试验获得，如图 28-4-1～图 28-4-17 所示；或用四点法求得弹性应变幅度-寿命（$\Delta\varepsilon_e$-N）曲线和塑性应变幅度-寿命（$\Delta\varepsilon_p$-N）曲线（见图 28-4-40），然后将弹性应变幅度与塑性应变幅度相加得总应变幅度，得出总应变幅度-寿命曲线。当应变比 $r=-1$ 时，得 ε_a-N 曲线。

在实际计算中，一般可按弹性理论求应力幅 σ_a，然后假设以 σ_a 为理论弹性应力幅，近似用公式 $\sigma_a = \frac{1}{2}E\varepsilon_a$ 计算 ε_a，最后用 ε_a-N 曲线直接推算出疲劳寿命。

当给出材料低周疲劳的应力-寿命（σ_a-N）曲线时，也可以用弹性理论求得的 σ_a，直接从 σ_a-N 曲线推算出疲劳寿命。

上述的寿命估算方法，是以用材料力学或弹性理论的方法来计算零件和构件危险点的名义应力为出发点的，故称这种方法为名义应力法。而低周疲劳的应力-寿命曲线中的 σ_a，是真实应力幅，应变-寿命曲线中的 ε_a 是真实应变幅，所以名义应力法在低周疲劳寿命估算中，误差很大，只能用于粗略的寿命估算。对于较重要设备的寿命估算，建议用 4.4.2 节的局部应力-应变法估算疲劳寿命。

表 28-4-3 和表 28-4-4 是国产常用的机械材料和航空材料的单调与循环应变特性数据，供寿命估算中应用。

表 28-4-3　　国产常用机械材料的单调与循环应变特性

材料	热处理	R_m/MPa	R_{eL}/R_m	K/K' (MPa/MPa)	n/n'	$\varepsilon_f/\varepsilon_f'$	σ_f/σ_f' (MPa/MPa)	b	c	E/MPa	循环硬化（软化）特性
Q235A	轧态	470.4	0.69	928.2/969.6	0.2590/0.1824	1.0217/0.2747	976.4/658.8	-0.0709	-0.4907	198753.4	循环硬化
Q345	轧态	572.5	0.63	856.1/1164.8	0.1813/0.1871	1.0729/0.4644	1118.3/947.1	-0.0943	-0.5395	200741	循环硬化
45	调质	897.7	0.91	928.7/1112.5	0.0369/0.1158	0.8393/1.5048	1511.7/1041.4	-0.0704	-0.7338	193500	循环软化
40Cr	调质	1084.9	0.94	1285.1/1228.9	0.0512/0.0903	0.7319/0.3809	1264.7/1385.1	-0.0789	-0.5765	202860	循环软化
60Si2Mn	淬火后中温回火	1504.8	0.91	1721.2/1925.0	0.0350/0.0906	0.4557/0.3203	2172.4/2690.6	-0.1130	-0.5826	203395	循环软化
ZG270-500	正火	572.3	0.64	1218.1/1267.5	0.2850/0.2220	0.2383/0.1813	809.6/781.5	-0.0988	-0.5063	204555.4	循环硬化

续表

材料	热处理	R_m /MPa	R_{eL}/R_m	K/K' (MPa/MPa)	n/n'	$\varepsilon_f/\varepsilon_f'$	σ_f/σ_f' (MPa/MPa)	b	c	E/MPa	循环硬化(软化)特性
QT450-10①	铸态	498.1	0.79	—/1127.9	—/0.1405	—/0.1461	—/856.9	−0.1027	−7237	166108.5	循环硬化
QT600-3②	正火	748.4	0.61	1439.9/1039.8	0.1996/0.1165	0.0760/0.3725	856.5/885.2	−0.0777	−0.7104	154000	循环硬化
QT600-3①	正火	677.0	0.77	1621.5/979.3	0.1834/0.0876	0.0377/0.0271	888.8/1109.8	−0.1056	−0.3393	150376.5	循环硬化
QT800-2②	正火	913.0	0.64	1777.3/1437.7	0.2034/0.1470	0.0455/0.1684	946.8/1067.4	−0.0830	−0.5792	160500	循环硬化

① φ30mm 棒料。
② Y形试块。

表 28-4-4　国产常用航空材料的单调与循环应变特性

材料	热处理	R_m /MPa	$\sigma_{0.2}$ /MPa	K/K' (MPa/MPa)	n/n'	$\varepsilon_f/\varepsilon_f'$ (%/%)	σ_f/σ_f' (MPa/MPa)	b	c	E /MPa	是否Masing材料
30CrMnSiA	调质	1177.0	1104.5	$\frac{1475.76}{1771.93}$	$\frac{0.063}{0.127}$	$\frac{77.27}{161.15}$	$\frac{1795.07}{1755.94}$	−0.0859	−0.7712	203004.9	是
30CrMnSi-Ni2A	等温淬火后回火	1655.4	1308.3	$\frac{2355.35}{2647.69}$	$\frac{0.091}{0.13}$	$\frac{74}{120.71}$	$\frac{2600.52}{2773.22}$	−0.1026	−0.7816	200062.8	否
40CrMnSi-MoVA	等温淬火后回火	1875.3	1513.2	$\frac{3150.20}{3411.36}$	$\frac{0.1468}{0.14}$	$\frac{63.32}{96.86}$	$\frac{3511.55}{3254.35}$	−0.1054	−0.7850	200455.1	否
2A12-T4（棒材）	T4	545.1	399.5	$\frac{870.47}{849.78}$	$\frac{0.097}{0.158}$	$\frac{13.67}{18}$	$\frac{723.76}{643.44}$	−0.0627	−0.6539	73160.2	否
2A12-T4（板材）	T4	475.6	331.5	$\frac{545.17}{645.79}$	$\frac{0.0889}{0.0669}$	$\frac{30.19}{16.50}$	$\frac{618.04}{670.21}$	−0.1027	−0.5114	71022.3	—
7A04-T6	T6	613.9	570.8	$\frac{775.05}{949.61}$	$\frac{0.063}{0.08}$	$\frac{18.00}{24.52}$	$\frac{710.62}{884.69}$	−0.0727	−0.7761	72571.8	是
7A09-T74	T74	560.2	518.2	$\frac{724.64}{905.87}$	$\frac{0.071}{0.101}$	$\frac{28.34}{77.08}$	$\frac{748.47}{807.80}$	−0.0743	−0.9351	72179.5	—

4.4.2 裂纹形成寿命估算方法

常规疲劳设计是以名义应力为基本设计参数，根据名义应力进行抗疲劳设计。而实际上决定零构件疲劳强度和寿命的是应变集中（或应力集中）处的最大局部应力和应变。因此，在低周疲劳研究和应变分析研究成果基础上，建立了不同于常规疲劳设计的新的疲劳寿命估算方法——局部应力应变法。

它的设计思路是，零构件的疲劳破坏都是从应变集中部位的最大应变处起始，并且在裂纹萌生以前都要产生一定的局部塑性变形，局部塑性变形是疲劳裂纹萌生和扩展的先决条件。因此，决定零构件疲劳强度和寿命的是应变集中处的最大局部应力应变，只要最大局部应力应变相同，疲劳寿命就相同。因而有应力集中的零构件的疲劳寿命，可以使用局部应力应变相同的光滑试样的应变-寿命曲线进行计算，也可使用局部应力应变相同的光滑试样进行疲劳试验来模拟。

该方法有以下优点：

① 应变是可以测量的，而且已被证明是一个与低周疲劳相关的极好参数，根据应变分析的方法，可将高、低周疲劳寿命的估算方法统一起来。

② 使用这种方法时，只需知道应变集中部位的局部应力应变和基本的材料疲劳性能数据，就可以估算零件的裂纹形成寿命，避免了大量的结构疲劳

试验。

③ 这种方法可以考虑载荷顺序对应力应变的影响，特别适用于随机载荷下的寿命估算。

④ 这种方法易于与计数法结合起来，可以利用计算机进行复杂的计算。

尽管局部应力应变法有许多优点，但并不能取代名义应力法。因为：

① 这种方法只能用于有限寿命下的寿命估算，而不能用于无限寿命，当然也无法代替常规的无限寿命设计法。

② 这种方法目前还不够完善，未考虑尺寸因素和表面情况的影响，对高周疲劳有较大误差。

③ 这种方法目前主要限于对单个零件进行分析，对于复杂的连接件，难以进行精确的应力应变分析，难以使用。

还应指出，用名义应力有限寿命设计法估算出的是零件总寿命，而局部应力应变法估算出的是裂纹形成寿命。这种方法常与断裂力学方法联合使用，用这种方法估算出裂纹形成寿命以后，再用断裂力学方法估算出裂纹扩展寿命，两阶段寿命之和即为零件的总寿命。

4.4.2.1 局部应力-应变分析

(1) 真实应力与真实应变

工程上常用材料的应力-应变曲线［图 28-4-41（a）］是由拉伸试验确定的，其名义应力 s 等于载荷 F 除以原始截面面积 A_0，其名义应变 e 为伸长量 ΔL 除以原始长度 L_0（标距长度）［图 28-4-41（b）］。即

$$s = \frac{F}{A_0} \quad (28\text{-}4\text{-}11)$$

$$e = \frac{L - L_0}{L_0} = \frac{\Delta L}{L_0}$$

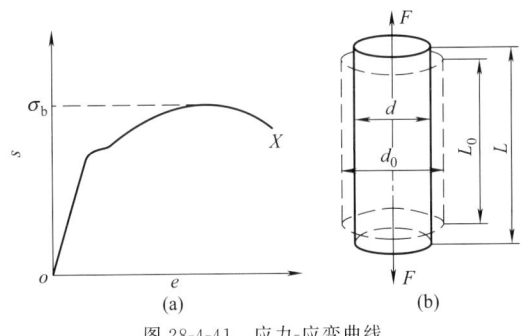

图 28-4-41 应力-应变曲线

由于在拉伸过程中，试样的截面面积是变化的，直到拉断，则真实应力 σ 为

$$\sigma = F/A \quad (28\text{-}4\text{-}12)$$

式中 A——颈缩处的横截面积。

当试样拉伸至 L 长时，假设试样长度有一微小增量 dL，则此时的应变增量为

$$d\varepsilon = \frac{dL}{L}$$

上式由 $L_0 \sim L$ 积分，得真实应变为

$$\varepsilon = \ln \frac{L}{L_0} \quad (28\text{-}4\text{-}13)$$

真实应力、应变与名义应力、应变的关系为

$$\sigma = s(1+e) \quad (28\text{-}4\text{-}14)$$
$$\varepsilon = \ln(1+e) \quad (28\text{-}4\text{-}15)$$

真实应变反映了物体变形的实际情况，也称为自然应变或对数应变；名义应变也称为工程应变。在大应变问题中，只有用真实应变才能得出合理的结果。

(2) 玛辛特性

改变应力水平，可以得到不同应力水平下的滞回线（参见图 28-4-20）。图 28-4-42（a）为不同应力水平下的滞回线 ADA、BEB、CFC，将坐标轴平移，使原点与各滞回线的最低点相重合，若滞回线的最高点的连线与其上行段迹线相吻合［见图 28-4-42（b）］，则该材料具有玛辛特性，称为玛辛材料。

将材料的循环 σ-ε 曲线画于图 28-4-42（b）上，可以看出，滞回线上行段迹线的纵坐标为循环 σ-ε 曲线的纵坐标的两倍。

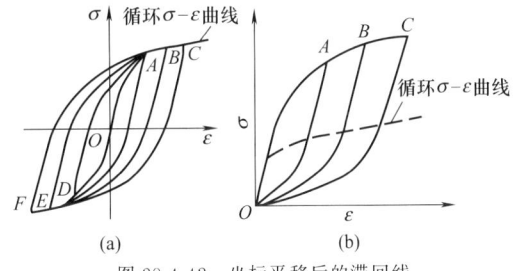

图 28-4-42 坐标平移后的滞回线

(3) 材料的记忆特性

图 28-4-43（a）表示载荷-时间历程，图 28-4-43（b）表示材料在该载荷-时间历程中的应力-应变响应。加载时由 1 到 2，相应的应力-应变响应由 A 到 B；由 2 到 3 加反向载荷时，应力-应变曲线由 B 到 C；再由 3 到 2′加载时，应力-应变曲线由 C 到 B'，B' 和 B 重合。此后继续加载，则应力-应变曲线并不沿 CB' 曲线的延长线（图中虚线所示），而且急剧转弯沿原先 AB 曲线的延长线，似乎材料"记忆"了原先的路径，这就是材料的记忆特性。

(4) 载荷顺序效应

缺口零件在拉伸载荷作用下，缺口根部应力集中处材料发生屈服。卸载后因处于弹性状态的材料要恢复原来的状态，而已塑性变形的材料阻止这种恢复行

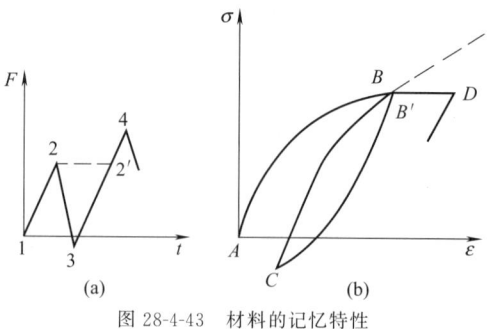

图 28-4-43　材料的记忆特性

力水平下的滞回线最低点相重合，则滞回线的最高点的连线，与其上行段迹线相吻合[图 28-4-42（b）]。许多试验表明，多数金属材料的滞回线，可以用放大一倍后的循环 σ-ε 曲线来近似描述。这样，就可得出下面的滞回线方程式，即

加载时

$$\frac{\varepsilon-\varepsilon_r}{2}=\frac{\sigma-\sigma_r}{2E}+\left(\frac{\sigma-\sigma_r}{2K'}\right)^{\frac{1}{n'}} \quad (28\text{-}4\text{-}16)$$

卸载时

$$\frac{\varepsilon_r-\varepsilon}{2}=\frac{\sigma_r-\sigma}{2E}+\left(\frac{\sigma_r-\sigma}{2K'}\right)^{\frac{1}{n'}} \quad (28\text{-}4\text{-}17)$$

式中　ε_r、σ_r——滞回线顶点的坐标。

（6）诺伯法

确定局部应力-应变的方法有：电阻应变计测定法、光弹性法、脆性涂层法和云纹法等实验方法，以及用有限元法求数值解。弹塑性有限元法是计算局部应力-应变的较精确的方法，但由于计算工作量大，工程上倾向于采用简单的近似方法。例如诺伯法、线性应变法、修正的斯托威尔法和莫尔斯基等效能量法。其中，应用最多的是诺伯法。

诺伯提出的在弹塑性状态下的通用公式

$$\alpha_\sigma^2=K_\sigma' K_\varepsilon' \quad (28\text{-}4\text{-}18)$$

式中　α_σ——理论应力集中系数；
　　　K_σ'——真实应力集中系数，$K_\sigma'=\sigma/s$；
　　　K_ε'——真实应变集中系数，$K_\varepsilon'=\varepsilon/e$；
　　　s——缺口件的名义应力；
　　　e——缺口件的名义应变；
　　　σ——缺口件的真实应力；
　　　ε——缺口件的真实应变。

通过式（28-4-18），就可以简单地把局部应力-应变与名义应力-应变联系起来。式（28-4-18）可写成下面形式，即

$$\sigma\varepsilon=\alpha_\sigma^2 se$$

一般情况下，名义应力和名义应变均在弹性范围内，即有 $s=Ee$。故有

$$\sigma\varepsilon=\frac{(\alpha_\sigma s)^2}{E} \quad (28\text{-}4\text{-}19)$$

当名义应力确定以后，$\sigma\varepsilon=(\alpha_\sigma s)^2/E$ 是个常数，称为诺伯常数。于是式（28-4-19）可以写成 $\sigma\varepsilon=C$。这是一个双曲线方程，也称为诺伯双曲线。

如果已知 α_σ、s 和 E，再结合材料的 σ-ε 曲线，就可以算出相应的局部应力和应变，如图 28-4-45 所示。将式（28-4-19）改写成幅度形式

$$\Delta\sigma\cdot\Delta\varepsilon=\frac{\alpha_\sigma^2(\Delta s)^2}{E} \quad (28\text{-}4\text{-}20)$$

根据所给的载荷谱，名义应力幅度 Δs 是知道

为，故两者相互挤压，使缺口根部产生残余压应力。如大载荷环后面紧接着出现小载荷环，则该小载荷环引起的应力将叠加在这个残余应力之上，因此该小载荷环造成的损伤受到前面大载荷环的影响，而且这种影响往往是很大的。图 28-4-44 所示的两种载荷-时间历程，除第一载荷环以外，两者都相同，只是第一个大载荷环的过载方向不同。图 28-4-44（a）所示的大载荷环以压缩载荷结束，应力集中处产生残余拉应力（$+\sigma_m$）。图 28-4-44（b）所示的大载荷环以拉伸载荷结束，应力集中处产生残余压应力（$-\sigma_m$）。由于两种载荷-时间历程所产生的残余应力不同，所以滞回线的形状不同，即载荷顺序对局部应力-应变是有影响的。

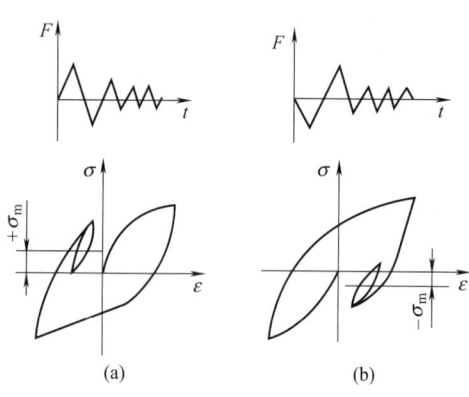

图 28-4-44　载荷顺序对滞回线的影响

（5）滞回线方程

局部应力-应变法认为，在疲劳强度问题中，材料的本构关系由循环应力-应变曲线确定。材料的滞回线形状是通过循环应力-应变曲线来描述的。因此，循环 σ-ε 曲线在局部应力-应变法中具有特殊重要的位置。由式（28-4-2）给出循环应力-应变曲线用幅度表达的方程式

$$\frac{\Delta\varepsilon}{2}=\frac{\Delta\sigma}{2E}+\left(\frac{\Delta\sigma}{2K'}\right)^{\frac{1}{n'}}$$

对于具有玛辛特性的材料，若使坐标原点与各应

的,联立解式 (28-4-2) 和式 (28-4-20),就可以求出 $\Delta\sigma$ 和 $\Delta\varepsilon$,加上坐标原点的应力和应变值,就是该点的局部真实应力和真实应变值。

例如,图 28-4-45 (a) 是用名义应力表示的加载历程,图 28-4-45 (b) 表示用诺伯法得到的零件危险点的局部应力-应变的情况。具体确定方法如下。

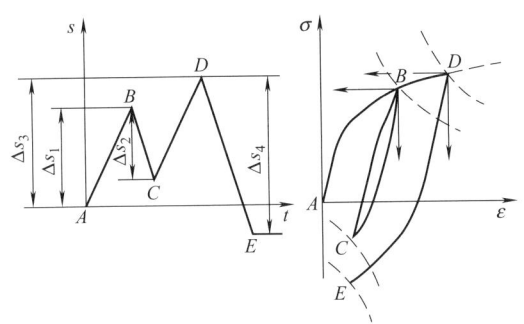

(a) 名义应力历程　(b) 局部应力-应变的确定

图 28-4-45 诺伯法确定局部应力-应变

1) B 点的确定。以 A 点作为坐标原点,画出循环 σ-ε 曲线,并用 AB 间的名义应力幅度 Δs_1 画出 $\Delta\sigma \cdot \Delta\varepsilon = (\alpha_\sigma \Delta s_1)^2/E$ 双曲线,这两条曲线的交点 B 的纵坐标和横坐标,就是加载到 B 点时的局部应力和局部应变值。

2) C 点的确定。以 B 点作为坐标原点,向下画出滞回线(两倍于循环 σ-ε 曲线),并用 BC 间的名义应力幅度 Δs_2 画出 $\Delta\sigma \cdot \Delta\varepsilon = (\alpha_\sigma \Delta s_2)^2/E$ 双曲线,这两条曲线的交点 C 的纵坐标和横坐标,即为从 B 到 C 点的局部应力和应变幅度,在卸载时为负。加上 B 点的局部应力和应变值后,就得到加载到 C 点时的局部应力和应变值。

3) D 点的确定。从 C 点加载超过 B 点时要考虑"记忆特性",即从 C 到 D 点可以看作从 A 点直接加载到 D 点,故要以 A 点为坐标原点画出循环 σ-ε 曲线,并画出 $\Delta\sigma \cdot \Delta\varepsilon = (\alpha_\sigma \Delta s_3)^2/E$ 双曲线,两条曲线的交点 D 的纵坐标和横坐标,即为加载到 D 点时的局部应力和应变值。

4) E 点的确定。以 D 点作为坐标原点,向下画出滞回线,并画出 $\Delta\sigma \cdot \Delta\varepsilon = (\alpha_\sigma \Delta s_4)^2/E$ 双曲线,由这两条曲线的交点 E 的纵坐标和横坐标,得到从 D 到 E 点的局部应力和应变幅度,在卸载时为负。加上 D 点的局部应力和应变值后,就得到加载到 E 点时的局部应力和应变值。

按这个步骤对名义应力谱编制程序,在计算机上进行计算。

诺伯公式高估了局部应力和应变。因此,把公式中的理论应力集中系数 α_σ 改为有效应力集中系数 K_σ,得诺伯修正公式

$$\Delta\sigma \cdot \Delta\varepsilon = \frac{K_\sigma^2(\Delta s)^2}{E} \quad (28\text{-}4\text{-}21)$$

4.4.2.2 裂纹形成寿命估算方法

局部应力-应变法计算损伤的出发点是应变-寿命关系式 (28-4-4),即

$$\frac{\Delta\varepsilon}{2} = \frac{\Delta\varepsilon_e}{2} + \frac{\Delta\varepsilon_p}{2} = \frac{\sigma_f'}{E}(2N)^b + \varepsilon_f'(2N)^c$$

或分开写成

$$\frac{\Delta\varepsilon_e}{2} = \frac{\sigma_f'}{E}(2N)^b \quad (28\text{-}4\text{-}22)$$

$$\frac{\Delta\varepsilon_p}{2} = \varepsilon_f'(2N)^c \quad (28\text{-}4\text{-}23)$$

ε-N 曲线是在对称循环条件下得出的。对于复杂载荷-时间历程作用下的疲劳问题,平均应力的存在是不可避免的,需要对上式进行修正。

当材料处于弹性范围时,平均应力对疲劳寿命的影响很大。而当材料出现塑性变形后,由于平均应力的松弛效应,其影响就大大减弱了。所以通常只对 ε-N 曲线的弹性部分,即式 (28-4-22) 予以修正,一般应用的修正公式为

$$\sigma_r = \sigma_a \frac{\sigma_f'}{\sigma_f' - \sigma_m} \quad (28\text{-}4\text{-}24)$$

式中　σ_a——应力幅;

σ_m——平均应力;

σ_r——等效应力幅。

修正后的应变-寿命关系为

$$\frac{\Delta\varepsilon_e}{2} = \frac{\sigma_f' - \sigma_m}{E}(2N)^b \quad (28\text{-}4\text{-}25)$$

$$\frac{\Delta\varepsilon_p}{2} = \varepsilon_f'(2N)^c \quad (28\text{-}4\text{-}26)$$

根据上述的寿命关系式,即式 (28-4-21)、式 (28-4-22) 和式 (28-4-25),采用不同的损伤参量,可以得到不同的损伤公式。局部应力-应变法中常用的损伤公式有以下几种:

1) 兰德格拉夫损伤公式。R.W. 兰德格拉夫认为,损伤由 $\Delta\varepsilon_p$ 与 $\Delta\varepsilon_e$ 的比值来控制。由式 (28-4-21) 和式 (28-4-22) 可推导出每个局部应变为 $\Delta\varepsilon(=\Delta\varepsilon_p+\Delta\varepsilon_e)$ 的应变循环造成的损伤为

$$\frac{1}{N} = 2\left(\frac{\sigma_f'}{E\varepsilon_f'} \times \frac{\Delta\varepsilon_p}{\Delta\varepsilon_e}\right)^{\frac{1}{(b-c)}} \quad (28\text{-}4\text{-}27)$$

计入平均应力的影响,修正后的损伤公式为

$$\frac{1}{N} = 2\left(\frac{\sigma_f'}{E\varepsilon_f'} \times \frac{\Delta\varepsilon_p}{\Delta\varepsilon_e} \times \frac{\sigma_f'}{\sigma_f' - \sigma_m}\right)^{\frac{1}{(b-c)}} \quad (28\text{-}4\text{-}28)$$

2) 道林损伤公式。N.E. 道林等认为,以过渡疲劳寿命 N_T 为界,当 $\varepsilon_p > \varepsilon_e$ 时,应该以塑性应变分

量为损伤参量，此时损伤公式为

$$\frac{1}{N} = 2\left(\frac{\varepsilon'_f}{\varepsilon_p}\right)^{1/c} \quad (28\text{-}4\text{-}29)$$

当 $\varepsilon_p < \varepsilon_e$ 时，应该以弹性应变分量为损伤参量，损伤公式为

$$\frac{1}{N} = 2\left(\frac{\sigma'_f}{E\varepsilon_e}\right)^{1/b} \quad (28\text{-}4\text{-}30)$$

若考虑平均应力的影响进行修正，则有

$$\frac{1}{N} = 2\left(\frac{\sigma'_f - \sigma_m}{E\varepsilon_e}\right)^{1/b} \quad (28\text{-}4\text{-}31)$$

3) 史密斯损伤公式。K. N. 史密斯等为反映平均应力的影响，对试验结果进行分析，提出用 $\sigma_{max}\Delta\varepsilon$ 来计算损伤，并推导出损伤公式

$$\sigma_{max}\Delta\varepsilon = \frac{2\sigma'^2_f}{E}(2N)^{2b} + 2\sigma'_f\varepsilon'_f(2N)^{b+c} \quad (28\text{-}4\text{-}32)$$

该方程要用数值方法求解。

根据不同的 $\Delta\varepsilon_p/\Delta\varepsilon_e$ 比值，选用相应的损伤计算式。

用局部应力-应变法估算裂纹形成寿命的步骤如下：

① 把载荷谱、材料性能常数和应力集中系数作为输入计算机的信息。

② 对载荷-时间历程进行循环计数。

③ 根据载荷-时间历程确定名义应力和应变-时间历程。

④ 根据选定的损伤公式，按循环计数的结果计算每一个载荷循环造成的损伤。

⑤ 对损伤进行累积计算，即根据累积损伤公式算出裂纹形成寿命。

4.4.2.3 设计实例

在本例中，采用雨流法计数，用诺伯公式进行局部 σ-ε 分析，用道林公式计算损伤。具体步骤如下。

首先将载荷-时间历程转化为计算点上的名义应力-时间历程 [见图 28-4-46（a）]，并进行雨流计数，得到 1-4-7、2-3-2′ 和 5-6-5′ 三个循环。然后根据材料的 σ-ε 曲线（滞回线）和零件的有效应力集中系数 K_σ，用诺伯法确定局部应力-应变响应。

循环 σ-ε 曲线的方程为

$$\frac{\Delta\varepsilon}{2} = \frac{\Delta\sigma}{2E} + \left(\frac{\Delta\sigma}{2K'}\right)^{\frac{1}{n'}} \quad (a)$$

根据倍增原理，上升段的滞回线方程为

$$\frac{\varepsilon - \varepsilon_r}{2} = \frac{\sigma - \sigma_r}{2E} + \left(\frac{\sigma - \sigma_r}{2K'}\right)^{\frac{1}{n'}} \quad (b)$$

下降段的滞回线方程为

$$\frac{\varepsilon_r - \varepsilon}{2} = \frac{\sigma_r - \sigma}{2E} + \left(\frac{\sigma_r - \sigma}{2K'}\right)^{\frac{1}{n'}} \quad (c)$$

式中 σ、ε——局部应力、应变的流动值；

σ_r、ε_r——前一峰值点的局部应力、应变值。

本例的材料是汽车用热轧低碳钢，其化学成分为：$w(\text{C}) = 0.23\%$；$w(\text{Mn}) = 1.57\%$；$w(\text{P}) = 0.016\%$；$w(\text{S}) = 0.022\%$；$w(\text{Si}) = 0.01\%$；$w(\text{Cu}) = 0.22\%$。其强度极限 $\sigma_b = 540 \sim 565$MPa，屈服强度 $\sigma_s = 315 \sim 325$MPa，截面缩减率 $\psi = 64\% \sim 69\%$，弹性模量 $E = 192$GPa，$n' = 0.193$，$K' = 1125.9$MPa。

应用诺伯公式（28-4-21）：

$$\Delta\sigma \cdot \Delta\varepsilon = \frac{K^2_\sigma(\Delta s)^2}{E} \quad (d)$$

根据所计算的危险点处的几何形状和材料，查应力集中系数图得 $K_\sigma = 2.60$。

根据图 28-4-46（a）所示的名义应力-时间历程，即可逐个反复地进行局部应力-应变分析。

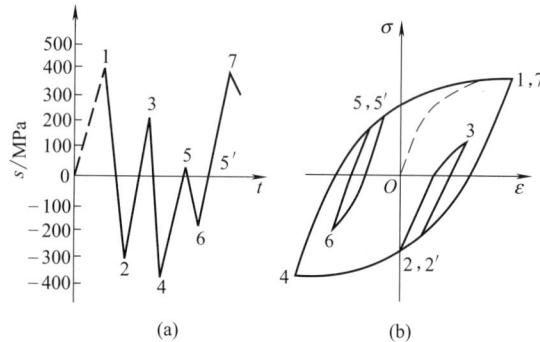

图 28-4-46 名义应力-时间历程及应力-应变响应

1) 从 0-1 加载时，由于是从零开始，循环 σ-ε 方程用式（28-4-1）

$$\varepsilon_a = \varepsilon_e + \varepsilon_p = \frac{\sigma_a}{E} + \left(\frac{\sigma_a}{K'}\right)^{\frac{1}{n'}} \quad (e)$$

再与诺伯公式（d）联立求解。将 $E = 192$GPa、$K' = 1125.9$MPa、$n' = 0.193$、$K_\sigma = 2.60$ 代入，有

$$\left.\begin{array}{l}\Delta\varepsilon = \dfrac{\Delta\sigma}{192000} + \left(\dfrac{\Delta\sigma}{1125.9}\right)^{\frac{1}{0.193}} \\ \Delta\sigma \cdot \Delta\varepsilon = \dfrac{2.6^2 \times \Delta s^2_{01}}{192000}\end{array}\right\}$$

此时，$\Delta s_{01} = 395.5$MPa，于是 $\Delta\sigma \cdot \Delta\varepsilon = 5.5$。解联立方程得

$$\Delta\sigma = 458.3\text{MPa}, \Delta\varepsilon = 0.012$$

即 1 点的局部应力和应变为

$$\sigma = 458.3\text{MPa}, \varepsilon = 0.012$$

2) 从 1-2 卸载时，根据卸载滞回线计算。将有关数据代入式（a）和式（d），有

$$\left.\begin{aligned}\frac{\Delta\varepsilon}{2} &= \frac{\Delta\sigma}{2\times 192000} + \left(\frac{\Delta\sigma}{2\times 1125.9}\right)^{\frac{1}{0.193}} \\ \Delta\sigma\cdot\Delta\varepsilon &= \frac{2.6^2\times \Delta s_{12}^2}{192000}\end{aligned}\right\}$$

此时，$\Delta s_{12} = 699.0\text{MPa}$，于是 $\Delta\sigma\cdot\Delta\varepsilon = 17.2$。解联立方程得

$$\Delta\sigma = 870\text{MPa}, \quad \Delta\varepsilon = 0.0198$$

2 点的局部应力和应变为

$$\sigma = 458.3 - 870 = -411.7\text{MPa},$$
$$\varepsilon = 0.012 - 0.0198 = -0.0078$$

3）从 2-3 加载时，根据加载滞回线计算

$$\left.\begin{aligned}\frac{\Delta\varepsilon}{2} &= \frac{\Delta\sigma}{2\times 192000} + \left(\frac{\Delta\sigma}{2\times 1125.9}\right)^{\frac{1}{0.193}} \\ \Delta\sigma\cdot\Delta\varepsilon &= \frac{2.6^2\times \Delta s_{23}^2}{192000}\end{aligned}\right\}$$

此时，$\Delta s_{23} = 521.1\text{MPa}$，于是 $\Delta\sigma\cdot\Delta\varepsilon = 9.56$。解联立方程得

$$\Delta\sigma = 780\text{MPa}, \quad \Delta\varepsilon = 0.0122$$

3 点的局部应力和应变为

$$\sigma = -411.7 + 780 = 368.3\text{MPa},$$
$$\varepsilon = -0.0078 + 0.0122 = 0.0044$$

4）在 3-4 的卸载过程中，由于从 3 卸载到 2′ 时，形成了一个封闭的应力-应变滞回线，所以根据材料的记忆特性，计算 4 点的应力和应变时，应根据从 1 点出发的滞回线，并取应力幅度 Δs_{14} 进行计算

$$\left.\begin{aligned}\frac{\Delta\varepsilon}{2} &= \frac{\Delta\sigma}{2\times 192000} + \left(\frac{\Delta\sigma}{2\times 1125.9}\right)^{\frac{1}{0.193}} \\ \Delta\sigma\cdot\Delta\varepsilon &= \frac{2.6^2\times \Delta s_{14}^2}{192000}\end{aligned}\right\}$$

此时，$\Delta s_{14} = 790.7\text{MPa}$，于是 $\Delta\sigma\cdot\Delta\varepsilon = 22.0$。解联立方程得

$$\Delta\sigma = 910\text{MPa}, \quad \Delta\varepsilon = 0.024$$

4 点的局部应力和应变为

$$\sigma = 458.3 - 910 = -451.7\text{MPa},$$
$$\varepsilon = 0.012 - 0.024 = -0.012$$

5）从 4-5 加载时，根据加载滞回线计算

$$\left.\begin{aligned}\frac{\Delta\varepsilon}{2} &= \frac{\Delta\sigma}{2\times 192000} + \left(\frac{\Delta\sigma}{2\times 1125.9}\right)^{\frac{1}{0.193}} \\ \Delta\sigma\cdot\Delta\varepsilon &= \frac{2.6^2\times \Delta s_{45}^2}{192000}\end{aligned}\right\}$$

此时，$\Delta s_{45} = 434.1\text{MPa}$，于是 $\Delta\sigma\cdot\Delta\varepsilon = 6.6$。解联立方程得

$$\Delta\sigma = 721\text{MPa}, \quad \Delta\varepsilon = 0.0092$$

5 点的局部应力和应变为

$$\sigma = -451.7 + 721 = 269.3\text{MPa},$$
$$\varepsilon = -0.012 + 0.0092 = -0.0024$$

6）从 5-6 卸载时，根据卸载滞回线计算

$$\left.\begin{aligned}\frac{\Delta\varepsilon}{2} &= \frac{\Delta\sigma}{2\times 192000} + \left(\frac{\Delta\sigma}{2\times 1125.9}\right)^{\frac{1}{0.193}} \\ \Delta\sigma\cdot\Delta\varepsilon &= \frac{2.6^2\times \Delta s_{56}^2}{192000}\end{aligned}\right\}$$

此时，$\Delta s_{56} = 239.9\text{MPa}$，得 $\Delta\sigma\cdot\Delta\varepsilon = 2.0$。解联立方程得

$$\Delta\sigma = 520\text{MPa}, \quad \Delta\varepsilon = 0.0038$$

6 点的局部应力和应变为

$$\sigma = 258.3 - 520 = -261.7\text{MPa},$$
$$\varepsilon = -0.0026 - 0.0038 = -0.0064$$

7）从 6-7 加载时，根据图 28-4-46（b），7 点的应力和应变值与 1 点相同。得局部应力和应变为

$$\sigma = 458.3\text{MPa}, \quad \varepsilon = 0.012$$

有了局部应力-应变响应，就可以进行损伤计算。损伤是根据每一应力-应变循环的幅值和均值，用道林公式计算的。现将上面分析得到的三个应力-应变循环 2-3-2′、5-6-5′ 和 1-4-7 中的应力幅值 σ_a、应变幅值 ε_a、平均应力 σ_m、平均应变 ε_m 及弹性应变分量 ε_e、塑性应变分量 ε_p 列入表 28-4-5。

表 28-4-5 三个应力-应变循环的应力和应变值

应力循环	σ_a /MPa	ε_a	σ_m /MPa	ε_m	ε_e	ε_p
2-3-2′	390.0	0.0061	−21.7	−0.0017	0.0020	0.0041
5-6-5′	265.5	0.0020	3.8	−0.0044	0.0014	0.0006
1-4-7	455.0	0.0120	3.3	0	0.0024	0.0096

下面进行损伤计算，即

对于 2-3-2′ 循环，由于 $\varepsilon_p > \varepsilon_e$，故用 ε_p 计算损伤。由式（28-4-29）有

$$D_1 = \frac{1}{N} = 2\left(\frac{\varepsilon'_f}{\varepsilon_p}\right)^{\frac{1}{c}}$$

本例中，$\varepsilon'_f = 0.26$，$c = -0.47$，所以

$$D_1 = 2\times\left(\frac{0.26}{0.0041}\right)^{\frac{1}{-0.47}} = 2.93\times 10^{-4}$$

对于 5-6-5′ 循环，由于 $\varepsilon_e > \varepsilon_p$，故用 ε_e 计算损伤。式（28-4-31）中的 $E\varepsilon_e$ 以总应力幅 σ_a 代替，有

$$D_2 = \frac{1}{N} = 2\left(\frac{\sigma'_f - \sigma_m}{\sigma'_a}\right)^{\frac{1}{b}}$$

本例中，$\sigma'_f = 935.9\text{MPa}$，$b = -0.095$，$\sigma_m = 3.8\text{MPa}$，$\sigma_a = 265.5\text{MPa}$，$\varepsilon_e = 0.0014$，$E = 192\text{GPa}$。于是

$$D_2 = 2\times\left(\frac{935.9 - 3.8}{265.5}\right)^{\frac{1}{-0.095}} = 3.63\times 10^{-6}$$

对于 1-4-7 循环，由于 $\varepsilon_p > \varepsilon_e$，故用 ε_p 计算损伤

$$D_3 = 2\left(\frac{\varepsilon'_f}{\varepsilon_p}\right)^{\frac{1}{c}} = 2\times\left(\frac{0.26}{0.0096}\right)^{\frac{1}{-0.47}} = 1.79\times 10^{-3}$$

根据迈因纳定律求疲劳累积损伤，得

$$D = \sum_i D_i = D_1 + D_2 + D_3$$
$$= 2.93 \times 10^{-4} + 3.63 \times 10^{-6} + 1.79 \times 10^{-3}$$
$$= 2.087 \times 10^{-3}$$

所以疲劳破坏时载荷循环块数（即载荷-时间历程 1-7 的反向次数）B 为

$$B = \frac{1}{\sum_i D_i} = \frac{1}{2.087 \times 10^{-3}} = 479.2$$

若每个载荷块经历的时间为 h_0，则零件的疲劳寿命为

$$h = Bh_0$$

上述计算均可由计算机完成。

局部应力-应变法是在应变分析和低周疲劳基础上发展起来的一种疲劳寿命估算方法。因此它特别适用于低周疲劳。将其应用于高周疲劳时，由于它没有考虑高周疲劳中表面状态和尺寸的影响因素，因此计算结果误差大，需采用修正的方法以减小误差。

第 5 章 裂纹扩展寿命估算方法

机械设计中，有时会涉及裂纹扩展寿命的设计计算。一种情况是零件在加工制造过程中就已经存在裂纹或类裂纹缺陷，尤其是大型铸、锻件及焊接结构件，其疲劳寿命是由裂纹扩展寿命决定的；另一种情况是断裂形成寿命和裂纹扩展寿命都不能忽略，因此首先用局部应力应变法算出裂纹形成寿命，再用断裂力学方法计算其后的裂纹扩展寿命。断裂力学是进行裂纹分析、计算的基础，它对解决裂纹扩展问题，为合理估算裂纹扩展寿命提供了一条有效的途径。

5.1 应力强度因子与断裂韧性

5.1.1 应力强度因子

实际零构件中的裂纹是各种各样的。按受力情况，可将裂纹形式归纳成三类：Ⅰ型裂纹，又称张开型裂纹；Ⅱ型裂纹，又称滑开型或平面内剪切型裂纹；Ⅲ型裂纹，又称撕开型裂纹。如图 28-5-1 所示。

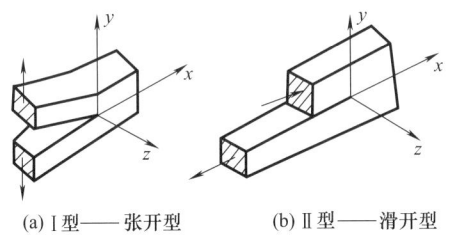

(a) Ⅰ型——张开型 (b) Ⅱ型——滑开型

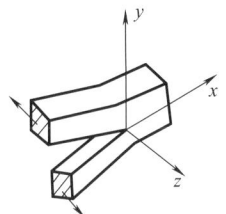

(c) Ⅲ型——撕开型

图 28-5-1 三种基本型裂纹

当一物体内部存在裂纹时，裂纹尖端的应力理论上为无穷大。因此，无法再用理论应力集中系数来表达应力集中程度，而需要用断裂力学中的应力强度因子 K 来表达裂纹效应。K 的大小能正确反映裂纹尖端附近区域内弹性应力场的强弱程度，可以用来作为判断裂纹是否扩展和是否发生失稳扩展的指标。

Ⅰ型、Ⅱ型和Ⅲ型裂纹的应力强度因子分别以 $K_{Ⅰ}$、$K_{Ⅱ}$ 和 $K_{Ⅲ}$ 表示。其中用得最多的是 $K_{Ⅰ}$。应力强度因子的一般表达式为

$$K_{Ⅰ} = \alpha \sigma \sqrt{\pi a} \quad (28\text{-}5\text{-}1)$$

式中 σ——外加的名义应力，MPa；
α——决定于裂纹体形状、裂纹形状、位置和加载方式的系数，它可以是常数，也可以是 a 的函数；
a——裂纹尺寸，mm，对内部裂纹和贯穿裂纹为裂纹长度的一半，对表面裂纹为裂纹深度。

一些常见的裂纹形状的应力强度因子表达式可参阅有关应力强度因子手册。也可用有限元法或光弹性等试验方法测定。

5.1.2 断裂韧度

应力强度因子的临界值，即材料发生脆断时的应力强度因子，称为断裂韧度，用 K_C 表示。Ⅰ型裂纹在平面应变条件下的应力强度因子临界值称为平面应变断裂韧度，用 K_{IC} 表示。由于平面应变条件下应力状态是三向受拉，材料容易脆断，因此 K_{IC} 是代表材料断裂韧度的最低值，是反映材料韧度的一个最重要的指标。所以，在平面应变条件下的断裂判据为：

$$K_{Ⅰ} \geqslant K_{IC} \quad (28\text{-}5\text{-}2)$$

因为 K_{IC} 是断裂韧度的最低值，用它建立的脆性断裂判据是偏于安全的。

实际工程中裂纹形式多种多样，受力条件可能很复杂，要求给出复合型判据。下面给出几种工程中适用于偏于安全的判据。

Ⅰ-Ⅱ型复合情况：

$$K_{Ⅰ} + K_{Ⅱ} \geqslant K_{IC} \quad (28\text{-}5\text{-}3)$$

在 $K_{Ⅰ} \geqslant K_{Ⅱ}$ 时偏于安全。

Ⅰ-Ⅲ型复合情况：

$$\sqrt{K_{Ⅰ}^2 + \frac{K_{Ⅲ}^2}{1-2\mu}} \geqslant K_{IC} \quad (28\text{-}5\text{-}4)$$

Ⅰ-Ⅱ-Ⅲ型复合情况：

$$\sqrt{(K_{Ⅰ}+K_{Ⅱ})^2 + \frac{K_{Ⅲ}^2}{1-2\mu}} \geqslant K_{IC} \quad (28\text{-}5\text{-}5)$$

式中，μ 为泊松比。

平面应变断裂韧度可用试验方法测定。表 28-5-1 给出机械常用材料的 K_{IC} 值。表 28-5-2 为耐热钢高温下的 K_{IC} 值。表 28-5-3～表 28-5-5 为几种合金钢低温下的 K_{IC} 值。

表 28-5-1　　机械常用材料室温下的 K_{IC} 值

材　料	热处理状态	强度指标/MPa R_{eL}	强度指标/MPa R_m	K_{IC} /MPa·$\sqrt{m}$	主　要　用　途
40	860℃正火 900℃淬火,330℃回火 1100℃淬火,330℃回火	294 — —	549 — —	70.7~71.9 66.7 83.7	轴、辊子、曲柄销、活塞杆、连杆
45	840℃淬火,550℃回火	513	803	96.8	轴、齿轮、链轮、键、销
35CrMo	860℃淬火,350℃回火	1373	1520	41.6	大截面齿轮、重载传动轴
30Cr2MoV	940℃空冷,680℃回火	549	686	140~155	大型汽轮机转子
34CrNi3Mo	860℃加热,780℃淬火, 650℃回火 去氢退火处理,860℃淬火, 630℃回火	539 780	716 961	121~138 149	大型发电机转子
28CrNi3MoV	850℃淬火,650℃回火	966	1098	140.9	大型发电机转子
37SiMn2MoV	640~660℃退火, 870℃淬火,680℃回火	588	736	137.4	精压机曲轴,重要轴类
14MnMoNbB	920℃淬火,620℃回火	834	883	152~166	压力容器
14SiMnCrNiMoV	930℃淬火,610℃回火	834	873	82.8~88.1	高压空气瓶
12CrNiMoV	930℃正火,930℃淬火, 610℃回火	834	873	115.4	高压空气瓶
18MnMoNiCr	880℃×3h,空冷, 660℃×8h,空冷	490		276	厚壁压力容器
20SiMn2MoVA	900℃淬火,250℃回火	1216	1481	113	石油钻机吊头
30SiMnCrMo	930℃淬火,520℃回火	1138~1167	1265~1314	163~164	舰艇用钢板
30SiMnCrNiMo	860℃淬火,400℃回火	1402	—	93.0	舰艇用钢板
30CrMnSiA	880℃淬火,500℃回火	1079	1152	98.9	高强度钢管
30CrMnSiMo	热轧态	1177	1373	148.8	高强度厚钢板
45Si2Mn	900℃淬火,480℃回火	1412	1493	96.2	预应力钢筋
45MnSiV	900℃淬火,440℃回火	1471	1648	83.7	预应力钢筋
30CrMnSiNi	900℃淬火,280℃回火	1412	1677	83.7	超高强度钢:主要用作薄壁结构、飞行壳体、飞机起落架部件、紧固件、高压容器、扭力杆、装甲板、高强度螺栓、弹簧、冲头、模具等
30CrMnSiNi2	870℃淬火,200℃回火 890℃淬火,280℃回火 890℃淬火,400℃回火	1373~1530 1510 1383	1569~1765 — —	66.1 71.9 85.3	
30SiMnWMoV	调质	1608	1814	84.7~96.1	
30Si2Mn2MoWV	920℃淬火,250℃回火	≥1470	≥1860	≥110	
32SiMnMoV	920℃淬火,250℃回火	1608	1922	75.7	
32Si2Mn2MoV	920℃淬火,320℃回火	1530~1706	1765~1922	77.5~86.8	
33CrNi2MoV	870℃淬火,550℃回火	1324	1471	139.5	
37Si2MnCrNiMoV	920℃淬火,280℃回火	1550~1706	1844~1991	80.0	
37SiMnCrNiMoV（236 钢）	930℃淬火,300℃回火 930℃淬火,400℃回火 930℃淬火,550℃回火	1672 1599 1383	1961 1834 1437	70.9 49.9 59.2	
40CrNiMoA	860℃淬火,200℃回火 860℃淬火,380℃回火 860℃淬火,430℃回火 860℃淬火,500℃回火 860℃淬火,560℃回火	1579 1383 1334 1147 916	1942 1491 1393 1187 1010	42.2 63.3 90.0 126.2 142.6	

续表

材　料	热处理状态	强度指标/MPa R_{eL}	强度指标/MPa R_m	K_{IC} /MPa·$\sqrt{m}$	主　要　用　途
40CrNi2Mo	850℃淬火,220℃回火	1550～1608	1883～2020	54.9～71.9	超高强度钢:主要用作薄壁结构、飞行壳体、飞机起落架部件、紧固件、高压容器、扭力杆、装甲板、高强度螺栓、弹簧、冲头、模具等
40SiMnCrMoV	920℃淬火,200～300℃回火	1422～1510	1893～1922	63.0～71.3	
6Cr4Mo3Ni2WV	1120℃淬火,560℃回火二次	—	2452～2648	25.4～40.3	
00Ni18Co8Mo5TiAl	815℃固溶处理1h,空冷 480℃时效3h,空冷	1755	1863	110～118	
15MnMoVCu	铸钢	520	677	38.5～74.4	水轮机叶片
重轨钢	—	510～628	853～1040	37.2～48.4	50kg/m重轨
稀土镁球铁	920℃淬火,380℃回火	—	1304	35.6～38.8	轴类
Q235A	热轧(纵向取样)	303	454	120.7 126.5[①]	一般不重要的螺栓、连杆、拉杆、焊接件等
Q235A(F)	热轧	256	428	178.2 186.8[①]	一般不重要的螺栓、连杆、拉杆、焊接件等
Q235B	热轧	300	441	110.7[①]	建筑、桥梁上的焊接结构件
20	920℃正火	307	463	84.6[①]	应力较低韧度大的零件,如杠杆、轴套、拉杆等
20g	热轧	277	432	149.6[①]	压力<6MPa 温度<450℃的锅炉及其附件
45	850℃正火	377	624	88.7[①]	强度要求高的零件,如齿轮、轴、活塞销等,为增强耐磨性,可进行表面淬火
45	840℃水淬 560℃回火	518	735	130[①]	
55	840℃正火,820℃水淬, 600℃回火	627	834	119.6[①]	强度较高、动载不大的零件,如齿轮、连杆、曲轴、弹簧等
10Ti	热轧	456	539	32.7	汽车车架零件,如二横梁、发动机支架、车轮轮辐等
16Mn	热轧	361	586	92.7[①]	桥梁、铁路车辆、船舶、起重机等承载件
16MnR	热轧	378	582	97.3[①]	中、低压压力容器
16Mng	热轧	369	553	106.7[①]	中、低压锅炉
16MnV	880℃正火	392	612	120.5[①]	压力容器,船舶、桥梁、车辆、起重机等
12Cr2Ni4	880℃油淬, 600℃回火	703	793	139.1[①]	重载、循环应力下的大型渗碳件如齿轮、轴、蜗杆等
16MnCr5	900℃油淬,870℃油淬, 200℃回火	1187	1373	163.4[①]	经渗碳淬火的零件,如齿轮、蜗轮、密封轴套等
19CN5	875℃油淬,165℃保温2h, 空冷	1003	1447	101.8[①]	拖拉机、汽车传动箱,高强度高韧度的齿轮等
20Cr	880℃正火	388	577	134.1[①]	尺寸较小形状简单的渗碳件,如活塞销、小轴、齿轮等

续表

材料	热处理	强度指标/MPa R_{eL}	强度指标/MPa R_m	K_{IC} /MPa·$\sqrt{m}$	主要用途
20Cr2Ni4A	880℃油淬,780℃油淬,200℃回火	1292	1483	90.4①	大截面渗碳件,如大齿轮、轴类及强度与韧度高的零件
20CrMnSi	880℃油淬,580℃回火 油冷	653	789	144.2①	冷冲压件,韧性较高的零件,如高强度矿用圆环链高强螺栓
20Ni2Mo	890℃加热30min空冷,570℃1h回火,空冷	485	651	135.4①	制造D级高强度抽油杆
20MnCr5	900℃油淬,870℃油淬,200℃回火	1232	1482	100.4	渗碳件,截面较大载荷较高的调质件,如齿轮、轴类等
25MnCr5	890℃正火,830℃油淬,190℃回火	1213	1587	131.2①	轿车中的齿轮和轴
28MnCr5	890℃正火,820℃油淬,190℃回火	982	1307	66.4①	轿车中的换挡齿轮,可代替20CrMnTi钢
35CrMo	840℃水淬,590℃回火	781	927	84.8①	车轴,动力机主轴,叶轮,曲轴,连杆,400℃以下使用的螺栓等
30CrMnSi	900℃油淬 400℃回火	1045	1150	88.4	重要零件,如高压鼓风机叶片,紧固件,轴套,齿轮等
30CrMnSi	900℃油淬 500℃回火	985	1040	118.6	重要零件,如高压鼓风机叶片,紧固件,轴套,齿轮等
40Cr	850℃油淬,560℃回火,空冷	805	940	151.7①	较重要的调质零件,如齿轮、轴、曲轴、螺栓、连杆等
40MnVB	850℃油淬,500℃回火,空冷	1031	1111	127.5①	可代替40Cr钢以制造重要的调质零件
40CrNiMo	900℃正火,850℃油淬,620℃回火,油冷	866	972	161.2①	高强高塑性的重要零件,如轴类、齿轮、紧固件等
18Cr2Ni4W	870℃油淬,560℃回火,空冷	952	1039	155.9①	大截面传动轴、曲轴、花键轴、齿轮等
40CrMnMo	850℃油淬,600℃回火,油冷	869	977	125.6①	受冲击的高强零件,如锻机的偏心传动轴、曲轴等
42CrMo	850℃油淬,580℃回火,空冷	1047	1134	112.2①	大截面高强锻件,如机车齿轮、连杆、弹簧夹等
34CrMo1	870℃油淬,650℃回火	460	665	138①	汽轮发电机组大型锻件,如主轴、转子等
14MnMoVBRE	930℃正火	522	762	141.7①	0～500℃工况下的结构件和压力容器
40CrMnSiMoV	920℃加热,180℃等温,260℃回火,空冷	1446	1826	70.8	高强结构件,轴类、螺栓等重要受力件
40CrMnSiMoV	920℃加热,300℃等温,空冷	1306	1760	65.7	高强结构件,轴类、螺栓等重要受力件
40CrMnSiMoV	920℃油淬,260℃回火空冷	1530	1909	71.2	高强结构件,轴类、螺栓等重要受力件
45CrNiMoV	860℃油淬,460℃回火,油冷	1421	1531	102.8	飞机起落架,火箭发动机壳体、轴、齿轮、冲模等
45CrNiMoV	860℃油淬,300℃回火,油冷	1618	1981	78.3	飞机起落架,火箭发动机壳体、轴、齿轮、冲模等
30CrNi4MoA	850℃油淬 520℃回火	1166	1303	157	截面较大的零件,如齿轮、轴类、对接接头等
30CrNi4MoA	850℃油淬 540℃回火	1098	1225	167	截面较大的零件,如齿轮、轴类、对接接头等
30CrNi4MoA	850℃油淬 560℃回火	1068	1186	173	截面较大的零件,如齿轮、轴类、对接接头等
30CrNi4MoA	850℃油淬 580℃回火	990	1112	178	截面较大的零件,如齿轮、轴类、对接接头等

续表

材 料	热 处 理			强度指标/MPa		K_{IC} /MPa·$\sqrt{m}$	主 要 用 途
				R_{eL}	R_m		
30CrMnSiNi2A	900℃油淬		200℃回火	1499	1836	68.3	高强度连接头,轴类等重要受力结构件
			230℃回火	1384	1817	65.9	
			250℃回火	1420	1796	64.8	
			270℃回火	1427	1796	69.5	
			300℃回火	1399	1775	72.5	
			360℃回火	1375	1677	62.2	
	900℃加热		200℃等温,200℃回火	1106	1818	63.2	
			250℃等温,250℃回火	1018	1724	62.7	
			310℃等温,空冷	1192	1550	88.7	
	含碳量(质量分数)	0.27%~0.28%	900℃加热,260℃等温,250℃回火	1334	1645	93.3	
		0.31%~0.32%		1496	1672	83.4	
		0.33%~0.34%		1395	1620	73.8	
38Cr2Mo2VA	1000℃油淬,630℃回火二次			1420	1555	93	500℃以下工作的高强度结构零件
	1000℃油淬,600℃回火二次			1530	1725	59	
40CrNi2Si2MoVA	870℃油淬,300℃回火二次			1630	1945	84.0	活塞杆,飞机起落架等
ZG22CrMnMo	900℃油淬,520℃回火			835	1175	138	精铸件用于受力构件,如飞机起落架等
	900℃油淬,230℃回火			980	1470	98	
ZG25CrMnSiMo	900℃加热,200℃等温,220℃回火			1262	1582	108	精铸件用作重要受力构件,如飞机的结构件
ZG28CrMnSiNi2	900℃加热,180℃等温,200℃回火			1238	1686	80.2	铸造尺寸较大的受力结构件
9Cr18	850℃预热,1070℃淬火,-78℃冷处理,160℃回火			—	1552	22.0	剪切刀具,刀片,轴承,阀片等在摩擦和腐蚀条件下
GCr15	850~860℃油淬,160℃回火			1617	2280	20.5	壁厚≤12mm,外径≤250m 的轴承套圈,尺寸范围较宽的滚动体
	退火态			347	—	105	
GCr15A	850~860℃油淬,160℃回火			—	1902	22.0	军用轴承,专用轴承,精密轴承等
GCr15SiMn	830~840℃油淬,160℃回火			—	1813	20.0	壁厚>12mm,外径>280mm 的轴承套圈,尺寸范围更宽的滚动体
GCr15SiMnA	830~840℃油淬,160℃回火			—	1906	114	军用轴承,专用轴承,精密轴承等
50CrV	850℃油淬,400℃回火			1677	1778	57.3	载荷较重截面较大的弹簧,400℃以下大截面调质件
55Si2Mn	880℃油淬,400℃回火			1715	1866	34.4	机车、汽车、拖拉机的板簧,螺旋弹簧等
55SiMnVB	860℃油淬,460℃回火			1348	1536	62.8	汽车用大、中截面的板簧和螺旋弹簧
65Mn	830℃油淬,380℃回火			1421	1580	53.9	小尺寸弹簧,高强耐磨高弹性的零件
2Cr13	1000℃油淬,700℃回火			563	747	170.3[①]	透平机低温段叶片,阀件,螺钉,医疗器械等
3Cr13	950℃油淬,600℃回火			672	842	103.3[①]	耐磨性高的热油泵油、阀门、轴承、弹簧等

续表

材 料	热 处 理	强度指标/MPa		K_{IC} /MPa·$\sqrt{m}$	主要用途
		R_{eL}	R_m		
0Cr18Ni9	1080～1130℃水淬	220	613	32.4[①]	深冲成形的零件,输酸管道,容器等
1Cr18Ni9Ti	1050℃空冷或水冷	275	608	110.8[①]	航空、航天、化工、食品、医疗部门作耐酸容器及设备衬里
1Cr17Ni2	1030℃油淬,550℃回火	937	1085	90.4[①]	潮湿环境下工作的承力件
ZG1Cr13	850℃正火	678	824	67.9	在腐蚀环境,冲击载荷下工作的中等强度零件
ZG0Cr13Ni6Mo	1000℃加热,空冷,620℃回火,空冷,590℃回火,空冷	581	779	131.1	大、中型水轮机的转轮和叶片
10Cr2Mo1	915℃正火,700℃回火	391	568	99.5[①]	工作温度<560℃的零部件,如汽轮机中的阀壳,法兰,管道等
13MnNiMoNb	930℃正火 630℃回火	564	676	210.5[①]	工作温度<400℃电站锅炉汽包及压力容器等焊接构件
BHW35（德国引进）	920℃正火,620℃回火	538	670	154.0[①]	蒸汽锅炉及动力设备,化工及原子能设备的管道,压力容器等
18MnMoNb	970℃正火,630℃回火	520	630	130.3[①]	高压锅炉汽包,大型化工容器,水轮发电机大轴等
19Mn5	900℃正火,600℃消除应力退火	372	539	101.8[①]	大型锅炉汽包及压力容器等结构用钢板
25Cr12Ni3MoV	840℃喷水冷却,600℃回火	737	854	167.1[①]	发电设备电机转子,汽轮机低压转子
28CrNiMoV	950℃油淬,700℃回火	575	748	98.6[①]	动力设备的转子、轴类及大锻件等部件
30Cr1Mo1V	预备热处理后,955℃加热,风冷,680℃回火,炉冷消除应力处理	632	789	55.1	工作温度<540℃的汽轮机高中压转子
ZG15Cr2Mo	950℃正火,705℃回火	399	575	53.4[①]	工作温度<540℃的汽轮机汽缸、喷嘴室和阀壳等铸件
SA299（国外引进）	热轧	334	558	168.1[①]	大型发电机组的锅炉汽包
20Cr3WMoV	1150℃正火,1050℃油淬,700℃回火	746	877	75.1	工作温度<550℃的汽轮机喷嘴、蝶阀、套筒、转子等
30Cr2MoV	940℃正火,840℃油淬,700℃回火,炉冷	568	719	71.5	工作温度<550℃的汽轮机高中压转子,各种环锻件等
30Cr2Ni4MoV	830～1010℃正火,二次回火	766	874	167.0[①]	汽轮机低压转子、主轴、中间轴及其他大锻件
50Mn18Cr5Mo3VN	1050℃水冷	534	1011	182.0[①]	大型发电机无磁性护环
	先变形20%,650℃时效处理	1160	1375	186.3	
2Cr12Ni2W1Mo1V	锻件余热淬火,回火三次（670℃,670℃,690℃）	788	1008	152.0[①]	30万千瓦汽轮机末级、次末级动叶片
	1050℃油淬,回火三次（670℃,670℃,690℃）	742	970	131.0[①]	
4Cr5MoV1Si	1000℃淬火,550℃回火	1240	1490	32.3	压力机锻模,铝合金、镁合金压铸模及热挤压模等
	1050℃淬火,550℃回火	1650	1830	26.0	
	1050℃淬火,600℃回火	1220	1380	70.0	
	1100℃淬火,400℃回火	1680	1790	57.8	
	1100℃淬火,550℃回火	1730	1970	29.4	
4Cr5W2SiV	1060℃油淬,595℃、560℃回火二次	1394	1612	35.3	热挤压模具,芯棒,压铸模,高速精锻的冲头及凹模
	1080℃加热,300℃等温	—	—	34.7	
	1080℃加热,300℃等温,560℃回火二次	—	—	27.3	

续表

材料	热处理	强度指标/MPa		K_{IC} /MPa·$\sqrt{m}$	主要用途
		R_{eL}	R_m		
4Cr5W2SiV	1080℃加热,300℃等温,620℃回火二次	—	—	28.8	热挤压模具,芯棒,压铸模,高速精锻的冲头及凹模
	1080℃加热,350℃等温	—	—	27.6	
	1080℃加热,520℃等温,590℃回火二次	—	—	45.3	
4Cr5MoSiV	1020℃淬火,570℃回火	1469	1740	35.0	铝合金压铸模,热挤压模,穿孔用的模具和芯棒等
4Cr3Mo2Mn-SiVNbB	1150℃淬火,640℃、655℃回火二次	1532	1690	43.5	热压铸模
	1150℃淬火,670℃、680℃回火二次	1248	1421	60.0	
4Cr5Mo2MnVSi	1020℃淬火,595℃、550℃回火二次	1281	1462	58.5	压铸模
4Cr3Mo2MnVB	1030℃油淬,600℃、610℃回火二次	1375	1534	37.1	压力机锻模、铸模、热挤压模、塑料模等
	1030℃油淬,600℃、655℃回火二次	1212	1369	44.2	
5CrNiMo	850℃油淬,180℃回火	1208	1309	126.0	大中型锻模
5Cr4W5Mo2V	1140℃淬火,610℃2h回火	1919	2262	73.5	工作温度为650℃的精锻模具,热挤压模具,压机冲头,冷冲模,冷镦模等
	1140℃加热,300℃等温35min,空冷	1615	2068	82.7	
	1140℃加热,300℃等温1h,空冷	1103	2024	104	
	1140℃加热,300℃等温2h,空冷	930	1742	111.5	
7Cr7Mo3V2Si	1130℃油淬,530℃回火三次	—	2119	19.70	冷作模具及多种冷镦、冷挤模具
25Cr3Mo3VNb	1060℃油淬,580℃回火二次	—	—	105	工作温度≤600℃的成形耐热钢、不锈钢和难变形材料的模具
	1060℃油淬,600℃回火二次	—	1518	116.8	
	1060℃油淬,630℃回火二次	—	—	126	
	1080℃油淬	—	1608	182.6	
	1080℃油淬,450℃回火二次	—	—	136.5	
	1080℃油淬,500℃回火二次	—	—	129.5	
	1080℃油淬,550℃回火二次	—	—	97.4	
	1080℃油淬,600℃回火二次	—	1613	91.0	
	1080℃油淬,650℃回火二次	—	1373	132.7	
	1080℃油淬,700℃回火二次	—	1010	204	
35Cr3Mo3W2V	1030℃淬火,600℃回火	—	—	24.0	高速重载水冷条件下工作的模具。如高速自动镦锻模具,压力机自动生产线用模具等
	1030℃淬火,650℃回火	—	—	46.2	
	1060℃淬火,660℃回火	—	—	65.1	
	1150℃淬火,660℃回火	—	—	37.0	
	1150℃淬火,680℃回火	—	—	55.8	

续表

材 料	热 处 理	强度指标/MPa		K_{IC} /MPa·$\sqrt{m}$	主要用途
		R_{eL}	R_m		
65Cr4W8VTi	1200℃淬火,550℃回火	2011	2305	21.3	高冲击载荷条件下工作的热挤压模和压铸模,以及高韧性的冷作模
	1200℃淬火,580℃回火	2031	2384	25.2	
	1220℃淬火,550℃回火	1805	1884	20.7	
	1220℃淬火,580℃回火	1834	2001	24.7	
65Cr5Mo3W2VSiTi	1180℃淬火,550℃回火	2216	2412	25.3	高强度高韧性的冷挤模,冷镦模和冷冲模
	1180℃淬火,580℃回火	2118	2255	25.0	
	1200℃淬火,550℃回火	2148	2442	26.4	
	1200℃淬火,580℃回火	1971	2157	25.3	
QT800-2	铸后余热正火	—	842	47.6	内燃机的曲轴,凸轮轴,汽缸套,连杆等
ZG317-570	840℃水淬,550℃回火	915	1012	113①	各行业广泛应用,如联轴器、汽缸齿轮、载货架等
ZG340-640	830℃水淬,600℃回火	973	1044	108.4①	齿轮、棘轮、叉头等
ZG20SiMn	900~920℃正火,随炉冷到250℃空冷	327	516	143.2①	水压机工作缸,水轮机转子、焊接主轴及其他要求强度较高或焊接工作量较大的重要零件
14MnMoNbB	920℃淬火,620℃回火	834	883	152~166	压力容器
20SiMn2MoVA	900℃淬火,250℃回火	1216	1481	113	石油钻机吊头
30CrMnSi	900℃油淬,400℃热水冷却	—	—	86~91	重要用途的零件,高压鼓风机叶片,紧固件,轴套
	900℃油淬,500℃热水冷却	1145	1200	114~123	
34CrNiMo	850℃淬火,290℃回火	1432	1657	96	薄壁结构、壳体、装甲板、高强螺栓、弹簧、扭力杆、受冲击件、冲头、模具等
	850℃淬火,400℃回火	1402	1588	94	
	850℃淬火,500℃回火	1314	1412	127	
40SiMnCrNiMoV	870℃淬火,260℃回火	1657	1912	79	薄壁结构、壳体、装甲板、高强螺栓、弹簧、扭力杆、受冲击件、冲头、模具等
	890℃淬火,260℃回火	1630	1910	80.6	
	890℃淬火,600℃回火	1402	1515	94.0	
	1000℃淬火,260℃回火	1579	1883	86.0	
Cr12	980℃油淬,180℃回火	1770	2272	27.3	冷作模具、冷剪切刀、量规等
Cr12MoV	1020℃淬火,200℃回火	—	2060	23.7	冷镦模、冷冲模、冷剪切刃、切边模、拉延模、拉丝模等
	回火前加270℃等温处理	—	—	30.2	
	900℃淬火,200℃回火	—	—	20.2	
	1000℃淬火,200℃回火	—	—	22.5	
	1050℃淬火,200℃回火	—	—	25.2	
	1100℃淬火,200℃回火	—	—	29.3	
3Cr2W8V	1050℃淬火,550℃回火	1320	1440	27.5	热挤压模、热镦锻模和压铸模
	1100℃淬火,550℃回火	1590	1750	24.4	
	1100℃淬火,600℃回火	1390	1560	24.7	
	1150℃淬火,400℃回火	1480	1780	29.5	
	1150℃淬火,550℃回火	1600	1840	24.5	
	1150℃淬火,600℃回火	1650	1800	25.3	
	1150℃淬火,670℃回火	868	1030	54.7	
	1200℃淬火,600℃回火	1430	1600	26.7	
18Ni 马氏体时效钢	840℃空冷,480℃空冷	1720	1790	95~98	高强度耐蚀零构件

续表

材料	热处理	强度指标/MPa		K_{IC} /MPa·$\sqrt{m}$	主要用途
		R_{eL}	R_m		
铜钼球铁	正火	—	—	34～36	轴类
稀土球铁	880℃加热,310℃等温	—	—	50～53	轴类
高强度超硬铝合金	495℃淬火,160℃时效	540	598	19～21	飞机结构中的主要受力件
	455℃淬火,160℃时效	490	550	15～19	
	200℃稳定化处理				
Ti6Al4V 合金	热轧 40mm 板材,800℃退火	840	950	83～96	容器、泵、舰艇耐压壳体、坦克铝带等

① 由 J_{IC} 换算。

表 28-5-2　　耐热钢高温下的 K_{IC} 值

材料	热处理	R_m/MPa	试验温度/℃	K_{IC}/MPa·$\sqrt{m}$
30Cr2MoV	940℃正火,840℃油淬,700℃炉冷	719	20	74.6
			100	99.6
			200	144.8
			300	143.6
			450	159.1
			500	153.9
			550	145.8
38Cr2Mo2VA	1000℃油淬,600℃回火两次	1725	20	42.0
			50	48
			80	66
			120	70
			150	83
			250	102
			360	106
			400	106

表 28-5-3　　38Cr2Mo2VA 钢低温下的 K_{IC} 值

热处理	K_{IC}/MPa·$\sqrt{m}$				
	室温	0℃	−20℃	−40℃	−60℃
1000℃油淬+600℃回火两次,水冷	$\frac{59}{53～63}$	$\frac{58}{56～61}$	$\frac{52}{48～55}$	$\frac{50}{48～53}$	$\frac{47}{44～51}$
1000℃油淬+630℃回火两次,空冷	93	$\frac{82}{76～89}$	$\frac{62}{56～71}$	$\frac{60}{54～66}$	$\frac{53}{51～57}$

表 28-5-4　　30CrMnSiNi2A 钢低温下的 K_{IC} 值

试样情况	热处理	R_m	$R_{p0.2}$	试验温度/℃	K_{IC}/MPa·$\sqrt{m}$
		MPa			
三点弯曲试样 L-C 方向	900℃加热,200℃等温+280℃回火,空冷	1660	1528	20	85.4
		—	—	−40	76.4
		—	—	−60	65.1

续表

试样情况	热处理	R_m MPa	$R_{p0.2}$ MPa	试验温度/℃	K_{IC} /MPa·$\sqrt{m}$
三点弯曲试样 L-C方向	900℃加热 230℃等温+260℃回火,空冷	1640	1518	20	91.0
		—	—	−40	74.3
		—	—	−60	70.8
三点弯曲试样 L-C方向	900℃加热 260℃等温+250℃回火,空冷	1672	1496	20	83.4
		—	—	−40	68.5
		—	—	−60	60.6
	300℃等温+230℃回火,空冷	1633	1488	20	93.9
		—	—	−40	69.7
		—	—	−60	66.8
	330℃等温+230℃回火,空冷	1419	1282	20	95.8
		—	—	−40	65.1
		—	—	−60	61.1

表 28-5-5 ZG28CrMnSiNi2 钢低温下的 K_{IC} 值

热处理	试验温度/℃	试样厚度/mm	K_{IC} /MPa·$\sqrt{m}$
900℃加热,180℃等温+200℃回火	20	15	73.1
		20	74.8
		25	83.2
		30	77.9
		35	91.8
	−20	15	65.4
	−40	15	60.2
	−60	15	58.0
900℃油淬+200℃回火	20	25	84.4

5.2 裂纹扩展特性与裂纹扩展速率

5.2.1 裂纹扩展过程

在实际工程问题中,由试验测定材料的断裂韧度 K_{IC},通过无损探伤测定零件中的最大裂纹尺寸 a_0,根据 $K_{IC} = \alpha\sigma\sqrt{\pi a_c}$ 求得裂纹扩展时的临界尺寸 a_c。当 $a < a_c$ 时,按照脆断判据,零件是安全的,表示在静载下不会发生脆断。但是在循环载荷作用下,裂纹可能由 a_0 逐渐扩展到临界尺寸 a_c,突然发生脆断。这种裂纹扩展阶段寿命的估算,成为疲劳寿命估算的一个重要组成部分。

由材料的等幅载荷试验表明,疲劳裂纹扩展速率 da/dN 是应力强度因子幅度 ΔK 的函数。其关系曲线在双对数坐标上是一条 S 形曲线。对于 I 型裂纹,如图 28-5-2 所示,(da/dN)-ΔK 曲线可划分成三个区域:I 区、II 区和 III 区。

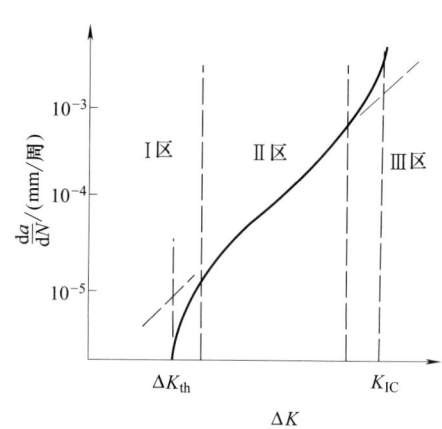

图 28-5-2 (da/dN)-ΔK 曲线

I 区为裂纹不扩展区,这时 $\Delta K < \Delta K_{th}$,ΔK_{th} 称为界限应力强度因子,又称门槛值。III 区为裂纹快速扩展区,也称失稳扩展区,在此区内,K_{max} 快速接近平面应变材料的断裂韧度 ΔK_{IC},由于其扩展速率很高,因此该区的裂纹扩展寿命很短,故在计算疲劳裂纹扩展寿命时将其忽略。II 区为裂纹扩展区,该区是决定裂纹扩展寿命的主要区域。在此区域内,(da/dN)-ΔK 曲线在双对数坐标上呈线性关系。其裂纹扩展速率可用 Paris 公式表示:

$$\frac{da}{dN} = C(\Delta K)^m \qquad (28\text{-}5\text{-}6)$$

式中 m——材料常数，直线的斜率，多数材料 m 取值为 2～4；

C——材料常数，直线的截距。

影响裂纹扩展的因素很多，除了 ΔK 是影响裂纹亚临界扩展的关键物理量外，应力比、载荷顺序、环境和加载频率等对裂纹扩展均有较大的影响。图 28-5-3 是不同应力比 r 情况下（da/dN）-ΔK 曲线。

5.2.2 裂纹扩展门槛值 ΔK_{th}

疲劳裂纹扩展门槛值 ΔK_{th} 一般用降载法测定。在应力比 r 不变的条件下分级降载，使在每级载荷下，持续试验的裂纹扩展增量 Δa 大于上一级载荷对应的裂纹尖端塑性区尺寸的 2～3 倍，直至平均裂纹扩展速率 $\Delta a/\Delta N$ 接近 10^{-7} mm/周时，试验结束。表 28-5-6～表 28-5-8 为一些材料的疲劳裂纹扩展门槛值 ΔK_{th}。

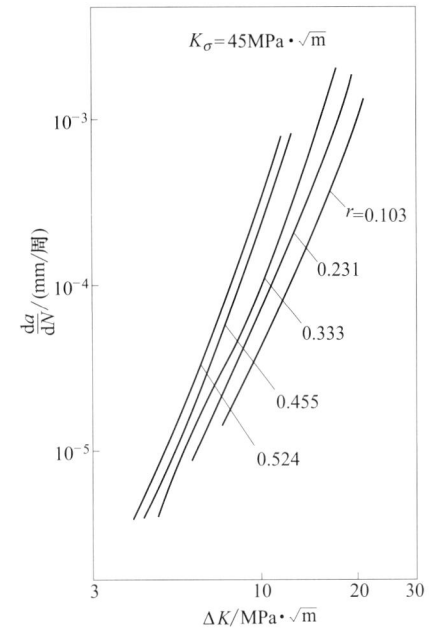

图 28-5-3 应力比对（da/dN）-ΔK 的影响

表 28-5-6 各种材料的疲劳裂纹扩展门槛值 ΔK_{th}

材料	抗拉强度 R_m/MPa	应力强度因子比 r'	ΔK_{th}（裂纹长度为 0.5～5mm）/MPa·$\sqrt{m}$	材料	抗拉强度 R_m/MPa	应力强度因子比 r'	ΔK_{th}（裂纹长度为 0.5～5mm）/MPa·$\sqrt{m}$
低碳钢	430	−1	6.36	低合金结构钢	830	−1	6.26
		0.13	6.61			0	6.57
		0.35	5.15			0.33	5.05
		0.49	4.28			0.50	4.40
		0.64	3.19			0.64	3.29
		0.75	3.85			0.75	2.20
镍铬钢	919	−1	6.36	铜	215	−1	2.67
马氏体时效钢	1990	0.67	2.70			0	2.53
镍铬高强度钢	1686	−1	1.76			0.33	1.76
18-8 奥氏体不锈钢	—	−1	6.05			0.56	1.54
		0	6.05			0.80	1.32
		0.33	5.92	磷青铜	323	−1	3.75
		0.62	4.62			0.33	4.06
		0.74	4.06			0.50	3.19
铝	76	−1	1.02		362	0.74	2.42
		0	1.65	黄铜(60/40)	323	−1	3.08
		0.33	1.43			0	3.50
		0.53	1.21			0.33	3.08
铬镍铁合金 ($w_{Ni}=80\%, w_{Cr}=14\%, w_{Fe}=6\%$)	415	−1	6.39			0.51	2.64
		0	7.13			0.72	2.64
		0.57	4.71	钛（工业纯）	539	0.62	2.20
		0.71	3.94	镍	431	−1	5.92
4.5%Cu-Al 合金	446	−1	2.09			0	7.91
		0	2.09			0.33	6.48
		0.33	1.65			0.57	5.15
		0.50	1.54			0.71	3.63
		0.67	1.21				

注：应力强度因子比 $r' = K_{min}/K_{max}$，当不计裂纹闭合效应时，它等于应力比。

表 28-5-7　　材料的疲劳裂纹扩展门槛值 ΔK_{th}

材料	热处理	强度指标/MPa R_{eL}	强度指标/MPa R_m	应力强度因子比 r'	ΔK_{th} /MPa·$\sqrt{m}$
Q235A	热轧	303	450	0.1	4.19
Q235A(F)	热轧	256	428	0.1	7.30
Q235B	热轧	300	441	0.1	6.35
20	920℃正火	307	463	0.1	11.04
20g	热轧	277	432	0.2	6.68
45	850℃正火	377	624	—	10.23
45	840℃水淬,560℃回火	518	735	—	3.98
10Ti	热轧	456	539	—	0.815
16Mn	热轧	361	586	0.1	10.66
16MnL	热轧	361	570	0.2	8.61
16MnR	热轧	378	582	0.2	6.87
16Mng	热轧	369	553	0.2	9.51
15MnV	880℃正火	392	612	0.1	8.67
20Ni2Mo	890℃加热 30min 空冷,570℃ 1h 回火,空冷	485	651	0.1	8.24
25Cr2MoV	890℃油淬,670℃回火	1042	1090	0.1	9.35
35Mn2	840℃水淬,550℃回火	861	937	0.1	8.37
35CrMo	840℃水淬,590℃回火	781	927	0.2	5.64
40Cr	850℃油淬,560℃回火,空冷	805	940	0.2	6.92
40MnB	860℃油淬,500℃回火	843	1037	0.2	6.95
40MnB	860℃油淬,600℃回火	726	840	0.2	9.94
40CrNiMo	900℃正火,850℃油淬,620℃回火,油冷	866	972	0.2	5.54
18Cr2Ni4W	870℃油淬,560℃回火,空冷	952	1039	0.2	4.22
40CrMnSiMoV	920℃加热,180℃等温,200℃回火,空冷	1398	1816	$r=0$	4.3
40CrMnSiMoV	920℃加热,180℃等温,200℃回火,空冷	1398	1816	$r=0.1$	4.0
40CrMnSiMoV	920℃加热,180℃等温,200℃回火,空冷	1398	1816	$r=0.3$	3.4
40CrMnSiMoV	920℃加热,300℃等温,空冷	1320	1709	$r=0$	6.4
40CrMnSiMoV	920℃加热,300℃等温,空冷	1320	1709	$r=0.1$	5.9
40CrMnSiMoV	920℃加热,300℃等温,空冷	1320	1709	$r=0.3$	5.1
60Si2Mn	880℃油淬,550℃回火	1164	1278	—	6.14
2Cr13	1000℃油淬,700℃回火	563	747	—	6.62
3Cr13	950℃油淬,600℃回火	672	842	$r=0.1$	6.35
0Cr18Ni9	1080~1130℃水淬	220	613	$r=0.2$	9.94
00Cr17Ni14M02	1100℃油淬	222	550	0.2	8.67
ZG0Cr13Ni6Mo	1000℃加热,空冷,620℃回火,空冷,590℃回火,空冷	581	779	0.6	3.44
BHW35(德国引进)	920℃正火,620℃回火	538	670	0.2	7.09
25Cr2Ni3MoV	840℃喷水冷却,600℃回火	737	854	0.1	6.54
28CrNiMoV	950℃油淬,700℃回火	575	748	0.2	8.07
30Cr2Ni4MoV	830~1010℃正火,二次回火	766	874	0.1	8.22
QT600-3	930℃正火,600℃回火	525	896	0.2	8.0

表 28-5-8　　30CrMnSiNi2A 钢的疲劳裂纹扩展门槛值 ΔK_{th}

热处理	试样表面状态	R_m MPa	R_{eL} MPa	ΔK_{th}/MPa·$\sqrt{m}$ $r=0$	$r=0.1$	$r=0.3$	$r=0.5$
900℃加热,260℃等温+260℃回火,空冷	未喷丸	1602	1309	4.8	4.5	3.7	3.1
900℃加热,260℃等温+260℃回火,空冷	喷丸	1602	1309	6.5	—	—	4.7

5.2.3 裂纹扩展速率 da/dN

裂纹扩展速率用 Paris 公式表示，即式 (28-5-6)。

表 28-5-9～表 28-5-11 是一些材料的裂纹扩展速率的 C 及 m 值。图 28-5-4～图 28-5-28 为金属室温下的 (da/dN)-ΔK 曲线。图 28-5-29～图 28-5-34 为金属低温下的 (da/dN)-ΔK 曲线。

表 28-5-9   材料的裂纹扩展速率公式 $[da/dN=C(\Delta K)^m]$

材料名称	C	m	备注
软钢	2.96×10^{-9}	3.3	
25	6.49×10^{-10}	3.6	
30	9.30×10^{-11}	4.6	
40	1.04×10^{-9}	3.0	
40A	1.15×10^{-9}	3.58	
15MnMoVCu	1.12×10^{-9}	3.6	
22K	4.11×10^{-10}	4.05	
20G	1.25×10^{-8}	2.58	
铁素体珠光体钢	7.04×10^{-9}	3.0	
奥氏体钢	5.84×10^{-9}	3.25	
1Cr13	1.14×10^{-7}	2.14	
17CrMo1V	1.18×10^{-8}	2.58	
34CrMo1A	5.67×10^{-9}	2.97	公式 $\dfrac{da}{dN}=C(\Delta K)^m$ 中，ΔK 以 $MPa\cdot\sqrt{m}$ 计，$\dfrac{da}{dN}$ 以 mm/周计；如 $\dfrac{da}{dN}$ 以 m/周计时，C 值当乘上 10^{-3}
30Cr2MoV	5.69×10^{-10}	3.68	
34CrNi3Mo	2.47×10^{-8}	2.5	
34CrNi3MoV	2.10×10^{-9}	3.18	
14MnMoNbB	2.61×10^{-8}	2.5	
14MnMoVB	6.71×10^{-9}	3.0	
18MnMoNb	1.82×10^{-10}	3.8	
20SiMn2MoV	2.92×10^{-8}	2.4	
30CrNiMoA	$(1.51\sim2.65)\times10^{-8}$	2.5	
14SiMnCrNiMoA	5.95×10^{-8}	2.44	
30CrMnSiNi2MoA	1.74×10^{-8}	2.44	
50Mn18Cr4WN	3.51×10^{-10}	3.7	
GH36	1.78×10^{-8}	2.63	
马氏体钢	1.39×10^{-7}	2.25	
HY-130	5.01×10^{-7}	2.13	
HY-80	2.84×10^{-8}	2.54	
铝合金 7A09	2.16×10^{-8}	3.96	
铝合金 2A14	2.35×10^{-7}	3.44	

表 28-5-10   材料的裂纹扩展速率公式 $[da/dN=C(\Delta K)^m]$

材料	热处理	强度指标/MPa R_{eL}	强度指标/MPa R_m	C	m	说明
Q235A	热轧(纵向取样)	303	454	2.68×10^{-10}	3.78	纵向试样 $r=0.1$
Q235A(F)	热轧	256	428	4.86×10^{-10}	3.64	$r=0.1$
Q235B	热轧	300	441	3.16×10^{-8}	2.83	$r=0.1$
20	920℃正火,保温 1.5h,空冷	307	463	2.11×10^{-11}	3.46	$r=0.1$
20g	热轧	277	432	2.10×10^{-8}	2.49	$r=0.2$
45	850℃正火	377	624	1.04×10^{-10}	4.39	
45	840℃水淬,560℃回火	518	735	4.55×10^{-9}	3.36	

续表

材料	热处理	强度指标/MPa R_{eL}	强度指标/MPa R_m	C	m	说明
55	840℃正火,820℃淬火,600℃回火	627	834	1.16×10^{-8}	3.30	$r=0.2$
	840℃淬火,560℃回火	525	727	4.55×10^{-9}	3.36	
10Ti	热轧	456	539	3.7×10^{-7}	1.36	
16Mn	热轧	361	586	1.06×10^{-13}	4.66	$r=0.1$
16MnL	热轧	361	570	4.54×10^{-10}	3.78	$r=0.2$
16MnR	热轧	378	582	3.0×10^{-10}	3.91	$r=0.2$
16Mng	热轧	369	553	1.55×10^{-10}	3.85	$r=0.2$
15MnV	880℃正火	392	612	5.42×10^{-11}	4.69	$r=1$
12Cr2Ni4	880℃油淬,600℃回火	703	793	8.14×10^{-8}	2.24	$r=0.25$
16MnCr5	900℃油淬,870℃油淬,200℃回火	1187	1373	1.15×10^{-11}	3.47	$r=0.16$
20Cr2Ni4A	880℃油淬,780℃油淬,200℃回火	1292	1483	4.77×10^{-9}	2.06	$r=0.1$
20CrMnSi	880℃油淬,580℃回火,油冷	653	789	1.49×10^{-8}	2.80	$r=0.25$
20Ni2Mo	890℃加热30min空冷,570℃1h回火,空冷	485	651	1.10×10^{-10}	2.85	$r=0.1$
20MnCr5	900℃油淬,870℃油淬,200℃回火	1232	1482	2.48×10^{-9}	2.905	$r=0.1$
25Cr2MoV	890℃油淬,670℃回火	1042	1090	3.02×10^{-7}	1.22	$r=0.1$
35Mn2	840℃水淬,550℃回火	861	937	1.76×10^{-8}	2.39	$r=0.1$
35CrMo	840℃水淬,590℃回火	781	927	3.57×10^{-9}	2.78	$r=0.2$
40Cr	850℃油淬,560℃回火,空冷	805	940	1.72×10^{-10}	4.43	$r=0.2$
40MnB	860℃油淬,500℃回火	843	1037	1.31×10^{-7}	2.41	$r=0.2$
	860℃油淬,600℃回火	726	840	4.08×10^{-8}	2.58	
40MnVB	850℃油淬,500℃回火,油冷	1031	1111	9.76×10^{-9}	2.83	$r=0.1$
40CrNiMo	900℃正火,850℃油淬,620℃回火,油冷	866	972	2.90×10^{-8}	2.86	$r=0.2$
18Cr2Ni4W	870℃油淬,560℃回火,空冷	952	1039	4.11×10^{-9}	3.21	$r=0.2$
40CrMnMo	850℃油淬,600℃回火,油冷	869	977	1.00×10^{-9}	3.51	$r=0.25$
42CrMo	850℃油淬,580℃回火,空冷	1047	1134	1.76×10^{-8}	2.68	$r=0.1$
ZG22CrMnMo	900℃油淬,530℃回火	835	1175	1.44×10^{-9}	2.47	$r=0.1$
ZG25CrMnSiMo	900℃油淬,200℃等温,230℃回火	1175	1470	1.03×10^{-8}	2.32	—
ZG28CrMnSiNi2	930℃正火,900℃加热,180℃等温,200℃回火	1238	1686	1.135×10^{-9}	2.71	$r=0.1$
9Cr18	850℃预热,1070℃淬火,-78℃冷处理,160℃回火	—	1552	3.09×10^{-15}	6.14	$r=0.1$
GCr15	850~860℃油淬,160℃回火	1617	2280	9.14×10^{-7}	4.41	$r=0.1$

续表

材　料	热　处　理	强度指标/MPa		C	m	说　明
		R_{eL}	R_m			
GCr15A	850~860℃油淬,160℃回火	—	1902	3.46×10^{-10}	2.36	$r=0.1$
GCr15SiMn	830~840℃油淬,160℃回火	—	1813	1.46×10^{-11}	3.40	$r=0.1$
GCr15SiMnA	830~840℃油淬,160℃回火	—	1906	3.21×10^{-7}	1.60	$r=0.2$
55Si2Mn	880℃油淬,400℃回火	1715	1866	2.38×10^{-9}	3.42	$r=0.11$
55SiMnVB	860℃油淬,460℃回火	1348	1536	2.48×10^{-7}	1.78	$r=0.2$
60Si2Mn	880℃油淬,550℃回火	1164	1278	3.22×10^{-10}	4.27	
2Cr13	1000℃油淬,700℃回火	563	747	1.57×10^{-8}	2.79	—
3Cr13	950℃油淬,600℃回火	672	842	3.52×10^{-11}	4.94	$r=0.1$
0Cr18Ni9	1080~1130℃水淬	220	613	4.61×10^{-9}	3.05	$r=0.2$
1Cr18Ni9Ti	1050℃空冷或水冷	275	608	6.45×10^{-10}	4.03	$r=0.1$
1Cr17Ni2	1030℃油淬,550℃回火	937	1085	1.79×10^{-7}	2.06	$r=0.2$
00Cr17Ni14Mo2	1100℃油淬	222	550	1.014×10^{-10}	4.17	$r=0.1$
ZG1Cr13	850℃正火	678	824	3.31×10^{-10}	4.03	$r=0.25$
ZG0Cr13Ni6Mo	1000℃加热,空冷,620℃回火,空冷 590℃回火,空冷	581	779	3.00×10^{-9}	3.49	$r=0.6$
10Cr2Mo1	915℃正火,700℃回火	391	568	7.24×10^{-11}	2.92	$r=0.1$
13MnNiMoNb	930℃正火,630℃回火	564	676	1.39×10^{-10}	4.17	$r=0.1$
BHW35（德国引进）	920℃正火,620℃回火	538	670	1.88×10^{-10}	3.10	$r=0.2$
19Mn5	900℃正火,600℃消除应力退火	372	539	1.60×10^{-9}	3.54	$r=0.1$
25Cr12Ni3MoV	840℃喷水冷却,600℃回火	737	854	3.63×10^{-11}	3.26	$r=0.1$
28CrNiMoV	950℃油淬,700℃回火	575	748	5.56×10^{-9}	2.79	$r=0.2$
30Cr1Mo1V	预备热处理后,955℃加热,风冷,680℃回火,炉冷,再除应力处理	632	789	4.2×10^{-12}	2.93	$r=0.1$
ZG15Cr2Mo	950℃正火,705℃回火	399	575	2.93×10^{-11}	3.10	
SA299（国外引进）	热轧	334	558	9.50×10^{-15}	3.44	$r=0.1$
34CrNi3Mo	840℃正火,600℃回火	623	796	4.74×10^{-9}	3.07	$r=0.1$
20Cr3WMoV	1150℃正火,1050℃油淬,700℃回火	746	877	1.16×10^{-9}	3.37	—
30Cr2Ni4MoV	830~1010℃正火,二次回火	766	874	1.65×10^{-9}	3.26	$r=0.1$
QT600-3	930℃正火,600℃回火	525	896	2.04×10^{-9}	3.78	$r=0.2$
QT800-2	铸后余热正火	—	842	1.15×10^{-7}	2.29	$r=0.1$
ZG317-570	840℃水淬,550℃回火	915	1012	6.75×10^{-15}	3.49	$r=0.4$
ZG340-640	830℃水淬,600℃回火	973	1044	6.55×10^{-9}	2.83	—

续表

材料	热处理	强度指标/MPa		C	m	说明
		R_{eL}	R_m			
ZG20SiMn	900~920℃正火,随炉冷到250℃空冷	327	516	2.26×10^{-10}	3.99	$r=0.11$
30Cr2MoV	—	—	—	5.69×10^{-10}	3.68	—
2A/14 铝合金	—	—	—	2.35×10^{-7}	3.44	—
7A09 铝合金	—	—	—	2.16×10^{-8}	3.96	—

表 28-5-11　20Cr3WMoV 在高温下裂纹扩展速率公式中的参数 C、m 值

材料	热处理	R_m/MPa	温度/℃	C	m
20Cr3WMoV	1150℃正火,1050℃油淬,700℃回火	877	19	1.16×10^{-9}	3.37
			80	3.77×10^{-9}	3.06
			150	2.08×10^{-9}	3.16
			250	2.46×10^{-9}	3.09
			400	4.09×10^{-9}	3.13
			550	9.23×10^{-9}	2.90

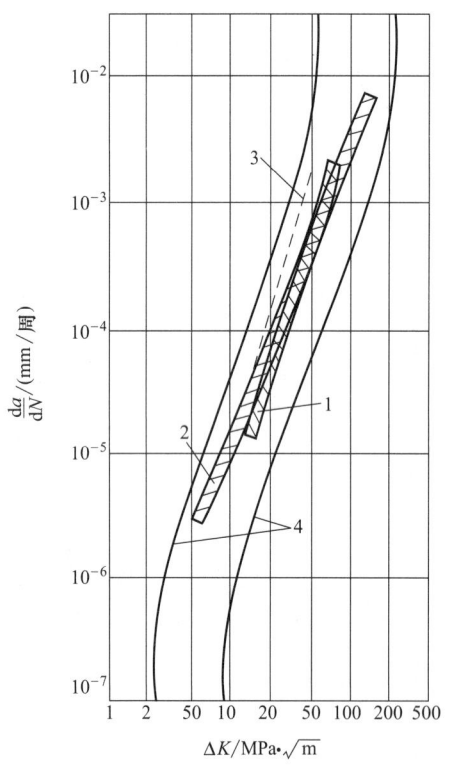

图 28-5-4　钢的疲劳裂纹扩展速度的离散带
1—铁素体珠光体钢；2—马氏体钢；
3—奥氏体不锈钢；4——般离散带

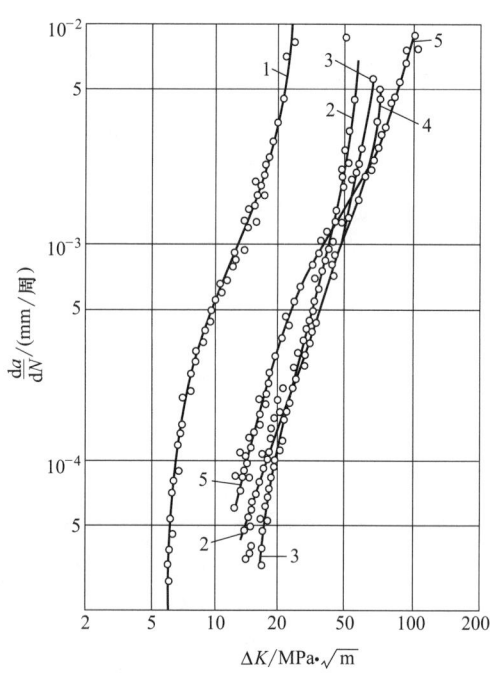

图 28-5-5　几种材料的裂纹扩展速度曲线
1—铝合金 2024-T4（相当于中国的 2A12）；2—SS41
（相当于中国钢号 Q255）；3—S45C（相当于
中国钢号 45）；4—HT-60；5—HT-80

第5章 裂纹扩展寿命估算方法

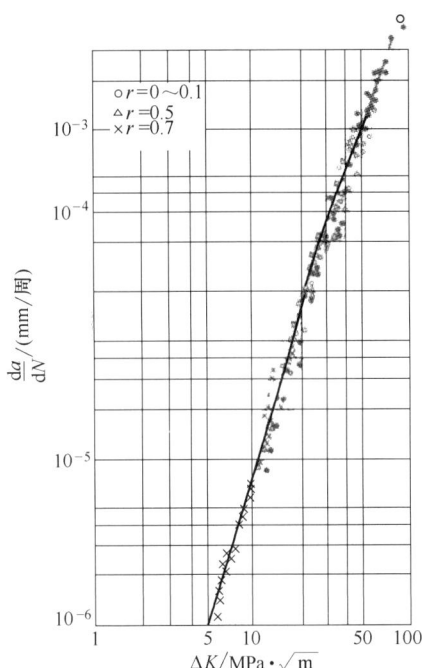

图 28-5-6 BS4360-50D 钢板的裂纹扩展速率曲线
（空气中，轴向加载）
钢板厚 76mm
钢的成分：$w_C=0.18\%$，$w_{Si}=0.37\%$，$w_{Mn}=1.38\%$，$w_{Nb}=0.034\%$
力学性能：$R_m=545MPa$，$R_{eL}=360MPa$
室温下试验，频率 $f=1\sim 10Hz$

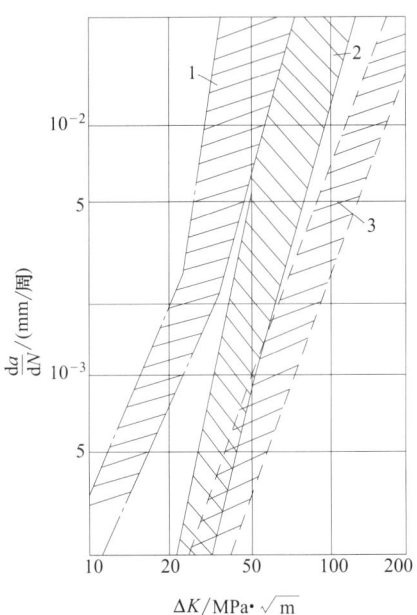

图 28-5-7 几种材料的裂纹扩展速率变化范围
1—硬铝合金；2—钛合金；3—碳钢、合金钢

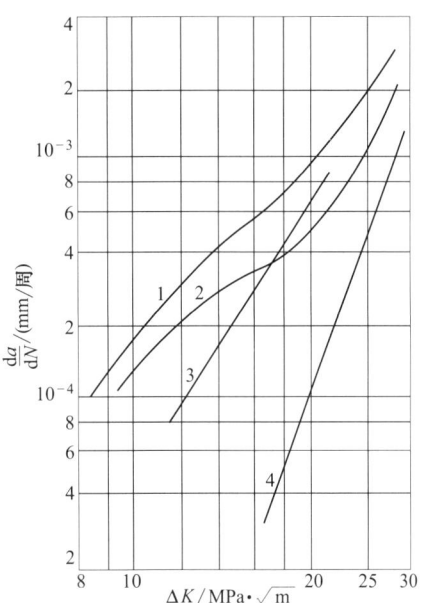

图 28-5-8 2024-T3 和 7075-T6 铝合金的裂纹
扩展速率曲线（试验频率 $f=20Hz$）
1—7075-T6，实验室空气；2—2024-T3，
实验室空气；3—7075-T6，干空气；
4—2024-T3，干空气

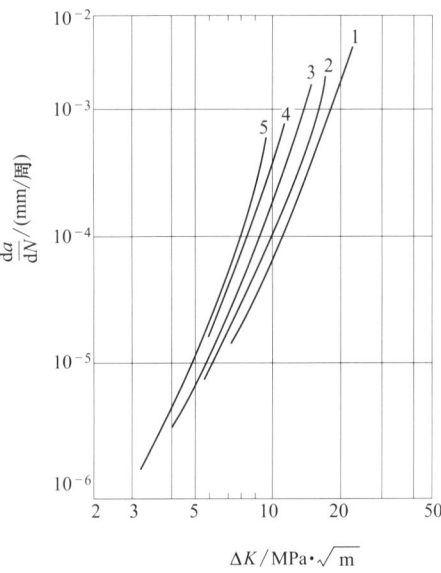

图 28-5-9 7075-T6 铝合金的裂纹扩展
速率曲线
应力强度因子 $r'=K_{min}/K_{max}$ 如下：
1—$r'=0.103$；2—$r'=0.231$；3—$r'=0.333$；
4—$r'=0.455$；5—$r'=0.524$

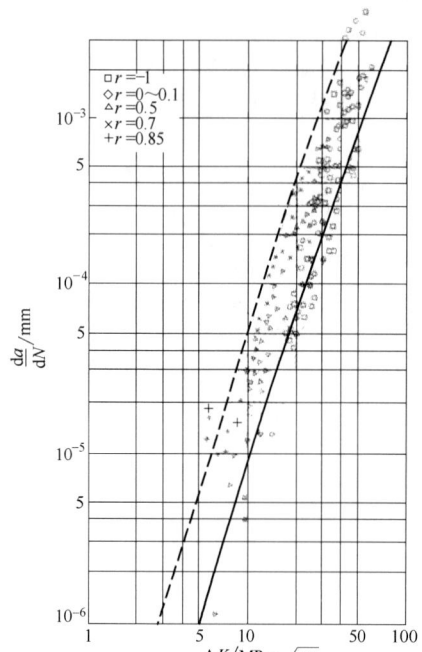

图 28-5-10　BS4360-50D 钢板的裂纹扩展速率曲线
（海水中，轴向加载）
钢板厚 38mm
化学成分：$w_C=0.17\%$，$w_{Si}=0.35\%$，$w_{Mn}=1.35\%$，
$w_{Nb}=0.03\%$
力学性能：$R_m=538$MPa，$R_{eL}=370$MPa
试验温度：5～10℃
试验频率：$f=0.1$Hz

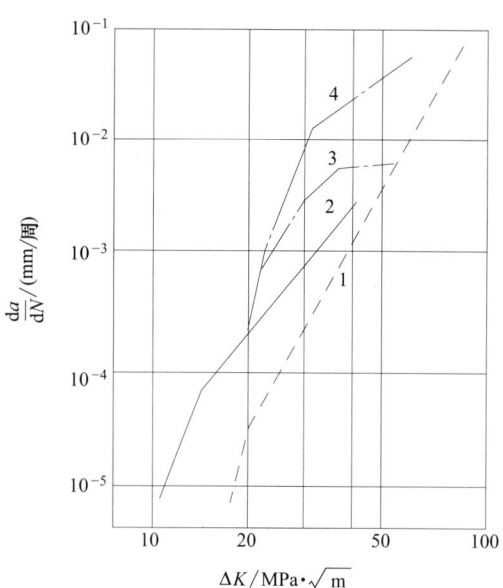

图 28-5-12　频率对 Ti-6Al-4V 钛合金的疲劳裂纹扩展的影响
（在 $w_{NaCl}=3.5\%$ 水溶液中）
1—空气；2—20～30Hz；3—2Hz；4—0.5Hz

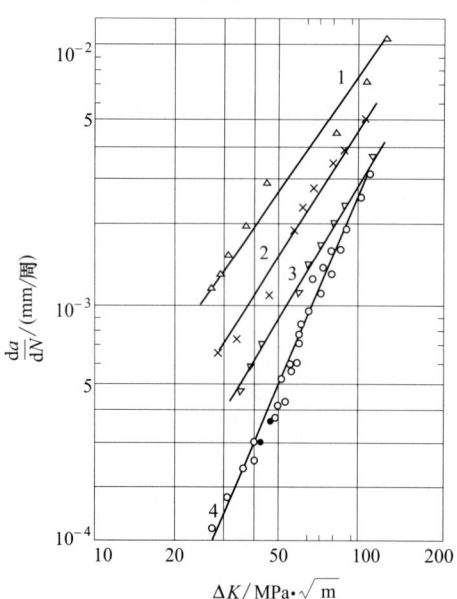

图 28-5-11　HY-130 海军合金钢在天然流动海水中
的疲劳裂纹扩展速率曲线
1—海水（-1050mV），频率 1min^{-1}；2—海水
（-1050mV），频率 10min^{-1}；3—海水
（-665mV），频率 10min^{-1}；4—实验
室空气，频率 30min^{-1}

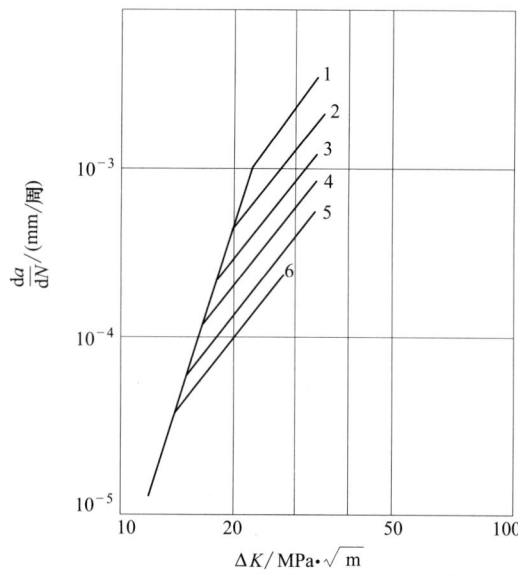

图 28-5-13　加载频率对 304 型不锈钢高温（538℃）
疲劳裂纹扩展速度的影响
1—频率 $f=0.08\text{min}^{-1}$；2—$f=0.4\text{min}^{-1}$；
3—$f=4\text{min}^{-1}$；4—$f=40\text{min}^{-1}$；
5—$f=400\text{min}^{-1}$；6—$f=4000\text{min}^{-1}$

第 5 章 裂纹扩展寿命估算方法

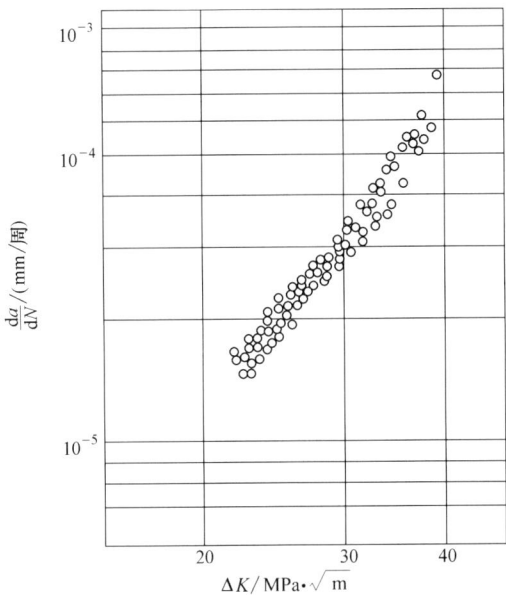

图 28-5-14　40CrMnSiMoVA 钢（$r=0.1$）(da/dN)-ΔK 曲线
920℃加热，180℃等温，260℃回火，空冷
（$R_m=1820$MPa，轴向加载）

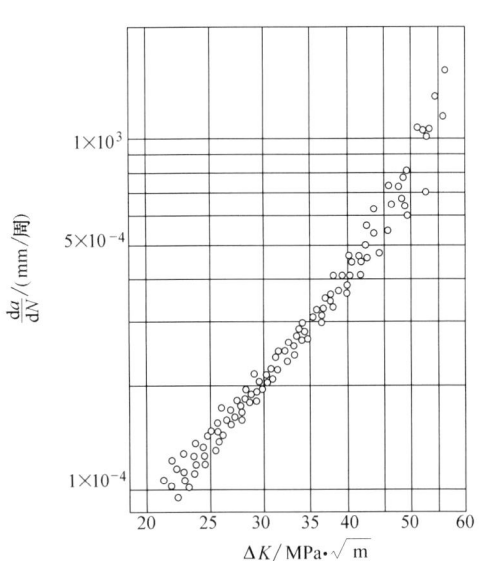

图 28-5-16　30CrNiSiNi2A 钢棒材（$r=0.1$）(da/dN)-ΔK 曲线
900℃加热，240℃等温，250℃回火，$R_m=1597$MPa

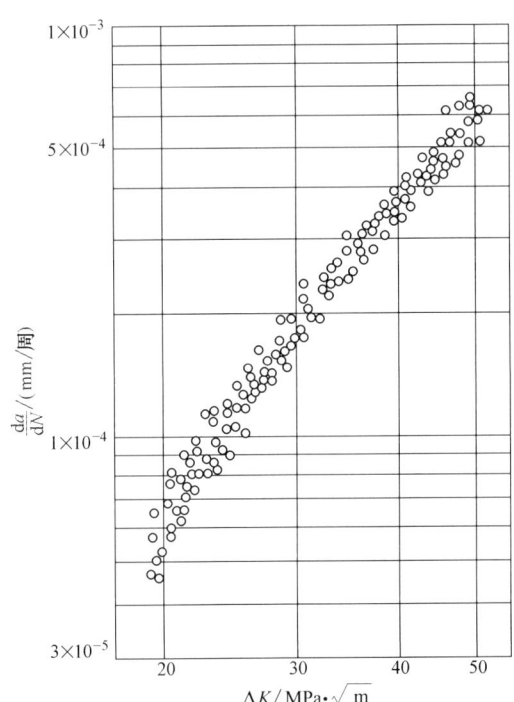

图 28-5-15　40CrMnSiMoVA 钢（$r=0.1$）(da/dN)-ΔK 曲线
920℃加热，300℃等温，空冷
$R_m=1820$MPa，轴向加载

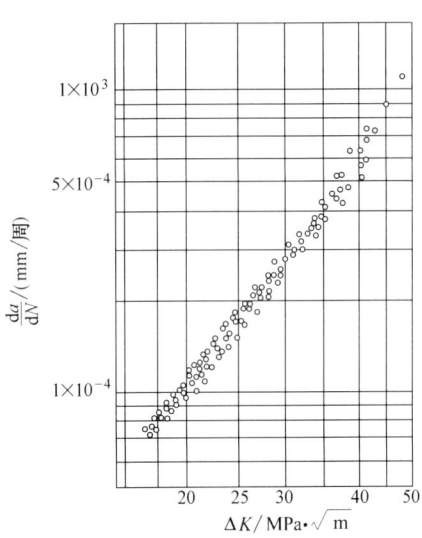

图 28-5-17　30CrMnSiNi2A 钢棒材（$r=0.3$）(da/dN)-ΔK 曲线
900℃加热，240℃等温，250℃回火，$R_m=1597$MPa

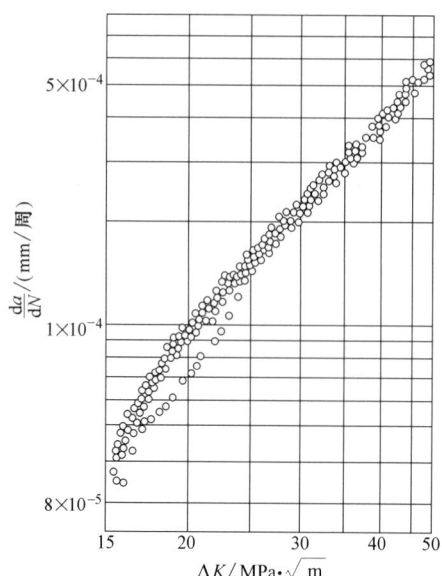

图 28-5-18　30CrMnSiNi2A 钢棒材（$r=0.6$）(da/dN)-ΔK 曲线
900℃加热，240℃等温，250℃回火，$R_m=1597$MPa

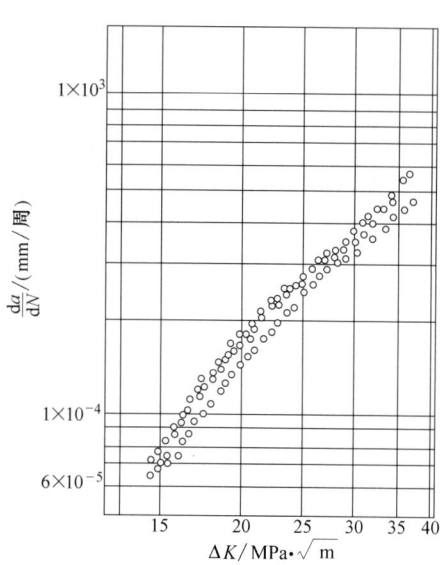

图 28-5-20　30CrMnSiNi2A 钢锻板（$r=0.2$）(da/dN)-ΔK 曲线
900℃加热，220℃等温，250℃回火，$R_m=1763$MPa

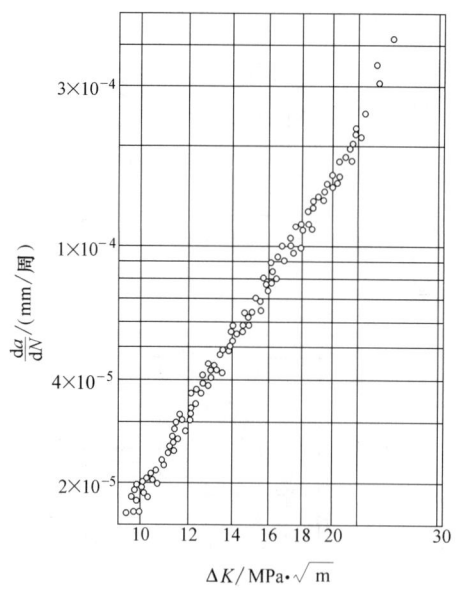

图 28-5-19　30CrMnSiNi2A 钢锻坯（$r=0.1$）(da/dN)-ΔK 曲线
900℃油淬，260℃回火，$R_m=1702$MPa

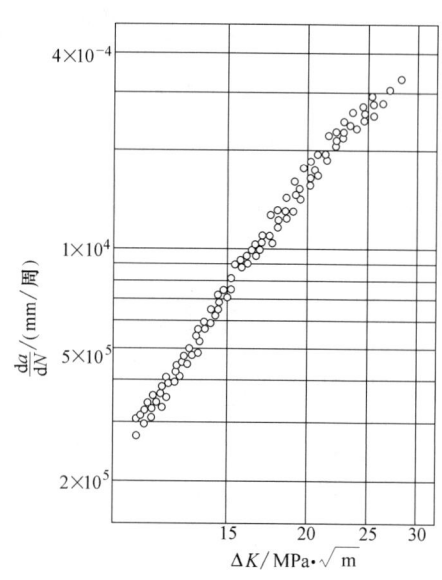

图 28-5-21　30CrMnSiNi2A 钢锻板（$r=0.4$）(da/dN)-ΔK 曲线
900℃加热，220℃等温，250℃回火，$R_m=1763$MPa

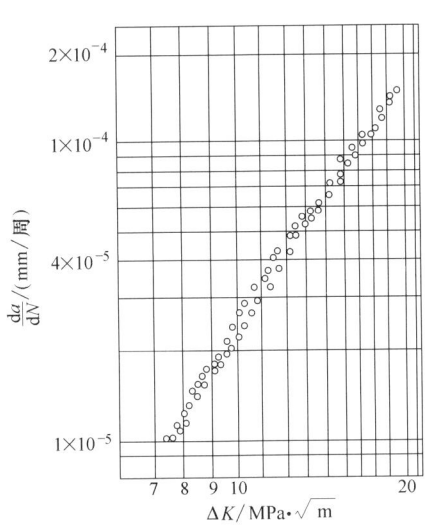

图 28-5-22 30CrMnSiNi2A 钢锻板 ($r=0.6$)(da/dN)-ΔK 曲线
900℃加热，220℃等温，250℃回火，$R_m=1763$MPa

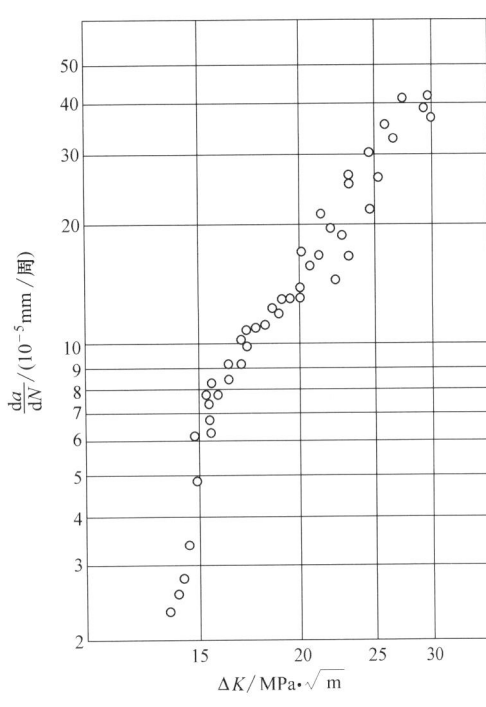

图 28-5-24 ZG25CrMnSiMo 钢 ($r=0.1$)(da/dN)-ΔK 曲线
900℃加热，200℃等温，230℃回火 $R_m=1470$MPa

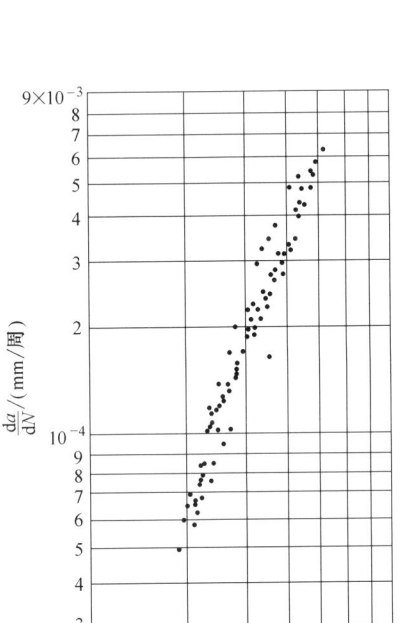

图 28-5-23 40CrNi2Si2MoVA 钢 ($r=0.1$)(da/dN)-ΔK 曲线
870℃油淬，300℃回火两次，$R_m=1945$MPa

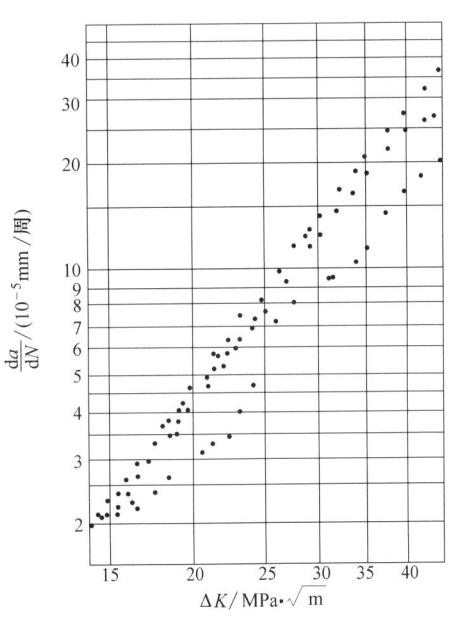

图 28-5-25 ZG22CrMnMo 钢 ($r=0.1$)(da/dN)-ΔK 曲线
900℃油淬，530℃回火，$R_m=1175$MPa

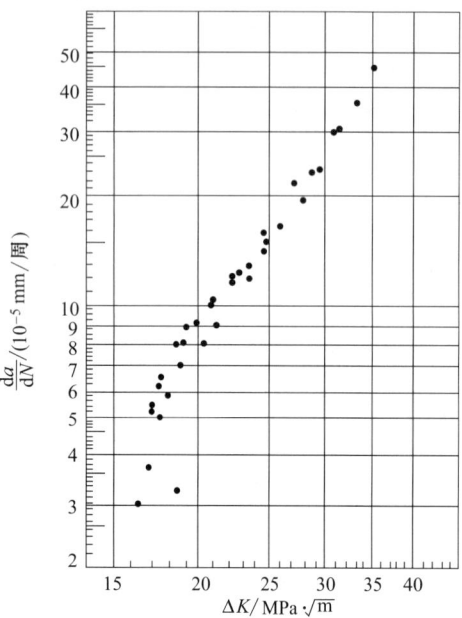

图 28-5-26　ZG28CrMnSiNi2 钢（$r=0.1$）（da/dN）-ΔK 曲线
930℃ 正火，900℃ 加热，180℃ 等温，200℃ 回火 $R_m=1686$MPa

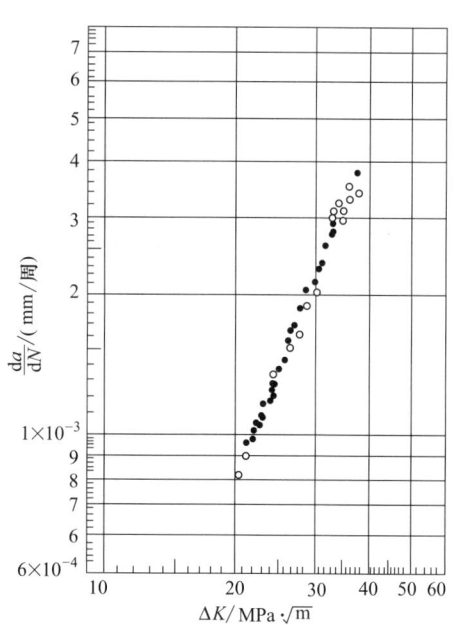

图 28-5-28　38Cr2Mo2VA 钢（$r=0.1$）（da/dN）-ΔK 曲线
1000℃ 油淬，630℃ 回火两次，$R_m=1555$MPa

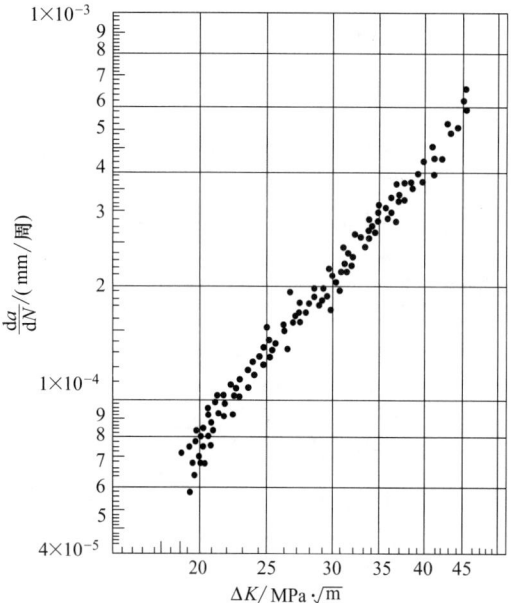

图 28-5-27　38Cr2Mo2VA 钢（$r=0.1$）（da/dN）-ΔK 曲线
1000℃ 油淬，600℃ 回火两次，$R_m=1725$MPa

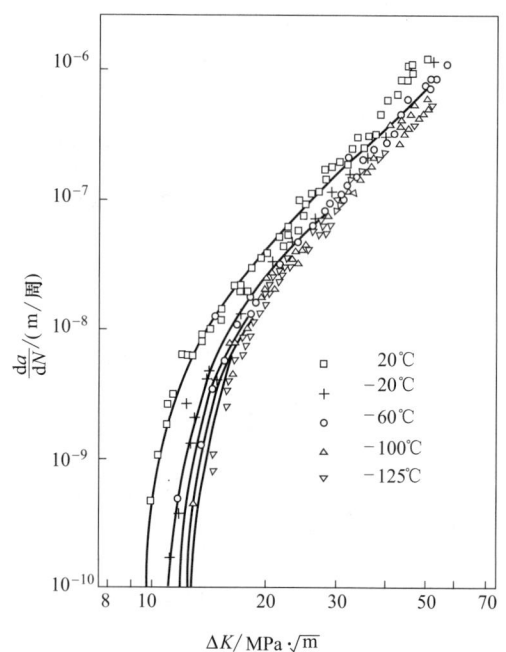

图 28-5-29　16Mn 钢在低温下（正火）（$r=0.1$）的
（da/dN）-ΔK 曲线

第 5 章 裂纹扩展寿命估算方法

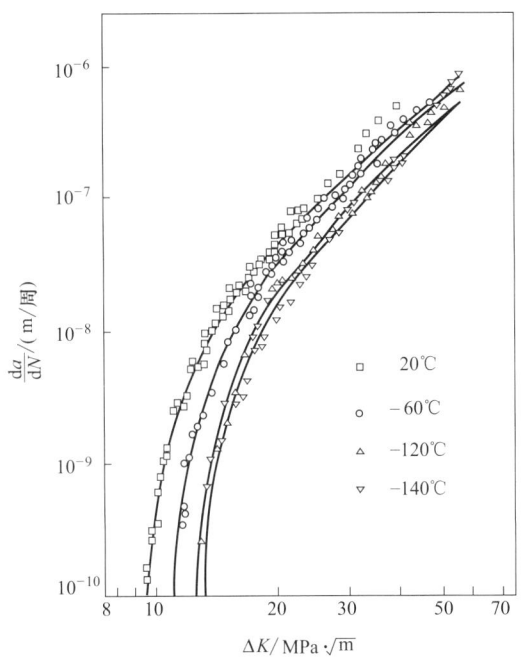

图 28-5-30 16Mn 钢（$r=0.1$）在低温下的 $(\mathrm{d}a/\mathrm{d}N)$-$\Delta K$ 曲线（热轧态）

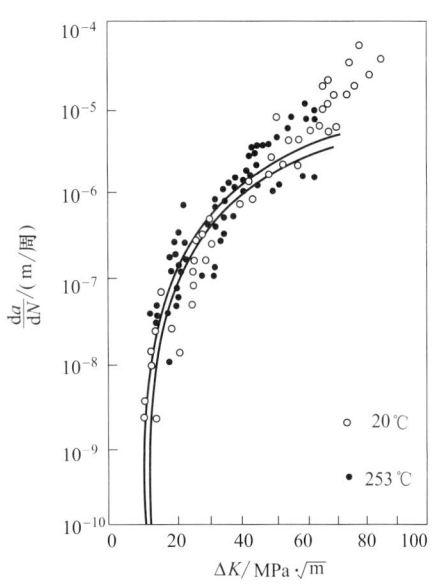

图 28-5-32 Ti-5Al-2.5Sn 钛合金（$r=0.05$）在低温下的 $(\mathrm{d}a/\mathrm{d}N)$-$\Delta K$ 曲线

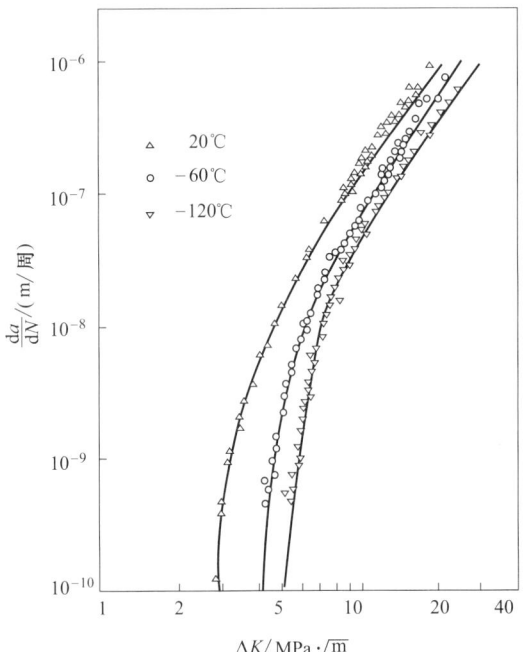

图 28-5-31 2A12CZ 铝合金（$r=0.1$）在低温下的 $(\mathrm{d}a/\mathrm{d}N)$-$\Delta K$ 曲线

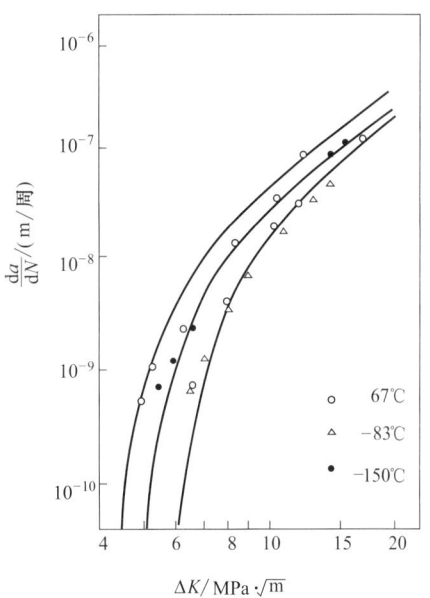

图 28-5-33 Ti-30Mo 钛合金（$r=0.05$）在低温下的 $(\mathrm{d}a/\mathrm{d}N)$-$\Delta K$ 曲线

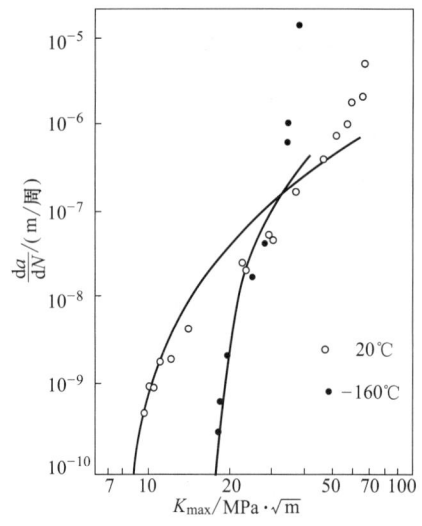

图 28-5-34 $w_C = 0.08\%$ 低碳钢 $(r \approx 0)$ 在低温下的 (da/dN)-ΔK 曲线

5.3 疲劳裂纹扩展寿命估算方法

对于线弹性裂纹体或准线弹性裂纹体，一般情况下用 Paris 裂纹扩展速率公式（28-5-6）估算裂纹扩展寿命

当 $m \neq 2$ 时

$$N_p = \frac{1}{\left(1-\frac{m}{2}\right)C_1(\Delta\sigma)^m}(a_c^{1-m/2} - a_0^{1-m/2}) \quad (28\text{-}5\text{-}7)$$

当 $m = 2$ 时

$$N_p = \frac{1}{C_1(\Delta\sigma)^2}\ln\frac{a_c}{a_0} \quad (28\text{-}5\text{-}8)$$

$$C_1 = Ca^m \pi^{m/2}$$

式中 C、m——Paris 公式中的常数，查表 28-5-9～表 28-5-11；

α——与裂纹的形状和位置、加载方式及试样的几何因素有关的系数，即应力强度因子可写成 $\Delta K = \alpha \Delta\sigma \sqrt{\pi a}$ 中的 α，可查断裂力学专著；

a_0——初始裂纹尺寸；

a_c——临界裂纹尺寸；

N_p——从初始裂纹尺寸扩展 a_0 到临界裂纹尺寸 a_c 的应力循环数。

应用上式估算零件的疲劳裂纹扩展寿命时，需要知道的基本数据有：在工作条件下，疲劳裂纹扩展速率公式中的材料数据；材料的断裂韧度 K_{IC} 或临界裂纹尺寸；初始裂纹尺寸、形状、位置及取向。

疲劳裂纹扩展速率公式中的材料数据和材料的断裂韧度是由实验测出的。临界裂纹尺寸可由断裂韧度求得

$$a_c = \frac{1}{\pi}[K_{IC}/(\alpha\sigma_{max})]^2 \quad (28\text{-}5\text{-}9)$$

初始裂纹的尺寸、形状、位置和取向，是指开始计算时，零件中的最大原始缺陷的尺寸、形状、位置和方向，这些可通过无损探伤技术检查出来。但无损探伤一般用于确定原始缺陷尺寸的上限。若无损探伤没有发现任何缺陷，则可认为该零件中可能存在的最大缺陷尺寸，刚好在所用的无损探伤设备的灵敏度水平以下。于是，可以假定这种可能存在的缺陷尺寸为初始裂纹尺寸。此外，还应假设这种初始裂纹，可能存在于关键零件的关键部位，并假设该裂纹面垂直于最大主拉伸应力的方向。所谓关键部位，一般指在最大应力区内。对于表面裂纹和内部裂纹，裂纹形状应这样假定，要使其对应的应力强度因子值，在整个裂纹扩展阶段中为最大，以上处理方法是偏于安全的。

5.4 算例

图 28-5-35 为汽轮发电机转子中的裂纹示意图。转子材料为调质 34CrNi3Mo，材料力学性能为：$R_m = 686\text{MPa}$，$R_{eL} = 549\text{MPa}$；$K_{IC} = 77.5\text{MPa} \cdot \sqrt{m}$。最危险的裂纹位置及尺寸为：$H = 350\text{mm}$，$2a_0 = 70\text{mm}$（设为圆片状裂纹），轴的转速为 3600r/min，求转子到断裂时的寿命。

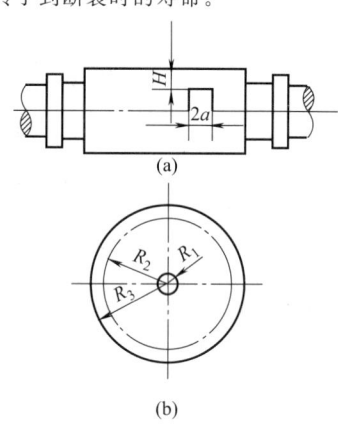

图 28-5-35 汽轮发电机转子中的裂纹示意图

解：1) 假设。转子的横截面形状如图 28-5-35 (b) 所示，计算应力时作如下假设：①转子的嵌线槽根部以外区域，作片状结构处理，以考虑离心力对中心部分的影响；片状结构部分的密度，按铜线密度 ρ_1 计算；②从中心孔到线槽根部，作为一个轴处理，此轴受上述均匀外载荷和自身的离心力。

2) 均布外载荷 p 的计算。由于片状区的平均密度为 ρ_1，转子的角速度为 ω，所以

$$pR_2\mathrm{d}\theta = \int_{R_2}^{R_3} \rho_1 r\mathrm{d}\theta \mathrm{d}r\omega^2 r$$

于是得

$$p = \frac{1}{3}\rho_1\omega^2(R_3^3 - R_2^3)/R_2$$

3) 周向应力的计算。设转子体的密度为 ρ,泊松比为 ν。

在半径为 R_2 的圆周上,由于 p 的作用而引起的周向(或称切向)应力 σ_t',按厚壁圆筒公式计算,即

$$\sigma_t' = \frac{pR_2^2}{R_2^2 - R_1^2}\left(1 + \frac{R_1^2}{r^2}\right)$$

由于转子本体(片状区内)的离心力引起的应力为

$$\sigma_t'' = \frac{3+V}{8}\rho\omega^2\left(R_2^2 + R_1^2 + \frac{R_1^2 R_2^2}{r^2} - \frac{1+3\nu}{3+\nu}r^2\right)$$

则转子的总周向应力为

$$\sigma_t = \sigma_t' + \sigma_t'' = \frac{3+V}{8}\rho\omega^2\left(R_2^2 + R_1^2 + \frac{R_1^2 R_2^2}{r^2} - \frac{1+3\nu}{3+\nu}r^2\right) + \rho_1\omega^2\frac{(R_3^3 - R_2^3)}{3(R_2^2 - R_1^2)}\left(1 + \frac{R_1^2}{r^2}\right)$$

式中,$V = \frac{\nu}{1-\nu}$,取 $\nu = 0.3$,则 $V = 0.429$。

在本例中的数据如下:
对于钢 $\rho = 77 \times 10^{-3}/980 \mathrm{N} \cdot \mathrm{s}^2/\mathrm{cm}^4$
对于铜 $\rho_1 = 88.3 \times 10^{-3}/980 \mathrm{N} \cdot \mathrm{s}^2/\mathrm{cm}^4$

$$\omega = \frac{2\pi n}{60} = \frac{2\pi \times 3600}{60} = 377/\mathrm{s}$$

$R_1 = 5\mathrm{cm}$, $R_2 = 28.3\mathrm{cm}$, $R_3 = 42.6\mathrm{cm}$

并令缺陷半径 $r = 42.6 - 35 = 7.6\mathrm{cm}$

将上述数值代入式中,则缺陷处的周向应力为

$$\sigma_t = \frac{3+0.429}{8} \times (77 \times 10^{-3}/980) \times 377^2 \times$$
$$\left(28.3^2 + 5^2 + \frac{5^2 \times 28.3^2}{7.6^2} - \frac{1+3 \times 0.3}{3+0.3} \times 7.6^2\right) +$$
$$(88.3 \times 10^{-3}/980) \times 377^2 \times \frac{(42.6^3 - 28.3^3) \times 28.3}{3 \times (28.3^2 - 5^2)} \times$$
$$\left(1 + \frac{5^2}{7.6^2}\right)\mathrm{N/cm}^2 = 17700 \mathrm{N/cm}^2$$

或 $\sigma_t = 177 \mathrm{MPa}$。

4) 计算临界裂纹尺寸。由断裂力学可知,圆片形裂纹的应力强度因子为

$$K_\mathrm{I} = \frac{2}{\pi}\sigma\sqrt{\pi a}$$

当 $K_\mathrm{I} = K_\mathrm{IC}$ 时,$a = a_\mathrm{c}$,则临界裂纹尺寸为

$$a_\mathrm{c} = \frac{[K_\mathrm{IC}\pi/(2\sigma)]^2}{\pi} = \frac{[77.5\pi/(2 \times 177)]^2}{\pi}\mathrm{m}$$
$$= 0.15057\mathrm{m}$$

或 $a_\mathrm{c} \approx 151\mathrm{mm}$。

5) 寿命估算。转子的寿命为裂纹从 $a_0 = 35\mathrm{mm}$ 扩展到 $a_\mathrm{c} = 151\mathrm{mm}$ 的寿命。

材料 34CrNi3Mo 的裂纹扩展速率公式 (28-5-6) 中的参数为

$$C_1 = C\alpha^m\pi^{m/2} = 0.00437 \times 10^{-9} \times \left(\frac{2}{\pi}\right)^{2.5} \times \pi^{2.5/2}$$
$$= 0.0059 \times 10^{-9}$$

则转子的寿命为

$$N_\mathrm{p} = \frac{1}{\left(1-\frac{m}{2}\right)C_1(\Delta\sigma)^m}\left[a_\mathrm{c}^{\left(1-\frac{m}{2}\right)} - a_0^{\left(1-\frac{m}{2}\right)}\right]$$
$$= \frac{1}{\left(1-\frac{2.5}{2}\right) \times 0.0059 \times 10^{-9} \times 177^{2.5}} \times$$
$$\left[0.151^{\left(1-\frac{2.5}{2}\right)} - 0.035^{\left(1-\frac{2.5}{2}\right)}\right]$$
$$= 1.1513 \times 10^6 \text{次}$$

这是转子到达破坏的启动-停车次数。

5.5 损伤容限设计

5.5.1 损伤容限设计概念

损伤容限设计在飞机设计上已获得成功,其设计思想也将逐渐推广到民用品的设计上。

20世纪50年代以前的飞机都是按静强度设计的。随着飞机飞行速度的增大、战术技术性能的提高,要求采用阻力系数较小的薄翼型,使得气动弹性问题变得突出起来。因此要求结构不仅要有足够的静强度,而且还应有足够的刚度,以满足设计中对颤振速度的要求。

随着现代科学技术的发展,为了提高性能,飞机重量矛盾突出,为减重采用了高强度的材料,往往忽略材料韧性的降低,加之使用应力水平的提高,增加了结构疲劳破坏的可能性。在第二次世界大战后的数年内,世界各国的飞机(包括军用机和民用机)相继出现了多起由于结构疲劳破坏而造成的灾难性事故。因此认识到必须在飞机结构设计中引入抗疲劳设计概念。

最早在飞机设计中采用的是安全寿命设计思想。安全寿命设计思想建立在结构无初始缺陷的基础上,即认为在生产制造、装配过程中通过严格的质量控制已确保零部件没有损伤,同时要求结构在使用寿命期内不出现宏观可检测裂纹,一旦结构出现宏观可检测裂纹,就认为结构已经破坏。安全寿命设计思想从20世纪50年代起延续至今,在大量的实践中积累了丰富的经验。

设计实践表明,完全采用安全寿命思想设计的飞机,仍存在很多不安全因素,例如,这一时期飞机结

构设计大量采用高强度和超高强度合金材料，一般来说，高强度合金材料的韧性降低，缺口敏感性强，由于材料和结构零部件的加工装配不可避免地会漏检所带有的缺陷和损伤，致使结构发生较早的疲劳断裂。实际上无论采取什么样的质量控制手段，材料内部初始缺陷、加工制造、装配过程造成的损伤以及使用中引入的损伤等都是不可避免的。损伤容限设计思想就是在这种情况下产生的。

对这些突然断裂事故的研究和分析，推动了断裂力学的应用和发展，特别是线弹性断裂力学的发展，为损伤容限设计思想奠定了理论基础。损伤容限设计思想的基本点是：承认结构中存在着未被发现的初始缺陷、裂纹或其他损伤，使用过程中，在循环载荷作用下将不断扩展。通过分析和试验验证，对可检结构给出检修周期，对不可检结构提出严格的剩余强度要求和裂纹增长限制，以保证在给定使用寿命期内，不致因未被发现的初始缺陷的扩展失控造成飞机的灾难性事故。

因此，损伤容限设计是以断裂力学为理论基础，以断裂韧度试验和无损检测技术为手段，承认结构在使用前就带有初始缺陷，但必须把这些缺陷或损伤在规定的未修使用期内的增长控制在一定的范围内，在此期间，结构应满足规定的剩余强度要求，以保证飞机结构的安全性和可靠性的一种设计。

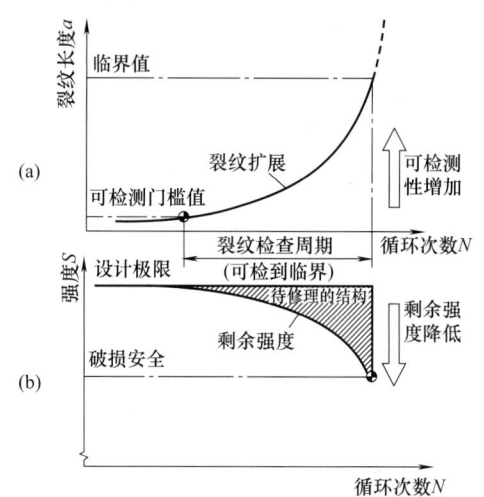

图 28-5-36　损伤容限设计概念

损伤容限的概念可用图 28-5-36 来描述，图 28-5-36（a）为裂纹长度 a 与循环次数 N 的裂纹扩展 a-N 曲线，将裂纹长度限制在临界值以下；图 28-5-36（b）为强度 S 与循环次数 N 的剩余强度下限曲线，将剩余强度限制在破损安全线以上，裂纹从可检测门槛值开始到临界值为止是裂纹的检查周期，因此，损伤容限设计中有三个重要的因素：

1) 临界裂纹尺寸或剩余强度。它表明在剩余强度要求的载荷作用下，该结构允许存在的最大损伤；或在某一规定的损伤情况下，结构剩余强度能力应大于对该结构的剩余强度要求值。

2) 裂纹扩展。在该结构部位的载荷谱和环境谱作用下，裂纹长度从可检测尺寸（初始裂纹尺寸）至临界裂纹尺寸值之间的裂纹扩展期。

3) 损伤检查。各种检查方法及检查间隔的选择。

三个要素既可以单独作用，也可以组合作用，使结构的安全性达到一个规定的水平。

5.5.2　损伤容限设计的内容

5.5.2.1　确定关键件

关键件的确定，可根据下述的一般原则进行综合分析与判断，其原则如下：

① 应力水平的高低与受力情况；
② 应力集中严重程度；
③ 影响运行安全的程度；
④ 材料的疲劳、断裂性能及抗腐蚀开裂能力；
⑤ 在应力谱作用下疲劳裂纹扩展速度的高低；
⑥ 修理和更换费用；
⑦ 借鉴以往同类产品疲劳试验的结果以及维修情况记录；
⑧ 损伤结构的剩余强度水平；
⑨ 损伤对产品结构功能的影响程度。

根据上述原则通过工程经验进行判断，并配合适当的计算分析确定结构关键件，编制关键件清单。关键件随着型号研制工作的进展进行筛选，要不断地更新，并严格控制关键件的数量。

根据上述关键件清单，针对某一种关键件的具体结构形式、载荷环境、材料及加工工艺等情况，进行必要的分析、计算和试验，确定出关键部位（数量 1～5 个），对其进行损伤容限控制。

损伤容限设计涉及的专业面很广：有载荷分析、结构设计、应力分析、疲劳断裂力学、材料、加工成形工艺、表面保护、制造装配、质量保证、试验验证等领域。因而要求在产品的研制过程中制定一套严格的，包括各专业领域、各个环节的损伤容限控制计划。该控制计划的目的是要保证最终的产品满足有关规定的损伤容限要求。

5.5.2.2　材料选择

(1) 选材控制一般原则

选材是要根据强度、刚度、疲劳断裂性能、重量、可加工性、成本、抗腐蚀等多种因素，经综合考虑研究后方可确定。

在总体研制方案论证阶段，材料数据以收集为主，收集可供选择的材料的基本数据，包括静强度特性数据、疲劳断裂性能数据，但这些数据应取自正规的材料手册和符合试验标准的正规试验数据，并根据设计要求与材料性能进行综合评比材料的可用性和级别，通常可分为5个等级：

A级——能为使用者接受；
B级——必须加以控制才能使用；
C级——经验证评定后才可使用；
U级——在有些使用条件下无法评定；
X级——不可接受。

根据所选的材料品种、规格（材料的热处理状态、板材及厚度、棒材、自由锻、模锻等）以及材料的锻造方向分别提供统一的材料性能数据。除常规的力学性能数据外，对损伤容限设计除应提供断裂性能数据外，还应给出所采用的裂纹扩展模型所需参数。

材料数据应编制正规的材料数据文件，履行签字手续，经批准，作为型号研制的正式文件，对此文件的修改与补充要重新履行签字和批准手续。此文件是材料数据的唯一来源。

(2) 关键件的选材控制

在技术设计阶段的选材应根据关键件的工作应力水平、工作环境、加工方法、寿命要求等进行综合评比筛选。对损伤容限应控制较大裂纹的扩展特性（$l_{mm} \leqslant a \leqslant a_c$），当然在选材时还应考虑重量和成本，进行全面综合研究。

在设计定型阶段，对材料性能数据的控制，要比前一阶段更深入、更具体。

1) 根据结构用料情况及其特点进一步修订和补充材料的疲劳断裂数据。这些数据的来源要可靠，并对选定生产用料的材料进行抽检，以保证设计所用数据的可靠性。所有的材料数据必须经审批手续下发和存入（或修改）原数据库，作为详细设计阶段唯一的材料数据来源。对材料数据的使用，应编制相应的使用说明文件。

2) 材料质量的控制。为保证生产用料的性能数据与设计时所取数值相符，必须对生产用料进行控制，编制生产用料技术要求，如材料基本性能要求、材料来源要求、质量保证要求、抽样要求、检验标准和试验方法规定、拒收条件、包装及防腐和存放要求。

3) 编制材料加工、成形的限制条件。为保证材料的疲劳断裂性能在工艺过程中不致使材料性能低于设计所规定的允许值，因此对加工温度、变形量、切削量、热处理以及消除有害残余应力措施等进行控制。

5.5.2.3 结构细节设计的控制

在初步设计阶段，关键件的细节设计应该吸收以往的设计经验，提高结构细节的抗疲劳品质，使结构连续光滑过渡，尽可能降低应力集中。采用工艺强化技术（如喷丸、孔冷挤压、干涉配合连接）时应经过试验验证，其对寿命的增益效果应按强度设计准则的规定，对损伤容限关键件还应满足结构类型的设计要求，对可检结构应满足一定的可检要求，对有止裂功能的结构细节应设计止裂件，并验证其确有止裂功能，对非常特殊的结构，应开展研制性试验，验证该细节设计的有效性。

在定型设计阶段，应在生产图和相应的技术文件上作出更详细的具体规定。

1) 结构图样上要标明损伤容限关键件的所在区域及零件。对每一关键件还应画出关键部位，在图样上还应规定检印位置，以及关键零件的标识涂色要求。

2) 对有材料方向性要求的还应规定零件的材料方向。在图样上标注材料的方向。

3) 结构关键件图样。应注明特殊工艺要求和检验要求。

4) 对特殊需要的关键件还应规定跟踪要求。如零件的跟踪记录卡、随炉试件要求等。

5) 性能抽样要求。利用跟随试件（试片）进行抽样测试性能或在生产线上抽取零件加工试样测试性能的方法，检查加工过程对材料疲劳断裂性能的影响。

6) 腐蚀控制。对关键件应规定防腐蚀要求，其中包括化学腐蚀、电化学腐蚀以及应力腐蚀。

5.5.3 结构设计

损伤容限要求是按照不同结构类型分别规定的，结构类型取决于设计概念和可检查度，按照损伤容限要求设计的结构可归纳为两种结构类型，即缓慢裂纹扩展结构和破损安全结构。无止裂特性的单传力途径结构应规定为缓慢裂纹扩展结构；多途径传力和有止裂特性的结构或者规定为缓慢裂纹扩展结构，或者在指定的可检查度下规定为破损安全结构。

缓慢裂纹扩展概念是指结构中的缺陷或裂纹以稳定、缓慢的速度扩展，在预定的使用期内不允许发生不稳定快速扩展。破损安全概念是指采用多途径传力或止裂措施后，使不稳定裂纹扩展限制在局部范围内。两种设计概念都假设构件上存在未被检查出的裂纹或损伤,并在整个规定的维修使用期内,构件应具有规定的剩余强度能力。

(1) 缓慢裂纹扩展结构

在使用中,结构缺陷或裂纹不允许达到不稳定扩展规定的临界尺寸,并在可检查度规定使用期内,由裂纹缓慢扩展保证安全。同时,在维修使用期内,带有临界裂纹的结构强度和安全性不应下降到规定水平以下。亚临界裂纹是指未达到失稳扩展的裂纹长度。

(2) 破损安全多途径传力结构

采用一个或多个元件组成的分段设计和制造的结构来抑制局部损伤,以防止结构完全破坏,这类结构在主传力途径损坏后,其剩余结构在后续检查以前,由剩余结构的裂纹缓慢扩展来保证安全,在维修使用期内不允许结构强度和安全性下降到规定水平以下。

1) 多途径传力独立结构。这类结构,在多于一条传力途径的某个结构位置上不会存在由装配或制造过程引起的共同开裂源。

2) 多途径传力非独立结构。这类结构,在几个相邻传力途径的某个结构位置上可能存在由装配或制造过程产生的共同开裂源。

(3) 破损安全止裂结构

在结构设计时,由于采取了各种止裂措施,如肋条、止裂带等,因而这类结构不完全破坏之前,有可能使不稳定快速扩展裂纹停止在结构的某个连续区域内,并由剩余结构的裂纹缓慢扩展和后续各次损伤检查来保证安全,同时,在维修使用期内剩余结构强度不允许下降到规定值以下。

首先要确定结构的类型。显然,无止裂特性单途径传力结构应视为缓慢裂纹扩展结构,识别破损安全结构却是一个需要判断和分析的复杂过程。可能有种种理由把多途径传力和有止裂特性的结构视为缓慢裂纹扩展结构。通常的理由是:①结构使用中不可检;②难以满足破损安全结构的部分要求(如剩余结构的损伤扩展和剩余强度);③减少计算分析的复杂性等。由于以上原因,在初步设计阶段,往往将其视为缓慢裂纹扩展不可检结构。

5.5.4 缺陷假设

初始裂纹假设中,有两种不同类型的裂纹尺寸,一种是用各种无损检测(包括目视检查)能力确定的最小可检裂纹尺寸,另一种是用显微断口反推技术等方法确定的当量裂纹尺寸(0.125mm 孔边角裂纹)。前者主要用作计算维修使用期和进行裂纹扩展寿命的起点,以实现损伤容限的一个主要方面——检查保障安全;后者可作为对紧固件分析的基础,并构成连续损伤、剩余结构损伤假设的组成部分,其意图代表材料、加工工艺实际可能产生的最差质量。

5.5.4.1 初始裂纹尺寸

用无损检测决定的裂纹尺寸与结构类型和可检查度有关。无论对材料还是对结构件,只有对裂纹检出概率和相应的置信水平有明确定义,最大不可检裂纹尺寸才有确定的意义。对缓慢裂纹扩展和破损安全(主结构)类型,检出概率和置信水平按照航空部标准分别为 90% 和 95%(见图 28-5-37)。检出概率对两类结构均规定为 90%,表示在本规定中无损检测能力不因结构类型而异。显然,元件厚度小于或等于规定的角裂纹表面深度时,就假定它为穿透厚度裂纹。

常用裂纹形状随材料厚度和结构类型不同分别为穿透裂纹、孔单边穿透裂纹、孔单边 1/4 圆角裂纹和半圆形表面裂纹。对缓慢裂纹扩展结构和破损安全结构(主结构),其初始裂纹假设是相同的。在图 28-5-38 中,概括了两种结构类型的多种裂纹形式的几何关系。

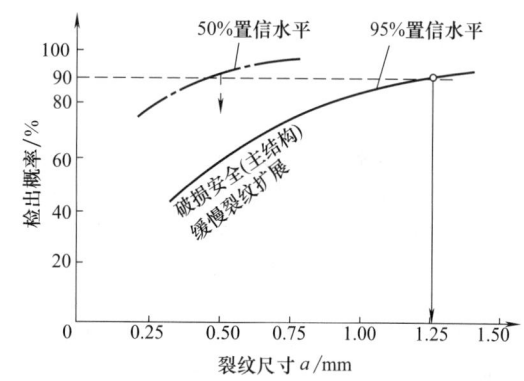

图 28-5-37 合理选择初始裂纹尺寸

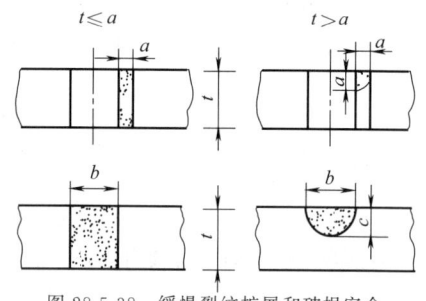

图 28-5-38 缓慢裂纹扩展和破损安全
(主结构)初始裂纹假设

初始裂纹/mm,$a=1.25$,$b=2c=6.4$,$c/b=0.5$

5.5.4.2 连续损伤假设

假设的初始裂纹在循环载荷作用下的扩展特性会

受到特定结构形式和元件布置的影响。由于结构不连续或元件破坏导致主裂纹终止时,应考虑如下连续损伤扩展假设:

1) 当紧固件孔主裂纹扩展至构件或元件破坏前终止时,连续损伤应当是在原假设存在初始裂纹的紧固件中,与主裂纹(沿直径)相对的孔边半径为 0.125mm 的角裂纹。

2) 当主裂纹由于构件或元件破坏而终止时,连续损伤应当是在剩余元件或结构的最严重部位上半径为 0.125mm 的角裂纹或长 0.5mm、深 0.25mm 的表面裂纹,再加上直到元件破坏时为止发生的裂纹扩展量 Δa。由于 Δa 的定义为传力途径破坏时距邻近结构的损伤从制造日算起扩展了 Δa,例如,满足 1 倍设计的结构,用巡回目视检查来发现主传力途径的破坏,其检查间隔为 10 次飞行。规范要求最小维修使用期为 5 倍的检查间隔,即剩余结构在 50 次飞行时间内应保持要求的剩余强度,所以,Δa 的最大值及应满足的条件为一倍设计寿命减去 50 次飞行时间的裂纹扩展量。

3) 当紧固件孔中裂纹扩展进入并终止在另一紧固件孔时,连续损伤应当是从主裂纹起始或终止两者中更为关键的紧固件孔中,与主裂纹(沿直径)相对的孔边半径为 0.125mm 的角裂纹,再加上直到主裂纹终止时发生的裂纹扩展量 Δa。Δa 的计算同前。

上述三种情况的连续损伤假设见图 28-5-39。

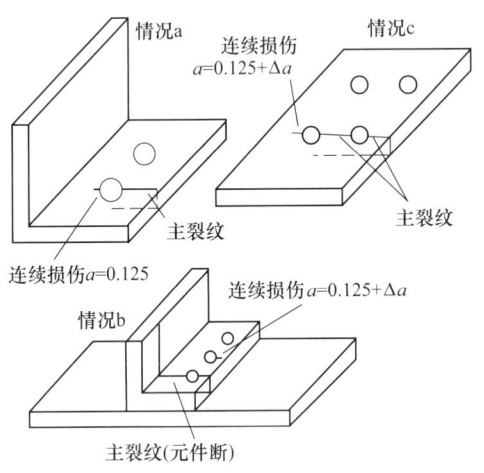

图 28-5-39 连续损伤假设示例
Δa—连续损伤裂纹(0.125mm)与主裂纹同时扩展的增量

5.5.4.3 剩余结构损伤

(1) 破损安全多途径传力结构(相邻结构)

主传力途径破坏时和破坏后,在其主要破坏部位的邻近传力途径中,假设存在如下损伤:

1) 多途径传力非独立结构。在初始裂纹尺寸上,加上到主传力途径破坏时为止发生的裂纹扩展量 Δa。

2) 多途径传力独立结构。规定同连续损伤假设中的 2)。

(2) 破损安全止裂结构(相邻结构)

对破损安全止裂结构,在快速裂纹扩展被制止后,结构中假设存在的主损伤因结构形式而定。在通常的蒙皮桁条结构中,应当假设为两跨蒙皮开裂加上中间桁条断开。对其他结构形式,应假设经承包方和订货方双方同意的当量损伤。与主损伤相邻结构中的损伤假设同连续损伤假设中的 2) 和 3)。

5.5.4.4 使用中检查后损伤假设

由于采用按计划的使用中检查来保证安全,一次检查后结构的初始裂纹假设要求与外场或修理厂的无损检测能力相适应,不要求与制造厂最初的生产检验时无损检测能力相适应。只有在某些情况下,特定部件在修理时从机上卸下检查确实经济,并有合格的检验人员,执行与制造过程同一无损检测程序时,检查后的裂纹尺寸可以和制造厂无损检测时假设的初始裂纹尺寸相同。

如果检查是在不卸机的情况下并采用渗透、磁粉和超声波等方法进行,在紧固件有充分的可达性的地方,最小可检损伤在紧固件孔处无遮长度 6.4mm,可以是穿透裂纹,也可以是非穿透裂纹,随零件的厚度而定(见图 28-5-40)。

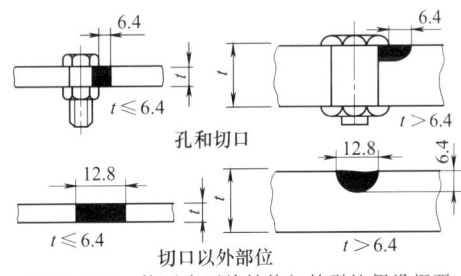

图 28-5-40 使用中可检结构初始裂纹假设概要
条件:渗透、磁粉、超声波等,但零件不拆卸

5.5.5 剩余强度

5.5.5.1 剩余强度概念

结构中出现裂纹能够显著地影响它的强度,一般来说,带裂纹结构的强度会大大低于损伤结构的强度。为了防止灾难性破坏的发生,人们必须估算开裂结构在其整个寿命期内的承载能力。开裂结构的承载能力就是该结构的剩余强度,它随材料的韧性、裂纹尺寸、裂纹几何形状和结构构型而变化。

损伤容限设计的基本概念是要确保结构在预期的

整个使用寿命期内的安全性。为了提供要求的安全性，必须按如下原则进行结构设计：在结构出现裂纹或者部分破坏的情况下，它仍能承受使用载荷，也就是说，结构必须是损伤容限的。其首要的原则是保持要求的最小剩余强度，以防止结构发生灾难性破坏。

为了确定在一定载荷条件下，给定结构的剩余强度，必须发展相应的预计技术，并且要求充分考虑剩余强度估算中的复杂性。对于必须视为缓慢裂纹增长结构的单途径传力结构，剩余强度的计算是简单的。

剩余强度的预计技术——三步法：第一步是确定应力强度因子关系式（$K=\beta\sigma\sqrt{\pi a}$）；第二步是确定破坏准则（$K=K_C$）；第三步是利用前两步的结果导出断裂强度与临界尺寸之间的关系式。一旦得到了数量足够的数值，就可作出剩余强度图。

也可以借助于图解法来解决这个问题，图28-5-41说明了这种方法。图28-5-41（a）标出了这三个步骤。第一步是利用方程 $K=\beta\sigma\sqrt{\pi a}$ 对不同应力值画出 K-a 曲线。第二步要求在同一图上画出 $K=K_C$ 的水平线，这条水平线代表这种材料的临界应力强度，即断裂韧度，它与裂纹长度无关。第三步利用了水平线和曲线的交点。在这些交点处，破坏准则得到满足，即 $K_C=\beta\sigma\sqrt{\pi a}$。这些点处的各个应力值和裂纹尺寸，分别被称作给定结构，即非加肋板的破坏应力和临界裂纹尺寸。在图28-5-41（b）中，通过绘制 σ_c-a 曲线，最终建立了剩余强度图。

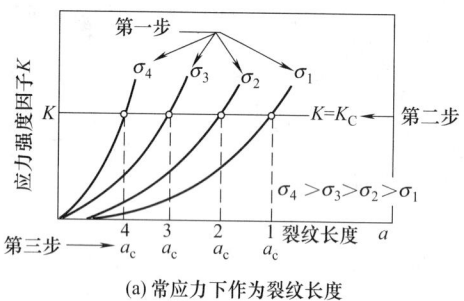

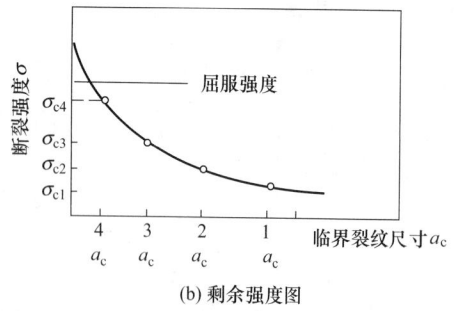

图28-5-41 建立剩余强度图的图解方法

如果要表示剩余强度随时间的变化，需要把裂纹尺寸定为时间的函数，如图28-5-42所示，就可以得到图28-5-43所示的剩余强度-寿命曲线。由于结构损伤增加，承载能力单调性降低。当剩余强度曲线与要求的剩余强度值相交时发生破坏。即当结构的剩余强度低于使用载荷谱中的最大应力值时，就可能发生破坏。为了避免这样一种破坏，对该问题的全面了解是重要的。

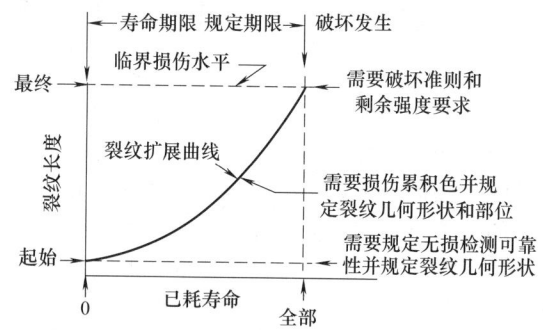

图28-5-42 已耗寿命与裂纹长度的关系

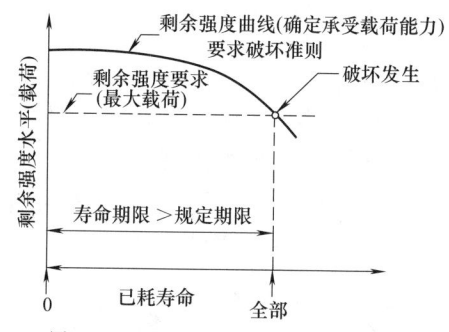

图28-5-43 已耗寿命与剩余强度的关系

5.5.5.2 多途径传力结构剩余强度曲线

在单途径传力结构中，对于给定的结构，剩余强度分析仅仅包括一种破坏准则。而在组合结构中，则有多途径传力和裂纹止裂两种情况。图28-5-44所示的多途径传力组合结构中，只要中心元件未破坏，所有三个元件共同分担总载荷。在中心元件破坏的情况下，如果结构还保持完整，总载荷 F（精确的是 $1.15F$）在破坏瞬间必须由另外两个元件传递。图28-5-44所示的多途径传力结构的剩余强度特性可以用图28-5-45来说明。图28-5-45表明，当一个元件破坏时，剩余的平行元件能承受所需承受的载荷而不破坏，但当中心元件裂纹扩展和当残存元件开裂时，剩余强度能力降低，图28-5-45显示了由于元件破坏而引起的强度特性不连续变化的情况。如果必须保持原有的载荷 F，则由于其他元件

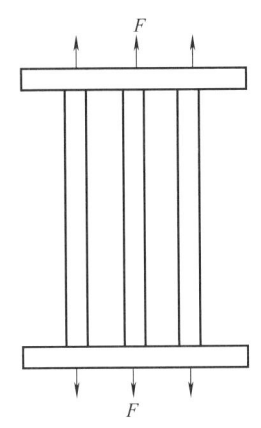

图 28-5-44　中心元件上含一条裂纹的多
途径传力结构

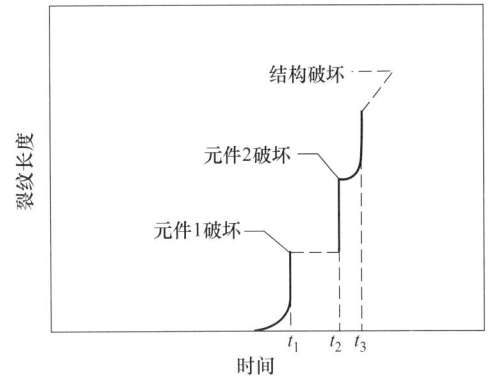

图 28-5-46　图 28-5-44 所示多途径传
力结构的裂纹扩展曲线

内载荷水平急剧增加，残存元件将是短寿的。这样，第二个元件可能在 t_2 时间后破坏。而剩余强度则在时间 t_1 和 t_2 之间的某处下降到安全水平以下。从第一个元件破坏到结构破坏之间所持续的时间，可能短，也可能长，这取决于第一个元件的破坏形式和破坏后的载荷要求。这段时间间隔可用来检查第一个元件破坏及修理结构。

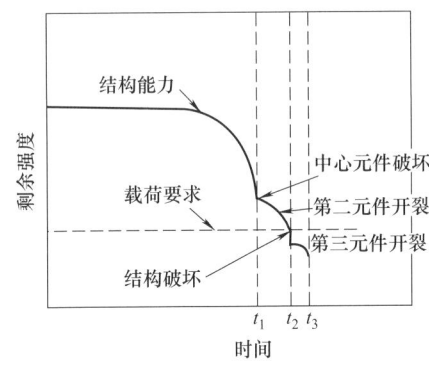

图 28-5-45　图 28-5-44 所示结构中元件
逐次破坏时剩余强度的降低

中心元件（平行元件中的任一个）的破坏应力或临界裂纹尺寸大小的估算，可以用与单途径传力结构类似的方式来进行。利用疲劳裂纹扩展分析，可以得到从最小可检测裂纹尺寸到临界裂纹尺寸的裂纹扩展曲线，如图 28-5-46 所示。在多途径传力结构中，结构的局部破坏可能在其使用期内发生，但是，这种破坏应该在整个结构发生灾难性破坏以前的某次检查中被检查出来。一个恰当的检查计划除了对检查间隔的使用要求外，还应该包括结构特性的分析。

为了描述有关复杂结构剩余强度估算的分析方法，研究一个轴向加载的纵向肋蒙皮-桁条组合结构，如图 28-5-47 所示。假设紧固件是绝对刚硬的，则蒙皮和桁条中相邻点的位移是相等的（如果蒙皮与桁条用同种材料制成，则在无裂纹的情况下，两者中的应力也将相等）。令蒙皮内出现一条横向裂纹，这将在蒙皮内引起较大位移，而桁条也必须随之产生较大的位移。结果，桁条承受了来自蒙皮的载荷，蒙皮应力则以增加桁条应力作为代价而得到降低。因此，开裂蒙皮内位移要比含同样尺寸裂纹的非加肋板内的位移小。这就意味着，蒙皮内应力较低，从而其应力强度因子也较低。桁条越靠近裂纹，载荷转移越有效。

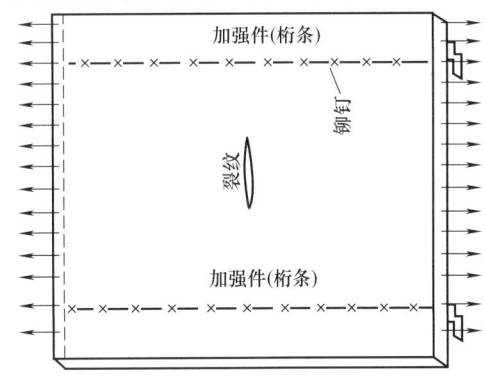

图 28-5-47　蒙皮-桁条组合结构

如果非加肋板内小裂纹应力强度因子可近似地表示为 $K=\sigma\sqrt{\pi a}$，加肋板内应力强度因子将为 $K=\beta\sigma\sqrt{\pi a}$。当裂纹尖端靠近桁条时，减缩系数 $\beta=K/(\sigma\sqrt{\pi a})$ 将减小。因为桁条承受从蒙皮传来的载荷，桁条应力将从 σ 增加到 $L\sigma$，其中 L 在裂纹尖端接近桁条时将增大。显然有 $0<\beta\leqslant 1$ 和 $L\geqslant 1$。其数值大小取决于加强比、连接件刚度和裂纹尺寸与桁条间距之比。如后面将要表明的，β 和 L 很容易计算。有一点要充分地引起注意：β 和 L 都随裂纹长度而变化，如图 28-5-48 所示。

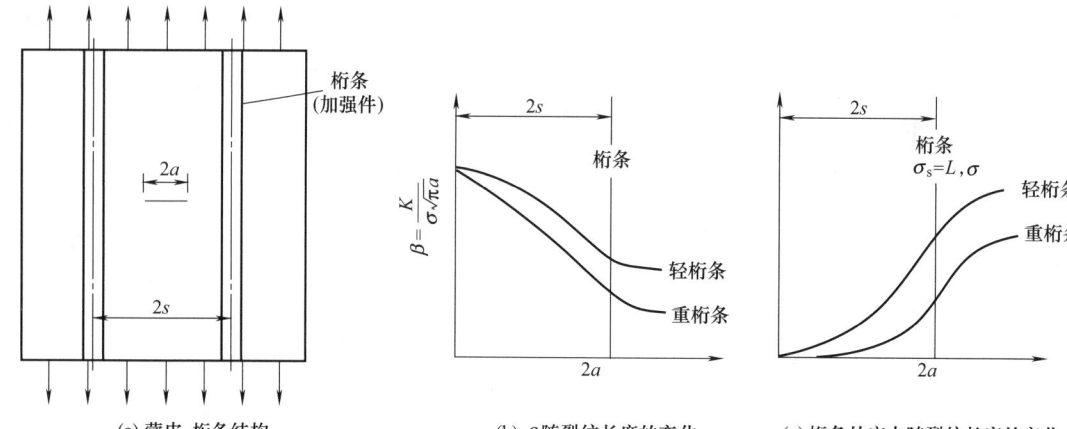

图 28-5-48　加肋条间含一裂纹的加肋板中 β 和 L 随裂纹长度的变化
(a) 蒙皮-桁条结构　(b) β 随裂纹长度的变化　(c) 桁条的应力随裂纹长度的变化

由于加肋蒙皮结构的复杂性，要作出剩余强度图相当麻烦。首先考虑蒙皮突然发生破坏的情况。当裂纹与桁距相比较小时，蒙皮的剩余强度不受桁条的影响，其剩余强度图的初始部分与非加肋板的图线重合（见图 28-5-49 中 A 点）。一旦裂纹尺寸足够大，蒙皮不再能承受使用载荷时，桁条将承受部分从蒙皮传来的载荷，这样就减小了蒙皮的应力。因此，裂纹尖端应力强度因子将由于应力减小而降低，而蒙皮结构的剩余强度将随裂纹长度增加而增加，如图 28-5-48 所示。当裂纹尺寸进一步增加而达到桁条位置时，由蒙皮传向桁条的载荷也明显增加，因此减小了应力强度因子。对于更长的裂纹，加肋板的剩余强度继续增大。从图中还可以看到，非加肋板的剩余强度应沿虚线变化，即当裂纹尺寸增加时，剩余强度持续减小。这是因为，在这种单途径传力结构中，不存在上述那种减小裂纹尖端应力强度因子的固有特性。

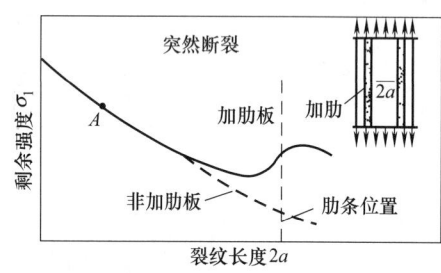

图 28-5-49　组合加肋蒙皮结构与非加肋结构开裂板剩余强度（随裂纹长度变化）的比较
（用突然破坏准则确定剩余强度）

将蒙皮加肋结构的剩余强度图重新画于图 28-5-50 中，图中定义了对分析人员有意义的几个附加点。对含有长度为 a_A 裂纹的结构，其剩余强度用点 A 表示。因为 A 点对应一个高于峰值应力 σ_p 的破坏应力，在此应力下，裂纹将快速扩展，使板完全破坏。如果结构中含有一个介于 a_B 和 a_D 之间长度为 a_C 的裂纹，裂纹快速扩展，但在裂纹长度 a_B 处止裂。因为此处所具有的剩余强度大于施加（破坏）应力。蒙皮加肋结构的这种裂纹扩展与止裂特性，大大地有助于满足破损安全结构的检查要求。

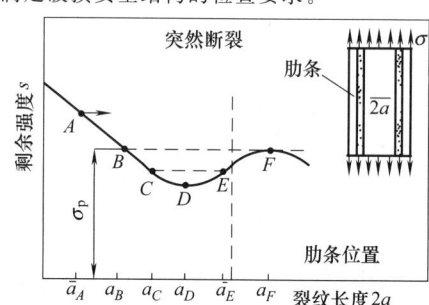

图 28-5-50　组合蒙皮加肋结构开裂板剩余强度随裂纹长度变化曲线（仅考虑蒙皮破坏模式和用突然破坏准则确定剩余强度）

只有 C 或 E 点的破坏应力水平增加到与 F 点相应的水平，也即达到 σ_p 时壁板才会完全破坏。当应力增加超过 E 点时，裂纹从 a_E 扩展，以便在输入应力和剩余强度之间保持平衡。当应力达到 σ_p 时，裂纹已经扩展到 a_F，在此点，裂纹快速扩展引起壁板破坏。

5.5.6　损伤检查

损伤检查是结构获得损伤容限特性的一个重要方面，它是保证结构在整个飞机使用寿命期间满足结构完整性要求和飞机的连续适航所必需的。损伤检查要解决检查部位、检查地点、检测方法、检查间隔四个方面的问题，纳入结构维修计划中统一考虑。

结构的检查部位，包括全部飞行安全结构可能产生灾难性破坏的部位，要由对于腐蚀、偶然及疲劳损伤评定来确定，在使用过程中不断补充和校正，检查地点可以是场站，也可以是大修厂，要根据检查的内容来决定。

检测方法包括目视检测和无损检测（NDI）两类。根据不同的可检查度，还可再细致地划分。检查间隔要根据不同结构类型按照损伤容限评定步骤来确定。

5.5.6.1 可检查度

结构的可检查度与检查技术和方法以及可达性有关，对于飞行安全结构，有以下六种可检查度：

1) 飞行明显可检。飞行中结构出现损伤的性质和程度使空勤人员立即无误地意识到结构已经产生重要的损伤，并应中止飞行任务。

2) 地面明显可检。结构损伤的性质和程度使地勤人员不需要对结构进行专门检查即可迅速无误地查出。

3) 巡回目视可检。结构损伤的性质和程度使检查人员不必开启检查口盖、舱门，也不使用特殊工具，通常从地面对结构表面进行目视检查即可查出。

4) 特殊目视可检。结构损伤的性质和程度使检查人员必须拆下检查口盖、舱门，使用反射镜、放大镜等简单助视工具，且不除去油漆、密封，也不采用渗透剂、X射线等无损检测技术对结构进行详细目视检测即可查出。

5) 场站级或基地级可检。结构损伤的性质和程度使检查人员可采用磁粉、渗透剂、X射线、超声波、涡流等一种或多种选定的无损检测技术对结构进行检查，检查时允许卸下设计的可分离部件。

6) 使用中不可检。受结构损伤尺寸或可达性限制，检查人员使用上述一种或多种检查方法不能查出结构中的损伤。

对于上述六种可检查度，还规定了与之对应的典型检查间隔，见表28-5-12。

表 28-5-12　可检查度与典型检查间隔

可检查度	典型检查间隔
飞行明显可检	1次飞行
地面明显可检	2次飞行（1天）
巡回目视可检	10次飞行
特殊目视可检	1年
场站级或基地级可检	1/4寿命期
使用中不可检	一个寿命期

5.5.6.2 检查能力评估方法

当用目视检查或NDI检查裂纹时，损伤容限关心的问题是可能漏检的最长裂纹。事实上对同样长度的一条裂纹进行检测，即使选用同一检查方法，也并不总是能够给出唯一的答案。结构几何（形状和尺寸）、材料、检测环境、裂纹位置、方位和尺寸、操作人员技术水平及认真程度都会影响对该裂纹的检测。这些情况可以用各种检查方法在特定的条件下对裂纹的觉察概率POD来定量描述。POD的定义为：给定结构元件和确定裂纹的条件下，用规定检查方法，在有代表性的检验人员和工作环境下可查出该裂纹的百分数。在实际结构中，没有一种检查方法能保证100%地觉察所有的规定为某一长度的裂纹。因此，可检裂纹长度必须规定一个合理的置信水平。例如要求95%置信水平，使裂纹有90%的觉察概率，可以表达为POD/CL＝90/95。

（1）裂纹觉察概率曲线测定方法

1) 试验验证设计。在NDI能力验证中，应该有足够多的试样（比如30件以上），以满足POD/CL＝90/95的要求，带裂纹与不带裂纹件混合放置，采用标准过程进行探伤，用以模拟生产中进行的探伤过程。在试件设计及检验人员方面都要有一定的要求。

以下因素是设计中应考虑的：

① 试件设计。试件形状、尺寸、表面粗糙度，缺陷类型、位置、方向及产生缺陷的方法。

② 子样大小。根据分析方法要求选择带有各种不同尺寸缺陷的试件数，每件裂纹可实行合理的多次检查。

③ 探伤过程。制定每位检测人员遵守的细则规定，如互不交流信息、不得在试件上作记号等，以保证每次检测的独立性。

④ 试件制造。不带裂纹试件等于或超过带裂纹试件，试件应有标识。

⑤ 探伤人员应具代表性，不要求对各种探伤能力有预先的估计。

⑥ 分析。必要时采用拉断试件方法鉴定真裂纹尺寸。

2) 检测数据分析。

① 检测数据统计分析。可将裂纹长度划分为若干子区间，把检测数据纳入各自的区间内，用区间上端点代表该区间全部裂纹的长度。接着，将检测结果填入统计分析表28-5-13内，即可逐项统计需要的觉察概率点估计和在规定置信水平下的觉察概率置信下限。

表 28-5-13　裂纹检测结果统计分析表

（1）	（2）	（3）	（4）
裂纹长度区间/mm	裂纹总数 n	觉察裂纹数 m	觉察概率值估计 $\hat{P}=m/n$
（5）	（6）	（7）	（8）
F 分布上自由度 f_1 $f_1=2(n-m+1)$	F 分布下自由度 f_2 $f_2=2m$	F 分布上侧百分位点 x $P\{F>x\}=\alpha$	觉察概率置信下限 P_L $=\dfrac{f_2}{f_2+xf_1}$

② 觉察概率曲线的拟合。以上是对各代表裂纹长度进行的统计分析。如果将表 28-5-13 中各裂纹长度区间的觉察概率的点估计和区间估计的置信下限置于坐标纸上，就可以直接作出 50% 置信水平的觉察概率曲线（POD-a 曲线）和对应给定置信水平 $(1-\alpha)$ 的裂纹觉察概率曲线 POD $(1-\alpha)$-a。该曲线可直接光滑连接各测量点作出，不需作任何函数拟合形式的假设。

觉察概率曲线还可以有另外一种做法，就是事先对裂纹觉察概率曲线的形式作假设，再用最小二乘法，根据较少的试验数据即可拟合求得。推荐以下三类函数形式：

幂函数型

$$\mathrm{POD}=\begin{cases}\left(\dfrac{a-a_1}{a_2-a_1}\right)^m & (a_1\leqslant a\leqslant a_2)\\ 0 & (a<a_1)\\ 1 & (a>a_2)\end{cases} \quad (28\text{-}5\text{-}10)$$

指数函数型

$$\mathrm{POD}=\begin{cases}0 & (a\leqslant a_0)\\ c_1\{1-\exp[-c_2(a-a_0)]\} & (a>a_0)\end{cases} \quad (28\text{-}5\text{-}11)$$

威布尔函数型

$$\mathrm{POD}=1-\exp\left[-\left(\dfrac{a-a_0}{\lambda-a_0}\right)^\alpha\right] \quad (28\text{-}5\text{-}12)$$

对幂函数型，待定常数 a_1、a_2 的物理意义很明显，一般可由经验选定，只有 m 值由试验确定。指数函数中的 3 个常数：c_1 是一个非常接近于 1 的数，可事先选定，如 $0.98\sim0.99$，以防止很长裂纹亦存在漏检的情况；a_0 可根据经验选定；只有 c_2 需要通过检测试验确定。至于三参数威布尔分布中的 3 个常数：a_0 表示可检裂纹门槛值；α 为形状系数，一般对一种检测可选取同一值，不必随材料等特性变化；λ 为分布的特征裂纹长度，它们可由试验测定。

(2) NDI 方法比较（见表 28-5-14）

表 28-5-14　NDI 方法比较

方　法	探测项目	适用范围	优　点	限　制
涡流 $(200\sim600\mathrm{Hz})$	表面和次表面缺陷，裂纹，热处理偏析，壁厚，涂层厚，裂纹深度	棒材，金属丝球轴承	设备的自动化程度高，不必清理试件表面，省时，便宜，有永久记录能力，不需耦合剂或探针	对零件几何形状，突变引起的边缘效应敏感，容易给出虚假的显示，需要专业人员、测试装置及使用规程
X 射线	内部缺陷，瑕疵，缩孔，夹杂，裂纹，未焊透，腐蚀，安装偏差	铸件，焊接件，小而薄锻件制品，非金属制品，复合材料	不受材料、几何形状限制，能保持永久性记录-X 射线胶片	设备投资大，不能发现零件中与射线在同一方位上的裂纹，不能给出缺陷深度
超声波 $(125\mathrm{Hz})$	内表面缺陷及各种瑕疵，未焊透，缩孔，夹杂，分层厚度	锻件，焊接件，钎焊接头，胶接接头，非金属材料	对缺陷敏感，获得结果迅速，有自动永久记录能力，设备便携，对缺陷定位方便	对小、薄及复杂的零件难以检测，需熟练专业技术人员，特制的探头和仪器标定的参考标准
磁粉	表面及近表面缺陷，裂纹，夹杂，对小的、非穿透裂纹敏感	铁磁材料，棒材，锻件，焊接件，冲压件	显示近表面缺陷，特别是夹杂，设备有便携式，省时，便宜	磁场的对中要求苛刻，试验后退磁，检验前后清理表面，受表面涂层遮蔽的影响
着色剂	零件外表面的缺陷，裂纹缩孔，折叠	无吸附表面的所有零件（锻件、连接件、表面涂层等）	不受几何限制，设备简便，便宜，缺陷可进一步目视检查，试验结果易于整理	涂层、污染、锈蚀可能妨碍缺陷的检测，检查前后必须清洗，缺陷必须在外表面上

5.5.6.3 检查间隔

(1) 影响检查间隔的因素

检查间隔常常与检查方法相匹配。最简单和便宜的检查方法是目视检查，但它给出的可觉察裂纹长度是各种检查方法中最长的，这将给出短的检查周期。如果因此不能满足规范要求，则可选择别的检查方法。一般地说，检查级别越高、越精密，则支付的费用也就越高。以裂纹扩展因素来看，如果用 Paris 公式

$$\left(\frac{da}{dN}\right)_i = C_i (\beta_i \Delta \sigma_i \sqrt{\pi a})^{n_i}$$

$(i=1,2), a_d \leqslant a \leqslant a_p$

表达，其中标号"1"表示某一初始状态，改变后的状态用"2"表示，表 28-5-15 给出了几种方案。图 28-5-51 为参数变化与检查周期的关系。

表 28-5-15　　增加检查间隔的各种方法及其有效性

影响因素	采取措施	有效性
增加 a_p	选择高断裂韧度 K_C 或 K_{IC} 的材料	中等效果
减小 a_d	选择高级别、高精度检查方法	较大的效果
降低 da/dN	选择裂纹扩展速率更低的材料	取决于 $\left(\frac{da}{dN}\right)_1 / \left(\frac{da}{dN}\right)_2$
降低 ΔK 方案之一	降低应力水平	正比于 $(\Delta \sigma_1 / \Delta \sigma_2)^n$
降低 ΔK 方案之二	改变几何构型系数 β_1 为 β_2	正比于 $(\beta_2/\beta_1)^n$
降低 ΔK 方案之三	由于有效载荷传递到别的元件上，因而使 β_1 变为 β_2	正比于 $(\beta_2/\beta_1)^n$

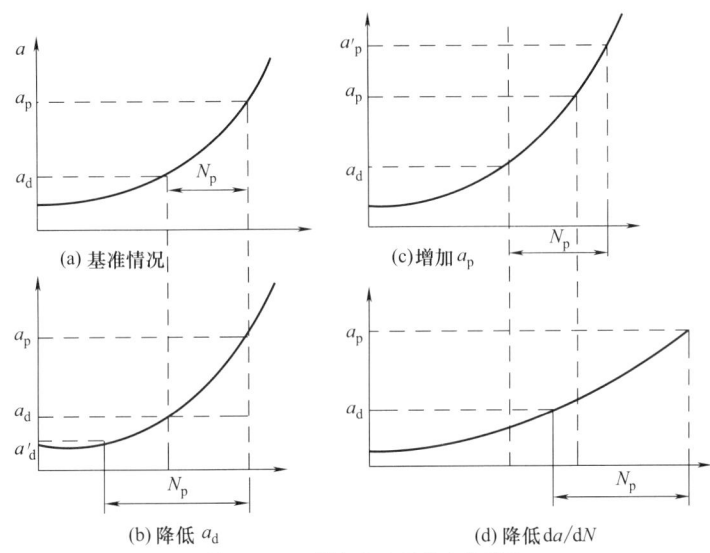

图 28-5-51　增加检查周期方法图示

(2) 确定检查间隔的步进法

在介绍按结构类别确定检查间隔的步进法之前，先介绍一下在裂纹扩展曲线中与检查间隔相关的量。图 28-5-52 中给出了四个有意义的间隔，即

1) $N_{ap} - N_{ad} = N_p = 2 \times$ 检查间隔。适用于缓慢裂纹扩展场站级或基地级可检结构。

2) $N_{ap} - N_{ad} = N_p = 1 \times$ 检查间隔。适用于破损安全止裂及破损安全传力结构。

3) $N_{ap} - N_{1.25} = 2$ 个寿命期。适用于缓慢裂纹扩展不可检结构。

4) $N_{ap} - N_{1.25} = 1$ 个寿命期。适用于破损安全止裂及破损安全多途径传力结构。

① 缓慢裂纹扩展结构见表 28-5-16。

② 破损安全结构见表 28-5-17。

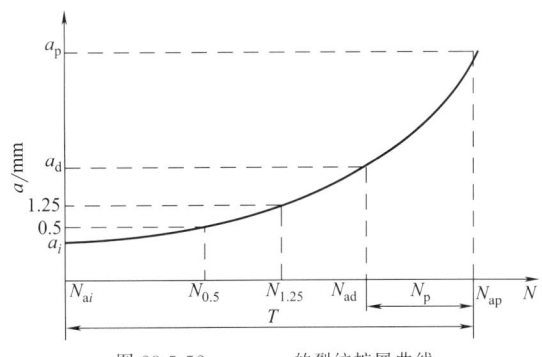

图 28-5-52　$a_i \sim a_p$ 的裂纹扩展曲线

表 28-5-16　　　　　　　　　　步进法确定缓慢裂纹扩展结构检查间隔

步骤	内　　容
1	在图 28-5-52 裂纹扩展曲线上找出 $a=1.25$mm 和 a_p，如果 $N_{ap}-N_{1.25} \geqslant 2$ 个寿命期，不需要检查即可通过该结构为缓慢裂纹扩展不可检结构，程序中止
2	$N_p=N_{ap}-N_{ad}$（见图 28-5-52）。如果 $N_p \geqslant 0.5$ 个寿命期，检查间隔是 0.25 个寿命，该结构可通过为缓慢裂纹扩展场站级及基地级可检结构
3	如果结构不满足以上 1、2 两步，可采取以下四个措施： 1）改变检查方法，使之能降低 a_d 以增加可检寿命，记住，如果构件能从飞机上卸下到修理厂执行 NDI，则可假设该构件存在与加工零件一样的初始缺陷 a_i，这时有 $a_d=a_i$，否则，应假设在检查后存在可检裂纹尺寸 a_d（具有 90% 觉察概率） 2）注意到定义的可检裂纹尺寸，即如果用渗透剂、磁粉、涡流或超声波执行检查，则有：对孔或切口，不蔽裂纹长度为 6.4mm 对近距目视检查，只要有足够的可接近度，则可觉察不蔽长度裂纹为 50mm，以上这些值均可以应用，不需要用本表措施 2）中确定可检裂纹尺寸的方法 3）可重新归类为破损安全多途径传力或破损安全止裂结构，按表 28-5-17 中步骤分析 4）参照表 28-5-15 和图 28-5-51 中关于增加检查间隔的几种方法重新进行设计

表 28-5-17　　　　　　　　　　步进法确定破损安全结构检查间隔

步骤	内　　容	图　示
1	在裂纹扩展曲线画出 a_t、a_p 和 $a_0=1.25$mm	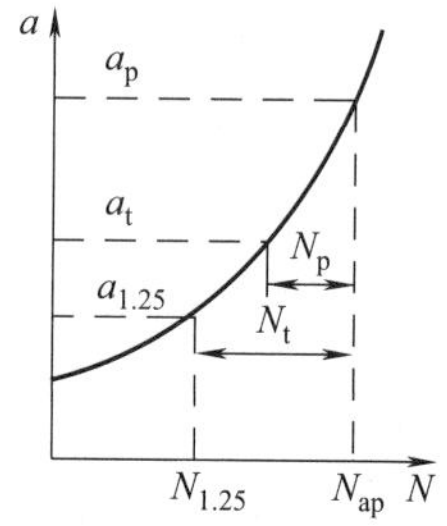
2	得到 $N_t=N_{ap}-N_{1.25}$	
3	如果 $N_t<1$ 个寿命期，输入步骤 4，如果 $N_t \geqslant 1$ 个寿命期，则主损伤不需检查，但必须转入步骤 8，检查失稳后的损伤	
4	得到 $N_p=N_{ap}-N_{at}$	
5	如果 $N_p \geqslant 0.5$ 个寿命期，检查间隔为 0.25 个寿命期，结构归类为缓慢裂纹扩展，不再分析	
6	如果 $N_p \geqslant 0.25$ 个寿命期，检查间隔为 0.25 个寿命期	
7	如果 $N_p<0.25$ 个寿命期，则选取更小的 a_t，并转入步骤 4，或重新设计	
8	校核失稳扩展要求： 1）从剩余强度分析或图解中决定失稳时的尺寸 a_{pi}（即在第一条传力途径破坏或裂纹止裂后的尺寸） 2）确定剩余强度最终破坏尺寸 a_{pf} $$\sigma_p=(1+\alpha+\beta)P_{LL}$$ 3）$N_{pi}=N_{apf}-N_{api}$	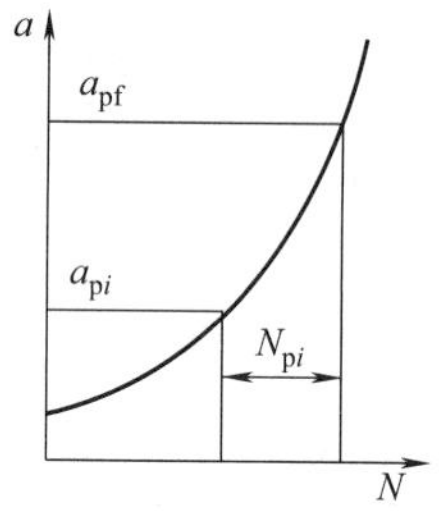
9	如果 $N_{pi} \geqslant 0.5$ 个寿命期，转步骤 11 如果 $N_{pi} \geqslant 2$ 年，转步骤 13 如果 $N_{pi} \geqslant 50$ 次飞行，转步骤 17 如果 $N_{pi} \geqslant 1$ 次飞行，转步骤 21 如果 $N_{pi}<1$ 次飞行，继续	见图 28-5-51、表 28-5-15
10	如果确实不能归类为缓慢裂纹扩展结构，则重新设计，并按损伤容限重新分析，转入步骤 24	
11	如果在巡回可检中容易地发现失稳扩展裂纹，转入步骤 19 如果在特殊目视检查中可检，转入步骤 15，否则转入步骤 12	见图 28-5-51、表 28-5-15
12	结构归类为破损安全多途径传力或破损安全止裂，检查间隔为 0.25 个寿命期（对失稳前的损伤不要求检查）	

续表

步骤	内　　容	图　　示
13	如果特殊目视检查不能查出失稳时的损伤,转入步骤 10	
14	如果特殊目视检查可检查出失稳时的损伤,结构归类为破损安全多途径传力或破损安全止裂结构,转入步骤 15	
15	如果检查周期为 1 个寿命期,不需对小裂纹检查,但对每年 1 次目视检查大尺寸失稳损伤还是必要的,转入步骤 23	
16	如果检查周期为 0.25 个寿命期,对小裂纹检查周期为 0.25 个寿命期,以每年 1 次目视检查大尺寸失稳损伤还需进行,转入步骤 23	
17	如果巡回检查不能觉察失稳损伤,转入步骤 10	
18	如果巡回检查可以觉察失稳损伤,则该结构归类为破损安全多途径传力或破损安全止裂结构,转入步骤 19	见图 28-5-51、表 28-5-15
19	如果检查间隔为 1 个寿命期,除巡回检查外无需进行别的检查,转步骤 23	
20	如果检查间隔为 0.25 个寿命期,则检查间隔是 0.25 个寿命附加上例行巡回检查,转入步骤 23	
21	如果失稳损伤属地面明显可检,转入步骤 22,反之,转入步骤 10	
22	如果结构或部件被规定为破损安全多途径传力或破损安全止裂结构,则检查间隔是 1 个寿命期(不检查)或是 0.25 个寿命期	
23	该部件或结构是在 GJB 776—1989 规范下定义的	
24	中止	

第6章 疲劳实验与数据处理

根据试验对象的不同，疲劳试验可分为三类：一是整机或部件试验；二是零部件试验；三是标准试样试验。由于整机疲劳试验耗费大，所以只能抽取很少的样品来进行，如飞机、汽车的整机试验。一般说来，零部件的疲劳试验不如整机试验更接近实际工作情况，但比用标准试样试验接近实际条件，所以重要零部件的疲劳试验，还占有相当重要的地位。最常见的疲劳试样是用结构简单、造价比较低廉的标准试样进行试验。本章主要介绍这部分内容。

6.1 疲劳试验机

6.1.1 疲劳试验机的种类

疲劳试验机可以按所施加的载荷及产生施加力的方法分类（表28-6-1）。

表28-6-1　疲劳试验机分类

分类方法	疲劳试验机分类
按载荷类型分	旋转弯曲疲劳试验机 弯曲疲劳试验机 轴向疲劳试验机 扭转疲劳试验机 复合疲劳试验机
按施加力方法分	机械式疲劳试验机 电液疲劳试验机 电磁疲劳试验机 热疲劳试验机 超声疲劳试验机

其中机械式旋转弯曲疲劳试验机、电磁谐振式高频疲劳试验机、电液伺服低周疲劳试验机是三种典型的疲劳试验机。

(1) 旋转弯曲疲劳试验机

旋转弯曲疲劳试验机适用于金属材料的室温（15～35℃）旋转弯曲疲劳性能的测定。应用于材料检验、失效分析、质量控制、选材及新金属材料研发等方面。在室温下，试样旋转并承受恒定弯矩，连续试验直至试样失效或至指定循环次数，测定旋转弯曲疲劳性能。测定性能参数，如条件疲劳极限、S-N曲线等。

(2) 高频疲劳试验机

高频疲劳试验机在各种类型的疲劳试验机中，具有结构简单、使用操作方便、效率高、耗能低等特点，所以它被广泛地用来测试各种金属材料抵抗疲劳断裂性能，测试KIG值、S-N曲线等；选配不同的夹具或环境实验装置，可以测试各种材料和零部件（如板材、齿轮、曲轴、螺栓、链条、连杆、紧凑拉伸等）的疲劳寿命，可完成对称疲劳试验、不对称疲劳试验、单向脉动疲劳试验、程序块疲劳试验、调制控制疲劳试验、高低温疲劳试验、三点弯、四点弯、扭转等种类繁多的疲劳试验。目前很多高等院校、科研部门和国际知名企业均采用高频试验机进行断裂韧性试验，测试金属材料裂纹扩展速率及材料的门槛值，随着微电子技术和计算机技术的发展，以及测试手段的完善，它的使用功能正在不断扩大。

(3) 电液伺服疲劳试验机

电液伺服疲劳试验机是一种功能强、精度高、可靠性好、应用范围广、性价比较高的用于材料和零部件动态、静态力学性能试验的系统。可用于拉伸、压缩、低周和高周疲劳、疲劳裂纹扩展、断裂力学及模拟实际工况的力学试验。

6.1.2 疲劳试验加载方式

按试样的加载方式不同，疲劳试验可分为：拉-压疲劳试验、弯曲疲劳试验、扭转疲劳试验、复合应力疲劳试验。弯曲疲劳试验又可分为旋转弯曲、圆弯曲、平面弯曲疲劳试验；又可分为三点弯曲、四点弯曲、悬臂弯曲疲劳试验。复合应力疲劳试验又分为拉扭复合、拉拉复合、拉扭-内压复合等疲劳试验。

按应力循环的类型可分为：等幅疲劳试验、变幅疲劳试验、程序块载荷试验、随机载荷试验等。

按波形可分为：三角波、正弦波、方波等。

按应力比可分为：对称疲劳试验、非对称疲劳试验。非对称疲劳试验又可以分为单向、双向加载疲劳试验。单向加载疲劳试验又可以分为脉动疲劳试验、波动疲劳试验。

6.1.3 疲劳试验控制方式

现代的疲劳试验机具有负荷、位移、变形三种控制方式。控制类型分开环系统和闭环系统两种。在开环控制系统中，无论是力激振还是位移激振系统，受控激振的大小在整个试验过程中（试样产生裂纹之前）基本上保持不变。在闭环控制系统中，试样的变形和位移可由应变引伸计来测量，它是一个可以把弹性变形转变为电信号的装置。利用这个传感器装置，可以完成应变控制的疲劳试验。

6.1.4 疲劳试验数据采集

传统的疲劳试验系统中，试验结果显示在 X-Y 记录仪、纸带记录器或示波器上。但数据的准确度不超过这些仪器的准确度。计算机数据采集技术从根本上提高了分析能力和准确度。也可以在系统中存储校正曲线，以补偿非线性的传感器。

6.2 疲劳试样及其制备

6.2.1 试样

疲劳性能测试所采用的典型试样有：光滑试样、缺口试样、低周疲劳试样和疲劳裂纹扩展试样。光滑试样和缺口试样用于测试高周疲劳裂纹形成寿命。根据施加载荷的类型，试样形状可分为弯曲试样、轴向加载试样和扭转试样等。低周疲劳试样是在高应力水平下通过对循环应变控制承受载荷，测试低周疲劳裂纹形成寿命。疲劳裂纹扩展试样用于测试裂纹扩展寿命。所有试样均由试验段、夹持部分及两者之间的过渡区三部分组成。

6.2.1.1 光滑试样

图 28-6-1 为国标中推荐的旋转弯曲光滑圆柱形标准试样，其尺寸见表 28-6-2。

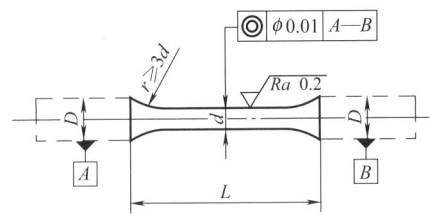

图 28-6-1 旋转弯曲光滑圆柱形标准试样

表 28-6-2 旋转弯曲光滑圆柱形标准试样尺寸

d /mm	d 的公差 /mm	r /mm	L /mm	D^2/d^2
6	±0.01	≥3d	40	>1.5
7.5				
9.5				

国标中推荐的轴向加载光滑试样如图 28-6-2 和图 28-6-3 所示。图 28-6-2 为圆形截面试样，图 28-6-3

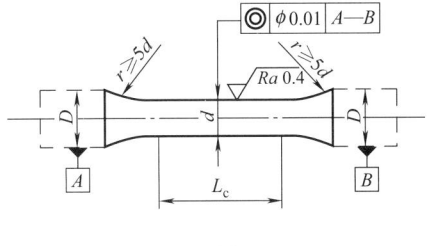

(a)

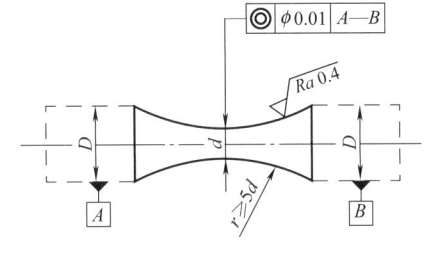

(b)

图 28-6-2 圆形截面轴向加载光滑试样

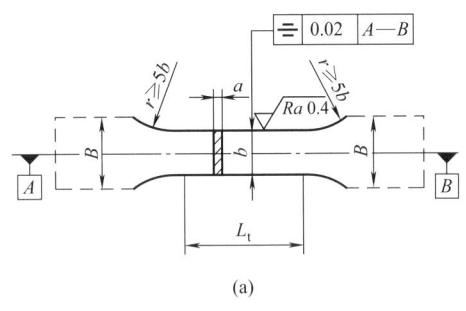

(a)

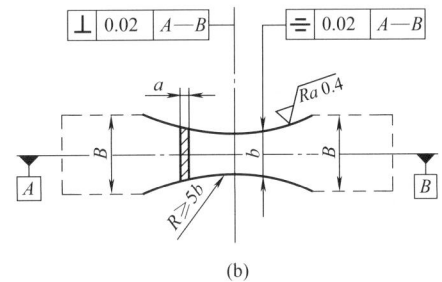

(b)

图 28-6-3 矩形截面轴向加载光滑试样

为矩形截面试样。试样的尺寸列于表 28-6-3 中，表中 a、b 分别为截面的厚度和宽度。

表 28-6-3 轴向加载光滑试样尺寸

d/mm		ab/mm²	b/mm		r /mm	L_t /mm	D^2/d^2 或 B/b
标称尺寸	公差	面积	标称尺寸	公差			
5	±0.02	≥30	(2~6)a	±0.02	≥5d 或 ≥5b	>3d 或 >3b	≥1.5
8							
10							

轴向加载的试样,当进行具有循环压缩应力的试验时,应使 $L_t<4d$ 或 $L_t>4b$。在采取了特殊措施的情况下,也可进行 $ab<30\mathrm{mm}^2$ 的矩形横截面试样的试验。

图 28-6-4 为扭转光滑试样,试样的夹持部分有防止扭转加载时试样滑动的平台。

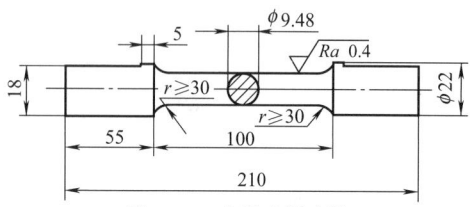

图 28-6-4 扭转光滑试样

光滑试样的形状和尺寸取决于试验目的、试验机型号和容量。高应力和高试验速度的疲劳试验可能引起某些金属材料试样在试验时过热,可使用漏斗形试样进行试验。如果对试样进行冷却,所使用的冷却介质不得引起试样表面腐蚀。试样夹持部分的形状和尺寸,应根据试验机的夹具合理设计,其截面积与试样最大应力截面积之比不应小于 1.5,如试样与试验机夹头之间通过螺纹连接,则上述比值应尽量大些,一般情况应小于 3,并应采用细牙螺纹为宜。

6.2.1.2 缺口试验

由于缺口试样疲劳试验目的和要求的特殊性,对缺口试样的设计不予限制,图 28-6-5～图 28-6-8 为几种缺口试样的实例。

图 28-6-5 为旋转弯曲缺口试样,图中 ρ 为缺口半径,理论应力集中系数 $\alpha_\sigma=1.86$。图 28-6-6 为轴向加载矩形横截面 U 形缺口试样,$\rho/B=0.05$,$b/B=0.7$,$\alpha_\sigma=3$。图 28-6-7 为轴向加载圆形横截面 V 形缺口试样,$\alpha_\sigma=3$。图 28-6-8 为扭转缺口试样,$\alpha_\sigma=2$ 或 3。

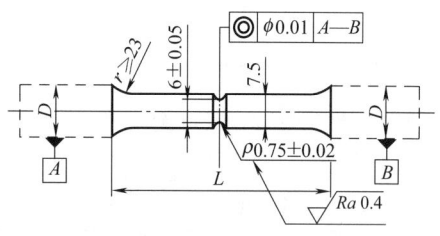

图 28-6-5 旋转弯曲缺口试样($\alpha_\sigma=1.86$)

6.2.1.3 低周疲劳试样

低周疲劳试验一般采用轴向拉伸试验,为能得到应力、应变的全面数据,用圆截面试样最为方便。试样要设计得粗而短,以保证轴向加载试验正常进行,

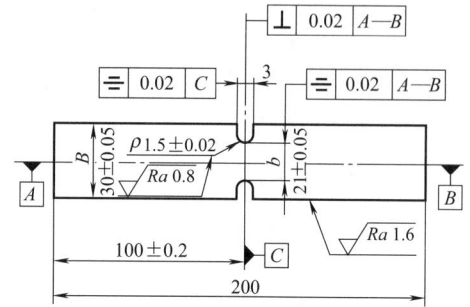

图 28-6-6 轴向加载矩形截面 U 形缺口试样($\alpha_\sigma=3$)

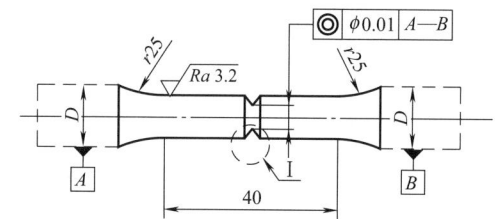

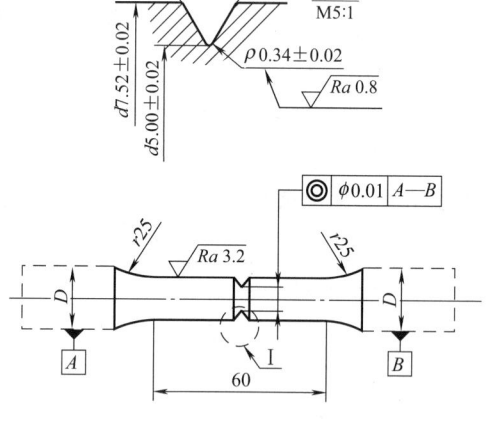

图 28-6-7 轴向加载圆形横截面 V 形缺口试样($\alpha_\sigma=3$)

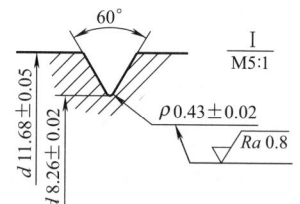

不致受压失稳。低周疲劳试样外形与尺寸如图 28-6-9 和图 28-6-10 所示。图 28-6-9 为等截面试样,即轴向应变控制试样,均匀标距内的等截面作为试验段;图 28-6-10 为漏斗形试样,即径向应变控制试样,变截面的最小截面为试验段。试样的选择,应根据材料的

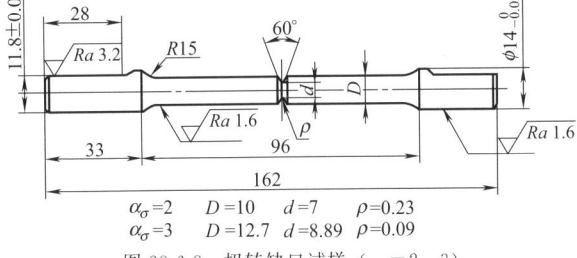

图 28-6-8　扭转缺口试样（$\alpha_\sigma=2, 3$）

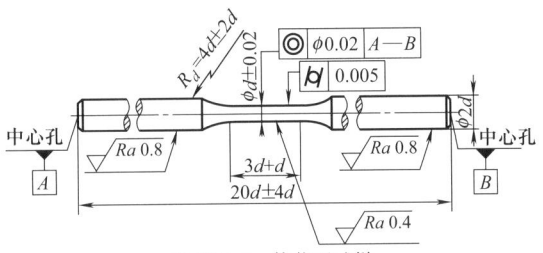

图 28-6-9　等截面试样

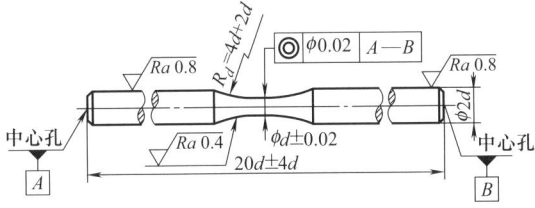

图 28-6-10　漏斗形试样

各向异性和抗弯性能进行斟酌。等截面试样，通常用于总应变幅约为 2% 以内的试验。对于总应变幅度大于 2% 的试验，建议采用漏斗形试样，这种试样的曲率半径与试样的最小半径之比，一般为 12∶1；若有特殊需要，可采用 8∶1 和 16∶1 范围内的各种比例，较低的比值会使应力集中增加，可能影响疲劳寿命，较高的比值会降低试样的抗弯能力。对各向异性的材料，应采用等截面试样。

图中试样具有实心的圆形截面，其试验段的最小直径为 6mm。横截面也可设计成管状，直径也可采用其他尺寸，如 6.35mm、10mm、12.5mm。

试样的夹持部分，除采用图中所示形式之外，还可选择螺纹连接装卡形式，最重要的是应满足标准方法中规定的同轴度要求。其他形式的试样详见国标 GB/T 15248—2008。

6.2.1.4　疲劳裂纹扩展试样

国标 GB/T 6398—2017 中给出测定疲劳裂纹扩展速率的 6 种标准试样的比例尺寸，即紧凑拉伸试样（CT）、中心裂纹拉伸试样（CCT）、三点弯曲试样（SENB3）、四点弯曲试样（SENB4）、八点弯曲试样（SENB8）和单边缺口拉伸试样（SENT）；同时给出了各标准试样的机加工公差和表面粗糙度要求，如图 28-6-11～图 28-6-16 所示。可根据待测材料的不同几何形状、试验环境以及试验过程中的加载条件选择合适的试样类型。

图 28-6-17 给出了各种不同的机加工缺口和最小批量预裂纹的要求。

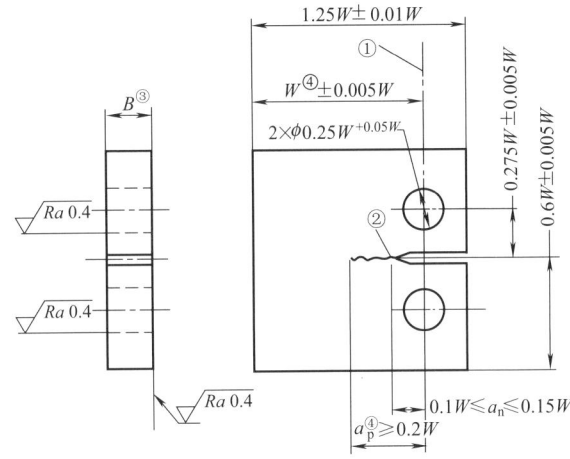

① 基准面；
② 详细缺口尺寸见图 28-6-17；
③ 推荐厚度：$W/20 \leqslant B \leqslant W/2$；
④ 推荐最小尺寸 $W=25$mm 和 $a_p \geqslant 0.2W$。

注：1. 机加工缺口位于中心线 ±0.002W 以内；
2. 表面平行度和垂直度在 0.002W 以内；
3. 裂纹长度以加载孔中心线作为基准面进行测量；
4. 该试样类型仅适用于力值比 $R>0$ 的试验。

图 28-6-11　标准紧凑拉伸试样（CT）

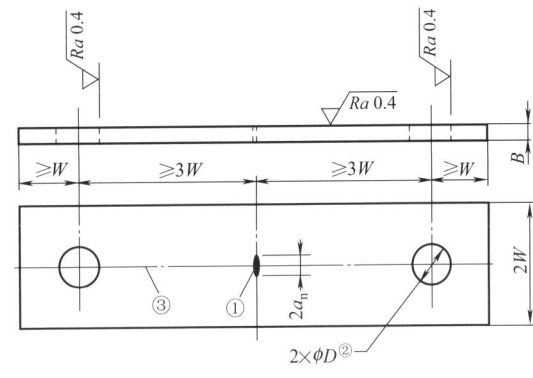

① 缺口尺寸见图 28-6-17；
② $D=2W/3$；
③ 基准面。

注：1. 机加工缺口位于中心线 ±0.002W 以内；
2. 表面的平行度为 ±0.05mm/mm；
3. 表面的平直度不大于 0.05mm；
4. 裂纹长度以试样纵向中心线作为基准面进行测量；
5. U 形夹具和销轴的配套夹具不适用于力值比 $R<0$ 的试验。

图 28-6-12　标准中心裂纹拉伸销孔试样（CCT，$2W \leqslant 75$mm）

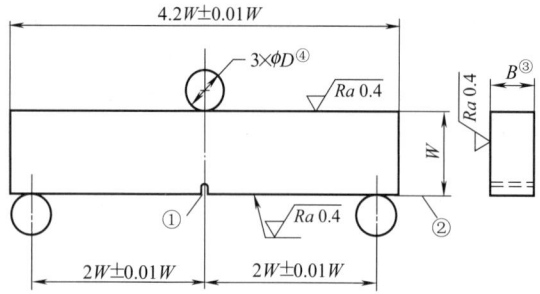

① 缺口详细尺寸见图 28-6-17；
② 基准面；
③ 推荐厚度：$0.2W \leq B \leq W$；
④ $D \geq W/8$。

注：1. 机加工缺口在中心线 $\pm 0.005W$ 以内；
2. 表面平行度和垂直度在 $0.002W$ 以内；
3. 裂纹长度以包含初始 V 形缺口的侧面为基准面进行测量；
4. 该试样类型仅适用于力值比 $R>0$ 的试验。

图 28-6-13　标准单边缺口三点弯曲试样（SENB3）

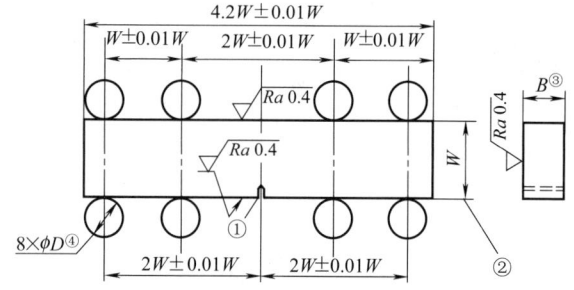

① 缺口详细尺寸见图 28-6-17；
② 基准面；
③ 推荐厚度：$0.2W \leq B \leq W$；
④ $D \geq W/8$。

注：1. 机加工缺口在中心线 $\pm 0.005W$ 以内；
2. 表面平行度和垂直度在 $0.002W$ 以内；
3. 裂纹长度以包含初始 V 形缺口的侧面为基准面进行测量；
4. 该试样类型适用于力值比 $R \leq 0$ 的试验，避免由于夹持产生后坐力和附加弯矩。

图 28-6-15　标准单边缺口八点弯曲试样（SENB8）

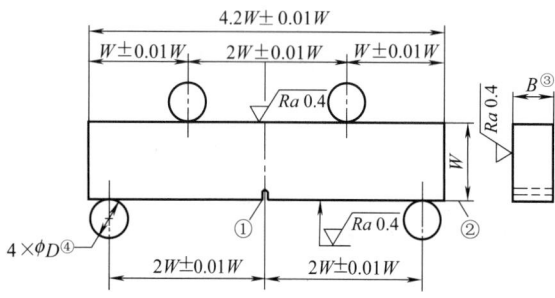

① 缺口详细尺寸见图 28-6-17；
② 基准面；
③ 推荐厚度：$0.2W \leq B \leq W$；
④ $D \geq W/8$。

注：1. 机加工缺口在中心线 $\pm 0.005W$ 以内；
2. 表面平行度和垂直度在 $0.002W$ 以内；
3. 裂纹长度以包含初始 V 形缺口的侧面为基准面进行测量；
4. 该试样类型仅适用于力值比 $R>0$ 的试验。

图 28-6-14　标准单边缺口四点弯曲试样（SENB4）

6.2.2 试样制备

试样的制备对所测定材料的疲劳性能有直接的影响。从切取毛坯到进行试验，要经过取样、机械加工、热处理、尺寸测量、探伤检验及储存等工序，每个环节都可能影响试样的疲劳性能，因此都必须十分注意。

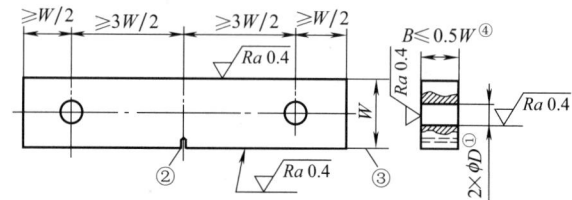

① $D = W/3$；
② 缺口详细尺寸见图 28-6-17；
③ 基准面；
④ 推荐厚度：$B \leq 0.5W$；
⑤ 总参考值。

注：1. 机加工缺口位于中心线 $\pm 0.005W$（总参考值⑤）以内；
2. 表面的垂直度和平行度在 $\pm 0.002W$ 以内；
3. 裂纹长度以包含初始 V 形缺口的侧面为基准面进行测量；
4. 该试样类型推荐用于力值比 $R>0$ 的试验。

图 28-6-16　标准单边缺口拉伸试样（SENT）

6.2.2.1 取样

取样应按下面的原则：

1）应在具有代表性的位置切取制备试样的试样料。例如对截面尺寸小于 60mm 的圆钢、方钢和六角钢，应在中心切取拉力及冲击样坯，截面尺寸大于 60mm 时，则在直径或对角线距外端 1/4 处切取，以保证所切取的试样料具有代表性。

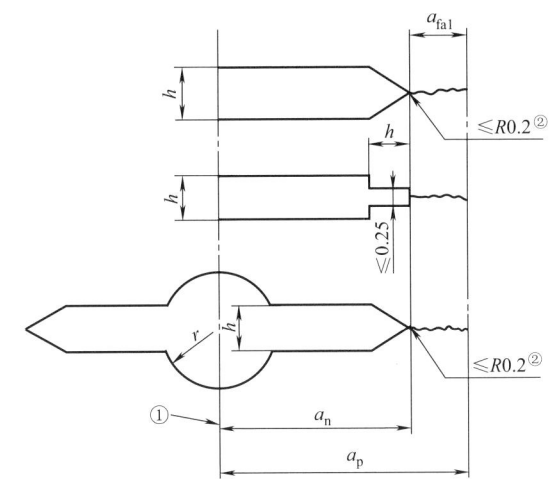

试样类型	缺口长度a_n	最大缺口宽度h	最小预裂纹长度a_p
CT CCT SENB	$0.1W \leqslant a_n \leqslant 0.15W$	$W \leqslant 25$：$h \leqslant 1mm$； $W > 25$：$h = W/16$	$a_p \geqslant a_n + h$；$a_p \geqslant a_n + 1mm$； $a_p \geqslant a_n + 0.1B$中最大值 CT试样：$a_p \geqslant 0.2W$

① 基准面；

② 根部半径。

注：1. 裂纹长度从基准面开始测量；

2. 缺口高度应该尽可能小；

3. CCT试样中半径$r < 0.05W$的小孔可以不加工。

图 28-6-17　缺口尺寸和最小疲劳预制裂纹要求

2) 应在最终状态的材料上（回火）切取试样料，用一组试样进行一个试验。

3) 一组试样应由同一炉材料制取，其尺寸和状态（回火）应当相同。

4) 根据型钢种类，考虑轧制方向切取试样料。例如，应从圆钢和方钢端部沿轧制方向切取弯曲试样料，应从工字钢和槽钢腰高 1/4 处沿轧制方向切取矩形拉力、弯曲和冲击试样料；应从钢板端部垂直于轧制方向切取拉力、弯曲及冲击试样料等。

6.2.2.2　机械加工

试样进行机械加工时，应使试样表面产生的残余应力和加工硬化尽量减至最小。在机械加工过程中，应防止过热或其他因素的影响而改变材料的性能，力求试样表面质量均匀一致。在车削和磨削过程中，应适当地逐次减小吃刀量和进给量。磨削时，应提供足够的切削液，充分冷却试样。缺口试样的加工与光滑试样的基本相同，只是缺口部的圆角半径及其表面更应仔细加工。

以金属旋转弯曲疲劳试样为例，说明其加工工艺。

(1) 车削

1) 车削粗加工。将试样毛坯直接从 $x + 5mm$（x 等于试样直径 d 加上适当的表面精加工余量）粗车至 $x + 0.5mm$ 时，推荐采用如下逐次递减车削深度，即 1mm、0.5mm、0.25mm。

2) 车削精加工。将试样从 $x + 0.5mm$ 精车至 x 时，应进一步递减车削深度，推荐采用如下逐次递减车削深度，即 0.125mm、0.075mm、0.05mm。

推荐进给量为每转 0.06mm。

(2) 磨削精加工

磨削用来精加工由于热处理而强度提高，以致不易车削精加工的材料。

1) 横向精磨。将试样直径从 $x + 0.5mm$ 横向精磨至 $x + 0.05mm$ 时，推荐采用如下递减磨削深度，即 0.03mm、0.015mm。

用成形砂轮横磨漏斗形试样时，砂轮和试样应以相同的方向旋转。

2) 纵向精磨。将试样直径从 $x + 0.05mm$ 纵向精磨至 x 时，推荐磨削深度为 0.005mm。

多孔砂轮适于用来进行钢的纵向磨削。

纵磨时，建议砂轮每次横向进给时的速度控制在 0.02mm/s。

磨削时，应提供足够的高质量切削液，如水基溶液，以期充分冷却试样。

(3) 表面精加工

将试样直径车削或磨削至 x 后,其表面精加工推荐采用逐次变细的砂纸或砂布,沿试样纵向进行机械抛光(尽量避免手工抛光),直至试样直径达规定值并获得要求的表面粗糙度。

用砂纸抛光时,压向试样表面的力应尽可能小,并应尽可能抛掉表面硬化和残余应力层。

(4) 进行不同材料的比较试验

推荐采用电解抛光来进行试样表面精加工,电解抛掉一薄层。

(5) 缺口试样的加工

缺口试样的加工工艺与光滑试样的基本相同。

1) 粗车缺口,留余量 $0.3 \sim 0.5 \mathrm{mm}$。

2) 根据材料强度水平,对缺口进行车削或磨削精加工,其精加工工艺参考相关内容。

6.2.2.3 热处理

当材料需经热处理后试验时,一般先经热处理再加工成试样。如热处理后会使材料加工性能变差,可将材料先加工成试样毛坯,热处理后再进行精加工。热处理时应防止表面层变质和变形,且不允许对试样进行矫直。缺口试样的缺口应在热处理后加工。

6.2.2.4 测量、探伤与储存

测量试样尺寸时,应防止损伤试样表面。因此,最好使用非接触式测量的工具,如工具显微镜等。

已经制备好的试样,应进行表面质量的检验,有时需要检验内部质量,如 X 射线探伤等。

检验合格的试样如需储存一段时间后做试验,则应妥善保护,可涂凡士林,放入专用袋内,确保储存期间表面完好无损。试验前,应用适当方法重新检验试样表面,不允许有锈蚀或伤痕。

6.3 疲劳试验方法

疲劳试验的主要测定内容有:疲劳极限;疲劳寿命;对应力集中的敏感性;循环载荷的损伤度;裂纹扩展速率;出现裂纹前的循环数;剩余寿命的长短;滞后回线特性;循环加载过程中试样变形的变化;裂纹张开位移的变化;对介质、温度、频率、非对称循环、过载、尺寸效应等的敏感性。

本节主要介绍高周疲劳范畴的 S-N 疲劳寿命曲线和疲劳极限的试验方法;低周疲劳范畴的 ε-N 疲劳寿命曲线和应力-应变曲线试验方法,以及断裂力学范畴的裂纹扩展速率(da/dN 曲线)和断裂韧性试验方法。

6.3.1 S-N 曲线试验

在室温和空气中进行的高周疲劳试验,根据试验的目的和要求不同,通常用的有单点试验法、成组试验法和升降法三种。单点试验法和成组试验法用来测定 S-N 曲线,升降法用来测定疲劳极限。

6.3.1.1 单点试验法

单点试验法又称常规疲劳试验法,这种方法是在每个应力水平下只试验一个试样。它主要用于试样个数有限,生产任务紧迫,或者为了节省经费,不宜进行大量试验时,用来测定材料或零件的 S-N 曲线。它除了直接为设计部门提供疲劳性能数据外,还可作为一些特殊疲劳试验的预备性试验。

单点疲劳试验中至少需要 10 个材料和尺寸相同的试样。其中,一个试样作为静载试验用,$1 \sim 2$ 个试样作为备品,其余 $7 \sim 8$ 个试样作为疲劳试验用。

如果试验是在旋转弯曲疲劳试验机上进行,则试样受到对称循环弯曲应力,试验直到试样断裂为止,从试验机的计数器上可读得试样断裂时的循环次数。

试验中需要将应力水平分级。应力水平至少分为 7 级。高应力水平间隔可取得大一些,随着应力水平的降低,间隔越来越小。最高应力水平可通过预试确定。对于光滑试样,预试的最大应力可参照表 28-6-4,表中 R_m 为材料的抗拉强度。

表 28-6-4 光滑试样的预试应力 σ_max

试样	加载方式	应力比 r	预试应力 σ_max
光滑圆试样	旋转弯曲	-1	$(0.6 \sim 0.7)R_\mathrm{m}$
光滑圆试样	平面弯曲	-1	$(0.6 \sim 0.7)R_\mathrm{m}$
光滑圆试样	轴向加载	-1	$(0.6 \sim 0.7)R_\mathrm{m}$
光滑板试样	轴向加载	-1	$(0.6 \sim 0.7)R_\mathrm{m}$
光滑板试样	轴向加载	0.1	$(0.6 \sim 0.8)R_\mathrm{m}$
光滑圆试样	扭转	-1	$\tau = (0.45 \sim 0.55)R_\mathrm{m}$

注:应力比 r 为最小应力与最大应力之比。

对每个试样施加不同的载荷,试样就受到不同的弯曲应力 σ,可得到相应的循环次数 N。以应力 σ 为纵坐标,试样到达断裂的循环数 N 为横坐标,根据试验结果,就可绘出 σ-N 曲线。同理,拉-压疲劳试验时,可绘得拉-压的 σ-N 曲线;扭转疲劳试验时,可绘得扭转的 τ-N 曲线。这些疲劳曲线和以应变表示的 ε-N 曲线,统称为 S-N 曲线。

在给定应力比 r 的条件下,应力水平可用最大应力 σ_max 来表示。对于一般钢材,如果在某一应力水平下经受 10^7 次循环仍不破坏,则它可以认为能承受无限次的循环而不会破坏。所以把 10^7 次循环数所对应的最大应力叫作"疲劳极限"。但对铝、镁合金等材

料，在经受 10^7 次循环后仍未发生破坏，因此把循环数为 10^7 所对应的最大应力称为"条件疲劳极限"，疲劳极限和条件疲劳极限以符号 σ_r 表示，下标"r"表示应力比为 r。例如在对称循环下的疲劳极限的符号为 σ_{-1}，对于切应力为 τ_{-1}。循环数 10^7 称为"循环基数"。

测定疲劳极限或 10^7 时的条件疲劳极限时，可按照下述方法进行。当试样超过预定循环而未发生破坏时，称为"越出"。在应力水平由高到低的试验过程中，假定第 6 根试样在应力 σ_6 作用下，未及 10^7 循环而发生了破坏，而依次的第 7 根试样在应力 σ_7 作用下经 10^7 次循环越出，并且两个应力差 $(\sigma_6-\sigma_7)$ 不超过 σ_7 的 5%，则 σ_6 与 σ_7 的平均值就是疲劳极限（或条件疲劳极限）σ_r，即 $\sigma_r = \frac{1}{2}(\sigma_6+\sigma_7)$。

如果差数 $(\sigma_6-\sigma_7)$ 大于 σ_7 的 5%，那么还要取第 8 根试样进行试验，即取 σ_8 等于 σ_6 和 σ_7 的平均值，即 $\sigma_8=\frac{1}{2}(\sigma_6+\sigma_7)$。试验后可能有两种情况：

第一种情况：若第 8 根试样在 σ_8 作用下，经 10^7 次循环仍然越出 [见图 28-6-18（a）]，并且差数 $(\sigma_6-\sigma_8)$ 小于 σ_8 的 5%，则可认为疲劳极限或条件疲劳极限介于 σ_6 和 σ_8 之间。

第二种情况：若第 8 根试样在 σ_8 作用下，未达到 10^7 次循环发生破坏 [见图 28-6-18（b）]，并且差数 $(\sigma_8-\sigma_7)$ 小于 σ_7 的 5%，则可认为疲劳极限或条件疲劳极限介于 σ_8 和 σ_7 之间。

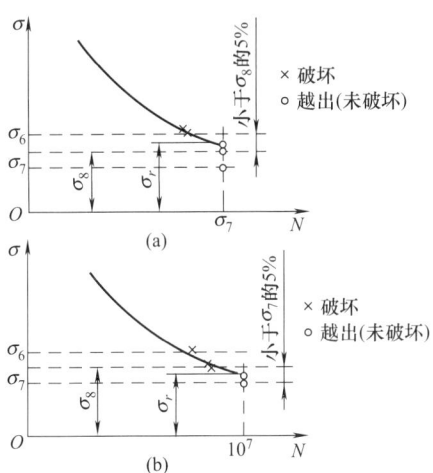

图 28-6-18　确定疲劳极限

测定疲劳极限时，要求至少有两根试样达到循环基数而不破坏，以保证试验结果的可靠性。根据在各个应力水平下测得的疲劳寿命 N 和疲劳极限，即可绘制出 S-N 曲线。

6.3.1.2　成组试验法

由于疲劳寿命的离散性较大，按单点试验法，即每个应力水平下只用一个试样所测定的 S-N 曲线，精度较差，只能用于准确度要求不高的疲劳设计上。对于疲劳强度的可靠性设计，需要给出 p-S-N 曲线，此时，在寿命小于 10^7 次循环的 S-N 曲线，需要进行成组试验法，即在每个应力水平上使用一组试样来进行试验。

为了要选取适当的每组试样个数，写出母体均值 μ 的区间估计式为

$$\overline{x}-t_\alpha\frac{s}{\sqrt{n}}<\mu<\overline{x}+t_\alpha\frac{s}{\sqrt{n}}$$

式中　$\overline{x}$——子样均值；

　　　s——子样标准差；

　　　n——子样容量；

　　　t_α——t 分布。

当给出置信水平 $\gamma=1-\alpha$ 及自由度 $v=n-1$ 时，t_α 可由相关手册 t 分布值表查得。

将上面不等式移项，可以得到子样均值 $\overline{x}$ 的误差估计式

$$-\frac{s}{\overline{x}}\times\frac{t_\alpha}{\sqrt{n}}<\frac{\mu-\overline{x}}{\overline{x}}<\frac{s}{\overline{x}}\times\frac{t_\alpha}{\sqrt{n}}$$

式中　$\frac{\mu-\overline{x}}{\overline{x}}$——子样均值的相对误差。

这个估计式表明：用子样均值作为母体均值估计量时，有 γ 的把握误差位于置信区间 $\left(-\frac{s}{\overline{x}}\times\frac{t_\alpha}{\sqrt{n}}, \frac{s}{\overline{x}}\times\frac{t_\alpha}{\sqrt{n}}\right)$ 以内。如用 δ 表示误差限度，即

$$\delta=\frac{st_\alpha}{\overline{x}\sqrt{n}} \qquad (28\text{-}6\text{-}1)$$

设选取 $\gamma=95\%$，将由一组几个观察值求得的 $\overline{x}$ 和 s 代入式 (28-6-1)，即可计算出 δ 值，即 95% 的把握说，x 的误差不超过 δ。将式 (28-6-1) 写成下式，即

$$\frac{s}{\overline{x}}=\frac{\delta\sqrt{n}}{t_\alpha} \qquad (28\text{-}6\text{-}2)$$

式中　$s/\overline{x}$——变异系数。

如给定置信水平 γ 和误差限度 δ，则变异系数 $s/\overline{x}$ 可看成试样个数 n 的函数。根据一般工程误差允许范围，选取 $\delta=5\%$，由式 (28-6-2) 可画出 $s/\overline{x}$ 与 n 的关系曲线，如图 28-6-19 所示。

利用图 28-6-19 的曲线，即可根据试验结果判定所选取的子样容量是否适当。例如，在某一应力水平下，选用 5 个试样进行试验，依据这 5 个试验数据，可以计算出变异系数 $s/\overline{x}$。再利用图中曲线，如与 $s/$

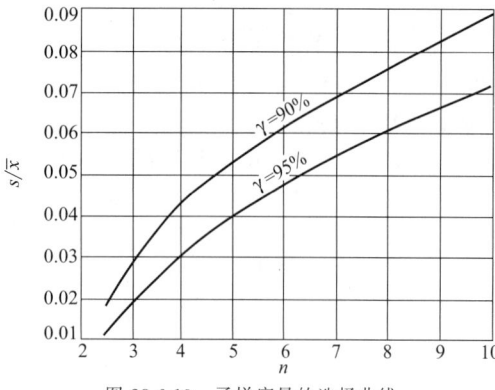

图 28-6-19 子样容量的选择曲线

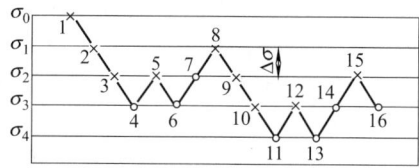

图 28-6-20 升降法试验
指定寿命 $N=10^7$,×—破坏；○—越出

$\bar{x}$ 对应的 n 值介于 4 和 5 之间，则表示所选取的试样个数适当。如对应的 n 值大于 5，则表示选取的试样个数不足。为使误差不超过 5%，还必须增加试样个数。对于各级应力水平，都需要这样来确定适当的试样个数，以达到具有相同精度的要求。

在做 p-S-N 曲线时，为保证一定的精度，每级试样数不应小于 6 个。为了提高精度，应采用较多的试样，但当每级试样数超过 14 时，精度提高已不显著，故每级试样数一般建议 6~10 个，较多的试样数，用于应力水平较低的组。对于仅测定 S-N 曲线，每组试样数工程上一般为 3~5 个。

用上述方法可得到各级应力水平下的对数疲劳寿命，并绘制出 S-N 曲线。

6.3.2 疲劳极限试验

疲劳极限的测定用升降法试验。升降法试验是在指定疲劳寿命下测定应力，主要用于长寿命区，它可以比较精确地测定出疲劳极限。在指定寿命下，如 $N=10^7$ 次，试验从高于疲劳极限的应力水平开始（见图 28-6-20），在应力 σ_0 作用下试验第 1 根试样，该试样在未达到寿命 10^7 之前发生了破坏，于是，第 2 根试样就在低一级的应力 σ_1 下进行试验。一直试验到第 4 根试样时，因该试样在 σ_3 作用下经 10^7 循环没有破坏（越出），故依次进行第 5 根试样，就在高一级的应力 σ_2 下进行试验。按照规定：凡前一根试样不到 10^7 次循环破坏，则随后的一次试验就要在低一级的应力下进行，凡前一根试样越出，则随后的一次试验就要在高一级的应力下进行，直到完成全部试验为止。各相邻应力之差 $\Delta\sigma$ 称为应力增量，在整个过程中，应力增量保持不变。

图 28-6-20 表示有 16 个试样的升降法试验结果。处理试验结果时，在第一对出现相反结果以前的数据均舍弃。点 3 和点 4 是第一对出现的相反结果，因此，数据点 1 和点 2 均舍弃。而第一次出现的相反结果点 3 和点 4 的应力平均值 $(\sigma_2+\sigma_3)/2$，就是常规疲劳试验法给出的疲劳极限值。同理，第二次出现的相反结果点 5 和点 6 的应力平均值，也相当于常规疲劳试验法给出的疲劳极限。如此，把所有相邻出现相反结果的数据点都配成对：7 和 8、10 和 11、12 和 13、15 和 16。最后，对于不能直接配对的数据点 9 和点 14，也可以凑成一对。总计共有七个对子。由这七对应力求得的七个疲劳极限的平均值，即可作为疲劳极限的精确值 σ_r，即

$$\sigma_r = \frac{1}{7}\left(\frac{\sigma_2+\sigma_3}{2}+\frac{\sigma_2+\sigma_3}{2}+\frac{\sigma_1+\sigma_2}{2}+\frac{\sigma_3+\sigma_4}{2}+\frac{\sigma_3+\sigma_4}{2}+\frac{\sigma_2+\sigma_3}{2}+\frac{\sigma_2+\sigma_3}{2}\right)$$

$$\sigma_r = \frac{1}{14}(\sigma_1+5\sigma_2+6\sigma_3+2\sigma_4)$$

由上式可以看出，括号内各级应力前的系数，恰好代表在各级应力下试验的次数（舍弃点 1 和 2 除外）。将这些用"配对法"得出的结果作为疲劳极限的数据点进行统计处理，即可得出疲劳极限的平均值和标准差。

$$\sigma_r = \frac{1}{K}\sum_{j=1}^{R}\sigma_j = \frac{1}{n}\sum_{i=1}^{m}\upsilon_i\sigma_i \qquad (28\text{-}6\text{-}3)$$

$$S_{\sigma r} = \frac{\sqrt{\sum_{j=1}^{K}\sigma_j^2 - \frac{1}{K}\left(\sum_{j=1}^{K}\sigma_j\right)^2}}{K-1} \qquad (28\text{-}6\text{-}4)$$

式中 K——配成的对子数；
n——配成对子的有效试样数，$n=2K$；
m——应力水平数；
σ_j——用配对法得出的第 j 个疲劳极限值，MPa；
σ_i——第 i 个应力水平的应力值，MPa；
υ_i——第 i 个应力水平试样数。

当最后一个数据点的下一根试样恰好回到第一个有效数据点时，则有效数据点恰能互相配成对子。因此，用小子样升降法进行试验时，最好进行到最后一个数据点和第一个有效数据点恰好衔接。

升降法试验最好在 4 级应力水平下进行。当完成了第 6 或第 7 根试样的试验后，就可以按式 (28-6-3) 开始计算 σ_r 值，并陆续计算出第 8、9、10、…试样

试验后的 σ_r 值。当这些值的变化越来越小，趋于稳定时，试验即可停止。将完成最后一根试样试验所计算出的 σ_r 值，作为欲求的疲劳极限。在一般情况下，大约需要10多根试样。

应用升降法试验测定疲劳极限的关键，在于应力增量 $\Delta\sigma$ 的选取。一般来说，应力增量最好选择得使试验在4级应力水平下进行。为此，建议下面两种选择应力增量的方法：

1) 已知由常规疲劳试验法测定的 σ_r。当已知由常规疲劳试验测定的 σ_r 时，可取 $4\%\sim6\%$ 的 σ_r 作为应力增量 $\Delta\sigma$。

2) 已知同类材料的升降图。图28-6-21（a）是2A12铝合金光滑板试样的升降图。该试验是在3级应力水平下进行的。图中纵坐标 $K=\sigma_{max}/R_m$，σ_{max} 为最大应力，R_m 为抗拉强度，应力增量 $\Delta\sigma=0.02R_m$，$\Delta\sigma$ 选得偏大些，在应用升降法测定单面喷丸2A12铝合金光滑板试样的条件疲劳极限时，参考了这一数据。把 $\Delta\sigma$ 减小到 $\Delta\sigma=0.015R_m$，从而取得了4级应力水平［图28-6-21（b）］。

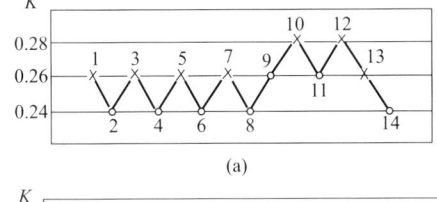

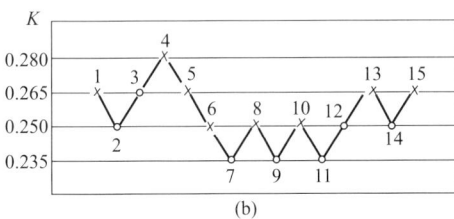

图28-6-21　2A12铝合金光滑板试样的升降图

按升降法试验测定的疲劳极限或条件疲劳极限，可以和成组法试验法测定的疲劳寿命数据合并在一起，绘制出中等寿命区到长寿命区的 S-N 曲线和 P-S-N 曲线。

6.3.3　ε-N 曲线试验

（1）试验设备

1) 试验机。试验可在任何能控制载荷和变形的低循环疲劳试验机上进行，其载荷精度应符合有关标准要求。关于应力或应变控制的稳定性，相继两循环的重复性应在所试验应力或应变范围的1%以内，或平均范围的0.5%以内，整个试验过程稳定在2%以内。

2) 应变引伸计。由于疲劳试验的特点是试验周期长，因此，应配备适合于长时间内动态测量和控制用的应变引伸计，其精度不低于 $\pm1\%$，试验时，可以根据试样形式选用轴向或径向引伸计。

（2）试验条件

1) 试验环境温度。室温试验时，试样的温度变化不大于 ±2℃。高温试验时，试样工作部分的温度波动不大于 ±2℃，标距长度内的温度梯度应在 ±2℃ 以内。

2) 波形。在整个试验过程中，应变（应力）对时间波形应保持一致。在没有特定要求或设备限制时，除了对应变速率极不敏感的材料外，控制应变的疲劳试验一般采用三角波，以保证在一个循环过程中其应变速率维持不变。

3) 应变速率或循环频率。在试验过程中，应变速率或循环频率应保持不变。所选择的应变速率或循环频率应足够低，以防试样发热超过 ±2℃，以及适应应变引伸计的频率响应特性。所以在控制应变的疲劳试验中，通常选用的循环频率在 $0.1\sim1$Hz 范围内。

低周疲劳试验的频率范围为 $0.5\sim5$Hz。当轻金属合金试样温度不超过 50℃，钢试样温度不超过 100℃ 时，可以采用较高的频率，而实际试验的频率一般是在 $0.5\sim5$Hz 的范围内。

（3）引伸计的安装

低周疲劳试验方法，有控制轴向应变和控制径向应变之分。图28-6-9的试样常用于轴向应变控制，因为这种试样有一定的标距长度，输出的应变信号较大，结果较为精确，受材料各向异性的影响小。试样上有一段等应变区，便于试验后选取各种金相试片。其缺点是试样对同心度的要求较严格，要有好的对中技术。图28-6-10的试样除用于总应变幅度大于2%时以外，可用于径向应变控制的试验。这种试样的刚性好，不易失稳，但设计上需要的是轴向应变，因此需要换算，给结果带来一定的误差。

图28-6-22为轴向引伸计测量示意图。图28-6-23为径向引伸计测量示意图。安装引伸计时要格外小心，以防损伤试样表面而出现过早断裂。在每次试验前后，引伸计应进行标定。

传感器应具有高的抗弯阻力，低的轴向柔度，好的线性、精确度和灵敏度，且滞后作用小。其测量精度应不低于所测载荷最大值的 $\pm1\%$。记录装置的准确度应保持在满量程的1%以内。

（4）试样数量与控制应变量的选择

一般一条应变-寿命曲线有7个以上的应变水平数据点，每个应变水平做6个左右试样，大概需要40个试样。对于绝大多数材料应变-寿命曲线，其总

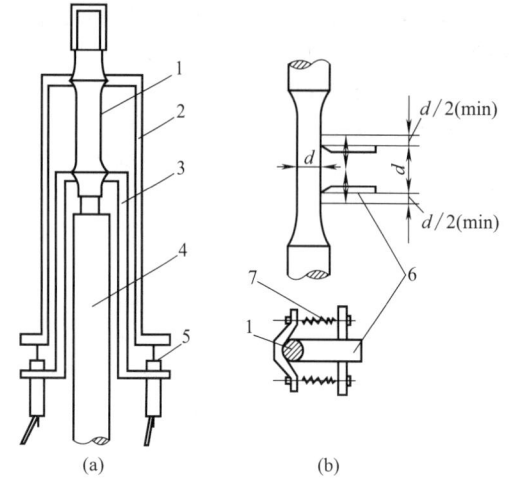

图 28-6-22 轴向引伸计测量示意图
1—试样；2—上引伸杆；3—下引伸杆；4—下夹头；
5—差动变压器；6—夹爪；7—弹簧

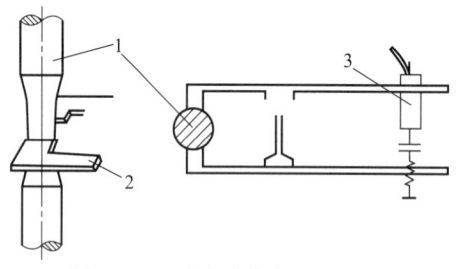

图 28-6-23 径向引伸计测量示意图
1—试样；2—夹爪；3—差动变压器

应变变程在±2%～±0.2%之间能充分描述出材料的应变疲劳特性。第一级应变水平量可选择总应变变程为±1%来进行控制应变试验，随后按要求记录各项试验数据，接着再做降低一级应变水平的试验，一直做到总应变变程为±0.2%左右。然后，改用漏斗形试样进行径向应变控制试验，可以从总应变变程大于±1%做到大于±2%的应变水平。在小应变范围试验中，处于弹性状态下的控制应变试验也可用控制应力试验代替。

6.3.4 应力-应变曲线试验

单调应力-应变曲线是用静力拉伸试验测得的，稳定循环应力-应变曲线是用不同应变变程的几个稳定滞回线顶点相连所画出的光滑曲线。测定循环应力-应变曲线有如下几种主要方法：

1）多级试验法。此方法是用一根试样在几种应变幅值下循环加载，每一级应变幅值水平的循环次数必须足以达到稳定，但反复数不能过多，以免发生严重的疲劳损伤。然后采用重叠而稳定的滞回线，并通过其顶部画出一条光滑曲线，得到循环应力-应变曲线。这种方法的优点是试样少，测定速度快。但是由于试样容易产生疲劳损伤，因此试验结果的精确性降低。

2）降级-增级试验法。此方法是在控制应变试验下，试样应变幅值逐步降级，然后又逐步增级。这种控制应变下的降级-增级过程与程序块试验相似，如图 28-6-24 所示。图中 t 为循环应变试验经历的时间，连续记录各应变幅下的滞回线，这些滞回线的顶点轨迹就是所测定的循环应变-时间曲线。但这种方法仍然未克服由于疲劳损伤带来的误差。

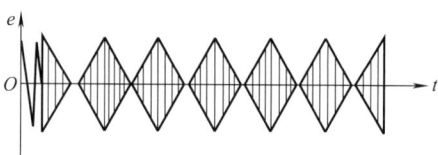

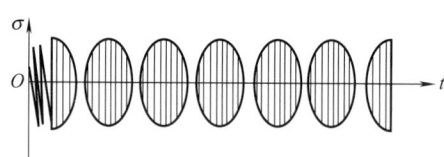

图 28-6-24 循环应变-时间曲线

3）循环稳定后一次拉伸法。此方法是使试样在承受一系列的减小和增加的应变并在减小一级应变幅值后出现循环稳定时，将试样进行一次拉伸，以测定它的应力-应变曲线，这条单调拉伸应力-应变曲线与上述两种方法所测定的循环应力-应变曲线能很好地吻合。用这种方法测定循环应力-应变曲线，不仅未克服上述两种方法存在的缺陷，而且要求拉伸和压缩曲线各需一个试样。因此这种方法不如上述两种方法。

4）多级多试样法。此方法是用多根试样分别在多级应变变程下，进行恒应变控制试验，每一级应变水平由一根或一组试样组成，以获得循环稳定的滞回线，随后连接各个应变水平下循环稳定的滞回线的顶点，画出一条光滑曲线，即为循环应力-应变曲线，如图 28-6-25 所示。

这种多级多试样法能真实地反映材料的循环应力-应变特性，是一种比较精确的方法，而上述三种方法所得到的循环应力-应变曲线都是多级多试样法的一种近似。这种方法的缺点是所用试样较多，试验速度慢，花费时间长。但是多级多试样法可在测定应变-寿命曲线时一并进行，连接各个应变水平下 50% 的试样寿命处滞回线顶点的轨迹即为多级多试样法测定的循环应力-应变曲线。这样获得的稳定循环应力-

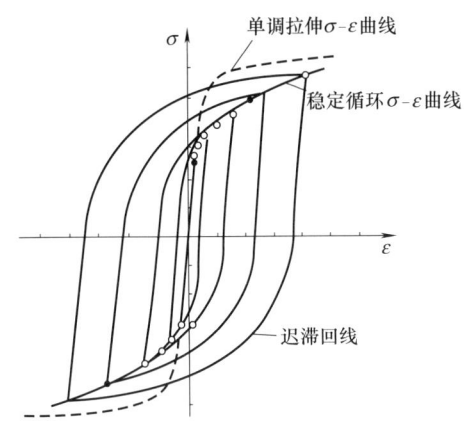

图 28-6-25　多级多试样法测定的循环应力-应变曲线

应变曲线比较精确。

6.3.5　裂纹扩展速率（da/dN 曲线）试验

求 da/dN 首先要作出 a-N 曲线。先根据线弹性理论确定试样的尺寸，再预制裂纹。把试样装在疲劳试验机上后，一般施加应力比 $r>0$ 的拉-拉载荷，经过一定的循环次数 N 后，测量出裂纹的长度 a。如此重复下去，当裂纹扩展到 $(0.6\sim0.7)W$ 时，在试样表面产生塑性坑或沿与主裂纹成 $45°$ 的方向扩展，试验停止。这时得到一组 a 与 N 的数据，作出 a-N 曲线。

一般的疲劳试验机都带有计数器，可直接读出 N 值。不同的 N 值所对应的裂纹长度 a_i 的测量方法，有下面几种：

1）表面直读法。这是最简单也是常用的一种方法。在试样的两个外表面上画等间距（如 1mm）刻线，经一定的循环 N，停机后用读数显微镜直接测量两个外表面的裂纹长度，取其平均值作为裂纹长度。

2）电阻应变法。将测定裂纹长度的电阻应变计贴于裂纹前端，预先标定裂纹长度和电阻变化量之间的关系曲线。经过一定的循环数 N 后，测得电阻的变化，由此得到 a 值。

此外，还有超声波探伤法和声发射法等。

得到 a-N 曲线后，可在此曲线上用作图法求得斜率 da/dN。然后根据所加的载荷求得对应的 ΔK。根据所得的 da/dN 和 ΔK 的一组数据，在双对数坐标纸上直线拟合 da/dN-ΔK 曲线。

6.3.6　断裂韧性试验

裂纹扩展速率试验中的临界裂纹尺寸 a_c，是通过裂纹扩展到使应力强度因子达到临界值的条件来确定的。因此，断裂韧性 K_{IC} 的测试方法是裂纹扩展试验的基础。

试验的关键是显示和记录加载过程中载荷与裂纹张开位移关系曲线（P-V），并由 P-V 曲线确定裂纹失稳扩展的条件载荷 P_q。并测量裂纹长度 a_c，利用 K_I 表达式，代入临界裂纹长度 a_c 及临界载荷 P_q，求出此时的 K_I，称为 K_q。当 K_q 满足验证条件时，所测出的 K_q 即为材料的 K_{IC}。

（1）临界载荷 P_q 的确定

试验中得到的载荷-位移（P-V）曲线如图 28-6-26 所示。裂纹张开位移 V 的测量要用引伸计，图 28-6-27 所示为安装在整体架上的双悬臂夹式引伸计。它能准确指示裂纹标距间的相对位移，且能稳妥地安装在试样上。当试样断裂时，引伸计能自行脱开而无损坏。

在上述三种 P-V 曲线中，其裂纹失稳扩展的条件载荷 P_q 可按如下规则确定：过原点 O 作一割线，该割线的斜率比 P-V 曲线中直线部分的斜率低 5%，该割线与 P-V 曲线的交点为 P_5，若在交点 P_5 以前 P-V 曲线上所有点的载荷均低于 P_5，则取裂纹失稳扩展的条件载荷 $P_q=P_5$，如图 28-6-26（c）中曲线Ⅲ即为这种情况；如果在交点 P_5 以前 P-V 曲线上还有大于 P_5 的载荷，则取其中最高的载荷为 P_q，图 28-6-26（a）、（b）中曲线Ⅰ、Ⅱ就属于这种情况。

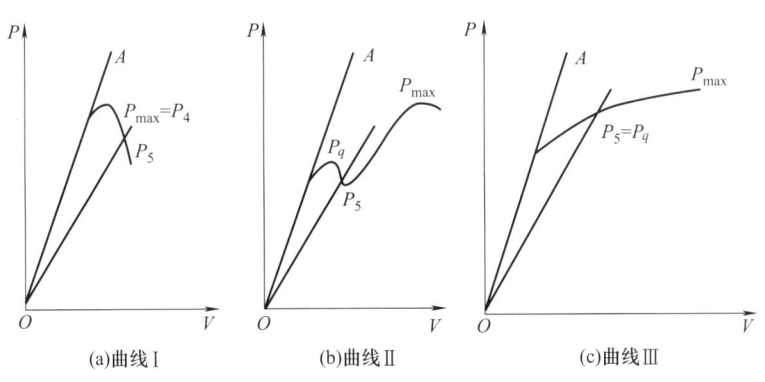

图 28-6-26　三种类型 P-V 曲线

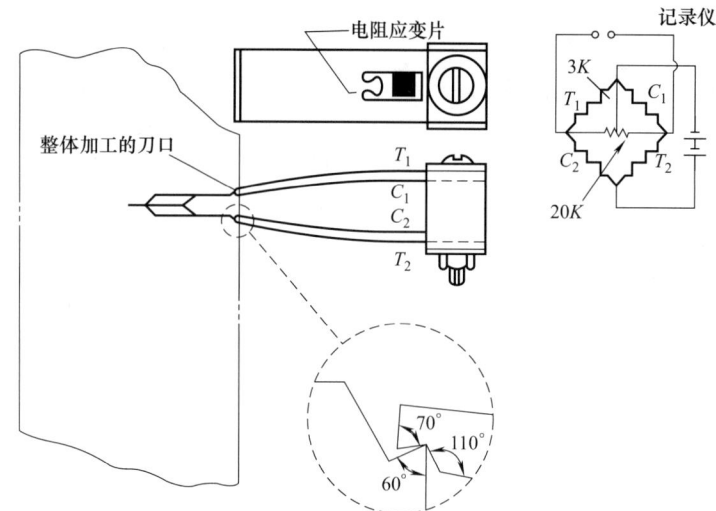

图 28-6-27 安装在整体架上的双悬臂夹式引伸计

注：500Ω 应变片的灵敏度比 120Ω 的高

(2) 裂纹长度 a 的测量

试样断裂后用工具显微镜测量试样断口的原裂纹长度。由于裂纹前沿呈弧形，规定测量厚度方向上 $B/4$、$B/2$、$3B/4$ 三处的裂纹长度为 a_2、a_3、a_4，并取其平均值 $(a_2+a_3+a_4)/3$ 作为计算裂纹长度，如图 28-6-28 所示。

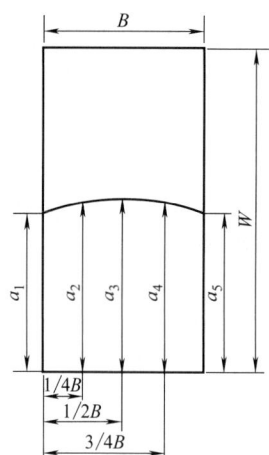

图 28-6-28 裂纹长度的测量

6.4 疲劳试验数据处理

6.4.1 可疑观测值的取舍

在处理疲劳试验结果时，常常会发现某一组数据中某一观测值与其他观测值差别很大，这种过大或过小的观测值叫作"可疑观测值"。一般来说，可疑观测值的取舍可以从两个方面来考虑。

(1) 从物理现象上考虑

当测出的疲劳寿命过小时，有可能是由于试样本身的缺陷所致。此时，应观察破坏后试样的断口，以检验断口处是否有夹杂、孔穴等缺陷，特别是在疲劳源处是否有划伤、锈蚀或加工刀痕等。为了便于进行这方面的检验，试验前对一些可疑现象应做好记录，或在试样上做好标记。此外，载荷偏心、机器的侧振及跳动量过大等都是导致疲劳寿命降低的因素。对于过小的疲劳寿命观测值的舍弃问题，要慎重对待。如果经过分析，这种过小的观测值确实是上述原因造成的，那么可以舍弃。但有时过小观测值的出现正反映了产品质量的不均匀性。因此，只有根据足够的试验资料进行全面的分析，才能作出取舍的决定。

关于过大观测值的出现，其中一个重要的原因是，由于操作不慎，在调试设备时施加了一两次过大的载荷，从而引起了强化效应，这对缺口试样或实际零构件影响特别显著。

(2) 从数学方法上考虑

从数学上考虑可疑观测值的取舍时，是基于概率的观点。在同一试验条件下，取得过大或过小的观测值是属于小概率事件。根据小概率事件几乎不可能出现的原理，来确定取舍的准则，如基于正态分布理论的肖维奈（Chauvenet）准则。如图 28-6-29 所示，正态分布的母体平均值 μ 和标准差 σ 分别由子样平均值 $\bar{x}$ 和标准差 s 来估计。在一组 n 个观测值中，当可疑值 x_m 小于下限 a 或大于上限 b 时，则 x_m 舍弃。舍弃区间用小概率 $1/(2n)$ 来确定。即其舍弃区间设置的原则是：左右两部分阴影面积相同，其总和等于 $1/(2n)$。这样，当 $x_m > \bar{x}+2s$ 时，即

$$\frac{x_m-\overline{x}}{s}>2$$

或者当 $x_m<\overline{x}-2s$ 时，即

$$\frac{\overline{x}-x_m}{s}>2$$

则可以舍弃 x_m。其中，n 为子样大小，$\overline{x}$ 为子样平均值，s 为子样标准差，x_m 为可疑值数据。

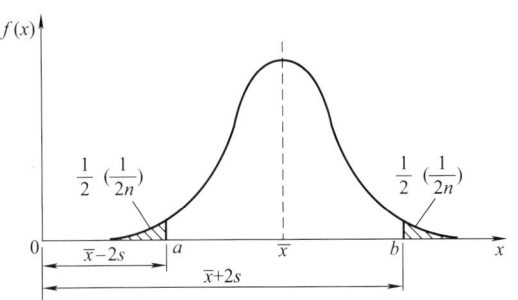

图 28-6-29　可疑观测值的取舍

为了计算方便，表 28-6-5 给出了绝对值 $\frac{|x_m-\overline{x}|}{s}$ 的限度 $\left[\frac{x_m-\overline{x}}{s}\right]$。若根据一组观测值和某一可疑值 x_m 求出的 $\frac{|x_m-\overline{x}|}{s}$ 超出这个限度，即可舍弃 x_m。

表 28-6-5　可疑观测值取舍限度

子样大小 n	$\left[\dfrac{x_m-\overline{x}}{s}\right]$	子样大小 n	$\left[\dfrac{x_m-\overline{x}}{s}\right]$
4	1.53	13	2.07
5	1.64	14	2.10
6	1.73	16	2.15
7	1.80	18	2.20
8	1.86	20	2.24
9	1.91	25	2.33
10	1.96	30	2.39
11	2.00	40	2.50
12	2.04	50	2.58

6.4.2　S-N 曲线拟合

绘制 S-N 曲线一般有逐点描迹法和直线拟合法。直线拟合常用的函数形式有幂函数形式和三参数幂函数形式两种。

(1) 逐点描迹法

逐点描迹法是以应力 σ 为纵坐标，以对数疲劳寿命 $\lg N$ 为横坐标，将各数据点画在单对数坐标纸上，然后用曲线板将它们连成光滑曲线，见图 28-6-30。在连线过程中，应力求做到使曲线均匀地通过各数据点，曲线两边的数据点与曲线的偏离应大致相等。

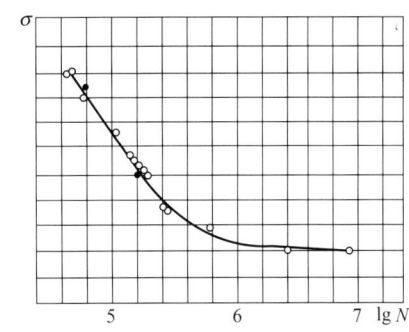

图 28-6-30　用逐点描迹法绘制 S-N 曲线

(2) 直线拟合法

1) 幂函数形式的 S-N 曲线。

幂函数形式的 S-N 曲线形如：

$$S^m N = c$$

式中，m 和 c 为常数，与材料性质、试件形式和加载方式等因素有关。将上式两端取对数，则有

$$m\lg S + \lg N = \lg c$$

上式表明，$\lg S$ 与 $\lg N$ 呈线性关系，即 S 和 N 在双对数坐标中呈直线关系。

可以采用最小二乘法确定出最佳的拟合直线，设 $a=\lg c$，$b=-m$，用 σ 替代 S，则用最小二乘法得出的拟合方程为

$$\lg N = a + b\lg \sigma \tag{28-6-5}$$

式中，a、b 是待定常数。a、b 和相关系数 r 由下式确定

$$b = \frac{\sum\limits_{i=1}^{n}\lg\sigma_i \lg N_i - \dfrac{1}{n}\left(\sum\limits_{i=1}^{n}\lg\sigma_i\right)\left(\sum\limits_{i=1}^{n}\lg N_i\right)}{\sum\limits_{i=1}^{n}(\lg\sigma_i)^2 - \dfrac{1}{n}\left(\sum\limits_{i=1}^{n}\lg\sigma_i\right)^2}$$

$$a = \frac{1}{n}\sum_{i=1}^{n}\lg N_i - \frac{b}{n}\sum_{i=1}^{n}\lg\sigma_i$$

$$r = \frac{\sum\limits_{i=1}^{n}\lg N_i \lg\sigma - \dfrac{1}{n}\left(\sum\limits_{i=1}^{n}\lg N_i\right)\left(\sum\limits_{i=1}^{n}\lg\sigma\right)}{\sqrt{\left[\sum\limits_{i=1}^{n}(\lg N_i)^2 - \dfrac{1}{n}\left(\sum\limits_{i=1}^{n}\lg N_i\right)^2\right] \times \left[\sum\limits_{i=1}^{n}(\lg\sigma_i)^2 - \dfrac{1}{n}\left(\sum\limits_{i=1}^{n}\lg\sigma_i\right)^2\right]}}$$

$$\tag{28-6-6}$$

式中　n——数据点个数或应力水平数；

σ_i——第 i 个数据点的最大应力；

N_i——第 i 个数据点的疲劳寿命。

S-N 曲线是否可以用直线拟合，可以用相关系数 r 来检验。r 的绝对值愈接近于 1，说明 $\lg\sigma$ 与 $\lg N$ 的线性相关性愈好。根据子样容量，可从表 28-6-6 中查得其起码值 $r_{\min}$。当数据点线性拟合得出的 $|r|$ 大于 $r_{\min}$ 时，用直线拟合各数据点才有意义。

表 28-6-6　　　相关系数检验表

$n-2$	$r_{\min}$	$n-2$	$r_{\min}$	$n-2$	$r_{\min}$
1	0.997	14	0.497	27	0.367
2	0.950	15	0.482	28	0.361
3	0.878	16	0.468	29	0.355
4	0.811	17	0.456	30	0.349
5	0.754	18	0.444	35	0.325
6	0.707	19	0.433	40	0.304
7	0.666	20	0.423	45	0.288
8	0.632	21	0.413	50	0.273
9	0.602	22	0.404	60	0.250
10	0.576	23	0.396	70	0.232
11	0.553	24	0.388	80	0.217
12	0.532	25	0.381	90	0.205
13	0.514	26	0.374	100	0.195

2) 三参数形式的 S-N 曲线。

对于中、长寿命区，S-N 曲线也可用三参数幂函数公式拟合，三参数形式的 S-N 曲线形如：

$$(S-S_0)^m N = c \tag{28-6-7}$$

式中，m、c 和 S_0 为常数，与材料性质、试件形式和加载方式等因素有关。三个待定常数按下述方法求得。

将上式两端取对数

$$m\lg(S-S_0) + \lg N = \lg c$$

令

$$a = \lg c,\ b = -m$$
$$X = \lg N,\ Y = \lg(S-S_0)$$

得

$$X = a + bY \tag{28-6-8}$$

因为上式中变量 X 和 Y 之间呈线性关系，所以可以根据已知的一组试验数据 (N_i, S_i)，$i=1, 2, \cdots, n$，求得一组数据 (X_i, Y_i)，$i = 1, 2, \cdots, n$，再由线性回归分析确定出待定参数 a、b 和线性相关系数 r。

$$a = \overline{X} - b\overline{Y}$$
$$b = L_{XY}/L_{YY} \tag{28-6-9}$$
$$r = L_{XY}/\sqrt{L_{XX}L_{YY}}$$

式中

$$\overline{X} = \frac{1}{n}\sum_{i=1}^{n} X_i = \frac{1}{n}\sum_{i=1}^{n} \lg N_i$$

$$\overline{Y} = \frac{1}{n}\sum_{i=1}^{n} Y_i = \frac{1}{n}\sum_{i=1}^{n} \lg(S_i - S_0)$$

$$L_{XX} = \sum_{i=1}^{n}(\lg N_i)^2 - \frac{1}{n}\Big(\sum_{i=1}^{n} \lg N_i\Big)^2$$

$$L_{YY} = \sum_{i=1}^{n}[\lg(S_i - S_0)]^2 - \frac{1}{n}\Big[\sum_{i=1}^{n}\lg(S_i - S_0)\Big]^2$$

$$L_{XY} = \sum_{i=1}^{n} \lg N_i \lg(S_i - S_0) - \frac{1}{n}\Big(\sum_{i=1}^{n} \lg N_i\Big)\Big[\sum_{i=1}^{n}\lg(S_i - S_0)\Big]$$

由上面各式可见，$\overline{Y}$、L_{YY} 和 L_{XY} 均与 S_0 有关，是 S_0 的函数，故 a、b 和 r 也均为 S_0 的函数。为求 S_0，使相关系数绝对值 $|r(S_0)|$ 取最大，即

$$\frac{\mathrm{d}r^2(S_0)}{\mathrm{d}S_0} = 0$$

$$2r^2(S_0)\Big(\frac{1}{L_{XY}}\frac{\mathrm{d}L_{XY}}{\mathrm{d}S_0} - \frac{1}{2L_{YY}}\frac{\mathrm{d}L_{YY}}{\mathrm{d}S_0}\Big) = 0$$

所以

$$\frac{1}{L_{XY}}\frac{\mathrm{d}L_{XY}}{\mathrm{d}S_0} - \frac{1}{2L_{YY}}\frac{\mathrm{d}L_{YY}}{\mathrm{d}S_0} = 0$$

其中

$$\frac{\mathrm{d}L_{XY}}{\mathrm{d}S_0} = \Big[\sum_{i=1}^{n}\frac{X_i}{S_i - S_0} - \frac{1}{n}\Big(\sum_{i=1}^{n}X_i\Big)\Big(\sum_{i=1}^{n}\frac{1}{S_i - S_0}\Big)\Big]/(-\ln 10)$$

$$\frac{\mathrm{d}L_{YY}}{\mathrm{d}S_0} = \Big[\sum_{i=1}^{n}\frac{Y_i}{S_i - S_0} - \frac{1}{n}\Big(\sum_{i=1}^{n}Y_i\Big)\Big(\sum_{i=1}^{n}\frac{1}{S_i - S_0}\Big)\Big]\times 2/(-\ln 10)$$

令

$$e(S_0) = \frac{1}{L_{XY}}\frac{\mathrm{d}L_{XY}}{\mathrm{d}S_0} - \frac{1}{2L_{YY}}\frac{\mathrm{d}L_{YY}}{\mathrm{d}S_0} \tag{28-6-10}$$

设 S_{00} 为 S_0 的预估值，则由上面的推导可知，当 $S_{00} < S_0$ 时，$e(S_{00}) > 0$；当 $S_{00} > S_0$ 时，$e(S_{00}) < 0$。按照这一特点，采用区间减半法，逐步缩小 S_0 所在区间，最后求得所需精度的 S_0。有了 S_0，即可求得式 (28-6-8) 中的常数 a、b 及式 (28-6-7) 中的常数 m、c。

6.4.3　ε-N 曲线拟合

以应力表示的低周疲劳的 σ-N 曲线，当循环数 N 小于 10^4 或 10^5 时是一段平坦的曲线。在这段曲线中，当应力有很小变化时对寿命影响很大。因此，在低周疲劳中，用应力很难描述实际寿命的变化，通常用应变代替应力给出 ε-N 曲线。用总应变幅 ε_a 与达到失效的反复数 $2N_f$ 作图所得到的 ε_a-$2N_f$ 曲线称为应变寿命曲线。Coffin-Mason 公式采用简单幂函数形式描述应变寿命曲线。公式表达为

$$\varepsilon_a = \frac{\sigma_f'}{E}(2N_f)^b + \varepsilon_f'(2N_f)^c$$

式中　σ_f'——疲劳强度系数；
　　　b——疲劳强度指数；
　　　ε_f'——疲劳塑性系数；
　　　c——疲劳塑性指数。

由于
$$\varepsilon_a = \varepsilon_{ea} + \varepsilon_{pa}$$
所以应变寿命曲线可以分解成弹性分量与塑性分量两条曲线。弹性线和塑性线可分别表达为
$$\varepsilon_{ea} = \frac{\sigma_f'}{E}(2N_f)^b$$
$$\varepsilon_{pa} = \varepsilon_f'(2N_f)^c$$
将上两式取对数，得
$$\lg\varepsilon_{ea} = \lg\frac{\sigma_f'}{E} + b\lg(2N_f) \quad (28\text{-}6\text{-}11)$$
$$\lg\varepsilon_{pa} = \lg\varepsilon_f' + c\lg(2N_f) \quad (28\text{-}6\text{-}12)$$

上式表明，$\lg\varepsilon_{ea}$ 与 $\lg(2N_f)$ 及 $\lg\varepsilon_{pa}$ 与 $\lg(2N_f)$ 都呈线性关系，它们在双对数坐标系中成两条直线。可用最小二乘法进行直线拟合。具体方法同 S-N 曲线拟合方法。

6.4.4 应力-应变曲线拟合

单调拉伸应力-应变曲线测定中，真实塑性应变 ε_p 和真实应力 σ 在双对数坐标中呈线性关系，σ 和 ε_p 的关系式为
$$\sigma = K\varepsilon_p^n \quad (28\text{-}6\text{-}13)$$
式中，K 为强度系数；n 为 $\lg\sigma$-$\lg\varepsilon_p$ 直线的斜率，称为单调拉伸应变硬化指数。

总应变 ε_t 为弹性应变分量 ε_e 和塑性应变分量 ε_p 之和，一般表达为
$$\varepsilon_t = \varepsilon_e + \varepsilon_a = \frac{\sigma}{E} + \left(\frac{\sigma}{K}\right)^{\frac{1}{n}}$$

根据稳定循环应力-应变曲线可以获得循环应变硬化指数 n' 和循环强度系数 K'。根据 Morrow 表达式：
$$\varepsilon_{ta} = \varepsilon_{ea} + \varepsilon_{pa} = \frac{\sigma_a}{E} + \left(\frac{\sigma_a}{K'}\right)^{\frac{1}{n'}}$$
得到塑性分量
$$\sigma_a = K'(\varepsilon_{pa})^{n'}$$
上式两端取对数，有
$$\lg\sigma_a = \lg K' + n'\lg\varepsilon_{pa} \quad (28\text{-}6\text{-}14)$$
上式表明应力幅 σ_a 和应变幅 ε_{pa} 在双对数坐标上呈线性关系，采用最小二乘法对上式进行直线拟合，可获得参数 K' 和 n' 的估计值。

6.4.5 da/dN 曲线拟合

对式 (28-5-6) 的 Paris 公式等号两边取对数，得到
$$\lg\frac{da}{dN} = \lg C + m\lg(\Delta K) \quad (28\text{-}6\text{-}15)$$
上式表明 da/dN 和 ΔK 在双对数坐标上呈线性关系，可以采用最小二乘法对上式进行直线拟合，以获得参数 m 和 C 的估计值。

da/dN 可以采用作图法或采用七点递增多项式数据处理方法，对试验测得的 a-N 曲线进行处理而得。然后根据所加载荷 $\Delta F = F_{\max} - F_{\min}$ 求得对应的 ΔK。

对三点弯曲试样
$$\Delta K = \frac{\Delta F}{B\sqrt{W}}Y\left(\frac{a}{W}\right) \quad (28\text{-}6\text{-}16)$$
对标准紧凑拉伸试样
$$\Delta K = \frac{\Delta F}{B\sqrt{W}}f\left(\frac{a}{W}\right) \quad (28\text{-}6\text{-}17)$$
$Y\left(\frac{a}{W}\right)$ 和 $f\left(\frac{a}{W}\right)$ 的数值可查表 28-6-7 和表 28-6-8。

表 28-6-7 三点弯曲试样的 $Y\left(\frac{a}{W}\right)$

a/W	0.000	0.001	0.002	0.003	0.004	0.005	0.006	0.007	0.008	0.009	0.010
0.250	5.36	5.38	5.39	5.41	5.42	5.43	5.45	5.46	5.48	5.49	5.51
0.260	5.51	5.52	5.54	5.55	5.57	5.58	5.59	5.61	5.62	5.64	5.65
0.270	5.65	5.67	5.68	5.70	5.71	5.73	5.74	5.76	5.77	5.79	5.80
0.280	5.80	5.82	5.83	5.85	5.86	5.88	5.89	5.91	5.93	5.94	5.96
0.290	5.06	5.97	5.99	6.00	6.02	6.03	6.05	6.07	6.08	6.10	6.11
0.300	6.11	6.13	6.14	6.16	6.18	6.19	6.21	6.22	6.24	6.26	6.27
0.310	6.27	6.29	6.30	6.32	6.34	6.35	6.37	6.39	6.40	6.42	6.44
0.320	6.44	6.45	6.47	6.49	6.50	6.52	6.54	6.55	6.57	6.59	6.61
0.330	6.61	6.62	6.64	6.66	6.67	6.69	6.71	6.73	6.74	6.76	6.78
0.340	6.78	6.80	6.81	6.83	6.85	6.87	6.88	6.90	6.92	6.94	6.96
0.350	6.96	6.97	6.99	7.01	7.03	7.05	7.07	7.09	7.10	7.12	7.14
0.360	7.14	7.16	7.18	7.20	7.22	7.24	7.25	7.27	7.29	7.31	7.33
0.370	7.33	7.35	7.37	7.39	7.41	7.43	7.45	7.47	7.49	7.51	7.53
0.380	7.53	7.55	7.57	7.59	7.61	7.63	7.65	7.67	7.69	7.71	7.73
0.390	7.73	7.75	7.77	7.79	7.82	7.84	7.86	7.88	7.90	7.92	7.94

续表

a/W	0.000	0.001	0.002	0.003	0.004	0.005	0.006	0.007	0.008	0.009	0.010
0.400	7.94	7.97	7.99	8.01	8.03	8.05	8.07	8.10	8.12	8.14	8.16
0.410	8.16	8.19	8.21	8.23	8.25	8.28	8.30	8.32	8.35	8.37	8.39
0.420	8.39	8.42	8.44	8.46	8.49	8.51	8.53	8.56	8.58	8.61	8.63
0.430	8.63	8.65	8.68	8.70	8.73	8.75	8.78	8.80	8.83	8.85	8.88
0.440	8.88	8.90	8.93	8.95	8.98	9.01	9.03	9.06	9.08	9.11	9.14
0.450	9.14	9.16	9.19	9.22	9.24	9.27	9.30	9.32	9.35	9.38	9.41
0.460	9.41	9.43	9.46	9.49	9.52	9.55	9.57	9.60	9.63	9.66	9.69
0.470	9.69	9.72	9.75	9.78	9.81	9.84	9.86	9.89	9.92	9.95	9.98
0.480	9.98	10.02	10.05	10.08	10.11	10.14	10.17	10.20	10.23	10.26	10.30
0.490	10.30	10.33	10.36	10.39	10.42	10.46	10.49	10.52	10.55	10.59	10.62
0.500	10.62	10.63	10.69	10.72	10.76	10.79	10.82	10.80	10.89	10.93	10.96
0.510	10.96	11.00	11.03	11.07	11.10	11.14	11.18	11.21	11.25	11.29	11.32
0.520	11.32	11.36	11.40	11.43	11.47	11.51	11.55	11.59	11.62	11.66	11.70
0.530	11.70	11.74	11.78	11.82	11.86	11.90	11.94	11.98	12.02	12.06	12.10
0.540	12.10	12.14	12.19	12.23	12.27	12.31	12.35	12.40	12.44	12.48	12.53
0.550	12.53	12.57	12.61	12.66	12.70	12.75	12.79	12.84	12.88	12.93	12.97
0.560	12.97	13.02	13.06	13.11	13.16	13.21	13.25	13.30	13.35	13.40	13.45
0.570	13.45	13.49	13.54	13.59	13.64	13.69	13.74	13.79	13.85	13.90	13.95
0.580	13.95	14.00	14.05	14.10	14.16	14.21	14.36	14.32	14.37	14.43	14.48
0.590	14.48	14.54	14.59	14.65	14.70	14.76	14.82	14.88	14.93	14.99	15.05
0.600	15.05	15.11	15.17	15.23	15.29	15.35	15.41	15.47	15.53	15.59	15.65
0.610	15.65	15.72	15.78	15.84	15.91	15.97	16.04	16.10	16.17	16.23	16.30
0.620	16.30	16.37	16.44	16.50	16.57	16.64	16.71	16.78	16.85	16.92	16.99
0.630	16.99	17.06	17.14	17.21	17.28	17.36	17.43	17.50	17.58	17.66	17.73
0.640	17.73	17.81	17.89	17.96	18.04	18.12	18.20	18.28	18.36	18.44	18.53
0.650	18.53	18.61	18.69	18.78	18.86	18.95	19.03	19.12	19.20	19.29	19.38
0.660	19.38	19.47	19.56	19.65	19.74	19.83	19.92	20.02	20.11	20.21	20.30
0.670	20.30	20.40	20.49	20.59	20.69	20.79	20.89	20.99	21.09	21.19	21.30
0.680	21.30	21.40	21.51	21.61	21.72	21.82	21.93	22.04	22.15	22.26	22.37
0.690	22.37	22.49	22.60	22.72	22.83	22.95	23.06	23.18	23.30	23.42	23.54
0.700	23.54	23.67	23.79	23.92	24.04	24.17	24.30	24.42	24.56	24.69	24.82
0.710	24.82	24.95	25.09	25.22	25.36	25.50	25.64	25.78	25.92	26.06	26.21
0.720	26.21	26.36	26.60	26.65	26.80	26.95	27.11	27.26	27.42	27.57	27.73
0.730	27.73	28.01	28.22	28.38	28.55	28.72	28.89	29.06	29.23	29.41	29.58
0.740	29.58	29.76	29.94	30.12	30.31	30.49	30.68	30.78	30.87	31.06	31.25

表 28-6-8 标准紧凑拉伸试样的 $f\left(\dfrac{a}{W}\right)$

a/W	0.000	0.001	0.002	0.003	0.004	0.005	0.006	0.007	0.008	0.009	0.010
0.300	5.85	5.86	5.87	5.88	5.89	5.91	5.92	5.93	5.94	5.95	5.96
0.310	5.96	5.98	5.99	6.00	6.01	6.02	6.04	6.05	6.06	6.07	6.09
0.320	6.09	6.10	6.11	6.12	6.14	6.15	6.16	6.18	6.19	6.20	6.22
0.330	6.22	6.23	6.24	6.26	6.27	6.28	6.30	6.31	6.32	6.34	6.35
0.340	6.35	6.37	6.38	6.40	6.41	6.42	6.44	6.45	6.47	6.48	6.50

续表

a/W	0.000	0.001	0.002	0.003	0.004	0.005	0.006	0.007	0.008	0.009	0.010
0.350	6.50	6.51	6.53	6.54	6.56	6.57	6.59	6.60	6.62	6.63	6.85
0.360	6.65	6.66	6.68	6.70	6.71	6.73	6.74	6.76	6.77	6.79	6.81
0.370	6.81	6.82	6.84	6.86	6.87	6.89	6.91	6.92	6.94	6.96	6.97
0.380	6.97	6.99	7.01	7.02	7.04	7.06	7.07	7.09	7.11	7.13	7.14
0.390	7.14	7.16	7.13	7.20	7.22	7.23	7.25	7.27	7.29	7.31	7.32
0.400	7.32	7.34	7.36	7.38	7.40	7.42	7.43	7.45	7.47	7.49	7.51
0.410	7.51	7.53	7.55	7.57	7.59	7.61	7.63	7.65	7.67	7.68	7.70
0.420	7.70	7.72	7.74	7.76	7.78	7.80	7.83	7.85	7.87	7.89	7.91
0.430	7.91	7.93	7.95	7.97	7.99	8.01	8.03	8.05	8.07	8.10	8.12
0.440	8.12	8.14	8.16	8.18	8.20	8.23	8.25	8.27	8.29	8.32	8.34
0.450	8.34	8.36	8.38	8.41	8.43	8.45	8.47	8.50	8.52	8.54	8.57
0.460	8.57	8.59	8.61	8.64	8.66	8.69	8.71	8.73	8.76	8.78	8.81
0.470	8.81	8.83	8.86	8.88	8.91	8.93	8.96	8.98	9.01	9.03	9.06
0.480	9.06	9.09	9.11	9.14	9.16	9.19	9.22	9.24	9.27	9.30	9.32
0.490	9.32	9.35	9.38	9.41	9.43	9.46	9.49	9.52	9.55	9.57	9.60
0.500	9.60	9.63	9.66	9.69	9.72	9.75	9.78	9.81	9.84	9.87	9.90
0.510	9.90	9.93	9.96	9.99	10.02	10.05	10.08	10.11	10.15	10.18	10.21
0.520	10.21	10.24	10.27	10.31	10.34	10.37	11.40	10.44	10.47	10.50	10.54
0.530	10.54	10.57	10.61	10.64	10.68	10.71	10.75	10.78	10.82	10.85	10.89
0.540	10.89	10.92	11.96	11.00	11.03	11.07	11.11	11.15	11.18	11.22	11.26
0.550	11.26	11.30	11.34	11.38	11.42	11.46	11.50	11.54	11.58	11.62	11.66
0.560	11.66	11.70	11.74	11.78	11.82	11.87	11.91	11.95	11.99	12.04	12.03
0.570	12.08	12.13	12.17	12.21	12.26	12.30	12.35	12.40	12.44	12.49	12.54
0.580	12.54	12.58	12.63	12.68	12.73	12.77	12.82	12.87	12.92	12.97	13.02
0.590	13.02	13.07	13.12	13.17	13.22	13.28	13.33	13.38	13.43	13.49	13.54
0.600	13.54	13.60	13.65	13.70	13.76	13.82	13.87	13.93	13.98	14.04	14.10
0.610	14.10	14.16	14.22	14.27	14.33	14.39	14.45	14.51	14.58	14.64	14.70
0.620	14.70	14.76	14.82	14.89	14.95	15.02	15.08	15.14	15.21	15.28	15.34
0.630	15.34	15.41	15.48	15.55	15.61	15.68	15.75	15.82	15.89	15.96	16.04
0.640	16.04	16.11	16.18	16.25	16.33	16.40	16.48	16.55	16.63	16.70	16.78
0.650	16.78	16.86	16.93	17.01	17.09	17.17	17.25	17.33	17.41	17.50	17.58
0.660	17.58	17.66	17.75	17.83	17.92	18.00	18.09	18.18	18.26	18.35	18.44
0.670	18.44	18.53	18.62	18.71	18.80	18.89	18.99	19.08	19.17	19.27	19.37
0.680	19.37	19.46	19.56	19.66	19.75	19.85	19.95	20.05	20.16	20.26	20.36
0.690	20.36	20.46	20.57	20.67	20.78	20.88	20.99	21.10	21.21	21.32	21.43

6.4.6 断裂韧性试验数据处理

断裂韧性试验中确定了临界裂纹长度 a_c 及临界载荷 P_q，将其代入 K_I 表达式，求出此时的 K_I，称为 K_q。当 K_q 满足验证条件时，所得到的 K_q 即为材料的断裂韧性 K_{IC}。

(1) K_q 的计算

用边界配置法可以求得应力强度因子 K_I 的表达式，对于三点弯曲试样

$$K_I = \frac{FS}{B\sqrt{W}W} \varphi\left(\frac{a}{W}\right) \quad (28\text{-}6\text{-}18)$$

$$\varphi\left(\frac{a}{W}\right) = 2.9\left(\frac{a}{W}\right)^{1/2} - 4.6\left(\frac{a}{W}\right)^{3/2} + 21.8\left(\frac{a}{W}\right)^{5/2} - 37.6\left(\frac{a}{W}\right)^{7/2} + 38.7\left(\frac{a}{W}\right)^{9/2}$$

式中　B——试样厚度；
　　　W——试样高度，$W = 2B$；
　　　S——跨距，一般 $S = 4W$；
　　　a——裂纹长度（机械加工的缺口与疲劳裂纹

之和)。

对于标准紧凑拉伸试样，

$$K_\mathrm{I} = \frac{FS}{B\sqrt{W}W}\varphi\left(\frac{a}{W}\right) \quad (28\text{-}6\text{-}19)$$

$$f\left(\frac{a}{W}\right) = 29.6\left(\frac{a}{W}\right)^{1/2} - 185.5\left(\frac{a}{W}\right)^{3/2} +$$
$$655.7\left(\frac{a}{W}\right)^{5/2} - 1017.0\left(\frac{a}{W}\right)^{7/2} +$$
$$638.9\left(\frac{a}{W}\right)^{9/2}$$

式中，$W=2B$。

当载荷达到临界值 P_q 时，裂纹失稳扩展，此时的 K_I 称为 K_q。

$$K_q = \frac{P_q}{B\sqrt{W}}Y\left(\frac{a}{W}\right) \quad (28\text{-}6\text{-}20)$$

$$Y\left(\frac{a}{W}\right) = \left[7.51 + 3.00\left(\frac{a}{W} - 0.50\right)^2\right]$$
$$\sec\left(\frac{\pi a}{2W}\right)\sqrt{\tan\left(\frac{\pi a}{2W}\right)}$$

对于 C(T) 试样，

$$K_q = \frac{P_q}{B\sqrt{W}}f\left(\frac{a}{W}\right) \quad (28\text{-}6\text{-}21)$$

$Y\left(\frac{a}{W}\right)$ 和 $f\left(\frac{a}{W}\right)$ 的数值可查表 28-6-7 和表 28-6-8。

(2) 验证条件

按上述过程得到的 K_q 是否是材料的平面应变断裂韧性 K_IC，还需进行验证，验证条件主要有厚度判断 $B \geqslant 2.5\left(\frac{K_q}{\sigma_\mathrm{s}}\right)^2$ 和载荷比判断 $\frac{P_\mathrm{max}}{P_q} \leqslant 1.1$。

若上述两个条件均能满足，则 $K_q = K_\mathrm{IC}$，若不能满足上述条件，则应加大试样尺寸重新试验，直到满足条件，所测出的 K_q 即为材料的 K_IC。

参 考 文 献

[1] 中国机械设计大典编委会. 中国机械设计大典. 第2卷. 南昌：江西科学技术出版社，2002.
[2] 机械设计手册编委会. 机械设计手册. 新版. 北京：机械工业出版社，2004.
[3] 徐灏. 疲劳强度. 北京：高等教育出版社，1988.
[4] 徐灏. 疲劳强度设计. 北京：机械工业出版社，1981.
[5] 王德俊. 疲劳强度设计理论与方法. 沈阳：东北工学院出版社，1992.
[6] 高镇同等. 疲劳性能试验设计和数据处理. 北京：北京航空航天大学出版社，1999.
[7] 吴富民. 结构疲劳强度. 西安：西北工业大学出版社，1985.
[8] 赵少汴. 抗疲劳设计. 北京：机械工业出版社，1994.
[9] 傅祥炯. 结构疲劳与断裂. 西安：西北工业大学出版社，1995.
[10] GB/T 6398—2017. 金属材料疲劳裂纹扩展速率试验方法.
[11] GB/T 15248—2008. 金属材料轴向等幅低循环疲劳试验方法.

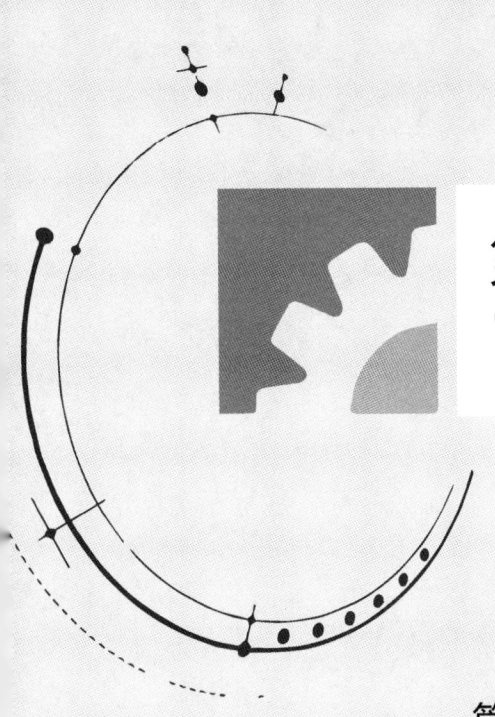

第 29 篇
可靠性设计

篇主编：谢里阳
撰　　稿：谢里阳　钱文学　吴宁祥
审　　稿：孙志礼

第1章 机械失效与可靠性

1.1 机械零部件的典型失效形式

机械零部件的典型失效形式有变形、断裂、腐蚀、磨损等,其中多数失效形式具有渐进性和累积性。零部件在服役过程中性能逐渐退化,机械设计必须保证产品在规定的寿命期内保持足够的强度、刚度等性能指标,保证产品能够安全、可靠地实现预期功能。只有在正确认识和恰当考虑了所有潜在失效形式的前提下,才有可能设计出既满足用户要求又具有市场竞争力的产品,有效地避免在使用中发生意外失效。设计人员要及早认识到潜在的失效机理与失效形式、采用适当的设计准则,就必须熟悉这些失效形式发生的场合及导致这些失效的内部因素和外部条件,需要应用有效的分析方法、正确的失效判据与合理的设计准则。

1.1.1 静载失效

静载荷作用下的失效主要是静强度失效。静强度失效是指零部件在静载荷作用下发生了过大的变形或断裂。机械零部件在工作中一般都要承受载荷,为保证设备正常运行,要求其零部件必须具有足够的强度、刚度、塑性、韧性等。相应地,用屈服强度、断裂强度、断裂韧性等指标表征金属材料抵抗载荷的能力。

机械结构及零部件受载荷时会导致尺寸和形状发生变化,进而改变结构零部件之间的相对位置或配合关系,引起附加载荷和振动。

金属材料在高温环境下长期受载时变形会逐渐增加,即发生蠕变。蠕变引起的结构零部件尺寸变化会导致零部件的预应变或预应力松弛。例如,高温压力容器的预应力螺栓使用一段时间后由于螺栓蠕变而松弛,会导致螺栓连接失效。

受压细长杆状零件还有稳定性问题。当压缩载荷达到某一临界水平时,载荷的微小增加就会使得零件挠度突然增大,导致失稳,发生屈曲失效。

1.1.2 疲劳失效

工程实际中多数机械零部件承受的载荷都明显地随时间变化。零部件在循环载荷作用下,局部高应力部位性能逐渐退化、损伤逐渐累积,在一定载荷循环次数后形成裂纹,并在后续载荷作用下持续扩展直到完全断裂的现象,称为疲劳断裂或疲劳失效。疲劳失效有如下特点。

① 低应力。在循环应力的最大值远低于材料的强度极限 σ_b,甚至远低于材料的屈服极限 σ_s 的情况下,只要载荷作用次数足够多,就可能导致疲劳失效。

② 宏观脆性。不论是脆性材料还是塑性材料,疲劳断裂一般都表现为低应力脆断,即疲劳断裂在宏观上多表现为无明显塑性变形的脆性断裂。

③ 累积性。静强度失效是在一次大载荷作用下发生的失效;疲劳失效则是在循环应力多次反复作用下,经历一定的服役时间后,损伤累积到一定程度时发生的失效。

④ 敏感性。零部件对静强度失效的抗力主要取决于材料本身;而对疲劳失效的抗力还对零件形状、表面状态、环境条件等敏感。

⑤ 断口特征。在疲劳失效的断口上,存在疲劳源、疲劳裂纹扩展区(平滑、波纹状)和瞬断区(粗粒状或纤维状)等形貌不同的几个部分。

1.1.3 腐蚀失效

腐蚀失效是由于腐蚀环境引起零部件材料与腐蚀介质的化学或电化学反应,导致材料表面或内部性能及形貌变化,以至零件不能实现预期功能。腐蚀的表现有多种不同的形式,且经常与疲劳或磨损相互作用。直接化学侵蚀,是暴露在腐蚀环境下的机械零件表面腐蚀,腐蚀均匀布在整个暴露表面,是最常见的腐蚀类型;间隙腐蚀局限于间隙或裂纹处,这些部位容易驻留微量腐蚀性溶液,因此发生腐蚀;点蚀是一种局部腐蚀,表现为穿入金属的一些孔洞或凹坑;晶间腐蚀是发生于晶界的局部腐蚀,能导致材料强度明显降低。

应力腐蚀是腐蚀环境下的机械零件受应力作用产生裂纹(通常沿着晶界)。应力腐蚀是一类非常重要的腐蚀失效形式,有些材料容易发生应力腐蚀失效。

腐蚀疲劳是腐蚀环境与循环载荷共同作用下的失效现象。在这种情况下,腐蚀和疲劳存在复杂的交互作用。

1.1.4 磨损失效

磨损分为黏着磨损、磨料磨损、腐蚀磨损、表面疲劳磨损等多种类型。黏着磨损的发生是因为局部有高接触压力并在接触位置产生焊接，随后运动又导致结合处塑性变形并断裂。磨料磨损是由磨损颗粒引起的，两个硬表面或中间夹有硬微粒的匹配表面相互之间的犁啃、刨削和切削作用会使表面脱落磨损颗粒。当黏着磨损或磨料磨损和腐蚀条件同时存在时，这些过程共同作用，导致腐蚀磨损。表面疲劳磨损是表面滚动或滑动接触时的一种磨损现象，表层下循环剪应力产生微裂纹，微裂纹扩展到表层，产生宏观剥落，形成磨损凹痕。

1.1.5 冲击失效

冲击失效是指零部件在冲击载荷作用下产生了过大的变形或断裂。高速施加的载荷产生的局部应力和应变要比同水平静态载荷产生的应力和应变大很多，这类载荷产生的应力波或应变波可能会导致冲击失效。冲击引起的断裂称为冲击断裂；冲击导致的弹性或塑性变形称为冲击变形；反复冲击产生的循环弹性应变导致接触面萌生疲劳裂纹、并逐渐长大引起磨损失效，称为冲击磨损；两个表面在冲击时由泊松应变或微小的切向速度分量引起微小的相对切向位移，导致微动行为，称为冲击微动；冲击载荷反复作用在机械零部件上引起疲劳裂纹成核和扩展直到疲劳断裂，称为冲击疲劳。

1.1.6 振动失效

设备在工作过程都有一定的速度或加速度，因此工作过程中的振动问题相当普遍。

机械零件振动的特性参数有振幅和频率等。正常情况下，设备或零件的振幅很小，振动对设备的工作特性影响较小；但当设备或零件的固有频率与周期性载荷的作用频率很接近时，会发生共振，导致振幅急剧增大，短期内即可导致零件断裂。

1.2 可靠性及其指标

1.2.1 产品质量

质量是产品满足使用要求的固有属性，也是产品实现其功能的基本保证。产品质量包括性能指标、专门特性、适应性等。产品的性能指标表征其基本功能水平，例如机械零件的强度、刚度、密封件的寿命、阀门的流量、电机的输出功率等。专门特性表征产品保持其规定性能指标的能力，包括产品的可靠性、维修性、安全性等。适应性指其适用范围，对环境、操作的要求，以及人机界面等。

随着现代机电系统的复杂化，可靠性等专门特性变得更加重要。

1.2.2 产品的可靠性

可靠性是产品的质量指标之一，定义为产品在规定条件下、规定时间内完成规定功能的能力。

产品的可靠性是由设计、制造、使用和维护共同决定的。同一产品在不同的使用条件下可靠性不同。例如，同一产品在寒带或热带，干燥地区或潮湿地区，海上、空中等不同的环境条件下工作，可靠性会有很大的差别。

"规定的时间"是可靠性区别于产品其他质量属性的重要特征。一般来说，产品的可靠性水平会随着使用或储存时间的增加而降低。因此以数学形式表示的可靠性特征量一般都是时间的函数。这里的时间概念不限于一般的日历时间，还可以是启动次数、载荷作用次数、运行距离等。

"规定功能"是要明确产品的功能是什么，以及怎样才算是完成规定功能。产品丧失规定功能称为失效或故障。

设计决定了产品的固有可靠性。应用可靠性设计方法，能有效地提高产品质量、降低成本、实现最优化。

机械产品一般是可维修的。一般情况是，不仅要求产品的平均故障间隔时间长，而且还要求维修时间短。产品处于工作状态的时间与总时间（工作时间＋维修时间）之比称为产品的可用性或有效性。产品的可用性或有效性是指可修产品维持其功能的能力。

1.2.3 产品可靠性与全寿命周期费用

产品的全寿命周期费用包括研制、生产、使用、维护维修以及报废处置所需的各种费用的总和。

图 29-1-1（a）所示为产品的质量（可靠性）与产品的设计、制造成本及使用维护费用之间关系的传统观点。该图显示，提高产品的可靠性，会导致生产成本增加，但使用、维护成本随着可靠性的提高而降低。图中总费用曲线是以上各项费用之和。该图是产品寿命周期费用与其可靠性关系的传统观点的表述。尽管它看起来很直观并在有关质量和可靠性的文献中频繁出现，但却不总能真实地反映总费用与可靠性之间的客观规律。

有许多案例表明，随着可靠性的提高，总费用会持续下降。换句话说，用于可靠性提高方面的费用是一种投资，通常会得到明显的回报。许多经验表明，产品寿命周期费用与可靠性的关系的更为真实的情况如图 29-1-1（b）所示。

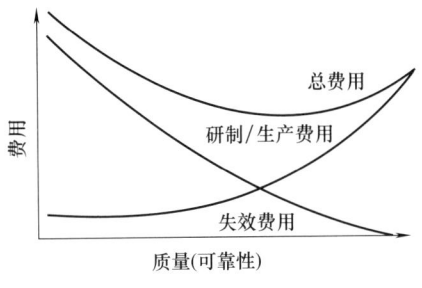

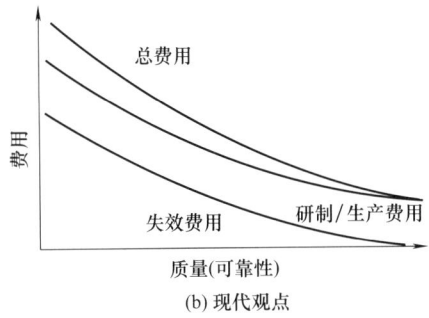

图 29-1-1　全寿命周期费用与可靠性的关系

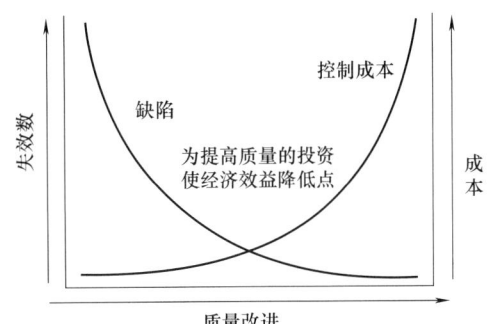

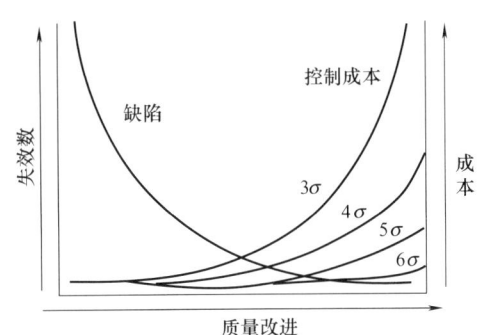

图 29-1-2　成本-质量关系图

图 29-1-2（a）、（b）所示分别为 6σ 质量控制理念传达出的传统和现代的成本-质量关系图。图中，σ 表示产品质量指标的标准差，各曲线对应的 $n\sigma$（$n=3\sim6$）表征产品的质量属性（$n\sigma$ 表示产品质量指标）在其均值的 $\pm n\sigma$ 内者皆为合格产品。此图说明，产品质量指标的波动（分散性）越小，即合格率越高，产品的成本就越低。而产品质量指标的分散性会随着产品质量的提高而降低。

1.2.4　寿命均值与方差

产品寿命是一个随机变量。在许多情况下，只需要知道随机变量分布的参数，例如平均值和标准差，就可以确定该随机变量的主要特征。

（1）寿命均值

寿命均值 θ 是随机变量样本的算术平均值。工程中，寿命均值通常由一定数量的产品样本的寿命（或称"失效时间"）$t_1、t_2、\cdots、t_n$ 按式（29-1-1）估计

$$\theta = \frac{1}{n}\sum_{i=1}^{n} t_i \quad (29\text{-}1\text{-}1)$$

均值表征随机变量的"中心"位置，但根据较小数量的样本估计出的平均寿命对与其偏离较大的样本值很敏感，一个极短的或极长的样本寿命值会显著影响均值的估计结果。

（2）寿命方差

方差 s^2 表征样本值与母体均值的平均偏离程度，用以衡量随机变量样本之间的分散程度，由式 29-1-2 计算

$$s^2 = \frac{1}{n-1}\sum_{i=1}^{n}(t_i - \theta)^2 \quad (29\text{-}1\text{-}2)$$

（3）寿命标准差

标准差 s 是方差的算术平方根

$$s = \sqrt{s^2} \quad (29\text{-}1\text{-}3)$$

显然，标准差与均值有相同的量纲。

（4）中位寿命（中位数）

把 n 个产品样本的寿命（失效时间）从小到大排列，正好处于中间位置的寿命值（若 n 为奇数）或处于中间位置的两个寿命值的平均值（若 n 为偶数）称为中位寿命。

中位寿命是对应于 50％ 失效概率的寿命值。与平均寿命相比，中位寿命对与其偏离较大的个别样本值不敏感。一个很小或很大的寿命样本不会使中位数发生变化。

1.2.5　平均无故障工作时间

在产品的寿命指标中，最常用的是平均寿命。可靠性术语中，对于不可修复的产品，平均寿命是指产品失效前有效工作时间的平均值，记为 MTTF（mean time to failure）。对于可修复的产品，平均寿

命指的是其平均无故障工作时间，记为 MTBF（mean time between failures）。图 29-1-3 为平均寿命与样本寿命之间的关系。图中每条带有箭头的线段代表一个产品从开始投入使用或修复后再次投入使用到发生故障时的工作时间。

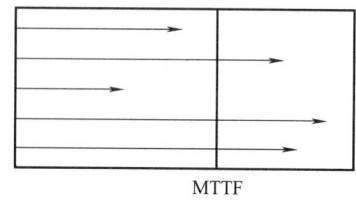

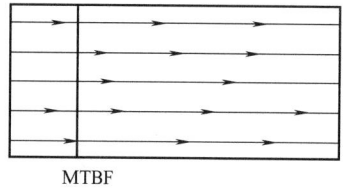

图 29-1-3　平均寿命与样本寿命之间的关系

1.2.6　产品寿命分布与可靠度

产品的可靠度是其在规定条件下、规定时间内，完成规定功能的概率，记为 $R(t)$。显然，可靠度是时间的函数，故 $R(t)$ 也称为可靠度函数。

若产品寿命 t 的概率密度函数为 $f(t)$，则该产品工作到时刻 t 的可靠度（产品寿命大于 t 的概率）为

$$R(t) = \int_t^\infty f(\tau)\mathrm{d}\tau \quad (t \geqslant 0) \quad (29\text{-}1\text{-}4)$$

与之对应，产品失效概率 $F(t)$ 定义为

$$F(t) = \int_0^t f(\tau)\mathrm{d}\tau \quad (t \geqslant 0) \quad (29\text{-}1\text{-}5)$$

显然有

$$R(t) + F(t) = 1 \quad (29\text{-}1\text{-}6)$$

随着服役时间的增加，不维修产品的可靠度 $R(t)$ 单调下降，失效概率单调上升。

可靠度与失效概率的统计意义可表述如下：设有 n 个产品样本（概率意义上属于同一母体），工作到时刻 t 时有 $n(t)$ 个失效，则

$$R(t) \approx \frac{n - n(t)}{n} \quad (29\text{-}1\text{-}7)$$

$$F(t) \approx \frac{n(t)}{n} \quad (29\text{-}1\text{-}8)$$

$f(t)$ 的统计表达式为

$$f(t) \approx \frac{n(t + \Delta t) - n(t)}{n \Delta t} \quad (29\text{-}1\text{-}9)$$

式中，Δt 为时间增量。

1.2.7　失效率

失效率也称故障率，定义为工作到时刻 t 时尚未失效的产品，在时刻 t 以后的单位时间内发生失效的概率。失效率常用 λ 表示，由于失效率一般也是时间 t 的函数，因此记为 $\lambda(t)$，称为失效率函数，有时也称为故障率函数或风险函数。

根据定义，失效率是在时刻 t 尚未失效的产品在随后的单位时间内发生失效的条件概率，即

$$\lambda(t) = \lim_{\Delta t \to 0} \frac{1}{\Delta t} P(t < T \leqslant t + \Delta t \mid T > t)$$

$$(29\text{-}1\text{-}10)$$

其观测值为，在时刻 t 以后的单位时间内发生失效的产品数与工作到该时刻尚未失效的产品数之比

$$\lambda(t) = \frac{n(t + \Delta t) - n(t)}{[n - n(t)] \Delta t} \quad (29\text{-}1\text{-}11)$$

例如，100 个产品工作到 80h 时尚有 60 个未失效，在 80～82h 内失效 2 个，估计其在工作时间达到 80h 时的失效率。这里，$n = 100$，$\Delta t = 2$，$n(80) = 100 - 60 = 40$，$n(82) = 40 + 2 = 42$，$n(80 + 2) - n(80) = 2$，$n - n(80) = 60$，故失效率为

$$\lambda(80) = \frac{2}{60 \times 2} = 0.0167$$

寿命服从指数分布时，失效率为与时间无关的常数。在这种情况下，产品失效率可由式 (29-1-12) 估计

$$\lambda = \frac{r}{\sum_{i=1}^{n} t_i} \quad (29\text{-}1\text{-}12)$$

式中　r——观测期内发生的失效次数；

$\sum_{i=1}^{n} t_i$——观测期受观测产品的累积工作时间；

n——观测产品总数；

t_i——第 i 个产品的寿命（在观测期内失效的产品）或观测时间（在观测期内未失效的产品）。

失效率常用单位时间的失效百分数表示，例如%/10^3h，可记为 10^{-5}/h。对高可靠度则用 10^{-9}/h 为单位。失效率的单位也可以根据"寿命"指标的实际物理意义取为 1/km、1/次等。

例如，失效率 $\lambda = 0.0025/(10^3 \mathrm{h}) = 0.25 \times 10^{-5}$/h，统计意义为 10 万个产品中，平均每 $4(1/0.25)$h 会有一个产品失效。

失效率 $\lambda(t)$ 与可靠度 $R(t)$、寿命概率密度函数 $f(t)$ 有以下关系

$$\lambda(t) = \frac{f(t)}{R(t)} \quad (29\text{-}1\text{-}13)$$

$$R(t) = e^{-\int_0^t \lambda(t)dt} \qquad (29\text{-}1\text{-}14)$$

若寿命服从指数分布，即 $\lambda(t)$ 为常数 λ，可靠度与失效率之间的关系为

$$R(t) = e^{-\lambda t} \qquad (29\text{-}1\text{-}15)$$

[**例1**] 假设某零件寿命服从指数分布。取 10 个零件在指定服役条件下进行了 600h 的运行实验，失效情况如下：零件 1 于 75h 时失效，零件 2 于 125h 时失效，零件 3 于 130h 时失效，零件 4 于 325h 时失效，零件 5 于 525h 时失效，其余零件未发生失效。试求失效率。

解 此例中，共有 5 个零件在运行试验期内发生了失效，另 5 个零件试验到 600h 时仍未失效。因此，零件的总运行时间为

$$75+125+130+325+525+5\times600=4180(h)$$

失效率为

$$\lambda = 5/4180 = 0.001196(1/h)$$

[**例2**] 某产品寿命服从指数分布，该产品在 169h 服役期间，发生了 6 次故障，产品的运行-故障-维修历程如图 29-1-4 所示，试计算其失效率。

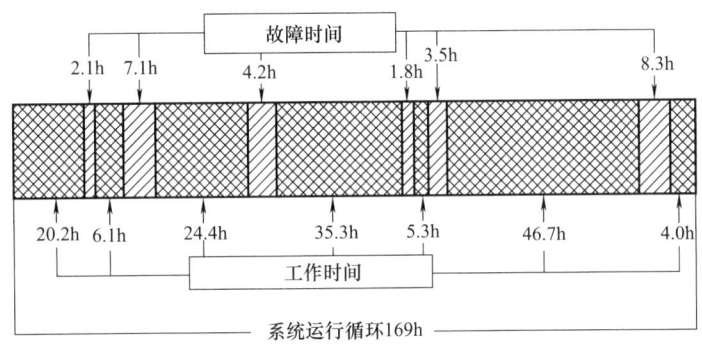

图 29-1-4 产品运行情况示意图

解 根据寿命服从指数分布的产品失效率计算公式，失效率为失效数与工作时间之比。由该产品的运行情况信息可知，在其 169h 的服役期内，有效工作时间为

$$20.2+6.1+24.4+35.3+5.3+46.7+4.0=142(h)$$

故失效率为

$$\lambda = 6/142 = 0.04225(1/h)$$

注：在故障率的计算中，只考虑工作时间，而不涉及因故障及维修所耗费的停机时间（本例停机时间总计为 $2.1+7.1+4.2+1.8+3.5+8.3=27h$）。

图 29-1-5 所示的失效率曲线，因其形状也被称为"浴盆曲线"。浴盆曲线明显地呈现三个阶段：早期失效阶段、偶然失效阶段以及耗损失效阶段。

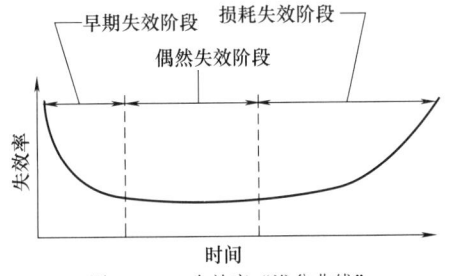

图 29-1-5 失效率"浴盆曲线"

（1）早期失效

在许多场合，产品投入使用的初期失效率较高，且呈现迅速下降的特征。传统观点认为，在这一阶段失效的产品主要是存在材料缺陷、加工损伤、安装调整不当等问题、性能指标偏低的产品。这类失效可以通过加强质量管理有效减少或采用筛选实验等办法在一定程度上予以消除。

（2）偶然失效

在产品投入使用一段时间、早期失效阶段过后，失效率一般在相当长的一个阶段会维持在一个较低的水平。在这个阶段，可以近似认为失效率为常数。传统观点认为，产品在这个阶段发生的失效是偶然失效，是由不正常的使用、维护等偶然因素引起的。

（3）耗损失效

产品投入使用一定时间后，都会进入耗损失效阶段，其特点是失效率迅速上升。这一阶段的失效主要是由老化、疲劳、磨损、腐蚀等耗损性失效机理引起的。

事实上，并非所有产品的失效率曲线都可以分出明显的三个阶段。复杂系统的失效率曲线、电子元件的失效率曲线、机械零件的失效率曲线、软件的失效率曲线各有不同的特征。高质量等级的电子元器件的失效率曲线在其寿命期内可能基本是一条平稳的直线。而质量低劣的产品可能存在大量的早期失效或很快进入耗损失效阶段。两种不同产品的典型失效率曲线的形式如图 29-1-6 所示。

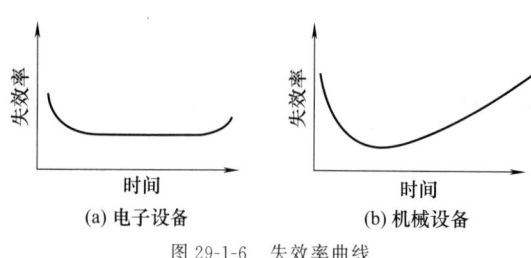

图 29-1-6　失效率曲线

1.2.8　可靠寿命与特征寿命

可靠寿命是指对应于指定可靠度 R 的寿命，用 t_R 表示。对应于可靠度 $R=50\%$ 时的可靠寿命即为前面定义的中位寿命，用 $t_{0.5}$ 表示。特征寿命是指可靠度 $R=\mathrm{e}^{-1}$ 时的寿命，用 $t_{\mathrm{e}^{-1}}$ 表示。

[例3]　某产品的失效率为常数 $\lambda=0.25\times10^{-4}/\mathrm{h}$，即寿命服从指数分布，试求可靠度 $R=99\%$ 时的可靠寿命 $t_{0.99}$、中位寿命和特征寿命。

解　寿命服从指数分布条件下，可靠度与失效率之间的关系为

$$R(t)=\mathrm{e}^{-\lambda t}$$

两边取对数

$$\ln R(t)=-\lambda t$$
$$t=-\ln R(t)/\lambda$$

故可靠寿命

$$t_{0.99}=-\frac{\ln 0.99}{0.25\times10^{-4}}=402(\mathrm{h})$$

中位寿命

$$t_{0.5}=-\frac{\ln 0.5}{0.25\times10^{-4}}=27726(\mathrm{h})$$

特征寿命

$$t_{\mathrm{e}^{-1}}=-\frac{\ln 0.3679}{0.25\times10^{-4}}=40000(\mathrm{h})$$

1.2.9　维修度

维修度是用来衡量产品维修性的指标。维修度的定义是"对可维修的产品在发生故障或失效后，在规定的条件下和规定的时间 $(0,\tau)$ 内完成修复的概率"，记为 $M(\tau)$。

与维修度相关的特征量还有平均维修时间和修复率。平均维修时间 MTTR（mean time to repair）是指可修复的产品的平均修理时间。

修复率 $\mu(\tau)$ 是指"维修时间已达到某一时刻但尚未修复的产品在该时刻后的单位时间内完成修理的概率"。

1.2.10　有效度

有效度也称可用度，是指"可维修的产品在规定的条件下使用时，在某时刻 t 具有或维持其功能的概率"。有效度是综合可靠度与维修度的广义可靠性指标。

有效度 A 为工作时间对工作时间（MTBF）与维修时间（MTTR）之和的比，当工作时间和维修时间均为指数分布时，稳定工作状态下的有效度可表达为

$$A=\frac{\mathrm{MTBF}}{\mathrm{MTBF}+\mathrm{MTTR}}=\frac{\mu}{\mu+\lambda} \quad (29\text{-}1\text{-}16)$$

式中，λ 为失效率；μ 为修复率。

第 2 章 可靠性设计流程

可靠性设计是从产品可靠性目标确定、可靠性指标分解直至零部件结构形状和尺寸,并实现产品可靠性目标的过程。可靠性设计涉及的内容包括产品(系统)及其零部件的失效机理与失效模式分析,系统可靠性与子系统、零部件可靠性之间关系,预期服役环境与载荷统计,材料性能分散性表达,失效判据及相应的设计准则应用,设计准则的概率表述(可靠性模型)以及相应的概率运算。需要用到故障模式、影响及危害度分析(简称 FMECA)、故障树分析(简称 FTA)、随机变量统计方法、系统及零部件可靠性模型等。

2.1 可靠性目标及其分解

产品的可靠性指标包括广义指标和狭义指标。对于不同的产品,可以采用不同的可靠性指标或可靠性度量参数。广义指标有可用性(有效性)、维修性、耐久性等;狭义指标有可靠度、可靠寿命、失效概率、失效率等。从使用的角度,尽可能长的无故障工作时间以及良好的维修性是产品追求的最直接的可靠性目标;从安全的角度,产品风险,即某些危及人身或环境安全的极端事件发生的概率是更值得关注的。

具体产品的可靠性目标需要根据有关规范、当前技术水平、产品市场定位及相关法律等多方面因素综合确定。首先,产品要满足使用安全性要求。在经济成本方面,需要综合考虑产品的设计制造成本和使用维护成本。产品研发、制造成本与可靠性之间的关系,不仅仅取决于其可靠性指标的高低,还与生产企业的技术水平及质量管理水平有关。先进的设计、制造技术和先进的质量管理水平有助于在较低的成本下获得较高的产品可靠性。

产品(系统)可靠性是由其子系统、零部件及其界面(零部件之间的尺寸关系、位置关系、运动关系以及其他影响效应等)可靠性决定的。在设计过程中,首选需要根据一定的原则,把对系统可靠性的要求转化为对其下层单元(子系统、零部件等)的可靠性要求,即进行可靠性分配。零部件的可靠性则需要在设计、制造中通过适当的理论、方法与技术来实现。最后,还需要通过可靠性试验验证产品的使用可靠性。

2.2 可靠性设计流程

进行产品的可靠性设计,首先要明确对产品的可靠性要求,确定可靠性目标。从标准与规范的角度,一般没有指定特别明确的可靠性目标值。然而,对产品的可靠性要求直接与产品失效是否涉及人身与环境安全、是否会造成重大经济或社会损失等问题有关。

合理的可靠性目标值,除与产品的用途有关外,通常需要通过了解用户要求、同类产品的可靠性水平、技术与管理水平现状和发展趋势以及成本构成等来确定。

简单地讲,产品的可靠性是由其零部件的可靠性决定的。因此,确定了产品的可靠性指标后,还需要把产品(系统)的可靠性指标分配到各零部件上,即根据系统的预期可靠性目标,确定各零部件应有的可靠性水平。

在方案设计阶段,首先需要明确产品的技术要求和使用要求。应用故障模式、影响及危害性分析(FMECA)方法,通过对系统组成单元的各种潜在故障模式及其对系统功能的影响与后果的严重程度进行分析,考虑各种失效影响因素、列出所有可能的失效模式、找出薄弱环节,有助于在设计中采取正确的设计准则(静强度设计、疲劳强度设计、刚度设计、动力学设计、摩擦学设计、防腐设计等)、采用适当的材料和结构形式,通过多方面的措施,避免相应失效形式在产品使用寿命期内发生。

产品设计过程中进行 FMECA 的主要目的是评估各种潜在故障对系统功能、可靠性、维修性及人员、环境安全的影响,并提出防止故障发生或减轻故障后果的设计、制造、维护措施。FMECA 以定性分析为主,不需要高深的数学理论,但需要有关于产品工作原理、失效机理及其影响因素方面的材料、力学、强度科学及设计、制造等方面的综合知识。

初步设计完成后,可以应用故障树分析(FTA,也称为失效树分析)方法,建立系统失效与零部件失效的逻辑关系,或画出简单的可靠性框图,并对系统及其零部件进行可靠性定量分析,找出对产品可靠性有重要影响的零部件,以便在详细的技术设计中予以关注。

故障树分析(FTA)方法是一种图形演绎方法,是对不同层次的故障事件之间因果关系的逻辑推理方法。借助故障树可以清楚地展示系统故障与单元故障的关系,也可以表达单元故障对系统故障的影响程度。故障树能清晰地显示系统与单元之间的失效逻辑关系,可用于培训设备使用及维修人员,可用于检查事故发生的原因。

在详细设计完成后，可以应用故障树分析方法或系统可靠性模型估算系统可靠度，验证系统可靠性分配和零部件可靠性设计的效果。

要保证零部件的可靠性，需要在设计中采用可靠性设计理论、方法与模型。具体的可靠性指标需要通过可靠性设计、计算、试验实现。系统可靠性除与其零部件可靠性有关外，还与零部件之间的配合关系（界面）有关。因此，整机可靠性验证实验通常是必不可少的。

可靠性设计的一般流程如图 29-2-1 所示。流程中不仅包括设计本身的内容，还包括质量管理、可靠性、生产工程、维修、服务、销售以及使用方面的内容。在设计阶段不仅要使用传统设计所需的数据信息，还需要参考质量管理、维修、使用、环境、市场等有关资料。

开发研制新产品，通常需经反复改进、优化，逐步实现预期可靠性目标。除设计人员外，还需要其他有关方面专家对设计方案及设计结果进行可靠性评议、审查，将设计缺陷、潜在故障要素及可行的弥补对策反馈给设计人员，进行设计改进，最终完成可靠性设计。

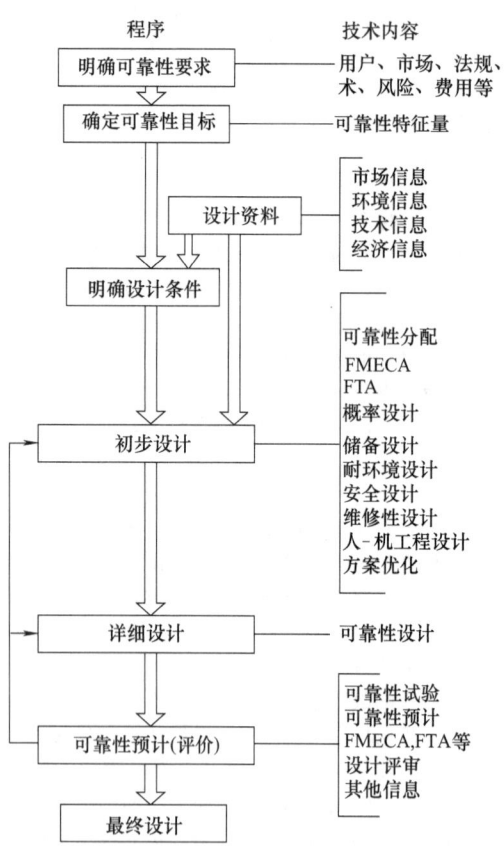

图 29-2-1 可靠性设计流程

2.3 各设计阶段的可靠性内容

2.3.1 方案设计阶段

① 确定产品可靠性要求与可靠性目标。产品的可靠性要求与产品的类别、用途、失效后果、市场定位等有关。产品可靠性指标可以用规定服役时间、里程或操作次数的可靠度、失效率、平均无故障工作时间（运行里程、操作次数）、可靠寿命等表征。确定产品可靠性指标的根据包括政策法规、产品定位、市场竞争的需要以及企业的设计制造水平等。除必须满足的政策、法规之外，通过对类似产品的可靠性水平的分析与评估，基于本企业的质量控制技术与质量管理水平，可以为拟研制的产品制订出合理的可靠性指标。

② 预测服役载荷环境及失效影响因素。分析载荷工况，明确服役期内的载荷及其统计特征，以及工作温度、湿度、介质等对失效的影响。

③ 进行故障模式、影响及危害度分析（FMECA），找出所有可能的故障模式，确定可靠性关键零部件及薄弱关节，通过对所设计产品进行潜在故障模式及其后果分析，尽早地发现产品可能存在的薄弱环节和故障模式，以最低的成本采取有效的预防措施。用可靠性观点及相应措施，解决设计方案中存在的问题。

④ 选用适当的系统可靠性模型，先在子系统层次上进行可靠性分配，再逐次分配到零部件层次。

⑤ 应用故障树分析（FTA）等方法，分析分配给各子系统及零部件的可靠度水平是否合适、是否满足规定的可靠性要求。

⑥ 对设计方案的可靠性指标与成本进行综合权衡。

⑦ 进行不同设计方案之间的可靠性比较，选择最优设计方案。

⑧ 建立产品可靠性规划文件。文件内容包括：

a. 产品功能与质量要求；

b. 产品的使用环境条件；

c. 产品可靠性要求及指标；

d. 产品应该具有的特性、结构、材料、制造工艺等；

e. FMECA 结果。

2.3.2 系统设计阶段

① 绘制产品功能框图。

② 绘制系统可靠性逻辑框图。

③ 编制单元零件表。
④ 根据系统可靠性目标值确定子系统和零部件可靠性目标值，即进行可靠性分配。
⑤ 估计产品（系统）的可靠性。
⑥ 对可靠性分配结果进行必要的调整，直到满足要求为止。
⑦ 采用故障模式、影响及危害度分析（FMECA）技术，识别薄弱环节及其可能引起的后果，提出适当措施，预防可能的失效，并制定适当的试验计划。
⑧ 编写系统、子系统可靠性说明书，即把前面进行的工作归纳整理，形成说明书，作为下一步工作的基准文件。在反映可靠性的基准文件中，除了可靠性要求以外，还应该包括硬件定义、使用条件、界面条件、环境条件、试验条件、维修要求等。

2.3.3 详细设计阶段

① 进行详细、深入的FMECA，改进产品的可靠性。同时，筛选出需要进行可靠性设计的零部件及界面。
② 画出系统可靠性框图及系统故障树，全面考虑零部件及其界面的各种失效机理与失效模式，在零部件层次上进行可靠性分配。
③ 分析零件、材料、载荷及其分布特性，为进行应力-强度干涉计算提供数据。
④ 按可靠性设计准则进行可靠性设计。
⑤ 形成可靠性文件，制订元器件、零部件、原材料的选择和使用控制要求，以及元器件、零部件寿命周期。
⑥ 进行必要的试验验证。
⑦ 制订并实施可靠性增长管理计划，以实现产品的可靠性增长。

2.3.4 设计评审阶段

① 精确的可靠性分配和预计。
② 局部或整体修改或重新设计，消除可靠性薄弱环节。
③ 元器件、零部件、原材料的选择和使用要求。
④ 材料评价，包括是否符合电化学和机械的相容性要求，充分考虑了防潮湿、防盐雾、防霉、防沙尘等。
⑤ FMECA和FTA等可靠性分析的结果，确定系统所有严重、致命或灾难性故障模式。
⑥ 考虑功能测试、储存、包装、装卸、运输和维修对产品可靠性的影响。
⑦ 按产品可靠性设计准则进行可靠性设计。

第3章 可靠性数据及其统计分布

载荷、强度、寿命等都是可靠性设计涉及的重要参数,这些参数一般都是随机变量,服从或近似服从某种分布形式。在可靠性设计过程中,需要对有关数据进行统计分析,确定所涉及的随机变量的分布形式及其参数,用适当的概率密度函数描述相应的随机变量,进而根据失效准则及预期可靠度确定零部件的结构尺寸,或根据载荷分布与强度分布计算零部件的可靠度。

确定随机变量分布类型的方法主要有两种。一种是根据物理背景作出判断,例如在正常情况下加工出来的零部件的尺寸,影响因素很多,但没有哪一种因素起主导作用,可以认为服从正态分布;对于机械结构件,若应力分析表明结构上存在多个可能的失效部位,这种情形与威布尔分布的物理背景——链条类结构相近,因而可基本判定其强度和寿命都服从威布尔分布;关于一般机械零件的疲劳寿命,有大量实验数据显示在通常载荷环境下服从威布尔分布或对数正态分布,因此在没有特殊理由的情况下,可以认为其寿命服从威布尔分布或对数正态分布。另一种方法是数据拟合(分布拟合、假设检验及参数估计),只要有充分的数据,就可以用统计推断方法来判断所涉及的变量属于何种分布。

3.1 可靠性数据采集

3.1.1 可靠性设计与评估数据要求

可靠性设计与评估都需要有一定量的数据支持。产品可靠性数据包括寿命数据、强度数据、载荷数据等。可靠性数据采集的信息通常包括:
① 试验(或使用)条件、载荷环境等;
② 材料与结构强度、寿命数据;
③ 失效部位、失效模式、失效机理、失效原因等;
④ 类似产品的相应数据。

3.1.2 可靠性数据来源及采集

产品可靠性数据的来源包括试验数据和服役过程中的寿命数据,以及类似产品的相应数据。零部件或系统可靠性评价需要的数据可以来自实验室试验、现场试验和消费者反馈等。

在产品的全寿命周期中,可靠性数据的收集与分析与各阶段可靠性工程活动同时进行。在工程研制阶段,需要收集和分析同类产品的可靠性数据,以便对新产品的设计进行方案对比和选择。设计阶段的可靠性研究和试验产生的数据可用于分析产品的潜在故障模式和可靠性增长点,为产品改进提供依据。生产阶段为对产品的质量进行控制,定期进行抽样检查与试验,以便指导生产,保证质量。由于生产阶段产品数量和试验数量增加,此时所进行的可靠性数据分析和评估,能更好地反映产品的设计和制造水平。使用阶段收集和分析的可靠性数据,对产品的设计和制造的评价更为真实、全面。

常用的可靠性数据收集方法是以某种标准的表格形式,向有关人员征集相关信息。信息表一般包含以下内容:
① 产品使用情况;
② 使用产品数量;
③ 损坏的位置;
④ 修复产品所采取的措施;
⑤ 更换的零部件;
⑥ 试验和调试结果;
⑦ 相关的时间参数(例如故障前的工作时间等)。

3.2 可靠性数据统计的内容及方法

可靠性数据统计的目的是为可靠性设计和可靠性评价提供依据。在产品开发设计阶段,可靠性数据统计结果可用于评估设计方案;进行可靠性增长试验时,试验结果数据统计分析有助于剖析产品的故障原因,找出薄弱环节,制订改进措施;在设计评审阶段,根据可靠性鉴定试验结果,可评估其可靠性水平是否达到了要求;在制造过程中,根据验收试验数据可评估可靠性,检验其生产工艺能否保证产品所要求的可靠性;在产品投入服役的早期阶段,现场数据可以对产品使用可靠性进行分析与评估,找出产品的早期故障及主要原因,以便改进或加强质量管理;产品服役过程中,定期对产品进行可靠性分析和评估,有助于预防失效、制订合理的维修计划、对低可靠性产品进行设计改进。

3.2.1 可靠性数据统计内容

(1) 零部件可靠性数据分析与可靠性评估

零部件是系统的基本单元。根据零部件的寿命试验数据,应用相应的统计方法,可以得到零部件的可靠性指标的定量估计。若能确定零部件的寿命分布形式(如对数正态分布、威布尔分布等),则可应用参数估计方法统计计算出分布参数,进而计算出可靠度。零部件的寿命试验数据往往包含截尾样本数据,需要应用适当的统计推断方法。此外,在设计阶段,可以根据零部件的应力分布和强度分布计算其可靠度。

(2) 系统可靠性评估

直接根据系统的失效数据对系统进行可靠性的评估,往往受到样本量的限制。因此,要评价系统可靠性,通常需要根据已知的系统功能结构(如串联、并联、混联、表决等),利用构成系统的各单元的可靠性数据,从单元、子系统到系统,自下而上地逐级估计其可靠性。

3.2.2 可靠性数据统计流程

统计分析产品寿命数据、确定产品寿命分布规律,是预测产品寿命、分析故障规律及可靠性属性的重要手段。根据所收集的产品失效数据,应用数理统计方法可以得到产品的寿命分布;根据数理统计原理进行参数估计,可估计出产品可靠性指标。统计分析载荷和材料性能,是零部件可靠性设计、评估的基础。可靠性参数统计分析流程如图 29-3-1 所示。

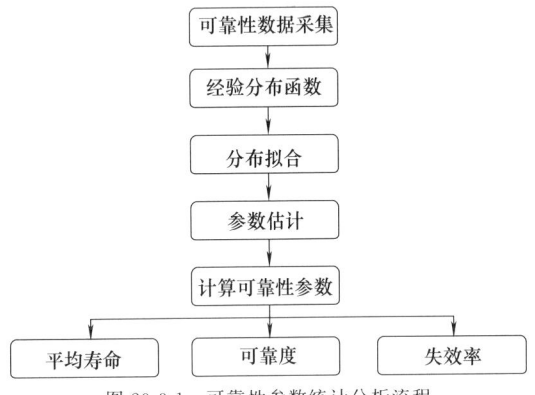

图 29-3-1　可靠性参数统计分析流程

3.3 载荷分布与强度分布

载荷(应力)与强度是可靠性设计中的两个基本变量。在获得了足够多的载荷和强度信息(例如样本值、平均值及分布范围等)后,需要确定其分布形式,用相应的概率密度函数来描述相应随机变量,并确定有关参数。根据工况环境或零部件的结构形式的不同,可选用正态分布、对数正态分布、威布尔分布、极值分布等分布形式描述载荷分布和强度分布。

3.3.1　正态分布

(1) 正态分布

正态分布可以用来描述零件的载荷分布、强度分布、尺寸分布以及有关影响参数的分布。从物理背景上讲,如果影响某个随机变量的因素很多、相互独立,且不存在起决定作用的主导因素,则该随机变量可用正态分布来描述。正态分布随机变量的定义域为 $(-\infty, +\infty)$,因此载荷、强度、尺寸、寿命等变量都不可能是真正的正态分布,而只可能是截尾正态分布。一般情况下,可以用正态分布近似表示这些随机变量的分布特征。

正态分布随机变量的概率密度函数(图 29-3-2)为

$$f(x) = \frac{1}{\sigma\sqrt{2\pi}} \exp\left[-\frac{1}{2}\left(\frac{x-\mu}{\sigma}\right)^2\right], -\infty < x < \infty$$

(29-3-1)

式中　μ——正态分布随机变量的均值,是描述随机变量平均水平的参数;

σ——正态分布随机变量的标准差,是描述随机变量相对其平均值分散程度的参数。

这两个分布参数值可以根据式 (29-3-2) 和式 (29-3-3) 由样本值 x_i 估计得出

$$\mu = \frac{1}{n}\sum_{i=1}^{n} x_i \quad (29\text{-}3\text{-}2)$$

$$\sigma = \sqrt{\frac{1}{n-1}\sum_{i=1}^{n}(x_i-\mu)^2} \quad (29\text{-}3\text{-}3)$$

服从正态分布的随机变量,约有 99.73% 的样本分布在 $\mu \pm 3\sigma$ 之间,出现在该区间之外者仅占约 0.27%。因此,在工程应用中,通常可以认为数量有限的样本都分布在 $\mu \pm 3\sigma$ 范围内,并据此进行分布参数估计(称为 3σ 准则)。

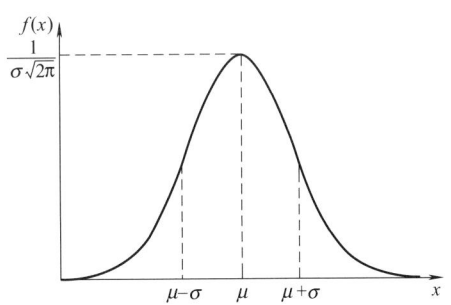

图 29-3-2　正态概率密度函数曲线

(2) 标准正态分布

均值 $\mu=0$,标准差 $\sigma=1$ 的正态分布称为标准正

态分布，其概率密度函数为

$$f(x)=\frac{1}{\sqrt{2\pi}}e^{-x^2/2} \quad (-\infty<x<\infty)$$

(29-3-4)

均值为 μ、标准差为 σ 的一般正态分布随机变量 x 可以通过式（29-3-5）转化为标准正态分布随机变量 z

$$z=\frac{x-\mu}{\sigma}$$

(29-3-5)

3.3.2 极值分布

可靠性问题中，有时更关心某随机变量样本的最大值或最小值分布。例如，对于幅度随机变化的载荷历程，载荷最大值的出现情况是设计者最关心的，也是一些可靠性设计计算模型中所需要的。这种情形既包括风、浪载荷，也包括载重量等载荷。在零部件强度方面，产品最弱环节的强度分布是决定其整体强度性能的主要特征量。在这些情况下，随机变量的最大值或最小值的分布更有实际应用价值。

表 29-3-1 中列出的是某随机变量的 12 组样本值。每组数据（8 个）可以解释为某产品的 12 个样本分别在 8 次使用中测得的载荷值、12 个样本各自服役过程中测得的 8 个载荷值或 12 个产品样本中各自的 8 个关键零件的强度值。视应用背景不同，可能需要对样本的整体分布（用 12×8 个样本数据）进行统计分析，也可能只对各组样本中的最大值的分布感兴趣（数据解释为载荷样本值的情形），或只对各组样本中的最小值的分布感兴趣（数据解释为串联系统中零件强度的情形）。根据使用要求不同，可以根据这些数据作出母体分布 $f(x)$、极大值分布 $f_{\max}(x)$ 或极小值分布 $f_{\min}(x)$。

表 29-3-1　随机样本数据

样本序号	样本数据							
1	30	31	<u>41</u>	<u>29</u>	39	36	38	30
2	31	34	<u>23</u>	27	29	32	<u>35</u>	35
3	<u>26</u>	33	<u>35</u>	32	34	29	30	34
4	<u>27</u>	33	30	31	31	36	28	<u>40</u>
5	<u>18</u>	<u>39</u>	25	32	31	34	27	37
6	<u>22</u>	36	<u>42</u>	27	33	27	31	31
7	<u>39</u>	35	32	39	32	27	28	32
8	33	34	32	30	34	<u>35</u>	33	<u>28</u>
9	32	32	<u>37</u>	25	33	35	35	<u>19</u>
10	<u>28</u>	32	36	37	<u>17</u>	31	<u>42</u>	32
11	<u>26</u>	<u>22</u>	32	23	33	<u>36</u>	36	31
12	36	31	<u>45</u>	<u>24</u>	30	27	24	27

注：表内每组数据中，带上画线者为该组中样本的最大值，带下画线者为组中样本的最小值。

(1) Ⅰ型极大值分布

Ⅰ型极大值分布概率密度函数（图 29-3-3）为

$$f(x)=\frac{1}{\sigma}e^{-\frac{x-\mu}{\sigma}}e^{-e^{-\frac{x-\mu}{\sigma}}}$$

$$(-\infty<x<\infty, \sigma>0, -\infty<\mu<\infty) \quad (29\text{-}3\text{-}6)$$

式中　μ——位置参数；
　　　σ——尺度参数。

Ⅰ型极大值分布的均值与方差分别为

$$E(x)=\mu+0.577\sigma$$
$$D(x)=1.644\sigma^2$$

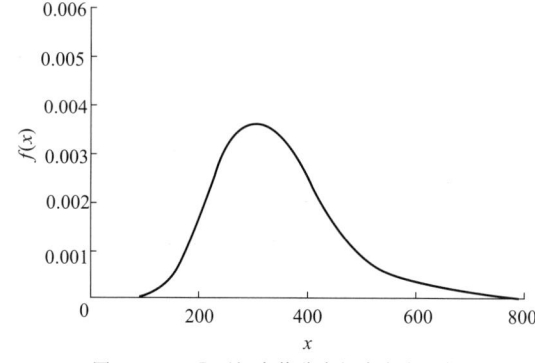

图 29-3-3　Ⅰ型极大值分布概率密度函数

(2) Ⅰ型极小值分布

Ⅰ型极小值分布概率密度函数（图 29-3-4）为

$$f(x)=\frac{1}{\sigma}e^{\frac{x-\mu}{\sigma}}e^{-e^{\frac{x-\mu}{\sigma}}}$$

$$(-\infty<x<\infty, 0<\sigma<\infty, -\infty<\mu<\infty)$$

(29-3-7)

式中　μ——位置参数；
　　　σ——尺度参数。

Ⅰ型极小值分布的均值与方差分别为

$$E(x)=\mu-0.577\sigma$$
$$D(x)=1.644\sigma^2$$

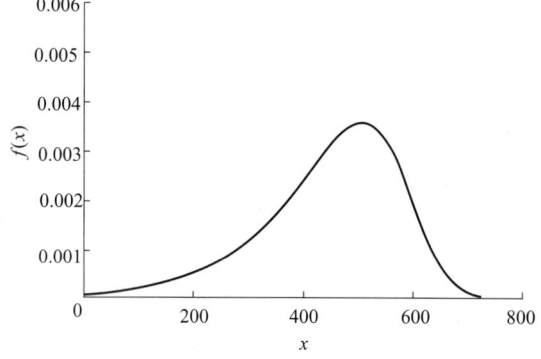

图 29-3-4　Ⅰ型极小值分布概率密度函数

Ⅰ型极值分布是对应于大量子样的最小值或最大值的分布，主要用来描述一个随机变量出现极小值或极大值的现象。这类问题包括结构抗力的最小值分布，结构载荷的最大值分布；导致机械产品失效的强度或寿命的最小值分布，短期过载的最大值分布，串联系统的最弱元件的强度分布，并联系统的最强元件的强度分布等。

3.3.3 次序统计量及其分布

次序统计量（或称顺序统计量）是具有广泛应用的一类统计量。对于由 n 个独立同分布的零件构成的系统，各零件的强度 $X_1, X_2, \cdots, X_n$ 可看作是来自同一个母体的样本。而该样本的次序统计量 $X_{(k)}$ 表示系统中第 k 弱的零件强度随机变量。

由概率论可知，若母体的概率密度函数为 $f(x)$，累积分布函数为 $F(x)$ 即 $F(x)=\int_{-\infty}^{x}f(x)\mathrm{d}x$，则 $X_{(k)}$ 的概率密度函数为

$$g_k(x)=\frac{n!}{(k-1)!(n-k)!}[F(x)]^{k-1}[1-F(x)]^{n-k}f(x)$$

(29-3-8)

特别有

$$g_1(x)=n[1-F(x)]^{n-1}f(x) \quad (29\text{-}3\text{-}9)$$
$$g_n(x)=n[F(x)]^{n-1}f(x) \quad (29\text{-}3\text{-}10)$$

次序统计量（图 29-3-5）具有独特的应用价值。例如，观测数据中的某些数据由于某种原因不准确，次序统计量可能并不受其影响；此外，在寿命试验中经常遇到截尾数据，也需要借助次序统计量进行分析；有些试验观测仪器只能记录强度水平达到一定界限以上的数据，这样得到的是次序统计量中排序靠后的若干观测值。

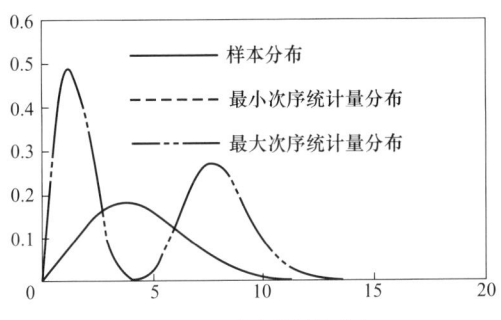

图 29-3-5 次序统计量分布

3.4 载荷作用次数分布及故障次数分布

3.4.1 二项分布

二项分布是一种单参数离散型分布。设试验 E 只有两种可能的结果 A 和 $\overline{A}$，事件 A 发生的概率 $P(A)=p$，事件 A 不发生的概率 $P(\overline{A})=1-p$。用 X 表示在 n 重独立试验中事件 A 发生的次数，则 X 是一个随机变量，它的可能取值为 $0,1,2,\cdots,k,\cdots,n$，在这种情形 X 服从的概率分布称为二项分布（图 29-3-6），记为 $X \sim B(n,p)$，其概率分布为

$$P\{X=k\}=C_n^k p^k (1-p)^{n-k} \quad (k=0,1,2,\cdots,n)$$

(29-3-11)

二项分布的均值 $E(X)=np$，标准差 $D(X)=np(1-p)$。二项分布的用途广泛，在产品质量检验或可靠性抽样检验中用来设计抽样检验方案或计算相应事件发生的概率；在系统可靠性预测中，用于描述表决系统的可靠性。

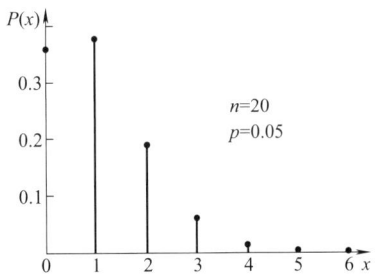

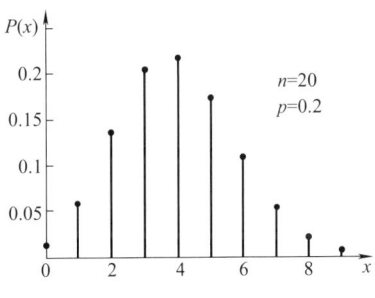

图 29-3-6 二项分布

3.4.2 泊松（Poisson）分布

泊松分布（图 29-3-7）也是一种单参数离散型分布，其分布律为：

$$P\{X=k\}=\frac{\mu^k e^{-\mu}}{k!} \quad (29\text{-}3\text{-}12)$$

泊松分布的均值 $E(X)=\mu$，标准差 $D(X)=\mu$。

对于 3.4.1 节所述的二项分布，在 n 很大而 p 很小时，可近似为 $\mu=np$ 的泊松分布。

在可靠性与失效问题中，在指定时间内载荷出现的次数可以用泊松分布描述；若某产品的寿命服从指数分布，则在给定时间内发生故障的次数服从泊松分布。

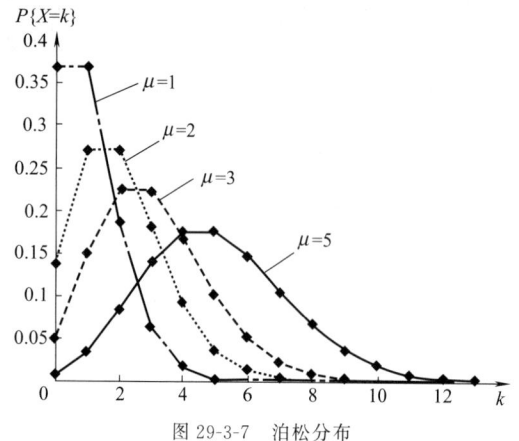

图 29-3-7 泊松分布

3.5 寿命分布

产品寿命分布形式与产品的结构形式、失效机理、载荷环境等许多因素有关,一些典型机械零件的寿命分布形式列于表 29-3-2 中。

表 29-3-2 典型机械零件的寿命分布形式

零件种类	失效机理	寿命服从的分布
滚动轴承	剥落	威布尔分布
滑动轴承	磨损	威布尔分布
齿轮	点蚀	威布尔分布
齿轮	齿根疲劳	正态分布、威布尔分布
螺旋弹簧	疲劳	对数正态分布、威布尔分布
钢板弹簧	疲劳	威布尔分布
链条	疲劳	威布尔分布
V 带	疲劳	对数正态分布、威布尔分布

3.5.1 指数分布

指数分布形式简单,在传统可靠性工程中常用于描述电子元器件的寿命。

指数分布的密度函数和累积分布函数分别为

$$f(x) = \lambda e^{-\lambda x} \quad (x \geq 0, \lambda > 0) \quad (29\text{-}3\text{-}13)$$

$$F(x) = 1 - e^{-\lambda x} \quad (x \geq 0, \lambda > 0) \quad (29\text{-}3\text{-}14)$$

若某产品的寿命服从指数分布,则分布参数 λ 为其失效率,而 $1/\lambda$ 为寿命均值。

若用 θ 表示平均寿命(即 $\theta = 1/\lambda$),用 x 表示寿命(失效时间)随机变量,指数分布的概率密度函数和累积分布函数可分别表达为

$$f(x) = \frac{1}{\theta} e^{-x/\theta} \quad (29\text{-}3\text{-}15)$$

$$F(x) = 1 - e^{-x/\theta} \quad (29\text{-}3\text{-}16)$$

指数分布的均值与标准差分别为 $E(x) = 1/\lambda$ 和 $D(x) = 1/\lambda^2$。

指数分布的可靠度函数为

$$R(t) = e^{-t/\theta} = e^{-\lambda t} \quad (29\text{-}3\text{-}17)$$

可以证明,若产品在一定时间内的失效数量服从泊松分布,则该产品的寿命服从指数分布。

指数分布的概率密度函数曲线及可靠度曲线如图 29-3-8 所示。

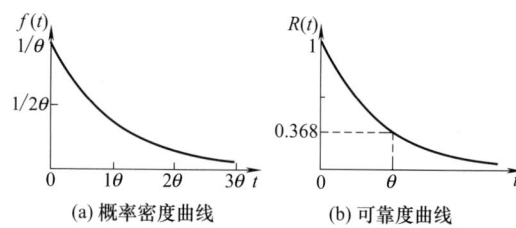

(a) 概率密度曲线　　(b) 可靠度曲线

图 29-3-8 指数分布的概率密度曲线与可靠度曲线

3.5.2 威布尔(Weibull)分布

(1) 威布尔分布概率密度函数

威布尔分布是一种在可靠性领域有广泛应用的连续型分布,常用于描述零件的寿命分布或给定寿命下的疲劳强度分布。

三参数威布尔分布记为 $X \sim W(\beta, \theta, \alpha)$,其中 β 为形状参数,θ 为尺度参数,α 为位置参数,其中,$\beta > 0$,$\theta > 0$,$\alpha \geq 0$。

三参数威布尔分布的密度函数和累积分布函数分别为

$$f(x) = \frac{\beta(x-\alpha)^{\beta-1}}{\theta^\beta} \exp\left[-\left(\frac{x-\alpha}{\theta}\right)^\beta\right] \quad (x \geq 0)$$

(29-3-18)

$$F(x) = 1 - \exp\left[-\left(\frac{x-\alpha}{\theta}\right)^\beta\right] \quad (x > 0)$$

(29-3-19)

若位置参数 $\alpha = 0$,则简化为两参数威布尔分布。两参数威布尔分布的密度函数和分布函数分别为

$$f(x) = \frac{\beta x^{\beta-1}}{\theta^\beta} \exp\left[-\left(\frac{x}{\theta}\right)^\beta\right] \quad (x \geq 0)$$

(29-3-20)

$$F(x) = 1 - \exp\left[-\left(\frac{x}{\theta}\right)^\beta\right] \quad (x > 0) \quad (29\text{-}3\text{-}21)$$

随形状参数 β 的不同,威布尔概率密度函数呈不同形状。图 29-3-9 所示为尺度参数 $\theta = 10^7$,形状参数 β 取不同值时的两参数威布尔概率密度函数曲线。

根据 β 值的不同,威布尔分布能描述不同随机变量分布情形,能等价或近似于其他分布。例如,$\beta = 1$ 时,威布尔分布等同于指数分布;$\beta = 2.5$ 时,威布尔分布近似于对数正态分布;$\beta = 3.6$ 时,威布尔分布近似于正态分布。

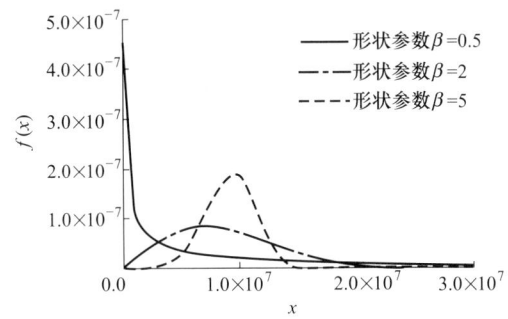

图 29-3-9 威布尔概率密度函数曲线

（2）威布尔分布的均值和方差

威布尔分布的均值和方差分别为

$$E(x) = \theta \Gamma\left(1 + \frac{1}{\beta}\right) \quad (29\text{-}3\text{-}22)$$

$$V(x) = \theta^2 \left[\Gamma\left(1 + \frac{2}{\beta}\right) - \Gamma^2\left(1 + \frac{1}{\beta}\right)\right]$$
$$(29\text{-}3\text{-}23)$$

式中，$\Gamma(x)$ 表示 Γ 函数，可以在 Γ 函数表中查出其具体数值。

（3）威布尔分布的可靠性函数与失效率函数

寿命服从两参数威布尔分布时可靠性函数是

$$R(x) = \exp\left[-\left(\frac{x}{\theta}\right)^\beta\right] \quad (x > 0)$$
$$(29\text{-}3\text{-}24)$$

图 29-3-10 展示了 β 对可靠性函数变化规律的影响。$\beta = 0.5$ 时，可靠性从迅速下降开始，逐渐趋于平缓，这是由于早期失效率较高的结果；$\beta = 2$ 时，可靠性下降趋势比较平稳；$\beta = 5$ 时，可靠性由缓慢递减开始，随后下降趋势陡增，一定阶段之后变化趋于平缓。

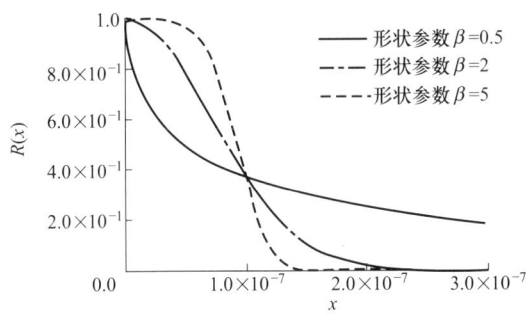

图 29-3-10 参数不同的威布尔可靠性函数曲线

寿命服从威布尔时失效率函数为

$$h(x) = \frac{\beta x^{(\beta-1)}}{\theta^\beta} \quad (x > 0) \quad (29\text{-}3\text{-}25)$$

不同 β 值对应的失效率函数曲线如图 29-3-11 所示。

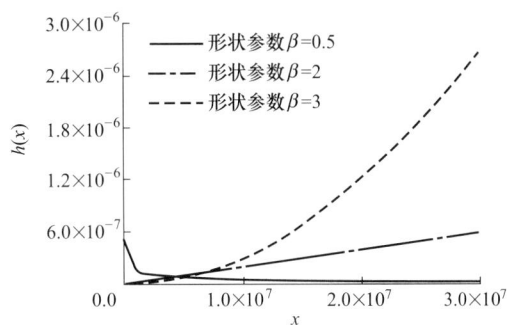

图 29-3-11 威布尔失效率函数曲线

$\beta < 1$ 时，失效率递减；$\beta = 1$ 时，失效率恒等于 $1/\theta$；$\beta > 1$ 时，失效率递增，且 β 的值越大，失效率递增得越迅速。

3.5.3 对数正态分布

如果随机变量 $y = \ln(x)$ 服从正态分布，则称 x 服从对数正态分布。对数正态分布的概率密度函数为

$$f(x) = \frac{1}{x\sigma\sqrt{2\pi}} \exp\left[-\frac{1}{2}\left(\frac{\ln x - \mu}{\sigma}\right)^2\right] \quad (x > 0)$$
$$(29\text{-}3\text{-}26)$$

对数正态分布是一种广泛使用的寿命分布，也可用于描述载荷分布和强度分布等。

在对数正态分布概率密度函数表达式中，μ 称为位置参数，σ 称为比例参数，统计计算方法如下

$$\mu = \frac{1}{n}\sum_{i=1}^{n} \ln x_i \quad (29\text{-}3\text{-}27)$$

$$\sigma = \sqrt{\frac{\sum_{i=1}^{n}(\ln x_i - \mu)^2}{(n-1)}} \quad (29\text{-}3\text{-}28)$$

式中，n 是样本容量。

对数正态概率密度函数曲线如图 29-3-12 所示。

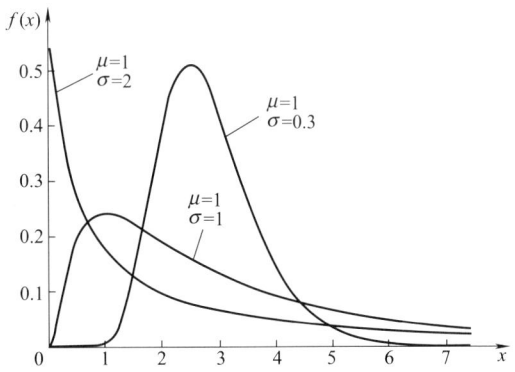

图 29-3-12 对数正态概率密度函数曲线

对数正态分布的均值和方差分别为

$$\mu_x = \exp\left(\mu + \frac{\sigma^2}{2}\right) \qquad (29\text{-}3\text{-}29)$$

$$\sigma_x^2 = [\exp(2\mu + \sigma^2)][\exp(\sigma^2) - 1] \qquad (29\text{-}3\text{-}30)$$

可靠性函数为

$$R(x) = 1 - \Phi\left(\frac{\ln x - \mu}{\sigma}\right) \quad (x > 0) \qquad (29\text{-}3\text{-}31)$$

寿命服从不同参数的对数正态分布时，可靠性随寿命的变化规律如图 29-3-13 所示。

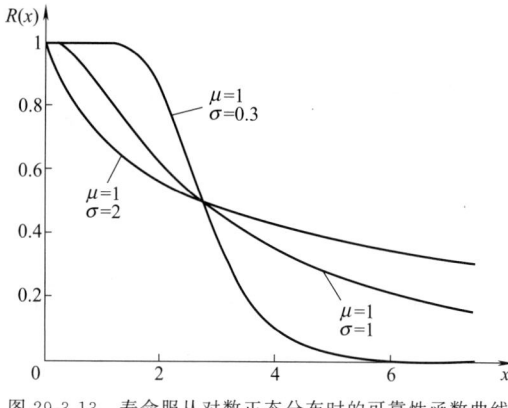

图 29-3-13　寿命服从对数正态分布时的可靠性函数曲线

第4章 故障模式、影响及危害度分析

4.1 基本概念与方法步骤

4.1.1 基本概念

故障模式、效应及危害性分析（Failure Mode, Effects and Criticality Analysis，简称 FMECA）方法，可以看作是由故障模式与影响分析（FMEA）和危害度分析（CA）两部分组成。该方法通过对系统组成单元的各种潜在故障模式及其对系统功能的影响与后果的严重程度进行分析，提出可能的预防改进措施，以提高产品可靠性。

FMECA 的具体做法是先找出系统中基本单元的故障模式，然后分析它在系统更高层面上产生的影响。

设计阶段 FMECA 的主要目的是在产品开发设计过程中评估各种潜在故障对系统功能、可靠性、维修性及人员、环境安全的影响，并尽可能在设计阶段采取措施，防止故障发生或减轻其后果。FMECA 是一种单因素分析的方法，以定性分析为主，应用简便。

（1）故障模式

故障模式是故障表现形式，一般是能被观察到的故障现象，例如键槽裂纹、齿轮轮齿表面磨蚀等。表 29-4-1 和表 29-4-2 列出了一些典型故障模式。

表 29-4-1 轴承的典型故障模式

序号	故障模式	序号	故障模式
1	变形	8	压痕
2	腐蚀	9	间隙变大
3	磨损	10	内外套过热膨胀
4	偏摆	11	保持架划伤
5	烧蚀	12	轴承卡死
6	剥落	13	轴承振动
7	点蚀	14	轴承噪声

表 29-4-2 叶片的典型故障模型

序号	故障模式	序号	故障模式
1	外物打伤	6	裂纹
2	划痕	7	腐蚀
3	变形	8	叶片折断
4	挠曲	9	叶尖磨损
5	剥落	10	叶根松动

（2）故障原因

故障原因包括直接原因和间接原因。直接原因是指引起零部件故障的物理、化学变化的内在原因，也称为故障机理。间接原因是指导致故障的环境和人为因素等。

（3）故障效应

故障效应指的是部件故障对自身或其他部件的功能及状态的影响。分析系统中的故障效应时，既要分析有关故障模式对其所在层次的其他部分的影响，又要分析其在更高层次上产生的影响。

（4）故障分类

故障可根据其原因、性质、程度、产生的频度、发生的时间、机理以及故障产生的后果等进行分类。各类产品的零部件故障的分类方法各有不同。按故障性质及危害程度，可分为致命故障、严重故障、一般故障和轻微故障等。

4.1.2 FMECA 的层次与分析过程

FMECA 通常分两步进行：首先进行 FMEA（故障模式与影响分析），再进行 CA（危害度分析）。FMEA 是定性分析，FMECA 是在 FMEA 的基础上再加一层任务，即判断各种故障模式对系统影响的危害程度有多大，使分析量化。

（1）FMECA 的层次

在进行 FMECA 时，首先要明确分析对象是属于哪一级功能层次，是系统级、分系统级、还是零部件级。故障所在的层次不同，对上一层次的影响和对下一层次的故障原因的追究深度也各不相同。一般机械产品的分析层次如图 29-4-1 所示。从图中可以看出，FMECA 是从原因向结果（系统故障）自下而上进行归纳推理分析，预测可能发生的故障，利用表格定性或定量地对故障模式进行评价。其优点是简单易懂，即使没有定量分析数据，也能指出问题所在。

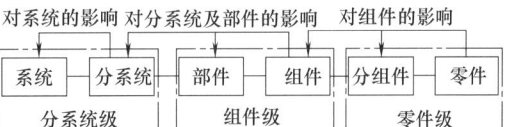

图 29-4-1 系统中的层次关系及故障分析层次

（2）FMECA 分析过程

FMECA 的基本出发点，不是在故障发生后再去分析评价，而是分析当前方案，判断可能会发生什么样的故障。通过反复进行图 29-4-2 所示的流程，可以尽早消除潜在的缺陷，实现改进。

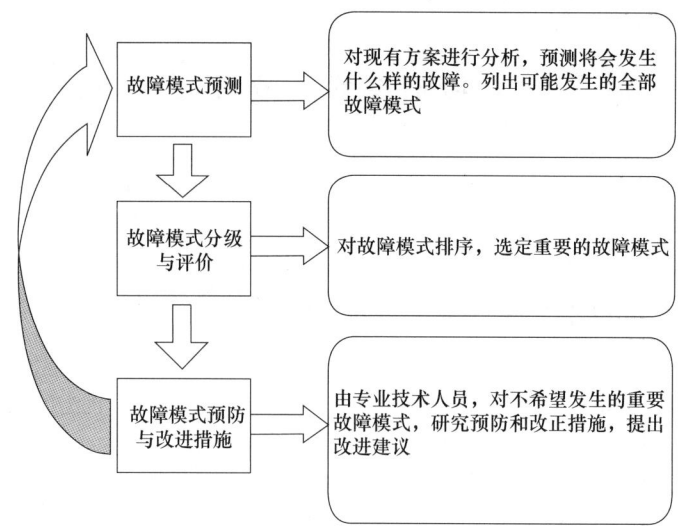

图 29-4-2 FMECA 基本过程及内容

4.1.3 FMECA 的实施步骤

进行产品 FMECA 的基本流程如图 29-4-3 所示。具体步骤如下。

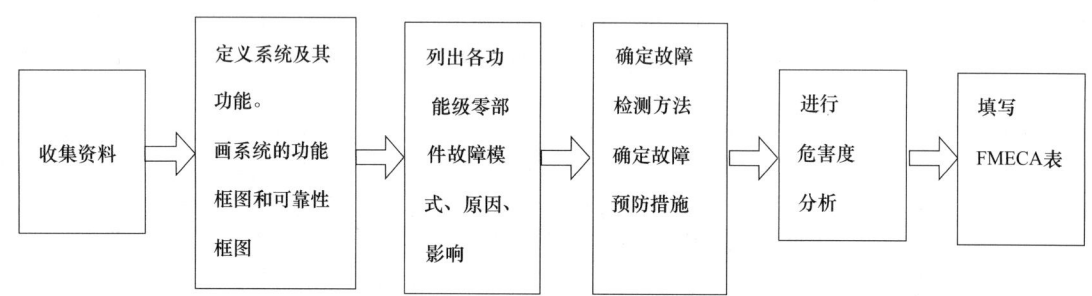

图 29-4-3 FMECA 基本流程

① 根据技术规范与设计任务书获得系统的功能、组成、设计要求、使用环境以及系统的边界等。

② 定义产品的名称与功能。

③ 画系统框图。系统框图包括功能框图和可靠性框图，建立系统框图可以更好地了解系统各功能单元的相互影响及相互依赖的关系，进而逐次分析故障模式产生的影响。

④ 详细列举所有零部件的所有可能故障模式。列举零部件或子系统的全部故障模式对于 FMECA 来说至关重要，它是进行 FMECA 分析的基础，也是进行系统可靠性分析的基础。在应用故障树分析法（FTA）进行系统的可靠性分析时，也需要详细列举各零部件或子系统的所有故障模式。

⑤ 分析各种故障模式的故障原因。故障模式只是说明了故障的表现形式，而没有说明故障发生的原因。在很多情况下，零部件的故障模式相同，但故障原因并不相同。例如对于航空发动机压气机盘来说，断裂是它的一个主要故障模式，但是引起断裂的原因有很多，如低周疲劳断裂、振动疲劳断裂、腐蚀断裂等。找出故障模式的确切原因，对于故障的预防具有重要意义。

⑥ 判断各种故障模式对系统产生的故障效应的故障等级。故障效应指零部件的故障模式所产生的后果。这种后果不仅包括该故障模式对零部件自身和系统的性能、功用的影响，还包括对人员安全的影响，对周围环境及相邻设备的影响，对维修的影响，以及对经济、社会方面的影响。在进行故障效应分析时，还要描述其在不同层次上的效应。产品的各种故障模式造成的影响往往不同，为了划分不同故障模式产生的最终效应的严重程度，通常将效应的严重程度等级称为严酷度类别，它一般可以分为四类，如表 29-4-3 所示。

表 29-4-3　严酷度类别

严酷度类别	说　　明
Ⅰ类(灾难性的)	导致系统预定功能丧失,对系统与环境造成重大伤害,可能导致人员伤亡
Ⅱ类(致命的)	导致系统预定功能丧失,对系统造成重大伤害,通常不会导致人员伤亡
Ⅲ类(严重的)	导致系统预定功能下降,通常不会对系统和人员造成显著损伤
Ⅳ类(轻度的)	可能导致系统预定功能下降,几乎不会对系统和人员造成损伤

⑦ 研究各种故障模式的检测方法。对于每一种故障模式,都需要找出最佳的检测方法,以便于系统的故障诊断、检测和维修。例如,对于疲劳裂纹,可用的检测方法有漏磁检测、涡流检测、超声波检测和射线检测等。

⑧ 针对各种故障模式、原因和影响提出可能的预防和改正措施。分析故障模式、原因并找出相应的预防、改进措施,是提高可靠性的重要手段。进行故障预防与改进可以从结构改进、材料改进、工艺改进和参数改进等方面进行。

⑨ 进行故障危害度分析,确定各种故障模式的危害度。当故障数据不足时,可以使用危害度分析的定性方法。在已有较全面的故障数据时,则可以进行定量分析,确定故障模式的危害度。

⑩ 填写 FMEA 表。根据以上各步骤所得的结果填表。表格并没有十分固定的形式,通常由应用者根据实际需要确定。典型的 FMEA 表格形式如表 29-4-4 所示。当需要定量计算时,还可以填写 FMECA 表。

表 29-4-4　FMEA 表

代码	产品或功能标志	产品功能	故障模式	故障原因	任务阶段与工作方式	故障效应			故障检测方法	改进或补偿措施	严酷度类别	备注
						局部影响	对上一层影响	最终影响				

注: 1. 代码—产品的代码或标识。
2. 产品或功能标志—产品或系统功能名称。
3. 产品功能—产品需完成的功能,包括产品的固有功能及其与匹配产品的关系。
4. 故障模式—基于规定功能及故障定义确定的产品全部可能的故障模式。
5. 故障原因—与故障模式对应的故障原因,包括直接导致故障或引起产品性能降低并最终发展为故障的物理化学过程、设计缺陷、操作与使用环境等。
6. 任务阶段与工作方式—说明潜在故障发生的任务阶段与产品的工作方式。
7. 故障效应—故障对产品作用、功能或状态产生的后果,不仅是故障的局部影响,还包括对更高的系统层次及对产品的最终影响。
8. 故障检测方法—用于检测故障的方法、技术等
9. 补偿措施—说明什么措施能有效消除或减轻故障的影响,包括设计、操作等方面以及应急措施。
10. 严酷度类别—根据故障后果确定的对产品的影响程度。
11. 相关的注释与说明,例如对改进设计的建议、对异常状态的说明等。

4.2　危害度分析

危害度分析的目的是确定各种故障模式对系统的综合影响。当不需要给出危害度的确切值或故障数据不充分时,可以只进行定性分析;在较全面地掌握了故障数据的前提下,可以进行危害度定量分析。

4.2.1　风险优先数

在进行故障模式的危害度分析时,将其严酷度、发生度和检测度分别进行评分,分值均在 1 到 10 之间。分值越高,表示故障模式的严酷度等级越高,发生概率越大,越不容易被检测到。风险优先数(Risk Priority Number, RPN)定义为以上三个数值的乘积

$$RPN = 严酷度 \times 发生度 \times 检测度 \quad (29\text{-}4\text{-}1)$$

严酷度等级是对严酷度类别的细化,如表 29-4-5 所示。表 29-4-6 是故障模式发生度等级和检测度等级。

表 29-4-5　严酷度等级

严酷度	说　　明	等级
Ⅰ类(灾难性的)	导致系统预定功能丧失,对系统与环境造成重大伤害,可能导致人员伤亡	10
Ⅱ类(致命的)	导致系统预定功能丧失,对系统造成重大伤害,通常不会导致人员伤亡	9,8,7
Ⅲ类(严重的)	导致系统预定功能下降,通常不会对系统和人员造成显著损伤	6,5,4
Ⅳ类(轻度的)	可能导致系统预定功能下降,几乎不会对系统和人员造成损伤	3,2,1

表 29-4-6　发生度等级和检测度等级

发生度	等级	参考值	检测度	等级
Ⅰ类 （经常发生）	10	>1/2	Ⅰ类 （无法检出）	10
Ⅱ类 （有时发生）	9,8,7	1/2～1/100	Ⅱ类 （很难检出）	9,8,7
Ⅲ类 （偶然发生）	6,5,4	1/100～1/1000	Ⅲ类 （难检出）	6,5,4
Ⅳ类 （很少发生）	3,2	1/1000～1/10000	Ⅳ类 （较易检出）	3,2
Ⅴ类 （极少发生）	1	<1/10000	Ⅴ类 （易于检出）	1

对于一个产品来说，RPN 值介于 1～50 之间时，表示风险较小，基本不会对产品造成不良影响；RPN 值在 50～100 时，表示存在较大风险，需要寻求改善方案；RPN 值大于 100 则表示产品存在很大风险，需要加强控制。具体到实际产品上，则需要根据实际情况具体分析 RPN 的相对大小。对严酷度等级是 9 或 10 的对象，不论其 RPN 值为多少，都必须严格控制。

4.2.2　危害度矩阵图

危害度矩阵图的具体做法是以故障模式的严酷度为横坐标，以故障模式的发生概率为纵坐标绘点、连线，如图 29-4-4 所示。对于已知严酷度和发生概率的故障模式，可以在坐标图中找到相应的点，这一点到坐标原点的距离，表征了该故障模式危害度的大小。

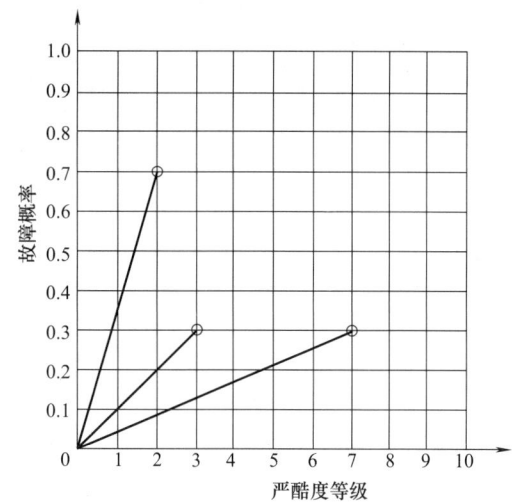

图 29-4-4　危害度矩阵图

4.2.3　综合评分法

表 29-4-7 列出了常用故障模式的评定因素及其评分范围，按此表逐项评分，然后按式（29-4-2）计算危害度系数（致命度系数）C_F。C_F 值越高，故障模式的危害度越高。

$$C_F = \prod_{i=1}^{n} F_i \qquad (29\text{-}4\text{-}2)$$

式中，F_i 为第 i 项评定因素的评分值；n 为考虑评定因素的项数。

表 29-4-7　　故障等级与致命度系数评分

评分因素 \ 指标 程度与评分	综合评分 评分 C_i	致命度系数 程度	系数 F_i
1. 故障对功能的影响及后果	1～10	致命损失	5.0
		相当大的损失	3.0
		丧失功能	1.0
		不丧失功能	0.5
2. 故障对系统的影响范围	1～10	两个以上重大影响	2.0
		一个重大影响	1.0
		无太大影响	0.5
3. 故障发生频度	1～10	发生频度高	1.5
		有发生的可能性	1.0
		发生的可能性很小	0.7
4. 防止故障的可能性	1～10	不能防止	1.3
		可能防止	1.0
		可容易地防止	0.7
5. 更改设计的程度		须作重大改变	1.2
		须作类似设计	1.0
		同一设计	0.8

4.3 FMECA 应用示例

[例1] 对某液压系统进行 FMECA，具体内容及步骤如下。

① 明确系统构成及各零部件的功能，用框图绘出分析内容与范围，如图 29-4-5 所示。在确定分析范围时，为简化起见，故障发生频度低，对系统故障影响小的零部件未列入分析范围之内。

② 列出分析范围内的主要零部件可能出现的故障模式，并分析其原因，见表 29-4-8。

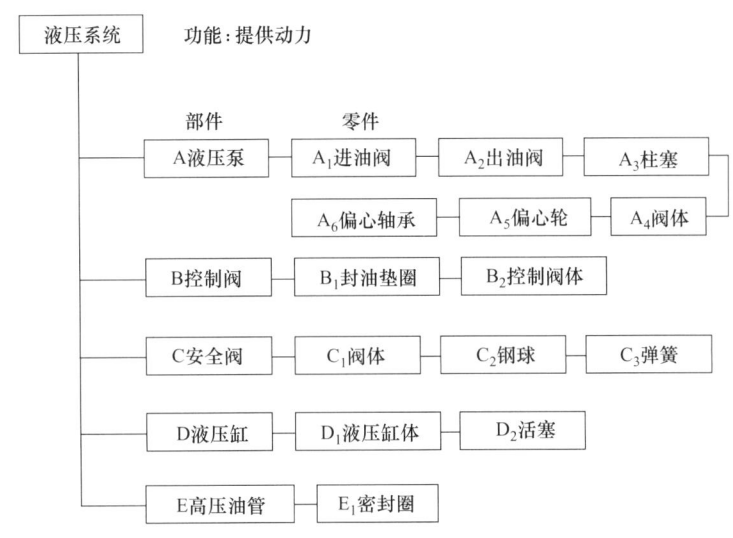

图 29-4-5 液压系统分析范围及层次框图

表 29-4-8 某拖拉机液压系统 FMECA 分析表

零部件名称		故障模式	功能	故障后果	故障原因	影响度			综合评定指标	改进措施
						频度 F_1	严重度 F_2	难易度 F_3		
液压泵	进油阀	渗油	进油或阻止高压油回流	一部分高压油倒流回后桥箱体内 注：液压泵置于后桥箱内	加工误差或使用磨损，均会造成阀体与阀座之间间隙过大	2	2	3	12	①制造部门应保证加工精度 ②使用中要保证油液清洁
	出油阀	渗油	柱塞往复运动造成柱塞缸内压力差，使出油阀完成出油或阻止高压油回流	使一部分高压油倒流入柱塞缸内	加工误差或使用磨损，均会造成阀体与阀座之间间隙过大	2	2	3	12	①制造部门应保证加工精度 ②使用中要保证油液清洁
	柱塞与缸体	泄漏	柱塞在缸体内作往复运动，完成吸油与压油工作过程	压油量减少，输出压力降低	加工误差或使用磨损，均会造成阀体与阀座之间间隙过大	1	3	3	9	①制造部门应保证加工精度 ②使用中要保证油液清洁

续表

零部件名称	故障模式	功 能	故障后果	故障原因	影响度 频度 F_1	影响度 严重度 F_2	影响度 难易度 F_3	综合评定指标	改进措施
液压泵	偏心轮与柱塞架卡死	偏心轮带动柱塞架作往复运动	柱塞架破碎使柱塞不能完成吸油和压油	偏心轮与衬套加工误差,造成两者配合过紧,在重载荷时,油温过高,易出现偏心轮在衬套内卡死造成柱塞架破碎	3	8	4	96	①制造部门应保证加工精度,使间隙符合设计要求 ②设计部门应改进柱塞架材料及加工工艺,提高强度
液压泵	偏心轴承磨损快	偏心轮通过偏心轴承,带动柱塞架往复运动	由于偏心轴承磨损,使活塞行程缩短、压油量减少	偏心轴承为铜衬套,材质及加工达不到设计要求时,长期使用时会使轴承磨损量增大	2	3	4	24	①制造部门应保证偏心轴衬材料及加工工艺 ②设计部门改进偏心轴承材料,提高其耐磨性
控制阀	封油垫圈漏油	三片封油垫圈分隔阀体内腔为进油室及回油室,控制油液出入液压泵	控制阀处于平衡位置时,封油垫圈漏油,使液压系统内泄量增大,静沉降值增大	①由于封油垫圈与阀体加工误差造成配合间隙过大 ②封油垫圈较薄,易磨损泄漏	4	8	4	128	设计部门应改进设计,采用改进结构的控制阀
安全阀	阀座与钢球泄漏	钢球被弹簧压入阀座内,控制系统压力,防止压力过载	安全阀尚未开启时,由于钢球与阀座间隙大,造成系统内压力油泄漏,使系统提升能力降低	①由于阀座与钢球加工质量造成两者接合面间隙过大 ②长期使用,使钢球及阀座磨损	2	3	2	12	制造部门应保证阀座与钢球加工精度及配合间隙,检验部门应严格检验,保证密封性能
安全阀	弹簧永久变形量较大	控制安全阀的开启压力及全开压力	导致安全阀的开启压力及全开压力降低,使系统提升能力下降,静沉降值增大	①出厂时安全阀开启压力调整偏低 ②弹簧受力后永久变形量大	4	7	3	84	①制造部门应保证弹簧加工质量 ②检验部门应严格进行筛选 ③保证安全阀出厂压力
液压缸	缸体与活塞渗油	来自液压泵的高压油,通到液压缸内推动活塞,带动悬挂机构提升	缸体与活塞间渗漏,造成系统内泄量增加,静沉降值增大,提升能力下降	柱塞与缸体的加工质量未达到要求,造成两者配合间隙过大	1	2	2	4	制造部门应保证活塞与缸体加工质量及配合间隙

零部件名称	故障模式	功 能	故障后果	故障原因	影 响 度			综合评定指标	改进措施
					频度 F_1	严重度 F_2	难易度 F_3		
高压油管	密封圈	漏油	高压管是连接液压泵和提升机构的油道	密封圈损坏，造成液压系统漏油，提升能力下降或不能提升	高压油管上的密封圈由于装拆不当，致使密封圈损坏	2	3	1	6	装配及修理部门在拆装高压油管时，要防止密封圈损坏

在填写 FMECA 分析表时，应注意以下几点。

a. 应根据系统所有零部件可能出现的故障模式，确定分析范围，对重要的子系统和部件应进行重点分析。

b. 根据零件出现故障严重程度、发生故障频度及发现和查明故障的难易程度，确定综合评定指标。根据该指标，确定改进的重点或先后顺序。

c. 在表格中要写明改进措施、负责实施的部门及完成期限。

d. 在编制此表时应尽可能汇总设计、工艺、制造、试验、使用维修等部门人员的经验和知识，对每种故障模式进行全面的分析。

③ 根据故障发生频度 F_1，故障危害程度 F_2 及故障发现和查明的难易程度 F_3 来确定综合评定指标 F

$$F = F_1 F_2 F_3$$

F_1、F_2 和 F_3 的推荐值见表 29-4-9。

表 29-4-9　F_1、F_2 和 F_3 的推荐值

F_1（故障发生频度）			F_3（故障发现和查明的难易程度）		
频度等级	判 据	系 数	难易度等级	判 据	系 数
Ⅰ	>5%～20%	5	Ⅰ	很难发现和查明的故障	5
Ⅱ	>1%～5%	3～4	Ⅱ	难以发现和查明的故障	3～4
Ⅲ	>0.3%～1%	2	Ⅲ	较难发现和查明的故障	2
Ⅳ	≤5%～20%	1	Ⅳ	容易发现和查明的故障	1

F_2（故障严重程度）		
严重度等级	名称及代号	判 据	系数
Ⅰ	致命故障 ZM	按各类故障定义判别	9～10
Ⅱ	严重故障 YZ		6～8
Ⅲ	一般故障 YB		3～5
Ⅳ	轻度故障 QD		1～2

④ 根据步骤②提出改进措施；根据步骤③确定改进重点及先后顺序。

从表 29-4-8 中看出，要提高液压系统的性能及可靠性，应重点解决综合评定指标值高的三个问题：偏心轮与柱塞架卡死，造成柱塞架断裂的故障；控制阀封油垫圈渗漏，造成液压系统内泄量增大，静沉降值增加；安全阀弹簧在使用中永久变形量大，使安全阀开启压力及全开压力下降，导致液压系统提升能力下降。

该机液压系统经过 FMECA 分析，提出了解决的措施：柱塞架采用新材料，提高其韧性；控制阀进行结构改进，主要解决控制阀封油垫圈漏油问题，加大了封油垫圈的厚度；安全阀参考国外引进技术，在结构上进行改进，这些改进措施采用后，取得较好效果。

改进设计采用整体式结构控制阀，由阀套和阀杆两个零件构成，替代了原结构中的九个零件（压套、衬套、阀杆及挡圈各 1 件、垫圈 2 只、封油垫圈 3 只）。装有改进控制阀的液压泵（以下称改进泵）与原泵进行了性能对比试验、台架寿命试验及田间使用试验。试验结果表明：改进泵内部泄漏量显著减小，尤其是在长期使用中，阀套及阀杆的磨损极小，达到了液压系统静沉降值规定的要求，提高了液压泵的性能及可靠性。

［例 2］ 带式输送机系统的 FMECA。带式输送机是一种具有较高作业效率的工程机械，广泛使用于

化工、煤炭、冶金、矿山、建材、电力、轻工、粮食及交通运输等部门。

① 系统定义。以带式输送机为例进行分析，图 29-4-6 为该带式输送机系统的组成。

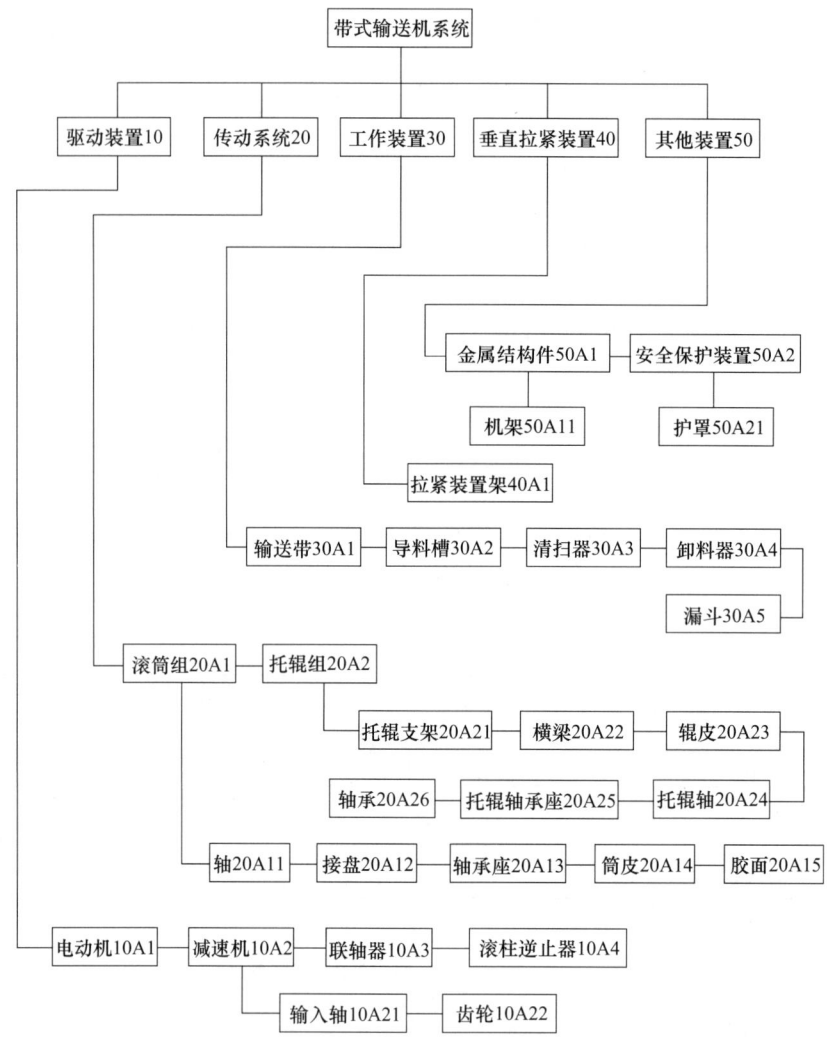

图 29-4-6 带式输送机系统的组成

② 约定层次。"初始约定层次"为带式输送机；"约定层次"为组成带式输送机的子系统或部件；"最低约定层次"为系统的零件。

③ 严酷度类别的定义。该带式输送机对严酷度类别的定义可以参考表 29-4-3。

④ 信息来源。该条带式输送机系统中的故障模式、原因、故障率 λ_p 等，基本上都是根据对许多相似机械产品进行整理、归纳和分析后获得的。

⑤ 填写 FMECA 表。根据本例的实际情况，将 FMEA 和 CA 表合并成 FMECA 表，该表简明、直观并减少了工作量，填写结果见表 29-4-10。

⑥ 结论。通过对上表的分析可以得出，带式输送机系统共有 26 个故障模式，其中严酷度为 Ⅰ 类的有 3 个，Ⅱ 类的有 6 个，Ⅲ 类的有 14 个，Ⅳ 类的有 3 类。考虑到故障模式发生概率等级，产品的危害度，采取针对性的设计改进及补偿措施，例如：对严酷度为 Ⅰ 类的机架（50A11）"变形损坏"、输送带（30A1）"跑偏"和逆止器（10A4）"损坏失效"故障模式采取"优化地脚螺栓布置""改进设计""定期维修和更换"等措施；对严酷度为 Ⅱ 类的 6 个故障模式也给予关注，从结构强度、选用优质材料、提高加工和装配精度等方面采取了有效措施，进而提高了带式输送机的可靠性。

表 29-4-10 带式输送机系统故障模式、影响及危害度分析表（FMECA）

初始约定层次产品：带式输送机																	
约定层次产品：驱动装置等分系统				任　务：承载、运输													
				分析人员：								审核　　　批准			第　页　共　页 填表日期：		

代码	产品或功能标志	功能	故障模式	故障原因	任务阶段与工作方式	故障影响 局部影响	故障影响 高一层次影响	故障影响 最终影响	严酷度	故障检测方法	补偿措施	故障率 λ_p 来源	α	β	故障模式危害度 C_m λ_p (10^{-6})	t/h	$\alpha\beta\lambda_p t$ (10^{-2})	产品危害度 (10^{-2})
10A1 电动机		产生动力	不能启动	①线路故障 ②保护电控系统闭锁 ③接触器故障 ④电压不足	通电启动	电动机不能正常工作	驱动装置不能正常工作	系统停运	Ⅲ	目测或检修线路	①维修线路 ②排除故障 ③定期测量系统电压	统计	0.56	0.4	50.5	1620	1.8325	Ⅱ类： 2.5197
			电动机过热	①长期超负荷运行 ②轴承润滑不良散热差 ③电流过大	运行	电动机损坏	驱动装置故障	系统停运	Ⅱ	目测接触	①保持电动机运行环境 ②提高检修质量	统计	0.44	0.7	50.5	1620	2.5197	Ⅲ类： 1.8325
10A2 减速机		传递动力 降低转速	输入轴断裂	①减速机设计选择过小、缺陷 ②偶合器制动平衡不好 ③安装同心度偏差大 ④轴材料处理选择不当	运行	减速机损坏	驱动装置无法运行	系统停运	Ⅲ	目测	①及时更换损坏部件 ②提高检修质量	统计	0.42	0.6	1.38	1620	0.0563	
			齿轮振动	①刚度周期变化 ②扭矩变化 ③装配误差 ④齿向误差	运行	减速机振动、产生噪声	可能导致驱动装置其他部件损坏	系统停运	Ⅲ	观察	提高装配精度及检测质量	统计	0.58	0.5	1.38	1620	0.0648	Ⅲ类： 0.1211

续表

代码	产品或功能标志	功能	故障模式	故障原因	任务阶段与工作方式	故障效应 局部影响	故障效应 高一层次影响	故障效应 最终影响	严酷度	故障检测方法	补偿措施	故障率 λ_p 来源	故障模式危害度 C_m α	故障模式危害度 C_m β	故障模式危害度 C_m λ_p (10^{-6})	故障模式危害度 C_m t/h	故障模式危害度 C_m $\alpha\beta\lambda_p t$ (10^{-2})	产品危害度 (10^{-2})
10A3	弹性联轴器	连接电动机和偶合器	弹性圈磨损过快	联轴器轴向间隙偏小	运行	弹性圈损坏	联轴器停止工作	系统停止运行	Ⅲ	目测	调整间隙为6~8mm	类比统计	0.78	0.4	8.55	1620	0.4322	Ⅲ类 0.5846
			柱销孔拉伤	启动、运行时电机轴向串动和引起振动和冲击	运行	联轴器损坏	驱动装置故障	系统停止运行	Ⅲ	目测	①选用减振性能好的弹性体 ②及时更换损坏的弹性体	类比统计	0.22	0.5	8.55	1620	0.1524	
10A4	滚柱逆止器组	防止输送机逆转	损坏失效	斜升输送机带料停车并目所选逆止器的逆止力矩过小	带料停车	逆止器损坏	驱动装置故障	输送机逆转	Ⅰ	目测	考虑最不利情况，重新选择逆止器	类比统计	1	0.9	2.05	34	0.0063	Ⅰ类 0.0063
20A1	滚筒组	传递动力或改变输送带运行方向	轴颈处断裂	①承受反复交变冲击载荷 ②安装质量差，中心线不平行 ③轴的材质差 ④轴肩处过渡圆角小，产生应力集中 ⑤热处理质量差	运行	滚筒无法正常工作	传动系统故障	输送机停运	Ⅱ	目测	①更换已损坏的轴 ②加强检测工艺质量 和安装	类比统计	0.05	0.8	14.2	1620	0.0920	Ⅱ类 0.575
			接盘开焊	①承受压力过大 ②焊接质量差 ③辐板和轮毂材质不一致 ④焊缝处存在应力集中	运行	滚筒无法正常工作	传动系统停止工作	输送机停运	Ⅱ	目测	①选用优质材料 ②提高焊接工艺 ③加强维护 ④定期检查	统计	0.15	0.7	14.2	1620	0.2415	Ⅲ类 0.4831

第4章 故障模式、影响及危害度分析

续表

代码	产品功能标志	功能	故障模式	故障原因	任务阶段与工作方式	故障效应 局部影响	故障效应 高一层次影响	故障效应 最终影响	严酷度	故障检测方法	补偿措施	故障率 λ_P 来源	α	β	λ_P (10^{-6})	故障模式危害度 C_m t/h	$\alpha\beta\lambda_P t$ (10^{-2})	产品危害度 (10^{-2})
20A1	滚筒组	传递动力或改变输送带运行方向	筒皮破裂	①输送带张紧力大 ②滚筒本身强度差 ③焊接工艺差 ④焊缝处应力集中	运行	滚筒无法正常工作	传动系统停止工作	输送机停运	Ⅱ	目测	①选用优质材料 ②提高焊接工艺	统计	0.15	0.7	14.2	1620	0.2415	Ⅳ类: 0.2070
			胶面过渡磨损脱落	①清扫器工作不正常 ②胶面质量差	运行	滚筒表面摩擦减小	传动系统低效运行	输送带打滑	Ⅳ	目测	及时更换脱落胶面	统计	0.3	0.3	14.2	1620	0.2070	
			轴承损坏	①轴承润滑不良 ②密封效果不好	运行	异常噪音	滚筒组工作不正常	停机维修	Ⅲ	目测	及时更换损坏的轴承	统计	0.35	0.6	14.2	1620	0.4831	
20A2	托辊组	支撑输送带和物料	托辊支架变形	①支架设计不合理 ②支架刚度不够 ③输送带松池、嵌入托辊缝隙	运行	托辊支架损坏	增加运行阻力	降低运输效率	Ⅲ	目测	定期检修	统计	0.2	0.5	18.7	1620	0.3029	Ⅲ类: 1.3632
			轴承损坏	①轴承润滑不良 ②密封效果不好、工作环境差 ③轴承载能力差	投入生产过程中	振动噪音	托辊运转不灵活	运行阻力增加磨损	Ⅲ	目测	定期更换密封改良结构	统计	0.4	0.5	18.7	1620	0.6059	

续表

代码	产品或功能标志	功能	故障模式	故障原因	任务阶段与工作方式	故障效应 局部影响	故障效应 高一层次影响	故障效应 最终影响	严酷度	故障检测方法	补偿措施	故障率 λ_p 来源	α	β	λ_p (10^{-6})	t/h	C_m (10^{-2})	产品危害度 (10^{-2})
20A2	托辊组	支撑输送带和物料	辊皮破损	①辊皮材质制造不合格 ②托辊运转不灵活，与输送带摩擦	运行	托辊不能使用	传动系统不能正常工作	停车维修	Ⅲ	目测	①采用焊接辊皮，保证制造质量 ②保证托辊灵活运转	统计	0.3	0.5	18.7	1620	0.4544	Ⅳ类: 0.0606
			托辊轴承座变形	轴承座刚度不好，承载能力差	运输过程中	托辊不能使用	传动系统不能正常工作	停车维修	Ⅳ	定期检测	提高轴承座材质和制造工艺	统计	0.1	0.2	18.7	1620	0.0606	
			跑偏	①滚筒和托辊的制造误差大 ②机架刚性差 ③设备安装的垂直度误差大 ④输送带的制造质量差 ⑤物料分布不均匀	输送带运行中	输送带蛇形，不能正常工作	工作装置工作不正常	①造成撒料 ②运输效率下降 ③降低输送机使用寿命 ④造成机尾堆煤	Ⅰ	观察	①采用跑偏控制系统 ②应用强力调心托辊 ③改进装料槽	统计	0.35	0.9	71.94	1620	3.671	Ⅰ类: 3.671
30A1	输送带	曳引承载	打滑	①输送带过载 ②张紧系统故障 ③传动滚筒与输送带摩擦系数减小 ④围包角太大 ⑤偶合器功率不平衡	运输过程中	运输效率低	工作装置不能正常工作	系统无法正常工作	Ⅱ	目测	①尽可能提高牵引摩擦力，选取适当张紧力 ②增大摩擦系数和围包角	统计	0.3	0.8	71.94	1620	2.797	Ⅱ类: 4.1955

续表

代码	产品或功能标志	功能	故障模式	故障原因	任务阶段与工作方式	故障效应 局部影响	故障效应 高一层次影响	故障效应 最终影响	严酷度	故障检测方法	补偿措施	故障率 λ_p 来源	故障模式危害度 α	故障模式危害度 β	故障模式危害度 λ_p (10^{-6})	故障模式危害度 C_m t/h	故障模式危害度 C_m $\alpha\beta\lambda_p t$ (10^{-2})	产品危害度 (10^{-2})
30A1	输送带	曳引承载	撒料	①输送机超载 ②导料槽裙板损坏 ③回弧段曲率半径小、输送带悬空 ④输送带跑偏撒料 ⑤给料装置缺陷	运输过程中	运输效率低	工作装置无法正常工作	造成污染降低工作效率	III	目测	①禁止严重超载 ②设计较大回弧段曲率半径 ③加强保养维护	统计	0.2	0.6	71.94	1620	1.3985	III类: 1.3985
			损伤	①大量托辊运转不灵活 ②各种结构件划伤 ③转运高度大,物料冲击	导料过程中	输送带损坏	输送机无法正常工作	停机维修造成重大损失	II	观察	①提高使用输送带质量 ②维修设备可靠 ③增设缓冲床	相似统计	0.15	0.8	71.94	1620	1.3985	
30A2	导料槽	引导物料	工作不可靠	①安装不到位 ②制造质量差	导料过程中	落料位置不准	工作装置不可靠	跑偏撒料	III	观察	①提高安装质量 ②加强检测	统计	1	0.5	1.39	1620	0.1126	III类: 0.1126
30A3	清扫器	清除残留物料	工作不可靠	①安装不到位 ②制造质量差	运输过程中	物料清除不净	工作装置出故障	造成安全隐患	III	现场检测	①提高安装质量 ②加强检测	相似统计	1	0.6	3.87	1620	0.3762	III类: 0.3762

续表

代码	产品或功能标志	功能	故障模式	故障原因	任务阶段与工作方式	故障效应 局部影响	故障效应 高一层次影响	故障效应 最终影响	严酷度	故障检测方法	补偿措施	故障率 λ_p 来源	α	β	λ_p (10^{-6})	t/h	故障模式危害度 C_m $\alpha\beta\lambda_p t$ (10^{-2})	产品危害度 (10^{-2})
30A4	卸料器	实现多点卸料	工作不可靠	①整体结构有缺陷 ②犁自动下降 ③上料控制系统失灵、人员检测不到位	卸料过程中	不能正常卸料	输送系统不能按任务带不正常磨损	导致输送工作	Ⅲ	观察检测	①改进犁式卸料器 ②及时维修、增强现场检测	统计	1	0.5	2.96	1620	0.2398	Ⅲ类：0.2398
30A5	漏斗	导引物料	部件损坏	衬板材质不合格	运输过程中	衬板损坏	漏斗体易损坏	停机维修	Ⅳ	定期检测	采用耐磨衬板，增强检测	统计	1	0.2	1.28	1620	0.0415	Ⅳ类：0.0415
40A1	拉紧装置架	支撑固定拉紧装置	装置架变形	①装置架刚度不足 ②装置架结构设计不合理	运输过程中	装置架损坏	拉紧装置不能正常工作	系统不能完成任务	Ⅲ	目测	①采用优质型材 ②对结构进行重新设计	统计	1	0.5	1.15	1620	0.0932	Ⅲ类：0.0932
50A11	机架	支撑滚筒	变形损坏	①机架刚度不足 ②地脚螺栓布置不正确	运输过程中	机架损坏	系统故障	停运、人员伤害事故	Ⅰ	目测	①采用优质型材 ②优化地脚螺栓布置	统计	1	0.9	13.2	1620	1.9245	Ⅰ类：1.9245

注：该条输送机系统运行班制为三班制，每班 6h。因此，表中时间 $t=1620h$ 为系统运行 3 个月

第 5 章 故障树分析

故障树分析，简称 FTA（Fault Tree Analysis），是一种评价复杂系统可靠性与安全性的重要方法。该方法适于设计人员、使用人员和维护维修管理人员进行系统故障逻辑分析。

故障树分析是一种关于故障因果关系的演绎分析方法。这种方法以一个不希望发生的事件为焦点，通过自上而下的逐层分析，逐一找出导致该事件发生的全部直接原因和间接原因，建立其间的逻辑关系，画出树状图，并可辅以定量分析与计算。这个不希望发生的事件称为故障树的顶事件。顶事件的选择至关重要，若选的过于一般，故障树分析难以进行；若选的太具体，相应的故障树分析则无法得出对系统失效因果关系的充分认识。

5.1 基本概念与基本符号

故障树是由逻辑符号（逻辑门）与事件组成的。逻辑门表示上层事件（故障）与下层事件（故障）之间的逻辑关系。上层事件是逻辑门的输出事件，下层事件是逻辑门的输入事件。逻辑门符号表示输出事件与一个或多个输入事件之间逻辑关系的类型。故障树分析中有一些约定的基本的概念、术语和符号，解释和说明如下。

5.1.1 故障树基本概念

(1) 故障树

故障树是一种表示事件因果关系的树状逻辑图，用规定的事件和逻辑门等符号描述系统中各种事件之间的因果关系。图 29-5-1 (a) 所示系统由 V_1、V_2、V_3 三个阀组成，系统功能定义为从 A 到 B 流体通道畅通，阀正常状态为"通"，失效状态为"断"。对于这个系统，系统故障与单元故障之间的逻辑关系是，阀 V_3 失效或阀 V_1、V_2 同时失效将导致系统失效。若系统中只有阀 V_1 失效，或只有阀 V_2 失效，则不会导致系统失效。把这种失效逻辑关系用由事件符号（表示失效事件）和逻辑门符号（表达事件之间的逻辑关系）构成的图形表达成如图 29-5-1 (b) 所示的形式，即为该系统的故障树。图中 T 表示系统故障事件（顶事件），X_i 表示阀 i 的状态，M_1 是一个中间状态事件。

(2) 事件

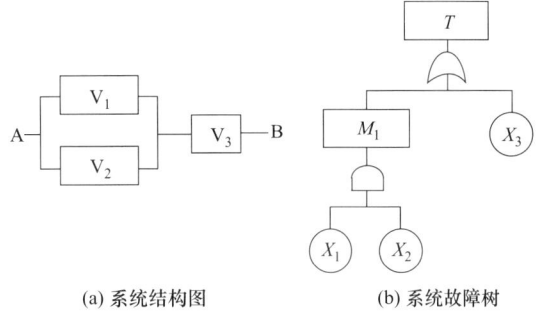

(a) 系统结构图　　(b) 系统故障树

图 29-5-1　故障树示例

系统、子系统及零部件所处的状态称为事件。零部件的正常状态是一个事件，零部件的故障状态也是一个事件。

(3) 顶事件

表示故障树分析的直接目标的事件称为故障树的顶事件。顶事件位于故障树的顶端，通常是把所关心的系统失效事件作为故障树的顶事件。

(4) 基本事件（初级事件）

基本事件是不需要进一步展开（不需要进一步查找其发生的原因）的事件。基本事件包括：

① 底事件——仅作为导致其他事件发生的原因、位于故障树的底端的事件。

② 不需要展开的事件。

③ 条件事件。

④ 环境、人为因素等外部事件。

(5) 中间事件

位于顶事件与底事件之间的中间结果事件称为中间事件。

(6) 结果事件

由其他事件及事件的组合导致的事件，是逻辑门的输出事件。顶事件和中间事件都属于结果事件。

(7) 初级失效

零部件在低于设计许可的载荷环境下的失效。

(8) 次级失效

零部件在高于设计许可的载荷环境下的失效。

(9) 命令型失效

在错误的时间或错误地点发生的动作。例如，应该在接收到"开通"命令时打开的阀门，在没有命令或接收到"关闭"命令时发生了打开动作。

5.1.2 故障树基本符号

故障树分析用到的符号主要包括事件符号和逻辑门符号，各种符号的名称、用法和意义见表 29-5-1。

在故障树的基本符号中，有两点说明：省略事件不需要进一步分析的原因通常包括事件发生的概率很小、没有必要进一步分析事件发生的原因或事件发生的原因还不明了；逻辑门符号中的禁门表示仅有输入事件发生时，还不能导致输出事件的发生，必须满足禁门打开的条件才能导致输出事件的发生。如图 29-5-2 中，对于一个线路设备完好的照明系统，当开关闭合时，只有在电源有电的情况下，电灯才会亮。

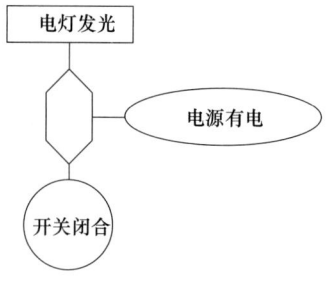

图 29-5-2　禁门示例

表 29-5-1　　　　　　　　　　故障树分析符号

类　别	符　号	名　称	说　明
事件符号	▭	结果事件	包括顶事件和中间事件
	○	基本事件	无需查明发生原因，通常是已知其发生概率的事件，位于故障树底端
	◇	省略事件	暂时不能或不需要进一步分析其原因的底事件
	⌂	条件事件	可能出现也可能不出现的事件，当给定条件满足时这一事件发生
逻辑门符号	A / B_1 B_2 (与门形)	与门	输入事件 B_1、B_2 同时发生时，输出事件 A 发生
	A / B_1 B_2 (或门形)	或门	输入事件 B_1、B_2 中至少有一个发生时，输出事件发生 A
	A—C / B	禁门	只有当条件事件 C 发生，输入事件 B 的发生才导致输出事件 A 发生
	A / k/n / $B_1 \cdots B_n$	表决门	n 个输入事件中至少有任意 k 个事件发生，输出事件才发生
	A / B_1 B_2	异或门	当输入事件 B_1 或 B_2 单独发生时，输出事件 A 发生
转移符号	△	转入符号	表示有子故障树由此转入
	△	转出符号	表示此故障树转出到其他故障树

5.1.3 割集与路集

（1）割集

导致顶事件发生的若干底事件的集合。若一个集合中的底事件同时发生时顶事件必然发生，则这样的集合称为割集。

（2）最小割集

如果割集中的任一底事件不发生时顶事件即不发生，则称其为最小割集。它是包含了能使顶事件发生的最小数量的必须底事件的集合。或者说，若 C 是一个割集，去掉其中任一个事件后就不再是割集了。也就是说，最小割集中的全部事件发生是导致顶事件发生的充分必要条件。

故障树的定性分析一般是要找出系统故障树的全部最小割集。

（3）路集

路集是若干底事件的集合，当这些底事件都不发生时，顶事件也不发生。

（4）最小路集

如果路集中的任一底事件发生，顶事件就一定发生，则称为最小路集。

5.2 故障树建树与分析方法

5.2.1 建立故障树的方法与步骤

（1）建立故障树的流程

故障树分析包括建立系统故障树、故障关系的定性分析与定量分析等。基本分析流程如下。

① 确定故障树的顶事件。对于一个要进行故障分析的系统来说，顶事件往往不是唯一的，通常把系统最不希望发生的故障事件作为故障树的顶事件。换一个角度讲，一个系统的故障树并不一定是唯一的，而是取决于所关心的系统功能是什么。这就要求对所研究的系统有透彻的分析、了解。因此，确定顶事件需要由设计人员、使用人员及可靠性专家密切配合，共同分析，选定合适的顶事件，找出所有造成顶事件发生的各种中间事件，进一步分析并找出所有底事件。

底事件包括一次事件及二次事件，所谓的一次事件是指由于元件自身原因（初级失效）引起的故障事件，如元件在正常工作环境下老化等；二次事件通常是指由于人为的原因及环境的原因引起的（次级失效）故障事件，例如齿轮在严重过载情况下变形或断裂。在确定顶事件时还应注意顶事件必须有明确的定义。如对于一个显示器来说，其故障树顶事件可以有多个：当分析显示器黑屏故障时，顶事件是显示器无显示；当分析显示器亮度故障原因时，顶事件为显示器亮度低于正常水平。对于机械系统也是如此。例如，分析一台发动机的故障，可以是发动机不转、动力达不到规定水平、噪声、振动超标等。

② 建立故障树。建立故障树是故障树分析中最重要的工作。在顶事件确定以后，由顶事件开始，首先找出导致顶事件发生的所有可能直接原因，作为第一级中间事件。依此类推，逐级向下分析，直至找出引起顶事件发生的全部底事件。将各级事件用适当的逻辑门连接，就完成了故障树的建立。

③ 故障树定性分析。进行故障树的定性分析主要是寻找故障树的故障谱或成功谱，也就是找出故障树的所有最小割集或最小路集。

④ 故障树定量分析。进行故障树的定量分析，是要求出故障树顶事件发生的概率及其他相关的可靠性指标，对系统的可靠性、安全性进行定量评估。进行故障树定量分析时，通常是在各底事件的失效概率已知的条件下进行的，通过底事件的分布参数和失效概率求出顶事件的可靠度、失效率等。

（2）建立故障树的基本原则

① "直接原因"的概念。进行系统分析，首先要定义系统，然后选定一个特定的系统失效事件，进行详细分析。选定的系统特定失效事件就是故障树的顶事件。紧接着，就是要确定顶事件发生的直接、必须和充分的原因。这时找出的并不是顶事件发生的最基本原因，而是其最直接原因或机理。

② 明确定义事件。对于一个特定的问题，要准确定义失效事件的含义，在事件框中清楚地说明失效的含义及其发生的条件。例如：当线圈有电压存在时，常闭继电器触点不能打开（明确"电压存在"）；或电力接通时电动机不启动（而不仅仅是"电机不启动"）。

③ "无奇迹"原则。如果一个零件的正常功能传播了一个故障序列，仍然认为零件功能正常。在故障树分析过程中，有时会发现某个故障序列的传播途径碰巧被一个意外的零件失效所阻断。在这种情况下，正确的假设是零件功能正常，因而允许故障序列的传播。

④ "逻辑门完备"原则。一个逻辑门的全部输入应该定义完整。这个原则也意味着故障树是逐层展开的。在进入下一层之前，每一层都应做到完整无误。

⑤ 无"门-门连接"原则。逻辑门的输入应该是正确定义的故障事件，逻辑门与逻辑门不能直接相连。

5.2.2 故障树定性分析

故障树的定性分析是要找出故障树的所有最小割集。在求得所有最小割集后，可以根据最小割集的阶数（最小割集所含底事件的个数），对最小割集进行比较分析。通常最小割集的阶数越低，其重要性越高。对于底事件来说，在不同最小割集中出现次数越多的底事件越重要。

（1）下行法求最小割集

下行法又称为 Fussell Vesely 法，其特点是从顶事件开始，向下逐级进行。其依据是与门仅增加割集的容量，而或门增加割集的个数。下行法自上而下，遇到与门就将与门下面所有输入事件排列于同一行，遇到或门就将或门下面的所有输入事件排列于一列，逐级用下一级事件置换上一级事件，直到不能再向下分解为止。这样得到的每一行都是故障树的一个割集，但不一定是最小割集。为了得到故障树的所有最小割集，需要对已得到的割集进行逻辑运算，应用吸收律等得到最小割集。

[例 1] 用下行法求图 29-5-3 所示故障树的割集和最小割集。

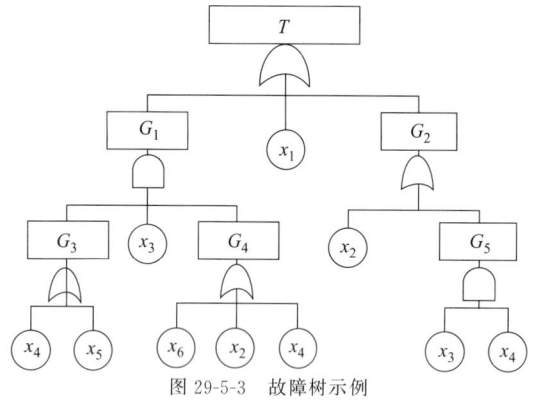

图 29-5-3 故障树示例

解 对图 29-5-3 故障树应用下行法逐级展开，为了简化表达，分别用数字 1、2、…、n 代替 x_1、x_2、…、x_n，如表 29-5-2 所示。

表 29-5-2 故障树下行法展开

步骤	1	2	3	4	5	6
	1	1	1	1	1	1
	G_1	3,G_3,G_4	3,4,G_4	3,4,2	3,4,2	3,4,2
	G_2	G_2	3,5,G_4	3,4,4	3,4,4	3,4,4
			G_2	3,4,6	3,4,6	3,4,6
				3,5,2	3,5,2	3,5,2
				3,5,4	3,5,4	3,5,4
				3,5,6	3,5,6	3,5,6
				G_2	2	2
					G_5	3,4

表 29-5-2 中最后一列的每一行都是一个割集。进行简化操作后，可以得到故障树的最小割集 $\{x_1\}$、$\{x_2\}$、$\{x_3, x_4\}$ 和 $\{x_3, x_5, x_6\}$，其他割集不是最小割集。

（2）上行法求最小割集

上行法也叫做 Semanderes 算法，它是由故障树的底事件开始，逐级向上进行集合运算，最后将顶事件表示成若干个底事件之积的和的形式。每一个积事件就是一个割集，最后通过逻辑运算中的吸收率和等幂率对积和表达式进行简化，剩下的每一项都是一个最小割集。

[例 2] 用上行法求图 29-5-3 所示故障树的割集和最小割集。

解 首先写出由下向上各级事件的逻辑表达式

最下一级

$G_5 = x_3 x_4 \quad G_4 = x_6 + x_3 + x_4 \quad G_3 = x_4 + x_5$

次下级

$G_2 = x_2 + G_5 \quad G_1 = x_3 G_4 G_3$

最上一级：

$T = G_2 + G_1 + x_1 = x_1 + x_2 + x_3 x_4 + x_3 (x_6 + x_2 + x_4)(x_4 + x_5)$

$= x_1 + x_2 + x_3 x_4 + x_3 x_4 x_6 + x_2 x_3 x_4 + x_3 x_4^2 + x_3 x_5 x_6 + x_2 x_3 x_5 + x_3 x_4 x_5$

以上和式中每一项都是故障树的一个割集，但不一定是最小割集，对上式应用等幂律和吸收率进行简化有

$T = x_1 + x_2 + x_3 x_4 + x_3 x_5 x_6$

这样，就求得故障树的全部最小割集为：$\{x_1\}$、$\{x_2\}$、$\{x_3, x_4\}$、$\{x_3, x_5, x_6\}$。显然，用下行法和上行法求得的结果是相同的。

[例 3] 如图 29-5-4 所示给定的故障树，分别用上行法和下行法求最小割集。

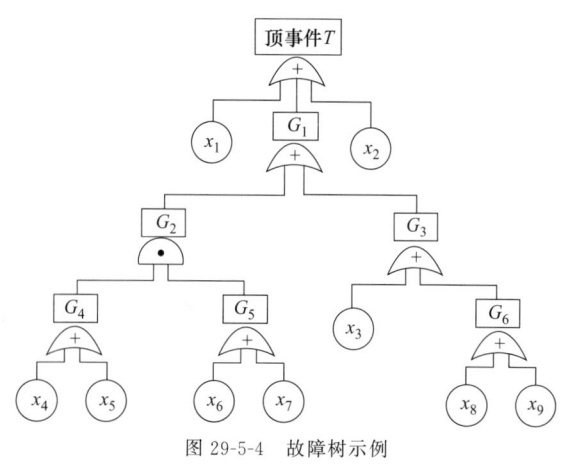

图 29-5-4 故障树示例

解 ① 下行法。

第一步：顶事件为 T，下面为或门，因此将它的输入 x_1，G_1，x_2 排成列（置换 T）；

第二步：基本事件 x_1，x_2 不再分解，G_1 事件下为或门，将其输入 G_2，G_3 排成一列置换 G_1；

第三步：G_2 事件下的门为与门，故将其输入 G_4，G_5 排成一行置换 G_2。

如此进行下去，在最后一步得到一列全部由基本事件表示的 8 个割集（表 29-5-3）：{1}，{2}，{4，6}，{4，7}，{5，6}，{5，7}，{3}，{8}，{9}。

表 29-5-3　故障树下行法展开

1	2	3	4	5	6
1	1	1	1	1	1
2	2	2	2	2	2
G_1	G_2	G_4,G_5	G_4,G_5	4,G_5	4,6
	G_3	G_3	3	5,G_5	4,7
			G_6	3	5,6
				G_6	5,7
					3
					8
					9

接下来，检查这些割集是否是最小割集，如不是则要进行布尔吸收操作（等幂律 $xx=x$；吸收律 $x+xy=x$），求得最小割集。经过布尔运算，本例的最小割集为 {1}，{2}，{4，6}，{4，7}，{5，6}，{5，7}，{3}，{8}，{9}。

② 上行法（为书写方便，用 "+" 代替 "$\cup$"，省去 "$\cap$" 符号）。

图 29-5-4 故障树最后一级为

$G_4 = x_4 + x_5$　　$G_5 = x_6 + x_7$　　$G_6 = x_8 + x_9$

向上一级

$$G_2 = M_4 M_5$$
$$= (x_4 + x_5)(x_6 + x_7)$$
$$G_3 = x_3 + x_8 + x_9$$

再向上一级

$$G_1 = G_2 + G_3$$
$$= (x_4 + x_5)(x_6 + x_7) + x_3 + x_8 + x_9$$

利用集合运算法简化上式为

$$G_1 = G_2 + G_3$$
$$= x_4 x_6 + x_4 x_7 + x_5 x_6 + x_5 x_7 + x_3 + x_8 + x_9$$

最上一级

$$T = x_1 + x_2 + G_1$$
$$= x_1 + x_2 + x_4 x_6 + x_4 x_7 + x_5 x_6 + x_5 x_7 + x_3$$
$$+ x_8 + x_9$$

5.2.3　故障树定量分析

进行系统的故障树分析时，通常还要确定系统顶事件和最小割集发生的概率。故障树定量分析的目的就是以故障树为模型，在底事件发生概率已知的条件下，求出顶事件发生的概率，并进一步求得各零件的重要度等可靠性指标。

(1) 故障树结构函数

在系统故障树分析中，经常用到布尔结构函数。任意一个单调关联系统的故障树均可化为只含与门、或门和底事件的故障树。例如，在求出了全部最小割集之后，就可以对原故障树进行改造，画成只含与门、或门和底事件的故障树。

对于一个由 n 个零部件构成的系统，它的顶事件是系统故障，各零部件的故障是底事件。假设各零部件失效之间是相互独立的，各零部件及系统只有故障和完好两种状态，则可以用变量 x_i 来表示底事件的状态

$$x_i = \begin{cases} 1 & 底事件 x_i 发生时 \\ 0 & 底事件 x_i 不发生时 \end{cases}$$

$x_i = 1$ 时，底事件发生，零部件处于故障状态，$x_i = 0$ 时，底事件不发生，零部件处于正常状态。

顶事件状态是底事件状态的函数，用 $\phi(X) = \phi(x_1, x_2, \cdots, x_n)$ 表示，$\phi(X)$ 称为故障树的结构函数，其状态的含义如下

$$\phi(X) = \begin{cases} 1 & 顶事件发生 \\ 0 & 顶事件不发生 \end{cases}$$

结构函数 $\phi(X)$ 表示系统所处的状态。当 $\phi(X) = 1$ 时，顶事件发生，即系统处于故障状态。

故障树分析中常见逻辑门的结构函数如下。

① 与门结构。只有全部输入事件都发生时，输出事件才发生。其结构函数为

$$\phi(X) = \prod_{i=1}^{n} x_i \tag{29-5-1}$$

② 或门结构。只要有一个输入事件发生，输出事件就发生。其结构函数为

$$\phi(X) = 1 - \prod_{i=1}^{n} x_i \tag{29-5-2}$$

③ 表决门（k/n）结构。在 n 个输入事件中，至少有 k 个输入事件发生，输出事件才发生。其结构函数为

$$\phi(X) = \begin{cases} 1 & 当 \sum x_i \geq k \\ 0 & 其他 \end{cases} \tag{29-5-3}$$

以上 3 种逻辑门结构的故障树图如图 29-5-5 所示。

复杂系统故障树结构函数可以同理写出。例如，图 29-5-6 所示故障树，顶事件的结构函数为

$$\phi(X) = \{b \cap [d \cup (e \cap c)]\} \cup \{a \cap [c \cup (d \cap e)]\}$$

其中 a，b，c，d，e 取值为 1 或 0，分别表示各零

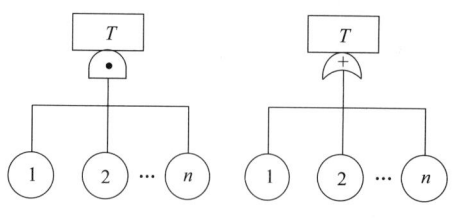

(a) 与门结构　　　　(b) 或门结构

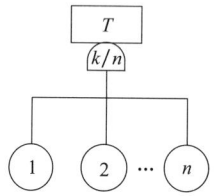

(c) k/n 表决系统结构

图 29-5-5　故障树结构函数图示

件的状态。

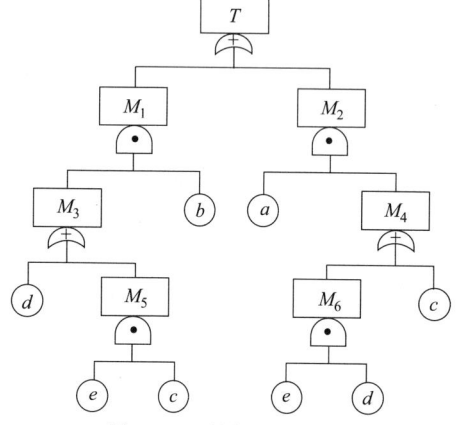

图 29-5-6　较复杂的故障树

一般情况下，当故障树给出后，就可以根据故障树直接写出结构函数。但这种表示法对于复杂系统而言，由于表达式繁杂而冗长，实际应用困难。

(2) 直接概率法求顶事件发生概率

当故障树底事件发生的概率为已知时，按照故障树的逻辑结构由下而上逐级计算，即可求得故障树顶事件发生的概率。

与门结构的发生概率为

$$P(X) = P(\bigcap_{i=1}^{n} x_i) \quad (29\text{-}5\text{-}4)$$

当各输入事件为独立事件时

$$P(X) = \prod_{i=1}^{n} P(x_i) \quad (29\text{-}5\text{-}5)$$

或门结构的发生概率为

$$P(X) = P(\bigcup_{i=1}^{n} x_i) \quad (29\text{-}5\text{-}6)$$

当各输入事件为独立事件时

$$P(X) = 1 - \prod_{i=1}^{n}[1 - P(x_i)] \quad (29\text{-}5\text{-}7)$$

以上各式中，X 为输出事件，x_i（$i = 1, 2, \cdots, n$）为输入事件。

[例 4]　图 29-5-7 所示系统故障树，各部件的可靠度分别为：$R_{x1} = 0.96$，$R_{x2} = 0.98$，$R_{x3} = 0.99$，假设各底事件是相互独立事件，求系统的可靠度。

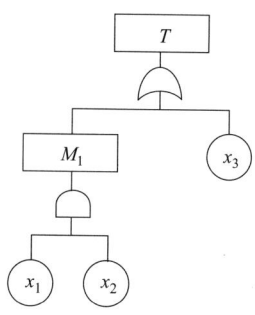

图 29-5-7　例 4 的故障树

解　各底事件发生的概率为

$$P(x_1) = 1 - 0.96 = 0.04$$
$$P(x_2) = 1 - 0.98 = 0.02$$
$$P(x_3) = 1 - 0.99 = 0.01$$

事件 M_1 发生的概率为

$$P(M_1) = P(x_1)P(x_2) = 0.04 \times 0.02 = 0.0008$$

顶事件发生的概率为

$$P(T) = 1 - (1 - 0.0008) \times (1 - 0.01) = 0.0108$$

系统的可靠度为

$$R_s = 1 - P(T) = 1 - 0.0108 = 0.9892$$

(3) 最小割集法求顶事件发生概率

在得到了故障树的全部最小割集后，可以通过最小割集来求顶事件发生的概率。尤其是，当故障树中有底事件重复出现时，不能应用直接概率法求系统事件发生概率，而只能使用最小割集法。设 C_i（$i = 1, 2, \cdots, n$）为故障树的第 i 个最小割集，则顶事件可以表达为

$$T = \bigcup_{i=1}^{n} C_i \quad (29\text{-}5\text{-}8)$$

顶事件发生的概率可以表达为

$$P(T) = P(\bigcup_{i=1}^{n} C_i) \quad (29\text{-}5\text{-}9)$$

由于割集中的各底事件与最小割集之间在逻辑上为"与"的关系，若已知最小割集 C_i 各底事件 x_1，$x_2, \cdots, x_k$ 发生的概率，则最小割集发生概率为

$$P(C_i) = P(\bigcap_{j=1}^{k} x_j) \quad (29\text{-}5\text{-}10)$$

在已知最小割集发生概率条件下，即可根据最小割集间的关系求顶事件发生的概率，如式（29-5-11）所示。

$$P(T) = P(\bigcup_{i=1}^{n} C_i) = \sum_{i=1}^{n} P(C_i) -$$
$$\sum_{i<j=2}^{n} P(C_i C_j) + \sum_{i<j<l=3}^{n} P(C_i C_j C_l) + \cdots$$
$$+ (-1)^{m-1} P(\bigcap_{i=1}^{n} C_i)$$
(29-5-11)

由式 (29-5-11) 可以看出,它共有 $2^{n}-1$ 项,当 n 很大时,就会产生"组合爆炸"问题,导致计算困难,在实际工程中,底事件发生的概率通常都很小,这时可以忽略掉式 (29-5-11) 的高次项,而只保留前两项或前三项,即

$$P(T) = P(\bigcup_{i=1}^{n} C_i) = \sum_{i=1}^{n} P(C_i) -$$
$$\sum_{i<j=2}^{n} P(C_i C_j) + \sum_{i<j<l=3}^{n} P(C_i C_j C_l)$$
(29-5-12)

[例5] 图 29-5-4 所示系统故障树,部件的可靠度分别为 $R_{x1}=0.96, R_{x2}=0.98, R_{x3}=0.99$,假设各底事件是独立事件,应用最小割集法求系统的可靠度。

解 系统的最小割集为
$C_1 = \{x_1, x_2\}, C_2 = \{x_3\}$。
$P(C_1) = P(x_1 x_2) = (1-0.96) \times (1-0.98) = 0.0008$
$P(C_2) = P(x_3) = 1-0.99 = 0.01$
故有
$P(T) = P(C_1 \cup C_2) = P(C_1) + P(C_2) - P(C_1)P(C_2)$
$= 0.0008 + 0.01 - 0.0008 \times 0.01$
$= 0.0108$
$R_s = 1 - P(T) = 1 - 0.0108 = 0.9892$
即系统可靠度为 0.9892。

5.3 故障树分析实例

[例6] 带式输送机系统故障树定性分析。

(1) 带式输送机系统故障树的建立

通过 FMECA 可知,系统中最不希望发生的事件是严酷度为 I 类和 II 类的事件,通过对带式输送机系统进行分析,选取"带式输送机工作不正常"为顶事件,不考虑出现概率非常小的偶然事件。带式输送机系统故障树的建立如图 29-5-8~图 29-5-14 所示。

(2) 带式输送机系统故障树定性分析

故障树定性分析的目的在于寻找导致带式输送机系统故障发生的原因和原因的组合,识别导致其发生的所有故障模式。它可以帮助判明潜在的故障,以便改进设计,也可以用于指导故障诊断,改进运行和维修方案。从图中得知,FTA 中的底事件既有 FMECA 表中具体的故障模式,又有因环境和人为等因素引起的底事件,因此 FTA 比 FMECA 更为全面。

通过分析,上面所建立的故障树由 30 个逻辑门和 64 个底事件组成。利用下行法对故障树进行定性分析,得到 61 个最小割集。由于建立的故障树模型较为简单,因此可以看出,故障树模型中的底事件几乎都是一个最小割集。

(3) 带式输送机系统故障树定量分析

对带式输送机系统进行故障树定量分析采用二态故障树分析法,即假设故障树中的底事件之间相互独立,并且零部件和系统均只存在两种状态。故障树底事件的故障率,如表 29-5-4 所示,据此可以应用最小割集等方法求得系统顶事件发生的概率并且确定系统的关键部件。

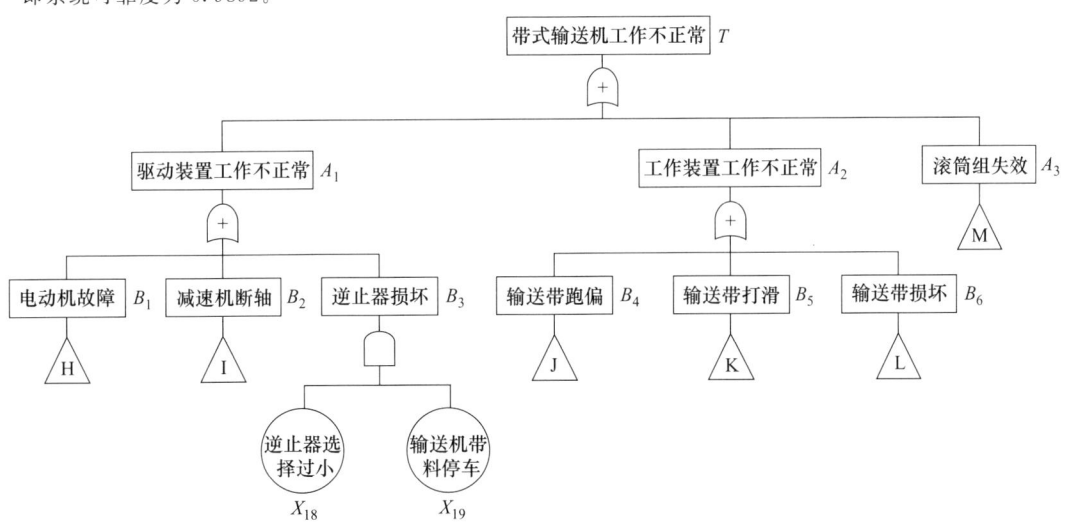

图 29-5-8 带式输送机系统故障总树

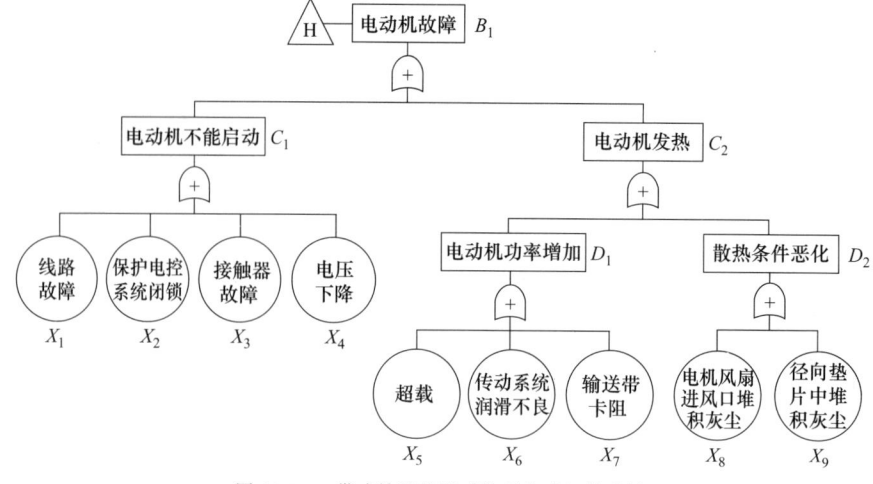

图 29-5-9 带式输送机驱动装置电动机故障树

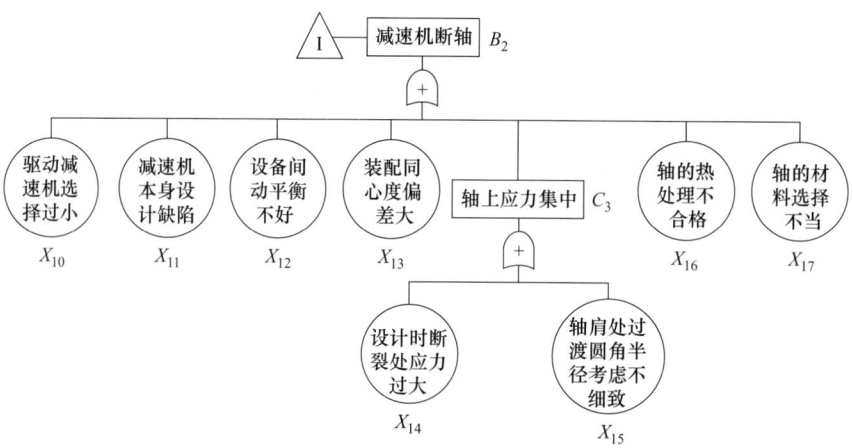

图 29-5-10 带式输送机驱动装置减速机断轴故障树

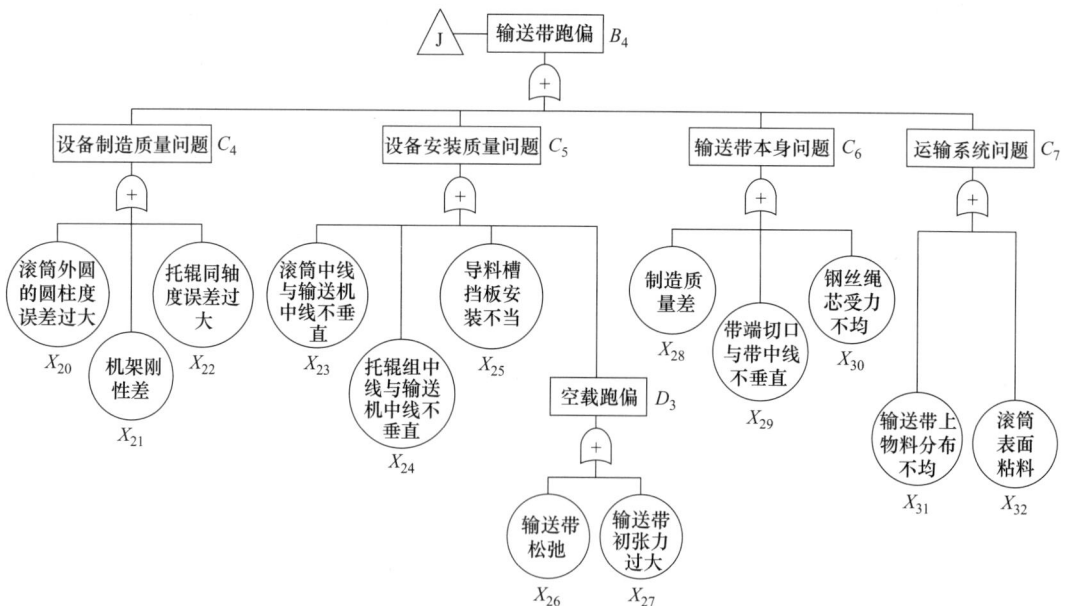

图 29-5-11 带式输送机输送带跑偏故障树

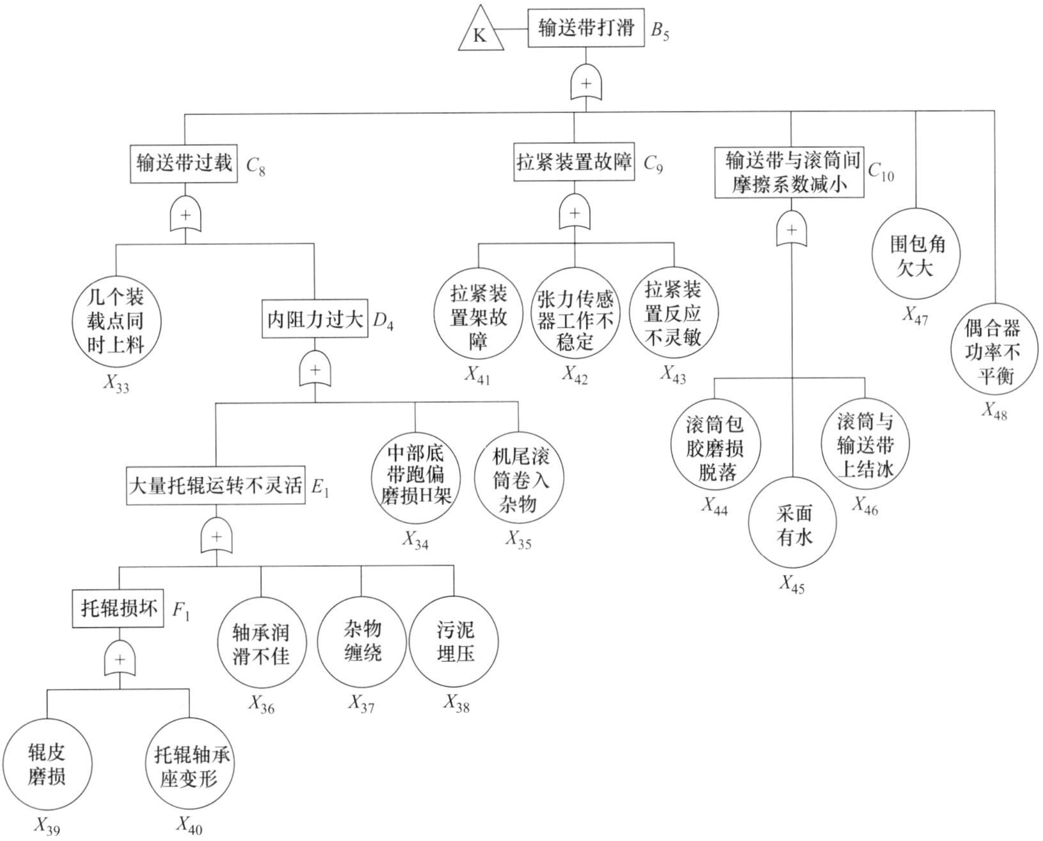

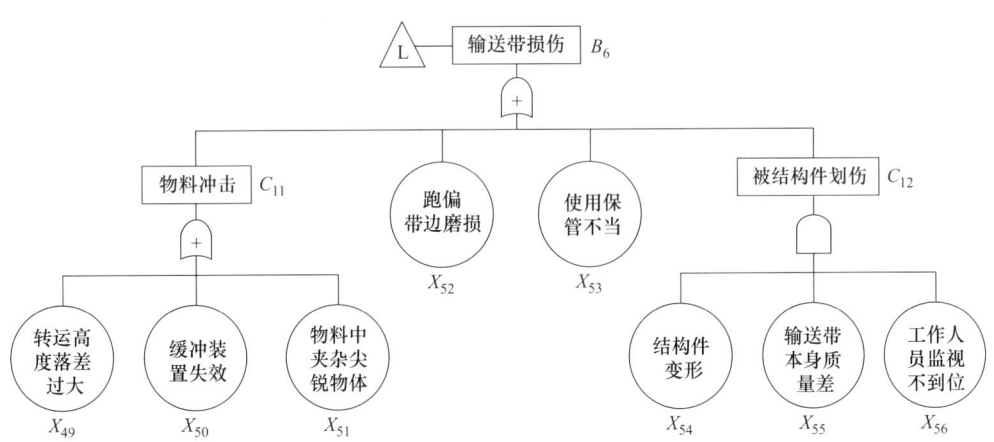

图 29-5-12　带式输送机输送带打滑故障树

图 29-5-13　带式输送机输送带损伤故障树

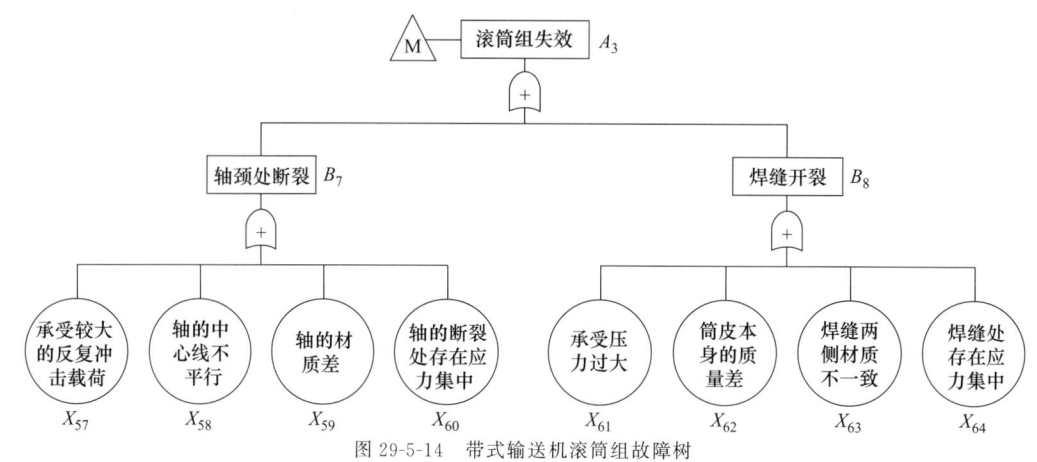

图 29-5-14　带式输送机滚筒组故障树

表 29-5-4　　　　　故障树底事件故障率表

底事件编号	故障率 $\lambda/10^{-6}\mathrm{h}^{-1}$	底事件编号	故障率 $\lambda/10^{-6}\mathrm{h}^{-1}$	底事件编号	故障率 $\lambda/10^{-6}\mathrm{h}^{-1}$	底事件编号	故障率 $\lambda/10^{-6}\mathrm{h}^{-1}$
X_1	8.22	X_{17}	0.0231	X_{33}	1.583	X_{49}	0.8633
X_2	9.28	X_{18}	1.13	X_{34}	1.25	X_{50}	0.7554
X_3	7.81	X_{19}	1.81	X_{35}	0.089	X_{51}	0.5396
X_4	2.97	X_{20}	1.5107	X_{36}	3.136	X_{52}	7.0142
X_5	4.47	X_{21}	2.5179	X_{37}	0.87	X_{53}	0.5396
X_6	7.78	X_{22}	1.0072	X_{38}	1.96	X_{54}	1.814
X_7	2.41	X_{23}	1.5107	X_{39}	5.61	X_{55}	0.8712
X_8	5.25	X_{24}	1.7625	X_{40}	1.87	X_{56}	0.6828
X_9	1.31	X_{25}	0.5036	X_{41}	1.15	X_{57}	0.284
X_{10}	0.2898	X_{26}	2.0143	X_{42}	0.063	X_{58}	0.218
X_{11}	0.0058	X_{27}	1.7625	X_{43}	0.185	X_{59}	0.0568
X_{12}	0.0522	X_{28}	0.6295	X_{44}	2.26	X_{60}	0.1562
X_{13}	0.0869	X_{29}	1.8884	X_{45}	1.376	X_{61}	1.704
X_{14}	0.0290	X_{30}	2.5179	X_{46}	0.089	X_{62}	0.426
X_{15}	0.0406	X_{31}	3.0215	X_{47}	0.014	X_{63}	0.852
X_{16}	0.0522	X_{32}	4.5322	X_{48}	0.078	X_{64}	1.278

[例 7]　电扶梯驱动机构故障树分析。

如图 29-5-15 所示，电扶梯驱动机构主要由控制箱、电动机、减速机、传动链轮、传动链条、驱动主轴、牵引链轮、牵引链条、梯级等主要部件组成。

电扶梯驱动机构常见的故障形式有：控制箱失灵、蜗轮蜗杆磨损失效、轴承损坏、链轮链条变形失效、梯级变形损坏、振动和噪声突然增大等。

根据电扶梯驱动机构的组成和工作原理，以电扶梯不能运输为故障树的顶事件，采用自上而下建树的方法，对各种故障模式进行分析研究，做必要简化，建立电扶梯驱动机构故障树，如图 29-5-16。整个故障树共 4 个逻辑门，18 个底事件，3 个中间事件。顶事件通过或门与 2 个底事件和 3 个中间事件相联系；3 个中间事件通过或门与相应的底事件相联系。

[例 8]　杆式抽油机系统的故障树分析。

(1) 杆式抽油机系统的主要故障形式

本例中选取常规游梁式抽油机，常规游梁式抽油机结构如图 29-5-17 所示。

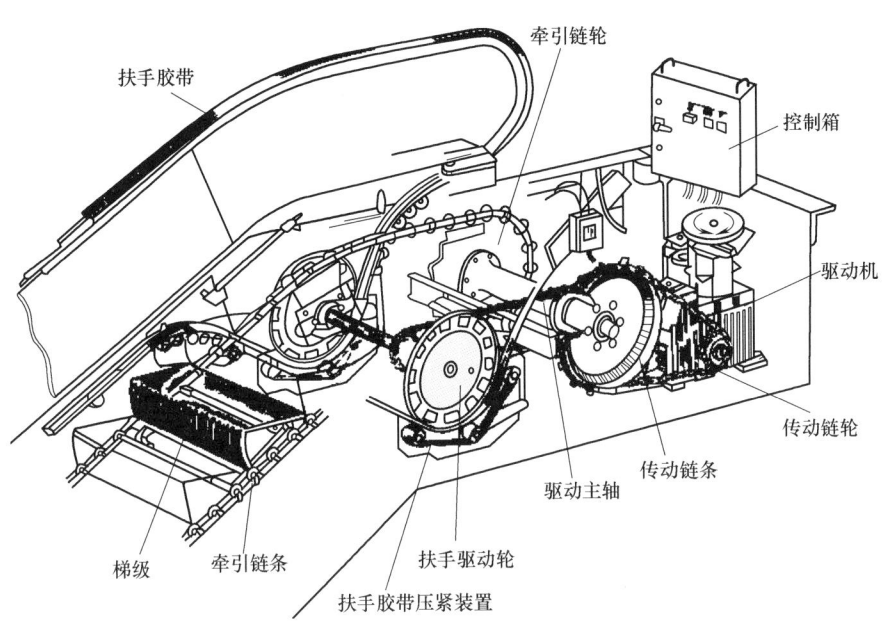

图 29-5-15　电扶梯驱动机构组成

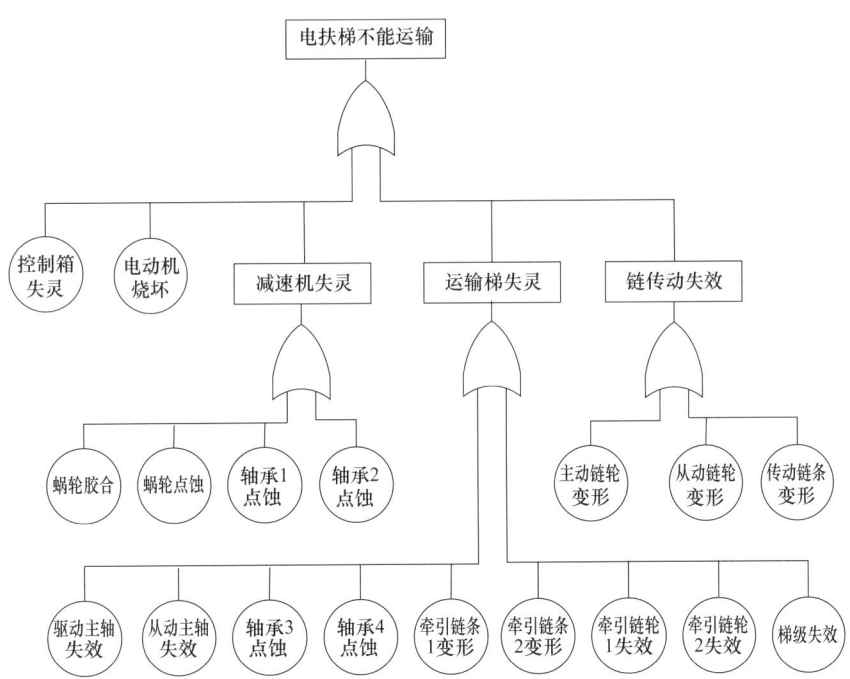

图 29-5-16　电扶梯驱动机构故障树

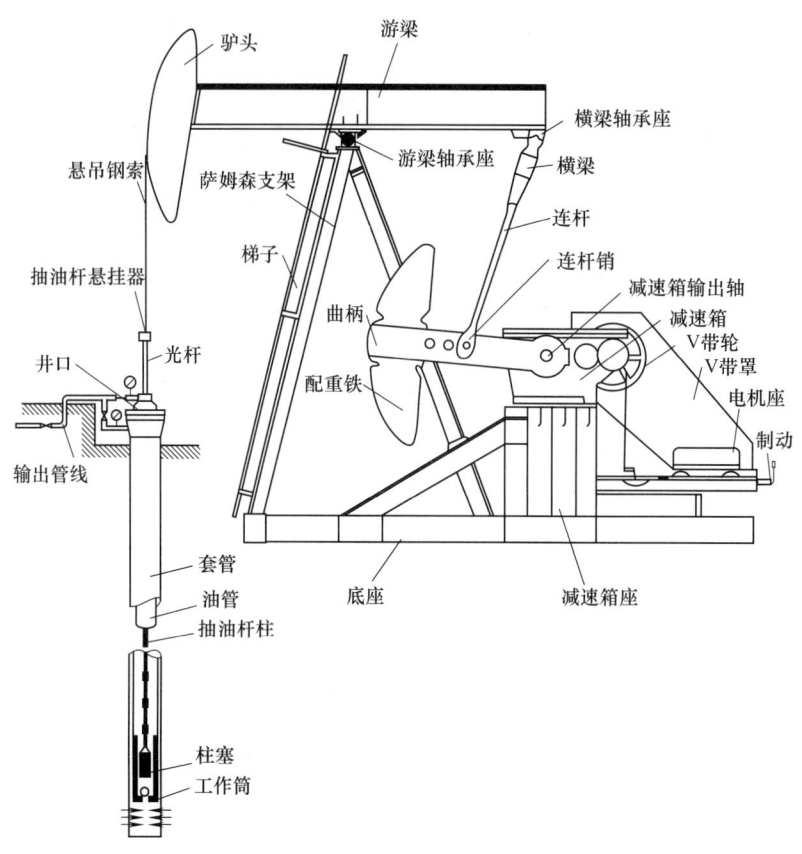

图 29-5-17 常规游梁式抽油机结构简图

抽油机的工作原理为：电机通过带传动驱动减速器，减速器输出轴驱动曲柄作低速旋转，从而带动连杆运动，而连杆机构则带动游梁做以游梁轴承座为支点的往复摆动，从而实现游梁左端的驴头上下运动，它带动悬吊钢索、抽油杆悬挂器和光杆上下运动，最终带动抽油杆上下运动，实现抽油动作。

根据相关资料和油田现场抽油机发生故障时分析处理经验，常规游梁式抽油机常见故障原因有减速机润滑油变质、润滑不充分、齿轮断齿、齿面磨损、点蚀、曲柄销松动、轴承点蚀、钢丝绳断股、电动机振动、发热、刹车带磨损或偏斜、曲柄键损坏、传动带断裂等。

根据以上的分析，选择系统的主要薄弱部件失效作为系统故障树的底事件：电动机、控制箱、刹车操纵装置、带传动部分（4 条传动带）、减速机部分（6 个轴承，4 个齿轮以及润滑油）、传动部分（曲柄销，曲柄键，悬吊钢索以及光杆）、油路部分（套筒，油管，10 根抽油杆，工作筒以及柱塞）。

（2）建立故障树

根据抽油机的结构和工作原理，以"抽油机非正常抽油"为故障树的顶事件，采用自上而下建树的方法，对各种故障模式进行分析研究，做必要的简化，建立系统故障树如图 29-5-18 所示。

整个故障树共有 6 个逻辑门，36 个基本部件（底事件），5 个中间事件。顶事件通过或门与 3 个底事件和 4 个中间事件相联系。4 个中间事件通过或门或表决门与相应的底事件或中间事件相联系。表决门用来描述带传动失效的情况。分析表明，当两根或两根以上胶带同时失效时，带传动失效。

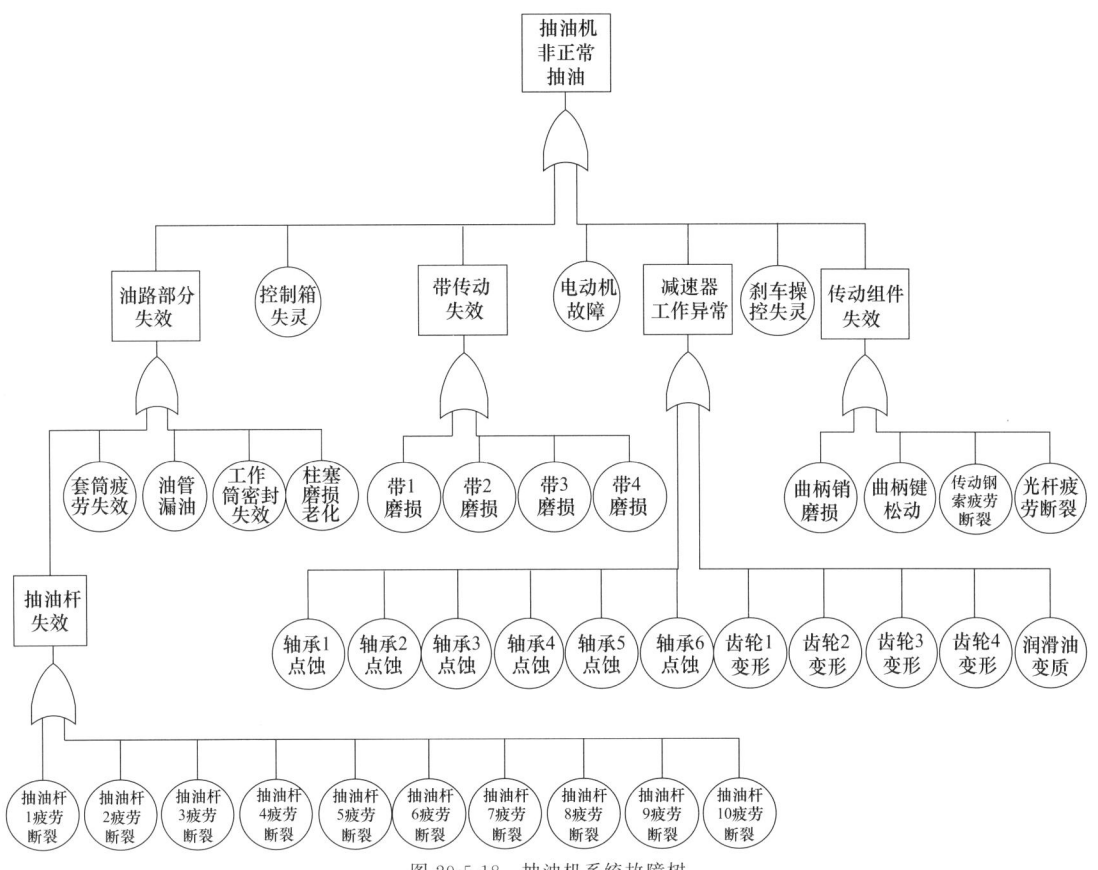

图 29-5-18 抽油机系统故障树

第6章 机械系统可靠性设计

6.1 系统可靠性设计内容

机械系统通常包括动力子系统、传动子系统和执行子系统等。其中，机械零部件的失效模式有疲劳、断裂、变形、磨损等，主要涉及强度可靠性问题；机构的失效模式除强度、刚度失效外，还包括动作不准确或不及时等失效模式，涉及精度及其保持性问题。影响强度失效的因素包括载荷环境、零部件结构与尺寸、材料性能等，影响精度的因素包括载荷、零部件尺寸、变形、加工制造误差、运动副间隙等。虽然强度可靠性问题与精度可靠性问题涉及的影响因素不同、失效判据不同，但可靠性设计的基本原理基本是相通的。

本章以机械系统强度可靠性问题为背景，阐述系统可靠性分配方法、系统可靠性评估模型等。系统是由零部件组成的，系统的可靠性不仅与组成系统的各零部件的可靠性有关，还取决于零部件的组合方式及零部件失效之间的统计相关性。机械系统的工作载荷一般都有明显的不确定性，且系统中各零部件的工作载荷有一定联系，因而各零部件失效事件之间具有明显的统计相关性。

系统可靠性设计的目的是，根据所要求的系统可靠性水平，选用合理的结构形式，并将系统的可靠性指标合理地分配给子系统及其零部件，实现优化性能、减轻重量、降低成本的目的；或者在性能、重量、成本、寿命及其他条件的约束下，设计出可靠性最高的系统。

系统可靠性设计涉及的主要内容包括：

① 对系统及其零部件进行故障模式、影响及危害度分析（FMECA）和故障树分析（FTA）等，筛选出可靠性关键零件及关键失效模式，以便在设计中有针对性地选用适当的失效判据和结构形式等。

② 根据指定的系统可靠性指标，确定其组成单元（子系统、零部件等）的可靠性指标，即对组成系统的单元进行可靠性分配。

③ 在系统结构及零部件确定的前提下，根据载荷工况计算系统的可靠性指标，即进行可靠性预计或可靠性评估。

系统可靠性设计的主要内容之一是根据系统需要达到的目标可靠度，确定其组成单元（子系统及其零部件）应该具有的可靠性指标，即进行可靠性分配。系统的目标可靠度是根据系统功能与用途、产品市场定位、技术水平、政策法规、客户期望等因素确定的。系统可靠性可以通过不同的形式由零部件可靠度来保证。可靠性分配是一个优化问题，其基本依据是系统可靠性与零部件可靠性之间的关系，即系统可靠性模型。

在可靠性问题中，若系统中各零件的失效是相互独立的随机事件，则称其为零部件独立失效系统。传统的系统可靠性模型都是在各子系统、各零部件独立失效的假设下建立的。也就是说，传统的系统可靠性模型只适用于零部件独立失效的系统。

对于工程实际中的绝大多数系统，组成系统的各零部件处于同一随机载荷环境下，它们的失效不是相互独立的，即系统中各零件的失效存在统计相关性。现在已经认识到，绝大多数机械系统中各零件的失效是统计相关的，其相关程度取决于载荷分散性和强度（零件性能）分散性的相对大小。如果载荷的不确定性较小（尤其是相对于零件强度的不确定性而言），传统的模型可以近似使用。否则，传统的系统可靠性模型会导致很大的误差。

6.2 系统可靠性模型

6.2.1 串联系统可靠性模型

6.2.1.1 传统模型

串联系统是系统中的任何一个单元失效都导致系统失效，或者说只有当全部单元都正常系统才正常的系统。多数机械系统都是串联系统。例如，轧钢机由电动机、变速箱、联轴器、轧辊和机架等部件组成，只要其中一个部件失效，轧钢机就不能正常工作，因此是串联系统。变速箱本身也是由齿轮、轴、轴承、密封、箱体等组成的串联系统。一个齿轮，由于结构上存在多个可能失效的部位，在可靠性分析中也应该作为一个串联系统对待。甚至齿轮上的一个齿，由于存在齿面胶合、磨损、齿根断裂等多种失效模式，在可靠性意义上也是一个串联系统。

串联系统可靠性框图如图 29-6-1 所示，组成系统的单元（零部件或子系统）用 X_i（$i=1,2,\cdots,n$）

表示，n 表示系统所包含的单元数。

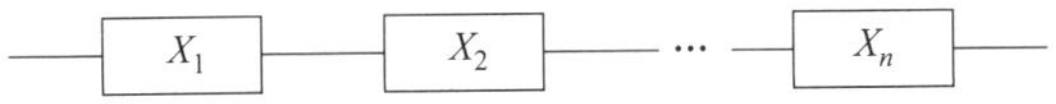

图 29-6-1 串联系统可靠性框图

在"各单元失效相互独立"的假设条件下，串联系统的可靠度与其组成单元的可靠度之间的关系为

$$R_s = \prod_{i=1}^{n} R_i \quad (i=1,2,\cdots,n) \quad (29\text{-}6\text{-}1)$$

式中，R_s 为系统可靠度；R_i 为单元 i 的可靠度；n 为系统包含的串联单元数。

若单元寿命服从指数分布，单元 i 的故障率为常数 λ_i，单元 i 能工作到时刻 t 的可靠度为 $\mathrm{e}^{-\lambda_i t}$，系统的可靠度表达式为

$$R_s(t) = \prod_{i=1}^{n} \mathrm{e}^{-\lambda_i t} = \mathrm{e}^{-\sum_{i=1}^{n}\lambda_i t} = \mathrm{e}^{-\lambda_s t}$$

式中，$\lambda_s = \sum_{i=1}^{n} \lambda_i$，表示串联系统的失效率。

由此可知，若构成串联系统的各单元的寿命都服从指数分布，且各单元的失效事件是相互独立的，则系统寿命也服从指数分布，且系统的故障率等于其各单元故障率之和。显然，单元数越多，系统故障率越高，可靠度越低。

6.2.1.2 精确模型

由于机械系统中各零部件的失效通常具有明显的统计相关性，由 n 个零件构成的串联系统的可靠度 R_s 的值一般在其零件可靠度的最小值 $\min\{R_i\}$ 与各零件可靠度的乘积 ΠR_i 之间。系统可靠度取其上限 $\min\{R_i\}$ 的条件是零件强度没有分散性；而系统可靠度取其下限 ΠR_i 的条件是载荷不存在不确定性。

在绝大多数情况下，环境载荷和零件性能都是随机变量，因而系统中各零件的失效一般既不相互独立，也不完全相关。系统失效的相关性来源于载荷的随机性，零件性能的分散性则有助于减轻各零件间的失效相关程度。

零部件之间存在失效相关性时，传统的系统可靠性模型不再适用。在这种情况下，可以直接根据系统中各零部件的强度分布和应力分布推导出精确的系统可靠性模型。

对于由 n 个相同零件构成的串联系统，且各零件承受相同的应力，有如下的串联系统可靠性模型

$$R_s = \int_0^\infty h(s)\Big[\int_s^\infty f(S)\mathrm{d}S\Big]^n \mathrm{d}s \quad (29\text{-}6\text{-}2)$$

式中，$h(s)$ 为应力概率密度函数；$f(S)$ 为零件强度概率密度函数。

对于由不同零件组成的系统，在系统中各零件的强度是相互独立的情形（一般可以这样假设），令 $S_1, S_2, \cdots, S_n$ 分别表示 n 个零件的强度，$F_i(S)$ 表示第 i 个零件的强度 S_i $(i=1 \sim n)$ 累积分布函数。用 N 表示零件强度的最小值，即

$$N = \min\{S_1, S_2, \cdots, S_n\} \quad (29\text{-}6\text{-}3)$$

则零件强度的最小极值次序统计量的分布函数为

$$F_N(S) = 1 - \prod_{i=1}^{n}[1 - F_i(S)] \quad (29\text{-}6\text{-}4)$$

根据最小强度次序统计量与应力的干涉关系，可以得到串联系统的可靠度模型，即串联系统的可靠度等于零件强度最小次序统计量大于载荷的概率

$$R_s = \int_0^\infty h(s)[1 - F_N(S)]\mathrm{d}s \quad (29\text{-}6\text{-}5)$$

系统中包含多个零件，各零件的载荷可能不完全相等，但可假设存在简单的函数关系。对于这种情况下的结构系统可靠性问题，可以通过对载荷的归一化处理建立可靠性精确模型。

设第 i 个零件承受的载荷服从正态分布，即 $s_i \sim N(\mu_i, \sigma_i)$，则很容易得出其与标准正态分布函数 $s_0 \sim N(0,1)$ 之间的关系

$$s_i = \sigma_i s_0 + \mu_i \quad (29\text{-}6\text{-}6)$$

相应地，串联系统的可靠度表达式为

$$R_s = \int_0^\infty h_0(s)\prod_{i=1}^{n}\Big[\int_{\sigma s_i + \mu_i}^\infty f(S)\mathrm{d}S\Big]\mathrm{d}s$$

$$(29\text{-}6\text{-}7)$$

6.2.2 并联系统可靠性模型

6.2.2.1 传统模型

若系统中的 n 单元中只要有一个不失效系统就不失效，或只有当全部 n 个单元都失效时系统才失效的系统称为并联系统。例如，用多个螺栓固定的机械部件，若只要有一个螺栓不失效，就能满足其功能要求，这些螺栓就构成一个并联系统。并联系统可靠性框图如图 29-6-2 所示。

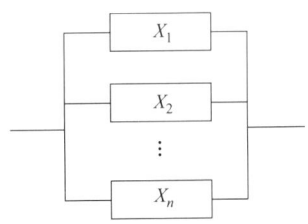

图 29-6-2 并联系统可靠性框图

假定系统中各单元的失效是统计独立的，有如下并联系统可靠性模型

$$R_{\mathrm{s}} = 1 - \prod_{i=1}^{n}(1-R_i) \qquad (29\text{-}6\text{-}8)$$

式中，R_{s} 为系统可靠度；R_i 为单元 i 的可靠度；n 为系统包含的单元数。

显然，并联系统的可靠度高于其中任何一个单元的可靠度。机械系统采用并联时，尺寸、重量、价格都随并联单元数成倍地增加，因此应用受到限制。机械系统采用并联结构时，并联数不会很多。例如在动力装置、安全装置、制动装置采用并联时，通常取 $n=2\sim 3$。

6.2.2.2 精确模型

对于由 n 个相同单元构成的并联系统，且各单元承受相同的应力，有如下的系统可靠性模型（不需要作各单元独立失效假设）

$$R_{\mathrm{s}} = 1 - \int_0^{\infty} h(s)\left[\int_0^s f(S)\mathrm{d}S\right]^n \mathrm{d}s \qquad (29\text{-}6\text{-}9)$$

式中，$h(s)$ 为应力概率密度函数；$f(S)$ 为单元强度概率密度函数。

对于由不同单元组成的系统，在系统中各单元的强度是相互独立的情形，令 $S_1, S_2, \cdots, S_n$ 分别表示 n 个单元的强度，$F_i(S)$ 表示第 i 个单元的强度 $S_i(i=1\sim n)$ 的分布函数。用 M 表示单元强度的最大值，即

$$M = \max\{S_1, S_2, \cdots, S_n\} \qquad (29\text{-}6\text{-}10)$$

则单元强度的最大次序统计量的分布函数为

$$F_M(S) = \prod_{i=1}^{n} F_i(S) \qquad (29\text{-}6\text{-}11)$$

根据最大强度次序统计量与载荷的干涉关系，可知并联系统的可靠度等于并联系统中单元强度最大次序统计量大于载荷的概率

$$R_{\mathrm{s}} = \int_0^{\infty} h(s)[1-F_M(s)]\mathrm{d}s \qquad (29\text{-}6\text{-}12)$$

各单元承受不同载荷的并联系统的可靠度表达式为：

$$R_{\mathrm{s}} = \int_0^{\infty} h_0(s)\{1 - \prod_{i=1}^{n}[\int_0^{\sigma_{s_i}+\mu_i} f(S)\mathrm{d}S]\}\mathrm{d}s$$

$$(29\text{-}6\text{-}13)$$

6.2.3 串-并联系统可靠性模型

图 29-6-3 是由并联子系统构成的串联结构，简称串-并联系统。

设有 m 个子系统，第 i 个子系统由 n_i 个单元并联组成。第 i 个子系统中的第 j 个单元的可靠度为 R_{ij}，$i=1,2,\cdots,m$，$j=1,2,\cdots,n_i$。若各单元的失效相互独立，则串-并联系统的可靠度为

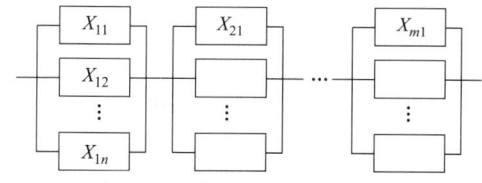

图 29-6-3　串-并联系统可靠性框图

$$R_{\mathrm{S}} = \prod_{i=1}^{m}\left\{1 - \prod_{j=i}^{n_i}(1-R_{ij})\right\} \qquad (29\text{-}6\text{-}14)$$

若各子系统中所包含的单元数相同，即 $n_i=n$，且各单元的可靠度相等，即 $R_{ij}=R$，这样的串-并联系统的可靠度模型可简化为

$$R_{\mathrm{S}} = [1-(1-R)^n]^m \qquad (29\text{-}6\text{-}15)$$

6.2.4 并-串联系统可靠性模型

并-串系统如图 29-6-4 所示。计算这种系统可靠度的方法是首先将每一串联子系统化成一个等效单元，然后把整个系统看作是并联系统来计算。

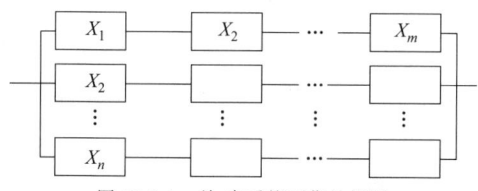

图 29-6-4　并-串系统可靠性框图

假设有 n 个子系统，每一子系统有 m_i 个单元，单元的可靠度为 R_{ij}，$i=1,2,\cdots,n$，$j=1,2,\cdots,m_i$，且各单元的失效相互独立，则并-串联系统的可靠度为

$$R_{\mathrm{s}} = 1 - \prod_{i=1}^{n}\left\{1 - \prod_{j=1}^{m_i} R_{ij}\right\} \qquad (29\text{-}6\text{-}16)$$

若 $m_i=m$，$R_{ij}=R$，则系统的可靠度为

$$R_{\mathrm{s}} = 1-(1-R^m)^n \qquad (29\text{-}6\text{-}17)$$

6.2.5 表决系统可靠性模型

表决系统是组成系统的 n 个单元中，能正常工作的单元不少于 k（k 介于 1 和 n 之间），系统就不会失效的系统，又称为 $k/n(G)$ 冗余系统。图 29-6-5 所示为 $k/n(G)$ 系统可靠性框图。

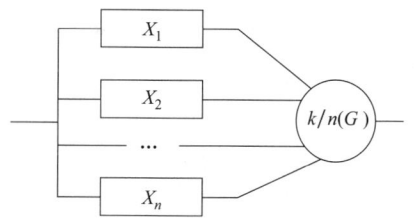

图 29-6-5　$k/n(G)$ 系统可靠性框图

显然,在一般 $k/n(G)$ 表决系统中,若 $k=n$,即 n/n 系统,等价于 n 个部件的串联系统;若 $k=1$,即 $1/n$ 系统,等价于 n 个部件的并联系统。

若 $k/n(G)$ 表决系统中的 n 个单元的可靠度相同(均为 R),且各单元独立失效,则系统可靠性模型为

$$R_s = \sum_{i=k}^{n} C_n^i R^i (1-R)^{n-i} \quad k \leqslant n \quad (29\text{-}6\text{-}18)$$

式中,C_n^i 表示 n 中取 i 的组合数。

6.3 可靠性分配

进行系统可靠性设计时,需要把系统的可靠度指标转化成其子系统及零部件的可靠度指标,这个过程称为可靠度分配。简单地讲,可靠度分配是求解不等式

$$f(R_1, R_2, \cdots, R_n) \geqslant R_s$$

式中 R_i——分配给第 i 个子系统或零部件的可靠度;

f——系统可靠度与零部件可靠度之间的函数关系;

R_s——设计要求的系统的可靠度。

系统可靠度与单元可靠度之间的函数关系是由系统可靠度模型决定的。对于比较简单的系统,可以借助系统可靠性框图或故障树确定其串并联关系,写出系统可靠度模型。对于复杂的系统,往往需要通过反复调整,最终才能实现符合系统可靠度要求的单元件可靠性分配方案。

系统可靠性分配的基本目的是满足成本要求时使系统可靠度最高,或满足系统可靠度要求时使成本最低。限制可靠度分配的条件有零部件尺寸、重量等。

通常,可靠性分配应考虑下列因素。

① 技术水平。对技术成熟的单元,能够保证实现较高的可靠度,则可分配较高的可靠度。

② 复杂程度。对较简单的单元,所包含的零部件数量少,容易保证可靠度,因此可分配较高的可靠度。

③ 重要程度。对重要的单元,失效将产生严重的后果,或单元失效会直接导致系统失效,则应分配较高的可靠度。

④ 任务情况。对整个任务时间内需连续工作,以及工作条件严酷、难以保证很高可靠性的单元,则应分配较低的可靠度。

为了简化问题,在可靠性分配过程中,一般均假定各单元的失效互相独立。对寿命服从指数分布的情形,当失效概率 F 很小时,近似有 $F = \lambda t$。可靠性分配可视具体情况,一般是将系统可靠度 R_s 分配给各单元,当 F_s 很小时,也可将将系统的失效率 λ_s 分配给各单元。

6.3.1 等分配法

等分配法多用于设计初期,有关信息少,故暂假定各单元处于同等地位。

① 串联系统可靠性分配公式

$$R_i = (R_s)^{1/n} \quad (29\text{-}6\text{-}19)$$

式中 R_s——系统要求的可靠度;

R_i——分配到第 i 单元的可靠度;

n——串联单元数。

② 并联系统可靠性(失效概率)分配公式

$$R_i = 1 - (1-R_s)^{1/n} \quad (29\text{-}6\text{-}20)$$

式中 R_s——系统要求的可靠度;

R_i——分配到第 i 单元的可靠度;

n——并联单元数。

③ 混联系统可靠性分配公式

对如图 29-6-6(a)所示的系统进行可靠性分配时,一般可先将子系统化为等效单元[如图 29-6-6(b)、(c)所示],同级等效单元分配给相同的可靠度。

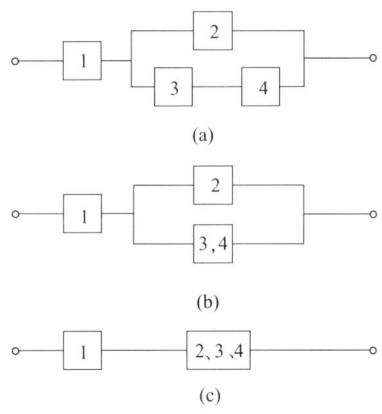

图 29-6-6 系统可靠性分配图

第一步,图 29-6-6(c)中两个子系统的可靠度分配值为

$$R_1 = R_{234} = (R_s)^{1/2}$$

第二步,再按图 29-6-6(b)向下一级分配

$$R_2 = R_{34} = 1 - (1-R_{234})^{1/2}$$

第三步,再按图 29-6-6(a)完成对各单元的可靠度分配

$$R_3 = R_4 = (R_{34})^{1/2}$$

6.3.2 再分配法

在初步进行了系统可靠性分配之后,可能由于某种原因对一些单元的可靠性指标进行了调整。这样,

还需要校核调整后的结果是否满足原来的系统可靠性要求。以串联系统为例，若各单元调整后的可靠度分别为 $\hat{R}_1,\hat{R}_2,\cdots,\hat{R}_n$，则系统可靠度为

$$\hat{R}_s = \prod_{i=1}^{n}\hat{R}_i \quad (29\text{-}6\text{-}21)$$

若 $\hat{R}_s$ 大于规定的系统可靠度，即 $\hat{R}_s \geq R_s$，表示结果满足规定的要求。反之，若 $\hat{R}_s < R_s$，表示分配结果不满足规定的要求，需提高单元可靠度指标，以使系统可靠度不小于规定的 R_s。

由于提高低可靠度单元的效果显著而且容易实现，因此通常是将一些低可靠度的单元按等分配法重新进行可靠性分配。为此，先将初步分配的单元可靠度值按由小到大次序排列

$$\hat{R}_1 \leq \hat{R}_2 \leq \cdots \leq \hat{R}_m \leq \cdots \leq \hat{R}_n$$

并将前 m 个可靠度较低的单元重新分配给相同的可靠度，即

$$R_1 = R_2 = \cdots = R_m$$

显然，需要对重新进行可靠性分配的单元个数 m 进行判断。对上面确定的 m，若满足条件

$$\hat{R}_m \leq R_0 = \left[\frac{R_s}{\prod_{i=m+1}^{n}\hat{R}_i}\right]^{\frac{1}{m}} \leq R_{m+1}$$

则表明只要调整这 m 个单元的可靠度就能满足预定的系统可靠度要求，所以有以下可靠度再分配公式

$$\left.\begin{array}{l} R_1 = \cdots = R_m = \left[\dfrac{R_s}{\prod_{i=m+1}^{n}\hat{R}_i}\right]^{\frac{1}{m}} \\ R_{m+1} = \hat{R}_{m+1}, \cdots, R_n = \hat{R}_n \end{array}\right\}$$

$$(29\text{-}6\text{-}22)$$

由上面分析计算过程可见，应用式（29-6-22）时，由于 m 不能事先准确确定，一般要经过几次试算。

[例 1] 已知由四个单元组成的串联系统，各单元的可靠度初步分配值由小到大分别为 $\hat{R}_1 = 0.9513$，$\hat{R}_2 = 0.9575$，$\hat{R}_3 = 0.9851$，$\hat{R}_4 = 0.9996$。若规定系统可靠度 $R_s = 0.95$，试进行可靠度再分配。

解 令 $m=1$，则

$$R_0 = \left[\frac{R_s}{\hat{R}_2\hat{R}_3\hat{R}_4}\right]^{\frac{1}{1}}$$

$$= \left(\frac{0.95}{0.9757 \times 0.9851 \times 0.9996}\right)^1$$

$$= 1.0076 > \hat{R}_2$$

不满足要求。令 $m=2$，有

$$R_0 = \left[\frac{R_s}{\hat{R}_3\hat{R}_4}\right]^{\frac{1}{2}} = \left(\frac{0.95}{0.9851 \times 0.9996}\right)^{\frac{1}{2}} = 0.9882$$

由于

$$\hat{R}_2 < 0.9822 < \hat{R}_3$$

满足要求，故取 $R_1 = R_2 = 0.9822$，$R_3 = \hat{R}_3 = 0.9851$，$R_4 = \hat{R}_4 = 0.9996$。

6.3.3 比例分配法

比例分配法用于新设计的系统与原有系统类似的情形。例如，已知原系统各单元的失效概率 $\hat{F}_i$ 或失效率 $\hat{\lambda}_i$，但对新设计的系统规定了新的可靠性要求；或者已知新设计系统中各单元的 $\hat{F}_i$ 或 $\hat{\lambda}_i$，但不满足新设计系统可靠性的要求。在这种情况下，一种简单的处理方法是令新系统分配给各单元的失效概率 F_i 与原系统相应单元的失效概率 $\hat{F}_i$ 成正比，统一调整各单元的可靠度；若寿命服从指数分布，则可令各单元分配的失效率 λ_i 与原系统中相应单元的失效率 $\hat{\lambda}_i$ 成正比。

(1) 串联系统

若系统要求可靠度为 R_s，则有

$$F_i = \frac{(1-R_s)}{\left[1-\prod_{j=1}^{n}(1-\hat{F}_j)\right]}\hat{F}_i \quad (29\text{-}6\text{-}23)$$

当各单元寿命服从指数分布，要求系统失效率为 λ_s 时，有

$$\lambda_i = \frac{\lambda_s}{\sum_{j=1}^{n}\hat{\lambda}_j}\hat{\lambda}_i \quad (29\text{-}6\text{-}24)$$

[例 2] 已知某系统由 4 个单元串联组成，原系统工作到 100h 时各单元失效概率分别为 $\hat{F}_1 = 0.0425$，$\hat{F}_2 = 0.0149$，$\hat{F}_3 = 0.0487$，$\hat{F}_4 = 0.0004$，新设计的系统要求工作 100h 的可靠度 $R_s = 0.95$，试给各单元分配可靠度。

解 根据式（29-6-23），式中 $1-\prod_{j=1}^{n}(1-\hat{F}_j)$ 为系统失效概率，因此

$$1-\prod_{j=1}^{4}(1-\hat{F}_j) = 1-(1-0.0425)(1-0.0149)$$
$$(1-0.0487)(1-0.0004) = 0.103$$

$$F_s = 1-R_s = 1-0.95 = 0.05$$

$$F_1 = \frac{0.05}{0.103} \times 0.0425 = 0.02$$

$$R_1 = 1-F_1 = 0.98$$

$$F_2 = \frac{0.05}{0.103} \times 0.0149 = 0.007$$

$$R_2 = 1-F_2 = 0.993$$

$$F_3 = \frac{0.05}{0.103} \times 0.0487 = 0.023$$

$$R_3 = 1-F_3 = 0.977$$

$$F_4 = \frac{0.05}{0.103} \times 0.0004 = 0.0002$$

$$R_4 = 1 - F_4 = 0.9998$$

[例3] 已知上例中各单元寿命为指数分布,失效率分别为 $\hat{\lambda}_1 = 0.000425\text{h}^{-1}$,$\hat{\lambda}_2 = 0.000149\text{h}^{-1}$,$\hat{\lambda}_3 = 0.000487\text{h}^{-1}$,$\hat{\lambda}_4 = 0.000004\text{h}^{-1}$,新设计要求系统可靠度 $R_s = 0.95$,确定各单元应有的可靠度。

解 应用式(20-6-24),式中

$$\lambda_s = \frac{1}{t}\left(\ln\frac{1}{R_s}\right) = \frac{1}{100}\ln\frac{1}{0.95} = 0.0005\text{h}^{-1}$$

$$\sum_{i=1}^{4}\hat{\lambda}_i = 0.000425 + 0.000149 + 0.000487 + 0.000004 = 0.0011\text{ h}^{-1}$$

$$\lambda_1 = \frac{0.0005}{0.0011} \times 0.000425 = 0.0002\text{h}^{-1}$$

$$\lambda_2 = \frac{0.0005}{0.0011} \times 0.000149 = 0.00007\text{h}^{-1}$$

$$\lambda_3 = \frac{0.0005}{0.0011} \times 0.000487 = 0.00002\text{h}^{-1}$$

$$\lambda_4 = \frac{0.0005}{0.0011} \times 0.000004 = 0.000002\text{h}^{-1}$$

各单元的可靠度应为

$$R_1 = e^{-\lambda_1 t} = e^{-0.0002047 \times 100} = 0.98$$
$$R_2 = e^{-\lambda_2 t} = e^{-0.00007176 \times 100} = 0.99$$
$$R_3 = e^{-\lambda_3 t} = e^{-0.0002345 \times 100} = 0.98$$
$$R_4 = e^{-\lambda_4 t} = e^{-0.00000193 \times 100} = 0.9998$$

(2)并联系统

若系统要求失效概率为 F_s,有如下分配公式

$$F_i = \left(\frac{F_s}{\prod_{i=1}^{n}F_i}\right)^{\frac{1}{n}}\hat{F}_i \qquad (29\text{-}6\text{-}25)$$

当各单元寿命服从指数分布时

$$\lambda_i = \left(\frac{F_s}{\prod_{i=1}^{n}\hat{\lambda}_i}\right)^{\frac{1}{n}}\frac{\hat{\lambda}_i}{t} \qquad (29\text{-}6\text{-}26)$$

[例4] 已知某系统为3个单元并联,预计得工作1000h各单元失效概率分别为 $\hat{F}_1 = 0.08$,$\hat{F}_2 = 0.10$,$\hat{F}_3 = 0.15$,新设计要求工作100h时 $R_s = 0.9995$,求各单元应分配的可靠度。

解 应用式(29-6-27),式中

$$\prod_{i=1}^{3}\hat{F}_i = \hat{F}_1\hat{F}_2\hat{F}_3 = 0.08 \times 0.10 \times 0.15 = 0.0012$$

$$F_s = 1 - R_s = 1 - 0.9995 = 0.0005$$

$$F_1 = \left(\frac{0.0005}{0.0012}\right)^{\frac{1}{3}} \times 0.08 = 0.06$$

$$R_1 = 1 - F_1 = 1 - 0.06 = 0.94$$

$$F_2 = \left(\frac{0.0005}{0.0012}\right)^{\frac{1}{3}} \times 0.10 = 0.075$$

$$R_2 = 1 - F_2 = 1 - 0.075 = 0.925$$

$$F_3 = \left(\frac{0.0005}{0.0012}\right)^{\frac{1}{3}} \times 0.15 = 0.112$$

$$R_3 = 1 - F_3 = 1 - 0.112 = 0.888$$

[例5] 若上例中各单元寿命均为指数分布,预测得到各单元失效率分别为 $\hat{\lambda}_1 = 0.00008\text{h}^{-1}$,$\hat{\lambda}_2 = 0.00010\text{h}^{-1}$,$\hat{\lambda}_3 = 0.00015\text{h}^{-1}$,新设计要求 $R_s = 0.9995$,求各单元应分配的可靠度。

解 应用式(29-6-26),式中

$$\prod_{i=1}^{3}\hat{\lambda}_i = \hat{\lambda}_1\hat{\lambda}_2\hat{\lambda}_3 = 0.00008 \times 0.0001 \times 0.00015$$
$$= 1.2 \times 10^{-12}\text{ h}^{-3}$$

$$F_s = 1 - R_s = 1 - 0.9995 = 0.0005$$

$$\lambda_1 = \left(\frac{0.0005}{1.2 \times 10^{-12}}\right)^{\frac{1}{3}}\frac{0.00008}{1000} = 0.00006\text{h}^{-1}$$

$$\lambda_2 = \left(\frac{0.0005}{1.2 \times 10^{-12}}\right)^{\frac{1}{3}}\frac{0.0001}{1000} = 0.000075\text{h}^{-1}$$

$$\lambda_3 = \left(\frac{0.0005}{1.2 \times 10^{-12}}\right)^{\frac{1}{3}}\frac{0.00015}{1000} = 0.00011\text{h}^{-1}$$

$$R_1 = e^{-\lambda_1 t} = e^{-0.00005975 \times 1000} = 0.94$$
$$R_2 = e^{-\lambda_2 t} = e^{-0.00007469 \times 1000} = 0.93$$
$$R_3 = e^{-\lambda_3 t} = e^{-0.000112 \times 1000} = 0.89$$

(3)混联系统

化为等效单元后分别运用比例分配法。

6.3.4 综合评分分配法

综合评分分配法是分析对各单元考虑主要因素综合评分,根据各单元得分多少分配给相应的可靠性指标。关于要考虑的因素、评分办法等可视具体情况而定。通常按各项分配的原则,分别评定为1~10分,高分对应于较高的失效概率或失效率。

例如,考虑的因素包括:

① 技术水平。对技术成熟、有把握保证高可靠性评1分,反之评10分;

② 复杂程度。单元组成元件少,结构简单评1分,反之评10分;

③ 重要程度。极其重要评1分,反之评10分;

④ 任务情况。整个任务期中工作时间很短,工作条件好评1分,反之评10分。

这样,第 i 个单元综合得分 ω_i 可取各因素得分 ω_{ij} 之积,即

$$\omega_i = \prod_{j=1}^{4}\omega_{ij} \qquad (29\text{-}6\text{-}27)$$

表 29-6-1　　例 6 计算结果

单元号 i	评分 技术水平 ω_{i1}	评分 复杂程度 ω_{i2}	评分 重要程度 ω_{i3}	评分 任务情况 ω_{i4}	单元积分 $\omega_i=\prod_{j=1}^{4}\omega_{ij}$	单元得分比 $\varepsilon_i=\dfrac{\omega_i}{\sum\omega_i}$	分得可靠度 $R_i=R_s^{\varepsilon_i}$	分得失效率 $\lambda_i=\dfrac{\varepsilon_i}{100}\ln\dfrac{1}{0.9}(1/h)$
1	2	2	5	5	100	0.00785	0.9992	8.27×10^{-6}
2	6	4	7	10	1680	0.13187	0.9862	1.39×10^{-4}
3	10	10	10	10	10000	0.78493	0.9206	8.27×10^{-4}
4	8	3	8	5	960	0.07535	0.9921	7.94×10^{-5}

$\omega_i=12740$, $R_s=0.90$, $\lambda_s=0.001054$

式中，$j=1,2,3,4$ 分别代表上述四项因素。

系统总分为

$$\omega=\sum_{i=1}^{n}\omega_i \quad (29\text{-}6\text{-}28)$$

式中，$i=1,2,\cdots,n$ 为单元编号。

第 i 单元的分数比定义为

$$\varepsilon_i=\dfrac{\omega_i}{\omega} \quad (29\text{-}6\text{-}29)$$

一般串联系统中，单元 i 可靠度分配值为

$$R_i=R_s^{\varepsilon_i} \quad (29\text{-}6\text{-}30)$$

单元寿命为指数分布时，则有

$$\lambda_i=\varepsilon_i\lambda_s=\dfrac{\varepsilon_i}{t}\ln\dfrac{1}{R_s} \quad (29\text{-}6\text{-}31)$$

$$R_i=e^{-\lambda_i t}=R_s^{\varepsilon_i} \quad (29\text{-}6\text{-}32)$$

[例 6] 某系统由 4 个单元串联组成，各单元的相应评分列于表 29-6-1 中，要求任务时间为 100h 的可靠度 $R_s=0.90$。要求：(1) 按综合评分法求各单元的可靠度；(2) 若各单元为指数分布，求各单元应分配的失效率。

解 根据式 (29-6-31) 和式 (29-6-32) 列表计算如下。

6.3.5　动态规划分配法

对于复杂的可靠度分配问题，可以应用动态规划方法。动态规划是一种多阶段决策方法。如果每一个零件或子系统可以认为是规划问题中的一个阶段，就可以对每一阶段都做出一个分配方案。动态规划是可靠性分配的普适方法，通常需要借助计算机编程实现。

动态规划分配方法是解决在满足规定的系统可靠性指标的条件下，使费用、重量或尺寸等最小的优化问题。下面以最小费用为例介绍该方法的应用。

6.3.5.1　串联系统

目标函数　$\min\sum_{i=1}^{n}G_i(\hat{R}_i,R_i)$

约束条件　$\prod_{i=1}^{n}R_i\geqslant R_s$

$0<\hat{R}_i\leqslant R_i\leqslant 1 \quad i=1,2,\cdots,n$

$(29\text{-}6\text{-}33)$

式中　R_s——规定的系统可靠度；
R_i——第 i 单元分配的可靠度；
$\hat{R}_i$——第 i 单元现有（初步确定的）可靠度；
$G_i(\hat{R}_i,R_i)$——第 i 单元可靠度由 $\hat{R}_i$ 提高到 R_i 的所需费用函数。

[例 7] 某系统为 3 个单元串联，要求系统可靠度 $R_s\geqslant 0.96$。初步确定各单元可靠度为 $\hat{R}_1=0.95$，$\hat{R}_2=0.96$，$\hat{R}_3=0.98$，费用函数如表 29-6-2 所示。显然，当前的单元可靠性指标不能满足系统可靠性要求。试确定总费用最小的单元可靠度分配方案。

解　① 先将 R_1 和 R_2 的不同组合获得的可靠度列表计算于表 29-6-3，$R_i\leqslant R_s$ 的项不合理，不必列入。

表 29-6-2　　费用函数表

R_i	$G_1(0.95,R_1)$	$G_2(0.96,R_2)$	$G_3(0.98,R_3)$
0.95	0	0	0
0.96	1.0	0	0
0.97	2.0	2.0	0
0.98	4.0	5.0	0
0.99	12.0	15.0	8.0
0.995	50.0	35.0	20.0

表 29-6-3　　R_1 和 R_2 组合方案列表计算 $[R_1R_2(G_1+G_2)]$

$R_1(G_1)$ \ $R_2(G_2)$	0.97(2)	0.98(5)	0.99(15)	0.995(35)
0.97 (2)	0.9409 (4)	0.9506 (7)	0.9603 (17)	0.96515 (37)
0.98 (4)	0.9506 (6)	0.9604 (9)	0.9702 (19)	0.9751 (39)
0.99 (12)	0.9603 (14)	0.9702 (17)↓	0.9801 (27)↓	0.98505 (47)↓
0.995 (50)	0.96515 (52)	0.9751 (55)	0.98505 (65)	0.99002 (85)

注：表中箭头所示为低费用的可靠性提高路径。

② 将表 29-6-3 中 $R_1R_2>R_s$ 且费用相对最小的组合值再与 R_3 组合列表计算于表 29-6-4。

③ 表 29-6-4 中"*"的方案满足 $\prod_{i=1}^{n}R_i>R_s$，

且费用最小。追溯获得可靠性的路径可知，应取 $R_1=0.99$，$R_2=0.98$，$R_3=0.99$。

表 29-6-4　R_1R_2 和 R_3 组合方案列表计算

$R_3(G_3)$ \ R_1R_2 (G_1+G_2)	0.9604 (9)	0.9702 (17)	0.9801 (27)	0.98505 (47)	0.99002 (85)
0.98 (0)	0.9415 (9)	0.9508 (17)	0.9605 (27)	0.96535 (47)	0.9702 (85)
0.99 (8)	0.9511 (17)	*0.9605 (25)	0.9703 (35)	0.9752 (55)	0.9801 (93)
0.995 (20)	0.9559 (29)	0.9653 (37)	0.9752 (47)	0.9801 (67)	0.9851 (105)

6.3.5.2　并联系统

鉴于并联系统可靠性模型的形式，直接计算失效概率（不可靠度）比计算可靠度更方便，因此将目标函数和约束条件表示如下

$$\left.\begin{array}{l}\text{目标函数}\quad \min \sum_{i=1}^{n} G_i(\hat{F}_i, F_i)\\ \text{约束条件}\quad \prod_{i=1}^{n} F_i \leqslant F_s\\ 0 < F_i \leqslant \hat{F}_i < 1 \quad i=1,2,\cdots,n\end{array}\right\}$$

(26-6-34)

式中　F_s——规定的系统失效概率；
　　　F_i——第 i 单元分配的失效概率；
　　　$\hat{F}_i$——第 i 单元现有的失效概率。
　　　$G_i(\hat{F}_i, F_i)$——第 i 单元失效概率由 $\hat{F}_i$ 降到 F_i 的所需费用函数。

[例 8]　某系统为 3 个单元并联，要求系统可靠度 $R_s \geqslant 0.9995$。初步确定各单元失效概率分别为 $\hat{F}_1=0.10$，$\hat{F}_2=0.10$，$\hat{F}_3=0.12$，费用函数如表 29-6-5 所示。为使费用最小，求各单元应分配的失效概率。

表 29-6-5　例 8 费用函数

F_1	$G_1(0.1,F_1)$	F_2	$G_2(0.1,F_2)$	F_3	$G_3(0.1,F_3)$
0.10	0	0.10	0	0.10	1
0.08	2	0.08	3	0.08	4
0.06	6	0.06	5	0.06	12
0.04	15	0.04	13	0.04	20

解　① 计算规定的失效概率 $F_s \leqslant 1-0.9995 = 0.0005$。

② 先将 F_1 和 F_2 组合方案列表计算于表 29-6-6。

③ 将表 29-6-6 中 F_1F_2（G_1+G_2）中 F_1F_2 和 G_1+G_2 中小的组合再与 F_3（G_3）组合列表计算于表 29-6-7，显然，$F_1F_2 \leqslant 0.005$ 中 G_1+G_2 显著大的也不必列入。

表 29-6-6　F_1 和 F_2 组合方案列表计算

$F_1(G_1)$ \ $F_2(G_2)$	0.10(0)	0.08(3)	0.06(5)	0.04(13)
0.01 (0)	0.01 (0)*	0.008 (3)	0.006 (5)*	0.004 (13)
0.08 (2)	0.008 (2)*	0.0064 (5)	0.0048 (7)*	0.0032 (15)
0.06 (6)	0.006 (6)	0.0048 (9)	0.0036 (11)*	
0.04 (15)	0.004 (15)	0.0032 (18)		

表 29-6-7　F_1F_2 和 F_3 组合方案列表计算

F_1F_2 (G_1+G_2) \ $F_3(G_3)$	0.012 (0)	0.10 (1)	0.08 (4)	0.06 (12)	0.04 (20)
0.01 (0)	0.0012	0.001	0.0008	0.0006	0.0004 (20)
0.008 (2)	0.00096	0.0008	0.00064	0.00048 (1)	
0.006 (5)	0.00072	0.0006	0.00048 (9)	0.00036 (1)	
0.0048 (7)	0.00058	*0.00048 (8)	0.00038 (1)		
0.036 (11)	0.000432 (1)				

④ 表 29-6-7 中注"*"者为满足 $F_s \leqslant 0.0005$ 费用低的组合，其他未计算者费用都高于 8。由此可知，应取 $F_1=0.08$，$F_2=0.06$，$F_3=0.10$。

6.4　可靠性预测实例

对某工程车辆进行可靠性分析，将其简化为由动力传动子系统、悬挂子系统、执行子系统、通信子系统组成的串联系统，且各子系统及其零部件的失效是彼此独立的。各子系统的可靠性框图如图 29-6-7～图 29-6-10（各子系统中零件编号原则是，第一个数字表示子系统号，第二个数字为零件类型编号，故编号前两位相同的零件是相同的）。

各部件的可靠度如表 29-6-8 所示。

该系统失效定义为不能完成预定任务。试根据以上信息计算各子系统的可靠度及整个车辆系统的可靠度。

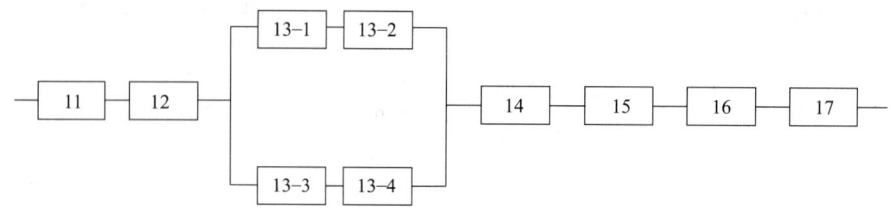

图 29-6-7 动力传动子系统可靠性框图

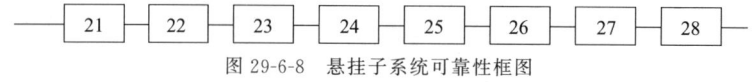

图 29-6-8 悬挂子系统可靠性框图

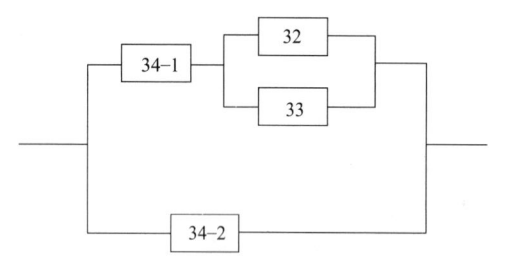

图 29-6-9 执行子系统可靠性框图

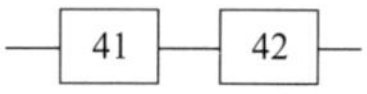

—[41]—[42]—

图 29-6-10 通信子系统可靠性框图

表 29-6-8 各部件的可靠度

1. 动力传动子系统			2. 悬挂子系统		
部件	代号	零件可靠度	部件	代号	零件可靠度
发动机	11	0.992	主动轮	21	0.996
传动箱	12	0.992	履带	22	0.997
冷却风扇	13	0.97	扭力杆1	23	0.999
滤清器	14	0.998	扭力杆2	24	0.95
空气压缩机	15	0.996	负重轮	25	0.995
油箱	16	0.992	载重轮	26	0.96
变速箱	17	0.995	支撑轴	27	0.96
			导向轮	28	0.998
3. 执行子系统			4. 通信子系统		
部件	代号	零件可靠度	部件	代号	零件可靠度
计算机	31	0.997	内部通信	41	0.998
控制器1	32	0.998	外部通信	42	0.997
控制器2	33	0.997			
观测镜	34	0.999			

注：部件 23 为 4 个零件串联系统，部件 24 为 8 中取 6 冗余系统，部件 25 为 4 个零件串联系统，部件 26 为 8 中取 6 冗余系统，部件 27 为 2 个 3 取 2 的冗余系统。

解 （1）动力传动子系统的可靠度

用 R 表示可靠度，R_{ij} 表示子系统 i 中部件 j 的可靠度，R_{s1} 表示动力子系统的可靠度。

动力传动子系统属于串-并联系统，可靠性模型如下

$$R_{s1} = R_{11}R_{12}R_{13}R_{14}R_{15}R_{16}R_{17}$$

其中部件 13 为并-串联系统，可靠性模型如下

$$R_{13} = 2R^2 - R^4$$

由表 29-6-8 知道单个风扇的可靠度 $R=0.97$，因此

$$R_{13} = 1.8818 - 0.8853 = 0.9965$$

同样由表 29-6-8 中查出其他部件的可靠度，即可计算出该子系统的可靠度

$$R_{s1} = 0.96211$$

（2）悬挂子系统的可靠度

悬挂子系统的可靠性模型为

$$R_{s2} = R_{21}R_{22}R_{23}R_{24}R_{25}R_{26}R_{27}R_{28}$$

① 部件 23 为 4 个零件串联系统

$$R_{23} = R^4$$

式中，R 为部件 23 中单个零件的可靠度（$R=0.999$），则有

$$R_{23} = 0.999^4 = 0.996$$

② 部件 24 为 8 中取 6 的表决系统

$$R_{24} = R^8 + 8R^7(1-R) + 28R^6(1-R)^2$$

式中，R 为部件 24 中单个零件的可靠度（$R=0.95$），则有

$$R^{24} = 0.994$$

③ 部件 25 为 4 个零件串联

$$R_{25} = R^4$$

式中，R 为部件 25 中单个零件的可靠度（$R=0.995$），则有

$$R = 0.98$$

④ 部件 26 为 8 中取 6 的表决系统

$$R_{26} = R^8 + 8R^7(1-R) + 28R^6(1-R)^2$$

式中，R 为部件 26 中单个零件的可靠度（$R=0.96$）。

⑤ 部件 27 为两个 3 取 2 的表决系统

$$R_{27} = (3R^2 - 2R^3)^2$$

式中，R 为部件 27 中单个零件的可靠度（$R=0.96$），则有
$$R_{27}=0.991$$
由此，可得子系统可靠度为
$$\begin{aligned}R_s&=R_{21}R_{22}R_{28}R_{24}R_{25}R_{26}R_{27}R_{28}\\&=0.996\times0.987\times0.996\times0.994\times0.98\times\\&\quad0.997\times0.991\times0.996\\&=0.9386\end{aligned}$$
（3）执行子系统的可靠度

$$\begin{aligned}R_{s3}&=R_{31}(R_{32}+R_{33}-R_{32}R_{33})+\\&\quad R_{34}-R_{34}R_{31}(R_{32}+R_{33}-R_{32}R_{33})\\&=0.9999997\end{aligned}$$

（4）通信子系统的可靠度
$$R_{s4}=R_{41}R_{42}=0.995$$
（5）整个车辆系统的可靠度
$$\begin{aligned}R_s&=R_{s1}R_{s2}R_{s3}R_{s4}\\&=0.9621\times0.9386\times0.999997\times0.995\\&=0.8985\end{aligned}$$

第 7 章 机构可靠性设计

机构可靠性定义为机构在规定使用条件下和规定使用时间内,准确、及时、协调地完成规定机械动作的能力。机构可靠度是机构保持规定功能的概率。

机构可靠性问题可大致分为两类:一类是机构运动精度可靠性,即在给定主动件运动规律的条件下,研究机构中指定构件上某一点的位移、速度、加速度等在各种随机因素作用下处于规定范围的概率;另一类是动力学可靠性,全面反映负载、惯性、阻尼特性等随机因素,研究机构瞬态运动特性参数处于规定范围的概率。

机构完成其功能的能力是由各构件的几何形状、尺寸、质量、材料性能及作用在机构上的驱动力和工作阻力等因素共同决定的。由于许多影响因素为随机变量,机构运动的输出参数也是随机变量。

机构可靠性涉及机构在动作过程中由于运动学问题及动力学问题引起的故障。机构除需满足强度和刚度要求以外,还需满足机械动作要求。因此,需要对运动机构进行运动学、动力学、摩擦学等多方面的综合分析。

机构的运动功能主要包括:

① 完成规定的运动形式。例如,飞机起落架收放机构执行收放动作。

② 在完成规定运动形式的过程中,机构的运动参数(位移、速度、加速度和时间等)保持在规定的范围内。例如,飞机起落架收放机构要求起落架在十秒钟内收起。

③ 不发生误动作。例如,不在未接到指令时发生任何动作。

影响机构可靠性的主要因素包括:

① 设计因素,涉及机构工作原理、动力源及驱动元件的特性等。

② 制造因素,包括尺寸、形状、位置精度及装配质量等。

③ 环境因素,包括温度、湿度、沙尘、腐蚀等。

④ 使用因素,包括运动副磨损、润滑条件变化、动力源退化以及机构在载荷、环境应力作用下抗磨损、抗变形能力的变化等。

⑤ 人为因素,包括不正确的操作、不及时维护等。

根据定义,机构运动精度可靠度,即机构运动输出处于允许范围内的概率可表达为

$$R = P(Y_L < Y < Y_U) \quad (29\text{-}7\text{-}1)$$

式中,Y_L、Y_U 分别为允许位置的下限和上限。

确定了机构位置的均值 μ 和方差 σ^2 后,可以用式 (29-7-2) 计算可靠度

$$R = \Phi\left(\frac{Y_U - \mu}{\sigma}\right) - \Phi\left(\frac{Y_L - \mu}{\sigma}\right) \quad (29\text{-}7\text{-}2)$$

7.1 机构可靠性模型及评价指标

7.1.1 机构可靠性建模方法

机构可靠性分析的主要任务,是建立机构输出参数与输入参数及影响机构输出参数的随机变量间关系的数学模型。

设机构输出参数 Y_k ($k=1,2,\cdots,s$) 是变量 $x_1, x_2, \cdots, x_m$ 的函数,可表示为

$$Y_k = f_k(x_1, x_2, \cdots, x_m) \quad (29\text{-}7\text{-}3)$$

机构位置位置误差 ΔY 的一般表达式为

$$\Delta Y = \sum_{i=1}^{m} k_i \Delta x_i \quad (29\text{-}7\text{-}4)$$

该式表明,机构输出位置误差 ΔY 是各原始误差 Δx_i 所引起的误差之和,k_i 是从原始误差到输出参数误差的传递系数,也称为误差传递比。

从可靠性观点看,原始误差是随机变量,机构的位置误差是随机变量的函数。式 (29-7-4) 隐含的假设是,机构位置误差是相互独立的各原始误差的函数。由概率论可知,如果误差影响因素很多,即使各原始误差的分布规律不同,作为其综合作用结果的机构位置误差仍近似服从正态分布。

再设机构性能输出参数的允许极限值是 z_k ($k=1,2,3,\cdots,s$),则机构第 k 项性能输出参数不超出该极限值的概率为

$$R_k = P(Y_k \leqslant z_k) \quad (k=1,2,\cdots,s)$$
$$(29\text{-}7\text{-}5)$$

上式是机构单侧性能输出极限(上极限)可靠度公式。同理,可以写出单侧下极限和双侧性能输出限制的可靠度表达式。

7.1.2 机构工作过程分解

机构的形式千差万别,完成的功能也各不相同,但具有以下共同特点。

① 机构的功能是通过一个或多个动作来实现的。例如飞机起落架收放机构要完成收起、放下、开锁和上锁等动作；坦克自动装弹机要完成回转、提升、推送、抛射等动作。

② 机构附在机体上，在运动之前机构相对于机体是静止的。为完成规定的动作，机构要做相对于基体的运动，在动作完成后，又要求机构相对于机体静止。

根据以上特点，可以把机构工作过程分解为若干动作，把每个动作分解为若干阶段。划分的原则是把机构从静止到运动再到静止这一完整过程定义为一个动作，而每个动作又可划分为三个阶段，即启动阶段、运动阶段及定位阶段。启动阶段是机构从静止状态到运动状态的过渡阶段；运动阶段是机构保持运动状态到规定位置的阶段；定位阶段是机构从运动状态再回到静止状态的过渡阶段。

7.1.3 机构功能可靠性

（1）启动功能可靠性

机构要实现正常启动，即从静止状态到运动状态，需要满足驱动力（矩）M_d大于阻抗力（矩）M_r，即$M_d > M_r$这一条件。

因此，机构启动可靠度等于驱动力（矩）大于阻抗力（矩）的概率

$$R_{st} = P(M_d > M_r) \quad (29\text{-}7\text{-}6)$$

当已知驱动力（矩）和阻抗力（矩）的分布时，即可求出机构的启动可靠度。当驱动力（矩）和阻抗力（矩）都为正态分布且相互独立时，有

$$\beta = \frac{\overline{M}_d - \overline{M}_r}{\sqrt{\sigma_{M_d}^2 + \sigma_{M_r}^2}} \quad (29\text{-}7\text{-}7)$$

式中 $\overline{M}_d$、σ_{M_d}——驱动力（矩）的均值和标准差；

$\overline{M}_r$、σ_{M_r}——阻抗力（矩）的均值和标准差。

（2）运动功能可靠性

对于只要求从初始位置运动到指定位置的机构，对运动过程中的参数（如速度、加速度、时间等）无明确要求，其机构运动正常的判据为主动功W_d[运动过程中驱动力（矩）所做的功]大于被动功W_r[阻抗力（矩）所做的功]，即$W_d > W_r$。

相应地，机构运动可靠度等于运动过程中驱动力（矩）所做的功（主动功W_d）大于阻抗力（矩）所做的功（被动功W_r）的概率

$$R_m = P(W_d > W_r) \quad (29\text{-}7\text{-}8)$$

当已知主动功和被动功的分布时，即可求出机构的运动可靠度。当主动功和被动功都为正态分布且相互独立时，有

$$\beta = \frac{\overline{W}_d - \overline{W}_r}{\sqrt{\sigma_{W_d}^2 + \sigma_{W_r}^2}} \quad (29\text{-}7\text{-}9)$$

式中 $\overline{W}_d$、σ_{W_d}——主动功的均值和标准差；

$\overline{W}_r$、σ_{W_r}——被动功的均值和标准差。

（3）定位功能可靠性

机构定位阶段是机构从运动状态到静止状态的过渡阶段。定位阶段的失效模式包括不能到达指定位置和不能保持在规定位置。机构定位时经常会发生碰撞，因此使问题复杂化。如果不考虑碰撞，对弹簧定位的机构，在失去驱动力情况下，定位可靠度可按机构动能大于阻力功的概率计算，计算公式与运动情形相同。

7.2 曲柄滑块机构运动可靠性

7.2.1 机构运动误差

机构运动误差是指实际机构运动与能绝对精确地实现设计要求的理想机构运动之间的差异。由于存在多种误差因素，实际机构只能近似地实现设计的运动和动作要求。机构误差是机构的原始位置误差、附加位置误差和位移误差的通称，机构运动误差按运动形态不同可分为以下几类。

① 原始位置误差：当实际机构与相应的理想机构的主动件处在相同位置时，两者从动件位置之差。

② 位移误差：当实际机构与相应的理想机构的主动件由相同位置开始作相同位移，两者从动件位移之差。

③ 附加位置误差：由机构主动件的输入误差所引起的从动件的位置误差。

④ 动态误差：考虑动力参数影响的机构误差。

⑤ 速度误差：机构的位移误差对时间的一阶导数。

⑥ 机构的加速度误差：机构的位移误差对时间的二阶导数。

机构运动误差按来源不同，分为设计误差、原始误差和运行误差。

机构的设计误差（又称方法误差或原理误差）是因采用简化机构或近似计算方法等原因引起的，采用先进的设计、计算方法可以有效地减小和避免这种误差。

原始误差是机构中运动副元素的配置相对理想位置的偏差，以及构件运动副元素实际表面形状相对给定的几何形状的偏差。原始误差在机构运行初期就存在，它主要是由机构制造误差和装配误差引起的，主

要包括尺寸误差、形状误差、偏心误差、运动副间隙误差、运动副轴线偏斜等。

机构运行误差（也称使用误差）是指机构运行过程中产生的误差，多是由热变形、力变形、摩擦磨损、速度和加速度变化、振动等所引起的。

机构精度的评定指标有机构准确度、机构精密度、机构精确度、实际机构的局部精确度及实际机构的整体精确度等。

① 机构准确度：机构实际运动与理想运动的符合程度。

② 机构精密度：机构多次重复运动的符合程度。

③ 机构精确度（简称机构精度）：机构准确度及精密度的综合，精确度反映机构系统误差和随机误差综合影响的程度。

7.2.2 理想状态下机构运动关系

(1) 对心曲柄滑块机构运动关系

对心曲柄滑块机构如图 29-7-1 所示，曲柄 OA 长为 r，连杆 AB 长为 l。输出位移 Y，速度 V，加速度 W 与输入转角 α，角速度 ω，角加速度 ε 之间的关系如下

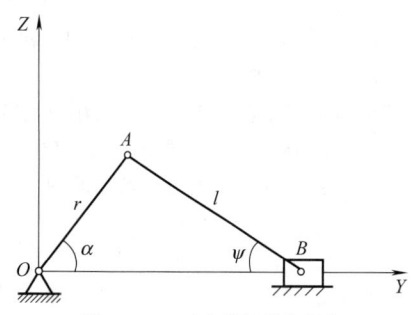

图 29-7-1 对心曲柄滑块机构

$$Y = r\cos\alpha + l\cos\psi = r\cos\alpha + \sqrt{l^2 - r^2\sin^2\alpha}$$
(29-7-10)

$$V = -r\sin\alpha\left(1 + \frac{r\cos\alpha}{\sqrt{l^2 - r^2\sin^2\alpha}}\right)\omega \quad (29\text{-}7\text{-}11)$$

式中，$\omega = \dfrac{\mathrm{d}\alpha}{\mathrm{d}t}$。

$$W = \left[-r\cos\alpha - \frac{r^2\cos\alpha}{\sqrt{l^2 - r^2\sin^2\alpha}} + \frac{r^2\sin^2\alpha(l^2 - r^2)}{(l^2 - r^2\sin^2\alpha)^{\frac{3}{2}}}\right]\omega^2$$
$$- \left[r\sin\alpha + \frac{r^2\sin\alpha\cos\alpha}{\sqrt{l^2 - r^2\sin^2\alpha}}\right]\varepsilon \quad (29\text{-}7\text{-}12)$$

(2) 偏心曲柄滑块机构运动关系

偏心曲柄滑块机构如图 29-7-2 所示。曲柄 $CA = r$，连杆 $AB = l$，偏心距 e，滑块的位移、速度、加速度方程分别为

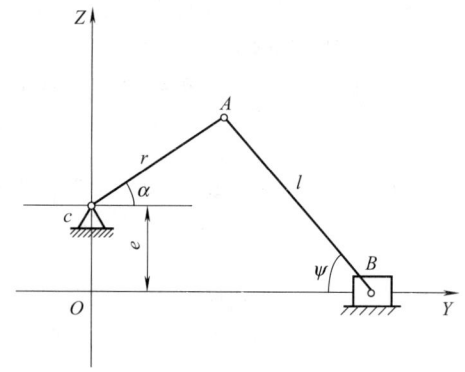

图 29-7-2 偏心曲柄滑块机构

$$Y = r\cos\alpha + l\cos\psi = r\cos\alpha + \sqrt{l^2 - (r\sin\alpha + e)^2}$$
(29-7-13)

$$V = \left[-r\sin\alpha\left(1 + \frac{r\cos\alpha}{\sqrt{l^2 - (r\sin\alpha + e)^2}}\right) - \frac{er\cos\alpha}{\sqrt{l^2 - (r\sin\alpha + e)^2}}\right]\omega$$
(29-7-14)

$$W = \left[-r\cos\alpha - \frac{rl^2(r\cos 2\alpha - e\sin\alpha) + er\sin\alpha(r\sin\alpha + e)^2}{[l^2 - (r\sin\alpha + e)^2]^{\frac{2}{3}}}\right]\omega^2$$
$$- \left[r\sin\alpha + \frac{r^2\sin\alpha\cos\alpha + er\cos\alpha}{\sqrt{l^2 - (r\sin\alpha + e)^2}}\right]\varepsilon \quad (29\text{-}7\text{-}15)$$

7.2.3 机构可靠性模型

原始误差主要是由制造和装配误差引起的。在机构运动可靠性计算模型中，大多只考虑由制造引起的基本构件尺寸误差。本节先介绍这种计算方法，然后应用"有效长度理论"考虑间隙误差建立计算模型。

7.2.3.1 考虑尺寸误差的计算模型

在曲柄滑块机构中，已知输入参数是曲柄转角 α，结构参数有曲柄长 r，连杆长 l，偏心距 e；输出参数是滑块的位移 Y，速度 V，加速度 W。

输出与输入及结构参数关系式可表示为 $Y = f(r, l, e, \alpha)$，$V = \dot{Y}$，$W = \ddot{Y}$。用上标"*"表示理想值，用"Δ"表示误差值，经过一阶泰勒（Taylor）展开后的实际位移表达式为

$$Y = Y^* + \Delta Y = f(r^* + \Delta r, l^* + \Delta l, e^* + \Delta e, \alpha^* + \Delta\alpha)$$
$$= f(r^*, l^*, e^*, \alpha^*) + \frac{\partial f}{\partial r}\Delta r + \frac{\partial f}{\partial l}\Delta l + \frac{\partial f}{\partial e}\Delta e + \frac{\partial f}{\partial \alpha}\Delta\alpha$$

位移误差为

$$\Delta Y = \frac{\partial f}{\partial r}\Delta r + \frac{\partial f}{\partial l}\Delta l + \frac{\partial f}{\partial e}\Delta e + \frac{\partial f}{\partial \alpha}\Delta \alpha$$
(29-7-16)

速度误差为

$$\Delta V = \frac{\mathrm{d}(\Delta y)}{\mathrm{d}t} = \left(\frac{\partial^2 f}{\partial r \partial \alpha}\Delta r + \frac{\partial^2 f}{\partial l \partial \alpha}\Delta l + \frac{\partial^2 f}{\partial e \partial \alpha}\Delta e + \frac{\partial^2 f}{\partial \alpha^2}\Delta \alpha\right)\omega + \frac{\partial f}{\partial \alpha}\Delta \omega$$
(29-7-17)

式中，$\omega = \frac{\mathrm{d}\alpha}{\mathrm{d}t}$，$\Delta\omega = \frac{\mathrm{d}(\Delta\alpha)}{\mathrm{d}t}$。

加速度误差公式为

$$\Delta \omega = \left(\frac{\partial^3 f}{\partial r \partial \alpha^2}\Delta r + \frac{\partial^3 f}{\partial l \partial \alpha^2}\Delta l + \frac{\partial^3 f}{\partial e \partial \alpha^2}\Delta e + \frac{\partial^3 f}{\partial \alpha^3}\Delta \alpha\right)\omega^2 + 2\frac{\partial^2 f}{\partial \alpha^2}\omega \Delta \omega + \frac{\partial f}{\partial \alpha}\Delta \varepsilon$$
(29-7-18)

式中，$\Delta\varepsilon = \frac{\mathrm{d}(\Delta\omega)}{\mathrm{d}t}$。

以上三式分别为位移、速度、加速度误差 ΔY、ΔV、ΔW 与基本尺寸误差 Δr、Δl、Δe 及输入误差 $\Delta\alpha$、$\Delta\omega$、$\Delta\varepsilon$ 的一般关系式。也可以根据速度 V、加速度 W 公式按泰勒 (Taylor) 级数展开求 ΔV 和 ΔW。

下面以偏心曲柄滑块机构为例，建立曲柄滑块机构运动输出参数误差的具体表达式。

滑块位置表达式为

$$\begin{cases} Y = r\cos\alpha + \sqrt{l^2 - (r\sin\alpha + e)^2} \\ \dfrac{\mathrm{d}Y}{\mathrm{d}r} = \cos\alpha - \dfrac{(r\sin\alpha + e)\sin\alpha}{\sqrt{l^2 - (r\sin\alpha + e)^2}} \\ \dfrac{\mathrm{d}Y}{\mathrm{d}l} = \dfrac{l}{\sqrt{l^2 - (r\sin\alpha + e)^2}} \\ \dfrac{\mathrm{d}Y}{\mathrm{d}e} = -\dfrac{r\sin\alpha + e}{\sqrt{l^2 - (r\sin\alpha + e)^2}} \end{cases}$$
(29-7-19)

由 $\Delta Y = \dfrac{\mathrm{d}Y}{\mathrm{d}r}\Delta r + \dfrac{\mathrm{d}Y}{\mathrm{d}l}\Delta l + \dfrac{\mathrm{d}Y}{\mathrm{d}e}\Delta e + \dfrac{\mathrm{d}Y}{\mathrm{d}\alpha}\Delta\alpha$，假设输入转角为理想值，即 $\Delta\alpha = 0$，有

$$\Delta Y = \frac{\mathrm{d}Y}{\mathrm{d}r}\Delta r + \frac{\mathrm{d}Y}{\mathrm{d}l}\Delta l + \frac{\mathrm{d}Y}{\mathrm{d}e}\Delta e$$
$$= \left[\cos\alpha - \frac{(r\sin\alpha + e)\sin\alpha}{\sqrt{l^2 - (r\sin\alpha + e)^2}}\right]\Delta r + \frac{l}{\sqrt{l^2 - (r\sin\alpha + e)^2}}\Delta l - \frac{r\sin\alpha + e}{\sqrt{l^2 - (r\sin\alpha + e)^2}}\Delta e$$
(29-7-20)

对式 (29-7-20) 求一阶导数为速度误差

$$\Delta V = \left\{-\sin\alpha - \frac{(2r\sin\alpha\cos\alpha + e\cos\alpha)[l^2 - (r\sin\alpha + e)^2] + r(r\sin\alpha + e)^2\sin\alpha\cos\alpha}{[l^2 - (r\sin\alpha + e)^2]^{\frac{3}{2}}}\right\}\Delta r$$
$$+ \frac{lr(r\sin\alpha + e)\cos\alpha}{[l^2 - (r\sin\alpha + e)^2]^{\frac{3}{2}}}\Delta l - \frac{l^2 r\cos\alpha}{[l^2 - (r\sin\alpha + e)^2]^{\frac{3}{2}}}\Delta e$$
(29-7-21)

对式 (29-7-20) 求二阶导数为加速度误差

$$\Delta W = \left\{-\cos\alpha - \frac{(2r\cos^2\alpha - e\sin\alpha)[l^2 - (r\sin\alpha + e)^2]^2 - r(r^2\sin^2 2\alpha + 3re\sin 2\alpha\cos\alpha + 2e^2\cos^2\alpha)}{[l^2 - (r\sin\alpha + e)^2]^{\frac{5}{2}}}\right.$$
$$\left. + \frac{3r^2(r\sin\alpha + e)^3\sin\alpha\cos^2\alpha}{[l^2 - (r\sin\alpha + e)^2]^{\frac{5}{2}}}\right\}\Delta r$$
$$+ \frac{l(r^2\cos 2\alpha - er\sin\alpha)[l^2 - (r\sin\alpha + e)^2] + 3lr^2(r\sin\alpha + e)^2\cos\alpha}{[l^2 - (r\sin\alpha + e)^2]^{\frac{5}{2}}}\Delta l$$
$$- \frac{l^2 r\sin\alpha[l^2 - (r\sin\alpha + e)^2] - 3(r\sin\alpha + e)r^2 l^2\cos^2\alpha}{[l^2 - (r\sin\alpha + e)^2]^{\frac{5}{2}}}\Delta e$$
(29-7-22)

由于公式烦琐，以下只求位移可靠度。速度、加速度可靠度计算方法与位移可靠度计算方法相同。

(1) 位移误差的均值 μ 和方差 σ^2

已知 r、l、e 的统计特征值分别为 μ_r、μ_l、μ_e、σ_r、σ_l、σ_e，

$$\mu = E(\Delta Y) = \frac{\mathrm{d}Y}{\mathrm{d}r}E(\Delta r) + \frac{\mathrm{d}Y}{\mathrm{d}l}E(\Delta l) + \frac{\mathrm{d}Y}{\mathrm{d}e}E(\Delta e)$$
$$= \left[\cos\alpha - \frac{(r\sin\alpha + e)\sin\alpha}{\sqrt{l^2 - (r\sin\alpha + e^2)}}\right]\mu_r + \frac{l}{\sqrt{l^2 - (r\sin\alpha + e)^2}}\mu_l - \frac{r\sin\alpha + e}{\sqrt{l^2 - (r\sin\alpha + e)^2}}\mu_e$$
(29-7-23)

设 Δr、Δl、Δe 互不相关，则有

$$\sigma^2 = D(\Delta Y) = \left(\frac{\mathrm{d}Y}{\mathrm{d}r}\right)^2 \sigma_r^2 + \left(\frac{\mathrm{d}Y}{\mathrm{d}l}\right)^2 \sigma_l^2 + \left(\frac{\mathrm{d}Y}{\mathrm{d}e}\right)^2 \sigma_e^2$$

$$\sigma_e^2 = \left[\cos\alpha - \frac{(r\sin\alpha + e)\sin\alpha}{\sqrt{l^2 - (r\sin\alpha + e)^2}}\right]\sigma_r^2 + \left[\frac{l}{\sqrt{l^2 - (r\sin\alpha + e)^2}}\right]^2 \sigma_l^2 - \left[\frac{r\sin\alpha + e}{\sqrt{l^2 - (r\sin\alpha + e)^2}}\right]^2 \sigma_e^2$$
(29-7-24)

(2) 位移可靠度 R

一般认为尺寸误差服从正态分布，且正态分布之

和仍服从正态分布，所以位移误差也服从正态分布。可靠度计算公式为

$$R = P(z > 0) = \int_0^\infty f(z)\mathrm{d}z \quad (29\text{-}7\text{-}25)$$

$$= \int_{-\beta}^\infty \frac{1}{\sqrt{2\pi}} e^{-\frac{1}{2}u^2} \mathrm{d}u = \Phi(\beta)$$

$$\beta = \frac{u_z}{\sigma_z} = \frac{u_0 - u}{\sqrt{\sigma_0^2 + \sigma^2}} \quad (29\text{-}7\text{-}26)$$

式中，u_0、σ_0 分别是允许的极限位移误差均值和标准差；u、σ 是以上所求位移特征值。

7.2.3.2 考虑运动副间隙误差的计算模型

(1) 有效长度模型

有效长度模型理论是针对铰链式运动副中径向间隙和销轴位置的不确定性因素对连杆有效长度的影响，分析造成的输出运动误差，简单介绍如下。

如图 29-7-3 所示是一对铰链式运动副的连接示意图，1 为套孔，2 为销轴，3 为误差圆，销轴在套孔中运动，销轴的中心在误差圆范围内随机分布。误差圆半径由套孔直径与销轴直径差决定。

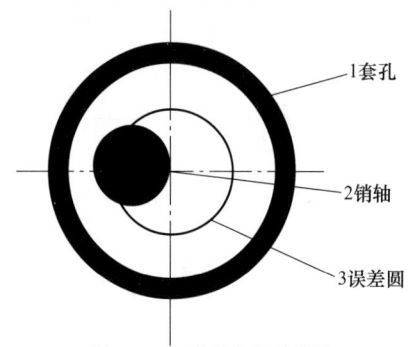

图 29-7-3 铰链连接示意图

图 29-7-4 为运动副有效连接的示意图，P 为套孔中心，连杆 OP 长为 r，C 点是销轴中心。由于间隙的存在，P 和 C 不重合，因此 OC 这个实际连杆长度就包括了运动副的间隙误差，称之为有效长度，设为 r'，由几何关系得出

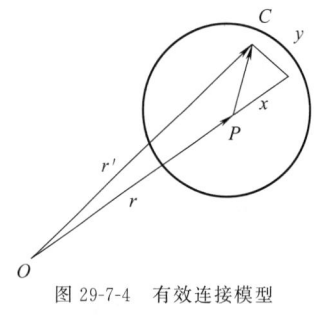

图 29-7-4 有效连接模型

$$r' = \sqrt{(r+x)^2 + y^2} \quad (29\text{-}7\text{-}27)$$

式中，x，y 为销轴中心的局域坐标。局域坐标以 P 为圆心，x 以 OP 方向为正方向。

r_C 为运动副的径向误差，也即误差圆半径，有

$$r_C = (d_t - d_x)/2 \quad (29\text{-}7\text{-}28)$$

式中，d_t 为套孔直径，d_x 为销轴直径。

由于 C 点总在误差圆内运动，所以

$$x^2 + y^2 < r_C^2 \quad (29\text{-}7\text{-}29)$$

以前在求解机构运动误差时只考虑了连杆的长度 r，现在将运动副间隙也考虑进去，用有效长度 r' 代替以前的 r。

对机构抽样时，销轴中心 C 的分布在 0 与 r_C 之间随机分布，因而 x、y 也具有随机性，且由 r_C 的分布规律确定。由概率知识得，x 的标准差为 $\sigma_x = T_z/6$，其中 T_z 为径向公差，且有 $T_z = 2r_C$。

所以，$\sigma_x = T_z/6 = r_C/3$，$\sigma_x^2 = r_C^2/9$。

对一批机构而言，用 $E(r_C^2)$ 表示 r_C^2 的均值，则

$$\sigma_x^2 = E(r_C^2)/9 \quad (29\text{-}7\text{-}30)$$

根据方差定义，有

$$E(r_C^2) = \sigma_{r_C}^2 + E^2(r_C)$$

代入式 (29-7-30)

$$\sigma_x^2 = [\sigma_{r_C}^2 + E^2(r_C)]/9 \quad (29\text{-}7\text{-}31)$$

同理得

$$\sigma_y^2 = [\sigma_{r_C}^2 + E^2(r_C)]/9 \quad (29\text{-}7\text{-}32)$$

式中，σ_x^2、σ_y^2 表示销轴中心局域坐标 x、y 的方差；$\sigma_{r_C}^2$ 为径向间隙误差的方差；$E(r_C)$ 是径向间隙误差的均值。

根据标准正态分布的对称性，又 $E(x) = E(y) = 0$。所以当知道了运动副径向间隙 r_C 特征值后，就可以求出销轴中心局域坐标的 x、y 特征值。

(2) 曲柄滑块机构运动副间隙误差的影响

以对心曲柄滑块机构为例，设曲柄和连杆长度分别为 r_1、r_2，曲柄与支座之间的铰链径向间隙为 r_{C1}，曲柄与连杆之间的铰链径向间隙为 r_{C2}，连杆与滑块之间的铰链误差不计。已知 r_1，r_2，r_{C1}，r_{C2} 的均值和方差，利用有效长度理论，间隙误差计算滑块输出位移误差。

根据以上理论，用有效长度 r' 代替实际杆长 r，由位置关系式

$$y = r_1\cos\alpha + \sqrt{r_2^2 - r_1^2\sin^2\alpha} \quad (29\text{-}7\text{-}33)$$

替换后

$$y = r_1'\cos\alpha + \sqrt{r_2'^2 - r_1'^2\sin^2\alpha} \quad (29\text{-}7\text{-}34)$$

则均值为

$$u(\Delta y) = \left(\cos\alpha - \frac{r'_1 \sin^2\alpha}{\sqrt{r'^2_2 - r'^2_1 \sin^2\alpha}}\right) u_{\Delta r'_1}$$
$$+ \frac{r'_2}{\sqrt{r'^2_2 - r'^2_1 \sin^2\alpha}} u_{\Delta r'_2}$$

由 $E(r') = E(r)$，所以有 $E(\Delta r') = E(\Delta r)$，即 $u_{\Delta r'} = U_{\Delta r}$。

$$u(\Delta y) = \left(\cos\alpha - \frac{r'_1 \sin^2\alpha}{\sqrt{r'^2_2 - r'^2_1 \sin^2\alpha}}\right) u_{\Delta r_1} +$$
$$\frac{r'_2}{\sqrt{r'^2_2 - r'^2_1 \sin^2\alpha}} u_{\Delta r_2}$$

(29-7-35)

由此看出用有效长度 r' 代替杆长 r 后，对输出误差均值没有影响。

将式 $r'^2_1 = (r_1 + x_1)^2 + y_1^2$，$r'^2_2 = (r_2 + x_2)^2 + y_2^2$ 代入式（29-7-34），有

$$y = y(r_1, r_2, x_1, x_2, y_1, y_2)$$
$$\sigma_y^2 = \left(\frac{\partial y}{\partial r_1}\right)^2 \sigma_{\Delta r_1}^2 + \left(\frac{\partial y}{\partial x_1}\right)^2 \sigma_{\Delta x_1}^2 +$$
$$\left(\frac{\partial y}{\partial y_1}\right)^2 \sigma_{\Delta y_1}^2 + \left(\frac{\partial y}{\partial r_2}\right)^2 \sigma_{\Delta r_2}^2 +$$
$$\left(\frac{\partial y}{\partial x_2}\right)^2 \sigma_{\Delta x_2}^2 + \left(\frac{\partial y}{\partial y_2}\right)^2 \sigma_{\Delta y_2}^2$$

(29-7-36)

可以证明，

$$\frac{\partial y}{\partial r} = \frac{\partial y}{\partial r'} \quad (29\text{-}7\text{-}37)$$

$$\frac{\partial y}{\partial x} = \frac{\partial y}{\partial r} \quad (29\text{-}7\text{-}38)$$

$$\frac{\partial y}{\partial y_i} = 0 \quad (29\text{-}7\text{-}39)$$

将以上三式代入式（29-7-36）（下角标表示不同铰链的间隙）有

$$\sigma_y^2 = \left(\frac{\partial y}{\partial r_1}\right)^2 (\sigma_{\Delta r_1}^2 + \sigma_{\Delta x_1}^2) + \left(\frac{\partial y}{\partial r_2}\right)^2 (\sigma_{\Delta r_2}^2 + \sigma_{\Delta x_2}^2)$$

(29-7-40)

式中，$\sigma_{\Delta r_1}^2$、$\sigma_{\Delta r_2}^2$ 分别是两杆长误差的方差；$\sigma_{\Delta x_1}^2$、$\sigma_{\Delta x_2}^2$ 分别是铰链局域坐标 x 的方差（x 的均值为 0），都可以由式（29-7-31）算出。

与只考虑尺寸误差的方差公式比较，考虑间隙误差的方差公式是把杆长误差的方差叠加铰链局域坐标 x 的方差，而铰链局域坐标 x 的方差又取决于铰链径向间隙误差 r_C。这样，在求解输出误差时，不仅考虑了基本尺寸的制造误差，也考虑了运动铰链的间隙误差。由于运动铰链的间隙误差很小，对输出运动可靠性的影响很小，常可忽略。但是，对于长期工作的机构，磨损会使运动铰链的间隙误差逐渐增大，会严重影响机构输出运动。

第8章 零件静强度可靠性设计

8.1 基本原理

从可靠性设计的角度，可将机械零件划分为两类。一类是本质上可靠的零件，其强度与应力之间有很大的裕度（设计安全系数很大，且应力和强度的分散性都很小）、在使用寿命期内不耗损（例如只承受静载荷作用的机架、壳体、紧固件等）；另一类是本质上不可靠的零件，即设计安全裕度低，或者在使用过程中性能不断劣化、不断耗损的零件，包括恶劣环境下工作的零部件（例如涡轮机叶片）、与其他零件有动接触从而产生摩擦磨损的零件（例如齿轮、轴承和动力传动带）、承受疲劳载荷的零部件、在腐蚀环境中服役的零部件、材料会发生老化的零部件等。

零部件可靠性设计是把设计指标及有关参数作为随机变量，根据失效的概率准则，应用概率理论，设计计算出所需要的结构尺寸，保证所设计的零部件的可靠性。

可靠性设计与传统设计的主要差别如下。

① 安全指标不同。传统设计用安全系数作为安全指标，可靠性设计用可靠度、失效率等作安全指标。可靠性指标不仅与相关参量（例如应力、强度等）的均值有关，还与其分散性有关。因而，可靠性指标能客观、全面地表征设计对象的服役安全程度。安全系数与可靠度之间的关系不是唯一的，更不是线性的。

② 安全理念不同。可靠性设计是在概率的框架下考虑问题。在概率的意义上，系统中各零件（或结构上的各关键部位）的强弱是不确定的，系统的可靠度是由所有零件共同决定的；而在确定性框架下，系统的强度（安全系数）是由强度最小的零件（串联系统）或强度最大的零件（并联系统）唯一决定的。

③ 提高安全程度的措施不同。可靠性设计方法不仅关注应力和强度这两个基本参量的均值，同时也关注这两个随机变量的分散性。因此，可以通过控制材料/结构性能的分散性，或采用并联子结构来降低发生失效的概率。而传统设计一般是通过选用强度均值更高的材料或增大承力面积来获得较大的安全系数。

8.1.1 安全系数与可靠性参数

常规机械设计中，通过一个经验的安全系数（安全系数的基本定义为材料强度均值与工作应力均值之比）来保证设计对象的使用安全性。尽管安全系数也综合考虑了计算方法及计算过程的准确性、材料性能的分散性、使用场合的重要性等多方面因素，但其取值有很大的主观性。相同的安全系数可能对应于不同的可靠度，这取决于载荷及强度的分散性大小。在有些情形，很大的安全系数也不能保证产品安全，例如载荷和强度的分散性都很大，可靠度很低。

载荷（一般用应力表示）分布是可靠性设计涉及的重要参数之一。在可靠性设计中，载荷通常作为随机变量对待，需要确定其概率分布。载荷分布的统计意义，可以是一次性作用的载荷以不同值出现的概率，也可以是多次作用的载荷的统计规律。对于一次性使用的产品，例如只要求发射一颗导弹的发射架、一次性的消防器材的保险装置等，载荷分布表达的是这个一次性出现的载荷的概率特征；对于长期使用、反复受载的产品，例如汽车零部件、桥梁结构、机床及其他基础装备零部件等，载荷分布一般是产品在其使用寿命期内的载荷统计规律。在许多场合，作为设计依据的载荷分布是一批产品在使用寿命期内各自所承受的最大载荷的统计规律。

可靠性设计中的载荷（应力）分布，需要根据设计对象的工况特点、失效机理、失效判据以及所采用的可靠性模型，通过对有代表性的载荷样本正确的统计分析得出。在许多设计场合，无法事先获得载荷样本。在这种情况下，同样需要明确失效机理、失效准则以及所假设的载荷分布的统计意义。

在可靠性问题中，有安全裕度 S_M 和载荷粗糙度 s_R 两个与载荷有关的参数

$$S_M = \frac{\mu_S - \mu_s}{(\sigma_S^2 + \sigma_s^2)^{1/2}} \qquad (29\text{-}8\text{-}1)$$

$$s_R = \frac{\sigma_L}{(\sigma_S^2 + \sigma_s^2)^{1/2}} \qquad (29\text{-}8\text{-}2)$$

式中，μ_S、μ_s 分别为强度 S 和载荷（应力）s 的均值；σ_S、σ_s 分别为强度和载荷（应力）的标准差。传统的安全系数仅仅取决于强度均值和载荷均值；而可靠度不仅取决于强度和应力的均值，同时还取决于它们的分散性。

8.1.2 可靠性设计计算基本原理

由于材料性能分散及加工制造差异等原因，同类

产品中个体质量或性能指标不会完全相同。产品质量指标的不确定性直接反映为其使用寿命的不确定性。即使是同一批次的同类型产品，在类似或完全相同的载荷环境下服役，发生失效的时间也会有明显的分散性，需要用随机变量表示。

产品寿命分布是描述其可靠性的最直观的方式。如果寿命分布（概率密度函数）$f(t)$ 已知，产品工作到时刻 t 不发生失效（或故障）的概率（即可靠度）可以很简单地表达为

$$R(t) = \int_t^\infty f(\tau) \mathrm{d}\tau \quad (29\text{-}8\text{-}3)$$

然而，在复杂随机载荷环境下，产品的寿命分布难以获得。相对容易得到的是产品在确定性载荷历程（用参数 s 表征载荷历程的强烈程度）下的寿命分布 $f(t,s)$，以及在该载荷环境下工作到时刻 t 的可靠度

$$R(t,s) = \int_t^\infty f(\tau,s) \mathrm{d}\tau \quad (29\text{-}8\text{-}4)$$

在随机载荷环境下，表征载荷强烈程度的参数 s 为随机变量，$R(t,s)$ 为随机变量的函数。根据随机变量函数的数学期望公式，可得到随机载荷[用 $h(s)$ 表示其概率密度函数]环境下的可靠度

$$R(t) = \int_0^\infty h(s) R(t,s) \mathrm{d}s = \int_0^\infty h(s) \int_t^\infty f(\tau,s) \mathrm{d}\tau \mathrm{d}s \quad (29\text{-}8\text{-}5)$$

然而，在产品设计阶段一般无法得到其寿命分布。从可靠性设计的角度，更需要根据环境载荷、工作应力、零部件强度等进行可靠度设计、评估与预测。

在产品服役过程中，载荷是一个随机过程，零件强度持续退化，精确的可靠性建模比较复杂。不失一般性，在产品服役过程中，强度可以看作是一个随时间单调变化（退化）的量。用 $S(t)$ 表示时刻 t 的强度，$f_t(S)$ 表示其概率密度函数。首先考虑一种保守的、最危险的情形，即产品规定服役期内的最大应力恰好出现在其规定服役期的最后时刻，这是产品服役期内强度最低的时刻。若该最大应力为 s，则规定时间（$0 \sim t$）内的可靠度，即剩余强度大于该给定应力的概率为

$$R(t,s) = \int_s^\infty f_t(S) \mathrm{d}S \quad (29\text{-}8\text{-}6)$$

这里，最大应力 s 也是随机变量。用 $h(s)$ 表示规定时间内出现的最大应力的概率密度函数，则在该随机载荷环境下，产品能正常工作到时刻 t 的概率，即可靠度为

$$R(t) = \int_0^\infty h(s) R(t,s) \mathrm{d}s = \int_0^\infty h(s) \left[\int_s^\infty f_t(S) \mathrm{d}S \right] \mathrm{d}s \quad (29\text{-}8\text{-}7)$$

这是一种偏于保守的可靠性模型。需要注意的是，应用该模型时，应力分布是各产品在其服役期内经受的最大应力的分布，而不是由一个产品的服役载荷历程统计出来的应力峰值分布。

若不计强度退化效应，式（29-8-7）退化为

$$R(t) = \int_0^\infty h(s) \left[\int_s^\infty f(S) \mathrm{d}S \right] \mathrm{d}s \quad (29\text{-}8\text{-}8)$$

即传统的应力-强度干涉模型。

可见，虽然可靠度明确定义为产品在规定条件下、规定时间内、完成规定功能的概率，然而在传统的可靠性干涉模型中，并没有显式地表示出可靠度与产品服役时间的关系。这是在应用应力-强度干涉模型进行可靠性设计时必须注意的。传统可靠性干涉模型的内涵可以理解为，应力分布是产品在规定寿命期内出现的最大应力的概率分布，而强度分布则是产品工作到规定寿命时的剩余强度概率分布。在这种解释下，传统的可靠性干涉模型是一个偏于保守的静态或准动态模型。

从失效机理及载荷的统计特征看，在持续作用的随机载荷环境下，即使产品性能（例如零部件强度）保持不变，其可靠度也将随着服役时间的增加而降低。这是由于具有不确定性、持续作用的载荷的统计风险不断增加而导致的结果。其作用机制是，载荷作用时间越长，出现大载荷的可能性越大，因而可靠度会越来越低。或者说，随着随机载荷作用次数的增加，总有出现更大载荷的可能性。对于载荷多次作用的情形（用 n 表示载荷作用次数），有以下可靠度与载荷作用次数关系式（假设强度不退化）

$$R(n) = \int_0^\infty f(S) \left[\int_0^S g(s) \mathrm{d}s \right]^n \mathrm{d}S \quad (29\text{-}8\text{-}9)$$

该表达式的含义是，对于任意指定的一个可能的强度（相当于指定一个产品样本），作用于该样本的 n 次应力（构成一段载荷经历）都不大于其强度的条件概率的统计平均值。需要注意的是，式（29-8-9）中，$g(s)$ 表示的是一个载荷历程样本中应力峰值的分布。也就是说，该式并没有反映与各产品样本对应的载荷历程样本之间的差异（称为载荷历程的宏观不确定性）对可靠性的影响。只有当某类产品中各个体的服役载荷环境差别很小时，才可以用此模型进行可靠性设计或可靠性评估。

如果规定时间 t 内载荷作用次数 N 也是一个随机变量（离散型随机变量），用 ω_n 表示其分布律，即

$$P(N=n) = \omega_n(t) \quad (29\text{-}8\text{-}10)$$

则根据离散型随机变量函数的数学期望计算原理，产品工作到时刻 t 时的可靠度为

$$R(t) = \sum_{n=1}^{\infty} \omega_n(t) R(n) = \sum_{n=1}^{\infty} \omega_n(t) \int_0^{\infty} f(S)$$
$$\left[\int_0^S g(s)\mathrm{d}s\right]^n \mathrm{d}S \qquad (29\text{-}8\text{-}11)$$

8.2 应力分布和强度分布影响因素

8.2.1 载荷

机械产品所承受的载荷大都是不规则变化的随机性载荷。例如，机床刀具承受的载荷与各个工件尺寸的差异、材料性能的波动、机床振动状态等有关，存在不确定性。汽车运行中零部件所受的载荷因载重和道路、气候情况差别等原因，是随机变量。飞机飞行中结构零部件的载荷不仅与载重有关，还与飞行速度、飞行状态、气象条件及驾驶员的操作有关，也是随机变量。

零件在载荷作用下产生应力。随机载荷产生的零件危险点的应力也是随机变量。一般说来，影响应力的主要因素有外载荷、结构形状和尺寸等。一般来讲，应力是外载荷、几何尺寸等因素的函数。

8.2.2 材料性能

材料性能数据是由试验得到的，原始试验数据一般都具有分散性。一般手册给出的材料性能数据往往是其均值或取值范围（最大值和最小值），没有完整反映材料性能的随机性。在可靠性设计中，强度、刚度、断裂韧性等材料性能都需要作为随机变量对待。

对于给出了材料性能变化范围的情况，可以应用"3σ原则"计算其均值和标准差。没有性能变化范围数据时，可以根据材料品质假设其性能的变异系数。传统材料性能的变异系数大多在 0.05 左右。

8.2.3 制造工艺

制造过程中的随机因素非常多，因而导致制成品质量的差异。例如，毛坯生产过程中会产生不可控的缺陷和残余应力、热处理过程中材质的均匀性难以达到理想程度、机械加工会对表面质量产生各种各样的微观损伤等。此外，装配、运输、储存环境等方面的差异也影响应力和强度。

由于制造过程的各环节都可能使产品出现缺陷、导致产品性能变化，且这些缺陷或变化都存在不确定性。所以对于同一设计，不同的制造工艺可能导致明显不同的产品性能均值及分散程度，导致不同的产品可靠性。

8.2.4 几何形状及尺寸

由于制造精度难以精确控制，所以零部件的形状与尺寸也都是随机变量。几何尺寸一般服从正态分布，且可根据"3σ原则"确定其分布参数。

已知尺寸数据为 $x \pm \Delta x$ 时，一般可以根据"3σ原则"计算其均值和标准差，即

$$\mu_x = x, \sigma_x = \frac{\Delta x}{3} \qquad (29\text{-}8\text{-}12)$$

若已知数据为尺寸范围 $x_{\min} \sim x_{\max}$ 时，则有如下计算公式

$$\mu_x = \frac{x_{\max} + x_{\min}}{2}, \sigma_x = \frac{x_{\max} - x_{\min}}{6} \qquad (29\text{-}8\text{-}13)$$

8.3 随机变量函数均值和标准差计算方法

由于应力、强度等可靠性设计参量一般都是其他随机变量的函数，因此应力、强度等随机变量的分布参数（均值、标准差等）通常需要根据其自变量的分布参数近似计算获得。

8.3.1 计算分布参数的矩方法

在自变量 $x_1, x_2, \cdots, x_n$ 相互独立，且各随机变量的变异系数 $C_{xi} = \sigma_{xi}/\mu_{xi}$ 都较小（例如小于 0.1）的前提下，随机变量函数的均值及标准差可以用矩法求得。具体做法是，将一个复杂的函数 $y = f(x_1, x_2, \cdots, x_n)$ 用其泰勒级数展开式近似表示，并在此基础上根据随机变量均值和标准差的基本性质进行运算。

(1) 一维随机变量的分布参数计算

设 $Y = f(X)$ 为一维随机变量 X 的函数，X 的均值为 μ（已知）。将 $f(X)$ 在 $X = \mu$ 处做泰勒级数展开

$$Y = f(X) = f(\mu) + (X-\mu)f'(\mu) + \frac{1}{2}(X-\mu)^2 f''(\mu) + o$$
$$(29\text{-}8\text{-}14)$$

式中，o 为残差。

对上式取数学期望，并忽略二次及以上项，可得

$$E(Y) \approx f(\mu) + \frac{1}{2} f''(\mu) \times var(X)$$
$$(29\text{-}8\text{-}15)$$

对式 (29-8-14) 取方差，并忽略高阶项，有

$$var(Y) \approx var[X][f'(\mu)]^2 \qquad (29\text{-}8\text{-}16)$$

(2) 多维随机变量的分布参数计算

设 $Y = f(X) = F(X_1, X_2, \cdots, X_n)$，为相互独立的随机变量 $(X_1, X_2, \cdots, X_n)$ 的函数。在各随机变

量的均值 μ_i 处做泰勒级数展开，有

$$Y = f(\mu_1, \mu_2, \cdots, \mu_n) + \sum_{i=1}^{n} \frac{\partial f(X)}{\partial X_i}\bigg|_{X=\mu} \times$$
$$(X_i - \mu_i) + \frac{1}{2}\sum_{j=1}^{n}\sum_{i=1}^{n} \frac{\partial^2 f(X)}{\partial X_i \partial X_j}\bigg|_{X=\mu} \times$$
$$(X_i - \mu_i)(X_j - \mu_j) + o$$

故有

$$E(Y) \approx f(\mu_1, \mu_2, \cdots, \mu_n) + \frac{1}{2}\sum_{i=1}^{n} \frac{\partial^2 f(X)}{\partial X_i^2}\bigg|_{X=\mu}$$
$$\times var(X_i) \qquad (29\text{-}8\text{-}17)$$

$$Var(Y) \approx \sum_{i=1}^{n} \left\{ \left[\frac{\partial f(X)}{\partial X_i}\bigg|_{X=\mu}\right]^2 \times var(X_i) \right\}$$
$$(29\text{-}8\text{-}18)$$

8.3.2 常用随机变量函数均值与标准差公式

表 29-8-1 中所列为一些基本函数及其均值和标准差计算公式。一些更复杂的函数可以转化为这些基本函数的组合。

表 29-8-1 基本函数分布参数计算公式

基本函数	均值 μ_y	标准差 σ_y
ax	$a\mu_x$	$a\sigma_x$
$a \pm x$	$a \pm \mu_x$	σ_x
$x \pm y$	$\mu_x \pm \mu_y$	$(\sigma_x^2 + \sigma_y^2 \pm 2\rho\sigma_x\sigma_y)^{\frac{1}{2}}$
xy	$\mu_x\mu_y + \rho\sigma_x\sigma_y$	$(\mu_x^2\sigma_y^2 + \mu_y^2\sigma_x^2 + 2\rho\mu_x\mu_y\sigma_x\sigma_y)^{\frac{1}{2}}$
x/y	$\frac{\mu_x}{\mu_y} + \frac{\mu_x\sigma_y}{\mu_y^3}\left(\frac{\sigma_y}{\mu_y} - \frac{\rho\sigma_x}{\mu_x}\right)$	$\frac{\mu_x}{\mu_y}\left(\frac{\sigma_x^2}{\mu_x^2} + \frac{\sigma_y^2}{\mu_y^2} - \frac{2\rho\sigma_x\sigma_y}{\mu_x\mu_y}\right)^{\frac{1}{2}}$
x^n	μ_x^n	$\|n\|\mu_x^{n-1}\sigma_x$

注：表中 ρ 为相关系数。

8.4 零件可靠度计算的应力-强度干涉模型

8.4.1 应力-强度干涉模型

(1) 基本概念

零部件在服役过程中是否失效决定于其强度和所承受的应力的相对大小。当零件的强度大于应力时，零件正常工作；当零件的强度小于工作应力时，则发生失效。由于应力和强度都是随机变量，不能直接比较其大小，而只能度量一个随机变量大于或小于另一个随机变量的概率。

把应力分布和强度分布画在同一坐标系中（如图 29-8-1 所示），$h(s)$ 和 $f(S)$ 分别为应力和强度的概率密度函数，横坐标表示应力和强度，纵坐标表示应力和强度的概率密度。图中阴影部分表示应力和强度的"干涉区"。干涉区的存在说明存在强度小于应力的可能性。根据应力-强度关系，计算强度大于应力的概率（可靠度）或强度小于应力的概率（失效概率）的模型，称为应力-强度干涉模型。

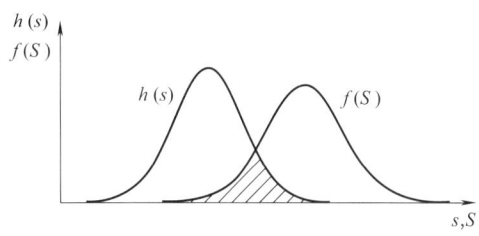

图 29-8-1 应力-强度干涉关系

建立应力-强度干涉模型的出发点是，根据可靠度的定义，用应力和强度这两个基本设计变量表达可靠度，即在规定的条件下、规定的时间内，强度大于应力的概率

$$R(t) = P(S > s) = P(S - s > 0) \quad (29\text{-}8\text{-}19)$$

(2) 零件可靠度基本表达式

零件可靠度的基本表达式是应力-强度干涉模型，表达的是强度大于应力的概率（不失一般性，应力和强度的分布范围均表达为 $-\infty \sim +\infty$）

$$R = \int_{-\infty}^{+\infty}\left[\int_{s}^{+\infty} f(S)dS\right]h(s)ds \quad (29\text{-}8\text{-}20)$$

或应力小于强度的概率

$$R = \int_{-\infty}^{+\infty}\left[\int_{-\infty}^{S} h(s)ds\right]f(S)dS \quad (29\text{-}8\text{-}21)$$

可靠性干涉模型还可写成以下两种形式

$$R = \int_{-\infty}^{\infty} H(s)f(S)dS \quad (29\text{-}8\text{-}22)$$

$$R = 1 - \int_{-\infty}^{\infty} F(S)h(s)ds \quad (29\text{-}8\text{-}23)$$

式中，$H(s) = \int_{-\infty}^{S} h(s)ds$ 和 $F(S) = \int_{-\infty}^{s} f(S)dS$ 分别为应力累积概率密度函数和强度累积概率密度函数。

根据应力-强度干涉模型，如果已知应力分布和强度分布，就可以计算出零件的可靠度。当应力 $s \sim N(\mu_s, \sigma_s^2)$ 和强度 $S \sim N(\mu_S, \sigma_S^2)$ 均为正态分布随机变量时，可以进行以下变换

$$y = S - s \quad (29\text{-}8\text{-}24)$$

式中，y 也服从正态分布，即 $y \sim N(\mu_y, \sigma_y^2)$，且有 $\mu_y = \mu_S - \mu_s$；$\sigma_y^2 = \sigma_S^2 + \sigma_s^2$。

由此，可靠度可表达为

$$R = \int_0^\infty \frac{1}{\sigma_y \sqrt{2\pi}} \exp\left[-\frac{1}{2}\left(\frac{y-\mu_y}{\sigma_y}\right)^2\right] dy \tag{29-8-25}$$

令

$$z = \frac{y-\mu_y}{\sigma_y} \tag{29-8-26}$$

则 z 为标准正态分布随机变量，且有

$$R = \int_{-\frac{\mu_S - \mu_s}{\sqrt{\sigma_S^2 + \sigma_s^2}}}^{\infty} \frac{1}{\sqrt{2\pi}} \exp\left(-\frac{z^2}{2}\right) dz \tag{29-8-27}$$

应用上式时，可靠度 R 可以通过标准正态分布表查得，即

$$R = 1 - \Phi\left(-\frac{\mu_S - \mu_s}{\sqrt{\sigma_S^2 + \sigma_s^2}}\right) = \Phi\left(\frac{\mu_S - \mu_s}{\sqrt{\sigma_S^2 + \sigma_s^2}}\right) \tag{29-8-28}$$

式中，$\Phi(\cdot)$ 为标准正态随机变量的累积分布函数。

令 $\beta = \Phi^{-1}(R)$，即

$$\beta = \frac{\mu_S - \mu_s}{\sqrt{\sigma_S^2 + \sigma_s^2}} \tag{29-8-29}$$

β 称为可靠性系数或可靠度指数，式（29-8-29）称为可靠性连接方程。

关于上面的可靠性干涉模型，需要明确的是，它表达的是载荷一次作用下的失效概率问题。对于在持续变化的载荷作用下的可靠性问题，如果要近似地应用上述干涉模型，则载荷分布应该是零件设计寿命期内出现的载荷的最大值的分布。也就是说，干涉模型的基本功能是用于计算一次性使用（寿命周期内只承受一次载荷）的产品的可靠性。若要将该模型应用于长期工作、载荷多次作用的产品，则相应的应力分布应该是其寿命周期内的极值应力的概率分布。这相当于只考虑产品预期服役期内可能出现的最大的一次载荷。获得这样的载荷分布的方法是，在多个样本的设计寿命周期载荷历程中，取各载荷历程中的最大载荷峰值进行统计，得出极限载荷分布。这样做可以求出一个对应于指定载荷作用次数或服役时间段的可靠度，但没有表达出可靠度随时间（或载荷作用次数）的变化规律，且假设材料性能不退化。

8.4.2 载荷多次作用下的可靠性模型

对于承受载荷多次作用的情形，有如式（29-8-9）所示的简单可靠性计算公式。然而，根据该式的意义，其载荷分布 $g(s)$ 是根据一个产品样本的载荷历程中各峰值统计分析得出的（而不是通过统计多个样本的最大值得出的）。因此，该式不反映不同产品可能经历的载荷历程的差别。

大多数工程结构或机械零部件在服役过程中承受的都是复杂随机载荷历程，需要用随机过程描述，而每一个载荷样本是该随机过程的一次实现。对于失效问题而言，一个载荷历程样本中载荷峰值的分布特性及出现的时间或顺序对损伤累积、强度退化及可靠性都有影响。例如，从失效判据方面，大载荷较早出现（强度退化很少时）导致失效的可能性自然小于较晚出现（强度明显退化后）导致失效的可能性。因此，一个载荷历程样本中峰谷值出现顺序的随机性，也需要在可靠性模型中有所反映。

为了准确评价结构零部件或系统的可靠性，首先需要完整地描述载荷的不确定性。基于可靠性建模的需要，可以把随机载荷历程的不确定性划分为"宏观"层面的不确定性（与具体承载对象对应的各载荷历程样本之间的差异）和"微观"层面的不确定性（一个复杂载荷历程样本内各种幅度的载荷大小及出现顺序的统计规律），并在可靠性模型中分别体现载荷的两个层面上的不确定性效应。

在概率框架下，复杂载荷历程的不确定性首先表现在其样本之间的"宏观"差异。产生宏观差异的原因包括产品个体自身对外部环境响应的差异，以及服役环境的不确定性等。例如一批机械产品由于制造、装配的不完全一致导致其动态特性不同，即使在同样的外部激励下产生的动载荷也不同，这是产品自身原因引起的产品个体载荷历程的差异。同时，一批产品中各个体的服役环境也会有所不同，例如不同的汽车不可能具有完全相同的负载、行驶完全相同的路面；不同飞机在服役期内所经历的载荷历程也各不相同；一组风力发电机，由于安装的地理位置不同，也不可能经历完全相同的风力载荷。为此，可以用"载荷历程样本的宏观特征量"表达其总体强烈程度，例如用一个载荷历程中的最大峰值 L 表示。这样，载荷历程样本的统计规律就可以用该特征量的概率密度函数 $h(L)$ 表征。一个产品个体所经历的载荷历程中，不同大小的峰值及其出现的顺序也服从统计规律，这种"微观"层面上的不确定性用概率密度函数 $g(s)$ 表示。一个载荷历程样本中，载荷峰值出现的次数，即载荷作用次数也是随机变量（离散型随机变量），用概率质量函数（分布律）ω_n 表示。

图 29-8-2（a）所示为一个载荷历程样本及其峰值分布［即概率密度函数 $g(s)$ 曲线］，图 29-8-2（b）所示为多个载荷历程样本及各载荷历程样本中的最大峰值分布［即概率密度函数 $h(L)$ 曲线］。

从上面关于随机载荷历程不确定性的分析可知，

第 8 章 零件静强度可靠性设计

时间历程）中，载荷（应力）峰值的概率密度函数。

从这里还可以看出，可靠度是安全裕度和载荷粗糙度的函数。也就是说，在载荷多次作用的场合，可靠度不仅仅是安全裕度的函数，同时也是载荷粗糙度的函数。载荷粗糙度这个参数对系统可靠性也有重要意义。同时，该式还直接地将可靠性与载荷作用次数 n 或时间参数 t（载荷作用次数 n 通常与时间 t 有关）联系了起来。

8.5 静强度可靠性设计

8.5.1 零件静强度可靠性设计的主要内容与步骤

零件静强度可靠性设计的主要内容与步骤如下。

① 明确零部件失效模式（例如屈服、失稳、断裂、过量变形等），确定载荷和强度的具体含义，选用相应的安全设计准则与失效判据。

② 确定载荷和应力的均值和标准差。如果没有具体载荷数据，载荷的均值可根据名义值确定，标准差可根据载荷工况近似估计。

载荷是零部件可靠性设计的重要依据之一。载荷分布或其统计样本必须能切实反映零部件在其服役期内的真实情况。载荷样本的统计需要与将要采用的可靠性模型相适应，即静态模型还是动态模型，是载荷一次作用模型还是载荷多次作用模型等。如果简单地应用传统的应力-强度干涉模型，载荷分布一般表达的是同类零部件各自在服役期内可能承受的最大载荷的统计特征。

应力是载荷及结构承载面积的函数。如果影响零件应力 s 的参数均为正态随机变量，且各随机变量的变异系数都小于 0.1，则根据中心极限定理，可以认为应力近似服从正态分布。应力的分布参数可以通过基本公式或矩方法由载荷及有关影响因素的分布参数计算出来。

③ 确定零件尺寸分布。零部件特征尺寸（危险截面的尺寸）是基本设计变量。一般情况下，可以认为尺寸服从正态分布。σ_x 与 Δx 的关系如图 29-8-3 所示。

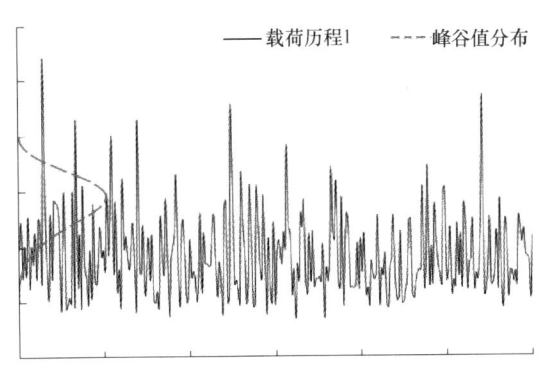

(a) 一个载荷历程样本及其峰值分布

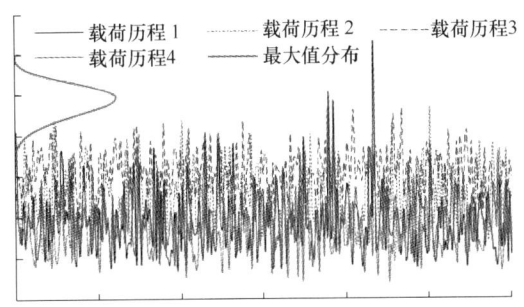

(b) 多个载荷历程样本及各样本中的最大峰值分布

图 29-8-2 载荷历程的宏、微观统计分布示意图

式（29-8-9）中的载荷分布只是一个载荷历程样本内部载荷峰值的分布。也就是说，式（29-8-9）没有反映载荷历程的不确定性对可靠性的影响，相当于只计算了在某一随机载荷历程样本作用下不失效的概率，而不是真实随机载荷历程下的可靠度。在强度不退化的情形，基于对随机载荷历程不确定性的分层表达，可以根据随机变量函数数学期望计算原理，将式（29-8-9）及式（29-8-11）进一步扩展，以体现载荷的宏观不确定性对可靠性的影响。将式（29-8-11）扩展后，可得到如下"四元"可靠性模型

$$R(t) = \int_0^\infty h(L) \sum_{n=1}^\infty \omega_n(t,L) \int_0^\infty f(S) \left[\int_0^S g(s,L) ds \right]^n dSdL \quad (29\text{-}8\text{-}30)$$

式中，$h(L)$ 表示载荷样本特征量（载荷历程样本中的最大峰值）的概率密度函数；$\omega_n(t,L)$ 为以 L 标识的一个载荷历程样本（即其宏观特征变量为 L）的载荷作用次数；分布律；$f(S)$ 表示强度概率密度函数；$g(s,L)$ 表示宏观特征变量为 L 的载荷历程样本（载荷随机过程的一次实现，表现为一个复杂载荷-

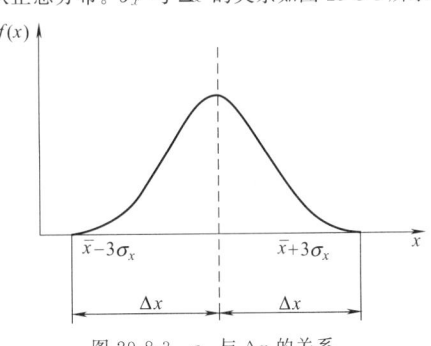

图 29-8-3 σ_x 与 Δx 的关系

通常，零件尺寸的容许偏差（公差）$\pm \Delta x$ 可以用于估计其标准差。尺寸分布标准差的近似值可以表示为

$$\sigma_x \approx \frac{(\overline{x}+\Delta x)-(\overline{x}-\Delta x)}{6} = \frac{\Delta x}{3} \quad (29\text{-}8\text{-}31)$$

这就是所谓的"3σ 原则"，3σ 原则也可用于确定载荷或其他随机变量的标准差。

④ 确定强度的均值和标准差。材料强度一般可以用正态分布描述，其参数可以根据材料的统计特性数据或根据经验确定。需要注意的是，零部件的强度一般不同于其材料强度，需要考虑应力集中、结构尺寸、零部件表面状态等因素的影响。此外，有些材料，或在有些服役环境下，材料强度会随服役时间的增加有所下降。在这种情况下，可靠性设计中材料强度应该是材料在指定服役寿命时的剩余强度。

⑤ 通过连接方程 $\beta = \dfrac{\mu_S - \mu_s}{\sqrt{\sigma_S^2 + \sigma_s^2}}$，建立零部件的设计参数（零部件尺寸）与可靠性指数之间的关系。在给定零件的可靠度指标 R 之后，查正态分布表得到相应的可靠性系数 β 后，即可由连接方程解出相应的设计参数。

8.5.2 静强度可靠性设计举例

[例1] 试设计可靠度为 0.9999 的圆截面抗拉杆，已知该杆承受的载荷 P 为服从正态分布的随机变量，$\mu_P = 28000\text{N}$，$\sigma_P = 4200\text{N}$。材料强度 S 也服从正态分布，其中 $\mu_S = 438\text{MPa}$，$\sigma_S = 13\text{MPa}$。试确定杆的直径 d。

解 根据材料力学可知，拉杆应力表达式为

$$s = \frac{P}{A} = \frac{4P}{\pi d^2}$$

根据矩法求随机变量函数分布参数的公式为

$$E(y) \approx f(\mu_1, \mu_2, \cdots, \mu_n) + \frac{1}{2} \sum_{i=1}^{n} \left.\frac{\partial^2 f(X)}{\partial X_i^2}\right|_{X=\mu} \text{var}(X_i)$$

$$\text{var}(y) \approx \sum_{i=1}^{n} \left\{\left.\frac{\partial f(X)}{\partial X_i}\right|_{X=\mu}\right\}^2 \text{var}(X_i)$$

可以近似算出

$$\mu_s = f(\mu_P, \mu_d) = \frac{4\mu_P}{\pi \mu_d^2}, \sigma_s^2 = \left(\frac{4}{\pi \mu_d^2}\right)^2 \sigma_P^2 + \left(\frac{8\mu_P}{\pi \mu_d^3}\right)^2 \sigma_d^2$$

根据设计制造经验，选择拉杆直径变异系数（标准差与均值之比）$C_d = \sigma_d/\mu_d = 0.005$，则

$$\mu_s = \frac{35650}{\mu_d^2}, \sigma_s^2 = \frac{28723853}{\mu_d^4}$$

根据给定的可靠度指标（$R=0.9999$）查正态分布表，得出 $\beta = 3.72$，代入连接方程

$$\beta = \frac{\mu_S - \mu_s}{\sqrt{\sigma_S^2 + \sigma_s^2}}$$

得

$$\mu_d^4 - 149\mu_d^2 + 3774 = 0$$

解出

$$\mu_d^2 = 116.80，\text{或 } \mu_d = 10.81$$

（另一个解为 $\mu_d^2 = 32.32$，代入连接方程验算后可知不符合实际，故被舍去。）

$$\sigma_d = 0.005 \times 10.81 = 0.504$$

根据 3σ 原则，设计直径 d 及其公差为

$$d = \mu_d \pm 3\sigma_d = 10.81 \pm 0.162$$

如果此公差不符合设计要求，则需要根据设计公差和初算的直径均值重新计算变异系数，最终解出公差要求的设计参数（直径）。

8.6 断裂可靠性设计

8.6.1 断裂力学的基本概念

传统的强度计算把材料视为无缺陷的均匀连续体。由于锻、铸、焊、机械加工和热处理等制造工艺过程可能会产生裂纹或类裂纹缺陷，零部件的工作应力及腐蚀环境可能会导致裂纹萌生及扩展。由于裂纹的存在，零部件断裂时的应力远低于材料的静强度。为了更好地描述含裂纹物体的强度与失效问题，需要应用含裂纹体的断裂力学判据。

(1) 裂纹及断裂失效的类型

根据载荷与裂纹的相对方向以及裂纹扩展方式的不同，在断裂力学中一般把裂纹及相应的断裂形式划分为三种不同的类型。其中，Ⅰ型裂纹及Ⅰ型断裂是最基本、最常见的类型，同时也是结构零部件中最具危害性的裂纹。以下主要介绍含Ⅰ型裂纹的结构零部件的可靠性设计方法。

(2) 应力强度因子

在外力作用下，裂纹端部应力存在奇异性，理论应力为无穷大。为了表征裂纹尖端应力场的强弱，通常用"应力强度因子"这个参数。裂纹强度因子与裂纹的形状、尺寸、位置和应力水平有关。应力强度因子的单位是 $\text{MPa} \cdot \text{m}^{1/2}$ 或 $\text{MN}/\text{m}^{2/3}$。Ⅰ型裂纹的应力强度因子用 K_{I} 表示，一般表达式为

$$K_{\text{I}} = \alpha \sigma \sqrt{\pi a} \quad (29\text{-}8\text{-}32)$$

式中 a——裂纹长度；

σ——垂直裂纹面、均匀分布的远端应力；

α——修正系数，与裂纹体几何形状有关，具体计算公式可以在应力强度因子手册中

查到。

(3) 断裂韧度

应力强度因子 K 是表征应力场强弱的物理量,当作用在裂纹体上的应力增大时,裂纹尖端的应力强度因子 K 也随之增大。相应地,结构是否发生断裂破坏的判定依据是裂纹端部的应力强度因子是否达到其临界值 K_c,称为材料的断裂韧度。对应于 Ⅰ 型裂纹的材料断裂韧度用 K_{Ic} 表示。断裂韧度是材料性能指标,是材料的固有属性,表示裂纹体抵抗裂纹失稳扩展的能力,须由试验测定。

对于含 Ⅰ 型裂纹的结构零部件件,裂纹失稳扩展判据为

$$K_I \geqslant K_{Ic} \tag{29-8-33}$$

若 K_{Ic} 已知,则根据应力强度因子公式及裂纹失稳临界条件可以算出给定应力水平下裂纹发生失稳扩展的临界裂纹尺寸 a_c(应用公式 $K_{Ic} = \alpha\sigma\sqrt{\pi a_c}$ 求解)。通过无损探伤技术测定零件中存在的最大初始裂纹尺寸 a_0,若 $a_0 < a_c$,则有 $K_I < K_{Ic}$,表示在静载下不会发生断裂。但在循环载荷作用下,裂纹可能会从初始尺寸 a_0 逐渐扩展到临界尺寸 a_c,导致突然断裂,这种情况属于疲劳断裂问题。裂纹在循环载荷作用下从 a_0 扩展到 a_c 需要一定的时间(一定的载荷循环次数),这段时间(或载荷循环次数)称为疲劳裂纹扩展寿命。

8.6.2 断裂可靠性设计

根据可靠性干涉理论,把应力强度因子与断裂韧度作为随机变量,则断裂可靠度为断裂韧度大于应力强度因子的概率

$$R = P(K_{Ic} > K_I) \tag{29-8-34}$$

断裂可靠度还可以表达为在一定应力水平下结构允许的临界裂纹长度大于实际裂纹长度的概率

$$R = P(a_c > a) \tag{29-8-35}$$

或给定长度的裂纹失稳扩展的临界应力大于实际应力的概率

$$R = P(\sigma_c > \sigma) \tag{29-8-36}$$

式中 a_c——给定应力下的裂纹临界尺寸,当 $a > a_c$ 时发生断裂;

σ_c——给定裂纹尺寸下的裂纹体的临界应力,当 $\sigma > \sigma_c$ 时发生断裂。

在参数 K_{Ic}、a_c、σ_c 均服从正态分布的情况下,零部件的可靠度指数计算公式为

$$\beta = \frac{\overline{K}_{Ic} - \overline{K}_I}{\sqrt{\sigma_{K_{Ic}}^2 + \sigma_{K_I}^2}} \tag{29-8-37}$$

或

$$\beta = \frac{\overline{a}_c - \overline{a}}{\sqrt{\sigma_{a_c}^2 + \sigma_a^2}} \tag{29-8-38}$$

或

$$\beta = \frac{\overline{\sigma}_c - \overline{\sigma}}{\sqrt{\sigma_{\sigma_c}^2 + \sigma_\sigma^2}} \tag{29-8-39}$$

式中,$\overline{K}_{Ic}$、$\overline{K}_I$、$\overline{a}_c$、$\overline{a}$、$\overline{\sigma}_c$、$\overline{\sigma}$ 和 $\sigma_{K_{Ic}}$、σ_{K_I}、σ_{a_c}、σ_a、σ_{σ_c}、σ_σ 分别为 K_{Ic}、K_I、a_c、a、σ_c、σ 的均值和标准差;β 为可靠性指数。计算出 β 后,可由正态分布表查得可靠度。

[**例2**] 一矩形板承受静拉力 $Q = (882000 \pm 88200)$N,板宽 $W = (150 \pm 3)$mm,板厚 $B = (5 \pm 0.15)$mm,板边存在 Ⅰ 型穿透裂纹,尺寸为 $a = (0.5 \pm 1)$mm,材料的断裂韧度 $K_{Ic} = 78.72$MN/m$^{3/2}$,变异系数 $V_{K_{Ic}} = 0.1$。求该板不发生断裂的可靠度。

解 这里假定应力强度因子、断裂韧度、裂纹尺寸等都服从正态分布,可靠度为应力强度因子小于断裂韧度的概率。

应力计算公式为

$$s = \frac{Q}{(W-a)B}$$

应力均值为

$$\overline{s} = \frac{\overline{Q}}{(\overline{W} - \overline{a})\overline{B}} = 1179.93 \text{MPa}$$

应力标准差为

$$\sigma_s = \left[\left(\frac{\partial s}{\partial Q}\right)^2 \sigma_Q^2 + \left(\frac{\partial s}{\partial W}\right)^2 \sigma_W^2 + \left(\frac{\partial s}{\partial a}\right)^2 \sigma_a^2 + \left(\frac{\partial s}{\partial B}\right)^2 \sigma_B^2\right]^{\frac{1}{2}}$$

$$= 39.3 \text{MPa}$$

根据应力强度因子计算公式 $K_I = \alpha s\sqrt{\pi a}$(这里 α 取值 1.257),有

$$\overline{K}_I = \alpha \overline{s}\sqrt{\pi \overline{a}} = 1.257 \times 1179.93\sqrt{\pi \times 0.5}$$
$$= 1858.86 \text{N/mm}^{3/2} = 58.79 \text{MN/m}^{3/2}$$

$$\sigma_{K_I} = \left[\left(\frac{\partial K_I}{\partial s}\right)^2 \sigma_s^2 + \left(\frac{\partial K_I}{\partial a}\right)^2 \sigma_a^2\right]^{\frac{1}{2}} =$$

$$\left[(\alpha\sqrt{\pi \overline{a}})^2 \sigma_s^2 + \left(\frac{\alpha \overline{s}\sqrt{\pi}}{2\sqrt{\overline{a}}}\right)^2 \sigma_a^2\right]^{\frac{1}{2}} = 2.76 \text{MN/m}^{3/2}$$

断裂韧度的均值和标准差为

$$\overline{K}_{Ic} = 78.72 \text{MN/m}^{3/2}, \sigma_{K_{Ic}} = \overline{K}_{Ic} V_{K_{Ic}}$$
$$= 78.72 \times 0.1 = 7.872 \text{MN/m}^{3/2}$$

所以

$$\beta = \frac{78.72 - 58.79}{\sqrt{7.872^2 + 2.76^2}} \approx 2.39$$

$$R = \Phi(2.39) = 0.99158$$

8.7 可靠性设计计算的蒙特卡罗法

8.7.1 蒙特卡罗法求解可靠度的原理

蒙特卡罗法是通过对随机变量的统计模拟,求解工程技术问题近似解的数值方法,也称为统计试验法或随机模拟法。应用蒙特卡罗法求解可靠度,需要已知应力和强度分布函数。这种方法的实质是从应力分布中随机抽取一个应力值,再与从强度分布中随机抽取的一个强度值进行比较,如果应力大于强度,则得到一次零件失效结果;反之,得到一次零件安全结果。由此可见,每一次随机模拟相当于对一个随机抽取的零件进行一次试验。统计试验结果,就可得到需要的可靠性指标。

设模拟次数为 n,其中失效数为 n_F,则零件的失效概率近似值等于 n_F/n,可靠度近似为 $R=1-n_F/n$。显然,模拟次数越多,模拟结果的精度越高。要获得可靠的模拟结果,往往需要进行千次以上的模拟。由于需要的模拟次数很多,所以,用蒙特卡罗法进行可靠性模拟一般需要借助计算机进行。

在计算机上进行零件可靠度的模拟,基本过程如下。

① 确定随机模拟次数 n。

② 输入载荷和材料强度分布信息,包括零件工作载荷和材料强度的概率密度函数,以及影响零部件应力和强度的各随机变量的概率密度函数。

③ 产生给定分布规律的随机样本序列。

④ 计算零件工作应力的一个样本值,即随机抽取一组应力影响参数样本值代入应力公式,计算零件的工作应力样本值 x_l。

⑤ 计算零件强度的一个样本值,即随机抽取一组强度影响参数样本值代入强度公式,计算零件的强度样本值 x_s。

⑥ 比较应力与强度样本值,若 $x_l-x_s>0$,则零件失效;反之,零件安全。如此重复进行 n 次,得到 n 次模拟中零件的失效次数 n_F。

⑦ 计算零件可靠度的近似值 $R=1-n_F/n$。

蒙特卡罗法的主要优点是,可以用同样的方法处理任何复杂随机变量。对于用干涉理论解析法难以处理的多个随机变量及概率分布,可用蒙特卡罗法求解。

8.7.2 随机数的产生

蒙特卡罗法的重要内容之一是生成随机数。产生随机变量样本的基础是首先产生 [0,1] 区间上均匀分布的随机数。

目前计算机仿真中采用的随机数发生器都是按一定的数学函数的递推算法得到的。严格讲,所产生的数列不是概率意义下真正的随机数,称为伪随机数。但如果算法选择合适,所得到的伪随机数序列周期足够长,而且能满足均匀性、独立性要求,将这种伪随机数用于仿真是可行的。产生随机数的常用方法有同余法、混合同余法、组合法等,许多计算机软件中都有产生伪随机数的功能。

8.7.3 随机变量抽样方法

可靠性仿真分析需要的各类分布如正态分布、对数正态分布、威布尔(Weibull)分布、泊松分布等,都可以通过 [0,1] 区间上的均匀分布变换得到。常用的产生给定分布的随机变量的方法有三种:逆变换法、组合法和取舍法。逆变化法简单、高效;组合法适于无法得到分布函数的反函数,且可以将分布函数分解的情况;取舍法用于概率密度函数复杂又难以求得其累计分布函数的情况。许多计算机软件中都有产生服从各种常用分布的随机样本的功能。

8.7.4 应用举例——发动机轮盘可靠性仿真

(1) 轮盘疲劳寿命模型

榫槽是轮盘上的高应力部位,榫槽底部的应力呈现多轴的应力状态,裂纹的早期扩展发生在与最大主应变范围垂直的平面上。这里,寿命模型采用临界平面法中的 SWT 模型。SWT 模型方程为

$$\sigma_{\max}\frac{\Delta\varepsilon}{2} = \frac{\sigma_f'^2}{E}(2N_f)^{2b}+\sigma_f'\varepsilon_f'(2N_f)^{b+c}$$

(29-8-40)

式中 $\sigma_{\max}$——最大主应变范围平面上的最大正应力;
$\Delta\varepsilon$——最大主应变范围;
N_f——疲劳寿命。

式 (29-8-40) 中材料性能参数如表 29-8-2 所示。

表 29-8-2　材料性能参数

参数	轴向
疲劳强度系数	σ_f'
疲劳强度指数	b
疲劳延性系数	ε_f'
疲劳延性指数	c
弹性模量	E

(2) Monte Carlo 仿真

① 确定随机变量的分布形式。随机变量的分布通常由实验数据拟合得到,也可以从相关文献中得到。

② 产生随机变量样本。

③ 求得 y 抽样值。

对于已知函数 $y=f(x_1,x_2,\cdots,x_n)$，根据 x_1，$x_2,\cdots,x_n$ 的一组抽样值，即可计算出 y 的一个抽样值。

④ 统计分析数量足够的 y 的样本值，即可统计得出其概率分布形式及参数。

(3) 轮盘可靠度计算

确定了轮盘寿命分布的分布参数 m，η，t_0 以后，可以得到轮盘的累积失效分布函数，即失效概率

$$F(t) = 1 - \exp\left[-\left(\frac{t-t_0}{\eta}\right)^m\right]$$

(29-8-41)

式中 t_0——位置参数，即最小寿命；
   m——形状参数；
   η——尺度参数。

轮盘的可靠度为

$$R(t) = 1-F(t) = \exp\left[-\left(\frac{t-t_0}{\eta}\right)^m\right]$$

(29-8-42)

(4) 计算实例

对某型航空发动机轮盘进行疲劳可靠性校核。其中应力参数由有限元分析获得，材料应变疲劳参数由标准试样的低循环疲劳试验得到，如表 29-8-3 所示。这里，假设各参数均服从正态分布。

表 29-8-3　　应变疲劳参数

参数	σ'_f/MPa	b	ε'_f	c	E/MPa	$\sigma_{\max}\frac{\Delta\varepsilon}{2}$
均值	1545	-0.0717	0.112	-0.536	206000	4.12
变异系数	0.02	0.01	0.02	0.01	0.03	0.05

应用自编软件进行轮盘可靠性分析。首先将表 29-8-3 中的应变疲劳参数输入仿真分析程序，给定模拟试验次数为 50000 次，试验后得到 50000 个寿命抽样值。对所得的模拟实验寿命作频率直方图，如图 29-8-4 所示。直方图的分布呈偏态，寿命均大于零，符合三参数 Weibull 分布特点。用概率权重矩法进行三参数 Weibull 分布参数拟合，得到 Weibull 分布的三个参数如表 29-8-4 所示。

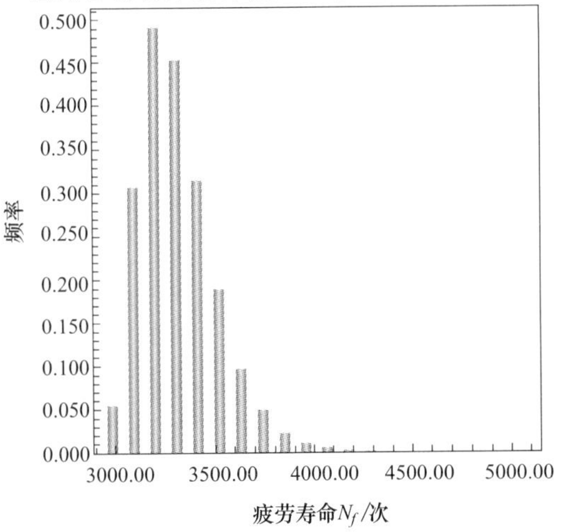

表 29-8-4　　Weibull 分布参数

参数	参数值
位置参数	3009.3
形状参数	354.8
尺度参数	1.698

对所得参数进行 χ^2 检验，计算得 $\chi^2_q = 14.361 < \chi^2 = 20.887$，即轮盘疲劳寿命服从三参数 Weibull 分布，据此可以计算出任意给定寿命的可靠度，也可以求得任意可靠度下的可靠寿命。在得到了三个参数后，在程序中输入预期寿命，即可计算出可靠度；输入预期可靠度，可求出可靠寿命。

8.8 典型机械零件可靠性设计举例

8.8.1 螺纹连接可靠性设计

(1) 松螺栓连接

在松螺栓连接中，螺栓不受预紧力，只受轴向的随机静载荷，失效模式为断裂。

[例 3]　已知松螺栓连接的载荷 F 分布参数为 $(\overline{F}, S_F) = (26700, 900)\mathrm{N}$，螺栓材料强度 σ_b 分布参数为 $(\overline{\sigma}_b, s_{\sigma_b}) = (900, 72)\mathrm{MPa}$。要求螺栓失效概率不高于 0.0013，试设计此松螺栓连接。

解　螺栓受轴向的随机静载荷，假设拉应力 σ_1 沿螺栓横截面均匀分布，失效模式为应力大于强度。

① 载荷引起的应力为

$$\sigma_1 = \frac{F}{A} = \frac{4F}{\pi d^2}$$

由于载荷分布参数已给出，为求螺栓的应力，只需确定面积 A 的分布参数。螺栓截面积的均值为

$$\overline{A} = \frac{\pi\overline{d}^2}{4} = f(\overline{d})$$

面积 A 的标准差为

$$s_A = \left[\left(\frac{\partial A}{\partial d}\right)^2 s_d^2\right]^{1/2} = \left[\left(\frac{\pi\overline{d}}{2}\right)^2 s_d^2\right]^{1/2} = \frac{\pi\overline{d}}{2}s_d$$

式中，由于 $\overline{d}$ 和 s_d 均为未知量，需要一个关系式来确定 $\overline{d}$ 与 s_d 之间的关系。根据制造公差的大小，

图 29-8-4　寿命频率直方图（50000 次）

令 $s_d \approx 0.001\bar{d}$,因此

$$\bar{\sigma}_1 = \frac{4\bar{F}}{\pi \bar{d}^2} = \frac{4 \times 26700}{\pi \bar{d}^2} = \frac{34013}{\bar{d}^2}$$

$$s_1^2 = \frac{\bar{F}s_A^2 + \bar{A}^2 s_F^2}{\bar{A}^4} = \frac{131639817}{\bar{d}^4}$$

$$s_1 = \frac{1147}{\bar{d}^2}$$

即应力的分布参数为 $(\bar{\sigma}_1, s_1) = \left(\dfrac{34013}{\bar{d}^2}, \dfrac{1147}{\bar{d}^2}\right)$。

② 静强度的分布参数已知,即 $(\bar{\sigma}_b, s_b) = (900, 72)$。

③ 由连接方程确定螺栓尺寸。根据题意,该松螺栓连接所需的可靠度为

$$R(t) = 1 - \frac{13}{10000} = 0.9987$$

由标准正态分布表,可查得对应的可靠性指数值,代入连接方程,可解得

$$3.00 = \frac{900 - \dfrac{34013}{\bar{d}^2}}{\left[72^2 + \left(\dfrac{1147}{\bar{d}^2}\right)^2\right]^{1/2}}$$

化简和整理后,得

$$\bar{d}^4 - 80.204207\bar{d}^2 + 1499.90 = 0$$

解上式,可得到满足可靠性要求的螺栓抗拉危险截面的直径值

$$\bar{d} = 5.45 \text{mm}$$

(2) 紧螺栓连接

有预紧力且承受轴向动载荷的紧螺栓连接,是机械零部件常见的连接形式,例如图 29-8-5 所示的发动机气缸盖螺栓连接。

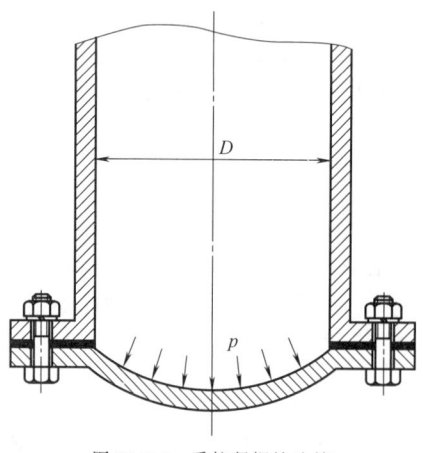

图 29-8-5 受拉紧螺栓连接

[例 4] 已知气缸内直径 $D = 380$mm,缸内工作压力 $p = 0 \sim 1.70$MPa,螺栓数目 $n = 8$,采用金属垫片。设计此气缸盖螺栓,要求螺栓连接的可靠度为 0.999999。

解 紧螺栓连接的一般设计步骤如下。

首先,确定设计准则。假设每个螺栓的拉应力沿横截面均匀分布,通常假设载荷产生的拉应力服从正态分布。对于有紧密性要求的螺栓连接,假设其失效模式是螺栓发生屈服。因此,设计准则为螺栓材料的屈服强度 σ_s 大于螺栓应力 σ_1 的概率必须大于或等于设计所要求的可靠度 R,即 $P(\sigma_s > \sigma_1) \geq R(t)$。

其次,选择螺栓材料,并确定其强度分布。根据经验,可取螺栓拉伸强度的变异系数为 0.1。该螺栓材料选用 45 钢,假设其强度分布为正态分布,强度均值 $\bar{\sigma}_s = 480$MPa。

气缸盖所受最大工作载荷的均值为

$$\bar{F}_T = \bar{p}_{max}\left(\frac{\pi \bar{d}^2}{4}\right) = 1.70 \times \frac{3.14 \times 380^2}{4} \text{N} = 192700\text{N}$$

每个螺栓所受最大工作载荷的均值为

$$\bar{F} = \frac{\bar{F}_T}{n} = \frac{192700}{8}\text{N} = 24090\text{N}$$

这里,工作载荷的变异系数 v_F 取为 0.08。因此,工作载荷的标准差为

$$s_F = v_F \bar{F} = 0.08 \times 24090\text{N} = 1927\text{N}$$

螺栓的应力均值为

$$\bar{\sigma}_F = \frac{\bar{F}}{A} = \frac{24090}{\dfrac{\pi}{4}(\bar{d})^2} = \frac{30688}{\bar{d}^2}$$

标准差为

$$s_{\sigma_F} = v_F \bar{\sigma}_F = 0.08 \times \frac{30688}{\bar{d}^2} = \frac{2455}{\bar{d}^2}$$

有预紧力的受轴向载荷的紧螺栓连接在工作时,螺栓的总拉力为

$$F_0 = F + F_i'$$

或

$$F_0 = \frac{C_1}{C_1 + C_2} F + F_i$$

式中 F——螺栓上所受的工作载荷;

F_i——预紧力;

F_i'——剩余预紧力;

C_1——螺栓刚度系数;

C_2——被连接件刚度系数。

令 $\dfrac{C_2}{C_1} = B$,上式可改写为

$$F_0 = \frac{1}{1+B}F + F_i$$

将上式除以螺栓横截面面积 A,可得螺栓总拉应力分布的均值

$$\bar{\sigma} = \frac{F_0}{A} = \frac{1}{1+\bar{B}}\bar{\sigma}_F + \bar{\sigma}_i$$

根据经验，取预紧应力分布的均值为

$$\bar{\sigma}_i = 240 \text{MPa}$$

标准差为

$$s_i = 0.15\bar{\sigma}_i = 0.15 \times 240 \text{MPa} = 36 \text{MPa}$$

实际上，螺栓的刚度系数 C_1 可以较精确地算出 $\left(C_1 = \frac{\pi d^2 E}{4l}\right)$，而被连接件的刚度系数 C_2 则较难精确确定。此处可取比例系数 $\bar{B} = 8$，其变异系数 $v_B = 0.10$，所以 B 的标准差为 $s_B = 0.10\bar{B} = 0.10 \times 8 = 0.8$。

将有关数值代入，得

$$\bar{\sigma} = \frac{1}{1+8} \times \frac{30688}{\bar{d}^2} + 240 = \frac{3410}{\bar{d}^2} + 240$$

应用连接方程，即可求出螺栓直径。由标准正态分布表知，当要求可靠度 $R = 0.999999$ 时，$\beta = 4.70$，于是，将有关各值代入连接方程，得

$$4.70 = \frac{480 - \left(\frac{3410}{\bar{d}^2} + 240\right)}{\left(\frac{166272}{\bar{d}^4} + 2425\right)^{\frac{1}{2}}}$$

化简和整理后，得

$$\bar{d}^4 - 405.95\bar{d}^2 + 1973 = 0$$

解上式，得

$$\bar{d} = 20 \text{mm}$$

[例5] 一受剪螺栓连接如图 29-8-6 所示，已知载荷为正态分布的等幅循环载荷，均值和标准差为 $(\bar{L}, s_L) = (24000, 1440)$N，承切面数 $n = 2$。预紧力忽略不计。在 10000 个螺栓中，只允许有两个失效。试设计此螺栓连接。

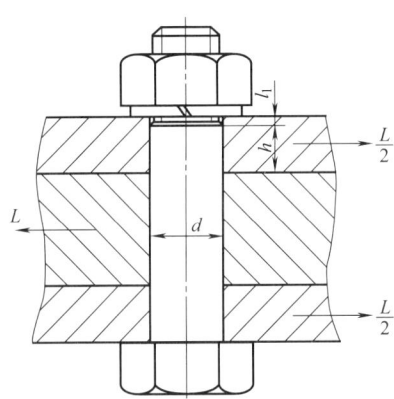

图 29-8-6 受剪螺栓连接

解 按栓杆受剪切进行设计。

① 确定失效判据。假设所有的设计变量为正态分布，失效模式是循环载荷下螺栓疲劳失效，所以设计准则为螺栓的切应力小于剪切疲劳强度的概率大于设计所要求的可靠度 $R(t)$，表示为

$$P(\tau_{-1} > \tau) \geqslant R(t)$$

式中 τ_{-1}——螺栓材料的剪切疲劳极限，MPa；
τ——单个螺栓的切应力，MPa。

② 选择螺栓材料，确定其强度分布。螺栓材料选用 45 钢，假设其强度分布为正态分布，$\bar{\sigma}_b = 600$MPa，$\bar{\sigma}_s = 480$MPa。

根据经验公式，得

$$\sigma_{-1} = 0.23(\bar{\sigma}_b + \bar{\sigma}_s) = 0.23(600 + 480)\text{MPa}$$
$$= 248.4 \text{MPa}$$

$$\tau_{-1} = 0.577\bar{\sigma}_{-1} = 0.577 \times 248.4 \text{MPa} = 143.3 \text{MPa}$$

$$\tau_{\tau-1} = 0.08\bar{\tau}_{-1} = 0.08 \times 143.3 \text{MPa} = 11.5 \text{MPa}$$

③ 确定螺栓的切应力分布。实际上只有无螺纹的栓杆部分承受剪切载荷，所以承切面积是按栓杆部分算出的。

载荷和栓杆横截面面积为独立变量，故切应力为

$$(\bar{\tau}, s_r) = \frac{(\bar{L}, s_L)}{(\bar{A}, s_A)}$$

式中 $\bar{A} = \frac{\pi \bar{d}^2}{4}$。

面积 A 的标准差为

$$s_A = \frac{\pi \bar{d} s_d}{2}$$

假设 d 与 s_d 之间的关系式为

$$s_d = 0.002d$$

由此，得切应力的均值

$$\bar{\tau} = \frac{\bar{L}}{n\bar{A}} = \frac{4\bar{L}}{n\pi \bar{d}^2} = \frac{4 \times 2400}{2 \times 3.14 \times \bar{d}^2} = \frac{15287}{\bar{d}^2}$$

切应力的标准差为

$$s_\tau = \frac{4}{n\pi}\left[\frac{\bar{L}^2(0.004\bar{d}^2) + (\bar{d}^2)^2(s_L)^2}{(\bar{d}^2)^4}\right]^{1/2}$$

$$= \frac{4}{2 \times 3.14}\left[\frac{24000^2 \times (0.004\bar{d}^2)^2 + (\bar{d}^2)^2(1440)^2}{(\bar{d}^2)^4}\right]^{1/2}$$

$$= \frac{919}{\bar{d}^2}$$

式中，$s_d^2 = 2\bar{d}s_d = 2\bar{d} \times 0.02\bar{d} = 0.004\bar{d}^2$。

④ 根据连接方程求螺栓直径

查标准正态分布表，当 $R(t) = 0.9998$，连接系数 $\beta = 3.50$，将有关各值代入连接方程，得

$$3.50 = \frac{143.3 - \left(\frac{15287}{\bar{d}^2}\right)}{\left[11.5^2 + \left(\frac{919}{\bar{d}^2}\right)^2\right]^{1/2}}$$

化简和整理后，得

$$\overline{d}^4 - 231.53\overline{d}^2 + 11808 = 0$$

解上式，得栓杆直径为

$$\overline{d} = 12.5\text{mm}$$

8.8.2 过盈连接的可靠性设计

图 29-8-7 所示的过盈连接零件的应力为两向应力状态。其可靠性设计准则为当量单向应力小于强度的概率大于要求的可靠度，表示为

$$P(S > \sigma_e) \geqslant R(t)$$

式中　S——强度，可取 $S = \sigma_s$（屈服强度）；
　　　σ_e——当量单向应力。

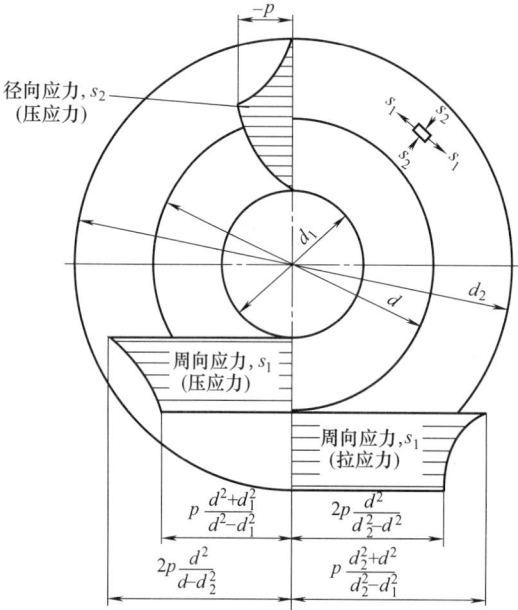

图 29-8-7　过盈连接零件的应力

根据最大变形能理论，对于受两向应力的零件，有如下当量应力计算公式

$$\sigma_e = (\sigma_1^2 + \sigma_2^2 - \sigma_1 \sigma_2)^{\frac{1}{2}}$$

其均值近似为

$$\overline{\sigma}_e = (\overline{\sigma}_1^2 + \overline{\sigma}_2^2 - \overline{\sigma}_1 \overline{\sigma}_2)^{\frac{1}{2}}$$

式中　σ_i——应力幅（$i=1,2$）。

若 σ_1 与 σ_2 相关，且相关系数 $\rho = 1$，即

$$\frac{\sigma_2}{\sigma_1} = c$$

代入上式，得

$$\sigma_e = \sigma_{1a}(c^2 - c + 1)^{\frac{1}{2}}$$

其均值和标准差分别近似为

$$\left.\begin{array}{l}\overline{\sigma}_e \approx \overline{\sigma}_{1a}(c^2 - c + 1)^{\frac{1}{2}} \\ \overline{s}_e \approx \overline{s}_{1a}(c^2 - c + 1)^{\frac{1}{2}}\end{array}\right\}$$

对于包容件，危险应力发生在内表面处，该处的周向应力

$$\sigma_{1a} = p\frac{d_2^2 + d^2}{d_2^2 - d^2}$$

径向应力

$$\sigma_{2a} = -p$$

对于被包容件，危险应力也发生在外表面处，该处的周向应力

$$\sigma_{1a} = \frac{2pd^2}{d^2 - d_1^2}$$

径向应力

$$\sigma_{2a} = 0$$

[例 6]　一蜗轮以过盈连接装在轴上，并用平键连接作为辅助，如图 29-8-8 所示。连接传递的转矩 $T = 1000\text{N}\cdot\text{m}$，轴向力 $F = 2500\text{N}$。轴和毂的尺寸如图所示，蜗轮轮芯的材料为铸钢 ZG45，其屈服强度 $\sigma_{s2} = 320\text{MPa}$；轴的材料为 45 钢，其屈服强度 $\sigma_{s1} = 360\text{MPa}$。轴、孔表面粗糙度 Ra 值为 $0.80\mu\text{m}$，用压入法装配。设已知最大径向压力 $p_{\max} = 117.8\text{MPa}$，试对此过盈连接进行可靠性分析。

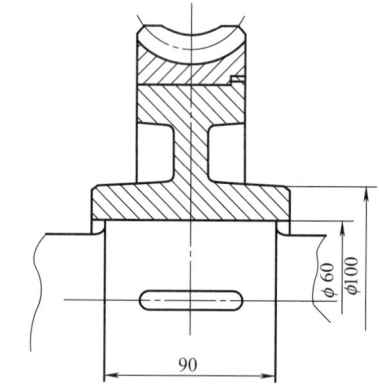

图 29-8-8　蜗轮与轴的过盈连接

解　① 对于包容件
周向应力

$$\overline{\sigma}_1 = p\frac{d_2^2 + d^2}{d_2^2 - d^2} = 117.8 \times \frac{100^2 + 60^2}{100^2 - 60^2} = 250.325\text{MPa}$$

取其标准差

$$s_1 \approx 0.09\overline{\sigma}_1 = 0.09 \times 250\text{MPa} = 22.5\text{MPa}$$

径向应力

$$\overline{\sigma}_2 = -p = -117.8\text{MPa}$$

取其标准差

$$s_2 = 0.09\overline{\sigma}_2 = 0.09 \times 117.8 = 10.6\text{MPa}$$

系数 $C_1 = 0.471$，$c^2 = 0.222$，$(c^2 - c + 1)^{\frac{1}{2}} = (0.222 - 0.47 + 1)^{\frac{1}{2}} = 0.8666$。

故当量单向应力为

$$\overline{\sigma}_e = (c^2-c+1)^{\frac{1}{2}}\overline{\sigma}_1 = 0.8666 \times 250 \text{MPa} \approx 217 \text{MPa}$$
$$s_e = (c^2-c+1)^{\frac{1}{2}} s_1 = 0.8666 \times 22.5 \text{MPa} \approx 19.5 \text{MPa}$$

包容件的强度取为屈服点，其均值及标准差为
$$\overline{\sigma}_s = 320 \text{MPa}$$

取
$$s_s = 0.08 \overline{\sigma}_s = 0.08 \times 320 \text{MPa} = 25.6 \text{MPa}$$

由连接方程，得连接系数
$$\beta = \frac{320-217}{(25.6^2+19.5^2)^{1/2}} = 3.20$$

由标准正态分布表，得可靠度为
$$R(t) = 0.9993$$

② 对于被包容件

周应力 $\overline{\sigma}_1 = \frac{2pd^2}{d^2-d_1^2}$，令 $d_1 = 0$，故 $\overline{\sigma}_1 = 0.09 \times 235.6 \text{MPa} = 21.2 \text{MPa}$，径向应力 $\overline{\sigma}_2 = 0$。

系数
$$c = \frac{\overline{\sigma}_2}{\overline{\sigma}_1} = 0$$

故
$$\overline{\sigma}_e = \overline{\sigma}_1 = 235.6 \text{MPa}$$
$$s_e = s_1 = 21.2 \text{MPa}$$

被包容件屈服强度的均值及标准差分别为
$$\overline{\sigma}_s = 360 \text{MPa}$$
$$s_e = 0.08 \overline{\sigma}_s = 0.08 \times 360 \text{MPa} = 28.8 \text{MPa}$$

由连接方程，得
$$\beta = \frac{360-235.6}{(28.8^2+21.2^2)^{\frac{1}{2}}} = 3.48$$

由标准正态分布表，得可靠度为
$$R(t) = 0.9997$$

第9章 零部件疲劳及磨损可靠性设计

9.1 零部件疲劳强度可靠性设计

9.1.1 疲劳强度可靠性设计基本原理

根据产品的使用寿命要求不同,疲劳设计准则分为无限寿命设计和有限寿命设计两类。无限寿命设计以产品在服役过程中经历无限多次应力循环(通常是以寿命大于 1000 万次为基准)不发生疲劳失效为准则,要求工作应力低于疲劳极限(通常为寿命 1000 万次对应的疲劳强度)。有限寿命设计目标是零部件或结构在规定的应力循环次数内不发生疲劳失效,要求工作应力低于对应于指定寿命的条件疲劳强度。

由于疲劳损伤一般是从结构局部高循环应力部位开始的,疲劳强度设计中,作为设计依据的工作应力是结构零部件最危险部位(动应力最高的部位)的应力。考虑到结构零部件的尺寸、形状、表面质量等影响疲劳强度的因素,结构零部件的疲劳强度需要直接进行零部件疲劳试验测试,或通过修正材料的疲劳强度数据获得。

结构零部件疲劳强度的传统修正公式为

$$S' = \frac{\varepsilon \beta}{k_f} S \quad (29\text{-}9\text{-}1)$$

式中 S'——结构零部件疲劳强度;
　　S——材料疲劳强度;
　　ε——零部件尺寸系数;
　　β——零部件表面状态系数;
　　k_f——有效应力集中系数。

式(29-9-1)简单地把尺寸、表面状态与应力集中等影响组合起来,通常会高估这些影响因素的综合作用效果。例如,存在应力集中时,尺寸效应和表面状态效应都会相应减弱。有文献推荐以下应力集中、表面状态和尺寸综合效应系数

$$K_a = \left(\frac{k_f}{\varepsilon} + \frac{1}{\beta} - 1 \right) \quad (29\text{-}9\text{-}2)$$

式中,K_a 称为综合效应系数,用来表达应力集中、尺寸和表面状态对结构疲劳强度的综合影响效果。由此,零部件的疲劳强度与材料疲劳强度之间的关系为

$$S' = S / K_a \quad (29\text{-}9\text{-}3)$$

全面考虑各种影响因素之间的相互作用,进一步修正式(29-9-2)之后,可采用以下综合效应系数公式

$$K_a = \left(\frac{k_f}{\varepsilon^{1/k_t}} + \frac{1}{\beta^{1/k_t}} - 1 \right) \quad (29\text{-}9\text{-}4)$$

式中,k_t 为理论应力集中系数。

为了简化计算,一般可假设影响零件疲劳寿命的各种因素相互独立。以零部件疲劳强度修正公式(29-9-1)为例,零件疲劳强度的均值和方差与标准材料试样疲劳强度的均值及方差之间的关系为

$$\overline{S}' \approx \frac{\overline{\varepsilon}\,\overline{\beta}}{\overline{k}_f} \overline{S} \quad (29\text{-}9\text{-}5)$$

$$\sigma_{S'}^2 = \left(\frac{\overline{\varepsilon}\,\overline{\beta}}{\overline{k}_f} \sigma_S \right)^2 + \left(\frac{\overline{S}'\overline{\beta}}{\overline{k}_f} \sigma_\varepsilon \right)^2 + \left(\frac{\overline{S}'\overline{\varepsilon}}{\overline{k}_f} \sigma_\beta \right)^2 + \left(\frac{\overline{S}'\overline{\varepsilon}\,\overline{\beta}}{\overline{k}_f^2} \sigma_{k_f} \right)^2$$

$$(29\text{-}9\text{-}6)$$

9.1.2 平均应力效应

材料疲劳极限及应力-寿命曲线(S-N 曲线)通常都是在对称循环应力(平均应力为零)条件下试验得到的。然而,许多结构零部件的工作应力并不是对称循环应力,且平均应力对疲劳强度及疲劳寿命有明显影响。在疲劳强度设计中,常以等寿命图的方式表达应力幅值与平均应力之间的组合关系。简化的等寿命曲线用 Goodman 直线表示

$$\frac{S_a}{S_{-1}} + \frac{s_m}{S_b} = 1 \quad (29\text{-}9\text{-}7)$$

式中 S_a——非对称循环应用下的强度幅值;
　　s_m——非对称循环平均应力;
　　S_{-1}——对称循环应力下的疲劳强度;
　　S_b——材料静强度极限。

9.1.3 疲劳强度可靠性设计计算

疲劳可靠性设计的基本公式也是应力-强度干涉模型。严格地讲,应力-强度干涉模型只适用于恒幅循环载荷下的疲劳可靠性问题。在此条件下,疲劳失效的概率等于应力幅大于疲劳强度的概率。对于变幅载荷历程作用下的疲劳强度可靠性问题,可以将变幅载荷历程转化为损伤等效的恒幅循环载荷。

由于疲劳强度的影响因素多,疲劳可靠性设计计算比静强度可靠性设计计算更为复杂。尤其是应力幅与平均应力对疲劳寿命的影响程度不同,因此其不确定性需要分别考虑。一种简单的处理方法是,先把非

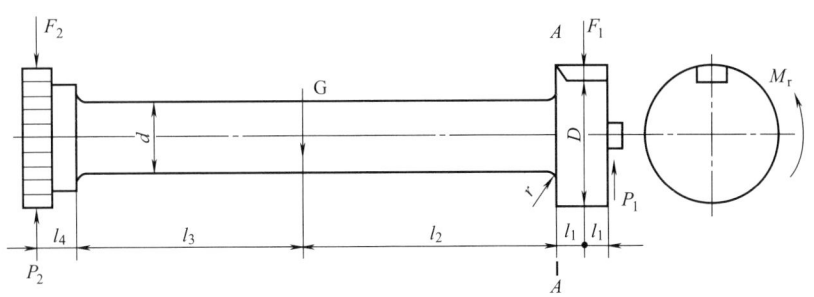

图 29-9-1 发动机转子内轴结构与受力示意

对称循环应力转换为损伤等效的对称循环应力。

[例1] 图 29-9-1 所示为发动机转子内轴，材料为调质钢。该轴承受弯、扭复合作用，受力情况如图所示，转子作用于轴的载荷为径向力 F_1 和扭矩 M_r；轴的一端为花键连接，考虑对中不准而引起的径向力为 F_2；轴的中部作用有径向力 G。要求对应于无限寿命的疲劳强度可靠度为 R，设计满足可靠度要求的转轴直径 d。

解 ① 确定危险部位的等效应力与失效判据。该轴在交变应力作用下工作，其失效模式为疲劳断裂。应力分析表明，$A—A$ 剖面为危险部位。因此，应根据该处的应力进行疲劳强度可靠性设计。

根据强度理论，该转轴危险部位的弯扭复合等效应力为

$$s_f = \sqrt{s_a^2 + 3\tau^2}$$

式中 s_a——$A—A$ 剖面处对称循环的最大弯曲应力幅值；

τ——$A—A$ 剖面处的最大扭转应力。

用 S_f 表示疲劳强度，失效判据为

$$s_f \geqslant S_f$$

② 确定疲劳应力的分散性参数。该转轴承受弯矩和扭矩共同作用，弯曲应力和扭转应力与载荷关系如下

$$s_a = M_T/W, \tau = M_r/W_p$$
$$M_T = 2P_1 l - F_1 l_1$$
$$P_1 = \frac{F_1(l_1+l_2+l_3+l_4) + G(l_3+l_4)}{(2l_1+l_2+l_3+l_4)}$$

式中 M_T——$A—A$ 剖面处的弯曲力矩；

P_1——作用在轴支点处的支反力，根据静力平衡条件可求得

W, W_p——分别为 $A—A$ 剖面的截面弯曲惯性矩和扭转惯性矩，$W = \dfrac{\pi d^3}{32}, W_p = \dfrac{\pi d^3}{16}$；

上述方程中，参数 $M_T、F_1、G、l_1、l_2、l_3、l_4$ 的均值和标准差均为已知。应用矩法可求得应力幅的分布特性参数（均值和标准差），它们都是未知量

d 的函数。

③ 确定疲劳强度分布参数。危险部位的疲劳极限

$$S'_{-1} = S_{-1}\varepsilon\beta/k_f$$

式中 S_{-1}——转轴材料的疲劳极限，从有关手册中可得到其均值 $\overline{S}_{-1}$ 和标准差 $\sigma_{S_{-1}}$；

ε——尺寸系数，通过初步设计知，轴径 $d < 30\text{mm}$，尺寸效应可以忽略，即 $\varepsilon = 1$ 且将尺寸系数作为确定性量处理；

β——表面质量系数，该轴表面磨削加工，可取 $\beta = 1$，且将表面系数作为确定性量处理；

k_f——有效应力集中系数。

因此，轴的疲劳强度的均值和标准差分别为

$$\overline{S}'_{-1} = \overline{S}_{-1}/\overline{k}_f$$
$$\sigma_{S'_{-1}} = \frac{1}{\overline{k}_f}(\overline{S}_{-1}^2 \sigma_{k_f}^2 + \overline{k}_f^2 \sigma_{S_{-1}}^2)^{\frac{1}{2}}$$

④ 应用可靠性连接方程，建立零件尺寸与可靠度的关系。假设应力和强度均为正态分布，可根据可靠度 R 从标准正态分布表中得到相应的可靠性指标 β，将其代入连接方程，有

$$\beta = \frac{\overline{S}_f - \overline{s}_f(d)}{\left[\sigma_{S_f}^2 + \sigma_{s_f}(d)^2\right]^{\frac{1}{2}}}$$

上式中只有一个未知数，即转轴直径 d，因而可由连接方程解出。鉴于轴径精度要求很高，允许公差很小，在可靠性计算过程中假设其标准差为零。

9.2 疲劳强度可靠性递推算法

在工程实际问题中，常常遇到程序载荷，即由多级应力构成的块状载荷谱，如图 29-9-2 所示。在这种情况下，可应用可靠性递推计算方法，具体如下。

假设各级应力水平下的疲劳寿命均服从对数正态

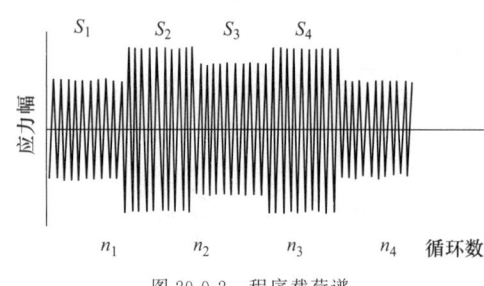

图 29-9-2 程序载荷谱

分布,概率密度函数形式为

$$f(n) = \frac{1}{n\sigma\sqrt{2\pi}}\exp\left[-\frac{1}{2}\left(\frac{\ln n - \mu}{\sigma}\right)^2\right]$$

(29-9-8)

令 $n_1, n_2, \cdots$ 表示应力 $s_1, s_2, \cdots$ 作用的循环次数;$\mu_1, \mu_2, \cdots$ 表示相应应力水平下的对数寿命均值;$\sigma_1, \sigma_2, \cdots$ 表示相应的对数寿命标准差。用 n_{1e} 表示应力 s_1 作用 n_1 次相当于 s_2 作用的等效循环次数;$n_{1,2e}$ 表示应力 s_1 作用 n_1 次,应力 s_2 作用 n_2 次相当于 s_3 作用的等效循环次数,依此类推。对程序载荷谱逐级进行这样的等效计算,直到最后一级应力,即可得到可靠度。步骤如下。

① 计算对应于第一级循环应力的寿命标准正态变量 z_1

$$z_1 = \frac{\ln n_1 - \mu_1}{\sigma_1}$$

(29-9-9)

② 计算当量循环数 n_{1e}

$$n_{1e} = \ln^{-1}(\mu_2 + z_1\sigma_2)$$

(29-9-10)

③ 计算对应于前两级循环应力的寿命标准正态变量 z_2

$$z_2 = \frac{\ln(n_{1e} + n_2) - \mu_2}{\sigma_2}$$

(29-9-11)

④ 计算当量循环数 $n_{1,2e}$

$$n_{1,2e} = \ln^{-1}(\mu_3 + z_2\sigma_3)$$

(29-9-12)

⑤ 计算对应于前三级循环应力的寿命标准正态变量 z_3

$$z_3 = \frac{\ln(n_{1,2e} + n_3) - \mu_3}{\sigma_3}$$

(29-9-13)

按以上方法一直计算到最后一级载荷,求得的 z_n 后即可得到可靠度指标,即 $\beta = -z_n$。

9.3 随机恒幅循环载荷疲劳可靠度的统计平均算法

在数学意义上,可以借助"干涉模型"这种形式的表达式计算任何连续可积函数 $\pi(s)$ 关于随机变量 s 在其定义域上的概率加权平均值(即数学期望)。

对于疲劳可靠性问题,$\pi(s)$ 可以是作为载荷水平 s 的函数的零件条件疲劳失效概率,即 $\pi(s) = \int_0^N f(n, s) dn$,$N$ 为指定的载荷循环数,$f(n, s)$ 表示载荷水平 s 下的寿命概率密度函数。相应地,$\int_0^{+\infty} h(s)\pi(s)ds$ [$h(s)$ 是载荷幅度的概率密度函数] 为随机循环载荷环境下的疲劳失效概率,详细分析如下。

为了简单起见,下面仅涉及幅度具有不确定性的恒幅循环应力情况下的零件疲劳可靠性问题。也就是说,恒幅循环应力的应力幅服从某一概率分布,其概率密度函数为 $h(s)$。对于复杂载荷历程下的疲劳可靠性问题,可将其转化为损伤等效的恒幅循环载荷。

令确定性恒幅循环应力 s_i 作用下的疲劳寿命随机变量的概率密度函数为 $f(n, s_i)$,s_i 为应力幅,则在此条件下寿命大于 N 的概率(可靠度)为

$$R(N, s_i) = \int_N^{+\infty} f(n, s_i) dn \quad (29-9-14)$$

显然,方程(29-9-14)仅体现了完全由材料性能的不确定性引起的疲劳寿命的不确定性。在可靠性问题中,载荷的不确定性通常是不可忽略的,有时甚至是更重要的不确定因素。要完整地考虑疲劳可靠性,恒幅循环载荷的幅度也应当作为随机变量对待。在这种情况下,疲劳寿命可靠度表达式为

$$R(N) = \int_0^{+\infty} h(s) \int_N^{+\infty} f(n, s) dn ds$$

(29-9-15)

式中 $h(s)$——应力幅值 s 的概率密度函数;

$f(n, s)$——以应力幅值 s 为参数的寿命分布密度函数。

根据这样的模型,只要知道了作为循环载荷幅值的函数的疲劳寿命的概率密度函数(可以通过若干个恒幅循环载荷下的疲劳寿命分布回归得出),就可以计算出具有不确定性的恒幅循环载荷作用下的疲劳可靠度。

9.4 磨损可靠性

磨损也是机械产品的主要失效模式之一。磨损失效概率计算是在常规磨损计算的基础之上,考虑有关参数的分散性,其可靠度计算的基本原理也是广义应力-强度干涉分析。

9.4.1 磨损的基本概念

(1) 磨损量与时间的关系

磨损是在组成摩擦副的两个对偶件之间,由于接

触和相对运动而引起表面材料不断损失的过程。磨损造成的摩擦副表面尺寸或材料质量的损失量，称为磨损量。磨损量一般用 W 表示，用结构尺寸变化表征磨损量的量纲为 μm。磨损量是时间的函数，磨损量随时间的变化率称为磨损速度 u，量纲为 $\mu m/s$。

实验表明，磨损量和磨损速度随时间变化具有如图 29-9-3 所示规律。由图可见，磨损过程可分为磨合期、稳定磨损期和剧烈磨损期。为保持摩擦副的正常功能，必须保证使其通过磨合期而保持在稳定磨损期工作。

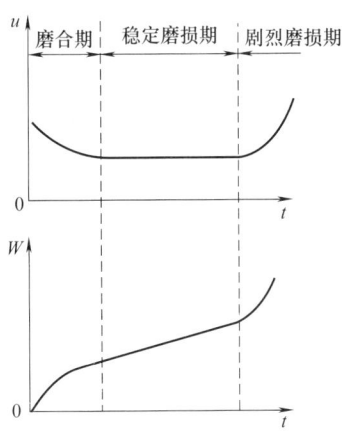

图 29-9-3 磨损曲线

由于稳定磨损期内磨损速度基本恒定，所以有

$$W = ut \tag{29-9-16}$$

式中 W——磨损量，是沿摩擦表面法向测量得到的表面尺寸减少量；

u——磨损速度，$u = dW/dt$；

t——稳定磨损阶段的磨损时间，s。

稳定磨损阶段的磨损速度与载荷、摩擦表面相对滑动速度及摩擦表面材料特性和润滑情况有关。其关系式表示为

$$u = kP^a v^b \tag{29-9-17}$$

式中 P——摩擦表面的正压力；

a——载荷因子，$a = 0.5 \sim 3$，一般情况下可取 1；

b——速度因子，取决于两摩擦面的切向相对运动速度；

k——摩擦副特性与工作条件影响系数；

v——摩擦表面相对滑动速度。

(2) 磨损速度和磨损量的分布特性

当摩擦副载荷 P 与相对运动速度 v 是相互独立的随机变量时，磨损速度 u 的分布参数可按下式计算

$$\left.\begin{array}{l}\mu_u = k\mu_P^a \mu_v^b \\ \sigma_u = \mu_u \sqrt{\left(\dfrac{a}{\mu_P}\right)^2 \sigma_P^2 + \left(\dfrac{b}{\mu_v}\right)^2 \sigma_v^2}\end{array}\right\} \tag{29-9-18}$$

式中 μ_P、μ_v、μ_u——摩擦副摩擦表面正压力 P、相对滑动速度 v 及磨损速度 u 的均值；

σ_P、σ_v、σ_u——摩擦副摩擦表面正压力 P、相对滑动速度 v 及磨损速度 u 的标准差。

当给定摩擦副工作寿命 t，且 μ_u 和 σ_u 为已知时，稳定磨损量的均值和标准差可由下式计算

$$\left.\begin{array}{l}\mu_W = \mu_u t \\ \sigma_W = \sigma_u t\end{array}\right\} \tag{29-9-19}$$

式中，μ_W、σ_W 分别为稳定磨损阶段磨损量的均值与标准差。

若考虑磨合阶段磨损量的分布特性，总磨损量 W_Σ 的分布参数如下

$$\left.\begin{array}{l}\mu_{W_\Sigma} = \mu_{W_1} + \mu_W \\ \sigma_{W_\Sigma} = \sqrt{\sigma_{W_1}^2 + \sigma_W^2}\end{array}\right\} \tag{29-9-20}$$

式中 μ_{W_1}、σ_{W_1}——磨合阶段初始磨损量的均值与标准差；

μ_{W_Σ}、σ_{W_Σ}——总磨损量的均值与标准差。

9.4.2 给定寿命下的磨损可靠度计算

(1) 磨损可靠度定义

磨损可靠度定义为在给定的工作时间 t 内，摩擦副的表面磨损总量 W_Σ 小于其允许最大磨损量 $W_{\Sigma max}$ 的概率，即

$$R(t) = P[W_\Sigma(t) \leqslant W_{\Sigma max}] \tag{29-9-21}$$

式中 $W_\Sigma(t)$——工作时刻 t 时摩擦副磨损表面的磨损总量；

$W_{\Sigma max}$——摩擦副摩擦表面允许的最大磨损量；

$R(t)$——摩擦副工作到指定寿命 t 时的磨损可靠度。

(2) 磨损可靠度计算

总磨损量 $W_\Sigma(t)$ 可以作为正态随机变量对待，故磨损可靠度由下式可求得

$$\begin{aligned}R(t) &= P[W_\Sigma(t) \leqslant W_{\Sigma max}] \\ &= \Phi\left[\dfrac{W_{\Sigma max} - \mu_{W_\Sigma}(t)}{\sigma_{W_\Sigma}(t)}\right] \\ &= \Phi\left[\dfrac{W_{\Sigma max} - (\mu_{W_1} + \mu_u t)}{\sqrt{\sigma_{W_1}^2 + \sigma_u^2 t^2}}\right]\end{aligned}$$

式中 μ_{W_1}、σ_{W_1}——磨合期初始磨损量的均值和标

μ_u, σ_u——稳定磨损期磨损速度的均值和标准差;

$W_{\Sigma\max}$——最大允许磨损量;

t——给定工作时间。

9.4.3 给定磨损可靠度时的可靠寿命计算

由连接方程

$$\Phi^{-1}(R) = \frac{W_{\Sigma\max} - (\mu_{W_1} + \mu_u t)}{\sqrt{\sigma_{W_1}^2 + \sigma_u^2 t^2}} \quad (29\text{-}9\text{-}22)$$

解出式中的未知参数 t，即为与可靠性指数 $\Phi^{-1}(R)$ 对应的可靠寿命。

[例 2] 已知某零件的磨损速度 u 为服从正态分布 $N(0.02, 0.00277)$ μm/h 的随机变量，最大允许磨损量 $W_{\Sigma\max} = 16\mu$m，初始磨损量 W_1 为服从正态分布 $N(6.0, 1.0)$ μm 的随机变量。求磨损寿命及可靠度分别为 0.9、0.99、0.999 时的磨损寿命。

解 应用公式 (29-9-22)，计算结果如下：

可靠度	可靠性系数	寿命 T/h
0.5	0	500
0.90	1.282	403
0.99	2.326	340
0.999	3.090	300

第 10 章 可靠性评价

10.1 零件可靠性评价

机械零部件可靠性设计与评价中广泛应用的是应力-强度干涉模型,即

$$R = \int_0^\infty f(S) \left(\int_0^x h(s) \mathrm{d}s \right) \mathrm{d}S$$

该模型反映的是可靠度 R 与强度 S 和应力 s 两个随机变量的静态关系,是一种简单的可靠性模型。若将模型中的"强度"S 解释为产品服役到某一时刻的"剩余强度"[$f(S)$ 为剩余强度概率密度函数],将"应力"s 解释为规定服役时间内的"最大应力"[$h(s)$ 为相应的概率密度函数],该模型可以看作是一个"准动态"模型,反映了产品服役过程中强度退化及载荷历程的不确定性效应,但没有真实反映强度退化过程对可靠性的影响。

总体上讲,传统的应力-强度干涉理论,或以应力-强度干涉理论为基础的方法,由于模型本身能力所限,一般都难以全面、真实地反映可靠度与产品服役时间的关系。事实上,应力-强度干涉模型的直接应用只适于计算载荷一次作用下的可靠度。将这个可靠性基本模型应用于复杂载荷历程、复杂失效机理(例如疲劳、磨损等)的可靠性问题时,容易导致应用过程中各种各样的混乱和困难,甚至导致错误的应用和错误的结果。

10.1.1 复杂载荷工况可靠性评价

机械零部件的主要失效机理是变形、断裂、疲劳、磨损等,其影响因素来自环境载荷和零部件性能两个方面。反映其寿命概率特征的可靠性控制变量,可以归纳为载荷强烈程度、载荷作用次数(服役时间)、载荷顺序效应,以及零部件的强度(包括其退化规律)等。要客观、全面地评价产品的可靠性,必须完整考虑这几方面影响因素及其不确定性。

工程结构或机械零部件大都是在随机载荷多次作用之后,损伤累积到临界值时发生失效。对于疲劳、腐蚀等失效机理,材料性能随载荷作用次数的增加不断降低,当承载能力低于所承受的载荷时发生破坏。

对于强度失效问题,如果工作载荷是恒幅循环应力,可以简单地用载荷幅值的概率分布表征载荷历程的不确定性。然而,大多数机械零部件在服役过程中承受的都是复杂随机载荷历程,需要用随机过程描述,每一个载荷历程样本是该随机过程的一次实现。在随机过程层面上,每一个样本都是一个确定的时间函数。但对于失效问题而言,一个载荷历程样本中载荷峰值的分布特性及出现的时间或顺序对损伤累积、强度退化及可靠性都有影响。例如,从失效判据方面,大载荷较早出现(强度退化不明显时)导致失效的可能性自然小于较晚出现(强度明显退化后)导致失效的可能性。因此,一个载荷历程样本中峰谷值出现顺序的随机性,也需要在可靠性模型中有所反映。

10.1.2 强度退化规律

随着服役时间和载荷作用次数的增加,零部件材料性能将逐渐退化,剩余强度不断降低,直至低于所承受的应力而发生断裂失效。材料性能退化路径直接影响可靠度。不同材料、不同载荷环境都可能导致不同的性能退化规律。金属材料的强度退化规律可以用对数方程描述[图 29-10-1 中数据点为 35CrMo 钢的强度退化试验结果及根据方程(29-10-1)画出的退化曲线],剩余强度与载荷作用次数的关系可表达为

$$S(n) = S_0 + (S_0 - \sigma_{\max})\ln(1 - n/N_f)/\ln N_f \quad (29\text{-}10\text{-}1)$$

式中　　$S(n)$——应力作用 n 次后的剩余强度;

　　　　S_0——材料的初始强度;

　　　　$\sigma_{\max}$——循环应力的最大值;

　　　　n ($n=1,2,\cdots,N_{f-1}$)——应力作用次数;

　　　　N_f——由 $\sigma_{\max}$ 表示的循环应力水平下的疲劳寿命。

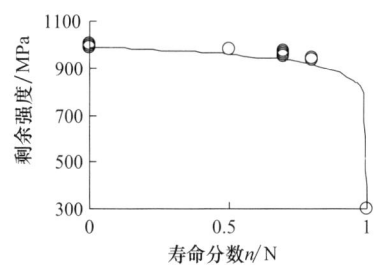

图 29-10-1　35CrMo 钢的强度退化规律

在忽略载荷顺序效应的条件下,复杂载荷历程作用下的强度退化规律,可以根据恒幅循环载荷作用下

的强度退化规律近似描述。例如，根据疲劳损伤等效原则，可以把复杂载荷历程转换为载荷作用次数相等、疲劳损伤等效的恒幅循环载荷历程。该水平的恒幅循环载荷作用下的强度退化规律就可以用来近似表示与之等效的复杂载荷作用下的强度退化规律。

10.1.3 存在强度退化时的可靠性模型

零部件在动载荷持续作用下，损伤逐渐累积，强度不断退化，在载荷第 n 次作用时材料强度 $S(n)$ 必然小于其初始强度 S_0。

用 $S(n)$ 表示载荷第 n 次作用时的强度，$s(n)$ 表示载荷第 n 次作用时的应力，载荷第 n 次作用时的失效判据为

$$s(n) \geqslant S(n) \quad (29\text{-}10\text{-}2)$$

因此，在载荷多次作用、强度不断退化的场合，能全面反映载荷历程效应和强度退化效应的可靠性模型应有如下形式

$$R(t) = \int_0^\infty h(L) \sum_{n=1}^\infty \omega_n(t,L) \int_0^\infty f(S) \\ \prod_{i=1}^n \left[\int_0^{S(i)} g(s,L)\mathrm{d}s\right] \mathrm{d}S \mathrm{d}L \quad (29\text{-}10\text{-}3)$$

若载荷次数为确定性量 n，则相应的可靠性模型如下

$$R(n) = \int_0^\infty h(L) \int_0^\infty f(S) \prod_{i=1}^n \left[\int_0^{S(i)} g(s,L)\mathrm{d}s\right] \mathrm{d}S \mathrm{d}L \quad (29\text{-}10\text{-}4)$$

10.1.4 离散化的可靠性模型

可靠性问题涉及的参量中，应力（载荷）与强度（抗力）是连续变量，寿命可以是时间、里程等连续变量，也可以是操作次数、载荷作用次数等离散变量。传统可靠性方程多为积分方程，但难以求解。通过把连续变量离散化，把积分转换为多项式求和的代数运算，不仅可以大大简化可靠度计算问题，也使可靠性建模简单易行。

实际情况是，可靠性设计计算中用到的载荷（应力）、强度、寿命等分布一般都是基于离散数据通过参数估计方法拟合出来的。在数据量充分的场合，直接使用载荷、强度、寿命等数据统计出其离散分布（例如直方图），可以避免作具体分布形式（例如正态分布、极值分布、威布尔分布等）的假设，能够更客观地表达这些随机变量的分布规律，同时也使得后续的计算更为简便。

也就是说，在实际工程问题的可靠性分析中，一些参量的概率密度函数难以确定，而可以获得的是一定数量的样本。在这种情况下，可以把上述积分模型离散化，以便于应用，同时也避免了对分布形式的假设。

例如，若某产品的载荷历程数据中，只有 J 种载荷历程样本，其中第 j 种载荷历程出现的概率为 $\rho_j (\sum_{j=1}^J \rho_j = 1)$，第 j 个载荷历程样本中应力峰值的概率密度函数为 $g_j(s)$，载荷峰值出现次数的分布律为 $\omega_n(t,j)$，则式（29-10-3）可改写为离散化的形式

$$R(t) = \sum_{j=1}^J \rho_j \sum_{n=1}^\infty \omega_n(t,j) \int_0^\infty f(S) \prod_{i=1}^n \left[\int_0^{S(i)} g_j(s)\mathrm{d}s\right] \mathrm{d}S \quad (29\text{-}10\text{-}5)$$

若载荷次数为确定性量 n，则相应的可靠性模型如下

$$R(n) = \sum_{j=1}^J \rho_j \int_0^\infty f(S) \prod_{i=1}^n \left[\int_0^{S(i)} g_j(s)\mathrm{d}s\right] \mathrm{d}S \quad (29\text{-}10\text{-}6)$$

进一步地，若只有若干个（J 个）载荷历程样本，其中第 j 个载荷历程样本中应力峰值的概率密度函数为 $g_j(s)$，载荷峰值出现次数的分布律为 $\omega_n(t,j)$，则式（29-10-5）成为

$$R(t) = \sum_{j=1}^J \frac{1}{J} \sum_{n=1}^\infty \omega_n(t,j) \int_0^\infty f(S) \prod_{i=1}^n \\ \left[\int_0^{S(i)} g_j(s)\mathrm{d}s\right] \mathrm{d}S \quad (29\text{-}10\text{-}7)$$

若载荷次数为确定性量 n，则相应的可靠性模型如下

$$R(t) = \sum_{j=1}^J \frac{1}{J} \int_0^\infty f(S) \prod_{i=1}^n \left[\int_0^{S(i)} g_j(s)\mathrm{d}s\right] \mathrm{d}S \quad (29\text{-}10\text{-}8)$$

若强度和应力峰值也都作为离散随机变量，分别用 $f_{S_i}(i=1,2,\cdots,I)$ 和 $g_{js}(j=1,2,\cdots)$ 表达其概率质量函数，则

$$R(t) = \sum_j \frac{1}{J} \sum_{n=1}^\infty \omega_n(t,j) \sum_{i=1}^I f_{S_i} \prod_{i=1}^n \sum_{s<S_i} g_{js} \quad (29\text{-}10\text{-}9)$$

若载荷次数为确定性量 n，则相应的可靠性模型如下

$$R(t) = \sum_j \frac{1}{J} \sum_{i=1}^I f_{S_i} \prod_{i=1}^n \sum_{s<S_i} g_{js} \quad (29\text{-}10\text{-}10)$$

图 29-10-2 及表 29-10-1 所示为某全断面隧道掘进机液压缸组中 A、B、C、D 四个液压缸在同一时间段内测得的载荷历程样本的载荷峰值分布直方图及 Weibull 分布拟合曲线。可见，不同液压缸在服役过

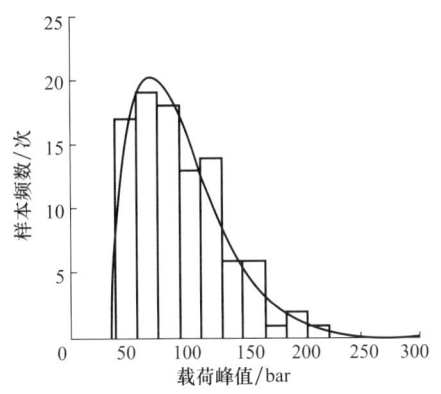
(a) A组数据峰值统计直方图

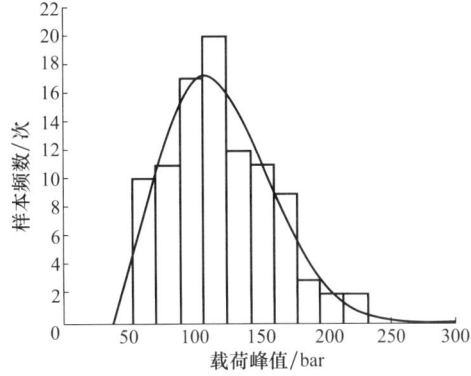
(b) B组数据峰值统计直方图

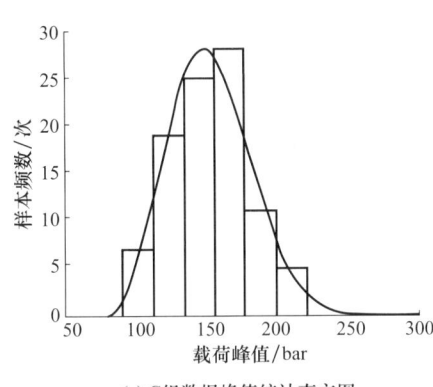
(c) C组数据峰值统计直方图

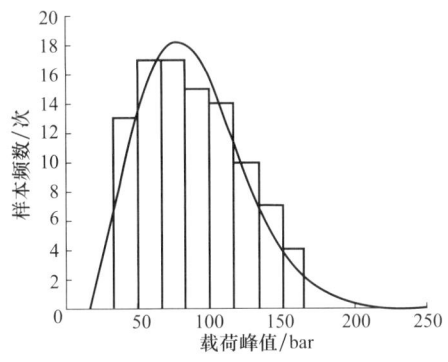
(d) D组数据峰值统计直方图

图 29-10-2　全断面隧道掘进机液压缸载荷峰值分布直方图及 Weibull 分布拟合曲线

程中所经历的载荷历程存在明显的差异。在对液压缸进行可靠性设计时,并不知道哪个液压缸将经历哪种载荷历程,即载荷历程的宏观不确定性是客观存在的。载荷历程的不确定性对可靠性的影响需要在可靠性设计、分析模型中反映出来。此处建立的模型通过随机载荷历程的宏观特征体现了这种影响。

用 Weibull 分布描述各载荷历程中峰值分布概率特征,即概率密度函数为

$$f(x) = \frac{\beta}{\alpha}\left(\frac{x-\gamma}{\alpha}\right)^{\beta-1} e^{-\left(\frac{x-\gamma}{\alpha}\right)^{\beta}}, \gamma < x < \infty$$

分别对四组数据进行极大似然估计,得到 Weibull 分布参数如表 29-10-1 所示。

表 29-10-1　载荷峰值分布参数（Weibull 分布）

组别	尺度参数 α	形状参数 β	位置参数 γ
A组	66.9	1.55	34.3
B组	93.3	2.23	37.8
C组	128.2	2.75	81.6
D组	79.8	2.17	16.7

作为应用多元模型计算零件可靠度的例子,用表 29-10-1 中的四组分布参数表示液压缸的四个载荷历程样本的当量值的分布（应力分布,单位为 MPa）。假设液压缸的初始强度分布为 $S \sim N(400, 40)$（MPa）,强度均值以对数规律退化,载荷作用 2×10^6 次后退化为 200MPa,在 $(0 \sim t)$ 时间内载荷作用次数服从参数为 $\lambda = 1.0t$ 的泊松分布,即

$$\omega_n(t) = \frac{\left[\int_0^t \lambda(t)dt\right]^n}{n!} e^{-\int_0^t \lambda(t)dt} = \frac{\left(\int_0^t t \, dt\right)^n}{n!} e^{-\int_0^t t\,dt}$$

$$= \frac{t^{2n}}{2^n n!} e^{-\frac{t^2}{2}}$$

根据离散化的多元可靠性模型,可以预测液压缸可靠度随服役时间变化的规律如图 29-10-3 所示。

对此例涉及的可靠性预测或评估,获得所需要的基本参数的方法如下。材料初始强度分布可以通过试验获得,零部件的强度可以在材料强度基础上进行必要修正,以反映尺寸效应和表面状态等因素的影响。如果没有具体材料的强度退化数据,可以假设强度按

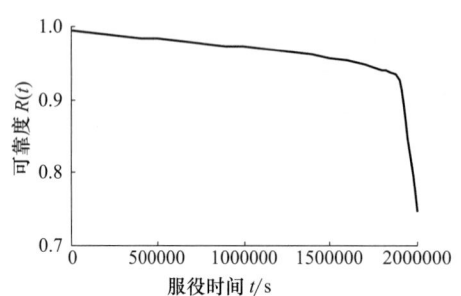

图 29-10-3 可靠度-服役时间曲线

对数规律退化，基本参数中的疲劳寿命可以根据损伤等效的恒幅应力水平估算。只要有一定数量的具有代表性的载荷历程样本，就很容易统计出其宏、微观分布参数。而规定服役时间内的载荷作用次数分布可以根据设计要求或预期工况确定，或指定其为一个确定的数值。

在本例中，由于只有四个载荷历程样本，因此没有对载荷历程的宏观不确定性进行统计分析，而是采用了"遍历"的统计平均计算方法，即认为每种样本出现的概率相等（皆为 0.25），在具体计算中相当于采用了离散化模型［式（29-10-7）］，即

$$R(t) = \sum_{j=1}^{4} \frac{1}{4} \sum_{n} \frac{t^{2n} e^{-\frac{t^2}{2}}}{2^n n!} \int_0^\infty f(S)$$
$$\prod_{i=1}^{n} \left[\int_0^{S(i)} g_j(s) ds \right] dS$$

可见，应用多元模型预测零部件或系统可靠性不需要基本变量的联合分布，因此各变量分布参数的统计计算比较简单。

10.2 系统可靠性评价

10.2.1 系统可靠性评价方法

传统的系统可靠性评价方法是，借助应力-强度干涉模型或通过可靠性实验确定零件的可靠度，然后再根据系统的功能逻辑结构（串联、并联等）建立系统可靠性模型，进而计算出系统的可靠度。但是，由于传统的系统可靠性模型是在"各零件失效相互独立"的假设条件下得到的，只能作为一种近似方法，不适用于一般机械系统的可靠性精确评价。

下面以行星齿轮减速器为例，介绍系统可靠性评价的精确方法。

行星齿轮减速器由多个承受不同载荷的不同齿轮组成，是一个典型的串联系统。即使对于一个齿轮来讲，由于齿的强度具有不确定性，各齿的强度存在差异，在齿轮强度与寿命可靠性设计中，一个齿轮也是一个串联系统。尤其是，由于同一个行星系中的齿轮的载荷存在必然的联系，同一齿轮中的各齿处于相同的载荷环境之下，且载荷存在不确定性，因而各个齿轮之间、以及同一齿轮的各齿之间都存在失效相关性。本节应用能反映零部件间失效相关性的串联系统可靠性模型，进行典型行星齿轮系的可靠性计算与评估，展示相应的方法。

对于由多种零部件构成的串联系统，且各零件承受不同载荷，但载荷服从正态分布的情形，有以下载荷一次作用下的可靠度计算模型

$$R_S = \int_0^\infty h_0(y) \prod_{i=1}^{n} \left[\int_{\sigma_{yi}+\mu_{yi}}^\infty f_i(x) dx \right] dy \tag{29-10-11}$$

式中，$h_0(y)$ 为标准正态概率密度函数；σ_{yi} 和 μ_{yi} 分别为第 i 个零件所承受的应力的均值和标准差；$f_i(x)$ 为第 i 个零件的强度概率密度函数。

10.2.2 行星齿轮系可靠度计算

图 29-10-4 所示为行星齿轮减速器传动简图。该行星齿轮减速器由输入端锥齿轮组中的两个不同锥齿轮 1、2，一级行星齿轮组中的太阳轮 3、行星轮 4、内齿圈 5，二级行星轮组中的太阳轮 6、行星轮（6个）7、内齿圈 8 构成。假设该减速器轴的强度远高于齿轮的强度，在工作中不会失效，即可靠度为 1。而减速器中任一齿轮失效都会导致系统失效，因此该减速器是一个由 13 个齿轮构成的串联系统。应用上面的串联系统可靠性模型，只要知道各齿轮的薄弱环节处的应力与强度（列于表 29-10-2），就可以计算出该行星齿轮减速器的可靠度。

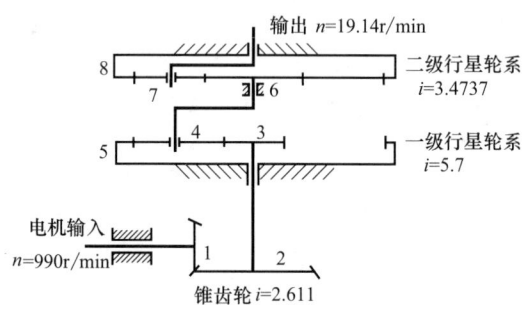

图 29-10-4 行星齿轮减速器传动简图

该例中，只考虑齿轮断裂失效一种失效模式。根据表中所列的强度与应力分布参数，由串联系统可靠性模型（29-10-11），即

$$R_S = \int_0^\infty h_0(y) \prod_{i=1}^{13} \left[\int_{\sigma_{yi}+\mu_{yi}}^\infty f_i(x) dx \right] dy$$

可计算出的减速器可靠度为 0.898，而根据传统的独

立失效模型计算出的减速器可靠度为 0.459。该例说明了失效相关性的显著影响。

表 29-10-2　　　　　　　　行星减速器中各齿轮的应力与强度分布参数　　　　　　　MPa

齿轮号	强度		应力	
	均值 μ_{yi}	标准差 σ_{yi}	均值 μ_{yi}	标准差 σ_{yi}
1	1000	100	500	200
2	1100	100	600	200
3	1000	100	450	200
4	1000	100	550	200
5	1000	100	500	200
6	1100	100	550	200
7-1～7-6	700	100	300	200
8	1050	100	550	200

第11章 可靠性试验与数据处理

11.1 可靠性试验

11.1.1 可靠性试验类型

为了获得寿命分布、可靠度或失效率数据,暴露零部件的主要失效机理及产品的主要失效模式,评价、验证或提高产品的可靠性,都需要进行可靠性试验,以获得相应的信息。

可靠性试验可以在产品服役现场进行,也可以在试验场地或实验室内进行。需要注意的是,实验室试验一般是在简单、确定性的载荷条件下进行的,这样的试验还不足以全面反映产品的真实使用寿命与可靠性。

由于产品寿命的分散性一般较大,进行可靠性试验或现场跟踪观测时,要获得全部样本完整的寿命数据十分困难。根据统计学理论,在只有部分样本的失效数据时,也能推断出母体的有关统计指标。因此,根据可靠性试验(包括实际应用现场观测)的目的不同,有些试验进行到一定时间即可停止,这样的试验称为截尾试验。按试验截止情况,可分为定数截尾试验和定时截尾试验两种。

定数截尾试验是试验到预定的失效样品数时停止试验;定时截尾试验是试验到规定的时间时停止试验。

在试验过程中,为了提高试验效率、尽快得到充分的数据,通常要在多个试验设备上同时进行试验。同时,为了充分应用试验设备,往往在先出现失效样本的试验设备上换上新样本继续进行试验。如果要记录产品在实际使用中的寿命数据,情况更是如此。这样,在一批试验中,既不是全部样本都同时退出试验,也不是所有的样本都同时开始试验。根据试验中样本失效后是否用新样本替换,可分为有替换试验和无替换试验,不同试验模式有不同的数据统计计算方法及公式。

不同的截尾与替换方案,可以构成四种组合形式:

① 有替换定时截尾寿命试验;
② 有替换定数截尾寿命试验;
③ 无替换定时截尾寿命试验;
④ 无替换定数截尾寿命试验。

11.1.2 可靠性试验数据类型

可靠性数据多种多样,很重要的一类是截尾数据。通过试验或现场记录获得的数据可能既包括已失效样本的寿命数据,也包括未失效样本的运行时间数据。例如,表29-11-1中所列的数据中,包含在试验台上进行10个产品的寿命试验,其中有3个产品在试验过程中先后失效获得的寿命数据,另7个是在试验进行了100h结束时尚未失效的截尾数据(记为100^+)。

表 29-11-1 可靠性试验数据

样品序号	寿命/试验截止时间/h
1	70
2	80
3	90
4	100^+
5	100^+
6	100^+
7	100^+
8	100^+
9	100^+
10	100^+

关于截尾试验及其数据,有以下的划分与概念。

① Ⅰ型截尾(定时截尾):对多件样品同时进行试验,试验进行到预定时间时结束。例如,在试验台上同时测试30个轴承的寿命,设定在试验进行500h后结束,而不管在试验期间发生失效的轴承数量有多少,这样的试验称为定时截尾试验。Ⅰ型(定时)截尾试验的特征是,试验时间是固定的,而失效样本数量为随机变量。

② Ⅱ型截尾(定数截尾):试验中最初有多个样品,试验到指定数量的样品失效后结束。例如,在试验台上同时对30个轴承进行寿命试验,并且在出现10个轴承失效后终止试验。这样的试验称为定数截尾试验。定数截尾试验的特征是,失效样品的数量是事先指定的,而试验持续的时间是随机变量。

③ 右截尾数据与左截尾数据:以上两种情形都属于右截尾,即某些样本失效时间(寿命)未知的原因是,该样本在试验结束时尚未失效,这样的数据称为右截尾数据。显然,右截尾数据包含的是样本寿命大于某一值的信息。如果一个样品在试验结束时或试验结束前已经失效,但不能确定准确失效时间的原因

是不知道该样品是何时投入试验的，这样的数据称为左截尾数据。左截尾数据包含的是样本寿命小于某一值的信息。

④ 单一截尾与多重截尾：单一截尾试验数据只涉及一个截尾点。如果 100 个零件置于一个试验台上，试验过程在 1000h 时结束，则在 1000h 处有一个截尾点。另一种情况，如果在测试 1000h 后有 20 个尚未失效的样本退出了试验，其他样本继续测试。到 1200h，又有 15 个尚未失效的样本退出试验，这种情况涉及 2 个截尾点，试验数据是多重截尾的。

⑤ 区间数据或成组数据：如果确切的失效时间未知，但记录了在一个时间区间内失效的次数，则称其为区间数据或成组数据。

对于不同类型的数据，有不同的统计处理方法，以获得有关参数的估计值。常用的方法包括最大似然估计方法、风险图法、概率图法、样本矩估计方法等。总原则是，充分运用数理统计方法，全面、正确地提取各种数据所包含的可靠性信息。

11.2 可靠性数据分布类型检验

可靠性试验（观测）数据处理通常需要涉及其分布类型及分布参数。分布类型的判断有理论法和统计法两种。理论法是根据失效机理确定数学模型或根据某种分布的性质得出结论。例如，失效率为常数的寿命分布为指数分布；失效由"最弱"环节决定的寿命分布为威布尔分布或极值分布；若一个指标受很多独立随机因素的影响，且没有一个因素起主导作用，则该指标服从正态分布。

统计法是根据大量数据经统计得出分布规律，或某性能指标在以往大量试验的统计基础上已经验证了其分布类型。例如，大量数据表明，零件几何尺寸、材料性能等多服从正态分布；零件疲劳寿命则服从对数正态分布或威布尔分布等。

在使用统计法时，对分布类型未知的情况下应做大样本的试验，以判定其分布类型；对已有经验参考的情况则可做较小样本的试验，假设其分布类型后进行相应的拟合性检验。

11.2.1 χ^2 检验法

χ^2 检验法适用于样本数据较多（$n > 25$）时，对假设的分布形式进行检验。其基本思想是，将随机试验的全部可能结果划分为 k 个互不相容的事件 A_1，A_2，…，A_k，在假设成立的条件下计算各事件发生的概率 $P(A_i) = p_i (i = 1, 2, \cdots, k)$。在 n 次试验中，事件 A_i 出现的频率 n_i/n 与 p_i 常有差异。但由大数定律可知，如果试验次数很多，在假设成立的条件下，n_i/n 与 p_i 之差的绝对值应该很小。

χ^2 检验基于此原理。首先构造 χ^2 统计量，以反映理论频数与实际频数间的差异。然后，根据检验精度要求选择 χ^2 统计量的临界值，并将 χ^2 统计量的计算值与临界值比较。满足条件时接受原假设，否则拒绝原假设。

χ^2 统计量计算公式如下

$$\chi^2 = \sum_{i=1}^{k} \frac{(\nu_i - np_i)^2}{np_i} \leqslant \chi_\alpha^2 (k-m-1)$$

(29-11-1)

式中　　n——样本数；

k——分组数，按样本多少取 $k = 7 \sim 14$；

ν_i——第 i 组的实际频数，一般要求 $\nu_i \geqslant 5$；

p_i——第 i 组的理论频率（概率）；

m——分布函数中未知参数的数目；

α——给定的显著性水平；

$k-m-1$——χ^2 统计量的自由度；

$\chi_\alpha^2 (k-m-1)$——临界值，可根据自由度和显著水平由 χ_α^2 分布表查出。

[例1] 某产品的 220 件样本的失效时间记录如表 29-11-2 所示，试检验该产品的寿命是否服从指数分布。

表 29-11-2　产品失效时间数据记录表

时间 t/h	$0 \sim 100$	$100 \sim 200$	$200 \sim 300$	$300 \sim 400$	$400 \sim 500$
失效数 ν_i	39	50	35	32	28
时间 t/h	$500 \sim 600$	$600 \sim 700$	$700 \sim 800$	$800 \sim 900$	
失效数 ν_i	18	12	4	2	

解　假设该产品的寿命服从指数分布，参数 λ 未知。取每组的中值作为该组失效时间的表征值 t_i，平均寿命的点估计为

$$\hat{t} = \frac{1}{n}\sum_{i=1}^{k} t_i \nu_i = \frac{1}{220}(50 \times 39 + 150 \times 50 + \cdots + 850 \times 2) = 293 \text{ h}$$

失效率 λ 的点估计为

$$\hat{\lambda} = \frac{1}{\hat{t}} = \frac{1}{293} \text{ h}^{-1}$$

假设 H_0：$F(t) = 1 - e^{-\frac{t}{293}}$

为了使用 χ^2 检验法，首先按规定分组。由于每组中频数不宜少于 5 个，故将前 7 段时间内的数据各为一组，最后两段时间内的数据合并为一组。总组数 $k = 8$。具体计算如表 29-11-3 所列。

表 29-11-3　　　　　　　　　　例 1 计算列表

组号 i	ν_i	$p_i=(1-e^{-\frac{t_i}{293}})-(1-e^{-\frac{t_{i-1}}{293}})$	$np_i=220p_i$	ν_i-np_i	$(\nu_i-np_i)^2$	$\dfrac{(\nu_i-np_i)^2}{np_i}$
1	39	0.2827	62.194	−23.194	537.962	8.650
2	50	0.2055	45.210	4.790	22.944	0.507
3	35	0.1461	32.140	2.860	8.180	0.254
4	32	0.1039	22.858	9.142	83.576	3.656
5	28	0.0738	16.236	11.764	138.392	8.524
6	18	0.0525	11.550	6.450	41.603	3.602
7	12	0.0373	8.206	3.794	14.394	1.754
8	6	0.0917	20.174	−14.174	200.90	9.958

χ_α^2 统计量为

$$\chi^2 = \sum_{i=1}^{k}\frac{(\nu_i-np_i)^2}{np_i}=36.905$$

取显著性水平 $\alpha=0.10$，$v=k-m-1=8-1-1=6$，查 χ_α^2 分布表，得

$$\chi_\alpha^2(v)=\chi_{0.10}^2(6)=10.64$$

由于 $\chi^2 > \chi_{0.10}^2(6)$，故拒绝原假设，即不能认为该产品的寿命服从指数分布。

11.2.2　K-S 检验法

K-S 检验法（也称 D 检验法）是通过比较样本经验分布函数 $F_n(x)$ 与母体分布函数 $F_0(x)$ 之间的差异，决定是否接受分布假设。K-S 检验法不是在划分的区间上考虑样本经验分布函数 $F_n(x)$ 与假设的母体分布函数 $F_0(x)$ 之间的差异，而是在每一点上考虑它们之间的差异。

K-S 方法比 χ^2 检验法精确，但是 K-S 检验法要求所检验的分布函数中不含未知参数，且要假定母体分布函数为连续函数。

具体做法是，先将 n 个试验数据按由小到大的次序排列。根据假设的分布，计算每个数据对应的分布函数 $F_0(x_i)$，并将其与经验分布函数 $F_n(x_i)$ 比较。其中，差的最大绝对值就是检验统计量 D_n 的观测值。将 D_n 与其临界值 $D_{n,\alpha}$ 比较。满足条件时接受原假设，否则拒绝原假设。

条件如下

$$D_n = \sup_{-\infty<x<\infty}|F_n(x)-F_0(x)|\leqslant D_{n,\alpha} \quad (29\text{-}11\text{-}2)$$

式中　$F_0(x)$——假设的分布函数；
　　　$F_n(x)$——经验分布函数；
　　　$D_{n,\alpha}$——临界值，由 K-S 检验临界值表（表 29-11-4）查得。

经验分布函数及检验统计量的具体计算公式如下

$$F_n(x)=\begin{cases}0, & x<x_1\\ \dfrac{i}{n}, & x_i<x\leqslant x_{i+1}\\ 1, & x>x_n\end{cases} \quad (29\text{-}11\text{-}3)$$

$$D_n=\max_{1\leqslant i\leqslant n}\left\{F_0(x_i)-\dfrac{i-1}{n},\dfrac{i}{n}-F_0(x_i)\right\} \quad (29\text{-}11\text{-}4)$$

表 29-11-4　K-S 检验临界值表

α \ n	0.20	0.10	0.05	0.02	0.01
1	0.90000	0.95000	0.97500	0.99000	0.99500
2	0.68377	0.77639	0.84189	0.90000	0.92929
3	0.56481	0.63604	0.70760	0.78456	0.82900
4	0.49265	0.56522	0.62394	0.68887	0.73424
5	0.44698	0.50945	0.56328	0.62718	0.66853
6	0.41037	0.46799	0.51926	0.57741	0.61661
7	0.38148	0.43607	0.48342	0.53844	0.57581
8	0.35831	0.40962	0.45427	0.50654	0.54179
9	0.33910	0.38746	0.43001	0.47960	0.51332
10	0.32260	0.36866	0.40925	0.45662	0.48893
11	0.30829	0.35242	0.39122	0.43670	0.46770
12	0.29577	0.33815	0.37543	0.41918	0.44905
13	0.28470	0.32549	0.36143	0.40362	0.43247
14	0.27481	0.31417	0.34890	0.38970	0.41762
15	0.26588	0.30397	0.33760	0.37713	0.40420
16	0.25778	0.29472	0.32733	0.36571	0.39201
17	0.25039	0.28627	0.31796	0.35528	0.38086
18	0.24360	0.27851	0.30936	0.34569	0.37062
19	0.23735	0.27136	0.30143	0.33685	0.36117
20	0.23156	0.26473	0.29408	0.32866	0.35241
21	0.22617	0.25858	0.28724	0.32104	0.34427
22	0.22115	0.25283	0.28087	0.31394	0.33666
23	0.21645	0.24746	0.27490	0.30728	0.32954
24	0.21205	0.24242	0.26931	0.30104	0.32286
25	0.20790	0.23768	0.26404	0.29516	0.31657
26	0.20399	0.23320	0.25907	0.28962	0.31064
27	0.20030	0.22898	0.25438	0.28438	0.30502
28	0.19680	0.22497	0.24993	0.27942	0.29971
29	0.19348	0.22117	0.24571	0.27471	0.29466
30	0.19032	0.21756	0.24170	0.27023	0.28987

表 29-11-5　　　　　　　　　　　　　例 2 计算列表

序号 i	x_i	$F(x)=\Phi\left(\dfrac{x-428}{15}\right)$	$\dfrac{i-1}{n}$	$\dfrac{i}{n}$	d_i
1	405	0.0630	0.000	0.111	0.0481
2	416	0.2119	0.111	0.222	0.1009
3	419	0.2743	0.222	0.333	0.0587
4	423	0.3707	0.333	0.444	0.0733
5	429	0.5279	0.444	0.556	0.0839
6	432	0.6064	0.556	0.667	0.0606
7	436	0.7091	0.667	0.778	0.0761
8	440	0.7881	0.778	0.889	0.1009
9	453	0.9525	0.889	1.000	0.0635

[例 2] 测得某合金 9 个试件的强度极限数据（MPa）453，436，429，419，405，416，432，423，440。检验该合金的强度极限是否服从均值 $\mu=428$MPa，标准差 $\sigma=15$MPa 的正态分布。

解　用 X 表示该合金的强度极限，将试验数据按由小到大次序排列。假设的分布函数为

$$F(x)=\int_{-\infty}^{x}\frac{1}{15\sqrt{2\pi}}e^{-\frac{(x-428)^2}{2\times 15^2}}dx=\Phi\left(\frac{x-428}{15}\right)$$

式中的 $\Phi(\ )$ 可从正态分布表中查得。K-S 检验的具体计算过程与结果列于表 29-11-5。

根据上面的计算结果知，D_n 的观测值 [式（29-11-2）] 为

$$D_n=\max\{d_i\}=\max\left\{F_0(x_i)-\frac{i-1}{n},\frac{i}{n}-F_0(x_i)\right\}=0.1009$$

取显著性水平 $\alpha=0.10$，由表 29-11-1 查得 $D_{n,\alpha}=0.38746$。由于 $D_n<D_{n,\alpha}$，故接受原假设，即认为该合金的强度极限服从 $\mu=428$MPa，$\sigma=15$MPa 的正态分布。

11.2.3　回归分析检验法

对于给定的 n 个数据对 (x_i,y_i)，应用最小二乘法，可以拟合出一条直线

$$\hat{y}=\hat{A}+\hat{B}x \tag{29-11-5}$$

称为回归直线。斜率 $\hat{B}$ 称为回归系数，截距 $\hat{A}$ 为常数项。计算公式如下

$$\hat{B}=\frac{\sum\limits_{i=1}^{n}x_iy_i-n\overline{x}\overline{y}}{\sum\limits_{i=1}^{n}x_i^2-n\overline{x}^2} \tag{29-11-6}$$

$$\hat{A}=\overline{y}-\hat{B}\overline{x} \tag{29-11-7}$$

$$\overline{x}=\frac{1}{n}\sum_{i=1}^{n}x_i \tag{29-11-8}$$

$$\overline{y}=\frac{1}{n}\sum_{i=1}^{n}y_i \tag{29-11-9}$$

y 与 x 是否具有线性相关的关系，可用相关系数检验法进行检验。相关系数定义为

$$\hat{\rho}=\frac{\sum\limits_{i=1}^{n}x_iy_i-n\overline{x}\overline{y}}{\left(\sum\limits_{i=1}^{n}x_i^2-n\overline{x}^2\right)^{\frac{1}{2}}\left(\sum\limits_{i=1}^{n}y_i^2-n\overline{y}^2\right)^{\frac{1}{2}}}$$

$$\tag{29-11-10}$$

显著性水平为 α 时，相关系数临界值 ρ_α 可由相关系数表（表 29-11-6）查得（表中自由度 $\nu=n-2$）。若 $|\hat{\rho}|>\rho_\alpha$，则认为 y 与 x 具有线性关系。

表 29-11-6　　相关系数临界值表

α ν	0.10	0.05	0.02	0.01	0.001
5	0.6694	0.7545	0.8329	0.8745	0.9507
6	0.6215	0.7067	0.7887	0.8343	0.9249
7	0.5822	0.6664	0.7498	0.7977	0.8982
8	0.5494	0.6319	0.7155	0.7646	0.8721
9	0.5214	0.6021	0.6851	0.7348	0.8471
10	0.4973	0.5760	0.6581	0.7079	0.8233
11	0.4762	0.5529	0.6339	0.6835	0.8010
12	0.4575	0.5324	0.6120	0.6614	0.7800
13	0.4409	0.5139	0.5923	0.6411	0.7603
14	0.4259	0.4973	0.5742	0.6226	0.7420
15	0.4124	0.4821	0.5577	0.6055	0.7246
16	0.4000	0.4683	0.5425	0.5897	0.7084
17	0.3887	0.4555	0.5285	0.5751	0.6932
18	0.3783	0.4438	0.5155	0.5614	0.6787
19	0.3687	0.4329	0.5034	0.5487	0.6652
20	0.3598	0.4227	0.4921	0.5368	0.6524

可靠性工程中一些常用的概率分布，其分布函数与自变量之间一般在直角坐标系中并不成线性关系。为了应用线性回归检验方法，需要先进行适当的变换，使变换量与自变量之间呈线性关系（常用概率分布的变换关系列于表 29-11-7）。

表 29-11-7　　　　　　　　　　几种常用概率分布的变换关系

名称	分布函数	y	x	B	A
指数分布	$1-e^{-\lambda t}$	$\ln\dfrac{1}{1-F(t)}$	t	λ	0
威布尔分布	$1-e^{-(\frac{t-a}{b})^{\beta}}$	$\ln\dfrac{1}{1-F(t)}$	$\ln(t-a)$	β	$-\beta\ln b$
正态分布	$\int_{-\infty}^{t}\dfrac{1}{\sigma\sqrt{2\pi}}e^{-\frac{(t-\mu)^2}{2\sigma^2}}dt$	$\dfrac{t-\mu}{\sigma}=\Phi^{-1}[F(t)]$	t	$\dfrac{1}{\sigma}$	$-\dfrac{\mu}{\sigma}$
对数正态分布	$\int_{0}^{t}\dfrac{1}{t\sigma\sqrt{2\pi}}e^{-\frac{(\ln t-\mu)^2}{2\sigma^2}}dt$	$\dfrac{\ln t-\mu}{\sigma}=\Phi^{-1}[F(t)]$	$\ln t$	$\dfrac{1}{\sigma}$	$-\dfrac{\mu}{\sigma}$

在使用回归分析法时，首先将试验获得的 n 个数据按由小到大的次序排列，即 $t_1<t_2<\cdots<t_n$，取中位秩作为各数据点对应的经验分布函数，即

$$\hat{F}(t_i)\approx\dfrac{i-0.3}{n+0.4} \quad (29\text{-}11\text{-}11)$$

假设一种分布，按表 29-11-7 进行变换后即可用式 (29-11-5)～式 (29-11-11) 进行计算。若相关系数检验通过则接受原假设。估计得到 B、A 后再按表 29-11-7 中关系估计原分布函数的参数。

[例 3]　在某应力水平下，某合金材料 10 个试件的疲劳寿命分别为（千次）211，229，272，276，295，303，332，354，382，409。试判断分布类型并进行参数估计。

解　一般金属疲劳寿命服从对数正态分布，故先假设该材料疲劳寿命服从对数正态分布。由表 29-11-7 可知有如下变换关系

$$y=\dfrac{\ln N-\mu}{\sigma},\ x=\ln N,\ B=\dfrac{1}{\sigma},\ A=-\dfrac{\mu}{\sigma}$$

根据此变换关系的计算结果列于表 29-11-8 中。

$$\overline{x}=\dfrac{1}{n}\sum_{i=1}^{n}x_i=\dfrac{57.046}{10}=5.705$$

$$\overline{y}=\dfrac{1}{n}\sum_{i=1}^{n}y_i=0$$

由式 (29-11-10)，计算出相关系数为

$$\hat{\rho}=\dfrac{\sum_{i=1}^{n}x_iy_i-n\overline{x}\overline{y}}{\left(\sum_{i=1}^{n}x_i^2-n\overline{x}^2\right)^{\frac{1}{2}}\left(\sum_{i=1}^{n}y_i^2-n\overline{y}^2\right)^{\frac{1}{2}}}=$$

$$\dfrac{1.739-0}{(325.828-10\times 5.705)^{\frac{1}{2}}(7.574-0)^{\frac{1}{2}}}=0.995$$

由表 29-11-6，当 $\nu=n-2=8$，$\alpha=0.05$ 时，查得 $\rho_{0.05}=0.6319$。由于 $\hat{\rho}>\rho_a$，故接受疲劳寿命服从对数正态分布的假设。

由式 (29-11-6) 和式 (29-11-7)

$$\hat{B}=\dfrac{\sum_{i=1}^{n}x_iy_i-n\overline{x}\overline{y}}{\sum_{i=1}^{n}x_i^2-n\overline{x}}=\dfrac{1.739-0}{325.828-10\times 5.7046^2}$$

$$=4.311$$

$$\hat{A}=\overline{y}-\hat{B}\overline{x}=0-4.311\times 5.7046=-24.593$$

由表 29-11-7 知：$B=\dfrac{1}{\sigma}$，$A=-\dfrac{\mu}{\sigma}$，故分布参数 μ 和 σ 的估计值为

$$\hat{\sigma}=\dfrac{1}{\hat{B}}=\dfrac{1}{4.311}=0.232$$

$$\hat{\mu}=-\hat{A}\hat{\sigma}=-(-24.5925\times 0.232)=5.705$$

表 29-11-8　　　　　　　　　　例 3 的计算过程

序号	N_i	$x_i=\ln N_i$	$\hat{F}(N_i)\approx\dfrac{i-0.3}{n+0.4}$	$y_i=\Phi^{-1}[\hat{F}(N_i)]$	x_i^2	y_i^2	x_iy_i
1	211	5.352	0.067	−1.500	28.642	2.250	−8.028
2	229	5.434	0.162	−0.985	29.525	0.970	−5.352
3	272	5.606	0.295	−0.645	31.425	0.416	−3.616
4	276	5.620	0.356	−0.370	31.589	0.137	−2.080
5	295	5.687	0.452	−0.120	32.342	0.014	−0.682
6	303	5.714	0.548	0.120	32.647	0.014	0.686
7	332	5.805	0.644	0.370	33.700	0.137	2.148
8	354	5.869	0.741	0.645	34.445	0.416	3.786
9	382	5.945	0.838	0.985	35.348	0.970	5.856
10	409	6.014	0.933	1.500	36.165	2.250	9.021
Σ		57.046		0	325.828	7.574	1.739

11.3 参数估计

11.3.1 矩估计

产品可靠性的一些基本特征量可以通过相应随机变量的各阶矩来描述。例如，随机变量的平均值等于其一阶原点矩

$$\mu = E(x) = \begin{cases} \sum_i x_i f(x_i) & \text{若 } x \text{ 是离散随机变量} \\ \int_{-\infty}^{\infty} x f(x) \mathrm{d}x & \text{若 } x \text{ 是连续随机变量} \end{cases}$$

随机变量的方差等于关于其均值的二阶矩

$$\sigma^2 = E[(x-\mu)]^2$$

$$= \begin{cases} \sum_i x_i^2 f(x_i) - \mu^2 & \text{若 X 是离散随机变量} \\ \int_{-\infty}^{\infty} x^2 f(x) \mathrm{d}x - \mu^2 & \text{若 X 是连续随机变量} \end{cases}$$

对于有些分布，例如正态分布，矩统计量直接提供了分布参数的估计值。对于其他分布，例如威布尔分布和对数正态分布，分布参数需要通过令样本矩等于理论矩来解出分布参数。所需矩的数目取决于被估计的参数的数目。

11.3.2 极大似然估计

极大似然估计法是一种应用广泛的参数估计方法。其基本原理是，通过使已知样本出现的概率取最大值来求解参数值。给定分布的似然函数所表征的是样本出现的概率。若 $x_1, x_2, \cdots, x_n$ 是概率密度函数为 $f(x, \theta)$ 的独立随机变量，θ 是唯一的分布参数。那么

$$L(x_1, x_2, \cdots, x_n; \theta) = f(x_1, \theta) f(x_2, \theta) \cdots f(x_n, \theta)$$

就是这些随机变量的联合分布概率密度函数，也称为似然函数。分布参数的极大似然估计值 $\hat{\theta}$，是使似然函数取最大值的 θ。为了便于计算，通常先将似然函数取自然对数，然后再求解。

11.4 指数分布假设检验与参数估计

11.4.1 拟合性检验

指数分布的概率密度函数为

$$f(t) = \lambda e^{-\lambda t} \qquad (29\text{-}11\text{-}12)$$

检验统计量为

$$\chi^2 = 2 \sum_{k=1}^{d} \ln \frac{t_\Sigma}{T_k} \qquad (29\text{-}11\text{-}13)$$

$$d = \begin{cases} r-1, \text{定数截尾}(t_r = t_0 \text{的定时截尾}) \\ r, \text{定时截尾}(t_r < t_0) \end{cases}$$

式中 t_Σ——总累积试验时间；
T_k——第 k ($k=1,2,\cdots,r$) 次失效时的累积试验时间；
t_0——定时截尾时间；
t_r——定数截尾时间。

上述检验统计量服从自由度为 $2d$ 的 χ^2 分布。给定显著度水平 α，满足下列条件则接受指数分布假设，否则拒绝指数分布假设

$$\chi^2_{1-\frac{\alpha}{2}}(2d) \leqslant \chi^2 \leqslant \chi^2_{\frac{\alpha}{2}}(2d) \qquad (29\text{-}11\text{-}14)$$

式中，$\chi^2_\alpha(2d)$ 表示自由度为 $2d$ 的 χ^2 分布的分位数，查表确定。

总累积试验时间 t_Σ 是所有投入试验的试样（包括失效的、中止的、截尾时未失效的）试验到规定时间的试验时间总和。若开始投入 n 个试样同时试验，试验中有 b 个中止，中止时间分别为 $\tau_j(j=1,2,\cdots,b)$；有 r 个失效，失效时间分别为 $t_i(i=1,2,\cdots,r)$。规定试验到 t_0 停止试验，则试验总累积时间的计算分以下几种情况

无替换试验

$$t_\Sigma = \sum_{i=1}^{r} t_i + \sum_{j=1}^{b} \tau_j + (n-r-b) t_0$$

$$(29\text{-}11\text{-}15)$$

有替换试验

$$t_\Sigma = \sum_{j=1}^{b} \tau_j + (n-b) t_0 \qquad (29\text{-}11\text{-}16)$$

式中 t_0——定时截尾规定的截尾时间或定数截尾试验中第 r 个失效时间 t_r；
b——中途中止试验的试样个数。

第 k 次失效时的累积试验时间 T_k 的计算公式如下。

无替换试验

$$T_k = \sum_{i=1}^{k} t_i + \sum_{j=1}^{b_k} \tau_j + (n-k-b_k) t_k$$

$$(29\text{-}11\text{-}17)$$

有替换试验

$$T_k = \sum_{j=1}^{b_k} \tau_j + (n-b_k) t_k \qquad (29\text{-}11\text{-}18)$$

式中 t_k——第 k ($k=1,2,\cdots,r$) 个试样失效时间；
b_k——第 k 个试样失效前中止试验的试样个数。

[例 4] 抽取某产品中的 10 个样本进行寿命试验，失效 5 个后停止试验。试验结果为 76h，143h，152h，275h，326h。检验该产品寿命是否服从指数

分布。

解 假设该产品的寿命服从指数分布。这是无替换定数截尾寿命试验，由式（29-11-15）计算总累积试验时间

$$t_\Sigma = \sum_{i=1}^{r} t_i + (n-r)t_r = 76 + 143 + 152 + 275 + 326 + (10-5) \times 326 = 2602\text{h}$$

由式（29-11-17）计算第 k 次失效时的累积试验时间

$$T_1 = t_1 + (n-1)t_1 = 76 + (10-1) \times 76 = 760\text{h}$$

$$T_2 = t_1 + t_2 + (n-2)t_2 = 76 + 143 + (10-2) \times 143 = 1363\text{h}$$

$$T_3 = t_1 + t_2 + t_3 + (n-3)t_3 = 76 + 143 + 152 + (10-3) \times 152 = 1435\text{h}$$

$$T_4 = t_1 + t_2 + t_3 + t_4 + (n-4)t_4 = 76 + 143 + 152 + 275 + (10-4) \times 275 = 2296\text{h}$$

本例 $d = r - 1 = 5 - 1 = 4$，由式（29-11-13），得

$$\chi^2 = 2\sum_{k=1}^{d} \ln\left(\frac{t_\Sigma}{T_k}\right)$$

$$= 2\left(\ln\frac{2602}{760} + \ln\frac{2602}{1363} + \ln\frac{2602}{1435} + \ln\frac{2602}{2296}\right)$$

$$= 5.195$$

取显著性水平 $\alpha = 0.10$，由 χ^2 表查得

$$\chi^2_{1-\frac{\alpha}{2}}(2d) = \chi^2_{0.95}(8) = 2.73, \chi^2_{\frac{\alpha}{2}}(2d) = \chi^2_{0.05}(8) = 15.51$$

检验统计量满足条件 $2.73 \leq \chi^2 \leq 15.51$，故接受原假设，即认为该产品的寿命服从指数分布。

11.4.2 参数估计

对指数分布进行参数估计的最简单方法是极大似然法。极大似然法提供了一个无偏估计，但不判断符合程度。

指数分布概率密度函数可以写成下面的形式

$$f(x) = \frac{1}{\theta}\text{e}^{-x/\theta}, x \geq 0 \qquad (29\text{-}11\text{-}19)$$

参数 θ（平均寿命）的极大似然估计值为（此估计是最小方差无偏估计）

$$\hat{\theta} = \frac{\sum_{i=1}^{n} x_i}{r} \qquad (29\text{-}11\text{-}20)$$

式中 x_i——第 i 个数据，它可能是失效数据，或截尾数据；

n——包括截尾和未截尾的数据总数；

r——失效数据个数。

对于定时截尾试验，θ 的置信区间是

$$\frac{2\sum_{i=1}^{n} x_i}{\chi^2_{(\alpha/2,2r+2)}} \leq \theta \leq \frac{2\sum_{i=1}^{n} x_i}{\chi^2_{(1-\alpha/2,2r)}} \qquad (29\text{-}11\text{-}21)$$

[**例5**] 若 7 个弹簧失效时经历的载荷循环数分别为 30200，14900，35000，76300，43900，31700 和 12300。假设失效循环数（寿命）服从指数分布，试估计平均寿命和平均失效率。

解 平均寿命

$$\hat{\theta} = \frac{30200 + 14900 + 35000 + 76300 + 43900 + 31700 + 12300}{7}$$

$$= 34900 \text{ 次循环}$$

寿命服从指数分布的条件下，平均失效率是平均寿命的倒数

$$\hat{\lambda} = \frac{1}{34900} = 0.00003$$

[**例6**] 如果上例中的数据为 7 个弹簧的失效循环数，但还有 10 个弹簧测试了 80000 个载荷循环尚未失效，试估计平均失效时间和平均失效率。

解 平均失效时间

$$\hat{\theta} = \frac{244300 + 10 \times (80000)}{7} = 149200 \text{ 次循环}$$

平均失效率为

$$\lambda = \frac{1}{149200} = 0.000007$$

[**例7**] 对 15 个产品测试 1000h，有 4 个产品失效，失效分别发生在 120h、190h、560h、820h。试确定平均失效时间和具有 90% 置信度的失效率的置信区间。

解 这是定时截尾实验，平均寿命估计值是

$$\hat{\theta} = \frac{120 + 190 + 560 + 820 + 11 \times 1000}{4} = 3171$$

当置信度取 90% 时，显著度 $\alpha = 0.1$，由 χ^2 分布表知，$\chi^2_{(0.05,10)} = 18.307$，$\chi^2_{(0.95,8)} = 2.733$。则 θ 的置信区间为

$$\frac{2 \times 12690}{18.307} \leq \theta \leq \frac{2 \times 12690}{2.733}$$

$$1386 \leq \theta \leq 9281$$

给定置信度的失效率是相同置信度下平均失效时间的倒数，即

$$\frac{1}{9281} \leq \lambda \leq \frac{1}{1386}$$

$$0.0001 \leq \lambda \leq 0.0007$$

对于定数截尾试验，分布参数 θ 的置信区间为

$$\frac{2\sum_{i=1}^{n} x_i}{\chi^2_{(\alpha/2,2r)}} \leq \theta \leq \frac{2\sum_{i=1}^{n} x_i}{\chi^2_{(1-\alpha/2,2r)}} \qquad (29\text{-}11\text{-}22)$$

对于无失效数据的试验，置信下限简化为

$$\theta \geqslant \frac{-nt}{\ln \alpha} \quad (29\text{-}11\text{-}23)$$

式中 t——试验时间；
α——显著度。

可靠度的置信区间为

$$e^{-\frac{x}{\theta_L}} \leqslant R(x) \leqslant e^{-\frac{x}{\theta_U}} \quad (29\text{-}11\text{-}24)$$

式中 θ_L——平均失效时间的置信下限；
θ_U——平均失效时间的置信上限。

百分位数的置信区间为

$$-\theta_L \ln(1-P) \leqslant x \leqslant -\theta_U \ln(1-P) \quad (29\text{-}11\text{-}25)$$

式中，P 是在 x 之前失效的概率。

[例8] 对 12 个样品进行测试，失效时间分别发生在第 50h、70h、90h、90h、150h，在第 150h 时，剩余的 7 个样品停止测试，试确定置信度为 95% 的平均失效时间的置信区间。

解 这是一个定数截尾试验，估计的平均寿命为

$$\hat{\theta} = \frac{40+70+90+90+150+7\times150}{5} = \frac{1490}{5} = 298$$

当置信度为 95%，显著度 $\alpha = 0.05$ 时，由附表得，$\chi^2_{(0.025,10)} = 20.483$，$\chi^2_{(0.975,10)} = 3.247$。则 θ 的置信区间是

$$\frac{2\times1490}{20.483} \leqslant \theta \leqslant \frac{2\times1490}{3.247}$$

$145 \leqslant \theta \leqslant 917$

[例9] 对 20 个样本进行 300h 的测试无失效发生，试确定置信度为 90% 的 θ 下限值。

解 $\dfrac{-20\times300}{\ln(0.1)} = 1303\text{h}$

11.5 正态分布统计检验与参数估计

11.5.1 拟合性检验

正态分布的概率密度函数为

$$f(x) = \frac{1}{\sigma\sqrt{2\pi}} e^{-\frac{(x-\mu)^2}{2\sigma^2}} \quad (29\text{-}11\text{-}26)$$

当样本容量不大，分布参数 μ、σ 未知，用点估计获得均值和标准差 $(\bar{x}, s_x)$ 时，假设

$$F_0(x; \bar{x}; s_x^2) = \int_{-\infty}^{x} \frac{1}{s_x\sqrt{2\pi}} e^{-\frac{(x-\bar{x})^2}{2s_x^2}} dx \quad (29\text{-}11\text{-}27)$$

与 K-S 检验法类似，满足下列条件则接受原假设，否则拒绝原假设

$$\widetilde{D}_n = \sup_{-\infty < x < \infty} |F_0(x;\bar{x};s_x^2) - F_n(x)| \leqslant \widetilde{D}_{n,\alpha} \quad (29\text{-}11\text{-}28)$$

$$\widetilde{D}_n = \max\{\tilde{d}_i\}$$
$$\tilde{d}_i = \max\left\{F_0(x;\bar{x};s_x^2) - \frac{i-1}{n}, \frac{i}{n} - F_0(x;\bar{x};s_x^2)\right\} \quad (29\text{-}11\text{-}29)$$

式中 $F_n(x)$——经验分布函数；
$\widetilde{D}_{n,\alpha}$——临界值，可查表 29-11-9 获得。

表 29-11-9 $\widetilde{D}_n$ 临界值 $\widetilde{D}_{n,\alpha}$（正态分布）

n \ α	0.20	0.15	0.10	0.05	0.01
4	0.300	0.319	0.352	0.381	0.417
5	0.285	0.299	0.315	0.337	0.405
6	0.265	0.277	0.294	0.319	0.364
7	0.247	0.258	0.276	0.300	0.348
8	0.233	0.244	0.261	0.285	0.331
9	0.223	0.233	0.249	0.271	0.311
10	0.215	0.224	0.239	0.258	0.294
11	0.206	0.217	0.230	0.249	0.284
12	0.199	0.212	0.223	0.242	0.275
13	0.190	0.202	0.214	0.234	0.268
14	0.183	0.194	0.207	0.227	0.261
15	0.177	0.187	0.201	0.219	0.257
16	0.173	0.182	0.195	0.213	0.250
17	0.169	0.177	0.189	0.206	0.245
18	0.166	0.173	0.184	0.200	0.239
19	0.163	0.169	0.179	0.195	0.235
20	0.160	0.166	0.174	0.190	0.231
25	0.142	0.147	0.158	0.173	0.200
30	0.131	0.136	0.144	0.161	0.187

[例 10] 对某钢材进行静强度试验，9 个试件的强度极限按由小到大次序分别为（MPa）625、650、656、659、661、662、663、668、672。检验该钢材强度极限是否服从正态分布。

解 假设该钢材的强度极限服从正态分布。由于分布参数未知，故需要先进行分布参数估计

$$\bar{x} = \frac{1}{n}\sum_{i=1}^{n} x_i = \frac{1}{9}(625+650+656+659+661+662+663+668+672)$$

$$= 657.3 \text{MPa}$$

$$s_x = \left[\frac{1}{n-1}\sum_{i=1}^{n}(x_i-\bar{x})^2\right]^{\frac{1}{2}}$$

$$= \left\{\frac{1}{9-1}[(625-657.3)^2 + (650-657.3)^2 + \cdots + (672-657.3)^2]\right\}^{\frac{1}{2}}$$

$$= 13.69 \text{MPa}$$

假设

$$F_0(x;\bar{x};s_x^2) = \int_{-\infty}^{x} \frac{1}{13.69\sqrt{2\pi}} e^{-\frac{(x-657.3)^2}{2\times13.69^2}} dx$$

$\tilde{d}_i$ 计算列表如表 29-11-10 所示。

表 29-11-10　　例 10 计算列表

序号 i	x_i/MPa	$F_0(x_i)=\Phi\left(\dfrac{x_i-657.3}{13.69}\right)$	$\dfrac{i-1}{9}$	$\dfrac{i}{9}$	$\tilde{d}_i$
1	625	0.0091	0.0000	0.1111	0.1020
2	650	0.2981	0.1111	0.2222	0.1970
3	656	0.4641	0.2222	0.3333	0.2419
4	659	0.5478	0.3333	0.4444	0.2145
5	661	0.6064	0.4444	0.5556	0.1620
6	662	0.6331	0.5556	0.6667	0.0775
7	663	0.6628	0.6667	0.7778	0.1150
8	668	0.7823	0.7778	0.8889	0.1066
9	672	0.8577	0.8889	1.0000	0.1423

由表 29-11-10 中的计算结果，得 $\tilde{D}_n$ 的观测值为

$$\tilde{D}_n = \max\{d_i\} = 0.2419$$

取显著性水平 $\alpha=0.10$，由表 29-11-4 查得 $\tilde{D}_{n,\alpha}=0.249$。因为 $\tilde{D}_n<\tilde{D}_{n,\alpha}$，故接受原假设，即认为该钢材的强度极限服从正态分布。

[例 11]　某金属材料在某应力水平用 10 个试件做弯曲疲劳试验，其寿命循环次数 N 分别为 125000，132000，135000，138000，141000，147000，154000，161000，164000，182000。检验该寿命分布是否服从对数正态分布。

解　假设该金属材料的疲劳寿命服从对数正态分布。对数寿命 $x_i=\ln N_i=11.736$，11.791，11.813，11.835，11.857，11.898，11.945，11.989，12.008，12.112。根据相应公式估计分布参数

$$\overline{x}=\frac{1}{n}\sum_{i=1}^{n}x_i=\frac{1}{10}(11.736+11.791+\cdots+12.112)=11.898$$

$$s_x=\left[\frac{1}{n-1}\sum_{i=1}^{n}(x_i-\overline{x})^2\right]^{\frac{1}{2}}$$

$$=\left\{\frac{1}{10-1}[(11.736-11.898)^2+(11.791-11.898)^2+\cdots+(12.112-11.898)^2]\right\}^{\frac{1}{2}}=0.115$$

$\tilde{d}_i$ 计算列表见表 29-11-11。

由表 29-11-11 中的计算结果，得

$$\tilde{D}_n = \max\{d_i\} = 0.1393$$

取显著性水平 $\alpha=0.10$，由表 29-11-9 查得 $\tilde{D}_{n,\alpha}=0.239$。因为 $\tilde{D}_n<\tilde{D}_{n,\alpha}$，故接受原假设，即认为该金属材料的疲劳寿命服从对数正态分布。

11.5.2　正态分布参数估计

若样本值为 $x_1,x_2,\cdots,x_n$，且没有截尾数据，分布的均值估计为

$$\hat{\mu}=\overline{x}=\frac{\sum_{i=1}^{n}x_i}{n} \quad (29\text{-}11\text{-}30)$$

式中，n 为样本容量。

表 29-11-11　　例 11 计算列表

序号 i	N_i	x_i	$F_0(N_i)=\Phi\left(\dfrac{x_i-11.898}{0.115}\right)$	$\dfrac{i-1}{10}$	$\dfrac{i}{10}$	$\tilde{d}_i$
1	125000	11.736	0.0091	0.0	0.1	0.0795
2	132000	11.791	0.2981	0.1	0.2	0.0761
3	135000	11.813	0.4641	0.2	0.3	0.0701
4	138000	11.836	0.5478	0.3	0.4	0.1081
5	141000	11.857	0.6064	0.4	0.5	0.1393
6	147000	11.898	0.6331	0.5	0.6	0.1000
7	154000	11.945	0.6628	0.6	0.7	0.0586
8	161000	11.989	0.7823	0.7	0.8	0.0856
9	164000	12.008	0.8577	0.8	0.9	0.0694
10	182000	12.112		0.9	1.0	0.0686

第 11 章 可靠性试验与数据处理

分布的标准差估计为

$$\hat{\sigma} = s = \sqrt{\frac{n\sum_{i=1}^{n}x_i^2 - \left(\sum_{i=1}^{n}x_i\right)^2}{n(n-1)}}$$

(29-11-31)

涉及截尾数据时，正态分布参数可以用最大似然估计方法估计。正态分布的极大似然估计方程是

$$\frac{\partial L}{\partial \mu} = \frac{r}{\sigma}\left[\frac{\overline{x}-\mu}{\sigma} + \sum_{i=1}^{k}\frac{h(x_i)}{r}\right] = 0$$

(29-11-32)

$$\frac{\partial L}{\partial \sigma} = \frac{r}{\sigma}\left[\frac{s^2 + (\overline{x}-\mu)^2}{\sigma^2} - 1 + \sum_{i=1}^{k}\frac{z(x_i)h(x_i)}{r}\right] = 0$$

(29-11-33)

$$z(x_i) = \frac{x_i - \mu}{\sigma}$$

$$h(x_i) = \frac{\phi[z(x_i)]}{\sigma\{1 - \Phi[z(x_i)]\}}$$

式中　　r——失效数；
k——截尾数；
$\overline{x}$——失效样本均值；
s——失效样本标准差；
$z(x_i)$——标准偏量；
$h(x_i)$——对应于第 i 点的风险函数；
$\phi[z(x_i)]$——第 i 点的标准正态概率密度函数；
$\Phi[z(x_i)]$——第 i 点的标准正态累积分布函数。

为了求解以上最大似然方程，需要应用迭代方法。其中一个基于泰勒级数展开的标准方法是反复估算相应参数，直到满足精度要求为止。μ 和 σ 的估计式如下

$$\hat{\mu}_j = \hat{\mu}_{j-1} + h \quad (29\text{-}11\text{-}34)$$

$$\hat{\sigma}_j = \hat{\sigma}_{j-1} + k \quad (29\text{-}11\text{-}35)$$

式中　　h——分布均值的修正系数；
k——分布标准偏差的修正系数。

对于每次迭代，修正系数由以下表达式得到

$$h\frac{\partial^2 L}{\partial \mu^2} + k\frac{\partial^2 L}{\partial \mu \partial \sigma} = -\frac{\partial L}{\partial \mu} \quad (29\text{-}11\text{-}36)$$

$$h\frac{\partial^2 L}{\partial \mu \partial \sigma} + k\frac{\partial^2 L}{\partial \sigma^2} = -\frac{\partial L}{\partial \sigma} \quad (29\text{-}11\text{-}37)$$

式中

$$\frac{\partial^2 L}{\partial \mu^2} = -\frac{r}{\sigma^2}\left[1 + \sum_{i=1}^{k}\frac{A_i}{r}\right] \quad (29\text{-}11\text{-}38)$$

$$\frac{\partial^2 L}{\partial \mu \partial \sigma} = -\frac{r}{\sigma^2}\left[\frac{2(\overline{x}-\mu)}{\sigma} + \sum_{i=1}^{k}\frac{B_i}{r}\right]$$

(29-11-39)

$$\frac{\partial^2 L}{\partial \sigma^2} = -\frac{r}{\sigma^2}\left\{\frac{3[s^2 + (\overline{x}-\mu)^2]}{\sigma^2} + \sum_{i=1}^{k}\frac{C_i}{r}\right\}$$

(29-11-40)

且有

$$A_i = h(x_i)[h(x_i) - z(x_i)]$$
$$B_i = h(x_i) + z(x_i)A_i$$
$$C_i = z(x_i)[h(x_i) + B_i]$$

估计的方差可以通过局部信息矩阵的逆来得到

$$F = \begin{bmatrix} -\dfrac{\partial^2 L}{\partial \mu^2} & -\dfrac{\partial^2 L}{\partial \mu \partial \sigma} \\ -\dfrac{\partial^2 L}{\partial \mu \partial \sigma} & -\dfrac{\partial^2 L}{\partial \sigma^2} \end{bmatrix} \quad (29\text{-}11\text{-}41)$$

求逆后，方差为

$$F^{-1} = \begin{bmatrix} \mathrm{var}(\hat{\mu}) & \mathrm{cov}(\hat{\mu},\hat{\sigma}) \\ \mathrm{cov}(\hat{\mu},\hat{\sigma}) & \mathrm{var}(\hat{\sigma}) \end{bmatrix}$$

(29-11-42)

被估计参数的 $(1-\alpha)$ 100% 的近似置信区间为

$$\hat{\mu} - K_{\alpha/2}\sqrt{\mathrm{var}(\hat{\mu})} \leqslant \mu \leqslant \hat{\mu} + K_{\alpha/2}\sqrt{\mathrm{var}(\hat{\mu})}$$

(29-11-43)

$$\frac{\hat{\sigma}}{\exp\left[\dfrac{K_{\alpha/2}\sqrt{\mathrm{var}(\hat{\sigma})}}{\hat{\sigma}}\right]} \leqslant \sigma \leqslant \hat{\sigma}\exp\left[\dfrac{K_{\alpha/2}\sqrt{\mathrm{var}(\hat{\sigma})}}{\hat{\sigma}}\right]$$

(29-11-44)

其中，$K_{\alpha/2}$ 是标准正态概率密度函数的反函数。

这些置信区间是近似的，随着样本容量的增大而接近于精确值。

可靠性的置信区间如下

$$\mathrm{var}(\hat{z}) \approx \frac{\mathrm{var}(\hat{\mu}) + \hat{z}^2\mathrm{var}(\hat{\sigma}) + 2\hat{z}\mathrm{cov}(\hat{\mu},\hat{\sigma})}{\hat{\sigma}^2}$$

(29-11-45)

$$\hat{z} - K_{\alpha/2}\sqrt{\mathrm{var}(\hat{z})} \leqslant z \leqslant \hat{z} + K_{\alpha/2}\sqrt{\mathrm{var}(\hat{z})}$$

(29-11-46)

$$1 - \Phi[\hat{z} + K_{\alpha/2}\sqrt{\mathrm{var}(\hat{z})}] \leqslant R(x)$$
$$\leqslant 1 - \Phi[\hat{z} - K_{\alpha/2}\sqrt{\mathrm{var}(\hat{z})}] \quad (29\text{-}11\text{-}47)$$

百分位点的置信区间为

$$\mathrm{var}(\hat{x}) \approx \mathrm{var}(\hat{\mu}) + \hat{z}^2\mathrm{var}(\hat{\sigma}) + 2\hat{z}\mathrm{cov}(\hat{\mu},\hat{\sigma})$$

(29-11-48)

$$\hat{x} - K_{\alpha/2}\sqrt{\mathrm{var}(\hat{x})} \leqslant x \leqslant \hat{x} + K_{\alpha/2}\sqrt{\mathrm{var}(\hat{x})}$$

(29-11-49)

11.6　非参数估计方法

11.6.1　基于完全寿命数据的可靠性估计

若有某产品的一组试验观测寿命数据，根据这些

数据，可以应用非参数估计方法，也称为经验估计方法，即不依据具体分布形式，只根据这些寿命按大小排列的次序及相应的寿命值估计寿命分布函数 $F(t)$ 和可靠度 $R(t)$。这种利用寿命数据次序信息估计产品可靠度的方法称为秩估计方法。

(1) 简单秩估计

已知 n 个产品样本的寿命（失效时间）：$t_1 \leqslant t_2 \leqslant \cdots \leqslant t_i \leqslant t_{i+1} \leqslant \cdots \leqslant t_{n-1} \leqslant t_n$，寿命分布形式未知。为了估计其可靠性指标，显然可以认为各寿命样本出现的概率相等，均为 $1/n$。对于这样的数据，有如下简单秩估计公式

$$\hat{F}(t_i) = \frac{i}{n} \quad i = 0,1,2,\cdots,n \quad (29\text{-}11\text{-}50)$$

这一般意味着

$$\hat{F}(t) = \frac{i}{n} \quad t_i \leqslant t < t_{i+1}, i = 0,1,2,\cdots,n$$

为了严格地定义 $\hat{F}(t)$，首先要定义对应于 0th 失效的统计量。通常，人为规定 $\hat{F}(0)=0$。简单秩估计的结果是，当 $t \geqslant t_n$，$\hat{F}(t)=1.0$，这显然是不合理的，尤其当样本量很小时。

(2) 平均秩估计

对于按大小次序排列的 n 个样本值 $t_i (i=0,1,2,\cdots,n)$，可以证明次序统计量服从 Beta 分布，数学期望为 $E\{\hat{F}(t_i)\}=i/(n+1)$。由此可知，$F(t_i)$ 的平均秩估计为

$$\hat{F}(t_i) = \frac{i}{n+1} \quad i=0,1,2,\cdots,n$$

$$(29\text{-}11\text{-}51)$$

(3) 中位秩估计

中位数是对应于 50% 累积概率的样本值，中位秩估计具有更清晰的数学意义。中位秩估计公式为

$$\hat{F}(t_i) = \frac{i}{i+(n+1-i)F_{2(n+1-i),2i,0.5}}$$

$$i=0,1,2,\cdots,n \quad (29\text{-}11\text{-}52)$$

中位秩估计最常用的近似表达形式之一为

$$\hat{F}(t_i) = \frac{i-0.3}{n+0.4} \quad i=1,2,\cdots,n$$

$$(29\text{-}11\text{-}53)$$

(4) 中位秩估计的置信区间

$F(t_i)$ $(i=1,2,\cdots,n)$ 的秩估计服从参数为 i 和 $(n+1-i)$ 的 Beta 分布。因此，$(1-\alpha)$ 置信限为

$$P[F_{1-\alpha/2}(t_i) \leqslant F(t_i) \leqslant F_{\alpha/2}(t_i)] \geqslant 1-\alpha$$

$$(29\text{-}11\text{-}54)$$

其中，

$$F_{1-\alpha/2}(t_i) = \frac{i}{i+(n-i+1)F_{[2(n-i+1),2i,\alpha/2]}}$$

$$(29\text{-}11\text{-}55)$$

$$F_{\alpha/2}(t_i) = \frac{i}{i+(n-i+1)F_{[2(n-i+1),2i,1-\alpha/2]}}$$

$$(29\text{-}11\text{-}56)$$

根据分布函数 $F(t)$ 的秩估计量，可推导出可靠性函数 $R(t)$ 和失效率函数 $\lambda(t)$。

由

$$R(t_i) = 1 - F(t_i)$$

得

$$\hat{R}(t) = \frac{n+0.7-i}{n+0.4}, t_i \leqslant t < t_{i+1} (i=0,1,2,\cdots,n)$$

$$(29\text{-}11\text{-}57)$$

由

$$\hat{f}(t) = \frac{\hat{F}(t_{i+1}) - \hat{F}(t_i)}{\Delta t_i} = \frac{1}{\Delta t_i(n+0.4)}, t_i \leqslant t < t_{i+1}$$

得

$$\hat{\lambda}(t) = \frac{\hat{f}(t)}{\hat{R}(t)} = \frac{1}{\Delta t_i(n+1)} \Big/ \frac{(n+1-i)}{(n+1)}$$

$$= \frac{1}{\Delta t_i(n+0.4-i)}, t_i \leqslant t < t_{i+1}$$

$$(29\text{-}11\text{-}58)$$

其中，$\Delta t_i = t_{i+1} - t_i$。

[例 12] 试应用秩估计方法，根据表 29-11-12 所列的 9 个寿命数据，估计产品的可靠度和失效率。

表 29-11-12　　　可靠性秩估计算例表

i	t_i	t_{i+1}	$F(t_i)=i/10$	$R(t_i)=(10-i)/10$	$\lambda_i=1/[(10-i)\Delta t]$
0	0	60	0	1.0	0.0017
1	60	150	0.1	0.9	0.0012
2	150	299	0.2	0.8	0.0008
3	299	550	0.3	0.7	0.0006
4	550	980	0.4	0.6	0.0004
5	980	1270	0.5	0.5	0.0007
6	1270	1680	0.6	0.4	0.0006
7	1680	2100	0.7	0.3	0.0008
8	2100	2400	0.8	0.02	0.0017
9	2400	—	0.9	0.1	—

11.6.2 基于截尾寿命数据的可靠性估计

(1) 修正秩法

假设有如表 29-11-13 所示的试验观测数据，其中包括准确的寿命数据和右截尾数据（上标为+者）。表中寿命观测数据的排列方式为，记录值从小到大排为一列（表中的第 2 列），不区分准确寿命数据和截尾数据。表中第一列为各数据的秩 $(1,2,\cdots,n)$，第 3 列为各数据的逆秩 $(n,n-1,\cdots,1)$。

表 29-11-13　　寿命观测数据及其秩与逆秩

i	t_i	i'
1	t_1	n
2	t_2^+	$n-1$
3	t_3	$n-2$
...	...	...
k	t_k^+	$n-k+1$
...	...	...
n	t_n	1

为了根据这样的数据估计对应于各失效时间的可靠度，首先定义修正秩 O_i

$$O_i = \frac{\text{逆秩} \times \text{前位调整秩} O_{i-1} + (n+1)}{1 + \text{逆秩}}$$

(29-11-59)

根据修正秩，即可应用前面介绍的秩估计方法估计对应于各记录寿命值的可靠度。具体方法及步骤如下例所示。

[例 13] 假设有如表 29-11-14 所示的试验数据，试应用修正秩方法估计对应寿命的可靠度。

表 29-11-14 中，各数据的秩分别为 $1,2,\cdots,10$。相应地，逆秩分别为 $10,9,8,7,\cdots,2,1$。可规定 $t=0$ 对应的秩为 0。根据修正秩计算公式，修正失效数据对应的秩，结果如表 29-11-15 中最后一列所示。

应用秩估计获得的可靠度估计结果如表 29-11-15 所示。

表 29-11-14　　寿命观测数据及修正秩

秩	寿命（载荷循环次数）	寿命数据类型	逆秩	修正秩
1	544	失效	10	1
2	663	失效	9	2
3	802	右截尾	8	—
4	827	右截尾	7	—
5	897	失效	6	$=(6\times2+10+1)/(6+1)=3.29$
6	914	失效	5	$=(5\times3.29+10+1)/(5+1)=4.58$
7	939	右截尾	4	—
8	1084	失效	3	$=(3\times4.58+10+1)/(3+1)=6.18$
9	1099	失效	2	$=(2\times6.18+10+1)/(2+1)=7.79$
10	1202	右截尾	1	—

表 29-11-15　　可靠度估计结果

秩	寿命记录数据	修正秩	失效概率（平均秩估计）	失效概率（中位秩估计）
1	544	1	9.1%	6.7%
2	663	2	18.2%	16.2%
3	802	—		
4	827	—		
5	897	$=(6\times2+10+1)/(6+1)=3.29$	29.9%	28.4%
6	914	$=(5\times3.29+10+1)/(5+1)=4.58$	41.6%	41.1%
7	939	—		
8	1084	$=(3\times4.58+10+1)/(3+1)=6.18$	56.2%	56.7%
9	1099	$=(2\times6.18+10+1)/(2+1)=7.79$	70.8%	72.2%
10	1202	—		

表 29-11-16　　寿命数据及可靠度估计结果

i	t_i	$1-1/n_i$	$R(t_i)$
1	150	9/10	$R(150)=(9/10)\times 1=0.90$
2	340^+	—	
3	560	7/8	$R(560)=(7/8)\times 0.90=0.7875$
4	800	6/7	$R(800)=(6/7)\times 0.7875=0.675$
5	1130^+	—	
6	1720	4/5	$R(1720)=(4/5)\times 0.675=0.54$
7	2470^+		
8	4210^+		
9	5230	1/2	$R(5230)=(1/2)\times 0.54=0.27$
10	6890	0/1	$R(6890)=(0)\times 0.27=0.0$

(2) Kaplan-Meier 公式

假设观测母体包括 n 个样本，在 $t_0=0$ 时投入运行。运行过程中，有些样本发生了失效，另一些样本退出运行。记录的数据包括每个失效产品的失效时间和各失效发生前仍在运行的样本数量。

令发生失效的时间为 $t_1, t_2, \cdots, t_k$，按从小到大的顺序排列，n_i 为时刻 t_i 之前仍在运行的样本数，w_i 为在 $(t_i-1)-t_i$ 时间段内退出运行（并未发生失效）的样本数。显然，$n_1=n-w_1$，$n_2=n_1-1-w_2$，依此类推。

要根据这样的观测数据估计样本的可靠度，有如下的 Kaplan-Meier 公式

$$R(t)=\prod_{\{i:t_i\leqslant t\}}\left(1-\frac{1}{n_i}\right) \quad (29\text{-}11\text{-}60)$$

表 29-11-16 展示了一组寿命数据及应用 Kaplan-Meier 公式进行可靠度估计计算的过程。

[**例 14**]　某产品的可靠性试验观测共获得 50 个样本数据，其中的 12 个失效寿命数据如表 29-11-17 所示。该观测数据中还包括表中未列的 38 个右截尾试验数据，其试验中止时的运行里程为 55000。应用 Kaplan-Meier 公式，中间计算结果列于表中的第四列，最终估计出的可靠度值如表中最后一列所示。

表 29-11-17　ABS 制动器寿命数据及可靠性估计值

失效样本序号	里程数	失效前存活样本量 n_i	$1-1/n_i$	$R(t_i)$
1	3220	50	0.980	0.980
2	6250	49	0.980	0.960
3	12660	46	0.978	0.939
4	15610	42	0.976	0.920
5	22980	39	0.974	0.893
6	27570	35	0.971	0.867
7	30800	34	0.971	0.842
8	33460	30	0.967	0.814
9	38500	27	0.963	0.784
10	41290	25	0.960	0.753
11	44870	20	0.950	0.715
12	50070	16	0.938	0.671

附 录

附录Ⅰ 可靠性标准

Ⅰ-1 中国国家可靠性标准

分类	标准编号	标准名称
可靠性和维修性标准	GB/T 2689.1—1981	恒定应力寿命试验和加速寿命试验方法 总则
	GB/T 2689.2—1981	寿命试验和加速寿命试验的图估计法(用于威布尔分布)
	GB/T 2689.3—1981	寿命试验和加速寿命试验的简单线性无偏估计法(用于威布尔)
	GB/T 2689.4—1981	寿命试验和加速寿命试验的最好线性无偏估计法(用于威布尔)
	GB/T 5080.1—2012	可靠性试验 第1部分:试验条件和统计检验原理
	GB/T 5080.2—2012	可靠性试验 第2部分:试验周期设计
	GB/T 5080.4—1985	设备可靠性试验 可靠性测定试验的点估计和区间估计方法(指数分布)
	GB/T 5080.5—1985	设备可靠性试验 成功率的验证试验方案
	GB/T 5080.6—1996	设备可靠性试验 恒定失效率假设的有效性检验
	GB/T 5080.7—1986	设备可靠性试验 恒定失效率假设下的失效率与平均无故障时间的验证试验方案
	GB/T 5081—1985	电子产品现场工作可靠性、有效性和维修性数据收集指南
	GB/T 6992.2—1997	可信性管理 第2部分:可信性大纲要素和工作项目
	GB/T 7289—2017	电学元器件 可靠性 失效率的基准条件和失效率转换的应力模型
	GB/T 7826—2012	系统可靠性分析技术 失效模式和影响分析(FMEA)程序
	GB/T 7827—1987	可靠性预计程序
	GB/T 7828—1987	可靠性设计评审
	GB/T 7829—1987	故障树分析程序
	GB/T 9382—1988	彩色电视广播接收机可靠性验证试验 贝叶斯方法
	GB/T 9414.1—2012	维修性 第1部分:应用指南
	GB/T 9414.2—2012	维修性 第2部分:设计与开发阶段维修性要求与研究
	GB/T 9414.3—2012	维修性 第3部分:验证和数据的收集、分析与表示
	GB/T 9414.7—2000	设备维修性导则 第四部分:诊断测试
	GB/T 9414.8—2001	设备维修性导则 第九部分:维修性评价的统计方法
	GB/T 11463—1989	电子测量仪器可靠性试验
	GB/T 12165—1998	盒式磁带录音机可靠性要求和试验方法
	GB/T 12322—1990	通用型应用电视设备可靠性试验方法
	GB/T 12840—1996	盒式磁带录音机运带机构可靠性要求和试验方法
	GB/T 12992—1991	电子设备强迫风冷热特性测试方法
	GB/T 12993—1991	电子设备热性能评定
	GB/T 13426—1992	数字通信设备的可靠性要求和试验方法

续表

分类	标准编号	标准名称
可靠性和维修性标准	GB/T 14394—2008	计算机软件可靠性和可维护性管理
	GB/T 15174—2017	可靠性增长大纲
	GB/T 15510—2008	控制用电磁继电器可靠性试验通则
	GB/T 15524—1995	非广播磁带录像机可靠性要求和试验方法
	GB/T 15647—1995	稳态可用性验证试验方法
	GB/T 15844.3—1995	移动通信调频无线电话机　可靠性要求和试验方法
	GB/Z 22201—2016	接触器式继电器可靠性试验方法
电子产品质量管理	GB/T 4091—2001	常规控制图
	GB/T 4886—2002	带警戒限的均值控制图
	GB/T 4887—2006	累积和图——运用累积和技术进行质量控制和数据分析指南
	GB/T 15844—2017	移动通信专业调频收发信机通用规范
	GB/T 19001—2016	质量管理体系　要求
	GB/T 19004—2011	追求组织的持续成功　质量管理方法
数理统计方法	GB/T 2828.1—2012	计数抽样检验程序　第1部分：按接收质量限(AQL)检索的逐批检验抽样计划
	GB/T 2828.2—2008	计数抽样检验程序　第2部分：按极限质量LQ检索的孤立批检验抽样方案
	GB/T 2828.3—2008	计数抽样检验程序　第3部分：跳批抽样程序
	GB/T 2828.4—2008	计数抽样检验程序　第4部分：声称质量水平的评定程序
	GB/T 2829—2002	周期检验计数抽样程序及表（适用于对过程稳定性的检验）
	GB/T 3358.1—2009	统计学词汇及符号　第1部分：一般统计术语与用于概率的术语
	GB/T 3358.2—2009	统计学词汇及符号　第2部分：应用统计
	GB/T 3358.3—2009	统计学词汇及符号　第3部分：实验设计
	GB/T 3359—2009	数据的统计处理和解释　统计容忍区间的确定
	GB/T 3359—2009	数据的统计处理和解释　均值的估计和置信区间
	GB/T 3361—1982	数据的统计处理和解释　在成对观测值情形下两个均值的比较
	GB/T 4086.1—1983	统计分布数值表正态分布
	GB/T 4086.2—1983	统计分布数值表 χ^2 分布
	GB/T 4086.3—1983	统计分布数值表 t 分布
	GB/T 4086.4—1983	统计分布数值表 F 分布
	GB/T 4086.5—1983	统计分布数值表二项分布
	GB/T 4086.6—1983	统计分布数值表泊松分布
	GB/T 4087—2009	数据的统计处理和解释　二项分布可靠度单侧置信下限
	GB/T 4088—2008	数据的统计处理和解释　二项分布参数的估计与检验
	GB/T 4882—2001	数据的统计处理和解释　正态性检验
	GB/T 4883—2008	数据的统计处理和解释　正态样本离群值的判断和处理
	GB/T 4885—2009	正态分布完全样本可靠度置信下限
	GB/T 4888—2009	故障树名词术语和符号
	GB/T 4889—2008	数据的统计处理和解释　正态分布均值和方差的估计与检验
	GB/T 4890—1985	数据的统计处理和解释　正态分布均值和方差检验的功效
	GB/T 4891—2008	为估计批（或过程）平均质量选择样本量的方法
	GB/T 8051—2008	计数序贯抽样检验方案
	GB/T 8052—2002	单水平和多水平计数连续抽样检验程序及表
	GB/T 8054—2008	计量标准型一次抽样检验程序及表
	GB/T 13262—2008	不合格品百分数的计数标准型一次抽样检验程序及抽样表
	GB/T 13264—2008	不合格品百分数的小批计数抽样检验程序及抽样表
	GB/T 13546—1992	挑选型计数抽样检查程序及抽样表
	GB/T 15932—1995	非中心 t 分布分位数表
	GB/T 16306—2008	声称质量水平复检与复检的评定程序
	GB/T 16307—1996	计量截尾序贯抽样检验程序及抽样表（适用于标准差已知的情形）

Ⅰ-2 中国电子行业可靠性标准

分类	标准编号	标准名称
可靠性和维修性	SJ 2901—1988	传真机可靠性试验方法
	SJ 2940—1988	卫星通信地球站无线电设备可靠性试验方法
	SJ/T 10247.8—1992	音频电力负荷控制系统　可靠性试验方法
	SJ/T 10373—1993	电视发射机、差转机可靠性试验方法
	SJ/T 10386—1993	电子工业专用设备　可靠性指标验证试验方法
	SJ/T 10388—1993	电子工业专用设备　可靠性术语
	SJ/T 10593—1994	录像机维修性要求
	SJ/T 10601—1994	扬声器可靠性要求及试验方法
	SJ/T 11099—1996	寿命试验用表　最好线性无偏估计用表(极值分布、威布尔分布)
	SJ/T 11101—1996	寿命试验用表　最好线性无偏估计用表(正态分布、对数正态分布)
	SJ/T 11103—1996	寿命试验用表　(1+1/M)数值表
	SJ/T 11188—2016	广播电视接收用电子调谐器通用规范
电子产品质量管理	SJ/T 10421—1993	大功率陶瓷发射管制造质量控制要点
	SJ/T 10466.4—1993	质量成本管理指南
	SJ/T 10466.5—1993	营销质量指南
	SJ/T 10466.6—1993	合同评审指南
	SJ/T 10466.8—1993	采购质量控制指南
	SJ/T 10466.10—1993	生产过程质量控制指南
	SJ/T 10466.11—1993	产品验证控制指南
	SJ/T 10466.12—1993	搬运、储存、包装、交付质量控制指南
	SJ/T 10466.13—1993	售后服务质量指南
	SJ/T 10466.15—1994	不合格的控制指南
	SJ/T 10466.16—1994	纠正措施指南
	SJ/T 10466.18—1995	产品质量信息管理指南
	ST/T 10466.21—1995	人员培训和资格评定指南
	SJ/T 11696.1—2017	电子产品实现过程　质量管理　第一部分:设计和开发

Ⅰ-3 中国机械行业可靠性标准

标准编号	标准名称
JB/T 7517—1994	机械产品可靠性设计评审
JB/T 7518—1994	机电产品可靠性评定导则
JB/T 7559—1994	机械产品可靠性研制试验通则
JB/T 56089—1994	大型汽轮发电机及辅机可靠性考核方法
JB/T 56105—1999	起重及冶金用三相异步电动机可靠性试验方法
JB/T 50054—1999	内燃机电站可靠性考核评定方法
JB/T 56277—1994	控制用有或无继电器　可靠性特征量评定方法
JB/T 54308—1994	交流接触器可靠性要求和试验方法
JB/T 12104—2014	开式压力机　可靠性评定方法
JB/T 12105—2014	闭式压力机　可靠性评定方法
JB/T 10762—2007	液力变矩器　可靠性试验方法
JB/T 51099—2000	工程农机产品可靠性考核评定指标体系及故障分类通则
JB/T 51102—2000	拖拉机制造厂产品可靠性管理办法
JB/T 51103—1994	拖拉机可靠性设计评审办法
JB/T 8413.7—2015	内燃机　机油泵　第7部分:总成产品可靠性考核方法
JB/T 11323—2013	中小功率柴油机　可靠性评定方法
JB/T 12462—2015	轮胎式装载机　可靠性加速试验规范
JB/T 12463—2015	轮胎式装载机　可靠性试验方法、失效分类及评定

续表

标准编号	标准名称
JB/T 11414—2013	合成式喷油泵总成可靠性考核 评定方法、台架试验方法、故障分类及判定规则
JB/T 12031—2015	活塞式输油泵总成可靠性考核 评定方法、台架试验方法、故障分类及判定规则
JB/T 11415—2013	分列式喷油泵总成可靠性考核 评定方法、台架试验方法、故障分类及判定规则
JB/T 12032—2015	喷油泵出油阀偶件可靠性考核 评定方法、台架试验方法及失效判定
JB/T 12033—2015	喷油泵柱塞偶件可靠性考核 评定方法、台架试验方法及失效判定
JB/T 11416—2013	喷油器总成可靠性考核 评定方法、试验方法、故障分类及判定规则
JB/T 12034—2015	喷油嘴偶件可靠性考核 评定方法、试验方法及失效判定
JB/T 51018—1999	脱粒机 可靠性评定试验方法
JB/T 57217—1994	家用煤气表可靠性要求与考核方法
JB/T 12151—2015	静电复印机可靠性要求及试验方法
JB/T 12152—2015	办公机械 小胶印机 可靠性要求与试验方法
JB/T 6810—2014	分散型控制系统功能模板模块可靠性设计规范
JB/T 6182—2014	仪器仪表设计评审指南
JB/T 6183—2014	仪器仪表可靠性要求及评估方法的编写指南
JB/T 6214—2014	仪器仪表可靠性验证试验及测定试验(指数分布)导则
JB/T 6843—2014	仪器仪表可靠性设计程序和要求

附录Ⅱ 概率分布表

Ⅱ-1 标准正态分布表

$$R = \Phi(z) = \frac{1}{\sqrt{2\pi}} \int_{-\infty}^{z} e^{-\frac{x^2}{2}} dx$$

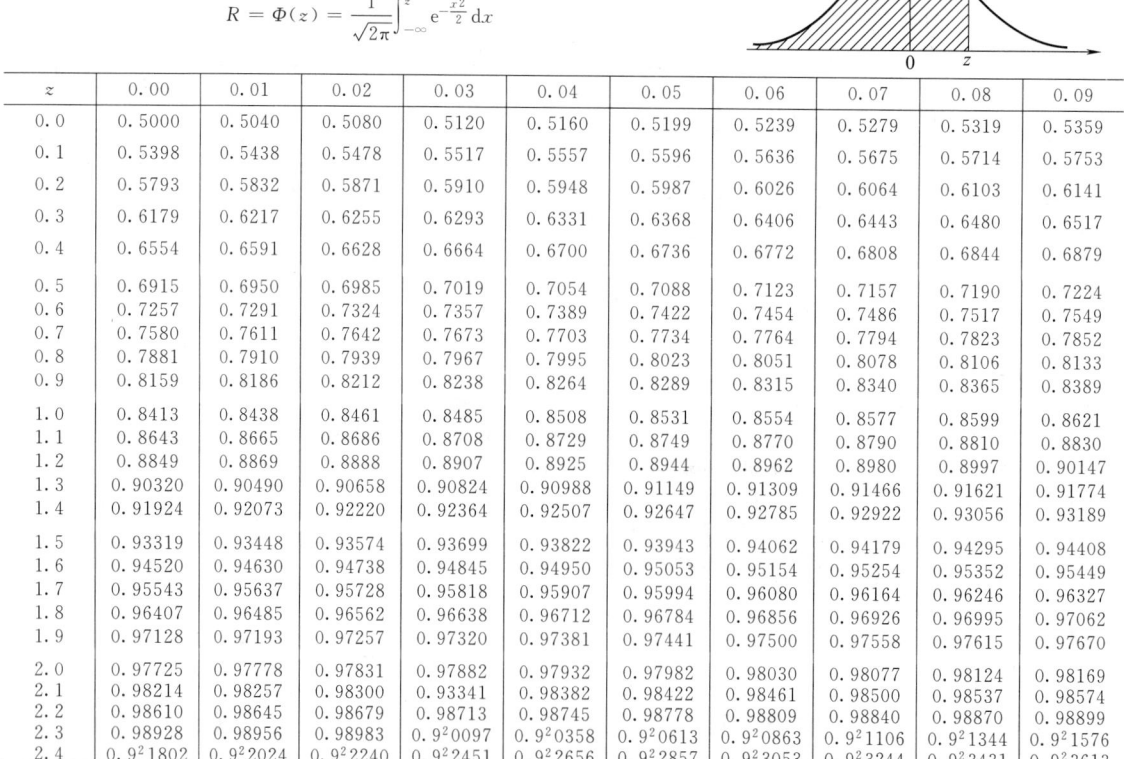

z	0.00	0.01	0.02	0.03	0.04	0.05	0.06	0.07	0.08	0.09
0.0	0.5000	0.5040	0.5080	0.5120	0.5160	0.5199	0.5239	0.5279	0.5319	0.5359
0.1	0.5398	0.5438	0.5478	0.5517	0.5557	0.5596	0.5636	0.5675	0.5714	0.5753
0.2	0.5793	0.5832	0.5871	0.5910	0.5948	0.5987	0.6026	0.6064	0.6103	0.6141
0.3	0.6179	0.6217	0.6255	0.6293	0.6331	0.6368	0.6406	0.6443	0.6480	0.6517
0.4	0.6554	0.6591	0.6628	0.6664	0.6700	0.6736	0.6772	0.6808	0.6844	0.6879
0.5	0.6915	0.6950	0.6985	0.7019	0.7054	0.7088	0.7123	0.7157	0.7190	0.7224
0.6	0.7257	0.7291	0.7324	0.7357	0.7389	0.7422	0.7454	0.7486	0.7517	0.7549
0.7	0.7580	0.7611	0.7642	0.7673	0.7703	0.7734	0.7764	0.7794	0.7823	0.7852
0.8	0.7881	0.7910	0.7939	0.7967	0.7995	0.8023	0.8051	0.8078	0.8106	0.8133
0.9	0.8159	0.8186	0.8212	0.8238	0.8264	0.8289	0.8315	0.8340	0.8365	0.8389
1.0	0.8413	0.8438	0.8461	0.8485	0.8508	0.8531	0.8554	0.8577	0.8599	0.8621
1.1	0.8643	0.8665	0.8686	0.8708	0.8729	0.8749	0.8770	0.8790	0.8810	0.8830
1.2	0.8849	0.8869	0.8888	0.8907	0.8925	0.8944	0.8962	0.8980	0.8997	0.90147
1.3	0.90320	0.90490	0.90658	0.90824	0.90988	0.91149	0.91309	0.91466	0.91621	0.91774
1.4	0.91924	0.92073	0.92220	0.92364	0.92507	0.92647	0.92785	0.92922	0.93056	0.93189
1.5	0.93319	0.93448	0.93574	0.93699	0.93822	0.93943	0.94062	0.94179	0.94295	0.94408
1.6	0.94520	0.94630	0.94738	0.94845	0.94950	0.95053	0.95154	0.95254	0.95352	0.95449
1.7	0.95543	0.95637	0.95728	0.95818	0.95907	0.95994	0.96080	0.96164	0.96246	0.96327
1.8	0.96407	0.96485	0.96562	0.96638	0.96712	0.96784	0.96856	0.96926	0.96995	0.97062
1.9	0.97128	0.97193	0.97257	0.97320	0.97381	0.97441	0.97500	0.97558	0.97615	0.97670
2.0	0.97725	0.97778	0.97831	0.97882	0.97932	0.97982	0.98030	0.98077	0.98124	0.98169
2.1	0.98214	0.98257	0.98300	0.98341	0.98382	0.98422	0.98461	0.98500	0.98537	0.98574
2.2	0.98610	0.98645	0.98679	0.98713	0.98745	0.98778	0.98809	0.98840	0.98870	0.98899
2.3	0.98928	0.98956	0.98983	$0.9^2 0097$	$0.9^2 0358$	$0.9^2 0613$	$0.9^2 0863$	$0.9^2 1106$	$0.9^2 1344$	$0.9^2 1576$
2.4	$0.9^2 1802$	$0.9^2 2024$	$0.9^2 2240$	$0.9^2 2451$	$0.9^2 2656$	$0.9^2 2857$	$0.9^2 3053$	$0.9^2 3244$	$0.9^2 3431$	$0.9^2 3613$

续表

z	0.00	0.01	0.02	0.03	0.04	0.05	0.06	0.07	0.08	0.09
2.5	0.$9^2$3790	0.$9^2$3963	0.$9^2$4132	0.$9^2$4297	0.$9^2$4457	0.$9^2$4614	0.$9^2$4766	0.$9^2$4915	0.$9^2$5060	0.$9^2$5201
2.6	0.$9^2$5339	0.$9^2$5473	0.$9^2$5604	0.$9^2$5731	0.$9^2$5855	0.$9^2$5975	0.$9^2$6093	0.$9^2$6207	0.$9^2$6319	0.$9^2$6427
2.7	0.$9^2$6533	0.$9^2$6636	0.$9^2$6736	0.$9^2$6833	0.$9^2$6928	0.$9^2$7020	0.$9^2$7110	0.$9^2$7197	0.$9^2$7282	0.$9^2$7365
2.8	0.$9^2$7445	0.$9^2$7523	0.$9^2$7599	0.$9^2$7673	0.$9^2$7744	0.$9^2$7814	0.$9^2$7882	0.$9^2$7948	0.$9^2$8012	0.$9^2$8074
2.9	0.$9^2$8134	0.$9^2$8193	0.$9^2$8250	0.$9^2$8305	0.$9^2$8359	0.$9^2$8411	0.$9^2$8462	0.$9^2$8511	0.$9^2$8559	0.$9^2$8606
3.0	0.$9^2$8650	0.$9^2$8694	0.$9^2$8736	0.$9^2$8777	0.$9^2$8817	0.$9^2$8856	0.$9^2$8893	0.$9^2$8930	0.$9^2$8965	0.$9^2$8999
3.1	0.$9^3$0324	0.$9^3$0646	0.$9^3$0957	0.$9^3$1260	0.$9^3$1553	0.$9^3$1836	0.$9^3$2112	0.$9^3$2378	0.$9^3$2636	0.$9^3$2886
3.2	0.$9^3$3129	0.$9^3$3363	0.$9^3$3590	0.$9^3$3810	0.$9^3$4024	0.$9^3$4230	0.$9^3$4429	0.$9^3$4623	0.$9^3$4810	0.$9^3$4991
3.3	0.$9^3$5166	0.$9^3$5335	0.$9^3$5499	0.$9^3$5658	0.$9^3$5811	0.$9^3$5959	0.$9^3$5103	0.$9^3$6242	0.$9^3$6376	0.$9^3$6505
3.4	0.$9^3$6631	0.$9^3$6752	0.$9^3$6869	0.$9^3$6982	0.$9^3$7091	0.$9^3$7197	0.$9^3$7299	0.$9^3$7398	0.$9^3$7493	0.$9^3$7585
3.5	0.$9^3$7674	0.$9^3$7759	0.$9^3$7842	0.$9^3$7922	0.$9^3$7991	0.$9^3$8074	0.$9^3$8146	0.$9^3$8215	0.$9^3$8282	0.$9^3$8347
3.6	0.$9^3$8409	0.$9^3$8469	0.$9^3$8527	0.$9^3$8583	0.$9^3$8637	0.$9^3$8689	0.$9^3$8739	0.$9^3$8787	0.$9^3$8834	0.$9^3$8879
3.7	0.$9^3$8922	0.$9^3$8964	0.$9^4$0039	0.$9^4$0426	0.$9^4$0799	0.$9^4$1158	0.$9^4$1504	0.$9^4$1838	0.$9^4$2159	0.$9^4$2468
3.8	0.$9^4$2765	0.$9^4$3052	0.$9^4$3327	0.$9^4$3593	0.$9^4$3848	0.$9^4$4094	0.$9^4$4331	0.$9^4$4558	0.$9^4$4777	0.$9^4$4988
3.9	0.$9^4$5190	0.$9^4$5385	0.$9^4$5573	0.$9^4$5753	0.$9^4$5926	0.$9^4$6092	0.$9^4$6253	0.$9^4$6406	0.$9^4$6554	0.$9^4$6696
4.0	0.$9^4$6833	0.$9^4$6964	0.$9^4$7090	0.$9^4$7211	0.$9^4$7327	0.$9^4$7439	0.$9^4$7546	0.$9^4$7649	0.$9^4$7748	0.$9^4$7843
4.1	0.$9^4$7934	0.$9^4$8022	0.$9^4$8106	0.$9^4$8186	0.$9^4$8263	0.$9^4$8338	0.$9^4$8409	0.$9^4$8477	0.$9^4$8542	0.$9^4$8605
4.2	0.$9^4$8665	0.$9^4$8723	0.$9^4$8778	0.$9^4$8832	0.$9^4$8882	0.$9^4$8931	0.$9^4$8978	0.$9^5$0226	0.$9^5$0655	0.$9^5$1066
4.3	0.$9^5$1460	0.$9^5$1837	0.$9^5$2199	0.$9^5$2545	0.$9^5$2876	0.$9^5$3193	0.$9^5$3497	0.$9^5$3788	0.$9^5$4066	0.$9^5$4332
4.4	0.$9^5$4587	0.$9^5$4831	0.$9^5$5065	0.$9^5$5288	0.$9^5$5502	0.$9^5$5706	0.$9^5$5902	0.$9^5$6089	0.$9^5$6268	0.$9^5$6439
4.5	0.$9^5$6602	0.$9^5$6759	0.$9^5$6908	0.$9^5$7051	0.$9^5$7187	0.$9^5$7318	0.$9^5$7442	0.$9^5$7561	0.$9^5$7675	0.$9^5$7784
4.6	0.$9^5$7888	0.$9^5$7987	0.$9^5$8081	0.$9^5$8172	0.$9^5$8258	0.$9^5$8340	0.$9^5$8419	0.$9^5$8494	0.$9^5$8566	0.$9^5$8634
4.7	0.$9^5$8699	0.$9^5$8761	0.$9^5$8821	0.$9^5$8877	0.$9^5$8931	0.$9^5$8983	0.$9^6$0320	0.$9^6$0709	0.$9^6$1235	0.$9^6$1661
4.8	0.$9^6$2067	0.$9^6$2453	0.$9^6$2822	0.$9^6$3173	0.$9^6$3508	0.$9^6$3827	0.$9^6$4131	0.$9^6$4420	0.$9^6$4696	0.$9^6$4958
4.9	0.$9^6$5208	0.$9^6$5446	0.$9^6$5673	0.$9^6$5889	0.$9^6$6094	0.$9^6$6289	0.$9^6$6475	0.$9^6$6652	0.$9^6$6821	0.$9^6$6981

注：1. 0.$9^3$0 表示 0.9990，其余类似。

2. 0.$0^3$1 表示 0.0001，其余类似。

Ⅱ-2 χ^2分布表

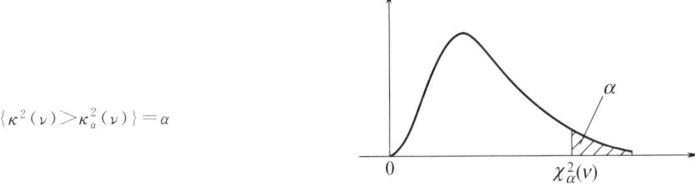

$$P\{\kappa^2(\nu) > \kappa_\alpha^2(\nu)\} = \alpha$$

α n	0.995	0.99	0.975	0.95	0.90	0.75
1	—	—	0.001	0.004	0.016	0.102
2	0.010	0.020	0.051	0.103	0.211	0.575
3	0.072	0.115	0.216	0.352	0.584	1.213
4	0.207	0.297	0.484	0.711	1.064	1.923
5	0.412	0.554	0.831	1.145	1.610	2.675
6	0.676	0.872	1.237	1.635	2.204	3.455
7	0.989	1.239	1.690	2.167	2.833	4.255
8	1.344	1.646	2.180	2.733	3.490	5.071
9	1.735	2.088	2.700	3.325	4.168	5.899
10	2.156	2.558	3.247	3.940	4.865	6.737
11	2.603	3.053	3.816	4.575	5.578	7.584
12	3.074	3.571	4.404	5.226	6.304	8.438
13	3.565	4.107	5.009	5.892	7.042	9.299
14	4.075	4.660	5.629	6.571	7.790	10.165
15	4.601	5.229	6.262	7.261	8.547	11.037
16	5.142	5.812	6.908	7.962	9.312	11.912
17	5.697	6.408	7.564	8.672	10.085	12.972
18	6.265	7.015	8.231	9.390	10.865	13.675

续表

α \ n	0.995	0.99	0.975	0.95	0.90	0.75
19	6.844	7.633	8.907	10.117	11.651	14.562
20	7.434	8.260	9.591	10.851	12.443	15.452
21	8.034	8.897	10.283	11.591	13.240	16.344
22	8.643	9.542	10.982	12.338	14.042	17.240
23	9.260	10.196	11.689	13.091	14.848	18.137
24	9.886	10.856	12.401	13.848	15.659	19.037
25	10.520	11.524	13.120	14.911	16.473	19.939
26	11.160	12.198	13.844	15.379	17.292	20.843
27	11.808	12.879	14.573	16.151	18.114	21.749
28	12.461	13.565	15.308	16.928	18.939	22.657
29	13.121	14.257	16.047	17.708	19.768	23.567
30	13.787	14.954	16.791	18.493	20.599	24.478
31	14.458	15.655	17.539	19.281	21.434	25.390
32	15.134	16.362	18.291	20.072	22.271	26.304
33	15.815	17.074	19.047	20.867	23.110	27.219
34	16.501	17.789	19.806	21.664	23.952	28.136
35	17.192	18.509	20.569	22.465	24.797	29.054
36	17.887	19.233	21.336	23.269	25.643	29.973
37	18.586	19.960	22.106	24.075	26.492	30.893
38	19.289	20.691	22.878	24.884	27.343	31.815
39	19.996	21.426	23.654	25.695	28.196	32.737
40	20.707	22.164	24.433	26.509	29.051	33.660
41	21.421	22.906	25.215	27.326	29.907	34.585
42	22.138	23.650	25.999	28.144	30.765	35.510
43	22.859	24.398	26.785	28.965	31.625	36.436
44	23.584	25.148	27.575	29.787	32.487	37.363
45	24.311	25.901	28.366	30.612	33.350	38.291

α \ n	0.25	0.10	0.05	0.025	0.01	0.005
1	1.323	2.706	3.841	5.024	6.635	7.879
2	2.773	4.605	5.991	7.378	9.210	10.597
3	4.108	6.251	7.815	9.348	11.345	12.838
4	5.385	7.779	9.488	11.143	13.277	14.860
5	6.626	9.236	11.070	12.833	15.086	16.750
6	7.841	10.645	12.592	14.449	16.812	18.548
7	9.037	12.017	14.067	16.013	18.475	20.278
8	10.219	13.362	15.507	17.535	20.090	21.955
9	11.389	14.684	16.919	19.023	21.666	23.589
10	12.549	15.987	18.307	20.483	23.209	25.188
11	13.701	17.275	19.675	21.920	24.725	26.757
12	14.845	18.549	21.026	23.337	26.217	28.300
13	15.984	19.812	22.362	24.736	27.688	29.819
14	17.117	21.064	23.685	26.119	29.141	31.319
15	18.245	22.307	24.996	27.488	30.578	32.801
16	19.369	23.542	26.296	28.845	32.000	34.267
17	20.489	24.769	27.587	30.191	33.409	35.718
18	21.605	25.989	28.869	31.526	34.805	37.156
19	22.718	27.204	30.144	32.852	36.191	38.582
20	23.828	28.412	31.410	34.170	37.566	39.997
21	24.935	29.615	32.671	35.479	38.932	41.401

续表

α n	0.25	0.10	0.05	0.025	0.01	0.005
22	26.039	30.813	33.924	36.781	40.289	42.796
23	27.141	32.007	35.172	38.076	41.638	44.181
24	28.241	33.196	36.415	39.364	42.980	45.559
25	29.339	34.382	37.652	40.464	44.314	46.928
26	30.435	35.563	38.885	41.923	45.642	48.290
27	31.528	36.741	40.113	43.194	46.963	49.645
28	32.620	37.916	41.337	44.461	48.278	50.993
29	33.711	39.087	42.557	45.722	49.588	52.336
30	34.800	40.256	43.773	46.979	50.892	53.672
31	35.887	41.422	44.985	48.232	52.191	55.003
32	36.973	42.585	46.194	49.480	53.486	56.328
33	38.058	43.745	47.400	50.725	54.776	57.648
34	39.141	44.903	48.602	51.966	56.061	58.964
35	40.223	46.059	49.802	53.203	57.342	60.275
36	41.304	47.212	50.998	54.437	58.619	61.581
37	42.383	48.363	52.192	55.668	59.892	62.883
38	43.462	49.513	53.384	56.896	61.162	64.181
39	44.539	50.660	54.720	58.120	62.428	65.476
40	45.616	51.805	55.758	59.342	63.691	66.766
41	46.692	52.949	56.942	60.561	64.950	68.053
42	47.766	54.090	58.124	61.777	66.206	69.336
43	48.840	55.230	59.304	62.990	67.459	70.616
44	49.913	56.369	60.481	64.201	68.710	71.893
45	50.985	57.505	61.656	65.410	69.957	73.166

Ⅱ-3　t 分布表

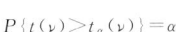
$P\{t(\nu) > t_\alpha(\nu)\} = \alpha$

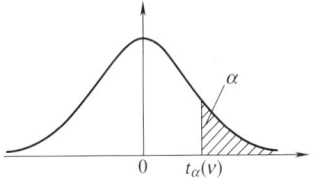

α ν	0.45	0.4	0.35	0.3	0.25	0.2	0.15	0.1	0.05	0.12	0.01	0.005	0.0005
1	0.158	0.325	0.510	0.727	1.000	1.376	1.963	3.708	6.314	12.706	31.821	63.657	636.619
2	0.142	0.289	0.445	0.617	0.816	1.061	1.386	1.886	2.920	4.303	6.965	9.925	31.598
3	0.137	0.277	0.424	0.584	0.765	0.978	1.250	1.633	2.353	3.182	4.541	5.841	12.924
4	0.137	0.271	0.414	0.569	0.741	0.941	1.190	1.533	2.132	2.776	3.747	4.604	8.610
5	0.132	0.267	0.408	0.559	0.727	0.920	1.156	1.476	2.015	2.571	3.365	4.032	6.859
6	0.131	0.265	0.404	0.553	0.718	0.906	1.134	1.440	1.943	2.447	3.143	3.707	5.959
7	0.130	0.268	0.402	0.540	0.711	0.896	1.119	1.415	1.895	2.365	2.998	3.499	5.405
8	0.130	0.262	0.399	0.546	0.706	0.889	1.108	1.397	1.860	2.306	2.896	3.355	5.041
9	0.129	0.261	0.398	0.543	0.703	0.833	1.100	1.383	1.833	2.262	2.821	3.250	4.781
10	0.129	0.260	0.397	0.542	0.700	0.879	1.093	1.372	1.812	2.228	2.764	3.169	4.587

续表

ν \ α	0.45	0.4	0.35	0.3	0.25	0.2	0.15	0.1	0.05	0.12	0.01	0.005	0.0005
11	0.129	0.260	0.396	0.540	0.697	0.876	1.088	1.363	1.796	2.201	2.718	3.106	4.437
12	0.128	0.259	0.395	0.539	0.695	0.873	1.083	1.356	1.782	2.179	2.631	3.055	4.318
13	0.128	0.259	0.394	0.538	0.694	0.870	1.079	1.350	1.771	2.160	2.650	3.012	4.221
14	0.128	0.258	0.393	0.537	0.692	0.868	1.076	1.345	1.761	2.145	2.624	2.977	4.140
15	0.128	0.258	0.393	0.536	0.691	0.866	1.074	1.341	1.753	2.161	2.602	2.947	4.073
16	0.128	0.258	0.392	0.535	0.690	0.865	1.071	1.337	1.746	2.120	2.583	2.921	4.015
17	0.128	0.257	0.392	0.534	0.689	0.863	1.069	1.333	1.740	2.110	2.567	2.898	3.965
18	0.127	0.257	0.392	0.534	0.688	0.862	1.067	1.330	1.734	2.101	2.552	2.878	3.922
19	0.127	0.257	0.391	0.533	0.688	0.861	1.066	1.328	1.729	2.093	2.539	2.861	3.833
20	0.127	0.257	0.391	0.533	0.687	0.860	1.064	1.325	1.725	2.086	2.528	2.845	3.850
21	0.127	0.257	0.391	0.532	0.636	0.859	1.063	1.323	1.721	2.030	2.518	2.831	3.819
22	0.127	0.256	0.390	0.532	0.686	0.858	1.061	1.321	1.717	2.074	2.508	2.819	3.792
23	0.127	0.256	0.390	0.532	0.685	0.858	1.060	1.319	1.714	2.069	2.500	2.807	3.767
24	0.127	0.256	0.390	0.531	0.685	0.857	1.059	1.313	1.711	2.064	2.492	2.797	3.745
25	0.127	0.256	0.390	0.531	0.681	0.856	1.058	1.316	1.708	2.060	2.485	2.787	3.725
26	0.127	0.256	0.390	0.531	0.684	0.856	1.058	1.315	1.706	2.056	2.479	2.779	3.707
27	0.127	0.256	0.389	0.531	0.684	0.855	1.057	1.314	1.703	2.052	2.473	2.771	3.690
28	0.127	0.256	0.389	0.530	0.683	0.855	1.056	1.313	1.701	2.048	2.467	2.763	3.674
29	0.127	0.256	0.389	0.530	0.683	0.854	1.055	1.311	1.699	2.045	2.462	2.756	3.659
30	0.127	0.256	0.389	0.530	0.683	0.854	1.055	0.310	1.697	2.042	2.457	2.750	3.646
40	0.126	0.255	0.388	0.529	0.681	0.851	1.050	1.303	1.684	2.021	2.423	2.704	3.551
60	0.126	0.254	0.387	0.527	0.670	0.848	1.046	1.293	1.671	2.000	2.390	2.660	3.460
120	0.126	0.254	0.386	0.526	0.677	0.845	1.041	1.289	1.658	1.980	2.358	2.617	3.373
∞	0.126	0.253	0.385	0.524	0.674	0.842	1.036	1.232	1.645	1.960	2.326	2.576	3.291

Ⅱ-4 F 分布表

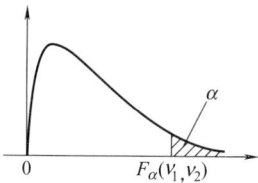

$P\{F(\nu_1,\nu_2) > F_\alpha(\nu_1,\nu_2)\} = \alpha$

$\alpha = 0.10$

ν_2 \ ν_1	1	2	3	4	5	6	7	8	9	10	15	20	30	60	120	∞
1	39.86	49.50	53.59	55.83	57.24	58.20	58.91	59.44	59.86	60.19	61.22	61.74	62.26	62.79	63.06	63.33
2	8.53	9.00	9.16	9.24	9.29	9.33	9.35	9.37	9.38	9.39	9.42	9.44	9.46	9.47	9.48	9.49
3	5.54	5.46	5.39	5.34	5.31	5.28	5.27	5.25	5.24	5.23	5.20	5.18	5.17	5.15	5.14	5.13
4	4.54	4.32	4.19	4.11	4.05	4.01	3.98	3.95	3.94	3.92	3.87	3.84	3.82	3.79	3.78	3.76
5	4.06	3.78	3.62	3.52	3.45	3.40	3.37	3.34	3.32	3.30	3.24	3.21	3.17	3.14	3.12	3.13
6	3.78	3.46	3.29	3.18	3.11	3.05	3.01	2.98	2.96	2.94	2.87	2.84	2.80	2.76	2.74	2.72
7	3.59	3.26	3.07	2.96	2.88	2.83	2.78	2.75	2.72	2.70	2.63	2.59	2.56	2.51	2.49	2.47
8	3.46	3.11	2.92	2.81	2.73	2.67	2.62	2.59	2.56	2.54	2.46	2.42	2.38	2.34	2.32	2.29

续表

$\alpha = 0.10$

ν_2 \ ν_1	1	2	3	4	5	6	7	8	9	10	15	20	30	60	120	∞
9	3.36	3.01	2.81	2.69	2.61	2.55	2.51	2.47	2.44	2.42	2.34	2.30	2.25	2.21	2.18	2.16
10	3.29	2.92	2.73	2.61	2.52	2.46	2.41	2.38	2.35	2.32	2.24	2.20	2.16	2.11	2.08	2.06
11	3.23	2.86	2.66	2.54	2.45	2.39	2.34	2.30	2.27	2.25	2.17	2.12	2.08	2.03	2.00	1.97
12	3.18	2.81	2.61	2.48	2.39	2.33	2.28	2.24	2.21	2.19	2.10	2.06	2.01	1.96	1.93	1.90
13	3.14	2.76	2.56	2.43	2.35	2.28	2.23	2.20	2.16	2.14	2.05	2.01	1.96	1.90	1.88	1.85
14	3.10	2.78	2.52	2.39	2.31	2.24	2.19	2.15	2.12	2.10	2.01	1.96	1.91	1.86	1.83	1.80
15	3.07	2.70	2.49	2.36	2.27	2.21	2.16	2.12	2.09	2.06	1.97	1.92	1.87	1.82	1.79	1.76
16	3.05	2.67	2.46	2.33	2.24	2.18	2.13	2.09	2.06	2.03	1.94	1.89	1.84	1.78	1.75	1.72
17	3.03	2.65	2.44	2.31	2.22	2.15	2.10	2.06	2.03	2.00	1.91	1.86	1.81	1.75	1.72	1.69
18	3.01	2.62	2.42	2.29	2.20	2.13	2.08	2.04	2.00	1.98	1.89	1.84	1.78	1.72	1.69	1.66
19	2.99	2.61	2.40	2.27	2.18	2.11	2.06	2.02	1.98	1.96	1.86	1.81	1.76	1.70	1.67	1.63
20	2.97	2.59	2.38	2.25	2.16	2.09	2.04	2.00	1.96	1.94	1.84	1.79	1.74	1.68	1.64	1.61
21	2.96	2.57	2.36	2.23	2.14	2.08	2.02	1.98	1.95	1.92	1.83	1.78	1.72	1.66	1.62	1.59
22	2.95	2.56	2.35	2.22	2.13	2.06	2.01	1.97	1.93	1.90	1.81	1.76	1.70	1.64	1.60	1.57
23	2.94	2.55	2.34	2.21	2.11	2.05	1.99	1.95	1.92	1.89	1.80	1.74	1.69	1.62	1.59	1.55
24	2.93	2.54	2.33	2.19	2.10	2.04	1.98	1.94	1.91	1.88	1.78	1.73	1.67	1.61	1.57	1.53
25	2.92	2.53	2.32	2.18	2.09	2.02	1.97	1.93	1.89	1.87	1.77	1.72	1.66	1.59	1.56	1.52
26	2.91	2.52	2.31	2.17	2.08	2.01	1.96	1.92	1.88	1.86	1.76	1.71	1.65	1.58	1.54	1.50
27	2.90	2.21	2.30	2.17	2.07	2.00	1.95	1.91	1.87	1.85	1.75	1.70	1.64	1.57	1.53	1.49
28	2.89	2.50	2.29	2.16	2.06	2.00	1.94	1.90	1.87	1.84	1.74	1.69	1.63	1.56	1.52	1.48
29	2.89	2.50	2.28	2.15	2.06	1.99	1.93	1.89	1.86	1.83	1.73	1.68	1.62	1.55	1.51	1.47
30	2.88	2.49	2.28	2.14	2.05	1.98	1.93	1.88	1.85	1.82	1.72	1.67	1.61	1.54	1.50	1.46
40	2.84	2.44	2.23	2.09	2.00	1.93	1.87	1.83	1.79	1.76	1.66	1.61	1.54	1.47	1.42	1.38
60	2.79	2.39	2.18	2.04	1.95	1.87	1.82	1.77	1.76	1.71	1.60	1.54	1.48	1.40	1.35	1.29
120	2.75	2.35	2.13	1.99	1.90	1.82	1.77	1.72	1.68	1.65	1.55	1.48	1.41	1.32	1.26	1.19
∞	2.71	2.30	2.08	1.94	1.85	1.77	1.72	1.67	1.63	1.60	1.49	1.42	1.34	1.24	1.17	1.00

$\alpha = 0.05$

ν_2 \ ν_1	1	2	3	4	5	6	7	8	9	10	15	20	30	60	120	∞
1	161	200	216	225	230	234	237	239	241	242	246	248	250	252	253	254
2	18.5	19.0	19.2	19.2	19.3	19.3	19.4	19.4	19.4	19.4	19.4	19.4	19.5	19.5	19.5	19.5
3	10.1	9.55	9.28	9.12	9.01	8.94	8.89	8.85	8.81	8.79	8.70	8.66	8.62	8.57	8.55	8.53
4	7.71	6.94	6.59	6.39	6.26	6.16	6.09	6.04	6.00	5.96	5.86	5.80	5.75	5.69	5.66	5.63
5	6.61	5.79	5.41	5.19	5.05	4.95	4.88	4.82	4.77	4.74	4.62	4.56	4.50	4.43	4.40	4.36
6	5.99	5.14	4.76	4.53	4.39	4.28	4.21	4.15	4.10	4.06	3.94	3.87	3.81	3.74	3.70	3.67
7	5.99	4.74	4.35	4.12	3.97	3.87	3.79	3.73	3.68	3.35	3.51	3.44	3.38	3.30	3.27	3.23
8	5.32	4.46	4.07	3.84	3.69	3.58	3.50	3.44	3.39	3.64	3.22	3.15	3.08	3.00	2.97	2.93
9	5.12	4.26	3.86	3.63	3.48	3.37	3.29	3.23	3.18	3.14	3.01	2.94	2.86	2.79	2.75	2.71
10	4.96	4.10	3.71	3.48	3.33	3.22	3.14	3.07	3.02	2.98	2.84	2.77	2.70	2.62	2.58	2.54
11	4.84	3.98	3.59	3.36	3.20	3.09	3.01	2.95	2.90	2.85	2.72	2.65	2.57	2.49	2.45	2.40
12	4.75	3.89	3.49	3.26	3.11	3.00	2.91	2.85	2.80	2.75	2.62	2.54	2.47	2.38	2.34	2.30
13	4.67	3.81	3.41	3.18	3.03	2.92	2.83	2.77	2.71	2.67	2.53	2.46	2.38	2.30	2.25	2.21
14	4.60	3.74	3.34	3.11	2.96	2.85	2.76	2.70	2.65	2.60	2.46	2.39	2.31	2.22	2.18	2.13
15	4.54	3.68	3.29	3.06	2.90	2.79	2.71	2.64	2.59	2.54	2.40	2.33	2.25	2.16	2.11	2.07
16	4.49	3.63	3.24	3.01	2.85	2.74	2.66	2.59	2.54	2.49	2.35	2.28	2.19	2.11	2.06	2.01

续表

$\alpha = 0.05$

ν_2 \ ν_1	1	2	3	4	5	6	7	8	9	10	15	20	30	60	120	∞
17	4.45	3.59	3.20	2.96	2.81	2.70	2.61	2.55	2.49	2.45	2.31	2.23	2.15	2.06	2.01	1.96
18	4.41	3.55	3.16	2.93	2.77	2.66	2.58	2.51	2.46	2.41	2.27	2.19	2.11	2.02	1.97	1.92
19	4.38	3.52	3.13	2.90	2.74	2.63	2.54	2.48	2.42	2.38	2.23	2.16	2.07	1.98	1.93	1.88
20	4.35	3.49	3.10	2.87	2.71	2.60	2.51	2.45	2.39	2.35	2.20	2.12	2.04	1.95	1.90	1.84
21	4.32	3.47	3.07	2.84	2.68	2.57	2.49	2.42	2.37	2.32	2.18	2.10	2.01	1.92	1.87	1.81
22	4.30	3.44	3.05	2.82	2.66	2.55	2.46	2.40	2.34	2.30	2.15	2.07	1.98	1.89	1.84	1.78
23	4.28	3.42	3.03	2.80	2.64	2.53	2.44	2.37	2.32	2.27	2.13	2.05	1.96	1.86	1.81	1.76
24	4.26	3.40	3.01	2.78	2.62	2.51	2.42	2.36	2.30	2.25	2.11	2.03	1.94	1.84	1.79	1.73
25	4.24	3.39	2.99	2.76	2.60	2.49	2.40	2.34	2.28	2.24	2.09	2.01	1.92	1.82	1.77	1.71
26	4.23	3.37	2.98	2.74	2.59	2.47	2.39	2.32	2.27	2.22	2.07	1.99	1.90	1.80	1.75	1.69
27	4.21	3.35	2.96	2.73	2.57	2.46	2.37	2.31	2.25	2.20	2.06	1.97	1.88	1.79	1.73	1.67
28	4.20	3.34	2.95	2.71	2.56	2.45	2.36	2.29	2.24	2.19	2.04	1.96	1.87	1.77	1.71	1.65
29	4.18	3.33	2.93	2.70	2.55	2.43	2.35	2.28	2.22	2.18	2.03	1.94	1.85	1.75	1.70	1.64
30	4.17	3.32	2.92	2.69	2.53	2.42	2.33	2.27	2.21	2.16	2.01	1.93	1.84	1.74	1.68	1.62
40	4.08	3.23	2.84	2.61	2.45	2.34	2.25	2.18	2.12	2.08	1.92	1.84	1.74	1.64	1.58	1.51
60	4.00	3.15	2.76	2.53	2.37	2.25	2.17	2.10	2.04	1.99	1.84	1.75	1.65	1.53	1.47	1.39
120	3.92	3.07	2.68	2.45	2.29	2.18	2.09	2.02	1.96	1.91	1.75	1.66	1.55	1.43	1.35	1.25
∞	3.84	3.00	2.60	2.37	2.21	2.10	2.01	1.94	1.88	1.83	1.67	1.57	1.46	1.32	1.22	1.00

$\alpha = 0.025$

ν_2 \ ν_1	1	2	3	4	5	6	7	8	9	10	15	20	30	60	120	∞
1	648	800	864	900	922	937	948	957	963	969	985	993	1001	1010	1014	1018
2	38.5	39.0	39.2	39.2	39.3	39.3	39.4	39.4	39.4	39.4	39.4	39.4	39.5	39.5	39.5	39.5
3	17.4	16.0	15.4	15.1	14.9	14.7	14.6	14.5	14.5	14.4	14.3	14.2	14.1	14.0	13.9	13.9
4	12.2	10.6	9.98	9.60	9.36	9.20	9.07	8.98	8.90	8.84	8.66	8.56	8.46	8.36	8.31	8.26
5	10.0	8.43	7.76	7.39	7.15	6.98	6.85	6.76	6.68	6.62	6.43	6.33	6.23	6.12	6.07	6.02
6	8.81	7.26	6.60	6.23	5.99	5.82	5.70	5.60	5.52	5.46	5.27	5.17	5.07	4.96	4.90	4.85
7	8.07	6.54	5.89	5.52	5.29	5.12	4.99	4.90	4.82	4.76	4.57	4.47	4.36	4.25	4.20	4.14
8	7.57	6.06	5.42	5.05	4.82	4.65	4.53	4.43	4.36	4.30	4.10	4.00	3.89	3.78	3.73	3.67
9	7.21	5.71	5.08	4.72	4.48	4.32	4.20	4.10	4.03	3.96	3.77	3.67	3.56	3.45	3.39	3.33
10	6.94	5.46	4.83	4.47	4.24	4.07	3.95	3.85	3.78	3.72	3.52	3.42	3.31	3.20	3.14	3.08
11	6.72	5.26	4.63	4.28	4.04	3.88	3.76	3.66	3.59	3.53	3.33	3.23	3.12	3.00	2.94	2.88
12	6.55	5.10	4.47	4.12	3.89	3.73	3.61	3.51	3.44	3.37	3.18	3.07	2.96	2.85	2.79	2.72
13	6.41	4.97	4.35	4.00	3.77	3.60	3.48	3.39	3.31	3.25	3.05	2.95	2.84	2.72	2.66	2.60
14	6.30	4.86	4.24	3.89	3.66	3.50	3.38	3.29	3.21	3.15	2.95	2.84	2.73	2.61	2.55	2.49
15	6.20	4.76	4.15	3.80	3.58	3.41	3.29	3.20	3.12	3.06	2.86	2.76	2.64	2.52	2.46	2.40
16	6.12	4.69	4.08	3.73	3.50	3.34	3.22	3.12	3.05	2.99	2.79	2.68	2.57	2.45	2.38	2.32
17	6.04	4.62	4.01	3.66	3.44	3.28	3.16	3.06	2.98	2.96	2.72	2.62	2.50	2.38	2.32	2.25
18	5.98	4.56	3.95	3.61	3.38	3.22	3.10	3.01	2.93	2.87	2.67	2.56	2.44	2.32	2.26	2.19
19	5.92	4.51	3.90	3.56	3.33	3.17	3.05	2.96	2.88	2.82	2.62	2.51	2.39	2.27	2.20	2.13

续表

$\alpha = 0.025$

ν_2 \ ν_1	1	2	3	4	5	6	7	8	9	10	15	20	30	60	120	∞
20	5.87	4.46	3.86	3.51	3.29	3.13	3.01	2.91	2.84	2.77	2.57	2.46	2.35	2.22	2.16	2.09
21	5.83	4.42	3.82	3.48	3.25	3.09	2.97	2.87	2.80	2.73	2.53	2.42	2.31	2.18	2.11	2.04
22	5.79	4.38	3.78	3.44	3.22	3.05	2.93	2.84	2.76	2.70	2.50	2.39	2.27	2.14	2.08	2.00
23	5.75	4.35	3.75	3.41	3.18	3.02	2.90	2.81	2.73	2.67	2.47	2.36	2.24	2.11	2.04	1.97
24	5.72	4.32	3.72	3.38	3.15	2.99	2.87	2.78	2.70	2.64	2.44	2.33	2.21	2.08	2.01	1.94
25	5.69	4.29	3.69	3.35	3.13	2.97	2.85	2.75	2.88	2.61	2.41	2.30	2.18	2.05	1.98	1.91
26	5.66	4.27	3.67	3.33	3.10	2.94	2.82	2.73	2.85	2.59	2.39	2.28	2.16	2.03	1.95	1.88
27	5.63	4.24	3.65	3.31	3.08	2.92	2.80	2.71	2.83	2.57	2.36	2.25	2.13	2.00	1.93	1.85
28	5.61	4.22	3.63	3.29	3.06	2.90	2.78	2.69	2.81	2.55	2.34	2.23	2.11	1.98	1.91	1.83
29	5.59	4.20	3.61	3.27	3.04	2.88	2.76	2.67	2.59	2.53	2.32	2.21	2.09	1.96	1.89	1.81
30	5.57	4.18	3.59	3.25	3.03	2.87	2.75	2.65	2.57	2.51	2.31	2.20	2.07	1.94	1.87	1.79
40	5.42	4.05	3.46	3.13	2.90	2.74	2.62	2.53	2.45	2.39	2.18	2.07	1.94	1.80	1.72	1.64
60	5.29	3.93	3.34	3.01	2.79	2.63	2.51	2.41	2.33	2.27	2.06	1.94	1.82	1.67	1.58	1.48
120	5.15	3.80	3.23	2.89	2.67	2.52	2.39	2.30	2.22	2.16	1.94	1.82	1.69	1.53	1.43	1.31
∞	5.02	3.69	3.12	2.79	2.57	2.41	2.29	2.19	2.11	2.05	1.83	1.71	1.57	1.39	1.27	1.00

$\alpha = 0.01$

ν_2 \ ν_1	1	2	3	4	5	6	7	8	9	10	15	20	30	60	120	∞
1	4052	5000	5403	5625	5764	5859	5928	5982	6002	6056	6157	6209	6261	6313	6339	6366
2	98.5	99.0	99.2	99.2	99.3	99.3	99.4	99.4	99.4	99.4	99.4	99.4	99.5	99.5	99.5	99.5
3	34.1	30.8	29.5	28.7	28.2	27.9	27.7	27.5	27.3	27.2	26.9	26.7	26.5	26.3	26.2	26.1
4	21.2	18.0	16.7	16.0	15.5	15.2	15.0	14.8	14.7	14.5	14.2	14.0	13.8	13.7	13.6	13.5
5	16.3	13.3	12.1	11.4	11.0	10.7	10.5	10.3	10.2	10.1	9.72	9.55	9.38	9.20	9.11	9.08
6	13.7	10.9	9.78	9.15	8.75	8.47	8.26	8.10	7.98	7.87	7.56	7.40	7.23	7.06	6.97	6.88
7	12.2	9.55	8.45	7.85	7.46	7.19	6.99	6.84	6.72	6.62	6.31	6.16	5.99	5.82	5.74	5.65
8	11.3	8.65	7.59	7.01	6.63	6.37	6.18	6.03	5.91	5.81	5.52	5.36	5.20	5.03	4.95	4.86
9	10.6	8.02	6.99	6.42	6.06	5.80	5.61	5.47	5.35	5.26	4.96	4.81	4.65	4.48	4.40	4.31
10	10.0	7.56	6.55	5.99	5.64	5.39	5.20	5.06	4.94	4.85	4.56	4.41	4.25	4.08	4.00	3.91
11	9.65	7.21	6.22	5.67	5.32	5.07	4.89	4.74	4.63	4.54	4.25	4.10	3.94	3.78	3.69	3.60
12	9.33	6.93	5.95	5.41	5.06	4.82	4.64	4.50	4.39	4.30	4.01	3.86	3.70	3.54	3.45	3.36
13	9.07	6.70	5.74	5.21	4.86	4.62	4.44	4.30	4.19	4.10	3.82	3.66	3.51	3.34	3.25	3.17
14	8.86	6.51	5.56	5.04	4.70	4.46	4.28	4.14	4.03	3.94	3.66	3.51	3.35	3.18	3.09	3.00
15	8.68	6.36	5.42	4.89	4.56	4.32	4.14	4.00	3.89	3.80	3.52	3.37	3.21	3.05	3.96	2.87
16	8.53	6.23	5.29	4.77	4.44	4.20	4.03	3.89	3.78	3.69	3.41	3.26	3.10	2.93	2.84	2.75
17	8.40	6.11	5.18	4.67	4.34	4.10	3.93	3.79	3.68	3.59	3.31	3.16	3.00	2.83	2.75	2.65
18	8.29	6.01	5.09	4.58	4.25	4.01	3.84	3.71	3.60	3.51	3.23	3.08	2.92	2.75	2.66	2.57
19	8.18	5.93	5.01	4.50	4.17	3.94	3.77	3.63	3.52	3.43	3.15	3.00	2.84	2.67	2.58	2.49
20	8.10	5.85	4.94	4.43	4.10	3.87	3.70	3.56	3.46	3.37	3.09	2.94	2.78	2.61	2.52	2.42
21	8.02	5.78	4.87	4.37	4.04	3.81	3.64	3.51	3.40	3.31	3.03	2.88	2.72	2.55	2.46	2.36
22	7.95	5.72	4.82	4.31	3.99	3.76	3.59	3.45	3.35	3.26	2.98	2.83	2.67	2.50	2.40	2.31
23	7.88	5.66	4.76	4.21	3.94	3.71	3.54	3.41	3.30	3.21	2.93	2.78	2.62	2.45	2.35	2.26
24	7.82	5.61	4.72	4.22	3.90	3.67	3.50	3.36	3.26	3.17	2.89	2.74	2.58	2.40	2.31	2.21
25	7.77	5.57	4.68	4.18	3.86	3.63	3.46	3.32	3.22	3.13	2.85	2.70	2.54	2.36	2.27	2.17
26	7.72	5.53	4.64	4.14	3.82	3.59	3.42	3.29	3.18	3.09	2.82	2.66	2.50	2.33	2.23	2.13
27	7.68	5.49	4.60	4.11	3.78	3.56	3.39	3.26	3.15	3.06	2.78	2.63	2.47	2.29	2.20	2.10
28	7.64	5.45	4.57	4.07	3.75	3.53	3.36	3.23	3.12	3.03	2.75	2.60	2.44	2.26	2.17	2.06
29	7.60	5.42	4.54	4.04	3.73	3.50	3.33	3.20	3.09	3.00	2.73	2.57	2.41	2.23	2.14	2.03
30	7.56	3.39	4.51	4.02	3.70	3.47	3.30	3.17	3.07	2.98	2.70	2.55	2.39	2.21	2.11	2.01
40	7.31	5.18	4.31	3.83	3.51	3.29	3.12	2.99	2.89	2.80	2.52	2.37	2.20	2.02	1.92	2.80
60	7.08	4.98	4.13	3.65	3.34	3.12	2.95	2.82	2.72	2.63	2.35	2.20	2.03	1.84	1.73	1.60
120	6.85	4.79	3.95	3.48	3.17	3.96	2.79	2.66	2.56	2.47	2.19	2.03	1.86	1.66	1.53	1.38
∞	6.63	4.61	3.78	3.32	3.02	2.80	2.64	2.51	2.41	2.32	2.04	1.88	1.70	1.47	1.32	1.00

续表

$\alpha=0.005$

ν_2 \ ν_1	1	2	3	4	5	6	7	8	9	10	15	20	30	60	120	∞
1	16211	20000	21615	22500	23056	23437	23715	23925	24091	24224	24630	24836	25044	25253	25359	25465
2	198	199	199	199	199	199	199	199	199	199	199	199	199	199	199	200
3	55.6	49.8	47.5	46.2	45.4	44.8	44.4	44.1	43.9	43.7	43.1	42.8	42.5	42.2	42.0	41.8
4	31.3	26.3	24.3	23.2	22.5	22.0	21.6	21.4	21.1	21.0	20.4	20.2	19.9	19.6	19.5	19.3
5	22.8	18.3	16.5	15.6	14.9	14.5	14.2	14.0	13.8	13.6	13.1	12.9	12.7	12.4	12.3	12.1
6	18.6	14.5	12.9	12.0	11.5	11.1	10.8	10.6	10.4	10.2	9.81	9.59	9.36	9.12	9.00	8.88
7	16.2	12.4	10.9	10.0	9.52	9.16	8.89	8.68	8.51	8.38	7.97	7.75	7.53	7.31	7.19	7.08
8	14.7	11.0	9.60	8.81	8.30	7.95	7.69	7.50	7.34	7.21	6.81	6.61	6.40	6.18	6.06	5.95
9	13.6	10.1	8.72	7.96	7.47	7.13	6.88	6.69	6.54	6.42	6.03	5.83	5.62	5.41	5.30	5.19
10	12.8	9.43	8.08	7.34	6.87	6.54	6.30	6.12	5.97	5.85	5.47	5.27	5.07	4.86	4.75	4.64
11	12.2	8.91	7.60	6.88	6.42	6.10	5.86	5.68	5.54	5.42	5.05	4.86	4.65	4.44	4.34	4.23
12	11.8	8.51	7.23	6.52	6.07	5.76	5.52	5.35	5.20	5.09	4.73	4.53	4.34	4.12	4.01	3.90
13	11.4	8.19	6.93	6.23	5.79	5.48	5.25	5.08	4.94	4.82	4.46	4.27	4.07	3.87	3.76	3.65
14	11.1	7.92	6.68	6.00	5.65	5.26	5.03	4.86	4.72	4.60	4.25	4.06	3.86	3.66	3.55	3.44
15	10.8	7.70	6.48	5.80	5.37	5.07	4.85	4.67	4.54	4.42	4.07	3.88	3.69	3.48	3.37	3.26
16	10.6	7.51	6.30	5.64	5.21	4.91	4.69	4.52	4.38	4.27	3.92	3.73	3.54	3.33	3.22	3.11
17	10.4	7.35	6.16	5.50	5.07	4.78	4.56	4.39	4.25	4.14	3.79	3.61	3.41	3.21	3.10	2.98
18	10.2	7.21	6.03	5.37	4.96	4.66	4.44	4.28	4.14	4.03	3.68	3.50	3.30	3.10	2.99	2.87
19	10.1	7.09	5.92	5.27	4.85	4.56	4.34	4.18	4.04	3.93	3.59	3.40	3.21	3.00	2.89	2.78
20	9.94	6.99	5.82	5.17	4.76	4.47	4.26	4.09	3.96	3.85	3.50	3.32	3.12	2.92	2.81	2.69
21	9.83	6.89	5.73	5.09	4.68	4.39	4.18	4.01	3.88	3.77	3.43	3.24	3.05	2.84	2.73	2.61
22	9.73	6.81	5.65	5.02	4.61	4.32	4.11	3.94	3.81	3.70	3.36	3.18	2.98	2.77	2.66	2.55
23	9.63	6.73	5.58	4.95	4.54	4.26	4.05	3.88	3.75	3.64	3.30	3.12	2.92	2.71	2.60	2.48
24	9.55	6.66	5.52	4.89	4.49	4.20	3.99	3.83	3.69	3.59	3.25	3.06	2.87	2.66	2.55	2.43
25	9.48	6.60	5.46	4.84	4.43	4.15	3.94	3.78	3.64	3.54	3.20	3.01	2.82	2.61	2.50	2.38
26	9.41	6.54	5.41	4.79	4.38	4.10	3.89	3.73	3.60	3.49	3.15	2.97	2.77	2.56	2.45	2.33
27	9.34	6.49	5.36	4.74	4.34	4.06	3.85	3.69	3.56	3.45	3.11	2.93	2.73	2.52	2.41	2.29
28	9.28	6.44	5.32	4.70	4.30	4.02	3.81	3.65	3.52	3.41	3.07	2.89	2.69	2.48	2.37	2.25
29	9.23	6.40	5.28	4.66	4.26	3.98	3.77	3.61	3.48	3.38	3.04	2.86	2.66	2.45	2.33	2.21
30	9.18	6.35	5.24	4.62	4.23	3.95	3.74	3.58	3.45	3.34	3.01	2.82	2.63	2.42	2.30	2.18
40	8.83	6.07	4.98	4.37	3.99	3.71	3.51	3.35	3.22	3.12	2.78	2.60	2.40	2.18	2.06	1.93
60	8.49	5.80	4.73	4.14	3.76	3.49	3.29	3.32	3.01	2.90	2.57	2.39	2.19	1.96	1.83	1.69
120	8.18	5.54	4.50	3.92	3.55	3.28	3.09	2.93	2.81	2.71	2.37	2.19	1.98	1.75	1.61	1.43
∞	7.88	5.30	4.28	3.72	3.35	3.09	3.90	2.74	2.62	2.52	2.19	2.00	1.79	1.53	1.36	1.00

II-5　Γ函数表

x	$\Gamma(x)$									
	0.000	0.001	0.002	0.003	0.004	0.005	0.006	0.007	0.008	0.009
1.00	1.0000	0.9994	0.9988	0.9983	0.9977	0.9971	0.9966	0.9960	0.9954	0.9949
1.01	0.9943	0.9938	0.9932	0.9927	0.9921	0.9916	0.9910	0.9905	0.9899	0.9894
1.02	0.9888	0.9883	0.9878	0.9872	0.9867	0.9862	0.9856	0.9851	0.9846	0.9841
1.03	0.9835	0.9830	0.9825	0.9820	0.9815	0.9810	0.9805	0.9800	0.9794	0.9789
1.04	0.9784	0.9779	0.9774	0.9769	0.9764	0.9759	0.9755	0.9750	0.9745	0.9740
1.05	0.9735	0.9730	0.9725	0.9721	0.9716	0.9711	0.9706	0.9702	0.9697	0.9692
1.06	0.9687	0.9683	0.9678	0.9673	0.9669	0.9664	0.9660	0.9655	0.9651	0.9646
1.07	0.9612	0.9637	0.9633	0.9628	0.9624	0.9619	0.9615	0.9610	0.9606	0.9602
1.08	0.9597	0.9593	0.9589	0.9584	0.9580	0.9576	0.9571	0.9567	0.9563	0.9559
1.09	0.9555	0.9550	0.9546	0.9542	0.9538	0.9534	0.9530	0.9526	0.9522	0.9513
1.10	0.9514	0.9509	0.9505	0.9501	0.9498	0.9494	0.9490	0.9486	0.9482	0.9478
1.11	0.9474	0.9470	0.9466	0.9462	0.9459	0.9455	0.9451	0.9447	0.9443	0.9440
1.12	0.9436	0.9432	0.9428	0.9425	0.9421	0.9417	0.9414	0.9410	0.9407	0.9403
1.13	0.9399	0.9396	0.9392	0.9389	0.9385	0.9382	0.9378	0.9375	0.9371	0.9368
1.14	0.9364	0.9361	0.9357	0.9354	0.9350	0.9347	0.9344	0.9340	0.9337	0.9334
1.15	0.9330	0.9372	0.9324	0.9321	0.9317	0.9314	0.9311	0.9308	0.9304	0.9301
1.16	0.9298	0.9295	0.9292	0.9289	0.9285	0.9282	0.9279	0.9276	0.9273	0.9270
1.17	0.9267	0.9264	0.9261	0.9258	0.9255	0.9252	0.9249	0.9246	0.9243	0.9240
1.18	0.9237	0.9234	0.9231	0.9229	0.9223	0.9223	0.9220	0.9217	0.9214	0.9212
1.19	0.9209	0.9206	0.9203	0.9201	0.9198	0.9195	0.9192	0.9190	0.9187	0.9184
1.20	0.9182	0.9179	0.9176	0.9174	0.9171	0.9169	0.9166	0.9163	0.9161	0.9158
1.21	0.9156	0.9153	0.9151	0.9148	0.9146	0.9143	0.9141	0.9138	0.9136	0.9133
1.22	0.9131	0.9129	0.9126	0.9124	0.9122	0.9149	0.9117	0.9114	0.9112	0.9110
1.23	0.9108	0.9105	0.9103	0.9101	0.9098	0.9096	0.9094	0.9092	0.9090	0.9087
1.24	0.9085	0.9083	0.9081	0.9079	0.9077	0.9074	0.9072	0.9070	0.9068	0.9066
1.25	0.9064	0.9062	0.9060	0.9058	0.9056	0.9054	0.9052	0.9050	0.9048	0.9046
1.26	0.9044	0.9042	0.9040	0.9038	0.9036	0.9034	0.9032	0.9031	0.9029	0.9027
1.27	0.9025	0.9023	0.9021	0.9020	0.9018	0.9016	0.9014	0.9012	0.9011	0.9009
1.28	0.9007	0.9005	0.9004	0.9002	0.9000	0.8999	0.8997	0.8995	0.8994	0.8992
1.29	0.8990	0.8989	0.8987	0.8986	0.8984	0.8982	0.8981	0.8979	0.8978	0.8976
1.30	0.8975	0.8973	0.8972	0.8970	0.8969	0.8967	0.8965	0.8964	0.8963	0.8961
1.31	0.8960	0.8959	0.8957	0.8956	0.8954	0.8953	0.8952	0.8950	0.8949	0.8948
1.32	0.8946	0.8945	0.8944	0.8943	0.8941	0.8940	0.8939	0.8937	0.8936	0.8935
1.33	0.8934	0.8933	0.8931	0.8930	0.8929	0.8928	0.8927	0.8926	0.8924	0.8923
1.34	0.8922	0.8921	0.8920	0.8919	0.8918	0.8917	0.8916	0.8915	0.8914	0.8912
1.35	0.8912	0.8911	0.8910	0.8909	0.8908	0.8907	0.8906	0.8905	0.8904	0.8903
1.36	0.8902	0.8901	0.8900	0.8899	0.8898	0.8897	0.8897	0.8896	0.8895	0.8894
1.37	0.8893	0.8892	0.8892	0.8891	0.8890	0.8889	0.8888	0.8888	0.8887	0.8886
1.38	0.8885	0.8885	0.8884	0.8883	0.8883	0.8882	0.8881	0.8880	0.8880	0.8879
1.39	0.8879	0.8878	0.8877	0.8877	0.8876	0.8875	0.8875	0.8874	0.8874	0.8873
1.40	0.8873	0.8872	0.8872	0.8871	0.8871	0.8870	0.8870	0.8868	0.8869	0.8868
1.41	0.8868	0.8867	0.8867	0.8866	0.8866	0.8865	0.8865	0.8865	0.8864	0.8864
1.42	0.8864	0.8863	0.8863	0.8863	0.8862	0.8862	0.8862	0.8861	0.8861	0.8861
1.43	0.8860	0.8860	0.8860	0.8860	0.8859	0.8859	0.8859	0.8859	0.8858	0.8858
1.44	0.8858	0.8858	0.8858	0.8858	0.8857	0.8857	0.8857	0.8857	0.8857	0.8857
1.45	0.8857	0.8857	0.8856	0.8856	0.8856	0.8856	0.8856	0.8856	0.8856	0.8856
1.46	0.8856	0.8856	0.8856	0.8856	0.8857	0.8857	0.8857	0.8857	0.8857	0.8857
1.47	0.8856	0.8856	0.8856	0.8857	0.8857	0.8857	0.8857	0.8857	0.8857	0.8857
1.48	0.8857	0.8858	0.8858	0.8858	0.8858	0.8858	0.8859	0.8859	0.8859	0.8859
1.49	0.8859	0.8860	0.8860	0.8860	0.8860	0.8861	0.8861	0.8861	0.8862	0.8862
1.50	0.8862	0.8863	0.8863	0.8863	0.8864	0.8864	0.8864	0.8865	0.8865	0.8866
1.51	0.8866	8866	8867	0.8867	0.8868	0.8868	0.8869	0.8869	0.8869	0.8870

续表

x	0.000	0.001	0.002	0.003	0.004	0.005	0.006	0.007	0.008	0.009
1.52	0.8870	0.8871	0.8871	0.8872	0.8872	0.8873	0.8873	0.8874	0.8875	0.8875
1.53	0.8876	0.8876	0.8877	0.8877	0.8878	0.8879	0.8879	0.8880	0.8880	0.8881
1.54	0.8882	0.8882	0.8883	0.8884	0.8884	0.8885	0.8886	0.8887	0.8887	0.8888
1.55	0.8889	0.8889	0.8890	0.8891	0.8892	0.8892	0.8893	0.8894	0.8895	0.8896
1.56	0.8896	0.8897	0.8898	0.8899	0.8900	0.8901	0.8901	0.8902	0.8903	0.8904
1.57	0.8905	0.8906	0.8907	0.8908	0.8909	0.8909	0.8910	0.8911	0.8912	0.8913
1.58	0.8914	0.8915	0.8916	0.8917	0.8918	0.8919	0.8920	0.8921	0.8922	0.8923
1.59	0.8924	0.8925	0.8926	0.8927	0.8929	0.8930	0.8931	0.8932	0.8933	0.8934
1.60	0.8935	0.8936	0.8937	0.8939	0.8940	0.8941	0.8942	0.8943	0.8944	0.8946
1.61	0.8947	0.8948	0.8949	0.8950	0.8952	0.8953	0.8954	0.8955	0.8957	0.8958
1.62	0.8959	0.8916	0.8962	0.8963	0.8964	0.8966	0.8967	0.8968	0.8970	0.8971
1.63	0.8972	0.8974	0.8975	0.8977	0.8978	0.8979	0.8981	0.8982	0.8984	0.8985
1.64	0.8986	0.8988	0.8989	0.8991	0.8992	0.8994	0.8995	0.8997	0.8998	0.9000
1.65	0.9001	0.9903	0.9904	0.9006	0.9007	0.9009	0.9010	0.9012	0.9014	0.9015
1.66	0.9017	0.9018	0.9020	0.9021	0.9023	0.9025	0.9026	0.9028	0.9030	0.9013
1.67	0.9033	0.9035	0.9036	0.9038	0.9040	0.9041	0.9043	0.9045	0.9047	0.9048
1.68	0.9050	0.9052	0.9054	0.9055	0.9057	0.9059	0.9061	0.9062	0.9064	0.9066
1.69	0.9068	0.9070	0.9071	0.9073	0.9075	0.9077	0.9079	0.9018	0.9083	0.9084
1.70	0.9086	0.9088	0.9090	0.9092	0.9094	0.9096	0.9098	0.9100	0.9102	0.9104
1.71	0.9106	0.9108	0.9110	0.9112	0.9114	0.9116	0.9118	0.9120	0.9122	0.9124
1.72	0.9126	0.9128	0.9130	0.9432	0.9134	0.9136	0.9138	0.9140	0.9142	0.9145
1.73	0.9147	0.9149	0.9151	0.9153	0.9155	0.9157	0.9160	0.9146	0.9164	0.9166
1.74	0.9168	0.9170	0.9173	0.9175	0.9177	0.9179	0.9182	0.9148	0.9186	0.9188
1.75	0.9191	0.9193	0.9195	0.9197	0.9200	0.9202	0.9204	0.9207	0.9209	0.9211
1.76	0.9214	0.9216	0.9218	0.9221	0.9223	0.9226	0.9228	0.9230	0.9233	0.9235
1.77	0.9238	0.9240	0.9242	0.9245	0.9247	0.9250	0.9252	0.9255	0.9257	0.9260
1.78	0.9262	0.9256	0.9267	0.9270	0.9272	0.9275	0.9277	0.9280	0.9283	0.9285
1.79	0.9288	0.9290	0.9293	0.9295	0.9298	0.9301	0.9303	0.9306	0.9309	0.9311
1.80	0.9314	0.9316	0.9319	0.9322	0.9325	0.9327	0.9330	0.9333	0.9335	0.9338
1.81	0.9341	0.9343	0.9346	0.9349	0.9352	0.9355	0.9357	0.9360	0.9363	0.9366
1.82	0.9368	0.9317	0.9374	0.9377	0.9380	0.9383	0.9385	0.9388	0.9391	0.9394
1.83	0.9397	0.9400	0.9403	0.9406	0.9408	0.9411	0.9414	0.9417	0.9420	0.9423
1.84	0.9426	0.9429	0.9432	0.9435	0.9438	0.9441	0.9444	0.9447	0.9450	0.9453
1.85	0.9456	0.9459	0.9462	0.9465	0.9468	0.9471	0.9474	0.9478	0.9481	0.9484
1.86	0.9487	0.9490	0.9493	0.9496	0.9499	0.9503	0.9506	0.9509	0.9512	0.9515
1.87	0.9518	0.9522	0.9525	0.9528	0.9531	0.9534	0.9538	0.9841	0.9544	0.9547
1.88	0.9551	0.9554	0.9557	0.9561	0.9564	0.9567	0.9570	0.9574	0.9577	0.9580
1.89	0.9548	0.9587	0.9591	0.9594	0.9597	0.9604	0.9604	0.9607	0.9611	0.9614
1.90	0.9618	0.9621	0.9625	0.9628	0.9631	0.9635	0.9638	0.9642	0.9645	0.9649
1.91	0.9652	0.9656	0.9659	0.9663	0.9666	0.9670	0.9673	0.9677	0.9681	0.9684
1.92	0.9688	0.9691	0.9695	0.9699	0.9706	0.9706	0.9709	0.9713	0.9717	0.9720
1.93	0.9724	0.9728	0.9731	0.9735	0.9739	0.9742	0.9746	0.9750	0.9754	0.9757
1.94	0.9761	0.9765	0.9768	0.9772	0.9776	0.9780	0.9784	0.9787	0.9791	0.9795
1.95	0.9799	0.9803	0.9806	0.9810	0.9814	0.9818	0.9822	0.9826	0.9830	0.9834
1.96	0.9837	0.9841	0.9845	0.9849	0.9853	0.9857	0.9861	0.9865	0.9869	0.9873
1.97	0.9877	0.9881	0.9885	0.9889	0.9893	0.9897	0.9901	0.9905	0.9909	0.9913
1.98	0.9917	0.9921	0.9925	0.9929	0.9933	0.9938	0.9942	0.9946	0.9950	0.9954
1.99	0.9958	0.9962	0.9966	0.9971	0.9975	0.9979	0.9983	0.9987	0.9992	0.9996

参 考 文 献

[1] [英] Patrick D. T. O'connor 等著. 实用可靠性工程. 李莉等译. 北京：电子工业出版社，2005.
[2] Gertsbakh I. Reliability Theory，Berlin：Springer，2005.
[3] 谢里阳. 机械可靠性基本理论与方法. 北京：科学出版社，2009.
[4] 姚卫星. 结构疲劳寿命分析. 北京：国防工业出版社，2003.
[5] 王少萍. 工程可靠性. 北京：北京航空航天大学出版社，2000.
[6] 黄祥瑞. 可靠性工程. 北京：清华大学出版社，1989.
[7] 王世萍，朱敏波. 电子机械可靠性与维修性. 北京：清华大学出版社，2000.
[8] 刘维信. 机械可靠性设计. 北京：清华大学出版社，1996.
[9] 李良巧等. 机械可靠性设计与分析. 北京：国防工业出版社，1998.
[10] Relex Software Co. & Intellect. 可靠性实用指南. 陈晓彤，赵廷弟，王云飞等译. 北京：北京航空航天大学出版社，2005.
[11] 徐灏. 机械强度的可靠性设计. 北京：机械工业出版社，1984.
[12] 梅启智，廖炯生，孙惠中. 系统可靠性工程基础. 北京：科学出版社，1992.
[13] 陆延孝，郑鹏洲. 可靠性设计与分析. 北京：国防工业出版社，1995.
[14] 朱文予. 机械概率设计与模糊设计. 北京：高等教育出版社，2001.
[15] 高杜生，张玲霞. 可靠性理论与工程应用. 北京：国防工业出版社，2002.
[16] 金伟娅，张康达. 可靠性工程. 北京：化学工业出版社，2005.
[17] 孔瑞莲. 航空发动机可靠性工程. 北京：航空工业出版社，1995.
[18] 何水清等. 系统可靠性工程. 北京：国防工业出版社，1988.
[19] 孙志礼，陈良玉. 实用机械可靠性设计理论与方法. 北京：科学出版社，2003.
[20] 王德俊，何雪宏. 现代机械强度理论及应用. 北京：科学出版社，2003.
[21] 王霄锋. 汽车可靠性工程基础. 北京：清华大学出版社，2007.
[22] 赵宇，杨军，马小兵. 可靠性数据分析教程. 北京：北京航空航天大学出版社，2009.
[23] 任立明. 可靠性工程师必备知识手册. 北京：中国标准出版社，2009.
[24] 《可靠性设计大全》编撰委员会. 可靠性设计大全. 北京：中国标准出版社，2006.
[25] 胡湘洪. 可靠性试验. 北京：电子工业出版社，2015.
[26] 李良巧. 可靠性工程师手册. 2版. 北京：中国人民大学出版社. 2017.

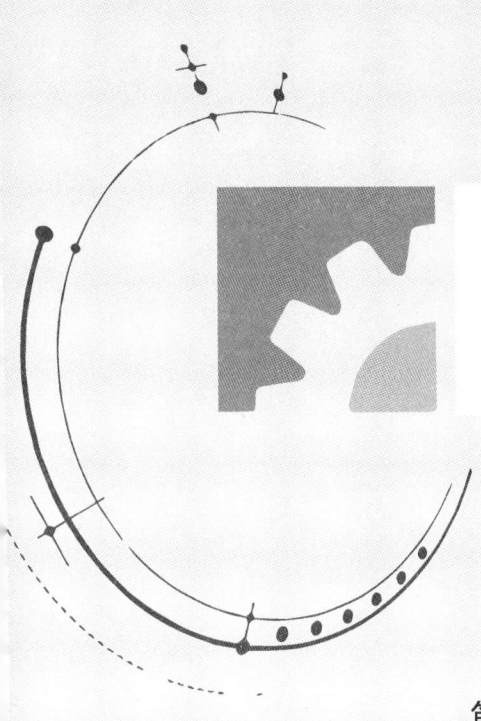

第 30 篇
优化设计

篇主编：何雪浤
撰　　稿：何雪浤　张　翔　张瑞金
审　　稿：颜云辉

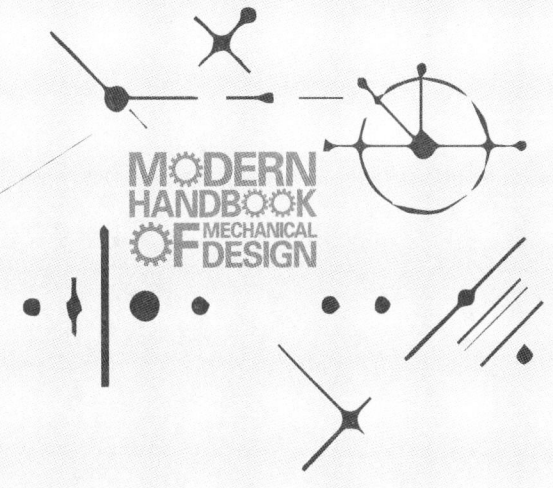

第1章 概 述

1.1 优化设计的基本概念

优化设计是指在满足各种设计条件的情况下,利用优化计算方法得到产品的最佳设计值。机械优化设计,则指在进行某项机械产品设计时,设法在规定的约束条件下使某些或某几项设计指标达到最优值。

优化设计的目的是在设计过程中,根据产品设计的要求,合理确定各种参数,例如:质量、成本、性能、承载能力等,以期达到最佳的设计目标。

1.2 优化设计的分类

表30-1-1 优化设计的分类

类型	说 明
参数优化设计	在满足一系列设计参数的限制条件的情况下,优选一组设计参数,使得设计参数对应的设计指标达到最佳值
方案优化设计	在设计的各个阶段,根据设计的主要目标优选整体功能最理想的设计方案

1.3 优化设计一般过程

1) 根据设计要求和目的定义优化设计问题。
2) 建立优化设计问题的数学模型。即确定一个或多个控制指标,将设计问题的物理模型、力学模型转化为数学模型。
3) 选用合适的优化计算方法。
4) 确定必要的数据和设计初始点。
5) 编写包括数学模型和优化算法的计算机程序;通过计算机的求解计算获取最优结构参数。
6) 对结果数据和设计方案进行灵敏度、合理性和适用性分析。

1.4 优化设计的数学模型

优化设计数学模型的标准形式为

$$\left.\begin{array}{ll} \min & f(\boldsymbol{x}) \quad \boldsymbol{x}\in \mathscr{D}\subset \boldsymbol{R}^n \\ \text{s.t.} & g_u(\boldsymbol{x})\leqslant 0 \quad u=1,2,\cdots,m \\ & h_v(\boldsymbol{x})=0 \quad v=1,2,\cdots,p<n \end{array}\right\}$$

(30-1-1)

式中 $\boldsymbol{x}$——设计变量,是 n 维列向量,即 $\boldsymbol{x}=[x_1 \ x_2 \ \cdots \ x_n]^T$;

$\mathscr{D}$——符合一定条件的设计变量集合,即设计空间;

$\boldsymbol{R}^n$——n 维欧氏实空间,该空间中的任一点代表着一种设计方案;

m,p——分别表示不等式约束和等式约束的个数;

s.t.——英文"subject to"的字头,意指"受约束于"。

1.5 优化设计的三要素

表30-1-2 优化设计的三要素

名称	定 义	分 类	符号表达	举 例
目标函数	优化设计的目标参数	参数优化的性能指标和方案优化的评价函数 分单目标函数和多目标函数	$f(\boldsymbol{x})$	结构重量、体积、功耗、产量、成本或其他性能指标(如变形、应力)、经济指标等
设计变量	在设计过程中需要优选的参数	一般可分为离散型(如模数、齿数等)和连续型(如尺寸等)设计变量	$\boldsymbol{x}=[x_1 \ x_2 \ \cdots \ x_n]^T$	结构尺寸、布置尺寸、齿数、模数、链节数、效率等
约束条件	优化设计的限制条件	分等式约束和不等式约束、显式约束和隐式约束、边界约束和性能约束	$g_u(\boldsymbol{x})\leqslant 0 \quad u=1,2,\cdots,m$ $h_v(\boldsymbol{x})=0 \quad v=1,2,\cdots,p<n$	变形、应力、误差、尺寸范围等

1.6 优化问题的几何解释

1.6.1 优化问题的设计可行域

表 30-1-3 优化问题的设计可行域

设计可行域	在一个优化设计问题中,所有不等式约束条件的约束面将共同组成一个复合约束面,它所包围的区域是设计空间中满足所有不等式约束条件的那部分空间,称该区域为设计可行域或简称可行域。可行域中存在等式约束时,设计方案在可行域中的等式约束面上选取。设计可行域中的点称为设计可行点或内点
设计可行域的符号表达	$\mathscr{D} = \left\{ \boldsymbol{x} \middle\| \begin{array}{ll} g_u(\boldsymbol{x}) \leqslant 0 & u=1,2,\cdots,m \\ h_v(\boldsymbol{x}) = 0 & v=1,2,\cdots,p<0 \end{array} \right\}$
非可行域	可行域以外的设计空间就叫作非可行域,域中的点称为非可行设计点或外点
举例:二维优化问题的可行域	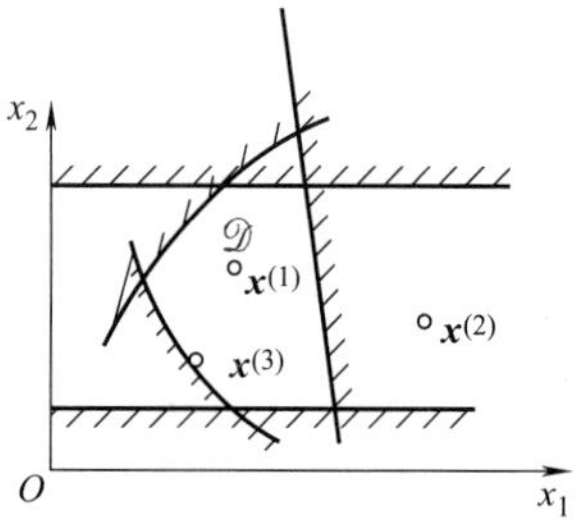 （图示） 设计可行点或内点:$\boldsymbol{x}^{(1)}$ 极限设计点或边界点:$\boldsymbol{x}^{(3)}$ 非可行设计点或外点:$\boldsymbol{x}^{(2)}$

1.6.2 不同优化问题的几何解释

表 30-1-4 不同优化问题的几何解释

优化问题	几何解释
无约束优化问题	在没有限制的条件下,对设计变量求目标函数的极小点。在设计空间内,目标函数以等值面的形式反映出来,因此无约束优化问题的极小点即为等值面的中心
约束优化问题	在可行域内对设计变量求目标函数的极小点,此极小点在可行域内或在可行域边界上,详见表 30-1-5

表 30-1-5 二维约束优化问题的极值点位置

极值点位置	说　明
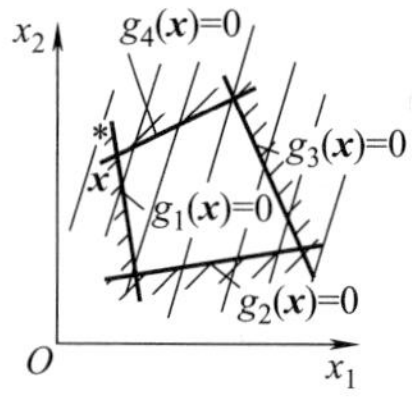 （图示:$g_1(\boldsymbol{x})=0$,$g_2(\boldsymbol{x})=0$,$g_3(\boldsymbol{x})=0$,$g_4(\boldsymbol{x})=0$ 围成的多边形)	约束函数和目标函数均为线性函数,等值线为直线,可行域为 n 条直线围成的多边形,极值点处于多边形的某一定点
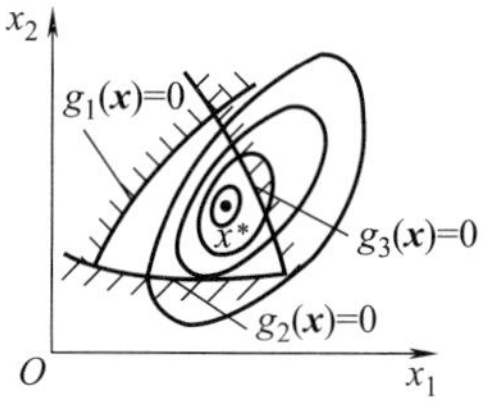 （图示:$g_1(\boldsymbol{x})=0$,$g_2(\boldsymbol{x})=0$,$g_3(\boldsymbol{x})=0$)	约束函数和目标函数均为非线性函数,极值点位于可行域内等值线的中心处,约束对极值点的选取无影响。约束为不起作用约束
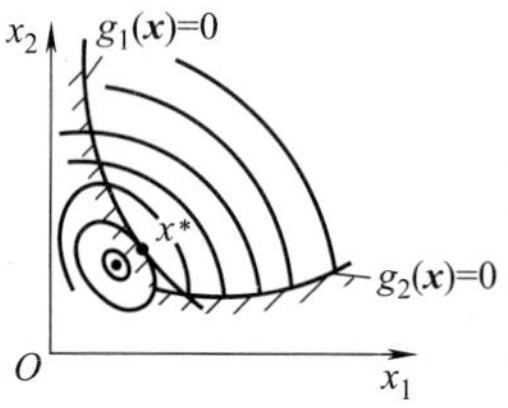 （图示:$g_1(\boldsymbol{x})=0$,$g_2(\boldsymbol{x})=0$)	极值点处于可行域边界。$g_1(\boldsymbol{x})=0$ 为起作用约束
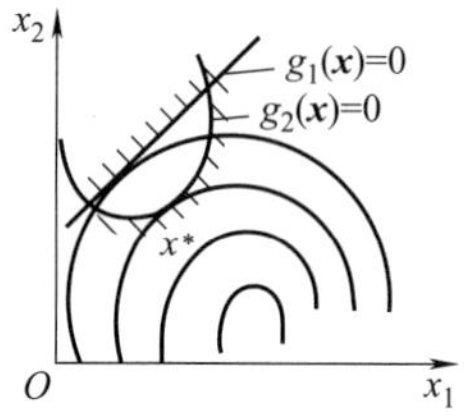 （图示:$g_1(\boldsymbol{x})=0$,$g_2(\boldsymbol{x})=0$)	极值点处于可行域边界。$g_2(\boldsymbol{x})=0$ 为起作用约束
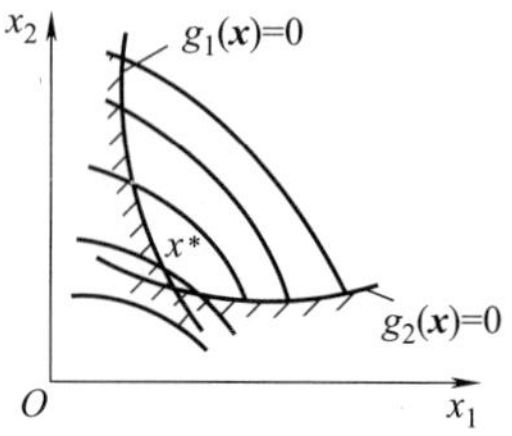 （图示:$g_1(\boldsymbol{x})=0$,$g_2(\boldsymbol{x})=0$)	极值点处于可行域边界。$g_1(\boldsymbol{x})=0$ 和 $g_2(\boldsymbol{x})=0$ 同时在极值点为起作用约束

1.7 优化问题的求解

表 30-1-6　优化问题的求解方法

求解方法	说　明
解析解法	把所研究的对象用数学方程（数学模型）描述出来，然后再用数学解析方法（如微分、变分方法等）求出优化解
数值解法	有时对象本身的机理无法用数学方程描述，而只能通过大量试验数据用插值或拟合方法构造一个近似函数式，再来求其优化解，并通过试验来验证；或直接以数学原理为指导，从任取一点出发，通过少量试验（探索性的计算），并根据试验计算结果的比较，逐步改进而求得近似的、迭代性质的优化解。数值解法不仅可用于求复杂函数的优化解，也可以用于处理没有数学解析表达式的优化设计问题

表 30-1-7　两类不同的优化算法

算法	解　释
优化准则法	从一个初始设计 $x^{(k)}$（上标 k 指第 k 次设计，不是指数）出发，着眼于在每次迭代中应满足的优化条件，按迭代公式 $x^{(k+1)} = C^{(k)} x^{(k)}$ [其中 $C^{(k)}$ 为一对角矩阵] 来得到一个改进的设计 $x^{(k+1)}$，而无需再考虑目标函数和约束条件的信息状态
数学规划法	从一个初始设计 $x^{(k)}$ 出发，按迭代公式 $x^{(k+1)} = x^{(k)} + \Delta x^{(k)}$ 来得到一个改进的设计 $x^{(k+1)}$。绝大多数方法中，是沿着某个搜索方向 $S^{(k)}$ 以适当步长 $\alpha^{(k)}$ 的方式实现对 $x^{(k)}$ 的修改，以获得 $\Delta x^{(k)}$ 值，则 $x^{(k+1)} = x^{(k)} + \alpha^{(k)} S^{(k)}$，搜索方向 $S^{(k)}$ 则由目标函数和约束条件的局部信息形成。搜索过程示意见图 30-1-1

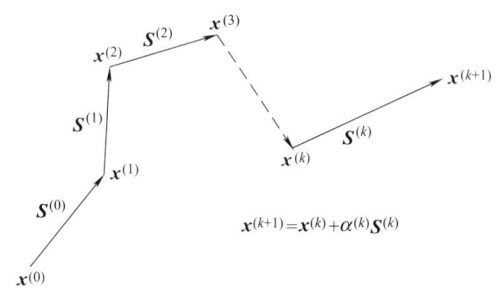

图 30-1-1　数学规划法中寻求极值点的搜索过程示意图

1.8 最优解的判别及约束优化问题的最优解条件

1.8.1 优化问题的最优解

当一组设计变量 x^* 不受约束条件限制，使得目标函数达到最优值，即

$$\min f(x) = f(x^*) \quad x \in \mathbf{R}^n$$

则 x^* 与 $f(x^*)$ 称为无约束优化问题的最优解。

若上述设计变量 x^* 同时满足约束条件，则 x^* 与 $f(x^*)$ 称为约束优化问题的最优解。

显然，约束最优解的最优值大于或等于无约束最优解的最优值。

1.8.2 约束优化问题的最优解

表 30-1-8　约束优化问题的最优解

最优解类型	说　明
局部最优解	若 $x^* \in \mathscr{D}$ 为可行域中的一个内点，以 $N_\delta(x^*)$ 表示以 x^* 点为中心，δ 为半径的超球形领域，如果对于在 $N_\delta(x^*)$ 中的一切点 x，使 $f(x^*) \leqslant f(x)$ 成立，则称 x^* 为局部极小点，得到的解就是局部最优解
全域最优解	如果对于一切 $x \in \mathscr{D}$，都能使 $f(x^*) \leqslant f(x)$ 成立，则称 x^* 为整体极小点，得到的解便是全域最优解

1.8.3 约束优化设计问题的最优解存在条件

1) 在 n 维设计空间具有 m 个不等式约束的情况下，若 x^* 是极小点，则必然满足 K-T（Kuhn-Tucker）条件

$$-\nabla f(\pmb{x}^*)=\sum_u \lambda_u\ \nabla g_u(\pmb{x}^*) \qquad \lambda_u>0 \tag{30-1-2}$$

2）当目标函数是凸函数、约束函数的集合为凸集时［即在几何图形上，目标函数的等值线（面）和约束函数的约束线（面）均向外凸］，K-T 条件便是约束优化设计问题全域最优解的充分和必要条件。

3）对于具有等式约束的优化设计问题，其约束最优解条件

$$-\nabla f(\pmb{x}^*)=\sum_{v=1}^{p}\gamma_v\ \nabla h_v(\pmb{x}^*) \tag{30-1-3}$$

这里，对乘子 γ_v 没有任何限制。

4）一般情况下的约束问题最优解存在的必要条件

$$-\nabla f(\pmb{x}^*)=\sum_{v=1}^{p}\gamma_v\ \nabla h_v(\pmb{x}^*)+\sum_{u\in I(\pmb{x}^*)}\lambda_u\ \nabla g_u(\pmb{x}^*) \tag{30-1-4}$$

1.9 优化设计的迭代算法及终止准则

1.9.1 优化设计中的迭代算法

从某一点出发，按一种特定规则确定迭代计算的一个搜索方向和步长因子，从而得到一个新的迭代点。由此可构造出计算迭代公式为

$$\pmb{x}^{(k+1)}=\pmb{x}^{(k)}+\alpha^k \pmb{S}^{(k)} \tag{30-1-5}$$

式中 $\pmb{x}^{(k)}$——上一步求得的迭代点（设计方案）；

$\pmb{x}^{(k+1)}$——本次计算的迭代点（新的设计方案）；

$\alpha^{(k)}$——步长因子；

$\pmb{S}^{(k)}$——迭代计算的搜索方向（修改设计方案的移动方向）。

为求得优化设计问题的最优解，每次迭代计算都应该使目标函数值有所下降，即要求迭代序列点必须满足

$$f(\pmb{x}^{(0)})>f(\pmb{x}^{(1)})>\cdots>f(\pmb{x}^{(k)})>f(\pmb{x}^{(k+1)})>\cdots$$

1.9.2 迭代算法的终止准则

（1）梯度准则

当迭代点 $\pmb{x}^k$ 处的目标函数梯度的模已很小时，即

$$\|\nabla f(\pmb{x}^{(k)})\|\leqslant\varepsilon_1 \tag{30-1-6}$$

便可以终止迭代计算，取 $\pmb{x}^*\approx\pmb{x}^{(k)}$。

（2）函数下降量准则

当目标函数值的下降量很小时，即可终止计算。当 $|f(\pmb{x}^{(k-1)})|>1$，取

$$\left|\frac{f(\pmb{x}^{(k)})-f(\pmb{x}^{(k-1)})}{f(\pmb{x}^{(k-1)})}\right|\leqslant\varepsilon_2 \tag{30-1-7}$$

否则，取

$$|f(\pmb{x}^{(k)})-f(\pmb{x}^{(k-1)})|\leqslant\varepsilon_3 \tag{30-1-8}$$

（3）点距准则

当相邻两个迭代点非常接近时，即

$$\|\pmb{x}^{(k)}-\pmb{x}^{(k-1)}\|=\|\alpha\pmb{S}^{(k)}\|\leqslant\varepsilon_4 \tag{30-1-9}$$

或

$$\max_{1\leqslant i\leqslant n}|x_i^{(k)}-x_i^{(k-1)}|\leqslant\varepsilon_5 \tag{30-1-10}$$

可以认为 $\pmb{x}^*\approx\pmb{x}^{(k)}$。

第 2 章　一维优化搜索方法

一维优化搜索通常分两步进行：第一步先确定一维优化搜索的区间；第二步在确定的搜索区间内求出最优步长因子 α^*。确定搜索区间一般用外推法，缩短搜索区间则常用消去法，例如黄金分割法等。寻找最优步长时则可以应用切线法、二次插值法等。

2.1　外推法

2.1.1　基本方法

根据函数在某一区间内的变化情况，可将区间分为单峰区间和多峰区间。所谓单峰区间，就是函数在该区间仅有一个峰值，相应的函数在该区间内是凸函数。对于非凸函数，在某些区间内会存在多个峰值。单峰区间具有下述性质。

如图 30-2-1 所示，在单峰区间 $[a, b]$ 内，必定存在一点 a^*，其对应的函数值为最小，即

$$a < a^* < b \text{ 或 } a > a^* > b$$

使　　　　$f(a) > f(a^*) < f(b)$

在一维搜索时，假设函数 $f(a)$ 具有如图 30-2-1 所示的单谷性，即在所考虑的区间内部，函数 $f(a)$ 有唯一的极小点 a^*。为了确定极小点 a^* 所在的区间 $[a, b]$，应使函数 $f(a)$ 在区间 $[a, b]$ 里形成"高—低—高"趋势。

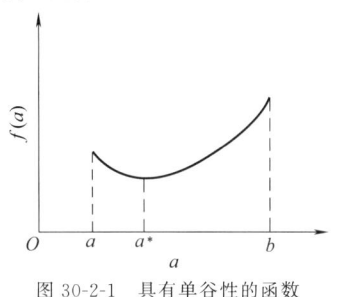

图 30-2-1　具有单谷性的函数

2.1.2　搜索过程

外推法搜索过程如表 30-2-1 所示。

2.1.3　程序框图

上述确定搜索区间的外推法，其程序框图如图 30-2-2 所示。

表 30-2-1　　　　　　　　　　外推法确定搜索区间

外推法类别	基本过程	示意图
正向搜索的外推法	从 $a=0$ 开始，以初始步长 h_0 向前试探。如果函数值下降，维持原来的试探方向，并将步长加倍。区间的始点、中间点依次沿试探方向移动一步。此过程一直进行到函数值再次上升时为止，即可找到搜索区间的终点，最后确定搜索区间 $[a_1, a_3]$	
反向搜索的外推法	从 $a=0$ 开始，以初始步长 h_0 向前试探。如果函数值上升，则步长变号，即改变试探方向。区间的始点、中间点依次沿试探方向移动一步。此过程一直进行到函数值再次上升时为止，即可找到搜索区间的终点，最后形成的单谷区间 $[a_3, a_1]$ 为一维搜索区间	

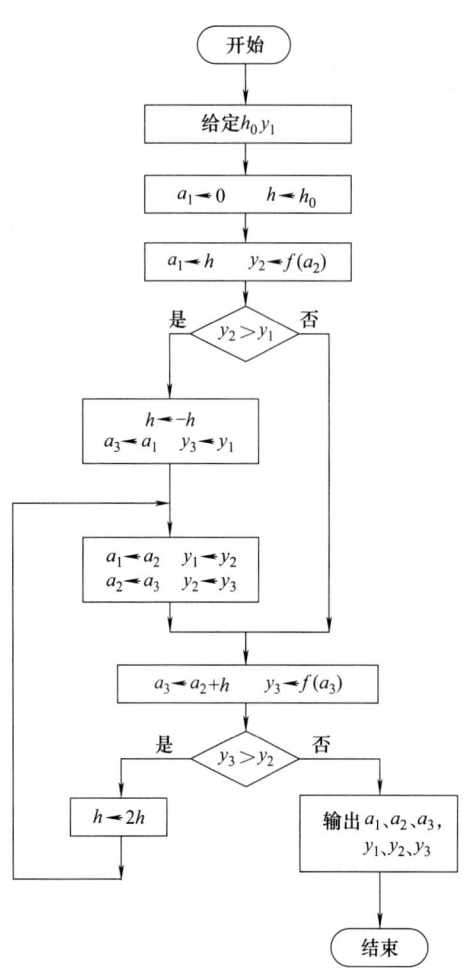

图 30-2-2 外推法的程序框图

2) 按以下公式计算插入点 a_1 和 a_2，并计算其对应的函数值 $f(a_1)$、$f(a_2)$。

$$\left.\begin{array}{l}a_1=b-0.618(b-a)\\a_2=a+0.618(b-a)\end{array}\right\} \quad (30\text{-}2\text{-}1)$$

3) 比较 $f(a_1)$、$f(a_2)$，根据区间消去法原理缩短搜索区间。

① 若 $f(a_1)<f(a_2)$，则取 $[a,a_2]$ 为缩短后的搜索区间 $[a,b]$。

② 若 $f(a_1)\geqslant f(a_2)$，则取 $[a_1,b]$ 为缩短后的搜索区间 $[a,b]$。

4) 检查区间是否缩短到足够小和函数值是否收敛到足够近，如果条件不满足则返回到步骤 2)。

① 区间检查：是否满足 $\left|\dfrac{b-a}{b}\right|<\varepsilon$？

② 函数值检查：是否满足 $\left|\dfrac{f(b)-f(a)}{f(b)}\right|<\varepsilon$？

5) 如果步骤 4) 的条件满足，则取最后两试验点的平均值作为极小点的数值近似解，即 $x^*=\dfrac{a+b}{2}$。

2.2.3 黄金分割法特点

使用简便，计算稳定，工程上使用较广。缺点是收敛较慢。

2.2.4 程序框图

黄金分割法的程序框图见图 30-2-3。

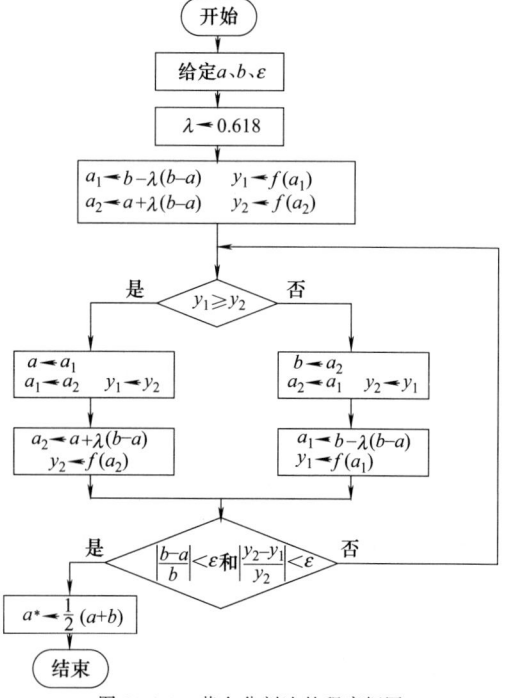

图 30-2-3 黄金分割法的程序框图

2.2 黄金分割法（0.618法）

2.2.1 基本方法

黄金分割法是建立在区间消去法原理基础上的试探方法，即在搜索区间 $[a,b]$ 内适当插入两点 a_1、a_2，通过对插入点函数值的比较，缩短搜索区间，如此迭代下去不断缩短搜索区间以得到函数的极小值。适用于 $[a,b]$ 区间上的任何单谷函数求极小值问题。

黄金分割法要求每次区间缩短的比例为 0.618，因此又称 0.618 法。

2.2.2 黄金分割法进行一维搜索的一般过程

1) 给出初始搜索区间 $[a,b]$ 及收敛精度 ε。

2.3 切线法（牛顿法）

2.3.1 基本方法

切线法是用切线代替弧线逐渐逼近函数极值的方法。当目标函数 $f(x)$ 是一维连续可微函数且二阶导数 $f''(x)>0$ 时，可用切线法逐步逼近，找到趋于 $f'(x)=0$ 的根，即极小值 x^*。

2.3.2 切线法找极小值的一般过程

1) 给定初始循环数 $k=0$，以及收敛精度 ε。
2) 给定一维搜索初始点 $x^{(k)}$。
3) 计算 $f'(x^{(k)})$、$f''(x^{(k)})$。
4) 计算 $x^{(k+1)} = x^{(k)} - \dfrac{f'(x^{(k)})}{f''(x^{(k)})}$。
5) 检查是否满足 $|x^{(k+1)}-x^{(k)}| \leqslant \varepsilon$，如果满足，则极小点的数值近似解为：$x^* = x^{(k)}$。
6) 若不满足步骤 5) 的条件，则 $k=k+1$。重复步骤 3)～5)。

2.3.3 切线法特点

优点是收敛速度快，缺点是初始点的选择会影响迭代的收敛性，并且需要求其一阶和二阶导数。

2.3.4 切线法程序框图

切线法程序框图如图 30-2-4 所示。

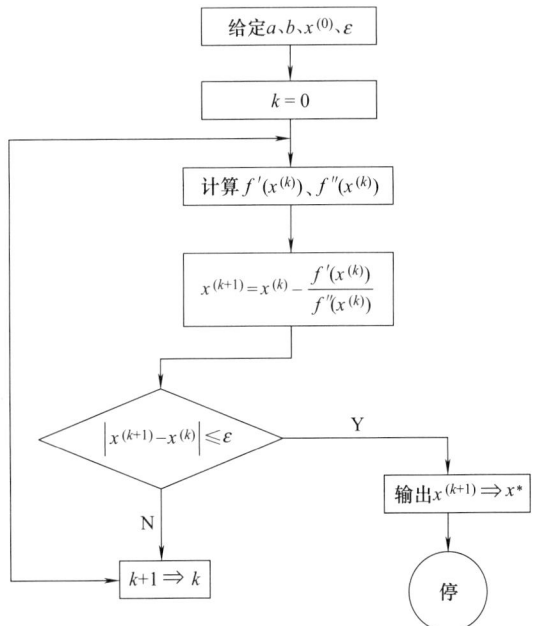

图 30-2-4　切线法程序框图

2.4 二次插值法

2.4.1 基本方法

二次插值法又称抛物线法，是多项式逼近法中的一种。该方法在区间 $[a,b]$ 上取三个点 x_1、x_2、x_3，利用单谷目标函数在这些点的信息（如函数值、导数值等），构成一个与目标函数值接近的二次多项式，并用该多项式的最优解作为目标函数的近似最优解。随着区间的逐次缩短，多项式函数的最优解与原函数的最优点之间的距离逐渐减少，直到满足一定的精度要求时为止。

2.4.2 二次插值法的迭代过程

1) 确定收敛精度 ε。
2) 给定初始搜索区间 $[x_1, x_2]$，取三个点 $x_1 < x_2 < x_3$，使之满足 $f(x_1) > f(x_2) < f(x_3)$。
3) 利用拉格朗日插值构造二次函数。

$$p(x) = \frac{(x-x_2)(x-x_3)}{(x_1-x_2)(x_1-x_3)}f(x_1) + \frac{(x-x_1)(x-x_3)}{(x_2-x_1)(x_2-x_3)}f(x_2) + \frac{(x-x_1)(x-x_2)}{(x_3-x_1)(x_3-x_2)}f(x_3)$$

4) 令 $\dfrac{\mathrm{d}p}{\mathrm{d}x}=0$，可求得本次迭代的极小点 x_m，并计算 $f(x_m)$。

$$x_m = \frac{(x_3^2-x_2^2)f(x_1)+(x_1^2-x_3^2)f(x_2)+(x_2^2-x_1^2)f(x_3)}{2[(x_3-x_2)f(x_1)+(x_1-x_3)f(x_2)+(x_2-x_1)f(x_3)]}$$

5) 若满足 $|x_2-x_m|<\varepsilon$，迭代终止，确定极小点。

① 若 $f(x_m) \leqslant f(x_2)$，则极小点为 $x^* = x_m$；
② 若 $f(x_m) > f(x_2)$，则极小点为 $x^* = x_2$。

6) 若 $|x_2-x_m| \geqslant \varepsilon$，则按下述方法重新取 x_1、x_2、x_3 点，返回步骤 3) 迭代。

① 若 $x_m > x_2$，且 $f(x_m) > f(x_2)$，则取 x_1、x_2、x_m 为新的 x_1、x_2、x_3 点；
② 若 $x_m > x_2$，且 $f(x_m) < f(x_2)$，则取 x_2、x_m、x_3 为新的 x_1、x_2、x_3 点；
③ 若 $x_m < x_2$，且 $f(x_m) > f(x_2)$，则取 x_m、x_2、x_3 为新的 x_1、x_2、x_3 点；
④ 若 $x_m < x_2$，且 $f(x_m) < f(x_2)$，则取 x_1、x_m、x_2 为新的 x_1、x_2、x_3 点。

2.4.3 二次插值法特点

对于二次函数，用二次插值法求解，理论上一次即可达到最优点。对于非二次函数，随着区间缩短，使目标函数呈现二次性态，收敛也是较快的，但是计算的可靠性不如黄金分割法。

2.4.4 二次插值法程序框图

二次插值法程序框图见图 30-2-5。

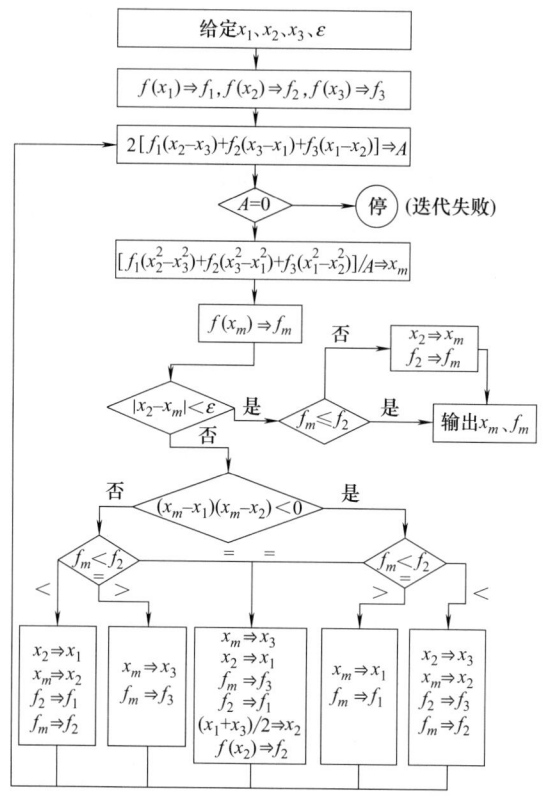

图 30-2-5 二次插值法程序框图

第3章 无约束优化算法

3.1 梯度法（最速下降法）

3.1.1 基本方法

梯度法是在求极小值决定搜索方向 $S^{(k)}$ 时，以负梯度方向即函数值下降最快的方向作为搜索方向。

3.1.2 梯度法的迭代公式

$$x^{(k+1)} = x^{(k)} + \alpha^{(k)} S^{(k)} = x^{(k)} - \alpha^{(k)} \frac{\nabla f(x^{(k)})}{\|\nabla f(x^{(k)})\|} \quad (30\text{-}3\text{-}1)$$

3.1.3 梯度法的迭代步骤

1) 任取初始点 $x^{(0)}$，确定迭代精度 ε。令 $k=0$。
2) 计算 $\nabla f(x^{(k)})$。
3) 若满足 $\|\nabla f(x^{(k)})\| \leq \varepsilon$ [或满足式（30-1-7）、式（30-1-9）]，迭代终止，最优解为 $x^* = x^{(k)}$。
4) 若步骤3) 不满足，确定下一次迭代搜索方向

$$S^{(k)} = -\frac{\nabla f(x^{(k)})}{\|\nabla f(x^{(k)})\|}$$

5) 对式（30-3-1）的目标函数进行一维优化搜索，确定最优步长 $\alpha^{(k)}$。
6) 计算 $x^{(k+1)} = x^{(k)} + \alpha^{(k)} S^{(k)}$，$k=k+1$，返回步骤2) 进行迭代。

3.1.4 梯度法的特点

梯度法计算简单，在离最优点较远的初始迭代中，函数值下降速度很快，但是在接近最优点时，迭代收敛速度较慢。应用梯度法时可以与其他无约束优化方法配合使用。

3.1.5 梯度法程序框图

梯度法程序框图见图30-3-1。

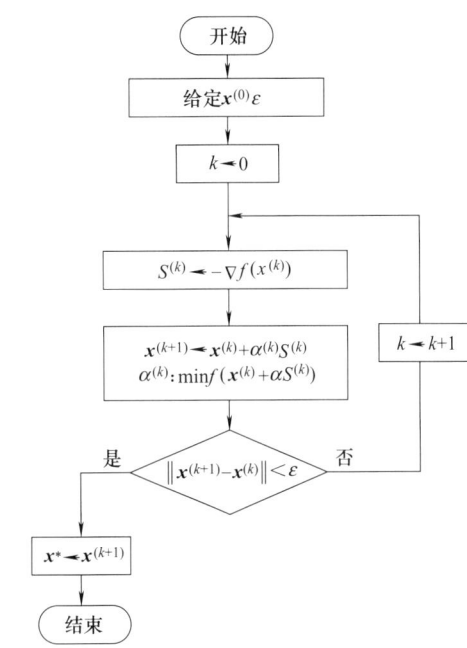

图30-3-1 梯度法程序框图

3.2 共轭梯度法

3.2.1 基本方法

共轭梯度法是以梯度法相邻两次迭代的负梯度方向 $-\nabla f(x^{(k)})$、$-\nabla f(x^{(k+1)})$ 呈线性相关且互为相交这一点为基础而构造出的一种具有较高收敛速度的算法。

3.2.2 共轭梯度法迭代公式

共轭梯度法在确定下一次搜索方向时，利用函数的负梯度方向构造与之共轭的方向，即

$$S^{(k+1)} = -\nabla f(x^{(k+1)}) + \beta^{(k)} S^{(k)} \quad (30\text{-}3\text{-}2)$$

式中

$$\beta^{(k)} = \frac{\|\nabla f(x^{(k+1)})\|^2}{\|\nabla f(x^{(k)})\|^2} \quad (30\text{-}3\text{-}3)$$

3.2.3 共轭梯度法的计算步骤

1) 任取初始点 $x^{(0)}$，确定迭代精度 ε 和维数 n。
2) 计算 $S^{(0)} = -\nabla f(x^{(0)})$。令 $k=0$。
3) 对目标函数 $x^{(k+1)} = x^{(k)} + \alpha^{(k)} S^{(k)}$ 进行一维搜索，确定最优步长 $\alpha^{(k)}$。
4) 计算 $x^{(k+1)} = x^{(k)} + \alpha^{(k)} S^{(k)}$。
5) 计算 $\nabla f(x^{(k+1)})$。若满足 $\|\nabla f(x^{(k+1)})\| \leq \varepsilon$，迭代终止，最优解为 $x^* = x^{(k+1)}$。否则进行下一步。
6) 检查迭代次数，若 $k=n$，则取 $x^{(k+1)}$ 为初始

点 $x^{(0)}$，返回步骤2)。若 $k<n$，则进行下一步。

7) 由式（30-3-2）计算共轭方向，$k=k+1$，返回步骤3)进行迭代。

3.2.4 共轭梯度法特点

共轭梯度法公式简单，收敛速度快，但是要求一维搜索必须有足够的精度，以得到共轭方向。

3.2.5 共轭梯度法程序框图

如图 30-3-2 所示，图中以符号 g 表示 $\nabla f(x)$。

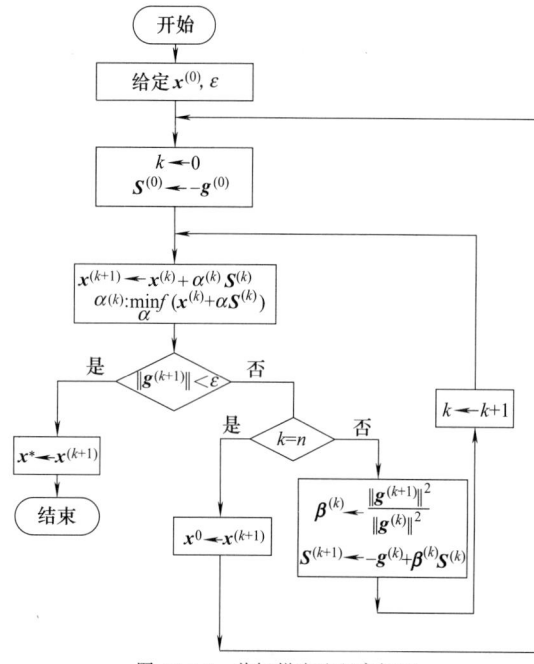

图 30-3-2 共轭梯度法程序框图

3.3 牛顿型方法

3.3.1 牛顿法

牛顿法的基本思想是在求目标函数 $f(x)$ 的极小值时，先将它在迭代点 $x^{(k)}$ 附近展开成泰勒级数的二次函数式，然后求出这个二次函数的极小点，并以此点作为欲求目标函数的极小点 x^* 的一次近似值。

如果目标函数是正定二次函数，由 $x^{(k)}$ 点出发只要迭代一次即可求出 $f(x)$ 的极小点。

当目标函数为非二次函数时，目标函数在 $x^{(k)}$ 点展开所得的二次函数是该点附近的一种近似表达式，求得的极小点是近似的，需要继续迭代。第 $k+1$ 次迭代时，取

$$x^{(k+1)} = x^{(k)} - [H(x^{(k)})]^{-1} \nabla f(x^{(k)})$$

(30-3-4)

式中，$[H(x^{(k)})]^{-1}$ 为 Hessian 矩阵的逆矩阵。牛顿法的迭代步骤如下。

1) 任取初始点 $x^{(0)}$，确定迭代精度 ε。令 $k=0$。
2) 计算 $\nabla f(x^{(k)})$ 和 $[H(x^{(k)})]^{-1}$。
3) 按式（30-3-4）计算 $x^{(k+1)}$。
4) 若满足 $\|f(x^{(k+1)}) - f(x^{(k)})\| \leq \varepsilon$，迭代终止，$x^* = x^{(k+1)}$。
5) 若步骤 4) 不满足，则 $k=k+1$，返回步骤2)。

3.3.2 阻尼牛顿法

当目标函数严重非线性时，用式（30-3-4）进行迭代不能保证收敛性，在第 $k+1$ 次迭代时，需要由 $x^{(k)}$ 点出发沿牛顿方向 $S^{(k)} = -[H(x^{(k)})]^{-1} \nabla f(x^{(k)})$ 对原目标函数 $f(x)$ 进行一维搜索，即

$$x^{(k+1)} = x^{(k)} - \alpha^{(k)} [H(x^{(k)})]^{-1} \nabla f(x^{(k)})$$

(30-3-5)

式中，$\alpha^{(k)}$ 为一维搜索所得的最优步长因子，可称阻尼因子。这种修正的牛顿法则称为阻尼牛顿法。

阻尼牛顿法的迭代过程如下。

1) 任取初始点 x^0，确定迭代精度 ε。令 $k=0$。
2) 计算 $\nabla f(x^{(k)})$ 和 $[H(x^{(k)})]^{-1}$。
3) 对目标函数 $x^{(k+1)} = x^{(k)} - \alpha^{(k)} [H(x^{(k)})]^{-1} \nabla f(x^{(k)})$ 进行一维搜索，确定最优步长 $\alpha^{(k)}$。

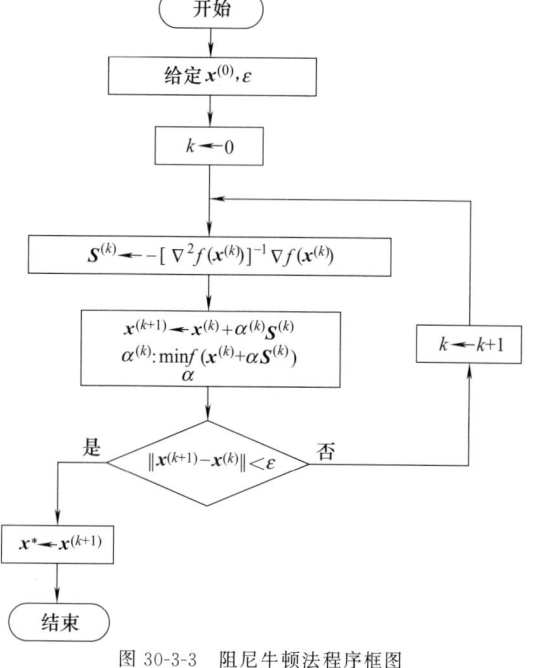

图 30-3-3 阻尼牛顿法程序框图

4) 按式（30-3-5）计算 $x^{(k+1)}$。

5) 若满足 $\|f(x^{(k+1)})-f(x^{(k)})\|\leqslant\varepsilon$，迭代终止，$x^*=x^{(k+1)}$。

6) 若步骤 5) 不满足，令 $k=k+1$，返回步骤 2)。

牛顿法和阻尼牛顿法统称为牛顿型方法，其最大优点是收敛速度快，但是计算工作量大，并且可能不收敛。

3.3.3 阻尼牛顿法程序框图

阻尼牛顿法程序框图如图 30-3-3 所示。

3.4 变尺度法

3.4.1 基本方法

变尺度法以牛顿法为基础发展而来，又称拟牛顿法。其基本思想是构造一个对称正定矩阵 $H^{(k)}$ 来代替阻尼牛顿法中的逆矩阵 $[H(x^{(k)})]^{-1}$，并在迭代计算中，使其逐步逼近 $[H(x^{(k)})]^{-1}$。如此形成的优化方法既可接近阻尼牛顿法的收敛速度，又避免了逆矩阵的计算工作。

3.4.2 变尺度法的迭代格式

$$x^{(k+1)}=x^{(k)}+\alpha^{(k)}S^{(k)}=x^{(k)}-\alpha^{(k)}H^{(k)}\nabla f(x^{(k)}) \quad (30\text{-}3\text{-}6)$$

在迭代过程中，对称矩阵 $H^{(k)}$ 不断加以修改、变化，其作用相当于不断改变 $-\nabla f(x^{(k)})$ 的尺度，因此 $H^{(k)}$ 称为尺度矩阵。

3.4.3 变尺度法的迭代过程

1) 任取初始点 $x^{(0)}$，确定迭代精度 ε 和维数 n。

2) 令 $k=0$，$H^{(0)}=I$。

3) 计算 $\nabla f(x^k)$ 和拟牛顿方向 $S^{(k)}=-H^{(k)}\nabla f(x^{(k)})$。

4) 对目标函数 $x^{(k+1)}=x^{(k)}+\alpha^{(k)}S^{(k)}=x^{(k)}-\alpha^{(k)}H^{(k)}\nabla f(x^{(k)})$ 进行一维搜索，确定最优步长 $\alpha^{(k)}$。

5) 按式（30-3-6）计算 $x^{(k+1)}$。

6) 若满足 $\|f(x^{(k+1)})-f(x^{(k)})\|\leqslant\varepsilon$，迭代终止，$x^*=x^{(k+1)}$。否则进行下一步。

7) 检查迭代次数，若 $k=n$，则取 $x^{(k+1)}$ 为初始点 $x^{(0)}$，返回步骤 2)。若 $k<n$，则进行下一步。

8) 令 $k=k+1$，返回步骤 3) 进行迭代。

3.4.4 变尺度法的特点

变尺度法的收敛速度介于梯度法和牛顿法之间，并且一维搜索的精度对收敛速度影响不大，其缺点是数值计算稳定性较差。

3.4.5 变尺度法程序框图

变尺度法程序框图如图 30-3-4 所示，图中以符号 g 表示 $\nabla f(x)$，Y 表示 Δg，S 表示 Δx。

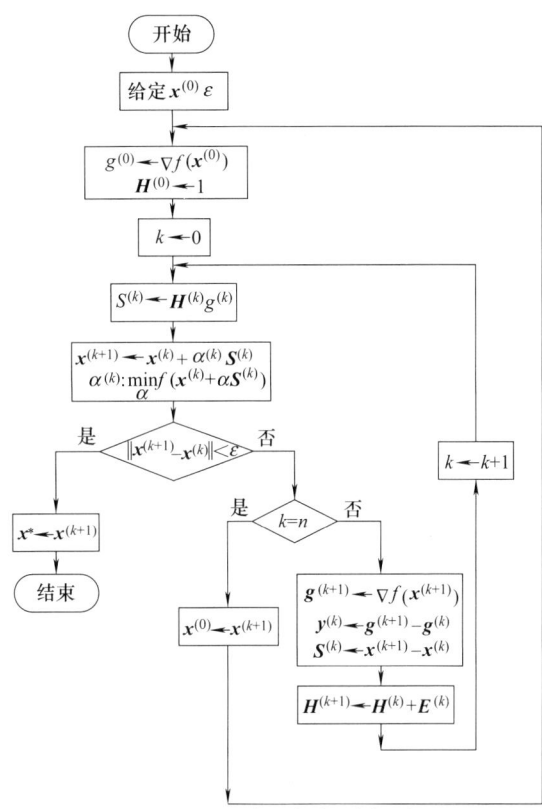

图 30-3-4 变尺度法程序框图

3.5 坐标轮换法

3.5.1 基本方法

坐标轮换法是一种比较直观且无需求导的降维优化方法。其基本原理是：保持 $n-1$ 个变量（坐标）不变，分别对第 1、2、…、n 个变量（坐标）进行一维搜索寻优，这一过程称为一轮计算。进行 k 轮计算后，若满足事先给定的精度，即可终止计算。

3.5.2 迭代公式

坐标轮换法第 k 轮搜索的迭代公式为

$$x_i^{(k)}=x_{i-1}^{(k)}+\alpha_i^{(k)}S_i^{(k)} \quad (i=1,2,\cdots,n)$$

（30-3-7）

式中，$S_i^{(k)}$ 指第 k 轮的第 i 个坐标轴方向的搜索方向，即 $S_i^{(k)} = [0 \ 0 \ \cdots \ 0 \ 1 \ 0 \ \cdots \ 0]^T$；$x_{i-1}^{(k)}$ 指第 i 个方向的前一个坐标轴方向的搜索结果向量；$\alpha_i^{(k)}$ 为一维搜索最优步长，沿坐标轴正向为正，反之为负。

3.5.3 坐标轮换法的迭代过程

1) 任取初始点 $x_0^{(0)}$，确定迭代精度 ε 和维数 n。
2) 令 $k=0$。
3) 令 $i=1$。
4) 对目标函数 $x_i^{(k)} = x_{i-1}^{(k)} + \alpha_i^{(k)} S_i^{(k)}$ 进行一维搜索，确定最优步长 $\alpha_i^{(k)}$。
5) 按式（30-3-7）计算 $x_i^{(k)}$。
6) 检查坐标轮换次数：若 $i<n$，令 $i=i+1$，返回步骤 4)。否则进行下一步。
7) 迭代终止判断：若满足 $\|x_n^{(k)} - x_0^{(k)}\| < \varepsilon$，迭代终止，$x^* = x_n^{(k)}$。否则进行下一步。
8) 取 $x_n^{(k)}$ 为 $x_0^{(k+1)}$，令 $k=k+1$，返回步骤 4) 进行迭代。

3.5.4 坐标轮换法特点

应用简单，其收敛效果与目标函数等值线的形状有很大关系，尤其在极值点附近步长很小，收敛很慢。

3.5.5 坐标轮换法程序框图

坐标轮换法程序框图见图 30-3-5。

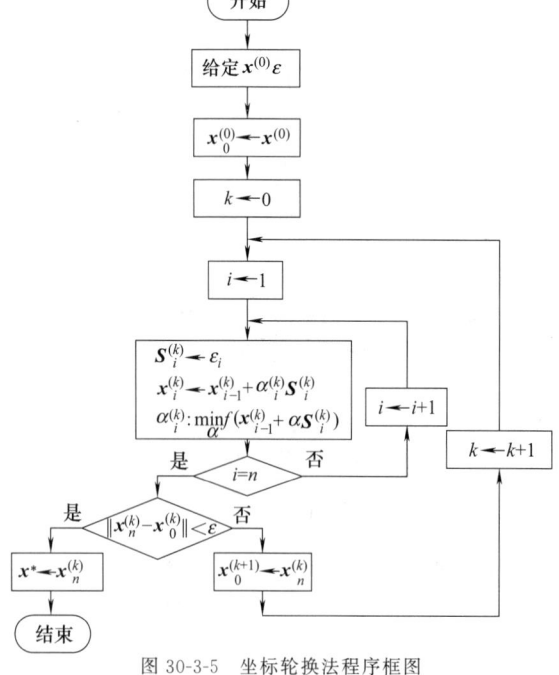

图 30-3-5 坐标轮换法程序框图

3.6 鲍威尔法

3.6.1 基本方法

鲍威尔法是直接利用函数值来构造共轭方向的一种共轭方向法，可以加快收敛速度。

鲍威尔法获取共轭方向的方法是基于坐标轮换法，在每轮寻优后，将首末两点的连线方向作为一个共轭方向。为保证每轮寻优的诸方向具有线性无关特性，需要把原来的 n 个寻优方向进行取舍。搜索方向取舍的判别条件如下。

设 $f_1 = f(x_0^{(k)})$，$f_2 = f(x_n^{(k)})$，$f_3 = f(2x_n^{(k)} - x_0^{(k)})$，$\Delta_m = \max\limits_{1 \leqslant i \leqslant n}\{f(x_{i-1}^{(k)}) - f(x_i^{(k)})\}$。

若 $f_3 < f_1$，且 $(f_1 - 2f_2 + f_3)(f_1 - f_2 - \Delta_m)^2 < \frac{1}{2}\Delta_m(f_1 - f_3)^2$ 同时成立，则以 $S_{n+1}^{(k)}$ 替换原方向中的第 $S_m^{(k)}$ 个方向，否则仍使用原来的 n 个方向。在判别条件中，$S_m^{(k)}$ 是与 Δ_m 相对应下标的搜索方向。

3.6.2 鲍威尔法的迭代过程

1) 任取初始点 $x_0^{(0)}$，确定迭代精度 ε 和维数 n。
2) 令 $k=0$。
3) 令 $i=1$。
4) 取 $S_i^{(k)} = [0 \ 0 \ \cdots \ 0 \ 1 \ 0 \ \cdots \ 0]^T$，对目标函数 $x_i^{(k)} = x_{i-1}^{(k)} + \alpha_i^{(k)} S_i^{(k)}$ 进行一维搜索，确定最优步长 $\alpha_i^{(k)}$。
5) 令 $f_i = f(x_i^{(k)})(i=1,2,\cdots,n)$，记 $\Delta_i = f_{i-1} - f_i (i=1,2,\cdots,n)$，计算第 k 轮迭代中每相邻两点目标函数值的下降量，找出下降量最大者及其相应的方向，即 $\Delta_m^{(k)} = \max\limits_{1 \leqslant i \leqslant n} \Delta_i = \max\limits_{1 \leqslant i \leqslant n}\{f(x_{i-1}^{(k)}) - f(x_i^{(k)})\}$ 和 $S_m^{(k)} = x_m^{(k)} - x_{m-1}^{(k)}$。
6) 沿共轭方向 $S^{(k)} = x_n^{(k)} - x_0^{(k)}$ 计算反射点 $x_{n+1}^{(k)} = 2x_n^{(k)} - x_0^{(k)}$。
7) 搜索方向取舍：令 $f_1 = f(x_0^{(k)})$，$f_2 = f(x_n^{(k)})$，$f_3 = f(x_{n+1}^{(k)})$。

① 若同时满足 $f_3 < f_1$ 和 $(f_1 - 2f_2 + f_3)(f_1 - f_2 - \Delta_m)^2 < \frac{1}{2}\Delta_m^{(k)}(f_1 - f_3)^2$，则由 $x_n^{(k)}$ 出发，沿 $S^{(k)}$ 方向进行一维搜索，求得该方向的极小值作为第 $k+1$ 轮迭代的初始点 $x_0^{(k+1)}$。第 $k+1$ 轮迭代的搜索方向中去掉 $S_m^{(k)}$，并令 $S_n^{(k+1)} = S^{(k)}$。

② 若上述条件不满足，则进入第 $k+1$ 轮迭代时，原 n 个搜索方向不变，初始点 $x_0^{(k+1)}$ 则取 $x_n^{(k)}$ 和 $x_{n+1}^{(k)}$ 中函数值较小的点。

8) 迭代终止判断：若满足 $\|x_0^{(k+1)} - x_0^{(k)}\| < \varepsilon$, 迭代终止, $x^* = x_0^{(k+1)}$。否则进行下一步。

9) 令 $k = k+1$, 返回步骤 3) 进行迭代。

3.6.3 鲍威尔法特点

计算较复杂，但是对于非线性函数的计算，具有可靠的收敛性。对于正定二次函数，则有较高的收敛速度。

3.6.4 鲍威尔法程序框图

鲍威尔法程序框图如图 30-3-6 所示，其中 e_i 表示第 i 个坐标轴的单位向量。

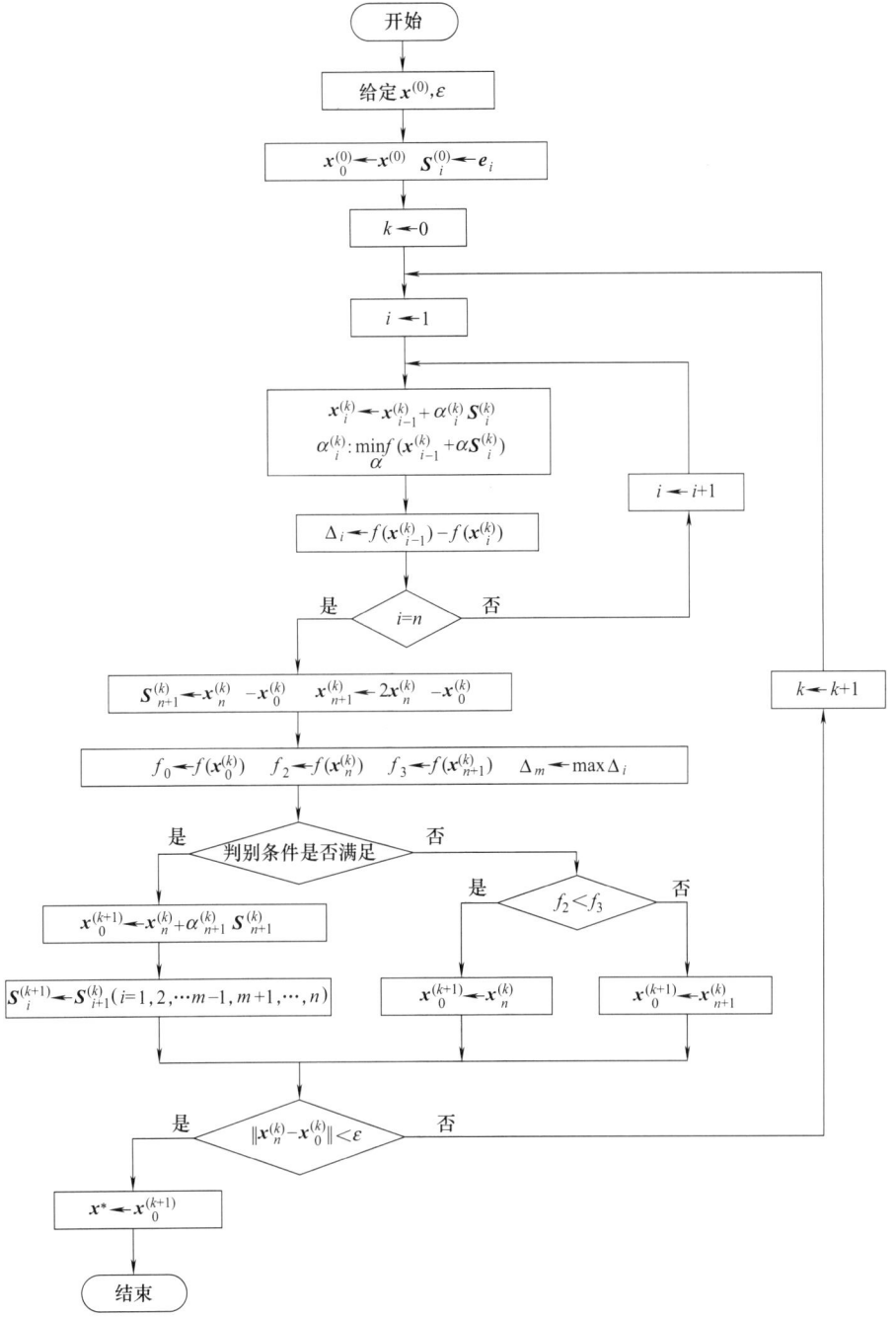

图 30-3-6　鲍威尔法程序框图

3.7 单形替换法

3.7.1 基本方法

单纯形是在 n 维设计空间中由 $n+1$ 个线性独立的点组成的几何形体。无约束优化算法中的单形替换法，即利用不断替换单纯形来寻找无约束极小点。

单形替换法的基本思想是对构成单纯形的各个顶点的函数值进行比较，从函数值的大小判断出函数变化的大致趋势，舍去最坏点，代之以好点，构成新的单纯形逐步向最优点逼近。

单形替换法的迭代过程是寻找好点替换差点的过程，包括反射、延伸、压缩、缩边四种基本运算。

3.7.2 单形替换法的主要计算步骤

1) 给定线性独立的 n 个初始点，确定迭代精度 ε。
2) 计算构成单纯形的各顶点的函数值并比较其大小，确定最好点和最差点。
3) 迭代终止判别：当最好点和最差点的相对误差的绝对值小于等于迭代精度 ε 时，迭代终止并取最好点为最优解。否则进行下一步。
4) 进行反射、延伸、压缩、缩边等计算，得到全新的单纯形顶点，返回步骤2)。

3.7.3 单形替换法特点

单形替换法无需进行方向搜索，计算简便，收敛快，适用于维数 $n<10$ 的问题。

3.7.4 单形替换法程序框图

单形替换法程序框图见图 30-3-7。

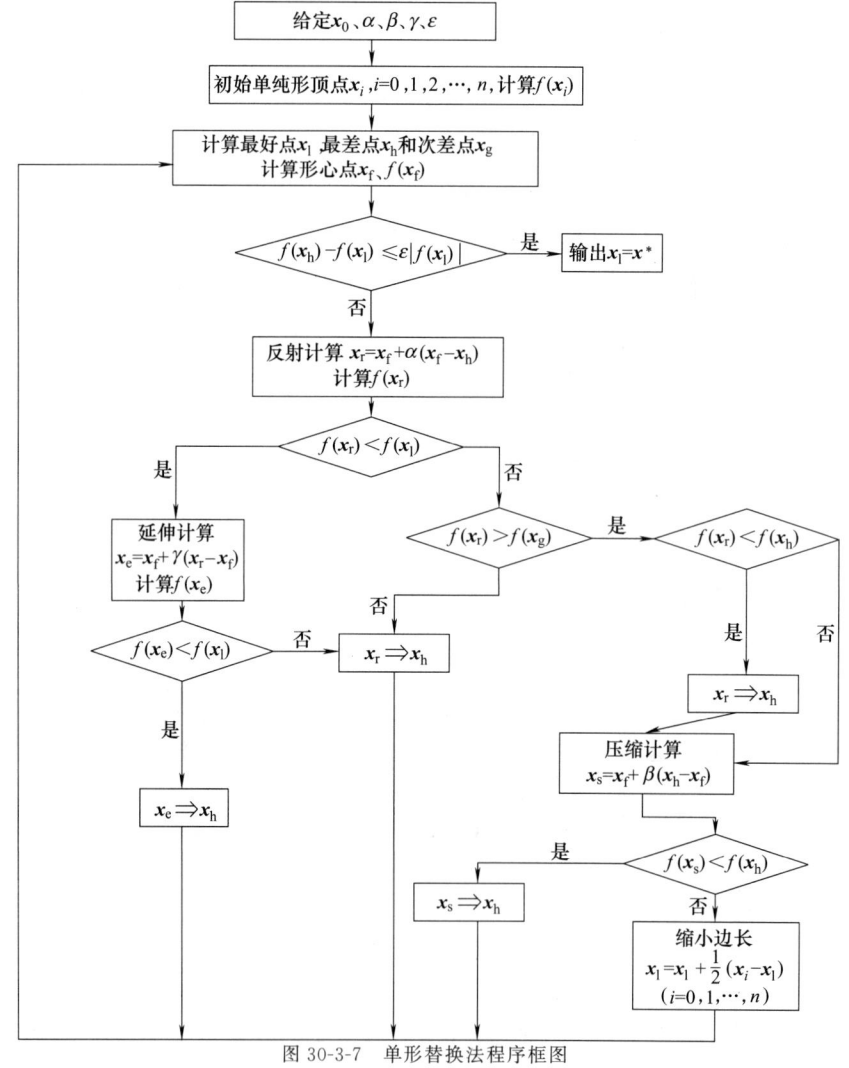

图 30-3-7 单形替换法程序框图

3.8 无约束优化算法的选用

表 30-3-1　　常用无约束优化算法的特点比较

优化算法	特点及应用范围
梯度法 (最速下降法)	属间接法。需计算一阶导数，方法简单，可靠性较好，能稳定地使函数值下降。对初始点要求不高，存储量少。缺点是初始几步收敛快，后面收敛缓慢，越靠近极值点越慢。适用于精度要求不高或用于复杂函数寻找一个好的初始点
共轭梯度法	共轭方向法之一，属间接法。需计算函数一阶偏导数，易于编程。准备工作量较小，收敛速度较快，计算机存储量相对较小，但有效性不如变尺度法。适用于维数较高(50 维以上)且易于求一阶偏导数的目标函数
牛顿法	当初始点选得合适时，是目前算法中收敛最快的一种(尤其对二次函数)。初始点选择不当时，会影响收敛导致失败。需计算一、二阶偏导数及 Hessain 矩阵的逆阵，准备工作量大，程序较复杂，存储量多。当函数变量较多及因次较高时不宜采用此法
阻尼牛顿法	与牛顿法相比，优点在于即使初始点选择不当，仍可以收敛，其余相同
变尺度法	共轭方向法之一，属间接法。具有二次收敛性，收敛速度快，对初始点要求不高。计算逼近矩阵的程序较复杂，存储量多，适用于维数较高的问题
坐标轮换法	不需要求导数，程序编制简单，存储量少，但计算效率低，可靠性较差。当目标函数的等值线为圆或长短轴都平行于坐标轴的椭圆时，此法很有效。但是当目标函数的等值线具有脊线形态时，可能不收敛。适用于 $n \leqslant 10$ 的小型优化问题
鲍威尔法	共轭方向法。具有二次收敛性。收敛速度较快，可靠性较好。具有直接法的共同优点，一般认为是直接法中最有效的方法。存储量少，程序编制相对复杂。适用于中小型优化问题，对于多维问题收敛速度较慢
单形替换法	属直接法。适用面广，甚至适用于未知目标函数的数学表达式而只知道它的具体算法的情况。程序简单，收敛快，效果好，适用于中小型问题

第4章 有约束优化算法

4.1 随机方向法

4.1.1 基本方法

如图 30-4-1 所示,在可行域内选择一个初始点,利用随机数的概率特性,产生若干个随机方向,并从中选择一个能使目标函数值下降最快的随机方向作为可行搜索方向,记作 S。从初始点 $x^{(0)}$ 出发,沿 S 方向以一定的步长进行搜索,得到新点 X,新点 X 应满足约束条件:$g_j(x) \leqslant 0 (j=1,2,\cdots,m)$,且 $f(x) < f(x^{(0)})$,至此完成一次迭代。然后,将起始点移至 x,即令 $x^{(0)} \leftarrow x$。重复以上过程,经过若干次迭代计算后,最终取得约束最优解。

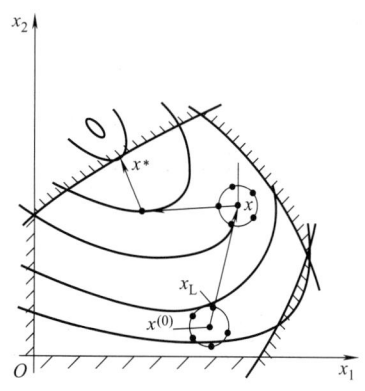

图 30-4-1 随机方向法的算法原理

4.1.2 随机方向法的特点

随机方向法的优点是对目标函数的性态无特殊要求,程序设计简单,使用方便。由于可行搜索方向是从许多随机方向中选择的使目标函数下降最快的方向,加之步长还可以灵活变动,所以此算法的收敛速度比较快。若能取得一个较好的初始点,迭代次数可以大大减少。它是求解小型机械优化设计问题的一种十分有效的算法。

4.1.3 随机方向法的计算步骤

1) 选择一个可行的初始点 $x^{(0)}$。
2) 在区间 $[-1,1]$ 内产生伪随机数 $r_i^{(j)}$ ($i=1,2,\cdots,n; j=1,2,\cdots,k$),按式(30-4-1)计算 k 个 n 维随机单位向量 $e^{(j)} (j=1,2,\cdots,k)$;

$$e^{(j)} = \frac{1}{\left[\sum_{i=1}^{n}(r_i^{(j)})^2\right]^{1/2}} \begin{bmatrix} r_1^{(j)} \\ r_2^{(j)} \\ \vdots \\ r_n^{(j)} \end{bmatrix} \quad (j=1,2,\cdots,k)$$

(30-4-1)

3) 取试验步长 α_0,按下式计算 k 个随机点 $x^{(j)} (j=1,2,\cdots,k)$
$$x^{(j)} = x^{(0)} + \alpha_0 e^{(j)} \quad (j=1,2,\cdots,k) \quad (30\text{-}4\text{-}2)$$

4) 在 k 个随机点中,找出随机点 x_L,产生可行搜索方向 $S = x_L - x^{(0)}$;x_L 满足

$$\begin{cases} g_j(x_L) \leqslant 0 & (j=1,2,\cdots,m) \\ f(x_L) = \min\{f(x^{(j)}) \mid_{j=1,2,\cdots,k}\} \\ f(x_L) < f(x^{(0)}) \end{cases} \quad (30\text{-}4\text{-}3)$$

5) 从初始点 $x^{(0)}$ 出发,沿可行搜索方向 S 以步长 α 进行迭代计算,直至搜索到一个满足全部收敛条件,且目标函数值不再下降的新点 X。

6) 若收敛条件

$$\begin{cases} |f(x) - f(x^{(0)})| \leqslant \varepsilon_1 \\ \|x - x^{(0)}\| \leqslant \varepsilon_2 \end{cases} \quad (30\text{-}4\text{-}4)$$

得到满足,迭代终止。约束最优解为 $x^* = x$。否则,令 $x^{(0)} \leftarrow x$ 转到步骤 2)。

4.1.4 随机方向法程序框图

随机方向法程序框图见图 30-4-2。

4.2 复合形法

4.2.1 基本方法

复合形法是求解约束优化问题的一种重要的直接解法。它的基本思路(见图 30-4-3)是在可行域内构造一个具有 k 个顶点的初始复合形。对该复合形各顶点的目标函数值进行比较,找到目标函数值最大的顶点(称最坏点),然后按一定的法则求出目标函数值有所下降的可行的新点,并用此点代替最坏点,构成新的复合形,复合形的形状每改变一次,就向最优点移动一步,直至逼近最优点。

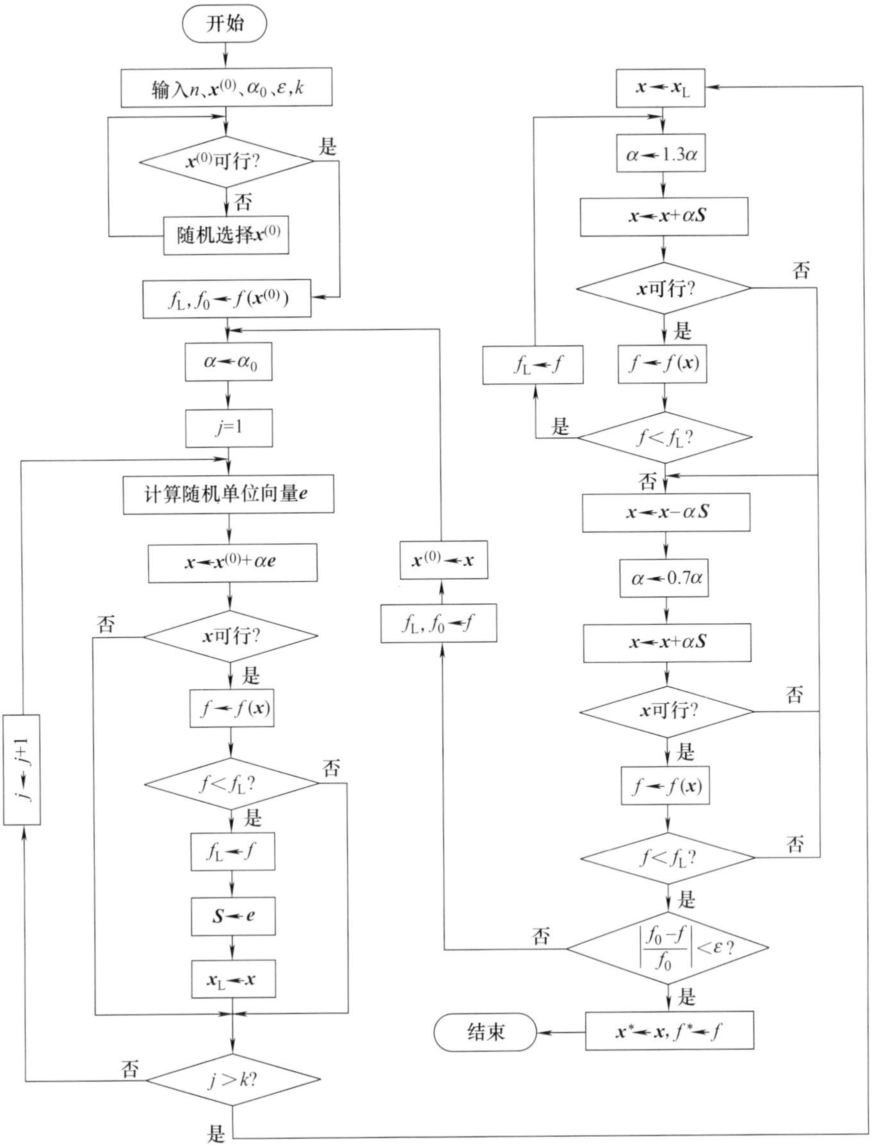

图 30-4-2 随机方向法程序框图

由于复合形的形状不必保持规则的图形，对目标函数及约束函数的性状又无特殊要求，因此该法的适应性较强，在机械优化设计中得到广泛应用。

4.2.2 基本复合形法（只含反射）的计算步骤

1）选择复合形的顶点数 k，一般取 $n+1 \leqslant k \leqslant 2n$，在可行域内构成具有 k 个顶点的初始复合形。构成复合形的方法有表 30-4-1 中所列的几种。

2）按下式计算复合形各顶点的目标函数值，比较其大小，找出最好点 x_L、最坏点 x_H 及次坏点 x_G。

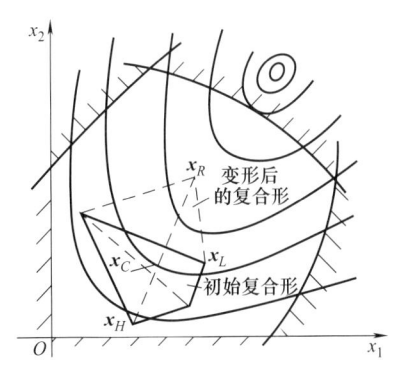

图 30-4-3 复合形法的算法原理

表 30-4-1　　生成初始复合形的几种方法

序号	方　　法	特　　点
1	由设计者决定 k 个可行点,构成初始复合形	当设计变量较多或约束函数复杂时,由设计者决定 k 个可行点常常很困难。只有在设计变量少、约束函数简单的情况下采用该方法
2	由设计者选定一个可行点,其余的 $k-1$ 个可行点用随机法产生。复合形中的第 j 个顶点由下式产生 $$x_j = a + r_j(b-a) \quad (j=1,2,\cdots,k)$$ 其中,a、b 分别为设计变量的上限和下限,r_j 为在 $(0,1)$ 区间产生的伪随机数	计算得到的 $k-1$ 个随机点不一定都在可行域内,因此需设法将非可行点移到可行域内 如果可行域为凸集,用该方法可以很方便地得到初始复合形;如果可行域为非凸集,需要通过改变设计变量上下限值等方法,通过试算生成初始复合形
3	由计算机自动生成初始复合形的全部顶点。即首先随机产生一个可行点,然后按第 2 种方法产生其余的 $k-1$ 个可行点	方法简单易行。因初始复合形在可行域的位置不能控制,可能会给以后的计算带来困难

$$\begin{cases} x_L : f(x_L) = \min\{f(x_j)|_{j=1,2,\cdots,k}\} \\ x_H : f(x_H) = \max\{f(x_j)|_{j=1,2,\cdots,k}\} \\ x_G : f(x_G) = \max\{f(x_j)|_{j=1,2,\cdots,k, j \neq H}\} \end{cases}$$

(30-4-5)

3) 按下式计算除去最坏点 x_H 以外的 $k-1$ 个顶点的中心 x_C。

$$x_C = \frac{1}{k-1} \sum_{\substack{j=1 \\ j \neq H}}^{k} x_j \qquad (30\text{-}4\text{-}6)$$

4) 判别 x_C 是否可行。若 x_C 为可行点,转到步骤 5);若 x_C 为非可行点,则令

$$a = x_L, b = x_C \qquad (30\text{-}4\text{-}7)$$

重新确定设计变量的上限和下限值,转到步骤 1),重新构造新的复合形。

5) 以 x_C 为中心,将最坏点 x_H 按一定比例进行反射,得到反射点 x_R。其计算公式为

$$x_R = x_C + \alpha(x_C - x_H) \qquad (30\text{-}4\text{-}8)$$

式中,反射系数 α 一般取 1.3。

6) 判别反射点 x_R 的位置。

若 $f(x_R) < f(x_H)$,则用 x_R 取代 x_H,构成新的复合形,完成一次迭代;

若 $f(x_R) \geqslant f(x_H)$,则将 α 缩小 0.5 倍,按式 (30-4-8) 重新计算新的反射点,反复进行,直至满足 $f(x_R) < f(x_H)$ 为止。

7) 若收敛条件

$$\left\{ \frac{1}{k-1} \sum_{j=1}^{k} [f(x_j) - f(x_L)]^2 \right\}^{1/2} \leqslant \varepsilon$$

(30-4-9)

得到满足,计算终止。约束最优解为:$x^* = x_L$,$f(x^*) = f(x_L)$。否则,转到步骤 2)。

4.2.3　基本复合形法的程序框图

基本复合形法的程序框图如图 30-4-4 所示,图中 δ 表示式(30-4-9)的左半部分。

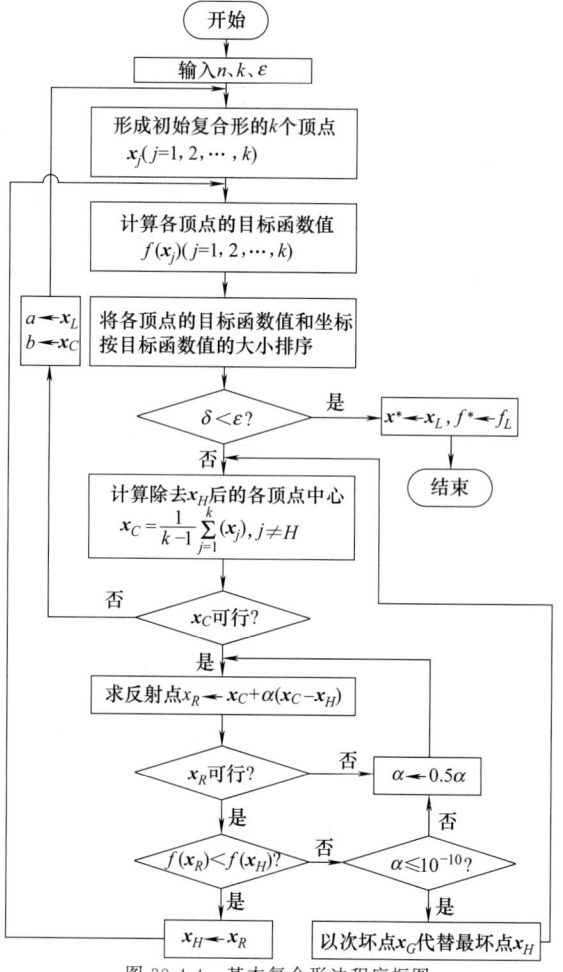

图 30-4-4　基本复合形法程序框图

4.3 可行方向法

4.3.1 基本方法

在可行域内选择一个初始点 $x^{(0)}$，在确定了一个可行方向 S 和适当的步长 α 后，按式（30-4-10）

$$x^{(k+1)} = x^{(k)} + \alpha S^{(k)} \quad (k=1,2,\cdots) \quad (30\text{-}4\text{-}10)$$

进行迭代计算。在不断调整可行方向的过程中，使迭代点逐步逼近约束最优点。

可行方向是指沿该方向迭代一次后，所得到的新点是可行点，并且目标函数值有所下降。

4.3.2 可行方向法的搜索策略

表 30-4-2　　可行方向法的搜索策略

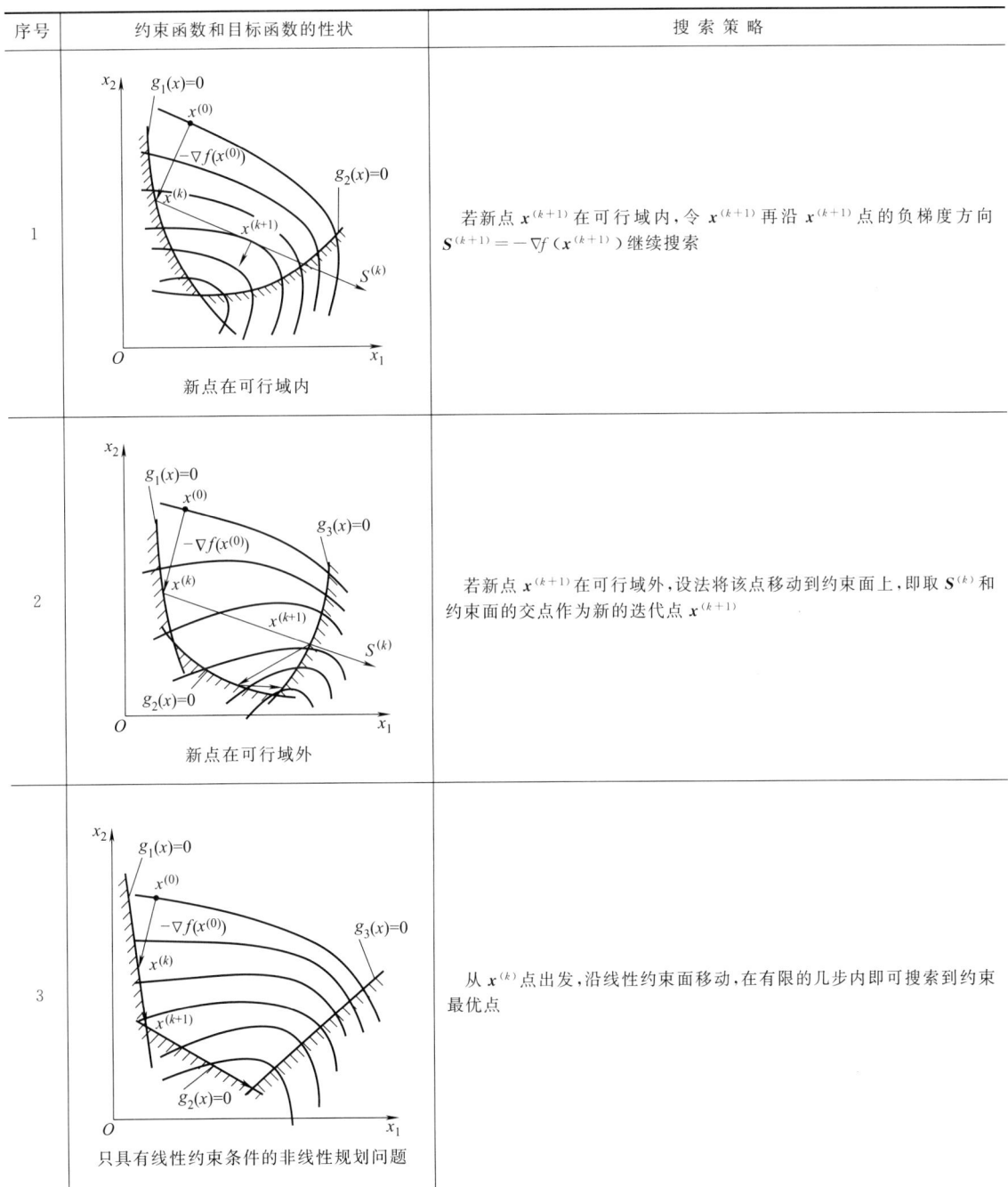

序号	约束函数和目标函数的性状	搜　索　策　略
1	新点在可行域内	若新点 $x^{(k+1)}$ 在可行域内，令 $x^{(k+1)}$ 再沿 $x^{(k+1)}$ 点的负梯度方向 $S^{(k+1)} = -\nabla f(x^{(k+1)})$ 继续搜索
2	新点在可行域外	若新点 $x^{(k+1)}$ 在可行域外，设法将该点移动到约束面上，即取 $S^{(k)}$ 和约束面的交点作为新的迭代点 $x^{(k+1)}$
3	只具有线性约束条件的非线性规划问题	从 $x^{(k)}$ 点出发，沿线性约束面移动，在有限的几步内即可搜索到约束最优点

序号	约束函数和目标函数的性状	搜 索 策 略
4	含非线性约束条件的非线性规划问题	① 将进入非可行域的新点 $x^{(k+1)}$ 设法调整到约束面上。方法为：令 $x^{(k+1)}$ 沿起作用约束函数的负梯度方向返回到约束面上。计算公式为：$x^{(k+1)} = x^{(k)} + \alpha_t \nabla g(x^{(k)})$，式中的调整步长用试探法决定，估算公式为 $$\alpha_t = \left| \frac{g(x)}{[\nabla g(x)]^T \nabla g(x)} \right|$$ ② 进行下一次迭代

4.3.3 产生可行方向的条件

4.3.3.1 可行条件

方向的可行条件是指沿该方向做微小移动后，所得到的新点是可行点。不同约束情况的可行条件不同，见表 30-4-3。

4.3.3.2 下降条件

方向的下降条件是指沿该方向做微小移动后，所得到新点的目标函数值是下降的。如图 30-4-5 所示，满足下降条件的方向 $S^{(k)}$ 应和目标函数在 $x^{(k)}$ 点的梯度方向的夹角大于 $90°$，即向量关系为

$$[\nabla f(x^{(k)})]^T S^{(k)} < 0 \qquad (30\text{-}4\text{-}11)$$

4.3.3.3 可行方向

同时满足可行和下降条件的方向为可行方向。如图 30-4-6 所示，可行方向位于约束曲面在 $x^{(k)}$ 点的切线和目标函数等值线在 $x^{(k)}$ 点的切线所围成的扇形区内，该扇形区称为可行下降方向区。

表 30-4-3 方向的可行条件

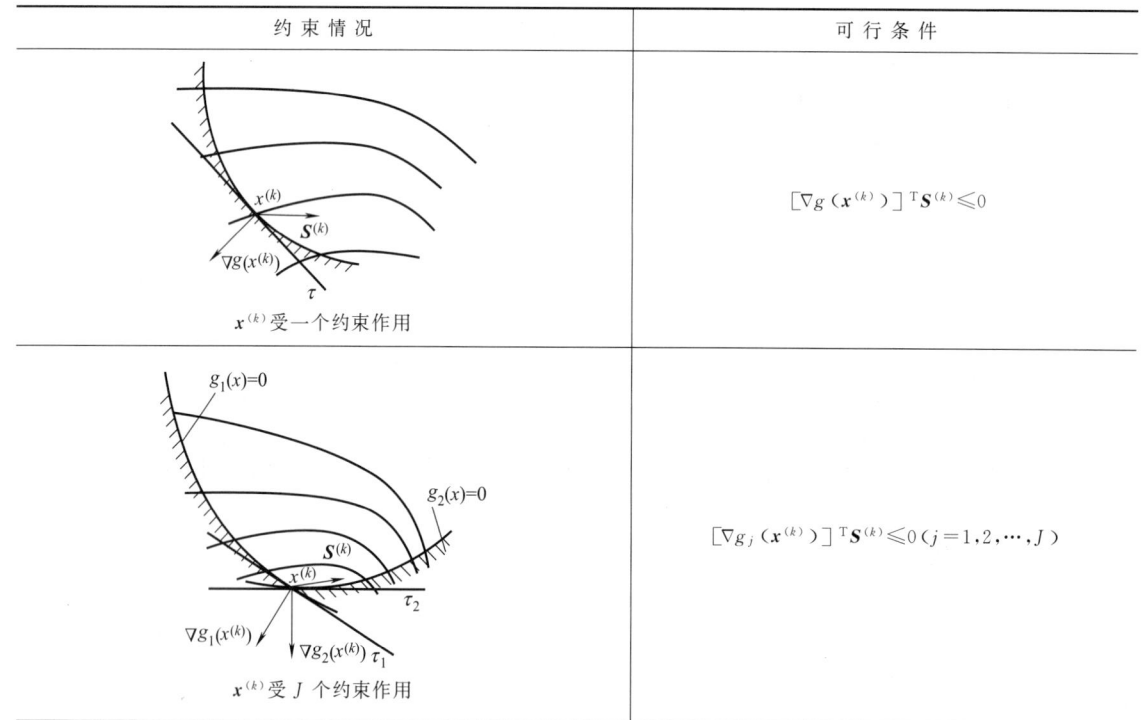

约束情况	可行条件
$x^{(k)}$ 受一个约束作用	$[\nabla g(x^{(k)})]^T S^{(k)} \leq 0$
$x^{(k)}$ 受 J 个约束作用	$[\nabla g_j(x^{(k)})]^T S^{(k)} \leq 0 \, (j=1,2,\cdots,J)$

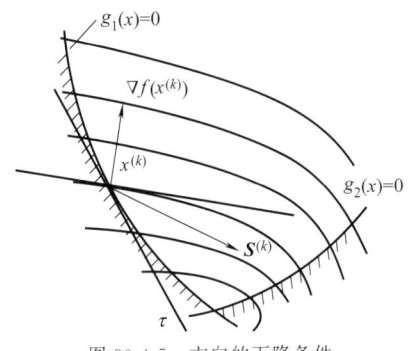

图 30-4-5　方向的下降条件

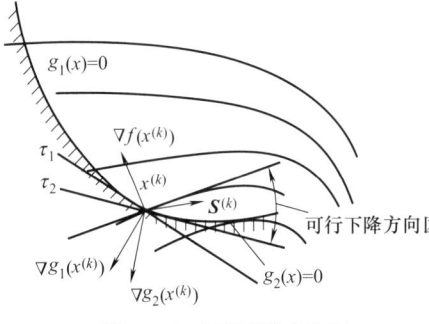

图 30-4-6　可行下降方向区

4.3.4　可行方向的产生方法

4.3.4.1　优选方向法

在可行下降扇形区内选择一个能使目标函数下降最快的方向作为本次迭代的方向。这是一个以搜索方向 S 为设计变量的约束优化问题，其数学模型为

$$\min \quad [\nabla f(x^{(k)})]^T S$$
$$\text{s.t.} \ [\nabla g_j(x^{(k)})]^T S \leqslant 0 \ (j=1,2,\cdots,J)$$
$$[\nabla f(x^{(k)})]^T S < 0$$
$$\|S\| \leqslant 1 \tag{30-4-12}$$

对上述优化问题用线性规划法求解后得到的最优解 S^* 即为本次迭代的可行方向 $S^{(k)}$。

4.3.4.2　梯度投影法

若 $x^{(k)}$ 点目标函数的负梯度方向 $-[\nabla f(x^{(k)})]^T$ 不满足可行条件，可将 $-[\nabla f(x^{(k)})]^T$ 方向投影到约束面（或约束面的交集）上，得到的投影向量 $S^{(k)}$ 满足方向的可行和下降条件，如图 30-4-7 所示。投影梯度法就是取该方向为本次迭代的方向。投影梯度法可行方向的计算公式为

$$S^{(k)} = -P \nabla f(x^{(k)}) / \| P \nabla f(x^{(k)}) \|$$
$$\tag{30-4-13}$$

式中，投影算子 P 为 $n \times n$ 阶矩阵，计算公式为

$$P = I - G [G^T G]^{-1} G^T \tag{30-4-14}$$

式中，I 为 $n \times n$ 阶单位矩阵；G 为起作用约束函数的 $n \times J$ 梯度矩阵，$G = [\nabla g_1(x^{(k)}) \ \nabla g_2(x^{(k)}) \ \cdots \ \nabla g_J(x^{(k)})]$；$J$ 为起作用的约束函数个数。

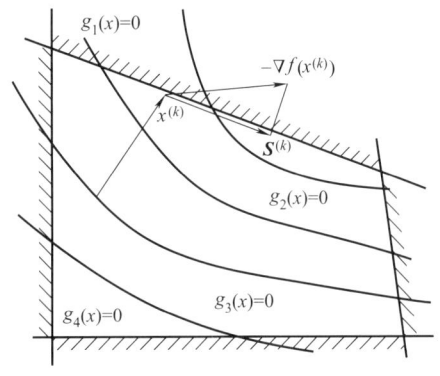

图 30-4-7　约束面上的梯度投影方向

4.3.5　迭代步长的确定

表 30-4-4　确定最优步长的常用方法

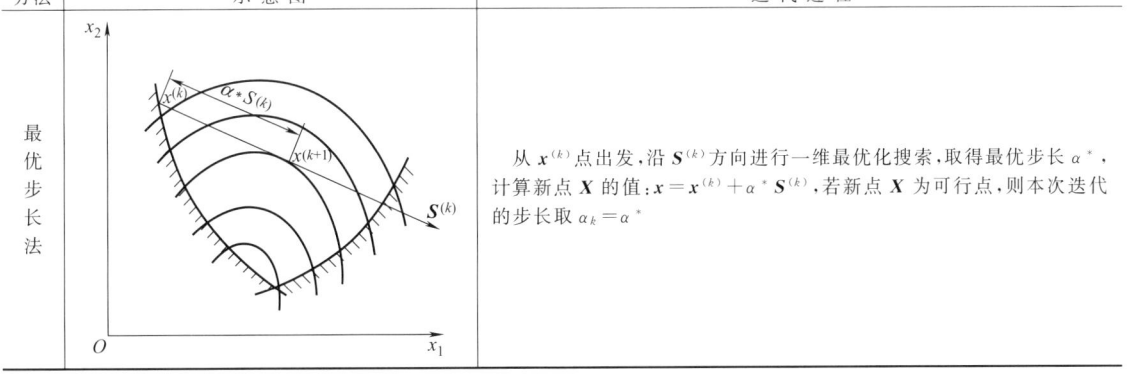

方法	示意图	迭代过程
最优步长法		从 $x^{(k)}$ 点出发，沿 $S^{(k)}$ 方向进行一维最优化搜索，取得最优步长 α^*，计算新点 X 的值：$x = x^{(k)} + \alpha^* S^{(k)}$，若新点 X 为可行点，则本次迭代的步长取 $\alpha_k = \alpha^*$

续表

方法	示意图	迭代过程
最大步长法	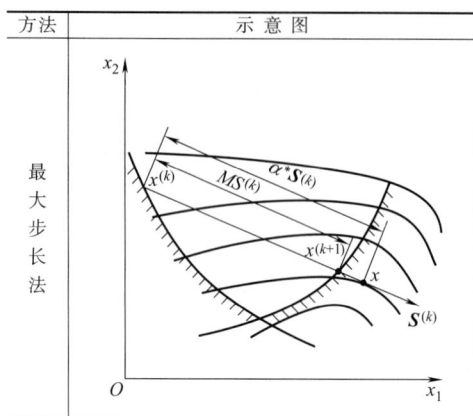	从 $x^{(k)}$ 点出发,沿 $S^{(k)}$ 方向进行一维最优化搜索,若得到的新点 X 为不可行点,应改变步长,使新点 X 返回到约束面上来,使新点恰好位于约束面上的步长称为最大步长,记作 α_M,则本次迭代的步长取为 $\alpha_k = \alpha_M$。调整试验步长可以用试探法和插值法。用试探法调整试验步长的框图如图 30-4-8 所示,图中 δ 表示公差

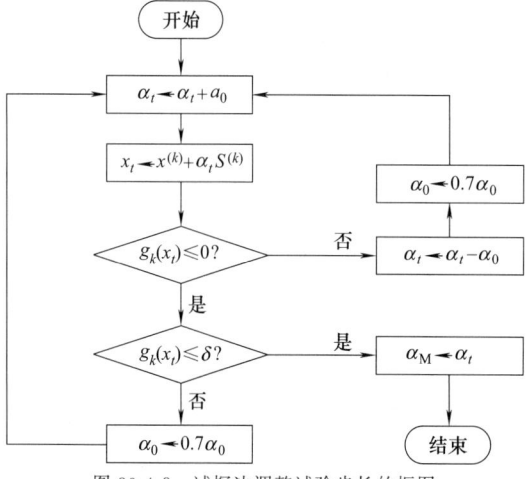

图 30-4-8 试探法调整试验步长的框图

4.3.6 可行方向法计算步骤

1) 在可行域内选择一个初始点 $x^{(0)}$,给出约束允差 δ 及收敛精度值 ε。

2) 令迭代次数 $k=0$,第一次迭代的搜索方向取 $S^{(0)} = -\nabla f(x^{(0)})$。

3) 估算试验步长 a_t,计算试验点 $x_t = x^{(k)} + \alpha_t S^{(k)}$。

4) 观察试验点位置。

① 若试验点 x_t 满足 $-\delta \leqslant g_j(x_t) \leqslant 0$,$x_t$ 点必位于第 j 个约束面上,则转到步骤 6);

② 若试验点位于可行域内,则加大试验步长 α_t,重新计算新的试验点,直至 x_t 越出可行域,再转到步骤 5);

③ 若试验点位于非可行域,直接转到步骤 5)。

5) 利用试验法或插值法调整试验步长。

6) 在新的设计点 $x^{(k)}$ 处产生新的可行方向 $S^{(k)}$。

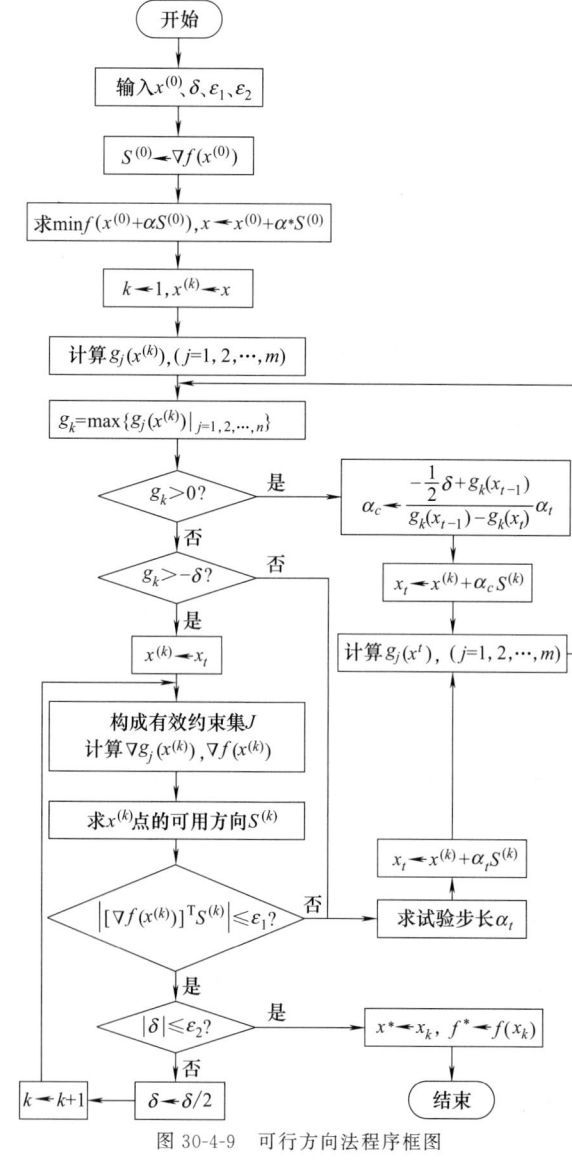

图 30-4-9 可行方向法程序框图

7) 若 $x^{(k)}$ 点满足收敛条件，计算终止。约束最优解为 $x^* = x^{(k)}$，$f(x^*) = f(x^{(k)})$。否则，改变允差 δ 的值，即令

$$\delta = \begin{cases} \delta & \text{当} [\nabla f(x^{(k)})]^T S^{(k)} > \varepsilon \text{ 时} \\ 0.5\delta & \text{当} [\nabla f(x^{(k)})]^T S^{(k)} \leqslant \varepsilon \text{ 时} \end{cases}$$
(30-4-15)

再转到步骤2)。

4.3.7 可行方向法程序框图

可行方向法程序框图如图 30-4-9 所示。

4.4 惩罚函数法

4.4.1 基本方法

将约束优化问题中的等式和不等式约束函数经加权转化，和原目标函数结合成新的目标函数，即惩罚函数，求解该惩罚函数的无约束极小值。

4.4.2 惩罚函数的表达式

(1) 内点法

$$\varphi(x, r^{(k)}) = f(x) - r^{(k)} \sum_{u=1}^{m} \frac{1}{g_u(x)}, \text{或} \varphi(x, r^{(k)})$$
$$= f(x) - r^{(k)} \sum_{u=1}^{m} \ln(-g_u(x))$$
$$(r^{(0)} > r^{(1)} > r^{(2)} > \cdots > 0, \lim_{k \to \infty} r^{(k)} = 0)$$
(30-4-16)

(2) 外点法

$$\varphi(x, r^{(k)}) = f(x) + r^{(k)} \sum_{u=1}^{m} \left\{ \frac{g_u(x) + |g_u(x)|}{2} \right\}^2$$
$$+ r^{(k)} \sum_{v=1}^{p} [h_v(x)]^2$$
$$(0 < r^{(0)} < r^{(1)} < r^{(2)} < \cdots, \lim_{k \to \infty} r^{(k)} = +\infty)$$
(30-4-17)

(3) 混合法

$$\left. \begin{array}{l} \varphi(x, r^{(k)}) = f(x) - r^{(k)} \sum_{u=1}^{m} \frac{1}{g_u(x)} + \\ \quad \frac{1}{\sqrt{r^{(k)}}} \sum_{v=1}^{p} [h_v(x)]^2 \\ (r^{(0)} > r^{(1)} > r^{(2)} > \cdots > 0, \lim_{k \to \infty} r^{(k)} = 0) \end{array} \right.$$

或

$$\left. \begin{array}{l} \varphi(x, r^{(k)}) = f(x) - r^{(k)} \sum_{u=1}^{m} \ln(-g_u(x)) \\ \quad + \frac{1}{\sqrt{r^{(k)}}} \sum_{v=1}^{p} [h_v(x)]^2 \\ (r^{(0)} > r^{(1)} > r^{(2)} > \cdots > 0, \lim_{k \to \infty} r^{(k)} = 0) \end{array} \right.$$
(30-4-18)

4.4.3 惩罚函数法的分类与比较

表 30-4-5 惩罚函数法的分类与比较

分类	特点	惩罚因子的选取
内点惩罚函数法	内点法容易处理不等式约束优化设计问题要求 $x^{(0)}$ 严格满足全部约束条件，且应避免 $x^{(0)}$ 位于边界上。可采用下述三种方法 ① 随机选择初始点的方法 ② 搜索初始点的方法 ③ 应用外点惩罚函数法产生初始内点的方法	$r \to 0$ 初始惩罚因子 $r^{(0)}$ 的选择十分重要，$r^{(0)}$ 选择的好坏对收敛速度，甚至对方法的成败都有很大影响
外点惩罚函数法	外点法容易处理具有等式约束的优化设计问题 外点惩罚函数法的初始点 $x^{(0)}$ 可以任意选择。因为不论初始点在可行域内或可行域外，只要 $f(x)$ 的无约束极值点不在可行域内，其函数 $\phi(x, r^{(k)})$ 的极值点均在约束可行域外	$r \to \infty$ 和内点惩罚函数法相反，如果一开始 $r^{(0)}$ 的值选择较大，会使函数 $\phi(x, r^{(k)})$ 的等值线形状变形或者偏心，造成求函数困难。但若 $r^{(0)}$ 取得太小，由于 $r^{(k)}$ 趋于相当大值时才达到约束边界，这就会增加机算时间。所以在外点法中，$r^{(0)}$ 的合理选择也是很重要的
混合惩罚函数法	同时具有不等式约束和等式约束的优化设计问题 在可行域 $\mathscr{D}$ 内选择一个严格满足所有不等式约束的初始点 $X^{(0)}$ 混合法的计算流程与内点法的相同	$r \to 0$ 惩罚因子选取情况与内点法相同

4.4.4 惩罚函数法的特点

原理简单，算法易行，适用范围广，并且可以和各种有效的无约束最优化方法结合起来进行应用。但是当惩罚因子的初值 $r^{(0)}$ 取得不合适时，计算将变得困难，同时收敛条件严格。而且当惩罚因子 $r^{(k)}$ 不断减小（或增大），惩罚函数靠近约束边界处的变化愈来愈剧烈，函数的病态程度增加，使得求取无约束问题的解变得很困难，或结果误差太大。

4.4.5 惩罚函数法的算法步骤（适用于内点法、混合法）

1）取初始惩罚因子 $r^{(0)} > 0$（例如取 $r^{(0)} = 1$），递减系数 $C < 1$，允许误差 $\varepsilon > 0$；

2）在可行域 $\mathscr{D}$ 内选取初始点 $\boldsymbol{x}^{(0)}$，令 $k=1$；

3）从 $\boldsymbol{x}^{(k-1)}$ 点出发，用无约束最优化方法求解：$\min\phi(\boldsymbol{x}, r^{(k)})$ 的极值点 $\boldsymbol{x}^{*}(r^{(k)})$；

$$\|\boldsymbol{x}^{*}(r^{(k)}) - \boldsymbol{x}^{*}(r^{(k-1)})\| \leqslant \varepsilon_1 = 10^{-5} \sim 10^{-7}$$

$$\left|\frac{\phi(\boldsymbol{x}^{*}, r^{(k)}) - \phi(\boldsymbol{x}^{*}, r^{(k-1)})}{\phi(\boldsymbol{x}^{*}, r^{(k-1)})}\right| \leqslant \varepsilon_2 = 10^{-3} \sim 10^{-4}$$

(30-4-19)

4）检验迭代终止准则，如果满足，则停止迭代计算，并以 $\boldsymbol{x}^{*}(r^{(k)})$ 为原目标函数 $f(\boldsymbol{x})$ 的约束最优解，否则转入下一步；

5）取 $r^{(k+1)} = Cr^{(k)}$，$\boldsymbol{x}^{(0)} = \boldsymbol{x}^{*}(r^{(k)})$，$k = k+1$，转到步骤3）。

内点法程序框图见图 30-4-10。

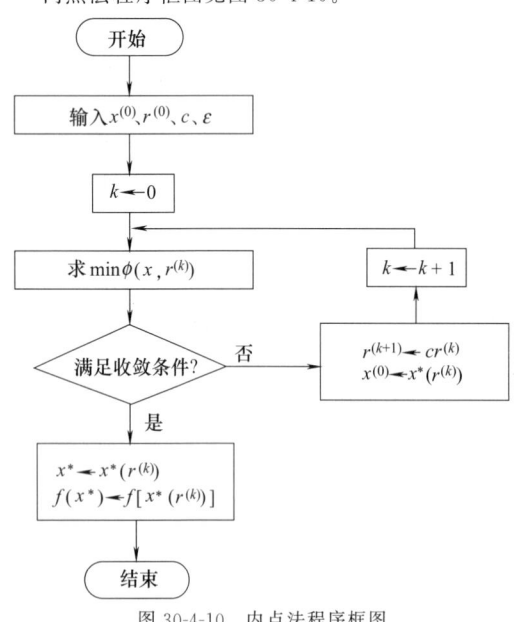

图 30-4-10　内点法程序框图

4.5　增广拉格朗日乘子法

4.5.1　基本方法

增广拉格朗日乘子法（Augmented Lagrange Method）简称 ALM 法。该法是目前解决一般约束非线性规划问题的可靠而有效的方法之一，在收敛速度和数值稳定性上都比惩罚函数法优越。

增广拉格朗日乘子法是一种将约束问题转化为无约束问题的求优方法。其主要思想是把惩罚函数法与拉格朗日乘子法结合起来，在惩罚函数中引入拉格朗日乘子，或者说在拉格朗日函数中引入惩罚项，当采用外点惩罚函数形式时，试图在惩罚因子 $r^{(k)}$ 不超过某个适当大的正数情况下，通过调节拉格朗日乘子，逐次求解无约束优化问题的最优解，使之逼近原约束问题的最优解，从而避免在惩罚函数中出现的数值计算上的困难。

4.5.2　主要算法步骤

1）引入松弛变量 Z_u 将不等式约束优化为等式约束

$$\left.\begin{array}{ll}\min & f(\boldsymbol{x}) \quad \boldsymbol{x} \in \boldsymbol{R}^n \\ \text{s.t.} & g_u(\boldsymbol{x}) + Z_u^2 = 0 \quad u = 1, 2, \cdots, q \\ & h_v(\boldsymbol{x}) = 0, \quad v = 1, 2, \cdots, p\end{array}\right\}$$

(30-4-20)

2）引入拉格朗日乘子 $\mu_v(v=1,2,\cdots,p)$ 及 $\lambda_u(u=1,2,\cdots,q)$ 构造拉格朗日函数

$$L(\boldsymbol{x},\boldsymbol{\mu},\boldsymbol{\lambda},\boldsymbol{Z}) = f(\boldsymbol{x}) + \sum_{v=1}^{p}\mu_v h_v(\boldsymbol{x}) + \sum_{u=1}^{m}\lambda_u[g_u(\boldsymbol{x}) + Z_u^2]$$

(30-4-21)

3）增加惩罚项，构成增广拉格朗日函数

$$A(\boldsymbol{x},\boldsymbol{\mu},\boldsymbol{\lambda},\boldsymbol{Z},r^{(k)}) = L(\boldsymbol{x},\boldsymbol{\mu},\boldsymbol{\lambda},\boldsymbol{Z}) + r^{(k)}\left\{\sum_{v=1}^{p}[h_v(\boldsymbol{x})]^2 + \sum_{u=1}^{m}[g_u(\boldsymbol{x}) + Z_u^2]^2\right\}$$

(30-4-22)

4）通过求式（30-4-22）的无约束优化问题的最优解（$\boldsymbol{x}^*, \boldsymbol{\mu}^*, \boldsymbol{\lambda}^*, \boldsymbol{Z}^*$），从该解中取出分量 $\boldsymbol{x}^* = [x_1^*, x_2^*, \cdots, x_n^*]^\mathrm{T}$，即为原约束优化问题的最优解。

4.5.3　算法特点

1）ALM 方法中的惩罚项是沿用外点法形式，所以对初始点的选择无限制，迭代点列可以从可行域

外部逼近约束最优点。

2) 惩罚因子 $r^{(k)}$ 对方法的影响并不敏感,一般不需要将 $r^{(k)}$ 无限增加就可得到问题的解,与此同时,可降低函数的病态,所以比惩罚函数法有更好的效果。

增广乘子法程序框图见图30-4-11。

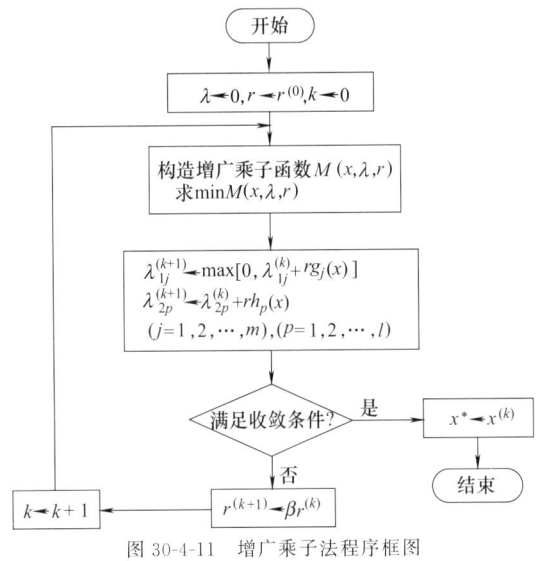

图 30-4-11　增广乘子法程序框图

4.6　序列线性规划法

4.6.1　基本方法

序列线性规划法是一种线性化的方法,即将非线性规划线性化,然后通过求解一系列线性规划来求原问题的近似最优解。

序列线性规划法的基本做法是:将式(30-1-1)中的目标函数、约束函数 $f(\boldsymbol{x})$、$h_v(\boldsymbol{x})$、$g_u(\boldsymbol{x})$(均存在一阶连续偏导数)在点 $\boldsymbol{x}^{(k)}$ 处作一阶 Taylor 展开,并取其线性近似,从而得到线性近似规划,并对各变量的取值范围加以限制。再用单纯形法求解之,把符合原始约束条件的最优解作为式(30-1-1)的近似解。每得到一个近似解后,都从这一点出发,重复以上步骤。这样,通过求解一系列线性规划,产生一个由线性规划最优解组成的序列。因为用线性函数逼近非线性函数时,一般只在展开点附近的近似程度较好,远离展开点,可能产生较大偏差,特别是函数的非线性程度较高时,会产生更大偏差,因此需要对变量的取值范围进行限制。

在点 $\boldsymbol{x}^{(k)}$ 处作一阶 Taylor 展开,并取其线性近似式,可得到下列线性规划问题

$$\begin{aligned}
\min \quad & f(\boldsymbol{x}^{(k)}) + \nabla f(\boldsymbol{x}^{(k)})^{\mathrm{T}}(\boldsymbol{x} - \boldsymbol{x}^{(k)}) \\
\text{s.t.} \quad & g_u(\boldsymbol{x}^{(k)}) + \nabla g_u(\boldsymbol{x}^{(k)})^{\mathrm{T}}(\boldsymbol{x} - \boldsymbol{x}^{(k)}) \leqslant 0 \\
& h_v(\boldsymbol{x}^{(k)}) + \nabla h_v(\boldsymbol{x}^{(k)})^{\mathrm{T}}(\boldsymbol{x} - \boldsymbol{x}^{(k)}) = 0 \\
& |x_j - x_j^{(k)}| \leqslant \delta_j^{(k)} (j=1,2,\cdots,n)
\end{aligned}$$
(30-4-23)

上述线性规划中最后一组不等式约束,即是对变量 $\boldsymbol{x}$ 所施加的限制。其中 x_j 是 $\boldsymbol{x}$ 的第 j 个分量,$\delta_j^{(k)}$ $(j=1,2,\cdots,n)$ 是预先给定的变量限制范围,称为步长限制量。

设得到的最优解为 $\boldsymbol{x}^{(k+1)}$,若 $\boldsymbol{x}^{(k+1)}$ 是式(30-1-1)的可行解,则在这一点再将目标函数与各约束线性化,并沿用步长限制:$\delta_j^{(k+1)} \Leftarrow \delta_j^{(k)}$;若 $\boldsymbol{x}^{(k+1)}$ 不属于式(30-1-1)的可行域,则减少步长限制量,取 $\delta_j^{(k+1)} \Leftarrow \beta\delta_j^{(k)}$,一般 β 取 0.5、0.25 等值,重新求解当前的线性规划问题。

4.6.2　算法步骤

1) 给定初始可行点 $\boldsymbol{x}^{(0)}$,步长限制 $\delta_j^{(0)}(j=1,2,\cdots,n)$,缩小系数 $\beta \in (0,1)$,允许误差 ε_1、ε_2。设置 $k=0$。

2) 求解线性规划式(30-4-23),得最优解 $\boldsymbol{x}^*$。

3) 若 $\boldsymbol{x}^*$ 满足式(30-1-1)的可行域,则令 $\boldsymbol{x}^{(k+1)} = \boldsymbol{x}^*$,转到步骤4);否则 $\delta_j^{(k+1)} \Leftarrow \beta\delta_j^{(k)}$ $(j=1,2,\cdots,n)$,返回步骤2)。

4) 若 $|f(\boldsymbol{x}^{(k+1)}) - f(\boldsymbol{x}^{(k)})| < \varepsilon_1$,且满足 $\|\boldsymbol{x}^{(k+1)} - \boldsymbol{x}^{(k)}\| < \varepsilon_2$,或 $|\delta_j^{(k)}| < \varepsilon_2$,则 $\boldsymbol{x}^{(k+1)}$ 为原问题的近似最优解,停止迭代,输出 $\boldsymbol{x}^* \Leftarrow \boldsymbol{x}^{(k+1)}$。

否则,令 $\delta_j^{(k+1)} \Leftarrow \delta_j^{(k)}$ $(j=1,2,\cdots,n)$,置 $k \Leftarrow k+1$,返回步骤2)。

4.6.3　计算举例

[**例**]　用序列线性规划法解下列问题

$$\begin{aligned}
\min \quad & f(\boldsymbol{x}) = -2x_1 - x_2 \\
\text{s.t.} \quad & g_1(\boldsymbol{x}) = 25 - x_1^2 - x_2^2 \geqslant 0 \\
& g_2(\boldsymbol{x}) = 7 - x_1^2 + x_2^2 \geqslant 0 \\
& 0 \leqslant x_1 \leqslant 5,\quad 0 \leqslant x_2 \leqslant 10
\end{aligned}$$

给定初始可行点 $\boldsymbol{x}^{(1)} = [3, 2.5]^{\mathrm{T}}$,$\delta^{(1)} = [2, 1]^{\mathrm{T}}$,$\beta = 0.5$,$\varepsilon_1 = \varepsilon_2 = 10^{-3}$。

[**解**]　因 $f(\boldsymbol{x}) = -2x_1 - x_2$ 已是线性函数,只需要将 $g_1(\boldsymbol{x})$ 和 $g_2(\boldsymbol{x})$ 线性化

$$\begin{aligned}
g_1(\boldsymbol{x}) &\approx g_1(\boldsymbol{x}^{(1)}) + \nabla g_1(\boldsymbol{x}^{(1)})^{\mathrm{T}}(\boldsymbol{x} - \boldsymbol{x}^{(1)}) \\
&= 40.25 - 6x_1 - 5x_2 \geqslant 0 \\
g_1(\boldsymbol{x}) &\approx g_1(\boldsymbol{x}^{(1)}) + \nabla g_1(\boldsymbol{x}^{(1)})^{\mathrm{T}}(\boldsymbol{x} - \boldsymbol{x}^{(1)}) \\
&= 9.75 - 6x_1 + 5x_2 \geqslant 0
\end{aligned}$$

步长限制：$|x-x^{(1)}|<\delta^{(1)}$，即 $\begin{cases}-2\leqslant x_1-3\leqslant 2\\-1\leqslant x_2-2.5\leqslant 1\end{cases}$

(30-4-24)

又由约束条件的限制：$\begin{cases}0\leqslant x_1\leqslant 5\\0\leqslant x_2\leqslant 10\end{cases}$，故 $\begin{cases}1\leqslant x_1\leqslant 5\\1.5\leqslant x_2\leqslant 3.5\end{cases}$

故得到近似线性规划问题

min　　$f(\boldsymbol{x})=-2x_1-x_2$
s.t.　　$40.25-6x_1-5x_2\geqslant 0$
　　　　$9.75-6x_1-5x_2\geqslant 0$
　　　　$1\leqslant x_1\leqslant 5,\ 1.5\leqslant x_2\leqslant 3.5$

用单纯形法求解，得到：$\boldsymbol{x}^{(2)}=\left(\dfrac{25}{6},\ \dfrac{61}{20}\right)^T$

将 $\boldsymbol{x}^{(2)}$ 代入原问题的约束集，经检验，不满足约束条件，因此 $\boldsymbol{x}^{(2)}$ 不是可行点。为此取 $\beta=0.5$，缩小步长限制为 $\delta^{(1)}=\beta(2,1)^T=(1,0.5)^T$，返回去修改式 (30-4-24) 得 $\begin{cases}-1\leqslant x_1-3\leqslant 1\\-0.5\leqslant x_2-2.5\leqslant 0.5\end{cases}$

得到 $\boldsymbol{x}^{(1)}$ 点新的近似线性规划

min　　$f(\boldsymbol{x})=-2x_1-x_2$
s.t.　　$40.25-6x_1-5x_2\geqslant 0$
　　　　$9.75-6x_1-5x_2\geqslant 0$
　　　　$2\leqslant x_1\leqslant 4,\ 2\leqslant x_2\leqslant 3$

用单纯形法解之，可得到新的 $\boldsymbol{x}^{(2)}$ 解：$\boldsymbol{x}^{(2)}=(4\ \ 3)^T$，$f(\boldsymbol{x}^{(2)})=-11$。

将 $\boldsymbol{x}^{(2)}$ 代入原问题的约束集，经检验，$\boldsymbol{x}^{(2)}$ 满足约束条件，因此 $\boldsymbol{x}^{(2)}$ 是可行点。

因此需要将 $g_1(\boldsymbol{x})$ 和 $g_2(\boldsymbol{x})$ 在 $\boldsymbol{x}^{(2)}$ 线性化，得到一个新的线性规划问题，与上面的过程一致，求解这个新的线性规划问题，得到线性规划问题的最优解为：$\boldsymbol{x}^{(3)}=(4,\ 3)^T$。

故有：$|f(\boldsymbol{x}^{(3)})-f(\boldsymbol{x}^{(2)})|=0<\varepsilon_1$，$|\boldsymbol{x}^{(3)}-\boldsymbol{x}^{(2)}|=0\leqslant\varepsilon_1$

因此，原问题的最优解和目标函数值分别是：
$\boldsymbol{x}^*=(4\ \ 3)^T$，$f(\boldsymbol{x}^*)=-11$。

4.7 序列二次规划法

4.7.1 基本方法

序列二次规划算法就是将二次规划问题的求解方法推广应用于求解一般非线性规划问题的一种序列寻优方法。

序列二次规划算法的基本思想是：在每一个迭代点 $\boldsymbol{x}^{(k)}$ 构造一个二次规划子问题，以这个子问题的解作为迭代的搜索方向 $\boldsymbol{S}^{(k)}$，并沿该方向做一维搜索，即 $\boldsymbol{x}^{(k+1)}=\boldsymbol{x}^{(k)}+\alpha^{(k)}\boldsymbol{S}^{(k+1)}$ 得 $\boldsymbol{x}^{(k+1)}$。重复上述迭代过程，直至点列 $\boldsymbol{x}^{(k+1)}$ 最终逼近原问题的近似约束最优点 $\boldsymbol{x}^*$。

由此可知，序列二次规划法的关键是构造并求解原非线性约束最优化问题的一系列二次规划子问题。而在迭代点 $\boldsymbol{x}^{(k)}$ 的二次规划，一般采取的形式为

min　　$\dfrac{1}{2}\boldsymbol{S}^T\boldsymbol{H}_k\boldsymbol{S}+\nabla f(\boldsymbol{x}^{(k)})^T\boldsymbol{S}$
s.t.　　$\nabla h_j(\boldsymbol{x}^{(k)})^T\boldsymbol{S}+h_j(\boldsymbol{x}^{(k)})=0,\ j=1,2,\cdots,l$
　　　　$\nabla g_i(\boldsymbol{x}^{(k)})^T\boldsymbol{S}+g_i(\boldsymbol{x}^{(k)})\geqslant 0,\ i=1,2,\cdots,m$

其中，$\boldsymbol{S}=\boldsymbol{x}-\boldsymbol{x}^{(k)}$，$\boldsymbol{H}_k$ 是一个 n 阶实对称阵，它可以有很多种不同的取法，而约束条件中的函数分别就是约束函数 $h_j(\boldsymbol{x})$、$g_i(\boldsymbol{x})$ 在 $\boldsymbol{x}^{(k)}$ 处泰勒展开式中的线性部分。

关于 $\boldsymbol{H}_k$ 的构造常用的有以下几种。

1) $\boldsymbol{H}_k=\nabla^2 f(\boldsymbol{x}^{(k)})$，即 $f(\boldsymbol{x})$ 在点 $\boldsymbol{x}^{(k)}$ 处的海赛阵；

2) $\boldsymbol{H}_k=\nabla_x^2 L(\boldsymbol{x}^{(k)},\ \lambda^{(k)},\ \mu^{(k)})$，即拉格朗日函数 $L(\boldsymbol{x},\ \lambda,\ \mu)$ 在点 $(\boldsymbol{x}^{(k)},\ \lambda^{(k)},\ \mu^{(k)})$ 处关于 $\boldsymbol{x}$ 的海赛阵；

3) $\boldsymbol{H}_k=\nabla_x^2 P(\boldsymbol{x}^{(k)},\ \lambda^{(k)},\ \mu^{(k)})$，即增广拉格朗日函数 $P(\boldsymbol{x},\ \lambda,\ \mu)$ 在 $(\boldsymbol{x}^{(k)},\ \lambda^{(k)},\ \mu^{(k)})$ 处关于 $\boldsymbol{x}$ 的海赛阵。例如 Powell 在 1978 年提出的增广拉格朗日函数为

$$P(\boldsymbol{x},\lambda,\mu)=f(\boldsymbol{x})-\sum_{j=1}^l\mu_jh_j(\boldsymbol{x})-\sum_{i\in I(\boldsymbol{x})}\lambda_ig_i(\boldsymbol{x})+r\sum_{i\in I(\boldsymbol{x})}g_i^2(\boldsymbol{x})$$

其中 $I(\boldsymbol{x})=\{i\mid g_i(\boldsymbol{x})=0\}$

以上各种取法有各自的适应范围。从形式上看，第一种取法应是 $f(\boldsymbol{x})$ 在 $\boldsymbol{x}^{(k)}$ 处的最好近似。

至于步长 α 的选取，常用以下两种方式：

1) 固定取 $\alpha=1$，即 $\boldsymbol{x}^{(k+1)}=\boldsymbol{x}^{(k)}+\boldsymbol{S}^{(k)}$；

2) 可行性优先准则，即若 $\boldsymbol{x}^{(k)}+\boldsymbol{S}^{(k)}$ 为可行解，则取 $\boldsymbol{x}^{(k+1)}=\boldsymbol{x}^{(k)}+\boldsymbol{S}^{(k)}$；否则，依次计算 $\boldsymbol{x}^{(\alpha)}=\boldsymbol{x}^{(k)}+\alpha\boldsymbol{S}^{(k)}$，$\alpha=0.1,0.2,\cdots,0.9,1.0$ 到可行域 $\mathscr{D}$ 的距离，以最接近 $\mathscr{D}$ 的 $\boldsymbol{x}^{(\alpha)}$ 作为 $\boldsymbol{x}^{(k+1)}$。

4.7.2 算法举例

[例]　考虑非线性规划

min　　$(x_1-2)^2+x_2^2$
s.t.　　$g(\boldsymbol{x})=(x_1-1)^2+(x_2-1)^2-1\geqslant 0$
　　　　$x_1,x_2\geqslant 0$

取 $\boldsymbol{x}^{(0)}=(0,\ 0)^T$，用第一种方法构造 $\boldsymbol{H}_0$，列出求 $\boldsymbol{S}^{(0)}$ 的二次规划。

[解]　$\nabla f(\boldsymbol{x})=\begin{bmatrix}2x_1-4\\2x_2\end{bmatrix}$，$\nabla f(\boldsymbol{x}^{(0)})=\begin{bmatrix}-4\\0\end{bmatrix}$，

$\nabla^2 f(\boldsymbol{x})=\begin{bmatrix}2&0\\0&2\end{bmatrix}$，

$$\nabla^2 f(\boldsymbol{x}^{(0)}) = \begin{bmatrix} 2 & 0 \\ 0 & 2 \end{bmatrix}, \nabla g(\boldsymbol{x}) = \begin{bmatrix} 2x_1-2 \\ 2x_2-2 \end{bmatrix},$$

$$\nabla g(\boldsymbol{x}^{(0)}) = \begin{bmatrix} -2 \\ -2 \end{bmatrix},$$

设 $\boldsymbol{S}^{(0)} = \begin{bmatrix} s_1 & s_2 \end{bmatrix}^T$,则所求二次规划为

$$\left. \begin{aligned} \min & \quad \frac{1}{2}(s_1 \; s_2)\begin{bmatrix}2&0\\0&2\end{bmatrix}\begin{bmatrix}s_1\\s_2\end{bmatrix}+(-4 \; 0)\begin{bmatrix}s_1\\s_2\end{bmatrix} \\ \text{s.t.} & \quad 1+(-2 \; -2)\begin{bmatrix}s_1\\s_2\end{bmatrix} \geqslant 0 \\ & \quad s_1, s_2 \geqslant 0 \end{aligned} \right\}$$

$$\left. \begin{aligned} & \min \quad s_1^2+s_2^2-4s_1 \\ \text{即: s.t.} & \quad -2s_1-2s_2 \geqslant -1 \\ & \quad s_1, s_2 \geqslant 0 \end{aligned} \right\}$$

4.8 简约梯度法及广义简约梯度法

4.8.1 简约梯度法

4.8.1.1 基本方法

简约梯度法(Reduced Gradient Method)又称 RG 法,适合于求解具有线性约束函数的非线性优化问题

$$\left. \begin{aligned} \min & \quad f(\boldsymbol{x}) \quad \boldsymbol{x} \subset \boldsymbol{R}^n \\ \text{s.t.} & \quad A\boldsymbol{x}=b \\ & \quad \boldsymbol{x} \geqslant 0 \end{aligned} \right\} \quad (30\text{-}4\text{-}25)$$

式中 A——$m \times n$ 系数矩阵,约束个数 $m < n$;
b——m 维常数向量。

简约梯度法的基本思想是:先设法减少 m 个设计变量,然后再求解具有 $n-m$ 个设计变量的优化问题,即在经过简约的设计空间中进行优化问题的求解。此时,搜索方向的构造基于简约梯度。简约梯度的几何意义可以解释为:原问题目标函数的梯度(n 维)投影到 m 个起作用约束条件的边界(交集)上,简约后的设计空间为 $s=n-m$ 维,称为简约设计空间。

4.8.1.2 算法步骤

1) 给定允许误差 $\varepsilon > 0$;令 $k=0$;选择一个可行的初始点 $\boldsymbol{x}^{(0)}$,并将其全部分量分成两部分,使 $\boldsymbol{x}^{(0)} = \begin{bmatrix} \boldsymbol{x}^{B,0} & \boldsymbol{x}^{N,0} \end{bmatrix}^T$;

2) 对应于 $\boldsymbol{x}^{(k)} = \begin{bmatrix} \boldsymbol{x}^{B,k} & \boldsymbol{x}^{N,k} \end{bmatrix}^T$,将 A 矩阵也分成两部分 $A = \begin{bmatrix} B & C \end{bmatrix}$;

式中,$\boldsymbol{x}^B$ 为 m 维向量(基向量),$\boldsymbol{x}^B = \begin{bmatrix} x_1, x_2, \cdots, x_m \end{bmatrix}^T = \begin{bmatrix} x_1^B, x_2^B, \cdots, x_m^B \end{bmatrix}^T$;$\boldsymbol{x}^N$ 为 $n-m$ 维向量(非基向量),$\boldsymbol{x}^N = \begin{bmatrix} x_{m+1}, x_{m+2}, \cdots, x_n \end{bmatrix}^T = \begin{bmatrix} x_1^N, x_2^N, \cdots, x_{n-m}^N \end{bmatrix}^T$;

B 为 $m \times m$ 矩阵,对应于 $\boldsymbol{x}^B$;C 为 $m \times (n-m)$ 矩阵,对应于 $\boldsymbol{x}^N$。

3) 计算简约梯度

$$r(\boldsymbol{x}^N) = \nabla_N f(\boldsymbol{x}^B(\boldsymbol{x}^N), \boldsymbol{x}^N) - (B^{-1}C)^T \nabla_B f(\boldsymbol{x}^B(\boldsymbol{x}^N), \boldsymbol{x}^N) \tag{30-4-26}$$

式中

$$\nabla_N f(\boldsymbol{x}^B(\boldsymbol{x}^N), \boldsymbol{x}^N) = \frac{\partial f}{\partial \boldsymbol{x}^N} = \begin{bmatrix} \frac{\partial f}{\partial x_1^N} \cdots \frac{\partial f}{\partial x_{n-m}^N} \end{bmatrix}^T = \nabla_N f(\boldsymbol{x})$$

$$\nabla_B f(\boldsymbol{x}^B(\boldsymbol{x}^N), \boldsymbol{x}^N) = \frac{\partial f}{\partial \boldsymbol{x}^B} = \begin{bmatrix} \frac{\partial f}{\partial x_1^B} \cdots \frac{\partial f}{\partial x_m^B} \end{bmatrix}^T = \nabla_B f(\boldsymbol{x})$$

4) 确定搜索方向 $\boldsymbol{S}^{(k)}$

$$\boldsymbol{S}^{(k)} = \begin{bmatrix} \boldsymbol{S}^{B,k} & \boldsymbol{S}^{N,k} \end{bmatrix}^T \tag{30-4-27}$$

式中,$\boldsymbol{S}^{N,k}$ 由下式定义

$$s_j^{N,k} = \begin{cases} 0 & \text{当 } x_j^{N,k}=0, r_j(\boldsymbol{x}^{N,k})>0 \text{ 时} \\ -r_j(\boldsymbol{x}^{N,k}) & \text{除上述情况外} \end{cases} \tag{30-4-28}$$

$$\boldsymbol{S}^{B,k} = -B^{-1}C\boldsymbol{S}^{N,k} \tag{30-4-29}$$

5) 若 $\|\boldsymbol{S}^{(k)}\| < \varepsilon$,则认为 $\boldsymbol{x}^{(k)}$ 已是近似最优解,停止迭代;否则求

$$\alpha_{\max} = \min\left\{ -\frac{\boldsymbol{x}_j^{(k)}}{\boldsymbol{s}_j^{(k)}} \;\bigg|\; s_j^{(k)}<0 \right\} \tag{30-4-30}$$

并在区间 $0 < \alpha < \alpha_{\max}$ 的范围内求 α_k,使

$$f(\boldsymbol{x}^{(k)} + \alpha_k \boldsymbol{S}^{(k)}) = \max_{0 \leqslant \alpha \leqslant \alpha_{\max}} \{f(\boldsymbol{x}^{(k)} + \alpha \boldsymbol{S}^{(k)})\}$$

令 $\boldsymbol{x}^{(k+1)} = \boldsymbol{x}^{(k)} + \alpha_k \boldsymbol{S}^{(k)}$

6) 若满足 $\|\boldsymbol{x}^{(k+1)} - \boldsymbol{x}^{(k)}\| < \varepsilon$,则认为 $\boldsymbol{x}^{(k+1)}$ 已是近似最优解,停止迭代;否则进行下一步。

7) 若 $\boldsymbol{x}^{B,k+1} > 0$,则这个基向量不变,并令 $k=k+1$,转入步骤2);若基向量 $\boldsymbol{x}^{B,k+1}$ 中有某个分量 $x_i^{B,k+1}=0$,则将该分量由基向量撤出,并换以非基向量 $\boldsymbol{x}^{N,k+1}$ 中最大的分量,构成新的基向量与非基向量,令 $k=k+1$,转入步骤2)。

用上面介绍的简约梯度法进行最优化的过程中,有时也会出现拉锯现象。为了避免这种情况,可将式(30-4-28)改为

$$s_j^{N,k} = \begin{cases} -r_j(\boldsymbol{x}^{N,k}) & \text{当 } r_j(\boldsymbol{x}^{N,k}) \leqslant 0 \text{ 时} \\ -x_j^{N,k} r_j(\boldsymbol{x}^{N,k}) & \text{当 } r_j(\boldsymbol{x}^{N,k}) \geqslant 0 \text{ 时} \end{cases} \tag{30-4-31}$$

也可用 $x_j^{N,k} \leqslant \varepsilon$ 代替 $x_j^{N,k}=0$,即式(30-4-28)改为

$$s_j^{N,k} = \begin{cases} 0 & \text{当 } x_j^{N,k} \leqslant \varepsilon, r_j(\boldsymbol{x}^{N,k})>0 \text{ 时} \\ -r_j(\boldsymbol{x}^{N,k}) & \text{除上述情况外} \end{cases} \tag{30-4-32}$$

4.8.1.3 计算举例

[例] 求解下列问题

$$\begin{cases} \min & f(\boldsymbol{x}) = (x_1-3)^2(4-x_2) \\ \text{s.t.} & x_1 \leqslant 2, x_2 \leqslant 2, x_1 \geqslant 0, x_2 \geqslant 0 \end{cases}$$

[解] 先引进松弛变量 x_{n+i} ($n=2$; $i=1,2,3$)，将不等式改为等式约束，则原问题变为

$$\begin{cases} \min & f(\boldsymbol{x}) = (x_1-3)^2(4-x_2) \\ \text{s.t.} & \begin{bmatrix} 1 & 1 & 1 & 0 & 0 \\ 1 & 0 & 0 & 1 & 0 \\ 0 & 1 & 0 & 0 & 1 \end{bmatrix} \begin{bmatrix} x_1 \\ x_2 \\ x_3 \\ x_4 \\ x_5 \end{bmatrix} = \begin{bmatrix} 3 \\ 2 \\ 2 \end{bmatrix} \end{cases}$$

$$\boldsymbol{x} = [x_1 \quad x_2 \quad x_3 \quad x_4 \quad x_5]^\mathrm{T} \geqslant 0$$

选择一个可行的初始点 $\boldsymbol{x}^{(0)} = [0.2 \quad 1.8 \quad 1 \quad 1.8 \quad 0.2]^\mathrm{T}$，取 $\boldsymbol{x}^B = [x_1 \quad x_2 \quad x_3]^\mathrm{T}$ 为基向量，$\boldsymbol{x}^N = [x_4 \quad x_5]^\mathrm{T}$ 为非基向量，于是 $\boldsymbol{x}^{B,0} = [0.2 \quad 1.8 \quad 1]^\mathrm{T}$，$\boldsymbol{x}^{N,0} = [1.8 \quad 0.2]^\mathrm{T}$，相应地，将系数矩阵也分为两部分：$\boldsymbol{B} = \begin{bmatrix} 1 & 1 & 1 \\ 1 & 0 & 0 \\ 0 & 1 & 0 \end{bmatrix}$，$\boldsymbol{C} = \begin{bmatrix} 0 & 0 \\ 1 & 0 \\ 0 & 1 \end{bmatrix}$，于是得：

$$\boldsymbol{B}^{-1} = \begin{bmatrix} 0 & 1 & 0 \\ 0 & 0 & 1 \\ 1 & -1 & -1 \end{bmatrix};$$

$$\nabla_N f(\boldsymbol{x}^{(0)}) = \begin{bmatrix} \frac{\partial f}{\partial x_4} & \frac{\partial f}{\partial x_5} \end{bmatrix}^\mathrm{T} = [0 \quad 0]^\mathrm{T}$$

$$\nabla_B f(\boldsymbol{x}^{(0)}) = \begin{bmatrix} \frac{\partial f}{\partial x_1} & \frac{\partial f}{\partial x_2} & \frac{\partial f}{\partial x_3} \end{bmatrix}^\mathrm{T} = \begin{bmatrix} 2(x_1-3)(4-x_2) \\ -(x_1-3)^2 \\ 0 \end{bmatrix} = [-12.32 \quad -7.840]^\mathrm{T}$$

$$\boldsymbol{B}^{-1}\boldsymbol{C} = \begin{bmatrix} 0 & 1 & 0 \\ 0 & 0 & 1 \\ 1 & -1 & -1 \end{bmatrix} \begin{bmatrix} 0 & 0 \\ 1 & 0 \\ 0 & 1 \end{bmatrix} = \begin{bmatrix} 1 & 0 \\ 0 & 1 \\ -1 & -1 \end{bmatrix},$$

$$(\boldsymbol{B}^{-1}\boldsymbol{C})^\mathrm{T} = \begin{bmatrix} 1 & 0 & -1 \\ 0 & 1 & -1 \end{bmatrix}$$

将上面各式代入式（30-4-26），得 $f(\boldsymbol{x})$ 在 $\boldsymbol{x}^{(0)}$ 点的简约梯度为

$$r(\boldsymbol{x}^{N,0}) = \begin{bmatrix} 0 \\ 0 \end{bmatrix} - \begin{bmatrix} 1 & 0 & -1 \\ 0 & 1 & -1 \end{bmatrix} \begin{bmatrix} -12.32 \\ -7.84 \\ 0 \end{bmatrix} = \begin{bmatrix} 12.32 \\ 7.84 \end{bmatrix}$$

根据式（30-4-27）～式（30-4-29）得搜索方向：

$$\boldsymbol{S}^{N,0} = -r(\boldsymbol{x}^{N,0}) = \begin{bmatrix} -12.32 \\ -7.84 \end{bmatrix}$$

$$\boldsymbol{S}^{B,0} = -\boldsymbol{B}^{-1}\boldsymbol{C}\boldsymbol{S}^{N,0} = -\begin{bmatrix} 1 & 0 \\ 0 & 1 \\ -1 & -1 \end{bmatrix} \begin{bmatrix} -12.32 \\ -7.84 \end{bmatrix} = \begin{bmatrix} 12.32 \\ 7.84 \\ -20.16 \end{bmatrix}$$

$$\boldsymbol{S}^{(0)} = \begin{bmatrix} \boldsymbol{S}^{B,0} \\ \boldsymbol{S}^{N,0} \end{bmatrix} = [12.32 \quad 7.84 \quad -20.16 \quad -12.32 \quad -7.84]^\mathrm{T}$$

于是得到新点：$\boldsymbol{x}^{(1)} = \boldsymbol{x}^{(0)} + \alpha_0 \boldsymbol{S}^{(0)}$

由式（30-4-30）得：$\alpha_{\max} = \min \left\{ \frac{1}{20.16}, \frac{1.8}{12.32}, \frac{0.2}{7.84} \right\} = \frac{0.2}{7.84}$。

在区间 $0 < \alpha < \frac{0.2}{7.84}$ 的范围内求目标函数 $f(\boldsymbol{x}^{(0)} + \alpha_0 \boldsymbol{S}^{(0)}) = (0.2 + 12.32\alpha - 3)^2 [4 - (1.8 + 7.84\alpha)]$ 的极小值，得 $\alpha_0 = \alpha_{\max} = \frac{0.2}{7.84}$，于是 $\boldsymbol{x}^{(1)} = [0.512 \quad 2 \quad 0.488 \quad 1.488 \quad 0]^\mathrm{T}$

根据算法步骤继续计算，限于篇幅，接下来的计算过程不再写出，最后可得：$r(\boldsymbol{x}^{N,3}) = [1 \quad 5]^\mathrm{T}$。

因为 $r(\boldsymbol{x}^{N,3}) > 0$，$\boldsymbol{x}^{N,3} = 0$，由式（30-4-28）知，$\boldsymbol{S}^{N,3} = 0$，根据收敛准则 $\|\boldsymbol{S}^{(3)}\| < \varepsilon$，则认为 $\boldsymbol{x}^{(3)} = [2 \quad 1 \quad 1 \quad 0 \quad 0]^\mathrm{T}$ 已为最优解，停止迭代。

4.8.2 广义简约梯度法

4.8.2.1 基本方法

广义简约梯度法（Generalized Reduced Gradient Method）又称 GRG 法。与简约梯度法相比，广义简约梯度法能解决具有非线性约束的非线性优化问题

$$\left. \begin{array}{l} \min \quad f(\boldsymbol{x}) \quad \boldsymbol{x} \subset \boldsymbol{R}^n \\ \text{s.t.} \quad h(\boldsymbol{x}) = [h_1(\boldsymbol{x}), h_2(\boldsymbol{x}), \cdots, h_m(\boldsymbol{x})]^\mathrm{T} = 0 \\ \quad \boldsymbol{L} \leqslant \boldsymbol{x} \leqslant \boldsymbol{U} \quad \boldsymbol{L}, \boldsymbol{U} \in \boldsymbol{R}^n \end{array} \right\}$$

(30-4-33)

式中，$f(\boldsymbol{x})$，$h_i(\boldsymbol{x})$ 应是 $\boldsymbol{x}$ 的连续可微函数，$\boldsymbol{L}$ 和 $\boldsymbol{U}$ 的某些分量可取 $\pm \infty$，而约束个数 $m < n$。

与简约梯度法处理策略一样，对 $\boldsymbol{x}$ 划分基向量和非基向量，相应地，$\boldsymbol{L}$ 和 $\boldsymbol{U}$ 亦可分解为两部分，即

$$\boldsymbol{L} = [\boldsymbol{L}^B \quad \boldsymbol{L}^N], \boldsymbol{U} = [\boldsymbol{U}^B \quad \boldsymbol{U}^N]^\mathrm{T} \quad (30\text{-}4\text{-}34)$$

广义简约梯度为

$$r(\boldsymbol{x}^N) = \nabla_N f(\boldsymbol{x}) - \nabla_N h(\boldsymbol{x}) [\nabla_B h(\boldsymbol{x})]^{-1} \nabla_B f(\boldsymbol{x})$$

(30-4-35)

其中，$\nabla_B h(\boldsymbol{x}) = \begin{bmatrix} \frac{\partial h_1(\boldsymbol{x})}{\partial x_1^N} & \cdots & \frac{\partial h_m(\boldsymbol{x})}{\partial x_1^N} \\ \vdots & \ddots & \vdots \\ \frac{\partial h_1(\boldsymbol{x})}{\partial x_m^N} & \cdots & \frac{\partial h_m(\boldsymbol{x})}{\partial x_m^N} \end{bmatrix} =$

$[\nabla_B h_1(\boldsymbol{x}) \cdots \nabla_B h_m(\boldsymbol{x})]$ 是非退化（非奇异）的。

定义搜索方向 $\boldsymbol{S}^N$ 为

$$S_j^N = \begin{cases} 0 & \text{当 } x_j^N = L_j^N, r_j(\boldsymbol{x}^N) > 0 \\ & \text{或 } x_j^N = U_j^N, r_j(\boldsymbol{x}^N) < 0 \text{ 时} \\ -r_j(\boldsymbol{x}^N) & \text{除上述情况外} \end{cases}$$

(30-4-36)

4.8.2.2 算法步骤

1) 给定允许误差 ε_1, $\varepsilon_2 > 0$；令 $k=0$；选择一个可行的初始点 $x^{(k)} = x^{(0)}$，并将其全部分量分成两部分，使 $x^{(0)} = [x^{B,0} \quad x^{N,0}]^T$。

2) 按式（30-4-35）求简约梯度。按式（30-4-36）求搜索方向 $S^{(k)}$。若 $\|S^{(k)}\| < \varepsilon_1$，则认为 $x^{(k)}$ 已是近似最优解，停止迭代，否则进行下一步。

3) 适当选取一步长 $\alpha > 0$，并令 $x^{N,k+1} = x^{N,k} + \alpha S^{N,k}$，如果 $L^N \leqslant x^{N,k+1} \leqslant U^N$ 得到满足，则转下一步，否则应以 $\frac{1}{2}\alpha$ 代替 α，重新计算 $x^{N,k+1}$，直至满足 $L^N \leqslant x^{N,k+1} \leqslant U^N$ 后转下一步。

4) 求解线性方程组：$h(x^{B,k+1}, x^{N,k+1}) = 0$，若所求的 $x^{B,k+1}, x^{N,k+1}$ 使式（30-4-37）成立，则 $x^{(k+1)} = [x^{B,k+1} \quad x^{N,k+1}]^T$ 可作为新点，并转入下一步，否则以 $\frac{1}{2}\alpha$ 代替 α，并转回步骤3)。

$$\left.\begin{array}{l} f(x^{B,k+1}, x^{N,k+1}) < f(x^{B,k}, x^{N,k}) \\ L^B \leqslant x^{B,k+1} \leqslant U^B \end{array}\right\} \quad (30\text{-}4\text{-}37)$$

在用牛顿法解非线性方程组 $h(y, x^{N,k+1}) = 0$，求 y 时：令 $y^{(1)} = x^{B,0}$，$k=1$。

① 令 $y^{(k+1)} = y^{(k)} - [\nabla_B h(y^{(k)}, x^{N,k+1})]^{-1} h(y^{(k)}, x^{N,k+1})$，如果 $f(y^{(k+1)}, x^{N,k+1}) < f(x^{(k)})$，$L^B \leqslant y^{(k+1)} \leqslant U^B$，且 $\|h(y^{(k+1)}, x^{N,k+1})\| < \varepsilon_2$ 时，转入步骤5)，否则转到步骤②。

② 若 $k=K$，以 $\frac{1}{2}\alpha$ 代替 α，令 $x^{N,k+1} = x^{N,k} + \alpha S^{N,k}$，$y^{(1)} = x^{B,0}$，$k=1$，并转回步骤①；否则 $k=k+1$，转回步骤①。

5) 令 $x^{(k)} = (Y^{(k+1)}, x^{N,k+1})$，转回步骤2)。

正如前面在线性约束的问题中，与当基向量的某个分量为零时需要将它由基向量换出的情况一样，在如式（30-4-33）所示的非线性约束的问题中，如果基向量的某个分量 x_j^B 等于 U_j^B 或 L_j^B，则亦需将它由基向量撤出，并换以非基向量中的某个分量 x_k^N，以构成新的基向量和非基向量。

应指出：采用牛顿法、用步骤①中给出的牛顿法迭代式计算 $y^{(k+1)}$ 时，每步都要计算 $[\nabla_B h(y^{(k)}, x^{N,k+1})]^{-1} \sqrt{b^2 - 4ac}$。为了减少这一繁重的工作，往往用 $[\nabla_B h(x^{(0)})]^{-1}$ 来代替，即令 $y^{(k+1)} = y^{(k)} - [\nabla_B h(x^{(0)})]^{-1} h(y^{(k)}, x^{N,k+1})$，此式称为伪牛顿法迭代式。

4.8.2.3 计算举例

[例] 求解下列问题

$$\begin{cases} \min & f(x) = (x_1 + x_2)^2 + 4(3x_1 - x_2) \\ \text{s.t.} & x_1^2 + x_2^2 \leqslant 4 \\ & x_1 \geqslant 1, x_2 \leqslant 3 \end{cases}$$

[解] 先引进松弛变量 x_3，将不等式改为等式约束。则原问题变为

$$\begin{cases} \min & f(x) = (x_1 + x_2)^2 + 4(3x_1 - x_2) \\ \text{s.t.} & h(x) = x_1^2 + x_2^2 + x_3 - 4 = 0 \\ & L = \begin{bmatrix} 1 \\ -\sqrt{3} \\ 0 \end{bmatrix} \leqslant x = \begin{bmatrix} x_1 \\ x_2 \\ x_3 \end{bmatrix} \leqslant U = \begin{bmatrix} 2 \\ \sqrt{3} \\ 4 \end{bmatrix} \end{cases}$$

选择一个可行的初始点 $x^{(0)} = [1.5 \quad 1 \quad 0.75]^T$，取 $x^B = x_1$ 为基向量，$x^N = [x_2 \quad x_3]$ 为非基向量，于是 $x^{(0)} = [x^{B,0} \quad x^{N,0}]^T = [1.5 \quad 1 \quad 0.75]^T$，

$$\nabla_N f(x^{(0)}) = \left[\frac{\partial f(x^{(0)})}{\partial x_1^{N,0}} \quad \frac{\partial f(x^{(0)})}{\partial x_2^{N,0}}\right]^T$$

$$= \begin{bmatrix} 2(x_1 + x_2) - 4 \\ 0 \end{bmatrix} = \begin{bmatrix} 1 \\ 0 \end{bmatrix}$$

$$\nabla_B f(x^{(0)}) = \frac{\partial f(x^{(0)})}{\partial x_1^{B,0}} = 2(x_1 + x_2 + 6) = 17$$

$$\nabla_N h(x^{(0)}) = \left[\frac{\partial h(x^{(0)})}{\partial x_1^{N,0}} \quad \frac{\partial h(x^{(0)})}{\partial x_2^{N,0}}\right]^T = \begin{bmatrix} 2x_2 \\ 1 \end{bmatrix}$$

$$= \begin{bmatrix} 2 \\ 1 \end{bmatrix}, \nabla_B h(x^{(0)}) = \frac{\partial h(x^{(0)})}{\partial x_1^{B,0}} = 2x_1 = 3$$

将上面各式代入式（30-4-35），得 $f(x)$ 在 $x^{(0)}$ 点的简约梯度为

$$r(x^{N,0}) = \begin{bmatrix} 1 \\ 0 \end{bmatrix} - \begin{bmatrix} 2 \\ 1 \end{bmatrix} \times 3^{-1} \times 17 = \begin{bmatrix} -\frac{31}{3} & -\frac{17}{3} \end{bmatrix}^T$$

根据式（30-4-36）得搜索方向：$S^{N,0} = -r(x^{N,0}) = \begin{bmatrix} \frac{31}{3} & \frac{17}{3} \end{bmatrix}^T$，于是得到新点：$x^{N,1} = x^{N,0} + \alpha S^{N,0} = \begin{bmatrix} 1 + \frac{31}{3}\alpha & 0.75 + \frac{17}{3}\alpha \end{bmatrix}^T$。

取步长 $\alpha = 0.1$，得 $x^{N,1} = [2.033 \quad 1.317]^T$，代入问题的约束方程 $h(x) = 0$ 中，即 $x_1^2 + 1.450 = 0$，方程无解。改取 $\alpha = 0.05$，得 $x^{N,1} = [1.517 \quad 1.033]^T$，代入问题的约束方程 $h(x) = 0$ 中，解得 $x_1 = 0.816 < L_1 = 1$，小于下界，故将步长减半。取 $\alpha = 0.025$，得 $x^{N,1} = [1.258 \quad 0.892]^T$，代入问题的约束方程 $h(x) = 0$ 中，解得 $x^{B,1} = x_1 = 1.235$，将求得的 $x^{(1)} = [1.235 \quad 1.258 \quad 0.892]^T$ 代入目标函数中求 $f(x^{(1)})$，并与 $f(x^{(0)})$ 进行比较，由于 $f(x^{(1)}) = 16 < f(x^{(0)}) = 20.25$，且 $L^B \leqslant x^B \leqslant U^B$，故所求得的 $x^{(1)}$ 可作为新点，并且下次迭代时基向量不变。

根据算法步骤继续计算，限于篇幅，接下去的计算过程不再写出，最后可得

$$x^* = [1 \quad 1 \quad 2]^T, f(x^*) = 12$$

第5章 多目标优化设计方法

5.1 多目标优化设计的数学模型与有效解

5.1.1 多目标优化设计的数学模型

优化设计中若寻求最优的指标数目不止一个,即构造和优化的目标函数有多个,称为多目标优化设计,简称多目标优化。

[例] 把横截面为圆形的树干加工成矩形横截面的木梁(见图30-5-1)。为使木梁满足一定的规格、应力及强度条件,要求木梁的高度不超过 H,横截面的惯性矩不小于给定值 W,并且横截面的高度要介于其宽度和宽度的4倍之间。应如何确定木梁的尺寸,以使木梁的重量最轻,并且成本最低。

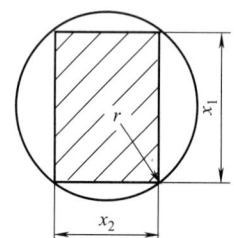

图 30-5-1 圆形树干加工成矩形横截面

[解] 设所设计的木梁横截面的高为 x_1,宽为 x_2。

为使具有一定长度的木梁重量最轻,应要求其横截面面积 $x_1 x_2$ 为最小。

由于矩形横截面的木梁是由横截面为圆形的树干加工而成的,故其成本与树干横截面面积的大小

$$\pi r^2 = \pi \left[\left(\frac{x_1}{2}\right)^2 + \left(\frac{x_2}{2}\right)^2 \right]$$

成正比。由此,木梁的成本最低,等效为 $(x_1^2 + x_2^2)$ 最小。

根据上面的讨论,结合问题的限制要求,确定木梁最优尺寸问题的数学模型为

$$\begin{aligned}
&\min \quad f_1(\boldsymbol{x}) = x_1 x_2 \\
&\min \quad f_2(\boldsymbol{x}) = (x_1^2 + x_2^2) \\
&\text{s.t.} \quad g_1(\boldsymbol{x}) = x_1 - H \leqslant 0 \\
&\quad\quad\quad g_2(\boldsymbol{x}) = W - x_1^2 x_2 \leqslant 0 \\
&\quad\quad\quad g_3(\boldsymbol{x}) = x_2 - x_1 \leqslant 0 \\
&\quad\quad\quad g_4(\boldsymbol{x}) = x_1 - 4x_2 \leqslant 0 \\
&\quad\quad\quad g_5(\boldsymbol{x}) = -x_1 \leqslant 0 \\
&\quad\quad\quad g_6(\boldsymbol{x}) = -x_2 \leqslant 0
\end{aligned}$$

设 m 为多目标优化的目标函数数目,q 为不等式约束的数目。多目标优化(极小化,下同)的数学模型可表达为

$$\left.\begin{aligned}
&\min \quad f_1(\boldsymbol{x}) \\
&\quad\quad \vdots \\
&\min \quad f_m(\boldsymbol{x}) \\
&\text{s.t.} \quad g_u(\boldsymbol{x}) \leqslant 0 \quad (u=1,\cdots,q) \\
&\quad\quad\quad h_v(\boldsymbol{x}) = 0 \quad (v=1,\cdots,p)
\end{aligned}\right\} \quad (30\text{-}5\text{-}1)$$

用向量 $\boldsymbol{f}(\boldsymbol{x})$ 来表示 m 个目标函数

$$\boldsymbol{f}(\boldsymbol{x}) = [f_1(\boldsymbol{x}), \cdots, f_m(\boldsymbol{x})]^T \quad (30\text{-}5\text{-}2)$$

并称 $\boldsymbol{f}(\boldsymbol{x})$ 为多目标优化数学模型的向量目标函数。

结合式(30-5-1)、式(30-5-2)可得多目标优化数学模型的一般形式为

$$\left.\begin{aligned}
&\min \quad \boldsymbol{f}(\boldsymbol{x}) = [f_1(\boldsymbol{x}), \cdots, f_m(\boldsymbol{x})]^T \\
&\text{s.t.} \quad g_u(\boldsymbol{x}) \leqslant 0 \quad (u=1,\cdots,q) \\
&\quad\quad\quad h_v(\boldsymbol{x}) = 0 \quad (v=1,\cdots,p)
\end{aligned}\right\} \quad (30\text{-}5\text{-}3)$$

式(30-5-3)中的 $\min \boldsymbol{f}(\boldsymbol{x})$ 表示向量极小化,即向量目标函数 $\boldsymbol{f}(\boldsymbol{x}) = [f_1(\boldsymbol{x}), \cdots, f_m(\boldsymbol{x})]^T$ 中的各个分目标函数被同等地极小化。

5.1.2 多目标优化的有效解

多目标优化问题在绝大多数情况下,不存在能使各个分目标函数同时达到最优值的绝对最优解。如图30-5-2所示,$\boldsymbol{x}_1^*$ 是目标 f_1 的最优点,但在该点 f_2 值明显恶化。$\boldsymbol{x}_2^*$ 点的情况正好相反。这说明各分目标在求优过程中往往是相互矛盾的。

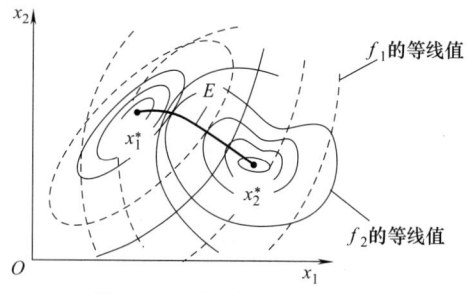

图 30-5-2 多目标优化的有效解

图30-5-2中的曲线 E 是在 $\boldsymbol{x}_1^*$ 与 $\boldsymbol{x}_2^*$ 之间连接 f_1、f_2 的各等值线切点的曲线。对于曲线 E 外的变量平面上的任意一点 $\boldsymbol{x}$,在曲线 E 上都能相应的找到一个 f_1、f_2 数值比 $\boldsymbol{x}$ 更优的点 $\boldsymbol{x}\sim$。相反,对于曲线 E 上的任意一点 $\boldsymbol{x}\sim$,在曲线 E 外则无法找到一

个 f_1、f_2 数值比 $x\sim$ 更优的 x 点。同时，曲线 E 上的各点之间是无法比较 f_1、f_2 数值的优劣的。曲线 E 上的各点就是多目标优化的有效解（或称为非劣解），也是一般概念上的多目标优化最优解，这与单目标优化最优解的概念完全不同。曲线 E 即为有效解的集合，所以多目标优化的解不唯一。

根据以上分析，可归纳出求解多目标优化时需解决以下几个问题：

1) 如何求取多目标优化的解，即多目标优化的解法；

2) 如何保证多目标优化的解为有效解；

3) 如何在有效解集中，得到基于某种满意程度的有效解。

目前求解多目标优化的方法，在解决问题 1) 和问题 2) 方面已很成熟，但对于问题 3)，在实用、通用、可靠有效方面，还有待深入研究。以下介绍的多目标优化解法的基本思路，都是将问题转化为单目标问题来求解，而从数学上可证明这些方法所获得的最优解（转化后的单目标最优解），是多目标优化的有效解。

5.2 主要目标法

（1）基本方法

在 m 个目标中选出一个最重要的目标作为优化设计的目标函数，而将其他的目标分别给定一个可接受的限定值，转变为一组约束条件，这样就把多目标优化问题转化为单目标优化问题。

（2）数学模型

对于用式（30-5-3）表示的多目标优化问题，若取第 k 个分目标作为最重要的目标，其余分目标中的第 j 个目标函数可接受的限定值为 f_j'，则主要目标法的数学模型为

$$\left.\begin{aligned}
\min\quad & f_k(x)\\
\text{s. t.}\quad & g_u(x)\leqslant 0\quad(u=1,\cdots,q)\\
& h_v(x)=0\quad(v=1,\cdots,p)\\
& g_{q+j}(x)=f_j(x)-f_j'\leqslant 0\\
& (j=1,2,\cdots,k-1,k+1,\cdots,m)
\end{aligned}\right\} \quad(30\text{-}5\text{-}4)$$

5.3 统一目标法

为简便起见，在以下的一些表述中，将用 f 表示 $f(x)$，用 f_i 表示 $f_i(x)$，用 $x\in \mathcal{D}$ 表示约束条件。

5.3.1 评价函数法

（1）基本方法

评价函数法的基本思路，是根据问题的特点和决策者的意图，构造一个把 m 个目标转化为单一数值目标的评价函数 $F(f)=F(f_1,\cdots,f_m)$。这样就把求解多目标极小化问题归结为求解与之相关的单目标函数值极小化问题 $\min F[f(x)]$。

常用的评价函数法有线性加权和法、理想点法、极大极小法。

（2）线性加权和法

线性加权和法构造评价函数的思路是，根据各个目标在问题中的重要程度，分别赋予它们一个权系数 $\omega_i(i=1,\cdots,m)$，ω_i 越大，表示 $f_i(x)$ 越重要。可用向量：$\boldsymbol{\omega}=[\omega_1,\cdots,\omega_m]^T$ 表示权系数。权系数向量 $\boldsymbol{\omega}$ 与向量目标函数 $\boldsymbol{f}(x)$ 的点积，即为线性加权和法的评价函数

$$F(f)=\boldsymbol{\omega}\boldsymbol{f}=\sum_{i=1}^m \omega_i f_i(x)$$

则线性加权和法的数学模型为

$$\min\quad F(f(x))=\sum_{i=1}^m \omega_i f_i(x)$$

（3）理想点法

该方法是以各目标函数的单目标最优值作为多目标优化时各目标的理想值，以各目标函数的数值能尽量地接近各自的理想值为目的，构造评价函数。

设对多目标优化模型中的各分目标函数单独求优后，得到各目标的最优解，并记相应的最优值为：$f_i^*(i=1,\cdots,m)$，f_i^* 即是对应目标最理想的优化值，在由 $\boldsymbol{f}=[f_1,\cdots,f_m]^T$ 构成的目标空间 $\boldsymbol{R}^m$ 中，点 $\boldsymbol{f}^*=[f_1^*,\cdots,f_m^*]^T$ 就是各目标的理想点，$m=2$ 时如图 30-5-3 所示。若要求各目标函数的数值尽量地接近各自的理想值，在目标空间 $\boldsymbol{R}^m$ 中，就是要求点 $\boldsymbol{f}=[f_1,\cdots,f_m]^T$ 与理想点 $\boldsymbol{f}^*=[f_1^*,\cdots,f_m^*]^T$ 的距离 $\|\boldsymbol{f}-\boldsymbol{f}^*\|_2$ 尽可能地接近，即

$$\min F(\boldsymbol{f})=\|\boldsymbol{f}(x)-\boldsymbol{f}^*\|_2=\sqrt{\sum_{i=1}^m [f_i(x)-f_i^*]^2}\quad x\in\mathcal{D}$$

(30-5-5)

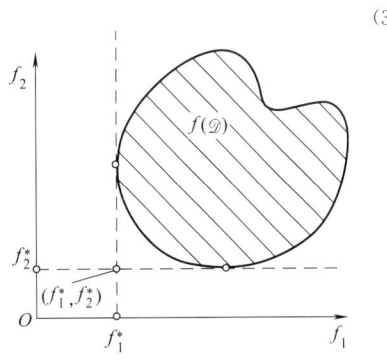

图 30-5-3 理想点法

仿造线性加权和法，将设计者对各目标的重视程度表示成用权系数来影响各目标与其理想值接近的程度，即构造评价函数

$$F(\boldsymbol{f}) = \|\boldsymbol{f} - \boldsymbol{f}^*\|_2^\omega = \sqrt{\sum_{i=1}^m \omega_i (f_i - f_i^*)^2}$$
(30-5-6)

则带加权的理想点法的数学模型为

$$\min \quad F(\boldsymbol{f}) = \sqrt{\sum_{i=1}^m \omega_i [f_i(\boldsymbol{x}) - f_i^*]^2} \quad \boldsymbol{x} \in \mathscr{D}$$
(30-5-7)

(4) 极大极小法

该方法的思路为：对于多目标优化问题，取各个目标函数 $f_i(i=1,\cdots,m)$ 中的最大值作为评价函数的函数值，即取

$$F(\boldsymbol{f}) = \max_{1 \leqslant i \leqslant m} \{f_i(\boldsymbol{x})\}$$
(30-5-8)

为评价函数。由此可把多目标优化问题转换成以下形式的单目标优化

$$\min \quad F(\boldsymbol{f}(\boldsymbol{x})) = \max_{1 \leqslant i \leqslant m} \{f_i(\boldsymbol{x})\} \quad \boldsymbol{x} \in \mathscr{D}$$
(30-5-9)

这种求解方法的特点是：对各目标函数做极大值选择之后，再在可行域上进行极小化，故叫作极大极小法。

为了在评价函数中反映各目标的重要程度，可将权系数引入式 (30-5-9) 中，则带加权极大极小法的数学模型为

$$\min \quad F(\boldsymbol{f}(\boldsymbol{x})) = \max_{1 \leqslant i \leqslant m} \{\omega_i f_i(\boldsymbol{x})\} \quad \boldsymbol{x} \in \mathscr{D}$$
(30-5-10)

5.3.2 分目标乘除法

多目标优化问题中，有一类属于多目标混合优化问题，其优化模型为

$$\left.\begin{array}{l}\min \quad \boldsymbol{f}^{(1)}(\boldsymbol{x}) = [f_1(\boldsymbol{x}), \cdots, f_r(\boldsymbol{x})]^T \\ \max \quad \boldsymbol{f}^{(2)}(\boldsymbol{x}) = [f_{r+1}(\boldsymbol{x}), \cdots, f_m(\boldsymbol{x})]^T \\ \text{s. t.} \quad (\text{略})\end{array}\right\}$$
(30-5-11)

求解上述优化模型的统一目标法为分目标乘除法。方法思路是：将模型中要求极小化的各目标函数相乘后位于分子，要求极大化的各目标函数相乘后位于分母，对该分式构成的统一目标在可行域上进行极小化求解。其数学模型为

$$\min \quad F(\boldsymbol{f}(\boldsymbol{x})) = \frac{f_1(\boldsymbol{x}), \cdots, f_r(\boldsymbol{x})}{f_{r+1}(\boldsymbol{x}), \cdots, f_m(\boldsymbol{x})} \quad \boldsymbol{x} \in \mathscr{D}$$
(30-5-12)

5.4 分层序列法及宽容分层序列法

(1) 分层序列法

分层序列法的基本思想是将多目标优化问题中的 m 个目标函数分清主次，按其重要程度逐一排列，然后依次对各个目标函数求最优解，不过后一目标应在前一目标最优解的集合域内寻优。

假设各目标的重要程度以各目标的角标为序，即 $f_1(\boldsymbol{x})$ 最重要，$f_2(\boldsymbol{x})$ 次之，$f_3(\boldsymbol{x})$ 再其次，……

首先对第一个目标函数 $f_1(\boldsymbol{x})$ 求优

$$\min \quad f_1(\boldsymbol{x}), \boldsymbol{x} \in \mathscr{D}$$
(30-5-13)

得最优值，记为 $f_1^{(1)}$。

将第一个目标函数转化为辅助约束，求第二个目标函数 $f_2(\boldsymbol{x})$ 的最优值，即求

$$\left.\begin{array}{l}\min \quad f_2(\boldsymbol{x}) \\ \boldsymbol{x} \in \mathscr{D} \\ f_1(\boldsymbol{x}) \leqslant f_1^{(1)}\end{array}\right\}$$
(30-5-14)

的最优值，记作 $f_2^{(2)}$。

然后，再求第三个目标函数 $f_3(\boldsymbol{x})$ 的最优值，此时，第一、第二个目标函数转化为辅助约束，即求

$$\left.\begin{array}{l}\min \quad f_3(\boldsymbol{x}) \\ \boldsymbol{x} \in \mathscr{D} \\ f_1(\boldsymbol{x}) \leqslant f_1^{(1)} \\ f_2(\boldsymbol{x}) \leqslant f_2^{(2)}\end{array}\right\}$$
(30-5-15)

的最优值，记作 $f_3^{(3)}$。

照此继续进行下去，最后求得第 m 个目标函数 $f_m(\boldsymbol{x})$ 的最优值，即

$$\left.\begin{array}{l}\min \quad f_m(\boldsymbol{x}) \\ \boldsymbol{x} \in \mathscr{D} \\ f_1(\boldsymbol{x}) \leqslant f_1^{(1)} \\ \quad \vdots \\ f_{m-1}(\boldsymbol{x}) \leqslant f_{m-1}^{(m-1)}\end{array}\right\}$$
(30-5-16)

其最优值记为 $f_m^{(m)}$，对应的最优点就是多目标优化问题的一个解。

(2) 分层序列法程序框图（图30-5-4）

(3) 宽容分层序列法

采用分层序列法，若求解到第 k 个目标函数的最优解是唯一时，就无法对后面的第 $k+1$, $k+2$, …, m 个目标函数继续求优。这时的求优结果显然不是完全的多目标优化，尤其是当求得的第一个目标函数的最优解是唯一时，求优结果更失去了多目标优化的意义。宽容分层序列法的思路，就是对各目标函数的最优值放宽要求，事先对各目标函数的最优值取给定的宽容量，即 $\varepsilon_1 > 0$, $\varepsilon_2 > 0$, …。这样，在求后一个目标函数的最优值时，对前一目标函数不严格限制在最优解内，而是在前一目标函数最优值附近的某一范围进行求优，其数学模型为

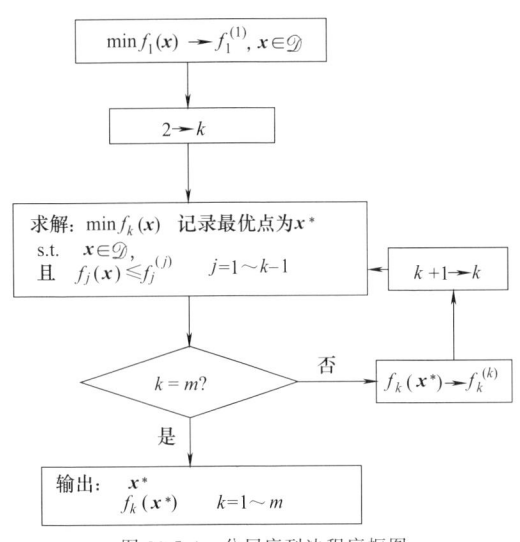

图 30-5-4 分层序列法程序框图

$$
\begin{array}{l}
①\begin{cases} \min\ f_1(\boldsymbol{x})=f_1^{(1)} \\ \boldsymbol{x}\in\mathscr{D} \end{cases} \\
②\begin{cases} \min\ f_k(\boldsymbol{x})=f_k^{(k)} \\ \boldsymbol{x}\in\mathscr{D} \\ f_j(\boldsymbol{x})\leqslant f_j^{(j)}+\varepsilon_j \quad j=1,\cdots,k-1 \\ k=2,\cdots,m \end{cases}
\end{array}
\quad (30\text{-}5\text{-}17)
$$

5.5 协调曲线法

(1) 方法思路

协调曲线法是一种尝试同时解决 5.1.2 中提出的 3 个问题的综合方法,该方法适用的场合为分目标解具有矛盾性的双目标优化问题。方法思路为:先求取一定数量的有效解样本,在由目标函数 $f_1(\boldsymbol{x})$、$f_2(\boldsymbol{x})$ 构成的目标空间中,绘出与有效解对应的函数值曲线(该曲线称为"协调曲线"),然后基于某种满意程度,在协调曲线上确定满意的有效解。

(2) 方法步骤

1) 求取 $f_1(\boldsymbol{x})$ 的单目标最优点 $\boldsymbol{x}^{(1)}$ 以及两目标函数在该点上相应的数值,记为 f_1^* 和 f_2^1,求取 $f_2(\boldsymbol{x})$ 的单目标最优点 $\boldsymbol{x}^{(2)}$ 以及两目标函数在该点上相应的数值,记为 f_1^2 和 f_2^*。

2) 在满足 $\omega_1+\omega_2=1$ 的前提下,取不同的 ω_1、ω_2 组合值,例如:$\omega^{(1)}=[0.5,0.5]^T$、$\omega^{(2)}=[0.2,0.8]^T$、$\omega^{(3)}=[0.8,0.2]^T\cdots$,基于不同的 ω,分别利用式(30-5-6)求解该双目标问题的有效解,并相应求出两目标函数在各有效解上的数值。

3) 在由目标函数 $f_1(\boldsymbol{x})$ 为横坐标、$f_2(\boldsymbol{x})$ 为纵坐标构成的目标空间中,绘出以上求得的两目标函数在各有效解上的数值所对应的坐标点,并连接成曲线,即得到协调曲线,曲线的两端点分别为:(f_1^*,f_2^1)、(f_1^2,f_2^*),如图 30-5-5 所示。

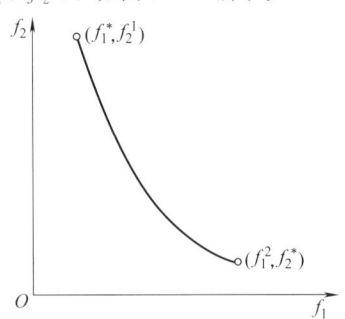

图 30-5-5 双目标优化的协调曲线

4) 根据实际问题,建立某种满意程度的评价标准,以此在协调曲线上确定一个满意的点,并反求其对应的有效解。

5.6 多目标优化主要方法对比

表 30-5-1 多目标优化主要方法对比

优化方法		特点及应用范围
主要目标法		方法简单,因而求优计算过程与单目标优化相近。但由于实际只对一个目标求极小化,最优解不能较好地体现多目标优化意义。其次,对于转变为约束条件的目标函数,如何合理地确定可接受的限定值,也是一个难点。此方法较适合有一目标特别重要的场合
统一目标法	线性加权和法	是求解多目标优化最简单的评价函数法,可通过体现设计者对各目标不同偏好程度的权系数来影响有效解的获取,简单实用,是初学者应用最广的多目标优化方法
	理想点法	以各目标的单目标优化值为多目标优化的理想值来构造评价函数,因而对获取的有效解具有一定的满意度评价信息。适合有一定优化工作基础的设计者使用
	极大极小法	评价函数的构造最简单,可在各目标函数复杂且函数性态不好的场合使用,但最优解有时不一定是有效解,由于求解过程中目标函数时常变换,不宜选用梯度类的优化方法

续表

优化方法		特点及应用范围
统一目标法	分目标乘除法	适合多目标中既有极小化要求的目标、又有极大化要求的目标场合。评价函数的函数的性态与原目标函数差异很大，不宜选用梯度类的优化方法
分层序列法及宽容分层序列法		可以看成是"主要目标法"的改进形式，在各目标函数复杂且函数性态不好、同时对各目标的重要程度比较明了的场合使用。分层序列法的最优解是有效解，但宽容分层序列法的最优解不一定是有效解
协调曲线法		是一种尝试在有效解集中，获取能满足某种满意度准则要求的有效解。方法较适合于双目标优化场合，计算量较大，过程较复杂，要求设计者具有扎实的多目标优化基础，同时还要建立一个对有效解评价其满意度的准则

第6章 离散问题优化设计方法

6.1 基本概念

6.1.1 离散优化问题数学模型的一般形式

约束非离散混合优化设计问题的数学模型的一般形式为

$$\left.\begin{array}{l} \min \quad f(\boldsymbol{x}) \\ \text{s.t.} \quad g_u(\boldsymbol{x}) \leqslant 0 \quad u=1,2,\cdots,m \\ \boldsymbol{x} = [\boldsymbol{x}^D, \boldsymbol{x}^C]^T \\ \boldsymbol{x}^D = [x_1, x_2, \cdots, x_p]^T \in \boldsymbol{X}^D \subset R^D \\ \boldsymbol{x}^C = [x_{p+1}, x_{p+2}, \cdots, x_n]^T \in \boldsymbol{X}^C \subset R^C \\ \boldsymbol{x}_n = R^D \cdot R^C \end{array}\right\} \quad (30\text{-}6\text{-}1)$$

式中 $\boldsymbol{x}^D$ ——（p 维）离散变量向量；
$\boldsymbol{x}^C$ ——（$n-p$ 维）连续变量向量；
$\boldsymbol{X}^D$ ——离散设计空间；
$\boldsymbol{X}^C$ ——连续设计空间；
R^D ——离散子空间；
R^C ——连续子空间。

对于上述模型，当 $p=0$ 时，$\boldsymbol{x}=\boldsymbol{x}^C$，即为一般的连续变量问题；若 $p=n$，则 $\boldsymbol{x}^C$ 为空集，$\boldsymbol{x}=\boldsymbol{x}^D$，即为全离散变量问题；若 $\boldsymbol{x}^D$ 和 $\boldsymbol{x}^C$ 为非空时，则为混合离散变量问题。

6.1.2 离散变量的概念和表达

离散变量的概念和表达见表 30-6-1。

表 30-6-1　　离散变量的概念和表达

离散变量	当一个设计变量只允许取某些特定的离散值时，称为离散设计变量或离散变量
离散点和离散值	将离散变量的列表数据由小到大排列在各个设计变量 x_i 的实轴上，这些相互间隔的点称为离散点；每个点所对应的坐标值称为离散值，用 q_{ij} 表示，为实数
离散变量的取值范围	$x_i^D = \{q_{ij} \mid 1 \leqslant j \leqslant l_i\}$ l_i 为离散值所取的个数
离散增量	离散变量 x_i 沿其轴线方向的相邻离散值之差，即 正增量：$\Delta_i^+ = q_{i,j+1} - q_{ij}$ 负增量：$\Delta_i^- = q_{i,j-1} - q_{ij}$
离散间隔	一般对于非均匀离散变量 $\mid\Delta_i^+\mid \neq \mid\Delta_i^-\mid$ 对于均匀离散变量，$\mid\Delta_i^+\mid = \mid\Delta_i^-\mid = \Delta_i$，称为离散间隔
离散值域矩阵	设离散变量的维数为 p，每个离散变量可取离散值的最大数目为 l，则离散变量的全部离散值可用一个 $p \times l$ 阶矩阵 $\boldsymbol{Q}$ 来表示，即 $\boldsymbol{Q} = \begin{bmatrix} q_{11} & q_{12} & \cdots & q_{1l} \\ q_{21} & q_{22} & \cdots & q_{2l} \\ \vdots & \vdots & & \vdots \\ q_{p1} & q_{p2} & \cdots & q_{pl} \end{bmatrix}$ 矩阵 $\boldsymbol{Q}$ 称为离散值域矩阵
离散变量设计空间	离散点的集合，即由 p 个离散变量实轴所取的全部离散值范围，称为离散设计空间，用 $\boldsymbol{X}^D$ 表示 $\boldsymbol{X}^D = \{q_{ij} \mid i=1,2,\cdots,p; j=1,2,\cdots,l\} \subset R^D$
离散变量设计空间的几何表达示例	图(a)　一维离散变量空间　　　图(b)　三维离散变量空间

6.1.3 连续变量的离散化

表 30-6-2　　连续变量的离散化

定义	将尺寸等理论上是连续的变量根据制造、安装与检测的要求将其连续化,即为连续变量的离散化
连续增量 ε_i	连续变量 x_i 沿某坐标轴方向所取的有实际意义的最短距离 $$\varepsilon_i=\frac{x_i^U-x_i^L}{l_i-1}\quad i=p+1,p+2,\cdots,n$$ 式中　x_i^L——连续设计变量的下限值 　　　x_i^U——连续设计变量的上限值 　　　l_i——第 i 个变量在离散值域内所取离散值的个数
连续变量离散化	将连续变量 x_i 以连续增量为离散间隔离散化,则对离散点 x_{ij} 和与其轴上相邻的两个离散值可表示为 $$x_{ij}-\varepsilon_i,x_{ij},x_{ij}+\varepsilon_i$$ 这样使得连续设计空间转化为均匀离散设计空间

表 30-6-3　　离散变量设计问题的最优解

局部最优解 （简称离散最优解）	若 $x^*\in\mathcal{D}$,对于所有 $x\in UN(x^*)\cap\mathcal{D}$,恒有 $f(x^*)<f(x)$,则称 x^* 为离散变量的局部最优解 式中,离散单位邻域 $UN(x)$ 是指离散设计空间中对某点 x 的下述点的集合 $$UN(x)=\left\{x\left|\begin{array}{l}x_i+\Delta_i^-,x_i,x_i+\Delta_i^+\quad i=1,2,\cdots,p\\ x_i-\varepsilon_i,x_i,x_i+\varepsilon_i\quad i=p+1,p+2,\cdots,n\end{array}\right.\right\}$$ 一般情况下,若离散变量的维数为 n,则其离散单位邻域集合共有 3^n 个点
伪离散最优解	若 $\bar{x}^*\in\mathcal{D}$,对于所有 $x\in NC(\bar{x}^*)\cap\mathcal{D}$,恒有 $f(\bar{x}^*)<f(x)$,则称 $\bar{x}^*$ 为离散变量的局部最优解 式中,离散坐标邻域 $NC(x)$ 是指离散设计空间中某点 x 的离散单位邻域与各坐标轴 e_i 的交点的集合 $$NC(x)=\{UN(x)\cap e_i\quad i=1,2,\cdots,n\}$$ 一般情况下,若离散变量的维数为 n,则其离散坐标邻域共有 $2n+1$ 个点
例　二维离散空间中的离散单位邻域和坐标邻域 $UN(x)=\{x,A,B,C,D,E,F,G,H\}$ $NC(x)=\{x,B,G,D,E\}$	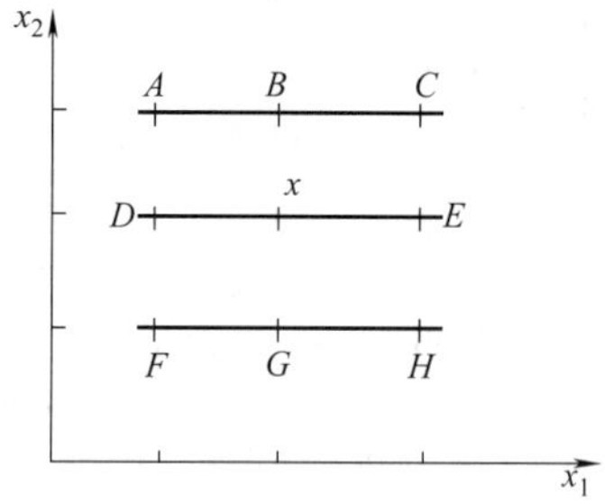
无约束非线性离散变量设计问题最优解的几何表达 A——连续最优解 B——离散最优解 C——最近的拟离散最优解 D——最好的拟离散最优解	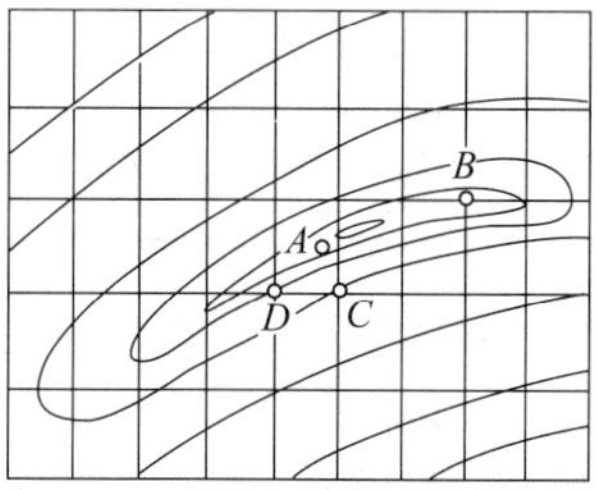
有约束非线性离散变量设计问题最优解的几何表达 A——连续最优解 B——离散最优解 C——拟离散最优解	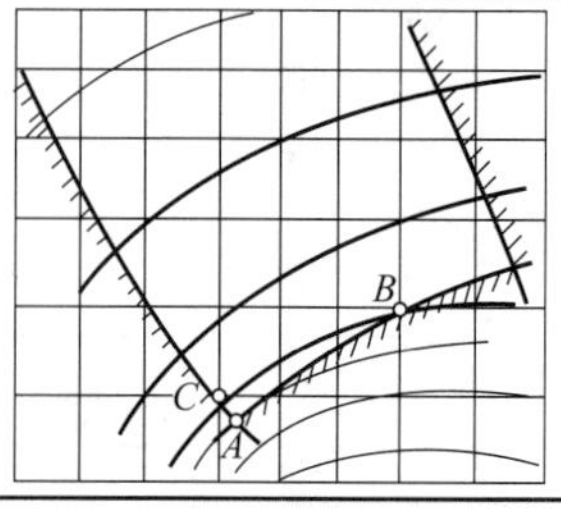

6.1.4 离散变量设计问题的可行域

如图 30-6-1 所示，定义为

$$\mathscr{D} = \{ x \mid g_u(x) \leqslant 0 \quad u = 1, 2, \cdots, m \} \subset R^n$$

(30-6-2)

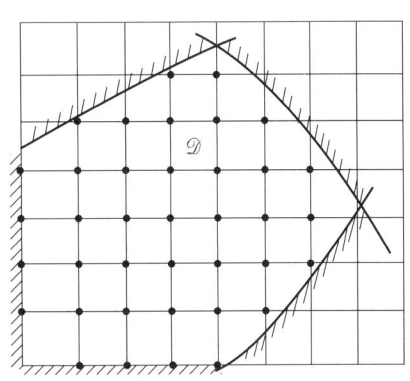

图 30-6-1 离散变量设计问题的可行域

需要说明的是：约束面并不一定"穿过"离散点。

6.1.5 离散变量问题的最优解

离散变量问题的最优解见表 30-6-3。

6.1.6 离散优化方法的收敛准则

设当前搜索到的最好点为 x，在此点的单位邻域 $UN(x)$ 内查点，未搜索到优于 x 点的离散点，则算法收敛，所得的 x 点即为局部离散最优解 x^*。当目标函数为凸函数、约束函数 D 为凸集时，此点即为该优化问题全域的约束离散最优解。

6.1.7 离散优化方法概述

约束非线性离散变量的优化方法包括以下内容。

① 以一般连续变量优化方法为基础的方法。如圆整法、拟离散法、离散型惩罚函数法。

② 随机和半随机型离散变量优化方法。如离散变量随机试验法、自适应随机离散变量搜索法、试探组合法等。

③ 离散变量搜索优化方法。如整数梯度法、离散组合形算法、拟梯度搜索算法等。

④ 其他离散变量优化方法。如非线性隐枚举法、分支定界法、离散型网格与离散型正交网格法、离散变量的组合型法等。

上述这些方法的解题能力与数学模型的函数性态和变量多少有很大关系。本章只介绍几种方法，其他方法可参考有关文献。

6.2 离散变量自适应随机搜索法

6.2.1 基本方法

在离散变量的可行域 $\mathscr{D}$ 内，适应目标函数的下降性质，使模拟中心点 $x^{(0)}$ 做随机搜索移动，产生点列 $\{x^{(0)}, x^{(1)}, \cdots\}$ 直至逼近最优点 x^*。

如图 30-6-2 所示，在约束可行域内，以某一个可行的初始点 $x^{(0)}$ 为中心，在规定的变量上下界范围内按其概率分布进行连续变量和离散变量随机抽样产生新点，计算其目标函数值，当其优于 $x^{(0)}$ 的目标函数值时，记为 $x^{(1)}$，搜索移动一步，然后不断重复前面的过程。假设在离散变量的可行域 $\mathscr{D}$ 内，能产生 N 个涉及点的随机样本，当 N 充分大时，可以求得离散变量问题的最优解 x^* 和 $f(x^*)$。

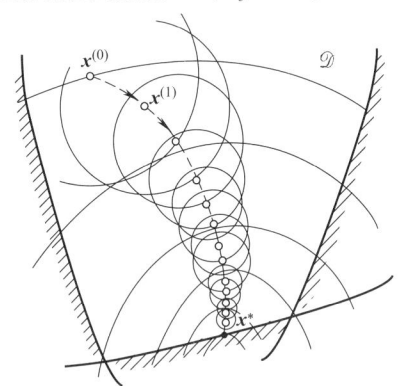

图 30-6-2 离散变量的自适应
随机搜索法原理图

6.2.2 基本步骤

1) 输入初始点 $x^{(0)}$，并进行可行性检验。

① 若可行，转入步骤2)。

② 若不可行，规定变量的上下限值分别为 x_i^U 和 x_i^L，用如表 30-6-4 所示的随机试验法产生初始点 $x^{(0)}$。选出可行的离散初始点后，转入步骤2)；否则，修改变量的上下限值，重新产生初始点。

2) 以可行初始点为中心，随机搜索新点 x 并转到步骤3)；若在规定的次数内未能得到好的新点，转到步骤4)。

3) 计算新点目标函数值，若满足 $|f(x) - f(x^{(0)})| \leqslant \varepsilon$，则转到步骤4)；否则，令 $x^{(0)} = x$，转到步骤2)。

4) 依次对各维进行轮遍搜索，若得到好点，则转向步骤2)，否则转向步骤5)。

5) 此时设计点移到约束面附近，在当前点的邻域 $UN(x^{(0)})$ 进行随机移步查点，新点产生方法见表

表 30-6-4　设计点样本产生方法

变量类型	设计点样本产生方法
不等间隔的离散变量	设此类变量有 m 个,可通过离散值域矩阵元素 q_{ij} 来计算。设数组的形式为 $Q[i,j]$ ($i=1,2,\cdots,m; j=1,2,\cdots,L_i$,其中 L_i 是第 i 维离散变量最大值的下标整数值),则取新点 $x_i = Q[i,J_i]$ 时,J_i 取下式计算得到的整数部分,即 $$J_i = 取整\left\langle \frac{1}{K_d}(L_i - 1 + 0.5)(2r - 1^{(0)})^{K_p} + J_i^{(0)} \right\rangle$$ 式中,r 为 $[0,1]$ 之间均匀分布的伪随机数;K_p 为抽样分布系数,取正奇数,一般取 1,3,5,7,等;K_d 为抽样区域缩减系数,为大于 1 的正整数;$J_i^{(0)}$ 为旧点分量值的下标值
等间隔的离散变量	设此类变量有 $p-m$ 个,并且离散间隔为 Δ_i,则新点的值为 $$x_i = \left\langle 取整\left\langle \left[x_i^{(0)} + \frac{1}{K_d}(x_i^U - x_i^L)(2r-1)^{K_p}\right] / \Delta_i \right\rangle \right\rangle \times \Delta_i \quad i = m+1, m+2, \cdots, p$$ 式中各变量的物理意义如前述
连续变量	设此类变量有 $n-p$ 个,按下式计算新值 $$x_i = x_i^{(0)} + \frac{1}{K_d}(x_i^U - x_i^L)(2r-1)^{K_p} \quad i = p+1, p+2, \cdots, n$$ 式中各变量的物理意义如前述

30-6-5。若得到好点,则转向步骤 2);否则,转向步骤 6)。

6) 结束计算,输出优化结果:$x^* = x$, $f(x^*) = f(x)$。

表 30-6-5　随机移步查点技术随机试验点的产生

变量类型	设计点样本产生方法
不等间隔的离散变量	设此类变量有 m 个,当前离散点为 x_{ij}(i 为变量下标,j 为离散值下标),取 $[0,1]$ 区间均匀分布的随机数 r,并令 $\theta_k = 2r - 1$,变换为 $[-1, +1]$ 区间内的均匀随机数,则取 $$x_i^{(k)} = \begin{cases} x_{i,j-1} & 当 -1 \leqslant \theta_k \leqslant -0.3 时 \\ x_{ij} & 当 -0.3 < \theta_k < 0.3 时 \\ x_{i,j+1} & 当 0.3 \leqslant \theta_k \leqslant +1 时 \end{cases} \quad i = 1, 2, \cdots, m$$
等间隔的离散变量	设此类变量有 $p-m$ 个,并且离散间隔为 Δ_i,则新点的值为 $$x_i^{(k)} = \begin{cases} x_{ij} - \Delta_i & 当 -1 \leqslant \theta_k \leqslant -0.3 时 \\ x_{ij} & 当 -0.3 < \theta_k < 0.3 时 \\ x_{ij} + \Delta_i & 当 0.3 \leqslant \theta_k \leqslant +1 时 \end{cases}$$ $i = m+1, m+2, \cdots, p$ 式中各变量的物理意义如前述
连续变量	设此类变量有 $n-p$ 个,按下式计算新值 $$x_i^{(k)} = x_i + \varepsilon_i s_i \quad i = p+1, p+2, \cdots, n$$ 式中,ε_i 为可取连续变量允许的精度值;s_i 为随机方向的第 i 个变量,其值可取 $s_i = \theta_i / \sqrt{\sum_{i=1}^{n-p} \theta_i^2}$,$\theta_i$ 为 $[-1, +1]$ 区间的均匀分布随机数

6.2.3　程序框图（图 30-6-3）

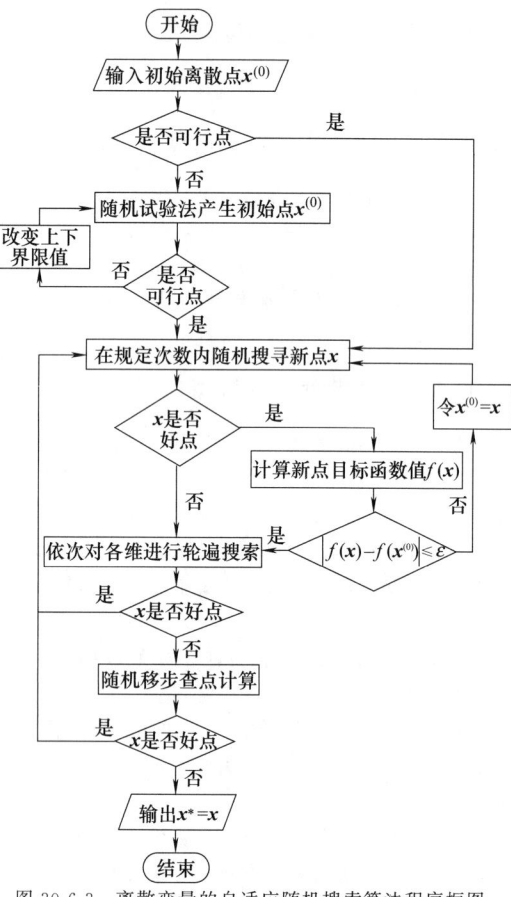

图 30-6-3　离散变量的自适应随机搜索算法程序框图

6.3 离散变量的组合形法

6.3.1 基本方法

以复合型思想为基础发展而来。在 n 维离散空间内，使得在搜索过程中每次得到的复合形顶点均为离散点，则得到离散最优解的概率要大大提高。

6.3.2 基本步骤

1) 选取一个符合变量边界条件的初始顶点 $\boldsymbol{x}^{(0)}$；确定各设计变量的上限值 x_i^U 和下限值 x_i^L，连续变量的拟离散增量 $\varepsilon_i(i=p+1,p+2,\cdots,n)$；规定收敛准则的分量数 $N(1 \leqslant N \leqslant n)$。

2) 按以下方法产生 $2n+1$ 个离散变量组合形的顶点。计算各顶点的目标函数值，并按目标函数值的大小排队。

第 1 个顶点
$$x_i^{(1)} = x_i^{(0)} \quad i=1,2,\cdots,n \quad (30\text{-}6\text{-}3)$$

第 2 个至 $n+1$ 个顶点
$$\left.\begin{array}{l} x_i^{(j+1)} = x_i^{(0)} \quad i=1,2,\cdots,n;i\neq j;j=1,2,\cdots,n \\ x_i^{(j+1)} = x_i^L \quad i=j=1,2,\cdots,n \end{array}\right\}$$
$$(30\text{-}6\text{-}4)$$

第 $n+2$ 至 $2n+1$ 个顶点
$$\left.\begin{array}{l} x_i^{(n+j+1)} = x_i^{(0)} \quad i=1,2,\cdots,n;i\neq j;j=1,2,\cdots,n \\ x_i^{(n+j+1)} = x_i^U \quad i=j=1,2,\cdots,n \end{array}\right\}$$
$$(30\text{-}6\text{-}5)$$

3) 设目标函数最大者为最坏顶点 $\boldsymbol{x}^{(b)}$，按式 (30-6-6) 计算组合形除最坏点外其余各顶点的几何中心点 $\boldsymbol{x}^{(c)}$，并计算其目标函数值 $f(\boldsymbol{x}^{(c)})$。

$$x_i^{(c)} = \frac{1}{2n}\sum_{\substack{j=1 \\ j\neq b}}^{2n+1} x_i^{(j)} \quad i=1,2,\cdots,n \quad (30\text{-}6\text{-}6)$$

4) 以最坏顶点与其余各顶点的几何中心点的连续方向 s 作为离散搜索方向，进行一维离散搜索，若找到较好的离散点，转到步骤 5)；否则转到步骤 6)。

一维离散搜索方向由式 (30-6-7) 给出
$$s_i = x_i^{(c)} - x_i^{(b)} \quad i=1,2,\cdots,n \quad (30\text{-}6\text{-}7)$$

5) 计算组合形在第 i 个坐标上的当前点的检验"长度"，即
$$d_i = a_i - b_i \quad i=1,2,\cdots,n \quad (30\text{-}6\text{-}8)$$
式中
$$\left.\begin{array}{l} a_i = \max\{x_i^{(j)}, j=1,2,\cdots,2n+1\} \\ b_i = \min\{x_i^{(j)}, j=1,2,\cdots,2n+1\} \end{array}\right\}$$
$$(30\text{-}6\text{-}9)$$

将 d_i 值与相应坐标的离散增量值（对于连续变量取拟增量）进行比较，若小于离散增量值的分量总数小于预先给定的 N 值，则判定为满足收敛条件，转到步骤 7)；否则，用新点替代最坏点，构成新的组合形，完成一次迭代，转到步骤 3)。

6) 交替采用如下方法调整组合形的形状，转到步骤 3)。

① 用次坏点（也可以取第 2、3 个直至第 $2n+1$ 个顶点）与其余顶点几何中心的连线方向取代原搜索方向，继续进行调优迭代；

② 如果仍找不到较好的离散点，将每个顶点都向好点方向收缩 1/3，构成新的组合形继续迭代。

7) 计算结束，输出最优解 $\boldsymbol{x}^* = \boldsymbol{x}^{(c)}$，$f(\boldsymbol{x}^*) = f(\boldsymbol{x}^{(c)})$。

6.3.3 程序框图

程序框图见图 30-6-4。

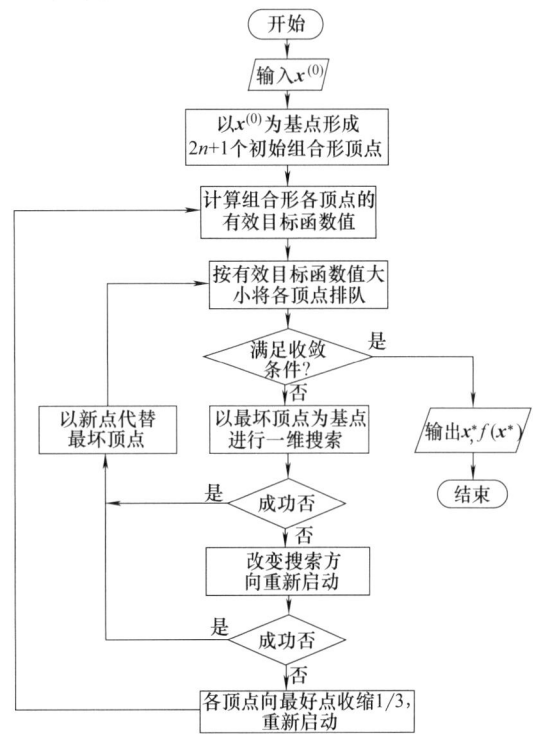

图 30-6-4 离散变量组合形算法程序框图

6.4 离散性惩罚函数法

6.4.1 基本方法

将设计变量的离散性视为对该变量的一种约束条件，则可用连续变量的优化方法来计算离散变量问题的优化解。

混合设计变量的关键在于要使最优解的离散分量收敛到离散值上。当离散设计分量不符合离散值时，

可建立一个惩罚项，使其产生一定的数值来影响目标函数，迫使其收敛到离散值上。

针对式（30-6-1）的约束非线性混合设计变量的求解问题，可以构造一个离散变量的惩罚项，使其具有如下性质

$$Q(\boldsymbol{x}^D) = \begin{cases} =0 & \text{当 } \boldsymbol{x}^D \in \boldsymbol{X}^D \\ >0 & \text{当 } \boldsymbol{x}^D \notin \boldsymbol{X}^D \end{cases} \quad (30\text{-}6\text{-}10)$$

这样，问题将变换为求如下形式惩罚函数的序列极小化问题

$$\min \Phi(\boldsymbol{x}, r_1^{(k)}, r_2^{(k)}) = f(\boldsymbol{x}) + r_1^{(k)} G[g_u(\boldsymbol{x})] + r_2^{(k)} Q(\boldsymbol{x}^D) \quad (30\text{-}6\text{-}11)$$

式中，$r_1^{(k)}$ 和 $r_2^{(k)}$ 为惩罚因子（$k=0,1,2,\cdots$）；其中约束惩罚因子 $r_1^{(k)}$ 可以借鉴连续优化问题的惩罚函数法选取，如用内点法时，其值为一个递减的序列，即 $r_1^{(0)} > r_1^{(1)} > r_1^{(2)} > \cdots$，通常按 $r_1^{(k+1)} = c r_1^{(k)}$ 产生，c 为下降系数；$r_2^{(k)}$ 用于控制离散惩罚项计入惩罚函数中的变化幅度，其值为一个递增的正序列，即 $r_2^{(0)} < r_2^{(1)} < r_2^{(2)} < \cdots$，通常按 $r_2^{(k+1)} = \sqrt{1/c}\, r_2^{(k)}$ 产生。计算时初值 $r_2^{(0)}$ 应取小些，使之开始时得到一个比较平滑的惩罚函数的超等值面，以利于使所求的无约束最优点逐渐向约束最优点移动。

$G[g_u(\boldsymbol{x})]$ 为不等式约束的惩罚项。当采用内点法时，取

$$G[g_u(\boldsymbol{x})] = -\sum_{u=1}^m 1/g_u(\boldsymbol{x}) \quad (30\text{-}6\text{-}12)$$

当 $\boldsymbol{x} = [\boldsymbol{x}^C, \boldsymbol{x}^D]^T$ 为可行点时，$G[g_u(\boldsymbol{x})] > 0$；当设计点接近于起一个约束作用时，$G[g_u(\boldsymbol{x})] \to \infty$，这样可以在迭代过程中保证设计点 $\boldsymbol{x}$ 始终在可行域内。

$Q(\boldsymbol{x}^D)$ 为离散惩罚项，通常取

$$Q(\boldsymbol{x}^D) = \sum_{i \in \boldsymbol{x}^D} [4 q_i (1 - q_i)]^{\beta^{(k)}} \quad (30\text{-}6\text{-}13)$$

其中

$$q_i = \frac{x_i - x_{ij}}{x_{i,j+1} - x_{ij}} \quad x_{ij} \leqslant x_i \leqslant x_{i,j+1} \quad i=1,2,\cdots,p \quad (30\text{-}6\text{-}14)$$

式中的 x_i 为两个相邻离散点之间的任意坐标值，在迭代中由设计点的位置而定。$\beta^{(k)}$ 是随迭代次数而取不同值的一个指数，主要考虑离散惩罚项的连续性，并使得相邻离散点之间惩罚函数 $\Phi(\boldsymbol{x}, r_1^{(k)}, r_2^{(k)})$ 的一阶导数连续。初始值 $\beta^{(0)}$ 必取大于 1 的数，一般而言，取一个较大的 $\beta^{(0)}$ 可以改善收敛条件。序列 $\{\beta^{(k)}, k=0,1,2,\cdots\}$ 的产生，一般取 $\beta^{(k+1)} = \beta^{(k)}/1.2$。事实上，$\beta^{(k)}$ 值的大小对算法收敛速度的影响不大。

对于一系列惩罚因子 $r_1^{(k)}$、$r_2^{(k)}$，当 $k \to \infty$ 时，有

$$r_1^{(k)} G[g_u(\boldsymbol{x})] \to 0, \quad r_2^{(k)} Q(\boldsymbol{x}^D) \to 0$$

使设计点收敛到靠近约束边界的离散点上，从而有

$$\min \Phi(\boldsymbol{x}, r_1^{(k)}, r_2^{(k)}) \to \min f(\boldsymbol{x})$$

取得约束离散问题的最优解。

用惩罚函数法求解混合离散变量的设计问题，使用起来比较方便，工程上也常有应用。但是这个方法容易使惩罚函数出现病态，计算中比较难以掌握。

6.4.2 基本步骤

采用内点惩罚函数法的算法步骤如下。

1）输入离散变量 $\boldsymbol{x}^D$ 各分量的离散点值；输入初始值 $\boldsymbol{x}^{(0)}$、$r_1^{(0)}$、$r_2^{(0)}$、$\beta^{(0)}$ 以及无约束极小化的收敛精度 ε。

2）调用无约束极小化方法求惩罚函数 $\Phi(\boldsymbol{x}, r_1^{(k)}, r_2^{(k)})$ 的极小值，得到最优点 $\boldsymbol{x}^*(r_1^{(k)}, r_2^{(k)})$。

3）判断 $\boldsymbol{x}^*(r_1^{(k)}, r_2^{(k)})$ 是否收敛到离散值上。若收敛，转到步骤 4）；若不收敛，调用校正程序，即采取加大 r_1^k 或减少 r_2^k 值的方法，返回步骤 2）。

通常，校正程序中可取 $r_1^{(k)} = r_1^{(k)}/c^2$ 和 $r_2^{(k)} = r_2^{(k-2)}$。内点惩罚函数法中，下降系数 c 通常在 0.025~0.5 范围内选取。

4）判断惩罚函数是否满足收敛条件。若满足，转到步骤 5）；若不满足，取 $k = k+1$，$\boldsymbol{x}^{(0)} = \boldsymbol{x}^*(r_1^{(k)}, r_2^{(k)})$，返回步骤 2）。

5）输出最优解 $\boldsymbol{x}^* = \boldsymbol{x}^*(r_1^{(k)}, r_2^{(k)})$ 和 $f(\boldsymbol{x}^*)$。

6.4.3 程序框图

程序框图见图 30-6-5。

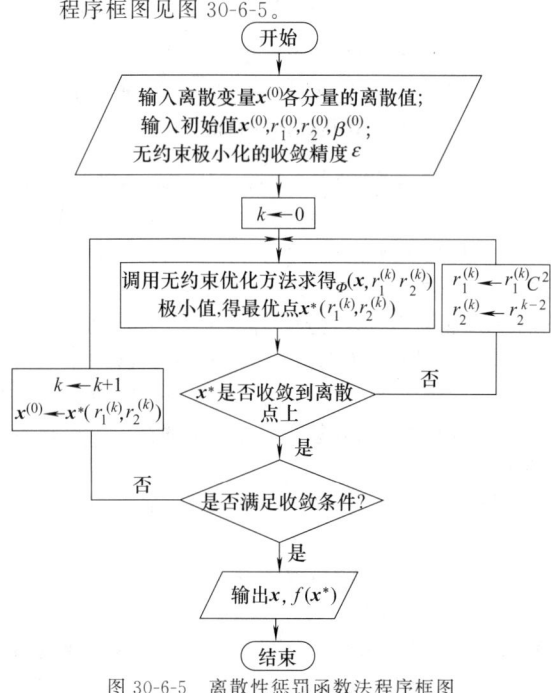

图 30-6-5　离散性惩罚函数法程序框图

第 7 章 随机问题优化设计方法

7.1 基本概念和定义

7.1.1 随机参数

在一个优化设计问题中,若有 k 个已知其概率分布(类型和分布参数或特征值等)的随机因素,则称它们为随机参数 $\boldsymbol{\omega}^{\mathrm{T}}=(\omega_1,\omega_2,\cdots,\omega_k)$。各随机参数之间一般是相互独立的,在极个别情况下可能随机相关。

随机参数通常由以下几种确定方式:
1)由真实或模拟试验或观察所获得的一些数据样本;
2)根据以往的设计经验、数据积累确定其分布类型和特征值;
3)利用手册、产品目录或其他文献中的数据。

7.1.2 随机设计变量

在优化设计中,若有 n 个需要通过调整其分布类型和分布参数(或特征值)来获得问题最优解的相互独立的随机因素,则称它们为随机设计变量 $\boldsymbol{x}^{\mathrm{T}}=(x_1,x_2,\cdots,x_n)$。

根据工程设计的特点,一般可依样品试验、同类元器件参数的数据或纯粹依主观推断(通常第一种选择是假定它为正态分布)先确定各设计变量的分布类型,然后再通过调整它的分布参数(如形状参数、尺寸参数和位置参数)或特征值(如方差和均值)来寻找问题的最优解。

一个随机变量可用它的均值和变异系数来表征。这样,当一个随机设计变量已知其变异系数时,优化设计中的计算部分可以直接按均值进行迭代,变异系数则按相关设计条件选取,参见相关文献。

一般在手册或产品目录中查得的数据如无说明可视为均值。

如已给出数据的公差或范围,可按如下"3σ"原则处理:

1)已知数据为 $x\pm\Delta x$ 时,可取 $\mu_x=x$,$\sigma_x=\dfrac{\Delta x}{3}$;

2)已知数据为 $x_{\min}\sim x_{\max}$ 时,可取 $\mu_x=\dfrac{x_{\max}+x_{\min}}{2}$,$\sigma_x=\dfrac{x_{\max}-x_{\min}}{6}$;

3)已知数据为 $x_{\min}$,实际小于它的概率约为 0.001、0.01 或 0.10 时,取

$$\mu_x=\frac{x_{\min}}{1+ZC_x},\text{ 即 }\mu_x=\frac{x_{0.001}}{1-3.09C_x}、$$

$$\mu_x=\frac{x_{0.01}}{1-2.33C_x}\text{ 或 }\mu_x=\frac{x_{0.10}}{1-1.28C_x}$$

其中,变异系数 C_x 可按经验选取。

当设计变量为确定型时,可以看作标准差为零的一种特殊随机设计变量。

7.1.3 随机设计特性

若设计问题中的一些设计特性或技术指标是随机设计变量 $\boldsymbol{x}$ 和随机参数 $\boldsymbol{\omega}$ 的函数,则称它为随机设计特性 $z=z(\boldsymbol{x},\boldsymbol{\omega})$,它可以是随机变量的线性和非线性函数。

由随机变量特性建立的目标函数 $f(\boldsymbol{x},\boldsymbol{\omega})$ 和约束函数 $g(\boldsymbol{x},\boldsymbol{\omega})$ 也是随机的。根据概率论的知识,目标函数和约束函数可以有多种计算形式,见表30-7-1。

表30-7-1 目标函数和约束函数的几种计算形式

计算形式	目 标 函 数	约 束 函 数
均值	$E\{f(\boldsymbol{x},\boldsymbol{\omega})\}$ 或 $\mu_f\approx f(\overline{\boldsymbol{\mu}}_x,\overline{\boldsymbol{\mu}}_\omega)$	$E\{g(\boldsymbol{x},\boldsymbol{\omega})\}$ 或 $\mu_g\approx g(\overline{\boldsymbol{\mu}}_x,\overline{\boldsymbol{\mu}}_\omega)$
方差	$Var\{f(\boldsymbol{x},\boldsymbol{\omega})\}$ 或 σ_f^2	$Var\{g(\boldsymbol{x},\boldsymbol{\omega})\}$ 或 σ_g^2
概率	$P\{f(\boldsymbol{x},\boldsymbol{\omega})\}\geqslant f_0$ 或 $P\{f^L\leqslant f(\boldsymbol{x},\boldsymbol{\omega})\}\leqslant f^U$	$P\{g(\boldsymbol{x},\boldsymbol{\omega})\}\leqslant 0$
组合计算	$w_1E\{f(\boldsymbol{x},\boldsymbol{\omega})\}+w_2Var\{f(\boldsymbol{x},\boldsymbol{\omega})\}$	

注:1. f_0、f^L、f^U 分别为设计特性的目标值和允许的上、下限值。
2. $\overline{\boldsymbol{\mu}}_x$、$\overline{\boldsymbol{\mu}}_\omega$ 表示随机变量的统计均值。
3. $E\{\cdot\}$、$Var\{\cdot\}$、$P\{\cdot\}$ 分别表示对括号内的随机变量作均值、方差和概率计算。
4. w_1、w_2 为加权系数。

概率约束是机械设计中最常用的一种约束形式,如强度约束、性能约束等;均值型等式约束则只适用于某些特殊的情况,如当要求一项设计特性的平均值满足规定要求时可以采用。

7.1.4 概率约束可行域

在 n 维概率空间内,$x_i=\mu_{xi}\pm k_i\sigma_{xi}(i=1,2,\cdots,n)$

的母体满足所有概率约束条件的随机设计变量的集合，称为概率约束可行域，即

$$\mathscr{D}_a = \left\{ x = \mu_x \pm k\sigma_x \middle| \begin{array}{l} P\{g_j(x,\omega) \leqslant 0\} \geqslant \alpha_j, \\ j=1,2,\cdots,m \end{array} \right\}$$

(30-7-1)

式中 k——任意常数；
α_j——随机约束应满足的概率值；
m——随机约束的个数。

式 (30-7-1) 中的约束可行域 $\mathscr{D}_a$ 将随预先给定的所应满足的概率值 α 的增大而减小。

7.2 随机优化设计数学模型的一般形式

随机优化设计数学模型的一般形式为

$$\left.\begin{array}{l} x \in (\Omega, \Gamma, P) \subset R^n \\ \min \quad f(x,\omega) \\ \text{s.t} \quad g_u(x,\omega) \leqslant 0 \quad u=1,2,\cdots,m \\ \omega \in (\Omega, \Gamma, P) \subset R^k \end{array}\right\}$$

(30-7-2)

式中，x、ω、$f(x,\omega)$ 和 $g_u(x,\omega)$ 均为随机变量；(Ω, Γ, P) 为概率空间，其中 Ω 为事件的样本空间，Γ 为事件的全体，P 为事件在全体中出现的概率。

表 30-7-2 随机优化设计数学模型的几种常用形式

种类	模型表达式	应用
E-模型 (均值模型)	$x \in (\Omega, \Gamma, P) \subset R^n$ $\min \; E\{f(x,\omega)\}$ s.t. $P\{g_j(x,\omega) \leqslant 0\} \geqslant \alpha_j$； $j=1,2,\cdots,m_1$ $E\{g_j(x,\omega)\} \leqslant 0$； $j=m_1+1,\cdots,m$ $\omega \in (\Omega, \Gamma, P) \subset R^k$	性能设计 安全设计 概率设计
V-模型 (方差模型)	$x \in (\Omega, \Gamma, P) \subset R^n$ $\min \; Var\{f(x,\omega)\}$ s.t. $P\{f(x,\omega) \geqslant f_0\} \geqslant \alpha$ $P\{g_j(x,\omega) \leqslant 0\} \geqslant \alpha_j$ $j=1,2,\cdots,m_1$ $E\{g_j(x,\omega)\} \leqslant 0$； $j=m_1+1,\cdots,m$ $\omega \in (\Omega, \Gamma, P) \subset R^k$	性能设计 容差设计 质量设计
P-模型 (概率模型)	$x \in (\Omega, \Gamma, P) \subset R^n$ $\min P\{f(x,\omega) \geqslant f_0\}$ s.t. $P\{g_j(x,\omega) \leqslant 0\} \geqslant \alpha_j$； $j=1,2,\cdots,m_1$ $E\{g_j(x,\omega)\} \leqslant 0$； $j=m_1+1,\cdots,m$ $\omega \in (\Omega, \Gamma, P) \subset R^k$	可靠性设计 风险设计 产品质量设计 安全设计 概率设计

注：符号说明：m_1——概率约束数；
m——约束总数；
α、α_j——随机目标函数和各随机约束应满足的概率值，由设计者给定。

根据工程设计的要求，随机型优化设计模型有如下几类：统计均值模型、概率约束模型、风险决策模型、容差分布模型和补偿模型等。对于机械设计问题而言，概率约束模型最具有实际意义。表 30-7-2 给出了随机模型的几种常用形式。

7.3 随机问题最优解的最优性条件

类似于确定性优化问题，随机优化问题的约束极值条件可根据 K-T 条件给出：若 x 的分布可表示为参数 η 的函数，则约束最优点 $x^*(\eta_0)$ 应是式 (30-7-3) 的解

$$\left.\begin{array}{l} \nabla_x f_0(x^*(\eta_0)) + \sum_{j \in J} \mu_j^*(\eta_0) \nabla_x g_j(x^*(\eta_0)) = 0 \\ \mu^*(\eta_0) > 0, \mu_j^*(\eta_0) g_j[x^*(\eta_0)] = 0 \end{array}\right\}$$

(30-7-3)

式中，$\mu^*(\eta_0)$ 为相应的 K-T 向量。

由于问题中含有随机因素，因此它只能是在某一概率水平 $(P\{\bigcap_{j=1}^{m} g_j(x,\omega) \leqslant 0\} \geqslant \alpha)$ 和起作用约束满足预定精度 $(J(x^*(\eta_0), \varepsilon_a) = |\alpha - P\{\cdot\}| \leqslant \varepsilon_a)$ 条件下得到的解。

关于随机优化模型的解法，目前主要遵循两种基本求解思想：一种是将随机模型等价地转换为确定型模型的求解方法，如一次二阶矩法；另一种采用直接求解方法，如模拟搜索算法、随机拟次梯度算法等。有一些文献中提到了用序列概率密度函数逼近的方法。

7.4 一次二阶矩法

7.4.1 基本思想

当设计变量、目标函数和约束函数等均为正态分布，并且有足够的资料和根据能确定出各随机变量和设计变量的均值和方差（即一阶原点矩和二阶中心矩）时，利用一次二阶矩法可以将随机模型转化为确定性模型，并采用一般优化方法求解。

7.4.2 基本算法

对于如下含有约束的概率问题

$$\left.\begin{array}{l} \min \Phi(x) = w_1 E\{f(x,\omega)\} + w_2 Var\{f(x,\omega)\} \\ \text{s.t.} \; P\{g_j(x,\omega) \leqslant 0\} = \int_{-\infty}^{0} f(g_j) \mathrm{d}g_j \geqslant \alpha_j \\ j=1,2,\cdots,m \\ x, \omega \in (\Omega, \Gamma, P) \subset R^{n+k} \end{array}\right\}$$

(30-7-4)

设随机向量 $\boldsymbol{y}=[\boldsymbol{x},\boldsymbol{\omega}]^\mathrm{T}=[x_1,x_2,\cdots,x_n,\omega_1,\omega_2,\cdots,\omega_k]^\mathrm{T}$，且各独立的随机变量的均值和标准差为已知，用 μ_{yi} 和 σ_{yi} 表示。这样，若将多元随机函数在自变量的均值处做泰勒级数线性展开，并取其均值和标准差，则可得到用一阶矩和二阶矩表达的近似计算式。

1) 随机目标函数

随机目标函数 $f(\boldsymbol{x},\boldsymbol{\omega})$ 的均值和标准差为
$$\mu_f = E\{f(\boldsymbol{x},\boldsymbol{\omega})\} \approx f(\mu_g) \quad (30\text{-}7\text{-}5)$$
$$\sigma_f = \sqrt{\mathrm{Var}\{f(\boldsymbol{x},\boldsymbol{\omega})\}} \approx \left\{\sum_{i=1}^{N}\left[\frac{\partial f(y)}{\partial y_i}\bigg|_{\mu_{yi}}\right]^2 \sigma_{yi}^2\right\}^{1/2}$$
$$(30\text{-}7\text{-}6)$$

2) 概率约束

随机约束函数 $g_u(\boldsymbol{x},\boldsymbol{\omega})$ 的均值和标准差为
$$\mu_{g_u} = E\{g_u(\boldsymbol{x},\boldsymbol{\omega})\} \approx g_u(\mu_y) \quad (30\text{-}7\text{-}7)$$
$$\sigma_{g_u} = \sqrt{\mathrm{Var}\{g_u(\boldsymbol{x},\boldsymbol{\omega})\}}$$
$$\approx \left\{\sum_{i=1}^{n+k}\left[\frac{\partial g_u(y)}{\partial y_i}\bigg|_{\mu_{yi}}\right]^2 \sigma_{yi}^2\right\}^{1/2}$$
$$(30\text{-}7\text{-}8)$$

引入新的随机变量
$$\theta = \frac{g_u - \mu_{g_u}}{\sigma_{g_u}} \quad (30\text{-}7\text{-}9)$$

将随机约束函数 $g_u(\boldsymbol{x},\boldsymbol{\omega})$ 转化为标准正态分布，如图 30-7-1 所示，于是可表示为

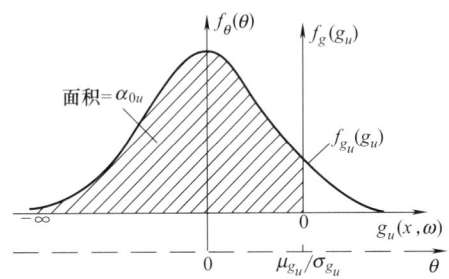

图 30-7-1　概率随机函数的转换

$$P\{g_u(\boldsymbol{x},\boldsymbol{\omega})\leqslant 0\} = \int_{-\infty}^{0} f_{g_u}(g_u)\mathrm{d}g_u$$
$$= \int_{-\infty}^{-\frac{\mu_{g_u}}{\sigma_{g_u}}} \frac{1}{\sqrt{2\pi}}\mathrm{e}^{-\theta^2/2}\mathrm{d}\theta \geqslant \alpha_{0u}$$
$$= \int_{-\infty}^{\phi^{-1}(\alpha_{0u})} \frac{1}{\sqrt{2\pi}}\mathrm{e}^{-z^2/2}\mathrm{d}z$$
$$(30\text{-}7\text{-}10)$$

式中，$\phi^{-1}(\alpha_{0u})$ 为相应于概率 α_{0u} 时标准正态随机变量的值 z，可根据标准正态函数表查出，参见有关资料。

若要使随机约束满足的概率值大于给定值，式 (30-7-10) 的积分上限必须满足如下条件

$$-\frac{\mu_{g_u}}{\sigma_{g_u}} \geqslant \phi^{-1}(\alpha_{0u}) \quad \text{或} \quad \mu_{g_u} + \phi^{-1}(\alpha_{0u})\sigma_{g_u} \leqslant 0$$
$$(30\text{-}7\text{-}11)$$

对随机目标函数和随机约束采用上述的一次二阶矩处理，即可将式（30-7-4）的随机模型转化为如下等价的确定性模型求解，即

$$\left.\begin{array}{l} \boldsymbol{x}\in\boldsymbol{X}\subset R^n \\ \min\quad F(\mu_f,\sigma_f)=w_1\mu_f+w_2\sigma_f \\ \mathrm{s.t.}\quad \mu_{g_u}+\phi^{-1}(\alpha_{0u})\sigma_{g_u}\leqslant 0 \quad u=1,2,\cdots,m \end{array}\right\}$$
$$(30\text{-}7\text{-}12)$$

求解上述模型可用确定性优化方法。

7.4.3　一次二阶矩法的特点

当各随机变量为正态分布、变异系数较小，且 $f(\boldsymbol{x},\boldsymbol{\omega})$ 和 $g_u(\boldsymbol{x},\boldsymbol{\omega})$ 为线性函数或低阶非线性函数时，用一次二阶矩法可以取得比较满意的计算结果。

7.5　随机模拟搜索法

7.5.1　基本思想

随机约束函数相关性的存在会给计算带来很大的困难。为简化计算，随机模拟搜索法采用确定型优化方法，按随机变量的均值进行搜索，在新点对模型进行随机模拟试验，查明该点的可行性及其相应的目标值。

7.5.2　基本方法

该方法可以利用现有的各种确定型优化方法，其中以选择离散变量优化方法较好。

以采用复合型法作为确定型优化方法为例，其基本方法是在概率空间 (Ω,Γ,P) 内按随机设计变量的均值，在离散子空间产生 $N=2n+1$ 个初始离散点 $\boldsymbol{x}^{(0)}$（包括确定设计变量），以这些初始点为顶点构成一个不规则的多面体，形成初始复合形。对初始复合形的各顶点进行随机模拟分析，得到复合形各顶点的有效目标函数值。比较各顶点的目标函数值，确定最好点和最坏点，判断目标函数的下降方向并进行离散一维搜索，得到一个新的可行下降点，用它替代复合形的最坏顶点。每得到一个新点后，进行一次随机模拟分析，这将使得复合形不断向最优点移动和收缩。

以上过程反复迭代至计算收敛，即复合形各顶点的坐标值的均值不再产生有意义的变化时为止。复合形各顶点的均值在各坐标方向上的尺寸为

$$s_i = a_i - b_i \quad i=1,2,\cdots,n \quad (30\text{-}7\text{-}13)$$

其中

$$\begin{cases} a_i = \max\langle V_{ji}, j=1,2,\cdots,n\rangle \\ b_i = \min\langle V_{ji}, j=1,2,\cdots,n\rangle \end{cases} \quad (30\text{-}7\text{-}14)$$

式中，V_{ji} 是复合形的各顶点。

将 s_i 与连续变量的均量拟增量 ε_i 相比较。预先给定正整数 EN，并设 $s_i \leqslant \varepsilon_i$ 的个数为 RN，当 $RN \leqslant EN$ 时，复合运算中止。一般，取 $EN = n/2 \sim n$。

7.5.3 基本步骤

以采用复合型法的随机模拟搜索法为例，一般按如下步骤迭代。

1) 输入以下各量:
① 各随机变量和参数的分布类型；
② 相应算法的操作参数：复合型顶点数 $N = 2n+1$；随机设计变量均值的离散增量 $\Delta_i(i=1,2,\cdots,P)$ 和连续型随机设计变量均值的拟增量 $\varepsilon_i(i=P+1,\cdots,n)$；
③ 收敛精度：复合型运算终止的坐标数 $EN(n/2 \leqslant EN \leqslant n)$；

2) 给出满足边界条件的按随机变量均值取的初始值 $x^{(0)}$。

3) 利用 [0,1] 均匀分布随机数发生器，产生 [0,1] 区间的均匀随机数；编制随机变量抽样计算的子程序，对概率约束与随机目标函数进行随机模拟计算，得到各顶点的有效函数值。

4) 检查复合型终止条件，若满足，转到步骤 11）；否则转到下一步。

5) 以最坏点为基点，沿复合形顶点的几何中心方向进行一维离散搜索，得到新点。

6) 判断新点的约束条件是否满足。若满足，转到下一步；否则转到步骤 10)。

7) 对一维搜索的新点进行随机模拟试验分析，计算随机目标函数的均值与随机约束的概率值和均值约束。计算一维搜索新点的有效目标函数值。

8) 若新点的有效目标函数值小于最坏点的有效目标函数值，则一维搜索成功，转到下一步；否则转到步骤 10)。

9) 用新点代替复合形最坏点，转到步骤 4)。

10) 依次以第 2（3，…）个最坏点为基点，改变一维搜索方向，若成功，则以新点代替复合形的最坏顶点，转到步骤 4)；若不成功，将复合形各顶点向最好点收缩 1/2，转到步骤 4)。

11) 按算法收敛准则进行复合形邻域查点，若成功，转到步骤 4)；否则转到下一步。

12) 输出迭代计算结果。

从以上步骤可以看出，除其中的计算必须考虑目标函数的均值与随机约束的概率值和均值约束之外，其他均与原来的确定型优化方法的过程相同。

7.6 随机拟次梯度法

7.6.1 基本思想

用随机拟次梯度方向进行迭代，直接求解随机模型的优化方法。此方法类似于用梯度法求解规划问题，重点在于确定最优搜索方向和最优搜索步长。

随机拟次梯度法的基本迭代公式为

$$x^{(k+1)} = x^{(k)} + \rho^{(k)} S^{(k)} \quad (30\text{-}7\text{-}15)$$

式中 $S^{(k)}$——迭代方向；
$\rho^{(k)}$——随机步长因子。

由于该算法是在概率可行域 D_a 内直接搜索，在每次迭代时，新点应满足可行和下降条件，即

$$x^{(k+1)} \in D_a \text{ 和 } F\{f^{(0)}(x^{(k+1)},\omega)\} < F\{f^{(0)}(x^{(k)},\omega)\}$$
$$(30\text{-}7\text{-}16)$$

7.6.2 基本方法

若随机函数 $f(x,\omega)$ 连续，则在统计均值 $x^{(k)} \in R^n$ 点的随机拟次梯度为

$$\left.\begin{array}{l} \xi^{(k)} = [\xi_1^{(k)}, \xi_2^{(k)}, \cdots, \xi_n^{(k)}]^T \\ \xi_i^{(k)} = \dfrac{a_i}{r} \sum_{j=1}^{r} \dfrac{f(x^{(k)} + \delta_k h_j, \omega^{(k_j)}) - f(x^{(k)}, \omega^{(k_0)})}{\delta_k} \\ i = 1,2,\cdots,n \end{array}\right\}$$
$$(30\text{-}7\text{-}17)$$

若随机约束条件组成的概率约束区域 $\mathcal{D}_a$ 是光滑的 n 维超曲面，同时随机函数连续且拟次梯度存在，则可由式（30-7-18）产生搜索方向序列 $\{S^{(k)}\}$

$$S^{(k)} = \begin{cases} \eta^{(k)} & \text{当 } J(x^{(k)},\varepsilon) = \phi \\ Y - x^{(k)} & \text{当 } J(x^{(k)},\varepsilon) \neq \phi \end{cases} \quad (30\text{-}7\text{-}18)$$

其中，起作用约束集合 $J(x^{(k)},\varepsilon)$ 为

$$J(x^{(k)},\varepsilon) = \{u : |E\{g_u(x,\omega)\}| \leqslant \varepsilon \quad u=1,2,\cdots,m\}$$

式（30-7-17）和式（30-7-18）中的有关参数说明如下。

① $\xi^{(k)}$ 为某点处的随机拟次梯度。当 $k=0$，$\eta^{(1)} = \xi^{(0)}$，$\xi^{(0)}$ 为初始点的随机拟次梯度。

② $\eta^{(k)}$ 为混合随机拟次梯度

$$\eta^{(k+1)} = \xi^{(k)} + \delta_k(\xi^{(k)} - \eta^{(k)}) \quad (30\text{-}7\text{-}19)$$

③ δ_k 为独立于 $\{x^{(k)}\}$ 序列选取的某个小于 1 的正实数。根据随机逼近原理，当 $\delta_k \equiv 1$ 时，式（30-7-19）产生的混合拟次梯度会导致算法发散。因此，δ_k 应满足 $\delta_k > 0$，$\sum \delta_k = \infty$，$\sum \dfrac{\delta_k}{\rho^{(k)}} = 0$。其中 $\rho^{(k)}$ 为

第 k 次迭代的随机步长因子。

④ $\boldsymbol{\omega}^{(k_0)}$, $\boldsymbol{\omega}^{(k_j)}$, …为随机参数 $\boldsymbol{\omega}$ 的第 k 次观察值。

⑤ α_i 为随机拟次梯度元素 $\boldsymbol{\xi}_i^{(k)}$ 的标度因子。它的作用是使随机拟次梯度方向发生偏移，实际上控制了所计算的随机拟次梯度 $\boldsymbol{\xi}^{(k)}$ 中各因素的大小。α_i 取值过小，会增大算法迭代次数；α_i 取值过大，则会使算法对随机补偿因子调整的次数增加，进而影响算法的收敛速度。一般，α_i 取大于 3 的奇数。

⑥ r 为随机拟次梯度元素的模拟次数。r 取值过小，得不到正确的 $\boldsymbol{\xi}_i^{(k)}$ 值；r 取值过大，严重影响算法的收敛速度。一般 r 的取值为 3～5。

⑦ h_j 为 $[-1, +1]$ 之间的均匀分布随机数且相互独立。

⑧ $\boldsymbol{Y}$ 为获得可行搜索方向的辅助点，可通过求解如下问题获得，即

$$\left.\begin{array}{l} \min \quad \langle \boldsymbol{\eta}^{(k)}, \boldsymbol{Y}-\boldsymbol{x}^{(k)} \rangle + 0.5 \| \boldsymbol{Y}-\boldsymbol{x}^{(k)} \|^2 \\ \text{s. t} \quad g_j(\boldsymbol{x}^{(k)}, \boldsymbol{\omega}^{(k)}) + \langle \boldsymbol{\xi}^{(k)}, \boldsymbol{Y}-\boldsymbol{x}^{(k)} \rangle \leqslant 0 \\ \qquad j \in J(\boldsymbol{x}^{(k)}, \varepsilon) \end{array}\right\}$$

(30-7-20)

式中 $g_j(\boldsymbol{x}^{(k)}, \boldsymbol{\omega}^{(k)})$ ——随机约束函数；
$\langle \cdot, \cdot \rangle$ ——两向量的内积；
j ——集合 $J(\boldsymbol{x}^{(k)}, \varepsilon) = \{j: -\varepsilon \leqslant g_j(\boldsymbol{x}^{(k)}, \varepsilon) \leqslant \varepsilon, \varepsilon \to 0\}$ 中的元素。

7.6.3 随机步长因子的确定

根据随机逼近理论，为使迭代收敛，选择的随机步长因子 $\rho^{(k)}$ 应满足如下条件，即

$$\rho^{(k)} > 0, \sum \rho^{(k)} = \infty, \sum (\rho^{(k)})^2 < \infty \quad (30\text{-}7\text{-}21)$$

随机步长因子可由如下两种方法产生。

1) 序列法产生随机步长因子。令

$$\rho^{(k)} = \frac{c}{k} \quad (30\text{-}7\text{-}22)$$

式中，c 是小于等于 1 的正实数；k 是迭代次数。该方法使用简单，迭代过程中无需调整随机步长因子，但是当迭代次数 k 很大，而且 $\boldsymbol{x}^{(k+1)}$ 点尚未接近随机变量的某个邻域时，由于 c/k 值变得非常小，将导致算法的收敛速度变得很慢。

2) 按参数自适应方法选择随机步长因子。先给定初始步长因子 $\rho^{(0)}$，然后根据内积向量 $\langle \boldsymbol{S}^{(k-1)}, \boldsymbol{S}^{(k)} \rangle$ 所提供的信息调整 $\rho^{(k)}$ 的值，调整原则为

$$\rho^{(k+1)} = \begin{cases} \rho^{(k)} & -\alpha_1 \leqslant \langle \boldsymbol{S}^{(k-1)}, \boldsymbol{S}^{(k)} \rangle \leqslant \alpha_1 \\ \rho^{(k)} \alpha_2 & \langle \boldsymbol{S}^{(k-1)}, \boldsymbol{S}^{(k)} \rangle > \alpha_1 \\ \rho^{(k)} \alpha_3 & \langle \boldsymbol{S}^{(k-1)}, \boldsymbol{S}^{(k)} \rangle < -\alpha_1 \end{cases}$$

(30-7-23)

式中，$\alpha_1 = 0.4 \sim 0.8$；$\alpha_2 = 1 \sim 1.3$；$\alpha_3 = 0.7 \sim 1$。

采用该方法可利用搜索方向及随机目标函数方面的信息对随机步长因子进行自动调整。

7.6.4 迭代终止准则

根据随机约束问题最优化条件及求解的特点，当满足条件

$$\frac{\langle \boldsymbol{\xi}_f, \boldsymbol{\xi}_g \rangle}{\|\boldsymbol{\xi}_f\| \cdot \|\boldsymbol{\xi}_g\| \cos(\boldsymbol{\xi}_f, \boldsymbol{\xi}_g)} \leqslant 1-\varepsilon \quad (30\text{-}7\text{-}24)$$

时，认为算法得到最优解。

式中 $\boldsymbol{\xi}_f$ ——随机目标函数在 $\boldsymbol{x}^{(k)}$ 点的随机拟次梯度；
$\boldsymbol{\xi}_g$ ——集合 $J(\boldsymbol{x}^{(k)}, \varepsilon)$ 中随机约束条件的平均随机拟次梯度向量；
ε ——收敛精度。

7.6.5 基本步骤

1) 输入算法的基本参数：随机设计变量和参数的维数、分布类型、分布参数；初始步长因子 c；迭代限定的最大次数 M；收敛精度 ε。

2) 给出概率区间内的随机设计变量初始样本均值 $\boldsymbol{x}^{(0)}$，且满足 $\boldsymbol{x}^{(0)} \in \mathscr{D}_a$。

3) 令 $k = 0$，$\boldsymbol{\eta}^{(k)} = \boldsymbol{\xi}^{(0)}$。

4) 按式 (30-7-19) 构造随机拟次梯度混合序列。

5) 判断 $\boldsymbol{x}^{(k)}$ 是否起作用。

若 $\boldsymbol{x}^k$ 点不在约束面上，集合 $J(\boldsymbol{x}^{(k)}, \varepsilon) = \phi$，则令 $\boldsymbol{S}^{(k)} = -\boldsymbol{\eta}^{(k)}$；

若 $\boldsymbol{x}^{(k)}$ 点在约束面上，集合 $J(\boldsymbol{x}^{(k)}, \varepsilon) \neq \phi$，则构造子问题，令 $\boldsymbol{S}^{(k)} = \boldsymbol{Y} - \boldsymbol{x}^{(k)}$，其中 $\boldsymbol{Y}$ 为获得本次可用搜索方向的辅助点，通过求解式 (30-7-20) 获得。

6) 进行路径控制。

若 IP=1，则按式 (30-7-22) 产生随机步长因子 $\rho^{(k)}$，并按式 (30-7-15) 完成迭代；

若 IP≠1，计算 $\langle \boldsymbol{S}^{(k-1)}, \boldsymbol{S}^{(k)} \rangle$，并根据式 (30-7-23) 判断调整随机步长因子 $\rho^{(k)}$，按式 (30-7-15) 完成迭代。

7) 判断 k 是否大于 M。

若 $k \leqslant M$，令 $\boldsymbol{x}^{(k)} = \boldsymbol{x}^{(k+1)}$，返回步骤 4)；

若 $k > M$，转到步骤 8)。

8) 按式 (30-7-24) 判断是否满足最优性条件，若满足，转到步骤 9)；若不满足，返回步骤 4)。

9) 对随机目标函数及随机约束在 $\boldsymbol{x}^{(k)}$ 点进行随机模拟，得到随机目标函数的样本统计均值和方差及随机约束的概率值或其他统计特征值。

10) 输出最终结果。

7.6.6 程序框图

算法程序框图见图 30-7-2。

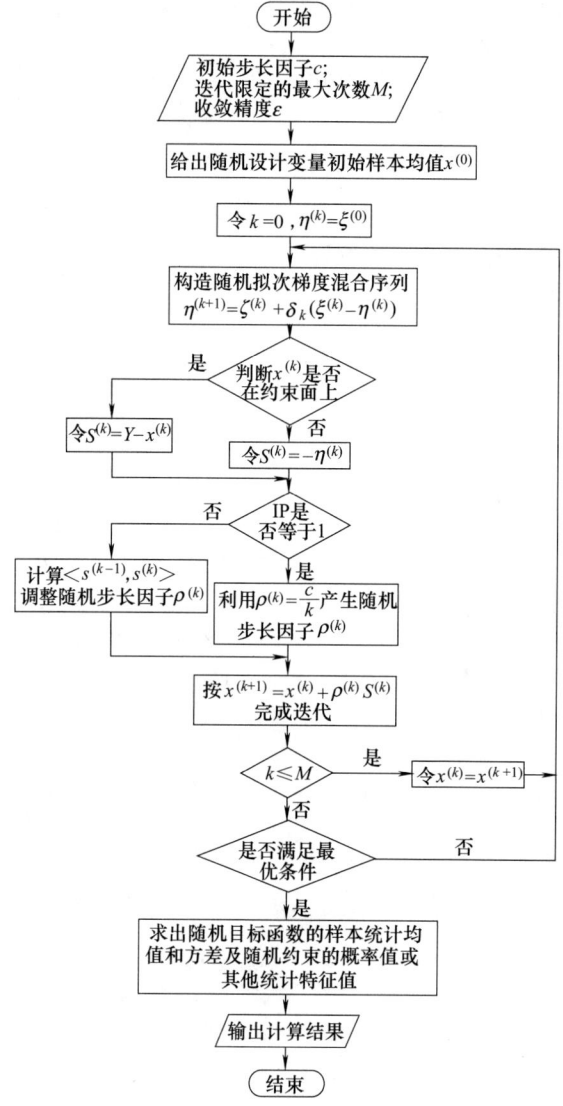

图 30-7-2 随机拟次梯度法程序框图

第8章 机械模糊优化设计方法

在机械设计或工程设计中，普遍存在模糊的概念，如"高强度"材料、"中等强度"材料，"稳定"、"不稳定"等。其共同的特征是它们的边界或界限是模糊的，很难用一个清晰的量来明确。例如强度计算中的安全系数计算问题，假如设计要求安全系数 $S \geqslant 1.2$，当安全系数计算值 $S=1.19$ 时，从数学角度上看，它不满足不等式要求，是不安全的，但绝大多数设计者仍将其视为安全，因为 $S=1.19$ 与 $S=1.2$ 无明显差异。其实质反映的是从安全到不安全，有一个模糊的边界。在优化设计中，对目标函数、约束函数以及设计变量考虑其所具有的模糊因素，即为模糊优化设计。

8.1 含模糊因素的优化设计模型

8.1.1 模糊数学的若干基本概念和定义

对于无法用明确的边界来界定的参数，模糊数学采用隶属度的概念给予评价或度量。为给出隶属度的定义，先用例子说明"模糊集合（或子集）""论域""隶属度"的概念。例如对多个设计方案做"便于装配"的评价，多个设计方案即组成问题的"论域"；为在"便于装配"上评价出各方案的差异，显然无法用肯定（1）或否定（0）做判定，"便于装配"就是论域的"模糊子集"；若用 0～1 之间的一个实数来度量各方案对"便于装配"的符合程度，这一实数即为"隶属度"。若某方案对"便于装配"有八成的符合度，则其"便于装配"的隶属度就是 0.8。

隶属度与隶属函数的定义：若对论域 U 所指定的模糊集合（或子集）A，U 中的任一元素 u_i，都有一个数 $\mu_A(u_i) \in [0,1]$ 与 A 对应，则称 $\mu_A(u_i)$ 为 u_i 对 A 的隶属度。当 u_i 在 U 中变动时，$\mu_A(u_i)$ 就是一个函数，称为 A 的隶属函数。

隶属度 $\mu_A(u_i)$ 越接近于 1，表示 u_i 属于 A 的程度越高；$\mu_A(u_i)$ 越接近于 0，表示 u_i 属于 A 的程度越低。用取值于区间 $[0,1]$ 的隶属函数 $\mu_A(u_i)$ 表征 u_i 属于 A 的程度高低，这样描述模糊性问题比起经典集合论更为合理。

在优化设计问题中，若有 k 个已知其隶属函数（或隶属度）的模糊因素，则称它们为模糊参数，用向量 $\boldsymbol{w} = [w_1, w_2, \ldots, w_k]^T$ 表示。

例如，强度计算中的许用应力，由于它的值取大或取小一点（边界）十分模糊，而应该把它看作是一个模糊参数。这就是说，许用应力是应力论域上的一个模糊子集。

确定模糊参数的隶属函数在实际工作中是比较困难的，一般可采用模糊统计法和二元对比排序法等。当缺乏足够的资料时，也可以建立一个近似的隶属函数，但必须反映该模糊参数从隶属某个集合到不隶属某个集合这一变化过程的整体。

8.1.2 设计变量

对于多数的机械设计问题，考虑其模糊优化时，通常都把设计变量看作是确定的。在设计变量不能忽视它的模糊特性时，就必须把它当作模糊设计变量，$x_i \in U$，即 x_i 为论域 U 上的模糊变量，表示为

$$\boldsymbol{x} = (x_1, x_2, \cdots, x_n)^T \in U \qquad (30\text{-}8\text{-}1)$$

在求最优解时，可以求在满足约束和目标函数最优下模糊设计变量的最大隶属函数值。

8.1.3 目标函数

目标函数一般是根据产品设计的特性而定的，当特性的表达不明晰，或考虑到方案的"优"与"劣"本身就是一个模糊的概念，没有明确的界限和标准，目标函数均可以看作一个模糊参数，用 $f(\boldsymbol{x}, \boldsymbol{w})$ 表示，简记 f。

当设计特性为模糊参数时，若设计特性 $Z(\boldsymbol{x}, \boldsymbol{w})$ 的取值范围为 $[z_{\min}, z_{\max}]$，即论域为一个模糊集合 A，对于任意元素 z 都存在一个隶属度 $\mu_A(z)$，表示 Z 对 A 的隶属程度，对此可按如下几种方法来建立目标函数。

1) 按最大隶属原则进行模糊判决，取目标函数的隶属函数的最大值，即

$$f(\boldsymbol{x}, \boldsymbol{w}) = \{\mu_A(z), \forall \boldsymbol{x}, \boldsymbol{w}\} \to \max \quad (30\text{-}8\text{-}2)$$

2) 按水平截集或阈值来确定目标函数，为了表示元素 $Z(\boldsymbol{x}, \boldsymbol{w})$ 在模糊集合 A 中的归属关系，可先选取一个"水平"或"阈值" $\lambda \in (0, 1)$，则可对应的一个集合 A_λ 为

$$A_\lambda = \{z \mid \mu_A(z) \geqslant \lambda, \forall \boldsymbol{x}, \boldsymbol{w}\}$$

称为 A 的 λ 水平截集，λ 称为 A_λ 的置信水平或阈值，如图 30-8-1 所示。

当 $\lambda = 1$ 时，得最小的水平截集 A_1，称为模糊集

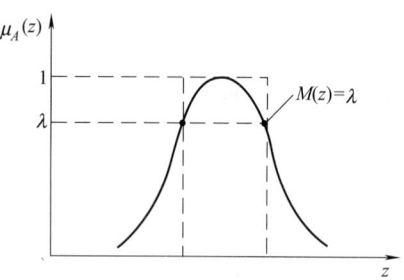

图 30-8-1 $\mu_A(z)$ 的水平截集

A 的核；当 $\lambda=0$ 时，得最大的水平截集 A_0，称为 A 的支集。

因此，目标函数可取

$$f(\bm{x},\bm{w})=\{\mu_A(z)\geqslant\lambda,\forall\bm{x}、\bm{w}\}\to\max \quad (30\text{-}8\text{-}3)$$

3) 由模糊数的定义和 Zadeh 的可能性理论来确定目标函数，若 a 和 b 为两个模糊参数，隶属函数分别为 $\mu(a)$ 和 $\mu(b)$，则 $a\leqslant b$ 的可能性定义为

$$\mathrm{Pos}\{a\leqslant b\}=\sup\{\min(\mu(a),\mu(b),a\leqslant b,\bm{b}\in\bm{R})\} \quad (30\text{-}8\text{-}4)$$

特别是 b 为清晰数 b_0 时

$$\mathrm{Pos}\{a\leqslant b_0\}=\sup\{\mu(a),a\leqslant b_0,a\in\bm{R}\}$$

$$(30\text{-}8\text{-}5)$$

式中，$\sup\{\cdot\}$ 为取 $\{\cdot\}$ 中的上界值。

利用上述关系，在产品设计中，若设计特性 $Z(\bm{x},\bm{w})$ 为模糊参数，则可以求一个最大值 Z_0，使得

$$\mathrm{Pos}\{Z(\bm{x},\bm{w})\geqslant Z_0\}\geqslant\beta \quad (30\text{-}8\text{-}6)$$

式中，β 为规定的上述关系满足的水平截集。

8.1.4 约束条件

对于模糊优化问题，在设计特性中不可避免地包含许多模糊参数 w，造成一些约束条件具有模糊性。对于这类约束，不可能简单地描述为"小于"或"大于"零，而必须按模糊决策的办法来确定。设 $g(\bm{x},\bm{w})$ 为模糊约束函数，其约束条件可表示为

$$g_j(\bm{x},\bm{w})\subset G_j \quad j=1,2,\cdots,m \quad (30\text{-}8\text{-}7)$$

式中，G_j 为第 j 个模糊约束 $g_j(\bm{x},\bm{w})$ 所允许的范围，而不是简单地定义为零。

对于模糊允许区 G 的隶属函数 $\mu_G(g)$ 的图形可见 30-8-2。

若是斜线型，则

$$\mu_G(g)=\begin{cases} 1 & g\leqslant g^L \\ 1-\dfrac{(g-g^L)}{(g^U-g^L)} & g^L<g\leqslant g^U \\ 0 & g>g^U \end{cases}$$

$$(30\text{-}8\text{-}8)$$

若是曲线型，则

$$\mu_G(g)=\begin{cases} 1 & g\leqslant g^L \\ \dfrac{1}{2}-\dfrac{1}{2}\sin\left(\dfrac{g-g^L}{g^U-g^L}-\dfrac{1}{2}\right)\pi & g^L<g\leqslant g^U \\ 0 & g>g^U \end{cases}$$

$$(30\text{-}8\text{-}9)$$

式中，(g^U-g^L) 为过渡区间长度，也就是约束限制的容许偏差，即约束容差。

对于模糊约束集 G 取一水平值，$\lambda\in[0,1]$，得 λ 水平截集

$$G_\lambda=\{g\mid\mu_G(g)\geqslant\lambda,g\in R\} \quad (30\text{-}8\text{-}10)$$

若 $\mu_G(g)$ 为斜线型，如图 30-8-2 所示，λ 水平截集的 g_λ 为

$$g_\lambda=g^L+\lambda(g^U-g^L) \quad (30\text{-}8\text{-}11)$$

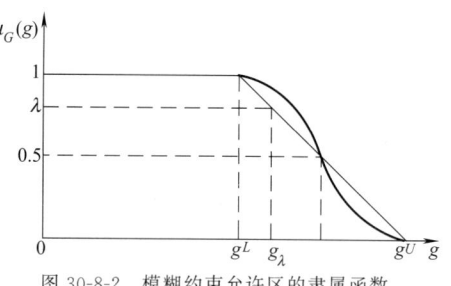

图 30-8-2 模糊约束允许区的隶属函数

因此，式（30-8-10）的约束条件可用式（30-8-12）代替，即

$$g(\bm{x},\lambda)\leqslant g_\lambda \quad (30\text{-}8\text{-}12)$$

模糊约束虽然可以把它转化为解析的清晰等价的约束条件，但对一般情况，还是比较困难的，因此仿照随机约束转化为概率约束那样，根据模糊数学中的可能性理论，建立如下形式的模糊约束

$$\mathrm{Pos}\{g_u(\bm{x},\bm{w})\leqslant 0,u=1,2,\cdots,m\}\geqslant\alpha$$

$$(30\text{-}8\text{-}13)$$

式中，$\mathrm{Pos}\{\cdot\}$ 表示模糊事件 $\{\cdot\}$ 的可能性；α 为事先给定的对模糊约束的置信水平。

式（30-8-13）可以通过模糊模拟方法来检验。

8.1.5 数学模型

带有模糊参数的数学模型，与常规的优化设计一样，也通过目标函数、约束条件和设计变量三个要素来表示，即

$$\left.\begin{array}{l} \bm{x}=[x_1,x_2,\cdots,x_n]^\mathrm{T}\in\mathscr{D}\subset\bm{R}^n \\ \min\ f(\bm{x},\bm{w}) \\ \mathrm{s.\,t.}\ g_u(\bm{x},\bm{w})\leqslant 0 \quad u=1,2,\cdots,m \end{array}\right\} \quad (30\text{-}8\text{-}14)$$

式中，$\bm{x}$ 是设计变量向量；$\bm{w}$ 是模糊参数向量。但是，这个模糊优化设计模型的意义并不明确，这是因为 $\bm{w}$ 为模糊向量而导致"min"和约束"$\leqslant 0$"没有定义。根据前面所讨论的对模糊的约束事件和目标

函数的处理方法，推荐如下两类模糊问题的优化设计模型。

（1）模型 I

设目标函数和约束条件都含有模糊参数，而且设计变量亦是模糊变量时，其优化设计模型的一般表示形式为

$$\left.\begin{array}{l} \boldsymbol{x}=[x_1,x_2,\cdots,x_n]^{\mathrm{T}}\in\boldsymbol{U} \\ \min\ f(\boldsymbol{x},\boldsymbol{w}) \\ \text{s. t.}\ g_u(\boldsymbol{x},\boldsymbol{w})\subset G_u \quad u=1,2,\cdots,m \\ \boldsymbol{w}=[w_1,w_2,\cdots,w_k]^{\mathrm{T}}\in\boldsymbol{U} \end{array}\right\} \quad (30\text{-}8\text{-}15)$$

称为**全模糊模型**，其中 $\boldsymbol{U}$ 为模糊论域。

（2）模型 II

设目标函数和约束条件中都含有模糊参数，且其设计变量为确定型（包括连续和离散），则根据模糊的可能性理论，其优化设计模型可表示为

$$\left.\begin{array}{l} \boldsymbol{x}=[x_1,x_2,\cdots,x_n]^{\mathrm{T}}\in\mathscr{D}\subset\boldsymbol{R}^n \\ \min\ \bar{f} \\ \text{s. t.}\ \text{Pos}\{f(\boldsymbol{x},\boldsymbol{w})\leqslant\bar{f}\}\geqslant\beta \\ \text{Pos}\{g_u(\boldsymbol{x},\boldsymbol{w})\leqslant 0, u=1,2,\cdots,m\}\geqslant\alpha \end{array}\right\}$$
$$(30\text{-}8\text{-}16)$$

式中，α 和 β 分别为事先给定的对约束和目标的置信水平；Pos$\{\cdot\}$ 表示 $\{\cdot\}$ 中事件出现的可能性；$\mathscr{D}$ 为实数域，通常由 $x_i^L\leqslant x_i\leqslant x_i^U$（$i=1,2,\cdots,n$）确定。

上述模型说明，当已知一个设计点 $\boldsymbol{x}$，只有当集合

$$\{\boldsymbol{W}\mid g_u(\boldsymbol{x},\boldsymbol{w})\leqslant 0,(u=1,2,\cdots,m)\}$$

的可能性不小于 α 时，设计点是可行的，在这种情况下，$f(\boldsymbol{x},\boldsymbol{w})$ 显然是一个模糊数，这就有可能存在多个 $\bar{f}$ 值，使得

$$\text{Pos}\{f(\boldsymbol{x},\boldsymbol{w})\leqslant\bar{f}\}\geqslant\beta$$

当求极小化目标函数 $f(\boldsymbol{x},\boldsymbol{w})$ 时，$\bar{f}$ 值应该是模糊目标函数 $f(\boldsymbol{x},\boldsymbol{w})$ 在置信水平 β 下所取得的最小值，即

$$\bar{f}=\min_{\bar{f}}\{\bar{f}\mid\text{Pos}\{f(\boldsymbol{x},\boldsymbol{w})\leqslant\bar{f}\}\geqslant\beta\}$$
$$(30\text{-}8\text{-}17)$$

8.2 模糊优化设计的确定型解法

求解模糊模型的一种基本思想，是把模糊模型转化为确定型优化问题，然后再用求解确定型优化问题的优化方法求解。不同的转化方法便产生不同的模糊问题优化解法。

8.2.1 清晰目标函数在模糊约束时的求解方法

当设计变量和目标函数均为确定时，其式（30-8-15）模型退化为

$$\left.\begin{array}{l} \boldsymbol{x}=[x_1,x_2,\cdots,x_n]^{\mathrm{T}}\in\mathscr{D}\subset\boldsymbol{R}^n \\ \min\ f(\boldsymbol{x}) \\ \text{s. t.}\ g_u(\boldsymbol{x},\boldsymbol{w})\subset G_u \quad u=1,2,\cdots,m \\ \boldsymbol{w}=[w_1,w_2,\cdots,w_n]^{\mathrm{T}}\in\boldsymbol{U} \end{array}\right\} \quad (30\text{-}8\text{-}18)$$

在这种情况下，只要求约束函数在模糊的意义下落入模糊允许区间 G_u 内。这时，模糊约束的满足程度 $\beta_u(u=1,2,\cdots,m)$ 值，需根据模糊约束 $g_u(\boldsymbol{x},\boldsymbol{w})$ 的隶属函数 $\mu_{g_u}(g_u)$ 的图形和它的模糊允许区间 G_u 的隶属函数 $\mu_{G_u}(g)$ 的图形间的相互位置来确定，如图 30-8-3 所示，当 μ_{g_u} 在 $\mu_{G_u}=1$ 的区间内时 [图 30-8-3（a）]，模糊约束得到完全满足，其 $\beta_u=1$。否则就像图 30-8-3（b）和图 30-8-3（c）所示的情况，其 β_u 分别为 $\beta_u\in[0,1]$ 和 $\beta_u=0$，所以后两种情况是属于模糊约束不完全不满足和完全不满足，由此可以用

$$\beta_u(\boldsymbol{x})=\frac{\int_{-\infty}^{\infty}\mu_{G_u}\mu_{g_u}\mathrm{d}g}{\int_{-\infty}^{\infty}\mu_{g_u}\mathrm{d}g} \quad (30\text{-}8\text{-}19)$$

来表示模糊约束 $g_u(\boldsymbol{x},\boldsymbol{w})$ 落入模糊允许区 G_u 内的程度。

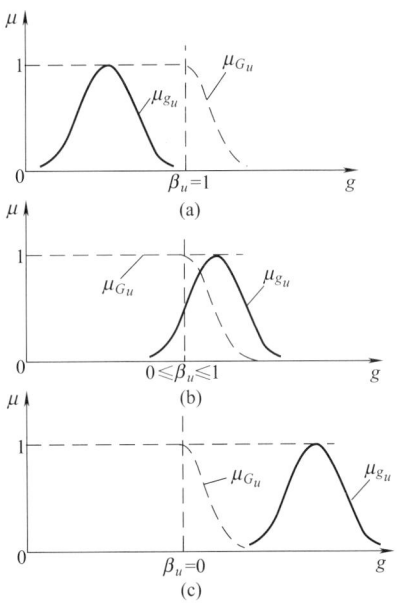

图 30-8-3　模糊约束的隶属函数与模糊允许隶属函数之间的关系

m 个模糊约束形成 m 个具有模糊边界的区域，其交集为 $D = \bigcap\limits_{u=1}^{m} G_u$ 就是设计空间的模糊可行域，其满足度 $\beta(\boldsymbol{x})$ 就是设计点 $\boldsymbol{x}$ 对 $\mathcal{D}$ 的隶属度，所以，对要求完全满足模糊约束可以表示为

$$\beta(\boldsymbol{x}) = \min_{1 \leqslant u \leqslant m} \beta_u(\boldsymbol{x}) = 1 \quad (30\text{-}8\text{-}20)$$

引入设防水平 λ，于是可将模糊模型转化为如下确定型问题，即

$$\left.\begin{array}{l} \boldsymbol{x} = [x_1, x_2, \cdots, x_n]^T \in X \subset \boldsymbol{R}^n \\ \min f(\boldsymbol{x}) \\ \text{s.t.} \quad \beta_u(\boldsymbol{x}) \geqslant \lambda \quad u = 1, 2, \cdots, m \end{array}\right\}$$

$$(30\text{-}8\text{-}21)$$

若已知最优水平 λ^*，则可得相应最优水平集的最优方案。

算法步骤如下：
1) 建立设计变量 $\boldsymbol{x}$ 对模糊约束的满意度 $\beta_u(\boldsymbol{x})$；
2) 设定最优水平集 λ^*；
3) 用确定型优化方法求得模型式（30-8-21）的最优解 $\boldsymbol{x}^*$。

8.2.2 模糊目标和模糊约束时的求解方法

当设计变量为确定型、目标函数和约束函数都含有模糊参数时，其优化模型由式（30-8-15）得

$$\left.\begin{array}{l} \boldsymbol{x} = [x_1, x_2, \cdots, x_n]^T \in \mathcal{D} \subset \boldsymbol{R}^n \\ \min f(\boldsymbol{x}, \boldsymbol{w}) \\ \text{s.t.} \quad g_u(\boldsymbol{x}, \boldsymbol{w}) \subset G_u \quad u = 1, 2, \cdots, m \\ \boldsymbol{w} = [w_1, w_2, \cdots, w_n]^T \in U \end{array}\right\}$$

$$(30\text{-}8\text{-}22)$$

上述问题的最优解 $\boldsymbol{x}^*$ 是在论域 $\mathcal{D}$ 上，并要求模糊目标集和模糊约束集的交集 $\mathcal{D}$ 上使隶属函数 $\mu_f(\boldsymbol{x})$ 取最大值的设计点，即

$$\boldsymbol{x}^* = \{\boldsymbol{x} \mid \max_{\boldsymbol{x} \in \mathcal{D}} \mu_f(\boldsymbol{x})\} \quad (30\text{-}8\text{-}23)$$

对于模糊优化问题的求解，多数是求模糊约束 $g_u(\boldsymbol{x}, \boldsymbol{w})$ 在给定截集水平 λ 下的最优解，此时 λ 水平截集的可行域可表示为

$$D_\lambda = \{\boldsymbol{x} \mid \mu_{g_u}(\boldsymbol{x}) \geqslant \lambda, \quad \boldsymbol{x} \in \mathcal{D} \quad u = 1, 2, \cdots, m\}$$

$$(30\text{-}8\text{-}24)$$

则对应于该 λ 水平截集，模糊最优集的最大值为

$$\boldsymbol{x}^* = \{\boldsymbol{x} \mid \max_{\lambda \in [0,1]} \{\lambda \wedge \max_{\boldsymbol{x} \in \mathcal{D}_\lambda} \mu_f(\boldsymbol{x})\}\} \quad (30\text{-}8\text{-}25)$$

如图 30-8-4（a）所示，该最大值点在 M 点处。

式（30-8-25）表明，为了得到在 λ 水平截集下的模糊可行域 $\mathcal{D}_\lambda$ 内的最大值，需在论域 $\mathcal{D}_\lambda$ 上取 $\mu_f(\boldsymbol{x})$ 与 λ 的小值，再取大值。若要求在 $\mathcal{D}_\lambda$ 论域上求得最大值，就必须遍取 $\lambda \in [0, 1]$ 值，求在各 λ 下的最大值，如图 30-8-4（a）所示，$\max \mu_f(\boldsymbol{x})$ 在 A 点。当 λ 值从 1 往下移动时，λ 水平截集的最大值沿 $\mu_f(\boldsymbol{x})$ 曲线的 N 点经 M 点向 A 点上升，当 λ 水平截集通过 A 点时，如图 30-8-4（b）所示，则有

$$\lambda = \max_{\boldsymbol{x} \in \mathcal{D}_\lambda} \mu_f(\boldsymbol{x}) \quad (30\text{-}8\text{-}26)$$

因而，在 $\lambda \in [0, 1]$ 中，唯一存在一个 λ 值，使式（30-8-26）成立，该 λ 值即为最优的 λ^*。若已求得 λ^*，即可在普通约束集 $\mathcal{D}_{\lambda^*}$ 内极大化 $\mu_f(\boldsymbol{x})$，便可求得模型优化问题的最优解。

由式（30-8-26）有 $\lambda^* - \max\limits_{\boldsymbol{x} \in \mathcal{D}_\lambda} \mu_f(\boldsymbol{x}) = 0$，这就为迭代法提供了一个基本方程，使得求 λ^* 和 $\boldsymbol{x}^*$ 的过程，归结为求

$$\lambda^* - \varepsilon^{(k)} = \{\lambda^{(k)} - \max_{\boldsymbol{x}^{(k)} \in \mathcal{D}_\lambda^{(k)}} \mu_f(\boldsymbol{x}^{(k)})\} \to \min \quad k = 1, 2, \cdots$$

$$(30\text{-}8\text{-}27)$$

迭代算法的基本步骤如下。
1) 给定收敛精度 ε 和 $\lambda \in [0, 1]$，令 $k = 1$。
2) 作模糊约束的 λ 水平截集
$\mathcal{D}_\lambda^{(k)} = \{\boldsymbol{x} \mid \mu_{g_u}(\boldsymbol{x}^{(k)}) \geqslant \lambda^{(k)}, u = 1, 2, \cdots, m\}$
3) 求解 $\boldsymbol{x}^{(k)}$，使 $\mu_f(\boldsymbol{x}^{(k)}) \to \max$ 并受约束于
$\mu_{g_u}(\boldsymbol{x}^{(k)}) \geqslant \lambda^{(k)} \quad u = 1, 2, \cdots, m$
得 $\boldsymbol{x}^{(k)}$ 和 $\mu_f(\boldsymbol{x}^{(k)})$。
4) 计算 $\varepsilon^{(k)} = \lambda^{(k)} - \mu_f(\boldsymbol{x}^{(k)})$。若 $|\varepsilon^{(k)}| \leqslant \varepsilon$，转到步骤 7)，否则转到步骤 5)。

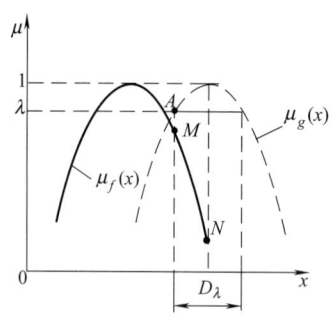

(a) 模糊最优集的最大值

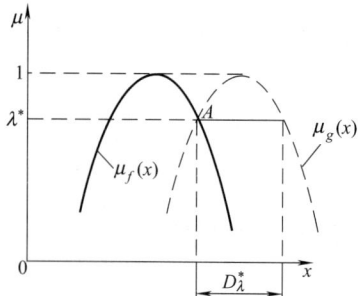

(b) λ 水平截集通过 A 点

图 30-8-4 模糊问题最优点

5) 计算 $\lambda^{(k+1)} = \lambda^{(k)} - \alpha \varepsilon^{(k)}$，$0 \leqslant \alpha \leqslant 1$，并使 $\lambda^{(k+1)} \in [0,1]$。

6) 令 $k = k+1$，转到步骤 2)。

7) 输出 $\lambda^* = \lambda^{(k)}$，$x^* = x^{(k)}$。

8.3 模糊优化设计问题的模糊模拟搜索解法

对于求解可能性的模糊模型 II，一般有两种方法，一种是把它转化为清晰等价模型求解的方法，另一种是采用模糊模拟与优化搜索相结合的方法。

8.3.1 清晰等价解法

清晰等价解法的关键是要把式（30-8-28）所示形式的

$$\text{Pos}\{g(x,w) \leqslant 0\} \geqslant \alpha \quad (30\text{-}8\text{-}28)$$

可能性条件转化为一个确定性的约束来计算，然后用常规的优化方法求解等价的确定型优化模型。

假设某个约束函数 $g(x,w)$ 可表示为 $g(x,w) = h(x) - w$（如 $\sigma - [\sigma] \leqslant 0$ 这类形式的约束，其中应力 σ 为设计变量的函数，许用应力是一模糊参数），则式（30-8-28）可表示为

$$\text{Pos}\{h(x) \leqslant w\} \geqslant \alpha \quad (30\text{-}8\text{-}29)$$

式中，$h(x)$ 是设计变量的线性或非线性函数；w 是一模糊参数，其隶属函数为 $\mu(w)$，见图 30-8-5。

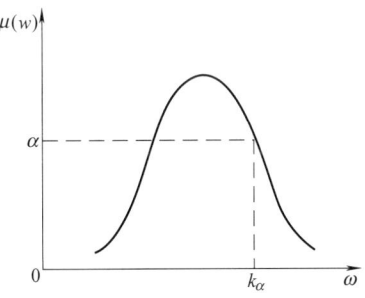

图 30-8-5 隶属函数 $\mu(w)$ 和 k_α

显然，对于任意给定的置信水平 $\alpha (0 \leqslant \alpha \leqslant 1)$，必存在一个确定的值 k_α，使得

$$\text{Pos}\{k_\alpha \leqslant w\} = \alpha \quad (30\text{-}8\text{-}30)$$

这样，式（30-8-29）的约束就清晰等价于

$$h(x) \leqslant k_\alpha \quad (30\text{-}8\text{-}31)$$

式中，k_α 是满足式（30-8-30）的最大值。事实上，最大的值 k_α 可由下式确定

$$k_\alpha = \sup\{k \mid k = \mu^{-1}(\alpha)\} \quad (30\text{-}8\text{-}32)$$

式中，μ^{-1} 是 μ 的反函数，$\sup\{\cdot\}$ 为取 $\{\cdot\}$ 中的上界值。

同理，若模糊约束函数的形式为 $g(x,w) = w - h(x)$，则可用

$$h(x) \geqslant k_\alpha \quad (30\text{-}8\text{-}33)$$

替代，其中

$$k_\alpha = \inf\{k \mid k = \mu^{-1}(\alpha)\} \quad (30\text{-}8\text{-}34)$$

式中，$\inf\{\cdot\}$ 为取 $\{\cdot\}$ 中的下界值。

对于目标函数也可以采用同样方式来处理，设 $g(x,w) = f(x,w) - \overline{f}$，则模糊目标函数 $\text{pos}\{f(x,w) \leqslant \overline{\delta}\} \geqslant \beta$ 也符合这种形式。

8.3.2 模糊模拟方法

当可能性的模糊目标和约束不可能转化为清晰等价的约束和目标时，便可以采用模糊模拟方法来计算。

对于任意已知的设计变量向量 x，只有当且仅当存在一个清晰向量 w^0，使得

$$g_u(x,w^0) \leqslant 0 \quad u = 1,2,\cdots,m$$

且 $\mu(w^0) \geqslant \alpha$ 时才能满足式

$$\text{Pos}\{g_u(x,w) \leqslant 0 \quad u = 1,2,\cdots,m\} \geqslant \alpha$$

为了能用计算机检验这个条件，可以由模糊向量 w 随机地产生一个清晰向量 w^0，使得 $\mu(w^0) \geqslant \alpha$，这就是说，应在模糊向量 w 的 α 水平截集中抽取一个向量 w^0（若模糊向量 w 的 α 水平截集过于复杂难以确定，可以从包含 α 水平截集的超几何体中抽取 w^0，为了加快模拟速度，超几何体一般应设计得尽可能小一点）。若 w^0 满足 $g_u(x,w^0) \leqslant 0(u=1,2,\cdots,m)$，则确信 $\text{Pos}\{g_u(x,w) \leqslant 0 \quad u=1,2,\cdots,m\} \geqslant \alpha$ 成立，否则从模糊向量 w 的 α 水平截集中重新抽取清晰向量 w^0，并检验约束条件。经过给定的 N 次循环后，如果没有生成可行向量 w^0，则认为

$$\text{Pos}\{g_u(x,w^0) \leqslant 0 \quad u=1,2,\cdots,m\}$$

不成立，已知的设计变量向量 x 是不可行的。上述过程可归纳为如下步骤：

1) 设模拟总次数为 N；

2) 从模糊向量 w 的 α 水平截集中，随机均匀地生成清晰向量 w^0；

3) 若 $g_u(x,w^0) \leqslant 0$（$u=1,2,\cdots,m$），返回"可行"；

4) 重复步骤 2) 和步骤 3)，共 N 次；

5) 返回"不可行"。

对于处理含有模糊参数 w 的极小化模糊目标函数

$$\text{Pos}\{f(x,w) \leqslant \overline{f}\} \geqslant \beta$$

也和前面相类似。例如当已知设计变量 x 时，应该找到最小的 $\overline{f}$ 值使得上式成立。首先令 $\overline{f} = \infty$，

然后由模糊向量 w 均匀地生成清晰向量 w^0，使得 $\mu(w^0) \geqslant \beta$，即在模糊向量 w 的 β 水平截集中抽取一个向量 w^0，若 $f(x, w^0) \leqslant \overline{f}$，即令 $\overline{f} = f(x, w^0)$，重复以上过程 N 次，则认为值 $\overline{f}$ 是在点 X 的目标函数的最小值。其算法步骤如下：

1) 令 $\overline{f} = \infty$；

2) 从模糊向量 w 的 β 水平截集中，随机均匀地生成清晰向量 w^0；

3) 若 $f(x, w^0) \leqslant \overline{f}$，则置 $\overline{f} = f(x, w^0)$；

4) 重复步骤 2) 和步骤 3)，共 N 次；

5) 返回 $\overline{f}$。

第 9 章 机械优化设计应用实例

9.1 机构优化设计

机构设计是机械设计中最基础的问题，常用的机构包括齿轮传动机构、凸轮机构、平面连杆机构、空间连杆机构等。机构优化设计可以分为：①满足运动学要求建立目标函数的优化问题，解决有关实现给定的函数、轨迹、连杆位置等参量优化设计问题；②满足动力学要求建立目标函数的优化问题，解决有关机构外力和质量方面的参数优化设计问题。

图 30-9-1 为曲柄摇杆机构的运行简图，l_1、l_2、l_3 和 l_4 分别为机构各杆的长度，优化设计要求机构再现已知运动规律，当曲柄 l_1 做等速转动时，摇杆 l_3 实现已知的运动规律 $\psi_E(\varphi)$。

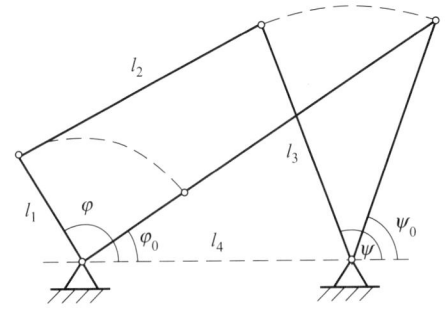

图 30-9-1 曲柄摇杆机构运行简图

(1) 设计变量的确定

机构位置取决于各杆长度和输入构件的转角 φ 等变量，考虑到机构的杆长按比例变化时，不会改变其运动规律，因此在计算时可以取 $l_1=1$，其他杆长则按比例取为 l_1 的倍数。输入杆和输出杆的初始极位角 φ_0 和 ψ_0 均为杆长的函数

$$\varphi_0 = \arccos\left[\frac{(l_1+l_2)^2+l_4^2-l_3^2}{2(l_1+l_2)l_4}\right]$$

$$\psi_0 = \arccos\left[\frac{(l_1+l_2)^2-l_4^2-l_3^2}{2l_3 l_4}\right]$$

因此独立设计变量为

$$\boldsymbol{x} = [x_1 \quad x_2 \quad x_3]^T = [l_2 \quad l_3 \quad l_4]^T$$

(2) 目标函数的建立

机构优化设计目标是使已知输出构件的运动规律与实际运动规律之间的偏差最小，即

$$f(\boldsymbol{x}) = \sum_{i=1}^{m}(\psi_{E_i}-\psi_i)^2 \rightarrow \min$$

式中 m——输入角的等分数目；

ψ_{E_i}——期望输出角，$\psi_{E_i}=\psi_E(\varphi_i)$；

ψ_i——实际输出角，由曲柄摇杆机构的运动学关系可知

$$\psi_i = \begin{cases} \pi-\alpha_i-\beta_i & (0 \leqslant \varphi_i < \pi) \\ \pi-\alpha_i+\beta_i & (\pi \leqslant \varphi_i < 2\pi) \end{cases}$$

式中，$\alpha_i = \arccos\left(\dfrac{\rho_i^2+l_3^2-l_2^2}{2\rho_i l_3}\right)$；$\beta_i = \arccos\left(\dfrac{\rho_i^2+l_4^2-l_1^2}{2\rho_i l_4}\right)$；$\rho_i = \sqrt{l_1^2+l_4^2-2l_1 l_4 \cos\varphi_i}$

(3) 约束条件的确定

曲柄存在条件

$$g_1(\boldsymbol{x}) = l_1 - l_2 \leqslant 0$$
$$g_2(\boldsymbol{x}) = l_1 - l_3 \leqslant 0$$
$$g_3(\boldsymbol{x}) = l_1 - l_4 \leqslant 0$$
$$g_4(\boldsymbol{x}) = l_1 + l_4 - l_2 - l_3 \leqslant 0$$
$$g_5(\boldsymbol{x}) = l_1 + l_2 - l_3 - l_4 \leqslant 0$$
$$g_6(\boldsymbol{x}) = l_1 + l_3 - l_2 - l_4 \leqslant 0$$

传动角的极限值可得

$$g_7(\boldsymbol{x}) = \arccos\left[\frac{l_2^2+l_3^2-(l_1+l_4)^2}{2l_2 l_3}\right] - \gamma_{\max} \leqslant 0$$

$$g_8(\boldsymbol{x}) = \gamma_{\min} - \arccos\left[\frac{l_2^2+l_3^2-(l_1+l_4)^2}{2l_2 l_3}\right] \leqslant 0$$

(4) 实例求解

设计一个曲柄摇杆机构，要求曲柄 l_1 从 φ_0 转到 $\varphi_m = \varphi_0 + 90°$ 时，摇杆 l_3 的转角再现已知运动规律：$\psi_E = \psi_0 + \dfrac{2}{3\pi}(\varphi-\varphi_0)^2$，且已知 $l_1=1$，$l_4=5$，φ_0 为极位角，其传动角允许在 $45° \leqslant \gamma \leqslant 135°$ 范围内变化。

已知杆长 l_1 和 l_4，设计变量为

$$\boldsymbol{x} = [x_1 \quad x_2]^T = [l_2 \quad l_3]^T$$

将输入角分成 30 等份，可以得到该机构的优化设计模型如下

$$f(\boldsymbol{x}) = \sum_{i=1}^{30}(\psi_{E_i}-\psi_i)^2(\varphi_i-\varphi_{i-1}) \rightarrow \min$$

s.t.

$$g_1(\boldsymbol{x}) = 1 - x_1 \leqslant 0$$
$$g_2(\boldsymbol{x}) = 1 - x_2 \leqslant 0$$

$$g_3(\boldsymbol{x})=6-x_1-x_2\leqslant 0$$
$$g_4(\boldsymbol{x})=x_1-x_2-4\leqslant 0$$
$$g_5(\boldsymbol{x})=x_2-x_1-4\leqslant 0$$
$$g_6(\boldsymbol{x})=x_1^2+x_2^2-1.414x_1x_2-16\leqslant 0$$
$$g_7(\boldsymbol{x})=36-x_1^2-x_2^2-1.414x_1x_2\leqslant 0$$

上述设计问题属于二维非线性规划问题，有七个不等式约束条件，可行域为由 $g_6(x)\leqslant 0$ 和 $g_7(x)\leqslant 0$ 两条曲线所包围的区域，见图 30-9-2，可以采用约束随机方向搜索法或惩罚函数法求解，最优解为

$$\boldsymbol{x}^*=[4.1286\quad 2.3325]^\mathrm{T}$$
$$f(\boldsymbol{x}^*)=0.0156$$

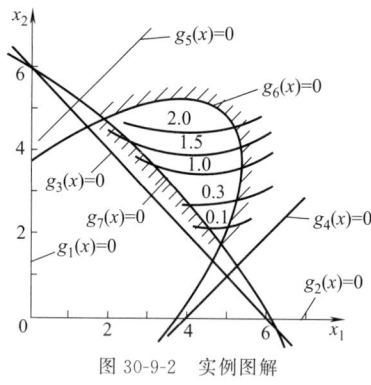

图 30-9-2 实例图解

9.2 机械零件优化设计

机械零件优化设计就是将零件的设计问题描述为数学优化模型，采用优化方法求解一组零件设计参数，使其满足有关设计和性能方面的要求，包括零件设计方案的选择、零件尺寸的优化问题、零件设计性能优化问题等。

9.2.1 弹簧优化设计

设计一个普通圆柱螺旋压缩弹簧，弹簧所受最大载荷为 F，弹簧材料的剪切弹性模量为 G，许用剪切应力为 $[\tau]$，弹簧非工作圈数为 n_2，轴向变形量为 λ，最小旋绕比为 $C_{\min}$，优化设计要求弹簧所用金属材料尽可能最少。

(1) 设计变量的确定

选择弹簧钢丝直径 d、弹簧中径 D 和弹簧工作圈数 n_1 作为优化设计变量。

$$\boldsymbol{x}=[x_1\quad x_2\quad x_3]^\mathrm{T}=[d\quad D\quad n_1]^\mathrm{T}$$

(2) 目标函数的建立

优化设计目标是使弹簧压紧合并后的体积最小，即

$$f(\boldsymbol{x})=\frac{\pi^2}{4}d^2D(n_1+n_2)\rightarrow \min \quad (30\text{-}9\text{-}1)$$

(3) 约束条件的确定

1) 强度条件

$$g_1(\boldsymbol{x})=\tau-[\tau]=\frac{8KF_{\max}D}{\pi d^3}-[\tau]\leqslant 0$$

式中　K——弹簧的曲度系数，取 $K=1.6/(D/d)0.14$；

$F_{\max}$——极限载荷，取 $F_{\max}=1.25F$。

2) 变形条件

$$h_1(\boldsymbol{x})=\frac{8FD^3n_1}{Gd^4}-\lambda=0$$

3) 稳定性条件

$$g_2(\boldsymbol{x})=b-[b]=\frac{H}{D}-[b]\leqslant 0$$

式中　$[b]$——高径比允许值，当弹簧实际 b 值超过允许值时，必须进行稳定性校核，弹簧两端均为铰接时，$[b]=2.6$；弹簧两端均为固定端时，$[b]=5.3$；弹簧两端一端固定而另一端铰接时，$[b]=3.7$；

H——弹簧自由高度，$H=(n_1+n_2)d+1.1\lambda$。

4) 尺寸约束

$$g_3(\boldsymbol{x})=\frac{D_{\min}-D}{D_{\min}}\leqslant 0$$
$$g_4(\boldsymbol{x})=\frac{D-D_{\max}}{D_{\max}}\leqslant 0$$
$$g_5(\boldsymbol{x})=\frac{C_{\min}-C}{C_{\min}}\leqslant 0$$

5) 其他设计要求：对于压缩弹簧，在最大载荷作用下不发生并圈现象，要求弹簧在最大载荷作用下的高度 H_2 应大于压紧合并后的高度 H_b

$$g_6(\boldsymbol{x})=\frac{H_\mathrm{b}-H_2}{H_2}\leqslant 0$$

当所受载荷为动载荷时，还应该满足疲劳强度和共振性要求。

9.2.2 机床主轴结构优化设计

机床主轴是机床中的重要零件之一，一般为多支承空心阶梯轴。为了便于结构分析，常将阶梯轴简化成一当量直径表示的等截面轴，如图 30-9-3 所示。普通机床无过高的加工精度要求，机床主轴的优化设计以外伸出端 C 点的挠度为约束条件，以主轴自重最轻为优化目标函数。

(1) 设计变量的确定

当主轴的材料选定后，影响主轴重量的设计变量为孔径 d、外径 D、跨距 l 以及外伸出端长度 a。由于机床主轴内孔常用于通过待加工的棒料，其大小由

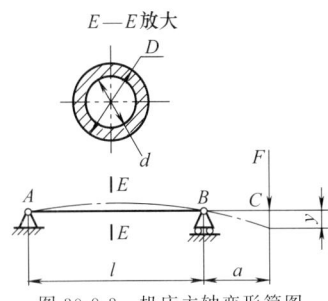

图 30-9-3 机床主轴变形简图

机床型号决定,因此,设计变量为

$$x = [x_1 \quad x_2 \quad x_3]^T = [l \quad D \quad a]^T$$

(2) 目标函数的建立

$$f(x) = \frac{\pi \rho}{4}(D^2 - d^2)(l+a) \rightarrow \min$$

式中 ρ——主轴材料的密度。

(3) 约束条件的确定

性能约束:机床主轴对刚度要求比较高,当刚度满足要求时,强度尚相当富余,因此,性能约束要求主轴外伸端的挠度不得超过规定值 y_0。

$$g_1(x) = y - y_0 = \frac{Fa^2(l+a)}{3EI} - y_0 \leqslant 0$$

式中,$I = \frac{\pi}{64}(D^4 - d^4)$。

边界约束条件

$$g_2(x) = \frac{l_{\min} - l}{l_{\min}} \leqslant 0$$

$$g_3(x) = \frac{D_{\min} - D}{D_{\min}} \leqslant 0$$

$$g_4(x) = \frac{D - D_{\max}}{D_{\max}} \leqslant 0$$

$$g_5(x) = \frac{a_{\min} - a}{a_{\min}} \leqslant 0$$

对主轴跨距 l 和伸出端长度 a 的上限不作限制,可以减少不必要的约束。

9.3 机械系统优化设计

机械系统是指为实现某种特定功能,相互间具有联系的若干零件、部件和装置构成的整体。假设二级圆柱斜齿轮减速器为展开结构,给定传递功率 P、总传动比 i、主动齿轮输入转速 n_1、齿轮材料和总工作时间 t,在满足强度、刚度和寿命的前提下,找出一组设计参数使减速器体积最小。

(1) 设计变量的确定

当总传动比确定后,设计变量可取为高速级和低速级的法向模数 m_{n1} 和 m_{n2},高速级传动比 i_1,高速级和低速级小齿轮的齿数 z_1 和 z_2,齿宽系数 φ_{d1} 和 φ_{d2},以及齿轮螺旋角 β_1 和 β_2

$$x = [x_1 \quad x_2 \quad x_3 \quad x_4 \quad x_5 \quad x_6 \quad x_7 \quad x_8 \quad x_9]^T$$
$$= [m_{n1} \quad z_1 \quad \varphi_{d1} \quad \beta_1 \quad i_1 \quad m_{n2} \quad z_2 \quad \varphi_{d2} \quad \beta_2]^T$$

(2) 目标函数的建立

减速器的质量分为内部齿轮和轴的质量及箱体质量,主要取决于斜齿轮的大小,因此,将两对斜齿轮体积和最小的最终目标分解为两对齿轮中心距之和最小及齿宽系数之和最小,目标函数表示为

$$f(x) = \omega_1 f_1(x) + \omega_2 f_2(x) \rightarrow \min$$

$$f_1(x) = \frac{1}{2}\left[\frac{m_{n1} z_1 (1+i_1)}{\cos\beta_1} + \frac{m_{n2} z_2 (1+i_2)}{\cos\beta_2}\right]$$

$$f_1(x) = \frac{1}{2}\left[\frac{m_{n1} z_1 \varphi_{d1}}{\cos\beta_1} + \frac{m_{n2} z_2 \varphi_{d2}}{\cos\beta_2}\right]$$

式中,ω_1、ω_2 为目标函数的加权系数,低速级传动比 $i_2 = i/i_1$。

(3) 约束条件的确定

1) 齿面接触强度条件

高速级 $g_1(x) = \sigma_{H1} - [\sigma_{H1}] = Z_{E1} Z_{H1} Z_{\beta 1}$

$$\sqrt{\frac{2K_1 T_1}{\varphi_{d1} d_1^3 i_1}} - [\sigma_{H1}] \leqslant 0$$

低速级 $g_2(x) = \sigma_{H2} - [\sigma_{H2}] = Z_{E2} Z_{H2} Z_{\beta 2}$

$$\sqrt{\frac{2K_2 T_3}{\varphi_{d2} d_3^3 i_2}} - [\sigma_{H2}] \leqslant 0$$

2) 轮齿弯曲强度条件

高速级 $g_3(x) = \sigma_{Fj} - [\sigma_{Fj}]$

$$= \frac{2K_1 T_1 Y_{Faj} Y_{saj} Y_{e1}}{\varphi_{d1} d_1^2 m_{n1} (i_1+1)} - [\sigma_{Fj}] \leqslant 0$$

式中,下标 $j = 1, 2$ 表示高速级主动齿轮和从动齿轮。

低速级 $g_4(x) = \sigma_{Fj} - [\sigma_{Fj}]$

$$= \frac{2K_2 T_3 Y_{Faj} Y_{saj} Y_{e2}}{\varphi_{d2} d_3^2 m_{n2} (i_2+1)} - [\sigma_{Fj}] \leqslant 0$$

式中,下标 $j = 3, 4$ 表示低速级主动齿轮和从动齿轮。

3) 重合度条件

$$g_5(x) = 2 - \varepsilon_{ri} \leqslant 0$$

式中,下标 $i = 1, 2$ 表示高速级齿轮传动和低速级齿轮传动。

4) 结构干涉限制条件

指高速级大齿轮与低速级轴不干涉

$$g_6(x) = s + d_{a2}/2 - a_2 \leqslant 0$$

式中,s 为低速级轴半径;d_{a2} 为高速级大齿轮的齿顶圆直径;a_2 为低速级齿轮传动中心距。

5) 设计变量上下限条件

$$g_7(x) = 2 - m_{ni} \leqslant 0$$
$$g_8(x) = z_i - 22 \leqslant 0$$
$$g_9(x) = 14 - z_1 \leqslant 0$$

$$g_{10}(\boldsymbol{x}) = 16 - z_2 \leqslant 0$$
$$g_{11}(\boldsymbol{x}) = 8 - \beta_i \leqslant 0$$
$$g_{12}(\boldsymbol{x}) = \beta_i - 20 \leqslant 0$$
$$g_{13}(\boldsymbol{x}) = 0.7 - \phi_{di} \leqslant 0$$
$$g_{14}(\boldsymbol{x}) = \phi_{di} - 1.2 \leqslant 0$$
$$g_{15}(\boldsymbol{x}) = 1.2i - i_1^2 \leqslant 0$$
$$g_{16}(\boldsymbol{x}) = i_1^2 - 1.4i \leqslant 0$$

式中，下标 $i=1，2$ 分别表示高速级和低速级斜齿轮传动。

参 考 文 献

[1] 孙靖民. 机械优化设计. 北京：机械工业出版社，2003.
[2] 陈立周. 机械优化设计方法. 北京：冶金工业出版社，2005.
[3] 王社科. 机械优化设计. 北京：国防工业出版社，2007.
[4] 梁尚明，殷国富. 现代机械优化设计方法. 北京：化学工业出版社，2005.
[5] 刘唯信. 机械最优化设计. 北京：清华大学出版社，1995.
[6] 孙文瑜等. 最优化方法. 北京：高等教育出版社，2004.
[7] 赖炎连，贺国平. 最优化方法. 北京：清华大学出版社，2008.
[8] 张翔. 优化设计方法及编程. 北京：中国农业大学出版社，2001.
[9] 李春明. 优化方法. 南京：东南大学出版社，2009.
[10] 孙靖民，梁迎春. 机械结构优化设计. 哈尔滨：哈尔滨工业大学出版社，2004.
[11] 陈立周，俞必强. 机械优化设计方法. 第四版. 北京：冶金工业出版社，2014.

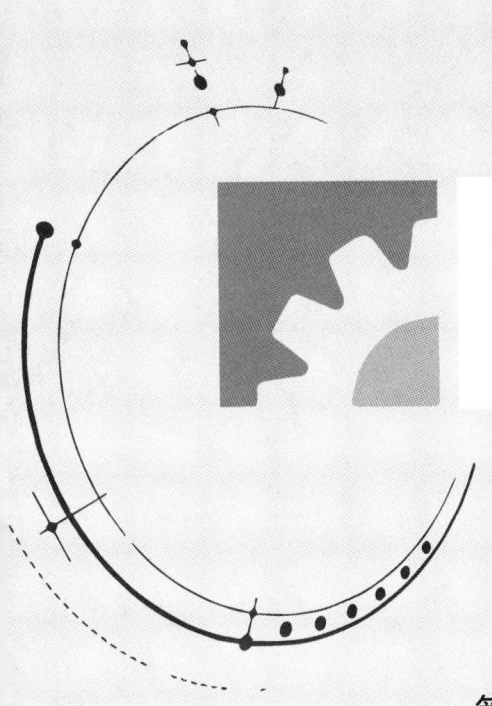

第 31 篇
逆向设计

篇 主 编：盛忠起　朱建宁

撰　　稿：盛忠起　谢华龙　许之伟　李　飞
　　　　　朱建宁　尤学文　韩朝建　徐　超
　　　　　葛亦凡　李照祥

审　　稿：卢碧红　隋天中

第1章 概 述

自20世纪80年代以来，以计算机技术为代表的信息技术得到了迅猛发展，对人们的生活方式和思维方式都产生了巨大的影响。同时随着全球经济一体化的到来、市场竞争的日趋激烈以及人们需求个性化对产品提出的更高要求，传统的产品设计方式、产品生产组织方式已经很难适应新形势的发展和要求，为此人们进行了广泛深入的研究，不断涌现出如逆向工程、并行工程、CIMS、精良生产、敏捷制造、虚拟制造、JIT等设计、制造、管理的新思想、新技术和新方法，其中的逆向工程（reverse engineering，RE）作为产品设计制造的一种技术手段尤为引人注目。

在设计制造领域，任何产品的问世都蕴含着对已有科学技术的应用和借鉴，并在此基础上加以消化和吸收，同时采用移植、组合、改进等再设计方法开发出新产品。这也是促进我国机械行业快速发展、学习先进技术与方法、增强自主创新能力的有效途径之一。通过逆向工程可使产品研制周期大大缩短，生产率大幅提高。

逆向工程的思想最初是来自从油泥模型到产品实物的设计过程，随着计算机技术和测量技术的发展，逆向工程目前已经发展成为以实物为研究对象，利用计算机辅助测量、计算机辅助设计、计算机辅助制造等先进测量、设计、制造技术进行产品复制、产品仿制和产品开发的一种主要技术手段，同时逆向工程也扩展到了医学、地理、考古、刑侦、军事等相关领域。

（1）逆向工程的概念与一般流程

逆向工程也称反求工程，广义逆向工程是以包括影像（图像、照片、影视资料等）、软件（程序、技术文件等）和实物（样件、产品、模型等）为研究对象，应用现代设计方法学、生产工程学、材料学和有关专业知识，研究对象的形态特征、工作原理、技术方案、功能、结构材料等的一种技术。在机电产品的逆向工程中，主要以实物为研究对象。实物逆向工程是将实物转换为CAD模型相关的数字化技术、几何模型重建技术和产品制造技术的总称。将逆向工程技术和快速成型（rapid prototyping，RP）技术应用于产品设计，已经成为支持产品快速设计、创新设计和快速制造的重要支撑工具。

通常的产品开发一般都遵循严格的研发程序，即首先要根据市场需求，提出设计目标和技术要求，然后进行功能设计、概念设计、结构设计、施工设计，经过这样一系列的设计活动后形成设计图样，最后制造出产品。这就是正向设计，概括地说，正向设计是由未知到已知、由想象到现实的过程。

逆向设计（reverse design）也称反求设计，它是逆向工程的重要组成部分。以实物为研究对象的逆向设计是以对实物测量采集的数据为基础，采用逆向造型系统和工具重构实物CAD模型，并在此基础上对产品进行分析、修改、优化的方法和技术。它是以设计方法学为指导，以现代设计理论、方法、技术为基础，运用各种专业人员的工程设计经验、知识和创新思维，对已有产品或模型进行解析、深化和再创造的过程。

基于实物的制造业逆向工程流程如图31-1-1所示。首先对实物原型利用3D数字化测量设备获取其外形（点云）数据，而后采用逆向设计系统软件或模块进行数据处理和三维重建。三维重建模型可通过数据转换接口生成STL文件传送至快速成型机，将实物原型制作出来；也可通过CAD、CAE系统对三维重建模型进行分析、修改、优化和再设计，得到新产品三维模型。该模型可通过数据转换接口生成STL文件传送至快速成型机，将产品原型制作出来；也可通过CAM系统对其加工过程进行仿真，生成NC代码并传送至产品制造系统，将产品制造出来；还可通过CAD系统，生成二维工程图，采用相关制造设备将产品制造出来。

（2）逆向工程的关键技术

逆向工程的关键技术主要涉及数据获取、数据预处理、曲面重构、CAD模型构建、快速成型五个方面。

① 数据获取。数据获取是逆向工程的首要环节，它是指通过特定的测量设备和测量方法对物体表面形状进行数据采集，并将其转换成离散的坐标点数据。根据测量方式不同，数据采集方法可分为接触式测量和非接触式测量两大类。接触式测量通过传感测头与物体接触而记录下其表面点的坐标位置；非接触式测量主要是基于光学、声学、磁学等领域中的基本原理，将一定的物理模拟量通过适当的算法转换为物体表面的坐标点数据。

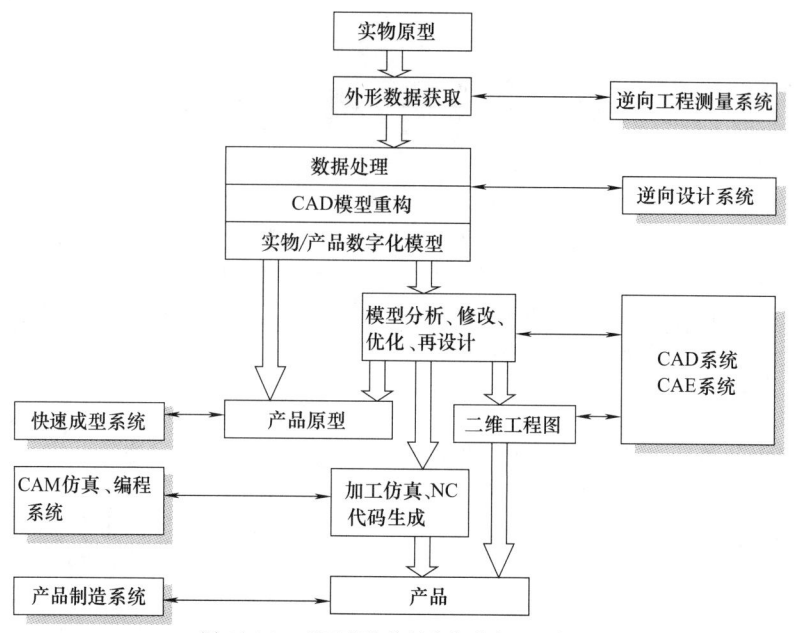

图 31-1-1 基于实物的制造业逆向工程流程

② 数据预处理。数据预处理是逆向工程中 CAD 模型重建的关键环节,它的结果将直接影响后期重建模型的质量,因此需要在模型重构前,对数据进行必要的处理。数据预处理通常包括多视拼合、噪声处理、数据精简、数据分块等方面的工作。多视拼合的任务是将多次装夹获得的测量数据融合到统一坐标系中,该过程亦可称为坐标归一或坐标统一。目前,多视拼合主要有点位法、固定球法和平面法等。由于实际测量过程中受到各种因素的影响,获得的数据不可避免地会引入数据误差,出现不连续或数据噪声。为了降低或消除噪声对后续建模质量的影响,有必要剔除噪声点并对测量点进行数据平滑。数据平滑通常采用高斯、平均或中值滤波来完成。对于高密度点云数据,由于存在大量的冗余数据,还要对其进行数据精简,按一定要求减少测量点云的数量。不同类型的点云可采用不同的精简方式,对于散乱点云,可采用随机采样的方法进行精简;对于扫描线点云和多边形点云可采用等间距缩减、倍率缩减、等量缩减、弦偏差等方法;对于网格化点云,可采用等分布密度和最小包围区域法进行数据精简。数据分块是针对由多张曲面片构成的物体提出的。实际产品表面往往无法由一张曲面完整描述,而是由多张曲面片组成,因而要对测量数据进行分割。按属于不同曲面片,将其数据划分为不同的子集,然后对各子集分别构造曲面模型。数据分块可大致分为基于边、基于面和基于边、面的数据分块混合技术。

③ 曲面重构。测量数据经过预处理之后,每一片分割后的点云数据需要用恰当类型的曲面来表示。要求构造出的曲面能满足精度和光顺性的要求,并与相邻的曲面光滑拼接。曲面重构涉及曲面特征的识别,即识别出曲面的几何类型,是二次曲面、扫掠曲面还是自由曲面。在逆向工程应用中,大多数产品表面是二次曲面,尤其是以平面、球面、圆柱面、锥面居多。采用局部几何形态分析方法,可以快速、自动地识别该面片点云是否为平面、球面、圆柱面、锥面。对于更一般的二次曲面,如椭球面、抛物面、双曲面等,可利用全局几何形态方法,对点云进行一般二次曲面拟合,根据曲面参数,判断该点云的曲面类型。扫掠曲面拟合作为非线性最小平方拟合问题,通过迭代优化求解误差函数,得到最优的发生线、方向线和每一测量点对应的参数值。自由曲面拟合一般利用 B 样条曲面或 NURBS 曲面实现,B 样条曲面可以看成是 NURBS 曲面的一个特例。自由曲面拟合可分为曲面插值与曲面逼近两类。当点云数据存在噪声时,采用插值方法生成的曲面光顺性很差,因此在实际应用中,一般采用逼近的方法进行曲面重构。

④ CAD 模型构建。模型构建目的是用完整的面、边、点信息表示模型的位置和形状。由于重构的曲面之间可能存在着裂缝,或者缺少曲面边界信息等因素,使得表示产品模型的几何信息和拓扑信息不完整。因此要使用如延伸、求交、裁剪、过渡、缝合等方法,建立模型完整的面、边、点信息。

对于构建的 CAD 模型进行检验与修正,主要包括精度和模型曲面品质的检验与修正。精度反映了构建的模型与产品实物差距的大小，其评价指标可分为整体指标、局部指标、量化指标和非量化指标。模型与实物的对比问题可以转换为计算点到曲面距离的问题，其精度指标可以采用距离表示。模型的质量评价是逆向工程的一项重要内容，目前质量评价尚无明确的标准，对构建的模型的质量评价主要依靠一些能具体量化的指标，并通过最终产品的实际应用效果加以检验。实际应用中，可采用控制顶点、曲率梳、反射线、等照度线、高光线和高斯曲率等方法，对曲面的品质和曲面拼接连续性精度进行评价。

⑤ 快速成型。在逆向工程中，快速成型机用来快速制作实物或产品样件，实现原型的放大、缩小、修改等功能。通过对制得的样件进行测量、评估、功能试验等手段，验证零件与原设计的不足。由此可形成一个包括测量、设计、制造、检测的快速逆向工程闭环反馈系统，为产品的快速开发和制造提供有效的工具支持。

（3）逆向工程的应用领域

目前基于实物的逆向工程的应用领域主要有以下几种情况。

① 产品复制。在没有设计图纸、设计图纸不完整或没有 CAD 模型的情况下，对零件原型进行测量，形成零件的设计图纸或 CAD 模型，并以此为依据生成数控加工的 NC 代码或通过其他制造方式，加工复制出一个相同的零件。

② 产品验证。由于相关学科发展的限制，并非所有零部件的外形、尺寸、功能和性能分析都可以在 CAD、CAE 下完成，往往需要通过反复实验最终确定。这种情况下，通常采用逆向设计的方法，例如航天航空领域，为了满足产品空气动力学等要求，要在初始设计模型的基础上经过各种性能测试（如风洞实验等）建立符合要求的产品模型。又如在模具制造中，经常需要通过反复试冲和修改模具型面才能得到最终符合要求的模具。这类零件一般具有复杂的自由曲面外形，最终的实验模型将成为设计或构建 CAD 模型的主要依据。

③ 产品外观评价。工业造型、外形设计领域（例如汽车外形设计）中广泛采用真实比例的木制或泥塑模型，以便对产品外形进行美学评价，并且最终需用逆向工程技术将这些比例模型转换为真实尺寸的 CAD 模型，进行相关的处理，从而进行工业生产。

④ 产品设计。在设计新产品时，往往要参考已有的产品，它可以是老产品，也可以是市场上的同类产品。对于外观设计，经常会利用相关产品的某些外表曲面或者油泥模型。这些都需要通过逆向工程获取其数据和 CAD 模型，为新产品的设计提供参考，或在此基础上进行分析和改进。

⑤ 特殊需求领域。在一些特殊领域，为了专门目的，必须从实物模型出发得到产品数字化模型。如文化艺术方面的艺术品、文物的复制；医疗方面的人体骨骼和关节的复制、假肢制造和口腔修复；刑侦方面的脚印、工具痕迹获取等诸多方面都有应用。

第 2 章 逆向工程数字化数据测量设备

2.1 逆向工程测量方法

在对实物进行逆向工程时,首先要对其进行测量,即通过特定的测量设备和测量方法获取零件廓形的几何数据,在此基础上方可进行零件的逆向设计,完成建模、评价、改进以及后续的制造。零件廓形的数据采集有多种方法,其中采用高效、高精度的数字化测量系统进行数据采集是逆向工程中最重要和最常用的测量方法,也是逆向工程实现的基础和关键技术之一。

有多种数字化测量方法可进行零件廓形的数据采集,根据测量时是否与零件表面接触,数据采集方法有接触式测量和非接触式测量之分。

接触式测量包括使用基于力触发器原理的触发式数据采集(触发式测量法)和扫描式数据采集(扫描式测量法)。非接触式测量可分为光学式和非光学式,其中光学式测量在实物表面测量中应用最为广泛,光学式测量包括三角形法、结构光法、立体视觉法、激光干涉法、激光衍射法等;非光学式测量包括CT测量法、MRI测量法、超声波法和层析法等。测量方法的具体分类如图 31-2-1 所示。

上述各种测量方法在测量精度、测量速度、测量成本、应用条件等方面都不尽相同,对于逆向工程测量而言,应满足以下要求:

- 采集数据的精度应满足逆向工程的实际需求;
- 尽可能降低测量成本;
- 数据采集要快,尽量减少测量在整个逆向工程中所占的时间比例;
- 获取的数据要有良好的完整性,不宜遗漏,以避免补测或模型重构带来的麻烦和精度损失;
- 数据采集过程中应避免对测量实物造成破坏。

逆向工程测量中常用的测量方法有:三坐标测量法、工业CT扫描法、层切扫描法、照相测量法、激光三角法、结构光法、立体视觉法等,其特点比较如表 31-2-1 所示。

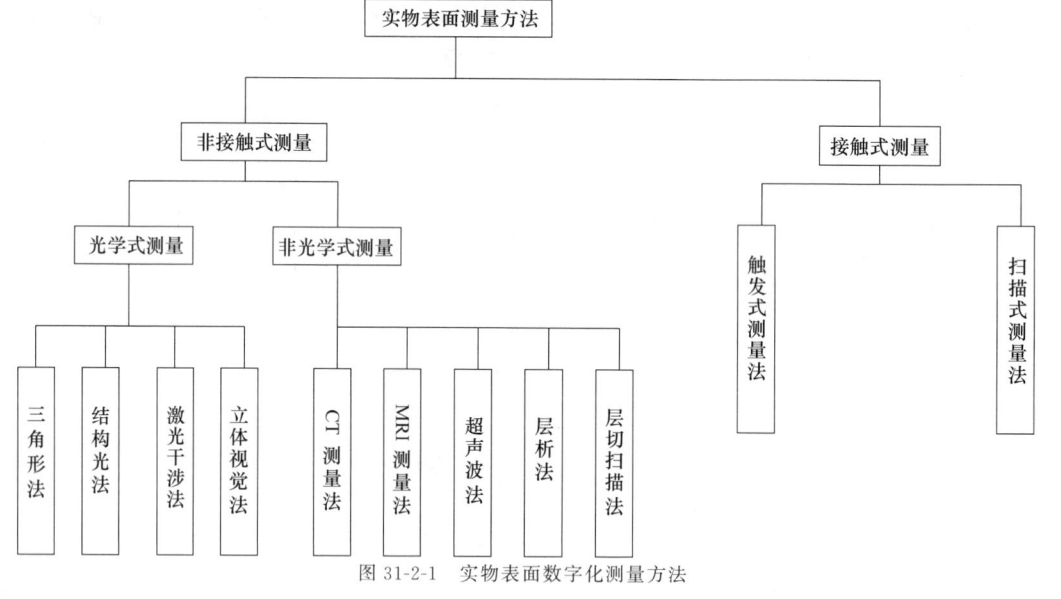

图 31-2-1 实物表面数字化测量方法

表 31-2-1 常用数据测量方法性能特点比较

测量方式	测量精度	测量速度	测量对象	三维重构性	与快速成型机集成性	材料限制	测量成本
三坐标测量法	高(±0.2μm)	慢	测头可触及的内、外表面	差	差	有	高

续表

测量方式	测量精度	测量速度	测量对象	三维重构性	与快速成型机集成性	材料限制	测量成本
工业CT扫描法	低($\pm 1mm$)	较慢	内、外表面	中	中	有	较高
层切扫描法/照相测量法	较高($\pm 0.02mm$)	较慢	内、外表面，尺寸不宜过大	中	中	无	较高
激光三角法	较高($\pm 5\mu m$)	快	外表面	好	好	无	较高
结构光法	高($\pm 3\mu m$)	快	外表面	好	好	无	较低
立体视觉法	低($\pm 0.1mm$)	快	外表面	差	差	无	较高

上述测量方法中，三坐标测量法测量精度高，但测量速度慢，复杂曲面的零件很难使用三坐标测量机逐层获取数据，同时测量还受到测头的限制，不易测量曲率变化大的凹陷处的数据，对于自由曲面的测量，还要考虑半径补偿的问题；工业CT扫描法能通过逐层扫描采集数据，但由于设备在断层法向的数据精度很差，层厚也在1mm左右，需要由专门的数据处理软件进行校正和插补，难以复制出精度较高的机械零件或模型；层切扫描法虽能测量出物体的内、外表面数据，但必须以破坏原件为代价，对于复杂零件的整体复制特别有用；光学扫描法是利用光束对物体外表面进行无接触快速测量，数据量庞大，适合各种类型的工件，如软性物体表面、表面曲率变化大且测头探针不易触及的物体表面以及不允许磨损的物体表面；立体视觉法是利用两个（多个）摄像机拍摄图像中的视差，以及摄像机之间位置的空间几何关系来获取目标点的三维坐标值，立体视觉测量法精度不高，很少用于机械领域。

2.1.1 接触式测量

测头是测量设备的关键部件。测头精度的高低在很大程度上决定了设备的测量重复性及精度，不同零件需要选择不同功能的测头进行测量。按照与被测表面接触方式，接触式测量又可分为触发式测量法和扫描式测量法。

(1) 触发式测量法

触发式测量法采用触发式测头（trigger probe），又称为开关测头。测头的主要任务是探测零件并发出锁存信号，实时锁存被测表面坐标点的三维坐标值。当测头的探针接触到零件表面时，由于探针头部受力变形触发采样中的开关，由此通过数据采集系统记录下探针头部，即球形测头的中心坐标。这样测头在测量装置的带动下逐点移动，就能采集到零件表面轮廓的坐标数据。在触发式数据采集过程中，探针必须偏移一个固定数值才会触发开关，而且一旦接触到零件表面后，探针需要法向退出以避免测杆折断。触发式测头一般发出跳变的方波电信号，利用电信号的前缘跳变作为锁存信号，由于前缘信号很陡，一般在微秒级，因此保证了锁存坐标值的实时性。触发式测头结构简单，寿命长，具有较好的测量重复性（0.28～0.35μm)，而且成本低廉，测量迅速，因而得到较为广泛的应用，但该方法数据采集速度较低。

(2) 扫描式测量法

扫描式测量法采用扫描式测头（scanning probe），又称为比例测头或模拟测头。由于数据采集过程是连续进行的，速度比点接触触发式测头快很多，采样精度也较高。此外，由于接触力较小，允许用小直径探针去扫描零件的细微部分。这种测量方式速度快，可以用来采集大规模的数据。

扫描式测头实质上相当于X、Y、Z三个方向皆为差动电感测微仪，X、Y、Z三个方向的运动靠三个方向的平行片簧支撑，是无间隙转动，测头的偏移量由线性电感器测出。此类测头不仅能作触发式测头使用，更重要的是，能输出与探针的偏转成比例的信号（模拟电压或数字信号），由计算机同时读入探针偏转及测量机的三维坐标信号（作触发测头时则锁存探测表面坐标点的三维坐标值），以保证实时得到被探测点的三维坐标。由于取点时没有测量机的机械往复运动，因此采点率大大提高。扫描式测头用于离散点测量时，探针的三维运动可以确定该点所在表面的法矢方向，因此更适于曲面的测量。高速扫描时，由于加速度而引起的动态误差很大，不可忽略，必须加以补偿。在扫描过程中，测头总是沿着曲面表面运动，即使速度的大小不变，亦存在着运动方向的改变，因而总存在加速度及惯性力，使得测量机发生变形，测头也在变负荷下工作，由此导致测量上的误差，扫描速度越高影响越大，甚至成为扫描测量误差的主要来源。

(3) 触发式测头与扫描式测头的选用

触发式测头与扫描式测头的特点、选用场合见表31-2-2。

表 31-2-2　　触发式测头与扫描式测头的特点、选用场合

测头类型	特　点	选 用 场 合
触发式测头	• 可完成快速和重复性的测量任务 • 通用性强 • 有多种不同类型的触发测头及附件供采用 • 采购及运行成本低 • 应用简单 • 坚固耐用，使用寿命长 • 测头体积较小，易于在窄小空间应用 • 由于测点时测量机处于匀速直线低速状态，测量机的动态性能对测量精度影响较小 • 测量采点速度低	• 当零件所被关注的是尺寸（如小的螺纹底孔）、间距或位置，并不强调其形状误差（如定位销孔） • 确信所用的加工设备有能力加工出形状足够好的零件，主要关注尺寸和位置精度时，接触式触发测量是合适的，特别是对于离散点的测量及零件的在线测量
扫描式测头	• 高速的采点率 • 高密度采点保证了良好的重复性、再现性 • 有更高级的数据处理能力 • 比触发测头结构复杂 • 对离散点的测量较触发测头慢 • 高速扫描时，由于加速度而引起的动态误差很大，不可忽略，必须加以补偿 • 针尖式测头易磨损	• 适于有形状要求的零件和轮廓的测量。也适用于不能确信所用的加工设备能加工出形状足够好的零件，而形状误差成为主要问题时的情况 • 对于未知曲面的扫描，扫描式测头显示出了独特的优势。测量机运动在"探索方式"下工作，可根据已运动的轨迹来计算下一步运动的轨迹、计算采点密度等 • 由于扫描测头可以直接判断接触点的法矢，对于要求严格定位、定向测量的场合，对离散点的测量也具有优势
	可更换式扫描测头： 高精度快速扫描测头，通过获取大量的数据点，完成对箱体类零件和轮廓曲面的可靠测量。可安装分度式测座，并可与其他测头进行互换	主要用于几何元素、复杂形状和轮廓的测量，可对诸如尺寸、位置和形状等几何特征进行完整的描述
	固定式扫描测头： 极高精度的扫描测座，可向测量机发送连续的数据信息。被安装于测量机 Z 轴上，并可配置较长的加长杆，以完成较深特征元素的测量工作	主要用于检测形状误差、复杂几何形状和轮廓外形，包括尺寸、位置和形状

2.1.2　非接触式测量

非接触式测量具有接触式测量不可替代的优势，在逆向工程测量中应用越来越广泛，并且是测量技术发展的趋势之一。与接触式测量相比，主要有以下特点。

• 不必进行测头半径补偿，因为光点的位置就是被测工件表面的位置。

• 测量速度快，不必像接触式测头那样逐点进行测量。

• 可直接测量软工件、薄工件、不可接触的高精度工件。

• 测量精度稍差。非接触式测头大多使用光敏位置探测（position sensitive detector，PSD）来检测光点的位置，目前 PSD 的精度仍不够高。

• 易受工件表面的反射特性影响，如颜色、斜率等，因为非接触式测头大多是接收工件表面的反射光或散射光。

• PSD 易受环境光线及散光影响，故噪声较高，噪声信号的处理比较困难。

• 使用 CCD 作探测器时，成像镜头的焦距会影响测量精度，工件几何外形变化大时可导致成像失焦和模糊。

• 工件表面的粗糙度对测量结果会有影响。

（1）三角法

三角法是根据光学三角形测量原理，利用光源和光敏元件之间的位置和角度关系来计算零件表面点的坐标数据。其基本原理是：利用具有规则几何形状的激光，投影到被测量表面上，形成的漫反射光点（光带）的像被安置于某一空间位置上的 CCD（charge coupled device，电荷耦合器件）图像传感器吸收，根据光点（光带）在物体上成像的偏移，通过被测物体基平面、像点、像距等之间的关系，按三角几何原理即可测量出被测物体的空间坐标。

根据入射光的不同，以三角法为原理的测量方法可分为点光源测量、线光源测量和面光源测量三种。

① 点光源测量。测量时，点光源测头一次测量一个点，测头在给定平面内（扫描平面）沿给定方向运动，形成扫描线，依次移动平面，可以扫描整个曲面轮廓。若目标平面相对于参考平面的高度为 s，则两者在探测器上成像的位移为 e，其原理如图 31-2-2 所示。

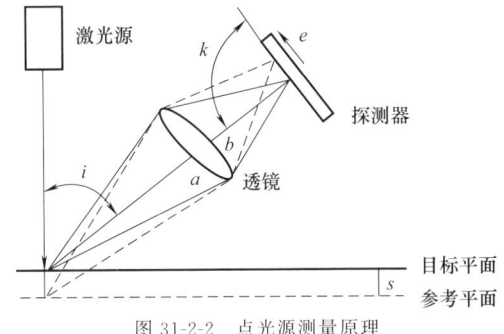

图 31-2-2　点光源测量原理

该测量方式主要应用在高度精密测量领域，一般不用于逆向工程测量。

② 线光源测量。线光源测量法也叫光切法，测量时，线光源测头一次测量一条扫描线。测量原理如图 31-2-3 所示，由一个发光二极管和线发生器产生线激光，投影到物体表面，同时该激光线在物体表面产生反射，反射光进入一个相机中。由于该相机与激光线束投影方向成一定角度，物体表面形状的变化就转化为激光反射线形状的变化，该变化通过标定可得到准确的三维空间信息。

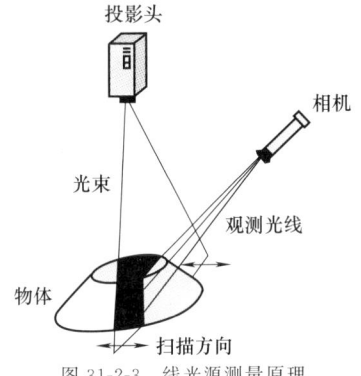

图 31-2-3　线光源测量原理

③ 面光源测量。基本原理如图 31-2-4 所示，它是利用激光在被测物体表面投射一光条，由于被测表面起伏及曲率变化，投射的光条随轮廓位置变化起伏而扭曲变形，由 CCD 摄像机摄取激光束影像，这样就可由激光束的发射角度和激光束在 CCD 内成像位置，通过三角几何关系获得被测点距离和坐标等数据。

三角法的优点是结构简单、经济、易于实现、允

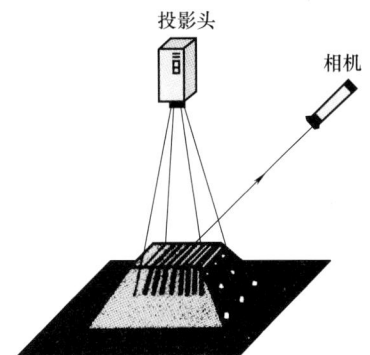

图 31-2-4　面光源测量原理

许的工作与采样速度高、光斑直径小、工作距离长、（例如在离工件表面 40～100mm 也可对工件进行探测）、测量范围大（例如 ±5～±10mm）、容易满足实际应用要求。三角法已成为目前最成熟、应用最为广泛的激光测量技术。激光三角法的测量精度为 0.005～0.01mm，采样速度可达每秒数万个点。在汽车、模具及模型测量等精度要求不太高、速度要求快的场合获得广泛应用。但该测量方法只能测量物体的外表面，并且由于是基于光学反射原理测量，对被测物体表面的粗糙度、漫反射率和倾角都比较敏感，这些都限制了它的使用范围。

(2) 结构光法

结构光法也称投影光栅法，结构光法基本原理如图 31-2-5 所示，它是把一定模式的光源（如光栅）投影到被测件表面，受被测物体表面高度的限制，光栅影线发生变形，利用两个镜头获取不同角度的图像，通过解调变形光栅影线，就可以得到被测表面的整幅图像上像素的三维坐标。

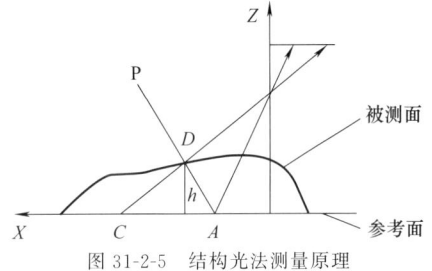

图 31-2-5　结构光法测量原理

测量时，入射光线 P 照射到参考面上的 A 点，当测量物体时 P 照射到物体表面的 D 点，从图示方向观察，A 点就移到 C 点位置，这样距离 AC 就携带了高度信息 $z=h(x, y)$，即高度受到了表面形状的调制。目前，解调变形光栅影线的主要方法有傅里叶分析法和相移法，傅里叶分析法比相移法容易实现自动化，但精度稍低。

结构光法被认为是目前三维形状测量中最好的方

法之一。优点是测量范围大、稳定、速度快、成本低、设备携带方便、受环境影响小、易于操作。缺点是精度较低、测量量程较短，且只能测量表面曲率变化不大的、较平坦的物体；对于表面变化剧烈的物体，在陡峭处往往会发生相位突变，使测量精度大大降低；工件本身的表面色泽、粗糙度也会影响测量的精度，为提高测量精度，需在被测量表面涂上"反差增强剂"或进行喷漆处理。

(3) 立体视觉测量法

计算机立体视觉测量又称为三维场景分析，是计算机视觉测量方法中重要的距离感知技术。它在机器人视觉、物体特征识别、航空测量、卫星遥感、飞机导航、军事等方面有着广泛的应用。该方法主要分为单目视觉、双目视觉、三目及多目视觉。它直接模拟人类视觉处理景物的方式，从二维图像和图像序列中去解释三维场景中存在哪些物体、这些物体以什么样的空间位置或相互关系存在，可以在多种条件下灵活地获取景物纹理信息和计算出立体信息。计算机立体视觉测量基本原理是：用摄像机从不同的角度对物体摄像，通过多幅图像中同名特征点的提取与匹配，得出同名特征点在多个图像平面上的坐标，再利用成像公式，计算出被测点的空间坐标。即根据同一个三维空间点在不同空间位置的两个（多个）摄像机拍摄的图像中的视差，以及摄像机之间位置的空间几何关系来获取该点的三维坐标值。立体视觉测量法精度不高，它的分辨率一般是在毫米数量级，最高也只有 0.1mm 左右，但该方法具有快速的信息获取能力，可实现动态测量，目前这种方法很少用于逆向工程的测量中。

(4) 计算机断层扫描法

计算机断层扫描技术最具代表性的是 CT 扫描机。通常它用 X 射线在某平面内从不同角度去扫描物体，并测量射线穿透物体衰减后的能量值，经过特定的算法得到重建的二维断层图像，即层析数据。改变平面高度，可测出不同高度上的一系列二维图像，并由此构造出物体的三维实体原貌，其测量原理如图 31-2-6 所示。

工业 CT 特别适合于复杂内腔物体的无损三维测量，利用这种方法，可直接获取物体的截面数据，然后转化为快速成型设备所采用的 STL 或 CLI 文件格式。该方法是目前较为先进的非接触式检测方法，它可针对物体的内部形状、壁厚，尤其是内部构造进行测量。但这种方法空间分辨率较低，获取数据时间长，重建图形计算量大，设备造价高，且只能获得一定厚度截面的平均轮廓。

与该方法类似的还有核磁共振（MRI）测量法。该技术的理论基础是核物理学的磁共振理论，是 20

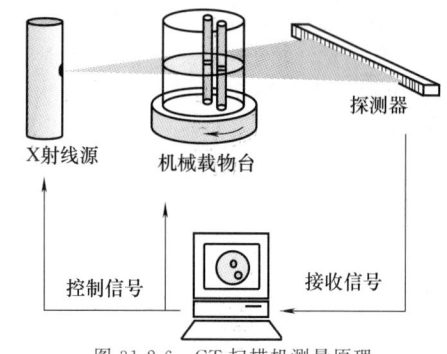

图 31-2-6 CT 扫描机测量原理

世纪 70 年代末以后发展的一种新式医疗诊断影像技术。和 CT 扫描一样，可以提供人体的断层的影像，其基本原理是用磁场来标定人体某层的空间位置，然后用射频脉冲序列照射，当被激发的核在动态过程中自动恢复到静态场的平衡时，把吸收的能量发射出来，然后利用线圈来检测这种信号并输入计算机，经过处理转换为屏幕上的显示图像。MRI 提供的信息量大于医学影像学中的其他许多成像技术，而且不同于已有的成像方法，它能深入物体内部且不破坏物体，对生物没有损害，在医疗上应用广泛。但这种方法造价高，目前对非生物材料不适用。

(5) 超声波测量法

该测量方法的原理是当超声波脉冲到达被测物体时，在被测物体的两种介质交界表面会发生回波反射，通过测量回波与零点脉冲的时间间隔，可以计算出各表面到零点的距离。这种方法相对于 CT 或 MRI 而言，其设备简单，成本较低，但测量速度较慢，且测量精度主要由探头的聚焦特性决定。由于各种回波比较杂乱，必须精确地测量出超声波在被测材料中的传播声速，利用数学模型的计算来定出每一层边缘的位置。特别是当物体中有缺陷时，受物体材料及表面特性的影响，测量出的数据可靠性较低。该法主要用于无损探伤及厚度检测，但由于超声波在高频下具有很好的方向性，即束射性，它在三维扫描测量中的应用前景正在日益受到重视。

(6) 层切扫描/照相测量法

这种测量方法可对任意复杂零件内外表面进行数据采集。它以极小的厚度去逐层切削实物（最小厚度可控制在 0.01mm 左右），并对每一截面通过扫描或照相来获取其图像数据，测量精度可达±0.02mm。

图 31-2-7 为层切扫描测量系统装置示意图。将待测量零件的空洞部分用树脂材料进行填充，填充物的颜色与零件的颜色要有一定的对比度，以便于图像的识别与轮廓提取。待树脂固化后，把它装夹到铣床上，采用轴向进给铣削加工方式对零件进行逐层铣削，得到包含有

零件与树脂材料的截面。每铣削一层，就采用光学扫描仪或CCD摄像机等设备对当前截面进行采样，并通过图像处理技术进行边界轮廓的提取。最后利用这些轮廓数据就可构造出零件的三维几何模型。该方法是目前断层测量精度较高的方法之一，可对任意形状、任意结构零件的内外轮廓进行数据采集，并且成本相对较低，与工业CT相比，价格便宜70%~80%，但该测量方式是破坏性的，并且由于加工设备等原因，零件的外形和尺寸均受到一定限制。

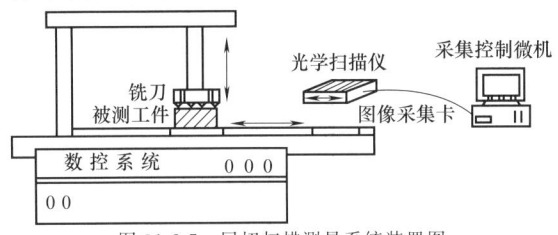

图 31-2-7　层切扫描测量系统装置图

2.2　坐标测量机原理、结构与特点

坐标测量机（coordinate measuring machine, CMM）是一种高效新型的大型精密测量仪器，它广泛应用于制造、电子、汽车和航天等工业领域中，可以对具有复杂形状的工件的尺寸、形状及相互位置进行测量，如箱体、导轨、涡轮、叶片、缸体、凸轮、齿轮等空间型面的测量等。

坐标测量机（也称三坐标测量机）一般采用触发式接触测头和扫描式接触测头，前者一次采样只能获取一个点的三维坐标值，后者测头可以在工件上滑动测量，连续获取表面的坐标信息。另外，现在一些坐标测量机还可使用光学测头进行非接触式测量。

坐标测量机的主要优点是测量精度高，适应性强，对于没有复杂内部型腔、特征几何尺寸多、只有少量特征曲面的零件，使用坐标测量机进行三维数字化测量是非常有效可靠的手段。坐标测量机的不足之处是：由于使用接触式测量，导致测量死角的存在，一般接触式测头测量效率低，且不能测量软物体，而且测量路径的规划较为复杂，测量过程需要较多的人工干预，坐标测量机价格昂贵，对使用环境要求高，测量数据密度较低。随着坐标测量机技术的发展，已有一些坐标测量机既可以使用接触式测头，也可通过接口与非接触式测头相适配完成测量。

坐标测量机如果按其测量范围分类，可分为小型坐标测量机、中型坐标测量机和大型坐标测量机。小型测量机测量范围小于500mm，主要用于小型精密对象；中型测量机的测量范围为500~2000mm，它是应用最多的机型；大型机的测量范围大于2000mm，主要应用于各类大型零部件的测量，如汽车外壳、发动机叶片等。

如果按测量精度分，坐标测量机可分为：低精度测量机，单轴最大测量不确定度在 $1\times10^{-4}L$（L为最大量程，单位为mm）左右，空间最大测量不确定度小于$(2\sim3)\times10^{-4}L$；中等精度测量机，单轴最大测量不确定度大体在$1\times10^{-5}L$，空间最大测量不确定度小于$(2\sim3)\times10^{-5}L$。这类坐标测量机一般放在生产车间内，用于生产过程中的检测；精密测量机，单轴最大测量不确定度小于$1\times10^{-6}L$，空间最大测量不确定度小于$(2\sim3)\times10^{-6}L$。

坐标测量机按其结构形式可分为直角坐标测量机和便携式坐标测量机。其中，直角坐标测量机采用的是传统的框架式结构，它又可分为桥式、龙门式、悬臂式等；而便携式坐标测量机则采用的是关节臂式结构。

2.2.1　坐标测量机原理

三坐标测量机是由三个互相垂直的测量轴和各自的长度测量系统组成的测量设备，在测量机上安装分度台、回转台后，系统可具备极坐标（柱坐标）系测量功能。测量时，被测零件放置在测量机的测量空间中，通过设备的运动系统带动测头对测量空间内任意位置的被测点进行测量，获得其坐标位置，根据这些点的空间坐标值，经计算即可求出被测对象的几何尺寸、形状和相互位置关系。坐标测量机一般由主机部分、控制系统、软件系统及探测系统组成，系统构成如图 31-2-8 所示。

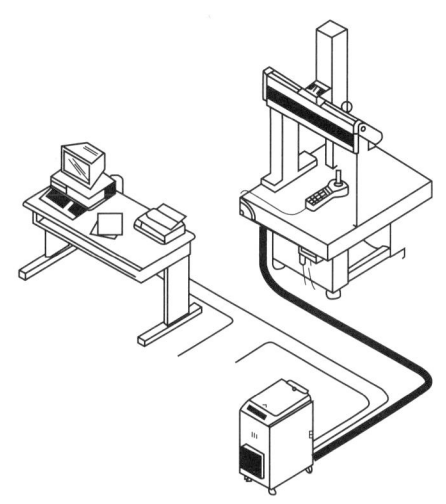

图 31-2-8　坐标测量机构成

(1) 主机部分

三坐标测量机的主机结构如图 31-2-9 所示，它是坐标测量机的本体，包括机械构架、标尺系统、导轨、驱动装置、平衡部件、转台与附件。其中，机械构架有多种结构形式，它是工作台、立柱、桥框、壳体等机械结构的集合体；标尺系统是长度测量系统的重要组成部分，包括线纹尺、精密丝杠、感应同步器、光栅尺、磁尺和光波波长及数显电气装置等；导轨是实现三维运动的部件，多采用滑动导轨、滚动轴承导轨和气浮导轨，其中以气浮导轨为主要形式；驱动装置用于实现机动和程序控制伺服运动功能，它由丝杠螺母、滚动轮、钢丝、齿形带、齿轮齿条、光轴滚动轮、伺服马达等组成；平衡装置主要用于 Z 轴框架中，用于平衡 Z 轴的重量，使 Z 轴上下运动时无偏重的干扰，Z 向测力稳定；转台与附件可使测量机增加一个转动自由度，包括分度台、单轴回转台、万能转台和数控转台等。

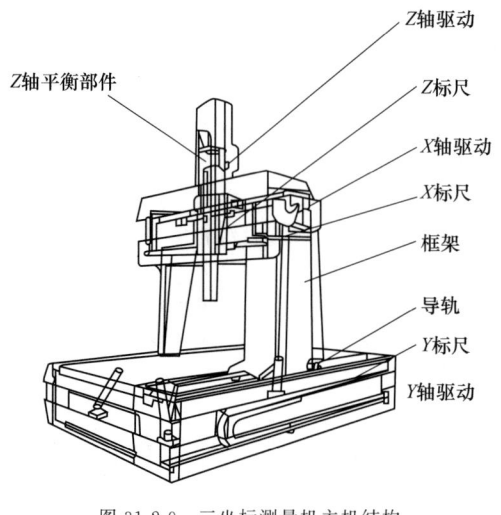

图 31-2-9　三坐标测量机主机结构

(2) 控制系统

控制系统是坐标测量机的关键组成部分之一，可进行单轴与多轴联动控制、外围设备控制、通信控制和逻辑控制等，该系统还包括计算机、打印与绘图装置等硬件部分。其主要功能是读取空间坐标值，控制测量瞄准系统对测头信号进行实时响应与处理，控制机械系统实现必需的运动，实时监控坐标测量机的状态以保障整个系统的安全性与可靠性。

(3) 软件系统

软件系统可进行坐标变换与测头校正，生成探测模式与测量路径，还用于基本几何元素、形状与位置误差测量、齿轮、凸轮、螺纹的测量，曲线与曲面的测量等，具有统计分析、误差补偿和网络通信等功能。

根据软件功能的不同，坐标测量机的软件可分为基本测量软件、专用测量软件、统计分析软件、附加功能软件。

1) 基本测量软件。基本测量软件是坐标测量机必备的最小配置软件，它用于完成整个测量系统的管理，通常具备如下功能。

① 运动管理。包括运动方式选择、运动进度选择、测量速度选择等。

② 测头管理。包括测头标定、测头校正、自动补偿测头半径和各向偏值、测头保护及测头管理。

③ 零件管理。用于确定零件坐标系和坐标原点以及不同零件坐标系的转换。

④ 辅助功能。坐标系、地标平面、坐标轴的选择，公制、英制转换及其他各种辅助功能。

⑤ 输出管理。输出设备选择、输出格式及测量结果类型的选择等。

⑥ 几何元素测量。用于各种几何元素（如点、线、圆、面、圆柱、圆锥、球）的测量、形位公差（如平面度、直线度、圆度、圆柱度、球度、圆锥度、平行度、垂直度、倾斜度、同轴度等）的测量。

2) 专用测量软件。专用测量软件是指在基本测量软件平台上开发的针对某种具有特定用途的零部件的测量与评价软件。如齿轮、叶片、螺纹、凸轮、转子、自由曲线、自由曲面等特殊测量评价软件/模块。这样，在测量机上使用这些软件/模块，可代替一些专用的测量仪器，拓展了测量机的应用领域，满足用户特定的检测要求。

3) 统计分析软件。该软件是通过测量对加工设备能力和性能进行统计分析，以保证批量生产质量的程序。它由三坐标测量机采集测量数据，并自动、实时地分析被测零件的尺寸。它是一种连续监控加工的方法，可对加工过程中的零件尺寸进行监控，判断被加工零件是合格件还是超差件，或在零件超差前发现其超出尺寸界限的倾向，给出相应信息，以防止出现废品，如给出换刀信号、误差补偿信号及补偿值等。软件可以在线给出反馈信号或以图形、打印、显示等方式表示统计分析的结果。

4) 附加功能软件。为了增强坐标测量机的功能，用软件方法提高测量精度，测量机生产商还提供一些附加功能软件。如随行夹具测量软件、最佳配合测量软件、误差检测软件、误差补偿软件、激光测头驱动软件以及驱动其他厂家测量机的驱动软件等。

(4) 探测系统

探测系统由测头及其附件组成，它的主体即测头可在三个方向上感受瞄准信号和微小位移，以实现瞄准和测微功能。测头包括机械测头、电气测头和光学测头。

2.2.2 直角坐标测量机结构形式与特点

坐标测量机的结构形式与系统造价、被测物体的测量范围、测量精度等因素有很大关系,根据直角坐标测量机的机械结构,可对坐标测量机结构作如下分类,详见表 31-2-3。

表 31-2-3　　　　直角坐标测量机结构形式与特点

结构类型	结 构 特 点	结构示意图
固定工作台悬臂式坐标测量机	固定工作台悬臂式坐标测量机装有探测系统的 Z 向测量轴可在垂直方向移动,箱形架导引 Z 轴向测量轴可沿着水平悬臂梁在 Y 轴方向移动,该悬臂梁相对机座又可沿着水平面的导槽在 X 轴方向移动。此种结构形式为三边开放,容易装拆工件,且工件可以伸出台面即可容纳较大工件,但因悬臂会造成精度不高,一般为小型测量机。此机型早期很盛行,现在应用不普遍	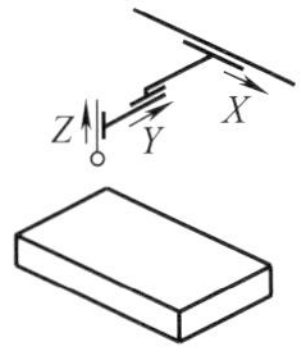 原理示意图 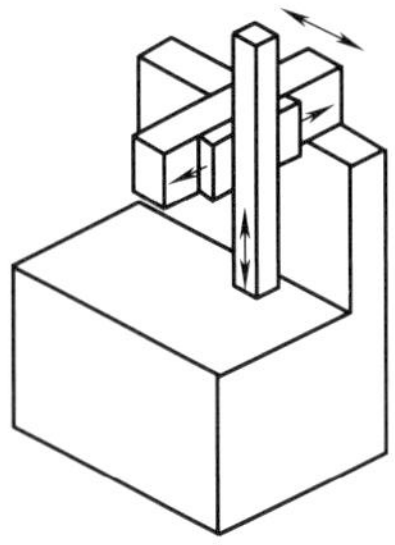　　示例
移动工作台悬臂式坐标测量机	移动工作台悬臂式坐标测量机装有探测系统的 Z 向测量轴可在垂直方向移动,同时 Z 向测量轴安装在悬臂梁上,该悬臂梁相对机座可在水平面上沿着 Y 轴方向移动,承载工件的工作台可在水平面上沿 X 轴方向移动。此种结构形式为三边开放,装拆工件容易,且工件可以伸出台面,可容纳较大工件,但承载力不高,并且由于悬臂精度不高,应用较少	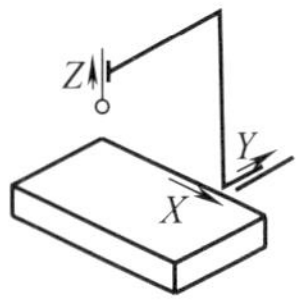 原理示意图 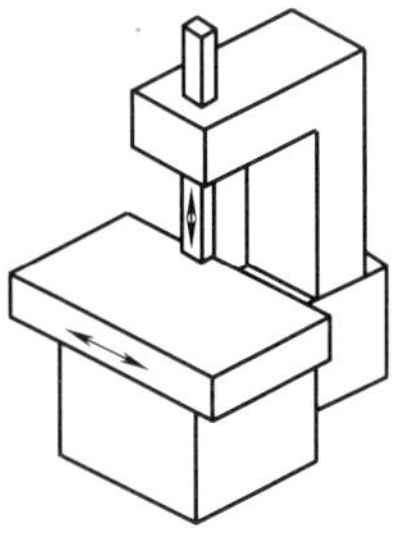　　示例
移动桥式坐标测量机	移动桥式坐标测量机装有探测系统的 Z 向测量轴可在垂直方向移动,箱形架导引主轴沿水平梁在 X 方向移动,此水平梁被两支柱支撑于两端,梁与支柱构成 Π 形桥架,同时桥架可沿着导槽相对于机座在 Y 轴方向移动 移动桥式坐标测量机是目前中小型测量机的主要结构形式,因为梁的两端被支柱支撑,其挠度较小,承载能力较大,本身具有台面,受地基影响相对较小,开敞性好,精度比悬臂式精度高、比固定桥式精度稍低	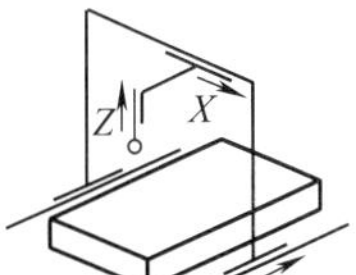 原理示意图 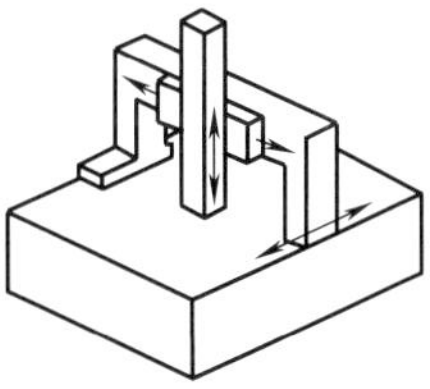　　示例
固定桥式坐标测量机	高精度测量机通常采用固定桥式结构,坐标测量机装有探测系统的 Z 向测量轴可在垂直方向移动,箱形架导引主轴沿水平梁在 X 方向移动,此水平梁由两支柱支撑于两端,梁与支柱形成的 Π 形桥架固定在机座上。承载工件的工作台可在水平面上沿 Y 轴方向移动。固定桥式测量机的优点是结构稳定,整机刚性强,中央驱动,偏摆小,光栅在工作台的中央,阿贝误差小,X、Y 方向运动相互独立,相互影响小;缺点是被测量对象由于放置在移动工作台上,降低了机器运动的加速度,承载能力较小	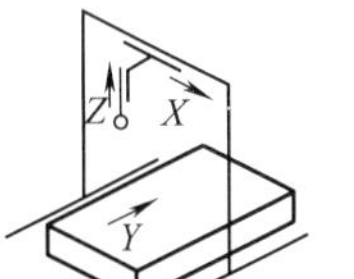 原理示意图 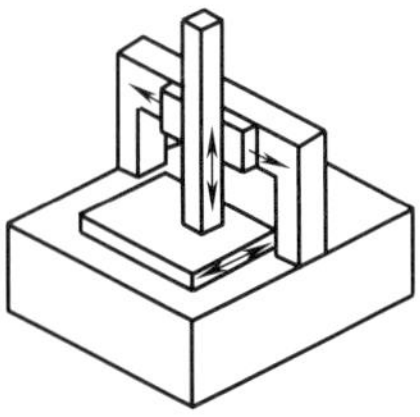　　示例

续表

结构类型	结构特点	结构示意图
龙门式坐标测量机	龙门式坐标测量机装有探测系统的 Z 向测量轴可在垂直方向移动,箱形架导引主轴沿水平梁在 X 方向移动,该水平梁两端分别被支撑在固定的 Π 形桥架上并且可在其导轨上沿 Y 轴方向作水平移动。工件由机座或地面承载。龙门式坐标测量机一般为大中型测量机,用于大中型零部件的测量,它要求有较好的地基。龙门式立柱虽然影响操作的开阔性,但减少了移动部分质量,有利于精度及动态性能的提高。为此,近来亦发展了一些小型带工作台的龙门式测量机。龙门式测量机最长可到数十米,由于其刚性要比水平臂式好,对大尺寸工件而言,可保证足够的精度。龙门式结构便于工件安装和检测。龙门式结构实现运动部件最小惯性,同时保持结构的最大刚性	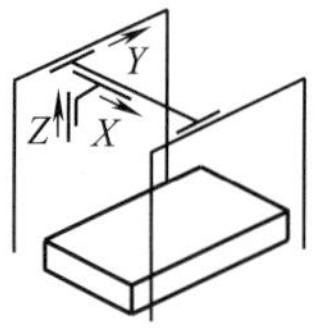 原理示意图 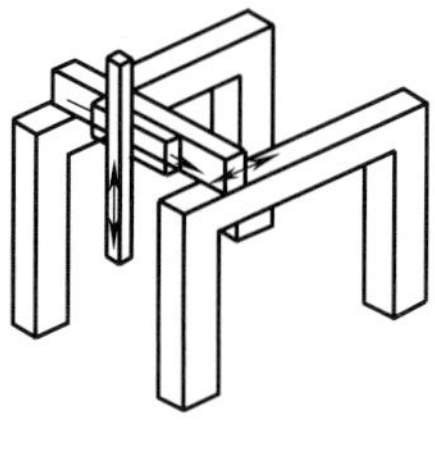　　示例
L 形桥式坐标测量机	L 形桥式坐标测量机装有探测系统的 Z 向测量轴可在垂直方向移动,箱形架导引主轴沿水平梁在 X 方向移动,L 形桥架在机座平面或低于平面上的导轨和在 Π 形桥架上的导轨上沿 Y 轴方向作水平运动,机座承载工件。L 形桥式设计是为了使桥架在 Y 轴移动时有最小的惯性而作的改变。它与移动桥式相比,移动组件的惯性较小,因此操作较容易,但刚性较差	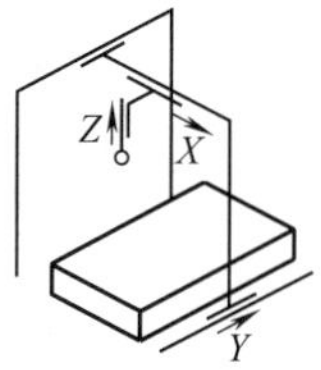 原理示意图 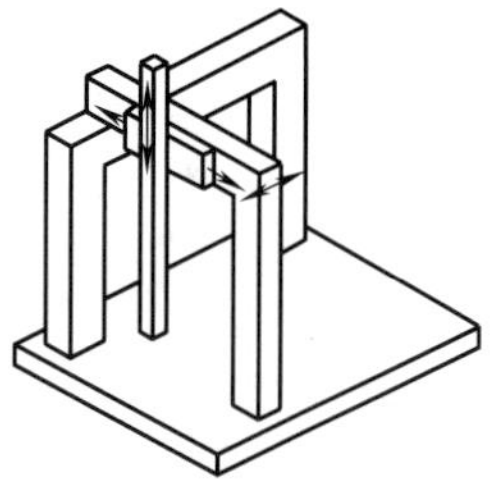　　示例
柱式坐标测量机	柱式坐标测量机装有探测系统的 Z 向测量轴可在垂直方向移动,工作台可沿 X 方向和 Y 方向移动 柱式坐标测量机精度比固定工作台悬臂测量机高,一般只用于小型高精度测量机,适用于要求前方开阔的工作环境	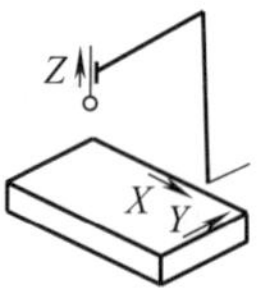 原理示意图 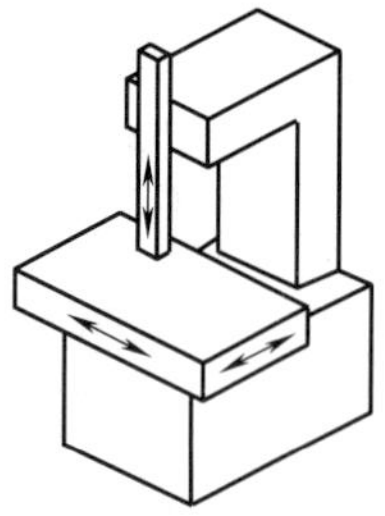　　示例
水平悬臂式坐标测量机	水平悬臂式坐标测量机装有探测系统的测量轴可沿 Y 轴方向作水平移动。支撑水平臂的箱形架沿着支柱可在 Z 轴方向移动,支柱安装在机座上并可沿着水平面的导槽在 X 轴方向移动。如果对该形式的坐标测量机进行细分,可分为水平悬臂移动式坐标测量机、固定工作台水平悬臂坐标测量机、移动工作台水平悬臂坐标测量机 水平悬臂测量机在 X 方向很长,Z 向较高,整机开敞性比较好,是测量汽车各种分总成、白车身时最常用的测量机	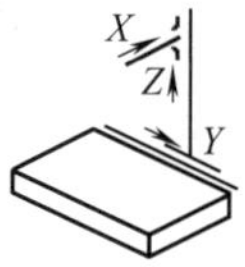 原理示意图 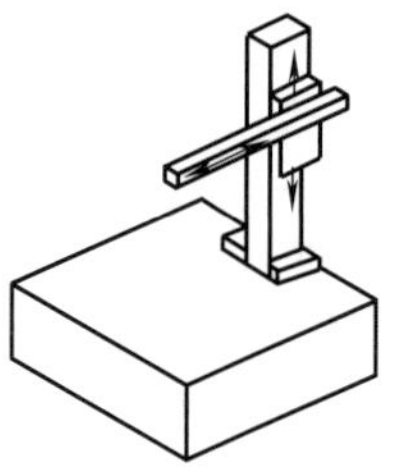　　示例

2.2.3 便携式关节臂坐标测量机结构形式与特点

直角坐标的框架式三坐标测量机具有精度高、功能完善等优势,因而在中小尺寸工业零件的几何检测和逆向工程测量中占有统治地位。但由于这种结构形式的测量机不便携带和框架尺寸的限制,对于现场的零件测量、较隐蔽部位的测量、大型零部件和设备以及飞行器、车辆等的测量,其应用受到了限制。便携式关节臂测量机(也可称为便携式测量机或关节臂测量机)是继传统的直角坐标测量机后出现的一种新型结构形式的坐标测量机。

(1) 便携式关节臂坐标测量机的特点

便携式关节臂坐标测量机与传统的直角坐标测量机相比,无论从结构上还是使用上,都有自身的特点,其主要特点如下。

- 在结构上,采用了不同于直角框架的关节臂形式。
- 坐标系的建立,更多地应用了矢量坐标系或球坐标系。
- 在探测系统方面,除了传统的接触式探测系统外,更多地采用了非接触式探测系统——光学或激光甚至雷达系统。
- 由于计时系统的精确性大大提高,现在常常把距离的测量转化为时间间隔的测量。
- 重量轻且便于携带。
- 便携式关节臂坐标测量机采用多自由度设计,可实现任意空间点位置和隐藏点的测量,测量范围大且测量基本无死角。但可能也会有测量死角或精度特别差的区域,一般在使用说明书中有说明,使用时应特别注意。
- 在检测空间一固定点坐标时,便携式关节臂坐标测量机与直角坐标系测量机完全不同,在测头确定的情况下,直角坐标测量机各轴的位置 X、Y、Z 对固定空间点是唯一的、完全确定的。而便携式测量机各臂对测头测量一个固定空间点时却有无穷的组合,即各臂在空间的角度和位置是无穷多,不是唯一的,因而各关节在不同角度位置的误差对同一点的位置检测误差影响很大。
- 由于测量机的各臂长度固定,引起误差的主要因素在于各转角的误差,因此转角误差的测量和补偿对提高关节臂测量机的精度至关重要。
- 探测系统(测头)距各关节的距离不同,根据实验和理论推导,不同级的转角误差对测量结果的影响是不同的,越靠近基座处关节的转角误差对测量结果影响越大。
- 由于测量机固定在基座上,基座的固定方式及刚性对测量精度及重复性的影响亦不能忽略。
- 一般来说,便携式关节臂坐标测量机的精度比传统的框架式三坐标测量机精度要低,精度一般为 $10\mu m$ 级以上,且只能手动,所以选用时要注意应用场合。

(2) 便携式关节臂坐标测量机结构形式

便携式关节臂坐标测量机是由几根固定长度的臂,通过绕互相垂直轴线转动的关节(分别称为肩、肘和腕关节)互相连接,在最后的转轴上装有探测系统的坐标测量装置。

便携式关节臂坐标测量机不是一个直角坐标测量系统,每个臂的转动轴或者与臂轴线垂直,或者绕臂自身轴线转动。一般用三个"-"隔开的数来表示肩、肘和腕的转动自由度。如图 31-2-10 所示,测量机的配置为 2-1-2,表示该测量机共有 5 个关节,其中有 2 个肩关节(A、B)、1 个肘关节(D)、2 个腕关节(E、F)。图 31-2-11 所示测量机的配置为 2-2-3,表示该测量机共有 7 个关节,其中有 2 个肩关节(A、B)、2 个肘关节(C、D)、3 个腕关节(E、F、G)。便携式测量机关节数一般小于 7,目前多为手动测量机。

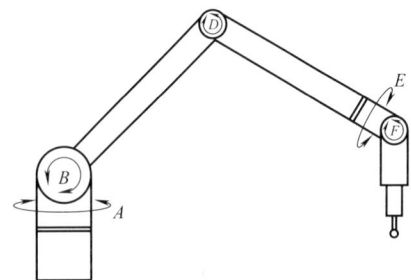

图 31-2-10　5 自由度坐标测量机

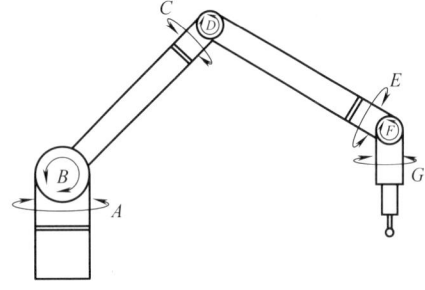

图 31-2-11　7 自由度坐标测量机

2.3 坐标测量机主要生产商及部分产品

目前,坐标测量机国外主要生产厂家有:瑞

典的 Hexagon（海克斯康）；美国的 FARO（法如）、OGP；英国的 Renishaw（雷尼绍）；德国的 Wenzel（温泽）、Zeiss（蔡司）；日本的三丰、东京精密等，有些已在国内建立生产基地，国外坐标测量机主要厂商及产品如表 31-2-4 所示。

表 31-2-4　　国外坐标测量机主要厂商及产品一览表

公司名称	主要坐标测量机产品	网址	说明
Hexagon（瑞典，海克斯康）	• 桥式三坐标测量机：Global S、Global、Global Mini、Explorer、Inspector、Pioneer、Innova • 超高精度三坐标测量机：Leitz Infinity、Leitz PMM-C、Leitz PMM-Xi、Leitz Reference HP、Leitz Reference Xi、Leitz PMM-F、Leitz PMM-G、Micro Plus、Leitz SIRIO Xi • 悬臂式三坐标测量机：DEA BRAVO HD、DEA BRAVO HP、DEA PRIMA NT、DEA TORO • 龙门式三坐标测量机：DEA ALPHA、DEA DELTA Slant、DEA Lambda SP、Apollo • 车间型三坐标测量机：TIGO SF、Leitz Sirio SX、4.5.4 SF • 关节臂坐标测量机：ROMER 绝对关节臂、Tango-S 手持式便携扫描系统	http://www.hexagonmi.com/ http://www.hexagonmetrology.com.cn/	在国内设有独资公司：海克斯康测量技术（青岛）有限公司
三丰（日本，Mitutoyo）	• 标准 CNC 三坐标测量机 CRYSTA-Apex S/C 系列 • 高精度 CNC 三坐标测量机 STRATO-Apex/FALCIO Apex 系列 • 联入生产线型 CNC 三坐标测量机 MACH-3A/MACH-V9106 • 手动三坐标测量机 Crysta-Plus M443/500/700 系列 • SpinArm-Apex 系列多关节臂式三坐标测量系统 • 车身测量系统 CARBstrato/CARBapex • 三坐标测量机用软件 MCOSMOS/MiCAT Planner	http://www.mitutoyo.com/ http://www.mitutoyo.com.cn/	
FARO（美国，法如）	• FaroArm 测量臂 • ScanArm 扫描臂 • Gage 测量机 • Laser Tracker 激光跟踪仪 • Laser Scanner 激光扫描仪 • 3D Imager 三维成像仪	https://www.faro.com/zh-cn/	
Wenzel（德国，温泽）	• LH/XOrbit/LHF/XOplus 系列桥式三坐标测量机 • LH Classic 系列桥式三坐标测量机 • LH Gantry 系列龙门三坐标测量机 • RSplus 系列敞开式悬臂测量机 • RA 系列地面平台式悬臂测量机 • RAplus 系列三坐标测量机 • LIBERTY 5 轴坐标测量机 • Mobile Scan3D 便携式 CNC 激光扫描系统 • PointMaster V4 逆向工程软件服务包	http://www.wenzel-cmm.com/ http://www.wenzel-cmm.cn/	在国内设有独资公司：温泽测量仪器（上海）有限公司

续表

公司名称	主要坐标测量机产品	网址	说明
蔡司 （德国，Zeiss）	• 桥式三坐标测量机：CONTURA、ACCURA、MI-CURA、PRISMO、SPECTRUM II、XENOS • 在线三坐标测量机：DuraMax、GageMax、CenterMax • 大型三坐标测量机：ACCURA 2000、MMZ T、MMZ E、MMZ G • 悬臂式三坐标测量机：CARMET、PRO、PRO T	http://www.zeiss.com/ http://www.zeiss.com.cn/	
东京精密 （日本，ACCRETECH）	• Carl Zeiss 系列三坐标测量机：PRISMO ultra、PRISMO navigator、MICURA、ACCURA、CONTURA、CONTURA aktiv、Center Max navigator 等 • XYZAX 系列三坐标测量机：XYZAXFUSION NEX、XYZAX SVA NEX、XYZAX SVA-A、XYZAX mju NEX、XYZAX SVF NEX	http://www.accretech.jp/ http://www.accretech.com.cn/	在国内设有独资公司：东精精密设备（上海）有限公司
Renishaw （英国，雷尼绍）	• 触发式测头系统 • 扫描测头系统 • 空间激光测量	http://www.renishaw.com/ http://www.renishaw.com.cn/	

Hexagon（海克斯康）是遍及全球的测量系统供应商，在测量技术市场处于领先地位，提供世界级的测量技术和服务。海克斯康拥有众多三坐标测量仪器品牌，生产各种尺寸三坐标测量机、便携式三坐标测量机、激光跟踪仪、影像测量仪等测量仪器，能够以很高的精度和速度提供大量的测量数据。该公司部分坐标测量机规格型号和技术参数见表31-2-5～表31-2-10 所示。

表 31-2-5　Global S Chrome 桥式三坐标测量机

型号	行程范围 /mm×mm×mm	外形尺寸 /mm×mm×mm
05.07.05	500×700×500	1024×1455×2516
07.10.07	700×1000×700	1277×1905×2777
09.12.08	900×1200×800	1598×2455×3160
09.15.08	900×1500×800	1598×2755×3160
09.20.08	900×2000×800	1598×3255×3185
12.15.10	1200×1500×1000	1898×2905×3513
12.22.10	1200×2200×1000	1898×3605×3488
12.30.10	1200×3000×1000	1898×4405×3513
15.22.10	1500×2200×1000	2138×3605×3488
15.30.10	1500×3000×1000	2138×4405×3513

日本三丰公司是著名的测量机生产厂家，早在1968 年就开始开发坐标测量机，随后又相继开发出光学读数式、旋转编码式、线性编码式、手动式三维测量等测量机品种。已在 20 个国家和地区建立了研究开发、生产及销售中心，在大约 80 个国家或地区建立了代销机构。部分坐标测量机规格型号和技术参数见表31-2-11～表31-2-15。

表 31-2-6　Explorer 桥式三坐标测量机

型号	行程范围 /mm×mm×mm	外形尺寸 /mm×mm×mm
04.05.04	400×490×390	1030×1160×2130
04.07.04	400×690×390	1030×1285×2340
05.07.05	500×700×500	999×1445×2562
07.10.05	700×1000×500	1199×1740×2562
07.10.07	700×1000×700	1199×1740×2915
06.08.06	600×800×600	1150×1623×2638
06.10.06	600×1000×600	1150×1823×2658
08.10.06	800×1000×600	1350×1823×2658
08.12.06	800×1200×600	1350×2023×2658
10.12.08	1000×1200×800	1600×2177×2936
10.15.08	1000×1500×800	1600×2477×2946
10.21.08	1000×2100×800	1600×3077×2946

表 31-2-7　超高精度三坐标测量机

	行程范围		mm
型号	X 向	Y 向	Z 向
Leitz Infinity	12.10.7	1200	1000	700
	12.10.6	1200	1000	600
Leitz PMM-C	8.10.6	800	1000	580
	12.10.6	1200	1000	580
	12.10.7	1200	1000	700
	12.10.7 Ultra	1200	1000	700
	16.12.7	1600	1200	700
	16.12.10	1600	1200	1000
	24.12.7	2400	1200	700
	24.12.10	2400	1200	1000
	24.16.7	2400	1600	700
	24.16.10	2400	1600	1000

表 31-2-8　BRAVO HD 系列悬臂式三坐标测量机　mm×mm×mm

型号	行程范围	外形尺寸
40.16.21	4000×1600×2100	4997×4148×3475
40.16.25	4000×1600×2500	4997×4148×3525
40.16.30	4000×1600×3000	4997×4148×3585
60.16.21	6000×1600×2100	6997×4148×4640
60.16.25	6000×1600×2500	6997×4148×4690
60.16.30	6000×1600×3000	6997×4148×4750
70.16.21	7000×1600×2100	7997×4148×5250
70.16.25	7000×1600×2500	7997×4148×5300
70.16.30	7000×1600×3000	7997×4148×5360
90.16.21	9000×1600×2100	9997×4148×6320
90.16.25	9000×1600×2500	9997×4148×6370
90.16.30	9000×1600×3000	9997×4148×6430

表 31-2-9　DEA ALPHA 系列龙门式三坐标测量机　mm×mm×mm

型号	行程范围	外形尺寸
20.33.10	2000×3300×1000	4200×3640×3555
20.33.15	2000×3300×1500	4200×3640×4555
20.50.15	2000×5000×1500	5900×3640×4555
25.33.15	2500×3300×1500	4200×4140×4555
25.50.15	2500×5000×1500	5900×4140×4555
25.33.18	2500×3300×1800	4200×4140×4860
25.50.18	2500×5000×1800	5900×4140×4860

表 31-2-10　车间型三坐标测量机行程范围　mm

型号	X 向	Y 向	Z 向
TIGO SF5.6.5	500	580	500
4.5.4 SF	355	514	353

表 31-2-11　CRYSTA-Apex S/C 系列标准 CNC 三坐标测量机

型号		CRYSTA-Apex S544	CRYSTA-Apex S574	CRYSTA-Apex S776	CRYSTA-Apex S7106	CRYSTA-Apex S9106 [CRYSTA-Apex S9108]	CRYSTA-Apex S9166 [CRYSTA-Apex S9168]	CRYSTA-Apex S9206 [CRYSTA-Apex S9208]
测量范围 /mm	X 轴	500	500	700	700	900	900	900
	Y 轴	400	700	700	1000	1000	1600	2000
	Z 轴	400	400	600	600	600(800)	600(800)	600(800)
分辨率/μm		0.1	0.1	0.1	0.1	0.1	0.1	0.1
精度① /μm	$E_{0,MPE}$	1.7+3L/1000,1.7+4L/1000②	1.7+3L/1000,1.7+4L/1000②	1.7+3L/1000,1.7+4L/1000②	1.7+3L/1000,1.7+4L/1000②			
	$P_{FTU,MPE}$	1.7		1.7		1.7		
	MPE_{THP}	2.3		2.3		2.3		
工作台	材料	花岗岩	花岗岩	花岗岩	花岗岩	花岗岩	花岗岩	花岗岩
	尺寸/mm×mm	638×860	638×1160	880×1420	880×1720	1080×1720	1080×2320	1080×2720
	紧固用螺钉孔/mm	M8×1.25	M8×1.25	M8×1.25	M8×1.25	M8×1.25	M8×1.25	M8×1.25
工件	最大高度/mm	545	545	800	800	800(1000)	800(1000)	800(1000)
	最大质量/kg	180	180	800	1000	1200	1500	1800
质量(主机)/kg		515	625	1675	1951	2231	2868	3912

型号		CRYSTA-Apex S121210	CRYSTA-Apex S122010	CRYSTA-Apex S123010	CRYSTA-Apex C163012 [CRYSTA-Apex C163016]	CRYSTA-Apex C164012 [CRYSTA-Apex C164016]	CRYSTA-Apex C165012 [CRYSTA-Apex C165016]
测量范围 /mm	X 轴	1200	1200	1200	1600	1600	1600
	Y 轴	1200	2000	3000	3000	4000	5000
	Z 轴	1000	1000	1000	1200(1600)	1200(1600)	1200(1600)
分辨率/μm		0.1	0.1	0.1	0.1	0.1	0.1
精度① /μm	$E_{0,MPE}$	2.3+3L/1000,2.3+4L/1000②			3.3+4.5L/1000,3.3+5.5L/1000,(4.5+5.5L/1000,4.5+6.5L/1000②)		
	$P_{FTU,MPE}$	2.0			5.0(6.0)		
	MPE_{THP}	2.8			6.0(7.0)		
工作台	材料	花岗岩	花岗岩	花岗岩	花岗岩	花岗岩	花岗岩
	尺寸/mm×mm	1420×2165	1420×2965	1420×3965	1800×4205	1800×5205	1800×6205
	紧固用螺钉孔/mm	M8×1.25	M8×1.25	M8×1.25	M8×1.25	M8×1.25	M8×1.25

续表

型号		CRYSTA-Apex S121210	CRYSTA-Apex S122010	CRYSTA-Apex S123010	CRYSTA-Apex C163012 [CRYSTA-Apex C163016]	CRYSTA-Apex C164012 [CRYSTA-Apex C164016]	CRYSTA-Apex C165012 [CRYSTA-Apex C165016]
工件	最大高度/mm	1200	1200	1200	1400(1800)	1400(1800)	1400(1800)
	最大质量/kg	2000	2500	3000	3500	4500	5000
质量(主机)/kg		4050	6150	9110	10600(10650)	14800(14850)	19500(19550)

型号		Cysta-Apex C203016	Crysta-Apex C204016
测量范围 /mm	X 轴	2000	2000
	Y 轴	3000	4000
	Z 轴	1600	1600
分辨率/μm		0.1	0.1
精度[1] /μm	$E_{0,MPE}$	$4.5+8L/1000, 4.5+9L/1000$[2]	
	$P_{FTU,MPE}$	6.0	
	MPE_{THP}	6.0	
工作台	材料	花岗岩	花岗岩
	尺寸/mm×mm	2200×4205	2200×5205
	紧固用螺钉孔/mm	M8×1.25	M8×1.25
工件	最大高度/mm	1800	1800
	最大质量/kg	4000	5000
质量(主机)/kg		14100	19400

① 本测量机带有温度补偿系统。统一标准 ISO 10360-2/4/5 使用的探测系统：SP25M 带有 $\phi 4mm \times 50mm$ 测针，L 为测量长度，mm。
② 保证精度的温度范围：16~26℃。

表 31-2-12　STRATO-Apex/FALCIO Apex 系列高精度 CNC 三坐标测量机

型号		STRATO-Apex 776	STRATO-Apex 7106	STRATO-Apex 9106	STRATO-Apex 9166
测量范围 /mm	X 轴	700	700	900	900
	Y 轴	700	1000	1000	1600
	Z 轴	600	600	600	600
分辨率/μm		0.02	0.02	0.02	0.02
精度[1] /μm	$E_{0,MPE}$	$0.9+2.5L/1000$	$0.9+2.5L/1000$	$0.9+2.5L/1000$	$0.9+2.5L/1000$
	$P_{FTU,MPE}$	0.9	0.9	0.9	0.9
	MPE_{THP}	1.8	1.8	1.8	1.8
工作台	材料	花岗岩	花岗岩	花岗岩	花岗岩
	尺寸/mm×mm	880×1420	880×1720	1080×1720	1080×2320
	紧固用螺钉孔/mm	M8×1.25	M8×1.25	M8×1.25	M8×1.25
工件	最大高度/mm	770	770	770	770
	最大质量/kg	500	800	800	1200
质量(主机)/kg		1895	2180	2410	3085

型号		FALCIO Apex 162012 [162015]	FALCIO Apex 163012 [163015]	FALCIO Apex 164012 [164015]
测量范围 /mm	X 轴	1600	1600	1600
	Y 轴	2000	3000	4000
	Z 轴	1200(1500)		
分辨率/μm		0.1	0.1	0.1
精度[1] /μm	$E_{0,MPE}$	$2.8+4L/1000(3.3+4.5L/1000)$		
	$P_{FTU,MPE}$	2.8(3.3)		
	MPE_{THP}	2.8(110s)[3.5(90s)]		

续表

型号		FALCIO Apex 162012 [162015]	FALCIO Apex 163012 [163015]	FALCIO Apex 164012 [164015]
工作台	材料	花岗岩	花岗岩	花岗岩
	尺寸/mm×mm	1850×3280	1850×4280	1850×5280
	紧固用螺钉孔/mm	M8×1.25	M8×1.25	M8×1.25
工件	最大高度/mm		1350(1650)	
	最大质量/kg	3500	4000	4500
质量(主机)/kg		9550(9600)	14000(14050)	25000(25050)

① 本测量机带有温度补偿系统。统一标准 ISO 10360-2/4/5 使用的探测系统：SP25M 带有 $\phi4mm \times 50mm$ 测针，L 为测量长度，mm。

表 31-2-13 **MACH-V9106/MACH-3A 653 联入生产线型 CNC 三坐标测量机**

型号		MACH-V9106	型号		MACH-3A 653
测量范围/mm	X 轴	900	测量范围/mm	X 轴	600
	Y 轴	1000		Y 轴	500
	Z 轴	600		Z 轴	280
分辨率/μm		0.1	分辨率/μm		0.1
精度① /μm	MPE_E	2.5+3.5L/1000,2.9+4.3L/1000,3.6+5.8L/1000②	精度① /μm	MPE_E	2.5+3.5L/1000,2.8+4.2L/1000,3.2+5.0L/1000,3.5+5.7L/1000,3.9+6.5L/1000③
	MPE_P	2.5(2.2:使用 SP25M)		MPE_P	2.5

① 本测量机带有温度补偿系统。统一标准：ISO 10360-2 使用的探测系统：TP7M 带有 $\phi4mm \times 20mm$ 测针，L 为测量长度，mm。
② 保证精度的温度范围：19～21℃，15～25℃，5～35℃。
③ 保证精度的温度范围：19～21℃，15～25℃，10～30℃，5～35℃，35～40℃。

表 31-2-14 **CRYSTA-Plus M443/500/700 系列手动三坐标测量机**

型号		CRYSTA-Plus M443	CRYSTA-Plus M544	CRYSTA-Plus M574	CRYSTA-Plus M776	CRYSTA-Plus M7106
测量范围/mm	X 轴	400	500	500	700	700
	Y 轴	400	400	700	700	1000
	Z 轴	300	400	400	600	600
分辨率/μm		0.5	0.5	0.5	0.5	0.5
精度/μm	E	3.0+4.0L/1000	3.5+4.0L/1000	3.5+4.0L/1000	4.5+4.5L/1000	4.5+4.5L/1000
	R	4.0	4.0	4.0	5.0	5.0
工作台	材料	花岗岩	花岗岩	花岗岩	花岗岩	花岗岩
	尺寸/mm×mm	624×805	764×875	764×1175	900×1440	900×1740
	紧固用螺钉孔/mm	M8×1.25	M8×1.25	M8×1.25	M8×1.25	M8×1.25
工件	最大高度/mm	480	595	595	800	800
	最大质量/kg	180	180	180	500	800
质量(主机)/kg		360	450	575	1451	1697

表 31-2-15 **SpinArm-Apex 多关节臂式三坐标测量系统**

型号	SpinArm-Apex 186S	SpinArm-Apex 246S	SpinArm-Apex 306S	SpinArm-Apex 366S
测量范围/mm	1800	2400	3000	3600
重复性/mm	±0.040	±0.050	±0.080	±0.100
精度/mm	±0.055	±0.065	±0.100	±0.135
质量(主机)/kg	14.5	14.7	15.2	15.6
型号	SpinArm-Apex 247S	SpinArm-Apex 307S	SpinArm-Apex 367S	
测量范围/mm	2400	3000	3600	
重复性/mm	±0.055	±0.090	±0.110	
精度/mm	±0.080	±0.135	±0.165	
质量(主机)/kg	15.1	15.6	16.0	

美国 FARO 科技公司是从事设计、开发、推广和销售便携式计算机测量设备以及用来创建虚拟模型或对现有模型进行评估的专用软件的制造商供应商。该公司的主要产品包括 Gage（测量机）、FaroArm（测量臂）、Laser Scanner（激光扫描仪）、Laser Tracker（激光跟踪仪）和 CAM2 软件系列等，该公司部分坐标测量臂规格型号和技术参数见表 31-2-16。

德国温泽集团的产品涵盖了三坐标、逆向工程、无损检测、工业 CT、微焦点等众多领域，提供了三维测量、齿轮测量、计算机断层扫描、光学高速扫描和造型等多个行业的独特解决方案，在汽车、航空航天、发电及医疗等众多行业中有大量应用。温泽在全球范围内已交付安装超过 10000 台测量设备。其子公司和业务伙伴在超过 50 个国家销售产品，并提供售后服务以满足客户需求。该公司部分坐标测量机规格型号和技术参数见表 31-2-17～表 31-2-19 所示。

目前国内包括独资和合资公司，已有数十家不同规模的生产厂家，其主要厂家及产品见表 31-2-20。

表 31-2-16　　　　FARO Quantum FaroArm 便携式坐标测量臂[①]

接触式测量（测量臂）[②]										
测量范围/m	SPAT[③]/mm		$E_{UNI}^{④}$/mm		$P_{SIZE}^{⑤}$/mm		$P_{FORM}^{⑥}$/mm		$L_{DIA}^{⑦}$/mm	
	6 轴	7 轴	6 轴	7 轴	6 轴	7 轴	6 轴	7 轴	6 轴	7 轴
Quantum^{M}1.5	0.018	—	0.028	—	0.012	—	0.020	—	0.034	—
Quantum^{M}2.5	0.026	0.028	0.038	0.042	0.018	0.020	0.030	0.035	0.045	0.060
Quantum^{M}3.5	0.044	0.055	0.066	0.085	0.030	0.040	0.050	0.060	0.080	0.110
Quantum^{M}4.0	0.053	0.065	0.078	0.100	0.034	0.040	0.060	0.080	0.096	0.132
非接触式测量（扫描臂）[⑧]										
测量范围/m	$L_{DIA}^{⑦}$/mm									
Quantum^{M}2.5	0.063									
Quantum^{M}3.5	0.100									
Quantum^{M}4.0	0.115									

① 所有值表示 MPE（最大允许误差）。
② 接触式测量（测量臂）：符合 ISO 10360-12。
③ SPAT 为单点摆臂测试。
④ E_{UNI} 为两点之间的长度误差，将测量值与标称值进行比较。
⑤ P_{SIZE} 为接触式测量球体尺寸误差，比较测量值与标称值。
⑥ P_{FORM} 为接触式测量球体形状误差。
⑦ L_{DIA} 为球体位置直径误差（包含从多个方位测量的球体中心的球形区域的直径）。
⑧ 非接触式测量（扫描臂）：全系统性能符合 ISO 10360-8 附录 D。

表 31-2-17　　　　桥式三坐标测量机有效测量范围　　　　mm

	机型	X 轴	Y 轴	Z 轴
LH	LH65	650	750/1200	500
	LH87	800	1000/1500/2000	700
	LH108	1000	1200/1600/2000/2500	800
	LH1210	1200	1600/2000/2500/3000	1000
	LH1512	1500	2000/2500/3000/4000	1200/1300
XOrbit	XO55	500	700/1000	500
	XO87	800	1000/1500/2000	700
	XO107	1000	1200/1500/2000	700
LHF	LHF	2500～4000	4000～10000	1700～2500
XOplus	XOplus 55	500	500/700/1000	500
	XOplus 77	700	1000/1500/2000	700
	XOplus 98	900	1200/1500/2000	800
LH	LH Classic 54	500	600	400
	LH Classic 65	650	750/1200	500
	LH Classic 87	800	1000/1500/2000	700
	LH Classic 108	1000	1200/1600/2000/2500	800
	LH Classic 1210	1200	1600/2000/2500/3000	1000

表 31-2-18　　LH-Gantry 龙门系列三坐标的有效测量范围　　mm

机型	X 轴	Y 轴	Z 轴
LH1515	1500	2000/2500/3000/4000	1500
LH2015	2000	3000/4000/5000	1500

表 31-2-19　　水平臂式三坐标测量机有效测量范围　　mm

机型		X 轴	Y 轴	Z 轴
RSplus 系列敞开式悬臂测量机	RSplus	4000～6000	1000～2100	1200～3000
	RSDplus	4000～6000	1800～4000	1200～3000
RA 系列地面平台式悬臂测量机	RA/RAF	4000～24000	1000～2100	1200～3000
	RAD/RADF	4000～24000	1800～4000	1200～3000
RAplus 系列地面平台式悬臂测量机	RAplus	4000～24000	1600～2100	2100～3000
	RADplus	4000～24000	3000～4000	2100～3000

表 31-2-20　　国内坐标测量机主要厂家及产品一览表

公司名称	坐标测量机产品	网址	性质
北京航空精密机械研究所	·FUTURE 系列三坐标测量机 ·PEARL 系列三坐标测量机 ·CENTURY 系列三坐标测量机 ·LM 系列三坐标测量机	http://www.bj303.com/	
北京南航立科机械有限公司	·悬臂式三坐标测量划线机:单立柱测量划线机,双立柱测量划线机,全自动 CNC 双机 ·桥式三坐标测量机:神箭系列-SWORD-渊虹,神箭系列-SWORD-含光 ·大型龙门式三坐标测量机:神箭系列-SWORD-巨阙,神箭系列-SWORD-天照 ·五轴在线测量系统	http://www.bjnhlk.com/	
贵阳新天光电科技有限公司	·LUXURY 系列三坐标测量机 ·MAGI 系列三坐标测量机 ·CLASSIC 系列三坐标测量机 ·FASHION 系列三坐标测量机	http://www.chfoic.com/	
西安爱德华测量设备股份有限公司	·桥式三坐标测量机:Daisy 系列,LEGEND 系列,ML 系列 ·超高精度三坐标测量机:MGH-高精度系列 ·龙门式三坐标测量机:Atlas 系列,Atlas B 系列 ·复合式三坐标测量机:O-Scope U422/O-Vision U553 系列,Dreamer 系列 ·影像坐标测量仪:Perfect 系列,O-Scope M/O-Scope A 系列	http://www.china-aeh.com/	德国 AEH 独资公司
西安力德测量设备有限公司	·EXPERT 高精度三坐标测量机 ·FLY 系列数控三坐标测量机 ·GREAT 系列大量程数控测量机 ·GREAT-D 系列超大量程数控测量机 ·TOP 系列超高精度数控测量机 ·DRAGON 系列手动三坐标测量机	http://www.leadmetrology.com.cn/	
青岛雷顿数控测量设备有限公司	·Miracle 系列三坐标测量机 ·Miracle-P 系列三坐标测量机 ·Cruiser 系列三坐标测量机 ·Metroking 系列三坐标测量机 ·Navigator 系列三坐标测量机 ·Hiscanner 三维激光扫描测量机	http://www.leader-nc.com.cn/	美国 Leader Metrology Inc 合资公司

第2章 逆向工程数字化数据测量设备

续表

公司名称	坐标测量机产品	网址	性质
思瑞测量技术（深圳）有限公司	• Tango 系列三坐标测量机 • Croma 系列三坐标测量机 • Function 系列三坐标测量机 • Tango-R 关节臂测量机 • Tango-S 手持式扫描系统 • Laser-RE 系列复合型激光扫描机	http://www.serein.com.cn	瑞典 Hexagon 控股公司
广东万濠精密仪器股份有限公司	• CMS-C 全自动三坐标测量机 • CMS-MV 复合式手动三坐标测量机 • CMS-M 手动三坐标测量机	http://www.rational-wh.com/	
深圳市壹兴佰测量设备有限公司	• YXB 双高架龙门式三坐标测量机 • YXB 双立柱龙门式三坐标测量机 • YXB 全自动桥式三坐标测量机 • YXB 手动桥式三坐标测量机 • YXB 全自动单边高架三坐标测量机	http://www.myxbcee.com/	
苏州怡信光电科技有限公司	• EM 系列手动型三坐标测量机 • ENC 系列自动型三坐标测量机	http://www.easson.com.cn/	隶属于中国香港怡信集团
昆山三友新天机电科技有限公司	• Metroking 系列三坐标测量机 • Miracle 系列三坐标测量机 • NC 龙门型自动影像测量仪	http://www.zgsunyo.com/	
青岛弗尔迪测控有限公司	• Squirrel 纯手动型三坐标测量机 • Seal 手动可升级型三坐标测量机 • Seagull 自动普及型三坐标测量机 • Leopard 全自动型三坐标测量机 • Roc 高精度自动系列测量机 • Elephant 固定龙门系列测量机 • Whale 移动龙门系列测量机	http://www.fd-cmm.com/	
济南德仁三坐标测量机有限公司	• HIT 系列三坐标测量机 • SIGMA 系列三坐标测量机 • MHB 系列三坐标测量机 • PFB 系列三坐标测量机 • MHG 系列三坐标测量机 • GIANT 系列三坐标测量机 • HIT-V 系列三坐标测量机 • PLUTO 系列三坐标测量机	http://www.dukin.com.cn/	隶属于韩国 DUKIN 株式会社
青岛麦科三维测控技术股份有限公司	• Swift 系列三坐标测量机 • Enjoy/Enjoy-plus 系列三坐标测量机 • Super 系列三坐标测量机 • View/View-plus 系列桥式测量机 • Discovery 系列大型龙门式三坐标测量机 • Greenwich 系列固定桥式测量机	http://www.metro-3d.com/	
上海量具刃具厂有限公司	• SLCMM 系列三坐标测量机	http://www.smctw.com.cn/	
智泰集团	• 3DFAMILY-MVF 复合式三坐标测量仪 • 3DFAMILY-CMF Classic 全自动三坐标测量仪 • 3DFAMILY-CLF PLUS 全自动三坐标测量仪 • 3DFAMILY-CELLO 双悬臂坐标测量仪 • 3DFAMILY-VIOLA 单悬臂坐标测量仪 • 3DFAMILY-CLF 全自动三坐标测量仪 • 3DFAMILY-CMF 全自动三坐标测量仪 • 3DFAMILY-MMF 手动三坐标测量仪	http://www.3dfamily.com/	
北京光电汇龙科技有限公司	• Micro-Vu 非接触三坐标测量仪 • HL-ACM 复合式自动三坐标测量机 • HL-ACM 全自动三坐标测量机 • HL-ACM 大行程三坐标测量机 • HL-ACM 龙门式三坐标测量机 • BACES 3D 关节臂测量机	http://www.bjhleo.com/	

2.4 典型光学测量设备

用于逆向工程的光学测量设备从使用光源来分，主要有激光和自然光。能提供此类设备的厂商集中在国外，其中比较有影响的主要有德国的 GOM 公司、Steinbichler 公司，法国的 Kreon Industrie 公司，比利时的 Metris 公司，美国的 3D Digital 公司等。这里就其典型产品的主要特点和技术参数介绍如下。

（1）ATOS 扫描仪

ATOS 测量系统是德国 GOM 公司的产品，其测量过程是基于光学三角形原理，将特定的光栅条纹投影到测量工件表面，通过两个高分辨率 CCD 数码相机对光栅干涉条纹进行拍照，利用光学拍照定位技术和光栅测量原理，可在极短的时间获得复杂工件表面的完整点云。其独特的流动式设计和不同视角点云的自动拼合技术，使扫描不需要借助于机床的驱动，扫描范围可达 12m。其扫描点云可用于产品开发、逆向工程、快速成型、质量控制，甚至可实现直接加工。

ATOS 采用高分辨率 CCD 数码相机采集数据，可在极短时间内获得复杂表面的密集点云，并可根据表面的曲率变化生成网格面，便于后期的曲面重建和直接加工。可清晰获得细小特征，并可方便提取工件表面特征（圆孔、方孔、边界线、黑胶带线等）。

对于不同视角的测量数据，系统依靠粘贴在工件表面公共的三个参考点，可自动拼合在统一坐标系内，从而获得完整的扫描数据。可根据工件尺寸选择不同直径的参考点，对于被参考点覆盖而在工件表面留下的空洞，软件可根据周围点云的曲率变化进行插补。对于复杂的大型工件，采用数码相机拍照和整合定位计算，可迅速测量出全部参考点的空间三坐标值，从而建立统一的参考点的坐标框架，再利用 ATOS 扫描头进行测量，获得完整的扫描点云。通过这种方式，可消除积累误差、提高大型工件的扫描精度。ATOS 测量头技术参数见表 31-2-21。

（2）Optix 扫描仪

3D Digital 激光扫描仪运用了激光点射式测距原理，开机工作后，激光从扫描仪的一个窗口以 30°扇形角扫描输出，被测物体表面形成的亮点被 3DD 激光扫描仪特有的 CCD 数码摄像机所拍摄。在 3DD 激光扫描仪内，摄像机信号在每个 NTSC 像素时间（约 70ns）内被数字化后传输给计算机，并交给计算机识别处理。

由于激光输出的窗口和摄像机之间有严格的距离关系，因此可以测得空间一点的三维坐标。每一条扫描线内有 1000 个点，每次扫描可以有 200～1000 线，用户可以通过仪器的驱动软件调整所需的扫描线数，这样每次扫描最多可以得到一百万个点的三坐标尺寸数据。经过后续软件的加工后，扫描得出的结果是一个和被测物体表面形状完全吻合的空间点云形状。

3D Digital 公司的 Optix 500 系列产品配有可拆卸扫描头，同一基座可装配多个扫描头。该系列产品具有体积小、重量轻等特点，可安装在三脚架上使用，同时配有 USB 即插即用接口，可与 Windows 操作系统兼容，Optix 扫描仪可与外部数码摄像头连接。3D Optix 扫描仪已由 3D Scanworks 公司集成至机器人系统。Optix 测量头技术参数见表 31-2-22。

表 31-2-21 ATOS 测量头技术参数

	ATOS 标准级工业数字化仪		ATOS 专业级工业数字化仪	
	ATOS CompactScan 2M	ATOS CompactScan 5M	ATOS Ⅱ TripleScan	ATOS Ⅲ TripleScan
测量范围/mm	35×30×20～ 1000×750×750	40×30×20～ 1200×900×900	38×24×15～ 2000×1500×1500	38×29×15～ 2000×1500×1500
测量距离/mm	420～1170	420～1170	490～1980	490～2330
相机分辨率	2×2000000pixel	2×5000000pixel	2×5000000pixel	2×8000000pixel
单幅测量时间/s	0.8	0.8	1	2
点云密度/mm	0.021～0.615	0.017～0.481	0.02～0.62	0.01～0.61
测量精度/mm	0.005～0.05	0.005～0.05	0.002～0.02	0.004～0.05
曝光次数/次	最多 7 次	最多 7 次	最多 7 次	最多 7 次
光栅技术	电外差法相位＋格雷码光栅	电外差法相位＋格雷码光栅	电外差法相位＋格雷码光栅	电外差法相位＋格雷码光栅
激光指示器	√	√	√	√
扫描头尺寸/mm	340×130×230	340×130×230	600×500×900	600×500×900
扫描头质量/kg	3.9	3.9	13	13
控制器	内置	内置	内置	内置

(3) Nikon 扫描仪

Nikon 公司的 XC65D×(-LS)、LC60D×、L100、LC15D× 扫描测量头均用于坐标测量机上。多激光 XC65D× 扫描测量头能捕捉各种三维细节特点：棱边、凹陷、筋板和自由曲面，无须通过用户交互来捕捉任何曲面。LC60D× 是 Metris 公司的下一代数字 3D 线扫描测量头，它具有较高的扫描效率、性能和鲁棒性。L100 对于在 CMM 台面上进行特征测量和逆向工程具有较长的投射距离。由于采用更小的视野，LC15D× 对于较小的零件和具有严格公差的细小零件，如涡轮叶片、移动电话等，LC15 D× 可保证其测量精度和所需要的点密度。各测量头技术参数见表 31-2-23～表 31-2-25。

表 31-2-22　　Optix 测量头技术参数

技术参数	型号		
	500L	500M	500S
传感器分辨率	2590×1920 (5MP)		
X 向点距/μm	100	50	12
Y 向点距/μm	125	75	20
精度(Z 向标准偏差)/μm	50	25	8
体积精度($X \times Y \times Z$)/μm³	125×125×50	75×75×50	18×25×12
Z 向最小操作距离/mm	750	375	150
景深/mm	100	100	100
扫描范围(X、Y)/mm	600×550/675×625	250×200/375×325	75×50/175×125
扫描仪尺寸/mm	575×100×150	325×100×150	
质量/kg	4	3	

表 31-2-23　　XC65Dx/XC65Dx-LS 测量头技术参数

型号	XC65Dx	XC65Dx-LS
测量精度/μm	12	15
扫描速度	交叉扫描模式:3×25000 点/s 线扫描模式:1×75000 点/s 75 线/s	交叉扫描模式:3×25000 点/s 线扫描模式:1×75000 点/s 75 线/s
条纹宽度/mm	3×65	3×65
测量景深/mm	3×65	3×65
工作距离/mm	75	170
尺寸/mm	155×86×142	155×86×142
质量/g	440	480
激光安全等级	2	2
测头兼容	PH10M,PH10MQ,CW43,PHS	PH10M,PH10MQ,CW43,PHS

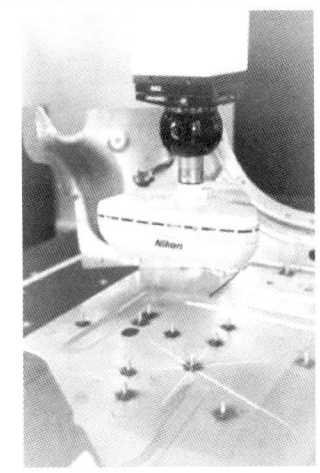

表 31-2-24　　LC60Dx 测量头技术参数

测量精度/μm	9
条纹宽度/mm	60
扫描速度/点·s^{-1}	75000
分辨率/μm	60
工作距离/mm	95
景深范围/mm	60×60
质量/g	390
激光安全等级	2
测头兼容	PH10M,PH10MQ,CW43,PHS

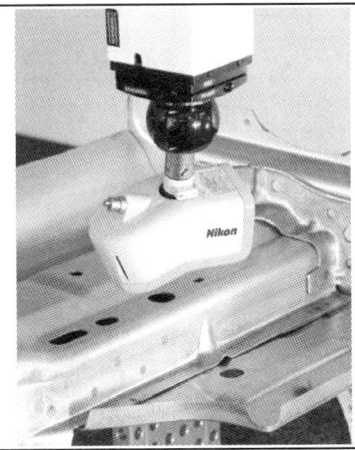

(4) Kreon 扫描仪

Aquilon 是 Kreon 出品的顶级 3D 扫描仪,专为高要求的工业应用设计。双摄像头提供完整的扫描表面图像。高精度和高速度是 Aquilon 3D 扫描仪的核心特征。Kreon 线激光传感器 Zephyr Ⅱ 采用了国际顶尖科技,打造了世界首款蓝光传感器,并提供基础级及高精级两种不同等级的产品。Kreon 各测量头技术参数见表 31-2-26~表 31-2-28。

表 31-2-25　LC15Dx 测量头技术参数

扫描速度/点·s^{-1}	70000
景宽/mm	18
景深/mm	15
投射距离/mm	60
精度/μm	1.9
分辨率/μm	22
尺寸/mm	104×100×58
质量/g	370
激光安全等级	2
测头兼容	PH10M,PH10MQ,CW43,PHS

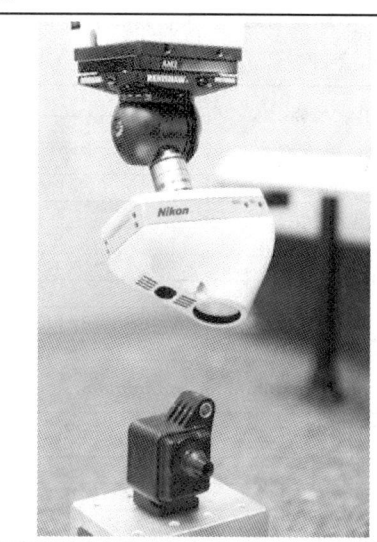

表 31-2-26　Solano 测量头技术参数

型号	Solano CMM	Solano Blue
线分辨率/μm	140	140
测量距离/mm	50	100
视野范围/mm	100	100
自动质量检测	有	有
温度补偿	有	有
激光安全等级	红色,2M 等级	蓝色,2M 等级
图例		

表 31-2-27　Aquilon 测量头技术参数

型号	Aquilon
扫描速度/点·s^{-1}	1000000
精度/μm	5
激光线长度/mm	50
测量范围/mm	75
投射距离/mm	60
激光安全等级	2

表 31-2-28　Zephyr Ⅱ 测量头技术参数

型号	Zephyr Ⅱ	Zephyr Ⅱ blue
扫描速度/点·s^{-1}	250000	250000
精度/μm	15	10
激光束宽度/mm	100	70
分辨率/μm	80	50
工作间距/mm	95	75
可测范围/mm	130	75
多探针测量精度/μm	20	15
AQC	有	有
温度补偿	有	有
激光安全等级	红色,2M 等级	蓝色,2M 等级
通信接口	USB	USB

(5) COMET6 扫描仪

COMET 6 是 Zeiss（卡尔蔡司）公司最新推出的第六代光学扫描仪，广泛应用于工业逆向设计、有限元分析、生产线在线检测等领域。

COMET 6 扫描测量系统利用白色光栅投影法（使用投影光栅和照相机的三角形测量法），通过白光光源将一系列的光栅化光束投射到待测量的物体上，再用单镜头沿着光束方向将这些投射到物体表面上的光栅拍下来，通过数位式地移动光栅，投影的模式也会随之变化。因此，对每一个在镜头上获得的图片，都会分配一个确定的编码。对物体每一个点的三维位置，可以从两个目标镜头之间的距离及三角法中的角度计算得到。同时可配合 photogrammetry 系统（数字相机定位系统），能有效地消除累积误差，非常适合大型物体表面的扫描工作。COMET 6 测量头技术参数见表 31-2-29。

表 31-2-29　COMET 6 测量头技术参数

规格		COMET 6 8M	COMET 6 16M
相机分辨率		3296×2472	4896×3264
测量场与测量范围/mm	80	86×64×40	81×54×40
	150	142×106×80	145×97×80
	250	283×213×160	274×193×160
	400	386×289×200	382×254×200
	700	666×499×400	656×437×400
	1200	1216×912×600	1235×823×600
三维点距/μm	80/150	26/43	16/30
	250/400	86/117	56/78
	700/1200	202/369	134/252
工作距离/mm	80/150	420/600	420/600
	250/400	600/785	600/785
	700/1200	785/1400	785/1400
最快测量速度/s		<1	1.2

(6) FARO Quantum 测量臂

FARO Quantum 测量臂是全球具有创新性的便携式坐标测量仪，能够让制造商通过进行逆向工程、三维检测、尺寸分析、CAD 比较、工具认证等验证产品质量。Quantum 是符合最新制定的、最苛刻的 ISO 10360-12：2016 国际测量质量标准的测量臂，可在任何工作环境中最大限度地提供测量一致性和可靠性。FARO Quantum 具有四种工作范围，是 FARO 最直观、最符合人体工学设计和最精确的测量臂。它非常适合高精度测量工作，能使制造商的部件和组件满足最苛刻的规格要求。Quantum 结合 FAROBlu Laser Line Probe HD，可以提供卓越的非接触测量功能。

(7) T-Scan 手持激光扫描仪

Zeiss 公司 T-Scan 手持激光扫描仪是由一个空间定位接收系统、控制器及手持激光扫描器构成。手持激光扫描器上有许多天线装置用于发射信号，而空间定位接收系统通过接收到的手持式激光扫描器发出的信号，就能精确定位手持式激光扫描器在空间的位置，从而可在坐标系中将工件表面数字化，获得点云数据。

T-Scan 扫描仪的使用像刷子在曲面上刷漆一样，可以手持或通过机械手夹持。通过扫描器在被测量曲面上移动，获得三维坐标点数据，如图 31-2-12 所示。因为通过跟踪仪来定位，所以在有效测量场内都能得到高精度的扫描数据，并且支持无线的点位测量。

图 31-2-12　手持激光扫描仪

T-Scan 系统测量原理如图 31-2-13 所示，该系统由一个多边形镜头定位的一根直线可视激光束（670nm、激光等级 2），通过高频（10kHz）扫描来对物体表面进行扫描测量；应用三角定律，激光束在物体表面经反射后由激光接收器接收，然后经计算获得物体表面的位置坐标。

激光扫描器的六度空间位置（三个空间定位加三个转角）则由光学跟踪器来确定，该跟踪器会自动捕捉激光扫描器上共 29 个红外定位点中至少 4 个点，从而确定该激光扫描器的空间位置。

通过移动扫描器，整个物体表面就能被记录下来。而测量下来的三维坐标点则会实时显示在计算机显示屏上。一个导航束用于确定在移动扫描器时能保持最佳的光束距离。其产品特点如下。

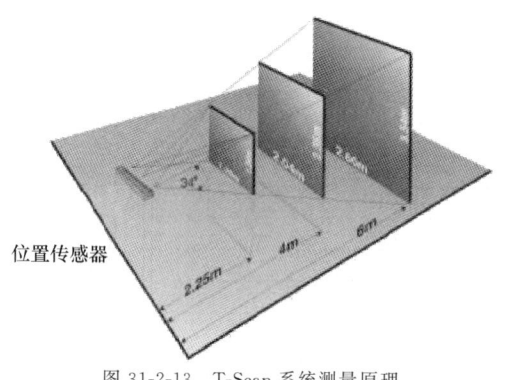

图 31-2-13　T-Scan 系统测量原理

- 扫描宽度大：扫描宽度高达 125mm，对于较大物体也能保持较快的扫描速度。
- 实时显示：在扫描过程中，扫描结果可以实时显示在计算机屏幕上，这使得扫描操作变得非常直观。
- 激光等级 2：由于采用等级为 2 的激光束，从而不需专门防护，对人体无害。
- 可变的点云密度：由于可以在一根扫描激光束内调节点密度，使得可以自动获得高密度的物体轮廓线。
- 点与点间饱和度控制：通过对激光束内点与点间饱和度的自动控制，使得即使在测量带垂直结构的物体时也能获得较高的精度，因此可避免针对被测物体的准备工作。
- 不需标定：无论是激光扫描头还是光学跟踪器都处于已标定状态，用户不需要在现场进行烦琐的标定工作。
- 测量体积大：工作范围在 2～6m，可以测量较大的物体。
- 扫描适应性强：除了透明物体和镜面物体，其余材质均不需涂显像剂。
- 支持测量功能：配合 Ployworks、Metrolog 等软件，可以实现传统测量的功能，而且测量范围大，测量更灵活。
- 点云质量高：扫描后能生成完美的 STL 点云，为后期工作打好基础。

T-Scan 激光扫描仪技术指标见表 31-2-30、表 31-2-31。

表 31-2-30　T-Scan CS 扫描仪技术指标

测量深度/mm	±50
扫描宽度/mm	高达 125
平均测量距离/mm	150
扫描线频/Hz	高达 160
数据获取率/点·s^{-1}	高达 210.000
扫描仪质量/g	1100
扫描仪尺寸/mm	300×170×150
电脑和扫描仪标准线缆长度/m	10
横向分辨率/mm	0.075
扫描线点数/点	1312
激光类型	激光二极管
波长/nm	658
激光安全等级	2M

表 31-2-31　T-Scan LV 扫描仪技术指标

测量景深/mm	±50
线宽/mm	高达 125
平均工作距离/mm	150
扫描线频/Hz	高达 160
数据获取率/点·s^{-1}	高达 210.000
扫描头质量/g	1100
扫描头尺寸/mm	300×170×150
扫描头-笔记本标准线长/m	10
平均点距/mm	0.075
扫描线点数/点	1312
激光类型	激光二极管
波长/nm	658
激光安全等级	2M

第3章　逆向设计中的数据预处理

逆向设计中的测量数据按数据点的数量可分为一般数据点和"点云"（point cloud）数据。一般数据点的数据量不是很大，通常由接触式坐标测量机获得。点云是一特殊的测量数据点，一般由激光扫描仪等非接触式测量设备获得，其数据量比一般数据点的数据量大得多，也称海量数据。点云的数据量一般从几万到几百万数据点不等，按测量数据是否规整，可分为规则数据和散乱（arbitrary）数据，其数据特点如表31-3-1所示。

在逆向设计中获取的数据点无论是接触式测量还是非接触式测量，在测量中都不可避免地要产生测量误差。如零件尖锐边和边界附近的测量数据，测量数据中的坏点可使该点及其周围的曲面片偏离原曲面；由于实物几何和测量手段的制约，在获取数据时，会存在部分测量盲区和缺口；对于接触式三坐标测量机，测得的数据一般是未经测头半径补偿的球心轨迹数据；对于激光扫描测量，会产生海量数据等。这将对后续的曲线、曲面以及实体重构的过程产生影响。因此，在三维重建前，要使这些测量点符合造型要求，必须对其数据进行必要的预处理。数据的预处理包括测头半径补偿、数据的剔除、数据的平滑、数据的拼合、数据的精简、数据的修补、数据的分割等内容。

3.1　测头半径补偿

当采用接触式测头对曲面进行测量时，由于测头半径的影响，直接得到的坐标数据并不是测头与被测表面接触点的坐标，而是测头球心的坐标，因此通常都要进行测头的半径补偿。

在接触式测量中，根据补偿原理可分为二维补偿和三维补偿；根据补偿时间可分为实时补偿和事后补偿。目前的CMM测量中，广泛采用二维自动补偿方法，即在测量时，将测量点和测头半径的关系都处理成二维情况，并将补偿计算编入测量程序中，在测量时自动完成数据的测头半径补偿。这种补偿方法，简化了补偿计算，不影响测量采点和扫描速度。当被测点的表面法矢方向位于测量截面内时，测点坐标和测

表 31-3-1　　　　　　　　　　规则数据和散乱数据

数据类型		数据特点	示　意　图	数据获取方式
散乱数据		测量点没有明显的几何分布特征,呈散乱无序状态		随机扫描方式下的CMM、激光测量,立体视觉测量等系统的点云呈现散乱状态
规则数据	扫描线数据	测量点由一组扫描线组成,扫描线上的所有点位于扫描平面内	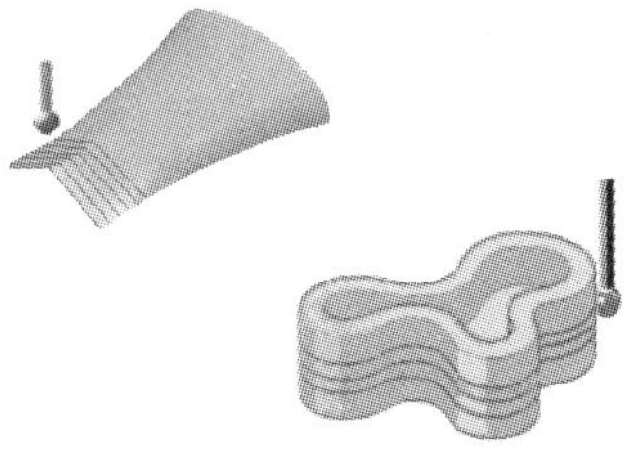	CMM、激光点光源测量系统沿直线扫描和线光源测量系统扫描测量数据呈现扫描线特征
	网格化数据	点云中所有点都与参数域中一个均匀网格的顶点相对应	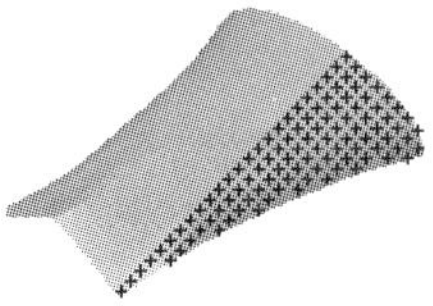	莫尔等高线测量、工业CT、层切法等获得的数据可呈现网格特征

头中心相差一个测头半径值,即被测轮廓与测头球心轨迹是等距线关系,这时采用二维补偿是精确的。对于一些由平面、二次曲面等组成的规则形状表面,通常是这种情况;但对于一些由自由曲面组成的复合曲面,被测点的表面法矢方向不在测量截面内时,其测量点连线为空间曲线,即被测轮廓与测头球心轨迹是等距面关系。这时采用二维补偿误差较大,当逆向工程模型的精度要求较高时,应对测头进行三维补偿。这种情况下,要实现球形测头半径补偿必须知道被测轮廓或者测头与曲面接触点的法矢。因此,进行测头半径补偿的核心问题就是确定被测轮廓各点的法矢。

实时补偿是在数据测量过程中,每次采点后,测量程序自动计算其补偿量,最终记录输出的是补偿过的数据点集。目前 CMM 的测量程序中都具有自动补偿功能,但多采取上述的二维补偿方法。能够实现测头半径实时三维补偿的一种方法是微平面法,即在 CMM 测量时,测头在测点 P 的一个小邻域内,分别在其周围采集三个参考点,用这三点构成小平面的法矢作为测点 P 处的法矢,进行半径补偿。该方法适用于复杂曲面的手动测量和自动测量,但测量工作量和测量时间大大增加。事后数据处理补偿是测量完成后,根据测头半径、表面曲面的性质和所采取的测量方法来计算每个点的补偿量或采取其他方法处理补偿问题。三维补偿计算较为烦琐,工作量也大,适合处理复杂曲面和轮廓曲线的补偿问题。这里仅就三维补偿常用方法作一介绍。

3.1.1 拟合补偿法

3.1.1.1 B 样条曲面补偿法

在 CMM 上采用球形测头进行曲面测量时,测头保持与曲面接触并沿测量平面移动,测头中心轨迹所形成的曲面实质上与被测曲面是等距关系,测量机所采集的数据则是该等距曲面上的系列离散点。因此,对测头三维补偿,主要有两种方法:一是曲面整体偏距处理;另一个是测量点补偿。

(1) 曲面偏距方法

基于测头中心轨迹和被测点轨迹的关系,可以采取曲面偏距方法。造型时,对所有测量点不进行补偿处理,曲面构建后,曲面整体向内偏移一个测头半径值。测量时,要求对同一曲面的数据采样过程中,扫描测头半径不变和测轴方向保持一致。这种处理方法简单、避免了计算,适合处理表面形状不太复杂的零件。但该方法没能获得被测点的坐标数据,为日后进行相关的数据处理和分析带来了不便。

(2) 测量点三维补偿计算

如果采样点 Q_{ij} 呈网状分布,即 Q_{ij} 是双有序点列,过采样点 Q_{ij} 可以用双三次 B 样条曲面拟合出测头中心轨迹曲面 S^*,用曲面 S^* 来描述测头中心轨迹曲面。

设 $d_{i,j}(i=0,1,\cdots,n+1;j=0,1,\cdots,m+1)$ 为双三次 B 样条曲面的 $(n+2)\times(m+2)$ 个控制顶点,曲面 S^* 可表示为

$$S^*(u,v) = UBD_{ij}B^TV^T \quad (0 \leqslant u < 1; 0 \leqslant v < 1)$$

(31-3-1)

$$U = [1, u, u^2, u^3]$$
$$V = [1, v, v^2, v^3];$$

$$B = \begin{bmatrix} 1 & 4 & 1 & 0 \\ -3 & 0 & 3 & 0 \\ 3 & -6 & 3 & 0 \\ -1 & 3 & -3 & 1 \end{bmatrix}$$

$$D_{ij} = \begin{bmatrix} d_{i-1,j-1} & d_{i-1,j} & d_{i-1,j+1} & d_{i-1,j+2} \\ d_{i,j-1} & d_{i,j} & d_{i,j+1} & d_{i,j+2} \\ d_{i+1,j-1} & d_{i+1,j} & d_{i+1,j+1} & d_{i+1,j+2} \\ d_{i+2,j-1} & d_{i+2,j} & d_{i+2,j+1} & d_{i+2,j+2} \end{bmatrix}$$

随着采样密度的增加,曲面 S^* 能以任意给定的精度逼近测头中心轨迹曲线,而且曲面 S^* 上 Q_{ij} 点的法矢量与被测曲面上对应的测头触点处的法矢量趋于共线。

测头半径补偿是根据所采集的一系列测头中心坐标点找到被测表面上对应的测头触点。根据所建立的测头中心轨迹曲面方程,用轨迹曲面 S^* 在采样点 Q_{ij} 处的单位法矢量 $n_{ij}^*(u_i,v_j)$ 代替被测曲面 S 在对应点 P_{ij} 处的法矢量,可得测头半径补偿公式

$$P_{i,j} = Q_{i,j} \pm r n_{i,j}^* \quad (31\text{-}3\text{-}2)$$

$$n_{i,j}^*(u_i,v_j) = \frac{S_u^*(u_i,v_j) \times S_v^*(u_i,v_j)}{|S_u^*(u_i,v_j) \times S_v^*(u_i,v_j)|}$$

(31-3-3)

式中,r 为测头半径。当被测曲面位于轨迹面法矢量所指的一侧,取"+"号,反之取"-"号。通过求取测头中心轨迹曲面在采样点处关于参数 u、v 的偏导数,对双三次 B 样条曲面,有

$$\begin{cases} S_u^* = (D_{i+1}^j - D_{i-1}^j)/2 \\ S_v^* = (D_{j+1}^j - D_{j-1}^j)/2 \end{cases} \quad (31\text{-}3\text{-}4)$$

$$\begin{cases} D_i^j = \frac{1}{6}(d_{i,j-1} + 4d_{i,j} + d_{i,j+1}) \\ D_j^i = \frac{1}{6}(d_{i-1,j} + 4d_{i,j} + d_{i+1,j}) \end{cases}$$

(31-3-5)

B样条曲面补偿方法,对由单一类型曲面组成的实物外形是一种适宜的方法,但对由组合曲面形成的复杂表面,构建双三次B样条曲面难度较大,必须在数据分割的基础上,分片构建B样条曲面。存在的问题是由于各个曲面片拼接处的数据存在重叠,因此法矢的估计会产生偏差。

3.1.1.2 Kriging补偿法（参数曲面法）

Kriging补偿法是一种统计方法,Mayer（1997）提出了一种利用Kriging方法构建参数曲面,进而计算法矢的球头半径补偿方法。

一个变形曲线在3D空间移动可以产生一个参数曲面,其数学表达式为:

$$P = P(s,t): x = x(s,t), y = y(s,t), z = z(s,t)$$

根据Kriging方法,一个参数曲面可以用两个Kriging轮廓沿s和t方向来定义,一个Kriging轮廓包括两部分,一个移动和一个广义协方差,它决定物体的形状,偏移表示曲面的平均形状,而广义协方差产生一系列偏差,它能使数据点被插值,每个轮廓产生一系列在空间移动的曲线。

（1）参数曲线

曲面上一点P的参数表达式为

$$\boldsymbol{P}(s,t) = [x(s,t) \quad y(s,t) \quad z(s,t)]^T \tag{31-3-6}$$

一个Kriging曲线对N点插值等式可以写为

$$P(t) = a_0 + a_1 t + \sum_{j=1}^{N} b_j |t - t_j|^3 \tag{31-3-7}$$

式中,参数t_j,$1 \leq j \leq N$表示曲线长度的逼近,可由下式计算（$t_0 = 0$）

$$t_{i+1} = t_i + [(x_{i+1} - x_i)^2 + (y_{i+1} - y_i)^2 + (z_{i+1} - z_i)^2]^{1/2}, 1 \leq i \leq N-1 \tag{31-3-8}$$

式（31-3-7）中的前面两项表示以线性移动形式的曲线的平均形状,累加项目的三次函数是对平均形状的修正,它通过一个三次形状函数$K(h) = h^3$给出。在Kriging方法中,第二项里的偏差通常来自一形状函数$K(h)$,称为广义协方差,在Kriging中应用最广泛的广义协方差是三次$K(h) = h^3$,对数形式$K(h) = h^2 \ln(h)$,线性形式$K(h) = h$。它也能和一个线性移动一起表示,这些广义协方差产生一个Kriging系统,它分别等价于一、二和三阶样条插值。

系数a_0、a_1和b_j通过插值等式（31-3-7）的第一项拟合数据点来获得

$$p(t_i) = P_i(x_i, y_i, z_i), \quad 1 \leq i \leq N \tag{31-3-9}$$

因为有$N+2$个未知数,需补充两个方程,对线性偏移,通过增加无偏条件得到

$$\sum_{j=1}^{N} b_j = 0, \quad \sum_{j=1}^{n} b_j t_j = 0 \tag{31-3-10}$$

（2）参数曲面

一个参数曲面由两个分别沿s和t方向的Kriging轮廓A和B定义,对具有线性移动和广义协方差$K_a(h)$的Kriging轮廓,在s方向（t固定）的曲线参数等式可以写成

$$P_t(s) = a_0 + a_1 s + \sum_{l=1}^{I} b_l K_a(|s - s_l|) \tag{31-3-11}$$

假定沿t方向存在J个截面,每个由I个数据点$P_{ij}(x_{ij}, y_{ij}, z_{ij})$ （$1 \leq i \leq I$）定义。J截面的参数表达式见式（31-3-7）。系数a_0、a_1和b_j可由下式求解

$$[K_A][b] = [P] \tag{31-3-12}$$

式中$[b] = \{b_1 \cdots b_i \cdots b_I a_0 a_1\}^T$,求解$[b]$代入式（31-3-7）得

$$[P_{t_j}(s)]^T = [\cdots K_a(|s-s_l|) \cdots 1 s][K_A]^{-1} \begin{bmatrix} P_{ij} \\ - \\ \cdots 0 \cdots \\ \cdots 0 \cdots \end{bmatrix} \tag{31-3-13}$$

对一个具有线性移动的Kriging轮廓B,在t方向（s固定）的曲线参数等式可以写为

$$P_t(t) = A_0 + A_1 t + \sum_{k=1}^{J} B_k K_b(|t - t_k|) \tag{31-3-14}$$

同理沿s方向的I截面的等式为

$$[P_{s_i}(t)]^T = [\cdots K_b(|t-t_k|) \cdots 1 t][K_B]^{-1} \begin{bmatrix} P_{ij} \\ - \\ \cdots 0 \cdots \\ \cdots 0 \cdots \end{bmatrix} \tag{31-3-15}$$

最终曲面的Kriging插值公式为

$$P(s,t) = [\cdots K_a(|s-s_l|) \cdots 1 s][K_a]^{-1} \times$$

$$\begin{bmatrix} P_{ij} & 0 & 0 \\ \vdots & \vdots & \vdots \\ & 0 & 0 \\ \hline 0 \cdots 0 & 1 & \\ 0 \cdots 0 & & t \end{bmatrix} [K_B]^{-1} \begin{bmatrix} \vdots \\ K_b(|t-t_k|) \\ \vdots \\ 1 \\ t \end{bmatrix} \tag{31-3-16}$$

上面的等式产生了一个复杂曲面的参数表达,对每个Kriging轮廓的线性移动和广义协方差也许会改变。例如,当$K(h) = h$时,得到的是一个分段的线性曲面。

（3）曲面法矢

分别对式（31-3-16）s 和 t 求偏导可以定义两个曲面上的 slope 矢量。曲面的点 $P(s,t)$ 沿 s 方向的偏导矢（slope vector）为

$$\frac{\partial P(s,t)}{\partial s} = \begin{bmatrix} \dfrac{\partial x(s,t)}{\partial s} & \dfrac{\partial y(s,t)}{\partial s} & \dfrac{\partial z(s,t)}{\partial s} \end{bmatrix}^{\mathrm{T}}$$

(31-3-17)

同样地，沿 t 方向的偏导矢为

$$\frac{\partial P(s,t)}{\partial t} = \begin{bmatrix} \dfrac{\partial x(s,t)}{\partial t} & \dfrac{\partial y(s,t)}{\partial t} & \dfrac{\partial z(s,t)}{\partial t} \end{bmatrix}^{\mathrm{T}}$$

(31-3-18)

面片在 $P(s,t)$ 点的单位法矢是这些偏导矢的叉积

$$\mathbf{N}(s,t) = \frac{\dfrac{\partial P(s,t)}{\partial s} \times \dfrac{\partial P(s,t)}{\partial t}}{\left| \dfrac{\partial P(s,t)}{\partial s} \times \dfrac{\partial P(s,t)}{\partial t} \right|}$$

(31-3-19)

（4）补偿过程

① 测头中心轨迹曲面。测量数据包含 J 个轮廓（在 t 方向）和 I 个数据（沿 s 方向），形成一个 $I \times J$ 网格。点在曲面上分布不要求规则，复杂区域的点可以密一些。当测头到达每个路径的端点时，一个新的轮廓被定义，在指定的移动和协方差值下，通过 Kriging 插值将产生中心曲面。这个曲面是一个球头中心的轨迹曲面，命名为 S_p。

② 补偿曲面。如果 $P_{p,i}$ 是在测头中心曲面的第 i 个测量点，在 $P_{p,i}$ 法矢 $\mathbf{N}_{p,i}$ 由式（31-3-19）计算，如图 31-3-1 所示，如果 R 是球头半径，在补偿曲面的偏置点 $P_{c,i}$ 为

$$\mathbf{P}_{c,i} = \mathbf{P}_{p,i} + R\mathbf{N}_{p,i} \quad (31\text{-}3\text{-}20)$$

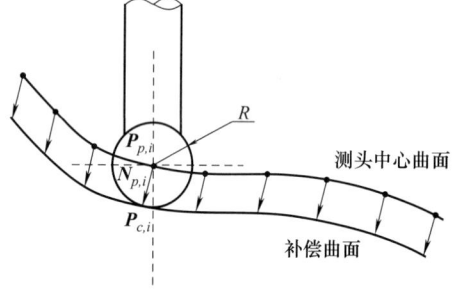

图 31-3-1　测头中心曲面和补偿曲面

利用 $\mathbf{P}_{c,i}$ 补偿曲面 S_c 能由公式（31-3-16）产生。

3.1.2　直接计算法

对于规则有序的测量点，根据数据点信息，可以直接计算某一确定点的法矢 $\mathbf{n}_{ij}^{*}(u_i, v_j)$，方法为分别计算点 P 周围的四个矢量 $\mathbf{u}$、$\mathbf{v}$、$\mathbf{r}$ 和 $\mathbf{s}$，再计算矢量相互的叉积 $\mathbf{u} \times \mathbf{s}$、$\mathbf{u} \times \mathbf{r}$、$\mathbf{v} \times \mathbf{s}$、$\mathbf{v} \times \mathbf{r}$，见图31-3-2。这样法矢 $\mathbf{n}_p$ 可近似等于四个矢量积的平均，即

$$\mathbf{n}_p = [(\mathbf{u} \times \mathbf{s}) + (\mathbf{u} \times \mathbf{r}) + (\mathbf{v} \times \mathbf{s}) + (\mathbf{v} \times \mathbf{r})]/4$$

(31-3-21)

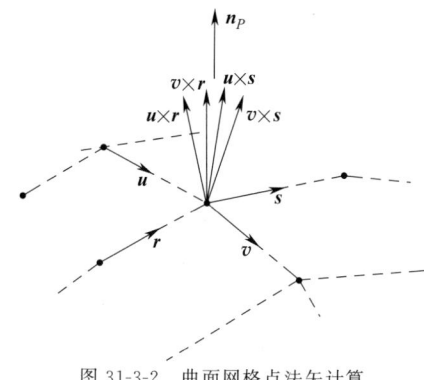

图 31-3-2　曲面网格点法矢计算

还可以引入权系数以考虑点的不规整，计算公式修正为

$$\mathbf{n}_p = [(\mathbf{u} \times \mathbf{s})w_1 + (\mathbf{u} \times \mathbf{r})w_2 + (\mathbf{v} \times \mathbf{s})w_3 + (\mathbf{v} \times \mathbf{r})w_4]/4$$

(31-3-22)

式中，w_i 为权系数，可由周边到计算点的距离大小决定。

对测量点距差别较大的点列，可以采取三角形平均法来计算法矢，设离散点 P 的 n 个相关三角形（以 P 为顶点）为 T_1、T_2、…、T_n，$\mathbf{n}_i$ 为 T_i 的单位法矢（右手定则），则 P 处的曲面法矢 $\mathbf{n}_p$ 可由如下近似公式计算

$$\mathbf{n}_p = \left\{ \sum_{i=1}^{n} \frac{\mathbf{n}_i}{d_{i,1} d_{i,2}} \right\} \Big/ \left| \sum_{i=1}^{n} \frac{\mathbf{n}_i}{d_{i,1} d_{i,2}} \right|$$

(31-3-23)

式中，$d_{i,1}$、$d_{i,2}$ 为三角形与顶点 P 相连接的两条边的长度。Choi 1991 年进一步给出了一种修正的法矢近似计算公式

$$\mathbf{n}_p = \left\{ \sum_{i=1}^{n} \frac{\mathbf{n}_i}{d_i^2} \right\} \Big/ \left| \sum_{i=1}^{n} \frac{\mathbf{n}_i}{d_i^2} \right|$$

(31-3-24)

式中，d_i 为连接点 P_i 和其对面边中点的直线段的长度，见图 31-3-3。补偿计算中应考虑以下问题：

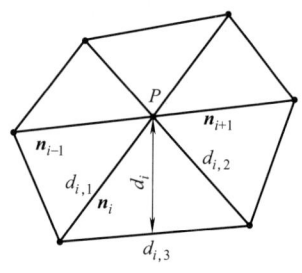

图 31-3-3　法矢三角形计算

(1) 数据规则化处理

上述计算假定采样点的分布是双有序的，但这增加了测量操作的工作量和困难，对一些复杂形状曲面的测量，往往只进行一个截面的扫描测量，对呈放射状的曲面，只能保证同一个截面的采样点是有序的，为使补偿方法适应单有序测量，可以采取以下方法将单有序点列规则化成双有序点列。

将同一截面的采样点拟合成 B 样条曲线，采用升降阶的方法使不同截面间曲线的节点数相同，将不同截面上第 i 个节点连接起来形成等参数曲线，这样就使两个方向的曲线形成网状，经过规则化处理后所得到的节点是双有序的，以这些节点为交点所形成的网格线能够反映被测曲面的特征。

(2) 边界点处法矢计算

上述方法并不严格适用，Choi. K. B 在 1991 年提出了一种曲面边界处法矢的计算方法，如图 31-3-4 所示。顶点 O、P、S 位于曲面边界上，为估算顶点 P 处的法矢，在外边界处虚增两个顶点 Q' 和 R'，连接三角形 $OQ'P$、$PQ'R'$、$PR'S$，使

$$\begin{cases} \theta_{OP} = (\theta_{OQ'} + \theta_{PQ})/2 \\ \theta_{SP} = (\theta_{PR'} + \theta_{SR})/2 \\ d_{OQ} = d_{OQ'} \\ d_{SR} = d_{SR'} \end{cases} \quad (31\text{-}3\text{-}25)$$

式中，θ_{SR} 为共享边 SR 的两三角形的平面法矢的夹角；d_{SR} 为边 SR 的距离。

然后利用前面的公式，计算曲面边界线上点 P 的法矢。

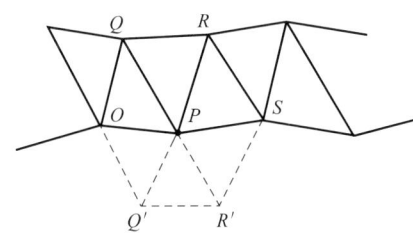

图 31-3-4 边界点法矢计算

(3) 轮廓边界测量

在使用坐标测量机对边界点进行测量时还应考虑，由于接触打滑，使得边界测量测点不准确。解决办法是内等距地测量边界内测点，构造曲面模型，通过曲面延伸计算得到边界数据，为避免延伸曲面的自交和重叠，要求：

• 曲面边缘测量点的布置应与真实边界等距，距离尽量小一些；

• 边缘测量点的布置应适当密布且均匀；

• 根据具体产品的外形特征，采用不同的延伸方式。

3.1.3 三角网格法

对单有序点列的点云数据，Shun-Ren Liang 于 2002 年提出一种在两列数据间构建三角网格，然后求解网格法矢，对三角形中的三个测量点沿法矢方向进行补偿的方法。该方法根据测头移动方向，首先输入和归并数据点，测量数据归类的目的是使曲面测量数据点规则有序。然后构建三角网格，这样每个三角网格的法矢方向也随之确定。

通过建立三角网格来求出法矢的方法是连接相邻路径中对应点来建立三角网格，处理时避免了三角网格的重叠和相交。因为两条路径上的测点数量一般是不相等的，建立网格的工作主要是确定连接线段数和附加线段数。

测量路径为测头一次测量的移动轨迹。所谓连接线段是用来连接基本路径（两个相邻路径的数据点数少的一条为基本路径）和目标路径（两个相邻路径的数据点数多的一条为目标路径）上点的线段。附加线段是基本路径中上点的区域。在进行线段连接时应遵循：如果点属于不需要附加线段的区域，则根据计算确定的连接线段数连接对应点；如果点位于需要附加线段的区域，则根据计算确定的附加线段数，在该区域连接对应点。具体方法步骤如下。

① 决定基本路径和目标路径。比较两个相邻路径的数据点数，多的为目标路径，如果相等，取当前路径为基本路径。

② 搜寻路径间的对应点连接线段。确定连接线段和附加线段的公式为

$$(b+t-1)/b = n \cdots m \quad (31\text{-}3\text{-}26)$$

式中，b 为基本路径上的测点数；t 为目标路径上的测点数；商 n 取整，等于连接线段数；余数 m 是目标线段的保留点数，即附加线段数。例如图 31-3-5 中，两个路径的点数为 5 和 8，通过式（31-3-26）计

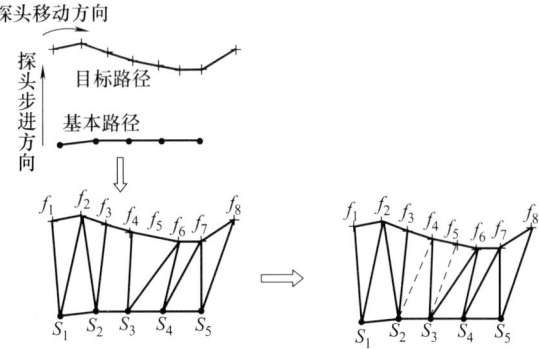

图 31-3-5 三角网格构建示意图

算，得知：连接线段数为 2，附加线段数也为 2。这说明在基本路径的每个点有两条连接线段连接到目标路径，整个区域中有两条附加线段。

由式 (31-3-26) 得到下面两种情况。

a. 余数为 0。三角网格能用基本路径的每个点连接 n 条连接线段形成。

b. 余数不为 0。还需另外通过附加线段连接。这种情况需要确定一个附加线段的区域。基本上，那些在基本路径中间区域分布的点能被确定，称为需要附加线段的区域。开始点 s 和结束点 e 可根据下式确定

$$s = \text{floor}[(b-m)/2] + 1$$
$$e = s + m - 1 \qquad (31\text{-}3\text{-}27)$$

式中，floor 为最小取整函数；b 为基本路径上的测点数；m 为附加线段数。

该等式的物理意义是，从基本路径上的测点数得到附加线段数后，计算平均值，得到在附加线段区域前那点的一个空间，如图 31-3-5 中，$s=2$、$e=3$ 分别被选作开始点和结束点。

③ 完成连接。

④ 计算每个网格的单位法矢。每个网格的法矢方向应该朝外，这里存在两个法矢 A 和 B。

如果网格是由 s_i、f_j 和 f_{j+1} 构成，则

$$A = s_i f_j, \quad B = s_i f_{j+1}$$

如果网格是由 s_i、s_{i+1} 和 f_j 构成，则

$$B = f_j s_i, \quad A = f_j s_{i+1}$$

3.1.4 半球测量法

半球测量法是将三维补偿转化为二维补偿的一种方法。该方法可消除三维曲面截形测量时由于被测曲面的扭曲对测头所造成的干涉，使曲面测量转化为曲线测量，从而可大大简化测量和数据处理过程，是一种既简便又具有较高测量精度的实用测量方法。

(1) 测量基本原理

对于三维曲面测量，一般情况下球形测头与被测曲面的接触点是不在测量平面内的，半球形测头测量法的基本思想是：沿测量平面将与被测曲面相接触的球形测头一侧半球切去，保留其另一侧半球，从而使其接触点全部落在测量平面内。这样，就会使测头心轨迹与接触点轨迹呈等距线关系，因此，只要测得球心轨迹坐标，对半球形测头进行二维补偿，就可较精确地求得曲面在该测量平面内的截形。例如，测量图 31-3-6 所示的右旋螺旋面，当用球形测头测量其端截形时，其接触点轨迹是一条空间曲线，球形测头与被测螺旋面的接触点分布在测量平面两侧。如果设想沿测量平面将球形测头切开，并把与曲面相接触的半球去掉，只保留其带阴影部分的另一半球（测量平面的左下部和右上部半球），这样就消除了曲面第三轴对球形测头的干涉，使接触点全部落在测量平面内，从而实现了接触点由三维向二维的转化。

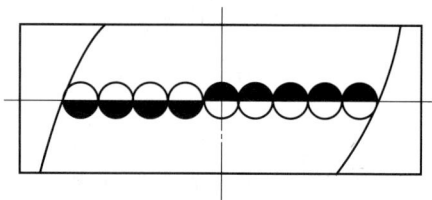

图 31-3-6 半球形测头测量原理

(2) 半球形测头与测量误差

采用半球形测头测量法不同于传统的球形测量方法，当测头为理想半球时，从理论上该方法不存在齿形测量误差，但实际上不可能将其制成理想的半球。为保证半球形测头测量精度和一定的使用寿命，应使半球的高度 H 略大于球的半径 R，如图 31-3-7 所示。这样，当测头的棱边磨损时，还可以进行适当的修复，但这样处理，当按 R（或 R_1）进行半径补偿时，将存在一定的测量误差，其理论最大齿形误差均为 dR。因此半球的高度 H 或 dH 的取值大小将直接影响齿形测量精度。当测头半径 R 一定时，dH 与 dR 的关系曲线如图 31-3-8 所示，由图中曲线变化可知，不同球头半径 R，其 dH 的尺寸对齿形误差 dR 的影响是不同的。假设根据测头半径 R 的不同，保证 dH 在 $0.03 \sim 0.07\text{mm}$，则齿形误差 dR 将会控制在 $0.5\mu\text{m}$ 左右，可见其误差是非常小的。

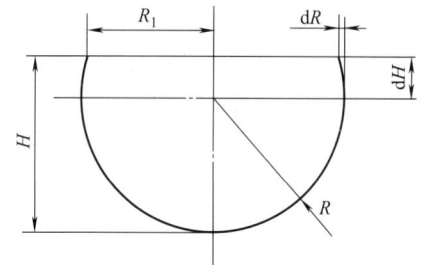

图 31-3-7 半球形测头尺寸

(3) 测量的实施

目前所使用的大多数三坐标测量机由于本身结构上的问题，使得测头不能旋转，只有少数三坐标测量机具有旋转功能。对于不具备旋转功能的坐标测量机，需要有一套专门与测头相连接的调整装置来调整半球形测头的转位，以便在测量曲面截形时，通过对该装置的调整，使半球形测头的平面与测量平面重合，并根据测头与被测曲面的接触情况，决定是否使测头回转 180°，以消除曲面第三轴的干涉。通过半球

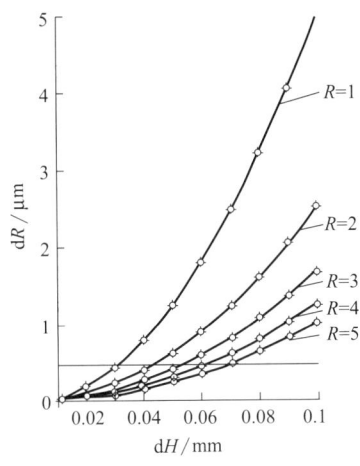

图 31-3-8　dH 与 dR 关系曲线

形测头对曲面进行测量的基本流程如图 31-3-9 所示。

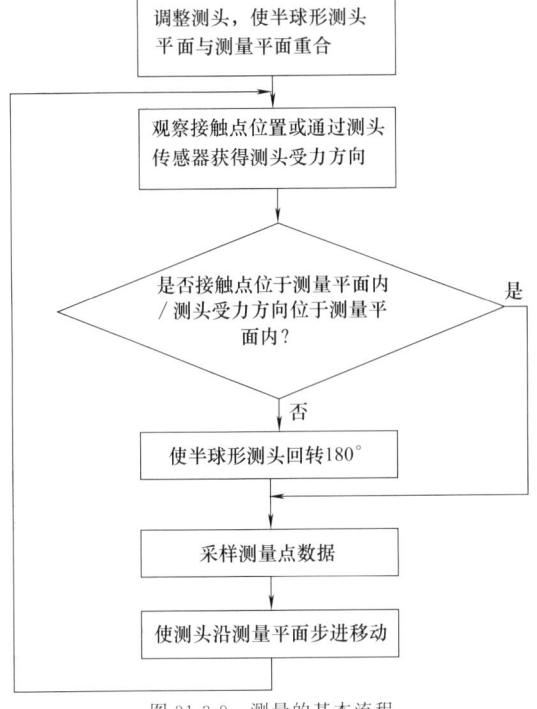

图 31-3-9　测量的基本流程

3.2　数据的剔除

在逆向设计中，数据中的噪声点对曲线的光顺性、曲面造型的质量影响较大，这些噪声点通常是由于测量设备的标定参数发生改变和测量环境发生变化造成的。对人工手动测量，还会由于操作误差如探头接触部位错误使数据失真。因此测量数据的预处理首先是从数据点集中找出可能存在的噪声数据点。

根据测量点的布置情况，测量数据又可大致分为两类：截面测量数据和散乱测量数据。截面测量数据是规则数据，对于截面测量数据，由于数据量不是很大并且有一定的规律，常用的检查方法是将这些测量数据在图形终端上直接显示，或者生成曲线曲面，采用半交互半自动的方法对测量数据进行检查、调整。对于散乱不规则的测量数据点，由于拓扑关系散乱，执行光顺预处理十分困难，一般通过图形终端进行人工交互检查与调整。

等截面数据扫描通常是根据被测量对象的几何形状，锁定一个坐标轴进行数据扫描得到的二维数据点集。由于数据量大，测量时不可能对一个点进行重复测量（基准点除外）。如果在同一截面的数据扫描中，存在一个点与其相邻的点偏距较大，就可以认为这样的点是噪声点。常用的噪声点剔除方法见表 31-3-2。

3.3　数据的平滑

测量过程中有时会受到各种人为因素或随机因素的影响产生噪声点，数据平滑的目的就是消除这些测量噪声，以便得到精确的模型和好的特征提取效果。采用平滑法，应力求保持待求参数所能提供的信息不变。判断的依据应慎重选择，因为处理不当往往会造成特征信息的丢失。

考虑无限个型值点的平滑问题，平滑后的型值由原型值线性迭加而成，即

$$P_n = \sum_{v=-\infty}^{+\infty} P_v L_v$$

式中，$\{P_v\}$（$v=\cdots,-1,0,1,\cdots$）是原数据点；$\{L_v\}$是权因子，是偶系列 $L_{-v}=L_v$。

数据 $\{P_n\}$ 比 $\{P_v\}$ "平滑"，直观上就是新数据点 $\{P_n\}$ 的"波动"不超过原数据点的"波动"，这种"波动"可用各阶差分度量。实际应用时不但要求处理后的数据要较前平滑，同时还要求前、后两组数据的"偏离"不能过大。

3.3.1　数据平滑处理方法

数据平滑处理方法主要有：平均法、五点三次平滑法、最小二乘法、样条函数法等，常用的平滑处理方法见表 31-3-3。

3.3.2　数据平滑滤波方法

数据平滑滤波方法主要有中值滤波法、平均值滤波法、高斯滤波法等，见表 31-3-4。实际使用中可根据点云质量和后续建模要求，灵活选择滤波算法。

表 31-3-2　　常用的噪声点剔除方法

方　法	说　明
直观检查法	通过图形终端用肉眼观察,将与截面数据点集偏离较大的点或存在于屏幕上的孤点剔除。这种方法适合于数据的初步检查,可直接从数据点集中筛选出一些偏差比较大的异常点
曲线检查法	通过截面数据中的首末数据点,用最小二乘法拟合得到一条拟合曲线。曲线的阶次可根据曲面截面的形状设定,通常为 3～4 阶,然后分别计算截面中间数据点到该样条曲线的欧氏距离,如果 $\|e_i\| \geqslant [\varepsilon]$,则认为 P_i 是坏点,应予剔除,这里 $[\varepsilon]$ 为给定的允差 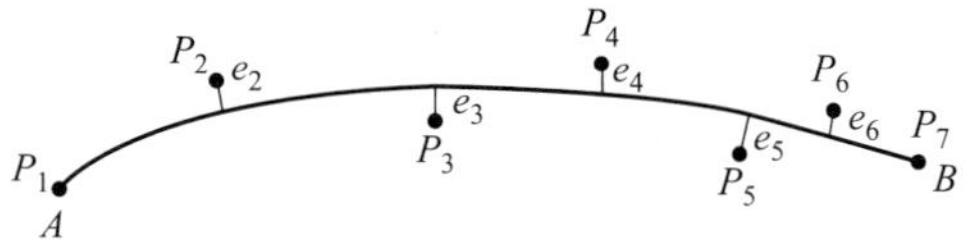
弦高差方法(1)	连接检查点的前后两点,计算 P_i 到弦的距离,同样如果 $\|e_i\| \geqslant [\varepsilon]$,则认为 P_i 是坏点,应予剔除。这种方法适合于测量点均布并且点较为密集的场合,特别是在曲率变化较大的位置 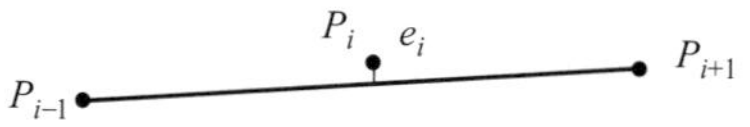
弦高差方法(2)	以上三种方法都是事后处理方法,即已经测量得到数据,再来判断数据的有效性。根据等弦高差的方法,还可以建立一种在测量过程中,对测量位置确定和测量数据进行取舍的方法。具体做法是:编制 CMM 测量程序,给定允许弦差,当测量扫描时不断计算运动轨迹当前采样点和已记录点的连线(弦)到该段运动轨迹中心的高度 h,通过和给定弦差比较,来判定当前采样点是否列入记录。其中弦高差 h 可按下式计算: 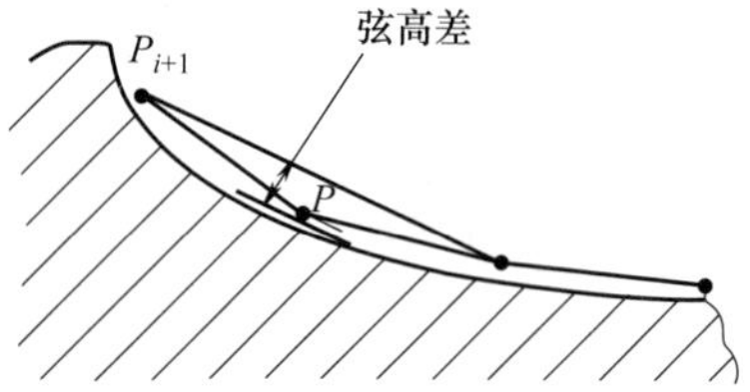 $$h = \frac{|A(x-x_i)+B(y-y_i)|}{(A^2+B^2)^{1/2}}$$ 式中 $A = y_i - y_{i+1}$　$B = x_i - x_{i+1}$

表 31-3-3　　常用数据平滑处理方法

方　法	说　明
简单平均法	简单平均法的计算公式为 $$P_i = \frac{1}{2N+1} \sum_{n=-N}^{N} h(i)p(i-n)$$ 该式又称 $2N+1$ 点的简单平均。当 $N=1$ 时,为 3 点平均;当 $N=2$ 时,为 5 点平均。如果将式看作一个滤波公式,则滤波因子为 $$h(i) = [h(-N),\cdots,h(0),\cdots,h(N)] = \left(\frac{1}{2N+1},\cdots,\frac{1}{2N+1},\cdots,\frac{1}{2N+1}\right) = \frac{1}{2N+1}(1,\cdots,1,\cdots,1)$$
加权平均法	取滤波因子 $h(i) = [h(-N),\cdots,h(0),\cdots,h(N)]$,要求 $$\sum_{i=-N}^{N} h(i) = 1$$
直线滑动平均法	应用最小二乘法原理对离散数据进行线性平滑的方法,即为直线滑动平均法。其三点滑动平均的计算公式为($N=1$): $$\begin{cases} p_i = \frac{1}{3}(p_{i-1}+p_i+p_{i+1}) \\ p_0 = \frac{1}{6}(5p_0+2p_1-p_2) \\ p_m = \frac{1}{6}(p_{m-2}+2p_{m-1}+5p_m) \end{cases}$$ 式中,$i=1,2,\cdots,m-1$;p_i 的滤波因子为: $h(i) = [h(-N),\cdots,h(0),\cdots,h(N)] = (0.333,0.333,0.333)$

续表

方 法	说 明
五点三次平滑法	五点三次平滑是对等间距点上的观测数据进行平滑,其基本原理如下:设已知 n 个等距点 $x_0 < x_1 < \cdots < x_{n-1}$ 上对应的观测数据为 $y_0, y_1, \cdots, y_{n-1}$,则可以在每个数据点的前后各取两个相邻的点,用三次多项式 $$y = a_0 + a_1 x + a_2 x^2 + a_3 x^3$$ 对观测数据进行拟合。将五组观测数据分别代入该式中,利用最小二乘原理可以求出系数 a_0、a_1、a_2、a_3,最后可以得到五点三次的平滑公式如下: $$\overline{y}_{i-2} = \frac{1}{70}(69y_{i-2} + 4y_{i-1} - 6y_i + 4y_{i+1} - y_{i+2})$$ $$\overline{y}_{i-1} = \frac{1}{35}(2y_{i-2} + 27y_{i-1} + 12y_i - 8y_{i+1} + 2y_{i+2})$$ $$\overline{y}_i = \frac{1}{35}(-3y_{i-2} + 12y_{i-1} + 17y_i + 12y_{i+1} - 3y_{i+2})$$ $$\overline{y}_{i+1} = \frac{1}{35}(2y_{i-2} - 8y_{i-1} + 12y_i + 27y_{i+1} + 2y_{i+2})$$ $$\overline{y}_{i+2} = \frac{1}{70}(-y_{i-2} + 4y_{i-1} - 6y_i + 4y_{i+1} + 69y_{i+2})$$ 式中,$\overline{y}_i$ 是 y_i 的光滑值
最小二乘法	设拟合公式为: $$y = f(x) = a_0 + a_1 x + a_2 x^2 + \cdots + a_n x^n$$ 已知 m 个点的值 $(x_1, y_1), (x_2, y_2), \cdots, (x_m, y_m)$,且 $m \gg n$,根据最小二乘法原理,待求系数 $(a_0, a_1, \cdots, a_n)$ 可通过下面联立方程组求得: $$(\sum x_i^0) a_0 + (\sum x_i) a_1 + (\sum x_i^2) a_2 + \cdots + (\sum x_i^n) a_n = \sum (x_i^0 y_i)$$ $$(\sum x_i) a_0 + (\sum x_i^2) a_1 + (\sum x_i^3) a_2 + \cdots + (\sum x_i^{n+1}) a_n = \sum (x_i y_i)$$ $$(\sum x_i^2) a_0 + (\sum x_i^3) a_1 + (\sum x_i^4) a_2 + \cdots + (\sum x_i^{n+2}) a_n = \sum (x_i^2 y_i)$$ $$\vdots$$ $$(\sum x_i^n) a_0 + (\sum x_i^{n+1}) a_1 + (\sum x_i^{n+2}) a_2 + \cdots + (\sum x_i^{2n}) a_n = \sum (x_i^n y_i)$$ 对于直线拟合 $y = f(x) = a_0 + a_1 x$,待求系数可直接由下面公式求得: $$a_0 = \frac{\sum y_i - a_1 \sum x_i}{m} \qquad a_1 = \frac{m \sum x_i y_i - \sum x_i \sum y_i}{m \sum x_i^2 - (\sum x_i)^2}$$ 式中,$\sum$ 均为对 $i = 0, 1, 2, \cdots, m$ 求和

表 31-3-4　　常用数据平滑滤波方法

方 法	说 明
中值滤波法	中值滤波法将采样点的值取滤波窗口内各数据点的统计中值,由此来取代原始测点,故这种方法在消除数据毛刺方面效果较好。假设相邻的 3 点分别为 P_0、P_1 和 P_2,该方法将相邻的 3 个点取平均值来取代原始点,得到新点为 $P_1' = (P_0 + P_1 + P_2)/3$,其中虚线所连的点代表测得的原始采集点,实线所连的点代表平滑滤波后的点
平均值滤波法	平均值滤波法将采样点的值取滤波窗口内各数据点的统计平均值,由此来取代原始测点,改变点云的位置,使点云平滑,其中虚线所连的点代表测得的原始采集点,实线所连的点代表平滑滤波后的点
高斯滤波法	该方法以高斯滤波器在指定域内将高频噪声滤除掉。高斯滤波法在指定域内的权重为高斯分布,其平均效果较小,在滤波的同时,能较好地保持原数据的形貌,因而常被使用。其中虚线所连的点代表测得的原始采集点,实线所连的点代表平滑滤波后的点

续表

方　　法	说　　明
自适应 N 点加权平滑滤波	该方法考虑了相邻各点相对于当前位置的作用大小，采用加权的办法求得各点处的平均值，权值由一加权函数 $\omega(k)$ 决定。同 N 点平滑滤波方法相同，$N=2i+1$，自适应的 N 点加权平滑滤波公式为：$$\bar{y}_p = \frac{1}{\sum_{k=-i}^{i}\omega(k)}\left[\sum_{k=-i}^{i}y_{p+k}\omega(k)\right]$$ 式中　$\bar{y}_p$——曲线上第 p 点的加权平均值 　　　y_{p+k}——曲线上第 $p+k$ 点的采样值 　　　$\omega(k)$——加权函数，$\omega(k)=\dfrac{1}{ak^2+1}$（$a>0$ 为自适应因子，k 为整数） 为保证曲面不失真，通常 N 值都取得很小，一般为 $N=3$ 或 5。在曲面特别平坦的情况下，也可取 $N=7$ 或 9，不会影响精度。本方法的自适应性体现在加权函数的自适应因子 a 上，a 值越大，权值越小，a 值越小，权值越大。a 是按照被测曲线的曲率变化来取值的，即 $a=\|y''_p\|$。这种选取方法的计算量大，使用中可根据被测曲线曲率变化的情况分段选取。曲率变化大的地方 a 取较大值，曲率变化小处 a 取较小值。一般情况下 $a=1$。这样做的目的是通过减弱较远相邻点对平滑点的作用，使曲率变化大的地方减小失真。这种平滑滤波可根据要求重复进行一次

3.4　数据的拼合

3.4.1　数据拼合问题

在零件表面形状的测量过程中，无论是接触式测量还是非接触式测量，在很多情况下无法一次完成对整个零件的测量过程，其影响因素主要包括：

- 复杂型面往往存在投影编码盲点或视觉死区，无法一次完成全部型面的测量，需要从其他方向进行补测；
- 对于大型零件，受测量系统范围限制，必须分块测量；
- 当被测物体有定位和夹紧要求时，一次测量无法同时获得定位面及夹紧面的测量数据，需引入二次测量。

工程实际中，为完成对整个物体模型的测量，常把物体表面分成多个局部相互重叠的子区域，从多个角度获取零件不同方位的表面信息。从各个视觉分别测量得到多个独立的点云，称为多视点云。由于在测量不同的区域时，都是在与测量位置对应的局部坐标系下进行的，多次测量所对应的局部坐标系是不一致的，必须把各次测量对应的局部坐标系统一到同一坐标系，并消除两次测量间的重叠部分，以获得被测物体表面完整的数据信息和一致的数据结构，此处理过程即为多视数据拼合或多视数据对齐。目前主要有两种方法用来处理多视点云的拼合。

1) 利用专用精密的定标仪器获取多视角数据以及它们之间的变换关系，完成数据的拼合。采用该方法实现数据的拼合，需要利用转换平台，直接记录工件在测量过程中的移动量和转动角度。对于 CMM 等接触式测量方式，可通过测量软件直接对数据点进行运动补偿；对于激光扫描测量方式，将多视传感器安装在可转动的精密伺服机构上，按生成的多传感器检测规划，将视觉传感器的测量姿态准确地调整到预定方位，由精密伺服机构提供准确的坐标转换关系。该方法将不同视角下的测量数据根据定标仪器测得的位移和转角参数换算到同一基准坐标系下，具有较高的拼合精度与处理效率，方便快捷，不需要事后的数据处理，但需要增加精密的运动平台和辅助测量装置等，价格昂贵，并且该方法不能完全满足任意视角的测量工作。

2) 通过软件事后对数据进行拼合处理。事后数据拼合处理又可以分为：基于基准点（辅助球）对齐的拼合、基于图形特征对齐的拼合和自动拼合。

① 基于基准点对齐的拼合。该方法是在被测量的物体周围或物体上固定若干个圆形或球形标记作为参考基准点，在每次数据测量中，必须保证至少有三个基准点同时被重复测量到，然后通过对齐这些标记点，实现两片点云数据的拼合。该方法拼合过程简单易行，但前期准备工作比较麻烦。

② 基于图形特征对齐的拼合。该方法利用一些图形特征，如点、线、面、圆柱、球等规则形状来对齐数据。该方式的优点是可以利用图形存在的几

何特征，过程快捷、结果准确。但是通常情况下，一个特征往往被分隔在不同的视图当中，由于缺乏完整的零件表面特征信息，而使得局部造型较为困难。

③ 自动拼合的方法是多视点云数据拼合的发展方向，该方法基本上是在上述两种方法的基础上实现的。

多视拼合问题归结为非线性优化问题，其数学定义可描述为：给定两个来自不同坐标系的三维扫描点集，找出两个点集的空间变换，以便它们能合适地进行空间匹配。假定用 $\{p_i \mid p_i \in R^3, i=1,2,\cdots,N\}$ 表示第一个点集，第二个点集用 $\{q_i \mid q_i \in R^3, i=1,2,\cdots,M\}$ 表示，两个点集的对齐匹配转换为使下列目标函数最小

$$F(\boldsymbol{R},\boldsymbol{T}) = \sum (\boldsymbol{R}\boldsymbol{p}_i + \boldsymbol{T} - \boldsymbol{p}_i')^2 = \min \quad (31\text{-}3\text{-}28)$$

这里 $\boldsymbol{R}$ 和 $\boldsymbol{T}$ 分别是应用于点集 $\{p_i\}$ 的旋转和平移变换矩阵，p_i' 表示在 $\{q_i\}$ 中找到的和 p_i 匹配的对应点。这样数据拼合问题的研究也就集中于寻求对式（31-3-28）的快速有效的求解方法上。目前已提出多种方法，其中基于三基准点的定位方法是一种简单实用的方法。

3.4.2 基于三基准点对齐的数据拼合

（1）基准点的设置与测量

基于三基准点对齐的数据拼合是目前广泛使用的一种数据拼合方法，由于三个点可以建立一个坐标关系，因此测量时可在零件上设立三个基准点，用符号标记，在进行零件表面数据测量时，如果需要变动零件位置，每次变动必须重复测量基准点；如果模型要求装配建模，应分别测量零件状态和装配状态下的基准点。不论是单个零件的多次测量还是多个零件的装配测量，其数据拼合均可采用该方法实现，这样在不同的坐标系下得到的数据，通过将三个基准点移动使其对齐，就能将其数据拼合在一个造型坐标系下。图 31-3-10（a）所示为同一零件的两片点云数据，其中包含三个辅助球位置的数据，通过该部分数据的对齐，得到的零件拼合数据如图 31-3-10（b）所示。

（2）三基准点对齐的坐标变换方法

在实物表面的数字化过程中，由于物体的移动造成测量坐标的定位变化，相同的位置在不同的测量过程中，其数据是不同的。但对于同一点来说，相当于从一个坐标系变换到另一个坐标系。因此实际上是把数据拼合问题转换为坐标变换问题。

实现三维数据点集的对齐，首先是建立对应点集距离的最小二乘目标函数，然后利用四元组法、矩阵

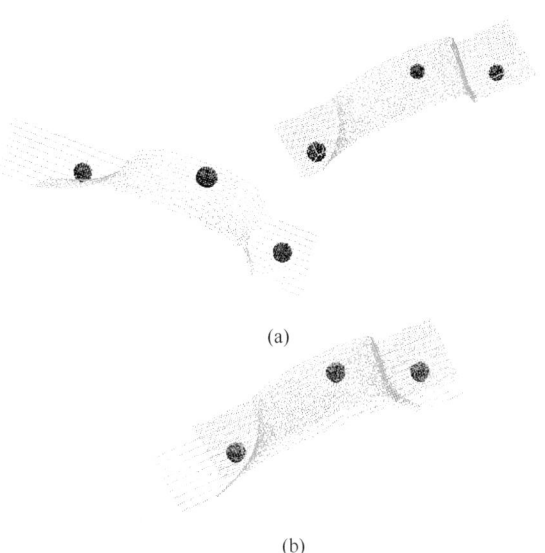

图 31-3-10　基于三基准点的数据拼合

的奇异值分解法求取刚体运动的旋转和平移矩阵。测量数据的多视统一可以看成是一种刚体移动，因此，可以利用上述数据对齐方法来处理。由于三点可以建立一个坐标关系，如果测量时，在不同视图中建立用于对齐的三个基准点，通过对齐这三个基准点，就可实现三维测量数据的多视统一，这实际上是将数据的对齐问题转换为坐标变换问题。

设测量基准点为 p_1、p_2 和 p_3，第二次测量时，基准点坐标变换为 q_1、q_2 和 q_3，刚体变换可通过三个步骤实现：

① 将 p_1 变换到 q_1；

② 将矢量 $(p_1 - p_2)$ 变换到 $(q_1 - q_2)$，使两个矢量的方向一致；

③ 将包含 p_1、p_2 和 p_3 三点的平面变换到包含 q_1、q_2 和 q_3 三点的平面。

具体算法步骤如下。

a. 作矢量 $(p_2 - p_1)$、$(p_3 - p_1)$、$(q_2 - q_1)$、$(q_3 - q_1)$

b. 令 $\boldsymbol{V}_1 = p_2 - p_1$，$\boldsymbol{W}_1 = q_2 - q_1$

c. 作矢量 $\boldsymbol{V}_3$ 与 $\boldsymbol{W}_3$

$$\begin{cases} \boldsymbol{V}_3 = \boldsymbol{V}_1 \times (p_3 - p_1) \\ \boldsymbol{W}_3 = \boldsymbol{W}_1 \times (q_3 - q_1) \end{cases} \quad (31\text{-}3\text{-}29)$$

d. 作矢量 $\boldsymbol{V}_2$ 与 $\boldsymbol{W}_2$

$$\begin{cases} \boldsymbol{V}_2 = \boldsymbol{V}_3 \times \boldsymbol{V}_1 \\ \boldsymbol{W}_2 = \boldsymbol{W}_3 \times \boldsymbol{W}_1 \end{cases} \quad (31\text{-}3\text{-}30)$$

e. 作单位矢量

$$v_1 = \frac{V_1}{|V_1|}, \quad v_2 = \frac{V_2}{|V_2|}, \quad v_3 = \frac{V_3}{|V_3|}$$

(31-3-31)

$$w_1 = \frac{W_1}{|W_1|}, \quad w_2 = \frac{W_2}{|W_2|}, \quad w_3 = \frac{W_3}{|W_3|}$$

f. 把系统 $[v]$ 的任意点变换到系统 $[w]$，用变换关系

$$P'_i = P_i R + T \quad (31\text{-}3\text{-}32)$$

g. 因为 $[v]$ 和 $[w]$ 是单位矢量矩阵，$[w] = [v]R$，所以所求的关于 $[w]$ 系统的旋转矩阵为：

$$R = [v]^{-1}[w] \quad (31\text{-}3\text{-}33)$$

h. 由式 (31-3-32) 得 $T = P'_i - P_i R$，使 $P'_1 = q_1$、$P_1 = p_1$ 并将式 (31-3-33) 代入，可得平移矩阵 T

$$T = q_1 - p_1[v]^{-1}[w] \quad (31\text{-}3\text{-}34)$$

i. 式 (31-3-32) 可改写为

$$P' = P[v]^{-1}[w] - p_1[v]^{-1}[w] + q_1$$

(31-3-35)

三点坐标变换示意图如图 31-3-11 所示。

3.4.3 多视数据统一

物体在进行多次测量，通过数据拼合后得到的多视数据不可避免地存在数据重叠区。因此，数据拼合后应对重叠区域进行数据统一，以便为 CAD 模型重建和快速原型的切片数据处理，建立没有冗余数据的统一数据集。

下面是 Hong-Tzong 提出的通过建立数据集的三角形网格，对重叠区域进行插值计算，获得新数据点的一种多视数据统一方法，具体算法步骤如图 31-3-12 所示。

(1) 建立三角形网格

三角形网格是基于两条相邻的扫描线构建的，设扫描是按相同方向进行，扫描线之间不存在交叉，由于每条扫描线上的点一般是不相等的，因此应选择最短距离来建立三角形网格。

(2) 基于切片的数据再采样

基于切片的数据再采样使用一个平面对三角形网格进行切割，通过搜寻相邻的三角形来获得新的处于相同平面上的数据采样点集，这个过程和 STL 文件的切片相同。采样步骤为：

a. 在切割平面之间建立平面等式和间距；

b. 跟踪三角形网格的建立次序，找出第一个与平面相交的三角形，并找出交点；

c. 搜查其他相邻的与平面相交的三角形，并找出交点；

d. 继续步骤 c，找出所有与平面相交的网格的交点；

e. 重复步骤 b～d，找出与所有平面的交点。

(3) 切片数据统一

用一个平面去切割多个数据集将产生一系列新的位于相同平面上的数据点，这些再取样的数据点能被组合形成一新的扫描线，处理重叠区域的数据统一的一种方法是用比例权因子来计算重叠区内新的点坐标，如图 31-3-13 所示，虚线内的区域是两个数据集的重叠部分，$P_1 \sim P_4$ 和 $Q_1 \sim Q_4$ 属于各自点集的数据点，由式 (31-3-36) 获得新数据点为 $Z_1 \sim Z_4$。

$$Z_i = \frac{(N-i)P_i + iQ_i}{N}, \quad i = 1, 2, \cdots, N-1$$

(31-3-36)

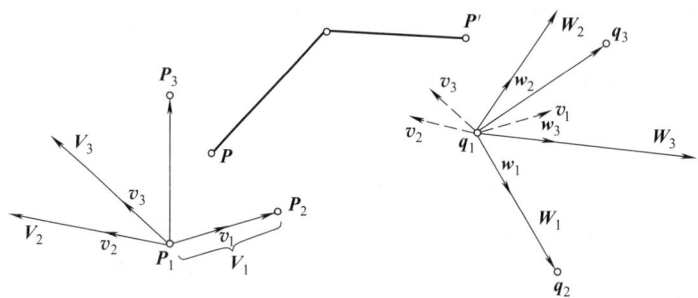

图 31-3-11 三点坐标变换示意图

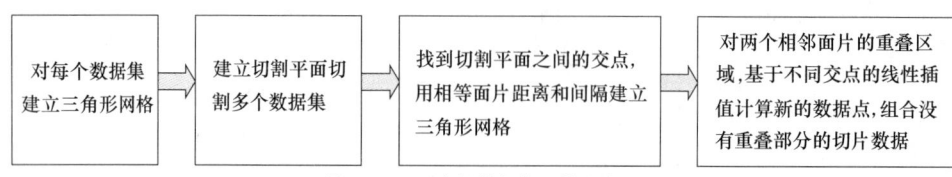

图 31-3-12 多视数据统一算法步骤

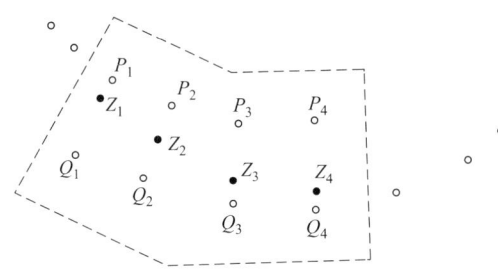

图 31-3-13 两个切片数据集的重叠区域

对原始切片点应用线性比例权值,当测量靠近扫描线的端点或扫描数据的边界时,激光测量的精度趋于下降,因此,当用式(31-3-36)来计算对每个数据点集的影响权值时,靠近扫描线中心的点将获得较高的权值,而靠近端点的较低。这使插值在连接处更加光滑和具有更加可靠的精度。这样,三角形网格能在两个点集之间被构建,新的点可以通过线性插值来连接两个点集,如图 31-3-14 所示。

3.4.4 数据拼合的误差分析

多视点云的拼合精度取决于公共参考基准点的测量精度;在相同测量误差的情况下,基准点的位置选取不同,也会影响数据的拼合精度。为保证对齐精度,参考基准点的选择及测量应遵循下列原则。

- 参考点应该粘贴在待测物体平坦的位置,以减少标志点处点云修补的难度及相应的测量误差,并且参考点要以散乱的形式粘贴,这样可避免在参考三维坐标求解时产生误差。
- 公共参考点尽量选用摄像机正面能采集到的参考点,可通过加入圆度检测来判别参考点的位置,以减少参考点在侧面因为形变所引起的误差。
- 当误差相同时,三基准点构成的三角形面积越大,相对误差越小,即基准点的选择距离越远,测量误差对数据对齐的影响越小。
- 在测量误差呈正态分布时,三基准点构成的三条边误差趋于相同。为使各个点的影响相同,相对误差趋于相等,基准点的选取应尽量接近等边三角形。
- 基准点的位置应尽量选择在探头容易接触、不会产生变形的地方,位置标记记号应尽可能小。这样可以使每次探头的触点落在相同的位置,以减小视觉误差。
- 同一基准点的测量,探头应尽量在同一方向接触,并按同一方式进行补偿;同时,应反复测量几次,取几次测量的平均值;多次测量应尽量在相同的环境中完成,同时,检查测量机的零位,避免温度误差。

这样,当采用三基准点法进行数据拼合时,每个基准点的误差可以看成是等权值的,重定位可按误差平均分布处理。因此算法可改进为:

步骤 1,计算三个点的均值;
步骤 2,计算三角形的质心;
步骤 3,计算三个点到质心的距离,选择误差最小的两个点和质心组成一个新的三角形;
步骤 4,转步骤 1,将三个测量基准点中的一个改为三角形的质心,进行重合。

对于数据拼合的误差估计,Hong-Tzong 在确定误差模型的基础上,提出了评估对齐参数的不确定性的理论公式。根据多视数据对齐公式,拼合的误差模型可以表示为

$$\varepsilon_i \approx (\Delta R p_i + \Delta T - p_i) n_i, i = 1, 2, \cdots, N$$
(31-3-37)

式中,ΔR 和 ΔT 是小的旋转和平移扰动,计算式为

$$\Delta R = \begin{bmatrix} 1 & -\Delta \gamma & \Delta \beta \\ \Delta \gamma & 1 & -\Delta \alpha \\ -\Delta \beta & \Delta \alpha & 1 \end{bmatrix} \quad (31\text{-}3\text{-}38)$$

式中,α、β、γ 为欧拉角。

$$\Delta T = \begin{bmatrix} \Delta t_x \\ \Delta t_y \\ \Delta t_z \end{bmatrix} \quad (31\text{-}3\text{-}39)$$

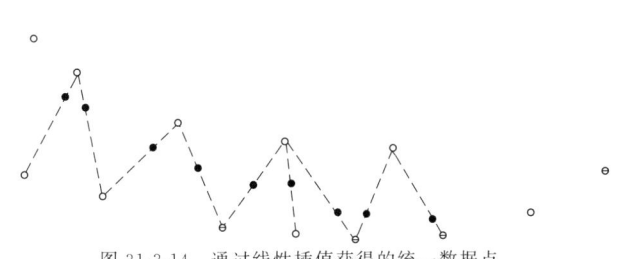

图 31-3-14 通过线性插值获得的统一数据点
○—第一列切片数据点;◉—第二列切片数据点;●—统一的数据点

将式（31-3-38）和式（31-3-39）代入式（31-3-37），并展开为矩阵形式

$$\begin{bmatrix} \varepsilon_1 \\ \varepsilon_2 \\ \vdots \\ \varepsilon_N \end{bmatrix} = \begin{bmatrix} -(n_1 \times p_1)^T & n_{x1} & n_{y1} & n_{z1} \\ -(n_2 \times p_2)^T & n_{x2} & n_{y2} & n_{z2} \\ \vdots & \vdots & \vdots & \vdots \\ -(n_N \times p_N)^T & n_{xN} & n_{yN} & n_{zN} \end{bmatrix} \begin{bmatrix} \Delta\alpha \\ \Delta\beta \\ \Delta\gamma \\ \Delta t_x \\ \Delta t_y \\ \Delta t_z \end{bmatrix}$$

(31-3-40)

或者

$$\tilde{\varepsilon} = A \Delta \tilde{t} \quad (31\text{-}3\text{-}41)$$

式中，A 为敏感矩阵；$\tilde{\varepsilon}$ 为曲面法矢测量误差，$\Delta \tilde{t}$ 为对齐参数误差。因为 A 不是一个平方矩阵，变换公式（31-3-41）为

$$\Delta \tilde{t} = [(A^T A)^{-1}] \tilde{\varepsilon} \quad (31\text{-}3\text{-}42)$$

对 $\Delta \tilde{t}$ 进行一阶展开

$$\Delta t_i = \sum_{j=1}^{N} \frac{\Delta t_i}{\Delta p_j} \varepsilon_i = [(A^T A)^{-1} A^T]_{\text{rowi}} \tilde{\varepsilon}$$

(31-3-43)

假定，Δt_i 和 ε_i 是正态分布，得

$$\sigma_{t_j}^2 = \sum_{j=1}^{N} \left(\frac{\Delta t_i}{\Delta p_j} \right)^2 s^2 \quad (31\text{-}3\text{-}44)$$

式中，$\sigma_{t_j}^2$ 和 s^2 分别是 Δt_i 和 ε_i 的标准差，将 $\sigma_{t_j}^2$ 乘以一个常数 c（如 $c=3$，表示有 99.7% 的置信度），对齐参数的不确定度表示为

$$U = c\sigma_{t_j} \quad (31\text{-}3\text{-}45)$$

$$t_{j,\text{(evaluated)}} - c\sigma_{t_j} \leqslant t_{j,\text{(true)}} \leqslant t_{j,\text{(evaluated)}} + c\sigma_{t_j}$$

(31-3-46)

从上面公式可看出，不确定度越小，对齐参数的精度越高。进一步定义对齐参数对误差的敏感度为

$$S_{t_i} = \frac{\sigma_{t_i}}{S} = \sqrt{\sum_{j=1}^{N} \left(\frac{\Delta t_i}{\Delta p_j} \right)^2}$$

$$= \sqrt{\sum_{j=1}^{N} \| [(A^T A)^{-1} A^T]_{\text{rowi}} \|^2} \quad (31\text{-}3\text{-}47)$$

因为敏感矩阵 A 是扫描数据点位置和法矢的函数，主要和数字化几何对象有关，如果取一个标准球，假定扫描数据点在球上均匀分布，将得到下面的结果

$$\sigma_{t_i} = \sqrt{\frac{3}{N}} \times s, \quad i = 4, 5, 6 \quad (31\text{-}3\text{-}48)$$

该结果说明，对齐参数对一个圆球的不确定度和扫描误差的标准偏差成正比例，反比于扫描数据点数的平方根。推广到任何扫描几何对象，包括自由曲面

$$\sigma_{t_i} = \frac{K}{\sqrt{N}} \times s \quad (31\text{-}3\text{-}49)$$

式中，K 为扫描几何的函数，当扫描几何和区域固定时，它是一个常数。对前面的球体，K 等于 $\sqrt{3}$。但对其他情况，K 是未知的，需要标定，如一个自由曲面。

从式（31-3-46）可知，对齐精度由不确定带控制，随扫描采样尺寸的增加，不确定带将减小。这样，可将 $3\sigma_{t_i}$ 认为是对齐参数 t_i 的精度控制，如果几何常数 K 可能被估计，一个合适的控制参数 t_i 下的采样尺寸可定义为

$$N = \left(\frac{K}{S_{t_i}} \right)^2 = \left(\frac{K}{\sigma_{t_i}/s} \right)^2 \quad (31\text{-}3\text{-}50)$$

注意：这个对齐尺寸仅仅是单参数 t_i 的，为覆盖所有六个对齐参数，用最大的 σ_{t_i} 来计算对齐采样尺寸，最后结果将能满足所有的不确定控制要求。典型的，在两个扫描数据点集的对齐中，通常数据集中包含大量的数据点，对齐过程是相当耗时的。因此可通过二次采样，在仅需要小的采样尺寸下，进行对齐操作。起初需估计几何常数 K，通过采样构建出敏感矩阵 A（它仅是点矢量和法矢的函数），从式（31-3-47）计算出最大敏感度，这样就能估计出几何常数 K（$K = S_{\max} \sqrt{N}$）。

3.5 数据的修补

在对实物进行逆向工程测量时，由于实物拓扑结构以及测量机本身结构和测量方式所限，在实物数字化过程中会存在一些探头无法测到的区域。另外实物零件中经常存在经剪裁或"布尔减"运算等生成的外形特征，如表面凹边、孔及槽等，使曲面出现缺口，这样在造型时就会出现数据"空白"现象，这种情况会使逆向工程建模变得困难，因此数据的修补是逆向工程测量中经常遇到的问题。

解决办法一般是通过数据插补的方法来补齐"空白"处的数据，最大限度获得实物剪裁前的信息，这将有助于模型重建工作，并使恢复的模型更加准确。主要方法有以下几种。

（1）实物填充法

在对实物测量之前，将凹边、孔及槽等区域用一种填充物填充好，填充表面应尽量平滑、与周围区域要光滑连接。填充物要求具有一定的可塑性，在常温下有一定的刚度特性，可以支持接触探头的测量。实践当中，一种方法是采用可进行浇铸的填充物进行浇铸填充，如生石膏、水、环氧树脂、磷苯二甲酸二丁酯、乙二胺和铁粉。将其按一定的比例调匀，然后对

孔或槽的缺口进行填充，等其表面变硬后就可以进行测量。测量结束将填充物去除，再测出孔或槽的边界，由此来确定剪裁边界。

实物填充法虽然原始，且不同填充材料、填充物的收缩率、操作环境以及操作者的技能等因素都会对修补精度影响很大，但不失为一种简单、方便而行之有效的方法。

（2）造型设计法

在模型重建过程中，可根据实物外形曲面的几何特征和与其周边特征间的相互关系，使用三维建模软件或逆向造型软件中相关的曲面创建与编辑功能，构建出相应的曲面，然后再通过对曲面的剪裁，分离出要修补的曲面，得到测量点。

（3）曲线、曲面插值补充法

曲线、曲面插值补充法主要用于插补区域面积不大、周围数据信息完善的场合。其中曲线插补主要适用于具有规则数据点或采用截面扫描测量的曲面，曲面插补既适用于规则数据点，也适用于散乱点。曲面类型包括参数曲面、B样条曲面和三角曲面等。

1）曲线拟合插补。首先利用已得到的测量数据对得到的截面形状进行曲线拟合，根据曲面的几何形状，利用曲线编辑功能，选择曲线切向延拓、抛物线延拓和弦向延拓等不同方式，将曲线延拓通过需插补的区域，然后再离散曲线形成点列，补充到数据缺失区域。对特征边界处数据不整齐的情况也可以采用此方法进行数据的整形处理。

2）曲面拟合插补。曲面拟合插补的方法和曲线相同，也是首先根据曲面特征，拟合出覆盖缺口或空洞区域的一张曲面，再将曲面离散形成点阵补充测量数据，如数据缺失区域处于拟合曲面之外，相应地，也是利用曲面编辑功能，将曲面延拓通过需插补的区域，进行数据补充。

无论是基于曲线还是曲面插补，两种情况得到的数据点都需在生成曲面后，根据曲面的光顺和边界情况反复调整，以达到最佳插补效果。

（4）三角网格修补法

通过扫描获得的高密度点云，常常会出现数据的缺失，这种缺陷可使用现有逆向工程软件或模块中的点云处理功能，在对样件进行三维模型重建前，采用三角网格修补方法加以解决。即利用点云网格化功能，在点云上建立三角网格，形成点云曲面，然后针对三角网格出现的孔洞或破损边缘，使用手动或自动网格修补功能进行修补。孔洞修补如图31-3-15所示，其

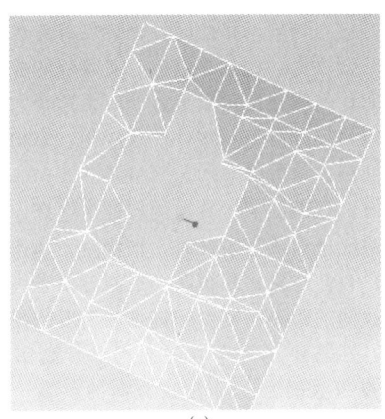

(a)

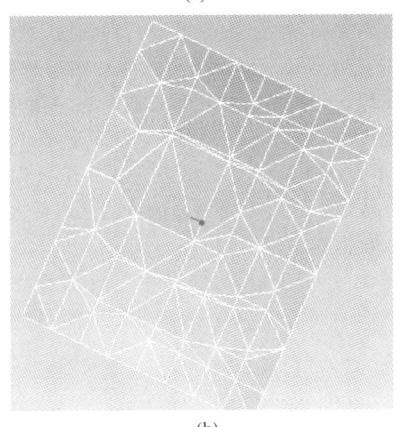

(b)

图 31-3-15　孔洞修补

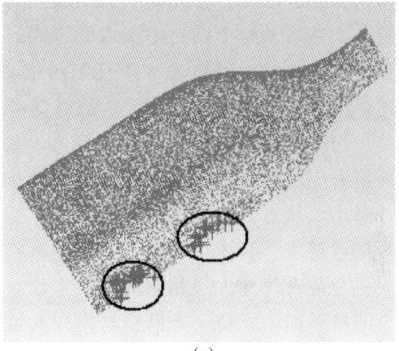

(a)

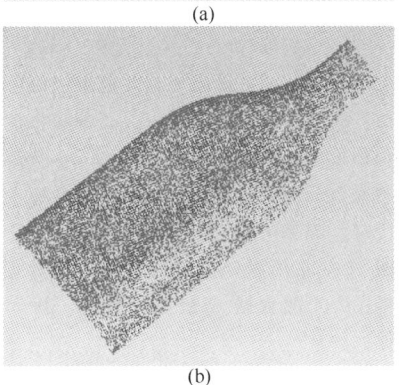

(b)

图 31-3-16　边缘修补

中图 31-3-15（a）为修补前的孔洞，图 31-3-15（b）为孔洞修补后的效果；边缘修补如图 31-3-16 所示，其中图 31-3-16（a）为修补前的边缘，图 31-3-16（b）为修补后的边缘。

3.6 数据的精简

逆向工程中通过激光扫描技术获取的点云数据量非常庞大，如何处理这些庞大的点云数据成为基于激光扫描造型的主要问题。如果不加删减地直接使用点云进行三维模型重建，从数据点生成模型表面要花很长时间，整个过程也将变得难以控制。事实上并不是所有的点云数据对模型的重建都有用处，为了提高逆向工程的效率，在保证一定精度的前提下，有必要对数据进行精简处理。

在对数据进行精简时，不同类型的数据可采用不同的方法，散乱点云可通过随机采样的方法来精简；扫描线点云和多边形点云可采用等间距缩减、倍率缩减、等量缩减、弦偏差等方法；网格化点云可采用等分布密度法和最小包围区域法进行数据缩减。数据精简只是对原始点云中的点进行了删减，并没有对数据进行修改和产生新点。针对激光扫描的数据精简方法主要有以下两种。

（1）均匀网格法

均匀网格法原理是：首先把所得的数据点进行均匀网格划分，然后从每个网格中提取样本点，网格中的其余点将被去除掉。网格通常垂直于扫描方向（Z 向）构建，由于激光扫描的特点，z 值对误差更加敏感。因此，选择中值滤波用于网格点筛选，数据的减少率由网格大小决定，网格尺寸通常由用户指定，网格的尺寸越小，从点云中提取的样本数据点越多，去除点的数据点越少。具体步骤如下：先在垂直于扫描方向建立一个包含尺寸大小相同的网格平面，将所有点投影至网格平面上，使每个网格与对应的数据点匹配。然后，基于中值滤波方法网格中的某个点被提取出来。

将每个网格中的点按照点到网格平面的距离远近进行排序，如果某个点位于排序点的中间，那么这个点就被选中保留。这样一个网格内有 n 个数据点时，当 n 为奇数时，则第 $(n+1)/2$ 个数据点被选择；当 n 为偶数时，则第 $n/2$ 或 $(n+2)/2$ 个数据点被选择。如图 31-3-17 所示，投影到该网格的数据点是 7 个，则排序为 4 的数据 A 被选择保留，其余的数据被去除掉。

均匀网格法可以去除大量的数据点，通过均匀网格中值滤波，可以有效地把那些被认为是噪声的点去

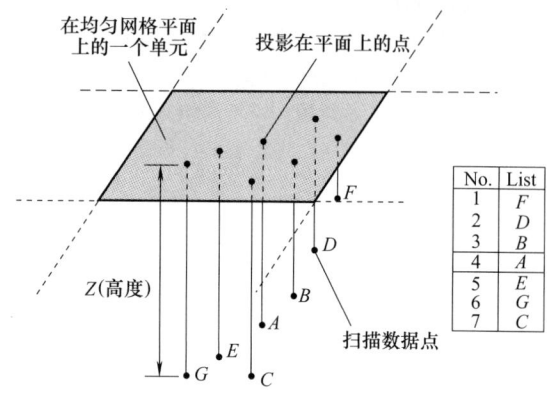

图 31-3-17 均匀网格法

除。当被处理的扫描平面垂直于测量方向，这种方法显示出非常良好的操作性。另外，这种方法只是选用其中的某些点，而非改变点的位置，可以很好地保留原始数据。均匀网格方法特别适合于简单零件表面瑕点的快速去除。

（2）非均匀网格法

在逆向工程技术中，精确地重现零件形状至关重要，而采用均匀网格法进行数据精简时，在这方面却受到限制。应用均匀网格法时，也许没有考虑所提供零件的形状会丢失，比如边，但它对零件的成型却不可缺少。非均匀网格法可以很好地解决这个问题，该方法能使网格尺寸能根据零件形状变化。非均匀网格方法分为两种：单方向非均匀网格和双方向非均匀网格。应用时，可根据测量数据的特征来选择。

当用激光条纹测量零件时，扫描路径和条纹间隔都是由用户自己定义，扫描路径控制着激光头的移动方向，条纹间的距离控制着扫描点的密度。当测量简单曲面时，不需要在每个方向上都进行高密度的扫描。如果点云数据密度沿着 V 方向的点多于沿着 U 方向的点，则单方向非均匀网格更适合于捕获零件的外表面。当被测零件是复杂的自由曲面时，点数据在 U 方向和 V 方向的密度都需要增大，在这种情况下，双方向非均匀化网格方法比单方向非均匀化网格方法更加有效。

1）单方向非均匀化网格方法。在单方向非均匀化网格方法中，可以由角偏差的方法从零件表面点云数据获取数据样本。

如图 31-3-18 所示，角度可由三个连续点的方向

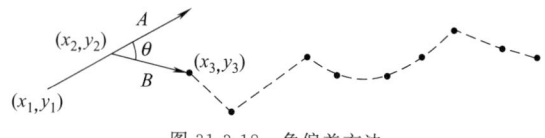

图 31-3-18 角偏差方法

矢量计算而得，如(x_1, y_1)，(x_2, y_2)，(x_3, y_3)三点。角度代表曲率信息，角度小，曲率就小；反之，角度大，曲率也大。根据角度大小，高曲率的点可以被提取出来。沿着U方向的网格尺寸是由激光条纹的间隔所固定，它一般由用户自己决定。在V方向上的网格尺寸主要由零件外形的几何信息决定。通过角偏差抽取的点代表高曲率区域，为精确地表示零件外形，在进行数据精简时，这些点必须保留下来。这样，使用角度偏差法进行点抽取后，沿V方向的网格基于抽取点被分割，如图31-3-19（a）所示。分割过程中，如果网格尺寸大于最大网格尺寸，它通常由用户提前设置。网格被进一步分割，直到小于最大网格尺寸为止，见图31-3-19（b）。当对网格中点应用中值滤波时和均匀网格法相同，将产生一个代表样点，最后保留点是由每个网格的中值滤波点和由角度偏移提取的点组成。与均匀网格法相比，这种方法可以在精确保证零件外形的前提下，更有效地减少数据。

矢的标准偏差作为网格细分准则，标准偏差通常根据零件形状和数据减少率设定。如果网格的偏差大，说明被测量件的几何形状复杂，为获得更多的采样点，网格需要进一步细分。网格细分可采用四叉树方法，如图31-3-20所示，如果标准的网格偏差大于给定值，则网格被分成4个子单元，这个过程中网格可根据偏差反复进行分割，直到网格的标准偏差小于给定值，或者网格尺寸达到用户设定的限制值，网格最小尺寸根据零件的复杂程度选定。网格建立完成之后，用中值滤波选出每个网格代表点。

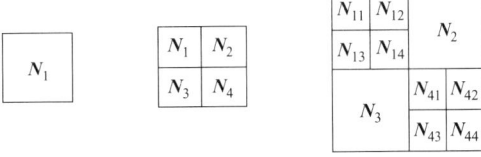

(a) 初始单元   (b) 第一次分解   (c) 第二次分解

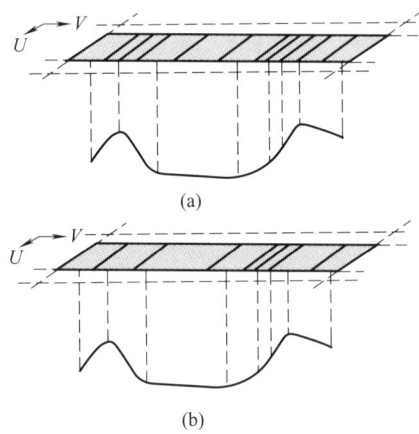

图 31-3-19 单方向非均匀网格

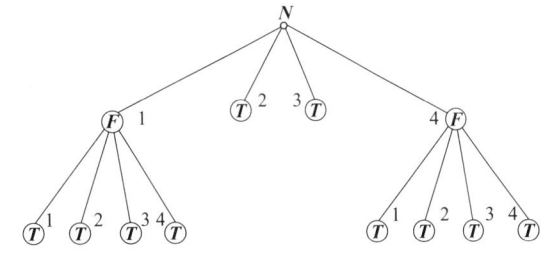

图 31-3-20 双方向非均匀网格的分割

与单方向非均匀网格方法相比，双方向非均匀网格方法可以提取更多的数据点，所得的物体形状也更加精确，特别是在处理具有变化尺寸的自由形状物体方面更加有效。

3.7 数据的分割

逆向工程中，产品外形只由一张曲面构成的情况并不多，通常产品都是按一定特征设计和制造的，产品表面往往是由多张单一曲面混合而成，这些曲面主要由大量初等解析曲面如平面、圆柱面、圆锥面、球面及自由曲面组成。因此，在模型重建时要将整个数据进行分割，即根据组成实物外形曲面的子曲面所属类型，将属于同一子曲面类型的数据成组，将全部数据划分成代表不同曲面类型的数据域。这样当后续曲面模型重建时，先分别拟合单个的曲面片，然后再通过曲面的过渡、合并、裁剪、倒圆等手段，将多个曲面"缝合"成一个整体，这个过程也即模型重建。

2) 双方向非均匀网格方法。在双方向非均匀化网格方法中，应分别求得各个点的法矢，根据法矢信息再进行数据减少。法矢计算首先将点数据实行三角形多边化，当计算一个点的法矢时，需要利用相邻三角形的法矢信息。在需计算的点周围存在6个相邻的三角形，点的法矢N，可以由下式计算：

$$N = \frac{\sum_{i=1}^{6} n_i}{\left|\sum_{i=1}^{6} n_i\right|} \quad (31\text{-}3\text{-}51)$$

在所有点的法矢都得到后，就产生了网格平面，网格尺寸由用户自己定义，主要取决于零件形状的计划数据减少率。如果要大量减少数据点，应增大网格。通过在网格平面上的投影点，对应于每个网格的数据点被分成组，求出这些点的平均法矢。选择点法

3.7.1 点云数据分割方法

数据分割是基于曲面特征识别来进行的，目前的主要方法仍然是根据曲面曲率的信息来判断曲面的类型，对表面棱线则通过曲线曲率的变化来加以判定。数据分割可分为基于测量的分割、手工分割和自动分割，三种方法的特点见表31-3-5。

根据数据分割原理，有两种基本分割方法：基于边的数据分割和基于面的数据分割。

(1) 基于边的数据分割

基于边的数据分割方法首先根据组成曲面片的边界轮廓特征，两个曲面片之间的相交、过渡特征，以及形状表面曲面片之间存在的棱线或脊线特征，确定出相同类型曲面片的边界点。然后连接这些边界点形成边界环，最后判断点集是处于环内还是环外，实现数据分割。

基于边的技术必须考虑寻找边界特征点的问题。寻找边界特征点，主要由数据点集计算局部曲面片的法矢量或者高阶导数，通过法矢的突然变化和高阶导数的不连续来判断一个点是否是边点。因为反射光以及边界附近的曲率变化大，通常靠近尖锐边的测量数据是不可靠的，而且可用于分割的点的数量又较少，只有接近边的点是可用的，大量其他点的信息不能用来辅助生成可靠的面片。这意味着判断依据对"假"数据具有高的敏感性，同时找出的具有相切连续或者高阶连续的光滑边也是不可靠的，因为基于噪声点的计算易产生错误的推理结果，如果对数据进行光滑处理，又会使推理结果失真，丢失特征位置。

(2) 基于面的数据分割

基于面的数据分割方法是尝试推断出具有相同曲面性质的点，然后进一步决定所属的曲面，最后由相邻的曲面决定曲面间的边界。基于面是一种较好的分割方法，这种方法和曲面的拟合结合在一起，在处理数据分割过程中，这种方法同时完成了曲面的拟合，但是该方法不适用于自由曲面。相比较基于边的方法，基于面的方法是数据分割中更具有发展前途的一种技术。

在大多数场合，既不知道曲面类型，也不能划分数据点集，因此只能在这两个过程的并行中，反复计算，寻求最符合要求的结果。根据判断准则的确定，基于面的方法可以分为自下而上和自上而下两种。

自下而上的方法是首先选定一个种子点，由种子点向外延伸，判断其周围邻域的点是否属于同一个曲面，直到在其邻域不存在连续的点集为止，最后将这些小区域（邻域）组合在一起。在过程进行中，曲面类型并不是一成不变的。比如开始时，由于点的数量少，判断曲面是平面；随着点的增多，曲面也许改变为圆柱面或一个半径比较大的球面。

自上而下的方法开始于这样的假设：所有数据点都属于一个曲面，然后检验这个假定的有效性。如果不符合，则将点集分成两个或更多的子集，再应用曲面假设于这些子集，重复以上过程，直到假设条件满足。

上述两种方法必须考虑下列问题：在自下而上的方法中，种子点的选取是困难的；同时开始时，如果存在一种以上的符合条件的曲面类型，如何选择需要仔细考虑；如果有一个坏点被选入，它将使判断依据失真，即这种方法对误差点是敏感的，但又不能让过

表 31-3-5 数据分割的基本方法

基于测量的分割	手工分割	自动分割
基于测量的分割是在测量过程中，操作人员根据实物的外形特征，将外形曲面划分成不同的子曲面，并对曲面的轮廓、孔、槽边界、表面脊线等特征进行标记，在此基础上，进行测量的路径规划，测量时将不同的曲面特征数据保存在不同的文件中。这种方法适合于曲面特征比较明显的实物外形和接触式测量，操作者的水平和经验对获取的数据质量将产生直接影响	手工分割是采用手工的方式，通过逆向设计软件的操作界面直接提取数据的边界，利用这些边界，将其数据进行分割。然后对于每一片数据，再选择合适的曲面进行拟合。通过这种方法重构CAD模型效率低，重构精度主要取决于操作者的实际经验、操作技能和对模型的理解	自动分割分为基于边和基于面两种基本方法 a. 基于边的方法。该方法原理简单可行，可以通过人工交互的方法实现；对于敏感数据，特别是激光扫描得到的数据，常常在清晰的边界处不够可靠；可用于数据分割点的数目少，仅限于采用的边界点范围内；由于噪声点和测量误差的影响，寻找光滑边界点十分困难；为减少误差，对数据进行光顺处理后的点的曲率和法矢可能发生变化，特征的位置可能会移动 b. 基于面的方法。该方法使用了更多的点，可最大限度利用所有可以得到的数据信息；可以直接确定哪些点属于哪些曲面；可直接提供点云数据的最佳拟合曲面；很难选定最佳的种子点；无法表示出一张复杂的自由曲面

程碰到这样的点就停止。因此，是否增加一个点到区域中，有时难以决定。而自上而下方法的主要问题是选择在哪里和如何分割数据点集，而且经常是用直线作分割边界，这和曲面片的自然边界是不一致的，由此可导致最后曲面"组合或缝合"时，边界凸凹不光滑；另一个问题是数据点集重新划分后，计算过程又必须从头开始，计算效率较低。

3.7.2 散乱数据的自动分割

对散乱数据点的分割，提出的方法是一种基于边的方法，在分割过程中实现曲面几何特征信息的抽取，该方法由三步组成：

① 建立一个三角网格曲面，以便在离散数据点中建立清晰的拓扑关系，通过相邻的拓扑进一步优化来建立二阶的实物几何；

② 对无序的网格应用基于曲率的边界识别法来识别切矢不连续的尖锐边和曲率不连续的光滑边；

③ 用抽取的边界来分割的网格面片构成组。

利用三角网格结构插值于采样点来线性地拟合实物外形，可用于冲突识别、计算机视觉和动画。但对逆向工程，网格表示却受到限制，因为用许多法矢不连续的平面三角面片来表示光滑的曲面是不精确的。为获得精确的表示，应采用 B 样条曲面片来构建网格，以获得一个分段光滑的几何模型。

因为 B 样条曲面片不适合于处理曲率不连续的几何形状，因此，确定光滑曲面之间的边界曲线变得重要，特别是对于机械零件等产品，边界曲面通常包含特殊功能、加工过程和工程意义而专门设计的几何特征曲面。一般地，几何特征包括平面、球面、柱、圆环面和雕塑曲面，这些特征曲面至少是二阶连续的。如果数据点成组，将会给重建高精度的几何模型带来方便。

离散数据点中的拓扑关系是未知和模糊的，不容易直接进行数据分割。因此，一种可用的解决办法是事先构建一个能捕捉实物外形的三角网格，并且网格曲面达到原始曲面几何的二阶逼近，这样每个网格曲面将与相应的几何曲面特征相对应。在这基础上将网格边作为基本的边界元，实现边界直接识别。因为这个过程中识别的边界不是完整的，为自动构建连续的边界，在这里提出一个边界区的概念，尽管边界区并没有给出精确的边界位置，但它们能有效地分割网格，最终的实际边界曲线可以由相邻曲面的求交获得。具体的分割方法包括多域构建、边界识别和网格面片成组。

（1）多域构建

从无序的数据点云，利用增长算法，首先构建一个插值于采样点的分片的线性三角网格，对于一个连续的、由多种面片类型组成的曲面，三角网格通过在采样点中建立组合结构来捕捉实物拓扑，并达到对实物几何的一阶逼近。然后计算曲率信息，通过改变三角网格的局部拓扑，使原始曲面和重建的网格曲面之间的曲率导数达到最小，实现对三角网格结构的优化，最终优化的三角网格结构为二阶几何的恢复提供一多种类的域和进行 3D 数据分割所需的导数特性。

（2）边界识别

利用前面所建立的拓扑和曲率信息进行边界识别，比较每个网格边和相邻顶点在同一方向的方向曲率，根据曲率信息，位于边界或附近的网格边被首先识别为边界，靠近边界曲线附近的边界区域，包括顶点、边和面被抽取，利用识别的边界就可将多域数据分割成不相连的子组。由于测量噪声的影响，为避免位于边界或附近的网格边被误认为边界，精确的边界曲线需通过两相邻曲面的求交来获得。

1）边界分类。为方便边界识别，根据实物曲面及曲率是否连续，可将实物边界分为三类：D^0 边界、D^1 边界和 D^2 边界。

对 D^1 边界，物体曲面是连续的，但边界的切矢量不连续；而 D^2 边界，物体曲面和边界切矢量都是连续的，但方向矢量不连续；如果数据没有完全扫描整个曲面，这时会出现位置不连续，称 D^0 边界，见图 31-3-21。D^0 边界在多域创建过程中可自动识别。图 31-3-22 给出了不同离散点边界的横截面曲线特性。

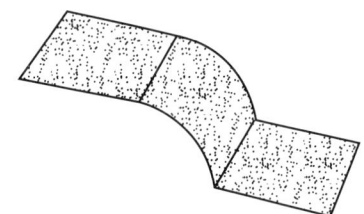

图 31-3-21　三种类型的边界

2）边界识别方法。传统的边界识别方法将离散点当做边界元，它是无方向的，结果会受到噪声的干扰，因为每个点是零维实体，不能进行方向识别。一个连续网格域的构建，不仅建立起了采样点之间明确的相邻关系，还因为一维网格边实体的引进，使方向识别成为可能。具体的识别方法又分为两种，面向边的边界识别和基于曲率的边界识别。

① 面向边的边界识别。与面向点的识别不同，当分割用于具有恢复的曲率性质的网格域时，如将网格边作为基本的构造元，可实现边的方向的识别。因为每个边本身就具有方向，无论它是否位于边界线

(a) 横切D^1边界的横截面曲线　　(b) 横切D^2边界的横截面曲线

(c) 在点P的曲线曲率无穷大　　(d) 在点Q的曲率显示突然改变

(e) 点P的计算曲率最大　　(f) 在点Q计算曲率表现为跳跃

图 31-3-22　不同离散点边界的横截面曲线特性

上,都能通过检查垂直于它的方向的方向曲率来决定。边界边被定义为网格边,网格边的两个端点分别位于两个特征曲面的边界线上或附近采样得到。

② 基于曲率的边界识别。边界识别的第二种方法是基于计算的方向曲率的改变来识别,在过程进行之前,要定义网格边的"邻居"。每个网格边的邻居定义为它的两个邻接面片的两个位置相反的顶点,如图 31-3-23 所示,边界 e 的邻居是顶点 v_3 和 v_4,分别具有计算切平面 P_3 和 P_4,T_3 和 T_4 分别为 P_3 和 P_4 上与 e 垂直的矢量。这样,根据在两个顶点的计算曲率张量,就能计算出 v_3 在相切方向 T_3 的方向曲率 $k_{v_3}(T_3)$ 和 v_4 在相切方向 T_4 的方向曲率 $k_{v_4}(T_4)$。

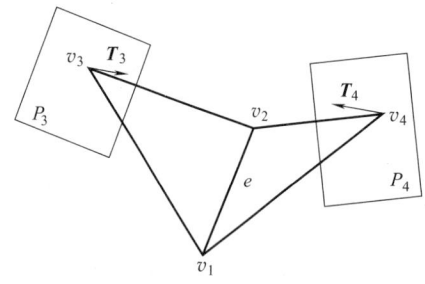

图 31-3-23　边界 e 的"邻居"定义

如用 k_e 表示边界 e 的计算曲率,边界可根据下面两个准则识别:

a. 边界 e 是 D^1 边界,如果
$$\min\{||k_e|-|[k_{v_3}(T_3)]||,|k_e|-|[k_{v_4}(T_4)]||\}>0$$
(31-3-52)

则
$$\max\{||k_e|-|[k_{v_3}(T_3)]||,$$
$$|k_e|-|[k_{v_4}(T_4)]||\}>t_1 \quad (31\text{-}3\text{-}53)$$

b. 边界 e 是 D^2 边界,如果
$$\max[k_{v_3}(T_3),k_{v_4}(T_4)]>k_e>\min[k_{v_3}(T_3),$$
$$k_{v_4}(T_4)] \quad (31\text{-}3\text{-}54)$$

则
$$|k_{v_3}(T_3)-k_{v_4}(T_4)|>t_2 \quad (31\text{-}3\text{-}55)$$

式中,t_1 和 t_2 是指定的阈值。

c. 边界区抽取。要精确地确定边界曲线是困难的,因为采样点并不一定是准确位于边界线上的点;靠近边界的测量点信息是不可靠的;根据带有噪声的点计算的曲率不一定是准确的。因此,提出"边界区"概念,以处理不完整边界的识别问题。边界区由靠近边界曲线的网格单元组成,尽管边界区并没有给出边界线的精确位置,但它能有效地将网格分为不同及不相连的组,这样,特征曲面能与各自的数据组拟合,特征曲面之间的拓扑关系也能根据建立的网格拓扑找出,最终边界线的精确位置则可以通过相邻特征曲面的相交来求出。边界区抽取过程分为三步:边界树抽取、边界区构建和分支修剪。

·与已经识别的边界边连接的边集称为边界树,在边界树的任何两边之间至少存在一个包含边界边的封闭折线路径。开始时,一个边界树初始化为一个任意的边界边,称为种子边,接下来所有与种子边相连的边界边被增加到边界树,这些边界边又作为新的种子边,再增加补充,直到没有新的边界边增加,搜寻过程结束。

·已经抽取的边界边仅包含网格边,需要扩增相关的面片、顶点来构建边界区,边界树之间也许会由非边界边连接。

·由边界树扩增建立的边界区结构中,会存在一些具有"死端点"的分支,在边界区的一条边如果仅有一个端点和边界区有关,就认为这条边具有死端点。对数据分割来说,包含有死端点的分支没有包含有用的信息,需要被剪除。剪除操作可以通过搜寻死端点完成。

(3) 网格面片成组

抽取出的边界区域将三角面片分割成没有连接的网格面片,每一个网格面片都和一个曲面特征对应。网格面片抽取由面片成组过程完成,它将分离的网格单元集合在一起,整个过程通过网格域的增长算法实现,如图 31-3-24 所示。每个网格面片从一个初始的种子三角形开始,沿面片边界增长,碰到边界区域的单元时停止。不在边界区域的所有三角形都成组后,面片成组过程停止。

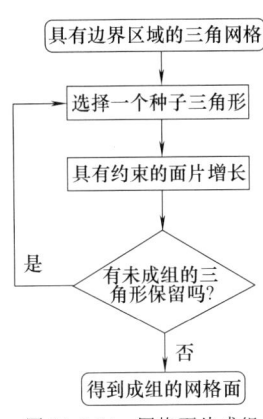

图 31-3-24　网格面片成组

（4）多级分割

一条 D^1 边界曲线的法矢量和 D^2 边界曲线的曲率大小可以用来表示一条边界曲线的强度，因为边界周围处于不同的曲面中，因此，由邻域得到的计算曲率是不可靠的。自然地，网格附近强的边界线的计算曲率将受到边界形状的影响。对于具有复杂几何外形的实物，会存在具有不同强度的边界曲线，这样，用单一阈值进行边界识别，不能保证得到最优的结果。如果阈值较高，不能有效地识别"弱"的边界；反之，一条虚假的边界会出现在"强"的边界周围。这时，在边界识别中采用多阈值是一种理想的解决途径。

多级分割即采用多阈值来识别边界线，首先采用较高的阈值将原始网格曲面分成"强"边界区隔离的网格面片。利用抽取的形状信息，靠近"强"边界区的网格单元的曲率信息被再次测定，期间，只考虑那些具有相同网格面片的邻域，这样，测定的曲率将会较好地反映这个单一网格面片的局部形状。在再次测定曲率的基础上，较低的阈值被用来从抽取面片中识别"弱"的边界线，从而实现多级分割。

第 4 章 三维模型重构技术

实物逆向设计的核心内容和基本目的是实现实物三维 CAD 模型的重建，以便为后续的工程分析、产品再设计、数控仿真、加工制造等提供 CAD 模型的支持。目前成熟的三维模型重建根据造型方法可分为：基于曲线的模型重建和基于曲面的直接拟合。

基于曲线的模型重建是先将测量数据点通过插值（interpolation）或拟合（approximation）构造样条曲线（或参数曲线），然后再通过曲面造型，如扫描（sweep）、混合（blend）、放样（lofting）、边界曲面（boundary）等方法，将曲线构建成曲面（曲面片），最后通过延伸、剪裁、过渡和合并等曲面编辑工具，得到完整的曲面模型，图 31-4-1 所示为基于曲线拟合的模型重建过程。

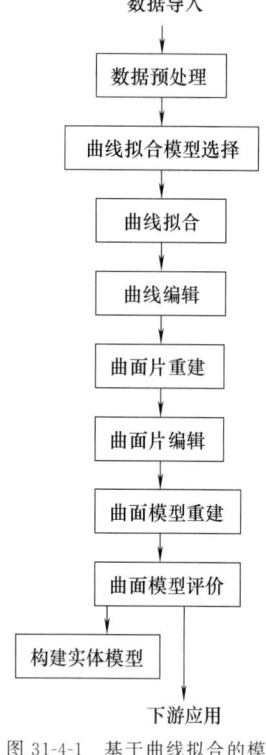

图 31-4-1　基于曲线拟合的模型重建过程

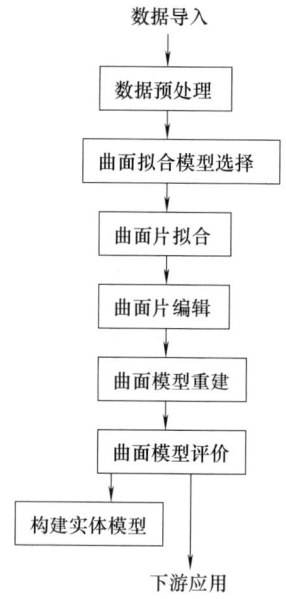

图 31-4-2　基于曲面拟合的模型重建过程

基于曲面的直接拟合是对测量数据点预处理后，直接进行曲面片拟合，然后利用曲面编辑工具，将获得的曲面片经过过渡、混合、连接形成最终的曲面模型，其过程如图 31-4-2 所示。

4.1　曲线拟合造型

插值和拟合是数值逼近的重要组成部分，构造一条曲线顺序通过所给定的数据点，称为对这些数据点进行插值，曲线与数据点的误差为零。常用的插值方法有：线性插值、拉格朗日插值、逐次线性插值、抛物线插值、样条插值等。当数据点存在噪声时，使用

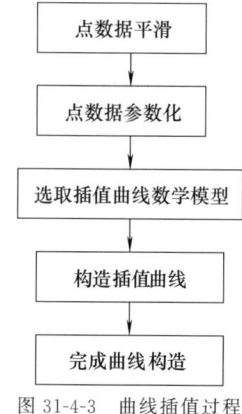

图 31-4-3　曲线插值过程

插值法构造曲线，应先进行数据平滑处理以去除噪声，曲线插值过程见图 31-4-3。

如果获得的数据点较粗糙、误差较大，要构造一条曲线使之严格通过给定的一组数据点，则所建立的曲线将不够平滑，尽管可以对数据进行平滑处理，但在一定程度上会丢失曲线或曲面的几何特征信息。这时采用曲线拟合法来构造曲线更为合适，即构造一条曲线，使之在某种条件下最接近给定的数据点。采用曲线拟合首先要指定一个允许误差，设定曲线控制点的数目，基于所有的测量数据点，用最小二乘法求出一条曲线后，计算测量数据点到拟合曲线的距离。若最大距离大于设定的误差值，则需要增加控制点的数目，然后重新进行基于最小二乘法的曲线拟合，直到误差满足为止，曲线拟合过程如图 31-4-4 所示。

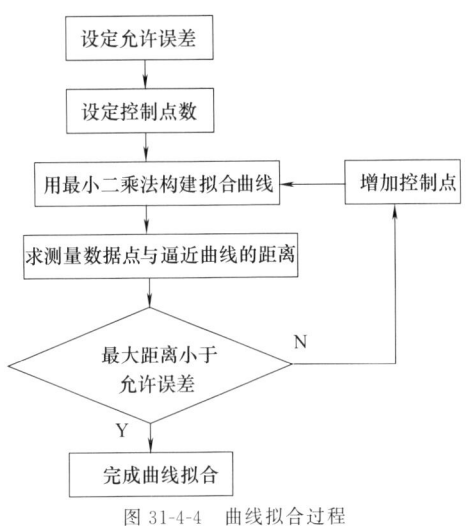

图 31-4-4　曲线拟合过程

4.1.1　参数曲线的插值与拟合

4.1.1.1　参数多项式

在计算机辅助几何设计（CAGD）中，基表示的参数矢函数形式已成为形状数学描述的标准形式。多项式表示形式简单，采用多项式函数作为基函数即多项式的基，相应得到参数多项式曲线。当选定一组多项式基函数后，通过改变多项式的次数及基表示定义形状的系数矢量，能获得丰富的形状表达，且容易计算函数值及各阶导数值，能较好地满足要求。

幂（又称单项式 monomial）基 $u^j (j=0,1,\cdots,n)$ 是最简单的多项式基，相应的参数多项式的全体构成 n 次多项式空间。n 次多项式空间任一组 $n+1$ 个线性无关的多项式都可以作为一组基，因此存在无穷多组基。不同组基之间仅相差一个线性变换。

一个 n 次参数多项式曲线方程可表示为

$$p(u) = \sum_{j=0}^{n} a_j u^j \tag{31-4-1}$$

式中，a_j 为系数矢量。

同一条参数多项式曲线可以采用不同的基表示，由此决定了它们具有不同的性质、不同的特点。

4.1.1.2　数据点参数化

采用一般多项式函数来构造插值曲线与拟合曲线时，在取定 xoy 坐标后，x 坐标严格递增的 3 个点唯一决定一条抛物线，$n+1$ 个点唯一决定一个不超过 n 次的插值多项式。但采用参数多项式插值时，顺序通过 3 个点可以有无数条抛物线，顺序通过 $n+1$ 个点的不超过 n 次的参数多项式曲线也可以有无数条。要唯一决定一条插值于 $n+1$ 个点 $\boldsymbol{P}_i (i=0,1,\cdots,n)$ 的参数插值曲线或拟合曲线，必须先给数据点 $\boldsymbol{P}_i$ 赋予相应的参数值，使其形成一个严格递增的序列 Δu：$u_0 < u_1 < \cdots < u_n$，u_n 称为关于参数的一个分割，其中每个参数值称为节点或断点。它决定了位于插值线上的数据点与其参数域 $u \in [u_0, \cdots, u_n]$ 内的对应点之间的一种对应关系。对一组有序数据点决定一个参数分割，称为对这组数据点实行参数化。同一组数据点，如果数据点的参数化不同，将产生不同的插值曲线。对数据点进行参数化有以下方法。

（1）均匀参数化（等距参数化）法

使每个节点区间长度（用向前差分表示）$\Delta_i = u_{i+1} - u_i =$ 正常数，$i=0,1,\cdots,n-1$，即节点在参数轴上呈等距分布，为处理方便，常取成整数序列 $u_i = i$，$i=0,1,\cdots,n$。

均匀参数化法适合于数据点多边形各边（弦）接近相等的场合。

（2）积累弦长参数化（弦长参数化）法

$$\begin{cases} u_0 = 0 \\ u_i = u_{i-1} + |\Delta \boldsymbol{P}_{i-1}|, i=1,2,\cdots,n \end{cases} \tag{31-4-2}$$

式中，$\Delta \boldsymbol{P}_{i-1}$ 为向前差分矢量，$\Delta \boldsymbol{P}_{i-1} = \boldsymbol{P}_i - \boldsymbol{P}_{i-1}$ 即弦线矢量。

积累弦长参数化法克服了数据点按弦长分布不均匀情况下采用均匀参数化所出现的问题，如实反映了数据点按弦长的分布情况，在多数情况下能获得满意的结果。

（3）向心参数化法

$$\begin{cases} u_0 = 0 \\ u_i = u_{i-1} + |\Delta \boldsymbol{P}_{i-1}|^{1/2}, \quad i=1,2,\cdots,n \end{cases} \tag{31-4-3}$$

由于积累弦长参数化法并不能完全保证生成光顺的插值曲线，Lee 在 1989 年提出了这一修正公式，但实际结果反映不出数据点相邻弦线的折拐情况。

（4）修正弦长参数化（Foley 参数化）法

$$\begin{cases} u_0 = 0 \\ u_i = u_{i-1} + k_i \mid \Delta \boldsymbol{P}_{i-1} \mid, & i=1,2,\cdots,n \end{cases}$$

(31-4-4)

式中，$k_i = 1 + \dfrac{3}{2} \left(\dfrac{\mid \Delta \boldsymbol{P}_{i-2} \mid \theta_{i-1}}{\mid \Delta \boldsymbol{P}_{i-2} \mid + \mid \Delta \boldsymbol{P}_{i-1} \mid} + \dfrac{\mid \Delta \boldsymbol{P}_i \mid \theta_i}{\mid \Delta \boldsymbol{P}_{i-1} \mid + \mid \Delta \boldsymbol{P}_i \mid} \right)$

$\theta_i = \min\left(\pi - L\boldsymbol{P}_{i-1}\boldsymbol{P}_i\boldsymbol{P}_{i+1}, \dfrac{\pi}{2}\right)$

$\mid \Delta \boldsymbol{P}_{-1} \mid = \mid \Delta \boldsymbol{P}_n \mid = 0$

这里采用了修正弦长，修正系数 $k_i \geqslant 1$。与前后邻弦长 $\mid \Delta \boldsymbol{P}_{i-2} \mid$ 及 $\mid \Delta \boldsymbol{P}_i \mid$ 相比，若弦长如 $\mid \Delta \boldsymbol{P}_{i-1} \mid$ 越小，且与前后邻弦长夹角的外角 θ_{i-1}、θ_i（不超过 $\pi/2$ 时）越大，则修正系数 k_i 就越大，因而修正弦长即参数区间 $\Delta_{i-1} = k_i \mid \Delta \boldsymbol{P}_{i-1} \mid$ 也就越大。这样对于因该曲线段绝对曲率偏大，与实际弧长相比，实际弦长偏短的情况起到了修正作用。

上述各种对数据点的参数化法都是非规范的，要获得规范参数化 $[u_0, u_n] = [0, 1]$，则需将上述参数化结果作如下简单处理：

$$u_i \Leftarrow u_i / u_n, \quad i = 0, 1, \cdots, n$$

4.1.1.3 多项式插值曲线

在构造多项式插值曲线时，曲线方程的待定系数矢量个数应等于数据点的数目。若采用的多项式基为幂基，插值曲线方程为

$$p(u_i) = \sum_{j=0}^{n} \boldsymbol{a}_j u_i^j \qquad (31\text{-}4\text{-}5)$$

式中，系数矢量 $\boldsymbol{a}_j$（$j = 0, 1, \cdots, n$）待定。设已对数据点实行了参数化，将参数值 u_i（$i = 0, 1, \cdots, n$）代入方程，使之满足插值条件

$$p(u_i) = \sum_{j=0}^{n} \boldsymbol{a}_j u_i^j = \boldsymbol{p}_i, \quad i = 0, 1, \cdots, n$$

(31-4-6)

式（31-4-6）为一线性方程组

$$\begin{bmatrix} 1 & u_0 & u_0^2 & \cdots & u_0^n \\ 1 & u_1 & u_1^2 & \cdots & u_1^n \\ \vdots & \vdots & \vdots & & \vdots \\ 1 & u_n & u_n^2 & \cdots & u_n^n \end{bmatrix} \begin{bmatrix} \boldsymbol{a}_0 \\ \boldsymbol{a}_1 \\ \vdots \\ \boldsymbol{a}_n \end{bmatrix} = \begin{bmatrix} \boldsymbol{p}_0 \\ \boldsymbol{p}_1 \\ \vdots \\ \boldsymbol{p}_n \end{bmatrix}$$

(31-4-7)

由线性代数可知，其系数矩阵是范德蒙（Vandermonde）矩阵，是非奇异的，因此存在唯一解。采用幂基的多项式曲线具有形式简单、易于计算的优点，但系数矢量的几何意义不明显。构造插值曲线时，必须解一个线性方程组。当 n 很大时，系数矩阵会呈病态。

除幂基外，常用的多项式基还有拉格朗日（Lagrange）基，相应的插值方法为拉格朗日插值法，其广义形式包括牛顿（Newton）均差形式和埃尔米特（Hermite）插值。

对于多项式插值，一般情况下，需要满足的插值条件越多，导致曲线的次数就越高；次数越高，曲线出现过多的扭摆的可能性越大。解决办法是，在满足一定连续条件下将各段低次曲线逐段拼接起来。这样以分段方式定义的曲线称为组合或复合曲线，相应用分片方式定义的曲面就是组合曲面。

在工程中，一般常用的是三次曲线。参数三次曲线既可生成带有拐点的平面曲线，又能生成空间曲线次数最低的参数多项式曲线。实际上，大多数形状表示与设计都是用三次参数化来实现的。参数三次曲线、曲面又称为弗格森（Ferguson）曲线和弗格森样条曲面。曲线用幂基表示为

$$\boldsymbol{P}(t) = \boldsymbol{a}_0 + \boldsymbol{a}_1 t + \boldsymbol{a}_2 t^2 + \boldsymbol{a}_3 t^3, \quad t \in [0, 1]$$

(31-4-8)

4.1.1.4 最小二乘拟合

拟合曲线采用基表示的参数 n 次（$n < m$）多项式曲线如式（31-4-9）所示

$$\boldsymbol{p}(u) = \sum_{i=0}^{n} \boldsymbol{a}_i \varphi_i(u) \qquad (31\text{-}4\text{-}9)$$

式中，$\varphi_i(u)$ 为 n 次多项式空间的一组基；$\boldsymbol{a}_i = [x_i \ y_i \ z_i]$（$i = 0, 1, \cdots, n$）为待定的系数矢量。设所给数据点 $\boldsymbol{p}_k = [\overline{x}_k \ \overline{y}_k \ \overline{z}_k]$（$k = 0, 1, \cdots, m$），并已实行参数化，决定了参数分割 Δu：$u_0 < u_1 < \cdots < u_m$，若用插值方法处理，由于矢量方程个数 $m + 1$ 超出了未知矢量个数，方程组是超定的，一般情况下，解是不存在的。这时只能寻求在某种意义下最接近这些数据点的参数多项式曲线 $\boldsymbol{p}(u)$ 作为拟合曲线。

最常用的方法是最小二乘拟合法，即取拟合曲线 $\boldsymbol{p}(u)$ 上具有参数值 u_k 的点 $\boldsymbol{p}(u_k)$ 与数据点 $\boldsymbol{p}_k$ 间的距离的平方和达到最小，即

$$J = \sum_{k=0}^{m} \mid \boldsymbol{p}(u_k) - \boldsymbol{p}_k \mid^2 = J_x + J_y + J_z$$

(31-4-10)

式中，J 称为目标函数，其中

$$J_x = \sum_{k=0}^{m}\left[\sum_{i=0}^{n}x_i\varphi_i(u_k)-\overline{x}_k\right]^2$$

$$J_y = \sum_{k=0}^{m}\left[\sum_{i=0}^{n}y_i\varphi_i(u_k)-\overline{y}_k\right]^2 \quad (31\text{-}4\text{-}11)$$

$$J_z = \sum_{k=0}^{m}\left[\sum_{i=0}^{n}z_i\varphi_i(u_k)-\overline{z}_k\right]^2$$

要使 J 为最小，J_x、J_y、J_z 都应为最小，即应使下列的偏导数为零

$$\begin{cases}\dfrac{\partial J_x}{\partial x_j}=0\\[4pt]\dfrac{\partial J_y}{\partial y_j}=0\\[4pt]\dfrac{\partial J_z}{\partial z_j}=0\end{cases}\text{ 或 }\begin{bmatrix}\dfrac{\partial J_x}{\partial x_j}&\dfrac{\partial J_y}{\partial y_j}&\dfrac{\partial J_z}{\partial z_j}\end{bmatrix}=0,J=0,1,\cdots,n$$

(31-4-12)

由上式可推出高斯（Gaussian）正交方程组

$$\boldsymbol{\Phi}^{\mathrm{T}}\boldsymbol{\Phi}\boldsymbol{A}=\boldsymbol{\Phi}^{\mathrm{T}}\boldsymbol{P} \quad (31\text{-}4\text{-}13)$$

式 (31-4-13) 又称为法方程。其中 $\boldsymbol{\Phi}^{\mathrm{T}}$ 是 $\boldsymbol{\Phi}$ 转置。由于 $\varphi_i(u)(i=0,1,\cdots,n)$ 线性无关，故 $\boldsymbol{\Phi}$ 是满秩的。$\boldsymbol{\Phi}^{\mathrm{T}}\boldsymbol{\Phi}$ 是 $n+1$ 阶对称可逆阵，方程存在唯一解。

如果要考虑各数据点具有不同的重要性和可靠性，可对每个数据点引入相应的权或称权因子 h_k ($k=0,1,\cdots,m$)。这样式 (31-4-10) 的目标函数变为

$$J = \sum_{k=0}^{m}h_k|\boldsymbol{p}(u_k)-\boldsymbol{p}_k|^2 \quad (31\text{-}4\text{-}14)$$

其法方程相应变为

$$(\boldsymbol{H\Phi})^{\mathrm{T}}(\boldsymbol{H\Phi})\boldsymbol{A}=(\boldsymbol{H\Phi})^{\mathrm{T}}(\boldsymbol{HP}) \quad (31\text{-}4\text{-}15)$$

式中

$$\boldsymbol{H}=\begin{bmatrix}\sqrt{h_0}&0&\cdots&&0\\0&\sqrt{h_1}&0&\cdots&0\\\vdots&0&\ddots&&\vdots\\&\vdots&&\ddots&0\\0&0&\cdots&0&\sqrt{h_m}\end{bmatrix}$$

(31-4-16)

4.1.2 B样条曲线插值与拟合

B 样条方法具有表示与设计自由曲线曲面的强大功能，曲线除保留了 Bézier 方法的优点外，还具有能描述复杂形状的功能和局部性质。因此 B 样条方法是流行最广泛的形状数学描述方法之一，而且已成为关于工业产品几何定义国际标准的有理 B 样条方法的基础。

4.1.2.1 B样条曲线插值

B 样条曲线方程可写为

$$\boldsymbol{p}(u)=\sum_{i=0}^{n}\boldsymbol{d}_iN_{i,k}(u) \quad (31\text{-}4\text{-}17)$$

式中，$\boldsymbol{d}_i(i=0,1,\cdots,n)$ 为控制顶点；$N_{i,k}(u)$ ($i=0,1,\cdots,n$) 为 k 次规范 B 样条基函数。B 样条基是多项式样条空间具有最小支承的一组基，称为基本样条 (basic spline)，简称 B 样条。

B 样条曲线插值一般称为反算 B 样条曲线插值曲线，为了使一条 k 次 B 样条曲线通过一组数据点 $\boldsymbol{q}_i$ ($i=0,1,\cdots,m$)，一般使曲线的首末端点分别与首末数据点一致，使曲线的分段连接点分别依次与 B 样条曲线定义域内的节点一一对应，即 $\boldsymbol{q}_i$ 点有节点值 $u_{k+i}(i=0,1,\cdots,m)$。该 B 样条插值曲线将由 n 个控制顶点 $\boldsymbol{d}_i$ ($i=0,1,\cdots,n$) 与节点矢量 $\boldsymbol{U}=[u_0,u_1,\cdots,u_{n+k+1}]$ 来定义。其中，$n=m+k-1$，即控制点数目要比数据点数目多出 $k-1$ 个，共有 $m+k$ 个未知顶点。根据端点插值要求，可取 $k+1$ 个重节点的端点的固支条件。于是有 $u_0=u_1=\cdots=u_k=0$，$u_{n+1}=u_{n+2}=\cdots=u_{n+k+1}=1$。接着对数据点取规范累积弦长参数化得 $\widetilde{u}_i(i=0,1,\cdots,m)$，相应可确定定义域内的节点值为 $u_{k+1}=\widetilde{u}_i(i=0,1,\cdots,m)$。这样可由插值条件给出以 $n+1$ 个控制顶点为未知矢量的 $m+1$ 个线性方程组成的线性方程组

$$\boldsymbol{p}(u_i)=\sum_{j=0}^{n}\boldsymbol{d}_jN_{j,k}(u_i)=\sum_{j=i-k}^{i}\boldsymbol{d}_jN_{j,k}(u_i)=\boldsymbol{q}_{i-k}$$

$$u\in[u_i,u_{i+1}]\subset[u_k,u_{n+1}];\quad i=k,k+1,\cdots,n$$

(31-4-18)

在实际构造 B 样条插值曲线时，对次数 k，广泛采用 C^2 连续的三次 B 样条曲线作为插值曲线。如果数据点数 $m+1$ 小于或等于 4，且未给出边界条件时，可不必采用一般的 B 样条曲线作为插值曲线，可采用特殊的 B 样条曲线即 Bézier 曲线作为插值曲线，依次得到一次 Bézier 曲线（直线）、二次 Bézier 曲线（抛物线段）、三次 Bézier 曲线。

4.1.2.2 B样条曲线拟合

B 样条曲线作为拟合曲线，可以解决参数曲线和 Bézier 曲线仅靠提高次数来满足拟合精度要求的问题。在插值问题里，控制顶点的数目由选择次数和数

据点的数目自动确定,不存在误差问题;而在拟合问题里,曲线误差界 E 要与被拟合的数据点一起给出。通常情况下,预先不知道需要多少控制顶点才能达到所要的拟合精度。因此,拟合一般是一个迭代的过程。

用 B 样条曲线对数据点整体拟合大致有两种方案,两种方案的中心问题是怎样给定控制顶点的数目,以便构造一条对给定数据点的拟合曲线,两种方案的基本操作步骤如图 31-4-5 和图 31-4-6 所示。

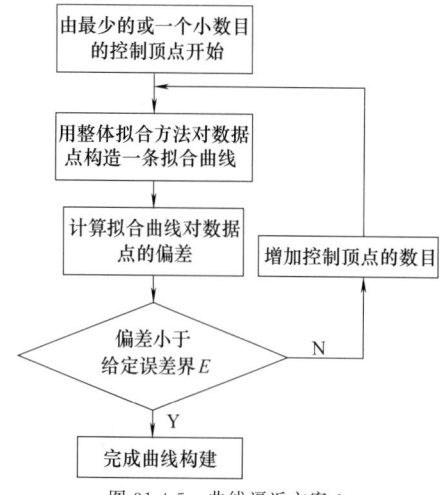

图 31-4-5　曲线逼近方案 1

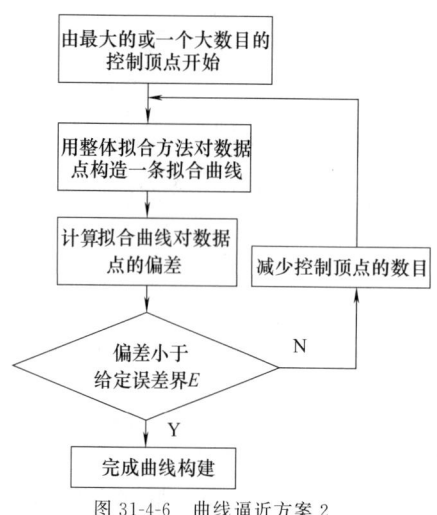

图 31-4-6　曲线逼近方案 2

(1) 最小二乘曲线拟合

为了避免非线性问题,预先计算数据点的参数值 $\bar{u}_i$ 和节点矢量 U,可以建立并求解未知控制顶点的线性最小二乘问题。设给定 $m+1$ 个数据点 q_0、q_1、$\cdots$、q_m($m>n$),拟合曲线次数 $k \geq 1$,试图寻找一条 k 次 B 样条曲线

$$p(u) = \sum_{j=0}^{n} d_j N_{j,k}(u), \quad u \in [0, 1] \quad (31\text{-}4\text{-}19)$$

满足 $q_0 = p(0)$,$q_m = p(1)$;其余数据点 q_i($i=1,2,\cdots,m-1$)在最小二乘意义上被拟合,即目标函数

$$f = \sum_{i=1}^{m-1} [q_i - p(\bar{u}_i)]^2 \quad (31\text{-}4\text{-}20)$$

是关于 $n-1$ 个控制顶点 d_j($j=0,1,\cdots,n-1$)的一个最小值。式中 $\bar{u}_i$($i=0,1,\cdots,m$)是数据点的参数值,可由累积弦长参数法决定。

为了决定 B 样条基函数 $N_{j,k}(u)$,必须给定节点矢量 $U = [u_0, u_1, \cdots, u_{n+k+1}]$。根据端点插值与曲线定义域要求,采用定义域两端节点为 $k+1$ 的重节点端点条件,也即固支条件。于是有:$u_0 = u_1 = \cdots = u_k = 0$,$u_{n+1} = u_{n+2} = \cdots = u_{n+k+1} = 1$。定义域共包含 $n-k+1$ 个节点区间,其节点值的选取应反映数据点参数值 $\bar{u}_i$ 的分布情况,可按如下方法确定。

设 c 是一个正实数,$i = \text{int}(c)$ 表示了 $i \leq c$ 最大整数。令

$$c = \frac{m+1}{n-k+1} \quad (31\text{-}4\text{-}21)$$

则定义域的内节点为

$$i = \text{int}(jc), \alpha = jc - i$$
$$u_{k+j} = (1-\alpha)\bar{u}_{i-1} + \alpha \bar{u}_i, \quad j=1,2,\cdots,n-k$$

按如上决定的内节点值保证了定义域每个节点区间至少包含一个 $\bar{u}_i$。

在此强调,生成的拟合曲线一般不精确通过数据点 q_i($i=1,2,\cdots,m-1$),且 $p(\tilde{u}_i)$ 不是在曲线上与 q_i 的最近点。设

$$r_i = q_i - q_0 N_{0,k}(\tilde{u}_i) - q_m N_{n,k}(\tilde{u}_i), i=1,2,\cdots,m-1$$
$$(31\text{-}4\text{-}22)$$

将参数值 $\tilde{u}_i$ 及式 (31-4-22) 一起代入式 (31-4-20),得

$$f = \sum_{i=1}^{m-1} [q_i - p(\tilde{u}_i)]^2 = \sum_{i=1}^{m-1} \left[r_i - \sum_{j=1}^{n-1} d_j N_{j,k}(\tilde{u}_i)\right]^2$$
$$(31\text{-}4\text{-}23)$$

应用线性最小二乘拟合技术,要使目标函数 f 为最小,应使它关于 $n-1$ 个控制顶点 d_j($j=0,1,\cdots,n-1$)的导数等于零。它的第 l 个导数为

$$\frac{\partial f}{\partial d_l} = \sum_{i=1}^{m-1} \left[-2r_i N_{l,k}(\tilde{u}_i) + 2N_{l,k}(\tilde{u}_i) \sum_{j=1}^{n-1} d_j N_{j,k}(\tilde{u}_i)\right]^2$$
$$(31\text{-}4\text{-}24)$$

这意味着

$$-\sum_{i=1}^{m-1} \boldsymbol{r}_i N_{l,k}(\widetilde{u}_i) + \sum_{i=1}^{m-1}\sum_{j=1}^{n-1} \boldsymbol{d}_j N_{l,k}(\widetilde{u}_i) N_{j,k}(\widetilde{u}_i) = 0$$
(31-4-25)

于是

$$\sum_{j=1}^{n-1}\left[\sum_{i=1}^{m-1} N_{l,k}(\widetilde{u}_i) N_{j,k}(\widetilde{u}_i)\right] \boldsymbol{d}_j = \sum_{i=1}^{m-1} \boldsymbol{r}_i N_{l,k}(\widetilde{u}_i)$$
(31-4-26)

这给出了一个以控制顶点 $\boldsymbol{d}_1, \boldsymbol{d}_2, \cdots, \boldsymbol{d}_{n-1}$ 为未知量的线性方程。让 $l=1,2,\cdots,m-1$，则得到有 $n-1$ 个该未知量的 $n-1$ 个方程的方程组

$$(\boldsymbol{N}^{\mathrm{T}}\boldsymbol{N})\boldsymbol{D} = \boldsymbol{R} \qquad (31\text{-}4\text{-}27)$$

这里 $\boldsymbol{N}$ 是 $(m-1)\times(n-1)$ 标量矩阵

$$\boldsymbol{N} = \begin{bmatrix} N_{1,k}(\widetilde{u}_1) & \cdots & N_{n-1,k}(\widetilde{u}_1) \\ \vdots & \ddots & \vdots \\ N_{1,k}(\widetilde{u}_{m-1}) & \cdots & N_{n-1,k}(\widetilde{u}_{m-1}) \end{bmatrix}$$
(31-4-28)

$\boldsymbol{N}^{\mathrm{T}}$ 是 $\boldsymbol{N}$ 的转置阵。$\boldsymbol{R}$ 和 $\boldsymbol{D}$ 都是含 $n-1$ 个矢量元素的列阵

$$\boldsymbol{R} = \begin{bmatrix} N_{1,k}(\widetilde{u}_1)\boldsymbol{r}_1 & \cdots & N_{1,k}(\widetilde{u}_{m-1})\boldsymbol{r}_{m-1} \\ \vdots & \ddots & \vdots \\ N_{n-1,k}(\widetilde{u}_1)\boldsymbol{r}_1 & \cdots & N_{n-1,k}(\widetilde{u}_{m-1})\boldsymbol{r}_{m-1} \end{bmatrix},$$

$$\boldsymbol{D} = \begin{bmatrix} \boldsymbol{d}_1 \\ \vdots \\ \boldsymbol{d}_{n-1} \end{bmatrix} \qquad (31\text{-}4\text{-}29)$$

在前面所确定的内节点条件下，式（31-4-27）中的矩阵 $(\boldsymbol{N}^{\mathrm{T}}\boldsymbol{N})$ 是正定的和情况良好的，可由高斯消元法求解。进而，$(\boldsymbol{N}^{\mathrm{T}}\boldsymbol{N})$ 有个小于 $k+1$ 的半带宽。即如果 $N_{i,j}$ 是第 i 行、第 j 列元素，当 $|i-j|>k$，则 $N_{i,j}=0$。在计算机编程实现时，应考虑仅存储非零元素以节省存储空间。

（2）在规定精度内的曲线拟合

上述两种方案中，方案一是由小数目控制顶点开始，方案二是由大数目控制顶点开始，经过拟合，检查偏差，如果必要，前者增加控制顶点，后者减少控制顶点。偏差检查通常是检查最大距离

$$\max_{0\leqslant i\leqslant m}|\boldsymbol{q}_i - \boldsymbol{p}(\widetilde{u}_i)| \qquad (31\text{-}4\text{-}30)$$

或

$$\max_{0\leqslant i\leqslant m}[\min_{0\leqslant u\leqslant 1}|\boldsymbol{q}_i - \boldsymbol{p}(u)|] \qquad (31\text{-}4\text{-}31)$$

后者称为最大范数距离。尽管方案二要比方案一的计算开销大，但用户通常应用后者。一般地，由于

$$\min_{0\leqslant u\leqslant 1}|\boldsymbol{q}_i - \boldsymbol{p}(u)| \leqslant |\boldsymbol{q}_i - \boldsymbol{p}(\widetilde{u}_i)| \qquad (31\text{-}4\text{-}32)$$

这将导致曲线具有较少的控制顶点。要强调的是，方案一、方案二有可能都不收敛，应在软件实现时加以处理。

对于方案一，曲线拟合的过程如下：由最少即 $k+1$ 个控制顶点开始，拟合得一条拟合曲线，然后用最大范数距离式（31-4-31）检查曲线偏差是否小于 E。对于每一个节点区间，维持一个记录，以表明是否已经收敛。如果式（31-4-31）对于所有 i，$\widetilde{u}_i \in [u_j, u_{j+1}]$ 都满足，则该节点区间 $[u_j, u_{j+1}]$ 已经收敛。在每次拟合和随后的偏差检查以后，在每个非收敛节点区间的中点插入一个节点，相应就增加了一个顶点。过程进行中还应注意处理某些节点区间不包含 $\widetilde{u}_i$，以致生成奇异方程组的情况。

对于方案二，曲线拟合的过程如下：从一个等于数据点数目的控制顶点，生成一次 B 样条曲线即插值曲线，进入循环。在最大误差界 E 内消去节点，升阶一次后，用其次数、节点矢量对数据点进行最小二乘拟合得到新控制顶点，将所有数据点投影到当前曲线上，得到并修正它们到当前曲线的距离，到指定次数为止。进行最后的最小二乘拟合，投影所有数据点到当前曲线上得到并修正它们到当前曲线的距离，并在最大误差界 E 内消去节点。为了减少控制顶点数目，可采用节点消去技术。消去节点后的曲线一般不同于原曲线，控制顶点与节点矢量都发生了变化。但是，消去一个节点所产生的影响是局部的。

实际上，上述曲面拟合算法就是数据减少算法，对给定大量数据点，情况是好的。算法假设在节点消去阶段，就可以消去相当数目的节点。否则因为升阶，有可能要求比现有数据点更多的控制顶点，或者存在许多重节点使方程组奇异，结果可能导致这个最小二乘拟合步骤失败。这种情况下，可用一个较高次数曲线重新开始这一过程。

4.2　曲面拟合造型

曲面直接拟合造型既可以处理有序点，也可以处理点云数据。下面以 B 样条曲面为例，介绍对有序点和散乱点的插值和拟合方法。

4.2.1　有序点的 B 样条曲面插值

4.2.1.1　曲面插值的一般过程

B 样条曲面对数据点的插值也称为曲面反算或逆

过程，即构造一张 $k\times l$ 次 B 样条曲面插值给定呈拓扑矩形阵列的数据点 $p_{i,j}(i=0,1,\cdots,r;j=0,1,\cdots,s)$。通常，类似曲线反算，使数据点阵四角的 4 个数据点成为整张曲面的 4 个角点，使其他数据点成为相应的相邻曲面片的公共角点。这样数据点阵中每一排数据点就都位于曲面的一条等参数线上。曲面反算问题虽然也能像曲线反算那样，表达为求解未知控制点顶点 $d_{i,j}(i=0,1,\cdots,m;j=0,1,\cdots,n;m=s+k-1;n=r-1)$ 的一个线性方程组，但这个线性方程组往往过于庞大，给求解及在计算机上实现带来困难。更一般的解题方法是表达为张量积曲面计算的逆过程。它把曲面的反算问题化解为两阶段的曲线反算问题。待求的 B 样条插值曲面方程可写成

$$p(u,v)=\sum_{i=0}^{m}\sum_{j=0}^{n}d_{i,j}N_{i,k}(u)N_{j,l}(v)$$

(31-4-33)

该式又可改写为

$$p(u,v)=\sum_{i=0}^{m}\sum_{j=0}^{n}d_{i,j}N_{j,l}(v)N_{i,k}(v)$$

(31-4-34)

给出类似于 B 样条曲线方程的表达式

$$p(u,v)=\sum_{i=0}^{m}c_i(v)N_{i,k}(u) \quad (31\text{-}4\text{-}35)$$

这里控制顶点被下述控制曲线所替代

$$c_i(v)=\sum_{j=0}^{n}d_{i,j}N_{j,l}(v),\quad i=0,1,\cdots,m$$

(31-4-36)

若固定参数值 v，就给出了在这些控制曲线上 $m+1$ 个点 $c_i(v)$ $(i=0,1,\cdots,m)$。这些点又作为控制顶点，定义了曲面上以 u 为参数的等参数线。当参数 v 扫过它的整个定义域时，无限多的等参数线就描述了整张曲面。显然，曲面上无限多以 u 为参数的等参数线中，有 $n+1$ 条插值给定的数据点，其中每一条插值对应数据点阵的一列数据点。这 $n+1$ 条等参数线称为截面曲线。于是可由反算 B 样条插值曲线求出这些截面曲线的控制顶点 $\bar{d}_{i,j}$ $(i=0,1,\cdots,m;j=0,1,\cdots,s)$。

$$s_j(u_{k+i})=\sum_{r=0}^{n}\bar{d}_{y,j}N_{r,k}(u_{k+i})=p_{i,j},$$
$$i=0,1,\cdots,m;j=0,1,\cdots,n$$

(31-4-37)

一张以这些截面曲线为它的等参数线的曲面要求一组控制曲线来定义截面曲线的控制顶点 $c_i(v_{l+j})=\bar{d}_{i,j}(i=0,1,\cdots,m;j=0,1,\cdots,s)$。类似曲线插值，这里选择了一组 v 参数值 v_{l+j} $(j=0,1,\cdots,s)$ 为控制曲线的节点，即数据点 $p_{i,j}$ 的 v 参数值，于是，该问题被表达为 $m+1$ 条插值曲线的反算问题

$$\sum_{s=0}^{n}d_{i,s}N_{s,l}(v_{l+j})=\bar{d}_{i,j},j=0,1,\cdots,s;i=0,1,\cdots,m$$

(31-4-38)

解这些方程组，可得到所求 B 样条插值曲面的 $(m+1)\times(n+1)$ 个控制顶点 $d_{i,j}(i=0,1,\cdots,m;j=0,1,\cdots,n)$。

4.2.1.2 双三次 B 样条插值曲面的反算

(1) 参数方向与参数选取

对给定的呈拓扑矩形阵列的数据点 $q_{i,j}$ $(i=0,1,\cdots,r;j=0,1,\cdots,s)$，如果其中每行（或列）都位于一个平面内，则取插值于各行（或列）数据点的一组曲线为截面曲线，以 u 为参数。现设每列数据点为横向（u 向）截面数据点，共有 $s+1$ 个截面。另一方向为纵向，以 v 为纵向参数线的参数。如果每列与每行数据点都非平面数据点，则按其在空间分布，适当地把一个方向取为横向截面参数方向，以 u 为参数，另一方向为纵向参数方向，以 v 为参数。

(2) 节点矢量的确定

与曲线类似，曲面的两个参数方向的节点矢量由数据点的参数化确定。插值曲面的定义域取成规范定义域。相应数据点沿两个参数方向的参数化都应取成规范参数化，当横向（u 向）截面曲线为平面曲线时，纵向（v 向）所取统一的规范参数化 $\tilde{v}_j$ $(j=0,1,\cdots,s)$，根据截面在空间分布情况确定。横向则取平均规范累积弦长参数化，得 $\tilde{u}_i$ $(i=0,1,\cdots,r)$。取对于一般情况，类似参数双三次样条曲面那样，对给定的曲面数据点取双向平均规范累积弦长参数化，得数据点 $q_{i,j}$ 的一对参数值 $(\tilde{u}_i,\tilde{v}_j)$ $(i=0,1,\cdots,r;j=0,1,\cdots,s)$。现在得到单位正方形域的矩形网格划分。通常两个参数方向的参数次数都取成三次，由此构造得双三次 B 样条插值曲面。但如果沿任一参数方向的数据点小于或等于 4，即 r 和 s 等于 1、2 或 3，且又未给出任何边界条件要求时，则该参数方向的参数次数依次可取为 1、2 或 3。

设要求构造的双三次 B 样条插值曲面方程为

$$p(u,v)=\sum_{i=0}^{m}\sum_{j=0}^{n}d_{i,j}N_{i,3}(u)N_{j,3}(v),0\leqslant u,v\leqslant 1$$

(31-4-39)

两个参数方向的节点矢量分别为 $U=[u_0, u_1, \cdots, u_{m+4}]$ 与 $V=[v_0, v_1, \cdots, v_{n+4}]$，其中 $m=r+2$，$n=s+2$。曲线面定义域为 $u\in[u_3, u_{m+1}]=[0, 1]$，$v\in[v_3, v_{n+1}]=[0, 1]$。定义域内节点对于数据点的参数值，即 $(u_i, v_j)=(\tilde{u}_{i-3}, \tilde{v}_{j-3})$ $(i=3, 4, \cdots, m+1; j=3, 4, \cdots, n+1)$。若曲面沿任一参数方向譬如 u 参数方向首末数据点相重，要求沿该参数方向构造 C^2 连续的闭曲面，节点矢量 U 中定义域外的节点 $u_0=u_{m-2}-1$，$u_1=u_{m-1}-1$，$u_{m+2}=1+u_4$，$u_{m+3}=1+u_5$，$u_{m+4}=1+u_6$。若曲面沿 v 参数方向首末数据点相重，要求沿该参数方向构造 C^2 连续的闭曲面，节点矢量 V 中定义域外的节点可类似地确定。若曲面沿任一参数方向如 u 参数方向首末数据点虽相重，但不要求沿该参数方向构造 C^2 连续的闭曲面，或沿该参数方向是开曲面，则该参数方向节点矢量取成四重节点的固支端点条件，即 $u_0=u_1=u_2=u_3=0$，$u_{m+1}=u_{m+2}=u_{m+3}=u_{m+4}=1$，$v$ 参数方向类似地处理。

(3) 反算控制顶点

利用张量积曲面的性质，将曲面反算问题化解为一系列曲线反算问题。改写曲面方程为

$$p(u,v)=\sum_{i=0}^{m}\left[\sum_{j=0}^{n}d_{ij}N_{j,3}(v)\right]N_{i,3}(u)$$

$$=\sum_{i=0}^{m}c_i(v)N_{i,3}(u) \quad (31\text{-}4\text{-}40)$$

其中 $m+1$ 条控制曲线 $c_i(v)=\sum_{j=0}^{n}d_{i,j}N_{j,3}(v)$ $(i=0, 1, \cdots, m)$ 上参数为 v_j 的 $m+1$ 个点，即位于曲面的截面曲线

$$p(u,v_j)=\sum_{i=0}^{m}c_i(v_j)N_{i,3}(u) \quad (31\text{-}4\text{-}41)$$

上的控制顶点。而数据点 $q_{i,j}(i=0,1,\cdots,r)$ 位于该截面曲线上。于是可以由这些点反算出它的控制顶点 $c_i(v_j)$ $(i=0,1,\cdots,m)$。重复这一过程，当下标 j 取遍 v 参数定义域 $[v_3, v_{n+1}]$ 内节点的下标值时，就可反算出 $s+1=n-1$ 条截面曲线的全部控制顶点 $c_i(v_j)$ $(i=0,1,\cdots,m; j=3, 4, \cdots, n+1)$。而这些控制顶点又分别位于 $m+1$ 条控制曲线 $c_i(v)=\sum_{j=0}^{n}d_{i,j}N_{j,3}(v)$ $(i=0,1,\cdots,m)$ 上。取定第 i 条控制曲线，依次代入 $v_j(j=3,4,\cdots,n+1)$ 就得到已求出的位于该控制曲线上的那些控制顶点。将这些控制顶点 $c_i(v_j)$ $(j=3,4,\cdots,n+1)$ 看做位于曲线上的"数据点"，就可以反算出该控制曲线的控制顶点，即所要求的插值曲线的第 i 行控制顶点 $d_{i,j}$ $(j=0,1,\cdots,n)$。重复这一过程，就可以反算出 $m+1$ 条控制曲线的控制顶点 $d_{i,j}$ $(j=0,1,\cdots,n; i=0, 1,\cdots,m)$，此即定义 B 样条插值曲面的全部控制顶点。

对于实际问题，还必须考虑边界情况。对于沿任一参数方向如上述截面曲线方向（即 u 参数方向）是 C^2 连续的闭曲面，因沿该参数方向的首末 3 个控制顶点相重 $d_{m-2,j}=d_{0,j}$，$d_{m-1,j}=d_{1,j}$，$d_{m,j}=d_{2,j}$。每一个截面曲线只有 $m-2$ 个未知控制顶点待定，反算截面曲线的控制顶点时，r 个线性方程恰好求解这 $r=m-2$ 个未知控制顶点。另一参数方向也类似。如果沿两个参数方向都是 C^2 连续闭曲面，则可能生成拓扑上形似球面或环面的封闭曲面。下面仅考虑沿任一参数方向如上述截面曲线方向（u 参数方向）为开曲面的情况。对于沿该参数方向虽然首末是封闭的闭曲面但并不要求首末相接处 C^2 连续的情况，也按开曲面情况处理。这时，由数据点阵中一列 $r+1=m-1$ 个数据点不足以反算所在截面曲线的 $m+1$ 个控制顶点。必须提供合适的边界条件以建立相应的附加方程，才能联立求解。有多种可供选择的边界条件。以切矢条件为例，即提供各截面曲线（u 线）的端点 u 向切矢，又提供纵向各排数据点的等参数线（v 线）的端点 v 向切矢，还提供数据点四角数据点处的混合偏导矢（即扭矢）。可按如下步骤反算控制顶点。

• 在节点矢量 U 上依次取 $j=0,1,\cdots,s$，得数据点阵中每列数据点即截面数据点 $q_{i,j}$ $(i=0,1,\cdots,r)$ 及其首末端点 u 向切矢，应用 B 样条曲线反算，构造出 $s+1=n-1$ 条截面曲线，得到它们的 B 样条控制顶点 $c_i(v_j)$ $(i=0,1,\cdots,m; j=3,4,\cdots,n+1)$，这里 $m=r+2$。这些控制顶点分别位于 $m+1$ 控制曲线 $c_i(v)$ $(i=0,1,\cdots,m)$ 上。

• 在节点矢量 U 上，分别视首末截面数据点处 v 向切矢为"位置矢量"表示的"数据点"，又视四角点扭矢为端点 u 向切矢，应用曲线反算，分别求出定义首末 u 参数边界（即首末截面曲线）的跨界切矢曲线的控制顶点 $\dot{c}_{i,0}(v_3)$ $(i=0,1,\cdots,m)$ 与 $\dot{c}_{i,s}(v_{n+1})$ $(i=0,1,\cdots,m)$。

• 固定下标 i，得到第一步求出的 $n-1$ 条截面曲线的控制顶点 $c_i(v_j)$ $(i=0,1,\cdots,m; j=3, 4,\cdots,n+1)$ 阵列中的第 i 排顶点 $c_i(v_j)$ $(j=3, 4,\cdots,n+1)$。它们位于同一条控制曲线上。以该排顶点为"数据点"，以上一步求出的跨界切矢曲线的第 i 个控制顶点为端点切矢，在节点矢量 V 上应用曲线反算，求出第 i 条控制曲线的 B 样条控制顶点 $d_{i,j}$

($j=0,1,\cdots,n$)。依次使下标取遍 $i=0,1,\cdots,m$，即可反算出 $m+1$ 条控制曲线的全部控制顶点 $d_{i,j}(i=0,1,\cdots,n;\ j=0,1,\cdots,m)$，即为所求双三次样条插值曲面的控制顶点。

4.2.2 B 样条曲面拟合

4.2.2.1 最小二乘曲面拟合

以一个固定数目 $(m+1)\times(n+1)$ 控制顶点的 $k\times l$ 次 B 样条曲面

$$p(u,v)=\sum_{i=0}^{m}\sum_{j=0}^{n}d_{i,j}N_{i,k}(u)N_{j,l}(v),0\leqslant u,v\leqslant 1$$

(31-4-42)

拟合给定曲面数据点阵 $q_{i,j}$ $(i=0,1,\cdots,r;\ j=0,1,\cdots,s)$。皮格尔的方法和 B 样条曲面反算中解决整体曲面插值类似，简单地沿一个方向的数据点拟合曲线，然后沿另一个方向拟合曲线，通过生成的控制顶点，最后生成的拟合曲面精确地插值数据点阵的 4 个角点 $q_{0,0}$、$q_{r,0}$、$q_{s,0}$、$q_{r,s}$。该过程重复最小二乘曲线拟合过程。首先，对曲面数据点实行双向规范累积弦长参数化，接着决定沿两个方向的节点矢量 U 与 V，计算 u 向的 N 和 $(N^{T}N)$ 矩阵，对其进行 LU 分解，依次对每列 $r+1$ 个数据点用 $m+1$ 个控制顶点的 k 次 B 样条曲线拟合（计算 u 向右端列阵 R，对方程组执行向前消元、向后回代，解出 $m+1$ 个中间控制顶点），共生成 $(m+1)\times(s+1)$ 个中间控制顶点。然后，以 $(n+1)\times(s+1)$ 个控制顶点为数据点，计算 v 向的 N 和 $(N^{T}N)$ 矩阵，对其进行 LU 分解，依次对每行 $s+1$ 个数据点用 $n+1$ 个控制顶点的 l 次 B 样条曲线拟合（计算 v 向右端列阵 R，对方程组执行向前消元、向后回代，解出 $n+1$ 个中间控制顶点），共生成定义曲面的 $(m+1)\times(n+1)$ 个控制顶点。注意沿每个方向，矩阵 N 和 $(N^{T}N)$ 仅需计算一次，相应 $(N^{T}N)$ 的 LU 分解沿每个方向也只需进行一次。

当然，也可以先拟合 $r+1$ 行数据点，然后拟合生成的 $n+1$ 列中间控制顶点。一般地，两种顺序的结果是不相同的。

如果给定的数据点在拓扑上不构成矩形阵列，而是依次沿"纵向"在各个"横"截面内给出，这时，可先以公共的控制顶点数和节点矢量，逐个拟合出各截面的逼近曲线，视截面沿纵向分布决定另一参数方向的节点矢量，以横向拟合得到的中间控制顶点为数据点，沿纵向拟合生成插值曲面。缺点是难以保证曲面的光顺性。

4.2.2.2 在规定精度内的曲面拟合

对于在用户规定的某个误差界 E 内的曲面数据点拟合，一般需要迭代进行。每次拟合后，检查拟合曲面对数据点的偏差。采用最大范数偏差

$$\max_{\substack{0\leqslant i\leqslant r\\0\leqslant j\leqslant s}}[\min_{\substack{0\leqslant u\leqslant 1\\0\leqslant v\leqslant 1}}|q_{i,j}-p(u,v)|] \quad (31\text{-}4\text{-}43)$$

度量拟合程度，类似在规定精度内的曲线拟合也可能会遇到算法失败的问题，需作相应处理。

4.2.3 任意测量点的 B 样条曲面拟合

B 样条曲面拟合方法主要针对呈拓扑矩形阵列的数据点，对曲线来说则是点链，见图 31-4-7（a）、图 31-4-7（b）。对数据点是不规则的 [图 31-4-7（c）]或呈散乱状的情况 [图 31-4-7（d）]，下面介绍一种将任意测量点参数化实现 B 样条曲线、曲面拟合的方法，如果是规则数据点，此方法的直接拟合将更加有效。

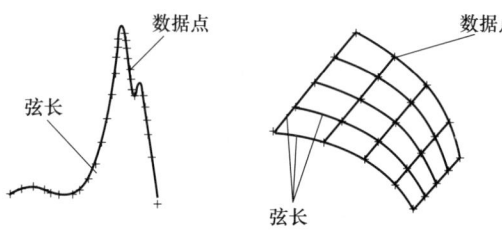

(a) 选择的曲线点链   (b) 规则网格曲面点

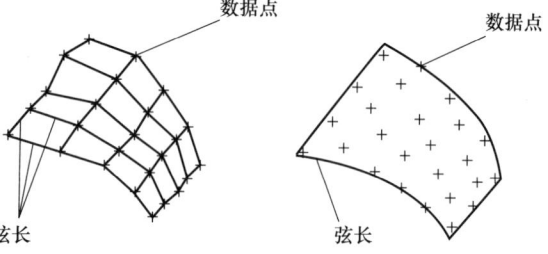

(c) 不规则的网格曲面点   (d) 随机分布的网格曲面点

图 31-4-7 测量点分布

4.2.3.1 B 样条曲线、曲面及最小二乘拟合定义

B 样条曲线、曲面可用下面的等式定义

$$p(u)=\sum_{i=0}^{n}d_{i}N_{i,k}(u) \quad (31\text{-}4\text{-}44)$$

$$p(u,v)=\sum_{i=0}^{m}\sum_{j=0}^{n}d_{i,j}N_{i,k}(u)N_{j,l}(v),0\leqslant u,v\leqslant 1$$

(31-4-45)

式（31-4-44）、式（31-4-45）可写成矩阵的形式

$$\begin{cases} \boldsymbol{b}^T(\bullet) \cdot \boldsymbol{X} = x(\bullet) \\ \boldsymbol{b}^T(\bullet) \cdot \boldsymbol{Y} = y(\bullet) \\ \boldsymbol{b}^T(\bullet) \cdot \boldsymbol{Z} = z(\bullet) \end{cases} \quad (31\text{-}4\text{-}46)$$

这里 $x(\bullet)$、$y(\bullet)$、$z(\bullet)$ 表示在曲线或曲面上的点 P；X、Y、Z 表示控制点 x、y 和 z 的集合。对 B 样条曲线

$$(\bullet) = (u)$$

$$\begin{aligned} \boldsymbol{X} &= [x_1, x_2, \cdots, x_n]^T \\ \boldsymbol{Y} &= [y_1, y_2, \cdots, y_n]^T \quad (31\text{-}4\text{-}47) \\ \boldsymbol{Z} &= [z_1, z_2, \cdots, z_n]^T \end{aligned}$$

$$\boldsymbol{b}(u) = [N_1(u), N_2(u), \cdots, N_n(u)]^T \quad (31\text{-}4\text{-}48)$$

对 B 样条曲面

$$(\bullet) = (u)$$

$$\begin{aligned} \boldsymbol{X} &= [x_1, x_2, \cdots, x_n]^T \\ &= [x_{11}, x_{12}, \cdots, x_{1n_v}, x_{21}, \cdots, x_{n_u n_v}]^T \\ \boldsymbol{Y} &= [y_1, y_2, \cdots, y_n]^T \\ &= [y_{11}, y_{12}, \cdots, y_{1n_v}, y_{21}, \cdots, y_{n_u n_v}]^T \\ \boldsymbol{Z} &= [z_1, z_2, \cdots, z_n]^T \\ &= [z_{11}, z_{12}, \cdots, z_{1n_v}, z_{21}, \cdots, z_{n_u n_v}]^T \quad (31\text{-}4\text{-}49) \end{aligned}$$

$$\begin{aligned} \boldsymbol{b}(u,v) &= [N_1(u,v), N_2(u,v), \cdots, N_n(u,v)]^T \\ &= [N_{u1}(u)N_{v1}(v), N_{u1}(u)N_{v2}(v), \cdots, \\ &\quad N_{u1}(u)N_{un_v}(v), N_{u2}(u)N_{v1}(v), \cdots, \\ &\quad N_{un_u}(u)N_{vn_v}(v)]^T \end{aligned}$$

$$(31\text{-}4\text{-}50)$$

这里 $n = n_u \cdot n_v$ 是总控制点数。设 m 为测量点集，即

$$\boldsymbol{m} = \{\overline{\boldsymbol{P}}_i = [\overline{x}_i, \overline{y}_i, \overline{z}_i]^T, i = 1, 2, \cdots, m\}$$

$$(31\text{-}4\text{-}51)$$

并且 $\boldsymbol{u} = \{u_i, i=1,2,\cdots,m\}$ 对应曲线点，$\boldsymbol{u} = \{u_i, i=1,2,\cdots,m\}$ 和 $\boldsymbol{v} = \{v_i, i=1,2,\cdots,m\}$ 分别为对应于 m 的曲面位置参数点。将测量点和位置参数代入等式（31-4-45），得

$$\begin{cases} \boldsymbol{b}^T(\bullet_i) \cdot \boldsymbol{X} = \overline{x}_i \\ \boldsymbol{b}^T(\bullet_i) \cdot \boldsymbol{Y} = \overline{y}_i \quad i = 1,2,\cdots,m \\ \boldsymbol{b}^T(\bullet_i) \cdot \boldsymbol{Z} = \overline{z}_i \end{cases}$$

$$(31\text{-}4\text{-}52)$$

或写成矩阵的形式

$$\begin{aligned} \boldsymbol{B} \cdot \boldsymbol{X} &= \overline{\boldsymbol{X}} \\ \boldsymbol{B} \cdot \boldsymbol{Y} &= \overline{\boldsymbol{Y}} \\ \boldsymbol{B} \cdot \boldsymbol{Z} &= \overline{\boldsymbol{Z}} \end{aligned} \quad (31\text{-}4\text{-}53)$$

这里

$$\begin{aligned} \overline{\boldsymbol{X}} &= [\overline{x}_1, \overline{x}_2, \cdots, \overline{x}_m]^T \\ \overline{\boldsymbol{Y}} &= [\overline{y}_1, \overline{y}_2, \cdots, \overline{y}_m]^T \\ \overline{\boldsymbol{Z}} &= [\overline{z}_1, \overline{z}_2, \cdots, \overline{z}_m]^T \end{aligned} \quad (31\text{-}4\text{-}54)$$

分别表示测量点坐标 x、y 和 z 的集合。

矩阵 $\boldsymbol{B}$ 为

$$\boldsymbol{B} = \begin{bmatrix} B_1(\bullet_1) & B_2(\bullet_1) & B_3(\bullet_1) & \cdots & B_n(\bullet_1) \\ B_1(\bullet_2) & B_2(\bullet_2) & B_3(\bullet_2) & \cdots & B_n(\bullet_1) \\ \vdots & \vdots & \vdots & \vdots & \vdots \\ B_1(\bullet_m) & B_2(\bullet_m) & B_3(\bullet_m) & \cdots & B_n(\bullet_m) \end{bmatrix}_{m \times n}$$

$$(31\text{-}4\text{-}55)$$

对 B 样条曲线 $(\bullet_i) = (u_i)$；B 样条曲面 $(\bullet_i) = (u_i, v_i)$，$i = 1, 2, \cdots, m$。

当 $m = n$ 时，求解方程（31-4-55）得到 B 样条曲线、面插值于测量点的解；当 $m > n$ 时，可得到式的最小二乘解。最小二乘表达式为

$$\min_{\boldsymbol{X}} S = (\boldsymbol{B} \cdot \boldsymbol{X} - \overline{\boldsymbol{X}})^T \cdot (\boldsymbol{B} \cdot \boldsymbol{X} - \overline{\boldsymbol{X}})$$

$$(31\text{-}4\text{-}56)$$

4.2.3.2 基本曲面参数化

对测量数据点进行参数化，通常有均匀参数化、累积弦长参数化和向心参数化方法，这里推荐使用累积弦长参数化方法。

（1）参数化过程

测量点的参数化即确定 B 样条曲线或曲面相对于散乱点的位置参数。方法是：首先构造一初始曲面（base surface），此初始曲面是对最终拟合曲面的第一次拟合，先将测量点分别投影到初始曲面，再把各投影点作为测量点曲面拟合的位置参数。具体过程如下。

1）建立初始曲面。初始曲面可以由拟合基础几何的特性曲线定义，多数情况，用四条近似边界即可定义初始曲面。如果曲面较复杂，再利用其他内部特性曲线。特性曲线通常由测量点拟合得到。

2）确定对应于各投影点的参数位置。投影测量点到初始曲面，投影方向既可选择曲面法向，也可由投影矢量确定，投影过程由最小二乘法实现

$$d_i^2(u_i,v_i) = \min_{u,v} d_i^2(u,v) \qquad (31\text{-}4\text{-}57)$$

式中，(u_i,v_i) 是与投影点 $\overline{P}_i = [\overline{x}_i, \overline{y}_i, \overline{z}_i]^T$ 对应的位置参数，当投影方向是曲面法矢时，d_i 是曲面上的点 $P(u,v) = [x(u,v), y(u,v), z(u,v)]^T$ 到测量点 $\overline{P}_i$ 的距离；当投影方向是一给定的矢量时，d_i 是曲面点到经过测量点 $\overline{P}_i$ 的投影线的垂直距离，这种情况下，投影点是投影线和曲面的交点。求解上式，得到的参数集 $\{(u_i, v_i) | i=1,2,\cdots,m\}$ 用作测量点 $m = \{\overline{P}_i = [\overline{x}_i, \overline{y}_i, \overline{z}_i]^T | i=1,2,\cdots,m)\}$ 的位置参数进行最小二乘曲面拟合。

(2) 基本曲面的定义

一个基本曲面可以是任何参数曲面，既可以是自由曲面，也可以是简单的曲面，如平面、柱面或球面，作为基本曲面应满足下列条件。

1) 唯一的局部映射性质。局部映射性是指在 UV 平面上存在一个封闭的曲线，其中所有的投影点被定位。唯一性是指在基础曲面上的任何两个点在 u、v 面上封闭的曲线内应该有两个不同的投影点，一个孤点只有一个投影点，见图 31-4-8。

2) 光顺和封闭。尽可能简单和光滑，并且和基础曲面相像。

3) 基本曲面的参数化。基本曲面的参数化直接影响拟合曲面的参数化，它可以由特性曲线的参数化控制，如基本曲面是四边曲面，曲面参数化可通过四条边界的参数化控制。

(3) 构建基本曲面

对外形较简单的实物曲面，其基本曲面也较简单，如可通过基础曲面的四个角点来构建一双线性的 B 样条曲面，其他较复杂的曲面可通过以下方式构建。

1) 基于四条边界构建。多数情况下，基本曲面可通过四条拟合的边界来构建，如图 31-4-9（a）、图 31-4-9（b）所示，通常可获得一个理想的基本曲面。构建方法可采用 Coon's 曲面插值于四条边界的方法。设四条边界为 B 样条表示，并且非相邻的两条边界有相同数量的节点，这样，一个插值的 B 样条曲面能被定义，用边界相同的两个节点序列，和在 $\{v_{1j}\}_{j=1}^{n_v}$、$\{v_{n_u j}\}_{j=1}^{n_v}$ 与 $\{v_{i1}\}_{i=1}^{n_u}$、$\{v_{i n_v}\}_{i=1}^{n_u}$ 之间的控制点定义，曲面的控制点 v_{ij} 可由双线性混合计算

$$v_{ij} = [1-u_i, u_i]\begin{bmatrix} v_{1j} \\ v_{n_u j}\end{bmatrix} + [v_{i1}, v_{i n_v}]\begin{bmatrix} 1-v_j \\ v_j\end{bmatrix} -$$
$$[1-u_i, u_i]\begin{bmatrix} v_{11} & v_{1 n_v} \\ v_{n_u 1} & v_{n_u n_v}\end{bmatrix}\begin{bmatrix} 1-v_j \\ v_j\end{bmatrix} \qquad (31\text{-}4\text{-}58)$$

这里 u_i 和 v_j 被定义为

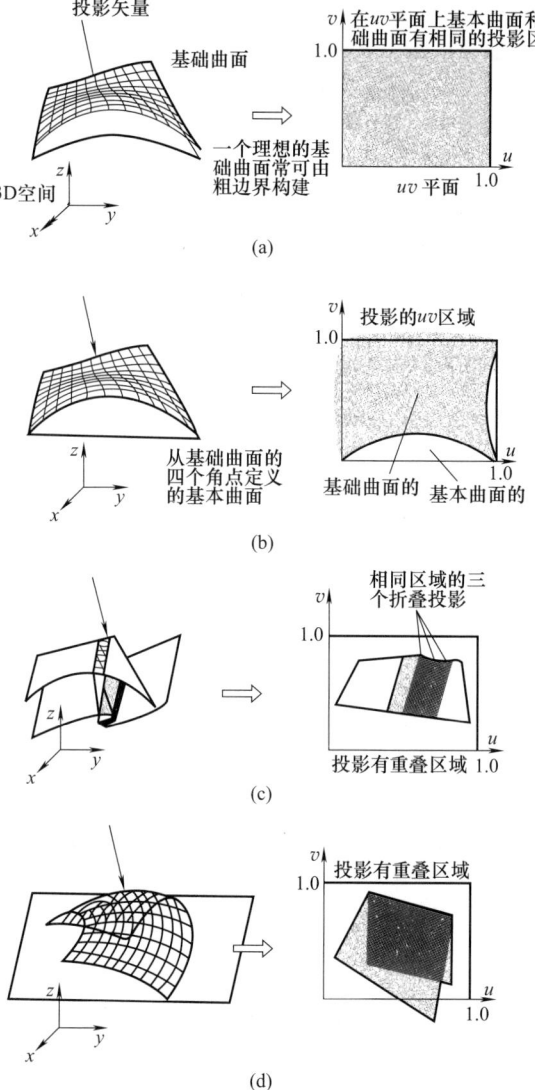

图 31-4-8 基本曲面的局部映射性质

$$u_i = (i-1)/(n_u-1) \quad i=1,2,\cdots,n_u$$
$$v_j = (j-1)/(n_v-1) \quad j=1,2,\cdots,n_v$$
$$(31\text{-}4\text{-}59)$$

2) 基于截面曲线构建。如果存在一系列数目为 m 的拟合截面曲线，可通过它们来构建一基本曲面，设所有的截面曲线

$$P_j(u) \sum_{i=1}^{n} N_i(u) \cdot p_{ij}, j=1,2,\cdots,m$$
$$(31\text{-}4\text{-}60)$$

定义在相同的节点序列 $\xi = \{\xi_i\}_1^{n+k}$，并且具有相同的阶次 k、控制点数 n 和参数范围 $[\xi_k, \xi_{n+1}]$。这

里：$\{p_{ij}\}_{i=1}^n$，$j=1,2,\cdots,m$ 是 m 条曲线的 $m\times n$ 个控制点。这样，插值于 m 条截面曲线的 B 样条曲面可定义为

$$p(u,v) = \sum_{i=1}^{n_u} \sum_{j=1}^{n_v} d_{i,j} N_{i,k}(u) N_{j,l}(v)$$

(31-4-61)

式中，$n_u = n$，$k_u = k$，$n_v = m$ 和 $k_v = \min\{n_v, k_u\}$。控制点 $\{d_{ij}\}_{j=1}^{n_v}$，$i=1,2,\cdots,n_u$ 可通过对第 i 列控制点 $\{d_{ij}\}_{j=1}^{n_v}$ 应用曲线插值获得。

上述拟合曲线的位置参数定义为

$$v_j = (v_{0j} + v_{1j})/2, j = 1,2,\cdots,n_v$$

(31-4-62)

式中，$\{v_{0j}\}_{j=1}^{n_v}$ 是 $\{P_{ij}(0.0)\}_{j=1}^{n_v}$ 的向心参数化参数；类似地，$\{v_{1j}\}_{j=1}^{n_v}$ 是 $\{P_j(1.0)\}_{j=1}^{n_v}$ 的向心参数。普通节点列 $\zeta = \{\zeta_j\}_1^{n_v+k_v}$ 可由平均方法定义，ζ 是最终拟合曲面的 v 节点，而 $\xi = \{\xi_i\}_1^{n_u+k_u}$ 是 u 节点。当只有两条截面曲线时，基本曲面为直纹面（ruled surface）。

(a) 特性曲线　　(b) 由(a)的四条边界定义的基本曲面

(c) 特性曲线　　(d) 由(c)的四条边界加上一些截面曲线定义的基本曲面

图 31-4-9　两个常用的基本曲面

3）基于边界和内截面曲线构建。由边界线和内截面线构建 B 样条曲面如图 31-4-9（c）、图 31-4-9（d）所示，设截面曲线族（包括边界线）

$$P_j(u) = \sum_{i=1}^{n_u} N_i(u) \cdot \overline{p}_{ij}, j=1,2,\cdots,m$$

(31-4-63)

定义在相同的节点序列 $\overline{\xi} = \{\overline{\xi}_j\}_1^{n_u+k_u}$ 上，并且曲线具有相同的阶次 k_u，控制点 n_u，参数范围为 $[\overline{\xi}_{k_u}, \overline{\xi}_{n_u+1}]$。这里 $\{\overline{p}_{ij}\}_{i=1}^{n_u}$，$j=1,2,\cdots,m$ 是 $m\times n_u$ 个控制点。进一步设两条边界曲线族

$$Q_i(v) = \sum_{j=1}^{n} N_j(v) \cdot \overline{q}_{ij}, i=1,2$$

(31-4-64)

定义在相同的节点列 $\{\overline{\xi}\} = \{\overline{\xi}_j\}_1^{n+k}$，并且曲线具有相同的阶次 k，控制点 n，参数范围为 $[\overline{\xi}_k, \overline{\xi}_{n+1}]$。这里 $\{\overline{q}_{ij}\}_{i=1}^{n}$，$i=1,2$ 是 $2n$ 个控制点。两条边界曲线其中之一称为主边界，另一条称为次要边界。拟合过程从截面曲线族的构建开始，算法过程如下：

① 投影 $\{P_j(0.0) = \overline{p}_{1,j}\}_{j=1}^{m}$ 到主要曲线、$\{P_j(1.0) = \overline{p}_{n_u,j}\}_{j=1}^{m}$ 到次要曲线以得到下列位置参数 $\{\overline{v}_{0,j}\}_{j=1}^{m}$ 和 $\{\overline{v}_{1,j}\}_{j=1}^{m}$。

② 定义平均采样参数 $\{\overline{v}_j\}_{j=1}^{n}$ 为

$$\overline{v}_j = \begin{cases} 0.0 & j=1 \\ \left(\sum_{i=1}^{j+k} \overline{\xi}_i\right)/(k+1) & 1<j<n \\ 1.0 & j=n \end{cases}$$

(31-4-65)

这样的选择将保证主曲线在采用点 $\{\overline{v}_j\}_{j=1}^{n}$ 进行拟合过程中能平稳地构建。

③ 插入 $\{\overline{v}_{0,j}\}_{j=1}^{m}$ 的所有参数到 $\{\overline{v}_j\}_{j=1}^{n}$，对于 $\overline{v}_{0j}$ 中的每一个，如果存在整数 l 使

$$|\overline{v}_{0j} - \overline{v}_l| = \min |\overline{v}_{0j} - \overline{v}_l| \leq \frac{1.0}{2k(n-k+1)}$$

(31-4-66)

即当 $\overline{v}_l$ 接近 $\overline{v}_{0j}$ 时，代替插入，$\overline{v}_l$ 将被 $\overline{v}_{0j}$ 替代。而当插入发生时，在 $\overline{\xi} = \{\overline{\xi}_j\}_1^{n+k}$ 位置，一个新的节点将被插在 $[\overline{\xi}_I, \overline{\xi}_{I+1}]$ 区间的中心，序号 I 被选定使 $\overline{\xi}_I \leq \overline{v}_{0j} < \overline{\xi}_{I+1}$。$\{\overline{v}_j\}_{j=1}^{n_v}$ 代表参数集 $\{\overline{v}_{0j}\}_{j=1}^{m}$ 和 $\{\overline{v}_j\}_{j=1}^{n}$ 的组合，$\xi = \{\xi_j\}_1^{n_v+k}$ 代表插入后形成的一个新的节点序，这里 $k_v = k$ 和 $n \leq n_v < n+m$ 取决于插入或替换发生的时间。

④ 应用下面的分段线性变换将 $\{v_j\}_{j=1}^{n_v}$ 变换到 $\{\overline{v}_j\}_{j=1}^{n_v}$，$\{\overline{v}_{0j}\}_{j=1}^{m}$ 变换到 $\{\overline{v}_{1j}\}_{j=1}^{m}$

$$\overline{v}_j = \overline{v}_{1I} + (v_j - \overline{v}_{0I}) \frac{\overline{v}_{1,I+1} - \overline{v}_{1I}}{\overline{v}_{0,I+1} - \overline{v}_{0I}}$$

(31-4-67)

$\overline{v}_{0I} \leq v_j \leq \overline{v}_{0,I+1}$，$j=1,2,\cdots,n_v$

在 $m=n_v$ 和 $\overline{v}_j = \overline{v}_{1j}$，$j=1,2,\cdots,m$ 的情况下，最终的拟合曲面将插值于所有的曲线网格。

⑤ 估计 $\{Q_1(v_j)\}_{j=1}^{n_v}$ 和 $\{Q_2(\overline{v}_j)\}_{j=1}^{n_v}$，它们是用来构建拟合曲面的截面曲线的开始和结束控制点。现在有一个由一些控制点组成的矩形带，其中 $\{P_j(0.0) = \overline{P}_{1j}\}_{j=1}^{m} \subset \{Q_1(v_j)\}_{j=1}^{n_v}$ 和 $\{P_j(1.0) = \overline{P}_{n_u j}\}_{j=1}^{m} \subset \{Q_2(\overline{v}_j)\}_{j=1}^{n_v}$，但仅需要检测它们中的一部分。

⑥ 用 Farin 的方法计算这些新的截面曲线的内控

制点，正如一个 Coon's 曲面将计算每一个矩形，用 $\{\{\boldsymbol{P}_{ij}\}_{i=1}^{n_u}\}_{j=1}^{n_v}$ 代表 n_v 条截面曲线的控制点集，注意，这里 $\{\{\overline{\boldsymbol{P}}_{ij}\}_{j=1}^{n_u}\}_{j=1}^{n_v} \subset \{\{\boldsymbol{P}_{ij}\}_{i=1}^{n_u}\}_{j=1}^{n_v}$。

利用这些截面曲线，对控制点集 $\{\boldsymbol{P}_{ij}\}_{j=1}^{n_v}$，$i=1,2,\cdots,n_u$ 的 n_u 列的每一点应用曲线拟合算法，它的位置参数由包含普通节点 $\boldsymbol{\xi}=\{\xi_j\}_1^{n_v+k_v}$ 的 $\{v_j\}_1^{n_v}$ 定义，设 $\{v_j\}_1^{n_v}$，$i=1,2,\cdots,n_u$ 是第 n_u 条插值曲线的控制点，由曲线网定义的拟合曲面为

$$p(u,v)=\sum_{i=1}^{n_u}\sum_{j=1}^{n_v}d_{i,j}N_{u,i}(u)N_{v,j}(v)$$

(31-4-68)

上式定义在节点 $\boldsymbol{\xi}=\{\xi_j\}_1^{n_u+k_u}$ 和 $\boldsymbol{\xi}=\{\xi_j\}_1^{n_v+k_v}$ 上。

4.3 曲线的光顺

4.3.1 能量光顺方法

能量光顺方法主要是针对样条曲线。样条可以理解为一根受载荷变形的弹性梁。曲线型值点相当于作用于弹性梁上的压铁，同时可以理解为梁上的集中载荷，迫使梁变形。实践表明，在一定的约束条件下，梁的弯曲弹性势能越小，曲线就越趋于光顺。改变压铁的位置就是为了寻求梁的弯曲变形能趋于最小的状态。能量法光顺的基本原理即通过移动型值点，使得过型值点的曲线所代表的弹性梁的变形能最小。

使用能量法进行光顺是一个反复过程，一次调整一般不可能达到要求，需要反复进行迭代。计算表明，若以弯曲弹性势能最小为判别准则，一直修改下去，则最终相当于把端点以外的所有压铁全部剔除。此时，曲线将偏离型值点过远，背离了设计要求。因此应该给出一个合适的判别准则，以中止迭代过程。

4.3.1.1 能量法构造过程

设 $\boldsymbol{P}_i$，$i=0,1,\cdots,n$ 是曲线的型值点序列。$\boldsymbol{P}'_i$，$i=0,1,\cdots,n$ 表示各型值点处的切矢，如图 31-4-10 所示。则曲线的分段表达式为

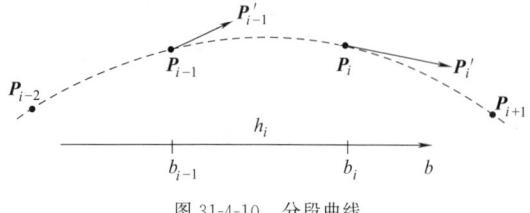

图 31-4-10 分段曲线

$$\boldsymbol{R}_i(u)=\boldsymbol{P}_{i-1}F_0(u)+\boldsymbol{P}_iF_1(u)+h_i[\boldsymbol{P}'_{i-1}G_0(u)+\boldsymbol{P}'_iG_1(u)]$$

$$0\leqslant u\leqslant 1, 1\leqslant i\leqslant n \quad (31\text{-}4\text{-}69)$$

式中，$\boldsymbol{P}'_{i-1}$ 和 $\boldsymbol{P}'_i$ 为相对于累加弦长的切矢量。且有如下关系

$$h_i=b_i-b_{i-1}, b=b_{i-1}+uh_i$$

式中，F_i、G_i 为适当的混合函数。

根据分段曲线的首末点的位置和切矢连续条件，以及混合函数的性质，得到如下联立方程

$$\boldsymbol{Q}_{i,0}=\boldsymbol{P}_{i-1}$$
$$\boldsymbol{Q}_{i,1}=\boldsymbol{B}_i$$
$$\boldsymbol{Q}_{i,2}=3\boldsymbol{A}_i-2\boldsymbol{B}_i-k_i\boldsymbol{B}_{i+1}$$
$$\boldsymbol{Q}_{i,3}=-2\boldsymbol{A}_i+\boldsymbol{B}_i+k_i\boldsymbol{B}_{i+1}$$

式中，$k_i=h_i/h_{i+1}$，$\boldsymbol{A}_i=\boldsymbol{P}_i-\boldsymbol{P}_{i-1}$，$\boldsymbol{B}_i=\boldsymbol{P}'_{i-1}h_i$。且令 $k_n=1$。

根据弹性力学的理论，弯曲弹性能可以表示为

$$U=\frac{EJ}{2}\int_0^l \boldsymbol{K}^2(s)\mathrm{d}s$$

式中，l 为样条长度；s 为弧长；$K(s)$ 为弧长处的曲率；EJ 为弯曲刚度常数。

小挠度曲线的曲率矢量可以近似地表示为

$$\boldsymbol{K}(s)\approx \frac{1}{h_i^2}\boldsymbol{R}''_i(u)$$

则第 i 段曲线的弯曲弹性势能可以表示为

$$U_i=\frac{EJ}{2h_i^3}\int_0^1 \boldsymbol{R}''^2_i(u)\mathrm{d}u$$

计算上式，得到

$$U_i=\frac{2EJ}{h_i^3}(\boldsymbol{Q}_{i,2}^2+3\boldsymbol{Q}_{i,2}\boldsymbol{Q}_{i,3}+3\boldsymbol{Q}_{i,3}^2)$$

(31-4-70)

则整条样条曲线的总弹性势能为

$$U=U_1+U_2+\cdots+U_n$$

为使此总弹性势能最小，可以调整 $\boldsymbol{P}_i$、$\boldsymbol{B}_i$，即

$$\frac{\partial U}{\partial \boldsymbol{B}_i}=0, \frac{\partial U}{\partial \boldsymbol{P}_i}=0$$

求解并整理上式，得到方程组

$$\boldsymbol{B}_i+2k_i(1+k_i)\boldsymbol{B}_{i+1}+k_i^2k_{i+1}\boldsymbol{B}_{i+2}=3(\boldsymbol{A}_i+k_i^2\boldsymbol{A}_{i+1})$$
$$i=1,2,\cdots,n-1 \quad (31\text{-}4\text{-}71)$$

$$-2\boldsymbol{P}_{i-1}+2(1+k_i^3)\boldsymbol{P}_i-2k_i^3\boldsymbol{P}_{i+1}$$
$$=\boldsymbol{B}_i+(1-k_i^2)k_i\boldsymbol{B}_{i+1}-k_i^3k_{i+1}\boldsymbol{B}_{i+2}$$
$$i=1,2,\cdots,n-1 \quad (31\text{-}4\text{-}72)$$

式（31-4-71）是利用二阶连续条件导出的三次样条的节点关系式。这说明，用能量法光顺的曲线是二阶连续的。

解式（31-4-71）得到一组 $\boldsymbol{B}_i$，相当于压曲线。继而，解式（31-4-72）得到一组修正的 $\boldsymbol{P}_i$，再按照

修正后的 P_i 解式（31-4-71），又得到一组修正后的 B_i，这相当于搬动压铁修正曲线。交替求解式（31-4-71）和式（31-4-72）则可迭代计算 B_i 及 P_i，从而得到光顺后曲线的型值点和节点切矢。

在式（31-4-71）和式（31-4-72）中，都是只有 $n-1$ 个方程，求解变量有 $n+1$ 个，因此需要引入边界条件。实际应用中，可以假设样条曲线的边界不变，即 P_0、P_n、B_1、B_{n+1} 不变，则未知变量为 $n-1$ 个。求解过程实际为一矩阵求逆过程，可以证明系数矩阵都是三对角阵，且为强优对角矩阵，故解存在且唯一，可以使用追赶法求解。

4.3.1.2 迭代停止准则及方法

在光顺的迭代过程中，应给出适当的迭代停止准则。可考虑使用以下几种方式。

① 始终监视曲线各分段连接点处的曲率值，在迭代过程中，这些连接点处的曲率值的符号发生变化。当迭代达到一定程度，这些曲率符号将停止变化。这时，曲线已经比较光顺，并且持续迭代下去也不会对曲线形态产生太大影响，则可以停止迭代，输出结果。

② 监视曲线各节点的修改量，若发现超出了用于预先给定的修改容差时，停止迭代，输出结果。

③ 监视曲线各节点处的平均修改百分比，若发现此值的变化率非常小，则说明曲线已经基本不发生变化，则可以停止迭代，输出结果。

上述算法对型值点的修改量不能控制。为解决此问题，可以使用穗板卫算法，即使用加权法控制型值点位置的修改量。此方法将每一个节点位置看成是吊在一个弹性系数为 C_i 的小弹簧上，如图 31-4-11 所示。设弹簧的初始长度为零，当去掉外力（相当于搬去压铁），梁发生变形拉伸每一根弹簧。这时产生两种势能，一种是梁的弯曲弹性势能，另一种是小弹簧的势能。这两种能量的总和为

$$U = \frac{1}{2} \sum_{i=0}^{n} C_i |P_i - Q_i| + \frac{EJ}{2} \int_0^l K^2(s) \mathrm{d}s$$

式中，P_i 为修改后的型值点的位置矢量；Q_i 为初始型值点的位置矢量。

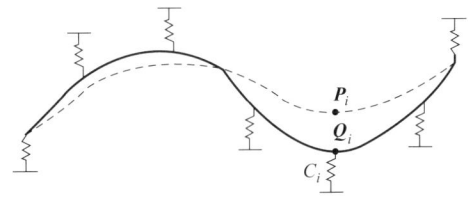

图 31-4-11 穗板卫算法模型

以 U 为评价函数，调整 P_i、B_i 使 U 达到最小。此时 C_i 可以作为权系数调整型值点的修改量。当 $C_i=0$ 时，则相当于没有弹簧的物理模型。

4.3.2 参数样条选点光顺

在以弹性梁内能为基础的光顺方法中，Kjellander 方法是最典型的局部选点光顺法。如图 31-4-12 所示的 C^2 连续的三次参数样条 $r(t)$，其分段连接点为 $p_i = r(t_i)$。

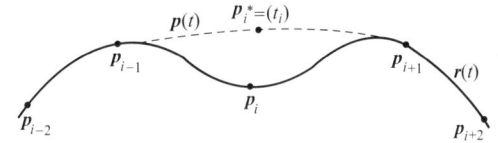

图 31-4-12 三次参数样条的光顺法

设 p_i 为要在此进行光顺的分段连接点，算法的基本思想是在 p_i 点附近找出另一点 p_i^* 来代替 p_i，重新拟合曲线得 $r^*(t)$，则认为 $r^*(t)$ 比 $r(t)$ 更光顺。

三次参数曲线选点光顺算法。

① 输入三次参数曲线 $r(t)$ 及光顺位置 i。

② 以边界信息 p_{i-1}、p_{i+1} 及 p'_{i-1}、p'_{i+1} 构造一段三次样条曲线 $p(t)$，令 $p_i^* = p(t_i)$。

③ 由于 $p(t)$ 与 $r(t)$ 在点 p_{i-1} 和 p_{i+1} 处只达到 C^1 连续，所以重新插值点列 $p_0, p_1, \cdots, p_{i-1}, p_i^*, p_{i+1}, \cdots, p_m$，生成新的更光顺的曲线 $r^*(t)$。

④ 输出曲线 $r^*(t)$，结束。

需要指出的是，这种光顺算法虽然是局部选点修改，但实际上却是全局光顺算法。每次光顺都要影响整条曲线。因为在上述算法的第③步，为达到 C^2 连续而重新进行了曲线拟合，造成对点 p_i 的修改影响了整条曲线。其次，在大部分情况中，此算法能取得较好的效果，但偶尔也会出现一些失败的例子，因此对此算法的应用要慎重选择。

4.3.3 NURBS 曲线选点光顺

在参数样条形式下选点修改，然后重新拟合，这种算法并不能称为完全意义上的曲线光顺，只是对曲线上离散点的修正，在本质上都是全局修改算法。曲线光顺不应只在曲线构造后才进行，而应该在构造曲线时，就尽量考虑光顺性问题，从而构造出较光顺的曲线。这里主要介绍使用 NURBS 曲线构造完成后的局部选点光顺法。

4.3.3.1 曲线选点修改基本原理与光顺性准则

如图 31-4-13（a）所示，设有曲线 $r(t)$，$\{t_i\}$ 为

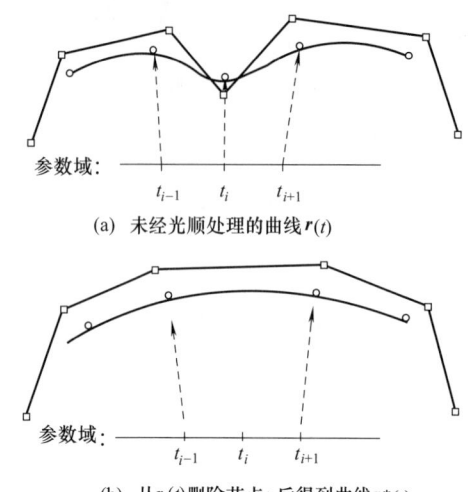

(a) 未经光顺处理的曲线 $r(t)$

(b) 从 $r(t)$ 删除节点 t_i 后得到曲线 $r^*(t)$

(c) 在曲线 $r^*(t)$ 中重新插入节点 t_i 后得到曲线 $r^{**}(t)$

图 31-4-13　NURBS 曲线选点修改基本原理

其节点序列。为不失一般性,假设其内节点重复度都为 1。此曲线在 $r(t_i)$ 处最不光顺。为消除这种不光顺,采用 NURBS 节点消去算法,消去节点 t_i,形成一新曲线 $r^*(t)$,如图 31-4-13(b) 所示。为保持光顺后曲线结构不变,在 $r^*(t)$ 的区间 $[t_{i-1}, t_{i+1}]$ 中,重新插入节点 t_i,形成曲线 $r^{**}(t)$,如图 31-4-13(c) 所示。以 $r^{**}(t)$ 替换 $r(t)$,则光顺后的曲线在 t_i 处达到 C^∞ 连续。

关于光顺性准则,一般采用 Farin 给出的准则。因 NURBS 曲线是分段有理多项式,在曲线的定义区间内,只有在分段连接处,即节点矢量中的节点值处,具有 C^{k-r} 连续。其中 k 为曲线次数,r 为节点重复度。其余处均 C^∞ 连续。从曲线的曲率图中反映出,曲率的 C^1 不连续只能发生在节点矢量的内节点处。据此,给出曲线光顺性的定量描述

$$S = \sum_{i=k+1}^{n-1} Z_i \qquad (31\text{-}4\text{-}73)$$

$$Z_i = |k'(t_i^-) - k'(t_i^+)| \qquad (31\text{-}4\text{-}74)$$

式中,n 为控制顶点数;$k'(t_i^-)$ 和 $k'(t_i^+)$ 分别为曲率图中曲率值在 t_i 处的左导数和右导数。

以 S 作为衡量整条曲线光顺性的准则。S 越小则曲线越光顺。对于圆弧段和直线段,S 为零,说明此定义符合人们对光顺性的直观感觉。

在选点修改的过程中,可取 Z_i 为最大时的节点 t_i 作为最不光顺点,进行光顺处理。

4.3.3.2　节点删除方法与光顺中的误差控制

光顺算法中涉及节点的插入和删除。节点插入在 NURBS 配套技术中已有成熟的方法。由于节点删除是一非确定性问题,有必要作一简要讨论。

如图 31-4-14 所示,设有一非有理 B 样条曲线 $r(t)$,节点矢量和控制顶点分别为

$$T = \{t_0, t_1, \cdots, t_{i+k}, t_d, t_{i+k+1}, \cdots, t_{n+k+1}\}$$
$$V = \{V_0, V_1, \cdots, V_i, V_{i+1}, V_d, V_{i+2}, V_{i+3}, \cdots, V_n\}$$

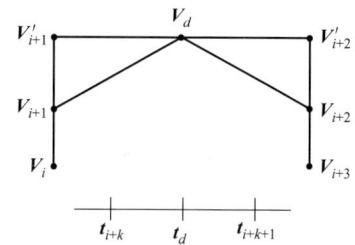

图 31-4-14　非有理 B 样条曲线的节点和控制点

若 $r(t)$ 是由另一曲线 $r'(t)$ 在节点 t_d 处插入节点而来,其节点矢量和控制顶点分别为

$$T' = \{t_0, t_1, \cdots, t_{i+k}, t_{i+k+1}, \cdots, t_{n+k+1}\}$$
$$= T - t_d$$
$$V' = \{V_0, V_1, \cdots, V_i, V'_{i+1}, V'_{i+2}, V_{i+3}, \cdots, V_n\}$$

那么应有下式成立

$$\begin{cases} V_{i+1} = (1-\alpha_{i+1}) \cdot V_i + \alpha_{i+1} \cdot V'_{i+1} \\ V_d = (1-\alpha_{i+2}) \cdot V'_{i+1} + \alpha_{i+2} \cdot V'_{i+2} \\ V_{i+2} = (1-\alpha_{i+3}) \cdot V'_{i+2} + \alpha_{i+3} \cdot V_{i+3} \end{cases}$$

$$(31\text{-}4\text{-}75)$$

其中 $\alpha_i = \dfrac{t_d - t_i}{t_{i+k} - t_i}$,记为矩阵形式

$$\begin{bmatrix} \alpha_{i+1} & 0 \\ 1-\alpha_{i+2} & \alpha_{i+2} \\ 0 & 1-\alpha_{i+3} \end{bmatrix} \cdot \begin{bmatrix} V'_{i+1} \\ V'_{i+2} \end{bmatrix} = \begin{bmatrix} V_{i+1} - (1-\alpha_{i+1}) \cdot V_i \\ V_d \\ V_{i+2} - \alpha_{i+3} \cdot V_{i+3} \end{bmatrix}$$

简记为

$$T \cdot V' = V \qquad (31\text{-}4\text{-}76)$$

此时可安全地在 $r(t)$ 中消去节点 t_d 得到 $r'(t)$,使得 $r(t)$ 与 $r'(t)$ 完全重合。

线性系统式 (31-4-76) 为过约束,无精确解。常见的解法运用最小二乘法,即

$$V' = (T^T \cdot T)^{-1} \cdot T^T \cdot V$$

得到的曲线 $r'(t)$ 与原曲线不重合。把节点 t_d 重新插入 $r'(t)$ 得到光顺后的曲线。显然原曲线的控制顶点 V_{i+1}, V_d, V_{i+2} 被改动。

还可以采用另外一种解法。从式（31-4-75）中删除第二式，得到

$$\begin{cases} V_{i+1} = (1-\alpha_{i+1})\cdot V_i + \alpha_{i+1}\cdot V'_{i+1} \\ V_{i+2} = (1-\alpha_{i+3})\cdot V'_{i+2} + \alpha_{i+3}\cdot V_{i+3} \end{cases}$$

解上式

$$\begin{cases} V'_{i+1} = \dfrac{V_{i+1} - (1-\alpha_{i+1})\cdot V_i}{\alpha_{i+1}} \\ V'_{i+2} = \dfrac{V_{i+2} - \alpha_{i+3}\cdot V_{i+3}}{1-\alpha_{i+3}} \end{cases} \quad (31\text{-}4\text{-}77)$$

得到曲线 $r'(t)$。把节点 t_d 重新插入 $r'(t)$ 得到光顺后的曲线。显然只有原曲线的控制顶点 V_d 被改动，且改动量为

$$\delta_d = V_d - [(1-\alpha_{i+2})\cdot V'_{i+2} + \alpha_{i+3}\cdot V'_{i+3}]$$
$$(31\text{-}4\text{-}78)$$

比较上述节点消除的两种算法，显然后者影响的控制顶点较少，且误差容易控制。在实践应用中，采用后者取得了良好效果。针对 NURBS 曲线，只需在齐次坐标空间内完成上述算法后，投影回笛卡儿坐标空间即可。

由于光顺是一个修改过程，因此在上述光顺过程中，必须考虑误差控制。对于非有理 B 样条，其改动量可表示为

$$[r(t) - r'(t)] = \sum_{j=0}^{n} N_{j,k}(t)\cdot \delta_j$$

事实上，在某个定义域区间 $[t_{i+k}, t_{i+k+1}]$ 中，只有 $k+1$ 个基函数非零，改写上式为

$$[r(t) - r'(t)] = \sum_{j=i}^{i+k} N_{j,k}(t)\cdot \delta_j$$

由于 B 样条基函数的权性（$\sum_{j=0}^{n} N_{j,k}(t) \equiv 1$），有

$$[r(t) - r'(t)] \leqslant \sum_{j=i}^{i+k} \delta_j$$

因此，对于给定的允许误差 ε，只需保证下式成立即可

$$\Big| \sum_{j=i}^{i+k} \delta_j \Big| \leqslant \varepsilon \quad (31\text{-}4\text{-}79)$$

有关有理 B 样条曲线的误差分析，过程比较复杂，在此只给出下面的结果：

设 $R(t) = \{r(t)\cdot \omega(t), \omega(t)\}$ 为有理 B 样条曲线的齐次坐标形式。对于给定的允许误差 ε，在定义域区间 $[t_{i+k}, t_{i+k+1}]$ 中，只需保证下式成立即可

$$\Big| \sum_{j=i}^{i+k} \delta_j \Big| \leqslant \dfrac{\varepsilon \cdot \omega_{\min}}{1 + |r(t)|_{\max}} \quad (31\text{-}4\text{-}80)$$

其中 δ_j 为式（31-4-78）的齐次坐标形式，$\omega_{\min} = \min[\omega(t)]$，$|r(t)|_{\max} = \max|r(t)|$。

4.3.3.3 曲线选点迭代光顺算法

NURBS 曲线选点迭代光顺算法如下。

① 输入曲线 $r(t)$ 及允许误差 ε。

② 应用式（31-4-73）和式（31-4-74）计算 S 和 Z_i，并根据 Z_i 选出最不光顺节点 t_d，其中 $Z_d = \max(Z_i)$。

③ 应用式（31-4-77）和式（31-4-75）对节点 t_d 进行删除和重新插入操作，更新控制顶点 V_d。

④ 对每段曲线，应用式（31-4-79）或式（31-4-80），检查光顺是否超差。若否，则进行第②步。

⑤ 放弃本次光顺，输出结果，结束。

在上述算法中，有几个问题需注意。

① 光顺性 S 是整体的衡量指标。应用式（31-4-77）和式（31-4-75）虽然使曲线在节点 t_d 处更光顺（Z_d 递减），但并不能保证整条曲线更光顺（S 递减）。因此在迭代过程中，应监视 S 的变化趋势。一旦发现 S 变大，则放弃修改，终止迭代。

② 在应用中发现如图 31-4-15（b）所示情况，图 31-4-15（a）是未光顺曲线。曲率图在节点 t_d 两侧发生符号改变，t_d 应为不光顺节点，但应用式（31-4-74）却不能将 t_d 标记为不光顺节点。

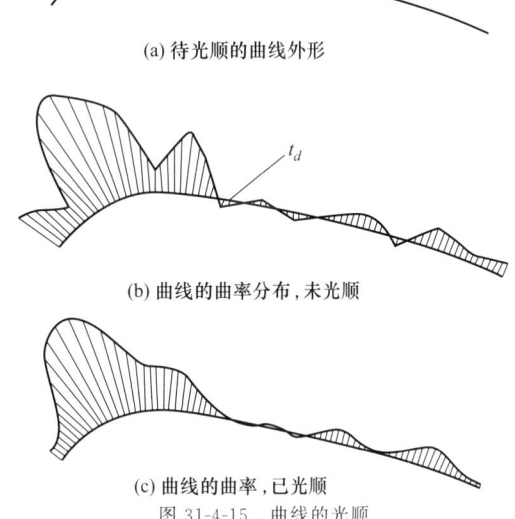

图 31-4-15 曲线的光顺

为解决此问题，应附加另一条光顺性准则：当曲率图在节点 t_d 两侧区间 $[t_{i+k}, t_d]$ 和 $[t_d, t_{i+k+1}]$ 内同时发生符号改变时，将 t_d 标记为最不光顺节点，即令 $Z_d = \text{MaxValue}$，MaxValue 为一足够大的正值。

③ 此算法是真正的局部光顺算法。每次光顺只修改一个控制顶点，并且只影响相应的 $k+1$ 段曲线，误差容易控制。

4.4 曲面的光顺

对于曲面光顺，其光顺准则很难精确给出。早期的一种做法是用任意平面族与曲面的相交曲面族的光顺性作为曲面的光顺性判据。或者使用曲面上的等参数线的光顺性作为曲面的光顺性判据。这些方法可以归类为网格法光顺，即通过对曲面上网格的修改来代替对曲面的修改。

网格法有其固有的缺点：网格的光顺不一定说明曲面的光顺；双向的网格光顺存在约束协调问题。对此，1983 年 Nowacki 和 Reese 提出以薄板应变能作为曲面光顺准则，该准则有明显的物理意义，也是当今公认的一个比较合理的准则。但由此准则构造算法比较困难。下面针对这两种典型方法，分别介绍工程实用的曲面光顺算法。

4.4.1 网格法光顺

由于 NURBS 曲面是 NURBS 曲线在齐次空间中的张量积扩展，因此可以认为曲线光顺算法可扩展应用到曲面光顺中。下面针对 NURBS 曲面，给出通过曲线光顺算法扩展的曲面光顺算法。

NURBS 曲面光顺算法步骤如下：

① 输入 NURBS 曲面，包括带权控制风格 $\{\omega_{i,j} \cdot \mathbf{V}_{i,j}\}$，$i=0,\cdots,n_u; j=0,\cdots,n_w$，节点矢量 $\mathbf{U}$ 和 $\mathbf{W}$，以及允许误差 ε。

② 以节点矢量 $\mathbf{U}$ 和带权控制顶点。

$\mathbf{V}_j = \{\omega_{0,j} \cdot \mathbf{V}_{0,j}, \omega_{1,j} \cdot \mathbf{V}_{1,j}, \cdots, \omega_{n_u,j} \cdot \mathbf{V}_{n_u,j}\}$，$j=0, \cdots, n_w$ 构成一 NURBS 曲线族。对此曲线族中的每一条曲线，应用 NURBS 曲线选点迭代光顺算法进行光顺处理。更新带权控制风格 $\{\omega_{i,j} \cdot \mathbf{V}_{i,j}\}$，$i=0, \cdots, n_u; j=0, \cdots, n_w$。

③ 以节点矢量 $\mathbf{W}$ 和带权控制顶点 $\mathbf{V}_i = \{\omega_{i,0} \cdot \mathbf{V}_{i,0}, \omega_{i,1} \cdot \mathbf{V}_{i,1}, \cdots, \omega_{i,n_w} \cdot \mathbf{V}_{i,n_w}\}$，$i=0, \cdots, n_u$ 构成一 NURBS 曲线族。对此曲线族中的每一条曲线，应用 NURBS 曲线选点迭代光顺算法进行光顺处理。更新带权控制网格 $\{\omega_{i,j} \cdot \mathbf{V}_{i,j}\}$，$i=0,\cdots,n_u; j=0,\cdots,n_w$。

④ 输出结果，结束。

上述算法实际上是对位于双向节点矢量中的节点处的曲面双向等参数曲线进行光顺，也可以理解为对构成曲面的插值曲线进行光顺。此算法尚无理论解释。因为即使构成了曲面的曲线光顺，尚不能保证曲面就一定光顺。同时，双向的网格光顺也会互有影响。

该算法在实际应用中收到了良好效果，也有其存在的实用依据。例如当设计师检查汽车蒙皮是否光顺时，往往将其置于一组平行的线光源照射下，目测蒙皮上的反射光线是否光顺，以此作为曲面光顺的依据。

4.4.2 能量法光顺

Nowacki 等根据弹性薄板的应变能这一物理概念，将曲面看成是一个薄板面，其应变能量就作为判断曲面好坏的准则。光顺过程即为一最小化过程：调整曲面的定义参数（一般调整控制网格顶点），使得薄板应变能量最小。薄板应变能量计算公式是

$$E = C \iint \left\{ \left(\frac{\partial^2 F}{\partial x^2} + \frac{\partial^2 F}{\partial y^2} \right)^2 - 2(1-\gamma) \left[\frac{\partial^2 F}{\partial x^2} \frac{\partial^2 F}{\partial y^2} - \left(\frac{\partial^2 F}{\partial x \partial y} \right)^2 \right] \right\} dx dy$$

式中，$F(x, y)$ 为曲面的笛卡儿表达式；C 为常量；γ 为 Poision 系数。这里可取 $C=1$。

如果 $\gamma=0$，即假设曲面是小变形的，则可得

$$E = C \iint \left[\left(\frac{\partial^2 F}{\partial x^2} \right)^2 + 2 \left(\frac{\partial^2 F}{\partial x \partial y} \right)^2 + \left(\frac{\partial^2 F}{\partial y^2} \right)^2 \right] dx dy$$

由几何学知，上式具有旋转不变性。实际上，上式可以写成以下形式

$$E = C \iint (K_1^2 + K_2^2) dx dy$$

式中，K_1、K_2 为主曲率。

上式主要针对非参数曲面，而对于参数曲面，求解上式的最小值非常困难，这也正是参数曲面光顺的难点之一。很多学者在研究曲线、曲面光顺中，尝试使用曲线的二阶导数的平方代替曲率的平方，当曲线一阶导数比较小时，这种逼近比较精确；也尝试使用曲面的二阶偏导的二次型逼近曲率的平方。这些尝试均得到了满意的效果。

可以使用下式作为应变能的度量

$$E = C \iint \left[\alpha \left(\frac{\partial^2 \mathbf{r}}{\partial u^2} \right)^2 + 2\beta \left(\frac{\partial^2 \mathbf{r}}{\partial u \partial w} \right)^2 + \gamma \left(\frac{\partial^2 \mathbf{r}}{\partial w^2} \right)^2 \right] du dw$$

式中，$\alpha \geqslant 0$，$\beta \geqslant 0$，$\gamma \geqslant 0$，$\alpha + \beta + \gamma > 0$，$\mathbf{r}(u, w)$ 是参数曲面的表达式。此处的 E 称为广义能量积分。

下面给出一个 B 样条曲面的能量光顺算法。

容易验证，能量可以表达为控制网格顶点的函数

$$E = \mathbf{B}^T \mathbf{F} \mathbf{B}$$

式中，$\mathbf{B} = (\mathbf{b}_0, \cdots, \mathbf{b}_{(n+1)i+j})^T$，$\mathbf{b}_{(n+1)i+j} = \mathbf{V}_{i,j}$，$i=0,1,\cdots,m; j=0,1,\cdots,n$，是 B 样条曲面的控制网格顶点；$\mathbf{F}$ 为 $(m+1) \times (n+1)$ 阶对称方阵。

若曲面控制网格中有多个坏点 $\mathbf{b}_{i_1}$，$\mathbf{b}_{i_2}$，$\cdots$，$\mathbf{b}_{i_k}$，对其引入控制顶点修改量 $\mathbf{T} = (\mathbf{t}_{i_1}, \cdots, \mathbf{t}_{i_k})^T$，则能量函数可以改写为

$$E = \mathbf{B}^T \mathbf{F} \mathbf{B} + \mathbf{C}^T \mathbf{T} + \frac{1}{2} \mathbf{T}^T \mathbf{Q} \mathbf{T} \quad (31\text{-}4\text{-}81)$$

式中，$\mathbf{C}^T = 2 \left(\sum_{j=0}^{(n+1)m+n} b_j \mathbf{F}_{j, i_1}, \sum_{j=0}^{(n+1)m+n} b_j \mathbf{F}_{j, i_2}, \cdots, \sum_{j=0}^{(n+1)m+n} b_j \mathbf{F}_{j, i_k} \right)$

$$Q = 2\begin{bmatrix} F_{i_1 i_1} & F_{i_1 i_2} & \cdots & F_{i_1 i_k} \\ \vdots & \vdots & & \vdots \\ F_{i_k i_1} & F_{i_k i_2} & \cdots & F_{i_k i_k} \end{bmatrix}$$

可以证明 Q 是正定矩阵，根据优化理论可知，光顺过程是一个二次规划问题，使得式（31-4-81）最小的解为

$$T = -Q^{-1}C \qquad (31\text{-}4\text{-}82)$$

则控制顶点 $b_0, \cdots, b_{i_1}+t_{i_1}, \cdots, b_{i_k}+t_{i_k}, \cdots, b_{(n+1)m+n}$ 网格所形成的曲面将比原曲面更光顺。上述光顺过程可以迭代进行，直到得到满意的结果。

4.5 曲线曲面编辑与曲面片重建方法

曲线曲面编辑与曲面片创建是曲面造型必不可少的方法，不同的 CAD 三维建模软件，虽然对曲线和曲面的编辑、曲面片重建的操作以及功能的强弱有所不同，但其方法基本是一样的，这里对这些方法做一简要介绍。

4.5.1 曲线的编辑

曲线编辑是基于曲线的曲面造型的重要环节之一，通过插值或拟合得到曲线段后，在进行曲面造型之前，还应通过曲线的各种编辑功能对曲线进行修形操作，这样，一方面可以修补由于测量数据的不完整带来的拟合曲线缺陷，另一方面，从曲面造型的角度出发，也要求曲线具有完整、连续、光滑的特点，以保证创建曲面的光顺性。其主要编辑方法如下。

（1）曲线连接（connect）

曲线连接（桥接）是用一条空间曲线将两个对象（曲线、直线、圆弧等）以某种连续形式（G^0、G^1 或 G^2）进行连接，形成一条曲线。

（2）曲线分割（divide）

该功能用于将一条曲线、直线、圆（弧）等在其指定位置进行分割，形成两条或多条曲线。曲线分割后，可以对其各分割段分别进行各种操作，如删除、连接、曲面构建等。

（3）曲线延伸（extend）

将曲线、直线、圆弧等延伸到指定的位置。延伸边界可以是曲线、直线、圆（弧）、点等对象。

（4）曲线裁剪（trim）

该操作可以使相互交叉的曲线、直线、圆（弧）等对象按用户意图进行裁剪，去掉多余的部分。

（5）过渡圆角（fillet）

过渡圆角可以在曲线、直线、圆（弧）等两个对象间建立一圆角，使该圆角与这两个对象相切。

（6）偏置线（offset）

偏置线是将已有的曲线、直线、圆（弧）等对象沿着其法向向里或者向外偏置一定的距离形成新的对象。

（7）曲线修改（modify）

该操作可对样条曲线进行修改，即通过添加、删除、移动型值点或控制点来修改样条曲线。此外还可以对样条曲线进行光滑处理，光滑后的曲线虽然形状发生变化，但型值点数不变。

4.5.2 曲面的编辑

一般情况下，零件仅由一张曲面构成模型的外形是不多的。多数零件的外形都是根据自身的形状特点，由各种曲面片通过剪切、过渡、拼合等操作而形成的封闭曲面模型。获得最终的曲面模型，在实际操作中通常采取的方法是利用三维 CAD 系统提供的各种曲面编辑功能，根据已知模型的几何特征信息，将这些曲面片拼接成完整的曲面模型。在这个过程中，CAD 系统曲面编辑功能的强弱，对模型重建的速度、品质有着直接的影响，曲面编辑的主要方法见表 31-4-1。

表 31-4-1　　　　　　　　　　曲面编辑的主要方法

曲面编辑方法	说　明
曲面连接 （connect）	曲面连接（桥接）是在两个独立的曲面之间以 G^0、G^1 或 G^2 某种连续形式进行连接，形成一张曲面 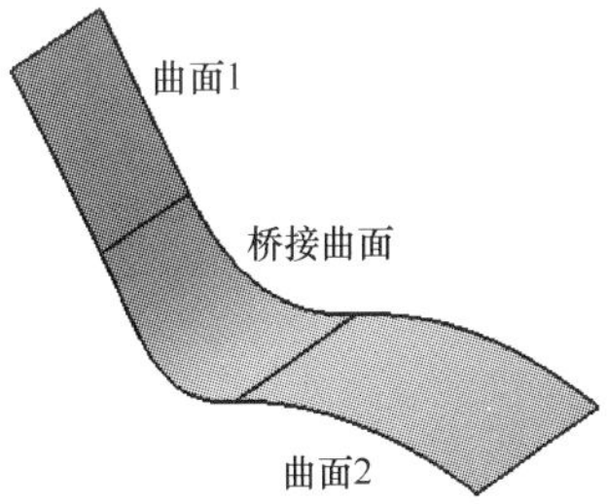

续表

曲面编辑方法	说　　明
曲面分割 (split)	该功能可利用曲线等对象,将与其相交的曲面进行分割,使之成为两个对象。分割后的曲面,可分别对其进行其他操作 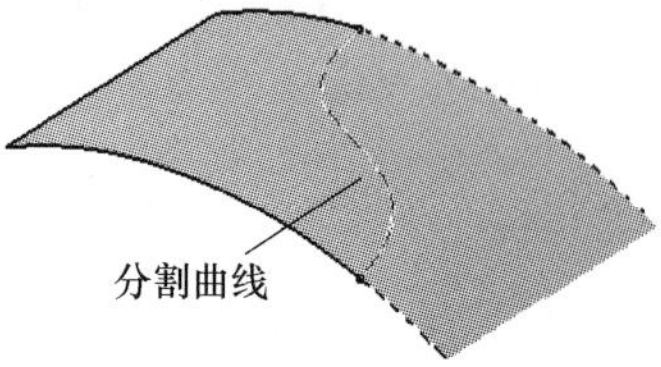
曲面延伸 (extend)	该功能是将曲面按某种延伸方式(如相同曲面、逼近曲面、相切曲面等)进行延伸。曲面可以通过选择方向或延伸长度值的正负确定是对原曲面进行延伸还是缩短 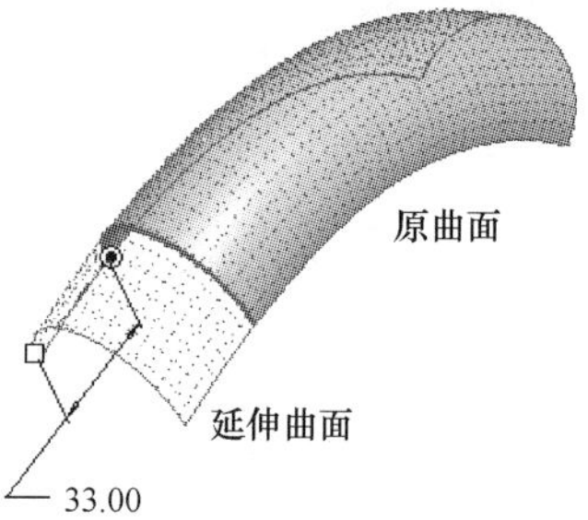
曲面裁剪 (trim)	曲面裁剪操作是利用曲线、曲面、基准面等来切割剪裁已存在的曲面,切除曲面多余的部分。主要方法有:用切除特征裁剪曲面、用曲面特征裁剪曲面、用曲面上的曲线裁剪曲面等。 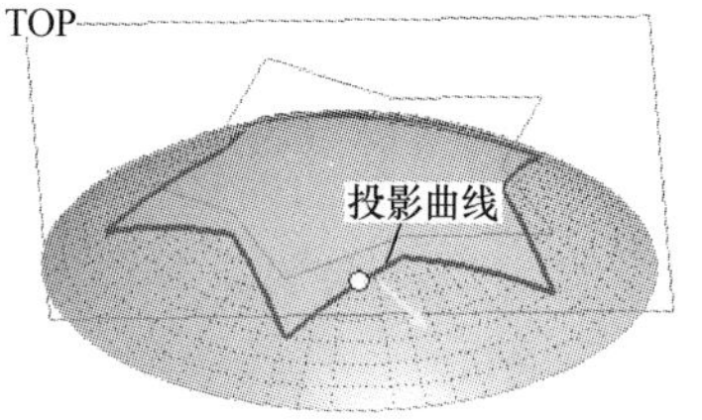
曲面圆角 (fillet)	曲面圆角可以是曲面与曲面之间的倒圆角,也可以是曲面自身边线圆角,倒圆角的方式也有多种,如简单圆角、变半径圆角、边线圆角、三面圆角等。对于三面圆角,还存在着倒圆角的过渡情况,如滚球式过渡、扫描过渡、曲面片过渡等方式。曲面倒圆角后,将自动完成修剪 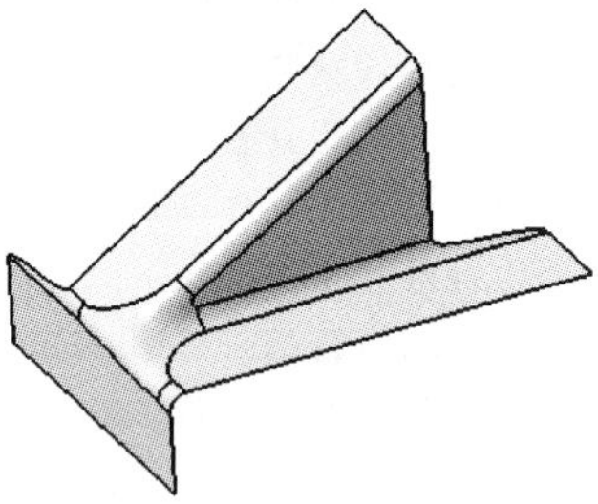
曲面偏置 (offset)	曲面偏置是将已有的曲面沿着曲面的法向向里或者向外偏置一定的距离形成新曲面 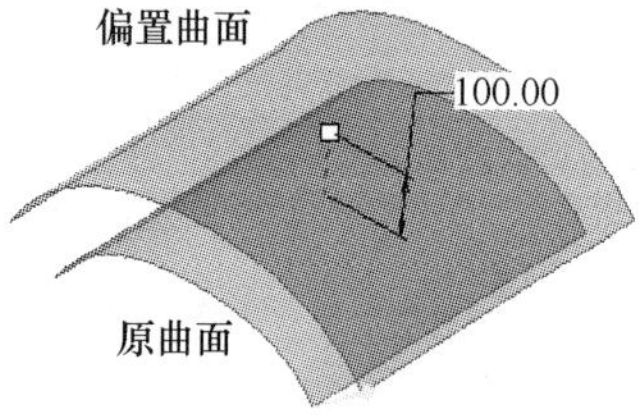
曲面修补 (healing)	曲面修补是对曲面之间存在的缝隙进行修补,缩小曲面之间的距离。缝合中,缝补曲面与原曲面可以 G^0、G^1 等连续形式进行连接。在实际设计过程中,修补功能完成的缝隙都比较小,比较大的缝隙一般用曲面连接(桥接)功能完成 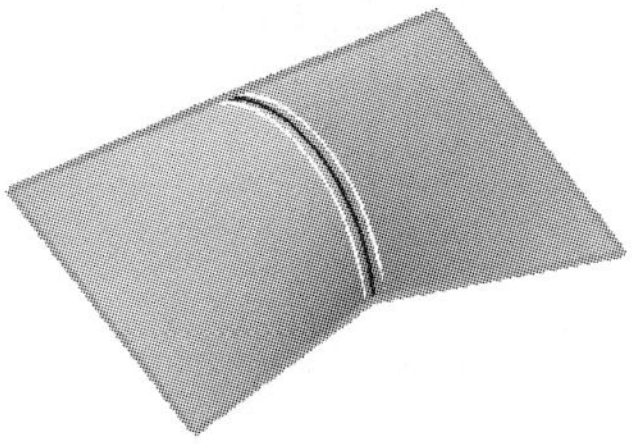

曲面编辑方法	说　明
曲面合并 （merge）	曲面合并或称曲面缝合是将若干个单独创建的曲面合并成一个曲面。合并后的曲面可作为一个整体进行操作，如曲面偏置、实体转换等 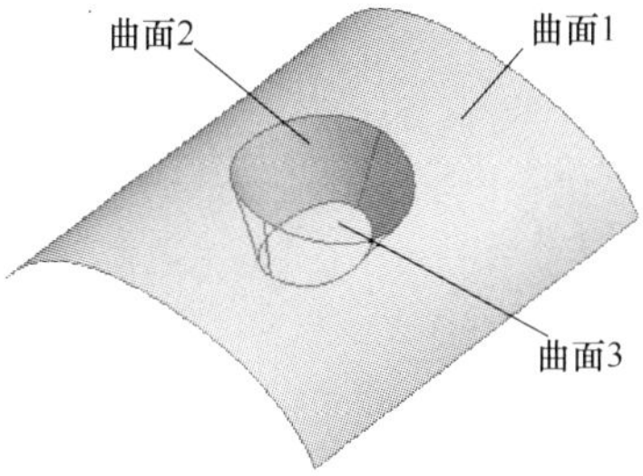
曲面修改 （modify）	曲面的修改方法主要有：通过修改构建曲面的曲线形状和参数修改曲面；通过移动网格曲面的节点或控制点修改曲面；通过改变网格曲面的节点数量修改曲面 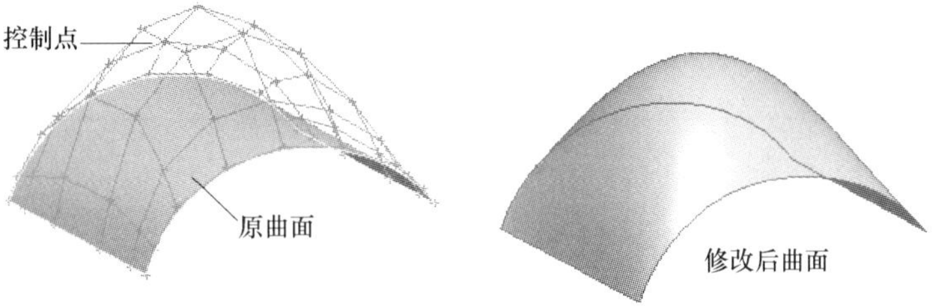

4.5.3 基于曲线的曲面片重建

在曲线创建后，可以通过不同的曲面造型方法进行曲面模型的重建，主要的曲面造型方法有：拉伸曲面（extend）、旋转曲面（revolution）、扫描曲面（sweep）、混合曲面（blend）、直纹曲面（ruled surface）、边界曲面、N 边曲面、平行曲面、网格曲面等，主要的曲面造型方法见表 31-4-2。

表 31-4-2　　主要的曲面造型方法

曲面造型方法	说　明
拉伸曲面 （extend）	拉伸曲面是由一曲线沿着某一方向(一般是沿着建立拉伸曲线平面的法向方向)作线性延伸构成的曲面 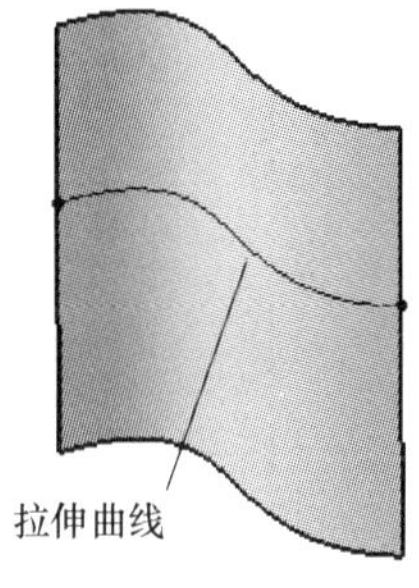
旋转曲面 （revolution）	旋转曲面是由一条轮廓曲线绕一轴线旋转一定的角度构建的曲面 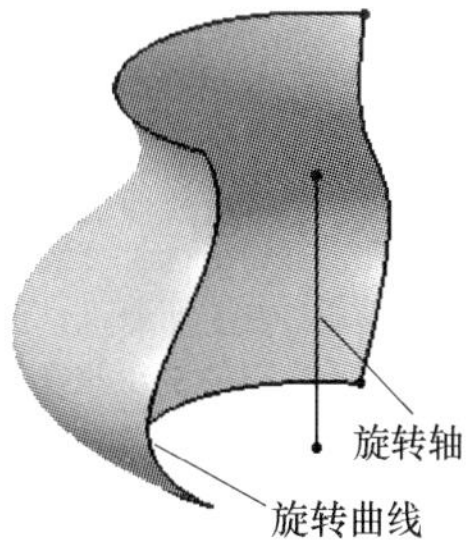

续表

曲面造型方法	说明
扫描曲面 （sweep）	扫描曲面也称扫掠曲面，是由一条轮廓曲线（截面曲线）沿着若干条空间路径曲线（导引线或引导线）运动构成的曲面。扫描曲面的控制方法比较多，既可以是一条轮廓曲线沿一条路径曲线运动所生成的曲面，也可以是一条轮廓曲线沿多条路径曲线运动构成的曲面，如图所示，其中图(a)为一条轮廓曲线沿一条路径曲线运动所生成的曲面，图(b)为一条轮廓曲线沿多条路径曲线运动构成的曲面。为了避免扫描曲面在创建过程中发生干涉，与轮廓曲线的尺寸相比，扫描路径曲线的曲率不应太大
混合曲面 （blend）	混合曲面也称混成曲面、放样曲面、叠层曲面或举升曲面，它是由一系列（至少需要两个）不同的截面曲线（轮廓曲线），以渐进变形的方式产生的曲面。图示曲面是通过三个截面轮廓所构建
网格曲面（mesh）	网格曲面是通过U、V两个方向的一系列曲线创建的曲面，该方法利用相交的曲线当成经纬，创建出网格曲面。网格曲面可分为单方向网格曲面和双方向网格曲面。单方向网格曲面由一组平行或近似平行的曲线构成；双方向网格曲面由一组纵横相交的曲线构成。图(a)为通过正常网格（3×4）曲线建立的网格曲面；图(b)为一组曲线三条在一端相交，另一组为两条曲线和一个曲线交点共同构成的网格曲面
直纹曲面 （ruled surface）	直纹曲面是由一族直线所构成的曲面，即过曲面任意点都存在过该点且落在该曲面上的直线。有的三维软件中没有直纹曲面功能，但可通过扫描曲面创建直纹曲面。图示为通过螺旋扫描创建的直纹曲面

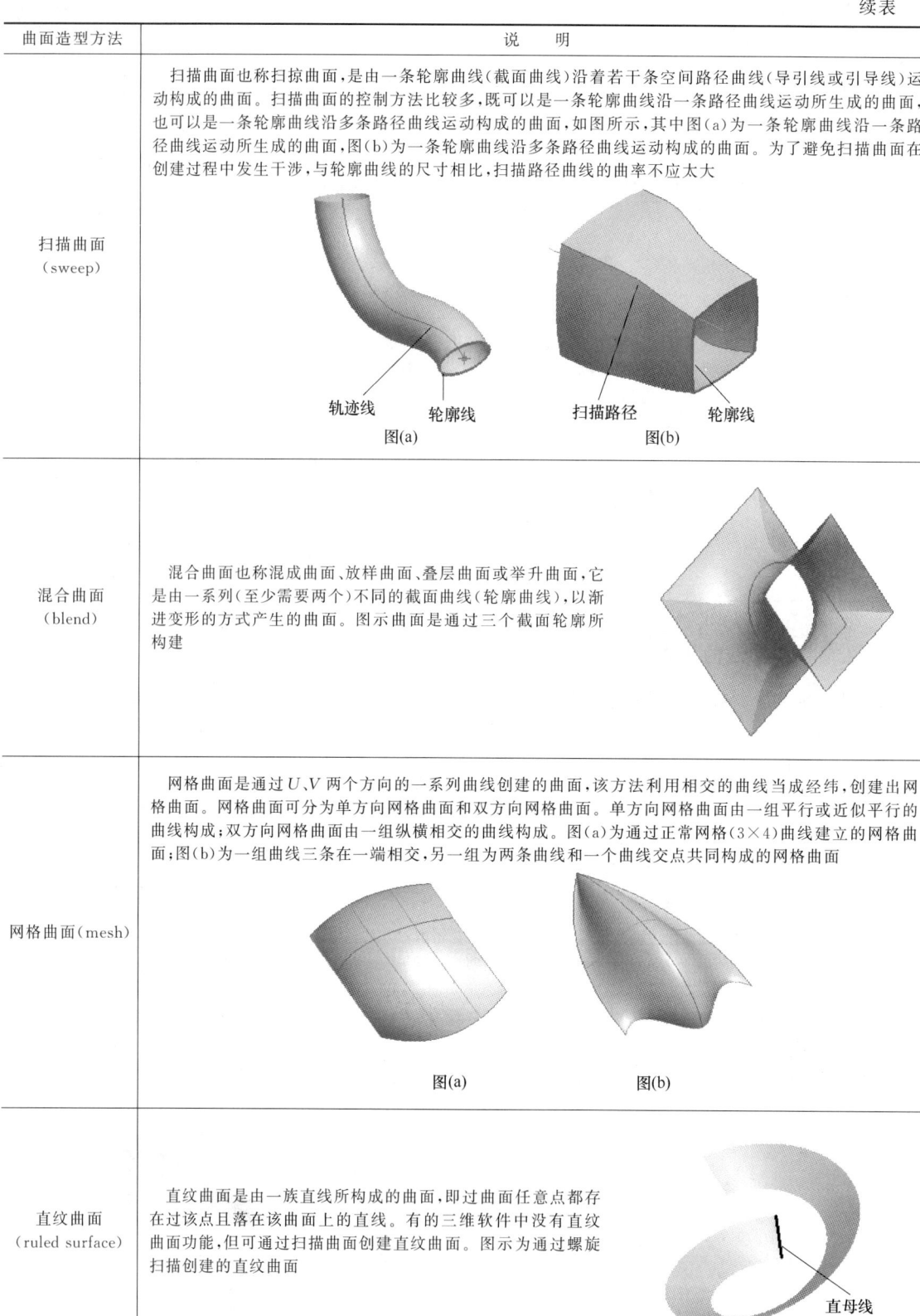

曲面造型方法	说 明
边界曲面 (boundary)	边界曲面是通过曲面的边线构建的曲面,边界曲线必须头尾相连。通常边界曲面由四条边线创建,特殊情况下,也可由三条或两条边线创建,但其创建的曲面不如前者质量高,可能的情况下,应尽量避免或与邻接的曲面一起考虑,对其加以修补。通过边界曲线构建的曲面如图所示,其中(曲线封闭部分)图(a)为四条边线创建的曲面,图(b)为三条边线创建的曲面,图(c)为两条边线创建的曲面 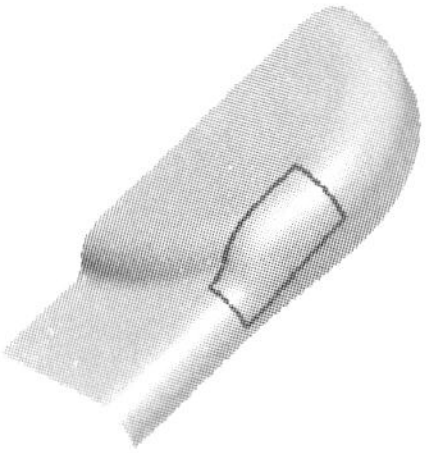 图(a) 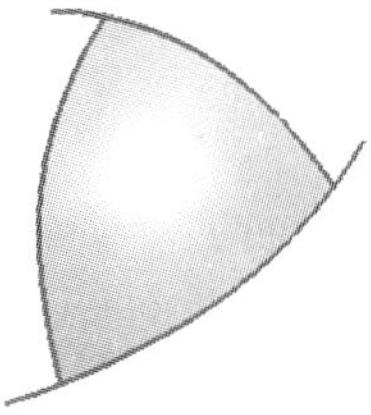　　　图(b) 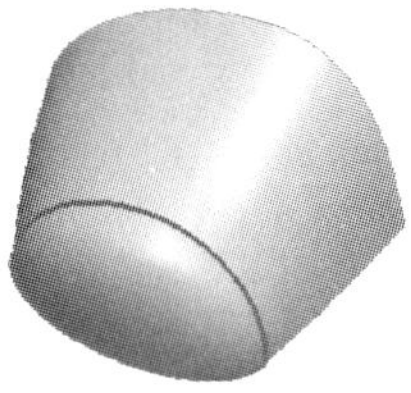　　　图(c)
N 边曲面 (N-sided surface)	N 边曲面也称为填充曲面,是由多条边线包围的区域填充形成的曲面,如图所示。填充曲面的边界曲线必须是头尾相连的,并且至少为五条 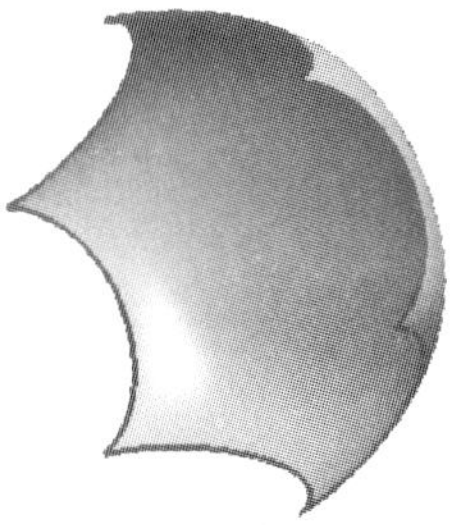

4.6 模型重建质量与评价

4.6.1 工程曲面的分类

(1) 工程曲面分类

就曲面质量而言,可分为三类:A 级、B 级、C 级。A 级(Class A)曲面没有十分严格的数学描述,Class A 一词最初是由法国 Dassault System 公司在开发大型 CAD/CAM 软件包 CATIA 时提出并付诸应用的,常译作 A 级曲面,专指车身模型中对曲面质量有较高要求或特殊要求的一类曲面。汽车外形设计对曲面的评定标准分为 A、B、C 三级,现在这种分类也逐渐为人们所接受并应用于其他工业产品的设计当中。

1) A 级曲面。一般用于汽车车身外形曲面(如顶盖、发动机罩外板、保险杠)等光顺度、美学要求比较高的曲面。此外主要从美学需要出发,在消费类产品中,如手机、洗衣机、家用电器、卫生设备等也采用 A 级曲面。

2) B 级曲面。一般汽车内部钣金件和结构件大部分都是初等解析几何面构成,这部分曲面不需要从美学上考虑进行一些人性化的设计,只需从性能和工艺要求出发。在满足性能及工艺要求后就可以认为达到要求的曲面通常称 B 级曲面。对于一个产品来说,通常从外观上看不到的地方都可做成 B 级曲面,这样无论对于结构性能,还是对于加工成本来说,都是有益的。

3) C 级曲面或要求更低的曲面。C 级主要是结构撑件,如支架等。这种曲面在 CAD 工程中比较少用,大多用在雕塑、快速成型和影视动画中,在 CAD 工程中一般做成 B 级曲面。

(2) A 级曲面的概念

对于 A 级曲面,目前还没有统一的定义。对于实际工程来讲,A 级曲面通常取决于工程的需求及要求。在产品开发的整个流程中,其阶段工作重点是确定产品表面曲面的品质,这一阶段通常称构造 A 级曲面。

A 级曲面不只是一般意义上曲面质量的等级,它是既满足几何光滑要求,又满足审美需求的曲面。因此需要从工业设计及美学的角度考虑,A 级曲面一般需要满足以下特征:

• 最重要的一个特征就是光顺,即在光滑表面上避免出现突然的凸起和凹陷等。在两张曲面间过渡时,A 级曲面除了局部细节外,需要的是曲率逐渐变化的过渡,这种过渡使产品外形摆脱了机械产品的生硬,而采用普通的倒圆角是不合适的。

• 除了细节特征外,一般来讲趋向于采用大的曲率半径和一致的曲率变化,即无多余的拐点。

• 除了细节特征外,曲面一般不能由初等解析曲面构成,应以柔和的 NURBS 来构造。

• 为达到美观的要求,A 级曲面的关键曲线不仅要光顺,而且还要与设计意图保持一致。

汽车业界对 A 级曲面要求也有不同的标准,一般 A 级曲面要求相邻曲面间的间隙在 0.005mm 以下(有些汽车厂甚至要求到 0.001mm),切率改变(tangency change)在 0.16°以下,曲率改变(curvature change)在 0.005°以下;或者沿着曲面和相邻的曲面有几乎相同的曲率半径(相差 0.05mm 或更小,位置偏差 0.001mm 或角度相差 0.016°)。

4.6.2 模型重建误差分析

在逆向工程中,从产品原型的制造、实物原型的数据测量、原型的数据处理、CAD 模型的重建到模型的制造,每一环节都可能会产生误差,模型质量评价主要解决以下问题:

由逆向工程中重建的模型和实物样件的误差有多大?所建立的模型是否可以接受?根据模型制造的零件是否与数学模型相吻合?

前两个问题是评价重构 CAD 模型的精度,第三个问题是评价制造零件的制造误差。在产品逆向工程模型重构过程中,从形状表面数字化到 CAD 建模都会产生误差。评价一个逆向工程过程的精度或误差大小,可通过将最终的逆向制造产品与原实物进行的对比、计算两者间的总体误差来判断、确定逆向工程产品的有效性和准确性。这种方法通过坐标测量机对逆向制造产品与原实物直接进行测量来实现。但如果产品外形是由复杂曲面组成的,直接对两个对象进行测量比较,存在一定困难,这时可以将质量评价分成以下两个过程。

第一个过程是比较实物原型和 CAD 模型的差异。该过程的模型评价包括两个方面:一是通过比较实物数据模型和重构 CAD 模型的差异来评价模型精度;二是对 CAD 模型的光顺性能,即曲面质量进行评价。

第二个过程是检验制造产品和 CAD 模型的差异。对于第二个过程,首先对产品进行数字化测量,形成产品数据模型,然后将测得的数据点和重构 CAD 模型对齐,通过计算点到模型的距离来比较差异。

最后将两个过程的精度相加即为逆向工程的总精度或总误差。上述两个过程都是将数据模型和 CAD 模型进行比较,这和实际情况有所不同,同时也忽略了数字化过程的误差,应该说不是一个完整的方法。但在目前的技术条件下,重建模型评价通常还是选择这种方法。

逆向工程误差的来源主要有:原型误差、测量误差、数据处理误差、造型误差、制造误差,其中前两项误差属于测量过程中的误差,三、四项属于逆向设计中的误差,最后一项属于制造过程中的误差。通过这些环节传递的累积误差即为逆向工程总的误差,其表达式为

$$\varepsilon_{总}=\varepsilon_{原}+\varepsilon_{测}+\varepsilon_{处}+\varepsilon_{造}+\varepsilon_{制} \quad (31\text{-}4\text{-}83)$$

这里仅就前四项误差进行讨论。

(1) 原型误差

逆向工程是根据实物原型重构模型的,由于实物原型在制造时会存在制造误差,使实物几何尺寸和设计参数之间存在偏差,如果原型是使用过的,还存在磨损误差。原型误差一般较小,其大小一般在原设计的尺寸公差范围内,对使用过的产品可根据使用年限,考虑加上适当的磨损量。另外实物的表面粗糙度会影响数据的测量精度。

(2) 测量误差

测量误差是逆向设计中主要的误差来源,采用不同的测量设备、不同的测量方法、甚至不同的操作人员,测量误差都会有所不同。对于接触式 CMM 测量方式,测量误差包括测量设备系统误差、测量人员视觉和操作误差、被测模型的变形误差、补偿误差等。

系统误差主要由标定误差、温度误差和测头误差组成,尽管目前使用的三坐标测量机的测量精度可以精确到几微米,但其温度误差通常可达到十几微米。其原因是测量温度在规定的 20℃ 基准温度以外时,所得到的结果会导致单轴测量错误,即产生温度误差。为控制误差大小,除保持环境温度恒定外,还应控制区域温度的大小。区域温度是指工件温度和测量机光栅尺的温度,当工件材料的热导率和光栅尺材料的热导率相差较大时,工件和光栅尺有温差存在,也会导致误差。为了监控温度误差,测量过程中,需定时对坐标零点进行校准。

测量人员视觉和操作误差主要是在手动测量过程中,特别是进行基准点、表面棱线和轮廓线测量时产生。测量探头的触点完全由操作者视觉定位,难以保证探头中心和被测点中心完全重合。另外操作不当,使测头运动速度过高,可产生较大接触力,使测杆弯曲,由此会产生较大的测量误差。

对于容易产生变形的实物模型,采用接触测量时,会由于模型发生变形而产生误差。这时应选择适宜的接触测量力,同时注意实物的装夹和固定。

采用接触式测头进行测量时,还会涉及补偿误差问题。由于测头半径的影响,得到的坐标数据并不是测头所触及的表面点的坐标,而是测头球心的坐标。当被测点的表面法矢方向通过测头球心时,测点坐标和测头中心坐标相差一个测头半径值。目前在接触式

CMM 测量中,广泛采用二维补偿方法,即在测量时,将测量点和测头半径的关系处理成二维情况,并将补偿计算编入测量程序中,在测量时自动完成数据的测头补偿。对于平面、柱面等规则曲面的测量,二维补偿是精确的,但对于空间自由曲面的测量,如果对测头进行二维半径补偿,就会存在补偿误差。关于测头半径补偿,可参见 3.1。

采用非接触测量可有效避免由于测量人员视觉和操作,以及接触式测头半径、接触力、测杆变形等方面带来的误差。

(3) 数据处理误差

数据处理误差是指对测量数据进行平滑及转换过程中产生的误差。数据平滑有时会损失特征点的信息,而数据转换(数据坐标变换)主要用于多视数据的拼合,受测量范围的限制,当零件的外表和内腔(或零件的上下面)都需要测量时,测量过程往往要分多次装夹完成。因为每次测量的坐标系不同,而模型重建必须统一在一个坐标系下进行,这样就需要数据的坐标变换(重定位)。在变换矩阵计算时存在计算误差,如果选择基准点定位,基准点的选择、基准点的测量误差都将影响其变换的精度。

(4) 造型误差

造型误差是在进行三维模型重建过程中产生的误差。主要有曲线、曲面拟合误差和曲面光顺误差。目前曲线和曲面的拟合一般是采用最小二乘法来进行拟合,这就存在拟合精度的控制问题。对于审美要求较高的表面,仅仅满足重构精度是不够的,还必须使曲面的品质达到光顺的要求,这样在对曲面进行光顺的过程中,会使曲面背离原始点云,从而增大重建模型的误差。

4.6.3 曲线曲面的连续性与光顺性

4.6.3.1 曲线曲面的连续性

曲线的连续性有两种不同的度量方法,一种是多年来沿用的函数曲线的可微性。组合参数曲线在连接处具有直到 n 阶连续导矢,即 n 次连续可微,这类称为 C^n 或 n 阶参数连续性(parametric continuity);另一种称为几何连续性(geometric continuity)。组合曲线在连接处满足不同于 C^n 的某一组约束条件称为具有 n 阶几何连续性,简记为 G^n。

由于参数连续性不能客观准确地度量参数曲线连接的光顺性,而被称为视觉连续性的几何连续性所取代。几何连续性与参数选取及具体的参数化无关,是对参数连续性度量参数曲线连接光顺性苛刻而不必要的限制的松弛,即对参数化的松弛,它要求较弱的限制条件。因而曲线的连续性通常用几何的连续性进行评价。与参数曲线类似,参数曲面的连续性也需要用几何连续性来描述。关于参数曲线(面)的几何连续性描述与特点见表 31-4-3。

表 31-4-3 参数曲线(面)的几何连续性描述与特点

连续性	描述与特点	曲率梳图	使 用
G^0	描述:如果两曲线(面)有公共连接点(线),并且只是简单的相接,则称位置连续或 G^0 连续 特点:两曲线(面)位置连续,曲线(面)上存在尖点(折线),而连接处的切线方向和曲率均不一致(有跳跃)。这种连续性的表面看起来会有一个很尖锐的接缝,属于连续性中级别最低的一种	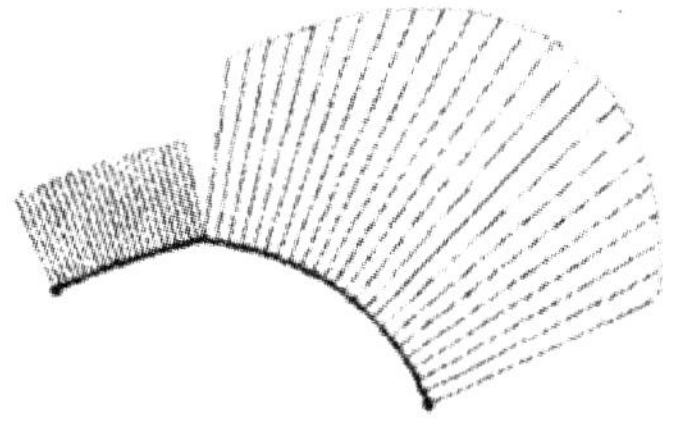	由于在曲线(面)之间产生尖点或折线,应尽量避免,不常用
G^1	描述:若两曲线(面)在公共连接点(线)处具有公共的切矢(切平面)或公共的曲线(面)的法线,则称它们在该处具有一阶几何连续性或 G^1 连续性 特点:它们不仅在连接处端点(线)重合,而且切线的方向一致。这种曲面共同相切于同一边界,连接表面不会有尖锐的连接接缝,但是两种表面在连接处曲率有跳跃,所以在视觉效果上仍然会有很明显的差异,会有一种表面中断的感觉	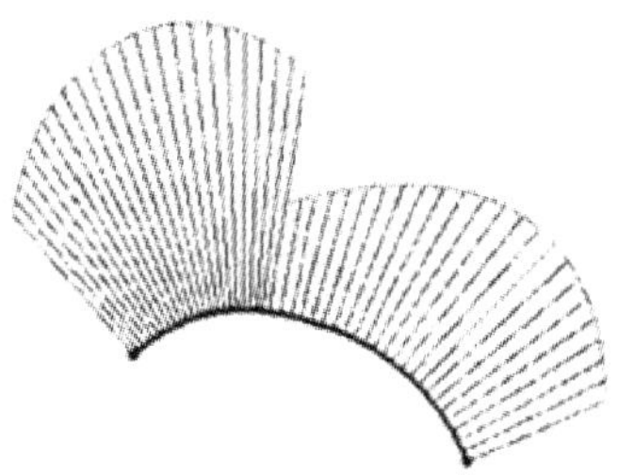	由于制作简单,容易成功,在某些地方非常实用。通常用倒角工具生成的过渡面都属于这种连续级别

续表

连续性	描述与特点	曲率梳图	使用
G^2	描述:若两曲线(面)沿公共连接点(线)处具有公共的(法)曲率,则称它们在该处具有二阶几何连续性或 G^2 连续性 特点:它们不但符合上述两种连续性的特征,而且在共同相接的边界曲率相同。这种连续性的曲面没有尖锐接缝,也没有曲率的突变,视觉效果光滑流畅,没有突然中断的感觉		由于视觉效果非常好,是追求的目标。这种连续性的表面主要用于制作模型的主面和主要的过渡面、A级曲面等要求较高的产品表面
G^3	描述:若两曲线(面)沿公共连接点(线)的曲率的变化率连续,则称它们在该处具有三阶几何连续性或 G^3 连续性 特点:这种连续级别不仅具有上述连续级别的特征,在接点处曲率的变化率也是连续的,这使得曲率的变化更加平滑。曲率的变化率可以用一个一次方程表示为一条直线。这种连续级别的表面有比 G^2 更流畅的视觉效果		这种连续级别通常不使用,因为它们的视觉效果和 G^2 几乎相差无几,而且消耗更多的计算资源。这种连续级别的优点只有在制作像汽车车体这种大面积、为了得到完美的反光效果而要求表面曲率变化非常平滑时才会体现出来

图 31-4-16 所示为三种连续性的曲面连接对比,其中图 31-4-16 (a) 最外侧是 G^0 连续,中间是 G^2 连续,最里侧的是 G^1 连续。

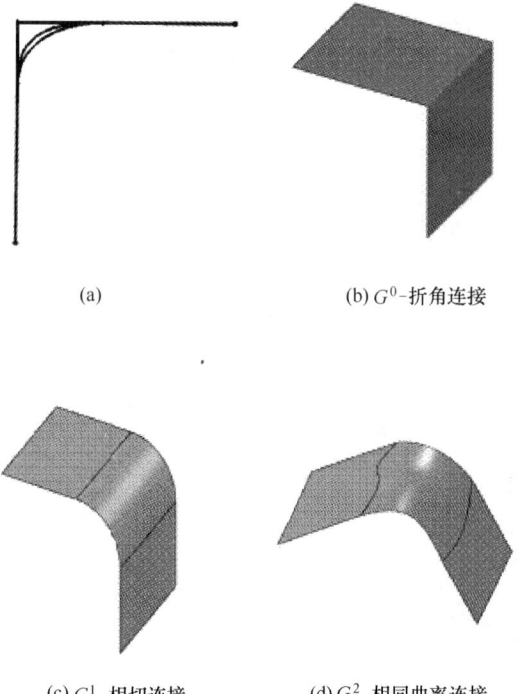

(a) (b) G^0-折角连接

(c) G^1-相切连接 (d) G^2-相同曲率连接

图 31-4-16 三种连续性的曲面连接对比

4.6.3.2 曲线曲面的光顺性

什么样的曲线曲面是光顺的?直观上来看,直线、圆弧、平面、柱面和球面等简单几何形状是光顺的。如果一条曲线拐来拐去,有尖点或许多拐点,或一张曲面上有很多皱纹,凸凹不平,则认为这样的曲线和曲面是不光顺的。此外,在车身数学放样中,通常认为在插值于给定型值点的所有曲线和曲面中,通过这些型值点的弹性样条曲线或弹性薄板是最光顺的。但很难给光顺性下一个准确的定义。

此外,在不同的实际问题中,对光顺性的要求也不同,截止目前,对光顺性还没有一个统一的标准。

国外有学者曾经提出如下的光顺准则。

• 若一条曲线的曲率图由相对较少的单调段组成,则称为光顺的。

• 将对于曲率半径随弧长变化图的频度分析作为光顺性的某度量,即占支配地位的频率越低,曲线就越光顺。

国内的学者,如苏步青教授、刘鼎元教授、施法中教授等认为应有如下准则。

• 二阶几何连续。
• 不存在奇点和多余拐点。
• 曲率变化较小。
• 应变能较小。

综上所述,对于曲线,光顺性有以下特点。

- 二阶参数连续。即所谓的 C^2 连续。
- 没有多余拐点。就是说不允许在不应该出现拐点的地方出现了拐点。如图 31-4-17 所示，其中图 31-4-17（a）无多余拐点，图 31-4-17（b）出现一个多余拐点。

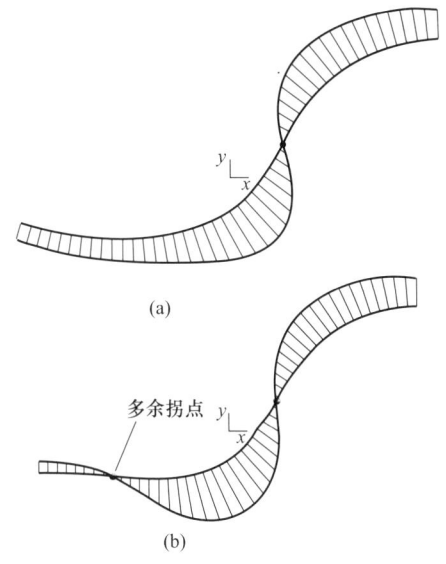

图 31-4-17　曲线的拐点

- 曲率变化较均匀：当曲线上的曲率出现大幅度改变时，尽管没有多余拐点，曲线仍不光顺，因此要求光顺后的曲率变化比较均匀。如图 31-4-18 所示，其中图 31-4-18（a）曲率变化均匀，图 31-4-18（b）曲率变化不均匀。

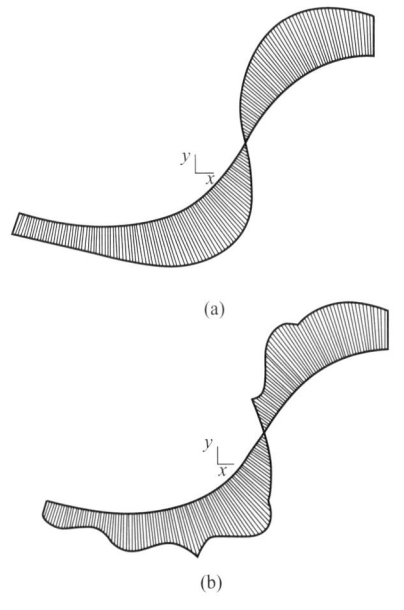

图 31-4-18　曲线的曲率变化

- 不存在多余变挠点。
- 挠率变化比较均匀。

对于曲面，通常依据曲面上的关键曲线以及曲面曲率的变化是否均匀来判断：

- 关键曲线（如骨架线）光顺。如图 31-4-19 所示，其中图 31-4-19（a）关键曲线光顺，图 31-4-19（b）关键曲线不光顺。

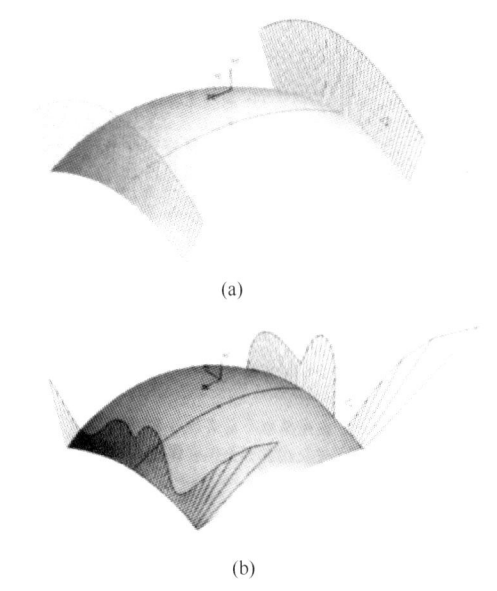

图 31-4-19　曲面关键曲线的光顺

- 网格线无多余拐点及变挠点。
- 主曲率在节点处的跃度（曲率的跳跃）足够小。
- 高斯曲率变化均匀。如图 31-4-20 所示，其中图 31-4-20（a）高斯曲率变化均匀，图 31-4-20（b）高斯曲率变化不均匀。

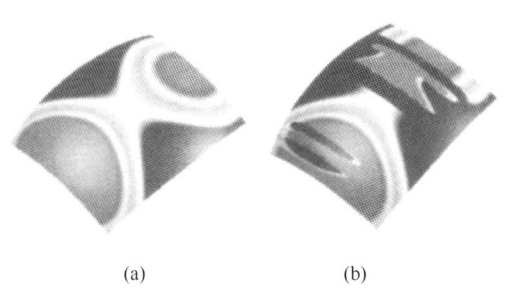

图 31-4-20　曲面高斯曲率变化

4.6.4　模型精度分析与评价

在逆向设计后期，应对构建的 CAD 模型进行精度分析与评价，评价指标分为整体指标和局部指标。整体指标指的是实物或模型总体性质，如整体几何尺寸、体积、面积（表面积）以及几何特征间的几何约束关系，如孔、槽之间的尺寸和定位关系；局部指标指的是曲面片与实物对应曲面的偏离程度；量化指标指精度的数值大小，非量化指标主要用于曲面模型的评价，如表面的光顺性等，主要通过曲面的高斯曲率分布、光照效果、法矢和主曲率图检验光顺效果，并参照人的感官评价。

对规则的几何产品，采用整体指标进行精度评价比较适宜，而且也易于实现。但对由自由曲面组合而成的具有复杂几何外形的产品，其曲面之间的约束关系难以确定，只能采取局部评价指标，包括量化和非量化指标。

4.6.4.1 基于曲率的方法

曲率分析是曲线和曲面分析的一个最重要的工具，该方法可以获取有关曲线或曲面总体或局部的曲率信息，可以识别出导致出现波动或凹凸的区域，找到曲率的极大或极小值的分布、曲线（面）与相邻曲线（面）的连续性等信息。利用曲率对光顺性进行分析的方法见表 31-4-4。

表 31-4-4　　　　　基于曲率的曲面分析方法

| 曲率的颜色映射 | 曲率的颜色映射就是把曲面上每一点处的曲率值用颜色和亮度信息直观地表示出来。图示为在 Pro/E 上的以不同颜色显示各点的着色曲率
图(a)为高斯曲率，光谱的红端颜色为最小高斯曲率，光谱的蓝端颜色为最大高斯曲率
高斯曲率也称全曲率，用来显示曲面上每点的最小和最大法向曲率的乘积。高斯曲率的特点是：当法矢 n 改变方向时，主曲率 k_1、k_2 同时改变符号，而高斯曲率不受影响。因此，对于柱面和平面等这样的具有固定曲率的模型，其高斯曲率为 0，其他曲面的高斯曲率具有正、负和 0 值
图(b)为曲面上每点的最大法向曲率，其中光谱的红端颜色为最大的最大法向曲率，光谱的蓝端颜色为最小的最大法向曲率
图(c)为截面曲率，其中光谱的红端颜色为最大截面曲率，光谱的蓝端颜色为最小截面曲率
截面曲率是用色彩显示零件平行于参考平面的横截面切口曲率，分析某方向上截面的曲率分布，即使用与参考平面平行的平面截取曲面，所显示的每一个截面曲线的曲率就是截面曲率。对于同一个曲面，选择不同的参考平面，截面曲率的计算结果也不同
从曲率线的形状与分布、彩色光栅图像的明暗区域及变化，可直观地了解曲面的光顺情况。若整张曲面的颜色比较一致，则曲面的曲率变化较为连续，光顺性较好 | 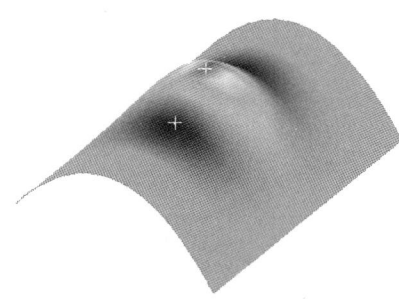
图(a)　高斯曲率

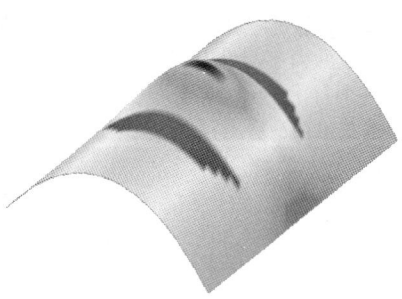
图(b)　最大法向曲率

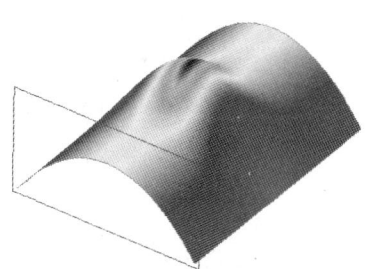
图(c)　截面曲率 |

续表

| 曲率梳(子)图 | 对曲线而言,三维工程软件系统中的曲线曲面造型功能中,一般都提供曲线曲率数值的形象化表示,通常称为曲率梳图(curvature comb)。通过它可以直观地评价曲线的光顺情况,以便通过调整控制顶点手工修改,有些商业软件提供曲线自动光顺功能,但只能在小范围内进行自动光顺处理,作用极其有限
如图(d)所示为用一组平行平面去截给定的曲面时,截交线的曲率变化。在每一条截交线上,画出表示曲率半径变化趋向的直线段。若截交线的曲率半径变化比较均匀,则曲面比较光顺。也可用以正交线方式显示曲面上的法向曲率大小来进行双向曲率分析,见图(e)。图(f)为对曲面的边界曲率进行检查 | 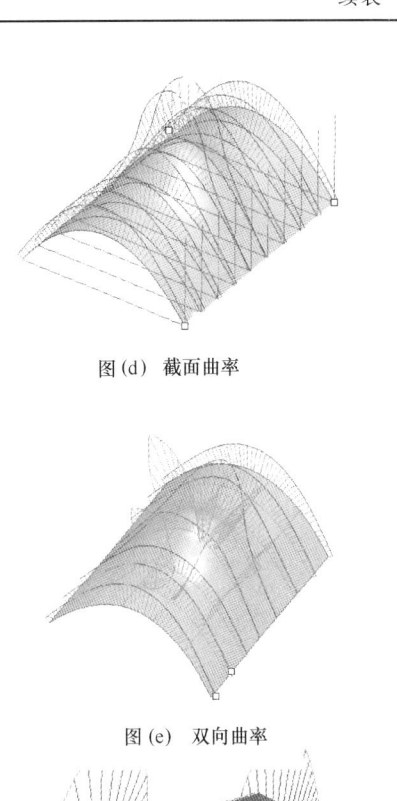
图(d) 截面曲率

图(e) 双向曲率

图(f) 边界曲率 |

4.6.4.2 基于光照模型的方法

曲面品质分析方法主要是分析曲面的光顺性,尽管可以通过曲面的曲率变化来评价光顺效果,但一般情况下并无具体的曲率值作为依据,因此仅用曲率轮廓图检查对于评估曲面质量是不够的。多数场合,还是以光作为媒介,采用光照模型方法,通过人的眼光来判断曲面是否光顺。

在汽车工业中,通常采用平行光照射的方法来检查车身曲面是否光顺。基于光照模型的方法是对这一过程的模仿,它比较直观,主要反映曲面法矢的变化情况。通过这种检查可以从总体上了解和把握曲面的光顺美感和造型风格等信息,常用的几种方法见表31-4-5。

4.6.4.3 任意点到曲面的距离

逆向设计中,可以用一系列采样点来描述实物样件,即通过模型重建技术将实物样件转换为三维数字化模型。因此,实物样件与模型曲面之间的误差,可以通过采样点与模型曲面之间的误差表示。模型与实物的比较问题可转换为采样点到曲面的距离,其精度指标可以采用最大距离、平均距离和距离误差估计等距离指标表示。对组合曲面可以分别计算各个子曲面的距离指标,而且采样点不必选择所有测量数据点,只需从测量点集中选取一些点作为计算参考点。当采样参考点到模型曲面的距离指标的最大值不超过给定的阈值,则可认为重建模型是合格的。

表 31-4-5　基于光照模型常用的几种方法

光照模型的方法	说　　明	
反射线法	原理:反射线法是应用最为成熟的一种曲面分析方法。此功能可以建立一组平行直线光源,使其从一个特殊方向观看时,光源照射时曲面所反射的曲线 如图所示,V 是一固定视点,$L_i(t)$ 是一组平行光源,B 为光源的方向矢量,对于参数曲面 $S(u,v)$,$n(u,v)$ 为曲面的单位法矢量,反射线由曲面上的一组点 P 组成,点 P 在曲面上的法线方向 n 分别与点 P 到光源的矢量 R 和与视点 V 所成角度相等 反射线的存在性与视点的方位有关,必须选择合理的视点,才能保证反射线的唯一性,并能够投影到曲面上	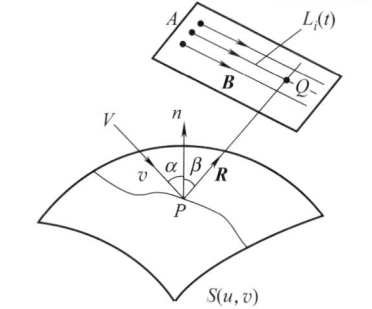
	特点与应用:通常,检查曲面上的细微缺陷可以通过反射线的不规则扭曲反映出来;同时它也可以用于检查曲面的连续性,反射线的连续性比对应的曲面的连续性降低一阶。如果曲面是 G^i 连续的,则反射线 $G^{(i-1)}$ 连续 G^0 的反射线在每个表面上产生一次反射,反射线呈间断分布 G^1 的反射线将产生一次完整的表面反射,反射线连续但呈扭曲状 G^2 的反射线将产生横过所有边界的完整的和光滑的反射线 反射线比较规则,分布较均匀,则曲面的光顺性比较好,反之则光顺性较差;如果两相邻曲面上的反射线断开,则该两曲面最多点连续;如反射线有尖点,则曲面切矢连续;如反射线光滑过渡,则两曲面曲率连续 反射线法虽然得到广泛的应用,但其受视点的影响,反射线法的效果在很大程度上取决于视点的选择和检查人员的经验水平	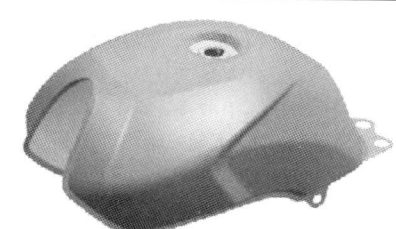 摩托车油箱反射条纹检查
等照度线法	原理:等照度线由曲面上具有相同光照度的点集合所形成的曲线称为等照度线。等照度线是一种等距离的条纹,观察此条纹在曲面上的反射情况,可以了解曲面的状态与品质 等照度线的构成原理如图所示,入射光是一组平行光源,平行光线的方向矢量为 l,$n(u,v)$ 为平行光线与参数曲面 $S(u,v)$ 交点 P 处的法向矢量。用平行光线的方向矢量与对应法向矢量的夹角来标定光照度的话,等照度线上的点 P 满足 $$(l,n(u,v))=\cos\alpha=\mathrm{const}$$ 等照度线为所有点 P 的轨迹,取不同的 α 值可以建立一系列的等照度线	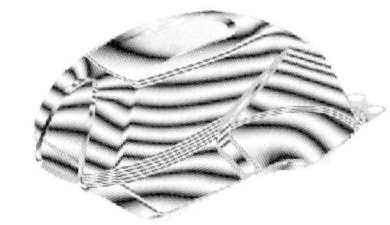
	特点与应用:可以根据等照度线的走向和分布来分析曲面的光顺性,检查曲面的连续性。与反射线法一样,等照度线的连续次数比曲面连续次数小 1 次。若等照度线连续且分布均匀,则被检曲面的光顺程度高,如果相邻曲面上的等照度线是光滑过渡,则这些曲面之间满足曲率连续。另外,等照度线的形状也反映了曲面形状的变化,如在球面上,等照度线为圆形 由于平行光线的方向矢量 l 是固定的,因此等照度线不受视点的影响,是对反射线法的一种改进。应该看到,如果曲面是一个平面,则其法向固定不变,从而导致平面上的所有点都成为交点,等照度线失去唯一性,因此等照度线不适用于平面或几乎是平面的情况	 发动机罩等照度线分析效果

续表

光照模型的方法	说　明	
高光线（高亮线）法	原理：高光线法是一种简化的反射线法，取消了视点。简化原理如下：如果取入射线、反射线和法向量重合，则反射线简化为高亮线。其实质就是使得通过高亮线的法向直线与平行光线的垂直距离等于零。如图所示，参数曲面 $S(u,v)$ 上点 P 处的法向矢量为 $\boldsymbol{n}$，平行光线为 $L_i(t)=A_i+Bt$，过点 P 的法向直线为 $E(t)=P+\boldsymbol{n}(u,v)t$，两直线之间的垂直距离可表示为 $d(u,v)=|(B\times\boldsymbol{n})\times(A_i-P)|/\|(B\times\boldsymbol{n})\|$ 根据高光线的定义，取 $d=0$，则对于确定的 $L_i(t)$ 和 $S(u,v)$ 可以解得一系列的点 P 组成高亮线，不同的 A_i 可以确定一系列的高亮线	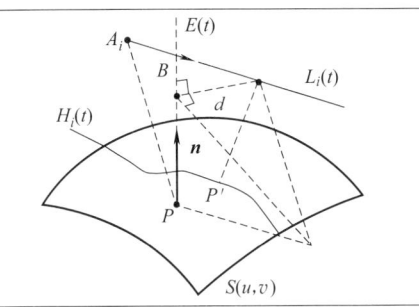
	特点与应用：高光线是曲面上一些点的集合，这些点的法矢和光线的垂直距离等于零，它可以通过计算等高线获得，具有较快的速度，是一种有效的、适用于实时曲面品质评价方法，可用于检查曲面的连续性和凹凸性。高光对曲面上点的法矢方向的变化十分敏感。轮廓图的杂乱无章表明曲面上相应区域内曲率分布不均。与反射线法一样，如果高亮线是 $G^{(i-1)}$ 连续的，则对应曲面 G^i 连续	 发动机罩的高光线检查效果
真实感图形	借助于先进的图形绘制技术，通过光源设置、材质性能、透明处理和背景搭配等技巧渲染出真实感图形（彩色光照图），使其对曲面的形状有一个非常直观的了解。但通常彩色光照图显示并不十分有效，因为光照图显示的目的是得到高质量的图像，并不能完全显示出产品的曲面质量	 车体真实感渲染图形

(1) 点到平面的最小距离

已知一点和平面 K_n，见图 31-4-21，$\boldsymbol{n}$ 为坐标原点到平面的单位法矢，P 是 Q 到平面的最近点，即 $D_{\min}=|P-Q|$，此时 P 必须满足
$$(P-Q)\times\boldsymbol{n}=0 \tag{31-4-84}$$

这样 $(P-Q)$ 平行于 $\boldsymbol{n}$，且 P 满足平面方程
$$Ax+By+Cz+D=0 \tag{31-4-85}$$

也可以写成 $(P-Q)\times(P-K_n)=0$

(2) 点到曲面间的最小距离

令点 Q 到曲面 $r(u,v)$ 的最近的点是 $P(u,v)$，则在点 $P(u,v)$ 的邻域内有 $D_{\min}=|P-Q|$，矢量 $(P-Q)$ 必须与曲面在 $P(u,v)$ 的法矢方向相同，如图 31-4-22 所示。因而，点到曲面的最小距离问题可以转化为计算点在参数曲面 $r(u,v)$ 上的投影，投影方向为曲面的法矢。一般地，空间任意点在曲面的投影可以表示为

$$Q-P=R\frac{r_u\times r_v}{|r_u\times r_v|} \tag{31-4-86}$$

式中，P 为 Q 在曲面上的投影；R 为点 Q 到曲面 $r(u,v)$ 的最短距离；$r_u=\dfrac{\partial r}{\partial u}$，$r_v=\dfrac{\partial r}{\partial v}$ 为参数曲面的偏导数。

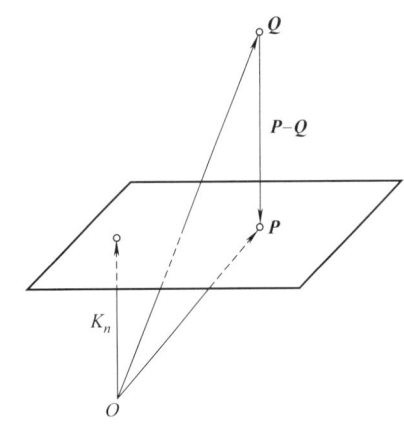

图 31-4-21　点到平面的最短距离

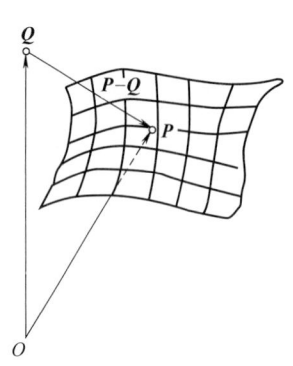

图 31-4-22　点到曲面的最短距离

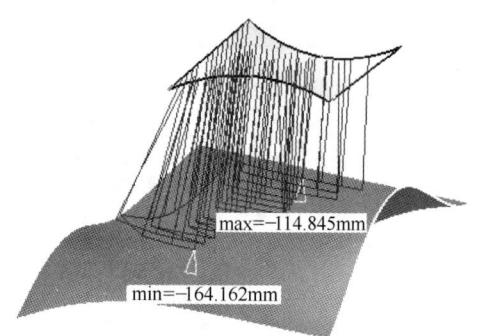

图 31-4-23　曲面与曲面的法向距离

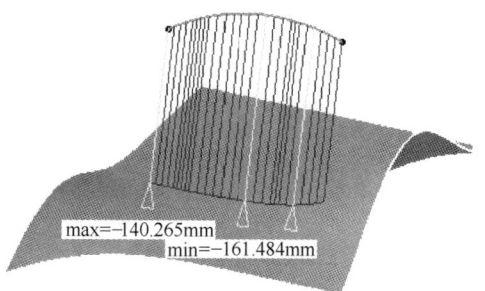

图 31-4-24　曲线与曲面的 Z 向距离

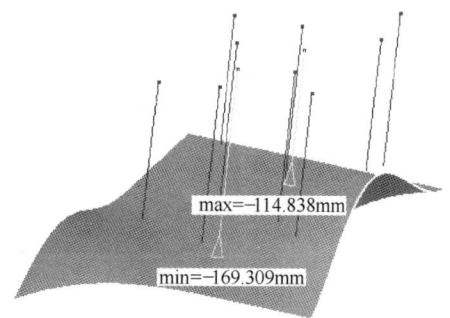

图 31-4-25　点（云）与曲面的 Z 向距离

对于复杂曲面来说，方程式（31-4-86）为高次非线性方程，通常可用 Newton-Rephson 迭代法求解，但 Newton-Rephson 法对初值要求严格，初值选取不当，会导致计算发散；同时 Newton-Rephson 法比较费时，实践中不是理想的方法。在工程中为了避免解线性方程组，常采用几何分割的方法，将曲面离散成一系列平面片组成的多面体，然后计算点到各个平面片的距离，取其中的最小值为要求的最短距离。这种方法的计算精度与曲面的离散程度成正比，要得到较高的精度，就必须离散出更多的曲面片，但计算速度也随之下降了。

用距离作为判定指标，实践中距离分析的对象可以是两组几何元素，如曲面与曲面、曲线与曲面、点（云）与曲面、曲线与曲线、点（云）与曲线等，同时距离可以是法向距离，也可以是沿某一坐标轴方向的距离。如图 31-4-23 所示为曲面与曲面的法向距离，图 31-4-24 所示为曲线与曲面的 Z 向距离，图 31-4-25 所示为点（云）与曲面的 Z 向距离。

第 5 章 常用逆向工程设计软件

5.1 逆向工程设计软件简介

逆向设计是以实物原型为基础，通过测量测绘、扫描等手段得到实物的相关数据，再运用软件的 CAD 功能，从而对产品进行复制或创新设计。逆向工程软件能直接接收来自测量设备的产品数据，通过必要的编辑和功能处理，生成复杂的三维曲线或曲面原型，匹配上标准数据格式后，将这些曲线、曲面数据传输到合适的 CAD/CAM 系统中，经过反复修改完成最终的产品造型。

在逆向工程应用初期，由于没有专用的逆向工程设计软件，只能选择一些正向的 CAD/CAM 系统来完成模型的重建。由于逆向设计的特点，正向的 CAD/CAM 软件已不能满足快速、便捷、正确地进行模型重建的需要。后来，为满足复杂曲面重建的要求，一些软件商如 PTC、CATIA 等，在其传统 CAD 系统里集成了逆向造型模块。而伴随着逆向工程及其相关技术理论研究的深入进行及其成果商业应用的广泛开展，大量的商业化专用逆向工程 CAD 建模系统日益涌现。当前，市场上提供了专业逆向建模功能的系统达几十种，较具代表性的有 UG 公司的 Imageware、Geomagic 公司的 Geomagic Warp、Geomagic Design X、Geomagic Design Control、PTC 公司的 ICEM Surf、DELCAM 公司的 CopyCAD 软件以及浙江大学的 RE-Soft 系统等。

（1）逆向设计模块

它是在现有商品化三维设计软件的基础上，针对逆向设计特点，集成了相应的处理模块。如 Creo 中的扫描工具（scan tools）、重新造型（restyle）、小平面特征（facet feature），CATIA 中的数字化外形编辑器（digitized shape editor）、快速曲面重建（quick surface reconstruction），UG NX 中的 UG 逆向工程（UG/In-shape）。这些逆向设计模块为整体系列软件产品中的一部分，无论数据模型还是几何引擎均与系列产品中的其他组件保持一致。这样做的好处是利用其逆向模块构建的模型可以直接进入该软件 CAD 或 CAM 模块中，实现了数据的无缝集成，自动化程度比较高，方便了用户。但这类集成的模块与专业逆向设计软件相比，其功能不够强大，在点云质量不高和细节特征较多时，不能较好地完成任务，在根据特征划分点云和数据处理方面还有待改进，人工控制能力也有待加强。

（2）专业逆向设计软件

除了集成在现有三维 CAD 软件上的逆向设计模块外，已有专门的商业化逆向设计软件，其中具有代表性的有 Imageware、Geomagic 系列软件等。这类软件专业性强、功能强大、操作方便，特别是对于海量点云的数据处理能力要远远强于逆向设计模块。从复杂的曲面造型功能上讲，目前流行的逆向工程软件尚难与主流 CAD/CAM 系统软件抗衡，但作为重要的曲线、曲面造型的数据管道，越来越多的逆向工程软件被选作这些 CAD/CAM 系统的第三方软件。目前，虽然商用的逆向工程软件类型很多，但是在实际设计中，专门的逆向工程设计软件还存在着较大的局限性。例如，Imageware 软件在读取点云等数据时，系统工作速度较快，能较容易地进行海量点数据的处理；但进行面拟合时，Imageware 所提供的工具及面的质量却不如其他 CAD 软件如 Creo、NX 等。

根据造型方式的不同，逆向设计的技术路线可以分为"正向"和"逆向"两种技术路线。采用"正向"技术路线的基本步骤是点→线→面，特点是测量密度较小，速度较慢。其测量方式为接触式测量，适用对象是柔性多配合产品。若采用"正向"技术路线，推荐使用的逆向工程软件即为 Creo 或 CATIA 等正向的软件。采用"逆向"技术路线的基本步骤是点→多边形→面，特点是测量密度大，速度快。其测量方式多为非接触式扫描测量，适用对象是刚性非配合产品。若采用"逆向"技术路线，则推荐使用的逆向工程软件为 Imageware 或 Geomagic 等逆向造型软件。在具体逆向设计中，一般采用几种软件配套使用、取长补短的方式。为此，在实际建模过程中，建模人员往往采用"正向"+"逆向"的建模模式，即在正向 CAD 软件的基础上，配备专用的逆向造型软件，如 Imageware、Geomagic 等。在逆向软件中先构建出模型的特征线，而后把这些线导入正向 CAD 系统中，由正向 CAD 系统来完成曲面的重建。

5.2 Geomagic Wrap 软件

5.2.1 软件介绍

Geomagic Wrap 是 Geomagic 公司的 3D 模型数据

转换应用工具,提供了强大的工具箱,包含了点云和多边形编辑功能以及强大的造面工具,可根据任何实物零部件通过扫描点云自动生成准确的数字模型,具有许多亮点,如 UV 调整工具、折角选择功能、DXF 雕刻工具、特征 UV 绘图工具、纹理面尺寸工具、点云-多边形展开功能,强大而专业的功能可以让用户在几分钟内完成三维扫描、三角网格处理、曲面创建等工作流程,能够以易用、低成本、快速而精确的方式帮助从点云过渡到可立即用于下游工程、制造、艺术和工业设计等的 3D 多边形和曲面模型。

5.2.2 工作流程

Geomagic Wrap 软件中完成一个 NURBS 曲面的建模需要三个阶段的操作,分别为点阶段、多边形阶段、曲面阶段(包含形状模块/制作模块)。点阶段的主要作用是对导入的点云数据进行预处理,将其处理为整齐、有序及可提高处理效率的点云数据。多边形阶段的主要作用是对多边形网格数据进行表面光顺与优化处理,以获得光顺、完整的三角面片网格,并消除错误的三角面片,提高后续的曲面重建质量。曲面阶段分为两个模块:形状模块和制作模块。形状模块的主要作用是获得整齐、划分网格,从而拟合成光顺的曲面;制作模块的主要作用是分析设计目的,根据原创设计思路对各曲面进行定义曲面特征类型并拟合成准 CAD 曲面。图 31-5-1 表示 Geomagic Wrap 软件的主要工作流程。

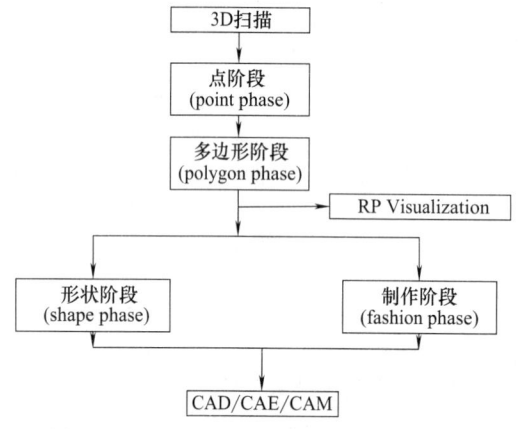

图 31-5-1 Geomagic Wrap 软件的主要工作流程

5.2.3 基本功能

点阶段是从硬件设备获取点云后进行一系列的技术处理,从而得到一个完整而理想的点云数据,并封装成可用多边形数据模型。其主要思路:首先根据需要对导入点云数据进行合并点对象处理,生成一个完整的点云;通过着色处理来更好地显示点云;然后进行去除非连接项、去除体外孤点、减少噪声、统一采样、封装等技术操作。

多边形阶段是在点云数据封装后进行一系列的技术处理,从而得到一个完整的理想多边形数据模型,为多边形高阶段的处理以及曲面的拟合打下基础。其主要思路是:首先根据封装多边形数据进行流形操作,再进行填充孔处理;去除凸起或多余特征,将多边形用砂纸打磨光滑,对多边形模型进行松弛操作;然后修复相交区域去除不规则三角形数据,编辑各处边界,进行创建或者拟合孔等技术操作。必要的时候还需要进行锐化处理,并将模型的基本几何形状拟合到平面或者圆柱,对边界的延伸或者投影到某一平面,还可以进行平面截面以得到规整的多边形模型。

曲面阶段/形状模块是从多边形阶段转换后进行一系列的技术处理,从而得到一个理想的曲面模型。其主要思路是:①进行轮廓线技术处理,探测轮廓线、编辑轮廓线、探测曲率、移动曲率线、细分/延伸轮廓线、编辑/延伸、升级/约束、松弛轮廓线、自动拟合曲面;②进行曲面片处理,构造曲面片、松弛曲面片、编辑曲面片、移动曲面片、移动面板、压缩曲面片层、修理曲面片、绘制曲面片布局图;③进行格栅处理,构造格栅、指定尖角轮廓线;④完成 NURBS 曲面的处理,进行拟合曲面、合并曲面、删除曲面、3D 比较等技术处理;⑤得到理想的 NURBS 曲面,以 IGES 格式文件输出到其他系统。

曲面阶段/制作模块是根据多边形阶段下的三角形网格曲面进一步生成 NURBS 曲面,其主要思路是:首先,根据曲面表面的曲率变化生成轮廓线,并对轮廓线进行编辑达到理想效果,通过轮廓线的划分将整个模型分为多个曲面;其次,根据轮廓线进行延伸并编辑,通过对轮廓线的延伸完成各个曲面之间的连接部分;最后,对各个曲面进行定义,并拟合各个曲面及曲面之间的连接部分。

5.2.4 主要数据处理模块

Geomagic Wrap 主要数据处理模块如表 31-5-1 所示。

5.2.5 主要特点

① 提供快速并易于使用的解决方案,将自动智能工具可视化和转化点云数据到可用的 3D 模型。支持应用最多的非接触 3D 扫描和探针接触式设备。

② 基于 3D 扫描数据进行点云编辑并快速创建精确的多边形模型。

③ 强大的重分格栅工具从杂乱的扫描数据中创建整齐的多边形模型。

第 5 章　常用逆向工程设计软件

表 31-5-1　　　　　　　　　　　Geomagic Wrap 主要数据处理模块

模块	作用	功　　能
基础模块	为软件操作人员提供基础的操作环境	文件存取、显示控制及数据结构
点处理模块	对导入的点云数据进行预处理，将其处理为整齐、有序以及可提高处理效率的点云数据	• 导入点云数据 • 选择体外孤点、非连接项、减少噪点、删除点云 • 对点云数据进行曲率、等距、统一或者随机采样 • 添加点、偏移点 • 由点云创建曲线，并可对曲线进行编辑、分裂/合并、摘选、拟合、投影、转为边界等处理 • 对点云三角面片网格化封装
多边形处理模块	对多边形网格数据进行表面光顺与优化处理，以获得光顺、完整的三角面片网格，并消除错误的三角面片，提高后续的曲面重建质量	• 清除、删除钉状物，减少噪点以光顺三角网格 • 细化或者简化三角面片数目 • 加厚、抽壳、偏移三角网格 • 填充内、外部孔或者拟合孔，并清除不需要的特征 • 合并/平均多边形对象，并进行布尔运算 • 锐化曲面之间的连接，形成角度 • 选择系统平面或者生成的对象曲面对模型进行截面运算 • 手动雕刻曲面或者加载图片在模型表面形成浮雕 • 打开或封闭流形，增强表面啮合 • 创建边界，并可对边界进行伸直、增加/减少控制点、松弛、延伸、细分、投影、创建对象等处理 • 修复相交区域，消除重叠的三角形
形状模块	实现数据分割与曲面重构，通过获得整齐的划分网格，从而拟合出光顺的曲面	• 自动拟合曲面 • 探测轮廓线，并对轮廓线进行绘制、松弛、收缩、合并、细分、延伸等处理 • 探测曲率线，并对曲率线进行移动、设置级别、升级/约束等处理 • 构造曲面片，并对曲面片进行移动、松弛、修理等处理 • 定义面板类型，均匀化铺曲面片 • 构造栅格，并可对栅格进行松弛、编辑、简化等处理 • 拟合 NURBS 曲面，并可修改 NURBS 曲面片层、表面张力 • 对曲面进行松弛、合并、删除等处理
制作模块	通过定义曲面特征类型并拟合成准 CAD 曲面	• 探测轮廓线，并对轮廓线进行绘制、松弛、收缩、合并、细分、延伸等处理 • 统一或自适应方式对轮廓线进行延伸，并对延伸线进行编辑 • 根据划分的曲面分类为平面、圆柱、圆锥、球、伸展、拔模伸展、旋转、自由曲面类型 • 拟合初级曲面 • 拟合连接 • 对初级曲面的修剪或者未修剪曲面进行偏差等分析，对不符合要求的曲面重新进行构建 • 创建 NURBS 曲面，并可输出整个模型、未修剪初级曲面、已修剪初级曲面或者剖面曲线
参数转换模块	将定义的曲面数据送到其他 CAD 软件中进行参数化修改	• 选择数据交换对象 • 选择数据交换类型：曲面、实体、草图 • 将数据添加至当前活动的 CAD 零件文件或将数据添加至新的 CAD 零件文件 • 选择曲面数据发送至 CAD 软件环境

④ 用于孔填充、平滑化、修补和不透水模型创建的多边形编辑工具。

⑤ 立即使用来自 Geomagic Wrap 的数据进行 3D 打印、快速成型和制造。

⑥ 扩展的精确曲面创建工具提高了曲面质量和布局的控制，并实现了对 NURBS 补丁布局、曲面质量和连续性的完全控制。

⑦ 在 KeyShot 中快速完成数据渲染，使设计作品拥有令人惊叹的照片般的视觉效果。

⑧ 从扫描数据应用程序的多边形设计主体中提取曲线和硬质要素。

⑨ 强大的脚本工具能够对 Wrap 现有功能进行极大地扩展并实现程序的完全自动化。

⑩ 使用简单、全面的精确曲面创建界面将模型的精确曲面创建导入到 NURBS 中。

5.3 Geomagic Design X 软件

5.3.1 软件介绍

Geomagic Design X 及其前身 Rapidform XOR 具有强大的逆向建模功能，已得到广泛应用。Geomagic Design X 提供了一个全新的又为大家所熟悉的建模过程，它不仅支持所有逆向工程的工作流程，而且创建模型的设计界面和过程与主流 CAD 应用程序相似，用 SolidWorks、CATIA、Creo 或 NX 等进行设计工作的工程师，可以直接使用 Geomagic Design X 进行建模设计。Geomagic Design X 不仅拥有参数化实体建模的能力，还拥有 NURBS 曲面拟合能力，能够利用这两种能力共同创建有规则特征及自由曲面特征的 CAD 模型。

5.3.2 工作流程

Geomagic Design X 软件的主要工作流程如图 31-5-2 所示。

Geomagic Design X 逆向设计的基本原理是对直接的三维扫描数据（包括点云或多边形，可以是完整的或不完整的）进行处理后生成面片，再对面片进行领域划分，依据所划分的领域重建 CAD 模型或 NURBS 曲面来逼近还原实体模型，最后输出 CAD 模型。建模流程可划分为数据采集、数据处理、领域划分、模型重建和输出共五个前后联系紧密的阶段来进行。整个操作过程主要包括点阶段、多边形阶段、领域划分阶段、模型重建阶段。点阶段主要是对点云进行预处理，包括删除杂点、点云采样等操作，以获得一组整齐、精简的点云数据。多边形阶段的主要目

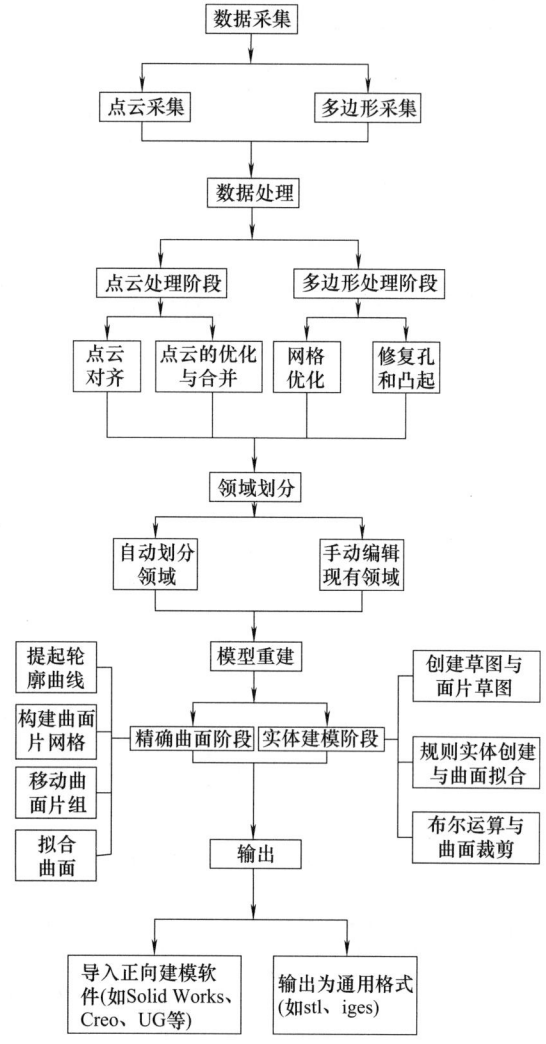

图 31-5-2 Geomagic Design X 软件的主要工作流程

的是对多边形网格数据进行表面光顺与优化处理，以获得光顺、完整的多边形模型。领域划分阶段是据扫描数据的曲率和特征将面片分为相应的几何领域，得到经过领域划分后的面片数据，为后续模型重建提供参考。模型重建可分为两个流程：精确曲面阶段和实体建模阶段。精确曲面阶段的主要目的是进行规则的网格划分，通过对各网格曲面片的拟合和拼接，拟合出光顺的 NURBS 曲面。实体建模阶段的主要目的是以所划分的面片数据为参考建立截面草图，再通过旋转、拉伸等正向建模方法重建实体模型。

5.3.3 基本功能

Geomagic Design X 软件中对点云的处理包括点云的优化、编辑、合并/结合、单元化向导。其中点

云的优化与合并/结合在点阶段使用比较频繁,特别是杂点消除、采样、平滑、合并/结合等命令。多边形阶段处理数据对象为面片,面片是点云用多边形(一般是三角形)相互连接形成的网格,其实质是以三角形网格的形式反映数据点与其邻近点的拓扑连接关系。多边形阶段的工作是修复面片数据上错误网格,并通过平滑、锐化、编辑境界等方式来优化面片数据。Geomagic Design X 中的对齐模块提供了多种对齐方法,将扫描的面片(或点云)数据从原始的位置移动到更有利用效率的空间位置,为扫描数据的后续使用提供更简洁的广义坐标系统。通过对齐模块提供的工具,可将面片数据分别与用户自定义坐标系、世界坐标系以及原始 CAD 数据进行对齐,分别对应于对齐模块中"扫描到扫描""扫描到整体"及"扫描到 CAD"三组对齐工具。

领域阶段是将多边形数据模型按曲率进行数据分块,使数据模型各特征(圆柱、自由曲面等)通过领域进行独立表达,从而将多边形模型划分为一个领域组。多边形模型作为领域阶段的编辑对象,是由三角形面片连接组成的多边形网格,多边形网格的基本元素包括单元面、单元边线、单元顶点及边界四个部分。单元边线及单元顶点构成三角形单元面,三角形单元面相互拼接,将边界范围内的区域填充成多边形网格面。领域是由单元面组成的连续数据区域,不含有单元边线和单元顶点。在进行领域划分时,可根据曲率值划分出不同特征区域。

Geomagic Design X 软件中的草图模块功能与主流的正向 CAD 软件类似,利用该模块可以在三维空间中的任何一个平面内建立草图平面。应用草图模块中提供的草图工具,用户可以轻易地根据设计需求画出模型的平面轮廓线;通过添加几何约束与尺寸约束可以精确控制草图的几何尺寸关系,精确表达设计的意图,实现尺寸驱动与参数化建模。创建的草图还可以进一步用实体造型工具进行拉伸、旋转等操作,生成与草图相关联的实体模型。草图模块在逆向建模过程中的主要功能是用基准平面的偏移平面截取模型特征的轮廓线,并利用其草图绘制功能对截取的截面轮廓线进行绘制、拟合和约束等操作,使其尽可能精确地反映模型的真实轮廓。首先,在对点云模型或面片模型进行特征分解和功能分析,在明确原始设计意图的基础上,根据特征及功能的主次关系制定合理的建模顺序。然后,根据不同的模型特征选取合适的基准平面,通过基准平面的偏移平面与模型相交,获取能够清楚表达模型特征轮廓的截面线。最后,通过绘制、拟合等操作将投影在基准平面的截面轮廓线重构,并添加尺寸和位置约束,便于后续的参数化建模。

Geomagic Design X 建模模块的要领是在前期点云数据处理的基础上,通过拖动基准平面与模型相交获取特征草图,再利用拉伸、旋转等操作命令创建出实体模型。首先,根据模型表面的曲率设置合适的敏感度,将模型自动分割成多个特征领域。然后,根据建模需求对领域进行编辑,即根据原始设计意图对模型特征进行识别,规划出建模流程。在已掌握设计意图的基础上,通过定义基准面和拖动基准面改变与模型相交的位置来获取模型特征截面线,并利用草图工具进行草图拟合,精确还原模型局部特征的二维平面草图。最后,通过常用的三维建模工具创建出与原实物模型吻合的实体模型。

"3D 草图"模块包含"3D 面片草图"和"3D 草图"两个模式,处理的对象是面片和实体。在"3D 草图"模式下,可以创建样条曲线、断面曲线和境界曲线。"3D 面片草图"模式下也可以创建上述曲线,区别在于其创建的曲线在面片上。"3D 面片草图"模式下还可以创建、编辑补丁网格,通过补丁网格拟合 NURBS 曲面,这与曲面创建模块中的补丁网格功能相同。"3D 草图"模式下创建的曲线保存在"3D 草图中","3D 面片草图"模式下创建的曲线保存在 3D 面片草图中。每个草图文件都是独立的,通过变换要素可以将已有草图中的曲线变换到当前草图,通过草图创建的曲线可以作为裁剪工具剪切曲面,也可以作为拉伸、放样等建模命令的要素。

精确曲面是一组四边曲面片的集合体,按不同的曲面区域来分布,并拟合成 NURBS 曲面,以表达多边形模型(可以是开放的或封闭的多边形模型)。相邻四边曲面片边界线和边界角(使用指定的除外)需是相切连续。曲面模型创建过程中,软件提供了手动和半自动编辑工具来修改曲面片的结构和边界位置。创建 NURBS 曲面过程中的关键一步是将面片模型分解成为一组四边曲面片网格。四边曲面片网格是构建 NURBS 曲面的框架,每个曲面片由四条曲面片边界线围成。模型的所有特征均可由四边曲面片表示出来,如果某个重要的特征没有被曲面片很好地定义,可通过增加曲面片数量的方法进行解决。

Geomagic Design X 测量模块可以测量对象上点与点的距离、点与线或平面的距离、两线或两平面的距离、平面与线的距离,这样可以方便地计算出测量模块基本尺寸、几何形状之间位置尺寸和几何形状主要轮廓尺寸等,同时还可以计算实体模型中的角度、半径和测量断面等一系列数据。

5.3.4 主要数据处理模块

表 31-5-2　　　　　Geomagic Design X 的主要数据处理模块

模块	作　用	功　　能
初始模块	给软件操作人员提供基础的操作环境	文件打开与存取、对点云或多边形数据采集方式的选择、建模数据实时转换到正向建模软件中以及帮助选项等
模型模块	对实体模型或曲面进行编辑与修改	• 创建实体(曲面):拉伸、回转、放样、扫掠基础实体(或曲面) • 进入面片拟合、放样向导、拉伸精灵、回转精灵、扫掠精灵等快捷向导命令 • 构建参考坐标系与参考几何图形(点、线、面) • 编辑实体模型,包括布尔运算、圆角、倒角、拔模、建立薄壁实体等 • 编辑曲面,包括剪切曲面、延长曲面、缝合曲面、偏移曲面等 • 阵列相关的实体与平面,移动、删除、分割实体或曲面
草图模块	对草图进行绘制 包括草图与面片草图两种操作形式。草图是在已知平面上进行草图绘制,面片草图是通过定义一个平面,截取面片数据的截面轮廓线为参考进行草图绘制	• 绘制直线、矩形、圆弧、圆、样条曲线等 • 选用剪切、偏置、要素变换、阵列等常用绘图命令 • 设置草图约束条件,设置样条曲线的控制点
3D草图模块	绘制 3D 草图 包括 3D 草图与 3D 面片草图两种形式	• 绘制样条曲线 • 进行对样条曲线的剪切、延长、分割、合并等操作 • 提取曲面片的轮廓线、构造曲面片网格与移动曲面组 • 设置样条曲线的终点、交叉与插入的控制数
对齐模块	用于将模型数据进行坐标系的对齐	• 对齐扫描得到的面片或点云数据 • 对齐面片与世界坐标系 • 对齐扫描数据与现有的 CAD 模型
曲面创建模块	通过提取轮廓线、构造曲面网格,从而拟合出光顺、精确的 NURBS 曲面	• 自动曲面化 • 提取轮廓线,自动检测并提取面片上的特征曲线 • 绘制特征曲线,并进行剪切、分割、平滑处理 • 构造曲面网格 • 移动曲面片组 • 拟合曲面
点处理模块	对导入的点云数据进行处理,以获取一组整齐、精简的点云数据,封装成面片数据模型	• 运行"面片创建精灵"命令快速创建面片数据 • 修改模型中点的法线方向 • 对扫描数据进行三角面片化 • 消除点云数据中的杂点,平滑点云数据并进行采样处理 • 偏移、分割点云,将点、线、面等要素变化为点云
多边形模块	对多边形数据模型进行表面光顺及优化处理,以获得光顺、完整的多边形模型,并消除错误的三角面片,提高后续拟合曲面的质量	• 运行"面片创建精灵"将多边形数据快速转换为面片数据 • "修补精灵"智能修复非流行顶点、重叠单元面、悬挂的单元面、小单元面等 • 智能刷将多边形表面进行平滑、消减、清除、变形等操作 • 填充孔、删除特征、移除标记 • 加强形状、整体再面片化、面片的优化等 • 消减、细分、平滑多边形 • 选择平面、曲线、薄片对模型进行裁剪 • 通过曲线或手动绘制路径来移除面片的某些部分 • 修正面片的法线方向 • 赋厚、抽壳、偏移三角网格 • 合并多边形对象,并进行布尔运算
"领域"模块	根据扫描数据的曲率和特征将面片划分为不同的几何领域	• 自动分割领域 • 重新对局部进行领域划分 • 手动合并、分割、插入、分离、扩大和缩小领域 • 定义划分领域的公差与孤立点比例

5.3.5 主要特点

① 拓宽设计能力：Geomagic Design X 通过最简单的方式由 3D 扫描仪采集的数据创建出可编辑、基于特征的 CAD 数模并将它们集成到现有的工程设计流程中。

② 加快产品上市时间：Geomagic Design X 可以缩短从研发到完成设计的时间，从而可以在产品设计过程中节省数天甚至数周的时间。对于扫描原型、现有的零件、工装零件及其相关部件以及创建设计来说，Geomagic Design X 可以在短时间内实现手动测量并且创建 CAD 模型。

③ 改善 CAD 工作环境：无缝地将三维扫描技术添加到日常设计流程中，提升了工作效率，并可直接将原始数据导出到 SolidWorks、Siemens NX、Inventor、Creo。

④ 实现不可能：Geomagic Design X 可以创建出非逆向工程无法完成的设计。例如，需要和人体完美拟合的定制产品，创建的组件必须整合现有产品、精度要求精确到几微米，创建无法测量的复杂几何形状。

⑤ 降低成本：可以重复使用现有的设计数据，因而无须手动更新旧图纸、精确地测量以及在 CAD 中重新建模。减少高成本的失误，提高了与其他部件拟合的精度。

⑥ 强大且灵活：Geomagic Design X 基于完整 CAD 核心而构建，所有的作业用一个程序完成，用户不必往返进出程序，并且依据错误修正能自动处理扫描数据，所以能够更简单快捷地处理更多的数据。

⑦ 基于 CAD 软件的用户界面更便于理解学习：使用过 CAD 的工作人员很容易开始 Geomagic Design X 的学习，Rapidform 的实体建模工具是基于 CAD 的建模工具，简洁的用户界面有利于软件的学习。

5.4 Geomagic Control X 软件

5.4.1 软件介绍

Geomagic Control X 是一款强大和精确的三维计量和检测系统，原名为 Geomagic Qualify，其应用于三维扫描仪和其他便携式检测设备的测量流程，用户可通过这个平台在检测对象上方便地进行编辑、CAD 比较和 GD&T 等自动化操作。它利用一系列广泛的计量工具为用户提供针对检测测量和质量验证的流程，如硬测头和非接触式扫描获取数据，而这些数据可使用户大幅度节约时间并提高精度。同时 Geomagic Control X 拥有功能强大的脚本定制能力，它可处理大量点云数据并加以分析和运行三维扫描仪，同时该技术可利用丰富的数据自动化生成易解读的偏差色谱图，并可对复杂任务进行自动化处理，提供的形位公差、硬测和方位检查功能可加快零件的测量速度和精确度。较之其他同类型软件，它最大的特点在于"GD&T"功能，该功能提供全方位直观的测量、尺寸和公差工具及选项，有了这个功能，自动检测几何特征或实时偏差工具等操作用户都能轻松完成。

5.4.2 工作流程

用 Geomagic Control X 进行质量检测，先需要进行辅助性的操作，这包括删除噪点和点云拼接等，待得到完好的点云数据再进入检测过程。其操作过程可简单归纳为点云处理、对齐、比较、分析和生成报告五个阶段，其主要工作流程如图 31-5-3 所示。

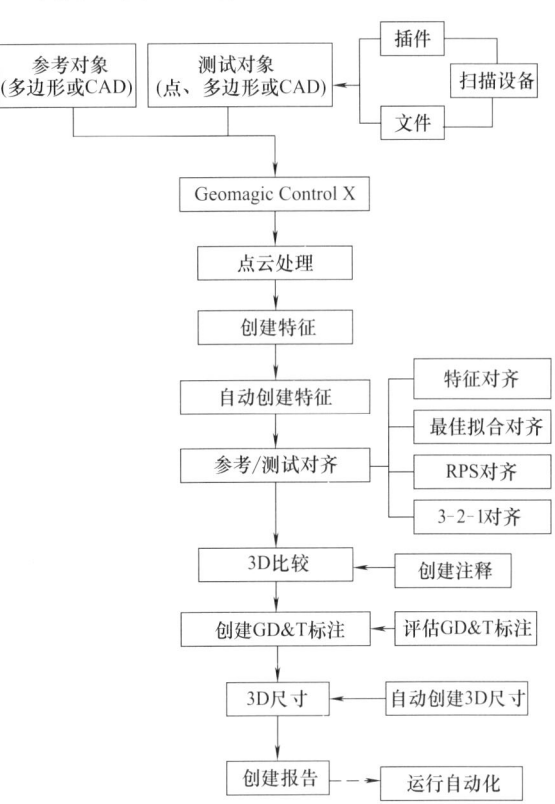

图 31-5-3 Geomagic Control X 软件的主要工作流程

5.4.3 基本功能

(1) 点云处理

点云处理包括删除噪点、数据采样和点云拼接等操作。使用三维扫描设备得到实物的点云数据时，难免会引入一些杂点,这将对检测结果带来影响。因此,在将扫描所得到的点云数据导入 Geomagic Control X 后,应将多余的点删除。操作时可手动选择将一些多余的点删除,也可利用"非连接项""体外孤点"命令让软件自动选择多余的点,再手动将其删除。"数据采样"通过简化点云数据,可以在保持精度的同时加快检测过程。点云拼接是将零件的各部分点云数据拼接成一个完整的点云数据。当扫描设备不能将整个零件一次全部扫描时,可在零件上贴上标志点,把零件分成几个区域分别扫描。导入软件后再组合成完整的零件点云数据。

(2) 创建特征

特征是模型实际上存在或虚构的一个对象,如点、直线、圆、槽、平面、球、圆柱体、圆锥体等。特征可以在参考对象和测试对象上分别创建,在测试数据比较完整的情况下,也可以通过参考对象上已创建的特征自动在测试对象上创建相对应的特征。创建的这些特征将为后续操作提供参考,如对齐、尺寸分析和比较意图。

(3) 对齐

经过处理后的点云数据在与 CAD 模型比较前,应将它们尽可能重合在一起,这样就可以通过对比看出各处的偏差。所以,应首先通过坐标变换把两者统一到同一个坐标系下,即对齐操作。Geomagic Control X 提供了多种对齐方法,而常用的主要有基于特征对齐、3-2-1 对齐、RPS 对齐和最佳拟合对齐四种方式。

(4) 比较分析

Geomagic Control X 通过生成三维彩色偏差图模型来反映整个零件各部位的误差情况,还可以对偏差色谱进行定义和修改,包括分段偏差色谱。也可对横截面和选定区域创建二维和三维尺寸图,比较二维和三维特征,测量点到点、特征到特征的距离和角度。在检测报告中可以创建"通过/失败"的图形化报告,方便阅读分析。

(5) 生成报告

Geomagic Control X 的生成报告功能可自动生成详细的检测报告,报告中包含检测数据、多重视图、注释等结果。自动生成检测报告的格式有 HTML、PDF、3D PDF、Word、XPS、CSV 和 XML 等。生成的 3D PDF 格式报告,可以用 Adobe Reader 查看全交互的三维模型报告,导出的 CSV 和 Unicode 数据可以应用于趋势分析和统计过程控制(SPC)。Geomagic Control X 还允许用户使用报告设计工具设计和自定义检测报告。定制报告,可以选择或排除某些视图、表格和专栏,可以为指定的格式设置字体类型和大小,下载专门的 Logo,甚至创建定制化的报告模板。

5.4.4 主要数据处理模块

表 31-5-3　　　　Geomagic Control X 的主要数据处理模块

模块	功能		操作命令
点云处理模块	对初始扫描数据进行一系列的预处理,包括去除非连接项、去除体外孤点、采样等处理,从而得到一个完整、理想且合用的点云数据,或封装成可用的多边形数据模型	"采样"工具栏(在不移动任何点的情况下减小点的密度)	• 统一采样:按照指定距离的方式对点云数据进行采样,是最常用的采样方法,同时可以指定模型曲率的保持程度 • 曲率采样:按照设定的百分比减少点云数据,同时可以保持点云曲率明显部分的形状 • 格栅采样:用于对导入的点云按照点与点的距离进行等距采样,是有效减小点云数量的方法(适合于无序的点云数据) • 随机采样:用随机的方法对点云进行采样,用于模型特征比较简单、比较规则的无序的点云数据
		"修补"工具栏(对点云数据按照一定的方式进行数据精减)	• 裁切点:用于从对象中删除已选点之外的所有点 • 删除点:用于从对象中删除所有选择点 • 选择非连接项:用于删除那些偏离主点云的点集或孤岛 • 选择体外孤点:可以进行体外孤点的选择并去除这些体外孤点。体外孤点是指模型中偏离主点云距离比较大的点云数据,通常是由于扫描过程中不可避免地扫描到背景物体,如桌面、墙、支撑结构等物体,必须删除

续表

模块	功 能	操作命令	
点云处理模块	对初始扫描数据进行一系列的预处理,包括去除非连接项、去除体外孤点、采样等处理,从而得到一个完整、理想且合用的点云数据,或封装成可用的多边形数据模型	"修补"工具栏(对点云数据按照一定的方式进行数据精减)	·减少噪声点:用于减少在扫描过程中产生的一些噪声点数据。噪声点是指模型表面粗糙的、非均匀的外表点云,扫描过程中由于扫描仪器轻微的抖动等原因产生。"减少噪声点"处理可以使数据平滑,降低模型这些噪声点的偏差值,在后来封装的时候能够使点云数据统一排布,更好地表现真实的物体形状 ·着色点:用于点云着色,以更加清晰、方便地观察点云的形状 ·填充孔:用于填充无序点对象表面上的孔 ·添加点:用于在无序点对象上的平面创建点 ·偏移点:用于按一定的距离沿着法向方向偏移无序点 ·法线:分为法线修补和法线删除两个操作命令,它用于处理无序的点对象,使其产生所需的法线。"法线修补"命令对无序的点对象进行处理,使其产生法线、翻转法线、移除不必要的法线。"法线删除"命令可以删除裸露在点云之外且没有用处的法线 ·扫描线:分为扫描线插补和扫描线顺序两个操作命令,它是用于修复某些扫描设备扫出的扫描线。"扫描线插补"命令用于对点云的优化处理,以便于生成高质量的多边形,适用于无序的点云数据。"扫描线顺序"命令是使无序排列的点数据转化为有序排列的点数据,适用于无序的点云数据
		"联合"工具栏(将同一模型的多个扫描数据合并成一个扫描数据或者一个多边形模型)	·联合点对象:是将多次扫描数据对象合并成一个点对象,同时在模型管理器中出现一项"合并的点"。此"合并的点"对象将成为一个完整的点云数据 ·合并:用于合并两个或两个以上的点云数据为一个整体,并且自动执行点云减噪,统一采样、封装,生成可视化的多边形模型,多用于注册完毕之后的多块点云之间的合并
		"封装"工具栏(把点云数据转换为多边形模型)	封装:将围绕点云进行封装计算,使点云数据转换为多边形模型

续表

模块	功 能	操 作 命 令
特征模块	特征可以在参考和测试上分别根据人为判断指定特征的类型来创建（如指定为平面特征、直线特征等）；对于测试对象的特征创建,在测试数据比较完整的情况下,还可以通过参考对象上已创建的特征自动在测试对象上创建相对应的特征；另外,对于参考模型的特征还可以通过"快捷特征"的方式自动识别创建	• 所有圆和槽：在 CAD 对象上对所有圆、圆角槽、椭圆槽、方槽和矩形槽自动创建特征子对象 • 直线：创建直线特征并为其指定名称 • 圆：创建圆形特征并为其指定名称 • 椭圆：创建椭圆形特征并为其指定名称 • 矩形槽：创建矩形槽特征并为其指定名称 • 圆形槽：创建圆形槽特征并为其指定名称 • 点目标：创建点目标特征并为其指定名称 • 直线目标：创建直线目标特征并为其指定名称 • 点：创建点特征并为其指定名称 • 球体：创建球体特征并为其指定名称 • 圆锥体：创建圆锥体特征并为其指定名称 • 圆柱体：创建圆柱体特征并为其指定名称 • 平行面：创建一组平行平面特征并为其指定名称 • 平面：创建平面特征并为其指定名称
对齐模块	对齐包括两种类型：一是点云数据之间的对齐,这种对齐是由于模型过大或数字化仪器扫描范围的局限性等原因,使得模型数字化过程中需要分次扫描获取多个点云数据,这样为了将同一个物理模型上分次扫描的点云重新组合起来,需要将模型的不同侧对齐成一个点云,以便得到完整的数字化测试模型；二是完整测试模型与 CAD 参考模型的对齐,其目的是为后续的比较与评估做准备。这两种对齐类型正好是大多数完整的对齐过程都要经过的两个步骤,首先是点云之间的对齐合并,然后再将对齐合并后的点云与 CAD 参考模型对齐。对齐有多种方法,不同的对齐方法将会对后面的分析结果产生影响,因此选择合适的对齐方式,对于要执行的检测类型是非常重要的	• 最佳拟合对齐：使用最佳拟合的方法将一个对象移动至另一个对象,以共享同一坐标系位置 • 基于特征对齐：根据相匹配的特征对将两个对象对齐以共享同一坐标系位置 • RPS 对齐：根据配对的参考点移动一个或多个对象以共享坐标系位置 • 3-2-1 对齐：在测试对象和参考对象上分别创建 X、Y 和 Z 平面,重新定向测试对象,使得三个平面与参考的三个平面相匹配 • 对齐到全局：使对象的"特征"与"世界坐标系"的平面、轴、"特征"或者原点对齐。当扫描数据（测试对象）进行检测时,该命令非常有用。数据对齐到全局坐标系后,可以很方便地截取截面和投影视图 • 到坐标系：在空间内移动测试对象,使其坐标系与参考坐标系对齐 • 手动对齐：通过手动平移、旋转或旋转对象中心来移动空间内的测试对象 • 最后对齐：保存当前对齐以备将来使用,并加载之前保存的对齐
分析模块	Geomagic Control X 的核心步骤在比较分析上,只有在此部分才算是真正意义上的对零件点云数据进行具体的检测操作。前面的点对象处理、建立参考对象、创建特征/基准特征、对齐等操作都是为对比分析作前期准备的,主要是为得到一个更能表现出零件真实状况的结果对象,其中比较分析功能主要有 3D 和 2D 两个工具单元	• 3D 比较：在对齐测试对象到参考对象后,结果对象的形式创建出三维彩色偏差图来量化两者间的结果偏差,并在模型管理器中生成新的结果对象 • 2D 比较：此命令即是将已定义好的测试对象与参考对象对应的二维横截面进行比较,并以须状图的形式显示出两截面之间的偏差 • 创建注释：此命令用以在指定点创建测试对象与参考对象间偏差的标注,同时还可在结果对象上查看此点的坐标。这些指定的点可以是手动创建点,也可以是自动使用以位置集保存的坐标点 • 特征比较：此命令用于将测试对象与参考对象上对应的特征进行比较,以便为后续能标注出各对应特征间的尺寸与位置偏差做准备

续表

模块	功 能	操 作 命 令
分析模块	Geomagic Control X 的核心步骤在比较分析上，只有在此部分才算是真正意义上的对零件点云数据进行具体的检测操作。前面的点对象处理、建立参考对象、创建特征/基准特征、对齐等操作都是为对比分析作前期准备的，主要是为得到一个更能表现出零件真实状况的结果对象，其中比较分析功能主要有 3D 和 2D 两个工具单元	• 注释特征：此命令一般都配合特征比较命令使用，用于在测试对象上创建特征的几何细节（如直径大小、圆的中心 3D 偏差等）与特征通过/失败状态的标注 • 边界比较：此命令用于创建测试对象与参考对象边界之间的偏差，并以彩色须状图显示 • 评估壁厚：此命令用于计算平行表面或是准平行表面之间的距离，在计算完成后可以通过创建注释查看指定位置的壁厚 • 间隙与面差：此命令用于测量几乎接触的两个部件之间的水平距离和垂直距离 • 编辑色谱：此命令是通过编辑偏差色谱对象来控制色谱的外观显示及位置 • 边计算：此命令是用来计算钣金件边缘的实际位置与理论位置间的偏差。但在执行该命令前必须先确认测试对象是否有扫描线信息，否则不可执行此命令 • 几何公差标注：此命令为用户提供了在 CAD 参考对象上定义几何公差的工具 • 贯穿对象截面：此命令用于创建点对象、多边形或 CAD 对象的横截面。2D 尺寸的创建必须依托贯穿对象截面命令在参考对象或测试对象上创建横截面才可以进行。一般在执行该命令前也必须先创建好相关的特征 • 2D 尺寸：在执行 2D 尺寸命令前需先通过"贯穿对象截面"命令定义好相关的平面截面。其中 2D 尺寸命令下有两个子命令，分别为创建和重新编号 • 测量特征：此命令是通过测头探测对象特征，实时计算对象上的 3D 尺寸和几何公差 • 测量距离：此命令主要是用来报告零件两点间的距离 • 计算：此计算命令集可对对象分别进行体积、体积到平面、重心和面积等的计算 • 点坐标：此命令用于生成手动选择点的 X、Y、Z 坐标值并将其导出为文本文件
报告模块	Geomagic Control X 可以自动生成包括 HTML、PDF、Word 和 Excel 等格式的多种报告，其中适用于 Web 的报告可以让各部门共享检测结果	• 创建报告：单击"创建报告"图标，软件将自动创建报告，并将报告保存到默认位置。单击"创建报告（另存为）"图标，可将自动创建的报告另存到所需要的地址 • 报告输出格式：在"创建"组中可以选所需要的报告输出格式，选择时只要选中格式前的复选框即可，可同时选择两种或更多种格式 • 3D PDF 模型：选中"3D PDF 模型"复选框，则可在报告中生成一个 3D 检测结果模型，可用 Adobe Reader 查看。在 Adobe Reader 中只需单击激活 3D 模型，按住鼠标左键，并移动即可旋转模型，还可通过鼠标滚轮缩放模型 • 报告定义："报告定义"的下拉列表中显示了已定义的报告名称，如没有定义则显示为"none" • 样式模板：一般默认样式为"Letter Portrait"。在"样式模板"后面还有一个"编辑"按钮，可对样式模板进行编辑

5.4.5 主要特点

① 显著节约了时间和资金。可以在数小时（而不是原来的数周）内完成检验和校准，因而可极大地缩短产品开发周期。

② 改进了流程控制。可以在内部进行质量控制，而不必受限于第三方。

③ 提高了效率。Geomagic Control X 是为设计人员提供的易用和直观的工具，设计人员不再需要分析报告表格，检测结果直接以图文的形式显示在操作者眼前。

④ 改善了沟通。自动生成的、适用于 Web 的报

告改进了制造过程中各部门之间的沟通。

⑤ 提高了精确性。Geomagic Control X 允许用户检查由上万个点定义的面的质量，而由 CMM 定义的面可能只有几十个点。

⑥ 使统计流程控制（SPC）自动化。针对多个样本进行的自动统计流程控制可深入分析制造流程中的偏差趋向，并且可用来验证产品的偏差趋势。

5.5 UG/Imageware 软件

5.5.1 软件介绍

Imageware 由美国 EDS 公司出品，后被德国 Siemens PLM Software 所收购，现在并入旗下的 UG NX 产品线。Imageware 是著名的逆向工程软件，广泛应用于汽车、航空航天及消费家电、模具和计算机零部件等设计领域。它作为 UG 软件中专门为逆向工程设计的模块，具有强大的测量数据处理、曲面造型和误差检测的功能，可以处理几万至几百万个的点云数据。Imageware 开创了自由曲面造型技术的新天地，它为产品设计的每一个阶段（从早期的概念到生产出符合产品质量的表面，直到对后续工程和制造所需的全 3D 零件进行检测）都提供了一个综合进行 3D 造型和检测的方法。Imageware 的发展方向是将高级造型技术和创意思维推向广义的设计、逆向工程和潮流市场，其最终结果就是提供加速设计、工程和制造，以使集成、速度和效率达到一个新水平。

5.5.2 工作流程

Imageware 遵循了由点→线→面的数据处理流程，简单清楚，易于掌握，Imageware 软件的主要工作流程见图 31-5-4。一般设计流程如下：输入扫描点数据，并从 CAD 系统中将其他必要的曲线或曲面输入 Imageware；根据对目的曲面的分析，将点云分割成易处理的截面（点云）；从点云截面中构造新的点云，以便构造曲线；评估曲线的品质，如果曲线不能达到用户需求的精度，则在利用曲线构造曲面之前，将其修正；由曲线和点云构造出曲面，并从起点处建立与邻近元素的连续性；评估曲面的品质，如果曲面不能达到用户需求的精度，将其修正；通过 IGES、VDA-FS、DXF 或 STL 格式，将最终的曲面和构造的实体输出至 CAD 系统。

5.5.3 基本功能

（1）点处理阶段

1）点云信息和显示。当导入一个点云文件时，通常第一步是查看点云的对象信息，以获取相关的资料如点云数量、坐标等。点云的显示方式有以下几种：以离散方式（Scatter）、以折线方式（Polyline）、以三角网格方式（Polygon Mesh）、以三角网格的平光着色方式（Flat Shade）和以三角网格的反光着色方式（Gouraud Shade）。

2）去除跳点和噪声点。通常在对象表面数字化过程中，不可避免会受到一些因素的干扰，产生杂点。对于大量的杂点，可用肉眼观察，然后通过"Circle- Select Points"功能将其删除；对于少量的杂点可用"Pick Delete Points 1"命令逐个删除。为保证结果的准确性，需要对点云进行判断，去除噪声点。方法有两种：点云平均和点云过滤。

3）对齐。通常通过扫描仪得到的点云数据，其坐标系与 Imageware 中的坐标系不一致，给点云后续处理工作带来麻烦，或者由于某些扫描仪不能一次获得一件物体各个面的点云数据，读入的文件为该物体各个侧面的点云数据，这时需要将点云数据对齐，以获得完整的点云数据。对齐的方法有 3-2-1 法、交互法、混合法、约束的混合法、逐步法、最佳拟合法、约束的最佳拟合法等。

4）采样。对目标点云进行采样可以适当减少其数据点的数量，提高计算机的计算速度。采样方法有平均采样、弦高采样和距离采样等。

5）特征提取。特征提取方法有弦偏差、弦偏差采样和基于弦偏差的特征抽取。弦偏差用于识别具有高曲率的特征数据点，弦偏差采样通过减少数据点来修改激活的点云，基于弦偏差的特征抽取与弦偏差采样相同，但是产生一个新的点云。

（2）线处理阶段

Imageware 软件中的曲线主要用 NURBS 表示，同时还包括 B-Spline 等，定义一条曲线的元素包括方向、节点、跨距、起始端点、控制点和阶次等。

1）创建曲线。创建曲线不需要其他元素作为基础，可通过 Imageware 本身具有的功能直接新建曲线，如折线、B 样条曲线和 NURBS 曲线等三维样条线，以及直线、圆、圆弧、长方体、椭圆等基本二维曲线。

2）构造曲线。构造曲线则是基于一定的实体类型来生成曲线、如由点云拟合曲线、由曲面析出曲线等。构造方法有拟合自由形状曲线、指定公差的拟合曲线、基本拟合曲线、基本构造曲线、基本曲面构造曲线等。由点云拟合曲线通常采用三种方式，分别是均匀曲线、基于公差的曲线拟合和插值曲线。

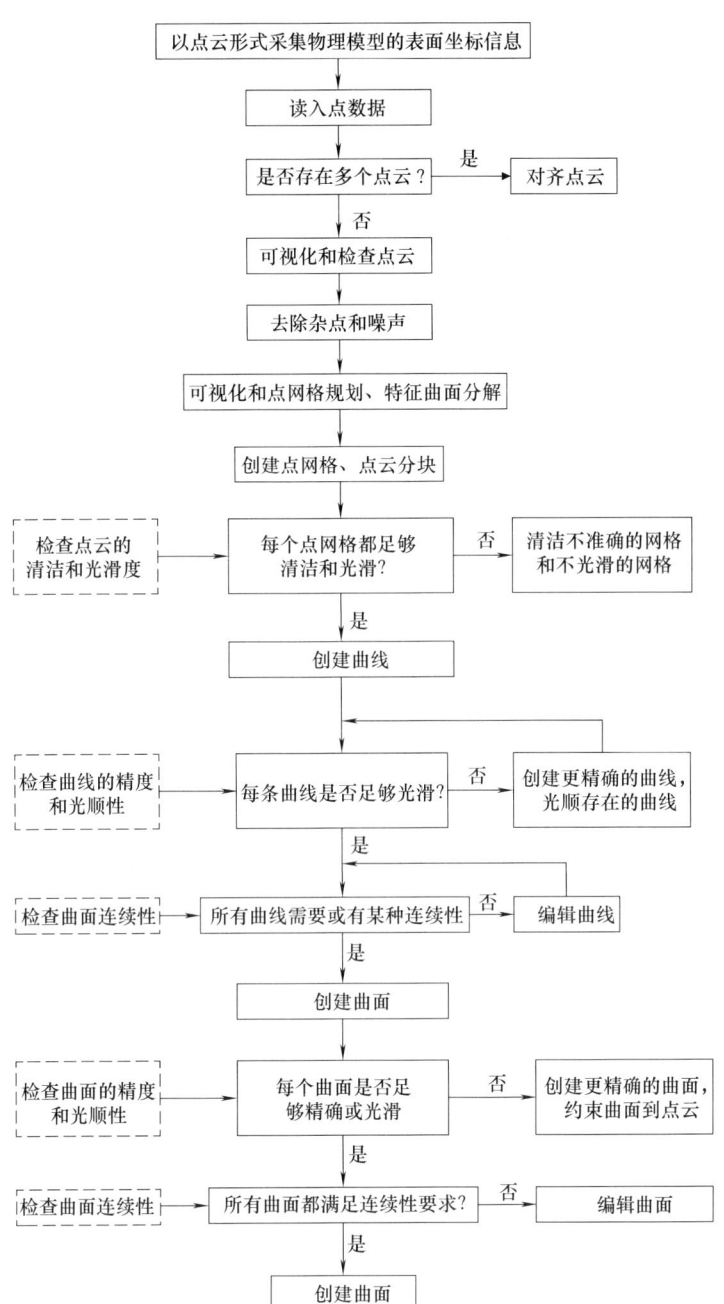

图 31-5-4　Imageware 软件的主要工作流程

3) 曲线分析和诊断。曲线分析主要包括控制点分析、曲率分析和连续性分析。曲线诊断包括曲线和点之间、曲线和曲线之间的诊断，可以检测曲线和点或者曲线和曲线之间的差异，参数设置包括公差、最大距离和最大角。

4) 曲线编辑。曲线编辑操作有合并曲线、曲线修整、曲线重新参数化、曲线修改、曲线查询和曲线延伸等。

(3) 曲面阶段

Imageware 软件中的曲面主要以 NURBS 表示，定义曲面的参数包括正负法矢、UV 方向节点、跨距、控制点、阶次及剪裁恢复性质等。

1) 曲面的显示。曲面的显示方式有曲线网格、光滑阴影、高中低分辨率。

2) 曲面构建。曲面构建方式主要有下述四种。

① 直接构建基本曲面。通过此命令，可以在

Imageware 中创建平面、圆柱面、圆锥面和球面等一般解析曲面。

② 基于曲线的曲面构建。有两种方式：一种是通过指定构成曲面的四条边界线来构建曲面；另一种是由曲线通过特定的路径生成曲面，常见的有扫掠、旋转、拉伸等。

③ 基于测量点直接拟合的曲面构建。Imageware 提供由点云直接拟合曲面的一系列功能，包括均匀曲面、由点云构建圆柱面、插值曲面、平面及其他基本曲面。

④ 基于测量点和曲线的曲面构建。可以根据点云和指定的四条边界线来创建一个 B 样条曲面。

3) 曲面编辑。曲面编辑包括曲面偏移、剪断、分割、修整、修改合并、剪切、曲率半径计算、显控制点网格、识别轮廓形状、缺陷的横切面图等。

4) 曲面分析和曲面检测。曲面分析是一个关键的技术，包括曲面控制点、曲面连续性等。曲面检测包括曲面点云、曲面和曲面间的差异检测。

5.5.4 主要数据处理模块

（1）基础模块

包含文件存取、显示控制和数据结构等功能。

（2）点处理模块

包含处理点云数据的工具，主要功能有：由测量设备中读取点云数据、抽样点云、点云排序、点云剖面、增加点云和切割/修剪点云等。

（3）曲线、曲面模块

提供完整的曲线与曲面建立和修改的工具，包括扫掠、放样及局部操作用到的倒圆、翻边及偏置等曲面建立命令。几何的编辑可以用多种方法实现，首先就是通过直接编辑曲线及曲面的控制点。Imageware 曲面模块提供了功能强大的曲面匹配能力，一般用户需要使用高质量的 Bezier 模型（汽车的 Class A 曲面）或高阶次的几何连续，在这个模块里均可实现。

（4）多边形造型模块

Imageware 产品针对模型修补、基本特征构建及快速成型应用中对 stl 数据的处理工具，提供了一个综合的工具集。这些工具通过一个可靠而又高效的方式将工程的设计意图传递到最终产品。基于多边形的创建、可视化、修改、布尔运算等工具保证了用户可以高效地从多种数据源中多次使用数据，以获得更加精练的产品设计。

（5）检测模块

在作图过程中，需要一些检测工具来及时检查所作的图是否正确，Imageware 的检测模块可以及时、动态地更新检测值和检测图。通过这个功能，作图人员可以很快地了解目前所作图形的品质与正确性，若不符合标准可以直接去调整。

（6）评估模块

包含定性和定量评定模型总体质量的工具。定量评估提供关于事物与模型精确的数据反馈，定性评估强调评价模型的美学质量。

5.5.5 主要特点

① 为整个创建制定过程；
② 有效地加强产品沟通；
③ 基于约束的造型；
④ 扩展了基于曲线的造型；
⑤ 模型的动态编辑；
⑥ 保持数据的兼容性。

5.6 Creo 软件的逆向设计模块

5.6.1 软件介绍

在 Creo 软件中，进行逆向设计的模块有：扫描工具（scan tools）、小平面特征（facets feature）、重新造型（restyle）。其中，在扫描工具环境中，提供了扫描数据处理、型曲线与型曲面的创建和修改工具；在小平面特征环境中，提供了由点云处理到构建三角形网格面的相关工具；在重新造型环境中，可在小平面（三角形网格）数据基础上重建 CAD 模型，用户可直接输入三角形网格数据或使用"小平面建模"功能通过转换点集数据进行模型创建。

5.6.2 扫描工具

扫描工具（scan tools）是集成于 Creo 软件中的专门用于逆向工程建模的工具模块。"扫描工具"最初是响应汽车工业的要求开发的。现在，"扫描工具"是一个完全集成于 Creo 中的可用于逆向工程的工具模块。"扫描工具"是一种非参数化环境工具，它使用户可以专注于模型的特定区域，并使用不同的工具来获得期望的形状和曲面属性。

扫描工具使用了"型"（style）特征——独立几何，以便将设计活动孤立在一个单一特征中。独立几何是 Creo 的超级特征，该特征是一个复合特征，它包括所有创建或输入扫描工具中的几何和参照数据。在型特征内部，曲线称为型曲线，曲面称为型曲面，所有的输入特征、在其中创建的几何都成为型特征的一部分。型特征的内部对象如曲线、曲面等，在型特征外部或它们相互之间没有父子从属关系，因此可以自由操作这些型特征，而不需考虑型特征对象之间以及与模型其他部分之间的父子关系与几何参照。利用扫描工具可完成下述任务：
- 输入、生成和过滤原始数据；
- 输入几何，包括曲线、曲面和多面数据；
- 创建和修改曲线；
- 手工或修复几何；
- 将几何从后续特征收缩到型特征。

扫描工具提供了根据扫描数据建立光滑曲面的工具，根据扫描数据的特点、误差和光滑程度的需要，基于个人逆向工程的经验，可以选择基于曲线、基于曲面或两者结合起来进行模型重建。

（1）基于曲线的逆向工程

首先根据扫描数据建立"Style"曲线，然后通过"Style"曲线建立曲面。通过这个方法可获得最终的曲面或获得用于基于曲面的方法的起始曲面。采用这种方法，在大多数情况下要想获得光滑的曲面，只能使用扫描数据的一小部分。这通常会导致曲面和未使用的扫描点之间存在比较大的误差。要减少误差，定义曲面时应使用更多的特征曲线，曲面的质量可能会因此降低。

（2）基于曲面的逆向工程

在基于曲面的逆向工程里，可根据常规的Creo曲面（如拉伸、旋转扫描等）和"Style"曲面建立曲面的复制曲面，然后让曲面适应扫描数据，以获得规定之内的误差。通过增加和去除网格线，可以提供控制曲面的光滑程度和灵活控制曲面细节的能力。基于曲面的方法可以快速建立光滑的曲面，并控制曲面对扫描数据的偏差最小。

1）扫描工具的工作流程。使用扫描工具通过扫描数据建立光滑曲面的流程包括7个主要过程，每个过程又包含若干个步骤。

① 进入扫描工具环境。在菜单栏中执行"插入"→"独立几何"命令即进入扫描工具环境。在该环境下，主要通过使用"几何"菜单和"独立几何"工具栏来实现特征操作。

"几何"菜单中的以下选项可以访问特定功能。
- 示例数据来自文件：从输入的数据中建立扫描曲线或修改现有扫描数据，以消除噪声点（坏点）删除不相关的点或重新组合扫描点。
- 曲线：参考原始扫描数据上的点建立型曲线，或修改现有的型曲线，或通过选择点直接建立型曲线，也可以通过复制其他曲线建立型曲线。
- 曲面：建立、修改或删除型曲面，在扫描工具里，用户可以建立或操作不同的型曲面。

② 导入基本数据。执行菜单"几何"→"示例数据来自文件"命令，可将ibl、igs、vda三种格式的数据导入进来。

③ 准备扫描数据和面片结构设计
- 导入数据后，系统自动将其测量的数据点连接成曲线（称为扫描曲线）。修改扫描曲线，去除噪声点（坏点）和无关的点。修改扫描数据，并确定曲面的结构。
- 获得合适的面片。曲面片结构需参照以下原则：使曲面片的数量最少；当曲率发生急剧变化时，建立新的曲面片；避免使用变形的曲线作为曲面片的边界曲线；避免建立没有通过足够的扫描点来决定曲面形状的曲面片。根据曲面片的结构把扫描数据划分为不同的区域。要划分扫描数据，可建立型曲线。这些型曲线不必是光滑的，它们主要用来在视觉上定义面片的结构，并且作为型曲面分配的参考点界线。

④ 建立型曲线。建立型曲线的主要目的：建立混合型曲面。近似的扫描数据曲面和骨架曲线作为初始的型曲面。初始的型曲面是拟合扫描数据得到的近似曲面。建立用来保证零件公差的关键区域里的曲线，这些曲线将直接用于构建最后的型曲面。建立型曲线允许使用原始数据组来拟合光滑曲线，而不用修改原始的扫描数据。型曲线可通过"scan-tools"提供的很多工具来进行编辑。如果型曲线被用来建立初始的型曲面，应遵循以下原则：构建曲线的点应尽量少；曲线必须是光滑；要相对简单地获得尽量小的公差。如果型曲线被用来创建最终的型曲面，应遵循以下原则：在保证所需公差的前提下，型曲线应通过尽可能少的点；必须有好的曲率变化。

⑤ 建立初始型曲面。有多种建立初始型曲面的方法，选择哪种方法由要建立的曲面片的特点决定第一个建立的曲面片应该是最大的，并且曲率相对比较小；最后建立的曲面片通常是最小的，通常是较大的曲面片之间的过渡曲面并且具有比较大的曲率。用做第一个曲面片的基本曲面可以是一个混合曲面、一个近似的扫描数据曲面、一个骨架曲面，或一个常规的Creo曲面。在任何情况下，最初的曲面必须尽量简单，并且具有足够的信息来捕捉由扫描数据定义的零件形状。如果曲面偏差太大，可以使用控制多边形或控制多面来改善曲面的形状。可以从一个常规的Creo曲面开始，先建立一个曲面的复制曲面，然后使用曲面拟合功能来得到初始的型曲面。

⑥ 曲面拟合与对齐。将曲面面向参考点拟合，拟合精度由设置公差控制，增加精度反复拟合直到获得满意的曲面。曲面还需要被对齐到相邻的参考边和

基准平面上，以获得曲面边界的正确位置，保证与相邻面片的连续性。

⑦ 圆角和过渡曲面的建立。在有圆角的地方要进行圆角过渡。如果曲面间有一定距离，又需要光滑连接，则要建立过渡曲面进行桥接。

考虑到有些产品只侧重于造型的美观设计，而忽视产品的功能性，因此在创建 3D 模型时，不必刻意按照上述工作流程精确通过所有的测绘点，而是以测绘点数据为参照数据，创建出平滑的外形曲线，然后以外形曲线创建出平滑的曲面。特别是对于一些几何特征比较明显的模型，可以直接捕捉原设计意图，如通过拉伸、旋转等功能创建实体特征或曲面特征等。

在扫描工具环境下，可以使用所有的基准和曲面特征。在退出扫描工具环境时，系统将存储所有在型特征内的更改。

2）扫描工具技术特点。扫描工具提供了很多工具来建立和重新定义光滑的曲线和曲面，包括以下功能。

- 自动根据测量的点数据拟合曲线和曲面。
- 动态地通过控制多边形来控制曲线和曲面建立和修改型曲面，通过修改和定义型曲面的功能来改变型曲面的形状。
- 使用多边形动态地修改导入的曲线。
- 对曲线和曲面进行的修改，其影响可以通过图形显示反馈出来，包括修改曲率、斜率、变形和参考点的偏差等。
- 在修改曲线和曲面时，为曲线和曲面定义边界条件。
- 在模型上显示反射曲线。

扫描工具的技术特点如下。

- 在扫描工具环境中可处理面组、曲面、曲线和原始数据等对象。但在扫描工具环境中，只能修改一组有限的非解析几何。
- 可使用扫描工具将任何现有曲线或曲面复制并转换为可修改图元。如果使用了"输入数字诊断"的许可，可通过将对象收缩到扫描工具几何中引入原有的扫描工具对象，如曲线和曲面。
- 扫描工具是一种非参数化环境工具，为了将设计活动孤立在一个单一特征中，扫描工具使用了"型特征"的概念。进入扫描工具时就开始使用型特征。型特征是一个复合特征，包含所有创建或输入到扫描工具中的几何和参数数据。所有输入型特征在其中创建的几何都成为型特征的一部分。型特征的内部对象，如单独的曲面、曲线等，在型特征外部或它们相互之间没有父子从属关系。这样便可以自由操作曲面，而不需考虑型特征对象之间以及与模型其余部分之间的参照和父子关系。

- 输入数字格式（高密度和低密度类型）。扫描工具数据格式包括 igs、ibl、vda、pts 等。
- 在扫描工具环境中创建的特征是型特征的内在特征，不能从扫描工具环境外部进行访问。
- 曲线、曲面编辑定义。

5.6.3 小平面特征

小平面建模包括：

- 输入通过扫描对象获得的点集；
- 纠正由于所用扫描设备的局限性而导致的点集几何中的错误；
- 创建包络并纠正错误，例如，移除不需要的三角形，生成锐边及填充凹陷区域；
- 创建多面几何并用多种命令编辑该几何，以精调完善多面曲面。

（1）小平面建模工具

小平面建模有三个工具：点处理工具、包络处理工具和小平面处理工具。

1）点处理工具。操作包括：将扫描文件输入 Creo 零件中；为输入的数据指定放置参照坐标系。使用"点"（points）菜单中的可用命令修改点集。可进行以下操作：去除错误数据；对点进行取样以减少计算时间；降低噪声，即使用统计方法降低点的偏差；填充模型中的间隙或孔。执行菜单"插入"→"小平面特征"命令，在"打开"对话框中可选择 pts、acs、vtx、ibl 等文件格式，导入点云数据后，进入"小平面特征"界面。此时，"点云"在图形区域中出现，菜单栏中也出现了"点"菜单，界面右侧的工具栏中出现"点"按钮工具栏。"点"菜单中的命令与界面右侧出现的工具栏中的"点"按钮工具的功能是互相对应的。

2）包络处理工具。使用"点"菜单修改点集后，可包络该点集以创建三角剖分的模型（也称为包络），编辑该包络可以：移除不需要的三角形；显示所有的底层几何。包络可由封闭曲面和开放曲面组成，而这些曲面依次由三角形、边和顶点组成。由于点集中的所有点都用于创建包络，所以它维护了全部几何信息，包括内部结构。"包络"阶段可划分为两类编辑操作："粗调操作"自动化程度较高而精度较低，可用来快速修改模型；"精调操作"自动化程度较低，但在编辑模型时能提供更出色、更细节化的控制。

对"点云"进行处理后，执行"包络"命令创建由三角形平面构成包络曲面模型。此时在菜单栏中，原有的"点"菜单也改变为"换行"菜单。"换行"菜单中命令即是包络处理工具的相关命令。

3) 小平面处理工具。将某个模型引入"小平面"阶段时，可使用一系列命令移除内部结构并编辑模型，以精整和完善多面曲面。此阶段的多数命令将更改现有点的坐标或添加新点，因此，多面几何将与原始点集不同。在对包络模型进行粗调、精调，执行"小平面"命令后，在菜单栏中将出现"多面体面"菜单，在界面左侧的工具栏中也将出现小平面处理按钮。

(2) 小平面特征建模的工作流程

1) 点处理

① 使用"插入"（insert）→"小平面特征"（facet feature）并输入 pts、acs、vtx 或 ibl 文件，输入点集。

② 去除错误数据，如在所需几何外部的点。

③ 将其他点集添加到同一特征。

④ 必要时可删除部分点。

⑤ 将噪声减到最小。

⑥ 对点进行取样以整理数据并减少计算时间。

⑦ 由点集创建包络。

2) 包络处理

① 通过在选定区域内扩展曲面或扩展曲面直到点密度改变处，来移除三角形。

② 移除由点集创建包络时在模型的间隙生成的连接面。

③ 以直线方式贯穿模型来移除三角形，这类似于钻孔。

④ 向几何的选定区域添加三角形的一个单独的层。

⑤ 填充选定几何的所有凹陷部分。

⑥ 填充需要附加体积的区域，以便定义在扫描时变模糊的边。

3) 小平面处理

① 删除不需要的小平面。

② 减少三角形的数量而不损坏曲面的连续性或细节。

③ 填充可能在扫描过程中引入的间隙。

④ 通过减小小平面尺寸改善多面几何。

⑤ 通过以选代方式改变顶点坐标来平滑多边形曲面。

⑥ 反转有公共边的两个小平面的方向。

⑦ 通过分割现有小平面或选取三个开放顶点来创建新的小平面，从而添加小平面。

5.6.4 重新造型

(1) 重新造型概述

重新造型（restyle）是 Creo 中一个逆向工程环境，可基于多面（三角形网格）数据重建曲面 CAD 模型，也可直接输入三角网格数据或使用 Creo 的"小平面特征"功能通过转换点集数据进行创建。

要在"重新造型"环境中操作，需要重新造型提供一整套的自动、半自动和手动工具，可用来执行以下任务。

① 创建和修改曲线，包括在多面数据上的曲线。

② 对多面数据使用曲面分析以创建特性曲线。这些曲线表示具有类似曲率的（在等值线分析时）模型区域，或者曲率突变（在极值分析时）区域，如模型的锐边。

③ 使用多面数据创建并编辑全部或部分解析曲面、拉伸曲面和旋转曲面。

④ 使用多面数据和曲线创建、编辑和处理自由形式的多项式曲面，包括高次 B 样条和 Bezier 曲面。

⑤ 对多面数据拟合自由形式曲面。

⑥ 管理曲面间的连接和相切约束。

⑦ 执行基本的曲面建模操作，包括曲面外推与合并。

为了将设计活动孤立在单一特征中，Creo 中的"重新造型"使用了"重新造型"特征这一概念。"重新造型"特征为复合特征，包含所有作为"重新造型"中子特征创建的几何和参照数据。所有在"重新造型"特征中创建的几何均为该特征的一部分。"重新造型"特征仅从属于基础"小平面"特征。如果修改"小平面"特征，"重新造型"特征也随之更新。在"重新造型"特征中创建的几何与模型中原有特征之间没有其他的父子从属关系。

挂起"重新造型"特征，可能会删除其参照的"小平面"特征。在"重新造型"中创建的基准也是"重新造型"特征的一部分。在此情况下，"重新造型"几何保持不变。一旦删除"小平面"特征，"重新造型"就不能参照其他"小平面"特征。在"重新造型"中创建异步基准特征，例如平面、点和坐标系等。这些在"重新造型"中创建的基准也是"重新造型"特征的一部分。因此，所生成的图元会丢失其在创建时的所有参照，且不能编辑其定义。在"重新造型"特征内创建的曲线和曲面之间无父子从属关系。但是，会保持曲面之间和曲面与曲线之间的几何关系。例如，对用于创建曲面的曲线进行修改将造成对该曲面进行更新。在"重新造型"特征后创建的特征可将在"重新造型"内创建的几何图元用作参照，其方式与使用任何其他几何对象相同。

(2) 重新造型的工作流程

① 在 Creo 中打开所需的小平面模式。

② 执行菜单命令"插入"→"重新造型",进入"重新造型"环境。

③ 使用着色视图和诸如曲面分析、最大曲率分析、高斯曲率分析和三阶导数分析等分析方法,了解对象的曲面模型的结构。

④ 首先构建比较简单和较大的曲面,这些曲面可用作更复杂的程序化曲面和曲面分析的方向参照。

⑤ 使用不同的曲面创建工具创建曲面,也可在小平面上创建区域,使用此区域以及曲面创建工具创建曲面。

⑥ 对于自由曲面,可使用"拟合"和"投影"工具。必须为曲面指定区域或参照点才能对其进行拟合。

⑦ 如果曲面必须彼此相交,则可能需要延伸这些曲面。在某些情况下,在延伸后需要重新拟合自由曲面。

⑧ "重新造型"可自动约束使用曲线创建的自由形式曲面。如果需要对单个曲面和曲线进行适当修改,可根据需要编辑或移除约束。

⑨ 使用"诊断"(diagnostics)工具可实现曲面和曲线特性的动态可视化。

⑩ 使用"重新造型树"(restyle tree)工具可在"重新造型"中隐藏/取消隐藏或删除曲面模型的元件。完成"重新造型"特征后,可使用所创建的几何创建常规的 Creo 特征。

5.7 CATIA 软件的逆向设计模块

5.7.1 软件介绍

CATIA 用于逆向设计的模块主要有 DSE (digitized shape editor) 数字化外形编辑器模块、QSR (quick surface reconstruction) 快速曲面重建模块、GSD (generative shape design) 创成式外形设计模块、FSS (freestyle shaper) 自由曲面造型模块、PDG (part design) 零件设计模块等。其中 DSE、QSR 是逆向工程的专用模块,可以提供多种格式的点云输入和输出数据,除了具有对点云进行处理的功能外,还提供了强大的曲面、曲线直接拟合功能,由于植入了 STYLER 算法,CATIA 的 POWER FIT 功能较强大,只是人工控制能力稍差,对于精度要求不高(0.3~0.5mm)的情况已经完全可以把握。对曲面与测量点的偏差大于 0.1mm 的 Class A 曲面,CATIA 完全可以胜任,因此通过 CATIA 逆向工程的专用模块进行曲面重构可以满足大部分产品设计的要求。

5.7.2 工作流程

CATIA 软件逆向建模工作流程可以分为三个阶段:第一阶段是点云处理,主要包括数据导入、点云过滤和降噪、创建网格以及改善网格质量;第二阶段是曲线曲面创建,主要包括创建交线、边界曲线和特征曲线重构、创建模型曲面;第三阶段是品质分析,主要包括曲面质量评估、距离分析和偏差分析。图 31-5-5 所示的是 CATIA 软件的主要工作流程。

5.7.3 基本功能

DSE 数字曲面编辑器模块拥有强大的点云数据预处理功能,通过对点云进行剪切、合并、过滤、三角网格化等处理,以不丢失特征为前提将庞大的点云转换为部分点数据,点云经过三角网格化处理后,工件的特征更容易观察,可以建立特征线提供给 CATIA 其他模块进行建模,也可直接进行 NC 加工。

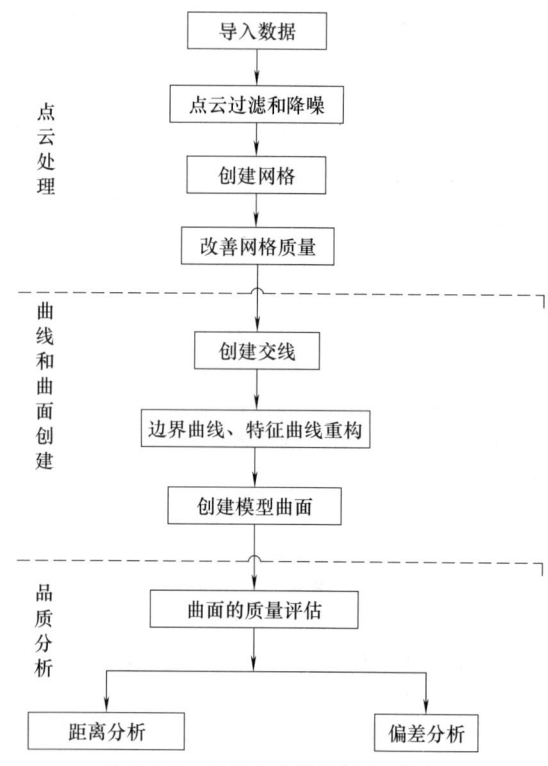

图 31-5-5 CATIA 软件的主要工作流程

点云经过数字曲面编辑模块处理之后,可以在 QSR 快速曲面重构模块中快速而有效地构建曲面,进一步缩短了产品开发的流程。快速曲面重构模块拥有强大的曲面重构功能,包括建立自由边界、提取特征线、由 n 边边界重建自由曲面、辨识及重建几何曲面(平面、圆柱、圆球、圆锥等)

CATIA 的 GSD 创成式曲面外形设计模块包括线框构造和曲面造型功能,它为用户提供了一系列应用广泛、功能强大、使用方便的工具集,以建立和修改用于复杂外形设计所需的各种曲面。同时,创成式曲面造型模块造型方法采用了基于特征的设计方法和全相关技术,在设计过程中能有效地捕捉设计意图,因此极大地提高了设计者的设计质量和效率,并为后续设计更改提供了强有力的技术支持。通过创成式曲面造型模块与逆向工程设计的其他模块相结合,可以生成质量好的外形,也可以根据产品的结构特点及点云特征,运用此模块的强大的造型功能逐步建构出产品原型,并可以进行实时分析。

5.7.4 主要数据处理模块

表 31-5-4   CATIA 的主要数据处理模块

模块	功能	命令操作
数字曲面编辑器模块	具有强大的点云数据处理功能,可以进行导入及清理点云数据、三角网格化点云、作点云剖面提取曲线、提取特征线以及点云质量分析	• Cloud Import and Export(导入导出点云):可以把测量仪器所取得的点云数据导入 CATIA 中或从 CATIA 中导出 • Cloud Edition(编辑点云):对点云进行选择(Select)、移除(Remove)或过滤(Filter)以及特征线保护(Protect) • Reposit(重置点云):对点云进行对齐 • Mesh(铺面):建立三角网格、偏置平滑网格及孔洞修补等 • Cloud Operation(操作点云):合并及分割点云或网格面 • Scan Creation(创建交线):截取点云断,获得自由边界等 • Curve Creation(创建曲线):可由扫描生成曲线或绘制 3D 曲线 • Cloud Analysis(点云分析):提供点云信及偏差检测
快速曲面重构模块	拥有快速而有效的曲面重构功能,包括:建立自由边界,提取特征曲线,由 n 边边界重建自由曲面,辨识重建几何曲面(平面、圆柱、圆球、圆锥等)	• Cloud Edition(点云编辑):可以随意选择局部点云 • Scan Creation(创建交线):截取点云断面交线,获得自由边界等 • Curve Creation(创建曲线):可由扫描生成曲线或绘制 3D 曲线 • Domain Creation(创建轮廓):由现成的曲线构造封闭轮廓,为作面准备 • Surface Creation(创建曲面):由轮廓线及点云构造曲面 • Operations(曲线曲面操作):可对曲线曲面进行拼合,切割等操作
创成式曲面外形设计模块	用于曲面与曲线的创建与修改	• Sketches(草绘):在所选的平面上进行草绘操作 • Wire frame(线框构架):线框构架用于创建点、曲线与基准平面 • Law(参数):公式参数定义 • Surfaces(曲面):曲面构建 • Volumes(实体):通过曲线、曲面生成实体 • Operations(操作):修改操作,可以对曲线、曲面等对象进行修改 • Constraints(约束):约束定义,可以在 3D 空间下行约束定义 • Annotations(注解):注解标识 • Analysis(分析):可以分析曲线、曲面的连接性、曲面锥度角、曲线、曲面曲率等 • Advanced Replication Tools(高级复制功能):可以进行高级复制、阵列等 • Advanced Surfaces(高级曲面):高级曲面构建操作,通过凸起、变形、约束曲线曲面等方式生成曲面 • Developed Shapes(生长曲面):包括展开曲面与生成曲面两种方式生成曲面

5.7.5 主要特点

① 点及点云数据处理的高效率；

② 可以构建 Class A 曲面（CATIA FS 模块及 Automotive Class A 模块）；

③ 可以根据需要快速构建 Class B 曲面（CATIA QSR 模块）；

④ GSD 模块曲面功能强大，并可进行可行性分析；

⑤ 多样化检测工具（曲率分析、连续分析、距离分析等）；

⑥ 三角网格曲面直接进行 3 轴加工（SMG 模块）；

⑦ 以 DMU SPA 对数位模型进行空间干涉检测。

第 6 章　逆向设计实例

6.1　基于 Geomagic Wrap 的螺旋结构逆向设计

6.1.1　产品分析

在各类型产品生产过程中，螺旋结构是一种常见的结构。在实际生产中，可运用逆向工程技术将螺旋结构转换为 CAD 模型，以便进行后续的工作。本节以一段螺旋结构为例，介绍曲面结构的逆向工程过程，采用的软件为 Geomagic Wrap 2017。主要操作步骤如下：

① 点云的处理；
② 多边形的处理；
③ 形状阶段的处理；
④ 逆向设计的评价。

6.1.2　点云的处理

本例中的点云是采用扫描设备获取的原始点云。在进行逆向工程之前，需对点云进行技术处理，包括合并对象、去除非连接项等，具体步骤如下：

（1）打开点云

启动 Geomagic Wrap 2017 软件，选择【打开】命令，查找文件并选中打开，在工作区显示点云数据，如图 31-6-1 所示。

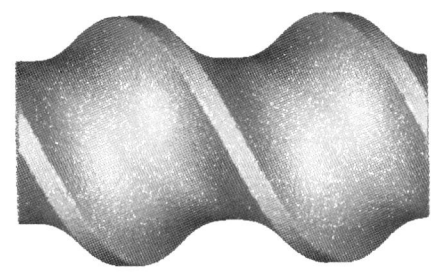

图 31-6-1　螺旋点云数据

（2）合并点对象

选择菜单栏【点】→【合并】，或点击 ，可将点云数据合并，在模型管理器中可以看到修改后的螺旋模型，如图 31-6-2 所示。

（3）将点云着色

为更清晰地观察点云的形状，对点云进行着色处

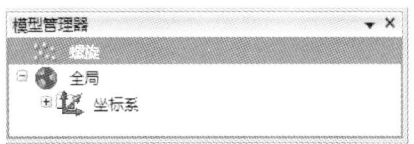

图 31-6-2　合并为一个点云

理。选择菜单栏【点】→【着色】→【着色点】，或点击图标 ，对点云进行着色。

（4）选择非连接项

选择菜单【点】→【选择】→【非连接项】，或点击图标 ，在管理器面板弹出如图 31-6-3 所示的"选择非连接项"对话框。

"分隔"低、中间、高三个选项，分别表示非连接点集与主点云距离大小；"尺寸"表示多大数量的点数会被选中，例如默认值"5.0"，即所需选的点云数量是点云总量的 5% 或更少，并分离这些点束。在"分隔"的列表框中选择"低"，"尺寸"选择默认值"5.0"，确定后，会选中点云中的非连接项，并呈现红色。选择【点】→【删除】，或者按"Delete"键删除选中的点。

图 31-6-3　"选择非连接项"对话框

（5）去除体外孤点

选择菜单【点】→【选择】→【体外孤点】，或点击图标 ，在管理器面板弹出如图 31-6-4 所示的"体外孤点"对话框。其中"敏感度"表示探测体外孤点的敏感程度，其值越大，越敏感，则选择的体外孤点越多。设置"敏感度"值为默认值"85.0"，确定后，此时体外孤点被选中（呈红色），如图 31-6-5 所示。选择【点】→【删除】，或者按"Delete"键删除选中的点。

体外孤点指模型中偏离主体点云较远的点集，通

常是由于扫描过程中误扫描到背景物体，因此必须删除。

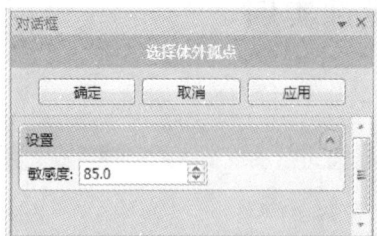

图 31-6-4 "选择体外孤点"对话框

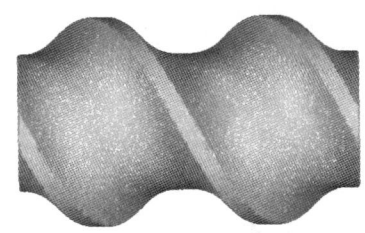

图 31-6-5 体外孤点显示

（6）减少噪声

选择菜单【点】→【减少噪声】，或点击图标 ，在管理器模板中弹出如图 31-6-6 所示的"减少噪声"对话框。

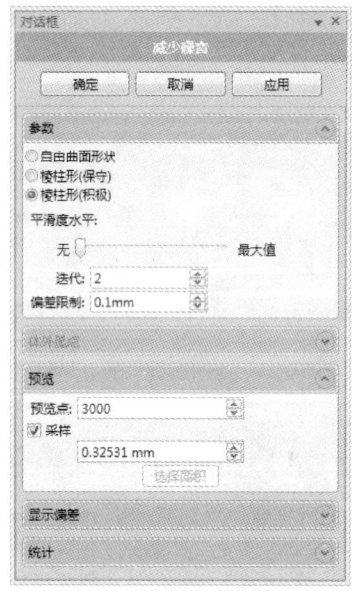

图 31-6-6 "减少噪声"对话框

选择"自由曲面形状"，"平滑级别"调至"无"，"迭代"为"2"，"偏差限制"为"0.1mm"。选择"预览"选框，"预览点"表示被封装和预览的点数量，定义为"3000"，取消选中"采样"选项。在模型中选择一块区域预览，选择不同的"平滑级别"，预览区域的图像将会变化。

图 31-6-7 和图 31-6-8 分别为平滑级别最小和平滑级别最大的预览效果。

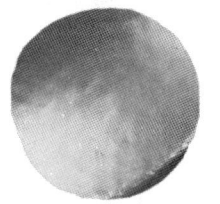 

图 31-6-7 平滑级别最小　　图 31-6-8 平滑级别最大

（7）统一采样

选择菜单【点】→【统一采样】，或点击图标 ，在管理器模板中弹出如图 31-6-9 所示的"统一采样"对话框。单击"绝对"选项，定义"间距"为"0.6mm"，单击"确定"退出命令。

（8）封装数据

选择菜单【点】→【封装】，或点击图标 。在管理器模板中弹出如图 31-6-10 所示的"封装"对话框，该命令将围绕点云进行封装计算，将点云转换为多边形模型。

（9）保存文件

将该阶段的模型数据进行保存。

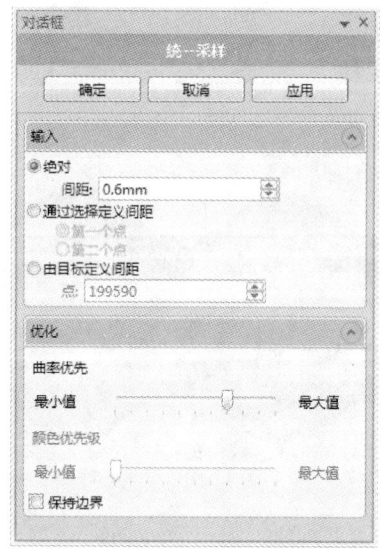

图 31-6-9 "统一采样"对话框

6.1.3 多边形的处理

点云经过封装处理后，进入多边形阶段。在多边形阶段根据需求对模型进行多重处理，得到理想的多

② 填充边界孔；
③ 生成桥填充。

在此实例中，选择填充单个孔，如图 31-6-13 所示，选择孔的红色边缘，模型中缺失的数据会根据选定方法被填补上，其结果如图 31-6-14 所示。

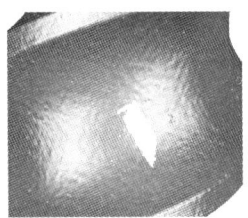 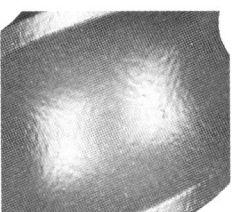

图 31-6-13　孔填充前　　图 31-6-14　孔填充后

（4）简化多边形

为在不妨碍表面细节和颜色的前提下减少三角形的数量，用更少的三角形来表示多边形物体，需要对模型进行简化多边形操作。选择【多边形】→【简化】，或点击图标 。在模型中弹出如图 31-6-15 所示的对话框。

图 31-6-15　"简化"对话框

（5）砂纸打磨

选择【多边形】→【砂纸】，或点击图标 。在模型管理器中弹出如图 31-6-16 所示的"砂纸"对话框。选择"松弛"单选项。

图 31-6-16　选择"松弛"单选项

图 31-6-10　"封装"对话框

边形模型。

（1）隐藏点云显示多边形模型

打开上述处理完的点云模型后，会同时出现点云和多边形模型，为方便观察多边形模型，将点云模型进行隐藏，如图 31-6-11 所示。

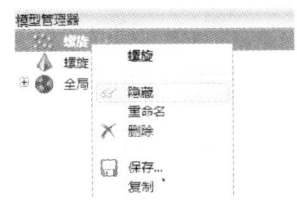

图 31-6-11　隐藏点云操作

（2）创建流型

为删除模型中的非流型的三角形，先对多边形阶段的模型创建流型。选择菜单【多边形】→【流型】，或点击图标 。创建流型存在两种方式：开流型；闭流型。当模型是片状而不封闭时，可创建开流型，即从开放的对象中删除非流型的三角形。当模型为封闭结构时，则创建一个闭流型，即从封闭的对象中删除非流型三角形。

（3）填充孔

如图 31-6-12 所示，选择【多边形】→【填充孔】，或点击图标 和 可根据孔的类型，进行选择，填充方式共有三种：
① 填充完整孔；

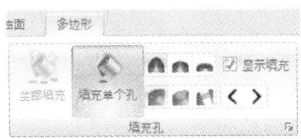

图 31-6-12　"填充孔"对话框

将"强度"值设在中间位置，按住鼠标左键在需要打磨的地方左右移动即可。打磨前、后的效果图分别如图31-6-17和图31-6-18所示。

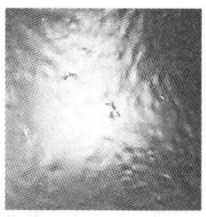
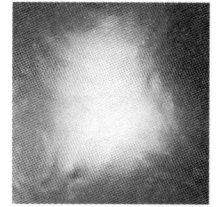

图31-6-17 打磨前　　　图31-6-18 打磨后

（6）去除特征

执行去除特征前，首先选取需要去除特征的部位，如图31-6-19所示。再单击【多边形】→【去除特征】，或点击图标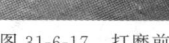。图31-6-20和图31-6-21给出了去除特征前后的效果对比图。

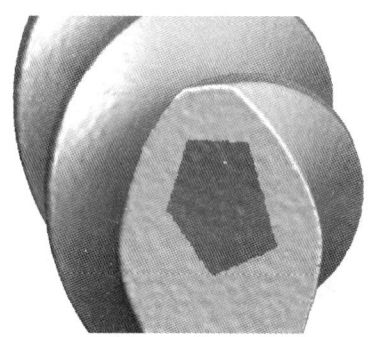

图31-6-19 选择去除特征的区域

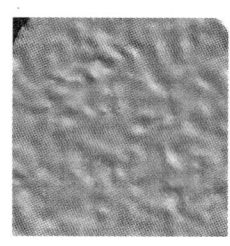
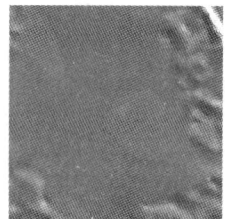

图31-6-20 去除特征前　　　图31-6-21 去除特征后

（7）编辑边界

选择【多边形】→【边界】→【修改】→【编辑边界】，或点击图标。弹出如图31-6-22所示的对话框。

编辑边界有3种基本模式。

① 整个边界——直接选中需要编辑的边界，输入控制点的个数和张力值即可。

② 部分边界——选中两个点之间的边界进行编辑，同样输入控制点的个数和张力值。

③ 拾取点——通过拾取多个控制点来确定一个理想的边界。

（8）松弛边界

选择【多边形】→【边界】→【修改】→【松弛边界】，或点击图标 ，如图31-6-23所示。松弛边界分为2种模式。

① 松弛整个边界；

② 松弛部分边界。

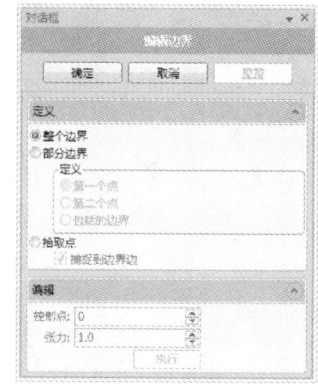

图31-6-22 "编辑边界"对话框

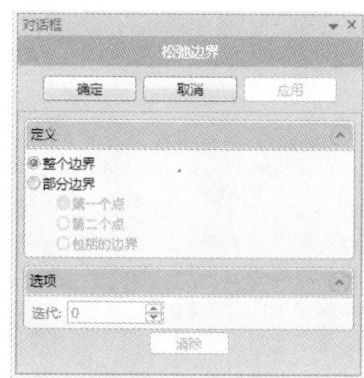

图31-6-23 "松弛边界"对话框

（9）松弛多边形

选中需要松弛的三角形区域，如图31-6-24所示，选择菜单栏【多边形】→【松弛】，或点击图标 。可通过设置"平滑级别"和"强度"，优化模型的光滑度。

（10）保存文件

将该阶段的模型数据进行保存。

6.1.4 形状阶段处理

本阶段的任务是在一个已经处理好的多边形对象上拟合NURBS曲面。

（1）探测曲率

选择【精确曲面】，进入精确曲面编辑模式。选择【精确曲面】→【探测轮廓线】→【探测曲率】，或点

击图标 ▦ 。在管理器面板弹出如图 31-6-25 所示的对话框。选中"自动评估"复选框,"曲率级别"为"0.3"。选中"简化轮廓线"复选框,应用完成该命令。生成轮廓线如图 31-6-26 所示。

廓线,取消升级或降级。升级/约束后的效果如图 31-6-28 所示。

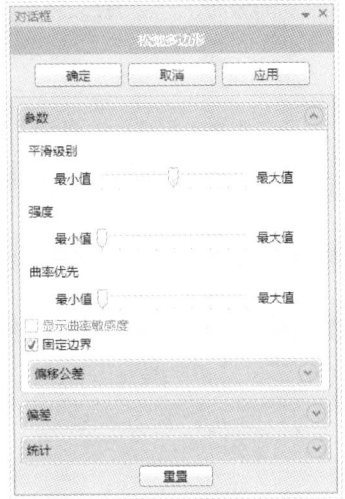

图 31-6-24 "松弛多边形"对话框

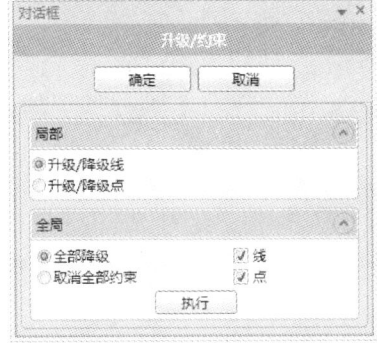

图 31-6-27 "升级/约束"对话框

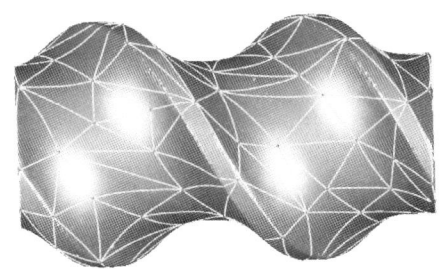

图 31-6-28 升级/约束后的效果

(3) 移动面板

选择【构造曲面片】,或点击图标 ▦ 。弹出"构造曲面片"对话框,如图 31-6-29 所示。选择自动估计,应用后得到曲面如图 31-6-30 所示。

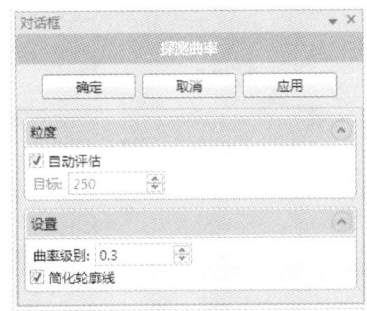

图 31-6-25 "探测曲率"对话框

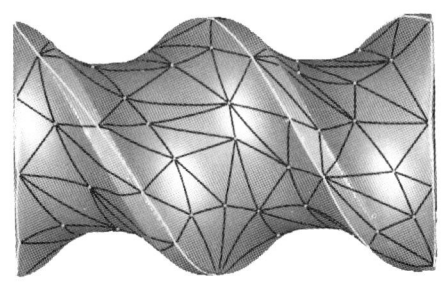

图 31-6-26 生成轮廓线

(2) 升级或约束轮廓线

选择【轮廓线】→【升级/约束】,或点击图标 ▦ 。弹出"升级/约束"对话框,如图 31-6-27 所示。如选错轮廓线,可按住"Ctrl"键同时单击该轮

图 31-6-29 "构造曲面片"对话框

选择【精确曲面】→【移动】→【移动面板】,或点击图标 ▦ 。弹出"移动面板"对话框,如图 31-6-31 所示。在"操作"一栏中选择"编辑"选项,就可以将轮廓线的顶点移动到想要的地方。

(4) 压缩/解压缩曲面片

为获得理想的曲面质量,可快速增加或减少曲面片的行数。选择【精确曲面】→【压缩曲面片层】,或

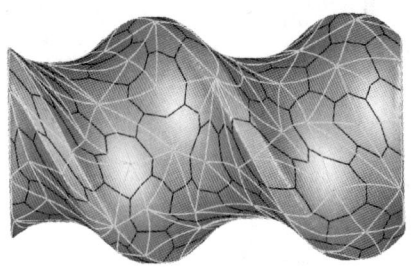

图 31-6-30　构造曲面片

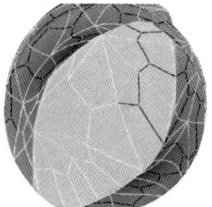　　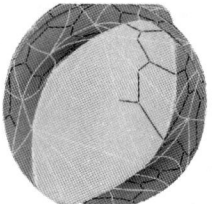

图 31-6-33　压缩前　　图 31-6-34　压缩后

点击图标 ![]。弹出"压缩曲面片层"对话框，如图 31-6-32 所示。在对话框中选择"压缩"选项。在模型的区域顶面区域单击一点，该区域被加亮，如图 31-6-33 和图 31-6-34 所示。

该命令用于修改之前构造的曲面片的一些错误，包括修改一些相交路径、更改曲面片的数目等。修改前后的对比如图 31-6-36 和图 31-6-37 所示。

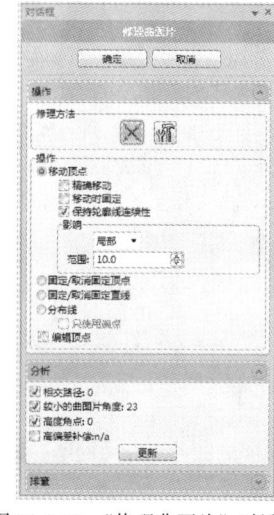

图 31-6-35　"修理曲面片"对话框

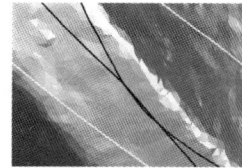　　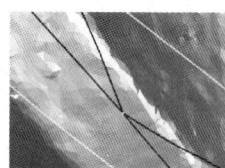

图 31-6-36　修改前　　图 31-6-37　修改后

(6) 构建格栅

选择【精确曲面】→【构造格栅】，或点击图标 ![]。设置"分辨率"为"20"，单击确定，这表示每个曲面片会生成 20 个更小的曲面片，如图 31-6-38 和图 31-6-39 所示。

(7) 拟合曲面

选择【精确曲面】→【曲面】→【拟合曲面】，或点击图标 ![]。如图 31-6-40 所示，选择"常数"，设置"控制点"为"6"，"表面张力"为"0.25"，单击确定，即可自动拟合一个连续的曲面到格栅网上，如图 31-6-41 所示。

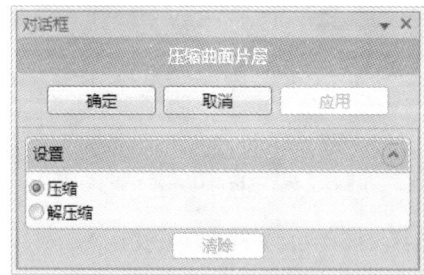

图 31-6-31　"移动面板"对话框

图 31-6-32　"压缩曲面片层"对话框

(5) 编辑曲面片顶点

选择【精确曲面】→【修理曲面片】，或点击图标 ![]。弹出"编辑曲面片"对话框，选择默认选项，拖动曲面片顶点进行调整，如图 31-6-35 所示。

(8) 保存文件

完成操作后,将模型保存。

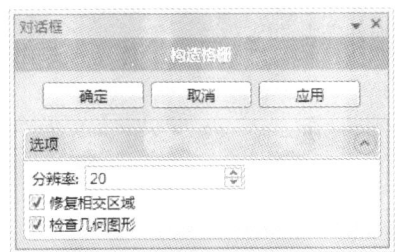

图 31-6-38 "构造格栅"对话框

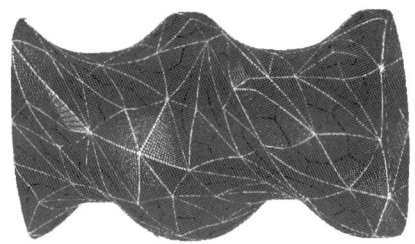

图 31-6-39 生成格栅

图 31-6-40 "拟合曲面"对话框

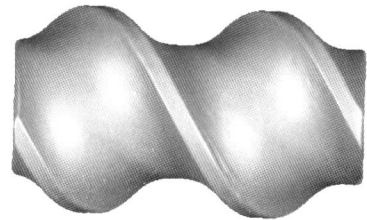

图 31-6-41 拟合曲面

6.1.5 逆向结果的分析

选择【精确曲面】→【分析】→【偏差】,或点击图标 ,弹出偏差分析对话框,如图 31-6-42 所示,按要求输入最大偏差,本例中以 2mm 分析,点击应用,得到如图 31-6-43 和图 31-6-44 所示的结果。

该例中,标准偏差为 0.0713mm,上、下偏差最大点,分别出现在图 31-6-45 中指示处。可根据逆向工程设计要求加以修改。

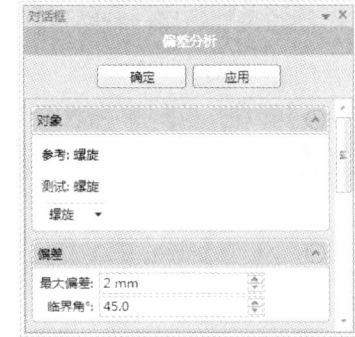

图 31-6-42 "偏差分析"对话框

图 31-6-43 偏差分析结果

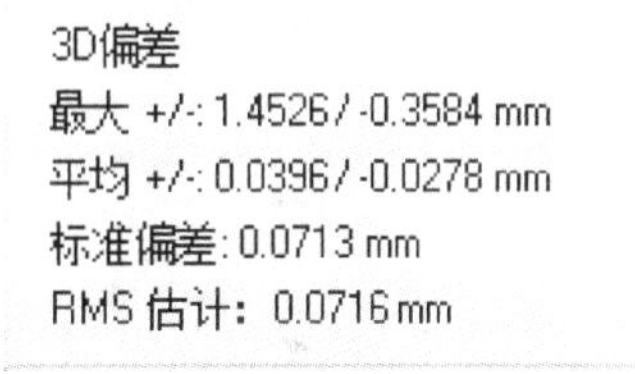

3D偏差
最大 +/-: 1.4526 / -0.3584 mm
平均 +/-: 0.0396 / -0.0278 mm
标准偏差: 0.0713 mm
RMS 估计: 0.0716 mm

图 31-6-44 偏差分析数据

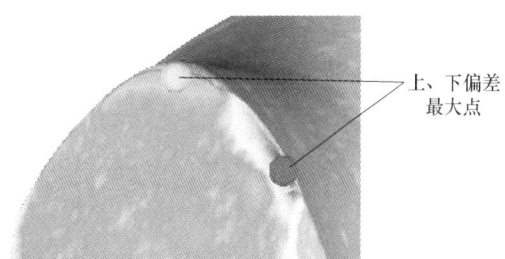

图 31-6-45 上、下偏差最大点

6.2 基于 Geomagic Design X 的发动机叶轮模型逆向设计

叶轮是机械行业常见的零件,常用于压缩机、离心泵以及各种动力机械中。本节以发动机叶轮模型为例,通过逆向工程数据采集技术获取叶轮三角网格数据后,利用 Geomagic Design X 逆向设计软件对叶轮模型进行逆向设计。

6.2.1 叶轮模型领域划分与对齐摆正

(1) 叶轮模型领域划分

点击【导入】将通过扫描设备获得的叶轮三角网格数据后导入 Geomagic Design X 中,点击"领域"工具栏下方的自动分割图标 ,"敏感度"设置为"30%","面片的粗糙程度"设置为"中等",如图 31-6-46 所示,点击确定即可完成三角网格数据的自动划分,如图 31-6-47 所示。

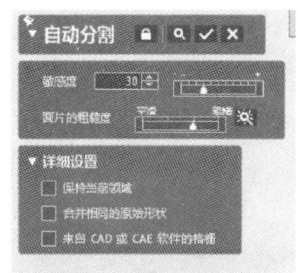

图 31-6-46 "自动分割"对话框

图 31-6-47 领域自动分割完成

(2) 创建叶轮对齐基准平面

点击【模型】栏下的平面图标 ,弹出如图 31-6-48 所示的对话框,在"方法"选项中选择"提取","拟合选项"中"拟合类型"选择"最优匹配",同时选取叶轮的上平面,点击确定即可创建平面1,创建结果如图 31-6-49 所示。

(3) 提取叶轮中间轴线

点击【模型】工具栏下的线图标 ,弹出如图 31-6-50 所示的对话框,"方法"选项中选择"提取","采样比率"选项中选择"100%",同时选中叶轮中心圆柱面,点击确定即可创建中心线2,如图 31-6-51 所示。

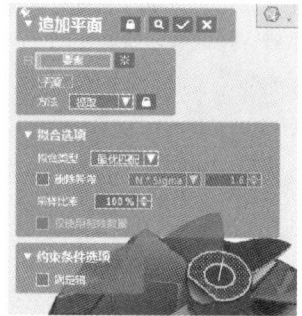

图 31-6-48 "追加平面"对话框

图 31-6-49 追加平面完成

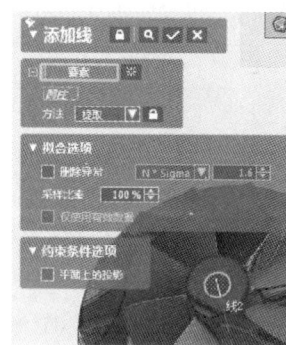

图 31-6-50 "添加线"对话框

图 31-6-51 添加线完成

(4) 绘制对齐平面

点击【草图】工具栏下的草图按钮 ,在"基准平面"选项中选择之前创建的平面1,然后按照叶轮端面形状绘制直线,点击 直线 按钮,绘制两条相互垂直的直线,如图31-6-52所示,直线绘制完成后点击退出。在"模型"工具栏中选择拉伸按钮 ,选择"任意高度"拉伸出如图所示的面片,点击确定即可完成,如图31-6-53所示。

图31-6-52 绘制两条相互垂直的直线

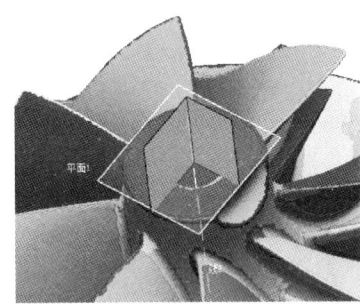

图31-6-53 创建拉伸面

(5) 手动对齐模型与世界坐标系

点击【对齐】工具栏下的手动对齐按钮 ,弹出如图31-6-54所示的对话框,点击 图标进入下一步,出现如图31-6-55所示的对话框,其中"位置"选项中需选择之前拉伸的平面在平面1中的交点位置,"移动"选项卡下选择"X-Y-Z",然后"Z轴"平面选择之前创建的平面1,"X轴"与"Y轴"平面分别选择之前拉伸出来的平面,"对象"选项卡不需更改,至此完成叶轮模型的对齐摆正操作,完成后可点击"视图"选项 ,进入视图的多角度观察。若对齐摆正没有问题,则可将对齐摆正用到的平面1

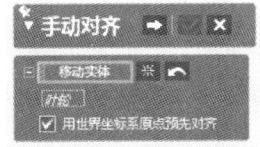

图31-6-54 "手动对齐"对话框(一)

拉伸出来的平面删除或者隐藏,这样方便后续对模型进行逆向设计。

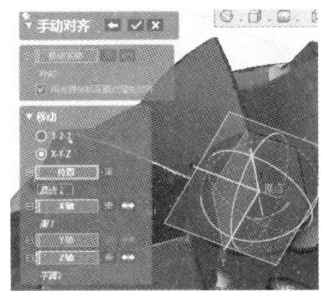

图31-6-55 "手动对齐"对话框(二)

6.2.2 叶轮基体的逆向设计

(1) 提取叶轮模型集体轮廓线

叶轮模型对齐摆正后,点击"草图"工具栏下方的面片草图按钮 ,弹出如图31-6-56所示的对话框,选择"回转投影"对话框,"中心轴"选择之前创建的中心线2,"基准平面"选择右视基准面,"追加断面多线段"选项中,"基准平面偏移角度"设置为"20°","轮廓投影范围"设置为"0°",点机上方"确定"按钮即可将模型的回转投影提取出来,提取之后如图31-6-57所示。

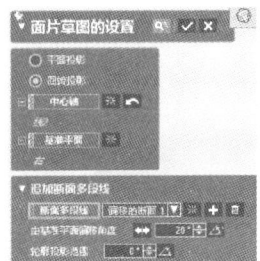

图31-6-56 "面片草图的设置"对话框

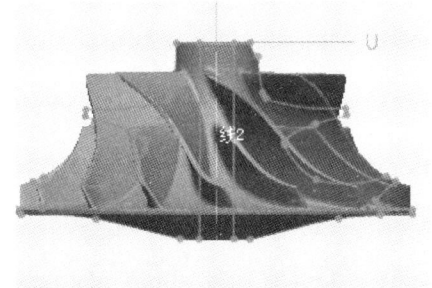

图31-6-57 提取回转投影线

(2) 绘制出叶轮基体的轮廓线

点击直线按钮 ,绘制出左半边轮廓中的直线部分，点击样条曲线按钮 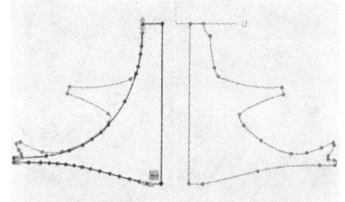，将左半边的曲线绘制出来，绘制好的草图如图 31-6-58 所示。点击"退出"按钮即可完成草图的绘制。

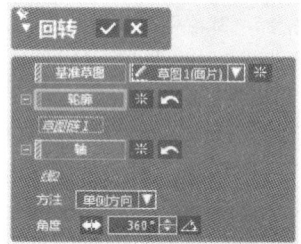

图 31-6-58　绘制轮廓线

（3）回转生成叶轮基体曲面

点击【模型】下曲面回转命令 ，弹出如图 31-6-59 所示对话框，"轮廓"选项中选择草图链 1，"轴选"项中选择线 2，"方法"选项中选择"单侧方向"，"角度"选项中选择"360°"，点击确认即可得到叶轮回转基体曲面，如图 31-6-60 所示。

图 31-6-59　"回转"对话框

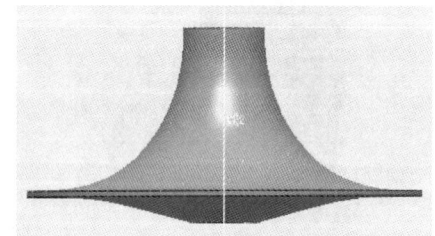

图 31-6-60　曲面回转完成

6.2.3　大小叶片的逆向设计

（1）领域合并

按住"Ctrl"键选中大叶片的上侧领域，点击【领域】工具栏中的合并领域按钮 ，将大叶片上侧领域合并成一块，如图 31-6-61 所示。按照同样的方式，将大叶片下侧的领域进行合并，合并后如图 31-6-62 所示。

（2）叶片的曲面拟合

领域合并完成后，选中大叶轮的上侧领域，点击

图 31-6-61　叶片上侧领域合并后

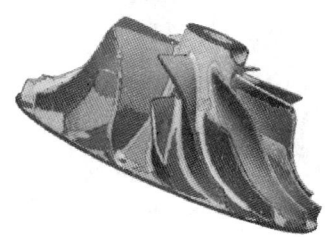

图 31-6-62　叶片下侧领域合并后

模型工具栏中的面片拟合命令 ，弹出如图 31-6-63 所示命令窗口，"分辨率"选项中选择"控制点数"，"UV 控制点数"设置为"20"，"拟合平滑等级"选择"中上等"，"详细设置"中"延长方法"设置为"线性"。然后单击上方下一步按钮 ，进入下一步，弹出如图 31-6-64 所示命令窗口，默认设置即可继续点击"下一步"按钮 ，之后点击确定按钮 ，即可完成大叶轮上侧面片拟合操作，如图 31-6-65 所示。

按照上述同样的方法将大叶片的下侧曲面拟合出来，拟合之后如图 31-6-66 所示。

图 31-6-63　面片拟合（一）

（3）叶轮基体与大叶片上下两侧面做剪切

点击"模型"工具栏中的剪切曲面命令 ，弹出如图 31-6-67 所示对话框，其中"工具要素"选择叶轮的基体曲面，"对象体"选择面片拟合 1 与面片

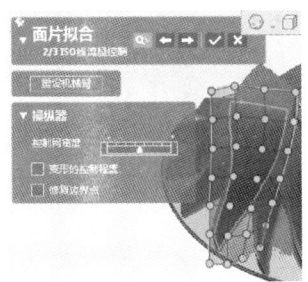

图 31-6-64　面片拟合（二）

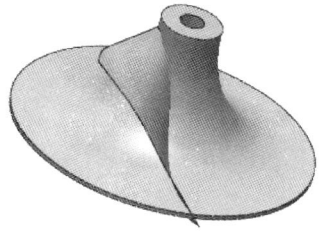

图 31-6-65　面片拟合（三）

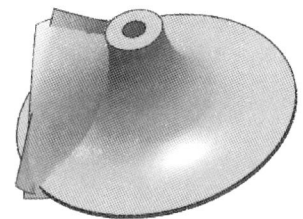

图 31-6-66　面片拟合（四）

拟合 2，然后点击下一步按钮 ，弹出如图 31-6-68 所示对话框，在"结果"选项中"残留体"选择需要留下的曲面片，然后点击确定按钮 。

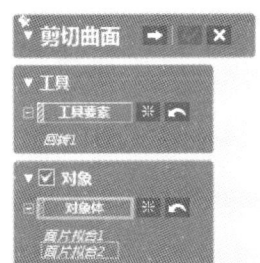

图 31-6-67　"剪切曲面"对话框（一）

（4）绘制大叶轮外形轮廓曲线

点击【草图】工具栏下的面片草图按钮 ，弹出如图 31-6-69 所示窗口，选择"回转投影"，"中心轴"选择之前提取的线 2，"集中平面"选择右视基准面，

图 31-6-68　"剪切曲面"对话框（二）

"轮廓投影范围"调整至"25°"，点击确定按钮 ，即可提取大叶轮外形轮廓线，如图 31-6-70 所示。点击确定之后，进入草图绘制界面，点击直线按钮 与样条曲线按钮 样条曲线，将大叶轮左侧轮廓线绘制出来，绘制完成如图 31-6-71 所示。

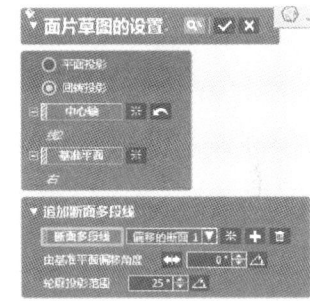

图 31-6-69　提取大叶轮外形轮廓线

图 31-6-70　提取外形轮廓线

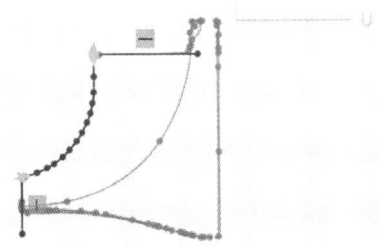

图 31-6-71　绘制外形轮廓线

（5）构建大叶轮外形轮廓曲面

旋转曲面得到大叶轮外形轮廓曲面，草图绘制完

成后点击"退出"按钮即可退出草图的绘制。点击"模型"菜单下曲面回转命令，弹出如图31-6-72所示对话框，"轮廓"选项中选择草图链1，"轴"选项中选择线2，"方法"选项中选择"单侧方向"，"角度"选项中选择"250°"，点击确认即可得到叶轮回转基体曲面，如图31-6-73所示。

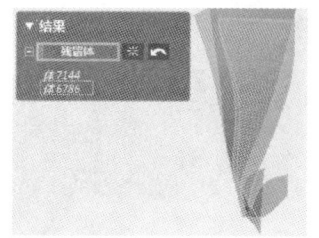

图31-6-75 "剪切曲面"对话框（二）

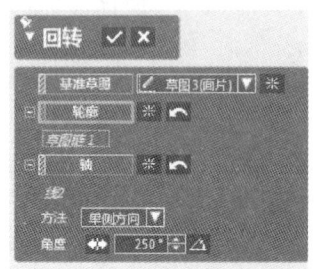

图31-6-72 "回转"对话框

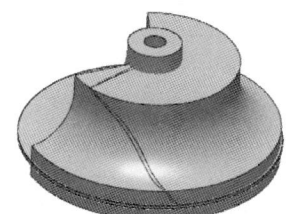

图31-6-76 剪切曲面完成

（7）剪切大叶片外轮廓的反向曲面

利用叶片曲面对大叶片外轮廓曲面进行反向的曲面剪切，点击"模型"工具栏中的剪切曲面命令，弹出如图31-6-77所示对话框，其中"工具要素"选择两叶片的拟合曲面，"对象体"选大叶片的外轮廓曲面，然后点击下一步按钮，弹出如图31-6-78所示对话框，在"结果"选项中"残留体"选择需要留下大叶片外轮廓曲面，然后点击确定按钮即可。剪切完成后如图31-6-79所示。

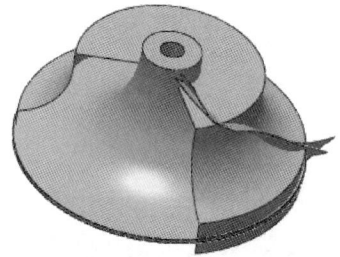

图31-6-73 回转基体曲面完成

（6）剪切叶片面片

利用回转得到的大叶轮轮廓曲面对叶片面片进行剪切，点击"模型"工具栏中的剪切曲面命令，弹出如图31-6-74所示对话框，其中"工具要素"选择叶轮的轮廓曲面，"对象体"选剪切曲面1-1与剪切曲面1-2，然后点击下一步按钮，弹出如图31-6-75所示对话框，在"结果"选项中"残留体"选择需要留下的大叶片的上下两侧的曲面片，然后点击确定按钮即可。剪切完成后如图31-6-76所示

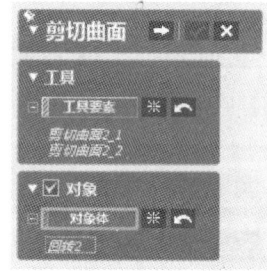

图31-6-77 "剪切曲面"对话框（一）

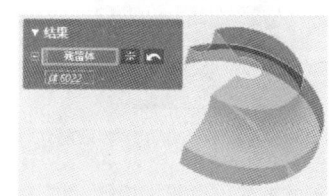

图31-6-78 "剪切曲面"对话框（二）

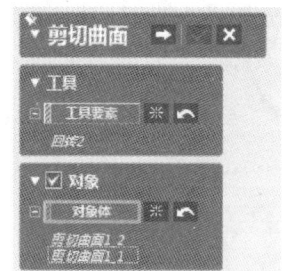

图31-6-74 "剪切曲面"对话框（一）

按照上述步骤逆向设计出小叶片的曲面模型。大、小叶片曲面模型如图31-6-80所示。

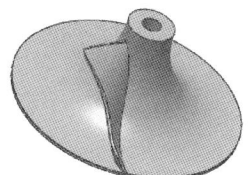

图 31-6-79　剪切曲面完成

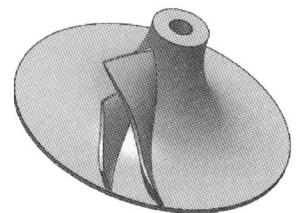

图 31-6-80　大、小叶片曲面模型

6.2.4　叶片阵列及叶轮缝合

(1) 缝合叶片曲面

得到大、小叶片曲面后，点击"模型"菜单下的缝合命令 ，弹出如图 31-6-81 所示的对话框，选择叶片上下及中间曲面模型，然后点击下一步按钮 ，最后点击确定按钮 即可完成大叶片曲面的缝合。按照同样的方法缝合小叶片曲面模型。

(2) 阵列叶片

缝合后得到大小一组叶片，点击"模型"菜单下的"圆形阵列"按钮 ，弹出如图 31-6-82 所示对话框，在"圆形阵列"选项卡中"体"命令选择之前缝合好的大小叶片，"回转轴"选项选择线 2，"要素数"为"8"，"合计角度"为"360°"，设置好之后点击确定即可完成叶片的阵列，阵列结果如图 31-6-83 所示。

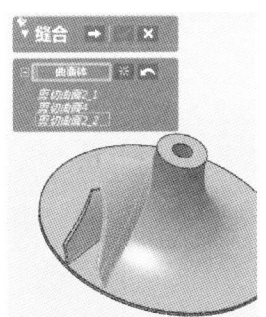

图 31-6-81　"缝合"对话框

(3) 将叶轮缝合成实体

点击"模型"菜单下缝合命令 ，弹出如图

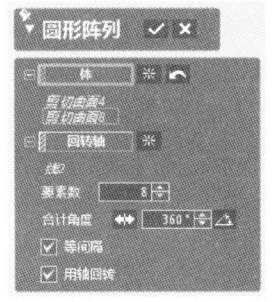

图 31-6-82　"圆形阵列"对话框

图 31-6-83　圆形阵列完成

31-6-84 所示对话框，在"曲面体"选项中选择所有叶片及叶轮基体，然后点击下一步按钮 ，弹出如图 31-6-85 所示对话框，点击确定按钮 。至此，完成叶轮逆向建模的整个过程。

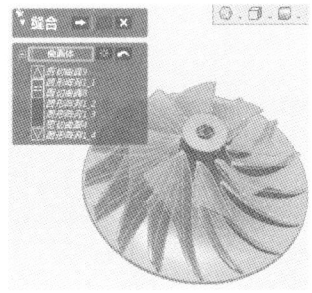

图 31-6-84　"缝合"对话框

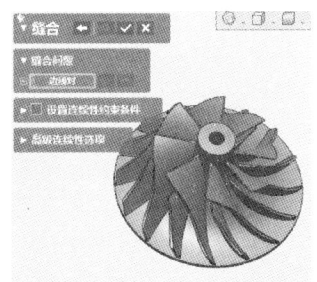

图 31-6-85　曲面缝合完成

6.3 基于 Geomagic Control X 的机车转向架构架焊接变形检测

转向架构架是机车车辆的大型核心零部件之一，在车辆行进过程中，直接承受车辆载荷及冲击，其制造精度直接影响机车产品的质量，从而决定着车辆运行的安全性和稳定性。通过逆向工程技术获取制造过程中转向架构架的点云数据，并与其对应的设计模型相比对，从而能够反映出该构架焊接变形的大小及趋势。这种方法为零件的制造变形提供了一种柔性化的检测方案。

6.3.1 点云预处理

（1）导入点云数据

启动 Geomagic Control X 软件平台，单击左上角的"启动"按钮图标→【导入】→选择点云文件所在的位置，完成点云的导入。机车转向架构架点云导入后的形态如图 31-6-86 所示。

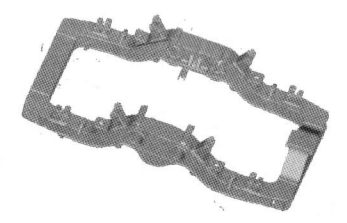

图 31-6-86　导入点云

（2）点云去噪

一般来说，由于测量系统中系统误差和随机误差的影响，测量得到的点云中都不可避免地存在冗余杂点，这些点称为噪声点。如果直接用这样的点云进行分析会影响分析结果的准确性，因此，在数据分析之前需要先对点云中的噪声点进行去除。

首先选择软件上方的"点"选项卡，进入点处理模块，如图 31-6-87 所示。

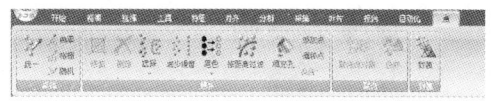

图 31-6-87　选项卡命令

选择【修补】→【选择】→【非连接项】命令，将"分隔"设置为"低"，"尺寸"设置为"5.0"，如图 31-6-88 所示。单击"确定"按钮后，与零件主体点云不相连部分的杂点被选中为红色。按下键盘上的"Delete"键将这些噪声点删除。

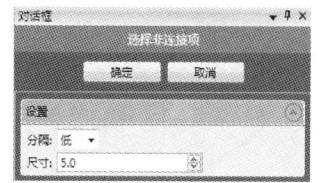

图 31-6-88　"选择非连接项"对话框

接下来单击【选择】→【体外孤点】命令，将"敏感度"设置为"90.0"，如图 31-6-89 所示。单击"应用"→"确定"。再次按下键盘上的"Delete"键将这些体外孤点删除。

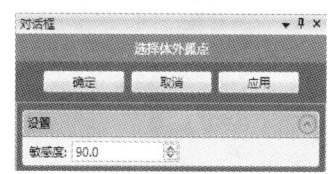

图 31-6-89　"选择体外孤点"对话框

上述"去除非连接项"和"去除体外孤点"两部分操作的主要目的是删除与主体点云偏离较远的点和点集（或称为孤岛）。下面将继续通过【减少噪声】命令对点云中影响曲面重构质量的噪声点进行去除，以更好地表现实体零件的拓扑结构。

选择【减少噪声】命令，在参数设置中选择"棱柱形（积极）"选项，单击"应用"→"确定"。

（3）点云精简

被测量的机车转向架构架点云数据量十分庞大，由图 31-6-86 可以看出，点的数量多达 9392471 个，若不进行有效的数据精简，将严重影响计算机的运算速度，降低检测效率。因此，有必要在数据分析前对点云进行精简。

选择【采样】→【曲率】命令，将"百分比"设置为 50，单击"应用"→"确定"后可以看到：点云中点的数量由 9392471 个减少为 4642463 个，如图 31-6-90 所示。

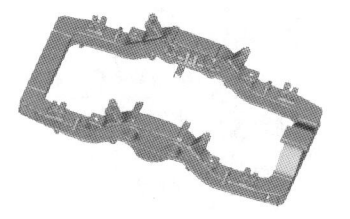

图 31-6-90　精简后的点云

（4）点云封装

以点云模式显示的数据模型呈半透明状态，其视觉效果较差，为了更加直观地观察到实体原型的形态并简化其运算，需要将点云转化为多边形曲面片的形式进行显示。这种把点云转换为多边形曲面片的过程称为封装。

选择【点】→【封装】命令，勾选"封装"对话框中的"优化稀疏数据"和"优化均匀间隙数据"，单击确定按钮完成点云封装。封装后的点云模型会以三角形面片的形式显示出来，显示效果如图 31-6-91 所示。

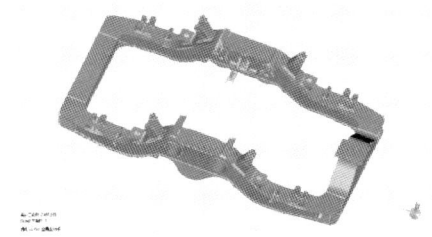

图 31-6-91　封装后的点云模型

(5) 多边形网格修复

全局修复的主要目的是删除多边形模型中的钉状物等特征，去除形如金字塔状的三角形组合，并将与模型主体不相连的三角形曲面片进行去除。在 Geomagic Control 中进行数据全局修复主要用到网格医生和流形两部分功能。

首先在软件上方的工具栏中选择"多边形"选项卡，选择"网格医生"，在左侧对话框中单击"应用"→"确定"，如图 31-6-92 所示。

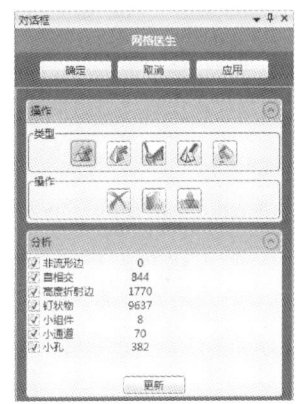

图 31-6-92　"网格医生"对话框

接下来对多边形网格模型进行流形处理，其主要目的是去除与模型主体不相连的多边形曲面片。选择【流形】→【开流形】，完成流形创建。

(6) 去除多余特征

被测机车转向架构架的设计模型如图 31-6-93 所示。为保证点云和设计模型的匹配程度，需要在点云模型中将设计模型中没有的部分进行去除，需要去除的部分在图中圈出。去除多余特征前后的点云如图 31-6-94 所示。

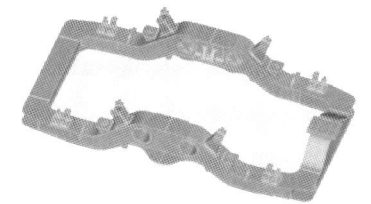

图 31-6-93　构架设计模型

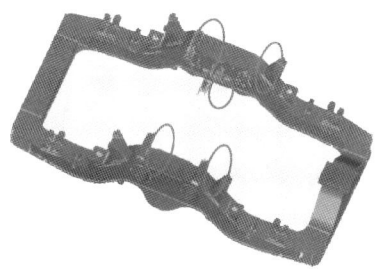

(a) 去除前

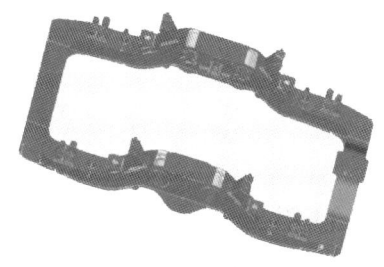

(b) 去除后

图 31-6-94　多余特征去除前后对比

(7) 孔填充

对点云中缺失的数据需要通过 Geomagic Control 中的"填充孔"功能来进行插补。模型中主要存在的孔的类型及其分别对应的处理方式如下：

1) 简单内部孔。选择【填充孔】→【填充单个孔】命令，激活"曲率"和"内部孔"两个选项，将光标移动到所要填充孔的边界附近，边界会显示为红色，单击后孔就会按照边界曲率的变化类型被填充，如图 31-6-95 所示。

2) 复杂内部孔。选择【填充孔】→【填充单个孔】命令，激活"曲率"和"搭桥"两个选项，选择孔的边界上的两个点，此时在这两点间就会形成

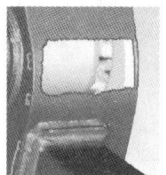 

(a) 填充前　　　　(b) 填充前

图 31-6-95　简单内部孔填充

一段曲面片，多次"搭桥"后可以将复杂内部孔分隔成多个简单内部孔，然后按照简单内部孔的处理方式对剩余部分进行填充，如图 31-6-96 所示。

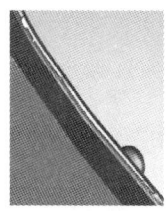 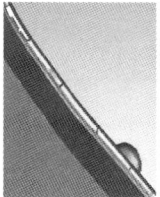 

(a) 填充前　　　(b) 搭桥　　　(c) 填充后

图 31-6-96　复杂内部孔填充

3）边界孔。选择【填充孔】→【填充单个孔】命令，激活"曲率 "和"边界孔 "两个选项，选择孔边界线的两点，再次单击孔的内部完成填充，如图 31-6-97 所示。

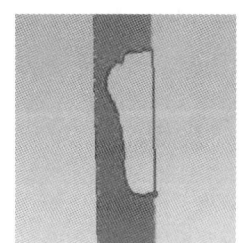 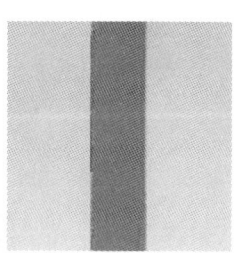

(a) 填充前　　　　　(b) 填充后

图 31-6-97　边界孔填充

6.3.2　点云与设计模型坐标系配准

完成点云预处理后，将设计模型导入工作面板中，其具体步骤如下：单击 Geomagic Control 左上角的启动按钮图标 →导入，选择设计模型文件所在的位置，将设计模型导入工作面板中，导入后的结果如图 31-6-98 所示。

图 31-6-98 中被测构架点云模型和设计模型的坐标系并不一致，因此在分析前需要对两者的坐标系进行配准，具体方法如下：在左侧的"模型管理器"下将"点云模型"设置为"Test"（检测），"设计模型"设置为"Reference"（参考），如图 31-6-99 所示。

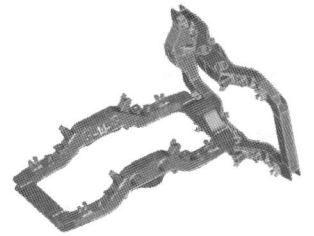

图 31-6-98　设计模型导入

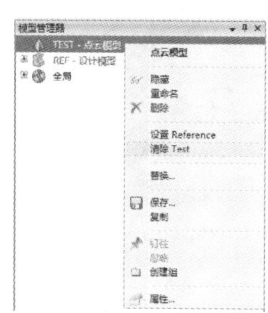

图 31-6-99　Test 和 Reference 设置

Geomagic Control 软件平台下提供了基于特征对齐、最佳拟合对齐、RPS 对齐以及 3-2-1 对齐四种坐标系对齐方式，其各自的特点及适用范围如下。

① 基于特征对齐：利用零件本身存在的平面、圆柱、圆锥、孔等规则几何特征为基准进行坐标系对齐，对零件某些重要表面的配准精度较高，能够消除基准曲面的基准不重合误差。适用于形状规则或者具有平面、圆柱、圆锥等明显规则几何特征的零件模型；或在零件某些部位的对齐基准有特殊要求的情况下，要优先保证零件在该部位的测量基准和设计基准对齐偏差最小。

② 最佳拟合对齐：适用于形状不规则或者没有明显几何特征作为基准的空间复杂曲面类的零件模型。

③ RPS 对齐：在指定方向上对模型进行约束，检测过程更加符合实际手动检测情况，具有较大的灵活性。多用于流水生产线上产品的检测；比较适用于具有定位孔、槽等特征的零件模型；此外，还用于叶片和钣金类零件的坐标系配准。

④ 3-2-1 对齐：一般用于被测零件模型表面具有三个（或三个以上）两两相交或相互垂直的平面的情况。

本例中将采用基于特征对齐和最佳拟合对齐相结合的方式，介绍坐标系对齐的具体步骤。

（1）创建对齐特征

在点云模型视图下：选择【特征】→【平面】→【最

佳拟合】，选取构架底面点云，单击"应用"→"确定"。以同样的方法在构架侧面再拟合出 2 个平面，如图 31-6-100 所示。

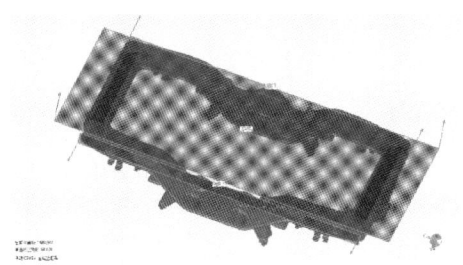

图 31-6-100 拟合平面

选择【特征】→【平面】→【2 平面平均】，把"侧面 1"设置为平面 1，把"侧面 2"设置为平面 2，单击"应用"→"确定"，建立如图 31-6-101 所示的中间平面。

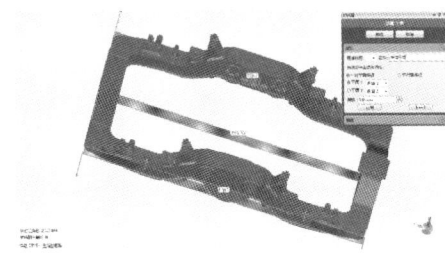

图 31-6-101 创建中间平面

接下来将视图切换至设计模型下：选择【特征】→【平面】→【CAD】，选取构架底面，单击"应用"→"确定"，此时在设计模型的底面提取出了相应的平面，如图 31-6-102 所示。

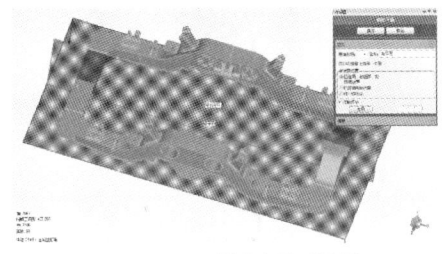

图 31-6-102 创建底平面特征

(2) 坐标系对齐

选择【对齐】→【基于特征对齐】，在左侧对话框"特征输入"栏内将点云模型和设计模型中对应的特征平面创建"特征对"，如图 31-6-103。此时通过"统计"栏内信息可以看到两个平面共限制了模型的 5 个自由度，如图 31-6-104 所示。

单击【操作】→【最佳拟合】，然后单击"确定"按钮，完成坐标系对齐。对齐后的结果如图 31-6-105 所示。

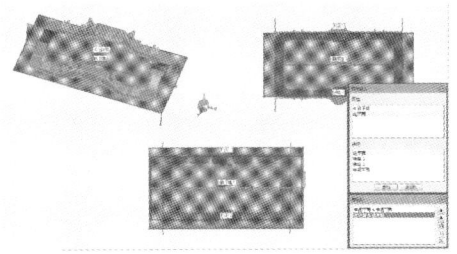

图 31-6-103 创建平面特征对

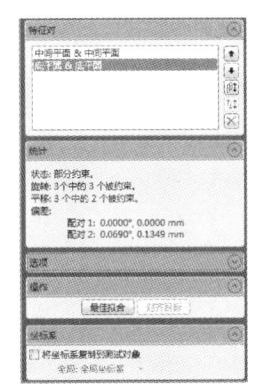

图 31-6-104 "特征对"对话框

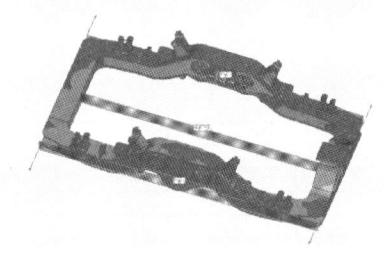

图 31-6-105 坐标系对齐后效果图

6.3.3 检测结果分析

(1) 3D 比较

选择【分析】→【3D 比较】命令，设置"最大偏差"为"10mm"，"临界角"为"45°"，然后单击"应用"→"确定"，输出如图 31-6-106 所示 3D 偏差色谱图，通过色谱图可以清晰地看出构架各部位的制造变形情况。

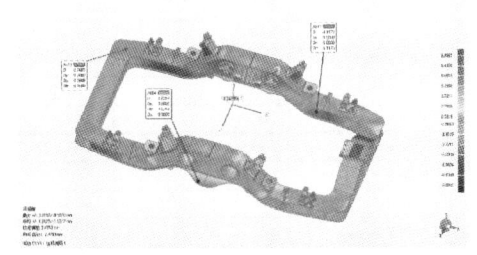

图 31-6-106 3D 偏差色谱图

选择【结果】→【创建注释】命令，单击被测零件表面一点，可以创建出如图 31-6-106 所示的注释卡，该注释卡上注明了该点制造变形量的具体数值。

（2）创建报告

创建报告主要通过 Geomagic Control X 的【报告】命令完成。在【报告】命令下共有创建、模板选项、分析三个组，如图 31-6-107 所示。其中，"创建"部分用于设置报告的格式并输出报告；"模板选项"部分用于设置模板样式；"分析"部分主要用于对多个检测报告的结果趋势进行统计和分析。

下面以机车转向架构架为例介绍检测报告输出的一般流程。

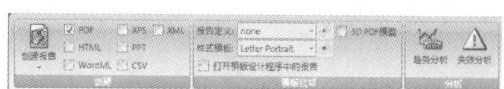

图 31-6-107 "报告"选项卡

首先选择【报告】命令，在"创建"部分将报告格式选为"PDF"，单击"创建报告"按钮，完成检测报告输出。如图 31-6-108 所示，报告中展示了被测零件在七个视图下的偏差色谱图，并给出了制造实体零件和设计模型偏差的统计信息。根据统计信息中提供的偏差分布情况，可以对产品的制造质量进行定量的评价。

作者：xxx
客户名称：xxx
参考模型：22107120000002_sw0004.prt
测试模型：点云模型

偏差分布

>=Min	<Max	#点	%
-9.9997	-8.4300	3470	0.2907
-8.4300	-6.8604	8584	0.7191
-6.8604	-5.2908	15904	1.3323
-5.2908	-3.7211	44715	3.7459
-3.7211	-2.1515	100649	8.4317
-2.1515	-0.5819	325192	27.2425
-0.5819	0.5819	340585	28.5320
0.5819	2.1515	203936	17.0845
2.1515	3.7211	69088	5.7878
3.7211	5.2908	38890	3.2412
5.2908	6.8604	25170	2.1086
6.8604	8.4300	12363	1.0357
8.4300	9.9997	5346	0.4479

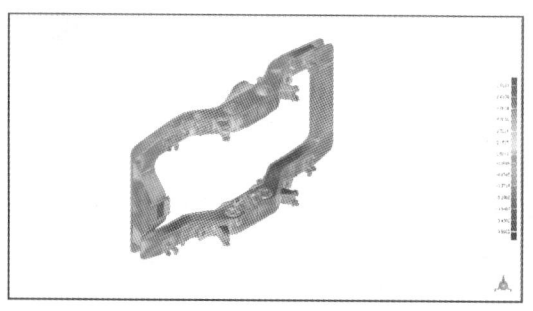

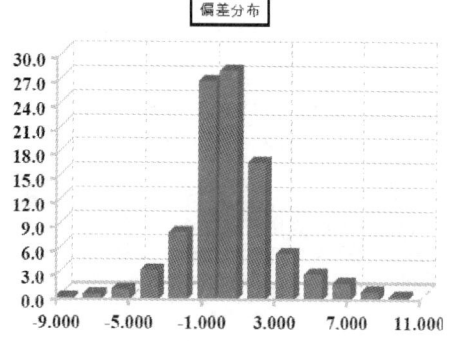

分布(+/-)	#点	%
-6 * 标准偏差	0	0.0000
-5 * 标准偏差	0	0.0000
-4 * 标准偏差	7614	0.6379
-3 * 标准偏差	23839	1.9971
-2 * 标准偏差	96576	8.0905
-1 * 标准偏差	497533	41.6801
1 * 标准偏差	428623	35.9073
2 * 标准偏差	86688	7.2522
3 * 标准偏差	38820	3.2521
4 * 标准偏差	13559	1.1359
5 * 标准偏差	441	0.0369
6 * 标准偏差	0	0.0000

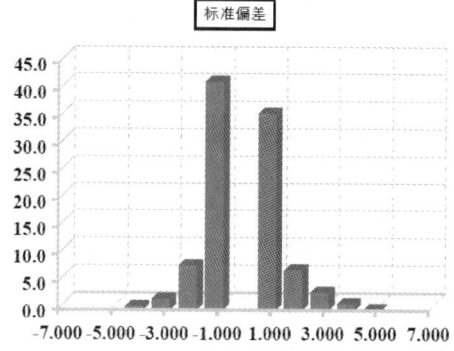

图 31-6-108 检测报告

6.4 基于 UG/Imageware 的发动机气道逆向设计

发动机气道的空间形状是影响发动机进排气性能的重要因素之一，对发动机整体性能也有较大的影响。传统发动机气道的设计与研制方法试验周期长，工作比较烦琐，无法快速实现气道形状的优化设计。因此，需运用逆向工程技术将发动机气道模型进行实体化，以便进行后续的相关工作，从而进行工业生产。这里以发动机气道模型为例，介绍其逆向工程过程，采用的软件为 UG/Imageware。逆向工程设计主要操作方法和步骤如下。

6.4.1 输入和处理点云数据

用不同的点测量工具测得的点云数据一般都可以被读入 Imageware 中。

（1）进入 Imageware 逆向环境

启动 NX imageware，从菜单"Start"→单击"NX Imageware"，即可进入 Imageware 逆向环境。

（2）输入点云数据

点击【文件】→【打开】，将后缀为"igs"的气道模型以 ASCII Delimited（LABEL）方式打开，输入点云数据，如图 31-6-109 所示。

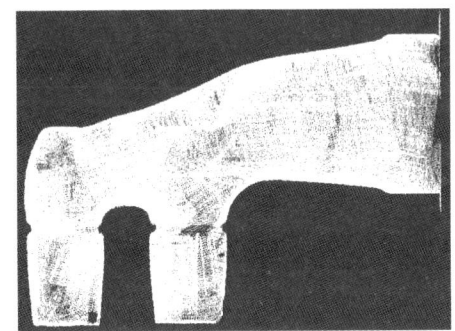

图 31-6-109 输入点云数据

（3）删除杂点

由输入的点云数据可知，其点云中有一些无用点，需要进行删除。点击【修改】→【抽取】→【圈选点】，其对话框如图 31-6-110 所示。

将保留点云选为外侧，即保留所圈区域外侧的点，点击"应用"按钮然后圈选无用的杂点，再点击"应用"按钮即可删除所圈杂点。对于大量的杂点，可以用框选功能处理；而对于小量的杂点，或者形状不规则的杂点区域可以用拾取删除点的方法进行删除。去除杂点后的气道点云如图 3-6-111 所示。

（4）数据精简

图 31-6-110 "圈选点"对话框

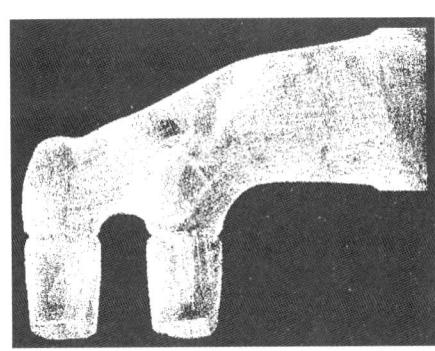

图 31-6-111 去除杂点后的气道点云

导入的点云所包含的数据点过大，需要减少点云数量。点云在三维空间的位置没有对称性。单击【修改】→【数据简化】→【距离采样】，在弹出的对话框"点云"栏中点击"选择所有"，在"距离公差"栏中输入距离误差为"0.5000"。单击"应用"按钮，这里的距离误差根据样件精度的要求有所变化，一般可以选择 0.15～0.5，如图 31-6-112 所示。

图 31-6-112 "距离采样"对话框

经过降低点云数据的操作结束后，在对话框的"结果"栏中显示计算的结果，如图 31-6-113 所示。

由结果知：点云数据由原来的 660576 个点降为 338255 个点，减少了原始点云的 48%。这样处理以后，用户在进行其他操作时的速度会增加许多。数据精简后的点云如图 31-6-114 所示。

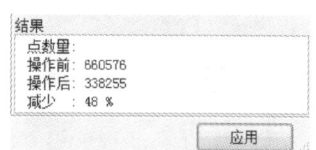

图 31-6-113　数据精简结果

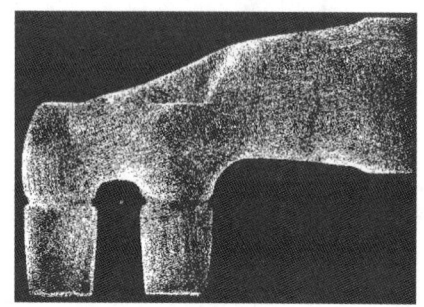

图 31-6-114　数据精简后的点云

(5) 三角形网格化

使用菜单命令【显示】→【点】→【显示】，快捷键为"Ctrl"+"D"，得到"点显示"对话框，如图 31-6-115 所示。

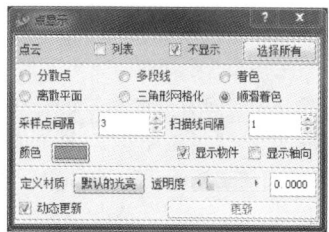

图 31-6-115　"点显示"对话框

将"采样点间隔"栏中的数值改为"3"，即只将点云中的数据点显示出原来的 1/3，其余的点不显示。对点云进行可视化处理，即多边形化点云，以便查看点云成形后的效果。使用菜单命令【构建】→【三角形网格化】→【点云三角形网格化】，得到如图 3-6-116 所示的"点云三角形网格化"对话框。

图 31-6-116　"点云三角形网格化"对话框

在"相邻尺寸"栏中输入多边形的间隔距离，这里的距离一般可以设定为点云距离误差的 5～10 倍。网格化后的点云数据如图 3-6-117 所示。

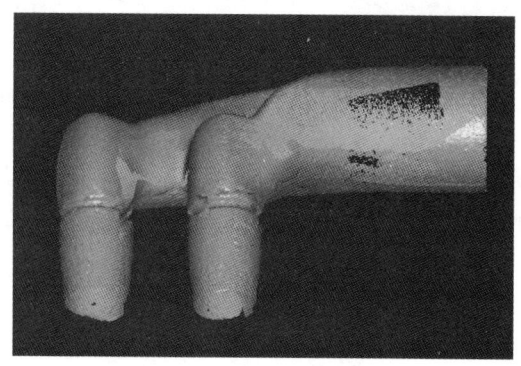

图 31-6-117　网格化后的点云数据

(6) 数据分割

通过剖面截取点云的方式将点云数据进行分割，剖面截取点云方式有平行点云截面、环状点云截面、交互式点云截面以及沿曲面截面 4 种方式。

• 平面点云截面：点击菜单命令【构建】→【剖面截取点云】→【平行点云截面】，得到"平行点云截面"对话框，如图 31-6-118 所示。

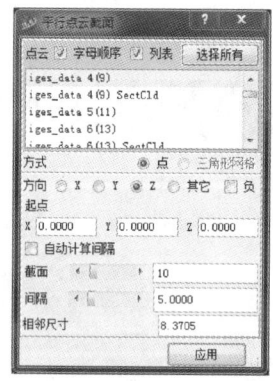

图 31-6-118　"平面点云截面"对话框

• 环状点云截面：点击菜单命令【构建】→【剖面截取点云】→【环状点云截面】，得到"环状点云截面"对话框，如图 31-6-119 所示。"轴位置"栏，可以通过坐标系的三个轴和三个旋转点来确定坐标系放置的位置。"起点"栏表示旋转起始位置。勾选"自动计算间隔复选框"可使系统自动计算起始点到终点的距离，再根据设定的断面数来自动计算断面角度。"截面"栏表示断面数量。

• 交互式点云截面：点击菜单命令【构建】→【剖面截取点云】→【交互式点云截面】，得到"互动点云截面"对话框，如图 31-6-120 所示。可在视图区域选择剖断面的两个端点。

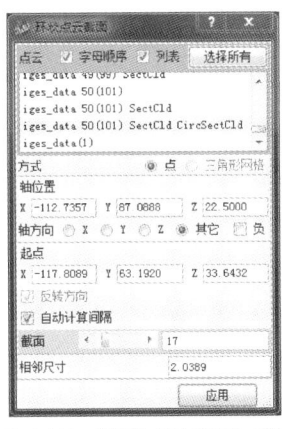

图 31-6-119 "环状点云截面"对话框

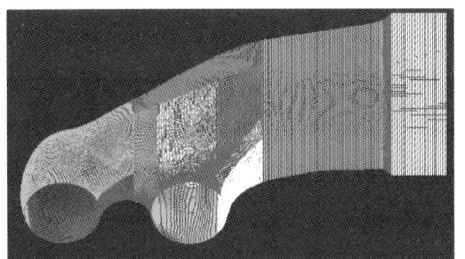

图 31-6-122 数据分割结果

6.4.2 模型重建

将数据分割后的点云进行分块操作,生成模型的特征曲线与特征曲面。

(1) 特征曲线生成

根据生成曲线要求,有多种曲线生成方式,例如3D 曲线(3D Curve)、直线、圆弧等。

① 3D 曲线(3D Curve):通过菜单命令【创建】→【3D 曲线】→【3D B-样条】,可以得到如图 31-6-123 所示的对话框。可以在视图适当的位置选择曲线的节点。

图 31-6-120 "互动点云截面"对话框

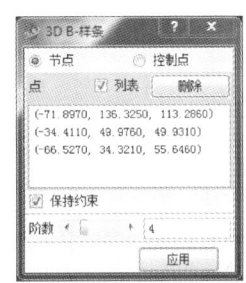

图 31-6-123 "3D B-样条"对话框

- 沿曲线截面:点击菜单命令【构建】→【剖面截取点云】→【沿曲线截面】,得到"曲线定位截面"对话框,如图 31-6-121 所示。其中"点云"栏选择被剖断的点云,"曲线"栏选择曲线,"截面"栏设定沿曲线的剖断面个数,"截面延伸"栏中设定剖断面的大小,这里设定要保证剖断面范围大于点云。

② 直线:通过菜单命令【创建】→【简易曲线】→【直线】,可以得到如图 31-6-124 所示的对话框。

图 31-6-124 "直线"对话框

图 31-6-121 "曲线定位截面"对话框

经过运用以上四种方式对点云进行数据分割,得到了数据分割后的点云,如图 31-6-122 所示。

③ 圆弧:通过菜单命令【创建】→【简易曲线】→【圆弧】,可以得到如图 31-6-125 所示的对话框。单击"中心"栏,输入圆弧中心的坐标,或者可在视图区域直接选取。单击"方向"栏,为圆弧所在的平面指定一个法线方向。在"起点角度"与"终点角度"栏中分别输入起始点、终点与 X 轴正方向的交角度。在"半径"栏输入圆弧的半径值。

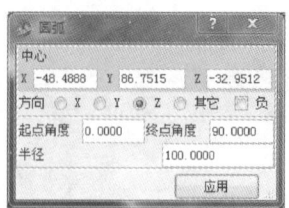

图 31-6-125 "圆弧"对话框

④ 圆：通过菜单命令【创建】→【简易曲线】→【圆】，可以得到如图 31-6-126 所示的对话框。单击"中心"栏，输入圆心的坐标，或者可在视图区域直接选取。单击"方向"栏，输入圆所在平面的法线方向。在"半径"栏输入圆的半径。

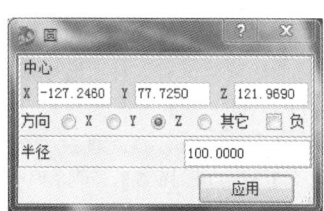

图 31-6-126 "圆"对话框

⑤ 椭圆：通过菜单命令【创建】→【简易曲线】→【椭圆】，可以得到如图 31-6-127 所示的对话框。单击"中心"栏，输入椭圆中心的坐标，或者可在视图区域直接选取。单击"法向"栏，选择椭圆所在平面的法线方向。在"长轴"栏选择椭圆长半轴方向，在"长轴半径"中输入长半轴半径。在"短轴"栏选择椭圆短半轴方向，在"短轴半径"中输入短半轴半径。

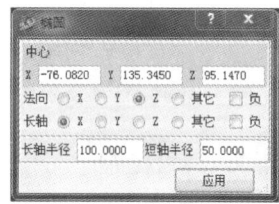

图 31-6-127 "椭圆"对话框

⑥ 由点拟合曲线：通过菜单命令【构建】→【由点云构建曲线】→【拟合直线】等命令依次将曲线拟合成相应的基本曲线，这里以拟合圆为例说明，其对话框如图 31-6-128 所示。在"点云"栏选择要拟合成为圆的点云，单击"应用"按钮即可。

根据点云特征，经过重复运用以上曲线生成方式后得到如图 31-6-129 所示的最终特征曲线。

(2) 特征曲面生成

在特征曲线基础上进行曲面造型。根据特征曲线特征以及点云特征，有多种曲面生成方式，例如简易

图 31-6-128 "拟合圆"对话框

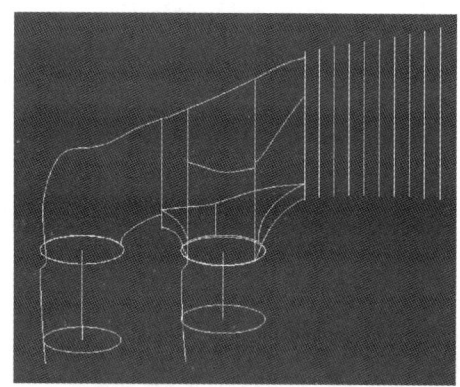

图 31-6-129 特征曲线生成

曲面、由点云构建曲面、由点云和曲线拟合曲面等。

① 简易曲面：执行【创建】→【简易曲面】→【圆柱】等命令，依次生成相应的曲面，这里以圆柱为例说明，其对话框如图 31-6-130 所示。在视图的适当位置选择圆柱的中心点，也可以在相应的输入框内输入中心点的坐标值。在"方向"栏输入圆柱面的轴向方向，在"半径"栏输入圆柱的半径，在"高度"栏输入圆柱高度即可。

图 31-6-130 "圆柱"对话框

② 由点云构建曲面：点击【构建】→【由点云构建曲面】→【自由曲面】等命令，依次生成相应的曲面，这里以构建自由曲面为例说明，其对话框如图 31-6-131 所示。设置对话框中的参数，单击"应用"按钮确定即可。

③ 由点云和曲线拟合曲面：点击菜单命令【构建】→【曲面】→【依据点云和曲线拟合】，其对话框如图 31-6-132 所示。单击"点云"栏，选择需要拟合

图 31-6-131 "自由曲面"对话框

图 31-6-134 "扫掠曲面"对话框

生成的点云，顺时针或者逆时针选择 4 条边界曲线，单击"应用"按钮即可。

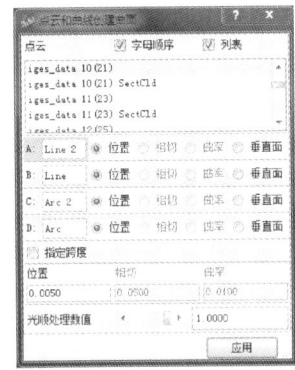

图 31-6-132 "依据点云和曲线拟合"对话框

④ 通过曲线的曲面：点击菜单命令【构建】→【曲面】→【Bi-双向放样】，得到其对话框如图 31-6-133 所示。单击"路径曲线"栏，选择"2"，定义路径曲线为 2 条。分别在"路径曲线 1"、"路径曲线 2"和"轮廓曲线"栏选择对应曲线，单击"应用"按钮即可。

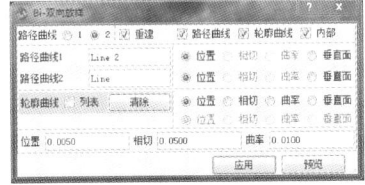

图 31-6-133 "Bi-双向放样"对话框

⑤ 扫掠曲面：根据指定的扫掠线和扫掠路径曲线生成曲面，其操作命令与通过曲线的曲面类似，对话框如图 31-6-134 所示。

根据点云以及生成曲线特征，经过重复运用以上曲面生成方式，生成特征曲面，对特征曲面进行相应的编辑，例如凸缘面、桥接曲面、倒圆角、缝合曲面等，最终得到如图 31-6-135 所示的曲面。

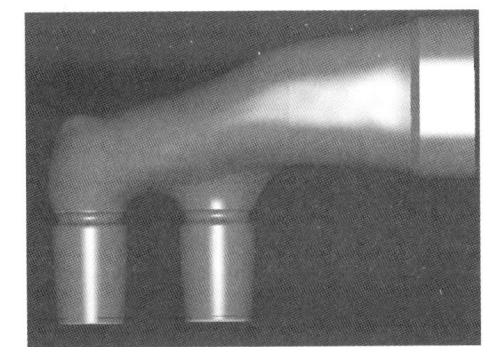

图 31-6-135 特征曲面生成

（3）误差分析

进行模型的测量与检查工作。模型的误差分析包括多方面，例如连续性分析、基于点云的差异、基于曲线的差异、基于曲面的差异等，由于其命令操作相似，只介绍曲面与点云的操作方法。

曲面与点云的差异：通过菜单命令【测量】→【曲面偏差】→【点云偏差】，其对话框如图 31-6-136 所示。单击"曲面"栏，选择要比较的曲面，单击"点

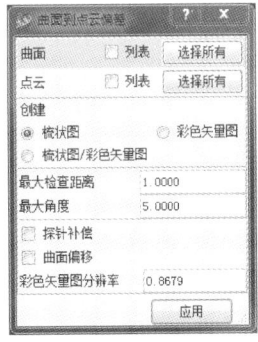

图 31-6-136 "曲面到点云偏差"对话框

云"栏,选择需要进行比较的点云,在"创建"栏选择"梳状图"选项,单击"应用"按钮即可。

该气道重构模型经过多方面分析后均在误差允许范围内,曲面特征误差分析结果如图 31-6-137 所示,故所得模型可靠。

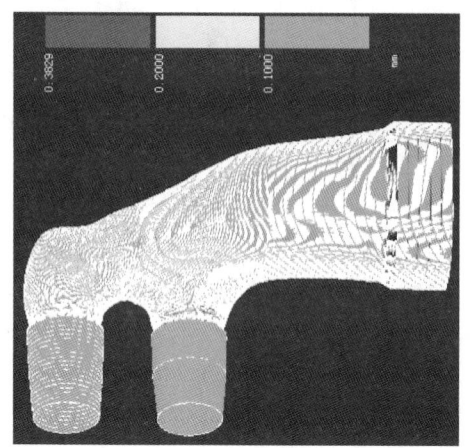

图 31-6-137 误差分析结果

(4) Pro/Engineer 实体化

将模型另存为"igs"格式,在三维软件 Pro/Engineer 中将模型实体化,所得实体化三维模型如图 31-6-138 所示,进而为后续的有限元分析提供模型。

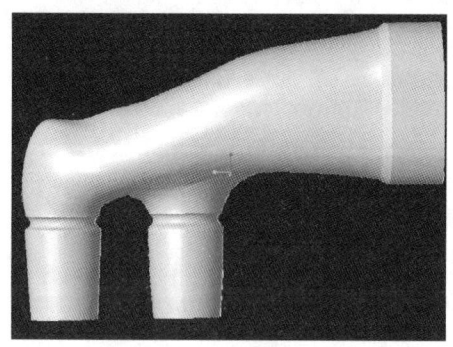

图 31-6-138 实体化三维模型

6.5 基于 Creo 的铸造件逆向设计

本节以铸造件模型为例,基于 Creo 软件演示其逆向设计过程,介绍在 Creo 逆向模块中点云数据的导入、扫描曲线的创建、小平面特征、重新造型等功能。

6.5.1 独立几何模块

独立几何模块是 Creo 软件逆向工程中重要模块之一,属于非参数设计环境,利用该模块可以对特定区域进行创建和修改,并获得所需形状的曲面属性。利用独立几何可以执行以下任务:

① 输入原始点云数据;
② 输入几何、包括曲线、曲面和多面数据;
③ 创建和修改曲线;
④ 手动或自动修复几何;
⑤ 将几何转换成造型特征。

6.5.2 扫描曲线的创建和修改

扫描曲线的创建就是把高密度点云数据输入"独立几何",用某种方法过滤掉无用的点,然后依次通过过滤的点光滑连接形成扫描曲线。扫描曲线的创建方法有三种"扫描曲线""自动定向曲线""截面"。

(1) 扫描曲线

扫描曲线是沿扫描曲线过滤原始数据。详细步骤如下。

1) 点击【选择工作目录】命令,将工作目录设置到指定文件下,如图 31-6-139 所示。

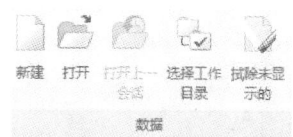

图 31-6-139 【选择工作目录】命令

2) 新建一个零件的三维模型。

3) 选择【获取数据】,点击【独立几何】命令,系统进入"独立几何"用户界面,如图 31-6-140 所示。

4) 进入"扫描工具"后,点击【示例数据来自文件】命令,在系统弹出的"导入原始数据"对话框中选中"高密度"单选框,如图 31-6-141 所示,在"选取坐标系"的提示下,选取"PRT_CSYS_DEF"坐标系,系统弹出"打开"对话框。

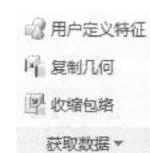

图 31-6-140 获取数据

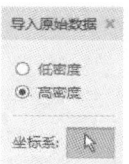

图 31-6-141 导入原始数据

5）在"打开"对话框中,选择点云文件后打开,此时系统自动导入点云数据,同时弹出图31-6-142所示的"原始数据"对话框。

6）创建扫描曲线。在"可见点百分比"中输入数值"20",选中"扫描曲线"单选框,在"曲线距离"文本框中输入数值"30",在"点公差"文本框中输入数值"0.3",点击"预览"按钮,单击完成操作。

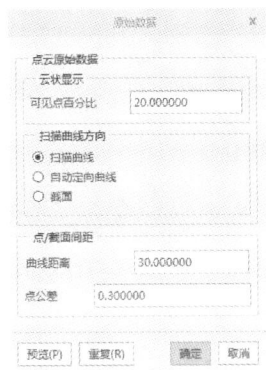

图31-6-142 "原始数据"对话框（一）

（2）自动定向曲线

自动定向曲线是系统自动确定最佳的扫描方向,若干平面与原始数据相交生成的一组曲线,如图31-6-143所示。

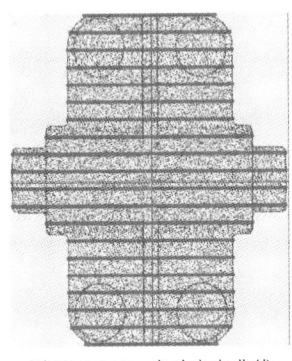

图31-6-143 自动定向曲线

1）参考（1）扫描曲线中的1）～5）,同样的打开方式。

2）创建扫描曲线。在"原始数据"对话框（二）的"可见点百分比"文件中输入数值"15",选中"自动定向曲线"单选框,在"剖面数量"文本框中输入数值"20",在"接近区域"文本框中输入数值"1.9","点公差"文本框里输入数值"0.7",单击"预览"后单击"确定"按钮,如图31-6-144所示。

（3）截面

截面是定义平面与点云相交创建一组曲线,其类

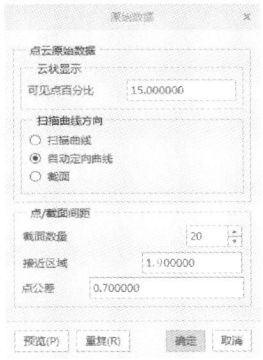

图31-6-144 "原始数据"对话框（二）

型分为"平行剖面""根据基准面确定一组剖面"和"垂直选定曲线的剖面"。

1）参考（1）扫描曲线中的1）～5）,同样的打开方式。

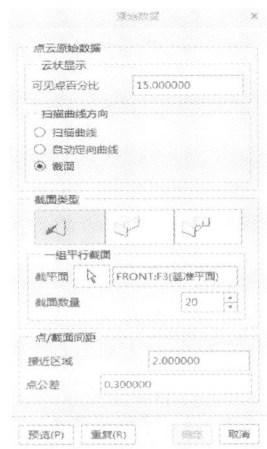

图31-6-145 "原始数据"对话框（三）

2）创建扫描曲线。如图31-6-145所示,在"原始数据"对话框（三）的"可见点百分比"文件中输入数值"15",选中"截面"单选框,确认"剖面类型"区域中的"平行剖面"按钮被按下,单击"剖面"后的箭头按钮,选择FRONT基准面为平行剖面,在"剖面数量"文本框中输入数值"20",在"接近区域"文本框中输入数值"2",在"点公差"中输入"0.3",点击"预览"后单击"确定"按钮,结果如图31-6-146所示。

扫描曲线的修改就是将拟合质量差的曲线或者不满足设计要求的曲线在"独立几何"模块下利用"删除""重组点"和"扫描点"进行修改。

"删除"是指两种方式删除或保留选定曲线;"对点重新分组"指连接、分开或创建曲线;"扫描点"指移除、显示或遮蔽扫描曲线上的点,如图31-6-147

图 31-6-146 通过截面创建的曲线

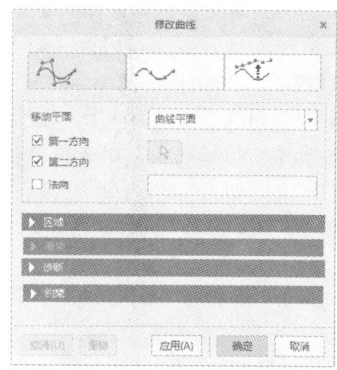

图 31-6-148 修改型曲线

所示。

原有的曲面进行复制。

由于曲面拟合方法的不同，在型曲面的创建过程中存在误差，要对型曲面进行修改。型曲面的修改方式分为控制多面体、栅格线、按参考点拟合三种，如图 31-6-149 所示。

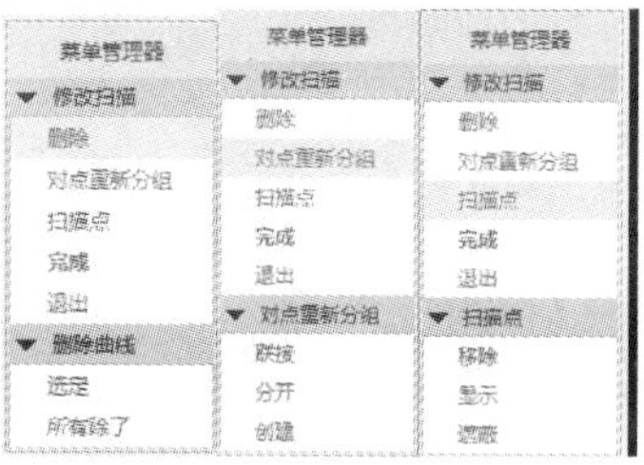

图 31-6-147 扫描曲线修改工具

图 31-6-149 修改型曲面

6.5.3 型曲线的创建和修改

在"独立几何"中，扫描的曲线是无法进行曲面构建的，需要将扫描所得曲面转化成构建曲面的曲线，主要方法有三种："自示例数据"创建曲线、"通过点"创建曲线和"自曲线"创建曲线。

"自示例数据"指选择扫描曲线进行复制，即创建完成型曲线。

"通过点"指按"Ctrl"键依次选取曲线经过的点即创建型曲线。

"自曲线"指选取扫描曲线，给定"输入每条曲线必须经过的点数目"，单击"确定"按钮即完成型曲线创建。

Creo 软件中"独立几何"模块同样提供了型曲线的修改工具，如图 31-6-148 所示，分别为"使用曲线的控制多边形修改曲线""使用曲线的型点修改曲线""将曲线拟合到指定的参考点"。运用该修改工具进行型曲线的修改，能够保证型曲线的精度。

6.5.4 型曲面的创建和修改

型曲面的创建分为自曲线、自曲面两种方法。自曲线操作如下：选择格式曲线形成骨架的第一方向；选择格式曲线形成骨架的第二方向；输入插入点数量；单击"确定"按钮完成。自曲面即将导入数据中

6.5.5 小平面特征

利用 Creo 软件进行逆向设计大多数采用小平面特征，小平面特征有纠正几何错误、创建包络、删除不需要的三角面、生成锐边及填充凹陷区域、创建多面几何，达到精准调整多面曲面的效果。

小平面特征的主要工作流程包括点处理、包络处理、小平面处理。

• 点处理：降低噪声；去除几何外部的点；对点进行取样整理以减少计算时间；填充模型中的间隙孔等。

• 包络处理：点阶段完成后，创建包络并纠正错误；删除三角形；填充选定几何的凹陷；移除腹板等。

• 小平面处理：对生成的小平面特征进行编辑和优化；删除不需要的平面；填充小平面；不损坏曲面连续性的情况下较少三角形的数量。

下面以铸造件为例，重点介绍小平面特征的功能

和流程。

(1) 设置工作目录

点击【选择工作目录】命令,将工作目录设置到指定文件下。

(2) 新建一个零件的三维模型并进行命名。

(3) 导入点云数据

选择【获取数据】→【导入】命令,系统会弹出"文件"对话框,选择需要处理的点云数据,如图31-6-150所示。在"轮廓"对话框中单击"细节",将零件尺寸选择毫米为单位。"导入类型"选择小平面,其他选择默认即可,如图31-6-151和图31-6-152所示。

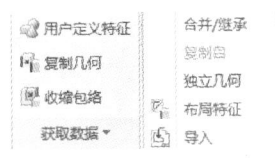

图 31-6-150 获取数据

图 31-6-151 设置导入文件

图 31-6-152 设置单位

(4) "点处理"阶段

点云数据成功导入后,进入"点处理"阶段,如图31-6-153和图31-6-154所示,利用这些命令即可对点云数据进行编辑处理。以铸造件为例,点处理执行了降低噪声、示例及填充孔命令。

图 31-6-153 点云数据

图 31-6-154 点处理阶段

(5) 包络处理

单击【包络】命令。系统开始进行运算处理,屏幕下方会出现如图31-6-155所示的提示信息,当处理完成后工件成为着色状态,此时系统出现"包络"菜单栏,如图31-6-156所示。

图 31-6-155 包络过程

图 31-6-156 "包络"菜单栏

(6) 编辑包络网络

由于点云数据的采集存在误差,并且系统包络计算的精确程度不同,难免会出现瑕疵,所以必须对生成的包络进行编辑处理。主要介绍以下三种命令。

• 压浅:移除选中三角形并显示下面的三角形。

• 压深:该命令移除与选定三角形的点密度匹配的所有三角形。

• 穿透:以直线贯穿选定区域的方式来删除三角形。

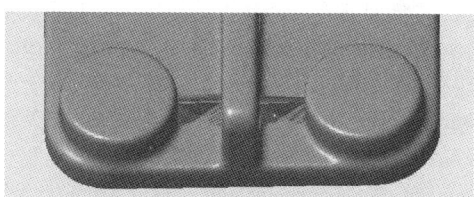

(a) 包络处理前

(b) 包络处理后

图 31-6-157 包络处理前后对比

如图 31-6-157 所示，能够明显看出需要处理的包络区域，选中包络区域，单击"封装"菜单栏中的"压浅"按钮，系统将自动删除包络区域。

（7）小平面处理

包络完成后，单击"封装"菜单栏中的"小平面"按钮，系统将自动弹到图 31-6-158 所示的"小平面"菜单栏，进入小平面处理环境。

图 31-6-158 小平面处理阶段

常用的小平面处理阶段命令如下。

• 清除：通过创建锐边或使曲面平滑清理多面几何。两种模式：自由成型、机械，如图 31-6-159 所示。

• 分样：按比例减少小平面数量，勾选"固定边界"复选框，以维持边界精度，如图 31-6-160 所示。

图 31-6-159 清除

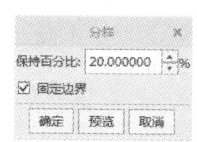

图 31-6-160 分样

• 精整：通过增大小平面的密度和有选择地移动小平面的顶点，改进小平面模型的形状，如图 31-6-161 所示。

利用"小平面特征"对点云数据进行处理，效率高，操作简单，实用性强。经过小平面特征处理后的模型如图 31-6-162 所示。

6.5.6 重新造型

"重新造型"是 Creo 软件的逆向工程环境，需要

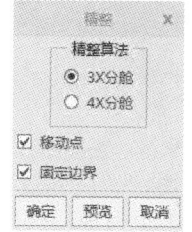

图 31-6-161 精整

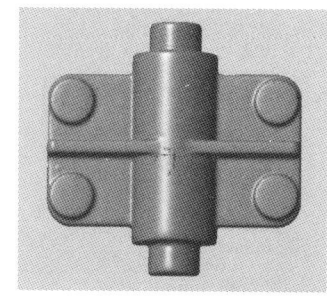

图 31-6-162 经过小平面特征处理后的模型

在已有的多面数据和"小平面特征"的基础上进行创建曲面。如图 31-6-163 所示，"重新造型"提供全套的逆向设计工具。

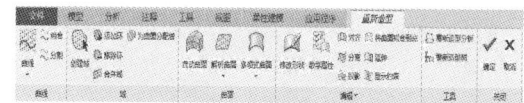

图 31-6-163 "重新造型"界面

① 设置工作目录，并打开由"小平面特征"处理后的几何特征。

② 点击"曲面"菜单栏进入"重新造型"模块。

③ 对于铸造件的圆柱面，采用"多项式曲面"中的"放样"方法进行曲面构建，如图 31-6-164 所示。首先以 TOP 面为参考，依次创建 5 个基准面；然后点击"曲线"中的"截面"，按"Ctrl"键依次选取 5 个基准面，系统自动生成 5 条曲线；之后点击"多项式曲面"中的"放样"，依次选取 5 条曲线，点击"确定"按钮后系统自动生成曲面，如图 31-6-165 所示。模型上面的圆形面由"填充"操作完成。

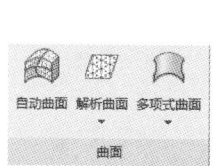

图 31-6-164 放样

图 31-6-165　放样创建的曲面

④ 对于不规则曲面使用上述的"放样"方法，对于规则曲面的造型，应使用 Creo 的正向设计思维建模。如图 31-6-166 所示，首先创建两个基准面，利用"曲面"中的"截面"获取一条曲线，将该曲线投影到另外一个基准面上。

在"草绘"模块下画出投影曲线。在"分析"模块下测量拉伸距离，如图 31-6-167 所示。最后利用"拉伸"功能进行三维建模。

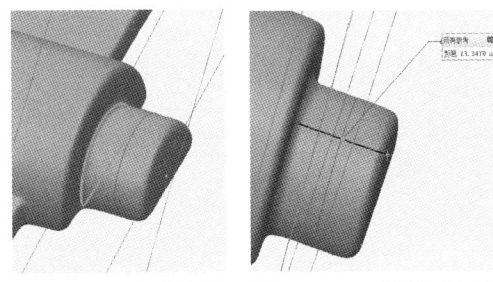

图 31-6-166　投影曲线　　图 31-6-167　测量拉伸距离

从整个模型可以看出，该铸造件为对称结构，可对模型的四分之一部分进行逆向设计，最后整体的模型由镜像即可得出，最终的逆向模型如图 31-6-168 所示。

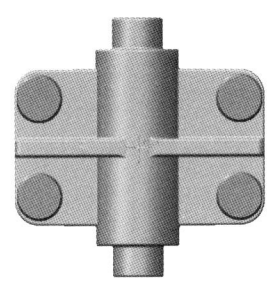

图 31-6-168　最终的逆向模型

6.6　基于 CATIA 的钣金件逆向设计

钣金件是通过钣金工艺加工出来的产品，钣金件具有质量小、强度高、成本低等优点，使得钣金件的应用越来越广泛。同时钣金件具有结构复杂、尺寸大、拉延深度大等特点，使得钣金件的设计和制造过程成为产品生产的重要环节。为了使生产出来的钣金件符合市场要求，通常会运用逆向工程技术将钣金件模型转换为真实尺寸的 CAD 模型，以便进行后续的相关工作。

本节以钣金件模型为例，介绍其逆向设计过程，采用的软件为 CATIA。本例主要运用 CATIA 中的数字曲面编辑器模块（DSE）、快速曲面重构模块（QSR）、创成式外形设计模块（GSD）、自由曲面造型模块（FS）。通过对点云进行删除、过滤、创建特征线、构造基础曲面，通过曲面的接合、过渡、裁剪等细节特征处理，最终生成全部曲面，并对曲面进行品质和偏差分析等一系列操作，得到高质量曲面。

6.6.1　点云处理

该部分在 Digitized Shape Editor（数字曲面编辑器）环境下进行。

（1）新建文件类型

选择【新建】命令，弹出"新建"对话框，在对话框中选择类型，单击"确定"按钮，建立一个 Part（零件）类型文件，如图 31-6-169 所示。

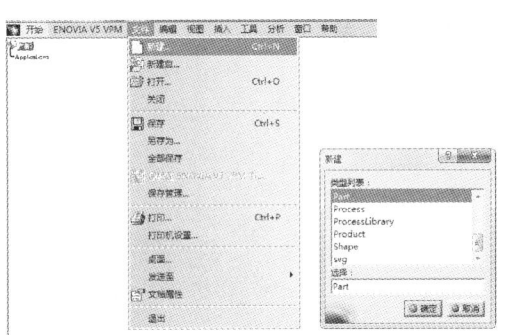

图 31-6-169　新建 Part 类型文件

（2）进入数字曲面编辑环境

选择【开始】→【形状】（Shape），单击"Digitized Shape Editor"选项，进入"数字曲面编辑器"模块，如图 31-6-170 所示。CATIA 数字化编辑模块主要应用于产品的逆向设计过程，可以协助用户方便快捷地处理点云。

（3）导入点云数据

单击 Cloud Import（点云输入）[图标] 按钮，在"Selected File"选项中，单击对话框中 [图标] 按钮，导入点云数据。为了更加准确地查找到要导入的点云，可以在"选择文件"对话框中点击"文件类型"，选择要输入点云的类型。如图 31-6-171 所示。本案例选择的"BanJin.stl"，单击"应用"按钮，输入点

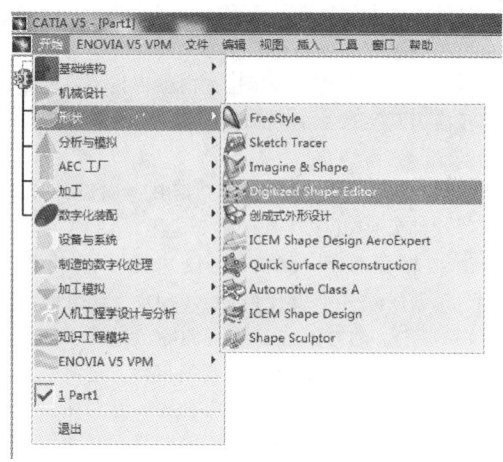

图 31-6-170　进入"数字曲面编辑器"

云，如图 31-6-172 所示。

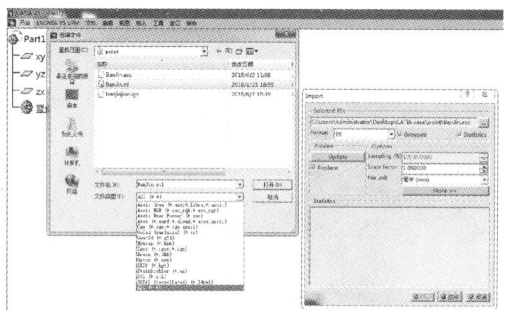

图 31-6-171　选择导入点云文件类型

图 31-6-172　导入点云

(4) 过滤点云数据

当点云密度较大时，会影响计算机后期对点云的处理速度和曲面重构的精度，因此需要在保留点云特征的前提下，对点云进行过滤处理。单击 Cloud Filter（点云过滤器）按钮，在打开的对话框中，选择点云，在对话框中选择"Filter Type"（过滤方式）为"Adaptative"（适应），设置"弦偏差"为"0.001mm"，然后按"应用"按钮进行预览，配置好合适的弦偏差后，单击"确定"按钮完成。使用这种方法过滤点云的特点是可以很好地保留曲面轮廓的基本特征。由图 31-6-173 可以看出，过滤之后的钣金件点云明显减少。

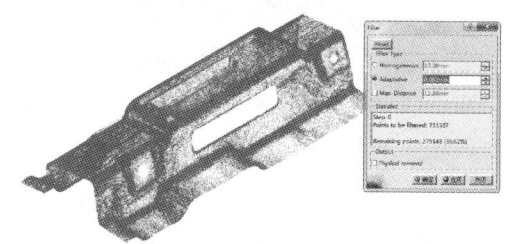

图 31-6-173　过滤点云数据

(5) 重新激活全部钣金件点云

点击 Activation（激活）按钮，选择点云，点击 Activate All（激活所有）按钮，如图 31-6-174 所示，点击"确定"按钮完成。

图 31-6-174　激活钣金件点云

(6) 创建钣金件网格

点击 Mesh Creation（网格创建）按钮，打开"Mesh Creation"对话框，选择点云，激活 3D Mash（3D 网格）、Shading（遮蔽）、Flat（平面）、Neighborhood（邻接）选项，设置"Neighborhood 值"为"8mm"，点击"应用"按钮预览，如图 31-6-175 所示，点击"确定"按钮完成。在点云铺面时，如果铺出来的网格存在孔洞，可以利用补洞功能（Fill Holes）按钮，填补孔洞。

图 31-6-175　创建钣金件网格

（7）改善网格质量

单击 Flip Edges（翻转边线）█，设定"Depth"值为"2"，点击"应用"按钮预览，如图 31-6-176 所示，点击"确定"按钮完成。通过该步骤修正三角网格的边线，重组三角网格，使网格更加平滑，有利于后续模型重建工作。

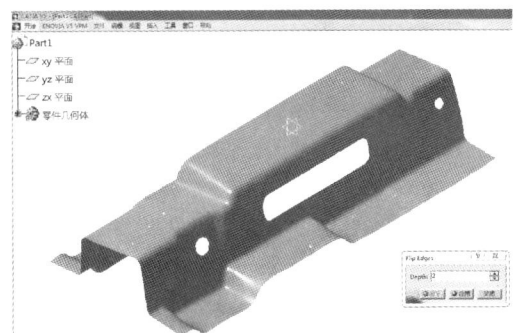

图 31-6-176 改善钣金件网格质量

6.6.2 创建空间曲线曲面

该部分需要在 Quick Surface Reconstruction（快速曲面重构）和创成式外形设计模块（GSD）环境下协同进行。

（1）进入快速曲面重构环境

从菜单栏中选择【开始】→【形状】下拉按钮，选择"Quick Surface Reconstruction"，即可进入快速曲面重构环境，如图 31-6-177 所示。

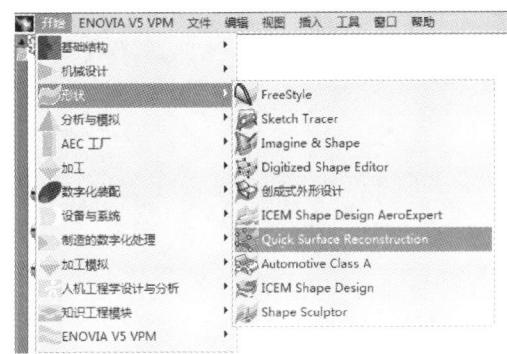

图 31-6-177 进入快速曲面重构环境

（2）创建截面交线

点击 Planar Sections（截面）█ 按钮，点击"Element"后的█按钮，选择钣金件网格，在打开的对话框中的"Plane Definition（平面定义）"栏中设置 ZX 平面，此时在视图区出现 ZX 平面。在平面移动箭头处（参考平面操作器）操作鼠标，可实现平面移动，点击鼠标右键，在弹出菜单栏中选择"编辑"命令，打开对话框，设定"Y"坐标为"0"，即可精确定位钣金件的截面交线位置，如图 31-6-178 所示。关闭该对话框，回到"Planar Sections"对话框，点击"应用"按钮预览后，点击"确定"按钮完成。

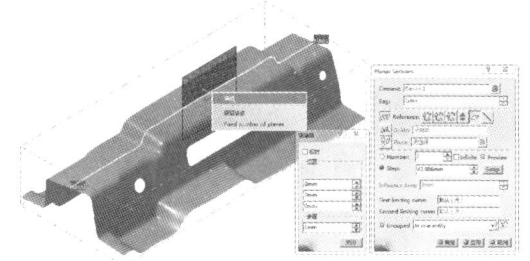

图 31-6-178 创建截面交线

（3）创建空间曲线

单击 3D Curve（空间曲线）█ 按钮，点选钣金件上平面的截面交线，依次创建 3 条与平面相拟合的空间曲线，在最后点位处双击鼠标或单击"确定"按钮完成曲线创建，如图 31-6-179 所示。

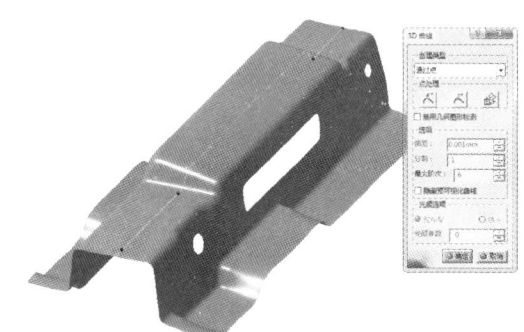

图 31-6-179 创建空间曲线

（4）进入创成式外形设计环境

从菜单栏中选择【开始】→【形状】下拉按钮，选择创成式外形设计模块，即可进入创成式外形设计环境，如图 31-6-180 所示。

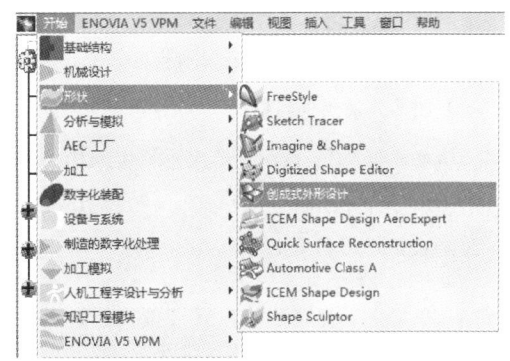

图 31-6-180 创成式外形设计环境

(5) 扫掠空间曲面

点击 Sweep（扫掠） 按钮，依次选择引导曲线和拔模方向，即得到扫掠曲面，同理可得另两个扫掠曲面，如图 31-6-181 所示。

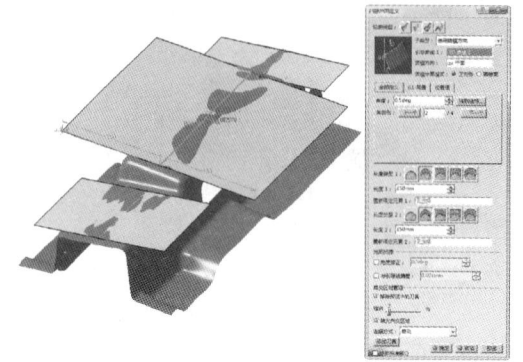

图 31-6-181　扫掠空间曲面

重复（2）~（5），在"Quick Surface Reconstruction"（快速曲面重构）环境下，通过 Planar Sections（截面） 命令创建截面交线；通过 3D Curve（空间曲线） 命令创建空间曲线；切换至创成式外形设计环境，通过 Sweep（扫掠） 命令得到空间曲面，如图 31-6-182 所示。

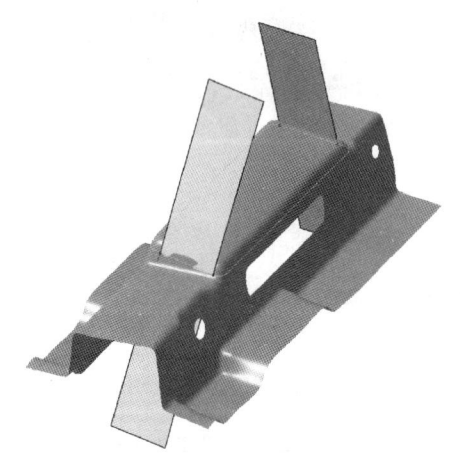

图 31-6-182　创建空间曲面

(6) 曲面外插延伸与修剪

点击外插延伸 按钮，依次延伸所创建的空间曲面，如图 31-6-183 所示。点击修剪 按钮，进行曲面修剪，如图 31-6-184 所示。

(7) 进入草绘环境

从菜单栏中选择【开始】→【机械设计】下拉按钮，选择"草图编辑器"模块，即可进入草绘设计工

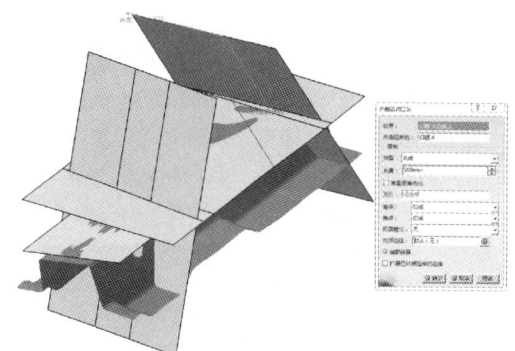

图 31-6-183　曲面延伸

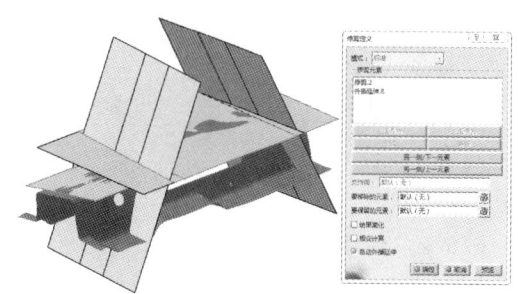

图 31-6-184　曲面修剪

作台，如图 31-6-185 所示。

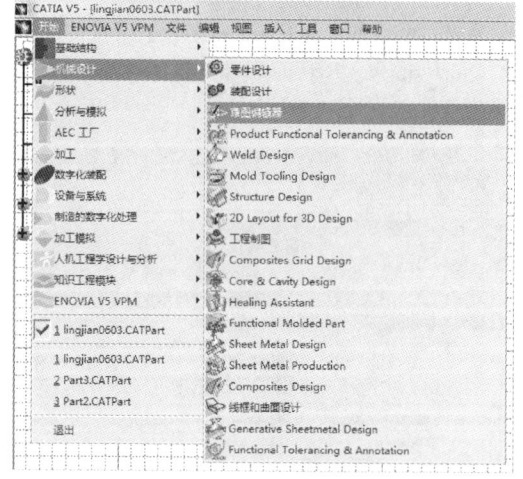

图 31-6-185　进入草绘环境

(8) 草绘曲线

点击草绘 按钮，进入草绘，选择【直线】命令，绘制空间曲线，如图 31-6-186 所示。

(9) 投影曲线

回到"Quick Surface Reconstruction"（快速曲面重构），点击 Curve Projection（曲线投影） 按钮，在"Direction"的空白框中，点击鼠标右键，选择

扫掠曲面，如图 31-6-190 所示。

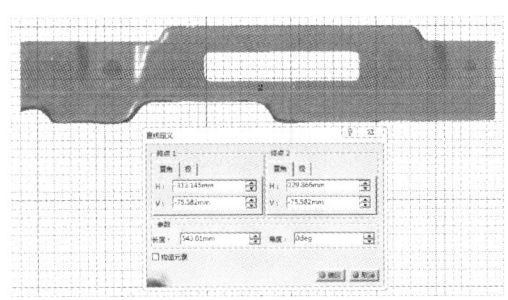

图 31-6-186　草绘曲线

"Y 部件"，依次点选需要投影的曲线和被投影的点云或网格上，即得到投影曲线，如图 31-6-187 所示。

图 31-6-189　创建空间扫掠曲面（一）

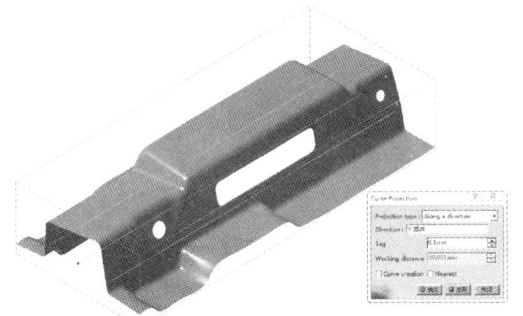

图 31-6-187　投影曲线

（10）曲面外插延伸与修剪

点击外插延伸 按钮，依次延伸所创建的空间曲面，点击修剪 按钮，修剪延伸的曲面，如图 31-6-188 所示。

图 31-6-190　创建空间扫掠曲面（二）

（11）曲面修剪

点击修剪 按钮，修剪曲面，如图 31-6-191 所示。

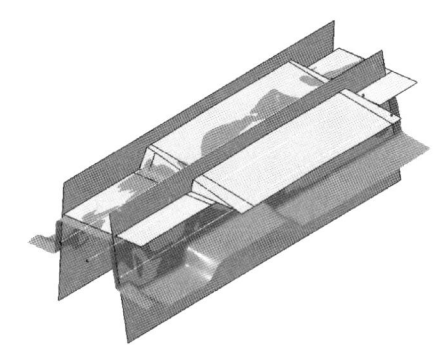

图 31-6-188　曲面外插延伸与修剪

重复（2）～（5），在"Quick Surface Reconstruction"（快速曲面重构）环境下，通过 Planar Sections（截面） 命令，创建截面交线；通过 3D Curve（空间曲线） 命令，创建空间曲线；切换至创成式外形设计环境，通过 Sweep（扫掠） 命令，得到空间曲面，如图 31-6-189 所示。同理可得另两个

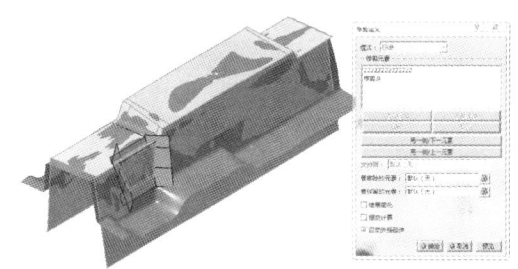

图 31-6-191　曲面修剪

重复（2）～（5），在"Quick Surface Reconstruction"（快速曲面重构）环境下，通过 Planar Sections（截面） 命令，创建截面交线；通过 3D Curve（空间曲线） 命令，创建空间曲线；切换至创成式外形设计环境，通过 Sweep（扫掠） 命令，得到空间曲线，如图 31-6-192 所示。同理可得另两个扫掠曲面，如图 31-6-193 所示。点击修剪 按钮，得到修剪后的曲面，如图 31-6-194 所示。

（12）曲面接合

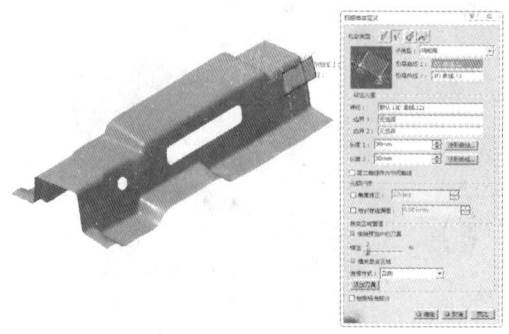

图 31-6-192 创建空间扫掠曲面（三）

图 31-6-193 创建空间扫掠曲面（四）

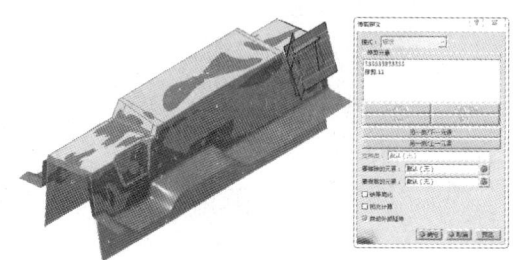

图 31-6-194 修剪曲面

点击 Join（接合） 按钮，选择要接合的曲面，点击"确定"按钮，即可得到接合曲面，如图 31-6-195 所示。

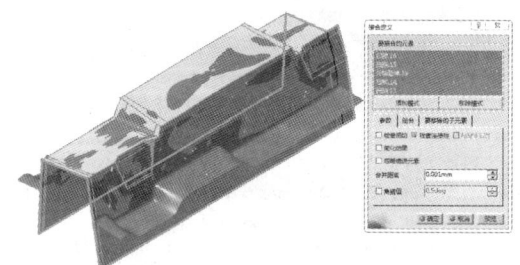

图 31-6-195 曲面接合

（13）曲面倒圆角

点击 Edge Fillet（倒圆角） 按钮，设定圆角半径，选择要圆角化的对象，可以通过"预览"选项查看倒圆角状态，点击"确定"按钮，完成倒圆角，如图 31-6-196 所示。

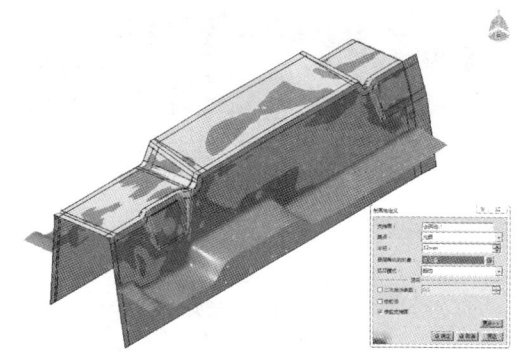

图 31-6-196 曲面倒圆角

（14）扫掠曲面

首先，切换至草绘环境，绘制截面曲线；切换至创成式外形设计环境，点击 Sweep（扫掠） 按钮，依次点选引导曲线和拔模方向，即得到扫掠曲面，如图 31-6-197 所示。

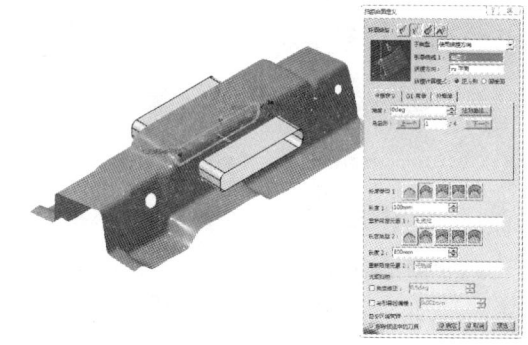

图 31-6-197 扫掠曲面

（15）拉伸曲面

首先，切换至草绘环境，绘制圆弧曲线；切换至创成式外形设计环境，点击拉伸 按钮，在对话框中点选轮廓选项，选择草绘的圆弧曲线，拉伸长度可以用鼠标进行拖拽控制，也可以直接输入固定数值。如图 31-6-198 所示。

图 31-6-198 拉伸曲面

重复（2）～（5），在"Quick Surface Reconstruction"（快速曲面重构）环境下，通过 Planar Sections

（截面）命令，创建截面交线；通过从扫描线生成曲线命令，创建空间曲线；切换至创成式外形设计环境；通过 Sweep（扫掠）命令，得到空间曲面，如图 31-6-199 所示。

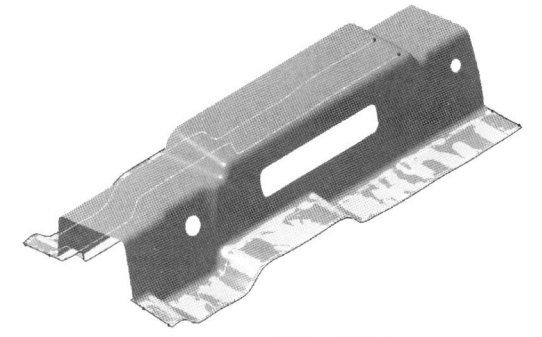

图 31-6-199　创建空间曲面

重复（11）~（13），点击修剪按钮，对曲面进行修剪；点击 Join（接合）按钮，对曲面进行接合；点击 Edge Fillet（倒圆角）按钮，设定圆角半径，选择要圆角化的对象，可以通过"预览"选项查看倒圆角状态，点击"确定"按钮，完成倒圆角，并完成逆向工程建模，如图 31-6-200 所示。

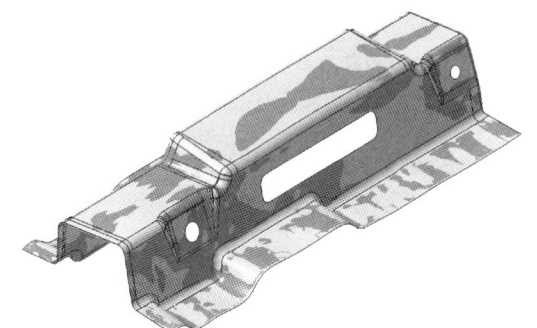

图 31-6-200　完成逆向工程建模

6.6.3　钣金件逆向品质分析

（1）距离分析

距离分析可以分析两组元素之间的距离。在"自由曲面"(Free Style) 模块中，点击 Distance Analysis（距离分析）按钮，对生成的曲面进行距离分析，检测曲面与点云的贴合度，如图 31-6-201 所示。

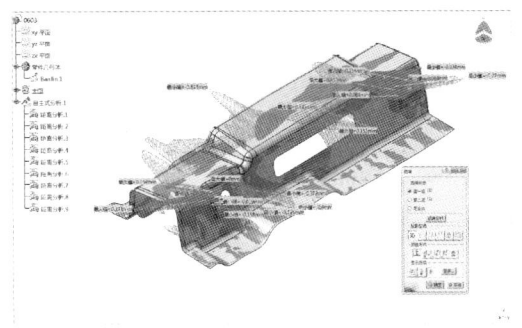

图 31-6-201　距离分析

（2）偏差分析

在"Digitized Shape Editor"（数字曲面编辑器）环境下，点击 Deviation Analysis（偏差分析）按钮，对逆向曲面与原始点云进行偏差分析，偏差分析结果如图 31-6-202 所示。

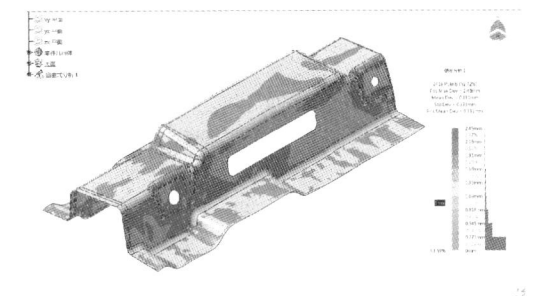

图 31-6-202　偏差分析结果

（3）完成钣金件逆向工程建模

逆向工程完成后的钣金件模型，如图 31-6-203 所示。

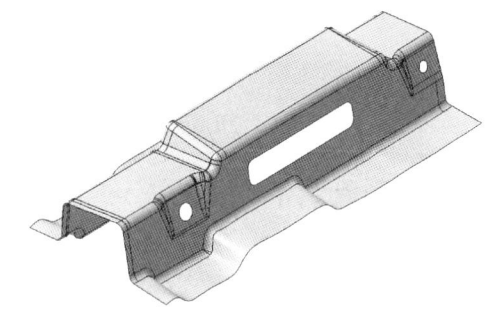

图 31-6-203　钣金件模型

参 考 文 献

[1] 成思源，杨雪荣. 逆向工程技术. 北京：机械工业出版社，2017.
[2] 卢碧红，曲宝章. 逆向工程与产品创新案例研究. 北京：机械工业出版社，2013.
[3] 刘伟军，孙玉文等. 逆向工程——原理·方法及应用. 北京：机械工业出版社，2009.
[4] 常智勇，万能. 计算机辅助几何造型技术. 第3版. 北京：科学出版社，2017.
[5] 王霄. 逆向工程技术及其应用. 北京：化学工业出版社，2004.
[6] 缪亮. 三坐标测量技术. 北京：中国劳动社会保障出版社，2017.
[7] 闻邦椿. 机械设计手册. 第6卷. 第5版. 北京：机械工业出版社，2018.
[8] 王霄，刘会霞等. CATIA逆向工程实用教程. 北京：化学工业出版社，2006.
[9] 左克生，胡顺安. CATIA逆向设计基础. 西安：西安电子科技大学出版社，2018.
[10] 钮建伟. Imageware逆向造型技术及3D打印. 第2版. 北京：电子工业出版社，2018.
[11] 成思源，杨雪荣. Geomagic Design X逆向设计技术. 北京：清华大学出版社，2017.
[12] 陈丽华. 逆向设计与3D打印. 北京：电子工业出版社，2017.
[13] 辛志杰. 逆向设计与3D打印实用技术. 北京：化学工业出版社，2017.
[14] 刘鑫. 逆向工程技术应用教程. 北京：清华大学出版社，2013.
[15] 张俏. 基于Geomagic Design X的曲面逆向建模技术及应用. 内燃机与配件，2018，(20)：231-232.
[16] 管官，顾文文，杨蕈. 基于逆向工程的船用螺旋桨数字化检测方法. 船海工程，2018，47（5）：23-26.
[17] 尤宝，梁晓辉. 泵体水力模具逆向工程技术研究. 制造业自动化，2018，40（9）：132-136，144.
[18] 王星，刘志刚，陈伟平，任永超，李津. 三坐标测量机在模具制造中逆向工程的应用. 模具制造，2018，18（9）：50-56.
[19] 姜淑凤，张英琦. 逆向重建中B样条曲面过渡/微调精简方法. 北京理工大学学报，2018，38（8）：802-807.
[20] 陈冬武. 逆向工程和激光技术在叶轮修复中的应用. 兰州：兰州理工大学，2018.
[21] 张文灼. 基于Geomagic的汽车节温器盖逆向工程设计及其型面精度检测技术研究. 石家庄：河北科技大学，2018.
[22] 季锋，罗火贤，郑瑞欣. 基于逆向工程的汽车三维数据采集、处理方法及应用. 汽车科技，2017，(2)：40-44.
[23] 单岩，李兆飞，彭伟. ImageWare逆向造型基础教程. 第2版. 北京：清华大学出版社，2013.
[24] 成思源. Geomagic Qualify三维检测技术及应用. 北京：清华大学出版社. 2012.
[25] 北京兆迪科技有限公司. Creo 2.0曲面设计教程. 北京：机械工业出版社，2013.
[26] 刘博，刘悦，王倩. 基于UG/Imageware的汽车反光镜的逆向设计. 机械研究与应用，2012，(5)：86-88.
[27] 谢玮. Pro/ENGINEER Wildfire 5.0产品造型设计. 北京：清华大学出版社，2016.
[28] 北京兆迪科技有限公司. CATIA V5R20宝典. 北京：机械工业出版社，2017.
[29] Xuewen You, Baozhang Qu, Bihong Lu. Detection Method for Manufacturing Quality of High-Speed Train Driver Room Steel Structure. 2018 15th International Conference on Ubiquitous Robots (UR2018)，2018：786-790.

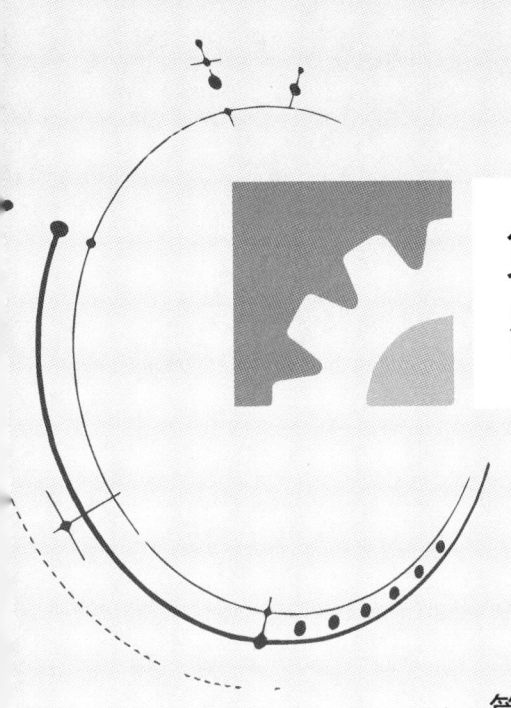

第32篇
数字化设计

篇主编：李卫民

撰　　稿：李卫民　刘淑芬　赵文川　刘　阳
　　　　　刘志强　唐兆峰　宋小龙　于晓丹
　　　　　邢　颖

审　　稿：刘永贤

第 1 章 数字化设计技术概论

1.1 数字化设计技术内涵

1.1.1 数字化设计技术的概念

数字化设计，可以分成"数字化"和"设计"两部分。

数字化就是把各种各样的信息都用二进制的数字来表现。数字化技术起源于二进制数字，在半导体技术和数字电路学的推动下使得很多复杂的计算可以由机器或电路完成。发展到今天，微电子技术更是将我们带到了数字化领域的前沿。

设计就是设想、运筹、计划和预算，它是人类为了实现某种特定的目的而进行的创造性活动，设计几乎包括了人类能从事的一切创造性工作。设计的另一个定义是指控制并且合理地安排视觉元素：线条、形体、色彩、色调、质感、光线、空间等，涵盖艺术的表达和结构造型。设计是特殊的艺术，其创造的过程是遵循实用化求美法则的。设计的科技特性表明了设计总是受到生产技术发展的影响。

数字化设计就是数字技术和设计的紧密结合，是以先进设计理论和方法为基础、以数字化技术为工具，实现产品设计全过程中所有对象和活动的数字化表达、处理、存储、传递及控制。其特征表现为设计的信息化、智能化、可视化、集成化和网络化；其主要研究内容包括产品功能数字化分析设计；其方法是产品信息系统集成化设计。图 32-1-1 为数字化设计系统构成框图。

目前为止，数字化设计技术的发展历程可以大体上划分为以下五个阶段。

(1) CAX 工具的广泛应用

自 20 世纪 50 年代开始，各种 CAD/CAE/CAM 工具开始出现并逐步应用到制造业中。这些工具的应用表明制造业已经开始利用现代信息技术来改造传统的产品设计过程，标志着数字化设计的开始。

(2) 并行工程思想的提出与推行

20 世纪 80 年代后期提出的并行工程思想是一种新的指导产品开发的哲理，是在现代信息技术的支持下对传统的产品开发方式的一种根本性改进。PDM（产品数据管理）技术及 DFX（如 DFM、DFA 等）技术是并行工程思想在产品设计阶段应用的具体体现。

(3) 虚拟样机技术

随着技术的不断进步，仿真在产品设计过程中的应用变得越来越广泛而深刻，由原先的局部应用（单一领域、单点）逐步扩展到系统应用（多领域、全生命周期）。虚拟样机技术正是这一发展趋势的典型代表。

(4) 协同仿真技术

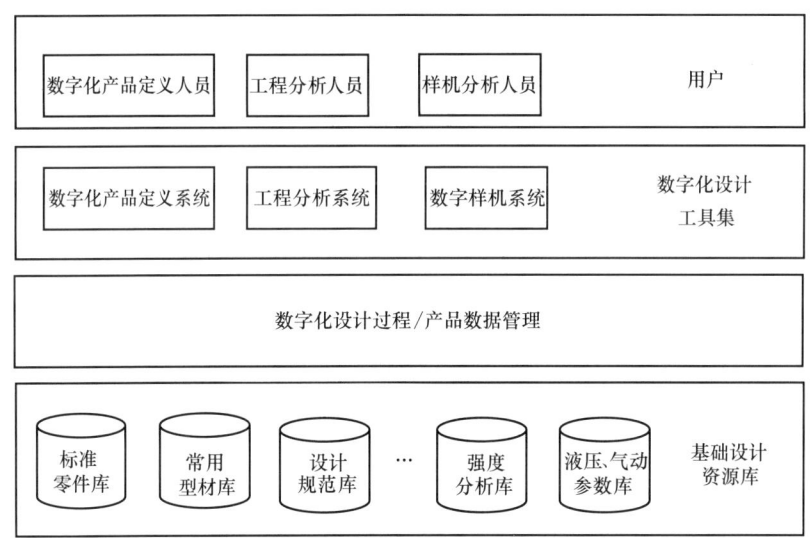

图 32-1-1 数字化设计系统的构成框图

协同仿真技术将面向不同学科的仿真工具结合起来构成统一的仿真系统,可以充分发挥仿真工具各自的优势,同时还可以加强不同领域开发人员之间的协同与合作。目前 HLA 规范已经成为协同仿真技术的重要国际标准,基于 HLA 的协同仿真技术也将会成为虚拟样机技术的研究热点之一。

(5) 多学科设计优化技术(MDO)

复杂产品的设计优化问题可能包括多个优化目标和分属不同学科的约束条件。现在的 MDO 技术为解决学科间的冲突,寻求系统的全局最优解,提供了可行的技术途径。

纵观数字化设计技术的发展历程可以看出,虽然几十年来各种技术思想层出不穷,但时空两个方向上的趋同始终是发展的主流。宏观上看,数字化设计的发展历程正相当于现代信息技术在产品设计领域中的应用由点发展为线,再由线发展为面的过程。仿真的广泛应用正在成为当前数字化设计技术发展的主要趋势。随着虚拟样机概念的提出,使得仿真技术的应用更加趋于协同化和系统化。开展关于虚拟样机及其关键技术的研究,必将提高企业的自主设计和开发能力,推动企业的信息化进程。

产品设计的数字化是企业信息化的重要内容。近年来,随着产品复杂性的不断增长,以及企业间竞争的日趋激烈,传统的产品设计方法已经很难满足企业当前生存和发展的需要。为了能在竞争中处于有利位置,实现产品设计数字化势在必行。

产品设计过程本质上是一个对信息进行采集、传递、加工处理的过程,其中包含了两种重要的活动:设计活动和仿真活动。因此,产品设计也可以看作是一个设计活动和仿真活动彼此交织相互作用的过程。设计推动信息流程向前演进,而仿真则是验证设计结果的重要手段。随着技术的发展,仿真的重要性正在不断加强。

近年来,随着计算机技术和新技术的发展,以计算机为基础的数字化技术已被广泛地应用到产品的开发中,成为提高企业综合竞争力的有效工具。可以说,一个国家的数字化设计技术水平是衡量其工业发展水平的重要标志。

目前,数字化设计技术已广泛应用到产品开发的各个阶段,表 32-1-1 给出了产品不同设计阶段与数字化设计技术之间的关系。

1.1.2 数字化设计的主要内容

数字化设计技术的范畴包括计算机图形学、CAX 技术中的设计部分、并行工程和虚拟样机技术等,其中计算机图形学(computer graphics,CG)、

表 32-1-1 产品设计阶段与数字化设计技术之间的关系

设计阶段	数字化设计技术
概念化设计	几何建模技术;造型辅助功能;可视化操作;图形变换
设计建模	几何建模技术;造型辅助功能;可视化操作;图形变换;装配;爆炸图;模具设计;特定的造型软件
设计分析、优化及评价	有限元分析软件;形状、结构优化程序;运动学及动力学仿真软件;定制的程序及软件
设计文档	工程图;装配图;尺寸、公差标注;物料单(BOM);渲染图;数控编程;其他设计文档

计算机辅助设计(computer aided design,CAD)和计算机辅助工程(computer aided engineering,CAE)是数字化设计(digital design,DD)技术的基础。

数字化设计技术集成了现代设计过程中的多项先进技术,包括三维建模、装配分析、优化设计、系统集成、产品信息管理、虚拟设计、多媒体和网络通信等,是一项多学科的综合技术。涉及以下主要内容。

(1) CAD/CAE/CAPP/CAM/PDM

CAD/CAE/CAPP/CAM 分别是计算机辅助设计、计算机辅助工程、计算机辅助工艺设计和计算机辅助制造的英文缩写,它们是制造业信息化中数字化设计及制造技术的核心,是实现计算机辅助产品开发的主要工具。

PDM 技术集成并管理与产品有关的信息、过程及人与组织,实现分布环境中的数据共享,为异构计算机环境提供了集成应用平台,从而支持 CAD/CAE/CAPP/CAM 系统过程的实现。

1) CAD(计算机辅助设计) CAD 在早期是英文 computer aided drawing(计算机辅助绘图)的缩写,随着计算机软硬件技术的发展,人们逐步地认识到单纯使用计算机绘图还不能称为计算机辅助设计。真正的设计是整个产品的设计,它包括产品的构思、功能设计、机构分析和加工制造等,二维工程图设计只是产品设计中的一小部分。于是 CAD 的含义由 computer aided drawing 改为 computer aided design,CAD 也不再仅仅是辅助绘图,而是协助创建、修改、分析和优化的设计技术。

2) CAE(计算机辅助工程) CAE 计算机辅助工程通常指有限元分析和机构的运动学及动力学分析。有限元分析可完成力学分析(线性、非线性、静态、动态)、场分析(热场、电场、磁场等)、频率响

应和结构优化等。机构分析能完成机构内零部件的位移、速度、加速度和力的计算，机构的运动模拟及机构参数的优化。

3) CAPP（计算机辅助工艺设计） CAPP 是计算机辅助工艺设计（computer aided process planning），就是向计算机输入被加工零件的几何信息和加工工艺信息（材料、热处理、批量等）后，由计算机自动输出零件的工艺路线和工序内容等工艺文件，换言之，也就是利用计算机来定制零件的加工工艺过程，以便把毛坯加工成符合工程图样要求的零件。它利用计算机技术辅助工艺人员设计零件从毛坯到成品的制造方法，是将企业产品设计数据转换为产品制造数据的一种技术。

工艺过程设计是联系产品设计与车间生产的纽带。CAPP 是 CAD 与 CAM 真正集成的桥梁，是计算机集成制造 CIMS 的技术基础之一，CAPP 的技术基础是成组技术（GT）、零件信息描述和工艺设计的决策方式。

4) CAM（计算机辅助制造） 计算机辅助制造（computer aided manufacturing，CAM）有狭义和广义的两个概念。CAM 的狭义概念指的是从产品设计到加工制造之间的一切生产准备活动，它包括 CAPP、NC 编程、工时定额的计算、生产计划的制订、资源需求计划的制订等。这是最初 CAM 系统的狭义概念。目前，CAM 的狭义概念甚至更进一步缩小为 NC 编程的同义词。CAPP 已被作为一个专门的子系统，而工时定额的计算、生产计划的制订、资源需求计划的制订则划分给 MRP Ⅱ/ERP 系统来完成。CAM 的广义概念包括的内容则多得多，除了上述 CAM 狭义定义所包含的所有内容外，它还包括制造活动中与物流有关的所有过程（加工、装配、检验、存储、输送）的监视、控制和管理。计算机辅助制造系统的组成可以分为硬件和软件两方面：硬件方面有数控机床、加工中心、输送装置、装卸装置、存储装置、检测装置、计算机等；软件方面有数据库、计算机辅助工艺过程设计、计算机辅助数控程序编制、计算机辅助工装设计、计算机辅助作业计划编制与调度、计算机辅助质量控制等。

5) CAD/CAM 集成系统 随着 CAD/CAM 技术和计算机技术的发展，人们不再满足于这两者的独立发展，从而出现了 CAM 和 CAD 的组合，即将两者集成（一体化），这样以适应设计与制造自动化的要求，特别是近年来出现的计算机集成制造系统（CIMS）的要求。这种一体化组合可使在 CAD 中设计生成的零件信息自动转换成 CAM 所需要的输入信息，防止信息数据的丢失。产品设计、工艺规程设计和产品加工制造集成于一个系统中，提高了生产效率。

CAD/CAM 集成系统是指把 CAD、CAE、CAPP、CAM 和 PPC（生产计划与控制）等各种功能不同的软件有机地结合起来，用统一的执行控制程序来组织各种信息的提取、交换、共享和处理，保证系统内部信息流的畅通，协调各个系统有效地进行。国内外大量的经验表明，CAD 系统的效益往往不是从其本身，而是通过 CAM 和 PPC 系统体现出来的；反过来，假如 CAM 系统没有 CAD 系统的支持，花巨资引进的设备往往很难得到有效的利用；PPC 系统假如没有 CAD 和 CAM 的支持，既得不到完整、及时和准确的数据作为计划的依据，订出的计划也较难贯彻执行，生产计划和控制将得不到实际效益。因此，人们着手将 CAD、CAE、CAPP、CAM 和 PPC 等系统有机地、统一地集成在一起，从而消除"自动化孤岛"，取得最佳的效益。

6) PDM（产品数据库管理） 随着 CAD 技术的推广，原有技术管理系统难以满足要求。在采用计算机辅助设计以前，产品的设计、工艺和经营管理过程中涉及的各类图纸、技术文档、工艺卡片、生产单、更改单、采购单、成本核算单和材料清单等均由人工编写、审批、归类、分发和存档，所有的资料均通过技术资料室进行统一管理。自从采用计算机技术之后，上述与产品有关的信息都变成了电子信息。简单地采用计算机技术模拟原来人工管理资料的方法往往不能从根本上解决先进的设计制造手段与落后的资料管理之间的矛盾。要解决这个矛盾，必须采用 PDM 技术。

PDM（产品数据库管理）是从管理 CAD/CAM 系统的高度上诞生的先进的计算机管理系统软件。它管理的是产品整个生命周期内的全部数据。工程技术人员根据市场需求设计的产品图纸和编写的工艺文档仅仅是产品数据中的一部分。

PDM 系统除了要管理上述数据外，还要对相关的市场需求、市场分析、设计和制造过程中的全部更改历程、用户使用说明及售后服务等数据进行统一有效的管理。

（2）ERP（企业资源规划）

企业资源规划（ERP）系统是指建立在信息技术基础上，对企业的所有资源（物流、资金流、信息流、人力资源）进行整合集成管理，采用信息化手段实现企业供销链管理，从而达到对供应链上的每一环节实现科学管理。ERP 系统集信息技术与先进的管理思想于一身，反映时代对企业合理调配资源、最大化地创造社会财富的要求，成为企业在信息时代生存、发展的基石。

(3) RE（逆向工程技术）

对实物作快速测量，并反求为可被 3D 软件接受的数据模型，快速创建数字化模型（CAD），进而对样品做修改和详细设计，达到快速开发新产品的目的。三坐标测量设备是逆向工程技术典型应用。

(4) RP（快速成形）

快速成形（rapid prototyping）技术是 20 世纪 90 年代发展起来的，被认为是近年来制造技术领域的一次重大突破，其对制造业的影响可与数控技术的出现相媲美。RP 系统结合了机械工程、CAD、数控技术、激光技术及材料科学技术，可以自动、直接、快速、精确地将设计思想物化为具有一定功能的原型或直接制造零件，从而可以对产品设计进行快速评价、修改及功能试验，有效地缩短了产品的研发周期。

(5) 异地、协同设计

异地、协同设计是在 Internet/Intranet 的环境中，进行产品定义与建模、产品分析与设计、产品数据管理及产品数据交换等。异地、协同设计系统在网络设计环境下为多人、异地实施产品协同开发提供支持工具。

(6) 基于知识的设计

设计知识包括产品设计原理、设计经验、既有设计示例和设计手册、设计标准、设计规范等；设计资源包括材料、标准件、既有零部件和工艺装备等资源。将产品设计过程中需要用到的各类知识、资源和工具融到基于知识的设计或 CAD 系统之中，支持产品的设计过程是数字化设计的基本方法。

(7) 虚拟设计、虚拟制造

综合利用建模、分析、仿真以及虚拟现实等技术和工具，在网络支持下，采用群组协同工作，通过模型来模拟和预估产品功能、性能、可装配性、可加工性等各方面可能存在的问题，实现产品设计、制造的本质过程，包括产品的设计、工艺规划、加工制造、性能分析、质量检验、过程管理与控制等。

(8) 概念设计、工业设计

概念设计是设计过程的早期阶段，其目标是获得产品的基本形式或形状。广义的概念设计应包括从产品的需求分析到详细设计之前的设计过程，如功能设计、原理设计、形状设计、布局设计和初步的结构设计。从工业设计角度看，概念设计是指在产品的功能和原理基本确定的情况下，产品外观造型的设计过程主要包括布局设计、形状设计和人机工程设计。计算机辅助概念设计和工业设计以知识为核心，实现形态、色彩、宜人性等方面的设计，将计算机与设计人员的创造性思维、审美能力和综合分析能力相结合，是实现产品创新的重要手段。

(9) 绿色设计

绿色设计是面向环保的设计（design for environment），包括支持资源和能源的优化利用、污染的防止和处理、资源的回收再利用和废弃物处理等诸多环节的设计，是支持绿色产品开发、实现产品绿色制造、促进企业和社会可持续发展的重要工具。

(10) 并行设计

并行设计是以并行工程模式替代传统的串行式产品开发模式，使得在产品开发的早期阶段就能很好地考虑后续活动的需求，以提高产品开发的一次成功率。

1.1.3 数字化设计的特点

数字化设计是以计算机软硬件为基础、以提高产品开发质量和效率为目标的相关技术的有机集成。与传统产品开发手段相比，它强调计算机、数字化信息和网络技术在产品开发中的作用，具有如下特点。

(1) 计算机和网络技术是数字化设计的基础

与传统的产品开发相比，数字化设计技术建立在计算机技术之上。它充分利用了计算机的优点，如强大的信息存储能力、高效的逻辑推理能力、重复工作能力、快速准确的计算能力、高效的信息处理能力等，极大地提高了产品开发的效率和质量。

此外，随着网络技术的日益成熟，以计算机网络为支撑的产品异地、异构、协同、并行开发已成为数字化设计的发展趋势，也成为现代产品开发必不可少的技术手段。

(2) 计算机只是产品数字化的辅助工具

计算机的应用提高了产品开发的效率和质量，但它只是人们从事产品开发的辅助工具，并不能取代人的思维。首先，计算机的计算和逻辑推理等能力都是人通过程序赋予的；其次，新产品的开发是具有创造性的活动，而目前的计算机还不具备创造性思维，但人具有创造性思维，能够针对所开发的产品进行分析和综合，再将之建立合理的数学模型、编制解算程序，同时人还可以控制计算机和程序的运行，并对计算结果进行分析、评价和修改，选择优化方案；再次，人的直觉、经验和判断是产品开发中不可缺少的，也是计算机无法代替的。人和计算机的特点比较如表 32-1-2 所示。

表 32-1-2　人和计算机的特点比较

比较项目	人	计算机
数值估算能力	弱	强
推理和逻辑判断能力	以经验、想象和直觉进行推理	模拟的、系统的逻辑推理
信息存储能力	差，与时间有关	强，与时间有关
重复工作能力	差	强
分析能力	直觉分析强、数值分析差	无直觉分析、数值分析强
出错率	高	低

由此可见，在产品的数字化设计过程中，人始终具有最终的控制权、决策权，计算机及其网络环境只是重要的辅助工具，只有正确地处理好人和计算机之间的关系，最大限度地发挥各自的优势，才能获得最大的经济效益。

(3) 数字化设计能有效地提高产品质量、缩短开发周期、降低生产成本

计算机强大的信息存储能力可以存储各方面的技术知识和产品开发中所需要的数据，为产品设计提供科学依据。人机交互的产品开发，有利于发挥人机各自的优势，使得产品设计方案更加合理。通过有限元分析和产品优化设计，可及早发现设计中存在的问题，采用虚拟设计技术，优化产品的拓扑、尺寸和结构，克服了以往被动、静态、单纯依赖人的经验的缺点。基于计算机网络技术，产品的设计与开发由传统的串行开发转变为产品的并行开发，可有效地提高产品的开发质量、缩短开发周期、降低生产成本，加快产品更新换代的速度，提高产品及生产企业的市场竞争力。

(4) 数字化设计技术只涵盖产品生命周期的某些环节

随着相关软硬件的日益成熟，数字化设计技术在产品开发过程中成为不可缺少的手段。但是，数字化设计技术只是产品生命周期的一个环节。除此之外，产品生命周期还包括产品数字化制造、产品需求分析、市场营销、售后服务以及生命周期结束后的材料回收利用等环节。

此外，在产品的数字化设计与制造过程中，还涉及订单管理、物料需求管理、产品数据管理、生产管理、人力资源管理、财务管理、成本控制、设备管理的数字化管理（digital management）环节。数字化设计技术、数字化制造技术和数字化管理技术的有机结合，可以从根本上提升企业的综合竞争能力。

1.2 数字化设计技术的相关技术

1.2.1 "工业4.0"与"中国制造2025"

21世纪以来，新一轮科技革命和产业变革正在孕育兴起，全球科技创新呈现出新的发展态势和特征。这场变革是信息技术与制造业的深度融合，是以制造业数字化、网络化、智能化为核心，建立在物联网和服务）联网基础上，同时叠加新能源、新材料等方面的突破而引发的新一轮变革，将给世界范围内的制造业带来深刻影响。这一变革，恰与中国加快转变经济发展方式、建设制造强国形成历史性交汇，这对中国是极大的挑战，同时也是极大的机遇。

中国已经清楚地认识到这些问题，中国政府越来越关注"工业4.0"，也就是德国政府针对制造业制定的高科技战略，并结合我国国情提出了"中国制造2025"战略。

1.2.1.1 "工业4.0"

"工业4.0"一词最早是在2011年的汉诺威工业博览会提出的。这一概念在德国学术界和产业界推动下形成，现在，它已经成为德国的国家战略。

(1) "工业4.0"的概念

"工业4.0"概念包含了由集中式控制向分散式增强型控制的基本模式转变，目标是建立一个高度灵活的个性化和数字化的产品与服务的生产模式。在这种模式中，传统的行业界限将消失，并会产生各种新的活动领域和合作形式。创造新价值的过程正在发生改变，产业链分工将被重组。

而从消费意义上来说，"工业4.0"就是一个将生产原料、智能工厂、物流配送、消费者全部组织在一起的大网，消费者只需用手机下单，网络就会自动将订单和个性化要求发送给智能工厂，由其采购原料、设计并生产，再通过网络配送直接交付给消费者。

"工业4.0"项目主要分为两大主题，一是"智能工厂"，重点研究智能化生产系统及过程，以及网络化分布式生产设施的实现；二是"智能生产"，主要涉及整个企业的生产物流管理、人机互动以及3D技术在工业生产过程中的应用等。该计划特别注重吸引中小企业参与，力图使中小企业成为新一代智能化生产技术的使用者和受益者，同时也成为先进工业生产技术的创造者和供应者。

"互联网+制造"就是"工业4.0"。"工业4.0"是德国推出的概念，美国叫"工业互联网"，我国叫"中国制造2025"，这三者本质内容是一致的，都指向一个核心，就是智能制造。

(2) "工业4.0"的特点

互联："工业4.0"的核心是连接，要把设备、生产线、工厂、供应商、产品和客户紧密地联系在一起。

数据："工业4.0"连接产品数据、设备数据、研发数据、工业链数据、运营数据、管理数据、销售数据、消费者数据。

集成："工业4.0"将无处不在的传感器、嵌入式终端系统、智能控制系统、通信设施通过CPS形成一个智能网络，通过这个智能网络，使人与人、人与机器、机器与机器以及服务与服务之间，能够形成

互联,从而实现横向、纵向和端到端的高度集成。

创新:"工业4.0"的实施过程是制造业创新发展的过程,制造技术、产品、模式、业态、组织等方面的创新将会层出不穷,从技术创新到产品创新,到模式创新,再到业态创新,最后到组织创新。

转型:对于中国的传统制造业而言,转型实际上是从传统的工厂,从2.0、3.0的工厂转型到4.0的工厂,整个生产形态上,从大规模生产转向个性化定制。实际上整个生产的过程更加柔性化、个性化、定制化。这是工业4.0一个非常重要的特征。

(3) "工业4.0"的技术关键

"工业4.0"有九大技术支柱,包括工业物联网、云计算、工业大数据、工业机器人、3D打印、知识工作自动化、工业网络安全、虚拟现实和人工智能。

智能制造、智能工厂是工业4.0的两大目标。

1.2.1.2 "中国制造2025"

(1) "中国制造2025"概念的提出

《中国制造2025》于2015年由中国百余名院士专家着手制定,为中国制造业未来10年设计顶层规划和路线图,通过努力实现中国制造向中国创造、中国速度向中国质量、中国产品向中国品牌三大转变,推动中国到2025年基本实现工业化,迈入制造强国行列。

(2) "中国制造2025"的主要内容

"中国制造2025"是升级版的中国制造,体现为四大转变、一条主线和九大任务。

① 四大转变:

一是由要素驱动向创新驱动转变;

二是由低成本竞争优势向质量效益竞争优势转变;

三是由资源消耗大、污染物排放多的粗放制造向绿色制造转变;

四是由生产型制造向服务型制造转变。

② 一条主线:以体现信息技术与制造技术深度融合的数字化网络化智能化制造为主线。

③ 九大任务:围绕实现制造强国的战略目标,《中国制造2025》明确九大战略任务和重点。

一是提高国家制造业创新能力;

二是推进信息化与工业化深度融合;

三是强化工业基础能力;

四是加强质量品牌建设;

五是全面推行绿色制造;

六是大力推动重点领域突破发展,聚焦新一代信息技术产业、高档数控机床和机器人、航空航天装备、海洋工程装备及高技术船舶、先进轨道交通装备、节能与新能源汽车、电力装备、农机装备、新材料、生物医药及高性能医疗器械等十大重点领域;

七是深入推进制造业结构调整;

八是积极发展服务型制造和生产型服务业;

九是提高制造业国际化发展水平。

(3) "中国制造2025"的核心要素

借鉴发达国家经验,结合我国实际,我国要打造"中国制造2025",实现制造业由大到强的转变,创新是关键,质量是根基。坚持以质取胜战略是打造"中国制造2025"的核心要素。

① 以质量铸就中国制造的灵魂;

② 以标准引领中国制造质量的提升;

③ 以品牌打造中国制造的名片;

④ 以质量秩序保障中国制造的健康繁荣。

(4) "中国制造2025"的发展方向

2015年政府工作报告提出,要实施"中国制造2025",坚持创新驱动、智能转型、强化基础、绿色发展,加快从制造大国转向制造强国。在这一过程中,智能制造是主攻方向,也是从制造大国转向制造强国的根本路径。

《中国制造2025》明确,通过政府引导、整合资源,实施国家制造业创新中心建设、智能制造、工业强基、绿色制造、高端装备创新等五项重大工程,实现长期制约制造业发展的关键共性技术突破,提升中国制造业的整体竞争力。

为确保完成目标任务,《中国制造2025》提出了深化体制机制改革、营造公平竞争市场环境、完善金融扶持政策、加大财税政策支持力度、健全多层次人才培养体系、完善中小微企业政策、进一步扩大制造业对外开放、健全组织实施机制等8个方面的战略支撑和保障。

(5) "中国制造2025"的发展领域

"中国制造2025"顺应"互联网+"的发展趋势,以信息化与工业化深度融合为主线,重点发展新一代信息技术、高档数控机床和机器人、航空航天装备、海洋工程装备及高技术船舶、先进轨道交通装备、节能与新能源汽车、电力装备、新材料、生物医药及高性能医疗器械、农业机械装备共十大领域。

1.2.2 大数据、云计算和物联网技术

1.2.2.1 大数据

随着网络和信息技术的不断普及,人类产生的数据量正在呈指数级增长,大约每两年翻一番,根据监测,这个速度在2020年之前会继续保持下去。这意味着人类在最近两年产生的数据量相当于之前产生的

全部数据量。

这些由我们创造的信息背后产生的数据早已经远远超越了目前人力所能处理的范畴。如何管理和使用这些数据，逐渐成为一个新的领域，于是大数据的概念应运而生。

(1) 大数据的概念

大数据不是一种新技术，也不是一种新产品，而是一种新现象。"大数据"本身是一个比较抽象的概念，单从字面来看，它表示数据规模的庞大。但是仅仅数量上的庞大显然无法看出"大数据"这一概念和以往的"海量数据（massive data）""超大规模数据（very large data）"等概念之间有何区别。对于大数据尚未有一个公认的定义。不同的定义基本是从大数据的特征出发，通过这些特征的阐述和归纳试图给出其定义。在这些定义中，比较有代表性的是 4V 定义，即认为大数据需满足 4 个"V"特点。

① 数据体量（volumes）巨大：大型数据集，从 TB 级别跃升到 PB 级别。

② 数据类别（variety）繁多：来自多种数据源，数据种类和格式冲破了以前数据所限定的结构化数据范畴，囊括了半结构化和非结构化数据。

③ 处理速度（velocity）快：包含大量在线或实时数据分析处理的需求，1 秒定律。

④ 价值（value）密度低：以视频为例，连续不间断监控过程中，可能有用的数据仅仅一两秒钟。

(2) 大数据的相关技术

大数据技术是指从各种类型的巨量数据中，快速获得有价值信息的技术。解决大数据问题的核心是大数据技术，主要可分为：数据采集、数据存取、基础架构、数据处理、统计分析、数据挖掘、模型预测和结果呈现等 8 种技术。

大数据技术主要形成了离线批处理、实时流处理和交互式分析三种计算模式：离线批处理（batch processing）技术以 Map Reduce 和 Hadoop 系统为代表；实时流处理（stream processing）技术以 Yahoo 的 S4 系统为代表；交互式分析（interactive analysis）技术以谷歌的 Dremel 系统为代表。

(3) 大数据与云计算

大数据与云计算的关系就像一枚硬币的正反面一样密不可分。如果将各种大数据的应用比作一辆辆"汽车"，支撑起这些"汽车"运行的"高速公路"就是云计算。正是云计算技术在数据存储管理与分析等方面的支撑才使得大数据有用武之地。

大数据是包括交易数据和交互数据集在内的所有数据集。

大数据＝海量数据＋复杂类型的数据。

(4) 大数据要解决的核心问题

与传统海量数据的处理流程相类似，大数据的处理也包括获取与特定的应用相关的有用数据，并将数据聚合成便于存储、分析、查询的形式；分析数据的相关性，得出相关属性；采用合适的方式将数据分析的结果展示出来等过程。相关步骤：

① 获取有用数据；

② 数据分析；

③ 数据显示；

④ 实时处理数据。

大数据最核心的价值就是对于海量数据进行存储和分析。相比现有的其他技术而言，大数据在"廉价、迅速、优化"这三方面的综合成本是最优的。

大数据时代已经到来，世界各国将在这一新的领域展开新一轮的竞争，我国应当抓住大数据时代的关键点，从国家战略制定、人才培养、基础技术研究、信息安全保障体系建设等方面展开相应的工作。

1.2.2.2 云计算

云计算（cloud computing）是一种新兴的 IT 交付方式，应用数据和 IT 资源能够通过网络作为标准服务在灵活的价格下快速地提供最终用户，对大数量的虚拟资源从管理上能够自动集中简化和灵活地来提供服务。云计算是基于互联网的相关服务的增加、使用和交付模式，通常涉及通过互联网来提供动态易扩展且经常是虚拟化的资源。

(1) 云计算的定义

美国国家标准与技术研究院（NIST）定义：云计算是一个方便灵活的计算模式，它是按需通过网络进行访问和使用的计算资源的共享池（例如网络、服务器、存储、应用程序服务），它以用最少的管理付出，在与服务供应商有最少的交互的前提下，可以达到将各种计算资源迅速地配置和推出。

(2) 云计算的类型

云计算按云服务的对象分为公用云、私有云和混合云。

公用云：面向外部用户需求，通过开放网络提供云计算服务，如 IDC、Google App、Saleforce 在线 CRM。

私有云：大型企业按照云计算的架构搭建平台，面向企业内部需求提供云计算服务，如企业内部数据中心等。

混合云：兼顾以上两种情况的云计算服务，如 Amazon Web Server 等既为企业内部又为外部用户提供云计算服务。

按提供的服务类型分为基础设施、应用平台和应用软件。

基础设施（infrastructure as a service）：以服务的形式提供虚拟硬件资源，如虚拟主机/存储/网络/数据库管理等资源。用户不需购买服务器、网络设备、存储设备，只需通过互联网租赁即可搭建自己的应用系统。

应用平台（platform as a service）：提供应用服务引擎，如互联网应用编程接口/运行平台等。用户基于该应用服务引擎，可以构建该类应用。

应用软件（software as a service）：用户通过Internet（如浏览器）来使用软件。用户不必购买软件，只需按需租用软件。

（3）云计算的特点

云计算是使计算分布在大量的分布式计算机上，而非本地计算机或远程服务器中，企业数据中心的运行与互联网更相似。这使得企业能够将资源切换到需要的应用上，根据需求访问计算机和存储系统。云计算特点如下。

1）超大规模 "云"具有相当的规模，Google云计算已经拥有 100 多万台服务器，Amazon、IBM、微软、Yahoo 等的"云"均拥有几十万台服务器。企业私有云一般拥有数百上千台服务器。"云"能赋予用户前所未有的计算能力。

2）虚拟化 云计算支持用户在任意位置、使用各种终端获取应用服务。所请求的资源来自"云"，而不是固定的有形的实体。应用在"云"中某处运行，但实际上用户无需了解、也不用担心应用运行的具体位置。只需要一台笔记本或者一部手机，就可以通过网络服务来实现我们需要的一切，甚至包括超级计算这样的任务。

3）高可靠性 "云"使用了数据多副本容错、计算节点同构可互换等措施来保障服务的高可靠性，使用云计算比使用本地计算机可靠。

4）通用性 云计算不针对特定的应用，在"云"的支撑下可以构造出千变万化的应用，同一个"云"可以同时支撑不同的应用运行。

5）高可扩展性 "云"的规模可以动态伸缩，满足应用和用户规模增长的需要。

6）按需服务 "云"是一个庞大的资源池，你按需购买；云可以像自来水、电、煤气那样计费。

7）极其廉价 由于"云"的特殊容错措施，可以采用极其廉价的节点来构成"云"。"云"的自动化集中式管理使大量企业无需负担日益高昂的数据中心管理成本，"云"的通用性使资源的利用率较之传统系统大幅提升，因此用户可以充分享受"云"的低成本优势，经常只要花费几百美元、几天时间就能完成以前需要数万美元、数月时间才能完成的任务。

8）潜在的危险性 云计算服务除了提供计算服务外，还必然提供存储服务。但是云计算服务当前垄断在私人机构（企业）手中，而他们仅仅能够提供商业信用。对于政府机构、商业机构（特别是像银行这样持有敏感数据的商业机构）对于选择云计算服务应保持足够的警惕。一旦商业用户大规模使用私人机构提供的云计算服务，无论其技术优势有多强，都不可避免地让这些私人机构以"数据（信息）"的重要性挟制整个社会。对于信息社会而言，"信息"是至关重要的。另一方面，云计算中的数据对于数据所有者以外的其他用户是保密的，但是对于提供云计算的商业机构而言确实毫无秘密可言。所有这些潜在的危险，是商业机构和政府机构选择云计算服务、特别是国外机构提供的云计算服务时，不得不考虑的一个重要的前提。

总之，云计算是互联网的重要变革，移动运营商引入云计算技术是大势所趋；云计算将引起整个产业生态链的重组，运营商应积极进入核心产业链，主导云产业在 ICT 领域发展；云计算将带来新的技术革新与管理革新，运营商应提前做好应对策略研究，循序渐进，使规划建设思路以及运营管理体制与之相适应；云计算将引入新的商业模式，运营商应选择合适的角度切入，快速创造新业务增长点。

1.2.2.3 物联网技术

物联网技术的核心和基础仍然是互联网技术，是在互联网技术基础上延伸和扩展的一种网络技术，其用户端延伸和扩展到了任何物品和物品之间，进行信息交换和通信。因此，物联网技术的定义是：通过射频识别（RFID）、红外感应器、全球定位系统、激光扫描器等信息传感设备，按约定的协议，将任何物品与互联网相连接，进行信息交换和通信，以实现智能化识别、定位、追踪、监控和管理的一种网络技术。

（1）物联网技术的定义

物联网（internet of things）指的是将无处不在（ubiquitous）的末端设备（devices）和设施（facilities），包括具备"内在智能"的传感器、移动终端、工业系统、数控系统、家庭智能设施、视频监控系统等，和具备"外在使能"（enabled）的如贴上 RFID 的各种资产（assets）、携带无线终端的个人与车辆等"智能化物件或动物"或"智能尘埃"（mote），通过各种无线和/或有线的长距离和/或短距离通信网络实现互联互通（M2M）、应用大集成（grand integration）以及基于云计算的 SaaS 营运等模式，在内网（intranet）、专网（extranet）和/或互联网

（internet）环境下，采用适当的信息安全保障机制，提供安全可控乃至个性化的实时在线监测、定位追溯、报警联动、调度指挥、预案管理、远程控制、安全防范、远程维保、在线升级、统计报表、决策支持、领导桌面（集中展示的 cockpit dashboard）等管理和服务功能，实现对"万物"的"高效、节能、安全、环保"的"管、控、营"一体化。

（2）物联网的关键技术

物联网是物与物、人与物之间的信息传递与控制。物联网有以下四大支柱技术，如图 32-1-2 所示。

1）传感器技术　这也是计算机应用中的关键技术。绝大部分计算机处理的都是数字信号，需要传感器把模拟信号转换成数字信号，计算机才能处理。

2）RFID 技术　RFID 技术是融合了无线射频技术和嵌入式技术的综合技术，RFID 在自动识别、物品物流管理方面有着广阔的应用前景。

3）M2M 技术　M2M 是机器对机器（machine to machine）通信的简称。目前，M2M 重点在于机器对机器的无线通信，以机器对机器、机器对移动电话（如用户远程监视）和移动电话对机器（如用户远程控制）三种方式存在。

4）两化融合　两化融合是指电子信息技术广泛应用到工业生产的各个环节，信息化成为工业企业经营管理的常规手段。信息化进程和工业化进程不再相互独立进行，不再是单方的带动和促进关系，而是两者在技术、产品、管理等各个层面相互交融，彼此不可分割，并催生工业电子、工业软件、工业信息服务业等新产业。两化融合是工业化和信息化发展到一定阶段的必然产物。工业信息化也是物联网产业主要推动力之一，自动化和控制行业是主力。

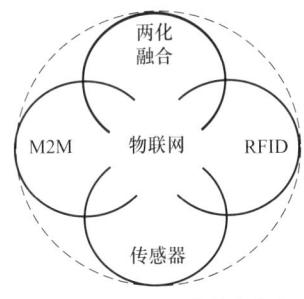

图 32-1-2　物联网的支柱技术

1.2.3　互联网＋

"互联网＋"是创新 2.0 下互联网发展新形态、新业态，是知识社会创新 2.0 推动下的互联网形态演进。"互联网＋"行动计划将重点促进以云计算、物联网、大数据为代表的新一代信息技术与现代制造业、生产性服务业等的融合创新，发展壮大新兴业态，打造新的产业增长点，为大众创业、万众创新提供环境，为产业智能化提供支撑，增强新的经济发展动力，促进国民经济提质增效升级。

（1）"互联网＋"的定义

"互联网＋"就是"互联网＋各个传统行业"，但这并不是简单的两者相加，而是利用信息通信技术以及互联网平台，让互联网与传统行业进行深度融合，充分发挥互联网在社会资源配置中的优化和集成作用，将互联网的创新成果深度融合于经济、社会各领域之中，提升全社会的创新力和生产力，形成更广泛的以互联网为基础设施和实现工具的经济发展新形态。

"互联网＋"是对新一代信息技术（information communication technology）与"创新 2.0"相互作用与共同演化的高度概括。"互联网＋"＝新一代 ICT＋"创新 2.0"，如图 32-1-3 所示。

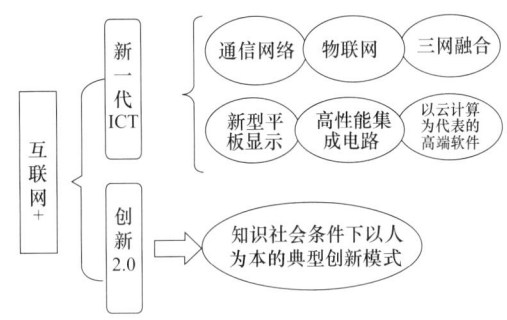

图 32-1-3　"互联网＋"的组成

（2）"互联网＋"的特征

"互联网＋"有六大特征。

1）跨界融合　"＋"就是跨界，就是变革，就是开放，就是重塑融合。敢于跨界了，创新的基础就更坚实；融合协同了，群体智能才会实现，从研发到产业化的路径才会更垂直。

2）创新驱动　中国粗放的资源驱动型增长方式早就难以为继，必须转变到创新驱动发展这条正确的道路上来。这正是互联网的特质，用互联网思维来求变、自我革命，也更能发挥创新的力量。

3）重塑结构　信息革命、全球化、互联网业已打破了原有的社会结构、经济结构、地缘结构、文化结构。权力、议事规则、话语权不断在发生变化。互联网＋社会治理、虚拟社会治理会是很大的不同。

4）尊重人性　人性的光辉是推动科技进步、经济增长、社会进步、文化繁荣的最根本的力量，互联网的力量之强大最根本来源于对人性的最大限度的尊重、对人体验的敬畏、对人的创造性发挥的重视。

5) 开放生态 依靠创新、创意、创新驱动，同时要跨界融合、做协同，就一定要优化生态。对企业应优化内部生态，并和外部生态做好对接，形成生态的融合性。更重要的是创新的生态，如技术和金融结合的生态、产业和研发进行连接的生态等。关于互联网＋，生态是非常重要的特征，而生态的本身就是开放的。推进互联网＋，其中一个重要的方向就是要把过去制约创新的环节化解掉，把孤岛式创新连接起来，让研发由人性决定市场的驱动，让创业者有机会实现价值。

6) 连接一切 连接是有层次的，可连接性是有差异的，连接的价值是相差很大的，但是连接一切是"互联网＋"的目标。

(3) "互联网＋"在工业中的应用

"互联网＋工业"即传统制造业企业采用移动互联网、大数据、物联网、云计算等信息通信技术，改造原有产品及研发生产方式，与"工业互联网""工业4.0"的内涵一致。

1) 移动互联网＋工业 移动互联网是移动通信和互联网融合的产物，继承了移动通信随时、随地、随身与网络连接的特性，也继承了互联网分享、开放、互动的优势。移动互联网是自适应的、个性化的、能够感知周围环境的服务。

借助移动互联网技术，传统制造厂商可以在汽车、家电、配饰等工业产品上增加网络软硬件模块，实现用户远程操控、数据自动采集分析等功能，极大地改善了工业产品的使用体验。

2) 云计算＋工业 云计算是"创新2.0"时代基于互联网的大众参与的计算模式，其计算资源——无论是计算能力还是存储能力，都是动态的、可收缩的、虚拟化的，尤其重要的是以服务方式提供，可以方便实现分享和交互，并形成群体智能。

基于云计算技术，一些互联网企业打造了统一的智能产品软件服务平台，为不同厂商生产的智能硬件设备提供统一的软件服务和技术支持，优化用户的使用体验，并实现各产品的互联互通，产生协同价值。

3) 物联网＋工业 物联网是智能感知、识别技术与普适计算、泛在网络的融合应用，被称为继计算机、互联网之后世界信息产业发展的第三次浪潮。应用创新是物联网发展的核心，以用户体验为核心的"创新2.0"是物联网发展的灵魂。

运用物联网技术，工业企业可以将机器等生产设施接入互联网，构建网络化物理设备系统（CPS），进而使各生产设备能够自动交换信息、触发动作和实施控制。物联网技术有助于加快生产制造实时数据信息的感知、传送和分析，加快生产资源的优化配置。

4) 大数据＋工业 大数据是"创新2.0"时代复杂性科学视野下的数据收集、管理、处理和利用。用户不仅是数据的使用者，更是数据的生产者。数据围绕人的生产、生活而产生，不再是实验室里的样本，而是广阔社会空间的全数据。大数据也为以用户为中心、实现从封闭的实验室创新到以社会为舞台的开放创新提供了新的机遇。

工业大数据是未来工业在全球市场竞争中发挥优势的关键。无论是德国"工业4.0"、美国工业互联网还是"中国制造2025"，各国制造业创新战略的实施基础都是工业大数据的搜集和特征分析及以此为未来制造系统搭建的无忧环境。

5) 网络众包＋工业 众包指的是一个公司或机构把过去由员工执行的工作任务，以自由自愿的形式外包给非特定的（而且通常是大型的）大众网络的做法，就是通过网络做产品的开发需求调研，以用户的真实使用感受为出发点。

众包的任务通常是由个人来承担，但如果涉及需要多人协作完成的任务，也有可能以依靠开源（软件项目上的公共协作，用于描述那些源码可以被公众使用的软件，并且此软件的使用、修改和发行也不受许可证的限制）的个体生产的形式出现。

1.2.4 虚拟现实技术

虚拟现实（virtual reality，VR）是由美国VPL Research公司创始人Jaron Lanier在1989年提出的。virtual的意思是虚假，其含义是这个环境或世界是虚拟的，是存在于计算机内部的；reality的意思就是真实，其含义是现实的环境或真实的世界。

(1) 虚拟现实技术的概念

1989年，美国VPL Research公司创始人Jaron Lanier提出了"virtual reality（虚拟现实）"的概念。虚拟现实技术是指采用计算机技术为核心的现代高科技手段生成一种虚拟环境，用户借助特殊的输入/输出设备，与虚拟世界中的物体进行自然的交互，从而通过视觉、听觉和触觉等获得与真实世界相同的感受。

"虚拟"——"virtual"说明这个世界或环境是虚拟的，不是真实的，它是人工构造的，是存在于计算机内部的，用户应该能够"进入"这个虚拟的环境中。"进入"这个虚拟的环境中，是指用户以自然的方式与这个环境交互。

"交互"——包括感知环境并干预环境，从而产生置身于相应的真实环境中的虚幻感、沉浸感、身临其境的感觉。

虚拟现实或虚拟环境系统包括人类操作者、人机接口和计算机。

(2) 虚拟现实技术的要素

① 高科技手段——计算机图形技术、计算机仿真技术、人机接口技术、多媒体技术、传感技术。

② 虚拟环境——模拟真实世界中的环境、模拟人类主观构造的环境、模拟真实世界中人类不可见的环境。

③ 输入/输出设备——包括游戏手柄/摇杆、3D 数据手套、位置追踪器、眼动仪、动作捕捉器（数据衣）等输入设备，头戴显示器、3D 立体显示器、3D 立体眼镜、洞穴式立体显示系统等输出设备。

④ 自然的交互——用户采用自然的方式对虚拟物体进行操作并得到实时立体的反馈。如：语音、手的移动、头的转动、脚的走动等。

1.2.5 3D 打印技术

进入新世纪，走进新时代，在设计制造领域应用最广泛的技术就是 3D 打印技术。3D 打印带来了世界性制造业革命，以前是部件设计完全依赖于生产工艺能否实现，而 3D 打印机的出现将会颠覆这一生产思路，这使得企业在生产部件的时候不再考虑生产工艺问题，任何复杂形状的设计均可以通过 3D 打印机来实现。

3D 打印通常是采用数字技术材料打印机来实现的。常在模具制造、工业设计等领域被用于制造模型，后逐渐用于一些产品的直接制造，已经有使用这种技术打印而成的零部件。该技术在工业设计、建筑、工程和施工（AEC）、汽车、航空航天、牙科和医疗产业、教育、地理信息系统、土木工程、枪支以及其他领域都有所应用。

(1) 3D 打印技术的概念

3D 打印技术（3D printing）有很多个称呼，学术上称为快速成形技术（rapid prototyping manufacturing，简称 RPM），3D 打印技术从制造工艺的技术上划分叫作增材制造（additive manufacturing，简称 AM）。它是一种以 3D 设计模型文件为基础，运用不同的打印技术、方式使特定的材料，通过逐层堆叠、叠加的方式来制造物体的技术。

(2) 3D 打印技术的基本原理

3D 打印的原理是依据计算机设计的三维模型（设计软件可以是常用的 CAD 软件，例如 SolidWorks、Pro/E、UG 等，也可以是通过逆向工程获得的计算机模型），将复杂的三维实体模型"切"成设定厚度的一系列片层，从而变为简单的二维图形，逐层加工，层叠增长。

(3) 3D 打印技术的流程

在 3D 打印时，首先设计出所需零件的计算机三维模型（数字模型、CAD 模型），然后根据工艺要求，按照一定的规律将该模型离散为一系列有序的单元，通常在 Z 向将其按一定厚度进行离散（习惯称为分层），把原来的三维 CAD 模型变成一系列的层片；再根据每个层片的轮廓信息，输入加工参数，自动生成数控代码；最后由成形机成形一系列层片并自动将它们连接起来，得到一个三维物理实体。

(4) 3D 打印的分类

目前国内还没有一个明确的 3D 打印机分类标准，但是我们可以根据设备的市场定位将它分成三类：个人级、专业级、工业级。

按主要工艺技术分类可分为 FDM（熔融沉积成形）、LOM（分层实体制造）、SLS（选择性激光烧结）、SLA（立体光固化成形法）、DLP（数字光处理）和 3DP 等。

1) FDM 工艺 FDM 的加工原材料是丝状热塑性材料（如 ABS、MABS、蜡丝、尼龙丝等），加工时加热喷头在计算机的控制下，可根据截面轮廓信息，做 X-Y 平面的运动和高度 Z 方向的运动。丝状热塑性材料由供丝机构送至喷头，并在喷头加热至熔融状态，然后被选择性地涂覆在工作台上，快速冷却后形成了截面轮廓。一层成形完成后，喷头上升一个截面层高度，再进行第二层的涂覆，如此循环，最终形成三维产品。

FDM 工艺不用激光，使用、维护简单，成本较低。用 ABS 制造的原型因具有较高强度而在产品设计、测试与评估等方面得到广泛应用。近年来又开发出 PC、PC/ABS、PPSF 等更高强度的成形材料，使得该工艺有可能直接制造功能性零件。由于这种工艺具有一些显著优点，该工艺发展极为迅速，目前 FDM 系统在全球已安装快速成形系统中的份额最大。

2) LOM 工艺 LOM（laminated object manufacturing）工艺即分层实体制造法。LOM 又称层叠法成形，它以片材（如纸片、塑料薄膜或复合材料）为原材料，其成形工艺原理如图 32-1-4 所示，激光

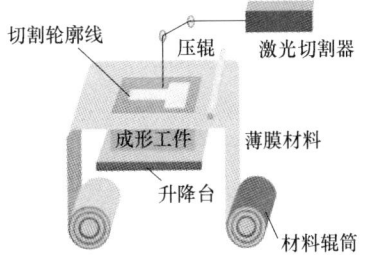

图 32-1-4 LOM 实体成形工艺原理

切割系统按照计算机提取的横截面轮廓线数据,将背面涂有热熔胶的纸用激光切割出工件的内外轮廓。切割完一层后,送料机构将新的一层纸叠加上去,利用热黏压装置将已切割层黏合在一起,然后再进行切割,这样一层层地切割、黏合,最终成为三维工件。

LOM 常用材料是纸、金属箔、塑料膜、陶瓷膜等,此方法除了可以制造模具、模型外,还可以直接制造构件或功能件。

该技术的优点是工作可靠,模型支撑性好,成本低,效率高;缺点是前、后处理费时费力,且不能制造中空结构件。成形材料:涂敷有热敏胶的纤维纸。制件性能:相当于高级木材。

3) SLS 工艺 SLS 工艺是利用粉末状材料成形的。将材料粉末铺洒在已成形零件的上表面,材料粉末在高强度的激光照射下被烧结在一起。

SLS 工艺特点是材料适应面广,不仅能制造塑料零件,还能制造陶瓷、蜡等材料的零件,特别是可以制造金属零件。这使得 SLS 工艺颇具吸引力。SLS 工艺不需加支撑,因为没有烧结的粉末起到了支撑的作用。其缺点是:成形件结构疏松多孔,表面粗糙度较高;成形效率不高。

4) SLA/DLP 工艺 SLA 是"stereo lithography appearance"的缩写,即立体光固化成形法。用特定波长与强度的激光聚焦到光固化材料表面,使之由点到线、由线到面顺序凝固,完成一个层面的绘图作业,然后升降台在垂直方向移动一个层片的高度,再固化另一个层面。这样层层叠加构成一个三维实体。

SLA 是最早实用化的快速成形技术,采用液态光敏树脂原料,工艺原理如图 32-1-5 所示。

SLA 技术的特点是成形精度高、成形零件表面质量好、原材料利用率接近 100%,而且不产生环境

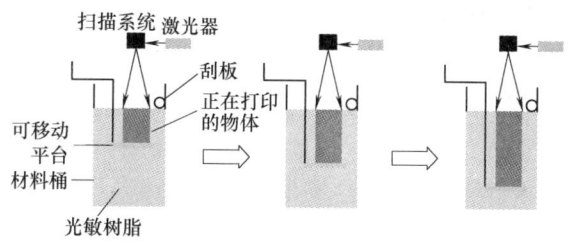

图 32-1-5 SLA 光固化成形工艺原理

污染,特别适合于制作含有复杂精细结构的零件;但这种方法也有自身的局限性,比如需要支撑、树脂收缩导致精度下降、光固化树脂有一定的毒性等。

DLP 激光成形技术和 SLA 立体平版印刷技术比较相似,不过它是使用高分辨率的数字光处理器(DLP)投影仪来固化液态光聚合物,逐层地进行光固化,由于每层固化时通过幻灯片似的片状固化,因此速度比同类型的 SLA 立体平版印刷技术速度更快。该技术成形精度高,在材料属性、细节和表面光洁度方面可匹敌注塑成型的耐用塑料部件。

5) 3DP 工艺 3DP 即 3D printing,采用 3DP 技术的 3D 打印机使用标准喷墨打印技术,通过将液态连接体铺放在粉末薄层上,以打印横截面数据的方式逐层创建各部件,创建三维实体模型,采用这种技术打印成形的样品模型与实际产品具有同样的色彩,还可以将彩色分析结果直接描绘在模型上,模型样品所传递的信息较大。其工艺原理如图 32-1-6 所示。

(5) 3D 打印的材料

3D 打印材料种类繁多,有各种分类方式,可按物理状态、化学性能、材料成形方法等角度分类,常用材料有 ABS、PLA、尼龙、橡胶、聚苯乙烯、聚碳酸酯(PC)、金属、陶瓷等,如表 32-1-3 所示。

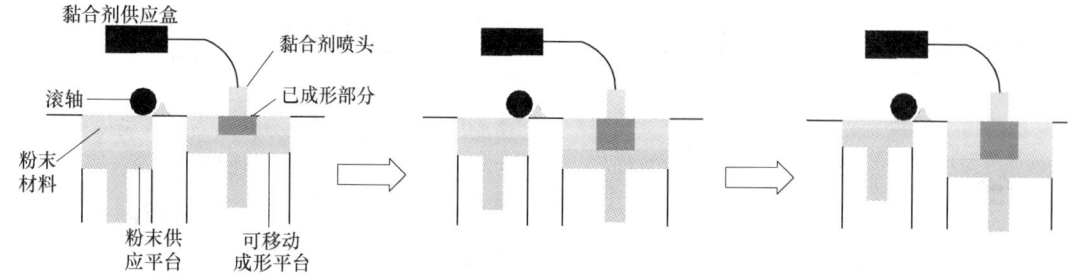

图 32-1-6 3DP 粉末黏合工艺原理

表 32-1-3 常用的 3D 打印材料

材料类别	材料名称	材料说明	应用场合	备注
塑料	ABS 塑料	具有优良的综合性能,有极好的冲击强度,尺寸稳定性好,电性能、耐磨性、抗化学药品性、染色性、成型加工和机械加工性较好	装备制造业、汽车制造、航空航天、医疗器械、电子消费品、家电等	ABS 是丙烯腈(A)、丁二烯(B)和苯乙烯(S)的三元共聚物

续表

材料类别	材料名称	材料说明	应用场合	备注
塑料	PLA（聚乳酸）	热稳定性好,加工温度170~230℃,有好的抗溶剂性,可用多种方式进行加工。由聚乳酸制成的产品除能生物降解外,生物相容性、光泽度、透明性、手感和耐热性好,有的聚乳酸(PLA)还具有一定的抗菌性、阻燃性和抗紫外线性	装备制造业、汽车制造、航空航天、医疗器械、电子消费品、家电	
	尼龙	具有良好的力学性能和生物相容性,经认证达到食品安全等级,高精细度,性能稳定,能承受高温烤漆和金属喷涂	汽车、家电、电子消费品等。适用于制作展示模型、功能部件、真空铸造原型、最终产品和零配件	
	PC	PC 材料是真正的热塑性材料,具备工程塑料的所有特性。高强度、耐高温、抗冲击、抗弯曲,可以作为最终零部件使用。PC 的强度比 ABS 材料高出60%左右,具备超强的工程材料属性	电子消费品、家电、汽车制造、航空航天、医疗器械等	
	环氧树脂	便于铸造的激光快速成形树脂;含灰量极低（1500°F 时的残留含灰量<0.01%）;可用于熔融石英和氧化铝高温型壳体系;不含重金属锑;可用于制造极其精密的快速铸造型模	汽车、家电、电子消费品等	
	光敏树脂	UV 树脂,由聚合物单体与预聚体组成,其中加有光（紫外线）引发剂（或称为光敏剂）,在一定波长的紫外线(250~300nm)照射下立刻引起聚合反应完成固化	汽车、家电、电子消费品等	
橡胶类材料	橡胶类材料	具备高的硬度、断裂伸长率、抗撕裂强度和拉伸强度,使其非常适合于要求防滑或柔软表面的应用领域	消费类电子产品、医疗设备以及汽车内饰、轮胎、垫片等	
金属材料(粉末)	不锈钢	具有很好的耐蚀性及力学性能,适用于功能性原型件和系列零件,被广泛应用于工程和医疗领域。它是最便宜的一种打印材料,既具有高强度,又适合打印大物品	家电、汽车制造、航空航天、医疗器械	特高强度钢,如马氏体钢、H13 钢等,适用于注塑模具、工程零件
	铁镍合金	用于高温下苛求优异的力学和化学特性的合金	航空航天工业的动力涡轮机和相关零件的制造等	
	钴铬钼超耐热合金	基于钴铬钼超耐热合金材料,它具有优秀的力学性能、高耐蚀性及抗温特性	广泛应用于生物医学（人工关节制造）及航空航天等	
	Cobalt Chrome SP2	材料成分与 Cobalt ChromeMP1 基本相同,耐蚀性较 MP1 更强	主要应用于牙科义齿的批量制造,包括牙冠、桥体等	
	钛合金	生产最终使用的金属样件,质量可媲美开模加工的模型。钛合金模型的强度非常高,尺寸精密,能制作的最小细节的尺寸为 0.1mm	家电、汽车制造、航空航天、医疗器械	
	铜合金	具有良好的力学性能、优秀的细节表现及表面质量,易于打磨,良好的收缩性可使烧结的样件达到很高的精度	适用于注塑模具和功能性原型件的制造	

续表

材料类别	材料名称	材料说明	应用场合	备注
金属材料（粉末）	铝合金	强度高，细节好，表面光洁度高	应用于薄壁零件如换热器或其他汽车零部件，还可应用于航空航天及航空工业级的原型及生产零部件	
	贵金属材料（金、纯银、黄铜等）	珠宝设计师将3D打印快速原型技术作为一种强大且可方便替代其他制造方式的创意产业	首饰、人像、纪念品等	
陶瓷材料	陶瓷材料	具有高强度、高硬度、耐高温、低密度、化学稳定性好、耐腐蚀等优异特性，在航空航天、汽车、生物等行业有着广泛的应用	3D打印的陶瓷制品不透水、耐热（可达600℃）、可回收、无毒，但其强度不高，可作为理想的炊具、餐具（杯、碗、盘子、蛋杯和杯垫）和烛台、瓷砖、花瓶、艺术品等家居装饰材料	
复合材料	镀银	银是一种导热、导电性很强的金属，将其打磨后则表面非常明亮，并且极具延伸性	首饰、人像、纪念品等	
	尼龙铝	尼龙铝是一种高强度并且硬挺的材料，做成的样件能够承受较小的冲击力，并能在弯曲状态下抵抗一些压力。其尺寸精度高，强度高，具有金属外观，适用于制作展示模型、模具镶件、夹具和小批量制造模具	飞机、汽车、火车、船舶、宇宙火箭、航天飞机、人造卫星、化学反应器、医疗器械、冷冻装置	
	尼龙玻纤（玻璃纤维和尼龙）	尼龙玻纤外观是一种白色的粉末。比起普通塑料，其拉伸强度、弯曲强度有所增强，具有极好的硬度，非常耐磨、耐热，性能稳定，能承受高温烤漆和金属喷涂，适用于制作展示模型、外壳件、高强度机械结构测试和短时间受热使用的零件、耐磨损零件	汽车、家电、电子消费品等	
其他材料	彩色石膏材料	由全彩砂岩制作的对象色彩感较强，3D打印出来的产品表面具有颗粒感，打印的纹路比较明显，使物品具有特殊的视觉效果	动漫、玩偶、建筑等	它的质地较脆，容易损坏，并且不适用于打印一些经常置于室外或极度潮湿环境中的对象
	蓝蜡和红蜡	采用多喷嘴立体打印（MJM）技术，表面光滑；蜡模，用于精密铸造，超越以前纯模型制作与展示功能	用于珠宝、服饰、医疗器械、机械部件、雕塑、复制品、收藏品进行石蜡模型失蜡铸造工艺	

(6) 3D打印制造的特点

1) 3D打印无处不在　3D打印可以打印许多材料、任意复杂形状、任意批量，可以应用于各工业和生活领域，可以在车间、办公室及家里实现制造。理论上3D打印无处不在、无所不能。但许多材料的打印、工艺的成熟度、打印成本、效率等尚不尽如人意，需要多学科交叉的创新研究，使之更好、更快、更廉价。

2) 支持产品快速开发　3D打印可以制造形状复杂的零件，所想即所得；直接由设计数据驱动，不需要传统制造必需的工装夹具、模具制造等生产准备，编程简单；在产品创新设计与设计验证中，特别方便；使产品开发周期与费用至少降低为一半，成为机电产品和装备快速开发的利器。

3) 增材制造　增材制造仅在需要的地方堆积材料，材料利用率接近100%。航空航天等大型复杂结构件采用传统切削加工，往往95%～97%的昂贵材料被切除。而在航空航天装备研发机制造中采用增材制造将会大大节约材料和制造成本,具有极其重要的价值。

4) 个性化制造 3D打印可以快速、低成本实现单件制造,使单件制造的成本接近批量制造。特别适合个性化医疗和高端医疗器械,如人工骨、手术模型、骨科导航模板等。

5) 再制造 3D打印用于修复磨损零部件的再制造,如飞机发动机叶片、轧钢机轧辊等,以极少的代价获得超值的回报。其应用在军械、远洋轮、海洋钻井平台乃至空间站的现场制造,具有特殊的优势。

6) 开拓了创新设计的新空间 3D打印可以制造传统制造技术无法实现的结构,为设计创新提供了非常大的创新空间;可以将数十个、数百个甚至更多的零件组装的产品一体化一次制造出来,大大简化了制造工序,节约了制造和装配成本。以3D打印新工艺的视角对产品、装备再设计,可能是3D打印为制造业带来的最大效益所在。近两年,3D打印显现出颠覆性变革。如GE公司做的飞机发动机的喷嘴,把20个零件做成了一个零件,材料成本大幅度地减少,还节省燃油15%。美国3D打印的概念飞机,重量可以减轻65%。

7) 引领生产模式变革 3D打印可能成为可穿戴电子、家居用品、文化产业、服装设计等行业的个性化定制生产模式。一些专家认为,3D打印等数字化设计制造将引领生产从大批量制造走向个性化定制的第三次工业革命。3D打印已经成为最受创客欢迎的工具,将有力促进大众创新和万众创业。互联网+3D打印也将成为万众创新、万家创业的最佳技术途径。

8) 创材 3D打印制造出了耐温3315℃的高温合金,用于"龙"飞船2号,大幅度增强了飞船推力。利用3D打印高能束的集中能量,以3D打印设备作为材料基因组计划的研制验证平台,可以开发出具有超高强度、超高韧性、超高耐温性、超高耐磨性的各种优秀材料,增材制造成为创材技术。

9) 创生 3D打印应用于组织支架制造、细胞打印等技术,实现生物活性器官的制造,实现一定意义上的创造生命,为生命科学研究和人类健康服务。

目前,3D打印的技术尚有待深入广泛研究发展,其应用还很有限,但其创造的价值高,利润空间大。随着研发的深入,工业应用的不断扩大,其创造的价值越来越高。不久的将来,不仅在制造概念上,减材、等材、增材三足鼎立,在创造的价值上,也必将迎来三分天下的局面。

1.3 数字化设计技术的发展趋势

计算机技术、信息技术 (information technology, IT)、网络技术以及管理技术的快速发展,对制造企业和新产品开发带来巨大的挑战,也提供了机遇。在网络信息时代,产品的数字化设计技术呈以下发展趋势。

① 制造信息的数字化。利用基于网络的 CAD/CAPP/CAE/CAM/PDM 集成技术,以实现全数字化设计与制造。

CAD/CAE/CAPP/CAM 应用过程中,利用 PDM 技术实现并行工程,可极大地提高产品开发的效率和质量,缩短设计周期,提高企业的竞争力。

② CAD/CAPP/CAE/CAM/PDM 集成技术与企业资源规划 (ERP)、供应链 (SCM)、客户关系管理 (CRM),形成企业信息化的总体框架。CAD/CAPP/CAE/CAM/PDM 主要用于实现产品的设计、工艺和制造过程及其管理;企业资源规划 (ERP) 以实现企业产、供、销、人、财、物管理为目标;供应链 (SCM) 以实现企业内部与上游企业之间的物流管理为目标;客户关系管理 (CRM) 则可以帮助企业建立、挖掘和改善与客户之间的关系。

上述技术的集成,可以由内而外地整合企业的管理,建立从企业的供应决策到企业内部技术、工艺、制造和管理部门,再到用户之间的信息集成,以实现企业与外界的信息流、物流和资金流的畅通传递,从而有效地提高企业的市场反应速度和产品的开发速度,确保企业在竞争中取得优势。

③ 通过局域网实现企业内部的并行工程。通过互联网、内网、专网将企业的业务流程紧密地连接起来,对产品开发的所有环节(如订单、采购、库存、计划、制造、质量控制、运输、销售、服务、维护、财务、成本和人力资源等)进行高效、有序管理,实现资源共享,优化配置,使制造业向互联网辅助制造方向发展。

④ 虚拟工厂、虚拟设计、虚拟制造、动态企业联盟以及协同设计成为数字化设计的发展方向。以数字化设计技术为基础,可以为产品的开发提供一个虚拟环境,借助产品的三维数字化模型,可以使设计者更逼真地看到正在设计的产品及其开发过程,认识产品的形状、尺寸和色彩特征,用以验证设计的正确性和可行性。通过数字化分析,可以对虚拟产品的各种性能和动态特征进行计算仿真,模拟零部件的装配过程,检查所用零部件是否合适和正确。

数字化设计技术是计算机技术、信息技术、网络技术以及管理技术相结合的产物,是经济、社会和科学技术发展的必然结果。它适应了经济全球化、竞争国际化、用户需求个性化的需求,将成为未来产品开发的基本技术手段。

第2章 数字化设计系统的组成

2.1 数字化设计系统的组成

数字化设计是计算机技术在产品开发中的应用。要实现人-机交互环境下的设计、计算、分析等过程，需要一定的应用环境。其中，某些环境是数字化产品开发技术所特有的。总体上，数字化设计系统包括硬件系统和软件系统，如图32-2-1所示。

对于一个具体的数字化设计系统来讲，其硬件、软件相互的配置是需要进行周密考虑的，同时对硬软件的型号、性能以及厂家都需要进行全方位的考虑。

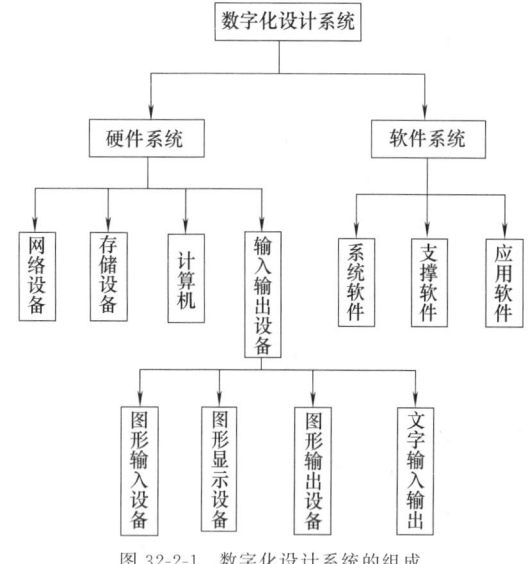

图32-2-1 数字化设计系统的组成

2.2 数字化设计系统的硬件系统

数字化设计系统的硬件是由主机及其所属的外围设备组成的。数字化设计系统对硬件的主要要求如下。

(1) 强大的图形处理和人机交互功能

在数字化设计系统的信息处理中，几何图形信息处理占较大比重，一般都配有大型的图形处理软件。为了满足图形处理的需要，数字化设计系统要求计算机具有较大的内存、较高的运算速度及较高的分辨率等特点。此外，由于数字化设计系统的工作经常要多次修改及人工参与决策才能完成，因此，要求计算机具有方便的人机交互手段和快速的响应速度。

(2) 具有较大的外存储容量

由于面向对象、可视化、多媒体技术和大规模数值计算等技术的应用，用于数字化设计系统的各类软件都需要几百兆甚至几千兆的存储空间，而用户开发的图形库、数据库等则需要更大的硬盘资源。

(3) 良好的网络通信

为了实现系统的集成，使位于不同地点和不同生产阶段的各企业、各部门之间能够进行信息交流及协同工作，需要通过计算机网络将其连接起来，通过网络的应用组成网络化的数字化设计系统。

与计算机相关的硬件系统主要由主机、存储装置、输入输出设备及网络设备等部分组成。数字化系统的硬件设备如图32-2-2所示。

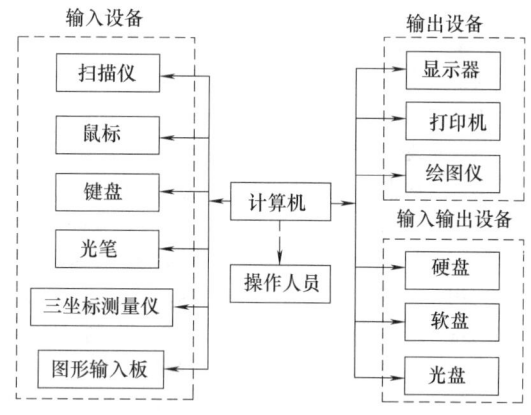

图32-2-2 数字化系统的硬件设备

2.2.1 主机

主机是计算机的主体，由中央处理器（CPU）、内存储器及其连接主板组成，是计算机系统硬件的核心。主机结构有单个处理器和多个处理器之分，处理器体系结构有两种：复杂指令集体系结构（CISC）和精简指令集体系结构（RISC）。

评价中央处理器性能的主要技术指标有以下两项。

(1) 速度

速度的评价指标采用下述参数：工作时钟频率MHz、MIPS和MFLOPS。MIPS代表每秒执行一百万条整数运算指令，MFLOPS代表每秒执行一百万条浮点数运算指令。MHz、MIPS和MFLOPS值愈大，表示处理速度越快。由于不同类型的CPU具有不同的结构体系和指令系统，直接采用其产品规格提供的上述参数数据进行数据对比，不能反映真实性能对比。为了能客观地比较不同结构类型 CPU 性能，目前流行有若干测试软件，它们都是采用运行若干典型的基准测试程序，通过对比其运行工作时间而导出代表处理速度的参数。

（2）字长

字长是指中央处理器在一个指令周期内从内存提取并处理的二进制数据的位数。位数愈多表明一次处理的信息量愈大，CPU 工作性能愈好。市场上常见的计算机的字长有 32 位、64 位等几种。

2.2.2 内存储器

内存储器用于存储 CPU 工作程序、指令和数据。根据存储信息的性能，内存储器分为读写存储器（RAM）、只读存储器（ROM）及高速缓冲存储器（Cache）。

随着高速处理器的出现，处理数据的速度大大提高，而作为内存储器的动态存储芯片的存取速度却跟不上，两者之间产生了"等待"现象。为弥补这种存取速度的不匹配，可在处理器和主板上分别加入小容量的高速存储器（高速缓冲存储器 Cache），在运算处理时 CPU 首先在 Cache 中提取数据，提高了读写速度，克服了内存读写速度比微处理器慢的缺陷。

2.2.3 外存储器

外存储器主要有以下几种。

（1）硬盘存储器

硬盘存储器是计算机系统中最主要的外存设备，一个完整的硬盘存储器由驱动器（也叫磁盘机）、控制器和盘片三部分组成。通过控制器及驱动器对盘面进行读写操作，实现数据的存取。硬盘含有多个盘片，驱动器有多个读写磁头。

反映硬盘工作质量的主要技术参数是硬盘存储容量、读写速度及传输数据的速度和接口形式。

（2）软盘存储器

软盘存储器简称软盘，与硬盘存储器的存储原理相同，但在结构上存在一定差别。硬盘转速高，存取速度快；软盘转速低，存储速度慢。硬盘是固定磁头、固定盘及盘组结构；软盘是活动磁头、可换盘片结构。硬盘对环境要求苛刻，软盘则对环境要求不太严格。

（3）光盘存储器

光盘（optical disk）利用光学方式进行信息读写。计算机系统中所使用的光盘存储器是从激光视频唱片和数字音频唱片基础上发展起来的，根据性能和用途的不同，光盘存储器可分为三种类型：只读型光盘（CD-ROM）、只写一次型光盘（WORM）和可擦写型光盘（CD-RW）。

光盘存储器是计算机系统中一种先进的外存储控制设备。光盘驱动器也叫光驱，分只读光驱和可读写光驱，可读写光驱的工作方式与硬盘类似。光盘的特点是容量大、可靠性高、信息存储成本低，但存储速度不如硬盘快。

（4）磁带存储器

磁带存储器原理与录音带或录像带相似，区别在于规格和材质等有所不同。磁带存储的容量比较大，记录单位信息的价格比磁盘低。磁带的格式统一、互换性好，与各种类型机械连接方便，常用于系统备份，是主要的后备存储器。磁带存储器是顺序存取设备，磁带上的文件按顺序存放，只能顺序查找，信息存取时间比磁盘长。

（5）移动存储设备

移动存储设备是应数据备份和交换的需要而产生的。目前已发展出一些新型大容量、携带方便、速度快、安全并支持标准化的移动存储器。常用的有两大类，一种是大容量的移动硬盘（常以 GB 来计算），主要采用火线 IEEE 1394 接口和 USB（universal serial bus）接口；另一种是采用 Flash 闪存的小容量的移动存储器（常以 MB 来计算），接口大都采用 USB 接口，高级的还支持安全加密、启动等功能，取代软盘。

2.2.4 输入输出装置

2.2.4.1 输入设备

（1）键盘

键盘是计算机最常用的输入设备，通过键盘，用户可以将字符类型数据输入到计算机中，向计算机发出命令或输入精确数据等。数字化设计系统工作时，设计参数数值、各种命令及各种字符等都可以通过键盘输入计算机。

（2）鼠标

鼠标（mouse）是一种手动输入的屏幕指示装置，它用于移动光标在屏幕上的位置，以便在该位置上输入图形、字符，或激活屏幕菜单，非常适用于窗口环境下的工作。

鼠标一般有两个或三个按键，用于定位和拾取。定位是在屏幕上用光标确定一个位置，拾取是标记一个显示对象或选取光标所在处的菜单项。

新型的鼠标还具有滚轮（wheel），以便于实现翻页、滚屏、快速取得最佳视图等功能。

（3）数字化仪

数字化仪（digitizer）是由一块尺寸为 A4～A0

的图板和一个类似于鼠标的定位器或触笔组成的。人们常把小型（A3、A4）数字化仪叫图形输入板（tablet）。数字化仪用于输入图形、跟踪控制光标及选择菜单，大尺寸规格的数字化仪常用于将已有图样输入计算机。

数字化仪的主要技术指标是分辨率和精度。分辨率是指数字化仪所能检测到的最小移动量，一般用每英寸能识别的点数或线数表示，一般可达到每英寸几千线，精度指位置识别的准确度，一般可达到±0.125 mm以上。

（4）扫描仪

扫描仪（scanner）通过光电阅读装置，可快速将整张图样信息转化为数字信息输入计算机。

扫描仪一般有大型和小型两种，大型扫描仪通常为单色扫描输入，主要用于工程图样信息的录入；小型扫描仪通常为彩色扫描输入，主要用于彩色图形和图像的录入。目前，中等水平的扫描仪光学分辨率已达600×1200dpi以上。

（5）摄像头和数码相机

摄像头将摄像单元和视频捕捉单元集成在一起，通过微机上USB接口来实现视频采集和传输，可用于实时视觉接受和网络环境协同工作用户间的视频交互。数码相机即数字式照相机，它为计算机真实图像输入提供了更为有效的手段。数码相机采用光电装置将光学图像转换成数字图像，然后存储在磁性存储介质中，并且可以直接连接输入计算机中进行显示和编辑修改处理。

（6）其他输入设备

除以上介绍的各种输入设备外，触摸屏也是一种很有特点的输入设备，它能对物体触摸位置产生反应，当人的手指或其他物体触到屏幕不同位置时，计算机能接收到触摸信号并按照软件要求进行响应处理。声音交互输入是另一种很有发展前景的多媒体输入手段，近年来，语音输入识别技术研究已取得一些突破性的进展，并已出现商品化软件。作为一种新的信息输入手段，声音输入正逐步走向市场并为人们所使用。在逐步推广应用的虚拟现实系统中，数据手套和各种位置传感器（如头盔）等也正在成为新的输入手段。

2.2.4.2 输出设备

（1）显示器和显示卡

显示器可分为单色和彩色两种。目前的计算机显示器的大小大多选择17″、19″，17″、19″是指显示器对角线距离为17in或19in。

彩色显示器的种类非常多，其性能差别也很大，为了使大家对其有更深入的了解，下面我们来学习一下显示器的一些术语和选择标准。

逐行扫描：指显示器的显像管在显示时从屏幕顶部开始从左到右一行一行地扫描，一直到底，反复进行。

隔行扫描：指显示器的显像管在显示时先扫描屏幕画面的第1、3、5等奇数行，再返回扫描屏幕第2、4、6等偶数行，所以隔行扫描的情况下一整幅画面是在两次扫描完成的。这种扫描方式对眼睛危害较大。

显示器分辨率：分辨率指的是在显示器显示图形时的水平像素与垂直像素的乘积。例如，1024×768指的是该显示器在显示画面时最高可达到水平方向有1024像素，垂直方向有768像素。像素越密，分辨率就越高，图像就越清晰。

点距：点距指相邻两水平像素的距离。目前17″显示器点距有0.21 mm、0.23 mm和0.25 mm等几个档次。一般来说，点距越小，图像显示就越细腻、越清楚，当然，价格也越高。

水平频率：显示器水平像素每秒钟扫描次数。

垂直频率：显示器垂直像素每秒钟扫描次数。

综上所述，在选择显示器时，应遵循下列标准。

扫描方式：逐行扫描，画面闪烁较轻，不伤眼睛。

点距：点距越小越好，一般点距应不大于0.23mm。

垂直频率：标准是72Hz，最好选72Hz以上。

水平频率：在30000~64000kHz之间。

平常所说的VGA或Super VGA指的就是显示卡，显示卡可分为CGA、EGA、VGA、Super VGA等，目前的计算机大多采用Super VGA显示卡与显示器相配。当主机和显示器相接时，需要一块显示卡，此卡插在计算机的主机板上。

（2）打印机

打印机是计算机的外部设备，其目的是把计算机的处理结果如数据、表格或图形直接输出到打印纸上。通常打印机一般可分为针式打印机、喷墨打印机、激光打印机、热蜡式和热升华打印机等几种。

1）针式打印机　顾名思义，针式打印机是通过打印针来进行工作的。接到打印命令时，打印针向外撞击色带，将色带的墨迹打印到纸上。其优点是结构简单、耗材省、维护费用低、可打印多层介质（如银行等需打印多联单据的场所）；缺点是噪声大、分辨率低、体积较大、打印速度慢、打印针易折断。针式打印机按针数可分为9针和24针两种，按打印宽度分为窄行（80行）和宽行（132行）两种，打印速度一般为每分钟 50~200 个汉字。目前我国广泛使用的是带汉字字库的 24 针打印机。

2) 喷墨打印机　喷墨打印机是 20 世纪 80 年代中期研制成功的。它的特点是打印速度快、幅度宽、无噪声，使用普通纸即可进行打印。如果是彩色喷墨打印机，还可以输出彩色的汉字、图形和图像。喷墨打印机的打印精度比针式打印机高，相对激光打印机来说，价格较为便宜。

3) 激光打印机　激光打印机利用电子成像技术进行打印。当调制激光束在硒鼓上沿轴向进行扫描时，按点阵组字的原理使鼓面感光，构成负电荷阴影，当鼓面经过带正电的墨粉时，感光部分就吸附上墨粉，然后将墨粉转印到纸上，纸上的墨粉经加热熔化形成永久性的字符和图形。其优点是印字质量高、分辨率高、噪声小、速度快、色彩艳丽，如缓冲区大，则占用主机的时间将相对减少。

4) 其他形式打印机　除以上三种打印机之外还有热蜡式、热升华式打印机。热蜡式打印机也叫热转印打印机，它利用打印头上的发热元器件加热浸透彩色蜡的色带，使色带上的固体油墨转印到打印介质上；热升华式打印机通过加热将染料熔化后转印到纸张上，染料直接从固态升华到气态，打印效果极佳，能输出如照片般真实的图像。

这些打印机输出质量都非常好，但成本高、速度较慢，主要应用于印刷出版、制作精美画册、广告和工程图等高档彩色输出专业领域。

(3) 绘图仪

绘图仪是计算机的外部设备之一。在一些专业领域，如汽车制造、飞机制造等领域，需要将用电脑设计的图形、模型等数据精确地描绘在纸上，此时打印机所打印纸面的大小和精度就不够用了。这时的专用设备一般是绘图仪，它是比打印机更高级、更专业化的输出设备。

绘图仪按输出的形式分为平板式和滚筒式两大类；按绘图所用工具又可分为笔式绘图仪和喷墨绘图仪；按绘出图形的色彩又可分为单色绘图仪和彩色绘图仪。

笔式绘图仪是通过选用不同颜色和不同粗细的绘图笔完成绘图的。它的优点是绘图精度较高、价格较低；缺点是绘图速度慢，对绘图用纸要求较高。喷墨绘图仪的输出精度高，绘图速度较快而且可以选用单张或成卷的绘图纸。彩色喷墨绘图仪可以输出效果像照片一样的彩色图像。

2.2.5　网络互联设备

(1) 网络适配器

网络适配器（network adapter），又称网络接口卡或网卡。它在计算机管理下，按着某种约定协议，将计算机内信息保存的格式与网络线缆发送或接收的格式进行双向变换（一般借助共享内存，在系统内存和网卡内存之间进行数据信息交换），控制信息传递及网络通信。

(2) 传输介质

网络连接可分为有线和无线两种，其相应介质有所不同。有线网络传输介质主要有双绞线、同轴电缆及光缆。双绞线分屏蔽双绞线 STP（shielded twisted pair）和非分屏蔽双绞线 STP（unshielded twisted pair）两种。同轴电缆由内部铜导线、中间绝缘层、用作地线的屏幕层及外部保护皮组成，一般分粗同轴电缆和细同轴电缆两种。光缆由折射率不同的内芯和外芯光导纤维组成，光导纤维封装在防护缆中，分为单模光纤（single-mode，SM）和多模光纤（multi-mode，MM）。单模光纤只传输主模，光线只沿光纤的内芯进行传输，避免了模式散射，传输频带宽，适合于大容量、长距离的光纤通信。多模光纤在一定波长下有多个模式在光纤中传输，由于存在色散或相差，使其传输性能较差、频带较窄，适合传输容量较小、距离较短的通信。这种用光纤信号传输的形式，具有抗磁干扰能力强、安全可靠、保密性好、速率高和远距离传输信号衰减小等优点。

另外还有由电话线、有线电视线路和电力线构成的网络。其中电力线通过利用传输电流的电力线作为信息载体，具有极大的便捷性，只要在市内任何有电源插座的地方，不用拨号就可以立即获得传出速度达 4.5~45Mbps 的高速网络接入。

无线网络，目前无线网采用的传输媒体主要有两种，即无线电波与红外线。无线电波作为传输媒体的无线网依据调制方式不同，可分为扩展频谱方式与窄带调制方式。扩展频谱方式的数据基带信号频谱被扩展到几倍到十几倍再由射频发射，牺牲了频带带宽，提高了通信系统的抗干扰能力和安全性；由于单位频带内的功率降低，对其他电子设备的干扰小，一般选择 ISM（industrial、scientific & medical）频段，不需向无线电管理委员会申请即可使用。窄带调制方式的数据基带信号频谱不做任何扩展直接由射频发射，频带占用少，利用率高，也可使用 ISM 频段，但当邻近的仪器设备或通信设备也使用这一频段时，会严重影响通信质量，通信的可靠性无法得到保障。红外线的最大优点是不受无线电干扰，不受无线电管理委员会的限制。然而，红外线对非透明物体的透过性极差，使传输距离受限。

现在高速无线网络的传输速率已达到 11Mbit/s

（IEEE802.11b）和 54Mbit/s（IEEE802.11a 和 IEEE802.11g），传输距离可达几十千米，甚至更远。

（3）调制解调器（modem）

调制解调器用于将数字信号转变成模拟信号或把模拟信号转换为数字信号，是利用电话线拨号上网的接口设备。从应用上说，借助网卡、调制解调器及传输介质就可以组成局域网。为提高网络性能，保证在局域网内、局域网之间或不同网络之间能够有效地传输信息，在组建计算机网络时，一般还要根据具体情况选用中继器（repeater）、集线器（hub）、网桥（bridge）、路由器（router）、网关（gateway）等互联设备。

（4）网络互联设备

中继器用于延伸同型局域网，在物理层连接两个网络，在网络间传递信息，起信号放大、整形和传输作用。当局域网物理距离超过了允许范围时，可用中继器将该局域网的范围进行延伸。但很多网络都限制了工作站之间加入中继器的数目。

集线器是局域网中计算机和服务器的连接设备，计算机通过双绞线连接到集线器上形成星形连接，并由集线器进行集中管理。其通常工作在物理层，相当于多端口中继器。

网桥在数据层连接两个局域网网段，隔离两网内通信，传送网间通信。当网络负载重而导致性能下降时，用网桥将其分为两个网段，可最大限度地缓解网络通信繁忙的程度，提高通信效率。网桥同时起隔离作用，一个网络段上的故障不会影响另一个网络段，从而提高了网络的可靠性。

交换机（switch）可以把网络从逻辑上划分成较小的段。它工作在数据链路层，与网桥相似，相当于多个网桥。

路由器工作在 OSI 模型的第三层，即网络层，利用网络层定义的逻辑上的网络地址（IP 地址）来区别不同的网络，实现网络的互联和隔离，保持各个网络的独立性。它适合连接复杂的大型网络、互联能力强，可以执行复杂的路由选择算法，处理的信息量比网桥多，但处理速度比网桥慢。而路由和交换的主要区别是交换工作在 OSI 参考模型的第二层（数据链路层），这决定了路由和交换在信息处理过程中需要使用不同的控制信息，因而两者实现各自功能的方式不同。

通常集线器运行在第一层，交换机在第二层，路由器在第三层。但这一界限已变得模糊，例如交换机的集线器、运行在第三层的交换机等。

网关（gateway）用于连接在网络层之上执行不同协议的子网，组成异构的互联网。网关能实现异构设备之间的通信，对不同的传输层、会话层、表示层、应用层协议进行翻译和变换。具有对不兼容的高层协议进行转换的功能，例如使 NetWare 的 PC 工作站和 SUN 网络互联。

2.2.6 硬件系统配置

按主机功能等级，数字化设计系统可分为：大中型机系统、小型机系统、工程工作站机系统和微型机系统。工程工作站机实际上也是小型机，它是以工程应用作为主要用途设计的。一般认为工程工作站机系统和微型机系统具有较好的性价比。

通常，将用户可以进行数字化设计工作的独立硬件环境（一般以图形终端为主的一些输入和输出装置的集合）称作工作站。按主机与工作站之间的配置情况，数字化设计系统又可分为独立配置系统、集中式系统和分布式网络配置系统。

独立配置系统是以单个主机支持独立的工作站；集中式系统是以一个中心主机同时支持若干个工作站，中心主机通常是大中型机或小型机，这种方式可以利用主机进行统一的控制和管理，用户一致性、可控制性、安全性好，但可伸缩性较差，当终端较多时服务器容易成为瓶颈；分布式系统包含多个主机，各主机分别支持一个或数个工作站，主机之间通过局域网之间连接，为用户提供了分布式处理，各工作站可分享系统的软硬件资源。分布式网络系统是当前应用的主流，它能够适应集成化和团队协同设计的需要，并且便于系统继续扩充和升级，但其需要进行复杂的分布式管理，还要解决用户一致性问题，系统维护困难、安全性较差。

2.3 数字化设计系统的软件系统

根据执行任务的不同，数字化设计的软件系统可分为三个层次，即系统软件、支撑软件和专业性应用软件（图 32-2-3）。系统软件主要负责管理硬件资源及各种软件资源，它面向所有用户，是计算机的公共

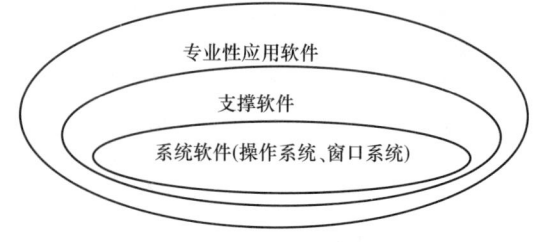

图 32-2-3 数字化设计系统的软件层次

性底层管理软件,包括操作系统、窗口系统和语言编译器,有时又称为开发平台。支撑软件运行在系统软件之上,是提供数字化设计各种通用功能的基础软件,通常由数字化设计软件开发公司提供,是数字化设计系统专业性应用软件的开发平台。专业性应用软件则是根据用户具体要求,在支撑软件基础上经过二次开发的用户化应用软件。

2.3.1 常用操作系统

操作系统是对计算机系统硬件(包括中央处理器、存储器、输入/输出设备)及系统配置的各种软件进行全面控制和管理的底层软件,负责计算机系统所有软件资源的监控和调度,使其协调一致、高效率地进行工作。用户通过操作系统控制和操纵计算机。图 32-2-4 所示为操作系统的分类。

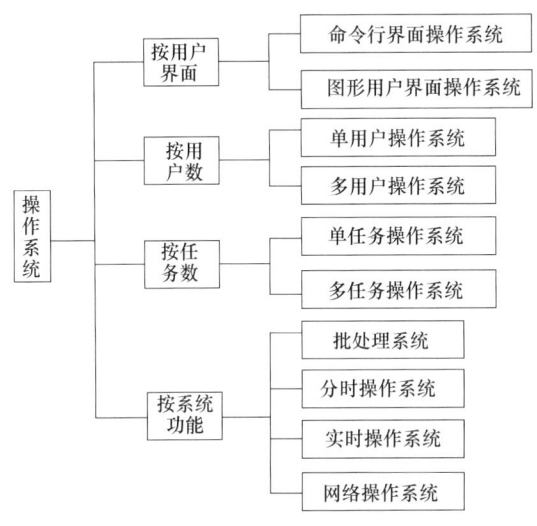

图 32-2-4 操作系统的分类

表 32-2-1 所示的是目前常用的操作系统及其特点。

2.3.2 数据库

(1) 数据库(database)

为了有效地管理数字化设计过程中的数据、图形、声音、图像等信息,快速、准确地完成设计、计算、分析等各个环节,提出了数据库的概念。

数据库是存储在一起的相关数据的集合,这些数据是结构化的,无有害的或不必要的冗余,并为多种应用服务;数据的存储独立于使用它的程序;对数据库插入新数据,修改和检索原有数据均能按一种公用的和可控制的方式进行。当某个系统中存在结构上完全分开的若干个数据库时,则该系统包含一个"数据库集合"。

表 32-2-1 目前常用的操作系统及其特点

操作系统	特 点
DOS	Microsoft 公司研制的配置在 PC 上的操作系统,单用户命令行界面操作系统,从 4.0 版开始成为支持多任务的操作系统
Windows	包括 Windows 9X, Windows 2000, Windows NT, Windows XP, Windows Vista, Win7, Win10 等,是目前微机的主要操作系统,支持多任务工作
Unix	分时操作系统,主要用于服务器/客户机体系
Linux	由 Unix 发展而来,源代码开放
OS/2	为 PS/2 设计的操作系统,用户可自行定制界面
Mac OS	具有较好的图形处理能力,主要用于桌面出版和多媒体应用等领域。其用于苹果公司的 Power Macintosh 机及 Macintosh 一族计算机上,与 Windows 缺乏较好的兼容性
Novell Netware	基于文件服务和目录服务的网络操作系统,用于构建局域网

(2) 数据库的主要特点

1) 实现数据共享 数据共享包含所有用户可同时存取数据库中的数据,也包括用户可以用各种方式通过接口使用数据库,并提供数据共享。

2) 减少数据的冗余度 同文件系统相比,由于数据库实现了数据共享,从而避免了用户各自建立应用文件,减少了大量重复数据,减少了数据冗余,维护了数据的一致性。

3) 数据的独立性 数据的独立性包括数据库中数据库的逻辑结构和应用程序相互独立,也包括数据物理结构的变化不影响数据的逻辑结构。

4) 数据实现集中控制 文件管理方式中,数据处于一种分散的状态,不同的用户或同一用户在不同处理中其文件之间毫无关系。利用数据库可对数据进行集中控制和管理,并通过数据模型表示各种数据的组织以及数据间的联系。

5) 数据一致性和可维护性,以确保数据的安全性和可靠性 其主要包括:

① 安全性控制:以防止数据丢失、错误更新和越权使用。

② 完整性控制:保证数据的正确性、有效性和相容性。

③ 并发控制:使在同一时间周期内,允许对数据实现多路存取,又能防止用户之间的不正常交互作用。

④ 故障的发现和恢复:由数据库管理系统提供

一套方法,可及时发现故障和修复故障,从而防止数据被破坏。

6) 故障恢复　由数据库管理系统提供一套方法,可及时发现故障和修复故障,从而防止数据被破坏。数据库系统能尽快恢复数据库系统运行时出现的故障,可能是物理上或是逻辑上的错误,比如对系统的误操作造成的数据错误等。

(3) 常用数据库

表 32-2-2 列出了目前常用的数据库软件及其特点。

2.3.3 支撑软件

支撑软件包括：图形处理软件、几何造型软件和数据库管理系统等。

(1) 图形处理软件

常用的二维图形软件基本功能有：①产生各种图形元素,如点、线、圆等；②图形变换,如放大、平移、旋转等；③控制显示比例和局部放大等；④对图形元素进行编辑和修改等操作；⑤尺寸标注、文字编辑、绘制剖面线等；⑥图形的输入、输出功能。常用的二维图形软件有 AutoCAD、CAXA 电子图版等软件。

为了使不同的数字化设计系统间进行数据交换,目前世界上研制了多种数据交换接口,典型的为 IGES 和 STEP。目前常用的图形软件标准有：

1) 初始图形交换规范（IGES）　该标准的数据按顺序存储,每行记录长度为 80 个字符,采用了 ASCII

表 32-2-2　　　　　　　　　　　　　　目前常用的数据库软件及其特点

数据库软件	特　点
DB2	DB2 为关系数据库领域的开拓者和领航人,IBM 在 1977 年完成了 System R 系统的原型,1980 年开始提供集成的数据库服务器——System/38,随后是 SQL/DSforVSE 和 VM,其初始版本与 System R 研究原型密切相关。DB2 for MVSV1 在 1983 年推出,该版本的目标是提供这一新方案所承诺的简单性、数据不相关性和用户生产率。1988 年 DB2 for MVS 提供了强大的在线事务处理（OLTP）支持,1989 年和 1993 年分别以远程工作单元和分布式工作单元实现了分布式数据库支持。DB2 Universal Database 6.1 是通用数据库的典范,是第一个具备网上功能的多媒体关系数据库管理系统,支持包括 Linux 在内的一系列平台
Oracle	Informix 在 1980 年成立,目的是为 Unix 等开放操作系统提供专业的关系型数据库产品。公司的名称 Informix 便是取自 Information 和 Unix 的结合。Informix 第一个真正支持 SQL 语言的关系数据库产品是 Informix SE(Standard Engine)。Informix SE 是在当时的微机 Unix 环境下主要的数据库产品。它也是第一个被移植到 Linux 上的商业数据库产品
SQL Server	1987 年,微软和 IBM 合作开发完成 OS/2,IBM 在其销售的 OS/2 Extended Edition 系统中绑定了 OS/2 Database Manager,而微软产品线中尚缺少数据库产品。因此,微软将目光投向 Sybase,同 Sybase 签订了合作协议,使用 Sybase 的技术开发基于 OS/2 平台的关系型数据库
PostgreSQL	PostgreSQL 是一种特性非常齐全的自由软件的对象——关系性数据库管理系统（ORDBMS）,它的很多特性是当今许多商业数据库的前身。PostgreSQL 最早开始于 BSD 的 Ingres 项目。PostgreSQL 的特性覆盖了 SQL-2、SQL-92 和 SQL-3。首先,它包括了可以说是目前世界上最丰富的数据类型的支持；其次,目前 PostgreSQL 是唯一支持事务、子查询、多版本并行控制系统、数据完整性检查等特性的唯一的一种自由软件的数据库管理系统
MySQL	MySQL 是一个小型关系型数据库管理系统,开发者为瑞典 MySQL AB 公司。在 2008 年被 Sun 公司收购。目前 MySQL 被广泛地应用在互联网上的中小型网站中。由于其体积小、速度快、总体拥有成本低,尤其是开放源码这一特点,许多中小型网站为了降低网站总体拥有成本而选择了 MySQL 作为网站数据库
Access	美国 Microsoft 公司于 1994 年推出的微机数据库管理系统。它具有界面友好、易学易用、开发简单、接口灵活等特点,是典型的新一代桌面数据库管理系统
FoxPro	最初由美国 Fox 公司 1988 年推出,1992 年 Fox 公司被 Microsoft 公司收购后,相继推出了 FoxPro2.5、FoxPro2.6 和 Visual FoxPro 等版本,其功能和性能有了较大的提高。FoxPro 比 FoxBASE 在功能和性能上又有了很大的改进,主要是引入了窗口、按钮、列表框和文本框等控件,进一步提高了系统的开发能力

标准代码，数据文件在逻辑上划分为五段：①起始段；②全局段；③元素索引段；④参数数据段；⑤结束段。存在的问题：①元素范围有限，数据转换时，易发生数据丢失现象；②占用存储空间较大；③易发生数据传递错误。

2）数据交换和传输标准（SET）该标准由法国宇航公司制定，采用变记录的 ASCII 顺序文件格式，允许跨记录分配数据，与 IGES 相比，它大大减小了文件的规模。该标准通用性强，适用于任何数据类型的交换和传输，结构上没有物理记录的概念，使用方便，对变长度记录限制少，引入字典概念，使用方便。该标准限于欧洲航空航天界。

3）产品定义数据接口（PDDI）该标准主要用于航空航天界，是面向制造业产品数据定义的接口，为不同数字化设计用户提供了一种有效的中性文件格式，是面向 CIMS 产品数据定义模型及 PDES 和 STEP 的基础。

4）产品数据交换规范（PDES）该标准支持产品的设计、分析、制造、测试等过程，并侧重于产品的数据交换。

5）产品数据交换标准（STEP）STEP 标准解决了生产过程中的产品信息共享、CIMS 信息的集成等问题。STEP 标准基于集成产品的信息模型，是真正面向 CIMS 的产品数据定义和交换标准，STEP 标准已成为新的产品模型数据交换标准。

6）计算机图形设备接口（CGI）CGI 主要提供一种控制图形硬件，与设备无关，使用户方便地控制图形设备，如图形的输入、修改、检索、显示输出等。

（2）几何造型软件

几何造型软件用于在计算机中建立物体的几何形状及其相互关系，为产品设计、分析和数控编程提供必要的信息。要实现产品的数字化开发，首先必须建立产品的几何模型，以后的处理和操作都是在此模型基础上完成的。因此，几何造型软件是产品数字化开发系统不可缺少的支撑软件。

几何造型的方法可以分为：线框造型、表面造型和实体造型三种基本形式。产生的相应模型分别是：线框模型、表面模型和实体模型。它们之间基本上是从低级到高级的关系，高级模型可以生成相应的低级模型。目前，多数开发系统都同时提供上述三种造型方法，并且三者之间可以相互转换。

目前，特征造型技术成为产品模型的重要发展方向。它可以提供产品的形状特征、材料特征、加工特征等信息，为产品的数字化、集成化开发奠定了基础。

（3）数据库管理系统

为了保证存储在其中的数据的安全和一致，实现数据的查询、添加、修改、保存、删除等工作，必须有一组软件来完成相应的管理任务，这组软件就是数据库管理系统，简称 DBMS。DBMS 随系统的不同而不同，但是一般来说，它应该包括以下几方面的内容。

① 数据库描述功能：定义数据库的全局逻辑结构、局部逻辑结构和其他各种数据库对象。

② 数据库管理功能：包括系统配置与管理、数据存取与更新管理、数据完整性管理和数据安全性管理。

③ 数据库的查询和操纵功能：该功能包括数据库检索和修改。

④ 数据库维护功能：包括数据引入引出管理、数据库结构维护、数据恢复功能和性能监测。

为了提高数据库系统的开发效率，现代数据库系统除了 DBMS 之外，还提供了各种支持应用开发的工具。

2.3.4 程序设计语言

数字化设计技术的应用软件采用程序设计语言来编写，在数字化设计系统中，可采用多种语言，目前比较常用的编程语言及其特点见表 32-2-3。

由于编程语言在面向对象及可视化技术方面的发展和应用，数字化设计应用程序变得更为简单、直观、实用。

表 32-2-3　　　　常用编程语言及其特点

语　言	特　点
BASIC（VB、PowerBASIC、RealBASIC 等）	计算机基本语言,简单易学,能处理图形、声音等多媒体信息。语言和开发环境绑定在一起,既可以说 VB 是一种语言,也可以说 VB 是一种开发工具
Fortran	很接近人们的自然用语和数学公式,是为科学计算人员设计的,是工程技术人员熟悉的语言之一
Pascal & Delphi	结构化程度高,数据类型丰富,数据结构灵活,查错能力强。Pascal 语言结构严谨,可以很好地培养一个人的编程思想;Delphi 是一门真正的面向对象的开发工具,并且是完全的可视化,使用了真编译,可以将代码编译成为可执行的文件,而且编译速度非常快,具有强大的数据库开发能力,可以让用户轻松地开发数据库

续表

语言	特点
C语言 & Visual C++	C语言灵活性好,效率高,可以接触到软件开发比较底层的东西;VC是微软制作的产品,与操作系统的结合更加紧密。C/C++语言有较多成熟的软件资源,是目前工程师应用的主流软件之一
SQL、Orcal & PowerBuilder	SQL、Orcal 和 PowerBuilder 是目前最好的数据库开发工具。各种各样的控件,功能强大的 SQL、Orcal 和 PowerBuilder 语言都会帮助用户开发出自己的数据库应用程序
Cobol	面向事物处理的通信语言,容易理解和掌握,利用它可十分方便地编写有关人事管理、工资发放、商品销售等应用程序
LISP	函数型表处理语言,适合符号处理,多用于人工智能研究开发
汇编语言	介于机器指令与高级语言间的编程语言。用于直接调用机器指令,可充分有效地控制计算机硬件
Java	①简单:一方面 Java 的语法与 C++ 相比较为简单,另一方面就是 Java 能使软件在很小的机器上运行,基础解释和类库的支持的大小约为 40kB,增加基本的标准库和线程支持的内存需要增加 125kB ②分布式:Java 带有很强大的 TCP/IP 协议族的例程库,Java 应用程序能够通过 URL 穿过网络来访问远程对象,由于 Servlet 机制的出现,使 Java 编程非常高效,现在许多大的 Web Server 都支持 Servlet ③OO:面向对象设计,是把重点放在对象及对象的接口上的一个编程技术,其面向对象和 C++ 有很多不同,在于多重继承的处理及 Java 的原类模型 ④健壮特性:Java 采取了一个安全指针模型,能减小重写内存和数据崩溃的可能性 ⑤安全:Java 用来设计网络和分布系统,这带来了新的安全问题,Java 可以用来构建防病毒和防攻击的系统,Java 在防毒这一方面做得比较好 ⑥中立体系结构:Java 编译的文件可以在很多处理器上执行,编译器产生的指令字节码(Javabyte-code)实现此特性,此字节码可以在任何机器上解释执行 ⑦可移植性:Java 对基本数据结构类型的大小和算法都有严格的规定,所以可移植性很好 ⑧多线程:Java 处理多线程的过程很简单,Java 把多线程实现交给底下操作系统或线程序完成,所以多线程是 Java 作为服务器端开发语言的流行原因之一 ⑨Applet 和 Servlet:能够在网页上执行的程序叫 Applet,需要支持 Java 的浏览器很多,而 Applet 支持动态的网页,这是很多其他语言所不能做到的
C#	由于 C/C++ 语言的复杂性,许多程序员都试图寻找一种新的语言,希望能在功能与效率之间找到一个更为理想的平衡点,C#(C sharp)是微软对这一问题的解决方案。C# 是一种新的面向对象的编程语言。它使得程序员可以快速地编写各种基于 Microsoft.NET 平台的应用程序,Microsoft.NET 提供了一系列的工具和服务来最大限度地开发利用计算与通信领域

2.3.5 数字化设计典型软件

目前,商品化的数字化设计支撑软件品种繁多,功能各异,表 32-2-4 给出了国内外典型数字化设计软件及其特点。

表 32-2-4 国内外典型数字化设计软件及其特点

软件名称(国家)	主要用途	特点
CAXA(中国)	CAD/CAM	我国自主开发的二维绘图、三维复杂曲面实体造型的 CAD/CAM 软件。其主要包括 CAXA 二维电子图版、CAXA 三维电子图版、CAXA 实体设计、CAXA 注塑模设计师、CAXA 制造工程师等系列软件
金银花系统(中国)	CAD/CAM	我国自主版权 CAD/CAM 软件。其主要应用于机械产品设计和制造中,可实现设计和制造一体化和自动化。其主要包括机械设计平台 MDA、数控编程系统 NCP、产品数据库管理 PDS、工艺设计工具 MPP
开目 CAD(中国)	CAD/CAM	我国自主开发的二维绘图、三维实体造型的 CAD/CAM 软件。其产品包括开目 CAD、电气 CAD、机械零件 CAPP、PDM、BOM、MIS(ERP)、OA、进存销、CRM 等
大恒 CAD(中国)	CAD	我国自主版权 CAD 软件。其主要针对机械制造及设计行业的机械 CAD 系统

续表

软件名称(国家)	主要用途	特　　点
AutoCAD(美国)	CAD	AutoCAD软件是美国Autodesk公司开发的产品。AutoCAD软件现已成为全球领先的、使用最为广泛的计算机绘图软件,用于二维绘图、详细绘制、设计文档和基本三维设计。由于AutoCAD制图功能强大、应用面广,现已在机械、建筑、汽车、电子、航天、造船、地质、服装等多个领域得到了广泛应用,成为工程技术人员的必备工具之一
Unigraphics(UG)(美国)	CAD/CAE/CAM	Unigraphics CAD/CAM/CAE系统提供了一个基于过程的产品设计环境,使产品开发从设计到加工真正实现了数据的无缝集成,从而优化了企业的产品设计与制造。UG面向过程驱动的技术是虚拟产品开发的关键技术,在面向过程驱动技术的环境中,用户的全部产品以及精确的数据模型能够在产品开发全过程的各个环节保持相关,从而有效地实现并行工程。该软件不仅具有强大的实体造型、曲面造型、虚拟装配和产生工程图等设计功能,而且,在设计过程中可进行有限元分析、机构运动分析、动力学分析和仿真模拟,提高设计的可靠性;同时,可用建立的三维模型直接生成数控代码,用于产品的加工,其后处理程序支持多种类型数控机床。另外它所提供的二次开发语言UG/Open GRIP、UG/Open API简单易学,实现功能多,便于用户开发专用CAD系统
Pro/Engineer(Pro/E)(美国)	CAD/CAE/CAM	Pro/Engineer是美国PTC公司推出的新一代CAD/CAE/CAM软件,它是一个集成化的软件,其功能非常强大,利用它可以进行零件设计、产品装配、数控加工、钣金件设计、模具设计、机构分析、有限元分析和产品数据库管理、应力分析、逆向造型、优化设计等。从目前的市场来看,它所涉及的主要行业包括工业设计、机械、仿真、制造和数据管理、电路设计、汽车、航天、电器、玩具等,它在我国的CAD/CAM研究所和工厂中得到了广泛的应用,同时,国内的许多大学也纷纷选用该软件作为其研究开发的基础软件
CATIA(法国)	CAD/CAE/CAM	CATIA是法国Dassault System公司的CAD/CAE/CAM一体化软件,该软件以其强大的曲面设计功能而在飞机、汽车、轮船等设计领域享有很高的声誉,它的集成解决方案覆盖所有的产品设计与制造领域,其特有的DMU电子样机模块功能及混合建模技术更是推动着企业竞争力和生产力的提高
SolidEdge(美国)	CAD	SolidEdge是UGS PLM Solution Inc.公司所研发的3D绘图系统,采用与UG相同的Parasolid核心,全世界目前有200种以上的软件采用Paraslid作为软件研发的核心,这些软件所产生的实体文件都可以透过Parasolid档案格式做文件资料的交换,而不会有资料的损毁或遗失的相容问题。SolidEdge是中端的CAD软件
SolidWorks(美国)	CAD/CAE/CAM	SolidWorks是一套基于Windows的CAD/CAE/CAM/PDM桌面集成系统,是由美国SolidWorks公司在总结和继承了大型机械CAD软件的基础上,在Windows环境下实现的第一个机械CAD软件。随着SolidWorks版本的不断提高、性能的不断增强以及功能的不断完善,SolidWorks已经完全能满足现代企业机械设计的要求,并已广泛应用于机械设计和机械制造的各个行业,它主要包括机械零件设计、装配设计、动画和渲染、有限元高级分析技术和钣金制作等模块,功能强大,完全满足机械设计的需求
Cimatron(以色列)	CAD/CAM/PDM	Cimatron公司的Cimatron是基于CAD/CAM/PDM的产品,这套软件的针对性较强,被更多地应用到模具开发设计中。该软件能够给应用者提供一套全面的标准模架库,方便使用者进行模具设计中的分型面、抽芯等工作,而且在操作过程中都能进行动态的检查。但由于它针对的专业性强,因此Cimatron更多地应用于模具的生产制造业,而其他行业的使用者较少

续表

软件名称(国家)	主要用途	特　　点
I-DEAS(美国)	CAD/CAE/CAM	SDRC 公司的 I-DEAS Master Series 是高度集成化的 CAD/CAE/CAM 软件系统,在单一数字模型中完成从产品设计、仿真分析、测量直至数控加工的产品研发全过程;附加的 CAM 部分 I-DEAS Camand 可以方便地仿真刀具及机床的运动,可以从简单的 2 轴、2.5 轴加工到以 7 轴 5 联动方式来加工极为复杂的工件,并可以对数控加工过程进行自动控制和优化;采用 VGX(vaiational geometry extended,即超变量化几何)技术扩展了变量化产品结构,允许用户对一个完整的三维数字产品从几何造型、设计过程、特征到设计约束,都可以实时直接设计和修改,在全约束和非全约束的情况下均可顺利地完成造型,它把直接几何描述和历史树描述结合起来,从而提供了易学易用的特性。模型修改允许形状及拓扑关系变化,操作简便,并非像参数化技术那样仅仅是尺寸驱动,所有操作均为"拖放"方式,它还支持动态导航、登录、核对等功能。工程分析是它的特长,并具有多种解算器功能,解算器是 I-DEAS 集成软件的一个重要组成部分
MDT(美国)	CAD	MDT 软件(autodesk mechanical desktop)集零件造型、曲面造型、装配造型和自动绘图等于一体,是一种面向现代化机械工程设计的三维设计工具集成软件包
MSC.MARC (美国)	CAE	MARC 是 Pedro Marcel 于 1967 年在美国加利福尼亚州创办的全球第一家非线性有限元软件公司,其全称是 Marc Analysis Research Corporation。MSC.Software 公司于 1999 年收购了 MARC,从而 MSC.Marc 成为了 MSC.Software 公司麾下的重要一员。MSC.Mar 具有强大的一维、二维、三维机构分析能力,对非结构的温度场、流场、电场、磁场也提供了相应的分析求解能力,并具有模拟流-热-固、土壤渗流、声-结构、耦合电-磁、电-热、电-热-结构以及热-结构等多种耦合场的分析能力。为了满足高级用户的特殊需要和二次开发,MSC.Marc 还提供了开放式用户环境,使用户能在软件原有功能的框架下极大地扩展其分析能力
MSC.NASTRAN (美国)	CAE	作为世界 CAE 工业标准及最流行的大型通用结构有限元分析软件,MSC.NASTRAN 的分析功能覆盖了绝大多数工程应用领域,并为用户提供了方便的模块化功能选项,MSC.NASTRAN 的主要功能模块有:基本分析模块(含静力、模态、屈曲、热应力、流固耦合及数据库管理等)、动力学分析模块、热传导模块、非线性分析模块、设计灵敏度分析及优化模块、超单元分析模块、气动弹性分析模块、DMAP 用户开发工具模块及高级对称分析模块。除模块化外,MSC.NASTRAN 还按解题规模分成 10000 节点到无限节点,用户引进时可根据自身的经费状况和功能需求灵活地选择不同的模块和不同的解题规模,以最小的经济投入取得最大效益。MSC.NASTRAN 及 MSC 的相关产品拥有统一的数据库管理,一旦用户需要可方便地进行模块或解题规模扩充,不必有任何其他的担心
ANSYS (美国)	CAE	ANSYS 软件是由美国 ANSYS 公司研制开发的大型通用有限元分析软件。该软件提供了丰富的结构单元、接触单元、热分析单元及其他特殊单元,能解决结构静力、结构动力、结构非线性、结构屈曲、疲劳与断裂力学、复合材料分析、压电分析、DYNA 应用、热分析、流体动力学、声学分析、低频电磁场分析、高频电磁场分析、耦合场分析等问题,具有子结构/子模型、APDL、优化设计、二次开发等功能。ANSYS 具有友好的图形用户界面,使用方便,广泛应用于机械电子、汽车、船舶、国防、航空航天、能源等领域
紫瑞 CAE (中国)	CAE	紫瑞 CAE 是一个与三维 CAD 软件无缝集成的自动化程度很高的有限元分析软件,主要用于结构分析计算
JIFEX (中国)	CAE	JIFEX 系统是具有创新算法和自主版权的大型通用有限元分析和优化设计的集成化软件系统,是大连理工大学工程力学系/工程力学研究所/工业装备结构分析国家重点实验室近三十多年研究开发应用的成果积累,也是国产有限元软件产业发展中的重要进展。JIFEX 的突出特点是将有限元分析和优化设计合二为一,改变了 CAE 系统只能仿真分析不能优化设计的观念,提升了 CAE 技术在整个设计流程中的地位,成为数字化产品创新设计的核心技术

续表

软件名称(国家)	主要用途	特　　点
ADAMS (美国)	虚拟产品开发	ADAMS(Automatic Dynamic Analysis of Mechanical Systems)软件是美国MDI公司(Mechanical Dynamics Inc.)开发的虚拟样机分析软件。目前,ADAMS已经被全世界各行各业的数百家主要制造商采用。ADAMS软件使用交互式图形环境和零件库、约束库、力库,建立完全参数化的机械系统几何模型。其求解器采用多刚体系统动力学理论中的拉格朗日方程方法,建立系统动力学方程,对虚拟机械系统进行静力学、运动学和动力学分析,输出位移、速度、加速度和反作用力曲线。ADAMS软件的仿真可用于预测机械系统的性能、运动范围、碰撞检测、峰值载荷以及计算有限元的输入载荷等。ADAMS一方面是虚拟样机分析的应用软件,用户可以运用该软件非常方便地对虚拟机械系统进行静力学、运动学和动力学分析;另一方面,又是虚拟样机分析开发工具,其开放性的程序结构和多种接口,可以成为特殊行业用户进行特殊类型虚拟样机分析的二次开发工具平台
Deneb (美国)	虚拟产品开发	Deneb的ENVISION提供了一个高级的、基于物理的3D环境。对涉及结构、机械、人员动作的应用进行设计、检验和建立快速的原型
EAI产品 (美国)	虚拟产品开发	EAI(Engineer Animation,Inc)公司重点研究三维可视化技术。其产品用于满足汽车、重型设备、航空航天及其他制造业的用户工程设计中的三维可视化、数字原型等方面的需要。它提供的基于设计项目组的设计环境,可使用户方便地使整个工程项目可视化,分析研究整个装配过程,方便地浏览设计发生的变化所产生的结果,并进行实时通信,其选项使整个过程更加逼真。EAI的产品适用多种平台,与众多CAD软件能无缝连接
Visual Nastran DESKTOP 系列软件(美国)	虚拟产品开发	美国MSC公司开发的基于虚拟样机分析仿真系统,主要包括机构分析、动态仿真和有限元分析等专业功能

2.4　数字化设计系统的建立

数字化设计系统的建立,包括人员培训、购置硬件设备和购置软件设备等三个方面。其中数字化设计软件的购置有两种模式,即自主开发数字化设计软件系统和根据需要选择购买开发软件。

2.4.1　数字化设计软件系统的开发流程

随着科学技术的发展,数字化开发软件系统的功能越来越复杂,规模越来越大。为了保证软件开发的质量,必须遵循科学的方法。目前软件开发已经由个体作业方式发展成为一门专门的技术科学——软件工程学。

按着软件工程学的方法,数字化设计软件系统开发流程如图32-2-5所示。前五个阶段为软件开发期,最后一个阶段为软件维护期。软件开发期与软件维护期所用的时间和成本往往很接近。

实际上,软件的开发过程不可能完全按着直线方式进行,而是存在反复。下面介绍一下各阶段的任务和方法。

(1) 系统需求分析阶段

需求分析阶段有两个主要活动:一是"详细调

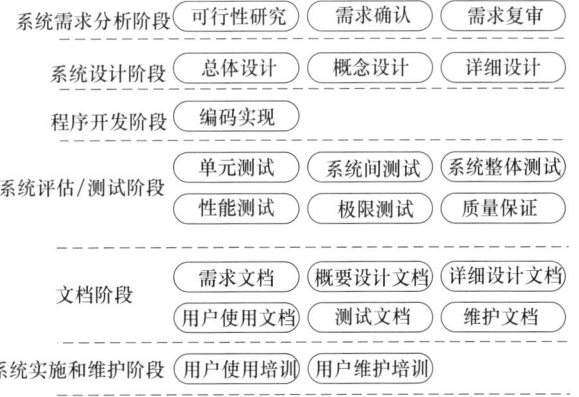

图32-2-5　软件系统开发流程

查",即了解当前系统工作情况的过程;二是"分析或决定系统要求",即决定新系统要求的过程,要求应能满足用户的需求。

要确定当前系统的过程、分析过程的输入和输出及使用"客户需求说明书(CRS)"文档。CRS中需要写明的是本模块完成的任务、解决什么问题、有什么作用、为什么要这些功能,此外还应有适用范围、有什么不足、注意点是什么、还有哪些地方在以后可以进行改进。"客户需求说明书"文档包括系统输入列表、系统期望输出列表、系统流程总览、实施项目所需的硬件和软件、客户接收项目的标准、系统的实体关系图。

用户需求总结是受多方面因素影响的，为此，应对所有说明书进行分类，并执行功能分析或面向对象的分析，解决不明确内容、矛盾内容和待决定说明书，生成功能说明书文档的最终版本和需求分析报告。

（2）系统设计阶段

在设计阶段，对分析模型进行调整，使其成为在应用环境中实施系统的基础，准备待开发系统的蓝图，即可理解的、完整和详细的系统设计。

设计阶段的活动包括：一是设计用户图形界面（GUI）标准。这些标准与应用程序的外观有关，应用程序的外观和流程要求保持一致，包括颜色、字形、标题和标签的尺寸、页眉和页脚的外观、控件的主题、位置和尺寸等。二是设计应用程序的界面。根据 GUI 标准设计屏幕的布局，可以是用户输入或显示信息的报表，把它们记录在界面设计文档中。三是设计数据库。设计数据库将遵循规范化的规则，把表设计记录在表设计文档中。四是设计过程模块。它包括将在分析阶段制订的过程定义转换为代码模块，过程设计记录在过程设计文档中。五是设计编码标准。设计的过程模块需要进行标准化，标准化包括设置程序和数据库的名称约定，标准化使代码的可读性更强，更易于维护，编码标准包括常规编码标准及函数声明的编码标准。六是创建原型。创建一个应用程序原型，即模拟应用程序的模型，作为系统开发的依据。七是写出详细的设计策划书，对系统组件有明确的功能定义，对组件的接口的设计事先有完整的记录，之后编写程序。八是分配和监控任务。估算完成项目所需人工小时数并创建任务清单，包括计划开始日期和结束日期、模块名称和说明书、完成模块所需的时间、进度状态等。

（3）程序开发阶段

将系统设计方案具体实施，即根据系统设计说明书进行编程，以某种语言和数据库实现各功能模块。要对在原型中建立起来的用户界面进行最后的润色，使用基于关系数据库（RDBMS）工具建立数据库，通过添加代码来实现窗体的各项功能。

（4）系统评估/测试阶段

系统测试是对系统分析、系统设计和程序设计的最后审查，是保证软件质量的关键。

根据设计任务书撰写测试计划，包括单元测试、系统间测试、性能测试、极限测试、质量保证测试和集成测试等。测试计划要进行认真审查，每个具体的测试方案都由专人执行，并记录每个测试方案的结果。测试与开发应同步进行，在部分组件编写完后就进行。

测试过程中任何缺陷都记录下来，分给开发工程师修改纠错，修改完毕由测试员先进行初步质量验证，通过后才能由开发工程师送进原代码的提交库。

每次任何影响到其他组件的程序纠错改动，不仅是经过改动的程序要重新测试，任何可能受到影响的其他组件或程序也必须重测，发行前要进行全程测试。

（5）文档阶段

该阶段主要形成软件系统的各类文档资料，包括需求文档、概要设计文档、详细设计文档、用户使用文档、测试文档和维护文档等。

（6）系统实施和维护阶段

实施阶段将执行系统的编码，将把已开发的系统安装到客户计算机上并调试，使其在网上进行试运行。实施过程包括创建安装计划、实施物理过程、准备和转换数据、进行用户培训、运行系统。

软件工程过程并不随着软件的安装交付而告终，从系统试运行开始进入了运行维护阶段，在此期间要详细做运行记录，对系统的功能、效果以及是否达到预期目标进行全面评价，不断改进，使系统不断完善。

要对系统使用人员进行岗前培训，包括软件系统的操作、出错信息的处理和系统的维护等方面。

对开发前期的工作项目做得越详细，如功能需求总结和设计规划书的撰写尽量做到周密严谨，后期的工作项目如编程测试等造成返工重做的概率就越小，会对整个项目的高效率和低开支起很大的促进作用。

2.4.2 数字化设计系统软硬件的选型

随着数字化设计技术的趋于复杂和完善，商品化软件已经能够满足大部分用户的需求。基于自主软件开发以建立开发系统的情况已不多见。为了满足特定产品的开发需要，提高产品的开发效率和质量，可以在已有的商品化软件基础上进行二次开发或定制系统。

数字化开发系统的选型应以用户的实际需求为基础，兼顾用户的中远期规划，重视比较分析各种软件系统的功能，充分考虑系统的可靠性、应用环境以及系统供应商的技术和服务能力。

（1）软件系统选型原则

1）选型的原则　确定自己的选型方案时，应从实际出发，既要考虑现在的需要，又要顾及用户将来的发展。软件产品不同于一般的工具，一般的工具如果以后不能满足需要时，可以随时更换，而软件则不一样，设计人员通过软件设计出来的图纸是技术的积累、将来设计的基础，更换新软件和这些设计结果的代价将十分昂贵。这是因为，一般的软件系统的数据格式是不兼容的，数据从一个软件转换到另一个软件中须通过数据格式转换的形式，而目前数据转换尚不能保证100%正确。但是，企业也不能不根据现在的需求盲目追求先进，导致消化不了，造成资源的浪费。所以，应该采取总体规划、分步实施的原则来确定企业的软件系统规划，使 CAD、CAE、CAM、MIS 直至 CIMS 能有效结合成一体。

2) 软件的选择 选型的核心就是选择一个合适的软件，该软件要能满足企业发展规划的要求。面对目前国内数字化软件市场十分复杂的情况，用户应着重考察软件的以下内容。

① 软件的运行平台。软件的运行平台是指该软件运行在什么操作系统下。目前的数字化设计软件一般都选用 Windows 操作系统。

② 软件的功能。软件的功能直接影响用户使用的方便性和设计效率。软件的功能当然是越丰富越好，但是企业应根据目前的需求和现有的购买力选择软件的功能，即上述分步实施的原则，不可能一步到位。根据目前我国的设计现状，第一阶段的目标应该是二维绘图，先甩掉绘图板，普及计算机设计后再考虑三维设计、有限元分析、仿真、CAM 等高级功能，当然，选择软件时应考虑将来的这些需求。二维绘图的软件除应有常见的绘图、编辑等功能外，还必须有进行机械设计的其他功能，如各类公差的查询标注、表面粗糙度的智能标注、常用件的设计、装配及明细表的处理、自动参数化设计、国家标准件库、提供给用户的建库工具、汉字处理等方面设计的功能参数库应该是以参数化为核心的开放库，而非由程序实现的"死库"，考察这些库是否开放有一个办法，即用户现场建立一个库或修改一下库的内容，看能否实现，否则，该库是不开放的，对于不开放的库，用户以后没有办法再键入自己的内容。所以并非各类库越多越好，而应是开放的库越多越好。一般来说，在完成相同功能的前提下，软件的所有执行程序越少越好。

③ 软件的界面。软件的界面是软件的一个门面。界面应该有中文菜单、中文提示、美观、易懂、操作方便。近年来兴起的 ICON（或叫图标）菜单较直观，但滥用图标菜单、图标太多也会叫人费解，图标菜单实际上是一种象形文字，众所周知，从象形文字进化到现代文字是人类的进步，图标菜单、中文菜单、命令行并存才能满足各个层次的需要。

④ 软件的开放性。软件的开放性非常重要，它涉及用户将来能否与现在的软件接上口，用户的 CAD、CAE、CAM 与 MIS 等的连接都要求数字化软件是开放的，软件的开放性同硬件的开放性同等重要，因为任何一个软件都不可能满足各行业用户的所有需要。这就有个软件的用户化问题，用户需要针对自己的产品做些开发、设计计算或专用图形库、专用 CAPP 等，以提高本企业的设计效率。另外，第三方软件开发商也可以在这些开放的软件平台上做开发，以满足各个行业的需要。开放的软件平台可以让用户开发自己的产品，扩充软件的使用范围，这也是软件业的发展趋势。一个不开放的数字化软件系统，其生命力是有限的。

⑤ 将来的需求。对机械设计来说，应该说明，甩掉图板并非设计的最终目的，设计的最终目的是提高设计水平和效率，二维设计并没有彻底改变传统的设计方式，况且装配设计过程的干涉、运动仿真、有限元分析、曲面设计、加工等是二维设计无法解决的；三维设计可以使设计更直观、更精确，也能实现 CAD/CAM 的集成。但是，片面追求哪一方面都是不符合实际的，用户应根据实际需要选择软件。需要说明的是，越来越多的三维设计软件在向微机上移植，在 PC 机器上实现由原工作站才能完成的工作已经成为现实。

3) 价格及其他因素 价格是用户需考虑的一个重要因素，但不要作为主要因素来考虑。销售、开发商的技术服务、版本更新速度、技术开发实力、技术研究后劲等都应成为用户考虑的重要因素。一般来说国外软件的商品化程度高，但必须配备二次开发的应用软件才能满足用户的需要，所以价格要高一些；国产软件能满足用户的要求，使用也较方便，但商品化程度与国外的相比，目前还存在差距，价格便宜。随着市场的成熟、时间的推移，国产软件会成为我国数字化软件市场的主力。其他如公司的规模、经济实力等都是要考虑的因素，由几个人、十几人组成的公司，不可能完成一个完善的数字化软件的商品化，市场竞争是无情的，实力与风险是成反比的，用户有时要牺牲眼前利益而顾及长远利益。

总之，用户选定了一个软件就等于选择了一个固定的技术合作伙伴，所有的用户都希望选用的软件能成为市场的主流，减少投资。

(2) 数字化开发系统的选型步骤

1) 需求分析 在了解国内外主要数字化开发系统特点的基础上，对本单位所开发的系统、开发环境的性能要求做出分析。

2) 性能评估 数字化开发系统的性能主要包括：
① 系统功能和性价比，系统功能包括绘图功能、几何造型功能、曲面设计功能、实体造型功能、工程分析

功能、产品数据管理功能和系统的集成功能等；②系统适应性；③系统的质量和可靠性；④系统的环境适应能力；⑤软件的工程化水平。

3）编写需求建议书　需求建议书应包括以下内容：①企业对产品数字化的总体要求；②对软硬件设备规格的要求，包括计算机及其外围设备（CPU、内存、显存、硬盘容量、光盘、显示器、扫描仪、打印机、绘图仪等）、测量设备、测试设备、制造设备等；③系统对运行环境的要求；④系统对技术人员知识领域及素质的要求；⑤系统的检查、验收程序；⑥系统的交付日期、运输、安装和验收等。

人在产品的数字化开发系统中始终起核心和控制作用。为了有效地应用数字化系统，除了必要的软硬件系统外，还必须重视人才的培训工作。

建立数字化设计系统应遵循以下原则：①先选择有一定产品数字化开发基础的技术人员；②根据工作需要选择合适的数字化开发软硬件设备；③根据系统运行要求，合理地配置环境及应用条件。

第 3 章 计算机图形学基础

3.1 概述

3.1.1 计算机图形学的研究内容

计算机图形学（computer graphics，CG）是一种使用数学算法将二维或三维图形转化为计算机显示器的栅格形式的科学。

简单地说，计算机图形学就是研究如何在计算机中表示图形，以及利用计算机进行图形的计算、处理和显示的相关原理与算法。图形通常由点、线、面、体等几何元素和灰度、色彩、线型、线宽等非几何元素组成。从处理技术上来看，图形主要分为两类，一类是基于线条信息表示的，如工程图、等高线地图、曲面的线框图等；另一类是明暗图，也就是通常所说的真实感图形。

计算机图形学一个主要的目的就是要利用计算机产生令人赏心悦目的真实感图形。为此，必须建立图形所描述的场景的几何表示，再用某种光照模型，计算在假想的光源、纹理、材质属性下的光照明效果。所以计算机图形学与另一门学科——计算机辅助几何设计有着密切的关系。事实上，计算机图形学也把可以表示几何场景的曲线曲面造型技术和实体造型技术作为其主要的研究内容。同时，真实感图形计算的结果是以数字图像的方式提供的，计算机图形学也就和图像处理有着密切的关系。

图形与图像两个概念间的区别越来越模糊，但还是有区别的：图像纯指计算机内以位图形式存在的灰度信息；而图形含有几何属性，或者说更强调场景的几何表示，是由场景的几何模型和景物的物理属性共同组成的。

计算机图形学的研究内容非常广泛，如图形硬件、图形标准、图形交互技术、光栅图形生成算法、曲线曲面造型、实体造型、真实感图形计算与显示算法、非真实感绘制，以及科学计算可视化、计算机动画、自然景物仿真、虚拟现实等。

3.1.2 计算机图形学的应用领域

计算机图形学处理图形的领域越来越广泛，主要的应用领域有：

（1）计算机辅助设计与制造

CAD、CAM 是计算机图形学在工业界最广泛、最活跃的应用领域。计算机图形学被用来进行土建工程、机械结构和产品的设计，包括设计飞机、汽车、船舶的外形和发电厂、化工厂等的布局以及电子线路、电子器件等。有时，着眼于产生工程和产品相应结构的精确图形，然而更常用的是对所设计的系统、产品和工程的相关图形进行人-机交互设计和修改，经过反复的迭代设计，便可利用结果数据输出零件表、材料单、加工流程和工艺卡或者数据加工代码的指令。在电子工业中，计算机图形学应用到集成电路、印制电路板、电子线路和网络分析等方面的优势十分明显。随着计算机网络的发展，在网络环境下进行异地异构系统的协同设计，已成为 CAD 领域最热门的课题之一。现代产品设计已不再是一个设计领域内孤立的技术问题，而是综合了产品各个相关领域、相关过程、相关技术资源和相关组织形式的系统化工程。

CAD 领域另一个非常重要的研究方向是基于工程图纸的三维形体重建。三维形体重建是从二维信息中提取三维信息，通过对这些信息进行分类、综合等一系列处理，在三维空间中重新构造出二维信息所对应的三维形体，恢复形体的点、线、面及其拓扑元素，从而实现形体的重建。

（2）科学计算可视化

目前科学计算可视化广泛应用于医学、流体力学、有限元分析和气象分析当中。尤其在医学领域，可视化有着广阔的发展前途。依靠精密机械做脑部手术是目前医学上很热门的课题，而这些技术的实现基础则是可视化。当我们做脑部手术时，可视化技术将医用 CT 扫描的数据转化成图像，使得医生能够看到并准确地判别病人体内的患处，然后通过碰撞检测一类的技术实现手术效果的反馈，帮助医生成功完成手术。我们都知道现在的气象预报越来越准确，而且可以预报相继几天后的天气情况，这主要是利用了可视化技术。天气气象站将大量数据通过可视化技术转化成形象逼真的图形后，经过仔细分析就可以清晰地预见几天后的天气情况。这样给我们的生活带来了很多方便。

（3）图形实时绘制与自然景物仿真

重现真实世界的场景叫作真实感绘制。真实感绘制主要是模拟真实物体的物理属性，简单地说就是物体的形状、光学性质、表面的纹理和粗糙程度以及物体间的相对位置、遮挡关系等。在自然景物仿真这项技术中我们需要进行消除隐藏线及面，处理明暗效应、颜色模型、纹理、辐射度，进行光线跟踪等工作。这其中光照和表面属性是最难模拟的，而且还必须处理物体表面的明暗效应，以使用不同的色彩灰度来增加图形的真实感。自然景物仿真在几何图形、广告影视、指挥控制、科学计算等方面应用范围很广。平时在看电视或是上网的时候我们总能看到很多栩栩如生的广告，而且现在的广告做得越来越精彩、越来越逼真，非常吸引人，这其实都是利用自然景物的仿真技术实现的。使用这些技术可以使我们的生活更加丰富多彩。除了建造计算机可实现的逼真物理模型外，真实感绘制还有一个研究重点是研究加速算法，力求能在最短的时间内绘制出最真实的场景。

（4）计算机动画

随着计算机图形和计算机硬件的不断发展，人们已经不满足于仅仅生成高质量的静态场景，于是计算机动画就应运而生。事实上计算机动画也只是生成一幅幅静态的图像，但是每一幅都是对前一幅做一小部分修改，如何修改便是计算机动画的研究内容，这样，当这些画面连续播放时，整个场景就动了起来。计算机动画内容丰富多彩，生成动画的方法也多种多样，比如基于特征的图像变形、二维形状混合、轴变形方法、三维自由形体变形等。近年来人们普遍将注意力转向基于物理模型的计算机动画生成方法。这是一种崭新的方法，该方法大量运用弹性力学和流体力学的方程进行计算，力求使动画过程体现出最适合真实世界的运动规律。然而要真正到达真实运动是很难的，比如人的行走或跑步是全身的各个关节协调的结果，要实现很自然的人走路的画面，计算机方程非常复杂，计算量极大。基于物理模型的计算机动画还有许多内容需要进一步研究。

（5）计算机艺术

现在的美术人员，尤其是商业艺术人员都热衷于用计算机从事艺术创作，可用于美术创造的软件很多。计算机图形学除了广泛用于艺术品的制造，如各种图案、花纹及传统的油画、中国国画等，还成功地用来制作广告、动画片甚至电影，其中有的影片还获得了奥斯卡奖，这是电影界最高的殊荣。目前国内外不少人士正在研制人体模拟系统，这使得在不久的将来把历史上早已去世的著名影视明星重新搬上新的影视片成为可能。

3.1.3 计算机图形系统的硬件设备

计算机图形系统的硬件设备包括：主机、输入设备和输出设备。输入设备通常为键盘、鼠标、数字化仪、扫描仪、摄像头、数码相机和光笔等。输出设备则为图形显示器、绘图仪和打印机等。

3.2 图形变换

图形学的主要部分是图形变换，图形变换是用已有的简单图形通过几何变换和运算，构造出复杂的图形；用二维图形来表示三维图形；也可以通过快速变换静态图形获得动态效果。

图形变换既可以视为图形不动而坐标系变动，图形在新坐标系获得新坐标值的过程，也可以视为坐标系不动而图形变动，变动后的图形在坐标系的坐标值发生变化的过程。两者本质相同。

3.2.1 二维图形的基本几何变换

二维空间（平面）的一个点 P，可以用它的坐标 (X, Y) 来表示，也可以用一个 1×2 的矩阵 $[X \quad Y]$ 来表示。点由某一位置 (X, Y) 变换到另一个位置 (X^*, Y^*)，如图 32-3-1 所示，可以利用矩阵乘法来实现。即

$$[X^* \quad Y^*] = [X \quad Y]\begin{bmatrix} A & B \\ C & D \end{bmatrix} = [AX+CY \quad BX+DY]$$

即

$$\begin{cases} X^* = AX + CY \\ Y^* = BX + DY \end{cases}$$

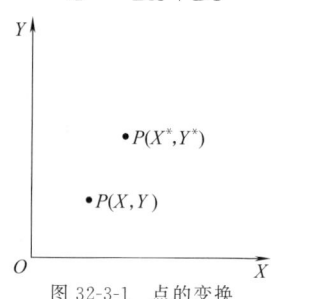

图 32-3-1 点的变换

我们把 2×2 矩阵 $\mathbf{T} = \begin{bmatrix} A & B \\ C & D \end{bmatrix}$ 称为变换矩阵。很明显，变换后，点的新坐标 (X^*, Y^*) 取决于 A、B、C、D 的值。下面讨论各元素对变换所起的作用。

3.2.1.1 恒等变换

若想使图形按原位置、原大小显示出来，如图 32-3-2 所示，则应令 $A=D=1$，$B=C=0$，变换矩阵为：

$$\mathbf{T} = \begin{bmatrix} A & 0 \\ 0 & D \end{bmatrix}$$

$$[X \quad Y]\begin{bmatrix} A & 0 \\ 0 & D \end{bmatrix} = [X \quad Y] = [X^* \quad Y^*]$$

显然，新坐标与旧坐标相等，点的位置在变化前后没发生变动。所以此时变换矩阵 T 称为恒等变换矩阵。这种变换即为恒等变换。

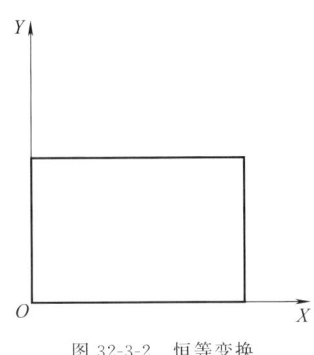

图 32-3-2　恒等变换

3.2.1.2　比例变换

我们经常要对一个图形进行放大或缩小，这可以通过比例变换来实现。使 $B=C=0$，则比例变换矩阵为：

$$T = \begin{bmatrix} A & 0 \\ 0 & D \end{bmatrix}$$

$$[X \quad Y] \begin{bmatrix} A & 0 \\ 0 & D \end{bmatrix} = [X \quad Y] = [X^* \quad Y^*]$$

即 $\begin{cases} X^* = AX \\ Y^* = DY \end{cases}$

式中　A——X 方向的比例因子；
　　　D——Y 方向的比例因子。

运行上边程序，保持 $C=0$，$B=0$，尝试改变 A 和 D 的值，可以得到不同大小的正方形和不同比例的矩形。图 32-3-3 是指定 $A=1$，$B=0$，$C=0$，$D=2$ 所显示的图形。

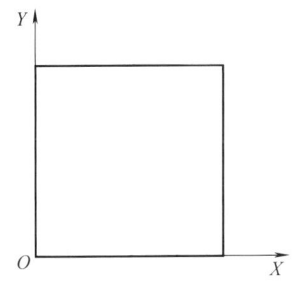

图 32-3-3　比例变换

3.2.1.3　反射变换

反射变换是指变换前后的图形对称于 X 轴或 Y 轴，或对称于某一特定的直线，如 45°线，或某一特定的点，如原点。

（1）对 Y 轴的反射

变换矩阵为：

$$T = \begin{bmatrix} -1 & 0 \\ 0 & 1 \end{bmatrix}$$

$$[X^* \quad Y^*] = [X \quad Y] \begin{bmatrix} -1 & 0 \\ 0 & 1 \end{bmatrix} = [-X \quad Y]$$

即 $\begin{cases} X^* = -X \\ Y^* = Y \end{cases}$

图 32-3-4 是 $A=-1$，$B=0$，$C=0$，$D=-1$ 时所显示的对 Y 轴反射的图形。

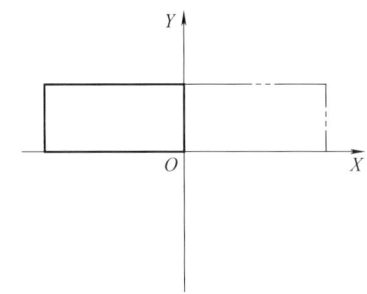

图 32-3-4　对 Y 轴反射

（2）对 X 轴的反射

变换矩阵为：

$$T = \begin{bmatrix} 1 & 0 \\ 0 & -1 \end{bmatrix}$$

$$[X^* \quad Y^*] = [X \quad Y] \begin{bmatrix} 1 & 0 \\ 0 & -1 \end{bmatrix} = [X \quad -Y]$$

即 $\begin{cases} X^* = X \\ Y^* = -Y \end{cases}$

变换结果是以 X 轴为对称轴产生反射。

图 32-3-5 是 $A=1$，$B=0$，$C=0$，$D=-1$ 时所显示的对 X 轴反射的图形。

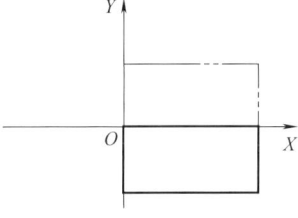

图 32-3-5　对 X 轴反射

（3）对 45°轴的反射

变换矩阵为：

$$T = \begin{bmatrix} 0 & 1 \\ 1 & 0 \end{bmatrix}$$

$$[X^* \quad Y^*] = [X \quad Y] \begin{bmatrix} 0 & 1 \\ 1 & 0 \end{bmatrix} = [Y \quad X]$$

即 $\begin{cases} X^* = Y \\ Y^* = X \end{cases}$

变换结果是以 45°线为对称轴产生反射。

图 32-3-6 是 $A=0$，$B=1$，$C=1$，$D=0$ 时所显示的对 45°线反射的图形。

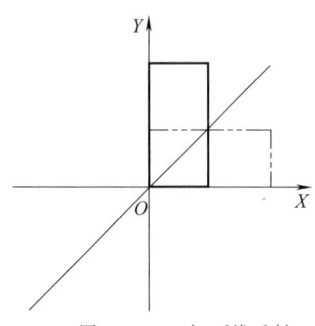

图 32-3-6　对 45°线反射

(4) 对 $-45°$ 轴的反射

变换矩阵为：

$$T=\begin{bmatrix} 0 & -1 \\ -1 & 0 \end{bmatrix}$$

$$[X^* \quad Y^*]=[X \quad Y]\begin{bmatrix} 0 & -1 \\ -1 & 0 \end{bmatrix}=[-Y \quad -X]$$

即

$$\begin{cases} X^*=-Y \\ Y^*=-X \end{cases}$$

变换结果是以 $-45°$ 线为对称轴产生反射。

图 32-3-7 是 $A=0$，$B=-1$，$C=-1$，$D=0$ 时所显示的对 $-45°$ 线反射的图形。

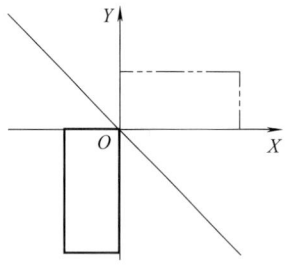

图 32-3-7　对 $-45°$ 线反射

(5) 对原点的反射

变换矩阵为：

$$T=\begin{bmatrix} -1 & 0 \\ 0 & -1 \end{bmatrix}$$

$$[X^* \quad Y^*]=[X \quad Y]\begin{bmatrix} -1 & 0 \\ 0 & -1 \end{bmatrix}=[-X \quad -Y]$$

即

$$\begin{cases} X^*=-X \\ Y^*=-Y \end{cases}$$

变换结果是对原点的反射。

图 32-3-8 是 $A=-1$，$B=0$，$C=0$，$D=-1$ 时所显示的图形。

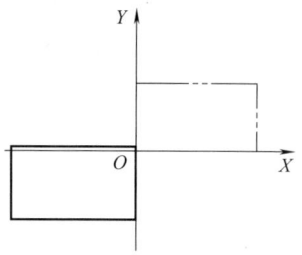

图 32-3-8　对原点的反射

3.2.1.4　错切变换

(1) 沿 X 轴方向的错切

变换矩阵为：

$$T=\begin{bmatrix} 1 & 0 \\ C & 1 \end{bmatrix}$$

$$[X^* \quad Y^*]=[X \quad Y]\begin{bmatrix} 1 & 0 \\ C & 1 \end{bmatrix}=[X+CY \quad Y]$$

即

$$\begin{cases} X^*=X+CY \\ Y^*=Y \end{cases}$$

错切结果如图 32-3-9 所示。

令 $\tan\theta=CY/Y=C$

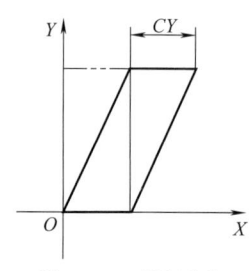

图 32-3-9　错切变换

若 $C>0$，图形沿 X 轴正方向错切，如图 32-3-10 所示。

若 $C<0$，图形沿 X 轴负方向错切，如图 32-3-11 所示。

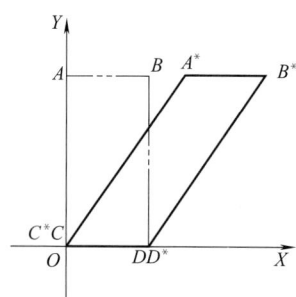

图 32-3-10　沿 X 轴正方向错切

(2) 沿 Y 轴方向的错切

变换矩阵为：$T=\begin{bmatrix} 1 & B \\ 0 & 1 \end{bmatrix}$

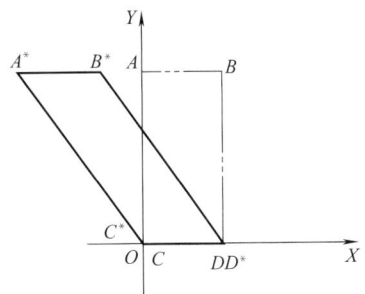

图 32-3-11　沿 X 轴负方向错切

$$[X^* \quad Y^*] = [X \quad Y]\begin{bmatrix} 1 & B \\ 0 & 1 \end{bmatrix} = [X \quad Y+BX]$$

即
$$\begin{cases} X^* = X \\ Y^* = Y + BX \end{cases}$$

若 $B>0$，图形沿 Y 轴正方向错切，如图 32-3-12 所示。

若 $B<0$，图形沿 Y 轴负方向错切，如图 32-3-13 所示。

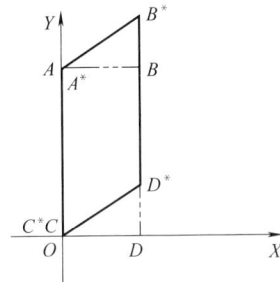

图 32-3-12　沿 Y 正方向错切

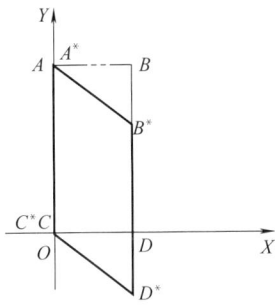

图 32-3-13　沿 Y 轴负方向

3.2.1.5　旋转变换

平面图形的旋转，是指图形绕坐标原点旋转一个 θ 角度。

此时：$A=\cos\theta$，$B=\sin\theta$，$C=-\sin\theta$，$D=\cos\theta$。

变换矩阵为：
$$T = \begin{bmatrix} \cos\theta & \sin\theta \\ -\sin\theta & \cos\theta \end{bmatrix}$$

$$[X^* \quad Y^*] = [X \quad Y]\begin{bmatrix} \cos\theta & \sin\theta \\ -\sin\theta & \cos\theta \end{bmatrix}$$
$$= [X\cos\theta - Y\sin\theta \quad X\sin\theta + Y\cos\theta]$$

即
$$\begin{cases} X^* = X\cos\theta - Y\sin\theta \\ Y^* = X\sin\theta + Y\cos\theta \end{cases}$$

应当注意的是，这个旋转矩阵是特指图形绕原点（0，0）旋转的变换矩阵。并且规定逆时针方向旋转时，旋转角 θ 取正值；反之，按顺时针方向旋转时，旋转角 θ 取负值。

图 32-3-14 是经过旋转变换后产生的图形。

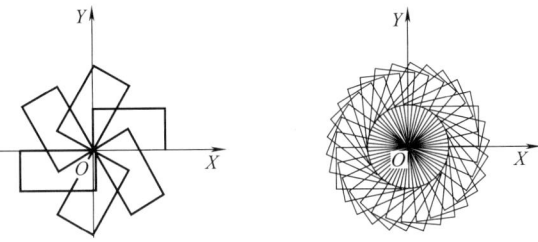

图 32-3-14　旋转变换

3.2.1.6　平移变换及齐次坐标

平移变换是二维变换中最基本的一种，但是，一般的 2×2 矩阵不能完成平移变换。原因是平移为：
$$\begin{cases} X^* = X + M \\ Y^* = Y + N \end{cases}$$

一般 2×2 矩阵的任何积都不能找到上述关系，为了解决这一矛盾，我们引入一个附加坐标，使 $[X \quad Y]$ 和 $[X^* \quad Y^*]$ 变成 $[X \quad Y \quad 1]$ 和 $[X^* \quad Y^* \quad 1]$，再将变换矩阵 T 由 2×2 阶矩阵变成 3×3 阶矩阵。

由 $T = \begin{bmatrix} A & B \\ C & D \end{bmatrix}$ 变为 $T = \begin{bmatrix} A & B & 0 \\ C & D & 0 \\ M & N & 1 \end{bmatrix}$

这样就可以进行平移变换了。

平移变换矩阵为 $T = \begin{bmatrix} 1 & 0 & 0 \\ 0 & 1 & 0 \\ M & N & 1 \end{bmatrix}$

$$[X^* \quad Y^* \quad 1] = [X \quad Y \quad 1] \cdot T = [X+M \quad Y+N \quad 1]$$

即
$$\begin{cases} X^* = X + M \\ Y^* = Y + N \end{cases}$$

式中　M——沿 X 方向的平移量；

N——沿 Y 方向的平移量。

前面所讲的变换

$$[X^* \quad Y^*] = [X \quad Y]\begin{bmatrix} A & B \\ C & D \end{bmatrix}$$

都可以表示为：

$$[X^* \quad Y^* \quad 1] = [X \quad Y \quad 1]\begin{bmatrix} A & B & 0 \\ C & D & 0 \\ 0 & 0 & 1 \end{bmatrix}$$

这样，就可以用 3×3 阶矩阵 $\begin{bmatrix} A & B & 0 \\ C & D & 0 \\ M & N & 1 \end{bmatrix}$ 表示包括平移在内的各种线性变换了。

由于用三维坐标 $(X, Y, 1)$ 来表示二维空间中的点 (X, Y)，就导致了齐次坐标概念的引出。

用三维向量表示二维向量或者说用 $n+1$ 维向量表示一个 n 维向量的方法，称为齐次坐标表示法。一般地把 (X_1, Y_1, H) 称为点 (X, Y) 的齐次坐标，其中 H 为任意实数。当 $H = 1$ 时，$(X, Y, 1)$ 就是点 (X, Y) 的正常化（或标准化）的齐次坐标。也就是说正常化的齐次坐标中的前两个数，就是二维空间中点的坐标。所以，只要将点的齐次坐标正常化，即可得知该点的二维坐标。如齐次坐标 (X, Y, H) 正常化齐次坐标为 $(X/H, Y/H, 1)$，它表示二维空间点 $(X/H \quad Y/H)$。

点的齐次坐标并不是唯一的。例如 $(2, 5)$ 的齐次坐标可认为是 $(4, 10, 2)$、$(-20, -50, -10)$、$(2.1, 5.25, 1.05)$ 或者 $(2, 5, 1)$ 等等。$(2, 5, 1)$ 就是点 $(2, 5)$ 的正常化齐次坐标。

前面所讲比例、反射、错切、旋转、平移等变换都具有仿射变换的性质，即变换前后的图形之间仍保持以下性质：

① 从属性：变换前一直线上的每一点在变换后的直线上都有一确定的对应点。

② 同属性：变换前的点或直线，变换后仍是点或直线，即点对应点，直线对应直线。

③ 平行性：两平行直线经过变换后仍保持平行。

④ 定比性：变换前两线段之比等于变换后对应之比。

3.2.2 二维图形的组合变换

很多变换是不能用某个矩阵进行单一的变换来实现的，而要用几个变换组合起来方可完成，这种变换称为组合变换或级联变换。

3.2.2.1 平面图形绕任意点旋转的变换

一般情况下图形绕平面上任意点 $P(m, n)$ 的旋转，可按下述步骤进行。

① 将旋转中心点 $P(m, n)$ 移到原点，原图形随之一起平移，这可用一个平移矩阵 T_1 来实现，平移量 X 方向为 $-m$，Y 方向为 $-n$。

② 绕原点旋转所需要的转角 θ，用一个旋转矩阵 T_2 来实现。

③ 将旋转后的图形再移回原位置。这可用一个平移矩阵 T_3 来实现，平移量 X 方向为 m，Y 方向为 n。

三个变换矩阵 T_1、T_2、T_3 的级联，就是平面图形绕任意点旋转的变换矩阵 T。

$$T = T_1 \cdot T_2 \cdot T_3$$

$$= \begin{bmatrix} 1 & 0 & 0 \\ 0 & 1 & 0 \\ -m & -n & 1 \end{bmatrix} \begin{bmatrix} \cos\theta & \sin\theta & 0 \\ -\sin\theta & \cos\theta & 0 \\ 0 & 0 & 1 \end{bmatrix} \begin{bmatrix} 1 & 0 & 0 \\ 0 & 1 & 0 \\ m & n & 1 \end{bmatrix}$$

$$= \begin{bmatrix} \cos\theta & \sin\theta & 0 \\ -\sin\theta & \cos\theta & 0 \\ m(1-\cos\theta)+n\sin\theta & n(1-\cos\theta)-m\sin\theta & 1 \end{bmatrix}$$

则 $[X^* \quad Y^* \quad 1] = [X \quad Y \quad 1] \cdot T$

即

$$\begin{cases} X^* = X\cos\theta - Y\sin\theta + n\sin\theta + m(1-\cos\theta) \\ Y^* = X\sin\theta + Y\cos\theta - m\sin\theta + n(1-\cos\theta) \end{cases}$$

这样只要知道了旋转中心的坐标 (m, n) 和旋转角 θ 即可进行图形变换。

[例] 使三角形 $ABC[A(6, 4), B(9, 4), C(6, 6)]$ 绕点 $P(5, 3)$ 旋转 $60°$，求变换后的图形。

将已知条件代入变换矩阵 T 中，得：

$$T = \begin{bmatrix} \cos60° & \sin60° & 0 \\ -\sin60° & \cos60° & 0 \\ 5(1-\cos60°)+3\sin60° & 3(1-\cos60°)-5\sin60° & 1 \end{bmatrix}$$

$$= \begin{bmatrix} 0.5 & 0.866 & 0 \\ -0.866 & 0.5 & 0 \\ 5.098 & -2.830 & 1 \end{bmatrix}$$

$$\begin{matrix} A \\ B \\ C \end{matrix} \begin{bmatrix} 6 & 4 & 1 \\ 9 & 4 & 1 \\ 6 & 6 & 1 \end{bmatrix} \begin{bmatrix} 0.5 & 0.866 & 0 \\ -0.866 & 0.5 & 0 \\ 5.098 & -2.830 & 1 \end{bmatrix}$$

$$= \begin{bmatrix} 4.634 & 4.366 & 1 \\ 6.134 & 6.964 & 1 \\ 2.902 & 5.366 & 1 \end{bmatrix} \begin{matrix} A^* \\ B^* \\ C^* \end{matrix}$$

其结果如图 32-3-15 所示。

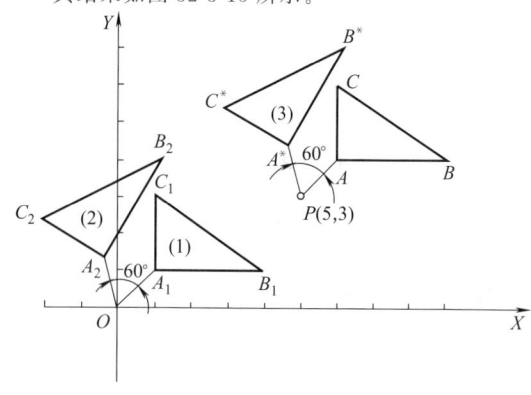

图 32-3-15　平面图形旋转变换

3.2.2.2 平面图形以任意点为中心的比例变换

前面所讲的比例变换，是专指以原点为中心的比例变换。如果以任意点为中心进行比例变换，则图形不仅大小或形状发生了变化，而且其位置也随比例发生了变化。这样的变换，在一些问题的处理上不太方便，我们希望预先指定变换后图形的位置。以任意点 $P(m, n)$ 为中心的比例变换则较好地解决了定位问题。其变换可按下述步骤获得。

① 将比例中心 $P(m, n)$（即变换后的不动点）平移到原点，图形随之一同平移。这可以用一个平移矩阵 T_1 来实现，平移量 X 方向为 $-m$、Y 方向为 $-n$。

② 将平移后的图形按要求的比例进行缩放变换，这可用一个比例变换矩阵 T_2 来实现。

③ 再将变换后的图形移回原位置，即将比例中心 P 移回原处。这可用一个平移矩阵 T_3 来实现，平移量 X 方向为 m、Y 方向为 n。

所以，以任意点 $P(m, n)$ 为中心的比例变换矩阵应为：

$$T = T_1 \cdot T_2 \cdot T_3$$

$$T = \begin{bmatrix} 1 & 0 & 0 \\ 0 & 1 & 0 \\ -m & -n & 1 \end{bmatrix} \begin{bmatrix} A & 0 & 0 \\ 0 & D & 0 \\ 0 & 0 & 1 \end{bmatrix} \begin{bmatrix} 1 & 0 & 0 \\ 0 & 1 & 0 \\ m & n & 1 \end{bmatrix}$$

得 $T = \begin{bmatrix} A & 0 & 0 \\ 0 & D & 0 \\ m(1-A) & N(1-D) & 1 \end{bmatrix}$

$$[X^* \quad Y^* \quad 1] = [X \quad Y \quad 1] \cdot T$$

$$\begin{cases} X^* = AX + m(1-A) \\ Y^* = DY + n(1-D) \end{cases}$$

[例] 对图形 $\begin{matrix} A \\ B \\ C \\ D \end{matrix} \begin{bmatrix} 2 & 4 & 1 \\ 5 & 4 & 1 \\ 5 & 2 & 1 \\ 2 & 2 & 1 \end{bmatrix}$ 进行比例变换，比例因子 $A = D = 2$，并要求变换后点 $D(2, 2, 1)$ 位置不变，求变换后的图形。

将已知条件代入矩阵 T 中，得：

$$T = \begin{bmatrix} 2 & 0 & 0 \\ 0 & 2 & 0 \\ 2(1-2) & 2(1-2) & 1 \end{bmatrix} = \begin{bmatrix} 2 & 0 & 0 \\ 0 & 2 & 0 \\ -2 & -2 & 1 \end{bmatrix}$$

$$\begin{matrix} A \\ B \\ C \\ D \end{matrix} \begin{bmatrix} 2 & 4 & 1 \\ 5 & 4 & 1 \\ 5 & 2 & 1 \\ 2 & 2 & 1 \end{bmatrix} \begin{bmatrix} 2 & 0 & 0 \\ 0 & 2 & 0 \\ -2 & -2 & 1 \end{bmatrix} = \begin{bmatrix} 2 & 6 & 1 \\ 8 & 6 & 1 \\ 8 & 2 & 1 \\ 2 & 2 & 1 \end{bmatrix} \begin{matrix} A^* \\ B^* \\ C^* \\ D^* \end{matrix}$$

其结果如图 32-3-16 所示。

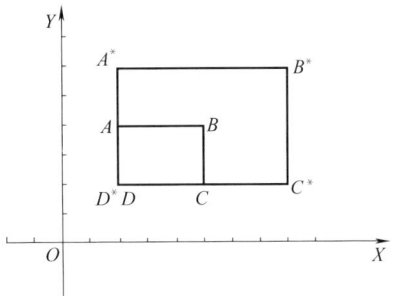

图 32-3-16 以任意点为比例中心的比例变换

3.2.3 三维图形的几何变换

在二维图形变换中，应用了齐次坐标来解决各种变换问题，即对二维平面图形的位置向量用三个分量 $[X \quad Y \quad 1]$ 表示后，就可以参与各种矩阵运算，进行图形变换。在对三维空间立体进行各种变换时，同时也要用齐次坐标，即用四个分量 $[X \quad Y \quad Z \quad 1]$ 来表示它的位置向量，它的变换应是 4×4 的矩阵。

设 $[X \quad Y \quad Z \quad 1]$ 表示空间点变换前的位置向量，用 $[X_1 \quad Y_1 \quad Z_1 \quad H]$ 来表示变换后点的位置向量，用 $[X^* \quad Y^* \quad Z^* \quad 1]$ 表示正常化后点的位置向量，则空间点的位置向量变换可用下式表示：

$$[X \quad Y \quad Z \quad 1] \cdot T = [X_1 \quad Y_1 \quad Z_1 \quad H]$$

$$\xrightarrow{\text{正常化}} [X^* \quad Y^* \quad Z^* \quad 1]$$

下式中 4×4 变换矩阵可写成

$$T = \begin{bmatrix} A & B & C & P \\ D & E & F & Q \\ H & I & J & R \\ L & M & N & S \end{bmatrix}$$

进一步可把 T 矩阵分成四个子矩阵

$$\begin{bmatrix} 3 \times 3 & 3 \times 1 \\ 1 \times 3 & 1 \times 1 \end{bmatrix}$$

这四个子矩阵的作用是：

3×3 矩阵使立体产生比例、反射、旋转和错切变换；

1×3 矩阵使立体产生平移变换；

3×1 矩阵使立体产生透视变换；

1×1 矩阵使立体产生整体比例变换。

3.2.3.1 平移变换

平移变换是使立体在空间平行移动一个位置，在平移过程中立体形状不发生改变，它的变换矩阵就是在单位矩阵中加入平移参数。X 坐标的平移量为 L，Y 坐标的平移量为 M，Z 坐标的平移量为 N，平移变换矩阵可写为：

$$T_{平移} = \begin{bmatrix} 1 & 0 & 0 & 0 \\ 0 & 1 & 0 & 0 \\ 0 & 0 & 1 & 0 \\ L & M & N & 1 \end{bmatrix}$$

若对空间点的位置向量进行平移变换，则

$$[X \quad Y \quad Z \quad 1] \begin{bmatrix} 1 & 0 & 0 & 0 \\ 0 & 1 & 0 & 0 \\ 0 & 0 & 1 & 0 \\ L & M & N & 1 \end{bmatrix}$$
$$= [X+L \quad Y+M \quad Z+N \quad 1]$$
$$= [X^* \quad Y^* \quad Z^* \quad 1]$$

即 $\begin{cases} X^* = X+L \\ Y^* = Y+M \\ Z^* = Z+N \end{cases}$

[例] 将立体 M 沿 X 方向平移 5、Y 方向平移 8、Z 方向平移 12，如图 32-3-17 所示。已知立体 M 的矩阵表示为

$$T_M = \begin{matrix} A \\ B \\ C \\ D \\ E \\ F \\ G \\ H \end{matrix} \begin{bmatrix} 5 & 0 & 0 & 1 \\ 5 & 3 & 0 & 1 \\ 0 & 3 & 0 & 1 \\ 0 & 0 & 0 & 1 \\ 5 & 0 & 2 & 1 \\ 5 & 3 & 2 & 1 \\ 0 & 3 & 2 & 1 \\ 0 & 0 & 2 & 1 \end{bmatrix}$$

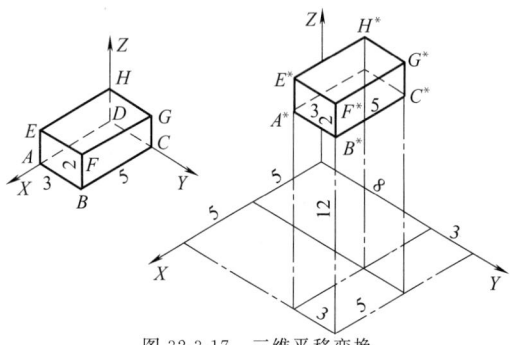

图 32-3-17 三维平移变换

平移矩阵：

$$T_{平移} = \begin{bmatrix} 5 & 0 & 0 & 1 \\ 5 & 3 & 0 & 1 \\ 0 & 3 & 0 & 1 \\ 0 & 0 & 0 & 1 \\ 5 & 0 & 2 & 1 \\ 5 & 3 & 2 & 1 \\ 0 & 3 & 2 & 1 \\ 0 & 0 & 2 & 1 \end{bmatrix} \begin{bmatrix} 1 & 0 & 0 & 0 \\ 0 & 1 & 0 & 0 \\ 0 & 0 & 1 & 0 \\ 5 & 8 & 12 & 1 \end{bmatrix}$$

$$= \begin{bmatrix} 10 & 8 & 12 & 1 \\ 10 & 11 & 12 & 1 \\ 5 & 11 & 12 & 1 \\ 5 & 8 & 12 & 1 \\ 10 & 8 & 14 & 1 \\ 10 & 11 & 14 & 1 \\ 5 & 11 & 14 & 1 \\ 5 & 8 & 14 & 1 \end{bmatrix} \begin{matrix} A^* \\ B^* \\ C^* \\ D^* \\ E^* \\ F^* \\ G^* \\ H^* \end{matrix}$$

$$T_M^* = T_M \cdot T_{平移} = \begin{bmatrix} 5 & 0 & 0 & 1 \\ 5 & 3 & 0 & 1 \\ 0 & 3 & 0 & 1 \\ 0 & 0 & 0 & 1 \\ 5 & 0 & 2 & 1 \\ 5 & 3 & 2 & 1 \\ 0 & 3 & 2 & 1 \\ 0 & 0 & 2 & 1 \end{bmatrix} \begin{bmatrix} 1 & 0 & 0 & 0 \\ 0 & 1 & 0 & 0 \\ 0 & 0 & 1 & 0 \\ L & M & N & 1 \end{bmatrix}$$

3.2.3.2 比例变换

把立体各点的坐标按某一比例放大或缩小的变换称为比例变换。在 4×4 的变换矩阵中，主对角线上的元素 A、E、J 分别起着 X、Y、Z 坐标的局部比例变换的作用，而元素 S 起整体比例变换的作用。下面先来研究元素 A、E、J 的作用。设 4×4 矩阵中其他元素为零，$S=1$，则局部比例变换矩阵为：

$$T_{局部} = \begin{bmatrix} A & 0 & 0 & 0 \\ 0 & E & 0 & 0 \\ 0 & 0 & J & 0 \\ 0 & 0 & 0 & 1 \end{bmatrix}$$

如对空间点的位置向量进行局部比例变换，则

$$[X \quad Y \quad Z \quad 1] \begin{bmatrix} A & 0 & 0 & 0 \\ 0 & E & 0 & 0 \\ 0 & 0 & J & 0 \\ 0 & 0 & 0 & 1 \end{bmatrix}$$
$$= [AX \quad EY \quad JZ \quad 1]$$
$$= [X^* \quad Y^* \quad Z^* \quad 1]$$

即 $\begin{cases} X^* = AX \\ Y^* = EY \\ Z^* = JZ \end{cases}$

[例] 对单位立方体 M 进行 $A=1$、$E=3$、$J=2$ 的局部比例变换，如图 32-3-18 所示，已知立方体 M 矩阵表示式为：

$$T_M = \begin{matrix} A \\ B \\ C \\ D \\ E \\ F \\ G \\ H \end{matrix} \begin{bmatrix} 1 & 0 & 0 & 1 \\ 1 & 1 & 0 & 1 \\ 0 & 1 & 0 & 1 \\ 0 & 0 & 0 & 1 \\ 1 & 0 & 1 & 1 \\ 1 & 1 & 1 & 1 \\ 0 & 1 & 1 & 1 \\ 0 & 0 & 1 & 1 \end{bmatrix}$$

则局部比例变换矩阵可写成：

$$T_{局部} = \begin{bmatrix} 1 & 0 & 0 & 0 \\ 0 & 3 & 0 & 0 \\ 0 & 0 & 2 & 0 \\ 0 & 0 & 0 & 1 \end{bmatrix}$$

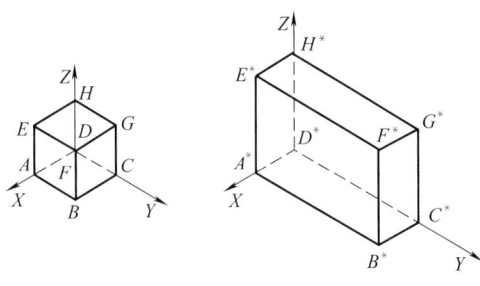

图 32-3-18 局部比例变换

图 32-3-19 是对单位立方体 M 进行整体比例变换，其比例元素 $S=1/2$。

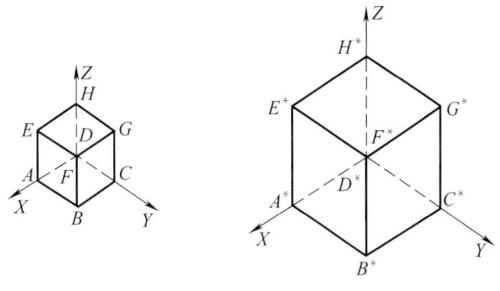

图 32-3-19 整体比例变换

$$T_M^* = T_M \cdot T_{局部} = \begin{matrix} A \\ B \\ C \\ D \\ E \\ F \\ G \\ H \end{matrix} \begin{bmatrix} 1 & 0 & 0 & 1 \\ 1 & 1 & 0 & 1 \\ 0 & 1 & 0 & 1 \\ 0 & 0 & 0 & 1 \\ 1 & 0 & 1 & 1 \\ 1 & 1 & 1 & 1 \\ 0 & 1 & 1 & 1 \\ 0 & 0 & 1 & 1 \end{bmatrix} \begin{bmatrix} 1 & 0 & 0 & 0 \\ 0 & 3 & 0 & 0 \\ 0 & 0 & 2 & 0 \\ 0 & 0 & 0 & 1 \end{bmatrix}$$

$$= \begin{bmatrix} 1 & 0 & 0 & 1 \\ 1 & 3 & 0 & 1 \\ 0 & 3 & 0 & 1 \\ 0 & 0 & 0 & 1 \\ 1 & 0 & 2 & 1 \\ 1 & 3 & 2 & 1 \\ 0 & 3 & 2 & 1 \\ 0 & 0 & 2 & 1 \end{bmatrix} \begin{matrix} A^* \\ B^* \\ C^* \\ D^* \\ E^* \\ F^* \\ G^* \\ H^* \end{matrix}$$

下面再研究元素 S 的作用。整体比例变换矩阵为：

$$T_{整体} = \begin{bmatrix} 1 & 0 & 0 & 0 \\ 0 & 1 & 0 & 0 \\ 0 & 0 & 1 & 0 \\ 0 & 0 & 0 & S \end{bmatrix}$$

若对空间点的位置向量进行整体比例变换，则：

$$[X \ Y \ Z \ 1] \begin{bmatrix} 1 & 0 & 0 & 0 \\ 0 & 1 & 0 & 0 \\ 0 & 0 & 1 & 0 \\ 0 & 0 & 0 & S \end{bmatrix} = [X \ Y \ Z \ S]$$

$$\xrightarrow{正常化} \left[\frac{X}{S} \ \frac{Y}{S} \ \frac{Z}{S} \ 1 \right] = [X^* \ Y^* \ Z^* \ 1]$$

即

$$\begin{cases} X^* = \dfrac{X}{S} \\ Y^* = \dfrac{Y}{S} \\ Z^* = \dfrac{Z}{S} \end{cases}$$

当 $S>1$ 时，是缩小的整体比例变换。
当 $S<1$ 时，是放大的整体比例变换。

3.2.3.3 旋转变换

旋转变换是使立体绕某轴转过一个角度。经过旋转变换后，立体只改变它的空间位置，而它的形状不起任何变化，可以选用坐标轴作为旋转轴，也可以选用空间任意倾斜直线作为旋转轴。在此只讨论绕坐标轴旋转的情况。我们规定旋转方向采用右手定则，即大拇指指向为旋转轴的正向，其余四个手指表示旋转方向，旋转方向为正，反之为负。

（1）绕 X 轴旋转

如图 32-3-20 中所示物体的坐标轴绕 X 轴正向旋转 θ 角时，有：

X 分量不变　　$X^* = X$
Y 分量不变　　$Y^* = Y\cos\theta - Z\sin\theta$
Z 分量不变　　$Z^* = Y\sin\theta + Z\cos\theta$

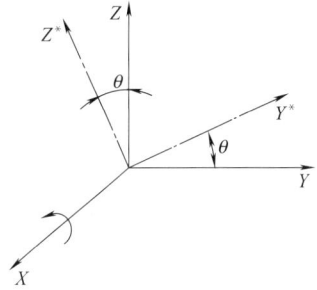

图 32-3-20 绕 X 轴旋转 θ 角

故旋转变换矩阵可写成：

$$T_{X旋转} = \begin{bmatrix} 1 & 0 & 0 & 0 \\ 0 & \cos\theta & \sin\theta & 0 \\ 0 & -\sin\theta & \cos\theta & 0 \\ 0 & 0 & 0 & 1 \end{bmatrix}$$

［例］将图 32-3-21 所示的立体 M 绕 X 轴正向转 $90°$ 角，已知立体 M 的矩阵表示式为：

$$T_M = \begin{bmatrix} A \\ B \\ C \\ D \\ E \\ F \\ G \\ H \end{bmatrix} \begin{bmatrix} 2 & 0 & 0 & 1 \\ 2 & 1 & 0 & 1 \\ 0 & 1 & 0 & 1 \\ 0 & 0 & 0 & 1 \\ 2 & 0 & 2 & 1 \\ 2 & 1 & 2 & 1 \\ 0 & 1 & 2 & 1 \\ 0 & 0 & 2 & 1 \end{bmatrix}$$

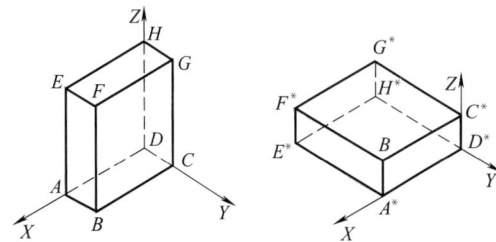

图 32-3-21 立体 M 绕 X 轴旋转 90°

旋转变换矩阵可写成：

$$T_{X旋转} = \begin{bmatrix} 1 & 0 & 0 & 0 \\ 0 & \cos 90° & \sin 90° & 0 \\ 0 & -\sin 90° & \cos 90° & 0 \\ 0 & 0 & 0 & 1 \end{bmatrix} = \begin{bmatrix} 1 & 0 & 0 & 0 \\ 0 & 0 & 1 & 0 \\ 0 & -1 & 0 & 0 \\ 0 & 0 & 0 & 1 \end{bmatrix}$$

$$T_M^* = T_M \cdot T_{X旋转} = \begin{bmatrix} 2 & 0 & 0 & 1 \\ 2 & 1 & 0 & 1 \\ 0 & 1 & 0 & 1 \\ 0 & 0 & 0 & 1 \\ 2 & 0 & 2 & 1 \\ 2 & 1 & 2 & 1 \\ 0 & 1 & 2 & 1 \\ 0 & 0 & 2 & 1 \end{bmatrix} \begin{bmatrix} 1 & 0 & 0 & 0 \\ 0 & 0 & 1 & 0 \\ 0 & -1 & 0 & 0 \\ 0 & 0 & 0 & 1 \end{bmatrix}$$

$$= \begin{bmatrix} 2 & 0 & 0 & 1 \\ 2 & 0 & 1 & 1 \\ 0 & 0 & 1 & 1 \\ 0 & 0 & 0 & 1 \\ 2 & -2 & 0 & 1 \\ 2 & -2 & 1 & 1 \\ 0 & -2 & 1 & 1 \\ 0 & -2 & 0 & 1 \end{bmatrix} \begin{matrix} A^* \\ B^* \\ C^* \\ D^* \\ E^* \\ F^* \\ G^* \\ H^* \end{matrix}$$

(2) 绕 Y 轴旋转

如图 32-3-22 中所示物体的坐标轴绕 Y 轴正向旋转角 φ 时，

Y 分量不变　　$Y^* = Y$

X 分量不变　　$X^* = X\cos\varphi + Z\sin\varphi$

Z 分量不变　　$Z^* = Z\cos\varphi - X\sin\varphi$

故旋转矩阵可写成：

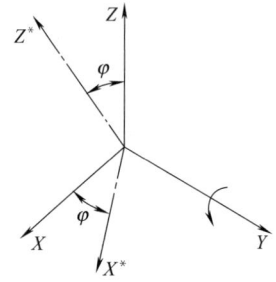

图 32-3-22 绕 Y 轴正向旋转 φ 角

$$T_{Y旋转} = \begin{bmatrix} \cos\varphi & 0 & -\sin\varphi & 0 \\ 0 & 1 & 0 & 0 \\ \sin\varphi & 0 & \cos\varphi & 0 \\ 0 & 0 & 0 & 1 \end{bmatrix}$$

(3) 绕 Z 轴旋转角

如图 32-3-23 中所示物体的坐标轴绕 Z 轴正向旋转角 ψ 时

Z 分量不变　　$Z^* = Z$

X 分量不变　　$X^* = X\cos\psi - Y\sin\psi$

Z 分量不变　　$Y^* = X\sin\psi + Y\cos\psi$

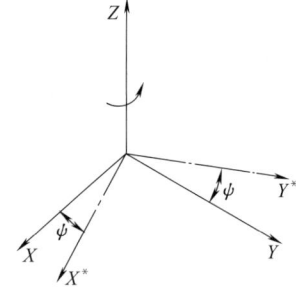

图 32-3-23 绕 Z 轴正向旋转 ψ 角

故旋转矩阵可写成：

$$T_{Z旋转} = \begin{bmatrix} \cos\psi & \sin\psi & 0 & 0 \\ -\sin\psi & \cos\psi & 0 & 0 \\ 0 & 0 & 1 & 0 \\ 0 & 0 & 0 & 1 \end{bmatrix}$$

3.2.4 正投影变换

矩阵 $T = \begin{bmatrix} A & B & C & P \\ D & E & F & Q \\ H & I & J & R \\ L & M & N & S \end{bmatrix}$ 中第一、二、三列元素分别主管 X、Y、Z 三坐标方向的变换，为了得到空间立体对投影面 V（正面）、H（水平面）、W（侧面）的正投影，我们只要令矩阵这方面的那一列元素为零就可以了。例如立体向 V 面进行投影，可令第二列元素为零，因为第二列元素主管 Y 坐标的变化，变换后使立体各点的 Y 坐标都为零，从而实现了对 V 面的投影：

$$T_V = \begin{bmatrix} 1 & 0 & 0 & 0 \\ 0 & 0 & 0 & 0 \\ 0 & 0 & 1 & 0 \\ 0 & 0 & 0 & 1 \end{bmatrix}$$

立体向 H 面投影的变换矩阵，可使第三元素为零：

$$T_H = \begin{bmatrix} 1 & 0 & 0 & 0 \\ 0 & 1 & 0 & 0 \\ 0 & 0 & 0 & 0 \\ 0 & 0 & 0 & 1 \end{bmatrix}$$

立体向 W 面投影的变换矩阵，可使第一列元素为零：

$$T_W = \begin{bmatrix} 0 & 0 & 0 & 0 \\ 0 & 1 & 0 & 0 \\ 0 & 0 & 1 & 0 \\ 0 & 0 & 0 & 1 \end{bmatrix}$$

[例] 将图 32-3-24 所示的立体 M 对 V 面进行正投影变换（即作物体 M 的正面投影）。已知立体 M 的矩阵表示为：

$$T_M = \begin{matrix} A \\ B \\ C \\ D \\ E \\ F \\ G \\ H \end{matrix} \begin{bmatrix} 0 & 2 & 0 & 1 \\ 0 & 2 & 2 & 1 \\ 1 & 2 & 2 & 1 \\ 2 & 2 & 0 & 1 \\ 0 & 0 & 0 & 1 \\ 0 & 0 & 2 & 1 \\ 1 & 0 & 2 & 1 \\ 2 & 0 & 0 & 1 \end{bmatrix}$$

$$T_M^* = T_M \cdot T_V = \begin{bmatrix} 0 & 2 & 0 & 1 \\ 0 & 2 & 2 & 1 \\ 1 & 2 & 2 & 1 \\ 2 & 2 & 0 & 1 \\ 0 & 0 & 0 & 1 \\ 0 & 0 & 2 & 1 \\ 1 & 0 & 2 & 1 \\ 2 & 0 & 0 & 1 \end{bmatrix} \begin{bmatrix} 1 & 0 & 0 & 0 \\ 0 & 0 & 0 & 0 \\ 0 & 0 & 1 & 0 \\ 0 & 0 & 0 & 1 \end{bmatrix}$$

$$= \begin{bmatrix} 0 & 0 & 0 & 1 \\ 0 & 0 & 2 & 1 \\ 1 & 0 & 2 & 1 \\ 2 & 0 & 0 & 1 \\ 0 & 0 & 0 & 1 \\ 0 & 0 & 2 & 1 \\ 1 & 0 & 2 & 1 \\ 2 & 0 & 0 & 1 \end{bmatrix} \begin{matrix} A^* \\ B^* \\ C^* \\ D^* \\ E^* \\ F^* \\ G^* \\ H^* \end{matrix}$$

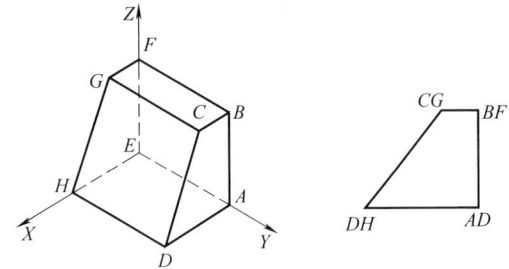

图 32-3-24　立体 M 的正投影变换

3.2.5　复合变换

根据国家标准规定，我国机械图样采用第一角画法，其坐标系如图 32-3-25 所示，三视图的配置如图 32-3-26 所示。下面三视图的变换矩阵，均按图 32-3-25 所示的坐标体系进行推导。

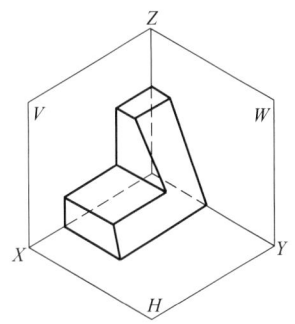

图 32-3-25　第一角画法的坐标体系

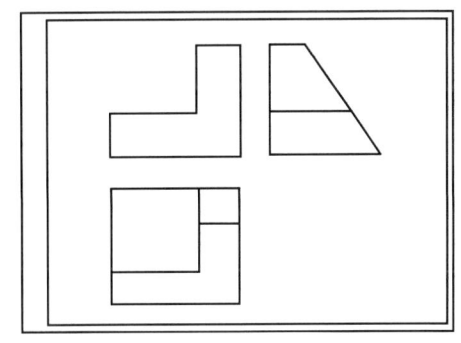

图 32-3-26　三视图的配置

三视图可以用两种方法得到，一种方法是先用正投影矩阵将物体分别投影到三个投影面 V、H、W 面上，然后再用旋转矩阵将 H 面投影和 W 面投影展平到 V 面上；另一种方法是先将物体绕坐标轴（X 或 Z）旋转 $90°$，然后向 V 面进行正投影。这两种方法最后的变换结果都是一样的。

为了不使三个视图紧紧地挤在一起，按上述方法之一得到三视图以后，还应进行视图平移。移动的方法是：V 面视图不动，将 H 面视图向下方移动一段距离，将 W 面视图向右方移动一段距离即可。下面我们按"先投影、再旋转"的方法来得到三视图的变换矩阵。

3.2.5.1 主视图变换矩阵

主视图是将立体直接向 V 面（XOZ 面）进行正投影变换得到的，因此主视图既不用旋转也不需要平移。其变换矩阵为：

$$T_{主视} = \begin{bmatrix} 1 & 0 & 0 & 0 \\ 0 & 0 & 0 & 0 \\ 0 & 0 & 1 & 0 \\ 0 & 0 & 0 & 1 \end{bmatrix}$$

3.2.5.2 俯视图变换矩阵

将立体直接向 H 面进行正投影，再将所得到的 H 投影绕 X 轴反方向旋转 90°，然后沿 Z 轴向下平移距离 N，使 V、H 两投影保持 N 间距，因此俯视图变换矩阵为：

$$T_{俯视} = \begin{bmatrix} 1 & 0 & 0 & 0 \\ 0 & 1 & 0 & 0 \\ 0 & 0 & 0 & 0 \\ 0 & 0 & 0 & 1 \end{bmatrix} \begin{bmatrix} 1 & 0 & 0 & 0 \\ 0 & 0 & -1 & 0 \\ 0 & 1 & 0 & 0 \\ 0 & 0 & 0 & 1 \end{bmatrix}$$

（向 H 面投影）（绕 X 轴旋转 $-90°$）

$$\begin{bmatrix} 1 & 0 & 0 & 0 \\ 0 & 1 & 0 & 0 \\ 0 & 0 & 1 & 0 \\ 0 & 0 & -N & 1 \end{bmatrix} = \begin{bmatrix} 1 & 0 & 0 & 0 \\ 0 & 0 & -1 & 0 \\ 0 & 0 & 0 & 0 \\ 0 & 0 & -N & 1 \end{bmatrix}$$

（沿 Z 轴平移 $-N$）

3.2.5.3 左视图变换矩阵

将立体直接向 W 面投影，再将所得到的 W 投影绕 Z 轴正方向旋转 90°，然后沿 X 轴向右（负方向）平移距离 L，以使 V、W 两投影保持 L 间距，因此左视图变换矩阵为：

$$T_{左视} = \begin{bmatrix} 0 & 0 & 0 & 0 \\ 0 & 1 & 0 & 0 \\ 0 & 0 & 1 & 0 \\ 0 & 0 & 0 & 1 \end{bmatrix} \begin{bmatrix} 0 & 1 & 0 & 0 \\ -1 & 0 & 0 & 0 \\ 0 & 1 & 1 & 0 \\ 0 & 0 & 0 & 1 \end{bmatrix}$$

（向 W 面投影）（绕 Z 轴旋转 $+90°$）

$$\begin{bmatrix} 1 & 0 & 0 & 0 \\ 0 & 1 & 0 & 0 \\ 0 & 0 & 1 & 0 \\ -L & 0 & 0 & 1 \end{bmatrix} = \begin{bmatrix} 0 & 0 & 0 & 0 \\ -1 & 0 & 0 & 0 \\ 0 & 0 & 1 & 0 \\ -L & 0 & 0 & 1 \end{bmatrix}$$

（沿 X 轴平移 $-L$）

3.2.5.4 三视图变换矩阵应注意的问题

在使用三视图变换矩阵编程序之前，需要注意以下三个问题。

① 我们所得到的三视图是按第一角的空间三面投影体系得到的，所以立体的各顶点坐标（X, Y, Z）应按此坐标系给出。

② 立体各顶点的三维坐标经过三视图矩阵变换后成为二维坐标，因为最后得到的三视图均在 V 面上，即 XOZ 面上，所以变换后平面图形（视图）的各顶点的二维坐标为 X 坐标和 Z 坐标，也就是说，经过视图变换所得到的三视图，实际上是一组在 XOZ 坐标系中的二维图形。

③ 这一组二维图形所在的 XOZ 坐标系与屏幕坐标系刚好相反。因此在画图时，应将变换后的图形各点的坐标转换为屏幕坐标。例如，立体上某一顶点 P，视图变换后的二维坐标为（X_P, Z_P），则其屏幕坐标应为：

$$X = X_0 - X_P$$
$$Y = Y_0 - Z_P$$

式中　X_0, Y_0——空间三面投影体系的坐标原点在屏幕坐标系中的位置坐标。

X_0、Y_0 的值决定了三个视图在屏幕中的位置，若 X_0、Y_0 改变，则三个视图也随之一起改变（移动）。

3.2.6 复合变换轴测图投影变换

在轴测图矩阵变换中，我们以正轴测图变换矩阵为例，将物体所在的直角坐标系先逆时针绕 Z 轴旋转 $+\theta$ 角，再顺时针绕 X 轴旋转 $-\varphi$ 角，然后向 V 面（XOZ 面）进行正投影，即可获得该物体具有立体感的一般正轴测投影，如图 32-3-27 所示。

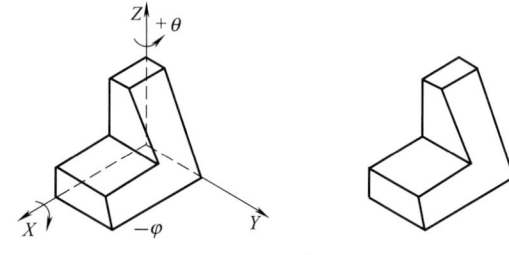

图 32-3-27　正轴测投影

按上述顺序，正轴测图投影的变换矩阵为：

$$T_{正轴测} = \begin{bmatrix} \cos\theta & \sin\theta & 0 & 0 \\ -\sin\theta & \cos\theta & 0 & 0 \\ 0 & 0 & 1 & 0 \\ 0 & 0 & 0 & 1 \end{bmatrix}$$

（绕 Z 轴转 $+\theta$）

$$\begin{bmatrix} 1 & 0 & 0 & 0 \\ 0 & \cos\varphi & -\sin\varphi & 0 \\ 0 & \sin\varphi & \cos\varphi & 0 \\ 0 & 0 & 0 & 1 \end{bmatrix} \begin{bmatrix} 1 & 0 & 0 & 0 \\ 0 & 0 & 0 & 0 \\ 0 & 0 & 1 & 0 \\ 0 & 0 & 0 & 1 \end{bmatrix}$$

(绕 X 轴转 $-\varphi$)　　　（向 V 面投影）

所以　$T_{正轴测} = \begin{bmatrix} \cos\theta & 0 & -\sin\theta\sin\varphi & 0 \\ -\sin\theta & 0 & -\cos\theta\sin\varphi & 0 \\ 0 & 0 & \cos\varphi & 0 \\ 0 & 0 & 0 & 1 \end{bmatrix}$

$$\begin{cases} X^* = X\cos\theta - Y\sin\theta \\ Z^* = (-X\sin\theta - y\cos\theta)\sin\varphi + Z\cos\varphi \end{cases}$$

只要任意给出 θ 和 φ 角，代入上述变换矩阵 $T_{正轴测}$ 中，再用空间立体的点集乘以这个变换矩阵，就可以方便地得到该物体的任意正轴测投影的点集。

3.3　三维物体的表示

我们遇到的各种各样的曲线，归纳起来，不外乎两类：第一类曲线可以用一个标准的解析式来表示，称为曲线的方程等；第二类曲线的特点是，不能确切给出描述整个曲线的方程，它们往往是由一些从实际测量得到的一系列离散数据点来确定的。这些数据点也称为型值点。

在平面直角坐标系内，如果一条曲线上的点都能符合某种条件，而满足该条件的点又均位于这条曲线上，那么可以把这种对应关系写成一个确定的函数式：

$$Ax^2 + By^2 + Cz^2 + Dxy + Eyz + \\ Fxz + Gx + Hy + Jz + K = 0$$

这个函数式就称为曲线的方程，同样，该曲线即为这个方程的曲线，如圆、椭圆、双曲线等的方程。

在绘制这些曲线的时候，可以借助于各种标准工具，如画圆可以用圆规等。但对于非圆曲线，绘制时更常用的方法是借助于曲线板。先确定一些满足条件的、位于曲线上的坐标点，然后借用曲线板把这些点分段光滑地连接成曲线。

绘出的曲线的精确程度，则取决于所选择的数据点的精度和数量，坐标点的精度愈高，点的数量取得愈多，则连成的曲线愈接近于理想曲线。

其实，上面所说的方法也就是用计算机来绘制各类曲线的基本原理。由于图形输出设备的基本动作是显示像素点或者是画以步长为单位的直线段，所以，一般除了水平线和垂直线以外，其他的各种线条，包括直线和曲线，都是由很多的短直线段构成的锯齿形线条组成的。从理论上讲，绝对光滑的理想曲线是绘不出来的。

这就告诉了我们一个绘制任何曲线的基本原理，就是要把曲线离散化——把它们分割成很多短直线段，用这些短直线段组成的折线来逼近曲线。至于这些短直线段取多长，则取决于图形输出设备的精度。

在实际工程中经常会遇到这样的问题：由离散点来近似地决定曲线和曲面。如通过测量或实验得到一系列有序点列，根据这些点列需构造出一条光滑曲线，以直观地反映出实验特性、变化规律和趋势等。主要方法有：

① 曲线曲面的拟合：当用一组型值点来指定曲线、曲面的形状时，形状完全通过给定的型值点列。

② 曲线曲面的逼近：当用一组控制点来指定曲线、曲面的形状时，求出的形状不必通过控制点列。

3.3.1　曲线

3.3.1.1　参数曲线

大多数数字化设计系统利用三次参数曲线描述自由曲线，这是因为三次参数曲线已足以保证相连曲线的二阶连续。另外高于三次的参数曲线的计算费时，曲线上任何一点几何信息的变化都可导致曲线形状发生复杂的变化，因此，数字化设计中多采用三次参数曲线。

三维空间的三次参数曲线 $\{x(t), y(t), z(t)\}$ 为：

$$\begin{cases} x(t) = a_x t^3 + b_x t^2 + c_x t + d_x \\ y(t) = a_y t^3 + b_y t^2 + c_y t + d_y \quad t \in [0, 1] \\ z(t) = a_z t^3 + b_z t^2 + c_z t + d_z \end{cases}$$

式中，a_x, a_y, a_z, b_x, b_y, b_z, c_x, c_y, c_z, d_x, d_y, d_z 为代数系数，可唯一地确定一条参数曲线的位置和形状。

三次参数曲线方程的矢量形式是：

$$P(t) = At^3 + Bt^2 + Ct + D$$

矩阵形式为：

$$P(t) = At^3 + Bt^2 + Ct + D = \begin{bmatrix} t^3 & t^2 & t & 1 \end{bmatrix} M \quad 0 \leqslant t \leqslant 1$$

其中：

$$M = \begin{bmatrix} a_x & a_y & a_z \\ b_x & b_y & b_z \\ c_x & c_y & c_z \\ d_x & d_y & d_z \end{bmatrix}$$

曲线上任意一点的切矢为：

$$P'(t) = \begin{bmatrix} \dfrac{dx(t)}{dt}, \dfrac{dy(t)}{dt}, \dfrac{dz(t)}{dt} \end{bmatrix}$$

三次参数曲线，共 12 个系数，需要 4 个约束条件（位置或切矢）来进行约束，求取这些系数值。依据约束条件不同，常用的主要三类拟合曲线为：Hermite 曲线、三次 Bezier 曲线、B 样条曲线。

3.3.1.2 Hermite 曲线

（1）Hermite 曲线定义

用给定曲线段的两个端点的位置矢量 P_0、P_1 以及两个端点处的切线矢量 P'_0、P'_1 来描述一条曲线。

（2）Hermite 曲线的矩阵形式

$$P(t) = \begin{bmatrix} t^3 & t^2 & t & 1 \end{bmatrix} \begin{bmatrix} 2 & -2 & 1 & 1 \\ -3 & 3 & -2 & -1 \\ 0 & 0 & 1 & 0 \\ 1 & 0 & 0 & 0 \end{bmatrix} \begin{bmatrix} P_0 \\ P_1 \\ P'_0 \\ P'_1 \end{bmatrix} \quad t \in [0,1]$$

（3）Hermite 曲线的特点

① Hermite 曲线简单且易于理解，但需要给出两个端点处的切线矢量作为边界条件很不方便；

② 作为外形设计工具，缺少灵活性和直观性。

3.3.1.3 Bezier 曲线

1962 年，法国雷诺汽车公司的工程师 Pierre Bezier 提出了一种用于汽车外形设计的参数曲线，称为 Bezier 曲线，以此为基础，完成了一种曲线和曲面设计系统 UNISURF，并于 1972 年在该公司投入使用。由于 Bezier 曲线使得设计人员能够比较直观地认识到控制条件与生成的曲线之间的关系，操作非常方便，因此现已成为用于计算机辅助几何设计 (CAGD) 的重要工具。

（1）Bezie 曲线的定义及性质

给定空间 $n+1$ 个控制点 $P_i(i=0,1,\cdots,n)$，利用 n 次 Bernstein 基函数 $B_{i,n}(t)$ 作为调和函数，可以确定一条 n 次 Bezier 曲线，该曲线的参数方程为：

$$P(t) = \sum_{i=0}^{n} B_{i,n}(t) P_i, 0 \leqslant t \leqslant 1$$

依次连接控制点 P_0、P_1、$\cdots$、P_n 的折线称为 Bezier 曲线的控制图（control graph），也称为控制多边形（control polygon）或特征多边形（characteristic polygon），控制图勾画出曲线的大致走向并且提示设计者控制点的先后次序。

根据 Bernstein 基函数的性质，可以推导出 Bezier 曲线具有如下性质：

1）端点位置　Bezier 曲线以 P_0 为起点，以 P_n 为终点，即 $P(0)=P_0$，$P(1)=P_n$。

2）端点切向量　Bezier 曲线在起点和终点处的切向量分别为 $P'(0)=n(P_1-P_0)$，$P'(1)=n(P_n-P_{n-1})$，即曲线在起点和终点处分别与控制图的第一条边和最后一条边相切。

3）对称性　如果保持控制点的位置不变，只是颠倒其次序，即新控制点序列为 $P_i^* = P_{n-i}$，$0 \leqslant i \leqslant n$，那么得到的新 Bezier 曲线形状不变，只是参数变化方向相反。

4）凸包（convex hull）性　由于 $0 \leqslant B_{i,n}(t) \leqslant 1$ 并且 $\sum_{i=0}^{n} B_{i,n}(t) = 1$，$0 \leqslant t \leqslant 1$，$0 \leqslant i \leqslant n$，因此，Bezier 曲线上的点 $P(t)$ 是所有控制点的加权平均 (weighted average)，即 Bezier 曲线一定位于控制点的凸包中。二维平面上若干个点的凸包是包含这些点的最小凸多边形，可以想象在这些点的位置上钉上钉子，然后用一根封闭的弹性橡皮筋围在所有钉子的外面，橡皮筋因弹性自然收缩形成一个凸多边形，该凸多边形便是这些点的凸包。三维空间中若干个点的凸包是包含这些点的最小凸多面体，也可以想象用一个封闭的弹性橡皮薄膜围在所有点的外面，橡皮薄膜因弹性自然收缩形成一个凸多面体，该凸多面体便是这些点的凸包。

可以利用 Bezier 曲线的凸包性来提高曲线裁剪的效率：先将凸包相对于裁剪窗口进行裁剪，如果凸包完全位于裁剪窗口内部，那么整条曲线也完全位于窗口内部；如果凸包完全位于裁剪窗口外部，那么整条曲线也完全位于窗口外部；只有当凸包与裁剪窗口相交时，才进一步求曲线与窗口的交点。

由于 $\sum_{i=0}^{n} B_{i,n}(t) = 1$，$0 \leqslant t \leqslant 1$，因此对于给定参数 t，我们只需要计算 n 个调和函数之值，即可得出最后一个调和函数之值，这样可以节省计算时间。

5）平面曲线的保型性　如果所有控制点位于同一个平面上，那么 Bezier 曲线是平面曲线，该平面曲线具有以下两条性质：

① 保凸性。如果 Bezier 曲线的控制多边形是凸多边形，那么该 Bezier 曲线也是凸的。

② 变差缩减性。平面上任意一条直线与 Bezier 曲线的交点个数不多于该直线与其控制多边形的交点个数。此性质说明 Bezier 曲线比其控制多边形的波动小，更平滑。

6）拟局部性　所谓局部性，是指移动一个控制点只影响曲线的一个局部。由于 $0 < B_{i,n}(t) < 1$，$0 < t < 1$，$0 \leqslant i \leqslant n$，因此移动任意一个控制点都会影响整条曲线，也就是说，Bezier 曲线不具有局部性。但是，由于 $B_{i,n}(t)$ 在 $t=i/n$ 处达到最大值，因此，当移动控制点 P_i 时，曲线上对应于参数 $t=i/n$ 处的

点的变化最大，远离参数 $t=i/n$ 处的点的变化越来越小，Bezier 曲线的这种性质称为拟局部性。

（2）常用 Bezier 曲线

根据 Bezier 曲线的定义，很容易推导出常用的一次、二次、三次 Bezier 曲线的表示。

1）一次 Bezier 曲线　当 $n=1$ 时，$B_{0,1}(t)=1-t$，$B_{1,1}(t)=t$。

于是我们得到一次 Bezier 曲线的参数方程：

$$P(t)=\sum_{i=0}^{1}B_{i,1}(t)P_i=(1-t)P_0+tP_1$$

$$=\begin{bmatrix}P_0 & P_1\end{bmatrix}\begin{bmatrix}1 & -1\\0 & 1\end{bmatrix}\begin{bmatrix}1\\t\end{bmatrix},0\leqslant t\leqslant 1$$

显然，一次 Bezier 曲线是连接起点 P_0 和终点 P_1 的直线段。

2）二次 Bezier 曲线　当 $n=2$ 时，$B_{0,2}(t)=(1-t)^2$，$B_{1,2}(t)=2t(1-t)$，$B_{2,2}(t)=t^2$。于是得到二次 Bezier 曲线的参数方程：

$$P(t)=\sum_{i=0}^{2}B_{i,2}(t)P_i=(1-t)^2P_0+2t(1-t)P_1+t^2P_2$$

$$=\begin{bmatrix}P_0 & P_1 & P_2\end{bmatrix}\begin{bmatrix}1 & -2 & 1\\0 & 2 & -2\\0 & 0 & 1\end{bmatrix}\begin{bmatrix}1\\t\\t^2\end{bmatrix},0\leqslant t\leqslant 1$$

二次 Bezier 曲线是一条起点在 P_0 终点在 P_2 的抛物线。

3）三次 Bezier 曲线　当 $n=3$ 时，$B_{0,3}(t)=(1-t)^3$，$B_{1,3}(t)=3t(1-t)^2$，$B_{2,3}(t)=3t^2(1-t)$，$B_{3,3}(t)=t^3$。

三次 Bezier 曲线的参数方程：

$$P(t)=\sum_{i=0}^{3}B_{i,3}(t)P_i=(1-t)^3P_0+3t(1-t)^2P_1+3t^2(1-t)P_2+t^3P_3$$

$$=\begin{bmatrix}P_0 & P_1 & P_2 & P_3\end{bmatrix}\begin{bmatrix}1 & -3 & 3 & -1\\0 & 3 & -6 & 3\\0 & 0 & 3 & -3\\0 & 0 & 0 & 1\end{bmatrix}\begin{bmatrix}1\\t\\t^2\\t^3\end{bmatrix}$$

$$0\leqslant t\leqslant 1$$

（3）Bezier 曲线的特点

① 拟合曲线不通过中间的控制点，但落在控制点所围成的凸包中，接近控制点所围成的折线；

② 可通过改变控制点的位置和配置变动曲线的形状，变动具有局部性；

③ 拟合方程的阶数随控制点的增多而增高，所以说 Bezier 曲线是整体逼近曲线，不能进行局部修改。

3.3.1.4　B 样条曲线

B 样条曲线对 Bezier 曲线进行改进，用 B 样条基函数替代了 Bernstein 基函数。B 样条曲线克服了 Bezier 曲线的不足，同时保留了 Bezier 曲线的直观性和凸包性，并且可以做到：①可以进行局部修改；②曲线更逼近特征多边形；③曲线的阶次与顶点数无关，因而更加灵活方便。因此 B 样条曲线成了工程设计中更常用的一种拟合曲线。

（1）B 样条曲线的数学表达式

k 阶（k 次）B 样条 B 样条曲线的数学表达式为：

$$P(t)=\sum_{l=0}^{n}P_{i+l}B_{l,k}(t)\quad t\in[0,1]$$

$$B_{l,k}(t)=\frac{1}{k!}\sum_{j=0}^{k-l}(-1)^jC_{k+1}^j(t+k-l-j)^k,$$

$$l=0,1,\cdots,k$$

$$n=k-1$$

采用这样的 B 样条基函数生成的 B 样条曲线不过任何端点，而且在连接点处能做到 C2 连续（3 次 B 样条曲线）。实际上，对于 k 阶（k 次）B 样条，只需要 $k+1$ 个端点就能求出其中的一段，而 $i+k+1$ 个顶点可以拟合 i 段 k 次 B 样条。$P_{i+l}(i=0,1,\cdots,n)$，为定义第 i 段特征多边形的 $k+1$ 个顶点。也就是说，对于 B 样条曲线来说，特征多边形每增加一个顶点，就相应增加一段 B 样条曲线。因此，B 样条曲线很好地解决了曲线段的连接问题。

（2）三次 B 样条曲线

$k=3$；$i=0,1,2,3$。第 i 段三次 B 样条曲线为：

$$P(t)=\sum_{l=0}^{3}P_{i+l}B_{l,k}(t)\quad t\in[0,1]\text{其中}$$

$$B_{0,3}(t)=\frac{1}{3!}\sum_{j=0}^{3}(-1)^jC_4^j(t+3-j)^3$$

$$=\frac{1}{6}(-t^3+3t^2-3t+1)$$

$$B_{1,3}(t)=\frac{1}{3!}\sum_{j=0}^{2}(-1)^jC_4^j(t+2-j)^3$$

$$=\frac{1}{6}(3t^3-6t^2+4)$$

$$B_{3,3}(t)=\frac{1}{3!}\sum_{j=0}^{0}(-1)^jC_4^j(t-j)^3$$

$$=\frac{1}{6}t^3$$

$$B_{2,3}(t)=\frac{1}{3!}\sum_{j=0}^{1}(-1)^jC_4^j(t+1-j)^3$$

$$=\frac{1}{6}(-3t^3+3t^2+3t+1)$$

(3) B 样条曲线的性质

1) 端点性质 对于 P_i、P_{i+1}、P_{i+2}、P_{i+3} 4 个端点，可成靠近 P_{i+1}、P_{i+2} 两个型值点的一段 B 样条，再增加 1 个型值点，可利用 P_{i+1}、P_{i+2}、P_{i+3}、P_{i+4} 4 个端点再产生一段 B 样条，依次类推可以生成整个 3 次 B 样条。

2) B 样条在连接点处的连续性 n 次 B 样条曲线，具有 $n-1$ 阶导数连续性。

3) 局部性 每一段 B 样条由 4 个控制点的位置矢量组成，改变其中的一个控制点，最多影响 4 条 B 样条曲线的位置，因此，可对 B 样条曲线进行局部修改。

4) 可扩展性 增加 1 个型值点（控制点），可再增加一段 B 样条，且新增加的 B 样条与原曲线在连接点处仍是 C^2 连续。

(4) B 样条曲线的适用范围

1) 对于特征多边形的逼近性 二次 B 样条曲线优于三次，B 样条曲线三次 Bezier 曲线优于二次 Bezier 曲线。

2) 相邻曲线段之间的连续性 二次 B 样条曲线只达到一阶导数连续，三次 B 样条曲线则达到二阶导数连续。

3) 控制点的修改对曲线形状的影响 Bezier 曲线：修改一个控制点将影响整条曲线的形状。B 样条曲线：修改一个控制点只影响该控制点所在位置前后四段曲线的形状。

3.3.1.5 非均匀有理 B 样条曲线（NURBS）

随着对曲线和曲面精确描述要求的提高，NURBS 得到了较快的发展和广泛的应用。目前许多数字化设计系统支持 NURBS。

(1) NURBS 的定义

三维空间中点 $P(x,y,z)$ 所对应的齐次坐标是四维坐标，可表示为 $P^w(wx,wy,wz,w)$。如果先在四维齐次坐标系中，按着普通 B 样条曲线的拟合方法进行拟合，然后再将拟合结果转换回三维空间坐标，其所构成的曲线即有理 B 样条曲线。如果某相邻节点值的差值不等，则为非均匀有理 B 样条曲线。

(2) NURBS 曲线和曲面的特点

① 对标准的解析形状（如圆锥曲线、二次曲面等）和自由曲线、曲面提供了统一的数学表示，无论是解析形状还是自由格式的形状均有统一的表示参数，便于工程数据库的存取和调用；

② 可以通过控制点和权因子来灵活地改变形状；

③ 对插入节点、修改、分割、几何插值等处理能力较强；

④ 具有透视变换和仿射变换的不变性；

⑤ 非有理 B 样条，有理及非有理 Bezier 曲线、曲面是 NURBS 的特例表示。

3.3.2 曲面

在机械制造、汽车、飞机、船舶等产品的外形设计和放样工作中，曲面的应用非常广泛，这些部门对曲面的研究十分重视。从某种意义上讲，曲面的表示可以看作是曲线表示方法的延伸和扩展。

曲面的方程可表示为：
$$r(u,w)=[x(u,w),y(u,w),z(u,w)]$$
式中 u，w——参数。

常见的拟合曲面有三种：① Coons 曲面；② Bezier 曲面；③ B 样条曲面。

3.3.2.1 Coons 曲面

Coons 曲面是用四个角点处的位矢、切矢和扭矢等信息来控制的，如图 32-3-28 所示。在描述 Coons 曲面时，采用由 Coons 本人创造的一套记号。曲面 $r(u,w)$ 记作 uw：
$$uw=[x(u,w),y(u,w),z(u,w)]$$

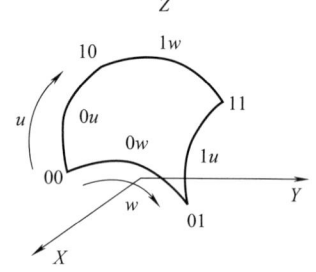

图 32-3-28 Coons 曲面

四角点位矢记作：

$$00=r(0,0) \qquad 01=r(0,1)$$
$$01=r(1,0) \qquad 11=r(1,1)$$

四角点沿 u 方向切矢记作：

$$00_u=\left.\frac{\partial r(u,w)}{\partial u}\right|_{\substack{u=0\\w=0}} \qquad 01_u=\left.\frac{\partial r(u,w)}{\partial u}\right|_{\substack{u=0\\w=1}}$$

$$10_u=\left.\frac{\partial r(u,w)}{\partial u}\right|_{\substack{u=1\\w=0}} \qquad 11_u=\left.\frac{\partial r(u,w)}{\partial u}\right|_{\substack{u=1\\w=1}}$$

四角点沿 w 方向切矢记作：

$$00_w = \frac{\partial r(u,w)}{\partial w}\bigg|_{\substack{u=0\\w=0}} \quad 01_w = \frac{\partial r(u,w)}{\partial w}\bigg|_{\substack{u=0\\w=1}}$$

$$10_w = \frac{r(u,w)}{\partial w}\bigg|_{\substack{u=1\\w=0}} \quad 11_w = \frac{r(u,w)}{\partial w}\bigg|_{\substack{u=1\\w=1}}$$

四角点处的扭矢记作:

$$00_{uw} = \frac{\partial r(u,w)}{\partial u}\bigg|_{\substack{u=0\\w=0}} \quad 01_{uw} = \frac{\partial^2 r(u,w)}{\partial u}\bigg|_{\substack{u=0\\w=1}}$$

$$10_{uw} = \frac{\partial^2 r(u,w)}{\partial u}\bigg|_{\substack{u=1\\w=0}} \quad 11_{uw} = \frac{\partial^2 r(u,w)}{\partial u}\bigg|_{\substack{u=1\\w=1}}$$

十六个控制信息写成矩阵:

$$C = \begin{bmatrix} 00 & 01 & 00_w & 01_w \\ 10 & 11 & 10_w & 11_w \\ 00_u & 01_u & 00_{uw} & 01_{uw} \\ 10_u & 11_u & 10_{uw} & 11_{uw} \end{bmatrix} = \begin{bmatrix} 角点位矢 & w\ 向切矢 \\ u\ 向切矢 & 扭矢 \end{bmatrix}$$

Coons 曲面的形状、位置与切矢、位矢有关,与扭矢无关,扭矢只反映曲面的凹凸程度。Coons 曲面是双三次曲面,其方程为:

$$uw = U \cdot M \cdot C \cdot M^T \cdot W^T \quad (0 \leqslant u \leqslant 1, 0 \leqslant w \leqslant 1)$$

式中:

$$U = \begin{bmatrix} u^3 & u^2 & u^1 & 1 \end{bmatrix} \quad W^T = \begin{bmatrix} w^3 & w^2 & w^1 & 1 \end{bmatrix}^T$$

$$M = \begin{bmatrix} 2 & -2 & 1 & 1 \\ -3 & 3 & -2 & -1 \\ 0 & 0 & 1 & 0 \\ 1 & 0 & 0 & 0 \end{bmatrix}$$

$$M^T = \begin{bmatrix} 2 & -3 & 0 & 1 \\ -2 & 3 & 0 & 0 \\ 1 & -2 & 1 & 0 \\ 1 & -1 & 0 & 0 \end{bmatrix}$$

3.3.2.2 Bezier 曲面

Coons 曲面的扭矢往往不易理解,使用不方便。另外,要构造一张曲面,已知条件矢切矢和扭矢,在工程中也是不太现实。Bezier 曲面很好地克服了这一困难。

$$B = \begin{bmatrix} Q_{00} & Q_{10} & Q_{20} & Q_{30} \\ Q_{01} & Q_{11} & Q_{21} & Q_{31} \\ Q_{02} & Q_{12} & Q_{22} & Q_{32} \\ Q_{03} & Q_{13} & Q_{23} & Q_{33} \end{bmatrix}$$

Bezier 曲面是 Bezier 曲线的扩展,Bezier 曲面的边界线就是由四条 Bezier 曲线构成的。三次 Bezier 曲线段由四个控制点确定,三次 Bezier 曲面片则由 4×4 控制点确定,如图 32-3-29 所示。16 个控制点组成一个矩阵:

曲面的形状、位置由边界上的四个角点决定。中

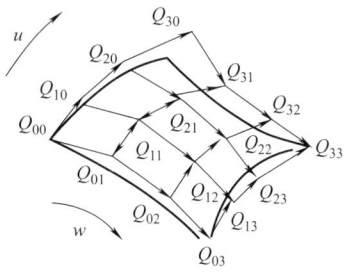

图 32-3-29 Bezier 曲面

间四个角点只反映曲面的凹凸程度。

Bezier 曲面的表达式为:

$$v(u,w) = U \cdot N \cdot B \cdot N^T \cdot W^T \quad (0 \leqslant u \leqslant 1, 0 \leqslant w \leqslant 1)$$

式中: $U = \begin{bmatrix} u^3 & u^2 & u^1 & 1 \end{bmatrix} \quad W^T = \begin{bmatrix} w^3 & w^2 & w^1 & 1 \end{bmatrix}^T$

$$N = \begin{bmatrix} -1 & 3 & -3 & 1 \\ 3 & -6 & 3 & 0 \\ -3 & 3 & 0 & 0 \\ 1 & 0 & 0 & 0 \end{bmatrix} = N^T$$

3.3.2.3 B 样条曲面

B 样条曲面也是 B 样条曲线的推广,与三次 Bezier 曲面一样,三次 B 样条曲面片也是由 4×4 控制点确定的,控制矩阵和曲面图形与 Bezier 曲面相同。与三次 B 样条曲线一样,三次 B 样条曲面也很好地解决了曲面片之间的连接问题。

曲面的表达式为:

$$v(u,w) = U \cdot N \cdot B \cdot N^T \cdot W^T \quad (0 \leqslant u \leqslant 1, 0 \leqslant w \leqslant 1)$$

式中 U、W、B——与 Bezier 曲面是一样的。

$$N = 1/6 \begin{bmatrix} -1 & 3 & -3 & 1 \\ 3 & -6 & 3 & 0 \\ -3 & 0 & 3 & 0 \\ 1 & 4 & 1 & 0 \end{bmatrix}$$

双三次 B 样条曲面由空间的 4×4 特征点阵定义了一个 B 样条曲面片。在参数 u、w 方向每增加 4 个特征点,则增加一个 B 样条曲面片,并可自然保证二阶连续。

第4章 产品的数字化造型

4.1 概述

几何造型技术是数字化设计技术的核心与基础，是利用计算机以及图形处理技术来构造物体的几何形状、模拟物体静、动态处理过程的技术。通常，把能够定义、描述、生成几何模型，并能够进行交互编辑处理的系统称为几何造型系统。几何造型系统可分为线框造型、曲面造型和实体造型系统。

采用几何造型技术形成的物体的几何模型是对原物体确切的数学表达或对其某种状态的真实模拟。依据几何模型提供的各种信息，可以进行物体的运动学和动力学分析、结构分析、干涉检查、生成数控加工程序等后续应用。

目前，产品造型技术主要有线框造型技术、曲面造型技术、实体造型技术、参数化造型技术和特征造型技术等。

近年来，产品的结构化建模成为人们研究的重点。它包含了产品从零件、部件到装配的完整信息。产品的结构化建模提供了统一、完整的产品信息，为信息共享创造了条件。它是企业级的产品数字化模型，也是实现并行工程、虚拟产品开发和集成制造的信息源。

4.2 形体在计算机内部的表示

在计算机内部用一定结构的数据来描述、表示三维物体的几何形状及拓扑信息，称为形体在计算机内部的表示。它的实质就是物体的几何造型，目的是使计算机能够识别和处理对象，并为其他产品数字化开发模块提供信息源。

4.2.1 几何信息和拓扑信息

三维实体造型需要考虑实体的几何信息和拓扑信息。其中，几何信息是指构成几何实体的各几何元素在欧氏空间中的位置和大小。常用数学表达式描述几何元素在空间中的位置及大小。但是，数学表达式中的几何元素是无界的。实际应用时，需要把数学表达式和边界条件结合起来。

从拓扑信息的角度来看，顶点、边和面是构成模型的三个基本几何元素；从几何信息的角度来看，则分别对应点、直线（或曲线）和平面（或曲面）。上述三种基本元素之间存在多种可能的连接关系。以平面构成的立方体为例，它的顶点、边和面的连接关系共有九种：面相邻性、面-顶点包含性、面-边包含性、顶点-面相邻性、顶点相邻性、顶点-边相邻性、边-面相邻性、边-顶点相邻性、边相邻性等。

4.2.2 形体的定义及表示形式

在几何造型中，任何复杂形体都是由基本几何元素构造而成的。几何造型通过对几何元素的各种变换、处理以及集合运算产生所需要的几何模型。空间几何元素的定义，是了解和掌握几何造型技术的基础，并为进一步熟练应用不同软件所提供的各种造型功能打下基础。

(1) 点

点是几何造型中最基本的几何元素，任何几何形体都可以用有序的点的集合来表示。点分为端点、交点、切点、孤立点等。在形体定义中，一般不允许存在孤立点。在自由曲线和曲面的描述中常用到三种类型的点，即控制点、型值点和插入点。

(2) 边

边指两个相邻面或多个相邻面之间的交界。对于正则形体，一条边只能有两个相邻面；而对于非正则形体，一条边则可以有多个相邻面。边由两个端点定界，即由边的起点和终点界定。直线边或曲线边都是由其端点界定的。但曲线边通常由一系列型值点或控制点来定义，或用显式或隐式方程表示。边具有方向性，其方向为由起点沿边指向其终点。

(3) 面

面是形体表面的一部分，由一个外环和若干个内环界定其范围。一个面可以没有内环，但必须有并且只能有一个外环。一个面的外环决定了该面的最大外部边界，一个面的若干个内环确定了该面内部所覆盖的所有内部边界。面具有方向性，一般用面的外法矢方向作为该面的正方向，该外法矢方向通常由组成面的外环的有向棱边按右手法则定义。在几何造型系统中，面通常分为平面、柱面、球面、抛物面等二次解析曲面，以及 Bezier 曲面、B 样条曲面等自由型曲面形式。

(4) 环

环是有序、有向边（直线段或曲线段）组成的面的封闭边界。环中的边不能相交，相邻两条边共享一个端点。环有内外之分，确定面的最大外边界的环称为外环，确定面中内孔或凸台边界的环称为内环。环同样具有方向性，外环各边按逆时针方向排列，内环各边按顺时针排列，因此，在面上任一个环的左侧总在面内，而右侧总在面外。

（5）体

体是三维几何元素，是由封闭表面围成的维数一致的有效空间。为了保证几何造型的可靠性和可加工性，要求形体上任意一点的足够小的邻域在拓扑上应是一个等价的封闭圆，即围绕该点的形体邻域在二维空间中可构成一个单连通域。把满足这个定义的形体称为正则形体。形体的正则性限制任何面必须是形体表面的一部分，不能是悬面；每条边有且只能有两个邻面，不能是悬边；点至少和三条边邻接。图 32-4-1 所示是几个非正则形体的例子。

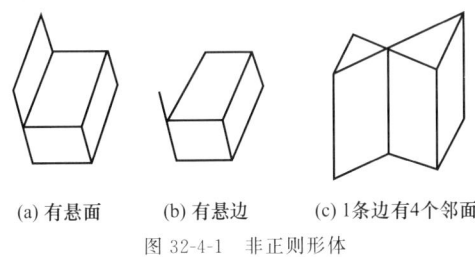

(a) 有悬面　　(b) 有悬边　　(c) 1条边有4个邻面

图 32-4-1　非正则形体

（6）外壳

外壳是指在观察方向上所能看到的形体的最大外轮廓线。

（7）体素

体素是指能用有限个尺寸参数定位和定形的体。体素通常指一些常见的可用以组合成复杂形体的简单实体，如长方体、圆柱体、圆锥体、球体、棱柱体、圆环体等，也可以是某一轮廓线沿某条空间参数曲线做平移扫描或回转扫描运动所产生的形体。

（8）定义形体的层次结构

几何元素之间有两种重要的信息表示：一是几何

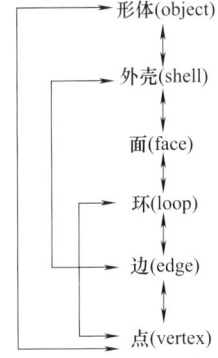

图 32-4-2　几何形体的层次结构

信息，用来表示几何元素的性质和度量关系，如位置、大小和方向等；二是拓扑信息，用以表示上述几何元素间的连接关系。形体在计算机内由几何信息和拓扑信息定义，通常用 6 层结构表示，如图 32-4-2 所示。

4.3　线框造型系统

（1）线框造型定义和特点

线框造型（wireframe modeling）是最早采用的几何造型方式，且至今仍在广泛应用。线框造型用顶点和边表示形体，通过对点和边的修改来改变构造体的形状，即构造模型是一个简单的线框图。与该模型相关的数学表达是直线或曲线方程、点的坐标以及边和点的连接信息。该连接信息决定哪些点分别是哪条边的端点，以及哪些边在哪个点上与其他边相邻。用线框造型构造的模型称为线框模型（wireframe Model），如图 32-4-3 所示。

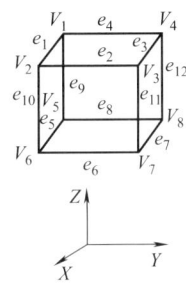

顶点	坐标值		
	x	y	z
1	0	0	1
2	0	1	1
3	1	1	1
4	1	0	1
5	0	0	0
6	0	1	0
7	1	1	0
8	1	0	0

棱线	顶点号	
1	1	2
2	2	3
3	3	4
4	4	1
5	1	5
6	2	6
7	3	7
8	4	8
9	5	6
10	6	7
11	7	8
12	8	5

(a) 线框模型　　(b) 顶点表　　(c) 棱线表

图 32-4-3　线框模型的数据结构

线框模型具有结构简单、易于理解等特点，是曲线造型和实体造型的基础。但是，用线框造型构造出的几何形体易产生不确定性。

同时，由于线框造型给出的不是连续的几何信息（只有顶点和棱边），不能明确定义给定点与形体之间的关系（即不能说明点是在形体的内部、外部还是表面），而缺乏这些信息则无法对构造模型进行物性分析、有限元分析，不能生成加工表面的刀具路线，也不能生成剖切图、渲染图等。由于这些问题的存在，线框造型正在逐渐被曲面造型和实体造型所取代。

（2）线框模型的优缺点

1）优点

① 构造模型时操作简便，处理速度快且占用内存少，特别适用于设计构思、建立设计图的总体空间位置关系及图形的动态交互显示；

② 利用投影变换，由三维线框模型可方便地生成各种正投影图、轴测图和任意观察方向的透视投影图。

2) 缺点
① 易出现二义性理解；
② 缺少曲面边缘侧影轮廓线；
③ 缺少边与面、面与体之间关系的信息，不能描述产品。

4.4 曲面造型系统

(1) 曲面造型的定义和特点

曲面造型（surface modeling）是用有向棱边围成的部分定义形体表面，由面的集合来定义形体。曲面造型在线框模型的基础上增加了有关面的信息（包括面、边信息和表面特征信息）以及面的连接信息（如面和面之间如何连接，某个面在哪条边上与另外一个面相邻等）。曲面造型可以满足求交、消隐、渲染处理和数控加工等要求，但曲面造型没有明确提出实体在表面的哪一侧，因此，在物性计算、有限元分析等应用中，表面模型在形体的表示上仍然缺乏完整性。由曲面造型构造的模型称为表面模型（surface model）。如图 32-4-4 所示立方体的表面模型的数据结构是在线框模型数据结构的基础上增加面的有关信息。

曲面造型系统用于构造复杂曲面，其目的主要有两个：一是从美学和外形功能要求的角度对构造模型进行评价和修改，如汽车、飞机、船舶等对外形要求较高的产品的造型设计；二是对构造曲面生成 NC 加工程序，完成对该曲面的加工。

(2) 曲面造型的方法

常用曲面造型的方法见表 32-4-1。

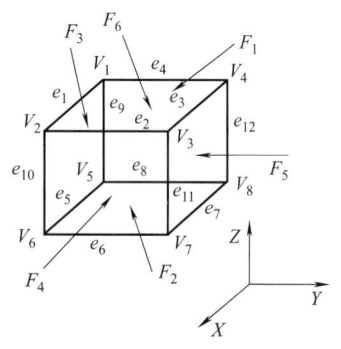

顶点	坐标值		
	x	y	z
1	0	0	1
2	1	0	1
3	1	1	1
4	0	1	1
5	0	0	0
6	1	0	0
7	1	1	0
8	0	1	0

棱线	顶点号	
1	1	2
2	2	3
3	3	4
4	4	1
5	5	6
6	6	7
7	7	8
8	8	5
9	1	5
10	2	6
11	3	7
12	4	8

表面F	棱线号			
1	1	2	3	4
2	5	6	7	8
3	1	10	5	9
4	2	11	6	10
5	3	12	7	11
6	4	9	8	12

(a) 线框模型　　(b) 顶点表　　(c) 棱线表　　(d) 表面表

图 32-4-4　表面模型的数据结构

表 32-4-1　　　　　常用曲面造型的方法

方　　法	造型方法	图　　例
扫描曲面-线形拉伸面	由一条曲线（母线）沿着一定的直线方向移动而形成的曲面	投影向量
扫描曲面-旋转面	由一条曲线（母线）绕给定的轴线，按给定的旋转半径旋转一定的角度扫描而成的曲面	中心线

续表

方　法	造型方法	图　例
扫描曲面-扫成面	由一条曲线（母线）沿着另一条（或多条）曲线绕扫描而成的曲面	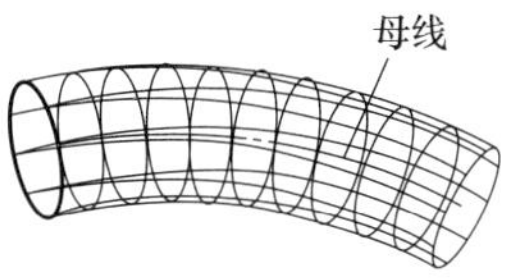
直纹面	以直线为母线，直线的端点在同一方向上沿着两条轨迹曲线移动所生成的曲面。如圆柱、圆锥面等都是典型的直纹面	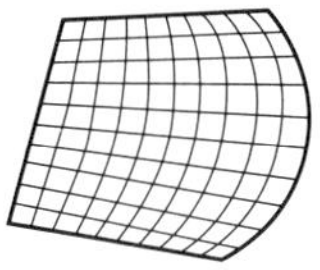
复杂曲面-Coons 曲面	由四条封闭边界所构成的曲面，主要用于构造一些通过给定值点的曲线	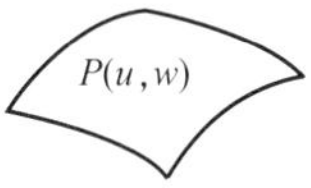 $P(u,w)$
复杂曲面-Bezier 曲面	由位于矩形网格上的一组输入点（称为控制顶点）构造曲面，是以逼近为基础的曲面设计方法	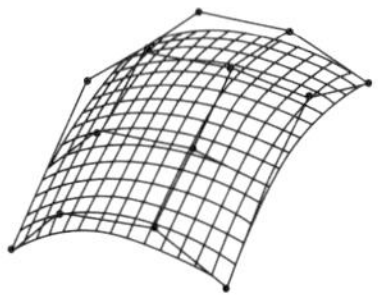
复杂曲面-B 样条曲面	由位于矩形网格上的一组输入点（称为控制顶点）构造曲面，是 B 样条曲线、Bezier 曲面方法在曲面构造上的推广	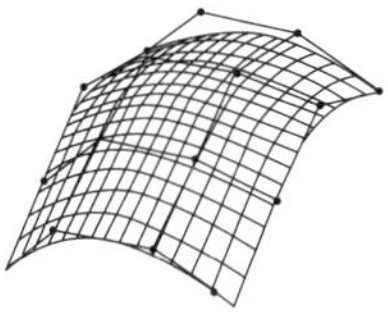
圆角曲面 (fillet surface)	它是两个曲面间的过渡曲面，性质为 B 样条曲面 说明：尽管定义曲面的方式多种多样，但它们都可以由 NURBS 曲面统一表示	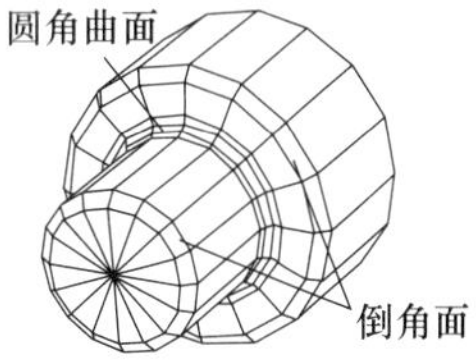
组合曲面 (composite surfaces)	由曲面片拼合成的复杂曲面。现实中，复杂的几何产品很难用一张简单的曲面进行表示。将整张复杂曲面分解为若干曲面片，每张曲面片由满足给定边界约束的方程表示 理论上，采用这种分片技术，任何复杂曲面都可以由定义完善的曲面片拼合而成	

(3) 曲面造型的优缺点

1) 优点

① 面造型能够构造诸如汽车、飞机、船舶、模具等非常复杂的物体；

② 面模型比线框模型提供了形体更多的几何信息，因而还可实现消隐、生成明暗图、计算表面积、生成表面数控刀具轨迹及有限元网格等。

2) 缺点

① 操作复杂，需具备一定的曲面造型知识；

② 由于缺乏面与体的关系，不能区别体内与体

外,不能指出哪里是物体的内部、哪里是物体的外部,因此,表面模型仅适用于描述物体的外壳。

4.5 实体造型系统

4.5.1 实体造型的定义

实体造型（solid modeling）系统用于构造具有封闭空间、称为实体的几何形体。实体造型在表面模型的基础上明确定义了在表面的哪一侧存在实体,增加了给定点与形体之间的关系信息（点在形体内部、外部或在形体表面）。在实体造型系统中,可以得到所有与几何实体相关的信息。有了这些信息,应用程序就可完成各种操作,如物性计算、有限元分析、生成数控加工程序等。由实体造型构造的模型称为实体模型（solid mode）。实体模型是具有封闭空间的几何形体。实体模型在定义表面的同时,由各表面外环的有向棱边按右手法则定义了表面的外法矢方向,表面外法矢方向的反向为实体存在的一侧,如图32-4-5所示。在相邻两个面的公共边界上,棱边的方向相反。此外,也可以在定义表面的同时给出实体存在侧的一点,或通过直接定义表面的外法矢方向（在定义表面的同时,定义其外法矢方向）来指明在表面的哪一侧存在实体。

实体模型的核心问题是采用什么方法来表示实体。其与线框模型和表面模型的根本区别在于:实体模型不仅记录了全部几何信息,而且记录了全部点、线、面、体的信息。

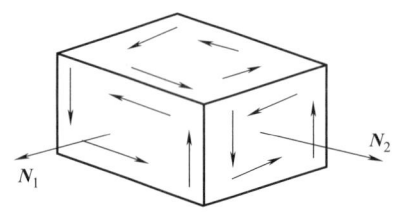

图 32-4-5　实体模型

在实体造型系统中,三维形体是通过各种造型功能构造的。随着实体的创建,与实体相关的数学描述也存储于计算机中。为了明确地表达和构造一个三维形体,在几何造型系统中,常用三种描述实体的数据结构:构造的实体几何表示法（constructive solid geometry representation）,简称 CSG 法;边界表示法（boundary representation）,简称 B-Rep 法;此外,还有实体空间分解枚举（八叉树）模型（decomposition model）。

4.5.2 构建实体几何模型（CSG）

CSG 法以二叉树形式说明通过基本体素间的集合运算来构造复杂形体的历史过程,这种形式称为 CSG 树型结构。基本体素间的集合运算例子如图 32-4-6 所示。

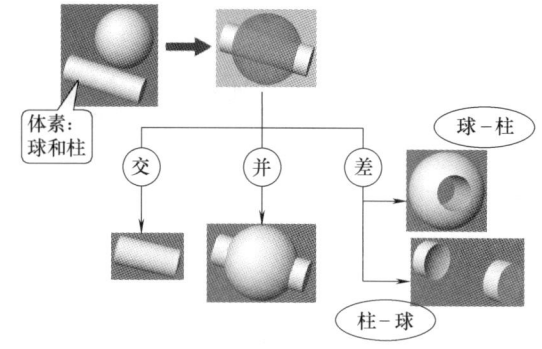

图 32-4-6　体素间的集合运算

CSG 树型结构的叶子节点表示体素或其几何变换参数,中间节点表示施加于其上的集合运算或几何变换的定义,其根节点为构造的几何形体,如图 32-4-7 所示。

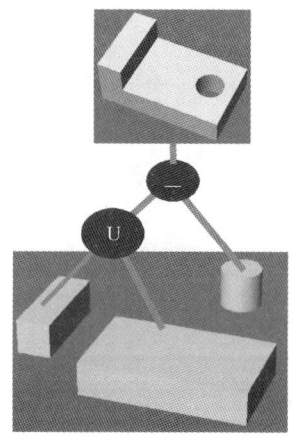

图 32-4-7　形体的 CSG 表示法

采用 CSG 数据结构具有以下优点。

① 数据结构简单、紧凑,数据管理方便。

② CSG 树存储的都是正则实体,给出了实体内外区域的明确定义。

③ 实体的 CSG 表示法随时可转换成相应的 B-Rep 表示法,因此,CSG 树型表示可以被用作为 B-Rep 编写的应用程序的接口（界面）。

④ 通过改变相关体素的参数可以很容易地实现参数化造型。

然而,CSG 树型结构也有一些缺点,如下所示:

① 由于 CSG 树存储的是集合运算的历史，因此其造型过程只采用集合运算，这使其应用范围受到了限制，一些很方便的局部修改功能，如拉伸、倒圆等不能使用。

② 由 CSG 树中得到边界表面，边界棱边以及这些边界实体连接关系的信息需要进行大量的运算。因此，由一个采用 CSG 树型结构表示的形体中提取出所需要的边界信息是一件很困难的事。

基于 CSG 法的缺点，在实体造型中通常采用混合表示，即用 CSG 法实现实体的定义和输入后，将其转换成边界表示，再进行运算和显示输出。

4.5.3 边界表示几何模型（B-Rep）

组成实体边界的基本元素是顶点、棱边和面。边界表示法（B-Rep）存储了组成实体边界的基本元素（即顶点、棱边和面）及其连接关系信息，即采用边界表示定义的实体为有限数量的面的集合，而每个表面又可用它的边及顶点加以表示，如图 32-4-8 所示。

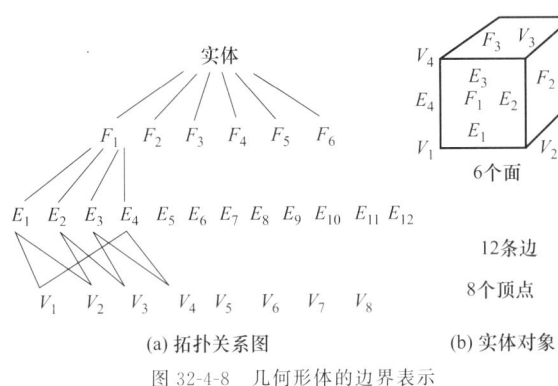

图 32-4-8 几何形体的边界表示

在此结构表示中，表达元素之间关系的信息为拓扑信息，表达元素本身形状和位置的信息为几何信息。

根据上述 B-Rep 表示可建立 B-Rep 数据结构的关系列表，关系列表由面表、边表和点表三部分组成。面表存储面名及构成该面的各边界棱边，各边的排列顺序按在形体外观察形体时的逆时针方向排列，在存储每个面的同时，还存储面的哪侧存在实体这一信息，即可在面的任一侧定义一个点并规定该侧是否存在实体；边表存储边名及构成边的起点和终点；点表存储各顶点名及一个定义实体存在的位于形体内的点，以及这些点的坐标值，这些坐标通常在构造几何形体的相应坐标系下定义。

B-Rep 法与表面模型的区别：边界表示法的表面必须封闭、有向，各个表面间有严格的拓扑关系，形成一个整体；而表面模型的面可以不封闭，面的上下表面都可以有效，不能判定面的哪一侧是体内与体外；此外，表面模型没有提供各个表面之间相互连接的信息。

B-Rep 法的优点与缺点如下。

① 优点：详细记录了三维形体所有几何元素的几何信息和拓扑信息，这在图像生成和模型表面积计算等应用中表现出明显的优点；此外，B-Rep 法所表示的实体不存在二义性。

② 缺点：存储量大、不能反映形体的构造过程。

4.5.4 空间位置枚举法（spatial oeeupaney enumeration）

空间位置枚举法是将物体所占据的整个空间分割为形状、大小相同的单元（如立方体），这些单元在空间以固定的规则网格连接起来，互不重叠，根据物体是否占据网格位置来定义物体的形状和大小。相应的数据结构是个三维数组，每个单元用数组的一个元素来表示，若此单元被物体所占据，则对应数组元素赋值为 1，否则为 0。数组的长度取决于所选取的分辨率，通常所描述物体的形状越复杂，细节越丰富，精度要求越高，则选取的空间分辨率也较高。此方法通常不单独使用，而是与其他表示法配合，作为中间表示来使用。

空间位置枚举法由于采用了三维数组表示，很容易建立几何体素的空间索引，对于需要进行空间搜索的操作（如查询、删除等），可大大地提高运算效率；三维数组可明确地体现几何单元间的拓扑关系，因而对两个空间实体进行交、并、差等布尔运算非常容易实现。此方法很容易判断某一空间位置是在物体内还是物体外，此特性使 CAD/CAM 系统中的干涉检查变得非常简单。空间位置枚举法无论选取多小的基本单元，由于没有部分空间占据的概念，所以空间实体的表达只能是近似的，描述的精度不高；随精度的增加，所需的存储空间会急剧增大。该方法难以操纵单个空间物体，难以实现对空间物体的旋转及坐标变换等。这种存储数据的结构是大型的稀疏数组，没有经过任何压缩，存储空间的利用率极低，计算速度也较慢。

4.5.5 实体空间分解枚举（八叉树）表示法（spatial partitioning representations）

八叉树表示法由空间位置枚举法发展而来，是一种层次数据结构，首先定义一个能够包含所表示物体的立方体，该立方体的三条棱边分别与所建立的坐标系平行，边长为 $2n$；如果物体占据了整个立方体，则可用此立方体表示该物体，否则将立方体平分为八个空间区域,每个区域均为边长缩小一半的立方体,对体内空间全部被物体占据的小立方体标识为"1",若小立方体区域内不出现物体则标识为"0",对不符合上述两条的小立方体标识为"-1",接着对每个区域重复上述的分割过程,直至得到的立方体边长为单位长度为止。由此可见,物体可在软件程序里表示为一棵八叉树,标志为"1"和"0"的区域为终结点,不需进一步分割;而标志为"1"的区域为中间结点,需要进一步分割。

八叉树表示法结构简单,数据结构适于计算机表达,检索效率高,存储快捷;对复杂形状的实体表达非常有效,并且不受物体具体形状的影响;布尔操作和几何特征的计算效率很高;八叉树的结构特点使得物体的显示变得容易。

八叉树的表示精度取决于空间分辨率,只能是近似地表示空间物体;占用的存储空间较大,几何变换的计算量较大;模型生成依赖于其他表示法(如三维数组);布尔运算中对于面的计算具有较高的不确定性。

4.5.6 扫描表示法(sweep representations)

空间中的二维形体沿着某一路径扫描时的运动轨迹将定义一个二维或三维物体,这种方法为扫描表示法。扫描表示法有两个要素:一个是运动的形体,称为基体,它可以为曲线、面;另一个是扫描运动的轨迹,称为扫描轨迹。图32-4-9所示为用扫描表示法生成实体的例子。

在以 B-rep 法表示为主的实体系统中,扫描表示法经常作为一种输入形体的手段。其过程是:设计二维图形→调用扫描命令→生成三维实体。

4.6 基于特征的实体造型

在实体造型时,几何模型难以修改,不能适应产品开发的动态过程。实体造型系统主要着眼于完善产品的几何描述能力,它只存储了物体的几何形状信息,缺乏产品在开发和生产整个生命周期所需的全部信息,如材料、尺寸公差、加工特征信息、表面粗糙度和装配要求等。因此,实体造型不能符合数据交换规范的产品模型,导致 CAD/CAE/CAPP/CAM/PDM 集成的先天困难。

另外,实体造型系统所提供的造型手段不符合工程师的设计习惯。它只提供了点、线、面或体素拼合这些初级构形手段,不能满足设计、制造对构形的需要。这是因为设计工程师和制造工程师在设计一个零件时,总是从那些对设计或制造有意义的基本特征出发进行构思以形成所需的零件。其中特征包括各种槽(如方形槽、V形槽、燕尾槽、盲槽)、凹坑、圆孔、螺纹孔、顶尖孔、退刀槽、倒角等。因此,为适应数字化设计与制造发展的需要,特征造型技术得到了应用和发展。特征模型中的几何分析、处理,在模型内部仍然需要通过三维实体几何模型技术实现,即特征造型是以实体造型为基础用具有一定设计或加工功能的特征作为造型的基本单元建立零部件的几何模型。

4.6.1 特征造型的定义

特征是一种综合概念,它作为"产品开发过程中各种信息的载体",除了包含零件的几何拓扑信息外,还包含了设计制造等过程所需要的一些非几何信息,如材料信息、尺寸形状、公差信息、热处理及表面粗糙度信息和刀具信息等。因此特征包含丰富的工程语义,它是在更高层次上对几何形体上的凹腔、孔、槽等的集成描述,因此我们将特征定义为:一组具有确定的约束关系的几何实体,它同时包含某种特定的语义信息。将特征表达为如下形式:

$$产品特征 = 形状特征 + 工程语义信息$$

其中语义信息包括三类属性信息,即静态信息——描述特征形状、位置属性数据;规则和方法——确定特征功能和行为;特征关系——描述特征间

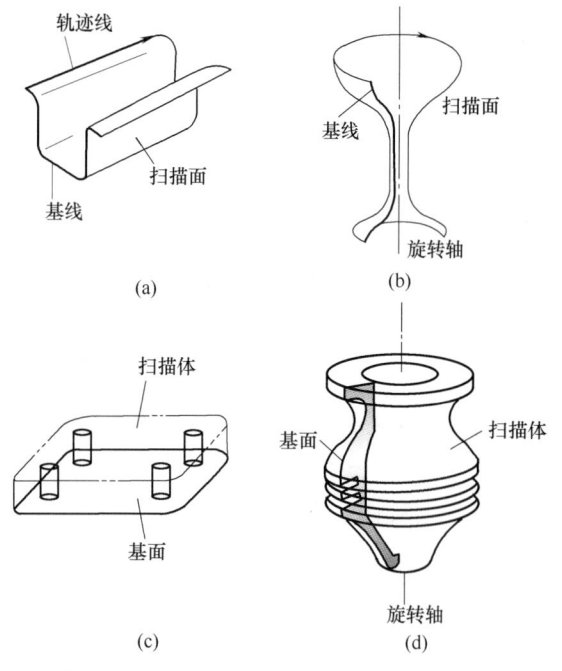

图 32-4-9 用扫描表示法生成实体

相互约束关系。依据不同应用功能，可以为特征赋予不同的语义信息。

4.6.2 特征的分类

特征中的属性可以包含多种信息和内容。一般情况下，特征可分为以下类型。

① 形状特征：用来描述具有一定工程意义的几何信息。形状特征又分为主特征和辅特征。其中，主特征用于构造特征的主题形状结构，辅特征用于对主特征进行局部修改，并依附于主特征。辅特征有正负之分。正特征向零件加材料，如凸台、筋等形状实体；负特征向零件减材料，如孔、槽等形状实体。辅特征还包括修饰特征，用来表示印记和螺纹等。

② 精度特征：用于描述产品几何形状、尺寸的许可变动量及其误差，如尺寸公差、形位公差、表面粗糙度等。精度又可细分为形状公差特征、位置公差特征、表面粗糙度等。

③ 性能分析特征：也称为技术特性，用于表达零件在性能分析时所使用的信息，如有限元网格划分等。

④ 材料特征：用于描述材料的类型、性能以及热处理等信息，如力学特性、物理特性、化学特性、导电特征、材料处理方式及条件等。

⑤ 装配特征：用于表达零部件的装配关系。此外，装配特征还包括装配过程中的所有信息（简化表达、相互配置方位、接合面及配合性质），以及装配过程中生成的形状特征（如配钻等）。

⑥ 运动学特征：用于表达连接副的相对运动关系等。

⑦ 补充特征：也称为管理特征，用于表达一些与上述特征无关的产品信息。如成组技术（GT）用于描述零件的设计编码等管理信息。

形状特征是特征造型的基本特征，其他特征是以形状特征为载体的附加特征。在实体造型系统中，特征集合和特征图库是根据几何形体的经常性和使用程度的高低建立的。根据设计和加工功能的需要，特征应是发展和可扩充的。用户可根据需要建立其他特征类型以组成用户化的特征库。

4.6.3 特征造型技术的实施

在实施特征造型技术时，可考虑如下要领。

① 特征造型系统必须建立在通用几何造型的平台上，具有线框、曲面和实体混合建模能力，同时针对某些专业应用领域的需要配置特征库。特征的定义是参数化的，每次调用时向各个参数赋值，实时生成需要的形体。

② 特征形素的主导连接形式是贴合，相当于加工特征中的辅助型面依附在主型面上。

③ 两个邻接形素间的共享面可以称作连接面。特征造型的数据结构中增加这一新单元后可以方便从父特征出发迅速找到某一面上所寄生的各个特征，对照加工过程，连接面实际上就是操作面。

④ 在特征造型中，子特征在父特征连接面的局部坐标中定位，某一特征定形和定位参数的修改可以局部操作完成，自动保持形素间的连接不变。

⑤ 三维空间特征体的定位由同向共面、反向共面、同轴、轴线平行、轴-轴等距平行、面-面等距平行 6 种定位约束关系的两两组合或多个组合实现。

4.6.4 特征造型的优点

① 在更高的层次上从事产品设计工作。使设计人员将更多的精力用在创造性构思上；使产品设计更易为别人所理解；使设计的图样更容易修改。

② 有助于加强产品设计、分析、工艺准备、加工、检验各部门之间的联系。

③ 促进产品的集成信息模型的实现，因为特征造型能够很好地表达产品的完整的技术和生产管理信息。

④ 有助于推动行业内的产品设计和工艺方法的规范化、标准化和系列化。

⑤ 促进智能数字化设计系统和智能制造系统的逐步实现。

4.6.5 参数化造型

传统的造型方法建立的几何模型具有确定的形状及大小。模型建立后，零件的形状和尺寸的编辑、修改过程烦琐，难以满足数字化设计的需要。参数化造型使用约束来定义和修改几何模型。约束反映了设计时考虑的因素，包括尺寸约束、拓扑约束及工程约束（如应力、性能）等。参数化设计中的参数与约束之间具有一定关系。当输入一组新的参数值，而保持各参数之间的原有约束关系时，就可以获得一个新的几何模型。因此，使用参数化造型软件时，不需关心几何元素之间能否保持原有的约束条件，从而可以根据产品的需要动态地、创造性地进行产品设计。

（1）尺寸驱动系统

尺寸驱动系统也称为参数化造型系统，但它只考虑尺寸及拓扑约束，不考虑工程约束。它采用预定义的方法建立图形的几何约束，并指定一组尺寸作为与几何约束集相关联。因此，当改变尺寸值时，对应的图形即发生改变。尺寸驱动可以大大提高产品的设计效率和质量。

图 32-4-10 (a) 为零件活塞尺寸驱动前图形，图 32-4-10 (b) 为零件活塞尺寸驱动后图形。

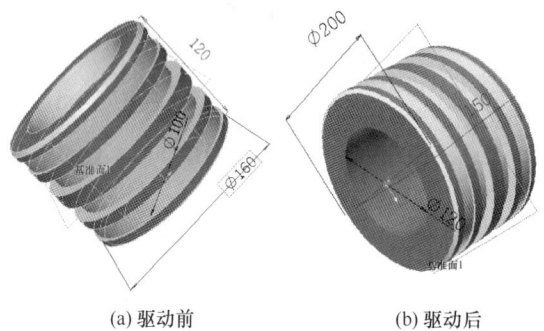

(a) 驱动前　　　　　(b) 驱动后

图 32-4-10　尺寸驱动的参数化造型

(2) 变量驱动系统

变量驱动也叫作变量化建模技术。变量化驱动将所有的设计要素如尺寸、约束条件、工程计算条件甚至名称都视为设计变量，同时允许用户定义这些变量之间的关系式以及程序逻辑，从而使设计的自由度大大提高。变量驱动进一步扩展了尺寸驱动这一技术，给设计对象的修改增加了更大的自由度。变量化建模技术为数字化设计软件带来了空前的适应性和易用性。

4.6.6　参数化特征造型系统

将参数化造型的思想用到特征造型中来，用尺寸驱动或变量设计的方法定义特征并进行相关操作，对产品的特征进行参数化造型，就形成了参数化特征造型，目前许多主流的实体造型系统如 I-DEAS、Pro/Engineer、Unigraphics、CATIA、SolidWorks 等均提供了有关功能。

4.7　装配造型

在几何造型系统中，线框、曲面或实体造型主要用于单个零件的设计或构造，而非零件装配。工程师通常首先进行零件的设计，然后在产品开发的后期将其装配在一起以确定零件配合是否合理以及产品是否按预期的设想运行。

20 世纪 90 年代，随着并行工程的发展，推动了装配设计功能的开发。装配造型（装配设计）精确地保存了零件的设计过程和零件间的关系，设计人员可以按照零件间的配合顺序关系构造零件的几何形状。使用装配设计最多的行业是汽车业和航空业，这是因为其高度复杂的产品结构不仅要求其分布于世界各地的工程技术人员协同工作，并且对其第二或第三供应商也有同样的要求。

4.7.1　装配造型的功能

目前，大型数字化设计系统的装配模块为零件分类、装配以及子装配的构成提供了一种逻辑结构，该结构可使设计人员识别单个零件、保留（保存）相关零件的过程数据、保存零件在装配体中的相互关系。由装配造型系统保存的关系数据包含了在一个装配体中有关零件及其连接的大量信息。其中，零件间的配合条件是最重要的关系数据，该条件用于识别一个零件如何被连接到另一个零件（如配合面是平面还是同轴柱面）。

利用装配体中有关配合、位置以及方位等数据，装配造型可以精确地识别零件是如何连接的。在许多系统中，零件的位置和方位数据都可由配合条件得到。

装配造型系统也提供创建零件间的参数约束关系，以及由一个零件及与该零件具有配合关系的其他零件测量其大小和尺寸的功能，这样可使用户方便地在配合部位重新输入几何数据。当某个零件被修改后，设计者不必再对整个装配体进行修改，而系统会自动完成对所有相关零部件的修改。图 32-4-11 所示为由 SolidWorks 软件装配模块创建的装配设计。

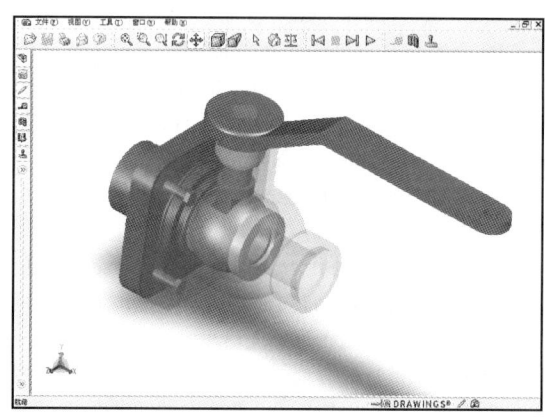

图 32-4-11　装配设计

装配造型系统可使设计人员创建和处理零件间的所有装配约束、定义相关零件的位置和运动。装配约束则可以捕捉各种设计意图，包括零件的公共尺寸、零件的相对位置，零件的排列、连接条件、工作参数以及一般配合条件等。

4.7.2　装配浏览

所有装配设计系统均提供某种类型的浏览器，以允许用户在零件定位、关系定义以及访问数字化设计模型、图纸和相关的零件数据方面与系统进行交互。浏览器采用树型结构，在不同层次的连接节点上显示零件和子装配的详细细节，浏览器通过将装配树和数字化设计模型同时显示于屏幕上来帮助用户找到有关零件，在浏览器中单击某个零件，其相关图形马上在数字化设计模型中高亮显示，反之亦然。图 32-4-12 所示为 SolidWorks 软件的装配树型结构。

另外，材质渲染显示可以以逼真的效果显示装配件中的所有零件。数字样机（Mock-up）不仅可使用户观察装配，还可以完成打包分析、干涉检查、运动分析等操作。数字样机甚至允许用户在虚拟现实环境下在装配体中漫游，以观察装配体如何工作并检查零件的相互作用。

装配模块还易于生成材料清单（BOM），该文档列出了一个产品所需要的各种材料以及一个装配体中的各个零件等。通过遍历装配结构和总结零件数据，很容易生成 BOM。

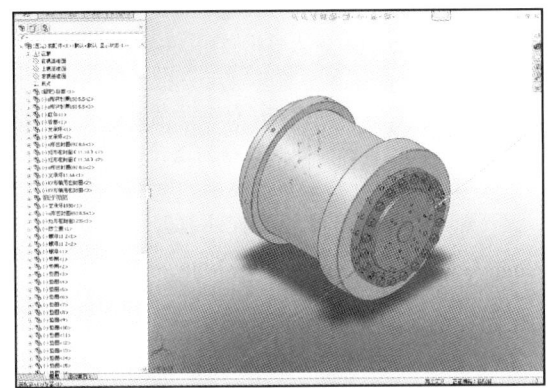

图 32-4-12　SolidWorks 软件的装配树型结构

4.7.3　装配模型的使用

由装配造型系统创建的装配模型可以以多种方式应用于产品设计。多数装配模型模块允许用户在一个装配体的零件间进行测量或由装配模型生成爆炸视图，爆炸图清晰地显示了一个装配体中所有零件的物理关系，这些视图在描述装配结构时特别有用。图 32-4-13 为液压缸的装配爆炸视图（SolidWorks 软件）。

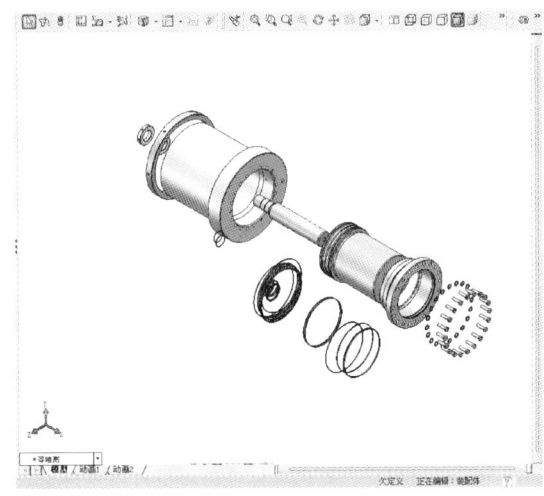

图 32-4-13　液压缸的装配爆炸视图

第5章 计算机辅助设计技术

5.1 概述

计算机辅助设计技术是 20 世纪中叶以来最重要的技术之一,它极大地改变了制造业的面貌,其应用水平体现了一个国家工业发展的水平。该技术的产生最早可以追溯到 20 世纪 50 年代,随着计算机及其外围设备的发展,各种基础理论和相关技术日趋完善,计算机辅助设计技术已逐步成为提高生产力的重要手段。

5.1.1 CAD 技术的内涵

计算机辅助设计(computer aided design,CAD),是一种用计算机硬、软件系统辅助人们对产品或工程进行设计的方法与技术,包括设计、绘图、工程分析与文档制作等技术活动,它是一种新的设计方法,也是一门多学科综合应用的新技术。

从方法学角度看,CAD 采用计算机工具完成设计的全过程,包括:概念设计、初步设计(或称总体设计)和详细设计。在设计过程中,CAD 将计算机的海量数据存储和高速数据处理能力与人的创造性思维和综合分析能力有机地结合起来,充分发挥了各自的优势。

从技术角度看,CAD 技术把产品的物理模型转化为存储在计算机中的数字化模型,从而为后续的工艺、制造、管理等环节提供了共享的信息来源。

CAD 技术综合了现代设计理论和近代信息科学技术理论,随着计算机硬件和软件技术以及相关技术的不断发展而发展,现在的 CAD 技术已成为一种广义的、综合性的关于设计问题的解决方案,它涉及以下一些基础技术。

① 图形处理技术,如二维交互图形技术、三维建模技术及其他图形输入输出技术。
② 工程分析技术,如有限元分析、优化设计方法、物理特性计算(如面积、体积、惯性矩等计算)、模拟仿真及面向各种专业的工程问题分析等。
③ 数据管理与数据交换技术,如数据库、产品数据管理(PDM)、异构系统间的数据交换及接口技术等。
④ 文档处理技术,如文档制作、编辑及文字处理等。
⑤ 界面开发技术,如图形用户界面、网络用户界面、多通道多媒体智能用户界面等。
⑥ 基于 Web 的网络应用和开发技术等。

任何设计都表现为一种过程,每个过程都由一系列设计活动组成。活动间既有串行的设计活动,也有并行的设计活动。目前设计中的大多数活动都可以用 CAD 技术来实现,但也有一些活动目前还很难用 CAD 技术来实现,如设计的需求分析、设计的可行性研究等。将设计过程中能用 CAD 技术实现的活动集合在一起就构成了 CAD 过程,图 32-5-1 就说明了设计过程与 CAD 过程的关系。随着 CAD 技术的发展,设计过程中越来越多的活动都能用 CAD 工具加以实现,因此,CAD 技术的覆盖面将越来越广,以致整个设计过程就是 CAD 过程。

现在的 CAD 过程往往与制造过程中的计算机辅助工艺规划(CAPP)和数控编程(NCP)联系在一起,形成集成的 CAD/CAPP 系统,如图 32-5-2 所示。

在图 32-5-2 中,先根据市场需求确定产品设计的性能要求,然后用专家系统进行产品方案设计,接着用三维建模软件建立产品模型,并进行工程分析和详细设计,生成数字化模型或工程图。CAPP 的功能

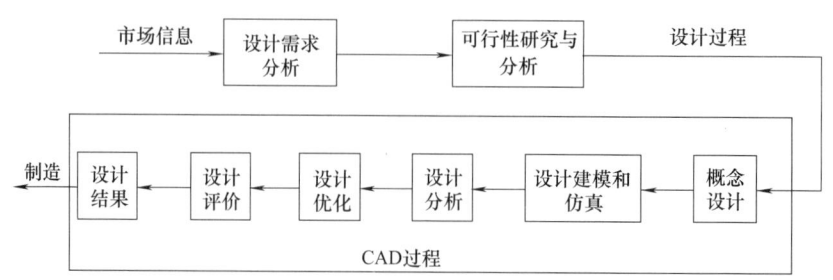

图 32-5-1 设计过程与 CAD 过程的关系

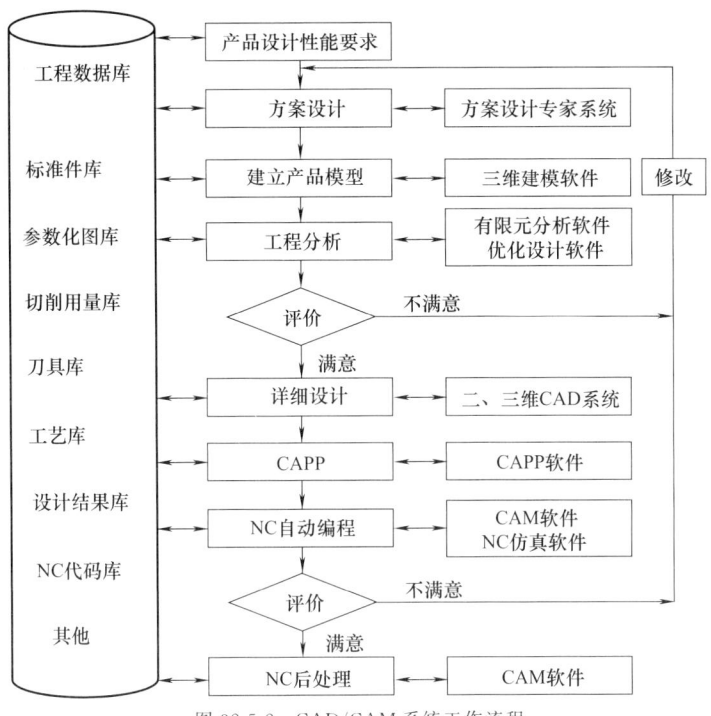

图 32-5-2 CAD/CAM 系统工作流程

是进行零件加工工艺路线及工序的编制,其作用除了为制订生产计划提供依据外,也为数控自动编程提供所需的信息。数控自动编程生成刀具加工轨迹并在屏幕上进行加工仿真,检查无误后,经后置处理生成加工代码,在数控机床上进行加工。图 32-5-2 中左边是工程数据库,构成了信息交换与集成的基础;右边列出了所需软件。

5.1.2 CAD 技术的特点与应用

5.1.2.1 CAD 技术的特点

CAD 技术是一项综合性的,集计算机图形学、数据库、网络通信等计算机及其他领域知识于一体的高新技术,是先进制造技术的重要组成部分,也是提高设计水平、缩短产品开发周期、增强行业竞争能力的一项关键技术。其特点如下。

① 提高设计效率。结构设计和工程制图的速度大大提高,且图纸格式统一、质量高,使节省的人力可应用于创造性设计,充分发挥人的长处,使设计周期大大缩短。据统计,机械产品设计周期可缩短四分之三,提高产品在市场上的竞争力。

② 能充分应用各种现代设计方法,提高设计质量。使用 CAD 系统,可用有限元分析产品的静动特性、强度、振动、热变形等;也可运用优化方法选择产品最佳性能、最高效率、最小消耗、最低成本性

能;还可利用计算机仿真软件对产品进行运动、动力仿真,避免干扰,预先了解产品性能,降低实验费用。

③ 充分实现数据共享。图形系统和数据库使整个生产制造过程都使用统一的数据信息。这是实现 CAD 和 CAM 集成制造系统的前提与基础。同时共享还意味着产品数据标准化,易于企业积累产品资源,方便产品数据的存储、传递、转换,为无图纸加工和 CIMS 奠定基础。

④ 有利于实现智能设计。提高设计质量,根本在于人与计算机的有机结合,充分发挥计算机的长处。做好这一点,必然要发展计算机智能化技术。实现人工智能设计,只有在 CAD 系统基础上才有可能。

5.1.2.2 CAD 技术的应用

计算机辅助设计的发展与应用引起一场产品、工程设计领域的技术革命。CAD 技术的应用水平已成为衡量一个国家科学技术水平的重要标志之一。在国外,最早应用 CAD 技术的是飞机、汽车等大型制造业。随着计算机硬、软件的发展,CAD 系统的价格逐渐降低,使得中小型企业也有能力应用这一技术,因此 CAD 技术的应用经历了一个由大型企业向中小型企业逐步扩展的过程。目前,世界上工业发达国家已将 CAD 技术普遍应用于宇航、汽车、飞机、船舶、机械、电子、建筑、轻工及军事等领域。在我国,

CAD技术目前已广泛应用于国民经济的各个方面，其主要的应用领域有以下几个方面。

（1）制造业中的应用

CAD技术已在制造业中广泛应用，其中以机床、汽车、飞机、船舶、航天器等制造业应用最为广泛、深入。众所周知，一个产品的设计过程要经过概念设计、详细设计、结构分析和优化、仿真模拟等几个主要阶段。同时，现代设计技术将并行工程的概念引入到整个设计过程中，在设计阶段就对产品整个生命周期进行综合考虑。当前先进的CAD应用系统已经将设计、绘图、分析、仿真、加工等一系列功能集成于一个系统内。现在较常用的软件有UG、I-DEAS、CATIA、Pro/E、Euclid等CAD应用系统，这些系统主要运行在图形工作站平台上。在PC平台上运行的CAD应用软件主要有Cimatron、SolidWorks、MDT、SolidEdge等。由于各种因素，目前在二维CAD系统中Autodesk公司的AutoCAD仍占据相当的市场。

（2）工程设计中的应用

CAD技术在工程领域中的应用有以下几个方面。

① 建筑设计，包括方案设计、三维造型、建筑渲染图设计、平面布景、建筑构造设计、小区规划、日照分析、室内装潢等各类CAD应用软件。

② 结构设计，包括有限元分析、结构平面设计、框/排架结构计算和分析、高层结构分析、地基及基础设计、钢结构设计与加工等。

③ 设备设计，包括水、电、暖各种设备及管道设计。

④ 城市规划、城市交通设计，如城市道路、高架、轻轨、地铁等市政工程设计。

⑤ 市政管线设计，如自来水、污水排放、煤气、电力、暖气、通信（包括电话、有线电视、数据通信等）各类市政管道线路设计。

⑥ 交通工程设计，如公路、桥梁、铁路、航空、机场、港口、码头等。

⑦ 水利工程设计，如大坝、水渠、河海工程等。

⑧ 其他工程设计和管理，如房地产开发及物业管理、工程概预算、施工过程控制与管理、旅游景点设计与布置、智能大厦设计等。

（3）电气和电子电路方面的应用

CAD技术最早曾用于电路原理图和布线图的设计工作。目前，CAD技术已扩展到印制电路板的设计（布线及元器件布局），并在集成电路、大规模集成电路和超大规模集成电路的设计制造中大显身手，并由此大大推动了微电子技术和计算机技术的发展。

（4）仿真模拟和动画制作

应用CAD技术可以真实地模拟机械零件的加工处理过程、飞机起降、船舶进出港口、物体受力破坏分析、飞行训练环境、作战方针系统、事故现场重现等现象。在文化娱乐界已大量利用计算机造型仿真出逼真的现实世界中没有的原始动物、外星人以及各种场景等，并将动画和实际背景以及演员的表演天衣无缝地融合在一起，在电影制作技术上大放异彩，制作出一部部激动人心的巨片。

（5）其他应用

除了在上述领域中的应用外，在轻工、纺织、家电、服装、制鞋、医疗和医药乃至体育方面都会用到CAD技术。

5.2 CAD图形标准

设计人员利用CAD系统进行产品设计的过程中，人与计算机之间经常要进行各种交互操作，以把设计构思转换为经计算机计算、处理、反馈等一系列反复迭代过程后的设计实现。另外，某个CAD系统的图形信息可能来自于某个外部程序（或其他系统）的设计计算结果，或者某些图形信息需要传递给外部程序进行计算处理，这就产生了图形系统与外部程序数据交换的需求。软件开发需要提供一种与设备无关的控制图形设备的方法来完成图形信息的描述和通信，以提高程序的与设备无关性和可移植性。此外，在设计过程中，设计人员可能采用多种CAD软件完成产品的设计，或需要与采用不同系统的合作方进行设计交流。对于由多种软件协同完成的设计结果，如何在各软件系统之间进行设计数据传递、信息交换，以及采用何种信息交换规范和图形软件标准，是CAD技术需要解决的重要问题。这就涉及CAD技术中的软件图形标准。

5.2.1 计算机图形接口和图形元文件

计算机图形接口（computer graphics interface，CGI）及计算机图形元文件（computer graphics metafile，CGM）是计算机图形子功能程序和图形输入输出装置之间的接口标准。制定这个层次标准的目的在于实现图形程序相对于图形输入输出装置的独立性。

CGI是图形命令与图形设备的接口标准。CGM是对静态图像储存文件进行标准规定，它为图像从一个硬件输出设备传递到另一个硬件设备或从一个系统传送到另一个系统提供了工具。对于不同的具体硬件图形输入输出设备，在图形标准文本中统一用"工作站"这一抽象的逻辑设备来代表。

5.2.1.1 计算机图形接口（CGI）

计算机图形接口标准是 ISO TC 97 组提出的图形软件与图形设备之间的接口标准，CGI 是第一个针对图形设备的接口，是图形系统中与硬件设备无关部分和与硬件设备有关部分的程序接口标准，而不是应用程序接口的交互式计算机图形标准。它的前身是 ANSI 制定的虚拟图形接口标准 VDI，1991 年被接受为国际标准（ISO/IEC 9536-1～6）。

CGI 标准主要是对应用软件和显示硬件装置之间的信息流格式进行了标准化，采用标准可提高图形对硬件装置的独立性及程序的移植性。

CGI 的目标是使应用程序和图形库直接与各种不同的图形设备相作用，使其在各种图形设备上不经修改就可以运行，即在用户程序和虚拟设备之间以一种独立于设备的方式提供图形信息的描述和通信。CGI 规定了发送图形数据到设备的输出和控制功能，用图形设备接收图形数据的输入、查询和控制功能。因为 CGI 是设备级接口，对出错处理和调试等只提供了最小支持。CGI 提供的功能集包括控制功能集、独立于设备的图形对象输出功能集、图段功能集、输入和应答功能集以及产生、修改、检索和显示像素数据的光栅功能集。在二维图形设备中可以找到 CGI 支持的功能，但没有一个图形设备包含 CGI 定义的所有功能，从这个意义上说，CGI 定义了程序与虚拟设备的接口。

CGI 标准文本分为 6 个部分，各部分的主要内容如下。

① 综述：介绍 CGI 的功能范围、实现的一致规则以及与其他标准（如 GKS）的关系。

② 控制、转换和错误处理：硬件装置的管理和坐标空间转换，如初始化或结束 CGI 命令、设置硬件装置为某种已知默认状态、虚拟设备坐标与设备坐标之间转换、窗口剪裁等。

③ 输出图素及属性：大体与 GKS 标准规定相类似（见 5.2.2.1 节所述）。

④ 图段：用以储存图形，并可以通过指定图段来实现显示处理，如可见或不可见、是否要增强并显示、显示的前后次序、可否被检测等。CGI 中的图段模式与 GKS 相类似。

⑤ 图形输入。

⑥ 光栅图形：规定了一系列用以构建、修改、存取和显示光栅图像的功能。光栅图像是以像素为单位组成的图像。

在上述各部分的内容中，②、③部分叙述的功能是基本功能，是 CGI 在系统中具体实现时必须包含的。

CGI 所定义的接口功能，需以高级语言编程实现。CGI 允许以软件对软件接口的方式或者软件对硬件的方式实现，前一实现可构建单独的 CGI 功能工具包，为应用软件主语言程序所调用；后一方式的实现则是符合 CGI 标准的硬件驱动程序。在接口连接中，应用程序调用 CGI 功能是向硬件设备传送数据流，数据流中包括调用的功能代号和相应的参数，参数数据应遵守 CGM 标准的字符型文件编码格式，在输出硬件端则对上述数据流进行解释并执行。

5.2.1.2 计算机图形元文件（CGM）

ANSI 在 1986 年公布了 CGM，ISO 在 1987 年又将其作为显示二维图形数据的国际标准。除此之外，英国标准协会 BSI（British Standard Institution）和美国国防部都把 CGM 作为国际性的标准化文件格式。

CGM 由一套标准的、与设备无关的定义图形的语法和词法元素组成，可以包含矢量信息和位图信息。CGM 分为四部分：第一部分是功能规格说明，包括元素标志符、语义说明以及参数描述；其余三部分分别描述了字符编码、二进制编码和文本编码，不同的编码是为了满足不同的应用对元文件不同的使用需求；字符编码方式优化了网络以及交互式环境下元文件的压缩和使用效率；二进制编码方式的处理效率最高；文本编码方式使元文件可读、可修改。

图形元文件规定了生成、存储、传输图形信息的具体格式。每个图形元文件包括一个元文件描述体和若干个逻辑上独立的图形描述体。元文件描述体包含与整个元文件相关的一些信息，这些信息用于产生元文件的总体特征。每一个元文件可以包含一幅或多幅图像。除了需要元文件的描述信息外，这些图像都各自被完整地定义。每个图形描述体又包括一个图形描述单元和一个图形数据单元。CGM 的结构如图 32-5-3 所示。常用的图形元文件有图形生成元文件和图段生成元文件两种。

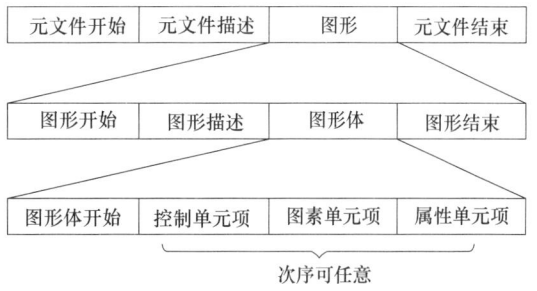

图 32-5-3 CGM 文件的结构

CGM 定义了标准的图形元文件，用 CGM 格式存储的图形数据与设备无关，可以在不同的图形系统之间相互移植。CGM 图形格式的这些优点使得它成为一种在 Internet 上传输图形信息的通用格式。但 CGM 是静态的图形生成元文件，不能产生图形的动态效果。

CGM 标准规定的单元项类型包括有：分隔元文件和分隔图形部分的单元、控制单元、图形元素单元、属性单元、补充（escape）单元（用以描述与设备及与系统有关的数据）、外部单元等。

CGM 标准文本 ISO/IEC 8632 共分 4 部分，第 1 部分是其功能描述，其余 3 部分则分别规定了 3 种文件编码形式：字符型编码、二进制型编码和正文型编码。在 3 种编码形式中，字符型编码的文件最紧凑，并可以在网络间传送；二进制型编码的文件在生成和解释处理时效率最高；正文型编码文件则可为用户所阅读，并可用一般文字处理软件进行编辑。

5.2.2 计算机图形软件标准

图形是描述几何形状的最基本形式，也是计算机与用户进行交换信息最主要的和最自然的方式，随着计算机图形学和 CAD 技术的发展，已制定了若干有关计算机图形软件的标准。计算机图形软件标准是 CAD 系统开发人员非常关心的图形系统核心问题之一。

计算机图形软件标准是对有关图形处理功能、图形的描述定义以及接口格式等作出标准化规定，国际上通常采用的图形标准有 GKS、GKS-3D、PHIGS，以及近年来非常流行的 OpenGL 等，按它们在图形系统中所处的层次和功用（图 32-5-4），可划分为如下两个层次。

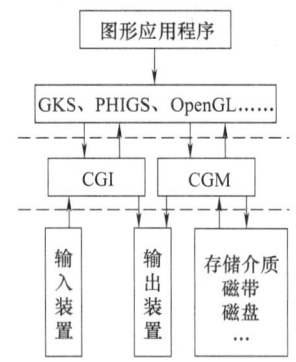

图 32-5-4　不同层次图形软件标准及其应用

（1）图形系统标准（图形子功能划分、子功能程序和应用程序连接标准）

属于这个层次的国际标准有图形核心系统（graphical kernel system，GKS）和程序员层次交互图形系统（programmer's hierarchical interactive graphics system，PHIGS）。制定这一层次标准的目的在于能合理构建图形应用程序并具有可移植性。图形系统标准中包括的基本概念和内容有：图形装置和工作站、输出图素及其属性、输入及交互模式、图形结构及操作处理、坐标系统及变换。GKS 和 PHIGS 标准从原则上对图形系统的功能和逻辑组成等进行了标准化。在具体应用软件环境中实现 GKS 和 PHIGS 的各项功能，是通过调用基本功能子程序（或由这些子程序进一步构建的工具包）来实现（图 32-5-5），各图形功能子程序可采用高级语言如 C、C♯、Visual Basic、Java 等编写。

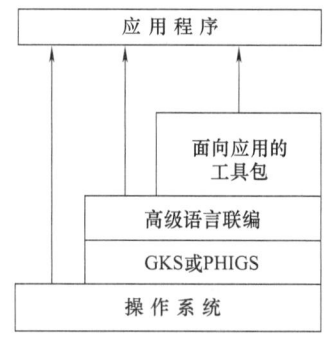

图 32-5-5　GKS 或 PHIGS 和高级编程语言联编

图形应用软件也可以直接采用调用通用图形软件包 GL（graphics library）的函数的方法进行图形处理。GL 现已发展为 OpenGL，是由 SGI 公司首先开发的，现在已成为一种事实上的工业标准。

（2）图形子功能程序和图形输入输出装置之间接口标准

这一层次的国际标准有计算机图形接口标准和计算机图形元文件标准，详见 5.2.1 节。

5.2.2.1　GKS 标准（GKS 和 GKS-3D）

GKS 是 ISO 开发的一个二维图形标准，它提供了图形输入/输出设备与应用程序之间的功能接口，定义了一个独立于语言的图形核心系统。

GKS 标准的基本内容和主要概念有：基本输出图素及其属性、图形输入方法和方式、图形的数据组织——图段、GKS 的级别、坐标系统和变换等。

（1）基本输出图素

GKS 规定的基本输出图素有 6 种（图 32-5-6）。

（2）输出属性

输出属性指有关控制输出图素外观的项目。GKS 将输出属性分为两类：全局性的属性和与工作站性能有关的属性。全局性的属性的控制值对各种工作站取相同值。与工作站性能有关的属性的控制值与工作站有关，可单个规定，也可按工作站性能将属性控制值集束列为表，规定集束内容在表中的索引指示值，然后按索引指示值选择。例如，对折线可通过选择属性集束表索引指示值，同时选定其线型、线宽比例和颜色号等属性。

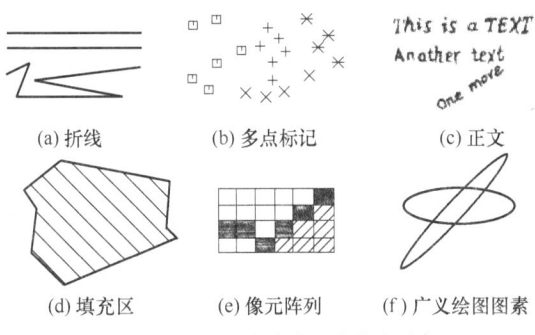

图 32-5-6 GKS 规定的基本输出图素

GKS 规定的基本图素输出属性见表 32-5-1。

表 32-5-1　基本图素输出属性

图素	与工作站有关的属性	全局属性
折线	线型 线宽比例因子 颜色号	无
多点标记	标记型式 标记大小比例因子 颜色号	无
区域填充	填充区域内部型式 填充区域型式号 填充颜色号	模式的参考点 模式大小
正文	字体及精度 字符放大因子 字符排列间隔 颜色号	字符高度 字符方位向量 正文排列方向 正文相对于参考点的对中性
像元阵列	无	无

（3）图形输入

GKS 将输入数据类型分为以下 6 种类型：①位置坐标输入；②点列坐标输入；③数值输入；④代表选择项的整数值；⑤拾取图段名或拾取指示图素集的识别标记；⑥字符串。

输入的操作方式可分为：

1）请求方式（REQUEST）　调用请求功能，等待输入操作后读取输入数据。

2）采样方式（SAMPLF）　调用采样功能，返回指定输入装置当前输入数值。

3）事件方式（EVENT）　GKS 中存储有等待输入数据队列，当数据队列对应的逻辑输入装置被激活时（事件被激发），系统即接受激发的队列数据。

（4）图段

图段是用以存储图形数据的单位记录，GKS 通过图段来构建和操作处理图形。在 GKS 中，图段不能相互引用和嵌套。图段内包含的图素应在生成图段时定义，生成结束后，图段内的图素数据不能再更改也不能在图段内增加新图素，但可对整个图段进行复制、交换、改名、删除整个图段、检测是否被拾取、增强显示、改变显示覆盖优先级、控制其可视性等处理操作。

（5）输入输出逻辑装置（工作站）的分类和 GKS 级别

从应用功能角度，GKS 将工作站功能进行分类，输入功能分为 a、b、c 类；输出功能分为 0、1、2 类。为适应不同环境要求，GKS 实现时可采用不同类别输入功能和输出功能的组合，组合级别称为 GKS 级别，见表 32-5-2。

表 32-5-2　GKS 的级别

输出级	输入级		
	无输入 (a)	只有请求方式输入功能(b)	全部方式输入功能(c)
简单的输出功能　0	0a	0b	0c
包括有图段输出功能　1	1a	1b	1c
全部输出功能，包括从与装置无关的图段储存器（WISS）中取出图段插入　2	2a	2b	2c

（6）坐标系统和变换

① 世界坐标（world coordinate，WC）：在应用程序中定义图形输入和输出的笛卡儿坐标系。

② 规范化设备坐标（normalized device coordinate，NDC）：虚拟的设备坐标，其坐标值范围规范化为 0～1。

③ 设备坐标（device coordinate，DC）：在图形设备上定义图形用的坐标系，其单位坐标值大小与设备有关。

将图形数据从世界坐标系变换至规范化设备坐标系，称为规范化变换。将图形数据从规范化设备坐标系变换至设备坐标，称为工作站变换（图 32-5-7）。

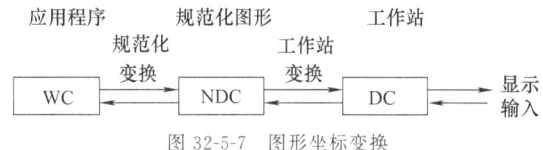

图 32-5-7　图形坐标变换

在具体应用过程中，GKS 系统由于是二维图形标准，不能代表迅速发展的三维图形功能。为此，

ISO/IEC 又继续制定了 GKS-3D 图形标准,该标准的制定规则与 GKS 基本一致,在功能上可以混合应用,但 GKS-3D 增加了与三维图形输入/输出、显示、视图等有关的功能。

5.2.2.2 PHIGS 标准（程序员层次交互图形系统）

PHIGS 是美国计算机图形技术委员会在 20 世纪 80 年代中期发布的一种图形信息系统标准,其目的主要是提供一个能被国际标准化组织（ISO）接受的图形标准。该标准的功能比较全面,对提高三维图形软件的可移植性和三维图形显示质量都具有重要的意义。

PHIGS 标准包含三个方面的含义:一是向应用程序开发者提供控制图形设备的图形系统接口;二是图形数据按照层次结构组织;三是提供了动态修改和绘制显式图形数据的方法。PHIGS 是为具有高度动态性、交互性的三维图形应用软件而设计的图形软件工具库,高效率地描述应用模型、迅速修改图形数据、重新显示修改后的图形是它最主要的特点。

PHIGS 由 328 个用户功能子程序组成,这些子程序按其内容又分为控制、输出图元、属性设置、变换、结构、结构管理与结构显示、档案管理、输入、图形元文件、查询、错误控制、特殊接口等功能模块。PHIGS 与 GKS-3D 系统相比,前者是在后者的概念上开发出来的,但又有很多的改进,这些改进主要表现在 PHIGS 有很强的模型化功能,而 GKS-3D 没有模型坐标系,几乎没有模型化的能力。此外,GKS-3D 图段的大部分内容一经建立就不能修改,只有图段的个别属性能够修改,而 PHIGS 系统允许其结构的任一部分在任何时刻都可以根据用户的要求加以改变。GKS-3D 图段的改动意味着需要先将其删除,然后再建立新的图段,而 PHIGS 不用删除图段就可以修改其图段的内容。总而言之,PHIGS 和 GKS-3D 两个图形系统在图形数据的组织、管理形式上是完全不一致的,PHIGS 更适合二维、三维、动态、实时的要求。当然,两者在许多基本概念上是一致的。

（1）PHIGS 系统框架结构

图 32-5-8 所示为 PHIGS 系统的框架结构及应用关系。

GKS 系统以实现显示表现和图形存储为主要功能,建立显示图形模型的工作由 GKS 之外的应用程序完成,图形数据的存储以相互独立的图段为单位存储。PHIGS 系统则具有建立显示模型的功能。PHIGS 将模型的定义、修改和显示表现分离,图形

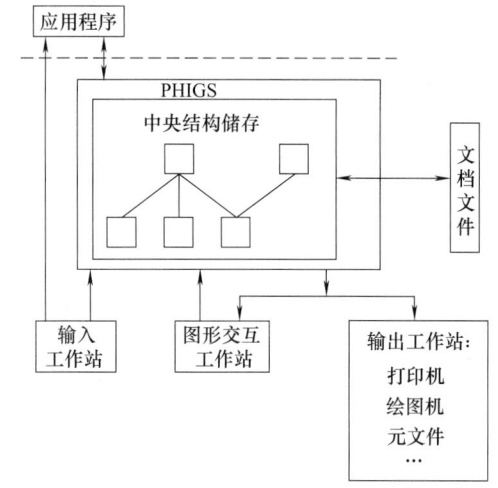

图 32-5-8　PHIGS 系统框架结构

数据存储在中央结构存储器中,数据可定义为具有层次隶属关系,由输出处理器对中央结构存储器中的结构数据进行解释处理并传送至工作站生成图形。

（2）输出图素及其属性

PHIGS 规定的基本图素种类大体与 GKS 标准相似。PHIGS 支持三维图素数据。每种基本图素都可以赋予若干属性。PHIGS 规定的属性共分为四类。

1）几何属性　用以控制图素的形状和大小尺寸。

2）非几何属性　影响其外观,例如图素的颜色。

3）观察属性　生成图形时观察视线的方位、观察坐标和屏幕显示坐标的映射关系和剪裁用参数等。

4）识别属性

① 拾取识别:用以供图形输入定位器拾取。

② 相关图素名集:用以定义与其相关联的图素集以便对相关图素集进行增强显示、不显示、检测其存在与否等操作。在 PHIGS-PLUS 中又增加了曲线和曲面基本图素类型,它包括三角形和四边形网格以及非均匀有理 B 样条（NURBS）曲线和曲面。

（3）图形输入

与 GKS 标准相同,规定有 6 种类型输入和 3 种输入工作方式。

（4）图形数据结构和模型编辑

PHIGS 中数据的基本单位是结构单元。底层的结构单元直接由图素组成,结构单元又可联合组成更高层次的结构单元,各结构单元之间的连接组成结构单元的树状层次网络。整个图形对应为根结构单元。各子图形则以各子结构单元代表。采用层次数据可以更准确地定义图形的组成隶属关系,这种层次结构的数据组织与一般 CAD 应用数据结构关系一致,有利于采用模块化技术建立模型。定义结构单元过程由调

用 Open Structure 功能开始，以 Close Structure 为结束。而 GKS 系统只采用单一层次的图段数据，因此不便用于构建模型。

PHIGS 中定义结构单元的内容有：输出图素及其属性、模型变换矩阵、观察输出选择、内部图素集名称、引用的其他结构单元等。对已定义了的图形结构可以作修改，PHIGS 提供了对模型的编辑修改功能，即打开一个结构单元，对结构单元内部的各图形元素的指针进行插入、移动、更换等操作，交互修改操作简单方便。

（5）显示表达

在工作站中生成图形是由一个称作转移（traversal）的操作来完成的，它对中央结构存储中模型的定义数据进行处理，提取出其图形信息，转移传送到工作站设备给出图形。在显示绘制图形时，往往不需要生成并显示全部图形，而只需要生成和显示其部分图形，PHIGS 可以选择欲显示的结构内容，并用 EXECUTE STRUCTURE 命令对选择指定的结构单元数据执行显示处理。

（6）坐标系统和变换

PHIGS 系统中引用 5 个坐标系统，即模型坐标系、世界坐标系、观察参考坐标系、规范化投影坐标系和设备坐标系，它们之间的变换有组合模型变换、观察变换、剪裁处理及投影图形映射到规范化设备变换和工作站变换。

① 模型坐标（modeling coordinate，MC）是以描述模型本身为基准定义各结构单元位置的坐标系。其坐标值是三维数据，如果结构单元只包含二维数据，则三维中的 z 坐标取为零。

② 世界坐标（world coordinate，WC）是描述物体对象并与设备无关的坐标系。在模型建立（或编辑修改）中，要将各结构单元在各模型坐标系中的数据组合变换至世界坐标，该变换称为组合模型变换。组合模型变换是与设备无关的。

③ 规范化投影坐标（normalized projection coordinate，NPC）是虚拟的规范化坐标系，其坐标值范围规范化为 0～1。

④ 设备坐标（device coordinate，DC）是图形装置坐标系。为了适应在多种不同图形设备上显示图形的要求，观察视图先经过剪裁处理并映射至规范化的投影坐标系，然后再变换到实际采用的图形设备。后一变换即工作站变换。

在显示过程，各坐标变换流程见图 32-5-9。

5.2.2.3 OpenGL 标准（开放图形库）

严格来说，开放图形库——OpenGL（open

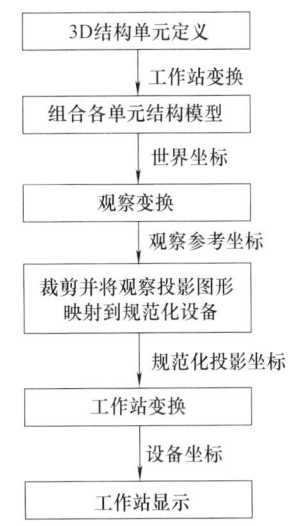

图 32-5-9 坐标变换流程

graphics library）并不是国际标准，它是由 SGI 公司根据自己的三维图形库 GL 开发设计的一个通用共享的开放式三维图形标准，最初应用在 SGI 的图形工作站上。由于该系统独立于操作系统和计算机硬件，加之系统功能强大、使用方便，许多大公司如 IBM、MicroSoft、HP、3UN 等都将 OpenGL 作为其图形处理的标准，久而久之使其自然成为业界的事实标准，广泛应用于产品设计、建筑、医学、地球科学、流体力学、游戏开发等领域。

（1）OpenGL 的基本概念

OpenGL 最初是 SGI 公司为其图形工作站开发的可以独立于窗口操作系统和硬件环境的图像开发环境，其目的是将用户从具体的硬件系统和操作系统中解放出来，可以完全不去理解这些系统的结构和指令系统，只要按规定的格式书写应用程序就可以在任何支持语言的硬件平台上执行。OpenGL 的前身是 SGI 公司为其图形工作站开发的 IRIS GL，由于 OpenGL 的高度可重用性，已经有几十家大公司表示接受 OpenGL 作为标准图形软件接口。目前加入 OpenGL 体系结构审查委员会（OpenGL ARB）的成员有 SGI 公司、Microsoft 公司、Intel 公司、IBM 公司、SUN 公司、原 DEC 公司（已由 Compaq 公司兼并）、HP 公司、AT&T 公司的 UNIX 软件实验室等。在 OpenGL ARB 的努力下，OpenGL 已经成为高性能图形和交互式视镜处理的工业标准，能够在 Windows、MacOS、BeOS、OS/2 及 UNIX 上应用。

作为图形硬件的软件接口，OpenGL 由几百个指令或函数组成。对程序员而言 OpenGL 是一些指令或函数的集合。这些指令允许用户对二维几何对象或三维几何对象进行说明，允许用户对对象实施操作以便把这些对象着色（render）到帧存（frame buffer）上。OpenGL 的大部分指令提供立即接口操作方式以便使说明的对象能够马上被画到帧存上。一个使用 OpenGL 的典型描绘程序首先在帧存中定义一个窗口，然后在此窗口中进行各种操作。在所有的指令中，有些调用用于画简单的几何对象，另外一些调用将影响这些几何对象的描绘，包括如何光照、如何着色以及如何从用户的二维或三维模型空间映射到二维屏幕。

对于 OpenGL 的实现者而言，OpenGL 是影响图形硬件操作的指令集合。如果硬件仅仅包括一个可以寻址的帧存，那么 OpenGL 就几乎完全在 CPU 上实现对象的描绘，图形硬件可以包括不同级别的图形加速器，从能够画二维的直线到多边形的网栅系统到包含能够转换和计算几何数据的浮点处理器。OpenGL 可以保持数量较大的状态信息。这些状态信息可以用来指示 OpenGL 如何往帧存中画物体，有一些状态用户可以直接使用，通过调用即可获得状态值；而另外一些状态只能根据它作用在所画物体上产生的影响才能获得。

OpenGL 是网络透明的，可以通过网络发送图形信息至远程机，也可以发送图形信息至多个显示屏幕，或者与其他系统共享处理任务。

OpenGL 是一个优秀的专业化 3D 的 API，能否支持 OpenGL 已成为检验高档图形加速卡的重要指标之一。在 OpenGL ARB 的努力下，OpenGL 的主要版本已有 1.0, 1.1, 1.2, 1.3, 14, 1.5, 2.0, 3.0, 3.1, 3.2。用户可以用 OpenGL 作为开发图形应用程序的基础。

（2）OpenGL 的基本功能及绘制方式

OpenGL 包含一百多个库函数，并按一定的格式来命名。由这些核心库函数根据参数不同和形式的变化可以派生出三百多个函数。作为三维图形接口，OpenGL 具有包括基本图元、造型、着色、光照、景深、阴影、混合、动画、明暗处理、隐藏面消除、反走样、纹理映射、图像处理等绘制功能。另外，OpenGL 采用显示表（display lists）技术引入了 PHIGS 中层次结构的概念。在 OpenGL 的应用程序接口 API 顶部还设有实用程序库，支持绘制二次曲线和曲面、NURBS 曲线和曲面及若干其他高级图元。OpenGL 能够帮助用户高效地生成真正彩色的三维场景，包括从简单的三维物体到动态交互场景。具体地说，OpenGL 提供的主要功能如下。

1）建模　OpenGL 图形库除了提供基本的点、线和多边形的绘制函数外，还提供了复杂的三维物体（球、锥、多面体、茶壶等）以及复杂曲线曲面（Bezier、NURBS 等曲线曲面）的绘制函数。创建三维模型时，OpenGL 以定点为图元，由点构成线，由线及其拓扑结构构成多边形。应用点、线、多边形等基本几何图形可以绘制出任何用户想要绘制的三维形体。

2）视点的选择和变换　对于已完成了场景绘制的物体，用户可以选择观察角度和方式。QpenGI 是通过一系列的变换来响应用户的要求的，包括平移、旋转、缩放和镜像等基本几何变换以及平行投影和透视投影这两种投影变换。通过变换，可以选择不同视点，指定观察方向、角度及观察范围的大小以及物体的各个侧面等。

3）设置颜色模式　OpenGL 使用专门的函数和结构来设置颜色模式。OpenGL 有两种颜色模式：RGBA 模式和颜色索引模式，在 RGBA 模式中，颜色值由红色、绿色、蓝色值来描述。在颜色索引模式中，颜色值则由颜色索引表中的索引值来指定。对于两种颜色模式，OpenGL 还可以选择平面着色处理或平滑着色处理。

4）设置光照和材质　用 OpenGL 绘制的物体可以加上灯光，这使得绘制的物体与真实世界的物体极为相似。OpenGL 可以提供 4 种光，即辐射光（emitted light）、环境光（ambient light）、镜面光（specular light）、漫反射光（diffuse light），可以指定光的颜色、光源位置等相关参数。物体的光照效果还与物体本身的材质有关。材质是用光的反射率来表示的，OpenGL 可以对物体的材质进行定义，说明它们对光的反应特性。在医学图像处理中，好的光照效果可以使得医学器官的显示效果非常逼真。

5）增强图像效果　OpenGL 提供了一系列增强图像效果的函数，通过反走样（antialiasing）、融合（blending）、雾化（fog）来增强图像效果。反走样可改善图像中直线的锯齿状；融合可以提供半透明效果；雾化则可以模糊场景，使场景更逼真。可以对整个场景进行反走样处理，也可以实现类似照相技术中的对焦处理，还可以实现运动模糊等特殊效果。对于由顶点颜色决定的多边形面的颜色显示，可以选择平面着色或平滑着色。

6）管理位图和图像　OpenGL 可以管理两种类型的位图图像。其一是单色的位图，主要用于正确地生成字符等简单的图像。其二是真彩位图，它们可以按各种方式在屏幕和内存间进行传递。这样可以比较容易地把系统产生的三维图像转换成其他格式的图像，便于其他图像系统处理。

7）纹理映射（texture mapping）　通过众多的彩色多边形创建的物体往往因为表现其细节不够而显得

不够真实。基于此，OpenGL 可以让程序员应用纹理映射（以点映射来包裹一个物体）把真实图像映射到物体的表面，逼真地表达物体表面的细节。

8）制作动画 为了生成平滑的动画，OpenGL 采用双缓存技术。双缓存即前台缓存和后台缓存，后台缓存计算场景、生成画面；前台缓存显示后台缓存已画好的画面，从而产生平滑动画效果。

9）交互反馈 交互技术是 OpenGL 的一个重要应用。OpenGL 提供三种工作模式：绘图模式、选择模式和反馈模式。绘图模式完成场景的绘制，可以借助于物体的几何参数及运动控制参数、场景的观察参数、光照参数、材质参数、纹理参数、OpenGL 函数的众多常量控制参数、时间参数等和 Windows 对话框、菜单、外部设备等构成实时交互的程序系统。在选择模式下，则可以对物体进行命名，选择命名的物体，控制对命名物体的绘制。而反馈模式则给程序设计提供了程序运行的信息，这些信息也可反馈给用户，告诉用户程序的运行状况和监视程序的运行进程。

10）自动消隐 OpenGL 利用 Z-buffer 技术自动地进行隐藏面和隐藏线的消除。根据所绘物体的景深不同，离视点近的物体会遮盖住离视点远的物体，自动进行消隐。

(3) OpenGL 的命令执行模式及工作流程

OpenGL 命令的执行采用客户/服务器模式（Client/Server），应用程序（客户）发出命令，命令被服务器（OpenGL 内核）程序解释和处理。客户和服务器可以运行也可以不运行在同一台计算机上，因为 OpenGL 是网络透明的。

图 32-5-10 是绘图工作从 CPU 到帧缓存器的流程图。OpenGL 有两种基本绘图对象：用顶点描述的几何图形和用像素描述的图像，纹理操作可以将这两种绘图对象结合在一起。

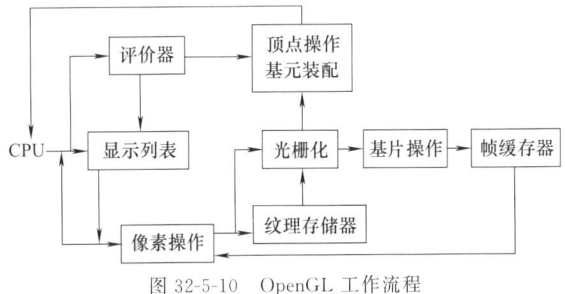

图 32-5-10 OpenGL 工作流程

(4) OpenGL 函数及绘图基本步骤

OpenGL 的绘制方式多种多样，内容十分丰富，对三维物体主要提供以下绘制方式。

• 线框绘制方式（wire frame）：这种方式仅绘制三维物体的网格轮廓线。

• 深度优先线框绘制方式（depth cued）：用线框方式绘图，但使远处的物体比近处物体暗一些，以模拟人眼看物体的效果。

• 反走样线框绘制方式（antialiased）：用线框方式绘图，绘制时采用反走样技术以减少图形线条的参差不齐。

• 平面明暗处理方式（flat shading）：对模型的平面单元按光照度进行着色，但不进行光滑处理。

• 光滑明暗处理方式（smooth shading）：对模型按光照绘制的过程进行光滑处理。这种方式更接近于现实。

• 阴影和纹理方式（shadow，texture）：在模型表面贴上纹理，加上光照阴影效果，使得三维场景像照片一样逼真。

• 运动模糊绘制方式（motion blured）：模拟物体运动时人眼观察所感觉到的动感模糊现象。

• 大气环境效果（atmosphere effects）：在三维场景中加入雾等大气环境效果，使人仿佛身临其境。

• 深度域效果（depth of effects）：类似于照相机镜头效果，模型在聚焦点处清晰，否则模糊。

OpenGL 的函数共有 4 种，以 gl 开头命名的是其核心函数，执行基本功能；以 glu 开头命名的是实用库函数，在 gl 核心函数基础上提供高级辅助绘图功能；以 glut 开头命名的是一种非标准的函数，主要供初学者使用，使用它编写程序比较简单，但并非每种平台上都能使用；glX 和 wgl 函数分别用来提供 OpenGL 与 X Window 和 Win32 的接口。

OpenGL 的大部分命令提供立即执行操作方式，以便使绘制的对象能够立即被画到帧存上。一个使用 OpenGL 的典型描绘程序首先在帧存中定义一个窗口，然后在此窗口中进行各种操作。在所有的命令中，有些调用用于画简单的几何对象，另外一些调用将影响这些几何对象的描绘，包括如何加入光照、如何着色以及如何从用户的二维或三维模型空间映射到二维屏幕等。

绘制二维场景的基本步骤是：

1）设置像素绘制信息数据结构 像素绘制信息数据结构定义 OpenGL 绘制风格、颜色模式、颜色位数、深度位数等重要信息，然后通过 glX 或 wgl 函数，把 OpenGL 与 X Window 或 Win32 连接起来。

2）建立模型 根据具体应用，建立具体景物的三维模型，并对模型进行数学描述，例如医学图像处理模型、特征造型模型等。

3）舞台布置 把景物放置在三维空间的适当位

置，设置三维透视视觉体以观察场景、旋转观察角度、设置视点等。

4) 效果处理　设置物体的材质（颜色、光学性能及纹理映射方式等），加入光照及光照条件，进行反走样、融合、雾化等处理。

5) 光栅化　把景物及其颜色信息转化为可在计算机屏幕上显示的像素信息，在屏幕上绘制出图形。

其中步骤 1) 主要涉及 OpenGL 与 X Window 或 Win32 的接口，读者可在此基础上逐渐深入学习 OpenGL 编程。有些步骤并非必要，但可增强图像效果，如 4)，所以具体编程不一定要严格按这 5 步执行。

（5）OpenGL 编程实例

OpenGL 具有强大的图形功能和跨平台能力，可以应用于很多窗口系统和操作系统上，下面介绍在微机的 Windows 及 Visual C++ 环境下，创建一个基于 OpenGL 的比较简单的应用程序的例子，以帮助读者快速入门。

具有 Windows 编程经验的人都知道，在 Windows 下用 GDI 作图必须通过"设备上下文"（evice context，DC）调用相应的函数；用 OpenGL 作图也是类似的，OpenGL 函数是通过"渲染上下文"（render context，RC）完成三维图形的绘制。Windows 下的窗口和设备上下文支持"位图格式"（PIXEL FORMAT）属性，和 RC 有着位图结构上的一致。只要在创建 RC 时与一个 DC 建立联系（RC 也只能通过已经建立了位图格式的 DC 来创建），OpenGL 的函数就可以通过 RC 对应的 DC 画到相应的显示设备上。这主要对应上节的步骤 1)）。

OpenGL 在 VC 环境下的编程步骤如下。

① 建立基于 OpenGL 的应用程序框架。

② 创建项目：在 file New 中建立项目，基于单文档，View 类基于 Cview。

③ 添加库：在 project Setting 中指定库。

④ 初始化：选择 View Class Wizard，打开 MFC 对话框，添加相应的定义。

⑤ 添加类成员说明。

基于 OpenGL 的程序框架已经构造好，以后用户只需要在对应的函数中添加程序代码即可。

下面介绍如何在 VC++ 上进行 OpenGL 编程。OpenGL 绘图的一般过程可以看作是这样的：先用 OpenGL 语句在 OpenGL 的绘图环境 Render Context (RC) 中画好图，然后再通过一个 Swap buffer 的过程把图传给操作系统的绘图环境（DC）中，实实在在地画出到屏幕上。

下面以画一条 Bezier 曲线为例，详细介绍 VC++ 上 OpenGL 编程的方法。文中给出了详细注释，以便给初学者明确的指引。一步一步地按所述去做，就能顺利地在 OpenGL 平台上画出一个图形。

（1）产生程序框架 Test.dsw

New Project→MFC Application Wizard（EXE）→"Test"→OK

注：加 " " 者指要手工敲入的字串。

（2）导入 Bezier 曲线类的文件

用下面方法产生 BezierCurve.h 和 BezierCurve.cpp 两个文件：

WorkSpace→ClassView→Test Classes→<右击弹出>New Class→Generic Class（不用 MFC 类）→"CBezierCurve"→OK

（3）编辑好 Bezier 曲线类的定义与实现

写好下面两个文件：

BezierCurve.h　BezierCurve.cpp

（4）设置编译环境

① 在 BezierCurve.h 和 TestView.h 内各加上：

♯include <GL/gl.h>

♯include <GL/glu.h>

♯include <GL/glaux.h>

② 在集成环境中：

Project→Settings→Link→Object/library module→" opengl32.lib glu32.lib glaux.lib" →OK

③ 设置 OpenGL 工作环境（下面各个操作，均针对 TestView.cpp）：

a. 处理 PreCreateWindow()：设置 OpenGL 绘图窗口的风格。

cs.style→=WS_CLIPSIBLINGS→WS_CLIPCHILDREN→CS_OWNDC；

b. 处理 OnCreate()：创建 OpenGL 的绘图设备。

OpenGL 绘图的机制是：先用 OpenGL 的"绘图上下文"Render Context 把图画好，再把所绘结果通过 SwapBuffer() 函数传给 Window 的"绘图上下文"Device Context。要注意的是，程序运行过程中，可以有多个 DC，但只能有一个 RC。因此当一个 DC 画完图后，要立即释放 RC，以便其他的 DC 也使用。在后面的代码中，将有详细注释。

int CTestView::OnCreate(LPCREATESTRUCT lpCreateStruct)

{

```
if (CView::OnCreate(lpCreateStruct) == -1)
    return -1;
myInitOpenGL();
return 0;
}
void CTestView::myInitOpenGL()
{
m_pDC = new CClientDC(this); //创建 DC
ASSERT(m_pDC != NULL);
if (!mySetupPixelFormat()) //设定绘图的位图
格式,函数下面列出
    return;
m_hRC = wglCreateContext(m_pDC->m_hDC); //创建 RC
wglMakeCurrent(m_pDC->m_hDC, m_hRC);
//RC 与当前 DC 相关联
} //CClient * m_pDC; HGLRC m_hRC; 是
CTestView 的成员变量
BOOL CTestView::mySetupPixelFormat()
{//我们暂时不管格式的具体内容是什么,以后熟
悉了再改变格式
static PIXELFORMATDESCRIPTOR pfd =
{
sizeof(PIXELFORMATDESCRIPTOR), // size
of this pfd
1, // version number
PFD_DRAW_TO_WINDOW|// support window
PFD_SUPPORT_OPENGL|// support OpenGL
PFD_DOUBLEBUFFER, // double buffered
PFD_TYPE_RGBA, // RGBA type
24, // 24-bit color depth
0, 0, 0, 0, 0, 0, // color bits ignored
0, // no alpha buffer
0, // shift bit ignored
0, // no accumulation buffer
0, 0, 0, 0, // accum bits ignored
32, // 32-bit z-buffer
0, // no stencil buffer
0, // no auxiliary buffer
PFD_MAIN_PLANE, // main layer
0, // reserved
0, 0, 0 // layer masks ignored
};
int pixelformat;
if ((pixelformat = ChoosePixelFormat(m_pDC->m_hDC, &pfd)) == 0)
{
MessageBox("ChoosePixelFormat failed");
return FALSE;
}
if (SetPixelFormat(m_pDC->m_hDC, pixelformat, &pfd) == FALSE)
{
MessageBox("SetPixelFormat failed");
return FALSE;
}
return TRUE;
}
c. 处理 OnDestroy()。
void CTestView::OnDestroy()
{
wglMakeCurrent(m_pDC->m_hDC, NULL); //
释放与 m_hDC 对应的 RC
wglDeleteContext(m_hRC); //删除 RC
if (m_pDC)
    delete m_pDC; //删除当前 View 拥有的 DC
CView::OnDestroy();
}
d. 处理 OnEraseBkgnd()。
BOOL CTestView::OnEraseBkgnd(CDC* pDC)
{
// TODO: Add your message handler code here and/or call default
// return CView::OnEraseBkgnd(pDC);
//把这句话注释掉,若不然,Window
//会用白色背景来刷新,导致画面闪烁
return TRUE; //只要空返回即可
}
e. 处理 OnDraw()。
void CTestView::OnDraw(CDC* pDC)
{
wglMakeCurrent(m_pDC->m_hDC, m_hRC); //使 RC 与当前 DC 相关联
myDrawScene(); //具体的绘图函数,在 RC 中绘制
SwapBuffers(m_pDC->m_hDC); //把 RC 中所绘传到当前的 DC 上,从而
//在屏幕上显示
```

wglMakeCurrent（m_pDC->m_hDC，NULL）；//释放 RC，以便其他 DC 进行绘图
}
void CTestView::myDrawScene（）
{
glClearColor（0.0f，0.0f，0.0f，1.0f）；//设置背景颜色为黑色
glClear（GL_COLOR_BUFFER_BIT | GL_DEPTH_BUFFER_BIT）；
glPushMatrix（）；
glTranslated（0.0f，0.0f，-3.0f）；//把物体沿（0，0，-1）方向平移
//以便投影时可见。因为缺省的视点在（0，0，0），只有移开
//物体才能可见。
//本例是为了演示平面 Bezier 曲线的，只要作一个旋转
//变换，就可更清楚地看到其 3D 效果。
//下面画一条 Bezier 曲线
bezier_curve.myPolygon（）；//画 Bezier 曲线的控制多边形
bezier_curve.myDraw（）；//CBezierCurve bezier_curve
//是 CTestView 的成员变量
//具体的函数见附录
glPopMatrix（）；
glFlush（）；//结束 RC 绘图
return；
}
f. 处理 OnSize（）。
void CTestView::OnSize(UINT nType, int cx, int cy)
{
CView::OnSize(nType, cx, cy)；
VERIFY(wglMakeCurrent(m_pDC->m_hDC, m_hRC))；//确认 RC 与当前 DC 关联
w=cx；
h=cy；
VERIFY（wglMakeCurrent（NULL，NULL））；//确认 DC 释放 RC
}
g. 处理 OnLButtonDown（）。
void CTestView::OnLButtonDown（UINT nFlags, CPoint point)
{
CView::OnLButtonDown(nFlags，point)；
if(bezier_curve.m_N>MAX-1)
{
MessageBox("顶点个数超过了最大数 MAX=50")；
return；
}
//以下为坐标变换作准备
GetClientRect(&m_ClientRect)；//获取视口区域大小
w=m_ClientRect.right-m_ClientRect.left；//视口宽度 w
h=m_ClientRect.bottom-m_ClientRect.top；//视口高度 h
//w,h 是 CTestView 的成员变量
centerx=（m_ClientRect.left+m_ClientRect.right)/2；//中心位置
centery=（m_ClientRect.top+m_ClientRect.bottom)/2；//取之作原点
//centerx,centery 是 CTestView 的成员变量
GLdouble tmpx，tmpy；
tmpx=scrx2glx(point.x)；//屏幕上点坐标转化为 OpenGL 画图的规范坐标
tmpy=scry2gly(point.y)；
bezier_curve.m_Vertex[bezier_curve.m_N].x=tmpx；//加一个顶点
bezier_curve.m_Vertex[bezier_curve.m_N].y=tmpy；
bezier_curve.m_N++；//顶点数加一
InvalidateRect(NULL,TRUE)；//发送刷新重绘消息
}
double CTestView::scrx2glx(int scrx)
{
return (double)(scrx-centerx)/double(h)；
}
double CTestView::scry2gly(int scry)
{
}
④ 附录：
a. CBezierCurve 的声明（BezierCurve.h）：
class CBezierCurve
{

```cpp
public:
    myPOINT2D m_Vertex[MAX];//控制顶点,以数组存储
    //myPOINT2D 是一个存二维点的结构
    //成员为 Gldouble x,y
    int m_N;//控制顶点的个数
public:
    CBezierCurve();
    virtual ~CBezierCurve();
    void bezier_generation(myPOINT2D P[MAX],int level);
    //算法的具体实现
    void myDraw();//画曲线函数
    void myPolygon();//画控制多边形
};
```

b. CBezierCurve 的实现（BezierCurve.cpp）：

```cpp
CBezierCurve::CBezierCurve()
{
    m_N=4;
    m_Vertex[0].x=-0.5f;
    m_Vertex[0].y=-0.5f;
    m_Vertex[1].x=-0.5f;
    m_Vertex[1].y=0.5f;
    m_Vertex[2].x=0.5f;
    m_Vertex[2].y=0.5f;
    m_Vertex[3].x=0.5f;
    m_Vertex[3].y=-0.5f;
}
CBezierCurve::~CBezierCurve()
{
}
void CBezierCurve::myDraw()
{
    bezier_generation(m_Vertex,LEVEL);
}
void CBezierCurve::bezier_generation(myPOINT2D P[MAX],int level)
{//算法的具体描述,请参考相关书籍
    int i,j;
    level--;
    if(level<0)return;
    if(level==0)
    {
        glColor3f(1.0f,1.0f,1.0f);
        glBegin(GL_LINES);//画出线段
        glVertex2d(P[0].x,P[0].y);
        glVertex2d(P[m_N-1].x,P[m_N-1].y);
        glEnd();//结束画线段
        return;//递归到了最底层,跳出递归
    }
    myPOINT2D Q[MAX],R[MAX];
    for(i=0;i{
        Q.x=P.x;
        Q.y=P.y;
    }
    for(i=1;i<m_N;i++)
    {
        R[m_N-i].x=Q[m_N-1].x;
        R[m_N-i].y=Q[m_N-1].y;
        for(j=m_N-1;j>=i;j--)
        {
            Q[j].x=(Q[j-1].x+Q[j].x)/double(2);
            Q[j].y=(Q[j-1].y+Q[j].y)/double(2);
        }
    }
    R[0].x=Q[m_N-1].x;
    R[0].y=Q[m_N-1].y;
    bezier_generation(Q,level);
    bezier_generation(R,level);
}
void CBezierCurve::myPolygon()
{
    glBegin(GL_LINE_STRIP);//画出连线段
    glColor3f(0.2f,0.4f,0.4f);
    for(int i=0;i<m_N;i++)
    {
        glVertex2d(m_Vertex.x,m_Vertex.y);
    }
    glEnd();//结束画连线段
}
```

5.2.3 产品数据交换标准

随着计算机技术的发展与成熟,计算机辅助技术在产品设计领域得到了广泛应用。在这个领域里,设计过程的各个阶段所采用的"手段和方法"以及由此产生的"结果"都是以各种各样的数字化"信息"为基础的。为了有效利用这些信息,满足 CAD/CAM 集成的需要,方便企业内部和企业间的通信和交流,

越来越多的用户需要把产品数据在不同应用系统之间进行交换。因此，有必要建立一个统一的产品信息描述和交换标准，即产品数据交换标准，以提高数据交换的速度，保证数据传输的完整、可靠和有效。目前世界上几种著名的数据交换标准是DXF、IGES和STEP。

5.2.3.1 DXF（图形交换文件）

DXF（drawing interchange format 或者 drawing exchange file）是 Autodesk 公司开发的用于 AutoCAD 与其他软件之间进行 CAD 数据交换的 CAD 数据文件格式。

AutoCAD 是一个广泛应用的图形编辑系统，它具有一个十分紧凑的图形数据库，采用 DWG 文件存储和管理图形文件。但是，用户很难直接利用该图库中的数据信息，其他的通用 CAD 软件也不能直接读 AutoCAD 的 DWG 图形文件。为此，AutoCAD 又规定了一种与 DWG 文件完全等价的，以 ASCII 码文本表示可供外部阅读的文件，称为 DXF 文件。DXF 文件可用于实现 AutoCAD 系统与其他系统之间交换图形数据。DXF 文件的格式虽然只是由 AutoCAD 系统提出并制定，但目前已为众多 CAD 系统所接受，绝大多数 CAD 系统都能读入或输出 DXF 文件，因此，DXF 已成为产品数据交换事实上的工业标准。

随着 AutoCAD 软件版本的不断升级，DXF 文件格式也在不断地发展和改进，当前不仅能够支持二维图形的数据交换，也能支持三维实体模型的数据交换。

（1）DXF 文件的总体结构

一个完整的 DXF 文件由 7 个段（SECTION）和文件结尾组成，每段中又有若干组。

① HEADER（标题）段：描述有关图形的一般信息，每个参数都有变量名和对应值。DXF 文件的标题段用来记录与图形相关的变量的设置值。这些变量值可以用 AutoCAD 命令来设置和修改。

② CLASSES（类）段：类段记录了应用程序定义的类，这些类的实例可以出现在块段、实体段和对象段中。

③ TABLES（表）段：包括有名表项的定义。

④ BLOCKS（块）段：描述图中组成每个块的各个实体的定义。

⑤ ENTITIES（实体）段：描述图中各个实体，包括各个引用块的信息。

⑥ OBJECTS（对象）段：描述系统非图形对象的信息。

⑦ THUMBNAILIMAGE（预视图像）段：该段为可选项，如果存盘时有预览图像则有该段。

此区域包含图形中的预览图像。该区域为可选项。如果用户使用了 SAVE 和 SAVE AS 命令选择对象选项，输出的 DXF 文件将只包含 ENTITIES 区域和 EOF 标记，且在 ENTITIES 区域中只包括用户选择输出的对象。如果选择一个插入图元，则在输出文件中不包括对应的块定义。

⑧ 文件结尾：文件以"□□0"和"EOF"两行结尾。"□"表示空格。

（2）DXF 文件中的组码及各组成段

DXF 文件实际上由许多组构成，每个组在 DXF 文件中占两行。首行为组码，是一个非负的整数，采用三个字符域，向右对齐并填满空格；组码既用于指出组值的类型，又用来指出组的一般应用，起标识符的作用。第二行是组值，用以表达组的具体内容，采用的格式取决于组码所规定的组的类型。

1) HEADER（标题）段 DXF 标题段用来记录与图形相关的变量的设置值。这些变量值可以用各种 AutoCAD 命令来设置或修改，每个变量在标题段中用组码 9 来规定名字，其后跟着描述变量的值，如表 32-5-3 所示。

表 32-5-3　标题段组码及组值

变量名标识符（组码）	变量名	组码	变量值
9	$ACADVER	1	AC1006＝R10 AC1009＝R11 … AC1014＝R14 （ACAD 的版本号）
9	$INSBASE	10	0.0（插入基点）
…	…	…	…

2) CLASSES（类）段　类段描述了被定义的应用类的有关信息，这些类的实例（对象）出现在 BLOCKS（块）段、ENTITIES（实体）段和 OBJECTS（对象）段的数据项中。类的定义在其派生类内被认为是永久不变的，下面给出一个 DXF 文件中关于 CLASSES（类）段的例子与关于组码和变量值的注释。

0　　//CLASSES 段开始
SECTION
2
CLASSES
0　　// 对每次输入该段重复
CLASS
1　　// DXF 类的记录名
＜class dxf record＞

```
2          // C++类名
<class name>
3          // 应用名
<app name>
90         // 标识对象代理权限设置
<flag>     //可分别取 0,1,2,4,8,16,32,64,127,
           128,255,32768
           //表示不同的代理权限
280        // 代理权限设置
<flag>     //1:表示生成的 DXF 文件不加载类的
           信息
           //0:表示生成的 DXF 文件加载类的信息
281        // 判断是否为实体标识
<flag>     //1:表示该类是由 AcDbEntity 派生而
           来,并且可以
           // 放在 BLOCKS 和 ENTITIES 段
           // 0:表示该类的实例只能在 OBJECTS
           段出现
ENDSEC/ CLASSES 段结束
```

3) TABLES（表）段 该段描述有名表项的定义。下面一段 DXF 代码描述了 TABLES 段的结构。

```
0          //TABLES(表)段开始
SECTION
0          //每个表的定义的入口
TABLE
2          //表名
<table type>
5
<handle>
100
AcDbSymbolTable
70         //表项的最大数目
<max. entries>
0          //每个表数据定义的入口
<table type>
  •
  •<data>
  •
0          // 该表定义结束
ENDSEC
```

表 32-5-4 叙述了 AutoCAD 中 DXF 文件的表及其内容。

4) BLOCKS（块）段 DXF 文件的块段用来记录所有的块定义信息，无论是用 BLOCK 命令定义的块，还是在执行图案填充、尺寸标注或者其他内部操作而由系统自动生成的无名块，都要在块节中详细地描述。

每个块定义的信息都出现在 BLOCK 和 ENDBLK 之间，块定义不允许嵌套。表 32-5-5 介绍了有关块定义节中各个组码及其含义。

5) ENTITIES（实体）段 图形中所有的实体都出现在 ENTITIES（实体）段中，在完整地描述一个实体时，有些组是必须出现的，而有些组是任选的。有些组的含义对所有的实体都一样，而有些组与实体类型相对应。

表 32-5-4 DXF 文件的表及其内容

表名	中文含义	表的内容
VPORT	视窗配置表	有关视窗尺寸、显示观察方式等信息
LTYPE	线型表	每个线型的定义有关信息，包括线型名、长划和短划的长度、比例因子等
LAYER	层表	每个层的有关信息，包括层名、颜色、线型、开关状态、冻结状态等
STYLE	字体样式表	每个字体样式的定义信息，包括字体名、文字高度、宽度因子、倾斜角等
VIEW	视图表	视图的有关信息,如视图尺寸、中心点、观察方式等
DIMSTYLE	尺寸样式表	每个尺寸样式的有关信息，包括名称和相关尺寸变量的值的定义
UCS	用户坐标系表	每个用户坐标系的有关信息,包括用户坐标系名、坐标原点、各个坐标轴的方向等
APPID	应用标识表	记录了每个用户定义的关于数据扩展的应用名
BLOCK_RECORD	块名记录表	记录图中定义的块名

每个实体由一个标识实体类型（或实体名）的 0 组开始，实体描述段没有显式的结束标记，当遇到下一个实体开始时，即意味着该实体描述的结束。

其他公用的组及其含义如表 32-5-6 所示。

表 32-5-7 列出了 AutoCAD R14 中定义的 34 种实体类型的表示符号和意义。

6) OBJECTS（对象）段 该段描述了系统非图形对象的信息，这些对象能被 Autolisp 或 ARX 的实体调用。

下面一段 DXF 代码描述了 OBJECTS（对象）段的结构。

表 32-5-5 块定义节中组码及其含义

组码	含义
0	实体类型
5	句柄(标识)
102	被定义的组应用的开始
102	被定义的组应用的结束
100	AcDbEntity
8	层名
100	AcDbBlockBegin
2	块名
70	块的类型标志。例如:1=无块名;2=带属性的块
10	块的插入基点的 x 坐标
20,30	块的插入基点的 y 坐标和 z 坐标
3	块名
1	用 Xref(外部连接)命令定义的块所在的路径名

表 32-5-6 ENTITIES 段组码及其含义

组码	含义
0	标识实体类型(或实体名)的开始
5	实体标识号(唯一的)
8	层名
6	线型名
38,39	实体的高度和厚度
62	颜色号
210,220,230	表示实体拉伸方向的 x、y 和 z 分量

```
0          //OBJECTS 段开始
SECTION
2
OBJECTS
0          //对象数据定义
<object type>
·
· <data>
·
0
ENDSEC     //对象段定义结束
```

7) THUMBNAILIMAGE(预视图像)段 该段为可选项,如果存盘时有预览图像则有该段。此区域包含图形中的预览图像。该区域为可选。如果用户使用了 SAVE 和 SAVE AS 命令选择对象选项,输出的 DXF 文件将只包含 ENTITIES 区域和 EOF 标记,且在 ENTITIES 区域中只包括用户选择输出的对象。如果选择一个插入图元,则在输出文件中不包括对应的块定义。THUMBNAILIMAGE(预视图像)段的机构如下:

```
0              //THUMBNAILIMAGE 段开始
SECTION
2
THUMBNAILIMAGE   //预视图像预览段,
即图形开始
…
```

表 32-5-7 AutoCAD R14 定义的实体类型

序号	表示符号	实体类型	序号	表示符号	实体类型
1	3DFACE	三维面	18	OLEFRAME	OLE 框架
2	3DSOLID	三维实体	19	OLE2FRAME	OLE2 框架
3	ARC	圆弧	20	POINT	点
4	ATTDEF	属性定义	21	POLYLINE	多义线
5	ATTRIB	属性	22	RAY	单向射线
6	BODY		23	REGION	构造面
7	CIRCLE	圆	24	SEQEND	无字段
8	DIMENDION	尺寸标注	25	SHAPE	型
9	ELLIPSE	椭圆	26	SOLID	颜色填充
10	HATCH	图案填充	27	SPLINE	样条曲线
11	IMAGE	图像	28	TEXT	文字
12	INSERT	插入块	29	TOLERANCE	公差标注
13	LEADER	引出线	30	TRACE	轨迹线
14	LINE	直线	31	VERTEX	曲线
15	LWPOLYLINE		32	VIEWPOINT	视点
16	MLINE	多重平行线	33	XLINE	双向射线
17	MTEXT	多行文字	34	ACADPROXYENTITY	代理实体

5.2.3.2 IGES（初始图形交换规范）

初始图形交换规范（Initial Graphics Exchange Specification，IGES）是由美国国家标准化研究所（ANSI）公布的、国际上产生最早的数据交换标准，也是目前应用最广泛的数据交换标准之一。IGES 用于在不同的 CAD/CAM 系统之间交换产品设计和制造信息，以产品设计图样为直接处理对象，规定了图样数据交换文件的格式规范，其原理是前处理器把内部产品定义文件翻译成符合 IGES 规范的"中性格式"文件，再通过后处理器将中性格式文件翻译成接受系统的内部文件。IGES 重点支持下列模型的数据交换：二维线框模型、三维线宽模型、三维表面模型、三维实体模型、技术图样模型。IGES 的最初版本是 1979 年的 1.0 版，发展中经历了 1982 年的 2.0 版、1986 年的 3.0 版、1988 年的 4.0 版，直至 1996 年的 5.3 版，该版本一直沿用至今，是 IGES 的最高版本，大多数 CAD 商用软件都支持 IGES 格式图形文件的输入和输出。利用 IGES 文件，用户可从中提取所需数据进行用户应用程序的开发。

（1）IGES 标准文件中的实体单元

IGES 规范将工程图样定义为以下三类实体单元的集合：

① 几何实体（点、线、圆弧等）；
② 标记实体（文字标注、实体标注等）；
③ 构造实体（子图形组成、属性定义等）。

典型实体单元示例见图 32-5-11。括号中的数字是实体的代号，IGES1.0 中的主要实体是组成线框模型用的有关实体，2.0 版本增加了有理 B 样条曲线和曲面、直纹曲面、旋转曲面、有限元及其节点等实体，从 4.0 版本起支持三维实体模型。

（2）IGES 文件的结构

IGES 的文件包括 5 个或 6 个段，它们必须按顺序依次出现，如表 32-5-8 所示。

表 32-5-8 IGES 的文件结构

序号	段名称	字母标识符	功能
1	标志段	B 或 C	只适用于二进制和压缩 ASCII 格式，通常的 ASCII 格式不用此段
2	开始段	S	对本 IGES 文件注解，至少一个记录
3	全局参数段	G	描述前处理器和后处理器的信息
4	目录条目段	D	为本文件包含的所有实体定义公共部分特征
5	参数数据段	P	包含每个实体的特定参数
6	结束段	T	是整个文件的最后一行记录，分别以字符 S, G, D, P 之后的数字记载各部分的总长度

（3）IGES 标准中的实体单元

1) 开始段　该段提供有关文件的注释和说明，至少必须一个记录。第 1～72 列为用 ASCII 字符给出的说明，第 73 列为字母标识 S，第 74～80 列为记录顺序号。例如：

1	72	73　　　80
This is beginning section of IGES file		S0000001
It can contain an arbitrary number of lines		S0000002
…		…
Using ASCII characters in columns 1～72		S000000N

2) 全局参数段　全局参数段包含描述前、后处理器所需要的信息。具体地说是对全局性的 22 个参数进行定义。第 1～72 列为全局参数内容，第 73 列为字母标识，第 74～78 列为记录顺序号。全局参数以自由格式输入，需要时，前两个参数用来定义参数分界符（缺省值为逗号","）和记录分界符（缺省值为分号";"）。详细内容参考表 32-5-9。

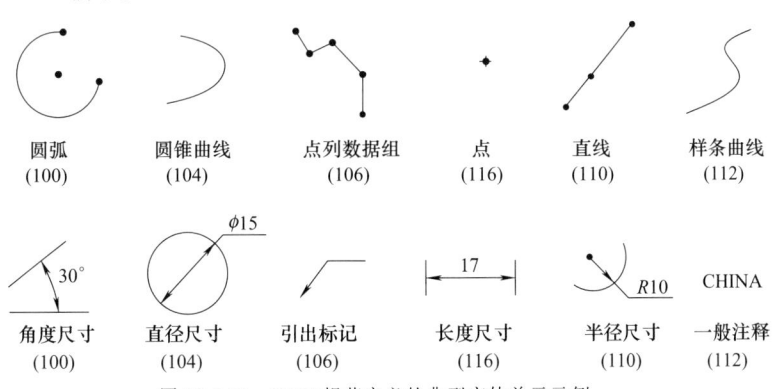

图 32-5-11　IGES 规范定义的典型实体单元示例

表 32-5-9　　　　　　　　　　　　IGES 文件全局参数说明

序号	参数类型	内容
1	字符串	参数分界符（默认值为逗号","）
2	字符串	记录分界符（默认值为分号";"）
3	字符串	传送的产品图号
4	字符串	传送的文件名（IGES 文件名）
5	字符串	传送的系统名、销售商名、软件版本
6	字符串	前处理标志、版本
7	整型数	表示整型的二进制数
8	整型数	表示单精度浮点数指数部分的二进制数
9	整型数	表示单精度浮点数尾数部分的二进制数
10	整型数	表示双精度浮点数指数部分的二进制数
11	整型数	表示双精度浮点数尾数部分的二进制数
12	字符型	接受段指定的图号
13	浮点数	模型比例空间
14	整型数	单位代码：1=英寸；2=毫米；3=（按 ANSI/IEE260 标准）；4=英尺；5=英里；6=米；7=千米；8=0.001 英寸；9=微米；10=厘米；11=微寸
15	字符串	单位名称：例如，当单位代码为 1 时，单位名称为 4HINCH；当单位代码为 2 时，单位名称为 2HMM
16	整型数	线条宽度分级数
17	浮点数	线条宽度最大值
18	字符串	IGES 文件生成的日期和时间 13H YY　MM　DD　HH　NN　SS 　　年　月　日　时　分　秒
19	浮点数	最小网格大小
20	整型数	模型空间的最大坐标值。例如，本参数为 1000 则表示|x|,|y|,|z|<1000
21	字符串	IGES 文件作者名
22	字符串	IGES 文件生成部门名
23	整型数	建立本文件所使用的版本号
24	整型数	生成本文件遵循的标准

3) 目录条目段　IGES 文件中的每个实体在目录条目段中都有一个目录条目。每个实体的条目由两个相邻的长度为 80 字符的行组成。每行分为 10 个域，共有 20 个域。每个域占有 8 个字符。目录条目段为文件提供一个索引，并包含每个实体的属性信息。在目录条目段中，实体的定义必须先于实体的引用。各域内的数据向右对齐。图 32-5-12 显示了目录条目段的结构，表 32-5-10 所示为目录条目段各域的意义。

1～8	9～16	17～24	25～32	33～40	41～48	48～56	57～64	65～72	73～80
(1) 实体类型号 #	(2) 参数数据 *	(3) 结构 #,*	(4) 线型模式 #,*	(5) 层 #,*	(6) 视图 0,*	(7) 变换矩阵 0,*	(8) 标号显示关联 0,*	(9) 状态号 #	(10) 顺序号 D#
(11) 实体类型号 #	(12) 线宽加权 #	(13) 颜色 #,*	(14) 参数行计数 #	(15) 格式 #	(16) 保留 1	(17) 保留 2	(18) 实体标号 	(19) 实体下标 	(20) 顺序号 D#+1

注：(n)——域编号；#——整型数；*——指针；#,*——整型数或指针；0,*——0 或指针。

图 32-5-12　目录条目段的结构

表 32-5-10　　　　　　　　　目录条目段各域的意义

序号	域名	意义与注意
1	实体类型号	标志实体类型
2	参数数据	指向本实体参数数据记录第一行的指针，不包含字母 P

续表

序号	域名	意义与注意
3	结构	指向结构定义实体参数目录条目的指针,不包含字母 D
4	线型模式	指明用于显示一个几何实体的显示模式;1=实线;2=虚线;3=剖面线;4=中心线
5	层	指明一个图形的显示层(正值),或与该实体相连的特性实体目录条目的指针(负值)
6	视图	指向视图实体目录条目的指针,或指向相连引例的指针。当值为 0 时,表示所有视图中被显示实体具有同样属性
7	变换矩阵	指向用于定义该实体的变换矩阵目录条目的指针。当值为 0 时,表示使用的是单位变换矩阵和零平移向量
8	标号显示相连性	指向标号显示相连性目录条目的指针
9	状态号	提供四组两位数字的状态值,在状态码中从左到右地记录这些状态值 1,2 位表示可见状态　　　3,4 位表示从属实体开关 00= 可见　　　　　　　　00= 独立的 01= 不可见　　　　　　　01= 物理相关的 　　　　　　　　　　　　02= 逻辑相关的 　　　　　　　　　　　　03= 兼有 01 和 02 两者 5,6 位表示实体用途标志　　7,8 位表示层次 00= 几何　　　　　　　　00= 总的自顶向下 01= 注释　　　　　　　　01= 总的延迟 02= 定义　　　　　　　　02= 使用层次特性 03= 其他 04= 逻辑/位置的 05= 二维参数的
10	段代码与序号	以字母 D 为前导,从目录条目段开始行计算的行的实际数(奇数行)
11	实体类型号	与(域 1)相同
12	线宽加权值号	指明被显示实体应具有的厚度或宽度
13	颜色号	当精确的色调不重要时,用来规定颜色,或是指向较精确的颜色定义的指针 0= 无色　　　　1= 黑色　　2= 红色 3= 绿色　　　　4= 蓝色　　5= 黄色 6= 紫红色　　　7= 青色　　8= 白色
14	参数标记行	指明该实体参数数据记录的行数
15	格式号	对不同的实体有不同的解释,这些解释是由格式号唯一标识的,在每个实体的描述中,都列出了可能的格式号
16		保留为将来使用
17		供留为将来使用
18	实体表号	最多八个字母一数字(右对齐)
19	实体下标	与标号相关的 1~8 位无符号数
20	段代码与序号	与(域 10)意义相同(偶数行)

4) 参数数据段　参数数据段包含与实体相连的参数数据。参数数据以自由格式存放,其第一个域总是存放实体类型号。各参数间用参数分界符隔开。参数数据可记在 1~64 列,第 65 列为空格,第 66~72 列放本参数所属实体的目录条目第一行的序号,第 73 列为 P,第 74~80 列为记录顺序号,见表 32-5-11。

在每个实体规定参数的末尾和记录分界符之前都定义了两组参数。第一组参数存放指向相连引例、总注释和文本模板各实体的指针,第二组参数存放指向一个或多个特性的指针,如下所示。

NV=规定参数的最后一个参数的个数记数。

表 32-5-11　参数数据段的结构

1~64	66~72	73~80
(实体类型号)(参数分界符)(参数)(参数分界符)(参数)……	DE 指针	P000001
……(参数)(参数分界符)(参数)(参数分界符)(指针参数值 2)(记录分界符)	DE 指针	P000002
(实体类型号)(参数分界符)(参数)…… ……	DE 指针	P000003

注:DE 指针是指该实体第一个目录条目行的序号。

...	...	...	...
NV+1	NA	整型数	指向相连引例或正文实体的指针个数
NV+2	DE	指针	
...	...	...	...
...	...	...	...
NV+NA+1			
NV+NA+2	NP	整型数	指向特性的指针个数
NV+NA+3	DE	指针	
...	...	...	特性表
...	...	...	
NV+NA+NP+2			

5) 结束段　结束段只有一行，它被分成 10 个域，每个域 8 列，结束段是文件的最后一行，在第 73 列放字母 T，第 74~80 列的顺序号为 1，见表 32-5-12。

结束段的各域含有前述各段的标识字符（S，G，D，P）及各段的总行数。

(4) IGES 文件示例

表 32-5-12　　　　　　结束段的域结构

域	列	内容
1	1~8	记录开始段总行数
2	9~16	记录全局参数段总行数
3	17~24	记录目录条目段总行数
4	25~32	记录参数数据段总行数
5~9	33~72	（不使用）
10	73~80	记录结束段总行数

```
An IGES file example                                                    S    1
,,11 HC:\test.dwg, 11HC:\test.igs, 54HAutoCAD-14.0l（Microsoft Windows NT  G    1
Version 4.0（x86）），64HAutodesk  IGES Translator R14.3（Aug 7 1998）from   G    2
Autodesk, Inc., 32, 38, 6, 99, 15, 11HC:\test.dwg, 1.0D0, 1, 2HIN, 32767, 32.767D0,
                                                                         G    3
15H19990413.175325,0000002D0,200.0D0,,,11,0,15H 19990413.175241,;          G    4
   110          1          0          1          0          0          0
                                                                 000000000D    1
   110          0          8          1          0
                                                                        0D    2
   406          2          0          0          0          0          0
                                                                 000000000D    3
   406          0          0          1          3
                                                                        0D    4
   110          3          0          1          0          0          0
                                                                 000000000D    5
   110          0          8          1          0
                                                                        0D    6
   110          4          0          1          0          0          0
                                                                 000000000D    7
   110          0          8          1          0
                                                                        0D    8
   110          5          0          1          0          0          0
                                                                 000000000D    9
```

110	0	8	1	0				0D	10
100	6	0	1	0	0	0			
								000000000D	11
100	0	8	1	0				0D	12
212	7	0	1	0	0	0			
								000010100D	13
212	0	8	4	2				0D	14
214	11	0	1	0	0	0			
								000010100D	15
214	0	8	3	3				0D	16
214	14	0	1	0	0	0			
								000010100D	17
214	0	8	3	3				0D	18
206	17	0	1	0	0	0			
								000000101D	19
206	0	8	1	0				0D	20
212	18	0	1	0	0	0			
								000010100D	21
212	0	8	2	7				0D	22
106	20	0	1	0	0	0			
								000010100D	23
106	0	8	2	40					
								0D	24
106	22	0	1	0	0	0			
								000010100D	25
106	0	8	2	40					
								0D	26
214	24	0	1	0	0	0			
								000010100D	27
214	0	8	2	3				0D	28
214	26	0	1	0	0	0			
								000010100D	29
214	0	8	2	3				0D	30
216	28	0	1	0	0	0			
								00000101D	31
216	0	8	1	0				0D	32
110,100.0D0,100.0D0,0.0D0,200.0 D0,100.0 D0,0.0 D0;								1P	1
406,2,0,1H0;								3P	2
110,200.0 D0,100.0 D0,0.0 D0,200.0 D0,180.0 D0,0.0D0;								5P	3
110,200.0 D0,180.0 D0,0.0 D0,100.0 D0,180.0 D0,0.0D0;								7P	4
110,100.0 D0,180.0 D0,0.0 D0,100.0 D0,100.0 D0,0.0D0;								9P	5
100,0.0 D0,150.0 D0,140.0 D0,170.0 D0,140.0 D0,170.0D0,140.0 D0;								11P	6
212,2,1,9.5 D0,6.0 D0,1003,1.5707963267949 D0,.5283344044332111 D0,0.								13P	7
0,142.514469533489 D0,137.94650667399 D0,0.0 D0,1Hn,2,140.0 D0,								13P	8
6.0 D0,1,1.5707963267949D0,.528344044332111 D0,0,0								13P	9
150.719078298957 D0,142.735493812818 D0,0.0 D0,2H40;								13P	10

```
214,1,4.05517502519881 D0,1.33333333333333 D0,0.0 D0,                    15P      11
167.27286055888 D0,150.082077569305 D0,136.181711552896 D0,              15P      12
131.934337944556 D0;                                                     15P      13
214,1,4.05517502019881 D0,1.33333333333333 D0,0.0 D0,                    17P      14
132.72713944112 D0,129.917922430695 D0,163.818288447104 D0,              17P      15
148.065662055444 D0;                                                     17P      16
206,13,15,18,150.0 D0,140,0 D0;                                          19P      17
212,1,3,12,12.0 D0,6.0 D0,1,1.5707963267949 D0,0.0 D0,0,0,144.0 D0,       21P      18
82.2550474479839 D0,0.0 D0,3H100;                                        21P      19
106,1,3,0.0 D0,100.0 D0,100.0 D0,100.0 D0,99.9 D0,100.0 D0,              23P      20
78.2550474479839 D0;                                                     23P      21
1006,1,3,0.0 D0,200.0 D0,100.0 D0,200.0 D0,99.9 D0,100.0 D0,             25P      22
78.2550474479839 D0;                                                     25P      23
214,1,40.0 D0,1.33333333333334 D0,0.0 D0,100.0 D0,80.2550474479839 D0,   27P      24
150.0 D0,80.2550474479839 D0;                                            27P      25
214,1,40.0 D0,1.33333333333334 D0,0.0 D0,200.0 D0,80.2550474479839 D0,   29P      26
150.0 D0,80.2550474479839 D0;                                            29P      27
216,21,27,29,23,25;                                                      31P      28
S        1G          4D          32P         28                          T         1
```

图 32-5-13 为该 IGES 文件传送图形。

整个文件按照开始段、全局参数段、目录条目段、参数数据段、结束段的次序依次排列，其代表的标识字符及顺序行号见第 73~80 列。

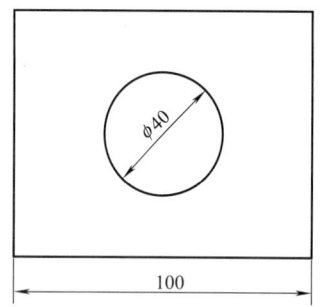

图 32-5-13　IGES 文件传送图形

1) 标志段　S1 是文件的开始部分：

```
S        1
```

Aπ　IGES file example 是对本文件的文字注解。

2) 全局参数段

```
,, 11    HC:\ test.dwg, 11HC:\ test.igs,
54HAutoCAD-14.0l（Microsoft Windows NT
                                                         G     1
Version 4.0 （x86））, 64HAutodesk IGES
Translator R14.3（Aug 7 1998）from
                                                         G     2
Autodesk, Inc., 32, 38, 6, 99, 15, 11HC:\
test.dwg, 1.0D0, 1, 2HIN, 32767, 32.767D0,
```

```
                                                         G     3
15H19990413.175325, 0000002D0, 200.0D0,,,
11, 0, 15H 19990413.175241,;
                                                         G     4
```

G1~G4 是文件的全局参数部分，最开始两个参数是用以定义分隔符和记录结束符的，本例中在两个逗点前什么也没有，表示采用默认符号","和";"。后面依次表示表 32-5-9 所示的各个参数。例如，传送的产品图号（C:\test.dwg）、文件名（C:\text.igs）、软件版本 [AutoCAD 14.01 Microsoft Windows NT Version 4.0 (x8b)]、IGES 版本 [Autodesk IGES Translator R14.3（Aug7 1998）from Autodesk, Inc.]，接着是系统内部表示不同类型数据的二进制位数、接收端指定图号、模型空间与实际空间比例（1.0 D0）、使用英制单位（IN）、线条宽度分级和最大值、文件生成日期（19990413）和时间等。

3) 目录条目段　D1~D32 是目录条目段。IGES 文件中的每个实体在目录条目段中都有一个目录条目。每个实体的条目由两个相邻的长度为 80 字符的行组成。每个域占用 8 个字符，共 20 个域。其中 D1~D12 是用来画 4 条直线和圆的，D13~D20 是用来标注直径尺寸的，D21~D32 是用来标注长度尺寸的。其中引用的类型单元包括：

100 圆弧单元。本例中代表图中的圆。
110 直线段单元。本例中代表 4 条直线。
212 一般注解单元。

214 箭头线单元。
206 直径尺寸单元。
216 长度尺寸单元。
106 点列数据组单元。
406 特性单元。

4) 参数数据段　P1～P28 是文件的参数部分，其中：

110 单元中给出了直线段两端点的 x, y, z 坐标；

100 单元给出了圆弧的圆心坐标 z, x, y 以及圆弧的起点和终点坐标 x, y；

212 单元中给出了字符串的个数，字符串中字符个数，字符串的高、宽、型体以及字符串起点坐标和字符串。P10 行中的 2H40 和 P19 行中的 3H100 分别表示标注尺寸字符"40""100"。

在目录条目段和参数数据段中，代表同一条图素的记录间有相互联系，可以相互检索。例如，本例中有一条直线，其目录条目段记录为：

110　　3　　0　　1　　0　　0　　0
000000000D　　　5

其参数数据段记录为：

110, 200.0D0, 100.0D0, 0.0D0, 200.0D0, 180.0D0, 0.0D0; 　　5P　　3

在 D5 行中，单元类型号 110 后面的第一个参数 3 表示与其相对应的参数数据顺序行号为 3，即 P3；在 P3 行中，字符 P 前的参数 5 则表示此行参数对应的目录条目段记录为 D5。

5) 结束段　文件的最后一行记录为：

S　1G　4D　32P　28　T　1

它是文件的结束部分。记录了上述四个部分各自的总记录行数。

5.2.3.3 STEP（产品模型数据交换标准）

在计算机集成制造系统中，产品模型数据是贯穿于整个产品生命周期全过程中共享的数据。因此，合理建立产品模型数据标准并在不同分系统之间采用统一的公用数据接口交换标准是非常重要的。20 世纪 80 年代以来，主要的工业国家和国际标准化组织已陆续开发了若干有关标准，主要有 IGES、SET、PD-DI、PDES、VDAFS、CAD*I、XBF、STEP 等。在众多的标准中，IGES 标准是应用最广的标准。现行的 CAD 系统主要采用 IGES 标准的中性文件交换。但 IGES 标准存在下列局限：① IGES 原定的开发目标是二维工程图样数据交换，不是完整的产品数据定义和交换，信息内容不全面，层次低；② 只有文本文件一种输出形式。

为适应计算机集成系统的发展需要，国际标准化组织 ISO 从 1998 年起，着手制定产品数据表达与交换标准：Standard for the Exchange of Product Model Data，简称 ISO 10303 STEP。至 1998 年为止，参加该标准制定及派有观察员的成员国家和地区已达 48 个（包括中国、美国、英国、德国、日本等国家）。STEP 标准的目的是提供一种不依赖于具体系统的中性机制，能够描述产品整个生命周期中的产品数据。产品生命周期包括产品的设计、制造、使用、维护、报废等。产品信息的表达包括零件和装配体的表示；产品信息的交换包括信息的存储、传输、获取、存档。产品数据的表达和交换构成了 STEP 标准。

STEP 标准内容全面、技术先进，它将标准内容划分为若干部分，分别组织制定，根据标准成熟程度，分期讨论通过并颁布。

(1) STEP 标准内容和体系结构

STEP 标准将其标准文件分为若干系列编号发布。下面是各个系列的内容。

0 系列

1	概述和基本原理

10 系列：描述方法

11	EXPRESS 语言参考手册
12	EXPRESS-1 语言参考手册

20 系列：实现方法

21	物理文件格式
22	STEP 数据存取接口 SDAI
23	C++联编
24	C 滞后联编
25	FORTRAN 滞后联编

30 系列：一致性测试方法

31	一致性测试方法与框架概念
32	一致性测试需求
33	抽象测试成套规范
34	对每个实现方法的抽象测试

40 系列：通用资源

41	产品描述与支持
42	几何与拓扑关系
43	通用资源表示结构
44	产品配置结构
45	材料
46	显示
47	公差
48	形状特征
49	加工过程结构及特性

100 系列：应用资源

101	绘图资源
102	船舶结构
103	电气线路
104	有限元分析
105	运动学

200 系列：应用协议

201	二维绘图协议
202	三维几何绘图协议
203	三维产品配置定义协议
204	边界表示实体模型机械设计协议
205	曲面表向模型机械设计协议
206	线框模型机械设计协议
207	钣金冲模设计协议
208	产品配置和更改管理协议

STEP 的体系结构可以看作三层。最上层是应用层，面向具体应用，包括应用协议及对应的抽象测试集。中间层是逻辑层，包括集成资源，是一个完整的产品模型，大多是实际应用中抽象出来的，与具体实现无关。最底层是物理层，包括实现方法，给出具体在计算机上的实现形式。图 32-5-14 给出了 STEP 标准体系结构。

(2) 产品数据描述方法

STEP 标准采用形式化建模语言 EXPRESS。EXPRESS 语言是用以定义对象、描述概念模式的语言，不是一种程序设计语言，它不包含输入/输出等语句。设计 EXPRESS 的目标是使所描述的模型既要能为计算机所处理，也要能被人读懂。EXPRESS 语言的基础是模式（schema）。每种模型由若干模式组成。模式内又分为类型说明（type）、实体（entity）、规则（rule）、函数（function）与过程（procedure），其中重点是实体。实体由数据（data）与行为（behavior）定义，数据说明要处理的实体的性质，行为表示限制与操作。

EXPRESS 描述实体的典型格式如下：
ENTITY　　abc
　　a1　　：　　INTEGER；
b1-data　：　　OPTIONAL REAL；
DERIVE
　　b1：　　REAL：＝NVL（b1-data, func（a1））；
WHERE
　　WRI　　：　　constraint-func a1, b1）；
　　END-ENTITY；

上例中的 abc 是实体名称，a1、b1 是实体参数，b1 的类型是实数，但它是可选项（即可能不存在）。在实体定义中的 DERIVE 语句表示 b1 是导出属性项，它是由基本参数 a1 和 b1-data 计算导出的；NVL 是 EXPRESS 内部的一个函数；WHERE 语句也是用以表示约束函数。

在描述几何形状时，实体点的定义如下：
ENTITY point
　　SUPERTYPE OF（ONE OF（cartesian-point, point-on-curve, point-on-surface））
　　SUBTYPE OF（geometry）；
END-ENTITY；
ENTITY cartesian-point
　　SUBTYPE OF（point）；
　　x-coordinate：REAL；
　　y-coordinate：REAL；
　　z-coordinate：OPTIONAL REAL；
DRRIVE
　　Dim：INTEGER：＝coordinate-space（cartesian-point）；
END-ENTITY；

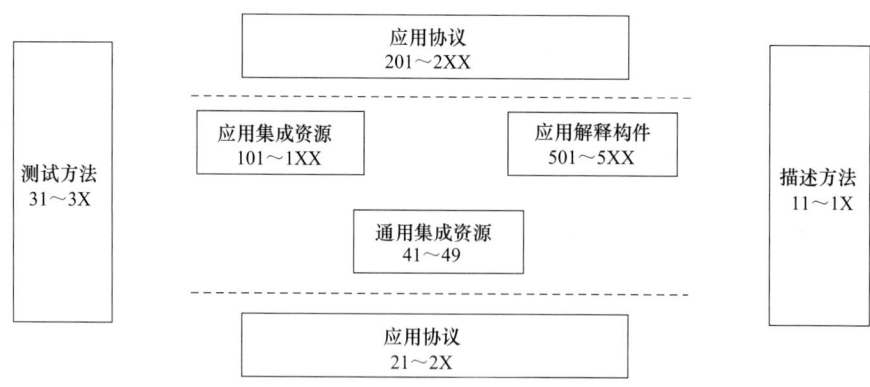

图 32-5-14　STEP 标准体系结构

上述定义中，SUPERTYPE（超型）和 SUBTYPE（子型）分别用以说明实体之间的层次关系。点（point）是几何（geometry）的下一层实体，又是 cartesian-point 等的上一层实体；而 cartesian-point 实体定义中包括了三个坐标值（其中 z 向坐标是可选项）和一个导出整数项 dim。coordinate-space 是 EXPRESS 的一个内部函数，它按照函数中参量 cartesian-point 所包含坐标值项的数目将 cartesian-point 的维数（三维或二维）值返回给参数 dim。

一个 cartesian-point 在 STEP 标准的数据物理文件中出现的形式如下：

♯ 321＝CARTESIAN-POINT（－12.68、6.0、500.0）

在该行中，321 是该点的标识，而 －12.68、6.0、500.0 则是该点的 x、y、z 坐标值。

有关 EXPRESS 语言的详细内容见 ISO 10303-11《EXPRESS 语言参考手册》。

（3）集成资源

STEP 逻辑层统一的概念模型为集成的产品信息模型，又称集成资源。它是 STEP 标准的主要部分，采用 EXPRESS 语言描述。集成资源提供的资源是 STEP 用以构建产品模型的基础件。集成资源分为通用资源、应用资源和应用解释构件，通用资源在应用上有通用性，与应用无关；而应用资源则描述某一应用领域的数据，它们依赖于通用资源的支持；应用解释构件是可以重用的资源实体。

通用资源部分有产品描述与支持的原理、几何与拓扑表示、结构表示、产品结构配置、材料、视图描绘、公差和形状特征等。应用资源部分有制图、船舶结构和有限元分析等。

产品描述与支持的基本原理包括通用产品描述资源、通用管理资源及支持资源三部分。通用产品描述资源包含产品定义结构配置、产品特征定义和产品特征显示表达等内容。

几何与拓扑表示包括几何部分、拓扑部分、几何形体模型等，用于产品外形的显示表达，其中几何部分只包括参数化曲线、曲面定义以及与此相关的定义，拓扑部分涉及物体的连通关系。几何形状模型提供了物体的一个完整外形表达，在很多场合，都要包括产品的几何和拓扑数据，它包含 CSG 模型和 B-rep 模型这两种主要的实体模型。

形状特征分为通道、凹陷、凸起、过渡、域和变形等 6 大类，并由此派生出具有各种细节的特征有相应的模式、实体及属性定义。

应用资源内容包括有关制图信息的资源，有图样定义模式、制图元素模式和尺寸图模式等。

关于集成资源标准的详细内容见 ISO 10303-41～48，ISO 10303-101～105。

（4）应用协议

STEP 标准支持广泛的应用领域，在具体的某个应用系统中很难采用标准的全部内容，一般只实现标准的一部分，如果不同的应用系统所实现的部分不一致，则在进行数据交换时，会产生类似 IGES 数据不可靠的问题。为了避免这种情况，STEP 计划制定了一系列应用协议。应用协议不但规定了采用那些数据描述定义产品，并且也规定了这些数据是如何使用的。所谓应用协议是一份文件，用以说明如何用标准的 STEP 集成资源来解释产品数据模型文本，以满足工业需要。也就是说，根据不同应用领域的实际需要，确定标准的有关内容，或加上必须补充的信息，强制要求各应用系统在交换、传输和存储产品数据时应符合应用协议的规定。显示绘图应用协议 AP201 和产品控制配置应用协议 AP203 是已在使用的应用协议。

应用协议（AP）包括应用的范围、相关内容、信息需求的定义、应用解释模型（AIM）、规定的应用方式、一致性要求和测试意图。

关于应用协议的标准详细内容见 ISO 10303-201～208。

（5）实现形式

STEP 标准将数据交换的实现形式分为四种：件交换、工作格式（working form）交换、数据库交换和知识库交换。对于不同的 CAD/CAM 系统，可以根据对数据交换的要求和技术条件选取一种或多种形式。

STEP 文件交换有专门的格式规定，它是 ASCII 码顺序文件，采用 WSN（with syntax notation）的形式化语言。STEP 文件含有两个节：首部节和数据节。首部节的记录内容为文件名、文件生成日期、作者姓名、单位、文件描述、前后处理程序名等。数据节为文件的主体，记录内容主要是实体的实例及其属性值，实例用标识号和实体名表示，属性值为简单或聚合数据类型的值或引用其他实例的标识号。各应用系统之间数据交换是经过前置处理或后置处理程序处理为标准中性文件进行交换的。某种 CAD/CAM 系统的输出经前置处理程序映射成 STEP 中性文件，STFP 中性文件再经后置处理程序处理传至另一 CAD/CAM 系统。在 STEP 应用中，由于有统一的产品数据模型，由模型到文件只有一种映射关系，前后处理程序比较简单。

工作格式交换是一种特殊的形式。它是产品数据结构在内存中的表现形式，利用内存数据管理系统使要处理的数据常驻内存，对它进行集中处理。其特点是待处理的数据常驻内存，故提高了运行速度。

ISO 10303-22《实现形式：标准数据存取接口》规定了以 EXPRESS 语言定义 STEP 数据存储区（文件、工作格式和数据库的统称）的接口实现方法，该接口称为标准存取接口 SDAI（standard data access interface）。其他应用程序可以通过此接口来获取与操作产品数据。SDAI 独立于编程语言，但提供编程语言适用的接口以联编方式引用。

数据库交换方式是通过共享数据库实现的。产品数据经数据库管理系统 DBMS 存入数据库，每个应用系统可从数据库取出所需的数据，运用数据字典。应用系统可以向数据库系统直接查询、处理、存储产品数据。

知识库交换是通过知识库来实现数据库交换的。各应用系统通过知识库管理向知识库存取产品数据，它们与数据库交换级的内容基本相同。

（6）一致性测试和抽象测试

即使资源模型定义得非常完善，但经过应用协议，在具体的应用程序中，其数据交换是否符合原来意图，尚需经过一致性测试。STEP 标准定有一致性测试过程、测试方法和测试评估标准。

一致性测试中分为结合应用程序实例的测试与抽象测试。前者根据定义的产品模型在应用程序运行后的实例，检查其数据表达、传输和交换中是否可靠和有效；后者作为标准的抽象测试，则用一种形式定义语言来定义抽象测试事例，每一个测试事例提出一套用于取得某种专门测试目标的说明、一致性测试的要求，以及测试过程由应用协议加以规定。抽象测试集包含支持一致性要求的应用协议的一组测试件。对于每个应用协议，都有对应的抽象测试集测试协议的实现是否满足协议的一致性要求。抽象测试件用形式化语言定义。每一抽象测试件提供了评测一个或数个一致性要求是否满足所需的数据和标准。一个应用协议的所有抽象测试件构成抽象测试集。抽象测试集在STEP 中是单独的一类，系列编号为 3XX，等于对应的应用协议系列号加 100。

关于一致性测试和抽象测试的详细内容见 ISO 10303-31～34。

5.3 工程数据的计算机处理

在机械产品的设计过程中，设计人员需查阅各种设计规范中的数表、图表和线图等设计资料。这些数据资料一般是用设计手册的形式提供的，查阅起来既费时又容易出错。进行计算机辅助设计，首先就要对记录在各种手册上的数据做适当的处理并预先存入计算机，供计算机运行时自动检索。设计数据的处理方法有三种。

（1）程序化

把数据直接编在应用程序中，在应用程序内部对这些数表及线图进行查表、处理或计算。具体处理方法有两种，第一种是将数表中的数据或线图经离散后存入一维、二维或三维数组，用查表、差值等方法检索所需要的数据；第二种是将数表或线图拟合成公式，编入程序计算出所需要的数据。这是一种简单的方式，但占用较大的内存，而且数据是程序的一部分，即使是变更一个数据，也要使程序做相应的修改，故这种方法适用于数表和数据较少以及数据变更少的情况。

（2）建立数据文件

把数据和应用程序分开，建立一个独立于程序的数据文件，把它存放在外存储器中，当程序运行到一定时候，便可打开数据文件进行检索。其优点是应用程序简洁，所占内存量大大减少，数据更改比程序化处理方法方便。这种方法适合于表格数据比较多的情况。

（3）建立数据库

将数表和线图（经离散化）中的数据按数据库的规定进行文件结构化，存放到数据库中。它的特点是数据独立于应用程序，数据更改和扩充时不需要修改应用程序。

5.3.1 数表的程序化

在机械设计中，许多参数之间的函数关系难于用简单的数学公式表达，因此在设计资料中大量地采用数据表格来表达设计参数的关系。例如，V 带传动中影响传动能力的包角系数 K_α 与小带轮包角 α 的关系由表 32-5-13 给出。又如，轴的 6 种常用材料的力学性能，根据材料牌号和毛坯直径分为 11 种规格，各种规格的材料性能用表 32-5-14 表示。

设计人员经常利用这类数表查取数据，在 CAD 系统中将数表程序化，有直接存取数表数据和事先将数表数据转化为计算公式两种途径。

5.3.1.1 数表的存储

若直接存取数表，数表有两种存储方式。

① 用数组存储。当数据不多时用数组来存储比较简单。像表 32-5-13 这类数表，可用二维数组或两个一维数组同时存储 α 和 K_α。表 32-5-14 中的材料种类 i 可不必存储。在程序中，可以用赋值语句、DATA 语句等直接对数组赋初值。

② 数组存储要占用计算机内存，当在 CAD 系统中使用大量的数表时，可以把数表中的数据存储在外部存储介质（例如磁盘）上的数据文件中，或者存放在 CAD 系统的数据库中。在引用某数表查取数据时，由程序根据预先指定的数据文件名或数据库的管理信息将该数表读入内存。这样，在程序中只需要一块公用的数据区，就可以供所有的数表查取使用。这种做法不仅节省内存，而且将数据与程序分开，增加了程序的独立性。

5.3.1.2 一元数表的查取方法

像表 32-5-13 这类数表，由一个参数（α）的值，查取与之对应的另一个参数（K_α）的值，称作一元数表，表达了单自变量函数关系。表 32-5-14 中根据材料牌号和毛坯直径将材料分为 11 种规格。每种力学性能由材料种类 i 决定，所以也是一元数组，它表达了多个单变量函数关系。

查取一元数表时，如果作为自变量的设计参数，只能取某些确定的值。例如表 32-5-14 中的材料种类 i、齿轮传动中的模数等。那么可直接从存储的数表中查取与所给自变量值对应的函数值。

但是，很多数表中自变量参数的取值没有这种限制，而是可在一个容许范围内任选。例如 V 带传动中，若小带轮包角 $\alpha=114.5°$，则不能直接从表 32-5-13 中查出对应的 K_α 值。这时，就需要利用数表数据用插值的方法计算函数值。

设参数之间的函数关系为 $y=f(x)$，一元数表中已给出组数据 x_i、y_i（$i=1,2,\cdots,n$），它们就是插值结点。一元数表查取中常用的插值方法如下。

1）线性插值 对给出的自变量 x 值，先找出邻近的两个结点 P_i 和 P_{i+1}，近似地认为在区间（x_i，x_{i+1}）上函数是线性关系。用下面的插值公式计算：

$$y=y_i+\frac{y_{i+1}-y_i}{x_{i+1}-x_i}(x-x_i) \qquad (32\text{-}5\text{-}1)$$

线性插值在查取数表中经常使用，可编制如下的子程序实现：

```
      SUBROUTINE  LINIPL(N,P,x,y,F)
      INTEGER N,N1,N2,I
      REAL  P,F,U,x(N),y(N)
      N2=N-21=       DO 20 I=1,N2
      IF (P-x(I+1))10,10,20
10    NI=I
      GOTO 40
20    CONTINUE
      NI=N-1
40    U=(P-x(NI))/(x(NI+1)-x(NI))
      F=y(NI)+U*(y(NI+1)-y(NI))
      RETURN
      END
```

子程序有 5 个形式参数，N 是数表给定的插值结点个数；数组 x 和 y 分别存放各自结点的自变量和函数值，x 自变量从小到大排列；P 为插值点，自变量值 x 以上均为输入变量。F 为插值计算得到的函数值 y，是输出变量。程序中 NI 就是式（32-5-1）中的下标 i。

表 32-5-13　　　　　　　　　　　　　包角系数 K_α

包角 α	70°	80°	90°	100°	110°	120°	130°	140°	150°	160°	170°	180°	190°	200°	210°	220°
K_α	0.56	0.62	0.68	0.73	0.78	0.82	0.86	0.89	0.92	0.95	0.98	1.0	1.05	1.1	1.15	1.2

表 32-5-14　　　　　　　　　　　　　轴常用材料的力学性能

材料名称	材料牌号	毛坯直径 /mm	种类 i	σ_b /MPa	σ_s /MPa	τ_s /MPa	σ_{-1} /MPa	τ_{-1} /MPa
	Q275	任意	1	520	275	150	220	130
		任意	2	560	280	150	250	150
	45	120	3	800	550	300	350	210
		80	4	900	650	390	380	230
数据		任意	5	730	500	280	320	200
	40Cr	200	6	800	650	390	360	210
		120	7	900	750	450	410	240
	40CrNi	任意	8	820	650	390	360	210
		4200	9	920	750	450	420	250
	20	60	10	400	240	120	170	100
	20Cr	120	11	650	400	240	300	160

找到插值点所在区间后，可分为三种情况求插值。

① 插值点在区间 ($x(1)$, $x(N)$) 内时用相邻两结点作内插值；② 当 $P>x(N)$ 时，用最后两个结点连成直线进行插值（外插法）；③ 当 $P<x(N)$ 时，用最前边两个结点连线作外插值。

2）抛物线插值 通过相邻三个结点的抛物线近似拟合该区间中的函数关系。先由给出的自变量 x 值确定插值区间的三个结点 P_i、P_{i+1}、P_{i+2}，如图 32-5-15 所示，用下面公式计算函数值 y

$$y = y_i \frac{(x-x_{i+1})(x-x_{i+2})}{(x_i-x_{i+1})(x-x_{i+1})} + y_{i+1}\frac{(x-x_i)(x-x_{i+2})}{(x_{i+1}-x_i)(x_{i+1}-x_{i+2})} + y_{i+2}\frac{(x-x_i)(x-x_{i+1})}{(x_{i+2}-x_i)(x_{i+2}-x_{i+1})}$$

(32-5-2)

插值区间按下述方法确定。

① 当 $x \leqslant x_2$ 时，取 $i=1$，抛物线通过前三个结点 P_1、P_2 和 P_3。

② 当 $x > x_{n-2}$ 时，取 $i=n-2$，抛物线通过最后三个结点 P_{n-2}、P_{n-1} 和 P_n。

③ 除上述两种情况外，当 $x_j < x \leqslant x_{j+1}$ （$2 \leqslant j \leqslant n-2$）时，又分两种情况：

a. $x-x_j \geqslant x_{j+1}-x$ 时，取 $i=j$，如图 32-5-15 (a) 所示；

b. $x-x_j \leqslant x_{j+1}-x$ 时，取 $i=j-1$，如图 32-5-15 (b) 所示。

一元抛物线差值子程序如下：

```
SUBROUTINE  QUAIPL(N,P,x,y,F)
INTEGER N,N1,N3
REAL   P,F,U,V,W,x1,x2,x3,x(N),y(N)
N3=N-3
      DO  20   I=1,N3
      IF (P-x(I+1))10,10,20
10    NI=I
      GOTO 40
20    CONTINUE
      NI=N-2
40    IF (NI.GT.1.AND.(P-X(NI)).LT.(x(NI+1)-P))NI=NI-1
      x1=x(NI)
      x2=x(NI+1)
      x3=x(NI+2)
      U=(P-x2)*(P-x3)/((x1-x2)*(x1-x3))
      V=(P-x1)*(P-x3)/((x2-x1)*(x2-x3))
      W=(P-x1)*(P-x2)/((x3-x1)*(x3-x2))
      F=U*y(NI)+V*y(NI+1)+W*y(NI+2)
RETURN
END
```

五个形式参数的含义与子程序 LINIPL 中完全相同，NI 为式（32-5-2）中的下标 i。

5.3.1.3 二元数表的查取方法

由两个参数值查取第三个设计参数值的数表称作二元数表，它表达了两个自变量的函数关系 $z=f(x,y)$，例如，轴的过渡圆角处有效应力集中系数 $k_\sigma \left(\dfrac{D-d}{r}=2 \right)$ 由两个参数决定，见表 32-5-15。

查取二元数表时，如果两个自变量都只能取标准值，则直接从已存入 CAD 系统的数表中取出相应的结点数值。否则需要用插值的方法计算函数值。

设二元数表中两个自变量的结点值分别给出 N 和 M 个，则共有 $N \times M$ 个插值结点。常用二元插值方法如下。

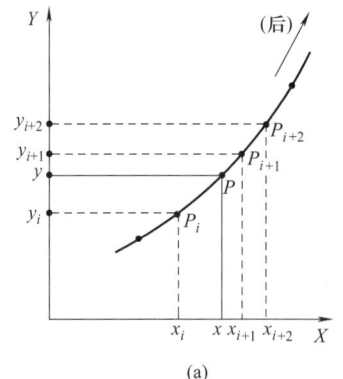

(a)

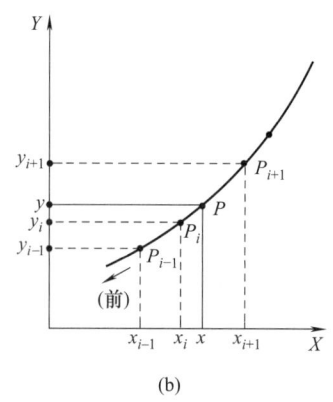

(b)

图 32-5-15 抛物线插值方法示意图

表 32-5-15　　轴的圆角处有效应力集中系数 $\kappa_\sigma\left(\dfrac{D-d}{r}=2\right)$

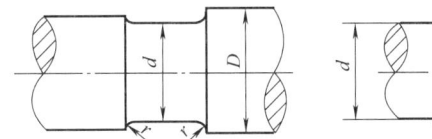

序号	j	1	2	3	4	5	6	7	8
i	δ_b/MPa r/d	400	500	600	700	800	900	1000	1200
1	0.01	1.34	1.36	1.38	1.40	1.41	1.43	1.45	1.49
2	0.02	1.41	1.44	1.47	1.49	1.52	1.54	1.57	1.62
3	0.03	1.59	1.63	1.67	1.71	1.76	1.80	1.84	1.92
4	0.05	1.54	1.59	1.64	1.69	1.73	1.78	1.83	1.93
5	0.10	1.38	1.44	1.50	1.55	1.61	1.66	1.72	1.83

1) 二元拟线性插值　先从 $N \times M$ 个结点中选取最靠近插值点 $P(x,y)$ 的 4 个相邻结点：(x_i, y_i)、(x_i, y_{i+1})、(x_{i+1}, y_i)、(x_{i+1}, y_{i+1})，$x_i < x \le x_{i+1}$，$y_i < y \le y_{i+1}$。取出它们对应的函数值 $z_{i,j}$、$z_{i,j+1}$、$z_{i+1,j}$、$z_{i+1,j+1}$，由下列公式计算差值点函数值 $z(x,y)$

$$\begin{cases} z(x,y) = (1-\alpha)(1-\beta)z_{i,j} \\ \qquad\quad +\beta(1-\alpha)z_{i,j+1} \\ \qquad\quad +\alpha(1-\beta)z_{i+1,j} \\ \qquad\quad +\alpha\beta z_{i+1,j+1} \\ \alpha = \dfrac{x-x_i}{x_{i+1}-x_i},\ \beta = \dfrac{y-y_i}{y_{i+1}-y_i} \end{cases} \quad (32\text{-}5\text{-}3)$$

下面是二元拟线性插值的子程序：
```
SUBROUTINE TLNIPL(N,M,Ax,Ay,x,y,z,F)
INTEGER  N,M,KI,KJ,NF2,NF3
REAL   Ax,Ay,F,x(N),y(M),z(N,M)
NF2=N-2
    DO 20 I=1,NF2
    IF (Ax-x(I+1))10,10,20
10  KI=I
    GOTO 40
20  CONTINUE
    KI=N-1
40  NF3=M-2
    DO 70 J=1,NF3
    IF(Ay-y(J+1))50,50,60
50  KJ=J
    GOTO 80
60  KJ=M-1
70  CONTINUE
80  AP=(Ax-x(KI))/(x(KI+1)-x(KI))
    BT=(Ay-y(KJ))/(y(KJ+1)-y(KJ))
```

$F=(1-AP)*(1-BT)*z(KI,KJ)+BT*(1-AP)*z(KI,KJ+1)$
　$+AP*(1-BT)*z(KI+1,KJ)$
　$+AP*BT*z(KI+1,KJ+1)$
RETURN
END

一维数组 x 和 y 存放结点自变量，二维数组 z 存放结点函数值，Ax 和 Ay 是插值点坐标，F 是计算结果。

2) 二元抛物线插值　从数表中的 $N \times M$ 个结点中选取最靠近插值点 (x,y) 的相邻 9 个结点（图 32-5-16），由下面的插值公式计算插值点函数值

$$z(x,y) = \sum_{r=i}^{i+2}\sum_{s=j}^{j+2} \prod_{\substack{k=i \\ k\ne r}}^{i+2} \dfrac{x-x_k}{x_r-x_k} \times \prod_{\substack{l=i \\ l\ne s}}^{j+2} \dfrac{y-y_1}{y_s-y_1}$$

(32-5-4)

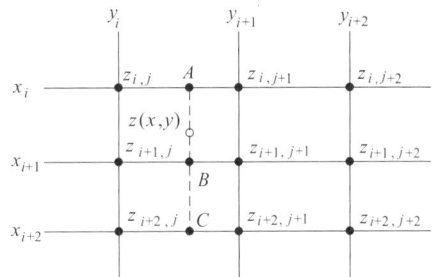

图 32-5-16　二元抛物线插值示意图

下面是二元抛物线插值的子程序：
```
SUBROUTINE TQAIPL(N,M,Ax,Ay,x,y,z,F)
INTEGER  N,M,I,J,N1,M1
REAL   Ax,Ay,F,x(N),y(M),z(N,M),U(3),V(3)
N1=N-3
M1=M-3
```

```
     DO 10 I=1,N1
     IF(Ax.LE.x(I+1))GOTO 20
10   CONTINUE
     I=N-2
20   DO 30 J=1,M1
     IF(Ay.LE.y(J+1))GOTO 40
30   CONTINUE
     J=M-2
40   IF(I.EQ.1)GOTO 50
     IF((Ax-x(I)).GE.(x(I+1)-AX))
     GOTO 50
     I=I-1
50   IF(J.EQ.1)GOTO 60
     IF((Ay-y(J)).GE.(y(J+1)-Ay))
     GOTO 60
     J=J-1
60   x1=x(I)
     x2=x(I+1)
     x3=x(I+2)
     y1=y(J)
     y2=y(J+1)
     y3=y(J+2)
     U(1)=(Ax-x2)*(Ax-x3)/((x1-x2)
     *(x1-x3))
     U(2)=(Ax-x1)*(Ax-x3)/((x2-x1)
     *(x2-x3))
     U(3)=(Ax-x1)*(Ax-x2)/((x3-x1)
     *(x3-x2))
     V(1)=(Ay-y2)*(Ay-y3)/((y1-y2)
     *(y1-y3))
     V(2)=(Ay-y1)*(Ay-y3)/((y2-y1)
     *(y2-y3))
     V(3)=(Ay-y1)*(Ay-y2)/((y3-y1)
     *(y3-y2))
     F=0.0
     DO 70 II=1,3
     DO 70 JJ=1,3
     I1=I+JJ-1
     J1=J+JJ-1
70   F=F+U(II)*V(JJ)*Z(I1,J1)
     RETURN
     END
```

子程序的形式参数与 TLNIPL 中的含义完全相同。

5.3.1.4 数表的公式化

将数表程序化的另一途径是：把数表转换为计算公式，根据公式编制程序。数表的公式化有两种情况。

一种情况是设计资料中有的数表是根据某个比较繁复的算法或者一系列规定的公式事先计算出来后再编制成表格。其目的是简化设计人员的手工计算。对这种数表，显然应尽可能地用原始计算公式编制程序。

另一种情况是有些数表给出的是由一组实验得到的数据或者是一系列的数值计算结果。对这类数表，可以在这些数据的基础上，建立经验公式或近似计算公式。由数表建立计算公式有下面两类方法。

(1) 曲线插值方法

如果数表中的数据足够精确，要求近似公式代表的函数曲线严格地经过数表所给出的各个离散结点，就可用曲线插值的方法。这种方法三次样条曲线。

(2) 曲线拟合方法

根据离散结点数值变化趋势选择拟合函数类型，拟合函数可能不能准确通过各离散结点。但可通过恰当选择拟合函数中的待定系数，使其误差为最小，这就是曲线拟合方法。常用的拟合函数有多项式和指数函数。

1) 最小二乘法多项式拟合　已知 m 组数据 (x_i, y_i) $(i=1,2,\cdots,m)$ 用 n 次多项式表示。

$$y(x)=a_0+a_1x+a_2x^2+\cdots+a_nx^n$$
(32-5-5)

作为未知函数的近似表达式，要求 m 远大于 n。

多项式的函数值与相应数据点之间的偏差记为 $D_i=y(x_i)-y_i$，y_i 是数表中离散点的函数值（见图 32-5-17）。采用最小二乘法原理：最佳拟合曲线在各结点处的偏差平方和最小。由式 (32-5-5) 可知偏差的平方和是多项式系数 a_i 的函数。记为：

$$F(a_0,a_1,\cdots,a_n)=\sum_{i=1}^{m}[y(x_i)-y_i]^2$$
(32-5-6)

求出使 $F(a_0,a_1,\cdots,a_n)$ 为极小的 a_i 值，代入式 (32-5-5) 就得到了所要的偏差平方和最小的多项式。

$F(a_0,a_1,\cdots,a_n)$ 极小化的条件是：

$$\frac{\partial F(a_0,a_1,\cdots,a_n)}{\partial a_j} \quad (j=1,2,\cdots,n) \quad (32\text{-}5\text{-}7)$$

即

$$a_0\sum_{i=1}^{m}x_i^j+a_1\sum_{i=1}^{m}x_i^{j+1}+\cdots+$$

$$a_n\sum_{i=1}^{m}x_i^{j+n}=\sum_{i=1}^{m}x_i^j y_i \quad (32\text{-}5\text{-}8)$$

令
$$\sum_{i=1}^{m} x_i^k = s_k \quad (32\text{-}5\text{-}9)$$

$$\sum_{i=1}^{m} x_i^k y_j = t_k \quad (32\text{-}5\text{-}10)$$

则有 $n+1$ 阶线性方程组：

$$\sum_{j=0}^{n} s_{i+j} a_i = t_j \quad (j=0,1,\cdots,n) \quad (32\text{-}5\text{-}11)$$

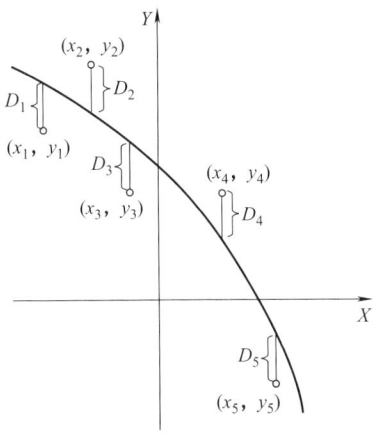

图 32-5-17　最小二乘法多项式的拟合

计算步骤：

① 由式（32-5-9）计算方程组的系数 s_k（$k=0,1,2,\cdots,2n$）；

② 由式（32-5-10）计算方程组右端项 t_k（$k=0,1,2,\cdots,n$）；

③ 求解线性方程组式（32-5-11），得到多项式（32-5-5）的各个系数 $a_0, a_1, \cdots, a_n$；

④ 按式（32-5-5）编制近似公式的计算程序。

如果取 $n=1$ 就得到线性近似公式

$$y = a_0 + a_1 x \quad (32\text{-}5\text{-}12)$$

2) 指数曲线拟合　如果数表中的结点画在对数坐标纸上呈线性分布趋势，则可用指数函数 $y = ax^b$ 来拟合，见图 32-5-18。具体作法可用作图法：在对数坐标纸上按结点分布趋势作一直线，直线在 Y 轴上的截距是常数 $\lg a$，直线斜率是指数 b。也可用最小二乘法确定 a、b 值，过程如下。

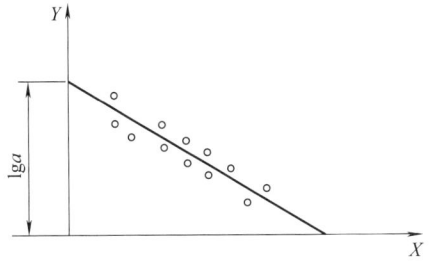

图 32-5-18　指数曲线的拟合

设拟合曲线的指数函数为：

$$y = ax^b \quad (32\text{-}5\text{-}13)$$

将上式两边取对数得到：

$$\lg y = \lg a + b \lg x \quad (32\text{-}5\text{-}14)$$

令　　$u = \lg y, v = \lg a, w = \lg x \quad (32\text{-}5\text{-}15)$

代入式（32-5-14）得：

$$u = v + bw \quad (32\text{-}5\text{-}16)$$

由式（32-5-15）把已知数表中的 m 组数据 (x_i, y_i)（$i=1,2,\cdots,m$）转换为 (u_i, w_i)，式（32-5-16）是 u 关于 w 的线性关系式。因此可采用前述的最小二乘多项式拟合的方法，由 m 组数据 (u_i, w_i) 确定线性方程（32-5-16）中的常系数 v 和 b。它们分别对应于式（32-5-12）中的 a_0 和 a_1。得到 v 值后，由式（32-5-15）可算出 a。将 a、b 代入式（32-5-13）就是所求的指数函数。

5.3.2　线图的程序化

在机械设计资料中，有些函数关系以计算线图的形式给出，供设计人员从线图上量取数据而代替计算。例如渐开线齿轮的齿形系数 Y_F，取决于齿数 z 和变位系数 x。图 32-5-19 中的曲线簇表达了它们的关系，这是两个自变量的二元线图。线图是不能直接在计算机中存储和参与运算的，同样需要进行程序化处理。

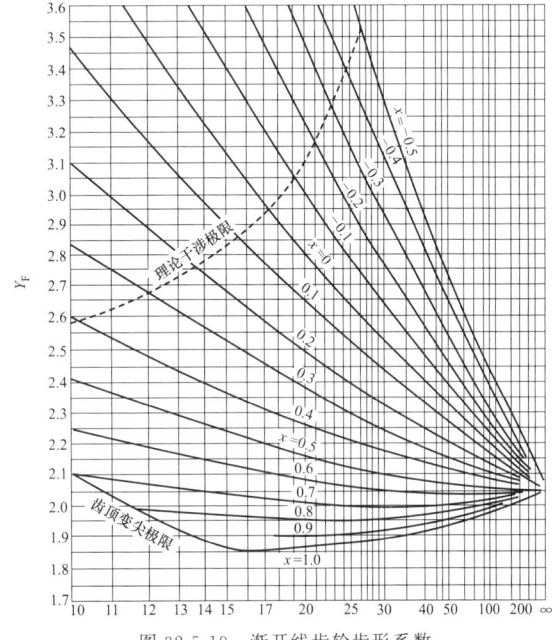

图 32-5-19　渐开线齿轮齿形系数

绘制计算线图的数据，一般由计算公式计算出来，或由实验、统计、数值计算得到。因此，线图程序化的基本方法，就是先将线图恢复为原始形式——公式或数表，然后采用前两小节介绍的公式和数表程序化的方法进行处理。如果找不到编制线图的原始数表，则可以从线图上量取若干个结点，将结点的坐标值列成数表，然后再对数表进行程序化。

5.3.3 建立数据文件

工程设计中如果数据量较大，而且多个程序共用数表（即共享数表），若采用程序化处理，不仅数据在程序中所占比例大，也会因重复输入而造成数据冗余。对于这种情况，可采用数据文件存放。该方法将数表与程序分开，单独建立数据文件，存储在计算机的外存上（软盘、硬盘等）。使用时，使用文件操作语句打开该文件，将数据读入内存，再做相应处理。用文件存储设计数据和存放设计结果，也是 CAD 系统各模块之间进行信息交换的主要手段。

数据文件可以用文本编辑软件建立和编辑。比如用 C 语言的编辑器、Windows 操作系统的记事本等，也可以用高级语言程序和数据库生成。建立数据文件时，数据应以一定的格式存放，读取时也应按相同的格式读取，否则会出错。以下内容是建立数据文件的具体方法。

(1) 文本编辑软件编辑数据文件

用编辑的方法建立数据文件是在文本编辑软件的支持下，通过人机交互编辑产生数据文件，产生的数据文件为顺序文件。例如，用 Windows 操作系统的记事本应用程序编辑如表 32-5-16 所列的数据文件的方法如下。

表 32-5-16 凹模孔口参数表

材料厚度/mm	h/mm	α/(°)	β/(°)
≤0.5	5.0	0.25	2.0
>0.5~1.0	6.0	0.25	2.0
>1.0~2.5	7.0	0.25	2.0
>2.5~6.0	8.0	0.50	3.0
>6.0	10.0	0.50	3.0

① 打开 Windows 操作系统的记事本程序。
② 在进入编辑状态后按照一定的数据格式，输入数表中的数据，如图 32-5-20 所示。
③ 在检查无误后，保存所建的数据文件。数据文件即生成。

(2) 用高级语言生成数据文件

用高级语言生成的数据文件主要用于 CAD 系统各模块之间进行信息交换或作为结果（中间或最终结果）保存。数据文件主要是应用高级语言的文件操作函数、文件操作语句来生成和操作。下面以 C 语言为例，说明文件操作函数、操作语句的格式及其

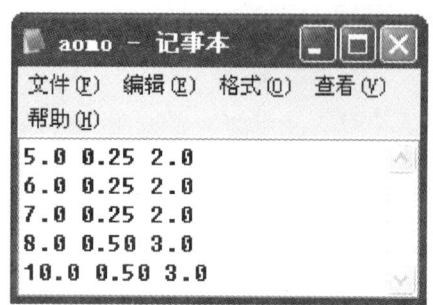

图 32-5-20 用记事本编辑数据文件

应用。

1) 文件的打开与关闭　对文件进行操作之前应该首先"打开"该文件，而在使用之后应"关闭"文件。C 语言用 fopen() 函数的格式及调用方式为：

FILE *fp;
fp=fopen（文件名，使用文件方式）；

打开文件语句，告知编译系统 3 个问题：一是打开的文件名，也就是准备访问的文件名字；二是使用文件的方式（"读"还是"写"）等；三是用哪个指针变量指向被打开的文件。

例如：fp=fopen（"aomo.dat"，"r"）;

表示打开文件名字为 aomo.dat 的文件，使用文件的方式为"读入"（r 代表 read，即读入），fopen() 函数带回指向 aomo.dat 文件的指针并赋给 fp，这样 fp 就和文件 aomo.dat 建立了联系，或者说 fp 指向 aomo.dat。

在使用完一个文件后应该关闭它，以防止误用。C 语言用 fclose() 函数来关闭文件，fclose() 函数的调用格式一般为：

fclose（fp）；

执行该语句，通过 fp 将该文件关闭，即 fp 不再指向该文件。fclose() 函数也带回一个值，若顺利地执行了关闭操作，则返回值为 0；否则返回 EOF（-1）。

2) 数据文件的读和写　文件的读写方式较多，不同的读写内容有不同的读写语句，下面以有格式读写为例，说明读写语句的格式和内容。

文件格式化读写用 fscanf 和 fprintf 语句，它们的调用方式为：

fprintf（文件指针，格式字符串，输出列表）；
fscanf（文件指针，格式字符串，输入列表）；

例如：

fprintf(fp,"%d,%6.2f",i,t);　//将整型变量 i、实型变量 t 的值按%d、%6.2f 格式输出到 fp 指向的文件上。

fscanf(fp,"%d,%f",&i,&t);　// 从磁盘文件

(fp 指向的文件) 中读入一个整型量赋给变量 i (存入地址 i); 读入一个实型量赋给 t (存入地址 t)。

(3) 用数据库生成数据文件　用数据库生成数据文件首先需要将数表建立数据库, 然后通过相关命令生成数据文件 (文本文件), 生成命令及方法见 5.3.4 节。

5.3.4　数表的数据库管理

利用数据文件来管理和使用工程数据的方法虽简单易行, 但其使用也存在一些问题。例如, 数据文件中数据对程序缺乏适应性, 数据与应用程序相互依赖, 如果为了某种用途数据结构需要修改时, 应用程序也不得不做相应的修改。为解决数据存在的缺陷, 可应用数据库管理技术对数表进行管理。

数据库技术产生于 20 世纪 60 年代末。它的出现使得计算机应用进入了一个新的时期, 社会的每一领域都与计算机发生了联系。数据库技术聚集了数据处理最精华的思想, 是管理信息最先进的工具。数据库中的数据存储独立于应用程序, 应用程序能够共享数据库中的资源。因此, 对于 CAD 系统中的量大、共享数据, 采用数据库管理系统处理较为合适。

5.3.4.1　数据库系统简介

数据库系统是运用计算机技术管理数据的最新成就, 是在克服文件系统缺点的基础上发展起来的一门新型数据管理技术, 是一种能够管理大量的、永久的、可靠的、共享的数据管理手段。数据库系统是存储介质、处理对象和管理系统的集合体。它通常由数据库、数据库管理系统、数据库应用程序、操作系统和数据管理员组成。数据库管理系统是数据库系统的核心, 数据库由数据库管理系统统一管理, 数据的插入、修改和检索均要通过数据库管理系统进行。数据管理员负责创建、监控和维护整个数据库, 使数据能被任何有权使用的人有效使用。

数据库系统的个体含义是指一个具体的数据库管理系统软件和用它建立起来的数据库; 它的学科含义是指研究、开发、建立、维护和应用数据库系统所涉及的理论、方法、技术所构成的学科。在这一含义下, 数据库系统是软件研究领域的一个重要分支, 常称为数据库领域。

数据库研究跨越计算机应用、系统软件和理论研究三个领域, 其中应用促进新系统的研制开发, 新系统带来新的理论研究, 而理论研究又对前两个领域起着指导作用。数据库系统的出现是计算机应用的一个里程碑, 它使得计算机应用从以科学计算为主转向以数据处理为主, 并使计算机得以在各行各业乃至家庭普遍使用。在它之前的文件系统虽然也能处理持久数据, 但是文件系统不提供对任意部分数据的快速访问, 而这对数据量不断增大的应用来说是至关重要的。为了实现对任意部分数据的快速访问, 就要研究许多优化技术。这些优化技术往往很复杂, 是普通用户难以实现的, 所以就由系统软件 (数据库管理系统) 来完成, 而提供给用户的是简单易用的数据库语言。由于对数据库的操作都由数据库管理系统完成, 所以数据库就可以独立于具体的应用程序而存在, 从而数据库又可以为多个用户所共享。因此, 数据的独立性和共享性是数据库系统的重要特征。数据共享节省了大量人力物力, 为数据库系统的广泛应用奠定了基础。

数据库系统的特点大致有: 数据的结构化、数据的共享性好、数据的独立性好、数据管理系统、为用户提供了友好的接口。

数据库系统的基础是数据模型, 现有的数据库系统均是基于某种数据模型的。数据库系统的常见数据模型有层次型、网络型和关系型。其中关系型数据模型是多数数据库系统采用的数据模型。

5.3.4.2　数据库管理系统在 CAD 中的应用

数据库管理系统 (data base management systems, DBMS) 是专门负责组织和管理数据库的软件系统, 其主要功能是维护数据库, 接受并完成用户程序或命令提出的访问数据的各种要求, 协助用户建立和使用数据库。用数据库管理系统管理数据, 可以使数据与应用程序真正实现相互独立, 最大限度地消除数据的冗余, 做到数据为多用户共享 (图 32-5-21), 进一步满足了 CAD 作业的需求, 支持和促进了 CAD 技术的发展。因此, 数据库管理系统已成为现代 CAD 系统的重要组成部分。

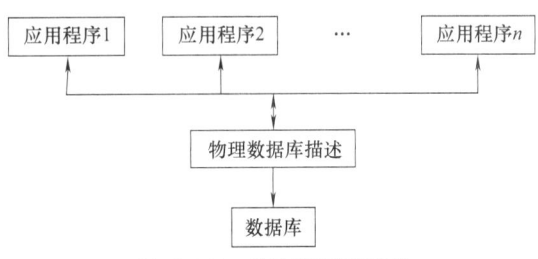

图 32-5-21　数据库与应用程序

当前, CAD 技术发展的一个主要方向是 CAD/CAM 一体化, 即通过计算机将产品的设计 (CAD) 制造 (CAM) 集成为一体, 甚至进一步将计算机经营决策和生产管理集成起来, 成为计算机集成制造系统 (computer integrated manufacturing system,

CIMS)。在 CIMS 系统中，由于设计、制造、经营和管理作业之间的密切关系，许多数据是共同的或彼此相关的，因而数据的组织管理显得尤为重要，数据库管理系统的作用更为突出。

CAD 系统中常用的具有代表性的数据管理系统有：Oracle、Microsoft SQL Server、Access 等。

5.3.5 工程数据库

5.3.5.1 工程数据库的概念

工程数据库（engineering database，EDB）是指在工程设计与制造中，主要是 CAD/CAM 中所用到的数据库。

工程数据库是 CAD/CAM 系统中重要的支撑环境。在 CAD/CAM 的工作流程中每一工作步骤都必须和工程数据库通信，以取得必要的信息或将设计中产生的中间结果存放于工程数据库中，一个综合的工程数据库实际上是一个 CAD/CAM 系统的大脑部分。通常将支持 CAD/CAM 集成和 CIMS 的数据库系统叫集成工程数据库系统。一般工程数据库系统主要包括工程数据库（EDB）、工程数据库管理系统（engineering database system，EDBS）。

工程数据库存储了工程应用系统所需要的大量格式化和非格式化数据，主要有：

① 产品图形、图像数据，包括产品和零部件的各种图形和图像（二维、三维图形）；

② 产品文字数据，包括产品与零部件的各种文字信息（如零件的材料、公差配合等）以及产品的结构信息等（如产品和部件的组成以及其装配关系等）；

③ 设计制造所需参数和设计分析数据（如设计标准、设备数据、材料数据等）；

④ 加工工艺数据（如加工设备、加工工艺规程、加工工序、加工的数控代码等）。

工程数据库管理系统存储了管理工程数据库中的数据，提供生成、检索、修改工程数据库中数据的操作，以及对用户的设计事务进行处理，实行规定的设计约束。工程数据库管理系统需要提供程序设计接口，供工程应用软件或其他软件调用。

5.3.5.2 工程数据库的特点

由于在工程中的环境、要求不同，工程数据与商用和管理数据相比，主要有以下特点。

① 工程数据中静态（如一些标准、设计规范、材料数据等）和动态（如随设计过程变动而变化的设计对象中间设计结果数据）数据共存。

② 数据类型的多样化，不但包括数字、文字，

而且包含结构化图形数据。

③ 数据之间复杂的网状结构关系（如一个基本图形可用于多个复杂图形的定义，一个产品往往由许多零件组成）。

④ 大部分工程数据是在试探性交互式设计过程中形成的。

由此可以看出，对于工程数据库系统有特殊的要求，归纳起来，EDBMS 应具有以下功能和特点。

（1）支持多个工程应用程序

一个工程数据库必须适应多个工程应用程序，以支持不断发展的新的应用环境。最初的概念设计、详细设计、制造设计和计划都需要直接进入到工程数据库中去，从设计到生产后期所进行的操作、生产控制和服务等，都需要利用在产品设计和制造阶段的信息。

（2）支持动态模式的修改和扩充

数据库的结构确定物体在数据库中建模的关系。一个工程必须经过计划分析、设计、施工、调试、生产等阶段，相应的工程数据库也是通过各阶段逐步明确，逐步详细，最后得到满意的结果。为此，必须记载整个过程的全部图形和数据，作为文档保存，以便在工程中修改，以及在工程建成后的扩充和改建。

产品的计算机辅助设计（CAD）是一个变化频繁的动态过程，不仅数据变化频繁，而且数据的机构也会有所改变，这就要求工程数据库具有动态修改和易于改变数据结构的能力。修改结构的功能应当"在空中"操作，而不需要结构的再编辑或者数据库的再装配。为 CAD/CAM 数据库设计的数据模型必须支持工程数据类型和工程应用中复杂的物理模型。

（3）支持反复的试探性设计

在工程中解决一个问题往往是一个多次重复、反复修改的过程，不同于一般事务数据。CAD/CAM 数据库必须适合设计过程中的试凑、重复和发展的特点，即在一般情况下，数据库必须保持数据的一致性，在特殊情况下，工程数据库应允许暂时的、不一致数据存在，并能加以管理。

（4）支持在数据库中嵌入语义信息

语义信息用来描述在数据库中存储的数据，它包括物体和关系的建模，有关物体和关系的信息在数据库中是怎样表示的，怎样获得和使用这些信息的。一个集成和数据词典/字典系统是用来记录指定含义的，并是使用数据库中数据记录的工具。这个功能一般不仅仅是资料程序员利用，也是文件的主要来源。更多的语义信息被机器占用，成为数据库中一个集成部分，可用于人和机器直接相互作用及数据库的修改。

（5）支持存储和管理各种设计结果版本

在人工设计中，存在几种设计版本的情况是经常发生的，每一个设计版本尽管不同，但均满足设计所要求的全部功能，均可供选择。设计问题很少只有唯一的方案解，当在设计中对重要条件强调的重点不同时，一般有几种可供选择的方案。理想情况下，一个 CAD/CAM 数据库应当具有支持一个设计任务多个版本的能力。

(6) 支持复杂的抽象层次表示

设计单元之间的许多复杂关系可以在抽象层次中模型化。设计过程常被看成自顶向下的工作方式，即将复杂的问题不断分解到子问题层中，这些子问题概念简单，可以组合起来解决原问题。例如，工程所涉及的工程图很少是仅由一张图来表示的，通常采用分层表示法，即上层工程图中的一个符号表示下层某一张子工程图（即上层的一个抽象部件符号代表下层若干个部件的组合），这些子工程图中的一个符号又能表示更下一层的某一张子工程图……即自顶向下逐层表示，直至最下层为止。

(7) 支持多 CPU/分布式处理环境

通常支持 CAD/CAM 一体化系统的硬件是由异种机组成的计算机网络系统。因此，要求工程数据库管理系统应是一个分布式的数据库管理系统，并为所有基本单元系统存取全局数据提供统一的数据接口标准。

(8) 支持建立和临时存取数据库

在设计和制造过程中，存在许多临时性数据，这些不需长期保存的数据可存入临时数据库中，使用完毕即可删除。

(9) 支持交互式和多用户工作及并行设计

工程设计时，为了及时传达设计人员的思想和意图，需要进行交互式工作。而且现代设计工作绝不是一个人能胜任的，为提高工程设计质量、加快速度、必须开展并行作业，使若干名设计人员既能同时工作，又可达到资源共享。为此，要求工程数据库能随时提供数据并存储数据，提供多用户使用和进行并行设计。

(10) 支持多种表示处理

在设计和制造过程中，应用程序往往要利用同一物体的不同表示形式来实现不同的目的和要求。例如，在几何造型中，可以使用 CSC 树、边界表示、八叉树等多种表示形式来表示同一形体。因此，工程数据库要有存储和管理同一形体的多种表示形式的功能，而且要保持这些表示形式之间的一致性。

(11) 支持数据库与应用程序的接口

为了支持工程那个数据库的应用过程，数据库必须与多种程序语言交互。数据库与应用常年供需的接口有两类：子语句方式和 CALL 方式。子语句方式将数据库的 DML 语句看成特殊的应用程序语句。CALL 方式将数据库的 DML 语句设计成宿主语言的一个过程或函数，应用程序通过 CALL 语句调用它们。

(12) 支持工程事务处理

在工程应用中，解决一个工程问题需要花费很长时间，涉及的数据量也很多，这种解决工程问题的过程称为工程事务。由于这类问题工作时间很长，中间出现意外错误或认为中断的可能性较高。因此，商业数据库系统中处理事务的方法在此已不适用。工程数据库系统应具备处理工程事务的能力。

目前，由于工程数据库的特殊要求，而面向事务处理的商用数据库管理系统缺乏必要的支持手段，一般通过下述途径满足工程数据库提出的要求：

① 在现有商用事务 DBMS 的外层增加一层软件，弥补商用事务 DBMS 用于工程环境的不足。

② 增加现有 DBMS 的功能，满足工程数据管理的要求。

③ 建立专用的文件管理器，把现有的 DBMS 作为一项应用。

④ 研究新的数据模型，开发新的工程数据库管理系统，使它具有新的功能和性能，满足工程数据管理的要求。

前 3 种方法可在原有的事务数据库管理系统的基础上增加功能，满足工程应用的要求。其优点是易于实现、开发工作量小；缺点是忽视了工程数据库的整体要求，增加了界面之间的转换，使整个系统的效率下降。

第 4 种方法是从满足工程数据库的要求出发，开发新的工程数据库管理系统，其优点是可以满足工程数据的管理要求，系统效率高；缺点是技术难度和投资大，开发工作量大，开发周期长。

为了满足企业对工程数据库的迫切需要，目前一些实用的工程数据库系统大多采用前 3 种方法，而对于开发新一代的 EDBMS，则选用第 4 种方法。

5.4 CAD 软件工程技术

随着计算机技术在产品设计与制造中的广泛应用，对各种高质量、实用的 CAD 软件的需求量也越来越大。因为任何一个通用 CAD 软件都不可能解决某个特定行业用户在产品设计与制造中的全部问题，所以，在 CAD 应用领域，更多的用户和技术人员要在基于某个应用系统（如 CATIA、UGⅡ、Pro/E 和 AutoCAD 等）的基础上，针对企业或行业的特殊需要进行二次开发．以满足本企业或某行业在产品设计、制造上的特殊要求，或者针对 CAD 的某个应用领域进行专用 CAD 软件开发，以完成特殊的造型、计算、分析等专业应用要求。但无论是通用还是专用 CAD 应用软件，其开发与其他产品的设计、制造一样，均是解决实际工程问题，都应从工程的角度组织和实施。采用软件工程的方法可以高效、高质量地保证软件开发的顺利进行。

5.4.1 软件工程的基本概念

软件工程技术是软件开发的关键技术之一。软件工程主要是针对 20 世纪 60 年代的"软件危机"而提出的，至今已有 40 多年的历史，自这一概念提出以来，围绕软件项目，开展了有关开发模型、方法以及支持工作的研究，在此期间出现了大量的研究成果，并进行了大量的技术实践。由于学术界和产业界的共同努力，软件工程已发展成为一门成熟的专业学科，它以提高软件开发的质量和效果为宗旨，在软件产业的发展中起到了重要的技术保障和促进作用。

软件是基于计算机的系统的核心。随着 CAD 技术的发展和其他领域对软件需求的日益增长，软件在计算机系统乃至整个国民经济中扮演着越来越重要的角色。由于软件开发需要大量人的创造性思维活动和手工编程劳动，因此，采用先进的软件开发方法和手段显得尤为重要。

（1）软件

随着计算机在各个领域中的广泛应用，计算机软件也在发挥着越来越重要的作用。软件已成为一种驱动力，它是进行商业决策的引擎，是现代科学研究和解决工程问题的基础，同时也是区分现代产品与服务的关键因素。软件既是一种产品，又是开发和运行产品的载体。作为一种产品，软件表达出了计算机硬件体现的计算潜能。作为开发和运行产品的载体，软件既是计算机控制（操作系统）与信息通信（网络）的基础，也是创建和控制其他程序（软件工具和环境）的基础。软件作为一种特殊的产品，它是逻辑的而不是物理的。因此，软件具有与硬件完全不同的特征，具体体现在以下几方面。

• 软件是逻辑产品，是由开发或工程化形成的，而不是传统意义上的制造产品。

• 软件的成本集中于开发上，因此，对软件项目能像对硬件制造项目那样进行管理。

• 从物理意义上讲，软件不会"磨损"。在软件生存周期内，随着时间的推移其各项功能可能会逐渐无法满足日益更新的应用需要而直至退出某个应用领域，但软件自身是不会"磨损"的。

• 大多数软件是根据某种应用需要"定制"的，而非通过已有的构件组装而成的。尽管随着软件工程的发展，各种可重复使用的、标准化的软件构件越来越多，但任何一个软件都无法仅通过对各种可复用软件构件的简单组装来完成。

• 由于软件开发需要大量的软件技术人员经过复杂的脑力劳动来完成，因此，软件的开发费用很高。

基于上述描述，可以说，软件是一种特殊的逻辑产品，是在计算机上运行的各种程序及说明程序的各种文档。

信息的内容和确定性是决定一个软件应用特性的重要因素。通常，软件可分为系统软件（一组为其他程序服务的程序）、实时软件（管理、分析、控制现实业界中发生的事件的程序）、商业软件（商业信息处理）、工程和科学计算软件、嵌入式软件（驻留在只读内存中，用于控制智能产品的程序）、个人计算机软件及人工智能软件等。

（2）软件危机

软件是基于计算机的系统及产品的关键组成部分。在计算机系统的发展过程中，一系列与软件相关的问题一直存在着，有时甚至非常严重。这些问题体现在以下几个方面。

• 硬件的发展一直超过软件，而软件的开发难以发挥硬件的所有潜能。

• 人们开发新软件的能力远远无法满足用户对新程序的需求，同时，新程序的开发速度也不能满足商业和市场的需求。

• 计算机的普遍使用使得整个社会越来越依赖于可靠的软件，如果软件发生问题，会造成巨大的经济损失。

• 软件的质量和可靠性有待进一步提高。

• 软件开发中某些拙劣的设计和资源的缺乏使得软件开发人员难以支持和增强已有的软件。

这些问题造成了软件危机的出现。软件危机是指在计算机软件开发中遇到的一系列无法完全解决的问题。

危机的主要表现为：经常突破经费预算、开发的软件不能满足用户要求、软件的可维护性及可靠性差。造成软件危机的原因主要是软件的规模越来越大，软件开发的管理越来越困难，开发费用不断增加，开发技术落后，以及生产方式和开发工具的落后而导致软件开发的生产效率提高缓慢。

（3）软件过程和软件工程

为解决在软件开发中存在的问题，软件产业采用了软件工程技术。在软件开发中，采用软件工程方法并不能完全消除软件危机的产生，但该方法为建造高质量的软件提供了一个可靠的前提和保障，并且可以大大减少软件危机的产生。

任何工程产品（包括软件）都是在一个生产过程中完成的。软件过程是指建造高质量软件需要完成的任务的框架。一个软件过程定义了软件开发中采用的方法，同时还包括该过程应用的技术——技术方法和各种自动化工具。软件工程采用软件过程模型（又称软件生命周期模型），从时间的角度上将软件开发与维护的整个周期进行分解，通过各开发阶段的文档从技术和管理两个方面对开发过程进行严格的审查，从而保证软件的顺利开发，保证软件的质量和可维护性。软件工程是有创造力、有组织的人在定义好的、成熟的软件过程框架中进行的。

软件工程是指用工程化的思想进行软件开发。因此，软件工程是将系统化的、规范的、可度量的方法应用于软件的开发、运行和维护的过程，即将工程化应用于软件开发中。同时，软件工程也包括对上述各种方法的研究。

5.4.2 CAD应用软件开发

软件工程学就是运用工程学的方法，从技术与管理两个方面研究软件开发方法、软件开发工具、软件开发管理的一门新学科，它是适应软件开发工程化的要求而发展形成的。

CAD软件和其他软件一样，它的开发应遵循软件工程学的原理、方法和规范标准开发，我国已颁布了《信息技术—软件生存周期过程》《信息处理—数据流程图、程序流程图、系统流程图和系统资源图的文件编制符号及约定》等有关国家标准。

软件不仅仅是程序，还应该有整套文档资料，文档是不可缺少的部分。作为商品，它必须有必要的说明，才能为用户接受并指导使用。制定并要求开发软件时严格遵守统一工程规范，是保证软件开发质量的重要措施。

CAD软件工程具有以下特点。

① CAD技术作为一个综合应用领域，涉及众多的学科和专业。与其他计算机软件相比，CAD应用软件具有规模大、复杂程度高和跨学科性等特点，故其开发需要多学科人员特别是计算机专业人员和工程设计人员合作进行。因此，要合理组织和管理不同专业人员，使他们有效地沟通交流思想，发挥各自长处，协同工作。

② 文档的完善性。CAD软件从立项、论证、需求分析、设计、实现、测试到形成产品，都要有全面的文档记录，以便把CAD应用软件开发过程中的各种隐患控制在最小范围内。

③ 专用的工具与方法。通常，CAD应用软件不仅具有众多的功能模块，也包含处理各种工程专业问题的专业技术知识与技巧。简单的框图与流程图很难描述CAD软件的复杂结构，只有借助于CAD软件工程的工具和方法，才能将复杂的应用程序结构描述成可控的文本文件。

④ 较强的专业性。CAD应用软件是跨学科的，因而，在CAD软件工程实施中要求针对不同的应用学科采用专业化的文字描述，以及在通用软件工程方法之外的、具有本专业特点且行之有效的工程化方法。

5.4.3 软件开发流程

工程应用软件开发的基本要求是：软件能正确、完整地实现既定的功能；软件运行可靠，容错及越界处理功能较强；软件简明易懂，程序层次分明，接口规范、简单；软件易维护，易实现修订及适应完善性维护；软件应采用结构化设计方法和模块化结构；软件文档齐全、格式规范。

按照国家颁布的《信息技术 软件生存周期过程》（GB/T 8566—2007），软件开发应按以下步骤进行。

（1）可行性研究与项目开发计划

1）任务

① 清楚要解决的问题以及提出解决问题的方法。首先要明确该项目的整体构成，即该项目是由哪些部分构成的；其次明确软件部分在整个项目中所占的地位；然后进行广泛的调查，弄清问题的背景、开发系统的现状、开发的理由和条件、问题的性质、类型范围、功能和环境要求；最后要提出各种解决问题的方案，写成问题定义报告。

② 对要开发的系统的技术可行性、经济可行性、运行可行性和法律可行性进行分析和论证。

③ 进行成本估计、效益分析、制定工作任务、进度安排。

2）完成标志

① 产生一个反映用户意图、对待开发的软件系统和范围较清晰的书面描述。

② 成本效益分析应提供可选择的解答。

③ 构想的系统能满足客户所有主要需求。

④ 项目开发计划中有明确的阶段完成标志。

3）应交付的文档

① 可行性研究报告。

② 项目开发计划。

③ 合同书。

④ 软件质量保证计划。

（2）需求分析

1）任务 对要开发的软件进行系统分析，确定软件的运行环境、功能和性能要求、设计约束。通过与用户的密切交流，准确地了解用户的具体要求，得到经过用户确认的系统逻辑模型，避免盲目、急于着手进行设计的倾向。

在此阶段应交付下述文档：软件需求说明书、修改后的项目开发计划、测试计划和初步的用户手册等。

2) 完成标志 指定的文档要齐全，并经过评审，软件需求说明书经过用户认可。

3) 应交付的文档
① 软件需求说明书。
② 数据要求说明书。
③ 修改后的项目开发计划。
④ 测试计划。
⑤ 初步用户手册。
⑥ 软件配置管理计划。

4) 需求分析的重要意义及其主要方法 需求分析的意义在于能够完整、准确、清晰、具体地确定用户的需求，减小软件开发失败的可能性。一般情况下，用户不能完整准确地表达他们的要求，也不知何用软件实现；软件的开发人员具有开发软件的经验，但是对有些行业的需求却不清楚。因此需要系统分析员和用户密切合作，真正确定用户的需求。

传统的需求分析的方法主要是结构化分析方法 SA（structured analysis）。结构化分析方法 SA 就是使用数据流图和数据字典，描述面向数据流的需求。其核心思想是分解化简问题，将物理表示和逻辑表示分开，对系统进行数据与结构的抽象。

（3）系统的总体设计

1) 任务 根据软件需求说明，建立目标系统的总体结构，研究模块划分，确定模块间的关系，定义各个功能模块间的数据接口、控制接口，设计数据结构，规定设计限制。

2) 完成标志
① 设计的系统覆盖软件需求的所有功能。
② 建立系统的结构，指明模块的功能、模块间的层次关系及接口控制特性。
③ 具备完整的数据库设计和数据结构设计文件。

3) 应交付的文档 应交付的文档包括：概要设计说明书、数据结构和数据库设计结果。

概要设计说明书主要内容如下。
① 概要：软件系统的目标任务、应用范围、限制条件、运行环境、主要参考文献及相关的文档目录。
② 软件设计的主要原理、模型建立方法、计算公式。
③ 软件总体结构框图和数据库结构框图，该软件与其他软件系统的接口方式。
④ 系统模块结构：各级子系统的模块层次图，按功能的模块列表及模块名称、功能、调用关系、参数接口、运行条件的详细说明。
⑤ 用数据流图说明主要模块之间的数据流动；主要的输入、输出数据内容和格式；各项数据的名称、定义、格式、量纲、值域及相互之间的逻辑关系。

4) 总体设计的方法及原则 系统设计的方法主要有面向行为的结构化设计和面向数据的设计方法以及最新发展起来的面向对象的系统设计方法。

① 面向行为的结构化设计方法的原则和步骤。面向行为的结构化设计中，通过数据流分析，研究数据的输入、变换、输出；通过功能分解和逐步求精，将研究开发的软件划分为高内聚性的模块。模块划分一般遵循如下规则。

a. 分解原则。分解原则是处理复杂事务的常用方法，把一个复杂的问题划分为若干小的问题会使总的工作量减小。但是，并不是把模块划分得越小，问题的总工作量和总复杂度就会越小。软件工作量与模块数及总成本的关系如图 32-5-22 所示。

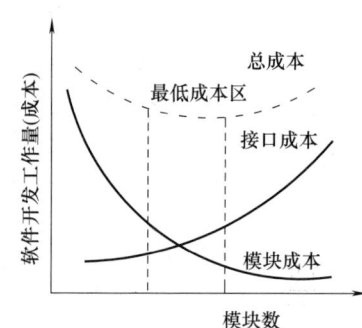

图 32-5-22 软件工作量-模块数关系图

b. 信息隐蔽原则。在设计阶段就把可变性因素划分在一个或几个模块中以使一个模块修改时不会影响其他的模块。

c. 模块独立原则。模块独立性概括了把软件划分为模块时要遵守的规则，也是判断模块是否合理的标准。一般认为坚持模块的独立性是良好设计的关键。应从两个方面判别模块的独立性：即模块本身的内聚性和模块之间的耦合性。

结构概要设计的主要步骤如下。
a. 建立目标系统的总体结构。
b. 给出各个功能模块之间的功能描述、数据结构的描述、外部文件及全局数据的描述。
c. 设计数据结构和数据库。

② 面向对象的设计方法和评价标准。

a. 基本概念。

• 对象。对象是现实世界中个体或事物的抽象表示,是其属性和相关操作的封装。属性表示对象的性质,属性值规定了对象所有可能的状态。对象的操作是可以展现的外部服务。

• 类。类是某些对象的共同特征的表示,可用一组属性和操作来表达。

• 继承。类之间的继承关系是现实世界中遗传关系的直接模拟,它表示类之间的内在联系以及对属性和操作的共享。

• 消息。消息传递是对象与外部世界相互关联的唯一途径。对象可以向其他对象发送消息以请求服务,也可以响应其他对象传来的消息,完成相应的操作。

b. 基本模型。用面向对象的方法开发软件,通常需要建立 3 种形式的模型,即描述系统数据结构的对象模型;描述系统控制结构的动态模型、描述功能结构的功能模型。

对象模型是最基本最重要的模型,它是其他两个模型的基础。对象模型表示静态的结构化的系统的数据性质。它是对客观世界实体的对象及对象之间彼此关系的映射,它描述了系统的静态结构。功能模型指出了系统应该做什么,动态模型明确规定了什么时候做。

c. 评价标准。面向对象的设计的评价准则如下。

• 耦合度尽量低。耦合反映了面向对象设计片段之间的相互联系。面向对象的设计要求片段之间的联系尽可能少,要求对系统的一部分的改动做到对其他部分的影响最小。

• 高内聚。内聚反映了组成一个面向对象设计的各成分之间相互关系的密切程度。高内聚的面向对象设计成分与其他的成分之间的交流尽量减少,内部的联系尽量密切。

• 重用度高。面向对象的设计和分析要求较高的重用度。尽量建立构件库,提高软件的常用性。

• 此外,还要求有高的设计清晰度,保持类和对象的简洁性、接口和服务之间联系的简洁性等。

(4) 软件详细设计和编码
1) 任务 该阶段的主要任务如下。
① 确定每个模块采用的算法。选择某种适当的工具表达算法过程,写出模块的详细过程性描述。
② 确定每一模块采用的数据结构。
③ 确定模块的接口细节。
④ 为每个模块设计出组测试用例。
2) 完成标志
① 详细规定了各模块之间的接口,包括参数的形式和传递方式、上下层调用关系等。
② 确定了模块内的算法和数据结构。
③ 生成实现各功能的源代码。
3) 应交付的文档及其主要的内容
① 详细设计说明书。详细设计说明书是关于软件产品细节的技术文档,它的主要内容如下。
  a. 产品结构与输入、输出要求。
  b. 各子系统的功能、输入输出和接口。
  c. 详细的数据结构说明。
  d. 算法描述。
  e. 与外部软件接口。
  f. 出错处理。
  g. 设计开发中的约束条件。
  h. 对软件产品进一步开发的设想。
② 软件开发卷宗。
③ 软件源代码。

4) 详细设计及编码的常用规则和方法 详细设计的常用规则归纳如下。

① 清晰第一原则。程序设计语言尽量少使用 GOTO 语句,以确保程序结构的独立性。

② 采用结构化的程序设计结构。程序设计尽量使用单入口单出口的控制结构,确保程序的静态结构与动态执行情况一致,确保程序易于理解。程序的控制结构一般采用如图 32-5-23 所示的三种控制结构,即顺序、选择、循环三种基本结构。

可以证明,任何程序的逻辑均可用顺序、选择、循环(DO-WHILE)3 种控制结构或它们的组合来实现。

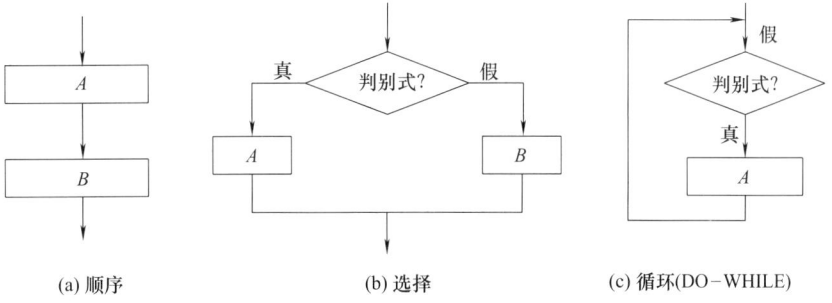

图 32-5-23　三种基本结构的控制流程图

③ 采用逐步细化的实现方法。详细设计阶段的工具分为 3 类：图形、表格、语言。目前在国内比较流行的是程序流程图 PFC（program flow chart）。

④ 程序的文档化。就是在程序编写的过程中，在程序代码中给出函数功能的简单注释、出入口参数的解释；在较难理解的语句后面注有简单的说明，以便提高程序的可读性，便于以后系统维护。

（5）测试

测试包括系统的组装测试和确认测试。组装测试是指根据概要设计中各功能模块的说明及制订的测试计划，将通过单元测试的模块进行组装（集成）和测试。组装测试阶段应交付可运行的系统源程序清单和测试分析报告。

确认测试是指根据软件需求说明书中定义的全部功能和性能要求，并根据测试计划由用户或用户委托的第三方对软件系统进行测试验收，提交确认测试报告，并对软件产品做出成果评价。此阶段应交付的文档包括测试分析报告、经过修改及确认的用户手册和操作手册，以及项目开发总结报告。

常用的软件测试方法是黑箱法，就是在已知软件功能的前提下，把软件看作一个黑箱，只对其输入、输出接口测试，检验其每个功能是否都能正常使用。如果根据已知的程序内部构造去检验程序内部执行过程是否按要求的规则正常进行，就是白箱法。但这一般要借助于测试工具，因为程序内部的路径组合总数往往很大。另外，也可把一些测试语句插入程序的指定处，检查程序运行状态。例如，用输出语句显示程序的中间执行结果，这是寻找错误的一种常见而又有效的作法。

（6）运行和维护

软件的交付运行并不意味着软件开发工作的结束。软件在运行过程中应不断地被维护，并根据新提出的需求和运行中发现的问题进行必要且可能的扩充和修改，软件维护通常分为以下 4 类。

• 改正性维护：诊断和改正运行中发现的软件错误。

• 适应性维护：修改软件以适应环境的变化。

• 完善性维护：根据用户的要求改进或扩充软件以使其更加完善。

• 预防性维护：修改软件为将来的维护活动做准备。

CAD 软件开发工作通常按照上述生命周期阶段，分阶段进行，可称为生命周期（瀑布式）模式开发。它的优点是把复杂的软件开发工作从时间流程上化解为多阶段开发，然后一个阶段一个阶段地进行，每个阶段的开始和结束都有严格明确的规范标准；每个阶段结束之前都必须进行严格的技术审查和管理复审。审查的一条主要标准就是验收符合要求的文档资料，从而使开发工作有条不紊并保证了软件的质量和可维护性。

5.4.4 CAD 软件的文档编制规范

软件工程是以文档驱动的，因此文档在软件开发的各个阶段发挥着重要的作用。在上述各个阶段开发工作的说明中，已对各个文档的内容作了相应的说明。以下介绍 CAD 应用软件开发中，一些常用文档的编制规范。

5.4.4.1 可行性研究报告

可行性研究报告的编写目的是说明该软件开发项目的实现在技术、经济和社会条件等方面的可行性；详述为合理地达到开发目标而可能选择的各种方案；说明并论证所选定的方案。

可行性研究报告一般应包括以下内容。

• 引言：说明所建议开发的软件系统的名称、项目委托单位、项目承办单位或软件开发单位、用户，列出本报告中用到的专门术语和外文首字母组词的定义，列出要用到的参考资料。

• 可行性研究的前提：说明对所建议的开发项目的要求、目标、假定和限制等，并说明进行可行性研究时所用的方法。

• 对现有系统的分析：说明现有系统（可能是计算机系统，也可能是机械系统甚至是一个人工系统）的数据流程和处理流程、工作负荷、费用开支、所用人员和设备、局限性。论述建议中开发新系统或修改现有系统的必要性。

• 所建议的系统：概要说明所建议开发系统的数据流程和处理流程，以及与现有系统相比的改进之处，建立所建议系统时所带来的影响、新系统仍然存在的局限性和限制，并说明在开发新系统时技术条件方面的可行性。

• 可选择的其他系统方案：概要说明可选择的其他系统方案，并说明未被选中的理由。

• 投资及效益分析：说明开发及运行此系统时的经费支出以及能带来的各种收益，并说明经济上是否合算。

• 社会条件方面的可行性：说明此系统的开发是否符合各种法律、法规的有关规定，使用此系统的社会条件是否具备。

• 结论：说明可行性研究的结论，是可以立即进行还是需要等待某些条件具备之后才能进行或者需要修改开发目标之后才能进行，又或者是根本不能进行。

5.4.4.2 项目开发计划

编制项目开发计划的目的是用文档的形式把对开发过程中各项工作的负责人员、开发进度、所需经费预算、所需软硬件条件等所做出的安排记载下来,以便根据本计划开展和检查本项目的开发工作。

项目开发计划一般应包括以下内容。

- 引言:说明待开发的软件系统的名称、项目委托单位、项目承办单位或软件开发单位、用户,列出本计划中用到的专门术语和外文首字母组词的定义,并列出要用到的参考资料。
- 项目概述:说明本项目的工作内容、主要参加人员、产品(包括程序、文档、数据和服务内容)和验收标准。
- 实施计划:说明工作任务分解与人员分工、进度要求、预算及关键问题。
- 支持条件:说明支持本项目开发所需的各种条件,包括计算机系统、需要用户承担的工作和需由其他单位提供的条件。
- 专题计划要点:说明本项目开发中需制订的各个专题计划(如分合同计划、培训计划、测试计划、安全保密计划、质量保证计划、配置管理计划、系统安装计划等)的要点。

5.4.4.3 软件需求说明书

软件需求说明书的编制是为了确定一个反映用户和软件开发单位双方共同理解的该软件系统的具体开发目标,使之作为整个开发工作的基础。

软件需求说明书一般应包括以下内容。

- 引言:说明待开发的软件系统的名称、项目委托单位、项目承办单位或软件开发单位、用户,列出本文档中用到的专门术语和外文首字母组词的定义,并列出有关的参考资料。
- 任务概述:说明该项目软件开发的意图、应用目标和作用范围,说明软件用户的特点以及开发工作中的假定和约束。
- 需求规定:说明该软件的功能和性能要求、输入/输出要求、数据管理能力、故障处理以及其他专门要求。
- 运行环境规定:说明对该软件的运行环境的要求,如所要求的计算机硬件、支持软件、接口要求和所要求的控制信息等。

5.4.4.4 数据要求说明书

数据要求说明书的编写目的是向整个开发过程提供关于被处理数据的描述和数据采集要求的技术信息。

数据要求说明书一般应包括如下内容。

- 引言:说明待开发软件系统的名称、项目委托单位、项目承办单位或软件开发单位、用户,列出本文档中用到的专门术语和外文首字母组词的定义,并列出有关的参考资料。
- 数据的逻辑描述:说明软件系统中涉及的各类数据(如数字型、字符型、图形/模型及其文本数据项,而图形/模型数据又包括基本图形元素、图形符号、模型部件及各级图形/模型数据等),分别说明它们的名称(包括缩行和代码)、定义(或物理意义)、类型、格式、度量单位和值域,并说明使用中的限制。
- 数据的采集:说明数据采集的要求、范围、采集方法、采集和输入的承担者,并说明采集到的这些数据被软件系统使用之前应进行的预处理。

5.4.4.5 概要设计说明书

编制概要设计说明书的目的是说明对一个软件系统的设计考虑,包括该软件系统的基本处理流程、系统的组织结构、模块划分、功能分配、接口设计、运行设计、数据结构设计和出错处理设计等,为程序的详细设计提供基础。

概要设计说明书一般应包括以下内容。

- 引言:说明待开发的软件系统的名称、项目委托单位、项目承办单位或软件开发单位、用户,列出本文档中用到的专门术语和外文首字母组词的定义,并列出有关的参考资料。
- 系统总体设计:说明本软件系统应满足的功能、性能要求,规定的运行环境,本系统的组织结构,并说明在本软件系统工作过程中不得不包含的人工处理过程(如果有的话)。
- 接口设计:说明本系统同外界的所有接口,包括人-机界面(输入、输出及操作设计)、软件与硬件之间的接口、本系统与各支持软件之间的接口,并说明本系统之内的各个成分之间的接口。
- 运行设计:说明对系统施加不同的外界运行控制时所引起的各种不同的运行过程。
- 系统数据结构设计:说明本系统内所使用的每个数据结构的逻辑结构设计要点、物理结构设计要点以及各个数据结构与访问这些数据结构的各个程序之间的对应关系。
- 系统出错处理设计:给出所设计的各项出错信息的一览表,说明故障出现后可能采取的补救措施,并说明为了系统维护的方便而在程序内部设计中做出的安排。

5.4.4.6　详细设计说明书

详细设计说明书的编制目的是说明一个软件系统各个层次中的每一个模块（或子模块）的设计考虑。如果一个软件系统比较简单，层次很少，本文档可以不单独编写，有关的内容可并入概要设计说明书。

详细设计说明书一般应包括以下内容。

• 引言：说明待开发软件系统的名称、项目委托单位、项目承办单位或软件开发单位、用户，列出本文档中用到的专门术语和外文首字母组词的定义，并列出要用到的参考资料。

• 软件系统的结构：用一系列图表列出本系统内每个模块的名称、标识符和它们之间的层次关系。

• 模块1（标识符）设计说明：从本步开始，逐个地给出本系统中每个模块的设计考虑，包括安排模块的目的，本模块的功能、性能、输入项、输出项、算法、逻辑流程、上下层调用关系（接口）、参数赋值和调用方式、存储分配、注释安排、运行限制条件和单元测试计划。

• 模块2（标识符）设计说明：用类似上一步的方式，说明对模块2的设计考虑。

……

直至列出所有模块的设计说明。

5.4.4.7　测试计划

这里所说的测试，主要是指整个程序系统的组装测试和确认测试。本文档的编制是为了提供一个对该软件的测试计划，包括对每项测试活动的内容、进度安排、设计考虑、测试数据的整理方法及评价准则。

测试计划一般应包括如下内容。

• 引言：说明所开发软件系统的名称、项目委托单位、项目承办单位或软件开发单位、用户，列出本文档中用到的专门术语和外文首字母组词的定义，并列出用到的参考资料。

• 计划：列出组装测试和确认测试中的每一项测试内容（包括名称、进度安排、内容、目的、条件和所需的测试资料等）。

• 测试设计说明：逐项说明测试内容的测试设计考虑，如控制方式是人工还是半自动或自动引入、输入数据、输出数据、完成测试的步骤和控制命令等。

• 评价准则：说明测试用例能够检查的范围，并把测试数据加工成便于评价的形式，确定判断测试工作是否通过的准则。

5.4.4.8　测试分析报告

测试分析报告的编写是为了把组装测试和确认测试的结果、发现及分析写成文档加以记载。

测试分析报告一般应包括如下内容。

• 引言：说明所开发软件系统的名称、项目委托单位、项目承办单位或软件开发单位、用户，列出本文档中用到的专门术语和外文首字母组词的定义，并列出要用到的参考资料。

• 测试概要：列出每一项测试的标识符及测试内容，并指明实际进行的测试工作内容与测试中预计的内容之间的差别及原因。

• 测试结果及发现：逐项列出每一测试项在测试中实际得到的动态输出（包括内部生成数据输出）结果与对应的动态输出要求进行比较，陈述其中的发现。

• 对软件功能的结论：列出所开发的软件系统的功能，包括为满足某项功能而设计的软件能力以及经过测试已证实的能力和测试期间在该软件中查出的缺陷和局限性。

• 分析摘要：描述经过测试证实了的本软件的能力、仍存在的缺陷和限制及其对软件性能带来的影响；对每项缺陷提出改进建议，并说明这软件的开发是否已达到预定目标，能否交付使用。

• 测试消耗资源：总结测试工作的资源消耗数据，如工作人员的水平级别、数量、机时消耗等。

5.4.4.9　项目开发总结报告

项目开发总结报告的编制是为了总结本项目开发工作的经验，说明实际取得的开发结果以及对整个开发工作的各个方面的评价。

项目开发总结报告一般应包括如下内容。

• 引言：说明所开发的软件系统的名称、项目委托单位、项目承办单位或软件开发单位、用户，列出本文档中用到的专门术语和外文首字母组同的定义，并列出要用到的参考资料。

• 实际开发结果：说明实际开发出来的产品（包括程序、文档和数据库）、产品的主要功能和性能、计划进度与实际进度、经费预算与实际开支、计划工时与实际消耗工时等。

• 开发工作评价：给出对生产效率的评价、对产品质量的评价（同质量保证计划相对照）、对技术方法的评价及对开发中出现错误的原因分析。

• 经验与教训：说明在这项开发工作中取得的主要经验与教训，以及对今后的项目开发工作的建议。

第 6 章 有限元分析技术

6.1 弹性力学基础

弹性体力学，简称弹性力学、弹性理论（theory of elasticity 或 elasticity），研究弹性体由于受外力、边界约束或温度改变等原因而发生的应力、形变和位移。弹性力学的研究对象是弹性体；研究的目标是变形等效应，即应力、形变和位移；而引起变形等效应的原因主要是外力作用、边界约束作用（固定约束、弹性约束、边界上的强迫位移等）以及弹性体内温度改变的作用。

比较几门力学的研究对象：理论力学一般不考虑物体内部的形变，把物体当成刚性体来分析其静止或运动状态；材料力学主要研究杆件，如柱体、梁和轴，在拉压、剪切、弯曲和扭转等作用下的应力、形变和位移；结构力学研究杆系结构，如桁架、刚架或两者混合的构架等；而弹性力学研究各种形状的弹性体，除杆件外，还研究平面体、空间体、板和壳等。因此，弹性力学的研究对象要广泛得多。

从研究方法来看，弹性力学和材料力学既有相似之外，又有一定区别。弹性力学研究问题，在弹性体区域内必须严格考虑静力学、几何学和物理学三方面条件，在边界上严格考虑受力条件或约束条件，由此建立微分方程和边界条件进行求解，得出较精确的解答。而材料力学虽然也考虑这几方面的条件，但不是十分严格。例如，材料力学常引用近似的计算假设（如平面截面假设）来简化问题，使问题的求解大为简化；并在许多方面进行了近似的处理，如在梁中忽略了 σ_y 的作用，且平衡条件和边界条件也不是严格地满足的。一般地说，由于材料力学建立的是近似理论，因此得出的是近似的解答。但是，对于细长的杆件结构而言，材料力学解答的精度是足够的，符合工程上的要求（例如误差在 5% 以下）。对于非杆件结构，用材料力学方法得出的解答，往往具有较大的误差。这就是为什么材料力学只研究和适用于杆件问题的原因。

弹性力学是固体力学的一个分支，实际上它也是各门固体力学的基础。因为弹性力学在区域内和边界上所考虑的一些条件，也是其他固体力学必须考虑的基本条件。弹性力学的许多基本解答，也常供其他固体力学应用或参考。

弹性力学在机械、汽车、建筑、水利、土木、航空、航天等工程学科中占有重要的地位。这是因为，许多工程结构是非杆件形状的，需要用弹性力学方法进行分析；并且对于许多现代的大型工程结构，安全性和经济性的矛盾十分突出，既要保证结构的安全使用，又要尽可能减少巨大的投资，因此必须对结构进行严格而精确的分析，这就需要用到弹性力学的理论。

6.1.1 弹性力学的主要物理量

弹性力学的主要物理量的名称、代号和物理意义见表 32-6-1。

表 32-6-1 弹性力学的主要物理量

名 称	符 号	物理意义	名 称	符 号	物理意义
体力	Q_V	分布在物体体积内的外力,通常与物体的质量成正比,且是各质点位置的函数,如重力、惯性力等	正应变	ε	任一线素的长度的变化与原有长度的比值
体力分量	X	体力在 X 轴方向分量	正应变分量	ε_x	正应变在 X 轴方向分量
体力分量	Y	体力在 Y 轴方向分量	正应变分量	ε_y	正应变在 Y 轴方向分量
体力分量	Z	体力在 Z 轴方向分量	正应变分量	ε_z	正应变在 Z 轴方向分量
面力	Q_S	物体内任意一点处的微小面积上作用的力与该面积之比	角应变	γ	任意两个原来彼此正交的线素,在变形后其夹角的变化值
面力分量	$\overline{X}$	面力在 X 轴方向分量	角应变分量	γ_{xy}	角应变在 XOY 面分量
面力分量	$\overline{Y}$	面力在 Y 轴方向分量	角应变分量	γ_{yz}	角应变在 YOZ 面分量
面力分量	$\overline{Z}$	面力在 Z 轴方向分量	角应变分量	γ_{zx}	角应变在 ZOX 面分量
正应力	σ	物体内某点的法向应力	位移	δ	任意点变形后移动距离
正应力分量	σ_x	作用在垂直于 X 轴的面上同时也沿着 X 轴方向作用的应力	位移分量	u	位移在 X 轴方向分量

续表

名 称	符 号	物理意义	名 称	符 号	物理意义
正应力分量	σ_y	作用在垂直于 Y 轴的面上同时也沿着 Y 轴方向作用的应力	位移分量	v	位移在 Y 轴方向分量
正应力分量	σ_z	作用在垂直于 Z 轴的面上同时也沿着 Z 轴方向作用的应力	位移分量	w	位移在 Z 轴方向分量
剪应力	τ	物体内某点的切向应力	位移	θ	圆柱坐标系位移
剪应力分量	τ_{xy}	剪应力作用面为垂直 X 轴,方向为 Y 轴方向($\tau_{xy}=\tau_{yx}$)	位移分量	θ_x	位移在圆柱坐标系 X 轴方向分量
剪应力分量	τ_{yz}	剪应力作用面为垂直 Y 轴,方向为 Z 轴方向($\tau_{yz}=\tau_{zy}$)	位移分量	θ_y	位移在圆柱坐标系 Y 轴方向分量
剪应力分量	τ_{zx}	剪应力作用面为垂直 Z 轴,方向为 X 轴方向($\tau_{zx}=\tau_{xz}$)	位移分量	θ_z	位移在圆柱坐标系 Z 轴方向分量
弹性模量	E		泊松系数	μ	

6.1.2 弹性力学的基本方程

弹性力学的基本方程是弹性力学的核心,是解决弹性力学基本问题的理论依据。弹性力学基本方程见表 32-6-2。

表 32-6-2　　　　弹性力学基本方程

方程名称	反映关系	方　　程
平衡微分方程	应力分量和体力分量的关系	$\dfrac{\partial \sigma_x}{\partial x}+\dfrac{\partial \tau_{yx}}{\partial y}+\dfrac{\partial \tau_{zx}}{\partial z}+X=0$ $\dfrac{\partial \tau_{xy}}{\partial x}+\dfrac{\partial \sigma_y}{\partial y}+\dfrac{\partial \tau_{zy}}{\partial z}+Y=0$ $\dfrac{\partial \tau_{xz}}{\partial x}+\dfrac{\partial \tau_{yz}}{\partial y}+\dfrac{\partial \sigma_z}{\partial z}+Z=0$
几何方程	应变分量和位移分量的关系	$\boldsymbol{\varepsilon}=\begin{Bmatrix}\varepsilon_x\\\varepsilon_y\\\varepsilon_z\\\gamma_{xy}\\\gamma_{yz}\\\gamma_{zx}\end{Bmatrix}=\begin{Bmatrix}\dfrac{\partial u}{\partial x}\\\dfrac{\partial v}{\partial y}\\\dfrac{\partial w}{\partial z}\\\dfrac{\partial v}{\partial x}+\dfrac{\partial u}{\partial y}\\\dfrac{\partial w}{\partial y}+\dfrac{\partial v}{\partial z}\\\dfrac{\partial u}{\partial z}+\dfrac{\partial w}{\partial x}\end{Bmatrix}$
变形协调方程	应变分量和位移分量的关系	$\dfrac{\partial^2 \varepsilon_x}{\partial y^2}+\dfrac{\partial^2 \varepsilon_y}{\partial x^2}=\dfrac{\partial^2 \gamma_{xy}}{\partial x \partial y}$ $\dfrac{\partial^2 \varepsilon_y}{\partial z^2}+\dfrac{\partial^2 \varepsilon_z}{\partial y^2}=\dfrac{\partial^2 \gamma_{yz}}{\partial y \partial z}$ $\dfrac{\partial^2 \varepsilon_z}{\partial x^2}+\dfrac{\partial^2 \varepsilon_x}{\partial z^2}=\dfrac{\partial^2 \gamma_{zx}}{\partial z \partial x}$ $\dfrac{\partial}{\partial x}\left(\dfrac{\partial \gamma_{zx}}{\partial y}+\dfrac{\partial \gamma_{xy}}{\partial z}-\dfrac{\partial \gamma_{yz}}{\partial x}\right)=2\dfrac{\partial^2 \varepsilon_x}{\partial y \partial z}$ $\dfrac{\partial}{\partial y}\left(\dfrac{\partial \gamma_{xy}}{\partial z}+\dfrac{\partial \gamma_{yz}}{\partial x}-\dfrac{\partial \gamma_{zx}}{\partial y}\right)=2\dfrac{\partial^2 \varepsilon_y}{\partial x \partial z}$ $\dfrac{\partial}{\partial z}\left(\dfrac{\partial \gamma_{yz}}{\partial x}+\dfrac{\partial \gamma_{zx}}{\partial y}-\dfrac{\partial \gamma_{xy}}{\partial z}\right)=2\dfrac{\partial^2 \varepsilon_z}{\partial x \partial y}$

续表

方程名称	反映关系	方程
物理方程	应力分量和应变分量的关系	$\boldsymbol{\sigma} = \boldsymbol{D\varepsilon}$ 其中： $$\boldsymbol{D} = \frac{E(1-\mu)}{(1+\mu)(1-2\mu)} \begin{Bmatrix} 1 & \frac{\mu}{1-\mu} & \frac{\mu}{1-\mu} & 0 & 0 & 0 \\ \frac{\mu}{1-\mu} & 1 & \frac{\mu}{1-\mu} & 0 & 0 & 0 \\ \frac{\mu}{1-\mu} & \frac{\mu}{1-\mu} & 1 & 0 & 0 & 0 \\ 0 & 0 & 0 & \frac{1-2\mu}{2(1-\mu)} & 0 & 0 \\ 0 & 0 & 0 & 0 & \frac{1-2\mu}{2(1-\mu)} & 0 \\ 0 & 0 & 0 & 0 & 0 & \frac{1-2\mu}{2(1-\mu)} \end{Bmatrix}$$

注：在求解弹性力学基本问题时，由于几何方程和变形协调方程均是反映应变分量和位移分量的关系的，因此，在应用时两者只能任选其一。

6.1.3 弹性力学问题的主要解法

（1）弹性力学的主要解法

① 解析法：根据上述的静力学、几何学、物理学等条件，建立区域内的微分方程组和边界条件，并应用数学分析方法求解这类微分方程的边值问题，得出的解答是精确的函数解。

② 变分法（能量法）：根据变形体的能量极值原理，导出弹性力学的变分方程，并进行求解。这也是一种独立的弹性力学问题的解法。由于得出的解答大多是近似的，所以常将变分法归入近似的解法。

③ 差分法：是微分方程的近似数值解法。它将上面导出的微分方程及其边界条件化为差分方程（代数方程）进行求解。

④ 有限单元法：是近半个世纪发展起来的非常有效、应用非常广泛的数值解法。它首先将连续体变换为离散化结构，再将变分原理应用于离散化结构，并使用计算机进行求解。

⑤ 实验方法：模型试验和现场试验的各种方法。

（2）解析法求解弹性力学问题的基本解法

求解弹性力学问题主要是求解受力体上各点的应力、应变和位移情况，共有 15 个未知数：6 个应力分量、6 个应变分量和 3 个位移分量，而由弹性力学理论可列出的基本方程有 15 个：平衡微分方程 3 个，几何方程（变形协调）6 个，物理方程 6 个。于是，15 个方程中 15 个未知数，加上边界条件用于确定积分常数，可满足求解各种弹性力学问题。

解析法求解弹性力学问题主要有两种不同的途径：一种是用位移法求解；另一种是用应力法求解。

1）位移法 以位移分量为基本未知数，求出位移分量，由几何方程求出应变分量，继而用物理方程求出应力分量。目前，求解弹性力学基本问题多用这种方法。

2）应力法 应力法是取应力分量为基本未知函数，从方程和边界条件中消去位移和形变分量，导出只含应力分量的方程和边界条件，并由此解出满足平衡微分方程的 6 个应力分量，再通过物理方程求出应变分量，由几何方程求出位移分量。

位移法的方程和边界条件是比较复杂的，由于求解的困难，得出的函数式解答很少。但是，在各种近似解法中，位移法是一种广泛应用的解法，这是由于位移法适用于任何边界条件。

对于许多工程实际问题，由于边界条件、外载荷及约束等较为复杂，所以常常应用近似解法——变分法、差分法、有限单元法等求解。

6.2 有限元法基础

6.2.1 有限元法的基本思想

假想地把一连续体分割成数目有限的小体（单元），彼此间只在数目有限的指定点（节点）处相互连接，组成一个单元的集合体以代替原来的连续体，再在节点上引进等效力以代替实际作用于单元上的外力。选择一个简单的函数来近似地表示位移分量的分布规律，建立位移和节点力之间的关系。有限元法的实质是：把无限个自由度的连续体理想化为只有有限个自由度的单元集合体，使问题简化为适于数值解法的结构型问题。

6.2.2 有限元法的基本步骤

有限元法的计算步骤归纳为以下四个基本步骤：力学模型选取、网格划分、单元分析和整体分析。

(1) 力学模型的选取

根据受力体的特点把它归结为平面问题，平面应变问题，平面应力问题，轴对称问题，空间问题，板、梁、杆或组合体问题等等，并注意利用受力体的对称或反对称性质。

(2) 单元的选取、结构的离散化（网格划分）

有限元法的基础是用有限个单元体的集合来代替原有的连续体。因此首先要对弹性体进行必要的简化，再将弹性体划分为有限个单元组成的离散体。单元之间通过单元节点相连接。由单元、节点、节点连线构成的集合称为网格。

通常把平面问题划分成三角形或四边形单元的网格，把三维实体划分成 4 面体或 6 面体单元的网格，如图 32-6-1、图 32-6-2 所示。

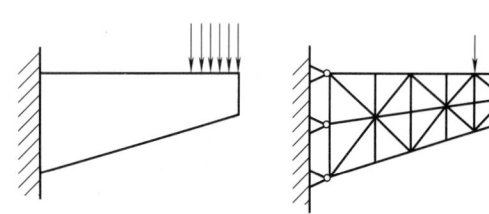

图 32-6-1 平面问题的三节点三角形单元划分

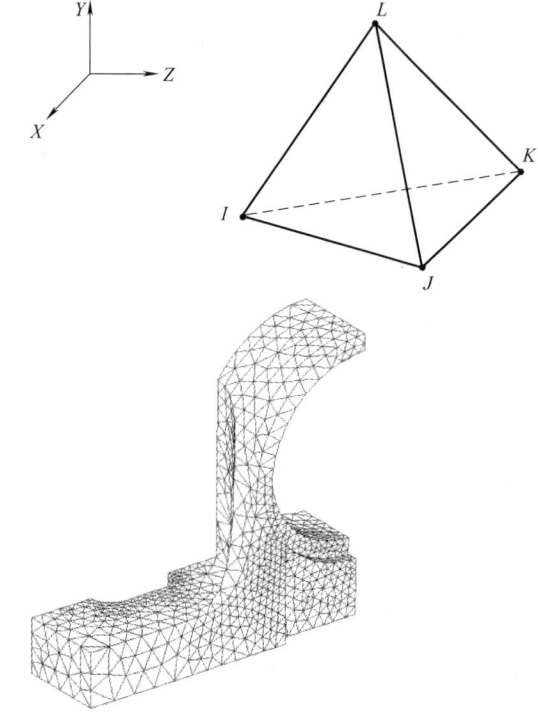

图 32-6-2 四节点四面体单元及三维实体的四面体单元划分

(3) 单元分析

对于弹性力学问题，单元分析就是建立各个单元的节点位移和节点力之间的关系式。

由于将单元的节点位移作为基本变量，进行单元分析首先要为单元内部的位移确定一个近似表达式，然后计算单元的应变、应力，再建立单元中节点力与节点位移的关系式。

以平面问题的三角形 3 节点单元为例。如图 32-6-3 所示，单元 e 有三个节点 i、j、m，每个节点有两个位移 u、v 和两个节点力 U、V。

单元的所有节点位移、节点力，可以表示为节点位移向量（vector）和节点力向量：

$$\text{节点位移 } \boldsymbol{\delta}^e = \begin{Bmatrix} u_i \\ v_i \\ u_j \\ v_j \\ u_m \\ v_m \end{Bmatrix} \quad \text{节点力 } \boldsymbol{F}^e = \begin{Bmatrix} U_i \\ V_i \\ U_j \\ V_j \\ U_m \\ V_m \end{Bmatrix}$$

单元的节点位移和节点力之间的关系用张量

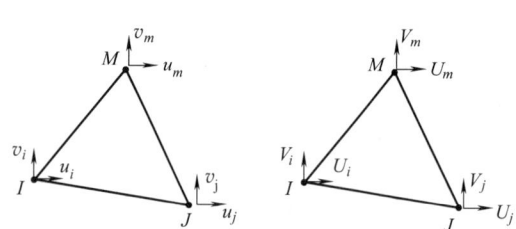

图 32-6-3 三节点三角形单元

(tensor) 来表示：

$$\boldsymbol{F}^e = \boldsymbol{k}^e \boldsymbol{\delta}^e \qquad (32\text{-}6\text{-}1)$$

上式就是表征单元的节点力和节点位移之间关系的刚度方程，$\boldsymbol{k}^e$ 就是单元刚度矩阵，对平面问题单元刚度矩阵是与单元各节点坐标及材料常数 E 和 μ 有关的常数矩阵。

(4) 整体分析

对由各个单元组成的整体进行分析，建立节点外载荷与节点位移的关系，以解出节点位移，这个过程为整体分析。再以弹性力学的平面问题为例，假设弹性体被划分为 N 个单元和 n 个节点，对每个单元按前述方法进行分析计算，便可得到 N 组式（32-6-1）的方程。将这些方程集合起来，就可得到表征整个弹性体的平衡关系式。为此，我们先引入整个弹性体的节点位移列阵 $\boldsymbol{\delta}_{2n\times 1}$，它是由各节点位移按节点号码以从小到大的顺序排列组成的。

$$\boldsymbol{\delta}_{2n\times 1}=[\boldsymbol{\delta}_1^{\mathrm{T}} \quad \boldsymbol{\delta}_2^{\mathrm{T}} \quad \cdots \quad \boldsymbol{\delta}_n^{\mathrm{T}}]^{\mathrm{T}} \quad (32\text{-}6\text{-}2)$$

其中子矩阵

$$\boldsymbol{\delta}_i=[u_i \quad v_i]^{\mathrm{T}} (i=1,2,\cdots,n) \quad (32\text{-}6\text{-}3)$$

是节点 i 的位移分量。

继而再引入整个弹性体的载荷列阵 $\boldsymbol{R}_{2n\times 1}$，它是移置到节点上的等效节点载荷依节点号码从小到大的顺序排列组成的，即

$$\boldsymbol{R}_{2n\times 1}=[\boldsymbol{R}_1^{\mathrm{T}} \quad \boldsymbol{R}_2^{\mathrm{T}} \quad \cdots \quad \boldsymbol{R}_n^{\mathrm{T}}]^{\mathrm{T}} \quad (32\text{-}6\text{-}4)$$

其中子矩阵

$$\boldsymbol{R}_i=[X_i \quad Y_i]^{\mathrm{T}}=\left[\sum_{e=1}^{N}U_i^e \quad \sum_{e=1}^{N}V_i^e\right]^{\mathrm{T}}\frac{1}{n}$$

$$(i=1,2,\cdots,n) \quad (32\text{-}6\text{-}5)$$

是节点 i 上的等效节点载荷。

各单元的节点力列阵经过这样的扩充之后就可以进行相加，把全部单元的节点力列阵叠加在一起，便可得到弹性体的载荷列阵，即

$$\boldsymbol{R}=\sum_{e=1}^{N}\boldsymbol{R}^e=[\boldsymbol{R}_1^{\mathrm{T}} \quad \boldsymbol{R}_2^{\mathrm{T}} \quad \cdots \quad \boldsymbol{R}_n^{\mathrm{T}}]^{\mathrm{T}}$$

$$(32\text{-}6\text{-}6)$$

这是由于相邻单元公共边内力引起的等效节点力，在叠加过程中必然会全部相互抵消，所以只剩下载荷所引起的等效节点力。

同样，将式（32-6-1）的六阶方阵 $\boldsymbol{k}$ 加以扩充，使之成为 $2n$ 阶的方阵。

考虑到 $\boldsymbol{k}$ 扩充以后，除了对应的 i、j、m 双行和双列上的九个子矩阵之外，其余元素均为零，故式（32-6-1）中的单元位移列阵 $\boldsymbol{\delta}_{2n\times 1}^e$ 便可用整体的位移列阵 $\boldsymbol{\delta}_{2n\times 1}$ 来替代。这样，式（32-6-1）可改写为

$$\boldsymbol{k}_{2n\times 2n}\boldsymbol{\delta}_{2n\times 1}=\boldsymbol{R}_{2n\times 1}^e \quad (32\text{-}6\text{-}7)$$

把上式对 N 个单元进行求和叠加，得：

$$\left(\sum_{e=1}^{N}\boldsymbol{k}\right)\boldsymbol{\delta}=\sum_{e=1}^{N}\boldsymbol{R}^e \quad (32\text{-}6\text{-}8)$$

上式左边就是弹性体所有单元刚度矩阵的总和，称为弹性体的整体刚度矩阵（或简称为总刚），记为 $\boldsymbol{K}$。由此，便可得到关于节点位移的所有 $2n$ 个线性方程，即

$$\boldsymbol{K}\boldsymbol{\delta}=\boldsymbol{R} \quad (32\text{-}6\text{-}9)$$

在上式中，整体刚度矩阵 $\boldsymbol{K}$ 中的各个元素均可由单元刚度矩阵求出，$\boldsymbol{R}$ 载荷列向量为各节点等效节点力，均可求出，由此通过迭代法或消元法解 $2n$ 个线性方程可求出各节点的位移。然后，由位移法可求出各节点的应变和应力。

6.2.3　常用单元的位移模式

（1）单元位移模式的概念

对弹性体划分网格，每一个网格叫单元，每一单元中线与线的交点叫节点，以节点位移为基本未知量，选择一个简单的函数近似表示位移随坐标变化的规律，这个函数就叫单元的位移模式。

（2）常用单元的位移模式

假设：

a_1、a_2、$\cdots$ 为待定常数；

u 为单元中某节点的 x 轴位移；

v 为单元中某节点的 y 轴位移；

w 为单元中某节点的 y 轴位移；

x、y、z 为某节点的 x、y、z 轴坐标。

常用单元的位移模式见表 32-6-3。

表 32-6-3　　　　　　　　　　常用单元的位移模式

单元名称	单元图形	单元位移模式
三节点三角形		$u=a_1+a_2x+a_3y$ $v=a_4+a_5x+a_6y$
四节点矩形		$u=a_1+a_2x+a_3y+a_4xy$ $v=a_5+a_6x+a_7y+a_8xy$
六节点三角形		$u=a_1+a_2x+a_3y+a_4x^2+a_5xy+a_6y^2$ $v=a_7+a_8x+a_9y+a_{10}x^2+a_{11}xy+a_{12}y^2$

续表

单元名称	单元图形	单元位移模式
八节点矩形		$u=a_1+a_2x+a_3y+a_4x^2+a_5xy+a_6y^2+a_7x^2y+a_8xy^2$ $v=a_9+a_{10}x+a_{11}y+a_{12}x^2+a_{13}xy+a_{14}y^2+a_{15}x^2y+a_{16}xy^2$
四节点四面体		$u=a_1+a_2x+a_3y+a_4z$ $v=a_5+a_6x+a_7y+a_8z$ $w=a_9+a_{10}x+a_{11}y+a_{12}z$
八节点六面体		$u=a_1+a_2x+a_3y+a_4z+a_5xy+a_6xz+a_7yz+a_8xyz$ $v=a_9+a_{10}x+a_{11}y+a_{12}z+a_{13}xy+a_{14}xz+a_{15}yz+a_{16}xyz$ $w=a_{17}+a_{18}x+a_{19}y+a_{20}z+a_{21}xy+a_{22}xz+a_{23}yz+a_{24}xyz$

6.2.4 非节点载荷的移置

在进行有限元分析时,受力体要受到体力、集中载荷、分布载荷等各种载荷的作用,这些载荷必须向节点移置。载荷移置的依据是:虚功原理和圣维南原理。三角形单元等效节点载荷的移置见表 32-6-4。

表 32-6-4　　　　　三角形单元等效节点载荷的移置

载荷类型	图 形	公 式
重力载荷		重力载荷为 G,作用点在单元重心 $\boldsymbol{P}^e=[X_i\ \ Y_i\ \ X_j\ \ Y_j\ \ X_m\ \ Y_m]^T$ $=[0\ \ -\dfrac{1}{3}G\ \ 0\ \ -\dfrac{1}{3}G\ \ 0\ \ -\dfrac{1}{3}G]^T$
集中载荷		载荷 P 作用在 ij 边上,ij 边长 l,与 x 轴正方向夹角为 θ,x 方向分量为 P_x,y 方向分量为 P_y,作用点距 i 点距离为 l_i,距 j 点距离为 l_j $\boldsymbol{P}^e=[X_i\ \ Y_i\ \ X_j\ \ Y_j\ \ X_m\ \ Y_m]^T$ $=\left[-\dfrac{l_j}{l}P_x\ -\dfrac{l_j}{l}P_y\ -\dfrac{l_i}{l}P_x\ -\dfrac{l_i}{l}P_y\ 0\ 0\right]^T$
分布载荷		分布载荷作用在 ij 边上,ij 边长 l,最大载荷值为 q,与 x 轴正方向夹角为 θ $\boldsymbol{P}^e=[X_i\ \ Y_i\ \ X_j\ \ Y_j\ \ X_m\ \ Y_m]^T$ $=\left[-\dfrac{1}{3}ql\cos\theta\ \ -\dfrac{1}{3}ql\sin\theta\ \ -\dfrac{1}{6}ql\cos\theta\ \ -\dfrac{1}{6}ql\sin\theta\ \ 0\ \ 0\right]^T$
分布载荷		分布载荷作用在 ij 边上,ij 边长 l,j 点载荷值为 q_1,i 点载荷值为 q_2,方向与 x 轴正方向夹角为 θ $\boldsymbol{P}^e=[X_i\ \ Y_i\ \ X_j\ \ Y_j\ \ X_m\ \ Y_m]^T$ $=\Big[-\Big(\dfrac{1}{3}q_2+\dfrac{1}{6}q_1\Big)l\cos\theta\ \ -\Big(\dfrac{1}{3}q_2+\dfrac{1}{6}q_1\Big)l\sin\theta\ \ -\Big(\dfrac{1}{6}q_2+\dfrac{1}{3}q_1\Big)l\cos\theta$ $-\Big(\dfrac{1}{6}q_2+\dfrac{1}{3}q_1\Big)l\sin\theta\ \ 0\ \ 0\Big]^T$

载荷分量方向与对应坐标轴正方向一致时,移置载荷为正,否则为负

6.2.5 有限元分析应注意的问题

在对受力体进行有限元分析时,要遵循一定的原则,应注意以下问题。

(1) 根据分析对象的特点选择合适的单元

常用的平面问题单元有三节点三角形、四节点矩形、六节点三角形、八节点矩形;常用的空间单元有四节点四面体单元、八节点六面体单元等。

(2) 单元节点编号的原则

单元编号原则是编号从 1 开始,按每次递增 1 顺序编号,不能有间断;节点编号原则为编号从 1 开始,按每次递增 1 顺序编号,不能有间断。

(3) 单元划分的疏密对计算精度和计算成本的影响

单元划分得密,则计算精度高,但计算成本高(对计算机硬件的要求高,计算时间长);反之,单元划分得稀疏,则计算精度低,但计算成本低(对计算机硬件的要求低,计算时间短)。因此,在划分单元时要根据计算精度的要求适度控制单元划分的疏密。

(4) 划分网格应注意的问题

边界曲折、应力集中、应力变化大的部位,单元划分应细化,否则,可划分得稀疏一些。单元由细到疏应当逐步过渡,如图 32-6-4 所示。

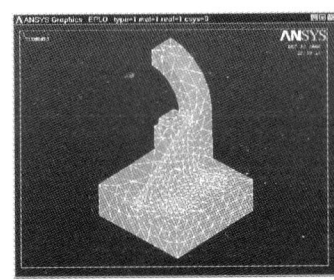
(a) 复杂形体的网格划分

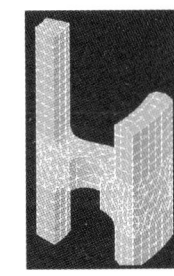
(b) 边界曲折形体的单元划分

图 32-6-4 网格的划分

(5) 同一单元边长的要求

对三角形单元,三条边长应尽量接近,不能出现钝角,以免计算结果出现大的误差;对矩形单元,长度和宽度不宜相差过大;对空间单元的各条边长也应尽量接近,否则,边长相差越大,则产生的误差也越大。

(6) 单元之间的要求

任意一个单元的角点必须同时也是相邻单元的角点,而不能是相邻单元边上的内点,划分单元必须遵守此原则。

(7) 受力体中不同材料、不同厚度的处理

如果计算对象具有不同的厚度或不同的弹性系数,则厚度或弹性系数突变之处应是单元的边线。

(8) 应力集中和应力突变的处理

应力分布有突变之处,或者有受应力集中载荷处布置节点,其附近的单元也应划分得细些。

(9) 对称性的利用

应充分利用受力体结构的对称性(几何形状和支承条件对某轴对称,同时截面和材料性质也对此轴对称)。

6.2.6 有限元法的应用

有限元法不仅能应用于结构分析,还能解决归结为场问题的工程问题,从 20 世纪 60 年代中期以来,有限元法得到了巨大的发展,特别是近 20 年来有限元理论的发展和有限元分析软件的应用为工程设计和优化提供了有力的工具。

(1) 算法与有限元软件

从 20 世纪 60 年代中期以来,进行了大量的理论研究,不但拓展了有限元法的应用领域,还开发了许多通用或专用的有限元分析软件。理论研究的一个重要领域是计算方法的研究,主要有:

① 大型线性方程组的解法;
② 非线性问题的解法;
③ 动力问题计算方法。

目前应用较多的通用有限元分析软件如表 32-6-5 所示。

表 32-6-5　常用通用有限元分析软件

软件名称	简　介
MSC/Nastran	著名结构分析程序,最初由 NASA 研制
MSC/Dytran	动力学分析程序
MSC/Marc	非线性分析软件
ANSYS	通用结构分析软件
ADINA	非线性分析软件
ABAQUS	非线性分析软件

在结构分析中,ANSYS 软件因功能强大,被广泛应用。ANSYS 是世界上著名的大型通用有限元计算软件,它包括热、电、磁、流体和结构等诸多模块,具有强大的求解器和前、后处理功能,为我们解决复杂、庞大的工程项目和致力于高水平的科研攻关提供了一个优良的工作环境,更使我们从烦琐、单调的常规有限元编程中解脱出来。ANSYS 本身不仅具有较为完善的分析功能,同时也为用户自己进行二次开发提供了友好的开发环境。

ANSYS 程序自身有着较为强大的三维建模能力,仅靠 ANSYS 的 GUI(图形界面)就可建立各种复杂的几何模型;此外,ANSYS 还提供较为灵活的

图形接口及数据接口。因而，利用这些功能，可以实现不同分析软件之间的模型转换。

ANSYS/Multiphysics 是 ANSYS 产品的"旗舰"，它包括所有工程学科的所有性能，ANSYS 产品家族如图 32-6-5 所示。

ANSYS/Multiphysics 有三个主要的组成产品：
- ANSYS/Mechanical-ANSYS：机械-结构及热。
- ANSYS/Emag-ANSYS：电磁学。
- ANSYS/FLOTRAN-ANSYS：计算流体动力学。

其他产品：
- ANSYS/LS-DYNA：高度非线性结构问题。
- Design Space：CAD 环境下，适合快速分析容易使用的设计和分析工具。
- ANSYS/ProFEA：Pro/ENGINEER 等三维软件的 ANSYS 分析接口。

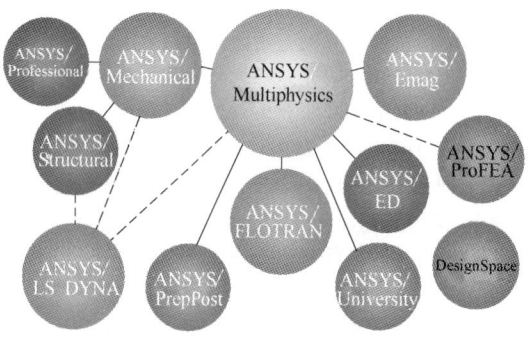

图 32-6-5　ANSYS 产品家族

（2）ANSYS 软件进行有限元分析的基本方法
有限元分析的基本方法
1）建立实际工程问题的计算模型
　a. 利用几何、载荷的对称性简化模型；
　b. 建立等效模型。
2）选择适当的分析工具　侧重考虑以下几个方面：
　a. 物理场耦合问题；
　b. 大变形；
　c. 网格重划分。
3）前处理（Preprocessing）
　a. 单元属性定义（单元类型、实常数、材料属性）；
　b. 建立几何模型（Geometric Modeling，自下而上，或基本单元组合）；
　c. 有限单元划分（Meshing）与网格控制。
4）求解（Solution）
　a. 施加约束（Constraint）和载荷（Load）；
　b. 求解方法选择；
　c. 计算参数设定；
　d. 求解（Solve）。
5）后处理（Postprocessing）　后处理的目的在于分析计算模型是否合理，提出结论。可进行以下工作：
　a. 用可视化方法查看分析结果（等值线、等值面、色块图），包括位移、应力、应变、温度等；
　b. 最大最小值分析；
　c. 检验结果。

6.3　各类问题的有限元法

6.3.1　平面问题的有限元法

（1）平面三角形单元的有限元格式

对于平面问题，三角形单元是最简单、最常用的单元，在平面应力问题中，单元为三角形板，而在平面应变问题中则是三棱柱。

假设受力体采用三角形单元，把弹性体划分为有限个互不重叠的三角形。这些三角形在其顶点（即节点）处互相连接，组成一个单元集合体，以替代原来的弹性体。同时，将所有作用在单元上的载荷（包括集中载荷、表面载荷和体积载荷），都按虚功等效的原则移置到节点上，成为等效节点载荷。由此便得到了平面问题的有限元计算模型，如图 32-6-6 所示。编号为 e，节点号分别为 i、j、m 的单元分析公式见表 32-6-6。

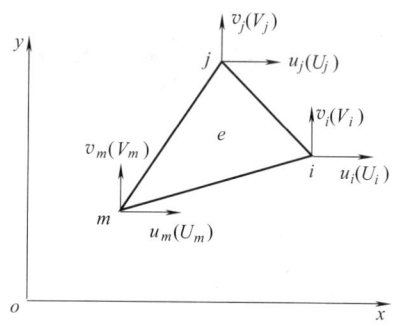

图 32-6-6　三节点三角形单元

（2）平面矩形单元的有限元格式

矩形单元也是一种常用的单元，它采用了比常应变三角形单元次数更高的位移模式，因而可以更好地反映弹性体中的位移状态和应力状态。

矩形单元 1234 如图 32-6-7 所示，其边长分别为 $2a$ 和 $2b$，两边分别平行于 x、y 轴。若取该矩形的四个角点为节点，因每个节点位移有两个分量，则矩

表 32-6-6　　　　　　　　　　　三节点三角形单元分析公式

序号	类别	符号	公　式
1	节点力	$\boldsymbol{R}^e$	$\boldsymbol{R}^e = [\boldsymbol{R}_i^T \quad \boldsymbol{R}_j^T \quad \boldsymbol{R}_m^T]^T = [U_i \quad V_i \quad U_j \quad V_j \quad U_m \quad V_m]^T$
2	节点位移	$\boldsymbol{\delta}^e$	$\boldsymbol{\delta}^e = [\boldsymbol{\delta}_i^T \quad \boldsymbol{\delta}_j^T \quad \boldsymbol{\delta}_m^T]^T = [u_i \quad v_i \quad u_j \quad v_j \quad u_m \quad v_m]^T$
3	位移模式		$u = a_1 + a_2 x + a_3 y$ $v = a_4 + a_5 x + a_6 y$
4	位移函数	u v	$u = N_i u_i + N_j u_j + N_m u_m$ $v = N_i v_i + N_j v_j + N_m v_m$ 其中： $N_i = \dfrac{1}{2\Delta}(a_i + b_i x + c_i y) \quad (i,j,m \text{ 轮换})$ $a_i = \begin{vmatrix} x_j & y_j \\ x_m & y_m \end{vmatrix} = x_j y_m - x_m y_j$ $b_i = -\begin{vmatrix} 1 & y_j \\ 1 & y_m \end{vmatrix} = y_j - y_m \quad (i,j,m \text{ 轮换})$ $c_i = \begin{vmatrix} 1 & x_j \\ 1 & x_m \end{vmatrix} = -(x_j - x_m)$ $2\Delta = \begin{vmatrix} 1 & x_i & y_i \\ 1 & x_j & y_j \\ 1 & x_m & y_m \end{vmatrix}$
5	应变	$\boldsymbol{\varepsilon}$	$\boldsymbol{\varepsilon} = [\varepsilon_x \quad \varepsilon_y \quad \gamma_{xy}]^T$ $\boldsymbol{\varepsilon} = \dfrac{1}{2\Delta}\begin{bmatrix} b_i & 0 & b_j & 0 & b_m & 0 \\ 0 & c_i & 0 & c_j & 0 & c_m \\ c_i & b_i & c_j & b_j & c_m & b_m \end{bmatrix}\boldsymbol{\delta}^e$
6	应力	$\boldsymbol{\sigma}$	$\boldsymbol{\sigma} = [\sigma_x \quad \sigma_y \quad \tau_{xy}]^T = \boldsymbol{D}\{\boldsymbol{\varepsilon}\}$ 对平面应力问题 $\boldsymbol{D} = \dfrac{E}{1-\mu^2}\begin{bmatrix} 1 & & \text{对} \\ \mu & 1 & \text{称} \\ 0 & 0 & \dfrac{1-\mu}{2} \end{bmatrix}$ 对平面应变问题 将上式 $\boldsymbol{D}$ 中的 E 和 μ 分别换成 $E/(1-\mu^2)$ 和 $\mu/(1-\mu)$
7	单元刚度矩阵	$\boldsymbol{k}^e$	$\boldsymbol{k}^e = \begin{bmatrix} \boldsymbol{k}_{ii} & \boldsymbol{k}_{ij} & \boldsymbol{k}_{im} \\ \boldsymbol{k}_{ji} & \boldsymbol{k}_{jj} & \boldsymbol{k}_{jm} \\ \boldsymbol{k}_{mi} & \boldsymbol{k}_{mj} & \boldsymbol{k}_{mm} \end{bmatrix}$ 对平面应力问题 $\boldsymbol{k}_{rs} = \dfrac{Et}{4(1-\mu^2)\Delta}\begin{bmatrix} b_r b_s + \dfrac{1-\mu}{2}c_r c_s & \mu b_r c_s + \dfrac{1-\mu}{2}c_r b_s \\ \mu c_r b_s + \dfrac{1-\mu}{2}b_r c_s & c_r c_s + \dfrac{1-\mu}{2}b_r b_s \end{bmatrix}$ $(r=i,j,m; s=i,j,m)$ 对平面应变问题 将上式中的 E 和 μ 分别换成 $E/(1-\mu^2)$ 和 $\mu/(1-\mu)$

续表

序号	类别	符号	公式
8	总体刚度矩阵	K	$K = \begin{bmatrix} K_{11} & \cdots & K_{1i} & \cdots & K_{1j} & \cdots & K_{1m} & \cdots & K_{1n} \\ \vdots & & \vdots & & \vdots & & \vdots & & \vdots \\ K_{i1} & \cdots & K_{ii} & \cdots & K_{ij} & \cdots & K_{im} & \cdots & K_{in} \\ \vdots & & \vdots & & \vdots & & \vdots & & \vdots \\ K_{j1} & \cdots & K_{ji} & \cdots & K_{jj} & \cdots & K_{jm} & \cdots & K_{jn} \\ \vdots & & \vdots & & \vdots & & \vdots & & \vdots \\ K_{m1} & \cdots & K_{mi} & \cdots & K_{mj} & \cdots & K_{mm} & \cdots & K_{mn} \\ \vdots & & \vdots & & \vdots & & \vdots & & \vdots \\ K_{n1} & \cdots & K_{ni} & \cdots & K_{nj} & \cdots & K_{nm} & \cdots & K_{nn} \end{bmatrix}$ $[K_{rs}]_{2 \times 2} = \sum_{e=1}^{N} [k_{rs}] \quad \begin{pmatrix} r = 1, 2, \cdots, n \\ s = 1, 2, \cdots, n \end{pmatrix}$
9	整体平衡方程		$K\boldsymbol{\delta} = R$ $\boldsymbol{\delta} = [u_1 \ v_1 \ u_2 \ v_2 \ \cdots \ u_{2n} \ v_{2n}]^T$ $R = [X_1 \ Y_1 \ X_2 \ Y_2 \ \cdots \ X_{2n} \ Y_{2n}]^T$
备注	\multicolumn{3}{l}{N_i、N_j、N_m 为单元 e 的形状函数,简称形函数;Δ 为三角形单元 ijm 的面积;D 为弹性矩阵;R 为所有节点的节点力矢量}	

形单元共有 8 个自由度。引入一个局部坐标系 ξ、η。

在图 32-6-7 中,取矩形单元的形心为局部坐标系的原点,ξ 和 η 轴分别与整体坐标轴 x 和 y 平行,且 $\xi = x/a$,$\eta = y/b$。

单元分析公式见表 32-6-7。

(3) 计算实例

图 32-6-8 为一平面应力问题离散化以后的结构图,其中图(a)所示为离散化后的总体结构,图(b)所示为单元 1、2、4 的结构,图(c)所示为单元 3 的结构。用有限元法计算节点位移、单元应变及单元应力(为简便起见,取泊松比 $\mu = 0$,单元厚度 $t = 1$)。

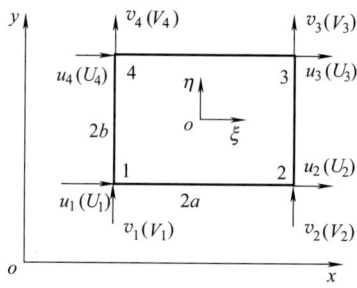

图 32-6-7 矩形单元

表 32-6-7 四节点矩形单元分析公式

序号	类别	符号	公式
1	节点力	R^e	$R^e = [U_1 \ V_1 \ U_2 \ V_2 \ U_3 \ V_3 \ U_4 \ V_4]^T$
2	节点位移	$\boldsymbol{\delta}^e$	$\boldsymbol{\delta}^e = [u_1 \ v_1 \ u_2 \ v_2 \ u_3 \ v_3 \ u_4 \ v_4]^T$
3	位移模式		$u = a_1 + a_2\xi + a_3\eta + a_4\xi\eta$ $v = a_5 + a_6\xi + a_7\eta + a_8\xi\eta$
4	位移函数	u v	$u = N_1 u_1 + N_2 u_2 + N_3 u_3 + N_4 u_4 = \sum_{i=1}^{4} N_i u_i$ $v = N_1 v_1 + N_2 v_2 + N_3 v_3 + N_4 v_4 = \sum_{i=1}^{4} N_i v_i$ 其中: 统一公式: $N_i = (1+\xi_0)(1+\eta_0)/4$ 其中: $\xi_0 = \xi_i \xi, \eta_0 = \eta_i \eta, i = 1, 2, 3, 4$
5	应变	$\boldsymbol{\varepsilon}$	$\boldsymbol{\varepsilon} = [\varepsilon_x \ \varepsilon_y \ \gamma_{xy}]^T$ $\boldsymbol{\varepsilon} = B\boldsymbol{\delta}^e \quad B_i = \dfrac{1}{ab}\begin{bmatrix} b\dfrac{\partial N_i}{\partial \xi} & 0 \\ 0 & a\dfrac{\partial N_i}{\partial \eta} \\ a\dfrac{\partial N_i}{\partial \eta} & b\dfrac{\partial N_i}{\partial \xi} \end{bmatrix} = \dfrac{1}{4ab}\begin{bmatrix} b\xi_i(1+\eta_0) & 0 \\ 0 & a\eta_i(1+\xi_0) \\ a\eta_i(1+\xi_0) & b\xi_i(1+\eta_0) \end{bmatrix} \quad i=1,2,3,4$

续表

序号	类别	符号	公　式
6	应力	$\boldsymbol{\sigma}$	$\boldsymbol{\sigma} = [\sigma_x \quad \sigma_y \quad \tau_{xy}]^{\mathrm{T}}$ $\boldsymbol{\sigma} = \boldsymbol{D}\boldsymbol{\varepsilon} \Rightarrow \boldsymbol{\sigma} = \boldsymbol{DB}\boldsymbol{\delta}^e = \boldsymbol{S}\boldsymbol{\delta}^e$ 应力矩阵 $\boldsymbol{S} = \boldsymbol{DB} = \boldsymbol{D}[\boldsymbol{B}_1 \quad \boldsymbol{B}_2 \quad \boldsymbol{B}_3 \quad \boldsymbol{B}_4] = [\boldsymbol{S}_1 \quad \boldsymbol{S}_2 \quad \boldsymbol{S}_3 \quad \boldsymbol{S}_4]$ 对平面应力问题 $$\boldsymbol{S}_i = \frac{E}{4ab(1-\mu^2)} \begin{bmatrix} b\xi_i(1+\eta_0) & \mu a \eta_i(1+\xi_0) \\ \mu b \xi_i(1+\eta_0) & a\eta_i(1+\xi_0) \\ \frac{1-\mu}{2}a\eta_i(1+\xi_0) & \frac{1-\mu}{2}b\xi_i(1+\eta_0) \end{bmatrix} \quad i=1,2,3,4$$ 对平面应变问题 将上式 $\boldsymbol{D}$ 中的 E 和 μ 分别换成 $E/(1-\mu^2)$ 和 $\mu/(1-\mu)$
7	单元刚度矩阵	$\boldsymbol{k}^e$	$$\boldsymbol{k}^e = \begin{bmatrix} \boldsymbol{k}_{11} & \boldsymbol{k}_{12} & \boldsymbol{k}_{13} & \boldsymbol{k}_{14} \\ \boldsymbol{k}_{21} & \boldsymbol{k}_{22} & \boldsymbol{k}_{23} & \boldsymbol{k}_{24} \\ \boldsymbol{k}_{31} & \boldsymbol{k}_{32} & \boldsymbol{k}_{33} & \boldsymbol{k}_{34} \\ \boldsymbol{k}_{41} & \boldsymbol{k}_{42} & \boldsymbol{k}_{43} & \boldsymbol{k}_{44} \end{bmatrix}$$ 对平面应力问题 $\boldsymbol{k}_{ij} = tab \int_{-1}^{1} \int_{-1}^{1} \boldsymbol{B}_i^{\mathrm{T}} \boldsymbol{S}_j d\xi d\eta$ $= \frac{Et}{4(1-\mu^2)} \begin{bmatrix} \frac{b}{a}\xi_i\xi_j\left(1+\frac{1}{3}\eta_i\eta_j\right)+\frac{1-\mu}{2}\frac{a}{b}\eta_i\eta_j\left(1+\frac{1}{3}\xi_i\xi_j\right) & \mu\xi_i\eta_j + \frac{1-\mu}{2}\eta_i\xi_j \\ \mu\eta_i\xi_j + \frac{1-\mu}{2}\xi_i\eta_j & \frac{a}{b}\eta_i\eta_j\left(1+\frac{1}{3}\xi_i\xi_j\right)+\frac{1-\mu}{2}\frac{b}{a}\xi_i\xi_j\left(1+\frac{1}{3}\eta_i\eta_j\right) \end{bmatrix}$ $(i,j=1,2,3,4)$ 对平面应变问题 将上式中的 E 和 μ 分别换成 $E/(1-\mu^2)$ 和 $\mu/(1-\mu)$
8	总体刚度矩阵	$\boldsymbol{K}$	$$\boldsymbol{K} = \begin{bmatrix} \boldsymbol{K}_{11} & \cdots & \boldsymbol{K}_{1i} & \cdots & \boldsymbol{K}_{1j} & \cdots & \boldsymbol{K}_{1m} & \cdots & \boldsymbol{K}_{1n} \\ \vdots & & \vdots & & \vdots & & \vdots & & \vdots \\ \boldsymbol{K}_{i1} & \cdots & \boldsymbol{K}_{ii} & \cdots & \boldsymbol{K}_{ij} & \cdots & \boldsymbol{K}_{im} & \cdots & \boldsymbol{K}_{in} \\ \vdots & & \vdots & & \vdots & & \vdots & & \vdots \\ \boldsymbol{K}_{j1} & \cdots & \boldsymbol{K}_{ji} & \cdots & \boldsymbol{K}_{jj} & \cdots & \boldsymbol{K}_{jm} & \cdots & \boldsymbol{K}_{jn} \\ \vdots & & \vdots & & \vdots & & \vdots & & \vdots \\ \boldsymbol{K}_{m1} & \cdots & \boldsymbol{K}_{mi} & \cdots & \boldsymbol{K}_{mj} & \cdots & \boldsymbol{K}_{mm} & \cdots & \boldsymbol{K}_{mn} \\ \vdots & & \vdots & & \vdots & & \vdots & & \vdots \\ \boldsymbol{K}_{n1} & \cdots & \boldsymbol{K}_{ni} & \cdots & \boldsymbol{K}_{nj} & \cdots & \boldsymbol{K}_{nm} & \cdots & \boldsymbol{K}_{nn} \end{bmatrix}$$ $[\boldsymbol{K}_{rs}]_{2\times 2} = \sum\limits_{e=1}^{N} [\boldsymbol{k}_{rs}] \quad \begin{pmatrix} r=1,2,\cdots,n \\ s=1,2,\cdots,n \end{pmatrix}$
9	整体平衡方程		$\boldsymbol{K\delta} = \boldsymbol{R}$ $\boldsymbol{\delta} = [u_1 \quad v_1 \quad u_2 \quad v_2 \quad \cdots \quad u_{2n} \quad v_{2n}]^{\mathrm{T}}$ $\boldsymbol{R} = [X_1 \quad Y_1 \quad X_2 \quad Y_2 \quad \cdots \quad X_{2n} \quad Y_{2n}]^{\mathrm{T}}$
备注	\multicolumn{3}{l}{N_1、N_2、N_3、N_4 为单元 e 的形状函数,简称形函数;$\boldsymbol{D}$ 为弹性矩阵;$\boldsymbol{B}$ 为单元应变矩阵;$\boldsymbol{S}$ 为应力矩阵;t 为单元厚度;$\boldsymbol{R}$ 为所有节点的节点力矢量}		

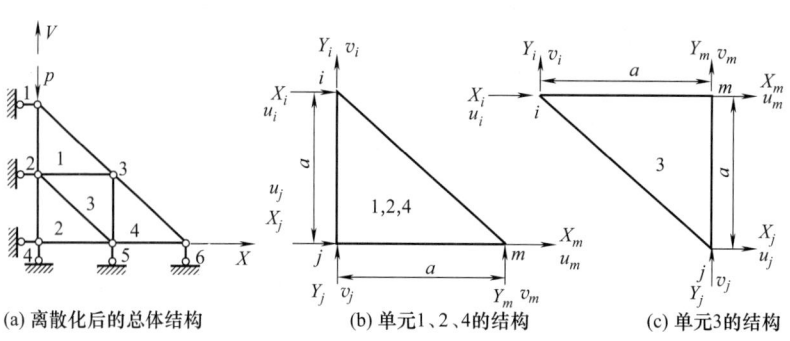

(a) 离散化后的总体结构　　(b) 单元1、2、4的结构　　(c) 单元3的结构

图 32-6-8　计算实例结构图

首先确定各单元刚度所需的系数 b_i、b_j、b_m、c_i、c_j、c_m 及面积 A，对于单元 1、2、4 有：

$b_i=0$, $b_j=-a$, $b_m=a$

$c_i=a$, $c_j=-a$, $c_m=0$

$A=a^2/2$

对于单元 3 有：

$b_i=-a$, $b_j=0$, $b_m=a$

$c_i=0$, $c_j=-a$, $c_m=a$

$A=a^2/2$

其次，求出各单元的单元刚度矩阵。对于单元 1、2、4，其单元刚度矩阵为：

$$k^{(1,2,4)}=\frac{E}{4}\begin{bmatrix} 1 & 0 & -1 & -1 & 0 & 1 \\ 0 & 2 & 0 & -2 & 0 & 0 \\ -1 & 0 & 3 & 1 & -2 & -1 \\ -1 & -2 & 1 & 3 & 0 & -1 \\ 0 & 0 & -2 & 0 & 2 & 0 \\ 1 & 0 & -1 & -1 & 0 & 1 \end{bmatrix}$$

对于单元 3，其单元刚度矩阵为：

$$k^{(3)}=\frac{E}{4}\begin{bmatrix} 2 & 0 & 0 & 0 & -2 & 0 \\ 0 & 1 & 1 & 0 & -1 & -1 \\ 0 & 1 & 1 & 0 & -1 & -1 \\ 0 & 0 & 0 & 2 & 0 & -2 \\ -2 & -1 & -1 & 0 & 3 & 1 \\ 0 & -1 & -1 & -2 & 1 & 3 \end{bmatrix}$$

各单元的节点编号与总体结构的总编号之间的对应关系见表 32-6-8。

表 32-6-8　各单元节点编号与总体节点编号对应表

单元号	1	2	3	4
节点号	节点总编号			
i	1	2	2	3
j	2	4	5	5
m	3	5	3	6

将各单元刚度矩阵按节点总数及相应的节点号关系扩充成 12×12 矩阵，分别如下：

$$k^1_{12\times 12}=\frac{E}{4}\begin{bmatrix} 1 & 0 & -1 & -1 & 0 & 1 & 0 & 0 & 0 & 0 & 0 & 0 \\ 0 & 2 & 0 & -2 & 0 & 0 & 0 & 0 & 0 & 0 & 0 & 0 \\ -1 & 0 & 3 & 1 & -2 & -1 & 0 & 0 & 0 & 0 & 0 & 0 \\ -1 & -2 & 1 & 3 & 0 & -1 & 0 & 0 & 0 & 0 & 0 & 0 \\ 0 & 0 & -2 & 0 & 2 & 0 & 0 & 0 & 0 & 0 & 0 & 0 \\ 1 & 0 & -1 & -1 & 0 & 1 & 0 & 0 & 0 & 0 & 0 & 0 \\ 0 & 0 & 0 & 0 & 0 & 0 & 0 & 0 & 0 & 0 & 0 & 0 \\ 0 & 0 & 0 & 0 & 0 & 0 & 0 & 0 & 0 & 0 & 0 & 0 \\ 0 & 0 & 0 & 0 & 0 & 0 & 0 & 0 & 0 & 0 & 0 & 0 \\ 0 & 0 & 0 & 0 & 0 & 0 & 0 & 0 & 0 & 0 & 0 & 0 \\ 0 & 0 & 0 & 0 & 0 & 0 & 0 & 0 & 0 & 0 & 0 & 0 \\ 0 & 0 & 0 & 0 & 0 & 0 & 0 & 0 & 0 & 0 & 0 & 0 \end{bmatrix}$$

$$k^2_{12\times 12}=\frac{E}{4}\begin{bmatrix} 0 & 0 & 0 & 0 & 0 & 0 & 0 & 0 & 0 & 0 & 0 & 0 \\ 0 & 0 & 0 & 0 & 0 & 0 & 0 & 0 & 0 & 0 & 0 & 0 \\ 0 & 0 & 1 & 0 & 0 & 0 & -1 & -1 & 0 & 1 & 0 & 0 \\ 0 & 0 & 0 & 2 & 0 & 0 & 0 & -2 & 0 & 0 & 0 & 0 \\ 0 & 0 & 0 & 0 & 0 & 0 & 0 & 0 & 0 & 0 & 0 & 0 \\ 0 & 0 & 0 & 0 & 0 & 0 & 0 & 0 & 0 & 0 & 0 & 0 \\ 0 & 0 & -1 & 0 & 0 & 0 & 3 & 1 & -2 & -1 & 0 & 0 \\ 0 & 0 & -1 & -2 & 0 & 0 & 1 & 3 & 0 & -1 & 0 & 0 \\ 0 & 0 & 0 & 0 & 0 & 0 & -2 & 0 & 2 & 0 & 0 & 0 \\ 0 & 0 & 1 & 0 & 0 & 0 & -1 & -1 & 0 & 1 & 0 & 0 \\ 0 & 0 & 0 & 0 & 0 & 0 & 0 & 0 & 0 & 0 & 0 & 0 \\ 0 & 0 & 0 & 0 & 0 & 0 & 0 & 0 & 0 & 0 & 0 & 0 \end{bmatrix}$$

$$\boldsymbol{k}^3_{12\times 12} = \frac{E}{4}\begin{bmatrix}
0 & 0 & 0 & 0 & 0 & 0 & 0 & 0 & 0 & 0 & 0 & 0 \\
0 & 0 & 0 & 0 & 0 & 0 & 0 & 0 & 0 & 0 & 0 & 0 \\
0 & 0 & 2 & 0 & -2 & 0 & 0 & 0 & 0 & 0 & 0 & 0 \\
0 & 0 & 0 & 1 & -1 & -1 & 0 & 0 & 1 & 0 & 0 & 0 \\
0 & 0 & -2 & -1 & 3 & 1 & 0 & 0 & -1 & 0 & 0 & 0 \\
0 & 0 & 0 & -1 & 1 & 3 & 0 & 0 & -1 & -2 & 0 & 0 \\
0 & 0 & 0 & 0 & 0 & 0 & 0 & 0 & 0 & 0 & 0 & 0 \\
0 & 0 & 0 & 0 & 0 & 0 & 0 & 0 & 0 & 0 & 0 & 0 \\
0 & 0 & 0 & 0 & -1 & -1 & 0 & 0 & 1 & 0 & 0 & 0 \\
0 & 0 & 0 & 0 & 0 & -2 & 0 & 0 & 0 & 2 & 0 & 0 \\
0 & 0 & 0 & 0 & 0 & 0 & 0 & 0 & 0 & 0 & 0 & 0 \\
0 & 0 & 0 & 0 & 0 & 0 & 0 & 0 & 0 & 0 & 0 & 0
\end{bmatrix}$$

$$\boldsymbol{k}^4_{12\times 12} = \frac{E}{4}\begin{bmatrix}
0 & 0 & 0 & 0 & 0 & 0 & 0 & 0 & 0 & 0 & 0 & 0 \\
0 & 0 & 0 & 0 & 0 & 0 & 0 & 0 & 0 & 0 & 0 & 0 \\
0 & 0 & 0 & 0 & 1 & 0 & 0 & 0 & -1 & -1 & 0 & 1 \\
0 & 0 & 0 & 0 & 0 & 2 & 0 & 0 & 0 & -2 & 0 & 0 \\
0 & 0 & 0 & 0 & 0 & 0 & 0 & 0 & 0 & 0 & 0 & 0 \\
0 & 0 & 0 & 0 & 0 & 0 & 0 & 0 & 0 & 0 & 0 & 0 \\
0 & 0 & 0 & 0 & -1 & 0 & 0 & 0 & 3 & 1 & -2 & -1 \\
0 & 0 & 0 & 0 & -1 & -2 & 0 & 0 & 1 & 3 & 0 & -1 \\
0 & 0 & 0 & 0 & 0 & 0 & 0 & 0 & -2 & 0 & 2 & 0 \\
0 & 0 & 0 & 0 & 1 & 0 & 0 & 0 & -1 & -1 & 0 & 1
\end{bmatrix}$$

将扩充后的各单元刚度矩阵相加，得总体刚度矩阵 K：

$$\boldsymbol{K} = \sum_{e=1}^{4}\boldsymbol{k}^{(e)}_{12\times 12} = \frac{E}{4}\begin{bmatrix}
1 & 0 & -1 & -1 & 0 & 1 & 0 & 0 & 0 & 0 & 0 & 0 \\
0 & 2 & 0 & -2 & 0 & 0 & 0 & 0 & 0 & 0 & 0 & 0 \\
-1 & 0 & 6 & 1 & -4 & -1 & -1 & -1 & 0 & 1 & 0 & 0 \\
-1 & -2 & 1 & 6 & -1 & -2 & 0 & -2 & 1 & 0 & 0 & 0 \\
0 & 0 & -4 & -1 & 6 & 1 & 0 & 0 & -2 & -1 & 0 & 1 \\
1 & 0 & -1 & -2 & 1 & 6 & 0 & 0 & -1 & -4 & 0 & 0 \\
0 & 0 & -1 & 0 & 0 & 0 & 3 & 1 & -2 & -1 & 0 & 0 \\
0 & 0 & -1 & -2 & 0 & 0 & 1 & 3 & 0 & -1 & 0 & 0 \\
0 & 0 & 0 & 1 & -2 & -1 & -2 & 0 & 6 & 1 & -2 & -1 \\
0 & 0 & 1 & 0 & -1 & -4 & -1 & -1 & 1 & 6 & 0 & -1 \\
0 & 0 & 0 & 0 & 0 & 0 & 0 & 0 & -2 & 0 & 2 & 0 \\
0 & 0 & 0 & 0 & 1 & 0 & 0 & 0 & -1 & -1 & 0 & 1
\end{bmatrix}$$

所以结构总方程为：

$$\boldsymbol{R} = \boldsymbol{K\delta} \tag{32-6-10}$$

其中：

$$\boldsymbol{\delta} = \{u_1\ v_1\ u_2\ v_2\ u_3\ v_3\ u_4\ v_4\ u_5\ v_5\ u_6\ v_6\}^\mathrm{T} \tag{32-6-11}$$

$$\boldsymbol{R} = \{0\ -P\ 0\ 0\ 0\ 0\ 0\ 0\ 0\ 0\ 0\ 0\}^\mathrm{T} \tag{32-6-12}$$

考虑到边界条件：$u_1 = u_2 = u_4 = v_4 = v_5 = v_6 = 0$

用对角元乘大数法消除奇异性后的结构总体方程为：

$$\frac{E}{4}\begin{bmatrix}
1\times 10^{15} & 0 & -1 & -1 & 0 & 1 & 0 & 0 & 0 & 0 & 0 & 0 \\
0 & 2 & 0 & -2 & 0 & 0 & 0 & 0 & 0 & 0 & 0 & 0 \\
-1 & 0 & 6\times 10^{15} & 1 & -4 & -1 & -1 & -1 & 0 & 1 & 0 & 0 \\
-1 & -2 & 1 & 6 & -1 & -2 & 0 & -2 & 1 & 0 & 0 & 0 \\
0 & 0 & -4 & -1 & 6 & 1 & 0 & 0 & -2 & -1 & 0 & 1 \\
1 & 0 & -1 & -2 & 1 & 6 & 0 & 0 & -1 & -4 & 0 & 0 \\
0 & 0 & -1 & 0 & 0 & 0 & 3\times 10^{15} & 1 & -2 & -1 & 0 & 0 \\
0 & 0 & -1 & -2 & 0 & 0 & 1 & 3\times 10^{15} & 0 & -1 & 0 & 0 \\
0 & 0 & 0 & 1 & -2 & -1 & -2 & 0 & 6 & 1 & -2 & -1 \\
0 & 0 & 1 & 0 & -1 & -4 & -1 & -1 & 1 & 6\times 10^{15} & 0 & -1 \\
0 & 0 & 0 & 0 & 0 & 0 & 0 & 0 & -2 & 0 & 2 & 0 \\
0 & 0 & 0 & 0 & 1 & 0 & 0 & 0 & -1 & -1 & 0 & 1\times 10^{15}
\end{bmatrix}\begin{Bmatrix} u_1 \\ v_1 \\ u_2 \\ v_2 \\ u_3 \\ v_3 \\ u_4 \\ v_4 \\ u_5 \\ v_5 \\ u_6 \\ v_6 \end{Bmatrix} = \begin{Bmatrix} 0 \\ P \\ 0 \\ 0 \\ 0 \\ 0 \\ 0 \\ 0 \\ 0 \\ 0 \\ 0 \\ 0 \end{Bmatrix}$$

由以上方程解得的各节点的位移为：

$$\boldsymbol{\delta} = \begin{Bmatrix} u_1 \\ v_1 \\ u_2 \\ v_2 \\ u_3 \\ v_3 \\ u_4 \\ v_4 \\ u_5 \\ v_5 \\ u_6 \\ v_6 \end{Bmatrix} = \frac{P}{E} \begin{Bmatrix} 0 \\ -3.252 \\ 0 \\ -1.252 \\ -0.088 \\ -0.374 \\ 0 \\ 0 \\ 0.176 \\ 0 \\ 0.176 \\ 0 \end{Bmatrix}$$

然后将相应的节点位移代入公式，可分别求得各单元的应变和应力。

对于单元1：

$$\boldsymbol{\varepsilon}^{(1)} = \begin{Bmatrix} \varepsilon_x \\ \varepsilon_y \\ \gamma_{xy} \end{Bmatrix} = \frac{1}{a^2} \begin{bmatrix} 0 & 0 & -a & 0 & a & 0 \\ 0 & a & 0 & -a & 0 & 0 \\ a & 0 & -a & -a & 0 & a \end{bmatrix} \begin{Bmatrix} u_1 \\ v_1 \\ u_2 \\ v_2 \\ u_3 \\ v_3 \end{Bmatrix} = \frac{P}{Ea} \begin{Bmatrix} -0.088 \\ -2.000 \\ 0.880 \end{Bmatrix}$$

$$\boldsymbol{\sigma}^{(1)} = \begin{Bmatrix} \sigma_x \\ \sigma_y \\ \tau_{xy} \end{Bmatrix} = E \begin{bmatrix} 1 & 0 & 0 \\ 0 & 1 & 0 \\ 0 & 0 & 0.5 \end{bmatrix} \begin{Bmatrix} \varepsilon_x \\ \varepsilon_y \\ \gamma_{xy} \end{Bmatrix} = \frac{P}{a} \begin{Bmatrix} -0.088 \\ -2.000 \\ 0.440 \end{Bmatrix}$$

对于单元2：

$$\boldsymbol{\varepsilon}^{(2)} = \begin{Bmatrix} \varepsilon_x \\ \varepsilon_y \\ \gamma_{xy} \end{Bmatrix} = \frac{1}{a^2} \begin{bmatrix} 0 & 0 & -a & 0 & a & 0 \\ 0 & a & 0 & -a & 0 & 0 \\ a & 0 & -a & -a & 0 & a \end{bmatrix} \begin{Bmatrix} u_2 \\ v_2 \\ u_4 \\ v_4 \\ u_5 \\ v_5 \end{Bmatrix} = \frac{P}{Ea} \begin{Bmatrix} 0.176 \\ -1.252 \\ 0 \end{Bmatrix}$$

$$\boldsymbol{\sigma}^{(2)} = \begin{Bmatrix} \sigma_x \\ \sigma_y \\ \tau_{xy} \end{Bmatrix} = E \begin{bmatrix} 1 & 0 & 0 \\ 0 & 1 & 0 \\ 0 & 0 & 0.5 \end{bmatrix} \begin{Bmatrix} \varepsilon_x \\ \varepsilon_y \\ \gamma_{xy} \end{Bmatrix} = \frac{P}{a} \begin{Bmatrix} 0.176 \\ -1.252 \\ 0 \end{Bmatrix}$$

对于单元3：

$$\boldsymbol{\varepsilon}^{(3)} = \begin{Bmatrix} \varepsilon_x \\ \varepsilon_y \\ \gamma_{xy} \end{Bmatrix} = \frac{1}{a^2} \begin{bmatrix} -a & 0 & 0 & 0 & a & 0 \\ 0 & 0 & 0 & -a & 0 & a \\ 0 & -a & -a & 0 & a & a \end{bmatrix} \begin{Bmatrix} u_2 \\ v_2 \\ u_5 \\ v_5 \\ u_3 \\ v_3 \end{Bmatrix} = \frac{P}{Ea} \begin{Bmatrix} -0.088 \\ -0.374 \\ 0.614 \end{Bmatrix}$$

$$\boldsymbol{\sigma}^{(3)} = \begin{Bmatrix} \sigma_x \\ \sigma_y \\ \tau_{xy} \end{Bmatrix} = E \begin{bmatrix} 1 & 0 & 0 \\ 0 & 1 & 0 \\ 0 & 0 & 0.5 \end{bmatrix} \begin{Bmatrix} \varepsilon_x \\ \varepsilon_y \\ \gamma_{xy} \end{Bmatrix} = \frac{P}{a} \begin{Bmatrix} -0.088 \\ -0.374 \\ 0.307 \end{Bmatrix}$$

对于单元 4:

$$\boldsymbol{\varepsilon}^{(4)} = \begin{Bmatrix} \varepsilon_x \\ \varepsilon_y \\ \gamma_{xy} \end{Bmatrix} = \frac{1}{a^2} \begin{bmatrix} 0 & 0 & -a & 0 & a & 0 \\ 0 & a & 0 & -a & 0 & 0 \\ a & 0 & -a & -a & 0 & a \end{bmatrix} \begin{Bmatrix} u_3 \\ v_3 \\ u_5 \\ v_5 \\ u_6 \\ v_6 \end{Bmatrix} = \frac{P}{Ea} \begin{Bmatrix} 0 \\ -0.374 \\ -0.264 \end{Bmatrix}$$

$$\boldsymbol{\sigma}^{(4)} = \begin{Bmatrix} \sigma_x \\ \sigma_y \\ \tau_{xy} \end{Bmatrix} = E \begin{bmatrix} 1 & 0 & 0 \\ 0 & 1 & 0 \\ 0 & 0 & 0.5 \end{bmatrix} \begin{Bmatrix} \varepsilon_x \\ \varepsilon_y \\ \gamma_{xy} \end{Bmatrix} = \frac{P}{a} \begin{Bmatrix} 0 \\ -0.374 \\ -0.132 \end{Bmatrix}$$

6.3.2 轴对称问题的有限元法

轴对称问题是弹性力学空间问题的一个特殊情况。如果弹性体的几何形状、约束以及外载荷都对称于某一轴，则弹性体内各点所有的位移、应变及应力也都对称于此轴，这类问题称为轴对称问题。

轴对称结构体可以看成由任意一个纵向剖面绕着纵轴旋转一周而形成。此旋转轴即为对称轴，纵向剖面称为子午面，如图 32-6-9 表示一圆柱体的子午面被分割为若干个三角形单元，再经过绕对称轴旋转，圆柱体被离散成若干个三棱圆环单元，各单元之间用圆环形的铰链相连接。对于轴对称问题，采用圆柱坐标较为方便。以弹性体的对称轴为 z 轴，其约束及外载荷也都对称于 z 轴，因此弹性体内各点的各项应力分量、应变分量和位移分量都与环向坐标 θ 无关，只是径向坐标 r 和轴向坐标 z 的函数。轴对称三角形单元的节点力和位移如图 32-6-10 所示，单元的分析公式见表 32-6-9。

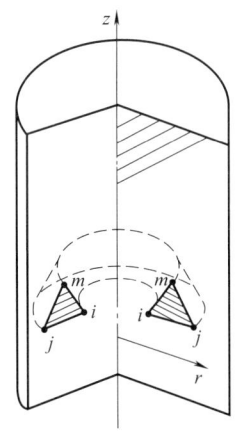

图 32-6-9 轴对称结构

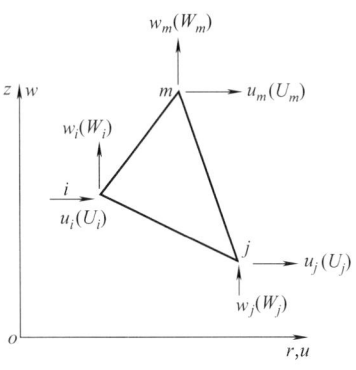

图 32-6-10 轴对称三角形单元

6.3.3 杆件系统的有限元法

杆件系统在机械工程中应用广泛，许多机器的机架都是由杆件构成的。杆件结构分析通过确定结构的位移、应力和应变等，为机械设计中的强度、刚度和稳定性等分析计算提供依据。

(1) 平面杆件系统

在同一平面内的若干杆件以焊接或铆接等方式连接起来的结构，若其所承受的载荷也在该平面内，则称此结构为平面杆件系统。

在平面杆件系统中，取节点为 i 和 j 之间的梁为梁单元，如图 32-6-11 所示。采用右手坐标系，使 x 轴与梁轴重合，而 y 轴和 z 轴为梁截面的主惯性轴方向。因为外载荷都在同一平面内，所以梁单元总是处于轴向拉压和平面弯曲的组合变形状态。在节点 i 和 j 上所受到的节点力为轴力、剪力和弯矩，即 N_i、Q_i、M_i 和 N_j、Q_j、M_j；与之相对应的节点位移分别为 u_i、v_i、θ_i 和 u_j、v_j、θ_j。单元的分析公式见表 32-6-10。

表 32-6-9　　　　　　　　　　　　　　轴对称问题单元分析公式

序号	类别	符号	公　式
1	节点力	$\boldsymbol{R}^e$	$\boldsymbol{R}^e = \begin{bmatrix} \boldsymbol{R}_i^{\mathrm{T}} & \boldsymbol{R}_j^{\mathrm{T}} & \boldsymbol{R}_m^{\mathrm{T}} \end{bmatrix}^{\mathrm{T}} = \begin{bmatrix} U_i & W_i & U_j & W_j & U_m & W_m \end{bmatrix}^{\mathrm{T}}$
2	节点位移	$\boldsymbol{\delta}^e$	$\boldsymbol{\delta}^e = \begin{bmatrix} \boldsymbol{\delta}_i & \boldsymbol{\delta}_j & \boldsymbol{\delta}_m \end{bmatrix}^{\mathrm{T}} = \begin{bmatrix} u_i & w_i & u_j & w_j & u_m & v_m \end{bmatrix}^{\mathrm{T}}$
3	位移模式		$w = \beta_4 + \beta_5 r + \beta_6 z$ $u = \beta_1 + \beta_2 r + \beta_3 z$
4	位移函数	u w	$u = N_i u_i + N_j u_j + N_m u_m$ $w = N_i w_i + N_j w_j + N_m w_m$ 其中： $N_i = \dfrac{a_i + b_i r + c_i z}{2A}$　$a_i = r_j y_m - r_m z_j$ $b_i = z_j - z_m$ $c_i = r_m - r_j$ $A = \dfrac{1}{2}\begin{bmatrix} 1 & r_i & z_i \\ 1 & r_j & z_j \\ 1 & r_m & z_m \end{bmatrix}$
5	应变	$\boldsymbol{\varepsilon}$	$\boldsymbol{\varepsilon} = \begin{bmatrix} \varepsilon_r & \varepsilon_\theta & \varepsilon_x & \gamma_{rz} \end{bmatrix}^{\mathrm{T}}$ $\boldsymbol{\varepsilon} = \boldsymbol{B}\boldsymbol{\delta}^e = \begin{bmatrix} \boldsymbol{B}_i & \boldsymbol{B}_j & \boldsymbol{B}_m \end{bmatrix}\boldsymbol{\delta}^e$ $\boldsymbol{B}_i = \begin{bmatrix} \dfrac{\partial N_i}{\partial r} & 0 \\ \dfrac{N_i}{r} & 0 \\ 0 & \dfrac{\partial N_i}{\partial z} \\ \dfrac{\partial N_i}{\partial z} & \dfrac{\partial N_i}{\partial r} \end{bmatrix} = \dfrac{1}{2A}\begin{bmatrix} b_i & 0 \\ h_i & 0 \\ 0 & c_i \\ c_i & b_i \end{bmatrix}$　$h_i = \dfrac{a_i}{r} + b_i + c_i \dfrac{z}{r}$　（i,j,m 轮换）
6	应力	$\boldsymbol{\sigma}$	$\boldsymbol{\sigma} = \begin{bmatrix} \sigma_r & \sigma_x & \sigma_\theta & \tau_{rz} \end{bmatrix}^{\mathrm{T}} = \boldsymbol{D}\boldsymbol{\varepsilon}$ $\boldsymbol{D} = \dfrac{E(1-\mu)}{(1+\mu)(1-2\mu)}\begin{bmatrix} 1 & \dfrac{\mu}{1-\mu} & \dfrac{\mu}{1-\mu} & 0 \\ & 1 & \dfrac{\mu}{1-\mu} & 0 \\ \text{对} & & 1 & 0 \\ & \text{称} & & \dfrac{1-2\mu}{2(1-\mu)} \end{bmatrix}$
7	单元刚度矩阵	$\boldsymbol{k}^e$	$\boldsymbol{k}^e = \begin{bmatrix} \boldsymbol{k}_{ii} & \boldsymbol{k}_{ij} & \boldsymbol{k}_{im} \\ \boldsymbol{k}_{ji} & \boldsymbol{k}_{jj} & \boldsymbol{k}_{jm} \\ \boldsymbol{k}_{mi} & \boldsymbol{k}_{mj} & \boldsymbol{k}_{mm} \end{bmatrix}$ $\boldsymbol{k}_{rs} = g_3 \begin{bmatrix} b_r b_s + h_r h_s + g_1(b_r h_s + h_r b_s) + g_2 c_r c_s & g_1(b_r c_s + h_r c_s) + g_2 c_r b_s \\ g_1(c_r b_s + c_r h_s) + g_2 b_r c_s & c_r c_s + g_2 b_r b_s \end{bmatrix}$ $(r,s = i,j,m)$ $g_1 = \dfrac{\mu}{1-\mu}$, $g_2 = \dfrac{1-2\mu}{2(1-\mu)}$, $g_3 = \dfrac{\pi E(1-\mu)r}{2(1+\mu)(1-2\mu)A}$

续表

序号	类别	符号	公　式
8	总体刚度矩阵	K	$$K = \begin{bmatrix} K_{11} & \cdots & K_{1i} & \cdots & K_{1j} & \cdots & K_{1m} & \cdots & K_{1n} \\ \vdots & & \vdots & & \vdots & & \vdots & & \vdots \\ K_{i1} & \cdots & K_{ii} & \cdots & K_{ij} & \cdots & K_{im} & \cdots & K_{in} \\ \vdots & & \vdots & & \vdots & & \vdots & & \vdots \\ K_{j1} & \cdots & K_{ji} & \cdots & K_{jj} & \cdots & K_{jm} & \cdots & K_{jn} \\ \vdots & & \vdots & & \vdots & & \vdots & & \vdots \\ K_{m1} & \cdots & K_{mi} & \cdots & K_{mj} & \cdots & K_{mm} & \cdots & K_{mn} \\ \vdots & & \vdots & & \vdots & & \vdots & & \vdots \\ K_{n1} & \cdots & K_{ni} & \cdots & K_{nj} & \cdots & K_{nm} & \cdots & K_{nn} \end{bmatrix}$$ $[K_{rs}]_{2\times 2} = \sum\limits^{N} [k_{rs}] \quad \begin{pmatrix} r=1,2,\cdots,n \\ s=1,2,\cdots,n \end{pmatrix}$
9	整体平衡方程		$K\boldsymbol{\delta} = R$ $\boldsymbol{\delta} = [u_1\ v_1\ u_2\ v_2\cdots u_{2n}\ v_{2n}]^\mathrm{T}$ $R = [X_1\ Y_1\ X_2\ Y_2\cdots X_{2n}\ Y_{2n}]^\mathrm{T}$
10	节点等效载荷	体积力	$\{P_i\}_q^e = \{P_j\}_q^e = \{P_m\}_q^e = 2\pi \begin{Bmatrix} q_r \\ q_z \end{Bmatrix} \dfrac{rA}{3}$
		惯性力	$\{P_i\}_q^e = \dfrac{\pi\gamma\omega^2 A}{15g}(9r + 2r_i^2 - r_j r_m) \quad (i,j,m\ \ i\neq j\neq m)$
		表面力 (ij 边 r 方向)	$\{P_i\}_p^e = \dfrac{\pi}{6}\dfrac{l_{ij}}{}[(3r_i + r_j)p_i^r + (r_i + r_j)p_j^r]$
备注	$N_i、N_j、N_m$ 为单元 e 的形状函数，简称形函数；A 为三角形单元 ijm 的面积；D 为弹性矩阵；R 为所有节点的节点力矢量；$q_r、q_z$ 为集中力 g 在 r 向和 z 向的分量；γ 为重度；ω 为角速度		

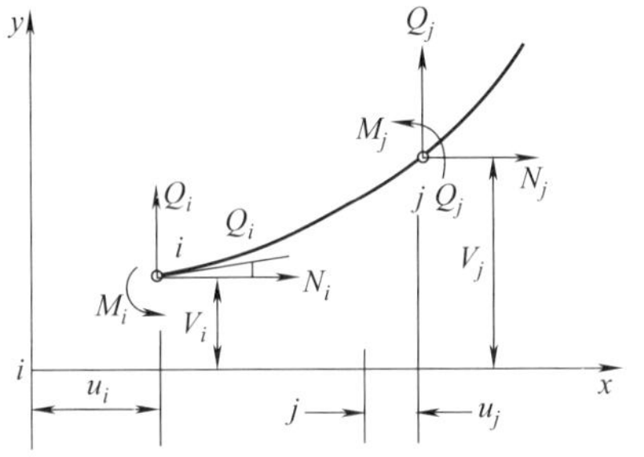

图 32-6-11　平面梁单元

表 32-6-10　　平面梁单元分析公式

序号	类别	符号	公　式
1	节点力	R^e	$R^e = [N_i\ \ Q_i\ \ M_i\ \ N_j\ \ Q_j\ \ M_j]^\mathrm{T}$
2	节点位移	$\boldsymbol{\delta}^e$	$\boldsymbol{\delta}^e = [\boldsymbol{\delta}_i^\mathrm{T}\ \ \boldsymbol{\delta}_j^\mathrm{T}]^\mathrm{T}\quad \boldsymbol{\delta}_i = [u_i\ \ v_i\ \ \theta_i]^\mathrm{T}\quad \boldsymbol{\delta}_j = [u_j\ \ v_j\ \ \theta_j]^\mathrm{T}$
3	位移模式		$u = a_0 + a_1 x$ $v = b_0 + b_1 x + b_2 x^2 + b_3 x^3$
4	位移函数	u v	$f = \begin{Bmatrix} u \\ v \end{Bmatrix} = \begin{bmatrix} H_u(x) \\ H_v(x) \end{bmatrix} A\boldsymbol{\delta}^e = N\boldsymbol{\delta}^e$ 其中： $H_u(x) = [1\ \ 0\ \ 0\ \ x\ \ 0\ \ 0]$ $H_v(x) = [0\ \ 1\ \ x\ \ 0\ \ x^2\ \ x^3]$ $A = \begin{bmatrix} 1 & 0 & 0 & 0 & 0 & 0 \\ 0 & 1 & 0 & 0 & 0 & 0 \\ 0 & 0 & 1 & 0 & 0 & 0 \\ -1/l & 0 & 0 & 1/l & 0 & 0 \\ 0 & -3/l^2 & -2/l & 0 & 3/l^2 & -1/l \\ 0 & 2/l^3 & 1/l^2 & 0 & -2/l^3 & 1/l^2 \end{bmatrix}$

续表

序号	类别	符号	公式
5	应变	$\boldsymbol{\varepsilon}$	$\boldsymbol{\varepsilon} = \begin{Bmatrix} \boldsymbol{\varepsilon}_0 \\ \boldsymbol{\varepsilon}_b \end{Bmatrix} = \begin{Bmatrix} \dfrac{du}{dx} \\ -y\dfrac{d^2 v}{dx^2} \end{Bmatrix} = \begin{bmatrix} \boldsymbol{H}'_u(x) \\ -y\boldsymbol{H}''_v(x) \end{bmatrix} A\boldsymbol{\delta}^e = \boldsymbol{B}\boldsymbol{\delta}^e$ $\boldsymbol{H}'_u(x) = \begin{bmatrix} 0 & 0 & 0 & 1 & 0 & 0 \end{bmatrix}$ $\boldsymbol{H}''_v(x) = \begin{bmatrix} 0 & 0 & 0 & 0 & 2 & 6x \end{bmatrix}$
6	应力	$\boldsymbol{\sigma}$	$\boldsymbol{\sigma} = \begin{Bmatrix} \boldsymbol{\sigma}_0 \\ \boldsymbol{\sigma}_b \end{Bmatrix} = E\boldsymbol{\varepsilon} = E\boldsymbol{B}\boldsymbol{\delta}^e$
7	单元刚度矩阵	$\boldsymbol{k}^e$	$\boldsymbol{k}^e = \begin{bmatrix} \dfrac{EA}{l} & & & & & 对 \\ 0 & \dfrac{12EI}{l^3} & & & & 称 \\ 0 & \dfrac{6EI}{l^2} & \dfrac{4EI}{l} & & & \\ -\dfrac{EA}{l} & 0 & 0 & \dfrac{EA}{l} & & \\ 0 & -\dfrac{12EI}{l^3} & -\dfrac{6EI}{l^2} & 0 & \dfrac{12EI}{l^3} & \\ 0 & \dfrac{6EI}{l^2} & \dfrac{2EI}{l} & 0 & -\dfrac{6EI}{l^2} & \dfrac{4EI}{l} \end{bmatrix}$
备注	\multicolumn{3}{l	}{l 为梁单元的长度；I 为梁截面的弯曲惯性矩；A 为梁截面面积}

(2) 空间杆件系统

若杆件系统、截面主轴或作用载荷不在同一平面内，则这类情况属于空间杆件系统问题。一般情况下，空间梁单元的每个节点的位移具有六个自由度，对应于六个节点力，如图 32-6-12 所示。单元的分析公式见表 32-6-11。

6.3.4 空间问题的有限元法

空间问题的有限元法，与平面问题和轴对称问题有限元法的原理和解题过程是类似的。即将空间结构

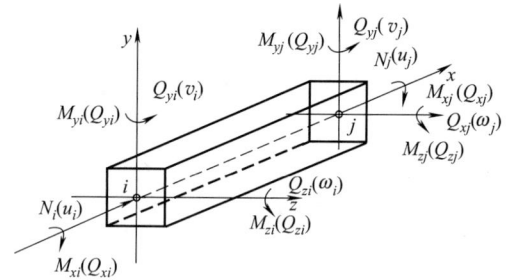

图 32-6-12 空间梁单元

表 32-6-11 空间梁单元分析公式

序号	类别	符号	公式
1	节点力	$\boldsymbol{F}^e$	$\boldsymbol{F}^e = \begin{bmatrix} \boldsymbol{F}_i^T & \boldsymbol{F}_j^T \end{bmatrix}^T$ $\boldsymbol{F}_i = \begin{bmatrix} N_i & Q_{yi} & Q_{zi} & M_{xi} & M_{yi} & M_{zi} \end{bmatrix}^T$ $\boldsymbol{F}_j = \begin{bmatrix} N_j & Q_{yj} & Q_{zj} & M_{xj} & M_{yj} & \theta_{zj} \end{bmatrix}^T$
2	节点位移	$\boldsymbol{\delta}^e$	$\boldsymbol{\delta}^e = \begin{bmatrix} \boldsymbol{\delta}_i^T & \boldsymbol{\delta}_j^T \end{bmatrix}^T$ $\boldsymbol{\delta}_i = \begin{bmatrix} u_i & v_i & w_i & \theta_{xi} & \theta_{yi} & \theta_{zi} \end{bmatrix}^T$ $\boldsymbol{\delta}_j = \begin{bmatrix} u_j & v_j & w_j & \theta_{xj} & \theta_{yj} & \theta_{zj} \end{bmatrix}^T$
3	位移模式		$u = a_0 + a_1 x$ $v = b_0 + b_1 x + b_2 x^2 + b_3 x^3$

续表

序号	类别	符号	公 式
4	位移函数	u v	$f = \begin{Bmatrix} u \\ v \end{Bmatrix} = \begin{bmatrix} \boldsymbol{H}_u(x) \\ \boldsymbol{H}_v(x) \end{bmatrix} \boldsymbol{A}\boldsymbol{\delta}^e = \boldsymbol{N}\boldsymbol{\delta}^e$ 其中： $\boldsymbol{H}_u(x) = \begin{bmatrix} 1 & 0 & 0 & x & 0 & 0 \end{bmatrix}$ $\boldsymbol{H}_v(x) = \begin{bmatrix} 0 & 1 & x & 0 & x^2 & x^3 \end{bmatrix}$ $\boldsymbol{A} = \begin{bmatrix} 1 & 0 & 0 & 0 & 0 & 0 \\ 0 & 1 & 0 & 0 & 0 & 0 \\ 0 & 0 & 1 & 0 & 0 & 0 \\ -1/l & 0 & 0 & 1/l & 0 & 0 \\ 0 & -3/l^2 & -2/l & 0 & 3/l^2 & -1/l \\ 0 & 2/l^3 & 1/l^2 & 0 & -2/l^3 & 1/l^2 \end{bmatrix}$
5	应变	$\boldsymbol{\varepsilon}$	$\boldsymbol{\varepsilon} = \begin{Bmatrix} \boldsymbol{\varepsilon}_0 \\ \boldsymbol{\varepsilon}_b \end{Bmatrix} = \begin{Bmatrix} \dfrac{\mathrm{d}u}{\mathrm{d}x} \\ -y\dfrac{\mathrm{d}^2 v}{\mathrm{d}x^2} \end{Bmatrix} = \begin{bmatrix} \boldsymbol{H}'_u(x) \\ -y\boldsymbol{H}''_v(x) \end{bmatrix} \boldsymbol{A}\boldsymbol{\delta}^e = \boldsymbol{B}\boldsymbol{\delta}^e$ $\boldsymbol{H}'_u(x) = \begin{bmatrix} 0 & 0 & 0 & 1 & 0 & 0 \end{bmatrix}$ $\boldsymbol{H}''_v(x) = \begin{bmatrix} 0 & 0 & 0 & 0 & 2 & 6x \end{bmatrix}$
6	应力	$\boldsymbol{\sigma}$	$\boldsymbol{\sigma} = \begin{Bmatrix} \boldsymbol{\sigma}_0 \\ \boldsymbol{\sigma}_b \end{Bmatrix} = E\boldsymbol{\varepsilon} = E\boldsymbol{B}\boldsymbol{\delta}^e$
7	单元刚度矩阵	$\boldsymbol{k}^e$	$k = \begin{bmatrix} \dfrac{EA}{l} & & & & & & & & & & & \\ 0 & \dfrac{12EI_z}{l^3(1+\Phi_y)} & & & & & & & & & & \\ 0 & 0 & \dfrac{12EI_y}{l^3(1+\Phi_z)} & & & & \text{对} & & & & & \\ 0 & 0 & 0 & \dfrac{GJ_k}{l} & & & & & & & & \\ 0 & 0 & -\dfrac{6EI_y}{l^2(1+\Phi_z)} & 0 & \dfrac{(4+\Phi_z)EI_y}{l(1+\Phi_z)} & & \text{称} & & & & & \\ 0 & \dfrac{6EI_z}{l^2(1+\Phi_y)} & 0 & 0 & 0 & \dfrac{(4+\Phi_y)EI_z}{l(1+\Phi_y)} & & & & & & \\ -\dfrac{EA}{l} & 0 & 0 & 0 & 0 & 0 & \dfrac{EA}{l} & & & & & \\ 0 & -\dfrac{12EI_z}{l^3(1+\Phi_y)} & 0 & 0 & 0 & -\dfrac{6EI_z}{l^2(1+\Phi_y)} & 0 & \dfrac{12EI_z}{l^3(1+\Phi_y)} & & & & \\ 0 & 0 & -\dfrac{12EI_y}{l^3(1+\Phi_z)} & 0 & \dfrac{6EI_y}{l^2(1+\Phi_z)} & 0 & 0 & 0 & \dfrac{12EI_y}{l^3(1+\Phi_z)} & & & \\ 0 & 0 & 0 & -\dfrac{GJ_k}{l} & 0 & 0 & 0 & 0 & 0 & \dfrac{GJ_k}{l} & & \\ 0 & 0 & -\dfrac{6EI_y}{l^2(1+\Phi_z)} & 0 & \dfrac{(2-\Phi_z)EI_y}{l(1+\Phi_z)} & 0 & 0 & 0 & \dfrac{6EI_y}{l^2(1+\Phi_z)} & 0 & \dfrac{(4+\Phi_z)EI_y}{l(1+\Phi_z)} & \\ 0 & \dfrac{6EI_z}{l^2(1+\Phi_y)} & 0 & 0 & 0 & \dfrac{(2-\Phi_y)EI_z}{l(1+\Phi_y)} & 0 & -\dfrac{6EI_z}{l^2(1+\Phi_y)} & 0 & 0 & 0 & \dfrac{(4+\Phi_y)EI_z}{l(1+\Phi_y)} \end{bmatrix}$ 其中：$\Phi_y = \dfrac{12EI_z}{GA_y l^2} \qquad \Phi_z = \dfrac{12EI_y}{GA_z l^2}$
备注	\multicolumn{3}{l}{l 为梁单元的长度；I_y、I_z 是对 y 和 z 轴的主惯性矩；J_k 是对 x 轴的扭转惯性矩；A_y、A_z 是梁截面沿 y 和 z 轴方向的有效抗剪面积；Φ_y、Φ_z 是对 y 和 z 轴方向的剪切影响系数}

划分为有限个单元，通过单元分析得到单元的刚度矩阵，采用刚度组集方法，形成整体刚度矩阵，再确定等效载荷列阵，从而得到整体刚度方程，经过约束条件处理并求解方程得到问题的解。本节以空间四面体单元为例，进行空间问题的有限元分析，其他空间问题求解步骤与之相同。

如图 32-6-13 所示的空间四面体单元，单元节点的编码为 i、j、m、n。每个节点的位移具有三个分量 u、v、w。单元分析公式见表 32-6-12。

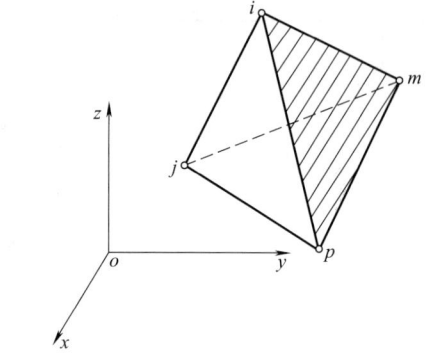

图 32-6-13　空间四面体单元

表 32-6-12　　　　　　空间四面体单元分析公式

序号	类别	符号	公式
1	节点力	F^e	$\boldsymbol{F}^e = [X_i\ Y_i\ Z_i\ X_j\ Y_j\ Z_j\ X_m\ Y_m\ Z_m\ X_n\ Y_n\ Z_n]^T$
2	节点位移	$\boldsymbol{\delta}^e$	$\boldsymbol{\delta}^e = \begin{Bmatrix}\boldsymbol{\delta}_i \\ \boldsymbol{\delta}_j \\ \boldsymbol{\delta}_m \\ \boldsymbol{\delta}_n\end{Bmatrix} = [u_i\ v_i\ w_i\ u_i\ v_i\ w_i\ u_i\ v_i\ w_i\ u_i\ v_i\ w_i]^T$
3	位移模式		$u = a_1 + a_2 x + a_3 y + a_4 z$ $v = a_5 + a_6 x + a_7 y + a_8 z$ $w = a_9 + a_{10} x + a_{11} y + a_{12} z$
4	位移函数	u v w	$\boldsymbol{u} = N_i u_i + N_j u_j + N_m u_m + N_n u_n$ $\boldsymbol{v} = N_i v_i + N_j v_j + N_m v_m + N_n v_n$ $\boldsymbol{w} = N_i w_i + N_j w_j + N_m w_m + N_n w_n$ 其中： $N_i = \dfrac{1}{6V}(a_i + b_i x + c_i y + d_i z)$ $N_j = -\dfrac{1}{6V}(a_j + b_j x + c_j y + d_j z)$ $N_m = \dfrac{1}{6V}(a_m + b_m x + c_m y + d_m z)$ $N_n = -\dfrac{1}{6V}(a_n + b_n x + c_n y + d_n z)$ $V = \dfrac{1}{6}\begin{vmatrix}1 & x_i & y_i & z_i \\ 1 & x_j & y_j & z_j \\ 1 & x_m & y_m & z_m \\ 1 & x_n & y_n & z_n\end{vmatrix}$ $a_i = \begin{vmatrix}x_j & y_j & z_j \\ x_m & y_m & z_m \\ x_n & y_n & z_n\end{vmatrix}\quad b_i = -\begin{vmatrix}1 & y_j & z_j \\ 1 & y_m & z_m \\ 1 & y_n & z_n\end{vmatrix}\quad (i,j,m,n\ 轮换)$ $c_i = -\begin{vmatrix}x_j & 1 & z_j \\ x_m & 1 & z_m \\ x_n & 1 & z_n\end{vmatrix}\quad d_i = -\begin{vmatrix}x_j & y_j & 1 \\ x_m & y_m & 1 \\ x_n & y_n & 1\end{vmatrix}$

续表

序号	类别	符号	公　式
5	应变	$\boldsymbol{\varepsilon}$	$\boldsymbol{\varepsilon} = \boldsymbol{B}\boldsymbol{\delta}^e = [\boldsymbol{B}_i \ -\boldsymbol{B}_j \ \boldsymbol{B}_m \ -\boldsymbol{B}_n]\boldsymbol{\delta}^e$ 其中 $\boldsymbol{B}_i = \begin{bmatrix} \dfrac{\partial N_i}{\partial x} & 0 & 0 \\ 0 & \dfrac{\partial N_i}{\partial y} & 0 \\ 0 & 0 & \dfrac{\partial N_i}{\partial z} \\ \dfrac{\partial N_i}{\partial y} & \dfrac{\partial N_i}{\partial x} & 0 \\ 0 & \dfrac{\partial N_i}{\partial z} & \dfrac{\partial N_i}{\partial y} \\ \dfrac{\partial N_i}{\partial z} & 0 & \dfrac{\partial N_i}{\partial x} \end{bmatrix} = \dfrac{1}{6V}\begin{bmatrix} b_i & 0 & 0 \\ 0 & c_i & 0 \\ 0 & 0 & d_i \\ c_i & b_i & 0 \\ 0 & d_i & c_i \\ d_i & 0 & b_i \end{bmatrix}$ $(i,j,m,n$ 轮换$)$
6	应力	$\boldsymbol{\sigma}$	$\boldsymbol{\sigma} = \boldsymbol{D}\boldsymbol{\varepsilon} = \boldsymbol{D}\boldsymbol{B}\boldsymbol{\delta}^e = \boldsymbol{S}\boldsymbol{\delta}^e = [\boldsymbol{S}_j \ -\boldsymbol{S}_j \ \boldsymbol{S}_m \ -\boldsymbol{S}_n]\boldsymbol{\delta}^e$ $[\boldsymbol{S}_i] = \boldsymbol{D}\boldsymbol{B}_i = \dfrac{6A_3}{V}\begin{bmatrix} b_i & A_1 c_i & A_1 d_i \\ A_1 b_i & c_i & A_1 d_i \\ A_1 b_i & A_1 c_i & d_i \\ A_2 c_i & A_2 b_i & 0 \\ 0 & A_2 d_i & A_2 c_i \\ A_2 d_i & 0 & A_2 b_i \end{bmatrix}$ $(i,j,m,n$ 轮换$)$ 其中： $A_1 = \dfrac{\mu}{1-\mu} \quad A_2 = \dfrac{1-2\mu}{2(1-\mu)} \quad A_3 = \dfrac{E(1-\mu)}{36(1+\mu)(1-2\mu)}$
7	单元刚度矩阵	$\boldsymbol{k}^e$	$[\boldsymbol{k}]^e = \begin{bmatrix} k_{ii} & -k_{ij} & k_{im} & -k_{in} \\ -k_{ji} & k_{jj} & -k_{jm} & k_{jn} \\ k_{mi} & -k_{mj} & k_{mm} & -k_{mn} \\ -k_{ni} & k_{nj} & -k_{nm} & k_{nn} \end{bmatrix}$ $[k_{rs}] = \boldsymbol{B}_r^{\mathrm{T}} \boldsymbol{D} \boldsymbol{B}_s V$ $= \dfrac{A_3}{V}\begin{bmatrix} b_r b_s + A_2(c_r c_s + d_r d_s) & A_1 b_r c_s + A_2 c_r b_s & A_1 b_r b_s + A_2 d_r d_s \\ A_1 c_r b_s + A_2 b_r c_s & c_r c_s + A_2(d_r d_s + b_r b_s) & A_1 c_r d_s + A_2 d_r c_s \\ A_1 d_r b_s + A_2 b_r d_s & A_1 d_r c_s + A_2 c_r d_s & d_r d_s + A_2(b_r b_s + c_r c_s) \end{bmatrix}$ $(r,s=i,j,m,n)$
备注			N_i、N_j、N_m、N_n 为单元的形状函数，简称形函数；$\boldsymbol{D}$ 为弹性矩阵；$\boldsymbol{B}$ 为单元应变矩阵；$\boldsymbol{S}$ 为应力矩阵；V 为四面体的体积

6.3.5　等参数单元

三角形单元和四面体单元，其边界都是直线和平面，对于结构复杂的曲边和曲面外形，只能通过减小单元尺寸、增加单元数量进行逐渐逼近。这样，自由度的数目随之增加，计算时间长，工作量大。另外，这些单元的位移模式是线性模式，是实际位移模式的最低级逼近形式，问题的求解精度受到限制。

为了克服以上缺点，人们试图找出这样一种单元：一方面，单元能很好地适应曲线边界和曲面边界，准确地模拟结构形状；另一方面，这种单元要具有较高次的位移模式，能更好地反映结构的复杂应力分布情况,即使单元网格划分比较稀疏,也可以得到比较好的计算精度。等参单元具备以上两条优点。

等参单元的基本思想是:首先导出关于局部坐标系的规整形状的单元(母单元)的高阶位移模式的形函数,然后利用形函数进行坐标变换,得到关于整体坐标系的复杂形状的单元(子单元),如果子单元的位移函数插值节点数与其位置坐标变换节点数相等,其位移函数插值公式与位置坐标变换式都用相同的形函数与节点参数进行插值,则称其为等参数单元(也叫等参单元)。

(1) 一维等参单元

采用局部坐标 ξ,$-1 \leqslant \xi \leqslant 1$,单元为直线段,如图 32-6-14 所示,具体形式如下:

1) 线性单元(2 节点)

$$N_1 = \frac{1-\xi}{2} \qquad N_2 = \frac{1+\xi}{2} \qquad (32\text{-}6\text{-}13)$$

2) 二次单元(3 节点)

$$N_1 = -\frac{(1-\xi)\xi}{2} \qquad N_2 = \frac{(1+\xi)\xi}{2} \qquad N_3 = 1-\xi^2$$

$$(32\text{-}6\text{-}14)$$

3) 三次单元(4 节点)

$$N_1 = \frac{(1-\xi)(9\xi^2-1)}{16} \qquad N_2 = \frac{(1+\xi)(9\xi^2-1)}{16}$$

$$N_3 = \frac{9(1-\xi^2)(1-3\xi)}{16} \qquad N_4 = \frac{9(1-\xi)(1+\xi)}{16}$$

$$(32\text{-}6\text{-}15)$$

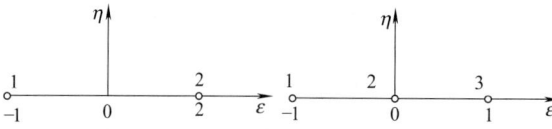

(a) 线性单元   (b) 二次单元

(c) 三次单元

图 32-6-14 一维母单元

一维形函数可统一写成如下形式:

$$N_i^n = \frac{(\xi-\xi_1)(\xi-\xi_2)\cdots(\xi-\xi_{i-1})(\xi-\xi_{i+1})\cdots(\xi-\xi_n)}{(\xi_i-\xi_1)(\xi_i-\xi_2)\cdots(\xi_i-\xi_{i-1})(\xi_i-\xi_{i+1})\cdots(\xi_i-\xi_n)}$$

$$(32\text{-}6\text{-}16)$$

(2) 二维等参单元

二维母单元是平面中的 2×2 正方形,坐标原点在单位形心上,单元边界是四条直线:$\xi = \pm 1$,$\eta = \pm 1$。为保证用形函数定义的未知量在相邻单元之间的连续性,单元节点数目应与形函数阶次相适应。因此,对于线性、二次和三次形函数,单元每边的节点数分别为两个、三个和四个。除四个角点外,其他节点位于各边的二分点或三分点上。如图 32-6-15 所示,具体形式如下:

1) 线性单元(4 节点)

$$N_1 = \frac{(1-\xi)(1-\eta)}{4} \qquad N_2 = \frac{(1+\xi)(1-\eta)}{4}$$

$$N_3 = \frac{(1-\xi)(1+\eta)}{4} \qquad N_4 = \frac{(1+\xi)(1+\eta)}{4}$$

$$(32\text{-}6\text{-}17)$$

2) 二次单元(8 节点)

$$N_i = \frac{1}{4}(1+\xi_0)(1+\eta_0)(\xi_0+\eta_0-1)$$

$$(i=1,2,3,4)$$

$$N_i = \frac{1}{2}(1-\xi^2)(1+\eta_0) \qquad (i=5,7)$$

$$N_i = \frac{1}{2}(1-\eta^2)(1+\xi_0) \qquad (i=6,8)$$

$$(32\text{-}6\text{-}18)$$

3) 三次单元(12 节点)

角点:

$$N_i = \frac{1}{32}(1+\xi_0)(1+\eta_0)[9(\xi^2+\eta^2)-10]$$

$$(i=1,2,3,4) \qquad (32\text{-}6\text{-}19)$$

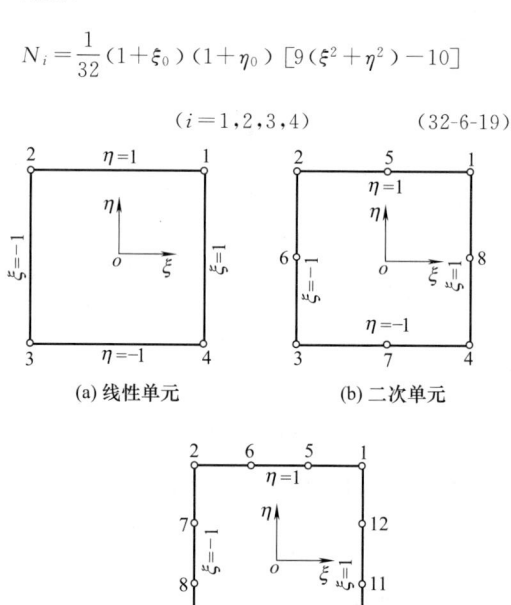

(a) 线性单元   (b) 二次单元

(c) 三次单元

图 32-6-15 二维母单元

边三分点：
$$N_i = \frac{9}{32}(1+\xi_0)(1-\eta^2)(1+9\eta_0) \quad (i=5,6,7,8)$$
(32-6-20)
$$N_i = \frac{9}{32}(1+\eta_0)(1-\xi^2)(1+9\xi_0) \quad (i=9,10,11,12)$$
(32-6-21)

在整体坐标系中，子单元内任一点的坐标用形函数表示如下：
$$x = \sum N_i(\xi,\eta)x_i$$
$$= N_1(\xi,\eta)x_1 + N_2(\xi,\eta)x_2 + \cdots$$
$$y = \sum N_i(\xi,\eta)y_i$$
$$= N_1(\xi,\eta)y_1 + N_2(\xi,\eta)y_2 + \cdots$$
(32-6-22)

（3）三维等参单元

三维母单元是坐标系中的 $2\times2\times2$ 正六面体，坐标 $-1\leqslant\xi\leqslant+1$，$-1\leqslant\eta\leqslant+1$，$-1\leqslant\zeta\leqslant+1$，原点在单元形心上，单元边界是六个平面。单元节点在角点及各边的等分点上，如图 32-6-16 所示，具体形式如下：

1）线性单元（8 节点）
$$N_i = \frac{1}{8}(1+\xi_0)(1+\eta_0)(1+\zeta_0) \quad (32\text{-}6\text{-}23)$$

2）二次单元（20 节点）

角点：
$$N_i = \frac{1}{8}(1+\xi_0)(1+\eta_0)(1+\zeta_0)(\xi_0+\eta_0+\zeta_0-2)$$
(32-6-24)

典型边中点：
$$\xi_i = 0, \quad \eta_i = \pm 1, \quad \zeta_i = \pm 1;$$
$$N_i = \frac{1}{4}(1-\xi^2)(1+\eta_0)(1+\zeta_0) \quad (32\text{-}6\text{-}25)$$

3）三次单元（32 节点）

角点：
$$N_i = \frac{1}{64}(1+\xi_0)(1+\eta_0)(1+\zeta_0)$$
$$[9(\xi^2+\eta^2+\zeta^2)-19] \quad (32\text{-}6\text{-}26)$$

典型边中点：
$$\xi_i = \pm\frac{1}{3}, \eta_i = \pm 1, \zeta_i = \pm 1$$
$$N_i = \frac{9}{64}(1-\xi^2)(1+9\xi_0)(1+\eta_0)(1+\zeta_0)$$
(32-6-27)

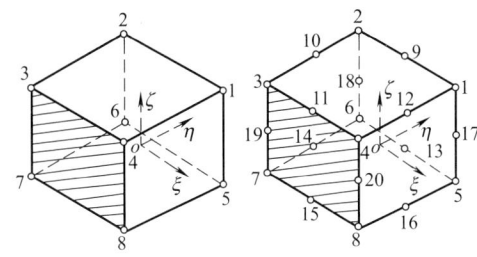

(a) 线性单元(8节点)　　(b) 二次单元(20节点)

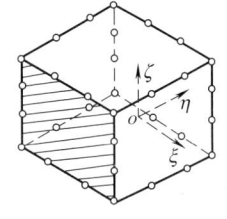

(c) 三次单元(32节点)

图 32-6-16　三维母单元

空间坐标变换公式如下：
$$x = \sum N_i(\xi,\eta,\zeta)x_i$$
$$= N_1(\xi,\eta,\zeta)x_1 + N_2(\xi,\eta,\zeta)x_2 + \cdots$$
$$y = \sum N_i(\xi,\eta,\zeta)y_i$$
$$= N_1(\xi,\eta,\zeta)y_1 + N_2(\xi,\eta,\zeta)y_2 + \cdots$$
$$z = \sum N_i(\xi,\eta,\zeta)z_i$$
$$= N_1(\xi,\eta,\zeta)z_1 + N_2(\xi,\eta,\zeta)z_2 + \cdots$$
(32-6-28)

（4）等参数单元用于弹性力学分析的一般格式

等参数单元通常以位移为基本未知量，广义坐标有限元法的一般格式对等参数单元同样适用，由于等参数单元的形函数是使用自然坐标给出的，等参数单元的一切计算都是在自然坐标系中规则的母单元内进行的，因此需要作坐标变换对广义坐标有限元法的一般格式加以修正得到等参数单元的一般格式。

1）母单元为 ξ，η，ζ 坐标系的立方体单元系列

自然坐标有：
$$1\leqslant\xi\leqslant+1, \quad -1\leqslant\eta\leqslant+1, \quad -1\leqslant\zeta\leqslant+1$$

单元矩阵计算时，单元刚度矩阵和节点载荷列矩阵的表达式变为如下形式：

单元刚度矩阵：
$$\boldsymbol{k}^e = \iiint [B_i]^T[D][B_j]\mathrm{d}x\mathrm{d}y\mathrm{d}z$$
$$= \int_{-1}^{1}\int_{-1}^{1}\int_{-1}^{1}[B_i]^T[D][B_j][J]\mathrm{d}\xi\mathrm{d}\eta\mathrm{d}\zeta$$
(32-6-29)

分布体积力的单元等效节点载荷：

$$R^e = \int_{-1}^{1}\int_{-1}^{1}\int_{-1}^{1} N^{\mathrm{T}} \boldsymbol{p} t J \mathrm{d}\xi \mathrm{d}\eta \mathrm{d}\zeta \quad (32\text{-}6\text{-}30)$$

分布面力的单元等效节点载荷：

$$\overline{R}^e = \int_{-1}^{1}\int_{-1}^{1} N^{\mathrm{T}}_{\xi=1} \overline{P} t J_{\xi=1} \mathrm{d}\eta \mathrm{d}\zeta \quad (32\text{-}6\text{-}31)$$

集中载荷：

$$R^e = N^{\mathrm{T}}_{(\xi_0,\eta_0,\zeta_0)} P \quad (32\text{-}6\text{-}32)$$

初应变与初应力单元等效节点载荷：

$$R^e_\varepsilon = \int_{-1}^{1}\int_{-1}^{1}\int_{-1}^{1} B^{\mathrm{T}} D\varepsilon J \mathrm{d}\xi \mathrm{d}\eta \mathrm{d}\zeta$$

$$R^e_\sigma = \int_{-1}^{1}\int_{-1}^{1}\int_{-1}^{1} B^{\mathrm{T}} \sigma J \mathrm{d}\xi \mathrm{d}\eta \mathrm{d}\zeta \quad (32\text{-}6\text{-}33)$$

其中 J 为三维雅可比矩阵，其表达式为：

$$J = \begin{bmatrix} \dfrac{\partial x}{\partial \xi} & \dfrac{\partial y}{\partial \xi} & \dfrac{\partial z}{\partial \xi} \\ \dfrac{\partial x}{\partial \eta} & \dfrac{\partial y}{\partial \eta} & \dfrac{\partial z}{\partial \eta} \\ \dfrac{\partial x}{\partial \zeta} & \dfrac{\partial y}{\partial \zeta} & \dfrac{\partial z}{\partial \zeta} \end{bmatrix} \quad (32\text{-}6\text{-}34)$$

2) 二维和一维问题　对于二维和一维问题只需要将以上各公式退化就可以得到母单元为正方形和三角形系列的二维等参元以及直线系列的一维等参元的相应公式。

(5) 高斯积分

计算复杂的定积分，通常采用数值积分法。在有限元分析中常用的一种数值积分方法是高斯积分法。

所谓数值积分是把定积分问题近似地化为加权求和问题，就是在积分区间选定某些点（称为积分点），求出积分点处的函数值，然后再乘上与这些积分点相对应的求积系数（又称加权系数），再求和，所得的结果被认为是被积函数的近似积分值。对于一维定积分问题，求积方法可表达如下：

$$\int_{-1}^{1} f(\xi)\mathrm{d}\xi \approx \sum_{i=1}^{n} H_i f(\xi_i) \quad (32\text{-}6\text{-}35)$$

式中　n——积分点的个数，是积分点 i 的坐标；
　　　H_i——加权系数。

高斯积分仍然采用上述格式，其中积分点坐标 ξ_i 及其对应的加权系数 H_i 如表 32-6-13 所示。

逐次利用一维高斯求积公式可以构造出二维和三维高斯求积公式：

$$\int_{-1}^{1}\int_{-1}^{1} f(\xi,\eta)\mathrm{d}\xi \mathrm{d}\eta \approx \sum_{i=1}^{n}\sum_{j=1}^{m} H_i H_j f(\xi_i,\eta_j)$$

$$\int_{-1}^{1}\int_{-1}^{1}\int_{-1}^{1} f(\xi,\eta,\zeta)\mathrm{d}\xi \mathrm{d}\eta \mathrm{d}\zeta \approx$$

$$\sum_{i=1}^{n}\sum_{j=1}^{m}\sum_{k=1}^{l} H_i H_j H_k f(\xi_i,\eta_j,\zeta_k) \quad (32\text{-}6\text{-}36)$$

表 32-6-13　高斯积分法中的 ξ_i 和 H_i

积分点数 n	积分点坐标 ξ_i	加权系数 H_i
2	±0.5773503	1.0000000
3	0.0000000	0.8888889
	±0.7745967	0.5555556
4	±0.8611363	0.3478548
	±0.3399810	0.6521452
5	0.0000000	0.5688889
	±0.9061798	0.2369269
	±0.5384693	0.4786287

高斯积分的阶数 n，通常根据等参单元的维数和节点数来选取。对于平面和空间等参单元，可按表 32-6-14 选取。

表 32-6-14　高斯积分的阶数 n 的选取

维　数	4 节点	8 节点	20 节点
二维	2	3	—
三维	—	2	3

6.3.6　板壳问题的有限元法

6.3.6.1　平板弯曲问题的有限元法

(1) 基本概念和假设

在弹性力学里，把两个平行面和垂直于这两个平行面的柱面或棱柱面所围成的物体称为平板，简称为板，如图 32-6-17 所示。两个板面之间的距离 t 称为板的厚度，而平分厚度 t 的平面称为板的中间平面，简称中面。如果板的厚度 t 远小于中面的最小尺寸 b（如小于 $b/8 \sim b/5$），该板就称为薄板，否则就称为厚板。

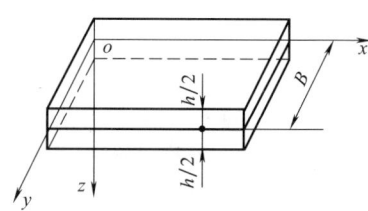

图 32-6-17　平板结构

对于薄板，通过一些计算假定已建立了一套完整的理论，可用于计算工程上的问题。但对于厚板，还没有便于解决工程问题的可行计算方案。

当薄板受有一般载荷时，总可将载荷分解为两个分量，一个是作用在薄板的中面之内的所谓纵向载荷；另一个是垂直于中面的所谓横向载荷。对于纵向载荷，可以认为它们沿厚度方向均匀分布，因而它们所引起的应力、应变和位移，都可以按平面应力问题进行计算。而横向载荷将使薄板产生弯曲，所引起的应力、应变和位移可以按薄板弯曲问题进行计算。

在薄板弯曲时，中面所弯成的曲面称为薄板的弹性曲面，而中面内各点在垂直于中面方向的位移称为挠度。线弹性薄板理论只讨论所谓的小挠度弯曲的情况。即，薄板虽然很薄，但仍然具有相当的弯曲刚度，因而它的挠度远小于它的厚度。如果薄板的弯曲刚度很小，以至于其挠度与厚度属于同阶大小，则必须建立所谓的大挠度弯曲理论（大变形理论）。

薄板的小挠度弯曲理论，是以三个计算假定为基础的（事实上这些假定已被大量的实验所证实）。取薄板的中面为 xy，这些假定可陈述如下：

① 垂直于中面方向的正应变（即应变分量 ε_z）极其微小，可以忽略不计。取 $\varepsilon_z=0$，则由几何方程第三式得 $\partial w/\partial z=0$，故有 $w=w(x,y)$。

② 应力分量 τ_{zx}、τ_{zy} 和 σ_z 远小于其余三个应力分量，因而是次要的，由它们所引起的应变可以忽略不计（但它们本身却是维持平衡所必需的，不能不计）。

③ 薄板中面内的各点都没有平行于中面的位移，即中面的任意一部分，虽然弯曲成为弹性曲面的一部分，但它在 xy 面上的投影形状却保持不变。

(2) 矩形板单元

矩形板单元的四条边分别平行于 x 轴和 y 轴，每个节点 3 个自由度：挠度 w、绕 x 轴和 y 轴转角 θ_x、θ_y，其有限元分析公式见表 32-6-15。

表 32-6-15　　　　矩形板单元有限元分析公式

序号	类别	符号	公　　式
1	节点力	F^e	$F^e = [W_1 \ M_{\theta x1} \ M_{\theta y1} \ W_2 \ M_{\theta x2} \ M_{\theta y2} \ W_3 \ M_{\theta x3} \ M_{\theta y3} \ W_4 \ M_{\theta x4} \ M_{\theta y4}]^T$
2	节点位移	$\boldsymbol{\delta}^e$	$\boldsymbol{\delta}^e = [w_1 \ \theta_{x1} \ \theta_{y1} \ w_2 \ \theta_{x2} \ \theta_{y2} \ w_3 \ \theta_{x3} \ \theta_{y3} \ w_4 \ \theta_{x4} \ \theta_{y4}]^T$
3	位移函数	w	$w = a_1 + a_2\xi + a_3\eta + a_4\xi^2 + a_5\xi\eta + a_6\eta^2 + a_7\xi^3 + a_8\xi^2\eta + a_9\xi\eta^2 + a_{10}\eta^3 + a_{11}\xi^3\eta + a_{12}\xi\eta^3$ $w = \sum_{i=1}^{4}(N_i w_i + N_{xi}\theta_{xi} + N_{yi}\theta_{yi}) = \sum_{i=1}^{4}[N]_i \boldsymbol{\delta}_i$ $[N]_i = [N_i \ N_{xi} \ N_{yi}]^T$ $N_i = (1+\xi_0)(1+\eta_0)(2+\xi_0+\eta_0-\xi^2-\eta^2)/8$ $N_{xi} = -b\eta_i(1+\xi_0)(1+\eta_0)(1-\eta^2)/8$ $N_{yi} = a\xi_i(1+\xi_0)(1+\eta_0)(1-\xi^2)/8$ 式中 $\xi_0 = \xi_i\xi, \eta_0 = \eta_i\eta$
4	应变	$\boldsymbol{\varepsilon}$	$\boldsymbol{\varepsilon} = \begin{Bmatrix} \varepsilon_x \\ \varepsilon_y \\ \gamma_{xy} \end{Bmatrix} = \begin{Bmatrix} \dfrac{\partial u}{\partial x} \\ \dfrac{\partial v}{\partial y} \\ \dfrac{\partial u}{\partial y} + \dfrac{\partial v}{\partial x} \end{Bmatrix} = -z \begin{Bmatrix} \dfrac{\partial^2 w}{\partial x^2} \\ \dfrac{\partial^2 w}{\partial y^2} \\ 2\dfrac{\partial^2 w}{\partial x \partial y} \end{Bmatrix}$
5	应力	$\boldsymbol{\sigma}$	$\boldsymbol{\sigma} = \begin{Bmatrix} \sigma_x \\ \sigma_y \\ \tau_{xy} \end{Bmatrix} = \boldsymbol{D}\boldsymbol{\varepsilon} = -z\boldsymbol{D} \begin{Bmatrix} \dfrac{\partial^2 w}{\partial x^2} \\ \dfrac{\partial^2 w}{\partial y^2} \\ 2\dfrac{\partial^2 w}{\partial x \partial y} \end{Bmatrix}$
6	内力矩	$\boldsymbol{M}$	$\boldsymbol{M} = \begin{Bmatrix} M_x \\ M_y \\ M_{xy} \end{Bmatrix} = \int_{-h/2}^{h/2} z\boldsymbol{\sigma}\,\mathrm{d}z = -\dfrac{h^3}{12}\boldsymbol{D} \begin{Bmatrix} \dfrac{\partial^2 w}{\partial x^2} \\ \dfrac{\partial^2 w}{\partial y^2} \\ 2\dfrac{\partial^2 w}{\partial x \partial y} \end{Bmatrix}$

序号	类别	符号	公 式
7	单元刚度矩阵	k^e	$$k^e = \begin{bmatrix} k_{11} & k_{12} & k_{13} & k_{14} \\ k_{21} & k_{22} & k_{23} & k_{24} \\ k_{31} & k_{32} & k_{33} & k_{34} \\ k_{41} & k_{42} & k_{43} & k_{44} \end{bmatrix}$$ 其中子矩阵为：$$k_{ij} = \iiint [B_i]^T [D] [B_j] \mathrm{d}x\mathrm{d}y\mathrm{d}z = \int_{-h/2}^{h/2}\int_{-1}^{1}\int_{-1}^{1} [B_i]^T [D] [B_j] ab\mathrm{d}\xi\mathrm{d}\eta$$ $$= \frac{D}{ab}\int_{-1}^{1}\int_{-1}^{1}\left(\frac{b^2}{a^2}[N]_{i,\xi\xi}^T[N]_{j,\xi\xi} + \mu[N]_{i,\xi\xi}^T[N]_{j,\eta\eta} + \mu[N]_{i,\eta\eta}^T[N]_{j,\xi\xi}\right.$$ $$\left. + \frac{b^2}{a^2}[N]_{i,\eta\eta}^T[N]_{j,\eta\eta} + 2(1-\mu)[N]_{i,\xi\eta}^T[N]_{j,\xi\eta}\right)\mathrm{d}\xi\mathrm{d}\eta$$ 式中 $$D = \frac{Eh^3}{12(1-\mu^2)}$$
8	等效节点力	Q_i^e	当平板单元受有分布横向载荷 q 时，其相应的等效节点力为 $$Q_i^e = \left\{\begin{array}{c}\overline{W_i}\\ \overline{M_{\theta xi}}\\ \overline{M_{\theta yi}}\end{array}\right\} = \int_{-1}^{1}\int_{-1}^{1} q([N]_i)^T ab\mathrm{d}\xi\mathrm{d}\eta \ (i=1,2,3,4)$$ 若 $q = q_0$ 为常量时，有 $$\overline{W_i} = q_0 ab, \overline{M_{\theta xi}} = -\frac{q_0 ab^2}{3}\eta_i, \overline{M_{\theta yi}} = \frac{q_0 a^2 b}{3}\xi_i \ (i=1,2,3,4)$$
备注			N_1、N_2、N_3、N_4 为单元的形状函数，简称形函数；D 为平板的弹性矩阵，与平面应力中的弹性矩阵完全相同；a、b 为矩形板单元的边长；ξ、η 为矩形板单元的局部坐标，以矩形中心为原点

6.3.6.2 壳体弯曲问题

对于两个曲面所限定的物体，如果曲面之间的距离比物体的其他尺寸小，就称之为壳体。并且这两个曲面就称为壳面。距两壳面等远的点所形成的曲面，称为中间曲面，简称为中面。中面的法线被两壳面截断的长度，称为壳体的厚度。对于非闭合曲面（开敞壳体），一般都假定其边缘（壳边）总是由垂直于中面的直线所构成的直纹曲面。实质上，壳体是从平板演变而来的，在分析壳体的应力时，平板理论中的基本假定同样有效。但因为壳体的变形与平板变形相比有很大的不同，它除了弯曲变形外还存在着中面变形，所以壳体中的内力包括有弯曲内力和中面内力。

在壳体理论中，有以下几个计算假定：

① 垂直于中面方向的正应变极其微小，可以不计；

② 中面的法线总保持为直线，且中面法线及其垂直线段之间的直角也保持不变，即这两方向的剪应变为零；

③ 与中面平行的截面上的正应力（即挤压应力），远小于其垂直面上的正应力，因而它对变形的影响可以不计；

④ 体力及面力均可化为作用在中面的载荷。

如果壳体的厚度 h 远小于壳体中面的最小曲率半径 R，则比值 h/R 将是很小的一个数值，这种壳体就称为薄壳。反之，即为厚壳。对于薄壳，可以在壳体的基本方程和边界条件中略去某些很小的量（一般是随着比值 h/R 的减小而减小的量），从而使得这些基本方程在边界条件下可以求得一些近似的、工程上足够精确的解答。对于厚壳，与厚板类似，尚无完善可行的计算方法，一般只能作为空间问题来处理。

使用有限单元法分析壳体结构时，大多采用平面单元。平面单元尽管存在几何上的离散误差，但却简单而有效。

壳体载荷可以分解为两组，一组是作用在平面内，另一组则是垂直作用于平面。前一组可用平面问题中的计算方法，后一组可用平板弯曲问题中的计算方法。壳体平面单元在局部坐标系中，每个节点都有五个广义节点位移和对应的节点力，即

$$\{\delta'_i\} = [u'_i \quad v'_i \quad w'_i \quad \theta'_{xi} \quad \theta'_{yi}]^T$$

$$\{F'_i\} = [U'_i \quad V'_i \quad W'_i \quad M'_{\theta xi} \quad M'_{\theta yi}]^T$$

(32-6-37)

由于在整体坐标系中，节点位移和节点力分别具有六个分量。为了在进行坐标变换后，不影响对整体坐标系下的各特征量的计算，可将局部坐标系下的节点位移和节点力分量扩展为六个，即

$$\{\delta'_i\} = [u'_i \quad v'_i \quad w'_i \quad \theta'_{xi} \quad \theta'_{yi} \quad \theta'_{zi}]^T$$

$$\{F'_i\} = [U'_i \quad V'_i \quad W'_i \quad M'_{\theta xi} \quad M'_{\theta yi} \quad M'_{\theta zi}]^T$$

(32-6-38)

式中，θ'_{zi} 与 $M'_{\theta xi}$ 总是等于零。

局部坐标系下的单元刚度矩阵 k' 为：

$$k'_{rs} = \begin{bmatrix} k'^p_{rs} & 0 & 0 & 0 & 0 \\ & 0 & 0 & 0 & 0 \\ 0 & 0 & & & \\ 0 & 0 & k'^b_{rs} & & 0 \\ 0 & 0 & & & 0 \\ 0 & 0 & 0 & 0 & 0 \end{bmatrix}$$

(32-6-39)

式中的两个子矩阵分别对应于平面应力问题和平板弯曲问题的子矩阵，是 2×2 和 3×3 阶矩阵；$n=3$ 是对应于三角形单元；$n=4$ 是对应于四边形单元。

通过坐标变换矩阵可以得到整体坐标系下的单元刚度矩阵，即

$$k_{ij} = \lambda k'_{ij} \lambda^T \quad (32\text{-}6\text{-}40)$$

壳体中的应力分量可通过简单的迭加方法求得，即

$$\sigma_x = \sigma^p_x + \sigma^b_x$$
$$\sigma_y = \sigma^p_y + \sigma^b_y$$
$$\tau_{xy} = \tau^p_{xy} + \tau^b_{xy} \quad (32\text{-}6\text{-}41)$$

6.3.7 稳态热传导问题的有限元法

(1) 热传导方程与换热边界

在分析工程问题时，经常要了解工件内部的温度分布情况，例如发动机的工作温度、金属工件在热处理过程中的温度变化、流体温度分布等。物体内部的温度分布取决于物体内部的热量交换，以及物体与外部介质之间的热量交换，一般认为是与时间相关的。物体内部的热交换采用以下的热传导方程（Fourier 方程）来描述：

$$\rho c \frac{\partial T}{\partial t} = \frac{\partial}{\partial x}\left(\lambda_x \frac{\partial T}{\partial x}\right) + \frac{\partial}{\partial y}\left(\lambda_y \frac{\partial T}{\partial y}\right) + \frac{\partial}{\partial z}\left(\lambda_z \frac{\partial T}{\partial z}\right) + \overline{Q}$$

(32-6-42)

式中 ρ ——密度，kg/m^3；
  c ——比热容，$J/(kg\cdot K)$；
$\lambda_x, \lambda_y, \lambda_z$ ——热导率，$W/(m\cdot K)$；
  T ——温度，℃；
  t ——时间，s；
  $\overline{Q}$ ——内热源密度，W/m^3。

对于各向同性材料，不同方向上的热导率相同，热传导方程可写为以下形式：

$$\rho c \frac{\partial T}{\partial t} = \lambda \frac{\partial^2 T}{\partial x^2} + \lambda \frac{\partial^2 T}{\partial y^2} + \lambda \frac{\partial^2 T}{\partial z^2} + \overline{Q}$$

(32-6-43)

除了热传导方程，计算物体内部的温度分布还需要指定初始条件和边界条件。初始条件是指物体最初的温度分布情况：

$$T|_{t=0} = T_0(x,y,z) \quad (32\text{-}6\text{-}44)$$

边界条件是指物体外表面与周围环境的热交换情况。在传热学中一般把边界条件分为三类。

① 给定物体边界上的温度，称为第一类边界条件。

物体表面上的温度或温度函数为已知：

$$T|_s = T_s$$
或 $$T|_s = T_s(x,y,z,t) \quad (32\text{-}6\text{-}45)$$

② 给定物体边界上的热量输入或输出，称为第二类边界条件。

已知物体表面上热流密度：

$$\left(\lambda_x \frac{\partial T}{\partial x} n_x + \lambda_y \frac{\partial T}{\partial y} n_y + \lambda_z \frac{\partial T}{\partial z} n_z\right)\bigg|_s = q_s$$

或 $$\left(\lambda_x \frac{\partial T}{\partial x} n_x + \lambda_y \frac{\partial T}{\partial y} n_y + \lambda_z \frac{\partial T}{\partial z} n_z\right)\bigg|_s = q_s(x,y,z,t)$$

(32-6-46)

③ 给定对流换热条件，称为第三类边界条件。

物体与其相接触的流体介质之间的对流换热系数和介质的温度为已知。

$$\lambda_x \frac{\partial T}{\partial x} n_x + \lambda_y \frac{\partial T}{\partial y} n_y + \lambda_z \frac{\partial T}{\partial z} n_z = h(T_f - T_s)$$

(32-6-47)

式中 h ——换热系数，$W/(m^2\cdot K)$；
  T_s ——物体表面的温度；
  T_f ——介质温度。

如果边界上的换热条件不随时间变化，物体内部的热源也不随时间变化，在经过一定时间的热交换后，物体内各点温度也将不随时间变化，即

$$\frac{\partial T}{\partial t} = 0 \quad (32\text{-}6\text{-}48)$$

这类问题称为稳态（steady state）热传导问题。稳态热传导问题并不是温度场不随时间变化，而是指温度分布稳定后的状态，我们不关心物体内部的温度场如何从初始状态过渡到最后的稳定温度场。随时间变化的瞬态（transient）热传导方程就退化为稳态热传导方程，三维问题的稳态热传导方程为：

$$\frac{\partial}{\partial x}\left(\lambda_x \frac{\partial T}{\partial x}\right) + \frac{\partial}{\partial y}\left(\lambda_y \frac{\partial T}{\partial y}\right) + \frac{\partial}{\partial z}\left(\lambda_z \frac{\partial T}{\partial z}\right) + \overline{Q} = 0 \quad (32\text{-}6\text{-}49)$$

对于各向同性的材料，可以得到以下方程，称为 Poisson 方程：

$$\frac{\partial^2 T}{\partial x^2} + \frac{\partial^2 T}{\partial y^2} + \frac{\partial^2 T}{\partial z^2} + \frac{\overline{Q}}{\lambda} = 0 \quad (32\text{-}6\text{-}50)$$

考虑物体不包含内热源的情况，各向同性材料中的温度场满足 Laplace 方程：

$$\frac{\partial^2 T}{\partial x^2} + \frac{\partial^2 T}{\partial y^2} + \frac{\partial^2 T}{\partial z^2} = 0 \quad (32\text{-}6\text{-}51)$$

在分析稳态热传导问题时，不需要考虑物体的初始温度分布对最后的稳定温度场的影响，因此不必考虑温度场的初始条件，而只需考虑换热边界条件。计算稳态温度场实际上是求解偏微分方程的边值问题。温度场是标量场，将物体离散成有限单元后，每个单元节点上只有一个温度未知数，比弹性力学问题要简单。进行温度场计算时有限单元的形函数与弹性力学问题计算时的完全一致，单元内部的温度分布用单元的形函数，由单元节点上的温度来确定。由于实际工程问题中的换热边界条件比较复杂，在许多场合下也很难进行测量，如何定义正确的换热边界条件是温度场计算的一个难点。

（2）稳态温度场分析的一般有限元列式

稳态温度场计算是一个典型的场问题。可以采用虚功方程建立弹性力学问题分析的有限元格式，推导出的单元刚度矩阵有明确的力学含义。在这里，介绍如何用加权余量法（weighted residual method）建立稳态温度场分析的有限元列式。

微分方程的边值问题，可以一般地表示为未知函数 u 满足微分方程组：

$$A(u) = \begin{Bmatrix} A_1(u) \\ A_2(u) \\ \cdots \end{Bmatrix} = 0 \quad \text{（在域 } \Omega \text{ 内）} \quad (32\text{-}6\text{-}52)$$

未知函数 u 还满足边界条件：

$$B(u) = \begin{Bmatrix} B_1(u) \\ B_2(u) \\ \cdots \end{Bmatrix} = 0 \quad \text{（在边界 } \Gamma \text{ 上）} \quad (32\text{-}6\text{-}53)$$

如果未知函数 u 是上述边值问题的精确解，则在域中的任一点上 u 都满足微分方程，在边界的任一点上都满足边界条件。对于复杂的工程问题，这样的精确解往往很难找到，需要设法寻找近似解。所选取的近似解是一族带有待定参数的已知函数，一般表示为：

$$u \approx \overline{u} = \sum_{i=1}^{n} N_i a_i = Na \quad (32\text{-}6\text{-}54)$$

式中　a_i——待定系数；

N_i——已知函数，被称为试探函数。

试探函数要取自完全的函数序列，是线性独立的。由于试探函数是完全的函数序列，任一函数都可以用这个序列来表示。

采用这种形式的近似解不能精确地满足微分方程和边界条件，所产生的误差就称为余量。

微分方程的余量为：

$$R = A(Na) \quad (32\text{-}6\text{-}55)$$

边界条件的余量为：

$$\overline{R} = B(Na) \quad (32\text{-}6\text{-}56)$$

选择一族已知的函数，使余量的加权积分为零，强迫近似解所产生的余量在某种平均意义上等于零：

$$\int_{\Omega} W_j^T R \mathrm{d}\Omega + \int_{\Gamma} \overline{W}_j^T \overline{R} \mathrm{d}\Gamma = 0 \quad (32\text{-}6\text{-}57)$$

W_j 和 $\overline{W}_j$ 称为权函数。

这种使余量的加权积分为零求得微分方程近似解的方法称为加权余量法。对权函数的不同选择就得到了不同的加权余量法，常用的方法包括配点法、子域法、最小二乘法、力矩法和伽辽金法（Galerkin method）。在很多情况下，采用 Galerkin 法得到的方程组的系数矩阵是对称的，在这里也采用 Galerkin 法建立稳态温度场分析的一般有限元列式。在 Galerkin 法中，直接采用试探函数序列作为权函数，取 $W_j = N_j$，$\overline{W}_j = -N_j$。

假定单元的形函数为：

$$[N] = [N_1 \quad N_2 \quad \cdots \quad N_n] \quad (32\text{-}6\text{-}58)$$

单元节点的温度为：

$$[T]^e = [T_1 \quad T_2 \quad \cdots \quad T_n]^T \quad (32\text{-}6\text{-}59)$$

单元内部的温度分布为：

$$T = [N][T]^e \quad (32\text{-}6\text{-}60)$$

以二维问题为例，说明用 Galerkin 法建立稳态温度场的一般有限元格式的过程。二维问题的稳态热传导方程为：

$$\frac{\partial}{\partial x}\left(\lambda_x \frac{\partial T}{\partial x}\right) + \frac{\partial}{\partial y}\left(\lambda_y \frac{\partial T}{\partial y}\right) + \overline{Q} = 0 \quad (32\text{-}6\text{-}61)$$

第一类换热边界为：

$$T|_s = T_s \quad (32\text{-}6\text{-}62)$$

第二类换热边界条件为：

$$\lambda_x \frac{\partial T}{\partial x} n_x + \lambda_y \frac{\partial T}{\partial y} n_y = q_s \quad (32\text{-}6\text{-}63)$$

第三类边界条件为：

$$\lambda_x \frac{\partial T}{\partial x} n_x + \lambda_y \frac{\partial T}{\partial y} n_y = h(T_f - T_s) \quad (32\text{-}6\text{-}64)$$

在一个单元内的加权积分公式为：

$$\int_\Omega^e w_1 \left[\frac{\partial}{\partial x}\left(\lambda_x \frac{\partial \widetilde{T}}{\partial x}\right) + \frac{\partial}{\partial y}\left(\lambda_y \frac{\partial \widetilde{T}}{\partial y}\right) + \overline{Q}\right] \mathrm{d}\Omega = 0$$

$$(32\text{-}6\text{-}65)$$

由分部积分得：

$$\frac{\partial}{\partial x}\left(w_1 \lambda_x \frac{\partial \widetilde{T}}{\partial x}\right) = \frac{\partial w_1}{\partial x}\left(\lambda_x \frac{\partial \widetilde{T}}{\partial x}\right) + w_1 \frac{\partial}{\partial x}\left(\lambda_x \frac{\partial \widetilde{T}}{\partial x}\right)$$

$$\frac{\partial}{\partial y}\left(w_1 \lambda_y \frac{\partial \widetilde{T}}{\partial y}\right) = \frac{\partial w_1}{\partial y}\left(\lambda_y \frac{\partial \widetilde{T}}{\partial y}\right) + w_1 \frac{\partial}{\partial y}\left(\lambda_y \frac{\partial \widetilde{T}}{\partial y}\right)$$

$$(32\text{-}6\text{-}66)$$

应用 Green 定理，一个单元内的加权积分公式写为：

$$-\int_\Omega^e \left[\frac{\partial w_1}{\partial x}\left(\lambda_x \frac{\partial \widetilde{T}}{\partial x}\right) + \frac{\partial w_1}{\partial y}\left(\lambda_y \frac{\partial \widetilde{T}}{\partial y}\right) - w_1 \overline{Q}\right] \mathrm{d}\Omega$$
$$+ \oint_\Gamma^e w_1 \left(\lambda_x \frac{\partial \widetilde{T}}{\partial x} n_x + \lambda_y \frac{\partial \widetilde{T}}{\partial y} n_y\right) \mathrm{d}\Gamma = 0$$

$$(32\text{-}6\text{-}67)$$

采用 Galerkin 方法，选择权函数为：

$$w_1 = N_i \quad (32\text{-}6\text{-}68)$$

单元的加权积分公式为：

$$\int_\Omega^e \left[\frac{\partial N_i}{\partial x}\left(\lambda_x \frac{\partial [N]}{\partial x}\right) + \frac{\partial N_i}{\partial y}\left(\lambda_y \frac{\partial [N]}{\partial y}\right)\right] [T]^e \mathrm{d}\Omega$$
$$- \int_\Omega^e N_i \overline{Q} \mathrm{d}\Omega - \int_{\Gamma_2}^e N_i q_s \mathrm{d}\Gamma$$
$$+ \int_{\Gamma_3}^e N_i h [N][T]^e \mathrm{d}\Gamma - \int_{\Gamma_3}^e N_i h T_f \mathrm{d}\Gamma = 0$$

$$(32\text{-}6\text{-}69)$$

换热边界条件代入后，相应出现了第二类换热边界项 $-\int_{\Gamma_2}^e N_i q_s \mathrm{d}\Gamma$，第三类换热边界项 $\int_{\Gamma_3}^e N_i h [N][T]^e \mathrm{d}\Gamma - \int_{\Gamma_3}^e N_i h T_f \mathrm{d}\Gamma$，但没有出现与第一类换热边界对应的项。这是因为，采用 N_i 作为权函数，第一类换热边界被自动满足。写成矩阵形式有：

$$\int_\Omega^e \left[\left(\frac{\partial [N]}{\partial x}\right)^\mathrm{T}\left(\lambda_x \frac{\partial [N]}{\partial x}\right) + \left(\frac{\partial [N]}{\partial y}\right)^\mathrm{T}\left(\lambda_y \frac{\partial [N]}{\partial y}\right)\right]$$
$$[T]^e \mathrm{d}\Omega - \int_\Omega^e [N]^\mathrm{T} \overline{Q} \mathrm{d}\Omega - \int_{\Gamma_2}^e [N]^\mathrm{T} q_s \mathrm{d}\Gamma$$
$$+ \int_{\Gamma_3}^e h [N]^\mathrm{T}[N][T]^e \mathrm{d}\Gamma - \int_{\Gamma_3}^e [N]^\mathrm{T} h T_f \mathrm{d}\Gamma = 0$$

$$(32\text{-}6\text{-}70)$$

公式中是 n 个联立的线性方程组，可以确定 n 个节点的温度 T_i。按有限元格式可表示为：

$$\boldsymbol{K}^e \boldsymbol{T}^e = \boldsymbol{P}^e \quad (32\text{-}6\text{-}71)$$

式中 $\boldsymbol{K}^e$——单元的导热矩阵或称为温度刚度矩阵；

$\boldsymbol{T}^e$——单元的节点温度向量；

$\boldsymbol{P}^e$——单元的温度载荷向量或热载荷向量 (thermal load vector)。

对于某个特定单元，单元导热矩阵 $\boldsymbol{K}^e$ 和温度载荷向量 $\boldsymbol{P}^e$ 的元素分别为：

$$K_{ij} = \int_\Omega^e \left(\lambda_x \frac{\partial N_i}{\partial x} \times \frac{\partial N_j}{\partial x} + \lambda_y \frac{\partial N_i}{\partial y} \times \frac{\partial N_j}{\partial y}\right) \mathrm{d}\Omega$$
$$+ \int_{\Gamma_3}^e h N_i N_j \mathrm{d}\Gamma$$
$$P_i = \int_{\Gamma_2}^e N_i q_s \mathrm{d}\Gamma + \int_{\Gamma_3}^e N_i h T_f \mathrm{d}\Gamma + \int_\Omega^e N_i \overline{Q} \mathrm{d}\Gamma$$

$$(32\text{-}6\text{-}72)$$

如果某个单元完全处于物体的内部，则：

$$K_{ij} = \int_\Omega^e \left(\lambda_x \frac{\partial N_i}{\partial x} \times \frac{\partial N_j}{\partial x} + \lambda_y \frac{\partial N_i}{\partial y} \times \frac{\partial N_j}{\partial y}\right) \mathrm{d}\Omega$$

$$(32\text{-}6\text{-}73)$$

$$P_i = \int_\Omega^e N_i \overline{Q} \mathrm{d}\Gamma$$

在整个物体上的加权积分方程是单元积分方程的和。

$$\sum_e \int_\Omega^e \left[\left(\frac{\partial [N]}{\partial x}\right)^\mathrm{T}\left(\lambda_x \frac{\partial [N]}{\partial x}\right) + \left(\frac{\partial [N]}{\partial y}\right)^\mathrm{T}\left(\lambda_y \frac{\partial [N]}{\partial y}\right)\right]$$
$$[T]^e \mathrm{d}\Omega - \sum_e \int_\Omega^e [N]^\mathrm{T} \overline{Q} \mathrm{d}\Omega - \sum_e \int_{\Gamma_2}^e [N]^\mathrm{T} q_s \mathrm{d}\Gamma +$$
$$\sum_e \int_{\Gamma_3}^e h [N]^\mathrm{T}[N]\{T\}^e \mathrm{d}\Gamma - \sum_e \int_{\Gamma_3}^e [N]^\mathrm{T} h T_f \mathrm{d}\Gamma = 0$$

$$(32\text{-}6\text{-}74)$$

根据单元节点的局部编号与整体编号的关系，直接求和得到整体刚度矩阵，整体方程组为：

$$\boldsymbol{KT} = \boldsymbol{P} \quad (32\text{-}6\text{-}75)$$

（3）瞬态热传导问题

瞬态温度场与稳态温度场的主要差别是瞬态温度场的场函数不仅是空间区域 Ω 的函数，而且还是时间域 t 的函数。在瞬态热传导问题中，节点温度 T_i 是时间的函数。

插值函数 N_i 只是空间域的函数，与稳态热传导问题相同。将近似函数代入二维问题的稳态热传导方程及第二类和第三类边界的边界条件即可。

6.3.8 动力学问题的有限元法

在工程实际中，结构受到的载荷常常是随时间变化的动载荷，只有当结构由此载荷而产生的运动非常缓慢，以致其惯性力小到可以忽略不计时，才可以按静力计算，因此，静力问题可以看作是动力问题的一种特例。一般工程中为了简化计算常把许多动力问题简化为静力问题处理。随着科技的发展，工程中对动态设计要求越来越多。工程结构所受的常见动载荷有谐激振力、周期载荷、脉冲或冲击载荷、地震力载荷、路面谱和移动式动载荷等。由于受这些随时间变化的动载荷的作用，引起结构的位移、应变和应力等响应也是随时间变化的。虽然有些结构受的动载荷幅值并不明显，但当动载荷的频率接近于结构的某一阶固有频率时，结构就要产生共振，将引起很大的振幅和产生很大的动应力，以致结构发生破坏或产生大变形而不能正常工作。因此对某些工程问题，必须进行动力分析。

弹性系统离散化以后，系统的运动方程为：

$$M\ddot{\pmb{\delta}}(t)+C\dot{\pmb{\delta}}(t)+K\pmb{\delta}(t)=\pmb{P}(t) \quad (32\text{-}6\text{-}76)$$

式中 $\ddot{\pmb{\delta}}(t)$，$\dot{\pmb{\delta}}(t)$——系统的节点加速度向量和节点速度向量；

M，C，K，$P(t)$——系统的质量矩阵、阻尼矩阵、刚度矩阵和节点载荷向量。

分别由各自的单元矩阵和向量集成：

$$M=\sum_e M^e, C=\sum_e C^e, K=\sum_e K^e, P=\sum_e P^e$$

$$(32\text{-}6\text{-}77)$$

$$M^e=\int_{v_e}\rho \pmb{N}^{\mathrm{T}}\pmb{N}\mathrm{d}V, \quad C^e=\int_{v_e}c\pmb{N}^{\mathrm{T}}\pmb{N}\mathrm{d}V$$

$$K^e=\int_{v_e}\pmb{B}^{\mathrm{T}}\pmb{D}\pmb{B}\mathrm{d}V$$

式中 M^e，C^e，K^e——单元的质量矩阵、刚度矩阵、阻尼矩阵；

ρ——系统的密度；

c——阻尼系数。

$$\pmb{P}^e=\int_{v_e}\pmb{N}^{\mathrm{T}}f\mathrm{d}V+\int_{S_\sigma^e}\pmb{N}^{\mathrm{T}}q\mathrm{d}S \quad (32\text{-}6\text{-}78)$$

式中 $\pmb{P}^e$——单元载荷向量；

f，q——单位的分布体积力和分布面力。

忽略阻尼的影响，则系统的运动方程简化为：

$$M\ddot{\pmb{\delta}}(t)+K\pmb{\delta}(t)=\pmb{P}(t) \quad (32\text{-}6\text{-}79)$$

6.3.8.1 质量矩阵与阻尼矩阵

（1）协调质量矩阵和集中质量矩阵

① 协调质量矩阵（一致质量矩阵）：从单元的动能导出，质量分布按照实际分布情况，同时位移插值函数和从位能导出刚度矩阵所采用的形式相同。其表达式为：

$$M^e=\iiint \rho \pmb{N}^{\mathrm{T}}\pmb{N}\mathrm{d}V \quad (32\text{-}6\text{-}80)$$

② 集中质量矩阵（团聚质量矩阵）：假定单元的质量集中在节点上，次质量矩阵为对角阵。

对于平面应力和应变单元，以三角形为例，其单元的协调质量矩阵为：

$$M^e=\frac{W}{3}\begin{bmatrix} \frac{1}{2} & 0 & \frac{1}{4} & 0 & \frac{1}{4} & 0 \\ 0 & \frac{1}{2} & 0 & \frac{1}{4} & 0 & \frac{1}{4} \\ \frac{1}{4} & 0 & \frac{1}{2} & 0 & \frac{1}{4} & 0 \\ 0 & \frac{1}{4} & 0 & \frac{1}{2} & 0 & \frac{1}{4} \\ \frac{1}{4} & 0 & \frac{1}{4} & 0 & \frac{1}{2} & 0 \\ 0 & \frac{1}{4} & 0 & \frac{1}{4} & 0 & \frac{1}{2} \end{bmatrix}$$

$$(32\text{-}6\text{-}81)$$

式中 W——单元的质量，$W=\rho t\Delta$；

t——单元的密度；

Δ——三角形单元的面积。

其单元的集中质量矩阵为：

$$M^e=\frac{W}{3}\begin{bmatrix} 1 & 0 & 0 & 0 & 0 & 0 \\ 0 & 1 & 0 & 0 & 0 & 0 \\ 0 & 0 & 1 & 0 & 0 & 0 \\ 0 & 0 & 0 & 1 & 0 & 0 \\ 0 & 0 & 0 & 0 & 1 & 0 \\ 0 & 0 & 0 & 0 & 0 & 1 \end{bmatrix} \quad (32\text{-}6\text{-}82)$$

（2）阻尼矩阵

阻尼力正比于质点运动速度的单元阻尼矩阵表示为：

$$C^e=\int_{v_e}c\pmb{N}^{\mathrm{T}}\pmb{N}\mathrm{d}V \quad (32\text{-}6\text{-}83)$$

上式的阻尼矩阵称为协调阻尼矩阵，通常均将介质阻尼简化为这种情况。这时的阻尼矩阵比例于单元质量矩阵。

阻尼力比例于应变速度的阻尼，例如由于材料内摩擦引起的结构阻尼，这时阻尼力可以表示成 $cD\dot{\pmb{\varepsilon}}$，则单元阻尼矩阵表示为：

$$C^e=\int_{v_e}c\pmb{B}^{\mathrm{T}}\pmb{D}\pmb{B}\mathrm{d}V \quad (32\text{-}6\text{-}84)$$

此单元阻尼矩阵比例于单元刚度矩阵。

在实际分析中，要精确地决定阻尼矩阵是相当困难的，通常允许将实际结构的阻尼矩阵简化为 M 和 K 的线性组合，即

$$C=\alpha M+\beta K \quad (32\text{-}6\text{-}85)$$

式中 α，β——不依赖于频率的常数。

这种振型阻尼称为 Rayleigh 阻尼。

6.3.8.2 直接积分法

直接积分法是指在积分运动方程之前不进行方程形式的变换,而直接进行逐步数值积分。

(1) 中心差分法

利用中心差分法逐步求解运动方程的算法步骤归结如下。

1) 初始计算

① 形成刚度矩阵 K,质量矩阵 M 和阻尼矩阵 C。

② 给定 $\pmb{\delta}_0$、$\dot{\pmb{\delta}}_0$ 和 $\ddot{\pmb{\delta}}_0$。

③ 选择时间步长 Δt,$\Delta t < t_{cr}$,并计算积分常数:

$$c_0 = \frac{1}{\Delta t^2}, \quad c_1 = \frac{1}{2\Delta t}, \quad c_2 = 2c_0, \quad c_3 = \frac{1}{c_2}$$

④ 计算 $\pmb{\delta}_{-\Delta t} = \pmb{\delta}_0 - \Delta t \dot{\pmb{\delta}}_0 + c_3 \ddot{\pmb{\delta}}_0$。

⑤ 形成有效质量矩阵 $\hat{M} = c_0 M + c_1 C$。

⑥ 三角分解 $\hat{M}$:$\hat{M} = LDL^T$。

2) 对于每一时间步长

① 计算时间 t 的有效载荷:

$$\hat{P}_t = P_t - (K - c_2 M)\pmb{\delta}_t - (c_0 M - c_1 C)\pmb{\delta}_{t-\Delta t}$$
(32-6-86)

② 求解时间 $t + \Delta t$ 的位移:

$$LDL^T \pmb{\delta}_{t+\Delta t} = \hat{P}_t \quad (32\text{-}6\text{-}87)$$

③ 如果需要,计算时间 t 的加速度和速度:

$$\ddot{\pmb{\delta}}_t = c_0 (\pmb{\delta}_{t-\Delta t} - 2\pmb{\delta}_t + \pmb{\delta}_{t+\Delta t})$$

$$\dot{\pmb{\delta}}_t = c_1 (\pmb{\delta}_{t-\Delta t} + \pmb{\delta}_{t+\Delta t}) \quad (32\text{-}6\text{-}88)$$

(2) Newmark 方法

Newmark 积分方法实质上是线性加速度法的一种推广。它采用下列假设:

$$\dot{\pmb{\delta}}_{t+\Delta t} = \dot{\pmb{\delta}}_t + [(1-\beta)\ddot{\pmb{\delta}}_t + \beta \ddot{\pmb{\delta}}_{t+\Delta t}]\Delta t$$

$$\pmb{\delta}_{t+\Delta t} = \pmb{\delta}_t + \dot{\pmb{\delta}}_t \Delta t + \left[\left(\frac{1}{2} - \alpha\right)\ddot{\pmb{\delta}}_t + \alpha \ddot{\pmb{\delta}}_{t+\Delta t}\right]\Delta t^2$$
(32-6-89)

式中 α,β —— 按积分精度和稳定性要求而决定的参数。

利用 Newmark 方法求解方程的算法步骤归结如下。

1) 初始计算

① 形成刚度矩阵 K,质量矩阵 M 和阻尼矩阵 C。

② 给定 $\pmb{\delta}_0$、$\dot{\pmb{\delta}}_0$ 和 $\ddot{\pmb{\delta}}_0$。

③ 选择时间步长 Δt,参数 α 和 β,并计算积分常数:

$$\beta \geqslant 0.5, \alpha \geqslant 0.25(0.5+\delta)^2$$

$$c_0 = \frac{1}{\alpha \Delta t^2}, c_1 = \frac{\beta}{\alpha \Delta t}, c_2 = \frac{1}{\alpha \Delta t},$$

$$c_3 = \frac{1}{2\alpha} - 1, c_4 = \frac{\beta}{\alpha} - 1, c_5 = \frac{\Delta t}{2}\left(\frac{\beta}{\alpha} - 2\right),$$

$$c_6 = \Delta t (1-\beta), c_7 = \beta \Delta t \quad (32\text{-}6\text{-}90)$$

④ 形成有效刚度矩阵 $\hat{K} = K + c_0 M + c_1 C$。(32-6-91)

⑤ 三角分解 $\hat{K}$:$\hat{K} = LDL^T$ (32-6-92)

2) 对于每一时间步长

① 计算时间 t 的有效载荷:

$$\hat{P}_t = Q_{t+\Delta t} + M(c_0 \pmb{\delta}_t + c_2 \dot{\pmb{\delta}}_t + c_3 \ddot{\pmb{\delta}}_t)$$
$$+ C(c_1 \pmb{\delta}_t + c_4 \dot{\pmb{\delta}}_t + c_5 \ddot{\pmb{\delta}}_t) \quad (32\text{-}6\text{-}93)$$

② 求解时间 $t + \Delta t$ 的位移:

$$LDL^T \pmb{\delta}_{t+\Delta t} = \hat{P}_t \quad (32\text{-}6\text{-}94)$$

③ 如果需要,计算时间 t 的加速度和速度:

$$\ddot{\pmb{\delta}}_{t+\Delta t} = c_0 (\pmb{\delta}_{t+\Delta t} - \pmb{\delta}_t) - c_2 \dot{\pmb{\delta}}_t - c_3 \ddot{\pmb{\delta}}_t$$
(32-6-95)

$$\dot{\pmb{\delta}}_{t+\Delta t} = \dot{\pmb{\delta}}_t + c_6 \ddot{\pmb{\delta}}_t + c_7 \ddot{\pmb{\delta}}_{t+\Delta t}$$

6.3.8.3 振型叠加法

时间历程很大时,利用直接积分法计算很费时,采用振型叠加法是相当有利的。振型叠加法可分为以下三个主要步骤。

(1) 将运动方程转换到正则振型坐标系

在系统的运动方程中,令 $P(t) = 0$ 得自由振动方程。在实际工程中,阻尼对结构的自振频率和振型的影响不大,因此可进一步忽略阻尼力,得到无阻尼自由振动的运动方程如下:

$$M\ddot{\pmb{\delta}}(t) + K\pmb{\delta}(t) = 0 \quad (32\text{-}6\text{-}96)$$

并设解得形式:

$$\pmb{\delta} = \pmb{\phi} \sin \omega (t - t_0) \quad (32\text{-}6\text{-}97)$$

式中 $\pmb{\phi}$ —— n 阶向量;

ω —— 向量 $\pmb{\phi}$ 振动的频率;

t —— 时间变量;

t_0 —— 有初始条件确定的时间常数。

由以上两式可得齐次方程,如下:

$$K\pmb{\phi} - \omega^2 M\pmb{\phi} = 0 \quad (32\text{-}6\text{-}98)$$

解得 n 个固有频率 ω_i 和 n 个固有振幅 ϕ_i。并且有:

$$\pmb{\phi}_i^T M \pmb{\phi}_i = 1 \quad (i = 1, 2, \cdots, n) \quad (32\text{-}6\text{-}99)$$

则这样规定的固有振型又称为正则振型。

定义:

$$\pmb{\phi} = [\pmb{\phi}_1 \quad \pmb{\phi}_2 \quad \cdots \quad \pmb{\phi}_n] \quad (32\text{-}6\text{-}100)$$

$$\pmb{\Omega}^2 = \begin{bmatrix} \omega_1^2 & & & & \\ & \omega_2^2 & & 0 & \\ & & \ddots & & \\ & 0 & & \ddots & \\ & & & & \omega_n^2 \end{bmatrix}$$

(32-6-101)

则有：
$$\boldsymbol{\phi}^T \boldsymbol{M} \boldsymbol{\phi} = \boldsymbol{I} \qquad \boldsymbol{\phi}^T \boldsymbol{K} \boldsymbol{\phi} = \boldsymbol{\Omega}^2 \qquad (32\text{-}6\text{-}102)$$

引入变换：
$$\boldsymbol{\delta}_t = \boldsymbol{\phi} \boldsymbol{x}(t) = \sum_{i=1}^n \boldsymbol{\phi}_i x_i \qquad (32\text{-}6\text{-}103)$$

其中
$$\boldsymbol{x} = [x_1 \quad x_2 \quad \cdots \quad x_n]^T \qquad (32\text{-}6\text{-}104)$$

将以上变换代入到系统的运动方程，可得到新基向量空间内的运动方程：
$$\ddot{\boldsymbol{x}}(t) + \boldsymbol{\phi}^T \boldsymbol{C} \boldsymbol{\phi} \dot{\boldsymbol{x}}(t) + \boldsymbol{\Omega}^2 \boldsymbol{x}(t) = \boldsymbol{\phi}^T \boldsymbol{P}(t)$$
$$(32\text{-}6\text{-}105)$$

初始条件也相应地转换成：
$$\boldsymbol{x}_0 = \boldsymbol{\phi}^T \boldsymbol{M} \boldsymbol{\delta}_0 \qquad \dot{\boldsymbol{x}}_0 = \boldsymbol{\phi}^T \boldsymbol{M} \dot{\boldsymbol{\delta}}_0 \qquad (32\text{-}6\text{-}106)$$

(2) 求解单自由度系统振动方程

单自由度系统振动方程的求解可以应用直接积分方法和杜哈美积分。杜哈美积分又称为叠加积分，其基本思想是将任意激振力分解为一系列微冲量的连续作用，分别求出系统对每个微冲量的响应，然后根据线性叠加原理，将它们叠加起来，得到系统对任意激振的响应。杜哈美积分的结果是：
$$x_i(t) = \frac{1}{\overline{\omega}_i} \int_0^t r_i(\tau) e^{-\xi_i \overline{\omega}_i (t-\tau)} \sin \overline{\omega}_i (t-\tau) d\tau$$
$$+ e^{-\xi_i \overline{\omega}_i t} (a_i \sin \overline{\omega}_i t + b_i \cos \overline{\omega}_i t)$$
$$(32\text{-}6\text{-}107)$$

式中 $\overline{\omega}_i = \omega_i \sqrt{1 - \xi_i^2}$；

a_i，b_i——由起始条件决定的；

$\xi_i (i=1,2,\cdots,n)$——第 i 阶振型阻尼比。

(3) 振型叠加得到系统的响应

在得到每个振型的响应后，将它们叠加起来就得到系统的响应，即
$$\boldsymbol{\delta}(t) = \sum_{i=1}^n \boldsymbol{\phi}_i x_i(t) \qquad (32\text{-}6\text{-}108)$$

6.3.8.4 大型特征值问题的解法

应用较为广泛的效率较高的特征值的解法主要是矩阵反迭代法和子空间迭代法。前者算法简单，比较适合于只要求得到系统的很少数目特征解的情况。后者实质上是将前者推广为同时利用若干个向量进行迭代的情况，可以用于要求得到系统稍多一些特征解的情况。

(1) 反迭代法

利用反迭代法求解广义特征值问题是依次逐个求解特征解 $(\omega_1^2, \boldsymbol{\phi}_1), (\omega_2^2, \boldsymbol{\phi}_2), \cdots$。

(2) 子空间迭代法是求解大型矩阵特征值问题的最有效方法之一，适合于求解部分特征值，广泛应用于结构动力学的有限元分析中。

子空间迭代法是假设 r 个起始向量同时进行迭代，以求得矩阵的前 s 个特征值和特征向量。

(3) Ritz 向量直接叠加法

Ritz 向量直接叠加法的基本点是：根据载荷空间分布模式按一定规律生成一组 Ritz 向量，在将系统的运动方程转换到这组 Ritz 向量空间以后，只要求解一次缩减了的标准特征值问题，再经过坐标变换，就可以得到原系统的运动方程的部分特征解。

6.3.8.5 缩减系统自由度的方法

缩减系统自由度数目是广泛使用的求解动力学响应问题的方法，主要有主从自由度法和模拟中和法。

(1) 主从自由度法

主从自由度法中，将根据刚度矩阵要求划分的网格总自由度，即位移向量 $\boldsymbol{\delta}$，分为 $\boldsymbol{\delta}_m$ 和 $\boldsymbol{\delta}_s$ 两部分，并假定 $\boldsymbol{\delta}_s$ 按照一定确定的方法依赖于 $\boldsymbol{\delta}_m$。因此 $\boldsymbol{\delta}_m$ 称为主自由度，而 $\boldsymbol{\delta}_s$ 称为从自由度。所以有：
$$\boldsymbol{\delta} = \begin{bmatrix} \boldsymbol{I} \\ \boldsymbol{T} \end{bmatrix} \boldsymbol{\delta}_m = \boldsymbol{T} \cdot \boldsymbol{\delta}_m \qquad (32\text{-}6\text{-}109)$$

其中 $\boldsymbol{\delta}_s = \boldsymbol{T} \cdot \boldsymbol{\delta}_m$，$\boldsymbol{T}$ 规定了 $\boldsymbol{\delta}_s$ 和 $\boldsymbol{\delta}_m$ 的依赖关系。

采用上式建立的 $\boldsymbol{\delta}_s$ 和 $\boldsymbol{\delta}_m$ 之间的关系，实质上假定对应于 $\boldsymbol{\delta}_s$ 自由度上的惯性力项已按静力等效原则转移到 $\boldsymbol{\delta}_m$ 自由度上。这只是当对应于这些自由度质量较小而刚度较大，以及频率较低时才认为合理。随着频率的升高，误差也将增大，所以采用主从自由度法时，通常不宜分析高阶的频率和振型。

(2) 模态中和法

模态中和法分析实际结构的主要步骤如下：

① 将总体结构分割为若干子结构。依照结构的自然特点和分析的方便，将结构分成若干子结构，各个子结构通过交界面上的节点相互连接。

② 子结构的模态分析。仍以节点位移为基向量（简称物理坐标）建立子结构的运动方程：
$$\boldsymbol{M}^s \ddot{\boldsymbol{\delta}}^s(t) + \boldsymbol{C}^s \dot{\boldsymbol{\delta}}^s(t) + \boldsymbol{K}^s \boldsymbol{\delta}^s(t) = \boldsymbol{P}^s(t) + \boldsymbol{R}^s(t)$$
$$(32\text{-}6\text{-}110)$$

式中 上标 s——该矩阵或向量是属于子结构 $s(s=1,2,\cdots,r)$ 的；

r——子结构数；

$\boldsymbol{P}^s(t)$——外载荷向量；

$\boldsymbol{R}^s(t)$——交界面上的力向量。

而后对每个子结构按照求解运动方程的一般步骤求解。

③ 中和各子结构的运动方程得到整个结构系统的运动方程并求解。

④ 由模态坐标返回到子结构的物理坐标。

6.3.9 材料非线性问题的有限元法

如当钢材的应力超过其比例极限后，应力应变关系便是非线性的；又如土壤和岩石的应力应变关系也是非线性的。这些称为材料非线性。当材料的应力应变关系是非线性时，刚度矩阵不是常数，而与应变和变位值有关。这时结构的整体平衡方程是如下的非线性方程组：

$$K(\delta)\delta + f = 0 \quad (32\text{-}6\text{-}111)$$

6.3.9.1 材料非线性本构关系

在初始弹性范围内，应力与应变之间存在一一对应的关系，即广义胡克定律。进入塑性状态后，一般来说，不再存在着应力与应变之间的一一对应关系，只能建立应力增量与应变增量之间的关系。这种用增量形式表示的材料本构关系，称为增量理论或流动理论。

在小应变的情况下，应变增量可以分为弹性和塑性两部分，即

$$d\xi_{ij} = d\xi_{ij}^e + d\xi_{ij}^p \quad (32\text{-}6\text{-}112)$$

式中 上标 e——弹性；
　　　上标 p——塑性。

根据 Mises 提出的塑性位势理论，塑性流动的方向（塑性应变增量矢量的方向）与塑性位势函数 Q 的梯度方向一致，即

$$d\boldsymbol{\varepsilon}_p = d\lambda \frac{\partial Q}{\partial \boldsymbol{\sigma}} \quad (32\text{-}6\text{-}113)$$

式中 $d\lambda$——正的有限量，它的具体数值和材料硬化法则有关；
　　　Q——塑性势函数，一般说它是应力状态和塑性应变的函数。

对于任一应力分量，有

$$d\boldsymbol{\varepsilon}_{ij} = d\lambda \frac{\partial Q}{\partial \boldsymbol{\sigma}_{ij}} \quad (32\text{-}6\text{-}114)$$

式中 σ_{ij}——应力张量分量。

其中 $d\lambda$ 的一般表达式为：

$$d\lambda = \frac{(\partial f/\partial \boldsymbol{\sigma}_{ij}) D^e_{rskl} d\boldsymbol{\varepsilon}_{kl}}{(\partial f/\partial \boldsymbol{\sigma}_{ij}) D^e_{ijkl}(\partial f/\partial \boldsymbol{\sigma}_{kl}) + (4/9)\boldsymbol{\sigma}_s^2 E^p} \quad (32\text{-}6\text{-}115)$$

应力应变的增量关系式：

$$d\boldsymbol{\sigma}_{ij} = D^{ep}_{ijkl} d\boldsymbol{\varepsilon}_{kl} \quad (32\text{-}6\text{-}116)$$

其中：

$$D^{ep}_{ijkl} = D^e_{ijkl} - D^p_{ijkl} \quad (32\text{-}6\text{-}117)$$

式中 D^p_{ijkl}——塑性矩阵，它的一般表达式是：

$$D^p_{ijkl} = \frac{D^e_{ijmn}(\partial f/\partial \boldsymbol{\sigma}_{mn}) D^e_{rskl}(\partial f/\partial \boldsymbol{\sigma}_{rs})}{(\partial f/\partial \boldsymbol{\sigma}_{ij}) D^e_{ijkl}(\partial f/\partial \boldsymbol{\sigma}_{kl}) + (4/9)\boldsymbol{\sigma}_s^2 E^p} \quad (32\text{-}6\text{-}118)$$

对于九维应力空间，$d\lambda$ 和 D^p_{ijkl} 可以化简为：

$$d\lambda = \frac{(\partial f/\partial \boldsymbol{\sigma}_{ij}) d\boldsymbol{\varepsilon}_{kl}}{(2/9)(\boldsymbol{\sigma}_s^2/G)(3G + E^p)} \quad (32\text{-}6\text{-}119)$$

$$D^p_{ijkl} = \frac{(\partial f/\partial \boldsymbol{\sigma}_{ij})(\partial f/\partial \boldsymbol{\sigma}_{kl})}{(1/9)(\boldsymbol{\sigma}_s^2/G^2)(3G + E^p)} \quad (32\text{-}6\text{-}120)$$

式中 f——结构载荷。

各种硬化材料在九维应力空间中的具体表达式如下：

对于各向同性硬化材料：

$$d\lambda = \frac{s_{ij} d\boldsymbol{\varepsilon}_{ij}}{(2/9)(\boldsymbol{\sigma}_s^2/G)(3G + E^p)} \quad (32\text{-}6\text{-}121)$$

$$D^p_{ijkl} = \frac{s_{ij} s_{kl}}{(1/9)(\boldsymbol{\sigma}_s^2/G^2)(3G + E^p)} \quad (32\text{-}6\text{-}122)$$

式中 s_{ij}——偏斜应力张量分量，$s_{ij} = \boldsymbol{\sigma}_{ij} - \boldsymbol{\sigma}_m \boldsymbol{\delta}_{ij}$；
　　　σ_m——平均应力，$\boldsymbol{\sigma}_m = \frac{1}{3}(\boldsymbol{\sigma}_{11} + \boldsymbol{\sigma}_{22} + \boldsymbol{\sigma}_{33})$；
　　　δ_{ij}——Kronecker 函数。

对于理想塑性材料：

$$d\lambda = \frac{s_{ij} d\boldsymbol{\varepsilon}_{ij}}{2\boldsymbol{\sigma}_{so}^2/3} \quad (32\text{-}6\text{-}123)$$

$$D^p_{ijkl} = \frac{s_{ij} \cdot s_{kl}}{\boldsymbol{\sigma}_{so}^2/3G} \quad (32\text{-}6\text{-}124)$$

式中 σ_{so}——材料初始屈服应力。

对于运动硬化材料：

$$d\lambda = \frac{(s_{ij} - \bar{a}_{ij}) d\boldsymbol{\varepsilon}_{ij}}{(2\boldsymbol{\sigma}_{so}^2/9G)(3G + E^p)} \quad (32\text{-}6\text{-}125)$$

$$D^p_{ijkl} = \frac{(s_{ij} - \bar{a}_{ij})(s_{kl} - \bar{a}_{ij})}{(\boldsymbol{\sigma}_{so}^2/9G^2)(3G + E^p)} \quad (32\text{-}6\text{-}126)$$

对于混合硬化材料：

$$d\lambda = \frac{(s_{ij} - \bar{a}_{ij}) d\boldsymbol{\varepsilon}_{ij}}{[2\boldsymbol{\sigma}_s^2(\boldsymbol{\varepsilon}^p, M)/9G](3G + E^p)} \quad (32\text{-}6\text{-}127)$$

$$D^p_{ijkl} = \frac{(s_{ij} - \bar{a}_{ij})(s_{kl} - \bar{a}_{ij})}{[2\boldsymbol{\sigma}_s^2(\boldsymbol{\varepsilon}^p, M)/9G](3G + E^p)} \quad (32\text{-}6\text{-}128)$$

式中 $\bar{a}_{ij}$——移动张量的偏斜分量。

将以上应力应变关系的一般表达式改写成矩阵形势为：

$$d\lambda = \frac{(\partial f/\partial \boldsymbol{\sigma})^T D_e d\boldsymbol{\varepsilon}}{(\partial f/\partial \boldsymbol{\sigma})^T D_e (\partial f/\partial \boldsymbol{\sigma}) + (4/9)\boldsymbol{\sigma}_s^2 E^p} \quad (32\text{-}6\text{-}129)$$

$$D_p = \frac{D_e (\partial f/\partial \boldsymbol{\sigma})(\partial f/\partial \boldsymbol{\sigma})^T D_e}{(\partial f/\partial \boldsymbol{\sigma})^T D_e (\partial f/\partial \boldsymbol{\sigma}) + (4/9)\boldsymbol{\sigma}_s^2 E^p} \quad (32\text{-}6\text{-}130)$$

6.3.9.2 弹塑性增量分析有限元格式

基于增量形式虚位移原理有限元表达格式的建立步骤和一般全量形式的完全相同。首先将各单元内的位移增量表示成节点位移增量的插值形式：

$$\Delta u = N \Delta \delta^e \quad (32\text{-}6\text{-}131)$$

再利用几何关系，得到：

$$\Delta \varepsilon = B \Delta \delta^e \quad (32\text{-}6\text{-}132)$$

再由增量形式的最小势能原理，并由虚位移的任意性，得到有限元系统的平衡方程：

$${}^{\tau}\!K_{\mathrm{ep}} \Delta \delta = \Delta P \quad (32\text{-}6\text{-}133)$$

式中 ${}^{\tau}\!K_{\mathrm{ep}}$——系统的弹塑性刚度矩阵；

$\Delta \delta$——增量位移向量；

ΔP——不平衡力向量。

它们分别由单元的各个对应量集成，即

$$\left. \begin{array}{l} {}^{\tau}\!K_{\mathrm{ep}} = \sum_e {}^{t}\!K_{\mathrm{ep}}^e,\; \Delta \delta = \sum_e \Delta \delta^e \\ \Delta P = {}^{t+\Delta t}\!P_l - {}^{tt}\!P_i = \sum_e {}^{t}\!P_l^e - \sum_e {}^{t}\!P_i^e \end{array} \right\} $$

$$(32\text{-}6\text{-}134)$$

并且

$$\begin{aligned} {}^{\tau}\!K_{\mathrm{ep}}^e &= \int_{V_e} N^{\mathrm{T}} {}^{\tau}\!D_{\mathrm{ep}} B \mathrm{d} S \\ {}^{t+\Delta t}\!P_l^e &= \int_{V_e} N^{\mathrm{T}\,t+\Delta t} \overline{F} \mathrm{d} V + \int_{S_\sigma} N^{\mathrm{T}\,t} \overline{T} \mathrm{d} S \\ {}^{t}\!P_i^e &= \int_{V_e} B^{\mathrm{T}\,t} \sigma \mathrm{d} S \end{aligned} \quad (32\text{-}6\text{-}135)$$

式中 ${}^{t+\Delta t}\!P_l^e, {}^{t}\!P_i$——外加载荷向量和内力向量；

ΔP——不平衡力向量，如果 ${}^t\!P_l$ 和 ${}^t\!P_i$ 满足平衡的要求，则 ΔP 表示载荷增量向量。

6.3.9.3 非线性方程组的解法

非线性问题的有限元离散化后将得到下列形式的代数方程组：

$$K(\delta)\delta = P \text{ 或 } \psi(\delta) = K(\delta)\delta + f = 0$$

$$(32\text{-}6\text{-}136)$$

其中，$f = -P$ 在以节点位移作为未知量的有限元分析中，一次施加全部载荷，然后逐步调整位移，使上式得到满足。

(1) 直接迭代法

用迭代法求解非线性问题时，一次施加全部荷载，然后逐步调整位移，使基本方程

$$K(\delta)\delta + f = 0 \text{ 得到满足}$$

假设有某个初始的试探解：

$$\delta = \delta_0 \quad (32\text{-}6\text{-}137)$$

代入上式的 $K(\delta)$ 中，可以求得被改进了的一次近似解：

$$\delta^1 = -(K^0)^{-1} f \quad (32\text{-}6\text{-}138)$$

其中

$$K^0 = K(\delta_0) \quad (32\text{-}6\text{-}139)$$

重复上述过程，可以求得 n 次近似解：

$$\delta^n = -(K^{n-1})^{-1} f \quad (32\text{-}6\text{-}140)$$

一直到误差的某种范数小于某个规定的容许小量 e^r，即

$$\| e \| = \| \delta^n - \delta^{n-1} \| \leqslant e^r \quad (32\text{-}6\text{-}141)$$

上述迭代过程可以终止。

(2) 牛顿迭代法

对于方程：

$$\psi(\delta) = K(\delta)\delta + f = 0 \quad (32\text{-}6\text{-}142)$$

设 δ_n 是上式的第 n 次近似解，一般地，有：

$$\psi(\delta_n) = K(\delta_n)\delta_n + f \neq 0 \quad (32\text{-}6\text{-}143)$$

由迭代式：

$$\delta_{n+1} = \delta_n - [K_{\mathrm{t}}^n]^{-1} \psi_n \quad (32\text{-}6\text{-}144)$$

式中 K_{t}^n——切线刚度矩阵，$K_{\mathrm{t}}^n = \dfrac{\mathrm{d}\psi}{\mathrm{d}\delta}$。

重复上式，直至满足精确要求为止。

(3) 修正牛顿法

对大型问题来说形成刚度矩阵并求逆是很费计算时间的。修正牛顿法就是将牛顿法中每次迭代中切线刚度矩阵求逆的过程省略，将第一次迭代时的切线刚度矩阵 K_{t}^0，并求出逆矩阵，用于每次迭代过程的切线刚度矩阵，则迭代公式成为：

$$\delta_{n+1} = \delta_n - [K_{\mathrm{t}}^0]^{-1} \psi_n \quad (32\text{-}6\text{-}145)$$

这样每一次迭代可以节省很多时间，尤其是求解大型问题。

6.3.10 几何非线性问题的有限元法

在工程设计中，如梁、板及薄壳等结构失稳后，由于产生了大位移，其应变位移关系是非线性的，其有限元解法称为几何非线性问题的有限元法。

6.3.10.1 大变形情况下的应变和应力

(1) 应变的质量

在固定的笛卡尔坐标系内的一物体，在某种外力的作用下连续地改变其位形，如图 32-6-18 所示。用 ${}^0 x_i (i=1,2,3)$ 表示物体处于 0 时刻位形内的坐标，由于外力作用，在以后的 t 时刻，物体运动并变形到新的位形，用 ${}^t x_i (i=1,2,3)$ 表示。物体的位形变化可以看作是从 ${}^0 x_i$ 到 ${}^t x_i$ 的一种数学变换，即

$${}^t x_i = {}^t x_i({}^0 x_1, {}^0 x_2, {}^0 x_3) \quad (32\text{-}6\text{-}146)$$

利用以上各式可以得到变形的度量，即物体上任

意两点之间的线段长度在变形前后的变化，对此有两种表示，即

$$(^{t}\mathrm{d}s)^2 - (^{0}\mathrm{d}s)^2 = (_{0}^{t}x_{k,i}\,_{i0}^{t}x_{k,j} - \delta_{ij})\mathrm{d}^0 x_i \mathrm{d}^0 x_j$$
$$= 2_{0}^{t}\varepsilon_{ij}\mathrm{d}^0 x_i \mathrm{d}^0 x_j$$

$$(^{t}\mathrm{d}s)^2 - (^{0}\mathrm{d}s)^2 = (\delta_{ij} - _{t}^{0}x_{k,i}\,_{it}^{0}x_{k,j})\mathrm{d}^t x_i \mathrm{d}^t x_j$$
$$= 2_{t}^{t}\varepsilon_{ij}\mathrm{d}^t x_i \mathrm{d}^t x_j \qquad (32\text{-}6\text{-}147)$$

其中左下标表示该量对什么时候位形的坐标求导数，右下标"，"后的符号表示该量对之求偏导数的坐标号。

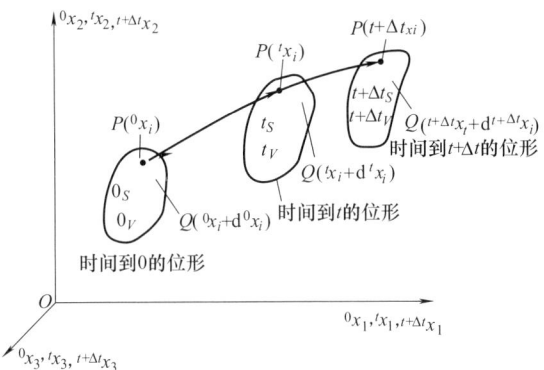

图 32-6-18 笛卡尔坐标系内物体的运动和变形

从而定义了两种应变张量，即

$$_{0}^{t}\varepsilon_{ij} = \frac{1}{2}(_{0}^{t}x_{k,i}\,_{i0}^{t}x_{k,j} - \delta_{ij})$$

$$_{t}^{t}\varepsilon_{ij} = \frac{1}{2}(\delta_{ij} - _{0}^{t}x_{k,i}\,_{it}^{0}x_{k,j}) \qquad (32\text{-}6\text{-}148)$$

根据变形的连续性要求，这种变换必须是一一对应的，也即变换是单值连续的，同时上述变换应有唯一的逆变换，即

$$^{0}x_i = ^{0}x_i(^t x_1, ^t x_2, ^t x_3) \qquad (32\text{-}6\text{-}149)$$

利用上述变换，可以将 $\mathrm{d}^0 x_i$ 和 $\mathrm{d}^t x_i$ 表示成：

$$\mathrm{d}^0 x_i = \left(\frac{\partial^0 x_i}{\partial^t x_j}\right)\mathrm{d}^t x_j, \mathrm{d}^t x_i = \left(\frac{\partial^t x_i}{\partial^0 x_j}\right)\mathrm{d}^0 x_j$$

$$(32\text{-}6\text{-}150)$$

引用符号：

$$_{t}^{0}x_{i,j} = \frac{\partial^0 x_i}{\partial^t x_j}, _{0}^{t}x_{i,j} = \frac{\partial^t x_i}{\partial^0 x_j}$$

则 $\mathrm{d}^0 x_i$ 和 $\mathrm{d}^t x_i$ 可表示成：

$$\mathrm{d}^0 x_i = _{t}^{0}x_{i,j}\mathrm{d}^t x_j, \mathrm{d}^t x_i = _{0}^{t}x_{i,j}\mathrm{d}^0 x_j$$

$$(32\text{-}6\text{-}151)$$

$_{0}^{t}\varepsilon_{ij}$ 称为 Green-Lagrange 应变张量（简称 Green 应变张量），它是用变形前坐标表示的，即它是 Lagrange 坐标的函数。$_{0t}^{t}\varepsilon_{ij}$ 称为 Almansi 应变张量，它是用变形后坐标表示的，即它是 Euler 坐标的函数。其中左下标表示用什么时刻位形的坐标表示的，即相

对于什么位形度量的。

当位移很小时，上式中的位移导数的二次项相对于它的一次项可以忽略，这时 Green 应变张量 $_{0}^{t}\varepsilon_{ij}$ 和 Almansi 应变张量 $_{t}^{t}\varepsilon_{ij}$ 都简化为小位移情况下的无限小应变张量 ε_{ij}，它们之间的差别消失，即

$$_{0}^{t}\varepsilon_{ij} = _{t}^{t}\varepsilon_{ij} = \varepsilon_{ij} \qquad (32\text{-}6\text{-}152)$$

另外，在大变形条件下，$(^{t}\mathrm{d}s)^2 - (^{0}\mathrm{d}s)^2 = 0$ 意味着 $_{0}^{t}\varepsilon_{ij} = 0$ 和 $_{t}^{t}\varepsilon_{ij} = 0$，反之亦然，即物体为刚体运动的必要充分条件是 $_{0}^{t}\varepsilon_{ij}$ 和 $_{t}^{t}\varepsilon_{ij}$ 的所有分量均为零。

（2）应力的度量

在大变形问题中，平衡方程和与之相等效的虚功原理是从变形后的物体内截取出的微元体来建立的，如图 32-6-19 所示。在从变形后的物体内截取出的微元体上面定义的应力称为 Euler 应力张量，用 $^t\tau_{ij}$ 表示。

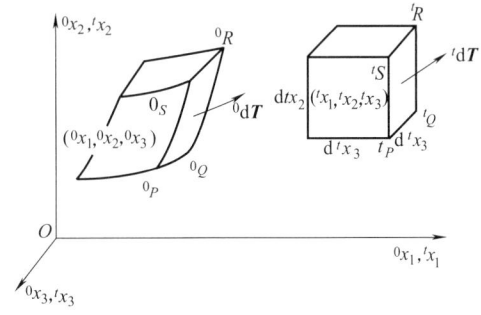

图 32-6-19 应力的度量

在分析过程中，应变是用变形前坐标表示的 Green 应变张量，则需要定义关于变形前位形的应力张量与之对应。因此，假设变形后位形某一表面上的应力是 $^t\mathrm{d}T/^t\mathrm{d}S$，相应的变形前位形的该表面上的虚拟应力是 $^0\mathrm{d}T/^0\mathrm{d}S$，其中 $^0\mathrm{d}S$ 和 $^t\mathrm{d}S$ 分别是变性前和变形后的面积微元。$^0\mathrm{d}T$ 和 $^t\mathrm{d}T$ 之间的相应关系通常有以下规定（参见图 32-6-20）：

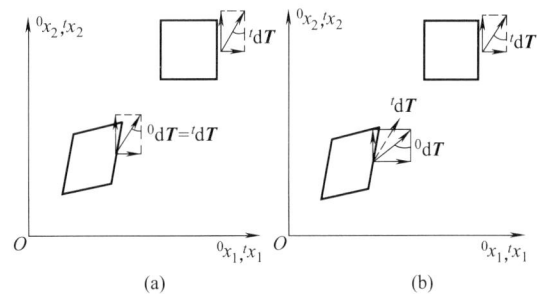

图 32-6-20 二维情况 Lagrange 和 Kirchhoff 应力规定的示意图

① Lagrange 规定：

$$^0\mathrm{d}\boldsymbol{T}_i^{(L)} = {}^t\mathrm{d}\boldsymbol{T}_i \qquad (32\text{-}6\text{-}153)$$

上式规定变形前面积微元上的内力分量和变形后面积微元上的内力分量相等。

② Kirchhoff 规定：

$$^0\mathrm{d}\boldsymbol{T}_i^{(K)} = {}^0_t x_{i,j}\, {}^t\mathrm{d}\boldsymbol{T}_i \qquad (32\text{-}6\text{-}154)$$

上式规定 $^0\mathrm{d}\boldsymbol{T}^{(K)}$ 和 ${}^t\mathrm{d}\boldsymbol{T}$ 用和 $\mathrm{d}^0 x_i = {}^0_t x_{i,j}\, \mathrm{d}^t x_i$ 相同的规律相联系。

变形后位形的应力分量与内力的关系式如下：

$$^t\mathrm{d}\boldsymbol{T}_i = {}^t\boldsymbol{\tau}_{ji}^t v_j\, {}^t\mathrm{d}S \qquad (32\text{-}6\text{-}155)$$

式中 v_j——变形后面积微元 ${}^t\mathrm{d}S$ 上法线的方向余弦。

类似上式所表示的关系用于变形前的位形，可得出以下两个关系式，如用 Lagrange 规定，则有：

$$^0\mathrm{d}\boldsymbol{T}_i^{(L)} = {}^t_0\boldsymbol{T}_{ji}\,{}^0 v_j\,{}^0\mathrm{d}S = {}^t\mathrm{d}\boldsymbol{T}_i \qquad (32\text{-}6\text{-}156)$$

如用 Kirchhoff 规定，则有：

$$^0\mathrm{d}\boldsymbol{T}_i^{(K)} = {}^t_0\boldsymbol{S}_{ji}\,{}^0 v_j\,{}^0\mathrm{d}S = {}^0_t x_{i,j}\,{}^t\mathrm{d}\boldsymbol{T}_i \qquad (32\text{-}6\text{-}157)$$

式中 $^0 v_j$——变形前面积微元 ${}^0\mathrm{d}S$ 上法线的方向余弦；

${}^t_0\boldsymbol{T}_{ji},\,{}^t_0\boldsymbol{S}_{ji}$——第一类和第二类 Piola-Kirchhoff 应力张量，或分别称为 Lagrange 应力张量和 Kirchhoff 应力张量；

左上标 t——应力张量是属于变形后（时刻 t）位形的；

左下标 0——变形前（时刻 0）位形内度量的。

三种应力张量之间的变换形式如下：

$$^t\boldsymbol{\tau}_{ji} = \frac{{}^t\rho_t}{{}^0\rho_0}\, {}^t x_{i,k}\, {}^t_0\boldsymbol{T}_{kj} = \frac{{}^t\rho_t}{{}^0\rho_0}\, {}^t x_{i,\alpha}\, {}^t x_{j,\beta}\, {}^t_0\boldsymbol{S}_{\beta\alpha}$$

$$^t_0\boldsymbol{T}_{ij} = {}^t_0\boldsymbol{S}_{ik}\,{}^0 x_{j,k} \qquad (32\text{-}6\text{-}158)$$

式中 ${}^0\rho_0,\,{}^t\rho_t$——变形前位形和变形后位形的材料密度。

Lagrange 应力张量 ${}^t_0\boldsymbol{T}_{ij}$ 是非对称的，不适合用于应力应变关系；而 Kirchhoff 应力张量 ${}^t_0\boldsymbol{S}_{ij}$ 是对称的，更适用于应力应变关系。在小变形情况下，由于 ${}^0_t x_{i,j} \approx \delta_{ij}$，${}^0\rho/{}^t\rho \approx 1$，这时可以忽略 ${}^t_0\boldsymbol{S}_{ij}$ 和 ${}^t\boldsymbol{\tau}_{ji}$ 之间的差别，它们都退化为工程应力 σ_{ij}。

对于依赖于材料变形历史的非弹性问题，通常情况下需要采用增量理论进行分析，其中材料本构关系应采用微分型或速率型的。因此，在连续介质力学中还定义了一种其分量不随材料刚体转动而变化的速率型的应力张量，即 Jaumann 应力速率张量 ${}^t\dot{\boldsymbol{\sigma}}^J_{ij}$：

$$^t\dot{\boldsymbol{\sigma}}^J_{ij} = {}^t\dot{\boldsymbol{\tau}}_{ij} - {}^t\boldsymbol{\tau}_{ip}\cdot {}^t\boldsymbol{\Omega}_{pj} - {}^t\boldsymbol{\tau}_{jp}\cdot {}^t\boldsymbol{\Omega}_{pi} \qquad (32\text{-}6\text{-}159)$$

式中 上标 "·"——对时间的导数；

$\boldsymbol{\Omega}_{ij}$——旋转张量。

$$^t\boldsymbol{\Omega}_{ij} = \frac{1}{2}\left(\frac{\partial {}^t\dot{\boldsymbol{u}}_j}{\partial {}^t x_i} - \frac{\partial {}^t\dot{\boldsymbol{u}}_i}{\partial {}^t x_j}\right) = \frac{1}{2}\left({}^t\dot{\boldsymbol{u}}_{j,i} - {}^t\dot{\boldsymbol{u}}_{i,j}\right)$$

$$(32\text{-}6\text{-}160)$$

它的物理意义是表示材料的角速度。

Jaumann 应力速率张量是对称张量，它是不随材料微元的刚体旋转而发生变化的客观张量。与它对偶的应变速率张量是：

$$^t\dot{\boldsymbol{e}}_{ij} = \frac{1}{2}\left(\frac{\partial {}^t\dot{\boldsymbol{u}}_i}{\partial {}^t x_j} - \frac{\partial {}^t\dot{\boldsymbol{u}}_j}{\partial {}^t x_i}\right) = \frac{1}{2}\left({}^t\dot{\boldsymbol{u}}_{i,j} + {}^t\dot{\boldsymbol{u}}_{j,i}\right)$$

$$(32\text{-}6\text{-}161)$$

${}^t\dot{\boldsymbol{e}}_{ij}$ 也是对称的，且是不随材料微元的刚体旋转而发生变化的客观张量。${}^t\dot{\boldsymbol{\sigma}}^J_{ij}$ 和 ${}^t\dot{\boldsymbol{e}}_{ij}$ 在物理上分别代表真应力和真应变的瞬时变化率。

6.3.10.2 几何非线性问题的表达格式

在涉及几何非线性问题的有限单元法中，通常采用增量分析的方法。考虑一个在笛卡尔坐标系内运动的物体，增量分析的目的是确定此物体在一系列离散的时间点 0、Δt、$2\Delta t$ …… 处于平衡状态的位移、速度、应变、应力等运动学和静力学参量。

为得到用以求解时间 $t+\Delta t$ 位形内各个未知变量的方程，首先建立虚位移原理。与时间 $t+\Delta t$ 位移内物体的平衡条件相等效的虚位移原理可表示为：

$$\int_{t+\Delta t_V} {}^{t+\Delta t}\boldsymbol{\tau}_{ij}\cdot \boldsymbol{\delta}_{t+\Delta t}\cdot \boldsymbol{e}_{ij}\,{}^{t+\Delta t}\mathrm{d}V = {}^{t+\Delta t}Q$$

$$(32\text{-}6\text{-}162)$$

式中 $\boldsymbol{\delta}_{t+\Delta t}\cdot\boldsymbol{e}_{ij}$——相应的无穷小应变的变分；

${}^{t+\Delta t}Q$——时间 $t+\Delta t$ 位形的外载荷的虚功。

因为上式所参考的时间 $t+\Delta t$ 位形是未知的，所以方程不能直接求解。在实际分析中采用以下两种格式进行求解。

（1）全 Lagrange 格式（T.L. 格式）

在此格式中，与时间 $t+\Delta t$ 位形内物体的平衡条件相等效的虚位移原理被转换为参考物体初始（时间 0）位形的等效形式，也即方程中所有变量都是以初始位形为参考位形，方程表示为：

$$\int_{{}^0V} {}_0\boldsymbol{S}_{ij}\cdot\boldsymbol{\delta}^{t+\Delta t}\cdot{}_0\boldsymbol{\varepsilon}_{ij}\,\mathrm{d}V = {}^{t+\Delta t}Q \qquad (32\text{-}6\text{-}163)$$

式中 ${}_0\boldsymbol{S}_{ij},\,{}_0\boldsymbol{\varepsilon}_{ij}$——从时间 t 到 $t+\Delta t$ 位形的 Kirchhoff 应力和 Green 应变的增量，并都是参考于初始位形度量的。

进一步考虑，Green 应变 ${}_0\boldsymbol{\varepsilon}_{ij}$ 可以表示成：

$$_0\boldsymbol{\varepsilon}_{ij} = {}_0\boldsymbol{e}_{ij} + {}_0\boldsymbol{\eta}_{ij} \qquad (32\text{-}6\text{-}164)$$

式中 ${}_0\boldsymbol{e}_{ij},\,{}_0\boldsymbol{\eta}_{ij}$——关于位移增量 u_i 的线性项和二次项（非二次项）。

$$_0\boldsymbol{e}_{ij} = \frac{1}{2}\left({}_0\boldsymbol{u}_{i,j} + {}_0\boldsymbol{u}_{j,i} + {}^t_0\boldsymbol{u}_{k,i}\cdot{}_0\boldsymbol{u}_{k,j} + {}^t_0\boldsymbol{u}_{k,j}\cdot{}_0\boldsymbol{u}_{k,i}\right)$$

$$_0\boldsymbol{\eta}_{ij} = \frac{1}{2}\,{}_0\boldsymbol{u}_{k,i}\cdot{}_0\boldsymbol{u}_{k,j} \qquad (32\text{-}6\text{-}165)$$

(2) 更新的 Lagrange 格式（U.L. 格式）

在此格式中，与时间 $t+\Delta t$ 位形内物体的平衡条件相等效的虚位移原理被转换为参考物体更新（时间 t）位形的等效形式，也即方程中所有变量都是以时间 t 位形为参考位形，方程可表示为：

$$\int_{t_V}^{t+\Delta t} {}_t S_{ij} \cdot \delta \cdot {}_t^{t+\Delta t}\varepsilon_{ij} \, \mathrm{d}V = {}^{t+\Delta t}Q \quad (32\text{-}6\text{-}166)$$

式中 ${}_t^{t+\Delta t}S_{ij}$，${}_t^{t+\Delta t}\varepsilon_{ij}$ —— 时间 $t+\Delta t$ 位形的 Kirchhoff 应力张量，它们都是参考于时间 t 的位形。

与全 Lagrange 格式类似，更新 Lagrange 格式的 Green 应变可以分解为：

$$_t\varepsilon_{ij} = {}_te_{ij} + {}_t\eta_{ij} \quad (32\text{-}6\text{-}167)$$

其中

$$_te_{ij} = \frac{1}{2}({}_tu_{i,j} + {}_tu_{j,i}), \quad {}_t\eta_{ij} = \frac{1}{2}{}_tu_{k,i} \cdot {}_tu_{k,j}$$

$$(32\text{-}6\text{-}168)$$

6.3.10.3 大变形条件下的本构关系

在实际分析中，从结构变形特点考虑，可以将大变形问题进一步区分为两类问题：大位移、大转动、小应变问题和大位移、大转动、大应变问题（简称为大应变问题）。从材料特点考虑，实际问题又可以区分为弹性问题和非弹性问题。前者应力和应变之间有一一对应的关系，而不依赖变形的历史。后者则应力和应变不存在一一对应的关系，而与变形的历史有关。

（1）弹性

1）大位移、大转动、小应变情况 对比情况采用小变形线弹性本构关系的推广形式得：

$$_0^tS_{ij} = {}_0^tD_{ijkl} \cdot {}_0^t\varepsilon_{kl} \quad (32\text{-}6\text{-}169)$$

式中 $_0^tS_{ij}$ —— Kirchhoff 应力张量；

$_0^t\varepsilon_{kl}$ —— Green 应变张量；

$_0^tD_{ijkl}$ —— 常数弹性本构张量。

对于三维应力状态：

$$_0^tD_{ijkl} = D_{ijkl} = 2G(\delta_{ik} \cdot \delta_{jl} + \frac{\mu}{1-2\mu}\delta_{ij} \cdot \delta_{kl})$$

$$(32\text{-}6\text{-}170)$$

式中 G, μ —— 材料弹性常数。

2）应变情况 对于大应变情况，在连续介质力学中用超弹性来表征这种材料特性。此时假定材料有一应变能函数 ^tW，它是 Green 应变张量 $_0^t\varepsilon_{kl}$ 的解析函数，但不限于 $^tW = \frac{1}{2}{}^tD_{ijkl} \cdot {}_0^t\varepsilon_{ij} \cdot {}_0^t\varepsilon_{kl}$ 的形式，它可能包含 $_0^t\varepsilon_{kl}$ 的高次项。从 ^tW 导出 Kirchhoff 应力张量 $_0^tS_{ij}$，即

$$_0^tS_{ij} = {}^0\rho \frac{\partial^tW}{\partial_0^t\varepsilon_{ij}} \quad (32\text{-}6\text{-}171)$$

由此可以得到切线本构张量：

$$_0D_{ijkl} = {}^0\rho \frac{\partial^{2t}W}{\partial_0^t\varepsilon_{ij}\partial_0^t\varepsilon_{kl}} \quad (32\text{-}6\text{-}172)$$

在实际分析中，采用更新的 Lagrange 格式时，联系 Euler 应力张量 $^t\tau_{ij}$ 和 Almansi 应变张量 $_t^t\varepsilon_{kl}$ 的本构关系式是：

$$^t\tau_{ij} = {}_t^tD_{ijkl} \cdot {}_t^t\varepsilon_{kl} \quad (32\text{-}6\text{-}173)$$

其中

$$_t^tD_{ijkl} = \frac{^t\rho}{^0\rho}x_{t,m}{}^0x_{j,n}{}^0D_{mnpq}{}^0x_{k,p}{}^0x_{l,q}$$

$$(32\text{-}6\text{-}174)$$

（2）非弹性

1）大位移、大转动、小应变情况 因为 Kirchhoff 应力张量 $_0^tS_{ij}$ 和 Green 应变张量 $_0^t\varepsilon_{ij}$ 是不随材料微元的刚体转动而变化的客观张量，并且在小应变情况下数值上就等于工程应力和工程应变，因此利用它们建立现在情况的本构关系，即

$$\mathrm{d}_0^tS_{ij} = {}_0^tD_{ijkl}\,\mathrm{d}_0^t\varepsilon_{kl} \quad (32\text{-}6\text{-}175)$$

式中 $\mathrm{d}_0^tS_{ij}$, $\mathrm{d}_0^t\varepsilon_{kl}$ —— Kirchhoff 应力张量和 Green 应变张量的微分；

$_0^tD_{ijkl}$ —— 时间 t 位形的、参考于时间 0 的切线本构张量，它是 Kirchhoff 应力张量和 Green 应变张量的函数。

对于弹塑性变形情况 $_0D_{ijkl}$ 和前一节的材料非线性情况在形式上完全相同，只是用 $_0^tS_{ij}$ 和 $_0^t\varepsilon_{ij}$ 代替了其中的工程应力和工程应变。

2）大应变（包含大位移、大转动）情况

在大应变情况下，$_0^tS_{ij}$ 和 $_0^t\varepsilon_{ij}$ 在数值上不等于工程应力和工程应变，不便于用来确定本构关系中的材料常数，因此更便于应用真应力和真应变及其速率。Jaumann 应力速率张量 $^t\dot{\sigma}_{ij}^J$ 和应变速率张量 $^t\dot{e}_{ij}$ 在物理上分别代表真实应力速率张量和真实应变速率张量，在大应变情况下它们之间的本构关系可以表示为：

$$^t\dot{\sigma}_{ij}^J = {}^tD_{ijkl} \cdot {}^t\dot{e}_{kl} \quad (32\text{-}6\text{-}176)$$

和前面小应变情况下列出的格式相类似，可以列出大应变情况的各个表达式，只是其中 $_0^tS_{ij}$ 和 $\mathrm{d}_0^t\varepsilon_{ij}$ 被 $^t\tau_{ij}$ 和 $\mathrm{d}_t e_{ij}$ 所代替。

6.3.10.4 几何非线性问题的求解方法

用有限单元法求解几何非线性问题，首先需要用等参单元对求解域进行离散，每个单元内的坐标和位移可以用其节点值插值表示如下

$$^0x_i = \sum_{k=1}^{n} N_k {}^0x_i^k, \quad {}^tx_i = \sum_{k=1}^{n} N_k {}^tx_i^k, \quad {}^{t+\Delta t}x_i$$

$$= \sum_{k=1}^{n} N_k {}^{t+\Delta t}x_i^k \ (i=1,2,3) \quad (32\text{-}6\text{-}177)$$

$$^tu_i = \sum_{k=1}^{n} N_k {}^0u_i^k, \quad {}^tu_i = \sum_{k=1}^{n} N_k {}^tu_i^k \ (i=1,2,3)$$

$$(32\text{-}6\text{-}178)$$

式中 ${}^tx_i^k$——节点 k 在时间 t 的 i 方向坐标分量；
${}^tu_i^k$——节点 k 在时间 t 的 i 方向位移分量，其他 ${}^0x_i^k$，${}^{t+\Delta t}x_i^k$，u_i^k 的意义类似；
N_k——和节点 k 相关联的插值函数；
n——单元的节点数。

在只考虑一个单元的情况下，利用全 Lagrange 格式和更新的 Lagrange 格式可以得到不同的有限元求解方程。

应用全 Lagrange 格式的矩阵求解方程是：

$$({}_0^t K_L + {}_0^t K_{NL}) \boldsymbol{\delta} = {}^{t+\Delta t}Q - {}_0^t F \quad (32\text{-}6\text{-}179)$$

式中 $\boldsymbol{\delta}$——节点位移向量。

$$_0^t K_L = \int_V {}_0^o \boldsymbol{B}_L^T {}_0^t \boldsymbol{D} {}_0^o \boldsymbol{B}_L {}^0 dV \quad (32\text{-}6\text{-}180)$$

$$_0^t K_{NL} = \int_V {}_0^o \boldsymbol{B}_{NL}^T {}_0^t \boldsymbol{S} {}_0^o \boldsymbol{B}_{NL} {}^0 dV \quad (32\text{-}6\text{-}181)$$

$$_0^t F = \int_V {}_0^o \boldsymbol{B}_L^T {}^t \hat{\boldsymbol{S}} {}^0 dV \quad (32\text{-}6\text{-}182)$$

式中 ${}_0^o \boldsymbol{B}_L, {}_0^o \boldsymbol{B}_{NL}$——线性应变 ${}_0e_{ij}$ 和非线性应变 ${}_0\eta_{ij}$ 与位移的转换矩阵；
${}_0\boldsymbol{D}$——材料本构矩阵；
${}_0^t\boldsymbol{S}, {}^t\hat{\boldsymbol{S}}$——第二类 Piola-Kirchhoff 应力矩阵和向量。

所有这些矩阵和向量的元素都是对应于时间 t 位形并参考于时间 0 位形确定的。

类似地，应用更新的 Lagrange 格式的矩阵求解方程是：

$$({}_t^t K_L + {}_t^t K_{NL}) \boldsymbol{\delta} = {}^{t+\Delta t}Q - {}_t^t F \quad (32\text{-}6\text{-}183)$$

其中

$$_t^t K_L = \int_{tV} {}_t^t \boldsymbol{B}_L^T {}_t^t \boldsymbol{D} {}_t^t \boldsymbol{B}_L {}^t dV \quad (32\text{-}6\text{-}184)$$

$$_t^t K_{NL} = \int_{tV} {}_t^t \boldsymbol{B}_{NL}^T {}_t^t \boldsymbol{\tau} {}_t^t \boldsymbol{B}_{NL} {}^t dV \quad (32\text{-}6\text{-}185)$$

$$_t^t F = \int_{tV} {}_t^t \boldsymbol{B}_L^T {}^t \hat{\boldsymbol{\tau}} {}^t dV \quad (32\text{-}6\text{-}186)$$

式中 ${}_t^t \boldsymbol{B}_L, {}_t^t \boldsymbol{B}_{NL}$——线性应变 ${}_te_{ij}$ 和非线性应变 ${}_t\eta_{ij}$ 与位移的转换矩阵；
$\boldsymbol{D}$——材料本构矩阵；
${}^t\boldsymbol{\tau}, {}^t\hat{\boldsymbol{\tau}}$——Cauchy 应力矩阵和向量。

所有这些矩阵和向量的元素都是对应于时间 t 位形，并参考于同一位形确定的。

6.4 有限元分析算例

6.4.1 结构线性静力分析算例

静力结构分析是有限元分析（FEM）中最基础、最基本的内容，下面在 ANSYS Workbench 下说明结构静力学分析的过程。

6.4.1.1 平面问题的有限元分析

实例1：如图 32-6-21 所示，有一块不锈钢板厚 5mm，右面压力 $p=10$MPa，其受力、约束及其他尺寸如图所示，对其进行静力学分析。

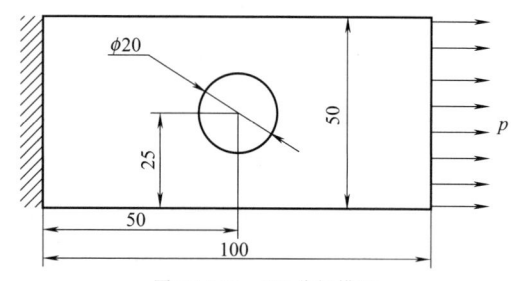

图 32-6-21 2D 分析模型

（1）建立模型

1）启动 Workbench 启动 ANSYS Workbench，进入 Workbench，单击 Save As 按钮，将文件另存为 2D，然后关闭弹出的信息框。

2）进入 DM 界面 将 Analysis Systems 中的 Static Structural 拖放至 Project Schematic 空白区内，出现 Static Structural 分析 A 栏，如图 32-6-22 所示。双击 A3 栏 Geometry 项进入 DM 界面。

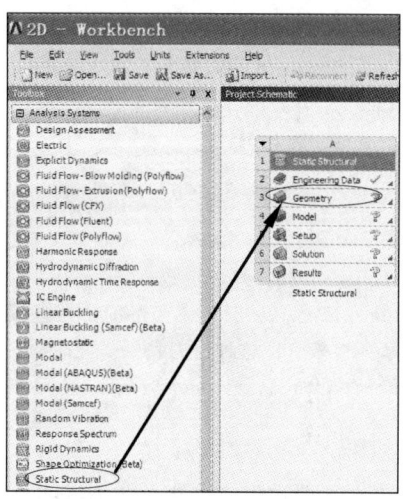

图 32-6-22 启动分析项，进入 DM 界面

3) 建立模型　设置建模单位为 mm，在 DM 下建立模型，绘制矩形和圆，标注尺寸如图 32-6-23 所示。

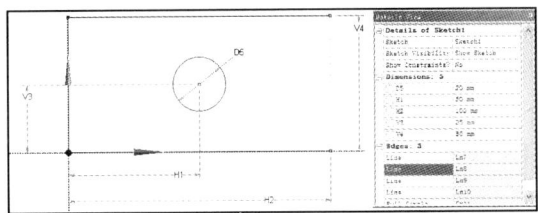

图 32-6-23　绘制图形，标注尺寸参数

4) 生成模型　执行 Concept→Surfaces From Sketches，在 Details View 中的 Base Objects 选择 Sketch1，单击 Apply，再单击 Generate 按钮生成面体。

5) 返回 Workbench 界面　执行 File→Close DesignModeler 返回 Workbench。

(2) 设置材料属性

1) 启动工具栏和属性栏　执行 View 菜单，勾选 Toolbox 和 Properties（如果已经勾选则跳过此步骤）。

2) 设置材料属性　如图 32-6-24 所示，双击 A2 栏中的 Engineering Data 进入材料设置界面，执行 View 菜单，勾选 Outlines。单击右上角的 Engineering Data Sources 按钮，在弹出的数据源列表中单击 A3 项 General Materials 项，出现所选材料输出列表，在 Stainless Steel 栏中按 "+"，增加不锈钢材料，按 Return to Project 完成材料添加，返回 Workbench。

(3) 设置 2D 分析环境

单击 A3 栏即 Geometry，出现其属性列表如图 32-6-25 所示，在属性列表中的 Analysis Type 中将分析类型确定为 2D。

(4) 静力学分析

1) 进入分析环境　双击 A4（Model），进入 Mechanical。

2) 2D 分析设置　单击树形窗口中的 Geometry，然后在 Details of "Geometry" 中的 2D Behavior 中选择 Plane Stress（平面应力），如图 32-6-26 所示；再单击树形窗中 Surface Body，在详细栏中输入厚度为 5mm，材料为 Stainless Steel，如图 32-6-27 所示。

3) 划分网格设置　单击树形窗口的 Mesh 项，单击右键弹出快捷菜单中选 Insert→Mapped Face Meshing，然后在过滤器中将鼠标过滤为面，选取面，再单击 Apply，如图 32-6-28 所示。

4) 划分网格　单击树形窗口的 Mesh 项，单击右键弹出快捷菜单中选 Insert→Sizing，然后在过滤器中将鼠标过滤为面，选取面，再单击 Apply。在详细栏中确定单元尺寸为 4mm，最后执行 Mesh→Generate Mesh，如图 32-6-29 所示

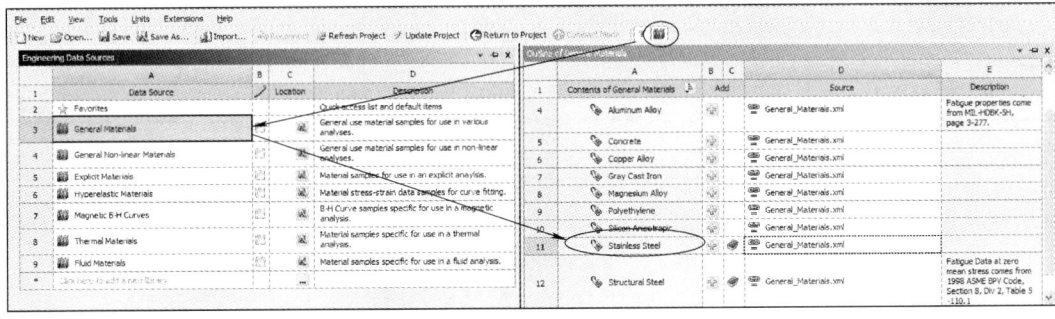

图 32-6-24　设置材料属性

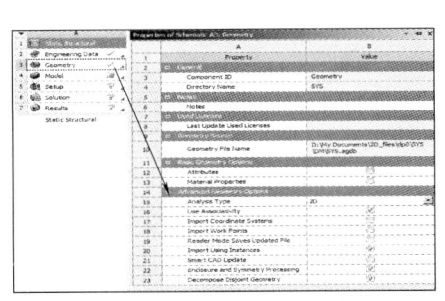

图 32-6-25　设置 2D 分析环境

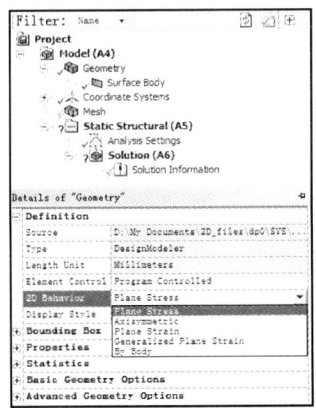

图 32-6-26　设置分析类型

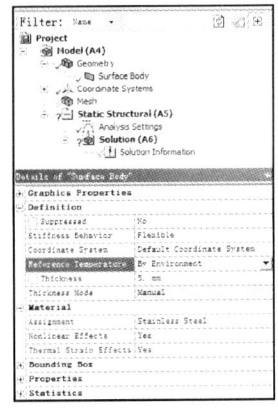

图 32-6-27　设置厚度和材料

5）施加约束和载荷　单击树形窗口的 Static Structural（A5）项，执行 Support→Fixed Support，然后在过滤器中将鼠标过滤为线，选取左面的直线，再单击 Apply，如图 32-6-30 所示；再执行 Loads→Pressure，然后在过滤器中将鼠标过滤为线，选取右面的直线，再单击 Apply，在详细栏中选中 Components，施加 X 方向载荷为 10MPa，如图 32-6-31 所示。

6）求解　执行 Deformation→Total 来求解总变形，执行 Stress→Equivalent（von-Mises）求解等效应力，单击树形窗口的 Solution（A6）项，单击鼠标右键，执行 Evaluate All Results 进行求解。

（5）后处理

1）显示总变形　执行树形窗口的 Total Deformation 项，显示总变形如图 32-6-32 所示。

2）显示等效应力　执行树形窗口的 Equivalent Stress 项，显示等效应力如图 32-6-33 所示。

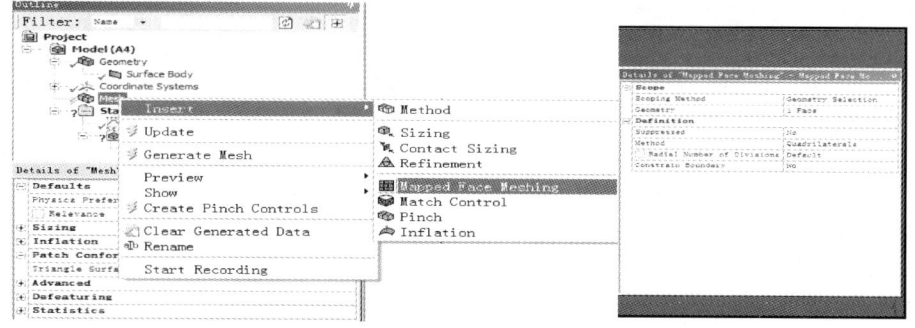

图 32-6-28　划分网格设置

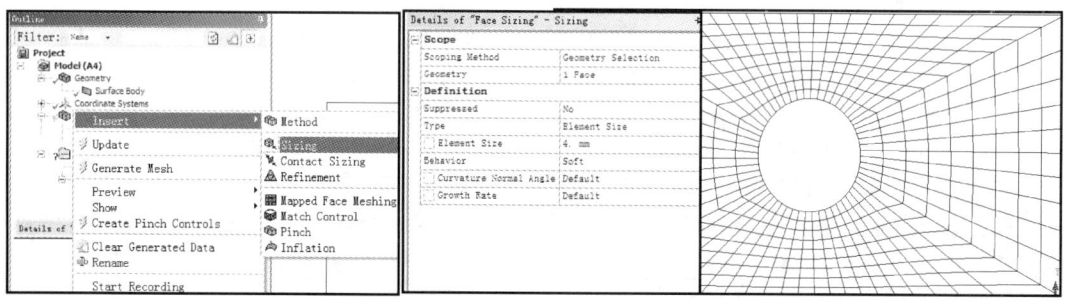

图 32-6-29　划分网格

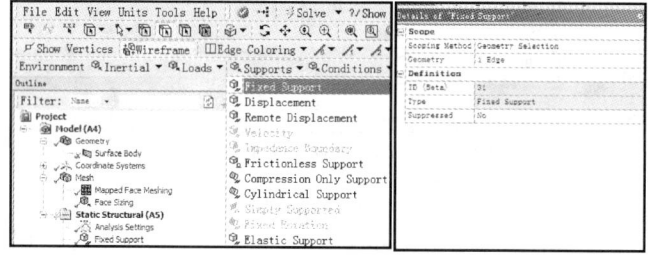

图 32-6-30　施加约束

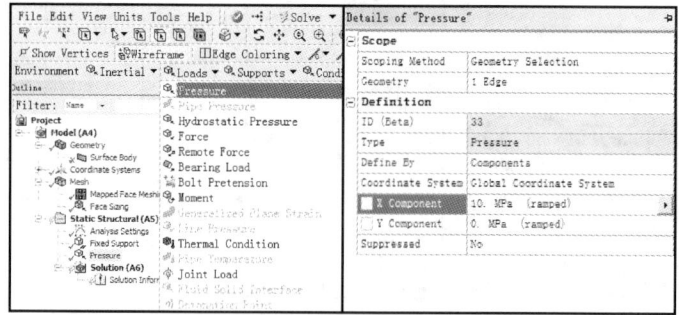

图 32-6-31　施加载荷

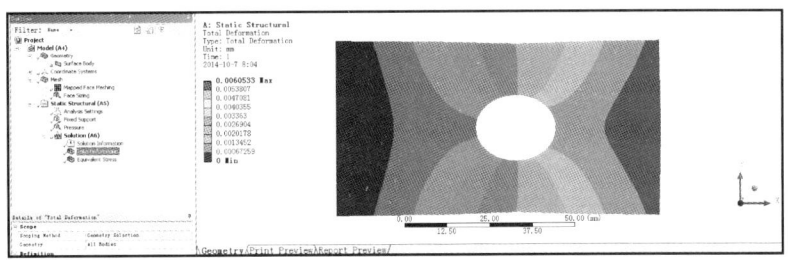

图 32-6-32　总变形结果

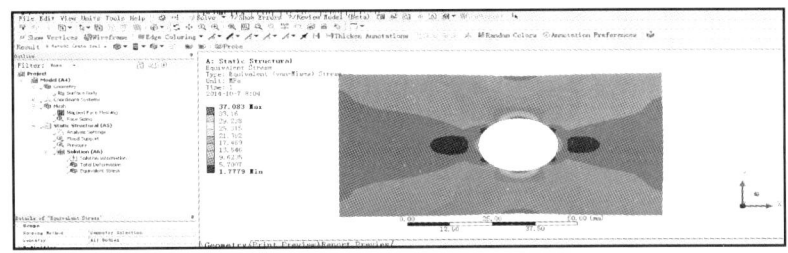

图 32-6-33　等效应力结果

3) 保存文件　执行 File→Save Project 保存文件。

6.4.1.2　桁架和梁的有限元分析

实例2：有一钢结构人字形屋架，其几何尺寸受力如图 32-6-34 所示，1 点和 5 点受固定约束，杆件为圆形截面，半径为 0.025m，进行静力学分析。

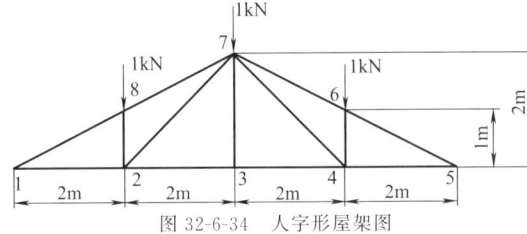

图 32-6-34　人字形屋架图

(1) 建立模型

1) 启动 Workbench　启动 ANSYS Workbench，进入 Workbench，单击 Save As 按钮，将文件另存为 Beam，然后关闭弹出的信息框。

2) 进入 DM 界面　将 Analysis Systems 中的 Static Structural 拖放至 Project Schematic 空白区内，出现 Static Structural 分析 A 栏，双击 A3 栏 Geometry 项进入 DM 界面。

3) 建立模型　设置建模单位为 m，在 DM 下建立模型，绘制直线，标注尺寸如图 32-6-35 所示。

4) 生成线体　执行 Concept→Lines From Sketches，单击树形窗口的 XYPlane→Sketch1，在 Details View 中的 Base Objects 选择 Sketche1，单击 Apply，再单击 Generate 按钮生成线体。

5) 定义梁的截面　执行 Concept→Cross Section→Circular，在 Details View 中的 R 栏中输入圆的半径为 0.025，再单击 Generate 按钮确认，如图 32-6-36 所示。

6) 把截面属性设置为线体　单击树形窗口的 1Part，1Body → Line Body，在 Details View 中的 Cross Section 中选择截面形状为 Circular，单击 Generate 按钮确认，如图 32-6-37 所示。

7) 返回 Workbench 界面　执行 File→Close DesignModeler 返回 Workbench。

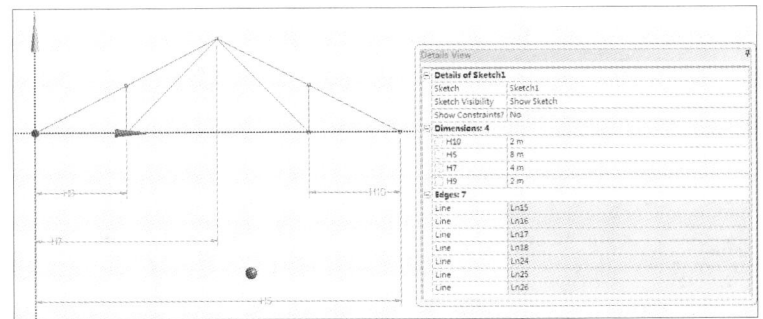

图 32-6-35　绘制计算模型，标注尺寸

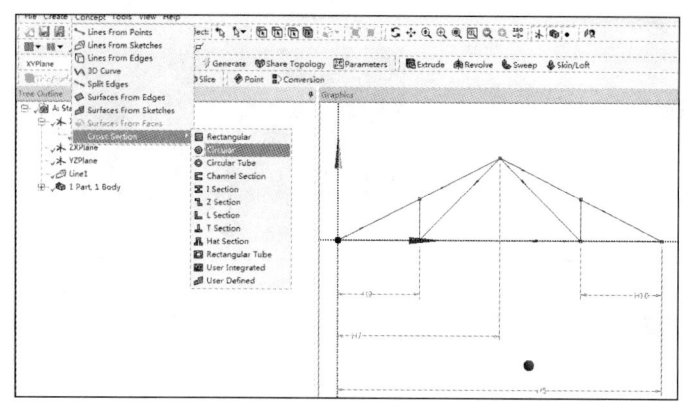

图 32-6-36　定义梁截面

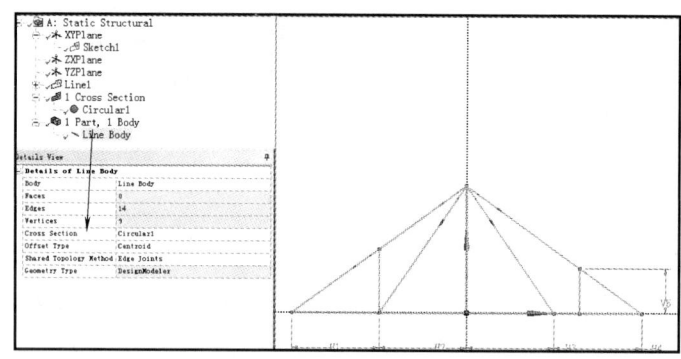

图 32-6-37　给梁截面赋予形状

(2) 设置材料属性

本实例材料是结构钢，为系统默认的材料。因此，可采用系统默认材料。

(3) 静力学分析

1) 进入分析环境　双击 A4（Model），进入 Mechanical，执行 Units→Metric（m，kg，N，s，V，A）。

2) 划分网格　单击树形窗口的 Mesh 项，单击右键在弹出快捷菜单中选 Insert→Sizing，然后在过滤器中将鼠标过滤为体，选取线体，再单击 Apply。在详细栏中确定单元尺寸为 0.2m，最后执行 Mesh→Generate Mesh，如图 32-6-38 所示。

3) 施加约束和载荷　单击树形窗口的 Static Structural（A5）项，执行 Support→Fixed Support，然后在过滤器中将鼠标过滤为点，选取图中的 1 点，然后按住 Ctrl 键再选 5 点，单击 Apply 完成约束的施加；再执行 Loads→Force，在过滤器中将鼠标过滤为点，选取 6 点，然后按住 Ctrl 键再选 7 点和 8 点，单击 Apply 选定施加载荷点，在详细栏中选中 Components，施加 Y 方向载荷为－1000N，如图 32-6-39 所示。

4) 求解　执行 Deformation→Total 来求解总变形，执行 Beam Results→Axial Force 求解轴向应力，单击树形窗口的 Solution（A6）项，单击鼠标右键，执行 Evaluate All Results 进行求解。

(4) 后处理

1) 显示总变形　执行树形窗口的 Total Deformation 项，显示总变形如图 32-6-40 所示。

2) 显示轴向力　执行树形窗口的 Axial Force 项，显示等效应力如图 32-6-41 所示。

3) 保存文件　执行 File→Save Project 保存文件。

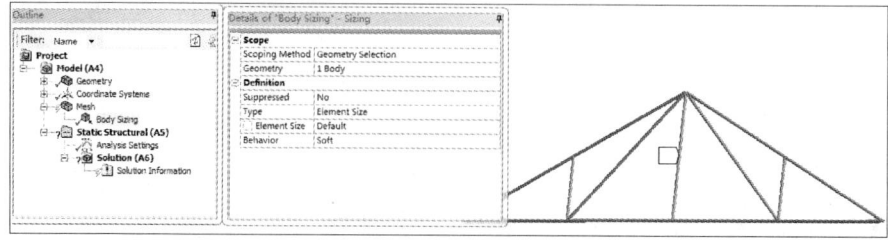

图 32-6-38　划分网格

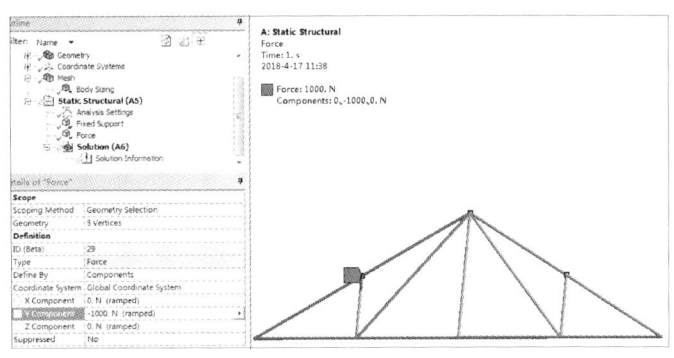

图 32-6-39 施加载荷

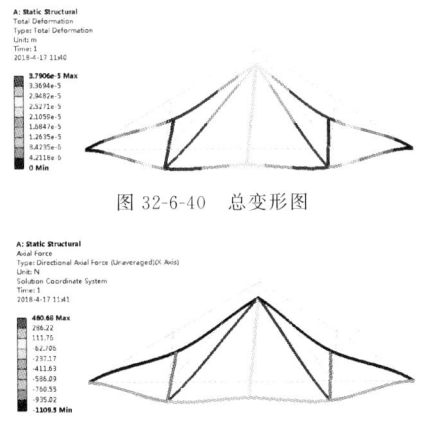

图 32-6-40 总变形图

图 32-6-41 轴向力图

6.4.1.3 多体装配有限元分析

实例 3：如图 32-6-42 所示，有一个由两个部件组成的装配体，长方体材料为 Structure Steel，其长宽高分别为 100mm、50mm、20mm；圆柱材料为 Stainless Steel，位于长方体上部中间位置，直径为 20mm，高为 20mm，长方体底部固定，圆柱体上表面受水平方向压力 10MPa、竖直向下压力 10MPa，进行静力学分析。

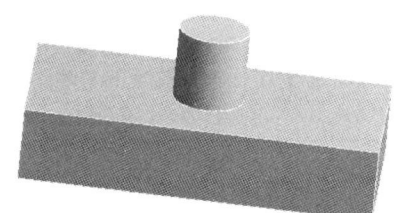

图 32-6-42 多部件装配体

(1) 建立模型

1) 启动 Workbench　启动 ANSYS Workbench，进入 Workbench，单击 Save As 按钮，将文件另存为 Assembly，然后关闭弹出的信息框。

2) 进入 DM 界面　将 Component Systems 中的 Geometry 拖放至 Project Schematic 空白区内，出现 Geometry 实体建模 A 栏。双击 A2 栏 Geometry 项进入 DM 界面，设置建模单位为 mm。

3) 建立长方体　在 DM 下建立模型，绘制矩形，标注尺寸如图 32-6-43 所示。

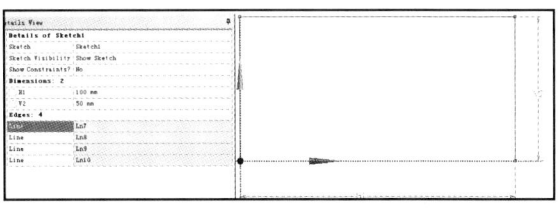

图 32-6-43 建立长方体

4) 生成长方体　按 Extrude 按钮，单击树形窗口的 XYPlane→Sketch1，在 Details View 中的 Geometry 选择 Sketche1，单击 Apply，厚度"FD1, Depth"改为 20mm，再单击 Generate 按钮生成体。

5) 建立圆柱体　单击平面/草图控制工具栏中的创建新平面按钮创建平面，在参数详细列表中 Type 设置为 From Face，选择长方体上表面为 Base Face，单击 Apply 按钮完成选择；单击 Generate 按钮生成草图平面。

6) 生成圆柱体　按 Extrude 按钮，单击树形窗口的 XYPlane→Sketch2，在 Details View 中的 Geometry 选择 Sketche2，单击 Apply，厚度"FD1, Depth"改为 20mm，再单击 Generate 按钮生成圆柱体，如图 32-6-44 所示。

(2) 分离为多体

1) 冻结并切片　以上建立的两个部件在 Workbench 中是一个体，需要把它分为两个体。执行 Tools→Freeze 冻结体，然后执行 Create→Slice，在参数详细列表中 Slice Type 设置为 Slice by Surface，单击 Apply 按钮完成选择，再单击 Generate 按钮完成体的分离，如图 32-6-45 所示。

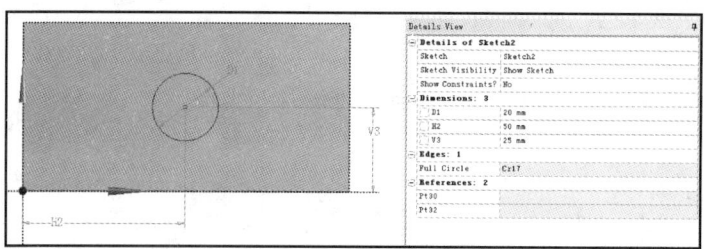

图 32-6-44　生成圆柱体

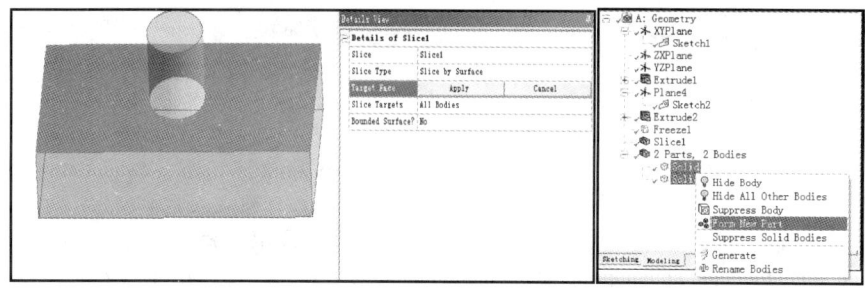

图 32-6-45　分离为多体

2) 生成为一个部件　在左侧树形窗口按住 Ctrl 键选择两个 Solid，然后按鼠标右键，在弹出的快捷菜单中选 Form New Part 使两个零件合为一个部件。

3) 返回 Workbench 界面　执行 File→Close DesignModeler 返回 Workbench。

(3) 静力学分析

1) 启动静力学分析模块　插入 Analysis Systems 中的 Static Structure 模块，用鼠标直接拖住 Toolbox 中的 Static Structure 至 A2 栏中，生成静力学分析的 B 栏。

2) 设置材料　双击 B2 栏中的 Engineering Data 进入材料设置界面，执行 View 菜单，勾选 Outlines（如果已选择则略过此步）。单击右上角的 Engineering Data Sources 按钮，在弹出的数据源列表中单击 A3 项 General Materials 项，出现所选材料输出列表，在 Stainless Steel 栏中按"+"，增加不锈钢材料，按 Return to Project 完成材料添加，返回 Workbench。

3) 进入分析环境　双击 A4（Model），进入 Mechanical，执行 Units→Metric（mm，kg，N，s，mV，mA）。

4) 赋予材料属性　单击树形窗口中的 Geometry→Part，分别选择 Solid，然后在 Details of "Geometry" 中的 Assignment 项中的材料分别设置为 Stainless Steel 和 Structure Steel。

5) 设置接触　单击树形窗口中的 Connection，执行 Contact→Bonded，然后在过滤器中将鼠标过滤为面，在参数详细列表中先选择 Contact，选择长方体上面，按 Apply 按钮完成 Contact 选择，再在参数详细列表中先选择 Target，然后选择圆柱体表面，按 Apply 按钮完成 Target 选择，如图 32-6-46 所示。

6) 划分网格　单击树形窗口的 Mesh 项，单击右键弹出快捷菜单，选择 Generate Mesh 完成网格划分，如图 32-6-47 所示。

7) 施加约束和载荷　单击树形窗口的 Static Structural（B5）项，执行 Support→Fixed Support，然后在过滤器中将鼠标过滤为面，选取长方体地面，单击 Apply 完成约束的施加；再执行 Loads→Pressure，在过滤器中将鼠标过滤为面，选取圆柱体上面，单击 Apply 选定施加载荷面，在详细栏中选中 Components，施加 X 方向载荷为 10MPa，施加 Y 方向载荷为 -10MPa，如图 32-6-48 所示。

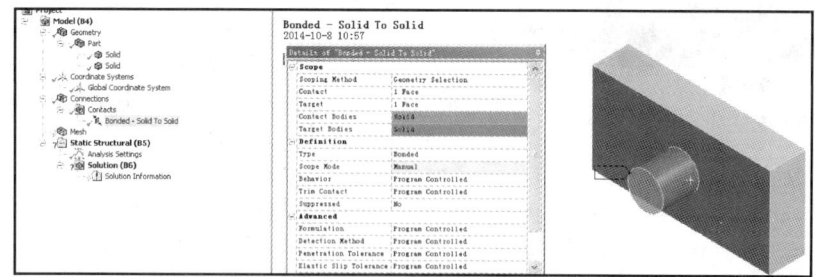

图 32-6-46　设置接触

第6章 有限元分析技术

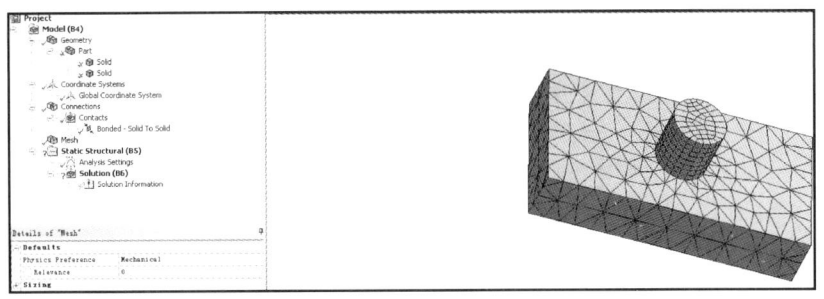

图 32-6-47　划分网格

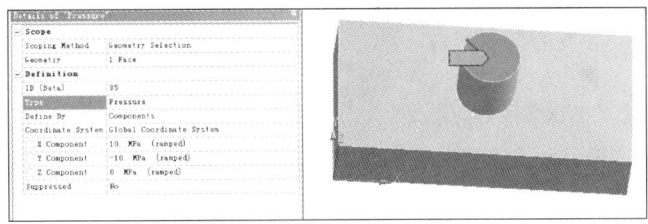

图 32-6-48　施加约束和载荷

8) 求解　执行 Deformation→Total 来求解总变形，执行 Stress→Equivalent（von-Mises）求解等效应力，单击树形窗口的 Solution（B6）项，单击鼠标右键，执行 Solve 进行求解。

(4) 后处理

1) 显示总变形　执行树形窗口的 Total Deformation 项，显示总变形如图 32-6-49 所示。

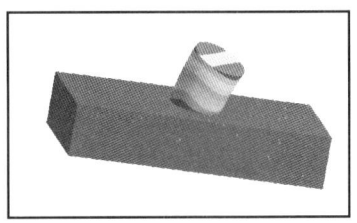

图 32-6-50　等效应力图

图 32-6-49　总变形图

2) 显示等效应力　执行树形窗口的 Equivalent Stress 项，显示等效应力如图 32-6-50 所示。

6.4.1.4　静力学分析综合应用实例——矿井提升机主轴装置静力学分析

(1) 已知条件

1) 主轴装置图　主轴装置是摩擦轮与主轴的组合，通过 SolidWorks 创建摩擦轮与主轴的三维模型，并完成主轴装置的装配，如图 32-6-51 所示。

2) 材料属性　摩擦轮材料为 16Mn，主轴材料为 45。其材料物理属性如表 32-6-16 所示。

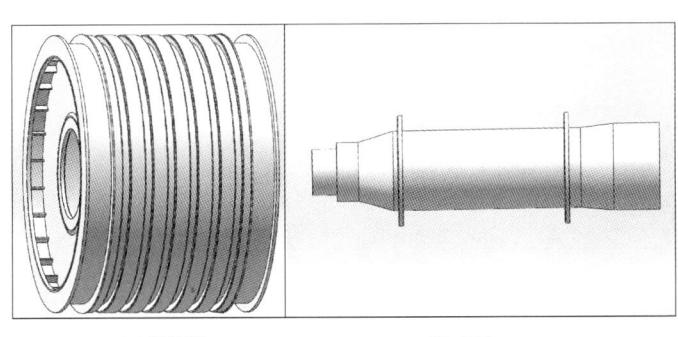
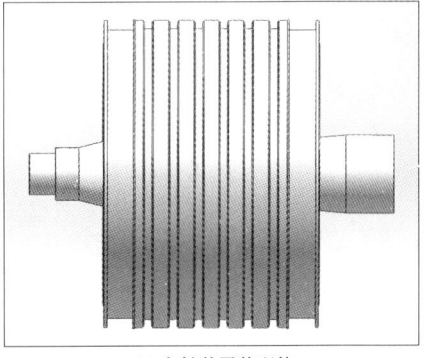

图 32-6-51　主轴装置图

表 32-6-16 主轴装置材料物理属性

材料	弹性模量/Pa	泊松比	密度/kg·m^{-3}
16Mn	2.12×10^{11}	0.31	7870
45	2.09×10^{11}	0.269	7890

3）边界条件 约束——主轴两端周面固定约束；载荷——将作用力简化为作用在绳槽内的垂直于圆柱表面的均匀面载荷。

（2）启动 ANSYS Workbench 并建立分析项目

1）启动 ANSYS Workbench 仿真分析系统，进入主界面。

2）选择 File→Save，弹出另存为对话框，在文件名项输入工作文件名，本例中输入工作文件名为 Engine，单击 OK 按钮，完成工作文件名的定义。

3）选择 Toolbox → Analysis Systems → Static Structural 模块，按住鼠标左键拖至 Project Schematic 界面内，如图 32-6-52 所示。

（3）定义材料属性

① 双击项目 A 中的 A2 栏，进入材料参数设置界面，在界面空白处右击，弹出快捷菜单中选择 Engineering Date Source 命令，在 Engineering Date Source 选择 A*栏，输入 NEW，给出文件名并保存到所需位置；在 A*栏分别输入 16Mn、45，并在左侧 Toolbox 中分别选择 Physical Properties-Density 和 Linear Elasticity-Isotropic Elasticity，按住鼠标左键，拖放到 Properties of Outline Row 3：16Mn 与 45 的属性栏中，并在属性表中输入两种材料的参数，如图 32-6-53 所示。

② 单击 Return to project，完成材料添加，返回 Workbench 界面中。

（4）模型导入及操作

1）模型导入及布尔操作 右键单击 A3 将主轴装置模型导入 Workbench 中，选择单位为 Millimeter 并点击 Generate 生成主轴装置模型。单击 Crate-Boolean 并单击左侧 Tree-Outline 中的 part 选项，进行布尔操作，逐个选取摩擦轮上的各个肋板、加强筋筒壳等（即除主轴外所有零件）合并为一个零件，如图 32-6-54 所示，单击 Apply、Generate 生成含摩擦轮与主轴的装配体。

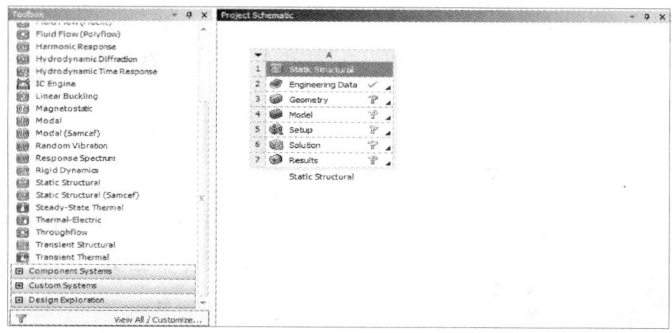

图 32-6-52 静力分析模块

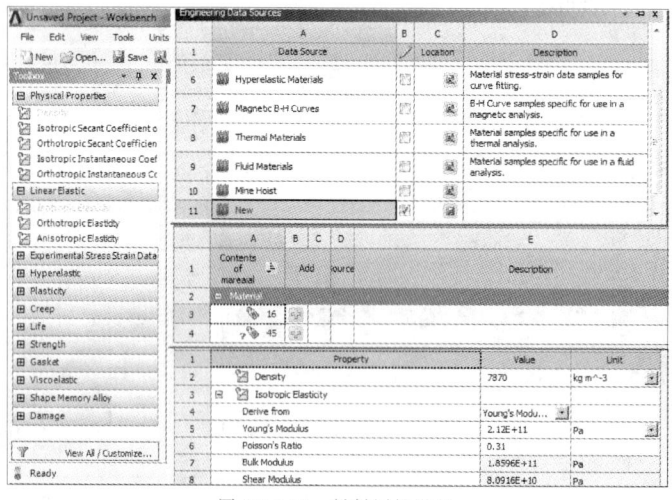

图 32-6-53 材料属性设置

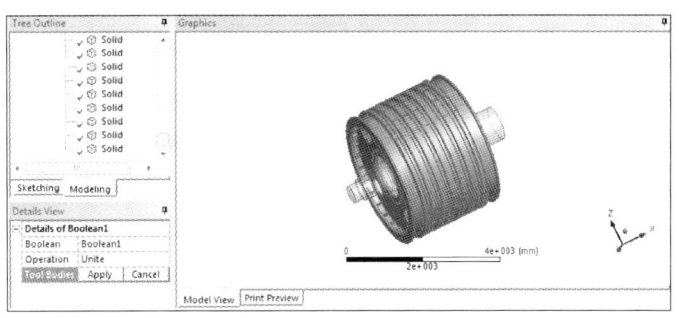

图 32-6-54　摩擦轮布尔操作

2）主轴切割　由于主轴为回转体结构，可以通过扫掠方式得到六面体网格，因此在此处对主轴进行切分，以便划分出六面体网格，选择阶梯轴端面作为切割面。首先对摩擦轮进行抑制，选择摩擦轮，单击右键 Suppress-Body。单击 Slice，在 Slice-Type 中选择 Slice by surface，以端面作为 Target Face 如图 32-6-55 所示。

单击 Apply 后再次单击 Generate 完成切割，并重复上述操作，最终将主轴分为六个规则部分，如图 32-6-56 所示。

3）解除抑制　在 Tree-Outline 中摩擦轮的 Solid 右键选择 Unsuppress Body 对摩擦轮取消抑制，关闭 DM 模块完成几何模型的操作。

（5）设置材料及接触

1）添加材料　单击 Geometry 在 Material-Assignment 中分别将材料 45 与 16Mn 赋予主轴与摩擦轮，如图 32-6-57 所示。

2）设置接触对　设置主轴的各部分（切割过的）为 Bonded 连接。主轴与摩擦轮之间的接触面也为 Bonded 连接，如图 32-6-58 所示。

（6）划分网格

1）设置网格　单击 Geometry 设计树，选中摩擦轮单击右键 Hide-Body 隐藏摩擦轮以便于对主轴分网，首先对主轴进行扫掠分网单击 Mesh-Insert-Method，依次选中主轴各部分单击 Apply，并在 Definition-Method 中选择 MultiZone（多区扫掠），完成主轴各部分扫掠网格的添加，将隐藏的摩擦轮模型显示，选中摩擦轮单击右键 Show-Body，单击 Mesh-Show Mappable Faces，查看能够实现映射网格划分的面，摩擦轮表面均能实现映射网格划分，再次单击 Mesh-Insert-Mapped Face Meshing，对摩擦轮进行映射网格划分，单击 Mesh-Generate Mesh 生成网格，如图 32-6-59 所示。

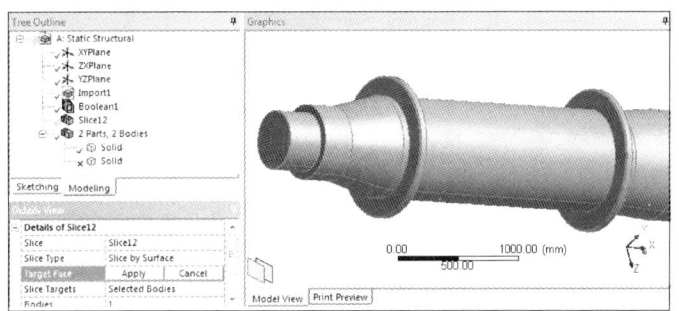

图 32-6-55　主轴切割

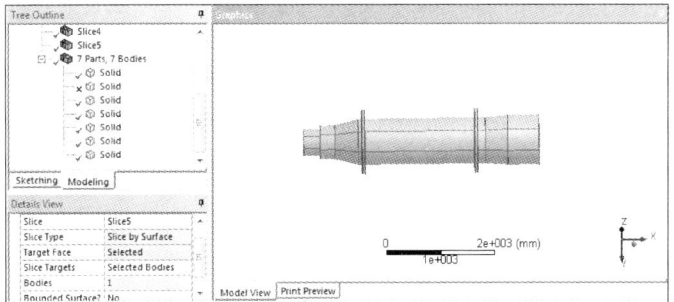

图 32-6-56　主轴切割完毕

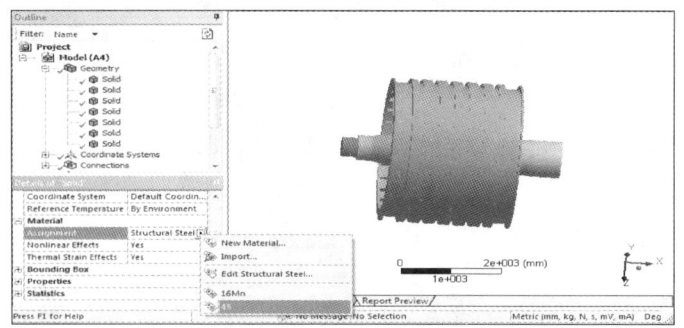

图 32-6-57 选择主轴与摩擦轮材料

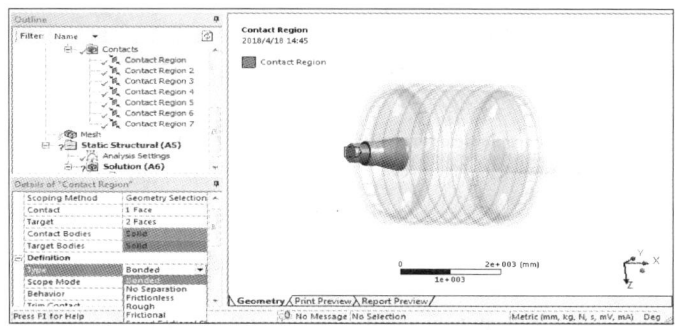

图 32-6-58 设置接触对

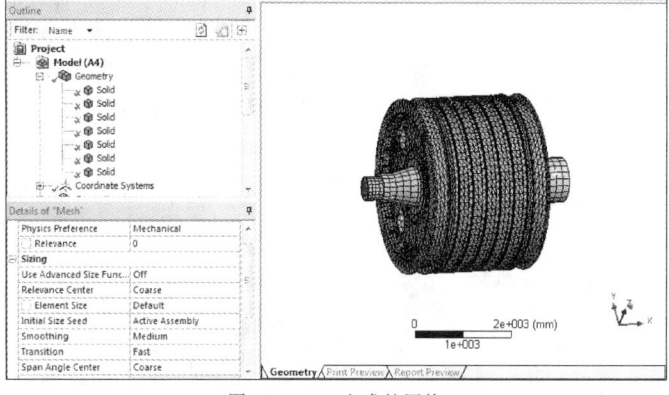

图 32-6-59 生成的网格

2) 网格质量检测 单击 Statistics 在 Mesh Metric 中选择 Element Quality，得到网格检测数据如图 32-6-60 所示，查看 Average 大约为 0.36，网格质量低。

3) 优化网格 通过调整网格尺寸、疏密程度及过渡情况等参数以提高网格质量，设置 Relevance Center、Element Size、Transition、Smoothing 等参数，单击 Mesh-Generate Mesh 生成网格，如图 32-6-61 所示。

4) 重新进行网格质量检测 单击 Statics 在 Mesh Metric 中选择 Element Quality，如图 32-6-62 所示，查看 Average 大约为 0.77，网格质量较好。

(7) 施加边界条件及载荷

1) 施加约束 单击 Support-Fixed Support 选择主轴两侧的周面，并单击 Apply 完成约束的施加，如图 32-6-63 所示。

2) 施加载荷 单击 Load-Pressure 选取 6 个绳槽面并单击 Apply 完成选择，在 Magnitude 中输入数值大小为 0.62MPa，方向选择 Normal 到完成力的加载，如图 32-6-64 所示。

(8) 求解及后处理

1) 求解 单击 Solution，选择添加 Deformation-Total、Stress-Equivalent。单击 Solve 求解。

2) 后处理 应力及变形云图如图 32-6-65 所示。

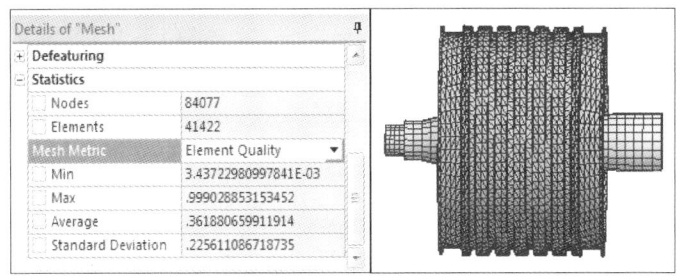

图 32-6-60　生成网格质量

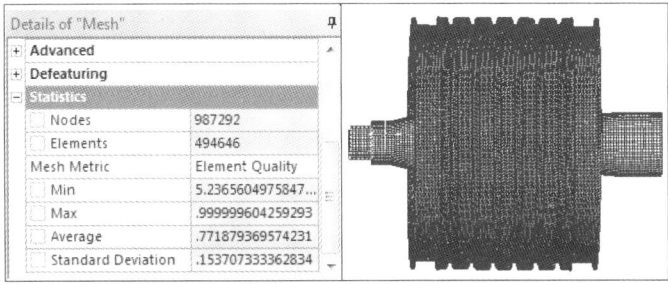

图 32-6-61　优化后网格

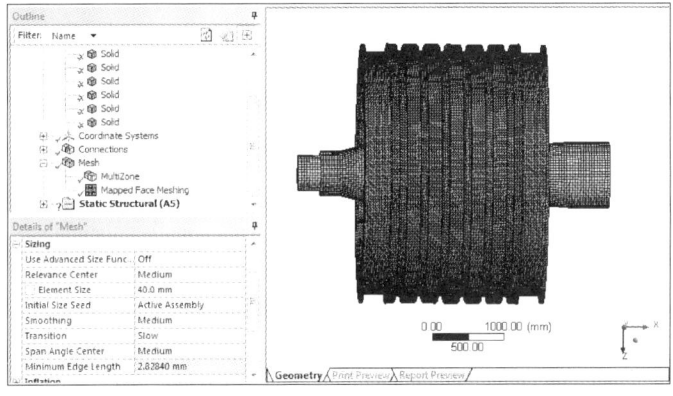

图 32-6-62　优化后网格质量

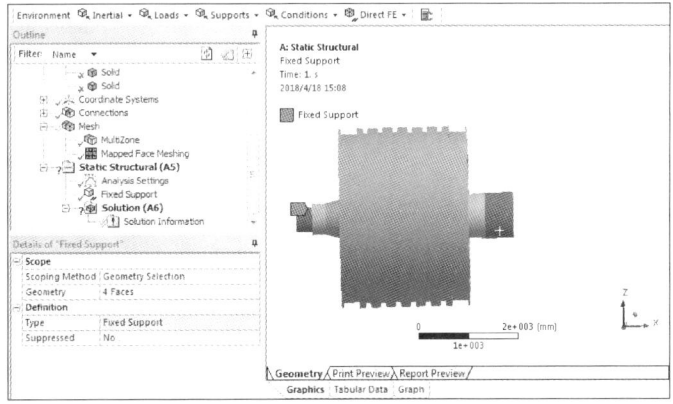

图 32-6-63　施加约束

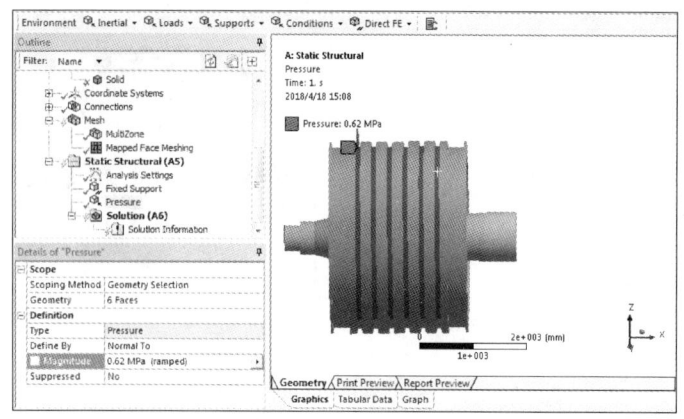

图 32-6-64 施加载荷

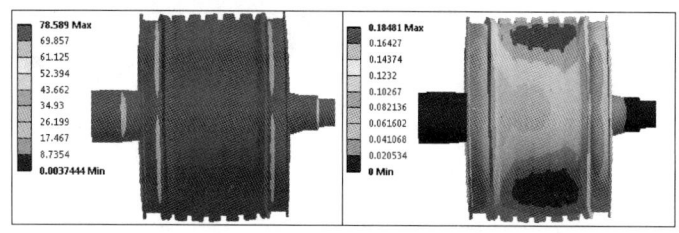

(a) 主轴装置应力图　　　　(b) 主轴装置变形图

图 32-6-65 求解结果

6.4.1.5 静力学分析综合应用实例——材料非线性有限元分析

(1) 案例概述

在发动机密封系统中，气缸垫的密封主要通过自身的变形来补偿气缸盖与气缸体接触面之间由于加工不平整所造成的误差。而气缸垫具有高非线性材料性质，如果只考虑其线性材料性质会使其分析结果不准确。ANSYS Workbench 有限元分析软件对于垫片这类材料具有特定的赋予材料属性的方法。本案例主要通过对某汽油发动机气缸垫密封性能的有限元分析，展示了对发动机气缸垫这种高非线性垫片材料的分析方法。

(2) 准备工作

1) 发动机模型简化　由于本例汽油发动机数模比较复杂，网格单元与节点数目较多，需要考虑计算机的计算工作量、计算速度以及硬盘内存等诸多方面因素，因此在保证计算结果精度的前提下，需要对其缸体缸盖进行简化处理。如图 32-6-66 所示为发动机缸体、缸盖简化后数模，其中，图 32-6-66（a）所示为发动机缸盖数模，图 32-6-66（b）所示为发动机缸体数模。

2) 螺栓简化　本例所使用的螺栓为 10.9 级 M10 螺栓，在工程实际中为了减小计算成本通常会对其进行简化处理，简化主要表现在螺纹处。由于螺栓的螺纹连接可以近似地看成绑定接触，所以螺纹处可以简化成与缸体螺纹孔大小一致的圆柱体。如图 32-6-67 所示为螺栓简化后数模。

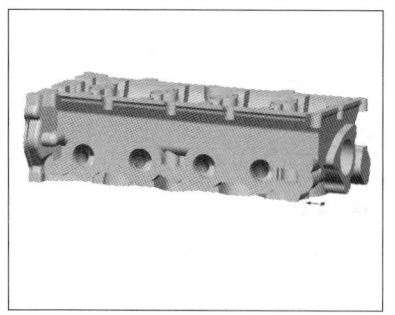

(a) 缸盖数模　　　　　　　　(b) 缸体数模

图 32-6-66 发动机数模

第 6 章 有限元分析技术

图 32-6-67 螺栓数模

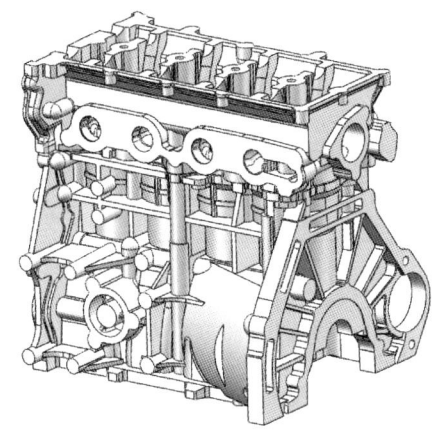

图 32-6-68 整机装配数模

3）整机装配　将处理好的模型通过 SolidWorks 软件进行整机装配并检查干涉情况。如图 32-6-68 所示为整机装配数模。

4）模型截取　为了提高计算收敛性以及减小计算时的误差，需要提前将缸体缸盖中与密封筋的接触位置进行截取，这样做保证接触位置网格一致，同时方便局部控制接触位置网格的密度，以达到提高精度的目的。将装配好的数模进行局部切分操作，并将切分后的装配体保存为 x_t 格式。

(3) 有限元分析操作过程

1）模型导入　启动 ANSYS Workbench 仿真分析系统，进入主界面。选择 Toolbox→Analysis Systems→Static Structural 模块，按住鼠标左键拖至 Project Schematic 界面内，如图 32-6-69（a）所示。在静力场模块中的 Geometry 上单击鼠标右键，在其快捷菜单中依次选择 Import Geometry→Browse 选择前面步骤中保存好的 x_t 格式文件，完成模型导入操作，导入结果如图 32-6-69（b）所示。

2）添加材料库　在 Static Structural 项目列表中双击 Engineering Data 选项，在弹出的界面单击 Engineering Data Sources 选项进入材料数据库。新建一种新的材料取名为 GK，点击左侧 Toolbox 中的 Gasket 选项，双击 Gasket Model 完成加载的插入。双击 3 次左侧 Toolbox 中的 Gasket-Additional Data 选项中的 Nonlinear Unloading 完成非线性卸载的插入，将插入的加载卸载中输入实验获得的相对应的实验数据即可完成添加垫片材料的操作，结果如图 32-6-70 所示。新建另一种材料取名为 BJ，用同样的方法完成材料属性输入的操作。

3）设置材料属性　双击 Static Structural 项目列表中的 Model 项目进入 Mechanical 环境。Outline→Model（B4）→Geometry 进行材料属性的设置，密封筋缸口处的材料设置为 GK，在 Definition→Stiffness Behavior 设为 Gasket，并在 Gasket Mesh Control 中选择缸口筋的一个面为 Source 面，点击 Apply 确认。将 Definition→Element Midside Nodes 选项选择为 Dropped 低节点单元，以提高收敛性，如图 32-6-71 所示。同样的方法对半筋进行材料属性的设置。

4）接触对设置　本例中主要用到 Bonded 绑定接触以及 Rough 粗糙接触。其中螺栓与缸体间的螺纹连接以及切分出的实体与原实体的接触设为绑定接触，并将 Definition 选项卡中的 Behavior 选项设置为 Asymmetric 非对称接触，如图 32-6-72（a）所示。将剩下的接触对设置为 Rough 接触，将 Definition 选项卡中的 Behavior 选项设置为 Asymmetric 非对称接触，同时将 Advanced 选项卡中的 Formulation 选项选成 Normal Lagrange 拉格朗日算法。结果如图 32-6-72（b）所示。

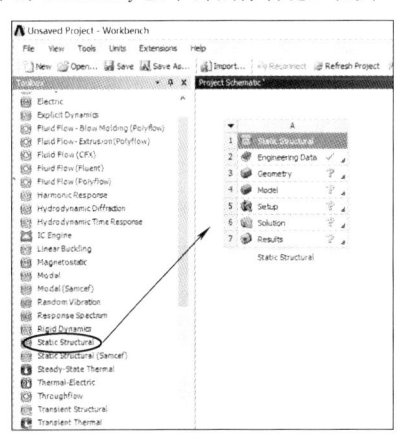

(a) 创建静力场模块

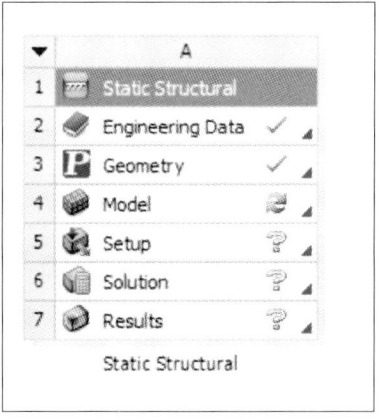

(b) 模型导入

图 32-6-69　模型导入

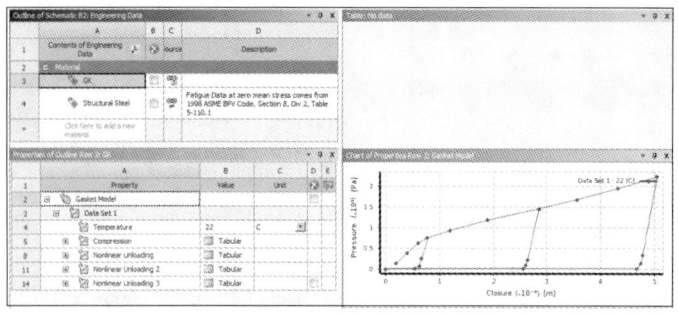

图 32-6-70　添加材料库

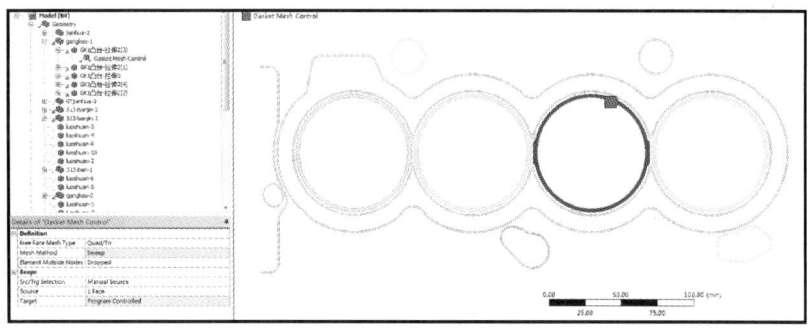

图 32-6-71　设置材料属性

| (a) Bonded 接触属性 | (b) Roush 接触属性 |

图 32-6-72　设置接触对

5）网格划分　对于本例的螺栓选用六面体网格划分，单元大小选择 2mm 尺寸即可满足计算精度要求，划分结果如图 32-6-73 所示。缸体、缸盖切分下来与密封筋接触的部分选择扫掠网格划分，由于这一部分计算精度要求很高，所以网格尺寸选择 1mm，同时为了提高收敛性选择 Dropped 低节点单元，划分结果如图 32-6-74 所示。剩余的缸体、缸盖由于其网格大小对计算结果影响很小，选择自由网格划分即可满足计算精度要求，网格划分结果如图 32-6-75 所示。

6）施加约束与载荷　在 Outline 窗口中的 Static Structural（B5）选项单击鼠标右键，在 Insert 选项中选择 Fixed Support 插入一个固定约束，选择发动机缸体底面为固定约束面，如图 32-6-76（a）所示。用同样的方法插入十个 Bolt Pretension 螺栓预紧力，分别选择十个螺栓（杆表面施加螺栓预紧力，如图 32-6-76（b）所示。

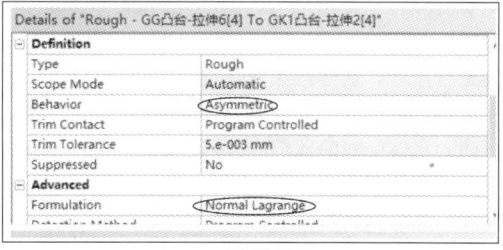

图 32-6-73　螺栓网格

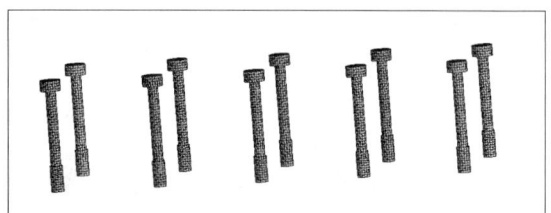

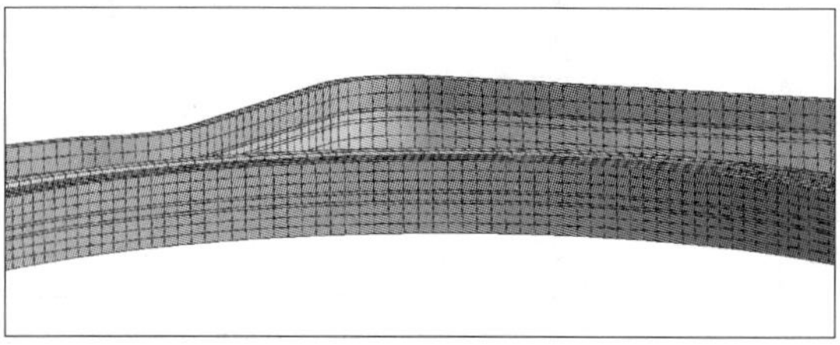

图 32-6-74　接触位置网格

第 6 章 有限元分析技术

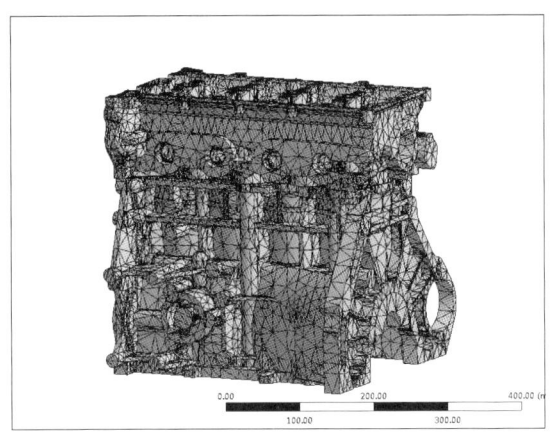

图 32-6-75　缸体缸盖网格

7) 插入结果云图并求解　在 Outline 窗口中的 Solution（B6）选项中单击右键，在 Insert 列表中的 Gasket 列表选择 Normal Gasket Pressure 插入一个垫片的法向压力，点击 Solve 进行运算。计算结果云图见图 32-6-77。

6.4.2　结构线性动力学分析算例

6.4.2.1　模态分析

(1) 基本知识

模态分析是最基本的动力学分析，它是瞬态分析、谐响应分析、响应谱分析和随机振动分析等动力学分析的基础。因为模态分析能够反映出结构的基本动力学特性，所以在进行其他类型的动力学计算之前，首先要进行结构的模态分析。

模态分析主要是用于确定机器结构或部件的固有频率和振型，一方面可以使设计出来的结构能有效地避免产生共振或自激振荡，如吊车梁等；另一方面可以使机器以特定的频率进行振动。除此之外还可以使工程师了解不同类型的动力载荷对结构是如何响应的，并且有助于在其他动力分析中估算求解控制参数等。

通用结构动力学方程为：

$$M\ddot{\mu} + C\dot{\mu} + K\mu = F(t) \quad (32\text{-}6\text{-}187)$$

无阻尼线性结构自由振动的方程为：

$$M\ddot{\mu} + K\mu = \{0\} \quad (32\text{-}6\text{-}188)$$

对于线性系统，自由振动为简谐运动，则：

$$\mu = \boldsymbol{\Phi}_i \sin(\omega_i t + \theta_i) \quad (32\text{-}6\text{-}189)$$

$$\ddot{\mu} = -\omega_i^2 \boldsymbol{\Phi}_i \sin(\omega_i t + \theta_i) \quad (32\text{-}6\text{-}190)$$

将位移和加速度代入式（32-6-188）中，可得无阻尼模态的理论分析方程

$$(K - \omega^2 M)\boldsymbol{\Phi}_i = \{0\} \quad (32\text{-}6\text{-}191)$$

有两种情况可以满足式（32-6-191）中的方程式，分别为：

① $\qquad \boldsymbol{\Phi}_i = 0 \quad (32\text{-}6\text{-}192)$

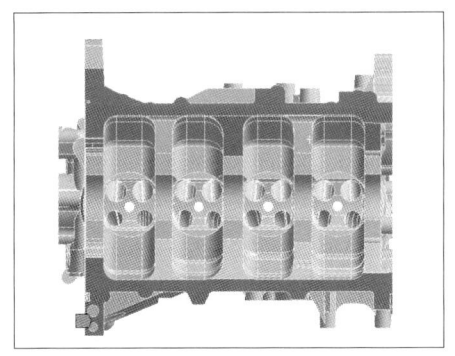

(a) 固定约束示意图

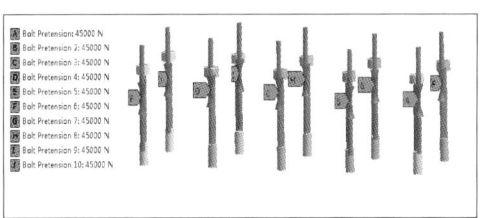

(b) 螺栓预紧力示意图

图 32-6-76　约束与载荷

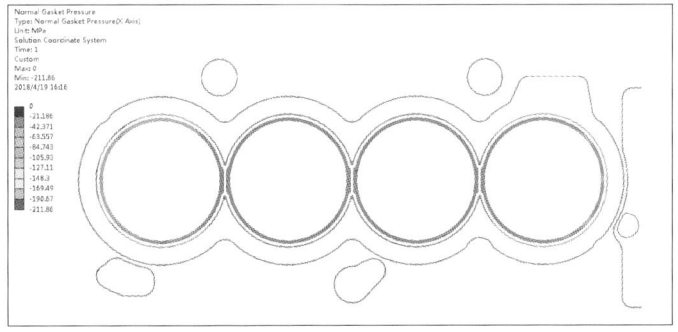

图 32-6-77　结果云图

这种情况表明结构没有振动，不予考虑舍去。

② $\quad\quad\quad K-\omega^2 M\{0\} \quad\quad\quad (32\text{-}6\text{-}193)$

这种情况是一个经典的特征值问题，此方程的特征值为 ω_i^2。该特征值对应的特征向量为 $\boldsymbol{\Phi}_i$。将特征值 ω_i^2 开方后可得到自振圆频率 ω_i（rad·s^{-1}），进而可以求出固有频率为 $f_i = \dfrac{\omega_i}{2\pi}$，其中 f_i 的单位为 Hz。

注意： 上述方程是在一定假设条件下求解的。

① 材料是线弹性材料；
② 使用小挠度理论，并且不包含非线性特性；
③ K 和 M 都是常量；
④ 由于 $C=0$，所以不包含阻尼；
⑤ 由于 $F=0$，所以假设结构没有激励。

模态分析过程与线性静态结构分析过程十分相似，步骤大致可以分为：

① 建模或导入模型；
② 设置材料属性；
③ 定义接触；
④ 划分网格；
⑤ 定义边界条件；
⑥ 设置所需的模态阶数；
⑦ 求解；
⑧ 查看结果。

除了常规的模态分析外，Workbench 还可以计算有预应力的模态分析，在进行预应力模态分析前需要对结构进行静力分析，模型中所包含的接触关系的计算仅与静力分析中的初始状态有关。

（2）模态分析实例

如图 32-6-78 所示为一简易桁架吊车的桁架结构，其总长度为 6m，总宽度由 0.58m，总高度为 0.82m，对其进行模态分析。该桁架结构上部由 4.0mm×80mm×80mm 和 4.0mm×60mm×60mm 的方管组成，下部为 28a 型工字钢，采用焊接方式进行连接，材质均为 Q235A。

桁架两端采用 Supports-Remote Displacement 进行约束，弹性模量为 2.12×10^{11} Pa，泊松比为 0.288。

1）启动 ANSYS Workbench 并建立分析项目

① 启动 ANSYS Workbench。

② 进入 Workbench 后，单击 Save As 按钮，将文件另存为 Truss。

③ 双击主界面 Toolbox（工具箱）中的 Component Systems→Geometry 命令，在 Project Schematic 创建项目 A，如图 32-6-79 所示。

④ 导入模型。用鼠标选中 Geometry 中 A2 栏后在右键弹出的快捷菜单中选择并导入 asm0001.x_t 文件，如图 32-6-80 所示。导入后双击 A2 栏进入 Design Modeler 模块，选择长度单位为 Millimeter 后点击 OK 按钮，然后点击 Generate 按钮，生成模型如图 32-6-81 所示。

⑤ 双击主界面 Toolbox（工具箱）中的 Analysis Systems→Modal，创建模态分析项目 B，并将 A2 直接拖拽到 B3 项即可，如图 32-6-82 所示。

2）添加材料库

① 双击项目 B 中的 B2 栏，进入材料参数设置界面。在界面空白处右击，在弹出的快捷菜单中选择 Engineering Date Sources 命令，在 Engineering Date Sources 表中选择 A*栏，输入 "new materials" 给出文件名并保存到所需位置；在 Outline of new materials 表中选择 A*栏并输入 Q235A，并在左侧 Toolbox 中分别选择 Physical Properties-Density 和 Linear Elasticity-Isotropic Elasticity，按鼠标左键拖放到 Properties of Outline Row 3：Q235A 的属性（Properties）栏中，在属性表中输入 Q235A 钢的相关参数，如图 32-6-83 所示。

② 去掉 Engineering Date Sources 表中 A10 栏 B 列中的 "√" 号，点击弹出菜单中的 "是（Y）"，然后点击 Outline of new materials 表中选择 A3 栏 B 列中的 "+"，完成对新材料 Q235A 钢的添加。

③ 单击 Return to Project 完成材料添加，返回 Workbench 界面中。

说明：在进行材料添加时，要确保勾选 View 菜单中的 Outline、Properties、Table 和 ToolBox，否则相关对话框将不能显示。

3）添加材料属性

① 双击项目 B 中的 B4 Model 栏，进入 Mechanical 界面，在该界面中可以进行网格划分、设置约束、载荷和观察结果等操作。

② 选择 Mechanical 界面左侧 Model（B4）→Geometry 下的 280×124×10_5 和 110_SOLID 两项，单击 Details of "Multiple Selection" 中 Material 下的 Assignment 后的展开按钮，选择 Q235A 即可将其添加到模型中，如图 32-6-84 所示。

4）划分网格

① 选择 Mechanical 界面左侧 Model（B4）→Mesh 选项，此时可在 Details of "Mesh" 表中修改网格设置参数，如图 32-6-85 所示，将 Defaults-Relevance 设置为 50，其余采用默认设置。

② 在左侧 Mesh 选项上右击，在弹出的快捷菜单中选择 Generate Mesh 命令，此时会弹出网格划分进度显示条，表示网格正在划分。网格划分完成后，进度条自动消失，划分结果如图 32-6-86 所示。

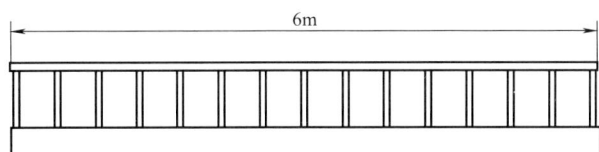
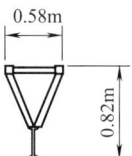

图 32-6-78 桁架结构图

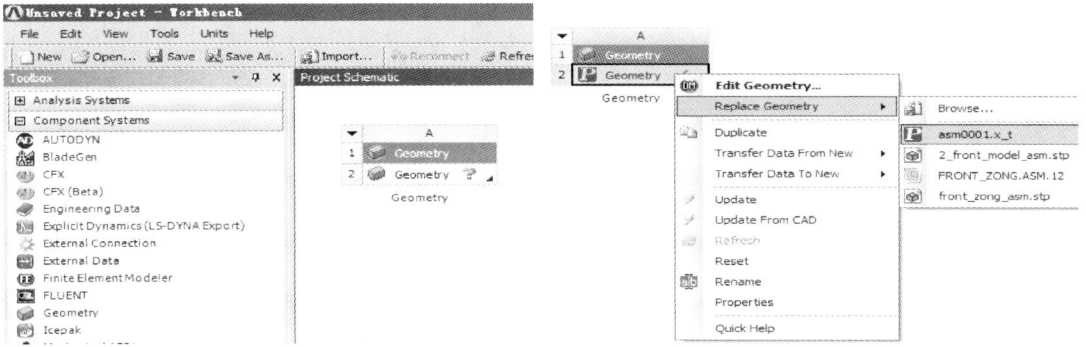

图 32-6-79 创建项目 A　　　　　　　　　图 32-6-80 导入模型

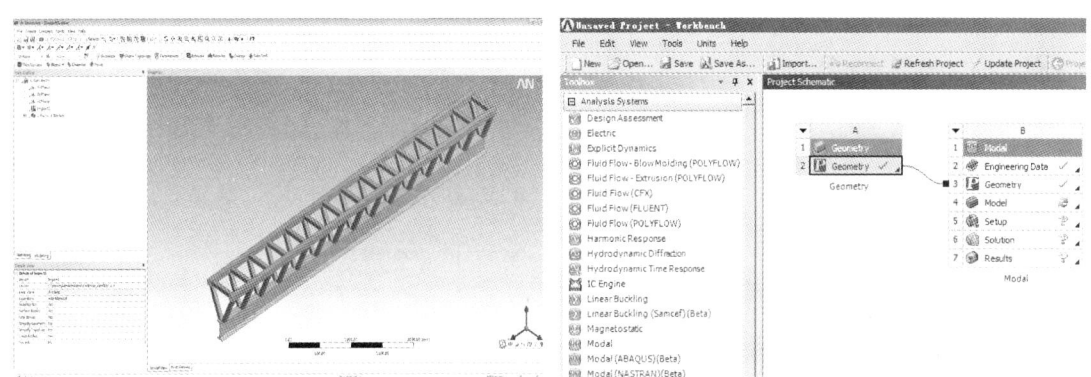

图 32-6-81 进入 Design Modeler 模块　　　　　图 32-6-82 创建项目 B

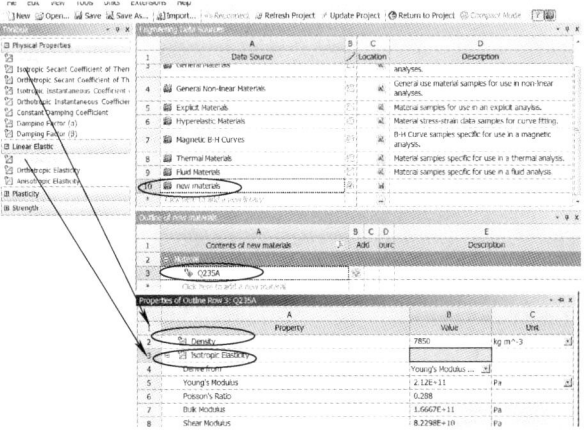

图 32-6-83 材料属性设置

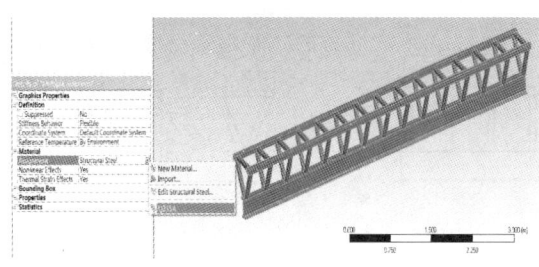

图 32-6-84 设置材料界面

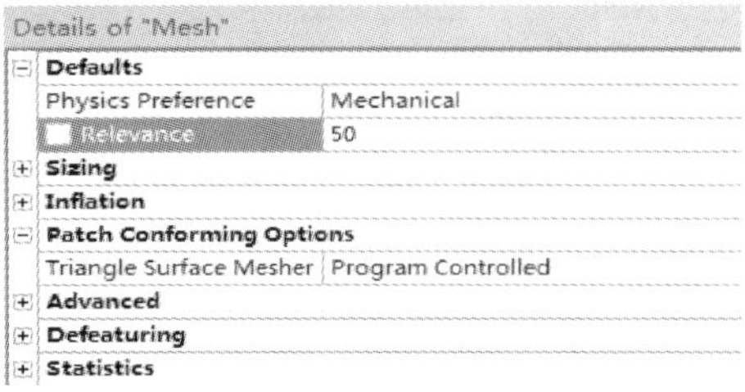

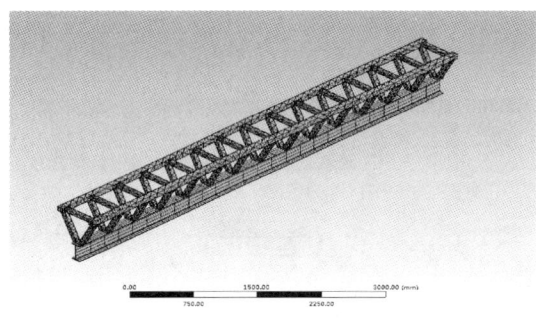

图 32-6-85 "Mesh"设置界面

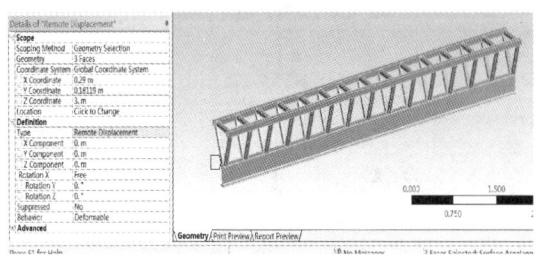

图 32-6-86 划分网格

5) 施加载荷与约束

① 选择 Mechanical 界面左侧 Modal（B5）选项，此时会出现 Environment 工具栏，选择 Environment 工具栏中的 Supports→Remote Displacement 命令，然后选择桁架梁一端的三个面，点击 Details of "Remote Displacement"表中 Scope→Geometry→Apply，并将 Details of "Remote Displacement"表中 Definition 下的三个平动自由度设置为零，绕 Y、Z 轴的转动自由度也设置为零，如图 32-6-87 所示。

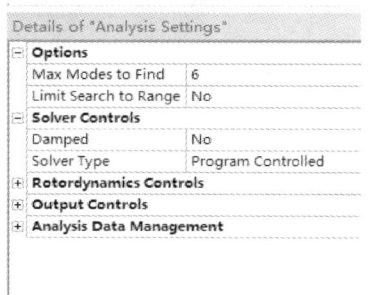

图 32-6-87 设置一端约束

② 同步骤 2，选择桁架梁另一端的三个面，并将 X、Y 轴的平动自由度设置为零，Y、Z 轴的转动自由度设置为零。

③ 在 Mechanical 界面左侧 Modal（B5）选项右击，在弹出的快捷菜单中选择 Solve 命令求解。

6) 分析设置 选择 Mechanical 界面左侧 Modal（B5）→ Analysis Settings 选项，在 Details of "Analysis Settings"表中将 Max Modes to Find 项设置为 6 即可，如图 32-6-88 所示。

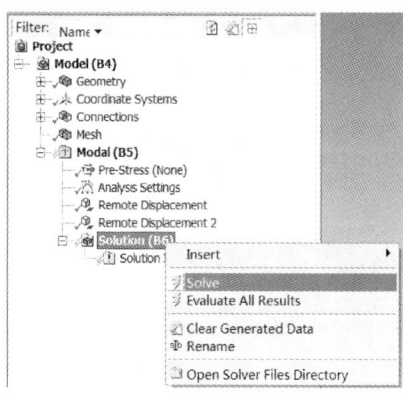

图 32-6-88 Analysis Settings 界面

7) 求解 在 Solution（B6）选项上右击，在弹出的快捷菜单中选择 Solve 命令，如图 32-6-89 所示，此时会弹出求解状态进度显示条，求解完成后，进度条自动消失。

图 32-6-89 求解 Solve 界面

8) 结果后处理

① 选择 Mechanical 界面左侧 Solution（B6）选项，可查看生成的前 6 阶固有频率结果，如图 32-6-90 所示，在 Tabular Date 表中的空白部分鼠标右键单击，弹出的快捷菜单中选择 Select All 选项，再在空白处右击选择快捷菜单中的 Create Mode Shape Results 选项，生成六阶模态分析项，如图 32-6-91所示。

② 选择 Mechanical 界面左侧 Solution（B6）选项，右键单击，在弹出的快捷菜单中选择 Evaluate

All Results 选项，生成模态分析结果如图 32-6-92～图 32-6-97 所示。

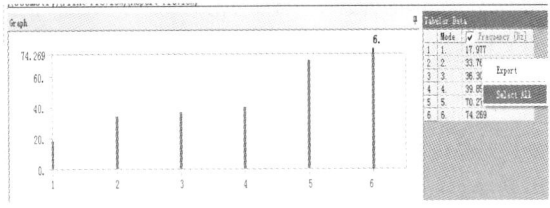

图 32-6-90　前 6 阶固有频率结果

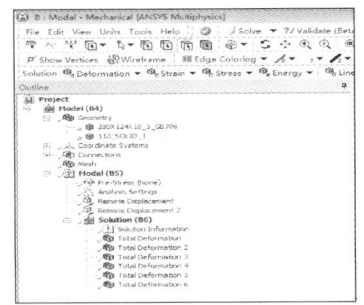

图 32-6-91　生成结果

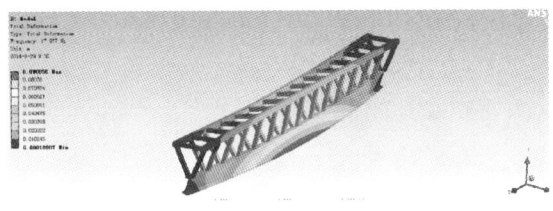

图 32-6-92　一阶模态

图 32-6-93　二阶模态

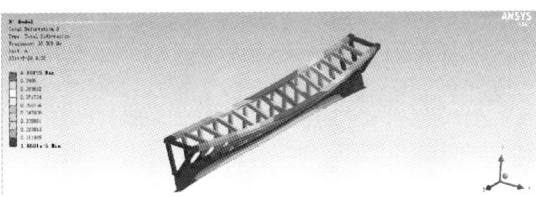

图 32-6-94　三阶模态

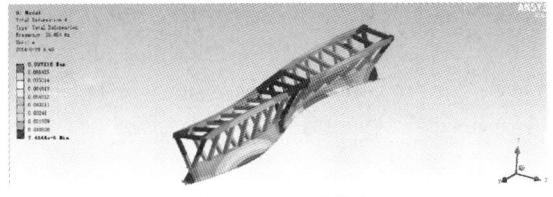

图 32-6-95　四阶模态

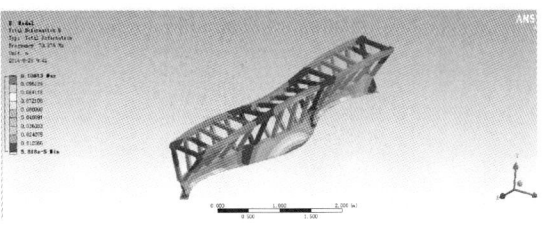

图 32-6-96　五阶模态

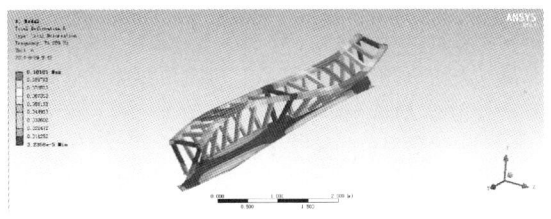

图 32-6-97　六阶模态

9）保存与退出

① 单击 Mechanical 界面右上角的关闭按钮，退出 Mechanical 返回到 Workbench 主界面，此时主界面中的分析项目均已完成，如图 32-6-98 所示。

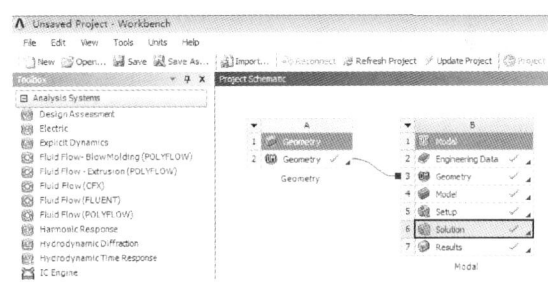

图 32-6-98　项目全部完成

② 在 Workbench 主界面中单击常用工具栏中的 Save 按钮，保存分析结果。然后单击右上角的关闭按钮，退出 Workbench 主界面，完成项目分析。

6.4.2.2　瞬态分析

（1）基本知识

瞬态动力学分析（也称时间历程分析）是用于确定承受任意的随时间变化载荷的结构的动力学响应的一种方法。可以用瞬态动力学分析确定结构在静载荷、瞬态载荷和简谐载荷的任意组合下的随时间变化的位移、应变、应力及力。载荷和时间的相关性使得惯性力和阻尼作用比较显著。

瞬态动力学的基本运动方程是：

$$M\ddot{u} + C\dot{u} + Ku = F(t) \qquad (32\text{-}6\text{-}194)$$

式中　M——质量矩阵；

C——阻尼矩阵；
K——刚度矩阵；
$\ddot{u}$——节点加速度向量；
$\dot{u}$——节点速度向量；
u——节点位移向量。

瞬态动力学分析中包含静力分析、刚体动力分析等内容，它包含各种连接、各类载荷和约束支撑等内容，其中很重要的一个概念是时间步长。时间步长是从一个时间点到另一个时间点的增量，它决定了求解的精确度，因而其数值应仔细选取，起码要小到足够获取动力响应频率。一般来说初始值可设为：$\Delta t = 1/20f$，f 是所关心的响应频率。

在分析模型中既可以有变形体也可以有刚体：对于变形体，其材料属性需要输入密度、泊松比和弹性模量。变形体可划分网格，刚体不能划分网格；对于刚体部件，应用时要注意线体（梁）不能设为刚体。另外对于多体零部件，只能全部设为刚体，刚体材料属性只需要输入密度。

（2）瞬态动力学有限元分析实例——热压机上板受力分析

图 32-6-99 为热压机上板三维模型示意图，零件由 SolidWorks 软件绘制完成。

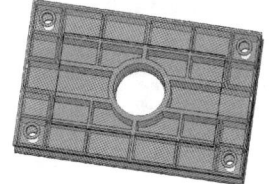

(a) 热压机上板上端面　　(b) 热压机上板下端面
(模型上板设为透明显示)

图 32-6-99　热压机上板三维模型示意图

热压机上板中间孔的下端面上在 0～2s 时间内受 0～25.9Pa 的压力，并保持 1s 的时间。上端面和下端面的四个圆柱孔的端面上施加 Z 方向的约束，圆柱孔的内圆柱面受 X 方向和 Y 方向的水平约束，在热压机工作过程中试求其变形是否小于 0.5mm，并查看其应力分布。材料属性参数为：弹性模量为 2.0×10^{11} Pa，泊松比为 0.3，密度为 7850 kg·m^{-3}。

1）Workbench 分析开始准备工作　指定工作文件名。选取 File→Save，弹出"另存为"对话框，在"文件名"项输入工作文件名，单击 OK 按钮完成工作文件名的定义。

2）建立瞬态力模块　选取 Toolbox→Analysis Systems→Transient Structural 模块，用鼠标拖至 Project Schematic，如图 32-6-100 所示。

3）定义材料属性　双击 Engineering Data 项，在弹出的 Outline of Schematic A2；Engineering Data 窗口中将 Material 项目中名称改为 Q235；在 Properties of Outline Row3；Q235 项目中的 Density 项输入 7 850，Young's Modulus 项输入 2e11，Posson's Ratio 项输入 0.3，如图 32-6-101 所示。完成选择后，单击主菜单中 Refresh Project，再单击 Return to Project，返回图 32-6-100 所示界面。

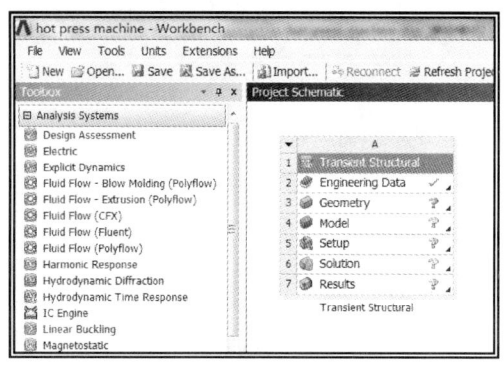

图 32-6-100　添加瞬态力模块

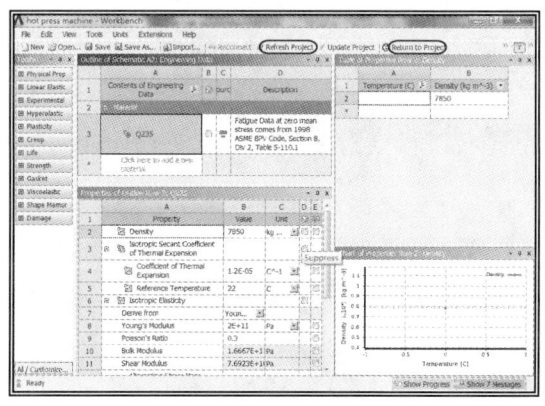

图 32-6-101　定义材料属性

4）导入三维实体模型并设置系统单位

① 模型导入。右键单击 Geometry 项，单击 Import Geometry→Browse，导入文件（文件名为 changjin9）。双击 Setup 进入 Mechanical［ANSYS Multiphysics］界面，如图 32-6-102 所示。

② 选定工作单位。在 Mechanical［ANSYS Multiphysics］界面中选取 Units→Metric（mm，kg，N，s，mV，mA）。

5）设置模型材料属性　单击 Outline→Project→Model（A4）→Geometry→changjin9。将 Details of "changjin9"对话框中的 Assignment 项设置为 Q235。

6）划分网格　选择 Outline→Project→Model（A4），右键单击 Mesh，单击左键选取 Insert→Meth-

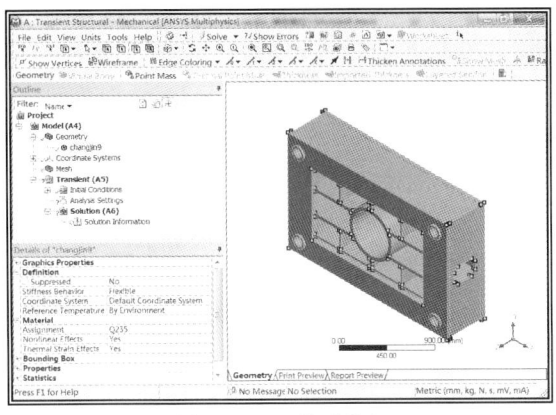

图 32-6-102　模型导入

od。在 Details of "Automatic Method"-Method 对话框中 Geometry 项目选择为实体模型；在 Method 项目中选择 Hex Dominant。

第二次右键单击 Mesh，单击左键选取 Sizing，将 Details of "Body Sizing"-Sizing 对话框中 Element Size 项设置为 50mm。

第三次右键单击 Mesh，单击左键选取 Generate Mesh，完成模型的网格划分，如图 32-6-103 所示。

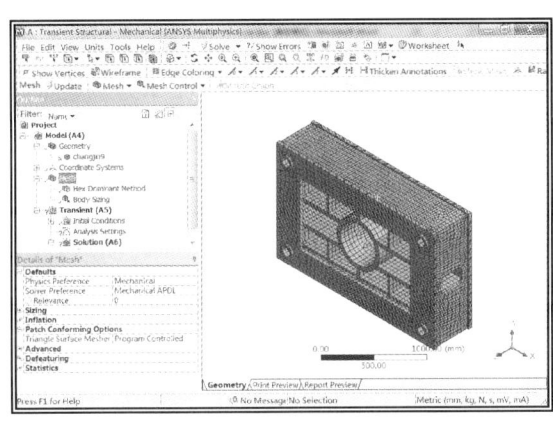

图 32-6-103　划分网格

7) 设置模型载荷及边界条件　选择 Outline→Project→Model（A4）→Transient（A5），左键单击 Analysis Settings，将 Details of "Analysis Settings" 对话框中的 Step End Time 项设置为 3s，将 Auto Time Stepping 项设置为 Off，将 Define By 项设置为 Substeps，将 Number of Substeps 项设置为 10，如图 32-6-104 所示。

选择 Outline→Project→Model（A4），右键单击 Transient（A5），左键单击 Insert→Pressure，将 Details of "Pressure" 对话框中 Geometry 项目选择为模型下板中间孔圆柱端面；在 Magnitude 项目中设置 Tabular Data，将 Tabular Data 中的各项数值设置为如图 32-6-105 所示。

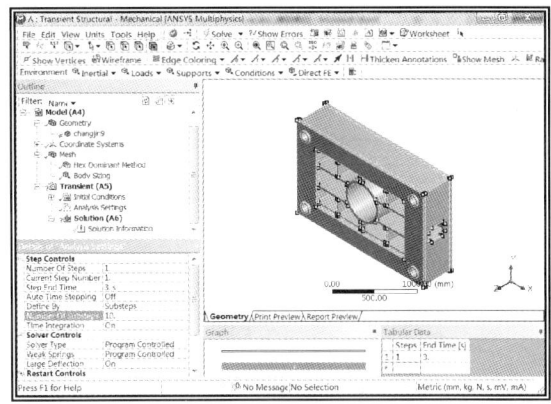

图 32-6-104　定义瞬态加载步

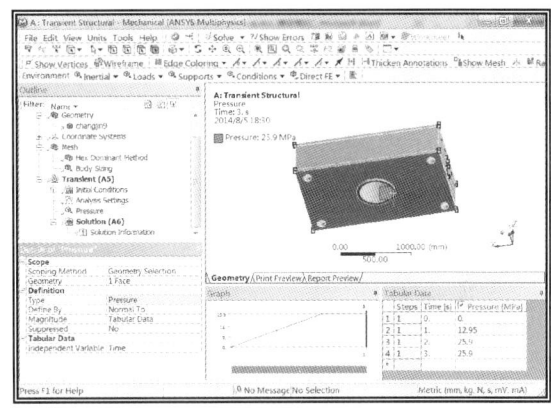

图 32-6-105　定义模型载荷

第二次右键单击 Transient（A5），左键单击 Insert→Displacement，将 Details of "Displacement" 对话框中 Geometry 项目选择为模型上下面四周孔的端面（共 8 个），在 Z Component 项中输入 0，其他项为默认，如图 32-6-106 所示。

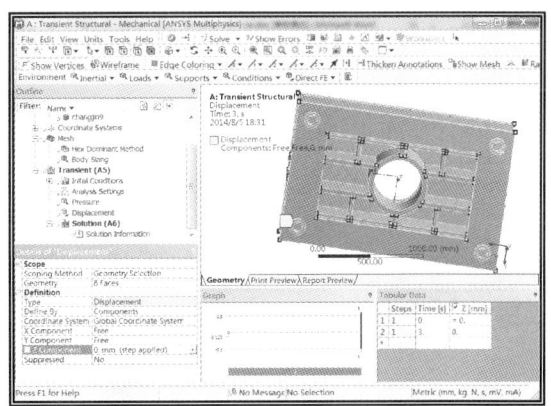

图 32-6-106　定义模型 Z 向约束

第三次右键单击 Transient（A5），左键单击

Insert→Displacement,将 Details of "Displacement2" 对话框中 Geometry 项目选择为模型上下面四周孔的内表面(共 8 个),在 X Component、Y Component 项中均输入 0,其他项为默认,如图 32-6-107 所示。

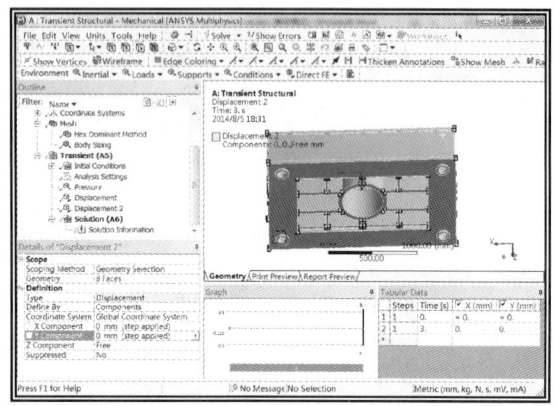

图 32-6-107 定义模型 X,Y 方向约束

8) 设置模型求解项 选择 Outline→Project→Model(A4)→Transient(A5),右键单击 Solution(A6),左键单击 Insert→Deformation→Total。

第二次右键单击 Solution(A6),左键单击 Insert→Stress→Equivalent(von-Mises)。

第三次右键单击 Solution(A6),左键单击 Solve 进行求解。模型形变云图见图 32-6-108,应力云图见图 32-6-109。选择 Outline→Project→Model(A4)→Transient(A5)→Solution(A6)→Total Defermation,在 Details of "Total Defermation"对话框中的 Display Time 项设置需要查询的时间,右键再次单击 Solution(A6)→Total Defermation,左键单击 Retrieve This Result 得到该时间的温度云图。

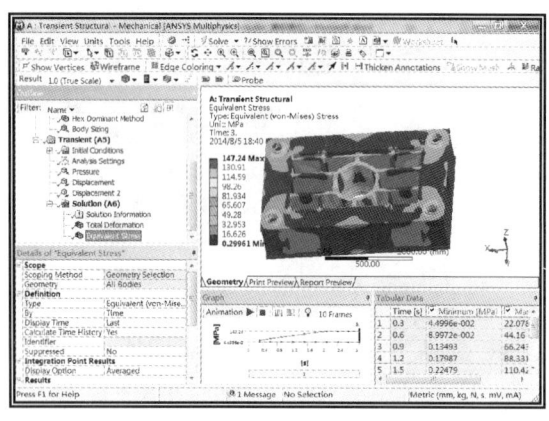

图 32-6-108 模型形变云图

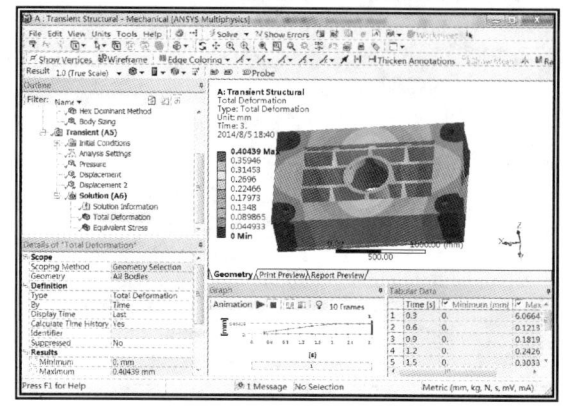

图 32-6-109 模型应力云图

6.4.2.3 热分析

(1) 基本知识

热分析用于研究结构在热载荷下的热响应。一般而言,工程上通常关心的是结构的温度和热流率量,同时也能得到热通量。它在许多工程应用中扮演重要角色,如内燃机、涡轮机、换热器等的热量的获取或损失、热梯度及热流密度(热通量)等。

ANSYS 热分析领域有两种:稳态传热、瞬态传热。

由物理学定律可知,通用非线性热平衡矩阵方程为:

$$C(T)\dot{T}+K(T)T=Q(T,t) \quad (32\text{-}6\text{-}195)$$

式中 t——时间;
T——温度矩阵;
C——比热容矩阵(热容);
K——热传导矩阵;
Q——热流率载荷向量。

系统中的净热流率为 0,即流入系统的热量加上系统自身产生的热量等于流出系统的热量:$q_{流入}$ + $q_{生成}$ − $q_{流出}$ = 0,则系统处于热稳态,在热稳态分析中任一节点的温度不随时间变化。稳态热分析的能量平衡方程为:

$$KT=Q \quad (32\text{-}6\text{-}196)$$

式中 K——热传导矩阵,包含热导率、对流系数及辐射率和形状系数;
T——节点温度向量;
Q——节点热流率向量,包含热生成。

瞬态传热过程是指一个系统的加热或冷却过程。在这个过程中的系统的温度、热通率、热边界条件以及系统内能随时间都有明显变化。瞬态热平衡可以表达为:

$$C\dot{T} + KT = Q \qquad (32\text{-}6\text{-}197)$$

式中 K——热传导矩阵，包含热导率、对流系数及辐射率和形状系数；

C——比热容矩阵，考虑内能的增加；

T——节点温度向量；

$\dot{T}$——温度对时间的导数；

Q——节点热流率向量，包含热生成。

ANSYS 热分析包括热传导、热对流及热辐射三种热传递方式，通常又称为自然界中热量传递的三种基本方式。此外，它还可以分析相变、有内热源和接触热阻等问题。

热传导是当物体内部存在温度梯度时，热量会从物体的高温部分传到低温部分。严格来说，只有在固体中才能出现纯粹的热传导，因为其指物理的介质之间无宏观运动的传热现象。在气体和液体中，即使它们是处于静止状态，其中也会由于温度梯度造成的密度差而发生介质流动。热对流源于流体运动，流体中温度不同的各部分流体之间由于发生相对运动而将热量从一处带到另一处的热现象，即通过介质的运动来传递热量，其主要发生在气体和液体中。热辐射是通过电磁波（或光子流）的方式传播能量的过程，它是在真空中传热的唯一方式，因为其传播不需要介质。

(2) 稳态热有限元分析案例

案例——水晶玻璃杯温度有限元分析

图 32-6-110 为水晶玻璃杯模型示意图。零件由三维 CAD 软件 SolidWorks 绘制完成。试求水晶玻璃杯在装满热水时（热水温度恒定，忽略其散热）杯体的最终温度示意。

图 32-6-110 水晶玻璃杯模型示意图

杯中热水温度为 85℃，杯子外表面处于正常室温（22℃）下，水晶玻璃热导率为 $1.6\text{W}\cdot\text{m}^{-1}\cdot\text{K}^{-1}$，空气对流传热系数为 $5\text{W}\cdot\text{m}^{-2}\cdot\text{℃}^{-1}$。

1) Workbench 分析开始准备工作　指定工作文件名。选取 File→Save，弹出"另存为"对话框，在"文件名"项输入工作文件名，本例中输入的工作文件名为 steady state thermal，单击 OK 按钮完成工作文件名的定义。

2) 建立稳态热模块　选取 Toolbox→Analysis Systems→Steady-State Thermal 模块，用鼠标拖至 Project Schematic，如图 32-6-111 所示。

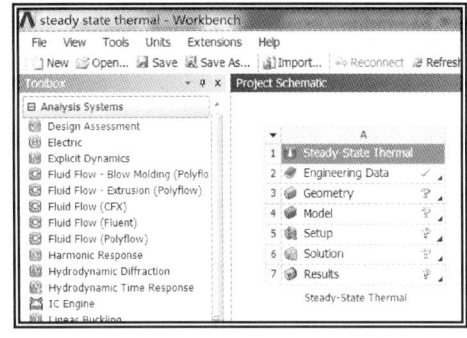

图 32-6-111 建立稳态热模块

3) 定义材料属性　双击 Engineering Data 项，在弹出的 Outline of Schematic A2：Engineering Data 窗口中将 Material 项目中名称改为 Crystal；将 Properties of Outline Row3：crystal 项目中的 Isotropic Thermal Conductivity 项输入 1.6，如图 32-6-112 所示。完成选择后，单击主菜单中 Refresh Project，再单击 Return to Project，返回图 32-6-111 所示的界面。

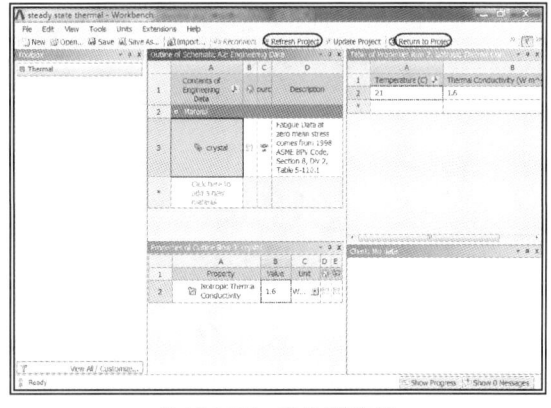

图 32-6-112 定义材料属性

4) 导入三维实体模型并设置系统单位

① 模型导入。右键单击 Geometry 项，单击 Import Geometry→Browse，在弹出的"打开"窗口中选择"shuibei"模型，单击打开。双击 Setup 进入 Mechanical［ANSYS Multiphysics］界面。

② 选定工作单位。在 Mechanical［ANSYS Multiphysics］界面中选取 Units→Metric（mm, kg, N, s、mV、mA)。

5) 设置模型材料属性 单击 Outline→Project→Model(A4)→ Geometry → shuibei。将 Details of "shuibei" 对话框中的 Assignment 项设置为 crystal, 如图 32-6-113 所示。

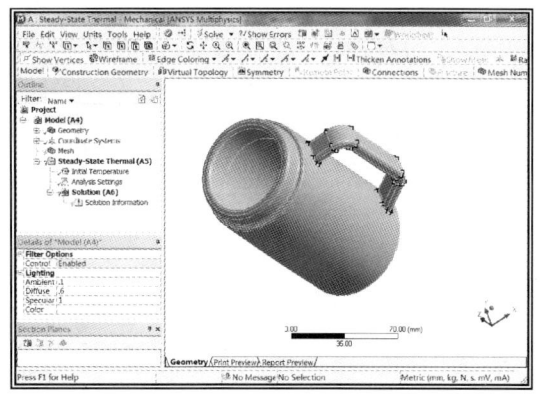

图 32-6-113 定义模型材料属性

6) 划分网格 选择 Outline→Project→Model(A4), 右键单击 Mesh, 单击左键选取 Insert→Method。在 Details of "Automatic Method" -Method 对话框中将 Geometry 项目选择为实体模型; 在 Method 项目中选择 Hex Dominant。

第二次右键单击 Mesh, 单击左键选取 Sizing, 将 Details of "Body Sizing" -Sizing 对话框中 Element Size 项设置为 4mm。

第三次右键单击 Mesh, 单击左键选取 Generate Mesh, 完成模型的网格划分, 如图 32-6-114 所示。

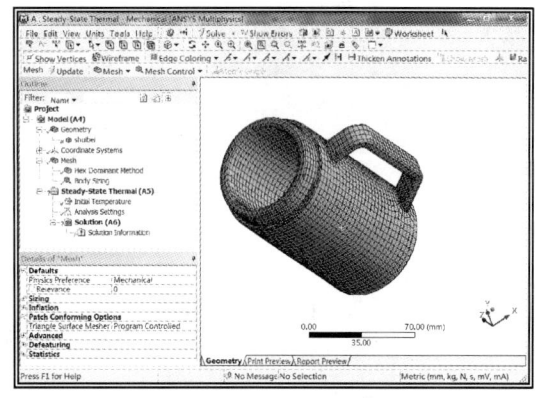

图 32-6-114 划分网格

7) 设置模型载荷及边界条件 选择 Outline→Project→Model(A4), 右键单击 Stead-State Thermal(A5), 左键单击 Insert→Temperature, 将 Details of "Temperature" 对话框中 Geometry 项目选择为模型内侧表面与内底面; 在 Magnitude 项目中输入 85 ℃, 如图 32-6-115 所示。

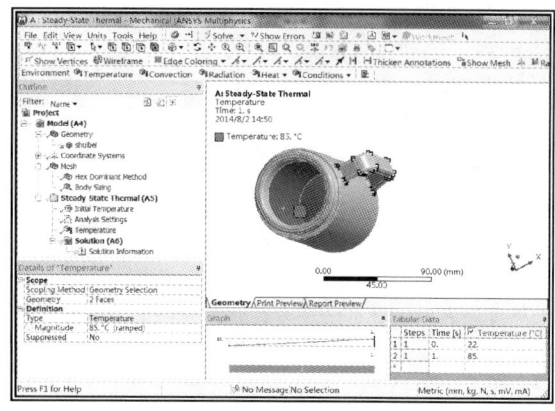

图 32-6-115 定义模型载荷

再次右键单击 Stead-State Thermal(A5), 左键单击 Insert→Convection, 将 Details of "Convection" 对话框中 Geometry 项目选择为模型外表面(除去上步选的两个内表面的所有外表面); 在 Film Coefficient 项目中单击右侧黑色小三角选择 Import (第二个), 在 Import Convection Data 窗口中选择 Stagnant Air-Simplified Case 一项, 单击 OK 按钮, 如图 32-6-116 所示。

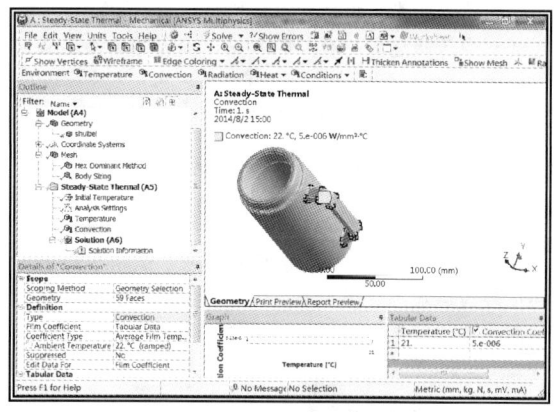

图 32-6-116 定义模型边界条件

8) 设置模型求解项 选择 Outline→Project→Model(A4)→ Stead-State Thermal (A5), 右键单击 Solution(A6), 左键单击 Insert→Thermal→Temperature。

第二次右键单击 Solution(A6), 左键单击 Insert→Thermal→Total Heat Flux。

第三次右键单击 Solution(A6), 左键单击 Solve 进行求解。模型温度云图见图 32-6-117, 热流量云图见图 32-6-118。

查看杯体内部温度: 在菜单中选择 New Section Plane 按钮, 在模型上任意画一条直线, 将杯体剖开, 查看温度云图及热流量云图, 如图 32-6-119 和图 32-6-120 所示。

(3) 瞬态热有限元分析案例

案例 1——水晶玻璃杯温度有限元分析（初始条件非稳态）

水晶玻璃杯模型示意图见图 32-6-110。

在室温状态下用时 1s 向水晶玻璃杯中倒满 85℃ 的热水，经过 2s 停留，将杯中热水全部倒出用时仍为 1s，分析在这一过程中，杯体的温度变化情况。

杯中热水温度为 85℃，杯子外表面处于正常室温 (22℃) 下，水晶玻璃热导率为 $1.6 W \cdot m^{-1} \cdot K^{-1}$，杯子材料密度为 $2900 kg \cdot m^{-3}$，材料的比热容为 $722 J \cdot kg^{-1} \cdot ℃^{-1}$，空气对流传热系数为 $5 W \cdot m^{-2} \cdot ℃^{-1}$。

1) Workbench 分析开始准备工作　启动 ANSYS Workbench，指定工作路径和文件名。

2) 建立瞬态热模块　选取 Toolbox→Analysis Systems→transient thermal 模块，用鼠标拖至 Project Schematic，如图 32-6-121 所示。

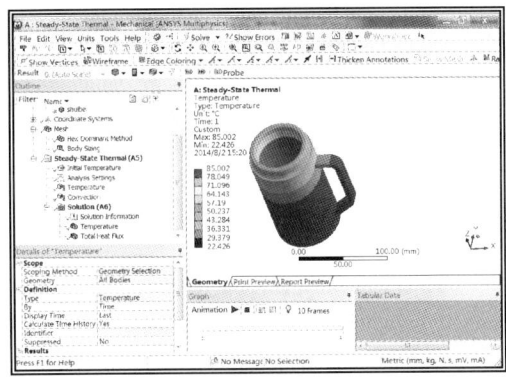

图 32-6-117　模型温度云图

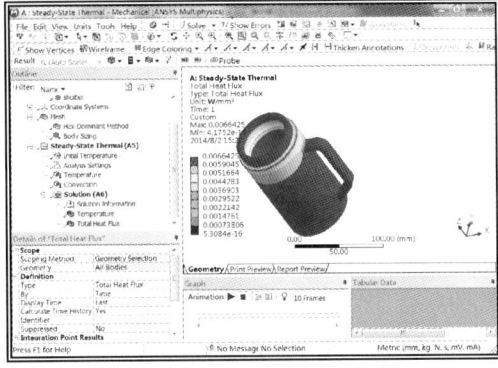

图 32-6-118　模型热流量云图

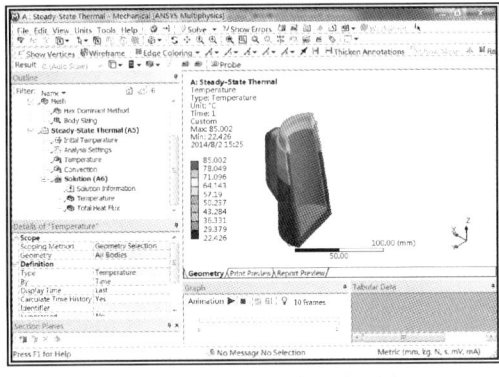

图 32-6-119　模型内部温度云图

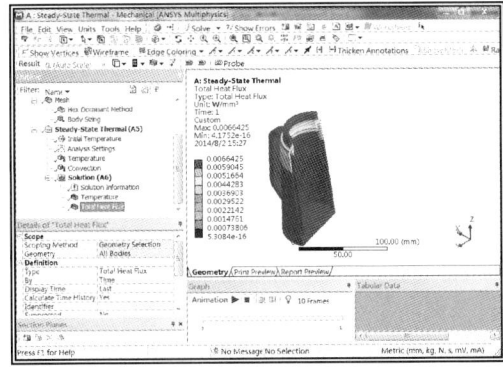

图 32-6-120　模型内部热流量云图

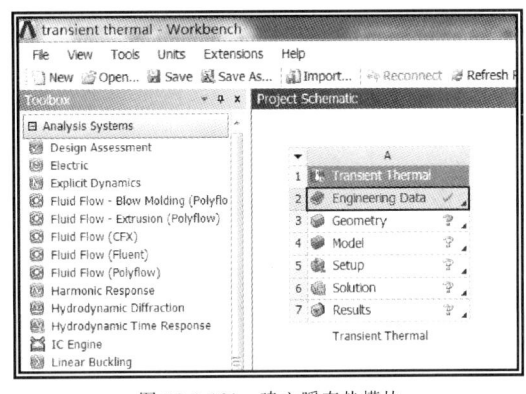

图 32-6-121　建立瞬态热模块

3) 定义材料属性　双击 Engineering Data 项，在弹出的 Outline of Schematic A2：Engineering Data 窗口中将 Material 项目中名称改为 Crystal；在 Properties of Outline Row3：crystal 项目中的 Density 项输入 2900，Isotropic Thermal Conductivity 项输入 1.6，Specific Heat 项输入 722，如图 32-6-122 所示。完成选择后，单击主菜单中 Refresh Project，再单击 Return to Project，返回图 32-6-121 所示的界面中。

4) 导入三维实体模型并设置系统单位

① 模型导入。右键单击 Geometry 项，单击 Import Geometry→Browse，在弹出的"打开"窗口中选择"shuibei"模型，单击打开。双击 Setup 进入 Mechanical [ANSYS Multiphysics] 界面。

② 选定工作单位。在 Mechanical [ANSYS Multiphysics] 界面中选取 Units→Metric（mm，kg，N，s，mV，mA）。

5) 设置模型材料属性　单击 Outline→Project→Model（A4）→Geometry→shuibei。将 Details of

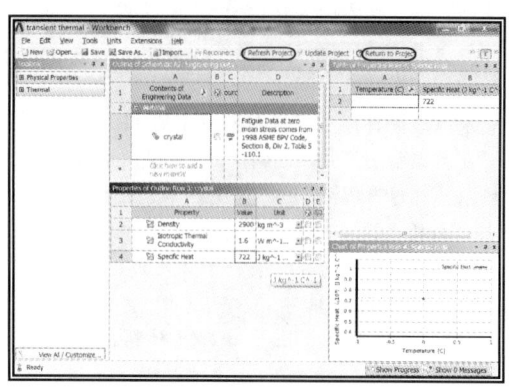

图 32-6-122 定义材料属性

“shuibei”对话框中的 Assignment 项设置为 crystal。

6）划分网格 选择 Outline→Project→Model（A4），右键单击 Mesh，单击左键选取 Insert→Method。在 Details of “Automatic Method”-Method 对话框中将 Geometry 项目选择为实体模型；在 Method 项目中选择 Hex Dominant。

第二次右键单击 Mesh，单击左键选取 Sizing，将 Details of “Body Sizing”-Sizing 对话框中 Element Size 项设置为 4mm。

第三次右键单击 Mesh，单击左键选取 Generate Mesh，完成模型的网格划分，如图 32-6-123 所示。

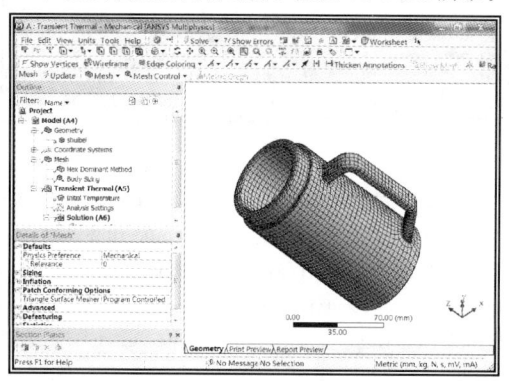

图 32-6-123 划分网格

7）设置模型载荷及边界条件 选择 Outline→Project→Model（A4）→Transient Thermal（A5），左键单击 Analysis Settings，将 Details of “Analysis Settings”对话框中的 Step End Time 项设置为 4s，将 Auto Time Stepping 项设置为 Off，将 Define By 项设置为 Substeps，将 Number of Substeps 项设置为 40。

选择 Outline→Project→Model（A4），右键单击 Transient Thermal（A5），左键单击 Insert→Temperature，将 Details of “Temperature”对话框中 Geometry 项目选择为模型内侧表面与内底面；在 Magnitude 项目中设置 Tabular Data，将 Tabular Data 中的各项数值设置为如图 32-6-124 所示。

Tabular Data

	Steps	Time [s]	Temperatu
1	1	0.	22.
2	1	1.	85.
3	1	2.	85.
4	1	3.	85.
5	1	4.	22.

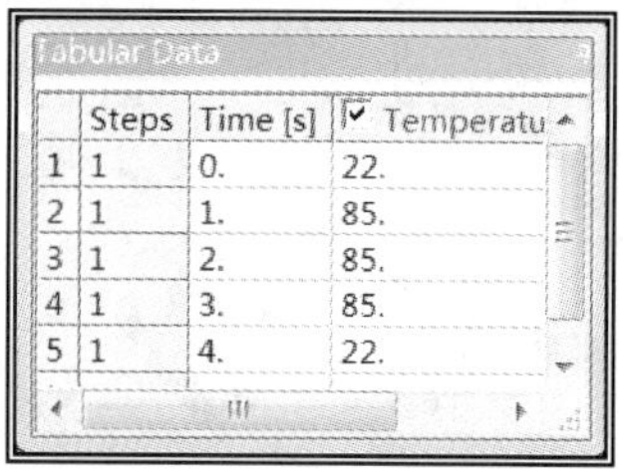

图 32-6-124 定义数值

再次右键单击 Transient Thermal（A5），左键单击 Insert→Convection，将 Details of “Convection”对话框中的 Geometry 项目选择为模型外表面（除去上步选择的两个内表面的所有外表面）；在 Film Coefficient 项目中单击右侧黑色小三角选择 Import（第二个选项），在 Import Convection Data 窗口中选择 Stagnant Air-Simplified Case 一项，单击 OK 按钮，如图 32-6-125 所示。

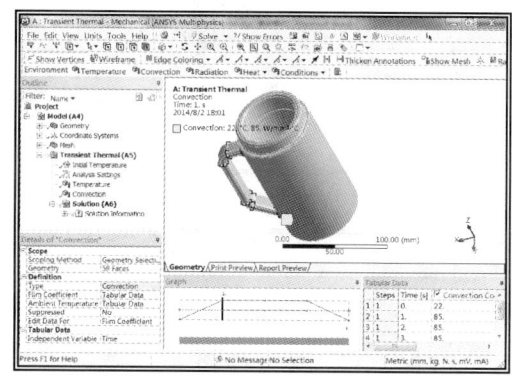

图 32-6-125 定义模型边界条件

8）设置模型求解项 选择 Outline→Project→Model（A4）→Transient Thermal（A5），右键单击 Solution（A6），左键单击 Insert→Thermal→Temperature。

第二次右键单击 Solution（A6），左键单击 Insert→Thermal→Total Heat Flux。

第三次右键单击 Solution（A6），左键单击 Solve 进行求解。模型温度云图见图 32-6-126，热流量云图见图 32-6-127。选择 Outline→Project→Model（A4）→Transient Thermal（A5）→Solution（A6）→Temperature，在 Details of “Temperature”对话框中的 Display Time 项设置需要查询的时间，右键再次单击 Solution（A6）→Temperature，左键单击 Retrieve This Result 得到该时间的温度云图。

查看杯体内部温度：在菜单中选择 New Section Plane 按钮，在模型上任意画一条直线，将杯体剖开，查看温度云图及热流量云图，如图 32-6-128 和 32-6-129 所示。

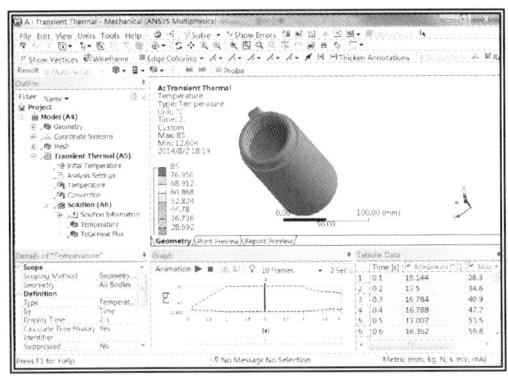

图 32-6-126　模型温度云图

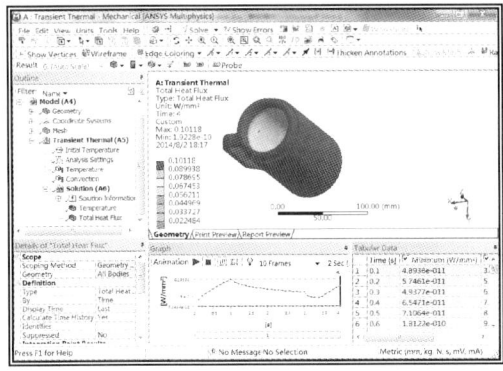

图 32-6-127　模型热流量云图

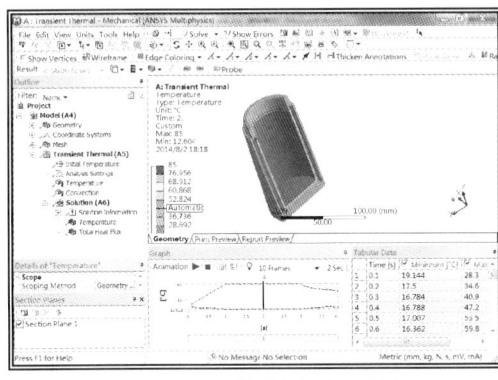

图 32-6-128　模型内部温度云图

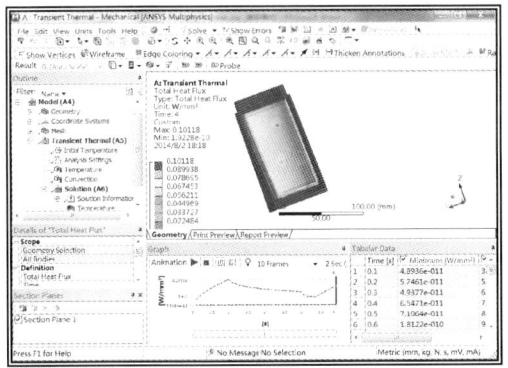

图 32-6-129　模型内部热流量云图

案例 2——水晶玻璃杯温度有限元分析（初始条件为稳态）

水晶玻璃杯模型示意图见图 32-6-110。

水晶玻璃杯中事先装满 85℃ 的热水，待杯体温度稳定 1s 后，用 1s 的时间将杯中热水全部倒出，查看这两个过程及杯中水全部倒出后 1s 杯体的温度变化情况。

杯中热水温度为 85℃，杯子外表面处于正常室温（22℃）下，水晶玻璃热导率为 $1.6W \cdot m^{-1} \cdot K^{-1}$，杯子材料密度为 $2900kg \cdot m^{-3}$，材料的比热容为 $722J \cdot kg^{-1} \cdot ℃^{-1}$，空气对流传热系数为 $5W \cdot m^{-2} \cdot ℃^{-1}$。

1) Workbench 分析开始准备工作　打开稳态热分析文件，在已做完的稳态分析的基础上进行瞬态分析，完成瞬态热分析以稳态为初始条件。

2) 建立瞬态热模块　选取 Toolbox→Analysis Systems→Transient Thermal 模块，用鼠标拖至 Project Schematic→Steady-State Thermal 中的 Solution 一项，如图 32-6-130 所示。本例中模型、划分网格及系统单位沿用 Steady-State Thermal 模块分析中已设定完成的。

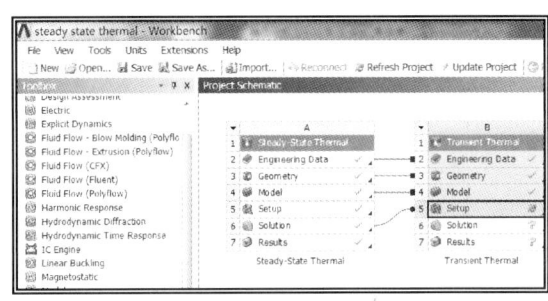

图 32-6-130　建立瞬态热模块

3) 定义材料属性　双击 Steady-State Thermal 中 Engineering Data 项，在 Properties of Outline Row3：crystal 项目中的 Density 项输入 2900，Specific Heat 项输入 722，如图 32-6-131 所示。完成选择后，单击主菜单中 Refresh Project，再单击 Return to Project，返回图 32-6-130 所示界面。双击 Transient Thermal 模块中 Setup 进入 Mechanical [ANSYS Multiphysics] 界面。

4) 设置模型载荷及边界条件　选择 Outline→Project→Model（A4，B4）→Transient Thermal（B5），左键单击 Analysis Settings，将 Details of "Analysis Settings" 对话框中的 Step End Time 项设置为 3s，将 Auto Time Stepping 项设置为 Off，将 Define By 项设置为 Substeps，将 Number of Substeps 项设置为 30。

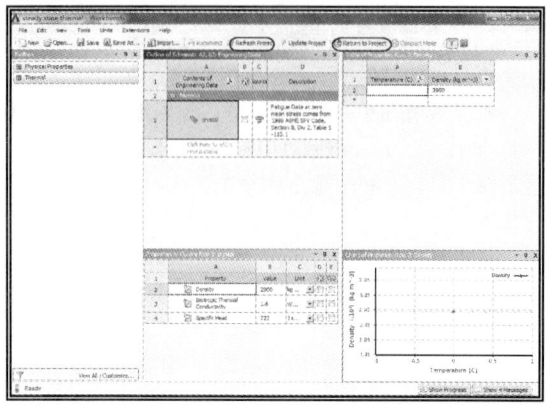

图 32-6-131　定义材料属性

选择 Outline→Project→Model（A4，B4）→Steady-State Thermal（A5）中的 Temperature 一项，用鼠标拖至 Transient Thermal（B5）模块，将 Details of “Temperature” 对话框中 Magnitude 项目设置为 Tabular Data，将 Tabular Data 中的各项数值设置为如图 32-6-132所示。同理将 Steady-State Thermal（A5）中 Convection 一项，用鼠标拖至 Transient Thermal（B5）模块中。完成图见图 32-6-133。

Tabular Data

	Steps	Time [s]	Temperature
1	1	0.	85.
2	1	1.	85.
3	1	2.	22.
4	1	3.	22.
*			

图 32-6-132　定义温度数值

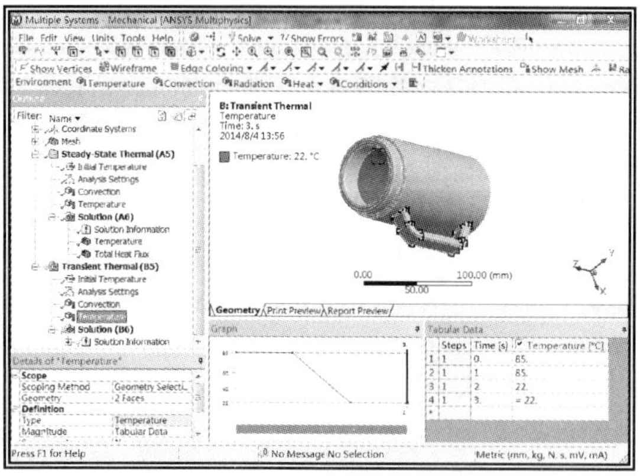

图 32-6-133　定义模型载荷及边界条件

5）设置模型求解项　同理将 Steady-State Thermal（A5）→Solution（A5）一项中的 Temperature 和 Total Heat Flux，用鼠标拖至 Transient Thermal（B5）→Solution（B5）模块中。右键单击 Transient Thermal（B5）→Solution（B5），左键单击 Solve 进行求解。模型温度云图见图 32-6-134，热流量云图见图 32-6-135。查看杯体内部温度：在菜单中选择 New Section Plane 按钮，在模型上任意画一条直线，将杯体剖开，查看温度云图及热流量云图，如图 32-6-136 和图 32-6-137 所示。

查看结果方法同本章瞬态有限元分析（初始条件非稳态）案例。

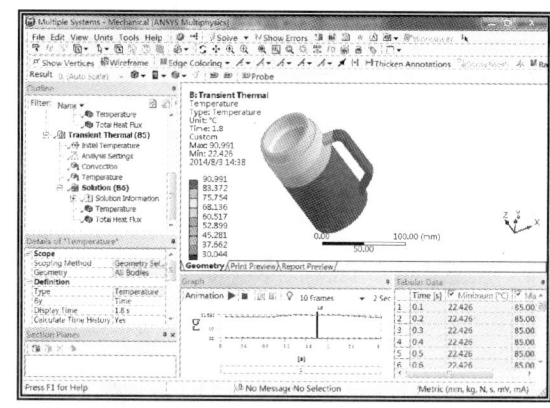

图 32-6-134　模型温度云图

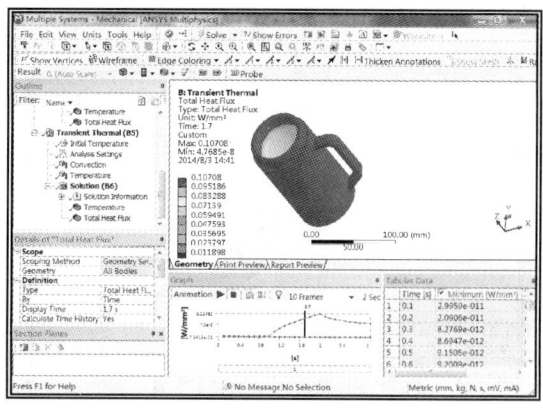

图 32-6-135　模型热流量云图

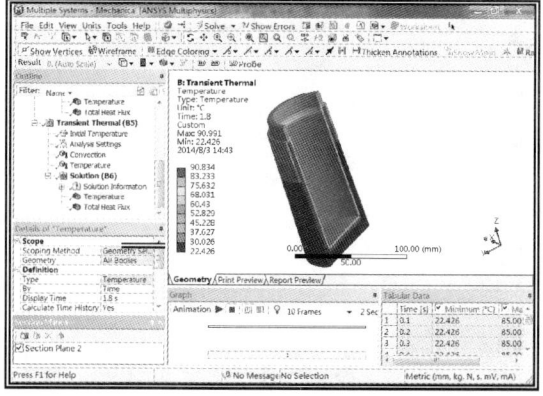

图 32-6-136　模型内部温度云图

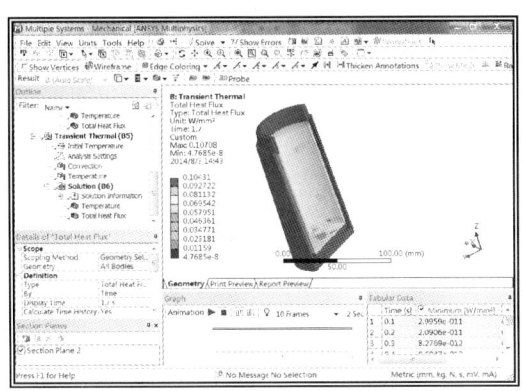

图 32-6-137　模型内部热流量云图

6.4.2.4　流体动力学分析

计算流体动力学（computer fluid dynamics，CFD）的基本原理是数值求解控制流体流动的微分方程，从而得到流场在连续区域上的离散分布，进而近似模拟流体流动情况。ANSYS Workbench 软件的流体动力学分析程序有 ANSYS CFX 和 ANSYS FLUENT 两种，各有优点。

(1) CFD 简介

计算流体动力学（CFD）是流体力学的一个分支，它通过计算机模拟获得某种流体在特定条件下的有关信息，实现用计算机代替试验装置完成"计算试验"，为工程技术人员提供实际工况下模拟仿真软件的操作平台，已广泛应用于航空航天、热能动力、土木水利、汽车工程、铁道、船舶工业、化学工程、流体机械、环境工程等领域。

1) CFD 基础　CFD 是通过计算机数值计算和图像显示，对包含有流体流动和热传导等相关物理现象的系统所做的分析。CFD 的基本思想可以归结为：把原来在时间域及空间域上连续的物理量的场，如速度场和压力场，用一系列有限个离散点上的变量值的集合来代替，通过一定的原则和方式建立起关于这些离散点上场变量之间关系的代数方程组，然后求解代数方程组获得场变量的近似值。

CFD 程序内部实际是利用计算机求解各种守恒控制偏微分方程组的技术。因为 CFD 涉及流体力学（湍流力学）、数值方法乃至计算机图形学等多学科，且因问题的不同，模型方程与数值方法也会有所差别。通过 CFD 分析，可以分析并显示流程中发生的现象，并且在比较短的时间内，能预测流程性能并通过改变各种参数达到最佳设计效果。工程上经 CFD 分析后，可以深刻地理解问题产生机理，指导实验，从而节省所需人力、物力和时间，并有助于整理实验结果和总结规律等。

CFD 计算的理论基础是以下几组基本方程。

① 质量守恒方程。质量守恒定律是自然界的守恒定律之一，在 CFD 中可以表述为：控制体中质量增加等于流入的质量减去流出的质量，若用数学表达其连续方程为：

$$\frac{\partial \rho}{\partial t} + \nabla(\rho \vec{V}) = 0 \quad (32\text{-}6\text{-}198)$$

CFD 中的质量守恒定律可以用图 32-6-138 形象地表达。

图 32-6-138　质量守恒

② 动量守恒方程。动量守恒定律在 CFD 中可以表述为：净力等于增加动量增加率加上流出的动量减去流入的动量，若用数学表达其连续方程为：

$$\frac{\partial(\rho \vec{V})}{\partial t} + \nabla(\rho \vec{V} \cdot \vec{V}) = \rho \vec{F} + \nabla \vec{\tau} \quad (32\text{-}6\text{-}199)$$

其中：$\vec{\tau} = -p\vec{I} + \vec{\tau}^*$，则上式可写成

$$\frac{\partial(\rho \vec{V})}{\partial t} + \nabla(\rho \vec{V} \cdot \vec{V} + p\vec{I}) = \rho \vec{F} + \nabla \vec{\tau}^*$$

$$(32\text{-}6\text{-}200)$$

式中　$\vec{\tau}^*$——黏性应力张量。

动量守恒方程亦称作 N-S 方程，也是牛顿运动定律在流体力学中的表述。动量守恒可以用图 32-6-139 来形象地表达。

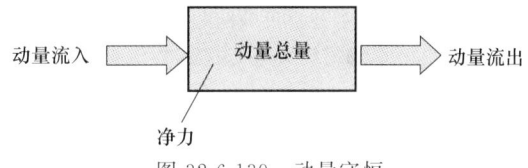

图 32-6-139　动量守恒

③ 能量守恒方程。能量守恒在 CFD 中可以表述为：流入热量减去输出功率等于内部能力变化率加上流出的焓减去流入的焓，若用数学表达其连续方程为：

$$\frac{\partial E}{\partial t} + \nabla(E \vec{V}) = \rho \vec{F} \cdot \vec{V} - \nabla \vec{q} + \nabla(\vec{\tau} \cdot \vec{v})$$

$$(32\text{-}6\text{-}201)$$

式中　$\nabla(\vec{\tau} \cdot \vec{v}) = -\nabla(p\vec{V}) + \nabla(\vec{\tau}^* \cdot \vec{v})$

$$\nabla \vec{q} = \nabla(k\nabla T)$$

$$\frac{\partial E}{\partial t} + \nabla[(E+p)\vec{V}] = \rho \vec{F} \cdot \vec{V} + \nabla(k\nabla T) + \nabla(\vec{\tau}^* \cdot \vec{V})$$

$$E = \frac{p}{\gamma - 1} + \frac{\rho^2}{2}$$

能量守恒方程实际是热力第一定律在流体力学中的表述。能量守恒可以用图 32-6-140 来形象地表达。

图 32-6-140 能量守恒

以上三组方程是 CFD 计算的理论基础，三组守恒的表达式以不同阶次偏微分方程形式描述，对于这类方程理论解通常只有一些简单情况、具有简单的边界条件时才能获得。然而流动方程通常是复杂和非线性的，一般情况下是无法求解理论结果（解析解）的，故必须借助于近似的离散方法，如有限元、有限体或有限差分原理求得数值解。

CFD 可以认为是在流动基本方程（质量守恒方程、动量守恒方程、能量守恒方程）控制下对流动的数值模拟。通过这种数值模拟，我们可以得到极其复杂问题的流场内各个位置上的基本物理量（如速度、压力、温度、浓度等）的分布，以及这些物理量随时间的变化情况，确定旋涡分布特性、空化特性及脱流区等。还可据此算出相关的其他物理量，如旋转式流体机械的转矩、水力损失和效率等。此外，与 CAD 联合，还可进行结构优化设计等。

2）CFD 流体数值模拟步骤

采用 CFD 的方法对流体流动进行数值模拟，通常包括如下步骤：

① 建立反映工程问题或物理问题本质的数学模型。具体地说就是要建立反映问题各个量之间关系的微分方程及相应的定解条件，这是数值模拟的出发点。如果没有正确完善的数学模型，数值模拟就毫无意义。流体的基本控制方程通常包括质量守恒方程、动量守恒方程、能量守恒方程，以及这些方程相应的定解条件。

② 寻求高效率、高准确度的计算方法，即建立针对控制方程的数值离散化方法，如有限差分法、有限元法、有限体积法等。这里的计算方法不仅包括微分方程的离散化方法及求解方法，还包括贴体坐标的建立、边界条件的处理等。这些内容，可以说是 CFD 的核心。

③ 编制程序和进行计算。这部分工作包括计算网格划分、初始条件和边界条件的输入、控制参数的设定等。这是整个工作中花时间最多的部分。由于求解的问题比较复杂，比如 Navier-stokes 方程就是一个十分复杂的非线性方程，数值求解方法在理论上不是绝对完善的，所以需要通过实验加以验证。正是从这个意义讲，数值模拟又叫数值试验。应该指出，这部分工作不是轻而易举就可以完成的。

④ 显示计算结果。计算结果一般通过图表等方式显示，这对检查和判断分析质量和结果有重要参考意义。

以上这些步骤构成了 CFD 数值模拟的全过程。其中数学模型的建立是理论研究的课题，一般由理论工作者完成。不擅长 CFD 的其他专业研究人员使用 ANSYS CFD 软件也能够轻松地进行流体动力学的数值计算。

(2) ANSYS Workbench CFD 分析实例

现有一工程管道，在管道的中间有一个阀门（图 32-6-141）。工作时，管道中流动的流体为水，进口端水的速度为 1m/s，试分析管道中的流场（要求采用 CFX 和 Fluent 来模拟）。

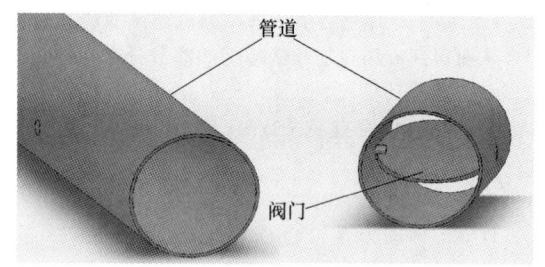

图 32-6-141 管道结构示意图

解题过程：

1）启动 Workbench 并建立分析项目

① 启动 ANSYS Workbench，进入主界面。

② 进入 Workbench 后，单击工具栏中的 Save as 按钮，将文件另存为 Pipe-cfd。

③ 双击主界面 Toolbox（工具箱）中的 Analysis Systems→Fluid Flow（CFX）选项，即可在 Project Schematic（项目管理区）创建分析项目 A，如图 32-6-142 所示。

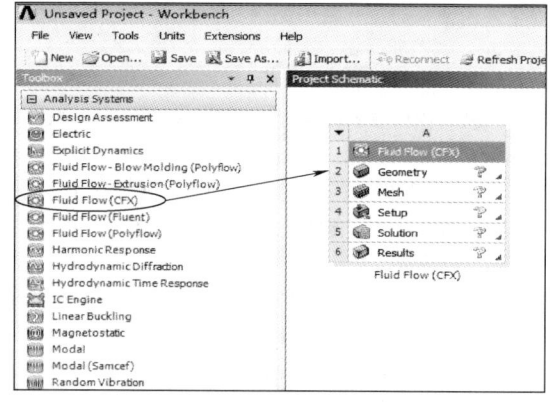

图 32-6-142 创建分析项目 A

2) 导入几何模型

① 在 A2 栏 Geometry 项上单击右键，在弹出的快捷菜单中选择 Import Geometry→Browse 命令，如图 32-6-143 所示，此时会出现"文件打开"对话框。

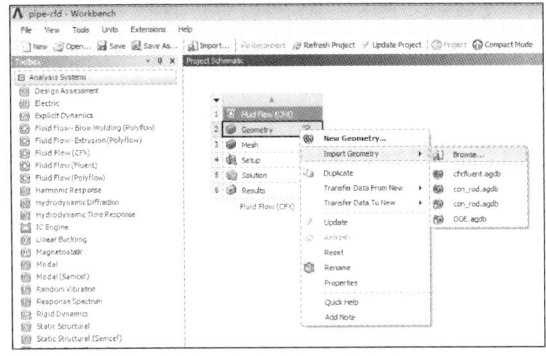

图 32-6-143　导入几何体

② 选择光盘源文件中的 pipe.agdb，并单击"打开"按钮，将管道几何模型导入 Workbench 中。

3) 进入 Mechanical，准备好流体模型

① 双击 A3 栏 Mesh，进入 Mechanical 环境。

② 双击树形目录中的 Geometry 分支，用鼠标同时（选择时，按住键盘 Ctrl 键）选中 Geometry 下方的固体部件管道（pipe）和阀门（value），之后单击右键，在弹出的快捷菜单中选中 Suppress Body（抑制），最后只剩下流体域（water），如图 32-6-144 所示。

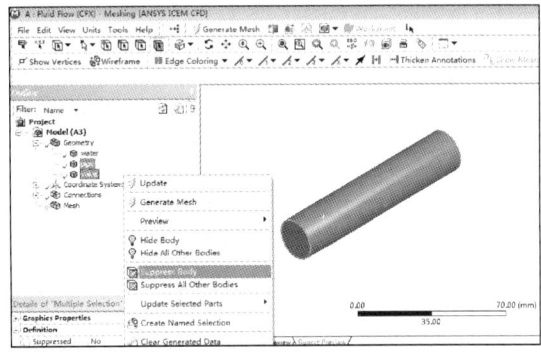

图 32-6-144　流体模型

③ 部件命名。

a. 为了在后面的 CFD 分析过程中操作方便，可以对一些部件命名。操作时先在过滤器工具条中将鼠标过滤为面，然后用鼠标在屏幕中直接选中（左键单击）Z 轴最大值处的端面，再单击右键，在弹出的快捷菜单中选中 Create Named Selection（如图 32-6-145 所示），然后再随后弹出的对话框中输入 inlet（代表流体流入面），单击 OK 按钮（如图 32-6-146 所示），完成流体流入面的命名。

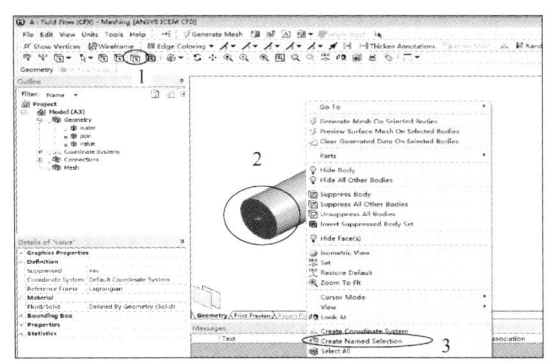

图 32-6-145　命名 Z 轴最大值处的端面

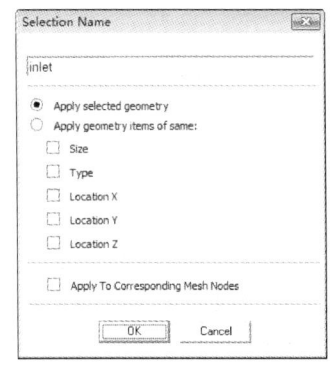

图 32-6-146　输入命名为 inlet

b. 同样，单击左键，选中 Z 轴最小值处的端面，将其命名为 outlet（代表流体流出面）。

c. 同样，选择阀门与流体水接触面处的共 14 个面命名为 FSI。

为了便于操作，可以先将圆柱面隐藏，即先用鼠标在屏幕中选中外圆柱面，单击右键，在弹出的快捷菜单中选中 Hide Face（s）（如图 32-6-147 所示），这样流体中间部分就完全暴露出来了，接下来将工具条中鼠标的选择方式改成 Box Select（如图 32-6-148 所

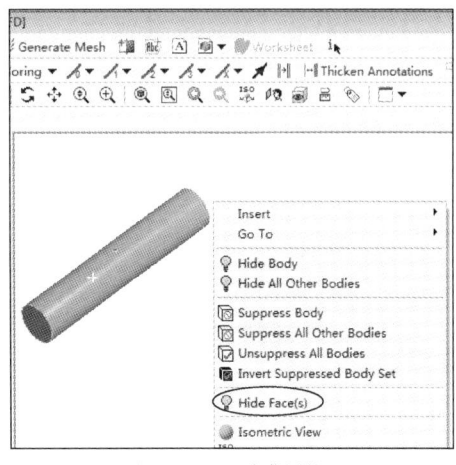

图 32-6-147　隐藏圆柱面

示）框选方式，再在屏幕中用框选方式选中阀门与流体接触处的共 14 个面。

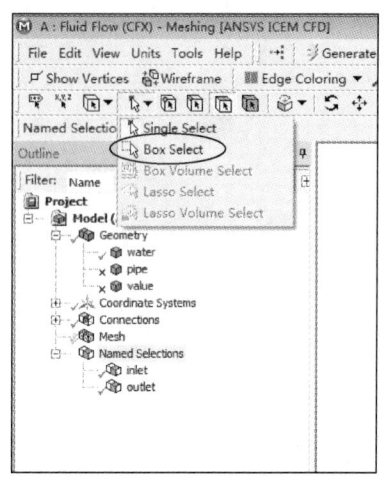

图 32-6-148　更改鼠标的选择方式

注意：此处使用框选方式时鼠标要从左拖到右的方向框选，如果方向相反，即从右拖至左的方式框选，则会将与鼠标框选窗口边界相交的所有表面都选中。实际操作中可体会一下这两种不同的框选顺序产生的不同结果。

d. 选中 14 个面后，同前述操作一样，即单击右键，在弹出的快捷菜单中选中 Create Named Selection，然后在弹出的对话框中输入 FSI 并单击 OK 按钮，完成 FSI 的命名。

e. 最后将工具栏中鼠标的选择方式再改回习惯上的 Single Select（单选）方式并用鼠标在屏幕中任意空的位置单击右键，在弹出的快捷菜单中选中 Show Hidden Faces（显示隐藏的面）。

④ 网格划分。单击目录树的 Mesh 分支，在属性管理器中 Sizes 项设置为 Coarse（因本例主要是 CFD 操作过程演示，故网格划分得较粗糙），然后再右键单击目录树的 Mesh 分支，在弹出的快捷菜单中选择 Generate Mesh，完成流体模型的网格划分。操作过程见图 32-6-149。

至此，流体模型准备完毕。单击主菜单 File→Save Project 保存工程，再单击 Mechanical 界面右上角的关闭按钮，返回 Workbench 主界面。

4）进入 CFX 的前处理

① 在 Workbench 界面中，单击 A3 栏（Mesh），再单击右键，在弹出的快捷菜单中选中 Update（更新），如图 32-6-150 所示，则 Mesh 栏右边的图标由闪电符号 变成 符号。

② 双击 A4 栏（Setup），进入 CFX 的前处理环境。

③ 确定 CFX 中的分析类型。操作时先双击树形窗口中的 Analysis Type，再在随后弹出的对话框中选中 Steady State（稳态分析），如图 32-6-151 所示，单击 OK 按钮确认。

④ 确定流体介质。操作时先双击树形窗口中的 Default Domain 项，再在随后弹出的对话框中单击 Basic Settings（基本设置）并确定流体介质是水，然后单击 Fluid Models（流体模型），设定如图 32-6-152 所示的参数，其余参数采用默认值，单击 OK 按钮确认。

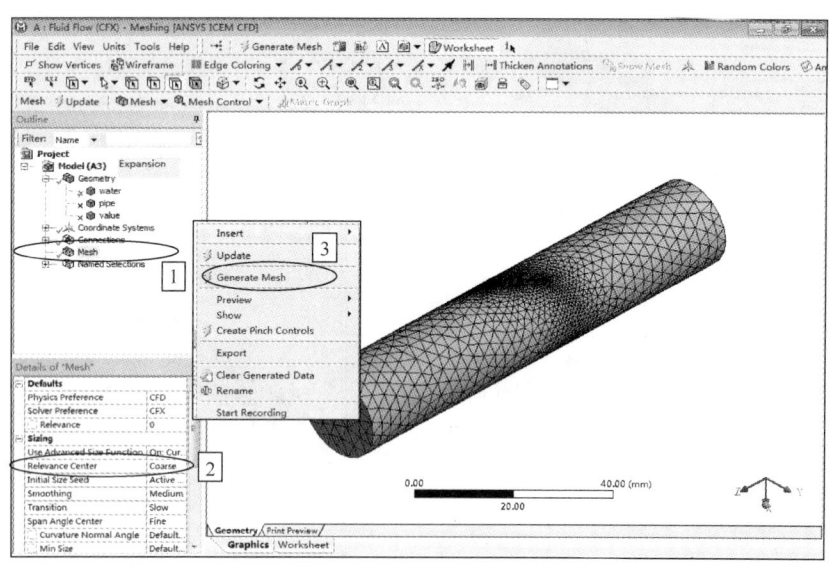

图 32-6-149　网格划分

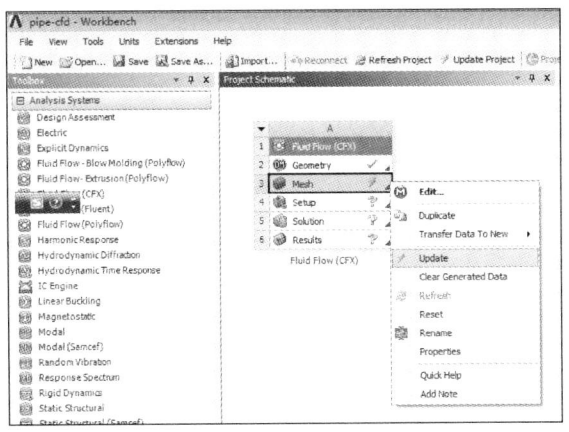

图 32-6-150　更新 Mesh

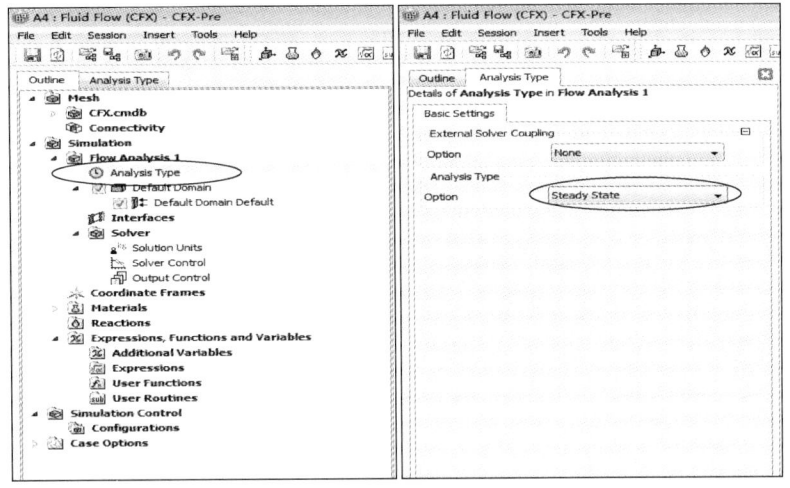

图 32-6-151　确定分析类型

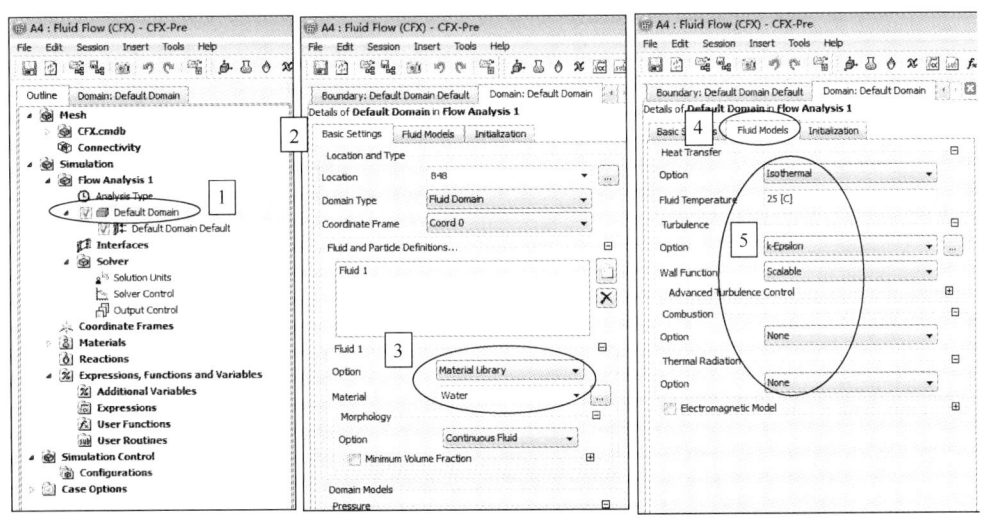

图 32-6-152　确定流体介质

⑤ 设定边界条件。

a. 设置进水口。操作时先用鼠标选中工具栏中的创建边界的图标，然后在弹出的对话框中输入创建的边界名为 inlet 并单击 OK 按钮（如图32-6-153

所示），再在详细栏中单击 Basic Settings（基础设置）并确定 Boundary Type（边界条件的类型）是 inlet（进口），Location（所在的位置）就是上面命名的 inlet，再用鼠标单击 Boundary Details（边界详细设置）项，输入进口速度大小为 1m/s，其余参数如图 32-6-154 所示，单击 OK 按钮确认。

b. 设置出水口。操作与步骤 a 相同，即先用鼠标选中工具栏中的创建边界的图标 ，然后在弹出的对话框中输入创建的边界名为 outlet 并单击 OK 按钮。再在详细栏中单击 Basic Settings（基础设置）并确定 Boundary Type（边界条件的类型）为 Opening，Location（所在的位置）为 outlet（如图 32-6-155 所示），再用鼠标单击 Boundary Details（边界详细设置）项，相对压力为 0MPa，其余参数如图 32-6-156 所示，单击 OK 按钮确认。

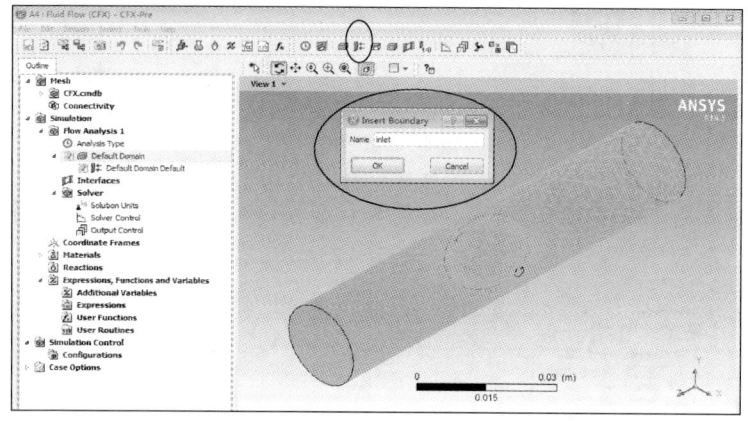

图 32-6-153　确定进水口

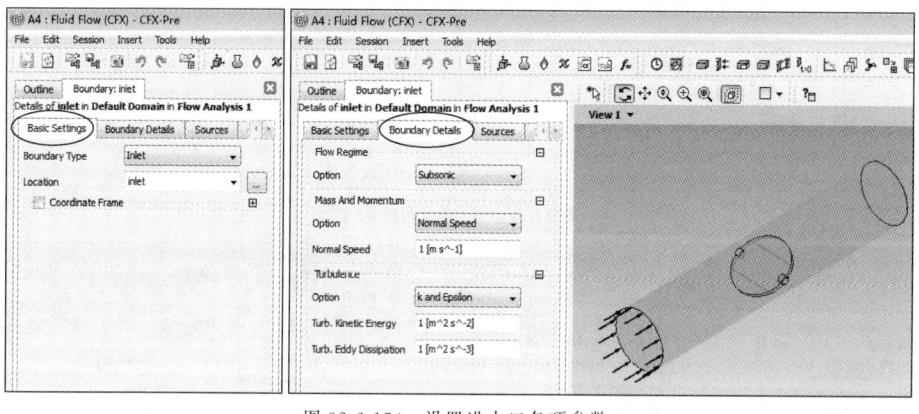

图 32-6-154　设置进水口各项参数

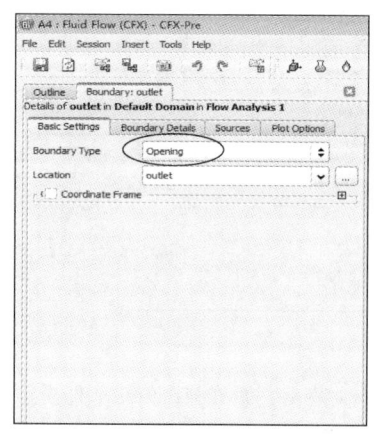

图 32-6-155　确定出水口

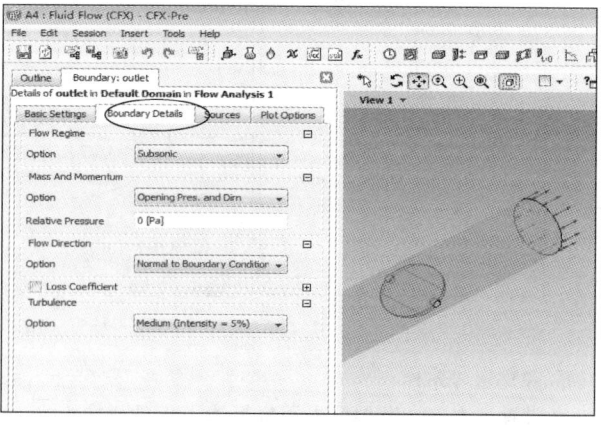

图 32-6-156　设置出水口各项参数

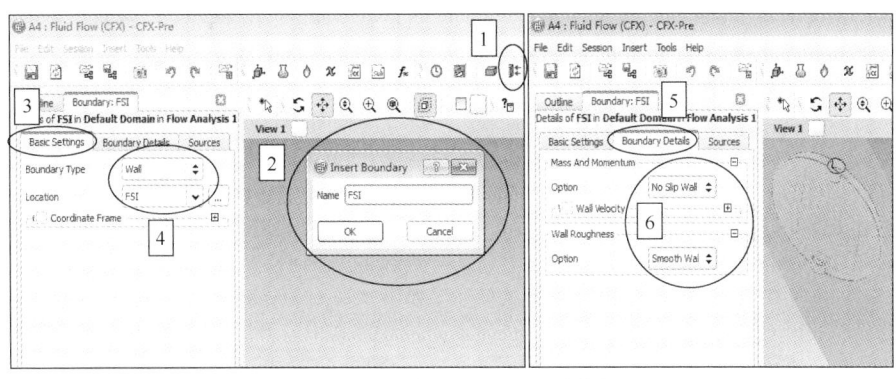

图 32-6-157 命名 FSI 并设置其参数

c. 设置 FSI（即阀门和流体的接触面处）。操作与前述设置进水口和出水口的过程相同。命名为 FSI，边界条件的类型 Boundary Type 为 Wall（墙），位置 Location 为 FSI。具体操作过程如图 32-6-157 所示，最后单击 OK 按钮确认。

d. 单击工具条中的保存按钮。

e. 单击界面右上角关闭按钮，返回 Workbench 主界面。

5）求解设定　双击 A5 栏（Solution）项，弹出 Define Run 对话框，设置 Run mode 项（若是多核的计算机可进行并行设置，如图 32-6-158 所示，然后单击 Start Run 按钮进行求解。求解结束后，单击界面右上角的关闭按钮，返回 Workbench 主界面。

6）进入后处理，查看结果　双击 A6 栏（Results）项，进入后处理，用鼠标选中工具栏中的流线图标，再在随后弹出的对话框中设置流线名称（本例采用默认名称 Streamline1），单击 OK 按钮。然后在左侧 Streamline1 的详细窗口中设置 Start From（起始端）是 inlet，Variable（变量）是 Velocity（速度），最后单击 Apply 按钮，便可产生流体的速度场，操作过程及结果如图 32-6-159 所示。

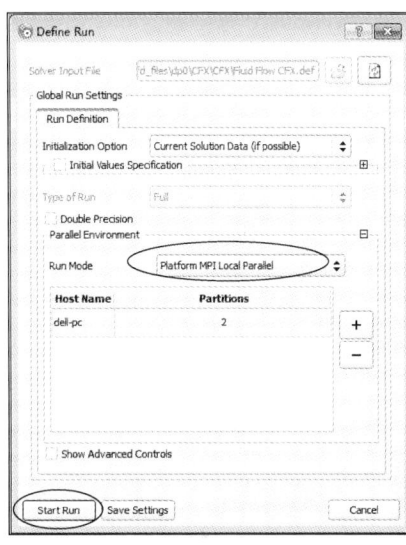

图 32-6-158　求解设定

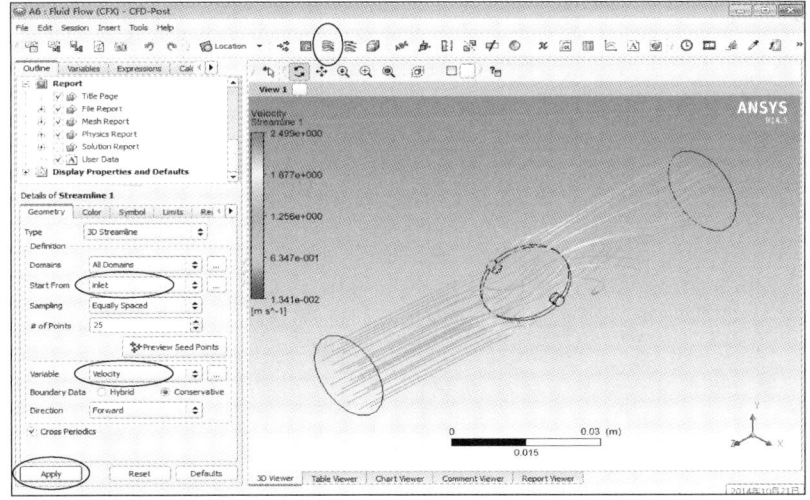

图 32-6-159　流体的速度场

同样,也可以查看其他参数的后处理结果。

上面操作是应用了 CFX 模拟管道中的流场,下面应用 FLUENT 来模拟相同的流场。

7) 建立 FLUENT14.5 项目　操作时用鼠标选中 A5 栏(Solution)项,单击右键,在弹出的快捷菜单中选中 Transfer Data To New→Fluid Flow (Fluent),过程如图 32-6-160 所示。

8) 进入 FLUENT 前处理

① 更新 A 块(即 CFX 项目),操作时先用鼠标点中 A1 栏 Fluid Flow (CFX),随后单击右键,在弹出的对话框中选中 Update(更新)。

② 双击 B4 栏 Setup 项(如图 32-6-161 所示),弹出 Fluent Launcher (Setting Edit Only) 对话框,若是多核的计算机可进行并行设置(如图 32-6-162 所示),单击 OK 按钮,进入 FLUENT。

9) 确定分析类型

① 在 FLUENT 界面树形窗口中选中 General 项,然后在其详细设置窗口中设置类型是 Steady(稳态),如图 32-6-163 所示。

② 选中树形窗口中的 Models 项,在随后弹出的

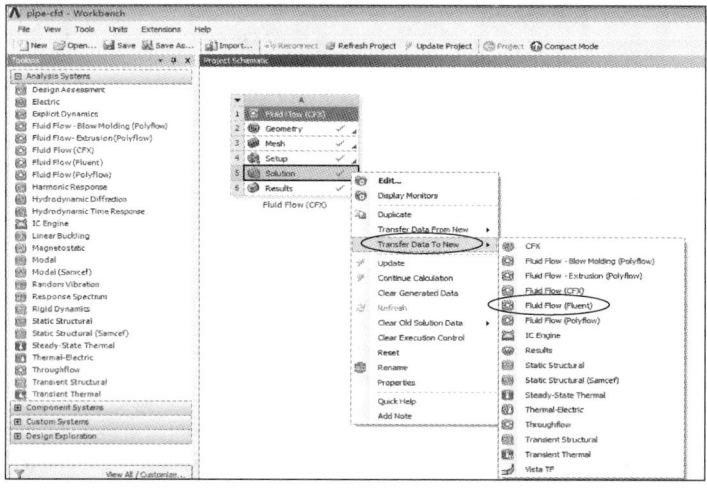

图 32-6-160　建立 FLUENT14.5 项目

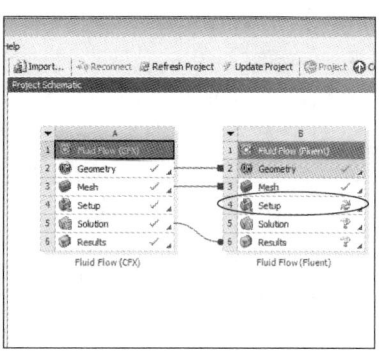

图 32-6-161　准备进入 FLUENT

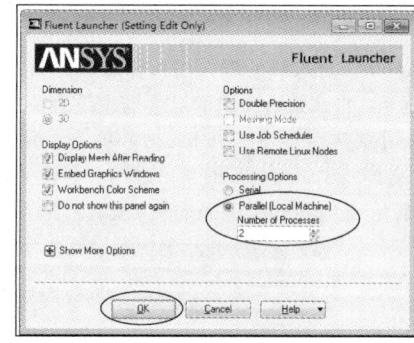

图 32-6-162　进入 FLUENT 中

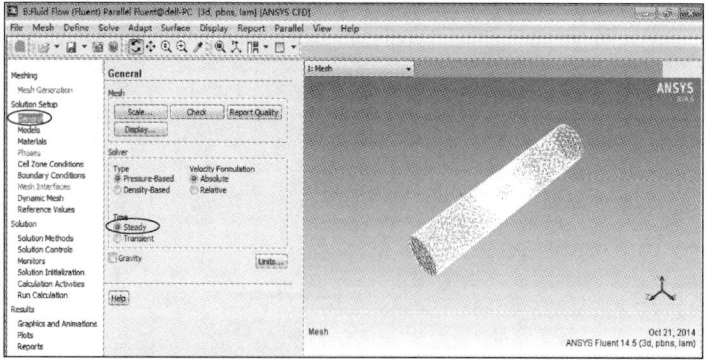

图 32-6-163　确定分析类型

窗口中双击 Viscous-Laminar 项，最后确定相关设置参数，如图 32-6-164 所示。

10）导入流体介质（水）

① 选中树形窗口中的材料项 Materials，在随后弹出的窗口中双击 Fluid（如图 32-6-165 所示），再在弹出的对话框中选中 FLUENT Database 按钮。在弹出的 Fluent Database Materials 对话框中选出液态水，然后单击 Copy 按钮导入液态水（如图 32-6-166 所示），最后单击 Close 按钮。

② 导入液态水后，可以检查或编辑其特性。操作时只要双击树形窗口中的 Cell Zone Condition，在随后弹出的对话框中双击 Water，在弹出的对话框中就能查看或编辑 Water 的特性了，本例的参数均采用默认值，如图 32-6-167 所示。

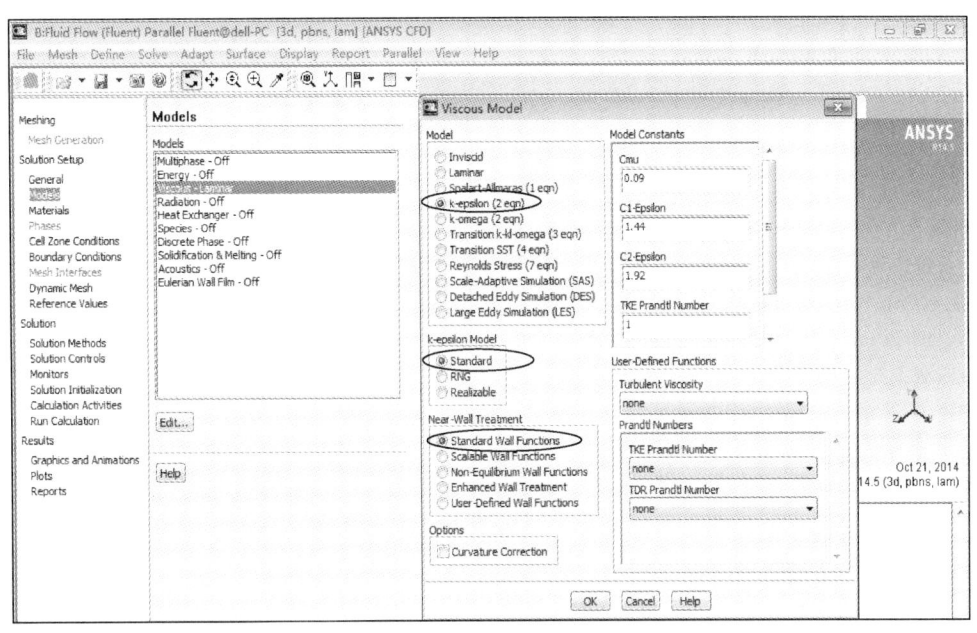

图 32-6-164 分析类型各项参数设置

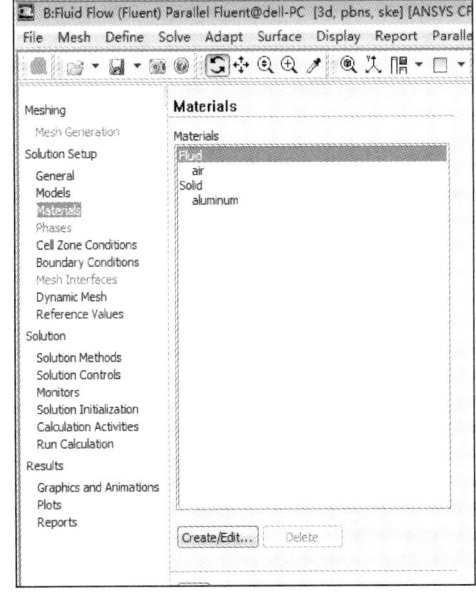

图 32-6-165 添加材料

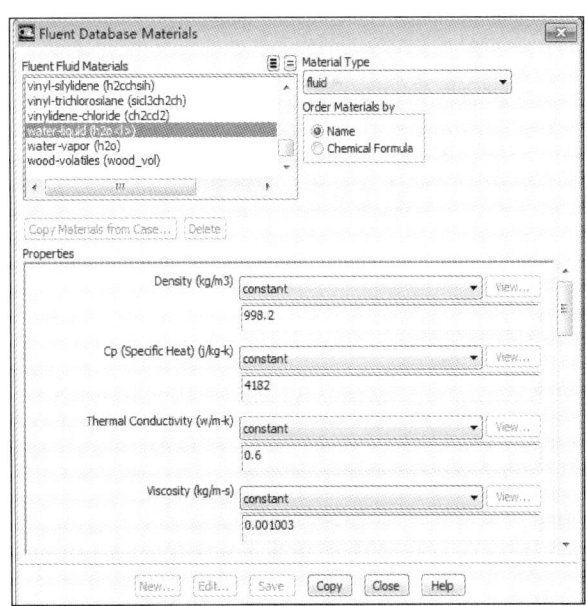

图 32-6-166 在 Fluent 材料数据库中选择液态水

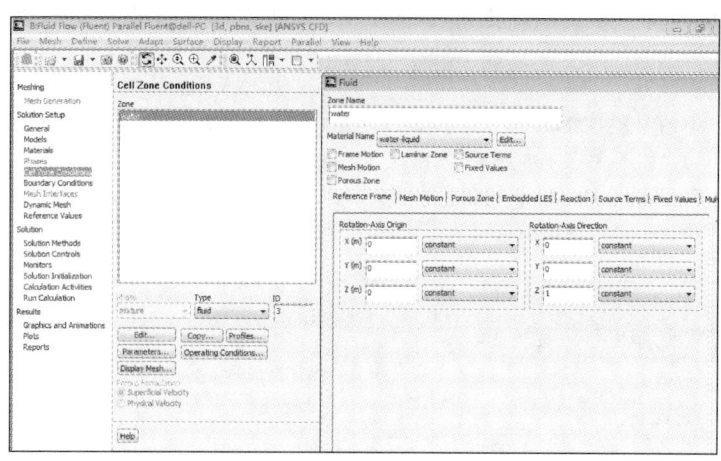

图 32-6-167 查看或编辑水特性

11)确定边界条件

① 确定 FSI,类型为 Wall。操作时先单击选中树形窗口中的 Boundary Conditions(边界条件),在随后弹出的对话框中单击 fsi,再在弹出的对话框中确定类型为 Wall,如图 32-6-168 所示。

② 确定入水口 inlet。操作时先选中树形窗口中 Boundary Conditions(边界条件)中的 inlet,在随后弹出的对话框(如图 32-6-169 所示)中确定类型是 velocity-inlet(输入速度),单击 Edit 按钮,再在弹出的对话框中输入如图 32-6-170 所示的参数并单击 OK 按钮。

③ 确定出水口 outlet。操作时先选中 Boundary Conditions(边界条件)中的 outlet,在随后弹出的对话框(如图 32-6-171 所示)中确定类型是 pressure-outlet(压力输出),单击 Edit 按钮,再在弹出的对话框中输入相关参数并单击 OK 按钮。

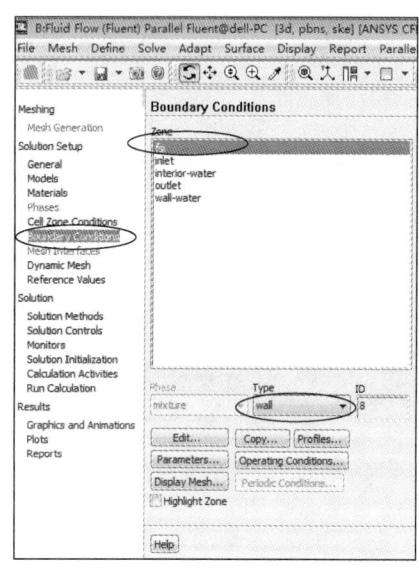

图 32-6-168 确定 FSI

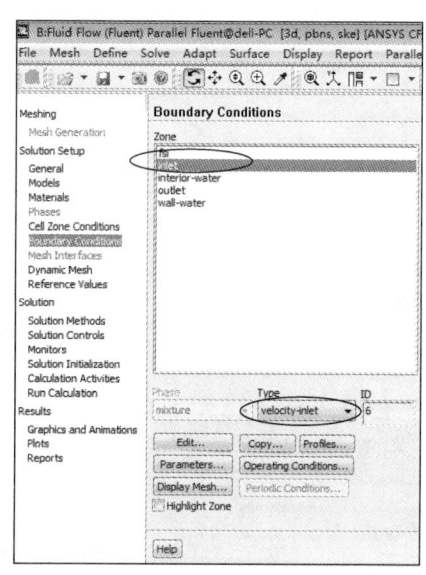

图 32-6-169 确定入水口 inlet

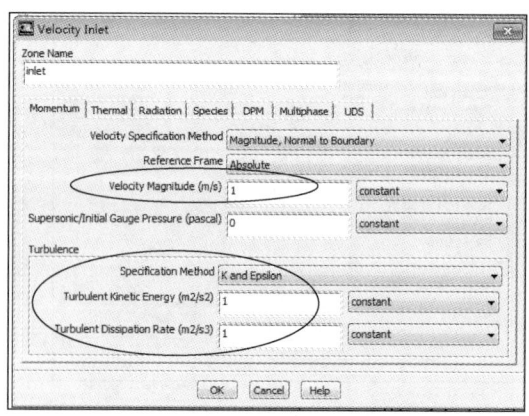

图 32-6-170 设置入水口 inlet 各项参数

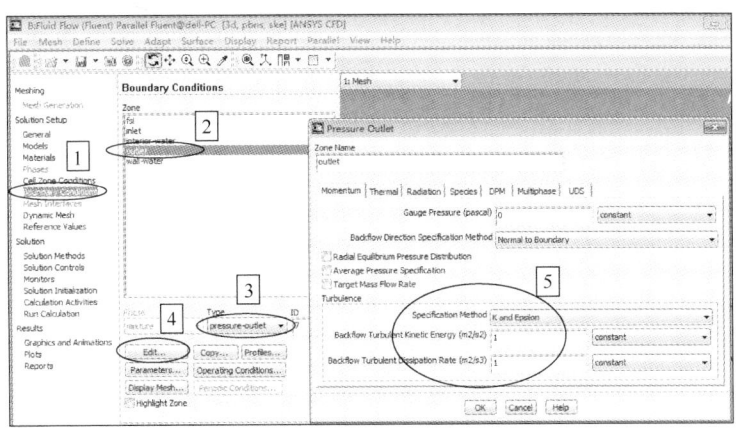

图 32-6-171　确定出水口 outlet 及参数

12）求解初始化　操作时单击树形窗口中的 Solution Initialization，在随后弹出的对话框中选择 Standard Initialization 项，按照图 32-6-172 所示，输入参数并单击 Initialize 按钮。

13）求解法选择　操作时单击树形窗口中的 Solution Methods，确定如图 32-6-173 所示的参数。

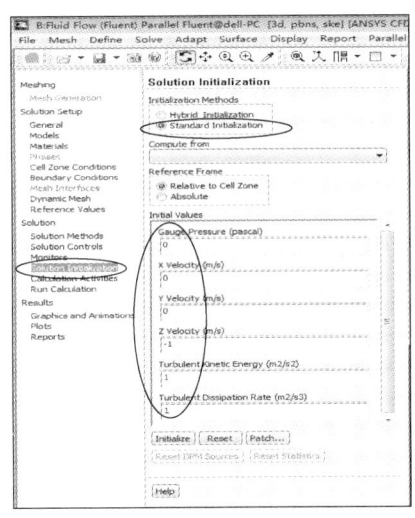

图 32-6-172　求解初始化

14）计算设置　操作时单击树形窗口中的 Run Calculation，在随后弹出的对话框中确定迭代次数，本例中输入 100，并单击 Calculate 按钮，如图 32-6-174 所示。

15）计算结束，进入后处理提取结果　对于 FLUENT 的老用户，可以在当前界面中直接操作，如图 32-6-175 所示（此过程略）。

小结：在 ANSYS Workbench 中，由于 FLUENT 和 CFX 均已集成于其中，因此它们有统一的后处理界面，本例就是在统一的后处理界面中提取结果。操作时先关闭当前界面，退出 FLUENT 环境，返回 Workbench 主界面，再双击 B6 栏（Result 项），即可进入统一的后处理界面中。

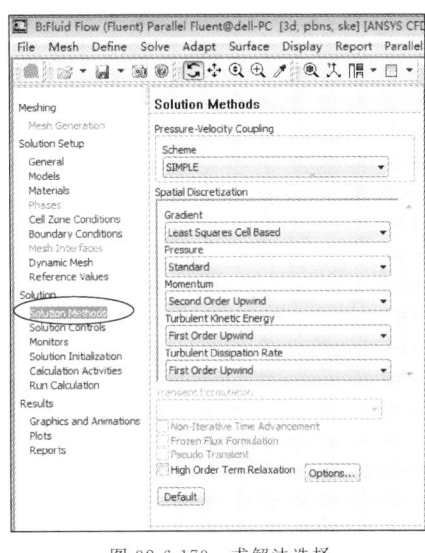

图 32-6-173　求解法选择

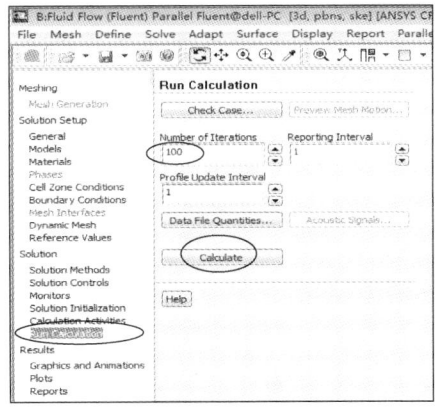

图 32-6-174　计算设置

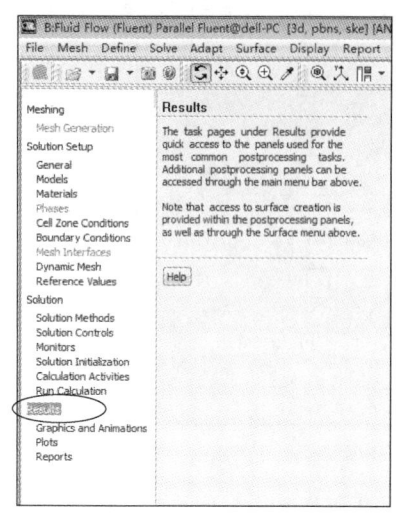

图 32-6-175　FLUENT 进入后处理

6.4.3　结构疲劳分析算例

强度、刚度和疲劳寿命是工程结构和机械使用的三个基本要求。而疲劳破坏又是其失效的主要原因之一，引起疲劳失效的循环载荷的峰值往往小于根据静态条件下校核所估算出来的"安全"载荷。因此，针对结构的疲劳问题进行分析及研究具有重要的意义。本章主要结合实例介绍在 ANSYSY Workbench 环境下进行疲劳分析的方法和过程。

本节主要针对 ANSYSY Workbench 静态力学分析模块下的疲劳分析功能，结合生产和生活中常见的螺栓紧固实例，在外载荷的作用下仿真分析其寿命周期和安全系数等。

案例——螺栓疲劳分析

如图 32-6-176 所示，模型采用 GB/T 5782—2016 螺栓 M16×100-38 外形尺寸，其螺纹部分模型用分割线将曲面分割，以便分析时添加固定约束。试对螺栓承受 10000N 的恒定振幅载荷及 10000N 任意载荷历程两种情况下进行疲劳分析。

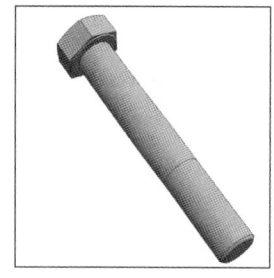

图 32-6-176　螺栓模型

分析模型的材料为系统默认的 Structural Steel。

（1）启动 ANSYS Workbench 并建立分析项目

① 启动 ANSYS Workbench 仿真分析系统，进入主界面。

② 进入主界面后，选择主菜单栏 File→Save 命令，在弹出的对话框中选择保存路径并输入文件名 fatigue，然后单击保存退出。

③ 在对话框左侧 Toolbox（工具箱）区域中找到 Analysis Systems→Static Structural（静态结构分析），然后双击即可在 Project Schematic（项目管理区域）创建该模块 A。

（2）导入分析模型

① 右键单击模块 A3：Geometry 单元，在弹出的快捷菜单中选择 Import Geometry→Browse 命令，此时会弹出"打开"对话框。

② 在弹出的"打开"对话框中选择分析模型文件路径，导入分析模型文件，此时会发现 A3：Geometry 后面的符号由 ? 变成 ✓，表明分析模型文件已经存在。

③ 单击工具栏 Units 选项，在所弹出的下拉菜单中改变系统单位为公制 metric（m，kg，Pa…）完成系统分析单位的定义。

④ 双击模块 A 中 A3：Geometry 单元，则会进入到 Design Modeler 界面，单击菜单栏 Generate 命令，加载后显示的模型如图 32-6-177 所示。

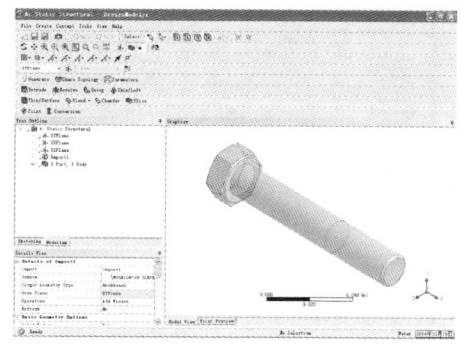

图 32-6-177　Design Modeler 环境下的模型

⑤ 单击 Design Modeler 界面关闭按钮 ✕，退出 Design Modeler 环境，返回主界面。

（3）定义材料属性并赋予模型材料特性

① 本例材料使用的是工程材料库默认中的 structural steel 材料，即无需对 A2：Engineering Date 单元进行编辑。

② 双击主界面项目管理区模块 A 中 A4：Model 单元，进入图 32-6-178 所示 Mechanical 界面，在该界面下即可进行划分网格、分析设置、添加结果、仿真运算及分析结果等操作。

tural（A5），在弹出的快捷菜单中选择 Insert→Fixed Support 完成固定约束的添加，如图 32-6-180 所示。

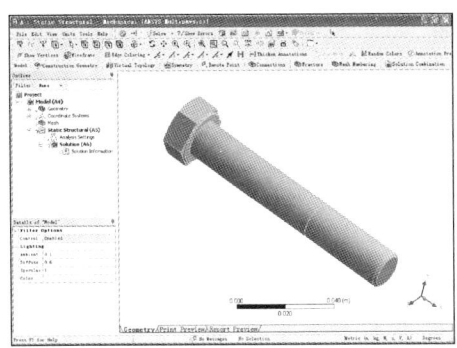

图 32-6-178　Mechanical 界面

③ 进入 Mechanical 界面后，选择界面左侧 Outline→Project→Model（A4）→Geometry→M16X100-38，然后在其 Details of "M16X100-38"（参数列表）中选择添加相应的模型材料，本例材料选用默认的 structural steel 材料，即无需进行修改。

（4）网格划分

① 单击选中当前 Mechanical 界面 Outline→Project→Model（A4）→Mesh，然后可在其 Details of "Mesh"（参数列表）中进行网格划分参数的设置，本例在参数 Sizing 中的 Relevace Center 处选择 Medium，其余设置均采用默认即可。

② 在完成网格划分参数设置后，右键单击 Outline→Project→Model（A4）→Mesh，在弹出的快捷菜单中选择 Generate Mesh 命令。执行该命令后，界面会弹出进度显示条，显示网格划分过程中各个步骤的执行情况。

③ 当网格划分完成后，进度条自动消失，最终的网格划分效果如图 32-6-179 所示。

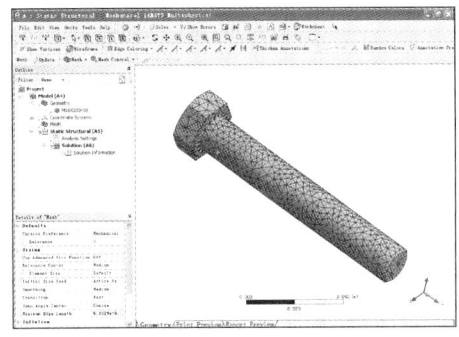

图 32-6-179　划分网格

（5）施加约束及载荷

① 首先添加一个固定约束，分析模型螺栓在实际工况中，依靠自身及螺纹孔螺纹进行固定，本例将螺纹进行简化，即在模型螺纹区域面添加固定约束。具体操作是：单击螺栓螺纹区域面选择加亮，然后右键单击 Outline→Project→Model（A4）→Static Struc-

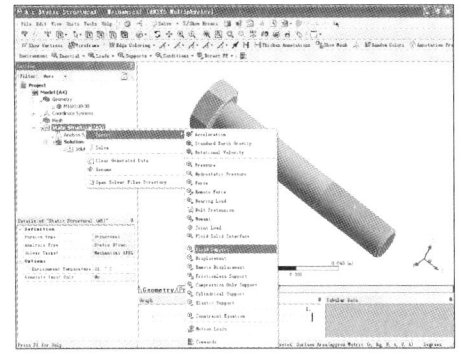

图 32-6-180　添加固定约束

② 单击螺栓承受载荷区域面选择加亮，然后右键单击 Outline→Project→Model（A4）→Static Structural（A5），在弹出的快捷菜单中执行 Insert→Force 命令，并在 Details of "Force"（参数列表）中定义载荷大小及方向，即在 Magnitud 栏输入 -10000 完成载荷的加载，如图 32-6-181、图 32-6-182 所示。

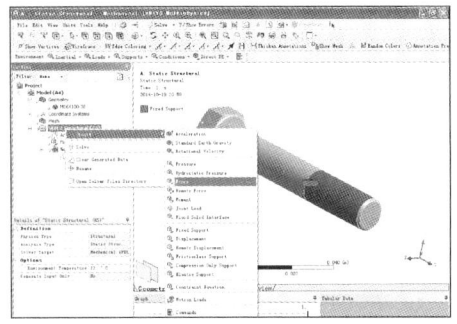

图 32-6-181　螺栓载荷的添加

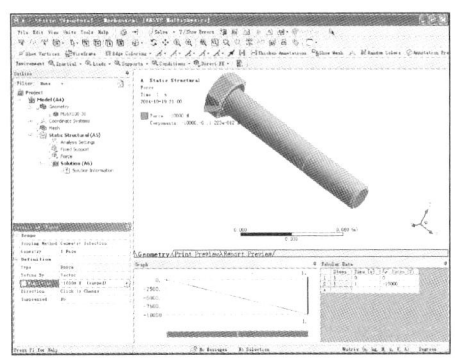

图 32-6-182　螺栓载荷的定义

（6）添加静态结构分析结果

① 选择 Outline→Project→Model（A4）→Static Structural（A5）→Solution（A6），右键单击 Solution（A6），在弹出的快捷菜单中执行 Insert→

Deformation→Total 命令,插入总体应变云图。

② 选择 Outline→Project→Model (A4)→Static Structural (A5)→Solution (A6),右键单击 Solution (A6),在弹出的快捷菜单中执行 Insert→strain→Equivalent (von-Mises) 命令,插入等效弹性应力云图。

③ 选择 Outline→Project→Model (A4)→Static Structural (A5)→Solution (A6),右键单击 Solution (A6),在弹出的快捷菜单中执行 Insert→stress→E-quivalent (von-Mises) 命令,插入应力云图。

④ 完成结果添加之后,选择 Outline→Project→Model (A4)→Solution (A6),在弹出的快捷菜单中执行 Solve 命令进行求解,如图 32-6-183 所示。之后,弹出进度显示条,表示正在求解及各求解过程情况,当求解完成后进度条自动消失。

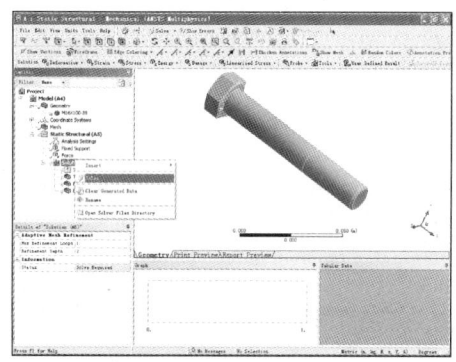

图 32-6-183　执行求解命令

(7) 查看静态结构分析结果

分别选择 Outline→Project→Model (A4)→Solution (A6)→Total Deformation 和 Outline→Project→Model (A4)→Solution (A6)→Equivalent Elastic Strain 及 Outline→Project→Model (A4)→Solution (A6)→Equivalent Stress 查看总体应变云图、等效弹性应力云图、应力云图结果,分别如图 32-6-184～图 32-6-186 所示。

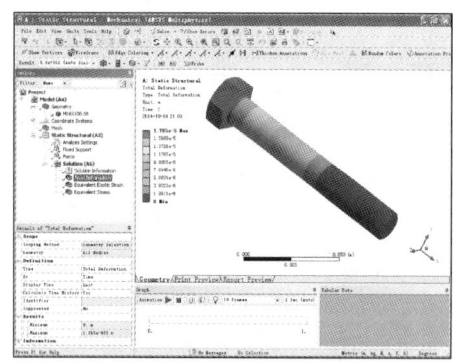

图 32-6-184　应变云图

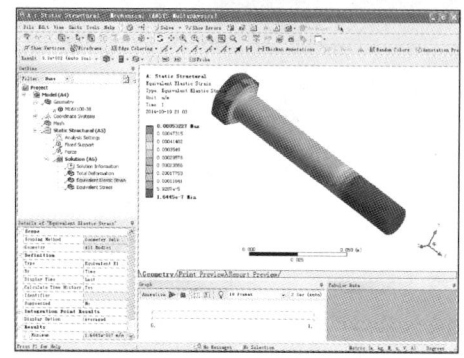

图 32-6-185　等效弹性应力云图

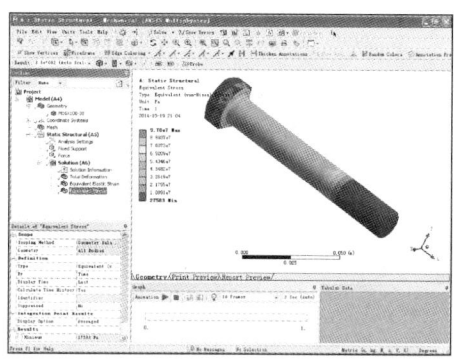

图 32-6-186　应力云图

(8) 添加疲劳分析处理工具

① 选择 Outline→Project→Model (A4)→Static Structural (A5)→Solution (A6),右键单击 Solution (A6),在弹出的快捷菜单中执行 Insert→Fatigue→Fatigue Tool 命令,添加疲劳分析工具如图 32-6-187 所示。

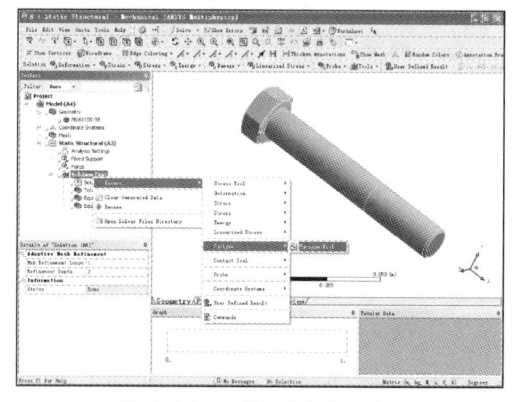

图 32-6-187　添加疲劳分析工具

② 选择 Outline→Project→Model (A4)→Static Structural (A5)→Solution (A6)→Fatigue Tool,在相应的 Details of "Fatigue Tool" 中定义疲劳分析参数。本例定义 Materials 中的 Fatigue Strength Factor

(KF) 为 0.8，该设置表明所分析模型为光滑和在役构件；定义 loading 中的 Type 载荷类型为 Zero-Based，表明载荷从零开始加载（本例中忽略螺栓预紧力的影响）；定义 Options 中 Analysis Type（分析类型）为 Stress Life，Stress Component 为 Equivalent（Von Mises），表明分析类型为应力寿命分析、分析应力构成为等效平均应力，如图 32-6-188 所示。

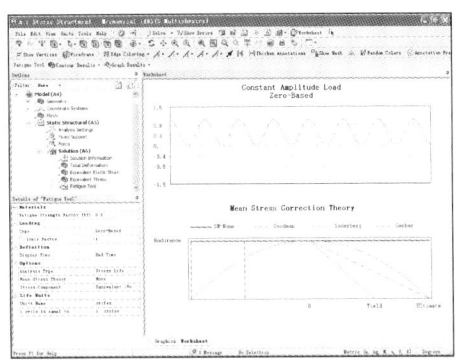

图 32-6-188　定义"Fatigue Tool"参数

③ 选择 Outline→Project→Model（A4）→Static Structural（A5）→Solution（A6）→Fatigue Tool，右键单击 Fatigue Tool，在弹出的快捷菜单中执行 Insert→Fatigue→Safety Factor 命令，添加疲劳安全系数。

④ 选择 Outline→Project→Model（A4）→Static Structural（A5）→Solution（A6）→Fatigue Tool→Safety Factor，在相应的 Details of "Safety Factor"（参数列表）中定义疲劳安全系数参数，设置 Definition 中 Design Life（设计寿命）为 1000000 次循环次数。

⑤ 选择 Outline→Project→Model（A4）→Static Structural（A5）→Solution（A6）→Fatigue Tool，右键单击 Fatigue Tool，在弹出的快捷菜单中执行 Insert→Fatigue→Fatigue Sensitivity 命令，添加疲劳敏感性。

⑥ 选择 Outline→Project→Model（A4）→Static Structural（A5）→Solution（A6）→Fatigue Tool→Fatigue Sensitivity，在相应的 Details of "Fatigue Sensitivity"（参数列表）中定义疲劳敏感性参数。设置 Options 中 Lower Variation（载荷变化下限比）和 Upper Variation（载荷变化上限比）分别为 50% 和 200%。表明本例中定义了一个最小基本载荷变化幅度为 50% 和一个最大基本载荷变化幅度为 200%。

⑦ 选择 Outline→Project→Model（A4）→Static Structural（A5）→Solution（A6）→Fatigue Tool，右键单击 Fatigue Tool，在弹出的快捷菜单中执行 Insert→Fatigue→Biaxiality Indication 命令，添加双轴指示云图。

⑧ 完成疲劳结果添加和定义之后，选择 Outline→Project→Model（A4）→Solution（A6）→Fatigue Tool，右键单击 Fatigue Tool，在弹出的快捷菜单中执行 Evaluate All Results 命令进行求解，如图 32-6-189 所示，之后会弹出进度显示条，显示正在求解及各求解过程情况，当求解完成后进度条自动消失。

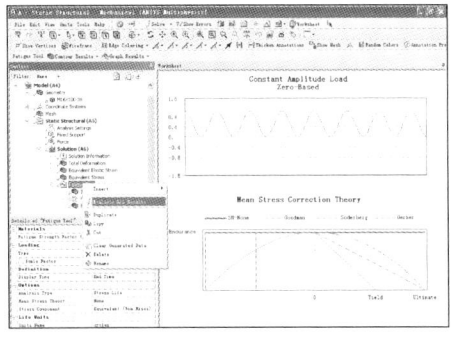

图 32-6-189　执行 Evaluate All Results 命令

（9）查看疲劳分析结果（一）

① 选择 Outline→Project→Model（A4）→Static Structural（A5）→Solution（A6）→Fatigue Tool→Safety Factor 选项，查看本例中分析对象对于设计寿命为 1000000 次的循环次数的安全系数 Safety Factor 云图，如图 32-6-190 所示。

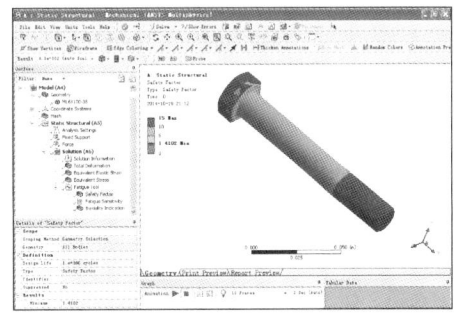

图 32-6-190　安全系数 Safety Factor 云图

② 选择 Outline→Project→Model（A4）→Static Structural（A5）→Solution（A6）→Fatigue Tool→Fatigue Sensitivity 选项，查看关于一个最小基本载荷变化幅度为 50% 和一个最大基本载荷变化幅度为 200% 的疲劳敏感结果曲线 Fatigue Sensitivity，如图 32-6-191 所示。

③ 选择 Outline→Project→Model（A4）→Static Structural（A5）→Solution（A6）→Fatigue Tool→Biaxiality Indication 选项，查看本例中分析对象的双轴

指示 Biaxiality Indication 结果云图，如图32-6-192所示。

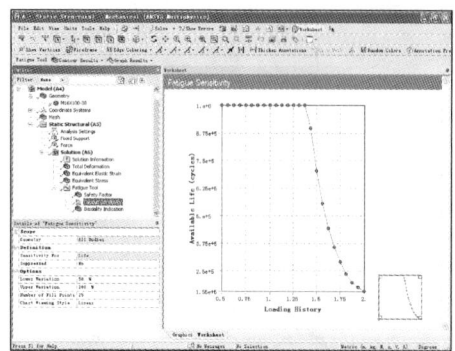

图 32-6-191　疲劳敏感结果曲线

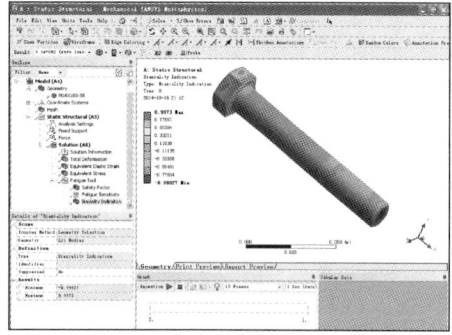

图 32-6-192　双轴指示 Biaxiality Indication 结果云图

注意：接近危险区域的应力状态应接近单轴的（0.1～0.2），因为材料特性是单轴的。即在特殊情况下如 0 Biaxiality 与单轴应力一致；当 -1 Biaxiality 时，为纯剪切；当 1 Biaxiality 时，为纯双轴状态。

（10）添加第二个 Fatigue Tool 分析模型承受 10000N 的任意载荷的疲劳寿命情况

① 选择 Outline→Project→Model（A4）→Static Structural（A5）→Solution（A6），右键单击 Solution（A6），在弹出的快捷菜单中执行 Insert→Fatigue→Fatigue Tool 命令，添加疲劳分析工具，生成 Fatigue Tool 2 选项，如图 32-6-193 所示。

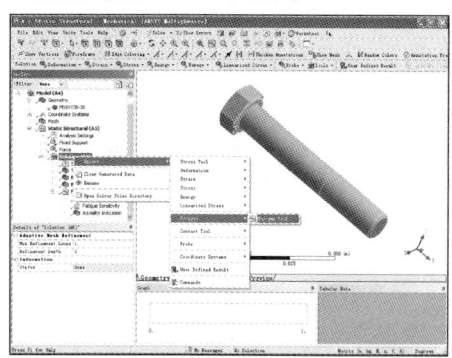

图 32-6-193　生成疲劳分析工具 Fatigue Tool 2

② 选择 Outline→Project→Model（A4）→Static Structural（A5）→Solution（A6）→Fatigue Tool 2，在相应的 Details of "Fatigue Tool 2"（参数列表）中定义疲劳分析参数。本例中需要定义 Materials 中的 Fatigue Strength Factor（KF）（疲劳强度因子）为 0.8，该设置表明所分析模型材料为光滑试件和在役构件。

③ 定义 loading 中的 Type 载荷类型为 History Date；History Date Location 为 SAEBracketHistory（浏览并打开 SAEBracketHistory.dat 文件），表明所定义的疲劳载荷源于一个比例历程，本例选择了包括应变评估结果的试件范围内的比例历程文件；Scale Factor 比例系数为 0.005（该系数规范化载荷历程，以便使载荷与载荷历程文件中的比例系数相匹配）。

$$\left(\frac{1}{1000\text{lbs}}\times\text{有限元仿真分析载荷}\right)\times\left(\frac{1000\text{lbs}}{200\text{strain gauge}}\right)$$
$$=\frac{1}{200\text{strain gauge}}\times\text{有限元仿真分析载荷}$$
$$=0.005\frac{\text{有限元仿真分析载荷}}{\text{strain gauge}}$$

④ 定义 Options 中 Analysis Type（分析类型）为 Stress Life；定义 Mean Stress Theory 为 Goodman；定义 Stress Component 为 Signed Von Mises（使用 Signed Von Mises 使由于 Goodman 理论平均应力的形式不同）；定义 Bin Size 为 32，表明之后将要添加的雨流矩阵 Rainflow 和损伤矩阵 Damage Matrices 是 32×32 的形式，完成定义 Fatigue Tool 2 参数如图 32-6-194 所示。

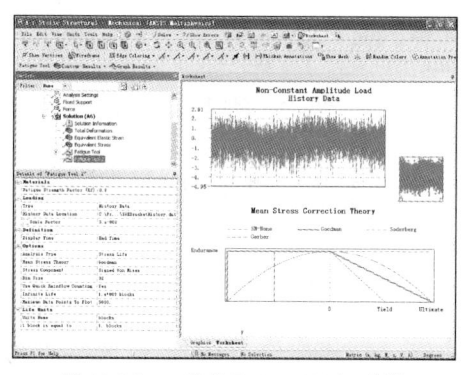

图 32-6-194　定义 Fatigue Tool 2 参数

⑤ 选择 Outline→Project→Model（A4）→Static Structural（A5）→Solution（A6）→Fatigue Tool 2，右键单击 Fatigue Tool 2，在弹出的快捷菜单中执行 Insert→Fatigue→Life 命令，添加疲劳寿命云图。

⑥ 选择 Outline→Project→Model（A4）→Static Structural（A5）→Solution（A6）→Fatigue Tool 2，右键单击 Fatigue Tool 2，在弹出的快捷菜单中执行 Insert

→Fatigue→Safety Factor 命令，添加疲劳安全系数。

⑦ 选择 Outline→Project→Model（A4）→Static Structural（A5）→Solution（A6）→Fatigue Tool 2→Safety Factor，在相应的 Details of "Safety Factor"（参数列表）中定义疲劳安全系数参数。设置 Definition 中 Design Life（设计寿命）为 1000 次循环次数。

⑧ 选择 Outline→Project→Model（A4）→Static Structural（A5）→Solution（A6）→Fatigue Tool 2，右键单击 Fatigue Tool 2，在弹出的快捷菜单中执行 Insert→Fatigue→Fatigue Sensitivity 命令，添加疲劳敏感性。

⑨ 选择 Outline→Project→Model（A4）→Static Structural（A5）→Solution（A6）→Fatigue Tool 2→Fatigue Sensitivity，在相应的 Details of "Fatigue Sensitivity"（参数列表）中定义疲劳敏感性参数。设置 Options 中 Lower Variation（载荷变化下限比）和 Upper Variation（载荷变化上限比）分别为 50% 和 200%。

⑩ 选择 Outline→Project→Model（A4）→Static Structural（A5）→Solution（A6）→Fatigue Tool 2，右键单击 Fatigue Tool 2，在弹出的快捷菜单中执行 Insert→Fatigue→Biaxiality Indication 命令，添加双轴指示云图。

⑪ 选择 Outline→Project→Model（A4）→Static Structural（A5）→Solution（A6）→Fatigue Tool 2，右键单击 Fatigue Tool 2，在弹出的快捷菜单中执行 Insert→Fatigue→Rainflow Matrix 命令，添加雨流矩阵。

⑫ 选择 Outline→Project→Model（A4）→Static Structural（A5）→Solution（A6）→Fatigue Tool 2，右键单击 Fatigue Tool 2，在弹出的快捷菜单中执行 Insert→Fatigue→Damage Matrix 命令，添加损伤矩阵。

⑬ 选择 Outline→Project→Model（A4）→Static Structural（A5）→Solution（A6）→Fatigue Tool 2→Danage Matrx，在相应的 Details of "Damage Matrx"（参数列表）中，定义 Definition 中 Design Life（设计寿命）为 1000 次循环次数。

⑭ 完成疲劳结果添加和定义之后，选择 Outline→Project→Model（A4）→Solution（A6）→Fatigue Tool 2，右键单击 Fatigue Tool 2，在弹出的快捷菜单中执行 Evaluate All Results 命令进行求解，此时会弹出进度显示条，表示正在求解及各求解过程情况，当求解完成后进度条自动消失。

(11) 查看疲劳分析结果（二）

① 选择 Outline→Project→Model（A4）→Static Structural（A5）→Solution（A6）→Fatigue Tool 2→Life 选项，查看本例中分析对象疲劳寿命云图，如图 32-6-195 所示。

② 选择 Outline→Project→Model（A4）→Static

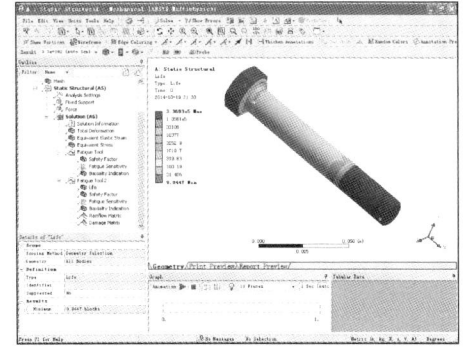

图 32-6-195　疲劳寿命云图

Structural（A5）→Solution（A6）→Fatigue Tool 2→Safety Factor 选项，查看本例中分析对象对于设计寿命为 1000 个历程的安全系数 Safety Factor 云图，如图 32-6-196 所示。

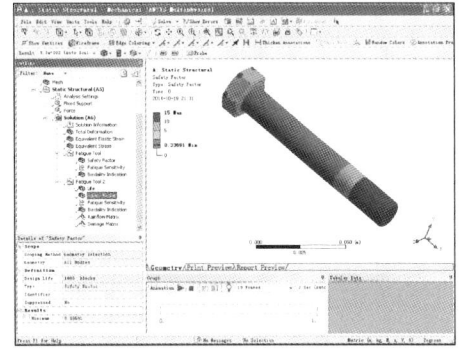

图 32-6-196　设计寿命为 1000 个历程的
安全系数 Safety Factor 云图

③ 选择 Outline→Project→Model（A4）→Static Structural（A5）→Solution（A6）→Fatigue Tool 2→Fatigue Sensitivity 选项，查看关于一个最小基本载荷变化幅度为 50% 和一个最大基本载荷变化幅度为 200% 的疲劳敏感结果曲线 Fatigue Sensitivity，如图 32-6-197 所示。

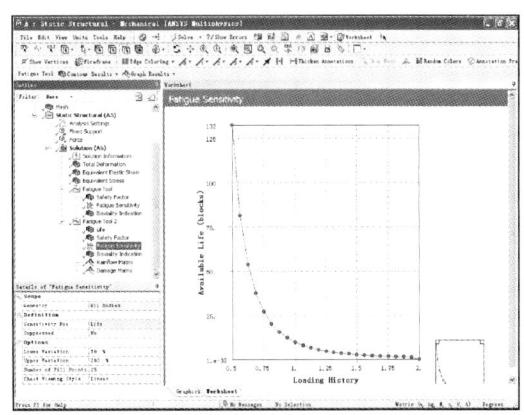

图 32-6-197　疲劳敏感结果曲线

④ 选择 Outline→Project→Model（A4）→Static Structural（A5）→Solution（A6）→Fatigue Tool→Biaxiality Indication 选项，查看本例中分析对象的双轴指示 Biaxiality Indication 结果云图，如图 32-6-198 所示。

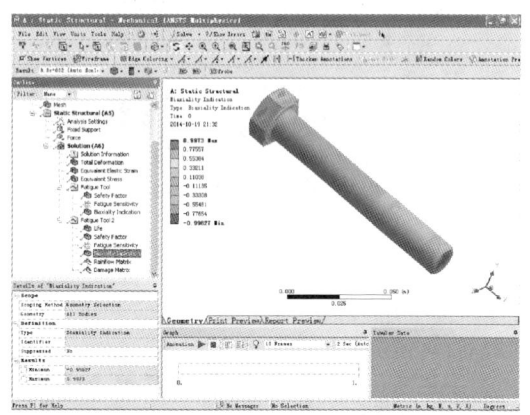

图 32-6-198　双轴指示 Biaxiality Indication 结果云图

⑤ 选择 Outline→Project→Model（A4）→Static Structural（A5）→Solution（A6）→Fatigue Tool 2→Rainflow Matrx 选项，查看该工况下模型的雨流矩阵 Rainflow Matrx 结果，如图 32-6-199 所示。从雨流矩阵图可以看出，Cycle Counts 绝大多数是在低平均应力和低应力幅度条件下。

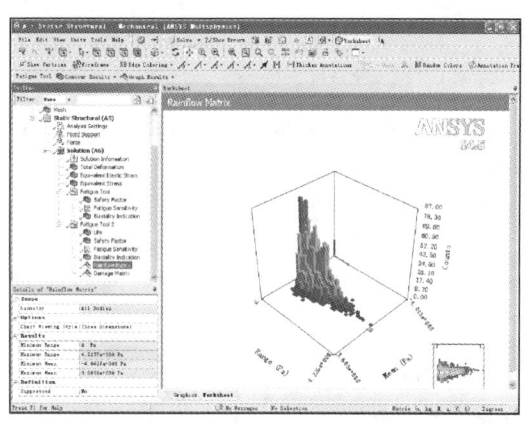

图 32-6-199　雨流矩阵 Rainflow Matrx 结果

⑥ 选择 Outline→Project→Model（A4）→Static Structural（A5）→Solution（A6）→Fatigue Tool 2→Damage Matrx 选项，查看该工况下模型的损伤矩阵 Damage Matrx 结果，如图 32-6-200 所示。从损伤矩阵图可以看出，在 1000 次该历程载荷情况中，中间应力幅循环在危险处位置造成的损伤最大。

小结：ANSYS Workbench 疲劳分析模块允许用户采用基于应力理论的处理方法来解决高周疲劳问题。本章应用 ANSYS Workbench 对螺栓承受 10000N 的恒定振幅载荷及 10000N 任意载荷历程两种情况下进行疲劳分析，详尽地阐述了整个分析仿真的过程。即疲劳分析是在静力分析之后，通过设计仿真自动执行的分析结果。

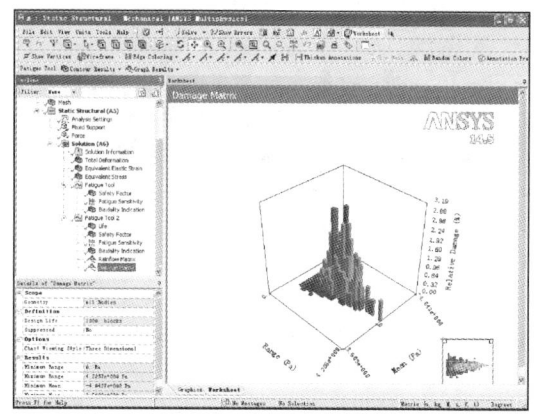

图 32-6-200　疲劳损伤矩阵 Damage Matrx 结果

① 对疲劳工具的添加，无论是在求解前还是在求解之后，对疲劳分析结果都没有影响，因为疲劳计算并不依赖应力分析计算。

② 尽管疲劳与循环重复载荷有关，但使用的结果却基于线性静力分析，而不是谐分析。尽管在模型中也有可能存在非线性，但疲劳分析却假设线性行为的分析。

6.4.4　结构优化设计算例

传统的结构优化设计是由设计者提供几个不同的设计方案，从中比较，挑选出最优化的方法。这种方法，往往是建立在设计者经验的基础上，再加上资源时间的限制，提供的可选方案数量有限，往往不一定是最优方案。如果想获得最佳方案，就要提供更多的设计方案进行比较，这就需要大量的资源，单靠人力往往难以做到，只能靠计算机来完成。到目前为止，能够做结构优化的软件并不多，ANSYS 软件作为通用的有限元分析工具，除了拥有强大的前后处理器外，还有很强大的优化设计功能——既可以做结构尺寸优化也能做拓扑优化，其本身提供的算法能满足工程需要。

6.4.4.1　优化设计

（1）优化设计流程

一个典型的 CAD 与 CAE 联合优化过程通常需要经过以下的步骤来完成：

① 参数化建模：利用 CAD 软件的参数化建模功能把将要参与优化的数据（设计变量）定义为模型参

数，为以后软件修正模型提供可能。

② CAE 求解：对参数化 CAD 模型进行加载与求解。

③ 后处理：将约束条件和目标函数（优化目标）提取出来供优化处理器进行优化参数评价。

④ 优化参数评价：优化处理器根据本次循环提供的优化参数（设计变量、约束条件、状态变量及目标函数）与上次循环提供的优化参数作比较之后确定该次循环目标函数是否达到了最小，或者说结构是否达到了最优，如果是最优，则完成迭代，退出优化循环圈；否则，进行下一步。

⑤ 根据已完成的优化循环和当前优化变量的状态修正设计变量，重新投入循环。

（2）优化设计实例

在本例中对连杆模型进行六西格玛优化设计，连杆模型如图 32-6-201 所示。本例的目的是检查工作期间连杆的安全因子是否大于 6，并且决定满足这个条件的重要因素有哪些。

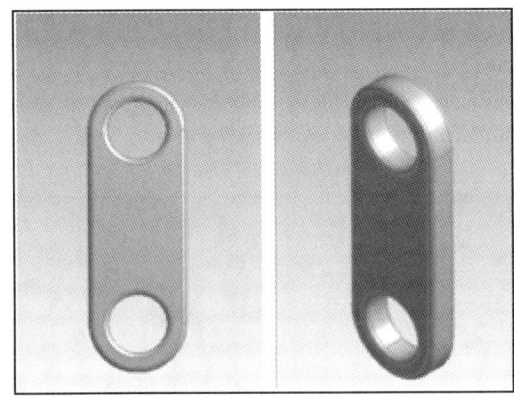

图 32-6-201　连杆几何模型

因在工作中有人为误差会影响到杆的结构性能，故系统通过设计来确定六西格玛性能。通过本例，讲解在 Design Exploreration 中进行 DOE 分析的流程，并建立响应图。

解题过程如下：

1）启动 Workbench 并建立分析项目

① 启动 ANSYS Workbench，进入主界面。

② 双击主界面 Toolbox（工具箱）中的 Analysis Systems→Static Structural（静态结构分析）选项，即可在 Project Schematic（项目管理区）创建分析项目 A 如图 32-6-202 所示。

③ 设置项目单位。单击菜单栏中的 Units→Metric（kg，m，s，℃，A，N，V），然后选择 Display Value in project Units，如图 32-6-203 所示。

2）导入几何模型　在 A3：Geometry 上右击，

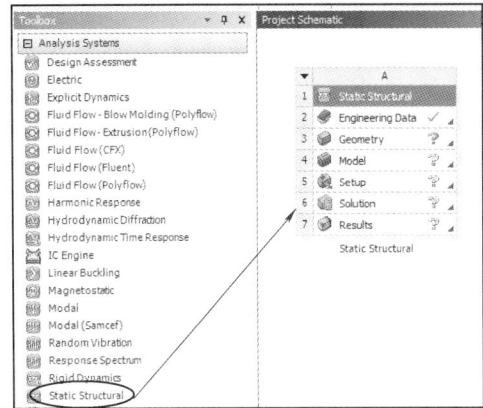

图 32-6-202　创建分析项目 A

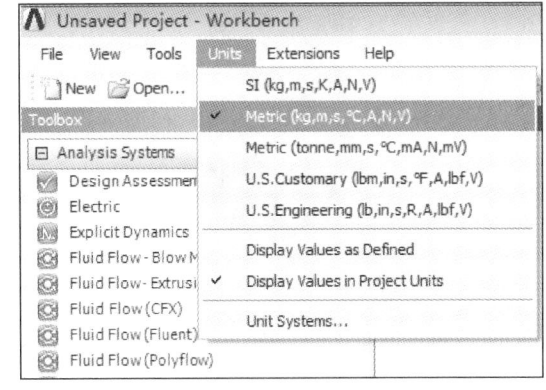

图 32-6-203　设置项目单位

在弹出的快捷菜单中选择 Import Geometry→Browse 命令，此时会出现"文件打开"对话框，选择源文件并单击"打开"按钮。

3）Mechanical 前处理

① 双击 A4：Model，进入图 32-6-204 所示的有限元分析平台。

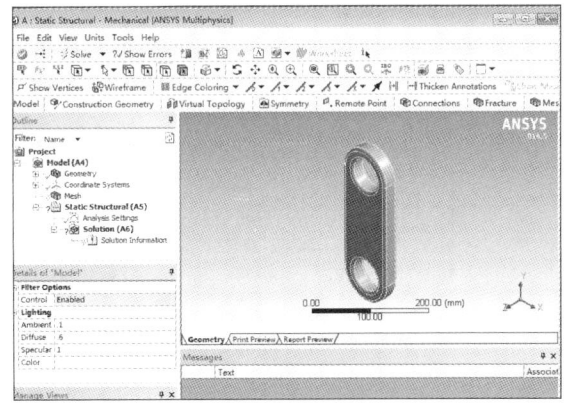

图 32-6-204　Mechanical 应用程序

② 设置单位系统。在主菜单中选择 Units→

Metric(mm, kg, N, s, mV, mA),设置单位为米制单位。

③ 网格划分。单击树形目录中的 Mesh 分支,在属性管理器中将 Element Size 更改为 10mm,如图 32-6-205 所示。在树形目录中右击 Mesh 分支,单击快捷菜单中的 Generate Mesh 进行网格的划分,划分完成后的结果如图 32-6-206 所示。

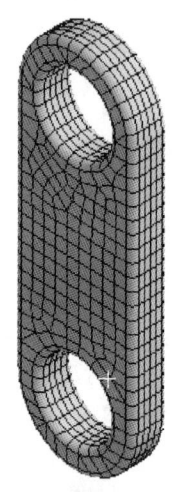

图 32-6-205 网格划分

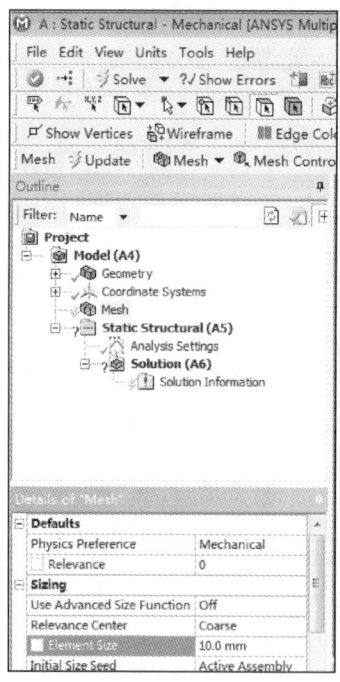

图 32-6-206 网格划分尺寸

④ 施加固定约束。选择树形目录中的 Static Structural(A5)项,单击工具栏中的 Supports 按钮,在弹出的下拉列表中选择 Fixed Supports,插入一个 Fixed Supports,指定固定面为上端圆孔的上顶面,然后单击属性管理器中的 Apply 按钮,如图 32-6-207 所示。

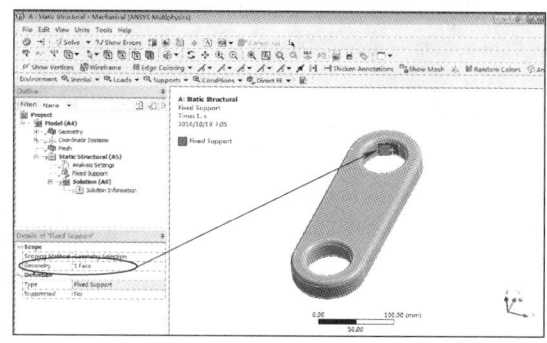

图 32-6-207 施加固定约束

⑤ 施加集中载荷。实体最大负载为 10000N,作用于下圆孔垂直向下。单击工具栏中的 Loads 按钮,在弹出的下拉列表中选择 Force,插入一个 Force。在树形目录中将出现一个 Force 选项。

⑥ 选择集中力受力面,并指定位置为下圆孔的下底面,然后单击属性管理器中的 Apply 按钮,将 Define By 栏更改为 Components,并更改 Y component 值为 −10000N。符号表示方向沿 Y 轴负方向,大小为 10000N,如图 32-6-208 所示。

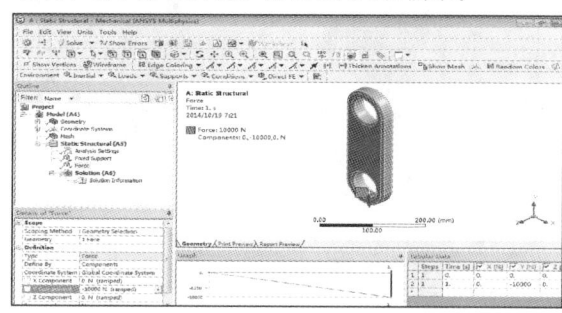

图 32-6-208 施加载荷

4)设置求解

① 设置绘制总体位移求解。单击树形目录中的 Solution(A6),在工具栏中单击 Deformation,选择下拉列表中的 Total,如图 32-6-209 所示,添加总体位移求解。在属性管理器中单击 Results 组内 Maximum 栏前方框,使最大变形值作为参数输出。

② 设置绘制总体应力求解。在工具栏中单击 Stress,选择下列列表中的 Equivalent(Von-Mises),如图 32-6-210 所示,添加总体应力求解。在属性管理器中单击 Results 组内 Maximum 栏前方框,使最大应力值作为参数输出。

③ 设置应力工具求解。在工具栏中单击 Tools,选择下列列表中的 Stress Tools,如图 32-6-211 所示,

添加应力工具求解。展开树形目录中的 Stress Tool 分支，单击其中的 Safety Factor，然后在属性管理器中单击 Results 组内 Minimum 栏前方框，使最小变形值作为参数输出。

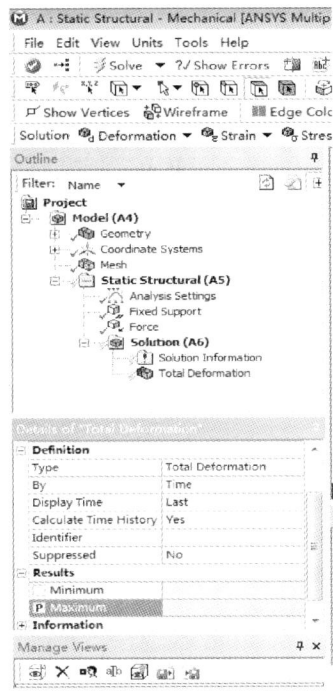

图 32-6-209　总体位移求解

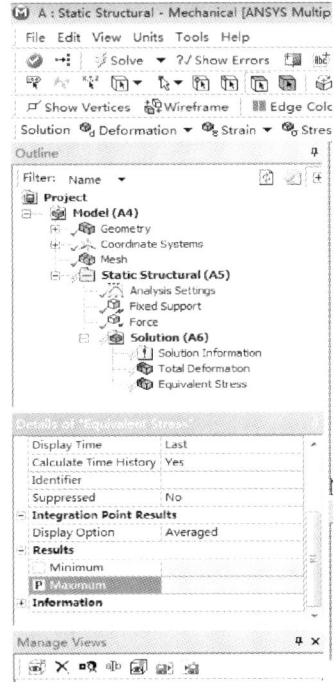

图 32-6-210　总体应力求解

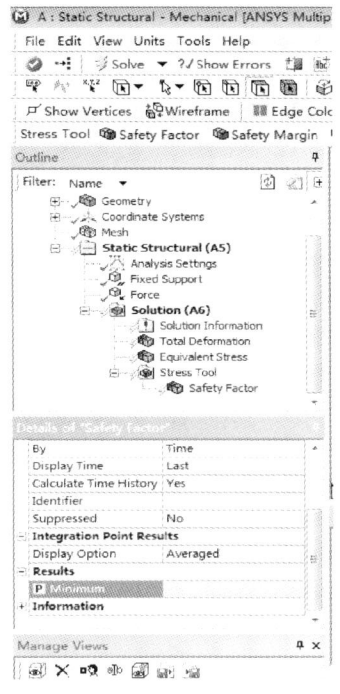

图 32-6-211　定向位移求解

④ 求解模型。单击工具栏中 Solve 按钮，进行求解。

⑤ 查看最小安全因子。求解结束后可以查看结果，在属性管理器中结果组内有最小安全因子，可以看到求解的结果为 5.877，如图 32-6-212 所示。因为这个结果接近期待的 6.0 目标，在计算中包含了人为的不确定性，所以将应用到 Design Exploration 的六西格玛来分析它。

⑥ 选择主菜单中的 File→Close Mechanical 命令，关闭 Mechanical 应用程序界面，返回 Workbench 主界面。

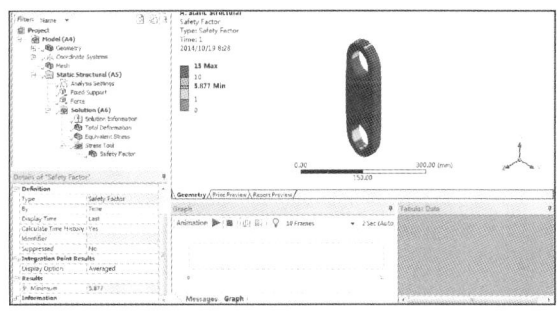

图 32-6-212　设置优化参数

5）六西格玛设计

① 展开左边工具箱中的 Design Exploration 栏，双击其中的 Six Sigma Analysis 选项，在项目管理界

面中建立一个含有 Six Sigma Analysis 的项目模块 B，结果如图 32-6-213 所示。

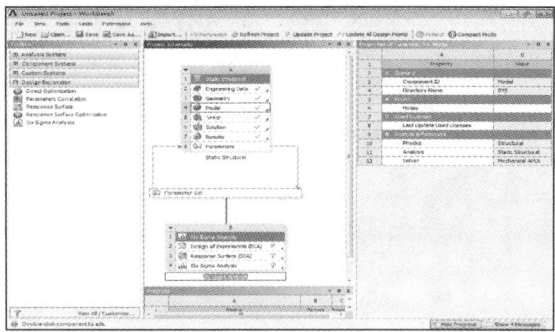

图 32-6-213　添加六西格玛设计

② 双击 B2 栏 Design of Experiments（SSA），打开 Design of Experiments（SSA）模块，如图 32-6-214 所示。

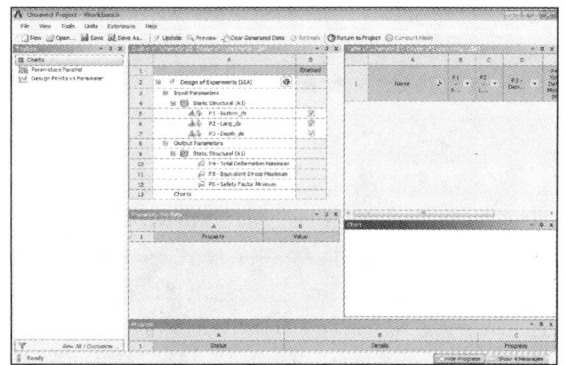

图 32-6-214　Design of Experiments（SSA）模块

③ 更改输入参数。单击 Outline of Schematic B2：Design of Experiments（SSA）窗格中的第 5 栏中的 P1-Botton＿ds，在 Properties of Schematic B2：Design of Experiments（SSA）窗格中第 15 栏，将标准差 Standard Deviation 更改为 0.8，如图 32-6-215 所示。

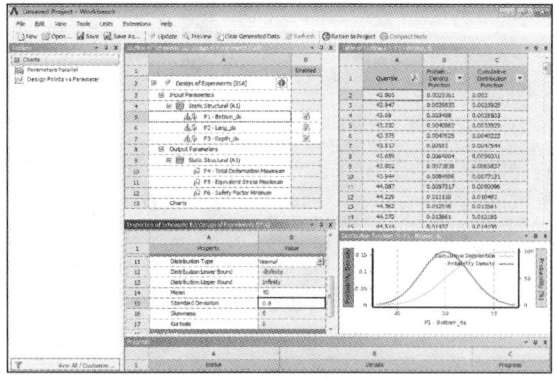

图 32-6-215　更改输入参数

所示，可看到数据的分布形式为：正态分布。采用同样的方式更改 P2-lang＿ds 和 P3-Depth＿ds 输入参数，将它们的标准差均更改为 0.8。

④ 查看 DOE 类型。单击 Outline of Schematic B2：Design of Experiments（SSA）窗格中的第 2 栏，即 Design of Experiments（SSA）栏，在其下方窗格中查看第 7 栏和第 8 栏，确保与图 32-6-216 所示相同。

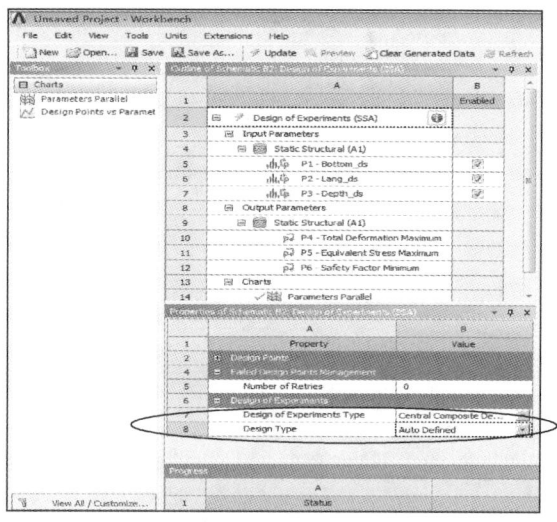

图 32-6-216　查看 DOE 类型

⑤ 查看和更新 DOE（SSA）。单击工具栏中的 Preview 按钮，查看 Table of Schematic B2：Design of Experiments（SSA）窗格中列举的三个输入参数。如果无误的话可以单击 Update 按钮，进行更新数据。这个过程需要的时间比较长，表中列举的 15 行数据都要进行计算，结果如图 32-6-217 所示。

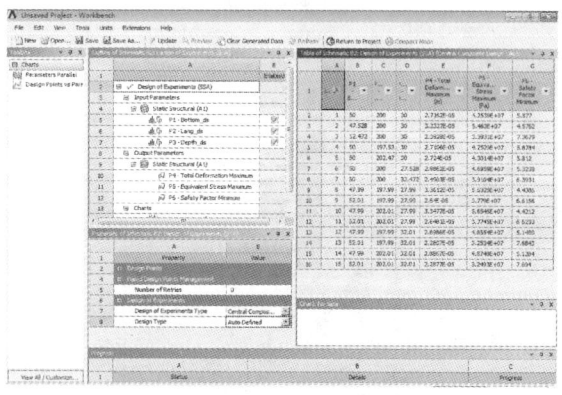

图 32-6-217　计算结果

⑥ 计算完成后，单击工具栏中 Return to Project 按钮返回到 Workbench 主界面。

⑦ 进入 Response Surface（SSA）中。双击 B3

栏 Response Surface（SSA），打开响应面模块，如图 32-6-218 所示。

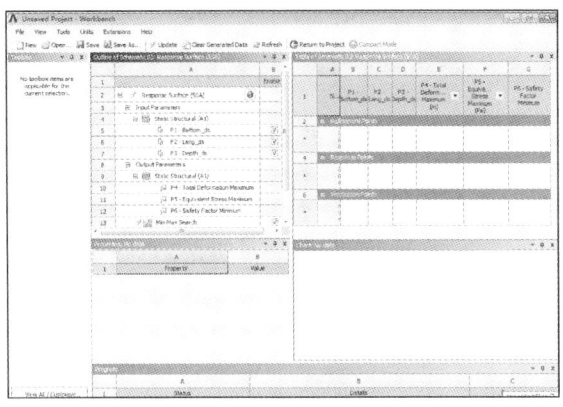

图 32-6-218　响应面界面

⑧ 设置响应面类型。单击 Outline of Schematic B3：Response Surface（SSA）窗格中的 Response Surface（SSA）栏，在其下方的属性管理器中查看响应面类型，确保它为完全二次多项式，如图 32-6-219 所示。

⑨ 更新响应面。单击工具栏中的 Update 按钮，进行响应面的更新。

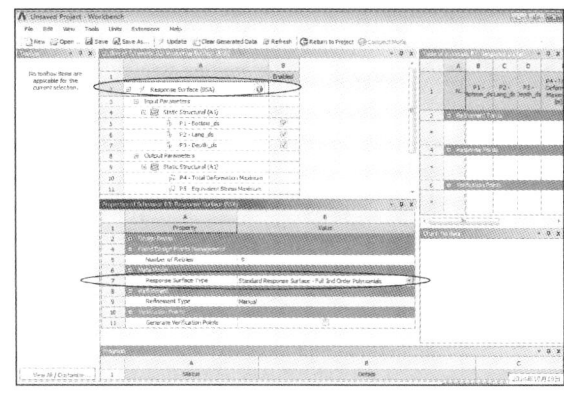

图 32-6-219　查看相应面类型

⑩ 查看图形模式。响应面更新后可以进行图示的查看，在 Outline of Schematic B3：Response Surface（SSA）窗格中单击第 18 栏，默认为二维模式查看 Total Deformation vs Bottom_ds，如图 32-6-220所示。还可以通过更改查看方式来查看三维显示的方式，即将属性管理器中的第 4 栏 Mode 值选择为 3D，如图 32-6-221 所示。

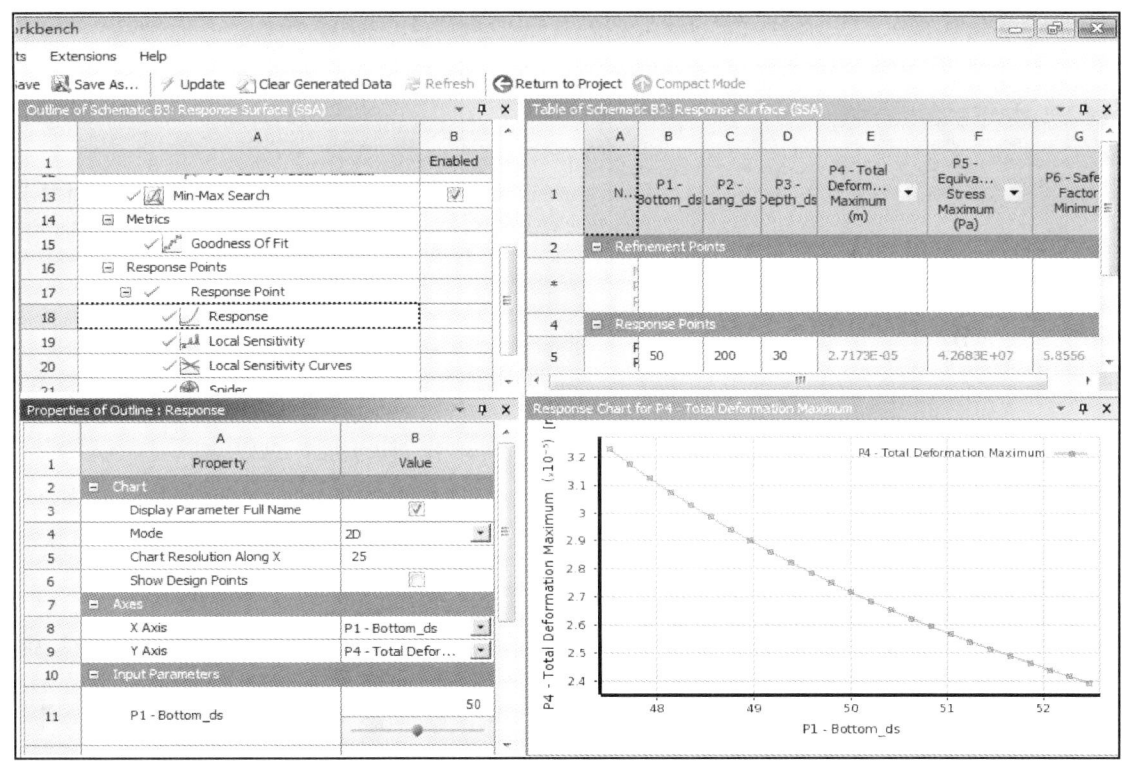

图 32-6-220　二维显示

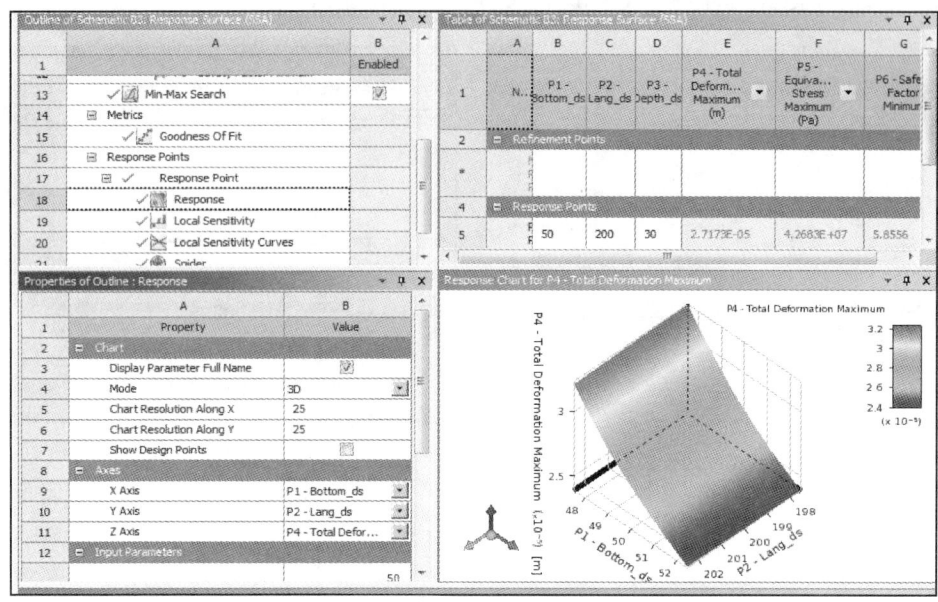

图 32-6-221 三维显示

⑪ 查看蛛状图。单击 Outline of Schematic B3：Response Surface（SSA）窗格中第 21 栏，可以查看蛛状图。另外可以通过分别单击 Local Sensitivity 和 Local Sensitivity Curves 得到局部灵敏度图、局部灵敏度曲线图，如图 32-6-222～图 32-6-224 所示。

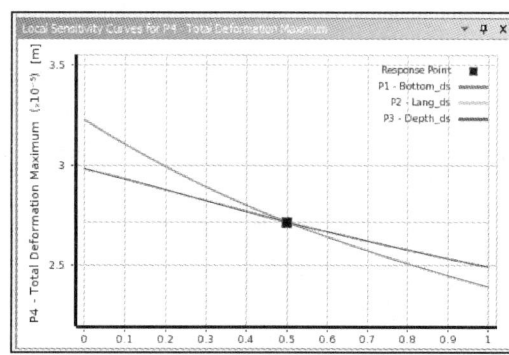

图 32-6-224 局部灵敏度曲线

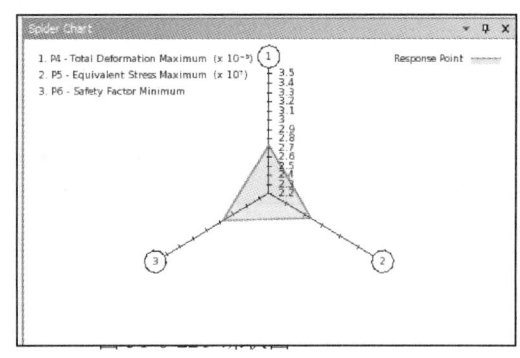

图 32-6-222 蛛状图

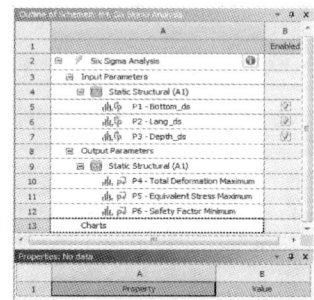

图 32-6-225 Six Sigma Analysis 分析模块

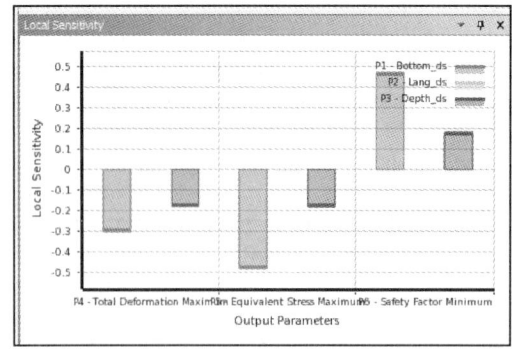

图 32-6-223 局部灵敏度图

⑫ 完成后，单击工具栏中 Return to Project 按钮返回到 Workbench 界面。

⑬ 进入六西格玛分析。双击项目概图中的 B4 栏 Six Sigma Analysis，打开 Six Sigma Analysis 分析模块，如图 32-6-225 所示。

⑭ 更改样本数。单击 Outline of Schematic B4：

Six Sigma Analysis 窗格中的 Six Sigma Analysis，在其下方的属性管理器窗口中，将第 4 栏 Number of Samples 样本值更改为 10000。然后单击 Update 按钮，进行数据更新。

⑮ 查看结果。单击 Outline of Schematic B4：Six Sigma Analysis 窗格中的第 12 栏 P6-Safety Factor Minimum，查看柱状图和累积分布函数信息和，如图 32-6-226 所示。

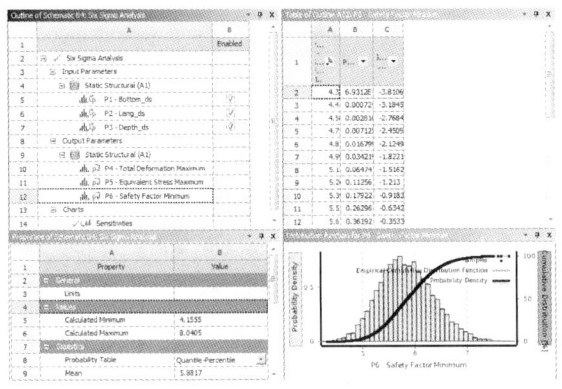

图 32-6-226　柱状图和累积分布函数信息和

⑯ 查看西格玛计算结果。在 Table of Outline A12：P6-Safety Factor Minimum 窗格中，在最后一栏新建单元格中输入 6.0，确定连杆的安全因子等于 6.0，如图 32-6-227 所示。输入完成后可以看到，本例中统计信息显示了安全因子低于目标 6 的可能性大约是 60%。

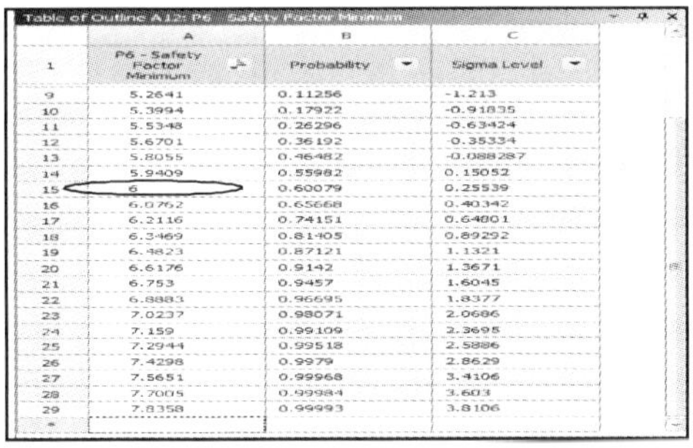

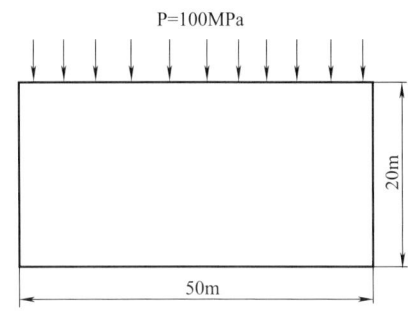

图 32-6-227　查看结果

6.4.4.2　拓扑优化

结构拓扑优化的基本思想是将寻求结构的最优拓扑问题转化为在给定的设计区域内寻求最优材料分布的问题。通过拓扑优化分析，设计人员可以全面了解产品的结构和功能特征，可以有针对性地对总体结构和具体结构进行设计。特别是在产品设计初期，仅凭经验和想象进行零部件的设计是不够的。只有在适当的约束条件下，充分利用拓扑优化技术进行分析，并结合丰富的设计经验，才能设计出满足最佳技术条件和工艺条件的产品。

拓扑优化实例：

如图 32-6-228 所示，欲在道路上建造一座钢质桥，其长为 50m，高为 20m，宽为 10m，左右两端点连接公路两侧，下面左右端点是桥的两个桥墩安装的位置点。桥面施加 100MPa 的载荷，求在体积减小 60% 的条件下寻找最合适的桥梁形状。

```
            P=100MPa
    ↓↓↓↓↓↓↓↓↓↓↓↓↓↓
  ┌──────────────────┐
  │                  │ 20m
  │                  │
  └──────────────────┘
        ←── 50m ──→
```

图 32-6-228　拟实行拓扑优化的钢质桥示意图

(1) 建立模型

在 Workbench 初始界面执行 Tools→Options…出现如图 32-6-229 所示的界面，左面选 Appearance，在右面的选项中勾选里面的 Beta Options 项，这时在左边 Toolbox 的 Analysis Systems 里面就有 Shape Optimization 了。

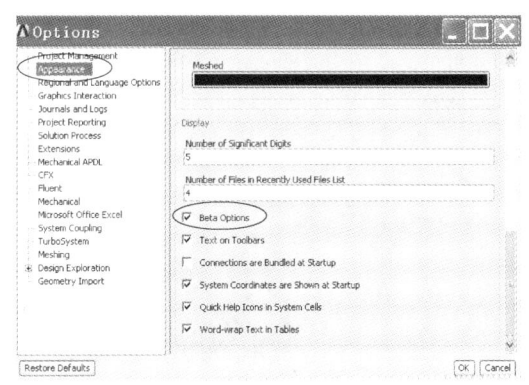

图 32-6-229　启动拓扑优化模块

(2) 建立模型

1) 启动 Workbench　启动 ANSYS Workbench，进入 Workbench，单击 Save As 按钮，将文件另存为 Topolt，然后关闭弹出的信息框。

2) 进入 DM 界面　将 Analysis Systems 中的 Static Structural 拖放至 Project Schematic 空白区内，出现 Static Structural 分析 A 栏。双击 A3 栏 Geometry 项进入 DM 界面。

3) 建立模型　设置建模单位为 Metric，在 DM 下建立模型，绘制矩形，标注尺寸如图 32-6-230 所示。

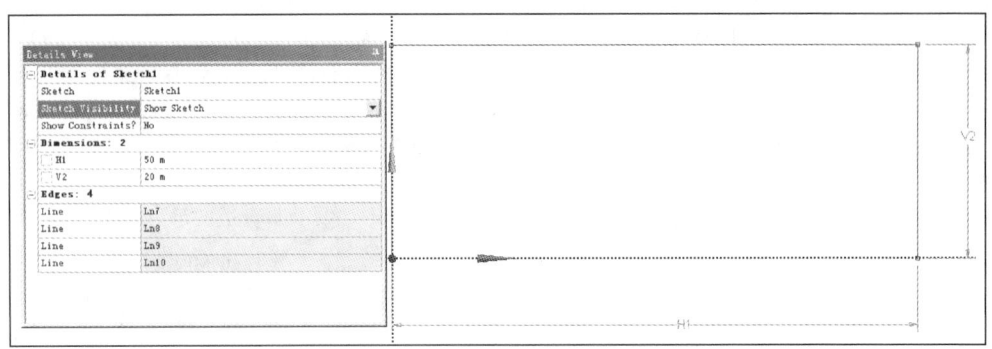

图 32-6-230 绘制计算模型，标注尺寸

4) 生成体　执行 Extrude，单击树形窗口的 XYPlane→Sketch1，在 Details View 中的 Geometry 选择 Sketch1，单击 Apply，将厚度 FD1，Depth 改为 10m，再单击 Generate 按钮生成体。

5) 返回 Workbench 界面　执行 File→Close Design Modeler 返回 Workbench。

(3) 设置材料属性

本实例材料是结构钢，为系统默认的材料。因此，可采用系统默认材料。

(4) 静力学分析

1) 进入分析环境　双击 A4（Model），进入 Mechanical，执行 Units→Metric（m, kg, N, s, V, A）。

2) 划分网格　单击树形窗口的 Mesh 项，单击右键弹出快捷菜单中选 Insert→Sizing，然后在过滤器中将鼠标过滤为体，选取体，再单击 Apply。在详细栏中确定单元尺寸为 1m，最后执行 Mesh→Generate Mesh，如图 32-6-231 所示。

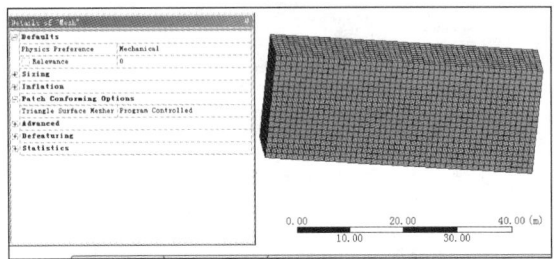

图 32-6-231 划分网格

3) 施加约束和载荷　单击树形窗口的 Static Structural（A5）项，执行 Support→Fixed Support，然后在过滤器中将鼠标过滤为线，选取图中的左下角的线，然后按住 Ctrl 键再选右下角线，单击 Apply 完成约束的施加；再执行 Loads→Pressure，在过滤器中将鼠标过滤为面，选取上面，单击 Apply 选定施加载荷面，在详细栏中选中 Components，施加 Y 方向载荷为 −100e6 N，如图 32-6-232 所示。

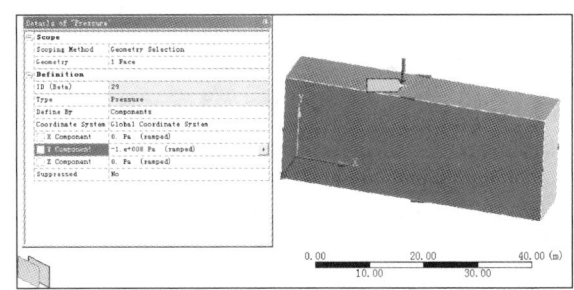

图 32-6-232 施加约束和载荷

4) 求解　执行 Deformation→Total 来求解总变形，执行 Stress→Equivalent（von-Mises）求解等效应力，单击树形窗口的 Solution（A6）项，单击鼠标右键，执行 Evaluate All Results 进行求解。

(5) 拓扑优化

1) 启动拓扑优化模块　插入 Analysis Systems 中的 Shape Optimization 模块，用鼠标直接拖住 Toolbox 中的 Shape Optimization 至 A4 栏中，如图 32-6-233 所示。

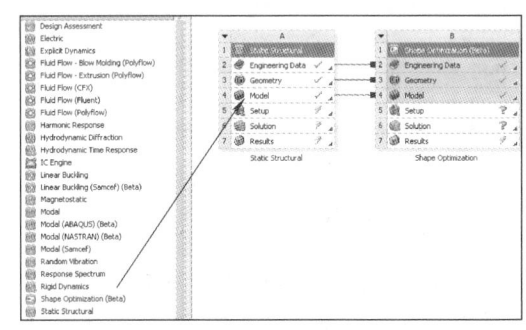

图 32-6-233 启动拓扑优化模块

2) 施加约束和载荷　对 B5 项施加载荷和约束，使之与静力分析相同。

3) 优化设置　点击左侧结构树中的 Shape Finder，选择模型，将 Target Reduction 设置为 60%，如图 32-6-234 所示。

6.4.5 耦合场分析算例

案例——发动机热流固多物理场耦合有限元分析

（1）已知条件

1）发动机数模　由于发动机数模相较为复杂，网格单元、节点较多，需要考虑计算机的计算工作量、计算速度以及磁盘内存等诸多方面因素，因此在保证计算结果精度的前提下，根据发动机的实际结构和工作状况对其数模以截取形式进行简化。如图32-6-236所示为发动机数模，其中，图32-6-236（a）所示为未处理前的发动机数模，图32-6-236（b）所示为用于本案例分析的处理后发动机半机数模，发动机数模由三维CAD软件SolidWorks绘制及处理完成。

2）材料属性　发动机的气缸盖和气缸体材料为铸铝合金，气缸垫的材料为不锈钢301，其材料物理属性如表32-6-17所示。

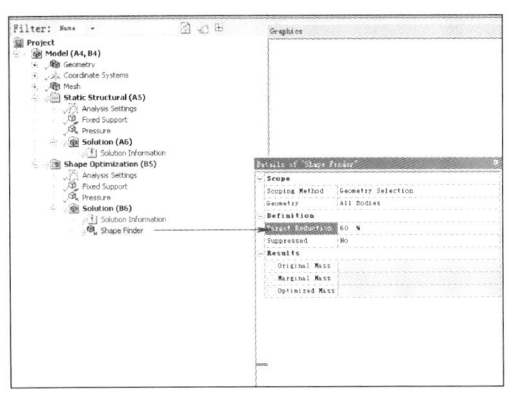

图 32-6-234　Target Reduction 设置为 60%

4）求解　查看拓扑优化结果，其位移、应力目标质量如图32-6-235所示。

5）保存文件　执行 File→Save Project 保存文件。

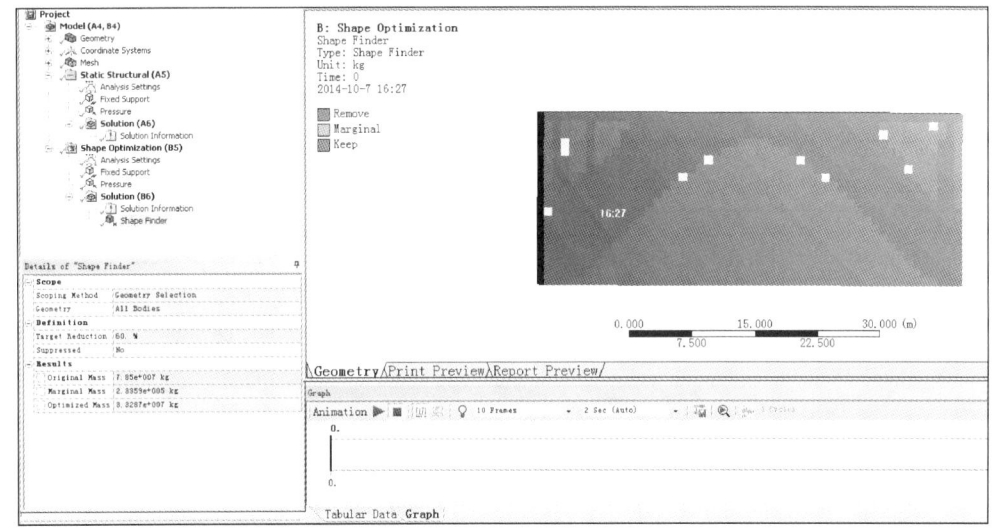

图 32-6-235　拓扑优化结果

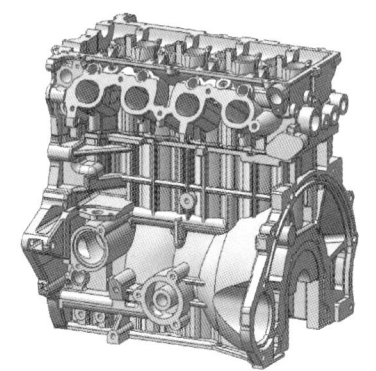

(a) 未处理前的发动机数模

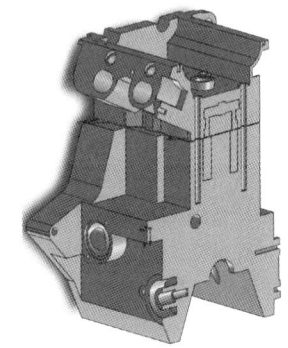

(b) 处理后的发动机半机数模

图 32-6-236　发动机数模

表 32-6-17　　发动机材料物理属性

材料名称	杨氏模量/Pa	泊松比	密度/kg·m^{-3}	热膨胀系数/K^{-1}	热导率/W·m^{-1}·K^{-1}	比热容/J·kg^{-1}·K^{-1}
铸铝合金	7.1×10^{10}	0.31	2700	2.3E-5	162	871
不锈钢 301	1.93×10^{11}	0.247	7900	1.6E-5	16.3	502

发动机水套内部的流体为水和乙醇的混合液，其物理属性如表 32-6-18 所示。

表 32-6-18　　流体物理属性

物理量	数值
密度/kg·m^{-3}	1015
比热容/J·kg^{-1}·K^{-1}	3660
热导率/W·m^{-1}·K^{-1}	0.6
黏度/Pa·s^{-1}	0.001218

3) 主要边界条件　发动机各燃烧室气缸的工作顺序为 1—3—4—2，其数模被截取留下的部分是燃烧室 1 气缸和燃烧室 2 气缸一侧，发动机处于温度为 320K 的强制空气对流中，对流传热系数为 50W·m^{-2}·K^{-1}，经换算公式得螺栓垫片凸台受轴向向下的力为 47550N。另外，其各冲程燃烧室壁面热载荷和机械载荷的边界条件，如表 32-6-19 所示。

表 32-6-19　　边界条件

燃烧室气缸工况	温度/K	对流传热系数/W·m^{-2}·K^{-1}	爆破压强/MPa
进气	350	290	0.09
压缩	475	365	1.5
做功	920	500	6
排气	550	425	0.4

注意：本多物理场耦合分析案例所应用到的流体网格和结构网格是用 ICEM 模块预先处理好的，具体文件名分别为 fluent. msh 和 engine. uns。

(2) 启动 ANSYS Workbench 并建立分析项目

① 在 Windows 操作系统下执行，开始→所有程序，启动 ANSYS Workbench 仿真分析系统，进入主界面。

② 选择 File→Save，弹出"另存为"对话框，在"文件名"项输入工作文件名为 Engine，单击 OK 按钮，完成工作文件名的定义。

③ 选择 Toolbox→Analysis Systems→Fluid Flow (Fluent) 模块，按住鼠标左键拖至 Project Schematic 界面内，如图 32-6-237 所示。

(3) 设置初始条件及求解类型

① 鼠标右键单击 Mesh（A3）项，选择 Import Mesh File，导入模型文件，假设文件名为 fluent. msh，将预先用 ICEM 模块处理好的发动机数模流体网格进行导入。

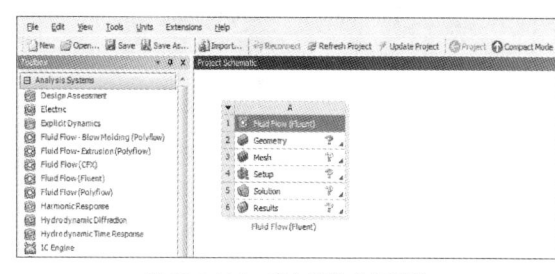

图 32-6-237　　建立流体分析模块

② 鼠标左键双击 Setup（A4），进入 Fluent Launcher 界面。

③ 鼠标点选 OK 按钮确认进入。

General 属性的设置如表 32-6-20 所示。

表 32-6-20　　General 属性的设置

Tab	Setting	Value
Basic Settings	General→Mesh→Scale→Options	mm
	General→Mesh→Check	>0
	General→Solver→Time→Options	Transient
	Gravity	9.8

(4) 设置求解方程

鼠标点选 Models，启动能量方程和紊流模型方程，如表 32-6-21 所示。

表 32-6-21　　Models 属性的设置

Tab	Setting	Value
Basic Settings	Models→Edit→Energy→Options	OK
	Models→Edit→Viscous-Laminar-K-epsilon→Options	OK

(5) 设置材料属性

① 鼠标点选 Materials，导入流体分析需要使用的材料属性。

② 鼠标点选 Cell Zone Conditions，根据表 32-6-17 和表 32-6-18 所示数据对数模赋予相应的材料属性，如表 32-6-22 所示。

操作画面如图 32-6-238 所示。

表 32-6-22　　Materials 材料属性的设置

Tab	Setting
Basic Setting	Materials→Create/Edit Materials→fluent Database→Material Type→Change/Create
	Cell Zone Conditions→Zone→Type→Edit→Material Name→OK

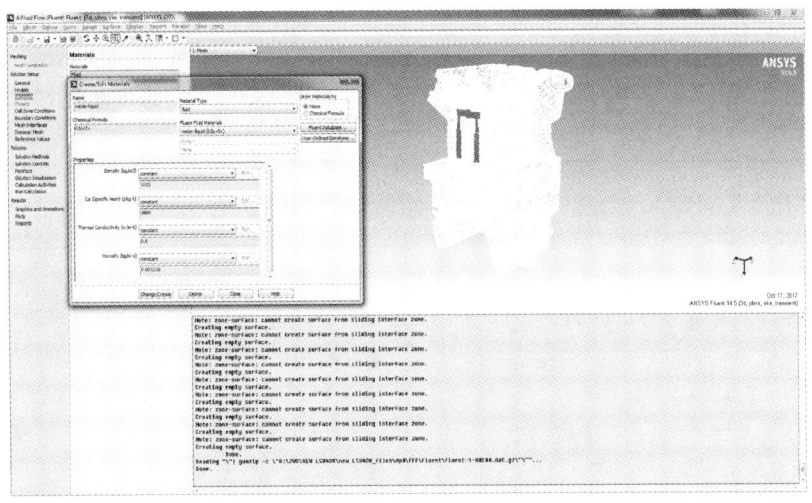

图 32-6-238 设置材料属性

(6) 设置入口边界条件

鼠标点选 Boundary Conditions，在 Zone 项目中，对流体入口进行 inlet 设置，如表 32-6-23 所示。

表 32-6-23 inlet 边界属性的设置

Tab	Setting	Value
Basic Settings	Boundary	Velocity-inlet
Boundary Details	Momentum→Velocity Magnitude	2.5m/s
	Thermal→Temperature	343K

(7) 设置出口边界条件

鼠标点选 Boundary Conditions，在 Zone 项目中，对流体出口进行 outlet 设置，如表 32-6-24 所示。

表 32-6-24 outlet 边界属性的设置

Tab	Setting	Value
Basic Settings	Boundary	Pressure-outlet
Boundary Details	Momentum→Gauge Pressure	0MPa(Default)
	Thermal→Temperature	300K(Default)

(8) 设置流固交界面

鼠标点选 Boundary Conditions，在 Zone 项目中，对流固交界面进行 interface 设置，如表 32-6-25 所示。

表 32-6-25 interface 交界面的设置

Tab	Setting	Value
Basic Settings	Boundary	Interface

(9) 设置机体壁面

鼠标点选 Boundary Conditions，在 Zone 项目中，对机体壁面进行 Wall 设置，如表 32-6-26 所示。

表 32-6-26 wall 边界条件属性的设置

Tab	Setting	Value
Basic Settings	Boundary	Wall
Boundary Details	Momentum→Thermal→Convection	Heat Transfer Coefficient 50W·m^{-2}·K^{-1}
		Temperature 320K

(10) 设置接触对

鼠标点选 Mesh interface，将 Interface Zone1 中气缸盖、气缸体、水套内壁表面与 Interface Zone2 中相应的气缸垫、流体表面进行配对，如表 32-6-27 所示。

表 32-6-27 Mesh interface 接触对的设置

Tab	Setting	Value
Basic Settings	Mesh interface→Interface Zone1-Interface Zone2	Create

(11) 设置求解参数

鼠标点选 Solution Controls，对 Under-Relaxation Factors 项目中进行求解参数设置，如表 32-6-28 所示。

表 32-6-28 求解参数的设置

Tab	Setting	Options	Value
Basic Settings	Solution Controls	Pressure	0.3
		Density	1
		Body Forces	1
		Momentum	0.7
		Turbulent Kinetic Energy	0.8

(12) 计算结果初始化

鼠标点选 Solution Initialization，进行计算结果初始化，如表 32-6-29 所示。

表 32-6-29 计算结果初始化的设置

Tab	Setting
Basic Setting	Solution Initialization→Standard Initialization→compute from→all zones→Initialize

(13) 流体计算求解

进行计算求解的具体数值设置，如图 32-6-239 所示。

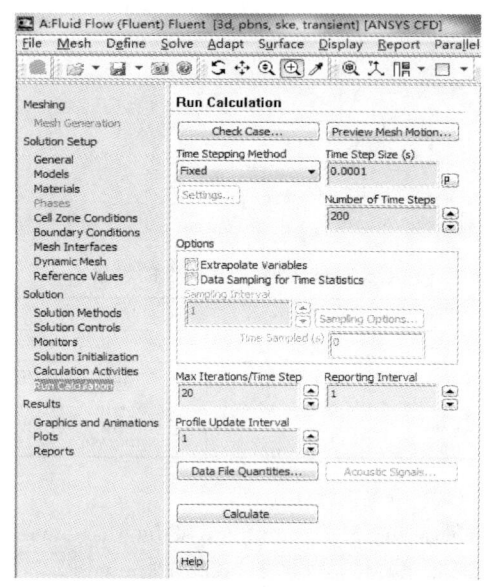

图 32-6-239 计算求解

(14) 查看流体计算结果

在 Project Schematic 界面，鼠标左键双击 Fluid Flow（Fluent）模块中 Results（A5）项，进入 CFD Post 查看分析结果。

① 鼠标点选主菜单栏 Insert→Vector1，插入发动机水套内的流体流速矢量云图，在弹出的对话框中保留默认名称，单击 OK 按钮。在左侧的 Details of Vector1 中按表所列进行设置，如表 32-6-30 所示。

表 32-6-30 查看流体流速计算结果的设置

Tab	Setting	Value
Geometry	Domains	liuti body
	Location	liuti inlet，liuti interface，liuti outlet
	Variable	Velocity

单击 Apply 按钮，显示结果如图 32-6-240 所示。

② 鼠标点选主菜单栏 Insert→Contour1，插入查看水套内流体流固接触面压力云图，在弹出的对话框中保留默认名称，单击 OK 按钮。在左侧的 Details of Contour1 中按表所列进行设置，如表 32-6-31 所示。

表 32-6-31 查看流体压力计算结果的设置

Tab	Setting	Value
Geometry	Domains	Liuti body
	Location	Liuti inlet，liuti interface，liuti outlet
	Variable	Pressure

单击 Apply 按钮，显示结果如图 32-6-241 所示。

(15) 建立瞬态热分析项目及模型的处理

流体求解计算完成后，关闭 CFD Post，返回 Project Schematic 界面。选择 Toolbox→Component Systems→Finite Element Modeler 模块，按住鼠标左键拖至 Project Schematic 界面内，鼠标右键单击 Model 项，选择 Add Input Mesh→Browse，导入模型文件，假设文件名为 engine.uns，即将预先用 ICEM 模块处理好的发动机数模结构网格进行导入。然后鼠标右键单击 Fluid Flow（Fluent）分析模块中的 Solution 生成与之相连的 Transient Thermal 分析模块 B，再按住鼠标左键将 Finite Element Modeler 模块 Model 项中的数据拖至 Transient Thermal 分析模块 B 中的 Model 项，如图 32-6-242 所示。

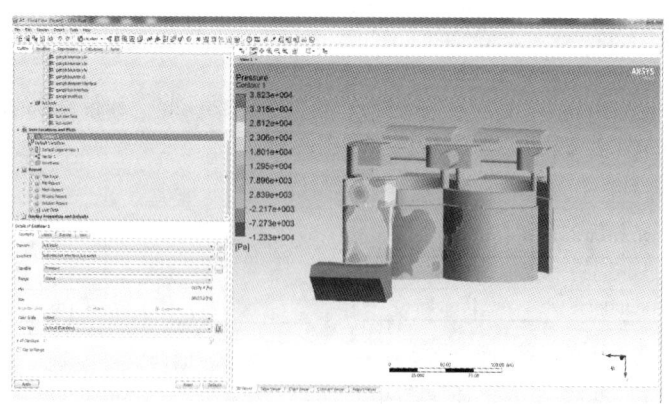

图 32-6-240 Vector1 流速分布云图

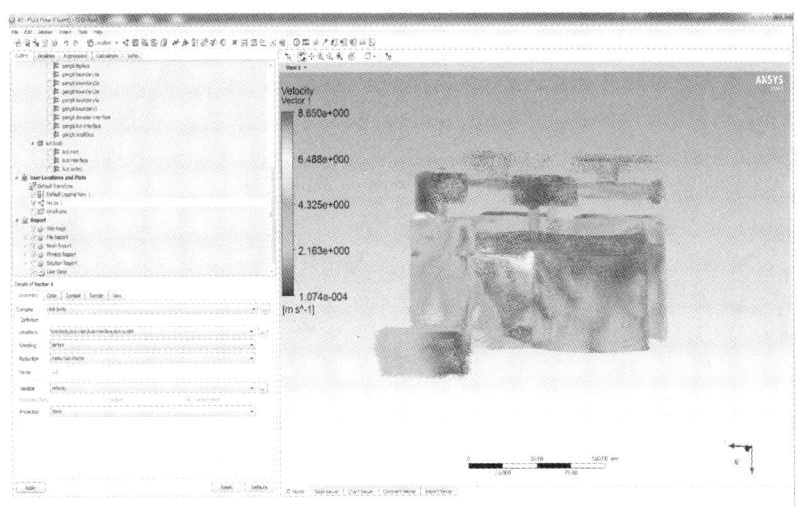

图 32-6-241　Contour1 压力分布云图

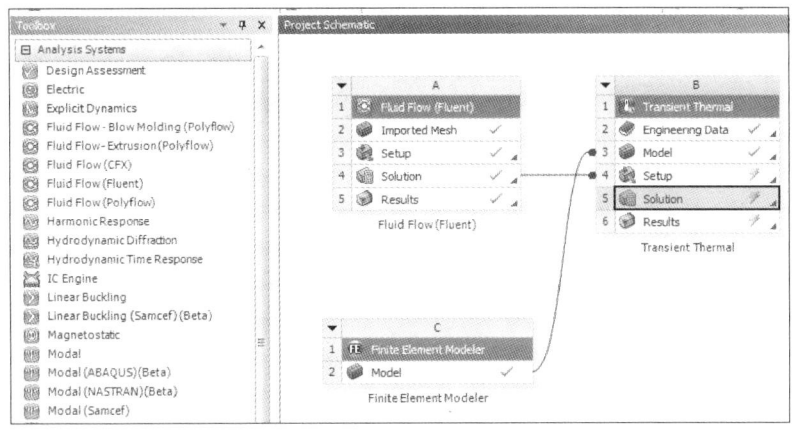

图 32-6-242　建立瞬态热分析模块

(16) 数模材料的定义

鼠标左键双击 Engineering Data (B2) 项，在空白界面鼠标右键单击，在弹出的 Engineering Data Sources 窗口中的 General Materials (A3) 中分别选择 Aluminum Alloy (A4) 和 Stainless (A11)，再鼠标右键单击，选择 Engineering Data Sources，返回 Outline of Schematic，在弹出的 Outline of Schematic (A2) 中，根据表 1 所示的数据进行数模材料属性的定义。完成定义后，鼠标点选 Return to Project，返回主界面。

(17) 定义瞬态热分析边界条件

① 由于 Transient Thermal 分析模块和 Finite Element Modeler 分析模块相连接，所以 Transient Thermal 中的 Model (B3) 项已经定义，可以直接鼠标左键双击 Model (B3) 项进入 Transient Thermal 分析模块的平台界面。

② 定义瞬态热分析的载荷步。选择 Outline→Project→Model (B3)→Transient Thermal (B4)，鼠标点选 Initial Temperature，在 Initial Temperature Value 项中输入 320K，再鼠标点选 Analysis Settings，在 Details of "Analysis Settings" 中的 Number Of Steps 项输入 4，在 Current Step Number 中分别输入 1、2、3、4 各时间步，然后在 1、2、3、4 各时间步的分别对应下，在 Step Time 中分别输入 0.005s、0.01s、0.015s、0.02s，其中，在 Initial Time Step 中皆输入 0.0002s，在 Minimum Time Step 中皆输入 0.00004s，在 Maximum Time Step 中皆输入 0.001s。再在 Details of "Analysis Settings" 中的 Define By 选择 Substeps，在 Initial Substeps 中输入 2，在 Minimum Substeps 中输入 2，在 Maximum Substeps 中输入 5。

③ 定义流体对机体作用的载荷。选择 Outline→Project→Model (B3)→Transient Thermal (B4)→Imported Load (Solution)，在弹出的快捷菜单中鼠标右

键单击，选择 Insert→Temperature，将 Details of "Imported Temperature" 对话框中的 Geometry 项目选定为机体数模中的流固交界面，鼠标点选 Apply 按钮，将 CFD Surface 选择为已经定义过的流固交界面"liuti Interface"，接着在分析界面下侧 Imported Temperature 表中的 Analysis time 项中输入需要映射温度的时间，由于发动机工作由 4 个冲程循环组成，所以需要进行本操作 4 次，输入映射温度时间依次为 0.005s、0.01s、0.015s、0.02s，如图 32-6-243 所示，完成流体对机体作用载荷的定义。

④ 定义热对流对机体的作用。选择 Outline→Project→Model（B3）→Transient Thermal（B4），鼠标右键单击，在弹出的快捷菜单中选择 Insert→Convection，首先确定燃烧室气缸热对流对机体的作用，将 Details of "Convection" 对话框中的 Geometry 项目选择为发动机数模各气缸的燃烧室内壁以及缸口位置的表面，鼠标点选 Apply 按钮，接着在 Film Coefficient 中选择 Tabular Data，将如表 32-6-19 所示的各冲程温度和其所对应的热对流系数输入表格中，如图 32-6-244（a）所示，另一个燃烧室气缸设置同理，完成对发动机各燃烧室气缸热对流的定义。然后再定义周围环境的热对流对机体作用，将 Details of "Convection" 对话框中的 Geometry 项目选择为除发动机各燃烧室气缸内壁以及缸口位置以外的其他表面，鼠标点选 Apply 按钮，接着在 Film Coefficient 中选择 Tabular Data，将周围环境温度和其所对应的热对流系数输入表格中，如图 32-6-244（b）所示，完成对机体各表面热对流的定义。

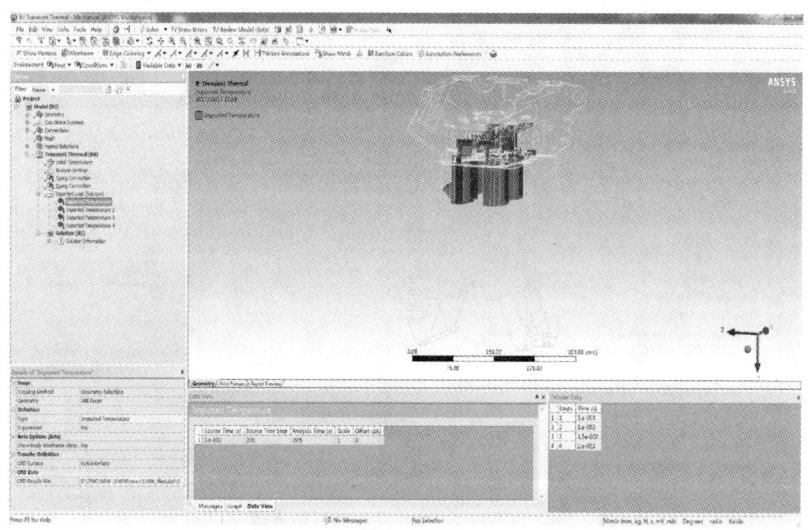

图 32-6-243　添加流体对机体作用边界条件

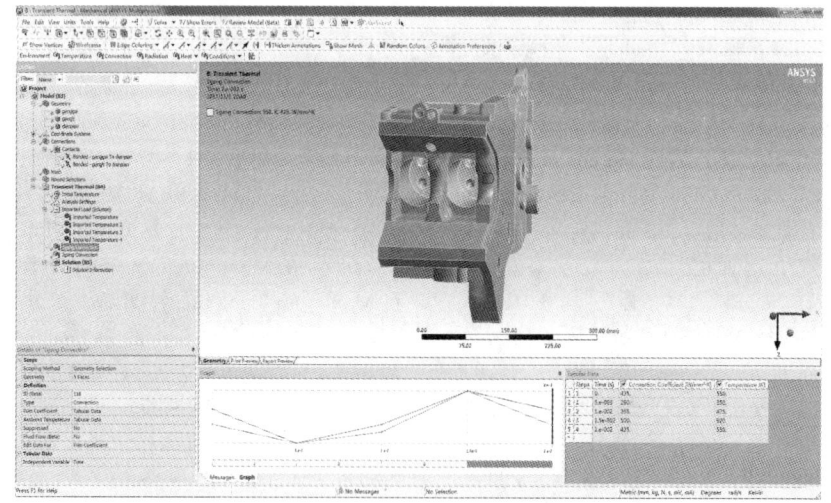

(a) 定义燃烧室气缸热对流边界条件

第 6 章 有限元分析技术

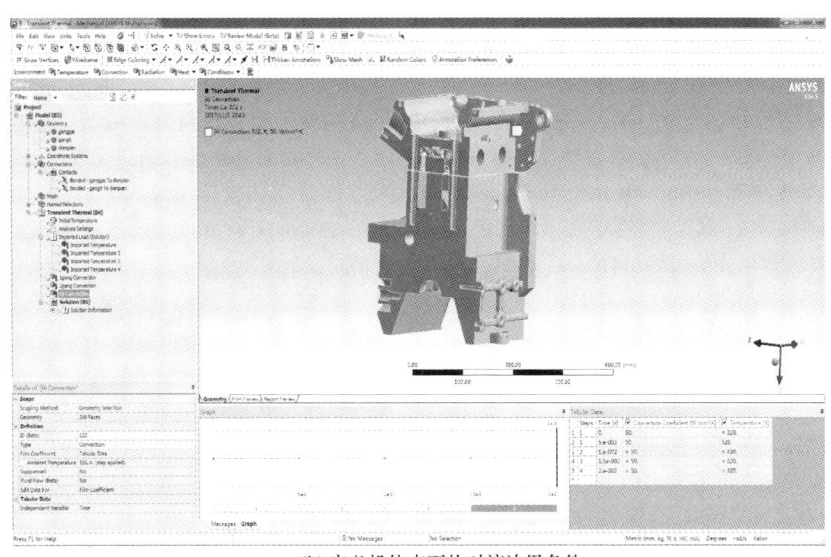

(b) 定义机体表面热对流边界条件

图 32-6-244　定义热对流边界条件

(18) 求解并查看瞬态热分析结果

① 完成热对流的定义后，添加期望的求解结果。选择 Outline → Project → Model (B3) → Transient Thermal (B4)→Solution (B5)，鼠标右键单击，在弹出的快捷菜单中执行 Insert→Thermal→Temperature 命令，将 Details of "Temperature" 中的 Display Time 项输入需要查询的时间。由于发动机工作由 4 个冲程循环组成，所以需要进行本操作 4 次，依次输入的时间为 0.005s、0.01s、0.015s、0.02s，完成插入各冲程时间所对应的温度云图。

② 完成求解结果添加后，进行求解计算。选择 Outline→Project→Model (B3)→Transient Thermal (B4)→Solution (B5)，鼠标右键单击，在弹出的快捷菜单中执行 Solve 命令进行求解，此时会弹出进度显示条，表示正在求解及各求解过程情况，当求解完成后进度条自动消失。

③ 计算完成后查看结果，选择 Outline→Project→Model (B3) → Transient Thermal (B4) → Solution (B5) → Temperature 查看温度云图，如图 32-6-245 所示。

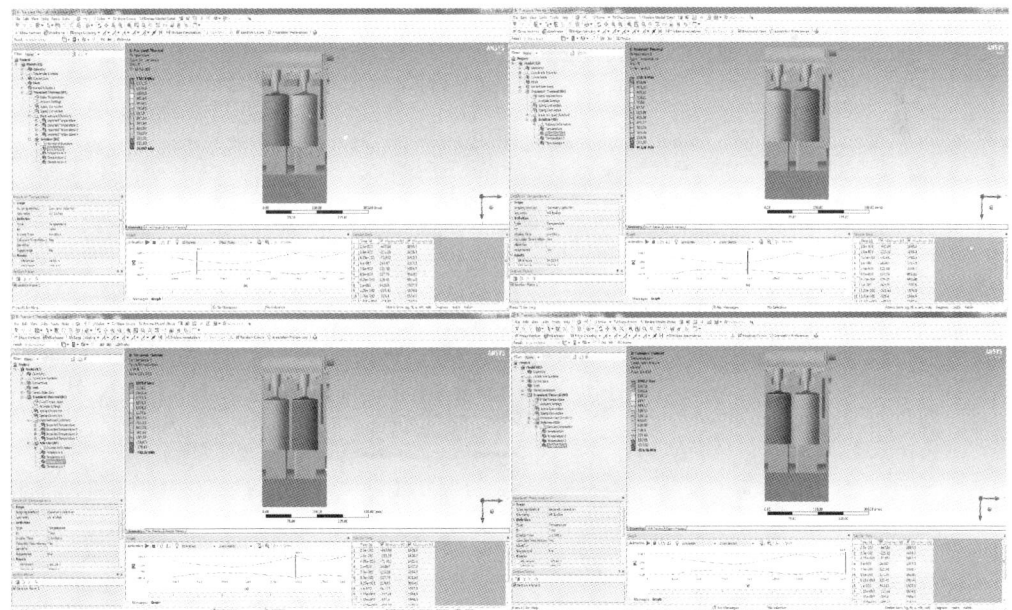

图 32-6-245　机体内部的温度变化云图

(19) 建立瞬态结构分析项目

选择 Toolbox → Analysis Systems → Transient Structure 分析模块，按住鼠标左键拖至 Transient Thermal 分析模块之上，直至 Transient Thermal 分析模块的（B2）、（B3）、（B4）、（B6）项目都变红即可松开鼠标左键，则生成与 Transient Thermal 分析模块相连接的 Transient Structure（C），如图 32-6-246 所示。

(20) 定义瞬态结构分析边界条件

① 由于 Transient Structure 分析模块和 Transient Thermal 分析模块相连接，所以 Transient Structure 中的 Model（C3）项已经定义，可以直接鼠标左键双击 Setup（C4）项进入 Transient Thermal 分析模块的平台界面。

② 定义瞬态结构分析的载荷步。操作内容与定义瞬态热分析的载荷步同理，操作内容区别是在 1、2、3、4 各时间步的分别对应下，在 Maximum Substeps 中输入 100。

③ 定义温度对机体作用的载荷。选择 Outline→Project→Setup（C4）→Transient Structure（C4）→Imported Load（Solution），鼠标右键单击，在弹出的快捷菜单中选择 Insert→Temperature，将 Details of "Imported Body Temperature" 对话框中的 Geometry 项目选择为发动机的气缸盖、气缸垫以及气缸体，鼠标点选 Apply 按钮，再在分析界面下侧 Imported Temperature 表中的 Source time 和 Analysis time 中输入需要映射温度的时间，由于发动机工作由 4 个冲程循环组成，所以需要进行本操作 4 次，输入查询时间依次为 0.005s、0.01s、0.015s、0.02s，如图 32-6-247 所示，完成各冲程温度对机体作用载荷的定义。

④ 定义全位移约束对发动机机底的作用。选择 Outline→Project→Setup（C4）→Transient Structure（C4），鼠标右键单击，在弹出的快捷菜单中选择 Insert→Fixed Support，将 Details of "Fixed Support" 中 Geometry 项目选择为气缸体的底表面，鼠标点选 Apply 按钮，完成对发动机机底全位移约束的定义。

⑤ 定义对称位移约束对机体截取剖面的作用。选择 Outline→Project→Setup（C4）→Transient Structure（C4），鼠标右键单击，在弹出的快捷菜单中选择 Insert→Frictionless Support，将 Details of "Frictionless Support" 中 Geometry 项目选择为发动机数模的截取剖面，鼠标点选 Apply 按钮，完成对机体截取剖面对称位移约束的定义。

⑥ 定义水平位移约束对机体前端面的作用。选

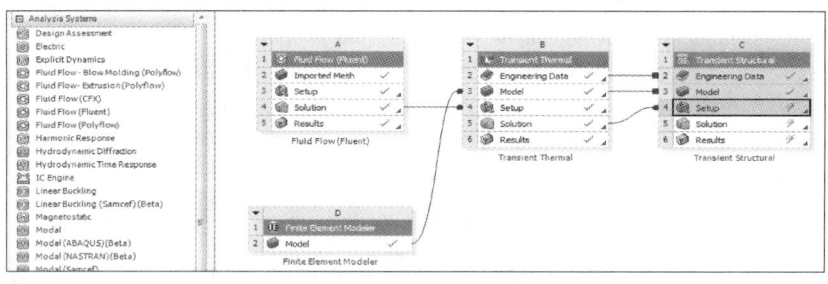

图 32-6-246　建立瞬态结构分析模块

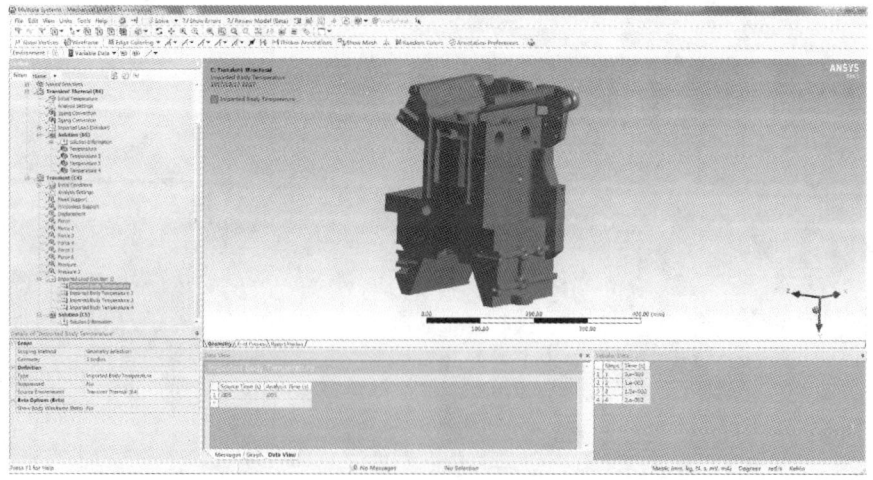

图 32-6-247　添加温度对机体作用边界条件

择 Outline→Project→Setup（C4）→Transient Structure（C4），鼠标右键单击，在弹出的快捷菜单中选择 Insert→Displacement，将 Details of "Displacement" 中 Geometry 项目选择为发动机数模的前端面，鼠标点选 Apply 按钮，再在 X Component 项中输入 0，其他项默认，完成对机体前端面水平位移约束的定义。

⑦ 定义螺栓预紧力对机体的作用。选择 Outline→Project→Setup（C4）→Transient Structure（C4）→Imported Load（Solution），鼠标右键单击，在弹出的快捷菜单中选择 Insert→Force，将 Details of "Force" 中 Geometry 项目选择为发动机螺栓凸台上表面，鼠标点选 Apply 按钮，接着在 Magnitude 项中输入 47550N，并在 Direction 项中选择力的方向为垂直向下，其余螺栓预紧力的设置同理，注意对截取剖面处的螺栓凸台上表面进行预紧力添加时，在 Magnitude 项中输入 23775N，完成对发动机螺栓预紧力的定义。

⑧ 定义爆破压力对机体的作用。选择 Outline→Project→Setup（C4）→Transient Structure（C4），鼠标右键单击，在弹出的快捷菜单中选择 Insert→Pressure，将 Details of "Pressure" 中 Geometry 项目选择为发动机燃烧室气缸内壁以及缸口的壁面，鼠标点选 Apply 按钮，再在 Details of "Force" 中 Magnitude 项中选择 Tabular Data，将如表 32-6-19 所示的各冲程压力值输入表格中，如图 32-6-248 所示。另一个燃烧室气缸设置同理，完成对发动机各燃烧室气缸爆破压力的定义。

（21）求解并查看瞬态结构分析结果

① 完成位移约束和机械载荷的定义后，添加期望的等效应力求解结果。选择 Outline→Project→Setup（C4）→Transient Structure（C4）→Solution（C5），鼠标右键单击，在弹出的快捷菜单中执行 Insert→Stress→Equivalent（von-Mises）命令，将 Details of "Equivalent Stress" 中的 Display Time 项输入需要查询的时间，由于发动机工作由 4 个冲程循环组成，所以需要进行本操作 4 次，输入查询时间依次为 0.005s、0.01s、0.015s、0.02s，最终完成插入各冲程所对应的等效应力云图。

② 添加期望的总体变形求解结果的操作方法同上，在弹出的快捷菜单中执行 Insert→Deformation→Total 命令，将 Details of "Total Deformation" 中的 Display Time 项输入需要查询的时间，最终完成插入各冲程所对应的总体变形云图。

③ 完成结果添加后，进行求解计算。选择 Outline→Project→Setup（C4）→Transient Structure（C4）→Solution（C5），在弹出的快捷菜单中执行 Solve 命令进行求解，此时会弹出进度显示条，表示正在求解及各求解过程情况，当求解完成后进度条自动消失。

④ 计算完成后查看结果，选择 Outline→Project→Setup（C4）→Transient Thermal（C4）→Solution（C5）→Equivalent Stress 查看各时间点的等效应力云图，如图 32-6-249 所示。

由等效应力云图可知，发动机所承受等效应力最大的位置在气缸盖、气缸垫以及气缸体的接触结合处，为 645MPa。

⑤ 计算完成后查看结果，选择 Outline→Project→Setup（C4）→Transient Thermal（C4）→Solution（C5）→Total Deformation 查看各时间点的总体变形云图，如图 32-6-250 所示。

由总体变形云图可知，发动机所承受总体变形最大的位置在燃烧室气缸体的内壁处，为 0.17mm。

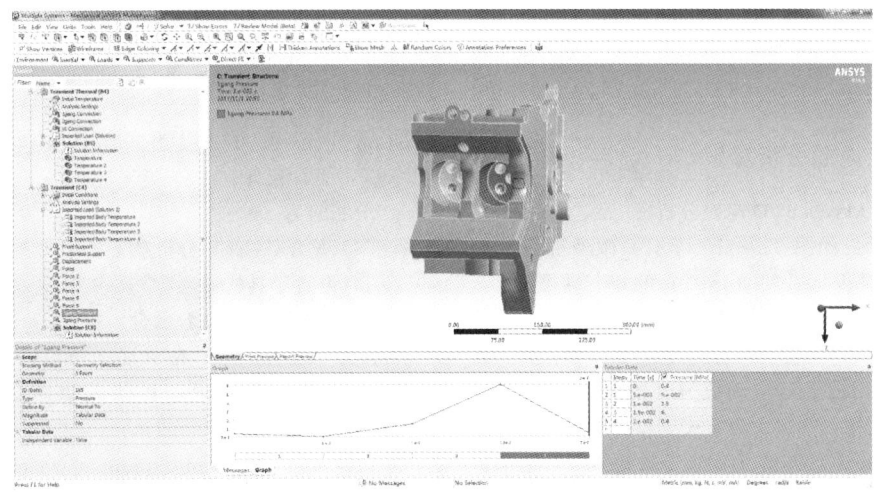

图 32-6-248　定义压强对发动机作用的边界条件

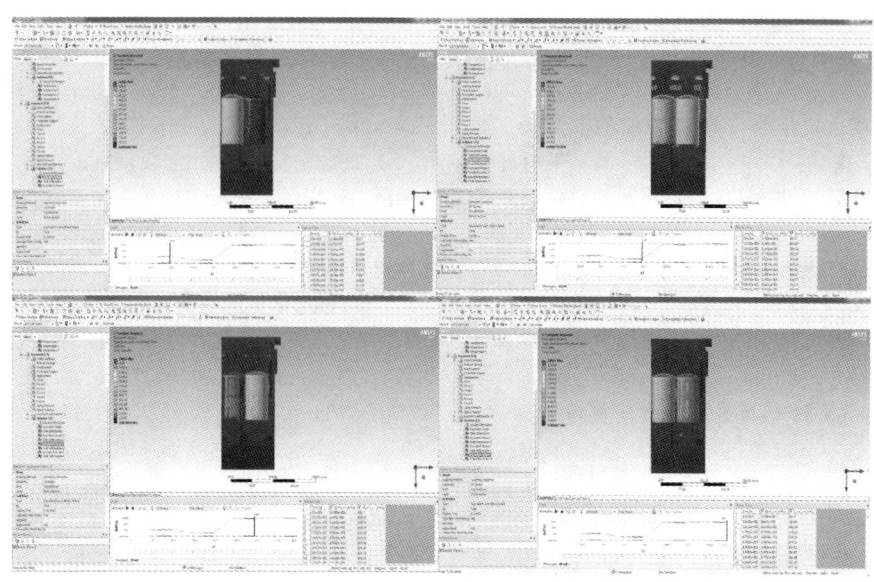

图 32-6-249 机体内部的等效应力变化云图

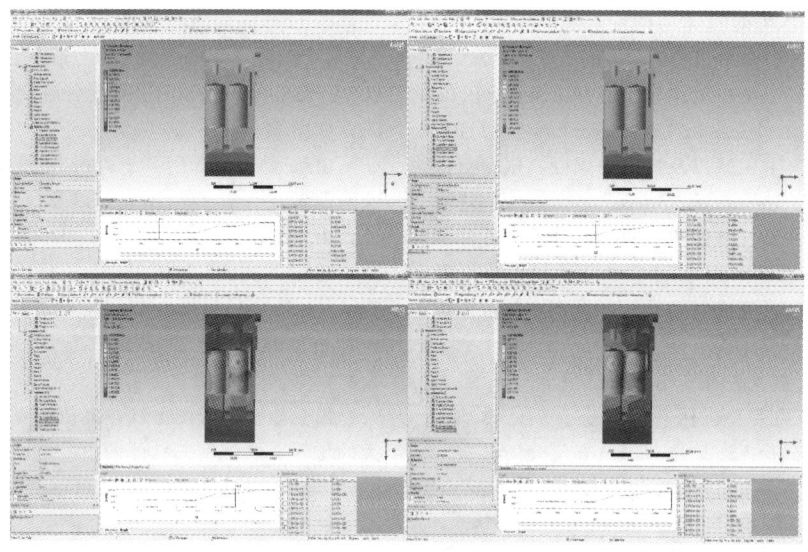

图 32-6-250 机体内部的总体变形云图

6.4.6 电磁分析算例

案例——Maxwell 2D 电磁分析

问题描述：如图 32-6-251 所示为微型混合动力汽车用永磁同步电动机（HSG）的定、转子结构，对该电动机模型进行稳态空载仿真分析和动态仿真分析。

条件：该永磁同步电动机为 4 极 48 槽内置径向式转子磁路结构，绕组为分布式三相双线制结构，以材料库中的 steel_1008 作为定转子材料为例，电动机模型的具体参数如表 32-6-32 所示，其中永磁体材料 N40uh 的矫顽力 H_c 为 987kA/m，剩磁 B_r 为 1.29T，不计损耗。

分析过程：

(1) MAXWELL 分析准备工作

1) 设置工具栏选项

① 启动 MAXWELL 软件，打开 Tools→Options→Maxwell 2D Options，在对话框中点击 General Options，选中以下选项，其他默认，点击"确定"按钮。

☑ Use Wizards for data input when creating new boundaries

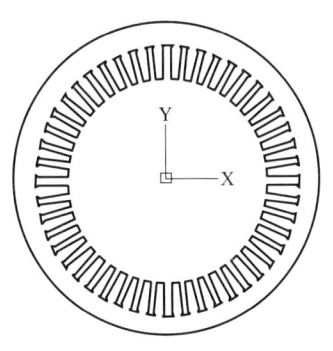
(a) 定子结构模型

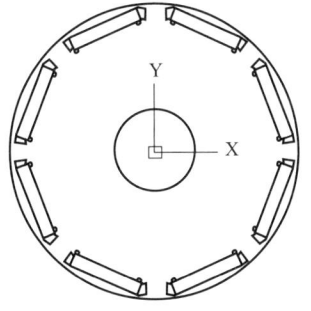
(b) 转子结构模型

图 32-6-251　定、转子结构模型示意图

表 32-6-32　　　　　　　　　　电动机模型参数

项目	绕组匝数	定子长	最大工作电流	最高转速	定、转子材料	永磁体材料	绕组材料
参数	4	79.8mm	100A	15000r·min^{-1}	steel_1008	N40uh	铜

☑ Duplicate boundaries/mesh operations with geometry

② 打开 Tools→Options→Modeler Options，在对话框中点击 Operation，选中：

☑ Automatically cover closed polylines

在对话框中点击 Drawing，选中：

☑ Edit property of new primitives

其他默认，点击"确定"按钮。

2）新建工程　如图 32-6-252 所示，将新建工程 Project1 改名为 HSG，在菜单栏中点击 Project→Insert Maxwell 2D Design，或点击图标 ，并改名为 1_whole_model。

图 32-6-252　新建工程

3）设置模型单位　在菜单栏中点击 Modeler→Units→Select units 下拉栏中选择单位 mm，点击 OK。

（2）导入 2D 模型

1）导入定子模型

① 在菜单栏中点击 Modeler→Import…选择 Stator 文件并打开，弹出对话框，点击 Options 选项，确认单位为 mm，导入定子模型如图 32-6-253 所示。

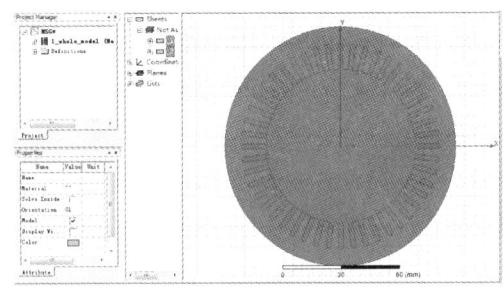

图 32-6-253　导入定子模型

② 进行布尔减运算，同时选中_1 和_2，右键点击 Edit→Boolean→Subtract…弹出布尔减对话框，正确选择 Blank Parts 和 Tool Parts 项，左键点击 OK，定子模型如图 32-6-254 所示。

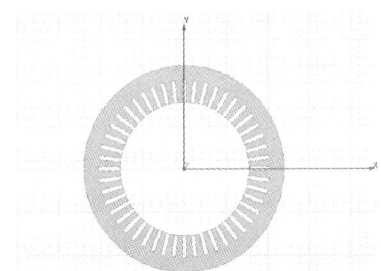

图 32-6-254　定子模型

③ 在工程状态栏中修改属性，改名为 Stator，颜色为紫色。

2）导入转子与永磁体模型　方法与定子模型导入相同，先导入模型，再进行布尔减运算，得到转子模型,改名为 Rotor,颜色为蓝色。选中所有永磁体模型改名为 Magnets,颜色为粉色。

3) 创建定子绕组

① 在菜单栏中选中 Draw→Rectangle 或者直接点击菜单工具栏中的 □ 图标,在右下角的坐标输入窗口中将坐标系改为 Cartesian(笛卡尔),绝对值输入 Absolute(绝对)并在坐标输入窗口输入矩形一个顶点位置坐标:

X:39.8;Y:0.8;Z:0,按 Enter 键输入。

接着输入矩形对角顶点坐标的相对尺寸:

dX:11.2;dY:-1.6;dZ:0,双击 Enter 键完成,如图 32-6-255 所示。

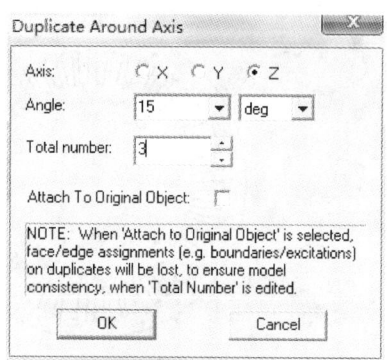

图 32-6-257 旋转复制参数

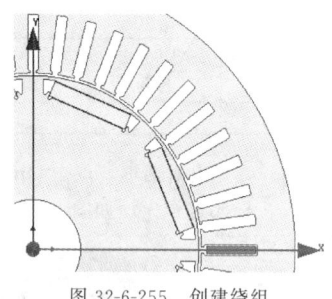

图 32-6-255 创建绕组

② 开启面选模型,选中绘制的绕组 Rectangle1 和定子,点击右键 Edit→Arrange→Rotate 弹出旋转对话框,如图 32-6-256 所示,Axis 选择 Z 轴,Angle 为 11.25°,即绕 Z 轴旋转 11.25°,确认设置。

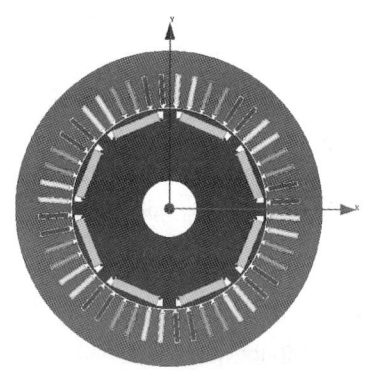

图 32-6-258 完整电动机模型

(3) 简化 2D 模型

保存工程,保存在英文路径下,复制工程 1_whole_model 并粘贴,将其改名为 2_partial_model。仿真电动机的尺寸可以通过拓扑结构来减小,以电动机的 1/4 模型进行仿真。下文以 2_partial_model 为仿真模型,进行操作。

1) 简化模型

① 使用 Ctrl+A 全选模型,右键点击选择菜单栏 Edit→Boolean→Split 或者使用工具栏中图标 □,弹出如图 32-6-259 所示分割选项对话框,Split plane 选择 XZ 平面,其他默认,点击 OK,只有 1/2 模型被保留。

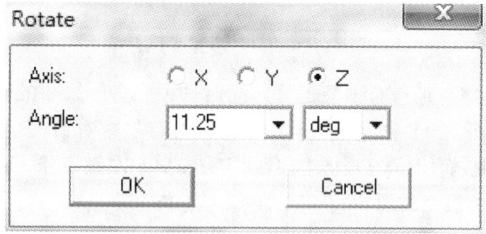

图 32-6-256 旋转参数

③ 再选中 Rectangle1,右键选择 Edit→Duplicate→Around Axis…绕 Z 轴复制旋转 15°,Total number 为 3,如图 32-6-257 所示,确认设置。

④ 重命名 Rectangle1 为 PhaseA,更改颜色为黄色;重命名 Rectangle1_2 为 PhaseB,更改颜色为淡蓝色;重命名 Rectangle1_1 为 PhaseC,更改颜色为深绿色。

⑤ 同时选中 PhaseA、PhaseB、PhaseC,绕 Z 轴复制旋转 37.5°,其中 Total number 为 2。

⑥ 选中已有的 6 相绕组,绕 Z 轴复制旋转 45°,其中 Total number 为 8,则生成所有绕组,完整电动机模型如图 32-6-258 所示。

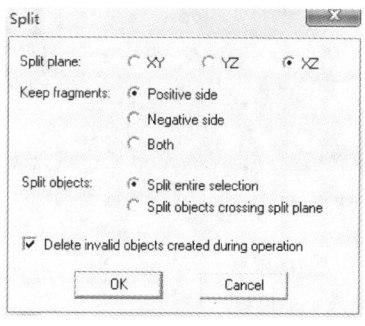

图 32-6-259 分割模型

② 继续使用分割命令，Split plane 选择 YZ 平面，其他默认，点击 OK，只有 1/4 模型被保留，即为简化后的仿真电动机模型，如图 32-6-260 所示。

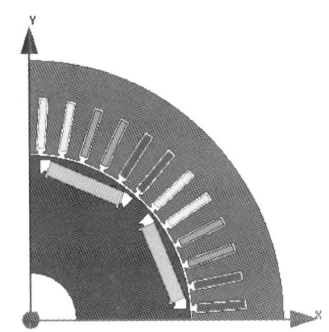

图 32-6-260　简化后的 2D 模型

③ 顺时针方向将两个永磁体分别重命名为 PM1、PM2，颜色改为粉色。

④ 逆时针方向将定子绕组分别重命名为 PhaseA1、PhaseA2、PhaseC1、PhaseC2、PhaseB1、PhaseB2、PhaseA1_1、PhaseA2_1、PhaseC1_1、PhaseC2_1、PhaseB1_1、PhaseB2_1。

2) 创建 Region 区域　Region 区域是一个包围电动机的真空区域，即其材料属性为 vacuum，由于磁力线集中分布在电动机的内部，所以这个区域不需要创建很大。

以原点为起点沿 X 轴方向画一条长为 80mm 的直线，再选中 Polyline1，右键点击并选中菜单栏 Edit→Sweep→Around Axis，Polyline1 绕 Z 轴旋转扫描 90°，其中段数 Number of segments 输入 10，如图 32-6-261 所示输入，点击 OK 完成。重命名 Polyline1 为 Region，通过增加区域的透明度来改变其渲染效果，如图 32-6-262 所示。

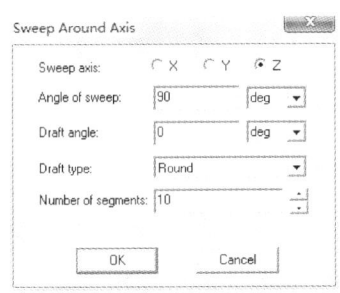

图 32-6-261　绕 Z 轴扫描

(4) 设置 HSG 材料属性及旋转坐标系

1) 定、转子材料属性设置　同时选中 Rotor 和 Stator，右键选择 Properties，弹出属性对话框，如图 32-6-263 所示，在 Material 栏选择 Edit，弹出材料库，在材料库中选择 steel_1008 材料，点击确定完成定、转子材料定义。

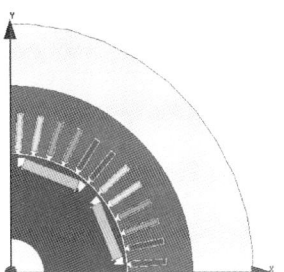

图 32-6-262　建立 Region 区域

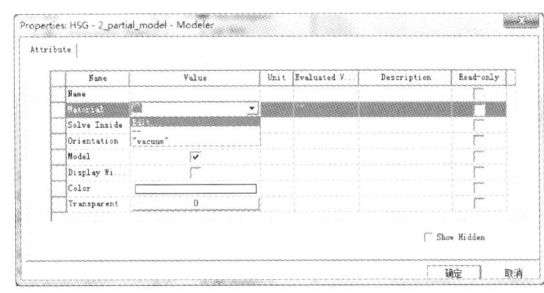

图 32-6-263　材料属性对话框

2) 绕组材料属性设置　同时选中所有绕组，将其材料属性修改为 copper 材料。

3) 永磁体材料属性设置　由于材料库中没有 N40uh 材料，需要手动添加，选中 PM1 和 PM2，右键选择 Properties，弹出属性对话框，在 Material 栏选择 Edit，弹出材料库，在材料库中选择 Add Material，弹出 View/Edit Material 窗口，如图 32-6-264 所示，更改材料名为 N40uh，在对话框下方选择"Permanent Magnet"，弹出对话框"Properties for Permanent Magnet"，如图 32-6-265 所示，输入 Hc：−987000，单位为 A_per_meter，Br：1.29，单位为 tesla，点击 OK，点击 Validate material，点击 OK，点击确定，完成永磁材料属性设置。

4) 设置旋转面坐标系　由于永磁体是随着转子

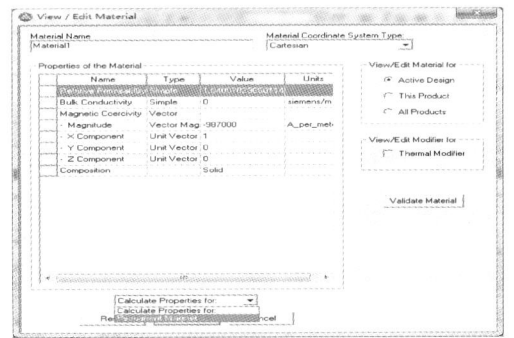

图 32-6-264　添加材料

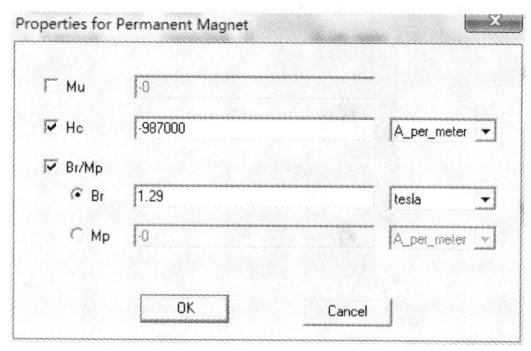

图 32-6-265　输入材料参数

不断旋转的，因此要使用面坐标系来完成永磁体定向，面坐标系是一种与物体的表面相关联的坐标系，当物体旋转时，面坐标系随之旋转。

① 在面选模式下选择永磁体 PM1，建立于这个表面相关联的面坐标系，在菜单栏中选择 Modeler→Coordinate System→Create→Face CS 或直接点击工具栏图标；此时模型处于绘图状态，第一点为坐标系的原点，应位于所选中的永磁体平面上，用鼠标捕捉此平面上任意一个顶点，这样就确定了面坐标系的中心，如图 32-6-266（a）所示；用鼠标捕捉永磁体平面同侧的另一个顶点，如图 32-6-266（b）所示，则 X 轴方向确定，面坐标系 FaceCS1 建立完成，如图 32-6-266（c）所示。

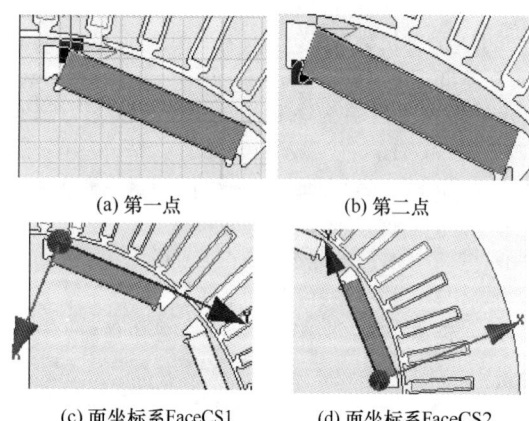

(a) 第一点　　(b) 第二点

(c) 面坐标系FaceCS1　　(d) 面坐标系FaceCS2

图 32-6-266　建立面坐标系

② 使用同样的方法来建立于 PM2 相关联的面坐标系 FaceCS2，要注意的是此时 X 轴的方向应指向气隙，如图 32-6-242 所示（d）。

③ 分别将 FaceCS1、FaceCS2 重命名为 PM1_CS、PM2_CS。

④ 分别在 PM1、PM2 的属性栏中将 Orientation 对应的 Value 值依次改为 PM1_CS、PM2_CS，旋转面坐标系建立完成，在坐标系统树 Coordinate Systems 下点击 Global 返回全局坐标系。

（5）设置主、从边界及零向量边界

设置主、从边界能充分利用电动机的周期性特点，下面将定义主边界和从边界。要注意的是从边界上的任一点的磁场强度与主边界上任一点的磁场强度相对应，即大小相等，同向或反向。

① 在线选模式下，选择 Region 沿 X 轴方向的一条边界线，右键单击并选中 Assign Boundary→Master，弹出对话框，要注意向量 u 的方向，可以通过选择对话框中的 Reverse Direction 来改变方向，设为沿 X 轴正向，点击 OK 设置生效，如图 32-6-267 所示。

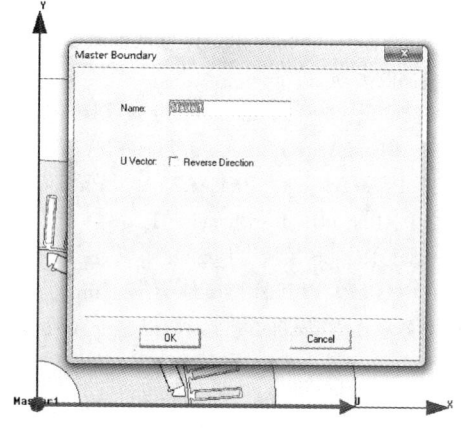

图 32-6-267　设置主边界

② 选择 Region 沿 Y 轴方向的另一条边界线，右键单击并选中 Assign Boundary→Slave，弹出对话框，在 Master 项中选择 Master1，在 Relation 这一项中选择 $B_s = B_m$，要注意向量 u 的方向，可以通过选择对话框中的 Reverse Direction 来改变方向，设为沿 Y 轴正向，点击 OK 设置生效，如图 32-6-268 所示。

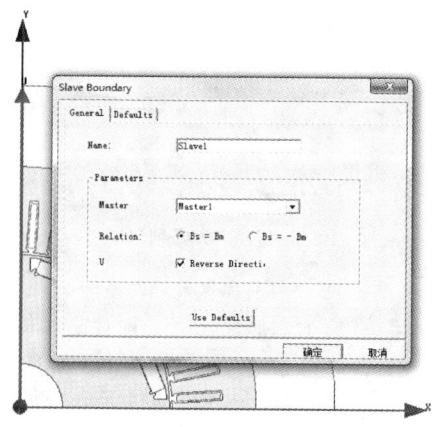

图 32-6-268　设置从边界

③ 选择 Region 的最外边的圆弧,共有 11 个小线段组成,使用 Ctrl 键进行多选,右键点击 Assign Boundary→factor Potential,弹出对话框,改名为 Zero_Flux,将 Value 赋值为零,点击 OK 完成设置。

(6) 稳态空载分析

1) 保存工程 保存工程并复制"2_partial_model"工程,粘贴后将工程改名为"3_partial_motor_MS",由此开始以"3_partial_motor_MS"为研究模型。选中所有绕组在工程状态栏中的模型属性窗口中勾去 Model 按钮,通过菜单栏 View→Visibility→Hide Selection→Active view 或使用工具栏图标 来隐藏绕组。

2) 划分网格

① 选中物体 Rotor,右键单击并选中 Assign Mesh Operation→Inside Selection→Length Based,弹出图 32-6-269 所示对话框,限制划分单元的长度为 5mm,重命名划分操作为 Rotor。

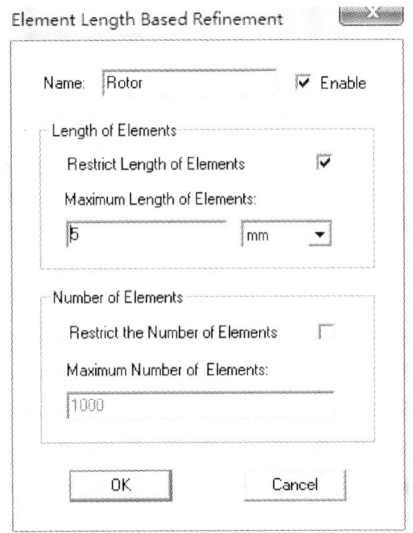

图 32-6-269 转子网格划分图

② 选择物体 Stator,为减少网格划分的单元数目,右键单击并选中 Assign Mesh Operation→Surface Approximation,弹出图 32-6-270 所示对话框,在 Maximum surface deviation 一栏中输入 10deg,Maximum aspect Ratio 一栏中输入 5,重命名划分操作为 SA_Stator。

③ 选中物体 PM1、PM2,采用与 Rotor 相同的划分方法,限制划分单元的长度为 3mm,重命名划分操作为 Magnets。

3) 添加分析设置 在工程管理栏中 3_partial_

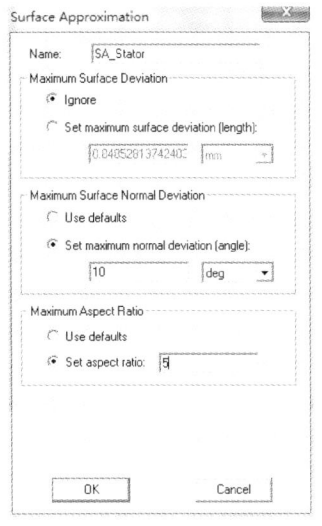

图 32-6-270 定子网格划分

motor_MS 树下右键单击并选中 Analysis→Add Solution Setup,弹出对话框,在不同栏目中输入如表 32-6-33 对应的参数,其他设置均为默认值,点击 OK 按钮保存分析设置。

表 32-6-33 分析设置参数

项目	General		Convergence	Solver
	Maximum Number of Passe	Percent error	Refinement Per Pass	Non Residual
数值	10	0.1	15	1×10^{-6}

4) 分析 进行电动机转矩求解,选择 PM1、PM2 和 Rotor,右键点击并选中 Assign Parameters→Torque,默认设置点击 OK。右键单击 Analysis→Analyze All 或直接点击工具栏图标 ,进入分析状态,所需要时间较短。

5) 后处理

① 在工程管理栏中的 Analysis 下右键单击 Setup1 再选中 Convergence,弹出 Solution 对话框,如图 32-6-271 所示,可以看出需要 5 步才达到收敛。

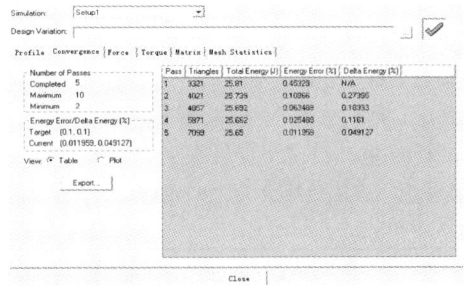

图 32-6-271 Solution 对话框

② 转矩值的求解。如图 32-6-272 所示，在 Solutions 对话框中选择 Torque 项，将 Torque Unit 值改为 mNewton Meter，可以看出此时的转矩值，这个转矩值是电动机铁芯长为 1m 时的转矩值。定转子之间的位置角不同，计算得出的转矩值也不同。

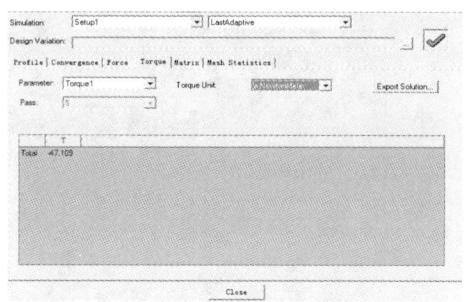

图 32-6-272　转矩值求解

③ 绘制磁通密度分布图。同时选中 Rotor、Stator、PM1、PM2 右键点击并选择 Fields→B→Mag_B，在弹出的对话框中选择 AllObjects，点击 Done，得到磁通密度分布图，如图 32-6-273 所示。

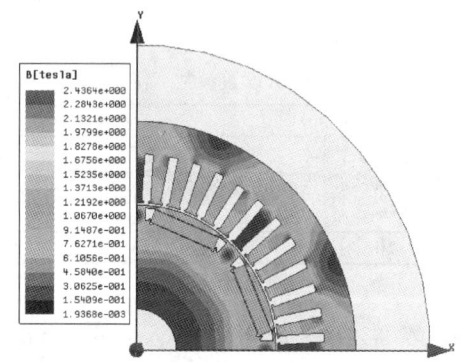

图 32-6-273　磁通密度分布图

④ 观察气隙的磁场强度 H 分布。在做此步后处理时，需要绘制一条线来观察磁场强度 H 分布：首先绘制一条 90°直径为 38.3mm 的圆弧，将弧线改名为 airgap_arc；然后选中圆弧 airgap_arc，在绘图区右键单击并选中菜单栏 Fields→H→H_vector，选择 AllObjects，单击 Done 完成绘图器设置，得到 H 矢量分布图，如图 32-6-274 所示。

（7）动态分析

动态分析是分析电动机的瞬态特性。保存项目，复制 2_partial_model 粘贴后将工程改名为 4_partial_motor_TR。右键单击 4_partial_motor_TR 在菜单选项中选择 Solution Type，把解算类型由

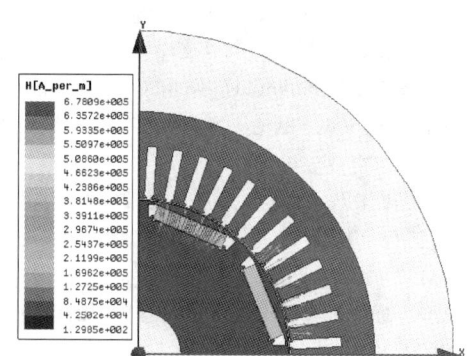

图 32-6-274　H 矢量分布图

Magnetostatic 改为 Transient 点击 OK，由此开始以 4_partial_motor_TR 为研究模型。

1）创建线圈　选中所有线圈 PhaseA1、PhaseA2、PhaseC1、PhaseC2、PhaseB1、PhaseB2、PhaseA1_1、PhaseA2_1、PhaseC1_1、PhaseC2_1、PhaseB1_1、PhaseB2_1，右键点击并选中菜单栏 Assign Excitation→Coil，保留默认名称，在导体数 Number of Conductors 项输入 4，确认设置，线圈定义完成。

打开 4_partial_motor_TR→Excitations→PhaseC1 右键选择 Properties，将线圈的极性 Polarity 从正极性 Positiv 改为负极性 Negative，如图 32-6-275 所示。使用相同方法将线圈 PhaseC2、PhaseA1_1、PhaseA2_1、PhaseB1_1、PhaseB2_1 的极性改为负极性。

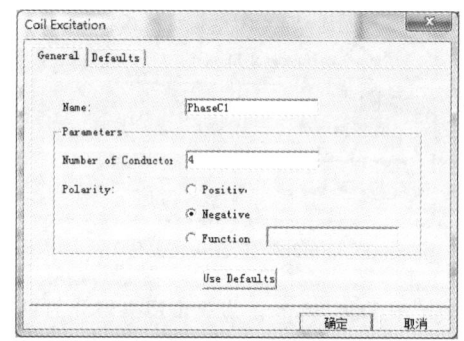

图 32-6-275　线圈属性设置

2）设置激励参数　在菜单栏中选择 Maxwell2D→Design Properties，弹出参数窗口对话框，点击添加 Add 按钮来添加电动机的激励参数，参数如表 32-6-34 所示。

表 32-6-34　激励参数

Name	Value	说明
Poles	8	极数
PolePair	Poles/2	极对数

续表

Name	Value	说明
Speed_rpm	2160	以 r·min^{-1} 为单位的转速
Omega	360 * Speed_rpm * Polepair/60	以 degrees·s^{-1} 为单位的激励变化率
Omega_rad	Omega * pi/180	以 rad·s^{-1} 为单位的变化率
Thet_deg	30degree	电动机的功率角
Thet	Thet_deg * pi/180	是以弧度表示的功率角
Imax	100A	电动机绕组电流的峰值

输入完成后，设计选项面板显示如图 32-6-276 所示，点击确定完成激励参数设置。

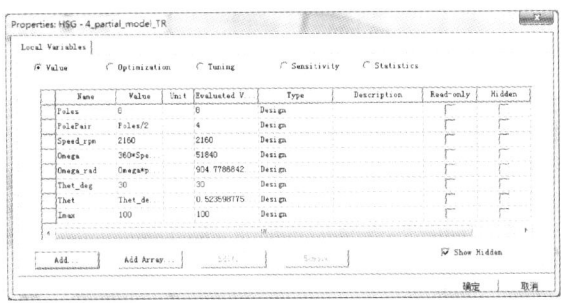

图 32-6-276　设计选项面板

3）定义绕组　电动机的绕组是三相对称连续的，输入激励为正弦波，各相在每个时间点相差 120°角，其中负载角也是加在其中。

首先定义 A 相绕组。在工程管理栏右键点击 Excitations→Add Winding，弹出对话框，如图 32-6-277 所示。

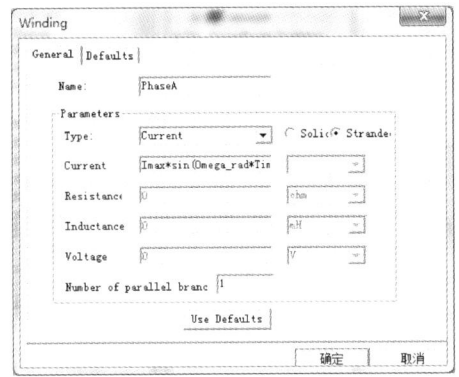

图 32-6-277　添加绕组

名称输入：PhaseA。

Type 输入：Current，因为每个端面有 4 匝，所以选择 Stranded。

Current 输入：Imax * sin（Omega_rad * Time + Thet），其中 Time 是时间变量，表示当前时间。

完成设置后，在工程管理栏中 Excitations 树下右键点击 PhaseA→Add Coils，弹出对话框，如图 32-6-278 所示，同时选中 PhaseA1、PhaseA2、PhaseA1_1、PhaseA2_1 四个线圈，点击 OK，A 相绕组定义完成。

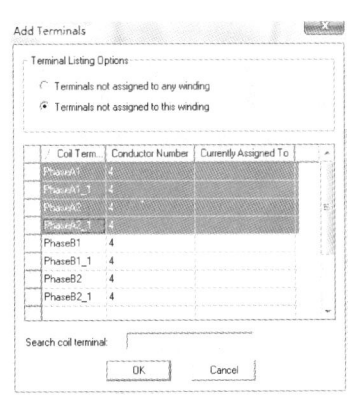

图 32-6-278　添加线圈

使用相同的方法定义 B 相和 C 相绕组，不同的是：

B 相绕组：Current 输入 Imax * sin（Omega_rad * Time-2 * pi/3 + Thet），添加四个线圈 PhaseB1、PhaseB2、PhaseB1_1、PhaseB2_1。

C 相绕组：Current 输入 Imax * sin（Omega_rad * Time + 2 * pi/3 + Thet），添加四个线圈 PhaseC1、PhaseC2、PhaseC1_1、PhaseC2_1。

定义完成后，在工程管理栏的 Excitations 树下，每相绕组应包含如图 32-6-279 所示线圈。

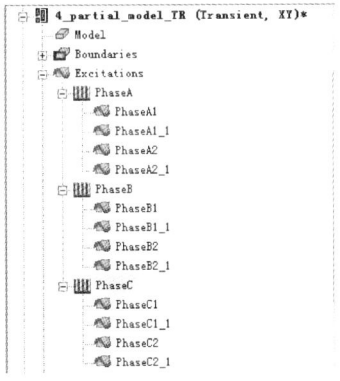

图 32-6-279　定义的绕组与线圈

4) 添加 Band　转子和永磁体作为运动部件需要包围在空气部件 Band 中，这样可以把运动部件和项目中固定的部件分离开来。Band 区域的创建方法与 Region 区域创建方法相同，只将扇形区域的半径改为 38.3mm，重命名所建立的扇形区域为 Band，保留其 vacuum 的材料属性，通过增加区域的透明度来改变其渲染效果，Band 区域如图 32-6-280 所示。

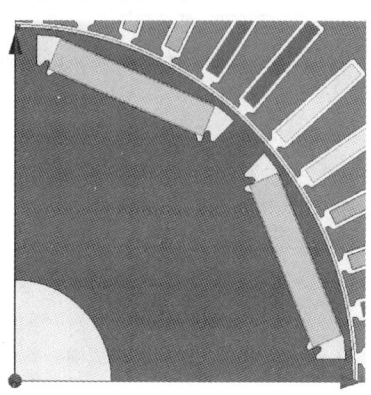

图 32-6-280　创建 Band 区域

5) 网格划分

① 线圈网格划分。在工程树栏选中所有线圈，右键单击选中菜单栏 Assign Mesh Operations→Inside Selection→Length Based，弹出对话框，进行如下操作：

- Name：重命名为 Coils。
- Length of Element：选中 Restrict Length of Elements 选项，在 Maximum Length of Elements 输入 4mm。
- Number of Elements：取消选择 Restrict the Number of Element 选项。
- 点击 OK 确认设置。

② 使用与线圈网格划分相同的方法，分别对永磁体 PM1 和 PM2、定子 Stator、转子 Rotor 进行网格划分，并分别重命名为 PMs、Stator、Rotor，在 Maximum Length of Elements 项输入的值分别为 3mm、4mm、4mm，其他设置与线圈网格划分设置一致。

6) 运动属性设置

① 在工程树栏中选中 Band，点击右键并选中菜单栏 Assign Band，弹出对话框：

- 在 Type 栏输入：

Motion：选择 Rotate 选项。

Moving：选择 Global：Z，Positiv。

- 在 Date 栏输入：

Intial Position：输入 0°作为初始位置。

取消选择 Rotate Limi。

- 在 Mechanical 栏输入：

取消选择 Consider Mechanical Trans。

Angular Velocity：输入 2160rpm 为速度值。

- 点击 OK 确定 Band 部件的设置。

② 在工程管理栏中右键点击 Model 选择 Set Symmetry Multiplier，弹出 2D Design Setting 对话框，输入以下参数：

- 选择 Symmety Multiplier 栏，由于所建立的电动机是 1/4 模型，所以输入 4。
- 选择 Moder Depth 栏，在 Moder 中输入 79.8，单位为 mm，点击"确定"按钮接受设置。

7) 添加一个求解设置　在工程管理栏中右键点击 Analysis 在菜单栏中选择 Add Solution Setup，弹出 Solve Setup 对话框，设置仿真时间为 30ms，步长为 0.15ms，Nolinear Residual 值为 1×10^{-6}。

8) 求解　求解前首先使用菜单栏的验证按钮 检查项目设置情况，Maxwell 将对几何图形、激励定义、网格划分等做检查。由于设计中没有考虑涡流效应，所以在检查结束后会出现如图 32-6-281 所示警告，直接点击 Close 关闭即可。

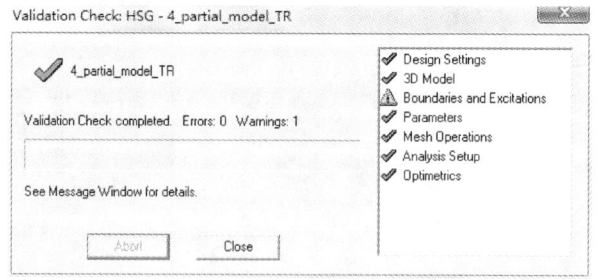

图 32-6-281　未设置涡流效应警告

在工程管理栏中打开 Analysis 树并右键单击 Setup1 在菜单栏中选择 Analyze 或者直接在菜单栏中点击 按钮，进入仿真阶段，如图 32-6-282 所示，整个过程需要较长一段时间。

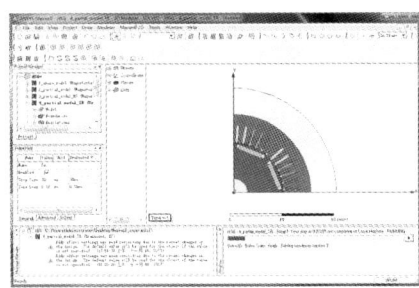

图 32-6-282 仿真过程

9) 后处理

① 转矩随时间变化曲线（Torque versus Time）。在仿真的过程中，可以右键点击工程管理栏结构树中的 Results，在弹出的菜单栏选中 Create Quick Report 弹出对话框选择 Torque，对应于时间的转矩曲线显示出来，随着仿真的继续进行，可以用鼠标右键点击 Results 树下 Torque，在弹出的菜单栏中选择 Update Report 来更新曲线，最终得到的转矩曲线如图 32-6-283 所示。

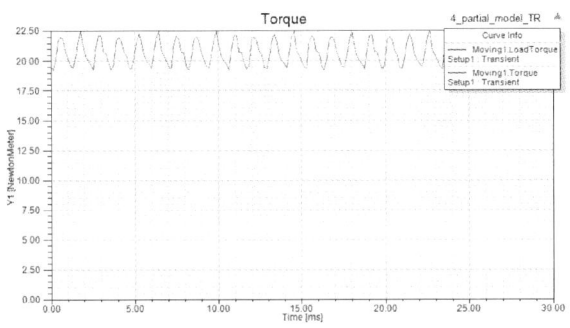

图 32-6-283 转矩随时间变化曲线

② 线圈磁链随时间变化曲线（Flux linkage versus Time）。在工程管理栏结构树中右键选中 Results → Create TransientReport Plot → Rectangular Plot，弹出对话框，如图 32-6-284 所示；

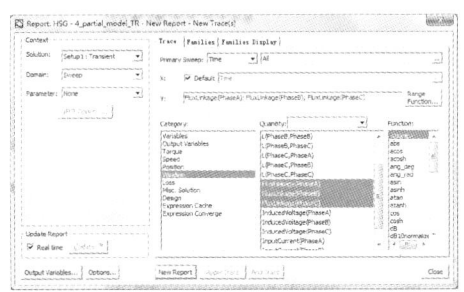

图 32-6-284 磁链曲线设置图

在 Category 栏中选择绕组 Winding 项；

在 Quantity 栏中选择 Flux Linkage（PhaseA）、Flux Linkage（PhaseB）、Flux Linkage（PhaseC）；

点击 New Report，得到磁链随时间变化图，如图 32-6-285 所示。

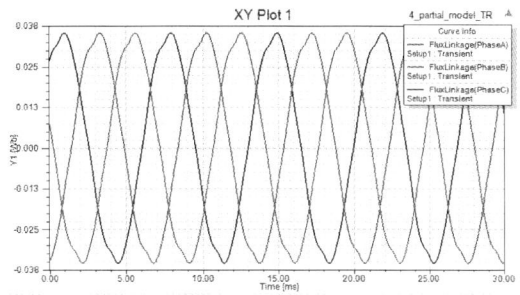

图 32-6-285 线圈磁链随时间变化曲线

③ 绘制网格。使用 Ctrl+A 选中所有部件，右键选择 Plot Mesh 弹出对话框点击 Done 按钮。选择菜单栏 View→Set Solution Context 弹出设置视图对话框，如图 32-6-286 所示，直接点击"确定"按钮，得到网格划分结果，如图 32-6-287 所示。

图 32-6-286 视图设置

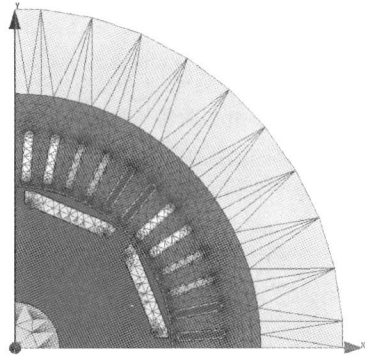

图 32-6-287 绘制网格

④ 绘制磁通密度。在菜单栏中选择 View→Set Solution Context，弹出如图 32-6-286 所示视图设置对话框，在 Time 项中任选一个时刻，如 0.01005s，点击"OK"按钮。

选中 Rotor、Stator、PM1、PM2，点击鼠标右键弹出菜单栏选择 Fields→B→Mag B，结束设置，得到 0.01005s 时刻的磁通密度 B 的云图，如图 32-6-288 所示。

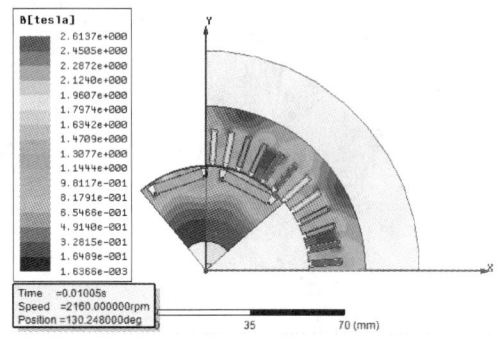

图 32-6-288　磁通密度云图

⑤ 绘制磁通密度动画。磁通密度云图可实现动画显示，在菜单栏中选择 Maxwell2D→Fields→Animation，弹出对话框，如图 32-6-289 所示，确认 Swept variable 项为 Time，点击"OK"按钮确认设置，即可显示动态磁通密度。

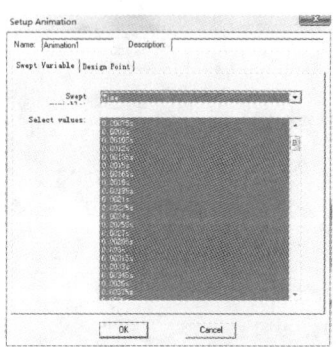

图 32-6-289　动画设置

10）计算最大反电势曲线与齿槽转矩曲线　由于最大反电势随着转速的增加而增大，所以需要重新设置最高转速。为了节约时间，直接在项目管理栏中复制 4_partial_motor_TR，并粘贴重命名为 5_partial_motor_TR，在项目 5_partial_motor_TR 中进行参数修改，具体操作如下：

a. 删除已有的仿真结果曲线和云图；

b. 打开 Model 树，双击 MotionSetup1，弹出对话框，选择 Mechanical 项，将 Angular Velocity 值修改为 15000r·min^{-1}。

c. 从新设置求解器。打开 Analysis 树，双击 Setup1 弹出求解器设置，修改参数为：仿真时间为 4ms，步长为 0.02ms，Nolinear Residual 值为 $1×10^{-6}$。

d. 在菜单栏中选择 Maxwell2D→Design Properties 弹出对话框，将 Speed_rpm 值由 2160 修改为 15000；Imax 值由 100 修改为 0，其他参数不变。

按以上修改设置完成后，使用菜单栏的验证按钮进行项目设置检查，检查无误后，直接在菜单栏中点击按钮，进入仿真阶段，整个过程需要较长一段时间。

① 感应电动势随时间变化曲线（Induce Voltage versus Time）。右键选中 Results→Create Transient Report Plot→Rectangular Plot，弹出如图 32-6-284 所示对话框；

在 Category 栏中选择绕组 Winding 项；

在 Quantity 栏中选择 Induced Voltage（PhaseA）、Induced Voltage(PhaseB)、Induced Voltage（PhaseC）；

点击 New Report，再点击 Close，得到感应电动势波形，如图 32-6-290 所示。

② 齿槽转矩曲线。使用相同操作，并进行如下设置：

在 Category 栏中选择绕组 Torque 项；

在 Quantity 栏中选择 Moving.Torque；

点击 New Report，再点击 Close，得到齿槽转矩波形，如图 32-6-291 所示。

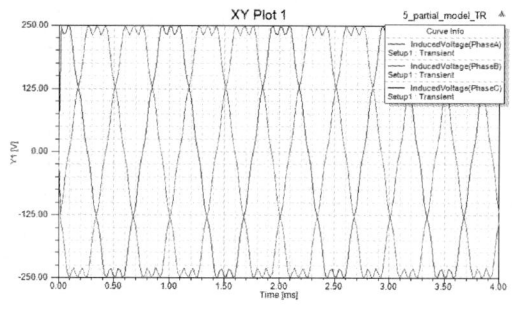

图 32-6-290　感应电动势随时间变化曲线

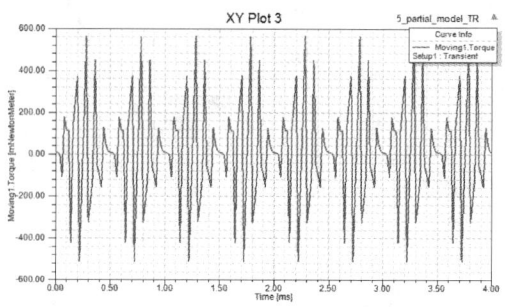

图 32-6-291　齿槽转矩波形

6.4.7 注塑分析算例（Moldflow）

随着计算机技术的发展，塑料模具的设计方式产生重大变化。传统作法是仅依靠模具技术人员的经验进行设计，模具结构合理与否、制品是否有缺陷，只有经过试模后才能知道，这使得模具的制造成本高、周期长。在现代塑料模具设计与制造中，采用数字化设计技术极大地提高了塑料模具的设计制造水平、效率和塑件制品质量。本算例基于 Moldflow 软件，对某汽车发电机端盖的注塑模具设计及注塑工艺进行模拟和分析。

6.4.7.1 问题描述

本例中所述的塑件为某汽车发电机端盖，其材料为 PA66+30%GF，平均壁厚为 1.5mm，基于 Moldflow 软件，辅助完成其塑料模具设计以及其注塑工艺参数优化。端盖 3D 数模如图 32-6-292 所示。该模型采用 UG 软件建立（限于篇幅，此处对其 3D 建模过程不予赘述），以 stl 格式存储，最后将其导入 Moldflow 软件。

6.4.7.2 分析过程

基于 Moldflow 软件的有限元分析主要包括前处理、加载、计算、后处理以及方案优化几个步骤。

本实例前处理中的网格处理主要包括：塑件网格模型修复、流道模型建立、冷却水路模型建立三个方面。

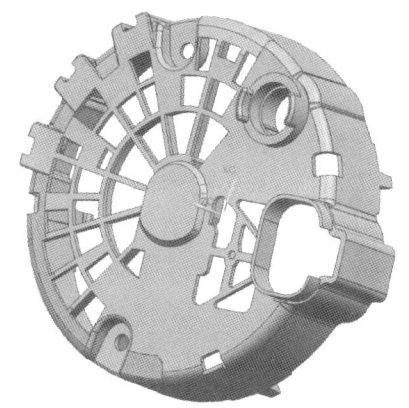

图 32-6-292　端盖 3D 模型

（1）塑件网格模型修复

① 新建工程。打开 Moldflow 软件，新建工程，给出新工程的名称和创建位置。

② 端盖 3D 模型导入 Moldflow。将 stl 文件导入 Moldflow，由于该塑件属于小型薄壁产品，因此使用双层面网格并以毫米为单位进行网格划分，如图 32-6-293、图 32-6-294 所示。

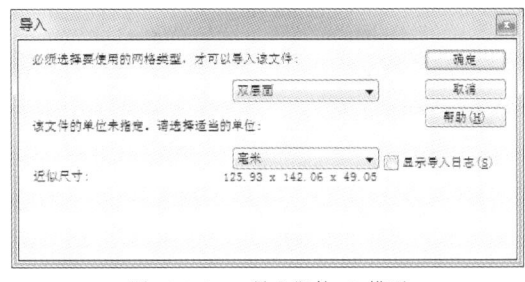

图 32-6-293　导入塑件 3D 模型

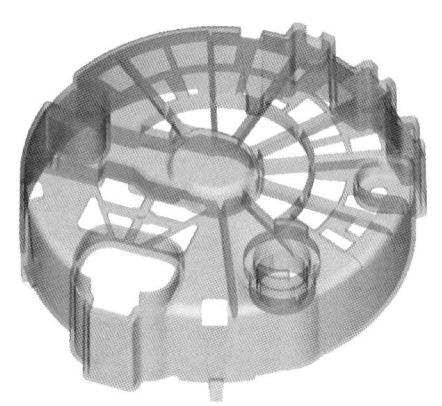
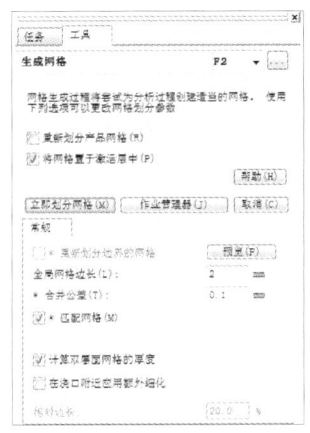

图 32-6-294　导入后的塑件模型和生成网格对话框

③ 网格划分。在"网格"菜单栏中，使用"生成网格"命令进行网格划分。根据塑件整体尺寸选择网格长度为 2mm，合并公差为 0.1mm，勾选"将网格置于激活层中"。网格划分模型如图 32-6-295 所示。

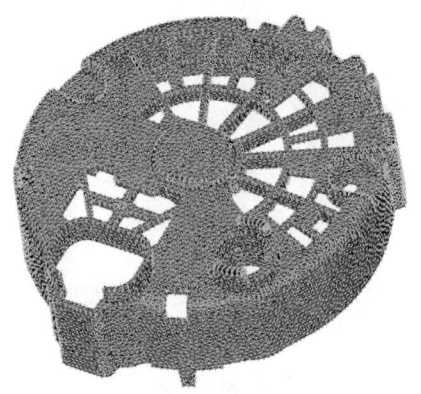

图 32-6-295　塑件双层面网格划分模型

④ 网格质量统计及修复。在 Mouldflow 中，进行冷却、充填和保压等分析时，要求网格匹配百分比为 85% 及以上，进行翘曲分析时则要求网格匹配率达到 90% 及以上。

使用 Mouldflow "网格统计"功能，查看网格模型的纵横比、网格取向以及匹配百分比等模型信息，如图 32-6-296 所示。

查看网格纵横比，由于塑件为小型产品，因此指定网格最大纵横比不超过 6，将"显示诊断结果的位置"由"文本"改为"显示"，如图 32-6-297 所示。

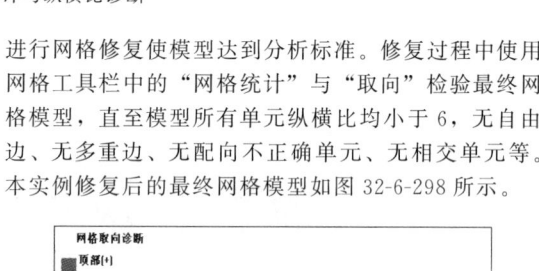

图 32-6-296　网格统计与纵横比诊断

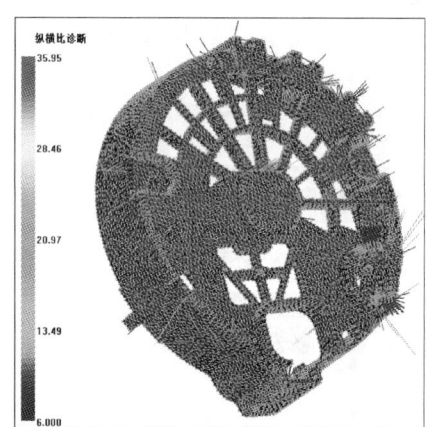

图 32-6-297　网格模型纵横比诊断

如图 32-6-297 所示，所有纵横比超过 6 的网格将会被显示出来，左侧颜色线条由蓝至红以由小到大的方式表示超出纵横比设定值的网格。

对于纵横比超过 6 的网格要进行网格修复。首先用 Moldflow 中的快速网格修复工具进行自动修复，对于部分不能自动修复的网格，可使用手动修复方法进行网格修复使模型达到分析标准。修复过程中使用网格工具栏中的"网格统计"与"取向"检验最终网格模型，直至模型所有单元纵横比均小于 6，无自由边、无多重边、无配向不正确单元、无相交单元等。本实例修复后的最终网格模型如图 32-6-298 所示。

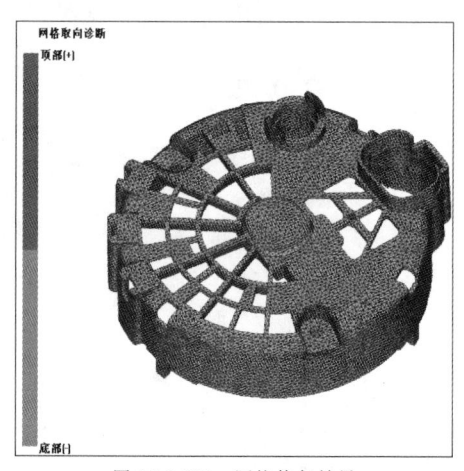

图 32-6-298　网格修复结果

(2) 流道网格模型建立

Moldflow 中常用的流道建模方法有两种，第一种是先在 Moldflow 中建立线，设置线的属性，指定线的网格大小，最后划分有限元网格；第二种是预先在其他 3D 软件中建立流道模型，导出流道模型中心线并保存为 igs 格式的文件，然后导入 Moldflow，设置线的属性，指定线的网格大小，最后划分有限元网格。此例采用第二种方法，由于 3D 软件中导出的线可能存在重复与多段线，因此导入 Moldflow 后，部分线需要进行修剪或重建。

① 流道模型处理。在 UG 软件中抽取流道 3D 模型中心线，导出为 igs 格式并将其导入 Moldflow。在 Moldflow 中，"导入" 功能为新建工程，若想实现在现有模型中添加数据，可使用 "添加" 功能。处理结果如图 32-6-299 所示。

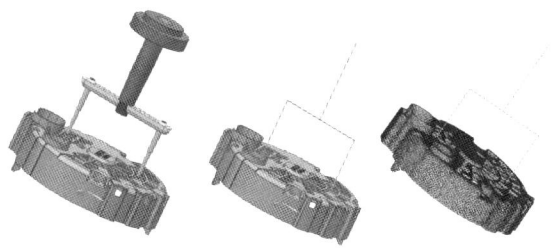

图 32-6-299　流道模型处理

② 流道网格模型建立。在 Moldflow 中，流道的建模规范主要包括：

• 主流道和分流道的单个网格长度为流道直径的 2.5 倍；

• 冷浇口和热浇口的浇口部位网格不论大小，其数量至少为 3 个，当浇口长度非常短时也同样适用；

• 浇口与流道的衔接过渡处的网格数量不少于三个。

本例中流道网格模型的建立过程如下：

a. 选中要划分网格的流道线段，鼠标右键单击该线段选择 "定义网格密度"，用户可根据需求更改网格长度，如图 32-6-300 所示。

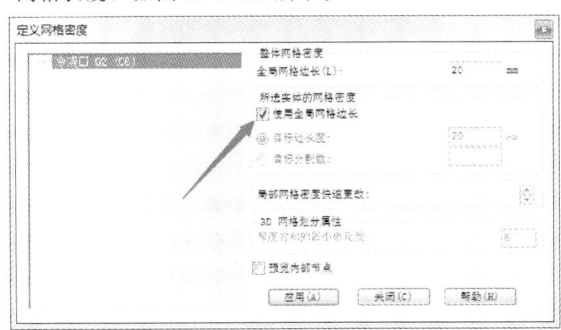

图 32-6-300　定义网格密度

b. 定义线段属性。右击该线段选择 "属性"，选择 "新建"，指定线段的属性。此时可编辑流道的名称、形状与尺寸，如图 32-6-301 所示。

(a) 定义线段属性

(b) 定义流道模型名称与形状

(c) 定义模型尺寸

图 32-6-301　流道模型定义

上述定义完成后进行网格划分，最终两浇口与整体流道网格模型结果见图 32-6-302。

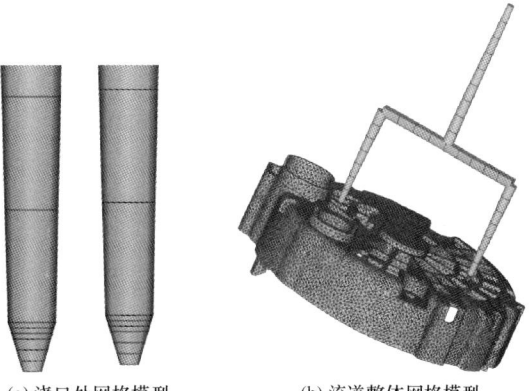

(a) 浇口处网格模型　　(b) 流道整体网格模型

图 32-6-302　流道网格模型

c. 流道模型检查。

Moldflow 分析中浇口网格模型通过共节点与塑件连接，在完成流道网格模型划分后需检查两者的连通性。使用网格诊断工具中的"连通性"功能进行检验，如图 32-6-303 所示，将选项中的显示方式由"文本"改为"显示"。

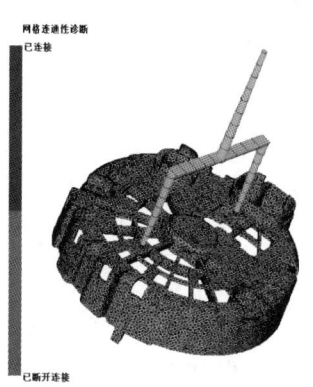

(a)　　　　　　　　(b)

图 32-6-303　网格模型连通性诊断

(3) 冷却水路网格模型建立

Moldflow 中的冷却水路建模方法与流道建模方法一致，本实例选择从 UG 中导入冷却水路线段进行网格模型建立，如图 32-6-304 所示。

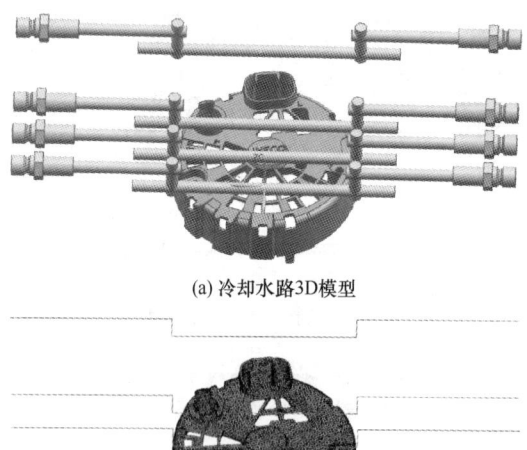

(a) 冷却水路3D模型

(b) 导入Moldflow后冷却水路网格模型

图 32-6-304　冷却水路线段导入

在 Moldflow 中，冷却水路的网格模型建模规范为：水路的单元网格长度为水路直径的 2.5～3 倍。

a. 选中要划分网格的水路线段，右击该线段选择"定义网格密度"，如图 32-6-305 所示，用户可根据需求更改网格长度。

b. 定义冷却水路线段属性。右击该线段选择"属性"，选择"新建"，指定线段的属性。在

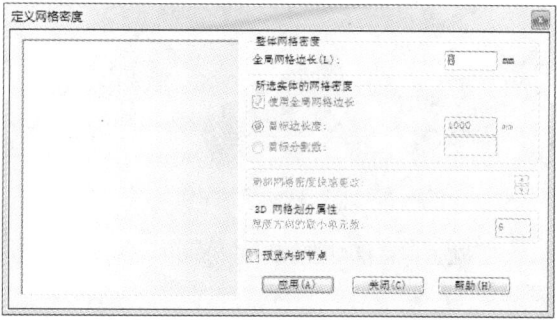

图 32-6-305　定义冷却水路模型网格长度

Moldflow 中，冷却水路的属性名称为"管道"，单击"新建"，选择"管道"以定义线段属性，此时可编辑冷却水路的名称、形状与尺寸，如图 32-6-306 所示。

c. 使用 Moldflow 网格工具自动划分冷水路网格模型，如图 32-6-307 所示。

(4) 前处理最终结果

经过上述处理后，即可得到符合分析要求的网格模型。最终前处理网格模型网格长径比均小于 6，网格取向一致，没有自由边、相交单元及多重边等，网格连通性良好，柱体单元长度满足分析要求，结果如图 32-6-308 所示。

6.4.7.3　设定分析参数

在 Moldflow 中完成网格建模之后，用户还需指定注射位置、添加冷却液入口、定义冷却介质及其温度等条件，为后续的分析和后处理做好准备。

(1) 分析参数设定

双击要进行分析的工程，Moldflow 会弹出进行

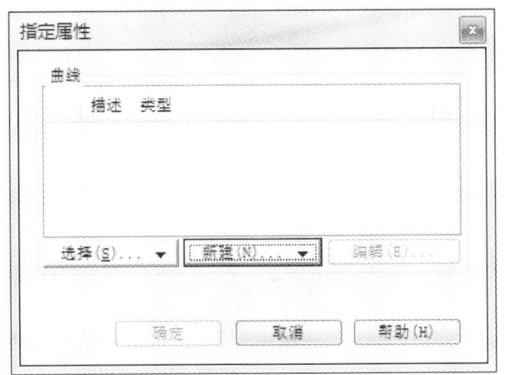

(a) 指定线段属性

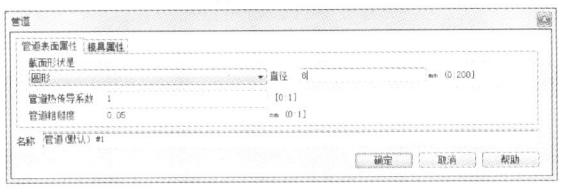

(b) 定义线段截面属性

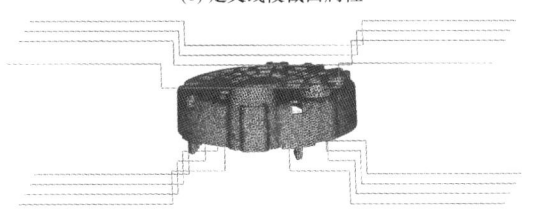

(c) 冷却水路线段定义结果

图 32-6-306　定义冷却水路线段属性

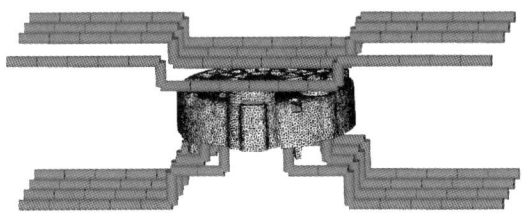

图 32-6-307　冷却水路网格模型

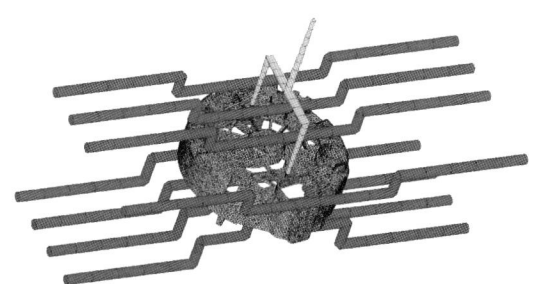

图 32-6-308　前处理最终网格模型

分析需要定义的分析参数对话框。用户可在此设定要分析的序列、塑件材料、注射位置等相关参数条件，如图 32-6-309 所示。

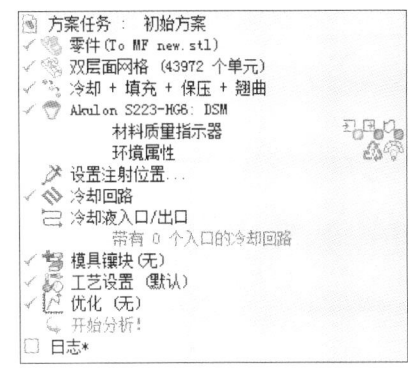

图 32-6-309　分析参数设定对话框

（2）分析序列选择

根据本实例需求，双击要进行分析的工程，在众多分析序列中选择"冷却+充填+保压+翘曲"，如图 32-6-310 所示。

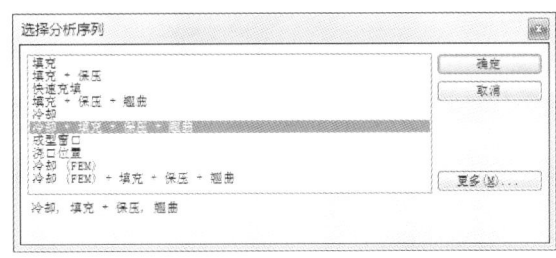

图 32-6-310　选择分析序列

（3）定义塑件材料

Moldflow 自带材料库，提供了比较齐全的注塑材料，用户可在"选择材料"对话框使用"搜索"功能，在此 Moldflow 为用户提供了多种材料搜索方式，此处不一一介绍，如图 32-6-311 所示，由于本实例塑件使用材料为 PA66+30%GF，因此选择材料名称缩写搜索功能。在选定材料后可查看该材料的详细信息和推荐工艺条件。

（4）设置注射位置

Moldflow 中该项参数是指模具中与注塑机喷嘴相连的位置，选择该选项，在流道网格模型的主流道上选择注射位置，如图 32-6-312 所示。

（5）冷却液入口/出口设置

Moldflow 中提供了多种冷却介质，用户可根据需求选择冷却介质类型，查看冷却介质详细参数并定义冷却介质温度。本实例选择纯水为冷却介质，冷却介质温度为 20℃，冷却液入口/出口设置如图 32-6-313所示。

（6）工艺设置

在初次分析中，该项参数通常全部选用软件默认

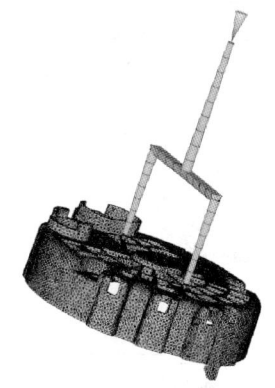

图 32-6-312　注射位置

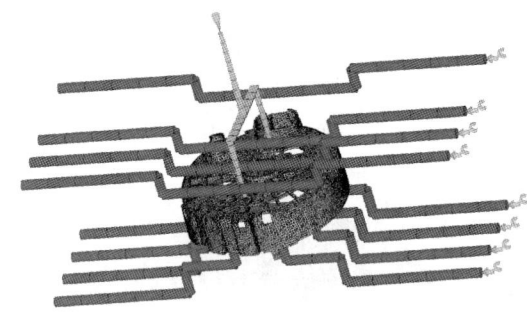

图 32-6-313　冷却液入口/出口设置

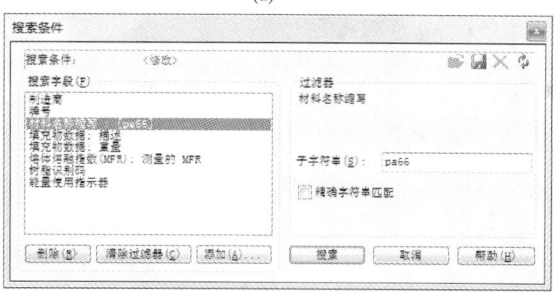

图 32-6-311　材料选定

参数进行分析，故在此不做更改。对于有分离翘曲原因需求的用户，可在该项参数设置中，勾选"分离翘曲原因"便于查看影响塑件翘曲的因素，如图 32-6-314 所示。

6.4.7.4　后处理

Moldflow 的后处理主要是对初次仿真结果进行详细分析并依据分析结果进行多次优化，该软件以流动、冷却和翘曲三大模块为基础，每个模块提供非常详细的分析数据，便于用户快速找出不足之处并进行优化。

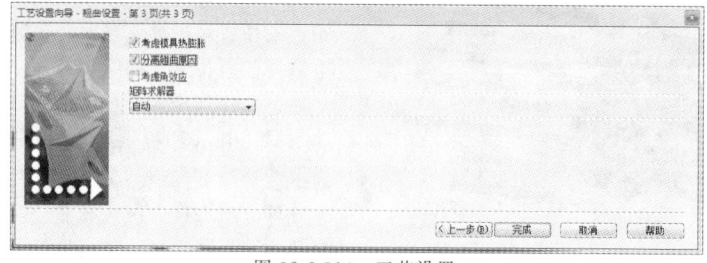

图 32-6-314　工艺设置

（1）流动分析

Moldflow 的流动分析提供非常全面的分析数据，本实例主要围绕充填时间、速度/压力切换时间和压力 XY 图等分析结果展开。

1) 充填时间 充填时间是指熔料从注塑机喷嘴经浇注系统到充满模具型腔时所耗费的时间。分析结果如图 32-6-315 所示。

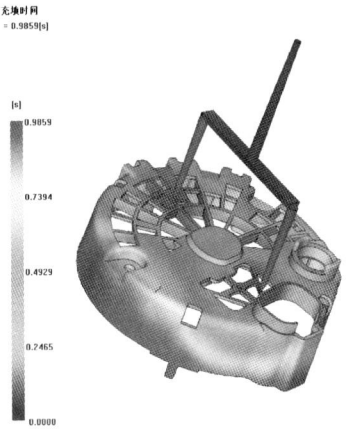

图 32-6-315 充填时间

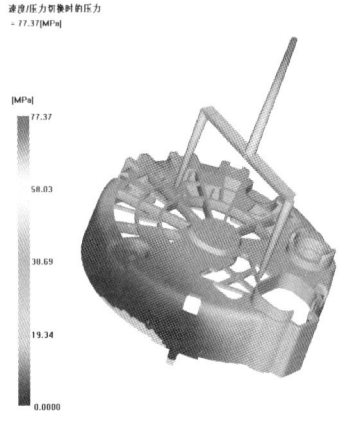

图 32-6-316 速度/压力切换时的压力

2) 速度/压力切换时的压力 速度/压力切换时的压力简称 V/P 切换压力，是指从注塑机在由注塑转为保压时注塑机使用的注塑压力，即注塑机完成充填所需的最大注塑压力值。该项分析主要用于验证模具所需最大注塑压力是否匹配注塑机。分析结果见图 32-6-316，图中所示塑件灰色部分表示在充填结束时尚未得到充填的部分，该部分将会在保压过程中充填完成。

3) 压力 XY 图 在分析结果模块中，右击"流动"，选择"新建图"，添加"压力"，在图形类型中选择"XY 图"，如图 32-6-317 所示。压力 XY 图通常用于查看塑件某一路径上压力变化趋势是否一致，借此判断塑件充填是否压力均匀，残余应力是否过大。此项分析主要用于工艺优化对比，故在此不列举。

由图 32-6-318 可知，在当前工艺下，塑件任意处的压力增衰趋势并不十分理想，存在可优化的空间。

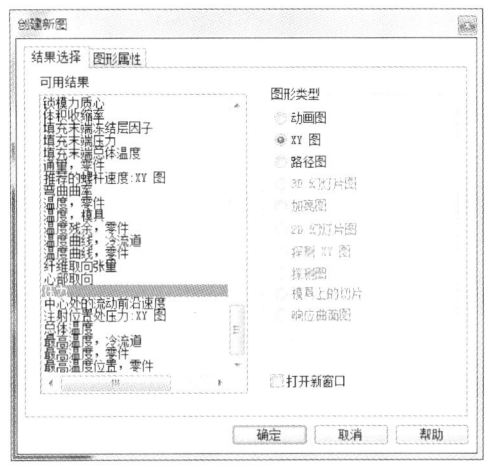

图 32-6-317 创建新图

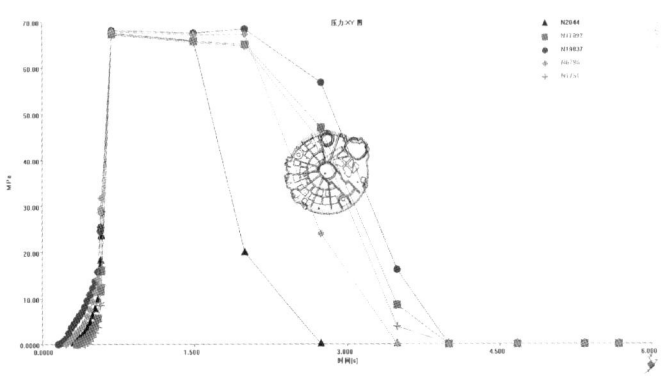

图 32-6-318 模型任意点处压力 XY 图

（2）冷却分析

Moldflow 冷却分析模块可以通过对冷却介质在不同温度和不同冷却时间条件设定下，模拟冷却系统对塑件充填、保压和冷却收缩的影响，在各种复杂条件下计算最佳冷却时长，对注塑模具设计具有良好的指导性和验证性。Moldflow 在进行冷却分析时，主要从冷却回路温度变化、回路冷却介质流动速率等方面来分析所模具冷却系统是否合理。

1) 冷却回路温度变化 冷却液回路温度是指在模具正常生产过程中，冷却水道的冷却介质温度。在普通注塑模具注塑生产中，业内常用的判断方法是，冷却回路的入水口温度和出水口温度相差不超过 $\pm 5℃$。分析结果见图 32-6-319。

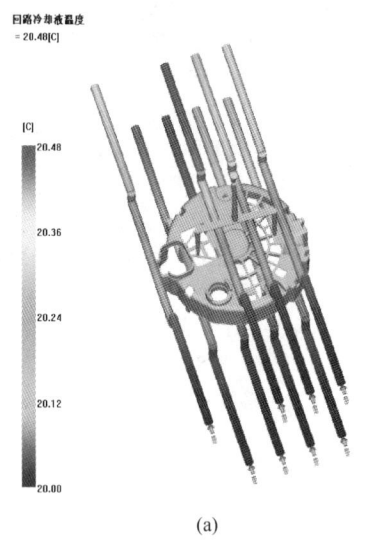
(a)

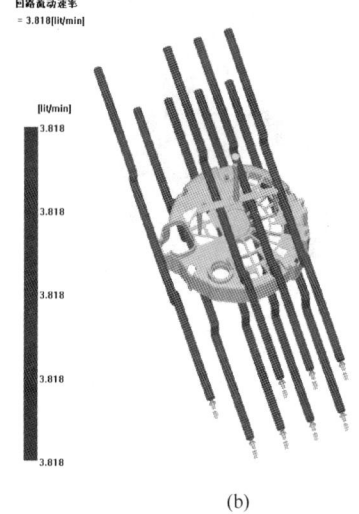
(b)

图 32-6-319 冷却回路分析

2) 回路冷却介质流动速率 冷却回路流动速率指的是所有冷却水路中每分钟流过的冷却介质总量。为保证模具的冷却效果，冷却水管中必须在指定的冷却时长中达到一定量的冷却介质流动。

回路雷诺数是指冷却回路中冷却介质的流动状态，为保证冷却和生产效率，回路雷诺数正是能否达到流量要求的关键。工程中常用的冷却回路雷诺数 $\geqslant 10000$，以实现冷却介质流动为湍流状态，保证冷却效率。

（3）翘曲分析

翘曲变形是指塑件未按照预期设计的形状成形，而发生了表面扭曲或部分设计特征变形。本实例从冷却不均、收缩不均和取向效应三个方面分析塑件翘曲变形的主要因素并进行工艺优化，其翘曲分析变形结果如图 32-6-320 所示。

6.4.7.5 工艺优化

注塑工艺是指注塑过程中塑件的生产工艺参数。本实例以提高模具生产效率为原则，以保证产品质量为前提进行工艺优化。

（1）成型时间优化

在 Moldflow 成型时间优化中，由于流道和模腔采用的剪切热算法不同，因此在优化成型时间时不对浇注系统划分网格。最终的优化结果包括：质量（成型窗口）XY 图、最低流动前沿温度（成型窗口）XY 图、最大剪切速率（成型窗口）XY 图和最大剪切应力（成型窗口）XY 图等。

1) 最佳成型时间 由于 Moldflow 软件不指定确切的成型时间，而是根据工程师设定的一系列边界条件，按照首选、可行、不可行三等级来推荐成型窗口，通常情况下首推"首选"成型窗口。经计算，得到的首选成型窗口约为 $0.23 \sim 0.43s$。

为探究最佳成型时间，本次优化将使用 Moldflow 的"探测解决空间"方法，即更改软件初始设定，将模具温度和熔体温度设定为条件，将注射时间设定为变量，在计算得到的函数曲线中探究塑件最佳成型时间。

经计算得到如图 32-6-321 所示的质量（成型窗口）XY 图，经查询函数曲线数据，塑件的最佳成型时间为 $0.32s$。

为验证该结论是否可行，将会从最低流动前沿温度、最大剪切速率和最大剪切应力三个关键方面逐一验证。

2) 最佳成型时间验证

经计算得到如图 32-6-321 所示的质量（成型窗口）XY 图，经查询函数曲线数据，塑件的最佳成型时间为 $0.32s$。

为验证该结论的可行性，此次优化将在首选成型时间范围内，探究在最佳成型时间设定下，最低流动前沿温度和最大剪切速率两个关键方面是否可行。

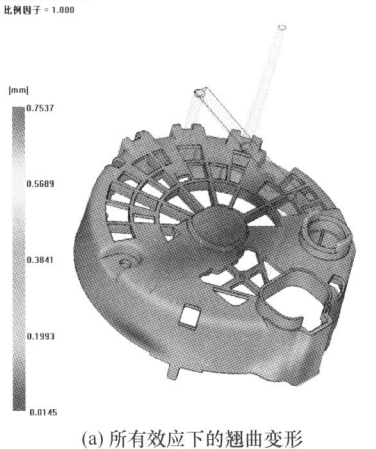
(a) 所有效应下的翘曲变形

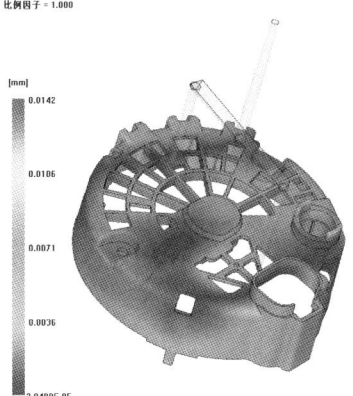
(b) 由冷却不均造成的翘曲变形

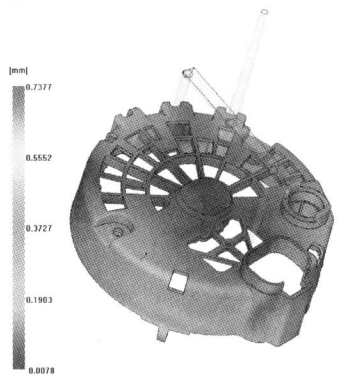
(c) 由取向效应造成的翘曲变形

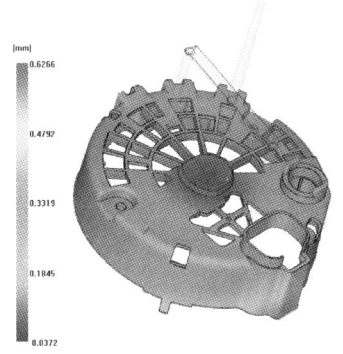
(d) 由收缩不均造成的翘曲变形

图 32-6-320 塑件翘曲分析

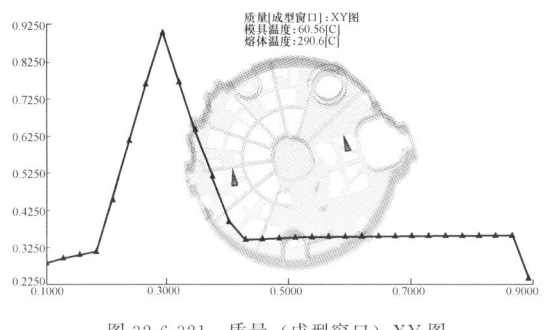

图 32-6-321 质量（成型窗口）XY 图

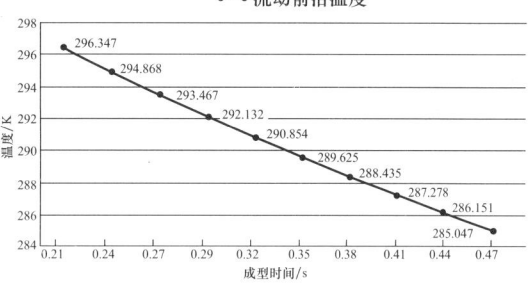

图 32-6-322 最低流动前沿温度

注：表中横坐标表示注塑成型时间，纵坐标表示最低流动前沿温度

① 最低流动前沿温度。在注塑成型时间内，熔料的最低流动前沿温度越稳定并趋近原材料的推荐工艺参数对塑件成型越有利。

如图 32-6-322 所示，在使用前文得到的最佳成型时间 0.32s 条件下，熔体最低流动前沿温度为 290.9°，极为接近原料的推荐工艺；当成型时间高于或低于 0.32s 时，最低流动前沿温度将会远离原料推荐的工艺条件。

② 最大剪切速率。熔料的最大剪切速率过高会导致熔料汽化甚至烧伤塑件，剪切速率过低则易使熔料温度降低不利于塑件成型。如图 32-6-323 所示，本实例在最佳成型时间 0.32s 条件下的最大剪切速率最接近原料的推荐工艺。

经研究计算和验证，最终将塑件的成型时间参数

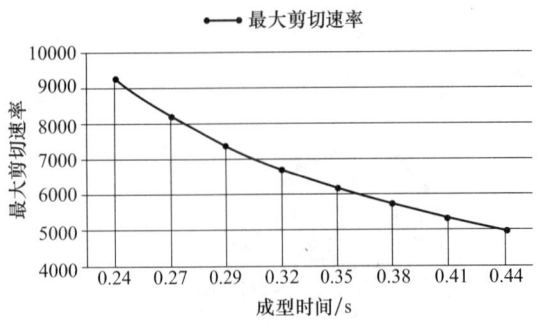

图 32-6-323 最大剪切速率

优化为 0.32s。

(2) 保压曲线优化

保压曲线是注塑模具保压压力和保压时间的关系函数曲线。通过保压曲线的使用和优化可以有效降低塑件体积收缩率并减小残余应力,对塑件由收缩不均引起的翘曲问题改善效果明显。其优化方法如图 32-6-324 所示。

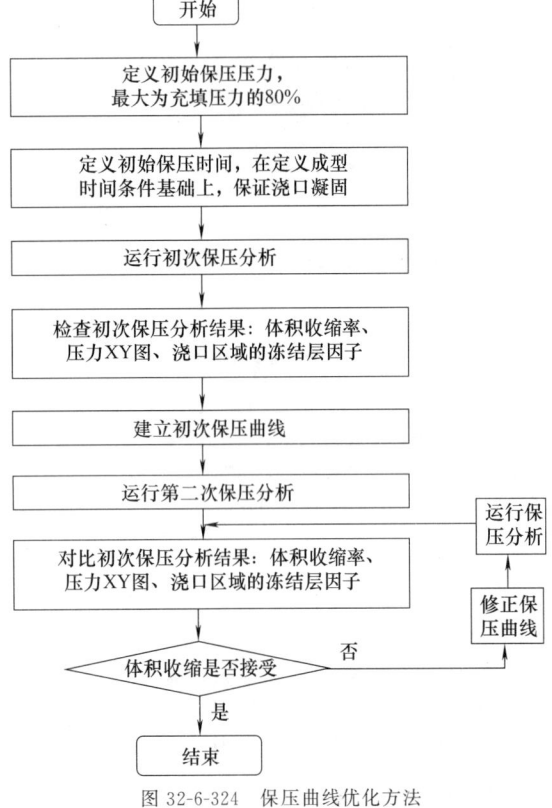

图 32-6-324 保压曲线优化方法

1) 初始保压时间计算 保压时间是指从充填结束到浇口融料完全凝固之间的时间段。在初次充填分析的基础上定义初始的保压时间,查看浇口冻结层因子 XY 图计算保压时间。计算结果表明,浇口在 4.5s 时完全凝固,说明塑件在 4.5s 时长中完成充填和保压。由初次流动分析知塑件最终充填时间为 0.46s,经计算最终得到塑件保压时间为 4.1s,如图 32-6-325 所示。

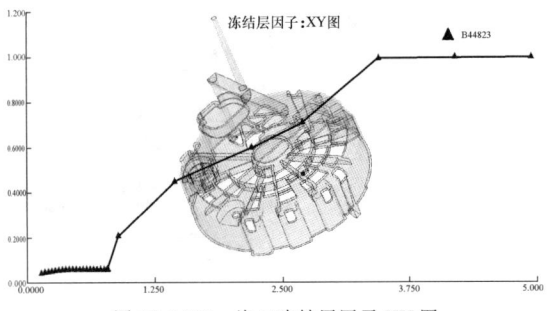

图 32-6-325 浇口冻结层因子 XY 图

2) 优化保压曲线 保压曲线的优化方法之一是在保证充填末端收缩率合格的前提下,减小近浇口区域的保压压力使塑件整体收缩率均匀分布。

在 Moldflow 中提取塑件充填末端节点 N17864 节点处压力数据,该节点压力最大时刻为 0.9s,压力衰减到零时刻为 2.5s,初步定义充填末端压力最大和最小时间之和的二分之一减去 V/P 切换时间为恒压时间,即保压衰减开始时刻。保压压力采用 Moldflow 默认值,建立初步保压优化曲线,如图 32-6-326 (a) 所示。

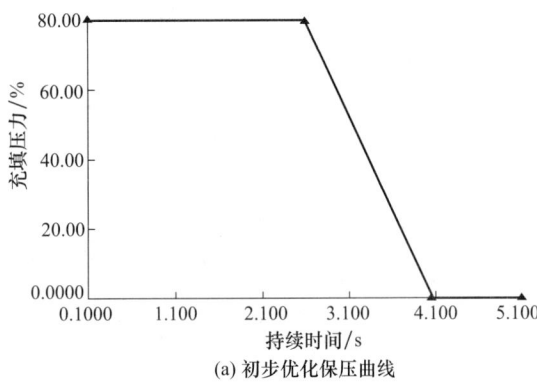

(a) 初步优化保压曲线

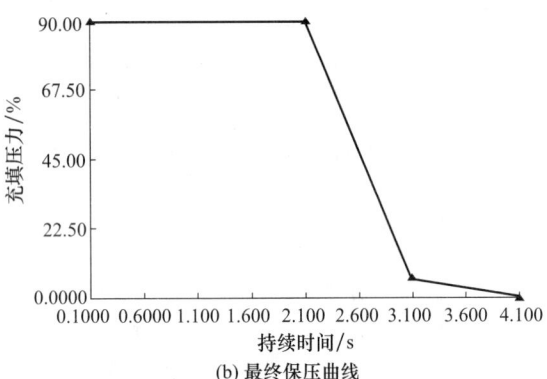

(b) 最终保压曲线

图 32-6-326 保压优化曲线

经过不断调整优化保压参数，最终确定得到本次注塑工艺的最佳工艺参数，绘制保压曲线，如图 32-6-326（b）所示，同时记录优化后的保压曲线参数表，见表 32-6-35。

表 32-6-35　保压曲线参数表

保压阶段	持续时间/s	充填压力/%
1	0.1	90
2	2	90
3	1	8

3）保压曲线优化前后对比　保压曲线的优良与否主要体现在：塑件的体积收缩率是否均匀，塑件任意位置压力变化趋势是否相近，以及由收缩不均引起的翘曲变形是否得到改善等方面。

a. 塑件充填初始到充填末端路径的体积收缩率。经计算结果显示，在塑件充填始端到末端路径的体积收缩率变化范围由优化前的 8%～5.2% 降低到 6.4%～5%，说明塑件收缩率整体分布更加均匀，如图 32-6-327 所示。

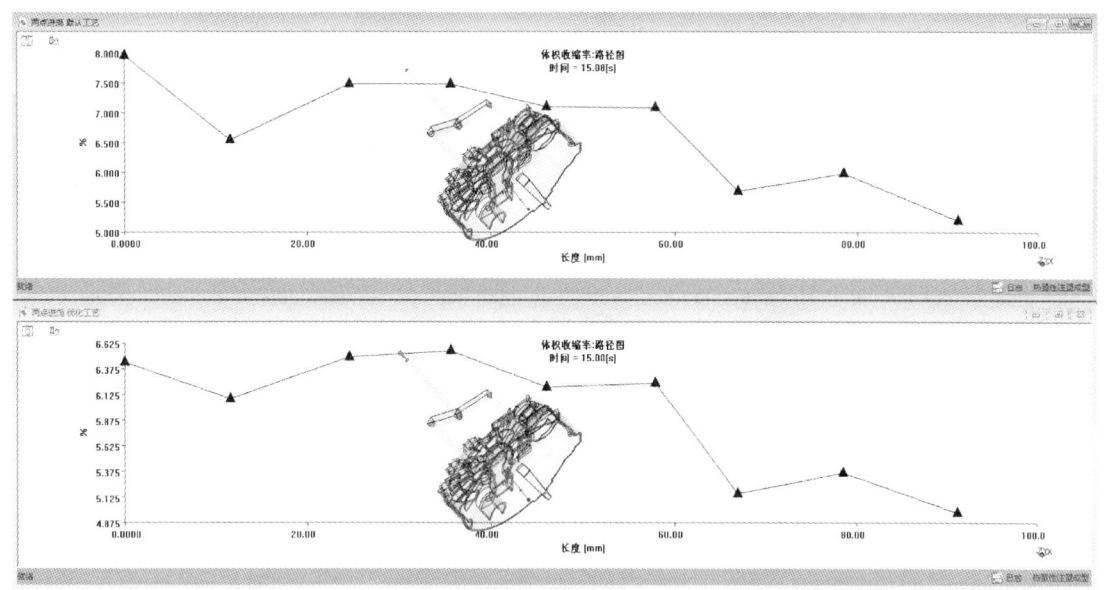

图 32-6-327　体积收缩率对比

b. 塑件任意位置压力变化趋势。优化前塑件任意位置压力变化幅度大且趋势不一，优化后压力变化幅度降低，趋势相近，表明在保压曲线优化后塑件所含残余应力大大减小，如图 32-6-328 所示。

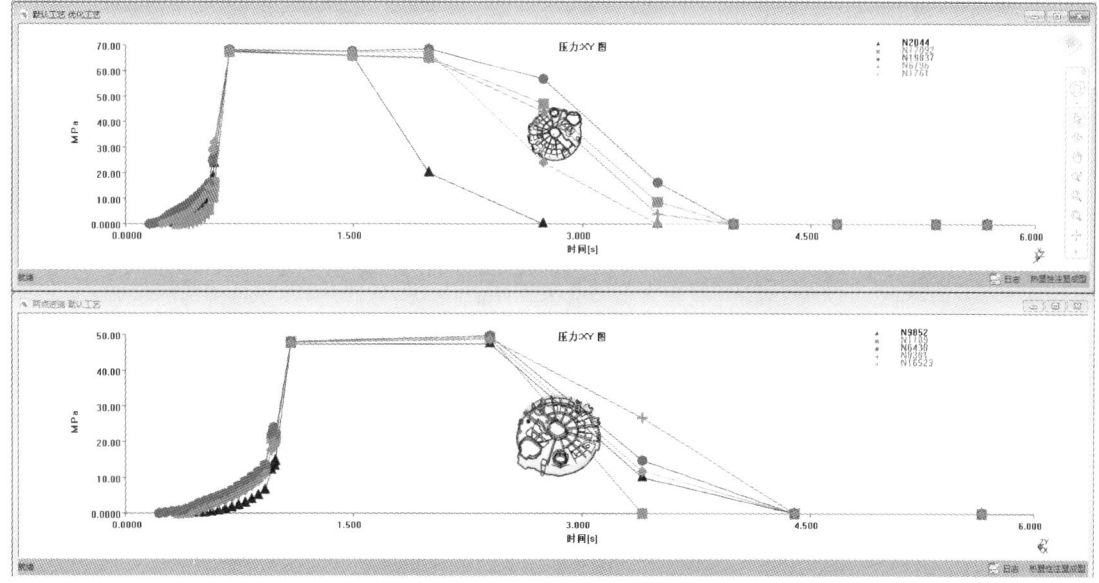

图 32-6-328　塑件压力变化趋势

c. 收缩不均引起的翘曲变形。保压曲线优化后，由于塑件体积收缩率整体分布更加均衡，塑件由收缩不均引起的翘曲变形从 0.63mm 降低到 0.59mm，较优化前翘曲值峰值降低了 6.7%，如图 32-6-329 所示。

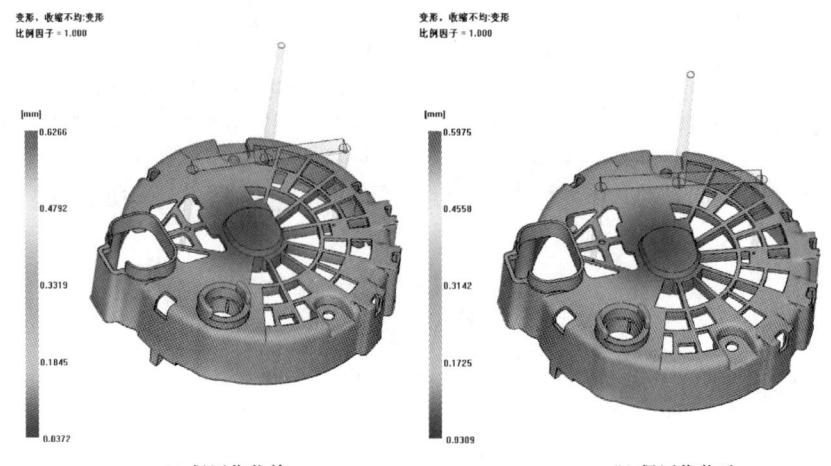

(a) 保压优化前 (b) 保压优化后

图 32-6-329　收缩不均引起的翘曲变形

（3）工艺优化结果

通过上文所提出的注塑工艺参数优化，确定了最终的注塑工艺参数，见表 32-6-36。

表 32-6-36　注塑工艺参数表

熔料温度/℃	模具温度/℃	充填时间/s	注塑压力/MPa	保压时间/s
280	75	0.46	70	4.1
保压压力/MPa	冷却介质	冷却温度/℃	冷却时间/s	开模时间/s
63	水	50	15	5

在 Moldflow 中输入表 32-6-36 中的最佳注塑工艺参数，最终得到产品在所有影响因素下的翘曲变形数据，如图 32-6-330 所示。

由分析结果可知，塑件在所有效应下最大翘曲变形值为 0.65mm，符合产品工艺要求。

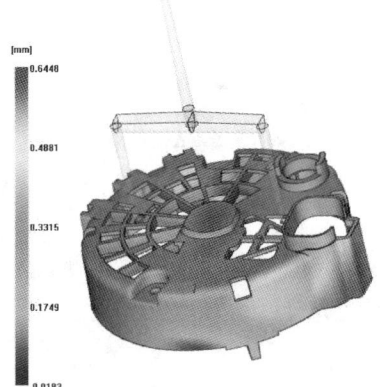

图 32-6-330　塑件所有效应翘曲变形

本实例通过深度分析研究一系列工艺参数，提出了注塑模具工艺参数的优化方法，再对比工艺参数优化前后的不同，找到了本次研究的最佳注塑工艺参数。

第 7 章 并行工程技术

并行工程（concurrent engineering，CE）是先进制造技术中的一种。它是针对企业中存在的传统串行产品开发方式的一种根本性的改进，是一种新的产品开发技术。

7.1 并行工程的内涵

7.1.1 并行工程的产生背景

长期以来，新产品开发的模式是采用传统的"串行"方式进行（图 32-7-1），即市场调研→产品计划→产品设计→修改设计→工艺准备→正式投产。

串行开发模式和组织模式通常是递阶结构，各阶段的工作是按顺序进行的，一个阶段的工作完成后，下一阶段的工作才开始，各个阶段依次排列，各阶段都有自己的输入和输出。在这种开发模式中存在以下缺点：首先，以上诸环节需按固定顺序进行，多个环节不能同时进行，忽视了不相邻活动之间的交流和协调，形成以部门利益为重而不考虑全局最优化的"抛过墙"式工作环境；其次，各部门对产品开发整体过程缺乏综合考虑，造成局部最优而非全局最优；另外，上下游矛盾与冲突不能及时得到调解。总之，串行模式中，若前期某个环节出现问题，往往会影响后期环节的开发。这会使产品开发过程成为设计、加工、测试、修改、设计大循环，从而造成产品设计工作量大，产品开发周期长，成本增加，难以适应激烈的市场竞争。

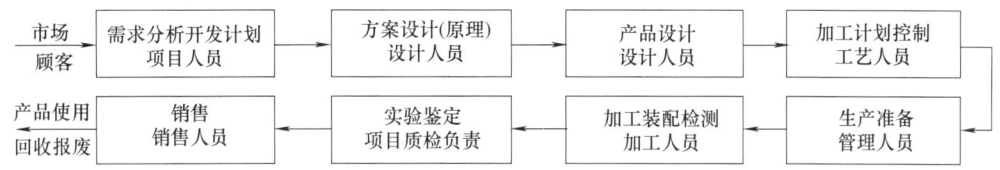

图 32-7-1 产品串行生产模式

20 世纪 80 年代中期以来，同类商品日益增多，企业之间的竞争越来越激烈，而且越来越具有全球性。竞争的焦点是满足用户的 TQCSE（上市时间、产品质量、产品成本、售后服务和绿色环保）等指标，竞争的核心问题就是时间。企业的竞争力体现在必须能够以最快的速度设计出高质量的产品，并尽快投放市场。这种形势迫切要求企业采用新的产品开发手段以保证产品开发早期阶段能作出正确的决策，从而缩短产品开发时间，提高产品质量，降低研发成本。因此，在 20 世纪 80 年代末，制造业提出了并行工程的思想。

并行工程是对传统产品开发模式的一种根本性改进。它一开始就考虑整个产品生命周期，把产品开发活动看成一个整体、集成的过程，组织以产品为核心的多学科跨部门集成产品开发团队来进行产品开发，并通过改进开发流程、采用计算机信息技术辅助工具，实现产品的全生命周期数字化和信息集成，从而使在产品开发过程的早期便能作出正确的决策，进而达到缩短产品上市周期、降低生产成本、提高产品质量的目的。

7.1.2 并行工程的概念

1988 年美国国家防御分析研究所（IDA）完整地提出了并行工程的概念，即并行工程是集成地、并行地设计产品及其相关过程（包括制造过程和支持过程）的系统方法。这种方法要求研制者从一开始就考虑整个产品生命周期（从概念形成到产品报废处置）中的全部要素，包括质量、成本、进度及顾客需求。并行工程要求特别重视源头设计，在设计的开始阶段，就设法把产品开发所需的所有信息进行综合考虑，把许多学科专家的经验和智慧汇集在一起，融为一体。

并行工程的目标为提高质量、降低成本、缩短产品开发周期和产品上市时间。并行工程的具体做法是：在产品开发初期，组织多种职能协同工作的项目组，使有关人员从一开始就获得对新产品需求的要求和信息，积极研究涉及本部门的工作业务，并将所需要求提供给设计人员，使许多问题在开发早期就得到解决，从而保证了设计的质量，避免了大量的返工浪费。基于并行工程方式进行产品开发，使得在产品的设计开发期间，将概念设计、结构设计、工艺设计、最终需求等结合起来，保证以最快的速度按要求的质量完成；各项工作由与此相关的项目小组完成；进程中小组成员各自安排自身的工作，但可以定期或随时反馈信息并对出现的问题协调解决；依据适当的信息系统工具，反馈与协调整个项目的进行。利用现代CIM技术，在产品的研制与开发期间，辅助项目进程的并行化。

并行工程与传统生产方式之间的本质区别在于：并行工程把产品开发的各个活动看成是一个集成的过程，并从全局优化的角度出发，对集成过程进行管理与控制，同时对已有的产品开发过程进行不断地改进与提高，以克服传统串行产品开发过程反馈造成的长周期与高成本等缺点，增强企业产品的竞争力。从经营方面考虑，并行工程意味着产品开发过程重组（reengineering）以便并行地组织作业。

7.1.3 并行工程的主要特点

并行工程的主要特点如下。

（1）并行工程所面对的是产品及其生命周期

由并行工程的定义可知，并行工程所面对的是产品及其生命周期，尤其是产品生命周期中早期的产品开发过程，这一点不同于CIMS。CIMS所面对的是企业及企业的整体生产经营和管理活动。

（2）在产品开发的早期阶段并行考虑后续阶段的各种因素

并行工程强调在产品开发一开始，就考虑到产品生命周期从概念生成到产品报废整个过程所有的因素，力求做到综合优化设计，最大限度避免设计错误，减少设计更改和反复次数，提高质量，降低成本，使产品开发一次成功，缩短产品的开发周期。

（3）摆脱传统的串行，强调并行

并行工程摆脱了传统产品开发模式的串行，强调产品开发过程的并行，通过过程的并行和集成优化，达到缩短产品开发周期的目的。产品开发过程一般由若干子过程组成，并行工程强调各子过程要尽可能地并行。

（4）强调协同、一体化设计

并行工程强调产品及相关过程的一体化设计和协同设计。并行工程的"并行"其英文concurrent除了具有"并行、平行"的含义，还具有"协作、协同"的意义。"协同"因而也是并行工程的重要特征。并行工程主张协同、集成和一体化，主张在产品开发过程取消专业部门及由此形成的人为阻隔，从根本上摒弃"抛过墙"式的串行产品开发模式的种种缺陷。

（5）重视客户的需求

并行工程重视用户声音（voice of customers, VOC），要求在产品开发早期阶段注重用户需求，提倡通过用户对整个产品开发过程的参与，及时发现并避免不满足用户需求的问题，确保最终产品的最佳用户满意度。

（6）突出人的作用，强调人们的协同工作

产品开发是一项创造性极强的劳动。人是整个产品开发的主体。也就是说，产品的开发离不开人的参与，离不开人们的协同工作，因此，必须重视调动人的主观能动性，突出人的作用。

（7）并行交叉地进行产品及其有关过程的设计

"并行"不仅意味着产品开发过程的并行，更意味着产品及相关过程设计的并行。一个复杂的产品往往需要开发人员共同完成大量的产品及相关过程的设计。并行工程强调所有这些人员要并行地进行设计。一些学者甚至将并行设计视为并行工程，可见并行设计在并行工程中的重要性。

（8）持续地改进产品设计与开发的有关过程

并行工程强调持续改进产品及相关过程的设计，持续改进产品开发过程。对于任何一项产品及相关过程的设计，产品生命周期上下游之间难免会出现冲突，通过设计协调，可使冲突消除，设计得到改进。

7.2 并行工程的实质及其过程

（1）并行工程强调面向过程（process-oriented）和面向对象（object-oriented）

并行工程强调要面向整个过程或产品对象，因此它特别强调设计人员在设计时不仅要考虑设计，还要考虑各种过程的可行性，即在针对产品的设计中，主要考虑设计的工艺性、可制造性、可生产性及可维修性等因素，工艺部门的人也要同样考虑其他过程，设计某个部件时要考虑与其他部件之间的配合。所以并行工程着眼于整个过程（process）和目标（object），并将两者同时考虑。

（2）并行工程强调系统集成与整体优化

并行工程强调系统集成与整体优化，它并不完全追求单个部门、局部过程和单个部件的最优，而是追求全局优化，追求整体的竞争能力。对产品而言，这种竞争能力就是产品的TQCS综合指标——交货期（time）、质量（quality）、价格（cost）及服务（service）。在不同情况下，侧重点不同。在现阶段，交货期可能是关键因素，有时是质量，有时是价格，有时是它们中的几个综合指标。对每一个产品而言，企业都对它有一个竞争目标的合理定位，因此并行工程应围绕这个目标来进行整个产品开发活动。只要达到整体优化和全局目标,并不追求每个部门的工作最优。因此对整个工作是根据整体优化结果来评价的。

(3) 并行工程把全生命周期作为研究过程

并行工程将整个研究(开发)对象生命周期分解为许多阶段,每个阶段有自己的时间段,组成全过程,时间段之间有一部分相互重叠,重叠部分代表过程的同时进行。一般情况下相邻两个阶段可以相互重叠,需要时也可能出现两个以上阶段相互重叠。在这些相互重叠的设计阶段间实行并行工程,显然首先要求信息集成和相互间的通信能力,其次要求以团队的方式工作,这些团队不仅包括与相应设计阶段有关的人员,还应包括参与产品生产和销售过程的相关部门的人员。

在并行工程中,并行工作小组可以在前面的工作小组完成任务之前开始他们的工作;第二个工作小组在消化理解第一工作小组已做的工作和传递来的信息的基础上,开展工作,依此类推。与串行设计的一次性输出结果不同,相关的工作小组之间的信息输出与传送是持续的,设计工作每完成一部分,就将结果输出给相关过程,设计工作逐步完善;当工作小组不再有输出需求时,设计工作即完成。所以,所有的工作小组不仅要做好本小组的工作,更需要考虑到整个设计团队的工作,设计小组应该把完成相关小组的需求看作自己必须完成的工作。显然,并行工程完成产品设计的时间远远小于串行工程所用的时间。在整个设计过程中,从产品开发到批量生产和销售,涉及许多部门,与传统顺序的、线性的、部门功能化的过程相比,并行工程的方法要求以平行、交互、多学科团队互相合作的方式进行产品开发。

(4) 并行工程对数据共享的要求

在并行工程环境中,由于不同设计阶段需要同时进行,每个阶段生成(或需要)的数据,在没有完成设计之前是不完整的,数据模型和数据共享的管理成为并行工程的关键技术之一,所以支持并行工程必须有一个产品设计模型,并能将产品设计数据定义成多个对象,这些对象的组合可以构成面向不同应用领域对象(视图),各个设计过程在同一个设计主模型上操作,保证数据模型的一致性和安全性。

(5) 并行工程过程中产品模型的更改

无论串行设计模式还是并行设计模式,设计的更改是不可避免的。某个设计的更改,应体现在产品数据模型的更改上,为了使上游设计更改所产生的新版本数据不至于引起下游活动从头开始,需要建立一种数据更改模式。在技术设计阶段,设计修改之后,产品数据模型也随之更改。在施工设计阶段,施工设计过程是随着技术设计和施工设计的上游的更改而更改的,产品制造过程亦是如此。这种模式在并行工程产品开发过程中具有十分重要的现实意义。为此,产品数据的更改必须做到以下几点:

① 需要一种渐进式的数据更改及表达模式;
② 必须是准确的、完全的、无二义的;
③ 仅仅是局部的产品模型更改或调整。

产品数据的更改虽然在理论上可以由任意阶段提出要求,要求任意阶段进行更改,但是这样会造成产品数据更改的复杂性和过程管理的复杂性,一般情况下,采用逐级反馈的方式,这样对于过程的管理和产品数据的组织都比较简单,需要时也可以采用越级反馈的方式,越级反馈主要用于过程之间的信息反馈,而产品数据的更新采用逐级更改的方式。

在并行工程的实施过程中,必然遇到一些冲突,如 CAD 的输出是 CAPP、CAM 的输入,CAPP 的输出又是 CAM 的输入,而且,各个阶段的输出/输入信息又不完备,不完备的信息模型为信息的处理带来许多矛盾和冲突,处理好这些冲突是并行工程的重点。处理方法有两种:一是将不同事件的启动时间稍退后半拍或一拍;二是事先假设一个中间结果(产品模型),在实施中不断验证结果是否符合假设,随时修改并替代原来的假设。

在并行工程中,对于不完备的产品模型,通过彼此的并行交错实施、及时的反馈及评价,完成设计→评价→再设计的小循环。为了实施并行工程,需要组织一个多学科产品开发队伍,构造一个能协调地支持产品设计、制造过程及解决冲突,由人、方法、工具等组成完整的、一体化的机制。该机制必须具备以下功能:

① 建立统一的产品信息模型;
② 及时、尽早、完善、持续地掌握客户的要求与优先考虑的问题;
③ 利用系统工程的设计方法,对产品开发全过程进行描述、管理和控制;
④ 对产品设计的各阶段和支持活动等进行持续的评价和完善。

7.3 并行工程原理

并行工程是在产品设计、开发活动中的重要体现,并行工程的中心思想是在产品开发的初始阶段(尤其是概念设计阶段),就综合考虑产品生命周期中工艺设计、技术设计和制造等活动的影响,即将各个产品设计活动并行进行,以达到缩短产品开发周期、降低成本及提高产品质量的目的。并行工程强调产品设计与后续活动的协调与并行,并行工程的核心是并行设计,计算机辅助并行工程的关键是建立集成化、智能化并行设计环境,并且有相应的设计工具(如 DFA、DFM 和 DFQ 等)支持。图 32-7-2 是计算机辅助并行设计系统原理图,该系统由概念层、逻辑层及物理层三部分组成,系统的各层功能如下。

(1) 概念层

该层是一种支持产品并行设计的设计平台(即并行设计控制器),它是一个能支持设计过程各项活动的信息集成和功能集成的并行设计环境,它能为设计者提供友好的交互式设计界面。在计算机网络技术的支持下,实现多学科专家之间的信息交流与协调,使上游、下游过程协同工作,帮助设计者进行并行设计,如:工作小组中的各成员应及时获得有关产品的数据和设计的变更信息,来引导各成员工作,每个成员对设计进行评价并反馈修改信息,从而指导产品设计。该层主要完成设计过程引导、控制和信息管理等功能,从而实现产品并行设计的信息集成和功能集成。

(2) 逻辑层

该层由七个模块组成,包括广义特征建模、概念设计及评价、结构设计及评价、详细设计及评价(特征设计、特征工艺设计和特征可制造性评价)、总体评价、过程优化和过程仿真,该层在概念层控制下实现各模块的功能集成。

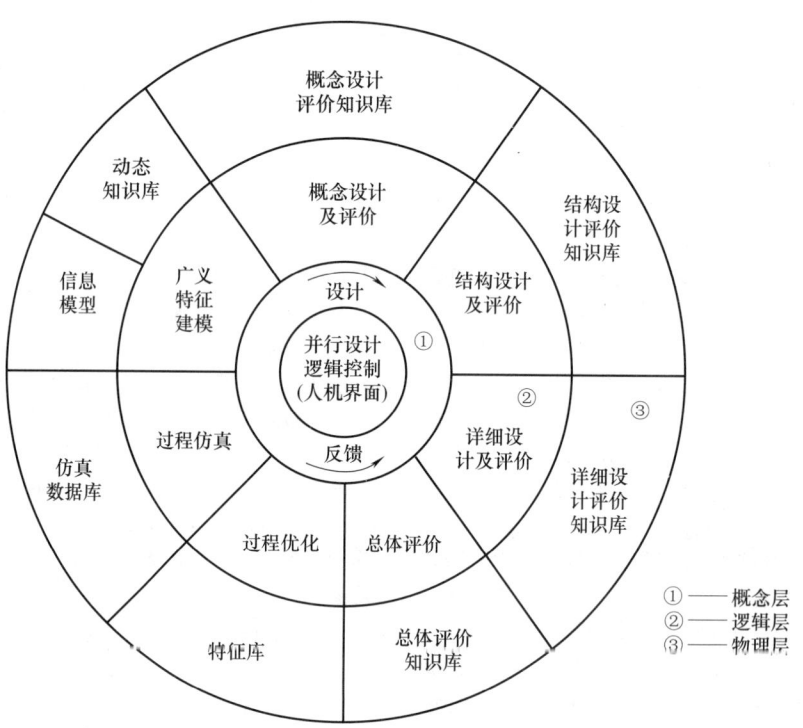

图 32-7-2 计算机辅助并行设计系统原理图

(3) 物理层

该层由产品信息模型、产品特征库、产品动态数据库、各种知识库和各种数据库组成。动态数据库主要存储特定设计产品的初始信息、中间设计结果和最终信息,它的内容随不同产品的不同设计过程而变化,知识库用于存储与设计、制造、装配有关的知识,这些知识采用面向对象的知识表达方式,即规划和框架等,利用这些设计、制造知识和制造资源由专家系统进行推理决策。

产品设计过程在概念层的逻辑控制下进行并行设计,在图 32-7-2 中,箭头顺时针方向旋转表示产品设计过程,逆时针方向旋转表示对设计过程的反馈控制,反馈控制指导产品设计与修改,产品的并行设计过程就是在多循环反馈控制下进行的。

并行设计平台应具有多进程管理功能、灵活的控制功能、友好的用户界面、可靠的系统运行、良好的通用性和开放性。

7.4 并行工程的体系结构

从广义上讲,并行工程的体系结构是由技术环境、支持环境、应用环境及管理环境等环境组成的

（图32-7-3）。以网络设计为例，在进行网络设计过程中，应组成相应的设计人员队伍，收集相关信息，确定应用软、硬件及其他设备，明确应用对象并进行过程管理。

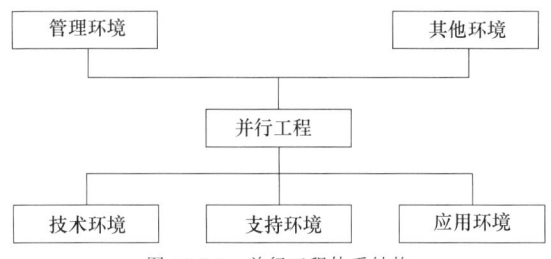

图32-7-3 并行工程体系结构

而就工程设计而言，并行工程通常是由过程管理与控制、工程设计、质量管理与控制、生产制造及支持环境等分系统所组成的，其体系结构如图32-7-4所示。

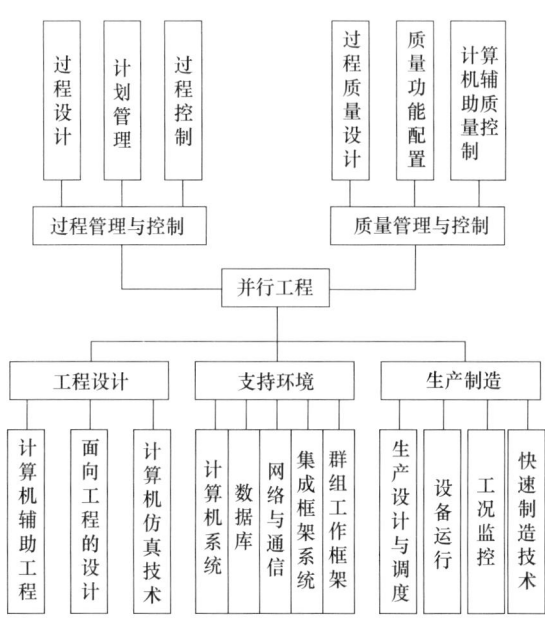

图32-7-4 并行工程的体系结构

（1）过程管理与控制分系统

该分系统包括分析和建立产品开发过程，利用产品数据管理（PDM）等技术进行整个并行工程的过程设计、计划管理和过程控制。产品数据管理是管理所有与产品本身相关的信息和开发过程相关的信息的技术。它将数据库的数据管理能力、网络通信能力、过程控制能力集合在一起，实现在分布环境中的产品数据统一管理，它是并行工程的重要使能技术。

（2）工程设计分系统

该分系统主要进行产品的全生命周期设计工作，它是利用计算机集成制造技术（CIM）、计算机辅助工程技术（CAX）、面向工程的设计技术（DFX）、共同对象请求代理结构技术（common object request broker architecture，CORBA）和Web技术等，进行基于产品数据管理的产品全生命周期的工程设计。

（3）质量管理与控制分系统

该分系统以质量功能配置（QFD）为核心，对产品开发过程全生命周期中的各个阶段进行质量分析，提出质量功能要求，以保证所生产的产品能最大限度地满足用户和市场的需求。质量功能配置过程实质上是一个优化设计过程，质量保证应贯穿于整个产品的开发过程中，形成用户需求、产品特征、设计特征、工艺特征、生产计划等质量功能配置链，它是一种瀑布式的串并联分解流程结构。

（4）生产制造分系统

其主要工作是在计算机上利用仿真技术进行生产计划和调度、设备运行及工况监控等，仿真包括加工仿真、调度仿真等。对于一些重要的零部件，为了保证其性能和质量，仍可采用制作实物或模型进行必要的试验，确定其结构。零部件的实质制造可采用快速原型制造等方法，以加快制造进度。

（5）支持环境分系统

并行工程的支持环境，除计算机系统、数据库、网络通信技术外，还有计算机集成框架系统、群组工作集成框架、产品数据交换标准（STEP）、产品数据管理（PDM）、计算机仿真软件等，这是由于它是在计算机集成制造系统的基础上进行的，同时，又是在产品数据管理下由异地分布的产品开发群组协同工作的。

7.5 并行工程关键技术及关键要素

7.5.1 并行工程的关键技术

并行工程是一种系统化、集成化的产品开发模式，其核心就是组建集成产品开发团队（简称IPT）和产品开发过程重构。

（1）集成产品开发团队（IPT）

集成产品开发团队是并行工程唯一的组织模式。这种模式和串行工程的组织模式相比较有着显著的不同：第一，在组建集成产品开发团队时，针对产品开发过程中的不同阶段选择有着相对应专业背景的技术人员；第二，所有的产品开发技术人员是在统一的规划和组织下，共同完成产品及相关过程的设计；第三，集成产品开发团队，负责整个产品过程的开发和设计；第四，在开发过程中，不同专业的技术人员一方面负责自己相对应专业的产品过程的开发和设计，同时虚心接受其他人员对自己的成果提出的审查意见，一方面依靠自身知识水平对其他开发人员的成果进行技术审查。这种组织模式能够最大限度地实现产品开发过程的整体优化。

并行工程的集成产品开发团队式组织模式，不同于传统的串行产品开发组织模式，它已打破"泰勒制"的强调专业分工、按专业部门组织管理产品的开发，它更注重于产品开发的合作、协同和一体化，为产品开发创建了一种协同化的工作环境，并营造出并行工程的协同企业文化。

（2）产品开发过程建模

并行工程与传统的产品开发方式的本质区别在于它把产品开发的各个活动视为一个集成的过程，从全局优化的角度出发对该集成过程进行管理与控制，并实施过程的不断改进。无论是过程的集成、还是全局优化或对过程实施管理与控制以及过程的改进，其基础都是过程模型。产品开发过程建模就是用数字化的语言、工具和手段，设计、描述并表示出产品的开发过程，形成产品开发过程的数学模型。基于所建立的过程模型，对产品开发过程的并行性、集成性、敏捷性和精良性等各种过程特性进行仿真。通过仿真，优化和改进产品的开发过程。依据所建立的产品开发过程模型，面向进度、质量、成本、技术流程、人员（组织）和资源等，实施产品开发管理。

（3）产品生命周期数字化定义

产品生命周期数字化定义，即数字化产品建模（digital product model），将产品开发人员头脑中的设计构思转换为计算机所能够识别的图形、符号和算式，形成产品的计算机内部数据模型，存储于计算机之中。不同专业背景的产品开发人员，基于同一的数字化产品模型协同、并行地开展产品及相关过程的设计，实施技术交流和协商、协作，并进行产品不同组成单元及阶段的设计综合优化。

（4）产品数据管理

采用了产品生命周期数字化定义之后，伴随产品的开发，各产品开发阶段必然生成大量与产品有关的工程设计数据，需要存储于计算机。产品数据管理系统要高效、自动化地组织和管理这些数据，以方便产品开发人员有效地存取、浏览或修改这些产品数据，并支持对这些数据进行再利用或做进一步的处理等。产品数据管理作为产品生命周期信息集成的重要工具和手段，可以帮助不同产品开发阶段或活动的产品开发人员协同、并行地开展产品及相关过程的设计。

（5）质量功能展开

质量功能展开是一种用户驱动的产品开发方法，它首先是采用系统化、规范化的方法调查和分析用户的需求，然后将用户的需求作为重要的质量保证要求和控制参数，通过质量屋（house of quality，HOQ）的形式，一步一步地转换为产品特征、零部件特征、工艺特征和制造特征等，并将用户需求全面映射到整个产品开发过程的各项开发活动，用以指导、监控产品的开发活动，使所开发的产品完全满足用户需求。

（6）面向X的设计

并行工程的工作模式强调"力图使开发者们从一开始就考虑到产品生命周期（从概念形成到产品报废）中的所有因素"，DFX中的X代表的就是产品生命周期中所有的因素，包括制造、装配、拆卸、检测、维护、测试、回收、可靠性、质量、成本、安全性以及环境保护等。对应于这些因素，常见的DFX有：DFM、DFA、面向质量的设计、面向成本的设计、面向可靠性的设计、面向可维修性的设计、面向可测试性的设计、面向可再制造性的设计、面向安全性的设计以及面向环保的设计等。通过这些面向X的设计，使得产品开发人员能够在早期的产品设计阶段并行地考虑产品生命周期后续阶段的各种影响因素，实现产品设计的综合优化，实现产品及相关过程设计的协同和一体化。

（7）并行工程集成框架

产品开发不同阶段和不同产品开发活动，需要使用不同的工具软件。

例如：CAD、CAE、CAPP、CAM、DFX、CAQ、计算机辅助快速报价、计算机辅助项目管理、计算机辅助采购供应以及面向产品开发的资源管理等各种工具软件也都会在产品开发过程用到。这些工具软件可能是基于相同的计算机及网络硬件软件平台，也可能不是，一般来自于不同开发商。在产品开发过程中，这些工具软件面向同一产品数据模型，为着共同的产品开发任务，协同地辅助各具体产品及相关过程开发，它们之间必须能进行数据交换、信息集成和知识共享，在功能上也要互相支持、相互配合。

为了这一目的，这些工具软件首先要能够相互操作并相互集成在一起。并行工程的集成框架就是要集成这些产品开发过程中不同类型的工具软件，集成源于这些工具的产品生命周期各种信息模型，集成产品创新开发及开发管理所应用的诸方法，集成产品创新开发及开发管理过程的各项任务，实现异构、分布式计算机环境下企业内各类应用系统的信息集成、功能集成和过程集成。

7.5.2 并行工程的关键要素

如果想要成功地实施并行工程，就需要对下面几个方面进行改进：第一，要整合产品开发团队，形成以产品为主线的集成产品开发团队，并负责整个产品过程的设计和开发；第二，对传统的串行产品开发过程进行重构，形成集成化的并行产品开发过程；第三，实施综合优化设计；第四，建立支持 IPT 及协同设计的工作环境，包括硬件环境、软件环境和文化环境等。这四个方面就是并行工程的四大关键要素。

(1) 组织变革（管理）要素

并行工程离不开高效、柔性和强健的组织，包括产品开发队伍的组织、产品开发过程的组织和产品开发工作的组织等。传统的产品开发模式，正是由于其串行化和按部门划分的组织模式的种种弊端，为并行、协同和一体化产品设计造成了一系列障碍。并行工程主张采用集成开发团队式的组织模式。来自于各相关专业的开发人员，共同组成一个集成化的产品开发团队，获得独立授权，对整个产品的开发负责。并行工程团队式的组织模式，打破了传统的按部门划分的组织模式，更有利于产品开发工作的协作、协同和并行优化。

(2)（产品形成）过程要素

由于产品是过程的结果，产品形成过程的每个阶段对产品的性能都有着重要的影响，产品的 TQCSE 也在很大程度上取决于产品形成过程。并行工程面向产品的开发，必须对产品的形成过程，也就是产品的开发过程进行策划、组织和控制，实行面向并行、高效、敏捷和精良设计的过程集成。制造业从计算机集成制造发展到现代集成制造，集成作为不变的主题，也正在由信息集成进入过程集成并走向企业间集成。一般认为：CIMS 重点解决信息集成，并行工程则强调过程集成。过程集成是并行工程最重要的技术特征。

(3) 产品要素

并行工程强调面向产品开发过程，最终目标是产品，产品和产品开发是并行工程的根本。产品的开发一般需要特定的产品设计/开发技术，尤其对于并行工程所强调的协同、并行及综合优化的产品设计，更需要先进的产品设计/开发技术与方法。产品的开发必须遵循产品形成规律与开发技术流程。在并行工程中，各产品开发活动既要协同和并行，又要实现产品和过程的综合优化。这些都需要 DFX、CAX、QFD 和 PDM 等技术与工具的支持。另外，不容忽视的是：产品开发仍是掌握着相关设计技术的产品开发人员借助于这些工具来完成的，是一种创造性强的工作。最终产品是否满足用户需求，主要取决于这些创造性工作。

(4)（支持）环境要素

并行工程需要一个支持协同、一体化、并行设计的自动化集成环境。这个环境是并行工程实施的必要条件。自动化集成环境的要求如下：

第一，必须能够实现产品生命周期信息的集成，真正做到"在正确的时刻把正确的信息以正确的方式传递至正确的地方"；

第二，必须实现自动化产品数据管理；

第三，在产品数据管理的基础上，进一步实现产品生命周期包括产品信息、组织管理信息、过程信息和资源信息等所有信息的自动化管理；

第四，为各阶段不同单元的产品开发活动和产品开发管理提供支持工具，如 CAX、数控加工设备和产品开发管理视图工具等；

第五，通过知识管理，支持上层产品开发决策和产品优化设计等；

第六，为产品开发人员创造一个轻松愉快的工作环境。

7.6 并行工程的并行化途径

(1) 建立集成化的支撑环境

并行、一体化的产品创新与开发，离不开一个高效自动化的产品开发及管理集成环境的支持。通过这样的一个集成环境，实现产品开发过程数据通信、信息集成和知识共享，实现产品开发工具和方法的共用，实现产品开发活动的协同和综合优化。不难想象，若产品开发人员相互之间连信息都无法及时地沟通，就不可能实现产品开发工作或活动的并行和一体化。因此，要实现产品创新与开发并行和一体化，就必须首先建立一个支持并行工程工作方式的自动化集成环境，使原本串行才能完成的任务得以并行地实现。

(2) 实施并行化的过程规划

面向产品生命周期的过程并行规划是并行工程实现产品创新与开发活动的并行和一体化的技术关键，它需要并行的产品开发过程建模、分析等技术和工具的支持，需要并行化的产品开发过程控制理论和思想的指导，并需要依靠并行、一体化的组织模式与管理方法来组织和管理产品的创新与开发。传统的基于线性规划和运筹学的方法如网络计划法，对于前后两活动间具有典型串行特性的过程规划问题具有明显的优势，但它对于产品开发过程的并行规划不一定适应。

(3) 采取团队式组织模式和管理方式

面向并行工程的集成开发团队式产品创新与开发过程的管理，与传统产品开发过程的管理模式、方法和思想等都有较大的不同，采用的各种使能工具和技术手段也将不同。这种管理更注重团队精神，注重开发团队的协同，注重创新，注重创新与开发活动的并行和一体化，注重产品及过程的持续改进，并关注用户的满意度。

(4) 引用现代化使能工具和技术手段

现代产品创新与开发，离不开现代化的开发工具和技术手段的支持。借助于这些现代化的计算机辅助工具以及先进的产品设计制造技术手段和装备，可以促进并行工程的并行化理念在实际产品开发中的实现，推动产品创新与开发的并行化进程。DFX、PDM、CAX、QFD 等都是并行工程所强调和采用的具有代表性的技术工具。它们蕴涵了并行工程的基本思想与理念。

(5) 坚持并行工程的产品创新与开发

产品创新与开发人员，是实施产品创新与开发的主体。并行工程不同于传统的产品开发模式，它对产品开发模式、开发方法及支持工具等，都提出了独特的要求，并形成并行工程先进的思想与理念。产品创新与开发人员必须按照并行工程的这些思想与理念，并依据并行工程的方法和原则，实施具体的产品创新与开发。

7.7 并行工程研究热点

目前并行工程的研究热点如下。

① 并行工程基础理论的研究：主要包括概念设计模型、并行设计理论、鲁棒设计及支持产品开发全过程的模型研究。尤其是并行设计的建模技术，建模就是指建立产品模型，而产品模型包括产品生命周期各阶段的信息及访问、操作这些信息的算法。在计算机环境下，进行并行设计要求信息模型能够获取和表达产品信息、制造信息和资源信息；能够方便地获得有关产品可制造性、可装配性、可维护性、安全性等方面的信息；能够使小组成员共享信息。要满足这些要求，必须建立一个能够表达和处理有关产品生命周期各阶段所有信息的统一产品模型。统一模型的建立可以在特征建模基础上进行，但是特征建模只是强调设计和制造信息的集成，在多学科人员协同工作环境下，当产品开发某环节数据被改动后，它不具备自动更新相关数据的能力，即不支持全相关性。国际标准化组织（ISO）提出的产品数据模型 STEP 标准是建立模型的工具，但由于产品数据复杂多变，标准仍在试用阶段。从支持并行设计建模技术研究现状来看，目前的模型对详细设计阶段以及下游诸环节支持得较为充分，但在产品概念设计阶段其信息描述能力较弱，这是需要深入研究的课题。

② 制造环境建模：在并行工程中产品的设计阶段就考虑制造因素，使得产品设计和工艺设计同时进行，因此，在产品的初期方案设计或详细设计阶段都要及时地进行产品可加工性及可装配性的评价并生成合适的工艺，这就必然涉及从现实制造资源角度评价所涉及产品的制造工艺性能，同时还涉及工厂、车间、工段的生产能力、设备布局及负荷情况等，这样制造环境的数据和知识模型就是达到并行必不可少的部分。

③ 面向并行工程的 CAPP：传统的 CAPP 不具备与产品设计并行交互的能力，不能对产品或零件进行可制造性评价并反馈结果，为实现计算机辅助并行工程，面向并行工程的 CAPP 是关键。为了达到这一目的，零件信息模型应是一个动态的数据结构，设计者可以在设计中的任何阶段将设计结果移交工艺评价模块，并根据评价结果修改模型或继续设计；该模型应将零件功能与零件特征间建立一种映射关系；此模型还应便于多知识源的协同处理，一般可采用"黑板结构"，即一组负责相应功能的知识源系统在"管理者"的协调控制下，对领域黑板上的当前零件信息模型进行操作。

④ 面向工程的设计 DFX：在这一领域中，主要集中于 DFM 和 DFA 这两个方向上。面向制造的设计（DFM）是并行工程中最重要的研究内容之一，它是指在产品设计阶段尽早地考虑与制造有关的约束（如可制造性），全面评价产品设计和工艺设计，并提出改进的反馈信息，及时改进设计。在 DFM 中包含着设计与制造两个方面，传统上制造都是考虑设计要求的，但是设计考虑制造上的要求不够充分，在 DFM 中必须充分考虑制造要求，一般通过可制造性评价来实现。面向装配的设计（DFA）与 DFM 类似，它是将可装配性在设计时加以考虑，设计与装配在计算机的支持下统一于一个通用的产品模型，来达到易于装配、节省装配时间、降低装配成本的目的。

⑤ 并行工程集成框架：集成框架就是使企业内的各类应用实现信息集成、功能集成和过程集成的软件系统，主要包括基于思想模型的辅助决策系统、支持多功能小组的多媒体会议系统、计算机辅助冲突解决的协调系统等，一般可以采用多媒体技术、客户服务器模型进行开发，但在知识共享、多领域数据信息转换、设计意图表达等方面还没有找到切实可行的办法，建立一个包括信息集成、工具集成和人员集成的理想网络环境仍是一个长期的努力过程。

⑥ 冲突消解及知识处理、协同：在并行工程中产品的早期涉及阶段能够得到的信息大多是模糊和不确定的，仅仅运用经典数学的精确方法来处理往往不能真实地反映客观世界的现实，具有很大的局限性，由美国自动控制专家 L. A. Zadeh 创立的模糊集理论在处理定性和模糊的知识方面显示了强大的生命力，因此将模糊集理论应用于并行工程中的知识协同处理

取得了良好的效果。

⑦ 面向并行工程企业的体系结构和组织机制：主要包括人的集成（客户、设计者、制造者和管理者）、企业各部门功能集成、信息集成及设计、制造工具集成的组织机制。

⑧ 并行工程中产品开发过程的管理：从我国制造业企业的实际出发，提出具有可操作性的与并行方式相适应的平面化、网络化的企业组织管理机制、企业文化以及产品开发团队的组织、运行方式，并对企业从目前串行的组织管理模式转变为适应并行方式的过程中所要面临的问题、所应采取的措施及方法进行深入研究。

⑨ 仿真技术在企业各部门及产品开发过程中的应用：以快速工装准备为主体，以功能部件的可组装化、参数化为核心，消除传统工装准备中的备料、切削加工及检测环节，使得工装准备基本上成为一个组装过程，并通过建立参数化元件、部件库为工装设计提供便利，使设计时间显著缩减。

⑩ 质量工程的研究：主要包括田口（Taguchi）方法、全面质量管理（TQC）及质量功能配置（QFD）。

⑪ 在制造领域以外大力倡导、推广应用并行工程理论。

总之，如何应用新技术来推动并行工程的实施，已成为目前国内外学术界研究的热点。

7.8 并行工程的发展趋势

经过近 30 年的研究与工程实施，并行工程的技术思想、方法、工具取得了飞速的进展，从理论研究走向工程实用化，为企业获得市场竞争优势提供了有效的手段。随着需求的进一步深入，可以预计，在今后的一段时间内，并行工程的发展主要集中在以下几个方面。

(1) 并行工程的方法体系结构更加完备

并行工程已经从传统的产品与过程设计的并行发展到产品、过程、设备的开发与组织管理的并行集成优化，集成范围更加广泛，而在此基础上，并行工程的方法体系也将更加完备。

(2) 团队与支持团队协同工作环境支持全球化动态企业联盟

团队技术发展十分迅猛，各种类型的团队和组织管理模式在发展中逐步统一和规范化。随着计算机网络技术的进展，项目管理软件功能的增加，集成框架、CAX/DFX、PDM/ERP、INTERNET/INTRANET 以及协同工作环境与工具的飞速发展和应用领域的不断扩大，以集成产品团队为核心的组织管理模式日益成熟。IPT 从企业内部走出，进一步发展为与客户和供应商共同工作，并在特定情况下与竞争对手合作。可以说：IPT（或其他团队形式）正在逐步发展为跨企业、地域乃至遍布全球的规模。IPT 的组织管理方式也发生了根本变化，散步性和动态性更加明显。团队、CSCW 技术将有力支持全球化动态企业联盟。

(3) 过程重组技术逐渐成熟、应用范围和规模不断扩大

随着信息技术的广泛使用（共享数据库、专家系统、决策支持工具、通信、过程建模仿真等），团队等并行工程技术的发展，企业组织结构由金字塔形变为扁平化，人员素质提高，BPR 技术逐渐成熟，应用范围和领域也不断扩大，经营过程重组也随之从单一企业的重组逐步走向世界范围内跨国经营过程重组的需求。值得注意的是，跨地域、企业的国际化合作因其多面性和深层次结构增加了经营过程的复杂性，也对重新设计经营过程的选择产生巨大的影响。经营过程重组必须考虑其内容、活动结构、国际化和复杂性的巨大变化。

(4) 产品数字化定义技术、工具和支撑平台将日趋完善

研究人员的工作重点进一步完善 CAX/DFX 理论，开发商正致力于实现数字化产品定义工具的实用化与通用化。产品全局数字化模型将更加完备，基于标准和特征技术实现集成化也将成为人们关注的中心。产品数据管理（PDM）系统和支持并行工程的框架技术的功能将不断加强，跨平台的 PDM 系统和框架已问世，基于 Web 技术的系统成为其发展新方向。

(5) 实施模式与评价方法的系统化、规范化

随着并行工程技术的推广，实施模式与评价方法的研究也将逐渐加深，企业对实施模式与评价体系的系统化、规范化的要求日益强烈。有关并行工程实施的通用方法、评价体系方面的研究都取得了很大的进展，系统化、规范化工作将进一步完善。

7.9 并行工程应用案例

7.9.1 波音 777 并行设计工程实例

(1) 背景介绍

随着商业飞机的不断发展，波音公司在原有模式下的产品成本不断增加，并且积压的飞机越来越多。在激烈的市场竞争当中，波音公司是如何用较少的费

用设计制造高性能的飞机的呢？资料分析表明，产品设计制造过程中存在着巨大的发展潜力，节约开支的有效途径是减少更改、错误和返工所带来的消耗。一个零件从设计完成后，要经过工艺计划、工装设计、制造和装配等过程，在这一过程内，设计约占15%的费用，制造和装配占85%的费用，任何在零件图纸交付前的设计更改都能节约其后85%的生产费用。过去的飞机开发大都沿用传统的设计方法，按专业部门划分设计小组，采用串行的开发流程。大型客机从设计到原型制造花费时间多则十几年，少则7~8年。

美国波音公司在波音777大型民用客机的开发研制过程中，运用CIMS（计算机集成制造系统）和CE技术，在企业南北地理分布50km的区域内，由200个研制小组形成了群组协同工作，产品全部进行数字定义，采用电子预装配技术检查飞机零件干涉有2500多处，减少了工程更改50%以上，建立了电子样机。波音777成为除起落架舱外世界上第一架无原型样机而一次成功飞上蓝天的喷气客机，也是世界航空发展史上最高水平的"无图纸"研制的飞机。它的研制周期与波音767相比，缩短了13个月，实现了从设计到试飞的一次成功。

图32-7-5表示了该型飞机开发的组织模式演变过程。

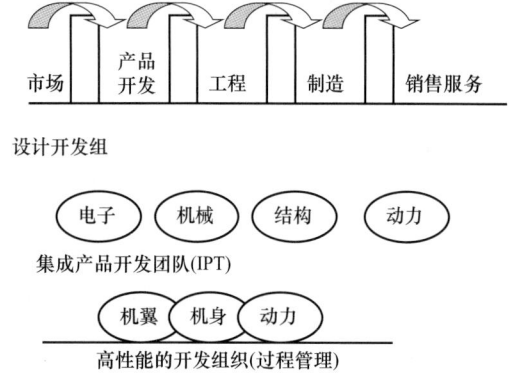

图32-7-5 波音公司民用飞机开发的组织模式演变过程

（2）波音公司并行工程技术的实施特点

1）集成产品开发团队 波音公司在商业飞机制造领域积累了75年的开发经验，成功地推出了707~777等不同型号的飞机。在这些型号的开发过程中，产品开发的组织模式在很大程度上决定了产品开发周期。

IPT作为一种新的产品开发组织模式，与企业的文化背景和社会环境密切相关。IPT包括各个专业的技术人员，他们在产品设计中起协调作用，制造过程IPT成员的尽早参与最大程度地减少了更改、错误和返工。

2）改进产品开发过程 为什么波音公司在过去的十多年中也采用了CAD/CAM系统却没有明显地加快进度、降低费用和提高质量呢？原因是其开发过程和管理还停留在原来的水平上，CAD/CAM系统的应用能有效地减少更改和设计返工的次数，设计进程也大大加快，由此而带来的效益远比减少更改和返工所带来的直接效益大。波音777采用全数字化的产品设计，在设计发图前，设计出飞机所有零件的三维模型，并在发图前完成所有零件、工装和部件的数字化整机预装配。同时，采用其他的计算机辅助系统，如用于管理零件数据集与发图的IDM系统、用于线路图设计的WIRS系统、集成化工艺设计系统，以及所有下游的发图和材料清单数据管理系统。由于采用了一些先进的计算机辅助手段，波音公司在波音777开发时改进了相应的产品开发过程，如在发图前进行系统设计分析，在CATIA上建立三维零件模型，进行数字化预装配，检查干涉配合情况，增加设计过程的反馈次数，减少设计制造之间的大返工。

3）主要的设计过程

① 工程设计研制过程。设计研制过程起始于3D模型的建立，它是一个反复循环过程。设计人员用数字化预装配检查3D模型，完善设计，直到所有的零件配合满足要求为止。最后，建立零件图、部装图、总装图模型，2D图形完成并发图。设计研制过程需要设计制造团队来协调。

② 数字化整机预装配过程。数字化预装配利用CAD/CAM系统进行有关3D飞机零部件模型的装配仿真与干涉检查，确定零件的空间位置，根据需要建立临时装配图。作为对数字化预装配过程的补充，设计员接收工程分析、测试、制造的反馈信息。数字化预装配模型的数据管理是一项庞大、繁重的工作，它需要一个专门的数字化预装配管理小组来完成，确保所有用户能方便进入并在发图前作最后的检查。

③ 数字化样件设计过程。波音777利用CAD/CAM系统进行数字化预装配，数字化样件设计过程负责每个零件设计和样件安装检查。

④ 区域设计（AM）。区域设计是飞机区域零件的一个综合设计过程，它利用数字化预装配过程设计飞机区域的各类模型。区域设计不仅包括零件干涉检查，而且包括间隙、零件兼容、包装、系统布置美学、支座、重要特性、设计协调情况等。区域设计由每个设计组或设计制造团队成员负责，各工程师、设计员、计划员、工装设计员都应参与区域设计。区域设计是设计小组或设计制造团队每个成员的任务，它

的完成需要设计组、结构室、设计制造团队的通力协作。

⑤ 设计制造过程。设计制造团队由各个专业的技术人员组成,在产品设计中起协调作用,最大限度地减少更改、错误和返工。

⑥ 综合设计检查过程。综合设计检查过程用于检查所有设计部件的分析、部件树、工装、数控曲面的正确性。综合设计检查过程涉及设计制造团队和有关质量控制、材料、用户服务和子承包商,一般在发图阶段进行。有关人员定期检查情况,对不合理的地方提出更改建议。综合设计检查是设计制造团队任务的一部分。

⑦ 集成化计划管理过程。集成化计划管理是一个提高联络速度、制订制造工艺计划、测试及飞机交付计划的过程。集成化计划管理过程不但制订一些专用过程计划,而且对整个开发过程的各种计划进行综合。集成化计划的管理,将提高总体方案的能见度。

(3) 采用 DPA 等数字化方法与工具在设计早期尽快发现下游的各种问题

数字化整机预装配(DPA)是一个计算机模拟装配过程,它根据设计员、分析员、计划员、工装设计员要求,利用各个层次中的零件模型进行预装配。零件是以 3D 实体形式进行干涉、配合及设计协调情况检查。利用整机预装配过程,全机所有的干涉均能被查出,并得到合理解决。波音 757 的 1600~1720 站位之间的 46 段,约 1000 个零件,需要容纳于 12 个 CATIA 模型中进行数字化预装配。

(4) 大量应用 CAD/CAM/CAE 技术,做到无图纸生产

采用 100% 数字化技术设计飞机零部件;建立了飞机设计的零件库与标准件库;采用 CAE 工具进行工程特性分析;采用计算机辅助制造工程与 NC 编程;采用计算机辅助工装设计。

(5) 利用巨型机支持的产品数据管理系统辅助并行设计

要充分发挥并行设计的效能,支持设计制造团队进行集成化产品设计,还需要一个覆盖整个功能部门的产品数据管理系统的支持,以保证产品设计过程的协同进行,共享产品模型和数据库。

波音 777 采用一个大型的综合数据库管理系统,用于存储和提供配置控制,控制多种类型的有关工程、制造和工装数据,以及图形数据、绘图信息、资料属性、产品关系以及电子签字等,同时对所接收的数据进行综合控制。

管理控制包括产品研制、设计、计划、零件制造、部装、总装、测试和发送等过程。它保证将正确的产品图形数据和说明内容发送给使用者。通过产品数据管理系统进行数字化资料共享,实现数据的专用、共享、发图和控制。

(6) 效益分析

波音公司并行设计技术的有效运用带来了以下几方面的效益:

① 提高设计质量,极大地减少了早期生产中的设计更改;

② 缩短产品研制周期,和常规的产品设计相比,并行设计明显地加快了设计进程;

③ 降低了制造成本;

④ 优化了设计过程,减少了报废和返工率。

7.9.2 并行工程在重庆航天新世纪卫星应用技术有限责任公司中的应用

重庆航天新世纪卫星应用技术有限责任公司是一家从事航天遥测产品和固体火箭发动机研制的企业。经过近 20 年的发展,公司在遥测和固体火箭发动机领域已初步形成了自有的核心技术优势。公司现在明确提出,要在今后 5~10 年内,建成两个基地:一是中高空气象探测产品的生产基地;二是中近程导弹武器飞行试验遥测产品的研制基地。公司要为国家中高空参考大气标准的制定、国家大型航天活动和中近程导弹武器试验提供多层次的保障服务。

并行工程在研发项目中的应用。国家实施载人航天工程以来,要求及时完善为大型航天发射任务提供技术、可靠性、安全性等方面的相关配套保障设施。重庆航天新世纪卫星应用技术有限责任公司于 2007 年获得高空气象系统的研制任务,按要求,要在 3 年之内完成该项目的所有研制工作,达到可随时装备应用的水平。按国内航天型号研制项目开展的常规做法,要完成这样一个系统工程,对重庆航天新世纪卫星应用技术有限责任公司来说至少要 6 年以上的研制周期。面对这一挑战,首次承担系统总体任务的重庆航天新世纪卫星应用技术有限责任公司立即采用并行工程的方法,最终将产品开发周期缩短 50%,按要求完成了合同规定的目标。

该项目是一个综合火箭推进技术、高空分离技术、高空探测技术和地面雷达接收处理技术等多领域多专业的系统工程。对于此前只从事配套研制生产根本没有集成研究经验的重庆航天新世纪卫星应用技术有限责任公司来说,最终能在比常规做法缩短一半周期的情况下顺利完成研制工作的关键,是采用了并行工程方法,即公司所称的集成产品开发(integrated product development,IPD)。这是该公司第一次将 IPD 应用于项目研制中,并取得了极大的成功。在接

到研制项目后，公司对原有产品的设计和制造方式进行了大胆变革，下面从几个方面对重庆航天新世纪卫星应用技术有限责任公司公司实施并行工程的主要方法和技术展开分析。

① 及时聘请相关领域专家组成顾问组。接到项目后，公司立即动员各方力量，聘请了航天运载火箭总体设计、高空气象探测和航天系统工程指挥等领域的离退休老专家做顾问，专门成立一个3人顾问小组。请这些顾问定期到公司开展相关专业的信息传递和专题讲座，让全公司有关人员尽可能多了解、掌握关于该项目的各专业领域的信息，特别是国内外有关类似系统研制的成功经验和失败原因，此举使公司的研制工作从一开始就站在了一个较高的起点上。与公司此前开发新项目所进行的繁杂的事前调研、论证相比，避免了许多盲目的调研和信息收集工作，大大节省了项目正式启动前的准备时间，也提高了经费使用效率。

② 组织集成产品研制队伍。在项目中，重庆航天新世纪卫星应用技术有限责任公司采用并行的集成化产品开发方法（IPD），根据项目需要，从公司各个部门抽调人员，建立了5个研制小组，共同组成项目研制团队，各个小组分头负责研制本小组的分项目。

这种多学科开发小组之间的相互渗透，在提高产品质量和降低成本的同时，大大减少了设计和工艺过程中可能出现的错误和返工现象。这种方法最直接的结果是缩短了项目的开发周期，加快了产品设计和制造的进度，并成功地将设计基本单元集成为一个整体的过程。

③ 实现信息集成与共享。公司为项目的研制专门升级了公司内部的局域网，安装了多个工程设计和制造应用软件，包括AutoCAD和Pro/E以及各种Formtek的软件模块。这些模块支持过程控制和应用通信，以及文件索引、注释、浏览、划线、扫描、绘图、格式转换和打印等功能。为了实现并行化产品开发，各应用系统之间必须达到有效的信息集成与共享。数据转换程序对于支持异构平台和应用软件非常重要。工程图样是以光栅版本形式分发的，以保证该图样可以进行网上的检查和评审。各种文件格式之间的有效转换，保证了文件在应用层的交换和共享。通过这些内部公共信息系统的建立和完善，比传统的会议交流和纸面传递方式节省了40%以上的信息获取时间，节约了60%以上的因打印、复印带来的信息交流成本。

在项目为期3年的研制过程中，工程设计一直是开发工作的重点。但工程设计数据必须支持后续的制造过程和维护阶段，即实现产品数据在整个开发周期的信息集成。为此，在设计、产品试制和产品试验的各个阶段，一些设计、工程变更、试验和实验数据，随着项目的不断进展，都进入数据库，以备随时核查。

④ 研制流程的并行工程化改进。在项目工作的前期，公司花费了大量的精力对项目开发中的各个过程进行分析，采用集成化的并行设计方法，优化了这些过程的支持系统，具体包括供应商集成、设计评审和建立设计过程的知识档案三个方面。

重庆航天新世纪卫星应用技术有限责任公司对供应商是否有能力支持其项目开发过程做了严格的选择。为了使供应商能够及时提供相应的支持，让供应商参与到开发小组中来，这个小组中的成员在同一个环境下共同工作，从画草图开始，到开发每一个模型，重庆航天新世纪卫星应用技术有限责任公司选择了高空探测仪作为典型部件进行产品开发小组与供应商的协同工作。高空探测仪是项目中一个非常复杂又非常关键的分系统，供应商通过反复探讨帮助该产品开发小组更好、更快地工作以及更为有效地沟通，同时完成对设计模型的详细描述。

在项目中，重庆航天新世纪卫星应用技术有限责任公司改用了一种新的设计评审检查方法，在公司内部项目组各成员和顾问组成员的计算机终端安装了支持项目的信息管理系统。该系统建立在工作站、网络和电子文件基础上，因此它能支持在线检查，可以将图样以一定方式分发给相关人员。检查人员在需要的时候可以在各自的终端上查询和检查设计文件。这样就大大缩短了设计评审与检查的时间（一般仅需3个小时），并且可以同时进行，大大缩短了检查周期，又提高了检查的质量。重庆航天新世纪卫星应用技术有限责任公司在Q项目中以这种方式进行了550多次设计评审检查，仅此一项措施就缩短了6个月的研制周期。

记录一个完整的检查、评论和表决的设计过程相关档案资料，可以在设计修改或再次设计导弹系统的主要部件时，不需要重新从头进行开发，可以重用服务器上的数据文件。这样，在新一轮的设计循环中，工作量就大为减少，设计进度加快。对于项目经理来说，记录档案有助于他们对项目当前状况进行详细了解，根据所掌握最新的项目进展情况，进行相应决策以便使一些设计活动提前开始。通过对检查和评审过程的记录建档，重庆航天新世纪卫星应用技术有限责任公司能永久性地拥有一个独立的知识库。即使有些小组成员发生了变动，但有了该知识库，就可以查看相关过程的一些记录。与以往的工作方式不同，一个小组要负责从概念到飞行设计这一完整的过程，项目组有权进行设计进度安排和项目预算。由于采用了E-mail方式进行通信，对于保证计划与预算的执行，有非常重要的意义。

⑤ 建立基于计算机网络的数据信息管理系统。重庆航天新世纪卫星应用技术有限责任公司在项目研制之初，即确定了要充分利用现有的发达的计算机网络技术，并及时开发安装了适应于本项目信息化管理的各种计算机软件系统，对项目组成员的计算机终端进行应用软件的统一、用户界面的统一、相关信息共享管理。用户主要借助光缆分布式数据接口FDDI支持的工程应用软件来进行数据传递。另外，还有一道"数据防火墙"来防止对项目信息资源的非法入侵。

公司还采用了一个成熟的工程数据管理系统辅助并行产品开发。这个系统能够按照一定的方式将工程文件发送给工作在各个平台上的工程师，并获取他们在工程检查过程中的评审和反馈信息。公司通过支持设计和工程信息管理的7个基本过程，有效地管理它的工程数据。这7个关键的工程数据管理的基本过程是：数据获取、存储、查询、分配、检查和标记、工作流管理及产品配置管理。公司大多数的独立部门分3个阶段实现对工程数据的管理：基本的工程数据支持服务，即工程数据的获取、存储、查询、分配和检查；扩展了第一阶段的应用范围，并加入工作流管理来支持文件的检查和批准程序；将基本的工程数据支持服务推广到整个企业，将企业流程扩展至所有相关的用户，并加入产品结构配置管理。

重庆航天新世纪卫星应用技术有限责任公司将并行工程方法应用到公司的项目研制工作中，取得了非常显著的效益：

① 大幅缩短了项目的开发周期。通过采用并行工程方法，及时聘请相关领域专家组成顾问团，组织集成产品研制队伍，实现信息集成与共享，研制流程的并行工程化改进和充分利用先进的网络通信技术，支持异地的电子评审，将该项目研制周期由过去通常的6年缩短到现在的3年，节约了一半的研制时间。

② 在项目研制过程中，充分采用了现代网络通信和信息化管理技术，大大减少了以往项目人员三天两头在外地跑的现象，省去了以往因讨论、检查、审核的需要而必须投入的琐碎工作，大大节约了项目研制的人力和物力成本。

③ 有利于及时发现并改正项目研制进程中出现的错误、失误，避免了大幅度返工情况的发生，保证了各阶段的顺利进行和最终产品的质量。

④ 一些新技术如产品数据管理、异地网上电子评审、信息集成与共享等在该项目的实施过程中得到成功的应用，为公司以后的产品开发和研制创造了良好条件。

由上述项目并行开发过程的案例分析可以看出，并行工程的新产品开发模式使该公司顺利并提早完成了项目。该公司通过实施并行工程开发模式，项目的开发时间从6年缩短到3年，取得了良好的经济效益。重庆航天新世纪卫星应用技术有限责任公司并行工程应用的成功经验可以归纳为以下几个方面：①设计流程变革；②建立集成产品开发团队；③集中产品数据管理；④高层管理人员的重视；⑤计算机辅助设计应用；⑥重要供应商介入产品开发。该公司的成功经验为国内企业更好地实施并行工程以提升新产品开发绩效提供了可资借鉴的模式。

需要进一步指出的是，在新产品开发活动中实施并行工程对不同环节的开发设计人员（包括过程技术人员、财务分析和控制人员以及营销策划人员等）的沟通和合作的要求也会相应提高。这需要一种高度的协作精神，更需要一个强有力的管理者或协调机构，这个组织的管理者必须具备快速的决策能力和灵活的协调能力。在重大产品创新活动中，甚至有必要对企业的整个结构及员工的工作方式均加以变革，因此，并行开发的组织形式是有一定管理难度的。

第8章 虚拟样机技术

8.1 虚拟样机及虚拟样机技术内涵

8.1.1 虚拟样机

(1) 虚拟样机的定义

1994 年波音 777 在世界上首次借助虚拟样机(virtual prototyping，VP)技术成功取代大型物理模型，保证了机翼和机身的一次接合成功，缩短了数千小时的研发周期，开创了 VP 研究应用的先河。随着技术的发展，对于 VP 的概念不同领域对它的定义各有不同。例如，MDI 公司提出 VP 是在物理样机前优化设计的软件，它允许工程小组移动零件建立产品模型并仿真其全部运动行为。北美技术工业基础组织（NATIBO）对用于改革美加同军事服务的仿真采办的协同虚拟样机（collaborative VP，CVP）的定义：CVP 是分布式建模和仿真在支持系统开发全生命周期中性能折中分析的集成环境的应用，基于集成产品和过程开发（integrated product and process design，IPPD）的新的设计开发范例。Lockheed Martin 和他的供应链成员针对跨越多组织复杂大系统设计的下一代虚拟样机（next-generation VP，NGVP）的定义：VP 应支持产品全生命周期并可适用于整个系统工程从概念设计到训练的多种需求，它应该捕获所有与产品定义相关的信息，提供与产品行为全方位交互的机制，产品的复杂性迫使 VP 部件的详细知识分布共享在供应链组织间。

以上研究表明，VP 概念正向广度和深度发展，其范畴正从单一领域向多领域综合设计扩展，涉及的内容从产品 CAX/DFX 设计向面向系统全生命周期的过程、业务和商业化设计扩展，目的从设计优化向决策分析和知识重用拓展，方法上从单系统建模仿真向复杂系统并行协同设计发展。因此，VP 是一种在 IPPD 方法论指导下集成的、跨学科的、并行协同的技术，它利用虚拟现实（VR）等先进的交互手段、支持跨多领域的组织重组和产品重构、提供产品全方位多粒度数据、支持集成产品小组（IPT）并行协同设计及产品及过程的智能决策优化、面向全生命周期的集成分布式建模仿真技术。它以人为中心，将优化产品开发过程的方法与 VR 技术相结合，集成不同领域的模型，不依赖物理样机就可及早地进行有效

的、可验证的设计工作，增强了产品开发项目中开发者与开发者、产品和客户的交互，使设计面向过程、面向市场。

虚拟样机是虚拟样机技术的核心，是实际产品在计算机内部的一种表示，这种表示能全面、准确地反映产品在功能、性能、外观等各个方面的特征和特性。即虚拟样机是物理样机在计算机内的一种映射（图 32-8-1），这种映射能够保证基于虚拟样机的仿真结果和基于物理样机的测试结果在一定精度范围内等同，从而可用仿真替代测试。

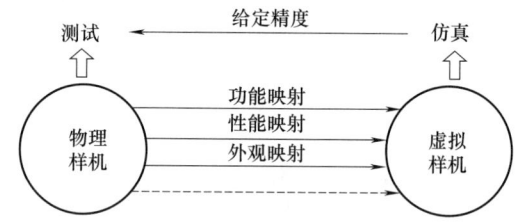

图 32-8-1 虚拟样机与物理样机的关系

虚拟样机是产品数字模型的一种拓展。后者是产品信息在计算机内的一种数字化表示，其特征是数字量与模拟量的区别，它侧重于产品几何信息的描述，并能完成一些基于几何信息的仿真（如装配、切削过程模拟），现有 CAD 模型均属于数字模型。而虚拟样机不仅包括产品的几何信息，同时还包括各种物理仿真的规则数据，以支持不同领域、不同学科的基于物理原理的数值计算。

(2) 虚拟样机的特性

虚拟样机应具有以下特性。

1) 多视图特性　产品往往具有多个领域、多种类型的物理特性，如力学性能、电气性能、控制性能、美学特性、人机友好特性等。为了能对产品特性进行全面仿真，虚拟样机必须能够反映产品的各种性能，以为不同领域的仿真提供相应的原始数据。因此虚拟样机应具有多个不同的特性视图，图 32-9-2 给出了虚拟样机的多视图结构。

2) 集成性与一致性　虚拟样机是不同领域 CAX/DFX 模型、仿真模型与 VR/可视化模型的有效集成，实现虚拟样机的关键是对这些模型进行统一、一致的描述。

虚拟样机建模技术应能给用户提供一个可描述产

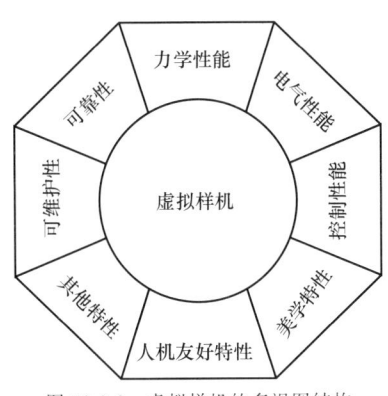

图 32-8-2 虚拟样机的多视图结构

品全生命周期各种信息且逻辑上一致的公共产品模型描述方法,它可以:

① 支持模型在产品全生命周期的一致表示;
② 支持各类不同模型的信息共享、集成与协同运行;
③ 支持模型相关数据信息的映射、提炼与交换;
④ 支持各类模型的协同建模与协同仿真活动。

3) 耦合性 各领域数据并非完全独立,它们存在一定程度的相互影响。因此在虚拟样机的建模中必须考虑这些影响及其规律,以正确反映产品特征和特性。

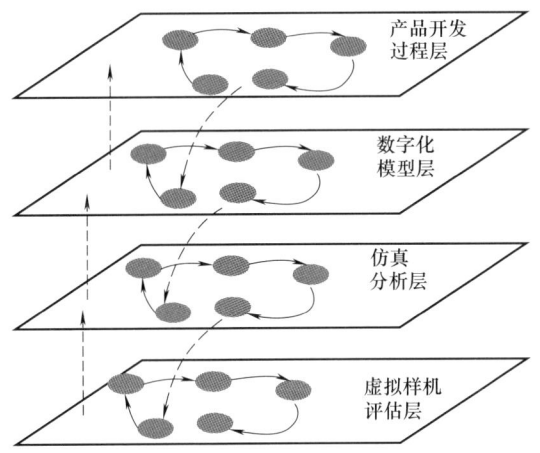

图 32-8-3 虚拟样机的开发过程

(3) 虚拟样机开发过程

虚拟样机开发分为四个层次,如图 32-8-3 所示,即在每一层上是螺旋迭代的过程,在层与层之间是瀑布式的开发过程。首先,建立产品开发过程的模型,采用 IDFF3(复杂系统建模分析和设计的系统方法)类过程描述工具进行描述,利用已有的知识对产品开发过程进行分析和改进,根据得到的过程模型,在产品数据管理中心建立工作流程。其次,进行数字化模型的建立工作,包括利用 CAX 进行辅助建模,同时建立仿真和分析模型。然后,利用仿真工具集和优化分析工具集对初步的模型进行各种功能与性能的分析。最后,对得到的虚拟样机进行评估。

8.1.2 虚拟样机技术

虚拟样机技术(virtual prototyping technology,VPT)是 20 世纪 80 年逐渐兴起、基于计算机技术的一个新概念。从国内外对虚拟样机技术的研究可以看出,虚拟样机技术的概念还处于发展的阶段,在不同应用领域中存在不同定义。

美国国防部对虚拟样机技术有关概念的建设性意见如下。

① 虚拟样机定义:虚拟样机是建立在计算机上的原型系统或子系统模型,它在一定程度上具有与物理样机相当的功能真实度。

② 虚拟样机设计:利用虚拟样机代替物理样机来对其候选设计的各种特性进行测试和评价。

③ 虚拟样机设计环境:是模型、仿真和仿真者的一个集合,它主要用于引导产品从思想到样机的设计,强调子系统的优化与组合,而不是实际的硬件系统。

国内外学者对虚拟样机技术的定义大同小异,下面是几种有代表性的论述。

① 虚拟样机技术是将 CAD 建模技术、计算机支持的协同工作(CSCW)技术、用户界面设计、基于知识的推理技术、设计过程管理和文档化技术、虚拟现实技术集成起来,形成一个基于计算机、桌面化的分布式环境以支持产品设计过程中的并行工程方法。

② 虚拟样机技术的概念与集成化产品和加工过程开发 IPPD 是分不开的。IPPD 是一个管理过程,这个过程将产品概念开发到生产支持的所有活动集成在一起,对产品及其制造和支持过程进行优化,以满足性能和费用目标。IPPD 的核心是虚拟样机,而虚拟样机技术必须依赖 IPPD 才能实现。

③ 虚拟样机技术就是在建立第一台物理样机之前,设计师利用计算机技术建立机械系统的数学模型,进行仿真分析并从图形方式显示该系统在真实工程条件下的各种特性,从而修改并得到最优设计方案的技术。

④ 虚拟样机技术是一种建立计算机模型的技术,它能够反映实际产品的特性,包括外观、空间关系以及运动学和动力学特性。借助于这项技术,设计师可以在计算机上建立机械系统模型,伴之以三维可视化

处理，模拟在真实环境下系统的运动和动力特性并根据仿真结果精简和优化系统。

⑤ 虚拟样机技术利用虚拟环境在可视化方面的优势以及可交互式探索虚拟物体功能，对产品进行几何、功能、制造等许多方面交互的建模与分析。它在CAD模型的基础上，把虚拟技术与仿真方法相结合，为产品的研发提供了一个全新的设计方法。

在建模和仿真领域比较通用的关于虚拟样机技术的概念是美国国防部建模和仿真办公室（DMSO）的定义。DMSO将虚拟样机技术定义为对一个与物理原型具有功能相似性的系统或者子系统模型进行的基于计算机的仿真；而虚拟样机技术则是使用虚拟样机来代替物理样机，对候选设计方案的某一方面的特性进行仿真测试和评估的过程。

虚拟样机技术的特点如下。

虚拟样机技术是一种崭新的产品开发技术，它在建造物理样机之前，通过建立机械系统的数字模型（即虚拟样机）进行仿真分析，并用图形显示该系统在真实工程条件下的运动特性，辅助修改并优化设计方案。虚拟样机技术涉及多体系统运动学、动力学建模理论及其技术实现，是基于先进的建模技术、多领域仿真技术、信息管理技术、交互式用户界面技术和虚拟现实技术等的综合应用技术。

常规的产品开发过程首先是概念设计和方案论证，然后设计图纸、制造实物样机、检测实物样机、根据检测出的数据改进设计、重新制造实物样机或部件、再检测实物样机，直至测试数据达到设计要求后正式生产。设计图纸、制造实物样机、检测实物样机是一个反复循环的过程，一个产品往往要经过多次循环才能达到设计要求，尤其对于结构复杂的系统更是如此。有的产品性能试验十分危险，还有的产品甚至根本无法实施样机试验，如航天飞机、人造地球卫星等，有时这些实验是破坏性的，样机制作成本很高。另外，往往新产品的设计流程要经过多次制造和测试实物样机，需要花费大量的时间和费用，设计周期很长，对市场不能灵活反应。很多时候，工程师为了保证产品按时投放市场而简化了试验过程，使产品在上市时便有先天不足的毛病。基于实际样机的设计验证过程严重制约了产品质量的提高、成本的降低和对市场的占有率。产品要在异常激烈的市场竞争中取胜，传统的设计方法和设计软件已无法满足要求。因此，一些公司开始研究应用虚拟样机、虚拟测试等技术，以便图纸设计、样机制造、样机检测等能在计算机上完成，尽可能减少制造和检测实物样机的次数，取得了很好的效果。

通常虚拟样机的建立步骤如图32-8-4所示。

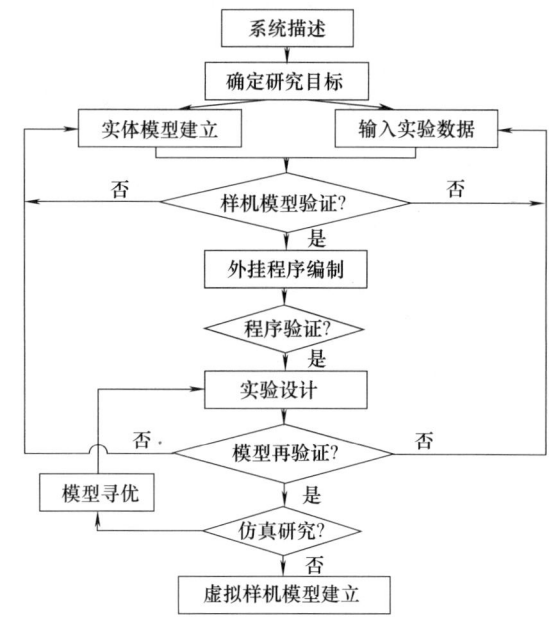

图 32-8-4 虚拟样机的建立步骤

8.1.3 虚拟样机技术实现方法

目前，国际上已经出现基于虚拟样机技术的商业软件。ADAMS是美国MDI公司开发的非常著名的虚拟样机分析软件。运用该软件可以非常方便地对虚拟机械系统进行静力学、运动学和动力学分析。同时该软件还能实现虚拟样机相关技术的各项功能。其中ADAMS/Solver是ADAMS强大的数学分析器，可以自动求解机械系统的运动方程；ADAMS/View可以完成几何建模、模型分析以及驱动元件的建模；ADAMS/Flex可以进行结构分析；ADAMS/Controls可以进行控制系统的设计；同时ADAMS还能进行最优化设计。

从上面的描述可知运用ADAMS软件可以非常方便地进行虚拟样机分析和设计。ADAMS的功能虽然强大，但是它主要是进行机械系统的静力学、运动学和动力学分析，相对而言其他方面功能较弱。如在几何建模、结构分析和控制系统设计方面ADAMS就不如那些专门进行这些方面分析和设计的软件。如何提高虚拟样机设计的效率，如何得到最精确的分析结果呢？ADAMS跟其他软件联合仿真就能达到这种要求。

(1) ADAMS与Solidworks的联合使用

ADAMS虽然功能强大，但造型功能相对薄弱，难以用它创建具有复杂特性的零件，但ADAMS支持现在通用的几种图形标准IGES、STEP和

Parasolid 等，通过 ADAMS/Ex-change 模块可以输入其他 CAD 软件生成的模型文件。

SolidWorks 为机械设计自动化软件，易学易用。使用这套简单易学的工具，机械设计工程师能快速地按照其设计思想绘制草图、尝试运用各种特征与不同尺寸，以及生成实体模型。

SolidWorks 同 ADAMS 的数据交换原理如图 32-8-5 所示。

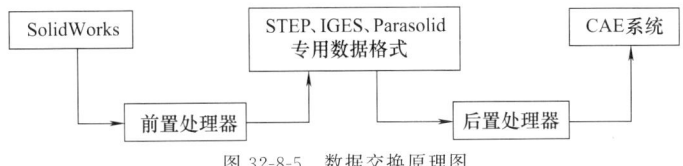

图 32-8-5　数据交换原理图

（2）ADAMS 与 ANSYS 的联合使用

ADAMS 软件是著名的机械系统动力学仿真分析软件，分析对象主要是多刚体。但如果同 ANSYS 软件联合使用便可以考虑零部件的弹性特性。反之，ADAMS 的分析结果可为 ANSYS 分析提供人工难以确定的边界条件。

ANSYS 进行模拟分析的同时，可生成供 ADAMS 使用的柔性体模态中性文件（即.mnf 文件）。然后利用 ADAMS 以生成模型中的柔性体，利用模态叠加法计算其在动力学仿真过程中的变形及连接点上的受力情况。这样在机械系统的动力学模型中就可以考虑零部件的弹性特性，从而提高系统仿真的精度。

反之，ADAMS 在进行动力学分析时可生成 ANSYS 软件使用的载荷文件（即.lod 文件），利用此文件可向 ANSYS 软件输出动力学仿真后的载荷谱和位移谱信息，ANSYS 可直接调用此文件生成有限元分析中力的边界条件，以进行应力、应变以及疲劳寿命的评估分析和研究，这样可得到基于精确动力学仿真结果的应力应变分析结果，提高计算精度。

图 32-8-6 描述了 ADAMS 与 ANSYS 联合使用步骤。

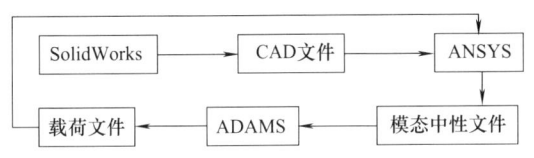

图 32-8-6　ADAMS 与 ANSYS 联合使用步骤图

（3）ADAMS 与 MATLAB 的联合使用

控制系统设计是复杂机械系统进行设计和分析的基本环节之一。针对一些复杂的机械系统，要想准确地控制其运动，仅依靠 ADAMS 自身是很难做到的。好在 ADAMS 提供了 ADAMS/Controls 模块，易于机械与控制系统的结合，通过 ADAMS/Controls 模块，可融入其他控制软件（如 MATLAB）强大的仿真功能，控制系统在外部完成设计，再加载到模型上，并在虚拟环境中完成试验。

图 32-8-7 描述了控制系统和机械系统结合起来进行仿真的 4 个简便的步骤。

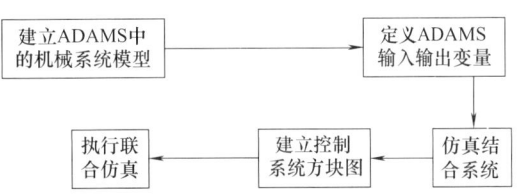

图 32-8-7　ADAMS 与 MATLAB 联合使用步骤图

8.2　虚拟样机技术体系

8.2.1　虚拟样机系统的体系结构

一个复杂的产品通常由电子、机械、软件及控制等系统组成，其虚拟样机工程系统的体系结构如图 32-8-8 所示，由协同设计支撑平台、模型库、虚拟样机（VP）引擎和虚拟现实（VR）/可视化环境四部分组成。其中，协同设计支撑平台提供一个协同设计环境，包括集成平台/框架、团队/组织管理、工作流管理、虚拟产品管理、项目管理等工具。模型库中的模型包括系统级产品主模型、电子分系统模型、机械分系统模型、控制分系统模型、软件分系统模型和环境模型等。

系统级模型负责产品在系统层次上的设计开发与样机的外观、功能、行为、性能的建模，如样机的动力学运动学建模仿真、在特定环境下的行为建模仿真等。

VP 引擎包括各领域 CAX/DFX 工具集，对样机外观、功能、行为及环境进行模拟仿真，并将生成的仿真数据送入 VR/可视化环境，经 VR 渲染后，从外观、功能及在虚拟环境中的各种行为上展示样机。

虚拟样机的开发过程实质上是一种基于模型的不断提炼与完善的过程。虚拟样机技术将建模和仿真扩展到新产品研制开发的全过程，它以计算机支持的协

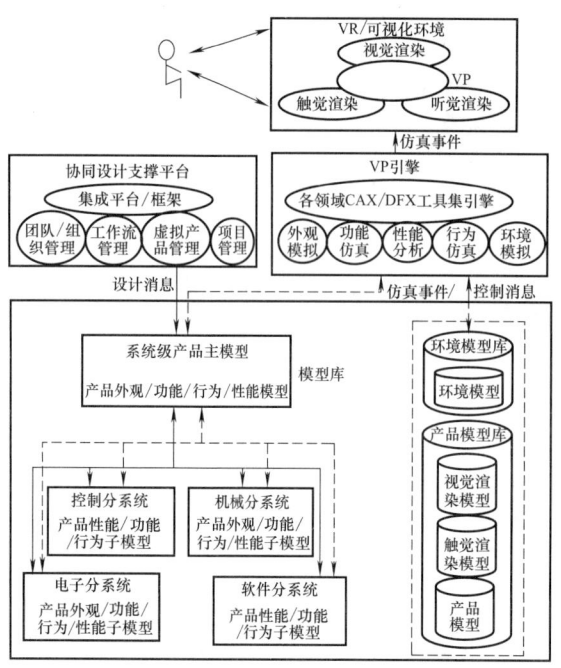

图 32-8-8 虚拟样机工程系统的体系结构

同工作（CSCW）为底层技术基础，通过支持协同工作、CAD、CAM、建模仿真、效能分析、计算可视化、虚拟现实的计算机工具等，将各个集成化产品小组（IPT）的设计、分析人员联系在一起，共同完成新产品的概念探讨、运作分析、初步设计、详细设计、可制造性分析、效能评估、生产计划和生产管理等工作。

虚拟样机系统的主要支撑技术是基于 PDM 的共享数据管理。以计算机为工具，以 PDM 为支撑框架，对设计数据进行分类、整理、数字化和模型化，以有效地存储和利用，实现设计数据转移和共享；并通过网络化与数字化平台，将具有各种数据的人和组织联系起来，并支持他们的协同工作和创新活动。

CAX 与 DFX 技术利用各种计算机辅助工具进行产品的数字化建模，通过应用数字化产品模型定义进行 DFA、DFM 等，在产品开发早期综合考虑产品生命周期中的各种因素，力争从设计到制造的一次成功。建立可重用的、可动态修改的共享产品模型，一个支持参数化、变量化设计的 CAD 系统是必需的。

仿真工具集是虚拟样机系统的核心技术，提供基于 CAD/CAE 通用软件集成技术的快速有限元和机构优化建模技术和方法、基于参数化设计技术的有限元分析与优化设计模型参数化动态修改技术。主要研究虚拟样机模型的性能分析和仿真分析，为产品的设计开发方案决策提供直接和有效的参考。通过数字化产品建模与相关计算机仿真分析技术等，可以部分或全部代替物理模型，完成产品设计开发中的分析试验，降低产品开发成本，提高创新产品质量。

8.2.2 虚拟样机技术建立的基础

虚拟样机技术是一门综合的多学科的技术。它的核心部分是多体系统运动学与动力学建模理论及其技术实现。

工程中进行设计优化与性态分析的对象可以分为两类。一类是结构，如桥梁、车辆壳体及零部件本身，在正常工况下结构中的各构件之间没有相对运动；另一类是机构，其特征是系统在运动过程中部件之间存在相对运动，如汽车、机器人等复杂机械系统。复杂机械系统的力学模型是多个物体通过运动副连接的系统，称为多体系统。

尽管虚拟样机技术以机械系统运动学、动力学和控制理论为核心，但虚拟样机技术在技术与市场两个方面也与计算机辅助设计（CAD）技术的成熟发展及大规模推广应用密切相关。首先，CAD 中的三维几何造型技术能够使设计师们的精力集中在创造性设计上，把绘图等烦琐的工作交给计算机去做。这样，设计师就有额外的精力关注设计的正确和优化问题。其次，三维造型技术使虚拟样机技术中的机械系统描述问题变得简单。再次，由于其强大的三维几何编辑修改技术，使机械设计系统的快速修改变为可能，在这个基础上，在计算机上的设计、试验、设计的反复过程才有时间上的意义。

虚拟样机技术的发展也直接受其构成技术的制约。一个明显的例子是它对于计算机硬件的依赖，这种依赖在处理复杂系统时尤其明显。例如火星探测器的动力学及控制系统模拟是在惠普 700 工作站上进行的，CPU 时间用了 750h。另外，数值方法上的进步、发展也会对基于虚拟样机的仿真速度及精度有积极的影响。作为应用数学一个分支的数值算法及时地提供了求解这种问题的有效、快速的算法。此外，计算机可视化技术及动画技术的发展为虚拟样机技术提供了友好的用户界面，CAD/FEA 等技术的发展为虚拟样机技术的应用提供了技术环境。

目前，虚拟样机技术已成为一项相对独立的产业技术，它改变了传统的设计思想，将分散的零部件设计和分析技术（如零部件的 CAD 和 FEA 有限元分析）集成在一起，提供了一个全新的研发机械产品的设计方法。它通过设计中的反馈信息不断地指导设计，保证产品的寻优开发过程顺利进行，对制造业产生了深远的影响。

8.2.3 系统总体技术

VP系统总体技术从全局出发，解决涉及系统全局的问题，考虑构成VP的各部分之间的关系，规定和协调各分系统的运行，并将它们组成有机的整体，实现信息和资源共享，实现总体目标。总体技术涉及规范化体系结构和采用的标准、规范与协议，网络与数据库技术，系统集成技术和集成工具，以及系统运行模式等。其中系统集成技术和集成工具从全局考虑各分系统之间的关系，研究各分系统之间的接口问题。

对虚拟样机技术来说，其核心是工程设计开发技术、建模/仿真技术和VR/可视化技术这三类技术的集成技术，如图32-8-9所示。它包括：

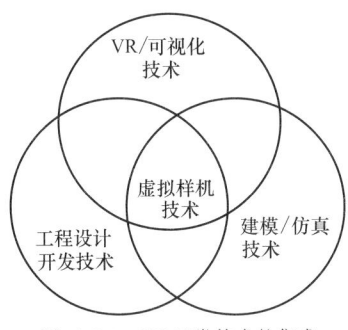

图32-8-9 VP三类技术的集成

① 产品工程设计环境、产品功能/行为建模仿真环境与VR/可视化环境之间的集成技术；
② 多领域产品开发环境之间的集成技术；
③ 多领域分布建模集成技术；
④ 多领域分布协同仿真技术；
⑤ CAD/CAE/CAM/DFX的集成技术；
⑥ 建模仿真工具的集成技术等。

随着信息技术的飞速发展，系统集成技术领域发展十分迅速，如基于Web技术的应用系统集成技术；采用面向对象和浏览器/客户机/服务器技术；基于CORBA和COM/OLE规范的企业集成平台/框架技术；以因特网和企业内部网及虚拟网络为代表的企业网络技术；异构分布的多库集成和数据仓库技术等。其中，尤其值得指出的是基于HLA标准的先进仿真技术的发展，提供了支持三类仿真（构造仿真/虚拟仿真/实况仿真）应用集成的综合仿真环境，支持不同领域、不同类型的模型、仿真应用之间的互操作与重用，可实现不同领域、类型的模型/仿真应用之间的分布、协同建模/仿真，支持各类建模/仿真工具的集成等。

8.2.4 建模技术

虚拟样机是不同领域CAX/DFX模型、仿真模型与VR可视化模型的有效集成与协同应用。因此，实现虚拟样机技术的核心是对这些模型进行一致和有效的描述、组织/管理以及协同运行。通过给用户提供一个逻辑上一致的、可描述产品全生命周期相关的各类信息的公共产品模型描述方法，支持各类不同模型的信息共享、集成与协同运行，实现不同层次上产品的外观、功能和在特定环境下的行为的描述与模拟；支持模型在产品全生命周期上的一致表示与信息交换和共享，实现在产品全生命周期上的应用；支持模型相关数据信息的映射、提炼与交换，实现对产品全方位的协同测试、分析与评估；支持虚拟产品各类模型的协同集成与协同仿真活动，实现开发环境与运行环境的紧密集成。

8.2.4.1 虚拟样机建模的特点

虚拟样机建模主要有以下特点。

① 多主体、多层次性：建模活动由多个学科、多个领域的设计小组协同工作。
② 多目标、多模式性：各领域的应用背景、工作条件、参与角色不同，设计目标、协同方式、工作流程也各不相同。
③ 异地、异构性：支持异地、异构情况下的建模活动。
④ 开放性、柔性：支持多种模型的装入和卸出，支持模型的灵活配置，以及剪裁、重组、重用等操作。

8.2.4.2 虚拟样机建模技术的核心

传统的产品建模已经取得了可观的研究结果，但主要集中在单领域产品的建模，对产品信息描述的完备性不够，产品定义的标准化和规范化程度不好，缺乏一种集成化、完整的、一致的有效方法，尤其对复杂产品难以在系统层次上进行统一表达，不能有效支持产品全生命周期的集成化开发过程。从当前建模技术的发展趋势上看，采用层次化建模和模型抽象技术（复杂模型的集成与分解技术）、多模式建模概念（对系统从不同抽象级进行建模，集成不同的建模技术）、并行和分布式建模技术、基于元模型的建模技术、基于知识的建模（提供不同的知识表示方案和推理技术，在模型中描述系统知识）是未来复杂产品建模技术的发展方向。

虚拟样机是不同领域模型的有机集成，这些模型通常是同一系统的不同角度或不同领域的描述，模型之间存在密切的联系。有效地对这些模型进行一致的描述、组织和管理，是虚拟样机建模技术的核心。

虚拟样机建模技术能够给用户提供一个可描述产品全生命周期相关的各种信息的并且逻辑上一致的公共产品模型描述方法，它可以：

① 支持模型在产品全生命周期的一致表示与信息交换和共享；

② 支持各类不同模型的信息共享、集成与协同运行；

③ 支持模型相关数据信息的映射、提炼与交换；

④ 支持产品各类模型的协同建模与协同仿真活动。

为了支持协同产品开发的工作模式，复杂系统协同建模技术也应运而生，它最主要的特征是位置的分布性和工作的协同性，即人员、工具、模型所处位置和状态的分布性与实施时的协同性；其核心是高层建模技术，即复杂系统的顶层、抽象描述技术，它是将不同位置、不同人员、不同工具开发出的子模型集成为完整的系统模型的关键。

表 32-8-1 各国的产品数据交换标准

项目名称	开发机构及项目编号	开发时间/年
IGES	（美）ANSIY14.26M	1979
XBF	（美）CAD-1	1980
SET	（法）AFNORZ68-300	1982
PDDI	（美）DOD	1982
VDAFS	（德）DIN66301	1983
CADX1	ESPRIT-322	1984
EDIF	（美）EIA	1984
PDES	IPO	1984

目前提出的产品建模方式主要是基于 STEP 标准的产品建模方式。STEP 是 ISO（国际标准化组织）制定的一个产品数据表达与交换标准。产品数据表达与交换标准的制定起源于 20 世纪 70 年代末美国国家标准局联合一些工业部门开发的初始图形交换规范（IGES）。其后不断地扩充其功能和进行版本升级。80 年代以来，美、法、德等国家的各部门或公司又先后针对不同的应用领域或根据本国需要分别制定出多个产品数据交换标准（见表 32-8-1）。其中，美国 IGES 组织制定的 ODES 计划克服了 IGES 标准仅局限于几何图形信息的弱点，提出了能够支持产品设计、分析、制造和测试等过程的产品数据交换标准。1983 年，ISO 设立了专门的机构 TC184/SC4 来制定一项产品数据表达与交换的国际标准 ISO 10303，即 STEP 标准。

STEP 标准的目标是提供一种不依赖于具体系统的中性机制以描述产品整个生命周期中的产品数据，并在不同的系统间进行交换时保持数据的一致性与完整性。计算机辅助环境下的产品数据包括：①产品形状，如几何拓扑表示；②产品特征，如面、体、侧角等形状特征，回转等加工特征，提拉、挤压等设计特征；③产品管理信息，如 BOM、零件标号等；④公差，如尺寸、形位等；⑤材料，如品种、类型、强度等；⑥表面处理，如表面粗糙度、喷涂等；⑦工艺信息、加工信息、质检信息、装配信息等内容；⑧有关产品的其他信息。

基于 STEP 标准的产品数据交换主要有 4 种形式：中性文件交换、工作格式交换、数据库交换和知识库交换。其中中性文件交换方式比较成熟，采用专门格式的 ASCII 码文件和 WSN（wirth syntax notation）形式化语法，其交换实现如图 32-8-10 所示。

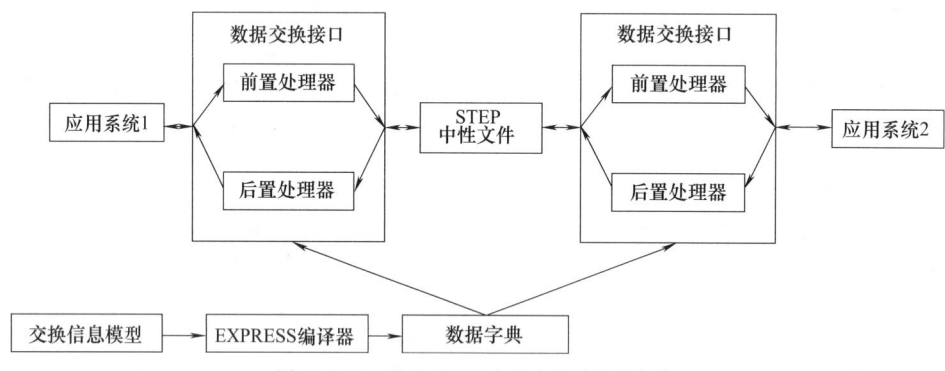

图 32-8-10 基于 STEP 中性文件的数据交换

前面提到，虚拟样机包含产品的 SAD 模型、产品的外观表示模型、产品的功能和性能仿真模型、产品的各种分析模型、产品的使用和维护模型与环境模型等类型众多的模型。因此，需要一种建模方法将这些模型组织在一个统一的框架下，并且从满足虚拟设计的角度，应该满足以下要求。

① 完整性：完整地表示产品零件的造型方面和制造方面的工艺信息及其内涵，以满足不同的应用

要求。

② 唯一性：能够检查所表达的产品信息的一致性，避免二义性，使计算机能等正确理解产品信息。

③ 通用性：所表达的产品零件信息能方便地在系统各模块中使用或方便地转换。

④ 相容性：产品零件的某信息被修改时，有关的信息应能进行相应地修改，保持数据相容性。

⑤ 动态性：能动态地表示零件在设计制造过程中的变化情况。

STEP标准能够作为实现虚拟样机建模的重要起点，在很大程度上可以满足虚拟样机的需要。另外，STEP还为开发各种系统，提供了一种标准化的建模工具和方法论，其具体步骤如下。

① 应用以IDEFO为基础的功能分析法建立AAM，以描述具体系统的过程、信息流和功能需求。一个AAM可以看作一个模式，其中每个活动可以看作一个实体，活动的输入信息看作实体的属性，活动的控制信息看作实体属性的各种约束。

② 应用EXPRESS-G、IDEF1x、NIAM数据分析和设计方法建立ARM以描述集体系统的信息要求、约束、功能及对象。EXPRESS-G是EXPRESS语言的子集，提供数据模型的图形表示法，它通过对AAM的每一个活动进行抽象，抽取每个活动描述的对象及其相关属性。

③ 根据AAM和ARM，从集成资源中抽取出所需资源构件。增加约束、关系和属性，建立用EXPRESS语言描述的AIM，形成具体系统的概念模式。这就完成了产品模型信息的建模过程。

近年来一种新的标识语言——XML（xtensible markup language，可扩展标志语言）的出现，为产品建模中的数据交换提供了一个新的途径。XML是SGML的一个优化子集。SGML是ISO在1986年推出的一个用来创建标识语言的语言标准。SGML的全称是标准通用标识语言，它可以用于创建成千上万的标识语言，并为语法标识提供异常强大的工具，同时也具有良好的扩展性，主要用在科技文献和政府办公文件中。但是SGML非常复杂，而且相关软件也十分昂贵，例如Adobe Frame Worker软件的标准价格为850美元，这导致几个主要浏览器厂商拒绝支持SGML。相比之下，HTML（超文本标识语言）免费、简单，从而得到广泛的支持。但是HTML具有许多致命的弱点：它是针对描述主页的表现形式而设计的，因而缺乏对信息语义及其内部结构的描述，不能适应日益增多的信息检索和存档要求；它对表现形式的描述功能也很不够，无法描述矢量图形、科技符号和一些特殊显示效果；随着标记集日益臃肿，松散

的语法要求使得文档结构混乱而缺乏条理，导致浏览器设计越来越复杂，降低了浏览的时间与空间效率。

XML是一种开放的、以文字为基础的标识（markup）语言，它可以提供结构完整的以及与语义有关的信息给数据。这些数据或元数据（metadata）提供附加的意义和目录给使用那些数据的应用程序，而且也将以网络为基础的信息管理和操作提升到一个新的水平。XML语言用于建模，主要在于利用其强大的数据描述功能。XML文件被认为具有自我描述的能力，也就是说，每个文件包含一组规则，文件中的数据都必须遵从这些规则。因为任何一组规则都可以方便地在其他文件中重复使用，其他开发者可以方便地创造出相同的文件类别。良好的数据存储结构、可扩展性、高度结构化和便于网络传输是XML的4大特点。已经有人提出采用XML和STEP共同完成产品信息建模和数据共享。

8.2.4.3 虚拟样机建模的实现方法

虚拟样机模型的建立是实现其各种仿真的基础，任何仿真都必须从VP模型的建立开始。目前VP技术的一般实现方法有三种。

① 使用CAD软件（如UG、Pro/E、Solidworks等）进行三维实体建模，将模型导入运动学、动力学分析软件ADAMS建立仿真模型，再进行仿真分析。

② 面向CAD/CAE集成的VP建模方法：此种方法是产品整机实体参数化的CAD/CAE一体化的VP建模方法，实现了优化数学模型到VP模型的自动转换和无缝集成，其仿真模型的自动建模过程如图32-8-11所示。

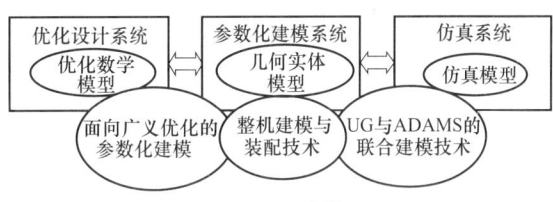

图32-8-11　VP建模流程图

它包括广义优化建模、几何实体建模和仿真建模3个步骤。

a. 通过面向广义优化的参数化建模技术建立产品参数与实体模型间的映射与驱动关系。在此过程中要保持优化数学模型与几何实体模型的驱动参数对应关系，并延续到仿真模型阶段，以保证在整个建模过程中仿真结果评估能正确反馈到优化数学模型上。

b. 整机建模与装配技术实现实体模型的创建。产品实体模型在整个设计阶段中是连接优化设计模型与仿真运动模型的纽带，在此过程中我们要从全局的

角度出发，采用布局与骨架模型的参数化建模技术，将部件及参数化建模推进到整机参数化建模阶段，建立整机的参数化模型。

c. UG与ADAMS的联合建模技术实现实体模型向仿真运动模型的转化。在对广义优化所产生的实体模型进行处理后（如在UG中定义刚体、运动副和载荷等），就可以将CAD建模的结果输入ADAMS系统中，建立机械、液压和控制等子系统模型，并在ADAMS环境中利用参数关联和模型集成技术建立机电液一体化的VP模型。这样，通过上述方法就实现了CAD的设计优化与CAE运动仿真的联动，根据仿真分析所产生的优化结果可以驱动参数化实体模型，实现CAD/CAE一体化建模的自动转变，并自动导入ADAMS中产生新的虚拟样机模型，ADAMS的宏命令可以实现液压系统、控制系统等的自动加载，从而生成一个完整的VP，最终达到了以CAE的运动仿真结果驱动设计模型进行优化的目的。

③ 多维系统VP的建模方法：系统是由机构、液压、驱动、电气和控制等构成的复杂系统。对这一复杂系统的仿真要求，产生了多学科联合仿真的理论和软件实现。多学科联合仿真目前采用的方法有：a. 在三维的VP软件中结合简单的有限元分析、电气液分析和部分控制功能，如ADAMS等；b. 采用数学模型替代三维几何实体，以精巧的电气液和控制仿真为基础实现多学科联合仿真，如EASY5、MATLAB等；c. 采用通信接口将不同的软件连接起来进行联合仿真。从可视化的角度，将以三维实体模型为主体的系统动态仿真和有限元分析称为三维仿真，将电气液和控制系统仿真称为平面仿真。鉴于上述考虑，可采用以三维仿真技术为主体，有机结合平面仿真技术，构建机械系统多维VP技术，以建立更加符合真实情况的VP模型，获得更可靠的仿真结果。系统多维VP技术，以三维CAD几何建模为基础，将系统动态仿真技术与有限元分析技术、电气液和控制仿真技术等有机融合，在此过程中采用可重构建模思想和标准化建模原理，构建开放式的建模和仿真平台，按照系统化方法建立较为完整的接近于真实系统的多维VP模型，实现全方位的系统动态仿真。

VP技术的实现是以VP模型的建立为基础的。可以预见，在21世纪VP技术必将成为机械工程领域产品研发的主流，具有广阔的发展前景，而VP建模技术的不断发展和完善，必将为VP技术的发展和应用起到关键的推动作用。

8.2.4.4 虚拟样机建模技术应用实例

以复杂机械抓斗装卸桥设计为例，抓斗装卸桥是一个比较复杂的机械，主要由大车运行机构、门架结构、小车、抓斗等部件组成，见图32-8-12。这要求在建模过程中考虑优化的建模方法，才能建立合理的模型。这不仅可以降低对计算机性能的要求，而且能保证对装卸桥仿真的准确。

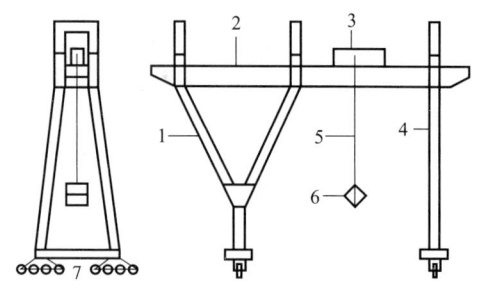

图32-8-12 抓斗装卸桥结构简图
1—刚性腿；2—主梁；3—小车；4—柔性腿；
5—钢丝绳；6—抓斗；7—大车运行机构

门架结构是装卸桥的主要承载构件，由2根主梁、2根连接梁、3根上横梁、2根刚性腿、1根柔性腿、2根下横梁等部件组成，主梁、支腿等主要承载构件的金属结构均为箱型构件。整台装卸桥的大车运行机构有4套，每套大车运行机构有车轮4个，其中2个为驱动轮。小车是装卸桥的主要工作机构，由小车架、小车运行机构和提升机构等部件组成，提升机构用来控制抓斗的上升、下降和抓取货物，小车的整个工作过程见图32-8-13。

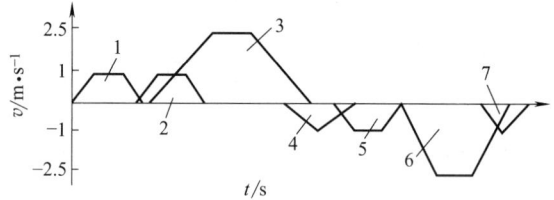

图32-8-13 装卸桥运行图
1—抓取；2—提升；3—小车去程；4—下降；
5—加料；6—小车回程；7—复位

根据装卸桥各部件的结构，依据产品设计资料、施工图纸的尺寸，首先建立基准线与基准平面；然后采用拉伸特征构造出各部件的外部形状；再采用切割特征构造刚性腿、柔性腿、主梁内部的箱型金属结构；采用倒圆、倒角、拔模、阵列等特征，构造各部件的一些细节特征；最后装配成装卸桥整体的三维模型。通过对各部件三维模型的质心、质量等物理参数的计算，得到的结果与设计制造资料提供的各项参数基本相符。

装卸桥虚拟样机模型建立：在众多的虚拟样机软

件中，选用 SIMPACK 软件。SIMPACK 是德国 IN-TEC 公司开发的机械/机电系统运动学/动力学仿真分析的多体动力学软件。利用 SIMPACK 软件，可以快速建立机械系统和机电系统的动力学模型，包含关节、约束、各种外力或相互作用力，并自动形成其动力学方程，然后利用各种求解方式，如时域积分，得到系统的动态特性；或频域分析，得到系统的固有模态及频率以及快速预测复杂机械系统整机的运动学/动力学性能和系统中各零部件所受载荷。由于 SIMPACK 软件强大的运动学/动力学分析功能，可建立任意复杂机械或机电系统的虚拟样机模型，包括从简单的少数自由度系统到高度复杂的机械、机电系统（如链条、列车等）。图 32-8-14、图 32-8-15 所示是门架结构和大车运行机构的三维模型。

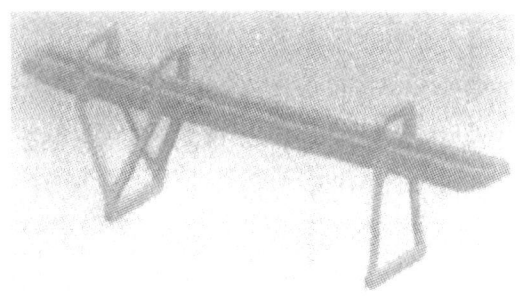

图 32-8-14　门架结构三维模型

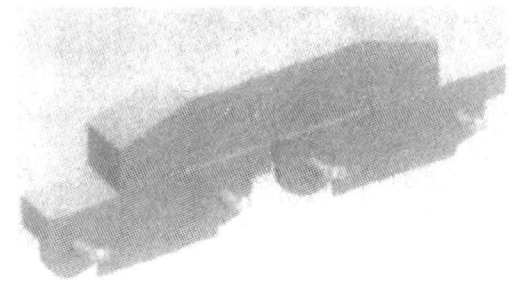

图 32-8-15　大车运行机构三维模型

在完成装卸桥的三维建模之后，要对三维模型进行机械系统动态仿真。用 SIMPACK 对装卸桥进行仿真，首先要对装卸桥的结构进行分析，根据系统各部分的相对运动关系，构建拓扑图（图 32-8-16）。通过拓扑图得到简化模型，施加运动副和运动约束，施加载荷，建立虚拟仿真机械系统。

在拓扑图中，将装卸桥整体分解为一个个的刚体，例如刚性腿、主梁、柔性腿等，刚体与刚体之间用运动副、运动约束或力元素相互连接起来，同时设定刚体与刚体之间的自由度（其中 x、y、z 代表 X、Y、Z 3 个坐标轴方向上的平移自由度，α、β、γ 代

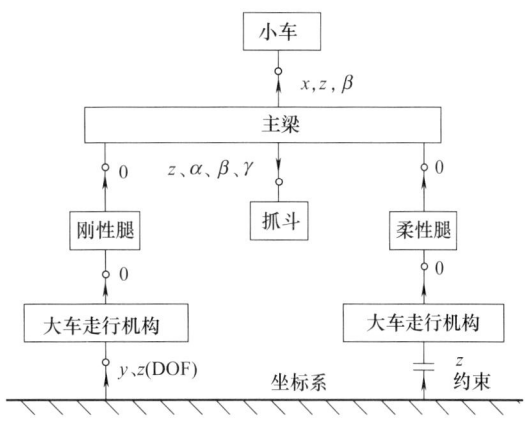

图 32-8-16　装卸桥结构拓扑图

表绕 X、Y、Z 3 个坐标轴的转动自由度）。

进行虚拟仿真，首先将 Pro/E 建好的门架结构、大车行走机构及小车抓斗的三维模型通过 CAD 接口导入虚拟仿真软件 SIMPACK 中，根据拓扑图中的连接方式，用运动副将各个零部件连接起来，构成装卸桥整体（图 32-8-17）。SIMPACK 提供数十种运动副的类型，运动副实际上代表了相邻刚性体间的相互运动规律，通过运动副设定装卸桥的各个部件之间的相互运动，模拟装卸桥在运行时的实时运动状态；还可以对模型中的任何一个部件施加各种外力或相互作用力或力矩，其数值大小可为定值也可为变值；或对模型中的任何一个部件施加扰动、时间激励或输入函数，来模拟装卸桥运行时外界对装卸桥的影响，最大限度地模拟装卸桥的真实工况。之后还可以利用 SIMPACK 提供的 SIMBEAM 模块将虚拟机械系统中的刚性体转换成柔性体来进行仿真，更真实地模拟装卸桥的实际工况。最后将用 Pro/E 计算出的三维模型的质量、转动惯量、质心位置等物理特性参数输入 SIMPACK 软件中，对装卸桥的运行作进一步的仿真分析。

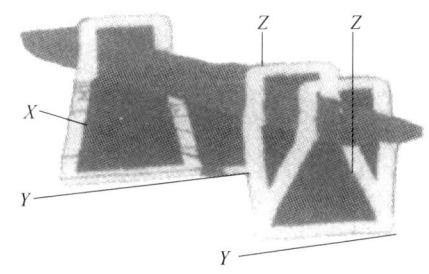

图 32-8-17　装卸桥仿真

利用三维建模软件与虚拟仿真软件建立了装卸桥的虚拟机械系统，下一步可以对装卸桥进行各种分

析，包括静力学分析、运动学分析、动力学分析、逆动力学分析、模态分析、受迫振动响应分析。

通过对装卸桥的虚拟仿真，不仅有效地分析了影响装卸桥安全运行的因素，有效地降低了安全检验的成本，还为装卸桥提供了可靠的数据，因而提高了装卸桥安全性能，保障了港口的安全生产。

8.2.5 虚拟样机协同仿真技术

协同设计与仿真技术作为虚拟样机技术的主要关键技术，是基于建模技术、分布仿真技术和信息管理技术的综合应用技术，是在各领域建模/仿真分析工具和 CAX/DFX 技术基础上的进一步发展。协同仿真既包含在时间轴上对产品全生命周期的单点仿真分析，也强调在同一时间点上不同人员/工具对同一产品对象在系统层面上的联合仿真分析。利用协同仿真技术，通过虚拟机环境下的多学科协同设计，在设计早期考虑某一时刻所涉及的多学科耦合问题，全局考虑机械、液压、动力学参数对产品整体性能的影响，进行合理的设计决策，避免出现大循环的设计返工，加速复杂产品的研制过程。

协同仿真技术是不同的人员采用各自领域的专业设计/分析工具协同地开发复杂系统的一条有效途径。将协同仿真技术应用于复杂产品的虚拟样机开发，实现虚拟环境下产品性能的优化设计，对于启迪设计创新、改进设计质量、缩短开发周期、降低产品成本，具有十分重要的意义。

8.2.5.1 虚拟样机协同仿真技术的实现

虚拟样机协同仿真技术的实现过程包括需求定义阶段、概念模型开发阶段、设计与开发阶段、集成测试阶段和运行与分析阶段，在此过程中设计的工具包括需求定义工具、概念模型分析和设计工具、仿真系统开发和设计工具、系统测试和评估工具、模型库数据库管理系统、项目管理系统以及各个学科的开发工具（机械、电子、控制、软件等），因此，建立统一的模型规范成为虚拟样机全生命周期控制的一个不可或缺的环节。

复杂产品的协同仿真技术包括高层建模技术、协同仿真实验技术和协同仿真运行管理技术等几个方面。复杂产品高层建模技术是复杂系统的顶层描述。复杂产品协同仿真实验技术主要解决这些由不同工具、不同算法甚至不同描述语言实现的分布、异构模型之间的互操作与分布式仿真问题，以及在系统层次上对虚拟产品进行外观、功能与行为的模拟和分析问题。协同仿真运行管理技术负责管理在协同仿真运行中各类模型的状态及其流程设计与管理等。

虚拟样机技术要求在设计过程中大量引入计算机仿真，而且要将原有的由物理样机完成的试验尽可能由计算机仿真来代替，这就需要大量的满足各个领域仿真需要的仿真工具，比如机械多体动力学仿真、控制系统仿真、电子电路仿真、流体力学仿真、有限元分析和嵌入式系统仿真等。目前，产品的设计模型通常不能直接用于仿真，需要针对所要进行的仿真进行专门的建模。这些仿真模型也是虚拟样机的重要组成部分，它们与产品的其他模型（几何模型等）存在一定的对应关系，比如几何模型的修改自然影响到机械动力学仿真模型。如何通过一个一体化的建模技术将这些模型有效组织在一起是一个有待解决的问题。

在虚拟设计中，异地的设计人员在协同设计过程中，自然会出现矛盾和冲突，如不及时发现和协调解决，就会造成返工和损失。靠商谈或某种通信工具（比如电话）进行讨论并加以解决的方式很难做到及时、充分地协商和讨论。计算机支持协同设计是 CSCW 技术在设计领域的一种应用，它用于支持设计群体成员交流设计思想、讨论设计结果、发现成员之间接口的矛盾和冲突，及时地加以协调和解决，可减少甚至避免设计的反复，从而进一步提高设计工作的效率和质量。

8.2.5.2 协同仿真实例

（1）挖掘机的虚拟样机仿真

挖掘机的虚拟样机仿真采用 SolidWorks 和 ADAMS 软件协同完成，借助 COSMOSMotion 插件实现数据传输的完整和精确仿真流程：

① 利用 SolidWorks 软件的特征建模技术、参数化和变量化建模技术创建挖掘机各个零件的三维实体模型。

② 创建装配体，插入各个零件并正确定义相互之间的配合及约束关系，完成挖掘机的总体装配。

③ 点击"工具"→"插件"→COSMOSMotion 载入插件并切换到运动分析界面，根据分析需要正确定义运动/静止零部件、力和约束，运行仿真。

④ 将仿真结果输出为 ADAMS 数据。

⑤ 在 ADAMS 中导入第④步中输出的数据（.cmd 格式）。

⑥ 对导入的模型作适当修改，根据分析需要定义正确的仿真条件，进行相应的虚拟样机仿真。

为了保证仿真过程的顺利和仿真结果的正确性，需要注意：

① 从建模界面切换到运动分析界面后，需要对

运动/静止零部件和映射过来的约束关系重新定义，以适合仿真要求；

② 在输出 ADAMS 数据时，保存目录必须为英文，保存选项选第二项，保证输出数据的完整；

③ 在 ADAMS 中读入数据时，文件的存放目录也必须为英文。

(2) 挖掘机的有限元分析

挖掘机的有限元分析采用 Pro/E 和 ANSYS Workbench 软件协同完成，仿真流程如下。

① 利用 PRO/E 软件的参数化建模技术创建挖掘机零部件的三维实体模型。

② 创建挖掘机总装配体。

③ 点击 ANSYS→Simulation 将挖掘机实体模型传入 ANSYS Workbench 的仿真环境。

④ 在仿真环境中根据分析需要对相关零部件施加载荷、约束等边界条件，划分网格，进行有限元分析。

注意事项：

① 协同仿真时需保证 ANSYS Workbench 软件的版本高于 Pro/E 的版本。

② 如有需要，可将分析结果输入 NASTRAN、ABAQUS 等有限元软件进行更深入的分析和研究。

由此可见，在产品的设计中采用 CAD 和 CAE 软件进行协同仿真，有利于充分发挥软件的潜能、提高产品的设计效率。实践证明，选用适当的软件组合并进行正确的设置，尽量保证两种软件之间的无缝连接，能够有效提升协同仿真的质量。

8.2.6 虚拟样机数据管理技术

虚拟样机开发过程中，需要集成大量的 CAD/DFX 建模工具和仿真工具，涉及大量的数据、模型、工具、流程及人员管理问题。如何合理高效地组织它们实现整个系统内的信息集成，保证在正确的时刻把正确的数据按正确的方式传递给正确的人，是能否优质地、成功地进行虚拟样机开发的必要条件，直接关系到整个产品开发的效率甚至成败。

产品数据管理（product data management，PDM）作为管理产品全生命周期数据的管理系统，是相对成熟而完善的。它为企业设计和生产等活动构筑一个并行进行的产品环境平台。一个成熟的 PDM 系统能够使所有参与创建、交流、维护、设计等的人在整个产品信息生命周期中自由共享和传递与产品相关的所有异构数据。也就是说，PDM 为企业的产品开发、设计，产品的信息管理，乃至生产管理等活动提供一个信息交换的平台或计算机操作系统。

在复杂产品虚拟样机管理系统中，完全可以借鉴产品数据管理的技术和管理经验，管理虚拟样机中的文档、仿真工具、工作流及人员。但是，传统产品数据管理技术不能完全适应复杂产品虚拟样机系统，需进一步拓展其功能和性能。

基于复杂产品虚拟样机系统的特点，作为其支撑平台的产品数据管理系统有如下几个要求。

① 支持协同开发团队的组建。虚拟样机开发过程是一个在异构环境下多领域协同开发的过程。如何使不同领域、不同地区的专家、技术人员能协同工作，互相交换信息，在正确的时候将正确的数据传给正确的人是复杂产品虚拟样机 PDM 要解决的关键问题。

② 实现数据的共享和互操作。复杂产品虚拟样机开发涉及不同的企业、行业组织，存在着信息模型不一致、外部数据交换格式不统一的弊病，无法抽象成单一数据库模式。所以复杂产品虚拟样机的 PDM 研究的重点在于如何实现这些数据共享和互操作。

③ 数据读取的安全性。虚拟样机系统中的文件都是以电子文件形式在计算机网络上交流的，更迫切地需要解决数据的安全性问题。要求能够实现根据系统中各类人员所承担的不同职责，分别赋予不同的数据访问权限，处理不同范围的资料。

④ 能够集成不同环境下的应用系统。由于虚拟样机系统涉及不同领域的不同应用系统，因此虚拟样机系统的集成框架必须能充分集成现有的应用系统，对跨地域的产品数据同样实现信息集成。

综上所述，并结合目前典型的商用 PDM 软件的功能，我们对系统提出如图 32-8-18 所示的功能树。

系统由系统维护、仿真项目管理、模型数据管理、模型结构配置管理、仿真人员工作平台这几个模块构成。

系统维护：系统维护包括人员权限管理、系统日志管理和数据库维护 3 部分。本系统采用基于角色的权限管理机制，一个角色可以拥有多个权限，不同的人员在不同的情况下可以担当不同的角色。另外系统将组织管理分为项目组、部门组、企业组和联盟组。一个人员只能属于一个部门组，但是可以属于不同的项目组。数据库维护包括数据备份和数据恢复，在突发情况下保障数据的安全性。

仿真项目管理：项目管理是为了在确定的时间内完成特定的任务，通过一系列的方式合理组织有关人员，并有效管理项目中的所有资源与数据，控制项目进度。

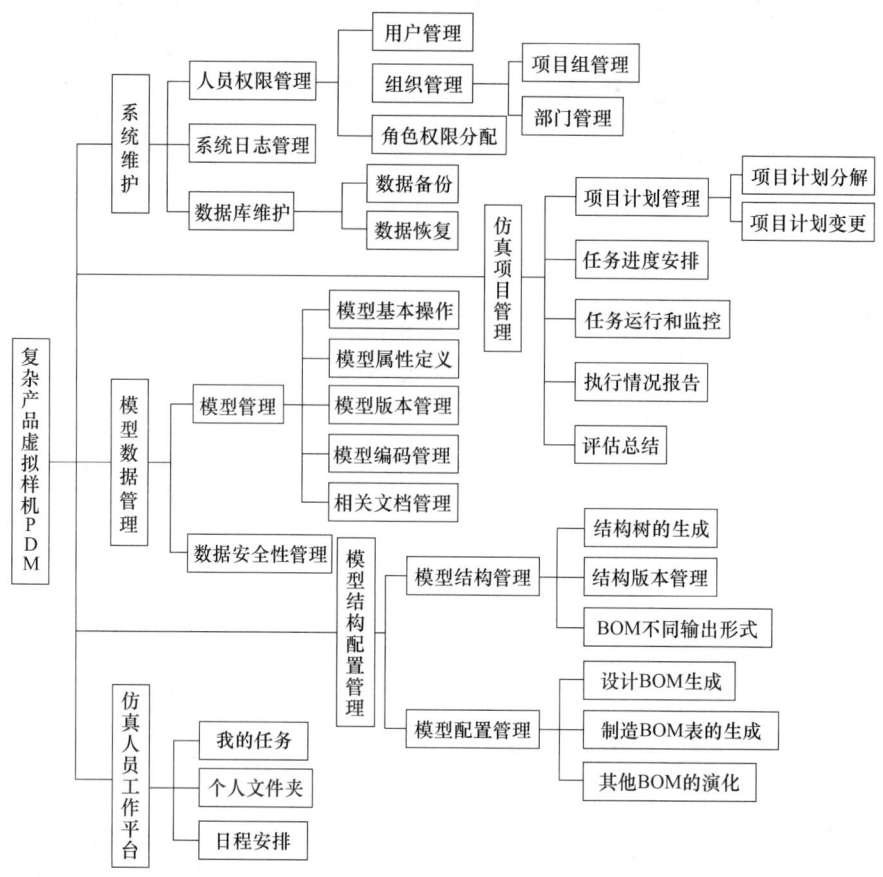

图 32-8-18 系统功能树

模型数据管理：这一模块主要完成对模型的基本操作（创建、删除、修改、查询）。用户可以自己定义模型的属性，这样可以根据属性将模型分类管理，方便查找。版本的管理有助于历史的回溯，保留旧版本也有助于经验的积累。将相关文档通过超级链接的方式与模型关联起来，方便仿真人员的查看。

模型结构配置管理：将模型按其装配结构生成结构树，有利于模型的查询。设计 BOM、制造 BOM 及其他形式的 BOM 将与产品相关的信息以不同的形式表示出来，以满足不同部门的人员的需求。

仿真人员工作平台：可以设为系统的主页，用户一登入系统，就可以知道自己的任务，并且设有个人文件夹，可以将私有文件放到此目录下，其他任何人都没有察看权限；利用日程安排工具，仿真人员可以为自己或者其他人制订工作计划，及时反映计划完成情况。

虚拟样机模型库管理系统拓展了传统 PDM 系统的功能，除了要实现产品的结构树管理、文档管理、版本管理、配置管理外，还要实现对虚拟样机仿真系统全生命周期的模型、文档和数据管理。所以我们归纳了虚拟样机模型库管理系统的关键技术有以下 5 个。

① 基于 PDM 技术的复杂仿真工程全生命周期各类模型、资源的管理。

② 基于 XML 技术，采用层次化体系结构，实现模型定义/模型库构造的灵活性与开放性，定义一套面向复杂仿真工程的模型库置标语言。

③ 采用中间件技术（语义互操作与数据互操作），支持各类模型的重用、集成与互操作，支持分布建模与协同仿真，实现开发环境与运行环境的无缝集成。

④ 采用面向服务的模型调度管理模式：支持对模型以服务的形式封装和管理；支持复杂仿真系统的快速构造；支持异地模型资源的重构。

⑤ 支持按项目组织仿真工程全生命周期的各类模型、资源的管理。

为了更好地研究虚拟样机管理平台，下面我们具体分析一下模型库管理系统的体系结构。体系结构如图 32-8-19 所示。

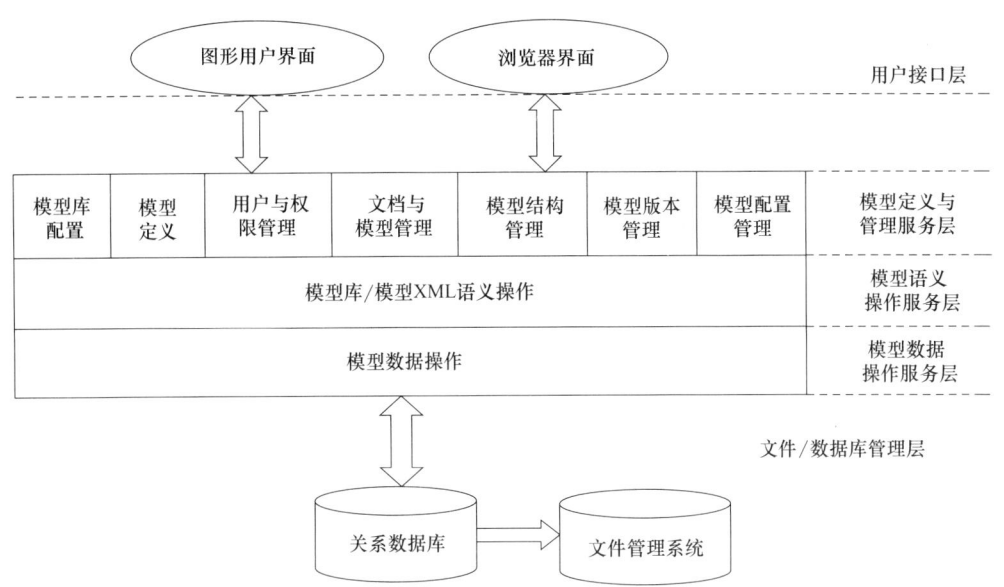

图 32-8-19　虚拟样机模型库管理系统的体系结构

① 用户接口层：分为 Windows 风格的图形用户界面和基于 Web 的浏览器界面，为用户提供友好的使用界面。

② 模型定义与管理服务层：主要功能模块有仿真实体模型的用户与权限管理、模型结构管理、模型文档与模型管理、模型版本管理、模型配置管理等。

③ 模型语义操作服务层：用 XML 描述模型，实现模型的语义描述。XML 语言作为一种元语言，它可以定义自己的标签。使标签之间的数据含义很清楚，把标签编成与模型数据的特殊格式相匹配，就能使程序代码容易读懂和编写。

④ 模型数据操作服务层：提供对数据库的操作，是介于应用程序和数据库之间的数据库访问服务层。它分离程序的界面和功能，方便程序员对数据库的访问，同时使程序更有层次感，提高可读性。

⑤ 文件/数据库管理层：用现在流行的关系数据库，如 Oracle、SQL server 等作为后台，管理数据，实现数据的并行访问、安全存储等功能。关系数据库中保存指向物理模型/数据/文件的指针和模型/数据/文件的基本属性，如相关人员、日期等。

模型库管理系统管理协同仿真项目全生命周期涉及的各类数据、模型、文档和工具等，是开发环境与运行环境的桥梁，支持对标准组件模型的管理和组装，使用户可以轻松地构造复杂仿真系统。

8.2.7　其他相关技术

与虚拟样机相关的还有以下技术。
（1）支撑环境技术

虚拟样机支撑环境应该是一个支持并管理产品全生命周期虚拟化设计过程与性能评估活动支持分布异地的团队采用协同 CAX/DFX 技术来开发和实施虚拟样机工程的集成应用系统平台。

它应能提供相应数据、模型、CAX/DFX 设计工具、基于知识管理的协同环境等，支持复杂产品全生命周期的设计活动。

它应能提供相应数据、模型库（包括相关产品模型与环境模型等）、相关模拟与仿真应用系统、协同仿真平台和可视化环境等，支持对复杂产品全生命周期的仿真和分析活动。

它应能支持虚拟样机开发过程中组织、技术和过程 3 个关键要素的有机结合，支持虚拟产品数据模型和项目的管理与优化，支持不同工具、不同应用系统的集成，支持并行工程方法学。

（2）信息/过程管理技术

完整的虚拟产品包含了大量的、多层次的知识和信息，从上到下可大致分为 3 层：第 1 层由信息技术知识和多文化知识组成；第 2 层是过程知识和生命周期知识；最底层是基础知识、经验知识和产品知识，如图 32-8-20 所示。因此，在虚拟样机开发过程中必然涉及大量的数据、模型、工具、流程和人员，这就需要高效的组织和管理，实现优化运行，即在正确的时刻把正确的数据按正确的方式传递给正确的人。

虚拟样机开发过程中的管理技术包括数据模型的管理和项目过程的管理，亦即信息集成和过程集成，其具体内容包括 IPT 团队的组建与管理，虚拟产品数据、模型的管理，虚拟样机开发流程的建立、重组

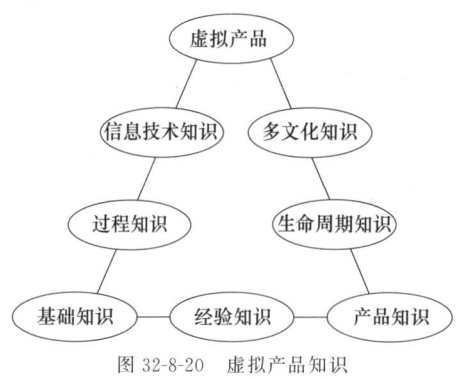

图 32-8-20 虚拟产品知识

优化与管理和复杂虚拟样机工程项目管理等方面。基于已有项目管理技术和产品数据管理技术，进一步拓展对项目的多目标、模型库和知识库的管理功能和性能是实施复杂产品数据、模型、工具、流程以及人员管理的有效途径。

(3) 虚拟现实技术

虚拟现实技术综合了计算机图形技术、计算机仿真技术、传感器技术、显示技术等多种科学技术，它在多维信息空间上创建一个虚拟信息环境，能使用户具有身临其境的沉浸感，具有与环境完善的交互作用能力，并有助于启发构思，它已经成为构造虚拟样机、支持虚拟样机技术的重要工具。虚拟样机必须存在于虚拟环境之中。虚拟现实是一种由计算机全部或部分生成的多维感觉环境，使参与者产生沉浸感。通过这个虚拟环境，人们可以进行观察、感知和决策等活动。目前虚拟现实正向着基于虚拟现实造型语言和分布式交互仿真标准的分布式虚拟现实方向发展。尤其在军事对抗仿真系统中，虚拟战场环境的综合仿真，包括地面（地形和地貌）、海洋、大气、空间和电磁环境。虚拟环境仿真需要解决环境仿真模型的建立和环境效应的模拟等问题。应逐步完善和建立各种环境数据库，利用虚拟现实技术开发分布式虚拟环境技术，以满足大规模分布式仿真的需要。涉及的关键技术有高速网络数据的实时交换与显示、数据融合与挖掘、3S（遥测、地理信息系统和全球定位系统）技术以及地形绘制、天气描述、运动和传感等。

虚拟现实技术已成为新产品设计开发的重要手段。在虚拟现实环境下进行协同设计，团队成员可以同步或异步地在虚拟环境下从事构造和操作虚拟对象的活动，并可对虚拟对象进行评估讨论以及重新设计等活动。设计人员面对相同的虚拟设计对象，通过在共享的虚拟环境中协同地使用声音和视频工具，在设计初期消除设计缺陷，减少上市时间，提高产品质量。

此外，传统的信息处理环境一直是"人适应计算机"，而当今的目标或理念是要逐步使"计算机适应人"，使我们能够通过视觉、听觉、触觉、嗅觉，以及形体、手势或口令，参与到信息处理的环境中去，从而取得身临其境的体验。这种信息处理系统已不再是建立在单维的数字化空间上，而是建立在一个多维的信息空间中，虚拟现实技术就是支撑这个多维信息空间的关键技术。

(4) 模型 VV&A（校验、验证和确认）技术

大型虚拟样机分布式仿真系统涉及的模型类型众多，组成关系复杂，如军事领域武器样机仿真系统模型由作战模型、实体模型、环境模型和评估模型 4 类模型组成。同时，数学模型的正确与否和精确度直接影响到仿真的置信度。规范、标准的模型 VV&A（校验、验证和确认）过程是保证分布式仿真置信度的关键技术，它包括建立规范、标准的系统性能评估模型与评估方法，建立分布仿真 VVA（建模与仿真的校模、验证和确认）/VVC（数据的校核、验证和认证），以及仿真置信度/可信性评估的规范化方法与典型基准题例等。

模型 VV&A 技术根据分布仿真系统的应用目标、功能需求和模型说明，选择对系统置信度影响最大的技术指标进行量化与统计计算，设计相应的评估方案与典型基准题例，以检验系统的标准兼容性、系统的时空一致性、系统的功能正确性、系统运行平台的综合性能、系统仿真精度、系统的强壮性和系统可靠性等。

(5) 可视化技术

虚拟样机可视化技术是可视化技术在虚拟样机领域的应用，它为虚拟样机提供从定性到定量的直观的实时或非实时的图形、图像显示，利用各种特殊效应图像来对模型驱动的试验过程进行渲染从而生动形象地反映出虚拟样机的品质与性能，使用户直观地了解到虚拟样机的运行状况，因而能最大限度地发挥虚拟样机相对于物理样机的优势。

虚拟样机可视化仿真运行环境是虚拟样机可视化支撑平台的重要组成部分，根据虚拟样机支撑平台的层次结构可以分为可视化资源支撑层、可视化运行层和图形用户界面层三部分。其中可视化资源支撑层提供了与虚拟样机可视化仿真运行相关的各类资源，包括可视化造型、可视化数据驱动、可视化渲染等可视化数据以及常用功能模块；可视化运行层对支撑层中的可视化资源进行调用和配置，完成可视化仿真任务的初始化及实时运行；图形用户界面用于二维/三维可视化显示以及用户对仿真过程的控制。

虚拟样机仿真运行环境正向着异地协同、多人员、多平台的方向发展，虚拟样机用户对仿真资源共

享的需求越来越明显，其中可视化资源是共享资源的重要组成部分。将可视化仿真运行环境移植到 Web 通用平台上，完成可视化资源的服务化是实现可视化资源共享的优良途径。相对于传统的可视化运行环境，基于 Web 的虚拟样机可视化仿真服务的优势在于以下几个方面。

① 前者主要基于单机或局域网环境构建，而后者基于广域网形成可视化资源共享，不受地域的限制。

② 前者主要集中在对各类模型、数据等可视化资源的共享，而在后者中仿真用户还可以共享仿真服务器上的计算资源、软件资源，并通过服务器提供的通用仿真接口配置和定制可视化仿真任务并实时运行。

③ 前者大多数采用 Client/Server 应用模式，以桌面应用的方式实现对资源的获取与访问，对协同环境中的每个节点都要进行客户端环境的配置和维护；而后者大多数采用基于 Web 的仿真网络门户应用方式，客户端通过浏览器就能够接入仿真服务，方便地获取仿真资源，因此仿真用户能不受地域和数目的限制共享服务器端的可视化仿真功能。

④ 前者的可视化仿真运行模式中，应用程序与仿真需求紧耦合，后者将可视化仿真通用模块从具体仿真需求中分离出来，提出了基于通用模块的仿真应用快速创建模式，具有更大的灵活性和可扩展性。

虚拟样机可视化仿真服务使得虚拟样机可视化运行环境中的可视化资源共享更加广泛和灵活，支持在广域网环境中仿真用户基于浏览器快速定制和运行可视化仿真任务的实现。

8.2.8 虚拟样机结构分析实例

以轮式装载机的工作装置机构分析为例，通常在对轮式装载机的工作装置进行机构分析时一般采用图解法或解析法。采用图解法精度较低，使用解析法计算又很复杂，因此一般只对几个作业位置进行分析计算，难以了解全部工况的作业性能及负荷变化。为了解决这一问题，可以应用机械系统运动学与动力学分析的代表性仿真软件系统 MSC.ADAMS 对其进行分析。基本的 MSC.ADAMS 配置方案包括交互式图形环境 MSC.ADAMS/View 和求解器 MSC.ADAMS/Solver。作为一项工程分析技术，它可以帮助设计人员在设计早期阶段，通过虚拟样机在系统水平上真实地预测机械结构的工作性能，实现系统的最优设计。

MSC.ADAMS/Solver 自动形成机械系统模型的动力学方程，并提供静力学、运动学和动力学的解算结果。MSC.ADAMS/View 采用分层方式完成建模工作，其物理系统由一组构件通过机械运动副连接在一起，弹簧或运动激励可作用于运动副，任意类型的力均可作用于构件之间或单个构件上，由此组成机械系统。其仿真结果采用形象直观的方式描述系统的动力学性能，并将分析结果进行形象化输出。

（1）建模方法

MSC.ADAMS/View 虽然功能强大，但其造型功能相对薄弱，难以用它创建具有复杂特征的零件，用它创建类似装载机工作装置这样复杂的机构是不现实的。因此，用 Pro/E 创建图 32-8-21 所示的实体模型，然后将模型传送给 MSC.ADAMS 进行分析。MSC.ADAMS/View 支持多种数据接口，如 STEP、IGES、DWG 等，MSC.ADAMS 软件包中还提供了嵌入 Pro/E 中使用的 MRCHANISM/PRO 和 IGES 模块。使用这两个模块，可以在 Pro/E 中精确地定义刚体、运动副和载荷，并可以方便地把整个模型传送给 MSC.ADAMS/View。

图 32-8-21 轮式装载机模型图

（2）约束和载荷

装载机工作装置的模型如图 32-8-22 所示，为简化计算，在不考虑偏载的情况可以将所有的运动副和载荷定义在对称面上。工作装置的各铰点定义为回转副（revolute），液压缸的活塞杆和缸筒间定义为滑动副（slide），轮胎与地面间在不考虑滑转率的情况下可定义为齿轮齿条副（gear）。

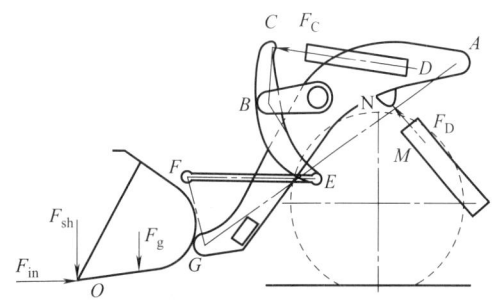

图 32-8-22 装载机工作装置模型

装载机典型的工作过程包括插入、铲装、重载运输、卸载和空载运输。不考虑运输工况，工作装置所受的载荷有插入阻力 F_{in}、铲取阻力 F_{sh}、物料重力 F_g 和装载机自身的重力。

最大插入阻力 F_{in} 受限于最大牵引力，可由下式计算：

$$F_{in} = \frac{Mi\eta}{R_k} \qquad (32\text{-}8\text{-}1)$$

式中 M——变矩器蜗轮输出力矩；
i——变矩器蜗轮至轮边的传动比；
η——传动效率；
R_k——轮胎动力半径。

最大铲取阻力 F_{sh} 可用铲取时的最大转斗阻力矩换算取得。最大转斗阻力矩发生在开始转斗的一瞬间，其值可用下列实验公式计算：

$$M_{max} = 1.1 F_{in} \left[0.4 \left(X - \frac{1}{3} Lc_{max} \right) + Y \right]$$
$$(32\text{-}8\text{-}2)$$

式中 X，Y——铲斗斗尖到铲斗回转轴 G 的水平和垂直距离；
Lc_{max}——铲斗插入料堆的最大深度。

则
$$F_{sh} = \frac{M_{max}}{X}$$

分析典型的作业过程可知，铲斗的插入和铲装是顺序进行的（不考虑联合铲装工况），插入阻力和铲取阻力也依次达到最大值，物料重力则在铲取开始阶段达到最大值，各构件的自重则不发生变化。自重可由系统加载，F_{in}、F_{sh} 和 F_g 则需要使用系统提供的 step 函数模拟，三个力随时间的变化情况如图 32-8-23 所示。

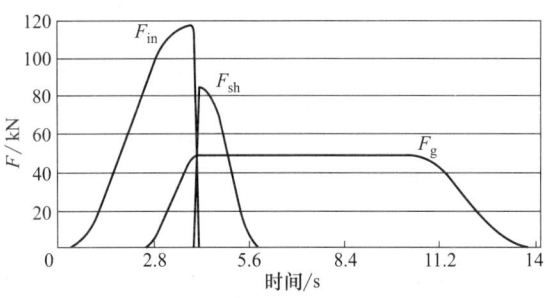

图 32-8-23 插入阻力、铲取阻力、物料重力的变化情况

（3）数据分析

1）典型工作过程仿真 在以上设定的情况下对系统进行仿真，得到动臂缸和铲斗缸在作业过程中的受力情况，如图 32-8-24 所示。从图 32-8-24 中可知，负载随着铲斗插入深度的增加而增大，并在开始铲掘时达到最大。之后动臂缸重载举升，受力随着传力比的减小而增大，最后随着卸载减到最小值。该图实际上反映了整机在作业过程中的负载变化情况。

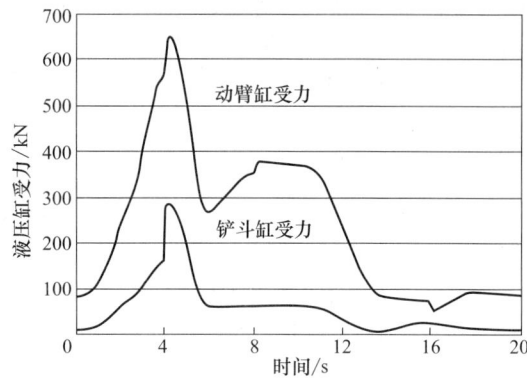

图 32-8-24 动臂缸和铲斗缸在作业过程中的受力情况

习惯上使用倍力系数作为评价工作机构连杆系统力传递性能优劣的参数，但由于计算倍力系数时不考虑自重，而工作机构本身的自重很大，占据负载相当大的部分，因此忽略自重的影响后显然不能准确地了解机构的性能。

图 32-8-25 表示了各传动构件间的夹角在作业过程中的变化情况。可以看出，各处传动角（夹角）均符合大于 10°的要求，而且最小传动角的发生位置均在卸载结束处，这说明机构的设计是合理的。

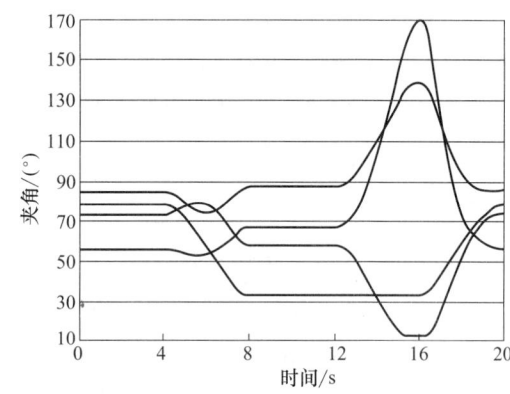

图 32-8-25 各传动构件间的夹角变化情况

2）铲斗举升平动分析 在铲斗装满物料被举升到最高卸载位置的过程中，为避免铲斗中的物料洒出，要求铲斗做近似平动，即铲斗倾角变化不应大于 10°。为此，在模型中要对铲斗的位置角进行测量，并让动臂缸匀速举升，得到如图 32-8-26 所示铲斗位置角的变化曲线。由图 32-8-26 可见，该机构的举升平动性能不是很理想。

3）铲斗自动放平分析 使铲斗从高位卸载状态下落到插入状态，期间保持转斗缸的长度不变，测量铲斗底面与水平面间角度的变化，即可得到机构的自动放平性能。如图 32-8-27 所示，铲斗下落后斗底与

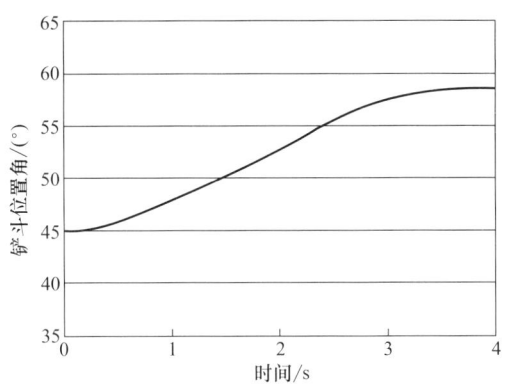

图 32-8-26　铲斗位置角变化曲线

地面的夹角约为 8°，基本达到要求。

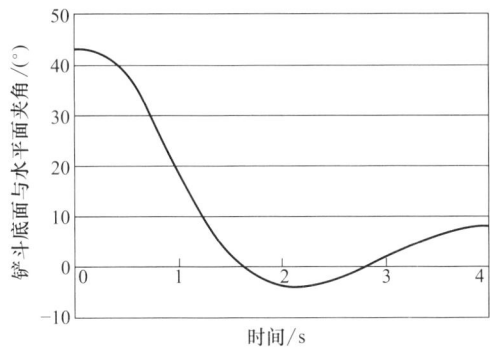

图 32-8-27　机构的自动放平性能

通过以上的分析可知，对轮式装载机工作装置所做的设计基本合理，但在铲斗举升平动、自动放平性能上稍有不足，还需要做进一步优化改进。

8.3　虚拟样机技术的工业应用

8.3.1　虚拟样机技术在产品全生命周期中的应用

随着科技的飞速发展，企业间的竞争日趋激烈，市场的变化不断加快。企业的新产品开发也随之出现一些新的特点。

① 产品生命周期明显缩短。以汽车为例，新产品的生命周期从 20 世纪 90 年代的 5～8 年降至目前的 3～5 年。

② 产品品种急剧增加。为适应用户需求，企业大力发展订货式的个性化产品。即使是大批量生产的产品，也可根据顾客多样化的功能要求和喜好实现订货方式的销售模式。

③ 产品开发周期极大压缩。以汽车为例，产品改型设计开发周期从过去的 4～5 年压缩为目前 2 年左右。

因此，对大型企业来言，及时开发出适应市场需求的高质量、高性能和低成本产品已成为企业保持竞争力的关键，而建立高效、低成本的新产品快速响应开发体系则是实现这一目标的保证。显而易见，传统的产品设计方法已经很难满足需要，面对这种严峻挑战，要求不断发展和应用先进的生产制造技术来适应这一变化。正是在这种日益严酷环境的催生下，虚拟产品开发技术正在迅速发展起来。它为企业带来了一个全新的发展空间。

虚拟样机技术支持产品开发全生命周期从需求分析、设计、测试评估、生产制造，到使用维护和训练等不同阶段。其中设计阶段又可以分为概念设计、初步设计和详细设计 3 个阶段，如图 32-8-28 所示。

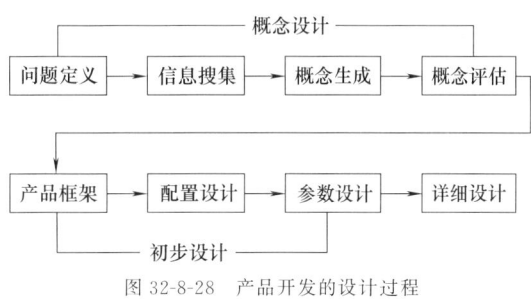

图 32-8-28　产品开发的设计过程

8.3.1.1　需求分析及概念设计阶段

顾客的真实需求是产品开发原动力，获取顾客需求主要采取这几种途径：面谈、讨论会、顾客调查、顾客投诉。

以上几种方式对于准确地获取顾客的想法和愿望确实发挥了十分重要的作用，但是它们也有一些不足之处，尤其是针对新产品开发。新产品是以前没有被开发制造出来的产品，顾客和工程师都对新产品只有一个模糊的概念，即它的具体造型、功能指标、性能指标等特征还没有确定。面谈与讨论会主要通过语言交流，对产品的各种特征达成一定的共识（通常需要花费很长的时间），但是这种对产品的认识是停留在头脑中的抽象（或模糊的形象化）的表示。顾客与销售人员（工程师）主要通过语言将其表达出来，但是由于可能存在对语言理解上的分歧，最后导致获取到的需求不能完全准确地反映顾客的真实需求。

顾客调查通常采用问卷、电话、E-mail 等形式获取顾客对于已有产品或新产品的意见与想法，主要采用统计的方法进行信息的筛选，但是如何从中获取准确的顾客需求却不是容易的事情。顾客投诉主要用于对已有产品的改进设计、修复原有产品的缺陷，很少用于新产品开发。

再者，需求分析工作除了准确获取消费者的需求以外，还要对获取的需求进行分析和评估，以确定哪些需求是合理的，哪些是可以实现的，哪些是可以经济地实现的（即顾客经济上能够接受的）。E. A. Magrab 将顾客级别分为四个级别。

① Expecters：指顾客期望产品具有的基本功能。这些是必须满足的，这些需求通常很容易发现。

② Spokens：指顾客希望产品具有的特殊功能。这些功能的实现决定了顾客的满意度。

③ Unspokens：指顾客通常没有要求的，或不愿谈及的，或没有想到的，但又十分重要的产品功能，通常需要很有经验的人员才能发现这些需求。

④ Exciters：指产品具有的其他产品所不具备的特殊功能，这类功能的缺少不会使用户的满意度降低。

利用虚拟样机技术，根据用户需求建立的未来产品的可视化和数字化描述，描述产品功能和外部行为的结构模型；借助数字模型，进行未来产品的功能仿真，给设计部门演示和说明产品功能的具体要求和使用环境，给出未来产品的性能要求及其粗略组成框架。在需求分析阶段，用户是十分重要的角色，因而能否有效地使用户参与到需求分析工作中是决定需求分析的好坏的关键。虚拟样机技术通过虚拟现实人机接口让用户看到未来产品的外观造型、色彩和材质等。并可通过粗略的功能仿真，给用户演示和说明产品的主要功能，从而获得较为准确的意见反馈，指导需求的修改。这是一个反复迭代的过程，根据修改的需求再次建立虚拟样机，交由用户（或设计人员）进行评估，再次反复修改，直到满意为止。

这种基于虚拟样机技术的需求分析比以往的几种获取顾客需求更具有直观性，通过可视化的虚拟模型将用户与设计人员之间的理解歧义减小到最低程度，保证了所获取需求的准确性，使开发出的产品能够真正满足用户需求。

8.3.1.2 初步设计阶段

初步设计（embodiment design）一词来自于 Pahl 和 Beitz 的《Engineering Design: A Systematic Approach》一书，现在已被大多数的欧洲作者所采用。许多美国作者采用 preliminary design 或 analysis design 一词来表示。

初步设计阶段的活动主要包括产品框架设计、产品配置设计和参数设计 3 个部分。这 3 个部分是串行的过程，这里需要一提的是，由于并行工程的思想的采用，这 3 个部分活动可以并行展开。

产品框架设计是指安排产品的物理组成以实现期望的功能。产品框架在概念设计阶段是以功能模块图、粗略概念框架或者概念验证模型的形式出现的。而在初步设计阶段，需要在上一阶段工作的基础上，设计产品的结构布局，细化功能模块和模块间的信息流动关系。Ulrich 和 Eppinger 在其《Product Design and Development》一书中将产品的物理组成部分组织成块（chunks），这些块的其他术语包括子系统、子装配件或者模块。每一个块包含一个或多个部件完成一个特定的功能。产品的框架就由这些部件的联系及其实现的功能决定了。产品结构通常有两种对立的形式：模块化（modular）和一体化（integral）。这两种结构各有优缺点，实际的很多产品都采用模块化和一体化的混合结构。

配置设计确定产品部件的形状和尺寸大小，精确的尺寸和公差在参数设计时确定。部件是一个笼统的概念，其中包括标准零件、特殊零件和装配件等。部件的形状在很大程度上依赖于制造材料和加工方法，图 32-9-29 显示了形状、功能、材料和加工方法之间的相互关系。

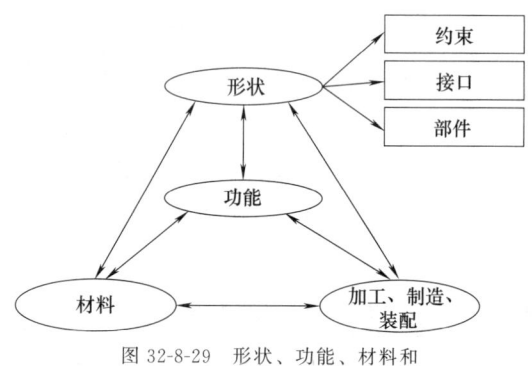

图 32-8-29　形状、功能、材料和加工方法间的相互关系

参数设计是根据产品结构框架决定各个部件的最佳形状。量化推理在其中扮演着重要角色。在配置设计中确定的零件属性在这里作为设计变量（design variable），通常是尺寸或公差。

利用虚拟样机技术，在前一阶段样机基础上，对所提出未来产品的方案设想的可视化和数字化描述进一步细化，通过三维计算机图形显示，模拟产品的组成结构以及各个部分的连接关系；通过虚拟环境，设计人员还可以漫游在产品内部，从各个方位观察产品的内部细节，对于某些设计缺陷，可以明显地通过眼睛观察出来，从而有助于提高产品质量；功能模块和模块之间的信息流动关系的细化，为产品的性能和外部行为提供物理细节和更详细的可视化描述，数字模型中加入了模拟物理现象的模型（比如重力、摩擦等）；初步设计的产品模型的各个子系统进行各类性能、功能仿真，还可以方便地对多种设计方案进行分析比较，从中选择较优的方案；利用产品数字模型对产品的可制造性、可装配性及其可维护性进行概略评估，及时发现潜在的产品缺陷。James C. Schaaf 等对基于虚拟样机的初步设计做了研究，并以某武器装备的研发为例，指出在初步设计阶段采用虚拟样机对产品进行一般可行性分析，并对产品造型、后勤维护以及人的因素进行分析，大大缩短了产品研发周期。

8.3.1.3 详细设计阶段

详细设计主要包括详细的设计图纸、物料清单、详细的产品规格、详细的成本估计和最终设计评审等工作。

在这一阶段，虚拟样机随着详细设计的进行而得到进一步细化，主要由产品的各种物理性能模型、CAD 模型以及其他模型（成本、维护等）组成。

使用虚拟样机开展产品的各种仿真试验工作，评估详细设计方案的优缺点，并对设计进行优化，比如在汽车产品设计中，根据装配部件的机构运动约束及保证性能最优的目标进行机构设计优化，对发动机进行曲柄连杆运动、动力学仿真、发动机配气机构运动以及发动机的平衡性分析，对悬架、转向机构进行各种独立悬架、非独立悬架的运动分析、悬架与转向机构运动干涉分析、转向梯形结构运动分析等，并在这些分析的基础上进行结构参数优化。

利用虚拟样机，还可以对产品的可制造性、可装配性、可维护性等进行精度较高的仿真，并根据评估结果对产品的开发和生产进度、成本、质量提出更为全面的要求。

8.3.1.4 测试评估阶段

在产品开发的各个阶段都有相应的测试评估工作，这里的测试评估主要针对产品样机整体的全方位的测试评估。测试评估工作主要是根据检验产品是否能够满足指定的性能指标，以及发现设计中的缺陷。确认满足后，便可正式投入生产，进入市场。

产品的性能指标可以粗略分为两类。

① 根据需求分析得到的用户所期望的产品指标。这些指标通常主要是用户关心的功能和性能指标。

② 产品所属行业的一些行业指标或国家、国际标准。这类指标通常不是来自于需求分析，有的并不为用户所关心（或者用户默认为是必须满足的），但却是要必须满足的。比如，标准零件的尺寸是否符合国家标准、制造材料是否对人身安全构成威胁等。

以往的物理样机测试的方法存在很多缺陷，但是仍然是在产品正式投产以前的重要的设计检验手段。复杂产品本身内部各个组成部分存在复杂的交互活动，而且与周围环境也存在复杂的交互活动。设计人员通常只能把握几个关键的交互活动，有时为了便于理解，还需要将这些交互活动孤立开来分别考虑，这就使得设计出的产品在性能上存在一定的不可知性。通过实物试验，可以发现这些不可知性，从而可以修改设计以消除不利的因素。

在测试评估阶段，虚拟样机基本定型，相当于物理样机的计算机上的本质实现。根据设计方案建立虚拟样机，通过虚拟样机试验来获取设计方案全方位的信息，指导设计改进。评估优化及决策支持是以产品的仿真模型作为对象，通过各种途径的测试（包括单领域、多领域协同仿真），将仿真结果与目标比较，然后通过两个渠道实现设计优化：一是直接对设计提出定性的修改意见，由设计人员修改后，再采用虚拟样机进行测试；二是对仿真模型进行的参数修改，并反复进行测试，获得满意的结果后，将模型相应的修改对应为相应的设计修改，如图 32-8-30 所示。

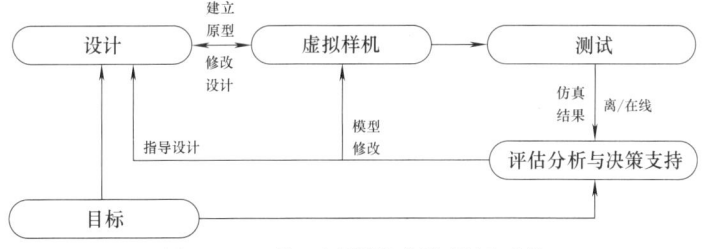

图 32-8-30 基于虚拟样机的测试评估过程

由于技术条件的限制，目前虚拟样机的实际应用在于与物理样机测试相结合的混合样机的应用。计算机仿真结果的准确性是由仿真模型的精确度和仿真方法决定的，目前很多复杂的自然现象还无法建立精确的数学模型，甚至有些精确模型的建立比建造相应的物理样机要复杂和昂贵得多。因而，在计算机仿真比较成熟的一些领域，可以建立较为精确的计算机仿真模型；对于其他领域，则采用计算机模型进行精度较低的仿真试验，对于高精度仿真仍然采用物理样机，通过数据接口（包括传感器、A/D、D/A 等）将虚拟样机与物理样机连接起来，共同完成仿真。若要考虑环境和人的因素，可以利用 VR 技术，将虚拟样机与实际使用环境相结合，检验产品的实际使用效果，并对详细设计中得到的详细的产品指标进行测试，根据评估结果进一步改进设计方案。

8.3.1.5 生产制造及使用维护阶段

在确认详细设计方案满足预定指标后，产品开始正式投产。产品的制造过程也是相当复杂的一个过程，涉及很多学科领域与技术，有兴趣的读者可自行阅读有关文献，这里不作详细介绍。虚拟样机技术可以模拟产品的真实加工制造过程，以及辅助设计加工生产线，以提高生产效率。

用于模拟产品制造加工过程的技术有：
① 集成化刀位轨迹检查、NC 代码验证、碰模干涉检验系统；
② 基于表面质量分析的切削参数选择技术；
③ 基于应力的加工质量评价技术；
④ 装配信息建模、工艺过程规划与仿真、公差分析与综合技术；
⑤ 虚拟测量技术，包括虚拟仪器、测量过程仿真、测试数据管理等。

在使用维护阶段，向产品的虚拟样机中加入可靠性模型、维护模型和可用性模型，支持产品的虚拟维护。另外，在虚拟样机中加入操作模型，用户通过操作这个系统，达到了解熟悉的目的。例如汽车、摩托车驾驶的模拟仪表盘、战斗机的模拟飞行驾驶舱等。在军事领域，很多新研制的武器（特别是信息化、电子化武器）在正式投入使用之前，可以使用虚拟样机和先进的人机交互技术对军事人员进行使用培训。这种仿真训练对于提高人员的素质、改善装置运行条件、减少事故发生等都具有十分重要的意义。

总之，虚拟样机技术可应用于产品开发的全生命周期，支持产品的全方位测试、分析与评估。基于虚拟样机的产品开发过程是以并行工程为基础，大量采用单领域、多领域仿真技术，在产品的设计阶段早期就能经济、方便地分析和比较多种设计方案，确定影响性能的敏感参数；通过可视化技术来设计产品，预测产品在真实环境下的行为特征，以及优化设计。

8.3.2 虚拟样机技术的工业应用实例

虚拟样机技术被看作是未来产品设计的发展趋势，目前的应用由于受到技术水平的限制，还无法像人们所期望的那样系统地、全面地应用于产品设计，而只是在一些大型企业得到了局部和片面的应用。这些应用虽然达不到前面所说的那种程度，但是可以看作虚拟样机技术在企业产品设计中应用的"雏形"。下面介绍虚拟样机技术在德国宝马、德国大众、EDO 公司的应用实例。

8.3.2.1 德国宝马汽车公司 (BMW)

德国宝马公司已经利用一种交互式碰撞仿真环境 SIM-VR，为设计人员提供三维虚拟环境中的交互式碰撞仿真研究：改变汽车物理结构（如拓扑结构、钢板厚度等），然后投入碰撞仿真运行，快速得到碰撞仿真结果，并对结果进行显示、分析。SIM-VR 环境支持从汽车噪声、振动、尖啸、防撞性能和汽车自身重量等多个指标进行综合考虑，优选材料和板材厚度。

SIM-VR 环境的系统构成中仿真采用 128 节点的 SGI Origin 2000（195MHz）超级计算机。运行 PAM-CRASH 碰撞仿真软件（大规模性并行处理 MPP 版本），碰撞可视化则采用 12 节点/4 矢量管道 SGI Onyx2 计算机作为响应工作台（responsive workbench, RWB），运行 GMD 公司的 AVANGO 可视化软件。仿真超级计算机和可视化计算机位于不同地方，两者之间的数据传递，则采用基于 CORBA 的因特网实现。每隔 40 个仿真步，碰撞仿真中间结果就被添加到可视化序列中，并在响应工作台（RWB）上进行动画显示，仿真分析人员则可以随意停止（stop）、步进、步退可视化序列以对碰撞仿真结果进行详细分析。响应工作台（RWB）还为仿真分析人员提供头部跟踪立体镜装置（head-tracked stereo），这样分析人员可以身临其境地在汽车内部随意转动头部而进行观察，同时分析人员还可以使用立体鼠标输入设备并在三维空间中进行定位。

计算机流体力学（CFD）起源于航空、航天领域，但它在汽车设计中也获得了极为广泛的应用。宝马公司都已采用 Exa Corp 公司的 PowerFLOW 软件，对新设计的汽车进行外部空气动力学和空气声学的仿真研究。

外部空气动力学性能对汽车安全（稳定性）、汽车油耗都有非常重要的影响。传统的汽车外部空气动力学分析通常是参照航空、航天器的风动测试而进行的，首先制作汽车模型（通常是按一定比例缩小），然后进行风洞测试，记录在各种模拟环境下汽车车身所受的空气阻力，然后用于设计分析和验证，这种方法需要制作样车模型，不但成本高，而且耗时长。据有关统计，风洞试验费用每小时高达 2000 美元，而每个设计完成一次风洞测试则需要长达几个月的时间。利用虚拟样机技术，通过汽车外部空气动力学仿真，人们在产品设计阶段即可以对汽车进行外部空气动力学分析，从而验证汽车外形设计是否满足空气动力学要求，并可进行汽车外形的优化设计。

除了用于外部空气动力学的分析之外，计算流体力学 CFD 还可用于汽车设计的以下方面。

① 车内气候控制（climate control）：可用于车厢内的气流分布分析（airflow distrbution）；对除霜管道（the defroster duct）的形状和位置进行优化，以取得较好的除霜效果；车厢内制冷、加热仿真分析。此外，计算流体力学 CFD 还可用于采暖、通风和空调（HVAC）单元，压力通风罩（cowl-plenum）的几何形状进行优化设计等。

② 引擎盖下总成的（under-hood）空气/热力学管理（aero/thermal management）：包括在高速和空载情况下（highway and idling conditions）引擎（发动机）前端冷却气流的确定；引擎盖下关键零部件温度场分析，以确保不会发生热失效（thermal related failure）。

③ 功率系（power-train）零部件的优化。对各种零部件，如发动机进气、排气管（intake and exhaust manifolds）的形状优化；废气排放系统的优化，如消声器（muffler）和催化转器（catalytic converter）优化；发动机头部冷却罩的气流分布分析等。

8.3.2.2 德国大众汽车公司（Volkswagen）

德国大众（Volkswagen）汽车公司在 Fraunhafer Institute IGD 公司的帮助下，从 1994 年开始将虚拟样机技术成功用于新产品开发，以缩短产品开发时间、提高产品质量、降低产品开发成本。

虚拟现实所具有的沉浸式和交互式能力，使开发人员在开发新产品的时候，可以在计算机产生的虚拟环境中，以实时交互的方式对产品进行设计操作，从而能够以连续、拟真的方式观察产品。为此，Volkswagen 公司采用 Fraunhafer Insititute IGD 公司提供的虚拟现实软件，搭建了专业的虚拟现实环境。系统的主要要求如下。

第一，必须要有高性能的图形处理计算机，并配带可视化立体输出。如 SGI 公司的 Indigo MAXIMUM IMPACT 计算机或 Onyx Infinite Reality 计算机，并配备一个或者多个的图形管道（graphic pipe）。

第二，需要立体（stereoscopic）显示。对沉浸感（immerse）需求的质量将决定采用何种立体（stereo）显示。头盔式显示器（head mounted display, HMD）将观察者同外部世界完全隔绝开来，而立体监视器（stero monitor）则同快门眼镜（shutter glasses）一起，为用户营造立体视图，其沉浸感程度较头盔式显示器要低，但却有更高的临场感，观察者在实验中就能看见真实世界中自己的身体。以上两种情形都是极端情况，还有它们的各种组合，如立体墙（stereo wall）、显示工作台（workbench），或者最复杂的 CAPE（计算机辅助虚拟现实环境）。CAVE 是多面的立体投影系统（multiside stereo projection），它具有高度的沉浸感和临场感，但其价格过于昂贵，需要巨大的空间，以及同立体墙相比较差的光照度（light intensity）和对比度（contrast）。

第三，为了同虚拟现实环境进行交互，还必须配备输入设备。最常见的输入设备有二维鼠标、三维鼠标、语音输入设备，或者更为复杂的带有多个关节的数据手套等。

第四，有关空间定位的设备。跟踪器被用于确定定位坐标和方向。目前最常见的是利用磁场进行空间定位，但其对金属物体敏感，而且精度不是很高。在不久的将来，光学跟踪器将变得越来越普遍，其精度也将更高。

第五，力反馈和触觉反馈设备。这些反馈对于汽车装配仿真分析，以及在虚拟现实空间中对汽车进行外形（shape）和表面质量（surface）的评估具有重要作用。

虚拟现实环境的具体配置如表 32-8-2 所示。

表 32-8-2　　虚拟现实环境的具体配置

序号(套数)	设备	用途
1(1)	Onyx Infinite Reality 8xR10000 处理器，2GB 内存，2 图形管道，20GB 硬盘空间	着色，头盔式显示 HMD 的碰撞检测，立体投影
2(1)	Onyx Infinite Reality 8xR10000 处理器，2GB 内存，3 图形管道，20GB 硬盘空间	着色，头盔式显示 HMD 的碰撞检测，立体投影，以及为 CAVE 环境预留
3(1)	Maximum 1xR10000 处理器，256M 内存，1 图形管道	测试、开发 VR 软件着色，碰撞检测，立体屏幕
4(3)	Solid IMPACT 工作站	数据准备，软件开发
5(3)	数据手套	交互
6(3)	Tracker Polhemus Fastrak/Flock of Birds	头/手跟踪
7(8)	三维鼠标	导航，交互

续表

序号(套数)	设　　备	用　　途
8(2)	语言识别系统	麦克风语音输入
9(2)	声音系统	声学反馈
10(1)	头盔式显示 HMD n-Vision,高分辨率	立体显示,分辨率 1280×1024
11(2)	立体投影系统 TAN passive polarisation	立体显示,2/3m 对角线
12(1)	CAVE 多立体投影(规划)	3 面或更多面的主动立体显示系统

大众汽车公司将该虚拟环境系统应用于以下几个方面。

(1) 在汽车人机工程研究（ergonomic）中的应用

Volkswagen 汽车公司利用虚拟样机技术进行驾驶员人机工程方面的研究，如驾驶人员手、腿、脚的最佳位置分析，驾驶人员视野状况分析，以及驾驶人员的舒适性分析。Volkswagen 汽车公司将人机工程假人"Ramsis"置入虚拟"汽车"中。通过"Ramsis"的任意移动，可以模拟真实驾驶人员在汽车内的各种状态。

设计人员对一辆新的虚拟汽车进行汽车"座位"关系（seat relationship）的研究。各种不同尺寸的假人（从 5% 大小的女性婴儿到 95% 大小的成年男性）被放到虚拟汽车的座位上，以全面覆盖所有可能驾驶人员的身材状况，而假人则在有关软件的控制下，选取最可能的姿势和位置。研究人员则可以在立体投影墙（stereo wall）上直观观察到留给驾驶人员腿、脚的空间是否足够，比如一个大块头男性驾驶员的膝盖是否会抵到方向盘上。

设计人员通过假人可以观察到，在虚拟汽车接近交通指示灯的时候，驾驶人员的视野是否足够开阔而能够方便地观察到交通指示灯。

设计人员检查汽车仪表盘的哪一部分区域将会被表示驾驶人员最佳视觉区的"锥体"所覆盖。该"锥体"定义了驾驶人员不需转动头部就可以准确看到的区域，在设计时要求仪表盘必须位于由该锥体定义的区域中。

(2) 在汽车表面检测中的应用

在汽车开发过程中，制造汽车泥塑模型（clay models）以及汽车实物原型的花费十分巨大。利用虚拟样机技术，通过提供高质量的汽车模型取代实物模型进行汽车表面的检测，可以节省大量时间和开发成本。

用于汽车表面检测的高质量汽车模型，不但应当包括从机械 CAD 软件中导出的能够高质量显示汽车外形和汽车表面的信息，而且还应当包括提供某些物理功能的信息，如汽车光泽（如强光照射、色彩、反射等）、汽车外部轮廓变化（包括柔性体零部件的轮廓变化等）。

(3) 在汽车"诊断"中的应用

为了避免错误的开发，汽车制造商往往将概念车放在所谓的汽车诊室（car clinics）中进行测试，而这样的研究往往只有在昂贵的外观样车（styling madels）被制作出来之后才能进行。

大众汽车公司在 VRLab 公司的帮助下，利用虚模样机技术对汽车内部、外观进行完整的分析、研究。为了获得真实、直观的印象，大众汽车公司对汽车的外观进行了反射映射处理（reflection mapping），而对汽车内部元素如汽车座位、位表盘和汽车底部等则进行了相应的纹理处理。

虚拟样车模型出现在一个大的立体投影墙上，并可以用三维鼠标进行随意移动，而测试人员可以随意地开关车门，进入汽车并坐到座位上。该方法既可用于设计人员对汽车内部、外观进行分析、研究，也可以将汽车消费者直接引入汽车内部和外观的评价中进行直观的市场调查分析。

(4) 用于汽车制造和维护的装配与拆卸仿真

利用虚拟样机技术进行汽车的装配、拆卸仿真，可广泛应用于汽车的制造规划，如人/机工程设计、制造序列规划、制造可行性、避碰设计和汽车维护服务等。这些应用的前提是精确的跟踪能力、力反馈和触觉反馈信息。

一个典型应用是用于焊接白车身的点焊工作单元仿真。几个焊接机器人站立在工作单元内，它们一起共同工作，将车身有关零件连接并焊在一起。当焊接机器人之间，或者焊接机器人与焊接零件之间发生干涉（碰撞）时，干涉的空间关系可以确定下来。

通过立体投影墙（stereo wall）以及适合的交互设备，如三维鼠标（3D mouse）、像距手套以及声音识别装置等，研究人员可以在工作单元内随意走动，并观察机械人的工作概况。在研究人员走动的过程中，碰撞状态将被实时计算出来。如果发生碰撞，研究人员将可以直观地观察到。

8.3.2.3　EDO Marine and Aircraft Systems 公司（EDO）

中程空对空导弹高级垂直弹射器被用来对导弹进

行发射加速，使其快速达到末冲程速度，确保被发射导弹在发动机点火之前能够同飞机产生的气流有效地分离，以保证发射安全。

EDO 公司同洛克西德马丁公司签订合同，为其生产的 F22 猛禽战术攻击机设计和制造高性能、轻量化的 AVEL。在设计 AVEL 的时候，最大的挑战来自于确保在各种不同飞行条件下，AVEL 都能够将导弹在发动机点火之前将其同飞机产生的气流进行有效的分离。同时，为达到 F22 猛禽战术攻击机的隐身目的，要求 AVEL 必须能够安装在飞机机体内，从而要求 AVEL 所占空间要小、自身重量要轻。

EDO 公司设计人员在设计 AVEL 的时候，创造性设计了一个气动/液压弹射机构。当处于非工作状态时，该弹射机构可以像剪刀一样折叠起来，而处于工作状态时，该弹射机构被气动作动器快速推出 9in（1in=0.0254m）长，以达到期望的末冲程速度，使导弹在发动机点火之前能够同战斗机产生的气流有效地分离。所以弹射动作必须在短短的几个毫秒之内完成，这必然会产生巨大的动态负荷。

EDO 公司在以往设计垂直弹射器的时候，不得不专门制作一个测试夹具将有关载荷作用到导弹上，以模拟各种负荷环境，而制作测试夹具和进行单次或多次的测试所带来的成本花销都是十分巨大的。而且最重要的一点是：洛克西德马丁公司要求 AVEL 弹射器的设计必须在 F22 猛禽战术攻击机实际试飞之前完成。

为克服传统方法的缺点，EDO 公司采用了虚拟样机技术来开发 AVEL。设计人员首先利用机械 CAD 软件对 AVEL 进行建模，然后将得到的机械 CAD 模型引入到采用 ADAMS 软件建模的 AVEL 多体动力学模型中。为提高仿真置信度，设计人员还将 AVEL 主要部件——上梁、下梁以及 4 个连接臂的弹性模型引入到多体动力学模型中。在上述基础上，设计人员将 F22 猛禽战术攻击机在各种不同飞行条件下的空气动力（这些数据由洛克西德马丁公司提供）、惯性力和振荡力（oscillatory forces）组合成 223 个严格的负荷条件，分别作用到 AVEL 多体动力学模型上。对每一种负荷条件，设计人员都运行预定的 15 个仿真时间步，以模拟导弹的发射和同飞机气流的有效分离。

虚拟样机技术使得在更短时间和更少成本内进行要求严格的高级垂直弹射器设计成为现实。

参 考 文 献

[1] 苏春. 数字化设计与制造. 北京：机械工业出版社，2006.
[2] Tele-Cooperative system based on Internet, http://www.cocreate.com, 2015.
[3] 张洁，秦威，鲍劲松等. 制造业大数据 [M]. 上海：上海科学技术出版社，2017.
[4] 范玉顺等. 网络化制造系统及其应用实践 [M]. 北京：机械工业出版社，2003.
[5] 殷国富，陈永华. 计算机辅助设计技术与应用 [M]. 北京：科学出版社. 2006.
[6] 谢驰，李三雁. 数字化设计与制造技术 [M]. 北京：中国石化出版社. 2016.
[7] 郭丙炎. 计算机辅助设计与制造. 北京：机械工业出版社，2016.
[8] 吴晓波，朱克力. 读懂中国制造 2025. 北京：中国出版集团，2016.
[9] 彭俊松. 工业 4.0 驱动下制造业数字化转型. 北京：机械工业出版社，2017.
[10] 张杰，秦威，鲍劲松. 制造业大数据. 上海：上海科学技术出版社，2016.
[11] 于晓丹，李卫民等. 计算机绘图. 沈阳：东北大学出版社，2008.
[12] 崔洪斌等. 计算机辅助设计基础及应用. 北京：清华大学出版社，2004.
[13] 李卫民等. CAD 技术基础. 沈阳：东北大学出版社，2008.
[14] 迟毅林，杨建明，刘康算. 计算机辅助设计基础. 重庆：重庆大学出版社，2000.
[15] 吴永明，沈建华等. 计算机辅助设计基础. 北京：高等教育出版社，2005.
[16] 崔洪斌，方忆湘等. 计算机辅助设计基础. 北京：清华大学出版社，2004.
[17] 唐龙，许忠信等. 计算机辅助设计技术基础. 北京：清华大学出版社，2002.
[18] 机械设计手册编委会. 机械设计手册：第 5 卷. 第 3 版. 北京：机械工业出版社，2004.
[19] 潘云鹤. 计算机图形学：原理、方法及应用. 北京：高等教育出版社，2001.
[20] 汪厚祥，杨积极. 现代计算机图形学. 北京：高等教育出版社，2005.
[21] 杜晓增. 计算机图形学基础. 北京：机械工业出版，2004.
[22]《机械工程师手册》第 2 版编辑委员会. 机械工程师手册. 第 2 版. 北京：机械工业出版社，2000.
[23] 童秉枢等. 机械 CAD 技术基础. 第 3 版. 北京：清华大学出版社，2008.
[24] 机械设计手册编委会. 机械设计手册：第 6 卷. 第 3 版. 北京：机械工业出版社，2004.
[25] 戴同. 机构与机械零部件 CAD. 第 2 版. 武汉：华中科技大学出版社，2003.
[26] 陈桦，韩艳艳. 凸轮三维图形库系统的构建研究. 机械设计与制造，2007 (11)：66-67.
[27] 沈丽萍. 创建和管理 AutoCAD 中的图形库. 辽宁省普通高等专科学校学报，2005，7 (1)：58-59.
[28] 袁正刚，唐卫清，吴雪琴等. 面向工程 CAD 的图形库设计. 计算机辅助设计与图形学学报，2001，13 (3)：198-200.
[29] 李世国，机械 CAD 图库管理系统的研究和开发 [J]. 机电工程，1999，16 (4)：1-2.
[30] 黄尧民. 机械 CAD. 北京：机械工业出版社，1995.
[31] 杨雄飞. 计算机辅助设计. 北京：机械工业出版社，2006.
[32] 童秉枢，李学志等. 机械 CAD 技术基础. 北京：清华大学出版社，1996.
[33] 余世浩等. CAD/CAM 基础. 北京：国防工业出版社，2007.
[34] 王鸿博. 数据库技术及工程应用. 北京：机械工业出版社. 2002.
[35] 吴宗泽. 机械设计手册：下册. 北京：机械工业出版社. 2002.
[36] 孙大涌. 先进制造技术. 北京：机械工业出版社，1999.
[37] 国水应. CAD 系统中的工程数据库系统. 安徽技术师范学院学报，2005，19 (3)：23-27.
[38] 张甲寅，赵东辉. 工程数据库技术及发展趋势. 黑龙江通信技术，2001，12 (4)：39-42.
[39] 曹日东. 工程数据库与商用数据库的区别. 中国民航学院学报，2003，21 (1)：46-49.
[40] 颜云辉，谢里阳，韩清凯等. 结构分析中的有限元法及其应用. 沈阳：东北大学出版社，2006.
[41] 李卫民，杨红义，王宏祥等. ANSYS 工程结构实用案例分析. 北京：化学工业出版社，2007.
[42] 吴向霆，成思源，张相伟等. 手持式激光扫描系统及其应用 [J]. 机械设计与制造，2009 (11)：78-80.
[43] 曹晓兴. 逆向工程模型重构关键技术及应用 [D]. 郑州：郑州大学，2012.
[44] 钱锦锋. 逆向工程中的点云处理 [D]. 杭州：浙江大学，2005.
[45] 周立萍，陈平. 逆向工程发展现状研究. 计算机工程与设计 [J]. 2004，25 (10). 1658-1666.
[46] 李小伟. 逆向工程关键技术的研究 [D]. 合肥：合肥工业大学，2007.
[47] Seabee Son, Humping Park, Kwan Hale. Automated Laser Scanning System for Reverse Engineering and Inspection [J]. International Journal of Machine Tools & Manufacture, 2007, (12)：889-891.

[48] Marek Vanco, Guido Brunnett. Direct Segmentation of Algebraic Models for Reverse Engineering [J]. Computing, 2004: 207-220.
[49] Gup, Yan X. Neural network approach to the reconstruction of free from surfaces for reverse engineering [J]. CAD, 1995, 27 (1): 54-64.
[50] Bogue R. Car manufacturer uses novel laser scanner to reduce time to production [J]. Assembly Automation, 2008: 113-114.
[51] 李卫民, 赵文川. 基于 Handyscan 3D 激光扫描仪的逆向工程关键技术研究 [J]. 机床与液压, 2017 (20): 31-34.
[52] 秦现生等. 并行工程的理论与方法. 西安: 西北工业大学出版社, 2008.
[53] 马世骁. 并行工程理论研究与应用 [D]. 沈阳: 东北大学, 2004.
[54] 熊光楞等. 并行工程的理论与实践. 北京: 清华大学出版社; 海德堡: 施普林格出版社, 2001.
[55] Paashuis Victor, Boer Heary. Orgnizing for concurrent engineering: An integration mechanism framework. Integration Manufacturing System, 1997, 8 (2): 79-89.
[56] Mark Klein. Core services for coordination in concurrent engineering. Computers in Industry, 1996, 29: 105-115.
[57] Hsioa S. W. Concurrent engineering based method for developing a baby carriage, International Journals Advanced Manufacturing Technology, 1997, 12 (6): 455-462.
[58] 荣烈润. 先进制造哲理——并行工程. 航空精密制造技术, 2007, 43 (2): 3-7, 28.
[59] 钟亮, 张璐. 并行工程的探索与分析. 现代商业, 2012 (6): 124-126.
[60] Marcel Tichem. Designer support for product structuring—development of a DFX tool within the design coordination framework. Computers in Industry, 1997, 33: 155-163.
[61] 宁汝新等. 并行工程的发展及实现机理. 先进生产模式与制造哲理研讨会论文集. 大连: 大连理工大学, 1997.
[62] Mark. Computer-Aided Production Engineering Pro-ceedings of the 15th International Cape conference [M]. University of Durham 19-20 Appil, 1999.
[63] 张玉云, 熊光楞, 李伯虎. 并行工程方法、技术与实践 [J]. 自动化学报, 1996, 22 (6): 745-754.
[64] 陈国权. 并行工程管理方法与应用 [M]. 北京: 清华大学出版社, 1998.
[65] 潘学增. 并行工程原理及应用 [M]. 北京: 清华大学出版社, 1997.
[66] 熊光楞, 郭斌等. 协同仿真与虚拟样机技术. 北京: 清华大学出版社, 2004.
[67] 万丽荣. 基于虚拟样机的复杂产品协同仿真与设计技术研究 [D]. 济南: 山东大学, 2008.
[68] 杜平安等. 虚拟样机技术的技术与方法体系研究. 系统仿真学报, 2007 (8): 3447-3448.
[69] 刘小平等. 虚拟样机及其相关技术研究与实践. 机械科学与技术, 2003. 11: 235-236.
[70] 申承均等. 虚拟样机研究技术及发展趋势. 农业化研究, 2008. 8: 234-235.
[71] 王小东等. 虚拟样机的未来前景. 机械管理开发, 2004. 12: 81-82.
[72] 席俊杰. 虚拟样机技术的发展与应用. 制造业自动化, 2006. 11: 21-22.
[73] 刘极峰. 计算机辅助设计与制造. 北京: 高等教育出版社, 2004.
[74] 王侃等. 虚拟样机技术综述. 新技术新工艺, 2008. 3: 29-31.
[75] 李丹等. 虚拟样机技术在制造业中的应用及研究现状. 机械, 2008 (6): 1-4.
[76] 熊光楞, 等. 虚拟样机技术. 系统仿真学报, 2001, 13 (1): 115-116.
[77] 吴修彬. 虚拟样机建模技术浅析. 机械制造与研究, 2007 (5): 33-34.
[78] 史金鹏等. 装卸桥虚拟样机建模技术. 起重运输机械, 2006 (10): 41-43.
[79] 孟祥德等. CAD/CAE 协同仿真技术应用于研究, 机械设计与制造, 2007 (9): 213-214.
[80] 虞敏等. 复杂产品虚拟样机数据管理技术研究. 计算机工程与设计, 2006 (9): 3403-3405.
[81] 陈铮等. 虚拟样机可视化仿真服务的研究与实现. 系统仿真学报, 2006 (8): 519-520.
[82] 宋晓等. 虚拟样机模型库管理系统初步研究. 系统仿真学报, 2004 (4): 731-734.
[83] 熊光楞, 王克明, 郭斌. 数字化设计与虚拟样机技术. CAD/CAM 与制造业信息化, 2004 (1): 33-35.

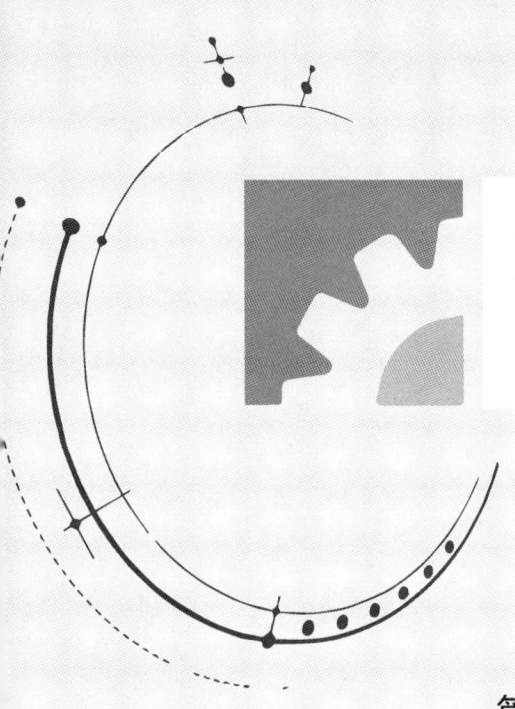

第 33 篇
人机工程与产品造型设计

篇主编：曾 红

撰　稿：曾 红　陈 明

审　稿：刘永贤

第1章 概 述

1.1 人机工程学的概念

人机工程学（Man-Machine Engineering）是研究人、机器及其工作环境之间相互作用的学科，是20世纪40年代后期发展起来的跨越不同学科领域，应用多种学科原理、方法和数据的一门边缘学科。该学科体现了"人体科学"与"工程技术"的结合，实际上是人体科学、环境科学向工程科学不断渗透和交叉的产物。它由以下两个"肢脉"和一个"躯干"所组成：一是以人体科学中的人类学、生物学、心理学、卫生学、环境心理学、解剖学、生物力学、人体测量学等为一"肢脉"；以环境科学中的环境保护学、环境医学、环境卫生学、环境心理学、环境监测学等学科为另一"肢脉"；以技术科学中的工业设计、工业经济、系统工程学、交通工程、社会学和管理学等学科为"躯干"，构成了本学科的体系，主要研究人-机-环境三者之间的关系，通过恰当地设计和改进这些关系，使工作系统获得满意的效果，同时保证人的安全、健康和舒适。

人机工程学是一门边缘学科，具有边缘学科共有的特点，如学科命名多样化、学科定义不统一、学科边界模糊、学科内容综合性强、学科应用范围广泛等。目前该学科在国内外还没有统一的名称，常用的名称有人机工程学、人类工效学、人类工程学、工程心理学、宜人学等。

国际人机工程学会（International Ergonomics Association，IEA）将人机工程定义为："研究人在某种工作环境中的解剖学、生理学和心理学等方面的各种因素；研究人和机器及环境的相互作用；研究在工作中、生活中和休假时怎样统一考虑工作效率、人的健康、安全和舒适等问题。"

《中国企业管理百科全书》对人机工程的定义为："研究人和机器、环境的相互作用及其合理结合，使设计的机器和环境系统适合人的生理、心理等特点，达到在生产中提高效率、安全、健康和舒适的目的。"

1.2 人机工程学的研究内容与方法

1.2.1 人机工程学研究的内容

一般将人机工程学的研究内容归纳为七个方面的内容，如表33-1-1所示。

1.2.2 人机工程学研究的方法

人机工程学广泛采用了人体科学和生物科学等相关学科的研究方法及手段，也采用了系统工程、控制理论、统计学等其他学科的一些研究方法，如表33-1-2所示。

表33-1-1 人机工程学研究的内容

分类		内容	示意图
人的特性的研究		主要包括人的工作能力、基本素质的测试与评价、体力负荷、心理负荷、人的可靠性、人的数学模型（控制模型与决策模型）、人体测量技术、人员选择与培训方面的研究	
机器特性的研究		指与人机工程的机器特性及其建模技术的研究，以使机器更适合于人的操作与使用，提高工效，减轻人的疲劳和劳动强度	
环境特性研究		指与人机工程相关的环境及其建模研究	
人-机关系的研究	静态人-机关系	主要研究作业域的布局与设计	
	动态人-机关系	主要研究人-机功能分配（人-机功能比较、人-机功能分配方法、人工智能）	
	人-机界面研究	主要研究显示器和控制技术、人-机界面设计与评价技术	
人-环关系的研究		主要研究环境因素对人的影响、个体防护及救生方案等	
机-环关系的研究		主要研究与人机工程相关的机-环关系及特性	
人-机-环境系统总体性能的研究		主要包括人-机-环境系统总体数学模型、人-机-环境系统全数学模拟、半物理模拟及全物理模拟技术的研究，人-机-环境系统总体性能（安全、高效、经济）的分析、设计与评价，虚拟现实（Virtual Reality）技术在人-机-环境系统总体性能研究中的作用	

表 33-1-2　　人机工程学研究的方法

名　　称	定义与性质
观察法	通过直接或间接观察，有时甚至借助某些工具，记录自然环境中被调查对象的行为表现、活动规律，然后进行分析研究的方法。观察法是在不影响事件正常发生的情况下有目的、有计划、有步骤地进行的。观察者通常不参与研究对象的活动，从而避免对研究对象产生影响，以保证研究的自然性与真实性。如对工人操作动作的分析、人与机功能分析和工艺流程分析等
实测法	指借助于仪器设备对研究对象进行实际测量检测的方法。如用三维人体扫描仪器进行人体静态与动态形体参数的测量，用医疗仪器进行人体生理参数测量或对人机系统参数、作业环境参数测量等
实验法	实验法是在人为控制的条件下，系统地改变一定的变量因素，以引起研究对象响应变化来进行因果推测和变化预测的一种研究方法，一般在实验室进行，也可以在作业现场进行。如进行仪表盘设计时，必须对人对各种仪表表示值的认读速度、误读率与表盘的形状、观察距离以及仪表显示的亮度、对比度、仪表指针的形状、长度等进行研究
模拟和模型试验法	模拟是指各种技术和装置的模拟，如操作训练模拟器，机器的模型以及各种人体模型等。该法可对某些操作系统进行逼真的试验，可以得到从实验室研究外推所需更符合实际的数据。由于模拟器或者模型通常比所模拟的真实系统便宜得多，可以进行符合实际的研究，所以获得了较多的应用
计算机数值仿真法	是指在计算机上利用系统的数学模型进行仿真性实验研究。研究者可对尚处于设计阶段的未来系统进行仿真，并就系统中的人、机、环境三要素的功能特点及其相互间的协调性进行分析，从而预知所设计产品的性能，并改进设计。应用数值仿真研究能大大缩短设计周期和降低成本
调查研究法	通过调查研究和抽样分析操作者或使用者的意见和建议，从中获取资料。这种方法包括：初步访问、专门调查、非常精细地评分、心理和生理学分析判断以及间接意见与建议的分析等
分析法 — 瞬时操作分析	生产过程一般是连续的，人和机器之间的信息传递也是连续的。但要分析这种连续传递的信息很困难，因此只能用间歇的分析测定法，即采用统计学中的随机取样法，对操作者和机器之间在每一间隔时间的信息进行测定后，再用统计推理的方法加以整理，从而获得改善人机系统的有益资料
分析法 — 知觉与运动信息分析	外界的信息要传递给人，首先由感知器官传到神经中枢，经大脑处理后产生反应信号，再传递给四肢，四肢接受指令后即开始对机器进行操作，被操作的机器状态又将信号反馈给操作者，从而形成一种反馈系统。知觉与运动信息分析就是对这种反馈系统进行测定分析，然后用信息传递理论来说明人机之间信息传递的数量关系
分析法 — 动作负荷分析	在规定操作所必需的最小间隔时间的条件下，采用计算机技术分析操作者连续操作的情况，从而可推算出操作者工作的负荷程度。另外，对操作者在单位时间内工作负荷进行分析，也可获得用单位时间的作业负荷率来表示的操作者全工作负荷
分析法 — 频率分析	对人机系统中的机械系统使用频率和操作者的操作动作频率进行测定分析，其结果可作为调整操作人员负荷参数的依据
分析法 — 危象分析	对事故或近似事故的危象进行分析，特别有助于识别容易诱发错误的情况，同时也能方便地查找出系统中存在的而又需要复杂的研究方法才能发现的问题
分析法 — 相关分析	指利用变量之间的统计关系对变量进行描述和推测，或者找出合乎规律的东西。如对人的身高和体重两种变量进行相关的分析，可以用身高描述人的体重
感觉评价法	感觉评价法是运用人的主观感觉对系统的质量、性质等进行评价和判定的一种方法，即人对事物客观量做出主观感觉评价 感觉评价的对象可分为两类：一类是对产品或系统的特定质量、性质进行评价，如对声压级、照度、亮度、空气的干湿程度、长度、重量、表面状况等的评价；另一类是对产品或系统的整体进行综合评价，如对舒适性、使用性、居住性、满意度、爱好、情绪、感觉、消费者态度等的评价。前者可借助计量仪器或部分借助计量仪器进行评价；后者依靠人的感觉进行评价。感觉评价的主要目的包括：按一定标准将各个对象分成不同的级别和等级；评定各对象的大小和优劣；按某种标准，度量对象大小和优劣的顺序

续表

名　称	定义与性质
心理测验法	心理测验法是指以心理学有关个体差异理论为基础，将操作者个体在某种心理测验中的成绩与常模作比较，以分析被试者的特点 心理测验法可分团体测验和个体测验。前者可在同一时间内测量大批人员，可节省时间和费用，适合时间紧、待测人数较多的场合；后者则个别进行，能获得更全面和更具体的信息，但时间较长。心理测验按测试内容分为能力测验、智力测验和个性测验
图示模型法	图示模型法是指用图形对系统进行扫描的方法，可直观地反映各要素之间的关系，从而揭示系统的本质。图示模型法多用于机具、作业和环境的设计与改进，特别适合于分析人机之间的关系

1.3 产品设计中的人机关系

1.3.1 人机系统的概念

人机系统是指处于同一时间和空间的人与其控制的机及其所处的周围环境构成的人-机-环境系统。在系统中，"人"是占主体地位的决策者、规划者，或者是使用操作者；"机"是人操作使用物的总称（如机器装备、工具设施、机械装备、仪器仪表、工作工具、工作座椅、生活娱乐器具等）；"环境"则是人与机所处的周围环境，不仅指工作场所的声、光、空气、温度、振动等物理环境因素，而且包括团体组织、奖惩制度、社会舆论、工作氛围等社会环境因素；系统是由相互作用、相互依赖的若干组成部分结合成的具有特定功能的有机整体，三者相互关联，相互作用，相互制约，且以人为本。

1.3.2 人机系统的分类

表 33-1-3　人机系统的分类

分　类		定义与性质	示　意　图
按有无反馈控制分类	开环人机系统	指系统中没有反馈回路，或输出过程也可提供反馈信息，但无法用这些信息进一步直接控制操作，即系统的输出对系统的控制作用没有直接影响	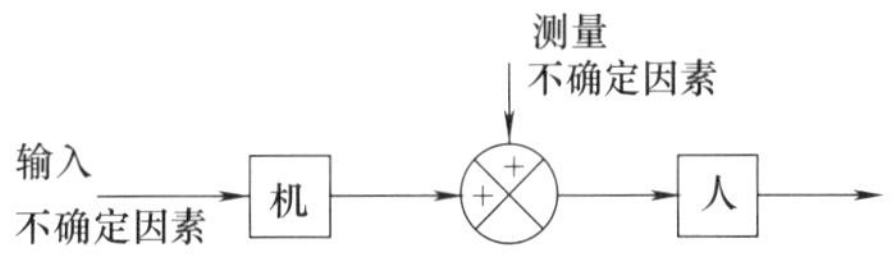 输入不确定因素 → 机 → (+) ← 测量不确定因素 → 人 →
	闭环人机系统	指系统有封闭的反馈回路，输出对控制作用有直接影响。若由人工观察和控制信息的输入、输出和反馈，再配上质量检测构成反馈，则称人工闭环人机系统；若由自动控制装置来代替人的工作，人只起监督作用，则称自动闭环人机系统	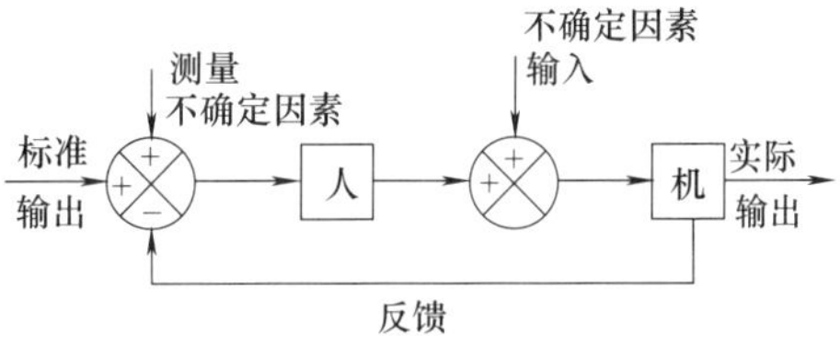 标准输出 → (+−) ← 测量不确定因素 → 人 → (+) ← 不确定因素输入 → 机 → 实际输出；反馈
按系统自动化程度分	人工操作系统	这类系统包括人和一些辅助机械及手工工具。由人提供作业动力，并作为生产过程的控制者	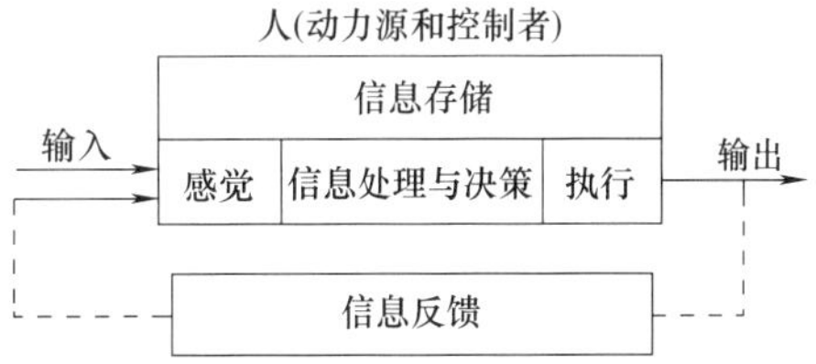 人(动力源和控制者)：信息存储；输入→感觉→信息处理与决策→执行→输出；信息反馈
	半自动化系统	这类系统由人控制具有动力的机器设备，人也可能为系统提供少量的动力，对系统做某些调整或简单操作	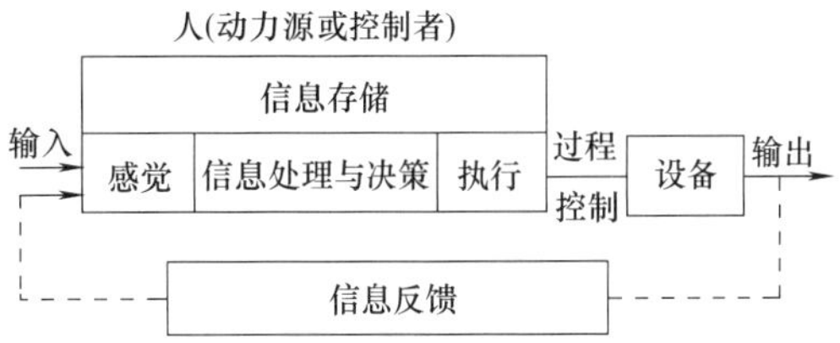 人(动力源或控制者)：信息存储；输入→感觉→信息处理与决策→执行→过程控制→设备→输出；信息反馈

续表

分　类		定义与性质	示　意　图
按系统自动化程度分	自动化系统	这类系统中信息的接受、存储、处理和执行等工作,全部由机器完成,人只起管理和监督作用。系统的能源从外部获得,人的具体功能是启动、制动、编程、维修和调试等	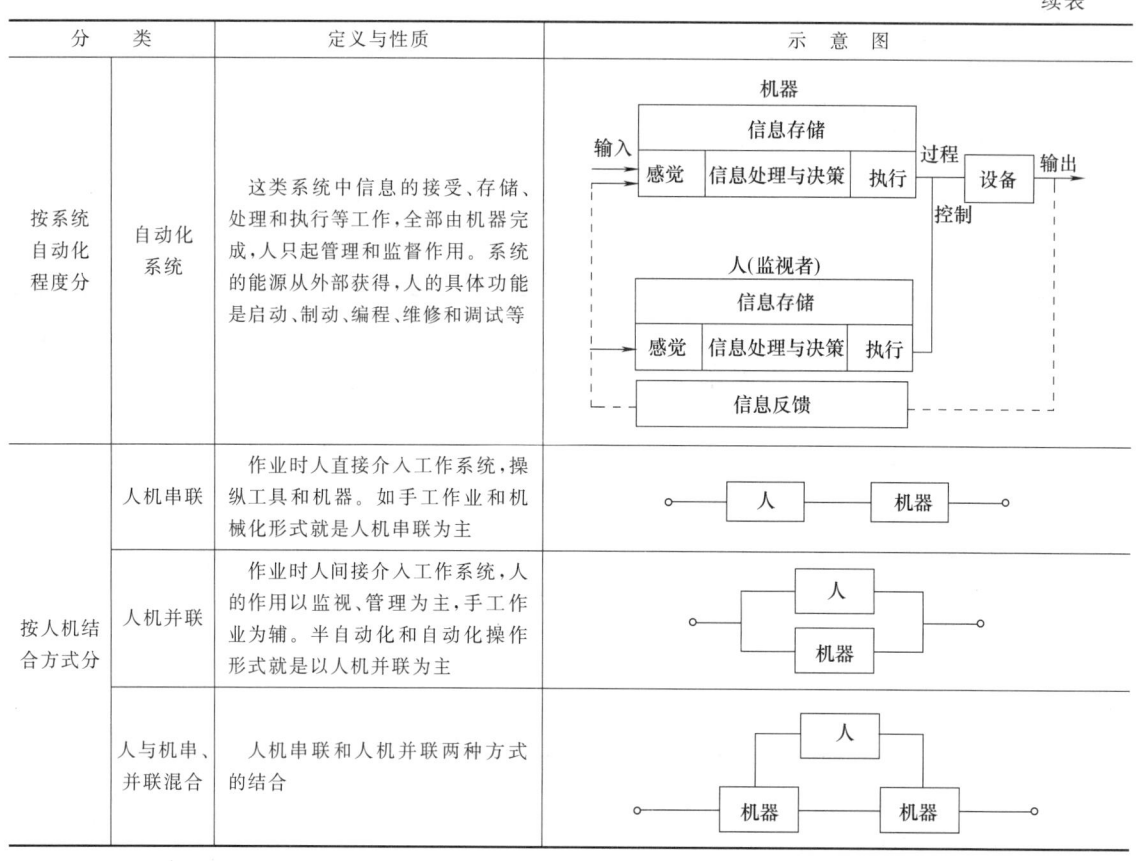
按人机结合方式分	人机串联	作业时人直接介入工作系统,操纵工具和机器。如手工作业和机械化形式就是人机串联为主	
	人机并联	作业时人间接介入工作系统,人的作用以监视、管理为主,手工作业为辅。半自动化和自动化操作形式就是以人机并联为主	
	人与机串、并联混合	人机串联和人机并联两种方式的结合	

1.3.3 人机的特性

人机功能的分配,应全面综合考虑人与机器的特征及机能,使之扬长避短,合理配合,充分发挥人机系统的综合使用效能,表 33-1-4 列出了人的特征与机器的机能比较,可供设计时选用参考。

表 33-1-4　　　　　　人的特征与机器的机能比较

能力种类	人的特征	机器的机能
感受能力	人可识别物体的大小、形状、位置和颜色等特征,并对不同音乐和某些化学物质也有一定的分辨能力	接受超声、辐射、微波、电磁波、磁场等信号,超过人的感受能力
控制能力	可进行各种控制,且在自由度、调节和联系能力等方面优于机器,同时,其动力设备和效应运动完全合为一体,能独立自主	操纵力、速度、精密度、操作数量等方面都超过人的能力,但不能独立自主,必须外加动力源才能发挥作用
工作效能	可依次完成多种功能作业,但不能进行高阶运算,不能同时完成多种操纵和在恶劣环境下作业	能在恶劣环境条件下工作,可进行高阶运算和同时完成多种操作控制,单调、重复的工作也不降低效率
信息处理	人的信息传递率为 6bit/s 左右,接受信息的速度约 20 个/s,短时间内能同时记住信息约 10 个,每次只能处理一个信息	能存储信息和迅速取出信息,能长期储存,也能一次废除。信息传递能力、记忆速度和保持能力都比人高得多
可靠性	就人脑而言,可靠性和自动结合能力者远远超过机器,可处理意外的紧急事态。但工作过程中,人的技术高低、生理及心理状态等对可靠性都有影响	经可靠性设计后,其可靠性高,且质量保持不变,但本身的检查和维修能力非常微薄,不能处理意外的紧急事态
耐久性	容易产生疲劳,不能长时间地连续工作,且受年龄、性别和身体健康情况的影响	耐久性高,能长期连续工作,并大大超过人的能力

1.3.4 人机关系

在人机系统中,人机关系主要有两方面:一是机器适应人,即使机器系统尽量满足使用者生理、心理、审美以及社会价值观念的要求;二是人适应机器,即机器在限定条件下,尽量发挥人的因素,让人适应机器的要求,以保证人机系统具有最佳功效。

机器适应人是有条件的,而人适应机器也是有限度的。在系统中,人机之间相互依存、相互影响、相互制约。按机的客观要求,人适应机器是个学习和训练的问题,反之,人们在长期生活和劳动中形成的操作习惯又会成为机器适应人的条件,制约机器控制系统的设计。因此,在达到机器适应人的过程中,必须充分考虑人的因素,才能更合理地设计机器以提高人机系统的工作效率。

1.3.5 人机关系设计的基本原则

ISO 6385—2016(E)国际标准规定了人机设计的基本原则。

对于系统中人、机和环境三个组成要素,不单纯追求某一个要素的最优,而是在总体上、系统级的最高层次上正确地解决好人机功能分配、人机关系的匹配和人-机界面的合理三个基本问题,以求得满足系统总体目标的优化方案。

1.4 产品造型设计的概述

1.4.1 产品造型设计概念

造型是创造物体形象的手段,它包括对造型物提出要求,然后进行构思、设计、制作和使用四个最基本的过程。工业产品造型设计是将与产品造型有关的功能、结构、材料、工艺、视觉传递、宜人性、市场关系等方面,进行综合的创造性设计,而获得人-机-环境协调统一、符合时代要求的一种创造性活动。

1.4.2 造型设计的基本要素

表 33-1-5 造型设计的基本要素

基础要素	组成要素	性质及内容
功能基础	工作范围	是指产品的应用范围,它不可能有广泛的工艺性和工作区域,一般按一定的功能范围构成系列
	工作精度	是标志同种产品质量性能的高低、反映产品内在质量的主要技术指标,是体现功能的主要因素
	可靠性与有效度	可靠性表示产品的功能在使用时间上的稳定程度,其指标可靠度是指产品在规定条件下和预期的时间内完成规定功能的概率。有效度是指可维修产品在特定的时间内维持其功能的概率
	宜人性	是指产品造型设计必须以人机工程学的观点,去确定人和机器之间最适宜的相互作用方式和方法,提高人的操纵活动能力,以达到高效和高准确度的要求
物质基础	结构	结构是实现功能的核心因素,产品的高性能、多功能是依靠科学、合理的结构方式来实现,相同的功能要求可采用不同的结构方式,不同的结构产生不同的造型形式
	材料	是造型必不可少的物质条件,是满足功能要求、体现结构的基本要素
	工艺	是实现结构完成造型的基础手段,相同的材料和功能要求,采用不同的工艺方法加工所获得的外部质感和造型效果是不相同的
	经济性	是实现产品造型的生产成本,经济性制约造型的结构方式、材料的选用、工艺方法的选择及其他造型因素,使之更具有合理性
美学基础	美学法则	指造型的比例与尺度、均衡与稳定、统一与变化等指导造型设计的基本艺术表现法则
	形体构成	依据造型几何元素,按照一定的构成方法进行平面或立体的形体构成,是产品形体设计的基础
	色彩	产品的外在美必须依附于形体的色彩来体现,色彩的配置规律和法则是实现造型美的重要因素
	装饰	是产品造型体现实用功能和表现精神功能的因素之一,是进一步提高产品造型艺术效果的手段

1.4.3 产品造型设计的基本要求和设计原则

表 33-1-6　　产品造型设计的基本要求和设计原则

基本要求与设计原则		表 现 特 征
基本要求	实用性要求	显示使用功能先进与可靠的现代科学技术的功能美 表现符合宜人性因素的舒适美
	科学性要求	体现先进加工手段的工艺美 反映大工业自动化生产及科学性的严格和精确美 标志力学、材料学、机构学新成就的结构美 符合标准化、通用化、系列化的规整美
	艺术性要求	表现最新形态构成原理的形态美 符合最新数理逻辑理论的比例尺度美 应用最新物质材料的材质美与色彩美 表现审美新观念的单纯和谐美
总体设计原则	实用	使产品在所使用的条件下得到最满意的使用效果,发挥"人-机-环境"的整体效用,这是评定产品造型设计的技术性能指标
	经济	约束产品的功能、结构、工艺、外观质量取得合理性、可靠性、价廉物美,使产品获得竞争能力,达到更高的经济效益
	美观	使产品在符合实用与经济的条件下,获得适应时代要求与人们审美观念的新颖造型与外观质量,产生艺术感染力和精神功能,这是评定造型的审美性指标

1.5 人机工程学与产品造型设计

人机工程学与产品造型设计都是新兴的综合性学科,它们不仅涉及科学和美学、技术和艺术、材料和工艺,而且还与人们的心理、生理等方面有极其密切的关系。长期以来,尽管人机工程与造型设计都有共同的理论基础,如美学法则与色彩设计,但却分属不同的研究领域,人机工程是作为一门独立学科而诞生的。随着计算机辅助设计技术的成熟和广泛应用,人机工程逐渐演变成计算机辅助造型设计的基础理论之一。产品造型设计的主要特征,表现为产品功能的实用性、工作原理的科学性和造型的艺术性以及人机环境的协调性,它们之间的关系是相互牵连、相互影响、不可分割的整体。产品的造型设计不再是孤立的计算机三维设计,它要求在满足使用功能的先决条件下实现综合造型设计,以满足人的心理、生理上的要求和审美要求,从而达到产品实用、经济、美观、节能和环保的目的。

造型设计与人机工程学在发展过程中的不断融合,相互渗透,人机工程已成为产品造型设计中必须要考虑的要素之一,而造型设计也成为人机工程学的主要应用领域之一。人机工程学对产品造型的作用主要体现在以下几个方面。

(1) 为产品造型设计中考虑"人的因素"提供人体尺度参数

应用人体测量学、人体力学、劳动生理学、劳动心理学等学科的研究方法,对人体结构特征和机能特征进行研究,提供人体各部分的尺寸、体重、体表面积、密度、重心以及人体各部分在活动时的相互关系和可及范围等人体结构特征参数;还提供人体各部分的出力范围、活动范围、动作速度、动作频率、中心变化以及动作时的习惯等人体技能特征参数;分析人的视觉、听觉、触觉以及肤觉等感受器官的机能特性;分析人在各种劳动时生理变化、能量消耗、疲劳机理以及人对各种劳动负荷的适应能力;探讨人在工作中影响心理状态因素以及心理因素对工作效率的影响等。

(2) 为产品造型设计中"物"的功能合理性提供科学依据

如进行纯物质功能的创作活动,不考虑人机工程学的原理与方法,那将是创作活动的失败。因此,如何实现"物"与人相关的各种功能的最优化,创造出与人的生理、心理机能相协调的"物",这将是当今产品设计中在功能问题上的新课题。通常,在考虑"物"中直接由人使用或操作部件的功能问题时,如信息显示装置、操作控制装置、工作台和控制室等部件的形状、大小、色彩、机器布置方面的设计基准,都是以人体工程学提供的参数和要求为设计依据。

(3) 为产品造型设计中"环境因素"提供设计

准则

通过研究人体对环境中各种物理、化学因素的反应和适应能力,分析声、光、热、振动、粉尘和有毒气体等环境因素对人体的生理、心理以及工作效率的影响程度,确定人在生产和生活活动中所处的各种环境的舒适范围和安全限度,从保证人体健康、安全、舒适和高效出发,为产品设计中考虑"环境因素"提供了分析评价方法和设计准则。

(4) 为进行人-机-环境系统设计提供理论依据

人机工程学的显著特点是在认真研究三个要素本身特性的基础上,不单纯着眼于个别要素的优良与否,而是将使用"物"的人和所设计的"物"以及"物"所处的环境作为一个系统来研究,即人-机-环境系统。系统中三个要素相互作用、相互依存的关系决定着系统总体的性能,人机系统设计理论,就是科学地利用三个要素的有机联系来寻求系统的最佳参数,为产品造型设计开拓新的设计思路,并提供独特的设计方法和有关理论依据。

第 2 章 人机工程

2.1 人体测量

2.1.1 人体测量基本术语

2.1.1.1 基本姿势

(1) 立姿

被测者挺胸直立，头部以法兰克福平面定位，眼睛平视前方，肩部放松，上肢自然下垂，手伸直，手掌朝向体侧，手指轻贴大腿侧面，自然伸直膝部，左、右足后跟并拢，前端分开，使两足大致呈45°夹角，体重均匀分布于两足。

(2) 坐姿

被测者挺胸坐在被调节到腓骨头高度的平面上，头部以法兰克福平面定位，眼睛平视前方，左、右大腿大致平行，膝弯屈大致成直角，足平放在地面上，手轻放在大腿上。

2.1.1.2 测量基准面和基准轴

人体测量中设定的基准面和基准轴如表 33-2-1 所示。

2.1.1.3 测量方向

人体尺寸测量时，被测者的测量方向如表 33-2-2 所示。

2.1.1.4 被测者的衣着和支承面

(1) 被测者的衣着

测量时，被测者应裸体或尽可能少着装，且免冠、赤脚。

(2) 支承面

站立面（地面）、平台或坐面应是平坦、水平且不可变形的。

2.1.2 人体尺寸测量分类

(1) 静态人体尺寸测量

静态测量是指被测者静止地站着或坐着进行的一种测量方式。

(2) 动态人体尺寸测量

动态人体尺寸测量是指被测者处于动作状态下所

表 33-2-1 人体测量中设定的基准面和基准轴

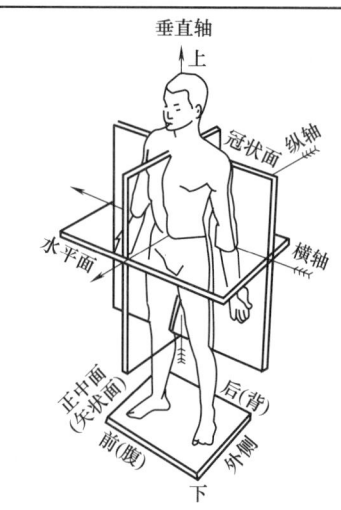

名 称	含 义
冠状面	通过垂直轴与横轴的平面及与其平行的所有平面都称为冠状面。冠状面将人体分成前、后两个部分
矢状面	人体前后方向的正中平面（正中矢状面）或平行于它的平面（侧矢状面）
水平面	与矢状面及冠状面同时垂直的所有平面都称为水平面。水平面将人体分成上、下两个部分
法兰克福平面（眼耳平面）	两耳屏点和右眶下点所构成的标准水平面
垂直轴	通过各关节中心并垂直于水平面的一切轴
纵轴（矢状轴）	通过各关节中心并垂直于冠状面的一切轴
横轴（冠状轴）	通过各关节中心并垂直于矢状面的一切轴

表 33-2-2 被测者的测量方向

测量方向	含 义
头侧端与足侧端	在人体上、下方向上，称上方为头侧端，称下方为足侧端
内侧与外侧	在人体左、右方向上，将靠近正中矢状面的方向称为内侧，将远离正中矢状面的方向称为外侧
近位与远位	在四肢上，将靠近四肢附着部位的称为近位，将远离四肢附着部位的称为远位
桡侧与尺侧	对于上肢，将桡骨侧称为桡侧，将尺骨侧称为尺侧
胫侧与腓侧	对于下肢，将胫骨侧称为胫侧，将腓骨侧称为腓侧

进行的人体尺寸测量。动态人体尺寸测量的重点是测量人在执行某种动作时的身体特征。通常是对手、上肢、下肢、脚所及的范围以及各关节能达到的距离和能转动的角度进行测量。

2.1.3 人体测量基础项目

用于技术设计的人体测量基础项目，如表33-2-3所示。

表 33-2-3 人体测量基础项目（GB/T 5703—2010）

测量项目	说　　明	测　量　方　法	测量仪器
1. 被测者立姿			
体重	人体质量	被测者站立在体重计上	体重计
身高	从地面到头顶点的垂直距离	被测者足跟并拢,身体挺直站立,头以法兰克福平面定位	人体测高仪
眼高	从地面到眼外角点的垂直距离	被测者足跟并拢,身体挺直站立,头以法兰克福平面定位	人体测高仪
肩高	从地面到肩峰点的垂直距离	被测者足跟并拢,身体挺直站立,肩部放松,上臂自然下垂	人体测高仪
肘高	从地面到弯曲肘部的最下点的垂直距离	被测者足跟并拢,身体挺直站立,上臂自然下垂,前臂与上臂弯曲呈直角	人体测高仪
髂前上棘点高	从地面到髂前上棘点（髂前上棘向前下方最突出的点）的垂直距离	被测者足跟并拢,身体挺直站立	人体测高仪
会阴高	从地面到耻骨联合下方的垂直距离	被测者先以双腿叉开100mm的姿势站立,人体测高仪的滑动臂靠在大腿的内侧面,略向上移动,使其轻轻靠在耻骨相应部位。在测量时,被测者足跟并拢,身体挺直站立	人体测高仪
胫骨点高	从地面到胫骨点的垂直距离	被测者足跟并拢,身体挺直站立	人体测高仪
胸厚	在胸中点高度处测得的躯干正中矢状面的前后距离	被测者足跟并拢,身体挺直站立,双臂自然下垂	圆杆弯脚规
体厚	身体最大厚度	被测者足跟并拢,双臂自然下垂,身体靠墙挺直站立	人体测高仪（圆杆直脚规）
胸宽	在胸中点高度处测得的躯干宽度	被测者足跟并拢,身体挺直站立,双臂自然下垂	人体测高仪（圆杆直脚规）
臀宽	臀部两侧的最大水平距离	被测者足跟并拢,身体挺直站立,测量时,不能压迫臀部肌肤	人体测高仪（圆杆直脚规）
2. 被测者坐姿			
坐高	从水平坐面至头顶点的垂直距离	被测者躯干挺直,大腿完全由坐面支撑,小腿自然下垂,头以法兰克福平面定位	人体测高仪
眼高	从水平坐面到眼外角点的垂直距离	被测者躯干挺直,大腿完全由坐面支撑,小腿自然下垂,头以法兰克福平面定位	人体测高仪
颈椎点高	从水平坐面到颈椎点的垂直距离	被测者躯干挺直,大腿完全由坐面支撑,小腿自然下垂,头以法兰克福平面定位	人体测高仪
肩高	从水平坐面到肩峰点的垂直距离	被测者躯干挺直,大腿完全由坐面支撑,小腿自然下垂。肩部放松,上臂自然下垂	人体测高仪
肘高	从水平坐面到与前臂水平屈肘的最下点的垂直距离	被测者躯干挺直,大腿完全由坐面支撑,小腿自然下垂,上臂自然下垂,前臂呈水平	人体测高仪
肩肘距	从肩峰点到与前臂水平屈肘的最下点的垂直距离	被测者躯干挺直,大腿完全由坐面支撑,小腿自然下垂,上臂自然下垂,前臂呈水平	人体测高仪（圆杆直脚规）
肘腕距	从墙壁到腕部（尺骨茎突）的水平距离	被测者坐或挺直站立,背靠墙壁,上臂自然下垂。双肘触墙,两前臂呈水平	人体测高仪（圆杆直脚规）
肩宽（两肩峰点宽）	两肩峰点之间的直线距离	被测者坐或站立,身体挺直,双肩放松	圆杆直脚规或圆杆弯脚规

续表

测量项目	说　明	测　量　方　法	测量仪器
2. 被测者坐姿			
肩最大宽（两三角肌间）	左右上臂三角肌最外突出点之间的直线距离	被测者坐或站立，身体挺直，双肩放松	圆杆直脚规或圆杆弯脚规
两肘间宽	两肘部外侧面之间的最大水平距离	被测者坐或站立，身体挺直，两上臂自然下垂并轻靠体侧，两前臂水平曲且彼此平行，并与地面平行。测量时，不压迫肘部肌肤	圆杆直脚规或圆杆弯脚规
臀宽	臀部两侧最宽部位的宽度	被测者坐着，两大腿完全由坐面支撑着，小腿自然下垂，两膝盖并拢，测量时不能压迫臀部肌肤	圆杆直脚规或圆杆弯脚规
小腿加足高(腘高)	膝部弯成直角，从足底面到膝弯屈处的大腿下面的垂直距离	坐姿测量时，被测者大腿和小腿弯成直角；立姿测量时，则将足搁放在升高的平台上，移动测高仪的滑动臂轻靠股二头肌的肌腱	人体测高仪
大腿厚	从坐面到大腿最高点的垂直距离	被测者躯干挺直，膝部弯成直角，双足平放在地面	人体测高仪
膝高	从地面到髌骨上缘的最高点的垂直距离	被测者躯干挺直，膝部弯成直角，双足平放在地面	人体测高仪
腹厚	坐姿时，腹部前后最突出部位的水平直线距离	被测者躯干挺直，双臂自然下垂	人体测高仪（圆杆直脚规）
乳头点胸厚	在乳头点高度处胸部的最大厚度	被测者坐着或站立，女子戴普通胸罩，双臂自然下垂	圆杆直脚规
臀-腹厚	腹部最向前突处与臀部最向后突处之间最大的投影厚度	被测者躯干挺直，两大腿完全由坐面支撑着，小腿自然下垂，臀部最后点靠在一垂直板，测量从垂直板到腹部最向前突处的距离	人体测高仪
3. 特定体部			
手长	从桡骨茎突和尺骨茎突之间的掌面连线到中指指尖点的垂直距离	被测者前臂水平，手伸直，四指并拢，掌心向上。两个茎突连线的测点大致在腕部皮肤皱纹的中间	直脚规
掌长	从桡骨茎突和尺骨茎突的掌面连线到中指近位的掌面皱纹之间的垂直距离	被测者前臂水平，手伸直，四指并拢，掌心向上。在手的掌面进行测量	直脚规
手宽	在第Ⅱ到第Ⅴ掌骨头水平处，掌面桡尺两侧间的投影距离	被测者前臂水平，手伸直，四指并拢，掌心向上	直脚规
食指长	从第Ⅱ指的指尖到该指近位掌面的指皱褶之间的距离	被测者前臂水平，掌心向上，手平伸，手指分开，测量在手的掌面进行	直脚规
食指近位宽	中节指骨和近节指骨之间关节区的内侧面与外侧面之间的最大距离	被测者前臂水平，掌心向上，手平伸，手指分开	直脚规
食指远位宽	中节指骨和远节指骨之间关节区的内侧面与外侧面之间的最大距离	被测者前臂水平，掌心向上，手平伸，手指分开	直脚规
足长	足跟的后部到最长足趾（第Ⅰ或第Ⅱ趾）的趾尖之间的最大距离，测量时注意与足的纵轴平行	被测者站立，体重均匀分布于双足	人体测高仪
足宽	足的内外侧间与足纵轴相垂直的最大距离	被测者站立，体重均匀分布于双足	弯脚规

续表

测量项目	说　　明	测　量　方　法	测量仪器
\multicolumn{4}{c}{3. 特定体部}			
头长	眉间点和枕后点之间的直线距离	头的位置不影响测量	弯脚规
头宽	两耳上方与正中矢状面相垂直的头部的最大宽度	头的位置不影响测量	弯脚规
形态面长	鼻梁点和颏下点之间的距离	被测者自然闭嘴,头以法兰克福平面定位	直脚规
头围	由眉间点绕过枕后点的最大水平周长	软尺放在眉间点经枕后点绕头一周,测量时头发包含在内	软尺
头矢状弧	从眉间点经过头顶到枕外隆突点的弧长	软尺放在眉间点沿着头顶到枕外隆突点,测量时头发包含在内	软尺
耳屏间弧	从一侧耳屏点越过头的冠状面到另一侧耳屏点的弧长	软尺贴在头的一侧耳屏点越过冠状面到另一侧耳屏点,测量时头发包含在内	软尺
\multicolumn{4}{c}{4. 功能测量项目}			
墙-肩距	从垂直面到肩峰点的水平距离	被测者挺直站立,肩胛部和臀部紧靠一垂直面,双肩对该垂直面的压力相等,手臂完全水平前伸	人体测高仪
上肢执握前伸长	被测者双肩靠在垂直面时,从垂直面到手握轴的水平距离	被测者挺直站立,肩胛部和臀部紧靠一直面,一只手臂水平前伸,手握握棒(握棒直径20mm),其轴垂直	人体测高仪
肘-握轴距	肘弯曲成直角时,从上臂肘部的后面到握轴的水平距离	被测者坐着或站立,上臂自然下垂,手握握棒(握棒直径20mm),使其轴垂直	人体测高仪
拳(握轴)高	从地面到拳握轴的垂直距离	被测者双脚并拢挺直站立,肩部放松,双臂自然下垂,手握握棒(握棒直径20mm),棒轴水平且位于矢状面内	人体测高仪
前臂-指尖距	从上臂肘部的后面到指尖点的水平距离,肘部弯曲呈直角	被测者躯干挺直,上臂下垂,前臂水平,手前伸	人体测高仪(圆杆直脚规)
臀-腘距	从膝部后腘窝处到臀部最后点的水平距离	被测者躯干挺直,两大腿完全放在座椅面,座椅面尽可能靠膝后腘窝,小腿自然下垂。用垂直于座椅面的测量块抵触臀部最向后的突出点,测量从测量块到座椅面前缘的距离	人体测高仪(圆杆直脚规),测量块
臀-膝距	自膝盖的最前点到臀部的最后点的水平距离	被测者躯干挺直,两大腿完全放在座椅面,座椅面尽可能靠膝后腘窝,小腿自然下垂。用垂直于座椅面的测量块抵触臀部最向后的突出点,测量从测量块到膝盖最前点的距离	人体测高仪(圆杆直脚规),测量块
颈围	甲状软骨凸下缘点处的颈部围长	被测者躯干挺直,头以法兰克福平面定位	软尺
胸围	在乳头水平位置测量的胸部围长	被测者双足并拢,挺直站立。两手臂自然下垂,妇女戴普通乳罩	软尺
腰围	在最下肋骨和上髂嵴的中间处的躯干水平周长	被测者双足并拢,挺直站立,腹肌要放松	软尺
腕围	手伸直时,在桡骨茎突和尺骨茎突水平位置的腕部围长	被测者前臂保持水平,手展开且手指伸直	软尺
大腿围	大腿最大的围长	被测者站立,用软尺紧靠臀褶下方水平环绕大腿测得的围长	软尺
腿肚围	小腿肚的最大围长	被测者站立,用软尺水平地绕过小腿肚测得的最大围长	软尺

2.1.4 常用的人体测量数据

2.1.4.1 人体尺寸百分位数

百分位数是一种位置指标、一个界值,以符号 P_K 表示。一个百分位数将群体或样本的全部观测值分为两部分,有 $K\%$ 的观测值等于或小于它,有 $(100-K)\%$ 的观测值大于它。人体尺寸用百分位数表示时,称人体尺寸百分位数。

2.1.4.2 人体主要尺寸

中国成年人的人体主要尺寸包括身高、体重、上臂长、前臂长、大腿长、小腿长六项,如表 33-2-4 所示。

表 33-2-4　　人体主要尺寸（GB/T 10000—1988）　　mm（体重为 kg）

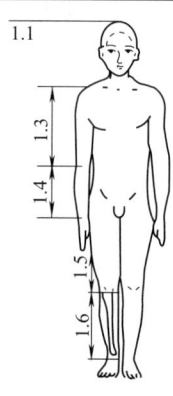

测量项目	18～60 岁(男)							18～55 岁(女)						
	1%	5%	10%	50%	90%	95%	99%	1%	5%	10%	50%	90%	95%	99%
1.1 身高	1543	1583	1604	1678	1754	1775	1814	1449	1484	1503	1570	1640	1659	1679
1.2 体重	44	48	50	59	71	75	83	39	42	44	52	63	66	74
1.3 上臂长	279	289	294	313	333	338	349	252	262	267	284	303	308	319
1.4 前臂长	206	216	220	237	253	258	268	185	193	198	213	229	234	242
1.5 大腿长	413	428	436	465	496	505	523	387	402	410	438	467	476	494
1.6 小腿长	324	338	344	369	396	403	419	300	313	319	344	370	376	390
测量项目	18～25 岁(男)							18～25 岁(女)						
	1%	5%	10%	50%	90%	95%	99%	1%	5%	10%	50%	90%	95%	99%
1.1 身高	1554	1591	1611	1686	1764	1789	1830	1457	1494	1512	1580	1647	1667	1709
1.2 体重	43	47	50	57	66	70	78	38	40	42	49	57	60	66
1.3 上臂长	279	289	294	313	333	339	350	253	263	268	286	304	309	319
1.4 前臂长	207	216	221	237	254	259	269	187	194	198	214	229	235	243
1.5 大腿长	415	432	440	469	500	509	532	391	406	414	441	470	480	496
1.6 小腿长	327	340	346	372	399	407	421	301	314	322	346	371	379	395
测量项目	26～35 岁(男)							26～35 岁(女)						
	1%	5%	10%	50%	90%	95%	99%	1%	5%	10%	50%	90%	95%	99%
1.1 身高	1545	1588	1608	1683	1755	1776	1815	1449	1486	1504	1572	1642	1661	1698
1.2 体重	45	48	50	59	70	74	80	39	42	44	51	62	65	72
1.3 上臂长	280	289	294	314	333	339	349	253	263	267	285	304	309	320
1.4 前臂长	205	216	221	237	253	258	268	184	194	198	214	229	234	243
1.5 大腿长	414	427	436	466	495	505	521	385	403	411	438	467	475	493
1.6 小腿长	324	338	345	370	397	403	420	299	312	319	344	370	376	389

续表

测量项目	36～60岁（男）							36～55岁（女）						
	1%	5%	10%	50%	90%	95%	99%	1%	5%	10%	50%	90%	95%	99%
1.1 身高	1533	1576	1596	1667	1739	1761	1798	1445	1477	1494	1560	1627	1646	1683
1.2 体重	45	49	51	61	74	78	85	40	44	46	55	66	70	76
1.3 上臂长	278	289	294	313	331	337	348	251	260	265	282	301	306	317
1.4 前臂长	206	215	220	235	252	257	267	185	192	197	213	229	233	241
1.5 大腿长	411	425	434	462	492	501	518	384	399	407	434	463	472	489
1.6 小腿长	322	336	343	367	393	400	416	300	311	318	341	367	373	388

2.1.4.3 立姿人体尺寸

立姿人体尺寸包括眼高、肩高、肘高、手功能高、会阴高、胫骨点高六项，如表33-2-5所示。

表33-2-5　　　　　　　立姿人体尺寸（GB/T 10000—1988）　　　　　　　mm

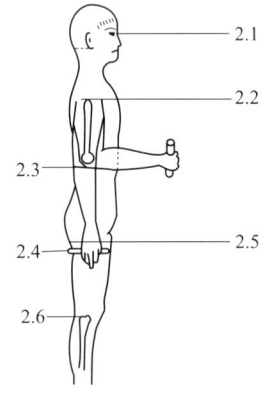

测量项目	18～60岁（男）							18～55岁（女）						
	1%	5%	10%	50%	90%	95%	99%	1%	5%	10%	50%	90%	95%	99%
2.1 眼高	1436	1474	1495	1568	1643	1664	1705	1337	1371	1388	1454	1522	1541	1579
2.2 肩高	1244	1281	1299	1367	1435	1455	1494	1166	1195	1211	1271	1333	1350	1385
2.3 肘高	925	954	968	1024	1079	1096	1128	873	899	913	960	1009	1023	1050
2.4 手功能高	656	680	693	741	787	801	828	630	650	662	704	746	757	778
2.5 会阴高	701	728	741	790	840	856	887	648	673	686	732	779	792	819
2.6 胫骨点高	394	409	417	444	472	481	498	363	377	384	410	437	444	459
测量项目	18～25岁（男）							18～25岁（女）						
	1%	5%	10%	50%	90%	95%	99%	1%	5%	10%	50%	90%	95%	99%
2.1 眼高	1444	1482	1502	1576	1653	1678	1714	1341	1380	1396	1463	1529	1549	1588
2.2 肩高	1245	1285	1300	1372	1442	1464	1507	1172	1199	1216	1276	1336	1353	1393
2.3 肘高	929	957	973	1028	1088	1102	1140	877	904	916	965	1013	1027	1060
2.4 手功能高	659	683	696	745	792	808	831	633	653	665	707	749	760	784
2.5 会阴高	707	734	749	796	848	864	895	653	680	694	738	785	797	827
2.6 胫骨点高	397	411	419	446	475	485	500	366	379	387	412	439	446	463

续表

测量项目	26～35 岁(男)							26～35 岁(女)					
	1%	5%	10%	50%	90%	95%	99%	1%	5%	10%	50%	90%	95%	99%
2.1 眼高	1437	1478	1497	1572	1645	1667	1705	1335	1371	1389	1455	1524	1544	1581
2.2 肩高	1244	1283	1303	1369	1438	1456	1496	1166	1196	1212	1273	1335	1352	1385
2.3 肘高	925	956	971	1026	1081	1097	1128	873	900	913	961	1010	1025	1048
2.4 手功能高	658	683	695	742	789	802	828	628	649	662	704	746	757	778
2.5 会阴高	703	728	742	792	841	857	886	647	672	686	732	780	793	819
2.6 胫骨点高	394	409	417	444	473	481	498	362	376	384	410	438	445	460

测量项目	36～60 岁(男)							36～55 岁(女)					
	1%	5%	10%	50%	90%	95%	99%	1%	5%	10%	50%	90%	95%	99%
2.1 眼高	1429	1465	1488	1558	1629	1651	1689	1333	1365	1380	1443	1510	1530	1561
2.2 肩高	1241	1278	1295	1360	1426	1445	1482	1163	1191	1205	1265	1325	1343	1376
2.3 肘高	921	950	963	1019	1072	1087	1119	871	895	908	956	1004	1018	1042
2.4 手功能高	651	676	689	736	782	795	818	628	646	660	700	742	753	775
2.5 会阴高	700	724	736	784	832	846	875	646	668	681	726	771	784	810
2.6 胫骨点高	392	407	415	441	469	478	493	363	375	382	407	433	441	456

2.1.4.4 坐姿人体尺寸

坐姿人体尺寸包括坐高、坐姿颈椎点高、坐姿眼高、坐姿肩高、坐姿肘高、坐姿大腿厚、坐姿膝高、小腿加足高、坐深、臀膝距、坐姿下肢长十一项，如表 33-2-6 所示。

表 33-2-6　　　　坐姿人体尺寸（GB/T 10000—1988）　　　　mm

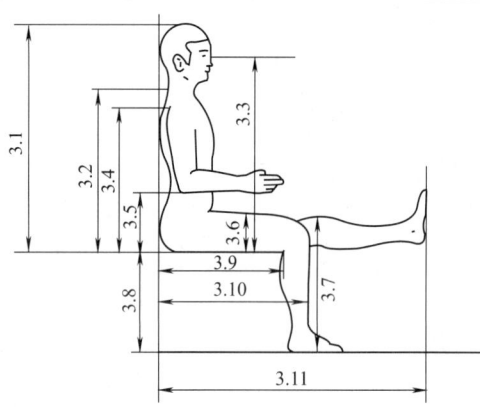

测量项目	18～60 岁(男)							18～55 岁(女)					
	1%	5%	10%	50%	90%	95%	99%	1%	5%	10%	50%	90%	95%	99%
3.1 坐高	836	858	870	908	947	958	979	789	809	819	855	891	901	920
3.2 坐姿颈椎点高	599	615	624	657	691	701	719	563	579	587	617	648	657	675
3.3 坐姿眼高	729	749	761	798	836	847	868	678	695	704	739	773	783	803
3.4 坐姿肩高	539	557	566	598	631	641	659	504	518	526	556	585	594	609
3.5 坐姿肘高	214	228	235	263	291	298	312	201	215	223	251	277	284	299
3.6 坐姿大腿厚	103	112	116	130	146	151	160	107	113	117	130	146	151	160
3.7 坐姿膝高	441	456	464	493	523	532	549	410	424	431	458	485	493	507

续表

测量项目	18～60岁(男)							18～55岁(女)						
	1%	5%	10%	50%	90%	95%	99%	1%	5%	10%	50%	90%	95%	99%
3.8 小腿加足高	372	383	389	413	439	448	463	331	342	350	382	399	405	417
3.9 坐深	407	421	429	457	486	494	510	388	401	408	433	461	469	485
3.10 臀膝距	499	515	524	554	585	595	613	481	495	502	529	561	570	587
3.11 坐姿下肢长	892	921	937	992	1046	1063	1096	826	851	865	912	960	975	1005

测量项目	18～25岁(男)							18～25岁(女)						
	1%	5%	10%	50%	90%	95%	99%	1%	5%	10%	50%	90%	95%	99%
3.1 坐高	841	863	873	910	951	963	984	793	811	822	858	894	903	924
3.2 坐姿颈椎点高	596	613	622	655	691	702	718	565	581	589	618	649	658	677
3.3 坐姿眼高	732	753	763	801	840	851	868	680	636	707	741	774	785	806
3.4 坐姿肩高	538	557	565	597	631	641	658	503	517	526	555	584	593	608
3.5 坐姿肘高	215	227	234	261	289	297	311	200	214	222	249	275	283	299
3.6 坐姿大腿厚	106	114	117	130	144	149	156	107	113	116	129	143	148	156
3.7 坐姿膝高	443	459	468	497	527	535	554	412	428	435	461	487	494	512
3.8 小腿加足高	375	386	393	417	444	454	468	336	346	355	384	402	408	420
3.9 坐深	407	423	429	457	486	494	511	389	401	409	433	460	468	485
3.10 臀膝距	500	516	525	554	585	594	615	480	495	501	529	560	568	586
3.11 坐姿下肢长	893	925	939	992	1050	1068	1100	825	854	867	914	963	978	1008

测量项目	26～35岁(男)							26～35岁(女)						
	1%	5%	10%	50%	90%	95%	99%	1%	5%	10%	50%	90%	95%	99%
3.1 坐高	839	862	874	911	948	959	983	792	810	820	857	893	904	921
3.2 坐姿颈椎点高	600	617	626	659	692	702	722	563	579	588	618	650	658	677
3.3 坐姿眼高	733	753	764	801	837	849	873	679	696	705	740	775	786	806
3.4 坐姿肩高	539	559	569	600	633	642	660	506	520	528	556	587	596	610
3.5 坐姿肘高	217	230	237	264	291	299	313	204	217	225	251	277	284	298
3.6 坐姿大腿厚	102	111	115	130	147	152	160	107	113	116	130	145	150	160
3.7 坐姿膝高	441	456	464	494	523	531	553	409	423	431	458	486	493	508
3.8 小腿加足高	373	384	391	415	441	448	462	334	345	353	383	399	405	417
3.9 坐深	405	421	429	458	486	493	510	390	403	409	434	463	470	485
3.10 臀膝距	497	514	523	554	586	595	611	481	494	501	529	561	570	590
3.11 坐姿下肢长	889	919	934	991	1045	1064	1095	826	850	865	912	960	976	1004

测量项目	36～60岁(男)							36～55岁(女)						
	1%	5%	10%	50%	90%	95%	99%	1%	5%	10%	50%	90%	95%	99%
3.1 坐高	832	853	865	904	941	952	973	786	805	816	851	886	896	915
3.2 坐姿颈椎点高	599	615	625	658	691	700	719	561	576	584	616	647	655	672

续表

测量项目	36~60岁(男)							36~55岁(女)					
	1%	5%	10%	50%	90%	95%	99%	1%	5%	10%	50%	90%	95%	99%
3.3 坐姿眼高	724	743	756	795	832	841	864	674	692	701	735	769	778	796
3.4 坐姿肩高	538	556	564	597	630	639	657	504	518	525	555	584	592	608
3.5 坐姿肘高	210	226	234	263	292	299	313	201	215	223	251	279	287	300
3.6 坐姿大腿厚	102	110	115	131	148	152	162	108	114	118	133	149	154	164
3.7 坐姿膝高	439	455	462	490	518	527	543	409	422	429	455	483	490	503
3.8 小腿加足高	370	380	386	409	435	442	458	327	338	344	379	396	401	412
3.9 坐深	407	420	428	457	486	494	511	386	400	406	432	461	468	487
3.10 臀膝距	500	515	524	554	585	596	613	482	496	502	529	562	572	588
3.11 坐姿下肢长	892	922	938	992	1045	1060	1095	826	848	862	909	957	972	996

2.1.4.5 人体水平尺寸

人体水平尺寸包括胸宽、胸厚、肩宽、最大肩宽、臀宽、坐姿臀宽、坐姿两肘间宽、胸围、腰围、臀围十项，如表33-2-7所示。

表 33-2-7　　　　　人体水平尺寸（GB/T 10000—1988）　　　　　mm

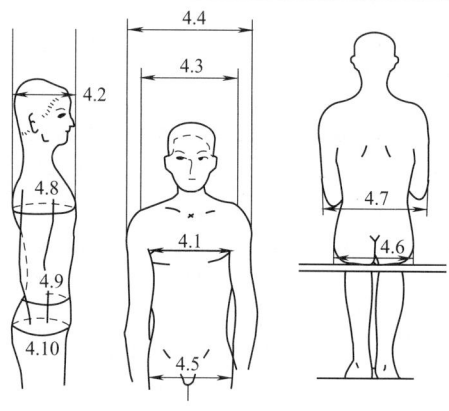

测量项目	18~60岁(男)							18~55(女)						
	1%	5%	10%	50%	90%	95%	99%	1%	5%	10%	50%	90%	95%	99%
4.1 胸宽	242	253	259	280	307	315	331	219	233	239	260	289	299	319
4.2 胸厚	176	186	191	212	237	245	261	159	170	176	199	230	239	260
4.3 肩宽	330	344	351	375	397	403	415	304	320	328	351	371	377	387
4.4 最大肩宽	383	398	405	431	460	469	486	347	363	371	397	428	438	458
4.5 臀宽	273	282	288	306	327	334	346	275	290	296	317	340	346	360
4.6 坐姿臀宽	284	295	300	321	347	355	369	295	310	318	344	374	382	400
4.7 坐姿两肘间宽	353	371	381	422	473	489	518	326	348	360	404	460	478	509
4.8 胸围	762	791	806	867	944	970	1018	717	745	760	825	919	949	1005
4.9 腰围	620	650	665	735	859	895	960	622	659	680	772	904	950	1025
4.10 臀围	780	805	820	875	948	970	1009	795	824	840	900	975	1000	1044

续表

测量项目	18～25岁(男)							18～25岁(女)						
	1%	5%	10%	50%	90%	95%	99%	1%	5%	10%	50%	90%	95%	99%
4.1 胸宽	239	250	256	275	298	306	320	214	228	234	253	274	282	296
4.2 胸厚	170	181	186	204	223	230	241	155	166	171	191	215	222	237
4.3 肩宽	331	344	351	375	398	404	417	302	319	328	351	370	376	386
4.4 最大肩宽	380	395	403	427	454	463	482	342	359	367	391	415	424	439
4.5 臀宽	271	280	285	302	322	327	339	270	286	292	311	331	338	349
4.6 坐姿臀宽	281	292	297	316	338	345	360	289	306	313	336	360	368	382
4.7 坐姿两肘间宽	348	364	374	410	454	467	495	320	338	348	384	426	439	465
4.8 胸围	746	778	792	845	908	925	970	710	735	750	802	865	885	930
4.9 腰围	610	634	650	702	771	796	857	608	636	654	724	803	832	892
4.10 臀围	770	800	814	860	915	936	974	790	815	830	881	940	959	994

测量项目	26～35岁(男)							26～35岁(女)						
	1%	5%	10%	50%	90%	95%	99%	1%	5%	10%	50%	90%	95%	99%
4.1 胸宽	244	254	260	281	305	313	327	221	234	240	260	287	295	313
4.2 胸厚	177	187	192	212	233	241	254	160	171	177	198	227	236	253
4.3 肩宽	331	346	352	376	398	404	415	304	320	328	350	372	378	387
4.4 最大肩宽	386	399	406	432	460	469	486	347	363	371	396	426	435	455
4.5 臀宽	272	282	287	305	326	332	344	277	290	296	317	339	345	358
4.6 坐姿臀宽	283	295	300	320	344	351	365	295	311	318	345	372	381	398
4.7 坐姿两肘间宽	353	372	381	421	470	485	513	331	352	362	404	453	469	500
4.8 胸围	772	799	812	869	939	958	1008	718	747	762	823	907	934	988
4.9 腰围	625	652	669	734	832	865	921	636	672	691	775	882	921	993
4.10 臀围	780	805	820	874	941	962	1000	792	824	838	900	970	992	1030

测量项目	36～60岁(男)							36～55岁(女)						
	1%	5%	10%	50%	90%	95%	99%	1%	5%	10%	50%	90%	95%	99%
4.1 胸宽	243	254	261	285	313	321	336	225	238	245	269	301	309	327
4.2 胸厚	181	192	198	219	245	253	266	166	177	183	208	240	251	268
4.3 肩宽	328	343	350	373	395	401	415	305	323	329	350	372	378	390
4.4 最大肩宽	383	398	406	433	464	473	489	356	368	376	405	439	449	468
4.5 臀宽	275	285	291	311	332	338	349	282	296	301	323	345	352	366
4.6 坐姿臀宽	289	299	304	327	354	361	375	302	317	325	353	382	390	411
4.7 坐姿两肘间宽	359	378	389	435	485	499	527	344	367	379	427	481	496	526
4.8 胸围	775	803	820	885	967	990	1035	724	760	780	859	955	986	1036
4.9 腰围	640	670	690	782	900	932	986	661	704	728	836	962	998	1060
4.10 臀围	785	811	830	895	966	985	1023	812	843	858	926	1001	1021	1064

2.1.4.6 人体头部尺寸

人体头部尺寸包括头全高、头矢状弧、头冠状弧、头最大宽、头最大长、头围、形态面长七项，如表33-2-8所示。

表 33-2-8　　人体头部尺寸（GB/T 10000—1988）　　mm

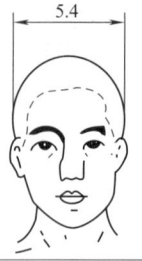 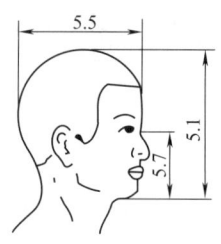 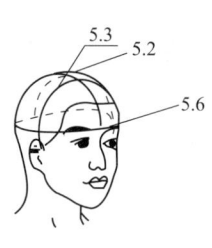

测量项目	18～60岁（男）							18～55岁（女）						
	1%	5%	10%	50%	90%	95%	99%	1%	5%	10%	50%	90%	95%	99%
5.1 头全高	199	206	210	223	237	241	249	193	200	203	216	228	232	239
5.2 头矢状弧	314	324	329	350	370	375	384	300	310	313	329	344	349	358
5.3 头冠状弧	330	338	344	361	378	383	392	318	327	332	348	366	372	381
5.4 头最大宽	141	145	146	154	162	164	168	137	141	143	149	156	158	162
5.5 头最大长	168	173	175	184	192	195	200	161	165	167	176	184	187	191
5.6 头围	525	536	541	560	580	586	597	510	520	525	546	567	573	585
5.7 形态面长	104	109	111	119	128	130	135	97	100	102	109	117	119	123
测量项目	18～25岁（男）							18～25岁（女）						
	1%	5%	10%	50%	90%	95%	99%	1%	5%	10%	50%	90%	95%	99%
5.1 头全高	199	206	210	224	237	241	248	194	201	204	216	229	232	240
5.2 头矢状弧	315	324	330	350	370	375	384	300	307	311	327	342	347	357
5.3 头冠状弧	333	342	347	365	381	386	395	320	329	333	350	367	372	382
5.4 头最大宽	142	145	147	155	163	164	169	138	141	143	150	157	159	163
5.5 头最大长	167	171	174	182	191	193	198	159	164	166	174	183	185	189
5.6 头围	526	536	542	561	580	586	597	508	520	525	546	567	572	584
5.7 形态面长	104	108	110	118	127	129	133	96	100	101	108	115	118	122
测量项目	26～35岁（男）							26～35岁（女）						
	1%	5%	10%	50%	90%	95%	99%	1%	5%	10%	50%	90%	95%	99%
5.1 头全高	198	206	210	223	236	240	249	194	200	204	216	228	232	239
5.2 头矢状弧	314	325	331	350	370	375	385	302	310	314	329	345	349	358
5.3 头冠状弧	332	341	345	362	378	384	393	320	327	332	349	367	372	382
5.4 头最大宽	142	145	147	154	162	164	168	137	141	143	149	156	158	162
5.5 头最大长	168	173	175	184	192	194	199	161	165	167	176	184	186	190
5.6 头围	525	536	541	561	581	587	597	510	520	525	546	566	573	585
5.7 形态面长	105	109	111	119	127	130	135	97	100	102	109	117	118	123
测量项目	36～60岁（男）							36～55岁（女）						
	1%	5%	10%	50%	90%	95%	99%	1%	5%	10%	50%	90%	95%	99%
5.1 头全高	199	206	209	223	237	241	250	192	199	202	215	227	231	238
5.2 头矢状弧	314	323	328	348	368	372	383	302	310	315	330	346	351	360
5.3 头冠状弧	327	335	340	357	374	378	389	317	326	331	347	365	370	380
5.4 头最大宽	140	144	146	153	161	163	167	137	140	142	149	156	158	161
5.5 头最大长	171	175	177	185	194	196	201	163	167	169	178	186	188	193
5.6 头围	525	536	540	560	580	586	596	512	521	526	547	568	573	587
5.7 形态面长	105	110	112	120	129	131	136	98	101	103	110	118	120	124

2.1.4.7 人体手部尺寸

人体手部尺寸包括手长、手宽、食指长、食指近位指关节宽、食指远位指关节宽五项，如表33-2-9所示。

表33-2-9　　　　　　　人体手部尺寸（GB/T 10000—1988）　　　　　　mm

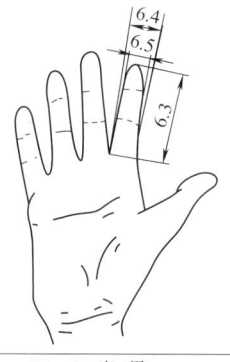
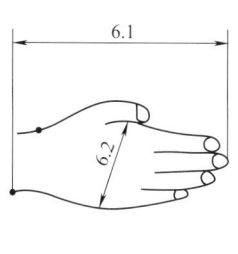

测量项目	18～60岁（男）							18～55岁（女）						
	1%	5%	10%	50%	90%	95%	99%	1%	5%	10%	50%	90%	95%	99%
6.1 手长	164	170	173	183	193	196	202	154	159	161	171	180	183	189
6.2 手宽	73	76	77	82	87	89	91	67	70	71	76	80	82	84
6.3 食指长	60	63	64	69	74	76	79	57	60	61	66	71	72	76
6.4 食指近位指关节宽	17	18	18	19	20	21	21	15	16	16	17	18	19	20
6.5 食指远位指关节宽	14	15	15	16	17	18	19	13	14	14	15	16	16	17
测量项目	18～25岁（男）							18～25岁（女）						
	1%	5%	10%	50%	90%	95%	99%	1%	5%	10%	50%	90%	95%	99%
6.1 手长	163	170	173	182	193	196	202	154	158	161	170	180	183	188
6.2 手宽	73	75	77	82	87	89	91	67	69	70	75	80	81	83
6.3 食指长	60	63	64	69	74	76	79	57	60	61	66	71	72	75
6.4 食指近位指关节宽	17	17	18	19	20	20	21	15	16	16	17	18	18	19
6.5 食指远位指关节宽	14	15	15	16	17	18	18	13	14	14	15	16	16	17
测量项目	26～35岁（男）							26～35岁（女）						
	1%	5%	10%	50%	90%	95%	99%	1%	5%	10%	50%	90%	95%	99%
6.1 手长	165	170	173	183	193	196	202	154	159	162	171	181	184	189
6.2 手宽	74	76	78	82	87	89	92	68	70	71	76	81	82	85
6.3 食指长	61	63	64	70	75	76	73	57	60	61	66	71	73	76
6.4 食指近位指关节宽	17	18	18	19	20	21	21	15	16	16	17	18	19	20
6.5 食指远位指关节宽	14	15	15	16	17	18	19	13	14	14	15	16	16	17
测量项目	36～60岁（男）							36～55岁（女）						
	1%	5%	10%	50%	90%	95%	99%	1%	5%	10%	50%	90%	95%	99%
6.1 手长	164	170	173	182	193	196	202	154	158	161	171	180	183	189
6.2 手宽	73	76	77	82	87	89	91	68	70	72	76	81	82	85
6.3 食指长	60	63	64	63	74	76	79	57	60	61	66	71	73	76
6.4 食指近位指关节宽	17	18	18	19	20	21	21	16	16	16	17	19	19	20
6.5 食指远位指关节宽	14	15	15	16	18	18	19	13	14	14	15	16	17	17

2.1.4.8 人体足部尺寸

人体足部尺寸包括足长、足宽两项，如表 33-2-10 所示。

表 33-2-10　　　　　　　　　　人体足部尺寸（GB/T 10000—1988）　　　　　　　　　　mm

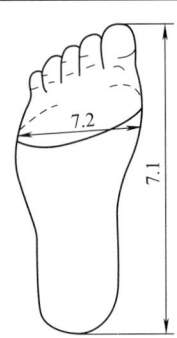

测量项目	18～60 岁（男）							18～55 岁（女）						
	1%	5%	10%	50%	90%	95%	99%	1%	5%	10%	50%	90%	95%	99%
7.1 足长	223	230	234	247	260	264	272	208	213	217	229	241	244	251
7.2 足宽	86	88	90	96	102	103	107	78	81	83	88	93	95	98
测量项目	18～25 岁（男）							18～25 岁（女）						
	1%	5%	10%	50%	90%	95%	99%	1%	5%	10%	50%	90%	95%	99%
7.1 足长	224	230	234	247	260	265	273	208	213	217	228	241	244	251
7.2 足宽	85	88	90	95	101	103	106	78	81	82	87	92	94	97
测量项目	26～35 岁（男）							26～35 岁（女）						
	1%	5%	10%	50%	90%	95%	99%	1%	5%	10%	50%	90%	95%	99%
7.1 足长	223	230	234	247	261	264	271	207	214	217	229	241	245	252
7.2 足宽	86	89	90	96	101	103	106	79	81	83	88	93	95	98
测量项目	36～60 岁（男）							36～55 岁（女）						
	1%	5%	10%	50%	90%	95%	99%	1%	5%	10%	50%	90%	95%	99%
7.1 足长	223	230	233	246	259	263	271	207	213	216	228	240	243	250
7.2 足宽	86	89	90	96	102	104	107	79	82	83	88	94	96	99

2.1.4.9　中国六个区域的身高、胸围、体重的均值及标准差

中国六个区域成年人的身高、胸围、体重的均值和标准差，如表 33-2-11 所示。

表 33-2-11　　中国六个区域的身高、胸围、体重的均值及标准差（GB/T 10000—1988）

项目	18～60 岁（男）											
	东北、华北区		西北区		东南区		华中区		华南区		西南区	
	均值	标准差	均值	标准差	均值	标准差	均值	标准差	均值	标准差	均值	标准差
体重/kg	64	8.2	60	7.6	59	7.7	57	6.9	56	6.9	55	6.8
身高/mm	1693	56.6	1684	53.7	1686	55.2	1669	56.3	1650	57.1	1647	56.7
胸围/mm	888	55.5	880	51.5	865	52.0	853	49.2	851	48.9	855	48.3

续表

项目	18～55岁（女）											
	东北、华北区		西北区		东南区		华中区		华南区		西南区	
	均值	标准差	均值	标准差	均值	标准差	均值	标准差	均值	标准差	均值	标准差
体重/kg	55	7.7	52	7.1	51	7.2	50	6.8	49	6.5	50	6.9
身高/mm	1586	51.8	1575	51.9	1575	50.8	1560	50.7	1549	49.7	1546	53.9
胸围/mm	848	66.4	837	55.9	831	59.8	820	55.8	819	57.6	809	58.8

2.1.5 人体测量数据的应用

2.1.5.1 人体主要尺寸测量数据的应用原则

人体大小是各不相同的，但设计一般不可能满足所有使用者。为使设计适合于较多的使用者，则需要根据产品的用途及使用情况应用人体尺寸数据。人体主要尺寸测量数据的应用原则如表33-2-12所示。

表33-2-12　　　　　　人体主要尺寸测量数据的应用原则

人体尺寸	应用条件	百分位选择	注意事项
身高	用于确定通道和门的最小高度。然而，一般建筑规范规定的和成批生产制作的门和门框高度都适用于99%以上的人，所以，这些数据可能对于确定人头顶上的障碍物高度更为重要	由于主要的功用是确定净空高度，所以应该选用高百分位数据。因为天花板高度一般不是关键尺寸，设计者应考虑尽可能适应100%的人	身高一般是不穿鞋测量的，故在使用时应给予适当补偿
立姿眼高	可用于确定在剧院、礼堂、会议室等处人的视线，用于布置广告和其他展品，用于确定屏风和开阔式大办公室内隔断的高度	百分位选择将取决于关键因素的变化。例如：如果设计中的问题是决定隔断或屏风的高度，以保证隔断后面人的秘密性要求，那么隔离高度就与较高人的眼睛高度有关（第95百分位或更高）。其逻辑是假如高个子不能越过隔断看过来，那么矮个子也一定不能。反之，假如设计问题是允许人看到隔断里面，则逻辑是相反的，隔断高度应考虑较矮人的眼睛高度（第5百分位或更低）	由于这个尺寸是光脚测量的，所以还要加上鞋的高度，男子大约需加2.5cm，这些数据应该与脖子的弯曲和旋转以及视线角度资料结合使用，以确定不同状态，不同头部角度的视觉范围
肘部高度	对于确定柜台、梳妆台、厨房案台、工作台以及其他站着使用的工作表面的舒服高度，肘部高度数据是必不可少的。通常，这些表面的高度都是凭经验估计或是根据传统做法确定的。然而，通过科学研究发现最舒服的高度是低于人的肘部高度7.6cm。另外，休息平面的高度大约应该低于肘部高度2.5～3.8cm	假定工作面高度确定为低于肘部高度约7.6cm，那么从96.5cm（第5百分位数据）到111.8cm（第95百分位数据）这样一个范围将适合中间的90%的男性使用者。考虑到第5百分位的女性肘部高度较低，这个范围应为88.9cm到111.8cm，才能对男女使用者都适应。由于其中包括许多其他因素，如存在特别的功能要求和每个人对舒适高度见解不同等，所以这些数值也只是假定推荐的	确定上述高度时必须考虑活动的性质，有时这一点比推荐的"低于肘部高度7.6cm"还重要

续表

人体尺寸	应用条件	百分位选择	注意事项
挺直坐高	用于确定座椅上方障碍物的允许高度,在布置双层床时,进行创新的节约空间设计时,例如利用阁楼下面的空间吃饭或工作都要用这个关键的尺寸来确定其高度。确定办公室或其他场所的低隔断要用到这个尺寸,确定餐厅和酒吧里的火车座隔断也是用到这个尺寸	由于涉及间距问题,采用第95百分位的数据是比较合适的	座椅的倾斜、座椅软垫的弹性、衣服的厚度以及人坐下和站起来时的活动都是要考虑的重要因素
放松坐高	可用于确定座椅上方障碍物的最小高度。布置双层床时,进行创新的节约空间设计时,例如利用阁楼下面的空间吃饭或工作,都要根据这个关键尺寸确定其高度。确定办公室和其他场所的低隔断要用到这个尺寸,确定餐厅和酒吧里的火车座隔断也要用到这个尺寸	由于涉及间距问题,采用第95百分位的数据比较合适	座椅的倾斜、座椅垫的弹性、衣服的厚度以及人坐下和站起来时的活动都是要考虑的重要因素
坐姿眼高	当视线是设计问题的中心时,确定视线和最佳视区要用到这个尺寸,这类设计对象包括剧院、礼堂、教室和其他需要有良好视听条件的室内空间	假如有适当的可调节性,就能适应从第5百分位到第95百分位或者更大的范围	应该考虑本书中其他地方所论述的头部与眼睛的转动范围、座椅软垫的弹性、座椅面距地面的高度和可调座椅的调节范围
坐姿的肩中部高度	大多数用于机动车辆中比较紧张的工作空间的设计中,很少被建筑师和室内设计师所使用。但是,在设计那些对视觉、听觉有要求的空间时,这个尺寸有助于确定出妨碍视线的障碍物,也许在确定火车座的高度以及类似的设计中有用	由于涉及距离问题,一般使用第95百分位的数据	要考虑座椅软垫的弹性
肩宽	肩宽数据可用于确定环绕桌子的座椅间距和电影院、礼堂中的排椅座位间距,也可用于确定公用和专用空间的通道间距	由于涉及间距问题,应使用第95百分位的数据	使用这些数据要注意可能涉及的变化。要考虑衣服的厚度,对薄衣服要附加7.9mm,对厚衣服要附加7.6cm。还要注意,由于躯干和肩的活动,两肩之间所需的空间会加大
两肘之间宽度	可用于确定会议桌、餐桌、柜台和牌桌周围座椅的位置	由于涉及间距问题,应使用第95百分位的数据	应该与肩宽尺寸结合使用
臀部宽度	这些数据对于确定座椅内侧尺寸和设计酒吧、柜台和办公座椅极为有用	由于涉及间距问题,应使用第95百分位的数据	根据具体条件,与两肘之间宽度和肩宽结合使用
肘部平放高度	与其他一些数据和考虑因素联系在一起,用于确定椅子扶手、工作台、书桌、餐桌和其他特殊设备的高度	肘部平放高度既不涉及间距问题也不涉及伸手够物的问题,其目的只是能使手臂得到舒适的休息即可。选择第50百分位左右的数据是合理的。在许多情况下,这个高度在14~27.9cm之间,这样一个范围可能适合大部分使用者	座椅软垫的弹性、座椅表面的倾斜以及身体姿势都应予以注意

续表

人体尺寸	应用条件	百分位选择	注意事项
大腿厚度	是设计柜台、书桌、会议桌、家具及其他一些室内设备的关键尺寸,而这些设备都需要把腿放在工作面下面。特别是有直拉式抽屉的工作面,要使大腿与大腿上方的障碍物之间有适当的间隙,这些数据是必不可少的	由于涉及间距问题,应选用第95百分位的数据	在确定上述设备的尺寸时,其他一些因素也应该同时予以考虑,例如腿弯高度和座椅软垫的弹性
膝盖高度	是确定从地面到书桌、餐桌和柜台地面距离的关键尺寸,尤其适用于使用者需要把大腿部放在家具下面的场合。坐着的人与家具底面之间的靠近程度,决定了膝盖高度和大腿厚度是否是关键尺寸	要保证适当的距离,故应选用第95百分位的数据	要同时考虑座椅高度和坐垫的弹性
腿弯高度	是确定座椅面高度的关键尺寸,尤其对于确定座椅前缘的最大高度更为重要	确定座椅高度,应选用第5百分位的数据,因为如果座椅太高,大腿受到压力会使人感到不舒服。例如一个座椅高度能适合小个子人,也就能适应大个子人	选用这些数据时必须注意座椅的弹性
臀部至腿弯长度	这个长度尺寸用于座椅的设计中,尤其适用于确定腿的位置、确定长椅和靠背椅前面的垂直面以及确定椅面的长度	应该选用第5百分位的数据,这样能适合最多的使用者——臀部-膝腘部长度较长和较短的人。如果选用第95百分位的数据,则只能适合这个长度较长的人,而不适合这个长度较短的人	要考虑椅面的倾斜度
臀部至膝盖长度	用于确定椅背到膝盖前方的障碍物之间的适当距离,例如:用于影剧院、礼堂和做礼拜的固定排椅设计中	由于涉及间距问题,应选用第95百分位的数据	这个长度比臀部至足尖长度要短,如果座椅前面的家具或其他室内设施没有放置足尖的空间,就应该使用臀部足尖长度
臀部至足尖长度	用于确定椅背到膝盖前方的障碍物之间的适当距离,例如:用于影剧院、礼堂和做礼拜的固定排椅设计中	由于涉及距离问题,应选用第95百分位的数据	如果座椅前方的家具或其他室内设施有放脚的空间,而且间隔要求比较重要,就可以使用臀部至膝盖长度来确定合适的距离
臀部至脚后跟长度	对于室内设计人员来说,使用是有限的,当然可以利用它们布置休息室座椅或不拘礼节地就坐座椅。另外,还可用于设计搁脚凳、理疗和健身设施等综合空间	由于涉及距离问题,应选用第95百分位的数据	在设计中,应该考虑鞋、袜对这个尺寸的影响,一般,对于男鞋要加上2.5cm,对于女鞋则加上7.6cm
坐姿垂直伸手高度	主要用于确定头顶上方的控制装置和开关等装置的位置,所以较多地被设备专业的设计人员所使用	选用第5百分位的数据是合理的,这样可以同时适应小个子人和大个子人	要考虑椅面的倾斜度和椅垫的弹性
立姿垂直手握高度	可用于确定开关、控制器、拉杆、把手、书架以及衣帽架等的最大高度	由于涉及伸手够东西的问题,如果采用高百分位的数据就不能适应小个子人,所以设计出发点应该基于适应小个子,这样也同样能适应大个子人	尺寸是不穿鞋测量的,使用时要给予适当地补偿
立姿侧向手握距离	有助于设备设计人员确定控制开关等装置的位置,它们还可以为建筑师和室内设计师用于某些特定的场所,例如医院、实验室等。如果使用者是坐着的,这尺寸可能会稍有变化,但仍能用于确定人侧面的书架位置	由于主要的功用是确定手握距离,这个距离应能适应大多数人,因此,选用第5百分位的数据是合理的	如果涉及的活动需要使用专门的手动装置、手套或其他某种特殊设备,这些都会延长使用者的一般手握距离,对于这个延长量应予以考虑

续表

人体尺寸	应用条件	百分位选择	注意事项
手臂平伸手握距离	有时人们需要越过某种障碍物去够一个物体或者操纵设备,这些数据可用来确定障碍物的最大尺寸。本书中列举的设计情况是在工作台上方安装搁板或在办公室工作桌前面的低隔断上安装小柜	选用第5百分位的数据,这样能适应大多数人	要考虑操作或工作的特点
人体最大厚度	尽管这个尺寸可能对设备设计人员更为有用,但它们也有助于建筑师在较紧张的空间里考虑间隙或在人们排队的场合下设计所需要的空间	应该选用第95百分位的数据	衣服的厚薄、使用者的性别以及一些不易考察的因素都应予以考虑
人体最大宽度	可用于设计通道宽度、走廊宽度、门和出入口宽度以及公共集会场所等	应该选用第95百分位的数据	衣服的厚薄、人走路或做其他事情时的影响以及一些不易考察的因素都应予以考虑

2.1.5.2 人体尺寸测量数据的修正

① 功能修正量：为了保证实现产品的某项功能而对作为产品尺寸设计依据的人体尺寸百分位数所做的尺寸修正量。

② 心理修正量：为了消除空间压抑感、恐惧感或为了追求美观等心理需要而作的尺寸修正量。心理修正量是用实验的方法求得的,将被试者的主观评价量表的评分结果进行统计分析,求出心理修正量。

③ 产品最小功能尺寸：为了保证实现产品的某项功能而设定的产品最小尺寸。

产品最小功能尺寸＝人体尺寸百分位数＋功能修正量

④ 产品最佳功能尺寸：为了方便、舒适地实现产品的某项功能而设定的产品尺寸。

产品最佳功能尺寸＝人体尺寸百分位数＋功能修正量＋心理修正量

⑤ 正常人着装尺寸修正值：表33-2-4～表33-2-10中所列数值均为裸体测量的结果,在用于设计时,应根据各地区不同的着衣量而增加裕量。正常人着装尺寸修正值如表33-2-13所示。

表33-2-13　　　正常人着装尺寸修正值（GB/T 15759—1995）　　　mm

项目			男生		女生	
			正常套装	冬服大衣、帽、手套	正常套装	冬服大衣、帽、手套
	立姿身高		25～38	81	25～76	38～109
	坐高		3	58	3	18～69
头部	头高		—	58	—	18～69
	头宽		—	51	—	13～33
	头长		—	89	—	25～76
躯干	肩宽		13	51～76	8	25
	胸宽		8	51		
	胸厚		18	36		
	腹厚		23	43	0～8	25
	臀宽	立	13	51～76	8	25
		坐	13	51～76	8	25
	坐姿肩高		10	36～48	8	23
手臂	两肘间距		20	76～102	10	51
	肩肘距离		8	15	3	15

续表

项目		男生		女生	
		正常套装	冬服大衣、帽、手套	正常套装	冬服大衣、帽、手套
手臂	前臂加手长	5	10~13	3	10~13
	上肢前伸可及	—	3~5	—	3~5
	臂全长	—	5	—	5
	两手叉腰	8	18	—	15
手	手长	—	3~5	—	3~5
	手宽	—	5~10	—	5~10
	手厚	—	5~13	—	5~13
腿	腿上空区	13	25	8	20
	膝宽	8	10	3	3
	膝高	28~33	28~33	13~64	13~64
	臀膝距	5	18	5	15
足	足宽	13~20	13~25	0~8	8~13
	足长	30~38	38	13	13~20
	足跟高	25~38	25~38	25~76	25~76

2.1.5.3 人体尺寸测量数据在产品尺寸设计中的应用

(1) 相关术语

① 使用者群体：使用所设计的产品的全部人员。

② 满足度：指所设计的产品在尺寸上能满足多少人使用，以合适地使用的人占使用者群体的百分比表示。

(2) 产品尺寸设计类型

设计人员为了使自己设计的产品或工程系统能适合于使用者，必须以特定使用者群体的有关人体尺寸测量数据作为设计的依据。按照所使用的人体尺寸的设计界限值的不同情况，可将产品尺寸设计任务分为三种基本类型，如表 33-2-14 所示。

(3) 人体尺寸百分位数的选择

人体尺寸百分位数选择和产品满足度的关系，如表 33-2-15 所示。

表 33-2-14　　　　产品尺寸设计类型（GB/T 12985—1991）

产品尺寸设计类型	定 义	
Ⅰ型产品尺寸设计	双限值设计，即需要两个人体尺寸百分位数作为尺寸上限值和下限值的依据	
Ⅱ型产品尺寸设计	单限值设计，即只需要一个人体尺寸百分位数作为尺寸上限值或下限值的依据	
	ⅡA型产品尺寸设计	ⅡB型产品尺寸设计
	大尺寸设计，即只需要一个人体尺寸百分位数作为尺寸上限值的依据	小尺寸设计，即只需要一个人体尺寸百分位数作为尺寸下限值的依据
Ⅲ型产品尺寸设计	平均尺寸设计，即只需要第50百分位数（P_{50}）作为产品尺寸设计的依据	

表 33-2-15　　　　人体尺寸百分位数的选择（GB/T 12985—1991）

产品尺寸设计类型	产品重要程度	百分位数的选择	满足度	举例
Ⅰ型产品尺寸设计	涉及人的健康、安全的产品	上限值：P_{99} 下限值：P_1	98%	—
	一般工业产品	上限值：P_{95} 下限值：P_5	90%	在制订成年女鞋尺寸系列时，为了确定应该生产几个鞋号的鞋时，应取成年女子足长的 P_{95} 和 P_5 为上、下限值的依据

续表

产品尺寸设计类型	产品重要程度	百分位数的选择	满足度	举例
ⅡA型产品尺寸设计	涉及人的健康、安全的产品	P_{99}或P_{95}	99%或95%	为了确定防护可伸达危险点的安全距离时,应取人的相应肢体部位的可达距离的P_{99}为上限值的依据
	一般工业产品	上限值:P_{90}	90%	在设计门的高度、床的长度时,只要考虑到高身材的人的需要,那么对低身材的人使用时必然不会产生问题。所以应取身高的P_{90}为上限值的依据
ⅡB型产品尺寸设计	涉及人的健康、安全的产品	下限值:P_1或P_5	99%或95%	在确定工作场所采用的栅栏结构、网孔结构或孔板结构的栅栏间距、网、孔直径应取人的相应肢体部位的厚度的P_1为下限值的依据
	一般工业产品	下限值:P_{10}	90%	—
Ⅲ型产品尺寸设计	一般工业产品	P_{50}	通用	门的把手或锁孔离地面的高度、开关在房间墙壁上离地面的高度设计时,都分别只确定一个高度供不同身高的人使用,所以应平均地取肘高的P_{50}为产品尺寸设计的依据
成年男、女通用的产品	一般工业产品	上限值:P_{99}、P_{95}或P_{90}(男性) 下限值:P_1、P_5或P_{10}(女性)	通用	—

2.1.5.4 人体身高尺寸在设计中的应用

各种工作面高度、设备和用具的高度,如操纵台、工作台、操纵件的安装高度以及用具的设置高度等,都要根据人的身高来确定。以身高为基准确定工作面高度、设备和用具高度的方法,通常是将设计对象归类成若干典型的类型,建立设计对象的高度与人体身高的比例关系,以供设计人员选择和查用,如表33-2-16所示。

2.1.6 人体主要参数的计算

正常成年人的身体各部分之间都成一定的比例关系,因此可根据这种比例关系计算人体相关参数。

表33-2-16　　　　设备及用具的高度与人体身高的关系

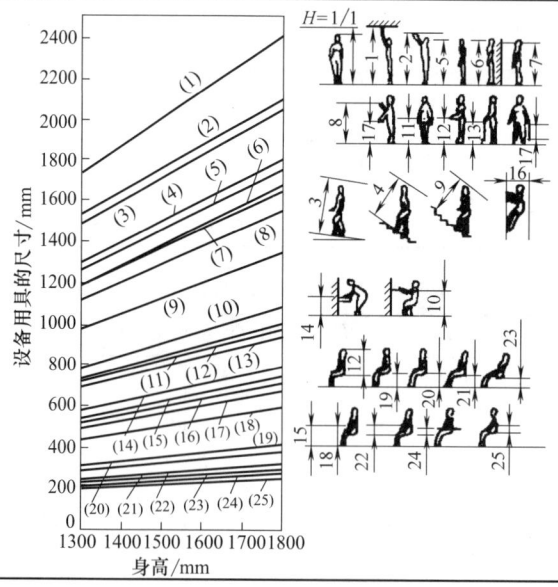

续表

代号	定 义	设备及用具的高度与身高之比
1	举手达到的高度	4/3
2	可随意取放东西的搁板高度（上限值）	7/6
3	倾斜地面的顶棚高度（最小值，地面倾斜度为5°～15°）	8/7
4	楼梯的顶棚高度（最小值，地面倾斜度为25°～35°）	1/1
5	遮挡住直立姿势视线的隔板高度（下限值）	33/34
6	直立姿势眼高	11/12
7	抽屉高度（上限值）	10/11
8	使用方便的隔板高度（上限值）	6/7
9	斜坡大的楼梯的天棚高度（最小值，倾斜度为50°左右）	3/4
10	能发挥最大拉力的高度	3/5
11	人体重心高度	5/9
12	采取直立姿势时工作面的高度	6/11
13	坐高（坐姿）	6/11
14	灶台高度	10/19
15	洗脸盆高度	4/9
16	办公桌高度（不包括鞋）	7/17
17	垂直踏棍爬梯的空间尺寸（最小值，倾斜80°～90°）	2/5
18	手提物的长度（最大值）	3/8
19	使用方便的隔板高度（下限值）	3/8
20	桌下空间（高度的最小值）	1/3
21	工作椅的高度	3/13
22	轻度工作的工作椅①	3/14
23	小憩用椅子高度①	1/6
24	桌椅高差	3/17
25	休息用的椅子高度①	1/6
26	椅子扶手高度	2/13
27	工作用椅子的椅面至靠背点的距离	3/20

① 为座位基准点的高度（不包括鞋）。

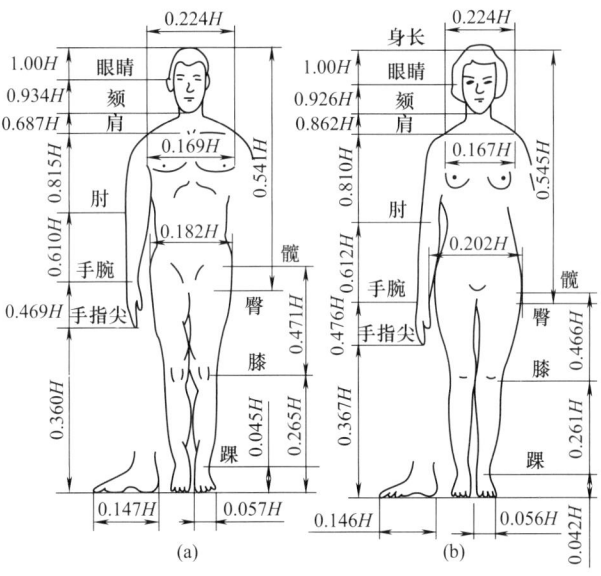

图 33-2-1 我国成年人人体尺寸的比例关系

2.1.6.1 我国成年人人体尺寸的比例关系

根据 GB/T 10000—1988（中国成年人人体尺寸）给定的人体尺寸数据的均值，推算出我国成年人（男 18～60 岁，女 18～55 岁）人体各部分尺寸与身高 H 的比例关系，如图 33-2-1 所示。

2.1.6.2 人体体积 V 和表面积 B 与体重 W(kg) 的关系

人体体积 $V=1.015W-4.937$ （L）

人体表面积 $B=0.02350H^{0.42246}W^{0.51546}$ （m²）

式中，H 为身高，cm。

2.1.6.3 人体生物力学参数的计算

在已知人体身高 H(cm)、体重 W(kg)、体积 (L) 时，可计算出人体生物力学各参数的近似值，如表 33-2-17 所示。

2.1.7 人体模板设计

2.1.7.1 相关术语

人体模板相关术语见表 33-2-18。

2.1.7.2 身高尺寸分级

根据人体身高尺寸的分布将人群分为大身材、中等身材、小身材三个身高等级，其数据分组如表 33-2-19 所示。

2.1.7.3 模板设计尺寸

人体模板根据人体身高尺寸不同分为四个等级：一级采用女子第 P_5 百分位身高；二级采用女子第 P_{50} 百分位身高和男子第 P_5 百分位身高的重叠值；三级采用女子第 P_{95} 百分位身高和男子第 P_{50} 百分位身高的重叠值；四级采用男子第 P_{95} 百分位的身高。如表 33-2-20 所示。

表 33-2-17　　人体生物力学参数的计算公式

序号	名称	序号	名称
1	人体各部分长度(以人体身高 H 为基础)/cm	4	人体各部分体积(以人体体积 V 为基础)/L
	手掌长 $L_1=0.109H$		手掌体积 $V_1=0.00566V$
	前臂长 $L_2=0.157H$		前臂体积 $V_2=0.01702V$
	上臂长 $L_3=0.172H$		上臂体积 $V_3=0.03495V$
	大腿长 $L_4=0.232H$		大腿体积 $V_4=0.0924V$
	小腿长 $L_5=0.247H$		小腿体积 $V_5=0.04083V$
	躯干长 $L_6=0.300H$		躯干体积 $V_6=0.6132V$
2	人体各部分重心位置(指靠近身体中心关节的距离)/cm	5	人体各部分的质量(以体重 W 为基础)/kg
	手掌重心位置 $O_1=0.506L_1$		手掌质量 $W_1=0.006W$
	前臂重心位置 $O_2=0.430L_2$		前臂质量 $W_2=0.018W$
	上臂重心位置 $O_3=0.436L_3$		上臂质量 $W_3=0.0357W$
	大腿重心位置 $O_4=0.433L_4$		大腿质量 $W_4=0.0946W$
	小腿重心位置 $O_5=0.433L_5$		小腿质量 $W_5=0.042W$
	躯干重心位置 $O_6=0.660L_6$		躯干质量 $W_6=0.5804W$
3	人体各部分的旋转半径(指靠近身体中心关节的距离)/cm	6	人体各部分转动惯量(指绕关节转动的惯量)/kg·m²
	手掌旋转半径 $R_1=0.587L_1$		手掌转动惯量 $I_1=W_1 \times R_1^2$
	前臂旋转半径 $R_2=0.526L_2$		前臂转动惯量 $I_2=W_2 \times R_2^2$
	上臂旋转半径 $R_3=0.542L_3$		上臂转动惯量 $I_3=W_3 \times R_3^2$
	大腿旋转半径 $R_4=0.540L_4$		大腿转动惯量 $I_4=W_4 \times R_4^2$
	小腿旋转半径 $R_5=0.528L_5$		小腿转动惯量 $I_5=W_5 \times R_5^2$
	躯干旋转半径 $R_6=0.830L_6$		躯干转动惯量 $I_6=W_6 \times R_6^2$

表 33-2-18　　　　　　　　　　　　　人体模板相关术语

术　语		含　义
人体模板		代表中国成年人人体外形轮廓及运动功能特点的模板
身体轴线		通过人体髋关节中心点侧面投影的垂线
人体关节中心（模板用简化的人体关节转动的中心点）	颈关节中心	颈椎部位转动的中心点
	肩关节中心	肩关节转动的中心点
	胸关节中心	胸关节部位转动的中心点
	腰关节中心	腰关节部位转动的中心点
	髋关节中心	髋关节转动的中心点
	膝关节中心	膝关节转动的中心点
	踝关节中心	踝关节转动的中心点
	足尖关节中心	足趾关节转动的中心点
	肘关节中心	肘关节转动的中心点
	腕关节中心	腕关节转动的中心点

表 33-2-19　　　　　　　　　身高尺寸分级（GB/T 14779—1993）　　　　　　　　　mm

身高等级		小身材	中等身材	大身材
百分位数		P_5	P_{50}	P_{95}
男子	身高	1583	1678	1775
	采用数据	1608	1703	1800
女子	身高	1484	1570	1659
	采用数据	1504	1590	1679

注：男子身高等级采用数据增加 25mm 鞋跟尺寸；女子身高等级采用数据增加 20mm 鞋跟尺寸。

表 33-2-20　　　　　　　　　　模板设计尺寸（GB/T 15759—1995）　　　　　　　　　mm

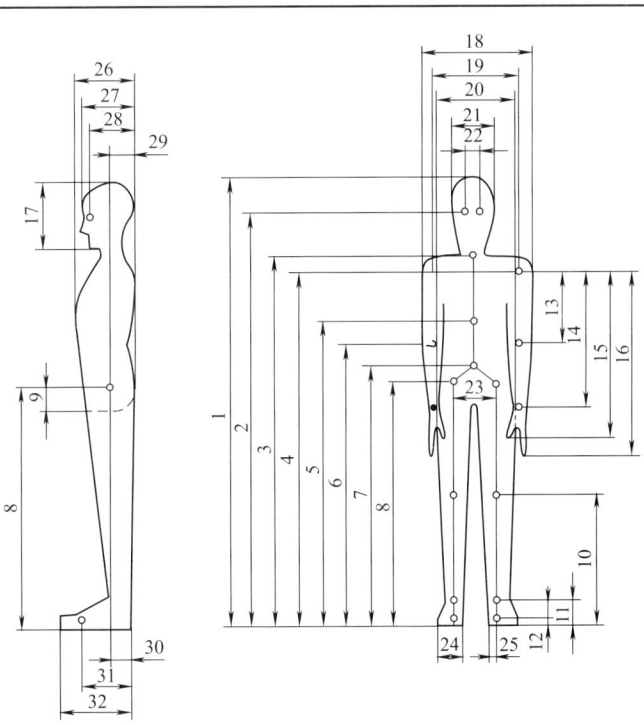

续表

编号	项目	等级 1	等级 2	等级 3	等级 4
		尺 寸			
1	身高	1510	1610	1700	1800
2	眼高	1400	1500	1590	1690
3	颈关节高	1230	1330	1410	1500
4	肩关节高	1190	1270	1350	1440
5	胸区关节高	1004	1080	1149	1224
6	肘关节高	955	1010	1075	1150
7	腰椎关节高	848	907	968	1033
8	髋关节高	790	843	901	963
9	髋关节至座平面垂距	73	75	77	80
10	膝关节高	440	470	495	530
11	踝关节高	90	95	100	105
12	足尖关节高	22	24	26	28
13	上臂长(肩肘关节距)	240	260	275	295
14	肩腕关节距	440	480	510	540
15	肩关节至手抓握径	505	555	585	620
16	肩关节至中指指尖点	610	655	690	730
17	头全高	210	215	225	230
18	最大肩宽	383	397/416	408/430	446
19	肩关节距	315	325	330	340
20	臀宽	306	317/294	330/306	319
21	头宽	148	151	154	157
22	瞳孔间距	60	61	62	64
23	髋关节间距	150	154	158	162
24	鞋宽	96	104	106	109
25	腿轴线至鞋内侧距离	34	36	37	38
26	胸厚	200	205	210	220
27	头长	175	182	183	184
28	眼枕间距	170	174	176	177
29	身体轴线至背(后)部	98	103	105	110
30	身体轴线至臀(后)部	105	105	109	113
31	足尖关节至鞋后跟	171	182	194	206
32	鞋长	253	270	287	305

注：表中斜线上的数据为女子尺寸数据。

2.1.7.4 人体模板关节角度的调节范围

表 33-2-21　　　　人体模板关节角度的调节范围（GB/T 14779—1993）

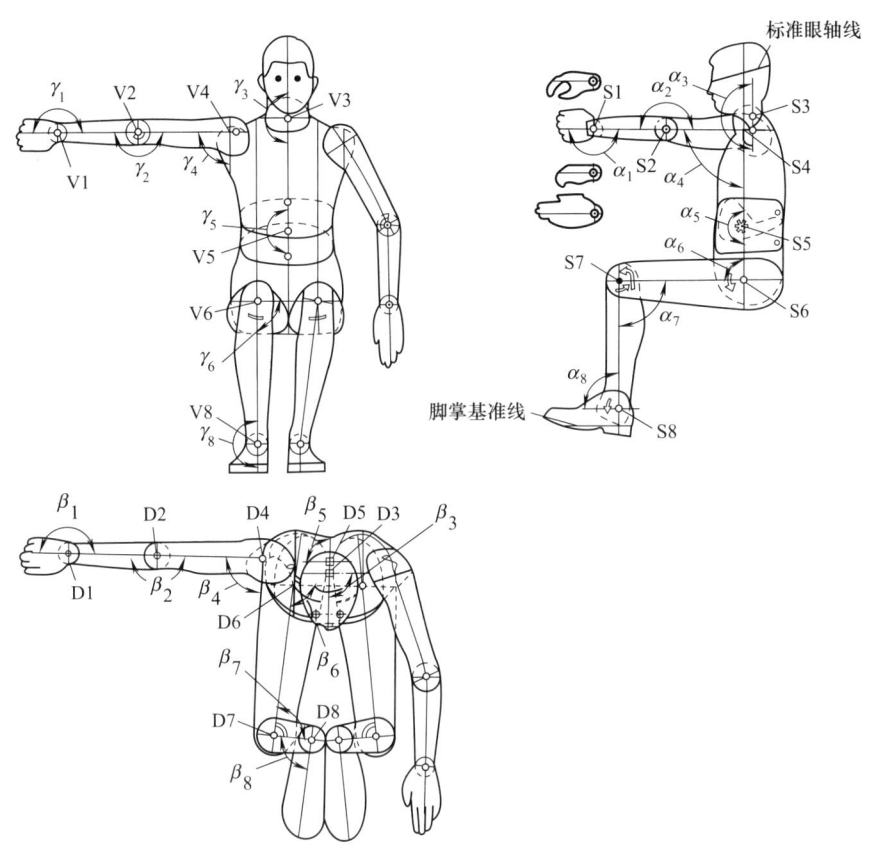

身体关节	调节范围					
	侧视图		俯视图		正视图	
S1,D1,V1 腕关节	α_1	140°～200°	β_1	140°～200°	γ_1	140°～200°
S2,D2,V2 肘关节	α_2	60°～180°	β_2	60°～180°	γ_2	60°～180°
S3,D3,V3 头/颈关节	α_3	130°～225°	β_3	55°～125°	γ_3	155°～205°
S4,D4,V4 肩关节	α_4	0°～135°	β_4	0°～110°	γ_4	0°～120°
S5,D5,V5 腰关节①	α_5	168°～195°	β_5	50°～130°	γ_5	155°～205°
S6,D6,V6 髋关节	α_6	65°～120°	β_6	86°～115°	γ_6	75°～120°
S7,D7 膝关节②	α_7	75°～180°	β_7	90°～104°	γ_7	—
S8,D8,V8 踝关节	α_8	70°～125°	β_8	90°	γ_8	165°～200°

① 模板腰部的设计仅表现一种协调关系，并不体现它在生理意义上可能有的活动范围。
② 模板的正视图中取消了膝关节，此时小腿的运动将围绕髋关节进行。

2.1.7.5 模板的使用要求

① 根据 GB/T 12985—1991《在产品设计中应用人体尺寸百分位数的通则》的规定合理选用对应不同身高等级的人体模板。

② 根据典型工作姿势合理使用模板。

③ 使用人体模板实现脊柱的弯曲等类运动时，应由腰关节、胸关节等多关节转动的链式组合而成。人体模板的背部外形不能反映人体的腰曲弧形，因此不能用人体模板进行座椅靠背曲线的设计。

④ 模板尺寸设计的通用比例为1：10，特殊场合也可采用1：5或1：1的比例。

⑤ 根据着装的不同，应对模板外形尺寸增加合理的宽放裕量。

2.2 作业空间

2.2.1 与作业空间有关的中国成年人基本静态姿势人体尺寸

2.2.1.1 相关术语

基本姿势及相关尺寸项目术语见表33-2-22。

2.2.1.2 与作业空间有关的立姿人体尺寸

与作业空间有关的立姿人体尺寸见表33-2-23。

表 33-2-22　　基本姿势及相关尺寸项目术语

名　称	含　义
（直立）跪姿	被测者挺胸跪在水平地面上，头部以眼耳平面定位，眼睛平视前方，肩部放松，上肢自然下垂，手伸直，手掌朝向体侧，手指轻贴大腿侧面，伸直躯干、大腿，并使两大腿前表面平齐，小腿保持水平，下肢并拢
俯卧姿	被测者俯卧在水平面上，躯干、下肢自然伸展，下肢并拢，两上肢间距与肩同宽并向前水平伸展，两手掌心向内，手指伸直并拢，尽可能抬头，两眼注视正前方
爬姿	被测者躯干伸直，下肢并拢，大腿与水平面保持垂直，小腿保持水平，足背绷直。两手、臂与肩同宽并垂直支撑在水平面上。尽可能抬头，两眼注视正前方
坐姿中指指尖点上举高	上肢垂直上举时，中指指尖点至椅面的距离
跪姿体长	大腿前表面最突部位至足趾尖点(第一或第二趾)间平行于矢状面的水平距离
跪姿体高	从头顶点至水平地面的距离
俯卧姿体长	从足趾尖点(第一或第二趾)至手握轴间平行于矢状面的水平距离
俯卧姿体高	从头部最高点至水平地面的距离
爬姿体长	头部水平最突点至足趾尖点(第一或第二趾)间平行于矢状面的水平距离
爬姿体高	头部最高点至水平地面的距离

表 33-2-23　　与作业空间有关的立姿人体尺寸（GB/T 13547—1992）　　mm

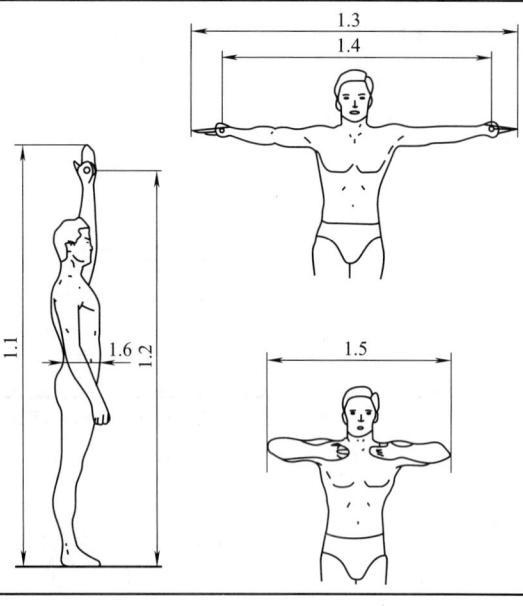

续表

测量项目	18～60岁（男）							18～55岁（女）						
	1%	5%	10%	50%	90%	95%	99%	1%	5%	10%	50%	90%	95%	99%
1.1 中指指尖点上举高	1913	1971	2002	2108	2214	2245	2309	1798	1845	1870	1968	2063	2089	2143
1.2 双臂功能上举高	1815	1869	1899	2003	2108	2138	2203	1696	1741	1766	1860	1952	1976	2030
1.3 两臂展开宽	1528	1579	1605	1691	1776	1802	1849	1414	1457	1479	1559	1637	1659	1701
1.4 两臂功能展开宽	1325	1374	1398	1483	1568	1593	1640	1206	1248	1269	1344	1418	1438	1480
1.5 两肘展开宽	791	816	828	875	921	936	966	733	756	770	811	856	869	892
1.6 立姿腹厚	149	160	166	192	227	237	262	139	151	158	186	226	238	258

测量项目	18～25岁（男）							18～25岁（女）						
	1%	5%	10%	50%	90%	95%	99%	1%	5%	10%	50%	90%	95%	99%
1.1 中指指尖点上举高	1930	1990	2014	2122	2231	2264	2329	1812	1852	1882	1981	2070	2098	2154
1.2 双臂功能上举高	1828	1889	1913	2018	2125	2155	2220	1711	1751	1779	1874	1960	1986	2041
1.3 两臂展开宽	1532	1585	1607	1695	1782	1810	1861	1422	1460	1482	1562	1639	1663	1709
1.4 两臂功能展开宽	1328	1378	1403	1486	1570	1600	1651	1216	1254	1274	1348	1420	1441	1486
1.5 两肘展开宽	795	818	831	877	925	941	976	739	760	772	815	859	873	899
1.6 立姿腹厚	143	157	162	180	206	215	240	135	145	151	175	204	211	230

测量项目	26～35岁（男）							26～35岁（女）						
	1%	5%	10%	50%	90%	95%	99%	1%	5%	10%	50%	90%	95%	99%
1.1 中指指尖点上举高	1917	1977	2007	2113	2218	2246	2312	1796	1846	1874	1969	2065	2091	2150
1.2 双臂功能上举高	1817	1872	1903	2009	2111	2141	2205	1692	1742	1769	1861	1955	1980	2031
1.3 两臂展开宽	1534	1587	1610	1698	1781	1805	1851	1412	1459	1482	1562	1640	1661	1703
1.4 两臂功能展开宽	1331	1378	1402	1489	1571	1594	1639	1206	1250	1274	1348	1421	1440	1481
1.5 两肘展开宽	794	818	830	877	924	937	966	731	758	770	812	859	870	892
1.6 立姿腹厚	149	160	166	191	218	230	245	140	153	159	187	223	233	250

测量项目	36～60岁（男）							36～55岁（女）						
	1%	5%	10%	50%	90%	95%	99%	1%	5%	10%	50%	90%	95%	99%
1.1 中指指尖点上举高	1907	1959	1988	2090	2191	2224	2282	1790	1834	1859	1953	2047	2075	2126
1.2 双臂功能上举高	1806	1856	1885	1987	2088	2117	2178	1686	1732	1753	1845	1937	1964	2008
1.3 两臂展开宽	1522	1572	1599	1683	1767	1794	1837	1412	1450	1472	1551	1628	1652	1689
1.4 两臂功能展开宽	1319	1368	1392	1477	1560	1584	1635	1203	1241	1261	1335	1410	1430	1470
1.5 两肘展开宽	788	812	825	870	915	929	956	732	753	766	805	850	863	887
1.6 立姿腹厚	156	171	178	204	238	249	267	146	161	168	201	239	250	272

2.2.1.3 与作业空间有关的坐姿人体尺寸

表 33-2-24　　与作业空间有关的坐姿人体尺寸（GB/T 13547—1992）　　mm

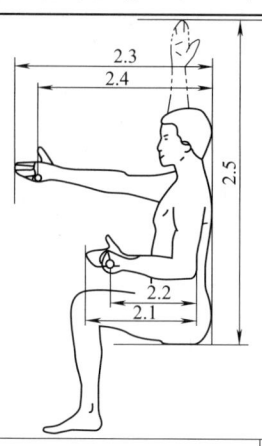

测 量 项 目	18～60 岁（男）							18～55 岁（女）						
	1%	5%	10%	50%	90%	95%	99%	1%	5%	10%	50%	90%	95%	99%
2.1 前臂加手前伸长	402	416	422	447	471	478	492	368	383	390	413	435	442	454
2.2 前臂加手功能前伸长	295	310	318	343	369	376	391	262	277	283	306	327	333	346
2.3 上肢前伸长	755	777	789	834	879	892	918	690	712	724	764	805	818	841
2.4 上肢功能前伸长	650	673	685	730	776	789	816	586	607	619	657	696	707	729
2.5 坐姿中指指尖点上举高	1210	1249	1270	1339	1407	1426	1467	1142	1173	1190	1251	1311	1328	1361
测 量 项 目	18～25 岁（男）							18～25 岁（女）						
	1%	5%	10%	50%	90%	95%	99%	1%	5%	10%	50%	90%	95%	99%
2.1 前臂加手前伸长	401	416	423	448	472	480	494	368	382	389	411	434	441	454
2.2 前臂加手功能前伸长	295	311	319	344	369	378	393	262	276	283	305	326	333	345
2.3 上肢前伸长	748	773	784	829	875	889	915	689	710	722	762	802	813	841
2.4 上肢功能前伸长	648	669	682	725	772	785	810	581	607	617	655	693	704	730
2.5 坐姿中指指尖点上举高	1218	1264	1281	1348	1416	1435	1481	1153	1179	1196	1259	1316	1332	1364
测 量 项 目	26～35 岁（男）							26～35 岁（女）						
	1%	5%	10%	50%	90%	95%	99%	1%	5%	10%	50%	90%	95%	99%
2.1 前臂加手前伸长	404	417	424	448	471	478	489	369	383	391	414	437	443	455
2.2 前臂加手功能前伸长	296	311	318	344	369	375	390	262	278	284	307	328	334	347
2.3 上肢前伸长	758	779	790	835	879	892	916	690	712	723	765	808	820	841
2.4 上肢功能前伸长	650	675	686	731	776	788	814	585	606	619	658	697	710	732
2.5 坐姿中指指尖点上举高	1213	1255	1275	1343	1411	1428	1470	1143	1176	1193	1253	1313	1331	1363
测 量 项 目	36～60 岁（男）							36～55 岁（女）						
	1%	5%	10%	50%	90%	95%	99%	1%	5%	10%	50%	90%	95%	99%
2.1 前臂加手前伸长	401	414	421	446	469	476	490	369	384	390	412	435	442	453
2.2 前臂加手功能前伸长	296	309	317	343	368	375	390	263	276	283	305	326	332	345
2.3 上肢前伸长	757	778	792	836	880	894	920	692	714	726	765	806	818	840
2.4 上肢功能前伸长	652	676	688	733	779	793	819	590	609	619	658	696	707	728
2.5 坐姿中指指尖点上举高	1202	1238	1259	1327	1393	1412	1448	1135	1166	1183	1242	1302	1319	1348

2.2.1.4 与作业空间有关的跪姿、俯卧姿、爬姿人体尺寸

表 33-2-25　与作业空间有关的跪姿、俯卧姿、爬姿人体尺寸（GB/T 13547—1992）　　　mm

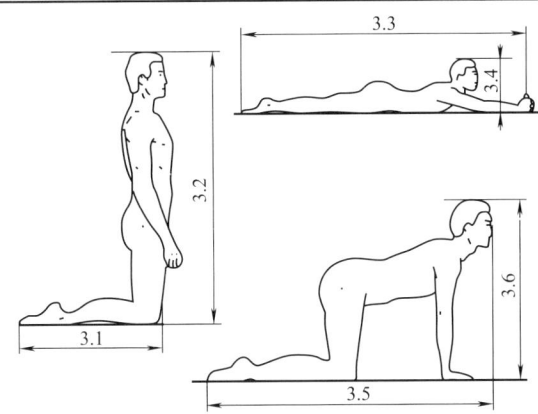

测量项目	18~60岁（男）							18~55岁（女）						
	1%	5%	10%	50%	90%	95%	99%	1%	5%	10%	50%	90%	95%	99%
3.1 跪姿体长	577	592	599	626	654	661	675	544	557	564	589	615	622	636
3.2 跪姿体高	1161	1190	1206	1260	1315	1330	1359	1113	1137	1150	1196	1244	1258	1284
3.3 俯卧姿体长	1946	2000	2028	2127	2229	2257	2310	1820	1867	1892	1982	2076	2102	2153
3.4 俯卧姿体高	361	364	366	372	380	383	389	355	359	361	369	381	384	392
3.5 爬姿体长	1218	1247	1262	1315	1369	1384	1412	1161	1183	1195	1239	1284	1296	1321
3.6 爬姿体高	745	761	769	798	828	836	851	677	694	704	738	773	783	802

2.2.1.5 跪姿、俯卧姿、爬姿人体尺寸的推算公式

表 33-2-26　跪姿、俯卧姿、爬姿人体尺寸的推算公式（GB/T 13547—1992）　　　mm

静态姿势	尺寸项目	男子尺寸项目推算公式	女子尺寸项目推算公式
跪姿	跪姿体长	$18.8+0.362H$	$5.2+0.372H$
	跪姿体高	$38.0+0.728H$	$112.8+0.690H$
俯卧姿	俯卧姿体长	$-124.6+1.342H$	$-124.7+1.342H$
	俯卧姿体高	$330.4+0.698W$	$314.5+1.048W$
爬姿	爬姿体长	$115.1+0.715H$	$223.0+0.647H$
	爬姿体高	$140.1+0.392H$	$-56.6+0.506H$

注：H——身高，mm；W——体重，kg。

2.2.2 作业空间设计

2.2.2.1 相关术语

表 33-2-27　　　作业空间相关术语

术语	含义
作业空间	人、机器设备、工装以及被加工物所占的空间
近身作业空间	是指作业者在某一固定的工作岗位上，保持站姿或坐姿等一定的作业姿势时，由于人体的静态或动态尺寸的限制，作业者为完成作业所及的空间范围。如人在坐姿打字时，四肢（主要指上肢）所及的空间范围。近身作业空间作为作业空间设计的最基本内容，主要依据作业者在操作时四肢所及范围的静态尺寸和动态尺寸来确定。根据人体的作业姿势不同，近身作业空间又可分为坐姿近身作业空间和站姿近身作业空间

续表

术语	含义
个体作业场所	是指作业者周围与作业有关的、包含设备因素在内的作业区域，简称作业场所。如电脑、计算机桌、电脑椅就构成一个完整的个体作业场所。同近身作业空间相比，作业场所更复杂些，除了作业者的作业范围，还要包括相关设备所需的场地。当仅有一台机器设备时，就可以把它当作个体作业场所来设计，而不必考虑多台设备布置时总体与局部的关系
总体作业空间	多个相互联系的个体作业场所布置在一起就构成了总体作业空间。总体作业空间不是直接的作业场所，它更多地强调多个个体作业场所之间尤其是多个作业者之间的相互关系。总体作业空间的设计除了需要考虑设备、用具所占的空间以及作业者的操作空间以外，还应给作业者留有足够的心理空间。小到办公室、车间，大到厂房、城市，都是总体作业空间的设计范畴
受限作业空间	是指人自由活动需受到限制或制约的空间。如某些作业和活动需在限定的空间中进行；某些空间范围对作业者的正常工作心理状态有影响；某些空间存在着可能危及人身安全的因素。在布局设计或设备设计时，必须充分考虑并保证这些空间，否则将影响人的有效活动，甚至影响人的健康和安全
作业范围	当操作者以立姿或坐姿进行作业时，手和脚在水平面和垂直面内所能触及的最大轨迹范围
人身空间	是指环绕一个人的随人移动的具有不可见的边界线的封闭区域，其他人无故闯入该区域，则会引起人的行动上的反应

2.2.2.2 成人肢体正常活动范围和舒适姿势的调节范围

表 33-2-28　　　　成人肢体正常活动范围和舒适姿势的调节范围

身体部位	关节	活动	最大角度/(°)	最大范围/(°)	舒适调节范围/(°)
头至躯干	颈关节	1. 低头，仰头	+40，-35	75	+12～+25
		2. 左歪，右歪	+55，-55	110	0
		3. 左转，右转	+55，-55	110	0
躯干	胸关节	4. 前弯，后弯	+100，-50	150	0
		5. 左弯，右弯	+50，-50	100	0
		6. 左转，右转	+50，-50	100	0
大腿至髋关节	髋关节	7. 前弯，后弯	+120，-15	135	0(+85～+100)[2]
		8. 外拐，内拐	+30，-15	45	0
小腿对大腿	膝关节	9. 前摆，后摆	0，-135	135	0(-120～-95)[2]
脚至小腿	脚关节	10. 上摆，下摆	+110，+55	55	+85～+95
脚至躯干	髋关节 小腿关节 脚关节	11. 外转，内转	+110，-70[1]	180	+0～+15
上臂至躯干	肩关节（锁骨）	12. 外摆，内摆	+180，-30[1]	210	0
		13. 上摆，下摆	+180，-45[1]	225	(+15～+35)[2]
		14. 前摆，后摆	+140，-40[1]	180	+40～+90
下臂至上臂	肘关节	15. 弯曲，伸展	+145，0	145	+85～+110
手至下臂	腕关节	16. 外摆，内摆	+30，-20	50	0[3]
		17. 弯曲，伸展	+75，-60	135	0
手至躯干	肩关节，下臂	18. 左转，右转	+130，-120[1][4]	250	-30～-60

① 得自给出关节活动的叠加值。
② 括号内为坐姿值。
③ 括号内为在身体前方的操作。
④ 开始的姿势为手与躯干侧面平行。
注：1. 给出的最大角度适合于一般情况，年纪较大的人大多低于此值。此外，在穿厚衣服时角度要小一些。
2. 有多个关节的一串骨骼中若干角度相叠加产生更大的总活动范围（例如低头、弯腰）。

2.2.2.3 人体在立、坐、跪、卧姿势下手臂自由活动空间

表 33-2-29　　　　　人体在立、坐、跪、卧姿势下手臂自由活动空间

姿势类别	活动空间性质	图　　示
立姿	A——稍息站立时的身体轮廓，为保持身体姿势所必需的平衡活动已考虑在内 B——臀部不动，上身自髋关节起前弯、侧转时的活动空间 C——上身不动时手臂的活动空间 D——上身一起动时手臂的活动空间	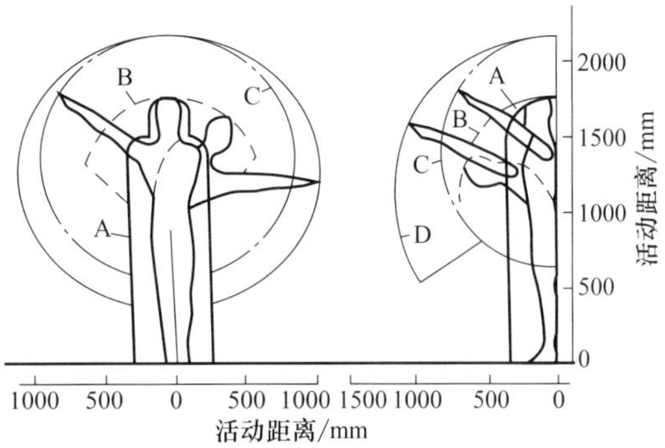
坐姿	A——上身挺直及头向前倾的身体轮廓，为保持身体姿势而必需的平衡活动已考虑在内 B——从髋关节起上身向前、向侧弯曲的活动空间 C——上身不动，自肩关节起手臂向上和向两侧的活动空间 D——上身从髋关节起向前、向两侧活动时，手臂自肩关节起向前和两侧的活动空间 E——自髋关节、膝关节起，腿的伸、屈活动空间	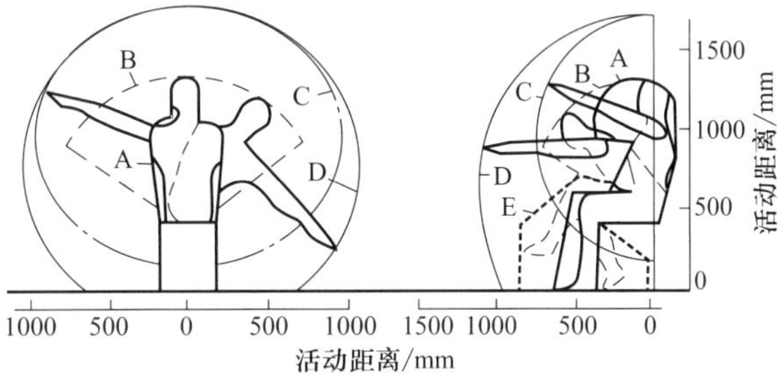
单腿跪姿	A——上身挺直头前倾的身体轮廓。为稳定身体姿势所必需的平衡已考虑在内 B——上身从髋关节起侧弯 C——上身不动，自肩关节起手臂向前、向两侧的活动空间 D——上身自髋关节起向前或两侧活动时手臂自肩关节起向前或向两侧的活动空间	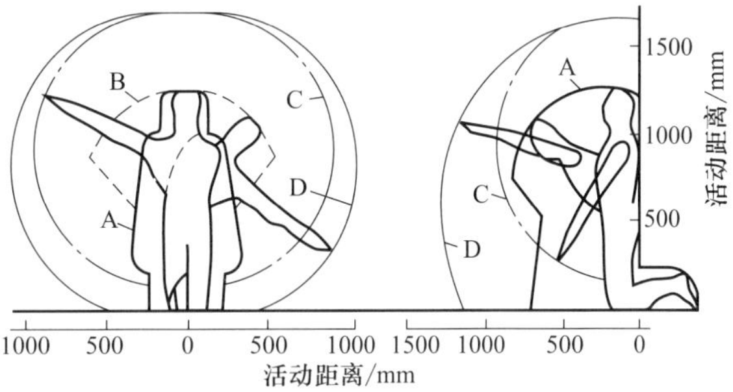
仰卧姿	A——背朝下仰卧时的身体轮廓 B——自肩关节起手臂伸直的活动空间 C——腿自膝关节弯起的活动空间	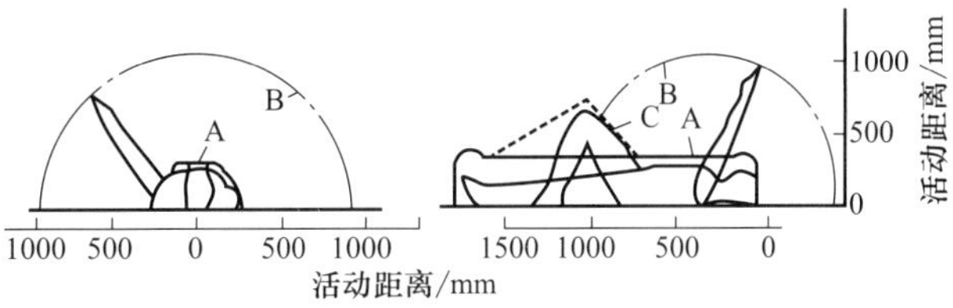

2.2.2.4 人体其他姿态最小占用空间

表 33-2-30　　　　　　　　　人体其他姿态最小占用空间　　　　　　　　　cm

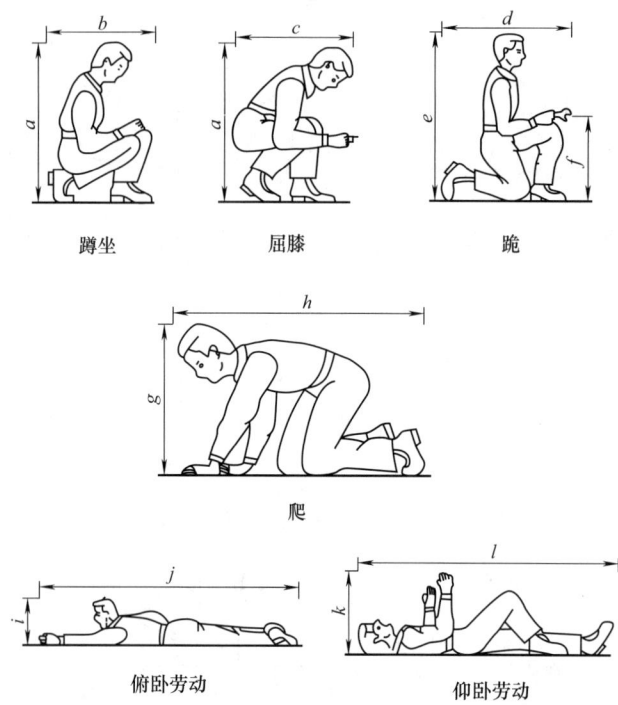

作业姿势	尺度标记	尺寸		
		最小值	选取值	着防寒服时
蹲坐作业	高度 a	120	—	130
	宽度 b	70	92	100
屈膝作业	高度 a	120	—	130
	宽度 c	90	102	110
跪姿作业	宽度 d	110	120	130
	高度 e	145	—	150
	手距地面高度 f	—	70	—
爬着作业	高度 g	80	90	95
	长度 h	150	—	160
俯卧作业（腹朝下）	高度 i	45	50	60
	长度 j	245	—	—
俯卧作业（背朝下）	高度 k	50	60	65
	长度 l	190	195	200

2.2.2.5 水平面作业范围

表 33-2-31　　　水平面作业范围（适于男、女性坐姿、立姿、坐-立姿作业）

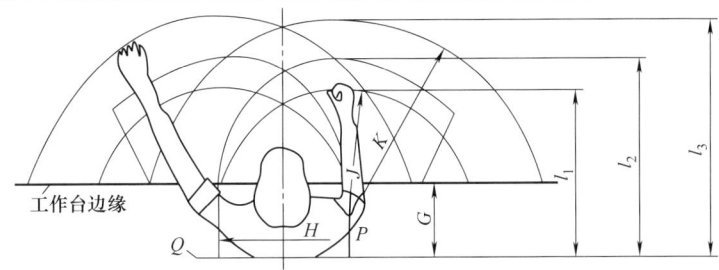

l_1—水平面正常作业范围（巴恩斯法）；l_2—水平面正常作业范围（斯夸尔斯法）；
l_3—水平面最大作业范围（巴恩斯法）

符号说明	名称		水平面上的作业范围/mm		
			正常作业范围（巴恩斯法）	正常作业范围（斯夸尔斯法）	最大作业范围（巴恩斯法）
最大作业范围和正常作业范围均以肩峰点 P 确定。肩峰点 P 以椅背 Q 为基准，P 至 Q 的距离为 $1/2$ 胸厚 G。K 为上肢前展长，J 为前臂长，H 为肩宽，均取其第 5 百分位数值；胸厚 G 取其第 95 百分位数值	男性		514	520	803
	女性		477	476	739
	男女共用		480	479	742
	男性百分位数	5	484	490	773
		50	531	544	844
		95	582	602	920
	女性百分位数	5	442	441	704
		50	489	482	773
		95	542	553	850

2.2.2.6 坐姿作业的垂直面作业范围

表 33-2-32　　　坐姿作业的垂直面作业范围（适合于男、女性坐姿作业）

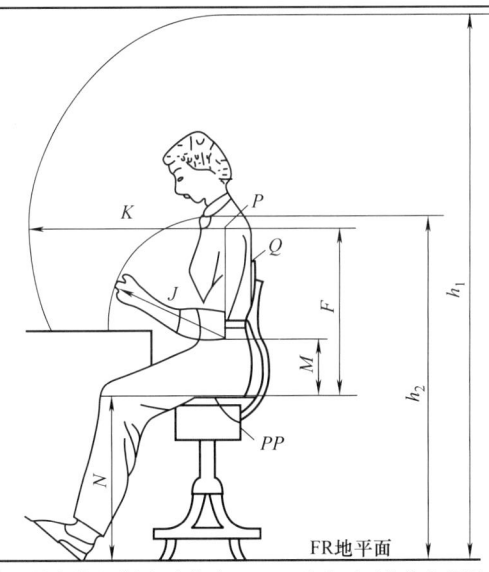

h_1—垂直面最大作业范围（法莱法）；h_2—垂直面正常作业范围（法莱法）

续表

符号说明	名称		垂直面上的作业范围/mm	
			正常作业范围（法莱法）	最大作业范围（法莱法）
肩高 F 和肘高 M，均以坐平面 PP 为基准。采用法莱法，最大作业范围的最高点由 $(N+F+K)$ 确定；正常工作区域的最高点由 $(N+M+J)$ 确定。N 为坐姿腘窝高，取其第 95 百分位数值；肩高 F 取其第 5 百分位数值；肘高 M 取其第 95 百分位数值。K 为上肢前展长，J 为前臂长	男性		1132	1686
	女性		1041	1543
	男女共用		1098	1586
	男性百分位数	5	997	1621
		50	1096	1750
		95	1200	1887
	女性百分位数	5	909	1480
		50	1017	1612
		95	1106	1730

2.2.2.7 立姿作业的垂直面作业范围

表 33-2-33　　立姿作业的垂直面作业范围（适于男、女性立姿作业）

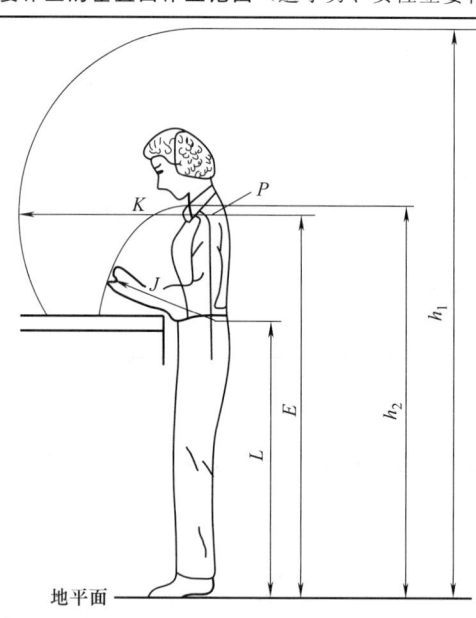

h_1—垂直面最大作业范围（法莱法）；h_2—垂直面正常作业范围（法莱法）

符号说明	名称		垂直面上的作业范围/mm	
			正常作业范围（法莱法）	最大作业范围（法莱法）
肩高 E 和肘高 L 均以地平面为基准。采用法莱法，最大工作区域的最高点由 $(E+K)$ 确定；正常工作区域的最高点由 $(L+J)$ 确定。肩高 E 取其第 5 百分位数值，肘高 L 取其第 95 百分位数值。K 为上肢前展长，J 为前臂长	男性		1507	1981
	女性		1400	1834
	男女共用		1473	1834
	男性百分位数	5	1365	1981
		50	1469	2125
		95	1575	2272
	女性百分位数	5	1276	1834
		50	1369	1964
		95	1465	2100

2.2.2.8 容膝空间设计

表 33-2-34　　　　　　　　　　容膝空间尺寸

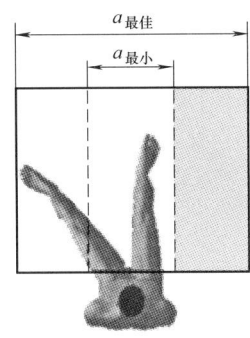
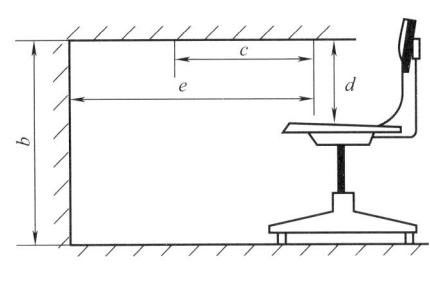

符号及其意义		尺寸/mm	
		最 小 值	最 大 值
a	容膝孔宽度	510	1000
b	容膝孔高度	640	680
c	容膝孔深度	460	660
d	大腿空隙	200	240
e	容腿孔	660	1000

2.2.2.9 立姿作业活动余隙设计

表 33-2-35　立姿作业活动余隙设计参考尺寸

mm

活动余隙类型	最小值	推荐值
站立用空间（工作台至身后墙壁的距离）	760	910
身体通过的宽度	510	810
身体通过的深度（侧身通过的前后间距）	330	380
行走空间宽度	305	380
容膝空间	200	—
容脚空间	150×150	—
过头顶余隙	2030	2100

2.2.2.10 立姿作业垂直方向布局设计

表 33-2-36　立姿作业空间垂直方向布局尺寸

mm

控制器类型	推荐值
报警装置	1800
极少操纵的手控制器和不太重要的显示器	1600～1800
常用的手控制器、显示器、工作台面等	700～1600
不宜布置控制器	500～700
脚控制器	0～500

2.2.2.11 坐姿作业脚作业空间设计

与手相比，脚操作力大，但精确度差，且活动范围较小，一般脚操作限于踏板类装置。坐姿操作时，在躯干不动的条件下，脚的作业范围如图 33-2-2 所示，图中 A 为脚的最大作业范围；B 为适宜作业范围；C、D 分别为脚开关踏板和控制踏板时的适宜作业范围。

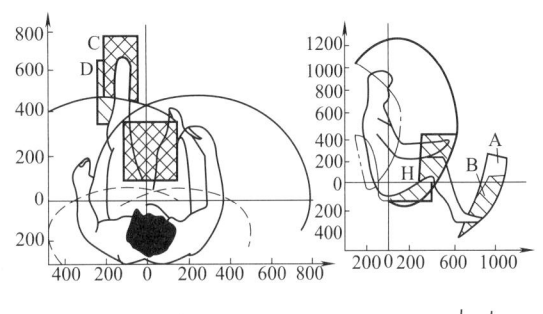
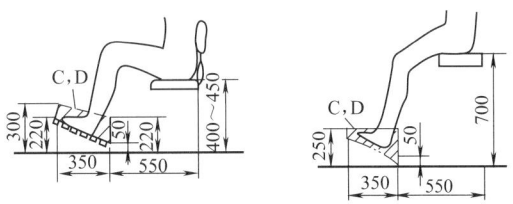

图 33-2-2　坐姿作业脚作业范围

2.2.2.12 立姿作业脚作业空间设计

立姿操作时,由于下肢需要支承全身重量,并保持人体在各种状态下的平衡和稳定,因此,下肢操作活动范围不可能太大,如图 33-2-3 所示,其中,A 为最大作业范围,B 为适宜作业范围。

2.2.2.13 人体受限作业空间的最小空间尺寸

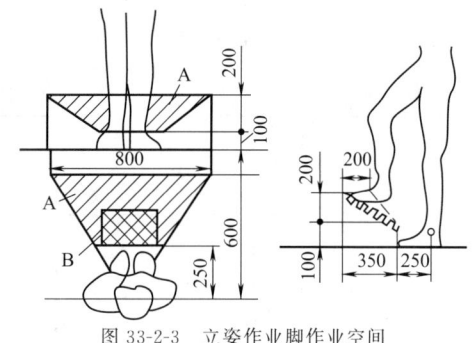

图 33-2-3　立姿作业脚作业空间

表 33-2-37　　人体受限作业空间的最小空间尺寸（DL/T 575.4—1999）　　　　mm

作业姿势		最小值	选用值(穿普通服装)	穿厚服装	图　示
站立	B	—	700	—	
	H	—	1910	—	
屈体	B	—	760	—	
	H	—	1500	—	
跪姿	B	—	760	—	
	H	—	1370	—	
蹲姿	B	—	760	—	
	H	—	1220	—	

续表

作业姿势		最小值	选用值（穿普通服装）	穿厚服装	图　　示
蹲坐	B	700	920	1000	
	H	1200	—	1300	
屈膝	B	900	1020	1100	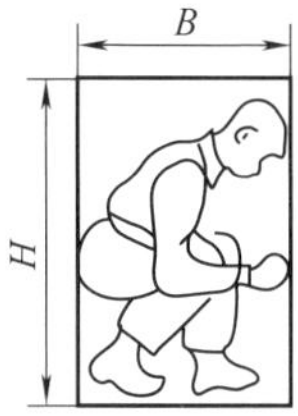
	H	1200	—	1300	
蹲跪	B	1100	1200	1300	
	H	1450	—	1500	
爬姿	B	1500	—	1600	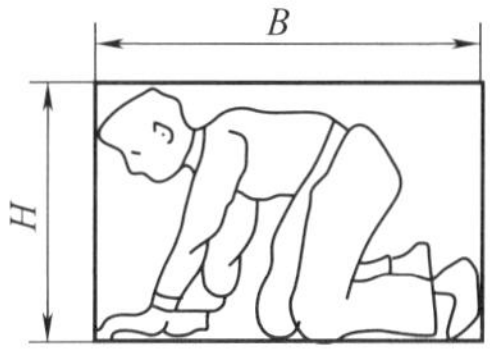
	H	800	900	950	
俯卧	B	2450	—	—	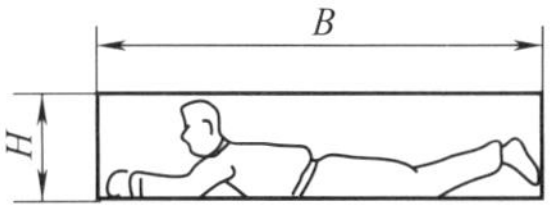
	H	450	500	600	
仰卧	B	1900	1950	2000	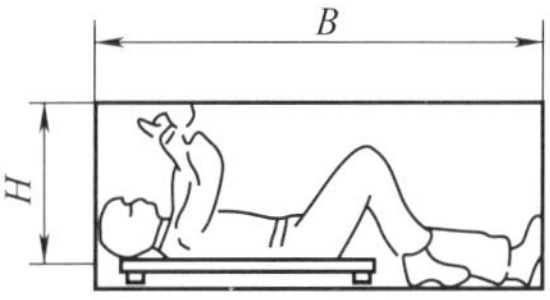
	H	500	600	650	
上身探入	B	—	580	690	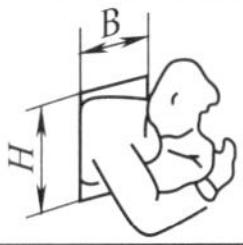
	H	460	560	810	

注：1. B 为受限作业空间的宽度或长度。
2. H 为受限作业空间的高度。

2.2.2.14 手臂作业出入口的最小尺寸

表 33-2-38　　　　手臂作业出入口的最小尺寸（DL/T 575.4—1999）　　　　　　　mm

作业条件	着装		图示
	薄工作服	厚工作服（戴手套）	
1. 双臂作业			
双手伸入达到的深度为 150～490	宽度 $B=D$（$B_{min}=200$），D 为达到的深度；高度 H 为 125	宽度 $B=0.75D+150$；高度 H 为 180	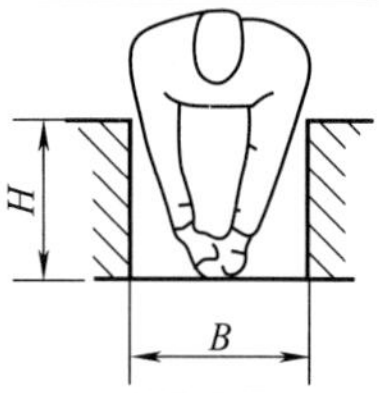
双臂伸入达整个臂长（至肩）	宽度 $B=500$ 高度 $H=125$	—	
通过手柄抓握箱盒插入	如果手柄周围有足够的空隙，则箱盒周围应有 13mm 的空隙		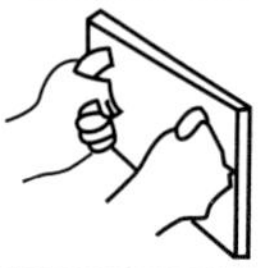
用双手抓握箱盒两侧插入	宽度 $B=W+150$，W 为箱宽 高度 $H=T+13$（$H_{min}=215$），T 为箱厚（箱高）	宽度 $B=W+180$，W 为箱宽 高度 $H=T+15$（$H_{min}=215$），T 为箱厚（箱高）	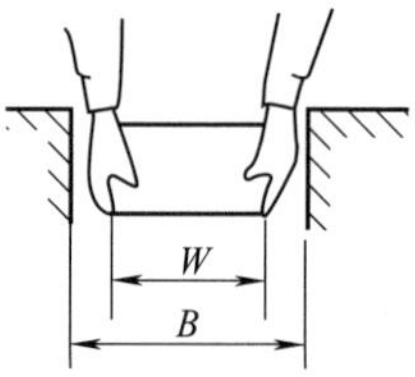
用双手抓握箱盒两侧插入，但手指需弯曲抓住其上、下两面	宽度 $B=W+150$，W 为箱宽 高度 $H=T+51$（$H_{min}=253$），T 为箱厚（箱高）	宽度 $B=W+180$，W 为箱宽 高度 $H=T+90$（$H_{min}=290$），T 为箱厚（箱高）	
2. 单臂作业			
单臂伸入至肘关节	对于方孔（高×宽）：100×115 对于圆孔 $d=\phi115$	对于方孔（高×宽）：180×180 对于圆孔 $d=\phi180$	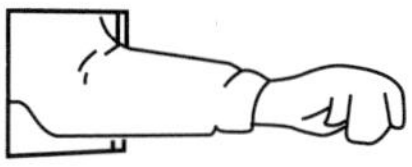
单臂伸入至肩	对于方孔（高×宽）：125×125 对于圆孔 $d=\phi125$	对于方孔（高×宽）：215×215 对于圆孔 $d=\phi215$	

2.2.2.15 单手作业出入口（伸入至腕关节）的最小尺寸

表 33-2-39　　　　单手作业出入口的最小尺寸（DL/T 575.4—1999）　　　　　　mm

作业条件		着装			图示
		裸手	戴手套或连指手套	戴防寒手套	
空手	转动	对于方孔（高×宽）：95×95 对于圆孔 $d=\phi95$	对于方孔（高×宽）：100×150 对于圆孔 $d=\phi150$	对于方孔（高×宽）：125×165 对于圆孔 $d=\phi165$	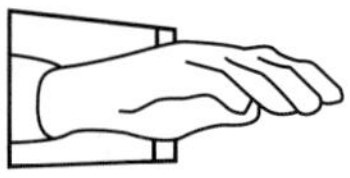
	手掌平展	对于方孔（高×宽）：55×100； 对于圆孔 $d=\phi100$			

续表

作业条件	着装			图示
	裸手	戴手套或连指手套	戴防寒手套	
抓握的手	对于方孔（高×宽）：90×125 对于圆孔 $d=\phi125$	对于方孔（高×宽）：115×150 对于圆孔 $d=\phi150$	对于方孔（高×宽）：180×215 对于圆孔 $d=\phi215$	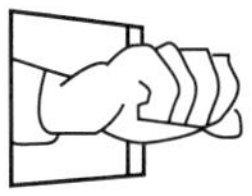
手握直径为25mm的物体	对于方孔（高×宽）：95×95 对于圆孔 $d=\phi95$	对于方孔（高×宽）：150×150 对于圆孔 $d=\phi150$	对于方孔（高×宽）：180×180 对于圆孔 $d=\phi180$	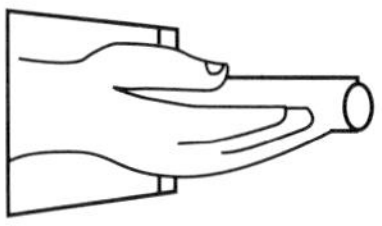
手握直径大于25mm的物体	物体周围留出空隙45	物体周围留出空隙65	物体周围留出空隙90	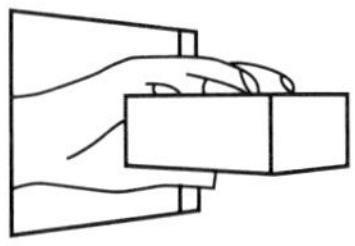

2.2.2.16 手指作业出入口（伸入至第一指关节）的最小尺寸

表33-2-40　　手指作业出入口（伸入至第一指关节）的最小尺寸（DL/T 575.4—1999）　　mm

入口类型	着装		图示
	裸手	戴分指手套	
按钮口	直径 $d=\phi32$	直径 $d=\phi38$	
双手指转动口	直径 $d=d_物+50$ $d_物$ 为物体直径	直径 $d=d_物+65$ $d_物$ 为物体直径	

2.2.2.17 人身空间

人身空间的大小，可用人与人交往时彼此保持的物理距离即互动距离来衡量。通常分为四种距离，即亲密距离、个人距离、社会距离和公共距离。不同的距离（区域），允许进入的人的类别不同，如表33-2-41所示。

表33-2-41　　　　　　　　　　人身空间的分区　　　　　　　　　　mm

区域名称和状态		距离	说明
亲密距离	指与他人身体密切接近的距离		
	接近状态	0～150	指亲密者之间的爱抚、安慰、保护、接触等交流的距离
	正常状态	150～450	指头、脚部互不相碰，但手能相握或抚触对方的距离
个人距离	指与朋友、同事之间交往时所保持的距离		
	接近状态	450～750	指允许熟人进入而不发生为难、躲避的距离
	正常状态	750～1200	指两人相对而立，指尖刚刚相接触的距离，即正常社交区
社会距离	参加社会活动时所保持的距离		
	接近状态	1200～2100	一起工作时的距离，上级向下级或秘书说话时保持的距离
	正常状态	2100～3600	业务接触的通行距离，正式会谈、礼仪等多按此距离进行

续表

区域名称和状态		距 离	说 明
公共距离	指在演说、演出等公共场合所保持的距离	接近状态	3600～7500	指须提高声音说话,能看清对方的活动的距离
		正常状态	7500 以上	指已分不清表情、声音的细微部分,要用夸张的手势、大声疾呼才能交流的距离

2.2.2.18 作业姿势的选定

表 33-2-42　　按作业情况选定作业姿势

作业姿势	作 业 情 况		
	作业范围半径/mm	操纵力/N	操作活动
坐姿	350～500	<50	受限制
坐、立姿交替	380～500	50～100	受一定限制
立姿	>750	100～200	受限制不大

2.2.3　工作岗位设计

2.2.3.1　相关术语

表 33-2-43　　工作岗位设计相关术语

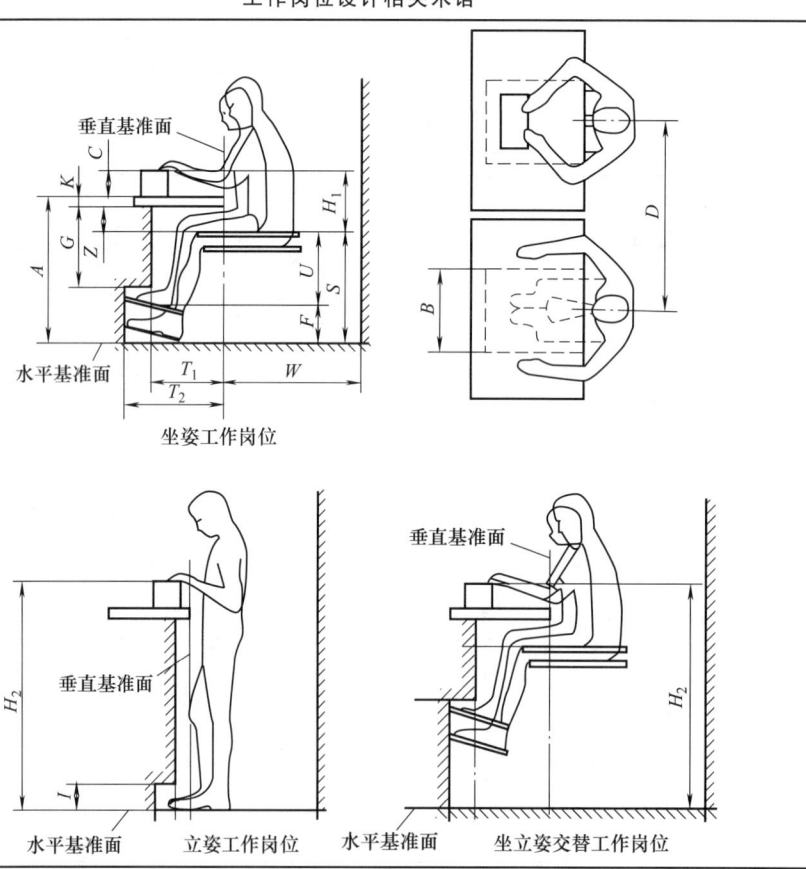

续表

术　语	符号	含　义
水平基准面	P_{xy}	在工作岗位，人站立的或座椅放置的平面
垂直基准面	P_{yz}	与人体冠状面平行，与水平基准面相垂直，并且通过工作岗位上限制人体向前的点所在的平面
座位面高度	S	座位设计平面与水平基准面之间的距离
坐姿工作岗位的相对高度	H_1	坐姿时手操作平面与座位设计平面之间的距离
立姿工作岗位的相对高度	H_2	立姿时手操作平面和水平基准面之间的距离
工作平面高度	A	安放作业对象或工装夹具的平面和水平基准面之间的距离
作业面高度	C	手作业平面和工作平面之间的距离
工作台面厚度	K	工作平面与限制大腿向上动作界面之间的距离
脚支撑高度	F	脚支撑面的几何中心与水平基准面之间的距离
小腿空间高度	U	座位设计平面与脚支撑几何中心之间的距离
大腿空间高度	Z	限制大腿向上动作界面与座位平面之间的距离
坐姿工作岗位的腿空间高度	G	限制大腿向上动作界面与脚空间上方界面之间的距离
立姿工作岗位的脚空间高度	I	容脚空间上方界面与水平基准面之间的距离
腿部空间进深	T_1	垂直基准面和限制小腿或膝前伸界面之间的距离
脚空间进深	T_2	垂直基准面与限制脚前伸界面之间的距离
腿部空间宽度	B	限制膝或脚向外侧扩展的两界面之间的距离
横向活动间距	D	两相邻工作岗位上的纵向中平面之间的距离
向后活动间距	W	垂直基准面和限制人体向后活动界面之间的距离

2.2.3.2　与作业无关的工作岗位尺寸

表33-2-44　　　　　与作业无关的工作岗位尺寸（GB/T 14776—1993）　　　　　mm

尺　寸	坐姿工作岗位	立姿工作岗位	坐立姿工作岗位
横向活动间距 D	≥1000		
向后活动间距 W	≥1000		
腿部空间进深 T_1	≥330	≥80	≥330
脚空间进深 T_2	≥530	≥150	≥530
坐姿工作岗位的腿空间高度 G	≤340	—	≤340
立姿工作岗位的脚空间高度 I	—	≥120	—
腿部空间宽度 B	≥480	—	480≤B≤800 700≤B≤800

2.2.3.3 与作业有关的工作岗位高度尺寸

表 33-2-45 　　　　与作业有关的工作岗位高度尺寸（GB/T 14776—1993）　　　　　　　　mm

类别	举 例	坐姿工作岗位相对高度 H_1				立姿工作岗位工作高度 H_2			
		P_5		P_{95}		P_5		P_{95}	
		女	男	女	男	女	男	女	男
Ⅰ	调整作业 检验工作 精密元件装配	400	450	500	550	1050	1150	1200	1300
Ⅱ	分检作业 包装作业 体力消耗大的 重大工件组装	250		350		850	950	1000	1050
Ⅲ	布线作业 体力消耗小的 小零件组装	300	350	400	450	950	1050	1100	1200

注：根据作业时使用视力和臂力的情况，把作业分为三个类别：
Ⅰ类—使用视力为主的手工精细作业；Ⅱ类—使用臂力为主，对视力也有一般要求的作业；Ⅲ类—兼顾视力和臂力的作业。

2.2.3.4 大腿空间高度和小腿空间高度的最小限值

表 33-2-46 　　　　大腿空间高度和小腿空间高度的最小限值（GB/T 14776—1993）　　　　　　mm

尺 寸	P_5		P_{95}	
	女	男	女	男
大腿空间高度 Z	135	135	175	175
小腿空间高度 U	375	415	435	480

2.2.3.5 与作业有关的工作岗位其他尺寸设计

表 33-2-47 　　　　与作业有关的工作岗位其他尺寸设计（GB/T 14776—1993）

尺寸项目	坐姿工作岗位	立姿工作岗位
作业面高度 C	①通常依据作业对象、工作面上配置的尺寸确定 ②对较大的或形状复杂的加工对象，以满足最佳加工条件来确定	
工作台面厚度 K	应满足如下关系：$K=A-Z_{5\%}-S_{5\%}$ $K=A-Z_{95\%}-S_{95\%}$	式中，A 为工作平面高度；S 为座位面高度；Z 为大腿空间高度
工作平面高度 A	$A \geqslant H_1-C+S$ 或 $A \geqslant H_1-C+U+F$ 式中，H_1 为坐姿工作岗位的相对高度；U 为小腿空间高度；F 为脚支撑高度	$A \geqslant H_2-C$ 式中，H_2 为立姿工作岗位的相对高度
座位面高度 S 的调整范围	$S_{95\%}-S_{5\%}=H_{1(5\%)}-H_{1(95\%)}$	—
脚支撑高度 F 的调整范围	$F_{5\%}-F_{95\%}=(S_{5\%}-U_{5\%})-(S_{95\%}-U_{95\%})$ 或 $F_{5\%}-F_{95\%}=H_{1(95\%)}-H_{1(5\%)}+U_{95\%}-U_{5\%}$	—
工作平面高度 A 必须统一的情况（如生产线）	—	作业人员性别一致 $H_2=[H_{2(5\%)}+H_{2(95\%)}]/2$ 作业人员性别不一致 $H_2=[H_{2(女,95\%)}+H_{2(男,5\%)}]/2$

2.2.3.6 坐立姿交替工作岗位尺寸设计举例

已知：作业内容及作业要求类别：电流表布线，Ⅲ类

作业人员性别：男性

作业点高度 $C=150\mathrm{mm}$

工作台面厚度 $K=30\mathrm{mm}$

试设计坐、立姿交替的工作岗位。

各尺寸计算如下。

（1）工作高度 H_2 的确定

该项作业属于性别一致的流水作业，故由表 33-2-45 及表 33-2-47 得

$H_2=[H_{2(5\%)}+H_{2(95\%)}]/2=(1050+1200)/2$
$=1125\mathrm{mm}$

（2）工作平面高度 A 的确定

由表 33-2-47 查得 $A\geqslant H_2-C=1125-150=975\mathrm{mm}$

（3）座位面高度 S 的确定

由表 33-2-45 查出Ⅲ类作业，坐姿工作岗位时的男性工作高度 H_1 为

$H_{1(5\%)}=350\mathrm{mm}$, $H_{1(95\%)}=450\mathrm{mm}$

由表 33-2-47 查得 $A\geqslant H_1-C+S$，推出 $S\leqslant A+C-H_1$，故

$S_{5\%}\leqslant A+C-H_{1(5\%)}=975+150-350=775\mathrm{mm}$
$S_{95\%}\leqslant A+C-H_{1(95\%)}=975+150-450=675\mathrm{mm}$

（4）脚支撑高度 F 的确定

由表 33-2-47 查得 $F_{5\%}=S_{5\%}-U_{5\%}=775-420=355\mathrm{mm}$

$F_{95\%}=S_{95\%}-U_{95\%}=675-480=195\mathrm{mm}$

其他与作业无关的工作岗位尺寸，可查表 33-2-44 确定。

设计的坐立姿工作岗位尺寸如图 33-2-4 所示。

（5）校验大腿空间高度 Z

由表 33-2-47 查得 $K=A-Z_{5\%}-S_{5\%}$，得 $Z_{5\%}=A-S_{5\%}-K=975-775-30=170\mathrm{mm}$，大于表 33-2-46 所规定的 135mm。

又 $K=A-Z_{95\%}-S_{95\%}$，得 $Z_{95\%}=A-S_{95\%}-K=975-675-30=270\mathrm{mm}$，大于表 33-2-46 所规定的 175mm。

2.2.4 工作座椅设计

工作座椅是供坐姿工作人员使用的一种由支架、腰靠、坐面等构件组成的坐具。在进行座椅设计时一般应遵循如下原则。

① 座椅的尺寸应与使用者的人体尺寸相适应。因此在设计座椅前，首先要明确设计的座椅供谁坐用。要把使用者群体的人体尺寸测量数据作为确定座椅设计参数的重要依据。

② 座椅设计应尽可能使就坐者保持自然的或接近自然的姿势，并且要使坐用者必要时可以在座位上不时变换自己的坐姿。

③ 座椅设计应符合人体生物力学原理。座椅的结构与形态要有利于人体重力的合理分布和有利于减轻背部、脊柱的疲劳与变形。

④ 座椅要尽可能设计得使坐用者活动方便，操作省力，体感舒适。

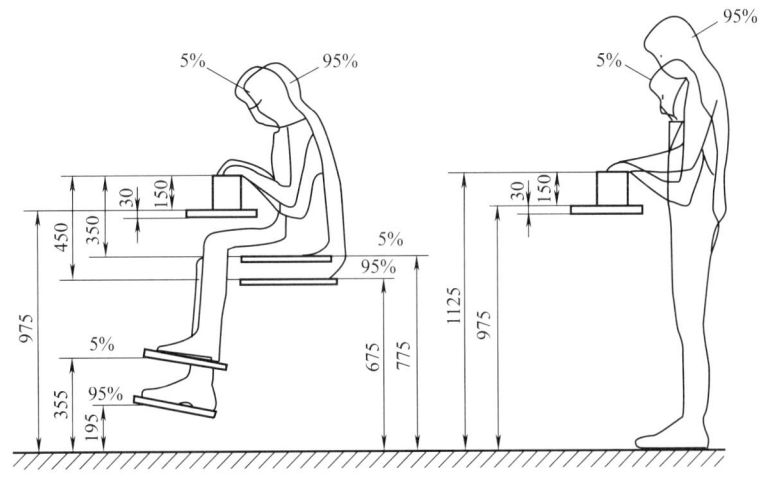

图 33-2-4 设计的坐立姿工作岗位尺寸

2.2.4.1 工作座椅相关术语

表 33-2-48　　　　　工作座椅相关术语

名　称	含　义	备　注
坐面	工作座椅直接与人臀部接触的主要承重表面	包括带坐垫的柔性坐面和不带坐垫的刚性坐面两种形式。坐面表面有纵向(座深方向)平展的及纵向前缘起拱的两种基本形式
坐垫	由弹性材料及蒙面材料组成的柔性坐面	当坐垫为弹性结构时,最下层支撑部分应有一定的刚性,中间弹性层变形量不宜过大。坐垫厚度不宜大于 30 mm
座高	坐面前缘起拱处最高点与座椅支点所在水平基准面之间的垂直距离	—
座宽	坐面左右边缘间通过座椅转动轴与坐面交点处且垂直于左右对称面的水平距离	无转动轴的座椅,该参数在坐面深度方向二分之一处测量
座深	在与座宽相垂直的对称面内,坐面前缘与过腰靠支承点所引垂线间的水平距离	
腰靠	配置在座椅上主要起支撑腰部作用的构件	
腰靠长	腰靠左右边缘间的最大水平距离	
腰靠宽	腰靠上下边缘间的最大直线距离	
腰靠厚	腰靠在受力状态下,在其左右对称面内、腰靠宽中点处,前后缘间的垂直距离	腰靠应能调节高度,其形状应保证使人体压力尽量分布均匀。腰靠若装有软垫,在其沿座深方向垂直剖面内的曲率半径必须大于 1400mm
腰靠高	腰靠宽中点送到座椅转动轴与坐面交点处所在水平面的垂直距离。	
腰靠圆弧半径	腰靠在受力被压缩且腰靠倾角 $\beta=90°$ 的情况下,过其左右对称面上腰靠宽中点的水平面与腰靠前缘圆弧面相交曲线的曲率半径	
倾覆半径	以座椅转动轴在水平基准面上的垂直投影点为圆心所画的与水平基准面上任意两相邻(座椅)支点之连线相切的若干圆中,尺寸最小的圆半径	—
坐面倾角	坐面与水平面之间的夹角	—
腰靠倾角	腰靠在受力状态下,其左右对称轴与水平面之间的夹角	—

2.2.4.2 工作座椅主要参数

表 33-2-49　　　　　工作座椅主要参数（GB/T 14774—1993）　　　　　mm

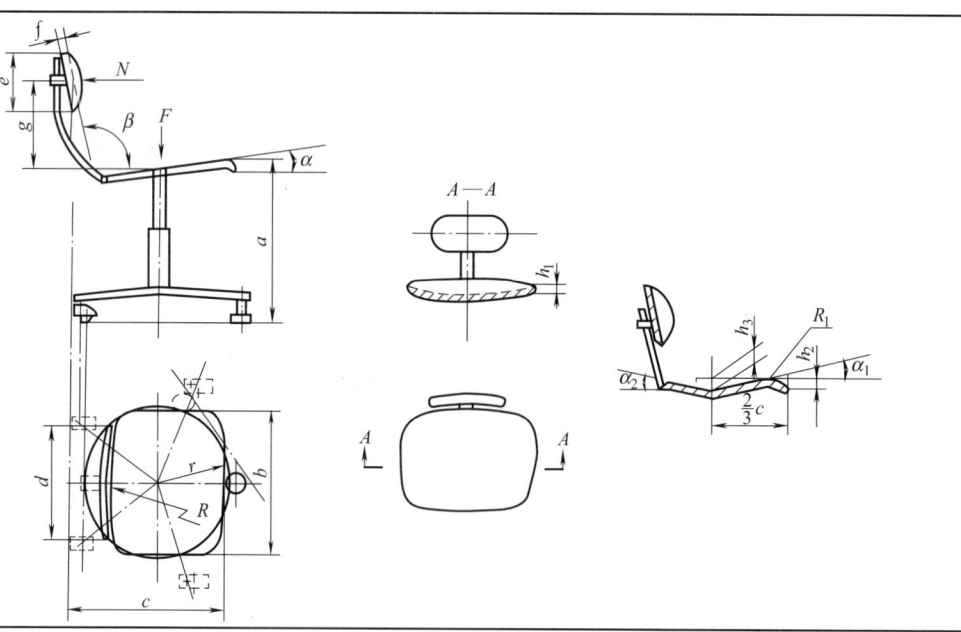

续表

参　数	符号	数　值	备　注
座高	a	360～480	在坐面上压以 60kg、直径 350mm 半球状重物时测量
座宽	b	370～420(推荐值 400)	在座椅转动轴与坐面的交点处或坐面深度方向二分之一处测量
座深	c	360～390(推荐值 380)	在腰靠高 $g=210$mm 处测量,测量时为非受力状态
腰靠长	d	320～340(推荐值 330)	—
腰靠宽	e	200～300(推荐值 250)	—
腰靠厚	f	35～50(推荐值 40)	腰靠上通过直径 400mm 半球状物,施以 250N 力时测量
腰靠高	g	165～210	—
腰靠圆弧半径	R	400～700(推荐值 550)	—
倾覆半径	r	195	—
座面倾角	α	0°～5°(推荐值 3°～4°)	—
腰靠倾角	β	95°～115°(推荐值 110°)	—
横向高度差	h_1	≤25	—
起拱高度	h_2	≥40	—
起拱半径	R_1	40～120	—
前部倾角	α_1	4°～5°	两角顶交点位于距坐面前缘座深 2/3 处
后部倾角	α_2	10°～15°	—
纵向高度差	h_3	≤40	—

2.3　显示器与控制器设计

2.3.1　作业空间的视觉设计

2.3.1.1　相关术语

表 33-2-50　　　　　　　与视觉相关的术语

术　语	含　义	图　示
视角 α	识别对象对观察点所形成的张角	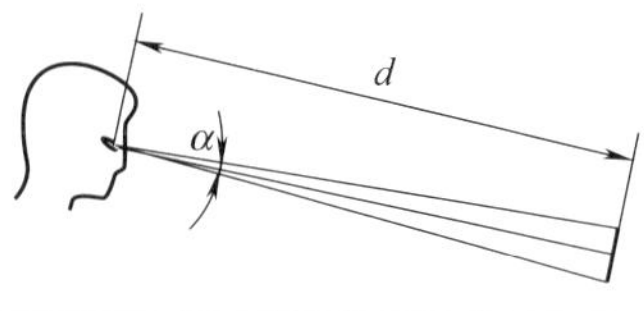
临界视角	眼睛能分辨被看目标物最近两点的视角	
视距 d	识别对象与操作者眼睛之间的距离或距离范围	
识别视距	能正确地识别观察对象的视距	
视力	是眼睛分辨物体细节能力的一个生理尺度,用临界视角的倒数来表示,即视力=1/临界视角	—
入射角 θ	视线与显示屏幕表面的法线之间的夹角。入射角应不大于 40°	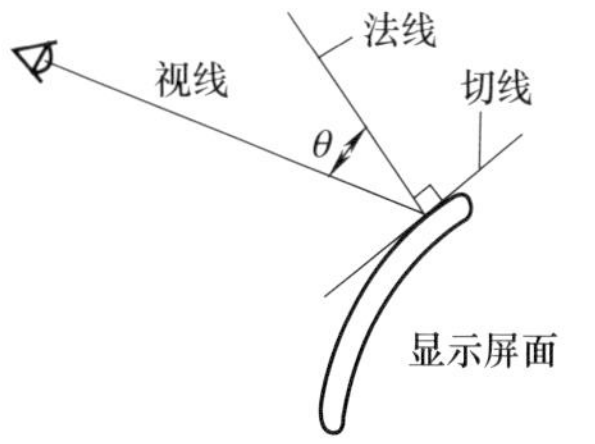

续表

术　语	含　义	图　示
视野	头部和眼睛在规定的条件下,人眼可觉察到的水平面与垂直面内所有的空间范围	—
直接视野	当头部和双眼静止不动时,人眼可觉察到的水平面与垂直面内所有的空间范围。可分为单眼直接视野与双眼直接视野	—
眼动视野	头部保持在固定的位置,眼睛为了注视目标而移动时,能依次觉察到的水平面与垂直面内所有的空间范围。可分为单眼眼动视野与双眼眼动视野	—
观察视野	身体保持在固定的位置,头部与眼睛转动注视目标时,能依次觉察到的水平面与垂直面内所有的空间范围。可分为单眼观察视野与双眼观察视野	—
色觉视野	人眼对不同颜色的视野	—
视线	眼睛中最敏锐的聚焦点(黄斑中心)与注视点之间的连线	—
水平视线	头部保持垂直状态,双眼平视时的视线。水平视线是人体矢状面内的基准视线,在水平视线状态下,头部与眼睛均处于一种比较紧张的状态	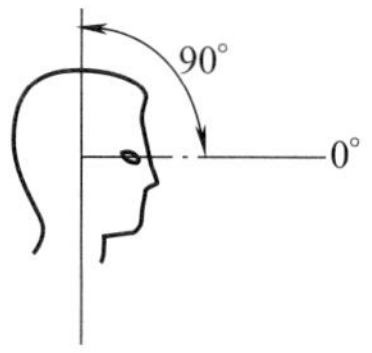
正常视线	头部保持垂直状态、双眼处于放松状态时的视线。正常视线在水平视线之下约15°	
自然视线	头部和双眼都处于放松状态时的视线。自然视线在水平视线之下约30°	
坐姿操作视线	坐姿作业中双眼、头部和背部均处于放松状态时的视线。坐姿操作视线在水平视线之下约40°	

2.3.1.2 各种视线的特征及应用

表 33-2-51　　　　　　各种视线的特征及应用（DL/T 575.2—1999）

视线名称	姿势	头轴线的前倾角 α	视线对水平线的下倾角 β	放松部位	应用举例
水平视线	立正	0°	0°	—	垂直方向的基准视线
正常视线	立正	0°	15°	眼	坐姿、立姿观察常用视线
自然视线	放松立姿	15°	30°	眼、头	坐姿控制台、坐姿阅读、立姿操作常用视线
坐姿操作视线	放松坐姿	25°	40°	眼、头、背	坐姿操作常用视线

2.3.1.3 直接视野范围

表 33-2-52　　　　　　直接视野范围（DL/T 575.2—1999）

类型	图示
光刺激的左眼、右眼和双眼的直接视野	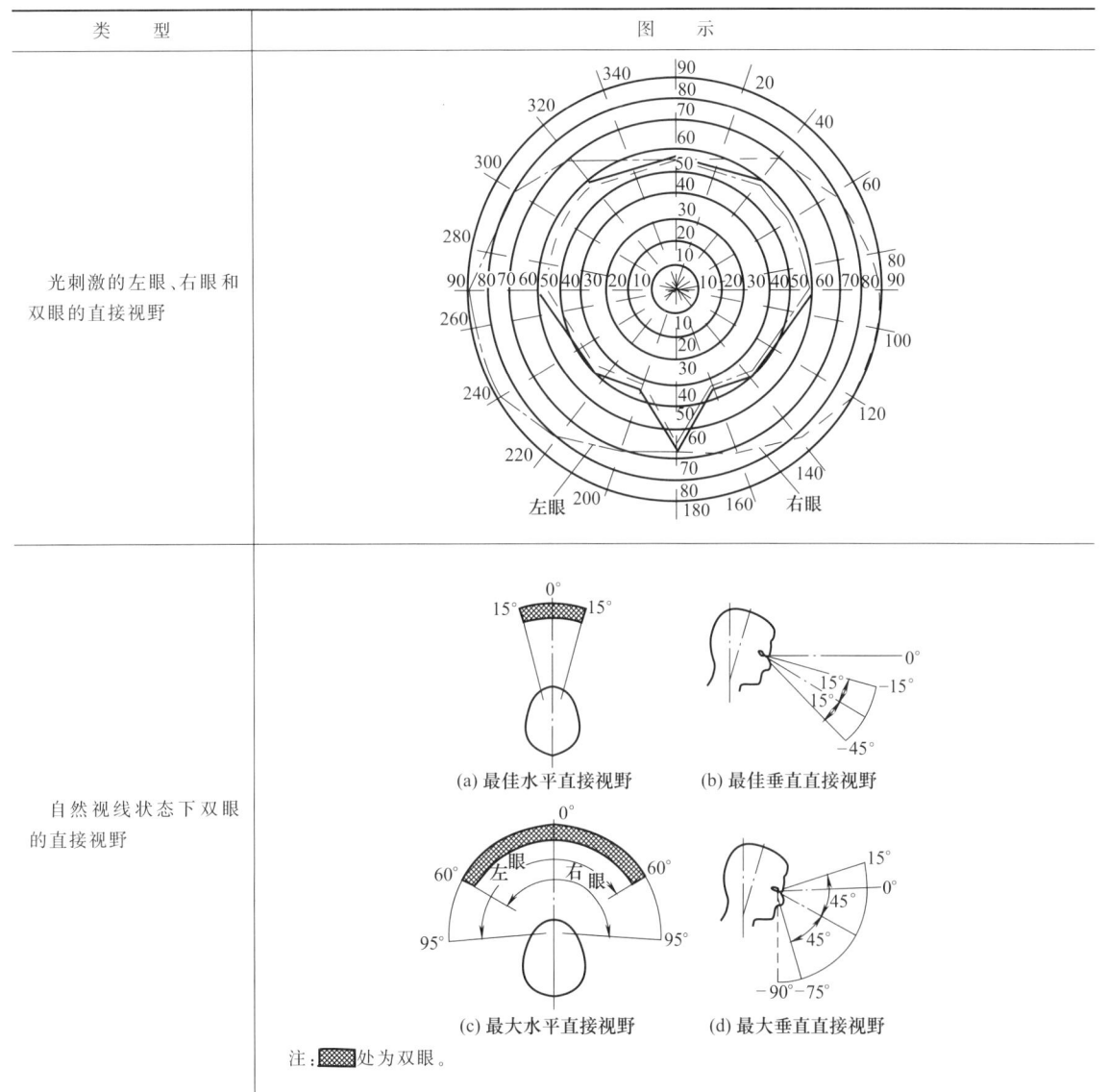
自然视线状态下双眼的直接视野	

注：▨ 处为双眼。

2.3.1.4 自然视线状态下的眼动视野

2.3.1.5 观察视野

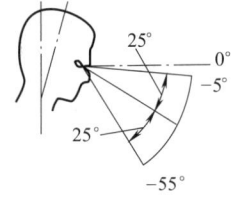

(a) 最佳水平眼动视野　　(b) 最佳垂直眼动视野

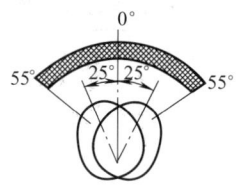

(a) 最佳水平观察视野　　(b) 最佳垂直观察视野

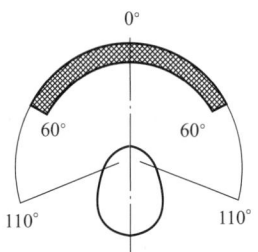 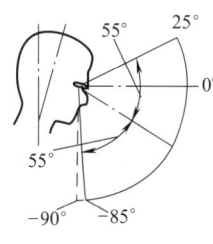

(c) 最大水平眼动视野　　(d) 最大垂直眼动视野

图 33-2-5　眼动视野（▨处为双眼）

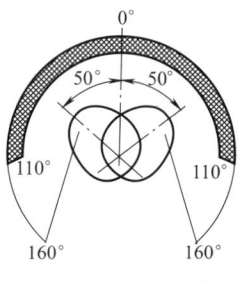 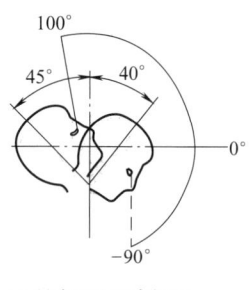

(c) 最大水平观察视野　　(d) 最大垂直观察视野

图 33-2-6　观察视野（▨处为双眼）

2.3.1.6 色觉视野

表 33-2-53　　　　　　　　　　色觉视野（DL/T 575.2—1999）

类　型	图　示
右眼的色觉直接视野	
自然视线状态下的色觉直接视野	(a) 最大水平色觉直接视野　　(b) 最大垂直色觉直接视野 注：▨处为双眼

续表

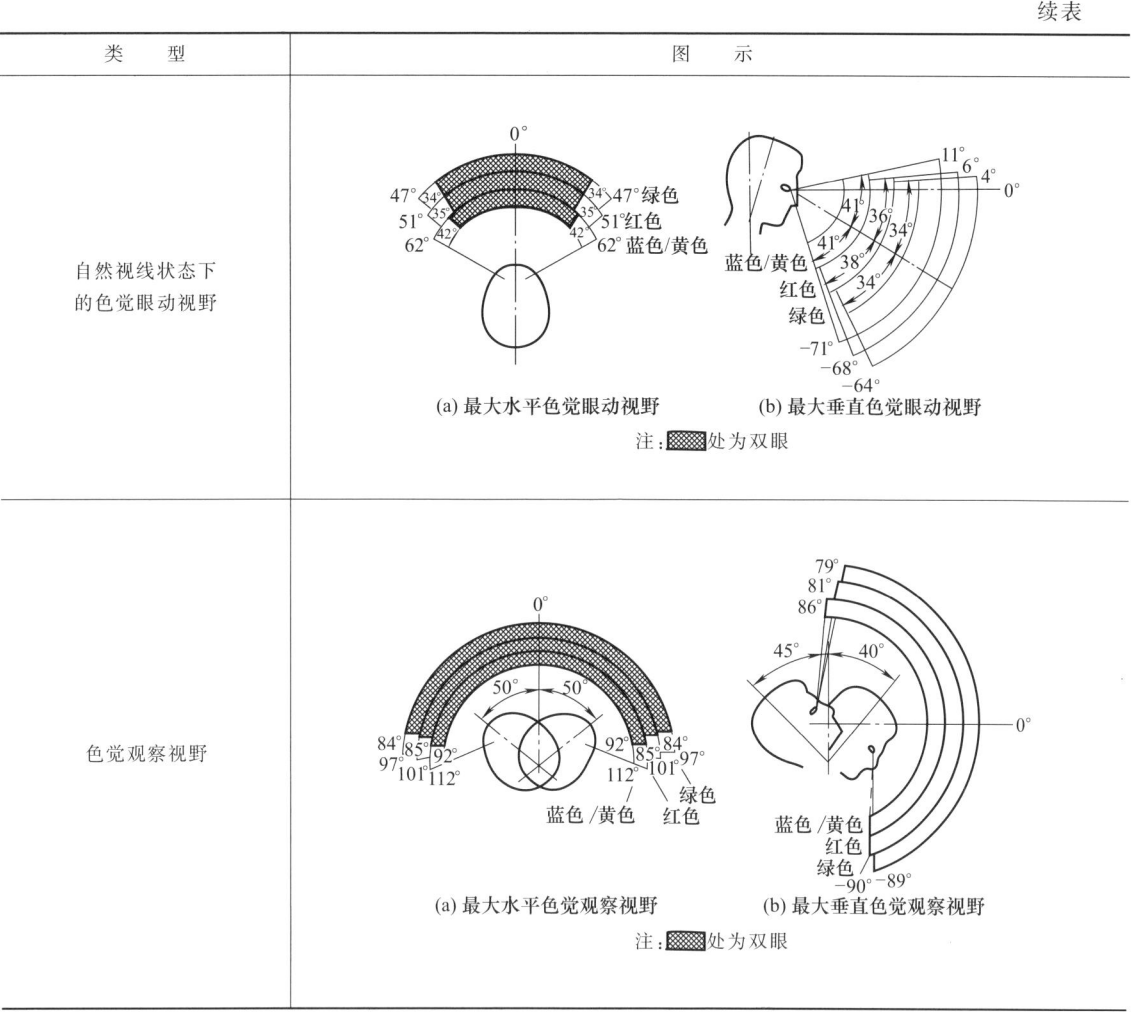

2.3.1.7 视觉作业类型与视区划分

表 33-2-54　　　　视觉作业类型与视区划分（DL/T 575.2—1999）

类型	含　义	视　区　划　分
觉察作业	运行人员主动寻找和观察信号，如各种运行工况信号	(a) 垂直方向觉察视区　　(b) 水平方向觉察视区 A—良好视区；B—有效视区；C—条件视区；S—对注视点（由视觉作业所要求）的视线

续表

类型	含 义	视 区 划 分
监视作业	运行人员接受需引起注意的信号,如预警和警告信号以及各种需引起操作警惕的信号	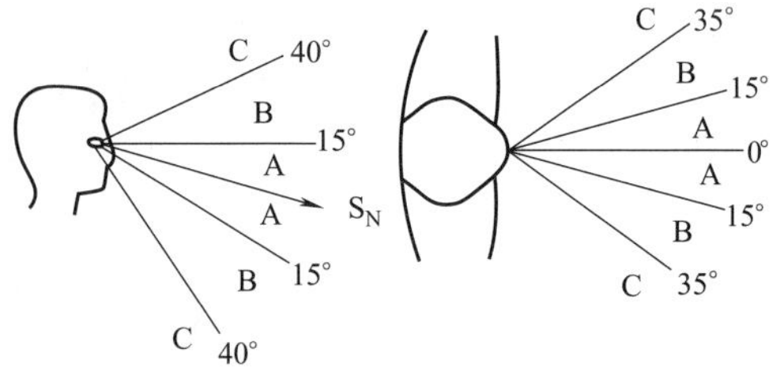 (a) 垂直方向监视视区　(b) 水平方向监视视区 A—良好视区；B—有效视区；C—条件视区；S_N—正常视线
色觉(觉察)视区划分	人的视觉对不同颜色的敏感范围小于对白光的敏感范围	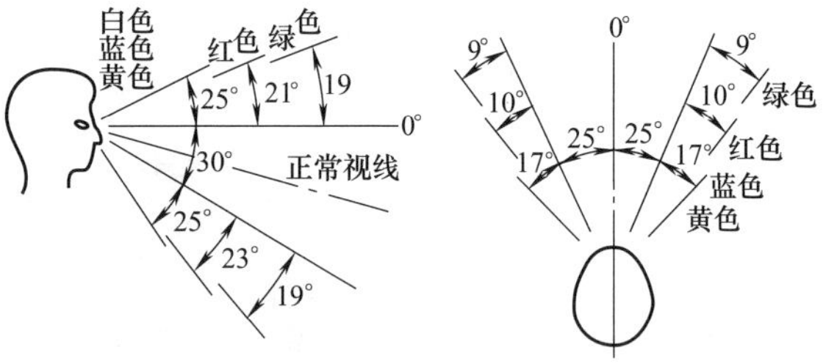 (a) 垂直方向　(b) 水平方向

2.3.1.8 视觉信号的布置

视觉信号一般尽可能布置在 A 区,当信号较多时,则依次由 A 区向 B 区扩展。视觉信号布置的建议如表 33-2-55 所示。

2.3.1.9 视距

视距是人在操作系统中正常的观察距离。表 33-2-56 为根据工作要求,建议采用的视距值。

表 33-2-55　视觉信号的布置（DL/T 575.2—1999）

视　区	适宜的信号
A区（良好视区）	信号的优先布置区,适宜布置最重要或需频繁观察的显示信号
B区（有效视区）	布置不常观察的或次要的信号
C区（条件视区）	仅在不得已的情况下才使用,是一些与安全无直接关系的信号

表 33-2-56　　　根据工作要求建议采用的视距值　　　　　mm

工作要求	工　作　举　例	视距离（眼至视觉对象）	固定视野直径	备　注
最精细的工作	安装最小部件（表、电子元件）	120～150	200～400	完全坐着,部分地依靠视觉辅助手段（放大镜、显微镜）
精细工作	安装收音机、电视机	250～350(300～320)	400～600	坐或站
中等粗活	在印刷机、钻井机、机床等旁边工作	500 以下	至 800	坐或站
粗活	包装等	500～1500	800～2500	多为站
远看	黑板、开汽车等	1500 以上	2500～	坐或站

2.3.2 信息显示装置

2.3.2.1 信息显示装置的分类

表 33-2-57　　信息显示装置分类

显示装置	信息传递方式	备注
视觉显示装置	是由光源、物体或发光标志组成的信息类型,通过操作者的视觉器官传递各种信息	—
听觉显示装置	是由纯音或复音组成,通过操作者的听觉器官传递信息,操作者不需在某一固定位置也能听到的信号	—
触觉显示装置	是由操作者的触觉器官尤其是手指接触物体的轮廓、表面、几何形状而传递的信息	—
嗅觉显示装置	是由物质(固体、液体或气体)散发的介质气味(芳香、臭味),操作者不需在某一固定位置,即使在从事其他工作也能感受到的信息	嗅觉显示器用于特定或专门的场合
言语显示装置	传递和显示言语信号的装置,如麦克风和扬声器等受话器	—
多通道显示装置	是由两个或两个以上的感觉显示,例如视觉显示同时伴随听觉显示、嗅觉显示同时伴随听觉和灯光显示等	—

2.3.2.2 信息显示装置的要求

表 33-2-58　　信息显示装置的要求

选用要求	设计要求
(1)需要操作者接受的信息形式 (2)传递信息的合理方法、数量和经济性 (3)接受一定类型的信息,感觉器官要选择合理 (4)保证迅速显示量值或判别信息,以便操作者及时采取措施	(1)应对控制过程的重要参数进行显示(次要参数多,会增加操作者的心理负荷) (2)没有特殊原因,同一信息或数据不应采用不同的方法进行显示 (3)显示的信息和数据不应超过操作者的观察范围和注意力(工艺过程中重要显示信息量不应超过 7 个) (4)应考虑人体各种器官接受信息的能力和特点,在一种器官(例如视觉器官)过大负荷的情况下,必须用另一种器官(例如听觉器官)来接受信息 (5)显示装置的结构应保证在任何规定条件(例如照明、噪声、振动和气候条件等)下的功能和作用,但首先必须规定对操作者有最佳的工作条件 (6)最重要的或常用的显示装置必须布置在操作者易接受信息的最佳位置 (7)信息显示装置显示的量值应有足够的精度和可靠的显示 (8)力求造型美观,安装和维修方便

2.3.3 视觉显示装置

2.3.3.1 度盘显示器

(1) 度盘显示器的一般要求

① 度盘显示器的类型和适用性,如表 33-2-59 所示。

表 33-2-59　　度盘显示器的类型和适用性（JB/T 5062—2006）

类　型		定　量	定　性	跟　踪	调　节	综合评价
动指针、定度盘显示器	圆形的　圆周度盘 	适合（尤其适合宽量程），指针运动时认读可能有困难	很适合，指针定位容易，不需认读数字和标度线,位置变化易察视	很适合（尤其对宽量程）	很适合	在仪表板上要有最大的暴露和照明面积,可任意选择零点位置
	圆形的　3/4 圆周度盘 					
	圆形的　半圆周度盘 	适合	很适合	很适合	很适合	限于第二和第一象限内使用,定量和定性容易实现一致性
	圆形的　1/4 圆周度盘 					限于第二象限内使用,其他象限认读困难并增加误差
	圆形的　V 形度盘 	部分适合	部分适合	不适合（量程小）	适合	有条件地使用,要有较大的 V 形区
	弧形的　水平度盘 	部分适合	适合	适合	适合	有条件地使用
	弧形的　垂直度盘 					
	直线的　水平度盘 					度盘可沿基线做得很长,可任意选择零点位置
	直线的　垂直度盘 					
定指针、动度盘显示器	大部分或全部可见的度盘	适合	部分适合	部分适合	部分适合	有条件地使用
	小部分（窗口）可见的度盘	很适合（至少可见两个参数数字）	不适合	不适合	适合	

注：1. 象限编号 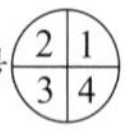 2/1/3/4。

2. 定指针、动度盘显示器与动指针、定度盘显示器的类型一样有圆形的、弧形的和直线的之分。

② 度盘标度的选择原则，如表33-2-60所示。

表33-2-60　　　　　　　　　　度盘标度的选择原则（JB/T 5062—2006）

度盘标度选择原则	说　明	
	好的设计示例	不好的设计示例
标度须和认读的精度相适应	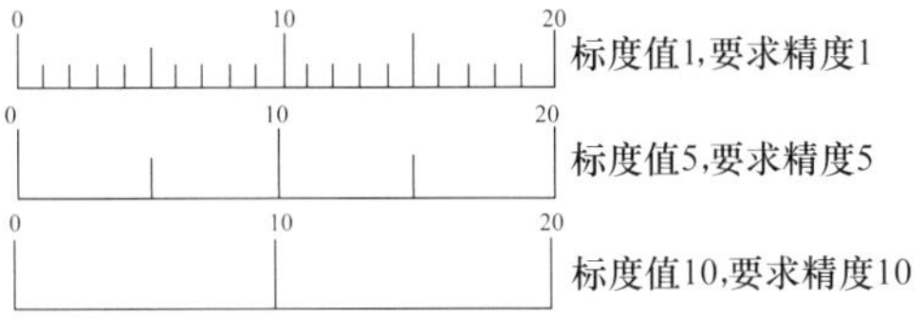 标度值1,要求精度1 标度值5,要求精度5 标度值10,要求精度10	—
应避免在标度之间进行换算才能达到所需的认读精度		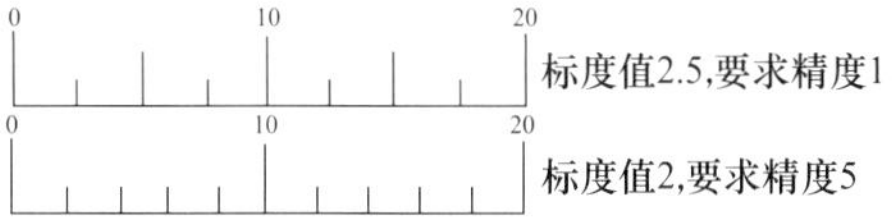 标度值2.5,要求精度1 标度值2,要求精度5
成组显示器的标度应具有相同的类型	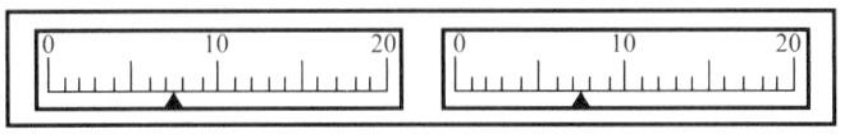	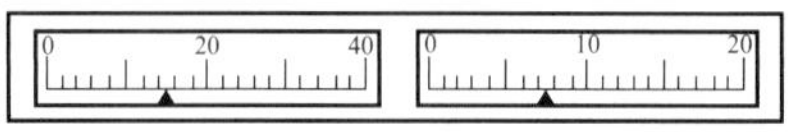
测试值范围应与显示的标度范围趋近		
在标有数字的长标度线之间的中标度线和短标度线应不超过9条	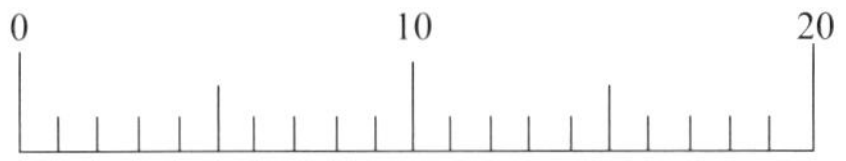	—
标度数字	应优先采用 0-1-2-3-4-5…10^n 或 0-5-10-15-20…10^n（n 为整数）的模式。允许采用 0-2-4-6-8…10^n 的模式,不应采用 0-1.5-3-4.5-6…10^n 或 0-2.5-5-7.5-10…10^n、0-3-6-9-12…10^n 的模式;除了必要时采用小数表示的测量点外,度盘上主要标度数字应采用整数;除了特定功能要求外,度盘标度应从0开始	

（2）动指针、定度盘显示器上的数字位置和增进方向（表33-2-61）

表33-2-61　　动指针、定度盘显示器上的数字位置和增进方向（JB/T 5062—2006）

度盘类型	标度数字增进方向	读数增进方向
圆形度盘	顺时针方向	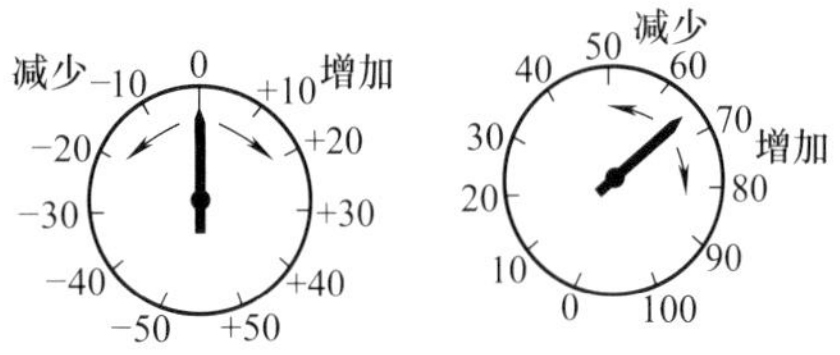

续表

度盘类型	标度数字增进方向	读数增进方向
水平弧形和直线度盘	从左至右	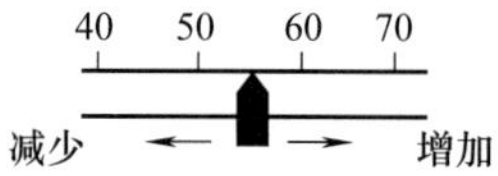 40 50 60 70 减少 ← → 增加
垂直弧形和直线度盘	从下至上	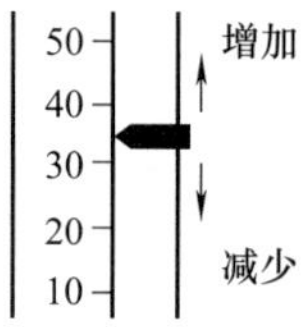 50 增加 40 30 20 减少 10

注：度盘上所有的数字（包括文字）都必须定向在水平位置。

（3）动指针、定度盘显示器设计要求（表 33-2-62）

表 33-2-62　动指针、定度盘显示器设计要求（JB/T 5062—2006）

度盘类型	设计要求	示例
圆形度盘显示器	（1）当按零位或无效位置显示正值和负值时，零点或无效点应位于时针 12 点或 9 点的位置上，正值应随指针顺时针方向运动而增加，负值应随指针逆时针方向运动而增加	—
	（2）除了像时钟一样多回转的显示器之外，度盘标度起止两端之间至少应有 10°弧形带的分隔区	 0 -5　+5 -10　+10 分隔区
	（3）当随时都要求精确的读数时，度盘上的同轴指针数目不应超过两个	—
	（4）当一组显示器对给定工作条件有着稳定值时或在正常操作情况下，要使所有的指针处于同一角度，它们应水平地排列在 9 点或垂直地排列在 12 点位置上，如需指针排列成矩阵时，就优先选用 9 点的位置	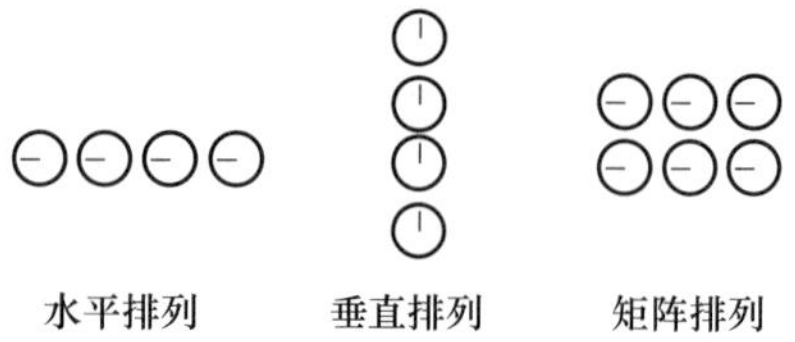 水平排列　垂直排列　矩阵排列
	（5）数字应位于标度线的外侧，也可以位于标度线的内侧。但后者指针不应遮盖数字	—
水平和垂直的弧形和直线显示器	（1）当按零位或无效位显示正值和负值时，正值应随指针向右或向上而增加，负值应随指针向左或向下运动而增加	
	（2）指针应装在水平度盘（标尺）的下侧，或垂直度盘（标尺）的右侧	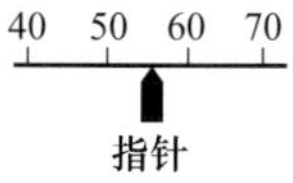 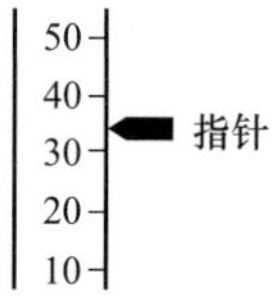 40 50 60 70 指针 50 40 30 ← 指针 20 10
	（3）数字应位于标度线远离指针的一边，对于弧形度盘，如果空间有限，数字也可以位于标度线的内侧	

（4）定指针、动度盘显示器上的数字位置和增进方向（表 33-2-63）

表 33-2-63　定指针、动度盘显示器上的标度数字和读数增进方向（JB/T 5062—2006）

度盘类型	标度数字增进方向	读数增进方向
圆形度盘	顺时针方向 （度盘逆时针方向运动时，数字增大）	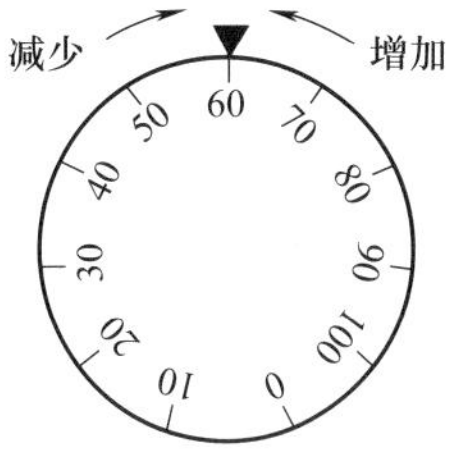
水平度盘	从左至右	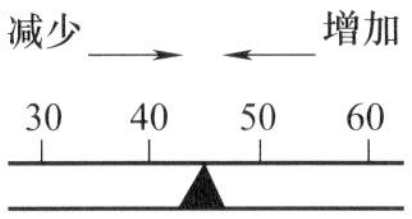
垂直度盘	从下至上	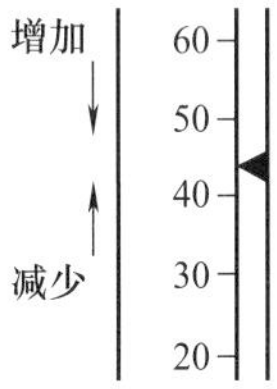

注：1. 度盘上所有的数字在处于认读位置时应是水平的。
2. 圆形度盘显示器的指针固定位置，对于右-左方向的信息应在时针 12 点的位置上；对于上-下方向的信息，应在时针 9 点的位置上；对于只显示定量信息，则两种位置均可以。

（5）观察距离、刻度数量与刻度盘直径的关系（表 33-2-64）

表 33-2-64　观察距离、刻度数量与刻度盘最小直径的关系

刻度标记的数量	刻度盘的最小允许直径/mm	
	观察距离 500mm	观察距离 900mm
38	25.4	25.4
50	25.4	32.5
70	25.4	45.5
100	36.4	64.3
150	54.4	98.0
200	72.8	129.6
300	109.0	196.0

（6）刻度盘直径大小与认读速度的关系（表 33-2-65）
（7）刻度线长度与观察距离的关系（表 33-2-66）
（8）刻度线长度与刻度大小的关系（表 33-2-67）

表 33-2-65　刻度盘直径大小与认读速度的关系

刻度盘直径 /mm	观察时间 /s	平均反应时间 /s	读错率
25	0.82	0.76	6%
44	0.72	0.72	4%
70	0.75	0.73	12%

表 33-2-66　刻度线长度与观察距离的关系

观察距离 /m	长度/mm		
	长刻度线	中刻度线	短刻度线
<0.5	5.5	4.1	2.3
0.5～0.9	10.0	7.1	4.3
0.9～1.8	20.0	14.0	8.6
1.8～3.6	40.0	28.0	17.0
3.6～6.0	67.0	48.0	29.0

表 33-2-67　　　　　　　　　　　刻度线长度与刻度大小的关系　　　　　　　　　　　mm

刻度线类型	刻度大小							
	0.15~0.3	>0.3~0.5	>0.5~0.8	>0.8~1.2	>1.2~2	>2~3	>3~5	>5~8
	刻度线长度							
短刻度线	1.0	1.2	1.5	1.8	2.0	2.5	3.0	4.0
中刻度线	1.4	1.7	2.2	2.6	3.0	4.5	4.5	6.0
长刻度线	1.8	2.2	2.8	3.3	4.0	6.0	6.0	8.0

(9) 指针设计（表 33-2-68）

表 33-2-68　　　　　　　　　　　　　　指针设计

内容	要求
形状	指针形状要单纯、明确，不应有装饰。指针的基本形式如下：刀形、剑形、直角三角形、等腰三角形、塔形、带指示线的塔形、杆形、梯形 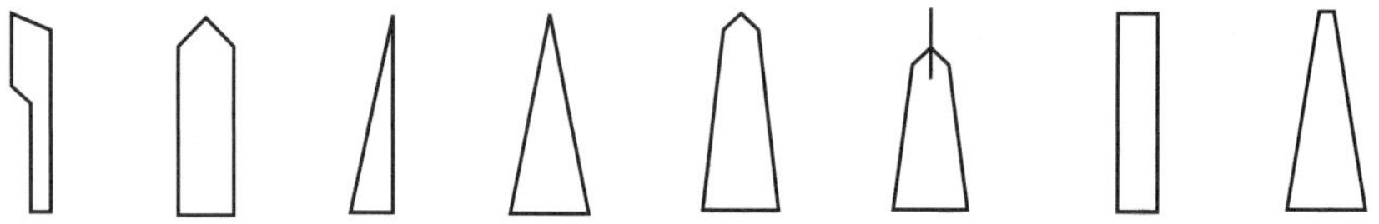
宽度	指针针尖宽度应与最短刻度线等宽，但不应大于两刻度线间的距离
长度	长度应延伸到短刻度线处，但不得遮盖短刻度线
安装	指针不应接触刻度盘面，但应尽可能贴近度盘表面，以减小视差
指示尖端夹角	一般应为 40°
指针的零点位置	指针零点位置一般在相当于时钟的 12 点或 9 点的位置上
颜色	指针的颜色与刻度盘的颜色应有较鲜明的对比，但指针与刻度线的颜色和字符的颜色应该相同
配色	指针、刻度和表盘的配色关系应符合人的色觉原理
亮度对比	指针和度盘表面以及刻度之间应至少有 0.75 的亮度对比

(10) 指针式仪表的颜色匹配（表 33-2-69）

表 33-2-69　　　　　　　　　　　不同颜色搭配时的配色效果

级次		1	2	3	4	5	6	7	8	9	10
清晰的配色效果	底色	黑	黄	黑	紫	紫	蓝	绿	白	黑	黄
	被衬色	黄	黑	白	黄	白	白	白	黑	绿	蓝
模糊的配色效果	底色	黄	白	红	红	黑	紫	灰	红	绿	黑
	被衬色	白	黄	绿	蓝	紫	黑	绿	紫	红	蓝

2.3.3.2 计数器的设计要求

① 计数器用于不需连续显示定性信息而要快速精确显示定量信息的场合。

② 计数器应尽可能靠近仪表板面安装，以减少视差和阴影。

③ 数字的水平间距应是数字宽度的 1/4~1/2（不加逗号）。

④ 在显示过程中，数字在连续动作和间断动作之间应优先选用间断动作来快速变换数字。当要求连续认读时，数字变换的速度应不超过每秒两个。

⑤ 数字复位旋钮应按顺时针方向旋转来增加计数，逆时针方向旋转来减少计数。

⑥ 计数器应设计成在完成任务后能自动复位，也可手动复位。手动复位的机械式计数器按钮，其按压力应不超过 17N。

⑦ 计数器转鼓和周围区域的表面应经无光泽处理，以减低反射眩光。

⑧ 计数器数字和背景之间应有较高的对比度（例如采用白底黑字或黑底白字）。

2.3.3.3 灯光显示器

① 灯光显示器的类型及应用，如表 33-2-70 所示。

② 灯光显示器的颜色及其含义，如表 33-2-71 所示。

③ 简单指示灯的编码，如表 33-2-72 所示。

④ 能见距离与空气透明度的关系，如表 33-2-73 所示。

表 33-2-70　　　　　　　　　　　灯光显示器的类型及应用

类　　型	应　　用	备　　注
图表符号灯	以特定的字符显示信息	(1) 与简单指示灯相比应优先选用图表符号灯 (2) 用于指示人身或设备事故（闪红光）、注意和警告（黄）、总指示运转（绿）和停止（红）的图表符号灯应比其他图表符号灯大且有更大的亮度 (3) 单个图表符号灯除注意和警告指示器外，其余信号的字符不论显示器接通与否应是清楚可见的 (4) 交替显示图表符号信息的多功能图表符号灯，一次只显示一种图表符号信息 (5) 采用"存储"图表符号的多图表符号显示器应符合下列要求 ① 照明后面的图表符号不应被前面的图表符号所遮蔽 ② 后面的图表符号应尽可能减小视差 ③ 前后图表符号的亮度对比应相一致
简单提示灯	用于显示信号	(1) 当不宜采用图表符号灯时，应采用简单指示灯 (2) 指示灯的固定装置两相邻边的间距应足以辨认标记、判读指示器和能方便地拆除灯泡 (3) 简单指示灯的形式、尺寸和颜色编码见表 33-2-72
透射仪表板装置	用于显示系统准备和运行状况信息	(1) 透射仪表板装置用于显示系统、网络和其他组件的整体图形化信息 (2) 应考虑复杂数据的编排和信息的流动显示

表 33-2-71　　　　　　　　灯光显示器的颜色及其含义 （JB/T 5062—2006）

颜　　色	含　　义
红色	表示禁止和停止，危险警报和要求立即处理的情况
红色闪光	仅用于指示应急状况，警告操作者应迅速采取行动
黄色	表示注意和警告
绿色	表示工作准备、安全动作、正常工作状态
蓝色	表示指令或必须遵守的规定，但应避免优先采用蓝色
白色	表明系统状态，但没有"对"或"错"的含义，也不表示操作的成功或失败

表 33-2-72　　　　　　　　　简单指示灯的编码 （JB/T 5062—2006）

形式	尺寸（直径）/mm	颜　色　含　义			
		红	黄	绿	白
非闪光	≤13	故障、停止、失效	延迟、检查、再检查	运转、公差内安全、准备好	功能或物理位置，作用在进行中
非闪光	≥25	系统总的综合	危险来临，严重警告	系统总的综合	—
闪光	≥25	紧急状态	—	—	—

表 33-2-73　　　能见距离与空气透明度的关系

大气状态	透明系数	能见距离/km
空气绝对纯净	0.99	200
透明度非常好	0.97	150
很透明	0.96	100
透明度良好	0.92	50
透明度中等	0.81	20
空气稍许浑浊	0.66	10
空气浑浊	0.36	4
空气很浑浊	0.12	2
薄雾	0.015	1
中雾	$8 \times 10^{-10} \sim 2 \times 10^{-4}$	0.2～0.5
浓雾	$10^{-34} \sim 10^{-19}$	0.05～0.1
极浓雾	$<10^{-34}$	几米至几十米

⑤ 夜间发光客体的能见距离，如表 33-2-74 所示。

表 33-2-74　　　夜间发光客体的能见距离

气象能见距离/km	小煤油灯、微微发光的窗子、街灯/3.5cd	大煤油灯、明亮的街灯、火把、篝火/8.5cd	电灯				
			50cd	100cd	200cd	500cd	1000cd
0.05	0.10	0.10	0.12	0.13	0.14	0.15	0.16
0.2	0.3	0.3	0.4	0.4	0.4	0.5	0.5
0.5	0.5	0.6	0.8	0.8	0.9	1.0	1.1
1	0.8	0.9	1.3	1.4	1.5	1.7	1.9
2	1.2	1.5	2.1	2.3	2.6	2.9	3.2
4	1.8	2.2	3.2	3.7	4.1	4.8	5.3
10	2.5	3.4	5.4	6.4	7.0	9.9	10
20	3.1	4.3	7.6	9.1	11	13	16
50	4.2	5.3	10.4	13.3	16	22	26

2.3.3.4　荧光屏显示器（CRT）

① 荧光屏显示器的使用要求，如表 33-2-75 所示。

表 33-2-75　　　荧光屏显示器的使用要求

项目	要求
显示的信号	显示的目标信号应至少有 20′ 的视角，且至少应有 10 根线的分辨单位，图像的质量应符合操作者的需要
认读距离	操作者至屏幕的认读距离应为 410mm，认读周期短或检测微弱信号时可减少至 250mm，允许操作者根据需要更接近屏幕进行观测。当由于其他原因，须将显示器安装在大于 410mm 的视距时，应对荧光屏尺寸、符号大小、亮度范围、分辨线的间距和清晰度等进行适当的调整
环境亮度	环境照明不应超过荧光屏激发的屏幕亮度的 25%。直接靠近屏幕的表面应经无光泽处理，它的亮度应在屏幕亮度范围的 10%～100% 之间，以减小反射眩光。除了应急指示灯外，在屏幕周围不应有比屏幕更亮的光源
安装位置	显示器应安放在和光源相对位置适当的位置上，光源应有罩子、采用光学涂层屏蔽、滤光器等，以减小直接眩光

② 视力与目标运动旋转速度的关系，如表 33-2-76 所示。

表 33-2-76　　　视力与目标运动旋转速度的关系

目标运动旋转速度/(°)·s^{-1}	静止	20	60	90	120	150	180
视力	2.04	1.95	1.84	1.78	1.63	0.90	0.94

③ 荧光屏字符大小与视距的关系，如表 33-2-77 所示。

表 33-2-77　荧光屏字符大小与视距的关系

视距/m	字符直径/mm
0.5	3
1.0	6
3.0	10

2.3.3.5　文字符号设计

① 字符宽度 b、笔画宽度 t 与高度 h 的比例关系，如表 33-2-78 所示。

表 33-2-78　字符宽度 b、笔画宽度 t 与高度 h 的比例关系（JB/T 5062—2006）

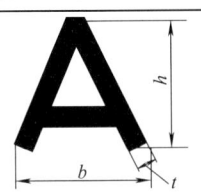

字符类型			字符宽度 b	笔画宽度 t
一般字符	汉字		≈2/3h	对于白底色（或浅底色）的黑色字符是 1/6h；对于黑底色（或深底色）的白色字符和要求暗适应的地方是（1/8～1/7）h
	字母	I	=1 笔画宽度 t	
		m,w	=4/5h	
		其余	=3/5h	
	数字	1	=笔画宽度 t	
		4	=特殊宽度	
		其余	=3/5h	
宽字符	字母	I	=1 笔画宽度 t	
		其余	=h	
	数字	1	=1 笔画宽度 t	
		其余	=h	

② 字符行、间距，如表 33-2-79 所示。

表 33-2-79　字符行、间距（JB/T 5062—2006）

项目	间距值
字符间距	最小应有一笔画宽度
词的间距	最小应有一个字符的宽度
行距	最小应是字符高度的 1/2

③ 字符高度与视距的关系，如图 33-2-7 所示。
④ 字符高度与亮度的关系，如表 33-2-80 所示。

表 33-2-80　字符高度与亮度的关系

字符性质	字符高度	
	亮度低于 3.4cd/m²	亮度高于 3.4cd/m²
位置可变的重要字符	5～7.5	3～5
位置固定的重要字符	3.8～7.5	2.5～5
不重要的字符	1.3～5	1.3～5

注：这是相对于 710mm 视距的数值。对于不是 710mm 的视距（D），则应以 $D/710$ 乘以表中各相应数值。

2.3.4　听觉显示器设计

2.3.4.1　音响及报警装置的设计

① 音响和报警装置的类型及特点，如表 33-2-81 所示。

② 音响传达和报警器的强度与频率参数，如表 33-2-82 所示。

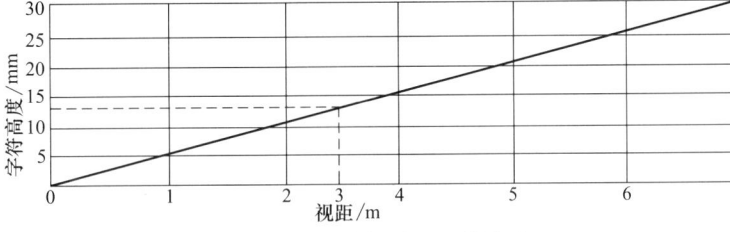

图 33-2-7　字符高度与视距的关系

表 33-2-81　音响和报警装置的类型及特点

类型	特点
蜂鸣器	是一种低声压级、低频率的声音柔和的音响装置。在较宁静的工作环境中，蜂鸣器与信号灯同时使用，可提示操作者注意，提示操作者去完成某种操作或者指示某种操作正在进行
铃	随用途的不同，铃的声压级和频率也不同。例如，电话铃声的声压级和频率上略高于蜂鸣器，而提示上下班时间或报警的铃声，其声压级和频率则较高，可用于较高强度噪声环境中
角笛和汽笛	角笛常用作高噪声环境中的报警装置；汽笛较适合于紧急状态的音响报警装置
警报器	是一种高强度、频率由低到高的报警装置，适用于高强度噪声环境中，可用于危急状态时报警

表 33-2-82　　音响传达和报警器的强度与频率参数

使用范围	报警器的类型	平均声压级/dB		可听到的主要频率/Hz	应用举例
		距装置 3m 处	距装置 1m 处		
用于较大区域或高噪声环境中	100mm 铃	65～77	75～83	1000	用于工厂、学校、机关上下班的信号、报警的信号
	150mm 铃	74～83	84～94	600	
	255mm 铃	85～90	95～100	300	
	角笛	90～100	100～110	5000	主要用于报警
	汽笛	100～110	110～121	7000	
用于较小区域或低噪声环境中	低音蜂鸣器	50～60	70	200	用作指示性信号
	高音蜂鸣器	60～70	70～80	400～1000	可作报警器用
	25mm 铃	60	70	1100	用于提醒人们注意的场合，如电话铃、门铃，也可用作小范围的报警信号
	50mm 铃	62	72	1000	
	75mm 铃	63	73	650	
	钟	69	78	500～1000	用作报时

2.3.4.2　言语显示装置的设计

① 言语的清晰度，如表 33-2-83 所示。

表 33-2-83　言语的清晰度评价

言语清晰度/%	人的主观感觉
96 以上	言语听觉完全满意
85～96	很满意
75～85	满意
65～75	言语可以听懂，但很费劲
65 以下	不满意

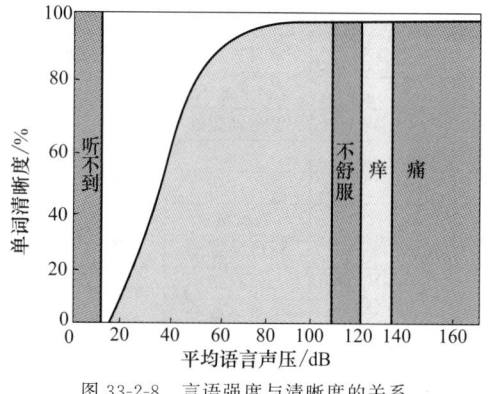

图 33-2-8　言语强度与清晰度的关系

② 言语强度与清晰度的关系如图 33-2-8 所示。
③ 噪声对言语传示的影响。当噪声声压级大于 40dB 时，这时噪声对言语信号有掩蔽作用，从而影响言语传示的效果。

2.4　操纵器设计

2.4.1　操纵器的类型及适用范围

2.4.1.1　操纵器的类型

表 33-2-84　　操纵器的类型

基本类型	运动类别	举例	说明
作旋转运动的操纵器	旋转	曲柄、手轮、旋塞、旋钮、钥匙等	操纵器受力后在围绕轴的旋转方向上运动。亦可反向倒转或继续旋转直至起始位置
作近似平移运动的操纵器	摆动	开关杆、调节杆、杠杆键、拨动式开关、摆动式开关、脚踏板等	操纵器受力后围绕旋转点或轴摆动，或者倾倒到一个或数个其他位置。通过反向调节可返回起始位置

续表

基本类型	运动类别	举例	说明
作平移运动的操纵器	按压	钢丝脱扣器、按钮、按键、键盘等	操纵器受力后在一个方向上运动。在施加的力未解除之前，停留在被压的位置上。通过反弹力可回到起始位置
	滑动	手闸、指拨滑块等	操纵器受力后在一个方向上运动，并停留在运动后的位置上，只有在相同方向上继续向前推或者改变力的方向，才可使操纵器作返回运动
	牵拉	拉环、拉手、拉圈、拉钮	操纵器受力后在一个方向上运动。回弹力可使其返回起始位置，或者用手使其在相反方向上运动

2.4.1.2 常用操纵器的适用性

表 33-2-85 常用操纵器适用性选择

运动形式	举例：名称	举例：简图	手握类或脚踏类	在下列情况下的适用性：两个工位	多于两个工位	无级调节	操纵器保持在某一工位	某一工位的快速调整	某一工位的准确调整	占地少	单手同时操纵若干操纵器	位置可见	位置可及	阻止无意识操作	操纵器可固定
转动	曲柄	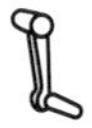	抓、握	○	○	√	√	○	○	×	×	○	○	×	○
	手轮	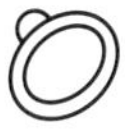	抓、握	○	√	√	√	○	√	×	×	×	×	×	√
	旋塞	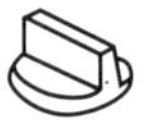	抓	√	√	√	√	○	√	○	×	√	○	○	○
	旋钮	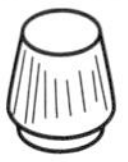	抓	√	√	√	×	○	√	√	×	○	×	○	×
	钥匙	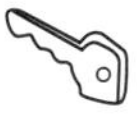	抓	√	○	×	√	○	○	○	×	√	○	○	×
摆动	开关杆	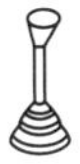	抓	√	√	○	○	√	○	×	×	√	√	×	×
	调节杆	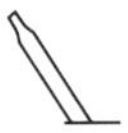	握	√	√	√	√	√	○	×	×	√	√	×	○
	杠杆键	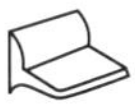	手触、抓	√	×	×	○	√	×	○	√	×	○	×	×
	拨动式开关	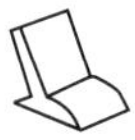	手触、抓	√	○	×	×	√	√	√	√	√	√	×	×
	摆动式开关	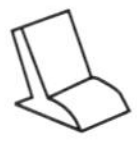	手触	√	×	×	×	√	√	√	√	○	○	×	×
	脚挡	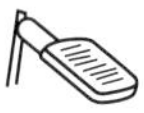	全脚踏上	√	○	√	√	√	○	×	×	×	×	×	○

续表

运动形式	举例 名称	举例 简图	手握类或脚踏类	两个工位	多于两个工位	无级调节	操纵器保持在某一工位	某一工位的快速调整	某一工位的准确调整	占地少	单手同时操纵若干操纵器	位置可见	位置可及	阻止无意识操作	操纵器可固定
按压	钢丝脱扣器		手触	√	×	○	○	×	×	√	×	×	×	√	×
按压	按钮		手触、脚掌或脚跟踏上	√	×	×	×	√	√	√	√	○	○	×	×
按压	按键		手触、脚掌或脚跟踏上	√	×	√	√	√	√	√	√	√	√	×	×
按压	键盘		手触	√	×	×	×	√	√	√	√	√	√	×	×
滑动	手闸		手触抓、握	√	√	√	√	√	○	×	√	√	√	√	○
滑动	指拨滑块形状决定		手触抓	√	√	√	√	○	○	√	√	√	√	×	×
滑动	指拨滑块摩擦决定		手触	√	×	×	×	○	○	√	√	√	○	×	×
牵拉	拉环		握	√	○	√	√	√	√	×	○	√	√	×	√
牵拉	拉手		握	√	○	√	√	√	√	○	○	√	√	○	○
牵拉	拉圈		手触抓	√	○	○	√	○	○	○	○	√	○	○	×
牵拉	拉钮		抓	√	○	○	○	○	○	○	×	√	○	○	×

注：1. "√"表示很适用，"○"表示适用，"×"表示不适用。
2. 在适用性判据中，凡列为"适用"或"不适用"的操纵器，若结构设计适当，且又不可能使用其他形式的操纵器的情况下，则可视为"很适用"或"适用"，这对"阻止无意识操作"项下，尤其如此。
3. 对"某一工位的快速调整"情况下的适用性判断，考虑了接触时间。

2.4.1.3 各类操纵器的特性

① 旋转操纵器的特性，如表33-2-86所示。

表 33-2-86　　旋转操纵器的特性

名称	特性
曲柄	进行无级控制时,要求几个快速旋转动作后,操纵器停止在一个位置上；进行两个或多个工位有级控制时,要求快速精确调节,且调节位置要求可见和可触及时均可使用曲柄
手轮	用于无级调节、三工位和多工位分级开关。极少应用于两工位。特别适宜于要求操纵器保持在某一工位上及要求精确的调节的场合。为防止无意识的操作,需加特殊的保险装置
旋塞	用于两工位、多工位和无级调节。若调节范围小于一周,用于分级调节的旋塞可以有 2~24 个工位(旋塞量程选择开关)。旋塞应成指针形状或带有指示标记,各工位有指示数值,以利于精确控制。最适宜于要求操纵器保持在某一工位和要求可见工位的精确调节
旋钮	无级调节的旋钮适宜于施力不大、旋转运动不受限制、可作粗调和精调的场合。若调节范围小于一周,带有指示标记的旋钮,可有 3~24 个开关工位。若通过旋钮的形状做出了相应的标识,不带标记的无级调节旋钮可用于两个工位调节
钥匙	为避免非授权的和无意识的调节,可用钥匙作两级或多级调节,尤其适用于操纵器保持在某一工位及要求工位可见的场合

② 摆动操纵器的特性,如表 33-2-87 所示。

表 33-2-87　　摆动操纵器的特性

名　称	特　性
开关杆	可用于两个或多个工位调节,也可用于多个运动方向以及无级调节。最适宜于要求每个工位都可见、可触及且快速调节的场合。也适用于要求保持操纵器位置的场合
调节杆（单手调节）	可用于两个或多个工位的调节、无级调节以及传递较大的力。当要求保持操纵器的位置、快速调节和要求相应工位可见又可触及时,宜使用调节杆
杠杆键	仅限于两个工位。最适宜于单手同时快速操纵较多操纵器的场合。也适用于要求保持操纵器的位置,且有时可触及工位的场合
拨动式开关	可调节两个或三个工位。极适宜于在地方小的条件下,单手同时快速准确调节几个操纵器和要求可见、可触及工位的场合
摆动式开关	仅限于两个工位。最适宜于在地方小的情况下对几个操纵器用单手同时进行快速准确调节。也适用于要求可见和可触及相应工位的场合
踏板	可用于两个或几个工位的调节和无级调节。尤其适宜于快速调节和传递较大的力。采取相应的结构设计时,可保持调节的位置和达到所要求的精度,也可使脚较长时间地放置在踏板上而保持调节的位置

③ 按压操纵器的特性,如表 33-2-88 所示。

表 33-2-88　　按压操纵器的特性

名称	特　性
钢丝脱扣器	可允许有两个工位。在地方小的情况下,为防止无意识的操作,使用钢丝脱扣器最为合适。钢丝脱扣器也可用于要求保持操纵器位置的场合
按钮	只允许有两个工位。适用于地方受限、单手同时快速调节多个操纵器的场合以及要求可见和可触及所调节的工位的场合。采用相应结构设计,可防止无意识的操作
键盘	由多个按钮开关或按键组成。适用于地方小的场合

④ 滑动操纵器的特性,如表 33-2-89 所示。

表 33-2-89　滑动操纵器的特性

名称	特　性
手闸	调节频率较低时,可用于两个工位或数个工位的调节及无级调节。工位易于保持且可见又可及。阻力不大时,可作为两个终点工位间的精确调节。需单手同时调节多个滑动操纵器时,可进行快速精确调节,并可保持在调节的工位上
指拨滑块	指拨滑块有两类。一类为滑块所受的力是通过手指与滑块之间摩擦传递的。此类滑块只允许有两个工位,可作快速准确调节。最适用于地方小、工位可见的场合。也适用于应防止无意识操作的场合。另一类为滑块所受的力是通过其凸起的形状传递的。此类滑块可用于两个或多个工位的调节以及无级调节,可作快速调节。最适用于要求可见和可触及所调节工位且保持操纵器位置的场合

⑤ 牵拉操纵器的特性,如表 33-2-90 所示。

表 33-2-90　牵拉操纵器的特性

名称	特　性
拉环	可进行两个工位或多个工位以及无级调节。最适宜于要求可见工位和要求保持操纵器位置的快速调节场合
拉手	可进行两个工位或多个工位的调节以及无级调节。在有恰当的结构设计的情况下,最适宜于要求可见工位的场合
拉圈	可进行两个工位或多个工位的调节以及无级调节。在有适当的结构设计的情况下,最适宜于要求可见工位和要求保持操纵器位置的场合
拉钮	可进行两个工位或多个工位的调节以及无级调节。在有恰当的结构设计的情况下,最适宜于要求可见工位的场合

2.4.2 人体的施力

2.4.2.1 人体主要部位的肌肉力量

表 33-2-91　人体主要部位的肌肉力量

肌肉部位		力的大小/N	
		男	女
手臂肌肉	左	370	200
	右	390	220
肱二头肌	左	280	130
	右	290	130
手臂弯曲时的肌肉	左	280	200
	右	290	210
手臂伸直时的肌肉	左	210	170
	右	230	180
拇指肌肉	左	100	80
	右	120	90
背部肌肉 (躯干屈伸的肌肉)	—	1220	710

2.4.2.2 坐姿手臂操纵力

表 33-2-92　坐姿手臂操纵力

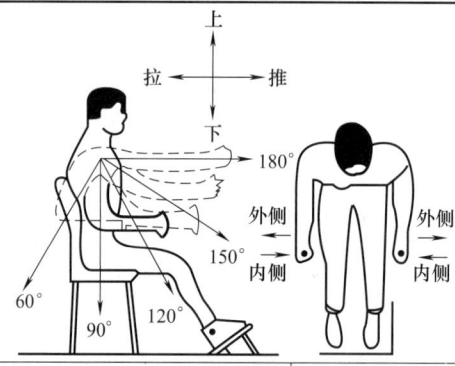

手臂的角度 /(°)	拉力/N						推力/N					
	向后		向上		向内侧		向前		向下		向外侧	
	左手	右手	左手	右手	左手	右手	左手	右手	左手	右手	左手	右手
180	225	235	39	59	59	88	186	225	59	78	39	59
150	186	245	69	78	69	88	137	186	78	88	39	69
120	157	186	78	108	88	98	118	157	98	118	49	69
90	147	167	78	88	69	78	98	157	98	118	49	69
60	108	118	69	88	78	88	98	157	78	88	59	78

2.4.2.3 立姿手臂操纵力

表 33-2-93　　　　　　　　　　立姿手臂操纵力

施力姿势		示　　例	
立姿弯臂		直立姿势手臂弯曲操作时,在不同方向、角度位置上的力量的分布情况亦不同。前臂在自垂直朝上位置绕肘关节向下方转动大约70°位置上产生最大操纵力	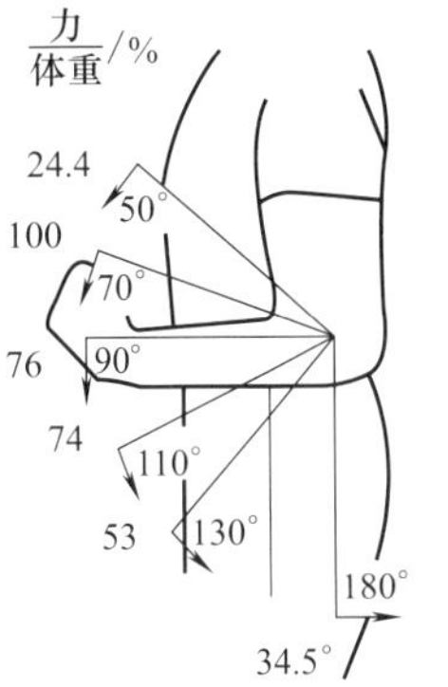
立姿直臂	拉力	直立姿势手臂伸直操作时,在不同方向、角度位置上拉力的分布情况亦不同。手臂在肩下方180°位置上产生最大拉力	
	推力	直立姿势手臂伸直操作时,在不同方向、角度位置上推力的分布情况亦不同。手臂在肩上方0°位置产生最大推力	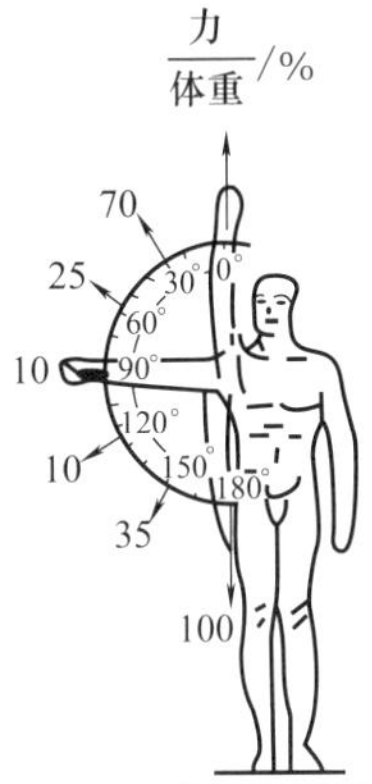 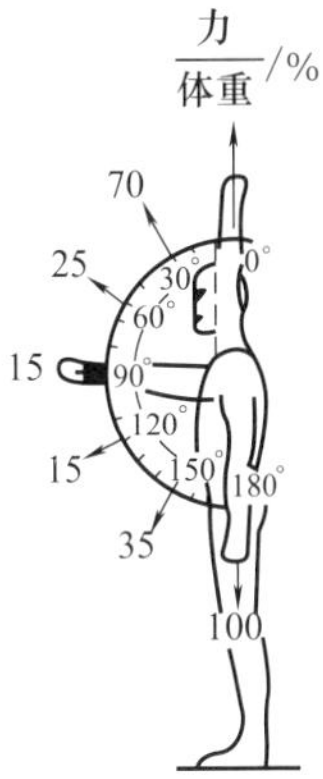

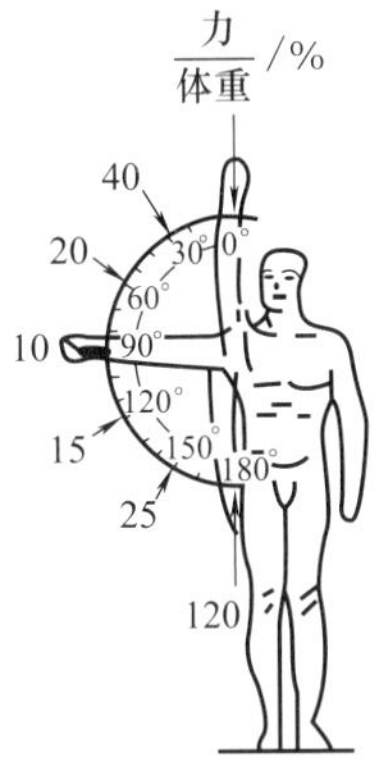

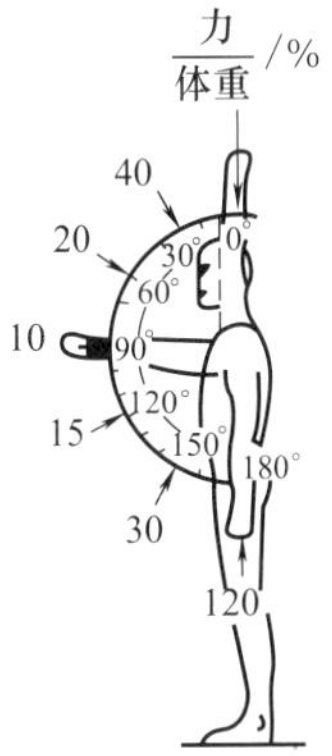

2.4.2.4 坐姿的脚蹬力

坐姿的脚蹬力见图 33-3-9。

2.4.3 操纵器的设计

2.4.3.1 操纵器的尺寸要求

① 手轮（包括带柄手轮）和曲柄的基本尺寸,如表 33-2-94 所示。

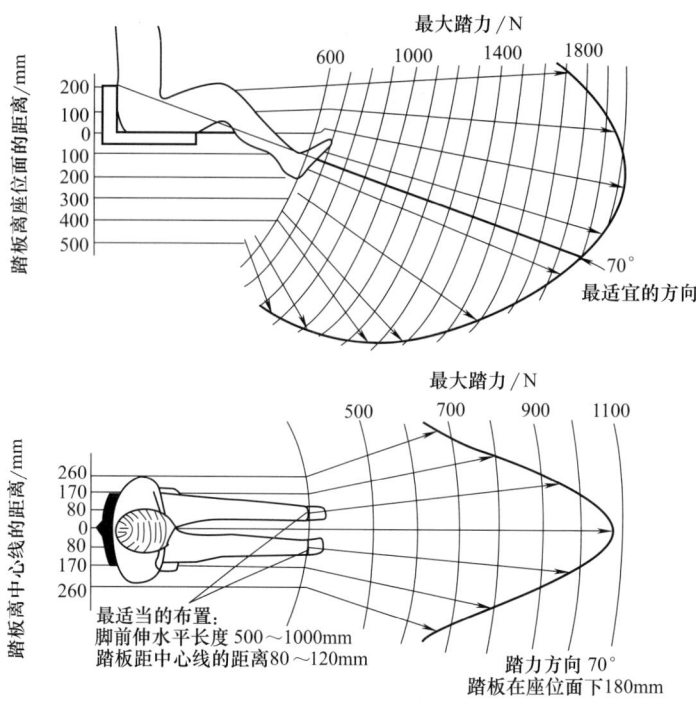

图 33-2-9　坐姿的脚蹬力

表 33-2-94　手轮和曲柄的基本尺寸
（GB/T 14775—1993）　　mm

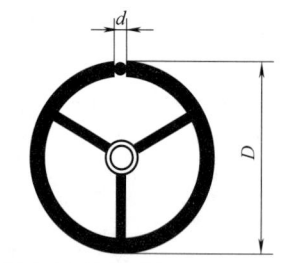

操纵方式	手轮直径 D		轮缘直径 d	
	尺寸范围	优先选用	尺寸范围	优先选用
双手扶轮缘	140～630	320～400	15～40	25～30
单手扶轮缘	50～125	70～80	10～25	15～20
手握手柄	125～400	200～320	—	
手指捏握手柄	50～125	75～100		

② 带矩手轮和转向把的手柄基本尺寸，如表 33-2-95 所示。

表 33-2-95　带矩手轮和转向把的手柄基本尺寸
（GB/T 14775—1993）　　mm

操纵方式	手柄直径 d		手柄长度 L	
	尺寸范围	优先选用	尺寸范围	优先选用
手掌握手柄	15～35	25～30	75～150	100～120
手指捏握手柄	10～20	12～18	30～75	45～50

③ 操纵杆柄部的基本尺寸，如表 33-2-96 所示。

表 33-2-96　操纵杆柄部的基本尺寸
（GB/T 14775—1993）　　mm

柄部形状	直径 d				长度 L			
	指握		手握		指握		手握	
	尺寸范围	优先选用	尺寸范围	优先选用	尺寸范围	优先选用	尺寸范围	优先选用
球形、梨形、锥形	10～40	30	35～50	40	15～60	40	40～60	50
锭子形、圆柱形	10～30	20	20～40	28	30～90	60	80～130	100

注：球形或梨形柄部适用于摆动角度大于（或等于）30°的操纵杆；圆锥形或锭子形柄部适用于摆动角度小于30°的操纵杆。

④ 扳钮开关柄部基本尺寸，如表 33-2-97 所示。

表 33-2-97　扳钮开关柄部基本尺寸
（GB/T 14775—1993）　　mm

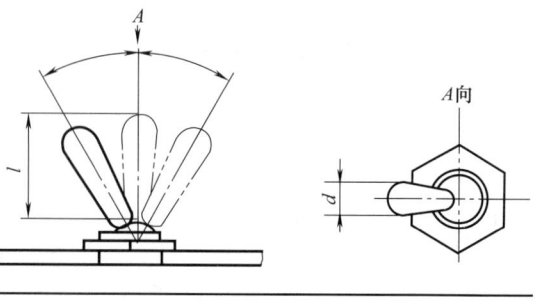

续表

开关形式	扳钮顶端直径 d	长度 l	扳动频率/次·min^{-1}
通用开关	3～8	12～25	<10
专用开关	8～25	25～50	<1

⑤ 按钮和按键式开关的基本尺寸，如表 33-2-98 所示。

表 33-2-98 按钮和按键式开关的基本尺寸
（GB/T 14775—1993）　　mm

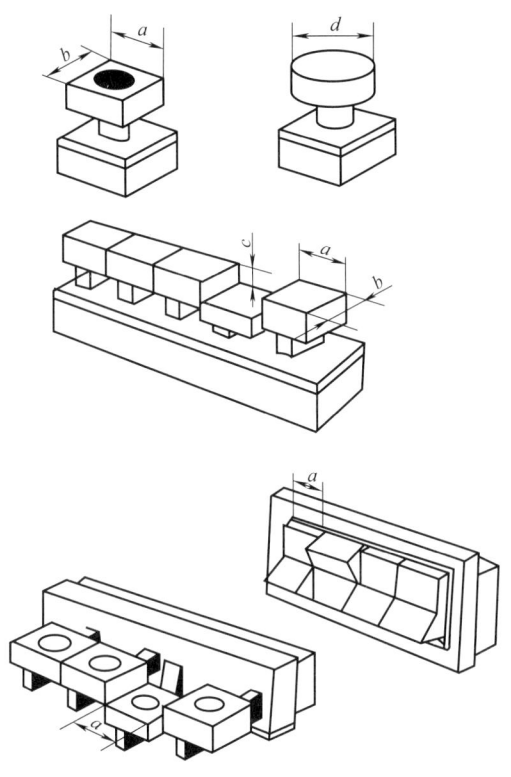

操纵方式	按钮按键基本尺寸		行程 c	按动频率/次·min^{-1}
	d	$a \times b$		
用食指按动按钮	3～5	10×5	<2	<2
	10	12×7	2～3	<10
	12	18×8	3～5	<10
	15	20×12	4～6	<10
用拇指按动按钮	30		3～8	<5
用手掌按动按钮	50		5～10	<3
手指按动按键	10		3～5	<10
	15		4～6	<10
	18		4～6	<1
	18～20		5～10	<1

注：戴手套操作时最小直径为18mm。

⑥ 旋钮的基本尺寸，如表 33-2-99 所示。

表 33-2-99 旋钮的基本尺寸（GB/T 14775—1993）

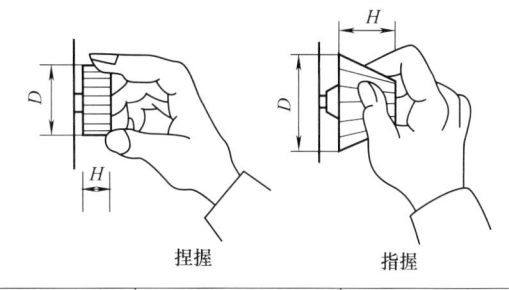

操纵方式	旋钮直径 D/mm	旋钮厚度 H/mm
指尖捏握	10～100	12～25
指握	35～75	≥15

⑦ 脚控操纵器的踩踏平面应为长方形或椭圆形，其长度应不小于 75mm，宽度不少于 25mm，表面为齿纹形或防滑脱的其他形状。

2.4.3.2 操纵器的配置要求

① 在同一平面相邻且相互平行配置的操纵器不产生相互干涉的内侧间隔距离，如表 33-2-100 所示。

表 33-2-100 操纵器不产生相互干涉的内侧间隔距离（GB/T 14775—1993）

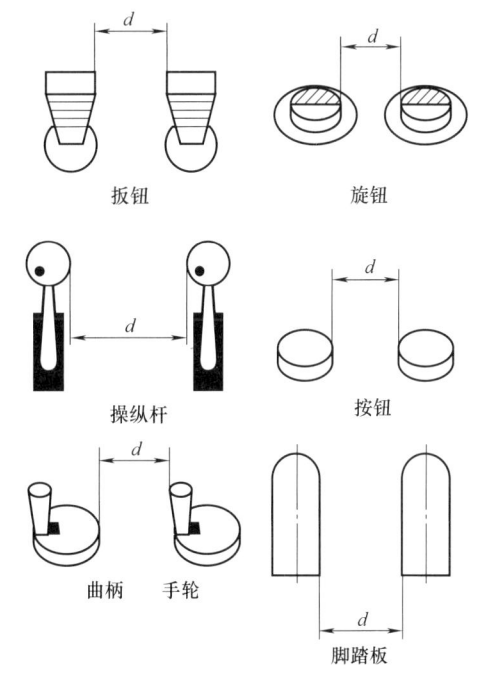

操纵器形式	操纵方式	间隔距离/mm 最小	间隔距离/mm 推荐
扳钮	单(食)指操作	20	50
	单指依次连续操作	12	25
	各个手指都操作	15	20
按钮	单(食)指操作	12	50
	单指依次连续操作	6	25
	各个手指都用	12	12
旋钮	单手操作	25	50
	双手同时操作	75	125
手轮、曲柄、操纵杆	双手同时操作	75	125
	单手随意操作	50	100
脚踏板	单脚随意操作	100	150
	单脚依次连续操作	50	100

② 操纵器的控制功能与调节动作方向的对应关系，如表33-2-101所示。

表 33-2-101　操纵器的控制功能与调节动作方向的对应关系（GB/T 14775—1993）

功能 动作方向	开通	关闭	增加	减少	前进	后退	向左	向右	开车	刹车
向上	√		√						√	
向下		√		√		√				√
向前	√		√		√					
向后		√		√		√				√
向右	√		√					√	√	
向左		√		√			√			√
顺时针①	√		√		√			√	√	
逆时针①		√		√		√	√			√
提拉	√									
按压		√								

① 阀门例外。

③ 操纵器的配置要求，如表33-2-102所示。

表 33-2-102　操纵器的配置要求（GB/T 14775—1993）

操纵方式	配置要求
双手操纵	用双手操纵的操纵器应配置在操作者(或座位)的正中矢状面左右方向偏离不超过40mm的范围内。坐姿操纵时，双手操纵的手轮或转向把，其转动平面应与水平成40°～90°角并和座椅对称面垂直；立姿操作时，其转动平面应与水平成0°～90°角。当分别用左、右手同时操纵两个带柄手轮时，应使两个轮的旋转方向相反
单手操纵	操纵杆应配置在操作者的上臂与前臂的夹角成90°～135°的范围内，以便手在推、拉方向用力 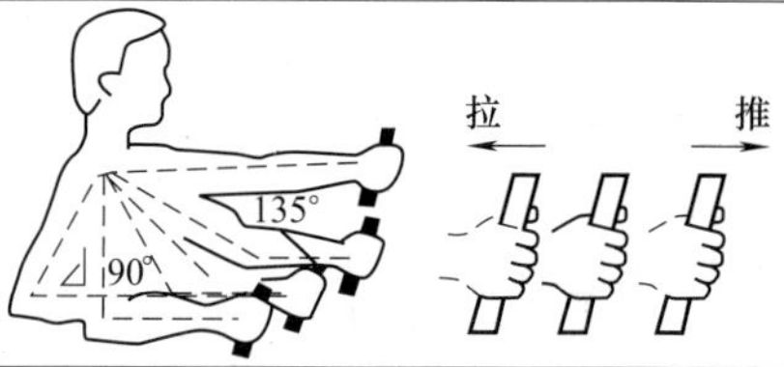
	无手柄手轮的转动平面应与前臂成10°～60°角 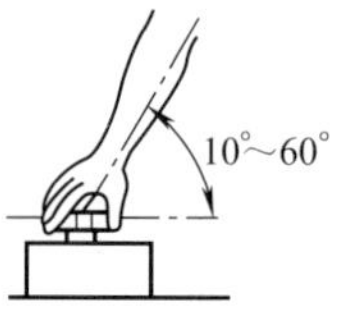
	带柄手轮应使其转动平面与前臂成10°～90°角，若仅用手部转动，其转动平面应与前臂成10°～45°角 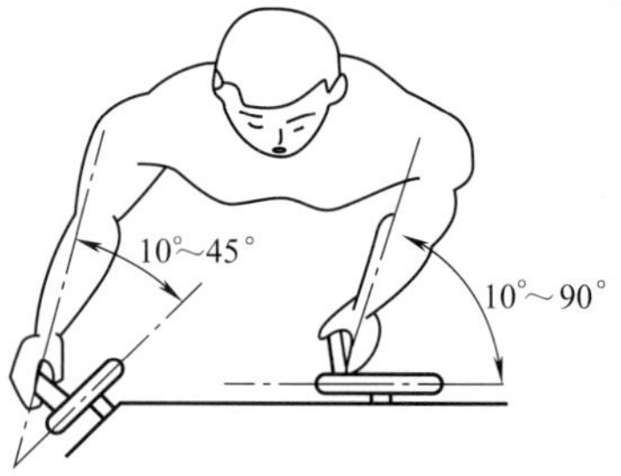
	对设备的"开、关"进行控制的扳钮开关，配置时应沿垂直方向定位，向上下扳动。为满足设备控制与功能协调的需要，允许沿水平方向定位，向左、右扳动
	按压式操纵器如按钮、按键式开关等，应能显示"接通""断开"的工作状态。"断开"状态按钮或按键应高于面板5～10mm；"接通"状态按钮或按键高出面板1～3mm，必要时应加其他视觉信号显示

续表

操纵方式	配 置 要 求
脚控操纵	在坐姿条件下,为保证操纵舒适,用力方便,操纵器须配置在肢体动作一侧,偏离人体正中矢状面75～125mm的范围内;座椅应能按身高进行调节,使大腿与小腿间夹角为90°～110°,以便用力,需大力蹬踏时夹角可达160°。不操作时双脚应有足够的自由活动空间
	立姿操作时,操纵器的接触面高出地面距离不应超过160mm,并应在踏压到底时与地面持平

2.4.3.3 操纵器的作用力要求

① 手轮、转向把和曲柄的最大作用力,如表33-2-103所示。

表33-2-103　手轮、转向把和曲柄的最大作用力
（GB/T 14775—1993）　　　　　　　　　　N

操纵方式	每班操纵次数					微调或快速转动时
	>960	241～960	17～240	5～16	<5	
	最大作用力					
主要用手或手指	—	—	—	—	—	10
主要用手及前臂	5	10	20	30	60	20
单手臂(肩、前臂、手)	10	20	40	40	150	40
双手臂	40	50	80	80	200	—

注：1. 对精细调节,为增强手感,最小阻力为9～20N。
2. 管道阀门在开启（或关闭）的瞬间,施于手轮上最大作用力允许达450N。

② 操纵杆最大作用力,如表33-2-104所示。

表33-2-104　操纵杆最大作用力
（GB/T 14775—1993）　　　　　　　　　　N

操纵方式	每班操纵次数				
	>960	241～960	17～240	5～16	<5
	最大作用力				
用手指	5	10	10	10	30
用手掌	5	10	15	20	40
用前臂和手	15	20	25	30	60
用单手臂	20	30	40	60(40)	150(70)
用双手臂	45	90	90	90	200(140)

注：1. 管道附件上操纵杆的最大作用力允许达450N。
2. 括号内的数值只限于"左-右"或"上-下"方向移动时使用。

③ 扳钮开关的作用力,如表33-2-105所示。

表33-2-105　扳钮开关的作用力（GB/T 14775—1993）

扳钮长度/mm	作用力/N
>10～15	2～3
>15～20	2.5～3.3
>20～25	2.8～3.5
>25～30	3.3～4.0
>30～35	4.2～5.0
>35～40	5.0～5.7
>40～50	5.0～6.2

④ 按钮式和按键式开关的作用力,如表33-2-106所示。

表33-2-106　按钮式和按键式开关的作用力
（GB/T 14775—1993）

操纵方式	作用力/N
食指按动按钮	1～8
大拇指按动按钮	8～35
手掌按动按钮	10～50
按动按键	2.5～16

⑤ 旋钮的操作力矩,如表33-2-107所示。

表33-2-107　旋钮的操作力矩（GB/T 14775—1993）

操纵方式	旋钮直径/mm	力矩/N·m	
		最小	最大
捏握和连续调节	10～100	0.02	0.5
指握和断续调节	35～75	0.2	0.7

⑥ 脚控操纵器的作用力,如表33-2-108所示。

表33-2-108　脚控操纵器的作用力
（GB/T 14775—1993）

操纵方式	作用力/N	
	最小	最大
停歇时脚放在操纵器上	45	90
停歇时脚不放在操纵器上	18	90
仅踝关节运动		45
整个腿部运动	45	750

2.4.3.4 操纵器的编码方式

表 33-2-109　　　　　　　操纵器的编码方式（GB/T 14775—1993）

编码方式	说　明
形状编码	用不同的形状进行编码，通过视觉和触觉进行识别
位置编码	用不同的布置位置和方向进行编码，通过视觉即可进行识别
尺寸编码	用不同的几何尺寸进行编码，通过视觉和触觉进行识别。一般当尺寸差别大于20%时才易于识别
颜色编码	用不同的颜色进行编码，通过视觉进行识别，通常用红、橙、黄、绿、蓝这五种颜色依靠照明条件能够有效识别，常与其他编码方式同时使用
操作方法编码	用不同的操作方向和阻力大小等方面的变化进行编码，通过手（脚）感进行识别
字符编码	用文字、符号进行编码，通过视觉进行识别。所用的文字、符号应简明易懂，不易误解。被广泛应用在各种场合

2.5　作业环境

2.5.1　照明环境

2.5.1.1　基本术语

表 33-2-110　　　　　　　基本术语

名　词	含　义	备　注
绿色照明	是节约能源、保护环境，有益于提高人们生产、工作、学习效率和生活质量，保护身心健康的照明	—
视觉作业	在工作和活动中，对呈现在背景前的细部和目标的观察过程	—
光通量	根据辐射对标准光度观察者的作用导出的光度量	单位为流明(lm)
发光强度	发光体在给定方向的立体角元 $d\Omega$ 内传输的光通量 $d\Phi$ 除以该立体角元所得之商，即单位立体角的光通量	单位为坎德拉(cd)
亮度	单位投影面积上的发光强度	单位为坎德拉每平方米(cd/m^2)
照度	表面上一点的照度是入射在包含该点的面元上的光通量 $d\Phi$ 除以该面元面积 dA 所得之商	单位为勒克斯(lx)
平均照度	规定表面上各点的照度平均值	
维持平均照度	在照明装置必须进行维护时，在规定表面上的平均照度	—
参考平面	测量或规定照度的平面	
作业面	在其表面上进行工作的平面	
亮度对比	视野中识别对象和背景的亮度差与背景亮度之比	
识别对象	识别的物体和细节（如需识别的点、线、伤痕、污点等）	
维护系数	照明装置在使用一定周期后，在规定表面上的平均照度或平均亮度与该装置在相同条件下新装时在同一表面上所得到的平均照度或平均亮度之比	
一般照明	为照亮整个场所而设置的均匀照明	
分区一般照明	为照亮工作场所中某一特定区域，如进行工作的地点，而设置的均匀照明	
局部照明	特定视觉工作用的、为照亮某个局部而设置的照明	
混合照明	一般照明与局部照明组成的照明	

续表

名 词	含 义	备 注
重点照明	为提高指定区域或目标的照度,使其比周围区域突出的照明	—
正常照明	在正常情况下使用的室内外照明	—
应急照明	因正常照明的电源失效而启用的照明	包括疏散照明、安全照明、备用照明
备用照明	作为应急照明的一部分,用以确保正常活动继续进行的照明	—
安全照明	作为应急照明的一部分,用以确保处于潜在危险之中的人员安全的照明	—
疏散照明	作为应急照明的一部分,用以确保疏散通道被有效地辨认和使用的照明	—
值班照明	非工作时间,为值班所设置的照明	—
警卫照明	用于警戒而安装的照明	—
障碍照明	在可能危及航行安全的建筑物或构筑物上安装的标识照明	—
频闪效应	在以一定频率变化的光照射下,观察到的物体运动显现出不同于其实际运动的现象	—
发光二极管(LED)灯	由电致固体发光的一种半导体器件作为照明光源的灯	—
光强分布	用曲线或表格表示光源或灯具在空间各方向的发光强度值	亦称配光
灯具效率	在规定的使用条件下,灯具发出的总光通量与灯具内所有光源发出的总光通量之比	亦称灯具光输出比
灯具效能	在规定的使用条件下,灯具发出的总光通量与其所输入的功率之比	单位为流明每瓦特(lm/W)
照度均匀度	规定表面上的最小照度与平均照度之比	—
眩光	由于视野中的亮度分布或亮度范围的不适宜,或存在极端的对比,以致引起不舒适感觉或降低观察细部或目标的能力的视觉现象	—
直接眩光	由视野中,特别是在靠近视线方向存在的发光体所产生的眩光	—
不舒适眩光	产生不舒适感觉,但并不一定降低视觉对象的可见度的眩光	—
统一眩光值	度量处于室内视觉环境中的照明装置发出的光对人眼引起不舒适感主观反应的心理参量	可按CIE统一眩光值公式计算
眩光值	用于度量体育场馆和其他室外场地照明装置对人眼引起不舒适感主观反应的心理参量	可按CIE眩光值公式计算
反射眩光	由视野中的反射引起的眩光,特别是在靠近视线方向看见反射像所产生的眩光	—
光幕反射	视觉对象的镜面反射,它使视觉对象的对比降低,以致部分地或全部地难以看清细部	—
灯具遮光角	灯具出光口平面与刚好看不见发光体的视线之间的夹角	—
显色性	照明光源对物体色表的影响,该影响是由于观察者有意识或无意识地将它与参比光源下的色表相比较而产生的	—
显色指数	光源显色性的度量,以被测光源下物体颜色和参考标准光源下物体颜色的相符合程度来表示	—
特殊显色指数	光源对国际照明委员会(CIE)选定的第9~15种标准颜色样品的显色指数	符号为R_i
一般显色指数	光源对国际照明委员会(CIE)选定的第1~8种标准颜色样品显色指数的平均值	符号为R_a

续表

名词	含义	备注
色温	当光源(热辐射光源)的色品与某一温度下的完全辐射体(黑体)的色品相同时,该完全辐射体(黑体)的绝对温度,亦称色度	单位为开(K)
相关色温	当光源的色品点不在黑体轨迹上,且光源的色品与某一温度下的黑体的色品最接近时,该黑体的绝对温度为此光源的相关色温,简称相关色温	符号为 T_{cp},单位为开(K)
色品	用国际照明委员会(CIE)标准色系统所表示的颜色性质	—
色品图	表示颜色色品坐标的平面图	—
色品坐标	每个三刺激值与其总和之比	—
色容差	表征一批光源中各光源与光源额定色品的偏离	用颜色匹配标准偏差 SDCM 表示
光通量维持率	光源在给定点燃时间后的光通量与其初始光通量之比	—
反射比	在入射辐射的光谱组成、偏振状态和几何分布给定状态下,反射的辐射通量或光通量与入射的辐射通量或光通量之比	符号为 ρ
照明功率密度	单位面积上一般照明的安装功率(包括光源、镇流器或变压器等附属用电器件)	单位为瓦特每平方米(W/m²)
室形指数	表示房间或场所几何形状的数值,其数值为 2 倍的房间或场所面积与该房间或场所水平面周长及灯具安装高度与工作面高度的差之商	—
年曝光量	度量物体年累积接受光照度的值,用物体接受的照度与年累积小时的乘积表示	单位为每年勒克斯小时(lx·h/a)

2.5.1.2 作业面临近周围照度

表 33-2-111 作业面临近周围照度 (GB 50034—2013)

作业面照度/lx	作业面临近周围照度值/lx
≥750	500
500	300
300	200
≤200	与作业面照度相同

注:临近周围指作业面外 0.5m 范围之内。

2.5.1.3 维护系数

在照明设计时,应根据环境污染特征和灯具擦拭次数从表 33-2-112 中选定相应的维护系数。

表 33-2-112 维护系数 (GB 50034—2013)

环境污染特征		房间或场所举例	灯具最少擦拭次数/次·年⁻¹	维护系数值
室内	清洁	卧室、办公室、餐厅、阅览室、教室、病房、客房、仪器仪表装配间、电子元器件装配间、检验室等	2	0.8
	一般	商店营业厅、候车室、影剧院、机械加工车间、机械装配车间、体育馆等	2	0.7
	污染严重	厨房、锻工车间、铸工车间、水泥车间等	3	0.6
室外		雨篷、站台	2	0.65

2.5.1.4 直接型灯具的遮光角

表 33-2-113 直接型灯具的遮光角 (GB 50034—2013)

光源平均亮度/kcd·m⁻²	遮光角/(°)
1~20	10
20~50	15
50~500	20
≥500	30

2.5.1.5 室内照明光源色表

表 33-2-114 室内照明光源色表 (GB 50034—2013)

色表分组	色表特征	相关色温	适用场所举例
Ⅰ	暖	<3300	客房、卧室、病房、酒吧、餐厅
Ⅱ	中间	3300~5300	办公室、教室、阅览室、诊室、检验室、机加工车间、仪表装配
Ⅲ	冷	>5300	热加工车间、高照度场所

2.5.1.6 工作房间表面反射比

表 33-2-115 工作房间表面反射比 (GB 50034—2013)

表面名称	反射比
顶棚	0.6~0.9
墙面	0.3~0.8
地面	0.1~0.5
作业面	0.2~0.6

2.5.1.7 工业建筑一般照明标准值

表 33-2-116　　工业建筑一般照明标准值（摘自 GB 50034—2013）

房间或场所		参考平面及其高度	照度标准值/lx	统一眩光值 UGR	R_a	备　注
1. 通用房间或场所						
试验室	一般	0.75m 水平面	300	22	80	可另加局部照明
	精细	0.75m 水平面	500	19	80	可另加局部照明
检验	一般	0.75m 水平面	300	22	80	可另加局部照明
	精细、有颜色要求	0.75m 水平面	750	19	80	可另加局部照明
	计量室、测量室	0.75m 水平面	500	19	80	可另加局部照明
变、配电站	配电装置室	0.75m 水平面	200	—	80	—
	变压器室	地面	100	—	60	—
	电源设备室、发电机室	地面	200	25	80	
控制室	一般控制室	0.75m 水平面	300	22	80	
	主控制室	0.75m 水平面	500	19	80	
	电话站、网络中心	0.75m 水平面	500	19	80	
	计算机站	0.75m 水平面	500	19	80	防光幕反射
动力站	风机房、空调机房	地面	100	—	60	
	泵房	地面	100	—	60	
	冷冻站	地面	150	—	60	
	压缩空气站	地面	150	—	60	
	锅炉房、煤气站的操作层	地面	100	—	60	锅炉水位表照度不小于 50lx
仓库	大件库（如钢坯、钢材、大成品、气瓶）	1.0m 水平面	50	—	20	
	一般件库	1.0m 水平面	100	—	60	
	半成品库	1.0m 水平面	150	—	80	
	精细件库（如工具、小件库）	1.0m 水平面	200	—	80	货架垂直照度不小于 50lx
	车辆加油站	地面	100	—	60	油表照度不小于 50lx
2. 机、电工业						
机械加工	粗加工	0.75m 水平面	200	22	60	可另加局部照明
	一般加工公差≥0.1mm	0.75m 水平面	300	22	60	应另加局部照明
	精密加工公差＜0.1mm	0.75m 水平面	500	19	60	应另加局部照明
机电、仪表装配	大件	0.75m 水平面	200	25	80	可另加局部照明
	一般件	0.75m 水平面	300	25	80	可另加局部照明
	精密	0.75m 水平面	500	22	80	应另加局部照明
	特精密	0.75m 水平面	750	19	80	应另加局部照明
	电线、电缆制造	0.75m 水平面	300	25	60	—
线圈绕制	大线圈	0.75m 水平面	300	25	80	
	中等线圈	0.75m 水平面	500	22	80	可另加局部照明
	精细线圈	0.75m 水平面	750	19	80	应另加局部照明
	线圈浇注	0.75m 水平面	300	25	80	
焊接	一般	0.75m 水平面	200	—	60	
	精密	0.75m 水平面	300	—	60	

续表

房间或场所		参考平面及其高度	照度标准值/lx	统一眩光值 UGR	R_a	备注
2. 机、电工业						
钣金		0.75m 水平面	300	—	60	—
冲压、剪切		0.75m 水平面	300	—	60	—
热处理		地面至 0.5m 水平面	200	—	20	—
铸造	熔化、浇铸	地面至 0.5m 水平面	200	—	20	—
	造型	地面至 0.5m 水平面	300	25	60	—
精密铸造的制模、脱壳		地面至 0.5m 水平面	500	25	60	—
锻工		地面至 0.5m 水平面	200	—	20	—
电镀		0.75m 水平面	300	—	80	—
喷漆	一般	0.75m 水平面	300	—	80	—
	精细	0.75m 水平面	500	22	80	—
酸洗、腐蚀、清洗		0.75m 水平面	300	—	80	—
抛光	一般装饰性	0.75m 水平面	300	22	80	防频闪
	精细	0.75m 水平面	500	22	80	防频闪
复合材料加工、铺叠、装饰		0.75m 水平面	500	22	80	—
机电修理	一般	0.75m 水平面	200	—	60	可另加局部照明
	精密	0.75m 水平面	300	22	60	可另加局部照明
3. 电子工业						
整机类	整机厂	0.75m 水平面	300	22	80	—
	装配厂房	0.75m 水平面	300	22	80	应另加局部照明
元器件类	微电子产品及集成电路	0.75m 水平面	500	19	80	—
	显示器件	0.75m 水平面	500	19	80	可根据工艺要求降低照度值
	印制电路板	0.75m 水平面	500	19	80	—
	光伏组件	0.75m 水平面	300	19	80	—
	电真空器件、机电组件等	0.75m 水平面	500	19	80	—
电子材料类	半导体材料	0.75m 水平面	300	22	80	—
	光纤、光缆	0.75m 水平面	300	22	80	—
酸、碱、药液及粉配制		0.75m 水平面	300	—	80	—
4. 纺织、化纤工业						
纺织	选毛	0.75m 水平面	300	22	80	可另加局部照明
	清棉、和毛、梳毛	0.75m 水平面	150	22	80	—
	前纺:梳棉、并条、粗纺	0.75m 水平面	200	22	80	—
	纺纱	0.75m 水平面	300	22	80	—
	织布	0.75m 水平面	300	22	80	—
织袜	穿综筘、缝纫、量呢、检验	0.75m 水平面	300	22	80	可另加局部照明
	修补、剪毛、染色、印花、裁剪、熨烫	0.75m 水平面	300	22	80	可另加局部照明
化纤	投料	0.75m 水平面	100	—	80	—
	纺丝	0.75m 水平面	150	22	80	—
	卷绕	0.75m 水平面	200	22	80	—
	平衡间、中间储存、干燥间、废丝间、油剂高位槽间	0.75m 水平面	75	—	60	—

续表

房间或场所		参考平面及其高度	照度标准值/lx	统一眩光值UGR	R_a	备注
4. 纺织、化纤工业						
化纤	集束间、后加工间、打包间、油剂调配间	0.75m 水平面	100	25	60	—
	组件清洗间	0.75m 水平面	150	25	60	—
	拉伸、变形、分级包装	0.75m 水平面	150	25	80	操作面可另加局部照明
	化验、检验	0.75m 水平面	200	22	80	可另加局部照明
	聚合间、原液车间	0.75m 水平面	100	22	60	—
5. 制药工业						
制药生产、配制、清洗、灭菌、超滤、制粒、压片、混匀、烘干、灌装、轧盖等		0.75m 水平面	300	22	80	—
制药生产流转通道		地面	200	—	80	—
6. 橡胶工业						
炼胶车间		0.75m 水平面	300	—	80	—
压延压出工段		0.75m 水平面	300	—	80	—
压成型裁断工段		0.75m 水平面	300	22	80	—
硫化工段		0.75m 水平面	300	—	80	—
7. 电力工业						
火电厂锅炉房		地面	100	—	60	—
发电机房		地面	200	—	60	—
主控室		0.75m 水平面	500	19	80	—
8. 钢铁工业						
炼铁	炉顶平台、各层平台	平台面	30	—	60	—
	出铁场、出铁机室	地面	100	—	60	—
	卷扬机室、碾泥机室、煤气清洗配水室	地面	50	—	60	—
炼钢及连铸	炼钢主厂房和平台	地面、平台面	150	—	60	—
	连铸浇注平台、切割区、出坯区	地面	150	—	60	—
	精整清理线	地面	200	25	60	—
轧钢	棒线材主厂房	地面	150	—	60	—
	钢管主厂房	地面	150	—	60	—
	冷轧主厂房	地面	150	—	60	需另加局部照明
	热轧主厂房、钢坯台	地面	150	—	60	—
	加热炉周围	地面	50	—	20	—
	垂绕、横剪及纵剪机组	0.75m 水平面	150	25	80	—
	打印、检查、精密分类、验收	0.75m 水平面	200	22	80	—
9. 制浆造纸工业						
备料		0.75m 水平面	150	—	60	—
蒸煮、洗选、漂白		0.75m 水平面	200	—	60	—
打浆、纸机底部		0.75m 水平面	200	—	60	—
纸机网部、压榨部、烘缸、压光、卷取、涂布		0.75m 水平面	300	—	60	—
复卷、切纸		0.75m 水平面	300	25	60	—
选纸		0.75m 水平面	500	22	60	—
碱回收		0.75m 水平面	200	—	60	—

续表

房间或场所			参考平面及其高度	照度标准值/lx	统一眩光值 UGR	R_a	备注
10. 食品及饮料工业							
食品	糕点、糖果		0.75m 水平面	200	22	80	—
	肉制品、乳制品		0.75m 水平面	300	22	80	—
	饮料		0.75m 水平面	300	22	80	—
啤酒	糖化		0.75m 水平面	200	—	80	—
	发酵		0.75m 水平面	150	—	80	—
	包装		0.75m 水平面	150	25	80	—
11. 玻璃工业							
备料、退火、熔制			0.75m 水平面	150	—	60	—
窑炉			地面	100	—	20	—
12. 水泥工业							
主要生产车间(破碎、原料粉磨、烧成、水泥粉磨、包装)			地面	100	—	20	—
储存			地面	75	—	60	—
输送走廊			地面	30	—	20	—
粗坯成型			0.75m 水平面	300	—	60	—
13. 皮革工业							
原皮、水浴			0.75m 水平面	200	—	60	—
轻毂、整理、成品			0.75m 水平面	200	22	60	可另加局部照明
干燥			地面	100	—	40	—
14. 卷烟工业							
制丝车间	一般		0.75m 水平面	200	—	80	—
	较高		0.75m 水平面	300	—	80	—
卷烟、接过滤嘴、包装、滤棒成型车间	一般		0.75m 水平面	300	22	80	—
	较高		0.75m 水平面	500	22	80	—
膨胀烟丝车间			0.75m 水平面	200	—	60	—
贮叶间			1.0m 水平面	100	—	60	—
贮丝间			1.0m 水平面	100	—	60	—
15. 化学石油工业							
厂区内经常操作的区域,如泵、压缩机、阀门、电操作柱等			操作位高度	100	—	20	—
装置区现场控制和检测点,如指示仪表、液位计等			测控点高度	75	—	60	—
人行通道、平台、设备顶部			地面或台面	30	—	20	—
装卸站	装卸设备顶部和底部操作位		操作位高度	75	—	20	—
	平台		平台	30	—	20	—
电缆夹层			0.75m 水平面	100	—	60	—
避难间			0.75m 水平面	150	—	60	—
压缩机厂房			0.75m 水平面	150	—	60	—

续表

房间或场所		参考平面及其高度	照度标准值/lx	统一眩光值 UGR	R_a	备注
16. 木业和家具制造						
一般机器加工		0.75m 水平面	200	22	60	防频闪
精细机器加工		0.75m 水平面	500	19	80	防频闪
锯木区		0.75m 水平面	300	25	60	防频闪
模型区	一般	0.75m 水平面	300	22	60	—
模型区	精细	0.75m 水平面	750	22	60	—
胶合、组装		0.75m 水平面	300	25	60	—
磨光、异形细木工		0.75m 水平面	750	22	80	—

注：需增加局部照明的作业面，增加的局部照明照度值宜按该场所一般照明照度值的 1～3 倍选取。

2.5.1.8 工业建筑照明功率密度值

工业建筑照明功率密度值不应大于表 33-2-117 的规定。当房间或场所的照度值高于或低于本表规定的对应照度值时，其照明功率密度值应按比例提高或折减。

表 33-2-117　　工业建筑照明功率密度值（摘自 GB 50034—2013）

房间或场所		照明功率密度限值/W·m⁻²		照度标准值/lx
		现行值	目标值	
1. 通用房间或场所				
试验室	一般	≤9.0	≤8.0	300
试验室	精细	≤15.0	≤13.5	500
检验	一般	≤9.0	≤8.0	300
检验	精细、有颜色要求	≤23.0	≤21.0	750
计量室、测量室		≤15.0	≤13.5	500
控制室	一般控制室	≤9.0	≤8.0	300
控制室	主控制室	≤15.0	≤13.5	500
电话站、网络中心、计算机站		≤15.0	≤13.5	500
动力站	风机房、空调机房	≤4.0	≤3.5	100
动力站	泵房	≤4.0	≤3.5	100
动力站	冷冻站	≤6.0	≤5.0	150
动力站	压缩空气站	≤6.0	≤5.0	150
动力站	锅炉房、煤气站的操作层	≤5.0	≤4.5	100
仓库	大件库	≤2.5	≤2.0	50
仓库	一般件库	≤4.0	≤3.5	100
仓库	半成品库	≤6.0	≤5.0	150
仓库	精细件库	≤7.0	≤6.0	200
公共车库		≤2.5	≤2.0	50
车辆加油站		≤5.0	≤4.5	100
2. 机、电工业				
机械加工	粗加工	≤7.5	≤6.5	200
机械加工	一般加工，公差≥0.1mm	≤11.0	≤10.0	300
机械加工	精密加工，公差<0.1mm	≤17.0	≤15.0	500

续表

房间或场所		照明功率密度限值/W·m^{-2}		照度标准值/lx
		现行值	目标值	
2. 机、电工业				
机电、仪表装配	大件	≤7.5	≤6.5	200
	一般件	≤11.0	≤10.0	300
	精密	≤17.0	≤15.0	500
	特精密	≤24.0	≤22.0	750
线圈绕制	电线、电缆制造	≤11.0	≤10.0	300
	大线圈	≤11.0	≤10.0	300
	中等线圈	≤17.0	≤15.0	500
	精细线圈	≤24.0	≤22.0	750
	线圈浇注	≤11.0	≤10.0	300
焊接	一般	≤7.5	≤6.5	200
	精密	≤11.0	≤10.0	300
	钣金	≤11.0	≤10.0	300
	冲压、剪切	≤11.0	≤10.0	300
	热处理	≤7.5	≤6.5	200
铸造	熔化、浇铸	≤9.0	≤8.0	200
	造型	≤13.0	≤12.0	300
	精密铸造的制模、脱壳	≤17.0	≤15.0	500
	锻工	≤8.0	≤7.0	200
	电镀	≤13.0	≤12.0	300
	酸洗、腐蚀、清洗	≤15.0	≤14.0	300
抛光	一般装饰性	≤12.0	≤11.0	300
	精细	≤18.0	≤16.0	500
	复合材料加工、铺叠、装饰	≤17.0	≤15.0	500
机电修理	一般	≤7.5	≤6.5	200
	精密	≤11.0	≤10.0	300
3. 电子工业				
整机类	整机厂	≤11.0	≤10.0	300
	装配厂房	≤11.0	≤10.0	300
元器件类	微电子产品及集成电路	≤18.0	≤16.0	500
	显示器件	≤18.0	≤16.0	500
	印制电路板	≤18.0	≤16.0	500
	光伏组件	≤11.0	≤10.0	300
	电真空器件、机电组件等	≤18.0	≤16.0	500
电子材料类	半导体材料	≤11.0	≤10.0	300
	光纤、光缆	≤11.0	≤10.0	300
	酸、碱、药液及粉配制	≤13.0	≤12.0	300

注：房间或场所的室形指数值等于或小于1时，本表的照明功率密度值可增加20%。

2.5.2 噪声环境

2.5.2.1 相关术语

表 33-2-118　　　　　　　　　相关术语

术　语	含　义
生产性噪声	在生产过程中产生的一切声音
稳态噪声	在观察时间内,采用声级计"慢挡"动态特性测量时,声级波动<3dB(A)的噪声
非稳态噪声	在观察时间内,采用声级计"慢挡"动态特性测量时,声级波动≥3dB(A)的噪声
脉冲噪声	噪声突然爆发又很快消失,持续时间≤0.5s,间隔时间>1s,声压有效值变化≥40dB(A)的噪声
A计权声压级	又称A声级,用A计权网络测得的声压级
等效连续A计权声压级	又称等效声级,在规定的时间内,某一连续稳态噪声的A计权声压,具有与时变的噪声相同的均方A计权声压,则这一连续稳态噪声的声级就是此时变噪声的等效声级,单位用dB(A)表示
按额定8h工作日规格化的等效连续A计权声压级(8h等效声级)	将一天实际工作时间内接触的噪声强度等效为工作8h的等效声级
按额定每周工作40h规格化的等效连续A计权声压级(每周40h等效声级)	非每周5天工作制的特殊工作场所接触的噪声声级等效为每周工作40h的等效声级

2.5.2.2 工作场所噪声职业接触限值

表 33-2-119　工作场所噪声职业接触限值
（GBZ 2.2—2007）

接触时间	接触限值/dB(A)	备　注
5天/周,=8h/天	85	非稳态噪声计算8h等效声级
5天/周,≠8h/天	85	计算8h等效声级
≠5天/周	85	计算40h等效声级

2.5.2.3 工作地点噪声声级的卫生限值

工作场所操作人员每天连续接触噪声8h,噪声声级卫生限值为85dB（A）。对于操作人员每天接触噪声不足8h的场合,可根据实际接触噪声的时间,按接触时间减半,噪声声级卫生限值增加3dB（A）的原则,确定其噪声声级限值,如表33-2-120所示。但最高限值不得超过115dB（A）。

表 33-2-120　工作地点噪声声级的卫生限值
（GBZ/T 189.8—2017）

日接触噪声时间/h	卫生限值/dB(A)
8	85
4	88
2	91
1	94
1/2	97

2.5.2.4 非噪声工作地点噪声声级的卫生限值

生产性噪声传播至非噪声作业地点的噪声声级的卫生限制不得超过表33-2-121的规定。

表 33-2-121　非噪声工作地点噪声声级
设计要求（GBZ 1—2010）

地点名称	卫生限值/dB(A)	工效限值/dB(A)
噪声车间观察(值班)室	≤75	≤55
非噪声车间办公室、会议室	≤60	≤55
主控室、精密加工室	≤70	

2.5.2.5 工作地点脉冲噪声声级的卫生限值

具有脉冲噪声作业地点的噪声声级卫生限值不应超过表33-2-122的规定。

表 33-2-122　工作地点脉冲噪声声级的
卫生限值（GBZ 2.2—2007）

工作日接触脉冲次数 n/次	峰值/dB(A)
$n \leqslant 100$	140
$100 < n \leqslant 1000$	130
$1000 < n \leqslant 10000$	120

2.5.2.6 各类声环境功能区使用的环境噪声等效声级限值

① 声环境功能区的划分。按区域的使用功能特

点和环境质量要求,声环境功能区分为以下五种类型,如表 33-2-123 所示。

表 33-2-123　声环境功能区的划分

类型	含义	
0 类声环境功能区	指康复疗养区等特别需要安静的区域	
1 类声环境功能区	指以居民住宅、医疗卫生、文化教育、科研设计、行政办公为主要功能,需要保持安静的区域	
2 类声环境功能区	指以商业金融、集市贸易为主要功能,或者居住、商业、工业混杂,需要维护住宅安静的区域	
3 类声环境功能区	指以工业生产、仓储物流为主要功能,需要防止工业噪声对周围环境产生严重影响的区域	
4 类声环境功能区	指交通干线两侧一定距离之内,需要防止交通噪声对周围环境产生严重影响的区域	
	4a 类	4b 类
	为高速公路、一级公路、二级公路、城市快速路、城市主干路、城市次干路、城市轨道交通(地面段)、内河航道两侧区域	为铁路干线两侧区域

② 各类声环境功能区使用的环境噪声等效声级限值,如表 33-2-124 所示。

表 33-2-124　各类声环境功能区使用的环境噪声等效声级限值(GB 3096—2008)
dB(A)

声环境功能区类别		时段	
		昼间	夜间
0		50	40
1		55	45
2		60	50
3		65	55
4	4a	70	55
	4b	70	60

注:昼间是指 6:00 至 22:00 之间的时段;夜间是指 22:00 至次日 6:00 之间的时段。县级以上人民政府为环境噪声污染防治的需要(如考虑时差、作息习惯差异等)而对昼间、夜间的划分另有规定的,应按其规定执行。

2.5.2.7　结构传播固定设备室内噪声排放限值

当固定设备排放的噪声通过建筑物结构传播至噪声敏感建筑物室内时,噪声敏感建筑物室内等效声级不得超过表 33-2-125 的规定。

表 33-2-125　结构传播固定设备室内噪声排放限值(GB 12348—2008)

噪声敏感建筑物所处声环境功能区类别	房间类型	等效声级限值/dB(A)	
		时段	
		昼间	夜间
0	A 类	40	30
	B 类	40	30
1	A 类	40	30
	B 类	45	35
2、3、4	A 类	45	35
	B 类	50	40

噪声敏感建筑物所处声环境功能区类别	房间类型	倍频程中心频率/Hz									
		31.5		63		125		250		500	
		时段									
		昼间	夜间	昼间	夜间	昼间	夜间	昼间	夜间	昼间	夜间
		倍频带声压级限值/dB									
0	A 类	76	69	59	51	48	39	39	30	34	24
	B 类										
1	A 类	76	69	59	51	48	39	39	30	34	24
	B 类	79	72	63	55	52	43	44	35	38	29
2、3、4	A 类	79	72	63	55	52	43	44	35	38	29
	B 类	82	76	67	59	56	48	49	39	43	34

注:1. A 类房间是指以睡眠为主要目的,需要保证夜间安静的房间,包括住宅卧室、医院病房、宾馆客房等。
2. B 类房间是指主要在昼间使用,需要保证思考与精神集中、正常讲话不被干扰的房间,包括学校教室、会议室、办公室、住宅中卧室以外的其他房间等。

2.5.2.8 以噪声污染为主的工业企业卫生防护距离

以噪声污染为主的工业企业卫生防护距离，按其生产规模、噪声源强度以及噪声治理措施的效果规定如表 33-2-126 所示。

表 33-2-126　以噪声污染为主的工业企业卫生防护距离（GB 18083—2000）

行业	企业名称	规模	声源强度/dB(A)	卫生防护距离/m	备　注
纺织	棉纺织厂	≥5万锭	100～105	100	—
		≥5万锭	90～95	50	含5万锭以下的中、小型工厂，以及车间、空调机房的外墙与外门、窗具有20dB(A)以上隔声量的大、中型棉纺厂；不设织布车间的棉纺厂
	织布厂	—	96～105	100	车间及空调机房外墙与外门、窗具有20dB(A)以上隔声量时，可缩小50m
	毛巾厂	—	95～100	100	车间及空调机房外墙与外门、窗具有20dB(A)以上隔声量时，可缩小50m
机械	制钉厂	—	100～105	100	
	标准件厂	—	95～105	100	
	专用汽车改装厂	中型	95～110	200	
	拖拉机厂	中型	100～112	200	
	汽轮机厂	中型	100～118	300	
	机床制造厂	—	95～105	100	小机床生产企业
	钢丝绳厂	中型	95～100	100	
	铁路机车车辆厂	大型	100～120	300	
	风机厂	—	100～118	300	
	锻造厂	中型	95～110	200	
		小型	90～100	100	不装汽锤或只用0.5t以下汽锤
	轧钢厂	中型	95～110	300	不设炼钢车间的轧钢厂
轻工	印刷厂	—	85～90	50	
	面粉厂	大、中型（多层厂房）	90～105	200	当设计为全密封空调厂房、围护结构及门、窗具有20dB(A)以上隔声效果时，可降为100m
		小型（单层厂房）	85～100	100	—
	木器厂	中型	90～100	100	—
	型煤加工厂	—	80～90	50	不设原煤及黏土粉碎作业的型煤加工厂
			80～100	200	设有原煤和黏土等添加剂的综合型煤加工厂

2.5.3 振动环境

2.5.3.1 相关术语

表 33-2-127　　相关术语

术语	含义
手传振动	生产中使用手持振动工具或接触受振工件时，直接作用或传递到人的手臂的机械振动或冲击
日接振时间	工作日中使用手持振动工具或接触受振工件的累积接振时间，单位为 h
频率计权振动加速度	按不同频率振动的人体生理效应规律计权后的振动加速度，单位为 m/s^2
4h 等能量频率计权振动加速度	在日接振时间不足或超过 4h 时，将其换算为相当于接振 4h 的频率计权振动加速度值

2.5.3.2 工作场所手传振动职业接触限值

手传振动 4h 等能量频率计权振动加速度限值如表 33-2-128 所示。

表 33-2-128　　工作场所手传振动职业接触限值（GBZ 2.2—2007）

接触时间	等能量频率计权振动加速度/$m \cdot s^{-2}$
4h	5

2.5.3.3 局部振动强度卫生限值

局部振动作业，其接振强度 4h 等能量频率计权振动加速度不得超过 $5m/s^2$，日接振时间少于 4h 可按表 33-2-129 适当放宽。

表 33-2-129　　局部振动强度卫生限值（GBZ 1—2010）

日接振时间/h	卫生限值/$m \cdot s^{-2}$
2~4	6
1~2	8
≤1	12

2.5.3.4 全身振动强度卫生限值

全身振动作业，其接振作业垂直、水平振动强度不应超过表 33-2-130 中的规定。

表 33-2-130　　全身振动强度卫生限值（GBZ 1—2010）

工作日接触时间/h	卫生限值	
	dB(A)	m/s^2
8	116	0.62
4	120.8	1.1
2.5	123	1.4
1.0	127.6	2.4
0.5	131.1	3.6

2.5.3.5 辅助用室垂直或水平振动强度卫生限值

受振动（1~80Hz）影响的辅助用室（办公室、会议室、计算机房、电话室、精密仪器室等），其垂直或水平振动强度不应超过表 33-2-131 中规定的卫生限值。

表 33-2-131　　辅助用室垂直或水平振动强度卫生限值（GBZ 1—2010）

每日接触时间/h	卫生限值		工效限值	
	dB(A)	m/s^2	dB(A)	m/s^2
8	110	0.31	100	0.098
4	114.8	0.53	104.8	0.17
2.5	117	0.71	107	0.23
1.0	121.6	1.12	111.6	0.37
0.5	125.1	1.8	115.1	0.57

2.5.3.6 人体各部位共振的大致频率

表 33-2-132　　人体各部位共振的大致频率

身体部位	共振频率/Hz
全身（放松站立）	4~5
全身（坐姿）	5~6
全身（横向）	2
头部	20~30
眼睛	20~25
脊柱	8~12
腹部实质器官	4~8
手-臂	10~40
胸腹内脏（半仰卧位）	7~8
头部（仰卧位）	50~70
胸部（仰卧位）	6~12
腹部（仰卧位）	4~8

2.5.4 热环境

2.5.4.1 相关术语

表 33-2-133　热环境相关术语

术语	含义
生产性热源	在生产过程中能够产生和散发热量的生产设备、产品或工件等
工作场所	劳动者进行职业活动的所有地点
工作地点	作业人员进行生产操作或为了观察生产情况需要经常或定期停留的地点。若因生产劳动需要,作业人员在车间内不同地点进行操作,则整个车间可称为工作地点
WBGT 指数	亦称为湿球黑球温度,是综合评价人体接触作业环境热负荷的一个基本参量,单位为℃
高温作业	在生产劳动过程中,其工作地点平均 WBGT 指数等于或大于 25℃ 的作业
接触高温作业时间	作业人员在一个工作日(8h)内实际接触高温作业的累计时间(min)
允许持续接触热时间	指允许工人在热环境中连续工作的时间
接触时间率	劳动者在一个工作日内实际接触高温作业的累计时间与8h的比率
必要休息时间	持续接触热环境后保证生理功能得到恢复所必需的休息时间
工作地点温度	在一个工作班内,工作地点距离地面1.5m高处测得的最高气温,单位为℃
室内外温差	对工作地点和室外温度进行实际测定后计算出来的差值
本地区室外通风设计温度	近十年本地区气象台正式记录每年最热月份的每日 13~14 时的气温平均值

2.5.4.2 高温作业分级

按照工作地点 WBGT 指数和接触高温作业的时间将高温作业分为四级,级别越高表示热强度越大,如表 33-2-134 所示。

表 33-2-134　高温作业分级（GB/T 4200—2008）

接触高温作业时间/min	WBGT 指数/℃								
	25~26	27~28	29~30	31~32	33~34	35~36	37~38	39~40	41~42	≥43
≤120	Ⅰ	Ⅰ	Ⅰ	Ⅱ	Ⅱ	Ⅱ	Ⅲ	Ⅲ	Ⅲ	Ⅲ
≥121	Ⅰ	Ⅰ	Ⅱ	Ⅱ	Ⅱ	Ⅲ	Ⅲ	Ⅳ	Ⅳ	Ⅳ
≥241	Ⅱ	Ⅱ	Ⅲ	Ⅲ	Ⅲ	Ⅳ	Ⅳ	Ⅳ	—	—
≥361	Ⅲ	Ⅲ	Ⅳ	Ⅳ	Ⅳ	—	—	—	—	—

2.5.4.3 高温作业允许持续接触热时间限值

已经确定为高温作业的工作地点,为便于用人单位管理和实际操作,提高劳动生产率,采用工作地点温度规定高温作业允许持续接触热时间限值,如表 33-2-135 所示。

表 33-2-135　高温作业允许持续接触热时间限值（GB/T 4200—2008）　min

工作地点温度/℃	轻劳动	中等劳动	重劳动
30~32	80	70	60
≥32	70	60	50
≥34	60	50	40
≥36	50	40	30
≥38	40	30	20
≥40	30	20	15
≥42~44	20	10	10

注：1. 轻劳动为Ⅰ级,中等劳动为Ⅱ级,重劳动为Ⅲ级和Ⅳ级。

2. 持续接触热后必要休息时间不得少于15min,休息时应脱离高温作业环境。

3. 凡高温作业工作地点空气湿度大于75%时,空气湿度每增加10%,允许持续接触热时间相应降低一挡,即采用高于工作地点温度2℃的时间限值。

2.5.4.4 夏季工作地点温度

当工艺无特殊要求时,生产厂房夏季工作地点的温度,应根据夏季通风室外计算温度及其与工作地点的允许温差,不得超过表 33-2-136 的规定。

表 33-2-136　夏季工作地点温度（GB 50019—2015）　℃

夏季通风室外计算温度	≤22	23	24	25	26	27	28	29~32	≥33
允许温差	10	9	8	7	6	5	4	3	2
工作地点温度	≤32			32				32~35	35

2.5.4.5 冬季工作地点的采暖温度

凡近十年每年最冷月平均气温≤8℃的月份在三个月及三个月以上的地区应设集中采暖设施;出现≤8℃的月份为两个月以下的地区应设局部采暖设施。工作地点的采暖温度如表 33-2-137 所示。

表 33-2-137　冬季工作地点的采暖温度（GBZ 1—2010）

劳动强度指数	劳动强度(分级)	采暖温度/℃
≤15	Ⅰ(轻)	18~21
15~20	Ⅱ(中)	16~18
20~25	Ⅲ(重)	14~16
>25	Ⅳ(过重)	12~14

2.5.4.6 设置系统式局部送风时，工作地点的温度和平均风速

表 33-2-138　　设置系统式局部送风时，工作地点的温度和平均风速（GB 50019—2015）

热辐射照度/W·m^{-2}	冬 季		夏 季	
	温度/℃	风速/m·s^{-1}	温度/℃	风速/m·s^{-1}
350～700	20～25	1～2	26～31	1.5～3
701～1400	20～25	1～3	26～30	2～4
1401～2100	18～22	2～3	25～29	3～5
2101～2800	18～22	3～4	24～28	4～6

注：1. 轻作业时，温度宜采用表中较高值，风速宜采用较低值；重作业时，温度宜采用表中较低值，风速宜采用较高值；中作业时，其数据可按插入法确定。
2. 表中夏季工作地点的温度，对于夏热冬冷或夏热冬暖地区可提高2℃；对于累年最热月平均温度小于25℃的地区可降低2℃。
3. 表中的热辐射照度系指1h内的平均值。

2.5.5 空气环境

2.5.5.1 相关术语

表 33-2-139　　空气环境相关术语

术语	含 义	缩略语
职业接触限值	职业性有害因素的接触限制量值。指劳动者在职业活动过程中长期反复接触，对绝大多数接触者的健康不引起有害作用的容许接触水平	OELs
时间加权平均容许浓度	以时间为权数规定的8h工作日、40h工作周的平均容许接触浓度	PC-TWA
短时间接触容许浓度	在遵守PC-TWA前提下容许短时间(15min)接触的浓度	PC-STEL
最高容许浓度	工作地点、在一个工作日内、任何时间有毒化学物质均不应超过的浓度	MAC
超限倍数	对未制定PC-STEL的化学有害因素，在符合8h时间加权平均容许浓度的情况下，任何一次短时间(15min)接触的浓度均不应超过的PC-TWA的倍数值	—
工作场所	劳动者进行职业活动的所有地点	
工作地点	劳动者从事职业活动或进行生产管理而经常或定时停留的岗位作业地点	
环境空气	人群、植物、动物和建筑物所暴露的室外空气	
总粉尘	可进入整个呼吸道(鼻、咽和喉、胸腔支气管、细支气管和肺泡)的粉尘，简称总尘	
空气动力学直径	某颗粒物(任何形状和密度)与相对密度为1的球体在静止或层流空气中若沉降速率相等，则球体的直径视作该颗粒物的空气动力学直径	
总悬浮颗粒物	环境空气中空气动力学当量直径小于等于100μm的颗粒物	TSP
可吸入颗粒物	环境空气中空气动力学当量直径小于等于10μm的颗粒物	PM10
细颗粒物	环境空气中空气动力学当量直径小于等于2.5μm的颗粒物	PM2.5
呼吸性粉尘	按呼吸性粉尘标准测定方法所采集的可进入肺泡的粉尘粒子，其空气动力学直径均在7.07μm以下，空气动力学直径5μm粉尘粒子的采样效率为50%，简称"呼尘"	—

2.5.5.2 环境空气功能区质量要求

环境空气功能区按照执行的环境空气质量要求不同可分为一类区（包括自然保护区、风景名胜区和其他需要特殊保护的区域）和二类区（居住区、商业交通居民混合区、文化区、工业区和农村地区）。一、二类环境功能区质量要求如表33-2-140所示，其中一类区适用一级浓度限值，二类区适用二级浓度限值。

表 33-2-140　　　　　　　环境功能区质量要求（摘自 GB 3095—2012）

序号	污染物项目	平均时间	浓度限值/$\mu g \cdot m^{-3}$	
			一级	二级
1	二氧化硫(SO_2)	年平均	20	60
		24 小时平均	50	150
		1 小时平均	150	500
2	二氧化氮(NO_2)	年平均	40	40
		24 小时平均	80	80
		1 小时平均	200	200
3	一氧化碳(CO)	24 小时平均	4000	4000
		1 小时平均	10000	10000
4	臭氧(O_3)	日最大 8 小时平均	100	160
		1 小时平均	160	200
5	颗粒物(粒径≤10μm)	年平均	40	70
		24 小时平均	50	150
6	颗粒物(粒径≤2.5μm)	年平均	15	35
		24 小时平均	35	75
7	总悬浮颗粒(TSP)	年平均	80	200
		24 小时平均	120	300
8	氮氧化物(NO_x)（以 NO_2 计）	年平均	50	50
		24 小时平均	100	100
		1 小时平均	250	250
9	铅(Pb)	年平均	0.5	0.5
		季平均	1.0	1.0
10	苯并[a]芘(BaP)	年平均	0.001	0.001
		24 小时平均	0.0025	0.0025

2.5.5.3　工作场所空气中化学物质容许浓度

表 33-2-141　　　　　　　工作场所空气中化学物质容许浓度（GBZ 2.1—2007）

序号	中文名	英文名	OELs/$mg \cdot m^{-3}$			备注
			MAC	PC-TWA	PC-STEL	
1	安妥	Antu	—	0.3	—	—
2	氨	Ammonia	—	20	30	—
3	2-氨基吡啶	2-Aminopyridine	—	2	—	皮
4	氨基磺酸铵	Ammonium sulfamate	—	6	—	—
5	氨基氰	Cyanamide	—	2	—	—
6	奥克托今	Octogen	—	2	4	—
7	巴豆醛	Crotonaldehyde	12	—	—	—
8	百草枯	Paraquat	—	0.5	—	—
9	百菌清	Chlorothalonil	1	—	—	G2B
10	钡及其可溶性化合物(按 Ba 计)	Barium and soluble compounds, as Ba	—	0.5	1.5	—
11	倍硫磷	Fenthion	—	0.2	0.3	皮

续表

序号	中文名	英文名	OELs/mg·m^{-3}			备注
			MAC	PC-TWA	PC-STEL	
12	苯	Benzene	—	6	10	皮,G1
13	苯胺	Aniline	—	3	—	皮
14	苯基醚(二苯醚)	Phenyl ether	—	7	14	—
15	苯硫磷	EPN	—	0.5	—	皮
16	苯乙烯	Styrene	—	50	100	皮,G2B
17	吡啶	Pyridine	—	4	—	—
18	苄基氯	Benzyl chloride	5	—	—	G2A
19	丙醇	Propyl alcohol	—	200	300	—
20	丙酸	Propionic acid	—	30	—	—
21	丙酮	Acetone	—	300	450	—
22	丙酮氰醇(按 CN 计)	Acetone cyanohydrin, as CN	3	—	—	皮
23	丙烯醇	Allyl alcohol	—	2	3	皮
24	丙烯腈	Acrylonitrile	—	1	2	皮,G2B
25	丙烯醛	Acrolein	0.3	—	—	皮
26	丙烯酸	Acrylic acid	—	6	—	皮
27	丙烯酸甲酯	Methyl acrylate	—	20	—	皮,敏
28	丙烯酸正丁酯	n-Butyl acrylate	—	25	—	敏
29	丙烯酰胺	Acrylamide	—	0.3	—	皮,G2A
30	草酸	Oxalic acid	—	1	2	—
31	重氮甲烷	Diazomethane	—	0.35	0.7	—
32	抽余油(60～220℃)	Raffinate(60～220℃)	—	300	—	—
33	臭氧	Ozone	0.3	—	—	—
34	滴滴涕(DDT)	Dichlorodiphenyltrichloroethane(DDT)	—	0.2	—	G2B
35	敌百虫	Trichlorfon	—	0.5	1	—
36	敌草隆	Diuron	—	10	—	—
37	碲化铋(按 Bi$_2$Te$_3$ 计)	Bismuth telluride, as Bi$_2$Te$_3$	—	5	—	—
38	碘	Iodine	1	—	—	—
39	碘仿	Iodoform	—	10	—	—
40	碘甲烷	Methyl iodide	—	10	—	皮
41	叠氮酸蒸气	Hydrazoic acid vapor	0.2	—	—	—
42	叠氮化钠	Sodium azide	0.3	—	—	—
43	丁醇	Butyl alcohol	—	100	—	—
44	1,3-丁二烯	1,3-Butadiene	—	5	—	G2A
45	丁醛	Butylaldehyde	—	5	10	—
46	丁酮	Methyl ethyl ketone	—	300	600	—
47	丁烯	Butylene	—	100	—	—
48	毒死蜱	Chlorpyrifos	—	0.2	—	皮
49	对苯二甲酸	Terephthalic acid	—	8	15	—
50	对二氯苯	p-Dichlorobenzene	—	30	60	G2B
51	对茴香胺	p-Anisidine	—	0.5	—	皮
52	对硫磷	Parathion	—	0.05	0.1	皮

续表

序号	中文名	英文名	OELs/mg·m^{-3} MAC	PC-TWA	PC-STEL	备注
53	对叔丁基甲苯	p-Tert-butyltoluene	—	6	—	—
54	对硝基苯胺	p-Nitroaniline	—	3	—	皮
55	对硝基氯苯	p-Nitrochlorobenzene	—	0.6	—	皮
56	多亚甲基多苯基异氰酸酯	Polymethylene polyphenyl isocyanate (PMPPI)	—	0.3	0.5	—
57	二苯胺	Diphenylamine	—	10	—	—
58	二苯基甲烷二异氰酸酯	Diphenylmethane diisocyanate	—	0.05	0.1	—
59	二丙二醇甲醚	Dipropylene glycolmethyl ether	—	600	900	皮
60	N,N-二丁氨基乙醇	N,N-Dibutylaminoethanol	—	4	—	皮
61	1,4-二噁烷	1,4-Dioxane	—	70	—	皮,G2B
62	二氟氯甲烷	Chlorodifluoromethane	—	3500	—	—
63	二甲胺	Dimethylamine	—	5	10	—
64	二甲苯(全部异构体)	Xylene(all isomers)	—	50	100	—
65	二甲基苯胺	Dimethylanilne	—	5	10	皮
66	1,3-二甲基丁基乙酸酯(乙酸仲己酯)	1,3-Dimethylbutyl acetate(see-hexyl acetate)	—	300	—	—
67	二甲基二氯硅烷	Dimethyl dichlorosilane	2	—	—	—
68	二甲基甲酰胺	Dimethylformamide(DMF)	—	20	—	皮
69	3,3-二甲基联苯胺	3,3-Dimethylbenzidine	0.02	—	—	皮,G2B
70	N,N-二甲基乙酰胺	Dimethyl acetamide	—	20	—	—
71	二聚环戊二烯	Dicyclopentadiene	—	25	—	—
72	二硫化碳	Carbon disulfide	—	5	10	皮
73	1,1-二氯-1-硝基乙烷	1,1-Dichloro-1-nitroethane	—	12	—	—
74	1,3-二氯丙醇	1,3-Dichloropropanol	—	5	—	皮
75	1,2-二氯丙烷	1,2-Dichloropropane	—	350	500	—
76	1,3-二氯丙烯	1,3-Dichloropropene	—	4	—	皮,G2B
77	二氯二氟甲烷	Dichlorodifluoromethane	—	5000	—	—
78	二氯甲烷	Dichloromethane	—	200	—	G2B
79	二氯乙炔	Dichloroacetylene	0.4	—	—	—
80	1,2-二氯乙烷	1,2-Dichloroethane	—	7	15	G2B
81	1,2-二氯乙烯	1,2-Dichloroethylene	—	800	—	—
82	二缩水甘油醚	Diglycidyl ether	—	0.5	—	—
83	二硝基苯(全部异构体)	Dinitrobenzene(all isomers)	—	1	—	皮
84	二硝基甲苯	Dinitrotoluene	—	0.2	—	皮,G2B (2,4-二硝基甲苯;2,6-二硝基甲苯)
85	4,6-二硝基邻苯甲酚	4,6-Dinitro-o-cresol	—	0.2	—	皮
86	二硝基氯苯	Dinitrochlorobenzene	—	0.6	—	皮
87	二氧化氮	Nitrogen dioxide	—	5	10	—
88	二氧化硫	Sulfur dioxide	—	5	10	—

续表

序号	中文名	英文名	OELs/mg·m^{-3}			备注
			MAC	PC-TWA	PC-STEL	
89	二氧化氯	Chlorine dioxide	—	0.3	0.8	—
90	二氧化碳	Carbon dioxide	—	9000	18000	—
91	二氧化锡(按 Sn 计)	Tin dioxide,as Sn	—	2	—	—
92	2-二乙氨基乙醇	2-Diethylaminoethanol	—	50	—	皮
93	二亚乙基三胺	Diethylene triamine	—	4	—	皮
94	二乙基甲酮	Diethyl ketone	—	700	900	—
95	二乙烯基苯	Divinyl benzene	—	50	—	—
96	二异丁基甲酮	Diisobutyl ketone	—	145	—	—
97	甲苯二异氰酸酯(TDI)	Toluene-2,4-diisocyanate(TDI)	—	0.1	0.2	敏,G2B
98	二月桂酸二丁基锡	Dibutyltin dilaurate	—	0.1	0.2	皮
99	钒及其化合物(按 V 计) 五氧化二钒烟尘 钒铁合金尘	Vanadium and compounds,as V Vanadium pentoxide fumedust Ferrovanadium alloy dust		0.05 1		
100	酚	Phenol	—	10	—	皮
101	呋喃	Furan	—	0.5	—	G2B
102	氟化氢(按 F 计)	Hydrogen fluoride,as F	2	—	—	—
103	氟化物(不含氟化氢)(按 F 计)	Fluorides(except HF),as F	—	2	—	—
104	锆及其化合物(按 Zr 计)	Zirconium and compounds,as Zr	—	5	10	—
105	镉及其化合物(按 Cd 计)	Cadmium and compounds,as Cd	—	0.01	0.02	G1
106	汞-金属汞(蒸气)	Mercury metal(vapor)	—	0.02	0.04	皮
107	汞-有机汞化合物(按 Hg 计)	Mercury organic compounds,as Hg	—	0.01	0.03	皮
108	钴及其氧化物(按 Co 计)	Cobalt and oxides,as Co	—	0.05	0.1	G2B
109	光气	Phosgene	0.5	—	—	—
110	癸硼烷	Decaborane	—	0.25	0.75	皮
111	过氧化苯甲酰	Benzoyl peroxide	—	5	—	—
112	过氧化氢	Hydrogen peroxide	—	1.5	—	—
113	环己胺	Cyclohexylamine	—	10	20	—
114	环己醇	Cyclohexanol	—	100	—	皮
115	环己酮	Cyclohexanone	—	50	—	皮
116	环己烷	Cyclohexane	—	250	—	—
117	环氧丙烷	Propylene oxide	—	5	—	敏,G2B
118	环氧氯丙烷	Epichlorohydrin	—	1	2	皮,G2A
119	环氧乙烷	Ethylene oxide	—	2	—	G1
120	黄磷	Yellow phosphorus	—	0.05	0.1	—
121	己二醇	Hexylene glycol	100	—	—	—
122	1,6-己二异氰酸酯	Hexamethylene diisocyanate	—	0.03	—	—
123	己内酰胺	Caprolactam	—	5	—	—
124	2-己酮	2-Hexanone	—	20	40	皮
125	甲拌磷	Thimet	0.01	—	—	皮
126	甲苯	Toluene	—	50	100	皮
127	N-甲苯胺	N-Methyl aniline	—	2	—	皮

续表

序号	中文名	英文名	OELs/mg·m^{-3} MAC	PC-TWA	PC-STEL	备注
128	甲醇	Methanol	—	25	50	皮
129	甲酚（全部异构体）	Cresol(all isomers)	—	10	—	皮
130	甲基丙烯腈	Methylacrylonitrile	—	3	—	皮
131	甲基丙烯酸	Methacrylic acid	—	70	—	—
132	甲基丙烯酸甲酯	Methyl methacrylate	—	100	—	敏
133	甲基丙烯酸缩水甘油酯	Glycidyl methacrylate	5	—	—	—
134	甲基肼	Methyl hydrazine	0.08	—	—	皮
135	甲基内吸磷	Methyl demeton	—	0.2	—	皮
136	18-甲基炔诺酮（炔诺孕酮）	18-Methyl norgestrel	—	0.5	2	—
137	甲硫醇	Methyl mercaptan	—	1	—	—
138	甲醛	Formaldehyde	0.5	—	—	敏,G1
139	甲酸	Formic acid	—	10	20	—
140	甲氧基乙醇	2-Methoxyethanol	—	15	—	皮
141	甲氧氯	Methoxychlor	—	10	—	—
142	间苯二酚	Resorcinol	—	20	—	—
143	焦炉逸散物（按苯溶物计）	Coke oven emissions,as benzene soluble matter	—	0.1	—	G1
144	肼	Hydrazine	—	0.06	0.13	皮,G2B
145	久效磷	Monocrotophos	—	0.1	—	皮
146	糠醇	Furfuryl alcohol	—	40	60	皮
147	糠醛	Furfural	—	5	—	皮
148	考的松	Cortisone	—	1	—	—
149	苦味酸	Picric acid	—	0.1	—	—
150	乐果	Rogor	—	1	—	皮
151	联苯	Biphenyl	—	1.5	—	—
152	邻苯二甲酸二丁酯	Dibutyl phthalate	—	2.5	—	—
153	邻苯二钾酸酐	Phthalic anhydride	1	—	—	敏
154	邻二氯苯	o-Dichlorobenzene	—	50	100	—
155	邻茴香胺	o-Anisidine	—	0.5	—	皮,G2B
156	邻氯苯乙烯	o-Chlorostyrene	—	250	400	—
157	邻氯苯亚甲基丙二腈	o-Chlorobenzylidene malononitrile	0.4	—	—	皮
158	邻仲丁基苯酚	o- sec-Butylphenol	—	30	—	皮
159	磷胺	Phosphamidon	—	0.02	—	皮
160	磷化氢	Phosphine	0.3	—	—	—
161	磷酸	Phosphoric acid	—	1	3	—
162	磷酸二丁基苯酯	Dibutyl phenyl phosphate	—	3.5	—	皮
163	硫化氢	Hydrogen sulfide	10	—	—	—
164	硫酸钡（按 Ba 计）	Barium sulfate,as Ba	—	10	—	—
165	硫酸二甲酯	Dimethyl sulfate	—	0.5	—	皮,G2A
166	硫酸及三氧化硫	Sulfuric acid and sulfur trioxide	—	1	2	G1
167	硫酰氟	Sulfuryl fluoride	—	20	40	—

续表

序号	中文名	英文名	OELs/mg·m^{-3} MAC	PC-TWA	PC-STEL	备注
168	六氟丙酮	Hexafluoroacetone	—	0.5	—	皮
169	六氟丙烯	Hexafluoropropylene	—	4	—	
170	六氟化硫	Sulfur hexafluoride	—	6000	—	
171	六六六	Hexachlorocyclohexane	—	0.3	0.5	G2B
172	γ-六六六	γ-Hexachlorocyclohexane	—	0.05	0.1	皮,G2B
173	六氯丁二烯	Hexachlorobutadiene	—	0.2	—	皮
174	六氯环戊二烯	Hexachlorocyclopentadiene	—	0.1	—	
175	六氯萘	Hexachloronaphthalene	—	0.2	—	皮
176	六氯乙烷	Hexachloroethane	—	10	—	皮,G2B
177	氯	Chlorine	1	—	—	
178	氯苯	Chlorobenzene	—	50	—	
179	氯丙酮	Chloroacetone	4	—	—	皮
180	氯丙烯	Allyl chloride	—	2	4	—
181	β-氯丁二烯	Chloroprene	—	4	—	皮,G2B
182	氯化铵烟	Ammonium chloride fume	—	10	20	
183	氯化苦	Chloropicrin	1	—	—	
184	氯化氢及盐酸	Hydrogen chloride and Chlorhydric acid	7.5	—	—	
185	氯化氰	Cyanogen chloride	0.75	—	—	
186	氯化锌烟	Zinc chloride fume	—	1	2	
187	氯甲甲醚	Chloromethyl methyl ether	0.005	—	—	G1
188	氯甲烷	Methyl chloride	—	60	120	皮
189	氯联苯(54%氯)	Chlorodiphenyl(54%Cl)	—	0.5	—	皮,G2A
190	氯萘	Chloronaphthalene	—	0.5	—	皮
191	氯乙醇	Ethylene chlorohydrin	2	—	—	皮
192	氯乙醛	Chloroacetaldehyde	3	—	—	—
193	氯乙酸	Chloroacetic acid	2	—	—	皮
194	氯乙烯	Vinyl chloride	—	10	—	G1
195	α-氯乙酰苯	α-Chloroacetophenone	—	0.3	—	
196	氯乙酰氯	Chloroacetyl chloride	—	0.2	0.6	皮
197	马拉硫磷	Malathion	—	2	—	皮
198	马来酸酐	Maleic anhydride	—	1	2	敏
199	吗啉	Morpholine	—	60	—	皮
200	煤焦油沥青挥发物(按苯溶物计)	Coal tar pitch volatiles, as Benzene soluble matters	—	0.2	—	G1
201	锰及其无机化合物(按 MnO$_2$ 计)	Manganese and inorganic compounds, as MnO$_2$	—	0.15	—	
202	钼及其化合物(按 Mo 计) 钼,不溶性化合物 可溶性化合物	Molybdenum and compounds, as Mo Molybdenum and insoluble compounds soluble compounds	— —	6 4	— —	
203	内吸磷	Demeton	—	0.05	—	皮

续表

序号	中文名	英文名	OELs/mg·m^{-3} MAC	PC-TWA	PC-STEL	备注
204	萘	Naphthalene	—	50	75	皮,G2B
205	2-萘酚	2-Naphthol	—	0.25	0.5	—
206	萘烷	Decalin	—	60	—	—
207	尿素	Urea	—	5	10	—
208	镍及其无机化合物(按 Ni 计) 金属镍与难溶性镍化合物 可溶性镍化合物	Nickel and inorganic compounds, as Ni Nickel metal and insoluble compounds Soluble nickel compounds	— — —	1 0.5	—	G1(镍化合物),G2B(金属镍和镍合金)
209	铍及其化合物(按 Be 计)	Beryllium and compounds, as Be	—	0.0005	0.001	G1
210	偏二甲基肼	Unsymmetric dimethylhydrazine	—	0.5	—	皮,G2B
211	铅及其无机化合物(按 Pb 计) 铅尘 铅烟	Lead and inorganic Compounds, as Pb Lead dust Lead fume	— — —	0.05 0.03	—	G2B(铅),G2A(铅的无机化合物)
212	氢化锂	Lithium hydride	—	0.025	0.05	—
213	氢醌	Hydroquinone	—	1	2	—
214	氢氧化钾	Potassium hydroxide	2	—	—	—
215	氢氧化钠	Sodium hydroxide	2	—	—	—
216	氢氧化铯	Cesium hydroxide	—	2	—	—
217	氰氨化钙	Calcium cyanamide	—	1	3	—
218	氰化氢(按 CN 计)	Hydrogen cyanide, as CN	1	—	—	皮
219	氰化物(按 CN 计)	Cyanides, as CN	1	—	—	皮
220	氰戊菊酯	Fenvalerate	—	0.05	—	皮
221	全氟异丁烯	Perfluoroisobutylene	0.08	—	—	—
222	壬烷	Nonane	—	500	—	—
223	溶剂汽油	Solvent gasolines	—	300	—	—
224	乳酸正丁酯	n-Butyl lactate	—	25	—	—
225	环三亚甲基三硝胺(黑索今)	Cyclonite(RDX)	—	1.5	—	皮
226	三氟化氯	Chlorine trifluoride	0.4	—	—	—
227	三氟化硼	Boron trifluoride	3	—	—	—
228	三氟甲基次氟酸酯	Trifluoromethyl hypofluorite	0.2	—	—	—
229	三甲苯磷酸酯	Tricresyl phosphate	—	0.3	—	皮
230	1,2,3-三氯丙烷	1,2,3-Trichloropropane	—	60	—	皮,G2A
231	三氯化磷	Phosphorus trichloride	—	1	2	—
232	三氯甲烷	Trichloromethane	—	20	—	G2B
233	三氯硫磷	Phosphorous thiochloride	0.5	—	—	—
234	三氯氢硅	Trichlorosilane	3	—	—	—
235	三氯氧磷	Phosphorus oxychloride	—	0.3	0.6	—
236	三氯乙醛	Trichloroacetaldehyde	3	—	—	—

续表

序号	中文名	英文名	OELs/mg·m^{-3} MAC	PC-TWA	PC-STEL	备注
237	1,1,1-三氯乙烷	1,1,1-trichloroethane	—	900	—	—
238	三氯乙烯	Trichloroethylene	—	30	—	G2A
239	三硝基甲苯	Trinitrotoluene	—	0.2	0.5	皮
240	三氧化铬、铬酸盐、重铬酸盐（按 Cr 计）	Chromium trioxide、chromate、dichromate,as Cr	—	0.05	—	G1
241	三乙基氯化锡	Triethyltin chloride	—	0.05	0.1	皮
242	杀螟松	Sumithion	—	1	2	皮
243	砷化氢（胂）	Arsine	0.03	—	—	G1
244	砷及其无机化合物（按 As 计）	Arsenic and inorganic compounds, as As	—	0.01	0.02	G1
245	升汞（氯化汞）	Mercuric chloride	—	0.025	—	—
246	石蜡烟	Paraffin wax fume	—	2	4	—
247	石油沥青烟（按苯溶物计）	Asphalt (petroleum) fume, as benzene soluble matter	—	5	—	G2B
248	双(巯基乙酸)二辛基锡	Bis (mercaptoacetate) dioctyltin	—	0.1	0.2	—
249	双丙酮醇	Diacetone alcohol	—	240	—	—
250	双硫醒	Disulfiram	—	2	—	—
251	双氯甲醚	Bis (chloromethyl) ether	0.005	—	—	G1
252	四氯化碳	Carbon tetrachloride	—	15	25	皮,G2B
253	四氯乙烯	Tetrachloroethylene	—	200	—	G2A
254	四氢呋喃	Tetrahydrofuran	—	300	—	—
255	四氢化锗	Germanium tetrahydride	—	0.6	—	—
256	四溴化碳	Carbon tetrabromide	—	1.5	4	—
257	四乙基铅（按 Pb 计）	Tetraethyl lead. as Pb	—	0.02	—	皮
258	松节油	Turpentine	—	300	—	—
259	铊及其可溶性化合物（按 Tl 计）	Thallium and soluble compounds, as Tl	—	0.05	0.1	皮
260	钽及其氧化物（按 Ta 计）	Tantalum and oxide,as Ta	—	5	—	—
261	碳酸钠（纯碱）	Sodium carbonate	—	3	6	—
262	羰基氟	Carbonyl fluoride	—	5	10	—
263	羰基镍（按 Ni 计）	Nickel carbonyl,as Ni	0.002	—	—	G1
264	锑及其化合物（按 Sb 计）	Antimony and compounds,as Sb	—	0.5	—	—
265	铜（按 Cu 计） 铜尘 铜烟	Copper,as Cu Copper dust Copper fume	—	1 0.2	—	—
266	钨及其不溶性化合物（按 W 计）	Tungsten and insoluble compounds, as W	—	5	10	—
267	五氟氯乙烷	Chloropentafluoroethane	—	5 000	—	—
268	五硫化二磷	Phosphorus pentasulfide	—	1	3	—
269	五氯酚及其钠盐	Pentachlorophenol and sodium salts	—	0.3	—	皮
270	五羰基铁（按 Fe 计）	Iron pentacarbonyl,as Fe	—	0.25	0.5	—

续表

序号	中文名	英文名	OELs/mg·m^{-3} MAC	PC-TWA	PC-STEL	备注
271	五氧化二磷	Phosphorus pentoxide	1	—	—	—
272	戊醇	Amyl alcohol	—	100	—	—
273	戊烷(全部异构体)	Pentane(all isomers)	—	500	1 000	—
274	硒化氢(按 Se 计)	Hydrogen selenide, as Se	—	0.15	0.3	—
275	硒及其化合物(按 Se 计)(不包括六氟化硒、硒化氢)	Selenium and compounds, as Se (except hexafluoride, hydrogen selenide)	—	0.1	—	—
276	纤维素	Cellulose	—	10	—	—
277	硝化甘油	Nitroglycerine	1	—	—	皮
278	硝基苯	Nitrobenzene	—	2	—	皮, G2B
279	1-硝基丙烷	1-Nitropropane	—	90	—	—
280	2-硝基丙烷	2-Nitropropane	—	30	—	G2B
281	硝基甲苯(全部异构体)	Nitrotoluene (all isomers)	—	10	—	皮
282	硝基甲烷	Nitromethane	—	50	—	G2B
283	硝基乙烷	Nitroethane	—	300	—	—
284	辛烷	Octane	—	500	—	—
285	溴	Bromine	—	0.6	2	—
286	溴化氢	Hydrogen bromide	10	—	—	—
287	溴甲烷	Methyl bromide	—	2	—	皮
288	溴氰菊酯	Deltamethrin	—	0.03	—	—
289	氧化钙	Calcium oxide	—	2	—	—
290	氧化镁烟	Magnesium oxide fume	—	10	—	—
291	氧化锌	Zinc oxide	—	3	5	—
292	氧乐果	Omethoate	—	0.15	—	皮
293	液化石油气	Liquified petroleum gas(L.P.G.)	—	1 000	1 500	—
294	一甲胺	Monomethylamine	—	5	10	—
295	一氧化氮	Nitric oxide(Nitrogen monoxide)	—	15	—	—
296	一氧化碳 非高原 高原 海拔 2000～3000m 海拔＞3000m	Carbon monoxide not in high altitude area In high altitude area 2000～3000m ＞3000m	— 20 15	20	30	—
297	乙胺	Ethylamine	—	9	18	皮
298	乙苯	Ethyl benzene	—	100	150	G2B
299	乙醇胺	Ethanolamine	—	8	15	—
300	乙二胺	Ethylenediamine	—	4	10	皮
301	乙二醇	Ethylene glycol	—	20	40	—
302	乙二醇二硝酸酯	Ethylene glycol dinitrate	—	0.3	—	皮
303	乙酐	Acetic anhydride	—	16	—	—
304	N-乙基吗啉	N-Ethylmorpholine	—	25	—	皮

续表

序号	中文名	英文名	OELs/mg·m^{-3} MAC	PC-TWA	PC-STEL	备注
305	乙基戊基甲酮	Ethyl amyl ketone	—	130	—	—
306	乙腈	Acetonitrile	—	30	—	皮
307	乙硫醇	Ethyl mercapan	—	1	—	—
308	乙醚	Ethyl ether	—	300	500	—
309	乙硼烷	Diborane	—	0.1	—	—
310	乙醛	Acetaldehyde	45	—	—	G2B
311	乙酸	Acetic acid	—	10	20	—
312	2-甲氧基乙基乙酸酯	2-Methoxyethyl acetate	—	20	—	皮
313	乙酸丙酯	Propyl acetate	—	200	300	—
314	乙酸丁酯	Butyl acetate	—	200	300	—
315	乙酸甲酯	Methyl acetate	—	200	500	—
316	乙酸戊酯(全部异构体)	Amyl acetate (all isomers)	—	100	200	—
317	乙酸乙烯酯	Vinyl acetate	—	10	15	G2B
318	乙酸乙酯	Ethyl acetate	—	200	300	—
319	乙烯酮	Ketene	—	0.8	2.5	—
320	乙酰甲胺磷	Acephate	—	0.3		皮
321	乙酰水杨酸(阿司匹林)	Acetylsalicylic acid (aspirin)	—	5	—	—
322	2-乙氧基乙醇	2-Ethoxyethanol	—	18	36	皮
323	2-乙氧基乙基乙酸酯	2-Ethoxyethyl acetate	—	30	—	皮
324	钇及其化合物(按 Y 计)	Yttrium and compounds(as Y)	—	1	—	—
325	异丙胺	Isopropylamine	—	12	24	—
326	异丙醇	Isopropyl alcohol(IPA)	—	350	700	—
327	N-异丙基苯胺	N-Isopropylaniline	—	10	—	皮
328	异稻瘟净	Iprobenfos	—	2	5	皮
329	异佛尔酮	Isophorone	30	—	—	—
330	异佛尔酮二异氰酸酯	Isophorone diisocyanate(IPDI)	—	0.05	0.1	—
331	异氰酸甲酯	Methyl isocyanate	—	0.05	0.08	皮
332	异亚丙基丙酮	Mesityl oxide	—	60	100	—
333	铟及其化合物(按 In 计)	Indium and compounds,as In	—	0.1	0.3	—
334	茚	Indene	—	50	—	—
335	正丁胺	n-butylamine	15	—	—	皮
336	正丁基硫醇	n-butyl mercaptan	—	2	—	—
337	正丁基缩水甘油醚	n-butyl glycidyl ether	—	60	—	—
338	正庚烷	n-Heptane	—	500	1 000	—
339	正己烷	n-Hexane	—	100	180	皮

注：1. 皮——表示可因皮肤、黏膜和眼睛直接接触蒸气、液体和固体，通过完整的皮肤吸收引起全身效应。在高浓度接触或皮肤大面积、长时间接触的情况下，需采取特殊预防措施以减少或避免皮肤的直接接触。
2. 敏——指该物质可能有致敏作用。
3. G1——确认人类致癌物。
4. G2A——可能人类致癌物。
5. G2B——可疑人类致癌物

2.5.5.4 工作场所中粉尘容许浓度

表 33-2-142　　　　工作场所中粉尘容许浓度（GBZ 2.1—2007）

序号	中文名	英文名	PC-TWA/mg·m^{-3} 总尘	PC-TWA/mg·m^{-3} 呼尘	备注
1	白云石粉尘	Dolomite dust	8	4	—
2	玻璃钢粉尘	Fiberglass reinforced plastic dust	3	—	—
3	茶尘	Tea dust	2	—	—
4	沉淀 SiO_2（白炭黑）	Precipitated silica dust	5	—	—
5	大理石粉尘	Marble dust	8	4	—
6	电焊烟尘	Welding fume	4	—	G2B
7	二氧化钛粉尘	Titanium dioxide dust	8	—	—
8	沸石粉尘	Zeolite dust	5	—	—
9	酚醛树脂粉尘	Phenolic aldehyde resin dust	6	—	—
10	谷物粉尘（游离 SiO_2 含量<10%）	Grain dust（free SiO_2<10%）	4	—	—
11	硅灰石粉尘	Wollastonite dust	5	—	—
12	硅藻土粉尘（游离 SiO_2 含量<10%）	Diatomite dust（free SiO_2<10%）	6	—	—
13	滑石粉尘（游离 SiO_2 含量<10%）	Talc dust（free SiO_2<10%）	3	1	—
14	活性炭粉尘	Active carbon dust	5	—	—
15	聚丙烯粉尘	Polypropylene dust	5	—	—
16	聚丙烯腈纤维粉尘	Polyacrylonitrile fiber dust	2	—	—
17	聚氯乙烯粉尘	Polyvinyl chloride（PVC）dust	5	—	—
18	聚乙烯粉尘	Polyethylene dust	5	—	—
19	铝尘 铝金属、铝合金粉尘 氧化铝粉尘	Aluminum dust: Metal & alloys dust Aluminium oxide dust	3 4	—	—
20	麻尘（游离 SiO_2 含量<10%） 亚麻 黄麻 苎麻	Flax, jute and ramie dust（free SiO_2<10%） Flax Jute Ramie	 1.5 2 3	—	—
21	煤尘（游离 SiO_2 含量<10%）	Coal dust（free SiO_2<10%）	4	2.5	—
22	棉尘	Cotton dust	1	—	—
23	木粉尘	Wood dust	3	—	—
24	凝聚 SiO_2 粉尘	Condensed silica dust	1.5	0.5	—
25	膨润土粉尘	Bentonite dust	6	—	—
26	皮毛粉尘	Fur dust	8	—	—
27	人造玻璃质纤维 玻璃棉粉尘 矿渣棉粉尘 岩棉粉尘	Man-made vitreous fiber Fibrous glass dust Slag wool dust Rock wool dust	 3 3 3	—	—
28	桑蚕丝尘	Mulberry silk dust	8	—	—
29	砂轮磨尘	Grinding wheel dust	8	—	—
30	石膏粉尘	Gypsum dust	8	4	—
31	石灰石粉尘	Limestone dust	8	4	—
32	石棉（石棉含量>10%） 粉尘 纤维	Asbestos（Asbestos>10%） dust Asbestos fibre	 0.8 0.8f/ml	—	G1

续表

序号	中 文 名	英 文 名	PC-TWA/mg·m^{-3} 总尘	PC-TWA/mg·m^{-3} 呼尘	备注
33	石墨粉尘	Graphite dust	4	2	—
34	水泥粉尘(游离 SiO$_2$ 含量<10%)	Cement dust (free SiO$_2$<10%)	4	1.5	—
35	炭黑粉尘	Carbon black dust	4	—	G2B
36	碳化硅粉尘	Silicon carbide dust	8	4	—
37	碳纤维粉尘	Carbon fiber dust	3	—	—
38	硅 10%≤游离 SiO$_2$ 含量≤50% 50%<游离 SiO$_2$ 含量≤80% 游离 SiO$_2$ 含量>80%	Silica dust 10%≤free SiO$_2$≤50% 50%<free SiO$_2$≤80% free SiO$_2$>80%	1 0.7 0.5	0.7 0.3 0.2	G1(结晶型)
39	稀土粉尘(游离 SiO$_2$ 含量<10%)	Rare-earth dust (free SiO$_2$<10%)	2.5	—	—
40	洗衣粉混合尘	Detergent mixed dust	1	—	—
41	烟草尘	Tobacco dust	2	—	—
42	萤石混合性粉尘	Fluorspar mixed dust	1	0.7	—
43	云母粉尘	Mica dust	2	1.5	—
44	珍珠岩粉尘	Perlite dust	8	4	—
45	蛭石粉尘	Vermiculite dust	3	—	—
46	重晶石粉尘	Barite dust	5	—	—
47	其他粉尘①	Particles not otherwise regulated	8	—	—

① 指游离 SiO$_2$ 含量低于 10%，不含石棉和有毒物质，而尚未制定容许浓度的粉尘。表中列出的各种粉尘（石棉纤维尘除外），凡游离 SiO$_2$ 高于 10%者，均按硅尘容许浓度对待。

注：备注中 G1、G2B 的含义同表 33-2-141。

2.5.5.5 工作场所空气中生物因素容许浓度

表 33-2-143　　工作场所空气中生物因素容许浓度（GBZ 2.1—2007）

序号	名 称	英文名	OELs MAC	OELs PC-TWA	OELs PC-STEL	备注
1	白僵蚕孢子	*Beauveria bassiana*	6×10^7(孢子数/m^3)	—	—	
2	枯草杆菌蛋白酶	Subtilisins	—	15ng/m^3	30ng/m^3	敏

注：备注中"敏"的含义同表 33-2-141。

2.5.5.6 化学物质与粉尘的超限倍数

对未制定 PC-STEL 的化学物质和粉尘，采用超限倍数控制其短时间接触水平的过高波动。在符合 PC-TWA 的前提下，粉尘的超限倍数是 PC-TWA 的 2 倍；化学物质的超限倍数（视 PC-TWA 限值大小）是 PC-TWA 的 1.5～3 倍。如表 33-2-144 所示。

表 33-2-144　化学物质超限倍数与 PC-TWA 的关系（GBZ 2.1—2007）

PC-TWA/mg·m^{-3}	最大超限倍数
PC-TWA<1	3
1≤PC-TWA<10	2.5
10≤PC-TWA<100	2.0
PC-TWA≥100	1.5

2.5.6 电磁环境

2.5.6.1 相关术语

表 33-2-145　　　　　电磁环境相关术语

术语	含 义
超高频辐射	又称超短波，指频率为 30～300MHz 或波长为 1～10m 的电磁辐射，包括脉冲波和连续波

续表

术语	含义
脉冲波	以脉冲调制所产生的超高频辐射
连续波	以连续振荡所产生的超高频辐射
功率密度	单位面积上的辐射功率,以 P 表示,单位为 mW/cm^2
高频电磁场	频率为 $100kHz\sim30MHz$,相应波长为 $10m\sim3km$ 范围的电磁场
工频电场	频率为 $50Hz$ 的极低频电场
激光	波长为 $200nm\sim1mm$ 的相干光辐射
照射量	受照面积上光能的面密度,单位为 J/cm^2
辐照度	单位面积照射的辐射通量,单位为 W/cm^2
校正因子(C_A 和 C_B)	激光生物学作用是波长的函数,为评判等价效应而引进的数学因子。C_A 和 C_B 分别为红外和可见波段的校正因子
微波	频率为 $300MHz\sim300GHz$,波长为 $1mm\sim1m$ 范围内的电磁波,包括脉冲微波和连续微波
脉冲微波	以脉冲调制的微波
连续微波	不用脉冲调制的连续振荡的微波
固定微波辐射与非固定微波辐射	固定微波辐射是指固定天线(波束)的辐射或运转天线的 $t_0/T>0.1$ 的辐射;非固定微波辐射是指运转天线的 $t_0/T<0.1$ 的辐射。其中,t_0 指接触者被测位所受辐射大于或等于主波束最大平均功率密度 50% 的强度时的时间,T 指天线运转一周时间
肢体局部微波辐射	微波设备操作过程中,仅手或脚部受辐射
全身微波辐射	除肢体局部外的其他部位,包括头、胸、腹等一处或几处受辐射
平均功率密度及日剂量	平均功率密度表示单位面积上一个工作日内的平均辐射功率;日剂量表示一日接受辐射的总能量,等于平均功率密度与受辐射时间(按照 8h 计算)的乘积,单位为 $\mu W \cdot h/cm^2$ 或 $mW \cdot h/cm^2$
紫外辐射	又称紫外线,指波长为 $100\sim400nm$ 的电磁辐射

2.5.6.2 工作场所超高频辐射职业接触限值

表 33-2-146　　　　工作场所超高频辐射职业接触限值(GBZ 2.2—2007)

接触时间	连续波		脉冲波	
	功率密度/$mW \cdot cm^{-2}$	电场强度/$V \cdot m^{-1}$	功率密度/$mW \cdot cm^{-2}$	电场强度/$V \cdot m^{-1}$
8h	0.05	14	0.025	10
4h	0.1	19	0.05	14

2.5.6.3 8h 工作场所高频电磁场与工频电场职业接触限值

表 33-2-147　　　　8h 工作场所高频电磁场与工频电场职业接触限值(GBZ 2.2—2007)

类型	频率	电场强度/$V \cdot m^{-1}$	磁场强度/$A \cdot m^{-1}$
高频电磁场	$0.1MHz \leqslant f \leqslant 3.0MHz$	50	5
	$3.0MHz \leqslant f \leqslant 30MHz$	25	—
工频电场	50Hz	5000	

2.5.6.4 8h 眼直视激光束的职业接触限值

表 33-2-148　　　　8h 眼直视激光束的职业接触限值(GBZ 2.2—2007)

光谱范围	波长/nm	照射时间/s	照射量/$J \cdot cm^{-2}$	辐照度/$W \cdot cm^{-2}$
紫外线	200~308	$1\times10^{-9}\sim3\times10^4$	3×10^{-3}	
	309~314	$1\times10^{-9}\sim3\times10^4$	6.3×10^{-2}	
	315~400	$1\times10^{-9}\sim1\times10$	$0.56t^{1/4}$	
	315~400	$1\times10\sim1\times10^3$	1.0	
	315~400	$1\times10^3\sim3\times10^4$	—	1×10^{-3}

续表

光谱范围	波长/nm	照射时间/s	照射量/J·cm^{-2}	辐照度/W·cm^{-2}
可见光	400～700	1×10^{-9}～1.2×10^{-5}	5×10^{-7}	—
	400～700	1.2×10^{-5}～10	$2.5t^{3/4}\times10^{-3}$	—
	400～700	10～10^{4}	$1.4C_B\times10^{-2}$	—
	400～700	1×10^{4}～3×10^{4}	—	$1.4C_B\times10^{-6}$
红外线	700～1050	1×10^{-9}～1.2×10^{-5}	$5C_A\times10^{-7}$	—
	700～1050	1.2×10^{-5}～1×10^{3}	$2.5C_A t^{3/4}\times10^{-3}$	—
	1050～1400	1×10^{-9}～3×10^{-5}	5×10^{-6}	—
	1050～1400	3×10^{-5}～1×10^{3}	$12.5t^{3/4}\times10^{-3}$	—
	700～1400	1×10^{4}～3×10^{4}	—	$4.44C_A\times10^{-4}$
远红外线	1400～1×10^{6}	1×10^{-9}～1×10^{-7}	0.01	—
	1400～1×10^{6}	1×10^{-7}～10	$0.56t^{1/4}$	—
	1400～1×10^{6}	>10	—	0.1

注：1. t 为照射时间。
2. 波长（λ）为 400～700nm 时，$C_A=1$；700～1050nm 时，$C_A=10^{0.002(\lambda-700)}$；1050～1400nm 时，$C_A=5$。
3. 波长（λ）为 400～550nm 时，$C_B=1$；550～700nm 时，$C_B=10^{0.015(\lambda-550)}$。

2.5.6.5 8h 激光照射皮肤的职业接触限值

表 33-2-149　　　　8h 激光照射皮肤的职业接触限值（GBZ 2.2—2007）

光谱范围	波长/nm	照射时间/s	照射量/J·cm^{-2}	辐照度/W·cm^{-2}
紫外线	200～400	1×10^{-9}～3×10^{4}	同表 33-2-148	
可见光与红外线	400～1400	1×10^{-9}～3×10^{-7}	$2C_A\times10^{-2}$	—
		1×10^{-7}～10	$1.1C_A t^{1/4}$	—
		10～3×10^{4}	—	$0.2C_A$
远红外线	1400～1×10^{6}	1×10^{-9}～3×10^{4}	同表 33-2-148	

注：1. t 为照射时间。
2. 波长（λ）为 400～700nm 时，$C_A=1$；700～1050nm 时，$C_A=10^{0.002(\lambda-700)}$；1050～1400nm 时，$C_A=5$。

2.5.6.6 工作场所微波辐射职业接触限值

表 33-2-150　　　　工作场所微波辐射职业接触限值（GBZ 2.2—2007）

类型		日剂量 /μW·h·cm^{-2}	8h 平均功率密度 /μW·cm^{-2}	非 8h 平均功率密度 /μW·cm^{-2}	短时间接触功率密度 /mW·cm^{-2}
全身辐射	连续微波	400	50	400/t	5
	脉冲微波	200	25	200/t	5
肢体局部辐射	连续微波或脉冲微波	4000	500	4000/t	5

注：t 为受辐射时间，单位为 h。

2.5.6.7 8h 工作场所紫外辐射职业接触限值

表 33-2-151　　　　8h 工作场所紫外辐射职业接触限值（GBZ 2.2—2007）

紫外光谱分类	8h 职业接触限值	
	辐照度/μW·cm^{-2}	照射量/mJ·cm^{-2}
中波紫外线（280nm≤λ<315nm）	0.26	3.7
短波紫外线（100nm≤λ<280nm）	0.13	1.8
电焊弧光	0.24	3.5

2.6 工作研究

2.6.1 工作研究方法

2.6.1.1 动作经济原则

表 33-2-152　　　　　　　　　　　动作经济原则

基本原则 要点 要素	1. 减少动作数	2. 双手同时进行动作	3. 缩短动作距离	4. 轻快动作
	是否进行多余的搜索、选择、思考和预置	某一只手是否处于空闲等待或拿住状态	是否用过大的动作进行作业	能否减少动素数
1. 动作方法原则	（1）取消不必要的动作 （2）减少眼的活动 （3）合并两个以上的动作	（1）双手同时开始同时完成动作 （2）双手反向、对称同时动作	（1）用最适当的人体部位动作 （2）用最短的距离动作	（1）尽量使动作无限制轻松地进行 （2）利用重力和其他力完成动作 （3）利用惯性力和反弹力完成动作 （4）连续圆滑地改变动作方向
2. 作业现场布置原则	（1）将工具物料放置在操作者前面固定位置处 （2）按作业顺序排列工具物料 （3）工具物料的放置要便于作业	按双手能同时动作布置作业现场	在不妨碍动作的前提下作业区域应尽量窄	采用最舒适的作业位置高度
3. 工夹具与机器原则	（1）使用便于抓取零件的物料箱 （2）将两个以上的工具合为一件 （3）采用动作数少的联动快速夹紧机构 （4）用一个动作操作机器的装置	（1）利用专用夹持机构长时间拿住目的物 （2）用使用足的装置完成简单作业或需要力量的作业 （3）设计双手能同时动作的夹具	（1）利用重力或机械动力送进或取出物料 （2）机器的操作位置要便于用身体最适当的部位操作	（1）利用夹具或滑轨限定动作路径 （2）抓握部的形状要便于抓握 （3）在可见的位置通过夹具轻松定位 （4）使操作方向与机器移动方向一致 （5）用轻便操作工具

2.6.1.2 5W1H提问技术

表 33-2-153　　　　　　　　　　　5W1H提问技术

考察点	第一次提问	第二次提问	第三次提问
目的	做什么（What）	是否必要	有无其他更合适的对象
原因	为何做（Why）	为什么要这样做	是否不需要做
时间	何时做（When）	为何需要此时做	有无其他更合适的时间
地点	何处做（Where）	为何需要此处做	有无其他更合适的地点
人员	何人做（Who）	为何需要此人做	有无其他更合适的人
方法	如何做（How）	为何需要这样做	有无其他更合适的方法与工具

2.6.1.3 ECRS 四大原则

表 33-2-154　　　　　　　　　　　ECRS 四大原则

原则	含义	举例
E(Eliminate)	即取消,在经过"完成了什么""是否必要"及"为什么"等问题的提问,而不能有满意答案者皆非必要,则予以取消	取消一切可能被取消的操作或动作;取消工作中不规律性的环节,使动作自然,有利于自动化;取消以手代替工具持物的工作;取消不灵活或反常的动作;取消必须使用肌肉力量维持作业姿势的动作;取消必须使用肌肉力量的操纵,以动力工具去代替;取消必须助动的作业;取消危险的工作;取消所有不必要的闲置环节
C(Combine)	即合并,对于无法取消而又必要者,看是否能合并,以达到最省时简化的目的。如合并一些工序或动作,或将由多人于不同地点从事的不同操作,改进由一个人或一台设备完成	合并突然改变方向的短程小动作,使之成为连续的曲线运动;合并工具;合并控制;合并动作
R(Rearrange)	即重排,经过取消、合并后,可再根据"何人、何处、何时"三提问进行重排,使其能有最佳的作业顺序	平均分配双手的工作,使双手同时地、对称地动作;平均分配工作于作业组成员;将作业合理排置
S(Simple)	即简化,经过取消、合并、重排后的必要工作,可考虑用最简单、最快捷的方法来完成	使用最低级次的动作;减少眼睛移动和凝视的次数;保持在正常的工作区域内操作,缩短动作距离;使手柄、操作杆、足踏板、按钮都在手足之处;利用动力、反作用力和惯性,尽量减少肌肉的使用;应用最简和可能的动作组合;减少每一动作的复杂程度

2.6.2 方法研究

2.6.2.1 程序分析

① 程序分析的常用符号,如表 33-2-155 所示。

表 33-2-155　　　　　　　　　　　程序分析的常用符号

符号	名称	表示的意义	举例
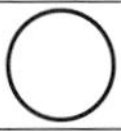 ○	加工	指原材料、零件或半成品按照生产目的承受物理、化学、形态、颜色等的变化	车削、磨削、炼钢、搅拌等
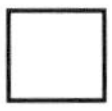 □	检查	对原材料、零件、半成品、成品的特性和数量进行测量。或者将某目的物与标准物进行对比,并判断是否合格的过程	对照图样检验产品的加工尺寸、查看仪器盘、检查设备的正常运转情况
 →	搬运	表示工人、物料或设备从一处向另一处在物理位置上的移动过程	物料的运输、操作工人的移动
 D	等待或暂存	指在生产过程中出现的不必要的时间耽误	等待被加工、被运输、被检验都属于等待
 ▽	储存	为了控制目的(响应市场需求)而保存货物的活动	物料在某种授权下存入仓库
 ⊡	加工及检查	表示同一时间或同一工作场所由同一人同时执行加工与检查工作	—
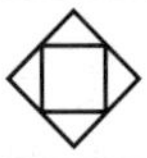 ◇	质量及数量检查	以质量检查为主,同时也进行数量检查	—
 ◈	数量及质量检查	以数量检查为主,同时也检查质量	—
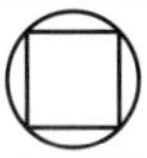 ⊙	加工及数量检查	以加工为主,同时也进行数量检查	—
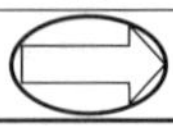 ⬭	加工及搬运	以加工为主,同时也进行搬运	—

② 程序分析的种类与工具，如表 33-2-156 所示。

表 33-2-156　程序分析的种类与工具

名称	特点与目的	分析工具
流程程序分析	应用国际通用的分析符号描述生产系统全部概况及加工工序之间的相互关系，分析研究生产性和非生产性活动改进的可能性	流程程序图
工艺程序分析	在生产流程分析的基础上以部件或零件为分析对象，作进一步的详细分析，研究工艺流程的合理性	工艺程序图
布置与经路分析	以作业现场为对象，对现场平面布置及物料和作业人员的实际移动路线进行分析，研究改进平面布置和缩短移动路线的可能性	线路图和线图
管理事务分析	以某项业务为对象，记录业务实施的全过程，研究业务内容重组和简化的可能性	管理事务流程图

③ 程序分析的步骤，如表 33-2-157 所示。

表 33-2-157　程序分析的步骤

步骤	内　　容
选择	选择所需研究的工作流程
记录	针对不同的研究对象，采用工艺、流程、程序和事务图进行全面记录
分析	用 5W1H、ECRS 四大原则进行分析、改进
建立	建立最经济、最科学、最合理、最实用的新方法
实施	实施新方法
维持	对新方法经常性地进行检查，不断改善，直至完善

2.6.2.2　作业分析

作业分析是通过对以人为主的工序的详细研究，使作业者、作业对象、作业工具三者科学合理地布置和安排，达到工序结构合理、减轻劳动强度、减少作业工时消耗、缩短整个作业的时间，以提高产品的质量和产量为目的而作的分析。作业分析的种类及分析工具，如表 33-2-158 所示。

表 33-2-158　作业分析的种类及分析工具

名称	特点与目的	分析工具
人机作业分析	一般以单人单机或单人多机的作业为对象，分析人与机器设备的相互配合，研究提高人-机作业效率的可能性	人-机作业分析图
联合作业分析	以多人或多人单机的联合作业为对象，分析各作业间的协调配合，研究提高多人联合作业效率的可能性	联合作业分析图
双手作业分析	以单人作业为对象，分析双手作业内容，研究改进工作的布置和作业方法的可能性	双手作业分析图

2.6.2.3　动作分析

动作分析是按操作者实施的动作顺序观察动作，用特定的记号记录以手、眼为中心的人体各部位的动作内容，并将记录图表化，以此为基础，判断动作的好坏，找出改善点的一套分析方法。

① 动作分析的种类和特征，如表 33-2-159 所示。

表 33-2-159　动作分析的种类和特征

方法		目　的	分析对象	优　点	缺　点
目视动作观察法	动素分析法	人体各部位的活动是否存在浪费和不合理之处？详尽找出动作所存在的问题	在固定的作业现场反复实施的持续时间较短的作业，如生产线或装配线上的作业	能用最小的单位分析动作，详尽找出动作存在的问题 通过观察和分析可以逐步培养出动作意识	要理解和熟练掌握 18 个动素的记号和内容；必须经过必要的专业培训
影像动作观察法	慢速摄影分析法	找出操作者动作和物流的瓶颈之处，大致掌握长时间作业的运行状态	在固定的作业现场实施的不规则的持续较长时间的作业	通过摄影，突出人的动作、物流中存在的问题 可对持续时间长的作业进行摄影，通过计数摄影张数，记录作业的时间值	由于胶卷需要冲洗显影，故分析需要时间；在某种程度上必须熟悉装置的操作；整套装置费用高
	录像摄影分析法	反复观察作业过程，进行正确的分析，允许多人参与作业改善的讨论	适合于摄像的几乎所有类型的作业	通过对作业实施过程的摄像，可立即在放映机上再现作业过程，操作简单 通过反复摄影可进行详细的分析	整套装置的费用高

② 动素的分类及其记号,如表 33-2-160 所示。

表 33-2-160　　　　　　　　　　　　　动素的分类及其记号

类别	序号	动素名称	英文及缩写	形象符号	定　　义	符号说明
有效动素	1	伸手	Transport Empty, TE		空手移动,接近或离开目的物的动作	空手的形状
	2	握取	Grasp, G		用手或身体的某一部位抓取或控制目的物的动作	用手抓目的物的形状
	3	移物	Transport Loaded, TL		用手或身体的某一部位承受载荷、改变目的物位置的动作	手中放置着目的物的形状
	4	定位	Position, P		使手持的目的物与其他的装配或使用的目的物取得正确位置关系的动作	把目的物放在指尖的形状
	5	装配	Assemble, A		使两个或两个以上的目的物合并的动作	把东西组合起来的形状
	6	拆卸	Disassemble, DA		将一物分解为两个或两个以上目的物的动作	从组合形状中拆除一物体的形状
	7	使用	Use, U		利用器具或装置所做的动作,包括用手改变目的物的形状、性质的动作	Use 的第一个字母
	8	放开	Release Load, RL	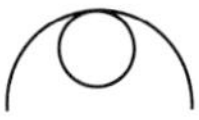	放开由手或身体的某一部位控制着的目的物的动作	东西从手里落下来的形状
	9	检验	Inspect, I		将目的物的性能、质量、数量与规定的标准作比较的动作	放大镜的形状
辅助动素	10	寻找	Search, SH		确定目的物的位置的动作	用眼睛寻找目的物的形状
	11	发现	Find, F	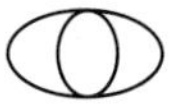	在寻找动作之后,找到目的物瞬间的动作	用眼看到目的物的形状
	12	选择	Select, ST		使用五官从数个物件中选定目的物的动作	指向目的物的形状
	13	思考	Plan, PN		在操作进行中,为决定下一步骤所做的考虑	用手摸着头的形状
	14	预定位	Pre-Position, PP		为了便于下一个动作的实施,调整目的物的位置,使其处于最好的朝向的动作	保龄球瓶立着的形状
无效动素	15	拿住	Hold, H	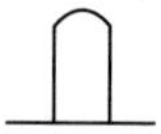	用手或身体的某一部位保护目的物维持原状的动作	用磁铁吸住目的物的形状
	16	不可避免的迟延	Unavoidable Delay, UD	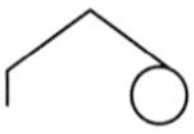	由于机械的自动进给而造成的等待以及双手操作时某只手的空闲	人被绊倒的形状
	17	可以避免的迟延	Avoidable Delay, AD	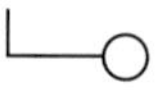	不含有效的动作,而操作者本身可以控制而不去控制的动作	人躺着的形状
	18	休息	Rest, R		为了消除疲劳,身心活动处于休息状态	人坐在椅子上的形状

2.6.3 作业测定

2.6.3.1 作业测定的主要方法

表 33-2-161　　作业测定的主要方法

作业测定方法	含　义
秒表时间研究	利用秒表或电子计时器,在一段时间内,对作业的执行情况作直接的连续观测,把工作时间以及与标准概念(如正常速度概念)相比较的对执行情况的估价等数据,一起记录下来,给予一个评比值,并加上遵照组织机构所制定的政策允许的非工作时间作为宽放值,最后确定出该项作业的时间标准
工作抽样	在较长时间内,以随机的方式,分散地观测操作者,利用分散抽样来研究工时利用效率,具有省时、可靠、经济等优点
预定时间标准法	国际公认的制定时间标准的先进技术方法。它利用预先为各种动作制定的时间标准来确定各种操作所需的时间,而不是通过直接观察或测定。由于它能精确地说明动作并加上预定工时值,因而有可能较之用其他方法提供更大的一致性。这种方法不需对操作者的熟练、努力等程度进行评价就能对其结果在客观上确定出标准时间,故在国外称为预定时间标准(Predetermined Time System)法,简称 PTS 法。
标准资料法	标准资料法是将直接由秒表时间研究、工作抽样、预定时间标准法等所得的时间测定值,根据不同的作业内容,分析整理为某作业的时间标准,以便将该数据应用于同类工作的作业条件,使其获得标准时间的方法

2.6.3.2 工作阶次

制定标准时间时,应首先决定研究的工作阶次,如表 33-2-162 所示。

表 33-2-162　　工作阶次

阶次	名称	含　义	举　例
1	动作	人的基本动作,是作业测定的最小工作阶次	伸手,握取等
2	单元	由几个连续动作集合而成	伸手抓取材料,放置零件等
3	作业	通常由两三个单元集合而成。若将其分解为两个以上的单元,则不能分配给两个以上的人以分担的方式进行作业	伸手抓取材料在夹具上定位(包括放置),拆卸加工完成品(从伸手到放置为止)
4	制程	为进行某种活动所必需的作业串联	钻孔,装配,焊接等

2.6.3.3 操作水平与评比值

表 33-2-163　　操作水平与评比值

评　比			操 作 水 平	相当于行走速度 /km·h^{-1}
正常=60	正常=75	正常=100		
40	50	67	甚慢;笨拙,摸索之动作;操作人员似在半睡状态,对操作无兴趣	3.2
60	75	100	稳定,审慎,从容不迫,似非按件计酬,操作虽缓慢,但经观察并无故意浪费行为(正规操作)	4.8
80	100	133	敏捷,动作干净利落、实际,很像平均合格之工人,确实可达到必要的质量标准及精度	6.4
100	125	167	甚快;操作人表现高度的自信与把握,动作敏捷、协调,远远超过一般训练有素的工人	8.0
120	150	200	非常快;需要特别努力及集中注意,但似乎不能保持长久;"美妙而精巧的操作",只有少数杰出工人方可办到	9.6

2.6.3.4 以正常时间的百分比表示的疲劳宽放率

表 33-2-164　　　　　以正常时间的百分比表示的疲劳宽放率　　　　　　　　　　%

说　明	男	女	说　明	男	女
1. 基本疲劳宽放时间	4	5	(5)空气情况(包括气候)		
较重的基本疲劳宽放时间	9	11	通风良好,空气新鲜	0	0
2. 基本疲劳宽放时间的可变增加时间			通风不良,但无毒气体	5	5
(1)站立工作的宽放时间	2	4	在火炉边工作或其他	5	15
(2)不正常姿势的宽放时间			(6)视觉紧张(密切注意)		
轻微不方便	0	1	一般精密工作	0	0
不方便(弯曲)	2	3	精密或精确工作	2	2
很不方便(躺势展身)	7	7	很精密很精确的工作	5	5
(3)用力或使用肌肉(举伸、推或拉)			(7)听觉紧张(噪声程度)		
举重或用力/kg			连续的	0	0
2.5	0	1	间歇大声的	2	2
5	1	2	间歇很大声	5	5
7.5	2	3	高音大声	5	5
10	3	4	(8)精神紧张		
12.5	4	6	相当复杂的操作	1	1
15	6	9	高复杂或需全神贯注的工作	4	4
17.5	8	12	很复杂的工作	8	8
20	10	15	(9)单调—精神方面		
22.5	12	18	低度	0	0
25	14	—	中度	1	1
30	19	—	高度	4	4
40	33	—	(10)单调—生理方面		
50	58	—	相当长而讨厌	6	0
(4)光线情况			十分长而讨厌	2	1
稍低于规定数值	0	0	非常长而讨厌	5	2
低于规定数值	2	2			
非常不充分	5	5			

2.6.3.5 操作宽放时间修正值

表 33-2-165　　　　　　　　操作宽放时间修正值　　　　　　　　　　　　　%

中断(空闲)时间率	可持续的速度率	中断(空闲)时间率	可持续的速度率	中断(空闲)时间率	可持续的速度率	中断(空闲)时间率	可持续的速度率
0	100	25	114	50	135	75	149
3	103	30	117	55	140	80	150
5	106	35	120	60	144	85	151
10	109	40	125	65	146	90	152
20	111	45	130	70	147	95	153

注：修正正常时间＝正常机器工作时间＋工人工作时间（正常）/可持续的速度率。

2.6.3.6 方法时间衡量

方法时间衡量（Methods Time Measurement）系统简称 MTM 法，是目前许多国家广泛采用的一种预定时间标准。它所规定的动作要素名称及其符号为伸手（R）、搬运（M）、旋转（T）、加压（AP）、抓取（G）、定位（P）、放手（RL）、拆卸（D）、目视（ET）、旋摆（C）、全身动作（足部 FM、腿部 LM、侧行 SS、转身 TB）、弯身（弯身 B、起身 AB）、俯身（俯身 S、起身 AS）、单膝跪地（单膝跪地 KOK、起身 AKOK)、双膝跪地（双膝跪地 KBK、起身 AK-BK)、坐下（SIT)、站起（STD)、步行（W-M）等。各动作要素均有标准时间值。

MTM 法所用时间单位为 TMU（Time Measurement Unit)，1TMU＝0.036s。

① 伸手（Reach，R）时间数据，如表 33-2-166 所示。

② 搬运（Move，M）时间数据，如表 33-2-167 所示。

表 33-2-166　　　　　　　　　　　伸手（R）时间数据

距离/cm	时间/TMU				手在移动中时/TMU		情况和说明
	A	B	C 或 D	E	Am	Bm	
2 以下	2.0	2.0	2.0	2.0	1.6	1.6	
4	3.4	3.4	5.1	3.2	3.0	2.4	
6	4.5	4.5	6.5	4.4	3.9	3.1	
8	5.5	5.5	7.5	5.5	4.6	3.7	
10	6.1	6.3	8.4	6.8	4.9	4.3	
12	6.4	7.4	9.1	7.3	5.2	4.8	
14	6.8	8.2	9.7	7.8	5.5	5.4	
16	7.1	8.8	10.3	8.2	5.8	5.9	
18	7.5	9.4	10.8	8.7	6.1	6.5	
20	7.8	10.0	11.4	9.2	6.5	7.1	（1）A——伸向固定位置的物体，或伸向另一只手中的物体（另一只手持住的物体或位置）
22	8.1	10.5	11.9	9.7	6.8	7.7	（2）B——伸向每次循环位置略有不同的物体
24	8.5	11.1	12.5	10.2	7.1	8.2	（3）C——伸向和其他物体混在一起的物体，以致产生寻找与选择
26	8.8	11.7	13.0	10.7	7.4	8.8	（4）D——伸向非常小的物体或要求精确的抓取
28	9.2	12.2	13.6	11.2	7.7	9.4	（5）E——伸向不定的位置，使手在适当的位置以保持身体平衡，或便于下一动作，或放在一旁
30	9.5	12.8	14.1	11.7	8.0	9.9	（6）符号左边加"m"，表示开始为移动形态；符号右边加"m"，表示终止为静止形态
35	10.4	14.2	15.5	12.9	8.8	11.4	
40	11.3	15.6	16.8	14.1	9.6	12.8	
45	12.1	17.0	18.2	15.3	10.4	14.2	
50	13.0	18.4	19.6	16.5	11.2	15.7	
55	13.9	19.8	20.9	17.8	12.0	17.1	
60	14.7	21.2	22.3	19.0	12.8	18.5	
65	15.6	22.6	23.6	20.2	13.5	19.9	
70	16.5	24.1	25.0	21.4	14.3	21.4	
75	17.3	25.5	26.4	22.6	15.1	22.8	
80	18.2	26.9	27.7	23.9	15.9	24.2	
超 80cm 每 1cm 的加算值	0.18	0.28	0.26	0.26	0.18	0.28	

表 33-2-167　　　　　　　　　　　搬运（M）时间数据

距离/cm	时间/TMU			手在移动中时 Bm	宽放			情况和说明
	A	B	C		质量/kg	系数	常数/TMU	
2 以下	2.0	2.0	2.0	1.7	1	1.00	0.00	（1）A——搬运物体到另一手或从静止状态移动物体
4	3.1	4.0	4.5	2.8				
6	4.1	5.0	5.8	3.1	2	1.04	1.6	（2）B——搬运物体到接近或不固定的位置
8	5.1	5.9	6.9	3.7				
10	6.0	6.8	7.9	4.3	4	1.07	2.8	（3）C——搬运物体到精确位置
12	6.9	7.7	8.8	4.9				

续表

距离/cm	时间/TMU A	B	C	手在移动中时 Bm	宽放 质量/kg	系数	常数/TMU	情况和说明
14	7.7	8.5	9.8	5.4	6	1.12	4.3	
16	8.3	9.2	10.5	6.0				
18	9.0	9.8	11.1	6.5	8	1.17	5.8	
20	9.6	10.5	11.7	7.1				
22	10.2	11.2	12.4	7.6	10	1.22	7.3	
24	10.8	11.8	13.0	8.2				
26	11.5	12.3	13.7	8.7	12	1.27	8.8	
28	12.1	12.8	14.4	9.3				
30	12.7	13.3	15.1	9.8	14	1.32	10.4	(1) A——搬运物体到另一手或从静止状态移动物体
35	14.3	14.5	16.8	11.2				(2) B——搬运物体到接近或不固定的位置
40	15.8	15.6	18.5	12.6	16	1.36	11.9	(3) C——搬运物体到精确位置
45	17.4	16.8	20.1	14.0				
50	19.0	18.0	21.8	15.4	18	1.41	13.4	
55	20.5	19.2	23.5	16.8				
60	22.1	20.4	25.2	18.2	20	1.46	14.9	
65	23.6	21.6	26.9	19.5				
70	25.2	22.8	28.6	20.9				
75	26.7	24.0	30.3	22.3	22	1.51	16.4	
80	28.3	25.2	32.6	23.7				

③ 旋转（Turn，T）与加压（Apply Pressure，AP）时间数据，如表 33-2-168 所示。

④ 旋摆运动（Cranking Motion，CM）时间数据，如表 33-2-169 所示。

表 33-2-168　　　旋转（T）与加压（AP）时间数据

质量/kg	转动一定角度的时间/TMU										
	30°	45°	60°	75°	90°	105°	120°	135°	150°	165°	180°
S:0～1	2.8	3.5	4.1	4.8	5.4	6.1	6.8	7.4	8.1	8.7	9.4
M:1.1～5	4.4	5.5	6.5	7.5	8.5	9.6	10.6	11.6	12.7	13.7	14.8
L:5.1～16	8.4	10.5	12.3	14.4	16.2	18.3	20.4	22.2	24.3	26.1	28.2
应用压力情况	(1) 条件 1：强力加压，在加压之前有"重抓"的动作，时间值较大，此时 AP1＝16.2TMU (2) 条件 2：轻微加压，即无"重抓"的动作，此时 AP2＝10.6TMU										

表 33-2-169　　　旋摆运动（CM）时间数据

直径/cm	时间/TMU	直径/cm	时间/TMU
4	9.2	22	13.9
6	10.0	24	14.2
8	10.7	26	14.5
10	11.3	28	14.8
12	11.9	30	15.0
14	12.4	35	15.5
16	12.8	40	15.9
18	13.2	45	16.3
20	13.6	50	16.7

注：当目的物阻力超过 10N 时，以"搬运"的宽放系数与常数进行修正。

⑤ 抓取（Grasp，G）时间数据，如表33-2-170所示。

表33-2-170　抓取（G）时间数据

条件	时间/TMU	说　明
G1A	2.0	很容易抓取的目的物，手指闭合动作距离在2cm以下
G1B	3.5	把非常小的物件或放在平面上的物体抓起来
G1C1	7.3	抓取其底面或侧面有障碍的圆筒形物体，直径在13mm以上
G1C2	8.7	抓取其底面或侧面有障碍的圆筒形物体，直径在6~12mm
G1C3	10.8	抓取其底面或侧面有障碍的圆筒形物体，直径在5mm以下
G2	5.6	重抓
G3	5.6	抓取从另一只手搬运而来的目的物
G4A	7.3	抓取混放在一起的目的物。目的物和其他物体混杂，所以要"寻找"与"选择"，其体积为26mm×26mm×26mm以上
G4B	9.1	目的物和其他物体混杂，所以要"寻找"与"选择"，其体积为6mm×6mm×3mm至25mm×25mm×25mm
G4C	12.9	目的物和其他物体混杂，所以要"寻找"与"选择"，其体积为5mm×5mm×2mm
G5	0	接触

⑥ 定位（Position，P）时间数据，如表33-2-171所示。

⑦ 放手（Release，RL）时间数据，如表33-2-172所示。

表33-2-171　定位（P）时间数据　　TMU

啮合程度	对称性		操作容易(E)	操作困难(D)
松弛	不需费力套入	对称S	5.6	11.2
		半对称SS	9.4	14.7
		不对称NS	10.4	16.0
稍微紧密	用微力套入	对称S	16.2	21.8
		半对称SS	19.7	25.3
		不对称NS	21.0	26.6
非常紧密	用大力套入	对称S	43.0	48.6
		半对称SS	46.5	52.1
		不对称NS	47.8	53.4

表33-2-172　放手（RL）时间数据

条件	时间值/TMU	说　明
RL1	2.0	放开手指释放目的物，手指的转动距离在2cm以下
RL2	0	脱离接触

⑧ 拆卸（Disengage，D）时间数据，如表33-2-173所示。

表33-2-173　拆卸（D）时间数据　　TMU

啮合程度	操作容易(E)	操作困难(D)
松弛	4.0	5.7
稍微紧固	7.5	11.8
非常紧固	22.9	34.7

⑨ 全身动作（Body Motion，BM）时间数据，如表33-2-174所示。

表33-2-174　全身动作（BM）时间数据

说　明	符号	距离/cm	时间值/TMU
足部动作——以踝为支点	FM	10以内	8.5
足部动作——用力踩	FMP	—	19.1
脚部动作	LM	15以内	7.1
		每增1	0.5
向横侧移动一步即可着手工作	SS-C1	30以内	使用R或M的时间
		每增1	0.2
		30	17.0
向横侧移两步才可着手工作	SS-C2	30	34.1
		每增1	0.4
弯腰、弯膝盖、单膝跪地	B,S,KOK	—	29.0
起身	AB,AS,AKOK	—	31.9
双膝跪地	KBK	—	69.4
起身	AKBK	—	76.7
坐下	SIT	—	34.7
站起来	STD	—	43.4
转变身体方向(45°~90°) 条件1：移一步即可着手工作 条件2：移两步才可着手工作	TBC1 TBC2	—	18.6 37.2
步行	W-M	m	17.4
步行	W-P	步	15.0
步行(有障碍)	W-P$_0$	步	17.0

2.6.3.7 模特排时法

模特排时法（Modular Arrangement of predetermined Time Standard，MOD）是根据人体动作的部位、动作的距离以及荷物的重量来确定完成标准动作所需要的标准时间的。模特法将人体的动作分为基本动作（11种）和辅助动作（10种）共21种。基本动作又分为移动动作（5种）和终结动作（6种）。移动动作包括伸手，移物时手指、手、前臂、上臂和伸直手臂5种动作。终结动作为做完移动动作后，为了达到移动的目的所做的动作，它包括抓取和放置两种动作。模特法对基本动作和辅助动作均规定了相应的代表符号，如移动动作用 M、抓取动作用 G、放置动作用 P 表示等。

模特法的时间单位为 MOD，1MOD 为手指平均动作 2.5cm 所需的时间，即 1MOD = 0.129s = 0.00215min。模特排时法的动作分类如表 33-2-175 所示。

表 33-2-175　　模特排时法的动作分类

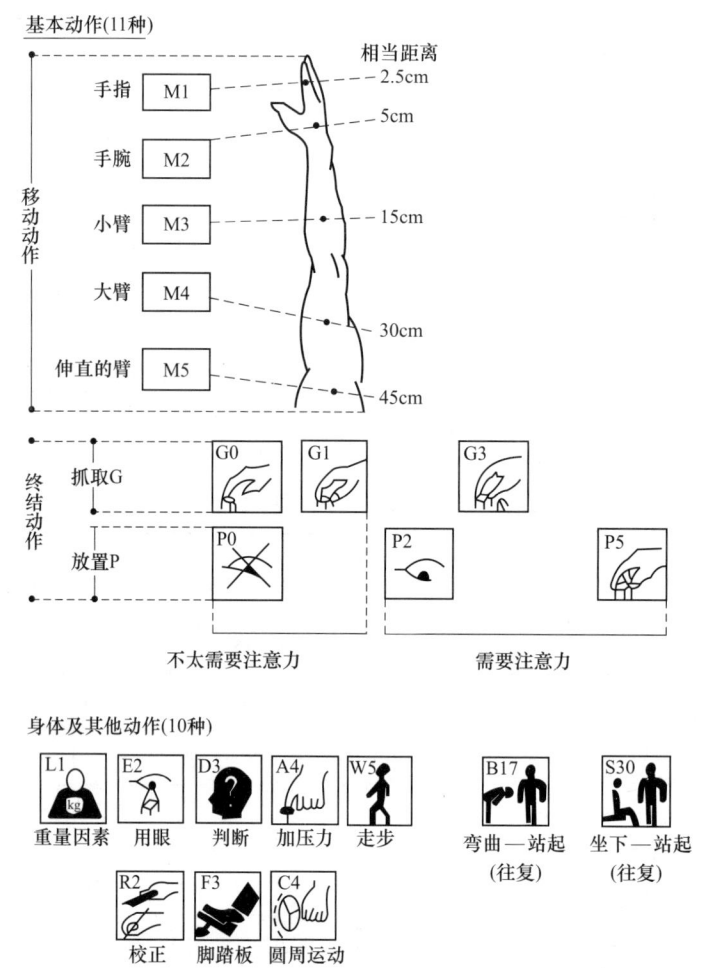

在工厂中常见的操作动作	上肢动作（基本动作）	移动动作	移动动作	M1 手指动作
				M2 手腕动作
				M3 小臂动作
				M4 大臂动作
				M5 伸直的手臂
			反复多次的反射动作	（M1/2、M1、M2、M3）

续表

在工厂中常见的操作动作	上肢动作（基本动作）	终结动作	摸触动作、抓握动作	G0 碰、接触
				G1 简单地抓
				G3 复杂地抓
			放置动作	P0 简单放置
				P2① 较复杂放置
				P5① 组装
	身体及其他动作	下肢和腰部动作		F3 足踏板动作
				W5 走步动作
				B17(往)弯体动作
				S30(往)起身坐下
		附加因素及动作		L1 重量因素
				E2(独)目视
				R2(独)校正
				D3(独)单纯地判断和反应
				A4(独)按下
				C4 旋转动作

① 需要注意的动作。
注：1. 独——只有在其他动作停止的场合独立进行者。
2. 往——往复动作，即往复一次回到原来状态。

2.7 安全与防护

2.7.1 安全标志

2.7.1.1 安全标志类型

表 33-2-176　　　　　　　安全标志类型（GB 2894—2008）

标志类型	基本含义	基本形式	备注
禁止标志	禁止人们不安全行为的图形标志	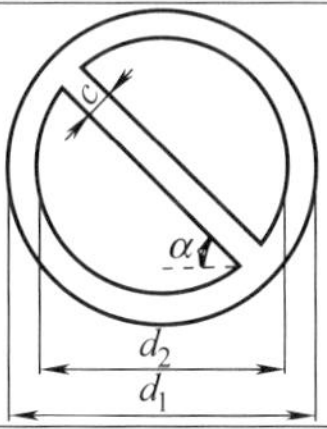 (圆形带斜杠图)	外径 $d_1=0.025L$ 内径 $d_2=0.8d_1$ 斜杠宽 $c=0.08d_1$ 斜杠与水平线的夹角 $\alpha=45°$ 式中　L——观察距离
警告标志	提醒人们对周围环境引起注意，以避免可能发生危险的图形标志	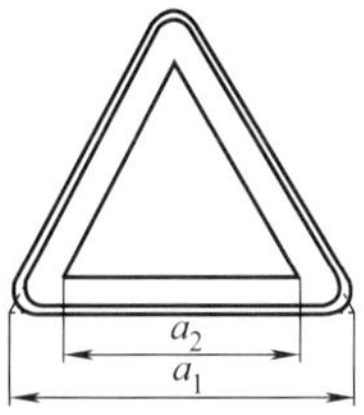 (三角形图)	外边 $a_1=0.034L$ 内边 $a_2=0.7a_1$ 边框外角圆弧半径 $r=0.08a_2$ 式中　L——观察距离
指令标志	强制人们必须做出某种动作或采用防范措施的图形标志	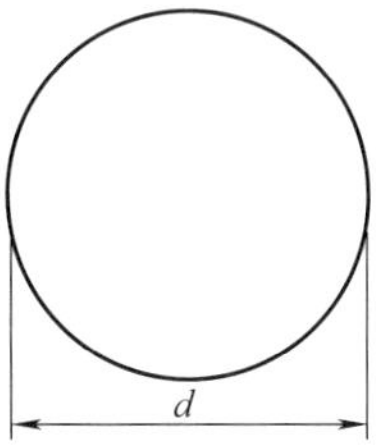 (圆形图)	直径 $d=0.025L$ 式中　L——观察距离

续表

标志类型	基本含义	基本形式	备注
提示标志	向人们提供某种信息（如标明安全设施或场所等）的图形标志	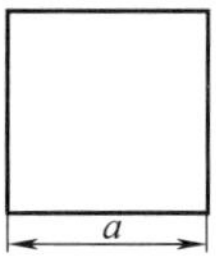 （正方形，边长 a）	边长 $a=0.025L$ 式中 L——观察距离

2.7.1.2 禁止标志

表 33-2-177　　　　禁止标志（GB 2894—2008）

序号	图形标志	名　称	标志种类	设置范围和地点
1		禁止吸烟 No smoking	H	有甲、乙、丙类火灾危险物质的场所和禁止吸烟的公共场所等，如：木工车间、油漆车间、沥青车间、纺织车间、印染厂
2		禁止烟火 No burning	H	有甲、乙、丙类火灾危险物质的场所，如：面粉厂、煤粉厂、焦化厂、施工工地等
3		禁止带火种 No kindling	H	有甲类火灾危险物质及其他禁止带火种的各种危险场所，如：炼油厂、乙炔站、液化石油气站、煤矿井内、林区、草原等
4		禁止用水灭火 No extinguishing with water	H,J	生产、储运、使用中有不准用水灭火的物质的场所，如：变压器室、乙炔站、化工药品库、各种油库等
5		禁止放易燃物 No laying inflammable thing	H,J	具有明火设备或高温的作业场所，如：动火区，各种焊接、切割、锻造、浇注车间等场所
6		禁止堆放 No stocking	J	消防器材存放处、消防通道及车间主通道等
7		禁止启动 No starting	J	暂停使用的设备附近，如：设备检修、更换零件等

续表

序号	图形标志	名称	标志种类	设置范围和地点
8		禁止合闸 No switching on	J	设备或线路检修时，相应开关附近
9		禁止转动 No turning	J	检修或专人定时操作的设备附近
10		禁止叉车和厂内机动车辆通行 No access for fork lift trucks and other industrial vehicles	J，H	禁止叉车或其他厂内机动车辆通行的场所
11		禁止乘人 No riding	J	乘人易造成伤害的设施，如：室外运输吊篮、外操作载货电梯框架等
12		禁止靠近 No nearing	J	不允许靠近的危险区域，如：高压试验区、高压线、输变电设备附近
13		禁止入内 No entering	J	易造成事故或对人员有伤害的场所，如：高压设备室、各种污染源等入口处
14		禁止推动 No pushing	J	易于倾倒的装置或设备，如车站屏蔽门等
15		禁止停留 No stopping	H，J	对人员具有直接伤害的场所，如：粉碎场地、危险路口、桥口等处

续表

序号	图形标志	名　称	标志种类	设置范围和地点
16		禁止通行 No throughfare	H,J	有危险的作业区,如:起重、爆破现场,道路施工工地等
17		禁止跨越 No striding	J	禁止跨越的危险地段,如:专用的运输通道、带式输送机和其他作业流水线,作业现场的沟、坎、坑等
18		禁止攀登 No climbing	J	不允许攀爬的危险地点,如:有坍塌危险的建筑物、构筑物、设备等
19		禁止跳下 No jumping down	J	不允许跳下的危险地点,如:深沟、深池、车站站台及盛装过有毒物质、易产生窒息气体的槽车、罐、地窖等处
20		禁止伸出窗外 No stretching out of the windows	J	易于造成头手伤害的部位或场所,如:公交车窗,火车车窗等
21		禁止依靠 No leaning	J	不能依靠的地点或部位,如列车车门、车站屏蔽门、电梯轿门等
22		禁止坐卧 No sitting	J	高温、腐蚀性、塌陷、坠落、翻转、易损等易于造成人员伤害的设备设施表面
23		禁止蹬踏 No stepping on surface	J	高温、腐蚀性、塌陷、坠落、翻转、易损等易于造成人员伤害的设备设施表面

续表

序号	图形标志	名　　称	标志种类	设置范围和地点
24		禁止触摸 No touching	J	禁止触摸的设备或物体附近,如:裸露的带电体,炽热物体,具有毒性、腐蚀性物体等处
25		禁止伸入 No reaching in	J	易于夹住身体部位的装置或场所,如:有开口的传动机、破碎机等
26		禁止饮用 No drinking	J	禁止饮用水的开关处,如:循环水、工业用水、污染水等
27		禁止抛物 No tossing	J	抛物易伤人的地点,如:高处作业现场、深沟(坑)等
28		禁止戴手套 No putting on gloves	J	戴手套易造成手部伤害的作业地点,如:旋转的机械加工设备附近
29		禁止穿化纤服装 No putting on chemical fibre clothings	H	有静电火花会导致灾害或有炽热物质的作业场所,如:冶炼、焊接及有易燃易爆物质的场所等
30		禁止穿带钉鞋 No putting on spikes	H	有静电火花会导致灾害或有触电危险的作业场所,如:有易燃易爆气体或粉尘的车间及带电作业场所
31		禁止开启无线移动设备 No activated mobile phones	H	火灾、爆炸场所以及可能产生电磁干扰的场所,如:加油站、飞行中的航天器、油库、化工装置区等

续表

序号	图形标志	名称	标志种类	设置范围和地点
32		禁止携带金属物和手表 No metallic articles or watches	H	易受到金属物品干扰的微波和电磁场所，如磁共振室等
33		禁止佩戴心脏起搏器者靠近 No access for persons with pacemakers	J	安装人工起搏器者禁止靠近高压设备、大型电机、发电机、电动机、雷达和有强磁场设备等
34		禁止植入金属材料者靠近 No access for persons with metallic implants	J	易受金属物品干扰的微波和电磁场所，如磁共振室等
35		禁止游泳 No swimming	H	禁止游泳的水域
36		禁止滑冰 No skating	H	禁止滑冰的场所
37		禁止携带武器及仿真武器 No carrying weapons and emulating weapons	H	不能携带和托运武器、凶器及仿真武器的场所或交通工具，如：飞机等
38		禁止携带托运易燃及易爆物品 No carrying flammable and explosive materials	H	不能携带和托运易燃、易爆物品及其他危险品的场所或交通工具，如：火车、飞机、地铁等
39		禁止携带托运有毒物品及有害液体 No carrying poisonous materials and harmful liquid	H	不能携带托运有毒物品及有害液体的场所或交通工具，如火车、飞机、地铁等
40		禁止携带托运放射性及磁性物品 No carrying radioactive and magnetic materials	H	不能携带拖运放射性及磁性物品的场所或交通工具，如火车、飞机、地铁等

注：标志的颜色：(1) 背景色：白色；(2) 环形边框和斜杠：红色；(3) 图形符号：黑色；(4) 衬边：白色。

2.7.1.3 警告标志

表 33-2-178　　　警告标志（GB 2894—2008）

序号	图形标志	名　　称	标志种类	设置范围和地点
1		注意安全 Warning danger	H,J	易造成人员伤害的场所及设备等
2		当心火灾 Warning fire	H,J	易发生火灾的危险场所，如：可燃性物质的生产、储运、使用等地点
3		当心爆炸 Warning explosion	H,J	易发生爆炸危险的场所，如易燃、易爆物质的生产、储运、使用或受压容器等地点
4		当心腐蚀 Warning corrosion	J	有腐蚀性物质(GB 12268 中第 8 类所规定的物质)的作业地点
5		当心中毒 Warning poisoning	H,J	剧毒品及有毒物质(GB 12268 中第 6 类第 1 项所规定的物质)的生产、储运及使用场所
6		当心感染 Warning infection	H,J	易发生感染的场所，如：医院传染病区，有害生物制品的生产、储运、使用等地点
7		当心触电 Warning electric shock	J	有可能发生触电危险的电器设备和线路，如：配电室、开关等
8		当心电缆 Warning cable	J	在暴露的电缆或地面下有电缆处施工的地点

续表

序号	图形标志	名称	标志种类	设置范围和地点
9		当心自动启动 Warning automatic Start-up	J	配有自动启动装置的设备
10		当心机械伤人 Warning mechanical injury	J	易发生机械卷入、扎压、碾压、剪切等机械伤害的作业地点
11		当心塌方 Warning collapse	H,J	有塌方危险的地段、地区,如:堤坝及土方作业的深坑、深槽等
12		当心冒顶 Warning roof fall	H,J	具有冒顶危险的作业场所,如:矿井、隧道等
13		当心坑洞 Warning hole	J	具有坑洞易造成伤害作业地点,如:构件的预留孔洞及各种深坑的上方等
14		当心落物 Warning falling objects	J	易发生落物危险的地点,如:高处作业、立方交叉作业的下方等
15		当心吊物 Warning overhead load	J,H	在吊装设备作业的场所,如:施工工地、港口、码头、仓库、车间等
16		当心碰头 Warning overhead obstacles	J	有产生碰头的场所

续表

序号	图形标志	名称	标志种类	设置范围和地点
17		当心挤压 Warning crushing	J	有产生挤压的装置、设备或场所，如：自动门、电梯门、车站屏蔽门等
18		当心烫伤 Warning scald	J	具有热源易造成伤害的作业地点，如：冶炼、锻造、铸造、热处理车间等
19		当心伤手 Warning injure hand	J	易造成手部伤害的作业地点，如：玻璃制品、木制加工、机械加工车间等
20		当心夹手 Warning hands pinching	J	有产生挤压的装置、设备或场所，如：自动门、电梯门、列车车门等
21		当心扎脚 Warning splinter	J	易造成脚部伤害的作业地点，如：铸造车间、木工车间、施工工地及有尖角散料等处
22		当心有犬 Warning guard dog	H	有犬类作为保卫的场所
23		当心弧光 Warning arc	H、J	由于弧光造成眼部伤害的各种焊接作业场所
24		当心高温表面 Warning hot surface	J	有灼烫物体表面的场所

续表

序号	图形标志	名称	标志种类	设置范围和地点
25		当心低温 Warning low temperature/ Freezing conditions	J	易于导致冻伤的场所，如：冷库、气化器表面、存在液化气的场所等
26		当心磁场 Warning magnetic field	J	有磁场的区域或场所，如：高压变压器、电磁测量仪器附近等
27		当心电离辐射 Warning ionizing radiation	H，J	能产生电离辐射危害的作业场所，如：生产、储运、使用 GB 12268 规定的第 7 类物质的作业区
28		当心裂变物质 Warning fission matter	J	具有裂变物质的作业场所，如：其使用车间、储运仓库、容器等
29		当心激光 Warning laser	H，J	有激光产品和生产、使用、维修激光产品的场所
30		当心微波 Warning microwave	H	凡微波场强超过 GB 10436、GB 10437 规定的作业场所
31		当心叉车 Warning fork lift trucks	J，H	有叉车通行的场所
32		当心车辆 Warning vehicle	J	厂内车、人混合行走的路段，道路的拐角处、平交路口；车辆出入较多的厂房、车库等出入口处

续表

序号	图形标志	名　　称	标志种类	设置范围和地点
33		当心火车 Warning train	J	厂内铁路与道路平交路口，厂（矿）内铁路运输线等
34		当心坠落 Warning drop down	J	易发生坠落事故的作业地点，如：脚手架、高处平台、地面的深沟（池、槽）、建筑施工、高处作业场所等
35		当心障碍物 Warning obstacles	J	地面有障碍物，绊倒易造成伤害的地点
36		当心跌倒 Warning drop(fall)	J	易于跌落的地点，如：楼梯、台阶等
37		当心滑倒 Warning slippery surface	J	地面有易造成伤害的滑跌地点，如：地面有油、冰、水等物质及滑坡处
38		当心落水 Warning falling into water	J	落水后可能产生淹溺的场所或部位，如：城市河流、消防水池等
39		当心缝隙 Warning gap	J	有缝隙的装置、设备或场所，如：电动门、电梯门、列车门等

注：标志的颜色：(1) 背景色：黄色；(2) 三角形边框：黑色；(3) 图形符号：黑色；(4) 衬边：黄色或白色。

2.7.1.4 指令标志

表 33-2-179　　　　指令标志（GB 2894—2008）

序号	图形标志	名　　称	标志种类	设置范围和地点
1		必须戴防护眼镜 Must wear protective goggles	H,J	对眼睛有伤害的各种作业场所和施工场所
2		必须戴遮光护目镜 Must wear opaque eye protection	J,H	存在紫外、红外、激光等光辐射的场所,如:电气焊等
3		必须戴护尘口罩 Must wear dustproof mask	H	凡是粉尘的作业场所:如:纺织清花车间、粉状物料拌料车间以及矿山凿岩处等
4		必须戴防毒面具 Must wear gas defence mask	J,H	具有对人体有害的气体、气溶胶、烟尘等作业场所,如:有毒物散发的地点或处理有毒物造成的事故现场
5		必须戴护耳器 Must wear ear protector	H	噪声超过85dB的作业场所,如:铆接车间、织布车间、射击场、工程爆破、风动掘进等处
6		必须戴安全帽 Must wear safety helmet	H	头部易受外力伤害的作业场所,如:矿山、建筑工地、伐木场、造船厂及起重吊装处等
7		必须戴防护帽 Must wear protective cap	H	易造成人体碾绕伤害或有粉尘污染头部的作业场所,如:纺织、石棉、玻璃纤维以及具有旋转设备的机加工车间等
8		必须系安全带 Must fastened safety belt	H,J	易发生坠落危险的作业场所,如:高处建筑、修理、安装等地点

续表

序号	图形标志	名称	标志种类	设置范围和地点
9		必须穿救生衣 Must wear life jacket	H,J	易发生溺水的作业场所,如:船泊、海上工程结构物等
10		必须穿防护服 Must wear protective clothes	H	具有放射、微波、高温及其他需要穿防护服的作业场所
11		必须戴防护手套 Must wear protective gloves	H,J	易伤害手部的作业场所,如:具有腐蚀、污染、灼烫、冰冻及触电危险的作业等地点
12		必须穿防护鞋 Must wear protective shoes	H,J	易伤害脚部的作业场所,如:具有腐蚀、灼烫、触电、砸(刺)伤等危险的作业地点
13		必须洗手 Must wash your hands	J	接触有毒有害物质作业后
14		必须加锁 Must be locked	J	剧毒品、危险品库房等地点
15		必须接地 Must connect an earth terminal to the ground	J	防雷、防静电场所
16		必须拔出插头 Must disconnect mains plug from electrical outlet	J	在设备维修、故障、长期停用、无人值守状态下

注:标志的颜色:(1)背景色:蓝色;(2)图形符号:白色;(3)衬边:白色。

2.7.1.5 提示标志

表 33-2-180　　　　　提示标志（GB 2894—2008）

序号	图形标志	名　　称	标志种类	设置范围和地点
1	 	紧急出口 Emergent exit	J	便于安全疏散的紧急出口处，与方向箭头结合设在通向紧急出口的通道、楼梯等处
2		避险处 Haven	J	铁路桥、公路桥、矿井及隧道内躲避危险的地点
3		应急避难场所 Evacuation assembly point	H	在发生突发事件时用于容纳危险区域内疏散人员的场所，如公园、广场等
4		可动火区 Flare up region	J	经有关部门划定的可使用明火的地点
5		击碎板面 Break to obtain access	J	必须击开板面才能获得出口
6		急救点 First aid	J	设置现场急救仪器设备及药品的地点
7		应急电话 Emergency telephone	J	安装应急电话的地点
8		紧急医疗站 Doctor	J	有医生的医疗救助场所

注：标志的颜色：(1) 背景色：绿色；(2) 图形符号：白色；(3) 衬边：白色。

2.7.2 安全色

2.7.2.1 相关术语

表 33-2-181　安全色相关术语

术语	含　义
安全色	传递安全信息含义的颜色,包括红、蓝、黄、绿四种颜色
对比色	使安全色更加醒目的反衬色,包括黑、白两种颜色
安全标记	采用安全色和(或)对比色传递安全信息或者使某个对象或地点变得醒目的标记
色域	能够满足一定条件的颜色集合在色品图或色空间内的范围
亮度因数	在规定的照明和观测条件下,非自发光体表面上某一点的给定方向的亮度与同一条件下完全反射或完全透射的漫射体的亮度之比,以 β_V 表示
亮度对比度	对比色亮度 L_1 与安全色亮度 L_2 的比值,其中 L_1 大于 L_2,用 k 表示
逆反射	反射光线从靠近入射光线的反方向返回的反射。当入射光线的方向在较大范围内变化时,仍能保持这种性质
光强度系数	逆反射在观测方向的光强度除以投向逆反射体且垂直于入射方向的平面的光照度之商
逆反射系数	逆反射面的逆反射光强度系数除以它的面积之商

2.7.2.2 安全色与对比色的搭配

表 33-2-182　安全色与对比色 (GB 2893—2008)

安全色	对比色	安全色	对比色
红色	白色	黄色	黑色
蓝色	白色	绿色	白色

注：黑色与白色互为对比色。

2.7.2.3 颜色表征

表 33-2-183　颜色表征

类型	颜色	含　义
安全色	红色	传递禁止、停止、危险或提示消防设备、设施的信息
	蓝色	传递必须遵守规定的指令性信息
	黄色	传递注意、警告的信息
	绿色	传递安全的提示性信息
对比色	黑色	用于安全标志的文字、图形符号和警告标志的几何边框
	白色	用于安全标志中红、蓝、绿的背景色,也可用于安全标志的文字和图形符号
安全色与对比色的相间条纹	红色与白色相间条纹	表示禁止或提示消防设备、设施位置的安全标记
	黄色与黑色相间条纹	表示危险位置的安全标记
	蓝色与白色相间条纹	表示指令的安全标记,传递必须遵守规定的信息
	绿色与白色相间条纹	表示安全环境的安全标记

注：相间条纹为等宽条纹,倾斜约 45°。

2.7.2.4 安全色的色度范围

表 33-2-184　普通材料、发光材料、逆反射材料和组合材料的色度坐标和亮度因数（GB 2893—2008）

颜色		许用颜色范围的角点色度坐标 (标准照明体 D_{65},2°视场)				亮度因数				
						普通材料	发光材料	逆反射材料		组合材料
		1	2	3	4			类型1	类型2	
红	x	0.735	0.681	0.579	0.655	≥0.07	≥0.03	≥0.05	≥0.03	≥0.25
	y	0.265	0.239	0.341	0.345					
蓝	x	0.049	0.172	0.210	0.137	≥0.05	≥0.05	≥0.01	≥0.01	≥0.03
	y	0.125	0.198	0.160	0.038					
黄	x	0.545	0.494	0.444	0.481	≥0.45	≥0.80	≥0.27	≥0.16	≥0.70
	y	0.454	0.426	0.476	0.518					
绿	x	0.201	0.285	0.170	0.026	≥0.12	≥0.40	≥0.04	—	≥0.35
	y	0.776	0.441	0.364	0.399					
白	x	0.350	0.305	0.295	0.340	≥0.75	≥1.0	≥0.35	≥0.27	—
	y	0.360	0.315	0.325	0.370					
黑	x	0.385	0.300	0.260	0.345	≤0.03	—	—	—	—
	y	0.355	0.270	0.310	0.395					

注：逆反射材料的类型由逆反射系数确定。

2.7.2.5 满足精确颜色要求的安全色色度范围

表 33-2-185　　满足精确颜色要求的安全色色度范围（GB 2893—2008）

颜色		普通材料				逆反射材料							
						类型 1				类型 2			
		许用颜色范围的角点色度坐标(标准照明体 D_{65},2°视场)											
		1	2	3	4	1	2	3	4	1	2	3	4
红	x	0.660	0.610	0.700	0.735	0.660	0.610	0.700	0.735	0.660	0.610	0.700	0.735
	y	0.340	0.340	0.250	0.265	0.340	0.340	0.250	0.265	0.340	0.340	0.250	0.265
蓝	x	0.140	0.160	0.160	0.140	0.130	0.160	0.160	0.130	0.130	0.160	0.160	0.130
	y	0.140	0.140	0.160	0.160	0.086	0.086	0.120	0.120	0.090	0.090	0.140	0.140
黄	x	0.494	0.470	0.493	0.522	0.494	0.470	0.493	0.522	0.494	0.470	0.513	0.545
	y	0.505	0.480	0.457	0.477	0.505	0.480	0.457	0.477	0.505	0.480	0.437	0.454
绿	x	0.230	0.260	0.260	0.230	0.110	0.150	0.150	0.110	0.110	0.170	0.170	0.110
	y	0.440	0.440	0.470	0.470	0.415	0.415	0.455	0.455	0.415	0.415	0.500	0.500
白	x	0.305	0.335	0.325	0.295	0.305	0.335	0.325	0.295	0.305	0.335	0.325	0.295
	y	0.315	0.345	0.355	0.325	0.315	0.345	0.355	0.325	0.315	0.345	0.355	0.325

注：逆反射材料的类型由逆反射系数确定。

2.7.2.6 磷光材料的对比色和亮度因数

表 33-2-186　　昼光条件下磷光材料对比色的色度坐标和亮度因数（GB 2893—2008）

磷光材料的对比色		许用颜色范围的角点色度坐标(标准照明体 D_{65},2°视场)				亮度因数
浅黄的白	x	0.390	0.320	0.320		>0.75
	y	0.410	0.340	0.410		
白	x	0.350	0.305	0.295	0.340	>0.75
	y	0.360	0.315	0.325	0.370	

2.7.2.7 含有逆反射材料的最小逆反射系数

表 33-2-187　　含有逆反射材料的最小逆反射系数（GB 2893—2008）

观测角	入射角	最小逆反射系数 (光源:标准照明体 A)/cd·lx^{-1}·m^{-2}									
		类型 1					类型 2				
		白	黄	红	绿	蓝	白	黄	红	绿	蓝
12′	5°	70	50	14.5	9	4	250	170	45	45	20
	30°	30	22	6	3.5	1.7	150	100	25	25	11
	40°	10	7	2	1.5	0.5	110	70	16	16	8
20′	5°	50	35	10	7	2	180	122	25	21	14
	30°	24	16	4	3	1	100	67	14	11	7
	40°	9	6	1.8	1.2	0.4	95	64	13	11	7
2°	5°	5	3	0.8	0.6	0.2	5	3	0.8	0.6	0.2
	30°	2.5	1.5	0.4	0.3	0.1	2.5	1.5	0.4	0.3	0.1
	40°	1.5	1.0	0.3	0.2	0.06	1.5	1.0	0.3	0.2	0.06

注：印刷在标志上的彩色部分，其逆反射系数不应小于表中所给数值的 80%。

2.7.2.8 透照材料的亮度对比度

表 33-2-188　　　　　　　透照材料的亮度对比度（GB 2893—2008）

安全色	红	蓝	黄	绿
对比色	白	白	黑	白
亮度对比度 k	$5<k<15$	$5<k<15$	①	$5<k<15$

① 黑色作为对比色或符号色是不透明的。
注：在安全色和对比色内部，亮度的均匀度是通过颜色内部最小亮度与最大亮度的比来衡量的，其比值应大于 1:5。

2.7.3　防止触及危险区的距离与防挤压间距

2.7.3.1　上肢弧形触及安全距离

表 33-2-189　　　　　　　上肢弧形触及安全距离（GB 23821—2009）　　　　　　　mm

运动限制	安全距离 s_r	图　　示
只在肩部和腋窝运动受限制	≥850	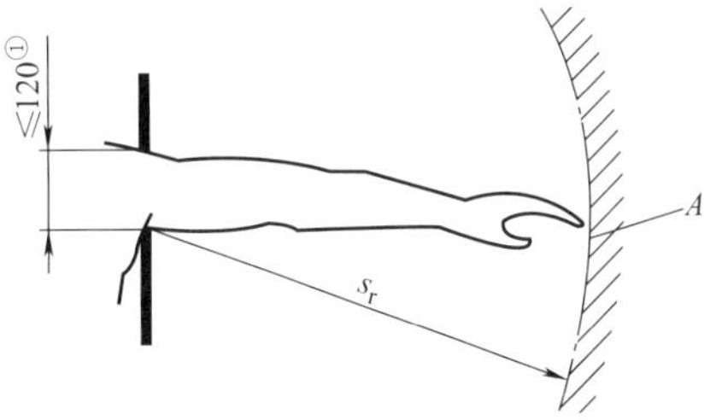
臂被支承至肘部	≥550	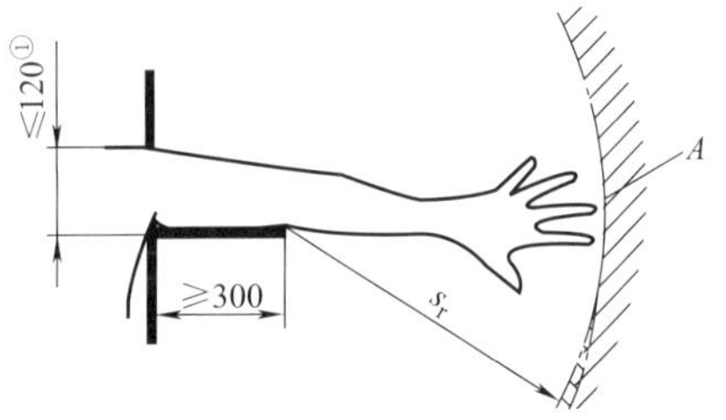
臂被支承至腕部	≥230	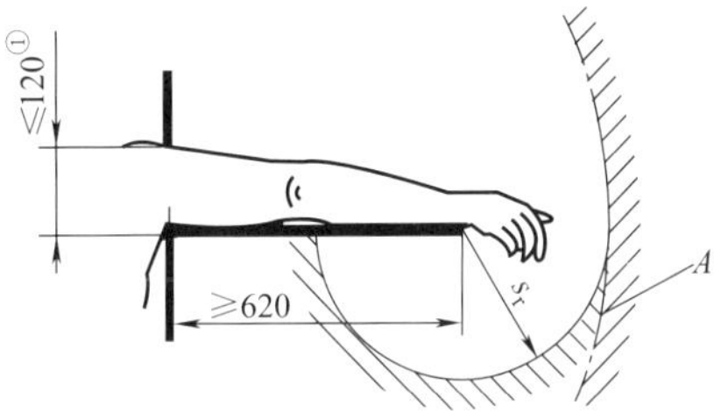
臂和手被支承至指关节	≥130	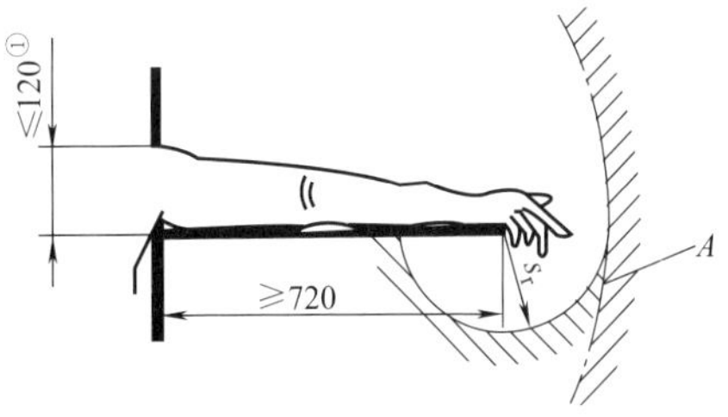

① 圆形开口的直径或方形开口的边长或槽形开口的宽度。
注：A 为臂的运动范围。

2.7.3.2 上肢通过规则开口触及的安全距离

表 33-2-190　　上肢通过规则开口触及的安全距离（GB 23821—2009）　　mm

身体部位	图示	开口	安全距离 s_r		
			槽形	方形	圆形
3～14 岁（不包括 14 岁）					
指尖	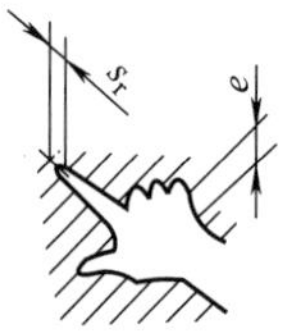	$e \leqslant 4$	$\geqslant 2$	$\geqslant 2$	$\geqslant 2$
		$4 < e \leqslant 6$	$\geqslant 20$	$\geqslant 10$	$\geqslant 10$
指至指关节	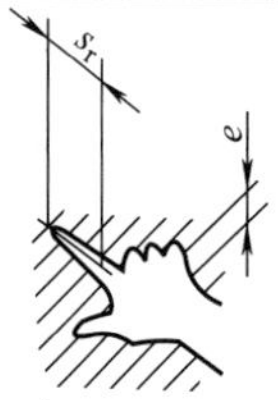	$6 < e \leqslant 8$	$\geqslant 40$	$\geqslant 30$	$\geqslant 20$
		$8 < e \leqslant 10$	$\geqslant 80$	$\geqslant 60$	$\geqslant 60$
手	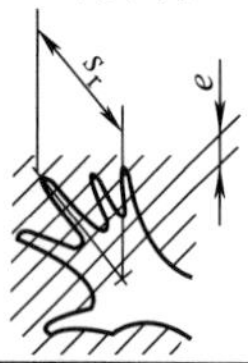	$10 < e \leqslant 12$	$\geqslant 100$	$\geqslant 80$	$\geqslant 80$
		$12 < e \leqslant 20$	$\geqslant 900$①	$\geqslant 120$	$\geqslant 120$
臂至肩关节	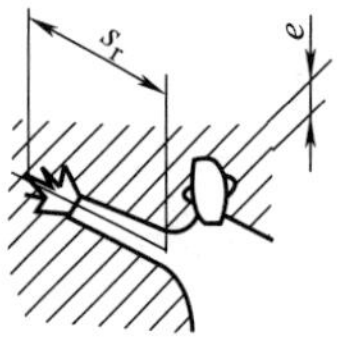	$30 < e \leqslant 100$	$\geqslant 900$	$\geqslant 550$	$\geqslant 120$
		$30 < e \leqslant 100$	$\geqslant 900$	$\geqslant 900$	$\geqslant 900$
14 岁及 14 岁以上					
指尖	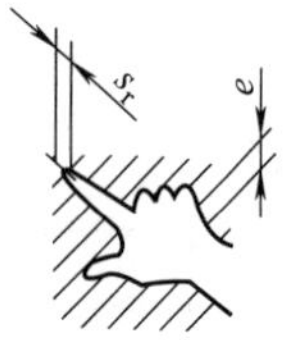	$e \leqslant 4$	$\geqslant 2$	$\geqslant 2$	$\geqslant 2$
		$4 < e \leqslant 6$	$\geqslant 10$	$\geqslant 5$	$\geqslant 5$
指至指关节	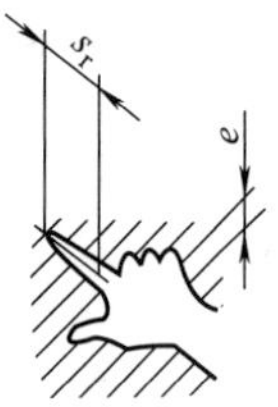	$6 < e \leqslant 8$	$\geqslant 20$	$\geqslant 15$	$\geqslant 5$
		$8 < e \leqslant 10$	$\geqslant 80$	$\geqslant 25$	$\geqslant 20$
手	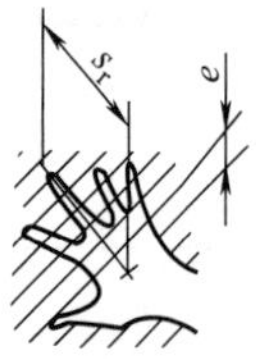	$10 < e \leqslant 12$	$\geqslant 100$	$\geqslant 80$	$\geqslant 80$
		$12 < e \leqslant 20$	$\geqslant 120$	$\geqslant 120$	$\geqslant 120$

续表

身体部位	图　示	开口	安全距离 s_r		
			槽形	方形	圆形
臂至肩关节	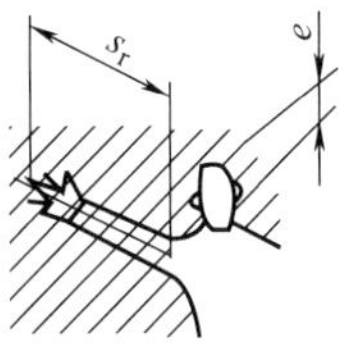	$20<e\leqslant30$	$\geqslant850$[②]	$\geqslant120$	$\geqslant120$
		$30<e\leqslant40$	$\geqslant850$	$\geqslant200$	$\geqslant120$
		$40<e\leqslant120$	$\geqslant850$	$\geqslant850$	$\geqslant850$

① 如果槽形开口长度≤40mm，拇指将受到阻挡，安全距离可减小到120mm。
② 如果槽形开口长度≤65mm，大拇指将受到阻挡，安全距离可减小到200mm。
注：表中的粗实线划分了开口尺寸限制的人体部分。

2.7.3.3　附加防护结构的安全距离

表 33-2-191　　　　　附加防护结构的安全距离（GB 23821—2009）　　　　mm

运动限制	安全距离 s_r	图　示
在肩部和腋窝限制运动 两个单独的防护结构，一个允许腕部运动，另一个允许肘部运动	$s_{r1}\geqslant230$ $s_{r2}\geqslant550$ $s_{r3}\geqslant850$	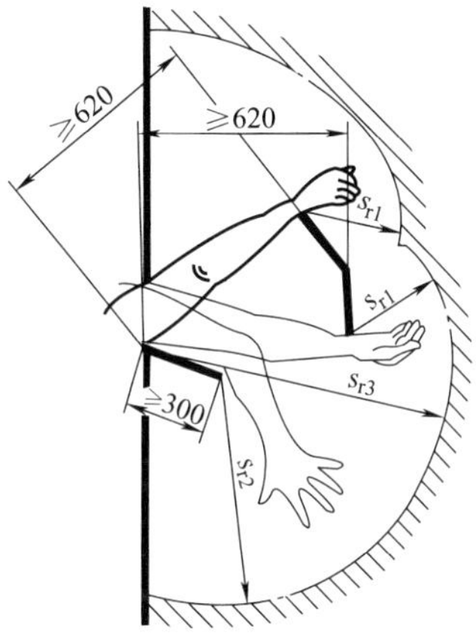
在肩部和腋窝限制运动 一个分离的防护结构，允许由手指到指关节运动	$s_{r3}\geqslant850$ $s_{r4}\geqslant130$	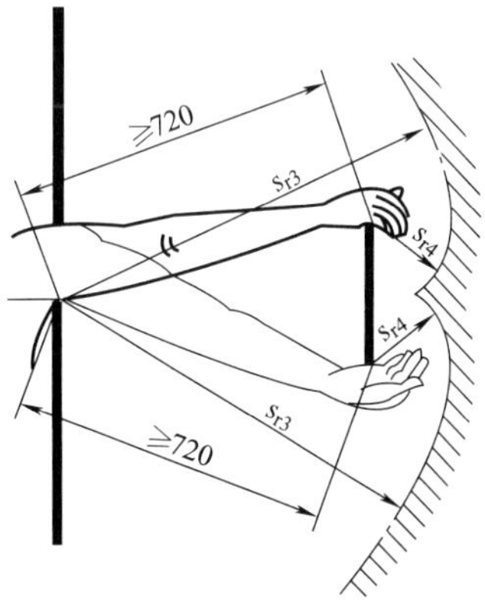

注：s_r 为径向安全距离。

2.7.3.4 上伸触及安全距离

表 33-2-192　　上伸触及安全距离（GB 23821—2009）　　mm

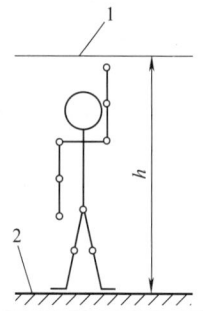

1——危险区
2——基准面
h——危险区高度

风险类型	危险区的高度
低风险	≥2500
高风险	≥2700 或更高

2.7.3.5 上肢越过防护结构触及的安全距离

表 33-2-193　　上肢越过防护结构触及的安全距离（GB 23821—2009）　　mm

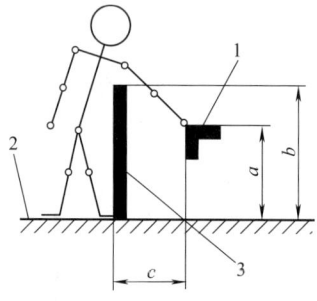

a——危险区高度
b——防护结构高度
c——防护结构近人一侧距危险区的水平距离
1——危险区（最近点）
2——基准面
3——防护结构

危险区高度 a	防护结构高度 b								
	1000	1200	1400	1600	1800	2000	2200	2400	2500
	距危险区的水平距离 c								
低风险									
2500	0	0	0	0	0	0	0	0	0
2400	100	100	100	100	100	100	100	100	0
2200	600	600	500	500	400	350	250	0	0
2000	1100	900	700	600	500	350	0	0	0
1800	1100	1000	900	900	600	0	0	0	0
1600	1300	1000	900	900	500	0	0	0	0
1400	1300	1000	900	800	100	0	0	0	0
1200	1400	1000	900	500	0	0	0	0	0
1000	1400	1000	900	300	0	0	0	0	0
800	1300	900	600	0	0	0	0	0	0
600	1200	500	0	0	0	0	0	0	0
400	1200	300	0	0	0	0	0	0	0
200	1100	200	0	0	0	0	0	0	0
0	1100	200	0	0	0	0	0	0	0

续表

危险区高度 a	防护结构高度 b									
	1000	1200	1400	1600	1800	2000	2200	2400	2500
	距危险区的水平距离 c									
高风险									
2700	0	0	0	0	0	0	0	0	0
2600	900	800	700	600	600	500	400	300	100
2400	1100	1000	900	800	700	600	400	300	100
2200	1300	1200	1000	900	800	600	400	300	0
2000	1400	1300	1100	900	800	600	400	0	0
1800	1500	1400	1100	900	800	600	0	0	0
1600	1500	1400	1100	900	800	500	0	0	0
1400	1500	1400	1100	900	800	0	0	0	0
1200	1500	1400	1100	900	700	0	0	0	0
1000	1500	1400	1000	800	0	0	0	0	0
800	1500	1300	900	600	0	0	0	0	0
600	1400	1300	800	0	0	0	0	0	0
400	1400	1200	400	0	0	0	0	0	0
200	1200	900	0	0	0	0	0	0	0
0	1100	500	0	0	0	0	0	0	0

注：1. 防护结构高度低于1000mm的不包括在内，因其不能有效地限制身体运动。
2. 对于高风险危险区，防护结构低于1400mm的，如果没有另外安全措施，不应采用。
3. 在表中不应有插入数值，当已知的 a、b 或 c 值在表中的两个数值之间时，应选用能达到较高安全水平的值。

2.7.3.6 下肢通过规则形状开口触及的安全距离

表 33-2-194　　　　下肢通过规则形状开口触及的安全距离（GB 23821—2009）　　　　mm

下肢部位	图示	开口	安全距离 s_r	
			槽形	方形或圆形
脚趾尖	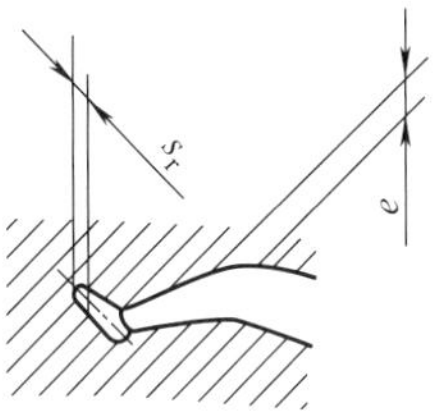	$e \leqslant 5$	0	0
		$5 < e \leqslant 15$	$\geqslant 10$	0
脚趾		$15 < e \leqslant 35$	$\geqslant 80$①	$\geqslant 25$
脚	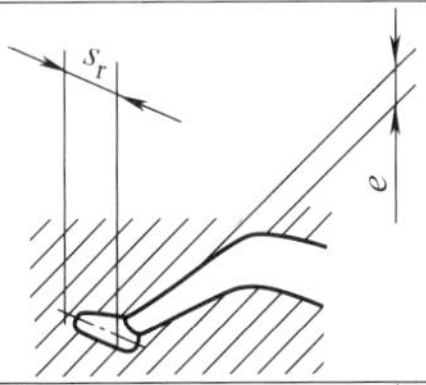	$35 < e \leqslant 60$	$\geqslant 180$	$\geqslant 80$
		$60 < e \leqslant 80$	$\geqslant 650$②	$\geqslant 180$
腿部（从脚尖至膝部）	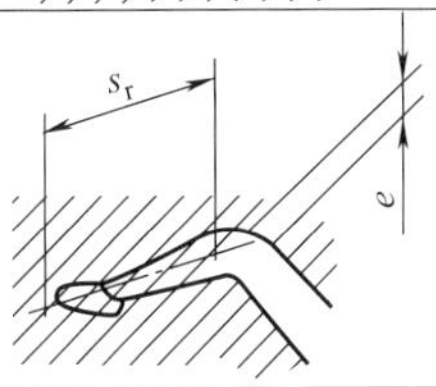	$80 < e \leqslant 95$	$\geqslant 1100$②	$\geqslant 650$②

续表

下肢部位	图示	开口	安全距离 s_r	
			槽形	方形或圆形
腿部(从脚尖至胯部)	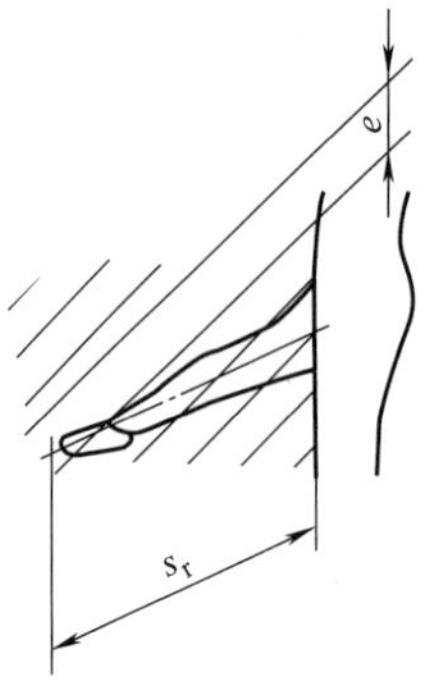	$95 < e \leq 180$	$\geq 1100$③	$\geq 1100$③
		$180 < e < 240$	不允许	$\geq 1100$③

① 如果槽形开口长度≤75mm，该距离可减至≥50mm。
② 其值对应腿部（从脚尖至膝部）。
③ 其值对应腿部（从脚尖至胯部）。
注：槽形开口窄边大于180mm，方形开口边长和圆形开口直径大于240mm时，整个身体可以进出。

2.7.3.7 避免人体各部位挤压的最小间距

表 33-2-195　　避免人体各部位挤压的最小间距（GB/T 12665.3—1997）　　mm

身体部位	最小间距 a	图示	身体部位	最小间距 a	图示
身体	500		脚趾	50	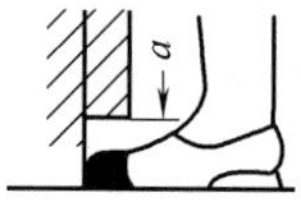
头部	300		臂	120	
腿	250	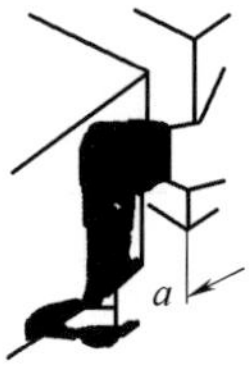	手腕拳	100	
脚	120	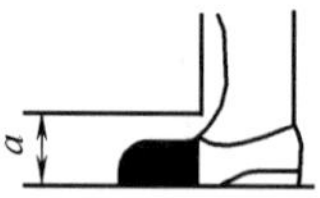	手指	25	

2.7.3.8 防护结构高度与限制下肢进入的距离

表 33-2-196　　防护结构高度与限制下肢进入的距离（GB 23821—2009）　　mm

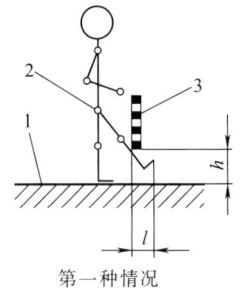
第一种情况

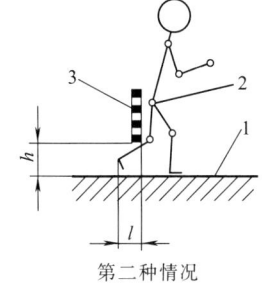
第二种情况

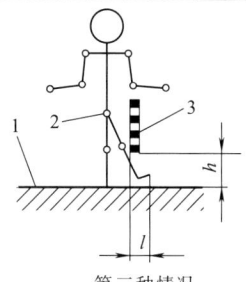
第三种情况

1—基准面；
2—髋关节；
3—防护结构

h—到防护结构的高度；
l—限制距离

防护结构高度 h	距离 l		
	第一种情况	第二种情况	第三种情况
$h \leqslant 200$	≥340	≥665	≥290
$200 < h \leqslant 400$	≥550	≥765	≥615
$400 < h \leqslant 600$	≥850	≥950	≥800
$600 < h \leqslant 800$	≥950	≥950	≥900
$800 < h \leqslant 1000$	≥1125	≥1195	≥1015

注：槽形开口窄边大于180mm，方形开口边长和圆形开口直径大于240mm时，整个身体可以进出。

第3章 产品造型设计

3.1 产品造型的形式法则

3.1.1 比例与尺度

3.1.1.1 定义

① 比例 是指一件事物整体与局部及其局部与局部之间的量度比率关系。

② 尺度 是指造型对象的整体或者局部与人的生理或人的特定标准之间的适应关系,概括地说,尺度是造型物体与人相适应的程度,它不是造型物体实际大小的数量概念。

3.1.1.2 造型设计中常用的比例

表33-3-1 造型设计中常用的比例

比例名称		比例的定义与数值系列	图形表示	风格
几何法则	黄金分割比例	把线段 AB 用 C 点分割,若 $\dfrac{x}{L}=\dfrac{L-x}{x}$ 则 $x^2+Lx-L^2=0$ $x=\dfrac{\sqrt{5}-1}{2}L\approx 0.618L$ 即为黄金分割比例	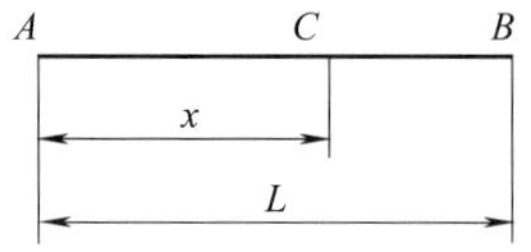	具有和谐的比例与稳定的秩序感
	整数比例	$1:1,1:2,1:3,1:4,\cdots,1:n$ (n 为正整数) 以正方形为基础派生的一种比例,由这种比率可构成一系列整数比的矩形形状	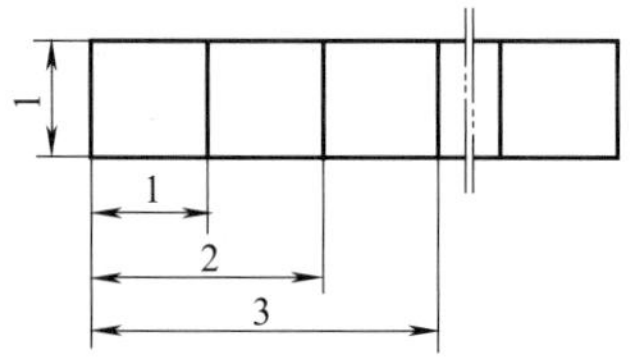	整数比例具有明快、均整的美感,在造型设计中,整数比例的工艺性好,适合现代化大生产的要求,在现代工业造型设计中被广泛采用
	均方根比例	$1:\sqrt{2}$、$1:\sqrt{3}$、$1:\sqrt{4}$、$\cdots$、$1:\sqrt{n}$ (n 为正整数) 以正方形的一边与对角线所形成的矩形的基础上,逐次与新产生的对角线形成的比例序列	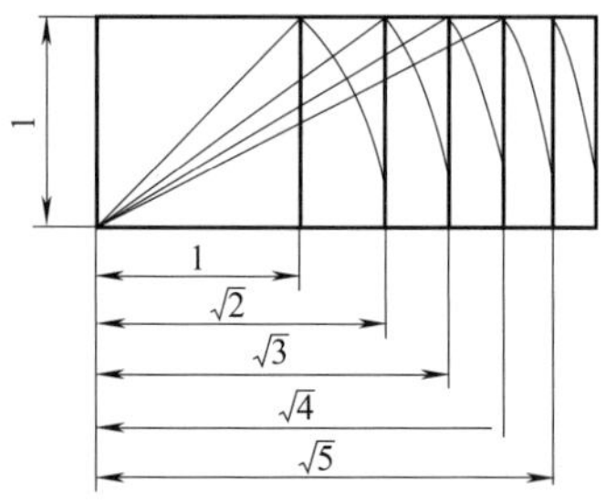	如果正方形具有端正稳重的面貌,那么 $\sqrt{2}$ 矩形富有稳健的气质,$\sqrt{3}$ 矩形又偏于俊俏之意,而 $\sqrt{4}$ 矩形则有瘦长之感觉
	中间值比例	是只有三个量所形成的比例,即 $a:b=b:c$,若有一系列数值 a、b、c、$d\cdots$ 构成中间值比例,即 $b=b:c=c:d=\cdots$,就形成了中间值比例系列	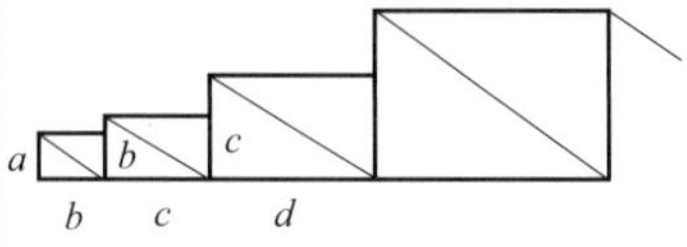	用此系列数值作为边长所构成的一系列矩形,具有相似的和谐而产生美感

续表

比例名称		比例的定义与数值系列	图形表示	风格
数学法则	等差数列比	$A, A+d, A+2d, \cdots,$ $A+(n-1)d$（式中，d 为公差）	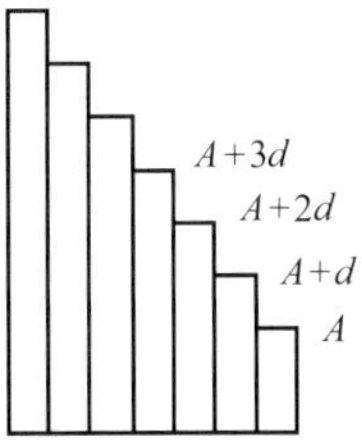 (图：阶梯柱形，标注 $A+3d$、$A+2d$、$A+d$、A)	等差数列在坐标轴上，其形态是一条直线，倾斜角度随数列公差大小变化而变化。在造型上，其跳动的特点较为平缓
	调和数列比	$\dfrac{A}{1}, \dfrac{A}{2}, \dfrac{A}{3}, \dfrac{A}{4}, \cdots, \dfrac{A}{n}$（$A$ 为任意数，n 为连续的正整数） 以长度 A 作基准，将其以 $\dfrac{1}{2}$、$\dfrac{1}{3}$、$\dfrac{1}{4}$、$\cdots$ 分割下去，即得此调和数列	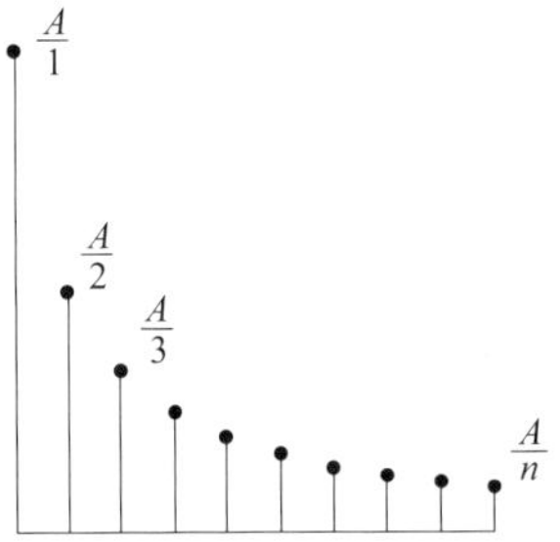 (图：双曲线形散点，标注 $\dfrac{A}{1}$、$\dfrac{A}{2}$、$\dfrac{A}{3}$、$\dfrac{A}{n}$)	调和数列在坐标轴上的形态呈双曲线。若整理成分数的数列形式，其跳动的幅度较为平缓
	含有无理数的数列比	无理数有 $\sqrt{2}, \sqrt{3}, \sqrt{5}, \sqrt{7}$ 等，其中 $\sqrt{2}, \sqrt{5}$ 特别有用。有以 $\sqrt{2}$ 为公比的等比数列为 $1, \sqrt{2}, 2, 2\sqrt{2}, 4, 4\sqrt{2}, \cdots$；用 $Q=1+\sqrt{2}$ 也能构成等比数列：$1, Q, Q^2, Q^3, \cdots$	—	无理数都是难以运用的值，但却很容易用作图的方法求得
	费波纳齐数列比	$1, 1, 2, 3, 5, 8, 13, 21, \cdots, P, Q, P+Q, \cdots$ $2/1=2.00000$ $3/2=1.50000$ $5/3=1.66666$ $8/5=1.60000$ $13/8=1.62500$ $21/13=1.61538$ $34/21=1.61904$ $55/34=1.61764$ $89/55=1.61818$ $144/89=1.61797$ $233/144=1.61805$ $377/233=1.61802$ $610/377=1.61803$ 黄金分割	—	在造型意义上费波纳齐数列比是一个很重要的数列，它的比例形式非常接近黄金分割的比例体系。该数列中第 15 个数字后任一数字除它后面的那个数字近似于 0.618，而这些数字除以它前面的那个数字则近似于 1.618 在造型上，其跳动的幅度介于等差数列与等比数列之间
	贝尔数列比	$1, 2, 5, 12, 29, 70, 169, \cdots, P, Q, P+2Q, \cdots$	—	贝尔数列其跳动的幅度大，变化激烈，在造型上是一个强有力的数列

续表

比例名称		比例的定义与数值系列	图形表示	风格
模数法则	人体模度比例	以人体尺度为基础,选定标准人体的上升手臂、头顶、脐、下垂手臂四个部位作为基准点,测出它们与地面的标定距离为 226,183,113,86(单位:cm),将该数列分两列,分别插入中间值比例相应数值,形成了两套费波纳级数 第一套:183,113,70,43,27,17,…称为"红尺" 第二套:226,140,86,53,33,20,…称为"蓝尺"	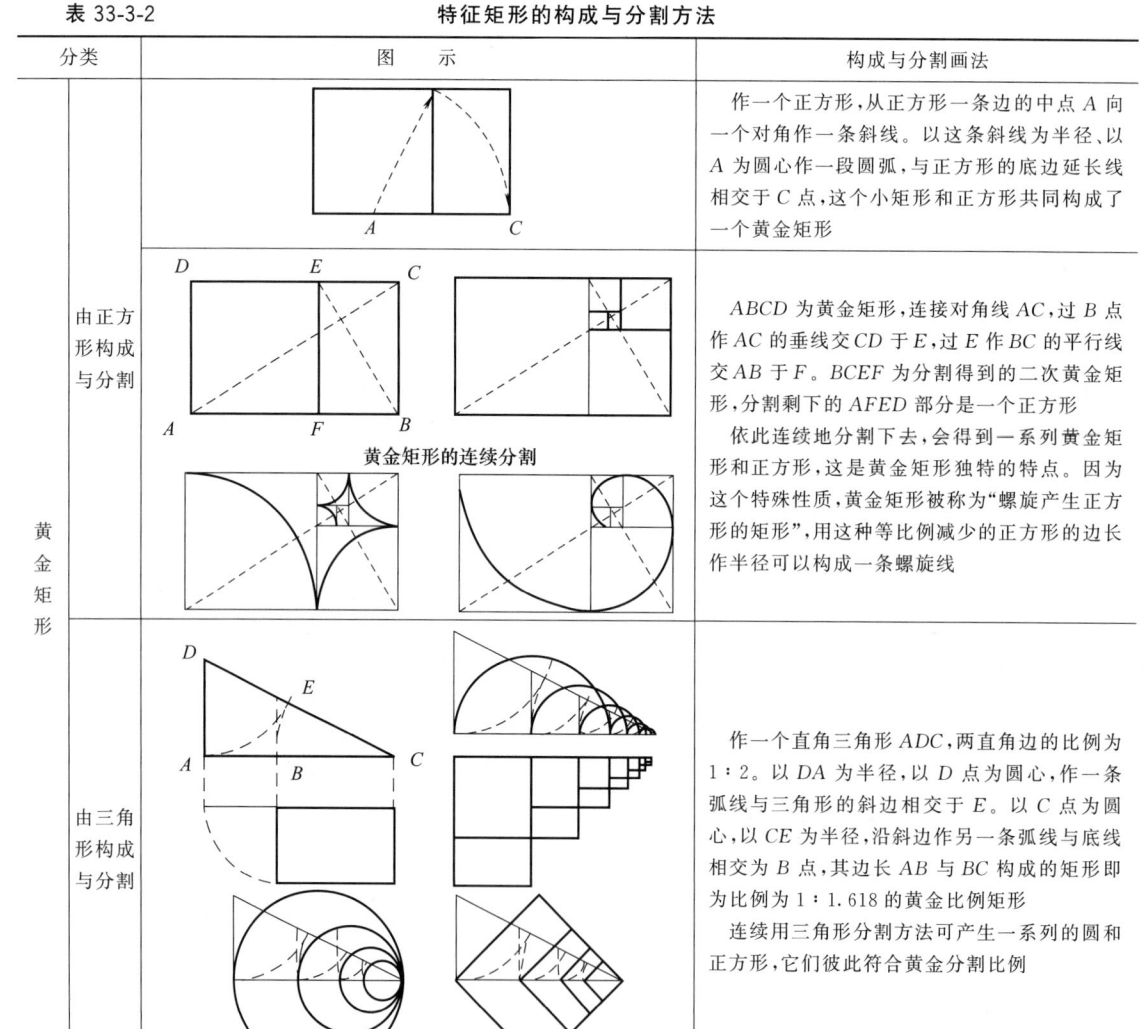	在这些数值中分别包含着黄金比(70:113＝1:1.618)、整数比(113:226＝1:2)、近似相加级数比(27:43:70:113:183)等比例关系,以人体模度作为造型设计中比例设计的原始依据,无疑将能得到人与造型物之间更加和谐的关系

3.1.1.3 特征矩形的构成与分割方法

表 33-3-2　　　　　特征矩形的构成与分割方法

分类	图示	构成与分割画法
黄金矩形（由正方形构成与分割）		作一个正方形,从正方形一条边的中点 A 向一个对角作一条斜线。以这条斜线为半径、以 A 为圆心作一段圆弧,与正方形的底边延长线相交于 C 点,这个小矩形和正方形共同构成了一个黄金矩形
		ABCD 为黄金矩形,连接对角线 AC,过 B 点作 AC 的垂线交 CD 于 E,过 E 作 BC 的平行线交 AB 于 F。BCEF 为分割得到的二次黄金矩形,分割剩下的 AFED 部分是一个正方形 依此连续地分割下去,会得到一系列黄金矩形和正方形,这是黄金矩形独特的特点。因为这个特殊性质,黄金矩形被称为"螺旋产生正方形的矩形",用这种等比例减少的正方形的边长作半径可以构成一条螺旋线
黄金矩形（由三角形构成与分割）		作一个直角三角形 ADC,两直角边的比例为 1:2。以 DA 为半径,以 D 点为圆心,作一条弧线与三角形的斜边相交于 E。以 C 点为圆心,以 CE 为半径,沿斜边作另一条弧线与底线相交于 B 点,其边长 AB 与 BC 构成的矩形即为比例为 1:1.618 的黄金比例矩形 连续用三角形分割方法可产生一系列的圆和正方形,它们彼此符合黄金分割比例

续表

分类		图 示	构成与分割画法
黄金三角形	由正五边形构成	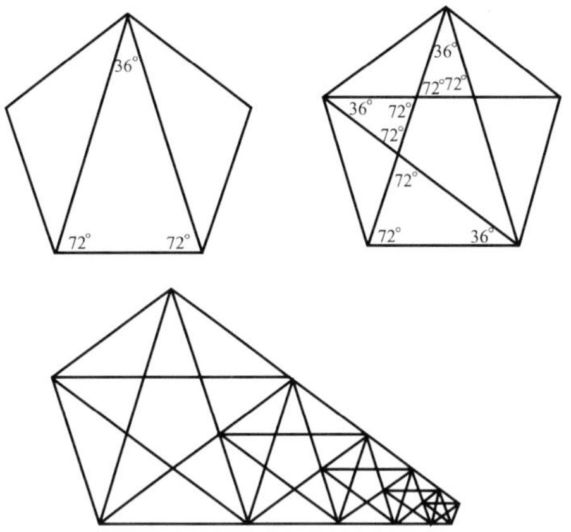	黄金三角形是等腰三角形,具有两条相等的边,它的特性类似黄金分割矩形的特性。它很容易从一个正五边形中得到,并且顶角为36°,两个底角为72°,将这个三角形的底角与相对的五角形的顶点相连,将会得到若干个二级黄金分割三角形 由正五边形的对角线构成一个五角星形,它的中间部分是另一个较小的正五边形,这个过程与黄金分割有关
平方根矩形	平方根矩形的构成	方法1 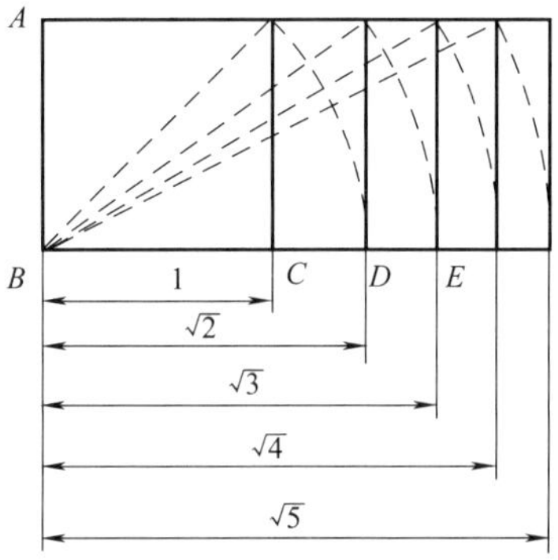	作一个正方形,以此正方形的对角线为半径,以 B 点为圆心作一条弧与正方形底边 BC 的延长线相交于 D 点,这样以 AB 为短边、BD 为长边的矩形即为 $\sqrt{2}$ 矩形 再以 $\sqrt{2}$ 矩形对角线之长为半径、B 点为圆心交 BD 延长线于 E 点。这样,以 AB 为短边、BE 为长边的矩形即为 $\sqrt{3}$ 矩形,依此作法,可作 $\sqrt{4}$、$\sqrt{5}$ 矩形
		方法2 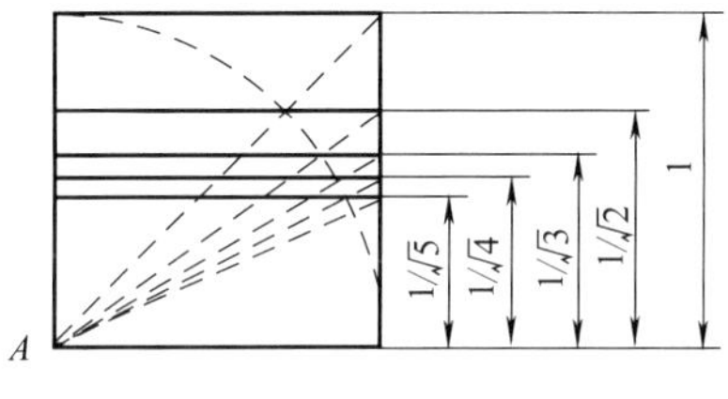	作一个正方形,以某一顶点 A 为圆心,以边长为半径在正方形内画弧与对角线相交于一点,再通过此点画与底边平行的线,则得 $\sqrt{2}$ 矩形。以同法依次画下去,就能得到 $\sqrt{3}$ 矩形,依此作法,可作 $\sqrt{4}$、$\sqrt{5}$ 矩形
		方法3 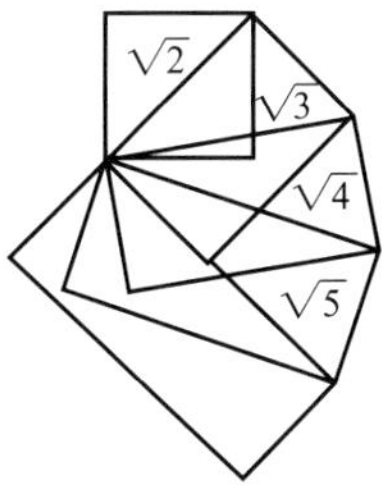	作一个正方形,以其对角线作为一边长,正方形边长为短边构成 $\sqrt{2}$ 矩形。以 $\sqrt{2}$ 矩形的对角线为一边长、正方形边长为短边构成 $\sqrt{3}$ 矩形。以同法反复画下去可画出 $\sqrt{4}$、$\sqrt{5}$ 矩形

续表

分类	图示	构成与分割画法
平方根矩形 $\sqrt{A}$ 矩形的 A 等分	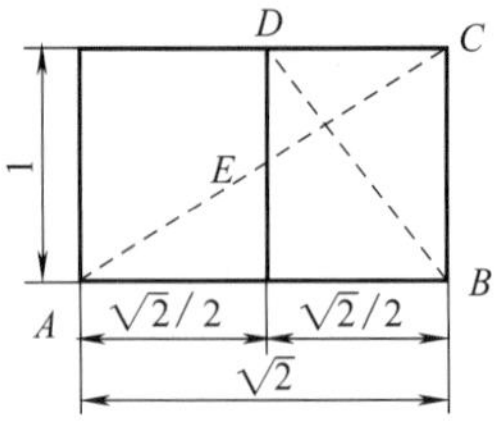 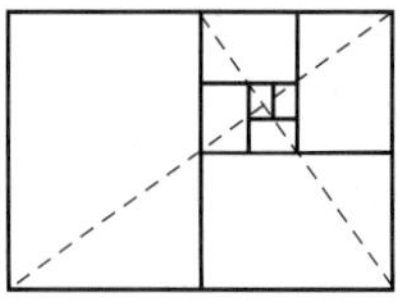 $\sqrt{2}$ 矩形的连续分割 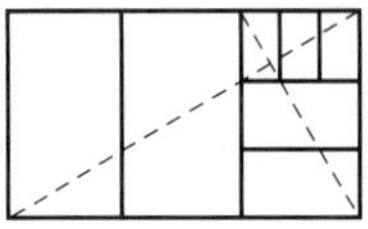 $\sqrt{3}$ 矩形的连续分割 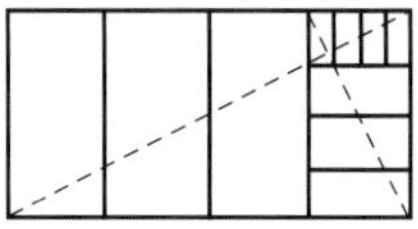　$\sqrt{4}$ 矩形的连续分割 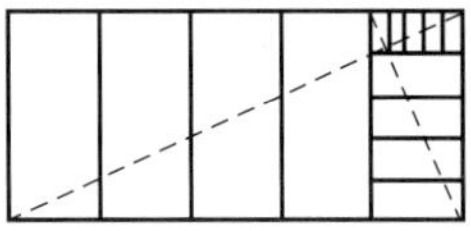 $\sqrt{5}$ 矩形的连续分割	先画平方根矩形的一对角线 AC，而后从另一角点 B 向对角线作垂线，并延长与长边相交于 D，再从 D 点作侧边 BC 的平行线将原矩形切断，这时原矩形就被分割成小矩形。如原矩形为 $\sqrt{A}$ 矩形，则小矩形的长边为 1，短边为 $\sqrt{A}/A=1/\sqrt{A}$ 矩形，称为倒数矩形。 $\sqrt{A}$ 矩形可被分割成 A 个 $1/\sqrt{A}$ 矩形。如一个 $\sqrt{2}$ 矩形可被分割成 2 个 $1/\sqrt{2}$ 矩形；一个 $\sqrt{3}$ 矩形可被分割成 3 个 $1/\sqrt{3}$ 矩形等。 依据分割线与对角线 AC 的点 E 作长边的平行线，可将矩形继续分割，以此类推可产生无穷多个倒数矩形
$\sqrt{A}$ 矩形的 $A+1$ 等分	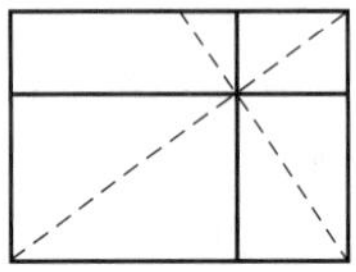 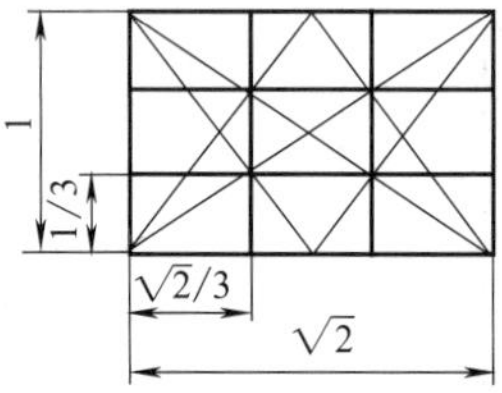	若通过 $\sqrt{A}$ 矩形中的对角线与垂线的交点作矩形两边的平行线，则这个矩形被均分成 $A+1$ 份，即对 $\sqrt{2}$ 矩形，两边可分成三等份，对 $\sqrt{3}$ 矩形来说则分出四等份

3.1.1.4 比例在造型设计中的应用

在造型设计中，应依据形态比例协调的基本规律，合理协调产品功能、结构、技术要求、宜人性等方面的尺寸要求，取得产品形体各部分之间和整体之间的尺寸协调匀称的设计方法，使产品外形具有肯定、协调、秩序和和谐的美感。比例在造型中的应用见表 33-3-3。

3.1.2 对称与均衡

3.1.2.1 定义

① 对称。与工程图学中的形体对称含义相同，指在造型物上的某一方向，假定有一条轴线，将造型物分为等距离的形状相同、大小相等的两个对应部分。符合这种特征者，即认为该物体在这个方向是对称形。

② 均衡。是一种不对称的平衡，它是视觉上的一种心理平衡形式，指造型物的前、后、左、右的体量关系，其表现为等形不等量、等量不等形及不等形不等量三种形态。

③ 体量。指形体各部分的体积在视觉上感到相互间的份量关系。

④ 体量矩。体量对视觉平衡支点的矩。

⑤ 实际均衡。物体根据杠杆原理达到的平衡。

⑥ 视觉均衡。人们凭借视觉对物体的外观形式（形状、色彩、面积、体量、构成关系等）所感受到的平衡。产品造型设计主要研究的是视觉平衡。

3.1.2.2 造型形态均衡的方法（表 33-3-4）

3.1.3 稳定与轻巧

3.1.3.1 定义

① 稳定。是指造型物上下之间的轻重关系。

② 稳定的基本条件。物体重心必须在物体支撑面以内，且重心越低，越靠近支撑面的中心部位，其稳定性越好。

表 33-3-3　　　　　　　　　　　　　比例在造型设计中的应用

名称	方　　法	应 用 示 例
同比例线段构形法	根据产品的功能、技术结构、标准等因素,确定出产品的结构形式和最大尺寸 M_0,以此尺寸为基本尺寸,进行多次的黄金分割,求得与该尺寸具有同一比率的一系列尺寸 $M_1,M_2,M_3,\cdots,M_n$,然后用这些尺寸,对产品各组成部分的大小作协调处理,使产品各部分的比例,既符合技术结构的要求,又具有相同的比例,达到产品外观形式和谐统一	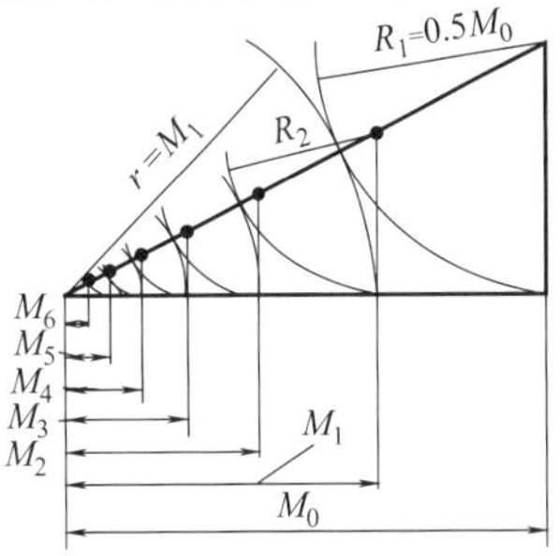 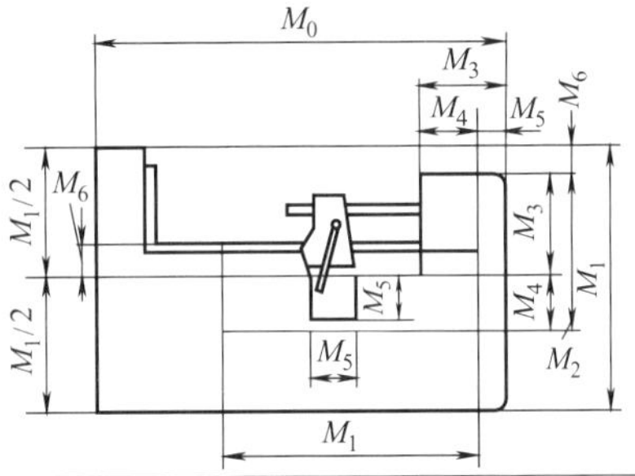
相似形构形法	构成产品造型的矩形之间具有相同而协调的比例关系,依据对角线相互平行或者相互垂直的原理进行组合 根据注塑机的功能要求、工艺范围、传动结构、人机关系等,可以初步定出注塑机的组成尺寸。由图可以看出该机器的正立面基本上由矩形构成,如果在构形时,同时又使各个矩形的对角线互相平行或者垂直,那么它们就是相似的,并具有同一的比例。这样就能使产品的整体和各局部的形体协调统一,具有和谐的比例美	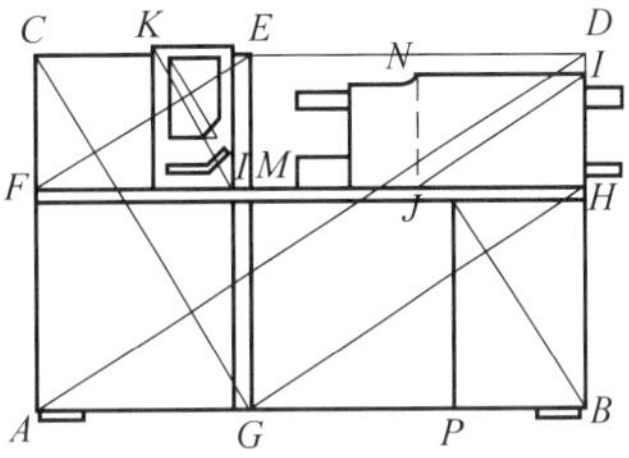

表 33-3-4　　　　　　　　　　　　　造型形态均衡的方法

名称	定义与性质	图例
体量完全对称法	以机器支撑底面的中轴面为基准,使左右两面的体量完全对称的布局,产生最强的均衡感,造型感觉庄重,但会显得呆板单调 对称是最简单的均衡,它是等形等量的平衡,其支点肯定置于对称轴上,同时视觉中心也在对称轴上	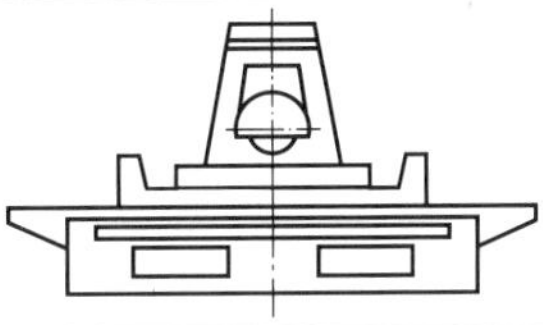 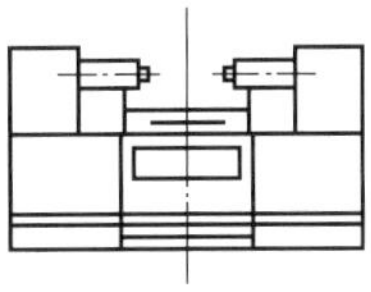
体量矩平衡法	取支撑面的中心线为假想的对称线,然后从整体上作粗略的平衡估计,使整体左、右两边的体量之和相等 这种方法只是在视觉上大致趋于均衡,但并非真正物理量的平衡	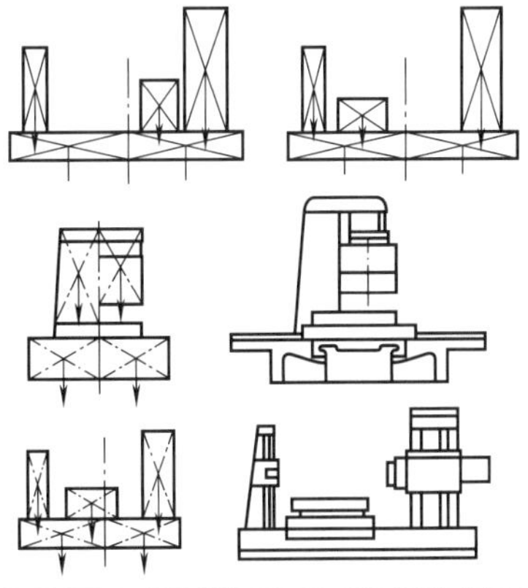

续表

名称	定义与性质	图例
装饰与色彩均衡法	产品上的装饰、色彩以及标牌的位置对产品的整体均衡有着不可忽视的影响。一般都采用与主色调有较强烈对比的色彩,再加上它具有艺术魅力的图案,往往形成了观察者的视觉中心,起到了诱导和补偿某些不均衡因素作用,从而增强了整体设计的均衡感	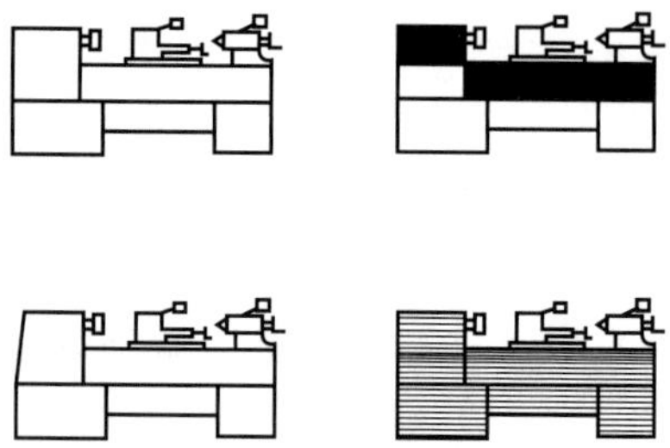

③ 实际稳定。是指产品实际质量的重心符合稳定条件所达到的稳定。

④ 视觉稳定。是指以造型物体的外部体量关系（即外观的量感重心）符合视觉上的稳定感。

⑤ 轻巧。也是指造型物上下之间的大小轻重关系，它的核心是在满足"实际稳定"的前提下，用艺术创造的方法，使造型物给人以轻盈、灵巧的美感。

3.1.3.2 稳定与轻巧的影响因素及造型设计方法

表 33-3-5　　　　稳定与轻巧的影响因素及造型设计方法

影响因素		设计图例	设计方法
物体重心	物体重心高,给人以轻巧感,而重心低的形体则给人以稳定感 扁平的形体、上下大的形体,有良好的稳定效果	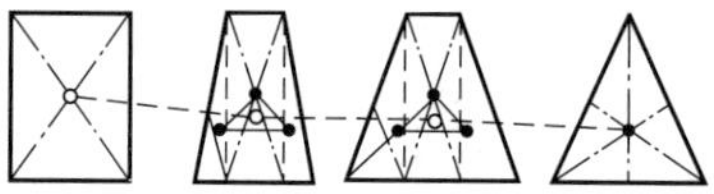	造型时可以采用梯形造型法,使造型物的体量关系由底部较大逐步向上递减缩小,使重心降低,既增强了物体的实际稳定,同时也有良好的视觉稳定效果
		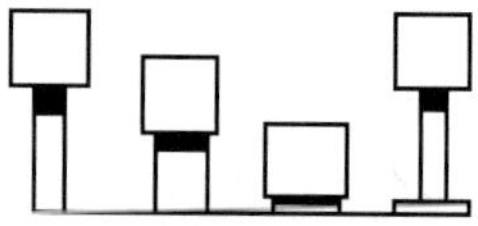 图(a)  图(b)	图(a)中为重心高度不同物体的造型设计 对于重心高的形体,增加底部形体的面积,可减少其不稳定性,如图(b)中的控制台,为了便于操作,需距离地面有一定的高度,在立柱的下面增设扩大支撑面的底板,可增加其稳定感
		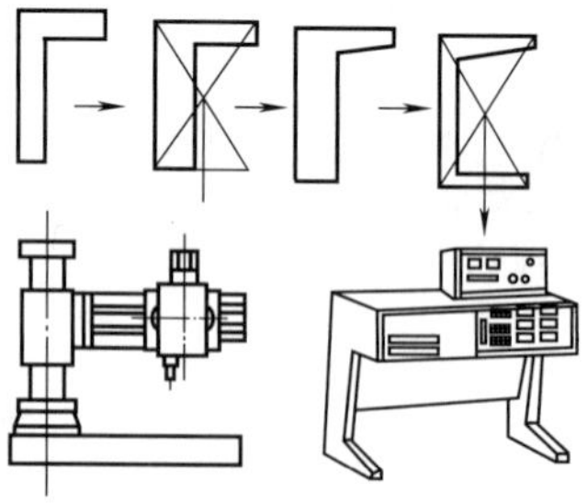	对于重心偏离基本支撑柱的造型,可采用附加或扩大支撑面的方式,去除其倾倒危险的感觉,增加其稳定感

续表

影响因素		设计图例	设计方法
底部面积	底部面积大的形体,具有较强的稳定感,但也有笨拙的感觉;底部面积小的形体则有轻巧感	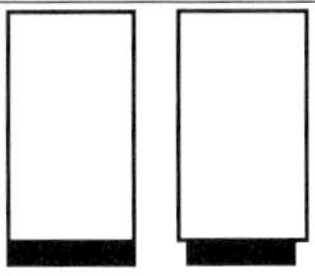 图(a) 图(b)	重心较高的物体,由于本身具有轻巧感,考虑实际和视觉稳定的需要,接地面积就不能太小,如图(a)所示,否则就不稳定,如图(b)所示
结构形式	架空的结构可增加轻巧的造型效果;下部封实的结构,可增加安全稳定的效果 对称结构形式具有稳定感,均衡结构形式具有轻巧感	 图(c) 图(d) 图(e)	而重心较低的产品,由于本身具备稳定感,面积就不宜设计得过大而产生笨重感,如图(c)所示。而将接地面积适当缩小或架空则有轻巧感,如图(d)、(e)所示
色彩及分布	明度、纯度较高的色彩具有轻巧感;明度、纯度较低的具有一定稳定感	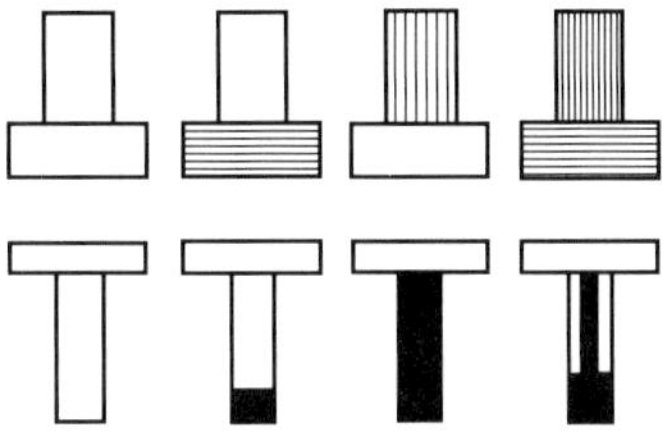	造型时可以运用色彩分割、材质分割、线面分割等方法,其主要作用是将大面积(大体积)产品表面分割成几个部分,在色彩位置分布上,上明下暗具有稳定感,在材质的选择上产品的下部采用粗糙、无光泽的材料或质地,可取得良好的稳定效果
材料质地	粗糙、无光泽的材料具有较大的量感;反光强烈、细腻的材料则相对轻巧		
装饰设置	产品的装饰如商标、铭牌、色带,设置于产品的下部,能增加造型的稳定感,设置在产品的上部,可产生轻巧的感觉	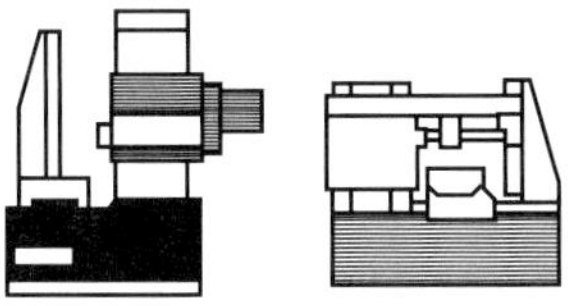	当产品的视觉稳定较差时,可采用合理装饰标牌或其他装饰件的方法,以加强下部形和色的重量感,从而增加稳定度

3.1.4 对比与调和

3.1.4.1 定义

① 对比。是突出同一性质构成要素间的差异性,使构成要素之间有明显的不同特点。通过要素间的相互作用、烘托,给人以生动活泼的感觉。对比强调个性、特征。

② 调和。是指当两个或两个以上的构成要素间存在着较大的差异时,可以通过另外的构成要素的过渡、衔接,结人以协调、柔和的感觉。调和强调构成要素的共性和一致。

对比与调和的关系:对比与调和反映了事物内部发展的两种状态,有调和才有某种相同特征的类别,有对比才有事物的个别形象。

3.1.4.2 造型中的对比和调和方法(表33-3-6)

3.1.5 过渡与呼应

3.1.5.1 定义

① 过渡。是指在造型物的两个不同形状或色彩组合之间,采用一种既联系二者,又逐渐演变的形式,使它们之间相互协调,取得和谐、统一的造型效果。产品造型,一般是通过连续渐变的线、面、体和色彩实现过渡的。

② 呼应。是指在单个或成套设备造型设计中,产品的各个组成部分,或者系列产品中的各个产品,运用相同的或近似的"形""色""质"的处理手段,使造型物在某个方位(上下、左右、前后)上形体的相互联系和位置的相互照应,取得各部分之间的相互关联的统一感和艺术效果。

3.1.5.2 造型设计中过渡与呼应的方法
(表33-3-7)

3.1.6 节奏与韵律

3.1.6.1 定义

① 节奏。节奏是一种有规律的反复运动,在这种反复运动中有强弱、时间等有规律的变化组合。符合事物自身的发展规律,如昼夜交替、四季轮回、机器的运转等。

② 韵律。节奏有强弱的起伏、悠扬缓急的变化,表现出更加活跃和丰富的形式感,这就形成韵律。

表 33-3-6　　　　　　　　　　造型中的对比和调和方法

类型	含义与作用	图例	说明
线型的对比与调和	造型设计中的线主要是指产品的轮廓线、结构线、装饰线、风格线等,落到几何要素上则只有曲线、直线之分。因而线的对比与调和主要表现为：直与曲、粗与细、长与短、虚与实等	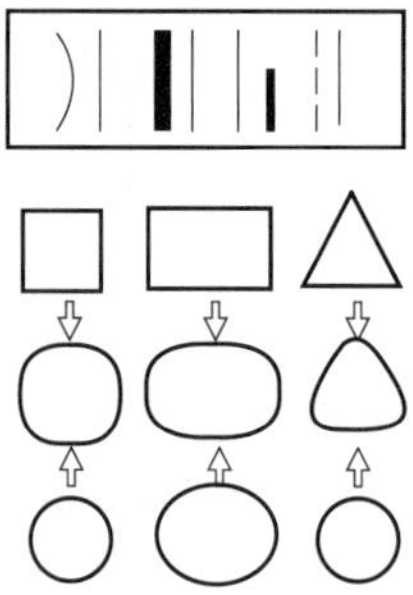	以直线为主的产品轮廓线,在转折部分宜采用弧线或小圆角过渡,形成以直线为主,又有直线与曲线对比的调和效果。同样,以曲线为主的轮廓线,在直线部位应尽量使之自然过渡,形成以曲线为主,又有曲线与直线对比的调和效果
面的对比与调和	面一般都是通过具体的形来表现。面的对比与调和的对比一般通过改变面的形状大小和位置关系来达到 圆形、矩形和三角形是造型设计的基本三原形,三原形形体一般体现着单纯的形式美,从视觉张力的角度,圆形的视觉张力是向四面八方的,视觉张力在整体上产生运动感,而矩形、三角形的张力则沿边线或对角线向外发射,力的大小相同,具有相对的方向感和稳定感。圆形、矩形和三角形之间相互运用可产生丰富的对比与调和关系	图(a)　图(b)　图(c) 图(a)　　图(b)	图(a)的对比效果明显,经过了图(b)和图(c)的中间过渡,可达到调和中有对比的效果 图例为电冰箱的分割图。图(a)的冷冻箱与冷藏箱分割有明显的小与大的对比,而且冷冻箱的长方形呈水平方向,冷藏箱长方形呈垂直方向,又产生了方向对比。图(b)的分割,不仅两箱大与小区分不大,而且两个长方形方向一致,因此没有体现出对比。在视觉上,图(a)比图(b)生动、活泼和舒服 图例采用了"方中有圆,圆中寓方"的设计手法,达到了既有对比又有协调的效果。同时形体本身的变化也比较含蓄,刚柔相济,有较好的视觉效果
材质的对比与调和	在同一形体中,使用不同的材料、不同的加工方法可产生不同的外观效果。材质的对比与调和表现在人造与天然、金属与非金属、有无纹理、有无光泽、粗糙与光滑、坚硬与柔软等	—	一般以一种材料为主其调和感强,多种材料结合其对比感强 产品造型效果中的材质美,往往比色彩美更能给人以深刻、强烈的印象
色彩对比与调和	不同的色彩(色相)、明度、纯度都可以形成对比,由此也可产生出冷暖、明暗、进退、扩张与收缩等对比	详见 3.3.4 节	—
排列对比与调和	利用线、形、体、色、质等造型元素,在造型平面和空间的排列关系上,形成繁简、疏密、虚实、高低的排列变化,达到变化协调、自然生动的视觉效果	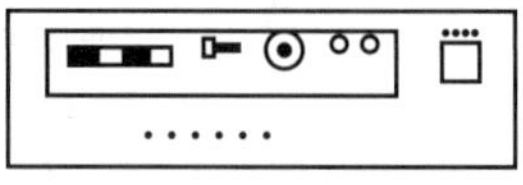	图例中的电子仪器面板上仪表和旋钮的安排采用上繁下简、左右空旷的布局,给人以轻巧自然的感觉。若改为下繁上简,则有增加稳定感的视觉效果。但对于这种水平方向较长的造型物来说,因为自身稳定感较好,所以采用上繁下简以产生轻巧感为好

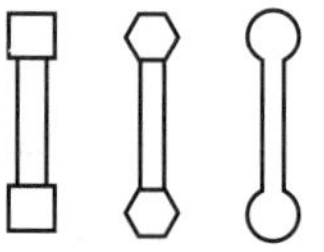

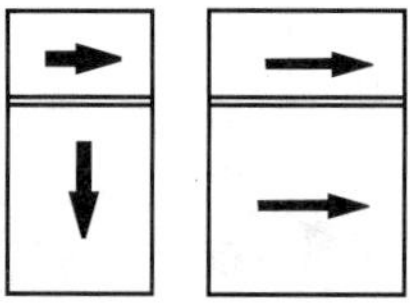

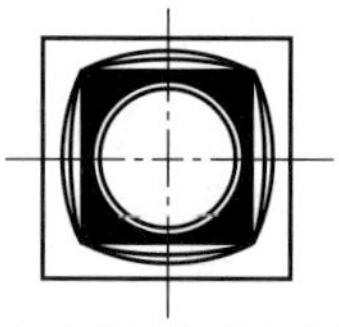

表 33-3-7　　造型设计中过渡与呼应的方法

类型	定　义	图　例	说　明
直接过渡	形体与形体之间无中间阶段的过渡，即从一种物形直接过渡到另一种物形	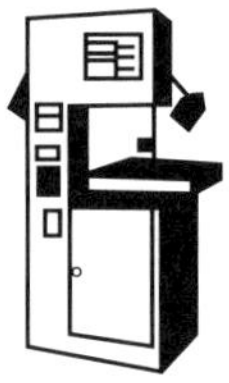	形体与形体之间棱角清晰，对比强烈，给人一种坚硬、锋利感，但缺乏亲切感。在设计一些需要柔和效果的产品时要尽量避免
间接过渡	将差异较大的结构进行逐步的变化，如形体由大到小，色彩由明到暗而获得的一种过渡的效果	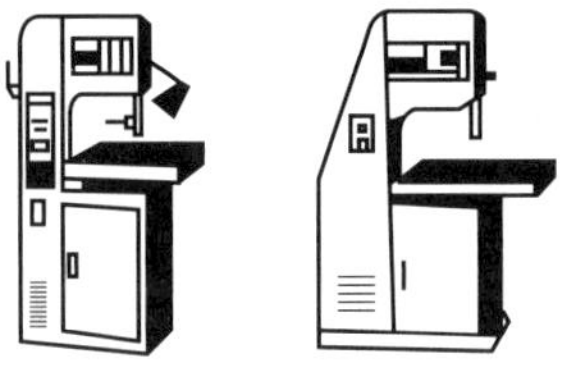 图(a)　　图(b)	图(a)为小圆角过渡形式，由于圆弧半径较小，不仅使人感到亲切柔和，而且轮廓线清晰，是现代工业产品广为采用的一种基本形式 图(b)为斜面过渡形式，过渡斜面的大小可视具体产品而定。该方式既能满足工艺要求，也能达到审美目的
呼应	呼应会使人在视觉印象上产生相互联系的和谐统一感，是造型变化统一的一种表现	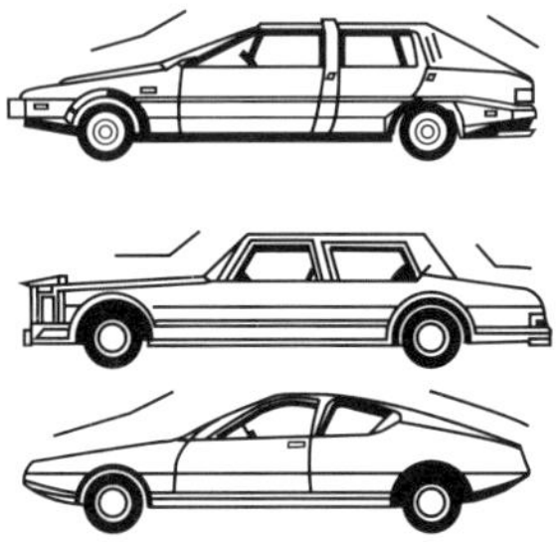	图例为三种小轿车的造型简图，车身前部和后部的形体关系上是前后呼应的，从而增强了整车的前后联系，使之具有和谐、完整的统一美感 试想如将三种车的头尾形式分别对调，则会失去完整的统一感

③ 节奏与韵律的关系。韵律是节奏的更高形式，节奏表现为工整、宁静之美，韵律则表现为变化、轻巧之美，节奏是韵律的基础，韵律是节奏的升华。

④ 节奏与韵律的造型体现。在造型设计中，节奏与韵律的感觉是运用造型要素如形态、线条、色彩和肌理作有规律的重复或有规律的变化来体现的。

3.1.6.2　韵律的基本形式

表 33-3-8　　韵律的基本形式

类型	含义与作用	图　例	特　点
连续韵律	体量、线条、色彩、材质等造型要素有条理地排列	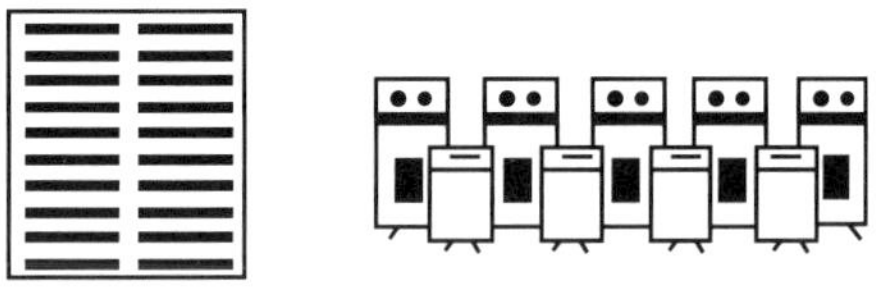	这是一个要素无变化的重复
渐变韵律	造型要素按照一定规律，有组织地变化而产生的韵律	线条间疏密的变化　线条本身粗细的变化 垂线由递减到递增的韵律　垂线由递增到递减的韵律 	渐变韵律既有节奏又有规律，且表现手法简单易行，所以在工业造型设计中运用较多

续表

类型	含义与作用	图例	特点
交错韵律	造型要素按照一定的规律,进行交错组合而产生的韵律	 线条的交错组合 　色块的交错组合	交错韵律的特点是造型要素之间对比度大,给人以醒目的作用
循环韵律	造型要素按照一定规律,周而复始地循环组合而产生的韵律	 国际羊毛局标志 　中国东风牌的汽车标志	图例中的国际羊毛局标志和中国东风牌的汽车标志均体现了循环韵律的造型特点
起伏韵律	造型要素具有高低、长短、大小、方圆、粗细、曲直、软硬的起伏变化而产生的韵律	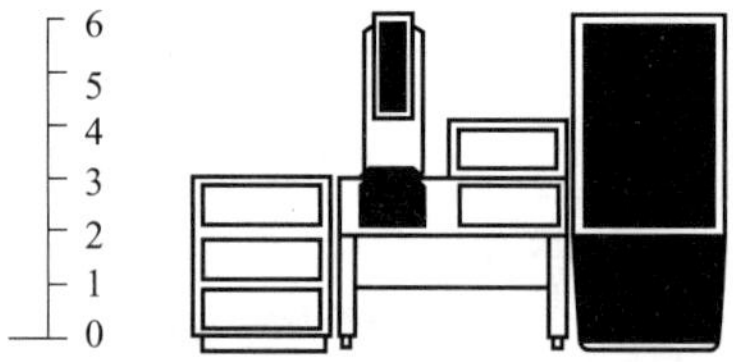	图例为一套测试装置的造型,该装置由电气柜、主测试台、试件保存柜三个部分组成。设计时应考虑到整体组合的形象。该装置的造型在高度方向上取六个相等的尺寸作为重复因素,使长度方向的四个部分,形成"3-6-4-6"的起伏韵律。使整个仪器的造型既完整统一而又不失单调乏味

3.1.7 统一与变化

3.1.7.1 定义

① 统一。强调局部在整体中的共同性和协调关系,表现出事物的各构成因素的同一性和秩序。

② 变化。是突出产品的局部在整体中的个性,强调各构成因素的差别。

3.1.7.2 造型设计中的统一与变化方法

在形式美的诸多法则中,统一与变化规律是它们的集中与概括。这些法则都从不同角度反映了统一与变化的基本规律。造型设计中的统一与变化方法如表33-3-9所示。

表 33-3-9　　　　造型设计中的统一与变化方法

方式		主要方法	示例
变化中求统一	比例与分割的协调统一	同一产品的总体与部分及部分与部分之间应尽量选取相同或相近的比例关系,以加强各部分之间的相互联系和共性。比例的统一可加强条理性,容易达到统一的整体效果	
		因产品功能的需要或其他原因,需将同一整体进行分割划分,可采用等比例的重复分割或变比例的渐变分割,使划分效果具有一定的秩序感和韵律感,加强条理性	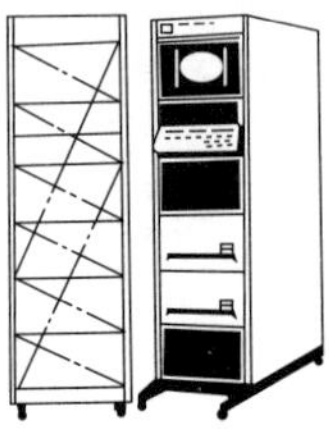

续表

方式		主 要 方 法	示 例
变化中求统一	线型风格的协调统一	将一件产品作为一个完整的系统来对待,其总体的轮廓线型及组成产品的各独立部分的轮廓线应大体一致,确定线型的主调,如直线平面型或曲线曲面型 以直线为主要线型的造型设计,产品的整体外形和主要部件外形,均以直线构成形体,面与面之间,尽量采用平面或者斜面过渡,给人以挺拔、坚定、精确的感觉 以曲线为主要线型的造型设计,产品的整体轮廓和主要部位均以曲线构成,面与面的转折和衔接用曲面过渡,给人以圆润、浑厚、流畅、运动的感觉	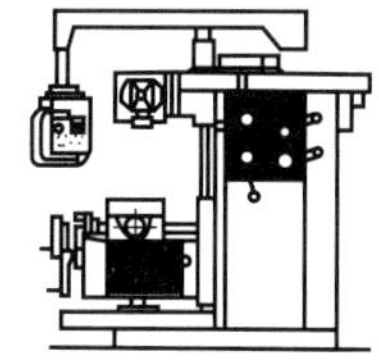 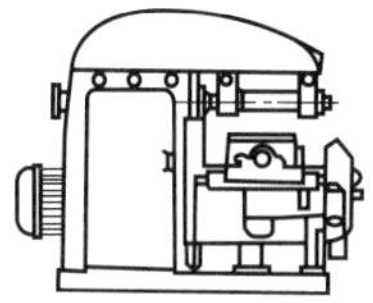
	色彩配置的协调统一	运用色彩是获得产品协调统一的有效手段。任何一种产品都应具有主体色调,只有突出产品的主体色彩,才能使产品总体形象统一	—
统一中求变化	对比方法 — 形态对比变化	主要指产品形体线型的对比变化。通常在产品主体线型风格确定的前提下,局部地运用线的曲直、方向、位置等变化因素与主体线型形成一定的差异性,从而增强产品形象的主动性和变化性 右图中示出了缝纫机形态变化,图(a)以直线为主调,缺乏变化,显得呆板;图(b)中增加了圆弧过渡,稍有变化;图(c)增加了斜线的对比因素,显得生动、活泼,又不失挺拔	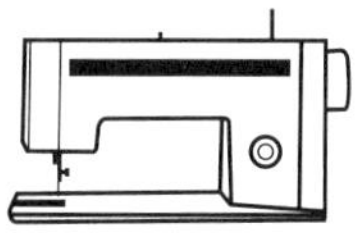 图(a) 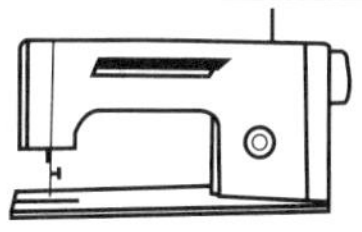 图(b) 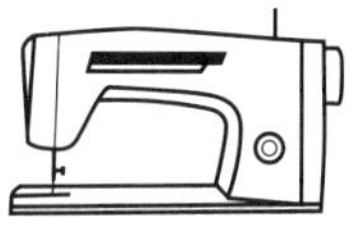 图(c)
	体量对比变化	指产品形体本身或形体之间的大与小、多与少的对比变化,这是为防止过分一致而产生单调感觉 示例中采用底部形体缩小或减少的处理,与上部形成体量对比,从而产生轻巧、活跃的感觉	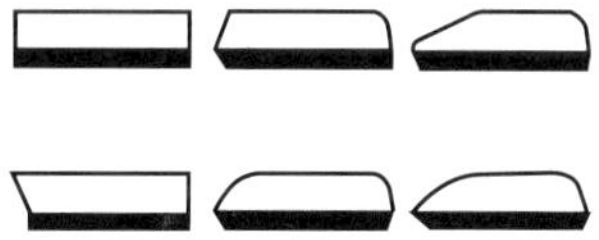
	材质对比变化	由不同材质形成不同的视觉肌理而形成对比关系 示例中电熨斗的手柄与熨烫部分所形成的材质对比变化,给人以舒适、和谐的感觉,又不显单调	
	色彩对比变化	在产品主色调的基础上,进行小面积局部的色彩变化,形成明与暗、冷与暖、浓与淡等方面的对比关系,可以加强色彩的感染力和活跃气氛。尤其是对于重点部位的配色,可以明显地突出产品的特点,产品的装饰线、商标、字体等选用与主体色彩有差异的色彩,可以起到画龙点睛的作用	
	节奏变化	节奏是运用某些造型要素(如形状、色彩、质感)有变化的重复、有秩序的变化,形成一种有条理、有秩序、有重复、有变化的连续性的形式美	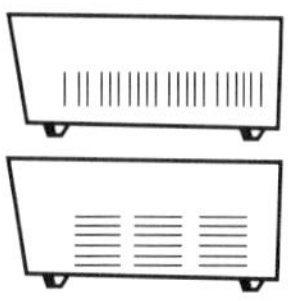

续表

方式		主要方法	示例
统一中求变化	突出重点方法	突出重点,就是对造型物某个部位,着意进行精细刻画和雕琢,使其显示出突出的艺术造型效果,以形成吸引人注意力的"视觉中心"。而对造型的次要部位,只作统一性的一般处理,以烘托重点部位的表现力 可采用形体对比、色彩对比、材质对比来突出重点部位 可运用特殊的装饰工艺来获得特殊的面饰的效果,来突出重点部位 可利用商标、铭牌、新颖的外观件等来突出重点部位	对于机械产品,常常把主功能部位、主要操作部位、重要的运动装置以及特殊的标志等作为突出的重点。例如磨床的磨头部位,组合机床的动力头部位,主要的开关、手轮、旋钮、集中操纵站,加工中心的刀库,起重装置的吊杆吊钩,危险及报警装置等,均可作为突出的重点部位

3.2 产品造型要素及其性格

任何产品的形态,都是由一些最简单的和最基本的点、线、面、体组合而成。各种形状的点、线、面、体以及色彩、质感等,都是产品造型形态的造型要素。

3.2.1 点

3.2.1.1 定义

点是造型的最基本的元素,在几何学、图形学、形态学中被视为重要的基础要素。在几何学中点是线与线相遇的交叉点,只有位置作用,没有大小形状之分。在造型学中,将点视为可以感受到的、看得见的,既有大小又有形状,这才能够产生线、面、体积和空间。点的形状、数量、位置及排列方式不同时,其性格与表情是不一样的,如表 33-3-10 所示。

3.2.1.2 点要素及其性格与表情(表 33-3-10)

3.2.2 线

3.2.2.1 定义

几何学上的线是点移动的轨迹,没有粗细,只有长度和方向。就形态构成而言,线有形状,有粗细,有时还有面积和范围。线在空间中起贯穿作用,线的排列可形成面,是重要的形态要素。

造型设计中的几何形态线一般分为直线、曲线、复线三种,各类线的性格与表情如表 33-3-11 所示。

3.2.2.2 线要素及其性格与表情(表 33-3-11)

表 33-3-10　　　　　　　　　点要素及其性格与表情

造型要素		图示	性格与表情
点的形状	直线型	 ⬢ ◆ ▼ ■ ■	给人以坚实、有力、稳定与静之感
	曲线型	♀ ✦ ⬭ ○ ●	给人以饱满、充实、圆润与运动之感
	字母型	H T O P	给人的感觉介于直线型和曲线型之间
点的感知心理	一个点	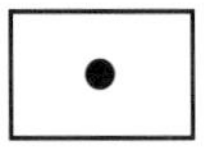 [·]	此点显得特别突出,不断地吸引人们的视线而形成视觉的中心
	两个点	[· ·]	在视觉上两点之间有相互吸引和排斥的作用,导致人们的视线在两点之间不停地往复移动,形成两点之间似乎有线相连的视觉效果
		[· •]	两个点若大小不同,大点首先引人注目,而后会诱导人们的视线由大向小移动,产生强烈的运动感

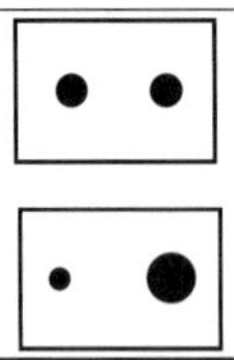

续表

造型要素		图示	性格与表情
点的感知心理	奇数点	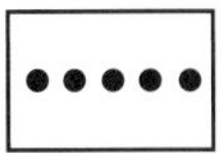	奇数点能形成视觉的停歇点，在心理上产生稳定感，但点不宜过多，一般不超过七个点，否则不宜捕捉到视觉停歇点
	等量分散点	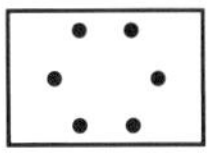	由于视线分散，不易形成视觉中心，观察后给人某种图形的视觉效果
	多点排列	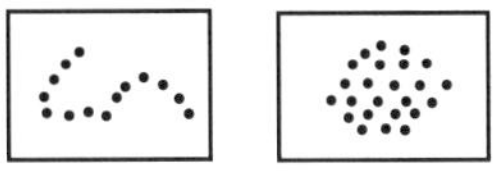	多点作间隔排列时有线的感觉 多点作相对集中排列时有面的感觉
点的排列组合	单调排列	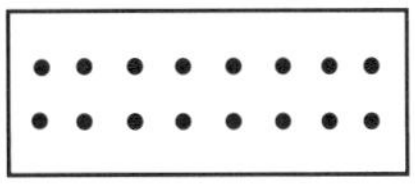	许多等同形状、等同大小的点均匀排列，其视感单调而无生趣。但有时由于画面成分复杂，这种组合可以取得秩序、规整、不散慢的效果，并能显示出严谨、庄重的气氛
	间隔变异排列	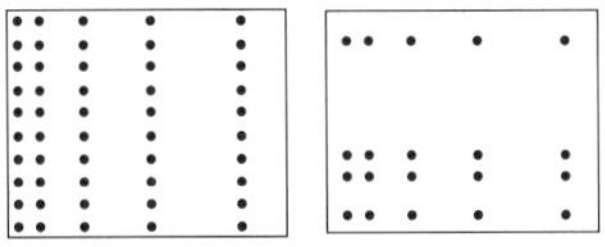	许多等形等量的点作有规律而变异其间隔的排列，可稍减其沉静呆板之感，并仍能保持其秩序与规整。实际应用时，可将同作用、同性质的点分段归纳、规整排列，中间留出较明显的间隔，形成音乐中的"休止符"的意义
	大小变异排列	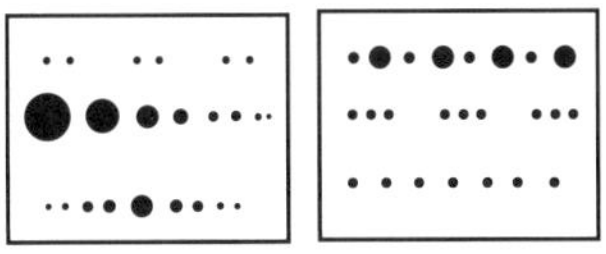	成组点不仅按间隔排列，而且大小产生变异，整幅画面不仅保持了一定的秩序性，而且更显活泼可爱
	紧散调节排列	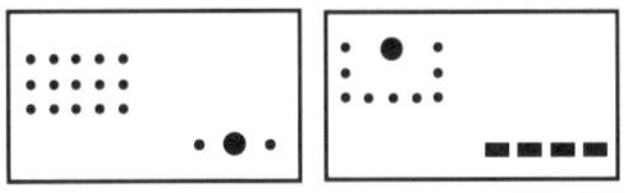	画面新颖有趣，并能按功能要求作出归纳、布局，既美观、活泼，又突出重点，富有规律
	图案排列	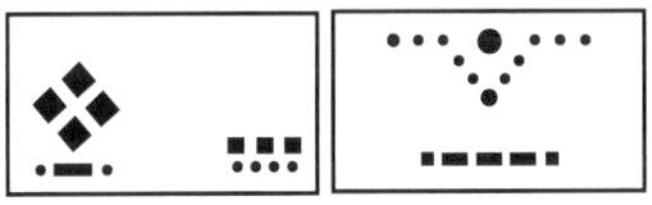 图(a)　　图(b)	按功能需要将点作必要归纳布局，同时有意识地排列成图案纹样或象征性的图形，则能更加显得精致有趣，给人一种独具匠心的美感 图(a)是在变异排列的基础上，通过形量相间的变化，来获得一种图案美；图(b)则通过左右对称、上下均衡的构成布局来获得另一种图案美

表 33-3-11　　　　　　　　　　　线要素及其性格与表情

要素		性质	图例	性格与表情
直线	直线形成	点的移动轨迹或两面相交之共线即为线	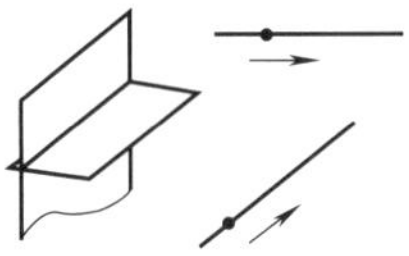	是男性的象征，具有简单明了和直率的性格，表现出力度美、速度感、紧张感
	粗细直线	由不同大小的点运动形成	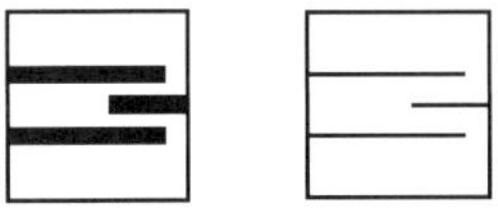	粗直线表现力强、钝重、粗笨、厚重、豪爽 细直线表现秀气、锐敏、紧张感、速度感
	水平线	平行于水平面的直线，为一切线的基准线		给人以起始、平静、稳定、庄重的感觉，同时还具有平稳的流动感，这种动感同样是使人感到平衡、安全的运动

续表

要素			性质	图例	性格与表情
直线	垂直线		垂直于水平线的直线	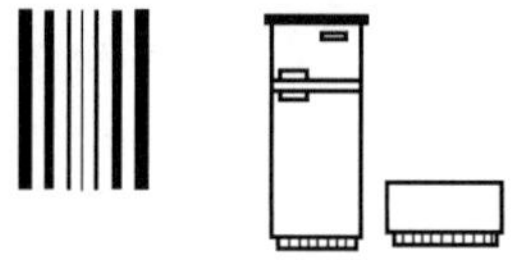	庄重严肃、坚固沉重、挺拔向上的知觉感
	斜线		与水平线成一方位角的直线	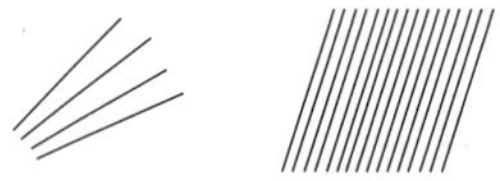	具有较强的动感,给人以放射、速度、飞跃、向上、不稳定的感觉
曲线	曲线		点的运动方位不断改变所形成的运动轨迹	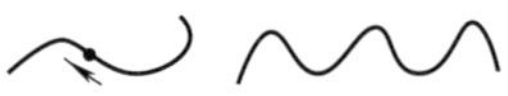	能给人以运动、温和、流畅、优雅、丰满、柔软等感觉
	函数曲线		可用数学方程描述的曲线	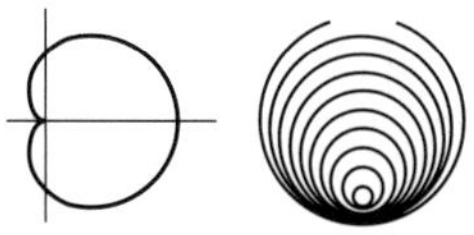	函数曲线都具有渐变、连贯、流畅的特点,并按一定规律变化和发展
	自由曲线	有规律曲线	比例曲线:按一定的比例关系和作图方法,与原始曲线间形成比例变化的派生曲线	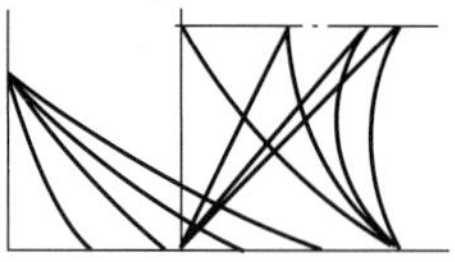	除具有一般曲线的形式心理外,这类曲线构成的曲线由于有内在的变化关系,产生十分协调与柔和变化的感觉
			同族曲线:按一定的比例关系和边界条件,与原始曲线间形成比例变化的派生曲线	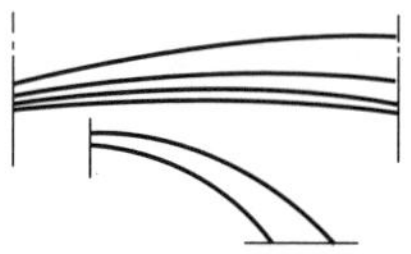	
			波纹线:具有周期性变化的曲线		
		无规律曲线	没有一定的规律,自由绘制的曲线		曲线自由的伸展,并具有优美弹性,柔软流畅,奔放丰富之感
复线	折线	折线	以倾斜线构成,方位随时改变的连续折线	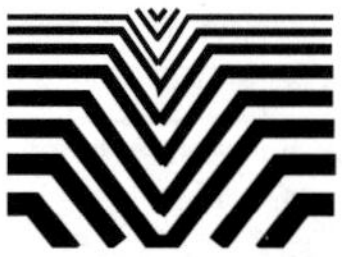	给人以起伏、循环、重复、锋利、运动的感觉。有规律的弯折具有节律感,而无规律的弯折虽变化活泼,但也有跳动和混乱的感觉
		凸凹线	以水平线和垂直线组合构成的折线		
	子母线		在粗线两侧或某一侧附加细线或曲线而形成的复线		子母线具有直线和曲线的共同特征,刚直而富有柔和感,是装饰线中广泛采用的基本线型

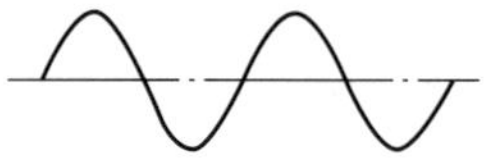

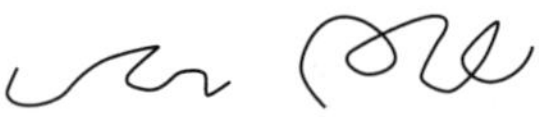

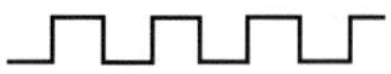

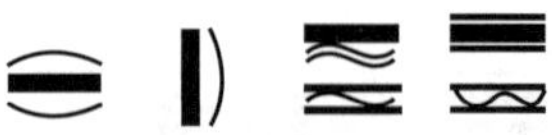

3.2.2.3 工程中常用函数曲线方程

表 33-3-12   工程中常用函数曲线方程

名称	定 义	曲线方程	图 示
圆	一动点 M 与定点 O 成等距离的点的轨迹。定点称为圆心;距离称为半径	标准方程: $x^2+y^2=R^2$ 参数方程: $\begin{cases} x=R\cos\varphi \\ y=R\sin\varphi \end{cases}$	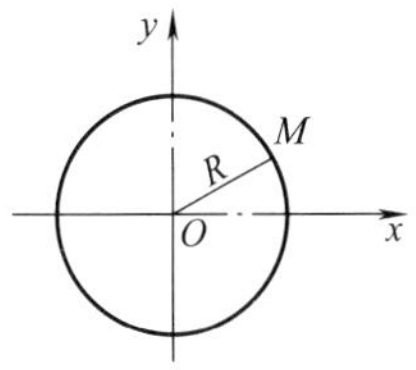
椭圆	一动点 M 到两定点 F_1、F_2 的距离之和是常数 $2a$ 时的轨迹称为椭圆。F_1、F_2 称为焦点,动点 M 到焦点的距离称为焦半径	标准方程: $\dfrac{x^2}{a^2}+\dfrac{y^2}{b^2}=1$ $(b^2=a^2-c^2)$ 参数方程: $\begin{cases} x=a\cos\varphi \\ y=b\sin\varphi \end{cases}$	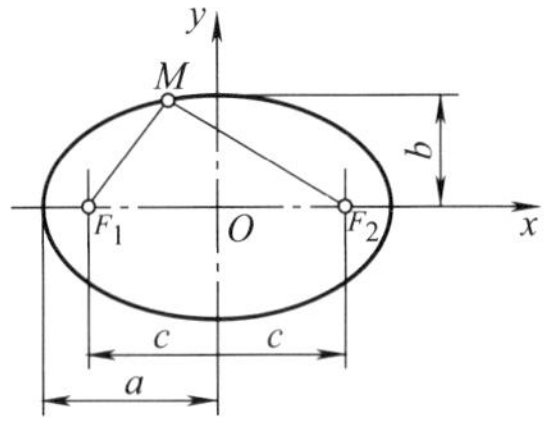
抛物线	一动点 M 与定点 F 和到定直线 L 等距离的点的轨迹称为抛物线。定点 F 称为"焦点",定直线称为准线	标准方程: $y^2=2px\ (p\geqslant 0)$ 参数方程: $\begin{cases} x=2p\varphi^2 \\ y=2p\varphi \end{cases}$	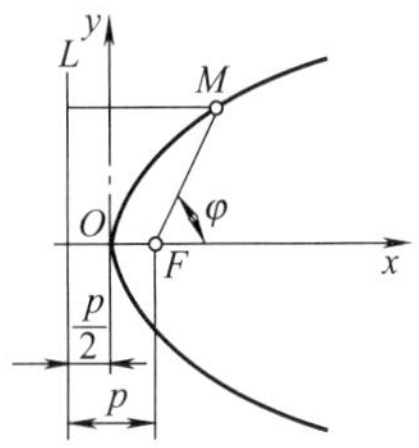
双曲线	一动点 M 与两定点 F_1、F_2 的距离之差等于 $2a$ 的点的轨迹称为双曲线。定点 F_1、F_2 称为焦点。动点 M 到焦点的距离称为焦半径	标准方程: $\dfrac{x^2}{a^2}-\dfrac{y^2}{b^2}=1$ $(b^2=c^2-a^2)$ 参数方程: $\begin{cases} x=a\sec\varphi \\ y=b\tan\varphi \end{cases}$	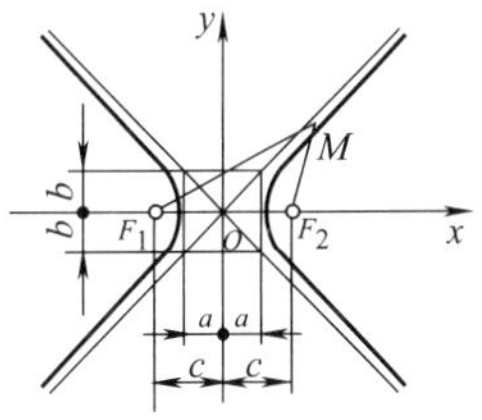
渐开线	动直线 L 沿定圆无滑动地纯滚动,动直线上某一点的轨迹	参数方程: $\begin{cases} x=R(\cos\varphi+\varphi\sin\varphi) \\ y=R(\sin\varphi-\varphi\cos\varphi) \end{cases}$	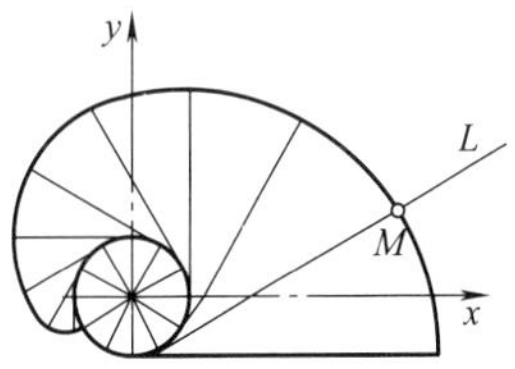
悬链线	在两个固定点间挂一链条,它在重力的作用下大致下垂成悬链线的形状称为"悬链线"	标准方程: $y=\dfrac{a}{2}(\mathrm{e}^{\frac{x}{a}}+\mathrm{e}^{-\frac{x}{a}})$ 式中 e ——自然对数的底 a ——任意整数	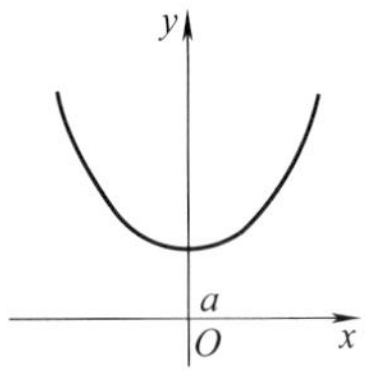

续表

名称		定 义	曲线方程	图 示
贝努利双纽线		设两个定点 F 和 F_1，它们之间的距离为 $2a$，若动点 M 到两定点 F 和 F_1 之间的距离之积为 a^2，则 M 点的轨迹为双纽线	标准方程： $(x^2+y^2)^2=2a^2(x^2-y^2)$ 极坐标方程： $\rho^2=2a^2\cos2\theta$	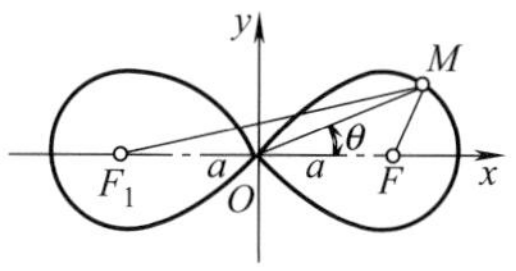
摆线	旋轮线	当动圆 C 沿着定直线 l 滚动（没有滑动）时，动圆周上一点 M 的轨迹称为摆线，又称旋轮线	参数方程： $\begin{cases}x=r(\theta-\sin\theta)\\y=r(1-\cos\theta)\end{cases}$ 式中 r——动圆的半径	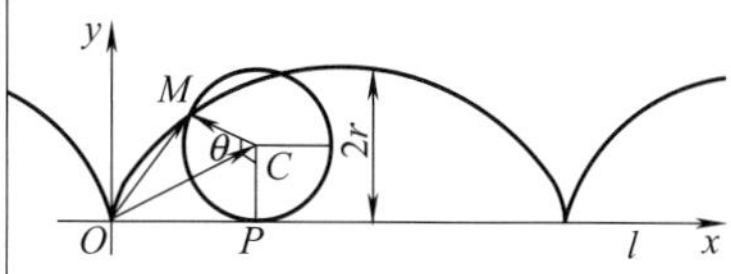
	最速降落线	当一质点仅凭重力从 P 降到 M 时，以沿图示的摆线下降为最速，所以摆线又称为最速降落线	参数方程： $\begin{cases}x=r(\theta-\sin\theta)\\y=r(1-\cos\theta)\end{cases}$ 式中 r——动圆的半径	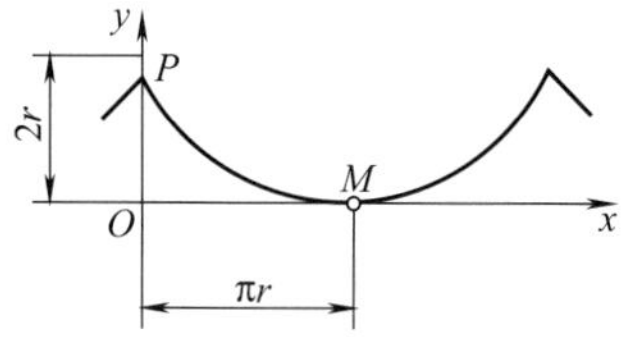
	内摆线	当动圆 C 在另一定圆的内部滚动时，动圆周上定点 P 的轨迹称为内摆线	参数方程： $\begin{cases}x=(R-mR)\cos m\theta+mR\cos(\theta-m\theta)\\y=(R-mR)\sin m\theta-mR\sin(\theta-m\theta)\end{cases}$ 式中 r——动圆半径； R——定圆半径； $m=\dfrac{r}{R}\;(r<R)$	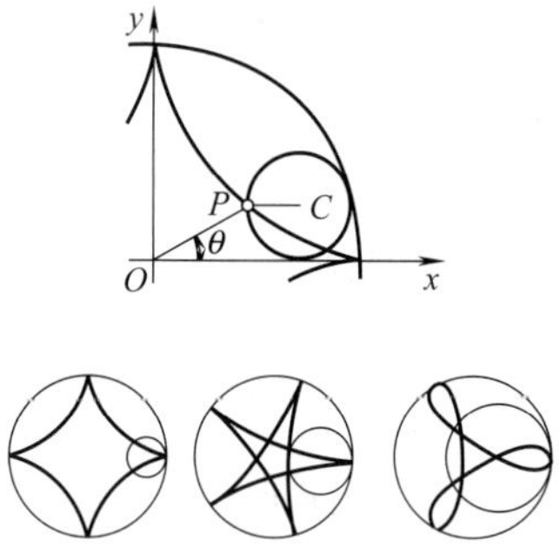 $m=\dfrac{1}{4}\quad m=\dfrac{2}{5}\quad m=\dfrac{2}{3}$
	外摆线	当动圆 C 在另一定圆的外部滚动时，动圆周上定点 P 的轨迹称为外摆线	参数方程： $\begin{cases}x=(R+mR)\cos m\theta-mR\cos(\theta+m\theta)\\y=(R+mR)\sin m\theta-mR\sin(\theta+m\theta)\end{cases}$ 式中 r——动圆半径； R——定圆半径； $m=\dfrac{r}{R}$	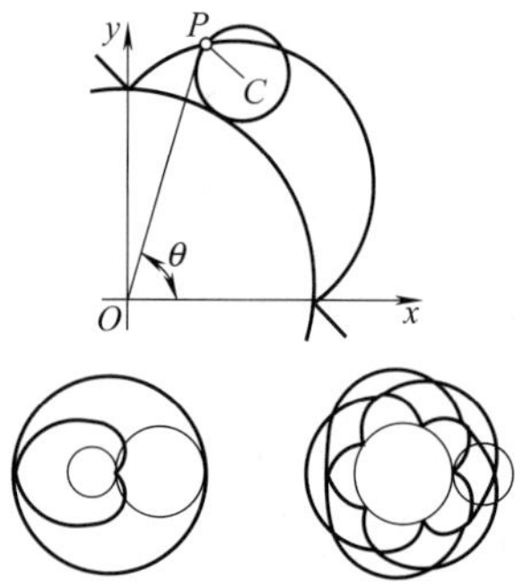 $m=2\quad m=\dfrac{3}{5}$

续表

名称	定义	曲线方程	图示
阿基米德螺线	当一动点 P 沿动射线 OP 以等速率运动的同时，这射线又以等角速度绕 O 点旋转，点的轨迹称为阿基米德螺线	极坐标方程为： $\gamma = a\theta$	
玫瑰线	意大利数学家格兰弟发现的一种像花朵一样美丽的曲线，称为玫瑰线	极坐标方程： $\rho = a\sin b\theta (0 \leq \theta < 2\pi)$ 式中 a,b——任意正数 玫瑰线的形状由 b 的数值决定，若 b 为奇数时，玫瑰线 b 叶；若 b 为偶数时，玫瑰线 $2b$ 叶	三叶玫瑰线($b=3$时)　四叶玫瑰线($b=2$时)
笛卡儿叶形线	笛卡儿首次发现，在第一象限中的部分，形状像一瓣嫩叶，故称为叶形线	标准方程： $x^3 + y^3 - 3axy = 0$ 参数方程： $\begin{cases} x = \dfrac{3a\tan\theta}{1+\tan^3\theta} \\ y = \dfrac{3a\tan^2\theta}{1+\tan^3\theta} \end{cases}$ 式中 a——正的常数	

3.2.3　面

3.2.3.1　定义

从几何的角度分析，面是线以某种规律运动的轨迹，不同的线以不同的规律运动形成不同形状的面，如图 33-3-1 所示。面的种类很多，常用的面有平面类和曲面类。

图 33-3-1　面的生成与含义

3.2.3.2　平面要素及其性格与表情

平面给人的感觉是平坦、规整、简洁、朴素。由于平面易于制造与加工，使用上有很多优良性能，所以平面是各类造型物中使用最广泛的、最基础的面。建筑物、机器、仪器和仪表及家具等表面大多数是平面。各类平面要素及其性格与表情如表 33-3-13 所示。

3.2.3.3　曲面要素的形成与演变

曲面使人感到流畅、光滑、柔和、丰满、富于变化、有动感。曲面要素的形成与演变如表 33-3-14 所示。

表 33-3-13　　　　　　　　　　平面要素及其性格与表情

要素		性质	图例	性格与表情
典型平面图形	正方形	四边相等，四角皆呈直角	正方形　　长方形	正方形给人以形态规整、端庄大方、严肃明确、静止的感觉
	长方形	也称矩形，其四角均为直角，四边两两对应相等		长方形端庄、稳定中显得有变化，在庄严中又显得比正方形活泼。长方形长边水平放置显得稳定，长边竖直放置显得挺拔、高耸，若长方形倾斜放置则给人以不安定倾倒的感觉

续表

要素		性质	图例	性格与表情
典型平面图形	梯形	梯形的上、下两底边相互平行而其两腰可呈现为各种不同角度和方向倾斜的四边形	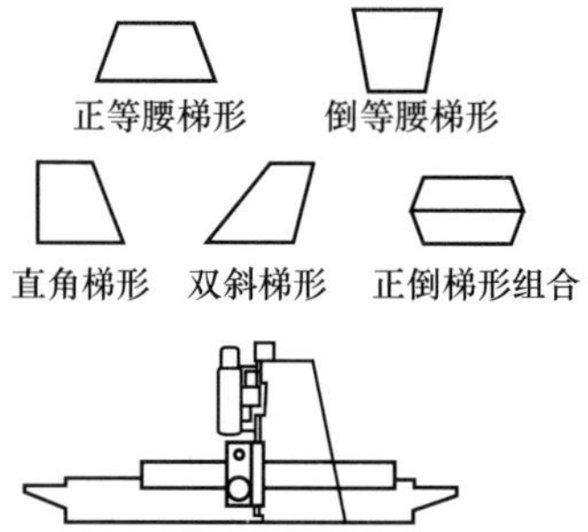 正等腰梯形　倒等腰梯形 直角梯形　双斜梯形　正倒梯形组合 造型中梯形的应用	正等腰梯形上底短下底长,显得端庄稳定 倒等腰梯形显得轻巧 直角梯形显得稳定有力 双斜梯形有动势 如果正梯形与倒梯形组合造型,则给人以既活泼生动,又轻巧稳定的感觉
	三角形	三边中两边相等为等腰三角形 三边相等,各边夹角均为60°为等边三角形 三边不等夹角和为180°的三角形为不对称三角形	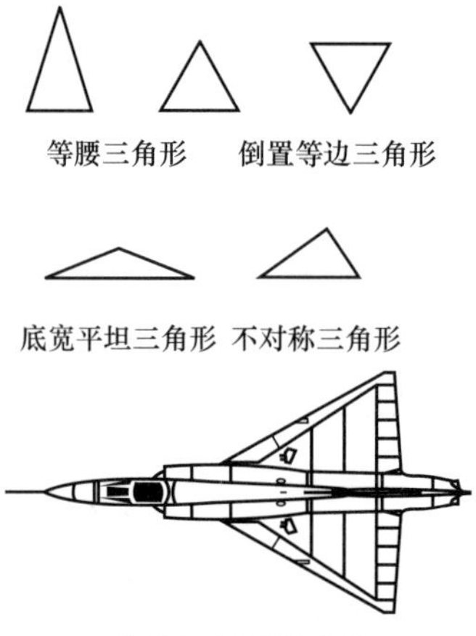 等腰三角形　倒置等边三角形 底宽平坦三角形　不对称三角形 造型中三角形的应用	等腰三角形显得稳定,有进取攀登之势,有尖锐之感,顶角越小(高底之比越大)则刺激感越强 等边三角形的三角、三边相等,形态均衡、稳定,仍有刺激感但不大,形象端正但略显呆板 倒置的正三角形则会产生强烈的不稳定感 三角形过于底宽平坦,缺乏活力,但稳定性好 不对称三角形,有向尖角方向运动之势态
	圆	周边上各点距中心等距、处处曲率相同、半径不变	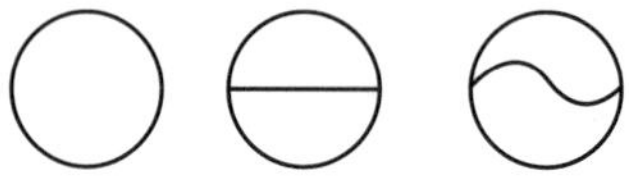	有极好的对称感和平衡稳定感,有饱满、充实、完美、光滑封闭统一的感觉。如果在圆形中加上水平线,则形成动中有静的感觉,如果圆形中加上波浪形曲线,则加强圆的动感,产生动中有动的视觉感
	椭圆	圆的派生形式,随长短轴比例不同而呈现不同现象		给人以光滑、柔和、流畅和秀丽的感觉
	曲边平面图形	边为一定曲率半径的曲线所构成的正多边形和四边形	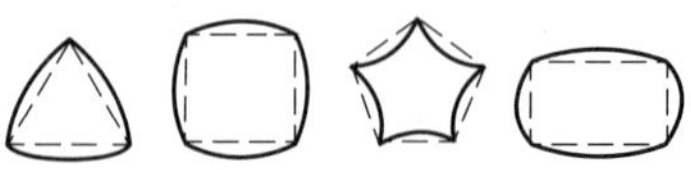	造型中吸取了曲线的特点,但又保持原图形的基本性质,给人以严肃,但又生动、自由、轻巧、活跃、亲切的视觉效果

表 33-3-14　　曲面要素的形成与演变

分类与名称		性　质	图　例
回转面	圆柱面	由直线母线绕与其平行的轴线旋转而成	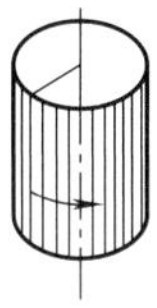
	圆锥面	由直线母线绕与其相交的轴线旋转而成	
	球面	由一圆母线绕与其相交的轴线旋转而成	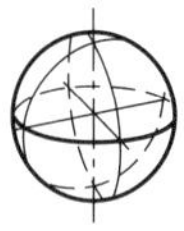
	单叶回转双曲面	以直线作母线绕与其交叉的轴线旋转而成的 设 (x,y,z) 是直角坐标,其标准形方程为 $\dfrac{x^2}{a^2}+\dfrac{y^2}{b^2}-\dfrac{z^2}{c^2}=1$。它与平行于 XOY 平面的截线都是椭圆,与垂直于 OX 轴或 OY 轴的平面的截线都是椭圆	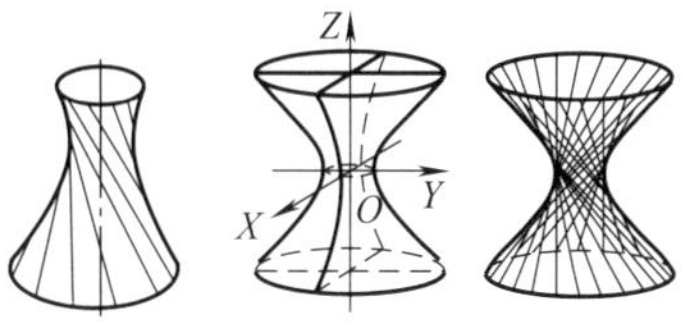
	双叶回转双曲线	XOY 平面或 XOZ 平面上的双曲线绕 X 轴旋转而形成的曲面 设 (x,y,z) 是直角坐标,其标准形方程为 $\dfrac{x^2}{a^2}-\dfrac{y^2}{b^2}-\dfrac{z^2}{c^2}=1$。它具有不相连的两个部分,关于 YOZ 平面成对称,与平行于 YOZ 平面的截线都是椭圆	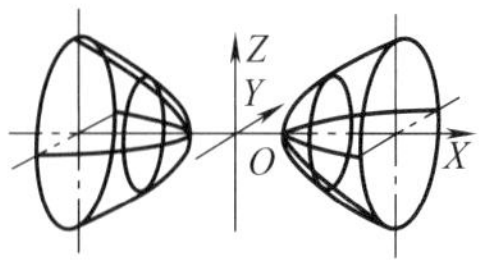
非回转面	椭圆抛物面	设 (x,y,z) 是直角坐标,由标准形方程 $\dfrac{x^2}{a^2}+\dfrac{y^2}{b^2}=2cz$ 所表示的曲面称为椭圆抛物面。它与平行于 XOY 平面的截线是椭圆,与垂直于 OX 轴或 OY 轴的平面的截线都是抛物线	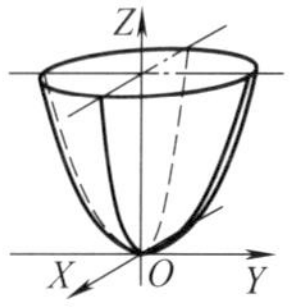
	双曲抛物面	设 (x,y,z) 是直角坐标,由标准形方程 $\dfrac{x^2}{a^2}-\dfrac{y^2}{b^2}=2cz$ 所表示的曲面称为双曲抛物面。它与平行于 XOY 平面的截线是双曲线,与垂直于 OX 轴或 OY 轴的平面的截线都是抛物线	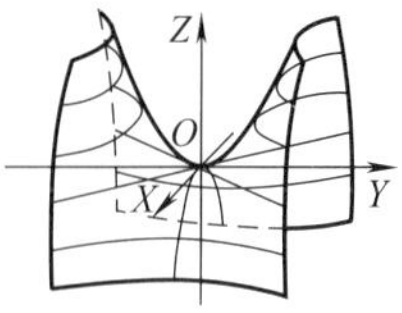
直纹曲面	可展直纹曲面	锥面	一母线 M 沿一曲线 AB(导线)运动,运动中 M 始终通过定点 S 所形成的曲面,导线 AB 可以是平面曲线,也可以是空间曲线,可以是封闭的,也可以是不封闭的,当 AB 为圆,且定点 S 与圆心的连线垂直于 AB 所在的平面时,所形成的面即为正圆锥面	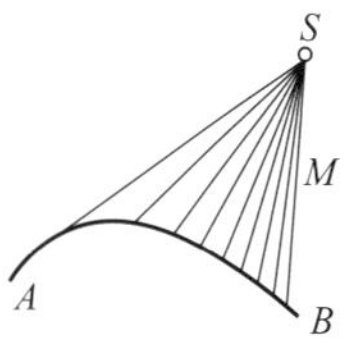
		柱面	一母线 M 沿一曲线 AB(导线)运动,运动中 M 始终平行于另一直线,所形成的曲面称为柱面。当 AB 为圆,且 M 垂直于 AB 所在平面时,所形成的面即为直圆柱面	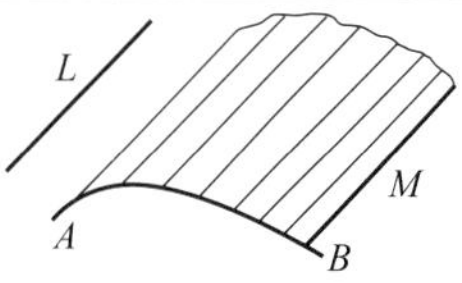

续表

分类与名称			性　质	图　例
直纹曲面	不可展直纹曲面	柱状面	一直线 M 沿两条导线 AB、CD 滑动,并始终保持 M 与一平面 P(导面)平行	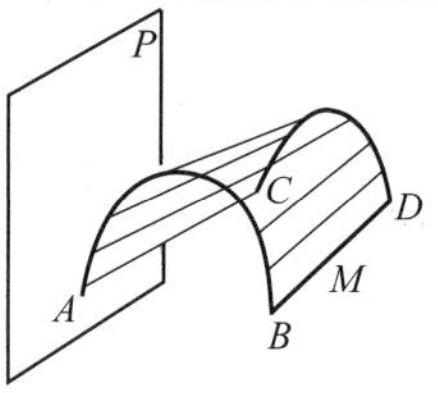
		锥状面	将柱状面的两条导线之一换成直线,所得曲面	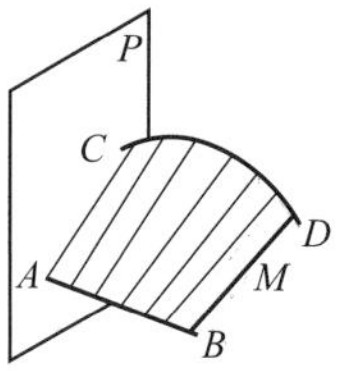
		扭面	直线母线 M 沿着两条交叉直线 AB 和 CD 滑动,并保持 M 始终与一平面 P(导面)平行,这样形成的面称为扭面。因为扭面与某一平面相交时,除在特殊情况下是直线,其他情况皆为双曲线或抛物线	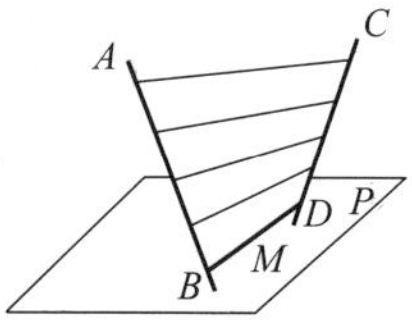
圆纹曲面	定线曲面	定平移曲面	定平移曲面是由定半径的圆母线始终平行于某一导平面运动而形成,在运动过程中,母线的中心点始终在某确定的导线上移动	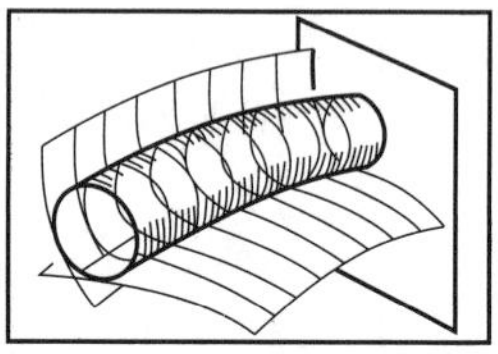
		定法移曲面	定法移曲面是定半径的圆母线受主导曲线及导面控制而运动的轨迹。母线所在的面始终与导线的法线垂直	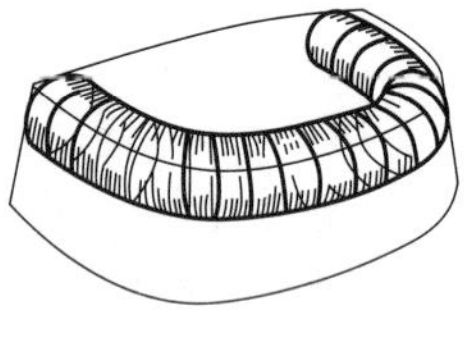
	变线曲面	变平移曲面	母线为圆,圆心沿曲导线 $O_1 \sim O_5$ 运动,运动时圆的半径不断地变化,但始终与某一平面平行	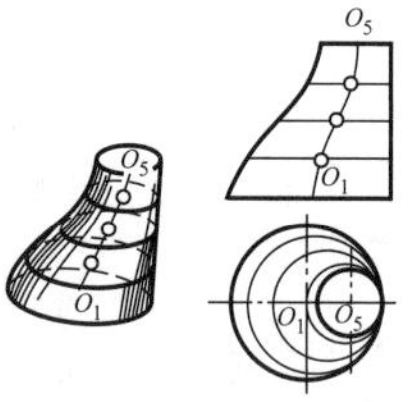
		变法移曲面	母线为圆,圆心沿曲导线 $O_1 \sim O_4$ 运动,运动时圆的半径不断地变化,母线所在的面始终与导线的法线垂直,这种曲面又称为管状面	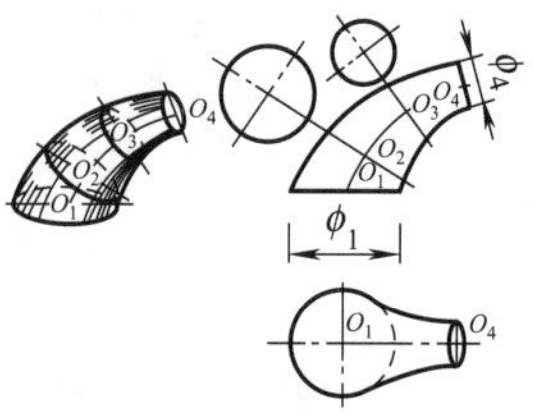

续表

分类与名称		性　质	图　例
椭圆纹曲面	变平移曲面	变平移椭圆曲面的母线为椭圆,其所在平面和导平面始终平行,椭圆中心在确定的导线上移动,椭圆的长轴方向给定,椭圆的长短半径按一定规律变化	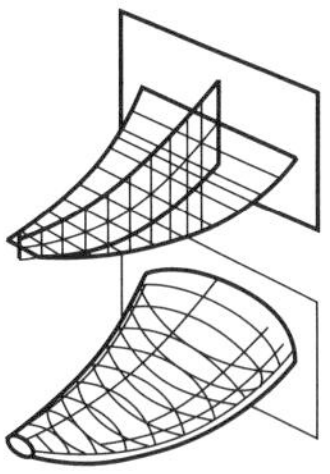
	变法移曲面	变法移椭圆曲面的母线为椭圆,母线所在平面由主导曲线 Q 定向,椭圆的母线始终和两个导面相切在确定的曲线上	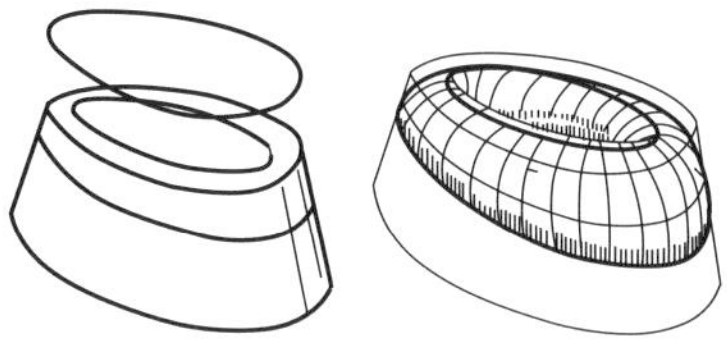
自由曲面		自由曲面的特点是它的形成无明显的几何规律,不可能用一个单一的数学函数式确切地描述或表达整张曲面	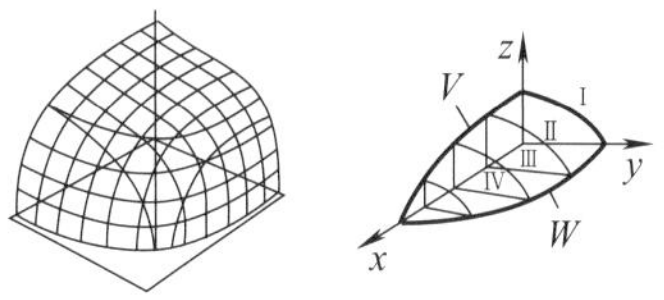

3.2.3.4　平面构成设计

平面构成是着重于长、宽二维空间的造型活动,主要研究平面上各种视觉形象的组合形式。通过对平面设计中基本形态要素点、线、面特性与相互关系的理解,通过对美的形式法则的比例、均衡、对比、统一、节奏、韵律等规律的认识,将各形态要素以一种新的秩序重新组合,从而再创造出一种新的形象。平面构成设计的基本方法如表 33-3-15 所示。

表 33-3-15　　　　　　　　　　平面构成设计的基本方法

方法名称			定义与性质	图　例
基本形			基本形是平面构成中最小的设计单元,基本形可以是点、线、面,也可以是两个或多个简单形的复合。将基本形按一定的构成原则进行组合、排列,可得到丰富多彩的构图效果	 基本形　　以基本形构成的组合
形的构成关系	形与形的关系	分离	形与形之间保持一定的距离而不接触	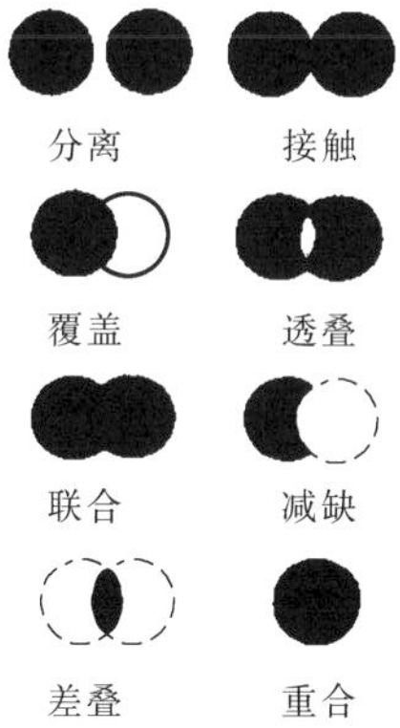
		接触	形与形之间的边缘恰好接触	
		覆盖	一个形覆盖另一个形的一部分,覆盖者和被覆盖者的形象产生"前与后"的空间关系	分离　　接触
		透叠	形与形相互交叠而不掩盖,彼此的轮廓似有透明性	
		联合	形与形联合成新的较大的形,其色彩或肌理须一致或缓慢变化	覆盖　　透叠
		减缺	一个形部分地被另一个覆盖,覆盖的形不见了,而被覆盖的形则缺了一块而形成新的较小的形	联合　　减缺
		差叠	两个形相互交叠而得到交叠的部分新的形,其他部分的形消失	差叠　　重合
		重合	两个相同的形彼此重合	

续表

方法名称			定义与性质	图 例
形的构成关系	形与空间的关系（正负形）		在平面上形象通常称为"图"，而它周围的空间称为"底"。如果"图"明度低，"底"明度高，或"图"纯度低，"底"纯度高，这种形象就是"正形"，反之，如果形象实际上是平面上的空白，这种形象称为"负形"。这种形与空间的奇特关系就构成了奇异、闪烁的视觉效果	
	基本形与骨格的关系	骨格	骨格就是编排基本形位置及组合规划画面格局的一种形式，也即为达到预定画面效果而搭建的一种骨架，不同的骨架产生不同的画面效果	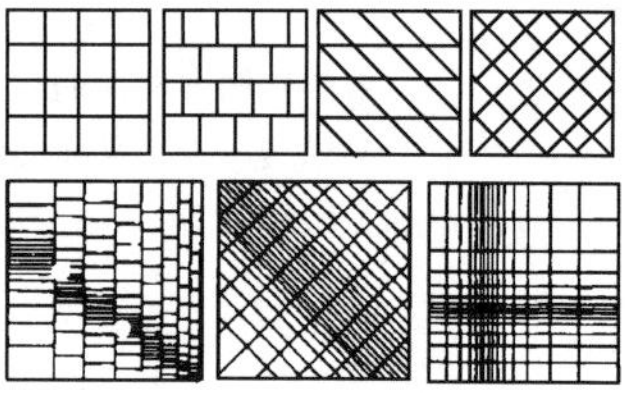
		无作用骨格	骨格线只起固定基本形位置的作用，而在画面上并不出现时，这种骨格称为无作用骨格	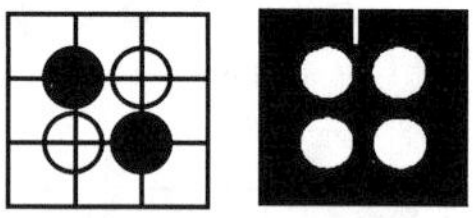
		有作用骨格	骨格线在画面上出现，而又与基本形有逾切关系时，这种骨格称为有作用骨格	
	分解组合原理	分解组合	分解与组合是将单一形象分解后按艺术美的规律重新组合，继而产生新的、具有艺术感染力的形象创造过程	
		定量分解组合	定量分解组合将单一形象分解后，每一部分不得弃舍，而将原分解后的每一部分全部重新组合起来，从而建立其新的形象，图示为圆形四等分后的组合构成图案	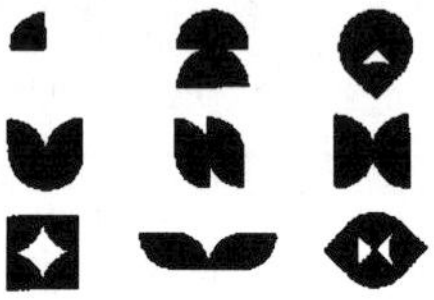
		不定量分解组合	不定量分解组合是一种较自由的分解组合形式。单一形象通过分解后，可自由取舍，将优选的部分进行组合，而建立其新形象	
形象构成形式	重复		同一基本形连续和有规律地排列。表现为形象的一致性，使构成的画面效果整齐、规律、安定，具有一定的节奏和韵律的美感	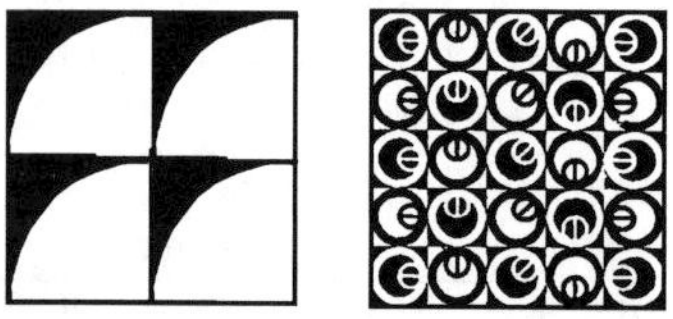

续表

方法名称		定义与性质	图 例
形象构成形式	渐变	渐变构成是基本形或骨格方面作逐渐地、有规律地循序变动,从而构成具有一定节奏和韵律美感的画面效果	
	发射	发射是渐变的一种特殊形式。渐变构成是以一条或两条线为渐变方向的基准,而发射则以一个点作为渐变方向基准。发射构成是骨格单位环绕一个共同中心构成,所以中心点是发射构成的主要特征,是骨格方向变化的依据	
	离心式	离心式发射的骨格线从中心或中心附近发散	
	向心式	向心式发射的骨格线从四周向一个中心或中心附近逼近	
	同心式	同心式发射的骨格线层层包围并形成一个中心	
	特异	特异分为骨格特异和基本形特异,是在重复性或渐变性的规律之中,有意构成一个或少量几个无规律性的排列,形成对规律的突破,以造成视觉中心。造成特异可以采用大小、形状、方向、色彩等各种变异手法。这种设计手法常用于广告、展示设计中,以引人注目	

3.2.4 体

3.2.4.1 定义

体是面移动的轨迹,朝着与面成角度的方向移动或通过面的旋转都能形成体,如图 33-3-2 所示。而且面的排列也能产生体。体占据空间,有体量感。各种基本几何体是产品造型形体的基本要素。

体的性格与形成体的面的性格有关,平面立体具有轮廓线明朗、肯定的特点,给人以刚劲、结实、坚固、明快的感觉。曲面立体的表面由曲面与平面构成,给人以圆滑、柔和、饱满、流畅的动态感。

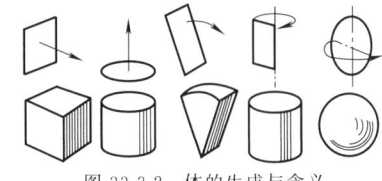

图 33-3-2 体的生成与含义

3.2.4.2 基本几何体的构成与演变

表 33-3-16　　　　　　　　　　基本几何体的构成与演变

类型		构成及演变方法	图例	性质
等截面体	直等截面体	母线为直线,母线与基准平面垂直,沿上、下两个相等的封闭导线平行移动而形成	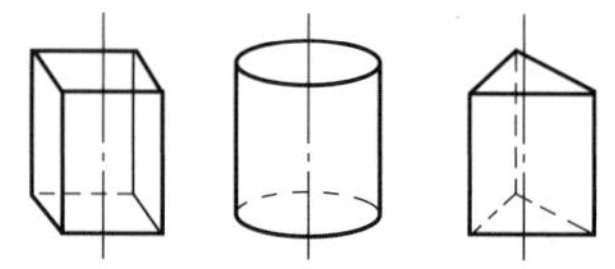	各截面相等,中轴线为直线,垂直于基准面
	斜等截面体	母线为直线,母线与基准平面相交不为90°,并沿上、下截面相等的封闭导线平行移动而形成	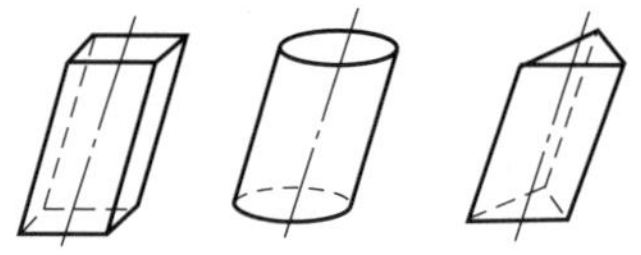	各截面相等,中轴线为直线,与基准面倾斜
	直曲等截面体	母线为曲线,并沿着上、下相等的封闭导线平行移动而形成,由于上、下截面的中轴线与基准平面的夹角不同,又形成直曲等截面体(中轴线垂直于基准平面)和斜曲等截面体(中轴线为曲线与基准平面不垂直)	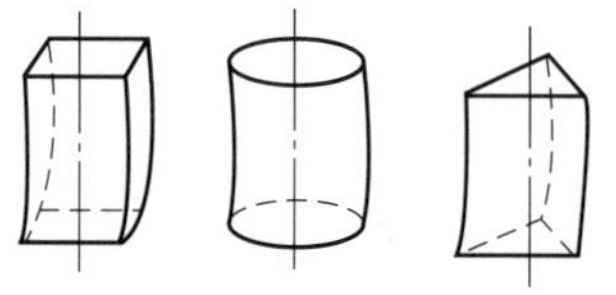	各截面相等,中轴线为曲线,但上、下截面的中轴线垂直于基准面
	斜曲等截面体		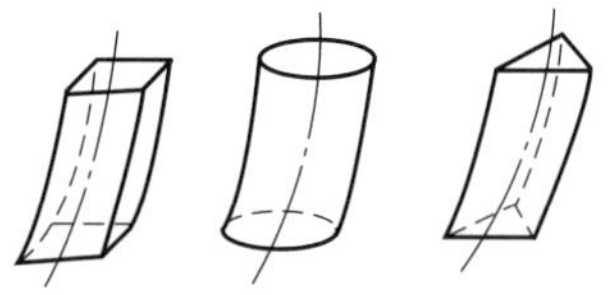	各截面相等,中轴线为曲线,上、下截面的中轴线与基准面倾斜
	等截面回转体	由一封闭截形绕一轴线作圆周运动而构成	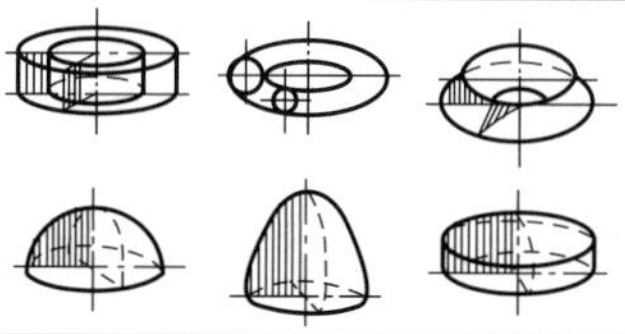	垂直于基面的各截面相等,回转轴心线垂直于基准面
等形异面体	直等形异面体	母线为直线,上、下两导线截形相似而不相等,两截形中心轴线垂直于基准平面,母线按与轴线共面的方位,以等角速度旋转,并沿上、下两导线截形移动而形成	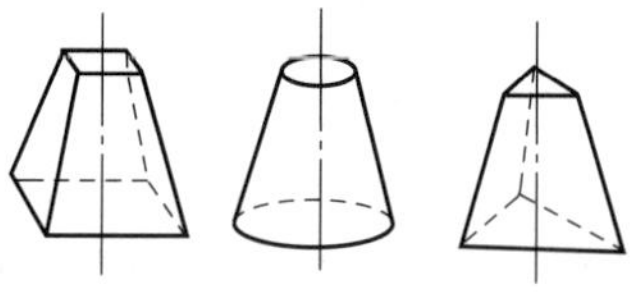	各截面相似而不相等,中轴线为直线垂直于基准面
	斜等形异面体	母线为直线,上、下两导线截形相似而不相等,并两截形中心轴线与基准平面倾斜一角度,母线按与轴线共面的方位,以等角速度旋转,并沿上、下两导线截形移动而形成	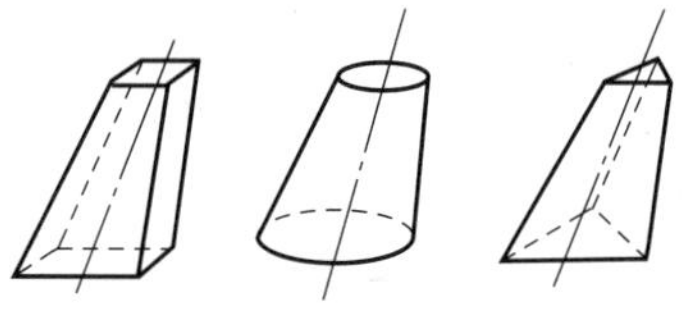	各截面相似而不相等,中轴线为直线,但倾斜于基准面
	正曲等形异面体	母线为曲线,上、下两导线截形相似而不相等,两截形中心轴线与基准平面垂直,曲母线按与轴线共面的方位,以等角速度旋转,并沿上、下两导线截形移动而形成	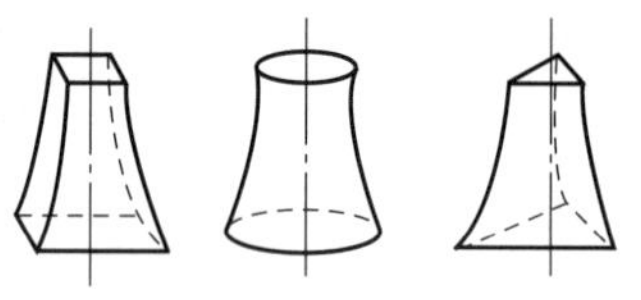	各截面相似而不相等,中轴线为直线垂直于基准面
	斜曲等形异面体	母线为曲线,上、下两截形相似而不相等,两截形中心轴线与基准平面不垂直,曲母线按与轴线共面的方位,以等角速度旋转,并沿上、下两导线移动而形成	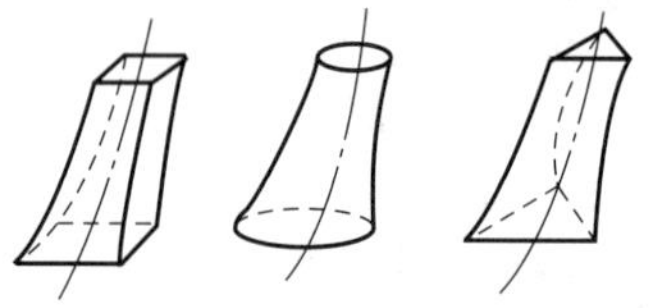	各截面相似而不相等,中轴线为曲线,上、下截面的中轴线与基准面倾斜

续表

类型		构成及演变方法	图 例	性 质
异形异面体	直异形异面体	母线为直线,上、下两截面形状不同,两截形中心轴线垂直于基准平面,母线按与轴线共面的方位,以等角速度旋转,并沿上、下不同的截形导线移动而构成	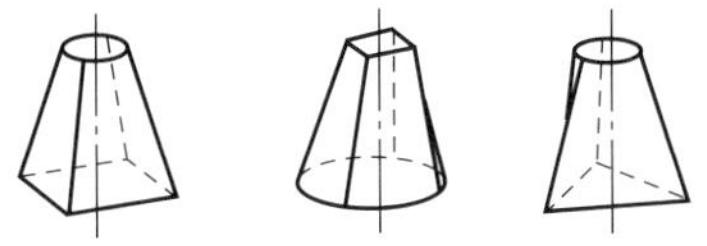	由一种截形转变为另一种截形,各截面不相同,中轴线为直线垂直于基准面
	斜异形异面体	母线为直线,上、下两截面形状不同,两截形中心轴线与基准平面倾斜一角度,母线按与轴线共面的方位,以等角速度旋转,并沿上、下不同的截形导线移动而构成	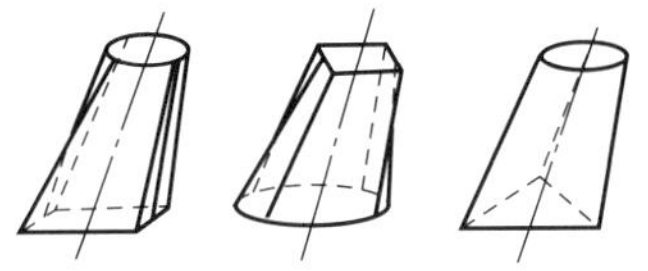	由一种截形转变为另一种截形,各截面不相同,中轴线为直线与基准面倾斜
	曲异形异面体	母线为曲线,上、下两导线的截面形状不同,两截形中心轴线与基准平面垂直,曲母线按与轴线共面的方位,以等角速度旋转,并沿上、下两截形导线移动而构成	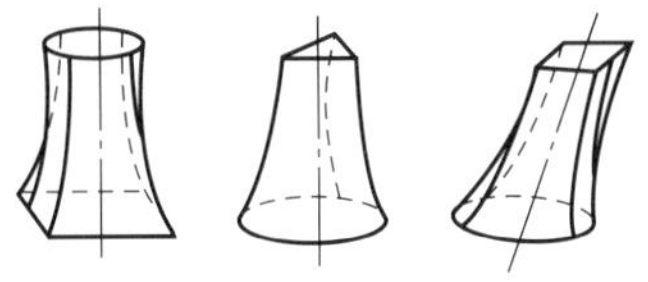	由一种截形转变为另一种截形,各截面不相同,中轴线为直线垂于基准面

3.2.4.3 面材的构成形式与方法

表 33-3-17　　　　　　　　　　　面材的构成形式与方法

构成形式		方　法	图　例
平面体构成	柱端变化	柱端通过剪割弯折;将柱端分叉,形成多条狭窄较细的小柱,这些小柱的顶部和底部均可任意处理;另外柱端还可以附加任何形象	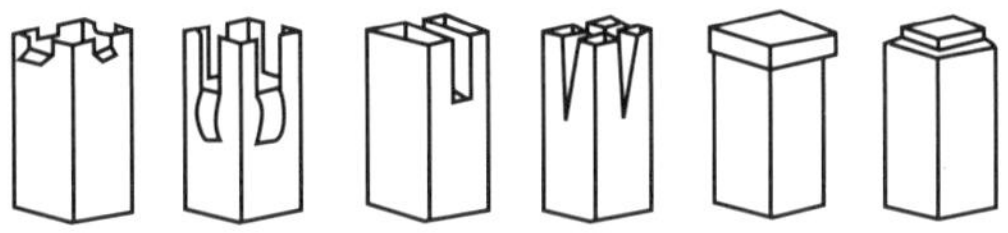
	柱边变化	柱边由两幅方向不同的柱面会合而成。柱边的变化,都会对柱面有所影响。不平行的柱边会改变柱面的规律性,尤其是变化后所产生的某些扭曲现象,会造成特别的效果	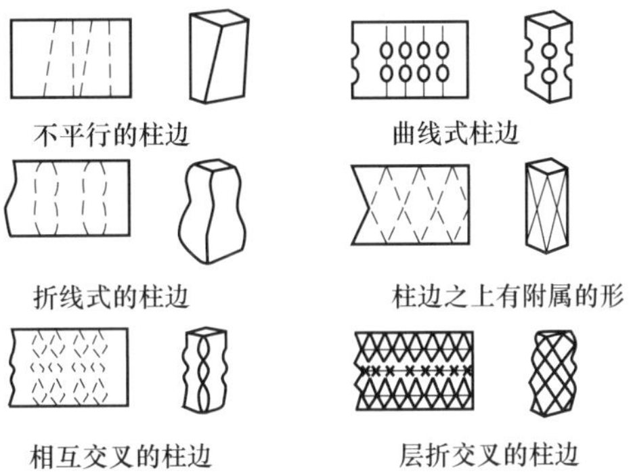 不平行的柱边　　曲线式柱边 折线式的柱边　　柱边之上有附属的形 相互交叉的柱边　　层折交叉的柱边
	柱面变化	柱面变化主要有刻孔和贴加两种形式,刻孔而不将刻出部分除去,保留一些连接,使其作为柱面上的装饰	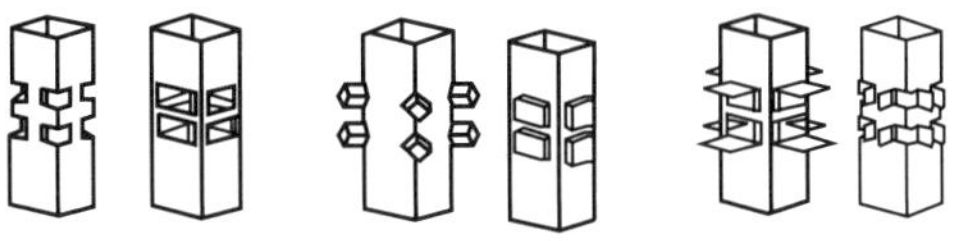

续表

构成形式		方法	图例
曲面立体构成	柱面变化	圆柱表面的变化	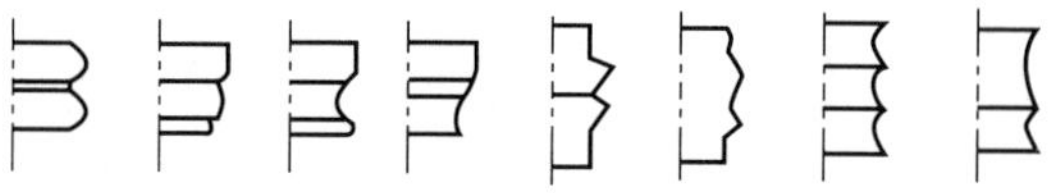
	柱端变化	圆柱柱端的变化形态在日常生活使用的器皿中是常见的。严格地说，柱端的变化会影响到柱面的变化	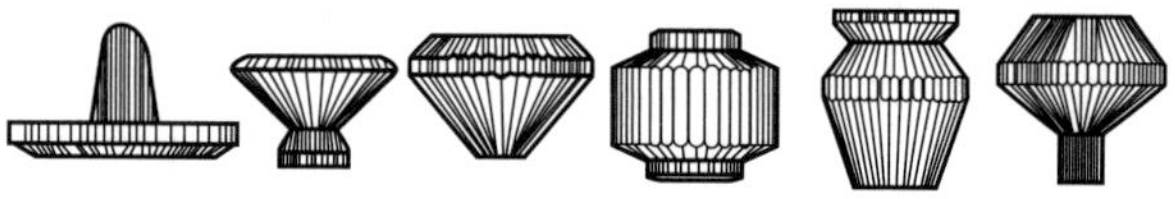
多面体立体构成	\multicolumn{2}{c}{多面体是指物体表面有多个相同或不同的几何平面所构成的立体}	
	柏拉图多面体	由等边等角、形状大小相同的许多基本形面所围成，表面接合毫无间隙，边缘与棱角都是重复而向外凸出	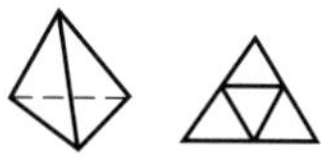 正四面体 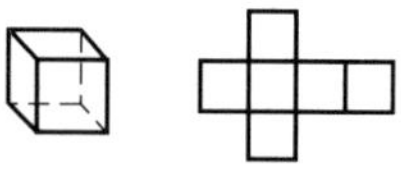　　正六面体 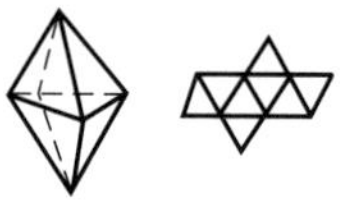 正八面体 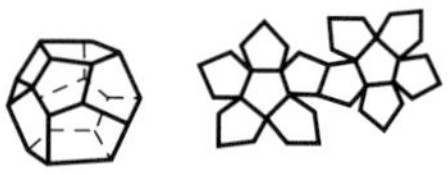　　正十二面体  正二十面体
	阿基米德多面体	由两种或两种以上基本形平面(正方形、正三角形、正多边形)重复组成	 正十四面体(正方形、正三角形) 　正十四面体(正方形、正六角形) 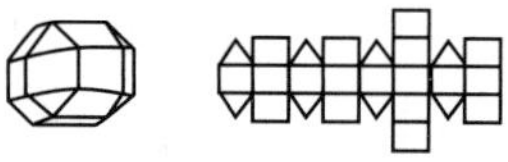 正二十面体(正方形、三角形) 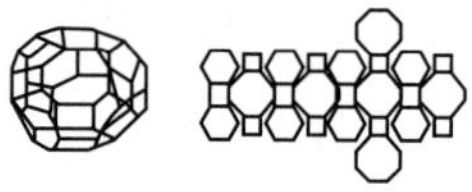　正二十六面体(正六边形、正方形、正八边形)
层面构成	\multicolumn{2}{c}{层面构成是分解构成法，就是先将立体分解成若干层面，并将层面进行大小、方向、形状的变化后，再构成新的形态}	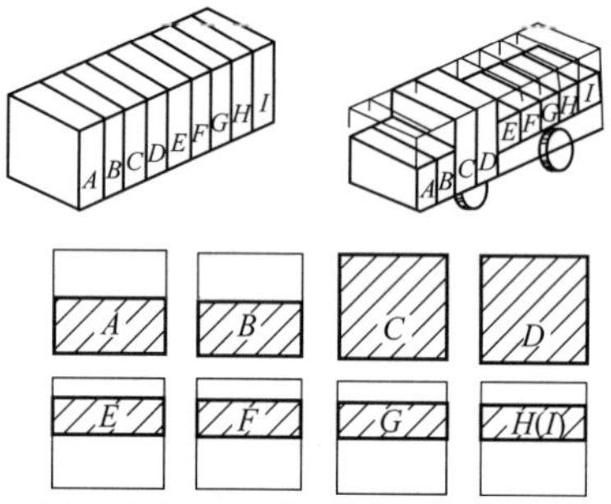
	重复	每一层的形状、大小完全相同，只有方向和位置的变化	
	渐变	大小渐变而形状重复	
		形状渐变而大小近似	
		形状和大小同时渐变	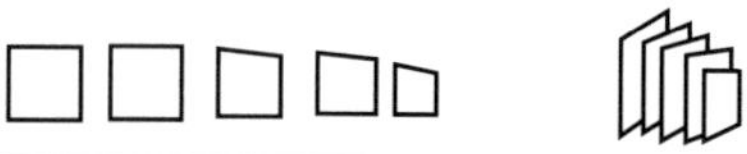

3.2.4.4 块材的构成形式与方法

表 33-3-18　　　　　　　　　　块材的构成形式与方法

构成形式		构成方法	图　例	说　明
单体构成		单一的形体是立体的基本存在形式。构成单体的线型可以是简单的直线或曲线，也可以是不同线型渐变复合而成	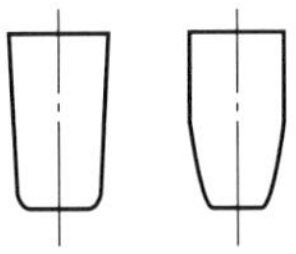	图例为单体构成的玻璃杯
双体构成	双体渐变	两个不同的单体组合成没有分界的统一体	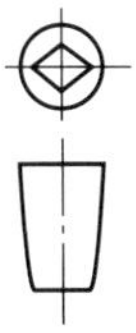	图例中为顶面是圆形而底面是方形的玻璃杯，杯体是从圆到方的各个渐变层次的过渡，圆形体与方形体的独立外貌已相互融合，类似的例子还有电扇的电动机罩壳等
	双体呼应	两个调和性较强的单体可组合成界线分明的一个立体		如一个普通的瓶子，瓶与盖两个单体结合成一个立体，但是两个单体的界限是分明的，形是近似的，都是圆柱形，只是高度不一样，双体之间体现了调和呼应的关系。类似的例子还有航空椅的靠背和靠头
	双体对比	结合成一体的两个单体成对比性质，包括形状、体量、方向等对比		如一枚公章，两个单体的形状是相似的，其方向与体量皆成正比，若是方公章而印把是圆柱形，则形状亦构成对比
组合构成		将多种单一形体拼合在一起构成一个新的立体形态的过程称为组合构成。组合构成是最普遍的造型方式，凡具有从零件装配成成品这种生产过程的产品，在造型上一般都离不开组合的方式		
	堆砌组合	形体在某个基础形体上逐个平稳地堆放在一起而形成的组合形态，相互有支承的性质	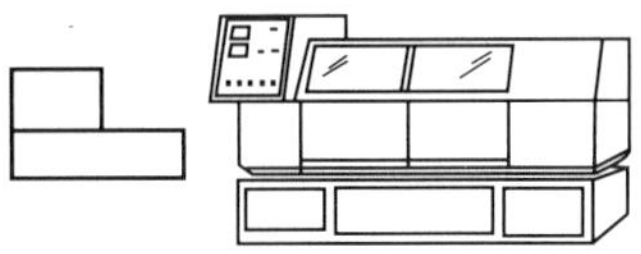	易获得形态稳定、形式变化多样的造型，应用广泛
	并列组合	形体与形体之间单纯的表面线或面的接触，在水平方向上相互结合而形成的组合形态，没有互为依存的进一步关系	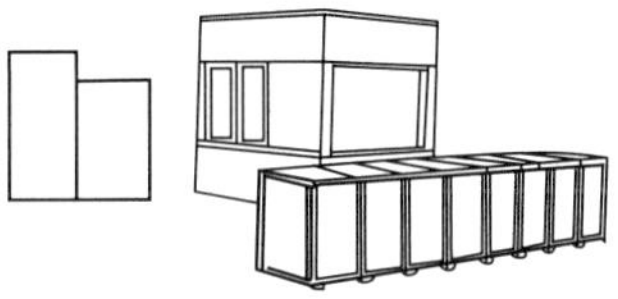	图例中一卧式加工中心中的一个单元和系统，其物料箱的组合形态属于接触组合，它给人以秩序感，增加了该系统的条理化和严密感，这种接触组合是连续性的重复组合
	附加组合	在较大形体的侧壁上，悬空地贴附较小的形体，从而形成新的组合形态，具有明确的从体依附于主体的性质	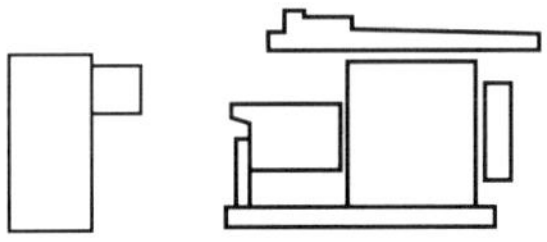	贴加的形体失去稳定的概念，但造型整体的稳定性又决定于所有组成形体体量的均衡
	嵌入组合	一个形体的一部分嵌入另一个形体之中，形成新的组合形状，两形体具有交叉性质	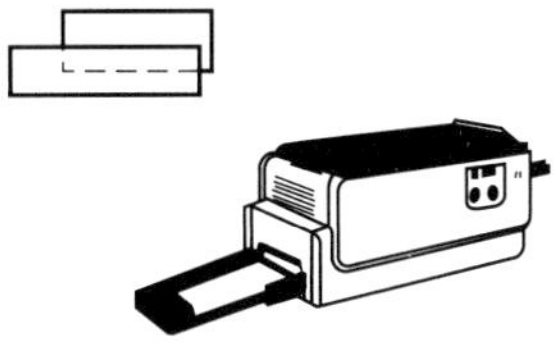	图示为静电复印机的造型，它由两个长方体交错地相互嵌合，形成前后、左右均有凸凹变化与转换的效果，形态自如大方。同时四面的凸凹变化适应了增强箱壁板刚度的结构工艺要求

续表

构成形式		构成方法	图 例	说 明
组合构成	贯穿组合	一个形体从另一个形体的内部穿越而过而形成的新的组合形状,具有穿透性质	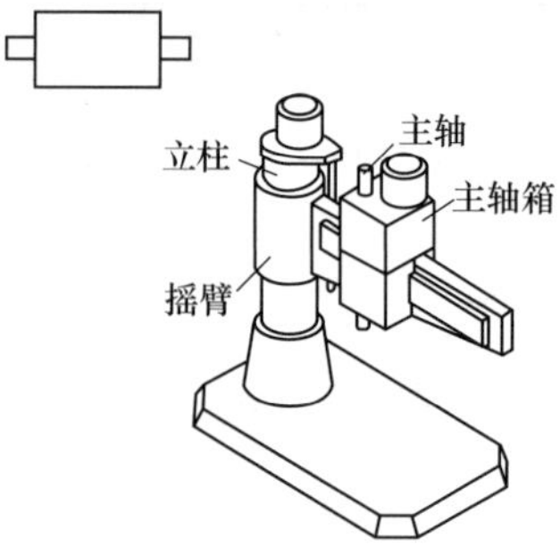	图示中的摇臂钻床,立柱贯穿摇臂上,主轴箱贯穿在摇臂上,主轴贯穿在主轴箱中。这种贯穿式结构很好地满足了摇臂沿立柱上下滑动并绕其转动、主轴箱沿摇臂滑动、主轴在主轴箱中上下伸缩移动的各种运动要求,并使结构紧凑
形体过渡	\multicolumn{4}{l}{形体组合之后,为使形体间衔接密切、转变自然、造型体感协调,在组合体之间采用不同形式的过渡方式,使新组合的形体构成新的整体感}
形体过渡	斜面过渡	采用包含两组合形体的斜面进行过渡	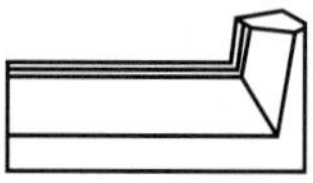	形成连续渐变的体面变化
形体过渡	弧面过渡	采用与两组合体相衔接的弧形面进行过渡		形成圆滑流畅的曲线过渡
形体过渡	异形异面过渡	采用与两组合形体的截形面相同的中间异形异面作为过渡形体		形成不同截形的逐渐演变,使过渡自然新颖
形体过渡	形体修棱过渡	采用形体修棱的方式,使形体由一种截形逐渐转变成另一种截形,产生协调而自然的中间过渡	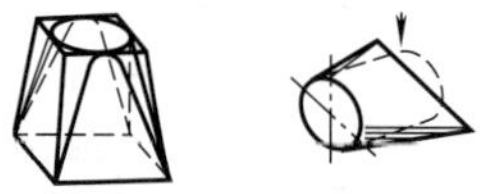	形成截面形状逐渐变化的自然过渡
切割构成	块面切割	保持构成物基本几何体形态特征,通过切除部分块面,使之克服呆板,达到生动、变化的视觉效果	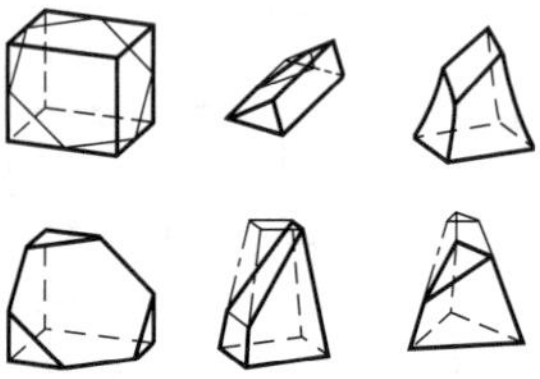	有利于形体转换变化,从结构上看可加强结构强度、实现功能区划、改变形体比例
切割构成	形体修棱	切除构成物面与面之间形成的尖角,使之整体线型风格相一致,有缩小对比的效果	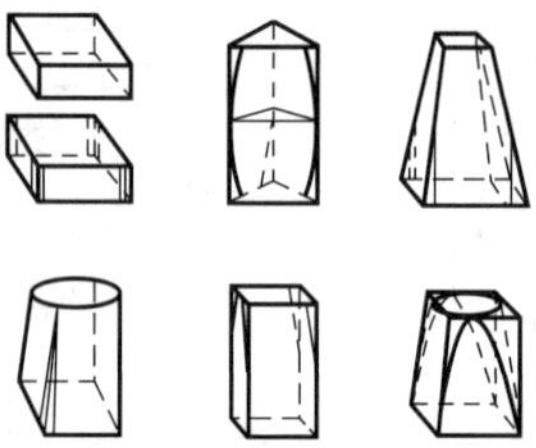	可减弱形体的锐边,丰富形体转换变化,也可形成形体间的自然衔接与过渡

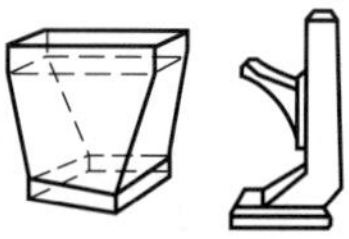

续表

构成形式		构成方法	图例	说明
扭变构成	扭曲	使形体两端断面的方位发生错动所引起的形态变化	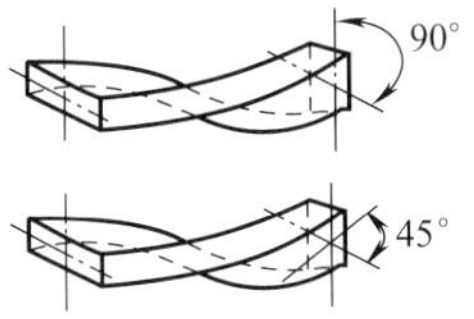	扭曲变化可丰富形体变化,实现造型中形体衔接方位的改变
	弯曲	使形体沿轴线弯曲变化而产生的一种新形体		能丰富形体变化,实现形体衔接方位的改变
	压变	形体的一端受外部压力作用而产生变形	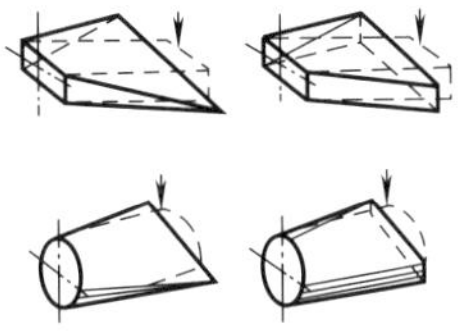	能丰富形体变化,改变功能断面形状的自然过渡变化
	弯变	使原形体的轴线产生弯曲变形,且沿轴线产生渐变效果的变形		能丰富形体变化,实现形体与功能面积方位和大小的自然过渡变化

3.2.5 色彩

色彩是无彩色的黑、白、灰和有彩色的红、橙、黄、绿、青、蓝、紫等统称。色彩给人的感受主要由色相、明度和纯度三要素构成。色彩三要素的不同设色配置,可产生千变万化的色彩效果。有关色彩的基本理论和知识,将在 3.3 节中详细介绍。

3.2.6 肌理

3.2.6.1 定义

① 肌理。指的是物体表面的组织构造,即俗称的纹理。

② 肌理的分类。肌理按给人的感受可分为触觉肌理和视觉肌理,按形成可分为天然肌理和人工肌理。

3.2.6.2 肌理的分类(表 33-3-19)

3.2.7 空间

空间是指实体形态与实体形态之间或被实体形态所包围的间隙或范围。空间按其构成方式一般可分为闭合空间、限位空间和过渡空间,见表33-3-20。

表 33-3-19　　　　　肌理的分类

分类与名称		定义与性质	制作方法
感受	触觉肌理	又称一次肌理,是指用手触摸而感觉到的纹理,它包括物体表现的光滑或粗糙、平整或凸凹、坚硬或柔软等,也称立体肌理	可通过切削、模压、雕刻、编织、抛光、印烫等工艺手段或其他加工方法得到
	视觉肌理	又称二次肌理,是一种不需用手触摸,只依靠视觉即能感受到的肌理,如物体表面纹理、机械图样、色彩图案等	通常采用绘制、印刷的方法得到
形式	天然肌理	是指自然界中物体所具有的纹理,如木材的纹理、皮革的花纹、大理石的纹样等	—
	人工肌理	是指按着人的意图制作出来的表面纹理,如凸凹、抛光、刻石、滚花、网纹等。工业产品上,广泛使用人工肌理	—

表 33-3-20　　　　　　　　　　　　　　空间的分类与设计原则

分类	定义与性质	设计示例	备注
闭合空间	是指主要空间界面是封闭的形态	如载人车辆的内部和建筑物的室内空间，四面封闭，空间界面的限定性很强，因而空间感也强。在造型设计中，对这种限定空间的比例分割、色彩设计，以及与外部环境的联系（如车窗尺寸大小）的处理等，都是很重要的。否则，易使乘客产生压抑感和憋闷感	空间形式具有象征和暗示意义。巨大的空间给人以敬畏感，适当的空间给人以亲切舒适感，而过分低矮、狭小的空间则给人以压抑感
限位空间	是指部分空间界面开敞，对人的视线阻力较小	如建筑物的走廊、机床的挡屑板、卡车货箱、居室的阳台等	
过渡空间	是指闭合空间、限位空间和外部空间三者之间的所具有的一定过渡形态的空间	—	

3.2.8　视错觉现象与造型设计应用

3.2.8.1　定义

① 视错觉。是指视感觉与客观存在不一致的现象。具体说，形态要素及形态之间的编排和组合关系（如方向、位置、空间等），通过人双眼的观察，会产生与实际不符或奇特的感觉，称为视错觉，简称错视。

② 产生错视的因素。形、光、色的干扰，视觉接受刺激的先后，环境因素的影响，人的视觉差别与惰性；心理、生理因素的影响等。

③ 错视的分类。分长短、大小、远近、高低、残像、幻觉、分割、对比等形的错视和光渗、距离、温度、重量等的错视。

④ 错视的利用。借错视规律来加强造型效果，使实际比较笨重、呆滞、生硬的形体，看上去显得轻巧、精细、新颖。

⑤ 错视的矫正。利用错视规律，在造型设计中适当改变某些量及某些比例关系，使受错视影响的视觉"补偿"或"还原"成正常的造型效果。

3.2.8.2　造型设计中的主要错视及矫正与利用

表 33-3-21　　　　　　　　　　　造型设计中的主要错视及矫正与利用

类型	定义与性质	图形示意	示例说明	错视矫正与利用
长度错觉	长度错觉是指等长的线段在附加物的作用下，产生与实际长度不符的错视现象	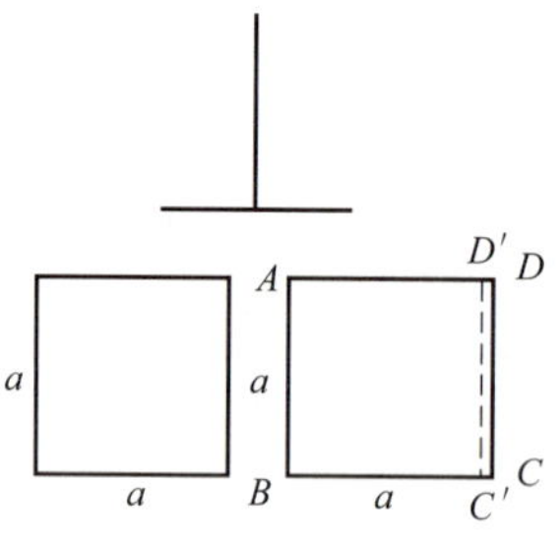 $\dfrac{AB}{BC}=\dfrac{14}{15}$	长度相等、互相垂直的两直线，看起来垂直线比水平线长。其原因是眼球作上下运动迟钝，精度差，而作左右运动比上下运动灵活，观察时所需的时间和运动量不相等	为取得等长的视觉效果，可将垂直线缩短，使垂直线与水平线长度之比为 14:15

续表

类型	定义与性质	图形示意	示例说明	错视矫正与利用
分割错觉	图形受分割线分割后而产生的与实际大小不等的错视现象	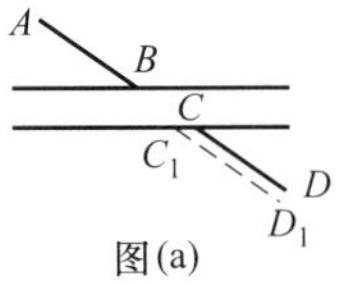 图(a)、图(b)、图(c) 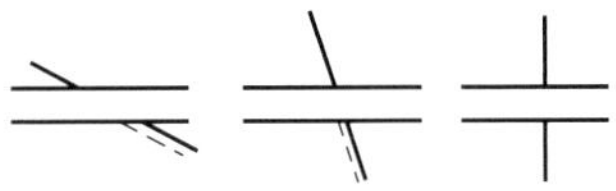 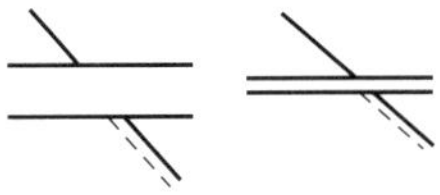	当一条倾斜的直线被互相平行的直线截成两段时，会产生两线段不在一条直线上的错觉，称为位移错视（又称波根多夫错觉），如图(a)所示。倾斜线与两平行线的交角越小，位移量越大，位移错视越严重；交角越大，位移量越小；当交角为90°，就不产生这种位移错视，如图(b)所示。在交角相同的情况下，平行线间的距离越大，位移错视就越严重，如图(c)所示	避免直线受其他平行线的分割产生错位
		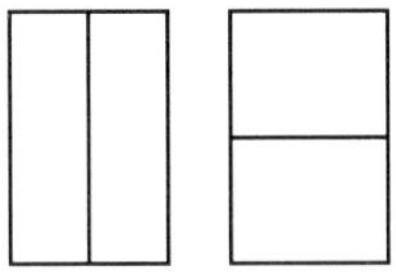	两个形状相同、大小相等的长方形，由于中间水平线和竖线所产生的惯性诱导，被横线分割的显得略宽，被竖线分割的显得略高	可利用线条或色带的分割改变图形的尺度比例感觉
		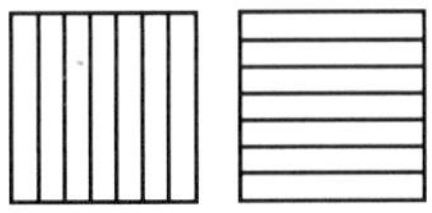	当分割线超过四条以上时，则会诱导视线向分割相反的方向延伸，渐渐地产生加宽感和加高感的错觉，如两个大小相同的正方形，看起来好像画横线的显得高些，画竖线的显得宽些	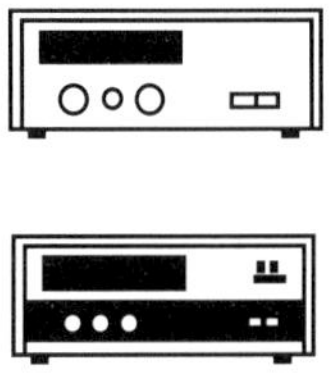
对比错觉	对比错视是指同样大小的物体或图形，在不同的环境中，因对比关系不同而产生的错视	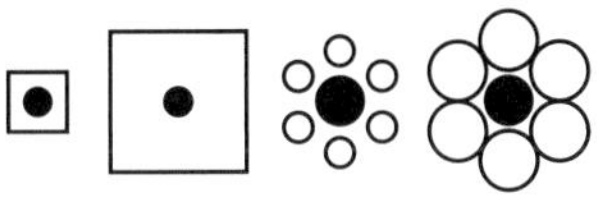	相等的两个圆，因与环境大小对比关系不同，左边的显得大，右边的显得小	适当增加或缩小图形面积使之获得大体一致的感觉
		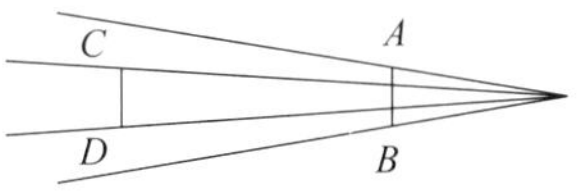	AB与CD等长，由于AB位于夹角较大的两边上，所以看起来AB长于CD	
		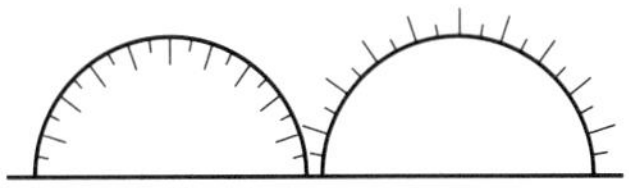	左、右两圆弧因分割线在圆内、圆外，则显得左边圆弧小，右边圆弧大	

续表

类型	定义与性质	图形示意	示例说明	错视矫正与利用
透视错觉	人的观察点位置不同，因透视关系使相同长短尺寸产生视觉上的变化感觉	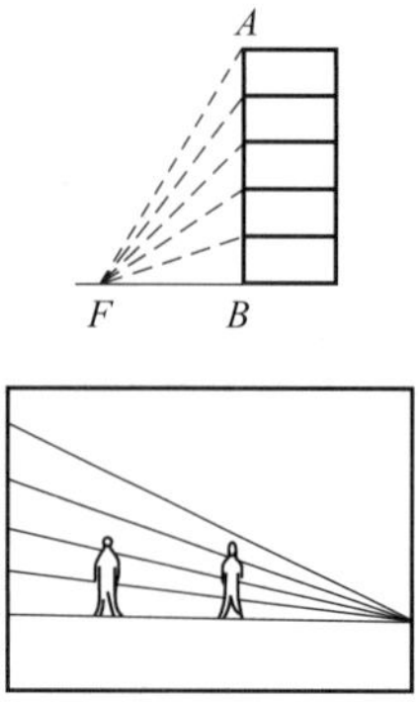	改变观察点观察该五等分物体，由于透视的变形关系，则有下大上小之感。两个人等高，但距视点近的人显得高，距视点远的人显得矮	利用逐渐加大（或缩小）尺寸的方法，使因透视错觉产生的尺寸变化得到弥补，使尺寸获得大致相等的感觉
变形错觉	变形错觉是指线段或图形受其他因素干扰而产生的视错觉现象	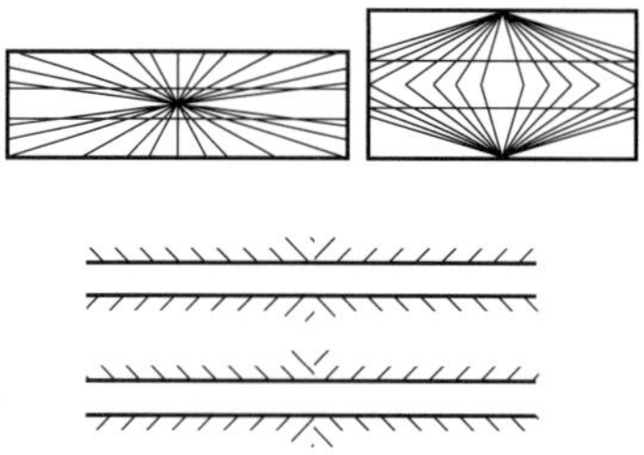	平行线受射线的干扰，平行线发生了弯曲，其弯曲方向倾向于射线发射方向（又称黑灵错觉）	避免图形受背景图形的干扰
		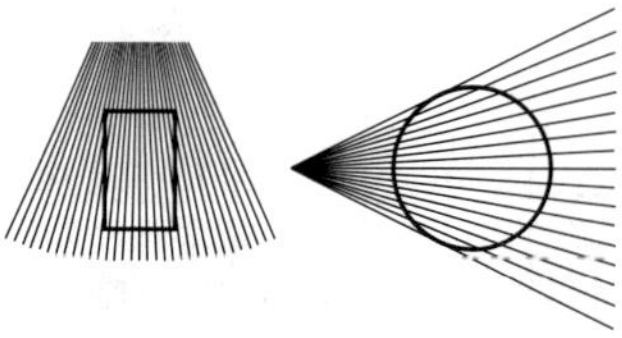	被一组射线包围的长方形变成顶比底宽的倒梯形。正圆受射线干扰感觉也不为正圆了（又称庞佐错觉）	如机器零件的圆弧与直线相切构成的轮廓，直线受圆弧动势的影响，直线有内弯的视觉感，因此一般将中部在制作时略凸起，使实际感觉平直不下凹 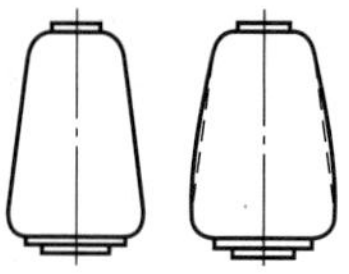
		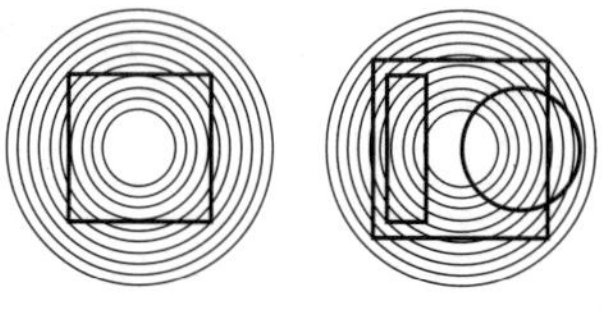	正方形、圆形受一组同心圆的影响，正方形看起来不正方，圆也不圆了（又称厄任斯错觉）	
		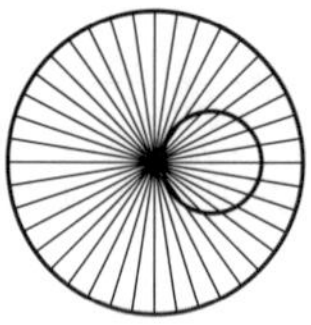	圆被一组同心射线干扰，看起来像椭圆（又称奥比生错觉）	

续表

类型	定义与性质	图形示意	示例说明	错视矫正与利用
光渗错觉	浅色图形在暗色背景的衬托下,具有较强的反射光亮,呈扩张性地渗出,这种现象叫光渗。由于光渗作用和视觉的生理特点而产生的错觉叫光渗错觉	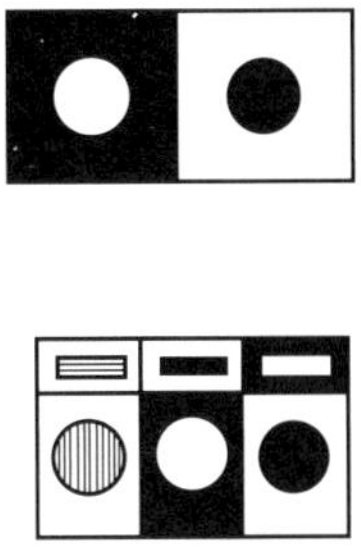	左右两等大正方形中有两个相等的圆,由于光渗错觉,白色的圆看起来显得大,黑色的圆看起来显得小	若需在视觉上达到两面积相等,则需适当地缩小浅色图形面积或扩大深色图形面积
翻转错觉	平面上的某些形象,人们在不同的情况下观察时,往往会呈现两种完全相反的形象,而且会反复交替地出现,这种现象称为翻转错觉。这种错觉的出现,大多由于人们的视觉中心不断地转移或者某种形象幻觉的诱导而产生	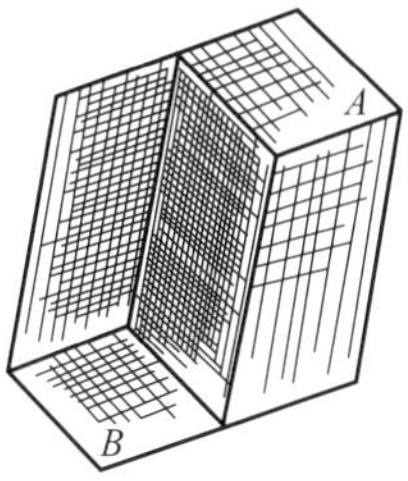	当主视线落在 A 面时,则感到 A 面为空间的顶,B 面为空间的底;当主视线落在 B 面时,则感到 B 面为空间的前,A 面为空间的后。随着主视线的往复转移,视觉中的实体与空间感的形象也随之交替出现	翻转错觉经常用于平面类的艺术形象设计
		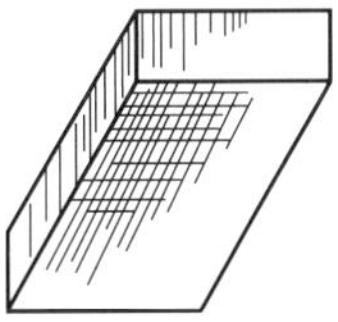	当观察者目不转睛注视着形象的左下角时,在一刹那间,该形象呈现为三个相互垂直的平面;当视线移动至右下角时,该形象又呈现为具有实体感觉的立体	
		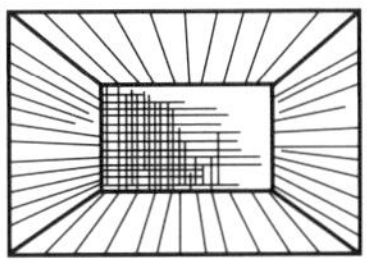	当视线射向大矩形时,会感到大矩形里边的空间向后延伸,有透视感;当视线落在小矩形时,则感到的是往前伸的四棱锥实体	

3.3 色彩设计

3.3.1 色彩学基础

表 33-3-22　　色彩学基础

分类	项目	定义与性质
色彩的物理学基础	光	光是一种以电磁波形式存在的辐射能,主要包括宇宙射线、γ射线、X射线、紫外线、红外线、雷达和电波,波长范围从短到长 可见光:光线的波长在400~700nm(纳米)之间,是能被人的视觉所感知,故称可见光 不可见光:波长小于400nm,大于700nm的光不能被人的视觉感知,如X射线、紫外线和红外线,称为不可见光
色彩的物理学基础	光谱	太阳光通过三棱镜折射,再投射到白色的屏幕上,光被分成红、橙、黄、绿、蓝、靛、紫七色光组成的色带,这条色带称为光谱,这种现象称为色散 光谱的七色光再经三棱镜是不能再分解的,而重新混合会还原成白色光,从而确定了色与光的关系
色彩的物理学基础	光与色	光的物理性质取决于振幅和波长两个因素,振幅表示光亮,其差别产生明暗等级;波长区别色彩的特征,其长短决定色相的差异 三棱镜分解出的七色光,用光度计测量可得出各自色光的波长范围
色彩的物理学基础	色的产生	物体色:指各种物体(指不发光的物体)依靠自身表面有选择性地吸收、反射或透射照射到身上的光线(指白光)后所呈现出的不同色彩 环境色:指某一物体反射出一种色又反射到其他物体上的颜色 光源色:指某物体在不同光源色的照射下而呈现出不同的色彩,包括光源的颜色和光亮的强度。光源对物体色的显色产生影响的性质称为光源的演色性
色彩的生理学基础	人的视知觉	眼:是人类了解外部世界并接受视觉信息的重要器官 眼的构造:主要有眼球、角膜、虹膜、晶状体、玻璃液体、视网膜、黄斑、盲点
色彩的生理学基础	人的视觉过程	光线—物体—眼睛—大脑—视知觉
色彩的生理学基础	视觉	视敏度:是眼睛对光的敏感程度 视度:是观看事物的清楚程度 视野:是眼球固定注视一点时所看见的空间范围 眩光现象:是眼睛正视强烈光照而感觉视觉模糊的现象 错觉:由于某种原因引起视觉对客观事物的不正确的知觉 幻觉:是视觉在没有外在刺激时而出现的虚假感觉
色彩的心理学基础	光色	根据光谱分布之差别,认识不同性质的可见辐射能的特性,称为光色,一般用亮度和色度来表示
色彩的心理学基础	感觉色	光色的混色体系是以色感觉为基础的,源于心理物理学概念
色彩的心理学基础	色彩意象	由色彩作用于人的感觉而形成的冷暖、轻重、动静、柔硬等各种联想和所产生的某些更复杂的情景概念的心理活动
色彩的心理学基础	色彩表情	各种色彩会对人的感觉产生不同的心理效应,它通过穿透人的视觉使人发生不同的情绪起伏。这种由某种色彩所引起的人的某种情绪表情称为色彩表情
色彩的心理学基础	色彩联想	人们通过视觉器官感受到颜色时想起与该色相关的其他事物。这种联想既具有具体联想,也有抽象联想
色彩的心理学基础	色彩象征	由于把某种颜色经常性地和某种特定的事物联系在一起,并用该色表示其事物已形成固定的传统习惯,那么该色就成为该事物的象征

续表

分类	项目	定义与性质
色彩的美学基础	色彩的分类	无彩色系:指黑、灰、白色,灰包括由黑和白调和出的深浅不同的灰 有彩色系:指除无彩色外的其他色彩,如红、橙、黄、绿、蓝、靛、紫等无数颜色
	色彩的要素	色相:指色彩的基本相貌 明度:指色彩的明暗程度 纯度:指色彩的纯净程度 (注:无彩色只有明度一个属性)
	原色理论	色彩的三原色:指色彩的一个基本规律,它包括色光的三原色和色料的三原色 色光的三原色:红、绿、蓝 色料的三原光:红、黄、蓝 间色:三原色的任何两色混合而得到的颜色 例如:橙=红+黄;绿=蓝+黄;紫=红+蓝 复色:由两种间色或原色与间色混合而得的颜色 例如:橙紫(红灰)=橙(红+黄)+紫(红+蓝) 绿紫(蓝灰)=绿(蓝+黄)+紫(红+蓝) 补色:是指两个色光相加呈现白光或两个颜色相混呈现灰黑色的两个色光或颜色互为补色
	色彩的混合	加色法混合:指色光的混合,其亮度等于各色光亮度总和。色光的三原色混合正好等于白光。色光的加色法混合是一种视觉混合 减色法混合:指色料的混合,不同的色料混合而得到的新的色彩比混合前的色彩更暗淡,则称为减色混合 空间混合:是指各种色光同时刺激人眼或快速先后刺激人眼,从而产生投影光在视觉网膜上的混合
	色彩的对比与调和	将两种或两种以上的色彩配置在一起,色相、明度、纯度、面积、冷暖等方面差异性明显时称为色彩对比,当这种差异性减弱时则称为色彩调和

3.3.2 色彩的三要素及色立体

表 33-3-23　　　　　　　　　　色彩的三要素及色立体

项目		定义与性质	图示
色彩的三要素	色相	色相(Hue)指色彩的相貌,简写为 H,红、橙、黄、绿、蓝、紫即为不同色相。这六种色在光谱上是呈直线形排列,在使用色料时,可使它们首尾相连呈一圆环形,称此环为色相环 通常在主要色相中间加入中间色相,可形成十色相、十二色相或二十四色相等色相环	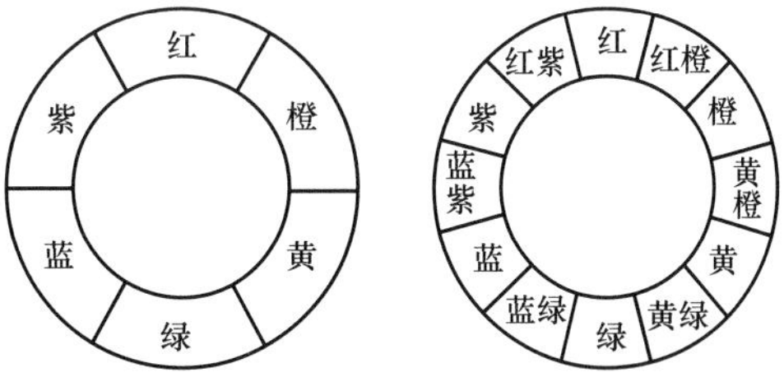 六色相环　　十二色相环

续表

<table>
<tr><th colspan="2">项目</th><th>定义与性质</th><th colspan="2">图 示</th></tr>
<tr><td rowspan="2">色彩的三要素</td><td>明度</td><td>明度(Value)也称亮度、光度或鲜明度,指色彩本身的明暗程度
反射率的大小决定色彩的明暗程度。反射率大则明度高,反之则明度低。在色料中黑色明度最低,白色明度最高。用黑白两色不同量混合,可得到不同明度的灰色,通常从黑到白可分为 8 个、9 个或 11 个不同明度的色阶,称为明度阶段
作为分析色彩明暗程度的标准,明度最高 V=10,即为理想的白色;明度最低 V=0,为理想的黑色;而 V=1～3 为低明度,V=3～6 为中明度,V=7～9 为高明度</td><td>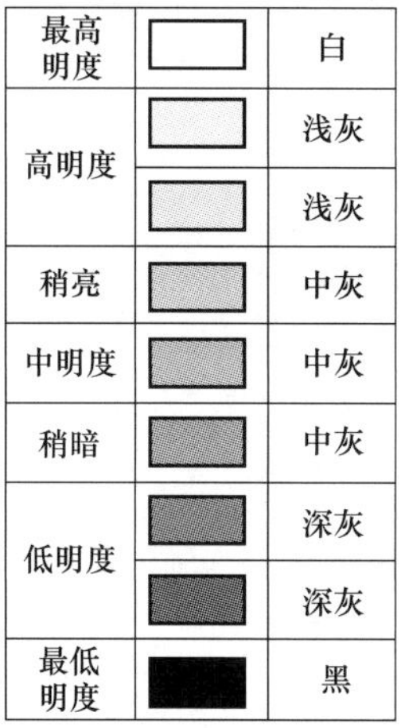
最高明度
白
高明度
浅灰
浅灰
稍亮
中灰
中明度
中灰
稍暗
中灰
低明度
深灰
深灰
最低明度
黑</td><td>如果把白色的明度定为 100,黑色的明度定为 0,则各色的明度如下:
白色——100
黄色——78.9
黄橙及橙——69.85
黄绿及绿——30.33
红橙色——27.33
青绿色——11.00
纯红色——4.93
青色——4.93
暗红色——0.80
青紫色——0.36
紫色——0.13
黑色——0
可见,在有色彩中黄色最亮,紫色最暗</td></tr>
<tr><td>纯度</td><td>纯度(Chroma)又称为彩度或饱和度,是指色彩的鲜浊或纯净程度
在色相环中的各色是纯度最高的色彩。在任何一个色相中掺入白色后,其纯度就降低,而明度提高。反之若掺入黑色,则其纯度和明度都降低。因而前者称为“明调”,后者称为“暗调”
在一种色相中,逐步加入白色或黑色,可得到一系列不同纯度的色阶,称为纯度阶段。纯度阶段可分为 9 个阶段,以 1S～9S 来表示。1S～3S 为低纯度,4S～6S 为中纯度,7S～8S 为稍高纯度,9S 为最高纯度</td><td colspan="2">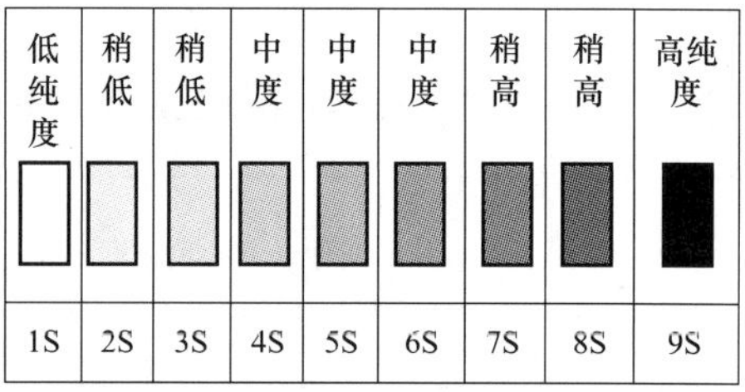
低纯度
稍低
稍低
中度
中度
中度
稍高
稍高
高纯度
1S
2S
3S
4S
5S
6S
7S
8S
9S</td></tr>
<tr><td>色彩要素的关系</td><td>色立体</td><td>色立体是依据色彩的色相、明度、纯度变化关系,借助三维空间,用旋转直角坐标方法,组成一个类似球体的立体模型
北极为白色,南极为黑色,连接南北两极贯穿中心的轴为明度轴,北半球为明色系,南半球是深色系。色相环的位置则在赤道上,球面一点到中心轴的垂直线,表示纯度系列标准,越接近中心,纯度越低,球的中心为正灰</td><td colspan="2">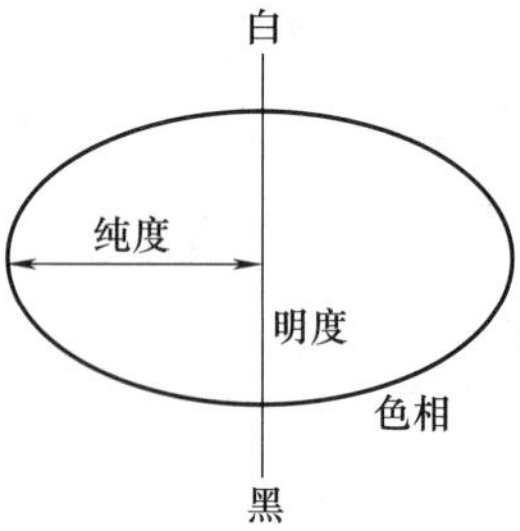
白
纯度
明度
色相
黑
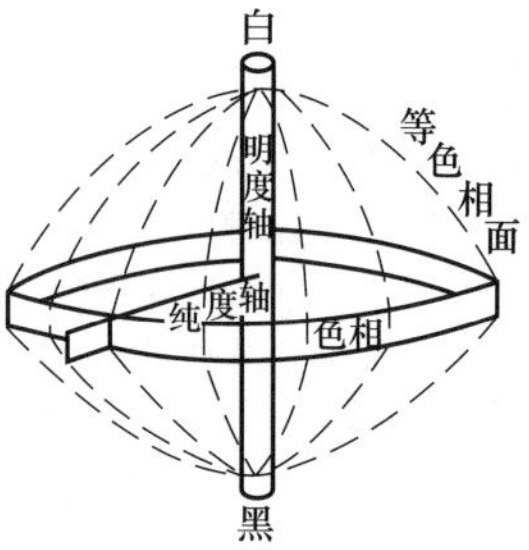
白
等色相面
明度轴
纯度轴
色相
黑</td></tr>
</table>

3.3.3 色彩的体系及表示方法

表33-3-24 国际上常用的色彩体系与表示方法

类型	色立体图示	要素等级	要素代号	要素图示	色彩表示方法及举例
孟塞尔表色体系	(色立体图，标注 W白 无彩色轴、N9、Y8/12 纯黄色、R4/14 纯红色、P4/12 纯紫色、RP4/12 纯红紫色、N1 BL黑)	色立体的色相环以红(R)、黄(Y)、绿(G)、蓝(B)、紫(P)五种色相为基础，再加上黄红(YR)、黄绿(YG)、蓝绿(BG)、蓝紫(BP)五种中间色相，组成10种主要色相。又对针排列10种色相按顺时针方向10等分，由此获得100种色相等级 各色相的第五种即该色相的代表色如5R,5Y,5YR…，直径两端的色相为互补色	以1～10的数字和10种色相的代号组合表示	(色相环图示，圆环分为R、YR、Y、YG、G、BG、B、PB、P、RP十个扇区，外圈标注1-10数字)	色彩系列是以HV/C(色相·明度/纯度)的形式来表示，如5R4/14即表示色相为5R，明度为4，纯度为14的纯红色
		色立体的纵轴为明度轴，以理想的白色为10，标记为W；理想的黑色为0，标记为BL。中间加入明度渐变的9个灰色	用1/、2/、3/…9/等记号表示	(明度与纯度图示，5R和5BG两个色相的明度·纯度关系图，纵轴W到BL，标注各色块)	对无彩色系列NV/(明度)的中性灰色用中性灰色N表示。如N5/表示明度值为5的中性灰色
		自色立体中心至表层的横向水平线构成纯度轴，中心轴纯度为0。其余代号为2,4,6,8,10,12,14等级号，逐渐远离中心轴 每一种色相的纯度等级不一，红(5R)的纯度等级最高，共有14个等级。而蓝绿(5BG)的纯度等级只有6级	用2/、4/、6/、8/、10/、12/、14表示		

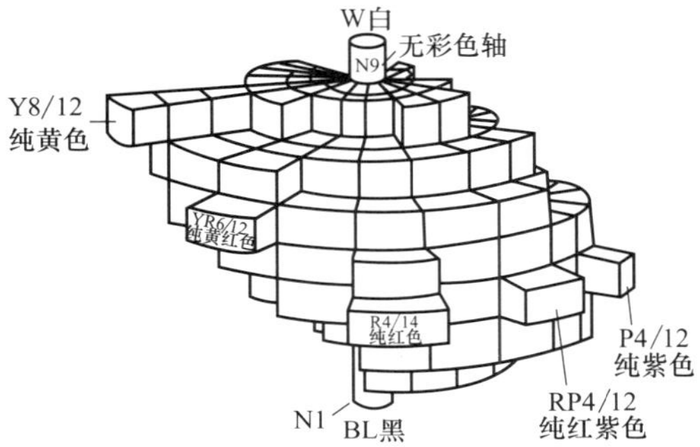

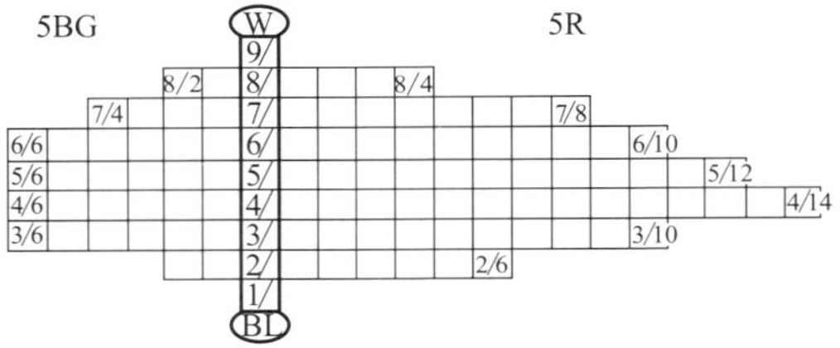

续表

类型	色立体图示	要素等级	要素代号	要素图示	色彩表示方法及举例
奥斯特瓦德表色体系	(色立体图，含 W、B 两极，标注 1Y、2Y、3Y、3O、2O、1P、2P、3P、1UB、2UB、1R、3R 等)	色立体的色相环以黄(Y)、橙(O)、红(R)、紫(P)、蓝(UB)、蓝绿(T)、绿(SG)、黄绿(LG)八个主要色相作为基本色相，再分别把每个色相三等分（按顺时针方向分别以1,2,3标志），构成24个色相	以1～24的数字为代号	(24色相环图示，标注 1Y～3Y、1O～3O、1R～3R、1P～3P、1UB～3UB、1T～3T、1SG～3SG、1LG～3LG)	色彩表示法是"色相代号，含白量代号，含黑量代号"，计算方法为含白量+纯色量+含黑量=100%(总色量) 如某相色为16ga，则 16——蓝绿 g——含白量为22% a——含黑量为11% 按照公式：100－22－11=67% 该色彩为浅蓝灰色
		明度值在黑与白之间分为8个等级，分别以a、c、e、g、i、l、n、p表示，a表示最亮的白色，p表示最暗的黑色	以a、c、e、g、i、l、n、p表示8个等级	奥斯特瓦德记号的黑白含量关系 | 记号	含白量/%	含黑量/%
---	---	---
a	89	11
c	56	44
e	35	65
g	22	78
i	14	86
l	8.9	91.1
n	5.6	94.4
p	3.5	96.5		
		纯度即以明度中心垂直轴为边长，作一等边三角形，外侧顶点配置纯色，以此为标志，将每条边作为8等分，把这个等色相三角形分割成28个菱形色区，并各自标记号该色区的含白量和含黑量，纯度即以含黑量和含白量的不同来表示	以任意两个明度代号组合表示	(等色相三角形图示，W 在左，BL 在右下，顶点为纯色；标注 a、ca、c、ec、ea、e、gc、ge、ga、g、ic、ie、ig、ia、i、lc、le、lg、li、la、l、nc、ne、ng、ni、nl、na、n、pc、pe、pg、pi、pl、pn、pa、p；箭头标注：等黑量序列、等白量序列、等色相序列)	

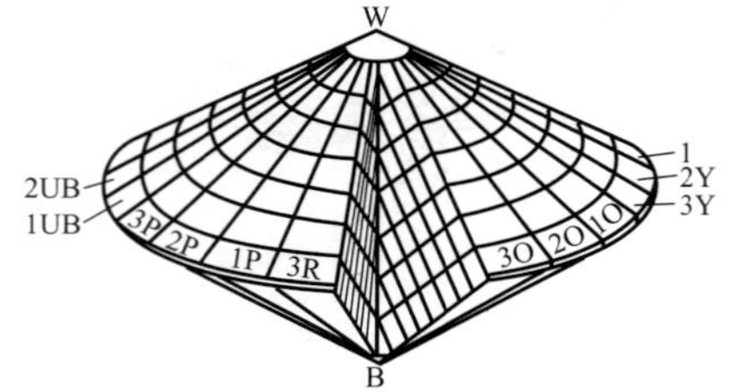

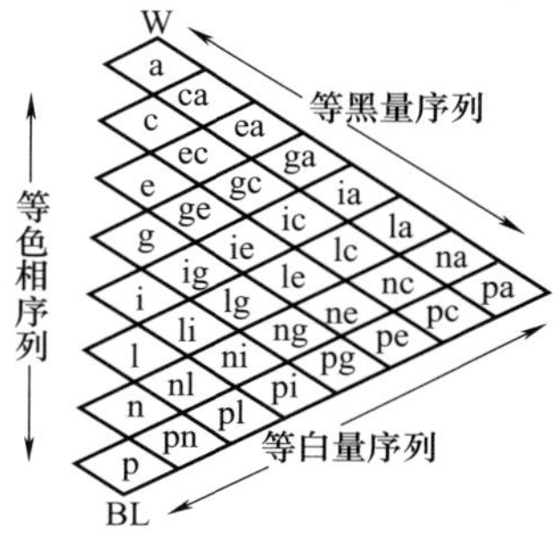

续表

类型	色立体图示	要素等级	要素代号	要素图示	色彩表示方法及举例
日本色彩研究所表色体系	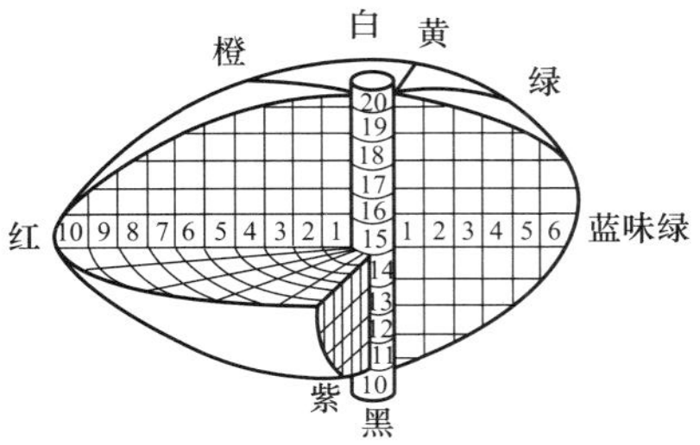	以红、橙、黄、绿、蓝、紫六个主要色相为主要色相为基础，再加入五个中间色相，每个色相再细分为 2 或 3 色相，共构成 24 色相	以 1～24 的数字为代号	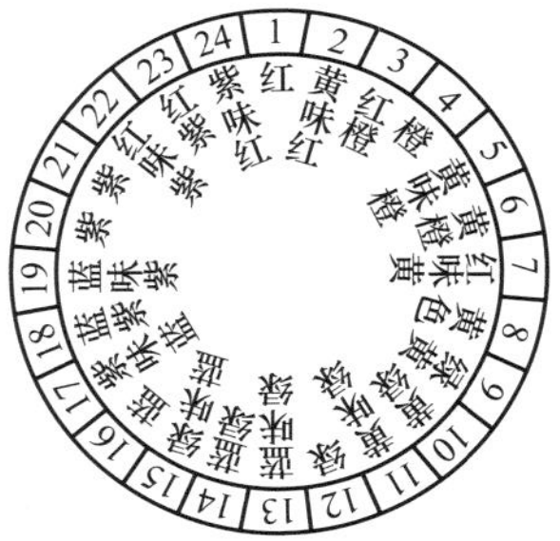	色彩的表示法为“色相-明度-纯度” 如 1-14-10 表示色相为 1、明度为 14、纯度为 10 的纯红色
		明度以黑为 10，白为 20，中间加入渐变的 9 个等级灰色，共 11 个等级	以 10～20 的数字为代号	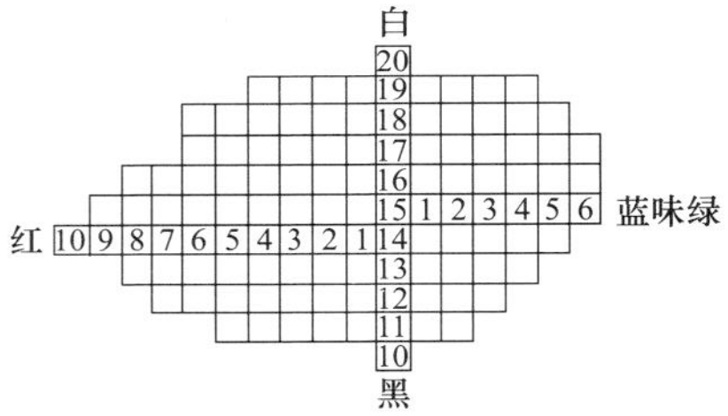	
		纯度分成视觉感觉上相等的等级，中央轴为 0，其余为 1～10 的等级，逐步远离中心 每一种色相的纯度等级不一，红的纯度等级最高，定为 10 个等级	以 1～10 的数字为代号		

3.3.4 色彩的功能与应用

3.3.4.1 色彩的意象与设计应用

表 33-3-25　　　　　　　　　　色彩的意象与设计应用

感情作用	含 义	设 计 应 用
冷暖感	色相环上由红到黄之间称为暖色系,由绿蓝到蓝紫之间称冷色系。冷色系的色给人以寒冷感,暖色系的色给人温暖感。在无彩色中,白色和明亮的灰有寒冷感,暗灰色和黑色有暖和感	在产品设计时,应根据产品的功能和使用的环境等条件选择冷暖不同的颜色。如在热带或高温条件下的环境宜选用冷色,而在寒带或低温条件下的环境宜选用暖色,以适用和平衡人们的心理特点
轻重感	色彩的轻重感主要决定于明度。明度高的色(浅色)感到轻;明度低的色(深色)感到重。明度相同时,纯度高的色感到轻,纯度低的色感到重。冷色感到轻,暖色感到重	对于要求增强稳定感的产品,则应上轻下重,这时产品下部应涂以重感色(一般为深暗色)。对于要求体现轻巧的产品,则应明调的色彩或在下部适当位置配置淡色或明度较高的色调
远近感	一般暖色和明度高的色有近感,如黄、橙、白等称近感色;冷色和明度低的色有远感色,如黑、蓝、紫等称远感色。纯度低的色感到远;纯度高的色感到近	在产品设计时,往往利用色彩的近感色来强调重点部位,对于次要部分则用远感色,使其引退。如产品上的标志和铭牌及有关指示装置等颜色设计,应注意选择适当的背景色和产品的主题颜色,使之引人注目
膨胀和收缩感	明度高和暖色系的颜色有膨胀感,明度低和冷色系的色彩有收缩感。无彩色中,白色最有膨胀感;黑色最有收缩感	在色彩配色时,必须考虑选取适当的尺度关系,以取得面积或体量的等同感
软硬感	色彩的软硬感主要与色彩的明度与纯度有关。明亮的色彩感觉软;纯度过高和过低都会产生硬感,而中等纯度的色彩则显较柔软。在无彩色中,黑色和白色给人感觉较硬,而灰色则较柔软;在有彩色中,暖色较柔软,冷色较硬,中性的绿色和紫色则柔软	利用色彩的软硬感可以增强产品形体的力学效果和表面质感效果
兴奋与安静感	暖色的红、橙、黄有兴奋感;而冷色的灰性色有安静感。但纯度降低,兴奋感和安静感也随之减弱	兴奋的颜色使人精力充沛,精神饱满;而平静的色则使人精神集中,冷静沉着

3.3.4.2 色彩的性格与象征

表 33-3-26　　　　　　　　　　色彩的性格与象征

色名	性 质	象 征 褒 义	象 征 贬 义	设 计 应 用
红	波长最长,穿透力强,感知度高	热情、活泼、温暖、积极、喜庆、庄严、胜利、光辉、健康、	危险、暴力、灾害、爆炸、引人注目的紧张感	在工业安全用色中如机床、仪表上的指示灯及交通信号灯等,红色即是警告、危险、禁止和防火的指定色
黄	明度最高	希望、光明、快活、高贵、豪华	轻薄、忧弱、没落、颓废	在工业安全用色中,黄色即是警告危险色,常用来警告危险或提醒注意、小心,如交通标志上的黄灯,工程用大型机械,特种行业的工作服,学生用雨衣、雨鞋,都使用黄色

续表

色名	性质	象征		设计应用
		褒义	贬义	
橙	具有红、黄之间的色性	兴奋、明亮、堂皇、成熟、喜乐	能引起人们的烦恼和不安	在工业安全用色中,橙色即是警戒色,如火车头、登山服装、背包、救生衣
绿	波长居中,对人眼的刺激小,是使眼睛最能适应和最能获得休息的色光	和平、生命、成长、青春、理想,具有宁静和新鲜的感觉	—	表示"运行正常""安全",另外为避免操作时眼睛的疲劳,许多工作的机械也采用绿色。绿色有益于镇定、疗养、休息和健康,是旅游、疗养和环保事业的象征色
蓝	波长短于绿色,是色感中典型的冷色	理智、沉稳、准确、神秘、悠久、安详、诚实、善良	寂寞、悲凉、贫寒	在强调科技、效率的商品或企业形象时,大都用蓝色当标准色、企业色,如电脑、汽车、摄影器材、影印机等
紫	在可见光谱中,紫色光的波长最短	高贵、典雅、优美、奢华、神秘、庄严	阴暗、悲哀、险恶	除了和女性有关的商品和企业形象之外,其他类的设计不常采用其为主色
白	全部可见光均匀混合而成	神圣、纯洁、高级、清净、真实、科技	寒冷、苍老、虚空、衰亡	具有高级、科技的表达意象,通常需要和其他色彩搭配使用,在生活用品、服饰用色上,白色是永远流行的主要颜色
灰	中性色	柔和、高雅、谦逊、平静、镇定、含蓄	枯燥、单调、沉闷、颓废、不吉利	许多高科技产品,尤其是和金属材料有关的,几乎都采用灰色来传达高级、科技的形象
黑	无色相、无纯度之色,光照弱或物体反射光能力弱	高贵、稳重、科技、寂静、严肃、坚固	悲哀绝望、恐怖与死亡	许多科技产品的用色,如电视、跑车、摄影机、音响、仪器
光泽色	反光能力很强的物体色	辉煌、珍贵、华丽、活跃	—	金色、银色在产品造型中用于美化操作件、商标、铭牌,或在机罩某一结合部分进行线面分割的饰条

3.3.4.3 色彩的好恶

表 33-3-27　　　　　　　　　一些国家对颜色的爱好、禁忌

国家	爱好颜色	禁忌颜色	国家	爱好颜色	禁忌颜色
中国	红、绿、黄	黑、白	巴基斯坦	绿、金、银、鲜艳色	黑
印度	红、绿、黄、橙、蓝、鲜艳色	黑、白、灰	缅甸	红、黄、鲜艳色	—
			泰国	鲜明色	黑
日本	柔和色调,金、银、红、白、紫	黑、深灰、黑白相间	土耳其	红、白、绿、鲜明色	—
			叙利亚	青蓝、绿、红、白色	黄
马来西亚	红、橙、鲜艳色	黑	伊拉克	绿、蓝	黑

续表

国家	爱好颜色	禁忌颜色	国家	爱好颜色	禁忌颜色
法国	粉红、蓝、雅灰色	墨绿色	埃塞俄比亚	鲜艳色、明亮色	黑
挪威	红、蓝、绿、鲜明色	—	乍得	白、粉红、黄	红、黑
德国	鲜艳色	—	南非	红、白、水色、藏蓝	
意大利	鲜艳色	—	毛里塔尼亚	绿、黄、浅淡色	
希腊	绿、蓝、黄	黑	尼日利亚	—	红、黑
瑞典	黑、绿、黄	蓝	美国	无特殊爱好	
爱尔兰	绿、鲜明色		加拿大	素静色	
瑞士	红、黄、蓝	黑	墨西哥	红、白、绿	
荷兰	橙、蓝		秘鲁	红、红紫、黄、鲜明色	紫
埃及	红、橙、绿、青绿、浅蓝、鲜明色	深蓝、紫、暗淡色	委内瑞拉	黄	
			巴拉圭	鲜明色	
摩洛哥	红、绿、黑、鲜艳色	白	古巴	鲜明色	
突尼斯	绿、白、红	—	巴西	红	
利比亚	绿	—	阿根廷	黄、绿、红	黑、黑紫相间
贝宁	—	红、黑			

3.3.5 色彩的配置规律

将两种或两种以上的色彩配置在一起，差异性大的表示为色彩对比，差异性小的则表示为色彩调和。色彩的对比与调和是色彩设计最基本的配色方法，是获得色彩既变化丰富又有统一的重要手段。

3.3.5.1 色彩对比

（1）色相对比

色相对比是基于色相差别而形成的对比。色相对比的强弱程度，可以由色相环上的间隔距离来表示。见表33-3-28。

任何一个色相都可以作为主色，组成同类、邻近、对比和互补色相的对比关系，不同程度的色相对比，有利于人们识别不同程度的色相差异，也可以满足人们对色相感的不同要求。表33-3-29列出了单色相、二色相、三色相、四色相对比及配色效果。

（2）明度对比

明度对比是指色彩明暗程度的对比，也称色彩的黑白度对比。画面的层次变化与图形轮廓的清晰程度主要取决于色彩的明度对比。用黑色和白色按等差比例相混，建立一个含9个等级的明度色标，根据明度的色标可以划分为3个明度基调。明度对比的强弱决定于色彩明度差别的大小。明度基调及明度对比的强弱划分见表33-3-30。

运用低明基调、中明基调、高基调和短调对比、中调对比、长调对比可以组合成多种明度对比的调子，表33-3-31列出了8种明度对比、配色组合和配色的效果。

表33-3-28　　　　　　色相对比的分类

对比分类		定义与性质	色彩对比示意图
色相弱对比	邻近色	与选择色色相邻之色	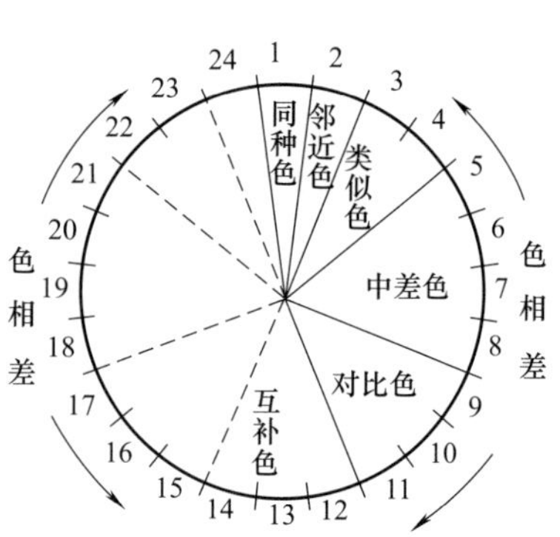
	类似色	与选择色色相隔2~3之色	
色相中对比	中差色	与选择色色相相隔4~7之色	
色相中对比	对比色	与选择色色相相隔8~10之色	
色相强对比	互补色	与选择色色相间隔11~12之色	

表 33-3-29　　　　　　　　　　　　　　　色相的对比及配色效果

色相数目	配色性质	图　例	角度关系	间隔关系	配色效果	备　注
单色配置	同类色	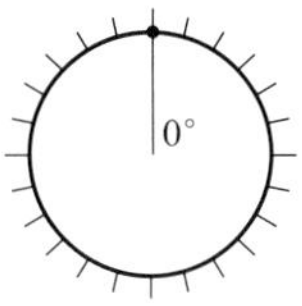 0°	将同一色相的明度、纯度变化形成浓淡组合		对比效果柔和、精致、统一,但有单调感	只有纯度和明度差别,无色相对比
二色配置	邻近色	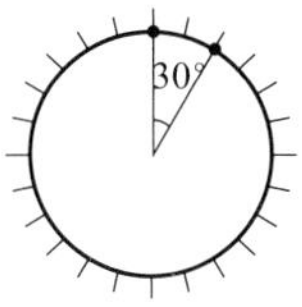 30°	30°	2 间隔	对比微弱、单纯、柔和,有单调、乏味感	必须借助纯度和明度变化增加对比
二色配置	类似色	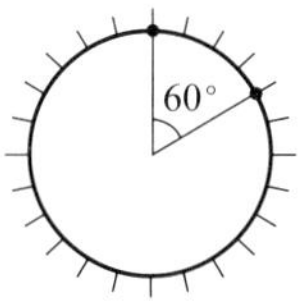 60°	60°	4 间隔	对比效果有邻近色的单纯、柔和,又有主调明确、耐看的特点	也称为调和色,色相对比较明显
二色配置	中差色	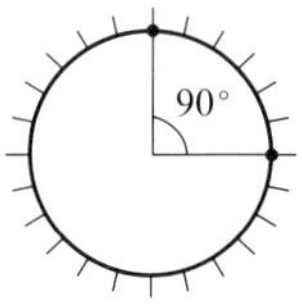 90°	90°	6 间隔	对比效果明显,对比色质确定,有明快、爽朗感	注意纯度和明度对比关系,才能取得较好的对比效果
二色配置	对比色	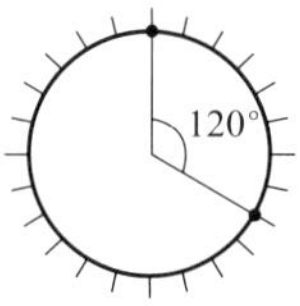 120°	120°	8 间隔	对比色质个性独立,色感饱满、刺激,给人以华丽、跳跃、兴奋、激动感,易形成明快、活泼、生动的色感效果	对比双方面积不宜对等
二色配置	互补色	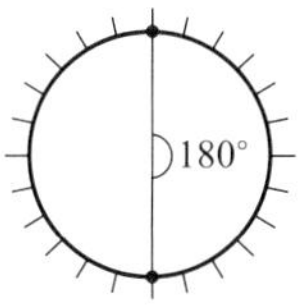 180°	180°	12 间隔	色质个性独立、突出,对比十分强烈,具有明亮、热烈、辉煌、醒目、刺激的感觉,也给人以紧张、不安的感觉	对比双方面积不应对等,宜适当改变纯度和明度
三色配置	90°内三色	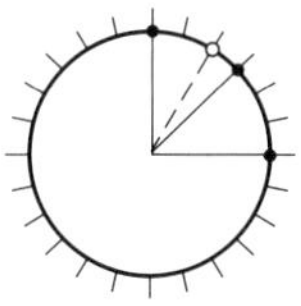	45°与45°	3∶3	对比效果不明显,易产生枯燥、厌恶的感觉	注意明度、纯度的对比关系
三色配置	90°内三色		30°与60°	2∶4	对比效果不明显,易产生枯燥、厌恶的感觉	注意明度、纯度的对比关系
三色配置	120°内三色	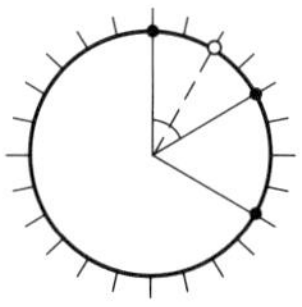	30°与90°	2∶6	对比效果明显,色质鲜明,又具有统一、调和感	通过改变明度,加强柔和和明快效果
三色配置	120°内三色		60°与60°	4∶4	对比效果明显,色质鲜明,又具有统一、调和感	通过改变明度,加强柔和和明快效果

续表

色相数目	配色性质	图例	角度关系	间隔关系	配色效果	备注
三色配置	180°±30°内三色	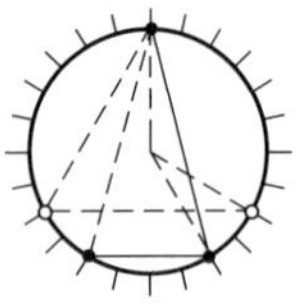	60°与120°	4∶8	色质鲜明饱满，气氛爽朗热烈，容易形成既有对比又有和谐的色彩效果	注意加强一色的对比，要减弱另一色的纯度，效果更好
			120°与30°	8∶2		
			120°与90°	8∶6		
	互为120°三色	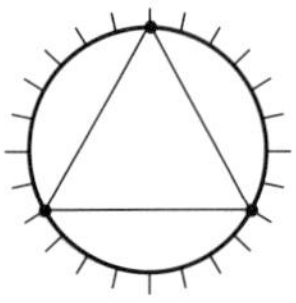	120°与120°与120°	8∶8∶8	配色节奏感强，对比协调，具有轻快、圆润、欢跳的感觉，容易获得变化中有统一的调和效果	改变明度和纯度，轻快、跳跃效果更好
四色配置	180°±30°内四色	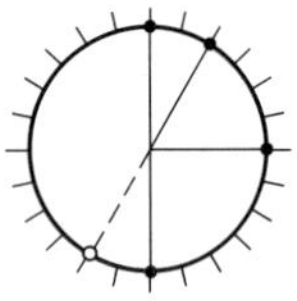	30°与60°与90°	2∶4∶6	具有鲜明、爽快的调和感，对比调和关系自然而爽快，一般配色效果好	注意减弱90°关系色相间的对比
			30°与60°与120°	2∶4∶8		
	相距60°内四色	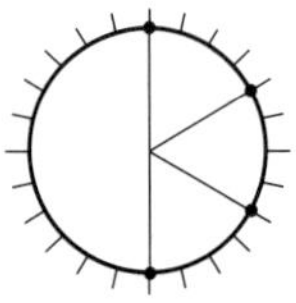	60°与60°与60°	4∶4∶4	效果大致同上，但不够自然	注意纯度和明度的变化，以及面积大小的差异
	相距90°内四色	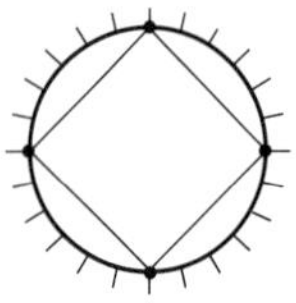	90°与90°与90°与90°	6∶6∶6∶6	能获得强力、明快、兴奋的效果	注意纯度和明度的变化，以及面积大小的差异
	夹角60°内两对补色	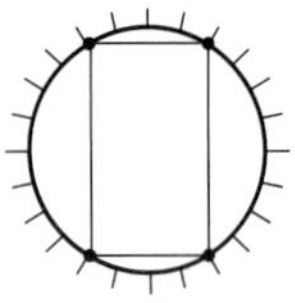	60°与120°与60°与120°	4∶8∶4∶8	产生既有对比又有调和感的鲜明、刺激、爽快的效果	注意纯度和明度的变化，以及面积大小的差异

(3) 纯度对比

纯度对比是指鲜艳色与含有各种比例的黑白灰的色彩之间的对比，其配色关系及效果如表 33-3-32 所示。

3.3.5.2 色彩调和

调和就是增强两色的"统一感"和"秩序性"，也就是将对比的幅度控制在一定的范围之内。见表 33-3-33。

表 33-3-30　　明度基调和明度对比

分类	名称	定义	效果	明度等级及代号			
明度基调	低明基调	由 1～3 级的暗色组合的基调	具有沉静、厚重、迟钝、忧郁的感觉	白			
	中明基调	由 4～6 级中明色组合的基调	具有柔和、甜美、稳定的感觉	9	W	白	高明基调
				8	HL	高明	
	高明基调	由 7～9 级的亮色组合的基调	具有优雅、明亮、寒冷、软弱的感觉	7	L	明	
				6	LL	中明	中明基调
				5	M	低明	
明度对比	短调对比（明度弱对比）	相差 3 级的对比	具有含蓄、模糊的特点	4	HD	低暗	
				3	D	暗	
	中调对比（明度中对比）	相差 4～5 级的对比	具有明确、爽快的特点	2	LD	高暗	低明基调
				1	B	黑	
	长调对比（明度长对比）	相差 6 级以上的对比	具有强烈、刺激的特点	黑			

表 33-3-31　　明度对比及效果

分类	底色	配色组合	配色示例	配色效果
高长调	以高明的基色为底色	一色与基色成五段间隔以上的暗色,另一色与基色成三段间隔以下明色	1/9, 8	以 8 级为基色,配 1 级和 9 级明度色	明快、爽朗、刺激,具有鲜明、积极的性格
高短调		一色与基色成五段间隔以下的暗色,另一色与基色成三段间隔以下明色	5/9, 8	以 8 级为基色,配 5 级和 9 级明度色	优雅、柔和、微妙、轻拂,具有女性温柔的特点
中长调	以中明的基色为底色	一色与基色成五段间隔的明色,另一色与基色成五段间隔暗色	1/9, 5	以 5 级为基色,配 9 级（白）和 1 级（黑）	对比鲜明、强烈,具有男性豪放的特点
中短调		一色与基色成三段间隔的暗色,另一色与基色成三段间隔明色	3/7, 5	以 5 级为基色,配 3 级（暗）和 7 级（明）	含蓄、模糊、温柔,具有暧昧的性格
中间高短调		一色与基色成五段间隔的明色,另一色与基色成三段间隔明色	7/9, 5	以 5 级为基色,配 9 级（白）和 7 级（明）	淡雅、稍有明亮的气息
中间低短调		一色与基色成五段间隔的暗色,另一色与基色成三段间隔暗色	3/1, 5	以 5 级为基色,配 1 级（黑）和 3 级（暗）	微暗、气氛略带低沉

续表

分类	底色	配色组合	配色示例		配色效果
低长调	以低明的基色为底色	一色与基色成五段间隔以上的明色,另一色与基色成三段间隔以下的暗色	1 9	2	以2级为基色,配9级(白)和1级(黑)	对比强烈,有爆发性,性格庄重、威严、刚毅
低短调		一色与基色成五段间隔以下的明色,另一色与基色成三段间隔以下的暗色	1 5	2	以2级为基色,配5级(低明)和1级(黑)	气氛低沉、压抑、沉闷、性格忧郁,情调悲哀、凄苦

表33-3-32　　　　　　　　　　纯度对比配色关系及效果

纯度名称		组合范围	配色举例	配色效果
纯度列	1/4纯度列(纯度基调)	1/4	组合1/4纯度范围内色	形成感觉非常弱的配色
		1/2	组合1/2纯度范围内色	形成具有稳定沉静感的配色
		3/4	组合3/4纯度范围内色	形成强烈的配色
		纯色	组合纯度	具有极强烈感的配色
	1/2纯度列	整个纯度范围的1/2区间内的配色	1/2纯度色与1/4纯度色配置	得到中间对比的纯度效果
			1/2纯度色与3/4纯度色配置	
			3/4纯度色与纯色配置	
	3/4纯度列	整个纯度范围的3/4区间内的配色	1/4纯度色与3/4纯度色配置	得到强烈对比的纯度效果
			1/2纯度色与纯色配置	
	全纯度列	整个纯度范围区间内的配色	1/4纯度色与3/4纯度色再与纯色配置	得到极强烈对比的纯度效果
			1/4纯度色与1/2纯度色再与纯色配置	

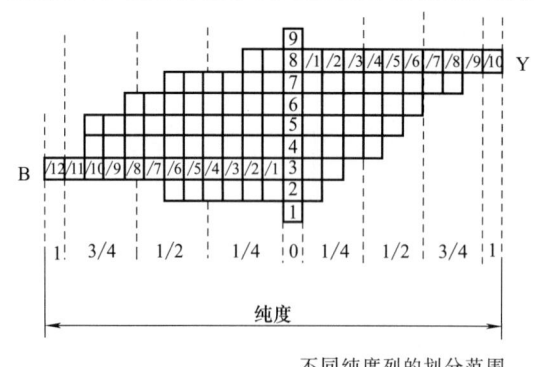
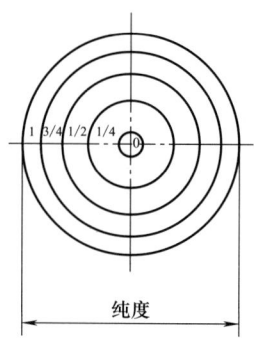

不同纯度列的划分范围

表 33-3-33　　色彩调和的配置与效果

调和类型		调和方法	备 注
色相调和	无彩色系调和	无彩色系只有明度变化，容易达到调和	在色彩三要素中，凡是有两个因素统一或类似，就可达到调和效果；凡是有一个因素同一或类似，而其他两个因素不同程度的变化，则可得到有一定变化的调和；三个因素都缺少共性，配色则难以调和
	无彩色系与有彩色调和	任何无彩色与有彩色配列均能调和，辅之以纯度与明度变化，可得到层次丰富、爽快明快的调和	
	同色相调和	色相相同的调和具有单纯、朴素、简明的特征，也有单调无味的感觉，因此必须改变色彩的纯度和明度，甚至用强对比色作点缀、弥补色感的不足，以求生动效果	
	邻近色相调和	邻近色相色质差别很小，容易造成单调感。与同色相一样，采用纯度、明度变化方法达到调和	
	类似色相调和	类似色相比邻近色相有一定的变化，色质差别增大，有较丰富的色感。同样为了避免单调，必须变化纯度和明度，使色彩构成达到生动多姿的调和效果	
	对比色相调和	对比色相色差大，有较强的对比效果，容易产生华丽、兴奋的色感。为了避免较强的刺激感，必须通过色彩纯度和明度上的共性，强化主色调的一致性，达到生动而不刺激，跳跃而不杂乱的调和效果	
	补色色相调和	补色是最强的对比色相，特别是纯色补色色相，对人的刺激感最强。因此，降低补色的纯度和明度，特别是降低纯度，才能增加调和感	
明度调和	相同明度调和	相同明度的色彩，决定了色彩构成中的明暗调子。因此相同明度的色彩配列，容易达到调和。当同明度、同色相、不同纯度，同明度、同纯度、不同色相，同明度、不同色相、不同纯度的色彩配列时，注意减少补色的过分刺激、生硬和低明度、低纯度的模糊、平淡，均能达到调和的效果	
	邻近明度调和	邻近明度的配色，明度级差不大，具有统一的调和感。由于明度近似，有单调、平淡的感觉，也必须增加色相和纯度的对比来达到调和的效果	
	对比明度调和	明度级差较大的色彩配列时，亮色突出、明显，暗色隐晦、低沉，对比感强，容易取得明快的对比效果。为了增加统一与调和，可运用邻近色或者邻近纯度达到调和	
	强对比明度调和	当明度级差大于6级的色彩配列时，产生生硬、刺激的感觉，色感平衡失调，必须运用色相和纯度的同一性、色彩面积的合理分割、色彩量感强弱的平衡关系等进行调和	
纯度调和	同一纯度调和	纯度相同时，色彩的共性加强，即主色调容易形成。因此，纯度相同的色彩容易达到调和。在色彩构成中，用同一纯度、不同色相，同一纯度、同一色相、不同明度，同一纯度、不同色相、不同明度的色彩配列时，只要注意色相与明度的变化，注意量感和质感的平衡，均能达到良好的调和效果	
	邻近纯度调和	邻近纯度调和和相同纯度调和的情况近似，必须运用色相与明度的变化，使其有一定的对比，从而达到邻近纯度色彩的调和	
	对比纯度调和	在色彩的纯度差在7级以上时，产生色彩纯度的强对比。纯度对比的效果，决定色彩是艳丽、生动还是模糊、浑浊。因此对比纯度配列时，利用相同（或邻近）色相、相同（或邻近）明度来达到调和与统一	

续表

调和类型		调和方法
色调调和	混入同一种色相的色彩	配色形成的气氛和总的倾向称为主色调。主色调有淡色调、浓色调、明色调、暗色调、鲜色调、含灰色调、暖色调、冷色调等。作为色彩设计的基本色调,是以具有统筹全局的主体色来决定的,其余色彩必须统一在这个总的倾向之中,因此按照明确的主色调进行配色是调和的一种有效的方法 具体方法是各色中都混入同一种色相的色彩: 混入红、橙、黄构成暖色调; 混入蓝、靛、紫构成冷色调; 由于各色中混入同一色素,使色彩之间发生了内在联系,增加了共性,就易于调和
	混入白黑色调和	在各色中混入白色,各色的明度增加,同时纯度降低,色相对比减弱,取得一定明度下的调和。反之,加入黑色,可以得到低明度下的色彩调和,混入过多的黑色量,将出现厚重、模糊、沉闷的单调感
	混入灰色调和	在多彩色的构成中,混入一定量的灰色,不仅降低了各色的明度和纯度,同时各色的个性减弱,起到了收敛各色色质表现能力的作用,造成整体色彩构成具有含蓄、柔和、圆润的感觉
几何关系调和	面积调和	在色质个性十分突出的对比双方,色彩面积越大,调和效果越差,要取得较好的调和效果,减少双方面积是方法之一。另一方法是扩大多块面积差,使其中一方成为点缀
	形状调和	当色块形状规整集中时,调和效果差,利用色点点缀法或色线并置及网形配列,可得到很好的调和效果
	位置调和	一般来讲,对比色彩的双方,集中色块的位置距离越近,调和效果越差;色块位置适当拉开、分散等,可达到一定的调和效果

3.4 产品造型设计原理与方法

3.4.1 产品设计类型与层次

产品造型设计工作可以分为两大类三个层次:现实型产品造型设计(包括改进型产品造型设计和开发型产品造型设计)、未来型产品造型设计。产品设计类型与层次的定义与说明如表33-3-34所示。

3.4.2 改进型产品造型设计方法

对现有产品进行改进设计时,一般采用"设问法"或"列举法"对原产品进行分析。设计师要与企业领导以及设计、工艺、生产车间、供应、销售等部门的有关人员对产品的各个方面进行详细地讨论和分析,列出产品的改进部位和改进要点,根据改进点进行产品造型设计的构思,提出改进设计方案并说明力图达到的效果,供设计时参考。

表33-3-34 产品设计类型与层次的定义与说明

产品设计类型		定义与说明	示 例
现实型产品造型设计	改进型产品造型设计	对现有的产品或者已经形成一定生产规模产品的形式特征、人机关系、色彩、装饰、包装以及技术文件等方面进行产品造型的再设计,这类设计对原有产品的功能、技术原理甚至结构布局不作大的改变,只对产品的外部形态进行恰当的处理,使产品的外观更加符合人的审美要求	各类饮具的外形设计、灯具外形设计、小汽车外形设计、照相机的外形设计等
	开发型产品造型设计	是对产品的功能、技术原理、结构布局、形态样式进行全面的造型设计	利用机械力、电力代替人力而开发的各种工具的造型设计;利用电子技术替代机械技术而开发的手表、仪器、机械设备的造型设计等
未来型产品造型设计		又称"超前产品设计",这类设计特别注重产品的艺术形态与人的生理和心理的高度适应性,注重即将实现的新科学技术和物质技术条件的应用与设想,把产品的功能形式科幻化、理想化	—

3.4.2.1 改进型产品总体分析项目清单

表 33-3-35　　　　　　　　　　改进型产品总体分析项目

项　目	内　　容
产品的总体印象	产品整体形式是否协调统一？一眼看去，对其形和色有何感觉？是否喜欢？
	产品整体形象是否有清晰的层次感和韵律感？是否能给人留下深刻印象？
	产品的外观是否太零乱？某些部位是否太花哨？
	产品的形式是否表达了它的功能特征？从外观形式能很快知道产品的主要功能用途和如何使用它吗？
	产品的外部形式会是使人感到紧张、烦躁、危险，还是轻松、舒适、安全？
产品的形态	产品形态是否风格独特？与同类产品比较，其形式是否新颖？
	产品的总体与各部分的形态是否和谐流畅？外观形式是否简洁明朗？主次是否分明？
	产品的总体与局部、局部与局部的体量关系是否适宜？比例与尺度是否协调？
	主机、辅机和附件的线型风格是否统一？产品各部分轮廓的体、面、线是否清晰？衔接是否紧凑？过渡是否自然？
	产品的静态部分是否均衡稳定？动态部分是否生动活泼？
人机关系	产品上的主要操作控制零件的位置是否与人体测量尺寸相适应？是否处在最佳操作区内？
	主要显示器件是否清晰易读？是否处在最佳视觉范围之内？
	操作件的使用是否方便？是否符合手或脚的运动特征和人体生物力学特点？
	控制与显示是否符合相合原则？与人的正常反应速度是否协调？
	在工作区内有无划伤人的尖棱？高速运动件和飞溅物有无防护装置？
	危险区是否设有醒目的标志？急停按钮、刹车手柄是否设置在随手可及的位置上？保险装置是否让人放心、可靠？
	照明灯的亮度是否适宜？光线是否柔和？有无眩光？
	对噪声、粉尘、有毒气体等是否设有消除装置？
	操作人员的活动量和活动轨迹是否符合运动经济原则？操作空间和活动空间是否足够？是否还有更舒适的操作方式？
	应该设置的报警装置是否合理地设置了？
色彩	色彩是否鲜明地表达了产品的功能特征？主调是否突出？搭配是否合理？
	色彩设计是否符合美学原则？是否与产品的形式特征相吻合？用色是否简洁、单纯、和谐？
	产品的色彩是否与人的生理、心理相适应？是否会引起操作人员烦躁不安、忧郁压抑而降低工作效率？
	产品的色彩是否与环境和使用条件协调？在不同的环境条件下，色彩是否具有耐污、耐粉尘、耐腐蚀等特点？
	操作件和显示件的色彩是否合理？是否有利于工人的准确认读、敏捷反应、方便操作？
	警示色与安全色的使用是否合理、恰当？
	色彩设计是否合乎着色工艺要求？着色是否牢固和具有质感？

续表

项目	内容
装饰	装饰是否有利于产品形式的统一和突出产品设计的艺术效果?
	商标设计是否具有良好的表达性、寓意性、艺术性?商标和铭牌在产品上的位置是否合适?是否有增强产品形态均衡、稳定、新颖、生动、协调的效果?
	色带的处理是否有利于增强产品的整体感?是否符合美学法则?
	产品上的各种标志、符号、文字设计指意是否明确?是否具有良好的传达作用和艺术效果?
	产品上有无多余的装饰?
	装饰设计能否形成审美趣味中心?
	产品上有无手工加工痕迹?

3.4.2.2 工作场所和工作方法对人的体力和脑力要求的分析项目

英国学者 J. 伍德就人机工程学在工作场所和工作方法方面对人的体力和脑力要求分析项目列出了清单,如表 33-3-36 所示。

3.4.2.3 产品维护设计分析项目

英国学者 A. 吉布斯、C.H. 费劳斯奇姆就产品维护设计提出分析项目,如表 33-3-37 所示。

3.4.2.4 产品安全设计分析项目

英国学者 R.T. 波兹就产品安全方面设计提出分析项目,如表 33-3-38 所示。

3.4.3 开发型产品造型设计构思方法

开发型产品造型设计构思方法是指产品设计在进入可行性方案前的创造性设计设想。这些设想不需要工程技术和经济原则作为依据,常常反映人们最朴素的欲望。开发型产品造型设计原理和形态设计方法如表 33-3-39 所示。

表 33-3-36 工作场所和工作方法对人的体力和脑力要求的分析项目

项目		内容
工作场所	体力要求	工作场所足够宽敞吗?
		由仪器、工作部件、操纵器的位置所要求的工作姿势适宜吗?
		由仪器、工作部件、操纵器的位置所要求的工作姿势是坐姿吗?
		工作表面的高度适合于这个姿势吗?对于视力距离适合吗?
		工作表面的硬度、弹性、颜色和平滑度适宜吗?
		由仪器、工作部件、操纵器的位置所要求的手和脚的操纵适宜吗?
		手动操纵器的外形、尺寸、表面和材料与所需求的力相适应吗?
		椅子和支座可用来避免不必要的站立吗?
		一只脚休息必要吗?
		对肘、前臂、手背部的支撑必要吗?
		能根据操作者技能调节机器的速度吗?
		考虑到操作者作业时间的易变性吗?
		机器结构允许有好的保养和修理吗?(可达性、故障的危险性、亮度、技术故障的跟踪)
		有燃烧的危险吗?
		人体的任何部位会受到连续或间歇的过度的机械压力吗?
		工作时需要使用人体保护装置吗? ——工作服? ——靴子? ——工作帽? ——眼睛保护? ——耳朵保护? ——面罩?
		机器会产生很大的振动吗?

续表

项目		内容
工作场所	脑力要求	该工作有高的视觉要求吗？
		该工作需要高的照明水平吗？
		一般的人工照明必需吗？
		需要局部照明吗？
		工作的布置都暴露在不同照明的水平上？
		视觉数据容易区别日光、反射光等可见光吗？
		有来自工作场所或周围环境的眩光吗？
		对于颜色的感性认识有任何特殊需要吗？
		仪器、工作部件、操纵器的位置等有助于好的视觉吗？
		安装在工作者正前方的操纵器在最优的视觉范围内或能达到这一范围吗？
		使用刻度盘显示吗？它们容易读吗？
		注意并能收到警戒的光线吗？它们是否在视觉范围中枢部分？
		视觉的应用需要帮助吗？
		这个工作对听觉的要求高吗？
		危险需要口头通知吗？
		在这个工作场所里噪声的水平是否会影响正常的口头通知？
		能较容易地分辨来自工作场所的噪声与听觉信号吗？
		这个任务需降低噪声水平吗？
		能较容易地区分不同意义的听力信号吗？
		通过接触能很容易认出不同部件、不同操纵器按钮和工具吗？
		根据部件、操纵器按钮和工具所在位置能辨认出来吗？
		这个工作包括了位置运动或明确的力的应用吗？
工作方法	体力要求	这个工作需要大的肌肉负荷吗？
		这个工作是站着、垂直坐着还是行走或者相互结合？
		肌肉的负荷主要在： ——手臂？——腿？——颈部？——手、手指的较小肌肉？
		抓住用具或者工具的大、小肌肉群是否受到静态施力？
		这个工作姿态是否是大的肌肉群受到静态施力的影响而引起的？
		在工作中姿态可以改变？
		这个工作能为肌肉负荷提供一个好的工作和休息、静态和动态环境的交替吗？
		在这个工作方法里固有的辅助功能考虑了肌肉负荷的变化吗？
		这个运动的方式是正确的吗？
	脑力要求	运动方向的控制与作用力之间的关系相容吗？
		需要使用这个格式（列表等）吗？它会有效吗？
		信号容易混淆吗？
		信号永远有相同的含义吗？
		这些操纵器是按任务完成的顺序安置的吗？

项目		内　容
工作方法	脑力要求	这些正常使用的操纵器和紧急关头使用的操纵器容易通过形状、尺寸、标记、颜色来辨认吗？
		对于对应的信息源这些操纵器位置能尽可能地接近吗？
		这个工作对老工人的能力适宜吗？ ——定速？——视觉方向？——短期记忆？
		信息的速度会超过操作者的智力能力吗？操作者能超载吗？
		如果任意一个感觉通道可能超载时，这个负荷能较均匀地展开吗？
		对于下列信号的含义必须使用的感觉器官是正确的吗？（危险、警报——耳朵；正常的机器工作——眼睛；操纵器等的区别——触觉器官）
		由不同来源同时产生信号可能吗？
		有必要优先给出注意信号——得到最高值的信号吗？
		对于一个或相同的信号，而且仅仅只有一个人适用的信号也会有不同的响应吗？
		在机器运行过程中，允许有足够的时间来决定和产生动作吗？
		能够向一个系统提供快速反馈的调节作用吗？
		气候条件是在舒适范围内吗？
		若气候条件内不是在舒适范围内，主要是由于： ——空气温度？——湿度？——空气流动？——辐射？
		因为噪声会有丧失任何听力的危险吗？

表 33-3-37　　　　　　　　　　产品维护设计分析项目

项目	内　容
产品维护设计	在什么环境中进行维护，如何设计才是最合适的？
	对维护工作来说，维护人员应具有哪些专门知识？
	常规的预防维护每隔多久进行一次？
	常规的预防维护工作完美、正确，其故障的形式是什么性质的？
	维护工作就是更换零件、改变形式或校正调整吗？
	可以根据工作性能要求以及拆卸和组装费用进行各类故障检查吗？
	通过提供很好的检验，并进行大块组装可以缩短维护时间和降低维护要求，这样对投资费用影响如何？
	按照稳定性和精确度要求调整设计能令人满意吗？
	机器使用了内部故障检查仪吗？
	按损坏造成的危险依据选择设备的最优包装，其费用合适吗？
	能以令人满意为原则确定表面质量要求吗？
	能以令人满意为原则进行表面纹理和颜色选择吗？
	能以令人满意为原则进行润滑设计吗？
	能以令人满意为原则进行检测鉴定吗？
	罩、盖之类容易搬动和更换吗？它们可能被损坏吗？
	维护设计可防止主要零件错误装配吗？
	维护工具能避免对设备和操作人员的危害吗？
	维护期间可能发生的安全危险是什么？是由于机器、电、压缩空气、液压传动的原因，还是重力、弹力的作用；或是高压蒸汽、气体或化学液体的泄漏以及火源、爆炸、设备能见度差等原因引起的？设备中对这些原因都考虑了吗？
	操作、使用说明中是否说清了使用时的特殊要求以及执行维护的工作人员的条件

表 33-3-38　　产品安全设计分析项目

项目	内容
产品安全设计	安全保护装置处在正确位置是否完全解决了各种危险的威胁从而保证运行正常？
	保护装置合理吗？使用方便吗（即在工作中速度、效果均佳）？有理由可以不考虑保护装置，甚至取消它？
	安全保护装置可能被毁坏，或是被滥用，谁是主要的？
	安全保护装置能否应付可预见的各种机器故障吗？
	安全保护装置的构件是可靠的吗？
	安全保护装置便于观察和维护吗？
	机器的安全保护装置解决了使用说明书中提出的需避免的各种危险所引起的问题了吗？其外形及内部设计安全吗？易维护吗？
	按照重力和平衡进行设计了吗？
	设计和操作中注意了高能量弹簧和重型构件的维护保险了吗？
	为防止部件不正确组装，设计中采用了措施以防止事故的发生了吗？
	构件进行了常规检查了吗？例如紧固件是否拧紧？腐蚀区看得见吗？可靠性设计好吗？

表 33-3-39　　开发型产品造型设计构思方法

分类		定义与性质	示例
极限原理		任何一件产品在实现主要功能的前提下，无论是其使用特性，还是形态结构都存在设计构思中所允许达到的极限状态。把产品的特性和状态推向极限的思考方法称为产品设计的极限法 产品的极限状态包括：形态方面的曲直、厚薄、粗细、长短、高低；体量方面的轻重、大小；功能方面的多少、运动距离、速度快慢、自动化程度的高低等	如通过增加显像管的扫描角度而缩短显像管的长度，使电视机的厚度极限向薄型方向发展，产生悬挂式薄板型电视机
削减原理		把产品上的某个部分去除，得到一种新颖、简朴形态的方法	如把车子的轮子去掉，构思出一种无轮车——气垫车；把飞机的螺旋桨去掉，构思出无螺旋桨的飞机——喷气飞机等
反向原理		在产品设计中将思路反转过来，以逆常规的途径进行反向寻求解决问题的方法。任何事物都有正反两面面。通过反向思维，在因果、功能、结构、形态等方面把设计从固定不变的传统观念中解脱出来从而产生出全新的构思	如电风扇的设计，通常是外罩不动、借助风扇摆动来实现多方位送风，但是送风角度直接，风力生硬。通过反向思维，对产品结构重新设计，使风扇不动，而外罩上的风栅转动，使风受到干扰后排出，这样送风角度大，风量柔和，同时也简化了结构
综合原理	主体附加	在原有设计中补充新内容，在原有产品上增加新部件，创造产品的新功能	如自行车附加发动机而产生轻便摩托车；又如小轿车尾部附加独立升降的横向小车轮，调头灵活，且能节省燃料
	异类综合	两种以上不同功能的产品综合互相渗透并进行结构改进，能产生新的使用价值，并使成本降低	如可视电话、带电子表的计算器、带日历的台灯等
	同类综合	这是相同或近似功能产品之间数量与形式的综合	如组合式多功能冰鞋可任意组装成双排轮或单排轮旱冰鞋以及冰刀式冰鞋，鞋身可从大到小伸缩变化以适应不同人穿用，并且可以由简到难地进行系列化训练
	更新综合	分解产品原来的组成，用新的意图通过重新综合以增加产品功能或提高其使用性能，改善造型形态	如螺旋桨式飞机的一般结构是机首装螺旋桨、机尾有稳定翼，美国的卡里格卡图按照空气浮力和气推动原理进行重新综合，他设计的飞机螺旋桨放于机尾，而稳定翼放于机首，这样使得整架飞机具有尖端的悬浮系统和更合理的流线型机体，提高了飞行速度，排除了失速和旋冲的可能，增加了安全性

续表

分类	定义与性质	示例
功能/手段树法	为功能开发型产品造型设计的第一步骤,与改进型产品造型设计不同的是,它不是从分析原有产品的"问题"开始。而是从分析人的工作需要和产品的功能目的开始,按照产品的主要功能/主要手段、子功能/子手段……一层一层分析,探讨利用各种物质技术手段实现产品物质功能的设计方法	如:清除垃圾——主要功能;清扫、吸收、黏附、冲洗——手段;动力、吸收管、吸吸吸管、握持——次要功能;人力、机电——手段;电动机、发动机——子功能——手段 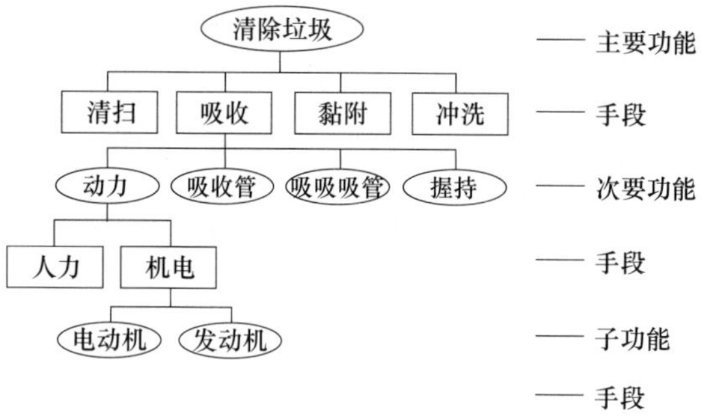
定量结构组合法	当一个产品可以分解为几个基本定量结构——功能相对独立、结构比较确定的部件时,把这些定量结构按照排列、方向、包容、嵌入等方法进行组合,从而得到一系列产品形态方案的方法 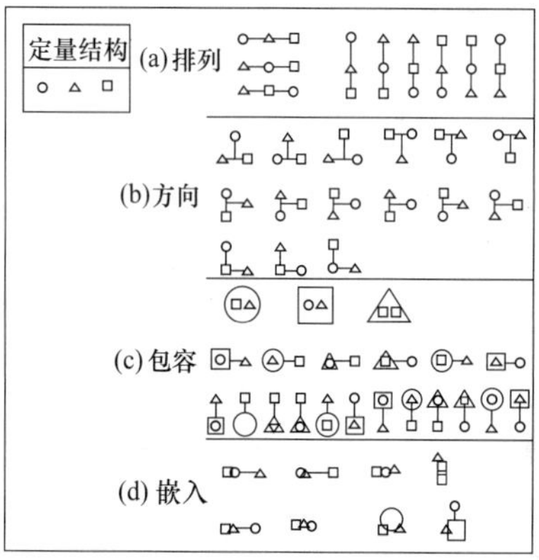	如吸尘器的定量结构组合示意图 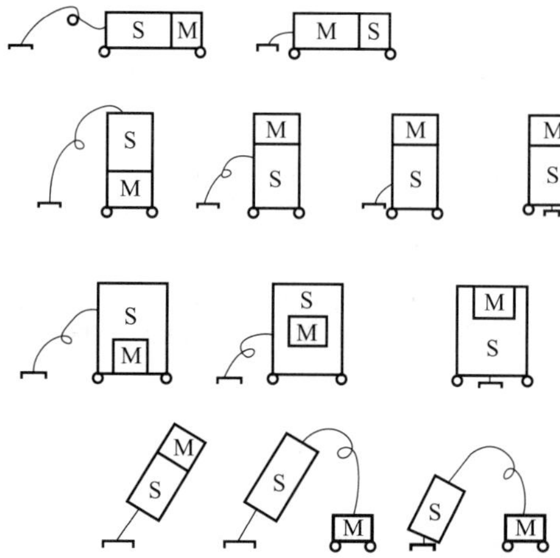 (a)排列 (b)方向 (c)包容 (d)嵌入
功能面法	功能面是产品零件具有功能作用的表面。功能面可以通过零件本身的功能作用、与环境的功能关系以及与人的功能关系来确定。按照功能的表现形式,有主与次、外与内、活动与静止之分;按照功能的作用关系,又有人与物、物与物、物与环境之分 使产品的外部功能面与相关的功能环境相适应,使产品的外部形态符合自然规律的构思方法称为功能面法	例如吸尘工具的造型设计,吸口部分是主要功能面,它的大致形状是前端有吸口,后面有吸管或通道。由于作业环境和作业对象的不同,又使吸口呈现不同的形态(如适应地面用扁平矩形形态,适应床和沙发用楔形形态,适应橱柜用管状形态等) 吸尘工具的握持部分是人与物的作用功能面,这部分的形态不仅要适合手的生理尺度和人在使用时的动作特点,而且要符合吸尘工具总体构成的形式特征
行为分析法	分析人在使用产品时的各种行为方式,使设计出的产品使用方便舒适的构思方法	如在设计某种用具时,要分析使用者如何抓握,如何启动,用力的方式和大小,身体的协调性,各个使用步骤的时间以及活动空间等
自然形态启发法	从自然物的神奇功能和完美形态得到启示,从而构思出新的产品的方法	如人类模仿鸟发明了飞机,模仿鲸发明了潜艇,模仿蝙蝠发明了雷达等

3.5 机械产品宜人性设计实例

以人机工程学在自行车设计中的应用分析为例进行介绍。

3.5.1 人-自行车界面分析

自行车的功能是代步、供人骑行，因此，人在骑车时组成了人-自行车系统，该系统中的人-自行车界面如图33-3-3所示。

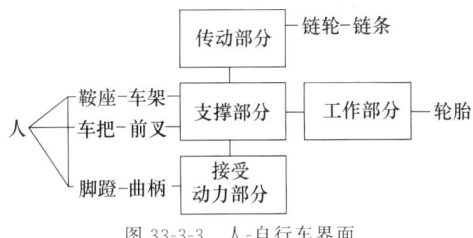

图33-3-3 人-自行车界面

(1) 人与动力接受部件关系

动力接受部件主要是脚蹬和曲柄。动力是靠骑车人的双脚踩在脚蹬上，下肢运动的力使曲柄转动而产生的。为了使人省力和有舒适感，必须在骑自行车人的体格和体力与自行车元件的尺寸关系上下功夫，即研究人体下肢肌肉的收缩运动与曲柄转动之间的能量转换问题。

(2) 人与传动部件关系

传动部件主要是滚珠、链条和链轮。人的作用力是通过链条和链轮传动而带动后轮转动，从而使自行车前移。传动部分的设计关键是要有较高的传动效率和可靠性，且有容易操纵的变速机构。保证较高的传动效率，才能使人用一定的肌力而获得较大的输出功率。

(3) 人与工作部件关系

工作部件就是车轮（车圈、轮胎等）。绝大部分轮胎是充气的，少数是实心的。车轮一方面把骑车人的肌肉力量，有效地转换为同地面接触而向前运动的力；另一方面将骑车人的握力转换为与接地部分所产生的刹车阻力。在设计自行车的各部分尺寸、车闸及变速器等时，应该着眼于骑车人—动力—传动—工作的连贯性，才可能设计出同骑车人手的大小或握力相适应的闸把、刹车力适当的车闸，才不会发生刹车阻力不够而造成失误现象。

(4) 人与支撑部件关系

支撑部件主要有车架、前叉、鞍座和车把等，是自行车的构架。支撑部分将其他零部件固定在相互之间正确的位置上，保证自行车的整体性，实现自行车的功能。

从人机关系来看，鞍座、车把和车架等的位置和大小，以及它们间的相互关系，是与骑车人的位置和肌肉的动作有着密切的联系。

从一个连贯的整体来看自行车的组成，把人看作自行车的组成部件之一是完全必要的。设计自行车时，不是单纯考虑自行车的物理结构，而是要同时考虑作为原动力的人。人坐的位置怎样更合适，车架多高使人蹬起来用力才方便，怎样保证人的上身有正确的姿势，手握车把的距离多长才合适，都决定于人体特性的设计参数。

3.5.2 影响自行车性能的人体因素

影响自行车性能的人体因素很多，如图33-3-4所示。

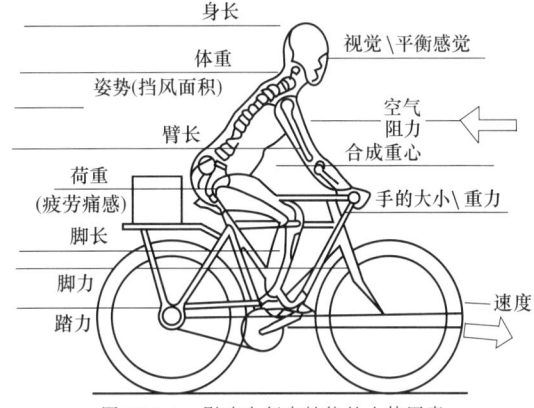

图33-3-4 影响自行车性能的人体因素

① 人的体格因素。以身高 H 为基本因素，其他身体的能力与 H 成比例，并有与 H^2、H^3 成比例的特性。如手臂、腿、气管等的长度与身高成比例，从而以骨关节为中心所产生的力矩、步幅等，都取决于 H 的大小。肌肉、大动脉、骨骼的截面积以及肺泡的表面积等都可看成与 H^2 成比例。肺活量、血液量、心脏容量等都可看成与 H^3 成比例。体格对出力性能的影响，从理论上讲，弹跳能力与 H 成比例，速度能力与 H^2 成比例，做功能力和 H^3 成比例。但实际上因每个人身体素质不同，常有 20% 以上的偏差。

② 人的下肢肌力。自行车骑行的原动力，主要是骑车人的下肢肌力。人骑车时，骨骼肌肉内部的化学能转换为肌肉收缩的机械能。自行车脚蹬的转动就是通过腿肌收缩出力而完成的，一般说腿肌长的人比腿肌短的人有力。肌肉收缩时产生的力，一般与肌肉的截面积成比例，为 $40\sim50\mathrm{N/cm^2}$，通过一定训练的人可提高到 $65\mathrm{N/cm^2}$。

③ 人的输出功率。人输出的功率随着骑车人的体格、体力、骑车姿势、持续时间和速比等的变化而变化。一般成年男人的最大输出功率约为 0.7 马力（0.51kW），能持续 10s 左右。如果持续时间长，其值要小得多，若持续 1h，则只有 0.1～0.2 马力（0.07～0.15kW）。

④ 人的脚踏速度。自行车运动是很有节奏的，其节奏常常与人的心脏节律保持一定关系。健康人的心脏跳动为每分钟 70 次，一般脚踏以 60r/min 节奏转动较为合适。设计时以这一常用速度来确定相关设计参数。

⑤ 人的平衡机能。骑车人本身的平衡机能是影响自行车性能的重要因素，如果缺少平衡机能，哪怕是运动性能很好的自行车也不能平稳行驶；若人有很好的平衡机能，则可以掩盖自行车设计上的某些缺陷。

⑥ 人的手和握力。影响刹车性能的人的因素主要是人的手和握力，男性和女性，成年人和儿童，手的大小和握力都不相同。据试验，为了长时间施闸而不致使手有疼痛的感觉，希望只用最大握力的 10% 左右便能得到必要的减速度。

⑦ 人的疲劳。人体疲劳和疼痛是对骑车出力性能的不利因素，其产生原因有人体因素，也有自行车结构因素。疲劳和疼痛一般是由于部分肌肉负担过大，骑车姿势不合适，以及体重对鞍座的体压分布不合适等引起的。此外，影响出力因素还有人的最大摄氧量。

3.5.3 自行车设计结构要素分析

影响自行车性能的因素除了上述人的因素外，还有许多机械因素，如图 33-3-5 所示。为使自行车获得较佳的性能，必须把人的因素与机械因素有机地结合起来，以使人-自行车协调。这里，着重分析与人体相关的结构要素。

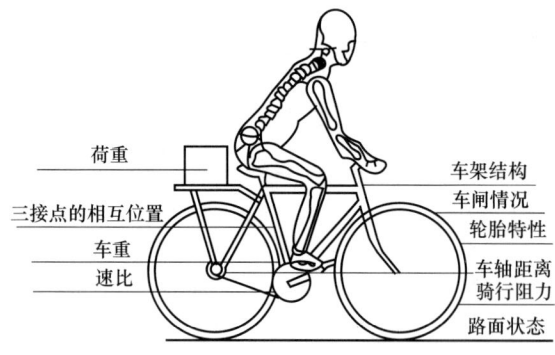

图 33-3-5 影响自行车性能的机械因素

(1) 速比

大小链轮的齿数比，与链轮直径比相一致，一般控制在 2.3～4.0 的范围内。利用速比关系可取得骑行时所必要的功率和必要的速度。

速比要合适，如果太小，无论人的肌力有多大，由于不能充分提高转速，也就得不到大的输出功率。也由于速比小，在限定的曲柄转速下，得不到必要的骑行速度（后轮转速）。速比过大时，要求的踏力也大，容易使人疲劳。为了保持不疲倦地持续骑行，希望肌肉的负担约为最大肌力的 10%，按此选择速比和曲柄转速，可得到比较好的效果。

(2) 曲柄长度

传统的自行车设计，从物理学的杠杆原理考虑比较多，对人研究少，认为曲柄越长越有力。曲柄过长后，为了不使脚蹬碰到前挡泥板，不得不加大中轴至前轴的距离（前心距）。这样势必加长车架，影响了正确的骑车姿势，使人感到臀部痛。若能按人的身长或下肢长来考虑曲柄长度，则可使人省力和舒适。

通常曲柄长度的基准，取人体身长的 1/10，也相当于大腿骨长的 1/2。

(3) 三接点位置

正确的骑车姿势，是由骑车人和自行车三个接点位置决定的，如图 33-3-6 中所示的鞍座位置 A、车把位置 B、脚蹬位置 C。按三点调整法，AB 和 AC 约等，一般 $AB=(AC-3)$cm，A 点略低于 B 点（约为 5cm）。

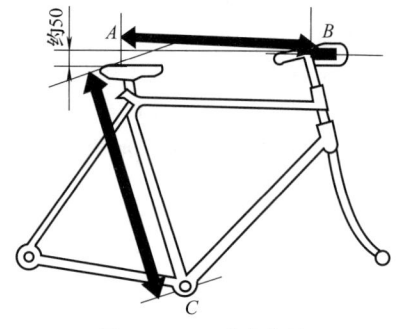

图 33-3-6 三接点位置

(4) 鞍座位置

鞍座装得过低，骑行时双脚始终呈弯曲状态，腿部肌肉得不到放松，时间长了就会感到疲软无力；鞍座装得过高，骑行时腿部的肌肉拉得过紧，脚趾部分用力过多，双脚也容易疲劳。骑车时适当的用力部位是脚掌。设计或校正鞍座位置高低最常用的方法，是使手臂的腋窝部位中心紧靠鞍座中部，使手的中指能触到装配链轮的中轴心为宜。人体各部尺寸都有一定的联系，只要腋窝中心至中指的长度确定下来，鞍座高度便可大致确定。行驶较快的车，鞍座位置要向前移动，行驶较慢的车，鞍座位置要向后移动，否则都不利于骑行，如图 33-3-7 所示。

表 33-3-40　理想的施闸力和减速度

闸把施闸力 /N	相对握力 /%	减速度 /m·s^{-2}	说　明
60	10	0.98	控制下坡速度
350	70	5.88	全刹车
500	100	7.84	紧急全刹车

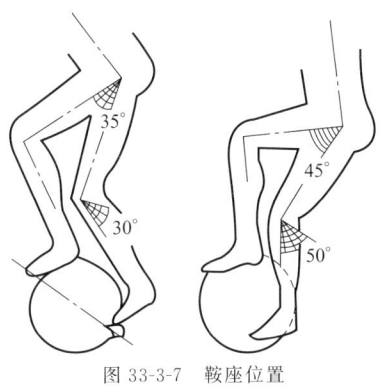

图 33-3-7　鞍座位置

(5) 车闸

设计时，闸把开挡、力率和闸把力要与人手的大小和握力相适应。灵敏度高的车闸，随着闸把上力的增大，刹车力也按比例地增加。如果闸把力到达某一程度不发生刹车作用，继而又骤然生效，说明这种车闸设计不良。在紧急情况下操纵时，理想的施闸力和减速度如表 33-3-40 所示。

3.5.4　人-自行车动态特性分析

(1) 动态稳定性

自行车的稳定是行驶过程中的稳定，是一种动态平衡的稳定性。动态稳定性影响到自行车骑行中的动作，包括直进稳定性和前后左右方向的稳定性，如图 33-3-8 (a) 所示。显然，稳定性对安全行驶是必不可少的特性。

(2) 力学特性

自行车行驶在平地上转弯的条件是侧向力（与离心力平衡）与自行车总重量（人和车的重量）的合力作用线要通过轮胎与地面的接触点。这当然与骑车人有关，但更重要的是自行车的造型要有适合这种力学特征的结构形式。

(3) 转向特性

自行车转弯时可能有三种情况：人体和车身向内倾的角度相等，即骑车人身体的中心线和车子的中心线一致时，自行车就可以转弯，即中倾旋转，如图 33-3-8 (b) 所示；骑车人的倾斜角比车子的倾斜角大时，此时的转弯即内倾旋转，如图 33-3-8 (c) 所示；骑车人的倾斜角比车子的倾斜角小时，此时的转弯即外倾旋转，如图 33-3-8 (d) 所示。

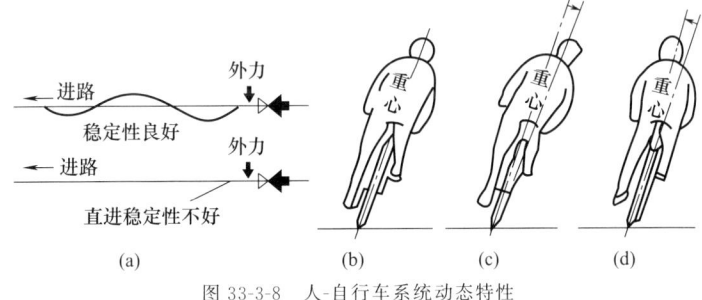

图 33-3-8　人-自行车系统动态特性

参 考 文 献

[1] 全国人类工效学标准化技术委员会，中国标准出版社第四编辑室编. 人类工效学标准汇编：物理环境卷. 北京：中国标准出版社，2009.
[2] 全国人类工效学标准化技术委员会，中国标准出版社第四编辑室编. 人类工效学标准汇编：人体测量与生物力学卷. 北京：中国标准出版社，2009.
[3] 郭伏，杨学涵编著. 人因工程学. 沈阳：东北大学出版社，2005.
[4] 张广鹏主编. 工效学原理与应用. 北京：机械工业出版社，2008.
[5] 易树平，郭伏主编. 基础工业工程. 北京：机械工业出版社，2007.
[6] 周一鸣，毛恩荣编. 车辆人机工程学. 北京：北京理工大学出版社，1999.
[7] 马江彬主编. 人机工程学及其应用. 北京：机械工业出版社，1993.
[8] 丁玉兰主编. 人机工程学（修订版）. 北京：北京理工大学出版社，2000.
[9] 李红杰，鲁顺清主编. 安全人机工程学. 北京：中国地质大学出版社，2006.
[10] 孔庆华主编. 人因工程基础与案例. 北京：化学工业出版社，2008.
[11] 范中志主编. 工业工程基础. 广州：华南理工大学出版社，1999
[12] 汪保华著. 计算画法几何. 北京：国防工业出版社，1990.
[13] 蒋声著. 形形色色的曲线. 上海：上海教育出版社，1999.
[14] 肖世华主编. 工业设计教程. 北京：中国建筑工业出版社，2007.
[15] 冯娟，王介民主编. 工业产品艺术造型设计，北京：清华大学出版社，2005.
[16] 汤军编著. 工业设计造型基础，北京：清华大学出版社，2007.
[17] 陶人勇著. 色彩构成. 成都：四川美术出版社，2006.
[18] 黄元庆，黄蔚编著. 色彩构成，上海：东华大学出版社，2006.
[19] 詹雄主编. 机器艺术设计，长沙：湖南大学出版社，1999.
[20] 左春柽，杨斌宇，王晓锋，邢浩编著. 人机工程与造型设计，北京：化学工业出版社，2007.
[21] 中国机械工业教育协会组编. 工业产品造型设计. 北京：机械工业出版社，2007.
[22] 薛澄岐，裴文开，钱志峰，陈为编著. 工业设计基础. 南京：东南大学出版社，2004.
[23] 谢庆森主编. 工业造型设计. 天津：天津大学出版社，1992.
[24] 陈士俊主编. 产品造型设计原理与方法. 天津：天津大学出版社，1994.
[25] ［美］金伯利·伊拉姆著. 设计几何学——关于比例与构成的研究. 李乐山译. 北京：中国水利水电出版社，知识产权出版社，2003.
[26] 高敏等. 产品造型设计. 北京：机械工业出版社，1992.
[27] 王恩亮编. 工业工程手册. 北京：机械工业出版社，2006.
[28] 黄积荣，万国朝等编. 工业美学及造型设计. 北京：新时代出版社，1986.
[29] 机械设计手册编委会编. 机械设计手册. 第3版. 北京：机械工业出版社，2004.
[30] GB/T 5703—2010 用于技术设计的人体测量基础项目. 北京：中国标准出版社，1999.
[31] GB 10000—88 中国成年人人体尺寸. 北京：中国标准出版社，1989.
[32] GB/T 15759—1995 人体模板设计和使用要求. 北京：中国标准出版社，1996.
[33] GB/T 12985—91 在产品设计中应用人体尺寸百分位数的通则. 北京：中国标准出版社，1992.
[34] GB/T 14779—93 坐姿人体模板功能设计要求. 北京：中国标准出版社，1994.
[35] GB 13547—92 工作空间人体尺寸. 北京：中国标准出版社，1992.
[36] DL/T 575.4—1999 控制中心人机工程设计导则　第4部分：受限空间尺寸. 北京：中国电力出版社，2000.
[37] GB/T 14776—93 人类工效学 工作岗位尺寸设计原则及其数值. 北京：中国标准出版社，1993.
[38] GB 14774—93 工作座椅一般人类工效学要求. 北京：中国标准出版社，1994.
[39] DL/T 575.2—1999 控制中心人机工程设计导则　第2部分：视野与视区划分. 北京：中国电力出版社，2000.
[40] JB/T 5062—2006 信息显示装置 人机工程一般要求. 北京：机械工业出版社，2006.
[41] GB/T 14775—93 操纵器一般人类工效学要求. 北京：中国标准出版社，1994.
[42] GB 50034—2013 建筑照明设计标准. 北京：中国建筑工业出版社，2014.
[43] GBZ 2.2—2007 工作场所所有害因素职业接触限值　第2部分：物理因素. 北京：人民卫生出版社，2007.
[44] GBZ 1—2010 工业企业设计卫生标准. 北京：法律出版社，2004.
[45] GB 3096—2008 声环境质量标准. 北京：中国环境科学出版社，2008.

- [46] GB 12348—2008 工业企业厂界环境噪声排放标准. 北京：中国标准出版社，2008.
- [47] GB 18083—2000 以噪声污染为主的工业企业卫生防护距离标准. 北京：中国标准出版社，2004.
- [48] GB/T 4200—2008 高温作业分级. 北京：中国标准出版社，2009.
- [49] GB 50019—2015 采暖通风与空气调节设计规范. 北京：中国计划出版社，2015.
- [50] GBZ 2.1—2007 工作场所有害因素职业接触限值 第1部分：化学有害因素. 北京：人民卫生出版社，2007.
- [51] GB 2894—2008 安全标志及其使用导则. 北京：中国标准出版社，2009.
- [52] GB 2893—2008 安全色. 北京：中国标准出版社，2009.
- [53] GB 23821—2009 机械安全 防止上下肢触及危险区的安全距离. 北京：中国标准出版社，2009.
- [54] GB 12665.3—1997 机械安全 避免人体各部位挤压的最小间距. 北京：中国标准出版社，1997.
- [55] GB 3095—2012 环境空气质量标准. 北京：中国环境出版社，2012.
- [56] GB/T 5703—2010 用于技术设计的人体测量基础项目. 北京：中国标准出版社，2011.
- [57] GBZ/T 189.8—2007 工作场所物理因素测量 第8部分：噪声. 北京：人民卫生出版社，2008.
- [58] GBZ 1—2010 工业企业设计卫生标准. 北京：人民卫生出版社，2010.

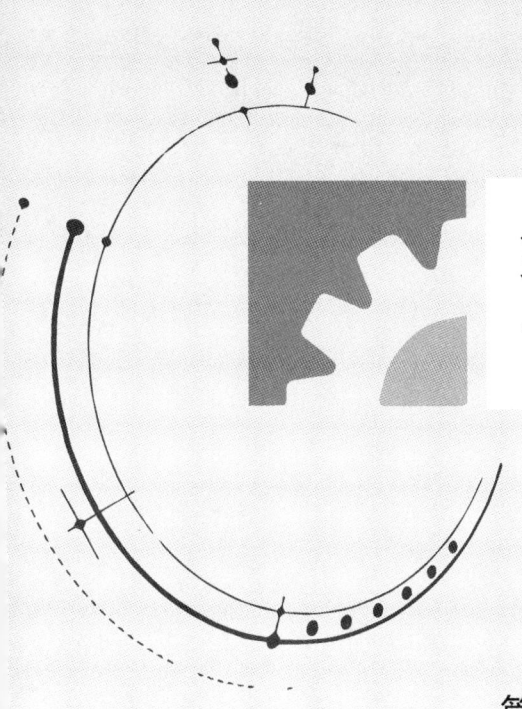

第34篇
创新设计

篇主编：赵新军

撰　　稿：赵新军　钟　莹　孙晓枫

审　　稿：李赤泉

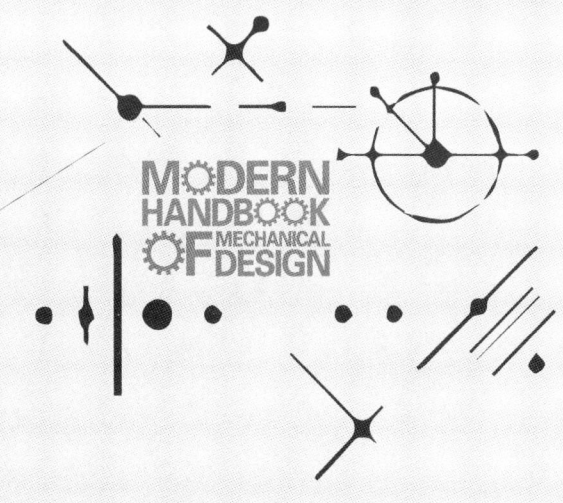

第1章 创新的理论和方法

1.1 创新的基本概念

创新这一概念是由美籍奥地利经济学家约瑟夫·阿罗斯·熊波特（Joseph Alois Schumpeter）首先提出的。在其1912年德文版《经济发展理论》一书中首次使用了创新（innovation）一词。他将创新定义为"新的生产函数的建立"，即"企业家对生产要素之新的组合"，也就是把一种从来没有过的生产要素和生产条件的"新组合"引入生产体系。按照这一观点，创新包括技术创新（产品创新与过程创新）与组织管理上的创新，因为两者均可导致生产函数的变化。他认为，创新是一个经济范畴，而非技术范畴；它不是科学技术上的发明创造，而是把已发明的科学技术引入企业之中，形成一种新的生产能力。具体来说，创新包括以下五种情况，如表34-1-1所示。

表34-1-1 创新的五种情况

序号	创新的五种情况
1	引入新产品（消费者不熟悉的产品）或提供新的产品质量
2	采用新的生产方法（制造部门中未曾采用过的方法，此种新方法并不需要建立在新的科学发现基础之上，可以是以新的商业方式来处理某种产品）
3	开辟新的市场（使产品进入以前不曾进入的市场，不管这个市场以前是否存在过）
4	获得原料或半成品的新的供给来源（不管这种来源是已经存在的，还是第一次创造出来的）
5	实行新的企业组织形式（例如建立一种垄断地位，或打破一种垄断）

表34-1-2 创新的定义

序号	创新的定义
1	创新是开发一种新事物的过程。这一过程从发现潜在的需要开始，经历新事物的技术可行性阶段的检验，到新事物的广泛应用为止
2	创新是运用知识或相关信息创造和引进某种有用的新事物的过程
3	创新是对一个组织或相关环境的新变化的接受
4	创新是指被相关使用部门认定的任何一种新的思想、新的实践或新的制造物
5	当代国际知识管理专家艾米顿对创新的定义是：新思想到行动（new idea to action）

许多研究者对创新进行了定义，有代表性的定义有表34-1-2所列的几种。

由此可见，创新概念包含的范围很广，各种提高资源配置效率的新活动都是创新。其中，既有涉及技术性变化的创新，如技术创新、产品创新、过程创新；也有涉及非技术性变化的创新，如制度创新、政策创新、组织创新、管理创新、市场创新、观念创新等。

从事创新活动、使生产要素重新组合的人称为创新者。创新者必须具备三个条件，如图34-1-1所示。

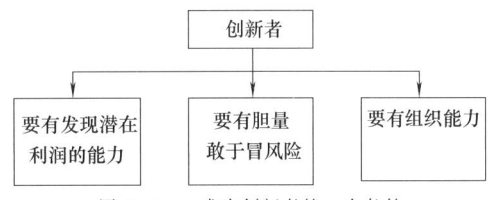

图34-1-1 成为创新者的三个条件

1.1.1 发明、发现、创新、创造

发明、发现、创新、创造有相近的含义，都包含新的意思，但它们的侧重点有所区别，其内涵如表34-1-3所示。

表34-1-3 发明、发现、创新、创造的内涵

名称	英文概括	内涵	实例
发明 invention	technical feasibility proven	是一切具有独创性、新颖性、实用性、时间性的技术成果	想出一个技术系统，它没有从前的系统所存在的矛盾
发现 discovery	in science	是对科学研究中前所未知的事物与（或）现象及其规律性的一种认识活动	想出一种科学系统，它没有过去的理论所含的矛盾
创新 innovation	economic development	指技术方面一切具有独创性、新颖性、实用性、时间性的人类活动	在技术方面提供与以往不同的新的知识、新的概念、新的方法、新的理论、新的产品、新的艺术形象等
创造 creation	original idea, generation	创造就是破旧立新	就是一切具有独创性、新颖性、实用性、时间性的人类活动

1.1.2 创新、创造的相互关系

"创新"和"创造"是在国内外传媒和有关书籍中使用最频繁的词汇之一，也是最容易混淆的概念。对于两者之间的关系，大致有以下几种论点，如表34-1-4 所示。

表 34-1-4 创新与创造的关系

关系	内涵	图例
"等同说"	即"创造"就是"创新"。两者之间无实质性差别，都是研究"创造学"领域逻辑起源的概念，视为相同的概念，不必在逻辑上进行严格区分	 创造 创新
"本质不同说"	即"创造"和"创新"是完全不同的概念。认为"创造"是"无中生有"，即创造出一个自然界没有的东西来；而"创新"是"有中生无"，在已有的基础上进行变革和改进，具有新的功能和效益。"创造"指科学技术的发明；"创新"是指这种发明第一次被商业性运用	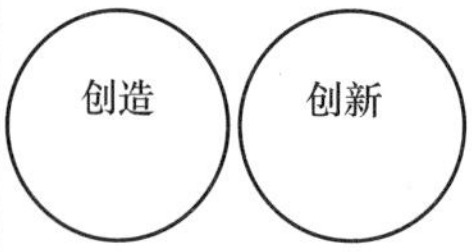 创造 创新
两种"包含说"	一种认为"创造"包含"创新"。"创新"是人类创造活动的一种，专指经济领域的创造，是创造成果的商业性应用 另一种认为"创新"包含了"创造"。创造是创新过程的第一阶段，是"创新"的一个环节。发明或制造出某种新想法、概念、事物为"创造"，而"创新"需要在此基础上推广使用，并产生一定的经济效益和社会效益	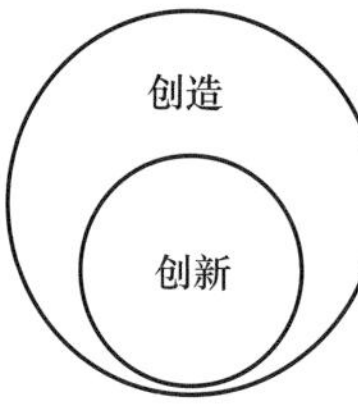 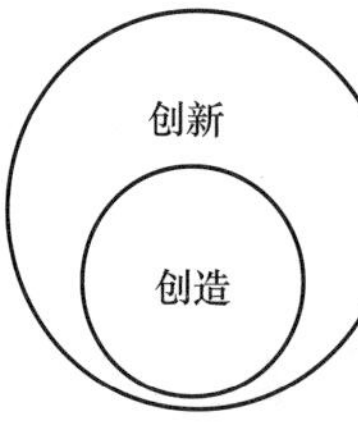 创造 创新 / 创新 创造
"交叉说"	即"创造"和"创新"的内涵有相容和不相容，呈交叉状态	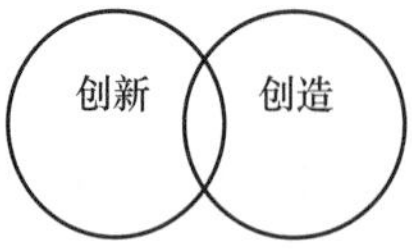 创新 创造

在市场经济的作用下，有更多的创造是为了创新。也就是说，创新是创造的目的性过程和结果，创新从创造开始，创造也就包含于创新；另外，随着社会的发展，创新的速度和节奏在加快，使得新技术、新事物的出现到应用技术发明生产新产品的时间缩短，并被广泛地引用到各个领域。这些领域发生的新事物比技术发明应用更多、更频繁，且发明与应用往往交织产生。如现在更常讲的创新——知识创新、技术创新、理论创新、管理创新、制度创新等，都是从广义上援引了创新的概念。

创新的涵义及其与创造的关系如图 34-1-2 所示。

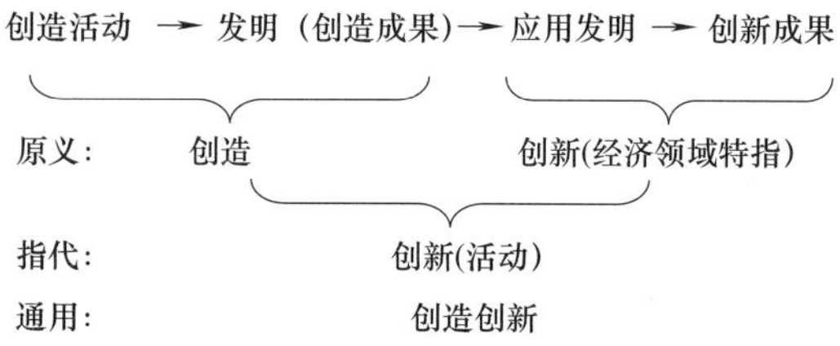

创造活动 → 发明（创造成果）→ 应用发明 → 创新成果

原义：　　　　创造　　　　　　创新(经济领域特指)

指代：　　　　　　创新(活动)

通用：　　　　　　创造创新

图 34-1-2 创新的涵义及其与创造的关系

"创新"和"创造"其本质是相通的，因为"创新"是在人类发明创造基础上产生的，它们表现的共性是："创造"和"创新"都要出成果，其成果都具有首创性和新颖性。它们表现的差异性是："创造"不一定要具有社会性、价值性。创新是在创造基础上经过提炼的结果，是新设想、新概念发展到实际和成功应用的阶段，它代表了人类先进的生产力和先进文化，有益于人类社会的进步。

1.1.3 创造能力及其开发

（1）创造能力及其内涵

创造能力，泛指人类自身所具有的创造新事物的能力，美国创造学家 R.C. 贝利把创造力的影响因素

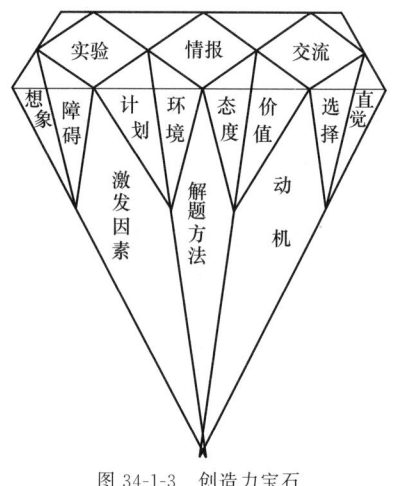

图 34-1-3 创造力宝石

形象比做一颗锥形多面体，每个表面表示一个因素，称为"创造力宝石"，如图 34-1-3 所示。

近年来，有关创造力的理论研究出现一种汇合取向，吉尔福特综合了创造力的不同视角，寻求学科整合，提出创造力的 4P（person，product，process，press and place）理论。如图 34-1-4 所示。

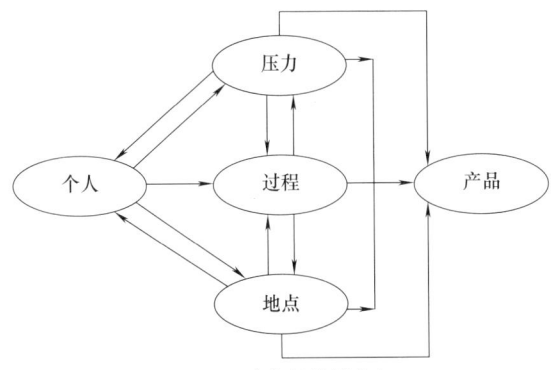

图 34-1-4　吉尔福特创造力 4P

以 RIM 公司发明"黑莓手机"为例，吉尔福特的 4P 理论就具体体现如下，如图 34-1-5 所示。

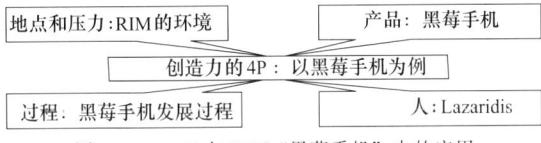

图 34-1-5　4P 在 RIM "黑莓手机"中的应用

创造个人（person）：Mike Lazaridis。一名追求完美的工程师，拥有软件编码和无线技术的多项专利，荣获过一项计算机电影编辑设备设计艾美奖。

创造过程（process）：创造个人能够抓住机遇。1997 年，Mike 看到公司邮件系统中更人性化和更专业化的需要——一套成功的无线邮件系统可以大大节省成本，增加生产力。找到这样潜力十足而又非常明确的市场后，RIM 公司开始潜心研究最适合的技术方案，最终实现了目标。

创造环境（place and press）：RIM 公司重视创新、鼓励分享、支持新设想。每周四举办以创新为主题的"远见系列"会议，讨论公司近况和未来目标（这是个站着开的会）。

创造性产品（product）：RIM 公司创造了具有多项新功能和优质服务功能的"黑莓"手机，既能与数据库连接，又能及时下载邮件，并且占内存很小。

西蒙顿的历史计量取向认为，创造力的产生是个人、家庭环境、社会和历史事件汇合而成的，如图 34-1-6 所示。

个体创造创新能力大小由自身的创造创新要素所决定。个体的创造创新素养，主要由创造创新个性品

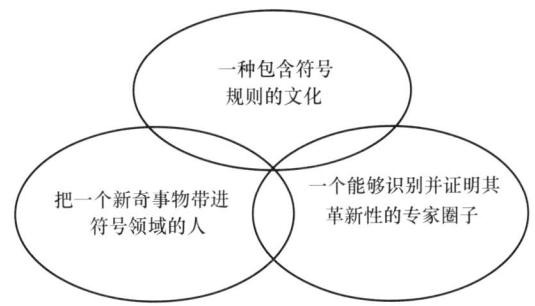

图 34-1-6　创造力的汇合

质、创造性思维品质、创造技法和创新技能四部分构成，如表 34-1-5 所示。

表 34-1-5　创造创新能力的组成

序号	组成	内　涵
1	创新个性品质	包括创新意识、意志、毅力、勤奋、自信力、活力、诚信、积极、乐观、胆识、团队精神、合作精神以及创造性人才的思维特质，如直觉、潜意识和灵感等
2	创新思维品质	指创造创新者能灵活掌握和运用各种创新思维方法，及时了解所需信息、发现存在问题及及时处理问题的思维能力品质。包括创造思维、逻辑思维、批判思维和发展思维等
3	创造技法应用	指创造创新者能合理地选择和应用创造技法解决创造创新活动中出现的问题的能力品质。创造技法很多，并随着创造创新活动的开展不断涌现
4	创新技能运用	指创造创新者正确处理个人与社会的关系，以促进创新价值实现的能力品质。除了一定的操作能力、完成能力外，更重要的是学习应用新知识新技术的能力、发现问题的能力、借得他人优势的能力以及抓机遇能力、延伸大脑能力、凭借信息能力等

在创新能力的四项构成中，创新个性品质是创新能力的基础，也是培育创新能力的重点。只掌握创新思维、创新技法和创新技能，却缺乏创新者应用的先进文化的素养以及胆识、活力、冒险精神与团队精神，是难以开展创新活动的。而具备了创新个性品质的人，就会以过人的胆识与勇气去克服困难，创新性学习和工作，追求卓越，去掌握运用创新思维、创造技法、创新技能，讲求团队精神，带领团队创新成功。因此，要特别注重创新个性品质的培育和锻炼。

（2）开发创造能力的基本途径

1）努力营建所在单位的先进文化。创新是一种单位行为或社会行为，除个人要努力提高先进文化的修养外，还要注意营建自己所在的工作单位或周围环境的先进文化氛围。从利于创新的角度看，营建先进

文化氛围的内容如表34-1-6所示。

表 34-1-6　营建创新文化氛围的方法

序号	方　　法
1	积极进行合作、自信、活力、自我激励、追求卓越等创新个性品质锻炼
2	学习运用情感智力
3	学习运用职业礼仪
4	创建努力学习运用创新思维、创新技能的氛围
5	寻找制订个人或单位的创新课题、制订创新计划；结识有助于创新的朋友、导师和专家
6	寻求创新之路——要研究的创新领域，要应用的新理论、新技术、新政策、新制度和达到目标
7	对企业来讲，创建企业文化、创新体系、创新机制、激励机制等

2）提高人格品质修养。根据个人职业特点，制订人格品质锻炼计划并提出具体要求，坚持在实际工作和生活中锻炼，只要持之以恒，将较快培育出良好的人格品质，包括如表34-1-7所示的内容。

表 34-1-7　提高人格品质修养的方法

序号	方法	内　　涵
1	认识自我	了解自己的创造性程度；了解自己所处的环境要素，分析自己的知识信息要素、思维要素和个性动力要素组成，以便在创新中有效地调整和控制创造力的产生
2	意识培养	强化创造意识是培养训练创造力的第一步。可以结合有关的历史知识和创造力在著名人物成长过程中的作用等内容。这是创造力训练的提高认识阶段
3	理解力培养	理解创造力的特点、性质和创造过程的规律性。增加创造学知识，澄清以往的模糊认识，减少盲目性，增强自觉性。这是创造性人才培养的重点，是创造力训练的知识准备阶段
4	创新技法培养	学习各种创新技法。如头脑风暴法、综摄类比法、联想法、组合法、移植法、设问法等。这是创造力训练的掌握方法阶段，是一个核心的环节
5	创造力调控	根据创造力产生机理，调节自己的思维、知识和个性动力，使其优势与创新目标一致，从而激发出自己的创造力，实现创新

3）加强情感智力修养。性格是可以通过训练、锻炼重新塑造的。有关人格品质和情感智力的科学培育方法，就是塑造良好性格的重要途径。即使性格很内向的人只要认真坚持锻炼、实践，是能够塑造良好性格，增强创新能力的。当然，不能仅从性格内外向上来区别谁更适合创造创新工作，比如诚信、谦逊和追求卓越等品质远比内、外向的品质重要。因此，无论原有性格什么特点，注意人格品质和情感智力的修养与锻炼，也都是能培育出创造创新型人才个性品质的。

4）创造的过程。创造是创新的核心内容，了解创造过程利于开发创造创新能力。创造过程有表34-1-8所示的几个步骤。

表 34-1-8　创造过程的步骤

序号	步骤	内　　涵
1	准备期	为解决某个问题，在学习知识的基础上，结合经验，搜集有关资料。这一阶段主要靠认知记忆进行思维，需要良好的思维组织形式，需要好学、用功、维持注意力等人格品质
2	酝酿期	百思不解，暂时搁置，但潜意识仍在为创造性解决问题的方案而活跃着。这一阶段需要个人的思维，形势上漫不经心，使思想自由驰骋
3	豁朗期	突然顿悟，明白了解决问题的关键所在。这一阶段主要靠发散思维运作，期望的思维形式是经常混淆、不协调的，需要冒险、容忍失败及暧昧的态度
4	验证期	将顿悟的观念加以实施，验证其是否可行。这一阶段以收敛思维、评荐思维进行运作，需要纯粹、良好的组织和清楚陈述的思维形式，导引逻辑结果

在传统教育中，经常接受类似以上第一、第四阶段能力的学习和培养，而忽视了第二、第三阶段的发展。创造创新能力的开发训练，应把重点放在第二、第三阶段内容上。

5）积极参加创造创新实践活动。创造创新能力培育锻炼不能脱离实际，只能在实践中育成。

创造创新能力的形成是以创造创新性人格品质的形式为重要基础的。创造创新性人格品质的强弱必定会在创造创新活动实践中体现出来。

创造创新活动不可以成败论英雄，不能只看一时一事。通过学习训练，掌握了一定的创造创新基础知识和方法技能，在此基础上，要自觉地、积极地投入到创造创新的实践活动中去，不能只学不用。训练到一定程度每人都应有创新课题。创新课题不论大小，重在实践锻炼。

6）创造创新能力训练的原则和要求。组织和接受创造创新能力训练，在方法上与传统教学有较大差别，要遵循表34-1-9所示的原则和要求。

7）多种新观念激发术。多种新观念激发术是思考者能在较短时间内头脑中闪现出数量和种类都比较多的解决问题的新观念并以各种方式表达出来的方法技巧。多种新观念激发术有许多，包括借鉴创造技法，个体、团体都可使用，如表34-1-10所示。

表 34-1-9　　　　　　　　　　　　　　　创造创新训练的原则和要求

序号	原则和要求	内涵
1	要坚信通过科学训练一定能够提高创造、创新能力	通过科学、系统的训练，创造创新能力是可以快速提高，大大增强的。要坚定信心，积极投入训练和实践
2	坚持推迟评价原则	训练操作或现实工作中，需要提出观念时，都要对别人和自己的意见和设想暂不评价，让每个人都充分发表尽可能多的意见和想法。没有这条原则，就无法解放思想、畅所欲言，也就遏制了创造创新的源泉
3	欢迎离奇设想	许多事物没有正确与错误之分，方案没有最好，只有更好。因此，训练和现实工作中要欢迎离奇设想，多出新颖观念
4	坚持"训练式"为主的教学方法	创造创新能力训练不是有关学说、知识的传授，不能以"讲课"的形式进行。要研究训练的组织形式、组织技巧，研究培养创新人才的人格品质和思维特质的训练方法并勇于付诸实践
5	训练方法要趣味化、多样化	实施训练，要始终保持高度投入的积极性，才会收到良好的训练效果。受训者保持的积极情绪，训练方法多样化，不断研究和推出新的训练方法
6	独立性原则	任何发现、发明、革新、创造都离不开独立性。要培养独立思考完成作业的能力，培养自己的独立意识，独立地提出问题、观察问题和研究问题
7	主动性原则	主动性原则，一是要求指导者要主动热情地鼓励受训者大胆开展创造创新实践，在其需要帮助的时候，主动提供帮助；二是要求受训者主动地进行自我训练和实践，自觉地寻找各种有效办法，进行自我锤炼
8	灵活性原则	训练的方法、课题和过程应从实际出发，对不同培养对象区别对待，采取不同的方法；受训者不受传统观念或习惯的束缚，能举一反三，触类旁通，产生多种构思，提出多种不同看法，保持思维活力
9	持恒原则	产生一时的新颖、主动和灵活并做出一定的成绩并不难，创造创新能力的长足发展，需要长期地坚持创造创新活动的实践

表 34-1-10　　　　　　　　　　　　　　　　新观念激发术

序号	激发术	内涵
1	"为什么—为什么"及"如何做—如何做"术	对提出的问题连续追问"为什么—为什么"，至少五步，同时试着做出各个问题的原因解答。接着，针对每步的"为什么"，进一步连续提出"如何做—如何做"的解决问题的措施。这两个程序都要以图表方式表达出来。如此，能使思维向纵深推进，为探索问题核心及其解答打下基础
2	广角术	思考问题时运用横向思维方法，在同一时间内对同一事物的不同方面，或某事物与其他事物之间相互联系来进行思考。即，思考某一问题时要进行多维性思考、动态性思考、立体性思考，并相应画出表图来。如此，能使思维扩展出足够的广度
3	视图隐喻法	视图隐喻法是一种用画图的方式来思考和解决问题的方法 步骤是：每人用画图的形式画出问题图—每人都画出问题的解答图—每人去观察问题解图与问题图的不同—每人对问题图与问题解图做出解释—小组在解决问题的最佳方法上达成一致 如此，对图中隐藏的问题展开分析和提出举措
4	时间压迫法	提出问题后，查找问题成因和提出解决方案时，可采用"限定每人在几分钟内提出多少数量和多少种类设想"的方法
5	画"脑图"	先把某一中心问题写在一张白纸的中央，然后将它圈起来。接着，只要大脑中闪出新的思想就写或画下来并用线条将其连接，犹如说话一般。如果某一特殊的想法引发了其他联想，就从那条线段上画出一个分支。并把新想法记在上面。如此，可使问题的思路深刻
6	力场分析法	问题都是由某种作用力引发出现的，研究这种力有利于问题的解决。利用这种力，可以在寻求解决问题办法的过程中产生积极的效果。同时，还有各种各样的力阻碍问题的解决，即阻力。要分析阻力形成的因素，尽量减少阻力的影响。操作步骤： ①每页分两栏，左栏内自上而下按级次写出某一问题的作用力，右栏内写出与作用力相对应的阻力； ②分析各级次两种力的影响程度，力量大的优先分析； ③根据两种力的表现结果提出解决问题的方案

续表

序号	激发术	内涵
7	符号表征法	每个人都可以开发出代表一些事物的一套符号。思考问题时,使用这些符号代表一定的原则或连带性因素。可进一步直观地附带激发出一些新的符号代表一些影响因素。操作步骤如下 ①写出问题 ②根据所涉及的原则对问题再界定或再陈述 ③画出代表原则的抽象符号 ④将抽象符号作为出发点,通过自由联想,在第一个符号的启发下,想到另一个符号(即第二个符号)并画下来 ⑤以此类推进行下去,直到画出四五个符号为止 ⑥将这些符号作为刺激因素,激发出创意观念并记录下来
8	荷花盛开法	以"核心思想"开头并扩展下去,得到一系列环绕其周围的思想花瓣。在中央,核心思想被八片花瓣包围起来。而每片花瓣又将成为一组八片窗户的核心。每种核心思想都起着观念激发器的作用,由它来激发次一级的核心思想,如此以直观而新颖的形式来表达思想以及诸想法之间的联系

1.2 创新思维方法

创新思维产生于人类生产、生活实践,并且不断丰富发展。经过实际生产生活的检验,许多常用的创新思维被总结出来。这些思维方法看似简单,却非常实用有效。特别是当这些创新思维成为自觉的思维习惯时,会产生巨大的成效。熟悉并用心体会以下这些创新思维的特征和规律,是培养创新能力的有效途径。

主要的创新思维方法如表 34-1-11 所示。

1.2.1 直觉思维

直觉思维常常表现了人的领悟力和创造力。爱因斯坦特别指出:"物理学家的最高使命是要得到那些普遍的基本定律,由此,世界体系就能用单纯的演绎法建立起来。要通向这些定律,并没有逻辑的道路,只有通过那种以对经验的共鸣的理解为依据的直觉,才能得到这些定律。"

直觉思维有三个特点,如图 34-1-7 所示。

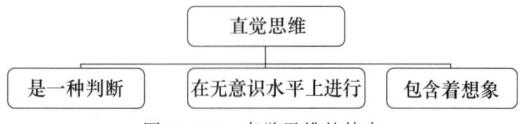

图 34-1-7 直觉思维的特点

直觉思维是由想象和判断组成的,以想象为主的,因此决定了它的形式(或中介)主要是形象或图形。直觉思维的形象和图形有如下三大类:一是具体的形象;二是图形(也叫智力图像);三是奇特的符号,这符号只有使用者本人才能领会。

下面简单介绍两种直觉思维训练方法。

暴风雨式联想法式训练法,指以极快的联想方式进行思维,并从中引出新颖观念的方法。在思维活动中,应将涌现出来的任何信息,不评价其好坏优劣,一律即刻记录下来,等联想结束后,再逐一评判其价值。

笛卡儿连接法式训练法,指用抽象的几何图形来说明代数方程,尽可能采用"智力图像"来解决问题的方法。"智力图像"即指存在于人的思维中的某种思维模型。类似于物理模型、几何模型等,应尽可能采用这种图像模型来进行思维。笛卡儿连接法在解析几何时代以及相对论时代都曾发挥巨大作用,至今,这种思维技巧亦成为时代前进的一把开山利斧。

1.2.2 形象思维

形象思维,指用直观形象和表象解决问题的思维方法。其特点如图 34-1-8 所示。

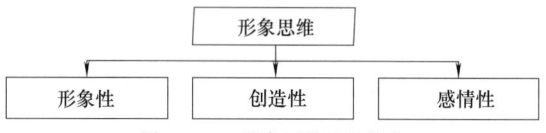

图 34-1-8 形象思维法的特点

形象思维的基本单位是表象,形象思维是用表象来进行分析、综合、抽象、概括的过程。例如一个人要外出,他就要考虑环境、气候、交通工具等情况,分析比较走什么路线最佳、穿什么衣物合适,这种利用表象进行的思维就是形象思维的过程。

形象思维分为两种形式。初级形式指具体形象思维,即凭借事物具体形象或表象的联想来进行的思维;高级形式指言语形象思维,即借助鲜明生动的语言表征,以形成具体的形象或表象来解决问题的思维过程,带有强烈情绪色彩。

表 34-1-11　　　　　　　　　　　　　　　　主要的创新思维方法

创新思维方法	内　涵	种　类	方　法
静态思维	思维主体从固定的概念出发,遵循固定的程序,达到固定成果的思维方法	绝对化静态思维	按照约定俗成的规则、模式进行思考的思维过程
		相对化静态思维	在思维过程中寻求稳定因素和秩序,使思维规则化,以便不断重复
逆向思维	思维主体沿事物的相反方向,用反向探求的方式进行思考的思维方法	功能反转	从已有事物的相反功能去设想和寻求解决问题的新途径
		结构反转	从已有事物的相反结构形式去设想和寻求解决问题新途径
		因果反转	从已有事物的因果关系,变因为果去发现新的现象和规律,寻找解决问题的新途径
		状态反转	根据事物的某一属性(如正与负、动与静、进与退、作用与反作用)的反转来认识事物和引发创造的方法
联想思维	思维过程中从研究一事物联想到另一事物的现象和变化,探寻其中相关或类似的规律,藉以解决问题的思维方法	相似联想	大脑受到某种刺激后,自然而然想起同这一刺激相似的经验
		对比联想	大脑受到某种刺激后,想起与这一刺激完全相反的经验。即把性质完全不同的事物,进行对比对照
		相关联想	大脑受到某种刺激后,想起时间上或空间上与这一刺激有关联的经验
抽象思维	利用概念、借助言语符号进行思维的方法	经验思维	依据日常生活经验或日常概念进行的思维
		理论思维	根据科学概念和理论进行的思维
形象思维	用直观形象和表象解决问题的思维方法	具体形象思维(初级形式)	凭借事物具体形象或表象的联想来进行的思维
		言语形象思维(高级形式)	借助鲜明生动的语言表征,以形成具体的形象或表象来解决问题的思维过程,带有强烈情绪色彩
简化思维	思维过程中尽可能撇开非主要因素,减少不必要的环节,使复杂问题简单易行地解决的思维方法	剪枝去蔓	思考时尽力排除可以不予考虑的非主要因素
		同类合并	把同一类的问题合并在一起分析和处理
		寻觅快捷方式	在思考中尽量找出和在实践中尽力避开非必需的程序、环节
发散思维	思维过程中,无拘束地将思路由一点向四面八方展开,从而获得众多的设想、方案和办法的思维过程	材料发散	以某种材料或物品或图形等作为"材料",以此为扩散点,设想它的多种用途或多种与此相像的东西
		组合发散	从某一事物出发,以此为扩散点,尽可能多地设想与另一事物联结成具有新价值(或附加价值)的新事物的各种可能性
		因果发散	以某个事物发展的结果作扩散点,推测造成此结果的各种可能的原因;或以某个事物发展的起因作扩散点,推测可能发生的各种结果
		关系发散	从某一事物出发,以此为扩散点,尽可能多地设想与其他事物的各种关系
		功能发散	以寻求的某种"功能"为扩散点,尽可能多地说出获得这种功能的各种可能的途径
		方法发散	以解决问题或制造物品的某种方法为扩散点,设想出利用该种方法的各种可能性

续表

创新思维方法	内 涵	种 类	方 法
发散思维	思维过程中，无拘束地将思路由一点向四面八方展开，从而获得众多的设想、方案和办法的思维过程	形态发散	以事物的某种形态（如形状、颜色、音响、味道、明暗等）为扩散点，想出尽可能多地利用这种形态的各种可能性
		结构发散	以某种"结构"为扩散点，设想出尽可能多地利用该种结构的各种可能性
收敛思维	以某种研究对象为中心，将众多思路和信息汇集于这个中心点，通过比较、筛选、组合、论证从而得出在现有条件下最佳方案的思维过程	目标识别	思考问题时，细致观察，从中找出关键的现象，对其加以关注和定向思维
		间接注意	用间接手段寻找"关键"技术或目标，以解决最终的问题
		层层剥笋	在思维过程中应层层分析，逐渐逼近问题的核心，避开繁杂的、表面的特征，以揭示隐藏在表面现象下的深层本质
聚焦思维	把针对解决问题的各种信息集中起来加以研究，进而找出解决问题的最好方案的思维方法	广泛调查	研究问题是如何存在的，以加宽注意的广度想出较多的解决方法
		深入研究	区分问题的叙述，以决定是否把精神集中于一个更待定的层面上
多屏幕思维	多屏幕法是指在分析和解决问题的时候，不仅考虑当前的系统，还要考虑它的超系统和子系统；不仅要考虑当前系统的过去和将来，还要考虑超系统和子系统的过去和将来	考虑"当前系统的过去和未来"	考虑发生当前问题之前该系统的状况（包括系统之前和之后运行的状况，其生命周期的各阶段情况等）；考虑如何利用过去和以后的事情来防止此问题的发生；以及如何改变过去和以后的状况来防止问题发生或减少当前问题的有害作用
		考虑当前系统的"超系统"和"子系统"	当前系统的"超系统"和"子系统"的元素是物质、技术系统、自然元素、人与能量流，需分析如何利用超系统和子系统的元素及组合来解决当前系统的问题
		考虑当前系统的"超系统和子系统的过去"以及"超系统和子系统的未来"	是指分析发生问题之前和之后超系统和子系统的状况，并分析如何利用和改变这些状况来防止或减弱问题的有害作用
灵感思维	人们借助于直觉启示对问题得到突如其来的领悟或理解的一种思维形式	联想式	思维主体在久思不得结果的情况下，因为某一偶然事件的刺激顿时产生各种联想，从而使问题迎刃而解
		触发式	思维主体在受到某种刺激、特别是与别人展开讨论或争论并受到别人或自己提出想法的激励时直接迸发出灵感的一种诱发感的形式
		自生式	灵感诱发形式的产生不需要借助外界"触媒"的刺激，而是通过头脑中内在的省悟和内部"思想的闪光"
想象思维	将记忆中的表象（知识、经验和信息）加以重新组合，使之产生新思想、新方案、新方法的思维过程	再造想象	根据语言和文字的描述或图样的示意，在头脑中形成相应新形象的过程
		创造想象	根据一定的目的和希望，对头脑中已有的表象进行加工改造，独立地创造出新形象的过程
		幻想	创造想象的特殊形式，是一种指向未来的想象；符合客观事物发展规律的幻想即理想
		梦	漫无目的、不由自主的奇异想象

续表

创新思维方法	内 涵	种 类	方 法
直觉思维	思维过程中,不依靠明确的分析活动,不经过严密的推理和论证,直接迅速地从感性形象材料中捕捉、领悟到解决问题途径的思维方法	暴风骤雨式联想	以极快的联想方式进行思维,并从中引出新颖观念的方法
		笛卡儿式连接	用抽象的几何图形来说明代数方程,尽可能采用"智力图像"来解决问题的方法
立体思维	从多角度、多方位、多层次认识对象、研究对象,全面地反映问题的整体及其周围事物构成的立体画面的思维模式	整体性思考	以诸多因素综合律为依据的整体性思维方法
		系统性思考	以各层次、因素、方面贯通律为依据的思维方法
		结构分析	以纵横因素交织律为依据的思维方法
潜思维	从反映客观对象呈现出来的模糊状态到反映事物特有属性的过渡阶段的思维形式	潜概念	描述客观对象呈现的模糊状态时使用的概念
		潜判断	借助潜在语境表达隐含丰富的思维内容,为人们进行创造思维和潜意识活动提供了中介环节
		潜推理	帮助人们发现显推理及某一理论潜在的错误倾向,使思维灵敏地做出判断,防患于未然
演绎思维	指思维从若干已知命题出发,按照命题之间的逻辑联系,推导出新命题的思维方法	原因到结果	由已知的条件演绎推导出可能出现的结果
		结果到原因	由已知的结果演绎回溯出引发其出现的原因
博弈思维	思考出许多方案,并以极快的思维操作比较其优劣,从中挑选出最好、最理想的方案并付诸实施的思维方法	经验判断法	通过对各种预选方案进行直观的比较,按一定的价值标准从优到劣进行排序
		"求异""求同"思维	求异,指分析比较诸方案间的差异,深入思考,往往能提出新的科学严密方案;求同,指利用相同的标准对诸方案进行比较和论证,选出最终方案
		数学定量思维	对复杂事物如气象预测、军事国防、海洋捕鱼、经济竞争、大型产品的设计等制定对策时,必须借助于大型数学模型,运用电子计算机进行设计、比较和筛选方案
迂回思维	思维活动遇到了难以消除的障碍时,谋求避开或越过障碍而解决问题的思维方法	中间传导	增加解决问题的中间环节,比直来直去更为切实可行
		曲径通幽	面对难题暂时抛开,充实必要的知识和技能后再回头攻关
		以远为近	先解决与所主攻的问题关联较小的问题,后解决主要问题
辩证思维	从联系、运动、发展等方面来考察和研究事物的思维方式	对立统一思维	原因和结果、自由和必然、民主和集中、正确和错误、优点和缺点,都是处于对立统一之中的,二者之间既是有区别的,又是相互联系和相互转化的
		发展思维	在客观现实中,任何事物都在不断运动、变化和发展着,绝对静止的事物是不存在的,思维要正确反映对象发展,必须具有灵活性,从发展变化来思考对象
		整体历史思维	任何事物都是在一定历史条件下存在和发展的,都有其产生、发展和消亡的过程,思维要达到正确反映客观事物的目的,就必须全面地、历史地思考对象,才能获得关于对象的具体真理
变维思维	将思维对象当做能够进一步开拓或挖掘的主体,循序变换思维的视点、角度,进而猎取新颖、奇特的思想火花,从而解决问题的思维方法	变换思维视点	认识物体间的部位转移
		变换角度	认知主体(认知者本人)的方法、方式的更替

形象思维是一个过程，主要由以下五个环节组成，如表34-1-12所示。

表34-1-12　形象思维过程

序号	形象思维过程	内　涵
1	形象感受	形象思维的基础
2	形象储存	将感受到的形象储存在脑海中
3	形象判断	对储存的形象进行识别
4	形象创造	通过想象、联想、组合、模拟等方法，舍去不表达创造者意图的形象，创造出新的艺术形象或科学形象
5	形象描述	通过语言、线条等描述工具，将创造出的新形象表现出来，使之成为别人可以感知、欣赏的艺术或科学形象

形象思维侧重于事物形象、音乐形象和空间位置等。如图34-1-9介绍了培养形象思维的几个具体训练方法。

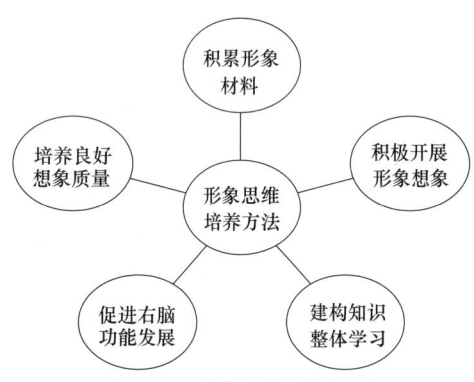

图34-1-9　形象思维的培养方法

积累形象材料，指在日常活动和社会实践中，有意识地观察事物，积累表象材料，丰富储备。头脑中的表象越多，为形象思维提供的形象原料就越多。

积极开展联想和想象，指要经常开展形象、丰富、生动的联想和想象。

建构知识整体学习法，指先理解和掌握知识的整体结构，以此为根基理解部分知识内容。这样有助于大脑右半球功能的发挥，能提高学习记忆的效果。例如拼版玩具、学习课程都应先从概貌开始，掌握整体图表和整体结构，再掌握部分。

促进右脑功能发展，是由于右脑负责形象思维，所以促进右脑功能发展与培养形象思维一致。

培养良好的想象质量，指形象思维锻炼过程中，要努力留存可实现的、能解决问题的优秀想象，抛弃不切实际的、虚幻的幻想。

1.2.3　联想思维

联想思维，指思维过程中从研究一事物联想到另一事物的现象和变化，探寻其中相关或类似的规律，藉以解决问题的思维方法。爱迪生曾说："在发明道路上如果想有所成就，就要看我们是否有对各种思路进行联想和组合的能力。"

联想的一般方法有三条，是古希腊的心理学家亚里士多德创立的，如表34-1-13所示。

表34-1-13　联想的法则

方法	法　则	实例
相似联想	指大脑受某种刺激后，自然而然想起同这一刺激相似的经验	汽车与拖拉机
对比联想	指大脑受某种刺激后，想起与这一刺激完全相反的经验。即把性质完全不同的事物，进行对比对照	飞机与火车
相关联想	指大脑受某种刺激后，想起时间上或空间上与这一刺激有关联的经验	火车与汽车

除此之外，联想思维还包含三种方法，如表34-1-14所示。

表34-1-14　联想思维的方法

方法	定　义	举　例
概念联想法	培养和训练联想能力的常用方法。概念是事物本质属性的反映，是人们经常使用的思维单元，而概念和概念之间的关系反映了客观事物之间的常见的关系，为开展概念联想法创造了条件	
自由联想法	一种不受任何限制的联想方法。这种联想的成功率较低，但大都能产生奇思妙想，有时会收到意想不到的效果	荷兰生物学家列文·虎克就曾从自由联想中发现了微生物
强制联想法	与自由联想相对，对事物有限制的联想方法。限制包括同义、反义、部分和整体等规则。具体要解决某一个问题或有目的地去发展某种产品，可采用强制联想，让人们集中全部精力在一定的控制范围内去进行联想	曹植所做的七步诗

联想的方法是很多的，各种各样的联想方法都是可以产生出创造性设想的，并获得创造的成功。

[例1]　第二次世界大战期间，德法两军对峙，一德国侦察兵发现，对面法军阵地的一片坟地上常出现一只有规律活动的家猫。每天早晨八九点钟时，那只猫就来到坟地上晒太阳。奇怪的是，坟地周围既没有村庄，也看不到有人活动。

这个善于联想的侦察兵据此猜测，坟地下面可能是个法军的掩蔽部,而且还可能是个高级机关。于是发出通知,德国炮兵营集中攻击这片坡地。事后查明,这里的确是法军的一个高级指挥部,掩蔽部内的人员几乎全部丧生。

1.2.4 灵感思维

灵感思维,又称顿悟,是人们借助于直觉启示对问题得到突如其来的领悟或理解的一种思维形式。灵感通常是在创造活动达到高潮时出现的,或者是由某种偶然因素触发的,在科学技术史上这类事例很多。灵感思维是创造性思维能力、创造性想象能力和记忆能力的融合。灵感思维的产生特点、诱发灵感的基本形式与方法如表34-1-15所示。

1.2.5 逆向思维

逆向思维,指思维主体沿事物的相反方向,用反向探求的方式进行思考的思维方法。发电机与电动机的发明,就是逆向思维的成功范例。

表 34-1-15　　灵感思维的产生特点、诱发灵感的基本形式与方法

灵感思维的产生特点	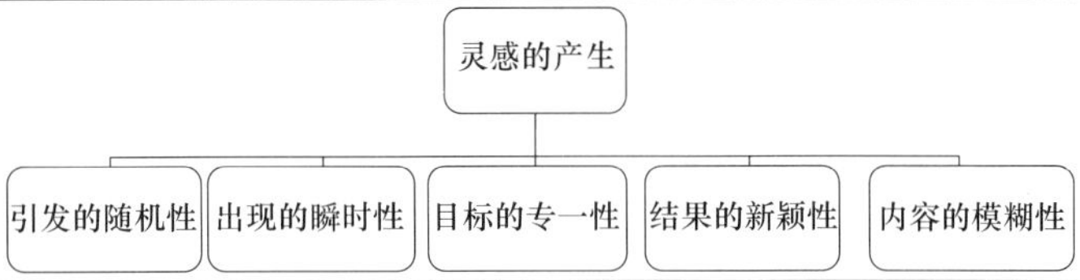 灵感的产生：引发的随机性、出现的瞬时性、目标的专一性、结果的新颖性、内容的模糊性		
	基本形式	**定义**	**举例**
诱发灵感的基本形式	联想式	指思维主体在久思不得结果的情况下,因为某一偶然事件的刺激顿时产生各种联想,从而使问题迎刃而解	美国工程师杜里埃偶然看到妻子向头上喷洒香水,顿时便从这个简单的化妆品容器的结构联想到油的汽化而突发灵感,从而试制成功了内燃机的汽化器
	触发式	指思维主体在受到某种刺激、特别是与别人展开讨论或争论并受到别人或自己提出想法的激励时直接迸发出灵感的一种诱发灵感的形式	木匠祖师鲁班发明新式柱子就是由于受夫人装扮的触发而生。有一次鲁班主持建造一座厅堂,一时疏忽,把一批珍贵的香樟木柱截短了,他妻子取笑他不动脑筋,说:"你看,我长得不高,我在鞋底垫上一块木头,头上插玉簪、珠花,不就显得高了吗?"鲁班依照妻子的提示,发明了一种新式的柱子,柱脚下垫起圆形的白柱石,柱子上端镶接着一个雕花篮、鸟首的柱头,由此解决了难题
	自生式	指灵感诱发形式的产生不需要借助外界"触媒"的刺激,而是通过头脑中内在的省悟和内部"思想的闪光"	爱因斯坦从1895年起就开始思考"如果我以光速追踪一条光线,我会看到什么?"这个问题。1905年的一天早晨,他起床时突然想到:对于一个观察者来说以光速追踪一条光线是同时的两个事件,而对于别的观察者来说就不一定是同时的。他很快地意识到这是个突破口,并牢牢地抓住了这一"思想闪光",之后仅用了五六个星期的时间便写成了提出狭义相对论的著名论文
促使灵感产生的方法	1)必须进行长期的预备性劳动。对问题的解决抱着深厚的兴趣,对问题和有关数据进行长时间的、反复的探索,这是捕获灵感的最基本的条件 2)必须把全部的注意力集中在问题上,直至对问题达到沉迷的程度。对问题的痴迷是捕获灵感的重要条件之一 3)必须摆脱习惯思维的束缚。与他人交换意见,参加问题讨论,特别是听取和分析不同意见,有助于打破习惯思维的束缚,激发灵感的产生 4)应充分利用原型启发。从其他事物引起联想,找到解决问题的途径,称为启发。起着启发作用的事物,称为原型。日常用品、自然现象、机器、示意图、口头提问、文字描述都可能对发明创造有启发作用 5)要保持乐观而镇定的心情。心胸开阔,有助于灵感的产生;焦虑不安、悲观失望、情绪波动有碍于创造活动的进行,灵感也难以产生 6)"日有所思,夜有所梦",梦中产生灵感。经调查,有70%的科学家和发明家在梦中得到过启示,解决了一些白天未能解决的难题 7)博学多识,文理兼通,有助于灵感的产生。著名科学家李政道说:"科学与艺术是山脚下分手,在山顶上重逢。"近年来,"科学发展艺术化,艺术发展科学化"已成为人们所关注和感兴趣的一个命题,科学的准确性、发展性,艺术的完美性、简单性,正是科学与艺术互相结合的磁性轨道		

逆向思维一般类型如表34-1-16所示。

表34-1-16　逆向思维的四种类型

类型	内涵	实例
功能反转	指从已有事物的相反功能去设想和寻求解决问题的新途径	如德国某造纸厂，一位工人因疏忽少放了一种胶料，制成大量不合格纸张。肇事工人慌乱中把墨水洒在桌上，随即用那种纸来擦，结果墨水被吸得干干净净，于是他将这批纸当作吸墨纸全部卖了出去
结构反转	指从已有事物的相反结构形式去设想和寻求解决问题新途径	如第二次世界大战后，飞机设计师们把飞机的机翼由"平直机翼"改为"后掠机翼"，使飞机的飞行速度由"亚声速"提高到"超声速"
因果反转	指从已有事物的因果关系，变因为果去发现新的现象和规律，寻找解决问题的新途径	如爱迪生发现送话器听筒音膜有规律地振动进而发明留声机
状态反转	指根据事物的某一属性（如正与负、动与静、进与退、作用与反作用）的反转来认识事物和引发创造的方法	如金属材料加工设备中，钻床打孔时刀具转动，被加工材料固定不动。而加工直径大、精度高的孔，刀具不动，被加工材料转动

逆向思维实际上是注意力的转移，很多情况下，一种思路无法解决的问题，用另一种相反的思路却能迎刃而解。因此，从事创新活动时，应该经常"反过来想想"。

1.2.6　演绎思维

演绎思维，指思维从若干已知命题出发，按照命题之间的逻辑联系，推导出新命题的思维方法。演绎思维法既可作为探求新知识的工具，以便从已有的认识推出新的认识，又可作为论证的手段，以便能藉以证明某个命题或反驳某个命题。

对于某个这个问题，思维主体从两方面进行思考：一是从原因到结果；二是从结果到原因。例如，有一个工厂的存煤发生自燃，引起火灾。首先应思考煤为什么会自燃呢？煤是由有机物组成的。燃烧时要有温度和氧气，如果煤慢慢氧化、积累热量、温度升高，温度达到一定限度时就会自燃。于是可以从产生自燃的因果关系出发来考虑预防措施，如表34-1-17所示。

为了正确运用这种思维方法，有必要认识和掌握它具有的特点，如表34-1-18所示。

表34-1-17　预防煤发生自燃的措施

序号	措施
1	煤应分开储存，每堆不宜过大
2	严格区分煤种存放，根据不同产地、煤种，分别采取措施
3	压实煤堆，在煤堆中部设置通风洞，防止温度升高
4	清除煤堆中诸如草包、草席、油棉纱等易燃杂物
5	加强对煤堆温度的检查
6	堆放时间不宜过久

表34-1-18　演绎思维的特点

特点	定义	举例
方向性	方向性是演绎思维最显著的特点，指从普遍到特殊的思维方向	氟利昂制冷剂的发明，美国人米奇利认为：凡是无毒的、稳定的、挥发性的化合物，都可以当作制冷剂。于是，他通过对照元素周期表中可以生成稳定性、挥发性的化合物发现，在已用作制冷剂的化合物中，没有氟化物。他首先合成二氟二氯甲烷，沸点为－20℃。经过对老鼠的毒性试验，证明它是无毒、稳定、挥发性很强的制冷剂，于是从1931年开始大量生产氟利昂制冷剂
因果性	运用演绎思维的前提，指解决问题与结论之间具有因果关系	地质学家运用演绎思维发现"铜草"。在勘探时发现，凡含铜元素丰富的植物均生长得郁郁葱葱；反之，若铜含量不足植物则生长不良，叶子细萎，花朵憔悴。于是，地质学家把那些含铜丰富、生长得郁郁葱葱的植物称作"铜草"，它是铜矿的"指示剂"
有效性	指运用演绎思维所推出的结论是一种必然无误的断定	在数学考试中解数学问题时，通过各种推理和运算，形成唯一个（或多个）正确的解，正好说明了演绎思维方法推理的有效性

1.3　典型创新技法

创新技法主要研究在发明创造过程中分析解决问题，形成新设想、产生新方案的规律、途径、手段和方法，目的在于拓展创造性思维的深度和广度，提高创造活动的成效，缩短创造探索过程。一个人仅有优秀的创新思维而没有正确的创新方法不可能实现创新，掌握创新技法对培养和提高人们的创新能力具有重要作用。

人们在创新活动的实践中总结了数百种创新方法，不同的方法适合不同领域的创新，适合解决问题的不同环节，反过来讲，同一个创新也可以采用多种创新方法。常用的创新技法如表34-1-19所示。

表 34-1-19　　常用的创新技法

序号	方　　法	内　　涵
1	头脑风暴法	指采用会议的形式,引导每个参加会议的人围绕某个中心议题,广开思路,激发灵感,毫无顾忌地发表独立见解,并在短时间内从与会者中获得大量的观点的方法
2	检核表法	指根据需要解决的问题,或需要发明创造、技术革新的对象,找出有关因素,列出一张思考表,然后逐一地去思考、研究,深入挖掘,由此激发创造性思维,使创造过程更为系统,从而获得解决问题的方法或发明创造的新设想,实现发明创造的目标的方法
3	列举法	指以列举的方式把问题展开,用强制性的分析寻找创造发明的目标和途径的一种发明创造技法
4	模拟技法	指把自己要发明创造的对象和别的事物进行比较,找出两个事物的类似之处,加以吸收和利用的方法
5	联想法	指通过一些技巧,或者激发自由联想,或者产生强制联想,从而解决问题的方法
6	组合法	指将两种或两种以上的技术思想、物质产品的一部分或整体进行适当的组合变化,形成新的技术思想、设计出新的产品的发明创造技法
7	模仿法	指以某一模仿原型为参照,在此基础之上加以变化产生新事物的方法
8	移植法	指将某一领域已见成效的发明原理、方法、结构、材料等,部分或全部引进到其他领域,或者在同一领域、同一行业中,把某一产品的原理、构造、材料、加工工艺和试验研究方法,引用到新的发明创造或革新项目上,从而获得新成果的发明创造方法
9	逆向发明法	指运用逆向思维进行发明创造的技术方法
10	形态分析法	指将研究对象视为一个系统,将其分成若干结构上或功能上专有的形态特征,即将系统分成人们藉以解决问题和实现基本目的的参数和特性,然后加以重新排列与组合,从而产生新的观念和创意的方法
11	信息交合论	指从多角度探讨思维方法,从各个学科、各个行业中汲取营养指导发明创造的一种方法
12	分解法	指利用分解技巧,将一个事物分解为多个事物进而实现创造发明的技法
13	分析信息法	指从分析信息中寻找发明创造的课题,可采取找空白和找联系的方法
14	综摄法	指不同性格、不同专业的人员组成精干的创新小组,针对某一问题,用分析的方法深入了解问题,查明问题的各个方面和主要细节,即变陌生为熟悉;通过自由的亲身模拟、比喻和象征模拟等综合模拟,进行创造性思考,重新理解问题,阐明新观点,即变熟悉为陌生,最终达到解决问题的方法
15	德尔菲法	指根据经过调查得到的情况,凭借专家的知识和经验,直接或经过简单的推算,对研究对象进行综合分析研究,寻求其特性和发展规律,并进行预测的一种方法
16	六顶思考帽法	指使用六顶思考帽代表 6 种思维角色分类,有效地支持和鼓励个人行为在团体讨论中充分发挥的方法
17	创造需求法	指寻求人们想要得到的东西,并给予他们、满足他们的一种创新技法
18	替代法	指用一种成分代替另一种成分、用一种材料代替另一种材料、用一种方法代替另一种方法,即寻找替代物来解决发明创造问题的方法
19	溯源发明法	指沿着现有的发明创造,追根溯源,一直找到创造源,从创造源出发,再进行新的发明创造的一种技法
20	卡片分析法	指通过将所得到的记录有关信息或设想的卡片,进行分析,进行整理排列,以寻找各部分之间的有机联系,从整体上把握事物,最后形成比较系统的新设想的方法
21	感官补偿法	指假设人在感知觉部分丧失或全部丧失的基础上,通过设计功能和尺寸的调整来对其活动的需求进行补偿的方法
22	专利发明法	指通过查阅、分析、研究专利文献,激发发明创造的新设想,在已有的发明专利的基础上创造出新的发明成果的方法
23	等值变换法	指从现有事物的特性中,寻找能够与其他事物特性相结合、相转换的方法
24	变换合成法	指把已有的产品或设备进行功能分解,对各部件进行功能分析,看能否进行改进创新,或用其他物质代替,或选取更好的部件,然后进行合成,创造出性能更好的产品或设备的方法
25	捕捉机遇法	指在创造创新的过程中,抓住偶然的机遇深入进行研究而取得成果的方法
26	废物利用法	指利用所谓的"废物"作为发明创造的选题方向并进行钻研,最终形成研究成果的方法
27	省略法	指尽可能地省一些材料、成分、结构和功能等,以此来诱发创造性设想的方法
28	开孔拉槽法	指在某一物品上通过钻孔眼或拉槽,使这一物品成为有创意的新物品的方法
29	开源节流法	指创新创造过程中,为了有效地利用资源和开发新的资源而采取的措施,并最终实现创新的方法
30	控制条件法	指通过控制各种条件,来达到发明创造的目的的方法

1.3.1 头脑风暴法

头脑风暴法，指采用会议的形式，引导每个参加会议的人围绕某个中心议题，广开思路，激发灵感，毫无顾忌地发表独立见解，并在短时间内从与会者中获得大量的观点的方法。

头脑风暴法是一种集体发明创造的技法，又称为集思广益法、集体思考法、互激设想法、智力激励法、头脑震荡法等。头脑风暴法是创造学奠基人奥斯本于1936年前后创立的，随着这种创造技法在其他国家的推广应用，又衍生出默写式、卡片式、攻关式等一系列方法。

（1）头脑风暴法的程序

头脑风暴的方法尽管名目不同，形式多样，但都是有领导、有组织、有规则地进行集体思考、集体设想，是特殊形式的会议。头脑风暴法的全过程可分为以下三个步骤。

准备阶段，指根据要解决的问题，确定设想的议题，确定参加互激设想的人员，确定举行头脑风暴活动的地点和日期。对较为重大或复杂的课题，可分解为若干个专门议题。

会议阶段，指召集参加集体思考的人员召开会议。奥斯本把这种特殊的会议称为"闪电构思会议"。奥斯本"闪电构思会议"的组织方法如图34-1-10所示。

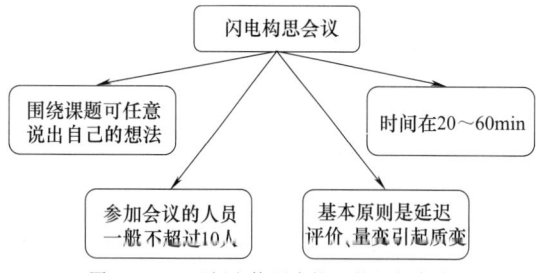

图34-1-10 "闪电构思会议"的组织方法

为了使会议的参加者畅所欲言，有9条规定，如表34-1-20所示。

优化阶段，就是对"闪电构思会议"所产生的所有设想，分门别类进行研究、评价和选择，从众多的设想中提取有价值的创造性设想。

（2）头脑风暴法的变式（表34-1-21）

（3）头脑风暴法的应用

要使头脑风暴法发挥最大功效，要清楚它的适用范围。即头脑风暴法要解决的问题必须是开放性的。凡是各种认知型、单纯技艺型、汇总型、评价性的问题，均不需要用头脑风暴法来解决。只有转化角度、改变问题，才可以使用头脑风暴法。问题的类型可以包括表34-1-22所列的几种。

表34-1-20 参与会议的9条规定

序号	规定
1	会上绝对不允许批评或指责别人提出的设想，对提出的设想当场不做任何评价
2	提倡任意自由思考，扩散思维，设想越新奇越新颖越多越好
3	自我控制，节约时间，不说废话
4	不允许集体提出意见，也就是说不允许用集体提出的意见来阻碍个人的创造思维
5	参加会议的人员身份一律平等，都是参加创造活动的人员
6	会上不允许私下交谈，以免干扰他人的思维活动
7	发表的意见应针对目标，并让参加活动的人员都知道
8	注意力集中，用他人的设想来刺激自己产生的设想，鼓励巧妙地利用并改善他人的设想，或者综合他人的设想提出新的设想
9	参加会议的人员提出的所有设想，不加选择全部记录下来

表34-1-21 头脑风暴法的变式

种类	说明
默写式头脑风暴法	德国的创造学家荷立根据德意志民族习惯于沉思的性格进行改良创造出的方法。默写式头脑风暴法规定：每次会议由6人参加，每人在5min内提出3个设想，所以又称为"635法"
CBS式头脑风暴法	日本创造开发研究所所长高桥诚把奥斯本头脑风暴法改良成CBS式。具体做法是：会议约举行1h，最初10min为"独奏"阶段，到会者各自在每张卡片写一个设想，接下来的30min，到会者有序轮流发表见解，每次宣读一张卡片。余下的20min，到会者互相交流和探讨各自提出的设想
NBS的头脑风暴法	日本广播公司提出NBS的头脑风暴法。具体做法是：会议开始后，各人出示自己的卡片，依次做出说明。待到会者发言完毕，将所有卡片集中起来，按内容进行分类，进行讨论，挑选出可供实施的设想
三菱式头脑风暴法（MBS）	日本三菱树脂公司创造出三菱式头脑风暴法，又称MBS法。具体做法是：由参加会议的人各自在纸上填写设想，时间为10min；各人轮流发表自己设想，每人限1到5个，将设想写成正式提案；由会议主持者将各人的提案用图解的方式写在黑板上，让与会者进一步讨论，以便获得最佳方案
戈登-李特变式	戈登-李特变式也称教诲式头脑风暴法。在戈登-李特变式中，小组的组织者所发挥的作用更大了。具体做法是：组织者以抽象的形式引入问题的有关信息，并要求小组成员寻找解决抽象问题的办法；在观念形成过程中，组织者逐步引入一些关键信息，直到问题比较具体为止；组织者揭示最初的问题；小组以提示问题前的想法为参考，激发对解决初始问题有帮助的创意
触发器变式	触发器变式与经典头脑风暴法相比变化不大，它更多地把个人思考与小组思考结合起来进行。操作过程如下：把整个小组进行划分；各小组的代表向全体成员宣布他们的想法；由书记员将这些想法记录在黑板或白板上；各小组对所产生的想法分别进行讨论，记在自己的记录册上；重复上述过程，直到再也提不出新的想法

表 34-1-22　头脑风暴法应用的主要问题类型

类　型	实　例
关于产品和市场的创意	新的消费观念、未来市场方案的观念
管理问题	拓展业务面、改善职业结构
规划问题	对可能增加的困难性的预期
新技术的商业化	开发一项可以获得专利权的新技术
改善流程	对生产流程进行价值分析
故障检修	追寻不可预期的机器故障的潜在原因

[例2]　美国北方冬天寒冷，大雪纷飞的日子，电线上积满冰雪，大跨度的电线经常被冰雪压断。很多人试图解决这个问题，都未获成功。后来，他们组织有关人员召开智力激励会，专门研究解决这个难题。会上，大家从不同的专业技术角度，提出了各种设想。有人提出，带上几把大扫帚，乘坐直升机把电线上的雪扫下来。坐飞机扫雪，真是个滑稽的设想。可正是这个令人发笑的设想，立即激发专家们放弃了原来的所有设想，而决定采用直升机除雪。每当大雪过后，出动直升机沿积雪严重的电线附近飞行，依靠高速旋转的螺旋桨即可将电线上的积雪迅速扇落，一个久悬未决的问题，终于在互激设想中获得了解决的妙法。

1.3.2　列举法

列举法，指以列举的方式把问题展开，用强制性的分析寻找创造发明的目标和途径的一种发明创造技法。

列举创新法在创意生成的各种方法中属于较为直接的方法，它按照所列举对象的不同可以分为特性列举法、缺点列举法、希望点列举法和列举配对法。

（1）特性列举法

特性列举法又分克拉福德特性列举法和形态分析法两种。

克拉福德特性列举法是由美国内布拉斯加大学教授、创造学家克拉福德研究总结出来的一种创造技法。通过对研究对象进行分析，逐一列出其特性，并以此为起点探讨对研究对象进行改进的方法。

运用克拉福德特性列举法的一般过程如表 34-1-23 所示。

通过特性的列举人们会发现，看似满意的物品实际上存在大量可供改进的地方，这也为人们改进工作提供了思路。

形态分析法是另一种图解的特性列举法，是由在美国任教的瑞士天文学家 F. 茨维克创造的技法，又称"形态矩阵法"、"形态综合法"或"棋盘格法"。根据系统分解和组合的情况，把需要解决的问题分解成各个独立的要素，然后用图解法将要素进行排列组合。通常此技法应用步骤如表 34-1-24、表 34-1-25 及图 34-1-11 所示。

表 34-1-23　克拉福德特性列举法

序号	过　程	实　例
1	选择一个明确的需要进行创新的问题，进而列举出发明或革新对象的属性。一般可分为 3 个方面 名词属性：性质、材料、整体、部分、制造方法等 形容词属性：颜色、形状、大小等 动词属性：有关机能和作用的性质，特别是那些使事物具有存在意义的功能	按照特性列举法将水壶的属性分别列出 名词属性——整体：水壶 部分：壶口、壶柄、壶盖、壶身、壶底、气孔 材料：铝、铁皮、铜皮、搪瓷等 制造方法：冲压、焊接 形容词属性——颜色：黄色、白色、灰色 体重：轻、重 形状：方、圆、椭圆、大小、高低等 动词属性——装水、烧水、倒水、保温等
2	从所列举的各个特性出发，通过提问的方式来诱发创新思想（这时亦可参考使用奥斯本的检核表法）	通过名词属性可提出：壶口是否太长？除上述材料以外是否还有更廉价的材料 通过形容词属性可提出：如怎样使壶造型更美观、怎样使壶的体重变轻，在什么情况下，多大型号的壶烧水最合适等 通过动词属性可提出：怎样倒水更方便，怎样烧水节省能源等

表 34-1-24　形态分析法应用步骤

序号	应用步骤	实　例
1	明确用此技法所要解决的问题（发明、设计）	要设计制造一种物品的新型包装
2	将要解决的问题按重要功能等方面列出有关的独立因素	经分析，这种新型包装的独立因素为：材料、形态、色彩
3	详细列出各独立因素所含的要素	列出明细表，如表 34-1-25，并进行图解，如图 34-1-11 所示
4	将各要素排列组合成创造性设想	此例可获 216 个组合方案。从中选出切实可行的方案再行细化。如方案很多，可用计算机分析

应该注意，列举的方案并不是越多、越复杂就越好。

（2）缺点列举法

缺点列举法，指通过对事物的分析，着重找出它的缺点和不足，然后再根据主次和因果，采取改进措施，从而在原有基础上创造出新的成果。

表 34-1-25　　要素明细表

形　状	材　料	色　彩
方形	金属	红色
圆形	塑料	蓝色
三角形	木材	黄色
菱形	陶瓷	绿色
多边形	玻璃	黑色
不规则形	纸	白色

表 34-1-26　　缺点列举法的步骤

序号	步　骤
1	确定某一改革、革新的对象
2	尽量列举这一对象事物的缺点和不足（可用智力激励法，也可进行广泛的调查研究、对比分析和征求意见）
3	将众多的缺点加以归类整理
4	针对每一缺点进行分析，改进或采用缺点逆用法发明出新的产品

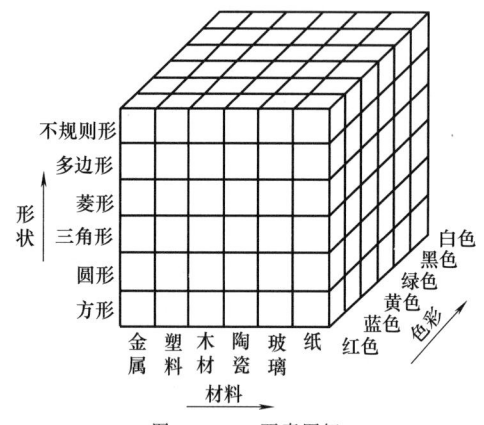

图 34-1-11　　要素图解

事物的缺陷按其形成的原因来分，有造就性缺陷和转化性缺陷；按事物缺陷的属性来分，有功能性缺陷、原理性缺陷、结构性缺陷、造型性缺陷、材料性缺陷、制造工艺性缺陷、使用维修性缺陷等。

人造事物的缺点大致分两类：一类是事物于孕育和形成过程中造成的缺点，称为"造就性缺陷"，如工程设计中指导思想上或计算上的失误，铸件的砂眼、裂纹等，造就性缺点是显露的，易于较快被人们发现；另一类缺点是事物形成后，随着时间的推移、环境条件的改变，原来的优点失去了积极作用或转化为消极作用而转变的缺点，如以往的一些企业管理方法在今天已失去其进步作用，再如风箱是宋代的发明，风箱作为鼓风设备，风力大、效率高，可是随着冶铁技术的发展，风箱的缺点又恰恰是风力小、效率低。

无论是显露的造就性缺点，还是潜伏的转化性缺点，抓住它们就找到了改变或者提高原有事物的着手点。大家都知道被面怕烟头烧，德国一家公司抓住这一缺点，集中力量竭力研究，使用称为"特力维拉"或"达努非"的特种纤维制成了不怕火烧的被面，上市后，颇受消费者欢迎。

运用缺点列举法并没有严格的程序，一般可按表 34-1-26 所示的步骤进行。

缺点列举法简单易行且容易收到效果，很受大中小学生和一线设计工作人员的欢迎。据了解，中国在工厂企业中普及创造学最容易出成果的创造技法就是缺点列举法。

（3）希望点列举法

希望点列举法，指发明创造者从个人愿望或广泛收集到的社会需求出发，提出并确定发明创造项目的一种技法。列举希望搞发明，可使产品达到标新立异的目的。古往今来，世间许多东西都是根据人们的希望创造出来的。人们希望日行千里，就发明了汽车、火车；人们希望冬暖夏凉，就发明了空调；人们希望快速通信，就发明了电报、电话、传真机。

希望点列举法的实施步骤如图 34-1-12 所示。

图 34-1-12　　希望点列举法的实施步骤

希望点列举法是开发新产品的有效手段。例如，大家希望自行车不用经常打气，有人便以这一希望立题，发明了每隔半年才充一次气的储气气嘴，又发明了不漏气的新式轮胎。现在轮胎爆裂经常造成事故，司机们都希望发明一种不爆裂的轮胎或自行补漏的轮胎。

（4）列举配对法

列举配对法利用列举法务求全面的特征，同时又吸取了组合法易于产生新颖想法的优点，更容易产生独特的创意。其具体过程如表 34-1-27 所示。

1.3.3　信息交合法

信息交合法，指从多角度探讨思维方法，从各个学科、各个行业中汲取营养指导发明创造的一种方法。信息交合论是华夏研究院的思维技能研究所所长许国泰教授，经八年验证，于 1986 年首创的一种复杂组合方法。信息交合论，俗称"魔球"理论。信息交合法的公理和定理如下。

表 34-1-27　列举配对法的具体过程

列举配对过程	实　例
列举，即把某一范围内的所有物品都列举出来	列举所有的家具用品：床、桌子、沙发、台灯、茶几、电视机、电视机柜、椅子
配对，即把其中任意的物品进行两两组合	床和桌子、床和沙发、床和台灯、床和衣架……桌子和沙发、桌子和台灯、桌子和衣架、桌子和茶几
筛选方案	对产生的组合进行分析，筛选出实用、新颖的方案，并将它们付诸实施

公理1：不同信息的交合可产生新信息。

公理2：不同联系的交合可产生新联系。

两个公理说明，世界是相互联系的，而信息则是联系的印记。在联系的相互作用中，不断地产生着新信息、新联系。

信息交合法的定理如下。

定理1：心理世界的构像即人脑中的映像，由信息和联系组成。

定理2：新信息、新联系在相互作用中产生。

定理3：具体的信息和联系均有一定的时空限制性。

三个定理分别展示了信息交合法的规则和范畴。定理1表明：不同信息、相同联系可以产生构像；相同信息、不同联系可以产生构像；不同信息不同联系也可以产生构像。人的思维活动，正是上述"构像"（信息的输入—输出—创造—结果）的一个统一运动过程。定理2则表明：没有相互作用就不能产生新信息、新联系。定理3则告诉我们，任何事物均有一定的条件限制。

信息交合法的操作步骤：①明确问题（画中心圆）；②分析要素（确定坐标轴数）；③形态分析（在轴上点点）；④信息交合（选点连接）。

运用信息交合法可分四步进行，如表34-1-28所示。

在此基础上仍可进行交合，又可产生无数新信息、新联系，其实这些都是新型设计与新产品。看上去还是原来的笔，但体内的"机关"、功能增加了，它的用途也就更加广泛。

信息交合法在实施中有三个规律，如图34-1-13所示。

1.3.4　联想法

联想法，指通过一些技巧，或者激发自由联想，

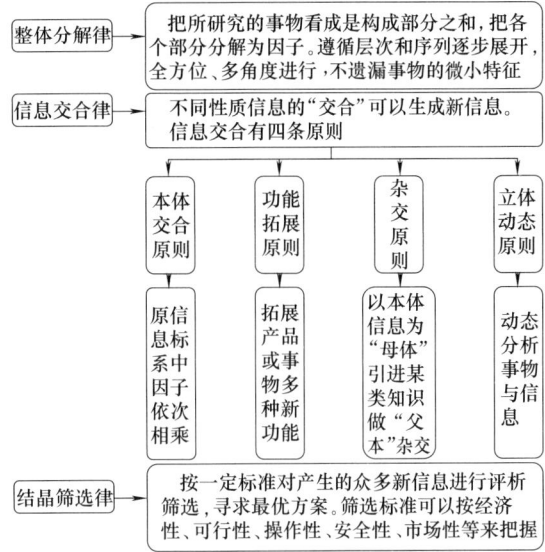

图 34-1-13　信息交合法实施规律

表 34-1-28　信息交合法步骤

序号	步　骤	实　例	
1	定中心	确定所研究的信息及联系的上下维序的时间点和空间点，也就是零坐标	如研究"笔"的革新，就以笔为中心（如图34-1-14所示）
2	画标线	用向量标串起信息序列。根据"中心"的需要画几条坐标线	如研究"笔"，则在笔的中心点画出时间（过去、现在、未来）、空间（结构、种类、功能等）坐标线若干
3	注标点	在信息标上注明有关信息点	如在"种类"标在线注明钢、毛、铅等，意即钢笔、毛笔
4	相交合	以一标在线的信息为母本，以另一标在线的信息为父本，相交合后可产生新信息	以"钢笔"为母本，以"音乐"为本，交合后可产生"钢笔式定音器"；"钢笔"与"电子表"交合可产生"钢笔式电子表"，与"历史"交合可产生带有历史图表或十二生肖的钢笔；与"数学"交合可产生"九九歌"钢笔；与温度计交合则产生"钢笔式温度计"，与指南针交合可产生"旅游笔"。如果将笔帽与笔尾延伸，即可制造一种带温度计、药盒、针灸用针的"保健笔"

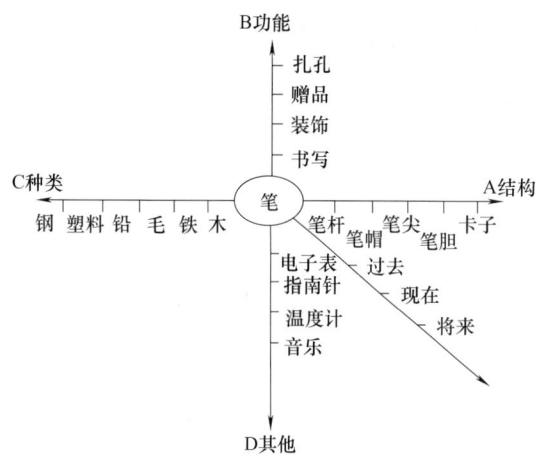

图 34-1-14　信息交合法示意

使用图片联想法时,挑选图片很重要,最好是与解决的问题相距很远又具有幽默感的问题。例如,用图片联想法解决"如何改善新建住宅小区的集中供热系统的安装,又不降低舒适度"的问题,如图 34-1-15 所示。

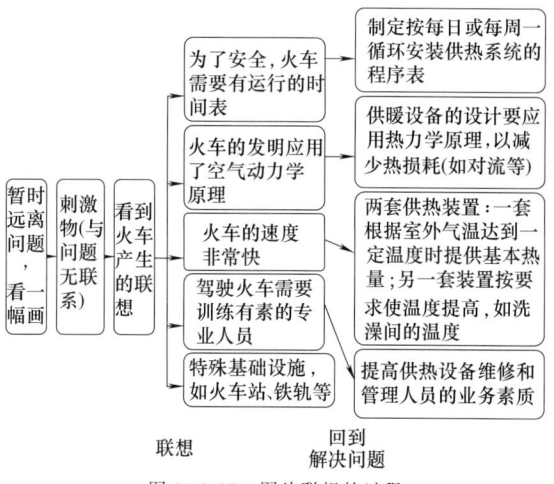

图 34-1-15　图片联想的过程

或者产生强制联想,从而解决问题的方法。联想分为自由联想和强制联想。自由联想就是不受拘束地随意联想;强制联想则是有意识地限制联想的主题和方向。

(1) 图片联想法

图片联想法,指在解决问题时利用与所解决问题本无关的图片,产生强制联想,从而启发思维的方法。

图片联想法的特点是:不用概念作刺激物进行联想或模拟,而是用图片作为刺激物,发挥人的视觉想象力,在图片和需要解决的问题之间产生联想,进行模拟,以获得创造性的设想。

图片联想法的功能:第一,视觉刺激更直接、生动,使人比较容易地直接从形象思维进入问题,更符合人类思维的过程和状态;第二,图片给予的视觉刺激有利于打破概念束缚,利用视觉形象做刺激物则可以更远地离开要介绍的事物概念,通过看图片并理解这些图片,不再去想那些困扰心头的问题。

在集体讨论时,也可以使用图片联想法。其使用程序如表 34-1-29 所示。

表 34-1-29　图片联想法的使用程序

序号	使用程序
1	确定要解决的问题,并给小组成员看一张图片
2	每个成员都用一两个句子描述他所看到的东西(远离要解决的问题)。小组成员努力把图片中的种种元素或结构与所要考虑的问题联系起来,并越来越详细地分析首先获得的印象,逐步完善自己的设想
3	当小组成员不再有设想时,看下一张图片,重复上面的过程

(2) 焦点法

焦点法是美国 C. H. 赫瓦德总结提出的一种创造技法。焦点法,指将要解决的问题作为焦点,随便选择一个事物做刺激物,通过刺激物和焦点之间的强制联想获得新设想、新方案的方法。焦点法也是一种强制联想法。

焦点法的操作程序如图 34-1-16 所示,以发明新式手提包为例。

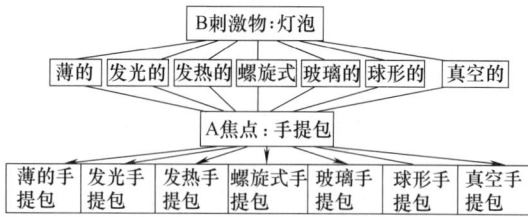

图 34-1-16　利用焦点法发明新式手提包

第一,确定发明目标 A,如要发明手提包。

第二,随意挑选与手提包风马牛不相及的事物 B 做刺激物,如挑选灯泡。

第三,列举事物 B,如灯泡的一切属性。

第四,以 A 为焦点,强制性地把 B 的所有属性与 A 联系起来产生强制联想。

通过新奇、有效的强制联想,就得到了一系列有关手提包的设想:发光手提包、发热手提包、电动手提包、插座式手提包、螺旋式手提包、真空手提包等,有的可能很荒唐,有的则有一定价值。

(3) 自由联想法

自由联想法,指对事物的不受限制的联想而进行发明创造的方法，没有什么规则，任思维自由驰骋，任意想象。这种方法有一定的局限性，于是人们联想到用数学二元直角坐标系，进而创造了二元坐标联想的技法。二元坐标联想法的步骤如下，如图 34-1-17 所示。

列出联想元素 → 编制联想图 → 联想和判断 → 确定有意义的联想 → 可行性分析

图 34-1-17　二元坐标联想法的步骤

举例说明各个步骤，如图 34-1-18 所示。

二元坐标联想法简捷而不单调，富有思想性和娱乐性，而且不受任何限制，只要有纸和笔，随时随地都可进行。

（4）相似联想法

相似联想创造技法，指在广泛联想的基础上，按照技术创造提出的要求，寻求与这一要求差异度最小的事物，并利用该事物于发明创造之中。根据事物的不同构成和不同属性，相似联想可分为表 34-1-30 所示的四种。

1.3.5　形态分析法

形态分析法，指将研究对象视为一个系统，将其分成若干结构上或功能上专有的形态特征，即将系统分成人们藉以解决问题和实现基本目的的参数和特性，然后加以重新排列与组合，从而产生新的观念和创意的方法。

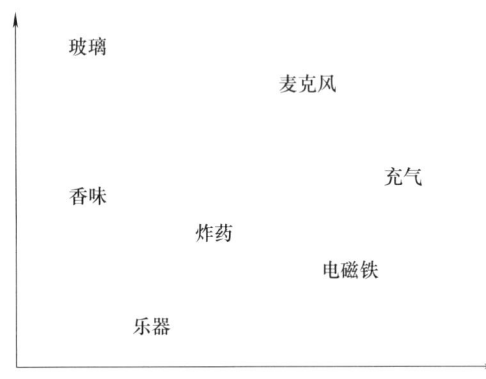

(a) 列出联想元素

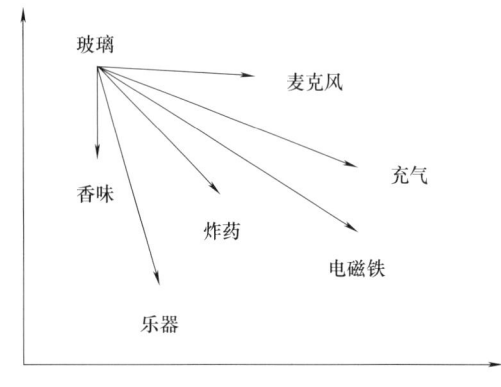

(b) 编制联想图

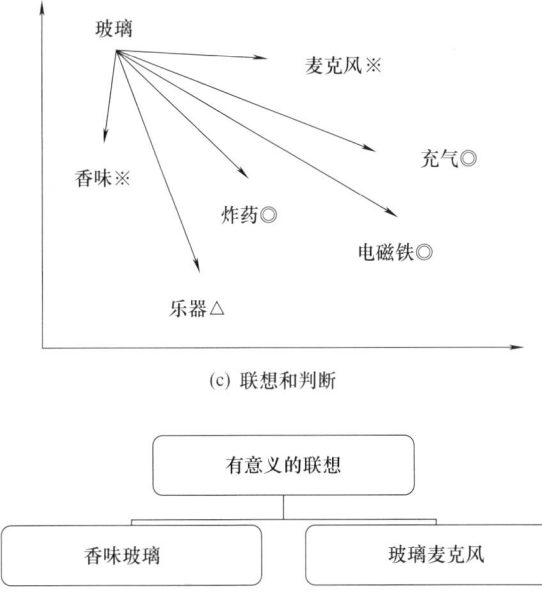

(c) 联想和判断

(d) 确定有意义的联想

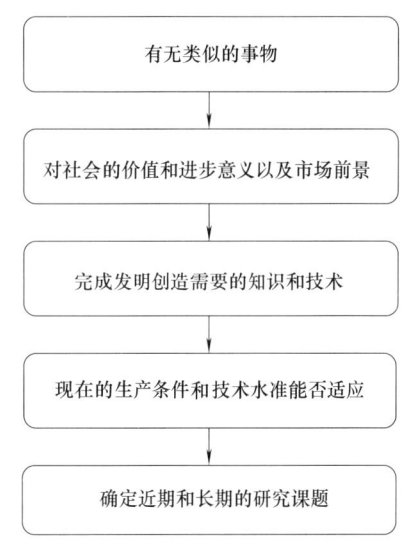

(e) 可行性分析

图 34-1-18　二元坐标联想法的实例

表 34-1-30　相似联想的种类

种类	内涵	实例
原理相似	对自然界客观存在着的和人们已经创造出来的事物,从机理或原理上进行对照分析,可以发现许多不同类属、不同领域、不同功能甚至不同时代的事物,具有十分相似的原理	怀炉、发热护膝、自热坐垫、自热罐头等,都是利用金属氧化放热的相似原理发明的
结构相似	结构是利用原理达到发明创造目的的具体物质形式。原理存在于结构之中,结构保证原理的实现。结构相似法以各层次上的结构要求、结构功能和结构关系作为结构相似的结构指向	玩具汽车的动力、冲床飞轮、发动机调速器,它们结构全然不同但都利用惯性原理
功能相似	其指导思想是,在提出功能并形成课题后,不急于考虑原理和结构问题,而直接寻找具有相似功能的现成事物	事物的功能还具有多样性、主次性和明暗性
声音相似	声音对人体产生的精神作用是声音的软功能,声音对物质产生的物理作用是声音的硬功能,利用声音的软功能和硬功能进行发明创造也是很有潜力可挖的	软功能如音乐,硬功能如超声波按摩器等

形态分析法是一种系统化构思和程序化解题的发明创造技法,它力求获取一切可能性的组合方法,其核心是根据研究对象系统分解与层次组合的情况,把所需解决的问题首先分解成若干个彼此独立的要素,然后用网络图解的方式进行排列组合,以产生解决问题的系统方案或创造设想。形态分析法由美国加利福尼亚工学院教授 F. 兹维基和美籍瑞士矿物学家 P. 里哥尼联合创建,该法广泛用于自然科学、社会科学以及技术预测、方案决策等领域,是发明创造领域最为常用和最为有效的技法之一。

应用形态分析法的基本途径如表 34-1-31 所示。

表 34-1-31　应用形态分析法的基本途径

序号	基本途径
1	先将研究问题分解为若干相互独立的基本因素
2	找出实现每个因素要求的所有可能的技术形态
3	然后加以系统综合,得到多种可行解
4	最后,经筛选确定最佳方案

形态分析法中,因素与形态是两个非常重要的基本概念,如图 34-1-19 所示。

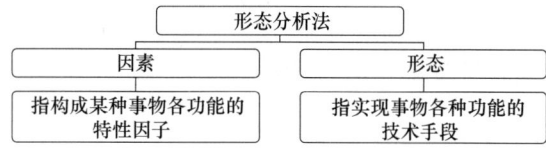

图 34-1-19　因素与形态

以某工业产品为例,如图 34-1-20 所示。

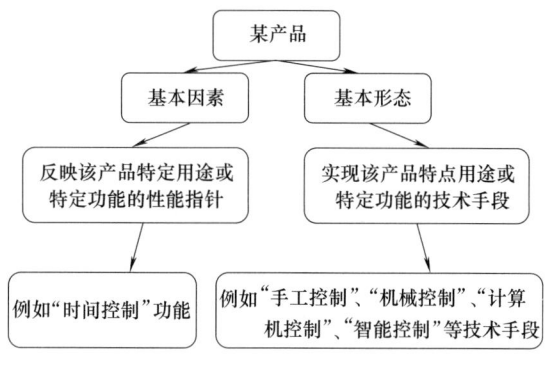

图 34-1-20　以某工业产品为例理解因素和形态

形态分析法的突出特点在于:其一,其所得总构思方案具有全解系的性质,即只要将研究对象的全部因素及各因素的所有可能形态都排列出来后,组合的方案将包罗万象;其二,其所得总构思方案具有程序化的性质,并且这些构思方案的产生,主要依靠人们所进行的认真、细致、严密的分析工作,而不是依靠人们的直觉、灵感或想象所致。

兹维基教授将形态分析法的运用程序分为如表 34-1-32 所示的五个步骤。

表 34-1-32　形态分析法的运用程序

序号	程序	说明
1	明确问题	确定预测对象
2	要素分析	将对象分解为若干相对独立的元素
3	形态分析	列出每一元素可能包含的所有要素
4	形态组合	列表,编制形态矩阵,对元素、要素进行排列组合
5	评价选择最合理的具体方案	从各种组合中进行分析,选出最佳方案

比如,为了要开发某种新的运输系统,应用形态分析法的操作步骤如表 34-1-33 所示。

表 34-1-33　　形态分析法的操作步骤

序号	操作步骤
1	明确研究对象。把一种物品从某一位置搬运到另一位置,考虑选择何种运输工具
2	组成因素分析。通过分析,可以提出装载形式、运输方式、动力系统三种要素
3	详细列出各个独立要素所包含的几个形态。如装载形式有车辆式、输送带式、容器式等;输送方式有水、油、空气等;动力来源有压缩空气、蒸汽、电动机等。列出明细表34-1-34并进行图解
4	形态组合。根据组合方法,总共可得到300多种组合方案,如采用容器为装载方式,轨道作输送方式,压缩空气作动力;吊包装作为装载形式,滑面作输送方式,电磁力作动力;采用容器作装载形式,水作输送方式,内燃机作动力源等
5	然后,从中筛选出切实可行的方案

表 34-1-34　　解决运输工具的三大独立要素

装载形式	输送方式	动力来源
1. 车辆式	1. 水	1. 压缩空气
2. 输送带式	2. 油	2. 蒸汽
3. 容器式	3. 空气	3. 电动机
4. 吊包式	4. 轨道	4. 电磁力
5. 其他	5. 滚轴	5. 电池
	6. 滑面	6. 内燃机
	7. 管道	7. 原子能
	8. 其他	8. 其他

关于形态分析法的程序,有两点需要说明:第一,上述几个步骤不是一成不变的,有经验的专家,可以省去其中一些步骤,而把主要精力放在组合设想的最佳化研究上;第二,对于复杂的技术课题,可以分层次、多级运用形态分析法,从而找到各种最具体的解题方案。因为任何一个技术系统、一种技术手段,都可以看成是由多种子系统组成的多层次的系列。按照上述步骤为某一因素寻找具体形态时,很可能发现该因素仍是一个子技术手段的集合体,还可再加以细分。这样就可以在更精细的层次上,进行更广泛的形态分析和组合,获得更多的具体方案。

1.3.6　移植法

移植法,指将某一领域已见成效的发明原理、方法、结构、材料等,部分或全部引进到其他领域,或者在同一领域、同一行业中,把某一产品的原理、构造、材料、加工工艺和试验研究方法,引用到新的发明创造或革新项目上,从而获得新成果的发明创造方法。

钢筋混凝土的发明,是移植了制作花盆的技法。陶制花盆易碎,木制花盆又怕水,法国一名花匠蒙尼亚于1868年试验用水泥来制作花盆,他先用铁丝制成花盆的骨架,然后在花盆骨架外面抹上水泥,这样硬结以后就成了美丽坚固的形状各异的花盆。此时,俄国的别列柳布斯基教授正在从事着建筑方面的研究。为了建造高楼大厦,他正在寻找价廉物美的新材料。当他听说蒙尼亚发明了铁丝水泥花盆时,大感兴趣,认为完全可以应用于建筑业。经过进一步的试验研究,别列柳布斯基用钢筋代替了铁丝,用石块代替了沙子,大幅度提高了材料的强度和抗冲击能力。1891年,钢筋混凝土正式诞生了,它的发明成功,在现代建筑史上开创了一个新纪元。

移植是科学研究中最有效、最简便的方法,也是应用研究中运用最多的方法。移植技法的实质是借用已有的技术成果,进行新目的下的再创造。创造者要敢于跳出自己所在领域和知识圈,善于吸收和借用其他学科领域的新技术、新方法、新产品。

移植技法有五种基本类型,如表34-1-35所示。

表 34-1-35　　移植技法的基本类型

移植技法	内涵	实例
外形移植	将某事物的外形应用到新的发明和设计中	鲁班根据蔓草叶边缘的小尖齿,发明了锯
原理移植	将某事物的基本原理向另一事物转移的方法,通常是科技原理在不同领域的外延或类推,从而创造出新的使用功能或价值	根据香水喷雾器的雾化原理,研制出油漆喷枪、喷射注油壶、汽化器等
方法移植	以各种科学技术方法作为移植对象,能在更多的领域中发挥作用	对铝合金的热处理就是移植了钢铁热处理的方法
结构移植	把某产物的结构全部或局部移植到另一产物上,使后者在结构上产生新的意义	包起帆把圆珠笔的结构原理移植到设计抓斗上
材料移植	变革原有产物的材料,或是增添了其他物质	用纸代替或部分代替制造各种不生锈的可盛装固体、液体的精美容器

1.3.7　组合法

组合法,指将两种或两种以上的技术思想、物质产品的一部分或整体进行适当的组合变化,形成新的技术思想、设计出新的产品的发明创造技法。爱因斯坦曾说:"我认为,一个为了更经济地满足人类的需要而找出已知装备的新的组合的人就是发明家。"

组合发明创造是无穷的,但组合的方法主要有同类组合、异类组合、主体附加、重组组合四种。

(1) 同类组合

同类组合,指若干相同事物的组合。组合后的事物在基本原理或基本结构上没有根本性的变化,往往具有组合的对称性和一致性趋向。但通过数量的增加能够弥补原有事物的性能缺陷,从而产生新的功能和内涵。

同类组合有两种组合办法,如表 34-1-36 所示。

表 34-1-36　　同类组合的方法

方　法	内　涵	实　例
"搭积木"式组合法	把若干个同一类事物组合在一起	鸡尾酒、组合家具
非系列产品集约化组合法	通过媒介物的设计,将并不相关的各种产品汇集一处	文具盒、工具盒

在非系列产品的集约化组合设计中必须注意的是,集约不能理解为简单的"拼接",以至于多种用途的制品还不如单一用途的制品好用。这一设计法特别强调协调性和合理性。

同类组合发明创造技法独特而不深奥,思考的关键问题是首先要探讨一下,究竟哪些事物需要自组,而且能实现自组。主要考虑图 34-1-21 所示的几个方面。

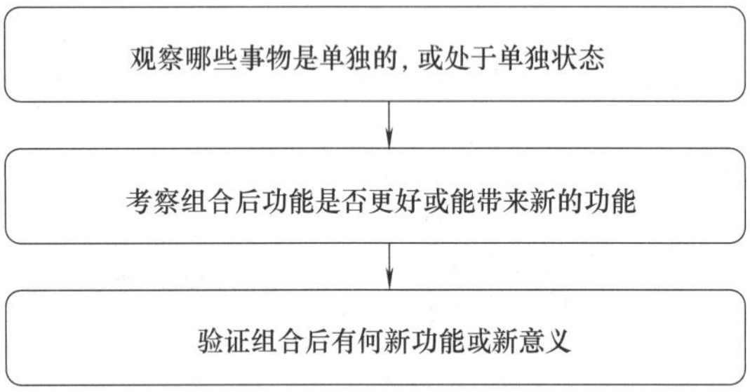

```
观察哪些事物是单独的,或处于单独状态
            ↓
考察组合后功能是否更好或能带来新的功能
            ↓
验证组合后有何新功能或新意义
```

图 34-1-21　同类组合的思考方向

(2) 主体附加

主体附加就是在原有的技术思想或物质产品上补充新内容、新附件,从而产生新的功能。组合主体不变或变化微小;附加只是主体的补充,附件可以是已有技术、产品,也可以是新的设计或装置,附加物为主体服务。

主体附加的类型如表 34-1-37 所示。

表 34-1-37　　主体附加类型

附加类型	实　例
附加功能或形式	自鸣式水壶
附加其他产品	"哨鞋"(童鞋上加上气哨)
附加材料、技术	各种合金

[例 3] 从汽车的诞生和发展,可以看出主体附加法的作用和广泛的应用。1885 年德国人卡尔·奔驰研制出世界上第一辆以汽油为动力的汽车(如图 34-1-22 所示),奔驰发明的汽车前轮小、后轮大,发动机置于后轿上方,动力通过链条和齿轮驱动后轮前进。

图 34-1-22　早期的汽车没有车棚,像高级的无篷马车

1908 年 10 月 1 日,福特 T 形车诞生了(如图 34-1-23)。它有四个轮子车身犹如 T 字形,前面窄后面宽,有两排座位,两个前灯、方向盘、刹车装置,不过它没有车盖子,后排座位有一卷篷帆,需要时可以拉上去遮风挡雨。

图 34-1-23　福特制造的 T 形车附加了漂亮的车篷

后来人们以汽车为主体，逐渐增加了车篷以遮挡风雨；增加了转向灯、刹车灯、安全气囊；增加了前风挡玻璃雨刷以便雨天行驶；附加了车速表、里程表、转速表等各种仪表；附加了收音机、录放机及CD；附加了空调、电话。

现在汽车已发展为一个庞大的家族，除了小汽车，还有起重运输车、冷藏车、槽罐车、集装箱运输车、垃圾车、洒水车、道路清扫车、除雪车、公路清障车、高空作业车、电视转播车、救护车、警车、消防车等，总之，根据人们的不同需要，就可以在汽车上附加所需要的相应的设备。

主体附加是一种创造性较弱的组合，其思维要领及运用步骤如表34-1-38所示。

表34-1-38 主体附加的运用步骤

序号	步骤
1	有目的、有选择地确定一个主体
2	运用缺点列举法，全面分析主体的缺点
3	运用希望点列举法，对主体提出种种希望
4	在不变或略变主体的前提下，通过增加附属物克服或弥补主体的缺陷
5	通过增加附属物，实现对主体寄托的希望
6	利用主体或借助主体的某种功能，附加一种别的东西使其发挥作用

（3）异类组合

异类组合，指两种或两种以上不同领域的技术思想、不同功能的物质产品的组合。组合对象间一般没有主次关系，组合对象广泛，组合过程中能形成技术杂交和功能渗透，从而引起显著的整体变化，异中求同，创造性强。

异类组合的运用步骤，如表34-1-39所示。

表34-1-39 异类组合的运用步骤

序号	步骤
1	首先要确定一个基础组合元素
2	根据发明创造的目的进行联想和扩散思维，以确定其他组合元素
3	把组合元素的各个部分、各个方面和各种要素联系起来加以考虑，这些要素没有主辅之分

异类组合发明创造的思想方法：一是从某一事物的功能或原理、结构、材料、方法等出发，联想到许多事物上；二是将各种事物的功能或原理、材料、方法等，联想到一个拟定的创造目标上。

异类组合法需要一条引导组合设计的主线，使组合创新更具有说服力和开发价值，如表34-1-40所示。

（4）重组组合

表34-1-40 异类组合的主线

主线	实例
人的使用方式	如U盘小刀，PDA键盘保护套，带麦克风的耳机
人的精神审美诉求	如饰品化的手机、MP3、数码相机等
原来产品适用范围的大幅度拓展	如冷暖空调，录放机

重组组合，指将原组合按事物的不同层次分解后又以新的构思重新组合起来的发明方法。例如，将飞机机首的螺旋桨的安装角度变换90°便成为直升机；将水平的喷气飞机变换90°对着地面喷气而成为垂直起落的飞机等。

重组组合的基本步骤如表34-1-41所示。

表34-1-41 重组组合的基本步骤

步骤	方法
1	解剖事物的组成部分，分析事物的组合层次
2	弄清每一层次的功能和该层次的组成部分的独立功能
3	弄清每一层次上组成部分间的联系
4	弄清各层次间的组合关系
5	分析哪些组合层次和组合部分存在欠妥之处
6	从中确定重组的层次的部分
7	提出重组方案，进行可行性研究
8	进行重组试验

（5）组合技法的一般规律

在组合发明创造的过程中，不论是提出组合问题，还是确定组合类型，一般从如表34-1-42所示几个方面入手。

表34-1-42 组合技法的一般规律

序号	一般规律	实例
1	把不同的功能组合在一起而产生新的功能	如台灯与闹钟组合成定时台灯；奶瓶与温度计组合成知温奶瓶等
2	把两种不同功能的东西组合在一起增加使用的方便性	如收音机与录音机组合成收录机
3	把小东西放进大东西里，不增加其体积	如圆珠笔放进拉杆式教鞭里形成两用教鞭
4	利用词组的组合产生新产品	如手帕与系列词组组合：香水帕（注入高级香水），棋盘帕（印制棋盘，方便娱乐）等

1.3.8 检核表法

检核表法，又称检查提问法、设问求解法、分项检查法、对照表法，指根据需要解决的问题，或需要发明创造、技术革新的对象，找出有关因素，列出一张思考表，然后逐个地去思考、研究，深入挖掘，由此激发创造性思维，使创造过程更为系统，从而获得解决问题的方法或发明创造的新设想，实现发明创造的目标的方法。

目前，创造学家们已创造出多种各具特色的检核表，如思路提示十二个检核表、设问检核表等，其中最著名、最受欢迎，既容易学会又能广泛应用的，首推奥斯本检核表，如表34-1-43所示。

表 34-1-43　奥斯本检核表

项目	检核内容	实例
用途	现有的发明有无其他用途？稍加改变后有无其他用途	将洗衣机用于洗红薯，海尔集团稍加改进后发明了新的洗涤设备
引申	现有的发明能否引入其他的创造性设想？能否从别处得到启发和借鉴？现有发明能否引入到其他的创造性设想之中	运用激光技术治疗眼病和肿瘤
改变	现有的发明能否做某些改变？如改变一下形状、颜色、音响、味道、型号、运动形式，或改变一下意义，改变一下会怎样	将卧式彩电改为立式或悬挂式
扩放	现有的发明能否扩大使用范围、延长使用寿命、添加一些功能，提高价值	可定时的电风扇、带夜光的手表
缩略	现有的发明是否可以缩小或增大体积、减轻重量、降低高度、压缩、分割、化小，略去某些零件、去掉某些工序	保温瓶缩小体积后成为保温杯
替代	现有的发明有无代用品，包括材料、制造工序、方法等的代用	门窗的材料由合成材料代替铝合金材料、由铝合金材料代替钢结构材料、由钢结构材料代替木质材料
调整	现有的发明能否更换一下型号、顺序	将大型客船内部重新装修，改造为水上旅馆
颠倒	现有的发明能否颠倒过来使用？如上与下、左与右、正与反、前与后、里与外等	根据吹风机的原理，改变风的方向，制成吸尘器
组合	现有的一些发明是否可以组合在一起	带随时测体温、血压装置的手表

应用奥斯本检核表进行玻璃杯的改进，如表34-1-44所示。

表 34-1-44　奥斯本检核表法应用案例：玻璃杯的改进

检核项目	发散性设想	初选方案
能否它用	做灯罩、可食用、当量具、做装饰、当火罐、做乐器、做模具、当圆规等	装饰品
能否借用	自热杯、磁疗杯、保温杯、电热杯、防爆杯、音乐杯等	自热磁疗杯
能否变化	塔形杯、动物杯、防溢杯、自洁杯、香味杯、密码杯、幻影杯等	香味幻影杯
能否扩大	不倒杯、防碎杯、消防杯、报警杯、过滤杯、多层杯等	多层杯
能否缩小	微型杯、超薄型杯、可伸缩杯、扁平杯、轻型杯、勺形杯等	伸缩杯
能否代用	纸杯、一次性杯、竹木制杯、塑料杯、不锈钢杯、可食质杯等	可食质杯
能否调整	系列装饰杯、系列高脚杯、系列牙杯、口杯、酒杯、咖啡杯等	系列高脚杯
能否颠倒	透明-不透明、彩色-非彩色、雕花-非雕花、有嘴-无嘴等	彩雕杯
能否组合	与温度计组合、与香料组合、与中草药组合、与加热器组合等	与加热器组合

为推动我国的发明创造活动，结合我国的实际情况，上海的创造学研究者们将奥斯本检核表改造提炼为"思路提示十二个一检核表"，又称"思路提示法"。该检核表已在世界各国广泛传播使用。由于这一技法最早是在上海和田路小学试验的，所以又称为"和田技法"。该学校推广应用此技法，极大地促进了小学生的发明创造活动，从而使许多小学生发明了令人耳目一新的产品。思路提示检核表的检核内容如表34-1-45所示。

5W2H法，指用5个以W开头的英语单词和两个以H开头的英语单词进行设问，发现解决问题的线索，寻找发明思路，进行设计构思，从而做出新的发明项目。5W2H法主要用于技术创新、事物处理、公共关系策划、营销策划、广告创新和社会活动的组织与管理等方面，是具有很强的适用性和普遍性的一种创新活动检核表。

表 34-1-45　思路提示检核表

主题	检核内容
加一加	可在这件东西上添加些什么东西吗？需要加上更多时间和次数吗？把它加高一些、加厚一些行不行？把这样东西跟其他东西组合在一起，会有什么结果
减一减	可在这件东西上减去些什么东西吗？可以减少些时间或次数吗？把它降低一点、减轻一点行不行？可省略、取消什么吗
扩一扩	使这件东西放大、扩展会怎样
缩一缩	使这件东西压缩、缩小会怎样
变一变	改变一下形状、颜色、音响、味道、气味会怎样？改变一下次序会怎样
改一改	这件东西还存在什么缺点？还有什么不足之处需要加以改进。它在使用时是否给人带来一些不方便的麻烦？有解决这些问题的方法吗
联一联	某个事物的结果，跟它的起因有什么联系？能从中找到解决问题的办法吗？把某些东西或事情联系起来，能帮助我们达到什么目吗
学一学	有什么事物可以让自己模仿、学习一下吗？模仿它的形状、结构、功能会有什么结果？学习它的原理、技术又会有什么结果
代一代	什么东西能代替另一样东西吗？如果用别的材料、零件、方法等，代替另一种材料、零件、方法行不行
搬一搬	把这件东西搬到别的地方，还能有别的用处吗？这个想法、道理、技术搬到别的地方，也能用得上吗
反一反	如果把一件东西、一个事物的正反、上下、左右、前后、横竖、里外颠倒一下，会有什么结果
定一定	为了解决某个问题或改进某件东西，为了提高学习、工作效率和防止可能发生的事故或疏漏，需要规定些什么吗

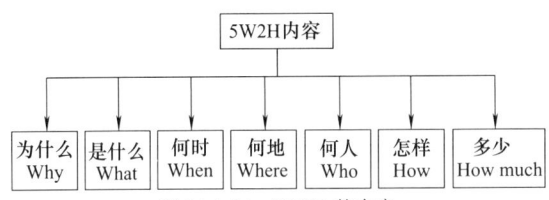

图 34-1-24　5W2H 的内容

5W2H 的总框架如图 34-1-24 所示。在实际应用中，可以根据需要解决的问题，从这 7 个方面进行思考，设计问题，然后逐项检核，达到解决问题、实现创新的目的。5W2H 就是对任何任务和问题都可以问一下：为什么（Why），是什么（What），何时（When），何地（Where），何人（Who），怎样（How），多少（How much）。

5W2H 法用于检验新产品时的过程如下。

（1）检查原产品的合理性

① 为什么（Why）。为什么采用这个技术参数？为什么不能有响声？为什么停用？为什么变成红色？为什么要做成这个形状？为什么采用机器代替人力？为什么产品的制造要经过这么多环节？为什么非做不可？

② 是什么（What）。条件是什么？哪一部分工作要做？目的是什么？重点是什么？与什么有关系？功能是什么？规范是什么？工作对象是什么？

③ 何时（When）。何时要完成？何时安装？何时销售？何时是最佳营业时间？何时工作人员容易疲劳？何时产量最高？何时完成最合时宜？需要几天才算合理？

④ 何地（Where）。何地最适宜某物生长？何处生产最经济？从何处买？还有什么地方可以作为销售点？安装在什么地方最合适？何地有资源？

⑤ 何人（Who）。谁来办最佳？谁会生产？谁是顾客？谁是潜在用户？谁能看到和听到这些信息？谁的影响面大？谁会支持？谁被忽略了？谁是决策人？谁会受益？

⑥ 怎样（How）。怎样做最省力？怎样做最快？怎样做效率最高？怎样改进？怎样得到？怎样避免失败？怎样求发展？怎样增加销路？怎样扩大知名度？怎样让产品人人都喜欢？怎样达到效率？怎样才能使产品更加美观大方？怎样使产品用起来方便？

⑦ 多少（How much）。功能指针达到多少？销售多少？成本多少？输出功率多少？效率多高？尺寸多少？重量多少？安全性如何？售价如何？活动费有多少？

（2）找出主要优缺点设计新产品

如果现行的做法或产品经过 7 个问题的审核已无懈可击，便可认为这一做法或产品可取。如果这 7 个问题中有一个答复不能令人满意，则表示这方面有改进余地。如果哪方面的答复有独创的优点，则可以扩大产品这方面的功能。

根据以上介绍的三个检核表，如果能够留心去对现有事物进行认真"检核"，是不难有所发现、有所发明、有所创新的。

1.3.9　模拟法

模拟技法，指把自己要发明创造的对象和别的事物进行比较，找出两个事物的类似之处，加以吸收和利用的方法。比较的两个事物，可以是同类，也可以不是同类，甚至差别很大，通过比较，从异中求同，或从同中求异；两个事物相隔越远、差别越大，越容易产生发明创造的新设想。模拟技法的过程及具体操作如表 34-1-46 所示。

表 34-1-46　　模拟技法的过程及具体操作

模拟技法的过程	①正确选择模拟对象 ②将两者进行分析比较，从中找出共同属性 ③在以上基础上，进行模拟联想推理，找出解决问题的方法	
模拟种类	定 义	举 例
拟人模拟	将发明创造或革新对象"拟人化"的方法；即模仿人的各种特征，进行发明创造	模仿人体手臂动作设计的挖土机和机械手
直接模拟　　直接模拟	从自然界或已有的成果中寻找与发明革新对象相类似的现象和事物并从中获得启示	设计坦克的控制系统，可能它同履带式拖拉机直接模拟
象征模拟	用一种具体事物来表示某种抽象概念或思想感情的表现手法	历史上许多著名的建筑就在于它们格调迥异，且有各自的象征
因果模拟	两个事物的某些属性之间，可能存在同一种因果关系。可以根据一个事物的因果关系，推断另一个事物的因果关系	由合金钢的冶炼推断出冶炼铝合金的可能性
对称模拟	许多事物都具有对称性，可根据对称模拟的关系发明创造出新的东西	由电荷正负的对称性，英国物理学家狄拉克提出存在正电子
综合模拟	事物众多属性之间的关系虽然十分复杂，但是可以综合它们相似的特征进行模拟	宇航员乘航天飞机进入太空之前，要进行长时间的模拟太空失重状态下的训练，以适应太空的工作和生活
模拟种类	定 义	操作步骤
亲身模拟	亲身模拟，又称拟人模拟，即把自身与问题的要素等同起来，从而帮助我们得出更富创意的设想。在这个过程中，人们将自己的感情投射到对象身上，把自己变成对象，体验一下作为它会如何，有什么感觉。这是一种新的心理体验，使个人不再按照原本分析要素的方法来考虑问题 运用亲身模拟，最简单的做法就是问"假如我是它，我会……"，这是一种移情，又叫拟人化。即把要解决的问题、面对的事物人格化，使无生命的东西有了生命	①把自己比做要解决的问题（移情），或让无生命的对象变成有生命、有意识（拟人化）的对象 ②变换角度后，你就是它，它就是你，会产生新的感觉和看法 ③根据上述感受提出新的解决办法 ④恢复到原来的状态，评价设想的可行性
幻想模拟	幻想模拟法，指将幻想中的事物与要解决的问题进行模拟，由此产生新的思考问题的角度。例如，要设计能自动驾驶的汽车，人们想到神话中用咒语启动地毯的故事，由此启发人们运用声电变换装置实现汽车的自动驾驶	①根据要解决的问题，想一想有什么幻想故事和大胆的传说 ②这个故事和传说中使用了什么新奇的想法 ③根据上述想法受到的启发提出新的解决办法 ④评价设想的可行性
符号模拟法	符号模拟法就是通过逆向思考、浓缩矛盾等技巧，在抽象的语言（符号）与具体的事物之间反复建立新联系，从而从原有的观点中超脱出来，得到丰富、新颖的主意的方法 符号模拟运用了两面性思维：对立事物的结合预示着矛盾，而且是自相矛盾。在科学研究中，碰到这种矛盾对立的现象时却往往预示着将会有新的突破	①从具体到抽象，把要解决的具体问题用抽象的概念表达 ②找到它的反义词，把两者联系在一起就构成了矛盾短语 ③从抽象到具体 ④通过大量列举，发现有价值的对象，分析其原理 ⑤借助其原理，产生直接模拟，形成新的解题方案。整个过程是以符号（主要是语言符号）为中介的模拟

在创造中，如果有意识地运用这种矛盾词语组合的"符号模拟"方法，一定会开阔思路，独辟蹊径。

1.3.10 模仿法

模仿法，指以某一模仿原型为参照，在此基础之上加以变化产生新事物的方法。

模仿法在模仿对象上可分为生物性模仿和非生物性模仿两类。在模仿方法上还可分为形状模仿、内容模仿、结构模仿、功能模仿、规则模仿、方法模仿、思想模仿等多种。运用原理规律或优秀的案例方法去解决问题，也是一种模仿，而且是高层次的模仿。

形状模仿的基本步骤是：调查和熟悉人们对各种事物的态度；研究该事物的实在形状及其对人们心理的作用；如何在另外的事物上再现这种形状，满足人们的精神需要。功能模仿主要解决两方面的问题：一是从发现事物的物理功能开始，进行模仿创造；二是在发明创造中碰到了问题，需要通过功能模仿解决。

模仿技法的步骤通常如图 34-1-25 所示。

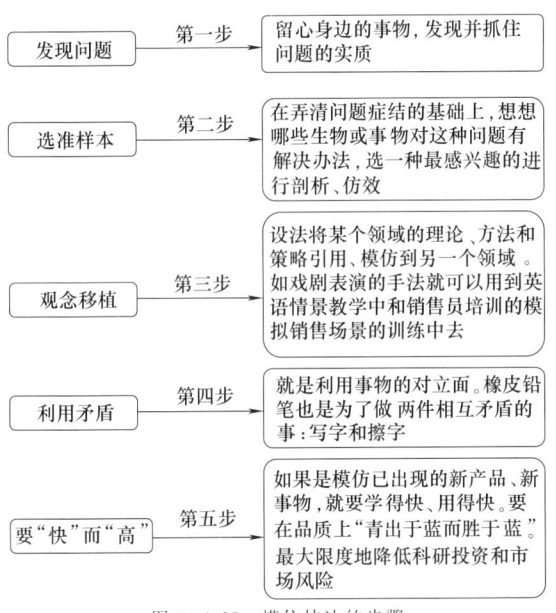

图 34-1-25　模仿技法的步骤

1.3.11 逆向发明法

逆向发明法，指运用逆向思维进行发明创造的技法。很多事物顺着一个固定的方向或者采取一种成规的模式发展到一定的阶段，就会不可避免地出现阻碍事物继续发展的各种障碍，如果排除障碍得不偿失或事倍功半，则应及早弃旧图新，寻求新的突破方向和方法。此时，不妨试用逆向思维投石问路。

运用逆向发明法时，可从如表 34-1-47 所示四个方面进行尝试。

表 34-1-47　逆向发明法的尝试方向

逆向方法	内涵	实例
原理逆向	尝试着将某种技术原理、自然现象、物理变化、化学变化等进行"反向"，以寻求新的原理的方法	发电机与电动机、电风扇与风力发电机等
方向逆向	将某事物的构成顺序、排列位置、安装方向、输送方向、操纵方向、放置方向以及处理问题的方法等，反转过来思考，设想新的利用或寻求解决问题的办法	把电风扇的安装方向倒过来，正面朝外，就成了排风扇
参数逆向	对现有产品进行结构参数或性能参数的逆向思考，如增大减小、伸长缩短、加厚变薄等	将暖水瓶变小为保温杯
特性逆向	特性是事物所具有的性质和特点，特性逆向就是用相反的特性代替原来的特性	

1.3.12 分解法

分解法，指利用分解技巧，将一个事物分解为多个事物进而实现创造发明的技法。例如，一件衣服，把它的大半个袖子截下来，就是套袖，剩下的部分就成为短袖衫；从肩部截下来，剩下的部分就成为坎肩；再截大一点，就成为背心了（如图 34-1-26）。当然，这只是创造思想，要获得实用的产品还需要进一步加工。

图 34-1-26　服装款式的变换利用了分解技法

从某种目的出发,将一个整体分成若干部分或者分出某个部分就是分解。分解创造有两种情况,如图34-1-27所示。

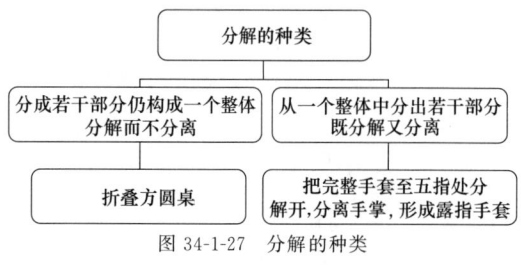

图 34-1-27　分解的种类

分解发明,按事物分解前后功能或用途的变化,可分为表34-1-48所示三种。

表 34-1-48　分解发明的种类

分解种类	内　涵	实　例
原功能分解	将产品或事物分解改进后,形成的新事物与原事物的功能与用途相同	把广告灯箱进行分解,推出了可以组装的灯箱,给生产和运输带来了方便
变功能分解	将产品或事物分解改进后,形成新事物与原事物的功能与用途不同	把橡胶手套的食指部分分解出来,就成为一种新产品——橡胶指套,戴着它翻揭纸张,得心应手
创功能分解	将某个整体分成若干部分或分出某一部分,作为一个新整体时,产生了新的功能	活字印刷术的发明,就是对古老的雕版印刷分解发明的硕果

运用分解法,首先确定分解对象。分解的对象与组合对象不同,创造发明分解的对象只是一个事物,经过分解创新,该事物的局部结构或局部功能产生相互独立的变化或者脱离整体的变化。

1.3.13　分析信息法

分析信息法,指从分析信息中寻找发明创造的课题,可采取找空白和找联系的方法。如表34-1-49所示。

随着发明创造活动的深入,专利检索法、情报分析法等应运而生,其实质都是对信息进行搜集—选择—跟踪—研究—利用的过程,都是企求从信息中选择发明创造的新课题和寻求解决既定课题的技术方法这样两个目的。

从信息分析中寻求解决问题的途径。发明创造的课题一经确定,发明创造活动就从做什么转到怎么做,一般会出现两种情况,如表34-1-50所示。

表 34-1-49　找空白和找联系的方法

	定　义	方　法
找空白	所谓空白,指的是有待于创造的事物	①时刻留心来自各方面的信息 ②大量积累和记忆自己发明创造范围内的事物的特征 ③按功能、原理和结构划分事物 ④设想新功能、新原理和新结构的同类事物 ⑤分析确定出有填补意义和填补可能的空白
找联系	所谓找联系,就是在信息之间寻求相互间在方法或技术上的结合,使其中一事物的原理或结构在另一事物上开花结果	①选择一方。某事物的创新思想,某种产品的设计理念,以及具体原理、结构、材料、制造工艺、处理问题的方法等 ②选择另一方。分析创新思想、设计思想、原理、结构等,还可以用于哪些事物,并在其中延展同样的功能 ③考虑双方的特点,研究两者能否结合的实际可能性和结合的技术关键 ④通过结合,使双方开花结果,诞生新的事物

表 34-1-50　解决问题的两种途径

序号	内　容	实　例
1	某种相同的发明思想或发明方法,被具有不同知识、不同经验、不同职业的人分别想到或采用时,会创造出一些用途不同而创造思想相同的新事物	音乐茶杯、音乐伞、音乐热水瓶、音乐门铃、音乐奶瓶、音乐贺年卡、音乐垃圾箱等,就是不同发明者的共同创造思想
2	将不同的创新思想或发明方法用在同类事物上,会创造出新的种类	将竹子、铜、玻璃等不同的材料,将保温、变色、电热等不同的技术,应用于"杯";尽管"杯"是同类事物,其创新思想或发明方法是截然不同的

1.3.14　综摄法

综摄法,指不同性格、不同专业的人员组成精干的创新小组,针对某一问题,用分析的方法深入了解问题,查明问题的各个方面和主要细节,即变陌生为熟悉；通过自由的亲身模拟、比喻和象征模拟等综合模拟，进行创造性思考，重新理解问题，阐明新观点等，即变熟悉为陌生，最终达到解决问题的方法。

综摄法就是把表面上看起来不同而实际上有联系的要素综合起来。综摄法是一种集体创造技法，一般由主持人、该问题的专家以及各种专业领域的成员共同实施。应用该方法需要有丰富的经验，因此必须对应用综摄法的人员进行培训。

综摄法是建立在以下五个基本假定之上的：

① 每个人都存在潜在的创造力；
② 通过特定人的创造现象可以描述出共同的心理过程；
③ 在创造过程中，感情的非理性因素比理性因素更为重要；
④ 创造中的心理过程能用适当的方法加以训练和控制；
⑤ 集体的创造过程可以模拟个人的创造过程。

综摄法是采取自由运用比喻和模拟方式进行非正式交换意见和创造性思考，从而促使萌发各种设想的一种集体创造技法。

综摄一词在希腊语中是："把表面上看来不同而实际上有联系的要素结合起来。"这种联系的基础是模拟。综摄法的创始人威廉·戈登认为，这个技法有两个重要的思考出发点，如表 34-1-51 所示。

综摄法在新产品开发、现有产品改进设计以及广告创意、解决某些社会经济问题等方面已得到广泛应用，被实践证明是一种行之有效的方法。

综摄法有两项基本原则，如表 34-1-52 所示。

综摄法的实施程序要经过，如表 34-1-53 所示的几个阶段。

人们在使用综摄法时应按上述十个步骤工作，当然也不一定要完全照搬。运用这种方法时要注意两点：要界定并分析问题；利用操作技巧来使熟悉者陌生化。

表 34-1-51　　综摄法运用过程

序号	内　涵	过　程
一是变陌生为熟悉	把自己接触到的新事物用自己和别人都熟悉的事物去思考和描述	如计算机领域"病毒"就是利用人们较熟悉的语言，描述计算机很专业的事物或现象
二是变熟悉为陌生	对已有的、熟悉的事物，运用新知识或从新的角度来观察、分析和处理，得出新东西	如拉杆天线原是收音机用的，可以把它用作相机支架、伞把、鱼竿、教鞭等

表 34-1-52　　综摄法的基本原则及应用实例

基本原则	内涵	应用实例
同质异化	对现有的各种发明，积极运用新的知识或从新的角度来加以观察、分析和处理，从而产生创造性成果	例如电子计时笔。电子表主要用于计时；笔用于书写。这两者从表面看好像毫无关系，但实质上有一种潜在的联系。因为用笔书写时，往往会想到写了多少时间了，写到什么时候为止，或者是从什么时候开始写的等。因此制作者就把这两者的长处综合在一起，将电子表装在笔杆中，电子计时笔就诞生了
异质同化	在创造发明不熟悉的新东西的时候，可以借用现有的熟悉的知识来进行分析研究，启发出新设想来	例如脱粒机。发明以前，谁也没见过这种机械，于是要通过当时既有的知识或熟悉的事物来进行创造。脱粒机的作用是将稻草和稻谷分开，分开的方法有：用手分开，用木片把稻谷从稻草上刮下来等。后有人发现用雨伞尖顶冲撞稻穗可以把稻谷从稻禾上分开，根据这个发现，制成了这种带尖刺的滚桶状脱粒机

表 34-1-53　　　　　　　　　　综摄法实施程序

程　序	内　容
确定综摄法小组的构成	小组成员以 5~8 名为宜。其中 1 名担任主持人，与讨论问题有关的专家 1 名，再加上各种科学领域的专业人员 4~6 名
提出问题	会议应该解决的问题，一般由主持人向小组成员宣读。主持人应该和专家一起预先对问题进行详细分析
专家分析问题	由专家对该问题进行解释，以使成员们能理解。主要目的是使陌生者熟悉
净化问题	消除前两步中所隐含的僵化和肤浅的地方，进一步弄清问题
理解问题	从选择问题的某一部分来分析入手。每位成员应尽可能利用荒诞模拟或胡思乱想法来描述他所看到的问题，然后由主持人记录下各种观点

续表

程　序	内　容
模拟的设想	小组成员使用切身模拟、象征模拟等技巧，获得一系列设想，这一阶段是综摄法的关键，主持人记录每位成员的设想，并写在纸上以便查看，从而再激发设想
模拟的选择	从各位成员提出的模拟之中，选出可以用于实现解决问题的目标的模拟。主持人依据与问题的相关性，以及小组成员对该模拟的兴趣及有关这方面的知识进行筛选
模拟的研究	结合解决问题的目标，对选出的模拟进行研究
适应目标	使用前面步骤中所得到的各种启示，与在现实中能使用的设想结合起来。在这方面经常使用强制性联想
编制解决问题的方案	最后一步要制订解决问题的方案。为了制订完整的解决方案，在这个阶段要尽可能地发挥专家的作用

在使用综摄法时还要注意表 34-1-54 所示的 5 点。

表 34-1-54　使用综摄法的注意事项

序号	注意事项
1	专家或问题拥有者在描述问题情况时不应该描述每一个复杂的细节，只需对问题本身及其背景作简短说明
2	在确定问题的目标阶段，人们应尽量从各种不同的角度来审视问题情境。专家应使用"如何做"、"我希望"这类陈述
3	专家应对小组对问题的再界定做出反思，并从中选出 2~3 个最能反映问题情境的定义
4	使用综摄法时应不拒绝那些不完善的想法，而是应仔细研究这些想法，并尽力将其转为更加切合实际的解决办法
5	在综摄法应用过程中，假如开发出的设想不够，工作组人员就应暂时转移"阵地"，从而触发更多的新方案

1.3.15　德尔菲法

德尔菲法，又称专家调查法，指根据经过调查得到的情况，凭借专家的知识和经验，直接或经过简单的推算，对研究对象进行综合分析研究，寻求其特性和发展规律，并进行预测的一种方法。

德尔菲法的特点，如表 34-1-55 所示。

德尔菲法有广泛的用途，但是，由于专家评价的最后结果是建立在统计分析的基础上，所以具有一定的不稳定性。不同专家，其直观评价意见和协调情况不可能完全一样，而且交换信件费时间，不能面对面讨论，所提问题很难提得很明确而不需要进一步解释，最后得出的一致意见具有一定程度的强制性，这是德尔菲法的主要不足之处。若与其他调查方法配合使用，就能取得更好的效果。

德尔菲法的应用条件、用途和工作步骤如表 34-1-56 所示。

表 34-1-55　德尔菲法的特点

特点	说　明
函询	用通信方式反复征求专家意见
多向性	调查对象分布于不同的专业领域，在同一个问题上能了解到各方面专家的意见
匿名性	德尔菲法采用匿名征询的方式征求专家意见，可以不受任何干扰独立地对调查表所提问题发表自己的意见
回馈性	由于专家意见往往比较分散，且不能相互启发，共同提高。经典的德尔菲法要进行 4 轮的征询专家意见。组织者对每一轮的专家意见（包括有关专家提供的论证依据和资料）进行汇总整理和统计分析，并在下一轮征询中将这些材料匿名回馈给每位受邀专家，以便专家们在预测时参考
统计性	采用统计方法对专家意见进行处理，其结果往往以概率的形式出现。为了便于对专家意见进行统计处理，调查表设计时一般采用表格化、符号化、数字化的设计方法

从上述工作程序可以看出，德尔菲法能否取得理想的结果，关键在于调查对象的人选及其对所调查问题掌握的资料和熟悉的程度，调查主持人的水平和经验也是一个很重要的因素。

1.3.16　六顶思考帽法

六顶思考帽法，指使用六顶思考帽代表六种思维角色分类，有效地支持和鼓励个人行为在团体讨论中充分发挥的方法。

六顶思考帽法是爱德华·德·博诺博士开发的一种思维训练模式，它提供了"平行思维"的工具，避免将时间浪费在互相争执上。六顶思考帽法强调的是"能够成为什么"，而非"本身是什么"，是寻求一条向前发展的路，而不是争论谁对谁错。运用博诺的六顶思考帽法将会使混乱的思考变得更清晰，使团体中无意义的争论变成集思广益的创造，使每个人变得富有创造性。

表 34-1-56　德菲法的应用条件、用途和工作步骤

应用条件	①咨询主题应明确,使熟悉该专题的专家能清晰地理解问题的性质、内容和范围 ②要找到一批经验丰富而又熟悉该专题的专家,特别是这些专家中具有代表性的人物
用途	①对达到某一目标的条件、途径、手段以及它们的相对重要程度做出估计 ②对未来事件实现的时间做出概率估计 ③对某一方案(技术、产品等)在总体方案(技术、产品等)中所占的最佳比重做出概率估计 ④对研究对象的动向和在未来某个时间所能达到的状况、性能等做出估计 ⑤对某一方案(技术、产品等)做出评价,或对若干个备选方案(技术、产品等)评价出相对名次,选出最优者
工作步骤	①确定主持人,组织专门小组　　为后续工作做准备 ②拟定调查提纲　　所提问题要明确具体,选择得当,数量不宜过多,并提供必要的背景材料 ③选择调查对象　　所选的专家要有广泛的代表性,要熟悉业务,有一定的声望和较强的判断洞察能力。选定的专家人数一般以10～50人为宜 ④轮番征询意见　　征询意见通常要经过3轮:第一轮是提出问题,要求专家在规定的时间内把调查表格填完寄回;第二轮是修改问题,请专家根据整理的不同意见修改自己所提的问题,即让调查对象了解其他见解后,再一次征求他本人的意见;第三轮是最后判定。把专家们最后重新考虑的意见收集上来,加以整理。有时根据实际需要,还可进行更多几轮的征询活动 ⑤整理调查结果,提出调查报告　　对征询所得的意见进行统计处理,一般可采用中位数法,把处于中位数的专家意见作为调查结论,并进行文字归纳,写成报告

在多数团队中,团队成员被迫接受团队既定的思维模式,限制了个人和团队的配合度,不能有效解决某些问题。运用六项思考帽模型,团队成员不再局限于某单一思维模式,而且思考帽代表的是角色分类,是一种思考要求,而不是代表扮演者本人。六项思考帽代表的六种思维角色几乎涵盖了思维的整个过程,既可以有效地支持个人的行为也可以支持团体讨论中的互相激发,如表 34-1-57 所示。

表 34-1-57　六顶思考帽

蓝色思考帽	一顶控制思维过程的帽子,就像乐队中的指挥一样来组织思维
白色思考帽	收集已知的或者是需要的信息,仅仅是中立和客观的事实和数据
黄色思考帽	代表的是乐观、探究价值和利益,帮助人们发现机会
黑色思考帽	探索事物的真实性、适应性、合法性,运用负面的分析,帮助人们控制风险
绿色思考帽	象征创新和改变,寻找更多的可选方案和可能性,从而获得具有创造力的构想
红色思考帽	为情绪和感情的表白提供机会,这是一个直觉和预感的判断

六项思考的帽法是一种简单、有效的平行思考程序。一个典型的六项思考帽团队在实际中的应用步骤如图 34-1-28 所示。

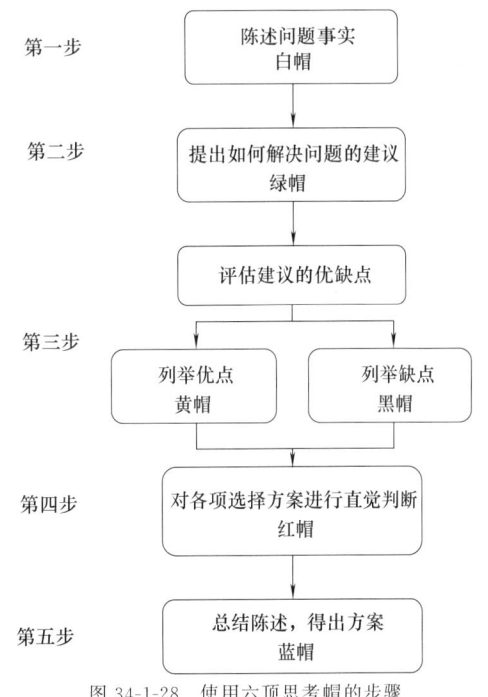

图 34-1-28　使用六顶思考帽的步骤

使用六项思考帽法应注意的几个问题,如表34-1-58所示。

表 34-1-58　　使用六顶思考帽应注意的问题

问题	说明
控制与应用	掌握独立和系统地使用帽子工具以及帽子的序列与组织方法
使用的时机	理解何时使用帽子,从个人使用开始,分别在会议、报告、备忘录、谈话与演讲发言中有效地应用六顶思考帽
时间的管理	掌握在规定的时间内高效地运用六顶思考帽的思维方法,从而整合两个团队所有参与者的潜能

1.3.17　创造需求法

创造需求法,指寻求人们想要得到的东西,并给予他们、满足他们的一种创新技法。创造需求的关键,就是要将大家内心模糊的希望和能消除不满的东西具体化。具体方法以及实例如表 34-1-59 所示。

表 34-1-59　　创造需求法的具体方法及实例

种类	定义	实例
观察生活法	只要留心自己和别人在日常生活中的不便、不满和希望,就会发现创新的机会	如英国有位叫曼尼的女士,她的长筒丝袜总是往下掉,上街上班,丝袜掉下来是很尴尬的事情。询问了许多女同事,她们都有同感。面对大家的需求,她灵机一动,开了一间专售不易滑落的袜子店,大受女顾客的青睐。现在,曼尼设在美、日、法三国的"袜子店"已多达 120 多家
顺应潮流法	指顺着消费者追求流行的心理来把握创新机遇的技巧。观察社会,适应社会需求,碰到什么问题就研究什么问题,就能推出自己顺应潮流的产品来	住高楼大厦的人越来越多了,擦玻璃确有不少困难,一不小心就会发生伤亡事故。为解决这一问题,日本制造了一种安全玻璃擦拭器。这种擦拭器能在室内将玻璃擦拭干净。既安全,又省时。它由两块嵌有磁铁含有洗洁剂的泡沫塑料擦板组成。当两块擦板隔着玻璃互相吸引后,只要移动里面的擦板,外边的玻璃也就随之擦干净了
艺术升格法	对一些市场饱和的日用消费品进行艺术嫁接之类的深加工,以此提高产品的档次、形象和身价,以求在更高层次的消费领域里拓展新的市场的方法称艺术升格法	如海湾战争结束后,现代战争中的科学技术令世界震惊。某企业根据海湾战争中大出风头的爱国者导弹外形,设计了 1% 比例的爱国者导弹型台灯,上面还插着几支导弹型的圆珠笔,产品在香港礼品博览会上引来了无数的订单
引申需求链条法	一种新产品诞生后,就有可能带动若干相关或类似产品的出现。这种现象叫做"不尽的链条",它表明产品需求具有延伸性。找出某一产品的延伸性需求来进行创新活动,就是引申需求链条法	有一位在一家工厂门口摆摊卖香烟的老人,在摊前摆个打气筒,并挂出"免费为自行车打气服务"的招牌。这就吸引了不少男士,方便后不免要帮衬帮衬。老人家告诉家人:"自从备了打气筒,每天营业额增加了一倍以上。"
预测需求法	即是指通过预测未来市场需求并积极提前准备,在需求到来时能满足需求的创新技法。明天的需求,潜伏在人们的心底里,不显山不露水,它在等待时间的推移,市场的变化。可以用调查研究的方法,对各种各样的信息进行分析与预测,预见未来	如在 20 世纪 80 年代初,18 英寸彩电在我国城市成为抢手货,14 英寸彩电滞销。国内众多彩电厂家都转向生产 18 英寸彩电,致使 14 英寸彩管大量积压。这时长虹公司却独具慧眼,看到国家当时已提高了皮棉收购价,其他农副产品的收购价也势必会逐步提高,认定 14 英寸彩电将在农村大有市场。他们果断地买回大批 14 英寸彩管,继续生产这种规格的彩电,结果正如事前所料,他们的产品在农村的销售市场不断拓宽,经营规模迅速扩大

1.3.18 替代法

替代法，指用一种成分代替另一种成分、用一种材料代替另一种材料、用一种方法代替另一种方法，即寻找替代物来解决发明创造问题的方法。例如，制造塑料往往用石油做原料。有人考虑到淀粉是天然高分子化合物，其化学结构与聚乙烯等合成的高分子化合物的结构很相似，天然淀粉便成了代替石油制造塑料的好原料。

以改进一件家家户户必备的生活用品——切菜板为例，说明替代法的工作步骤，如图 34-1-29 所示。

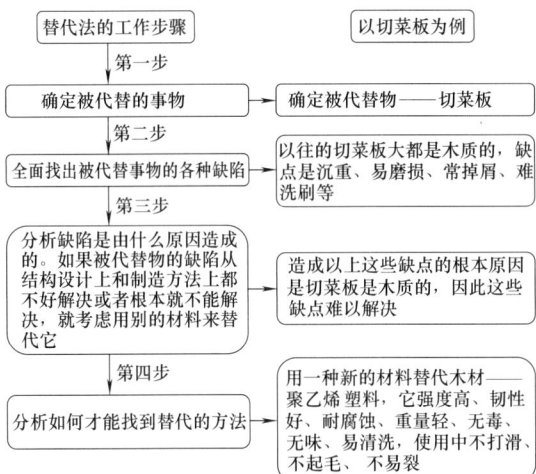

图 34-1-29　替代法的工作步骤

替代法在运用中有表 34-1-60 所示的特点。

表 34-1-60　替代法的运用特点

特　点	说　明
应用领域广泛	在科技、生产、管理、教育、艺术、军事等学科中，对事物进行各种定性、定量、定型分析和测算时使用
成果一般是产生解决问题的新方法	比如，检验产品的新方法、统计计算的新方法、度量的新方法、模拟的新方法等
关键是寻找可以代替的事物	相互代替的事物及其等值关系和实施代替的具体方法构成了解决问题的途径
换元素事物之间客观上存在着某方面的等值关系	某些事物的某种功能，或成分、条件、状态，在另外一个不同的事物上也能够或多或少地表现出来，即说明它们在某方面存在等值关系，称这两事物之间有换元素

1.3.19 溯源发明法

溯源发明法，指沿着现有的发明创造，追根溯源，一直找到创造源，从创造源出发，再进行新的发明创造的一种技法。

以洗衣机为例，应用溯源发明法产生概念设计，如图 34-1-30 所示。

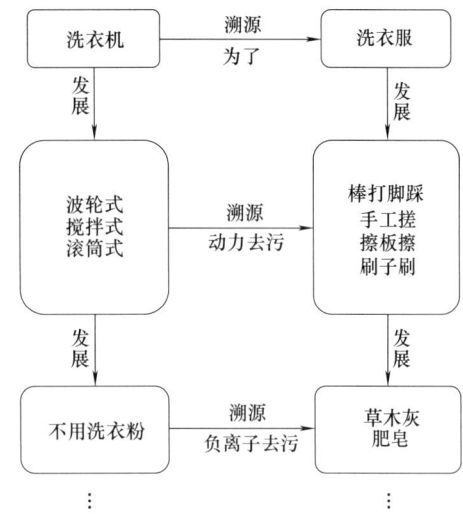

图 34-1-30　应用溯源发明法设计的洗衣机

溯源发明法的基本步骤，如表 34-1-61 所示。

表 34-1-61　溯源发明法的基本步骤

序号	基本步骤
1	要溯源，克服习惯思维和思维定式，溯到创造源
2	立足创造源，多方发现和捕捉为达功能目的的信息，使新的方法和形式不断涌现
3	分析新方法和形式的可行性，如与旧事物相比，是否更有创造性、进步性和实用性
4	优选出最佳方案，展开设计和试验工作

应用溯源发明法，人们创造了冷冻技术保鲜食品，保鲜食品即为创造源，从这一源头出发，人们又发明了微波灭菌法、静电保存食品法等，其效果都比冷藏食品好。

1.3.20 卡片分析法

卡片分析法，指通过将所得到的记录有有关信息或设想的卡片，进行分析，整理排列，以寻找各部分之间的有机联系，从整体上把握事物，最后形成比较系统的新设想的方法。

卡片分析法作为分析整理资料获得启发的有效途径，可用于解决问题的各个阶段中。实验证明，一般人当同时思维操作的信息元素超过 10 个时，要在脑内同时操作加工这些信息显得很困难。而通过卡片，把各种信息或设想转移到脑外,变成能稳定地呈现在眼前的外存信息,这样既可把在头脑中借助记忆进行的思维操作转为脑外处理卡片,来减轻思维负担,又可使注意力集中,从而提高了思维效率。

卡片分析法的基础是要有卡片。卡片大小自便,扑克牌大小也可,稍大也可,能在上面记录信息即可。卡片上面所记录的内容可从表34-1-62所列各方面参考。

卡片分析法具有以下一些特点。

① 这是一种在比较分类的基础上进行创新的方法,比较和分类是运用此法时要做的基本工作,然而,真正有创意的工作在于对各类数据的综合。

② 运用这种方法时,不只是对卡片的理性分析和综合,还需要综合地发挥运用者的各种心理因素,如感受、感情、直观、意志等,因为对卡片的分析整理直接受到这些因素的影响;

③ 此法借助于卡片分析事理发现其内在联系,具有直观、方便、灵活的特点。既可单人应用,也可集体进行,应用范围广,几乎适用于各领域的创造性活动。

表 34-1-62　　卡片记录的内容和特点

序号	内容
1	突然涌现的想法
2	由谈话、读书、观察等产生的设想或注意到的问题
3	图书、杂志、人名、地址、电话号码
4	被记述或证实的信息
5	从智力激励法等创造性开发会议中产生的新设想
6	有关行动计划的基本设想
7	使数据系统化的各种形式
8	发现资料存在的场所、收集的来源以及技法
9	数据的种类
10	意想不到的偶然事件
11	从大脑中一闪即过的有创意的新设想

第 2 章 创新设计理论和方法

创新的原理，指人类在征服自然、改造自然的过程中所遵循的客观规律，是人类获得所有的人工制造物时所遵循的发明创新原理。

考察从古至今的发明创新案例，从原始社会到现代社会，从最简单的石斧，到复杂的宇航器，所有的人工制造物，无一例外都遵循了创新的规律。而且，相同的发明创新问题以及为了解决这些问题所使用的创新原理，在不同时期、不同领域中反复出现，也就是说，解决问题（即实现创新）的方法是有规律、有方法可学的。既然是符合客观规律的方法学，那么这个方法学就必然会具有普适意义，必然会在所有的发明创新过程中得到实际的应用和体现。

只要了解了事物的规律，掌握办事的方法，很多事情都会迎刃而解。如果人们掌握了创新的规律，以创新的方法学作为指导，创新也就是一件人人可学习、可掌握、可做到的事情。

2.1 本体论

2.1.1 本体论概述

本体论（ontology）作为一个哲学名词，来源于古希腊哲学的概念，被解释为"关于存在的学说、言论"。哲学上的 Ontology 旨在解决这样的问题——对某一定义的知识进行统一的概念化，主要是从自然内部、从客体与客体之间的联系中去寻找万物的本质，力图摆脱人在自然、客体中的作用和影响，努力构建一个客观世界的本体。

20 世纪 80 年代末 90 年代初，随着人工智能的发展，本体论被人工智能界赋予了新的定义。在人工智能领域，本体论是研究客观事物间相互联系的学科，本体是共享概念模型的明确的形式化规范说明。

为满足：①领域知识的表达、共享、重用，②术语标准化（实施并行工程、异地协同设计制造与产品全生命期管理），③异构数据集成（虚拟企业或供应链内部异构信息系统之间的互操作和集成）的需求，随着人工智能和知识工程的发展，本体论（Ontology）成为知识工程和知识管理领域研究的热点。例如：美国斯坦福大学计算机系的知识系统实验室（Knowledge Systems Laboratory）的 R. Fikes 教授和 T. Gruber 等从 20 世纪 90 年代初开始进行名为 "How Things Work" 的研究计划，主要目的是研究面向科学工程的基于工程本体（engineering ontology）的"共享的可重用知识库（shared reusable knowledge bases）"。该研究大大推动了知识工程中本体论的研究，较早地提出借用哲学概念本体（ontology）来描述特定领域相关基本术语以及术语之间的关系（概念模型），并以此作为知识获取和表达，从而建立共享知识库的基本单元。其目标是捕获相关领域的知识，提供对该领域知识的共同理解，确定该领域内共同认可的词汇，并从不同层次的形式化模式上给出这些词汇（术语）和词汇之间相互关系的明确定义。而大规模的模型共享、系统集成、知识获取和重用依赖于领域的知识结构分析。

从本体论的观点来看，世间万物皆有联系——这种联系近似于一个复杂的网状结构。本体论承接了所有研究领域学科的知识总和，客观地描述了既有的"世界"（自然成果＋人类成果）的关系，并能指导人类去开发和认识未知的世界。

对本体概念的认识，可归纳为表 34-2-1 所列的六点。

表 34-2-1 对本体概念的认识

序号	对本体的认识
1	本体是对某一领域概念化的表达
2	概念是现实对象在某一或某些属性空间上的投影
3	投影规则可能非常复杂,可能涉及多次投影或其他转换
4	对同一领域的概念化有某些共同点,但概念化可能有所差异
5	任意本体均不可能包括现实对象的全部属性,只能限定到所研究的领域范围内
6	一个本体的声明转换到另一本体的声明不一定可逆

2.1.2 本体论开发步骤

本体开发是必然有设计原理的设计活动，这些原理会在很大程度上影响最终的本体，即任何本体都不能脱离假定和/或设计师的立场。这些立场主要包括牛顿世界观和三维建模，即认为世界是由有绝对时间的三维欧氏空间构成，并且对象和过程同等重要的存在。

通常，本体开发方法学应该包括下面所述的三层准则。

① 顶层：此层是最粗粒度级别的准则，指定与传统的软件开发过程相符的整个建立过程，原因是已实现的本体是种计算机程序。

② 中间层：这层是普通的约束和指南，规定主要的步骤及其次序。

③ 底层：该层是最细粒度级别的准则。

尽管有些本体开发方法学侧重于论述中间层的主题，但是很多现有的方法学主要集中于顶层。实际上，开发好的本体更重要的应该是在准则模型的中间层与底层，原因是这两层直接影响着已开发本体的品质。本体开发通常采用迭代步骤，即最初定义本体原型，接着修改并细化进化的本体，随后填充细节。实际上，本体的开发步骤可以简单概括为：定义本体的类；在分类学（父类—子类）层次上安排类；定义类的属性并描述这些属性的允许值；填充属性值形成实例。本体论具体开发步骤如表34-2-2所示。

表 34-2-2　　　　　　　　　　　　　　本体论开发步骤

序号			步　骤
1	确定本体的领域和范围	需求细化	需求细化（分解）过程必须满足何种标准？会产生多余的需求吗？需求是客户的清晰表述吗
		需求追溯能力	需求还能分解吗？需求的来源是什么？谁记录需求？需求在特定的设计团队内适用吗
		需求满足	需求能够满足吗？两个或多个需求间互相冲突吗？更高抽象级别的需求怎样满足评估
		文档生成	需求属于哪类文档？哪些是与需求文档中的段落相符的需求？不属于客户报告的需求有哪些（商业机密）
		升级	这是需求的最新版吗？需求的旧版本有哪些？为什么还要改变需求？变化对需求文档的一致性和完整性有影响吗
2	考虑现有本体的复用		为特定的领域或工作来细化和扩展现有的资源。如果系统需要与其他特定的本体知识库或受控词汇的应用交互，则系统需求可能会是复用现有的本体知识库
3	枚举本体的重要术语		列举出所有的术语（声明或解释）。得到术语的全面列表是很重要的，不必担心概念的重叠、概念的特性、概念间的关系，以及概念是类还是属性等
4	定义类和类层次	确保类层次的正确性	类及其名称：类表示领域的概念，而非单词表示这些概念。若选择不同的术语学，则类名可以改变，但是术语本身表示世界的客观实体
			is-a 关系：恰当使用 is-a 和 kind-of 等类间的关系。is-a 关系指类 A 是 B 的子类，前提是 B 的每个实例也是 A 的实例。类的子类表示的概念是 kind-of 父类表示的概念
			层次关系的传递性：若 B 是 A 的子类，且 C 是 B 的子类，则 C 是 A 的子类
			避免类循环：避免类层次中的循环。在类层次中，类 A 有子类 B，同时 B 是 A 的父类，则类 A 和 B 是等价的，即 A 的所有实例是 B 的实例，且 B 的所有实例也是 A 的实例
			类层次的进化：随着领域的发展，需要维护类层次的一致性
		分析类层次中的兄弟关系	类层次中的兄弟关系(sibling)：在类层次中，兄弟关系是同一类的直接子类，并在同一抽象级别上
			直接子类的个数：没有严格规定类具有的直接子类的数目，父类通常应只有 2~12 个直接子类，过少过多都不合适
		多重继承关系	很多知识表示系统在类层次中允许多重继承(multiple inheritance)：一个类可以是几个类的子类，则子类的实例是其所有父类的实例，子类将继承所有父类的属性和关系约束

续表

序号	步骤		
4	定义类和类层次	引入新类的时机	不应为每个额外的限制都生成类的子类。在定义类层次时，目标是确保生成类的组织中在有用的新类和产生过多的类之间达到平衡
		新类或特性值	当对领域建模时，依赖于领域和任务的范围，经常需要确定是否把特殊的差别建模为特性值或一组新类
		类或实例	依据本体的潜在应用来确定特殊的概念是本体中的类还是单个实例。判断类结束和单个实例开始依赖于表示中最低的粒度级，而粒度级又由本体的潜在应用来确定
		限定范围	下列规则有助于判断本体定义何时才能完善：确保不包括类具有的所有特性，仅在本体中表述类的最突出的特性；同样，不增添所有术语间全部的关系
		不相关子类	很多系统允许明确指定某些子类不相交(disjoint)，如果类没有任何共同的实例，则它们不相交。此外，指定类是不相交的使系统能更好地验证本体
5	定义类的特性	固有的特性	例如圆柱的半径和高度
		外在的属性	例如螺栓的设计者
		局部	若对象是结构化的，物理和抽象的部分
		其他个体间的关系	类的个体成员和其他条目之间的关系
6	定义属性的约束	属性基数	基数定义属性有多少值
		属性值类型	值类型约束描述何种类型的值能够填充属性，下面列出属性的最普通的值类型：String、Number(Float 与 Integer)、Boolean(yes 或 no)、Enumerated(Symbol)、Instance
		属性的领域和范围	判断属性的 domain 和 range 的基本规则是：当定义属性的 domain 或 range 时，发现最通用的类作为其领域或范围；另一方面，不把 domain 和 range 定义的过分通用，即属性应能描述其 domain 中所有的类，属性应能填充其 range 中所有类的实例。同时不应指定属性的 range 是 THING(本体中最通用的类)
		逆属性	属性值可能会依赖于另一属性的值，称为逆关系(inverse relation)，因此在两个方向保存此信息是冗余的。通过使用逆属性，知识表示系统能够自动填充另一逆关系的值，从而确保知识基的一致性
		默认值	很多基于框架的系统允许定义属性的默认值(default value)。如果类的多数实例的特定属性值都相同，则可该值定义成默认值。接着，当类的每个新实例包含这个属性时，系统自动填充默认值，还能把此值改成约束允许的其他值
7	生成实例		定义类的单个实例首先要选择类，接着生成这些类的单个实例，最后填充属性值

总之，本体是领域的术语及其关系的清晰的形式化规范，即对研究领域的概念、每个概念的不同特性和属性，以及属性的约束进行明确地形式化描述。本体和类的一组实例构成了知识基。

对于任意领域而言都没有唯一正确的本体论开发过程，原因是最合适的开发过程都是与具体的实际应用相互关联的。本体设计是个创造性的过程，且不同设计者开发的本体是不同的。本体的潜在用途和设计者的理解力，以及领域的视角都会影响本体的设计抉择。空谈不如实践，评价所建本体的质量仅把其放于具体的应用环境中。

2.1.3 本体论工程方法

基于从开发 Enterprise Ontology 本体和 TOVE 项目本体中获得的经验，Uschold 和 Gruninger 在 1995 年第一次提出方法学概述，并随后对其进行了改进。在 1996 年举行的第 12 届欧洲 AI 会议上，Bernaras 等人提出在电子网络中建立本体的方法，并把其作为 Esprit KACTUS 项目的一部分；同年还出现并在以后得以扩展的 METHONTOLOGY 方法学。1997 年，Swartout 提出了基于 SENSUS 本体来建立本体论的方法。本体论的工程方法如表 34-2-3 所示。

表 34-2-3　　本体论的工程方法

方法	内涵	过程
骨架法	Uschold 和 King 等人基于从开发企业建模过程的 Enterprise Ontology 本体的经验中得出的骨架法，该方法使用 middle-out 开发方式提供本体开发的指导方针，还是与商业和企业有关的术语及其定义的集合。Enterprise Ontology 本体是英国 Edinburgh 大学 AI 应用研究所的 Enterprise 项目组开发，合作伙伴有 IBM、Logica UK 有限公司和 Unilever 公司等	①确定本体应用的目的和范围：根据研究的领域或任务，建立相应的领域本体或过程本体。研究的领域越大，所建的本体也会越大 ②本体分析：定义本体所有术语的意思及其之间的关系，该步骤需要领域专家的参与。对该领域了解越多，所建本体越完善 ③本体表示：一般用语义模型来表示本体 ④本体评估：建立本体的评估标准是清晰性、一致性、完善性和可扩展性。清晰性就是本体中的术语应无歧义；一致性指的是术语之间逻辑关系上应一致；完善性是指本体中的概念及其关系应是完整的；可扩展性指的是本体应能够可扩展以便适应将来的发展需要。符合评估标准则继续下一步，否则转到第②步 ⑤本体的建立：以文档形式保存所建立的本体
评估法	Gruninger 和 Fox 等人基于在商业过程和活动建模领域内开发 TOVE 项目本体的经验总结出评估法（又称 TOVE 法），主要目的是通过本体来建立指定知识的逻辑模型。TOVE 项目本体由加拿大 Toronto 大学企业集成实验室建立，该项目本体使用一阶逻辑来构造形式化的集成模型。TOVE 项目本体主要包含有企业设计本体、项目本体、调度本体和服务本体	①设计动机：定义直接可行的应用和所有解决方案，提供潜在的对象和关系的非形式化的语义表示 ②非形式化的能力问题：把能力问题作为约束条件，包括能解决什么问题及怎样解决。问题用术语来表示，答案用公理和形式化定义进行描述 ③术语的规范化：从非形式化的能力问题中提取出非形式化的术语，并用形式化语言进行定义 ④形式化的能力问题：一旦能力问题脱离非形式化，且本体术语已定义，则能力问题自然就变为形式化 ⑤形式化公理：术语定义应遵循一阶谓词逻辑表示的公理，其中包括语义或解释的定义。与第④步有反复的交互过程 ⑥完备性：说明问题的解决方案必须是完善的
Bernaras 法	Bernaras 等人开发的欧洲 Esprit KACTUS 项目的主要目标之一是调查在复杂技术系统的生命周期过程中用非形式化概念建模语言（Conceptual Modeling Language，CML）描述的知识复用的灵活性，以及本体在其中的支撑作用。该方法由应用来控制本体的开发，因此每个应用都有相应的表示其所需知识的本体，这些本体既能复用其他的本体，又能集成到项目以后的本体应用中	①应用说明：提供应用的环境和应用模型所需的构件 ②相关本体论范畴的初步设计，搜索已存在的本体论，进行提炼与扩充 ③本体构造：采用最小关联规则，确保模型既相互依赖，又尽可能一致，从而达到最大程度上的同构
METHONTOLOGY 法	由西班牙 Madrid 理工大学 AI 实验室开发，METHONTOLOGY 法的框架使能构造知识级的本体，主要包括辨识本体开发过程、基于进化原型的生命周期以及执行每个活动的特殊技术	①项目管理阶段：系统规划包括任务的进度安排情况、需要的资源，以及怎样保证质量等问题 ②开发阶段：规范说明、概念化、形式化、执行和实现 ③维护阶段：知识获取、系统集成、评估、文档说明与配置管理

方法	内涵	过程
SENSUS 法	SENSUS 法是由美国 Southern California 大学信息科学研究所（Information Sciences Institute，ISI）的自然语言团队为研发机器翻译器提供无限概念结构所开发的方法，主要用于自然语言处理，通过提取和合并不同电子知识源的信息而得到其内容，其中共有 50000 多个电子类知识的概念	①定义一套"种子"术语 ②手工把种子术语与 SENSUS 术语相互链接 ③找出种子术语到 SENSUS 根的路径上包含的所有概念 ④增加与领域相关但没有出现的概念 ⑤用启发式思维找出特定领域的全部术语。如果子树内的多个结点都相关，那么子树内的其余结点也可能相关，基于这样的理念，对于有很多路径穿越的结点，有时要增加其下的整个子树

目前 METHONTOLOGY 法已经在很多领域得到广泛的应用。例如，Onto Agent 是基于本体的 WWW 主体，把参考本体作为知识源进行一定约束条件的本体检索描述；化学 OntoAgent 是基于本体的 WWW 化学教学主体，允许学生学习化学课程并自测在该领域的技能；Onto generation 使用领域本体和语言本体产生西班牙语的文本描述，以便解答学生在化学领域的查询。

2.2 公理性设计

2.2.1 公理性概述

美国麻省理工学院公理化设计创始人苏教授（Suh）认为："现行设计技术与实践缺乏创新是最重要的问题"，它涉及以下事实。

① 设计中经常出现原则性差错。

② 缺乏现代设计理论与方法学的指导，使许多设计从概念阶段开始就存在致命的弱点，导致设计方案存在缺陷，从而使开发计划推迟或失败。

③ 长期沿用经验的设计技术和方法，缺乏严密的科学理论指导，极大地限制了自主创新能力和实际设计水平的提高。

④ 多数高等学校和企业不能培养出具有系统创新思维能力、掌握现代科学设计方法和工具的人才。

对产品设计的过程、规律、工具进行研究一直是产品设计方法学的主要内容。多年来，为改变传统设计过程以经验为基础进行演绎、归纳的现状，设计界一直在探索以科学原理为基础的设计理论，以求提高设计效率。20 世纪 90 年代初，在美国自然科学基金会（NSF）的支持下，美国麻省理工学院苏教授及其领导的研究小组于 1990 年建立了公理化设计理论（axiomatic design theory，ADT）。

公理化设计主要概念有域、映射、分解、层次和设计公理。

2.2.2 设计域、设计方程和设计矩阵

ADT 是将设计流程描述成由用户、功能、物理和过程四个域组成，形成一条往复迭代、螺旋上升的链条，如图 34-2-1 所示。用户域（customer needs，CNs）表示用户的需求；功能域（functional requirements，FRs）表示产品所要实现的一系列功能；物理域（design parameters，DPs）表示满足功能需求的设计参数；过程域（process variables，PVs）是设计过程中工序和工艺的变量集合。ADT 描述的产品设计过程就是以用户需求为驱动，由功能域、物理域、过程域的反复迭代和映射的过程，并为是否是可接受的、最佳的设计提供分析与判断的准则。表 34-2-4 显示了 ADT 各设计域的基本特征。

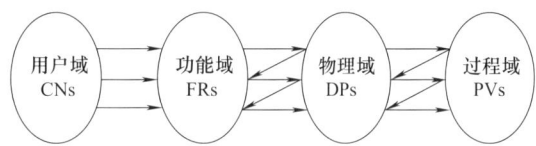

图 34-2-1 ADT 设计流程

在域之间映射生成设计方程和设计矩阵。设计方程是模拟一个给出的设计目标（什么）和设计过程（如何），用数学形式来表达一个设计过程中域与域之间的变换。设计矩阵描述域的特征向量之间的关系，形成设计功能分析基础，以此来确认是否是可接受的设计。

2.2.3 分解、反复迭代与曲折映射

每一个域均能按顺序分解。要分解 FR 和 DP 特征向量并在这些域之间反复迭代，也就是多次反复地从"什么"域出发进至"如何"域。但是，在最高层次上，从功能域映射到物理域就停止了，必须曲折映射到下一个功能域并产生下一层的 FR1 和 FR2，然后再进至物理域并产生 DP1 和 DP2。这样的分解过程将继续下去（反复迭代），直至所有分支都到达最终状态，FR 达到满足而不再有进一步分解为止。从功能域到物理域的曲折分解及层次信息结构如图 34-2-2（a）、(b) 所示。

表 34-2-4　　ADT 各设计域的基本特征

设计范围	需求域(CNs)	功能域(FRs)	物理域(DPs)	过程域(PVs)
制造	顾客期望的属性	规定功能的要求	满足 FRs 的 DPs	可控 DPs 的 PVs
材料	要求的性能	要求的特性	材料的显微结构	处理与工艺过程
软件	期望的属性	编程输出的要求	输入变量、算法、模块域编码	子程序/机器码/模块与编译程序
组织	顾客/员工满意、受益者满意	组织的功能、需求/要求	程序、活动与行政或计划	资源支持下的实施程序
系统	总系统要求	系统功能的要求	组成子系统与要素	人与资金等资源
商务	投资回报率 ROI	商务的目标要求	商务系统的结构	人与资金等资源

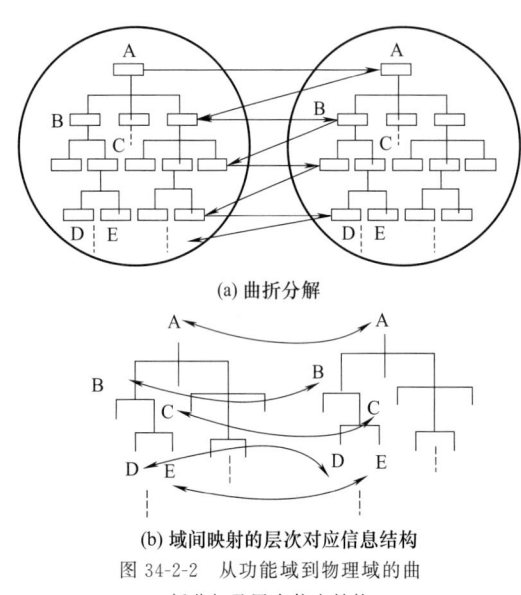

(a) 曲折分解

(b) 域间映射的层次对应信息结构

图 34-2-2　从功能域到物理域的曲折分解及层次信息结构

2.2.4　设计公理

在 ADT 中，提出了两个基本设计公理：独立公理和信息公理，作为对设计方案的分析和评价准则。

(1) 公理一（独立公理）

功能需求 FRs 必须始终保持独立性。当 FRs 为一组时，FRs 必须满足独立需求的最小集。当有两个或更多 FRs 时，必须满足 FRs 中的某一个而不影响其他的 FRs，意味着必须选择一组正确的 DPs 去满足 FRs 和保持它们的独立性。

[例 1]　考虑一个盛饮料的铝饮料罐，这个罐需要满足多少 FRs？它具有多少物理部件？DPs 是什么？这里有多少 DPs？

解：罐头有 12 个 FRs，可以列举的 FRs 有：承受轴向和径向的压力；抵抗当罐头从某个高度摔下时的中等冲击；允许彼此层层相摞；提供容易取得罐中饮料的途径；用最少的铝；在表面上可印刷等。然而，这 12 个 FRs 不是由 12 个物理部件来满足的，因为铝罐头仅由三个部件组成：罐头、盖子和开片。为满足独立公理要求，对应 12 个 FRs 就必须至少有 12 个 DPs。DPs 是在哪里呢？大多数 DPs 与罐头的几何尺寸相关：罐体的厚度，罐头底部的曲率，罐头在顶部减小直径以减少用于制造顶盖的材料，开片在几何上的弧形以增加刚度，盖子上压出的形状以便于钩住开片等。

在麻省理工学院进修了公理设计课程之后，工程师对罐头设计改进，铝罐现在有 12 个 DPs 集成在 3 个物理部件中。

FR 和 DP 的映射关系可表示为

$$\{FR\} = [A]\{DP\} \qquad (34\text{-}2\text{-}1)$$

$[A]$ 称为设计矩阵，按如下表达形式

$$[\boldsymbol{A}] = \begin{bmatrix} A_{11} & A_{12} & A_{13} \\ A_{21} & A_{22} & A_{23} \\ A_{31} & A_{32} & A_{33} \end{bmatrix} \qquad (34\text{-}2\text{-}2)$$

其中　$A_{ij} = \dfrac{\partial FR_i}{\partial DP_j}$　　$FR_i = \sum\limits_{j=1}^{3} A_{ij} DP_j$

对于一个线性的设计，A_{ij} 是常数；对于非线性设计，A_{ij} 是 DPs 的函数。设计矩阵有两种特殊形式：对角矩阵和三角矩阵。在对角矩阵中，除 $i=j$ 以外，所有的 $A_{ij} = 0$。当 A 为对角阵时，称为非耦合设计，是理想设计；当 A 为三角阵时，称为解耦设计。若 A 为其他一般形式时，则是耦合设计，即设计矩阵既不是三角形式，也不是对角形式。非耦合设计满足功能独立性公理，是可以接受的最佳设计；解耦设计也满足独立性公理，也是可接受的设计，但必须予以解耦。耦合设计不能满足独立性公理，必须予以修改或重新设计。

① 在耦合设计（coupled design）中的设计矩阵，如

$$[\boldsymbol{A}] = \begin{bmatrix} A_{11} & 0 & A_{13} \\ A_{21} & 0 & 0 \\ 0 & A_{32} & A_{33} \end{bmatrix} \qquad (34\text{-}2\text{-}3)$$

耦合设计出现后,即可以用代数方法对其进行处理。存在简单的算法来改变设计参数的顺序,从而使设计结构矩阵成为下三角矩阵,使设计解耦;或者使耦合的设计参数尽可能地集中,这样设计参数就可能按照它们之间的耦合关系分类,并将设计结构矩阵分解为更小的矩阵,称为设计结构矩阵的分割。对于不能通过代数解耦或集中的耦合设计参数,就只有通过暂时去掉某些耦合关系来达到设计结构矩阵的分解,这一过程称为分裂。实现矩阵分裂后,各子阵中的设计参数之间的相互关系十分密切,在产品开发过程中可以把它们作为一个单独的部分进行处理,这一过程称为设计参数的聚类。对于仍然十分复杂的子矩阵,可以重复这一过程,进行进一步的分解。这样就自下而上地进行了产品概念的分解,最终实现解耦。

② 非耦合设计(uncoupled design)中的设计矩阵为对角形式,如

$$[A] = \begin{bmatrix} A_{11} & 0 & 0 \\ 0 & A_{22} & 0 \\ 0 & 0 & A_{33} \end{bmatrix} \quad (34\text{-}2\text{-}4)$$

③ 解耦设计(decoupled dsign)中的设计矩阵为三角形式,如

$$[A] = \begin{bmatrix} A_{11} & 0 & 0 \\ A_{21} & A_{22} & 0 \\ A_{31} & A_{32} & A_{33} \end{bmatrix} \quad (34\text{-}2\text{-}5)$$

这一公理也可表述为:
① 一个可接受的设计总是保持 FRs 的独立;
② 在有两个或更多 FRs 时,应选择以满足其中某一个 FRs 所对应的合理的 DPs,而不会影响其他 FRs;
③ 一个非耦合的设计是可以接受的设计;
④ 在两个或更多的可接受的设计中,具有更高功能独立性的设计是最优的。

(2) 公理二(信息公理)
信息公理指设计信息量最少,意味着在对多个非耦合设计方案进行分析和评价时,在满足独立公理的前提下,其信息量最小的设计为最优设计。
① 信息公理为设计的选择提供了定量的分析和评价方法,使选择最佳设计成为可能。在 ADT 中,每个功能需求 FR_i 被看作是一个随机变量。
② 在两个可以接受的设计中,信息量最少的设计为最优设计。
③ 用户满意度最高或用户抱怨最低的设计是最优设计。

[例2] 把棒料切到某个长度。假设需要把棒料 A 切到长度 (1 ± 0.000001)m 和 B 切到 (1 ± 0.1)m,哪一个成功的概率较高?如果棒料的名义长度不是 1m 而是 30m,成功的概率将如何变换?

解:答案取决于做这件事所用的切割装备。然而,大多数有一定实际经验的工程师将会说:那个要求切割到 $1\mu m$ 以内精度会比较困难,因为成功概率是公差除以名义长度的函数,即

$$P = f\left(\frac{公差}{名义长度}\right) \quad (34\text{-}2\text{-}6)$$

在已知名义长度和公差之后,能够在已知比例的基础上估计成功概率。虽然不知道函数 f 是什么,但是在没有更好的参照物时,仍然可以把它近似为一个线性函数。与较小公差相联系的成功概率与较大公差的成功概率相比,前者则显然要复杂得多。因此,成功概率低的事总要比成功概率高的事做起来复杂。

当棒料的名义长度较长时,把它切到公差之内更加困难,因为在名义长度变大时产生误差概率增加了。也就是保持一个固定公差的总长度要影响成功概率,当名义长度增加时,达到目标更为困难。

公理设计方法注重产品概念开发的逻辑化和形象化表述,从而增加了产品概念开发过程的可靠性,但是降低了其在产品开发过程中应用时的操作性。公理设计方法苛刻地要求概念之间相互独立,而企业经常在产品开发过程中出现的功能要求耦合的情况,公理设计方法就无能为力。

2.3 领先用户法

2.3.1 领先用户法的基本要素

美国麻省理工学院斯隆管理学院的冯·希普尔教授将领先用户(lead user)从普通用户中分离出来,提出了领先用户的概念,强调了领先用户在早期创新过程中的作用,并使得企业能够通过领先用户法,改善创新产品和服务的商品化过程。这一独特创新方法的发现,对企业新产品和新服务的开发等一系列活动产生了重要影响。

领先用户法主要包含有四个基本的要素:领先用户的确认、信息的搜集、产品概念的开发与测试和组织的保证,如图 34-2-3 所示。这四个要素相互作用、相互依存,确保技术与市场的紧密结合,从而使领先用户法能获得较一般市场研究方法无法比拟的效果。

① 领先用户的确认。实践证明,领先用户的确认是领先用户法的关键,往往是一个较为漫长的过程,需要经过多次反复和筛选。

② 信息的搜集。要用一切办法搜集领先用户对市场走向的感悟,从领先用户的创意中获得启示。项

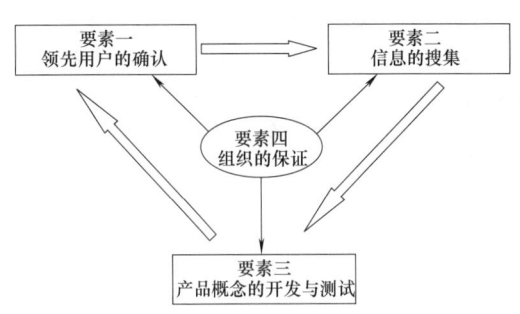

图 34-2-3　领先用户法的基本要素

目组通过文献搜索，采访高级专家，分析所得数据，锁定关键需求，经多次提炼，将关键信息或数据进行整理、归纳和分析。

③ 产品概念的开发与测试。同领先用户一道开展新产品概念开发，并适时召开发展新概念的工作会议，将新产品开发的创意提交领先用户（有时为其他专家）进行审议；与领先用户共同进行创意的筛选、新产品的研制和试用，从而提高新产品开发的质量。

④ 组织的保证。灵活、高效的组织形式，技术主管和市场主管的密切配合，是领先用户法成功实施的组织保证。

2.3.2　领先用户法的操作流程

领先用户法的操作流程如图 34-2-4 所示。一个拥有技术和营销人员的核心项目小组在技术和营销部门的支持下，开展对领先用户的访问并开展一系列的分析活动，以促使新产品/服务概念设计的完成。项目组在具体实施时，可按以下四个阶段进行。

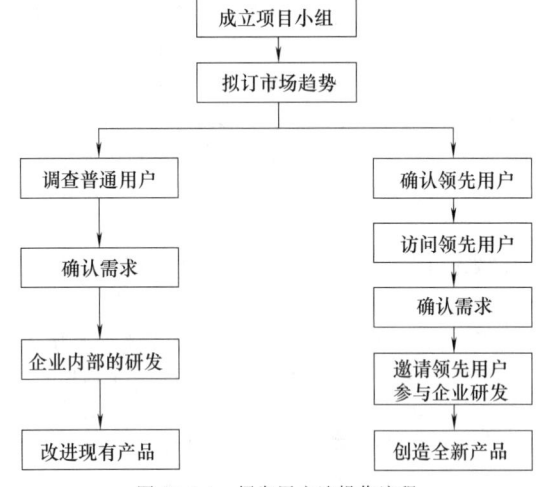

图 34-2-4　领先用户法操作流程

第一阶段：制订项目计划、重点与范围。
第二阶段：识别需求，弄清关键的趋势和顾客的需求。

第三阶段：产生初始概念，从领先用户那里获得需求及解决方案的信息。

第四阶段：会同领先用户发展新概念，产生产品创新方案。

美国洛克希德公司，在计算机辅助设计领域与麦克唐纳-道格拉斯公司差距很大，该公司决定让用户参与其计算机辅助设计大部分产品开发工作，其特点不是保持对计算机辅助设计系统的专有权，而是将其出售。三年之内，它们设法使 250 个商业用户成为其"免费研制中心"，由于采纳了来自 250 个领先用户的创意和新概念，仅仅几年内，这个很晚才进入市场的公司其计算机辅助设计系统就超过了麦克唐纳-道格拉斯公司。

2.3.3　领先用户法的使用条件

经大量实践表明，必须注意以下三个特定的适用条件。

① 管理层的支持。管理层的支持是使项目获得成功的有力保证。

② 高技能、跨学科的项目小组。该小组应该包括技术专家、营销专家和管理者，还应该将行业创新领域内有创意且掌握专业和各种创新理论和方法、特别是 TRIZ 理论方法的优秀人员组织到领先用户项目小组中来。

③ 对领先用户市场研究法的理解。由于领先用户法过于注重用户需求，使其对突破性创新的作用不很敏感，因此，在实际应用中，领先用户法一般不适用于突破性创新以及流程型创新。领先用户方法比较适用于产品连续创新，因而比大学的教授和工程师更能找出产品改良之处。

在知识经济时代，技术的转化和市场营销方面的创新已经成为企业取得市场竞争优势的源泉，因此，结合企业实际情况，应用领先用户方法，我国的企业将能够更加高效和成功地进行产品创新和服务创新，发展企业的核心能力，获得长远的竞争优势。

2.4　模糊前端法

一般来说，新产品由研究到上市的过程可分成三个阶段：模糊前端（fuzzy front end，FFE）阶段、新产品开发阶段以及商业化阶段。美国学者柯恩对模糊前端的定义是：产品创新过程中，在正式的和结构化的新产品开发阶段之前开展的活动。

面对企业在众多的机会选择当中，企业产品创新的关键是模糊性最高的前端活动。这就引发了关于模糊前端（FFE）法的研究。

多数企业对于新产品开发模糊前端阶段并没有实

现有效管理。因此，模糊前端的研究是一个亟待解决的问题。

2.4.1 模糊前端的活动要素

（1）通用术语界定

在柯恩的新概念开发（new concept development，NCD）模型中，首先对新产品开发模糊前端的一些通用术语进行了界定。

① 创意：一个新产品、新服务或者是预想的解决方案的最简单的描述。

② 机会：为了获取竞争优势，企业或者是个人对商业或者是技术需要的认识。

③ 概念：具有一种确定的形式特征，其技术能使顾客完全满意。

（2）NCD 模型

NCD 模型如图 34-2-5 所示，由机会识别、机会分析、创意生成、创意评估以及生成产品概念等五个基本活动要素组成，其具体含义如下。

① 靶心是模型的引擎，包含了企业领导的关注、文化氛围及经营战略，它们是企业实现五个要素控制的驱动力。

② 内部轮辐域是模糊前端的五个可控基本活动要素。内部轮辐域中的箭头表示 5 个基本因素活动的反复过程。

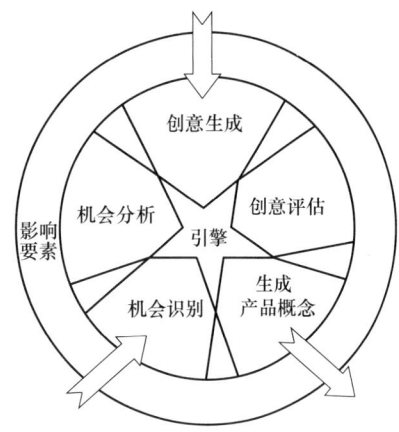

图 34-2-5　NCD 模型

③ 内部轮辐域外围是影响因素，包括企业能力、外部环境、开放式的内外技术背景等，这些影响因素是企业从技术创新战略通向商业化的全部创新过程。

④ 指向模型的箭头表示起点，即项目从机会识别或创意生成开始；离开箭头表示如何从生成产品概念阶段进入到产品开发阶段或技术阶段流程。

2.4.2　FFE 法操作流程

按照柯恩提出的 NCD 模型，FFE 法有表 34-2-5 所示几个阶段。

表 34-2-5　　　　　　　　　　　　　FFE 法操作流程

程　序	操　作　流　程	使用的具体方法
机会识别	机会识别往往先于创意的生成。识别哪些是企业可以去追求的机会，通过识别最终确定资源投向	人类学方法（了解顾客的根本需要）、领先用户法、TRIZ 理论
机会分析	机会分析的重点是要判断该机会的吸引力、未来可能发展的规模、与商业战略及企业文化的融合程度以及企业抵御风险的程度等	TRIZ 理论、情境分析
创意生成	新的创意也可以在任何正式的流程以外产生，如一个意外的实验结果，一个供应商提供了一种新的材料，或者是一个使用者提出了一个不寻常的要求	阶段门法、TRIZ 理论
创意评估	在模糊前端活动中，由于受信息不全面和不同理解限制而使决策变得困难。因此，需要特别为 FFE 设计更好的、过程更加灵活的选择模型，以便市场和技术的风险、投资额、竞争状况、组织能力、独特的优势以及投资回报率等都可以得到考虑	顾客趋势分析、竞争能力分析、市场研究、情境分析、路径图、TRIZ 理论
生成产品概念	这个阶段包括基于市场潜能、顾客需求、投资要求、竞争者分析、未知的技术以及总体的项目风险估计的一个商业案例的发展	竞争能力分析、市场研究、情境分析、领先用户法、TRIZ 理论

2.4.3 模糊前端法应用实例

由技术驱动开发新产品——3M易贴便条。

斯潘塞·西尔弗发明了一种"不寻常"的胶水,这就是机会识别的阶段了。

当西尔弗尝试为这个非同寻常的胶水寻找一个商机的时候,这就是机会分析的阶段。西尔弗拜访了3M公司里的每一个部门,创意生成和发展随之出现,在创意选择的阶段,易贴便条被选择作为继续发展的创意。

最后,在生成概念阶段中,一个完整的生产流程开发出来,这个生产流程是用来生产一种可以很好黏附在纸上但不会粘牢的3M易贴便条。

2.5 质量功能展开和田口方法

2.5.1 质量功能展开

质量功能展开(quality function deployment,QFD)是由曾任教于东京理工大学的水野滋博士提出,经美国麻省理工学院的豪泽和克劳辛教授潜心研究后,于1966年由水野滋博士正式命名,作为一种新产品开发的新理念和新方法而被企业所采用。

QFD是通过一定的市场调查方法了解顾客需求,将顾客需求分解到产品开发的各个阶段和各职能部门,对产品质量问题及产品开发过程系统化地达成共识:做什么,什么样的方法最好,技术条件如何制订才算合理,对员工与资源有什么要求,等等。通过协调各部门的工作以保证最终产品质量,使设计和制造出的产品能真正地满足顾客的需求。

QFD把客户的要求转换成产品相应的技术要求,将顾客需求转化为产品功能,将产品的使用性能和产品制造时的技术条件联系起来,深入到产品开发和设计领域,将设计和制造过程全面整合。因此,QFD既是一个技术问题又是一个管理问题。

(1) QFD的基本原理

QFD的基本原理可以通过"质量屋"予以清楚地表达,图34-2-6是质量屋的原理图。图中的"左墙"是一个顾客的世界,列出用户主要、次要及更次要等各种"什么"的需求及其重要度;"右墙"是用户评估榜,显示与其他竞争对手的比较;"楼板"列出"如何"满足用户需求技术特性的设计要求;"房间"列出质量需求与质量特征的相关关系矩阵;"地基部分"列出"有多少"质量设计技术竞争性指标及其重要度;"屋顶"列出质量特征相关关系矩阵。

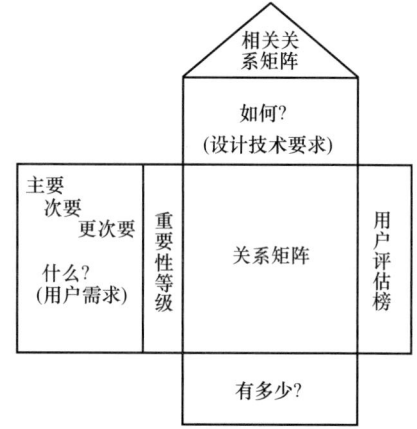

图 34-2-6 质量屋

(2) 建立QFD矩阵步骤

以汽车车门设计为例,将建立QFD矩阵的步骤介绍于表34-2-6所示中。

表 34-2-6 建立QFD矩阵的步骤

序号	步骤	具体方法	汽车车门设计实例
1	确定需求	按主要、次要和更次要的顺序确定用户需求"什么"的清单	根据用户要求如图34-2-7所示,列出汽车门需求"什么"的清单,并相应绘制质量屋,如图34-2-8所示
2	自我评分	每一个"什么"内容的重要性可以通过评分的方法(例如1~5,其中5为最重要的)来确定。在确定这些重要性的分数时必须非常谨慎,因为用户的反应不一定能准确地反映它们真正认为的重要性	对图34-2-8中的每一个"什么"都要标出对用户的重要性评分等级,例如从车外关门的容易程度定义为重要性等级5
3	用户评分	对于每一个"什么"应该从竞争需要和现有设计两个方面得到用户的评分,重点是找出并量化那些竞争者的设计已经超过我们当前水平的重要方面的"什么",以便设计修改关注于这些方面。对现有产品被认可的"什么"也应当找出来,这些内容可在今后的设计中予以保留	在图34-2-8中对应每一个"什么"将两个竞争对手的产品和我们现行设计产品对比,并标出它们的等级(1~5级,5级为最好)

续表

序号	步骤	具 体 方 法	汽车车门设计实例
4	确定设计要求	收集所有的设计要求,这些设计要求对于获得以"市场驱动"的"什么"是必需的。设计小组在矩阵的顶部横向列出会影响一个或多个用户有关特性的设计要求"如何"。每一项设计要求都应当是可以测量的,并将直接影响用户的感受	项目小组负责收集为满足市场对汽车门所要求的"什么",从而提出满足需求的设计目标("如何")。例如,"关门所需的力量"是一项"如何",它针对的是"容易从车外关门"的"什么"。箭头表明力量越小越好
5	量化矩阵	利用每一个"如何"相当于得到每一个"什么"的重要性,可以量化矩阵中每个单元的强度。描述这些关系的符号有以下几种:"⊙"表示很重要或很强的相互关系;"○"表示存在一定的重要性或一定的相互关系;"△"表示重要性较低或关系度较小;无标志则表示不重要或无关系。这些符号稍后又由加权的数值(如9,3,1和0值)来代替,给出计算或技术重要性时所需要的关系值。用这些符号来区分与这些关系和加权有关的重要性程度,从这种显而易见的表达方式中可以很容易地确定在哪里需要配置关键资源	标明了满足用户需求"什么"与"如何"的关系。例如,本身重要性很强的用⊙来对应用户的"什么",即"容易从车外关门","如何"是"关门的扭矩"
6	确定目标值	经过对竞争对手的产品和现有产品设计所进行的技术试验,在质量屋的底部对应于每一个"如何"的下方加上目标值	标明对用户需求和现有产品的目标值(即竞争性调查)
7	计算	每一个设计要求的技术重要性可用下述公式来确定。对于给定的影响关系矩阵的 n 个"什么",对每一个"如何"进行两种计算。确定技术重要性的绝对值的公式是 $$\text{绝对值} = \sum_{i=1}^{n} \text{关系值} \times \text{客户重要性数值}$$ 为了得到一个相对的技术重要性,将由这个等式得到的结果按大小排列起来,1对应为最高值	在"有多少"的区域内确定设计要求的技术重要性的绝对值。例如,门的密封技术重要性绝对值(图34-2-8倒数第二行)是 $5(9)+2(3)+2(9)+2(9)+1(3)=90$(图34-2-8数第七列)。由于它是表示的那些数字中的最高值,它则代表最高的等级;所以,用"1"的相对等级来表示它是满足用户需求方面最重要的一项"如何"
8	确定技术难度	每个"如何"设计要求的技术难度也要标在图上,这样就会使人们的注意力集中到那些可能难以达到的、重要的"如何"上	确定技术难度要求。例如,防水性的技术难度被评定为最难以解决的特性,评定为5级
9	设立相关关系矩阵	设立相关关系矩阵的目的是确定"如何"之间的技术上的相互关系,这些关系由下述的符号表示:"●"是高的正相关性;"+"是正相关性;"θ"是高的不相关性;"—"是不相关性;"空白"是无相关性(图34-2-8)	建立相关关系矩阵来确定"如何"项目之间在技术上的相互关系。例如,"θ"符号表示在"关门扭矩"和"平地的关门力量"之间存在着很强的负相关关系。用户想要的是能从车外容易地关门,也能在坡地上开门的特性(这就是说,两个截然相反的设计要求)
10	确定新目标值	新的目标值一般是用户评分等级和相关矩阵中的信息确定的。趋势图是确定关键目标值的有用工具	由于用户对汽车门"容易从车外关门"的"什么"等级评价较低,那么目标值就设定为比竞争对手的数值更好的参数。在确定目标以解决相关关系矩阵内的关系与相对重要性等级矛盾时,有时也许需要权衡利弊,做出合理的选择
11	确定关键要素	选择需要集中力量的区域,找出矩阵中需要解决的关键因素。技术重要性和技术难度两部分对于如何确定这些因素是十分有用的	一些重要的项目可以转移到另一个质量屋进行详细的产品设计。例如,尽可能减少关门扭矩的设计要求是一项重要的目标,它可以转化为另一个矩阵中的"什么",在这个矩阵中进行的是零件的特性设计,如防水封条或铰链的特性设计

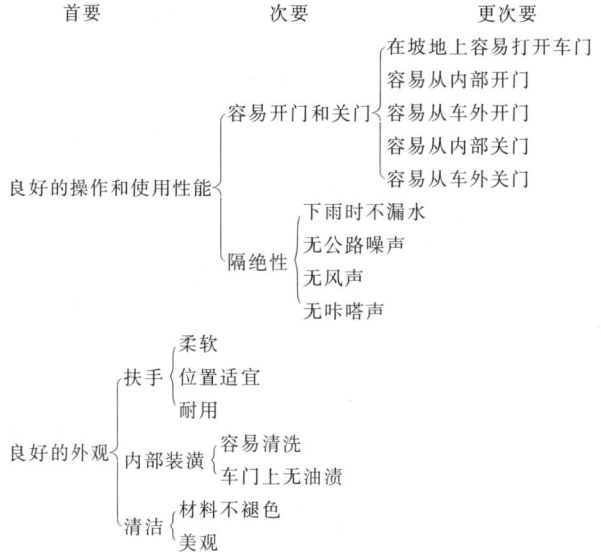

图 34-2-7 汽车门实例中的"什么"清单

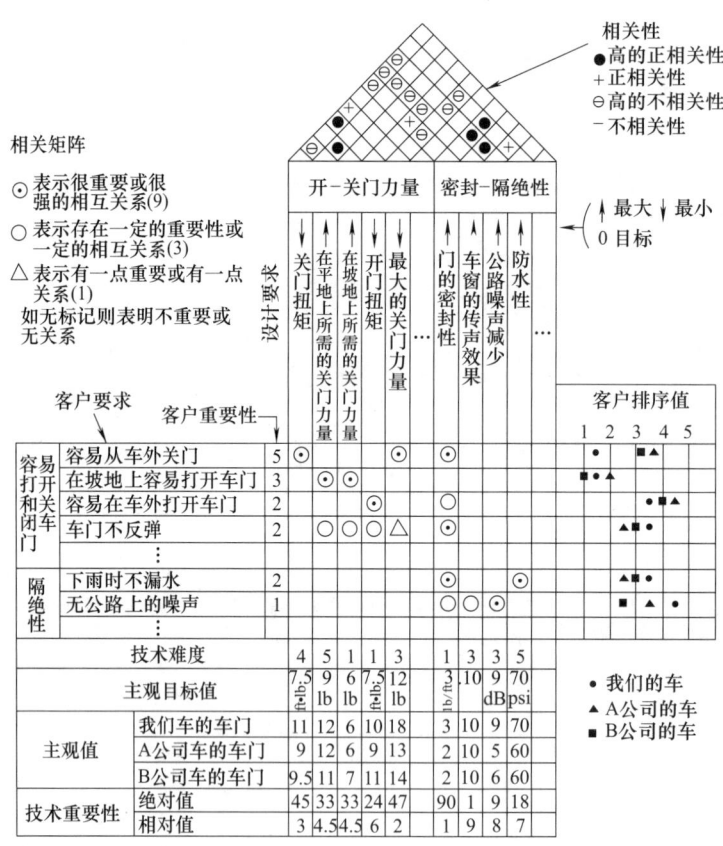

图 34-2-8 汽车门设计（QFD）

上述的步骤是根据汽车门的改进设计事例建立的 QFD 矩阵,对于其他的矩阵来说,基本的程序都是一样的。在使用这个程序时,为了更准确地找出某个具体情况中需要重点强调的内容,有些公式、加权、具体参数和步骤的顺序可能会有所改变。

2.5.2 田口方法

田口法又称三段设计法,是由日本质量工程专家田口玄一创立的,连同他在 20 世纪 80 年代后期提出的质量工程学,被许多国家采用,曾获得"20 世纪最伟大的工程贡献之一"的殊荣。

田口玄一提出的三段设计法是概念设计、参数设计与公差设计三者的组合集成,是被实践证明了的优秀设计方法。其第一阶段的设计是将具有竞争性的技术用于生产产品的过程,第二阶段的参数设计是该设计方法中最精彩的阶段,第三阶段的设计是正交设计法的运用。在 20 世纪 90 年代中后期,由于 TRIZ 和公理化设计(AD)的兴起,促使其进行了革新。AD 使田口法革新了产品或系统设计所依据的原理,促使其系统化、公理化;TRIZ 使田口法革新了在处理设计中遇到的求解方法与依据。

(1) 田口方法的实施程序

三段设计法的目的在于使产品获得稳健性即"鲁棒性",它按照表 34-2-7 所示步骤实施。

(2) 三段设计法与质量工程

所谓质量工程,指的是关于改进产品与过程质量的工程学。田口玄一认为,质量工程是从工程的观点研究和控制质量,它所建立的质量控制概念包括:

① 应该从工程的观点研究和控制质量;
② 质量的评价应该同经济性挂钩,把质量与成本特别是产品使用的成本联系起来;
③ 质量的控制应该贯穿全过程;
④ 应该在实施前就利用质量损失函数预报质量的损失;
⑤ 应用三段设计法可保证产品对内外干扰的稳健性。

三段设计法在质量工程中的应用可参见表 34-2-8。

表 34-2-7　　　田口方法的实施程序

序号	程　序	实　施　方　法
1	概念设计	第一阶段的设计是传统的整套设计,包括原材料的选择、零部件与加工装配系统的选用和设计。田口法的宗旨是为降低成本,并能生产出高质量的产品,其内容从需求分析到概念设计、详细设计与原型设计、制作、试验、检验与分析等一系列设计试验工作
2	参数设计	这一阶段的设计输入是概念设计的结果,要求在概念设计后紧跟着进行参数设计。这一阶段的主要任务是选取使不可控的"噪声"因素(如环节温度的变化)对产品的功能特征与特性影响最小的可控设计参数 参数设计选择最优值的方法是利用正交试验设计方法离线完成的,它所获得的最终结果是产品、零部件与元器件参数取值的最优组合,使各种"噪声"对产品工作性能的影响降低到最低程度,从而保证产品的性能质量尽可能地接近目标值。参数设计是利用误差模拟"噪声"的干扰,通过正交试验法安排试验方案,用产品的输出特性的信息"性噪比"(S/N)作为评价指标,再根据试验结果的分析选取最优的设计参数组合,以获取"噪声"影响最小的产品输出的参数值 参数设计最成功的例子是利用电气元件的非线性输出特性,在正交试验指导下选取参数值波动幅值(分散范围)不变(以保持成本不变)的分布中心值,以大大地减少产品特性波动的最优参数范围。因此,参数设计是依赖正交试验及其试验结果的评价完成
3	公差设计	公差就是设计参数的允许波动范围。公差设计的任务是确定产品关键零部件或元器件的公差值,以及能够保证性能特征与特性的最经济的公差,即利用协调质量要求与成本的方法设计公差的变动范围。公差设计时应融入六西格玛的管理理念

表 34-2-8　　　三段设计法在质量工程中的应用

质量控制活动	产品开发与制造阶段	产品质量形成阶段	外部噪声	内部噪声	公差(容差)
离线控制	产品设计	概念设计	☆	☆	☆
		参数设计	☆	☆	☆
		公差设计	○	☆	☆

质量控制活动	产品开发与制造阶段	产品质量形成阶段	外部噪声	内部噪声	公差(容差)
离线控制	过程设计	概念设计	△	△	☆
		参数设计	△	△	☆
		公差设计	△	△	☆
在线控制	生产工程	过程控制	△	△	☆
		反馈	△	△	☆
		检测与试验	△	△	☆

注：噪声表示变动或干扰。"☆"表示在产品的寿命期内是可控的；"○"表示在产品的寿命期内是不可能完全可控的；"△"表示在产品的寿命期内是不可控的。

2.6 发明问题解决理论

TRIZ（theory of inventive problem solving）是创新的理论。经过50多年的发展，TRIZ已经成为技术问题或发明问题解决的强有力方法学，应用该方法已解决了前苏联、美国、欧洲、日本等许多国家企业成千上万的新产品开发中的难题。

2.6.1 TRIZ 的内涵

国际著名的 TRIZ 专家，Savransky 博士给出了TRIZ的如下定义：TRIZ是基于知识的、面向人的解决发明问题的系统化方法学。

1946年，以苏联海军专利部 G. S. Altshuller 为首的专家开始对数以百万计的专利文献加以研究。经过50多年的搜集整理、归纳提炼、发现技术系统的开发创新是有规律可循的，并在此基础上建立了一整套体系化的，实用的解决发明创造问题的方法，在当时该理论对其他国家是保密的。苏联解体后，从事TRIZ方法研究的人员移居到美国等西方国家，特别是在美国还成立了TRIZ研究小组等机构，并在密歇根州继续进行研究。TRIZ方法传入美国后，很快受到学术界和企业界的关注，得到了广泛深入的应用和发展，并对世界产品开发领域产生了重要的影响。TRIZ的来源及内容见图 34-2-9。

在利用 TRIZ 解决问题的过程中，研究人员首先将待解决的技术问题或技术冲突表达成为 TRIZ 问题，然后利用 TRIZ 中的工具，如发明创造原理、标准解等，求出该 TRIZ 问题的普适解或模拟解，最后再应用普适解的方法解决特殊问题或冲突。

TRIZ 几乎可以被用在产品全生命周期的各个阶段，它与开发高质量产品、获得高效益、扩大市场、产品创新、产品失效分析、保护自主知识产权以及研发下一代产品等都有十分密切的联系。

2.6.2 TRIZ 解决创新问题的一般方法

TRIZ 解决发明创造问题的一般方法是：首先将要解决的特殊问题加以定义、明确；然后，根据TRIZ理论提供的方法，将需解决的特殊问题转化为类似的标准问题，而针对类似的标准问题已总结、归纳出类似的标准解决方法；最后，依据类似的标准解决方法就可以解决用户需要解决的特殊问题了。当然，某些特殊问题也可以利用头脑风暴法直接解决，但难度很大。TRIZ 解决发明创造问题的一般方法可用图 34-2-10 表示。图中的 39 个工程参数和 40 个解决发明创造的原理将在本书以后的章节中详细介绍。

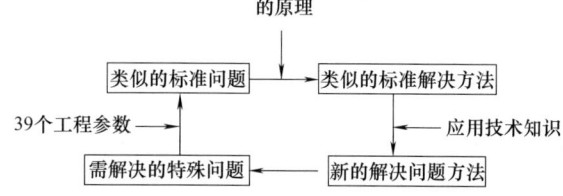

图 34-2-10　TRIZ 解决发明创造问题的一般方法

例如：解决一元二次方程的基本方法如图 34-2-11 所示。

同理，如需设计一台旋转式切削机器。该机器需要具备低转速（100r/min）、高动力以取代一般高转速（3600r/min）的 AC 电动机。具体的分析解决该问题的框图如图 34-2-12 所示。

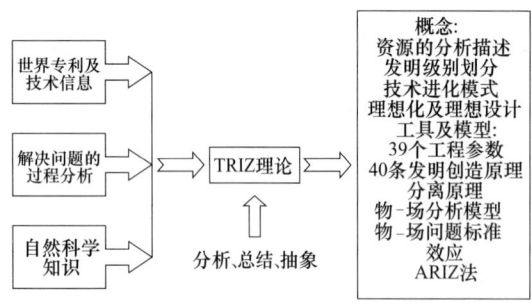

图 34-2-9　TRIZ 的来源及内容

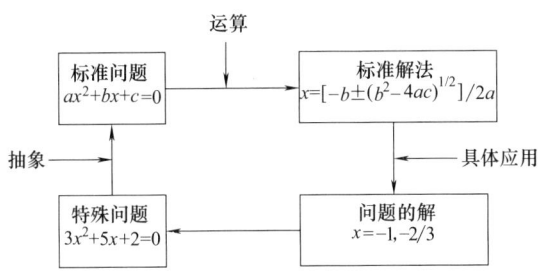

图 34-2-11 解决一元二次方程的基本方法

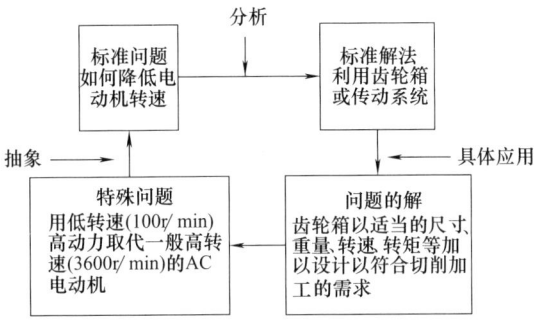

图 34-2-12 设计低转速、高动力机器分析框图

2.6.3 TRIZ 理论的应用

TRIZ 理论广泛应用于工程技术领域，其应用范围越来越广。目前已逐步向自然科学、社会科学、管理科学、生物科学、信息科学等领域渗透和扩展。已经陆续总结出 40 条发明创造原理在工业、建筑、微电子、化学、生物学、社会学、医疗、食品、商业、教育应用的实例，用于指导解决各领域遇到的问题。

TRIZ 理论目前及今后的发展趋势主要集中在 TRIZ 本身的完善和进一步拓展研究两个方向。具体体现在以下五个方面。

① TRIZ 理论是前人知识的总结，如何把它进一步完善，使其逐步从"婴儿期"向"成长期"、"成熟期"进化成为各界关注的焦点和研究的主要内容之一。

② 如何合理有效地推广应用 TRIZ 理论解决技术冲突和矛盾，使其受益面更广。

③ TRIZ 理论的进一步软件化，并且开发出有针对性的、适合特殊领域、满足特殊用途的系列化软件系统。

④ 进一步拓展 TRIZ 理论的内涵，尤其是把信息技术、生命技术、社会科学等方面的原理和方法纳入到 TRIZ 理论中。

⑤ 将 TRIZ 理论与其他一些新技术有机集成，从而发挥更大的作用。

TRIZ 理论主要是解决设计中如何做的问题（How），对设计中做什么的问题（What）未能给出合适的方法。大量的工程实例表明，TRIZ 的出发点是借助于经验发现设计中的冲突，冲突发现的过程也是通过对问题的定性描述来完成的。其他的设计理论，特别是 QFD（即质量功能展开）恰恰能解决做什么的问题。所以，将两者有机地结合，发挥各自的优势，将更有助于产品创新。TRIZ 与 QFD 都未给出具体的参数设计方法，稳健设计则特别适合于详细设计阶段的参数设计。将 QFD、TRIZ 和稳健设计集成，能形成从产品定义、概念设计到详细设计的强有力支持工具。因此，三者的有机集成已成为设计领域的重要研究方向。

第 3 章 发明创造的情境分析与描述

创新设计过程从揭示和分析发明情境开始。发明情境，指任何一种工程情境，它突出某种不能令人满意的特点。"工程情境"一词在这里是广义的，泛指技术情境、生产情境、研究情境、生活情境、军事情境，各种资源等。

3.1 发明创造资源的分析与描述

设计中的可用系统资源对创新设计起重要的作用，问题的解越接近理想解（IFR），系统资源越重要。任何系统，只要还没达到理想解，就应该具有系统资源。对系统资源进行必要的详细分析、深刻理解对设计人员而言是十分必要的。

系统资源可分为内部资源与外部资源。内部资源是在冲突发生的时间、区域内存在的资源。外部资源是在冲突发生的时间、区域外部存在的资源。内部资源和外部资源又可分为直接利用资源、导出资源及差动资源三类。

3.1.1 直接利用资源

直接利用资源，指在当前存在状态下可被应用的资源。如物质、场（能量）、空间和时间资源等都是可被多数系统直接利用的资源，如表 34-3-1 所示。

表 34-3-1　　直接利用的资源

直接利用的资源	实　例
物质资源	木材可用作燃料
能量资源	汽车发动机既驱动后轮或前轮，又驱动液压泵，使液压系统工作
场资源	地球上的重力场及电磁场
信息资源	汽车运行时所排废气中的油或其他颗粒，表明发动机的性能信息
空间资源	仓库中多层货价中的高层货架
时间资源	双向打印机
功能资源	人站在椅子上更换屋顶的灯泡时，椅子的高度是一种辅助功能的利用

3.1.2 导出资源

导出资源，指通过某种变换，使不能利用的资源成为可利用的资源。原材料、废弃物、空气、水等，经过处理或变换都可在设计的产品中被采用，而变成有用的资源。

在变成有用资源的过程中，必要的物理状态变化，或化学反应是需要的。如表 34-3-2 所示。

表 34-3-2　　导出资源的种类

导出资源	内涵及实例
导出物质资源	物质或原材料变换或施加作用所得到的物质。如毛坯是通过铸造得到的材料，相对于铸造的原材料已是导出资源
导出能量资源	通过对直接应用能量资源的变换或改变其作用强度、方向及其他特性所得到的能量资源。如变压器将高压变为低压，这种低电压的电能成为导出资源
导出场资源	通过对直接应用场资源的变换或改变其作用的强度、方向及其他特性所得到的场资源
导出的信息资源	通过变换设计不相关的信息，使之与设计相关。如地球表面电磁场的微小变化可用于发现矿藏
导出空间资源	由于几何形状或效应的变化所得到的额外空间。双面磁盘比单面磁盘存储信息的容量更大
导出时间资源	由于加速、减速或中断所获得的时间间隔。被压缩的数据在较短时间内可传递完毕
导出功能资源	经过合理变化后，系统完成辅助功能的能力。锻模经适当修改后，锻件本身可以带有企业商标

3.1.3 差动资源

差动资源，指通常情况下，当物质或场具有不同的特性时，可形成的某种技术特征的资源。差动资源一般分为差动物质资源和差动场资源。

（1）差动物质资源

差动物质资源具有结构各向异性。各向异性，指物质在不同的方向上物理性能不同。这种特性有时是设计中实现某种功能必需的，如表 34-3-3 所示。

例如，合金碎片的混合物可通过逐步加热到不同合金的居里点，然后用磁性分拣的方法将不同的合金分开。

表 34-3-3　差动物质资源的种类

差动物质资源	实例
光学特性	金刚石只有沿对称面做出的小平面才能显示出其亮度
电特性	石英板只有当其晶体沿某一方向被切断时才具有电致伸缩的性能
声学特性	零件由于其内部结构不同,表现出不同的声学特性,使超声探伤成为可能
机械性能	劈木材时一般是沿最省力的方向劈
化学性能	晶体的腐蚀往往在有缺陷的点处首先发生
几何性能	只有球形表面符合要求的药丸才能通过药机的分检装置
不同的材料特性	不同的材料特性可在设计中用于实现有用功能

(2) 差动场资源

利用场在系统中的不均匀,可以在设计中实现某些新的功能,表 34-3-4 中列举了几个简单的实例。

表 34-3-4　差动场资源的运用实例

运用差动场资源	实例
梯度的利用	利用烟筒,地球表面一定高度产生高空中的压力差使炉子中的空气流动
空气不均匀性的利用	为了改善工作条件,工作地点应处于声场强度低的位置
场的值与标准值的偏差	病人的脉搏与正常人不同,医生通过对这种不同的分析为病人看病

在设计中认真分析各种系统资源将有助于开阔设计者的眼界,使其能跳出问题本身,这对设计者解决问题特别重要。

3.2　发明创造的理想化描述

3.2.1　发明创造的理想化概述

3.2.1.1　理想化

把所研究的对象理想化是一种最基本的自然科学方法。理想化,指对客观世界中所存在物质的一种抽象化。这种抽象的客观世界既不存在,又不能通过试验证明。理想化的物体是真实物体存在的一种极限状态,对于某些研究有很重要的作用。

在 TRIZ 中,理想化的应用包括:理想系统,理想过程,理想物质,理想资源和理想机器等。理想化的描述如表 34-3-5 所示。

表 34-3-5　理想化的描述

理想化描述	内　涵
理想机器	没有质量,没有体积,但能完成所需要的工作
理想方法	不消耗能量和时间,但通过自身调节,能够获得所需的效应
理想过程	只有过程的结果,而无过程本身,突然就获得了结果
理想物质	没有物质,功能得以实现

因为技术系统是功能的实现,同一功能存在多种技术实现形式,任何系统在完成所需的功能时,会产生有害功能。为了对正反两方面作用进行评价,采用如下的公式:

理想化＝有用功能之和/(有害功能之和＋成本)

理想化与有用功能成正比,与有害功能成反比。经常把有用功能之和用效益代替,把有害功能分解为代价和危害。代价包括所有形式的浪费,污染,系统所占用的时间,所发出的噪声,所消耗的能量等。因此,系统理想化与其效益之和成正比,与所有代价及所有危害之和成反比。当改变系统结构时,如果公式中的分子相对增加,分母相对减小,系统的理想化就提高,产品的竞争能力将提高。

增加理想化有表 34-3-6 所示四种方法。

表 34-3-6　增加理想化的方法

增加理想化	内　涵
分子增加的速度高于分母增加的速度	即有用功能和有害功能都增加,而有用功能增加的快一些
分子增加,分母减少	即有用功能增加,有害功能减少
分子不变,分母减少	即有用功能不变,而有害功能减少
分子增加,分母不变	即有用功能增加,有害功能不变

3.2.1.2　理想化设计

现实设计和理想设计之间的差距理论上应该可以减少到零。理想系统可以实现人们理想中的某种功能,而实际上该系统并不存在。所以,这个理想的模型理所应当成为人们追求的目标。理想设计打破了很多传统的认为最有效的系统。

一个主要的、有用的功能,可以用一个并不存在的系统来实现,这种思维方式可以使创新设计在短时间内完成。

设计在月球车上使用的探照灯的研究人员遇到一个棘手的问题,他们想为灯找一个灯罩,这样可以防止灯丝承受冲击和防止被氧化。通过采用其他特殊装置才最终解决了这个问题。然而,当一位科学家看到这个设计时,他感到很惊讶。因为在月球上根本没有什么氧气。月球的真空性就是一种最有效资源,它可以消除灯罩的必要性。从而可见,这种功能的实现并不需要一定的系统。

理想设计可以使设计者的思维跳出问题的传统解决方法,在更广泛的空间里寻找最优方案。

[例1] 理想的容器就是没有体积的容器。

在实验过程中,需要将待试验物放入一个盛满酸的容器里。在预定的时间后,打开容器。酸对待试验物的作用可以被测量出来。但是,酸会腐蚀容器壁,容器壁上应该涂一层玻璃或者一些其他的抗酸材料。但是,这样的设计将使试验费用猛增。理想设计是将待试验物暴露在酸中,而不需要容器。转化后的问题就是找到一种方法可以保持酸和待试验物接触,而不需要容器。一切可利用的资源就是待试验物、空气、重力、支持力等。解决方案是显而易见的。可以将容器设计在待试验物上,这样就不用顾虑酸腐蚀容器壁。这里的容器就是一种理想设计(图 34-3-1)。

 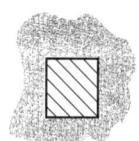 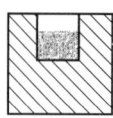

图 34-3-1 理想的没有体积的容器

在去金星的太空方案确定以后,一位很有影响力的科学家想把自己重 10kg 的试验装备放置在太空船中。但是,他却被告知已经太晚了,因为太空船所承受的每克质量都已计算安排好了。经过研究和分析,这位科学家发现太空船上的压舱物为 16kg,而压舱物只起到配重的作用,随后这位科学家用他的试验设备替换了 10kg 的压舱物,实现了预期的要求。在这里,压舱物是一种未被利用的资源。通过上述的替换方式,使问题得到了圆满的解决。该方案既没有改变原计划,又满足了科学家的要求。

3.2.2 利用理想化思想实现发明创造

3.2.2.1 提高理想化程度的八种方法

[例2] 手机无线充电家具

手机充电是一件现代人尤为关注的问题,充电器、充电线、充电宝都是现代人出门的必备品。在家里,越来越多的电器占据电源,充电器和充电线也会困扰人们的生活,使桌面混乱,影响桌面的整洁,甚至影响使用者的工作效率。另外,手机充电线头的插入与拔出的动作也会对于接头产生磨损。所以,产品开发人员一直致力于更加合理更加"理想"的充电方式。

苹果手机已经支持无线充电。无独有偶,全球家居领导品牌 IKEA 也推出了可以和无线充电板配套使用的 HOMESMART 系列家具,如台灯、桌子、床头柜等。人们以后再选购手机时,无线充电不会再被视为可有可无的功能了。HOMESMART 有两种类型,一种是内嵌式的台灯,平台上有个十字形感应区,只要把支持无线充电技术的手机放上去就会自动充电,相当方便;另一种则是无线充电板,可单独使用,也可塞进特别设计的家具中(如图 34-3-2 所示)。

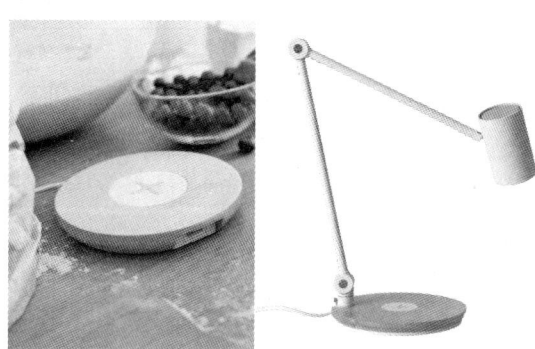

图 34-3-2 无线充电板和无线充电台灯

有效地增加系统理想化程度的方法,建议采用以下几种(图 34-3-3)。

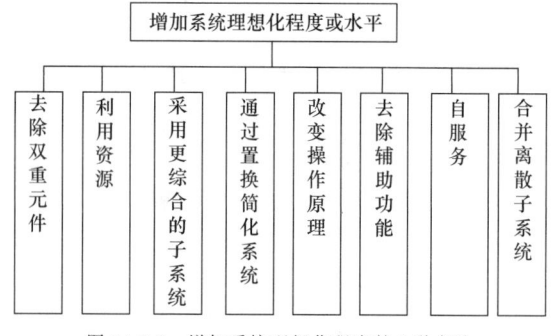

图 34-3-3 增加系统理想化程度的八种方法

(1) 去除双重元件

如果系统包含双重元件（子系统），那么考虑将其用一个综合的元件取代。这种系统就会得到简化。

[例3]　线框腕表：Wire Watch

手表是人们的日常用品，常规的手表表盘通过轴与表带连接，进而实现手表适应并围绕手腕的作用。也就是说，与表盘连接的轴以及表带，这个双重元件实现的是一个功能，因此，可以将两者合并，生成更简洁的新设计。

来自设计师陶英（音）的一款很有线条的创意，线框腕表（Wire Watch），又细又薄的腕带采用记忆金属制作，可以弯曲贴合手腕曲线，也可以展开以平放。这款简约却不简单的设计，是2014年红点设计奖（Red dot Award）的获奖作品，如图34-3-4。

(2) 利用资源

资源就是物质、场（能量）、场特性、功能特性和存在于系统或系统环境中的其他属性，这些资源对某一个系统的改进会很有用。

物质资源、场资源、空间资源和时间资源对大多数系统而言都是有用资源，如表34-3-7所示。

(3) 采用更综合的子系统

使用更综合的子系统和元件重新设计或重建系统。这样系统的维护和制造费用就会节省很多。

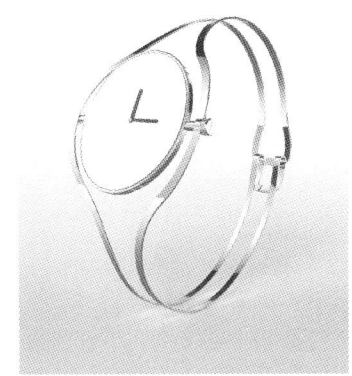

图34-3-4　线框腕表：Wire Watch

[例4]　不倒翁拐杖

人年纪一大就难免会需要拐杖，拄着到处走，方便。可拐杖有个问题，要是不小心或者没注意，它掉地上了，可就成了大麻烦。

毕竟，使用拐杖的老年人不能像年轻小伙子那样一弯腰就把拐杖拾起来了。设计师Cheng-Tsung Feng和Yu-Ting Cheng带来的不倒翁拐杖（Balance Stick），这个拐杖继承了更综合更完善的子系统。将解决这个麻烦：简单地说，它头轻脚重，松开手也能保持直立，让老年朋友们再不需要既费力也危险地弯腰捡拐杖了（图34-3-5）。

表34-3-7　利用资源的种类

利用资源	内　涵	实　例
物质资源	物质资源包括组成系统和系统环境的所有资源，那么任何一个没有达到理想化的系统都应该有可利用的物质资源	为防止系统零件（如轴承）过热，需把一个含有热电偶的温度控制装置安装在最容易产生热量的地方。通过应用金属环和主体之间的热电偶关系可以防止过度发热。如果热电偶检测到的温度高于一定的数值，则这些相关部件的相互关系就会被自动切断
导出资源	导出资源是经过某种转化后才可以利用的资源。原材料、产品、废弃物和其他系统元件，包括水、空气等，它们都是不能在存在状态可以直接利用的资源，一般都要经过某种变化才能成为可利用资源	为了节约洗涤剂，在清洗之前，餐具常常要浸泡在重碳酸钠溶液里，这样餐具上残余的脂肪就会和重碳酸盐发生反应，生成脂肪酸盐，也就是洗涤剂。这样，餐具上就最大限度节省洗涤剂
变形态物质	通过改变现存系统的某些元件来寻找克服障碍的方法。通过改变系统中的某一个元件从而获得空间、时间或某种有用的物质，或者通过改变某一个物质消除一种负面效应。比如，可以通过升华、蒸发、烘干、研磨、熔化或者溶解的方法改变物体状态，从而可以使切割过程简单化	投向运动目标的圆盘是用黏土做成的，称为黏土鸽子。当黏土鸽子被用于双向飞碟射击时，地面就丢满了黏土碎片。用冰做的圆盘价格便宜一些，而且，落到地面的碎片就会融化消失。用肥料做的圆盘还可以肥沃土地
时间资源	时间资源包括动作开始的时间间隔、结束后的时间间隔、工艺循环过程的时间间隔，这些时间部分或全部都是没用的。有效利用时间资源有以下几种方法：改变物体的预备布置时间；有效利用暂停时间段；使用并行操作；除去无价值的动作	在农业中，每当要开始一行新的犁沟，犁就必须再沿原路返回去，这样才能保证翻出的土壤倒在犁沟的同一边，可是，这样就做了无用功而且浪费时间。事实上用一个有左右刃片的犁就可以解决这个问题，节省时间。在完成每行耕种后，操作者操作控制按钮切换刀片，然后就可以继续工作，而不必沿原路返回

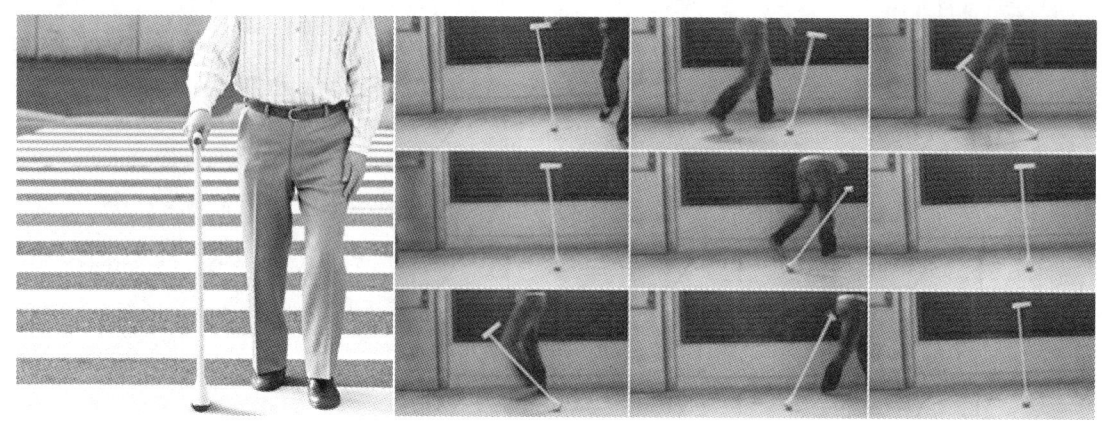

图 34-3-5 不倒翁拐杖

(4) 替换零件、部件或者整个系统

考虑用一个模型或复制品。

考虑用一个简单的复制品替换一个复杂的零件（或一部分）。

考虑（暂时或长久）用一个物体的复制品。

考虑用一个与实物一样大或与实物成比例的物体代替功能性不强的元件。特别，应考虑应用仿制品。

[例5] 模拟着陆轮胎的牵引力。

下雨天，飞机在着陆过程中其轮胎上的牵引力是一个不确定的数值。为了得到着陆轮胎牵引力的即时数值，用测试车上的一个车轮模仿飞机着陆轮的运动，测试轮的速度是着陆轮速度的90%。当测试车通过飞机跑道时，传感器就会从测试轮上采集数据，转换信号。然后，测试结果就会通过无线电装置传送给正在着陆的飞机。目前许多飞机场都采用这种测控系统。

(5) 改变操作原理

为了简化系统或操作过程，考虑改变最基本的操作原理。

[例6] 水井灯：Well，摇动辘轳就能调节亮度。

灯具的亮度调节，是灯具在实现基本的照明更能之后的辅助功能。一般的白炽灯的亮度调节是通过控制电流的方式实现的，对于产品设计师来说，有没有其他更直接和简单的方式呢？

这款新式灯的外观看起来就是一个水井造型，在灯部上端也就是"井沿"部分设有真正浅色枫木的辘轳架，并附带黄铜摇把，造型有趣的灯泡则通过编织电缆拴挂在辘轳架上。灯体的水井由精致的捷克玻璃打造，上半部为透明，下半部则渐变为深色或磨砂，当灯泡悬垂灯底，磨砂玻璃或颜色会模糊光线降低亮度，当需要调节灯光亮度的时候，只需动手摇动把手，灯泡便会像小水桶般在玻璃水井中升至透明灯体处，投射满室光辉，如图 34-3-6。

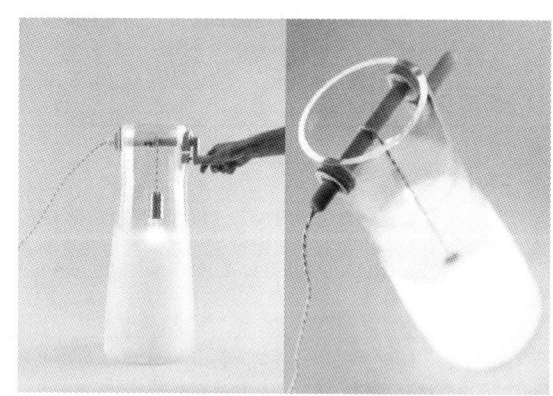

图 34-3-6 摇动辘轳就能调节亮度的水井灯：Well

(6) 去除辅助功能

辅助功能支持或辅助主要功能的实现。很多时候辅助功能可以被去除（以及和这些辅助功能相关的元件/部件），同时又不影响主要功能的实现。为了去除辅助功能，有以下几种建议，如表 34-3-8 所示。

表 34-3-8　　去除辅助功能的方法

功能	内涵	实例
去除校正功能	考虑系统的校正功能（操作）；这些功能唯一的目的就是克服一些系统固有的缺陷（有害动作）。考虑系统可否在没有消除缺陷的情况下实现满意操作	传统金属颜料在使用过程中，有可能从溶剂里释放出一种有害物。静电场可以用来将粉末状的金属染料涂在物体表面。达到一定烘干温度后金属粉末就会熔化，在物体表面形成均匀的颜料涂层，整个过程中没有用到有害性的溶解剂

续表

功能	内 涵	实 例
去除预备操作（功能）	考虑系统的每个预备操作（功能）的必要性。在没有任何预备操作的情况下，系统的原始功能是否还能实现	金属元件表面加工的喷丸硬化法是用高速冰球束（附有冰层的钢球）直接冲击刚体表面。为了得到持续的冰球束，将事先制成的钢球射入具有一定低温（零度以下）的容器中，从容器外喷入的水滴迅速包围在钢球外面，形成附有冰层的钢球——冰球束，这样就使得冰球在喷丸过程中既具有一定的强度又可以用冰冷却被处理材料的表面
去除防护功能	考虑系统的防护功能（操作）。有没有办法消除有害动作，或者减少或消除有害功能造成的损失	执行月球计划时需要一个电灯，但是电灯的玻璃外壳很难承受在月球上受到的各种外力的作用，总是破碎。最后的决定方案是可以使用裸露的电灯丝。因为月球上没有空气，不用担心灯丝会被氧化
去除外壳功能	系统元件常常安装在一个外壳里。考虑系统是否需要这个外壳	自动步枪每发射一枚子弹，就会从枪膛里出来一颗铜质空弹壳，非常浪费。德国最近生产的 C114.7 型的自动步枪使用的就是无壳子弹

（7）自服务

测试系统的自服务。为了达到这个目的，考虑一下以牺牲主要操作而实现辅助操作，或者同时实现主要功能。可将辅助功能的实现转移到主要元件上。

[例7] 带刀的黄油盒（图 34-3-7）

在涂抹黄油的时候，首先要撕开黄油的包装，进而用其他餐具，例如餐刀来涂抹黄油。这个过程中，需要两步操作，并且，很有可能在撕开包装的时候，使用者手边没有合适的餐具，特别是如果在野外野餐，或者是赶着吃完早餐去上班的时候。

"BUTTER! BETTER!"是一个包装巧思，将黄油盒的密封盖，做成了一把刀的模样。一次性的包装设计，使得你即便无法安坐在桌前享用早餐的悠闲过程，也可以在匆忙的路途中藉由"BUTTER! BETTER!"来完成它。刀尖的部分，可以完全彻底地触到每个角落的黄油并搅动它。同时，也省却了必须要使用其他餐具辅助来涂抹黄油的麻烦。

（8）合并离散的子系统

将完成相同功能的子系统合并。对这些即将合并的子系统而言，预先使它们的主要功能相协调。

图 34-3-7 带刀的黄油盒

[例8] 将收音机和电视机组装。

当电视-收音机刚走出市场时，其中的电视机、收音机、留声机和磁带录音机都分别有各自的扩音器。后来，一种独立的扩音器就被用到所有这些元件上。普通的扩音器，普通的控制器也被用在后来的设计中。

3.2.2.2 实现理想化的步骤

实现理想化的步骤如表 34-3-9 所示。

表 34-3-9　　　　实现理想化的步骤

序号	步　骤	内　容
1	描述需要改进的系统性能	熔炉里的温度很高，为了防止炉壁温度过高，需要用水来降温。降温系统所需的水是用管子抽出来的。如果管子出现裂缝，水就会漏出来，这样可能使熔炉发生爆炸事故
2	描述理想的性能	当出现裂缝时，水要保持在管子里。描述的更准确一些就是，水不能离开管子
3	能想出怎样的方法实现理想性能	换句话说，就是有没有一个现成的方法来实现这种功能 如果回答是肯定的，那么就是说已经有了新的方法，不过，务必证明一下 如果回答是否定的，那么，应该考虑一下怎么更有效地利用资源 如果回答是肯定的，但是这种方法还有一些其他的冲突和矛盾，那么应该去解决该矛盾 如果有一个障碍物阻止理想实现，那么描述该物体并分析清楚为什么它是一种障碍 "管子里的压力大于管外的压力"

续表

序号	步骤	内容
4	做出什么样的改动才能克服这个障碍	管子里的压力应该比管外压力小。因此,应该有一个真空抽水泵这样,这个问题就得到了最终的解决

3.3 发明创造的情境分析与描述

下面以下述情境为例进行情境分析与描述。

[例9] 为了制作预应力钢筋混凝土,需要拉伸钢筋(钢条),然后在拉伸状态把钢筋固定在模型里并注入水泥。在水泥硬化后,把钢筋两头松开,钢筋缩短并使水泥收缩,从而提高了钢筋混凝土的强度。

利用液压千斤顶拉伸钢筋,既麻烦,又不可靠。建议采用电热拉伸法即把钢筋通电加热,使其延长,并在这种状态下把它固定好。如果利用普通钢丝作钢筋,一切都好办。把钢条加热到400℃就能得到一定的延伸长度,但是利用能承受更大力的钢丝作钢筋更有利。如果温度加热到700℃时,就能把钢丝拉伸到理论的计算值。但钢丝加温到400℃以上时就会丧失高强度的力学性能,即使短时间加热也不行。而用昂贵的耐热钢丝作钢筋经济上又是一种浪费。

问题的情境就是如此。有很多问题与制作钢筋混凝土有关,在情境中只突出一点:拉伸钢丝作钢筋。当然,为了解决这一课题需要采取某些措施,然而,在情境内并没指出对原技术系统需要改变些什么。例如,可否回到利用液压千斤顶上,把它加以改进呢?可否改进耐热钢丝制作工艺,降低其成本呢?可否另找原则上新的钢筋拉伸方法呢?

情境对这些问题都没给出答案。因此同一情境可产生不同的解决发明方法。

对发明家而言,特别重要的是善于把情境变成最小化问题和最大化问题。

最小化问题可按下面方法从情境中得到:即在原系统中减去缺点或在原系统中加入所需要的优点(新的性质)。也就是说,最小化问题是通过对原技术系统的改变并加以最大限制(要求)而从情境中得到。相反,最大化问题则通过彻底取消限制(要求)而得到的,即允许用原理上新的系统取代原系统。如当提出改进船的风帆时,这是最小化问题。如果问题是这样提出的:"应该找到在某些指标上、原理上不同的运输工具代替帆船",这就是最大化问题。

不要认为把原问题变成最小化问题,就能使课题在低水平上解决。最小化问题也可能在第四种水平上解决。另一方面,把原问题变成最大化问题,也不一定就在第五种水平上解决。不改进钢筋拉伸电热法,而改善液压千斤顶,也只能得到第一种水平或第二种水平的发明。

究竟要把该情境变成哪种问题,是最小化问题还是最大化问题,这是发明战略问题。显然,在任何情况下还是从最小化问题开始为宜,因为解决最小化问题能取得积极结果,同时并不要求系统本身有什么实质性变化,从而易于实现和获得经济效益。解决和实现最大化问题可能需要付出毕生代价,有时在当时的科学知识水平上根本实现不了。因此,也像所有问题一样,解决发明问题应该指出"给定的条件"和"应得的结果"。

上述问题可表述如下:在制作预应力钢筋混凝土时,用电热法拉伸钢丝。但加热到计算值(700℃)时,钢筋丧失力学性能,怎样消除这一缺点?

这里有关原技术系统的说明,即是"给定的条件",而指出必须保留一切,仅消除现有的缺点(最小化问题)则属于"应得结果"。"给定的条件"可能包含多余的信息,不包含完全必要的信息。"应得结果"一般以管理矛盾和技术矛盾的形式表述,但不精确、不完整,有时甚至不正确。因此,解决问题应从建立问题模式开始,它能言简意赅、准确无误地反映问题的本质:技术矛盾和要素(原技术系统的各部分)以及它们之间的矛盾造成的技术矛盾。

本实例的模式是:给定热场和金属丝。如加热到700℃,金属丝得到需要的延长量,但丧失强度。

可见,从问题过渡到问题模式时,首先,专门术语"电热法"、"钢筋"等被排除了;其次,系统中所有多余要素也要被删去。例如在模式中再没提到"制作钢筋混凝土"的字样,因为问题的实质不在于怎样拉伸钢丝,为什么要拉伸,这都无关紧要。比如说,把拉伸的钢丝用作玻璃梁的钢筋,那有什么不可呢。模式中也没提到用电流加热钢丝。

如果说明把钢丝放在炉子里或用红外线加热,也与本例无补。问题模式中只保留了足可表述技术矛盾所必要的要素。

每一技术矛盾均可用两种方式表述:"如果改善A,B则恶化"和"如果改善B,A则恶化"。在建立问题模式时,在其表述中应以改善(保持、加强等)基本生产作用(性能)为准。以两种表述为例:一种表述是:"如果把钢丝加热到700℃,钢丝就能得到必要的延长量,但丧失强度";另一种表述是:"如果不把钢丝加热到700℃，钢丝能保持强度，但不能得到必要的延长量"。在这两种表述中应采取第一种表述，因为这种表述能保障基本生产作用：即使钢丝延长。这就是为什么问题模式采取了"热场—钢丝"这种表述方式。

在从问题情境过渡到问题进而过渡到问题模式的过程中，方案选择的自由度（即选择方案的余地）随之大大减少了，而问题的提法的异常性增加了。

这里先从问题情境开始说起。问题情境可提供很多可能的解决办法，例如：如果采取改善液压千斤顶的办法呢？如果创造气动千斤顶呢？如果做一个由重物来拉伸钢丝的引力千斤顶呢？如果允许加热丧失强度，然后再设法恢复呢？⋯⋯在从问题情境过渡到问题的过程中，很多这类可能的解决办法都被筛选掉了，只保留了电热法，它有很多优点，只需要排除它的唯一缺点。

下一步还要继续缩小选择的余地：就采用700℃温度，其他所有折中方案都排除，就用这种温度！尽管这么高的温度与钢丝天然特性相左，但不至于使它损坏⋯⋯这时问题越来越小了，而且变得"异常"了，"更荒唐"了，"反自然"了，然而，这只不过意味着已经抛弃了大量平庸的方案，进入了有力解决方案的神奇领域。这时需要利用物场-分析术语："物质"、"场"、"作用"建立问题模式。这就使人们在解决问题之前立刻想象出物-场形式的答案。事实上，在模式中给定热场和物质，也就是给定了一个完整的物-场。显然，在答案中"必须引进第二种物质"。建立问题模式有一定规则。例如，在一对矛盾的要素中有一个要素一定是制品，第二个要素多半是工具。如果把制品（钢丝）从问题模式中去掉，就会又回到原问题情境中习惯性想法中，即："如何设法代替钢筋水泥的钢筋呢？不拉伸行吗？"

对问题进行分析是相当困难的，更不用说对问题情境进行分类了。因为问题的实质往往被随心所欲的表达方式掩盖了。而问题模式就容易分类，而且分类明确。原技术系统的物-场分类就是这种分类的基础。利用这种分类方法立即就能把问题分成三种类型：第一种类型是给定一个要素；第二种类型是给定两个要素；第三种类型是给定三个以上的要素。每种类型又可根据问题中给定任何要素（物质、场），它们之间的关系以及可否改变分成各类子问题。

本例中给定两个要素——热场和物质，所以该问题属于第二种类型。场与物质是由两个相关的作用联系在一起的，即说如果加热钢丝，它就延长。一个作用是有利的，另一个作用是有害的。可以通过增加另一个物质（加热700℃但力学性能不变的金属材料）来实现原物质的延长。

再比如，汽车的保有量越来越大，在日常的路面行驶中，大货车那硕大的车身，会遮挡后车的视线，从而在试图超车或者正常跟车时就发生危险。三星公司想到了一个办法，把大货车变透明：给大货车的尾部装上显示器，并且在车头装上摄像头，这样车前的情况就能实时地显示在后面的显示屏上，提升了路面的行车安全性（图34-3-8）。

图34-3-8　三星安全货车：透明的货车Safety Truck

3.3.1　发电的理想方法

1996年瑞典进行了一个研究项目，该项目证明了如何在被认为是有害功能，经过转化变为有用资源。瑞典皇家技术学院的研究人员研究开发了一种在远离公共电力系统的偏远山村，利用替代的方法发电。其理想设计就是在偏远山村不利用、或少利用资源而产生需要的电能。

应用类推法，我们马上就会想到下面的一些方法。电动机与发电机的主要区别是它们的输入和输出正好相反。发电机把能量转化为电能，而电动机却把电能转化为其他能量。测试系统的存在主要是因为产生物理特性的微小变化。能否寻找一种物理现象，它可以产生电，从而为研究项目提供一种新的能产生电的原理。

可以在有描述物理效应的资料中发现，测量温度有许多方法。其中Seebeck现象只是众多方法之一。基于Seebeck效应的热-电发电非常吸引人。该项目的主管Anders Killander恰恰在本项目中应用了TRIZ理论解决遇到的问题。

1821年，T. J. Seebeck发现：当温度有差异时，两种不同质的金属导体形成的闭环系统内有电流产生。电磁力产生的电流与两个金属的温差成正比。比例系数称为热电常数，它主要与金属的接触面积的类型有关，见图34-3-9的上部分。对热电偶，其热电常数为$10\sim 50\mu V/K$；而对半导体型热电偶，其热电常数比较大，为$0.1\mu V/K$。

Seebeck效应经常被用来测量温度，广泛应用在仪器设备上，直接将热能转化为电能。对金属热电偶，其转换效率约为0.1%；而半导体型热电偶，其转换效率为15%或更高。为了产生电能，一个没有移动部件的装置被放在木材加热炉上。木材加热炉的上面有类似于鳍状物金属罩，它被冷却以提供温度差（图34-3-9的下部分）。基于Seebeck效应的、为偏远山村的用户提供电能的最新设计产品已经开发出来了，而且，在经济上用户能负担起。目前，这套发电系统价格为150美元。

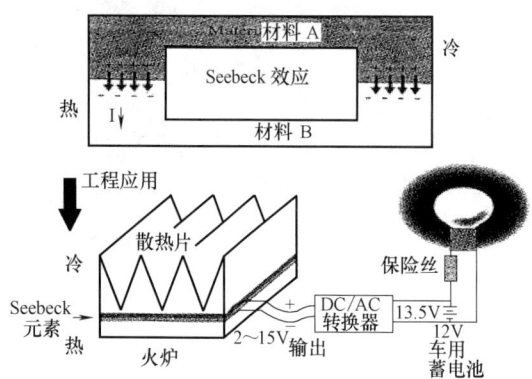

图34-3-9 应用Seebeck效应为偏远山村的住户提供有限的电能

3.3.2 汽车驾驶杆的抖振分析

小轿车通常由四缸发动机来驱动，这种发动机有很强的二阶振动。在发动机低速运转的情况下（空挡状态），这种振动的频率较低，无法通过发动机底座加以隔离，而且某些小轿车还会产生结构的共振，影响了驾驶的舒适度，使部件的故障率及相应的保修费用提高。

某汽车公司对此进行了调查，发现由于驾驶杆的固有频率接近于发动机空挡时的二阶谐振频率，导致驾驶杆在空挡状态下剧烈振动，即使安装了减振器，其振动情况仍使驾驶员操作时不舒适。另外，驾驶杆的抖振也和发动机的负载有关，发动机还兼有驱动液压系统，为车上的用电附件（电机、空调等）供能等任务，这些负载越高，抖振现象越厉害。公司成立了攻关组，成员包括制造这些附件及传动设备的高级工程师及车身与底盘的工程师。攻关组将这些普通小轿车与高档车作了比较，发现普通轿车电机与空调的效率比高档轿车低很多，其驱动液压系统所需牵引扭矩在空挡状态比高档轿车大很多，车身硬度及车身与驾驶杆的固有频率则比高档轿车低很多，这些都是造成抖振的重要原因。攻关组各自回到相应的部门，有针对性地开发更好的系统结构，为此还造出一个加强的车身样品，并进行了测试，结果表明抖振得到了明显的改善。但这些办法工作量太大，花费太多，一时之间无法投入应用。上面的过程是一个常规的解决问题方式，也是典型的问题最大化的情况。

TRIZ专家参与攻关后，经过对问题背景知识的了解，提出两点建议：

① 如果试图不大幅度改动系统而使问题得以解决，建议按最小化的问题处理，以便争取简化系统。

② 尽量使用已有的系统资源。

随后，大家把注意力集中到不更改引起抖振的系统（车身和有关的附件等）而降低驾驶杆的振动程度上，针对抖振本身来解决问题。在驾驶杆减振上，发现增加减振器惯性块的重量可改善减振能力，为了尽量使用已有的系统资源，大家对车内可用作惯性块的大块物体作了统计，前提是不影响它们的主要功能。这些物体有散热器、电瓶、空气袋、备用轮胎等。通过分析，把车前部防撞用的空气袋兼作惯性块集成到驾驶杆的减振器上，解决了抖振问题。结果表明，采用该方法后方向盘的抖振比高档轿车还要小。

第4章　技术系统进化理论分析

技术预测（technology forecasting），指通过分析创新设计中技术进化过程自身的规律与模式，对技术发展方向的预测。预测未来技术进化的过程，快速开发新一代产品，迎接未来产品竞争的挑战，对任何制造企业竞争力的提高都起着重要的作用。企业在新产品的开发决策过程中，都需要准确地预测当前产品的技术水平及新一代产品的可能进化方向。

技术预测的研究起始于半个世纪以前，最初应用于军工产品，即对武器及部件的性能进行技术预测，后来也应用于民用产品。在长期的研究过程中，理论界提出了多种技术预测的方法，但是，其中最有效的是 TRIZ 的技术系统进化（technology system forecasting）理论。

TRIZ 中的技术系统进化理论是由 Altshuller 等人在通过对世界专利的分析和研究的基础上，发现并确认了技术系统在结构上进化的趋势，即技术系统进化模式，以及技术系统进化路线；同时还发现，在一个工程领域中总结出的进化模式及进化路线可在另一工程领域实现，即技术进化模式与进化路线具有可传递性。该理论不仅能预测技术的发展，而且还能展现预测结果实现的产品的可能状态，对于产品创新具有指导作用。目前该理论有几种表现形式：技术进化理论，技术进化引导理论，直接进化理论等。下面主要介绍直接进化理论方法。

技术进化的过程不是随机的，历史数据表明，技术的性能随时间变化的规律呈 S 曲线，但进化过程是靠设计者推动的，当前的产品如果没有设计者引进新的技术，它将停留在当前的水平上，新技术的引入使其不断沿着某些方向进化。如图 34-4-1 分别给出了 S 曲线和分段 S 曲线，可以看出两个 S 曲线明显地趋近于一条直线，该直线是由技术的自然属性所决定的性能极限。沿横坐标可以将产品或技术分为新发明、技术改进和技术成熟三个阶段或婴儿期、成长期、成熟期和退出期四个阶段。

在发明阶段，一项新的物理的、化学的、生物的发现，被设计人员转换为产品。不同的设计人员对同一原理的实现是不同的，已设计出的产品还要不断进行改善。因此，随着时间的推移，产品的性能会不断提高。

此时，很多企业已经认识到，基于该发现的产品有很好的市场潜发力，应该大力开发，因此，将投入很多的人力、物力和财力，用于新产品的开发，新产品的性能参数会快速增长，这就是技术改进阶段。

随着产品进入成熟阶段，所推出的新产品性能参数只有少量的增长，继续投入进一步完善已有技术所产生的效益减少，企业应研究新的核心技术以在适当的时间替代已有的核心技术。

对于企业 R&D（research and development）决策，具有指导意义的是曲线上的拐点。第一个拐点之后，企业应从原理实现的研究转入商品化开发，否则，该企业会被恰当转入商品化的企业甩在后面。当出现第二个拐点后，产品的技术已经进入成熟期，企业因生产该类产品获取了丰厚的利润，同时要继续研究优于该产品核心技术的更高一级的核心技术，以便将来在适当的机会转入下一轮的竞争。

一代产品的发明要依据某一项核心技术，然后经过不断完善使该技术逐渐成熟。在这期间，企业要有大量的投入，但如果技术已经成熟，推进技术更加成熟的投入不会取得明显的收益。此时，企业应转入研究，选择替代技术或新的核心技术。

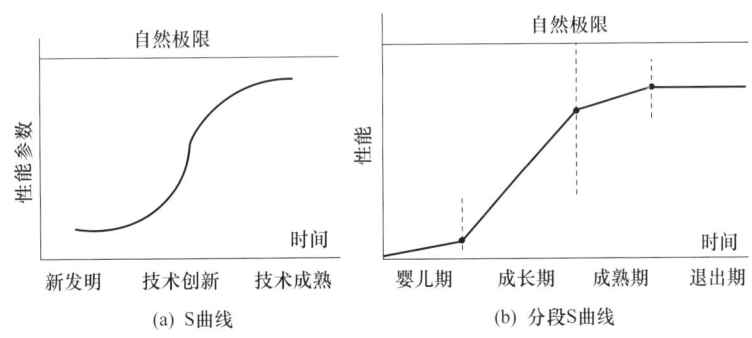

图 34-4-1　技术性能随时间变化的规律

4.1 技术进化过程实例分析

（1）潜艇实例分析

公元前 332 年，亚历山大大大帝命令其部下建造一只防水的玻璃桶，然后自己进到桶里，让部下们把桶放到海水下面，他记录了所见到的各种生物。亚历山大是早期进行水下探索的人之一。

1624 年，德雷贝尔建造了一个能在水中被驱动的防水舱，他让 12 人进入船体，并划六支桨推动这个装置。

1776 年，布什内尔建造了一潜水器，用来攻击停在美国纽约港的英国军舰。这是第一艘参加战斗的潜水器。该潜水器像一只大木桶，里面有一张条凳，像自行车脚蹬似的东西驱动船体。该潜水器还配有罗盘、深度尺、驾驶装置、可变压舱、防水船体配件和一只锚。

19 世纪末，现代潜艇之父霍兰主持建造了"霍兰"号潜艇。该潜艇在水下使用电动机，在水面巡航时使用蒸汽机，是第一艘能够下沉、潜行、上浮并发射鱼雷的潜艇。该潜艇没有潜望镜，艇员们要从平板玻璃向外观察。为了监测氧气含量，艇员们常把老鼠装在笼子里带上潜艇，如果老鼠死亡或接近死亡，说明氧气不足了，应赶快返航。1900 年，美国海军购买了"霍兰"号潜艇，并且又订购了几艘同样的潜艇。

又经过了半个世纪，全世界第一艘核动力潜艇"鹦鹉螺"号诞生了，与柴油机驱动的潜艇不同，该潜艇可在水下连续航行几个星期。1954 年，该潜艇在水下穿越了北极。

从产品的观点看，亚历山大大大帝玻璃桶只是对海洋水下的初步探索，其核心技术是构造一个不漏水的水下空间。

1624 年的防水舱及 1776 年的潜水器其核心技术都是采用人工产生的动力驱动，潜水器中的罗盘等是对防水舱的不断改进。

"霍兰"号潜艇的核心技术是采用机械驱动——电动机或蒸汽机驱动，能真正装备海军，因此是现代潜艇。

"鹦鹉螺"号潜艇的核心技术是采用了核动力驱动，可在水下航行更长的时间。

（2）自行车实例分析

自行车是 1817 年发明的。称为"木房子"的第一辆自行车由机架及木制的轮子组成，没有手把，骑车人的脚是驱动动力。从工程的观点看，该车不舒适、不能转向等。

1861 年，基于"木房子"的新一代自行车设计成功，该车是现在所说的"早期脚踏车"，但"木房子"的缺点依然存在。

1870 年，被称为"Ariel"的自行车设计成功，该车前轮安装在一个垂直的轴上，使转向成为可能，但依然不安全、不舒适、驱动困难。

1879 年，脚蹬驱动、链轮及链条传动的自行车设计成功，该类车的速度可以达到很高，但该类自行车没有车闸，因此高速骑车时很危险。

1888 年，车闸设计成功，前轮直径已变大，但零部件材料不过关，影响了自行车的速度。

20 世纪，各种新材料用于自行车零件。

在自行车进化的过程中，全世界申请了相关专利 1 万件。

4.2 技术系统进化模式

4.2.1 技术系统进化模式概述

历史数据分析表明，技术进化过程有其自身的规律与模式，是可以预测的。与西方传统预测理论不同处在于，通过对世界专利库的分析，TRIZ 研究人员发现并确认了技术从结构上的进化模式与进化路线。这些模式能引导设计人员尽快发现新的核心技术。充分理解以下十一条进化模式，将会使今天设计明天的产品变为可能。如图 34-4-2 所示为十一种技术系统的进化模式。

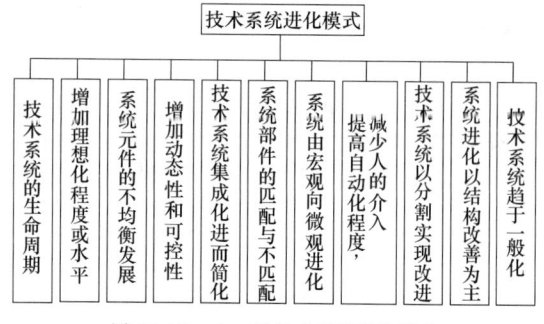

图 34-4-2　十一种技术系统进化模式

4.2.2 技术系统各进化模式分析

（1）进化模式 1：技术系统的生命周期为出生、成长、成熟、退出

这种进化模式是最一般的进化模式，因为，这种进化模式从一个宏观层次上描述了所有系统的进化。其中最常用的是 S 曲线，用来描述系统性能随时间的变化。对许多应用实例而言，S 曲线都有一个周期性

的生命：出生、成长、成熟和退出。考虑到原有技术系统与新技术系统的交替，可用六个阶段描述：孕育期、出生期、幼年期、成长期、成熟期、退出期。所谓孕育期就是以产生一个系统概念为起点，以该概念已经足够成熟（外界条件已经具备）并可以向世人公布为终点的这个时间段，也就是说系统还没有出现，但是出现的重要条件已经发现。出生期标志着这种系统概念已经有了清晰明确的定义，而且还实现了某些功能。如果没有进一步的研究，这种初步的构想就不会有更进一步的发展，不会成为一个"成熟"的技术系统。理论上认为并行设计可以有效地减少发展所需要的时间。最长的时间间隔就是产生系统概念与将系统概念转化为实际工程之间的时间段。研究组织可以花费15或者20年（孕育期）的时间去研究一个系统概念直到真正的发展研究开始。一旦面向发展的研究开始，就会用到 S 曲线。

假设在图 34-4-3 的 S 曲线中，横坐标表示时间，纵坐标表示速度，给定这些参数后，该曲线就可以用来描述飞机发展进化过程的六个阶段，如表 34-4-1 所示。

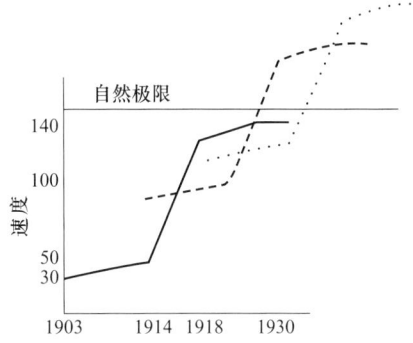

图 34-4-3　飞机进化的分阶段 S 曲线

表 34-4-1　　　　　　　　　　　　　　进化过程的六个阶段

序号	阶段	内　　涵	实　　例
1	孕育期	一个新的系统概念一直处于酝酿阶段，直到这种系统概念可以达到实际可行的水平	几个世纪以来，人们一直致力于设计一个重于空气的飞行器
2	出生期	当外界具备两个条件时，以这种新的系统概念为核心的技术系统就会诞生。其中既存在对系统功能的需求，也存在实现系统功能的相关技术的需求	和人类飞行密切相关的空气动力学和机械结构学直到18世纪后期才逐渐发展起来。自从 Otto Lilientha 在1848年发明了滑翔机，Etienne Lenoir 在1859年发明了汽油发动机以后，人们有了可利用的有关飞行器的相关技术。仅仅因为当滑翔机的"升力"突然消失（即风速下降）时，滑翔机就不能很好地解决安全问题，所以，莱特兄弟在1903年想出一种新的办法：把一个独立的动力系统带到飞行器上——这样一项新的技术就诞生了
3	幼年期	每一种崭新的系统都是作为一种高科技创新的成果而出现，但是，这个崭新的系统结构比较简单，系统整体效率比较低，可靠性不高，而且还有很多没有解决的问题。处于这个阶段的系统，发展缓慢。许多设计问题和难题都是必须要解决的	莱特兄弟的第一次飞行时速就达到了 48km/h。紧接着飞机的发展就很慢。人力和财力资源仍然很有限，飞机被认为是一种不切实际的新奇的事物。直到1913年，经历漫长的10年发展后，飞机的速度才仅仅达到 80km/h
4	成长期	当整个社会意识到该系统的价值时，这一阶段就开始了。在这一阶段，很多问题都已经被解决，系统的工作效率和功能都得到明显的提高和改进，而且还产生了一个新的市场。随着系统利润的不断增加，人们就会无意识地在这个新产品或者新工艺方面投入大量的财力和物力，这就加速了系统的发展，改善了系统的工作性能，进而，就会再次吸引更多投资。这种良性的"反馈"式循环一旦建立，将会加速系统的进一步改进	在1914年，发生了两件刺激飞机快速发展的重大事件。第一件事就是第一次世界大战，由于战争的需要，飞机被认为具有潜在的用途。第二件事就是逐渐增长的经济资源和人力资源，使飞机设计越来越成为可能，飞机已经不再只是昂贵的玩具。在更好的经济资源的帮助下，从1914年到1918年短短四年时间，飞机的速度从80km/h 增加到160km/h
5	成熟期	当最初的系统构想已经达到自然极限时，系统的改进就变得很慢了，即使投入更多的财力和人力，得到的改进依旧很小，因为标准的概念、形状、材料已经确定。通过系统最优化和折中可以实现一些小的改进	飞机的发展速度几乎保持在一个水平状态
6	退出期	技术系统已经达到其自然极限，没有什么改进的必要。系统已经不再需要，因为系统所提供的功能已经易于实现。结束这种下滑现象的唯一办法是发展一种新的系统概念，有可能是一种新的技术	下一代飞机（用新的 S 曲线描述）是以空气动力学开始，有金属框架的单翼飞机。当然这种飞机也有其功能极限。第三条 S 曲线是以喷气式飞机开始的。对在世界经济激烈竞争中幸存的企业而言，新的设计思想，新的 S 曲线是很重要的

(2) 进化模式 2：增加理想化水平

增加理想化水平的方法详见第 3 章 3.2.2.1。

(3) 进化模式 3：系统元件的不均衡发展

系统的每一个组成元件和每个子系统都有自身的 S 曲线。不同的系统元件/子系统一般都是沿着自身的进化模式来演变。同样的，不同的系统元件达到自身固有的自然极限所需的次数是不同的。首先达到自然极限的元件就"抑制"了整个系统的发展，它将成为设计中最薄弱的环节。一个不发达的部件也是设计中最薄弱的环节之一。在这些处于薄弱环节的元件得到改进之前，整个系统的改进也将会受到限制。技术系统进化中常见的错误是非薄弱环节引起了设计人员的特别关注。如在飞机的发展过程中，由于心理上的惯性作用，人们总是把注意力集中在发动机的改进上，总是试图开发出更好的发动机，但对飞机影响最大的是其空气动力学系统，因此设计人员在发动机上的努力对提高飞机性能的作用影响不大。

(4) 进化模式 4：增加系统的动态性和可控性

在系统的进化过程中，技术系统总是通过增加动态化和可控性而不断地得到进化。也就是说，系统会增加本身灵活性和可变性以适应不断变化的环境和满足多重需求。

增加系统动态性和可控性最困难的是如何找到问题的突破口。在最初的链条驱动自行车（单速）上，链条从脚蹬链轮传到后面的飞轮。链轮传动比的增加表明了自行车进化路线是从静态的到动态的，从固定的到流动的或者从自由度为零到自由度无限大。如果能正确理解目前产品在进化路线上所处位置，那么顺应顾客的需要，沿着进化路线进一步发展，就可以聪明地指引未来的发展。因此，通过调整后面链轮的内部传动比就可以实现自行车的三级变速。五级变速自行车前边有一个齿轮，后边有五个嵌套式齿轮。一个脱轨器可以实现后边 5 个齿轮之间相互位置的变换。可以预测，脱轨器也可以安装在前轮。更多的齿轮安装在前轮和后轮，比如，前轮有 3 个齿轮，后轮有 6 个齿轮，这就初步建立 18 级变速自行车的大体框架。很明显，以后的自行车将会实现齿轮之间的自动切换，而且还能实现更多的传动比。理想的设计是实现无穷传动比，可以连续的变换，以适应任何一种地形。

这个设计过程开始是一个静态系统，逐渐向一个机械层次上的柔性系统进化，最终是一个微观层次上的柔性系统。

1) 增加系统的动态性　如何增加系统的动态性？如何增加系统本身灵活性和可变性以适应不断变化的环境，满足多重需求？有以下 5 种建议，可以帮助人们快速有效地增加系统的动态性（图 34-4-4）。

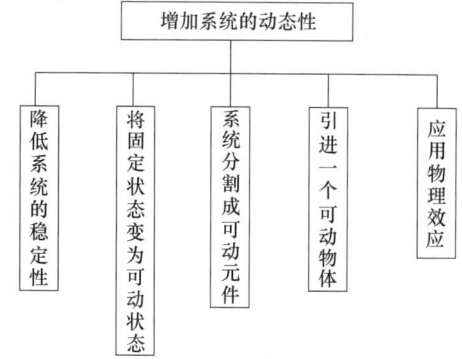

图 34-4-4　增加系统的动态性的几种方法

① 降低系统稳定性。为了增加系统的动态性，尽力降低系统稳定性。

[例 1]　用来装音乐的袋子 co-Mobile 扬声器（图 34-4-5）

通常的音响是固定在家里或者办公室的某个位置，为人们播放音乐。如果想要在移动中享受音乐，只有耳机这一个选择。为了能够在移动中享受音响播放音乐的高品质，可以降低系统的稳定性，以增加动态性。

例如，你甚至无法分辨出这款产品是音箱还是购物袋？日本设计师 Yoshihiko Satoh 设计的这款 co-Mobile 扬声器，将音箱掏出一个小巧的储物空间，再加上购物袋的提手设计，让平时死气沉沉的音箱也生动了起来。可以把 MP3 播放器与之连接然后放进袋子里，接下来就可以提着袋子悠闲地欣赏音乐了。音箱内置有充电电池，售价 335 美元。

图 34-4-5　用来装音乐的袋子 co-Mobile 扬声器

② 固定状态变为可动状态。为了增加系统的动态性，应该尽力将系统的固定元件更换为可动元件。

[例2] 未来海洋渔场，可在水中自由移动（图34-4-6）。

现在的海鱼养殖技术，一般都是在海边圈起一块区域，进行海鱼的养殖。但是，这种人工养殖的海鱼与天然的海鱼无论在肉质还是风味上都有很大的差别。如果养殖技术能实现人工养殖却像天然海鱼一样自由地享受海洋的资源呢？是不是能提升人工养殖海鱼的风味和营养情况？

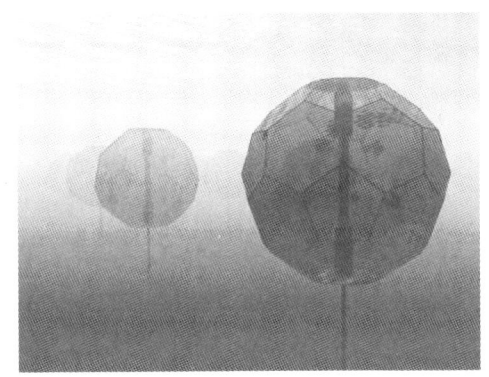

图34-4-6 可在水中自由移动的未来海洋渔场

在这张画家创作的想象图中，一组名为"海洋之球"（Oceansphere）的养鱼笼以半潜姿态悬浮在开放海域。"海洋之球"由铝和凯夫拉纤维制成，直径为162英尺（约合49米），可解开系绳并释放到海床。"海洋之球"安装的一个系统能够将海洋热能转化成电，帮助其实现自行发电。投入使用之后，"海洋之球"将成为自给自足程度很高的养鱼笼。自给自足是实现遥远开放海域养殖业具有商业可行性的一个关键要素。据制造商夏威夷海洋技术公司透露，可以在不到0.5平方英里（约合1.25平方公里）的区域内安放12个"海洋之球"，其海产品设计总产量可达到2.4万吨。"海洋之球"在设计上能够经受住世界上一些最恶劣的海洋环境考验。图中的"海洋之球"被系在一艘控制船上，船上工作人员利用软管为笼内鱼群提供食物。专家们表示，在未来，可自行发电的养鱼场将在开放性海域自由漂泊。它们利用模拟野生鱼群移动的水流前进，可饲养数量更多同时健康程度更高的鱼群。

③ 分割成可动元件。通过将系统分割成相互可动的零部件，这样就可以增加系统的自由度。

[例3] 迪拜可旋转风能摩天楼（图34-4-7）。

通常我们居住的摩天大楼，由于成本和建筑水平限制等原因，只能够看到一角天空和一处风景，能否通过分割的方法，实现居住视角的变化呢？

在迪拜这个技术革新和可持续发展实验"重地"，经常能发现一些非常有趣的事情，风能利用自然也不例外。在设计上，这个外表漂亮但又有些怪异的塔状建筑的楼层可自行随风改变形状，可谓是建筑家族中的"变形金刚"。在风的作用下，建筑内部视野始终处于旋转状态，从外部看，整座建筑的外表经常上演变形奇观。

图34-4-7 迪拜可旋转风能摩天楼

④ 引进一个可动物体。通过将一个可动物体引入系统来增加系统的内部动态。

[例4] 带"鳞片"的太阳能豪华车（图34-4-8）。

汽车的外观设计是很多潮流人士热衷的,但是一般的车身外壳都是固定不变的,而这款宝马 Lovos (BMW Lovos) 概念车同许多概念车一样外形怪异,但是有一点它明显区别于其他概念车:它带有鳞片。事实上,这是太阳能鳞片。太阳能鳞片一方面可以获得能量,另一方面可以增大空气阻力,是一种空气刹车装置。这一概念车是由德国普福茨海姆大学毕业生安·伏施纳设计的。或许这一概念车并不是最实用或者说最现实的概念车,但无疑它有着非常独特的外观。

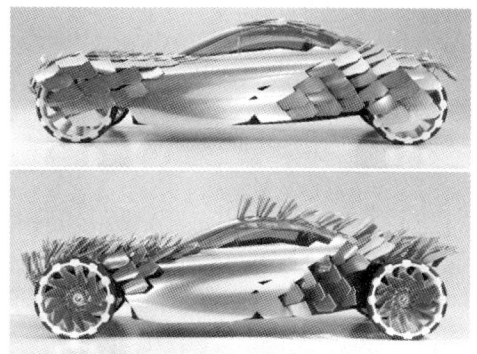

图 34-4-8　带"鳞片"的太阳能豪华车

⑤ 应用物理效应。系统的内部动力可以通过物理效应得到提高。比如:通过物体状态的改变。当然,这种物体应该能在一个很大的范围内可以很容易地改变本身的特性。

[例5]　可飞行的风能发电机(图 34-4-9)。

地球上空急流风的百分之一便可为整个星球供电,但问题是如何"收割"这个巨大的未被利用的自然资源。目前已有几种解决之道浮出水面,但关键是哪一种设计能够容易而安全地飘浮在空中并实现效率最大化。利用风力使风能发电机御风飞行,减少了能量流失,增加了资源利用的灵活性。

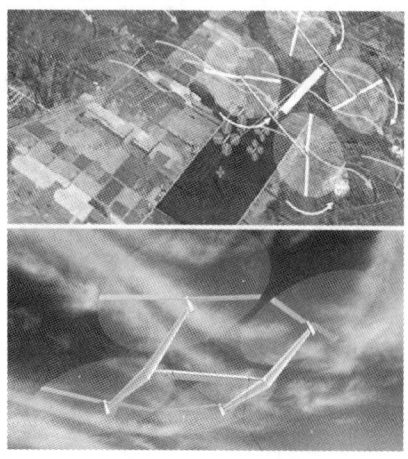

图 34-4-9　可飞行的风能发电机

2) 增加系统的可控性　以下介绍的方法可以帮助人们更有效地增加系统的可控性(图 34-4-10)。

① 引入控制场。

应用一个控制场(力、效应或动作)可以更有效地控制一个系统或过程。例如,如果 S2 控制 S1,如果在中间加一个控制场会有效地增强 S2 对 S1 的控制。

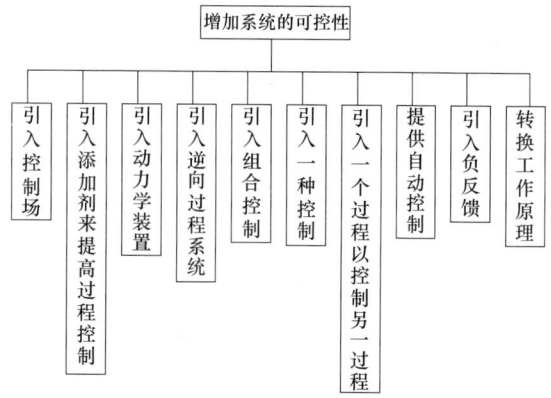

图 34-4-10　增加系统可控性的 10 种途径

[例6]　新发明有望让盲人用舌头看世界(图 34-4-11)。

据英国媒体报道,美国科学家研制出一种突破性电子装置将可以让盲人用舌头"看世界"。这种电子装置名为"BrainPort"。其外形像一副太阳镜,经由细细的电线同一个"棒棒糖"式的塑料装置连接,通过微型摄像机拍摄图像,然后将图像信息转换为舌头可感觉到的电脉冲。实验表明,电脉冲信号不断刺激舌头表面的神经,并将这种刺激传输到大脑。大脑接下来再将这些刺痛感转化为图像。据使用过这套装置的人介绍,经过不到 20h 的培训,他们可以辨别装置发过来的图像信息,甚至能解读电脉冲信号。科学家还做了一个形象的比喻,说学用舌头感觉图像信息就如同学骑自行车。视力保健和研究公司"灯塔国际"(Lighthouse International)一直在测试 BrainPort。据该公司研发主任威廉姆·赛普尔(William Seiple)介绍,人们能在使用 15min 后开始通过 BrainPort 解读脉冲信息。赛普尔博士正每周一次训练四名患者掌握 BrainPort 的使用方法。他说,这些患者已学会如何快速掌握使用诀窍,阅读文字和数字。他们还可以在不必胡乱摸索的情况下,找到杯叉在餐桌上的位置。赛普尔博士说:"刚一开始,这套装置的功能就令我倍感惊讶。一名盲人患者在有生以来第一次'看'到字母时,情不自禁地抽泣起来。"不过,使用者必须学会上下左右活动头部,以感觉图像、物体和周围环境——就像正常人活动眼睛一样。通过这种方法,阿诺德森已让20位盲人实验参与者不同程度地掌握了BrainPort使用方法。

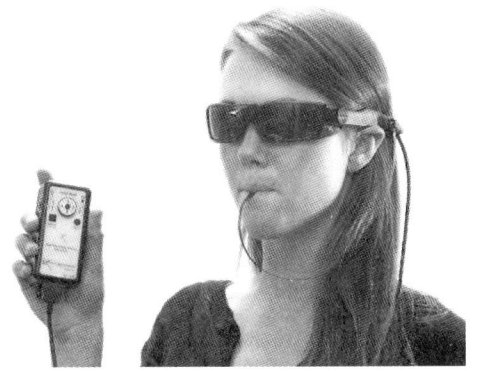

图 34-4-11　新发明让盲人用舌头看世界

② 加入添加剂来提高过程控制。加入某些附加成分或物质可以更有效地控制系统或过程:被增加的成分或物质与已存在的场(力、效应或动作)相对应;被增加的成分或物质自身产生附加的控制场。

[例7]　锂电池工作原理(图34-4-12)。

锂电池电解液,是锂离子电池中是作为带动锂离子流动的载体,对锂电池的运行和安全性具有举足轻重的作用。锂离子电池的工作原理,也就是其充放电的过程,就是锂离子在正负极之间的穿梭,而电解液正是锂离子流动的介质。锂电池具有能量密度高、循环寿命长、自放电率小、无记忆效应和绿色环保等突出优势。随着技术的不断进步,锂电池已经在消费电子产品中得到广泛的应用,未来将在新能源交通工具及储能等领域大显身手。

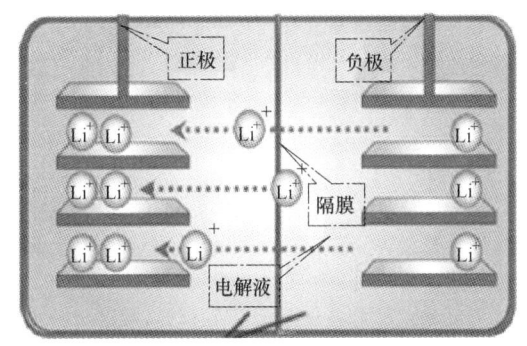

图 34-4-12　锂电池工作原理

③ 引入动力学装置。可以通过引入有动态特性的装置来更有效地控制系统。

[例8]　喜欢被折腾的灯(图34-4-13)。

和往常安安静静的灯具相比,这是一款不安分的壁灯。不管是捶、搓、扯、掐,越是用力折腾它的表面,它就越亮。要想它灭,那你就"安抚安抚"它。或许是一个拿来发泄情绪的好方法。由韩国设计师Ji Young Shon 设计。

图 34-4-13　喜欢被折腾的灯

④ 引入逆向过程系统。可以使用一个控制良好的逆向过程来控制整个工作过程。

[例9]　最一目了然的时钟:QlockTwo(图34-4-14)。

有时候大脑短路,看着表盘的指针还真一下子读不出时间来。现在有一款用文字来表达的时钟QlockTwo,可以用德语,西班牙语,意大利语,荷兰语和法语来阐述当前的时间。它会告诉你"这是九点钟"或是"现在是五点过两分",是不是一目了然呢?文字每五分钟更新,而之中的四分钟则由时钟四个角落的小白点来表示。目前还没有中文的版本。

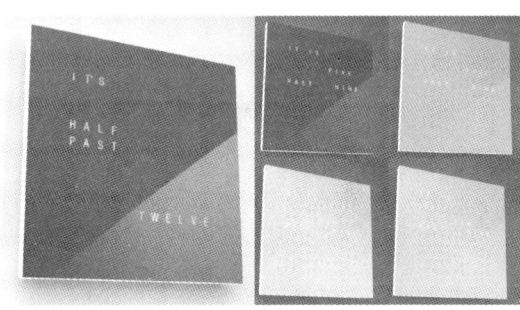

图 34-4-14　最一目了然的时钟:QlockTwo

⑤ 引入组合控制。通过一种或几种材料/元件,或一种/几种场(力、效应或动作)来引入组合控制。

[例10]　用人脑意念操纵机器人(图34-4-15)。

日本本田汽车公司日前开发出一种新技术,可以将大脑思维与机器人相连接,也许将来有一天,像打开汽车行李箱,或控制室内空调这样的举动,都可以由机器人来替我们完成。本田公司开发出一种在一个人想象四个简单动作时(如移动右手、移动左手、跑步和吃饭),可阅读头皮上电流模式以及大脑血流变化的技术。本田成功分析了此类思维模式，然后通过无线方式把信息传输给人形机器人阿西莫（Asimo）。在本田公司东京总部播放的一段录像中，测试者头戴头盔，静静地坐在椅子上，脑海中想象着移动右手——安装在头盔上的电极会接收到这一想法。几秒钟后，阿西莫对大脑信号作出回应，真的举起了右臂。本田公司表示，他们并不准备在公众面前现场演示，因为测试者的思想可能会因受外部影响而分心。另一个问题是，每个人大脑构造不同，所以，科研人员需要在实验前两到三个小时研究测试者的大脑构造，才能让这项技术发挥作用。本田公司在机器人技术领域在全球都处于领先地位。该公司承认，这项技术尚处于基础研究阶段，目前不能进行实际应用。本田研发部门——日本本田汽车研究中心负责人新井康久（Yasuhisa Arai）表示："今天我只是向大家谈一谈这项技术的前景。要将其变成实际应用，还有很长的路要走。"日本拥有世界上领先的机器人技术，政府也在大力倡导发展机器人技术，作为推动国家经济增长的长久之路。世界各地的科研人员都在进行针对大脑的研究，不过本田表示，该公司的研究是在不伤及使用者的情况下，找到阅读大脑模式方法的最先进研究之一，比如将传感器嵌入皮肤。本田已将机器人技术看作是提升公司形象的重要产品，经常让阿西莫在各种活动上亮相，在公众面前表演走路，在电视广告上与机器人聊天。据本田介绍，大脑阅读技术面临的挑战之一是，如何使阅读仪器更小，以便随身携带。至于轿车将来有一天是否不用方向盘而靠人的思维自动驾驶，新井康久并没有排除这种可能性。他说："我们的产品就是让人去使用的。深入了解人的行为对我们至关重要。我们认为，让机器自动操作是我们研究的终极目标。"

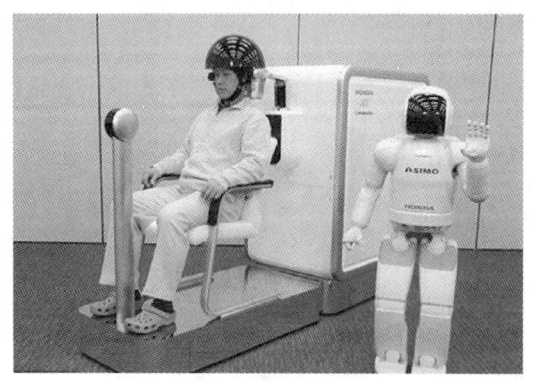

图 34-4-15　用人脑意念操纵机器人

⑥ 引入一种控制。考虑用一些组件或部件来替代可控性差的系统，最终会有一个部件或组件得到很好的控制。

[例11]　英国研制出世界首款手指可独立运动的仿生手（图 34-4-16）。

在德国举行的医疗用品博览会上，专注于仿生产品研究的英国触摸仿生公司推出世界首款手指可独立运动的仿生手。这款名为"ProDigits"的新产品能够让失去部分或整只手掌的病人拥有像正常人一样灵活抓握的双手。"ProDigits"通过识别分析使用者手掌剩余部分的肌肉群信号来工作，每根手指都有和人类手指一样的关节，能够作为一个独立的功能单元灵活运动。另外，触摸仿生公司还研制出了仿真度非常高的硅胶仿生皮肤。该公司因其科研创新方面的突出贡献被授予英国"企业女王奖"。

图 34-4-16　世界首款手指可独立运动的仿生手

⑦ 改变一个主要过程以控制另一个过程。有可能通过改变主要系统或过程使它能控制另一个系统或过程。

[例12]　放大无线电信号。

最初的无线电接收装置采用电磁信号能量，以产生耳机里的声音。因此，最强的传导物也只能在很短的距离内接收到信号。

现在的无线电设备可以实现远距离接收信号。放大电路可以从传导物里仅吸收少量的能量来控制无线电接收装置本身的能源供给。

⑧ 提供自控制。调整系统或过程以适应变化的操作环境。

[例13]　用气体来增加浇铸压力。

浇铸过程中，需要比较高的浇铸压力，这样才能有效消除铸成件多孔，疏松等缺陷。那么怎样才能通过经济的方法来提供必要的压力？

模型里可以充满一种特殊的材料，这种材料接触到熔融金属就会蒸发。以这种方式产生的气体可以在模型里产生很高的压力。

⑨ 引入负反馈。通过反馈可能获得自控制。

[例14]　更好的静脉导管（图 34-4-17）。

过去30年来，用于把药物和液体滴入病人身体的静脉导管设计一直没有多大变化。拜尔森发现，

40%的医务人员第一次进行静脉注射时都会遭遇失败。将针刺入皮肤，盲目地向前推进，常会令静脉阻塞，影响长达数周。病人淤伤，医生精疲力竭，医院每周还得耗费数千美元支付多余的针头和劳动。人们曾试图将超声或红外线技术应用于静脉导管，但两者都十分昂贵，需要专门培训。相比之下，拜尔森发明的 VascularPathways 十分实用。不管采用什么针头，使用 VascularPathways 的医务人员只要一看到有血通过针管回流，就知道已经找到静脉，然后就可以推动一个滑杆，将一条导引线从针内安全推出。在导管顺着导引线接进来之前，导引线卷成一个圆圆的花形，以防导管尖端伤到静脉壁。最后，针和导引线抽走，留下导管就位。

图 34-4-17　更好的静脉导管

⑩ 转换工作原理。通过转换工作原理，引入另一种自动控制元件。

[例 15]　科学家成功遥控昆虫飞行（图 34-4-18）。

美国加州大学伯克利分校的开发人员对"机械甲虫"的测试取得了成功。科学家通过笔记本电脑，遥控甲虫在房间到处"飞行"。它一度被拴在透明塑料板上，微小的肢体随操作人员的操纵杆不断颤动。开发人员迈克尔·马哈尔比兹（Michel Maharbiz）和佐藤隆（Hirotaka Sato）在接受《神经科学前沿》杂志采访时说："我们通过一个安装有无线电的可植入微型神经刺激系统，演示了对昆虫自由飞行的遥控。"据英国谢菲尔德大学机器人技术和人工智能学教授诺埃尔·萨基（Noel Sharkey）介绍，尽管控制诸如蟑螂等昆虫的尝试并不是什么新鲜事，但这却是研究人员首次成功遥控飞行昆虫。据悉，开发人员在甲虫处于蛹期生长阶段时向其植入了电极。

图 34-4-18　科学家成功遥控昆虫飞行

（5）进化模式 5：通过集成以增加系统的功能，然后再逐渐简化系统

技术系统总是首先趋向于结构复杂化（增加系统元件的数量，提高系统功能），然后逐渐精简（可以用一个结构稍微简单的系统实现同样的功能或者实现更好的功能）。把一个系统转换为双系统或多系统就可以实现这些。

比如，双体船；组合音响将 AM/FM 收音机、磁带机、VCD 机和喇叭集成为一个多系统，用户可以根据需要来选择需要的功能。

如果设计人员能熟练掌握如何建立双系统、多系统，则将会实现很多创新性的设计。

1）建立一个双系统　快速建立一个双系统，建议有以下几种方法（图 34-4-19）。

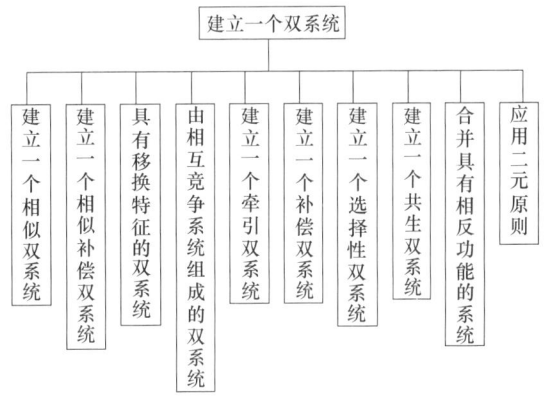

图 34-4-19　建立一个双系统

① 建立一个相似双系统。将两个相似的系统（或两个物体，两种过程）组合成一种新的系统。组合成的新系统能实现一种新的功能。

[例 16]　让厨房之旅事半功倍的切菜神器（图 34-4-20）。

Zon 其实就个刀具套装，它包括一个刀鞘和四把刀子。烹饪时，你可以随意抽出一把刀来慢工出细活，也可以把四把刀组合固定后组团切，瞬间手起刀落，切菜的速度提升了四倍。

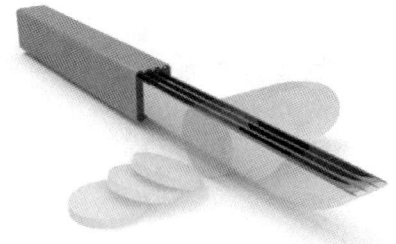

图 34-4-20　让厨房之旅事半功倍的切菜神器

[例17]　双体船（图 34-4-21）。

人们一般把由两个单船体横向固联在一起而构成的船称为双体船。双体船结构方面具有以下特点：一是具有两个相互平行的船体，其上部用强力构架联成一个整体；二是两片体各设有主机和推进器，航行时同时运转。高速双体船之所以受到美军青睐，在于其拥有四大超级性能。一是速度快。该双体船依据流体动力学原理设计，最大特点是有超常的高速度，最高航速约 50 节，能以现有后勤支援舰 4 倍的速度将部队送进战区。二是多功能。高速双体船是现代海军武器史上用途最多的船只，可作为特种部队的海上基地和运输工具、水雷战舰、水下扫雷艇的母船、反潜战舰、将伤员运往医疗船的急救转运站，还可用于海上缉毒、打击海盗、搜寻回收阶段落水的航天吊舱等各种使命。三是超大的运输能力。高速双体船载重量达到 700t，几乎相当于自身重量，美最大的 C-5"银河"运输机一次也不过运载两辆 M1 坦克，而一艘约 100m 长的高速双体船却可运输 10 余辆。HSV-X1 一次能够运送 360 名官兵和重达 800t 的各种车辆和装备，此外还能搭载 1 架直升机。HSV-X2 最引人瞩目之处就是其能搭载 2 架直升机的飞行甲板，可停 MH-60S、CH-46"海王"、UH-1 和 AH-1"眼镜蛇"等各种武装直升机，因此被很多军事专家称做"迷你航母"。四是吃水浅。目前用于货物运输的滚装船或两栖运输舰的吃水深度至少要 6m，而这种高速双体船的吃水深度只有 3m 多，这使其对港口规模的要求显著降低，从而使美军在全世界能利用的港口数量增加 5 倍。

图 34-4-21　美国双体船概念设计

② 建立一个相似"补偿"双系统。将两个相似的系统、物体、过程组合成一个新的系统。这样就可能消除原始单一系统所固有的不足之处。

[例18]　中国除雾无人机测试成功，可有效消除雾霾（图 34-4-22）。

在对抗长期逗留不去的雾霾的激战中，中国又有了一个新办法——一种新型无人机从城市上空喷洒用于除雾的化学物质。中国政府在中国航空工业集团公司（AVIC）的协助下，最近在中国湖北省的一个机场成功测试了这种无人机。这种名叫 Parafoil 的飞机被安装在一个滑翔伞上，它能携带 700kg 用来清除雾霾的化学物质，其载重量是普通飞机的 3 倍，这些化合物可以喷洒在方圆 5km 范围内。据说这种柔翼无人机（UAV）的成本比目前用来清除雾霾的固定翼无人机少 90%。它的工作原理是向空中喷洒化学催化剂，与雾霾里的粒子发生反应，凝结污染物，并令其降落到地面上。北京的雾霾天气被科学家比喻成是"核冬天的影响"，这种无人机的设计目的正是用来解决中国首都目前面临的污染问题。

图 34-4-22　除雾霾无人机测试成功

③ 一个具有移换特征的双系统。如果两个系统分别具有不同（包括相反）的渴望功能，那么两者的组合就可以成为一种新的系统。当渴望功能以这种方式组合时，一种具有新功能的系统就会产生。

[例19]　为插座增加 USB 输出的扩展外壳（图 34-4-23）。

这款外壳可以用来替换墙上那些预埋好的插座的外壳，然后为其增加一个 USB 输出口。不占空间，其走线也都位于插座内部，不会使地板上出现多余的电线。

图 34-4-23 为插座增加 USB 输出的扩展外壳

④ 相互竞争系统组成的双系统。将面向同一设计目的、应用不同操作原理的两个系统组合成一个系统，这样就可以得到两个系统共同的渴望功能或消除它们各自的不足之处。

[例20] 把画笔藏起来的儿童凳（图 34-4-24）。

有哪个孩子不爱画画呢？Martin Jakobsen 推出的名为 Phant 的凳子，就是专门为爱画画的孩子设计的。这款椴木的凳子，表面有很多细长的凹槽，孩子们画画用的画笔可以完全藏身于凳面之中。设计师称，虽然这是个外形很简单的凳子，但它却可以有很多故事。凹槽象征着铭刻在心中的童年岁月，带给孩子回忆的乐趣。凳面凹槽并非规矩排列，也有助于孩子天性的发挥。

图 34-4-24 把画笔藏起来的儿童凳

⑤ 建立一个"牵引"双系统。如果有一个很陈旧的系统，已经没有用却仍然还存在。同时还有一个很有前途的新型系统，但是它的特性仍然没有超过旧系统。则可以将这两种系统组合成一种新系统。这个新系统可以延迟旧系统的生命。而且，新系统从最开始就不断完善旧系统，这样就使得新系统经历进化、修改、调整等。这样可以有效节省时间、能源等。

[例21] 自带读卡器的 USB 连接线（图 34-4-25）。

Brando 推出了一款自带多种存储卡（包括 SD 卡、MMC 卡和记忆棒等）读卡器的 USB 连接线：一头是标准 USB 口，另一头是 mini-USB 口，中间连着一个读卡器。在没有插入存储卡的时候，这根 USB 连接线可以帮助你连接 PC 和 mini-USB 设备，比如手机等，既可以用作传输通道，同时也可以帮手机充电；而一旦插入了存储卡，PC 和手机的数据传输会自动中断，改为浏览和传输存储卡中的数据。

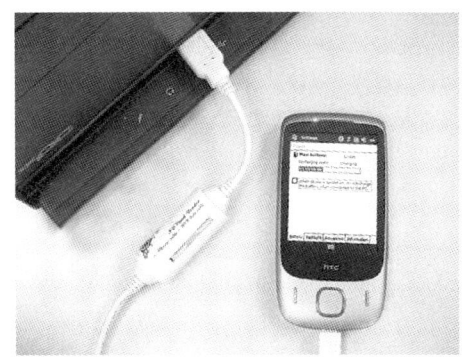

图 34-4-25 自带读卡器的 USB 连接线

⑥ 建立一个"补偿"双系统。如果目前的系统在实现渴望功能的同时还有很严重的缺陷，那么找到一个具有相反缺陷的竞争系统，将这两个系统组合成一个新系统。这样两个原始系统的缺陷就会相互抵消，同时合并共同的渴望功能。

[例22] 自储能的水龙头（图 34-4-26）。

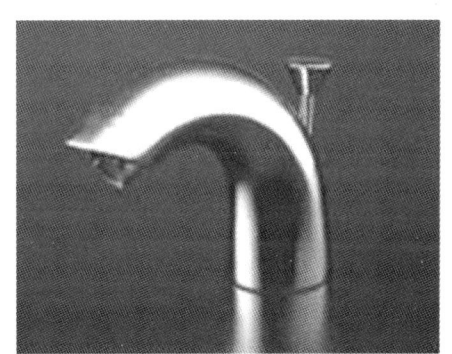

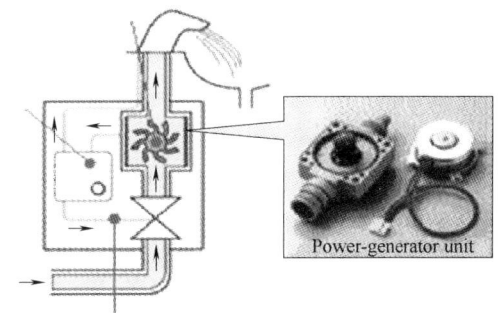

图 34-4-26 自储能的水龙头

在这个设计中，将传统耗电供电系统更换成可充电系统。设计一具微型水力发电机，当水龙头给水时，水流会通过发电机叶使其发电并回充到储电装置，这样，可使感应与给水所需的电能连续，使组成物体的不同部分完成不同的功能。

⑦ 建立一个选择性双系统。如果两个系统都是为实现同一个功能而设计的，其中一个很昂贵（或结构很复杂），但实现的功能很好，另一个很便宜（制造和操作都很简单），但是实现的功能不太理想，在这种情况下，可以把这两个系统组合起来。这样所得的系统就会继承原来两个系统的各自优点：结构简单，性能好。

[例23] 延时神器（图34-4-27）。

通常情况下，碱性电池不耐用，用一段时间电压就会下降，而据说大多数需要电池的设备，其实在电池的电压降低到 1.3V 以下之后，就默认为这电池已经没电。电气工程博士 Bob Roohparvar，带来能让碱性电池延长寿命 8 倍的 Batteriser 延时电池盖，其内置微电路，于是，当将这个像铁皮一样的家伙套在 5 号碱性电池外时，它可以将电池的电压提升并稳定在 1.5V，从而完全利用电池的能量。

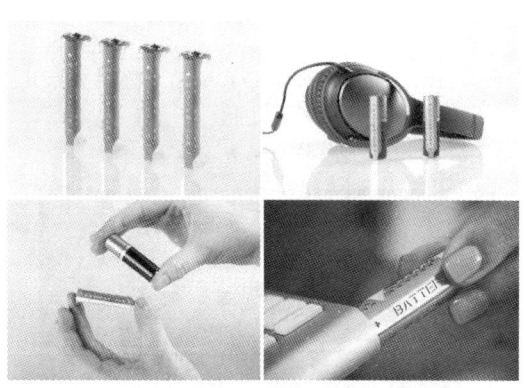

图34-4-27　延时神器

⑧ 建立一个"共生"双系统。找一个能为目前系统提供资源（比如信息、能量、物质、空间）的第二个系统，将两个系统组合成一个新系统，这样会使系统的主要功能和辅助功能操作简单化。

[例24]　小空间大方便的现代化办公桌椅：SixE（图 34-4-28）。

这张由 pearsonlloyd 设计的现代化办公桌椅 SixE，也就是一把凳子的大小，却能提供出几乎完美的办公环境，不管是手机、平板还是笔记本电脑，都能找到自己的位置，即便没有通常的办公桌，也能舒服地办公。SixE 的设计结合了时下办公用具的更新，考虑周到：台面配有文件、笔记本电脑和其他电子设备的储物间，而桌面上的缝，可以让平板和手机随心插，横竖都行；桌下那个可以旋转的圆环可以放水杯；椅背处设有挂钩，用来挂包。当不想看到恼人的工作的时候，那么便可将桌子旋转到椅背后面。

图34-4-28　现代化办公桌椅：SixE

[例25]　Tipi 模块化收纳系统（图 32-4-29）。

从印第安人易于携带的圆锥帐篷 Tipi 中获得灵感，设计团队 JOYNOUT 创建了同名的 Tipi 模块化收纳系统。锥形结构允许收纳架可以简单地组合，这一设计充分吸收了游牧人帐篷的要素"易用性"，让使用者可以轻松地将其转移、变化、拆卸和重组。而根据个人所需，它同时拥有开放式衣柜、书柜、杂物架、花盆架、甚至是写字台的功能。

图34-4-29　Tipi 模块化收纳系统

⑨ 合并具有相反功能的系统。把两个具有相反功能的系统组合起来，这样新系统实现的功能就能得到更准确的控制。

[例26]　反重力跑步机（图 34-4-30）。

据国外媒体报道，在马戏团和太空探索计划采用的一些技术的帮助下，越来越多的健身爱好者开始体验所谓的反重力健身，让这种健身方式成为一种新时尚。反重力健身能够减少过度使用的关节承受的重量，允许肥胖人群在无需面临较高受伤风险的情况下进行健身，燃烧身体的脂肪。美国全国连锁健身俱乐部 Equinox 曼哈顿分店经理史蒂芬-科索拉克为健身迷准备了一种名为"Alter-G"的反重力跑步机。目前，包括马拉松运动员和病态肥胖在内的很多客人都曾体验这种另类跑步机。科索拉克表示 Alter-G 采用了美国宇航局研发的技术，利用气压平缓地举起使用者。他说："如果能够通过改变重力效应减轻人的体重，我们便可让大量不同人群受益。"借助于反重力跑步机，马拉松运动员可以训练速度和耐力，同时减少受伤风险；老年人可以在减轻关节承受压力的情况下进行健身；肥胖人群也可以更轻松地减轻体重。科索拉说："在反重力跑步机上，肥胖客人可以体验到他们的目标体重，也就是让他们体验体重减少20lb、30lb 或者 40lb（约合 9kg、14kg 和 18kg）后的感觉。"实际上，瑜伽中也有反重力健身法，练习者使用吊床将身体悬挂起来，而后在瑜伽教练的指导下进行类似马戏团那样的练习。马修斯说："进行这种练习需要拥有足够的空间。集体练习时，会有 30 到 40 个人头朝下悬在房间中，因此必须确保安全。"

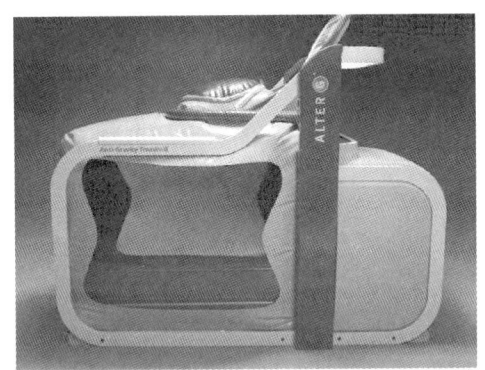

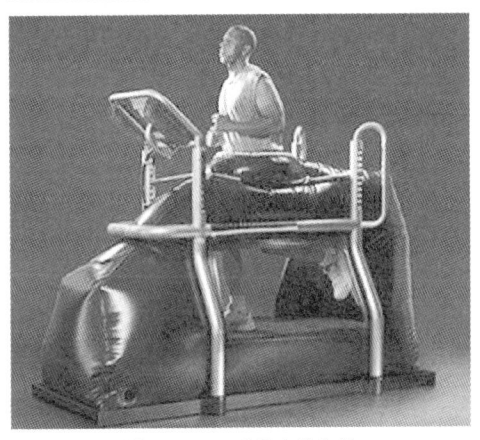

图 34-4-30　反重力跑步机

⑩ 应用"二元"原则。当一种材料即将失去它的有用性或要产生有害功能时，就可以将材料分成比较牢固或有害效应弱的元件，这些元件可以独立地储藏或运输，当需要的时候再重新组合。

[例 27]　水充电器（图 34-4-31）。

这是瑞典 myFC 公司发明的一种超级实用的新型充电器，可以为手机、相机等电子产品充电。而它所需仅仅是一勺子水，便可以产生维持 10h 手机使用电量。该产品可以和任何使用 USB 接口的设备兼容，并且对水要求很低，咸水、泥坑里的水均可。该产品基本上就是一个燃料电池，它工作的时候，首先得插入一块被称为燃料电池包（Fuel Pack）的东西，作为某种催化剂，然后加入水才能开始工作，并产生电力。

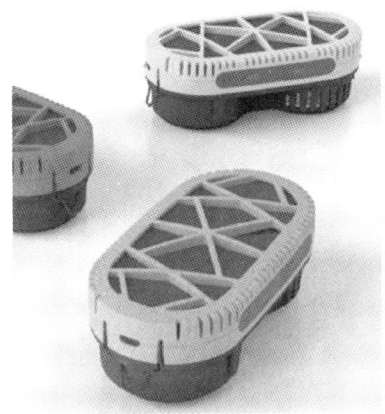

图 34-4-31　水充电器

2）建立一个多系统　建立一个多系统和建立双系统一样重要，而且，在很多情况下，建立一个多系统可以更好地实现系统的功能。作为一个设计人员，不仅要有效地建立一个双系统，更要掌握如何建立一个多系统，图 34-4-32 描述了建立一个多系统的方法。

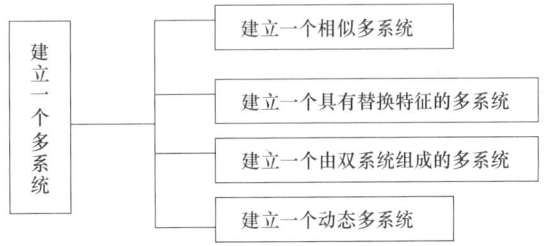

图 34-4-32　建立一个多系统

① 建立一个相似多系统。将几个（超过两个）相似物体或过程组合成一个新系统。这种新的多系统可能会使原始物体或过程所具有的功能更强，也可能产生一种新的功能（可能与原始功能相反）。

[例 28]　模块化多功能空间站帐篷：Pod Tents（图 34-4-33）。

就单个帐篷而言，其实和普通的帐篷没有太大的区别，除了一点，每个 Pod Tents 都带有 3 个"接口"，通过这些"接口"，帐篷与帐篷可以连接起来，变成一大片的星形结构帐篷区，而且帐篷与帐篷之间还有单独的、可以封闭的"连接走廊"，两个"接口"通过拉链连接在一起，就变成了"走廊"，而这"走廊"的两端，就是各自帐篷的拉链门，随时可以拉上，以获得相对的私密性。单个的 Pod Tents 有若干种大小，最大的可容纳 8 人，最小的可容纳 4 人，所以特别适合大队人马出动之用，将之连成片区之后，可以做到功能分区，一些帐篷用来住人，另外一些帐篷可以用来堆物，而且可以在帐篷内做到互通。

图 34-4-33　模块化多功能空间站帐篷：Pod Tents

② 建立一个具有替换特征的多系统。将几个（至少两个）具有相似特征的不同系统组合成一个系统。在这个多系统里，一个子系统总是补充或延伸另一个子系统的功能。

[例 29]　为分享而生的耳机插头（图 34-4-34）。

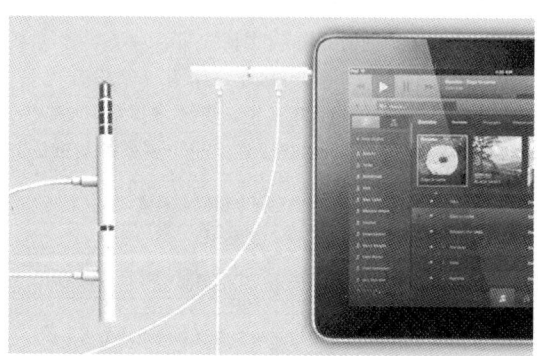

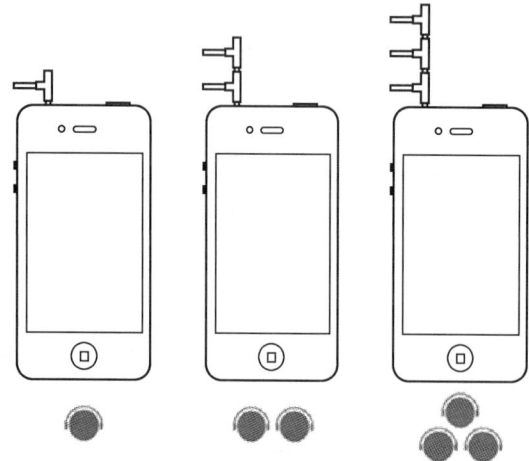

图 34-4-34　为分享而生的耳机插头

来自设计师 Daishao Yun 等人的创意，为分享而生的耳机插头（Easy Share），每一个插头，都自带一个耳机插孔，于是，如果所有的插头都是如此结构的话，那么，一个音源，比如说一个手机，其音乐将可以无限地分享下去。

③ 建立一个由双系统组成的多系统。将两个或多个双系统组合成一个多系统，其中每个双系统都是由两个相似系统（或具有不同特性的系统、相互竞争的系统、可选择的系统等）组成。

[例 30]　制作一个微丝电容器。

在直径为 $50\sim100\mu m$ 的电线上涂上一层玻璃后就得到了所谓的微丝。如果将成千上万的这种微丝段捆扎在一起，那么就可以形成一个具有高电压的电容器。问题是只有将细小的微丝头连接起来才能成为一个电容器。

为了实现这个目的，我们可以将很长的铜微丝和很长的镍微丝一起缠绕在短且粗的线轴上。将缠好的线切断，这样就露出了金属丝端部的切面。一端浸入一种可以溶解铜但不能溶解镍的反应物里，剩余的镍丝头焊接在一起形成了一个电容器。然后将另一端浸入一种可以溶解镍但不能溶解铜的反应物里，剩余的铜丝就会焊接起来，这样一个电容器就制成了。

④ 建立一个动态多系统。考虑如何建立一个动态多系统？也就是说这个系统是由相互独立的分散物体组成。

[例 31]　世界上最轻的金属（图 34-4-35）。

该项技术是美国波音公司的一个新科技，世界上最轻的金属，把它放在手上，你吹口气就能让它飞起

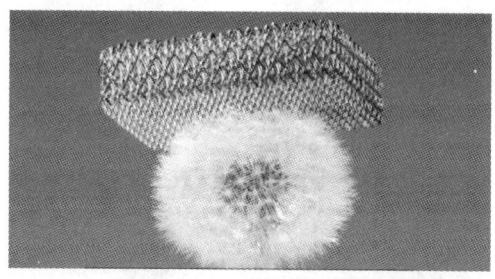

图 34-4-35　世界上最轻的金属

来，但是如果用它包裹鸡蛋，却能让鸡蛋从25楼摔下而不破。当然，与其说它是最轻的金属，不如说它是最轻的金属结构。研究人员把这种金属结构称为微晶格金属，这是一种三维开放蜂窝聚合物结构，这个结构中99.99%都是空气，就像骨头，表面是坚硬的结构，但如果你把骨头从中间切开，就会发现中间其实是空的，内部是一些蜂窝状的结构。波音的这个金属也是这样，只是尺寸要微小得多，每一根这样的骨头，其管状壁的厚度只有100nm，只有人类头发的1/1000。这样的结构带来两个好处，首先就是轻，从图34-4-36可以看到，它甚至能飘在蒲公英上面；其次就是可压缩性，该金属看上去就像是一个弹簧床垫，可以压扁，然后一松手就又能恢复原状，所以用它来包裹鸡蛋，能让鸡蛋从25楼摔下而不破。

（6）进化模式6：系统元件匹配和不匹配的交替出现

这种进化模式可以被称为行军冲突。通过应用时间分离原理就可以解决这种冲突。在行军过程中，一致和谐的步伐会产生强烈的振动效应。不幸的是，这种强烈的振动效应会毁坏一座桥。因此，当通过一座桥时，一般的做法是让每个人都以自己正常的脚步和速度前进，这样就可以避免产生共振。

有时候制造一个不对称的系统会提高系统的功能。

具有6个切削刃的切削工具，如果其切削刃角度并不是精确的60°，比如分别是60.5°、59°、61°、62°、58°、59.5°，则这样的一种切削工具将会更有效。因为这样就会产生6种不同的频率，避免加强振动。

在这种进化模式中，为了改善系统功能，消除系统负面效应，系统元件可以匹配，也可以不匹配。一个典型的进化序列（如表34-4-2）可以用来阐明汽车悬架系统的发展。

表34-4-2　汽车悬架进化序列

进化序列	实　　例
不匹配元件	拖拉机的车轮在前边，履带在后边
匹配元件	一辆车上安装四个相同的车轮
匹配不当元件	赛车前边的轮子小，后边的轮子大
动态的匹配和不匹配	豪华轿车的两个前轮可以灵活转动

［例32］　早期的轿车采用板簧吸收振动，这种结构是从当时的马车上借用的。随着轿车的进化，板簧和轿车的其他部件已经不匹配，后来就研制出了轿车的专用减振器。

（7）进化模式7：由宏观系统向微观系统进化

技术系统总是趋向于从宏观系统向微观系统进化。在这个演变过程中，不同类型的场可以用来获得更好的系统功能，实现更好的系统控制。从宏观系统向微观系统进化有图34-4-36所示的7阶段。

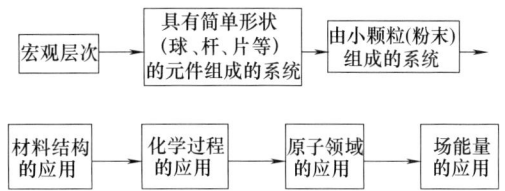

图34-4-36　从宏观系统向微观系统进化的7阶段

烹饪用灶具的进化过程可以用表34-4-3所列4个阶段进行描述。

表34-4-3　烹饪用灶具的进化过程

序号	进化过程
1	浇注而成的大铁炉子，以木材为燃料
2	较小的炉子和烤箱，以天然气为燃料
3	电热炉子和烤箱
4	微波炉

表34-4-4所列7个阶段可以阐明房屋建筑行业的演变过程。

表34-4-4　房屋建筑行业的演变过程

序号	演变过程
1	宏观层次——许多原木
2	基本外形——许多木板
3	小的片状结构——片状薄木板
4	材料结构——木头屑
5	化学——回收利用塑料板和塑料件
6	原子——空气支持的圆顶屋
7	能量场——运用磁场排列铁粒子以形成墙

碳元素能够组成很多物质，包括钻石、巴克球、纳米管、碳纤维均已展示了碳作为"第六元素"的力量和荣耀。现在，石墨烯（Graphene）正在以另一种有用而独特的方式延续碳的神奇。石墨烯是由单层碳原子构成的二维晶体，也是目前世界上最薄的材料——几片放在一起的直径只有一个原子大，令其看上去是透明的。有一天，石墨烯可能会在大多数电脑应用中取代硅芯片和铜连接器（copper connector），但其真正的潜力在于基于量子的电子设备，这种设备将来会使我们的电脑看上去就像是原始的蒸汽动力工具（图34-4-37）。

所谓的"巴基球"是由60到100个碳原子构成的球形笼状中空结构分子，其结构与网格球顶类似，硬度则超过钻石。之所以被称为"巴基球"是为了纪念已故建筑界幻想家巴克明斯特·富勒

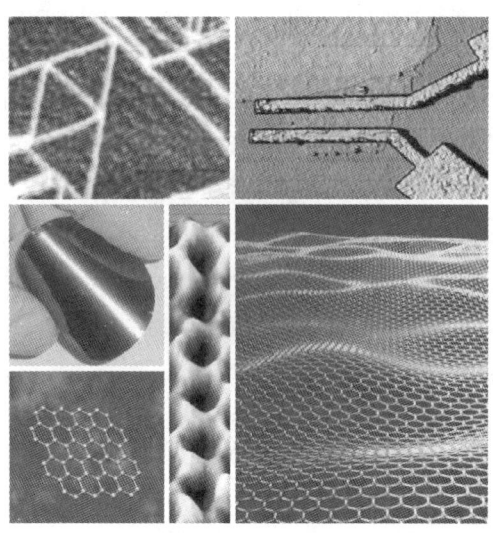

图 34-4-37　石墨烯

(Buckminster Fuller)。现在，科学家已能够将其他原子嵌入巴基球，使其成为更为强大的"载运者"。随着研究的进一步深入，直接将纳米强效药送入体内肿瘤将成为一种可能（图 34-4-38）。

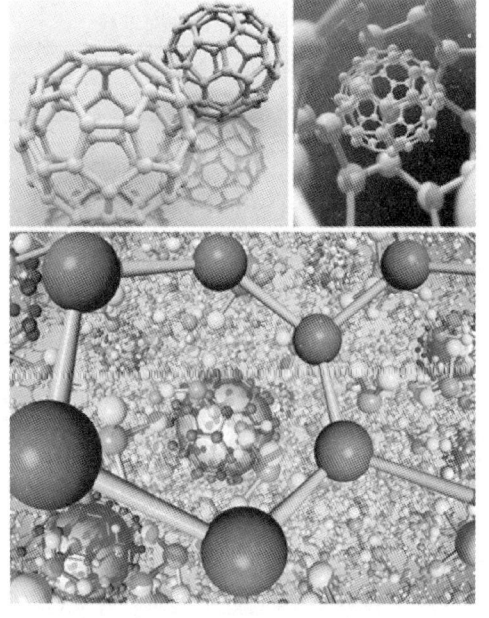

图 34-4-38　巴基球

当功能设计从宏观层次向微观层次演化时，系统体积的大小没有必要减小。随着实现功能的每个子系统变小，更多的功能都被集成起来。能实现更多功能的新系统可能会比任何一个子系统都要大。比如，比起原始的点阵打印机，激光打印机就有更多的点距，这是因为后者合并了一些附加功能。

（8）进化模式 8：提高系统的自动化程度，减少人的介入

不断的改进系统，目的是希望系统能代替人类完成那些单调乏味的工作，而人类去完成更多的脑力工作。

[例 33]　一百年以前，洗衣服就是一件纯粹的体力活，同时还要用到洗衣盆和搓衣板。最初的洗衣机可以减少所需的体力，但是，操作需要很长的时间。全自动洗衣机不仅减少了操作所需的时间还减少了操作所需的体力。

（9）进化模式 9：系统的分割

八种进化模式导致产品不同的进化路线。通常，一个系统从其原始状态开始沿着模式 1 和模式 2 进化，当达到一定水平后将会沿着其余六种模式进化。每种模式都存在多条进化路线，按 Zusman 的介绍，直接进化理论已经确定了 400 多条进化路线。每条进化路线都是从结构进化的特点描述产品核心技术所处的状态序列。

在进化过程中，技术系统总是通过各种形式的分割实现改进。一个已分割的系统会具有更高的可调性、灵活性、有效性。分割可以在元件之间建立新的相互关系，因此，新的系统资源可以得到改进。

以下几种建议可以帮助人们快速实现更有效的系统分割（图 34-4-39）。

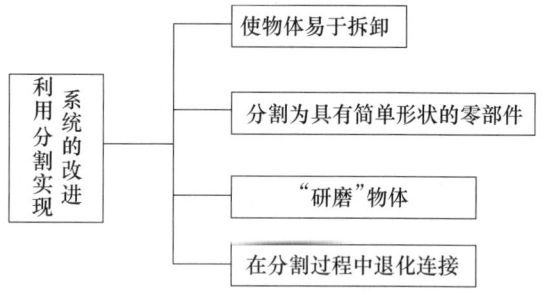

图 34-4-39　分割的几种方法

① 使物体易于拆卸。尽量使物体易于拆卸。如果可能的话，使用现存的标准件装配整个零部件。

[例 34]　模块化手机（图 34-4-40）。

对比起别的模块化手机，PuzzlePhone 的设计可行性非常高，就分为了三部分。Brain（大脑）：CPU，GPU，RAM，ROM 还有主摄像头都在这个模块上，用户可以根据自己的需要自由选择，更新换代会比较快；Spine（脊柱）：几乎就是整个手机的骨架，屏幕和一些耐用的元器件整合在该模块，更新频率较慢；Heart（心脏）：简单地说就是一大块电池加上部分电子元件，用户可随时更换；（算是一个可更换电池设计）。

低能态变成高能态，而放电则相反。

④ 在分割的过程中退化连接。分割可以发生在表 34-4-5 所示发展进程中。

表 34-4-5 分割出现的情况

序号	分割出现的情况
1	建立内部的局部障碍物（比如隔离物、栅格、过滤器）
2	建立完全障碍物
3	局部分离已分割的物体零部件，保持相互之间的刚性或动态连接
4	将一个物体分割成两个相互独立的零部件，它们之间是刚性或动态的连接
5	将系统已分割元件之间的机械连接转换为一种场连接
6	调整物体或系统分割元件之间的相互关系，以与先前的方法和策略保持一致
7	通过分割完成元件的分离（比如创建一个"零连接"系统）

图 34-4-40 模块化手机

② 分割为具有简单形状的零部件。考虑将物体分割为具有简单几何形状（比如板、线、球）的元件。

［例35］ 逐层堆积而成的绕线组铁芯可以减少损失。

早期的发动机工作效率很低。发电机绕线组的实铁芯产生的涡电流使得铁芯发热，从而浪费了很多能量。

爱因斯坦建议的解决方法至今还在广泛应用中。发电机绕线组的铁芯是由层层钢板叠起来的，每个钢板都涂上了绝缘漆以防止钢板之间涡电流的传递。

③ "研磨"物体。考虑将一个物体裂解（比如研磨、磨削）成具有高度分散性的元件，比如，粉末、浮质、乳化或悬浮物质。

［例36］ 快速充电的量子电池（图 34-4-41）。

智能终端随着性能越来越强都面临着续航不足的严重问题。现有的锂电池技术恐怕已经很难有所突破，容量越来越大带来了体积增加同时安全系数降低，也不环保。最近研究人员开发了一种量子电池技

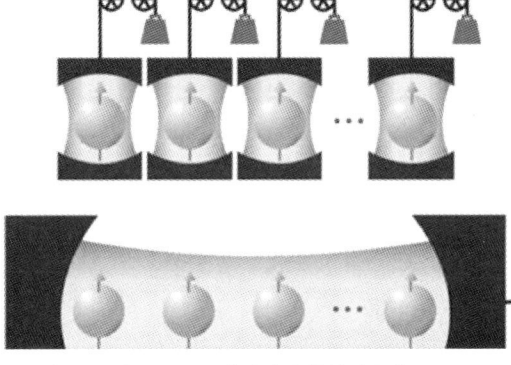

图 34-4-41 快速充电的量子电池

术，可以取代锂电池。多量子比特相互纠缠而产生的"量子加速"可以加速充电过程，用量子电池充电比传统电池更快。量子电池内的量子比特可以为离子、中性原子、光子等多种形态，充电表示将量子比特由

［例37］ 萌萌的插线板（图 34-4-42）。

随着《变形金刚》的风靡全球，各种电子设备似乎也感受到了火种源的强大能量，变得不安分了起来。就如 Movable Power，明明就只是个插线板，但是突然也能变形了。Movable Power 的结构其实非常简单，就是将若干个单头插座通过一个可活动的"8"字形连接板连接在一起，现在，它们可以任意扭动弯曲，既能收拢在一起，也能顺着墙角或者家具蜿蜒，最大限度地利用空间。而且，虽然图中所示是 6 个单头插座的组合，但是结构决定了它理论上是能够无限增加个数的，这无疑大大地扩展了 Movable Power 可能的使用范围，比如说，可以用它环绕电脑机箱一圈，以应付越来越多的外设。

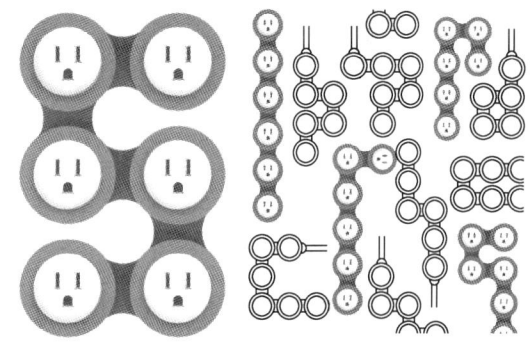

图 34-4-42 萌萌的插线板

［例38］ 带 USB 充电口的全能电源转接头（图 34-4-43）

每次踏出国门前，除了查找攻略置换钱币与前往国提前接轨外，准备适应该国的电源转换头也是

非常重要的一步。现在数码设备很多,为了避免出门忘带电源转换头,人们十分需要一个万能电源插头。如果一个电源转换头,还能自带几个USB接口就更方便了。

图 34-4-43　带 USB 充电口的全能电源转接头

(10) 进化模式 10:系统进化从改善物质的结构入手

在进化过程中,技术系统总是通过材料(物质)结构的发展来改进系统。结果,结构就会变得更加一致。

以下几种建议可以帮助人们更有效地改进物体结构,如图 34-4-44 所示。

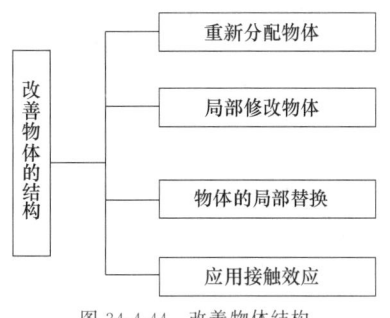

图 34-4-44　改善物体结构

① 重新分配物体。增加系统或过程有效性的一种方法是用一种不均匀的元件或材料代替均匀的元件或材料。另一种方法是将具有混乱结构的元件或材料转变为具有清楚结构的元件或材料。清楚结构可以通过应用场(力、效应或动作)来获得。

[例 39]　可以分解的汽车(图 34-4-45)。

这款车给人的第一感觉是科幻、未来。它的最大的特点是,后面的两个轮子可以变成两台独立的摩托车。

② 局部修改物体。通过局部修改,可以使一种材料或部件变得更加不均匀。

[例 40]　金属卷轴的离心浇铸法。

在金属卷轴的制造过程中,有必要使金属卷轴的

图 34-4-45　可以分解的汽车

表面尽可能坚硬,而轴芯部分必须保持一定的韧性。

为了满足这种要求,卷轴可以应用离心浇铸法来加工:在旋转的铸型里注入含有高浓度铬的熔钢,这样就能生成卷轴高强度的表层。当卷轴的表面变硬后,在铸型里注入一种韧性金属,形成卷轴的轴芯。

③ 物体的局部替换。通过以下方法可以使材料更加不均匀:用一种"虚空"代替材料的一部分;或者引入附加材料层。

[例 41]　双头图钉(图 34-4-46)。

图 34-4-46　双头图钉

原来的图钉揉碎了重塑,平面拉出一点便于捏握,钉子增加一枚便于摁压,同时将钉子材质为硬质弹簧钢,硬度提升了 42%……无论钉贴什么内容,只需捏住图钉单手摁下,双钉均分手指力量更易插

入，而且只需一枚图钉，任意角度张贴内容。

④ 应用接触效应。为了增强含有不均匀物体的系统或过程的操作效率，可以通过在不同范围内产生效应的接触获得。

[例42] U形的输液袋。

U形输液袋（Nu-Drip）：将输液袋更改成了颈枕一般的U字造型，好处在于，仍然可以像通常的输液袋一样挂在杆子上，但在需要移动的时候，把它直接往脖子上一套就能出发，再不需要像以前一样必须要拉根担架才行。

（11）进化模式11：系统元件的一般化处理

在进化过程中，技术系统总是趋向于具备更强的通用性和多功能性，这样就能提供便利和满足多种需求。这条进化模式已经被"增加系统动态性"所完善，因为更强的普遍性需要更强的灵活性和"可调整性"。

以下几种建议可以帮助人们以更有效地方法去增加元件的通用性（图34-4-47）。

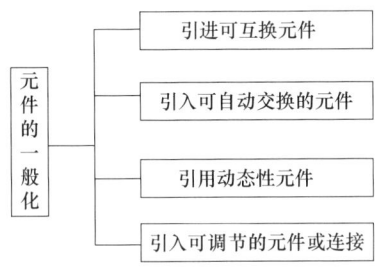

图34-4-47　增加元件通用性的方法

① 引进可互换元件。通过使用可相互调整的元件使系统具备更强的通用性。

[例43] 一款可伸缩茶几：Sinan Table（图34-4-48）

来自纽约设计师 Ian Stell 的创意，Sinan Table 是一款可伸缩茶几——必须指出，这不是一款简洁的作品，但却因为这种复杂，带来了一种让人着迷的力量：茶几采用了某种复杂的铰链结构，让它就像是某种可伸缩的自动门一样，却又更加安静和顺滑……

图34-4-48　一款可伸缩茶几：Sinan Table

② 引入可自动交换元件。装配系统或过程需要的元件，然后，规划元件工作的先后顺序。

[例44] 程序化元件。

在人工操作六角车床上，每个转头都包括一种不同的工具，操作者旋转转头以使用第一个工具，然后是另一个。

在一个自动化机械车间，工具的交替使用已经程序化，这个程序是控制整个车间操作的主要组成部分。

③ 引用动态性元件。使系统或过程具有使自身元件在形状/特性方面程序性改变的能力。

[例45] 钢筋水泥中的天空之城（图34-4-49）。

阿根廷女设计师 Aldana Ferrer Garcia 将居室的窗户进行改造推出的 More Sky 计划，相比现有推拉窗，可推拉放大出一大块延展空间。当你躺在这样的空间里观景，徒增了一种私密感和与自然拥抱的力量。设计方案提供了三种延展方式：上推、下推与平转。

图34-4-49　钢筋水泥中的天空之城

④ 引入可调节的元件或连接。考虑一下引入可调整元件或连接可能性的大小。

[例46] 用滑动轴承连接的双体船。

所谓的双体船就是有两个船体（一个相似双系统），稳定性很高。把两个船体紧紧的绑在一起，就会限制双体船的操作灵活性。事实上，我们可以用滑动联轴器连接这两个船体，当需要增加可操作性时，滑动联轴器就可以适当地调整两船体之间的距离以增加可操作性。

进化路线指出了产品结构进化的状态序列，其实质是产品如何从一种核心技术移动到另一种核心技术，新旧核心技术所完成的基本功能相同，但是新技术的性能极限提高，或成本降低。即产品沿进化路线进化的过程是新旧核心技术更替的过程。基于当前产品核心技术所处的状态，按照进化路线，通过设计，可使其移动到新的状态。核心技术通过产品的特定结构实现，产品进化过程实质上就是产品结构的进化过程。因此，TRIZ中的进化理论是预测产品结构进化的理论。

应用进化模式与进化路线的过程为：根据已有产品的结构特点选择一种或几种进化模式，然后从每种模式中选择一种或几种进化路线，从进化路线中确定新的核心技术可能的结构状态。

4.3 技术成熟度预测方法

知道自己产品技术成熟度是一个企业制定正确决策的关键。但事实上，很多企业的决策并不科学。Ellen Domb 认为："人们往往基于他们的情绪与状态来对其产品技术成熟度作出预测，假如人们处于兴奋状态，则常把他们的产品技术置于'成长期'，如果他们受到了挫折，则可能认为其产品技术处于退出期"。因此，需要一种系统化的技术成熟度预测方法。

Altshulletr 通过研究发现：任何系统或产品都按生物进化的模式进化，同一代产品进化分为婴儿期、成长期、成熟期、退出期四个阶段，这四个阶段可用简化后的分段性 S 曲线表示。其优越性就是曲线中的拐点，容易确定［图 34-4-1（b）］。

确定产品在 S 曲线上的位置是 TRIZ 技术进化理论研究的重要内容，称为产品技术成熟度预测。预测结果可为企业 R&D 决策指明方向：处于婴儿期及成长期的产品应对其结构、参数等进行优化，使其尽快成熟，为企业带来利润；处于成熟期与退出期的产品，企业在赚取利润的同时，应开发新的核心技术并替代已有的技术，以便推出新一代的产品，使企业在未来的市场竞争中取胜。

TRIZ 技术进化理论采用时间与产品性能、时间与产品利润、时间与产品专利数、时间与专利级别四组曲线综合评价产品在图 34-4-51 中所处的位置，从而为产品的 R&D 决策提供依据。各曲线的形状如图 34-4-51 所示。收集当前产品的相关数据建立这四种曲线，所建立曲线形状与这四种曲线的形状比较，就可以确定产品的技术成熟度。

当一条新的自然规律被科学家揭示后，设计人员依据该规律提出产品实现的工作原理，并使之实现。这种实现是一种级别较高的发明，该发明所依据的工作原理是这一代产品的核心技术。一代产品可由多种系列产品构成，虽然产品还要不断完善，不断推陈出新，但作为同一代产品的核心技术是不变的。

一代产品的第一个专利是一高级别的专利，如图 34-4-50 中的"时间-专利级别曲线"所示。后续的专利级别逐渐降低。但当产品由婴儿期向成长期过渡时，有一些高级别的专利出现，正是这些专利的出现，推动产品从婴儿期过渡到成长期。

图 34-4-50 中的"时间-专利数"曲线表示专利数随时间的变化，开始时，专利数较少，在性能曲线的第三个拐点处出现最大值。在此之前，很多企业都为此产品的不断改进而投入，但此时产品已经到了退出期，企业进一步增加投入已经没有什么回报。因此，专利数降低。

图 34-4-50 中的"时间-利润"曲线表示：开始阶段，企业仅仅是投入而没有赢利。到成长期，产品虽然还有待进一步完善，但产品已经出现利润，然后，利润逐年增加，到成熟期的某一时间达到最大后开始逐渐降低。

图 34-4-50 中的"时间-性能"曲线表明，随时间的延续，产品性能不断增加，但到了退出期后，其性能很难再有所增加。

如果能收集到产品的有关数据，绘出上述四条曲线，通过曲线的形状，可以判断出产品在分段 S 曲线上所处的位置。从而，对其技术成熟度进行预测。

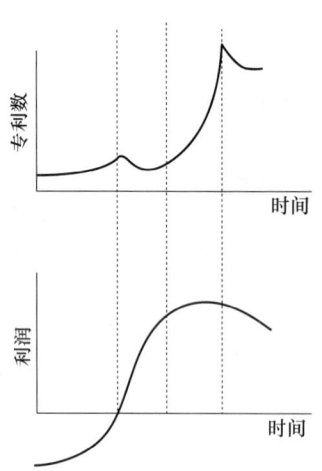
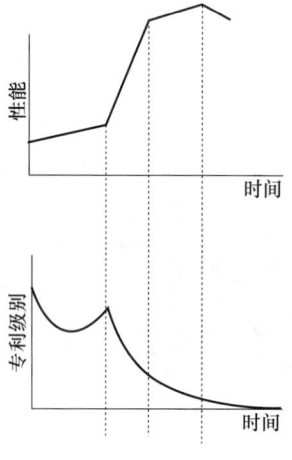

图 34-4-50　技术成熟度预测曲线

4.4 工程实例分析

4.4.1 系统技术成熟度实例分析

（1）工程实例1：滚筒型纺纱机械技术成熟度预测分析

纺织机械是一种典型的机械系统。企业的R&D部门需要制订长期的新产品开发策略。纺织机械很复杂，在其能被销售之前，需要很长的开发时间，因此，需要确定预算及开发方向。错误的方向不仅导致短期效益的损失，更重要的是与竞争者的技术产生巨大的差距，这对任何企业的发展都是致命的。下面简单分析滚筒型纺纱机的技术成熟度。

首先，从专利库中查出与该机器相关的238件专利，对每件专利进行详细的分析并确定其发明的级别。专利按10年分为一组，其性能确定为转子的速度，该速度相对于纤维长度与滚筒直径之比有一理论极限。效益不易获得，但可用所售出的全部设备台数近似估计。

图34-4-51是时间与专利数的关系曲线。时间从1940年开始。图34-4-52是时间与专利级别关系曲线。图34-4-53是时间与性能关系曲线。图34-4-54是时间与机器在世界市场上售出的台数关系曲线。图34-4-55是各种曲线的汇总。由汇总图可以看出：到1996年，产品的技术已经处于成熟期。

图34-4-55的预测结果表明，被预测的产品技术已经处于成熟期，企业虽然可以继续生产该产品并获得利润，但必须进行产品创新，寻找新的核心技术替代已经采用的技术，以使企业在未来的竞争中取胜。为了寻找新的核心技术，可按11种进化模式去探索，现以其中的一种模式来说明。

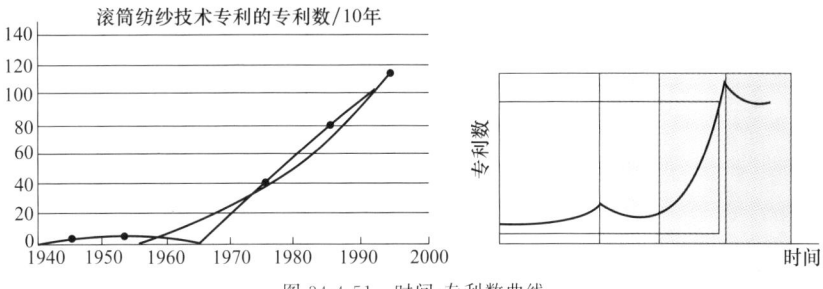

图34-4-51 时间-专利数曲线

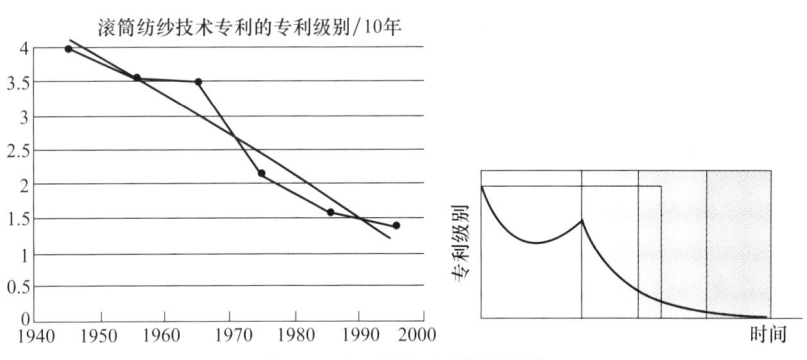

图34-4-52 时间-专利级别曲线

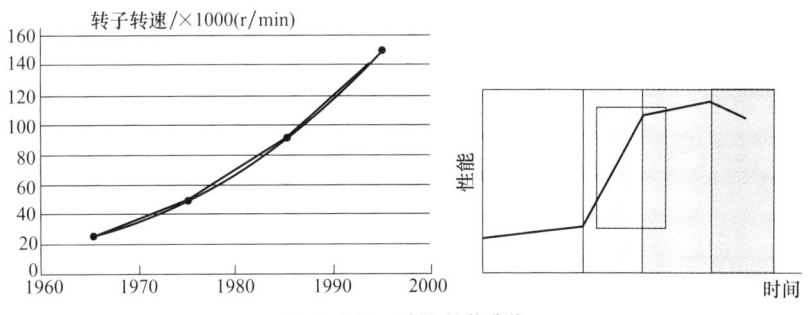

图34-4-53 时间-性能曲线

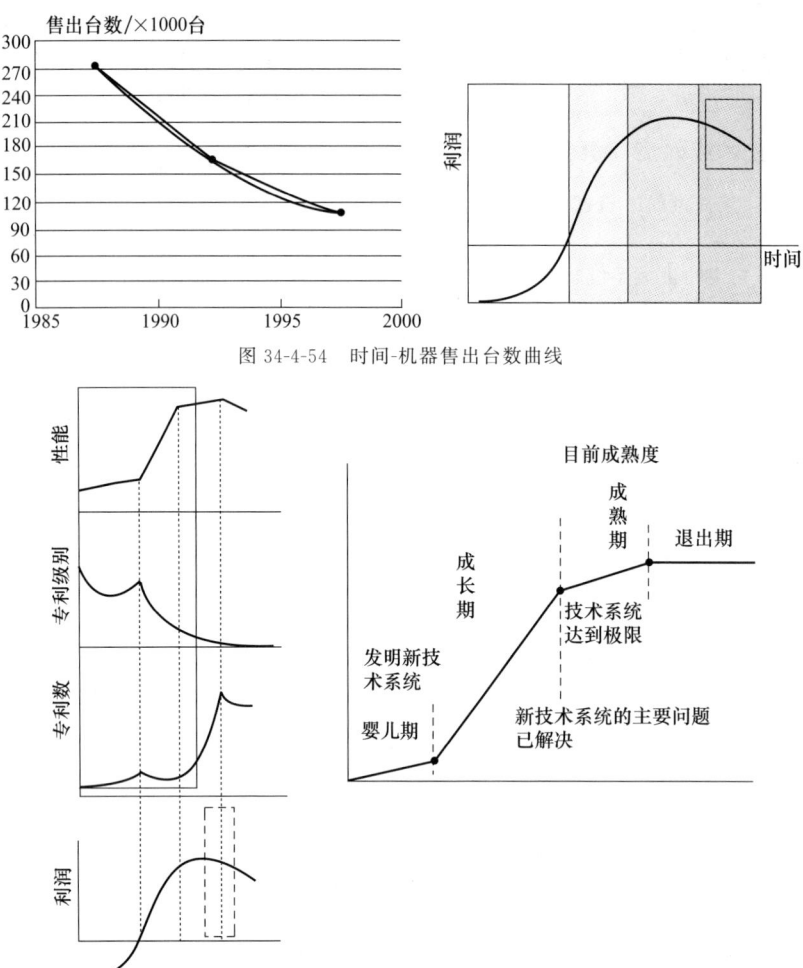

图 34-4-54 时间-机器售出台数曲线

图 34-4-55 滚筒式纺纱机技术预测

假定按进化模式 4，即增加动态性及可控性确定寻找新的替代技术的可能方向。模式 4 可分为五条路线：使物体的部分零件可以运动，增加自由度个数，变成柔性系统，变成微小物体和变成场。图 34-4-56 是增加动态性的进化路线。

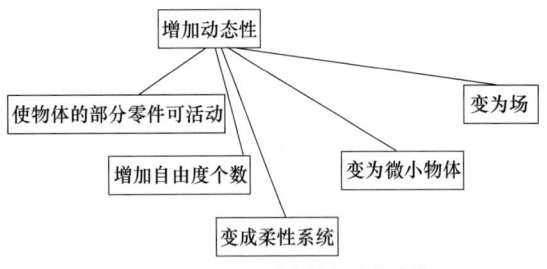

图 34-4-56 增加动态性的进化路线

按第一条路线，滚筒式纺纱机的核心部件是纱箱与滚筒，后者已是活动的零件，因此，按该路线的进化已经完成。

第二条路线应增加自由度的个数。前者的平动是可以增加的一个自由度，该自由度可以在机器纺纱过程中或调整时采用。

第三条路线为使系统的某一部分变为柔性体。用柔性材料制造的滚子还不存在。

第四条路线是使滚子变为微小物体，这似乎不能实现。

第五条路线是采用场。静电纺纱技术已经进行过研究，前景并不乐观。早期的涡流纺纱机采用气体抽纱，纱线质量并不理想，新兴的纺纱机采用空气射流技术，纱线质量提高。从上面的分析可以看出：采用第五条路线，研究当前已有技术，可能获得本产品新的核心技术——气流纺纱。

（2）工程实例 2：超声波焊接技术成熟度预测分析

超声波焊接技术可以实现不同工件（热塑性塑料或金属）的焊接，和传统的焊接技术相比，超声波焊接更快、更安全。高频电能被转换为高频机械能，这种高频机械能同时直接作用在即将被焊接的工件上。实际上，这种高频机械能是一种往复循环的纵向运动，其循环次数为每秒 1500 次。在强制力的作用下，高频机械能通过电极尖端被传递到工件上，这样就在两工件的接触面上产生了大量的摩擦热，进而两工件就在理想的位置熔接。停止压力和振动后，工件就会凝结在一起，成为一个焊接件。很多因素都有利于形成一个完好的焊缝，但是正确权衡振动的振幅、时间、压力三者之间的对比关系仍然很有必要。该项焊接技术已经广泛应用于许多焊接行业。下面简单分析超声波焊接技术成熟度。

通过确定目前技术系统在图 34-4-50 四条曲线上的位置进而预测该技术系统在其 S 曲线上的位置。

收集数据建立四条曲线中的三条，预测超声波焊接技术的成熟度。

1）专利数　搜集世界领域内的相关发明专利，这些专利范围为：超声波焊接技术及其外围技术设备，超声波焊接的相关技术（如超声波焊和，超声波结合，超声波连接）。收集整理数据绘制时间-专利数曲线（图 34-4-57）。

从图 34-4-57 中可以清楚地看到：该领域的专利数随时间有逐渐下降的趋势，直到 20 世纪 90 年代才有了上升的趋势。

2）专利级别　对专利进行分析，确定每项专利的级别，这里的专利分为 5 个等级，从第一级（最低级别）一直到第五级（最高级）。超声波焊接技术的最初专利级别很高，因为这种焊接技术在当时的焊接领域内是一种全新的设计。随着时间的推移，专利级别逐渐降低。目前超声波焊接技术的专利级别在第一级和第二级之间徘徊。通过分析所收集到的数据，描绘出时间-专利级别曲线。如图 34-4-58 所示。

3）利润　由于缺少相关的数据，所以要准确地描绘出利润-时间曲线似乎是不可能的，所以，可以这样假想：超声波焊接技术的专利数（与用在时间-专利数曲线上的专利不同，这里指改善超声波焊接技术所获专利）与利润成比例。如图 34-4-59 所示，从 20 世纪 90 年代一直到现在，利润有明显的上升趋势。

4）数据分析　将所描绘的图形与标准的技术成熟度预测曲线相对比，就可以确定当前超声波技术在其 S 曲线上的位置。

5）专利数曲线　技术成熟度预测曲线上有两处和实绘图相符合，通过进一步的分析发现第一处比第二处更符合一些，如图 34-4-57 所示。

6）专利级别曲线　技术成熟度预测曲线上有两处和实绘图相符合。然而，第二处更符合一些，因为第一处的曲线达到一定水平时开始有回升的趋势，而实绘图仍然保持下降趋势，如图 34-4-58 所示。

7）利润曲线　在这组对比中，预测曲线和实绘曲线之间的关系很明确，如图 34-4-59 所示。

通过对上面 3 条实绘曲线的分析，可以看出超声波焊接技术在实绘曲线的相同位置和标准成熟度预测曲线有着相似的进化趋势，可以推出性能曲线上与标准曲线相似的位置，进而，在 S 曲线上的位置也就可以外推出来了，如图 34-4-60 所示。

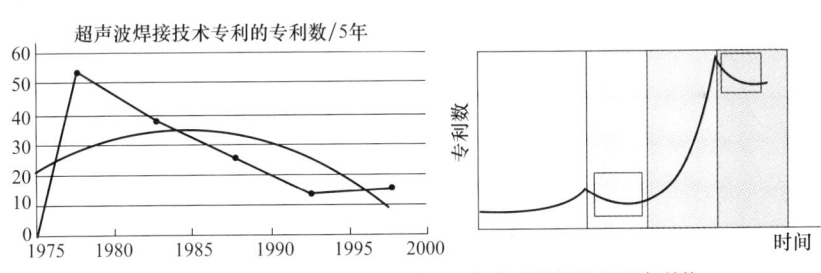

图 34-4-57　从 1976 年至 1998 年之间超声波焊接的发明专利数

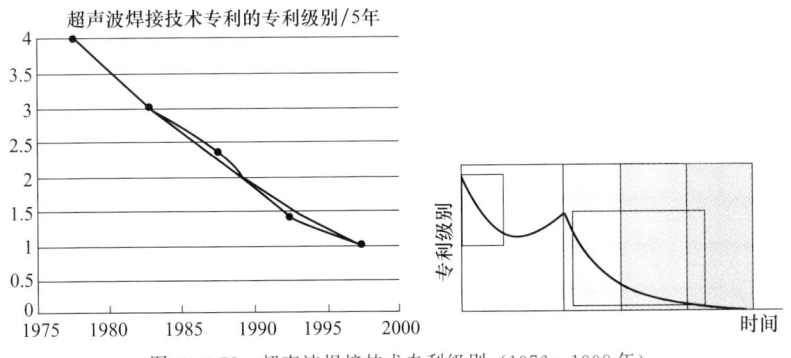

图 34-4-58　超声波焊接技术专利级别（1976～1998 年）

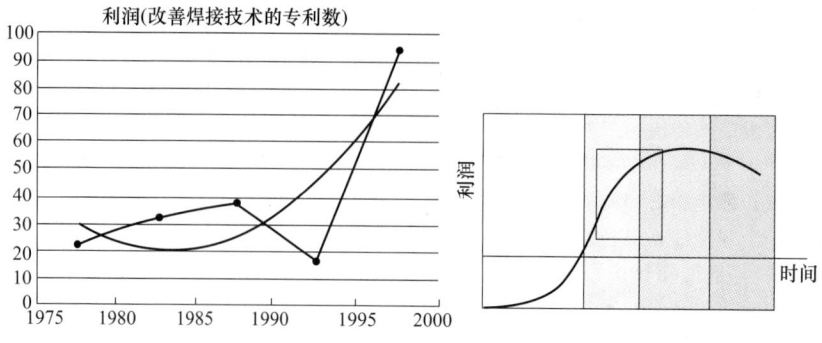

图 34-4-59 超声波技术利润曲线（1976~1998 年）

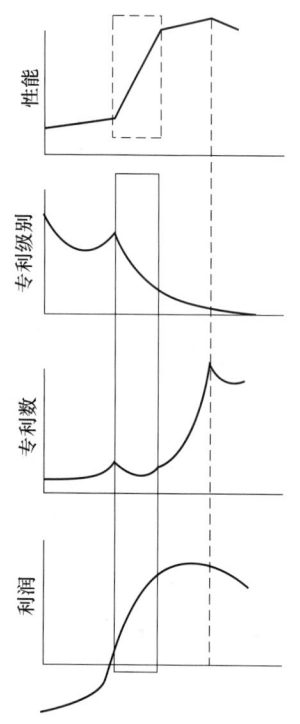

图 34-4-60 超声波技术成熟度预测分析

通过一系列的分析表明，超声波技术在 1998 年时预测即将进入或者正在进入成熟期。目前，对该项技术已经提出了更多的要求，而且这种趋势很有可能继续下去。超声波焊接技术是一种多功能的技术，有很多切实可行的应用实例。为了获取大量的利润，已经投入了大量的资源，以促进其成熟。当然和很多技术系统一样，当其进入成熟期后，不可避免地要经历一个衰落阶段，那个时刻，焊接领域的任何一种突破都有可能发生，一条新的 S 曲线就会开始。

(3) 工程实例 3：DVD 技术成熟度预测分析

DVD（数字化视频光盘）技术是一种新的集成光盘技术。对于提高电子产品，计算机产品的功能有着不可忽视的作用。DVD 技术将逐渐替代大量的相互独立的技术。比如 DVD-ROM 替代了 CD-ROM，DVD-Audio 替代了 CDs，DVD-V 替代了 CDs，除此之外，还有两项新的 DVD 技术已经问世。下面就以 DVD 技术为例，对其进行技术成熟度预测分析。

1）专利数 可以从美国专利商标局（USPTO——U. S. Patent and Trademark Office）获得 DVD 技术的相关专利。根据这些基本的数据，以年为单位，作出时间-专利数曲线图。如图 34-4-61 所示。

2）专利级别 对所收集专利进行了详尽的分析，以年为单位，做出了时间-专利级别曲线，如图 34-4-62 所示。

3）性能 用 DVD 的存储容量来描述其性能。对一种新版本的 DVD，其存储容量可以从 4.7GB 增长到 17GB。时间-存储容量曲线如图 34-4-63 所示。

4）利润 DVD 的销量可以用来估算 DVD 技术所创造的利润。其销售量可以从有关部门获取。以年为单位，时间与销售量曲线如图 34-4-64 所示。

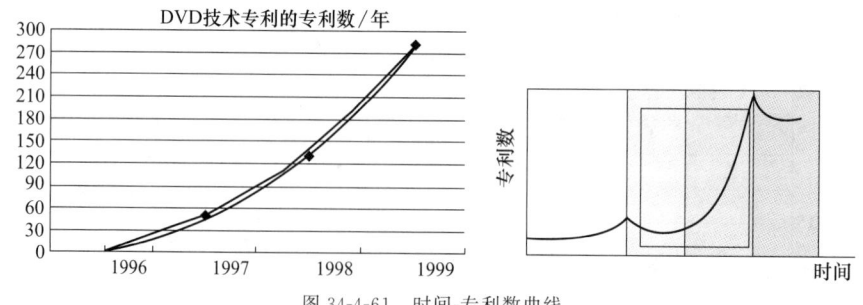

图 34-4-61 时间-专利数曲线

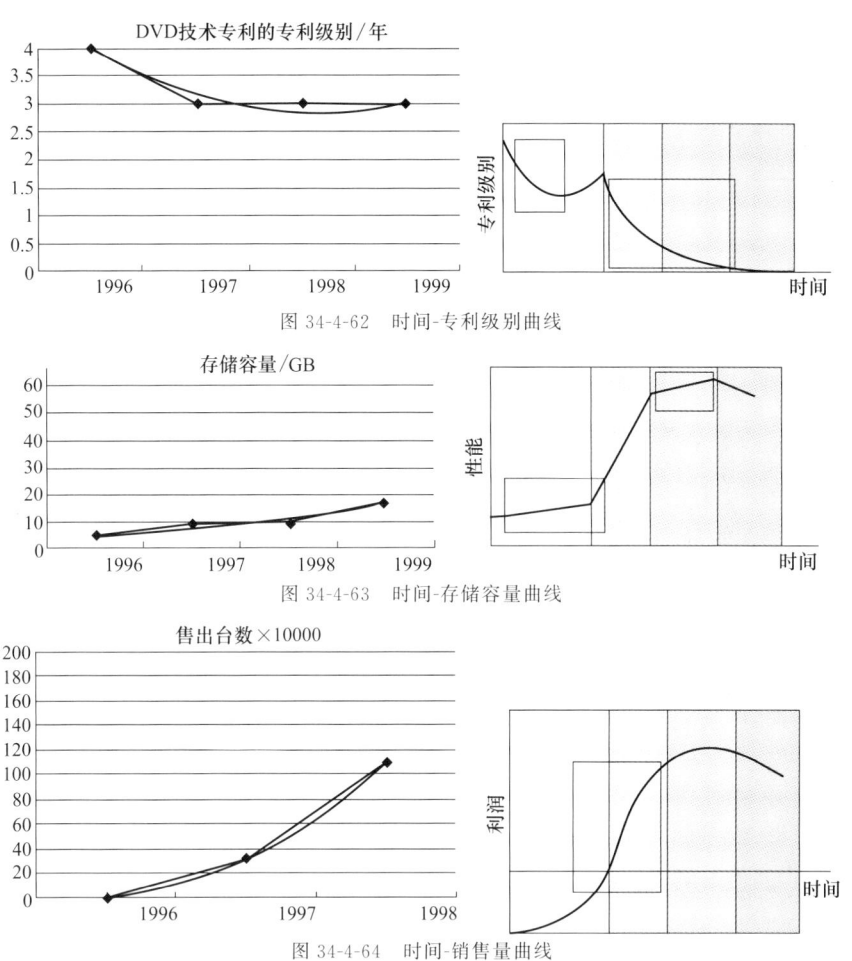

图 34-4-62　时间-专利级别曲线

图 34-4-63　时间-存储容量曲线

图 34-4-64　时间-销售量曲线

通过以上的分析，可以看出 DVD 技术在 1998 年正处于成长发展阶段，表明该项技术还没有像光盘技术和激光影碟技术一样进入退出期，作为相关企业应该投入大量资源，促进其快速发展，给企业创造大量的利润。

4.4.2　技术进化模式的典型实例分析

(1) 工程实例 1：可变焦镜头系统的进化

在实际生活中经常可以见到传统的可变焦镜头系统，它是一种具有光学结构的多元件系统，调节元件之间的轴向距离就可以实现焦距的改变。

另一种可变焦镜头系统利用了一对光学反射透镜，这种反射透镜有着特殊成形的表面结构，可以选择性限定界限，实现透镜焦距的改变。

所有传统可变焦透镜系统都有相同的缺点：透镜系统质量大、体积大、价格昂贵、制造费时（研磨，抛光）。

从 TRIZ 的观点（增加系统灵活性的进化路线）考虑，消除上述缺点很简单：可以用柔韧材料制成的元件组成的系统来替代由玻璃元件（透镜、镜子）组成的刚性镜头系统。

按"增加系统灵活性"的进化路线，镜头系统（表 34-4-6）可以沿着图 34-4-65 所示阶段进化。

表 34-4-6　镜头系统的进化过程

序号	镜头系统
1	单镜头
2	可调双镜头系统
3	可调多镜头系统
4	弹性连续可调镜头系统
5	液体连续可调镜头系统
6	气体连续可调镜头系统
7	场控连续可调镜头系统

通过对专利数据和企业 R&D 决策进行详尽的分析，很大程度上肯定了这种进化趋势。1～3 阶段描述的是传统的镜头系统。4～6 阶段性对应的是连续可调镜头系统，可以在最近的许多专利和出版物中发现。第 7 阶段的连续可调镜头系统还没有真正发展起来。

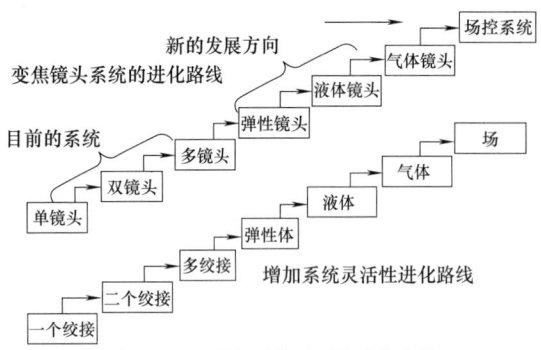

图 34-4-65 增加系统灵活性进化路线

1) 弹性连续可调镜头系统分析 该类型可变焦镜头系统包括一个透镜元件，这种类型透镜元件由一种透明均匀的弹性材料制成，当透镜处于松弛状态或即将处于松弛状态时，就会自动成形以实现预定的焦距。

有办法可以沿着光轴方向或光轴垂直方向来支持镜头元件，这样就可以应用镜头外围设备附近的径向张应力。

如图 34-4-66 所示，镜头系统包括 4 个主要的零部件，一个整体的框架，弹性光学元件 1，两个部件组成的可调夹具 5，一个圆形玻璃框 8，一个圆柱形管状元件 9。光学元件 1 是一种三件结构，包括一个中心镜头元件 2，一个圆形柔韧薄膜 3 和一个圆形超环体 4。在管状元件 9 的外表面有两个凹槽 11

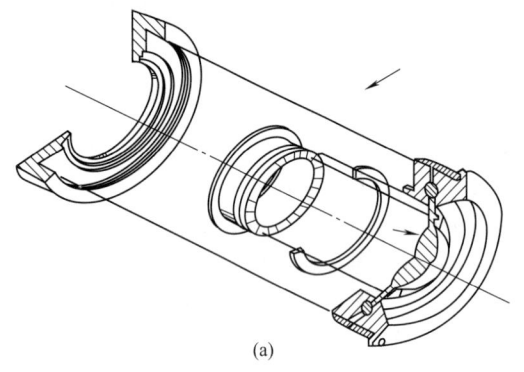

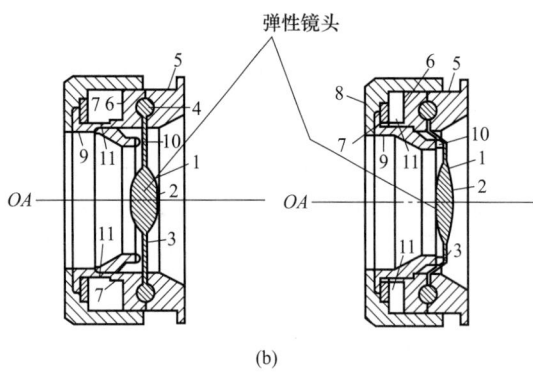

图 34-4-66 典型的连续可调镜头系统的结构简图

[图 34-4-66（b）所示]，凹槽里相对应的有一对舌状物 7，可以在凹槽沿着光轴 OA 方向，从夹具的前端面 6 开始滑动。当圆形玻璃框 8 以光轴 OA 为轴反向旋转，就会使管状元件 9 沿轴向移动，逐渐靠近弹性体，这时管状元件 9 的前部结构，包括滚子 10，就会和柔性薄膜 3 接触。随着滚筒元件 9 沿光轴 OA 逐渐向着光学元件移动，它的前部结构就会在柔性元件 3 上施加一种力的作用，该力方向与光轴 OA 方向平行，同时这种压力将均匀地作用于镜头元件 2 的外围，改变了镜头元件 2 形状，从而镜头元件 2 的焦距也得到适当的改变 [图 34-4-66（b）所示]。因此，通过旋转玻璃框 8，可以实现镜头元件 2 形状连续的改变，即焦距的连续改变。

2) 典型的液体连续可调镜头系统 在一个典型的液体镜头系统（如图 34-4-67）中，一个形状和体积可变的空腔里充满了一种光学清晰液体，通过调整空腔的体积，作用在液体上的压力就会得到相应的调整。空腔的两端用弹性光学清晰薄膜封闭。这种薄膜可以随着作用于液体上压力的连续改变而连续弯曲变形，从而实现连续的曲率变化。

一对轴向可调望远镜的套筒就可以形成一个小空间。小空间的两端用一对相对而言很薄的弹性光学透镜封闭。这种光学透镜由柔韧材料制成。这个透镜随着作用于液体上压力的变化而相应的改变本身的曲率。

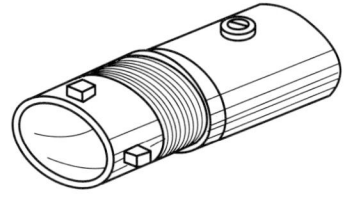

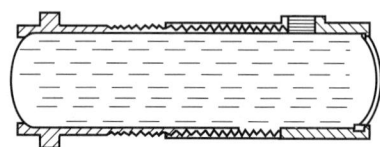

图 34-4-67 液体连续可调镜头系统结构简图

3) 典型的气体连续可调镜头系统 在这个系统中，气体压力的改变和镜头放大倍数的改变是相对应的。改变作用于高折射系数气体的压力可以导致气体镜头系统焦距的改变。图 34-4-68 是对气体变焦透镜 1 示意性的描述。镜头 1 由一个第一位镜头组 2（A、B）和一个第二位的镜头组（C、D）组成，空穴 3 将不同的新月形元件 B、C 分开，空穴里充满了具有高折射系数的气体。和空穴 3 连接的是一个活塞/圆筒装配件 4。活塞 5 在圆筒 6 里可以来回往复运动，这样空穴里的气体压力就会发生变化，从而改变了镜头的焦距。

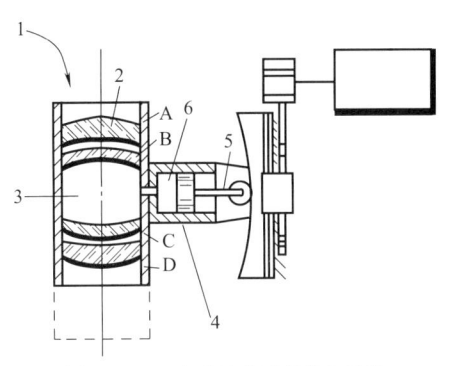

图 34-4-68 气体连续可调镜头系统

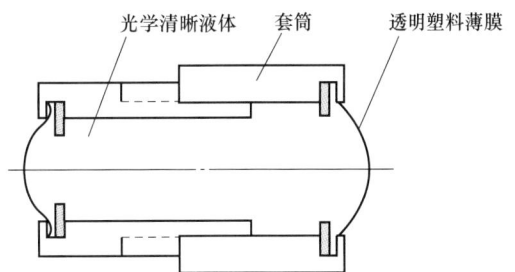

图 34-4-70 光学清晰液体代替传统固体镜头

4) 非传统液体/气体连续可调镜头系统设计问题 近年来,对望远镜、投影仪、空间摄像系统、卫星摄像系统、太阳能摄像系统的需求越来越大。所谓的太阳能摄像系统就是由液体、气体镜头组成的镜头系统。尽管这种镜头系统有很多潜在的用途。但是仍然有以下两个设计限制:一方面是由于外界环境或机构的振动使得液体或气体产生波纹,从而影响了精度;另一方面为了适应高速摄影的需要,连续可调系统必须具有快速适应性。为此,透明塑料薄膜要有一定的刚度,而这种材料在高速变化时产生有害的像差。

以上这两个问题到目前为止还没有解决。

5) 用 TRIZ 理论解决非传统连续可调镜头系统的设计问题 从 TRIZ 的观点来看,连续可调系统更进一步的发展应该沿着增加系统灵活性的方向,建议采用表 34-4-7 所示几种改进设计方案。

表 34-4-7 改进设计方案

序号	改进方案
1	利用电场或磁场的变化控制液体镜头的特性,如图 34-4-69 所示
2	用对电场或磁场敏感的光学清晰液体代替传统固体镜头,如图 34-4-70 所示
3	利用具有非线性机械及光学特性的材料

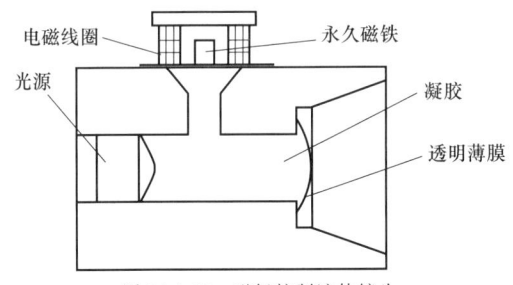

图 34-4-69 磁场控制液体镜头

(2) 工程实例2:快速原型技术的进化发展

1) 基本情况介绍 提高企业在未来市场中的竞争力是技术预测的主要目标。企业需要预知新的技术领域,预测全球技术的发展趋势,这样才可以避免落后于新技术或竞争对手。

德国 Brandenburg 应用科学大学技术与创新管理研究课题,对 TRIZ 理论技术预测的方法进行研究。第一阶段,对 TRIZ,尤其是它在支持技术预测的能力方面进行研究。第二阶段研究它在某种技术上的实用性。首先,它可以获得快速成型这种技术的大量知识,所以选择了 TRIZ。其次,收集实验数据,通过讨论和应用 TRIZ 限定了解决问题的方法。专家检测和咨询,访问国家商品交易"欧洲模型 2002"、专利调查、评定、文学和网络研究都是主要的信息来源。

对那些把重点放在通过革新产品来提高竞争优势的企业来说,产品的发展过程是重要的。一个至关重要的因素是产品投向市场的时间,可以通过减少产品研发时间周期来实现;另一个重要的因素是加强共享数据库的数据转换,从而可完成一个集成的产品发展过程。因此,模型和原型都需要完全地集成在发展过程的每一个阶段,成型过程要求支持近似的数据结构,维护数据的适用性。

快速原型是一个有生产力的产品工艺,通过制造不同的层并把它们拟合在一起,就可以生成一个物理的三维原型,如图 34-4-71 所示。

这个工艺全部以数字显示为基础。目前,有不同的方法,并且每种方法都利用不同的材料如低树脂、金属或陶瓷,根据不同的应用领域,选择在模型设想与功能性成型之间的合适的方法,快速工具、快速制造和快速修理的方法。

为了支持快速产品开发,快速成型的益处是可快速获得数据库,连续的最新数据和直接处理三维数据。快速成型是计算机集成制造工艺的一个基本功能。

2) TRIZ 作为 TRIZ 在技术预测中的一个程序,选择由 Ellen Domb 研制的六步方法论,见图 34-4-72所示。从四种基本的工具组即类比、想象、系统化和认知中选择所用的工具。这些步骤包括战术上的和战略上的 TRIZ 的应用。本例中应用后者。战略上的 TRIZ 应该有解决问题的一部分,如本例中发展下一代新技术。

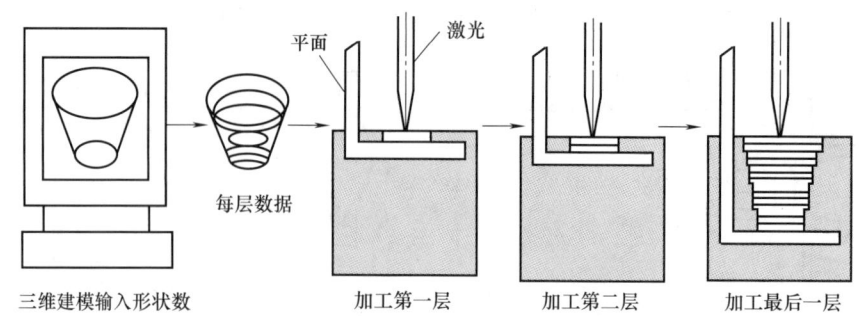

图 34-4-71　快速原型技术的应用

3) 案例分析

① 建立理想化的最终结果　Altshuller 把 IFR (ideal final result) 定义为 IFR 是一个幻想，无法实现，但允许人们铺建解决问题之路。案例最初的研究理想方程，被用作对系统各基础部分及它们的功能总体概括的预览分析。然后，实物模型帮助找出理想化的最终结果，如图 34-4-73 所示。

本的材料、机器设备等。

技术实物模型的制作过程使用了区分步骤和帮助功能的排除，包括基本部件、部件功能、可能发生的损害，如图 34-4-74 所示。

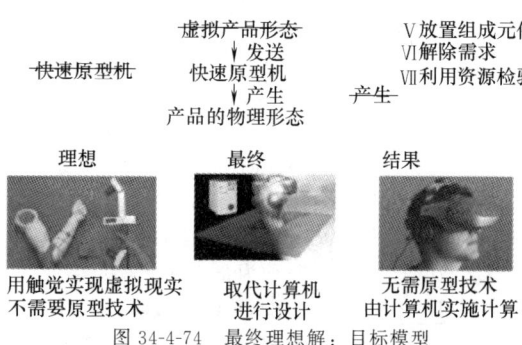

图 34-4-74　最终理想解：目标模型

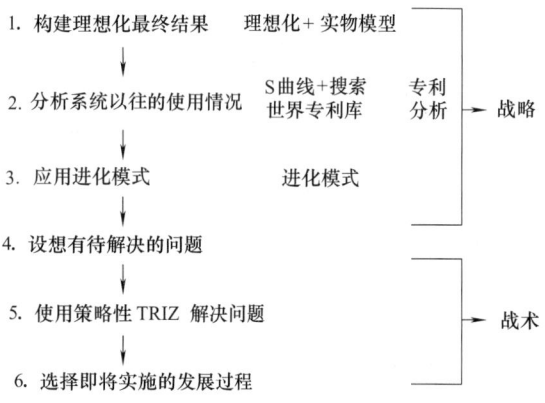

图 34-4-72　TRIZ 在快速原型中的应用步骤

通过以下步骤定义三种可能实现理想化的最终结果：替代功能部件和排除要求，代替基本实际描述可以产生可能的帮助、模型或者可能的直接的原型设计；替换机器本身可以导致与实际情况的结合，而不是制作原型；排除需要可以产生计算机推理计算。

理想化的最终结果有利于获得对技术的客观理解，有利于构想重要的问题和分析许多不同技术演化方向。

② 分析系统的历史　在意识到技术生命周期的存在性和有利于理解什么时候技术处在成熟期的方面，S 曲线是个有力的工具。与其他 S 曲线不同，TRIZ 生成的 S 曲线与标准评价曲线有联系，每一条标准曲线有其特定的形状，通过根据数据建立的曲线与标准曲线相比较，便可以预测技术成熟度。建立 S 曲线需要从网络以及专利研究得到产品技术的相关信息。下面的图形都有相应的标准评价曲线与之对应。

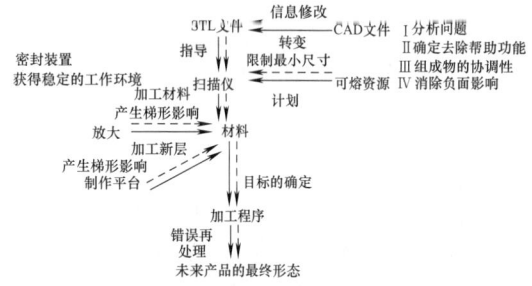

图 34-4-73　物体模型的快速成型过程

理想化等于所有有用的功能除以所有有害功能加成本，对 RP 有用功能包括大量材料的使用、时间的节约、自动化过程和复杂几何模型的构建，有害功能包括准备工作的耗时性、有限的解决方法、对模型支持结构的需要、精确度问题、低劣的物理性能、落后的结尾阶段、信息丢失和材料收缩。成本因素有高成

专利数目是以每年呈报的专利为基础的，通过专利库（例如 www.depatisnet.de）来获取数据。最初的专利从 1982 年开始，直到 1999 年达到最高点之前，专利数量一直稳步增长，如图 34-4-75 所示。可以看到，从 1999 年之后，专利数量开始下降。

建立时间-利润率曲线的数据不易收集，快速原型是一种在全世界范围内使用的技术，因而各企业内部数据都是保密的。作为估计数字，用每年的营业额来代替技术利润，可以从公司每年的报表（1991～2002）以及从合伙人的国际工业报表中获得。图 34-4-76 显示了在 1993 年明显的增长。

从工作指示器方面来看，速度、力量、精确度作为最具代表性的因素，从专家检测和评定不同的指示器，可以选择精确度（层厚度）作为性能指标，通过应用网络检索，从而进入厚度和精确度的条目来获得数据。选择和利用一年中相关数据建立图形，精确度越高，厚度层越少。为使数据与 TRIZ 基本曲线具有可比性，颠倒了一下数字，如图 34-4-77。

根据知识的来源及所产生的影响，Altshuller 把发明分为 5 个级别。为了按年份把不同发明等级联系起来（图 34-4-78），需要考虑不同的可能性，如专利的引用，或者说相关的关键发明专利的研究。

通过建立四种曲线，可以确定技术在 S 曲线上所处的位置，如图 34-4-79 所示。其所处的位置显示了快速原型技术处在成长阶段。处于这个阶段，技术具有较大潜力，应大力开发。

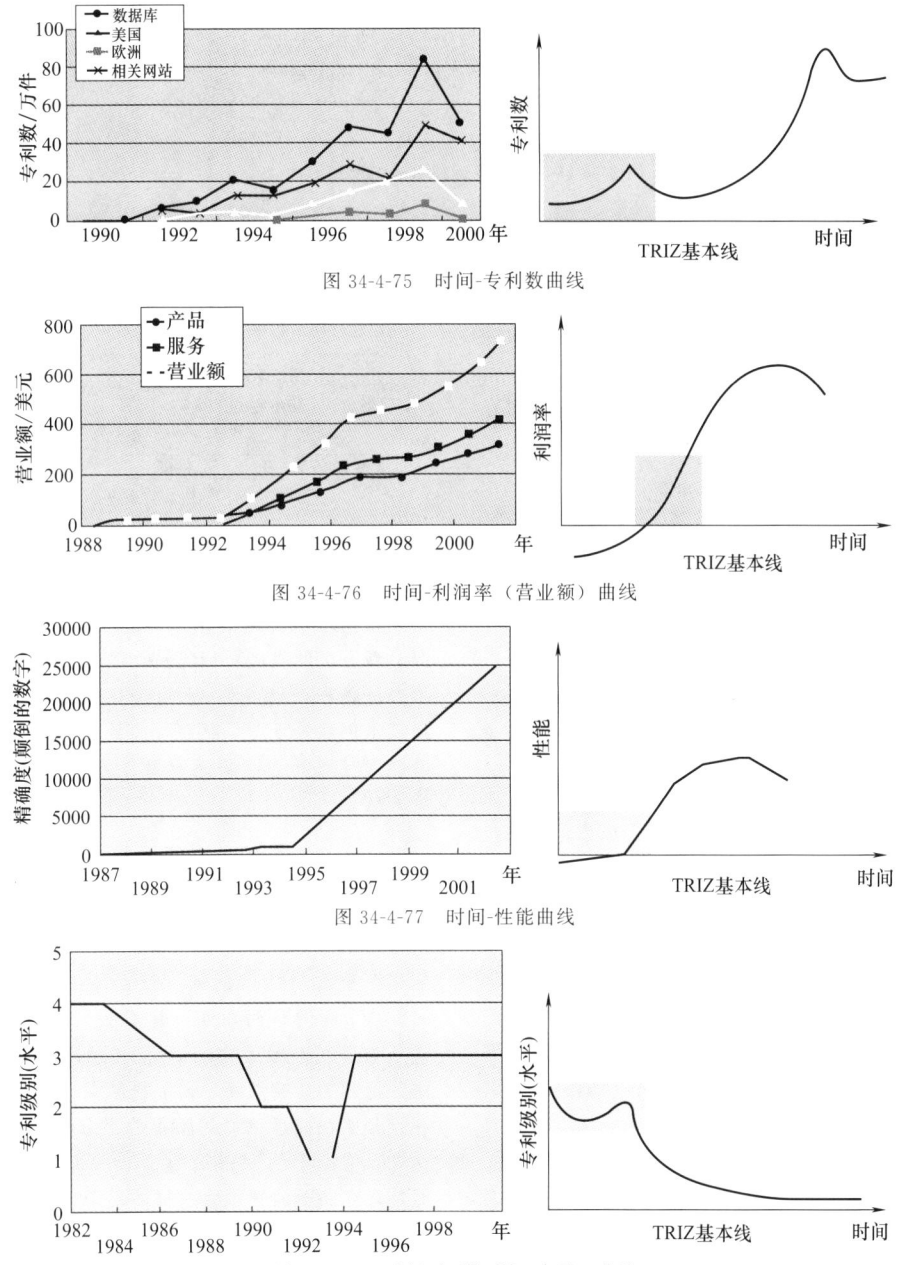

图 34-4-75　时间-专利数曲线

图 34-4-76　时间-利润率（营业额）曲线

图 34-4-77　时间-性能曲线

图 34-4-78　时间-专利级别（水平）曲线

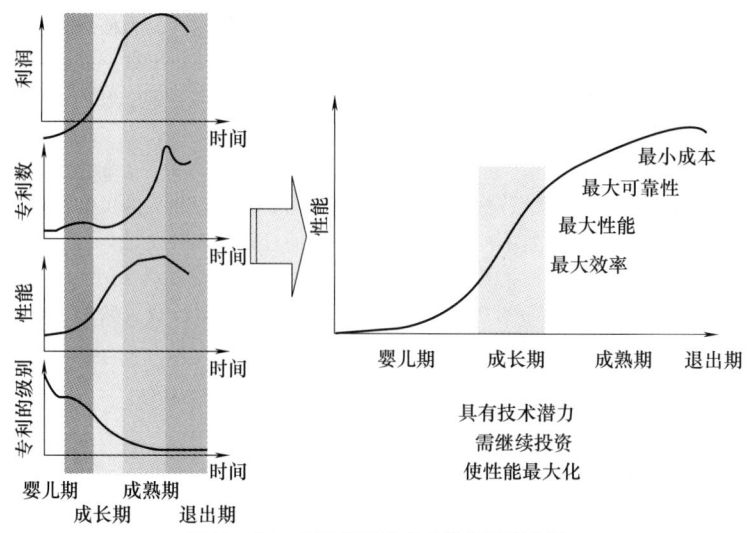

图 34-4-79 快速原型技术成熟度预测曲线

③ 技术进化模式、定义及选择 一旦预测出技术所处的阶段，就需要探索它的演化方向。按进化模式 7 即由宏观系统向微观系统进化可以确定其最合理的技术演化方向，如图 34-4-80 所示。处于早期研究水平的适当技术，如 LCVD-激光化学沉积或 HIS-全息干涉凝固，它们进一步完善了该进化模式，同时在时间轴上代表了 RP 的成熟或老化。

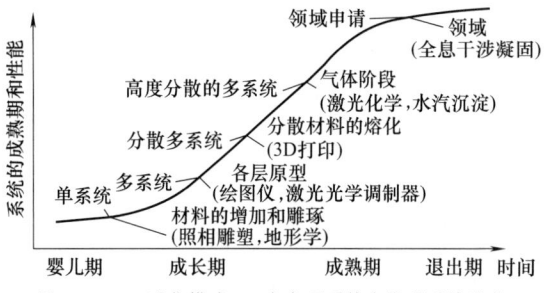

图 34-4-80 进化模式 7：由宏观系统向微观系统进化

另外，也可按进化模式 5 即通过集成以增加系统功能。由于 3D 打印机的出现代替了复杂的激光扫描仪，显示了向简单化发展的趋势。

④ 解决问题 在进化模式确定之后，RP 必须跨越的主要障碍是生成层状的原型。这个任务可以被理解为开发合成 3D 加工过程。这种陈述阐明了似乎已解决的问题。利用因果关系图来把一个主要问题分解成许多子问题，以便易于分析和解决（如图 34-4-81 所示）。

到此，战略上的 TRIZ 工作已完成。下一步属于战术上的 TRIZ，目的在于解决问题和选择实施的发展方向。

⑤ 结论 结论可分成两部分，关于快速原型和

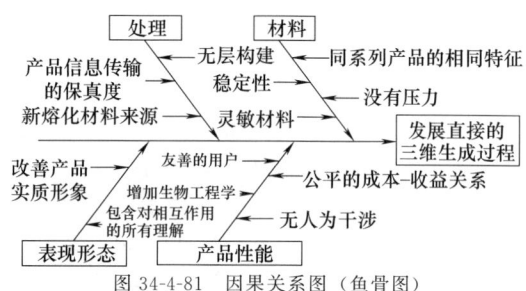

图 34-4-81 因果关系图（鱼骨图）

TRIZ 作为技术预测方法的反映。

尽管是总结，但每一步都提供了重要的思想。

根据理想化最终结果，包括更多交流的真实情况。新方法的发展可以支持产品研发过程。无物理模型方法将来有望实现。S 曲线上的位置显示了快速原型技术仍然处于增长状态，而且可以具有很高的投资潜能。寻找下一代快速原型技术，如 LCVD 或 HIS 新方法等。

4.4.3 车轮的发明及其技术进化过程分析

我们不知道是谁发明了第一个车轮，但是能够比较可信地重现车轮的发明过程。当古时候的人们拖运沉重的物体（例如：长毛象的尸体或大石块）时，某个圆的东西，如一块石头或一段光滑的原木碰巧被压在被搬运物的下面，由于该圆形物体的作用，拖运工作突然间变得轻松起来。人们注意到这点并且开始在拖运重物的路上放很多这样的圆形物体，这样，拖运工作变得简单多了，如图 34-4-82 所示。但是，在路上放置很多这样的辊子是一件令人伤脑筋的事情。

事实上，如果重物下面的辊子能够旋转不就更好

图 34-4-82　原始的搬运工具

了吗！事实说明，将辊子的中部磨薄，再将其通过原始式的轴承绑在一个用于支承重物的平台上，一辆手推车就出现了，如图 34-4-83 所示。这就构成了由元件间的相互联系形成的工程系统。

图 34-4-83　演变后的搬运工具

然而，这种手推车只能笔直地走，转弯却非常困难，因此也就不能够完全地适应工作环境的需要。如果有一个轴，情况就会好一些。但是在那种情况下又会产生新的问题，即在转弯时，外侧的车轮移动的距离要比内侧的车轮移动的距离长。

这就要求车轮必须是动态化的，它们必须与车轴分离并且安置在车轴的两边。这样在转弯时就没有东西阻止，两个轮子的行程不同了，单轴双轮的手推车比较容易控制，如图 34-4-84 所示。

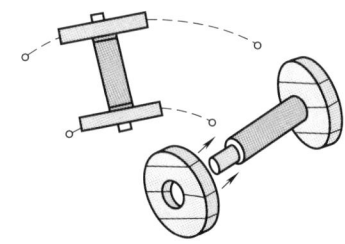

图 34-4-84　单轴双轮的手推车

"动态化"原理意味着增加一个物体的运动自由度并改变它的一些参数。

车闸就是车轮的动态化设计，这听起来似乎是荒谬的。一片普通的木板通过杠杆的作用压在车轮上就形成了一个高精度、有效、灵敏的机构。但此刻一个带有车闸的动态性的轮子（可以从静止到自由转动）对人们来说是非常重要的，如图 34-4-85 所示。

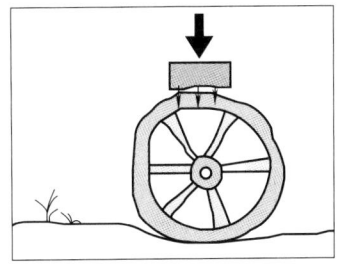

图 34-4-85　车闸的分析

到那时为止，很多动物（如马、母牛、骆驼）已经被人工驯养了，人们可以利用牲畜来拉车。为了获得比较好的可控制性，必须增加动态性。因此，人们又改良了车轮和一些其他元件的灵活性，并利用一个垂直的铰接点将一根转轴和两个轮子固定在一个平板上，再在转轴上绑一根木杆，拉车的牲畜就拴在这根木杆上，如图 34-4-86。事实证明，这种设计的效果还不错。

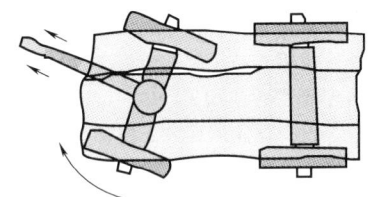

图 34-4-86　传动轴分析

直到机动车辆发明后这种由牲畜拉的车才逐渐消失。由于加在控制机构之上的载荷太重了，"火车"或者说是它的驾驶员就不能够很好地控制前部的转轴。

这样，一种更加奇特的结构"马拉的蒸汽机车"出现了，如图 34-4-87 所示。当然，马是拉不动这么沉重的车辆的，这种车辆的后轮是由蒸汽机驱动的。那么，马又起到了什么作用呢？它担负着带动车辆前轮转动的任务。

图 34-4-87　马拉的蒸汽机车

因为木杆不易被安置在机车内部,所以用木杆掌舵的方法在很多时候就显得非常不方便。转弯的时候,木杆所需的空间往往已经被机车的其他部分所占用了,这样,"动态化"原理就再一次被派上了用场。用一个垂直的铰接点将每个转轴配件和轮子固定在机车的车体上,转轴配件间用一根拉杆相互连接。这样就有足够的空间来转动方向盘了,而且设置一个专门的齿条机构来控制拉杆向左或向右运动使得内外的车轮同步转动,如图34-4-88所示。

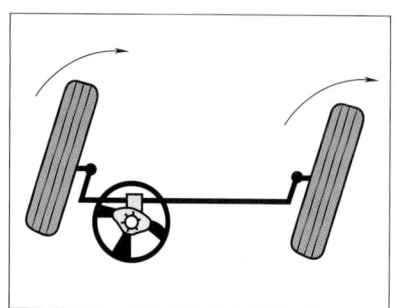

图 34-4-88 控制拉杆使车轮同步转动

下一步就是沿着转轴作动态化调整了。实践证明,必须巧妙地安装控制轮才能使轮胎的磨损量达到最佳状态并且比较容易控制该汽车。这些控制轮必须在上部稍稍分离然后向前聚合在一点,即车轮内向。车轮的位置必须根据轮胎样式、路面情况、驾驶方式等事先调整好,为了达到这个目的,人们将机身上的半轴装置制成可动的。但是,这仅仅是一种阶梯式的动态,只能在调整的时候移动车轮吊架,在操作时,它就被很可靠地固定住了,如图34-4-89所示。

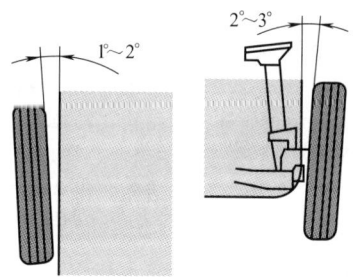

图 34-4-89 车轮吊架分析

这种安装可控轮的方法至今仍被广泛地使用着,同时,"动态化"发明原理也仍然发挥着作用。

例如,为什么不使后车轮同前轮一样可动呢?这样的一种控制方案根本就不用包括可控轮,只要将前后转轴都严格地固定在由前后两部分组成的车体之上,车体的中部由一个垂直的铰点连接在一起,如图34-4-90所示。在液压缸的帮助下这种机车很容易转弯,而且,在转弯的时候,车体看起来像是断裂了一样。

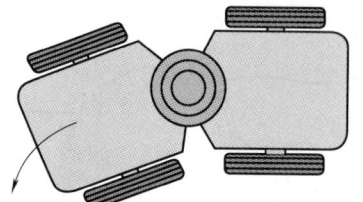

图 34-4-90 铰点连接前后轴

这种方案在载重拖拉机的设计中被广泛采用。低压胎拖拉机、坦克和小型六轮越野车也经常采用这种方案来实现转弯,如图34-4-91所示,在这种情况,两侧的轮胎用来刹车,其余的轮胎则在发动机的控制下转动。用这种方式,车辆能在任意一点转弯。但是由于控制系统中可以动的配件减少了,这种方式在转轴方向上的动态性有所退步。除此之外,这种车辆在两个转弯之间行驶直线路程时有些笨拙。

图 34-4-91 越野车

就一辆汽车来说,通过增强其前轮或后轮可控性都可以改善它的可控制轮的动态性。如要转弯,它们就要向相反的方向进行偏转。安装有这种轮胎的汽车可控制性非常高。

如果在转弯时,后轮既可以和前轮向相反的方向进行偏转又可以和前轮同方向偏转,机车转弯时的可控制性就会增强。在后一种情况下,机车可以向一个方向转,这样,要泊车就非常容易了,如图34-4-92所示。

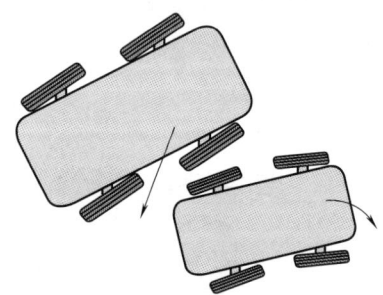

图 34-4-92 现代汽车的控制性更高

现在,车轮已经变得很复杂了。如果工作情况允许,它们今后还可能会变得简单起来。例如,用四个能向任何方向转动的球状推进器来代替它们。理论上,根本就不应该存在车轮,车辆应该能够像直升机和气垫船一样按照驾驶者的意愿向任何方向移动。

第5章 技术冲突及其解决原理

产品是多种功能的复合体，为了实现这些功能，产品要由具有相互关系的多个零部件组成。为了提高产品的市场竞争力，需要不断根据市场的潜在需求对产品进行改进设计。当改变某个零部件的设计，即提高产品某方面的性能时，可能会影响到与这些被改进零部件相关联的零部件，结果可能使产品或系统的另一些方面的性能受到影响。如果这些影响是负面影响，则设计出现了冲突。

[例1] 飞机设计中如果使其垂直稳定器的面积加大一倍，将减少飞机振动幅值的50%，但这将导致飞机对阵风和阵雨的敏感，同时又增加了飞机的重量。

[例2] 为了加快重型运输机装卸货物的速度，飞机上需要有移动式起重机，但起重机本身具有一定的质量，增加了飞机的额外负载。

冲突普遍存在于各种产品的设计中。按传统设计中的折中法，冲突并没有彻底解决，而是在冲突双方取得折中方案，或称降低冲突的程度。TRIZ理论认为，产品创新的标志是解决或移走设计中的冲突，而产生新的有竞争力的解。发明问题的核心是发现冲突并解决冲突，未克服冲突的设计并不是创新设计。产品进化过程就是不断地解决产品所存在的冲突的过程，一个冲突解决后，产品进化过程处于停顿状态；之后的另一个冲突解决后，产品移到一个新的状态。设计人员在设计过程中不断地发现并解决冲突，是推动设计向理想化方向进化的动力。

(1) 冲突通常的分类

如图34-5-1所示，冲突分为两个层次，第一个层次分为三种冲突：自然冲突、社会冲突及工程冲突，该三类冲突中的每一类又可细分为若干类。在图

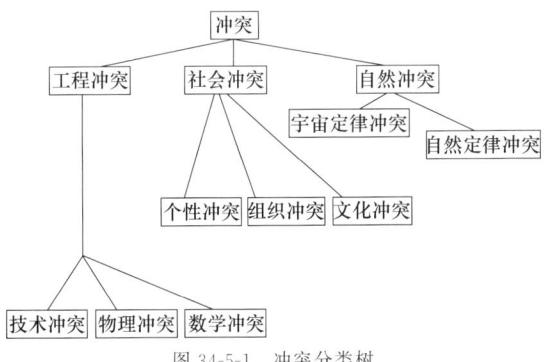

图34-5-1 冲突分类树

34-5-1中冲突解决的程度自底向上、自左向右，解决越来越困难。即技术冲突最容易解决，自然冲突最不容易解决。

自然冲突分为自然定律冲突及宇宙定律冲突。自然定律冲突是指由于自然定律所限制的不可能的解。如就目前人类对自然的认识，温度不可能低于华氏零度以下，速度不可能超过光速，如果设计中要求温度低于华氏温度的零度或速度超过光速，则设计中出现了自然定律冲突，不可能有解。随着人类对自然认识程度的不断深化，今后也许上述冲突会被解决。宇宙定律冲突是指由于地球本身的条件限制所引起的冲突，如由于地球引力的存在，一座桥梁所能承受的物体质量不能是无限的。

社会冲突分为个性、组织及文化冲突。如只熟悉绘图，而不具备创新知识的设计人员从事产品创新就出现了个性冲突；一个企业中部门与部门之间的不协调造成组织冲突；对改革与创新的偏见就是文化冲突。

工程冲突分为技术冲突、物理冲突及数学冲突三类。其主要内容正是解决发明创造问题的理论（TRIZ）研究的重点。

(2) 基于TRIZ的冲突分类

TRIZ理论将冲突分为三类，即管理冲突（administrative contradictions）、物理冲突（physical contradictions）及技术冲突（technical contradictions）。

管理冲突是指为了避免某些现象或希望取得某些结果，需要做一些事情，但不知道如何去做。如希望提高产品质量，降低原材料的成本，但不知道方法。管理冲突本身具有暂时性，而无启发价值。因此，不能表现出问题的解的可能方向，不属于TRIZ的研究内容。

物理冲突、技术冲突是TRIZ的主要研究内容，下面将主要论述这两种冲突。

5.1 物理冲突及解决原理

5.1.1 物理冲突的概念及类型

物理冲突是指为了实现某种功能，一个子系统或元件应具有一种特性，但同时出现了与该特性相反的特性。

物理冲突是 TRIZ 需要研究解决的关键问题之一。当对一个子系统具有相反的要求时就出现了物理冲突。例如：为了容易起飞，飞机的机翼应有较大的面积，但为了高速飞行，机翼又应有较小的面积，这种要求机翼具有大的面积与小的面积的情况，对于机翼的设计就是物理冲突，解决该冲突是机翼设计的关键。

物理冲突出现有两种情况：①一个子系统中有害功能降低的同时导致该子系统中有用功能的降低；②一个子系统中有用功能加强的同时导致该子系统中有害功能的加强。

上述的描述方法是最一般的方法，其他 TRIZ 研究人员对此给了更为详细的描述，下面分别介绍 Savransky 描述方法及 Teminko 描述方法。

Savransky 在 1982 年提出了如表 34-5-1 所示物理冲突描述方法。

表 34-5-1 Savransky 物理冲突描述方法

序号	描述物理冲突
1	子系统 A 必须存在，A 又不能存在
2	关键子系统 A 具有性能 B，同时应具有性能—B，B 与—B 是相反的性能
3	A 必须处于状态 C 及状态—C，C 与—C 是不同的状态
4	A 不能随时间变化，A 要随时间变化

1988 年，Teminko 提出了物理冲突的描述方法，如表 34-5-2 所示。

表 34-5-2 Teminko 物理冲突的描述方法

序号	描述物理冲突
1	实现关键功能，子系统要具有一定有用功能(useful function,UF)，为了避免出现有害功能(harmful function,HF)，子系统又不能具有上述有用功能
2	关键子系统特性必须是一大值以能取得有用功能 UF，但又必须是一小值以避免出现有害功能 HF
3	子系统必须出现以取得一有用功能，但又不能出现以避免出现有害功能

物理冲突的表达方式较多，设计者可以根据特定的问题，采用容易理解的表达方法描述即可。

5.1.2 物理冲突的解决原理

物理冲突的解决方法一直是 TRIZ 研究的重要内容，Altshuller 在 20 世纪 70 年代提出了 11 种解决方法，20 世纪 80 年代 Glazunov 提出了 30 种方法，20 世纪 90 年代 Savransky 提出了 14 种方法。下面主要介绍 Altshuller 提出的 11 种方法，如表 34-5-3 所示。

表 34-5-3 11 种解决物理冲突的方法

方法	实例
冲突特性的空间分离	如在采矿的过程中为了遏制粉尘，需要微小水滴，但微小水滴产生雾，影响工作。建议在微小水滴周围混有锥形大水滴
冲突特性的时间分离	根据焊缝宽度的不同，改变电极的宽度
不同系统或元件与一超系统相连	传送带上的钢板首尾相连，以使钢板端部保持温度
将系统改为反系统，或将系统与反系统相结合	为防止伤口流血，在伤口处缠上绷带
系统作为一个整体具有特性B，其子系统具有特性—B	链条与链轮组成的传动系统是柔性的，但每一个链节是刚性的
微观操作为核心的系统	微波炉可代替电炉等加热食物
系统中一部分物质的状态交替变化	运输时氧气处于液态，使用时处于气态
由于工作条件变化使系统从一种状态向另一种状态过渡	如形状记忆合金管接头，在低温下管接头很容易安装，在常温下不会松开
利用状态变化所伴随的现象	一种输送冷冻物品的装置的支撑部件是冰棒制成的，在冷冻物品融化过程中，能最大限度地减少摩擦力
用两相的物质代替单相的物质	抛光液由一种液体与一种粒子混合组成
通过物理作用及化学反应使物质从一种状态过渡到另一种状态	为了增加木材的可塑性，木材被注入含有盐的氨水，由于摩擦这种木材会分解

5.1.3 分离原理及实例分析

现代 TRIZ 理论在总结物理冲突解决的各种研究方法的基础上，提出了采用如下的分离原理解决物理冲突的方法，分离原理包括 4 种方法，如图 34-5-2 所示。

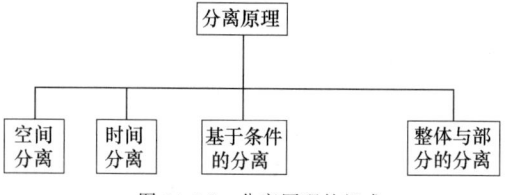

图 34-5-2 分离原理的组成

通过采用内部资源，物理冲突已用于解决不同工程领域中的很多技术问题。所谓的内部资源是在特定的条件下，系统内部能发现及可利用的资源，如材料及能量。假如关键子系统是物质，则几何或化学原理的应用是有效的；如关键子系统是场，则物理原理的应用是有效的。有时从物质到场，或从场到物质的传递是解决问题的有效方法。

5.1.3.1 空间分离原理

空间分离原理，指将冲突双方在不同的空间上分离，以降低解决问题的难度。当关键子系统冲突双方在某一空间只出现一方时，空间分离是可能的。应用该原理时，首先应回答如下的问题：

是否冲突一方在整个空间中"正向"或"负向"变化？

在空间中的某一处，冲突的一方是否可以不按一个方向变化？

如果冲突的一方可不按一个方向变化，利用空间分离原理解决冲突是可能的。

[例3] 自行车采用链轮与链条传动是一个采用空间分离原理的典型例子。在链轮与链条发明之前，自行车存在两个物理冲突，其一为了高速行走需要一个直径大的车轮，而为了乘坐舒适，需要一个小的车轮，车轮既要大又要小形成物理冲突；其二骑车人既要快蹬脚蹬，以提高速度，又要慢蹬以感觉舒适。链条、链轮及飞轮的发明解决了这两组物理冲突。首先，链条在空间上将链轮的运动传给飞轮，飞轮驱动自行车后轮旋转；其次链轮直径大于飞轮，链轮以较慢的速度旋转将导致飞轮以较快的速度旋转。因此，骑车人可以以较慢的速度蹬踏脚蹬，自行车后轮将以较快的速度旋转，自行车车轮直径也可以较小。

[例4] 如何缓解道路交通堵塞问题。

随着人口增加以及城市规模的不断扩大，道路交通拥堵问题日益严峻。解决道路的交通拥堵问题，可将道路定义为系统，其上行驶的车辆等为子系统，其他与道路相关的资源则为超系统。首先进行因果分析（图34-5-3），可确定其中的技术矛盾，对于既定系统——道路来说，其系统车辆只能越来越多，除了限号等国家的限行举措外，车辆必然越来越多。所以只能从道路系统自身状况入手。扩展道路的面积，将改善"静止物体的面积"，从而缓解交通压力，但是将恶化"可操作性"，路的面积不可能无限增大。进而，将技术矛盾转化为物理矛盾（图34-5-4），实际上是车辆在道路上行驶，都要在平面上占据一定的面积；而车辆不行驶时，进入停车场后，不占据道路的位置，物理矛盾由此可以提取出来。

5.1.3.2 时间分离原理

时间分离原理，指将冲突双方在不同的时间段上

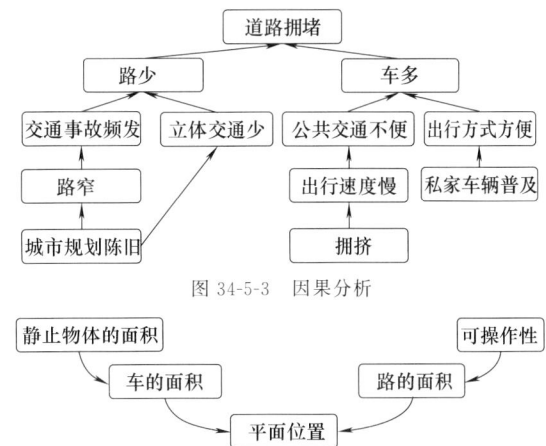

图34-5-3 因果分析

图34-5-4 由技术矛盾转化为物理矛盾

分离，以降低解决问题的难度。当关键子系统冲突双方在某一时间段上只出现一方时，时间分离是可能的。应用该原理时，首先应回答如下问题：

是否冲突一方在整个时间段中"正向"或"负向"变化？

在时间段中冲突的一方是否可不按一个方向变化？

如果冲突的一方可不按一个方向变化，利用时间分离原理是可能的。

[例5] 一加工中心用快速夹紧机构在机床上加工一批零件时，夹紧机构首先在一个较大的行程内作适应性调整，加工每一个零件时要在短行程内快速夹紧与快速松开以提高工作效率。同一子系统既要求快速又要求慢速，出现了物理冲突。

因为在较大的行程内适应性调整与在之后的短行程快速夹紧与松开发生在不同的时间段，可直接应用时间分离原理来解决冲突。

[例6] 折叠式自行车在行走时体积较大，在储存时因已折叠体积变小。行走与储存发生在不同的时间段，因此采用了时间分离原理。

飞机机翼在起飞、降落与在某一高度正常飞行时几何形状发生变化，这种变化亦采用了时间分离原理。

5.1.3.3 基于条件的分离

基于条件的分离原理，指将冲突双方在不同的条件下分离，以降低解决问题的难度。当关键子系统的冲突双方在某一条件下只出现一方时，基于条件分离是可能的。应用该原理时，首先应回答如下问题：

是否冲突一方在所有的条件下都要求"正向"或"负向"变化？

在某些条件下，冲突的一方是否可不按一个方向

变化？

如果冲突的一方可不按一个方向变化，利用基于条件的分离原理是可能的。

[例7] 在水与跳水运动员所组成的系统中，水既是硬物质，又是软物质。这主要取决于运动员入水时的相对速度和相对角度。相对速度高，入水角度小，水是硬物质，反之是软物质。

[例8] 水射流既是硬物质，又是软物质，取决于水射流的速度。

[例9] 对输水管路而言，冬季如果水结冰，管路将被冻裂。采用弹塑性好的材料制造的管路可解决该问题。

5.1.3.4 总体与部分的分离

总体与部分的分离原理，指将冲突双方在不同的层次上分离，以降低解决问题的难度。当冲突双方在关键子系统的层次上只出现一方，而该方在子系统、系统或超系统层次上不出现时，总体与部分的分离是可能的。

[例10] 自行车链条微观层面上是刚性的，宏观层面上是柔性。

[例11] 自动装配生产线与零部件供应的批量化之间存在着冲突。自动生产线要求零部件连续供应，但零部件从自身的加工车间或供应商运到装配车间时要求批量运输。专用转换装置接受批量零部件，但却连续地将零部件输送给自动装配生产线。

5.1.3.5 实例分析

采用时间分离原理的还有起落架的设计。在起降过程中要求飞机有起落架，支持飞机在地面的滑行过程；在飞行中则要求不要有起落架，以免增加飞行阻力。为此设计了可收放的起落架，在起降时伸出机体外，飞行时则收回起落架舱中。

为了使煎锅很好地加热食品，要求煎锅是热的良导体，而为了避免从火上取下煎锅时烫手，又要求煎锅是热的不良导体。为了解决这一矛盾，设计了带手柄的煎锅，把对导热的不同要求分隔在锅的不同空间。这是空间分离原理的体现。

某塑料管加工工艺中，使用旋转刀具把塑料管从要求的长度尺寸处切开。为了加快工艺流程，塑料管不断向前运动，刀具则保持随动并完成切割过程。由于管和刀具之间难以精确同步，造成塑料管的被切割部位出现毛刺。管子切割系统面临的物理矛盾是：必须运动，以加快工艺流程；必须静止，以保证切割精度。为了解决这一问题，采用了空间分离原理的思路，将塑料管被切割部位暂时固定，保证切割精度，管的其余部分则继续前进，因被切割部位不能移动而弯成弧形，切割完成后解除固定。在实际应用中，为了引导管的移动，还安装了导稳滚轮，保证切割过程的稳定性。

5.2 技术冲突及解决原理

5.2.1 技术冲突的概念及工程实例

技术冲突，指一个作用同时导致有用及有害两种结果，也可指有用作用的引入或有害效应的消除导致一个或几个子系统或系统变坏。技术冲突常表现为一个系统中两个子系统之间的冲突。技术冲突可以用以下几种情况加以描述。

① 一个子系统中引入一种有用功能后，导致另一个子系统产生一种有害功能，或加强了已存在的一种有害功能。

② 一有害功能导致另一个子系统有用功能的变化。

③ 有用功能的加强或有害功能的减少使另一个子系统或系统变得更加复杂。

[例12] 波音公司改进波音-737的设计时，需要将使用中的发动机改为功率更大的发动机。发动机功率越大，它工作时需要的空气就越多，发动机机罩的直径就必须增大。而发动机机罩的增大，机罩离地面的距离就会减少，但该距离的减少是设计所不允许的。

上述的改进设计中已出现了一个技术冲突，即希望发动机吸入更多的空气，但是又不希望发动机机罩与地面的距离减少。

[例13] 目前自行车车闸总成的设计很容易受到天气的影响，下雨天，瓦圈表面与闸皮之间的摩擦因数降低，减少了摩擦力，降低了骑车人的安全性。其中，一种改进设计是应用可更换闸皮，即有两类闸皮，好天气用一类，雨天换为另一类。

因此，设计中的技术冲突就是将闸皮设计成可更换型，增加了骑车人的安全性，但必须备有待更换的闸皮，使操作更复杂了。

[例14] 实际使用中希望斜拉桥所能承受的物体重量越大越好，但重量太大将有可能超过桥的强度所允许的范围，也将降低了桥的安全性。因此，存在强度和重量之间的技术冲突。

5.2.2 技术冲突的一般化处理

通过对250万件专利的详细研究，TRIZ理论提出用39个通用工程参数描述冲突。实际应用中，首先要把组成冲突的双方内部性能用该39个工程参数中的某 2 个来表示。目的是把实际工程设计中的冲突转化为一般的或标准的技术冲突。

5.2.2.1 通用工程参数

39 个通用工程参数中常用到运动物体（moving objects）与静止物体（stationary objects）两个术语，分别介绍如下。

运动物体，指自身或借助于外力可在一定的空间内运动的物体。

静止物体，指自身或借助与外力都不能使其在空间内运动的物体。

表 34-5-4 是 39 个通用工程参数的汇总。

表 34-5-4　39 个通用工程参数的汇总

序号	名　称	意　义
1	运动物体的重量	在重力场中运动物体所受到的重力。如运动物体作用于其支撑或悬挂装置上的力
2	静止物体的重量	在重力场中静止物体所受到的重力。如静止物体作用于其支撑或悬挂装置上的力
3	运动物体的长度	运动物体的任意线性尺寸，不一定是最长的，都认为是其长度
4	静止物体的长度	静止物体的任意线性尺寸，不一定是最长的，都认为是其长度
5	运动物体的面积	运动物体内部或外部所具有的表面或部分表面的面积
6	静止物体的面积	静止物体内部或外部所具有的表面或部分表面的面积
7	运动物体的体积	运动物体所占的空间体积
8	静止物体的体积	静止物体所占的空间体积
9	速度	物体的运动速度、过程或活动与时间之比
10	力	力是两个系统之间的相互作用。对于牛顿力学，力等于质量与加速度之积，在 TRIZ 中，力是试图改变物质状态的任何作用
11	应力或压力	单位面积上的力
12	形状	物体外部轮廓，或系统的外貌
13	结构的稳定性	系统的完整性及系统组成部分之间的关系。磨损、化学分解及拆卸都降低稳定性
14	强度	强度是指物体抵抗外力作用使之变化的能力
15	运动物体作用的时间	物体完成规定动作的时间、服务期。两次误动作之间的时间也是作用时间的一种度量
16	静止物体作用的时间	
17	温度	物体或系统所处的热状态，包括其他热参数，如影响改变温度变化速度的热容量
18	光照度	单位面积上的光通量，系统的光照特性，如亮度、光线质量
19	运动物体的能量	能量是物体做功的一种度量。在经典力学中，能量等于力与距离的乘积。能量也包括电能、热能及核能等
20	静止物体的能量	能量是物体做功的一种度量。在经典力学中，能量等于力与距离的乘积。能量也包括电能、热能及核能等
21	功率	单位时间内所做的功，即利用能量的速度
22	能量损失	做无用功的能量。为了减少能量损失，需要不同的技术来改善能量的利用
23	物质损失	部分或全部、永久或临时的材料、部件或子系统等物质的损失
24	信息损失	部分或全部、永久或临时的数据损失
25	时间损失	时间是指一项活动所延续的时间间隔。改进时间的损失指减少一项活动所花费的时间
26	物质或事物的数量	材料、部件及子系统等的数量，它们可以被部分或全部、临时或永久的被改变
27	可靠性	系统在规定的方法及状态下完成规定功能的能力
28	测试精度	系统特征的实测值与实际值之间的误差。减少误差将提高测试精度
29	制造精度	系统或物质的实际性能与所需性能之间的误差
30	物体外部有害因素作用的敏感性	物体对受外部或环境中的有害因素作用的敏感程度
31	物体产生的有害因素	有害因素将降低物体或系统的效应，或完成功能的质量。这些有害因素是由物体或系统操作的一部分而产生的
32	可制造性	物体或系统制造过程中简单、方便的程度
33	可操作性	要完成操作应需要较少的操作者，较少的步骤以及使用尽可能简单的工具。一个操作的产出要尽可能多
34	可维修性	对于系统可能出现失误所进行的维修要时间短、方便和简单
35	适应性及多用性	物体和系统响应外部变化的能力，或应用于不同条件下的能力
36	装置的复杂性	系统中元件数目及多样性，如果用户也是系统中的元素将增加系统的复杂性。掌握系统的难易程度是其复杂性的一种度量
37	监控与测试的困难程度	如果一个系统复杂、成本高，需要较长的时间建造及使用，或部件与部件之间关系复杂，都使得系统的监控与测试困难。测试精度高，增加了测试的成本，也是测试难度的一种标志
38	自动化程度	系统或物体在无人操作的情况下完成任务的能力。自动化程度的最低级别是完全人工操作的。最高级别是机器能自动感知所需的操作、自动编程和对操作自动监控。中等级别的需要人工编程、人工观察正在进行的操作、改变正在进行的操作及重新编程
39	生产率	单位时间内所完成的功能或操作数

为了应用方便，上述 39 个通用工程参数可分为如下三类。

① 通用物理及几何参数：1～12，17～18，21。
② 通用技术负向参数：15～16，19～20，22～26，30～31。
③ 通用技术正向参数：13～14，27～29，32～39。

负向参数（negative parameters）是指这些参数变大时，使系统或子系统的性能变差。如子系统为完成特定的功能所消耗的能量（19～20）越大，则设计越不合理。

正向参数（positive parameters）是指这些参数变大时，使系统或子系统的性能变好。如子系统可制造性（32）指标越高，子系统制造成本就越低。

5.2.2.2 应用实例

[例15] 很多铸件或管状结构是通过法兰连接的，为了机器或设备维护，法兰连接处常常还要被拆开。有些连接处还要承受高温、高压，并要求密封良好。有的重要法兰需要很多个螺栓连接，如一些汽轮透平机械的法兰需要 100 多个螺栓。但为了减轻重量、减少安装时间或维护时间、减少拆卸的时间，则希望螺栓数越少越好。传统的设计方法是在螺栓数目与密封性之间取得折中方案。

分析可发现本例存在的技术冲突是：
① 如果密封性良好，则操作时间变长且结构的质量增加；
② 如果质量轻，则密封性变差；
③ 如果操作时间短，则密封性变差。

按 39 个通用工程参数描述如下。

希望改进的特性：
① 静止物体的质量；
② 可操作性；
③ 装置的复杂性；

三种特性改善将导致如下特性的降低：
① 结构的稳定性；
② 可靠性。

5.2.2.3 技术冲突与物理冲突

技术冲突总是涉及两个基本参数 A 与 B，当 A 得到改善时，B 变得更差。物理冲突仅涉及系统中的一个子系统或部件，而对该子系统或部件提出了相反的要求。往往技术冲突内隐含着物理冲突，有时物理冲突的解比技术冲突更容易获得。

[例16] 用化学的方法为金属表面镀层的过程如下：金属制品放置于充满金属盐溶液的池子中，溶液中含有镍等金属元素。在化学反应过程中，溶液中的金属元素凝结到金属制品表面形成镀层。温度越高，镀层形成的速度越快，但温度高有用的元素沉淀到池子底部与池壁的速度也越快。温度低又大大降低生产率。

该问题的技术冲突可描述为：两个通用工程参数即生产率（A）与材料浪费（B）之间的冲突。如加热溶液使生产率（A）提高，同时材料浪费（B）增加。

为了将该问题转化为物理冲突，选温度作为另一参数（C）。物理冲突可描述为：溶液温度（C）增加，生产率（A）提高，材料浪费（B）增加；反之，生产率（A）降低，材料（B）浪费减少；溶液温度既应该高，以提高生产率，又应该低，以减少材料消耗。

[例17] 波音公司改进波音-737 设计的过程中，出现的一个技术冲突为：既希望发动机吸入更多的空气，但又不希望发动机机罩与地面的距离减小。

现将该技术冲突转变为物理冲突：发动机机罩的直径应该加大，以吸入更多的空气，但机罩直径又不能加大，以不使路面与机罩之间的距离减小。

5.2.3 技术冲突的解决原理

5.2.3.1 概述

在技术创新的历史中，人类已完成了很多产品的设计，一些设计人员或发明家已经积累了很多发明创造的经验。进入 21 世纪，设计创新已逐渐成为企业市场竞争的焦点。为了指导技术创新，一些研究人员开始总结前人发明创造的经验。这种经验的总结分为以下两类：适应于本领域的经验（第一类经验）和适应于不同领域的通用经验（第二类经验）。

第一类经验主要由本领域的专家、研究人员本身总结，或与这些人员讨论并整理总结出来的。这些经验对指导本领域的产品创新有一定的参考意义，但其他领域的创新意义不大。

第二类经验由专门研究人员对不同领域的已有创新成果进行分析、总结，得到具有普遍意义的规律，这些规律对指导不同领域的产品创新都有重要的参考价值。

TRIZ 的技术冲突解决原理属于第二类经验，这些原理是在分析世界大量专利的基础上提出的。通过对专利的分析，TRIZ 研究人员发现，在以往不同领域的发明中所用到的规则（原理）并不多，不同时代的发明，不同领域的发明，这些规则（原理）反复被采用。每条规则（原理）并不限定于某一领域，它融合了物理的、化学的、几何学的和各工程领域的原理，适用于不同的领域的发明创造。

表 34-5-5　　　　　　　　　　　　40 条发明创造原理

序号	原理名称	序号	原理名称	序号	原理名称	序号	原理名称
1	分割	11	预补偿	21	紧急行动	31	多孔材料
2	分离	12	等势性	22	变有害为有益	32	改变颜色
3	局部质量	13	反向	23	反馈	33	同质性
4	不对称	14	曲面化	24	中介物	34	抛弃与修复
5	合并	15	动态化	25	自服务	35	参数变化
6	多用性	16	未达到或超过的作用	26	复制	36	状态变化
7	嵌套	17	维数变化	27	低成本、不耐用的物体替代贵重、耐用物体	37	热膨胀
8	质量补偿	18	振动	28	机械系统的替代	38	加速强氧化
9	预加反作用	19	周期性作用	29	气动与液压结构	39	惰性环境
10	预操作	20	有效作用的连续性	30	柔性壳体或薄膜	40	复合材料

5.2.3.2　40 条发明创造原理

在对世界专利进行分析研究的基础上，TRIZ 理论提出了 40 条发明创造原理，见表 34-5-5。实践证明，这些原理对于指导设计人员的发明创造、创新具有非常重要的作用。下面将对各条发明创造原理进行详细介绍。

（1）分割原理

① 将一个物体分成相互独立的部分。如用多台个人计算机代替一台大型计算机完成相同的功能；用一辆卡车加拖车代替一辆载量大的卡车；在工厂规划时，将办公设备和用于生产的设备分开设计。

② 使物体分成容易组装及拆卸的部分。如组合夹具是由多个零件拼装而成的；花园中浇花用的软管系统，可根据需要通过快速接头连成所需的长度；食品袋上特制的小口以方便打开；将集成电路和无源元件组装成多芯片模型。

③ 增加物体相互独立部分的程度。如百叶窗代替整体窗帘；用粉状焊接材料代替焊条改善焊接结果；将两层的酸乳酪改制成三层的酸乳酪。

[例 18]　模块化插座设计（图 34-5-5）。

说到插座，每个人都可能会有的。需求有两个，一个是插孔要够多，二个是插孔要能根据自己的需求进行组合，有些人需要三孔多的，有些人需要两孔多的，还有些人需要有 USB 接口。Casitoo 组合式模块化插座能让用户根据喜好或需要选择功能自己组装。这款插座至少能提供下面的这些模块，包括两孔插座、三孔插座、USB 充电口、蓝牙音箱、无线充电模块和有线网卡模块。而所有的模块中，一个叫做智能模块的最吸引用户注意，这个模块能提供远程管理功能，比如说，使用者希望自己家的台灯能在进屋前自动打开，那么，他可以将台灯插在这插座上，然后把这插座与智能模块相连，然后就能通过互联网在手机上进行开关操作了。

（2）分离（抽离）原理

① 将一个物体中的"干扰"部分分离出去如在飞机场环境中，为了驱赶各种鸟，采用播放刺激鸟类的声音是一种方便的方法，这种特殊的声音使鸟与机场分离；将产生噪声的空气压缩机放于室外；利用狗吠声而不用真正的狗作警报；在办公大楼中用玻璃隔离噪声。

② 将物体中的关键部分挑选或分离出来离子培植中的离子分离；晶片工厂中存储铜的区域与其他区域隔离。

[例 19]　在利用风能方面的一个最大缺陷就是很多能量都被移动组件间的摩擦消耗。利用磁铁系统

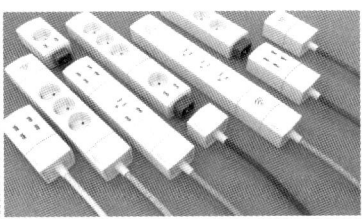

图 34-5-5　采用"分割原理"的模块化插座设计

减少摩擦力同时让涡轮机的旋转零件处于悬浮状态，这种设计不仅提高能效，同时还要比传统的风电厂占据更少空间，图34-5-6。由于这种特殊的移动方式，磁悬浮风轮机也可以在风速极低情况下旋转并发电，与风电厂的传统涡轮形成鲜明对比。

图34-5-6　使用"分离原理"设计磁悬浮风轮机

（3）局部质量原理

① 将物体或环境的均匀结构变成不均匀结构。如用变化中的压力、温度或密度代替定常的压力、温度或密度；饼干和蛋糕上的糖衣。

② 使组成物体的不同部分完成不同的功能。如午餐盒被分成放热食、冷食及液体的空间，每个空间功能不同；烤箱中有不同的温度挡，不同的食物可以选择不同的温度来加热。

③ 使组成物体的每一部分都最大限度地发挥作用。如带有橡皮的铅笔，带有起钉器的榔头。瑞士军刀（带多种常用工具，如尖刀、剪刀等）；电视电话集电话、上网、电视功能于一体。

[例20]　为了减少煤矿装卸机中的粉尘，安装洒水的锥形容器。喷出的水滴越小，消除粉尘的效果就越明显，但是微小的水滴妨碍了正常的工作。解决方案就是产生一层大颗粒水滴，使其环绕在微小锥形水滴附近。

[例21]　多用免触摸水龙头（图34-5-7），Miscea制造的多用免触摸水龙头（Miscea Touchless Faucet）造型很别致。它没有开关，出水口的旁边只有一个高科技感十足的感应盘。感应盘被划分成了几个区域，上面分别标有soap（洗手液）、disinfect（消毒液）和water（水），以及"＋"和"－"控制区。感应盘的中间是一个液晶显示屏。

首先，感应盘是免触摸的。也就是说，使用者把手指悬在相应区域的上方一定时间就能启动相应的功能；其次，它可以按照需求喷出洗手液、消毒液和水三种液体。这意味着对手的清洁工作将变得异常简单：先让它喷出洗手液或消毒液，然后再喷出普通水冲洗，搞定。最后，它还能调节水的温度。"＋"和"－"两个区域就是温度控制区，调节的效果可以即时地显示在感应盘中间的液晶显示屏上。如果预定的35℃太冷，把手指悬在"＋"控制区上，水温会自动增加。

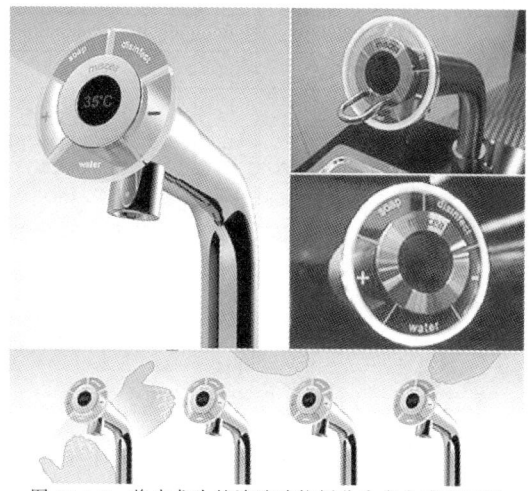

图34-5-7　将水龙头的清洗功能划分为多个感应区域

（4）不对称原理

1）将物体形状由对称变为不对称

如不对称搅拌容器，或对称搅拌容器中的不对称叶片；为增强混合功能，在对称的容器中用非对称的搅拌装置进行搅拌（水泥搅拌车，蛋糕搅拌机）；将O形圈的截面形状改为其他形状，以改善其密封性能；在圆柱形把手两端作一个平面用以将其与门、抽屉等固连；非圆形截面的烟囱可以减少风对其的拖拽力。

2）如果物体是不对称的，增加其不对称的程度

如为提高焊接强度，将焊点由原来的圆形改为椭圆形或不规则形状；用散光片聚光。

机械设计中经常采用对称性原理，对称是传统上很多零部件的实现形式。实际上，设计中的很多冲突都与对称有关，将对称变为不对称就能解决很多问题。

[例22]　轮胎一侧总比另一侧制造得牢固，这样就可以有效承受路缘的冲击。

[例23]　使用一个对称的漏斗卸载湿沙时，在漏斗口处湿沙很容易形成一种拱形体，造成不规则的流动。形状不对称的漏斗就不会存在这种拱形效应。

[例24]　W.布莱克是这把绿色椅子（图34-5-8），就像右手诗人威廉·布莱克。白色的椅子被称为左侧歌德，就像左手诗人。这是荷兰设计团体nieuweheren的作品，将灯具与椅子集成一体，命名为Thepoet。其中绿色款灯具位于椅子右侧，象征右手诗人威廉·布莱克，白色椅子则象征左手诗人歌德。Thepoet的折叠特性使其在展开功能二者合一，折叠时又可作为落地灯且节省空间。

图 34-5-8　具有不对称结构的两色灯具椅

（5）合并原理

1）在空间上将相似的物体连接在一起，使其完成并行的操作

如网络中的个人计算机；并行计算机中的多个微处理器；安装在电路板两面的集成电路；通风系统中的多个轮叶；安装在电路板两侧的大量的电子芯片；超大规模集成芯片系统；双层/三层玻璃窗。

2）在时间上合并相似或相连的操作

如同时分析多个血液参数的医疗诊断仪；具有保护根部功能的草坪割草机。

[例25]　旋转开凿机的回转头上有一个特制的水蒸气喷嘴，用来除霜，软化冻结的土地。

[例26]　美国汽车制造商福特汽车公司日前成功开发出世界第一个充气式安全带，一旦发生车祸，它可以在40ms内做出反应，在撞车时会自动充气，福特公司会把这种安全带安装在车辆的后排位置。专家称，充气式安全带对防止儿童出现肋骨折断、内伤和瘀伤尤为有效。身体虚弱和年老的乘客同样会受益于这种安全带。此发明将传统的安全带和安全气囊合二为一：圆柱形气囊从搭扣伸出固定住肩膀，里面装入一个缝入安全带的气袋。90%以上接受过测试的志愿者表示，充气式安全带类似于传统安全带，但比传统安全带更舒适。一旦发生车祸，后排位置的乘客经常会骨折，但充气式安全带有助于降低乘客骨折的风险，因为相比传统前座安全带，前者气囊充气过程更轻柔、快速，如图34-5-9。

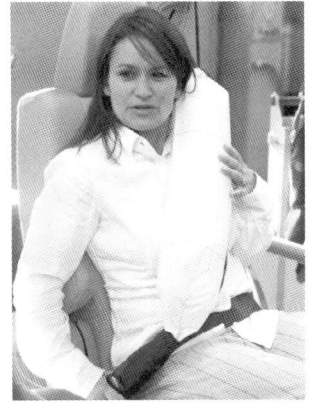

图 34-5-9　世界第一个充气式安全带

（6）多用性原理

使一个物体能完成多项功能，可以减少原设计中完成这些功能多个物体的数量。如装有牙膏的牙刷柄；能用作婴儿车的儿童安全座椅；用能够反复密封的食品盒作储藏罐；集成电路包装底层的多功能性。

[例27]　小型货车的座位通过调节可以实现多种功能：坐，躺，支撑货物。

[例28]　地铁楼梯成钢琴键盘，踩踏后可发出音乐（图34-5-10）

图 34-5-10　踩踏阶梯可发出美妙音乐

为了改善人们的生活方式，德国大众公司推出一款音乐楼梯，并率先在瑞典首都斯德哥尔摩的地铁站试运行。大众公司希望通过音乐楼梯吸引上下班的人们更多的爬楼梯而不是乘电梯，从而加强锻炼。新颖的音乐楼梯设计成一个巨大的钢琴键盘，每走上一级阶梯就会产生一个乐符。自从推出音乐阶梯后，上下班时不少行人愿意选择爬楼梯，通过上下楼梯感受音乐带来的运动快感。调查发现，在试运行音乐楼梯的地铁站内，选择爬楼梯的人们比乘电梯的人们多了66%。一些人还把自己上下楼梯的视频上传到You-

Tube 上，展示自己创造的乐曲。大众公司的发言人说："娱乐可以让人改善行为方式，我们称其为快乐理念。"

（7）嵌套原理

1）将一个物体放在第二个物体中，将第二个物体放在第三个物体中，以此类推。如儿童玩具不倒翁；套装式油罐，内罐装黏度较高的油，外罐装黏度较低的油。嵌套量规、量具。俄罗斯套娃（里面还有许多玩具）。微型录音机（内置话筒和扬声器）。

2）使一个物体穿过另一个物体的空腔。如收音机伸缩式天线；伸缩式钓鱼竿；汽车安全带卷收器。伸缩教鞭。变焦透镜。飞机紧急升降梯、起落架。

[例 29] 为了储藏，可以把一把椅子放在另一把椅子上面。

[例 30] 笔筒里装有铅芯的自动铅笔。

[例 31] 现实版钢铁战士。

两条银色的金属下肢托举着一套环形护腰，紧接着在下肢的膝关节和脚掌处安装着两副护膝和踏板（图 34-5-11）。这套单兵负重辅助系统是根据昆虫外骨骼的仿生学原理研制而成的。未来战场上，士兵的携行装具越来越多、越来越重，可人体的体能和负重能力却是有限的。研发这套外骨骼系统，能使人体骨骼的承重减少 50% 以上，让普通士兵成为大力士。在战场上，一支行军时速 20km，能够在夜间精确定位，负载 100kg 以上各种信息化装备的外骨骼机器人部队投入战斗，而对手是传统意义上的步兵，这将会获得怎样的战场优势？其实，外骨骼机器人技术在许多领域有着很好的应用前景：在民用领域，外骨骼机器人可以广泛应用于登山、旅游、消防、救灾等需要背负沉重的物资、装备而车辆又无法使用的情况；在医疗领域，外骨骼机器人可以用于辅助残疾人、老年人及下肢肌无力患者行走，也可以帮助他们进行强迫性康复运动等，具有很好的发展前景。

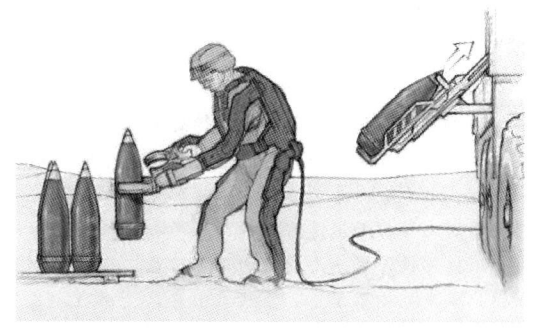

图 34-5-11 嵌套的外骨骼负重辅助系统

（8）质量补偿原理

1）用另一个能产生提升力的物体补偿第一个物体的质量。

如在圆木中注入发泡剂，使其更好地漂浮；用气球携带广告条幅。

2）通过与环境相互作用产生空气动力或液体动力补偿第一个物体的质量。

如飞机机翼的翼型使其上部空气压力减少，下部压力增加，以产生升力；船在航行过程中船身浮出水面，以减少阻力。

[例 32] 背包式水上飞行器（图 34-5-12）。

背上这款水上飞行器（JetLev-Flyer）就可以在水上自由飞行。类似背包的飞行器向下喷射出的两条水柱可以使人飞离水面约 9m 高，最快时速可达 100km。黄色水管连接的一个貌似小船的漂浮设备为飞行器输送动力，可以连续全速飞行 1h 左右。不难看出，JetLev-Flyer 很好操控，能够前进、左右转、上升下降自如飞行。并且设计者声称这款飞行器的危险系数跟篮球运动差不多。

图 34-5-12 背包式水上飞行器

（9）预加反作用原理

1）预先施加反作用。

如缓冲器能吸收能量，减少冲击带来的负面影响；在做核试验之前，工作人员佩带防护装置，以免受射线损伤。

2）如果一物体处于或将处于受拉伸状态，预先增加压力。

如在浇混凝土之前，对钢筋进行预压处理。

[例 33] 酸碱中和时预置缓冲期，以释放反应中的热量。

[例 34] 加固轴是由很多管子做成的，这些管子之前都已经扭成一定角度。

[例 35] 三点式安全带问世 50 年挽救百万生命（图 34-5-13）。

尼尔斯·博林并不被很多人所熟知，但他的一项伟大发明却是我们再熟悉不过的了，它就是已经有着半个世纪历史的三点式安全带。三点式安全带的出现为驾乘者营造了一个更为安全的驾车乘车环境，无数人因此在车祸中幸免于难。在问世后的半个世纪时间里，三点式安全带已挽救了 100 万人的生命。当前，全球在公路上行驶的汽车总量已达到大约 6 亿辆，反应迟钝、酒后驾车以及粗心大意的驾驶者仍大有人在，基于这些事实，人们可能对这个数字感到有些吃惊，预想中的数字似乎应该远远超过 100 万。在汽车发展史上，安全带为提高驾车乘车安全系数所作出的贡献仍旧是最大的，虽然在"生命拯救者"的比赛成绩表中，它的排名要落后于青霉素或者消毒外科手术。安全带的基本功能是：防止驾驶员撞向方向盘或者后面的乘客将巨大的冲击力（相当于一头奔跑的大象具有的能量）转移给前面的人；防止驾驶员和乘客在发生事故时被抛出车外。由于使用安全带，碰撞导致的死亡和受伤风险至少降低了 50% 以上。时至今日，几乎可以在每一辆现代汽车上看到三点式安全带的身影。传统的三点式安全带（胸部以及大腿前部分别被两条带子固定）是沃尔沃公司在 50 年前发明的。

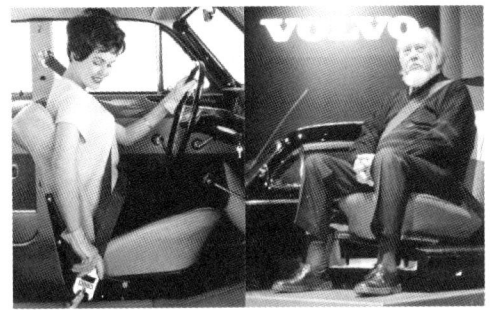

图 34-5-13　安全带和安全带的发明者

(10) 预操作原理

1) 在操作开始前，使物体局部或全部产生所需的变化。

如预先涂上胶的壁纸；在手术前为所有器械杀菌；不干胶粘贴；在将蔬菜运到食品制造厂前对其进行预处理（即切成薄片、切成方块等方法）；在印刷电路板中用预先制造的胶片连接各碎片。

2) 预先对物体进行特殊安排，使其在时间上有准备，或已处于易操作的位置。

如柔性生产单元；灌装生产线中使所有瓶口朝一个方向，以增加灌装效率；厨师按照食谱中所写的详细顺序进行烹调；

[例 36]　装在瓶子里胶水用起来很不方便，因为很难做到涂层干净、均匀。相反的，如果我们预先把胶水挤在一个纸袋上，那么适量的胶水要涂的比较均匀、干净就是一件很容易的事。

[例 37]　再大的风也吹不掉的衣架（图 34-5-14）。衣架每家每户都有，但有个问题却一直没有解决，那就是如果把衣服晾在外面，遇到起风，通常的衣架很可能会被吹落，导致衣服掉到地上。现在，法国设计师 Serge Atallah 终于试图解决这个问题，这便是再大的风也无法吹落的 Push 衣架：线条非常简洁、流畅，而最大的改进是在衣架的挂钩部分，变成了一种别针般的结构，可以自动锁住，同时用手一握就能打开，也只有这种情况下才能将之从晾衣杆上面取下。好处是风再大也不会让衣架掉地上了，坏处是没法使用撑衣杆了，只适用于衣橱或者晾衣杆触手可及的晾晒场所。

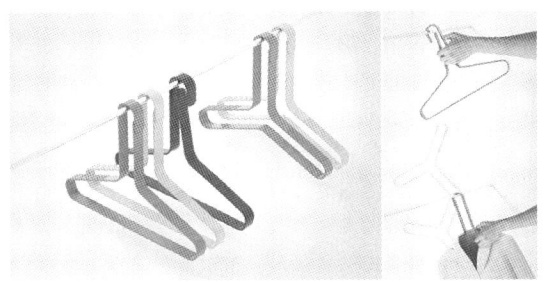

图 34-5-14　应用"预操作"原理实现吹不掉的衣架

(11) 预补偿原理

采用预先准备好的应急措施补偿物体相对较低的可靠性。如飞机上的降落伞。胶卷底片上的磁性条可以弥补曝光度的不足。航天飞机的备用输氧装置。

[例 38]　商场中的商品印上磁条可以防止被窃。

[例 39]　应急手电（图 34-5-15）。

在 2011 年的日本大地震之后，日本的企业都铆足了劲去研发和生产那些能应急、能救命的产品，这款应急手电，就是这种背景下产生的最新成果。来自松下，这款应急手电最大的特点就是任何尺寸的干电池都可以用，不论是 1 号、2 号、5 号或者 7 号，只要能找到的干电池，都能塞进去，并且点亮它。而且，可以同时将这 4 种电池一起塞进去（这时，可以通过一个开关来选择使用其中某一粒电池），也可以只塞 1 粒哪怕是 7 号电池进去，它都能正常工作。采用 LED 光源，松下给出的数据是，如果同时塞了 4 种尺寸的电池各 1 粒（也就是说，里面有 4 节电池），那么最长可以连续工作 86 个小时。

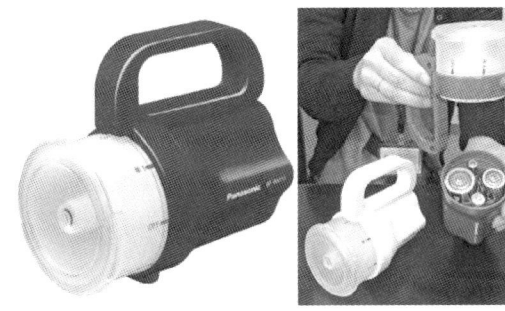

图 34-5-15　预先设计出适应各种型号的电池仓

（12）等势性原理

改变工作条件，使物体不需要被升级或降低。如与冲床工作台高度相同的工件输送带，将冲好的零件输送到另一工位。工厂中的自动送料小车。汽车制造厂的自动生产线和与之配套的工具。

[例40] 汽车底盘各部件上润滑油是工人站在长形地沟里涂上去的，这样就避免使用专用提升机构。

[例41] 自走式灭火器（图34-5-16）。

虽然每年都会有各种相关培训教会使用者如何使用放置在楼梯间的灭火器，但是，当紧急情况发生时，很少有人能保证自己冲过去扛起灭火器回来救火。毕竟灭火器本身很重，有些臂力不足的人万一拎不动怎么办？于是一款叫做 O-Extinguisher 的滚筒式灭火器诞生了，它用自己圆滚滚的轮子解决了体弱者的救命问题，它看起来长得有些像吸尘器，那些灭火用的干粉就装在它的滚筒里，喷射管做成了可伸缩设计，就缠绕在灭火器的滚轴上，遇到紧急情况时，可以拖着灭火器快速冲向事发现场，抽出喷射管就地灭火。由于滚轮式设计行动方便，也在另一个方面解决了普通干粉式灭火器的干粉容量问题，大滚轮里显然可以储存更多干粉，使 O-Extinguisher 在灭火时喷射时间更持久。

图 34-5-16　运用等势性原理设计的自走式灭火器

（13）反向原理

1）将一个问题说明中所规定的操作改为相反的操作。如为了拆卸处于紧配合的两个零件，采用冷却内部零件的方法，而不采用加热外部零件的方法。

2）使物体中的运动部分静止，静止部分运动。如使工件旋转，使刀具固定；扶梯运动，乘客相对扶梯静止；健身器材中的跑步机。

3）使一个物体的位置倒置。如将一个部件或机器总成翻转，以安装紧固件。从罐子中取出豆类时，将罐口朝下就可以将豆类倒出了。

[例42] 翻砂清洗零部件是通过振动零部件实现的，而不使用研磨剂。

[例43] 倒着罐装的啤酒（图34-5-17）。

这是款神奇的啤酒机，叫做 Bottoms UP Beer，能将啤酒从杯子的底部往上灌啤酒。杯子底部其实有个磁控阀门，啤酒倒着灌，不但激起的泡沫更少，而且一灌满还能自动停止，一丁点也不会溢出。

图 34-5-17　倒着灌装啤酒的啤酒机

（14）曲面化原理

1）将直线或平面部分用曲线或曲面代替，立方形用球形代替。如为了增加建筑结构的强度，采用拱形和圆弧形结构。

2）采用辊、球和螺旋。如斜齿轮提供均匀的承载能力；采用球为钢笔增加了墨水的均匀程度；千斤顶中螺旋机构可产生很大的升举力。

3）用旋转运动代替直线运动，采用离心力。如鼠标采用球形结构产生计算机屏幕内光标的运动；洗衣机采用旋转产生离心力的方法，去除湿衣服中的部分水分。在家具底部安装球形轮，以利移动。

[例44] 弧形的开关插座（图34-5-18）。

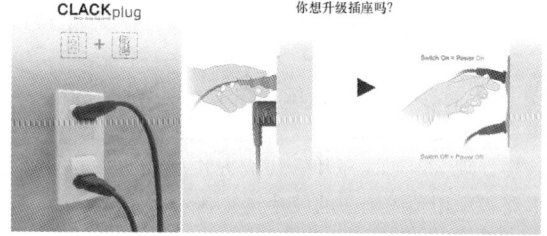

图 34-5-18　弧形的开关插座

众所周知，家里的电器即使是在待机状态下也是耗电的，所以不用时最好能将插头拔出来；如果出远门的话，为了不留安全隐患，更应该彻底关闭所有电源才是。但往往人们并没有这么做，因为很多插座设置在不易靠近的角落，插拔很费事，没有人想每天搬沙发、拖柜子、移冰箱。而且反复插拔容易导致插座松动坏死或者积累灰尘，弄不好一排插孔就只剩下一两个能正常使用了。这时人们往往需要的正是这款单手就能操作的开关插座（Clack Plug），它能轻易帮你解决以上困扰：设计概念就是将插座、插头与开关三合为一,当电器插上插座时,往上推插头就是开,往下扳插头就是关。如此一来,无论插座是设置在床下或是大家电背后等难以触摸到的地方,都可以轻轻松松就关闭电源,而且,把插头孔的位置做成了曲面化的形状,这样,便于插、拔的操作,更人性化。这款开关插座因此获得了 2014 年 iF 概念设计奖。

(15) 动态化原理

1) 使一个物体或其环境在操作的每一个阶段自动调整,以达到优化的性能。如可调整方向盘;可调整座椅;可调整反光镜;飞机中的自动导航系统。

2) 把一个物体划分成具有相互关系的元件,元件之间可以改变相对位置。如计算机蝶形键盘;装卸货物的铲车,通过铰链连接两个半圆形铲斗,可以自由开闭,装卸货物时张开铲斗,移动时铲斗闭合。

3) 如果一个物体是静止的,使之变为运动的或可改变的。如检测发动机用柔性光学内孔件检测仪。医疗检查中挠性肠镜的使用。

[例 45] 手电筒的灯头和筒身之间有一个可伸缩的鹅颈管。

[例 46] 运输船的圆柱形船身。为了减少船满载时的吃水深度,船身一般都是由可以打开铰接的半圆柱构成的。

[例 47] 会跑的坦克音乐播放器(图 34-5-19)。

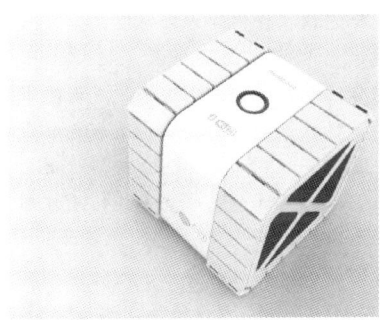

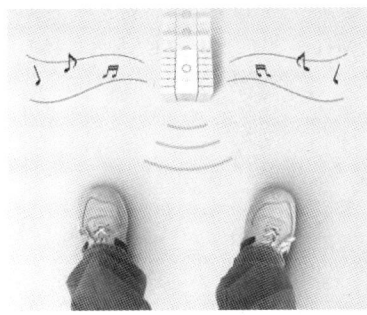

图 34-5-19 会跑的坦克音乐播放器

Mintpass 推出新作——一款坦克音乐播放器 Mint Tank Music Player。不仅外表看上去十分时尚讨喜,还能靠着身上的坦克履带到处跑动,使用者可以通过蓝牙设备远程控制。其自带的两个扬声器也有不错的音质效果,如果碰到同伴,它们还能协同播放乐曲,想想那满屋跑的 3D 环绕效果还真是让人期待啊。

(16) 未到达或超过的作用原理

如果 100% 达到所希望的效果是困难的,稍微未到达或稍微超过预期的效果将大大简化问题。

如缸筒外壁需要刷漆时,可将缸筒浸泡在盛漆的容器中完成,但取出缸筒后,其外壁粘漆太多,通过快速旋转可以甩掉多余的漆。

[例 48] 为了从储藏箱里均匀的卸载金属粉末,送料斗里有一个特殊的内部漏斗,这个漏斗一直保持满溢状态,以提供差不多的持续压力。

[例 49] 闪耀来复枪(图 34-5-20)。

非致命武器是指为达到使人员或装备失去功能而专门设计的武器系统。目前,外国发展的用于反装备的非致命武器主要有超级润滑剂、材料脆化剂、超级腐蚀剂、超级粘胶以及动力系统熄火弹等。美军的武器研发部门推出了全新的致盲枪闪耀。闪耀是一把外形拉风的来复枪,采用具有高能量的激光,选择了最具刺激性的波段,通过发射激光使对方暂时失明。

图 34-5-20 闪耀来复枪

(17) 维数变化原理

1) 将一维空间中运动或静止的物体变成二维空间中运动或静止的物体,在二维空间中的物体变成三维空间中的物体。如为了扫描一个物体,红外线计算机鼠标在三维空间运动,而不是在一个平面内运动;五轴机床的刀具可被定位到任意所需的位置上。

2) 将物体用多层排列代替单层排列。如能装 6 个 CD 盘的音响不仅增加了连续放音乐的时间,也增加了选择性。印刷电路板的双层芯片。

主题公园中的职员们经常从游客们面前"消失",他们通过一条地下隧道来到下一个工作地点,然后走出地面的隧道出口,出现在游客们的面前。

3) 使物体倾斜或改变其方向。如自卸车。

4）使用给定表面的反面。如叠层集成电路。

[例50] 温室的北部安装了凹面反射镜，这样通过白天反射太阳光以改善北部的光照。

[例51] 堆叠式电动汽车（图34-5-21）。

麻省理工学院设计人员设计出一种堆叠式的轻型（450千克）电动汽车，可从路边的堆放架借出，就像机场的行李车一样，用完之后可将它还回市内的任何一个堆放架。麻省理工学院将之称为"城市之车"（CityCar，泡状的双座小车，最高时速为88km），其原型只有2.5m长，折叠后尺寸更可缩小一半，从而便于进行堆叠。在一个传统的停车位中，可容纳4辆堆叠起来的汽车。预计这种车将很快出现在美国城市，目前通用公司正在制造原型车。

图34-5-21　堆叠式电动汽车

（18）振动原理

1）使物体处于振动状态。如电动雕刻刀具具有振动刀片；电动剃须刀。

2）如果振动存在，增加其频率，甚至可以增加到超声。如通过振动分选粉末；振动给料机。

3）使用共振频率。如利用超声共振消除胆结石或肾结石。

4）使用电振动代替机械振动。如石英晶体振动驱动高精度表。

5）使用超声波与电磁场耦合。如在高频炉中混合合金。

[例52] 当铸模被填充满时，使其振动，这样就可以改善流量，提高铸件的结构特性。

[例53] 可震动的方向盘（图34-5-22）

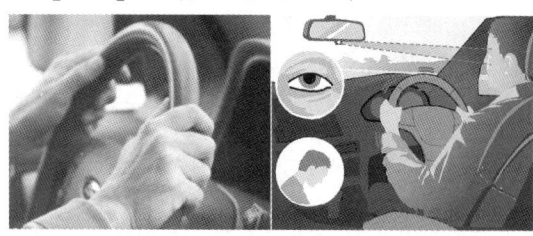

图34-5-22　可震动的方向盘

一种可震动的方向盘将能提醒分神的司机，使他们专心开车，从而减少交通事故。英国ARM公司设计了一种汽车驾驶室相机，可以观察司机的表情，以检测他们是否分神。这种相机位于汽车后视镜，会扫描司机的眼睛，并根据眨眼率来判断司机是否分神。如果认为司机分神，它就会震动方向盘、座位或者发出警报，通过这种技术让司机保持注意力。

（19）周期性作用原理

1）用周期性运动或脉动代替连续运动。如使报警器声音脉动变化，代替连续的报警声音；用鼓锤反复地敲击某物体。

2）对周期性的运动改变其运动频率。如通过调频传递信息；用频率调音代替摩尔电码。

3）在两个无脉动的运动之间增加脉动。如医用呼吸器系统中，每压迫胸部5次，呼吸1次。

[例54] 用扳钳通过振动的方法就可以拧开生锈的螺母，而不需要持续的力。

[例55] 报警灯总是一闪一闪，比起持续的发光，这样更能引起人们的注意。

[例56] 电波充电器（图34-5-23）。

来自设计师Dennis Siegel的创意，电波充电器（Electromagnetic Harvester）希望借助这个世界无所不在的"波"来获取电力，而且使用方法非常简单，理论上，把它放在任何地方它都能工作，只是，越靠近电磁源、电磁场的强度越强，效果就越好，比如说，可以靠近一台工作的咖啡机，或者跑出去站在电线的下面。根据设计师的描述，这台充电器一般都能在1天内充满一节充电电池——效率听上去是比较一般，但是，考虑到这个星球几乎任何地方都充斥着各种免费的电磁场，至少，将之用作野外的补充电力，还是非常合适的。据说将会推出两种频率版本，一种适用于100Hz以下的低频磁场，比如交流电场附近等，一种适用于高频磁场，从手机的GSM频段（900/1800MHz）到蓝牙和WLAN（2.4GHz）。

图34-5-23　电波充电器

(20) 有效作用的连续性原理

1) 不停顿地工作,物体的所有部件都应满负荷地工作。如当车辆停止运动时,飞轮或液压蓄能器储存能量,使发动机处于一个优化的工作点。

2) 消除运动过程中的中间间歇。如针式打印机的双向打印。点阵打印机、菊花轮打印机、喷墨打印机。

3) 用旋转运动代替往复运动。

[例 57] 具有切刃的钻床可以实现切割,颠倒方向。

[例 58] 持续飞行五年的无人机(图 34-5-24)。

美国极光飞行公司(Aurora Flight Sciences)正在进行的 Z-Wing 无人机项目,看上去就像是一架 UFO,在人类最先进科技的支持下,它能够在空中连续飞行 5 年,相当于一颗大气层内的同步卫星;配备 9 台电动螺旋桨发动机,采用 Z 形机翼,翼展达到夸张的 150m,表面布满太阳能电池。白天,独特的姿态控制系统让 Z-Wing 总是将自身最多的太阳能电池同时对着日光,最大限度地储存电能。而到了夜间,它又会改变自己的 Z 形结构,拉伸为一条直线(以减少能耗),并保持在 18000～27000m 的高度巡航。目前,极光飞行的科学家们已经做出了完整的设计,预计 5 年内,这架能在天上连续飞行 43800h 的"神器"就能张开翅膀翱翔,并用于通信和环境监测等领域,比如对温室效应的研究,以及一些军事目的。

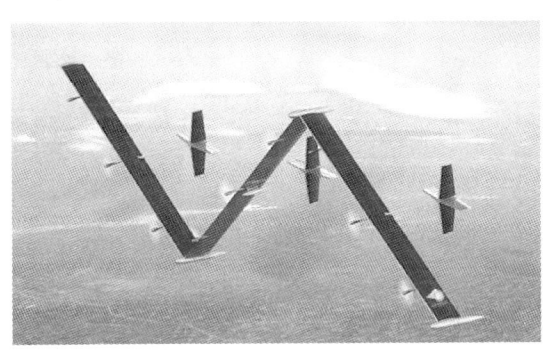

图 34-5-24 持续飞行五年的无人机

(21) 紧急行为原理

以最快的速度完成有害的操作。如修理牙齿的钻头高速旋转,以防止牙组织升温。为避免塑料受热变形,高速切割塑料。

[例 59] 摩托车安全服(图 34-5-25)

骑摩托车是一件高危险性的事情,尽管可以戴上头盔,但是身体其他部位呢?加拿大设计师 Rejean Neron 带来的摩托车安全服(Safety Sphere),也许能解决这个问题:简单地说,这衣服可以近似地理解为一个穿在身上的安全气囊,每次,意外发生时,这衣服能在 1/500s 内膨胀成一个气球,将车手包在中间,减少伤害。

图 34-5-25 摩托车安全服

(22) 变有害为有益原理

1) 利用有害因素,特别是对环境有害的因素,获得有益的结果。如利用余热发电;利用秸秆作建材原料;回收物品二次利用,如再生纸。

2) 通过与另一种有害因素结合消除一种有害因素。在腐蚀性溶液中加入缓冲性介质。潜水中使用氮氧混合气体,以避免单用氧气造成昏迷或中毒。

3) 加大一种有害因素的程度使其不再有害。如森林灭火时用逆火灭火;"以毒攻毒"。

[例 60] 在寒冷的天气里运输沙砾时,沙砾很容易冻结,但过度冻结(使用液氮)可以使冰碴易碎,进而使沙砾变得更细。

[例 61] 使用高频电流加热金属时,只有外层金属变热,这个负面效应,可以应用于需要表面加热的情况。

[例 62] 吃垃圾就能发光的路灯(图 34-5-26)。

这是设计师 Haneum Lee 带来的吃垃圾就能发光照明的路灯,工作原理很简单,相当于是一个缩微版的沼气池:路灯下面是垃圾桶,将生活垃圾倒入后,它们将在这个特别的垃圾桶中被发酵,产生甲烷,然后甲烷再被输送至路灯顶部,用于照明,而发酵之后的垃圾,还可以作为堆肥用于城市绿化。当然,尚不清楚这样的一盏路灯,每天需要吃进多少垃圾才能维持其运转——但是,如果技术上能够实现,让每一栋楼周边的路灯都能通过这栋楼产生的垃圾来自给自足,那无疑就太完美了。

(23) 反馈原理

1) 引入反馈以改善过程或动作。如音频电路中的自动音量控制;加工中心的自动检测装置;声控喷泉;自动导航系统。

图 34-5-26 吃垃圾就能发光的路灯

2) 如果反馈已经存在,改变反馈控制信号的大小或灵敏度。如飞机接近机场时,改变自动驾驶系统的灵敏度;自动调温器的负反馈装置;为使顾客满意,认真听取顾客的意见,改变商场管理模式。

[例 63] 会"说话"的花盆(图 34-5-27)

会"说话"的花盆(Digital Pot),基本上可以将之理解为一个小型的遥感和化验设备。外观如白色花盆,但是正面却嵌着个大大 LED 显示器,背后还插着 USB 电缆。当然,对会"说话"的花盆(Digital Pot)来说,这是有必要的,它需要使用软件配合才能分析采集到的数据。基本上,所有种植者所关心的项目,比如说温度、湿度等参数,说话花盆都可以实时测定,并将结果通过浅显易懂的图标反馈到显示器:笑脸表示花草过得很舒服,苦瓜脸表示它们正在受罪,满格的温度计表示太热了,空白的温度计表示太冷了……

图 34-5-27 会"说话"的花盆

(24) 中介物原理

1) 使用中介物传送某一物体或某一种中间物体。如机械传动中的惰轮;机加工中钻孔所用的钻孔导套。

2) 将一容易移动的物体与另一物体暂时结合。如机械手抓取重物并移动该重物到另一处;用托盘托住热茶壶;钳子、镊子帮助人手。

[例 64] 当将电流应用于液态金属时,为了减少能量损耗,冷却电极的同时还采用具有低熔点的液态金属作为中介物。

[例 65] 万能遥控器(图 34-5-28)。

由 NEEO 公司出品,号称万能遥控器,能操纵家里所有电器。该机由两部分组成:那个像圆形盘子的东西是连接电器设备所用,称之为主机;至于那个像早期直板手机的物件儿自然就是可操作的遥控器。此外,还有一个与之相关的软件 APP,在手机上可以下载使用。主机可支持低功耗蓝牙 4.0、Wi-Fi、基于 IPv6 协议的低功耗无线个人局域网以及 360°红外。它能够识别的设备超 3 万台,我国的海尔、海信,韩国 LG、三星,日本的夏普、索尼等都囊括在内。考虑到热衷复古风的人们,十年前的主流音视频设备,比如 DVD 播放器等,NEEO 也能全力配合。遥控器部分,屏幕像素比 IPAD 更清晰。内置传感器,可通过感知识别使用者的手掌,从而根据浏览喜好调动出日常播放列表。有些少儿不宜的东西,家长们也可以在遥控器上进行设置,从而禁止其浏览。遥控器与主机不可相距太远,50m 以内可用,只要在此范围内,一台主机可以同时支持 10 个遥控器工作。手机通过 APP 还可寻找 NEEO 遥控器。

图 34-5-28 万能遥控器

(25) 自服务原理

1) 使一物体通过附加功能产生自己服务于自己的功能。冷饮吸管在二氧化碳产生的压力下工作。

2) 利用废物的材料、能量与物质。如钢厂余热发电装置;利用发电过程产生的热量取暖;用动物的粪便做肥料;用生活垃圾做化肥。

[例 66] 为了减少进料机(传送研磨材料)的磨损,它的表面通常由一些研磨材料制成。

[例 67] 电子焊枪杆一般需要使用一些特殊装置来改进,为了简化系统,我们可以直接使用由焊接电流控制的螺线管实现改进。

[例 68] 自动泊车技术(图 34-5-29)。

自动泊车技术大部分用于顺列式驻车情况。常见的自动泊车系统的基本原理是基于车辆的四距离传感器的，低速开过有空缺车位的一排停车位，传感器扫描到有空缺的车位足够放下这辆车的话，人工就可以启动自动泊车程序。车辆将回波的距离数据发送给中央计算机并由并中央计算机控制车辆的转向机构，但是仍然需要人工来控制油门，因此并不是全自动的，但这种设备的确使顺列式驻车更加容易，尽管驾驶员仍然必须踩着制动踏板控制车速（汽车的怠速足以将车驶入停车位，无需踩加速踏板），有些车辆现在已经可以实现全自动的自动泊车，但是只限于横列和纵列的标准车位，这些车辆可以由人下车来操作，按动按钮车辆就可以实现完全自动的泊车入位。

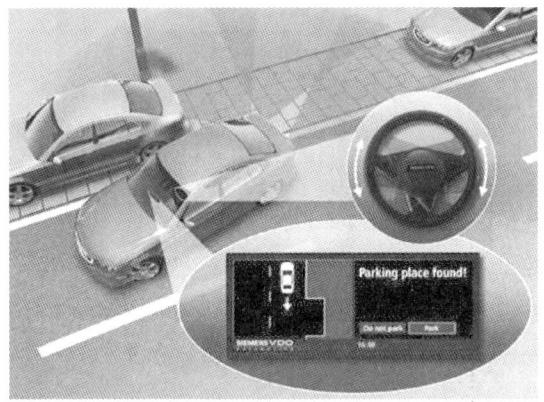

图 34-5-29 自动泊车技术

（26）复制原理

1) 用简单、低廉的复制品代替复杂的、昂贵的、易碎的或不易操作的物体。如通过虚拟现实技术可以对未来的复杂系统进行研究；通过对模型的实验代替对真实系统的实验；网络旅游既安全又经济；看电视直播，而不到现场。

2) 用光学拷贝或图像代替物体本身，可以放大或缩小图像。如通过看一名教授的讲座录像可代替亲自听他的讲座；用卫星相片代替实地考察；由图片测量实物尺寸；用B超观察胚胎的生长。

3) 如果已使用了可见光拷贝，那么可用红外线或紫外线代替。如利用红外线成像探测热源。

[例69] 我们可以通过测量物体的影子来推测物体的实际高度。

[例70] 新型床垫模拟子宫感觉令婴儿迅速入睡（图 34-5-30）。

这项发明由多个充气垫组成，可放在现有床垫的下面，在实验中可令婴儿入睡所用时间减少90%。充气垫中先是轻轻注满空气，然后再放气，模拟一种上下起伏摇摆的运动。一个可爱的绵羊玩具挂在床头一侧，发出类似母亲心跳的声音，此外还伴随着其他各种声音，如真空吸尘器和竖琴音乐。科学家很久以前便知道，真空吸尘器的噪声可以帮助舒缓婴儿情绪，令其安静下来，因为它听上去类似于子宫发出的嗖嗖声或噪声。同时，多项研究表明，竖琴音乐也可起到抚慰的作用，让人放松心情。充气垫的活动还有助于让婴儿平躺睡眠，这是医疗机构推荐的6个月以下婴儿最安全的睡姿。

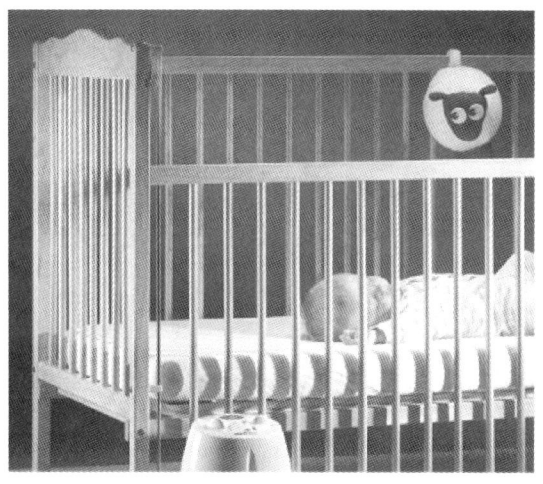

图 34-5-30 新型床垫模拟子宫感觉令婴儿迅速入睡

（27）低成本、不耐用的物体代替昂贵、耐用的物体原理

用一些低成本物体代替昂贵物体，用一些不耐用物体代替耐用物体，有关特性折中处理。如一次性的纸杯子；一次性的餐具、一次性尿布、一次性拖鞋等。

[例71] 纸板音箱（图 34-5-31）。

无印良品制造了一种新型纸板音箱，它由一些电子元件构成，携带时可以将其展开放入一个塑料袋中，使用时将它折叠起来即可。

图 34-5-31 纸板音箱

（28）机械系统的替代原理

1) 用视觉、听觉、嗅觉系统代替部分机械系统。如在天然气中混入难闻的气体代替机械或传感器来警告人们天然气的泄漏；用声音栅栏代替实物栅栏（如光电传感器控制小动物进出房间）。

2) 用电场、磁场及电磁场完成物体间的相互作用。如要混合两种粉末，使其中一种带正电荷，另一种带负电荷。

3) 将固定场变为移动场，将静态场变为动态场，将随机场变为确定场。早期的通信系统用全方位检测，现在用定点雷达预测，可以获得更加详细的信息。

4) 将铁磁粒子用于场的作用之中。

[例72] 为了将金属覆盖层和热塑性材料粘接在一起，无需使用机械设备，可以通过施加磁场产生应力来实现该过程。

[例73] 刷牙不需要上牙膏了（图34-5-32）。

由日本制造商 Shiken 赞助，由 Kunio Komiyama 博士和好友 Gerry Uswak 博士所研发的这只 Soladey-J3X：太阳能牙刷。其前身早在15年前就已问世，经过改良后，当光照射在牙刷手柄上时，会与 Soladey-J3X 中的二氧化钛发生化学作用，产生电子，电子与口中的酸性结合，能有效去除牙菌斑，也就是说，从此刷牙不必用牙膏了。

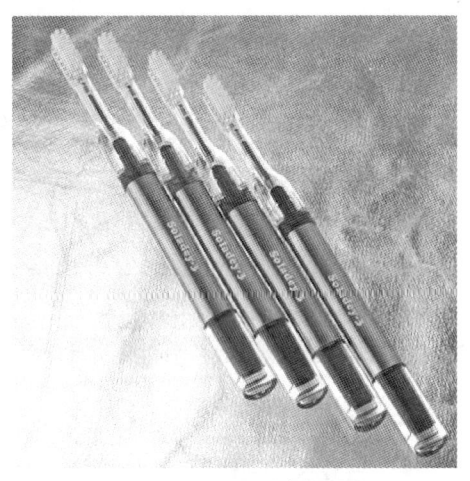

图 34-5-32　不用牙膏的牙刷

(29) 气动与液压结构原理

物体的固体零部件可以用气动或液压零部件代替，将气体或液压用于膨胀或减振。如车辆减速时由液压系统储存能量，车辆运行时放出能量；气垫运动鞋，减少运动对足底的冲击；运输易损物品时，经常使用发泡材料保护。

[例74] 为了提高工厂高大烟筒的稳定性，在烟筒的内壁装上带有喷嘴的螺旋管，当压缩空气通过喷嘴时形成了空气壁，提高烟筒对气流的稳定性。

[例75] 为了运输易碎物品，经常要用到气泡封袋或泡沫材料。

[例76]　加压喷射瓶盖：Aquabot（图34-5-33）

可以配合通常大小的水壶使用，将之替换原来的盖子即可。Aquabot 瓶盖上有一个圆形的把手，将之拉出就能变成一个"气枪"，来点活塞运动就能给水壶加压。然后，把手的旁边有个按钮，掀动按钮，另外一边的喷口就能喷水，而且粗细可调，可以是雾状的，当然也可以聚集成细流射出，最远能喷好几米。

图 34-5-33　加压喷射瓶盖：Aquabot

(30) 柔性壳体或薄膜原理

1) 用柔性壳体或薄膜代替传统结构。如用薄膜制造的充气结构作为网球场的冬季覆盖物。

2) 使用柔性壳体或薄膜将物体与环境隔离。如在水库表面漂浮一种由双极性材料制造的薄膜，一面具有亲水性能，另一面具有疏水性能，以减少水的蒸发；用薄膜将水和油分别储藏；农业上使用塑料大棚种菜。

[例77] 为了防止植物叶面水分的蒸发，通常在植物的叶面上喷洒聚乙烯。由于聚乙烯薄膜的透氧性比水蒸气好，可以促进植物生长。

[例78]　充气旅行箱（图34-5-34）

箱体由可充气的包装组成，拖杆就是打气装备，上下按拖杆，行李箱体向内膨胀，充填内部空隙，即紧密包裹防止因行李过少内部散乱造成的磕碰，同时形成的空气包防护从外部完美保护行李。抵达后，将侧面的阀门打开，放掉气体就可以了。

(31) 多孔材料原理

1) 使物体多孔或通过插入、涂层等增加多孔元素。如在一结构上钻孔，以减轻质量。

2) 如果物体已是多孔的，用这些孔引入有用的物质或功能。如利用一种多孔材料吸收接头上的焊料；利用多孔钯储藏液态氢；用海绵储存液态氮。

[例79] 为了实现更好的冷却效果，机器上的

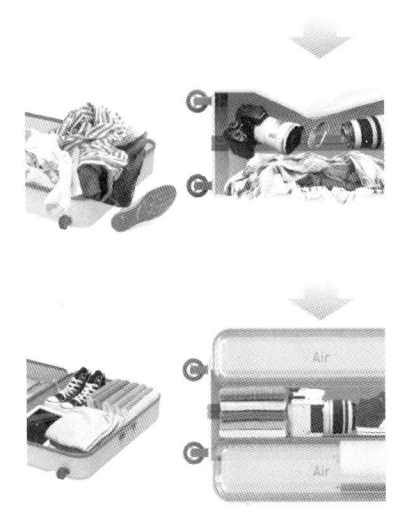

图 34-5-34　充气旅行箱

一些零部件内充满了一种已经浸透冷却液的多孔材料。在机器工作过程中，冷却液蒸发，可提供均匀冷却。

[例80]　沙滩专用簸箕（图 34-5-35）。

Beach Cleaner 是一把像筛子一样的簸箕，浑身上下有孔洞方便砂砾漏下，垃圾很轻松被留在簸箕内。

图 34-5-35　沙滩专用簸箕：Beach Cleaner

（32）改变颜色原理

1）改变物体或环境的颜色。如在洗相片的暗房中要采用安全的光线；在暗室中使用安全灯，做警戒色。

2）改变一个物体的透明度，或改变某一过程的可视性。在半导体制作过程中利用照相平板印刷术将透明的物质变为不透明的，使技术人员可以容易地控制制造过程；同样，在丝网印刷过程中，将不透明的原料变为透明的；透明的包装使用户能够看到里面的产品。

3）采用有颜色的添加物，使不易被观察到的物体或过程被观察到。如为了观察一个透明管路内的水是处于层流还是紊流，使带颜色的某种流体从入口流入。

4）如果已增加了颜色添加剂，则采用发光的轨迹。

[例81]　包扎伤口时，使用透明的绷带，就可以在不解绷带的情况下观察伤口的愈合情况。

[例82]　透光材料（图 34-5-36）。

这种可透光的混凝土由大量的光学纤维和精致混凝土组合而成。可做成预制砖或墙板的形式，离这种混凝土最近的物体可在墙板上显示出阴影。亮侧的阴影以鲜明的轮廓出现在暗侧上，颜色也保持不变。用透光混凝土做成的混凝土墙就好像是一幅银幕或一个扫描器。这种特殊效果使人觉得混凝土墙的厚度和重量都消失了。混凝土能够透光的原因是混凝土两个平面之间的纤维是以矩阵的方式平行放置的。另外，由于光纤占的体积很小，混凝土的力学性能基本不受影响，完全可以用来做建筑材料，因此承重结构也能采用这种混凝土。而这种透光混凝土具有不同的尺寸和绝热作用，并能做成不同的纹理和色彩，在灯光下达到其艺术效果。用透光混凝土可制成园林建筑制品、装饰板材、装饰砌块和曲面波浪型，为建筑师的艺术想象与创作提供了实现的可能性。

图 34-5-36　透光的混凝土

（33）同质性原理

采用相同或相似的物体制造与某物体相互作用的物体。如为了减少化学反应，盛放某物体的容器应用与该物体相同的材料制造；用金刚石切割钻石，切割产生的粉末可以回收。

[例83]　运输抛光粉的进料机的表面是由相同材料制成，这样可以持续的恢复进料机的表面。

[例84]　任何的空瓶子都是花洒（图 34-5-37）。

只需要简单地在空瓶子的口上加一个手柄，就成为花洒了。创意就是应该来自我们的日常生活，加入一点点的变化，然后给我们的生活带来乐趣。

图 34-5-37　任何的空瓶子都是花洒

(34) 抛弃与修复原理

1) 当一个物体完成了其功能或变得无用时，抛弃或修复该物体中的一个物体。如用可溶解的胶囊作为药粉的包装；可降解餐具；火箭助推器在完成其作用后立即分离。

2) 立即修复一个物体中所损耗的部分。如割草机的自刃磨刀机；汽车发动机的自调节系统。

[例85]　手枪发射子弹后，弹壳会自动弹出。

[例86]　"喝"咖啡渣及茶叶渣的绿色环保打印机（图 34-5-38）。

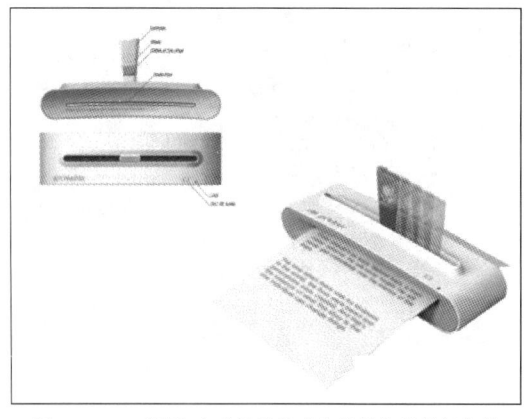

图 34-5-38　"喝"咖啡渣及茶叶渣的绿色环保打印机

这款由韩国设计师 Jeon Hwan Ju 设计的茶叶/咖啡打印机，没有采用传统墨盒，而是利用咖啡渣或茶叶渣来制作墨水，只要将这些残渣放到配套的"墨盒"中即可，使用起来非常环保。而为了达到省电的目的，这款打印机的喷头并没有利用电力来驱动，需要用户手动将其左右摇晃，即可将设定的图像和文字

打印到纸上。普通打印机墨盒中的散发出的细小物质很容易对人体健康造成威胁，由于这款打印机采用咖啡渣、茶叶渣这种天然材料作为打印耗材，因此，完全杜绝了传统的打印机的微粒污染的问题。由于没有采用电力驱动，用户需要手摇来完成打印，这样就不适合大量打印。

(35) 参数变化原理

1) 改变物体的物理状态，即让物体在气态、液态、固态之间变化。如使氧气处于液态，便于运输；制作夹心巧克力时，将夹心糖果冷冻，然后将其浸入热巧克力。

2) 改变物体的浓度和黏度。如从使用的角度看，液态香皂的黏度高于固态香皂，且使用更方便。

3) 改变物体的柔性。如用三级可调减振器代替轿车中不可调减振器。用工程塑料代替普通塑料，提高强度和耐久度。

4) 改变温度。如使金属的温度升高到居里点以上，金属由铁磁体变为顺磁体；为了保护动物标本，需要将其降温；提高烹饪食品的温度（改变食品的色、香、味）。

[例87]　在液态情况下运输天然气可以减少体积和成本。

[例88]　可以穿五年的童鞋（图 34-5-39）。

这双可以通过变换鞋带扣位置、从而改变大小的凉鞋，鞋子上部为皮革，鞋底为类似轮胎的橡胶质地。总共有两种尺寸可选，其中小码可从幼儿园穿起，大码则可从小学开始。

图 34-5-39　可以穿五年的童鞋

(36) 状态变化原理

在物质状态变化过程中实现某种效应。如利用水在结冰时体积膨胀的原理进行定向无声爆破。

[例89]　为了控制管子的膨胀程度，可以在管子里注入冷水然后冷却至冻结温度。

[例90]　公仔变色表示泡面可以吃（图 34-5-40）。

一碗泡面要怎样泡才能好吃？开水浸泡的时间是个重要因素，太短则面会太生，太长则面没嚼劲。对这个要素的把握，日本的设计师给出了自己的解决之道。Cupmen看上去就像是一个弯着腰、张开双臂的小人，它有两个作用：首先，能用来压住杯面撕开的盖子。曾经泡过面的人就会知道，为了让面能够尽快泡好，撕开的盖子必须要找东西压住才行，否则热量散失太快，面泡出来会不好吃。以前，这个压盖子的东西，也许是手机，也许是一本书，而现在，可以让Cupmen专门来干这事。Cupmen使用了某种热感应材料制作，随着时间的推移，趴在泡面碗上的泡面仔会在热气的作用下越来越烫。而在受热之后，它会变白。于是，当它的上半身变成白色时，泡面就差不多了。目前，Cupmen有蓝色、橙色和红色三种颜色。

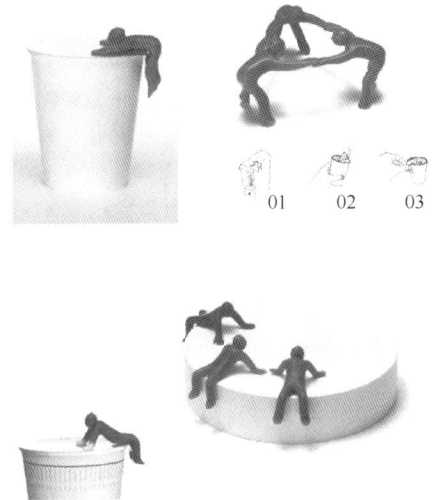

图 34-5-40　公仔变色表示泡面可以吃

（37）热膨胀原理

1）利用材料的热膨胀或热收缩性质。如装配过盈配合的两个零件时，将内部零件冷却，将外部零件加热，然后装配在一起并置于常温中。

2）使用具有不同热胀系数的材料。如双金属片传感器；热敏开关（两条粘在一起的金属片，由于两片金属的热胀系数不同，对温度的敏感程度也不一样，可实现温度控制）。

[例91]　为了控制温室天窗的闭合，在天窗上连接了双金属板。当温度改变时双金属板就会相应的弯曲，这样就可以控制天窗的闭合。

[例92]　可以贴在身上的温度计（图34-5-41）

贴在生病的孩子腋下，在一天内随时记录温度变化，将数据通过蓝牙传送给父母的智能手机，并根据需要转发给儿科医生。TempTraq的材料柔软安全，不含乳胶成分。测温时丝毫不会打扰生病的孩子，让其安心入睡。活动时也不用担心会掉落。方便贴合并卸除。

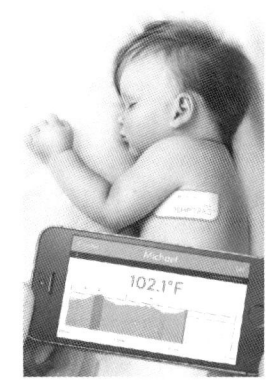

图 34-5-41　可以贴在身上的温度计

（38）加速强氧化原理

使氧化从一个级别转变到另一个级别，如从环境气体到充满氧气，从充满氧气到纯氧，从纯氧到离子态氧。

为持久在水下呼吸，水中呼吸器中储存浓缩空气；用氧-乙炔气焰锯代替空气-乙炔气焰锯切割金属；用高压纯氧杀灭伤口细菌；为了获得更多的热量，焊枪里通入氧气，而不是用空气；在化学试验中使用离子态氧加速化学反应。

[例93]　为了从喷火器里获得更多能量，原本供应的空气被纯氧所代替。

[例94]　日本三菱电机开发新技术，借助羟自由基的强氧化力处理工厂废水（图34-5-42）。

三菱电机开发出了一项新的水处理技术，可利用气液界面放电产生的羟自由基（·OH）来分解难以分解的物质。与现有的方法相比，新技术可高效分解过去使用氯气和臭氧难以分解的表面活性剂和二氧杂环己烷等物质。新技术可用于工业废水和污水的处理和再利用。采用新技术的处理装置的原理如图34-5-42所示，将反应器倾斜设置，使被处理水在湿润氧气中流过。倾斜面上配置了电极，可在被处理水的气液界面诱发脉冲电晕放电，从而产生羟自由基。羟自由基的氧化还原电位为2.85eV，其氧化力高于氧化还原电位为2.07eV的臭氧。新技术借助羟自由基的强氧化力，将难分解性物质分解成二氧化碳和水等。去除难分解性物质通常采用的两种方法是：①组合使用臭氧和紫外线（UV）照射的促氧化法；②让活性炭吸附并去除难分解性物质的活性炭处理法。但是，采用促氧化法时，更换和维护UV灯需要耗费成本，而且，为了降低产生臭氧时的氧气成本，需要提高臭氧浓度。而活性炭处理法虽然系统简单，但活性炭的再生和更换也需要耗费成本。而新技术可以实现低成本。首先，通过反应器的模块化来简化装置构成，使装置成本比促氧化法更低。新技术可以高效生成羟自由基，分解效率达到促氧化法的两倍。而且，由于可以在湿润氧气中稳定放电，因此可以实现氧气的再利用、减少氧气使用量。不必像活性炭处理法一样要更换活性炭。三菱电机在日本山形大学理工学研究科南谷研究室的协助下开发出了这项新技术。计划作为工业废水的再利用装置，在2018年度内实现商用化。

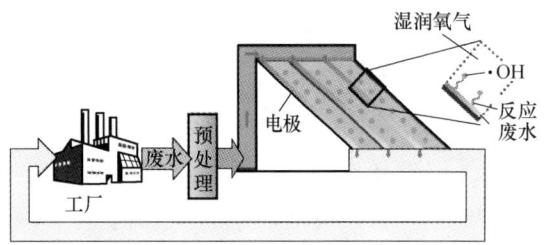

图 34-5-42　借助羟自由基的强氧化力处理工厂废水

（39）惰性环境原理

1) 用惰性环境代替通常环境。如为了防止炽热灯丝的失效，让其置于氩气中。

2) 让一个过程在真空中发生。

[例95]　在冶金生产中，往往使用从熔炉气体中分离出的一氧化碳在燃烧室中燃烧来加热水和金属。在给燃烧室供气之前，应先将灰尘过滤掉。如果过滤器被阻塞，就应该使用压缩空气将灰尘清除。然而，这样形成的一氧化碳和空气的混合物容易发生爆炸。建议使用惰性气体代替空气，保证过滤器的清洁和工作过程的安全。

[例96]　为了防止仓库内的棉花着火，在储存的时候添入惰性气体。

[例97]　帮忙打包并储存食物的纳米机器人。

帮忙打包并储存食物的 Nanopack 纳米机器人，它由 10^{100} 个能重组固态纳米机器人组成，只要将它放到需要打包和储存的食物上，它就会自动扩张开来，把食物聚拢在一起，并形成方形的固态——通过挤压食物，保留了食物原有的形式、质量，制造一个真空和零水分的口袋，以此来减少开支和浪费（图 34-5-43）。

（40）复合材料原理

将材质单一的材料改为复合材料。如玻璃纤维与木材相比较轻，其在形成不同形状时更容易控制；用碳纤维环氧树脂复合材料制成的高尔夫球棍更加轻便、结实；飞机上一些金属部件用工程塑料取代，使飞机更轻；一些门把手用环氧树脂制造，增强把手的

图 34-5-43　帮忙打包并储存食物的纳米机器人

使用强度；用玻璃纤维复合材料制成的冲浪板，更加易于控制运动方向，也更加易于制成各种形状。

[例98]　蘑菇墙板（图 34-5-44）。

艾本·巴耶尔和盖文·迈金泰尔准备用蘑菇建房。这两位年轻的企业家制造出一种成本很低但强度很高的生物材料，可以取代昂贵并有害于环境的聚苯乙烯泡沫材料和塑料，这两者是广泛使用的墙体隔热防火和包装材料，风力涡轮的叶片和汽车车体面板也常用到它们。在实验室内，两位发明者用水、过氧化氢、淀粉、再生纸和稻壳等农业废弃品做成模具，然后注入菌丝，它是蘑菇的根体，看上去就像一束束白色的纤维。这些纤维消化养料，10～14天后就会发育成一张紧密的网络，把模具变成结构坚固的生物复合板（一张一立方英寸的 Greensulate 板材内含有的菌丝连接起来长达八英里）。然后再用高温加以烘烤，阻止菌丝继续生长。两周之后，板材制作完成，可以用于建造墙体了。巴耶尔和麦金泰尔同是伦斯勒理工学院机械工程系学生。决定制造生物板材后，他们用保鲜盒种过各种蘑菇，做了许多样品，实验证明这种复合板具有非同寻常的特性；制作过程中无须加入热源或光照等能量，不需要昂贵的设备，在室温和黑暗环境中就可以生长；菌丝体将稻壳包围在紧密编织的网中，产生微小的绝缘气囊，一英寸厚的 Greensulate 隔热值高达3，与一英寸厚的玻璃纤维隔热板相当，经得起 600℃ 的高温；可以根据需要设计其形状、强度和弹性，任何规格的 Greensulate 隔热板都只需 5～14 天即可完成。与现有的化工产品相比，它减少了 80%～90% 的二氧化碳排放和 80%～84% 的能源需求，成本低但使用寿命长，废弃后可直接埋入土中分解成堆肥。2007年，两人创立了 EcovativeDesign 公司，通过全国大学发明和创新者联盟（NCI-IA）获得了 16000 美元的资金。一年后，现任首席运营官艾德·布卢卡和其他成员加入，大家共同合作，在阿姆斯特丹举行的"荷兰绿色创意挑战杯"比赛中获得50万欧元奖金。目前，这种蘑菇板材已经试用

于佛蒙特州一家学校的体育馆，两位发明者希望年底能够完成所有工业认证和测试，达到美国试验与材料协会（ASTM）的标准。

图 34-5-44 蘑菇墙板

上述这些原理都是通用发明创造原理，未针对具体领域，其表达方法是描述可能解的概念。如建议采用柔性方法，问题的解要涉及某种程度上改变已有系统的柔性或适应性，设计人员应根据该建议提出已有系统的改进方案，这样才有助于问题的迅速解决。还有一些原理范围很宽，应用面很广，既可应用于工程，又可用于管理、广告和市场等领域。

上述这些原理都是通用发明创造原理，未针对具体领域，其表达方法是描述可能解的概念。如建议采用柔性方法，问题的解要涉及某种程度上改变已有系统的柔性或适应性，设计人员应根据该建议提出已有系统的改进方案，这样才有助于问题的迅速解决。还有一些原理范围很宽，应用面很广，既可应用于工程，又可用于管理、广告和市场等领域。

5.3 利用冲突矩阵实现创新设计

5.3.1 冲突矩阵的简介

在设计过程中如何选用发明创造原理作为产生新概念的指导是一个具有现实意义的问题。通过多年的研究、分析和比较，Altshuller 提出了冲突矩阵。该矩阵将描述技术冲突的 39 个通用工程参数与 40 条发明创造原理建立了对应关系，很好地解决了设计过程中选择发明原理的难题。

冲突矩阵为 40 行 40 列的一个矩阵（见附录1），图 34-5-45 为冲突矩阵简图。其中第一行或第一列为按顺序排列的 39 个描述冲突的通用工程参数序号。除了第一行与第一列外，其余 39 行 39 列形成一个矩阵，矩阵元素中或空或有几个数字，这些数字表示

40 条发明原理中被推荐采用的原理序号。矩阵中的列（行）所代表的工程参数是需改善的一方，行（列）所描述的工程参数为冲突中可能引起恶化的一方。

应用该矩阵的过程步骤是：首先在 39 个通用工程参数中，确定使产品某一方面质量提高及降低（恶化）的工程参数 A 及 B 的序号，然后将参数 A 及 B 的序号从第一行及第一列中选取对应的序号，最后在两序号对应行与列的交叉处确定一特定矩阵元素，该元素所给出的数字为推荐解决冲突可采用的发明原理序号。如：希望质量提高与降低的工程参数序号分别为 5 及 3，在矩阵中，第 3 列与第 5 行交叉处所对应的矩阵元素如图 34-5-45 所示，该矩阵元素中的数字分别为 14、15、18 及 4 号推荐的发明原理序号。

5.3.2 利用冲突矩阵创新

TRIZ 的冲突理论似乎是产品创新的灵丹妙药。实际上，在应用该理论之前的前处理与应用后的后处理仍然是很重要的。

当针对具体问题确认了一个技术冲突后，要用该问题所处的技术领域中的特定术语描述该冲突。然后，要将冲突的描述翻译成一般术语，由这些一般术语选择通用工程参数。由通用工程参数在冲突矩阵中选择可用的解决原理。一旦某一或某几个发明创造原理被选定后，必须根据特定的问题将发明创造原理转化并产生一个特定的解。对于复杂的问题一条原理是不够的，原理的作用是使原系统向着改进的方向发展。在改进过程中，对问题的深入思考、创造性和经验都是必需的。

可把应用技术冲突解决问题的步骤具体化为表 34-5-6 所示的 12 步。

通常所选定的发明原理多于 1 个，这说明前人已用这几个原理解决了一些类似的特定的技术冲突。这些原理仅仅表明解的可能方向，即应用这些原理过滤掉了很多不太可能的解的方向，尽可能将所选定的每条原理都用到待设计过程中去，不要拒绝采用推荐的任何原理。假如所用可能的解都不满足要求，则对冲突重新定义并求解。

[例99] 开口扳手的设计。

扳手在外力的作用下拧紧或松开一个六角螺钉或螺母。由于螺钉或螺母的受力集中到两条棱边，容易产生变形，而使螺钉或螺母的拧紧或松开困难，如图 34-5-46 所示。

开口扳手已有多年的生产及应用历史，在产品进化曲线上应该处于成熟期或退出期，但对于传统产品很少有人去考虑设计中的不足并且改进设计。按照

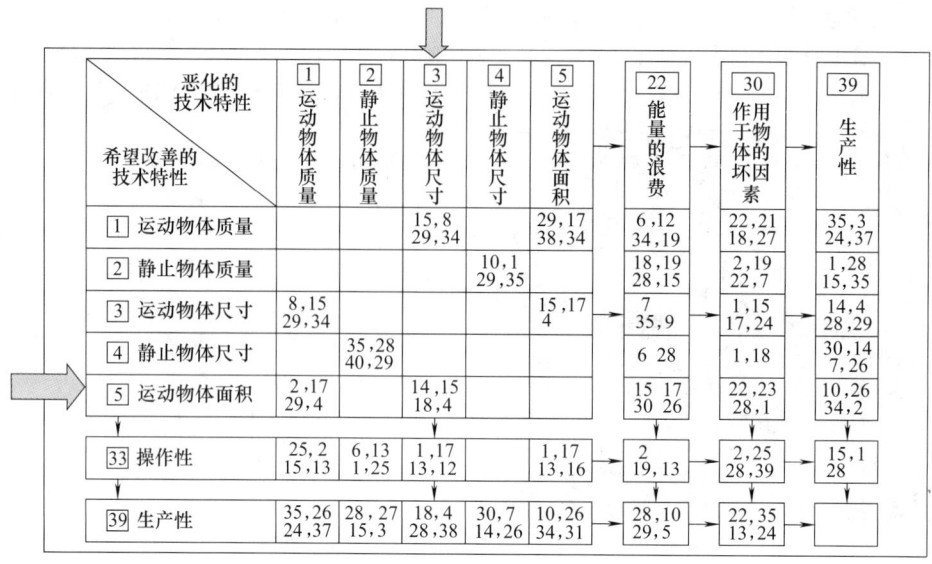

图 34-5-45 冲突矩阵简图

注：希望改善的技术特性和恶化的技术特性的项目均有相同的39项，具体项目见下面说明。
1—运动物体质量；2—静止物体质量；3—运动物体尺寸；4—静止物体尺寸；5—运动物体面积；
6—静止物体面积；7—运动物体体积；8—静止物体体积；9—速度；10—力；11—拉伸力、压力；
12—形状；13—物体的稳定性；14—强度；15—运动物体的耐久性；16—静止物体的耐久性；
17—温度；18—亮度；19—运动物体使用的能量；20—静止物体使用的能量；21—动力；
22—能量的浪费；23—物质的浪费；24—信息的浪费；25—时间的浪费；26—物质的量；
27—可靠性；28—测定精度；29—制造精度；30—作用于物体的坏因素；31—副作用；
32—制造性；33—操作性；34—修正性；35—适应性；36—装置的复杂程度；37—控制的复杂程度；
38—自动化水平；39—生产性。

表 34-5-6 解决问题的步骤

序号	步骤
1	定义待设计系统的名称
2	确定待设计系统的主要功能
3	列出待设计系统的关键子系统、各种辅助功能
4	对待设计系统的操作进行描述
5	确定待设计系统应改善的特性、应该消除的特性
6	将涉及的参数要按通用的39个工程参数重新描述
7	对技术冲突进行描述：如果某一工程参数要得到改善，将导致哪些参数恶化
8	对技术冲突进行另一种描述：假如降低参数恶化的程度，要改善参数将被削弱，或另一恶化参数将被加强
9	在冲突矩阵中由冲突双方确定相应的矩阵元素
10	由上述元素确定可用发明原理
11	将所确定的原理应用于设计者的问题中
12	找到、评价并完善概念设计及后续的设计

TRIZ理论，处于成熟期或退出期的改进设计，必须发现并解决深层次的冲突，提出更合理的设计概念。目前的扳手容易损坏螺钉或螺母的棱边，新的设计必须克服目前设计中的该缺点。下面应用冲突矩阵解决该问题。

首先从39个通用工程参数中选择能代表技术冲突的一对特性参数。

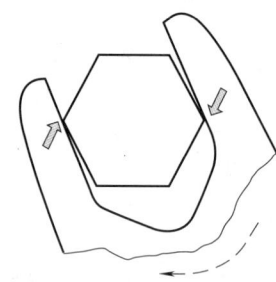

图 34-5-46 扳手在外力的作用下拧紧或松开一个六角螺钉或螺母

① 质量提高的参数：物体产生的有害因素（31），减少对螺钉或螺母棱边磨损。

② 带来负面影响的参数：制造精度（29），新的改进可能使制造困难。

将上述的两个通用工程参数31和29代入冲突矩阵，可以得到如下4条推荐的发明原理，分别为：4不对称，17维数变化，34抛弃与修复和26复制。

对17及4两条发明原理进行深入分析表明，如果扳手工作面能与螺母或螺钉的侧面接触，而不仅是与其棱边接触，问题就可解决。美国专利 US Patent 5406868 正是基于这两条原理设计出如图 34-5-47 所示的新型扳手。

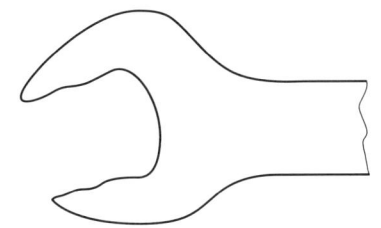

图 34-5-47 美国专利扳手

5.4 工程实例分析

(1) 背景分析

近年来，为了在正面碰撞事故中有效地保护坐在前排的乘员的安全，在汽车前部安装了空气袋，而为了防止侧向碰撞的危害，还有必要开发相应的侧向空气袋（side air bags，缩写为 SAB）。经过分析，大多数厂商都打算把袋子安装在座椅的蒙皮里面，这样的安排有明显的优点，但由此带来了一个技术难题：侧向碰撞发生时，空气袋必须从座椅内部穿出，冲破蒙皮，才能胀开，保护乘员安全；而平时，要求蒙皮有很好的强度，不得开裂。这是一对尖锐的矛盾，虽然已进行了多次尝试，仍未能解决。为运用 TRIZ 方法解决这一问题，福特公司成立了工程小组，快速有效地进行方案开发，以便在不远的将来将侧向空气袋投入使用（目前已投入使用）。

(2) 对工程知识的了解

一开始，开发小组和福特有关供应商的专家共同分析了这方面以前的测试数据和以前采用过的方法，吸取经验，以免重蹈覆辙；采访有关专家，了解生产工艺，以期掌握文字资料以外的信息；与此同时，查阅有关专利，了解国内外在这方面的进展。

由于空气袋将安装在座椅内部，小组对座椅的结构进行了深入的研究。福特车上的座椅蒙皮材料为织物或皮革，小组总结了将这两种材料作蒙皮的使用方式。考虑到蒙皮接缝处可能是最薄弱部位，小组假定空气袋将突破该处穿出，为此总结了福特车上蒙皮的各种接缝方法。小组还总结了蒙皮与座椅的结合方式、空气袋胀开的方向等问题。这是为了使开发出的总体方案对福特车的各种座椅都普遍适用，它是解决这一技术问题的难点之一。

通过这样的一系列调查，积累了相关的工程知识。为此决定使用 TRIZ 方法以达到两个目的：

① 把一个特定的技术问题用一个一般的问题加以描述；

② 运用解决发明创造问题的原理达到这一目标。

侧向空气袋在座椅中的安装如图 34-5-48 所示。

(3) 用 TRIZ 理论描述需解决的问题

目标中的第一条属于解决创造问题的一般问题的转化，它使工程人员免于把目光聚焦于狭小的区域，而可以注目于引发问题的深层原因，开发出超出常规的、创造性的解决方案。

可按解决创造性问题的一般模式分析系统的物理矛盾。本项目要解决的问题是：使侧向空气袋可以持续胀开（不被座椅蒙皮阻碍）。由于已假定空气袋从接缝处突出，因此，理想的方案是：接缝处严密地缝合在一起，但空气袋在胀开时不受任何阻碍。对应的物理矛盾是：接缝在平常使用时必须很强，但在侧向空气袋胀开时必须容易裂开。（实际上，多年来技术人员一直致力于对蒙皮、接缝等进行加强，使产品强度更高，以免蒙皮与接缝在日常使用中失效，所以这一物理矛盾是很突出的）。继续运行解决创造性问题的步骤，便可寻找相应的解决方案。本项目中，为了使解决方案更为广泛，将这一物理矛盾作为需要达到的技术目标。

(4) 侧向空气袋的总体方案设计开发

根据全面分析，解决侧向空气袋持续胀开的问题可从以下四个方面着手：

① 将能量集中于接缝；
② 减小接缝强度；
③ 改善蒙皮的附着方式；
④ 新的接缝设计。

每个方面都可以分解出更详尽的努力方向，得出这些努力的子方向，形成树状图。问题的解决应从树的每一个分枝出发，分析可采用的设计方案。小组总结了技术人员以前为解决这个问题而选择的努力方向，发现他们受思维定式的制约，通常把注意力集中在：巧妙地设计空气袋的结构，包括增加新的结构，帮助空气袋在胀开时冲破接缝处。而这只是努力方向 ①"将能量集中于接缝"的子方向之一。对某些方向，如方向 ④，以前尚未考虑过。对所有这四个努力方向，都没有能全面考虑所有子方向。这不能不认为是常规方法没有取得成功的重要原因。

小组运用 TRIZ 方法，对每个子方向进行了探索。由于解决创造性问题的原理来自于对世界范围内专利的总结，科学地概括了不同领域的发明创造的规律，因此小组通过对这些原理的应用，客观上等于借鉴了不同领域的先进经验，由此产生的总体方案思路极为开阔，而且发现，这些方案是很有创意的。

1) 将能量集中于接缝　空气袋不能持续胀开的原因之一是覆盖在空气袋膨胀方向的座椅蒙皮绷得很紧，不易穿破，解决这一问题，即可达到技术目标。

① 在蒙皮上设计某种设施

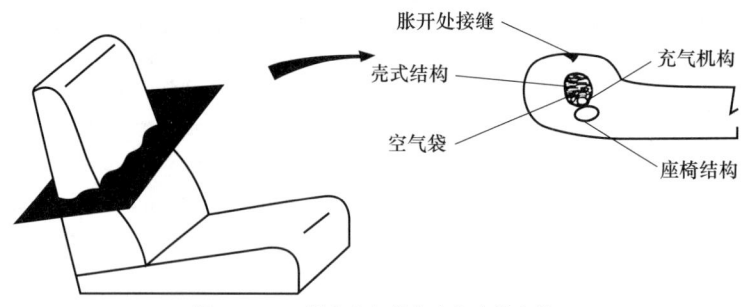

图 34-5-48　侧向空气袋在座椅中的安装

a. 刺绣。TRIZ 的发明原理之一是"使用已有资源",考虑到福特某些车型的座椅上已运用了刺绣工艺,且这一工艺可用自动化方式完成,可在接缝处周围绣上"侧向空气袋"或"SAB"字样,削弱蒙皮在该区域的张力,同时也起到提醒乘员注意,以免空气袋冲出时伤到乘员的作用。从工艺上来说,该方案也是易行的。

b. 织物门。TRIZ 中有一个反向原理,通常要使接缝区最薄弱,人们会把着眼点放在缝合方式上,本方案则另辟蹊径,通过弱化接缝区的材料使接缝区最薄弱。方案为:在空气袋冲出区域的蒙皮上开孔,以两片织物固连在孔边缘的蒙皮上,就像闭合这个孔的两扇门一样,两片织物之间以接缝的形式连接,这样接缝区域就是最薄弱的。

c. 蒙皮内陷。方案之一是,在放置空气袋的区域,以织物作蒙皮,该区域蒙皮向内凹陷,把空气袋裹在里面,封口处用线缝合。这样,空气袋就不是被真正装在蒙皮内部,只是被蒙皮裹起来而已,自然容易突破封口线而向外胀开。

② 双空气袋设计　TRIZ 的发明原理之一是从单一系统向二元系统、多系统转化。这一转化通常会使系统获得新的属性。双空气袋设计就是如此,为问题的解决提供了新的途径。

a. 反向空气袋。两个空气袋并排,若把它们朝向要突破的蒙皮的方向设为 X 方向,与 X 轴垂直的方向设为 Y 方向,则碰撞发生时,两个空气袋同时膨胀,在 Y 方向膨胀的空气袋有利于将蒙皮接缝处撕开,使 X 方向膨胀的空气袋顺利从撕开的接缝处胀出,保护乘员。

b. 撕开蒙皮接缝的空气袋和救护用空气袋。专门设计了一个小的空气袋,在碰撞发生时小空气袋先膨胀,撕开接缝,以便大空气袋(救护用空气袋)从接缝处胀开,保护乘员。具体方案有若干个。

③ 能量重定向　在空气袋与蒙皮接缝之间设计特定的机构,空气袋膨胀时作用在该机构上,使空气袋的膨胀力部分转化为机构对接缝的剪力,将接缝撕开,然后机构自身也为空气袋的膨胀让路。对此已有具体方案。

2) 降低接缝强度

① 在空气袋胀开期间降低接缝强度

a. 使用塑料衬垫。通常,为了免于让顾客看到加在接缝处的泡沫垫,影响美观,会在接缝区域加一块高强度合成织物作衬垫,客观上增加了接缝区强度。为此,可将这一衬垫材料换为塑料,方便空气袋胀开。

b. 接缝用线的选择。将细而强的线交叉织在接缝处,在空气袋胀开过程中,可将这些缝合线依次绷断,则空气袋可以顺利展开。

c. 高温下失效的线。希望蒙皮连接处的缝合线在平常使用时很强,在空气袋胀开时则很弱,甚至不存在。当把铝线或铜线作为缝合线的材料时,可满足这一要求。给这样的线一个瞬时大功率脉冲,可使其在 5s 内达到熔点熔化,从而使空气袋近于不受阻碍地顺利展开。

d. 化学作用下失效的线。这是上一思想的扩展,将细而导电的线作为加热元素,使邻近的纤维发生化学反应。现在已经有了反应时间足够快的纤维材料,可将其用在接缝处,使接缝处在空气袋胀开时强度急剧降低。

e. 新奇的线。技术上可选用延展性与速度相关的线,这种线在平常情况下是弹性的,在空气袋胀开时则是脆性的。

在车的平常使用中,对接缝线的加载较慢,因此线有良好的弹性,保证了蒙皮绷紧;而空气袋展开时,线的负载急速增加,变得易脆。

② 改变接缝方向　TRIZ 有一条将问题沿空间分离的原理。经观察发现了一个有趣的现象,即在汽车的日常使用中,座椅的侧面部分水平方向受力最大,垂直方向受力则较小;空气袋胀开时对接缝的作用力则不受方向限制。为此,可把接缝的开口由通常的沿垂直方向改为沿水平方向,这样接缝处的缝合就可以弱一些,方便空气袋穿出。

3) 改善蒙皮附着方式

① 将蒙皮附着在座椅内部的泡沫上　如果空气袋在座椅蒙皮内部就胀大，将严重影响空气袋冲出蒙皮表面，这是空气袋系统最严重的失效模式，应考虑将蒙皮与座椅更紧密地结合在一起。以下方法可减小此类失效的概率。

a. 粉状胶：可用粉状胶粘合蒙皮和座椅内的泡沫。

b. 使用塑料粘带：用塑料粘带粘合蒙皮和座椅内的泡沫。

② 将蒙皮更好地附着在座椅结构上　在这方面也可开发出具体方案，使蒙皮与结构间结合更牢靠。

4）新的接缝设计

为解决空气袋顺利胀开的问题，主要着眼点之一是使接缝处能与空气袋的膨胀相一致地打开，使之打开的力应是可控的。小组从以下几方向着手，提出了多个总体方案。

① 被动机械锁　将接缝处的连接由固定的线连接改为"夹子"连接，"夹子"的设计方案有多种，作用是：把接缝处的蒙皮拢在一起，以挤压力或扣合力加以约束。在汽车的正常使用中，这类机构可确保蒙皮应有的张力，发生碰撞时，则在空气袋的作用下打开，使蒙皮失去约束，不阻碍空气袋穿出。这也符合技术系统演化过程中"增加柔性"的规律。

② 主动机械锁　这一类方案利用了通过空间分离原理解决物理矛盾的思想，可表述为：接缝在张力下是强的，而在来自于蒙皮内部的压力下则是弱的。通过巧妙地设计接缝机构，可使其在空气袋压力的触发下打开。

5）其他建议　为了解决本问题面临的物理矛盾，完成小组设定的技术目标，即使座椅蒙皮接缝既足够强又便于空气袋穿出，客观上不应把接缝处设计得过强。小组对此提出了两点建议。

① 调查及确定接缝线可容忍的强度上限，以免接缝线强度预留太多，不利于空气袋穿出。

② 优化和确定接缝处每英寸缝的针数，以免接缝处缝线的针数太多，不利于空气袋穿出。

从上面的分析可以看出，应用解决发明创造问题的理论可以产生许多新的概念或方案，技术人员接下来就可以依据这些新概念或方案进行具体的产品设计开发，最终解决实际问题。

第6章 技术系统物-场分析模型

物-场模型分析方法是 TRIZ 一个重要的解决发明创造问题的分析工具，用来分析和现存技术系统有关的模型性问题。系统的作用就是实现某种功能，理想的功能是场 Field（F）通过物质 Substance 2（S_2）作用于物质 Substance 1（S_1）并改变 S_1。其中，物质（S_1 和 S_2）的定义取决于每个具体的应用。每一种物质都可以是材料、工具、零件、人或者环境等等。S_1 是系统动作的接受者，S_2 通过某种形式作用在 S_1 上。一般的物质都应用在 TRIZ 理论中，所有的物质按其本身的复杂程度而属于不同的水平。当然，这里所谓的物质可以是一个独立的物体，也可以是一个复杂的系统。完成某种功能所需的方法或手段就是场。作用在物质上的能量或场主要有：

Me——机械能　Th——热能　Ch——化学能
E——电能　　M——磁场　　G——重力场

与场有关的知识也常常被用在不同系统的三角组合关系中。

物-场分析方法产生于 1947～1977 年，现在已经有了 76 个标准解，这 76 个标准解是最初解决方案的浓缩精华，因此，物-场分析提供了一种方便快捷的方法。利用这种方法，可以在汲取基本知识的基础上萌发不同的想法。物-场分析方法最适合解决模式化问题，就像解决冲突有一个固定的模式一样。当然，比起其他 TRIZ 工具，物-场分析方法则需要更多的支持性知识。

对一个正在运转的技术系统而言，用两种物质和一种场进行描述是必要且足够的，如图 33-6-1。类似的三元造型可以在数学家的早期研究中找到。不论在三角学上，还是在工程领域内，这种三角关系都是最简单的。

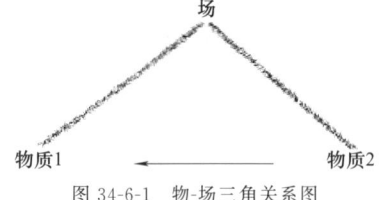

图 34-6-1　物-场三角关系图

物-场模型的三元件之间的关系可以用以下 5 种不同的连接线表示：

应用　　　　————————
预期效应　　————————→
不足渴望效应————————⇀
有害效应　　～～～～～～
模型转换　　⇒⇒⇒⇒⇒⇒→

物-场模型可以分为四类，如表 34-6-1 所示。

表 34-6-1　物-场模型分类

序号	分类	内　涵
1	不完整系统	组成系统的三元件中部分元件不存在，需要增加元件来实现有效完整功能，或者用一种新功能代替
2	有效完整系统	该系统中的三元件都存在，且都有效，能实现设计者追求的效应
3	非有效完整系统	系统中的三元件都存在，但设计者所追求的效应未能完全实现。如产生的力不够大，温度不够高等。为了实现预期的效应，需要改进系统
4	有害完整系统	系统中的三元件都存在，但产生与设计者追求的效应相冲突的效应。创新的过程中要消除有害效应

如果三元件中的任何一个元件不存在，则表明该模型需要完善，同时也就为发明创造、创新性思索指明了方向。

如果具备所需的三元件，则物-场模型分析就可以提供改进系统的方法，从而使系统更好地完成功能。

6.1　如何建立物-场分析模型

场本身就是某种形式的能量，所以，它可以给系统提供能量，促使系统发生反应，从而可以实现某种效应。这种效应可以作用在 S_1 上，或作用在场信息的输出物上。场是一个很广泛的概念，包括物理方面的场（即电磁场、重力场等）。其他的场应该包括热能、化学能、机械能、声场、光等。

两种物质就可以组成一个完整的系统、子系统或者一个独立的物体。一个完整的模型是两种物质和一种场的三元有机组合。创新问题被转化成这种模型，目的是为了阐明两物质和场之间的相互关系。当然，复杂的系统可以相应用复杂的物-场模型进行描述。通常构造模型有以下四步。

第一步：识别元件。

场或者作用在两物体上，或者和物体 S_2 组合成一个系统。

第二步：构建模型。

完成以上两步后，就应该对系统的完整性、有效性进行评价。如果缺少组成系统的某元件，则要尽快确定它。

第三步：从76个标准解中选择一个最恰当的解。

第四步：进一步发展这个解（新概念），以支持获得的解决方案。

在第三步和第四步中，就要充分挖掘和利用其他知识性工具。

图 34-6-2 所示的流程图明确地指出了研究人员如何运用物-场模型实现创新。可以看出，分析性思维和知识性工具之间有一个固定的转化关系。

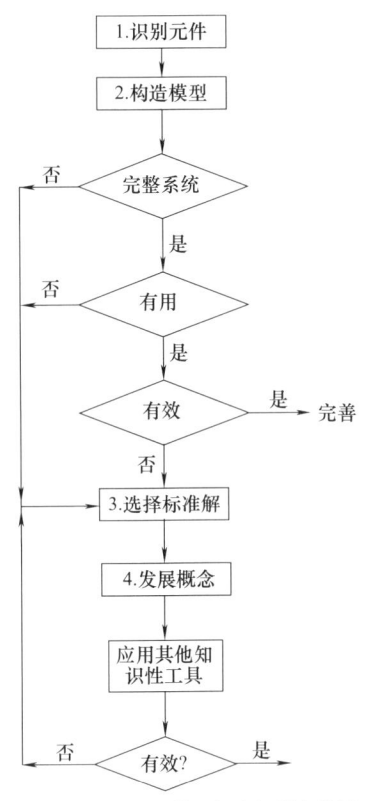

图 34-6-2　物-场模型解决问题流程图

这个循环过程不断地在第三步和第四步之间往复进行，直到建立一个完整的模型。第三步使研究人员的思维有了重大的突破。为了构造一个完整的系统，研究人员应该考虑多种选择方案。用铁锤打破岩石这个例子经常用来介绍物-场模型的分析方法。

[例1]　下面应用物-场构造模型的四步骤来构造一个打破岩石的模型。

（1）识别元件

要实现的功能是打破岩石。

功能=打破岩石

岩石=S_1

该系统缺少工具和能源（场）。

工具=S_2

能量=F

（2）构造模型

非完整系统：岩石是 S_1。如果只有岩石，则要实现岩石破裂的功能是不可能的，这个模型是非完整的［图 34-6-3，模型（a）］。如果只有岩石和铁锤（S_2），该模型也是非完整的［图 34-6-3，模型（b）］。同样，如果只有某种能量（如重力场）和岩石这两种元件，那么该模型也是非完整的［图 34-6-3，模型（c）］。

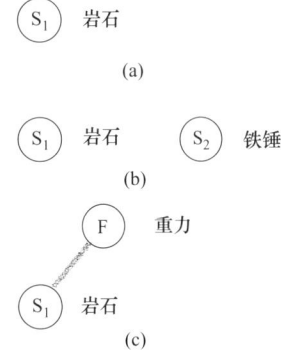

图 34-6-3　非完整模型

在这些非完整模型中，渴望效应都没有实现。完整的系统，在最后的时刻，都可能产生有用的渴望效应。一个完整的系统可以是一个充气铁锤，它可以把铁锤提供的机械力作用在岩石上。在图 34-6-3（b）的非完整模型中，铁锤可以应用机械能（F_{Me}）作用在岩石上，这样图 34-6-3（b）所示的模型就变成完全模型了，如图 34-6-4 所示。

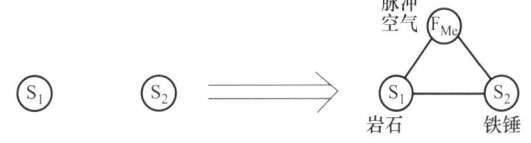

图 34-6-4　一个模型和某一元件的有机组合就可以实现预期功能

一旦一个完整的系统已经被定义，就要分析系统的性能。对一个完整系统性能的评价有三种可能的答案：有效完整系统、有害完整系统、无效完整系统。

有效完整系统：如果系统实现了渴望效应，那么分析是彻底的（图 34-6-5）。

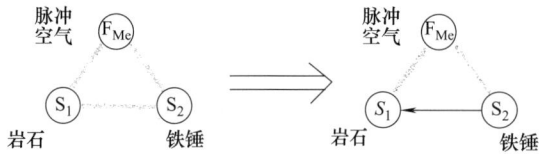

图 34-6-5 一个完整的系统完成预期任务

完整系统没有实现渴望效应有两种情况：一是发生有害效应；二是所得结果是不充分的。

(3) 从标准解中选择合理的解决方案

有害完整系统：在76个标准解中，有很多都可以用来消除有害效应（图 34-6-6）。应用76个标准解决方案，可以有两种方法：引进另一种物质（图 34-6-7），或者引进另一种场（图 34-6-8）。考虑不同的场、不同的物质，我们就可以得到新的解决方案。

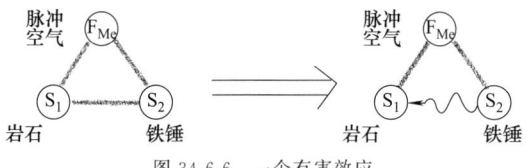

图 34-6-6 一个有害效应

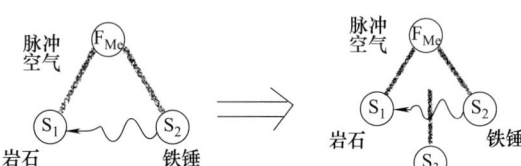

图 34-6-7 引进另一种物质

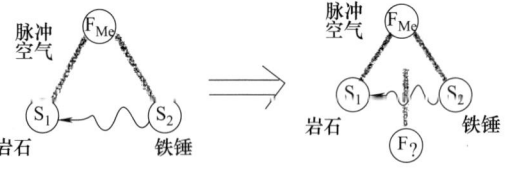

图 34-6-8 引进另一种场

无效的完整系统：标准解决方案也可以用来解决无效功能（图 34-6-9）。对于一种新的场和新的物质，应该尽量地考虑足够多的改进方案。通过改善或者增加模型的元件，可以有六种不同的方法改善系统功能。比如，改变物质（图 34-6-10），或者将机械能变

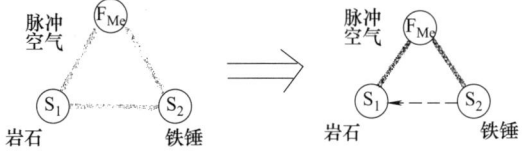

图 34-6-9 应用一个标准解来改善无效功能

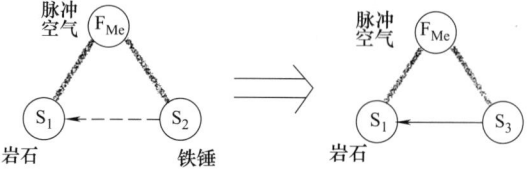

图 34-6-10 通过改变物质来改善功能

为不同的场、将物质变为不同物质的锤子（图 34-6-11）。

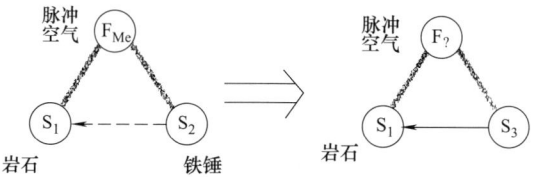

图 34-6-11 通过改变场来改善功能

可以在岩石和铁锤之间插入一个附加场（图 34-6-12）。一种可以使岩石变脆的化学能将会很有效。

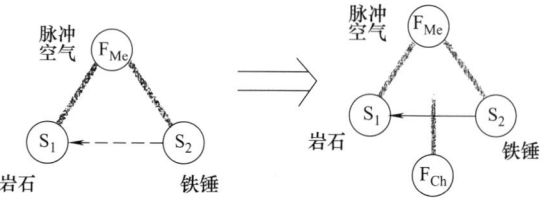

图 34-6-12 通过应用附加场改善系统

一种附加物质，或者另一种物质和场也可以附加在模型中（图 34-6-13）。

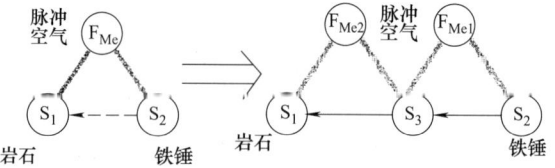

图 34-6-13 通过附加物质或附加另一种场和物质来改善系统功能

每一种解决方案都可以产生几种新的发明创造思想。76个标准解决方案仅仅提供了一种系统化的方法，研究人员应该遵循这个主要的方向，熟练运用效应知识和知识性工具来发展这种观点，努力实现每个细节的创新。

(4) 进一步发展这种概念，以支持所得解决方案

在第三步中，通过应用76个标准解决方案，已经有了解决问题的主要的方向，沿着这个方向，继续研究下去就可以找到解决创新问题的方案。

有害完整功能：如果例子中的有害功能是飞扬的

岩石碎片，则一顶金属帽子或者可以盖在岩石上的金属网都可以充当附加物质，用来消除有害效应（图34-6-8）。如果需要将一种场加入一个系统，那么研究人员应该考虑到所有可能的场。如果岩石里含有水分，就可以用冷冻的方法来实现岩石的破裂。冷冻过程中，岩石里的水分体积会膨胀，从而使岩石发生破裂。这种破裂会随着水分逐渐冷冻、体积逐渐增大而逐渐破裂，所以就减少了炸裂时的碎片。这种效应也可以被认为是"最佳效果"，因为它还可以减少实现功能所需要的机械能。

无效完整系统：岩石的破裂没有实现或者实现的不太理想（图34-6-9）。

在图34-6-10中，改变物体（S_3）的一种可能就是将原始的铁锤头换成岩石锤头。在图34-6-11中，改变场的一种办法就是用燃气热能（F_{Th}）和水（S_3）产生水蒸气。这种快速变化的温度可以粉碎岩石。图34-6-12中的附加场可能是化学能（F_{ch}），这样可以使岩石变得更脆一些。在图34-6-13中，为了加入一种物质和一种场，可以在铁锤和岩石之间放一把凿子。这样，就有两个三元件的系统。首先，空气压力（F_{Me1}）作用于铁锤（S_2）上，然后，铁锤又将能量传给凿子（S_3），凿子再使能量作用在岩石（S_1）上，实现渴望效应。

至于如何劈开石头，古老的英格兰人是在岩石上钻孔，冬天的时候再把水倒入岩石上的孔里。这个模型也有两个三元组合：首先，机械能用来在岩石上打洞，然后还要使水倒入岩石上的洞里，应用热能的变化——冷冻实现劈石功能。

6.2 利用物-场分析模型实现创新

物-场模型分析方法是TRIZ的一种分析工具，熟练地应用该工具，可以实现创新设计。

工业上常用电解法生产纯铜，在电解过程中，少量的电解液残留在纯铜的表面。但是，在储存过程中，电解质蒸发并产生氧化斑点。这些斑点造成了很大的经济损失，因为每片纯铜上都存在不同程度的缺陷。为了减少损失，在对纯铜进行储存前，每片纯铜都要清洗，但是，要彻底清除纯铜表面的电解质仍然很困难，因为纯铜表面的毛孔非常细小。那么，怎样才能改善清洗过程，使纯铜得到彻底的清洗呢？下面应用物-场模型分析方法来解决这个问题。

（1）识别元件
电解质＝S_1；水＝S_2；机械清洗过程＝F_{Me}。
（2）构造模型

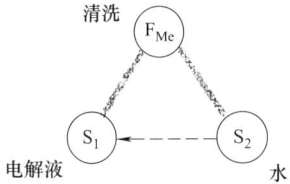

图34-6-14 不能满足渴望效应的物-场模型

如图34-6-14为该系统的物-场模型，在现有的情况下，系统不能满足渴望效应的要求，因为纯铜表面由于有电解质的存在而变色。

（3）从76个标准解中选择合适的解

在76中标准解中发现，在模型中插入一种附加场以增加这种效应（清洗）是一种可行方案，如图34-6-15所示。

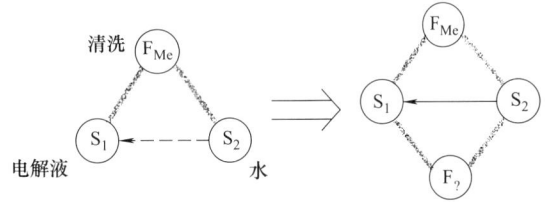

图34-6-15 附加一种场以加强效应是一种可行方案

（4）进一步发展这种概念，以支持所得解决方案

事实上，还有几种场可以用来加强清洗的效应。例如，利用超声波；利用热水的热能；利用表面活性剂的化学特性；利用磁场磁化水，进而改善清洗过程。

考虑另一种标准解，从而再循环进行第三步中的过程。对在第三步中描述的每一种标准解，其相关的概念都应该在第四步中得到继续的发展，探求所有的可能性。对每一种情况都要想一想究竟是为什么。

（5）从标准解中选择另一个不同的解
插入物质S_3和另一种场F_{Th}（图34-6-16）。

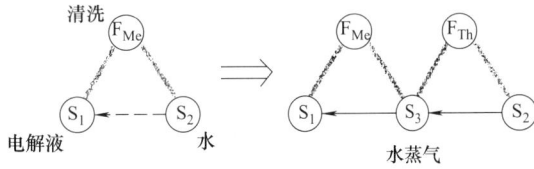

图34-6-16 与标准解不同的另一种解决方法

（6）发展一种概念
F_{Th}是热能，S_3是水蒸气（图34-6-16）。利用过热水蒸气（水在一定的压力下，温度可达1000℃以上），水蒸气将被迫进入纯铜表面的非常细小的毛孔

中，使电解质离开纯铜表面。

把一个比较复杂的问题分成许多个简单易解的问题，这在技术领域中是一种常规的做法。物-场模型分析方法，首先可以用在复杂的大问题上，同时也可应用在小问题上。每一种可选择的场都能破坏岩石微粒之间的本身固有的内在惯性，这种内在的惯性阻碍了岩石的破裂。

灵活地运用物-场分析，把实际工作中需要解决的问题用物-场模型描述，明确物-场模型中三元件的相互关系，把需要解决的问题格式化，然后应用76个标准解就可以解决技术矛盾或技术冲突，从而实现发明创造、创新设计。

6.3 工程实例分析

[例2] 打桩。

在建造楼房时，为了建造牢固的地基，预先往地下打桩。桩的顶部在用锤子砸的过程中常被损坏，如图 34-6-17（a）所示，致使许多桩还未达到所需的深度，就得将桩的残留部分切除，再在其旁边打上附加桩。这样既降低了工作效率又提高了工程成本。打桩是利用撞击力将桩子打进地基。打桩的过程需要很多能量，其中有很大一部分能量浪费在毁坏桩本身，这已成为不可接受的缺陷。

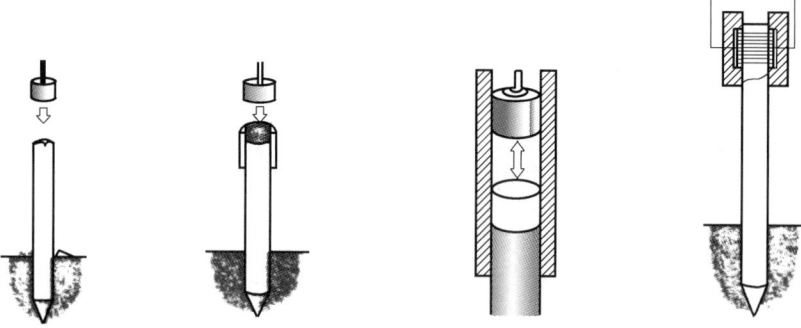

(a) 锤子-桩直接作用 (b) 锤子-桩通过中介(木垫)作用 (c) 锤子-桩通过中介(沙子)作用 (d) 靠电动移动的桩

图 34-6-17 打桩的各种方法示意图

为了消除桩子和锤子之间的有害作用。应用标准解s1.2.1，在锤子和桩子之间引入中介物质，即在桩子承受锤子敲击的地方引入一块木垫，如图 34-6-17（b）所示，锤子直接敲击在木垫上，撞击力通过木垫传递到桩上，一旦木垫被砸坏了，可以更换一块新的木垫，显然这要比直接作用在桩上要好很多。但是，锤子对桩的伤害依然是存在的，因为在锤子的敲击下，锤子的撞击对桩的头部表面所承受的力的作用并不理想，桩顶部本身并不光滑平整，造成对木垫的不均衡挤压，木垫很快受损。任何微小的倾斜又会加速木垫的受损过程。在撞击力集中的地方，也就是应力较为集中的地方，也会导致桩的断裂。如何能保持锤子的撞击力始终沿着桩表面作用呢？

应用标准解s2.2.2分割物质，由宏观向微观控制水平转换来达到增强打桩效率。将沙子灌入套在桩子顶部的套筒里，如图 34-6-17（c）所示。由于经锤子敲击后的沙子微粒能动态填补桩顶部表面上所有不平整的部分，确保了撞击力在最大面积上予以分担。

以上的解决方案，总是局限在锤子和桩的作业区域内，实际上，最终的目标是将桩打入土壤，还可以

应用标准解s2.4.2和s2.4.11，如图 34-6-17（d）所示。在制作桩时，预先注入铁磁性粉末。在打桩现场，将桩放入装有能产生电流脉冲的环形电磁感应器的圆筒内，产生的磁场与桩内的铁磁性部件、桩的钢筋相互作用，形成了类似直流电机结构，使桩产生向下移动的作用力。电流和脉冲形式的选择，可以用来控制桩不同的运动状态。

由此，沿着打桩方法的进化路径，如图 34-6-18所示，获得了简单的、趋于理想解的打桩方法：沿着进化路径打桩方法的物-场模型，如图 34-6-19所示。

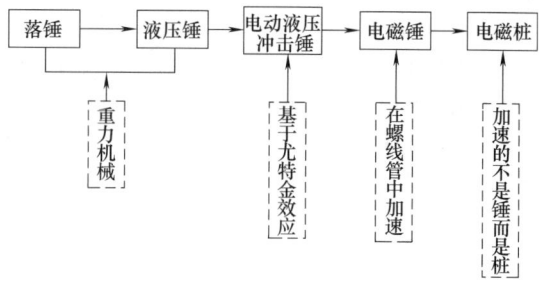

图 34-6-18 打桩方法的进化路径

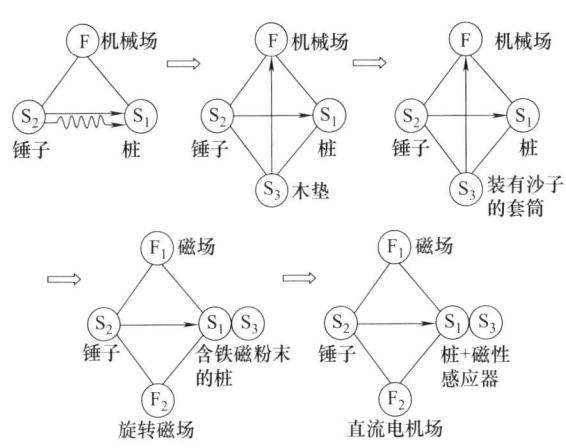

图 34-6-19 沿着进化路径打桩方法的物-场模型

[例3] 昆虫危害粮食的解决方案

昆虫是造成粮食损失的主要原因。据估计,已收获粮食总量的25%是由各种昆虫的危害而损失掉的,昆虫吃储存的粮食是其重要原因。应用76个标准解提出该问题的解决方案。

首先要确定问题所处的区域或范围,粮食与昆虫是所关心的范围。经分析可知,昆虫危害粮食的问题可以分解为三个关键问题。

问题1:粮食已收获,但没有防护昆虫的措施;

问题2:昆虫已在粮食中并吃粮食;

问题3:昆虫已在粮食中存在了很长时间并产生了很多虫卵。

解决第1个问题的首要步骤是建立物-场模型,如图 34-6-20 所示。该模型中仅有粮食,因此其功能是不完整功能,问题解决的过程是完善此功能。

按照76个标准解的应用流程,第1.1类标准解可以用于解决该问题。很明显,需要增加保护装置使粮食免受昆虫侵蚀,如粮仓,图 34-6-21 是其原理图。

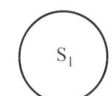

未被保护的粮食

图 34-6-20 未被保护的粮食

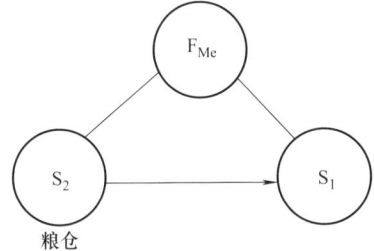

图 34-6-21 被粮仓保护的粮食

下一步是应用第3类标准解进一步改善系统。该类标准解中有各种系统传递的标准解如可以传递到一个双系统,该系统既可以保护粮食免受昆虫的侵害,又可以方便地导出粮食以便使用。目前的粮仓能保护粮食不受昆虫侵害,但导出粮食困难,应利用第5类标准解作进一步的改进。

根据标准解 5.1 加入物质,其中的 s5.1.1 是引入物质的间接方法,而 s5.1.1.1 是引入虚无物质,该标准解提示:应采用空间使导出粮食更为方便。如图 34-6-22、图 34-6-23 所示。

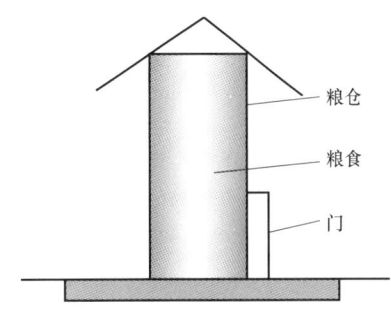

图 34-6-22 粮仓示意图

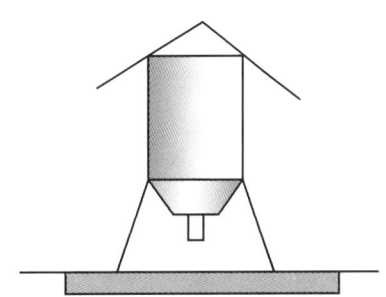

图 34-6-23 自导出粮仓原理图

第2个问题是在粮食入库之前,昆虫已在粮食中并吃粮食。该问题的物场模型如图 34-6-24 所示,该图表示存在一有害功能。

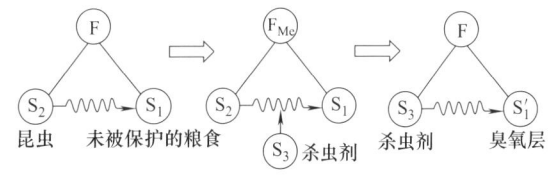

图 34-6-24 利用杀虫剂防止昆虫

按照76个标准解的应用流程可选标准解 s1.2.1,昆虫对粮食毫无用处,应通过引入新物质彻底除去。如果某种杀虫剂只杀昆虫,而对粮食及人无害则是一种选择。甲基溴化物(Methyl bromide)是一种可用的杀虫剂,但这种药剂对大气中的臭氧层有影响。如图 34-6-25 这种药剂的替代产品开发一直在进行。磷化氢（Phosphine）气体是一种具有上述功能的药剂，它能消灭部分粮食钻孔虫、大米象鼻虫和甲虫。

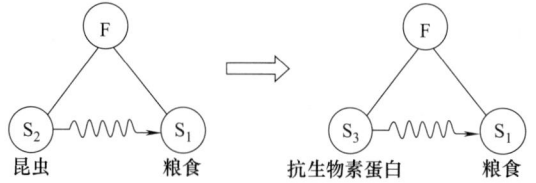

图 34-6-25 开发的玉米新品种防止昆虫

另一种标准解是 s1.2.2，通过改变 S_1 或 S_2 消除有害效应。如果一些昆虫不喜欢吃某种粮食，在该种粮食入库前可能没有这些昆虫。这是一种理想的解决方案。另一种方案是开发粮食的新品种，这些新品种通过干扰昆虫的新陈代谢杀死昆虫，如图 34-6-25 所示。也可引入芳香剂或干扰物质防止昆虫，如图 34-6-26 所示。

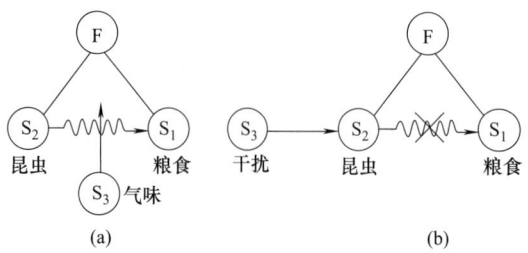

图 34-6-26 引入芳香剂或干扰物质防止昆虫

下一步是第 3 类标准解的应用。如标准解 s3.2.1 是指将系统传递到微观水平，包括场的利用。一些场可用于杀死某些昆虫，如强紫外线照射、热及超声的应用。如热场（55℃）可以代替甲基溴化物杀虫，如图 34-6-27 所示。

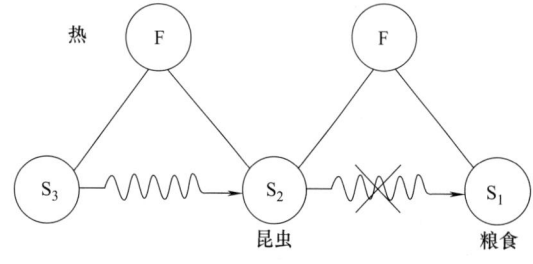

图 34-6-27 利用热场防止昆虫

下一步是判断上述的解是否可以接受。如果不能接受则需要重新定义问题，继续上述的过程；如果能接受，则应用第 5 类标准解使问题的解更接近理想状态。标准解 s5.1.1.1 建议采用虚无物质改善解，如采用真空是一种方法。真空可通过真空泵将仓库中的空气抽出而获得，以杀死昆虫。该方法用于各种仓库杀死啮齿动物，但同时也能杀死昆虫。由于一些昆虫能长时期不呼吸及身体有一硬壳而能忍受低压，所以另一种方法是在仓库中压入二氧化碳气体用于驱赶氧气。以使一些昆虫窒息而死。

第 5 类标准解中的 s5.3.3 是另一种方法，将粮食的温度降到 0℃ 以下，将杀死几乎所有的昆虫。其原因是在温度降低的过程中，水的体积增加，将破坏昆虫的细胞。

以上是应用物场分析和 76 个标准解解决问题的多种方法，不同方法的实现还要考虑成本及具体场合。

[例 4] 过滤器清理问题。

为了清除燃气中的非磁性尘埃，使用多层金属网的过滤器。这些过滤器能令人满意地挡住尘埃，但也因此而难于清理。为了清理尘埃，必须经常关闭过滤器，长时间地向相反方向鼓风。如何解决经常关闭过滤器这个问题呢？

经过物-场分析，问题是这样解决的。利用铁磁颗粒替代过滤器的多层金属网，铁磁颗粒在铁磁两极之间形成多孔结构。借助于磁场接通与关闭来有效地控制过滤器。当捕捉尘埃时（接通时），过滤器孔变小；当进行清理尘埃时（关闭时），过滤器孔变大。

在该问题中，已经给出了一个完整的物-场系统：S_1（尘埃），S_2（多层金属网），F（由空气流形成的力场）。

解决方法如下：

① 把 S_2 碎化为铁磁颗粒（S_2'）；
② 场的作用不指向 S_1（制品），而指向（S_2'）；
③ 场本身不是机械场（F_{Me}），而是磁场（F_M）。

这一解决方法可用图 34-6-28 表示。

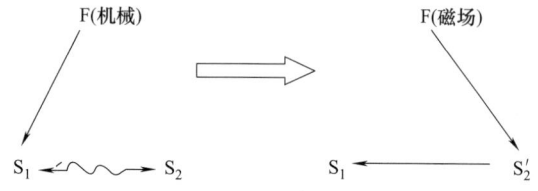

图 34-6-28 原物-场与新物-场模型

由此可见，物-场发展规则是一种有力的解决方案：S_2'（工具）分散程度增加，物-场有效性亦随之提高；场作用于 S_2'（工具）比作用于 S_1（制品）有效；在物-场中（电磁场、磁场）比非电场（机械场、热场等）有效。实际上，几乎不用证明，S_2' 颗粒越小，控制工具的灵活性越高。同样明显的是，改变工具（它取决于人）比改变制品（它往往是天然物）有利。

[例 5] 树皮和木片的分理问题。

把弯曲的树干和树枝砍成碎片，树皮和木片混在一起。如果它们的密度及其他特性相差不大，怎样才能把树皮和木片分开呢？

解决这一问题，各国很多人申请了专利。发明家们都一味地试图利用树皮与木片在密度上的微小差别把两者分开，成功者少。他们做了几百次的实验，然而谁也没能克服心理障碍，走上原则上新的正确的解决途径。

分析本例问题可知，系统中只有两个物质，即树皮和木片，没有场，所以需要引进场，使物-场模型系统完整，如图 34-6-29 所示。

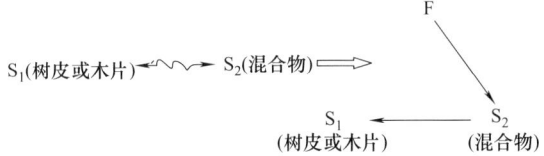

图 34-6-29　树皮和木片分开系统物-场模型的构建

这样就使广大的探求问题的范围大大缩小了。只需要研究几个解决方案就足够了。实质上，由于强作用场与弱作用场只能使本问题的解决复杂化，所以只剩下两个场即电磁场与引力场可供选择了。考虑到树皮和木片在密度上差别不大，所以亦可放弃引力场。这样只剩下电磁场。但是因为磁场不作用于木片和树皮，所以必须进行"木片或树皮在电场中的行为表现"的实验。实验结果表明，在电场中树皮的微粒带负电，木片的微粒带正电。根据这一物理现象制造了分选机，把木片与树皮准确无误地分开，具体的物-场模型如图 34-6-30 所示。

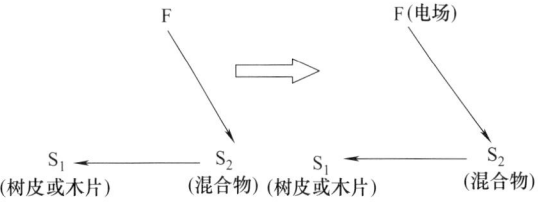

图 34-6-30　利用电场使树皮与木片分开

假如木片不带电，怎么办呢？在这种情况下，物-场构建规则亦有效。这时可以不考虑木片，可以认为该课题已给出一种可以分选的物质，只需要补充构建物-场模型就可以了，即给该系统增添一对"物与场"。比如在劈碎树干和树枝之前，往树皮上撒上铁磁性颗粒，在劈碎后利用磁场分选。这就不需要实验了，因为磁场显然能够把"带磁的"树皮分选出来。该物-场模型如图 34-6-31 所示。

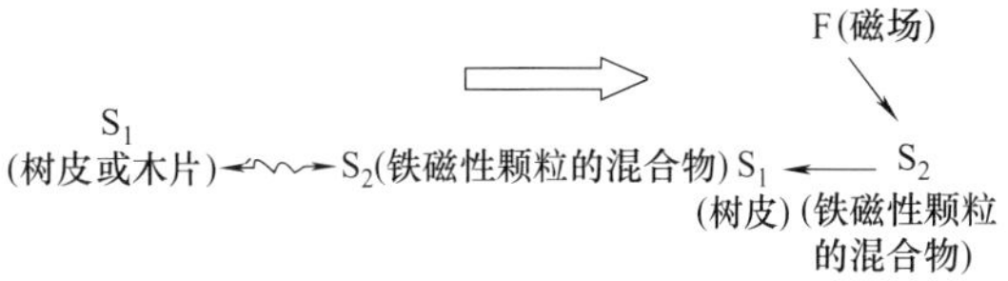

图 34-6-31　"带磁的"树皮系统物-场模型

第7章 发明问题解决程序——ARIZ 法

发明问题解决程序（ARIZ）是指人们解决问题时应遵循的思想、方法，依据的计划、步骤。"程序"一词狭义上是指绝对确定了的数学运算步骤，广义上是指任何精确的行为计划，这里所说的发明问题解决程序中的"程序"，正是在广义上使用的。

从表面上看，解决发明问题的程序是按一定顺序对发明问题进行处理的计划。技术系统发展规律寓于程序结构本身或以一些具体操作步骤表现出来。发明家借助于这些操作步骤逐步地揭示物理矛盾，确定这些矛盾与技术系统哪一部分有关，然后利用操作步骤改变被确定的部分、排除物理矛盾。这样，困难的问题即可转化为容易的问题。

发明问题解决程序拥有克服心理惰性的特殊手段。有些人认为对付心理惰性并不难，只要记住它的存在就够了。实则并非如此。心理惰性是根深蒂固的。仅记住它的存在是不够的，而应该采取具体操作步骤克服它。比如说，表述问题条件一定要避免使用专门术语，因为专门术语会使发明家对事物囿于一些老的、一成不变的概念。

实质上，发明问题解决程序是一种组织人们思维的有效程序，它似乎能使一个人拥有所有（或很多）发明家的经验。而更重要的是，要善于运用这些经验。一般的发明家，甚至经验丰富的发明家在采取解决问题方案时往往都根据经验采用表面类似的方案，即他们在采取解决问题方案时首先想到所要解决的新问题与哪个已解决的老问题相似，以便采用类似的解决方案，而"程序的"发明家想的就很深，他们想的是这一新问题中有何种物理矛盾，不是根据新问题与老问题表面相似，而是根据新问题的物理矛盾和与表面毫无共同之点的老问题的物理矛盾深层相似关系选择解决新问题的方案。对旁观者来说，这好像是强大的直觉的闪现。

解决发明问题的信息库不断地充实与完善。一般地说，解决发明问题的程序发展很快，已修改数次，人们不断地改进程序，不让它过时。下面给出 ARIZ-77 具体步骤。

7.1 解决发明问题的程序

7.1.1 第一部分 选择问题

（1）确定解决问题的最终目的

① 应该改变物体的哪些特性？
② 在解决问题时物体的哪些特性明显地不能改变？
③ 如果问题得以解决，能降低哪些消耗？
④ 允许哪些耗损（大概估计）？
⑤ 应当改善哪些主要技术经济指标？

（2）试验一个迂回方法

假设问题在原则上不能解决，那么为了得到所要求的最终结果，应该解决什么样的其他问题？

① 过渡到包括该问题系统的上位系统水平，重新表述问题。
② 过渡到该问题系统所包括的下位系统水平，重新表述问题。
③ 用相反的作用（或性质）代替所要求的作用（或性质），在三个系统（上位系统、系统、下位系统）水平上重新表述问题。

（3）确定解决哪种问题比较适宜？是原问题还是某一迂回问题，进行选择

注意：在选择时应考虑到客观因素（该问题系统发展的潜力）与主观因素（取向哪种问题，是最小问题还是最大问题）。

（4）确定所需要的数量指标。

（5）增加所需要的数量指标，同时考虑实现这一发明的必要时间。

（6）明确这一发明的具体条件所引起的要求。

① 考虑实现这一发明的特殊性，特别是解决问题的复杂性程度。
② 考虑预计的应用规模。

（7）检查一下问题能否直接应用解决发明问题的标准解法来解决。如果解决，就转向步骤 7.1.5 (1)。如不能解决，就转向步骤（8）。

（8）利用专利信息明确问题。

① 与该问题近似的问题的答案有哪些（根据专利文献资料）？
② 与问题类似、但属于先进技术部门的问题的答案有哪些？
③ 与该问题相反的问题的答案有哪些？

（9）应用 PBC 法（尺度-时间-价值操作法）

① 假定把物体的尺寸由给定的值变到 0，这时问题怎样解决？
② 假定把物体的尺寸由给定的值变到无穷大，

这时问题怎样解决?

③ 假定把过程的时间（或物体的运动速度）由给定的值变到0,这时问题怎样解决?

④ 假定把过程的时间（或物体的运动速度）由给定的值变到无穷大,这时问题怎样解决?

⑤ 假定把物体或过程的价值（允许耗费）由给定的值变到0,这时问题怎样解决?

⑥ 假定把物体或过程的价值（允许耗费）由给定的值变到无穷大,这时问题怎样解决?

7.1.2 第二部分 建立问题模型

(1) 不用专门术语写出问题条件

[例1] 用砂轮不能很好地加工有凹凸部分的复杂形状的制品,例如小勺,用别的加工方法代替研磨既不合适,又复杂。用冰磨砂轮加工又太昂贵。使用表面覆有磨料的弹性充气砂轮也不适用,磨损太快。怎么办?

[例2] 无线电望远镜的天线架设在经常有雷雨的地方,为了避免雷击,必须设置避雷针（金属棒）。但避雷针阻挡电波通过,形成电阴影。在这种情况下,把避雷针安装在天线上,又不可能。怎么办?

(2) 区分出并写出一对矛盾要素。如问题条件只给定一个要素,就转向步骤7.1.4(2)

规则1：在矛盾要素对中一定要包括制品。

规则2：矛盾要素对中的第二个要素,应是与制品相互作用的要素（工具或第二制品）。

规则3：如果一个要素（工具）按问题条件有两种状态,应取能保障更好地实现主要生产过程（问题中指出的整个技术系统的基本功能）的那种状态。

规则4：如果在问题中有若干个同类的相互作用要素时(A1、A2…与B1、B2…),可以只取一对(A1与B1)。

[例1] 制品——小勺,与制品直接相互作用的工具是砂轮。

[例2] 在问题中有两个制品——闪电与无线电波,一个工具——避雷针。在这种情况下,矛盾不在"避雷针-闪电"对和"避雷针-无线电波"对中,而在这两对中间。

为了把这样的问题变成有一个矛盾对的合乎规则的形式,应该选使工具具有使该技术系统完成基本生产作用所必要的性能,即应该采取没有避雷针、无线电波也能自由达到天线的办法。

这样,矛盾对是：不存在的避雷针与闪电（或者是不导电的避雷针与闪电）。

(3) 写出矛盾对要素的两个相互作用(作用、性质)已有的与引进的；有益的与有害的。

[例1]
a. 砂轮具有研磨能力。
b. 砂轮不具有适应曲面研磨的能力。
[例2]
a. 不存在不造成电波干扰的避雷针。
b. 不存在不捕捉闪电的避雷针。

(4) 指出矛盾对与技术矛盾,写出问题模式的标准表述。

[例1] 给出砂轮与制品。砂轮具有研磨能力,但不适用于曲面的制品。

[例2] 给出不存在的避雷针与闪电。这种避雷针不造成电波干扰,但不能捕捉闪电。

7.1.3 第三部分 分析问题模式

(1) 从问题模式要素中选出易于改变的要素等。

规则5：技术物体比天然物体易于改变。

规则6：工具比制品易于改变。

规则7：如果系统中无易于改变的要素,即应指出"外部介质"。

[例1] 制品形状不能改变：平面勺不能盛液体。可以改变砂轮（保持它的研磨能力）,问题条件是这样。

[例2] 避雷针是"加工"（改变运动方向）闪电的工具,这时应该闪电是制品,类比：屋檐下的落水管与雨。闪电是天然物；避雷针是技术物体,因此应取避雷针为对象。

(2) 写出理想最终结果(IFR)的标准表述。

要素[是指在步骤7.1.3(1)中区分出的要素]本身排除有害相互作用,保持完成的能力（是指完成有益相互作用的能力）。

规则8：在理想最终结果(IFR)的表述中永远应该有"本身"一词。

[例1] 砂轮本身适用于制品的曲面,保持研磨能力。

[例2] 不存在的避雷针本身保障捕捉闪电,保持不造成电波干扰的能力。

(3) 把要素[是指在步骤7.1.3(2)中指出的要素]中不符合理想最终结果(IFR)要求的两个相互作用的区域加以区分,在这个区域中是什么？是物质还是场？把这一区域画在示意图上,用颜色、线条等符号表示出来。

[例1] 砂轮的外层（外环、轮缘）；物质（磨料、固体）。

[例2] 不存在的避雷针所占的空间部分,电波自由通过的物质（空气柱）。

(4) 对于区分出的具有矛盾相互作用(作用、性能)的要素区域的状态提出矛盾的物理要求并加以表述。

① 为了保障有益的相互作用或应保持的相互作用，必须保障物理状态是加热的、运动的、带电的等。

② 为了防止有害的相互作用或应引进的相互作用，必须防止物理状态是冷却的、不运动的、不带电的等。

规则9：在步骤7.1.3（1）和（2）中指出的物理状态应是相对立的状态。

[例1] 步骤7.1.3（4）中①，为了研磨，砂轮外层应是固体的（或者为了传递力，应是与砂轮中部呈刚性联系的）。

步骤7.1.3（4）中的②，为了适用于制品曲面，砂轮外层不应是固体的（或者不应是与砂轮中部呈刚性联系的）。

[例2] 步骤7.1.3（4）中①，为了让电波通过，空气柱不应是导体（确切地说，不应有自由电荷）。

步骤7.1.3（4）中的②，为了捕捉闪电，空气柱应是导体（确切地说，应有自由电荷）。

（5）写出物理矛盾的标准表述。

① 完全表述：为完成有益的相互作用，区分出的要素区域应该是步骤7.1.3（4）中的①中所指出的状态，为了防止有害的相互作用，区分出的要素区域应该是步骤7.1.3（4）的②中指出的状态。

② 简单表述：区分出的要素区域应该是与不应该是。

[例1] 步骤7.1.3（5）中的①，为了研磨制品，砂轮外层应该是固体的，为了适用于制品曲面，砂轮外层不应该是固体的。

步骤7.1.3（5）中的②，砂轮外层应该是与不应该是固体的。

[例2] 步骤7.1.3（5）中的①，为了"捕捉"闪电，空气柱应该有自由电荷，为了阻挡电波，空气柱不应该有自由电荷。

步骤7.1.3（5）中的②，空气柱应该与不应该有自由电荷。

7.1.4 第四部分 消除物理矛盾

（1）对区分出的要素区域进行简单的转换，即把矛盾的性质分开。

① 在空间上分开。

② 在时间上分开。

③ 利用过渡状态分开，使矛盾的性质同时共存或交替出现。

④ 通过改造结构分开，使所区分出的要素区域部分具有已有的件质，而使整个要素区域具有所要求的（矛盾的）性质。

如果得到物理答案（即揭示出必要的物理作用），即转向步骤7.1.4（5），否则，转向步骤7.1.4（2）。

[例1] 标准的转换未给出例33-7-1的明确答案，显然在下面可以看到，答案近似步骤7.1.4（1）中③与④。

[例2] 可按步骤7.1.4（1）中的②与③解决。

在产生闪电开始阶段，自由电荷自己出现在空气柱中；避雷针短时间内成为导体，然后自由电荷自己消失。

（2）利用典型问题模式表与物-场转换表，如果得到物理答案，即转向步骤7.1.4（4），否则，转向步骤7.1.4（3）。

[例1] 属于物-场转换的第4类问题，按典型解法，应该把物质S_2变成物-场系统，引进场F，添加物质S_3，或者把物质S_2分成两个相互作用的部分。在步骤7.1.3（3）开始形成把砂轮分开的想法。但是把砂轮简单地分开，砂轮的外部就会在离心力的作用下脱离。砂轮的中心部分应该牢牢地把住外部，同时亦应给它自由变化的可能性……进而按典型解法最好把物-场（由S_2得到的物-场）转换成铁磁物-场，即利用磁场与铁磁粉。（这就有可能把砂轮外部做成活动的、变化的、并保证对砂轮各部分之间所要求的联系）。

[例2] 属于物-场转换的第16类问题（见附录2），按照典型解法，物质S_1应有两重性，时而是物质S_1，时而是物质S_2。即空气柱在出现闪电时应该是导电的，然后回到不导电的状态。

（3）利用物理效应应用表（见附录3），如果得到了物理答案，即转向步骤7.1.4（5），否则，转向步骤7.1.4（4）。

[例1] 按表利用电磁场的办法以"场的"联系代替"物质的"联系。

[例2] 按表在强电磁场（闪电）的作用下电离，在该场消失后中和（无线电波是弱场）。其他办法或与液体和固体有关，或要求加入添加剂，或不保障自控。

（4）利用消除技术矛盾的发明原理（见第5章）。如果在这以前得到了物理答案，即可利用该表验证答案。

[例1] 按问题条件，应该改善砂轮适用于各种形状制品的能力（适应性）。已知的方法是利用一组不同的砂轮。缺点是更换与选用砂轮耗费时间（降低生产率）。按冲突矩阵表应是：35、28、35、28、6、37。这些发明原理是重复的，因而也是比较可能的发

明原理：发明原理 35 是改变聚集状态（砂轮外部是"假流态的"，由活动的微粒组成）；发明原理 28 是直接指出过滤到铁磁物-场，上面已经这样做了。

[例 2] 按问题条件，应该消除闪电（有害的外部因素）的作用。已知的方法是安装普通的金属避雷针。缺点是出现电波干扰，即产生由避雷针本身造成的有害因素。第 19 个发明原理是：一个作用在另一作用间歇中完成。

(5) 由物理答案过渡到技术答案；表述解决方法并给出实现这一方法的构造示意图。

[例 1] 砂轮中心部分由磁体制成，砂轮外层由铁磁颗粒或由与铁磁体烧结在一起的磨料颗粒构成。这样的外层将顺应制品形状，同时亦能保持研磨所需要的刚性。

[例 2] 为了在空气中出现自由电荷，需要降低压力。为了降低压力时保持住空气柱，需要有外壳。外壳应用电介质制成（否则，外壳本身也会产生电阴影）。

避雷针的特征是，为了具有无线电波穿透性能，避雷针应用电介质材料制成密封的管状，根据形成中的闪电的电场所引起的最小气体放电梯度的条件选择管内的空气压力。

7.1.5　第五部分　初步评价所得解决方案

(1) 进行初步评价

验证问题：

① 所得解决方案能否保障完成理想最终结果 (IFR) 的主要要求（"要素本身……"）？

② 所得解决方案消除了什么样的物理矛盾？

③ 所得技术系统是否至少包括一个易于控制的要素？如果实现控制？

④ "单循环的"问题模式的解决方案在"多循环的"现实条件下是否适用？

如果得到解决方案连一个验证问题都不能满足，即应回到步骤 7.1.2 (1)。

(2) 根据专利资料验证所得解决方案是否新颖。

(3) 在对所得设想进行技术分析时能否派生出某些问题？写出可能的派生问题——发明方面的、设计方面的、计算方面的、组织方面的。

7.1.6　第六部分　发展所得答案

(1) 确定包括已变系统的上位系统应该怎样变化？

(2) 验证已变系统有无新的用途。

(3) 利用所得答案解决其他技术问题。

① 研究利用与所得答案相反的设想的可能性。

② 建立"部分配量-制品聚焦状态"表或"利用场-制品聚集状态"表，并根据这些表研究答案能否改动？

7.1.7　第七部分　分析解决进程

(1) 比较实际解决进程与理论（按 ARIZ）解决进程。如果两者偏离，应该记录下来。

(2) 比较所得答案与表中给定的答案（物-场转换表、物理效应表、基本技法表）。如果两者偏离，应该记录下来。

7.2　工程实例分析

为了进一步有效应用发明问题解决程序，提出了简化的 ARIZ 步骤，其流程如图 34-7-1。

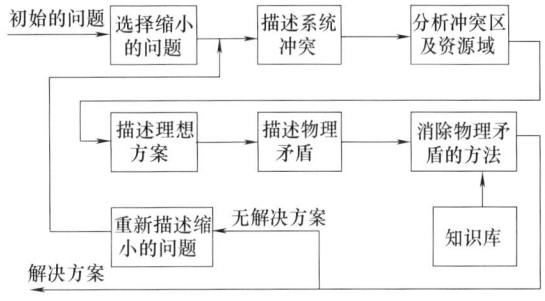

图 34-7-1　ARIZ 流程

按照 TRIZ 的基本观点，对同一问题的解决可能有多个不同的方案，方案的难易及可行性与对问题的描述方法息息相关。把实践中的矛盾描述为缩小的问题，将指引问题的解决者朝着理想最终结果的方向前进，从而找出既简便又有效的方法，以最小的代价使问题得到解决。发明问题解决程序就是为实现这一目的而开发的，它综合了 TRIZ 关于问题缩小化、理想产品以及冲突与矛盾等有关观点，是一个连续的逻辑流程。考虑到现实问题通常有复杂的表象，创造者不一定在第一次分析时就能对问题作出正确的描述，该流程是一个循环结构。根据流程图，首先，对问题的初始描述一般比较模糊，创造者通过对问题的深入理解，将矛盾集中到较小的层面，描述一个缩小的问题。然后，以此为着眼点分析隐藏在系统中的冲突，找出冲突发生的区域，明确区域中有哪些固有资源，建立一个对应的理想方案。TRIZ 认为，一般而言，为了找到理想的解决方案，可以在冲突区域发现互相矛盾的物理属性，即物理矛盾。为此，应分析系统面临的物理矛盾，找出矛盾所在的部件，作为问题解决的关键。最后，在知识库的支持下开发具体的设计方案。如前所述，通过在不同的时间、空间或不同的层次上分隔物理矛盾，可以使问题得到解决。为了使解决方案尽可能接近理想方案，在具体方案的策划上，要尽量利用系统已有的资源，少增加额外的资源，在对系统改动最小的情况下达到目标。

如果对一个缩小的问题作了全面的分析仍找不到解决方案，通常是因为对问题的初始描述或对缩小的问题的描述有误或不准确。因此，如果完整地进行了该流程而问题没有解决，建议回到分析的起点，进行更深入的调查研究，重新定义一个缩小的问题，再次按图34-7-1的流程寻找解决办法。

[例] 某纸厂用圆木作造纸原料。圆木卸在海边的传送带上，并运往砍削机进行加工。为了切削流程顺利完成，对圆木送到砍削机时的轴线方向作了规定。由于圆木卸下时杂乱地堆砌在传送带上，所以需要在传送过程中增加一个圆木定向的工序，要求使圆木轴线方向与传送带运动方向一致。这一操作如果由机器人完成，则结构复杂，占据大片面积，可靠性也不高。有没有简单、可靠、成本低廉的解决方案？对这一问题用TRIZ方法作了如下分析。

缩小的问题：不对系统作主要改动，实现圆木定向。

系统冲突：定向需要将圆木按要求方向加以排列的机构，但这使系统复杂化。

问题模式：应利用系统中已有的要素实现定向功能。

冲突区域及资源分析：冲突区域是传送带表面。系统在该区域的唯一资源是传送带。

理想最终结果：传送带自身实现圆木定向。

物理矛盾：为实现圆木定向，传送带表面的不同点应有不同的速度。为传送圆木，传送带表面应以同一速度运动。

消除物理矛盾：将互相矛盾的要求分隔在不同的层面上，整个传送带以生产所需的速度向前运动，它的部件则以不同的速度运动。

工程方案：将传送带设计成三个部分。中间的主体部分以生产速度运动，把圆木送往砍削机，两边的传送带则向相反的方向运动，通过摩擦力作用在圆木上，调整圆木的姿态，使其轴线方向与传送带运动方向一致，达到定向的目的，见图34-7-2。

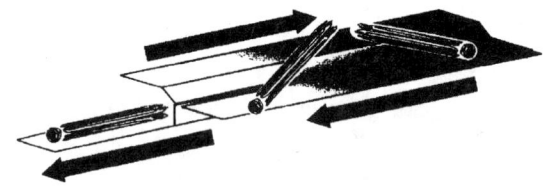

图34-7-2 可使圆木定向的传送带

第 8 章　科学效应及其应用创新

8.1　科学效应概述

人类发明和正在应用的任何一个技术系统都必定依赖于人类已经发现或尚未被证明的科学原理，因此，最基础的科学效应和科学现象是人类创造发明的不竭源泉。阿基米德定律、超导现象、电磁感应、法拉第效应等都早已经成为我们日常生产和生活中各种工具和产品所采用的技术和理论。人类现有的工程技术产品和方法都是在漫长的文明发展过程中，以一定的科学效应为基础，一点一滴地积累起来的。效应是构建功能的基本单元；所有的功能都基于效应而存在；任何一个产品的功能，不管其结构有多复杂，经过不断分解，最终都可以分解成由某种效应实现的基本子功能。

阿奇舒勒发现并指出：那些不同凡响的发明专利通常都是利用了某种科学效应，或者是出人意料地将已知的效应用到以前没有使用过该效应的技术领域中。每一个效应都可能是一大批问题的解决方案，或者说用好一个效应可以获得几十项专利。研究人员已经总结了大概 10000 个效应，其中 4000 多个得到了有效的应用。研究表明，工程人员自己掌握并应用的效应是相当有限的。例如，发明家爱迪生的 1023 项专利里只用到了 23 个效应；飞机设计大师图波列夫的 1001 项专利里只用到了 35 个效应。科学效应的推广应用，对发明问题的解决具有超乎想象的、强有力的帮助。工程人员在创新的过程中，常常需要各个领域的知识来确定创新方案，科学效应的有效利用，提高创新设计的效率。但是，对于普通的技术人员而言，由于自身的精力与知识面的有限，认识并掌握各个工程领域的效应是相当困难的。深入研究效应在发明创造中的应用，有助于提高工程人员的创造能力。

8.1.1　科学现象、科学效应、科学原理

科学现象是一种客观存在。当自然界发生电闪雷鸣、森林失火、水面结冰等自然现象时，人类祖先就接触到了科学现象；当人类学会了钻木取火（摩擦）、磁石指南、杠杆撬石等技巧后，人类利用并掌握了科学现象；最终，逐步将其约定俗成为"科学现象"。在最近一百年科学迅猛发展的过程中，又从实验室里的伟大发现中，验证了很多自然界的科学现象，同时发现了很多物理、化学效应，如放电、热辐射、元素放射性、居里点、感光材料、爆炸等，把"科学现象"进一步提升认识为"科学效应"。

科学效应以前并没有统一的命名。用"科学效应"可以搜索出一些真正与物理、化学有关的效应。同时伴随着"青蛙现象、鳄鱼法则、羊群效应、马太效应"等词条，说明编辑者对科学效应的认识还是比较模糊的，而在维基百科上没有"科学效应"词条。对"物理效应"、"化学效应"只有几行文字的解释。科学现象、科学效应和科学原理这三个相似的术语都在同时使用。在百度、谷歌、维基百科等各大网络搜索引擎或知识类网站上，关于这三个术语的内容比较零散，对某些效应的解释也不一致。

比如"效应"，在搜狗百科和百度百科给出了两种解释。① "效应，在有限环境下，一些因素和一些结果而构成的一种因果现象，多用于对一种自然现象和社会现象的描述，效应一词使用的范围较广，并不一定指严格的科学定理、定律中的因果关系。"例如温室效应、蝴蝶效应、毛毛虫效应、音叉效应、木桶效应、完形崩溃效应等。② "效应，是指由某种动因或原因所产生的一种特定的科学现象，通常以其发现者的名字来命名。如法拉第效应。"这句话把效应和科学现象等同了。以上结果说明，在国内科学效应还没有形成一个系统化的知识领域，人们对效应的认知还处于一个比较模糊、缺乏定义与归纳不系统的阶段。

关于科学原理的定义没有统一的说法，笔者在网络上搜索了"科学原理"，可以搜索出一些"政治科学原理""安全科学原理""治国科学原理""生活中的科学原理"等有关词条，但是没有专门对于"科学原理"进行定义的词条。笔者认为科学原理其实是科学现象和科学效应背后所蕴含的基本规则和道理。科学现象、科学效应就像一个事物的两种称谓，其中蕴含了科学原理。人们在自然现象和生活中所发现的科学因果现象往往称作"科学现象"，在基础科研中发现和提炼出来的科学因果现象往往称作"科学效应"。

科学效应是在科学理论的指导下，实施科学现象的技术结果，即在效应物质中，按照科学原理将输入量转化为输出量，并施加在作用对象上，以实现相应的功能。科学原理就是把输入量和输出量联系起来的各种定律，如摩擦效应包含了摩擦定律，杠杆效应包

含了杠杆定律，电解效应包含了库仑定律、电化学当量和质量守恒定律等。

科学效应包括了物理效应、化学效应、几何效应等多种效应。效应内部所遵循的数学、物理、化学方面的定理，属于科学原理。其相互关系如图 34-8-1 所示。

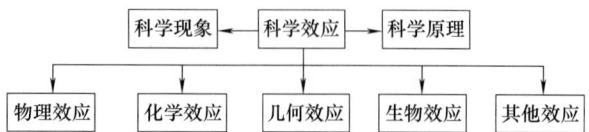

图 34-8-1　科学效应、科学现象及科学原理的关系

8.1.2　科学效应的作用

传统的科学效应多为按照其所属领域进行组织和划分，侧重于效应的内容、推导和属性的说明。由于发明者对自身领域之外的其他领域知识通常具有相当的局限性，造成了效应搜索的困难。TRIZ 理论中，按照"从技术目标到实现方法"的方式组织效果库，发明者可根据 TRIZ 的分析工具决定需要实现的"技术目标"，然后选择需要的"实现方法"，即相应的科学效应。TRIZ 的效应库的组织结构，便于发明者对效应的应用。TRIZ 理论基于对世界专利库的大量专利的分析，总结了大量的物理、化学和几何效应，每一个效应都可能用来解决某一类题目。

我们将两个对象之间的作用定义为"场"，并用"场"这个概念来描述存在于这两个对象之间的能量流。如果从时间轴上对两个对象之间的作用进行分析，我们也可以将存在于两个对象之间的这种作用看作是两个技术过程之间的"纽带"。例如，压电打火机的点火过程，如图 34-8-2 所示。

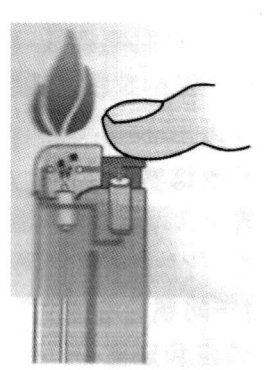

图 34-8-2　压电打火机的点火过程

市场上出售的一次性压电打火机，是利用了压电陶瓷的压电效应制成的。只要用大拇指压一下打火机上的按钮，将压力施加到压电陶瓷上，压电陶瓷即产生高电压，形成火花放电，从而点燃可燃气体。

如果将手指压按钮的动作看出是一个技术过程，将气体燃烧看成是另一个技术过程。那么，将这两个技术过程连接起来的纽带就是压电效应。在这个技术系统中，压电陶瓷的功能就是利用压电效应将机械能转换成电能。

通常，我们可以将效应看作是两个技术过程之间的功能关系。就是说，如果将一个技术过程 A 中的变化看作是原因的话。那么，技术过程 A 的变化所导致的另一个技术过程 B 中的变化就是结果。将技术过程 A 和技术过程 B 连接到一起的这种功能关系被称为效应，如图 34-8-3 所示。

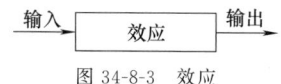

图 34-8-3　效应

除了某些简单的技术双系统以外，绝大多数技术系统往往都包含了多个效应，以实现技术系统的功能为最终目标，将一系列依次发生的效应组合起来，就构成了效应链，如图 34-8-4 所示。

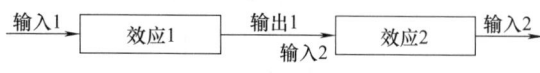

图 34-8-4　效应链

随着人类社会的发展，现代科技的分工越来越细，从大学阶段开始，工程师们就分别接受不同专业领域的训练（如机械、电子、化工、土木、信息等）。一个领域的工程师往往不知道，也不会运用其他领域中解决问题的技巧或方法；同时，随着现代工程系统复杂程度的增加，一个技术领域中的产品往往包含了多个不同专业的知识。要想设计一个新产品或改进一个已有产品，就必须整合不同专业领域的知识才能解决问题。但是，绝大部分工程师都缺乏系统整合的训练。他们往往不知道，在其所面对的问题中，90%已经在其所不了解的其他领域被解决了。知识领域的限制，使他们无法运用其他技术领域的解题技巧和知识。因此，可以说工程师狭窄的知识领域，是创新的一大障碍。

在解决工程技术问题的过程中，各种各样的物理效应、化学效应或几何效应以及这些效应不为人知的某些方面，对于问题的求解往往具有不可估量的作用。一个普通的工程师通常知道大约 100 个效应和现象，但是科学文献中却记录了大约 10000 种效应（关于效应的数量，在不同的文献中，给出的数据并不相同。这主要是因为不同的人对效应进行分类时，所依据的"粒度"有所不同。因此，也有专家认为，到目前为止，人类已经发现了大约 5000 个不同的效应和现象。其中，有 400～500 个效应在工程实践中得到了广泛的应用）。每种效应都可能是求解某一类问题的关键。通常，在学校里，工科的学生们只学习到了效应本身，而并没有学过如何将这些效应应用到实际工作中。因此，当他们从学校毕业以后，在使用一些众所周知的效应（例如，热膨胀、共振）时都会出现问题，更不用说那些很少听说的效应了。另一方面，作为科学原理和效应的"发现者"，科学家们常常并不关心，也不知道该如何去应用他们所发现的效应。

8.1.3 科学效应的应用模式

科学效应是在科学理论的指导下，实施科学现象的技术结果即按照定律规定的原理将输入量转化为输出量，以实现相应的功能。

科学效应可以单个使用，也可以多个效应联合使用，多个效应联合使用组成"效应链"的方式称为科学效应的应用模式，具体来讲有以下五种。

（1）单一效应模式

由一个效应直接实现，即内部行为只包含一个子行为。同一效应可以实现不同的功能，常常可以用几种不同的效应来实现同一分功能，如可用杠杆效应、楔效应、电磁效应、液力效应等来产生力。

例如，杠杆效应可以改变力的大小或方向，浮力效应可以实现水陆两栖车等，基本流程如图 34-8-5 所示。

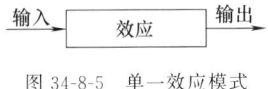

图 34-8-5 单一效应模式

（2）串联效应模式

由按顺序相继发生的多个效应共同实现。例如，在冠状动脉硬化的患者体内病灶处安装记忆合金支架，其相变点温度约为人体体温，因而在人体体内支架张开，疏通冠状动脉堵塞。此即为串联效应模式的典型应用，其中包含了热传导效应（人体向记忆合金支架）和形状记忆效应（记忆合金支架本身），其基本流程如图 34-8-6 所示。

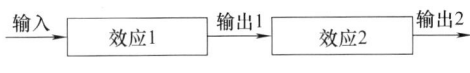

图 34-8-6 串联效应模式

（3）并联效应模式

并联效应模式是由同时发生的多个效应共同实现，其基本流程如图 34-8-7 所示。

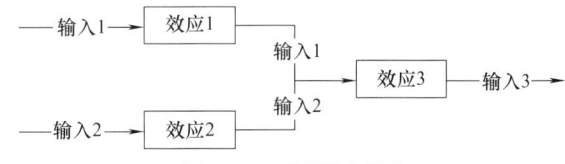

图 34-8-7 并联效应模式

（4）环形效应模式

环形效应模式由多个效应共同实现，后一效应的部分或全部输出通过一定的方式送回到前一效应的输入端，形成环状结构，其基本流程如图 34-8-8 所示。

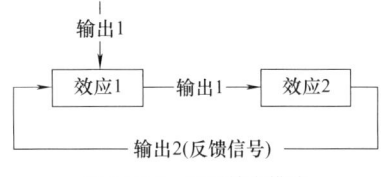

图 34-8-8 环形效应模式

（5）控制效应模式

由多个效应共同实现，其中一个或多个效应的输出流有其他效应的输出流控制，形成基本流程如图 34-8-9 所示，表示出用于控制所选效应内部参数的效应以及用于产生新的设计方案的不同现象之间的关系。这种效应模式建立在如下假设之上：如果一个效应有一输入量，那么其输出量可用其他参数来控制或调整。在方案实现过程中，效应内部有些技术参数需要控制。参数不同，效应的实现形式不同。例如形状记忆合金效应的控制参数——固体尺寸可用弹性-塑性形变效应控制以产生压力或拉力。一个效应中可能有多个参数需要控制，每个参数可能有多种控制方法。例如，固体的长度和固体的直径是决定形状记忆合金形状的两个参数。

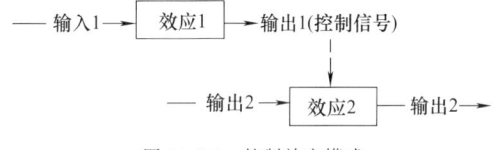

图 34-8-9 控制效应模式

需要注意，在科学效应的应用模式中包含了如下规则：首先，邻接效应的输入流与输出流必须相容，以保证效应连接的可行性；另外，虽然在理论上组成效应链的效应数流可以任意确定，但为使设计的系统简化，组成效应链的效应数量应该尽可能的少。

8.2 科学效应知识库

通过对 250 万专利的分析，阿奇舒勒指出：在工业和自然科学中的问题和解决方案是重复的、技术进化模式也是重复的，只有百分之一的解决方案是真正的发明，而其余部分只是以一种新的方式，来应用以前存在的知识和概念。因此，对于一个新的技术问题，我们可以从已经存在的原理和方法中找到问题的解决方案，可以将这些知识集中起来形成效应知识库。现在，研究人员已经总结了近万个效应基于物理、化学、几何学等领域的原理和数百万项发明专利的分析结果而构建的效应知识库，可以为技术创新提供丰富的方案来源。

为了帮助工程师们利用这些科学原理和效应来解决工程技术问题，阿奇舒勒提议建立一个科学效应数据库，后来，由 Y. V. Gorin, S. A. Denisov, Y. P. Salamatov, V. A. Michajiov, A Yu. Licbachev, L E. Vikentiev, V. A. Vla-sov, V. I. Efremov, M. F. Zaripov, V. N. Glazunov, V. Souchkov 和其他的 TRIZ 研究者共同开发了效应数据库。其目的就是为了将那些在工程技术领域中经常常用到的功能和特性，与人类已经发现的科学原理或效应所能够提供的功能和特性对应起来，以方便工程师们进行检索。

8.2.1 效应知识库的由来

知识库（Knowledge Base）是知识工程中结构化、易操作、易利用、有组织的知识集群，是针对某一（或某些）问题求解的需要，采用某种（或若干）知识表示方式在计算机存储器中存储、组织、管理和使用互相联系的知识片集合。科学知识效应库是将物理效应、化学效应、生物效应和几何效应等集合起来组成的一个知识库，其为技术创新活动提供了丰富、便利的方案来源。

从目前掌握资料来看，系统的"科学效应"提炼、汇编工作，始于 1968 年苏联"合理化建议者协会中央理事会"的发明方法学公共实验室，由阿奇舒勒与他的学生等 TRIZ 专家、发明家的自发推动。自 1971 年起，在苏联的一些发明学校和阿奇舒勒等 TRIZ 专家所主持的发明进修班里，就已经用物理效应来解决发明问题。效应的研究历程大致如下：
• 1968 年　分析了 5000 多个发明专利，开始专门研究物理效应；
• 1971 年　编辑了第一版《物理效应指南》；
• 1973 年　整理了 300 页记录"物理效应"的手稿；
• 1978 年　编辑了第二版《效应指南》；
• 1979 年　阿奇舒勒在其《创造是精确的科学（Creativity As Exact Science）》一书中所提出的 ARIZ-77 中，以功能编码表的形式给出了有 30 个功能的包括 99 个物理效应的"效应指南"；
• 1981 年　《物理效应》首次在技术与科学（Technologies and Science）杂志上发表。
• 1987 年　《物理效应指南》首次通过《大胆的创新公式（Daring Formulas of Creativity）》一书，在卡累利阿共和国彼得罗扎沃茨克市发布；
• 1988 年　《化学效应指南》首次通过《迷宫中的线索（A Thread in Laby-rinth）》一书，在卡累利阿共和国彼得罗扎沃茨克市发布；
• 1989 年　《几何效应》首次通过《没有规则的游戏规则（Rules of a Game without Rules）》一书，在卡累利阿共和国彼得罗扎沃茨克市发布。

至此，物理效应、化学效应、几何效应已经形成了表格式的指南。更进一步地，汇总了这些指南的"效应知识库"也开始进入了人们的视野。效应知识库涵盖了物理、化学、几何、生物等多学科领域的效应知识，对发明问题的解决有着超乎想象的促进作用。

随着 CAI 软件技术的发展，有些国家已经建立了庞大的效应知识库，把过去只有专家、学者才能使用的高深技术和渊博知识资源变成大众易学好用的创新工具。有的 CAI 软件应用"本体论"来对自然科学及工程领域中事物之间纷繁复杂的关系进行全面的描述，借助于这些已有的关系去查询相关的效应知识和专利技术。在建库方法上，按照从技术需求论证到具体实现方案的原则建立效应知识库，其组织结构形式也比较适合发明者查询使用。发明者只要能确定需要实现的功能，给出规范化定义的功能语义检索式，就可以找到实现该功能的科学效应，从而能有效地克服发明者行业和领域知识不足的缺陷。

在国内，寻找、梳理、分析效应，建立效应知识库的工作，一直是一个短板，某些 CAI 软件的技术资料提及了效应数量，常用效应大约有 1400，复合效应有数千个，也有一些学者对效应进行了总结汇总，如赵敏所著的《TRIZ 进阶与实战》中汇总了 922 个效应。

8.2.2 效应知识库的分类

效应知识库是从大量的专利分析中得出的很多抽象的功能模块和效应，其功能非常强大，要真正发挥效应知识库的作用，必须收集和总结大量的物理、化学、几何和生物效应，但是效应知识库包含的效应并非越多越好，如果不加选择的就将大量的效应添加到知识库中只能产生干扰信息，而不能提高效应知识库的利用效果。同时，效应知识库在设计时要按照一定的分类规则对入选的效应分类，效应知识库的分类方法通常有以下四种。

① 按学科分类，分为物理效应、化学效应、几何效应和生物效应4大类。

② 按专利分类。

③ 按功能分类，比如物理效应与实现功能对照表；化学效应与实现功能对照表；几何效应与实现功能对照表；固、液、气、场不同形态物质实现功能的效应知识库。

④ 按属性分类，比如改变属性的效应知识库；增加属性的效应知识库；减少属性的效应知识库；测量属性的效应知识库；稳定属性的效应知识库。

事实上，无论怎样的分类方法，最后的落脚点，总是实现效应与某个功能紧密相关。

（1）物理效应

物理效应是指物质的形态、大小、结构、性质（如高度、速度、温度、电磁性质）等的改变而没有新物质生成的现象，是物理变化的另一种说法。换句话说，物理效应是指可直接感知的物理事件或物理过程，而不同于物理本质，物理本质是对同类物理现象共同本质属性的抽象。例如，在工业革命的早期，人类就利用物理效应来实现各种功能，以增强对机器的自动控制。第一次工业革命时期的蒸汽机转速调节器，当蒸汽机转速增加时，离心力导致飞球升高带动气阀开口减小，蒸汽机转速随之降低；反之，蒸汽机转速降低时，飞球下降使得气阀开口变大、蒸汽机的转速便随之提升。依靠这样的机制，蒸汽机转速就能自动保持基本恒定。离心力这个物理效应在这里起到了关键作用。

物理效应举例：通过改变物体的温度来改变物体的尺寸，如图34-8-10所示。改变物体的温度是输入作用，改变物体的尺寸是输出作用，控制参数是温度，物体的热膨胀系数可作为所述效应的控制参数。物体的热膨胀系数广泛应用于工程领域，用来对物体尺寸做可逆和可控制改变。热膨胀系数反映了构成物体的物质属性参数，其等于因温度发生1℃改变后物体某一尺寸变化与最初尺寸之比。物体的热膨胀系数变化幅度较大，可从气体的大约1/273到特种合金的0。

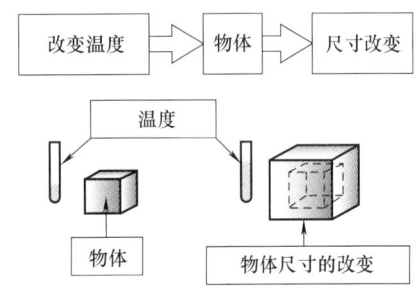

图34-8-10 热膨胀效应改变物体尺寸

实现功能与物理效应的关系对照，参见表34-8-1。

表34-8-1 实现功能与物理效应的关系对照表

编码	实现功能	物理效应
1	测量温度	热膨胀和由此引起的固有振动频率的变化；热电现象；光谱辐射；物质光学性能及电磁性能的变化；超越居里点；霍普金森效应；巴克豪森效应；热辐射
2	降低温度	传导；对流；辐射；相变；焦耳-汤姆森效应；帕耳贴效应；磁热效应；热电效应
3	提高温度	传导；对流；辐射；电磁感应；热电介质；热电子；电子发射（放电）；材料吸收辐射；热电现象；物体的压缩；核反应（原子核感应）
4	稳定温度	相变（例如超越居里点）；热绝缘
5	探测物体的位置和位移（检测物体的工况和定位）	引入容易检测的标识——变换外场（发光体）或形成自场（铁磁体）；光的反射和辐射；光电效应；相变（再成型）；X射线或放射性；放电；多普勒效应；干扰
6	控制物体位移	将物体连上有影响的铁或磁铁；用对带电或起电的物体有影响的磁场；液体或气体传递的压力；机械振动；惯性力；热膨胀；浮力；压电效应；马格纳斯效应
7	控制气体或液体的运动	毛细管现象；渗流；电渗透（电泳现象）；汤姆森效应；伯努利效应；各种波的运动；离心力（惯性力）；韦森堡效应；液体中充气；柯恩达效应
8	控制悬浮体（粉尘、烟、雾等）	起电；电场；磁场；光压力；冷凝；声波；亚声波
9	搅拌混合物，形成溶液	形成溶液；超高音频；气穴现象；扩散；电场；用铁-磁材料结合的磁场；电泳现象；共振
10	分解混合物	电和磁分离；在电场和磁场作用下改变液体的密度；离心力（惯性力）；相变；扩散；渗透
11	稳定物体位置	电场和磁场；利用在电场和磁场的作用下固化定位液态的物体；吸湿效应；往复运动；相变（再造型）；熔炼；扩散熔炼；相变

续表

编码	实现功能	物理效应
12	产生/控制力,形成高压力	用铁-磁材料形成有感应的磁场;相变;热膨胀;离心力(惯性力);通过改变磁场中的磁性液体和导电液体的密度来改变流体静力;超越炸药;电液压效应;光液压效应;渗透;吸附;扩散;马格纳斯效应
13	控制摩擦力	约翰逊-拉别克效应;辐射效应;克拉格里斯基(Краглъский)现象;振动;利用铁磁粒产生磁场感应;相变;超流体;电渗透
14	分离物体	放电;电-水效应;共振;超高音频;气穴现象;感应辐射;相变热膨胀;爆炸;激光电离
15	积蓄机械能和热能	弹性形变;飞轮;相变;流体静压;热电现象
16	传递能量(机械能、热能、辐射能和电能)	形变;亚历山德罗夫效应;运动波,包括冲击波;导热性;对流;光反射(光导体);辐射感应;赛贝克效应;电磁感应;超导体;一种能量形式转换成另一种便于传输的能量形式;亚声波(亚音频);形状记忆效应
17	移动的物体和固定的物体之间的交互作用	利用电-磁场(运动的"物体"向着"场"的连接)由物质耦合向场耦合过渡;应用液体流和气体流;形状记忆效应
18	测量物体尺寸	测量固有振动频率;标记和读出磁性参数和电参数;全息摄影
19	改变物体尺寸	热膨胀;双金属结构;形变;磁电致伸缩(磁-反压电效应);压电效应;相变;形状记忆效应
20	检查表面状态和性质	放电;光反射;电子发射(电辐射);波纹效应;辐射;全息摄影
21	改变表面性质	摩擦力;吸附作用;扩散;包辛格效应;放电;机械振动和声振动;照射(反辐射);冷作硬化(凝固作用);热处理
22	检测体积容量的状态和特征	引入转换外部电场(发光体)或形成与研究物体的形状和特性有关的自场(铁磁体)的标识物;根据物体结构和特性的变化改变电阻率;光的吸收、反射和折射;电光学和磁光现象;偏振光(极化的光)X射线和辐射线;电顺磁共振和核磁共振;磁弹性效应;超越居里点;霍普金森效应和巴克豪森效应;测量物体固有振动频率;超声波(超高音频);亚声波(亚音频);穆斯堡尔(Mossbauer)效应;霍尔效应;全息术摄影;声发射(声辐射)
23	改变物体空间性质(密度和浓度)	在电场和磁场作用下改变液体性质(密度、黏度);引入铁磁颗粒和磁场效应;热效应;相变;电场作用下的电离效应;紫外线辐射;X射线辐射;放射性辐射;扩散;电场和磁场;包辛格效应;热电效应;电磁效应;磁光效应(永磁-光学效应);气穴现象;彩色照相效应;内光效应;液体"充气"(用气体、泡沫"替代"液体);高频辐射
24	构建结构,稳定物体结构	电波干涉(弹性波);衍射;驻波;波纹效应;电场和磁场;相变;机械振动和声振动;气穴现象
25	探测电场和磁场	渗透;物体带电(起电);放电;放电和压电效应;驻极体;电子发射;电光现象;霍普金森效应和巴克豪森效应;霍尔效应;核磁共振;流体磁现象和磁光现象;电致发光(电-发光);铁磁性(铁-磁)
26	产生辐射	光-声学效应;热膨胀;光-可范性效应(光-可塑性效应);放电
27	产生电磁辐射	约瑟夫森(Josephson)效应;感应辐射效应;隧道(tunnel)效应;发光;耿氏效应;契林柯夫效应;塞曼效应
28	控制电磁场	屏蔽,改变介质状态如提高或降低其导电性(例如增加或降低它在变化环境中的电导率);在电磁场相互作用下,改变与磁场相互作用物体的表面形状(利用场的相互作用,改变物体表面形状);引缩(pinch)效应
29	控制光	折射光和反射光;电现象和磁-光现象;弹性光;克尔效应和法拉第效应;耿氏效应;约瑟夫森(Franz-Keldysh)效应;光通量转换成电信号或反之;刺激辐射(受激辐射)
30	产生和加强化学变化	超声波(超高音频);亚声波;气穴现象;紫外线辐射;X射线辐射;放射性辐射;放电;形变;冲击波;催化;加热
31	分析物体成分	吸附;渗透;电场;辐射作用;物体辐射的分析(分析来自物体的辐射);光-声效应;穆斯堡尔(mossbauer)效应;电顺磁共振和核磁共振

(2) 化学效应

化学效应与物理效应之间联系紧密,化学效应伴随着物理效应,物理效应可以引起或加速化学变化,同时化学效应往往有能量的转换现象。化学效应举例,将催化剂放入各种化学成分(相互作用物质)的混合物中,可加速该混合物和成分之间的化学反应,如图 34-8-11 所示。放入催化剂为输入作用,加速化学反应为输出作用,控制参数为催化剂的类型,催化剂颗粒的尺寸和形状、混合物化学成分的类型以及温度。

实现功能与化学效应的关系对照表,参见表 34-8-2。

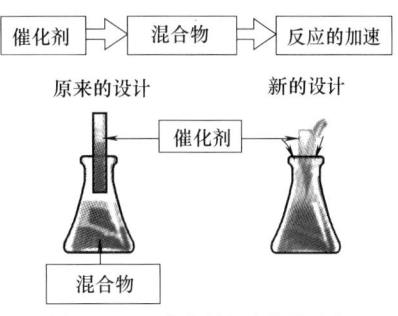

图 34-8-11 催化剂加速化学反应

表 34-8-2 实现功能与化学效应的关系对照表

编码	实现功能	化学效应
1	测量温度	热色反应;温度变化时化学平衡转变;化学发光
2	降低温度	吸热反应;物质溶解;气体分解
3	提高温度	放热反应;燃烧;高温自扩散合成物;使用强氧化剂;使用高热剂
4	稳定温度	使用金属合物;采用泡沫聚合物绝缘
5	检测物体的工况和定位	使用燃料标记;化学发光;分解出气体的反应
6	控制物体位移	分解出气体的反应;燃烧;爆炸;应用表面活性物质;电解
7	控制气体或液体的运动	使用半渗透膜;输送反应;分解出气体的反应;爆炸;使用氢化物
8	控制悬浮体(粉尘、烟、雾等)	与气悬物粒子机械化学信号作用的物质雾化
9	搅拌混合物	由不发生化学作用的物质构成混合物;协同效应;溶解;输送反应;氧化-还原反应;气体化学结合;使用水合物、氢化物;应用络合铜
10	分解混合物	电解;输送反应;还原反应;分离化学结合气体;转变化学平衡;从氢化物和吸附剂中分离;使用络合铜;应用半渗透膜;将成分由一种状态向另一种状态转变(包括相变)
11	物体位置的稳定(物体定位)	聚合反应(使用胶、玻璃水、自凝固塑料);使用凝胶体;应用表面活性物质;溶解黏合剂
12	感应力、控制力、形成高压力	爆炸;分解气体水合物;金属吸氢时发生膨胀;释放出气体的反应;聚合反应
13	改变摩擦力	由化合物还原金属;电解(释放气体);使用表面活性物质和聚合涂层;氢化作用
14	分解物体	溶解;氧化-还原反应;燃烧;爆炸;光化学和电化学反应;输送反应;将物质分解成组分;氢化作用;转变混合物化学平衡
15	积蓄机械能和热能	放热和吸热反应;溶解;物质分解成组分(用于储存);相变;电化学反应;机械化学效应
16	传输能量(机械能、热能、辐射能和电能)	放热和吸热反应;溶解;化学发光;输送反应;氢化物;电化学反应;能量由一种形式转换成另一种形式,再利用能量传递
17	可变的物体和不可变的物体之间相互形成作用	混合;输送反应;化学平衡转移;氢化转移;分子自聚集;化学发光;电解;自扩散高温聚合物
18	测量物体尺寸	与周围介质发生化学转移的速度和时间
19	改变物体尺寸和形式(形状)	输送反应;使用氢化物和水化物;溶解(包括在压缩空气中);爆炸;氧化反应;燃烧;转变成化学关联形式;电解;使用弹性和塑性物质
20	控制物体表面形状和特性	原子团再化合发光;使用亲水和疏水物质;氧化-还原反应;应用光色、电色和热色原理
21	改变表面特性	输送反应;使用水合物和氢化物;应用光色物质;氧化-还原反应;应用表面活性物质;分子自聚集;电解;侵蚀;交换反应

续表

编码	实现功能	化学效应
22	检测（控制）物体容量（空间）状态和性质（形状和特性）	使用色反应物质或者指示剂物质的化学反应；颜色测量化学反应；形成凝胶
23	改变物体容积性质（空间特性，密度和浓度）	引起物体的物质成分发生变化的反应（氧化反应、还原反应和交换反应）；输送反应；向化学关联形式转变；氢化作用；溶解；溶液稀释；燃烧；使用胶体
24	形成要求的、稳定的物体结构	电化学反应；输送反应；气体水合物；氢化物；分子自聚集；络合铜
25	显示电场和磁场	电解；电化学反应（包括电色反应）
26	显示辐射	光化学；热化学；射线化学反应（包括光色、热色和射线使颜色变化反应）
27	产生电磁辐射	燃烧反应；化学发光；激光器活性气体介质中的反应；发光；生物发光
28	控制电磁场	溶解形成电解液；由氧化物和盐生成金属；电解
29	控制光通量	光色反应；电化学反应；逆向电沉积反应；周期性反应；燃烧反应
30	激发和强化化学变化	催化剂；使用强氧化剂和还原剂；分子激活；反应产物分离；使用磁化水
31	物体成分分析	氧化反应；还原反应；使用显示剂
32	脱水	转变成水合状态；氢化作用；使用分子筛
33	改变相态	溶解；分解；气体活性结合；从溶液中分解；分离出气体的反应；使用胶体；燃烧
34	减缓和阻止化学变化	阻化剂；使用惰性气体；使用保护层物质；改变表面特性（见"21 改变表面特性"一项）

(3) 几何效应

几何效应是指物体在空间的适应性，主要有双曲线、抛物线等。例如在火力发电厂的冷却塔塔身多为双曲线形无肋无梁柱薄壁空间结构，造型美观，如图34-8-12所示。由于单叶双曲线是一种直纹曲面，是完全可以通过直线的运动构造出来的一种曲面，双曲线形冷却塔接地面积少，采用薄壁结构，用相同的材料能够获得最大的容积和稳定结构，这样会减少风阻，水量损失小，冷却效果不受风力影响。

图34-8-12 双曲线形的火力发电厂冷却塔

几何效应举例："改变旋转双曲线体底部的旋转角度，可以改变其最窄处的直径"，如图34-8-13所示。可将旋转双曲线体看作是由最初的圆柱形笼演变而来的，其垂直棒等距铰接到圆形底部上，当底部被转动时而形成双曲线体，双曲线体表面的线（棒状物）在空间相交。双曲线体底部旋转角度的改变为输入作用，双曲线体最窄处直径的改变为输出作用，控制参数为底部直径和两底部之间的距离。这一形状的功能，可用于夹持放置在双曲线体最窄处的工件。

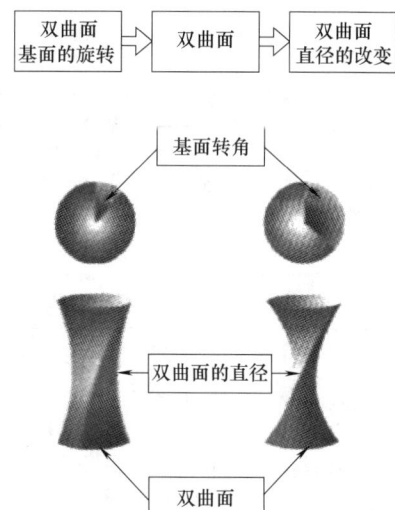

图34-8-13 转动底部都可改变双曲线体的直径

实现功能与几何效应的对照关系对照，参见表34-8-3。

表 34-8-3　实现功能与几何效应的对照关系对照表

编码	实现功能	几何效应
1	质量不改变情况下增大和减小物体的体积	将各部件紧密包装；凹凸面；单叶双曲线
2	质量不改变情况下增大或减小物体的面积或长度	多层装配；凹凸面；使用截面变化的形状；莫比乌斯环；使用相邻的表面积
3	由一种运动形式转变成另一种形式	"列罗"三角形；锥形捣实；曲柄连杆传动
4	集中能量流和粒子	抛物面；椭圆；摆线
5	强化进程	由线加工转变成面加工；莫比乌斯环；偏心率；凹凸面；螺旋
6	降低能量和物质损失	凹凸面；改变工作截面；莫比乌斯环
7	提高加工精度	刷子（梳子、刷子、毛笔、排针、绒毛）；加工工具采用特殊形状和运动轨迹
8	提高可控性	刷子（梳子、刷子、毛笔、排针、绒毛）；双曲线；螺旋线；三角形；使用形状变化物体；由平动向转动转换；偏移螺旋机构
9	降低可控性	偏心率；将圆周物体替换成多角形物体
10	提高使用寿命和可靠性	莫比乌斯环；改变接触面积；选择特殊形状
11	减小作用力	相似性原则；保角映像；双曲线；综合使用普通几何形状

（4）生物效应

生物效应是指某种外界因素（例如生物物质、化学药品、物理因素等）对生物体产生的影响，是对生物体所造成影响的外在表现所观察到的现象。例如，磁场大小适量对身体具有改善微循环、镇痛、镇静、消炎、消肿等生物效应，当磁场过量时，却会对身体产生损伤。借用某些生物效应的案例较为有趣。例如，在电视剧《大染坊》中，主人公陈寿亭把鱿鱼爪放入正在加热的染缸中。如果鱿鱼爪很快打卷了，就是到了最合适染布的水温，他就立即指挥工人把棉布放入染缸。在这里，鱿鱼爪的生物效应（遇热打卷）起到了传感器的作用。自 2013 年以来，英国警方使用蜜蜂作为传感器来缉毒获得了不错的效果。蜜蜂的嗅觉灵敏度高出缉毒犬百倍以上，其特点是闻到了毒品的味道就伸舌头，舌头可以被红外传感器探测到。于是，利用这个生物效应，人们把训练好的蜜蜂无损地固定在一个标准的塑料卡件内，每次以 6 个蜜蜂为一组，放在一个箱式探测器之内，然后用来检测行李。如果同时有 3 个蜜蜂伸出舌头，就说明行李中藏有毒品。这种技术明显地提高了检测成功率。

生物效应举例，如河蚌对环境中的有害杂质的浓度具有敏感性（属性），当水中有害杂质的浓度增加到一定限度时，河蚌就会合上其蚌壳。当有害物质的浓度降低后，蚌壳重新打开，如图 34-8-14 所示。可以采用这一生物效应来诊断危险化学品生产企业的废水处理设施。

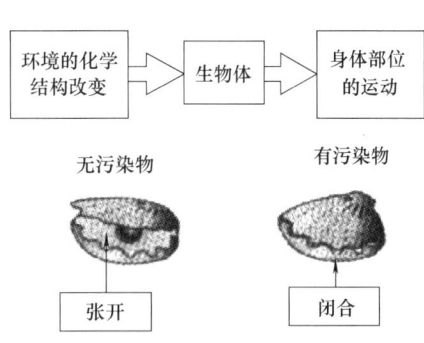

图 34-8-14　环境的化学构成改变导致生物体发生部位运动

8.2.3　应用效应解决问题的步骤

电灯泡厂的厂长将厂里的工程师召集起来开了个会，他让这些工程师们看一叠顾客的批评信，顾客对灯泡质量非常不满意。

（1）问题分析：工程师们觉得灯泡里的压力有些问题。压力有时比正常的高，有时比正常的低。

（2）确定功能：准确测量灯泡内部气体的压力。

（3）TRIZ 推荐的可以测量压力的物理效应和现象：机械振动、压电效应、驻极体、电晕放电、韦森堡效应等。

（4）效应取舍：经过对以上效应逐一分析，只有"电晕"的出现依赖于气体成分和导体周围的气压，所以电晕放电适合测量灯泡内部气体的压力。

（5）方案验证：如果灯泡灯口加上额定高电压，气体达到额定压力就会产生电晕放电。

（6）最终解决方案：用电晕放电效应测量灯泡内部气体的压力。

因此应用科学效应与知识库解决问题一般可以分为六个步骤：

（1）首先要对问题进行分析；
（2）确定所解决的问题要实现的功能；
（3）根据功能查找效应库，得到 TRIZ 所推荐的效应；
（4）筛选所推荐的效应，优选适合解决本问题的效应；
（5）把效应应用于功能实现，并验证方案的可行性；如果问题没能得到解决或功能无法实现，请重新分析问题或查找合适的效应；
（6）形成最终的解决方案。

应用科学效应和现象解决技术问题是再简单不过的事情了，这就像我们到超市买东西一样，选择好要买东西的种类，衡量一下几种同类产品的性价比，我们就可以做决定了。其实 TRIZ 提供的所有工具都一样，只要我们有"问题"的欲望，任何"方案"都很简单地就属于自己了。

8.3 应用科学效应解决问题案例分析

8.3.1 案例1：肾结石提取工程问题（形状记忆效应、热膨胀效应）

（1）问题和功能分析

传统的肾结石提取器无法破坏较大的结石，要实现对较大结石的破碎，必须在较小的空间内产生一个相对较大的力，如图 34-8-15 所示。

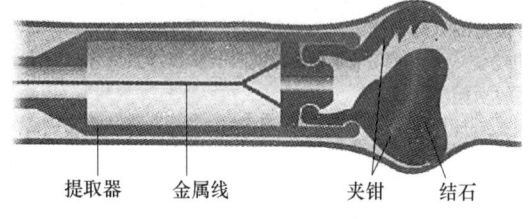

图 34-8-15　肾结石提取器

（2）确定需求的功能

需求的功能：产生力。

（3）查找效应

产生力：胡克效应、电场效应、磁场效应等。
产生形变：形状记忆效应、热膨胀效应等。

（4）利用效应

通过流体加热形状记忆合金使其产生形变，利用形状记忆合金的形变产生力，效应模式如图 34-8-16 所示。

图 34-8-16　肾结石提取器串联效应

（5）解决方案

先用拉力使形状记忆合金产生形变，然后用热水使形状记忆合金恢复初始状态，这样就能实现肾结石提取器在小空间内产生较大的力，如图 34-8-17 所示，其提取器的方案如图 34-8-18 所示。

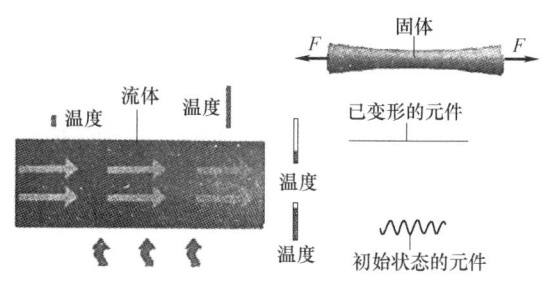

图 34-8-17　肾结石提取器产生力的原理

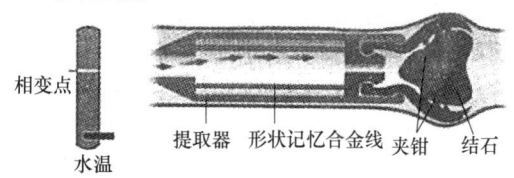

图 34-8-18　肾结石提取器的方案

8.3.2 案例2："自加热"握笔手套创新设计（帕尔贴效应）

（1）问题描述

写字在人们的日常生活中随处可见，但是在寒冷的环境里，书写时间长了手会变得僵硬，不方便写字。我们运用 TRIZ 理论的知识，对书写过程进行改进，增加中介物来使书写使用过程中产生一定的热量，这就解决了我们冬天写字手冷的问题。

（2）书写过程分析

① 物场分析　首先，根据上述 TRIZ 理论所提供的物场模型分析方法对书写过程进行物场分析，在冬天书写时，由于环境温度比较低，笔无法提供足够的热量保持书写的流畅，对此现象进行分析，

发现是不完整的物场模型，模型中存在两个物质：S2是笔，S1是手，但是缺少一个场，这个场是热场，再由不完整的物场模型解决对策，需要增加一个热场来构成一个完整的物场模型，如图34-8-19所示。

图34-8-19　不完整物场模型向完整物场模型转换

由此，可以产生想法：需要一个热场来提供热量，可以通过电源供电，使电阻丝发热来给我们的手带来热量。即在笔上增加加热装置，使书写笔能够自己发热，给人手提供热量，但是笔的空间太小，实现起来比较困难。于是我们寻求在比较大的空间——人手的周围来解决问题，想到可以增加中介物——手套的方式来解决，但是手套还是不能提供足够的热量，我们就在手套中增加加热装置，但是使用传统的电阻丝来加热依然存在问题，如占用空间较大、供电问题、加热较慢等。

② 科学效应分析　有了上面的分析结果，我们再根据科学效应和现象对书写过程进行分析，分析过程如下。

a. 首先根据所要解决在天气寒冷的情况下手冷的问题，确定需要提高温度。

b. 根据a.中得到的"提高温度"功能，从《功能代码表》中确定与此功能相对应的代码，就是F3：提高温度。

c. 接着根据b.中得到的代码F3，从《科学效应和现象列表》中查找TRIZ所推荐的科学效应和现象。

d. 在c.中得到了很多种推荐的科学现象，通过分析这些现象，我们选择了E67帕耳帖效应；1834年帕尔贴发现，当一块N型半导体（电子型）和一块P型半导体（空穴型）联结成一个电偶，并在串联的闭合回路中通以直流时，在其两端的结点将分别产生吸热和放热现象，人们称这一现象为帕尔贴效应。

e. 查找优先选出来的每个科学效应和现象的详细解释，并应用于问题的解决，形成解决方案。

由上面的分析，产生进一步的想法：可以使用半导体制冷片来进行加热，以给我们的手带来热量。

(3) 创新设计

综合上面的分析，首先我们试图通过给笔增加加热装置来提高温度，随即我们发现笔的空间有限，提供的热量就有限，同时笔和人手的接触面积比较小，热量传导到人手的就更小了，不能彻底解决问题。于是我们对问题进行深入研究，发现造成手冷的因素不仅仅是笔，还有环境，在书写过程中，人手大部分暴露在环境中，并且最主要的是手背的部分，故而，我们转入如何提高手背部分的温度问题，我们设想在手的有限的空间中增加一个能够自加热的"握笔手套"，使之能够提供热量。我们想到了电阻加热丝，但是没有足够的电源来提供能量，加热的速度也比较慢。所以要解决问题就需要找到一种热效率更高的器件来进行加热，于是我们利用TRIZ理论所提供的方法想到了车载冰箱所用的制冷器件——半导体制冷片。半导体制冷片，也叫热电制冷片，如图34-8-20所示，是一种热泵。利用半导体材料的Peltier效应，当直流电通过两种不同半导体材料串联成的电偶时，在电偶的两端即可分别吸收热量和放出热量，可以实现制冷的目的，同时也可以实现加热的目的。这样就可以实现提高温度的目的，同时也可以解决空间受限的问题。依据上面分析，我们只需对普通手套进行改进，添加电池、开关、温度控制装置、发热装置：半导体制冷片即可，模型如图34-8-21所示。

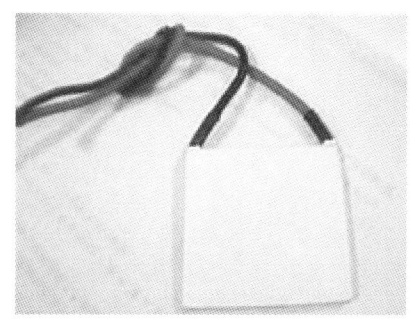

图34-8-20　半导体制冷片

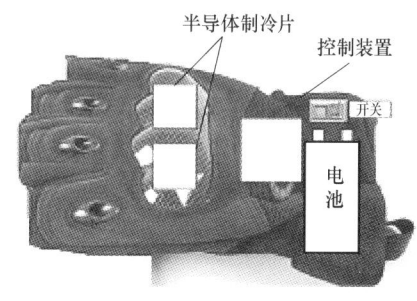

图34-8-21　自加热握笔手套模型

(4) 结论

使用TRIZ创新理论中的物场分析和科学效应，

对书写过程进行分析，得到了创新设计——自加热握笔手套，解决了在特殊的环境下，特别是在寒冷的环境里，书写时间长了手会变得僵硬，不方便写字的问题。但是现在的设计是在原有的手套中进行的，原有的手套存在着使书写不太方便的问题，我们进一步的解决思路就是如何将手套进行改进，使之不阻碍书写。

8.3.3　案例3：可测温儿童汤匙的设计（热敏性物质）

（1）提出问题

一般成年人在给婴儿喂饭时，用勺子将食物盛起，吹一吹使食物冷却，然后用嘴尝尝，确认食物不烫以后，再喂给婴儿。实际上，成人的口中有很多细菌，这样不利于婴儿的成长，但如果不尝食物，一旦食物的温度过高就会烫着婴儿。

（2）分析问题

提出概念：通过分析，这个问题的关键是婴儿的喂养者，需要准确知道食物的温度而不能尝试食物。至此分别列出汤匙设计的主要问题和次要问题，如图34-8-22所示。

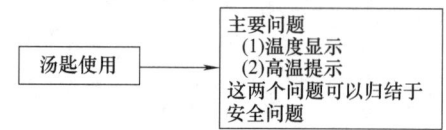

图 34-8-22　汤匙问题分析图

（3）查找一种效应解

在该问题中主要需要实现的功能是测量温度（F1），对应的效应有热膨胀（E75）、热双金属片（E76）、汤姆逊效应（E80）、热电现象（E71）、热电子发射（E72）、热辐射（E73）、电阻（E33）、热敏性物质（E74）、居里效应（E60）、巴克豪森效应（E3）、霍普金森效应（E55）等12个，详细研究每个效应的解释后选择：E74 热敏性物质——受热时就会发生明显状态变化的物质。由于热敏性物质可在很窄的温度范围内发生极速的变化，所以常用来显示温度。

（4）功能解

在汤匙头部预置感温材料（热敏性物质），汤匙末端安装小显示屏和发光管，既可以显示温度，在温度过高时又会发出高温提示。

第9章 创新方法与专利规避设计

20世纪80年代以来，由于计算机技术的普及以及因特网的迅猛发展，人类进入了一个信息爆炸的新时代，专利文献成为信息社会中人们获取最新信息的主要手段之一。专利信息蕴含多项内容，包括专利文献中关于申请专利的发明创造的技术内容、专利保护的范围以及专利是否有效等。根据世界知识产权组织（WIPO）的调查，通过专利文献可以查到全世界每年90%～95%的发明成果，而其他技术文献只能记载5%～10%，且同一发明成果出现在专利文献中的时间比出现在其他媒体上平均早1～2年。此外WIPO还指出在研究工作中查阅专利文献可以缩短研发时间60%，节省研究经费40%。因此，查找、阅读与分析专利文献成为技术创新中极为重要的工作，如果能善于利用专利文献，透过创造性的思维并使用合适的创意方法，对专利信息进行分析、拆解，则将获得许多最新的技术信息和具有重要商业价值的竞争情报，既可预测产品技术进化、发展趋势，又可做识别竞争对手、规避专利设计之用。

9.1 概述

专利规避设计（Design Around）是一项源于美国的合法竞争行为（Legitimate Competitive Behavior），是以专利侵权的判定原则为依据，通过分析已有专利，使产品的技术方案借鉴现有专利技术，但不落入其专利保护范围的研发活动，是一种为避免侵害某一专利的申请专利范围（Claims）所进行的一种持续性创新与设计活动，同时又是一种创新新产品的设计、决策过程，也称为专利规避。依据美国专利制度的精神，基本上是鼓励发明人进行规避设计，以开发出更好的产品，其价值在于专利规避的重点是改变产品，使产品更具竞争力；规避后的产品具有专利性，避免规避之后被其他人申请，同时也有可能产生出一个新的专利，因此也有人说这是从现有专利技术中产生新专利的方法；无论专利规避结果如何，都可以举证"非故意侵权"，可以避免恶意侵害。专利规避主要是针对竞争对手的专利壁垒，找出其在保护地域、保护内容等方面的漏洞，利用这些漏洞，实现在不侵犯专利权的前提下，"借用"该专利技术。因此，企业运用专利规避设计可以突破技术先进者的技术控制和市场垄断，可维持、提升市场竞争力和吸

引顾客，缩短产品研发和市场开发的时间，可使研发的成本和研发失败的风险大大降低。

总的来说，专利规避设计是一种合法的竞争手段，是技术追赶者积极可行的专利策略，本质上是一种研发活动。专利规避设计的成功标准下限是法律上不会被判定侵权，这也是法律层面最基本的要求，同时在技术方面又切实可行。上限是商业上不会丧失竞争优势，确保规避设计的成果具有商业竞争力、满足获利要求。不是为了规避而规避，而必须考虑避免成本过高而导致产品失去竞争力和利润空间的问题。

9.1.1 专利规避的基本策略

专利权是专利人利用其发明创造的独占权利，专利侵权是指未经专利权人许可，以生产经营为目的，实施了依法受保护的有效专利的违法行为。简单地说，就是当一个产品，只要是被一件专利的至少一个申请专利范围（Claims）请求项所涵盖时，即造成侵权事实。

专利规避的实施，主要通过规避设计进行。而规避设计的依据则是相应的专利分析。一方面，通过专利分析了解竞争者的专利布局，预测竞争者的产品研发方向，从中寻找自身可以发展的市场；另一方面，通过专利分析，对于专利技术方案进行详细解读，从中研究得到可以替代的方案。如图34-9-1所示，专利规避设计实施的策略主要有五类。

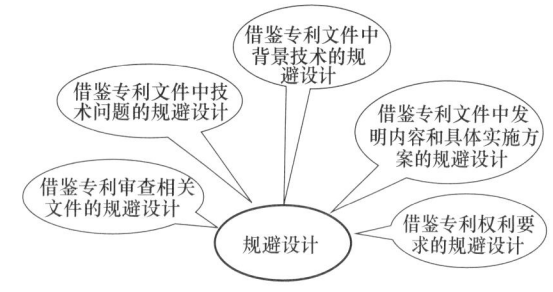

图 34-9-1 专利规避的实施策略

（1）借鉴专利文件中技术问题的规避设计，通过专利文件了解新产品的性能指标或技术方案解决的技术问题。

（2）借鉴专利文件中背景技术的规避设计，在此基础上创造出不侵犯该专利权的设计方案。

（3）借鉴专利文件中发明内容和具体实施方案的

规避设计，在此过程中，一方面寻找权利要求的概括、疏漏，找出可以实现发明目的，却从未在权利要求中加以概括、保护的实施案例或相应变形；另一方面可以通过应用发明内容中提到的技术原理、理论基础或发明思路，创造出不同于权利要求保护的技术方案。

（4）借鉴专利审查相关文件的规避设计，专利权人不得在诉讼中，对其答复审查意见过程中所做的限制性解释和放弃的部分反悔，而这些很有可能就是可以实现发明目的，但又排除在保护范围之外的技术方案。

（5）借鉴专利权利要求的规避设计，这种规避设计是采用与专利相近的技术方案，而缺省至少一个技术特征，或有至少一个必要技术特征与权利要求不同。这是最常见的规避设计，也是与专利保护范围最接近的规避设计。

例如，由甲研究所领衔研究，乙公司独家生产的恶性肿瘤固有荧光诊断仪，在获得中国专利权后，又先后获得了美国、日本的专利权。对此，美国和日本的企业作为后来者，采取了规避我国产品专利的办法，由美国公司提供相关技术，日本公司负责在我国产品尚未获得专利的加拿大生产同类型诊断仪，然后在我国产品尚未获得专利保护的其他国家销售，仍然可获得不菲的利润。

再比如，专利规避的另一种主要模式是"移花接木"，把非本领域的专利技术移植过来，完成改造开发。某企业开发新型空调压缩机，采用二氧化碳替代氟利昂，导致内部压力由2MPa猛增到12MPa，压缩机密封件必须寻找性能好的替代技术。企业研发人员主动出击，找到一种原用于高压水泵的密封技术专利，利用其原理，经过简单二次开发，转用到了压缩机上。由于并非照搬专利技术，且适用范围不同，成功实现专利规避，为企业节省了大笔开发或者购买专利的费用。

9.1.2 专利规避设计要注意的原则

如何去规避某个专利，需要先了解专利侵权判定法则。只有从本质上掌握了专利的侵权判定法则，才能知道专利的保护范围，才能分析归纳出专利规避设计的具体方法。因此对专利规避设计方法的研究首先从专利的侵权判定法则开始，对专利侵权法则进行详细的分析，掌握哪些行为会造成侵权，反之哪些行为可以利用该专利而不侵犯相应法则。对上述内容有一个深入理解后，在这个基础上就可以分析归纳出规避专利的具体方法。

专利规避设计以专利侵权的判定原则（全面覆盖原则、等同原则、禁止反悔原则等）为基础，严禁并防止专利侵权是极其重要的一点，对专利侵权的判断依据主要有以下几个原则。见表34-9-1。

表34-9-1　　　　　　　　　专利侵权的判定原则

原则	说明
1. 全面覆盖原则	如果被控侵权物（欲设计的新产品或方法）的技术特征包含了专利权利要求中记载的全部必要技术特征，则落入专利的保护范围。例如，专利权利要求所记载的必要技术特征与被控侵权产品的特征完全相同。如图（a）（ⅰ）、（ⅱ）所示，即：假如专利权利要求所记载的必要技术特征为A、B、C，而被控侵权产品的特征也为A、B、C，二者的关系可以表示为：ABC＝ABC，那么我们就认为专利权的保护范围全面覆盖了被控侵权产品，或者说，被控侵权产品完全落入了专利权的保护范围，专利侵权成立。这种情形的专利侵权是标准的、不折不扣的专利侵权，有时也将其称为"字面侵权"。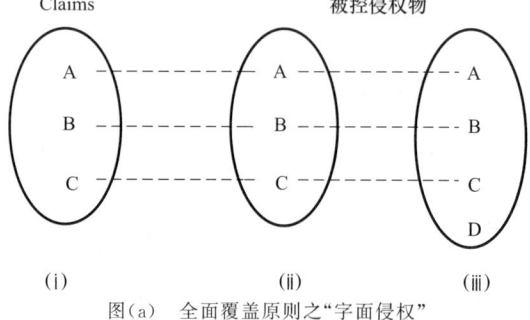 图（a）　全面覆盖原则之"字面侵权" 如果独立权利要求采用上位概念特征，而被控侵权物采用的是下位概念，则也构成侵权，即被控侵权物利用专利权利要求中的全部必要技术特征的基础上，增加了新的技术特征，也仍然落入专利权的保护范围。例如，被控侵权产品的特征多于专利权利要求所记载的必要技术特征，如图（a）（ⅰ）、（ⅲ）所示。被控侵权物对于在先专利技术而言是改进的技术方案，并且获得了专利权，则属于从属专利。假如专利权利要求所记载的必要技术特征为

续表

原 则	说 明
1. 全面覆盖原则	A、B、C，而被控侵权产品的技术特征为 A、B、C、D，二者的关系可以表示为：ABCD＞ABC，那么我们也认为专利侵权成立。此时，被控侵权产品和专利之间的关系很可能就是从属专利和基本专利之间的关系，从属专利权人未经基本专利权人许可，实施基本专利权人的基本专利，按照专利法的规定，也构成专利侵权。 专利权利要求所记载的必要技术特征多于被控侵权产品的特征。即：假如专利权利要求记载的必要技术特征为 A、B、C，而被控侵权产品的技术特征为 A、B，二者的关系可以表示为 ABC＜AB，我们一般认为专利侵权不成立，因此此时被控侵权产品缺少了专利权利要求记载的必要技术特征，没有落入专利权的保护范围。只有在极其特殊的情况下，例如，被控侵权产品所缺少的技术特征恰恰被认定为专利权利要求中的非必要技术特征的情况下，通常所说的"多余指定"，才有可能认定专利侵权成立。如图(b)所示，专利权利要求 C 项为非必要技术特征。 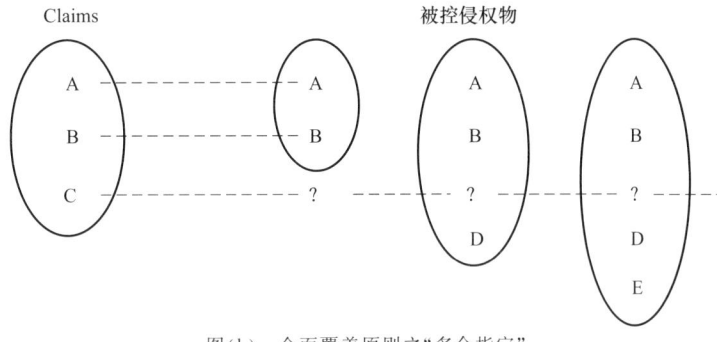 图(b) 全面覆盖原则之"多余指定" 全面覆盖原则主要用来判断侵害对象物中是否构成字面侵权，也就是说技术内容是否"完全相同"，此与"新颖性"是相互对应的
2. 等同原则	专利权的保护范围包括与该必要技术特征相等同特征所确定的范围。此处相等同特征是指以相同的手段、实现基本相同的功能、达到基本相同的效果，并且从属领域的普通技术人员无需创造性劳动就能联想到的特征。例如专利权利要求所记载的必要技术特征与被控侵权产品的特征不完全相同。即：专利权利要求所记载的必要技术特征为 A、B、C，而被控侵权产品技术特征为 A′、B′、C′，那么此时可能出现两种情况，一种是 ABC 与 A′B′C′ 之间具有实质性的区别；另一种是 ABC 与 A′B′C′ 之间的区别是非实质性的，是等同物的替换。对于第一种情况，会认定被控侵权产品没有落入专利权的保护范围，专利侵权不成立；对于后一种情况，则认定被控侵权产品的技术特征是对专利权利要求所记载的必要技术特征的等同物替换，被控侵权产品仍落入专利权的保护范围，专利侵权成立，这就是专利侵权判定中常说的等同原则。 此处所谓等同原则是指技术特征等同而非整体方案相同。对于故意省略专利权利要求中个别必要技术特征，使其技术方案成为在性能和效果上均不如专利技术方案优越的变劣技术方案，而且这一变劣技术方案明显是由于省略该必要技术特征造成的，应当适用等同原则，认定构成侵犯专利权。 等同原则用于判断在功能(Function)、方法(Way)及效果(Result)是否达到"实质上相同"(Substantially the Same)或者所置换的技术是熟悉该行业者容易推知的或是显而易见的相等技术，此与"进步性"是相互对应的
3. 禁止反悔原则	在专利审批、撤销或无效程序中，专利权人为确定其专利具备新颖性和创造性，通过书面声明或者修改专利文件的方式，对专利权利要求的范围做了限制承诺或者部分地放弃了保护，并因此获得了专利权，而在专利侵权诉讼中，法院适用等同原则确定专利权的保护范围时，应当禁止专利权人将已被限制排除或者已经放弃的内容重新纳入专利权保护范围，这就是专利禁止反悔原则。 适用禁止反悔原则应当符合以下条件：①专利权人对技术特征所做的限制承诺或者放弃保护必须是明示的，而且已经被记录在专利文档中；②限制承诺或者放弃保护的技术内容，必须对专利权的授予或者维持专利权有效产生了实质性的作用

续表

原　则	说　明
4. 多余指定原则	多余指定原则是指在专利侵权判定中，在解释专利独立权利要求和确定专利权保护范围时，将记载在专利独立权利要求中的明显附加技术特征（即多余特征）略去，仅以专利独立权利要求中的必要技术特征来确定专利权利保护范围，判定被控侵权物（产品或方法）是否覆盖专利权利保护范围的原则。 目前，很多跨国公司为了确保利益，加强了专利保护，通常把一项技术由多项专利从各个角度进行保护或者在某个技术链上的各个环节进行保护，形成"专利池"或者"专利阵"，从而使竞争对手一不小心就可能碰触到"地雷"，被迫支付大量的专利成本。 随着国内经济的发展，跨国公司在中国提交的专利申请越来越多，电子信息，医药，新能源等众多领域的国内企业，被国际巨头的专利层层包围，未来发展空间越来越受限制。尤其是对于国内企业来说，目前一些核心技术基本上掌握在各大跨国公司的手里，再加上庞大的专利布局，国内企业往往很难突围。如何在企业发展中避免专利陷阱？专利规避就是实现"巧竞争"的一种手段。 因此，专利规避设计就是根据专利申请的权利内容，利用专利侵权鉴定的过程与内容为基础，比较或设计出所利用的技术不在其已存在的权力范围之内，但此技术内容与专利说明书撰写有相对应的关系。因此 TRIZ 理论本身就是通过研究、分析专利文件而提出来的创新设计方法，所以用 TRIZ 理论技术创新方法来进行专利规避设计是一项可思考、可选择、可实现的途径。

9.2 专利规避的方法

传统的专利规避方法，只是针对目标专利的权利要求内容做一些微调或改变，常用方法包括以下三种：

（1）减少目标专利权利要求的至少一个以上的必要构成要件；

（2）至少改变目标专利权利要求的一个必要构成要件；

（3）在目标专利的权利要求中，以不同构成要件来置换某一必要构成要件。

而 TRIZ 理论的规避解决方案有可能完全避开原专利，产生一种新的解决问题的方法，其优势不言而喻。

9.2.1 专利规避流程

专利规避的主要流程如图 34-9-2 所示。

（1）确定专利规避的对象

根据企业制定的产品研发规划，研发人员在研发新技术时，首先应分析相关的专利技术，了解其技术特征，防止侵害他人的专利。由于侵犯他人的专利可能导致企业要支付费用，易使企业受制于人，当研发人员了解新产品会侵害哪些专利后，应将需要规避的专利确定下来，研究如何避开这些专利，避免专利侵权。

专利规避是一门学问和技术，不应视为一种恶意的侵权行为。因为专利规避是一种突破专利申请范围的手段，以避免专利侵权。在研究突破专利申请范围的手段时，专利规避设计过程通常会产生新的技术，这种新的技术能够促进产业的发展，提升科技水平，因此专利规避设计被认为是一种促进产业发展的方法，而新发明也有利于社会大众。再者，专利规避设计过程中所产生的新技术同时也可以拿来申请专利，使新产品享有专利权，是设计新产品的一种再创造过程，是对现有技术的一种改善行为。

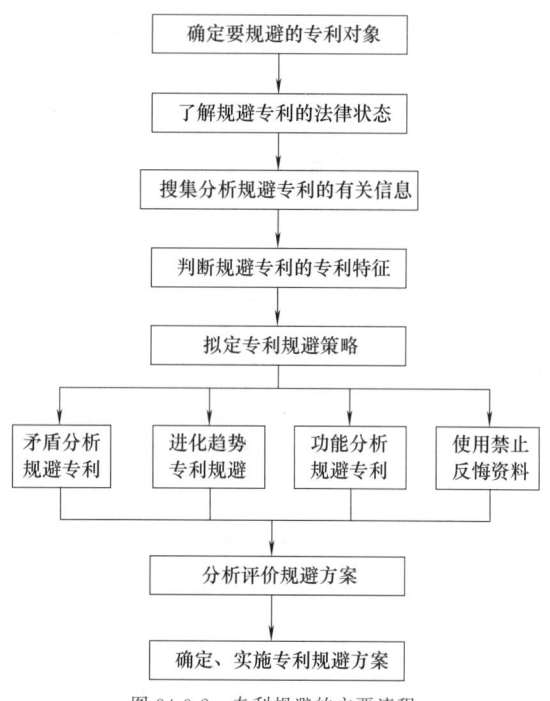

图 34-9-2　专利规避的主要流程

（2）了解规避专利的法律状态

确定需要规避的专利后，不要急于去分析需要规避的专利技术特征，先要搞清楚该专利的法律状态，尤其是要关注其缴费状态。

此处的专利法律状态主要是指两个内容。第一，专利保护的地域局限以及时间局限。我们通常过度地关注专利权的独占性，而相对地忽略专利权的局限性，专利的局限性表现在地域性和时间性上。地域性是指专利权只在专利申请并被授予专利权的国家或地区才有效。如一项专利虽然在美国、英国等多个国家获得专利授权，但并未在中国申请专利，因此该专利在中国不受专利保护。时间性是指专利权只在专利权处于有效状态的时间内有效。发明专利的保护期限为20年，实用新型和外观专利的保护期限为10年。由于一项专利在各国的申请日不同，其保护期限的届满日也不同。而且从事实上看，也并非所有专利都能保护至期限届满，部分专利会因申请人主动放弃等原因提前失去法律效力。第二，在目前市场竞争激烈的环境下，还会有一些专利被竞争对手通过专利宣告无效的程序使其无效，被宣告无效的专利被视为专利自始就不存在。

认识专利的局限性特点并利用之，可以为企业节省研发费用和时间成本，使企业在市场竞争中获益。

（3）搜集分析规避专利的有关信息

选择本领域专利数量较多、质量较高的数据库，以确定专利检索的范围。常用的专利数据库有：美国专利局 USPTO（http：//patft.uspto.gov）、欧洲专利局（http：//ep.espacenet.com）、德国专利商标局 GPTO（http：//depatisnet.dpma.de）、日本专利局 JPO（http：//www.jpo.go.jp）、韩国专利局 KIPO（http：//eng.kipris.or.kr）和中国国家知识产权局（http：//www.sipo.gov.cn）等。由于美国的科技实力雄厚，重要专利都会在美国进行申请，而且美国专利提供摘要的文本，便于搜索和统计，因此专利规避通常会使用美国专利作为专利数据库。

如果仅仅做国内专利的规避，也可以使用市面上提供的商业专利检索系统（CNIPR、汤姆森路透、佰腾等专利信息软件系统），进行专利检索服务。分析和规避专利不能只看确定的申请题目，而是要分析其权利要求书，已经授权的专利要看授权的权利要求书，进行搜集、分析、想办法进行规避。没有授权的，要结合说明书和现有技术进行深入的分析，预测授权前景如何，会怎样授权，一般专利在申请时范围都较大，很难下手，所以要综合分析。

通过相关技术背景，利用关键词进行初步专利检索。从初步检索的专利中通过读标题、摘要、附图，筛选出与待解决问题相关的专利，查找关键词及国际分类号 IPC，为深度检索、分析做准备。

筛选上面查到的专利，对于重要专利进行解读。此处的解读并非通读整篇专利，而是有重点的读取相关信息。专利中核心技术通常在概要（Summary）中体现，概要叙述技术的顺序通常为：专利是做什么的，专利是怎么做的，专利的优点是什么。另外，从概要下的附图说明也可以看出技术重点在哪里。精读过程应该形成《专利详细记录》，用于记录相关重要专利数据、信息，以备后面的技术分析。具体格式可参照表34-9-2，着重点放在了解专利中所保护的系统功能、组成及结构，为后续分析提供信息和资源。

表 34-9-2　专利阅读分析详细记录表

项目分类	详细信息
申请号，申请日期	US757854，19910911
专利号，公开日期	US5299914，19940405
申请/专利人（Assignee）	美国通用电气公司（General Electric Company）
发明/设计人	Schilling, Jan C
国际主分类号 IPC	F01D5/14
题目	涡扇发动机交错风扇叶片装配（Staggered fan blade assembly for a turbofan engine）
结构	交错风扇叶片装配（附图1）
功能	抵抗外来物体对发动机造成的危害，增加涵道比
信息内容	
1. 专利做什么的	本发明主要介绍一种大涵道涡扇发动机叶片的交错装配方式（附图2），降低了外来物体对发动机的损害，采用大尺寸叶片增加了飞机的涵道比。同时，大尺寸发动机叶片的钛合金材料应用以及叶片中空设计，减轻了叶片的重量。 创新原理：复合材料原理、叶片中空设计（矛盾：物体的体积——物体的重量）
2. 专利怎么做的	主要采用的方法：增加叶片长度、叶片设计为中空、叶片采用钛合金材料。叶片装配方式采用附图2所示的结构

续表

项目分类	详细信息
3. 专利优点	本发明的优点:增加了涵道比。降低了发动机重量。降低了外来物体(飞鸟、冰、冰雹等)对发动机的危害
附图(名称)	风扇叶片结构及其连接方式

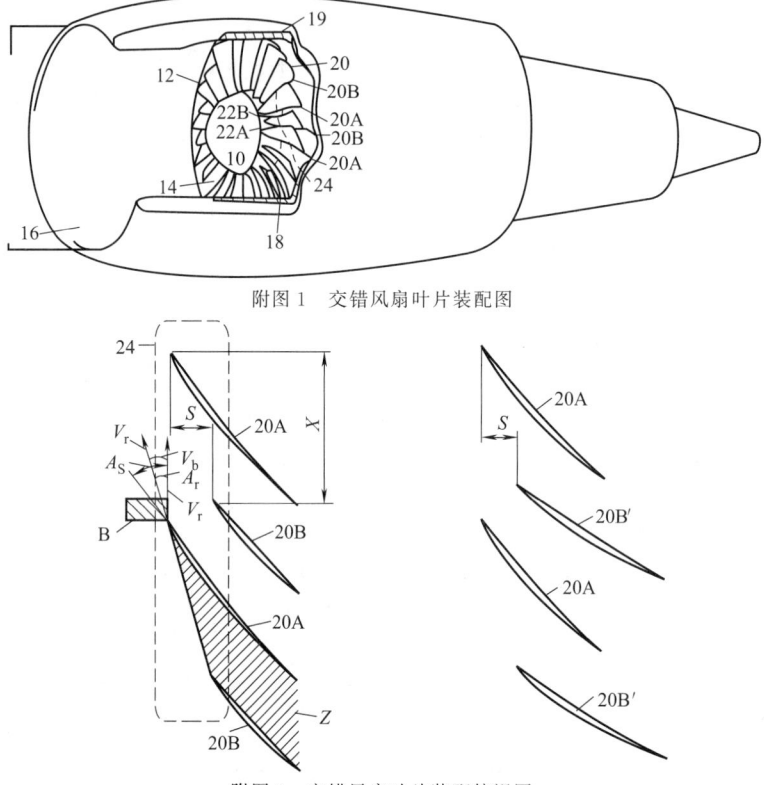

附图 1　交错风扇叶片装配图

附图 2　交错风扇叶片装配俯视图

附图解释	20A 为较为坚固的叶片,20B 为稍软一点的叶片。20A 与 20B 之间的距离为 S,这样的设计在风扇转动过程中即使飞鸟进入发动机也不会对发动机造成太大危害

注意,表格编号 No 可以按照其项目的编号编辑,例如,20130010-01,即为 2013 年第 10 个项目中的第一个分析汇总表格;表中内容的1、2、3 即专利"做什么""怎么做""优点"主要在专利的"题目""摘要""附图说明"中查找;"怎么做"还可参考权利要求书的独立权利要求(比如第一个要求);对于表中内容"做什么"简要说明即可,"怎么做"可参考权利要求书整理,"优点"要详细列举。

搜集、分析的重点应放在解读独立项的构成、分清公知技术和专利特征上,在检索数据结果中确定用户需要特别关注的重点专利。还可以用同族数量、引证数量、专利类型、发明等级、说明书页数等信息来筛选重点专利。其中,根据 TRIZ 理论把发明定义为五个等级,分别为最小型发明、小型发明、中型发明、大型发明和特大型发明,产品由低级向高级的方向发展,产品的第一个专利往往是一个高级别的专利,后续专利的级别逐渐降低。

(4) 判断规避专利的专利特征

理清专利中哪些是公知技术(Public Domain)与专利技术特征,对于专利中使用的公知技术不需要规避,主要的规避对象是专利的技术特征。

在专利申请人提交的权利要求书中,一般会说明专利的类型是发明或者实用新型,还会列出专利的技术特征,清楚和简要地表达请求保护的范围。在进行侵权判断时,主要对照权利要求书,因为发明或者实用新型专利权的保护范围以其权利要求书的内容为准。在权利要求书中,独立权利要求书保护范围最广,其中每一个技术特征均应是必要技术特征。进行侵权判断,应把独立权利要求书中的全部必要技术特征作为一个整体来考虑,逐一进行对比。只有独立权利要求书中的各个必要技术特征全部被利用才构成侵权。如果拿侵权物的技术特征与专利物的技术特征相比,其必要技术特征有一项以上不相等,且不属于等同物代替,则不构成侵权,因为大量的改进性发明创造都是在现有产品或方法的基础上完成的,通过增加新的技术特征,或改变原有的技术特征使技术不断完善,从而推动各项目技术向前发展。如果认为侵权物与专利技术之间有一部分是相同的,即认定侵权将会限制技术的发展,而且不可能有新的技术出现。当然这里讲的技术特征不相等,必须是有本质的区别,有实质性的改进。

由于技术系统通常都具有很大的复杂性,组成构件数量非常多,阅读权利要求书时,主要是分析区别技术特征,弄清楚专利实际的保护范围。如一个人获得了一种自行车的专利,而实际上它的保护范围只是车把部分,只要避免使用相同的车把,就不构成侵权。

(5) 拟定专利规避策略

通过对 TRIZ 理论的详细分析,主要介绍基于矛盾分析、技术系统进化法则、功能分析、物场分析和标准解等来规避专利的技术方法。根据具体情况(问题类型),选择一种规避方法:缺少必要的技术构成或一个以上的必要技术构成不相同。

(6) 分析评价规避方案

任何专利规避设计的完成必须经过法律风险评估,以降低法律诉讼的风险。重要专利规避设计的法律风险评估可以请外部专利律师或司法鉴定所出具专利不侵权报告。在中国,有资质的知识产权司法鉴定所出具的技术方案虽不能等同于司法鉴定意见书,但可作为应对竞争对手以专利侵权进行威胁和讨论的一种有效手段。

(7) 针对专利规避设计申请专利

对专利规避设计产生的技术方案与现有技术相比,判断是否存在差异。如果有差异并且具有商业价值,可以去申请专利,一则保护自己的知识产权,二则可以构建自己产品的专利篱笆,以防止他人规避或借用自己的专利技术。

专利总会有漏洞,不可能真正保护完善。如果只把自己研究的技术方案申请专利,其他人有可能为了规避专利侵权,另行研发一套不侵权但可以实现相同技术效果的技术方案,导致专利权不能起到保护作用。专利申请保护时必须考虑到使竞争对手无法规避,而不仅仅是指把自己研究出的最优技术方案申请专利。

9.2.2 基于 TRIZ 的专利规避方法

由于 TRIZ 理论是 Altshuller 组织骨干团队、历经多年从 250 万份专利中分析、归纳、整理、集成的有关解决发明问题的理论,同时在欧、美、日、韩等国家得以广泛应用、推广,取得了较好的经济效益和示范效应。众多研究者在 Altshuller 的基础上,结合现代科技水平的发展和进步,加大了研究力度、宽度、深度和范围,相关研究成果也在各国企业的技术创新中得以应用,并取得良好成果。在当今世界各国对知识产权保护力度日益增强的条件下,为了占领市场、独享市场、规避市场侵权风险,获得市场优先地位,专利规避显得尤为重要,TRIZ 理论的分析方法和部分工具在进行专利规避中发挥了独到的作用。

(1) 利用矛盾分析方法规避专利

分析需规避专利,对比专利中的问题描述与解决方案,若专利技术解决了一个矛盾问题,可以用矛盾矩阵表和创新原理再次解决该矛盾问题,规避专利,将得到的解决方案申请专利。具体步骤如图 34-9-3 所示。

(2) 用进化趋势规避专利

若需规避专利采用了技术系统进化路线中的某个方案,则可继续沿进化路线找方案。若需规避专利采用了进化路线的所有方案,则尝试用其他进化路线找方案。如图 34-9-4 所示,按照物体表面特性的进化路线,从拥有光滑平面的物体出发,其表面特性进化经历凹凸表面、微凹凸表面和有特殊特性的表面等几个阶段,其中每一个阶段的每个方案有着多种应用形式,可以设想物体表面大量的凹凸类型:纵向的、横向的,像沟槽一样……当所要规避的专利表面采用微凸的表面特性时,规避此专利的表面特性可以采用具有特殊特性的表面,例如对于芯片散热器,其表面特性分别经历了平整的散热器、带有凸起的散热器、销钉式散热器和引入气体的散热器等,其专利规避时,遵循其进化趋势采用了相应的规避方法。

(3) 功能分析规避专利

功能分析通常作为专利规避的初步分析,在此基础上分别通过裁剪(Trimming)法、物场分析与标准解和功能导向搜索等产生解决问题的方案并规避专利。

① 通过裁剪(Trimming)法规避专利 通过裁剪法规避专利是指通过消除专利独立权利要求的一个或以上的组件,将其功能转移至系统其他组件或超系统,从而绕开竞争专利保护的策略。为了实施这一策略需要使用的 TRIZ 理论工具有:功能分析、裁剪和因果分析。

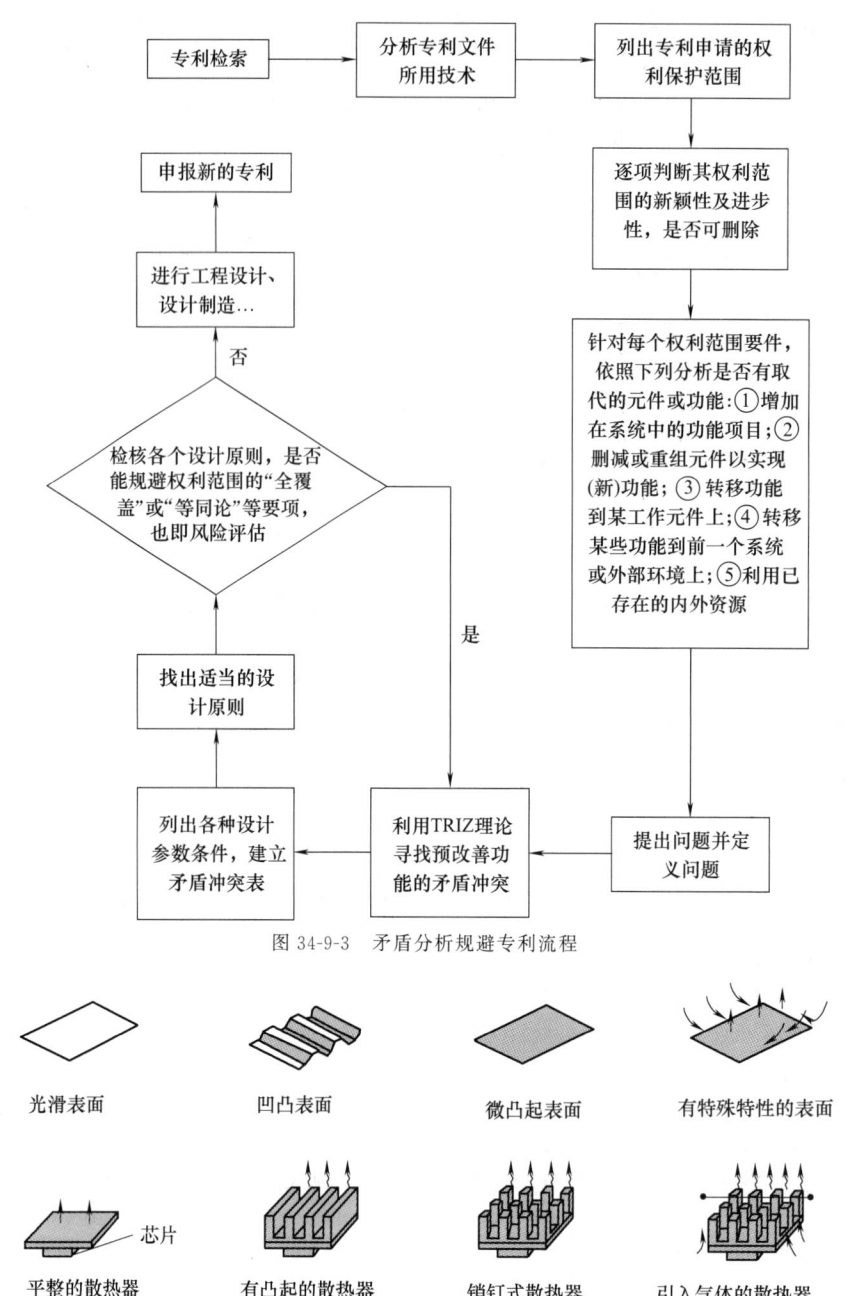

图 34-9-3 矛盾分析规避专利流程

图 34-9-4 用进化趋势做专利规避

通过裁剪法规避专利的流程如图 34-9-5 所示。

例如，某公司开发的离子型牙刷申报了专利，如图 34-9-6 所示。

该专利的独立权利要求描述为：一种牙刷，包含有带刷毛的牙刷头，支撑刷头的手柄，手柄内含有一电池，刷头含有一个由手柄内的电池提供能量的电极，电极电离空气容易清除牙垢，其功能模型如图 34-9-7 所示。

裁剪组件时，除了考虑组件功能价值和成本的因素外，通常优先在距离主要核心功能的远处裁剪组件，通常此处的组件功能相对容易替代。这里牙刷的主要核心功能是疏松、破坏牙垢，故首先考虑裁减掉电池，这样也不需要手柄对电池的支撑功能，但如果牙刷要继续由电力驱动的话，需同时考虑其他组件如何保留实现动力功能，如图 34-9-8 所示。

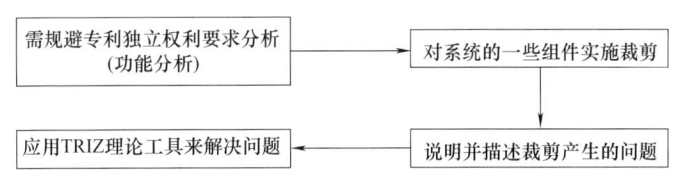

图 34-9-5 裁剪法规避专利的流程

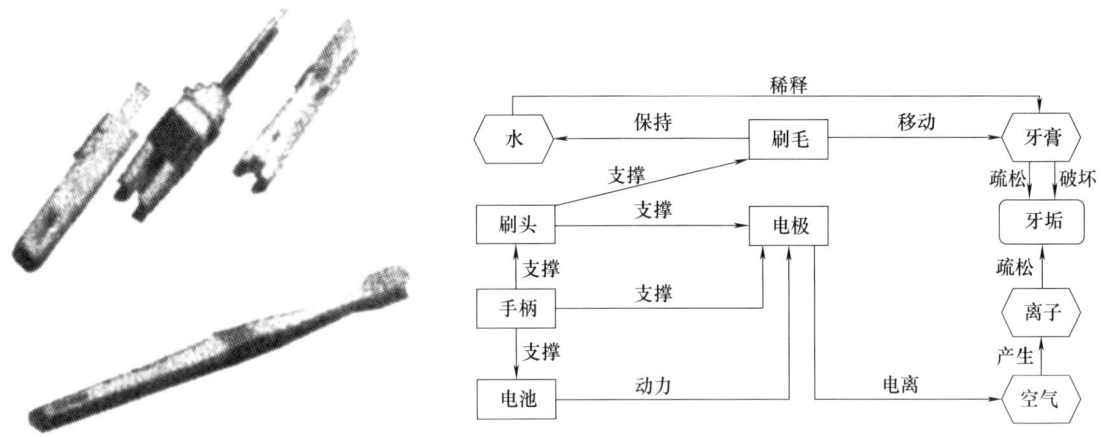

图 34-9-6 离子型牙刷

图 34-9-7 离子型牙刷功能模型

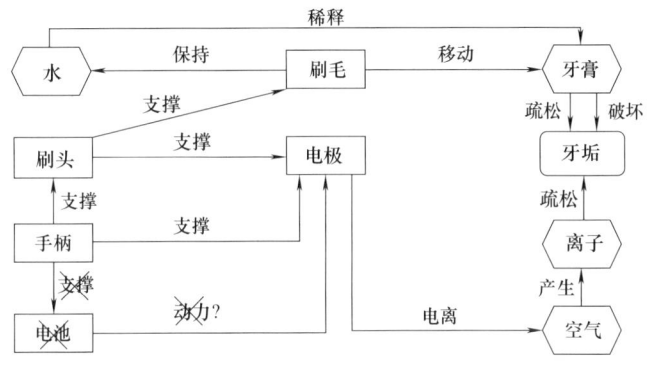

图 34-9-8 离子型牙刷裁剪一

在前面裁剪的基础上，考虑继续裁减组件——电极，由于电极是电离空气产生离子的主要组件，同时也与牙刷多个组件发生关联作用，若是裁剪掉电极，将会大大降低牙刷的成本，但是首要前提是不增加组件或增加一个成本低于裁剪掉的所有组件就能实现电离空气，使其产生离子作用的功能。如图34-9-9所示。

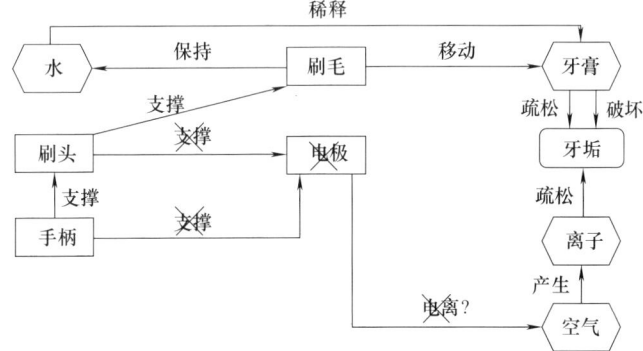

图 34-9-9 离子型牙刷裁剪二

从图 34-9-9 看出,既要发挥牙刷清洁牙齿牙垢的功能,还要能电离空气产生离子达到疏松牙垢的功能,从保留下来的组件来看,只有牙刷刷头能够完成此功能,如图 34-9-10 所示,但是否可行?

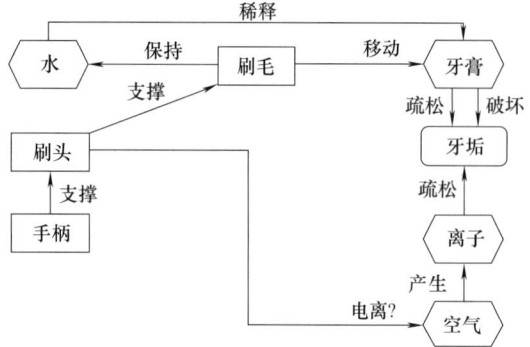

图 34-9-10　离子型牙刷裁剪三

现在的问题是如何使牙刷刷头能够电离空气。一种方式是利用刷牙运动的机械能驱动,切割磁力线可以产生电能。但是使用者的习惯不同,刷牙的运动方式变化后,会存在使用不方便,还有可能造成能量不足以驱动电离空气。另一种方式是可以利用压电效应,采用手握持牙刷柄产生应变的机械能,从而转变成电能电离空气,但是此方法有可能造成系统的复杂性……最后规避专利的方案是,牙刷头表面覆有合金,当其接触牙膏和水时,作为一个主动电极耦合并产生电压,牙刷头本身电离牙垢附近的空气,产生离子以疏松牙垢,既实现了清洁牙齿的功能,又实现了电离空气产生离子的功能,很好地规避了原来的专利,同时也成功地申报了新的专利。

由此可以得出裁剪的过程:a. 是否可以删除掉组件或(辅助)功能;b. 是否可以删除必要的功能;c. 是否一些组件的功能或组件本身可以被替代;d. 是否有不需要的功能可以由其他功能排除;e. 是否有操作组件可以由其他组件替换;f. 是否有操作组件可以由已存资源所替代;g. 是否系统可以取代功能本身;h. 是否有大量可利用且能使用的资源。

专利规避设计是为规避专利保护范围来修改现有机构设计,在设计思路上侧重于如何利用不同的构造来实现相同的功能,避免触犯他人权利。功能裁剪过程中,根据功能之间的相互关系对功能所对应的实现组件进行重组,产生多种裁剪变体,每个裁剪变体都可以认为是一种新的设计模型,这种模型既实现了现有产品的功能优化,同时对产品的结构组件进行了重构。另外,裁剪动作与组件规避原则作用是一致的,只是组件规避原则是针对侵权判定原则提出的规避策略,而功能裁剪是面向创新的概念设计分析,将组件规避原则与功能裁剪进行结合,对产品的功能和结构进行重新的设计,裁剪后得到的概念模型能够大大提高创新设计结果的可专利性,尤其能得到高级别的发明,几乎不存在侵权风险,也是专利规避常常采用的方法。

② 物-场分析与标准解规避专利　在功能分析的基础上,如果发现需规避专利所构成的技术系统存在作用不足、产生有害作用的情况,可以抽取出该问题部分系统的物场模型,利用标准解系统的解题思路将其消除,转化为详细设计的概念方案,也可形成新的专利。

③ 功能导向搜索规避专利　功能导向搜索(function oriented search,FOS)是一种基于对目前世界上跨领域已有成熟技术进行功能分析从而解决问题的工具,具有很强的开放创新性。我们常用的搜索引擎,如百度、谷歌等,大多都是基于关键词搜索。而功能导向搜索有所不同,它是一种基于对目前世界上已有成熟技术进行分析从而解决问题的工具。功能导向搜索将功能进行通用化处理,行为和对象双管齐下。例如,我们可以将水、油等物体通用化为"液体",将焊接、铆接、螺栓等统统通用化为"连接",将橙汁浓缩通用化为"将浆状物中的液体分离"等。

功能导向搜索改变了创新的模式。主要表现在,为大幅度提高技术系统、规避竞争对手的专利,必须寻找新的解决方案。然而,新的解决方案往往是不易实现的,在成功实施之前要解决很多问题。功能导向搜索通过寻找和借鉴现有的解决方案改变技术系统,而不是创造全新的解决方案,一旦在其他行业找到一个成功的解决方案,他就可以通过问题适应性地转化为我所用,这远比发明新的解决方案更容易,同时也能规避部分专利,产生新的专利。

功能导向搜索的流程如图 34-9-11 所示。功能导向搜索分为下面几步:a. 问题识别,就是列出你的问题并作简要描述,找到需要解决的关键问题,将问题定义得越明确越好,并阐明将要执行的具体功能,确定所需要的参数;b. 将功能一般化处理(通用化);c. 识别领先领域,搜索其他相关或者不相关领域中执行类似功能的技术,结果通常不止一种;d. 根据项目中的具体要求,从这些技术中选择最合适的一种或者少数几种;e. 解决这种技术带来的二级问题,并分析判断能否实现专利规避。

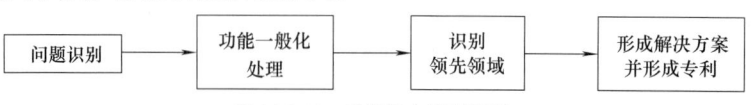

图 34-9-11　功能导向搜索流程

功能一般化处理是一个发散的思维过程，是指将技术系统的关键功能按照"动词＋名词"的方式做出一般化分析。功能一般化处理为了使分析者能够把握技术系统的关键功能，防止对实际问题的理解出现较大的局限性，禁止使用专业术语，方便进一步明确问题。该问题在本领域没有解决，需要到其他行业或领域去挖掘技术方案。例如，油画画面长时间放置、保管，会在画面上留下灰尘和其他一些难以清除的影响画质效果的污物，如何去除这些灰尘或污渍呢？即如何使灰尘或污渍与画面分离，通常的做法是使用鸡毛掸子等软物在机械力的作用下，去除或使其分离，但是有可能影响油画的色彩、完好和寿命。还有类似的问题，如牙齿上的牙垢如何去除（或与牙齿分离）？

识别领先领域，这是非常关键的一步。所谓领先领域就是条件严格、技术先进、相对成熟等要求较严格的领域，通常涉及医药、军事和航空航天等要求相对可靠、较为苛刻的领域。例如医药行业维系着人类的健康、安全和生命，不允许有任何闪失，并且可为人们研发新产品的时候提供无限的遐想和超前的技术优势空间。

大自然未经人工干预、物竞天择、自然而生，有着其自然的生存发展、进化规则和路径，例如，荷叶的基本化学成分是叶绿素、纤维素、淀粉等多糖类的碳水化合物，有丰富的羟基、氨基等极性基因，在自然环境中很容易吸附水分或污渍。如图 34-9-12 所示，通常接触角（Contactangle，又称湿润角）θ 表示某种液体对于某种材料或者表面的湿润性能，当接触角很小时，如水滴在玻璃基板上的情形，表示液体易湿润固体表面。如果接触角像水银液滴在玻璃基板上那么大，表示液体不易湿润此表面。因此我们考虑两种极端现象：当接触角为 0°时，表示液体能完全湿润固体表面；当接触角为 180°时，代表液体完全不能湿润固体表面。由于荷叶叶面具有极强疏水、不吸水的表面，洒落在叶面上的水会因表面张力的作用自动聚集成水珠，水与叶面的接触角会大于 150°，只要叶面稍微倾斜，水珠就会滚落，离开叶面，水珠的滚动把落在叶面上的尘土、污泥粘吸滚出叶面，使叶面始终保持干净，这就是著名的"荷叶自洁效应"。

如图 34-9-13 所示，在荷叶叶面上存在着非常复杂的多重纳米和微米级的超微结构，在超高分辨率显微镜下可以清晰地看到，荷叶表面上有许多微小的乳突，乳突的平均大小约为 $10\mu m$，平均间距约为 $12\mu m$。而每个乳突由许多直径为 200nm 左右的突起组成。在荷叶叶面上布满着一个挨一个隆起的"小山包"，它上面长满绒毛，在"山包"顶又长出一个馒头状的"碉堡"凸顶。因此在"山包"间的凹陷部分

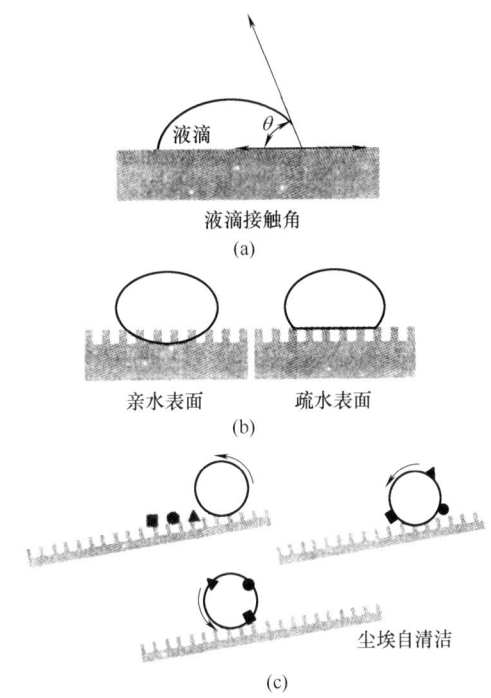

图 34-9-12 荷叶自洁效应原理

充满着空气，这样就紧贴叶面形成一层极薄、只有纳米级厚的空气层。这就使得在尺寸上远大于这种结构的灰尘、雨水等降落在叶面上后，隔着一层极薄的空气，只能同叶面上"山包"的凸顶形成很小的点接触。雨点在自身的表面张力作用下形成球状，水球在滚动中吸附灰尘，并滚出叶面，这就是"荷叶自洁效应"能自洁叶面的奥妙所在。具有自洁效应的表面超微纳米结构形貌，不仅存在于荷叶中，也普遍存在于自然界其他植物中，某些动物的皮毛中也存在这种结构。其实植物叶面的这种复杂的超微纳米结构，不仅有利于自洁，还有利于防止大量飘浮在大气中的各种有害细菌和真菌对植物的侵害。利用荷叶表面的自洁功能，可以提示和引导人们采取相类似的措施，开发表面自洁的材料来满足工程的要求。航空航天的成果集中了科学技术的众多新成就，其作用已远远超出科学技术领域，对政治、经济、军事以至于人类社会生活都产生了广泛而深远的影响，对技术创新工作也产生了巨大的推动、指导、引领和参考作用。所以识别领先领域也就是对一般化处理后确定的功能，在这些领先领域寻找解决问题的类似和先进技术方案。当然也可以反过来做，把这些领先领域中很好、很完备、很可靠和安全的技术，找出其可以应用的新领域。

为解决面临的工程问题，规避竞争对手的专利，我们需要一些新的解决方案。以前人们大多倾向于原创和新发明，但新发明往往不容易实现。功能导向搜

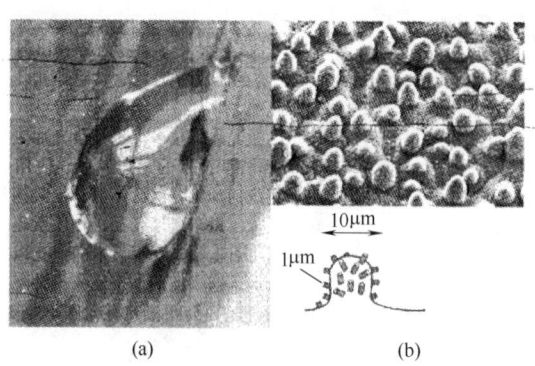

图 34-9-13 荷叶表面与电镜扫描图

索可以帮助我们在已有的解决方案中寻找所需要的方案，不管这种方案是在其他企业，还是其他行业，一旦发现类似的解决方案，就会非常容易将他们转化为我们自己需要的解决方案。由于功能导向搜索使用的是现有的解决方案，与新发明相比，实现起来更容易，所要消耗的资源（人力、时间、研发经费等）也更少。由于这种方法得出来的解决方案大多经过验证证实，项目失败的风险也比较低。例如某公司生产儿童一次性尿布，尿布上打孔越多、越均匀，也即孔隙率越高，其吸水性和透气性就越好，公司为提高吸水性和透气性，遇到了在儿童一次性尿布上如何进行打孔的难题，如图 34-9-14 所示。

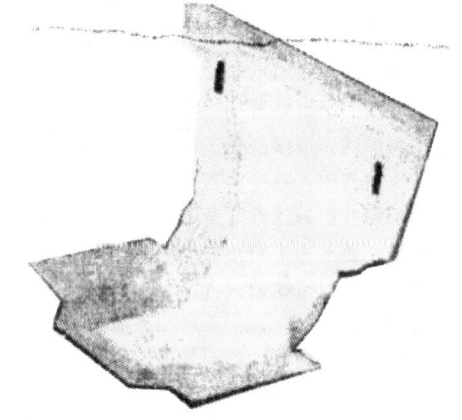

图 34-9-14 需提高孔隙率的一次性尿布

如果我们用一般的思路，搜索"如何在尿布上打孔"，所得到的答案往往让人沮丧，因为我们遇到的问题同样别人也遇到了，而且结果也是一样的，那就是都没有解决。如果我们将这个问题抽象出来，一般化为"如何在薄片上打孔"，我们就会找到很多已有的解决方案，比如用针扎孔、用激光打孔、用玻璃纤维扎起来形成孔等。

激光打孔是最早达到实用化的激光加工技术，也是激光加工的主要应用领域之一。随着近代工业和科学技术的迅速发展，使用硬度大、熔点高的材料越来越多，而传统的加工方法已不能满足某些工艺要求。例如在高熔点金属钼板上加工微米量级孔径的孔；在硬质碳化钨上加工几十微米的小孔；在红、蓝宝石上加工几百微米的深孔以及金刚石拉丝模具、化学纤维的喷丝头等。这一类的加工任务用常规机械加工方法很困难，有时甚至是不可能的，而用激光打孔则不难实现。激光打孔时，激光束在空间和时间上高度集中，利用透镜聚焦，可以将光斑直径缩小到微米级，从而获得 $10^5 \sim 10^{15}$ W/cm^2 激光功率密度。如此高的功率密度几乎可以在任何材料上实行激光打孔，而且与其他方法如机械钻孔、电火花加工等常规打孔手段相比，具有以下显著的优点：激光打孔速度快，效率高，经济效益好，应用领域广，在工业生产上获得非常广泛的应用。激光可以在纺织面料、皮革制品、纸制品、金属制品、塑料制品上进行打孔切割等操作。应用领域包括制衣、制鞋、工艺品、礼品制作、机器设备、零件制作等。由于激光打孔是利用高能激光束对材料进行瞬时作用，作用时间只有 $10^{-5} \sim 10^{-3}$ s，因此激光打孔速度非常快。在不同的工件上激光打孔与电火花打孔及机械钻孔相比，效率提高 $10 \sim 1000$ 倍。研发人员研究发现，航空燃气涡轮上的叶片、喷管叶片以及燃烧室等部件在工作状态时需要被冷却，因此人们在这些部件的表面打上数以千计的孔，用来保证部件表面被一层薄薄的冷却空气覆盖。这层冷却空气不仅能够延长零件的使用寿命，还可以提高引擎的工作性能。一个典型的、较先进的引擎表面会有 10 万个这样的孔，随着打孔技术的发展，目前业界通常采用高峰值功率脉冲激光器来加工，且套孔（Trepanning）和脉冲钻孔（Percussion）技术已经得到了成功的应用。最后这家公司以航天飞机上的类似技术为解决方案，开发出了成本低、效率高而且均匀的儿童一次性尿布打孔技术，并成功地应用到相类似的产品生产上。

利用功能导向搜索时，还要注意发明等级概念的应用和导向，要想寻找到解决问题发明等级高的解决方案，往往也要注意搜索的方向和技巧。发明创造分为 5 个级别，1 级发明的问题及答案存在于某个专业领域中，只需要在该行业领域的一个具体的分支中进行查找即可以找到，例如马桶的问题在卫生洁具领域查找。2 级发明的问题和答案存在于某个行业领域内，可能需要跨越不同的专业领域，例如马桶的问题在流体力学领域内研究。3 级发明的问题和答案可能要在整个学科领域内查找，例如马桶的问题在整个机械领域内研究。4 级发明的问题和答案存在于该问题起源的学科之外，比如马桶的问题要靠化学或者电子技术解决。5级发明的问题和答案超出了现代科学的边界，现有的科学原理不能解决这些问题，这些问题需要新的科学发现。这5级发明的分布比例为1级32%，2级45%，3级18%，4级不足4%，5级不足1%。绝大多数专利都是1级和2级发明，本领域的技术人员都有能力参照现有技术做出这些发明，这些发明都是可以获得专利权的，专利规避的重点应该在3级及其以上的专利上。可以申请专利的技术，并不需要多么高深。专利申请，不能从创新程度去考虑，而应该从市场垄断的角度去考虑。专利申请的意义不在于获得创新技术，技术只要产生就会起到作用，无论是否申请专利。专利申请的意义在于制止竞争对手使用类似技术。

当然，识别领先领域实际上就是一个问题收敛的过程，如果知道了问题是怎么产生的，也就可以利用小人法等研究方法找到如何将问题解决的方法。

9.3 专利规避案例

弧齿锥齿轮以其良好的动态性能，在机械行业中占有相当重要的地位，在航空、航海、矿山机械、工程机械、汽车和精密机床等行业应用广泛。如图34-9-15所示，弧齿锥齿轮铣齿机是采用端面盘铣刀或其他形状的刀具加工弧齿锥齿轮齿面的锥齿轮加工机床，也是现有机床中较为复杂的机床，用于加工模数≤15mm，直径≤800mm 的高精度弧齿锥齿轮及准双曲面齿轮的精加工设备，实现数控化可提高精度、质量、啮合性能和加工效率。

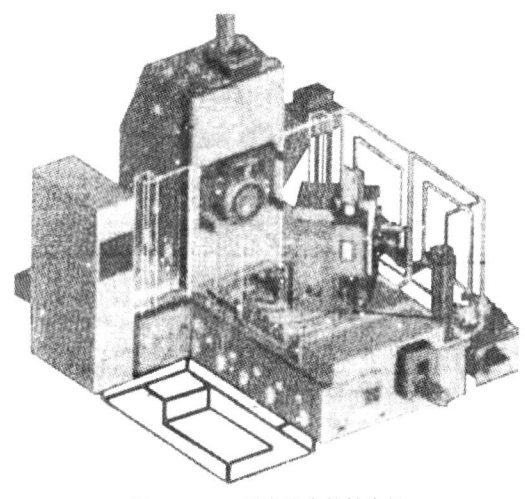

图 34-9-15 弧齿锥齿轮铣齿机

但是弧齿锥齿轮的设计加工相当复杂，而且当前拥有该技术的美国 Gleason 公司等搞技术垄断，促使许多国家对该项技术进行研究和开发，因而对弧齿锥齿轮传动的设计、制造和检测技术的研究一直是齿轮制造中非常活跃的领域。美国 Gleason 公司已研制出格里森制六轴五联动的数控铣齿机，在国际上申请专利技术的同时，在我国重新申请了 35 项专利。这些专利主要是关于机床加工原理、刀具加工方法的发明专利，基本上垄断了所有弧齿锥齿轮的加工技术，并开始针对我国实行了全面的技术封锁，严重制约着我国制造业水平的提高。

天津精诚机床制造有限公司通过自主研发开发了中国第一台具有自主知识产权的四轴联动弧齿锥齿轮铣齿机，既规避了专利又成功地申请了专利保护。

9.3.1 弧齿锥齿轮铣齿机相关专利的检索与分析

通过网络进入美国专利数据库，以"铣齿机""弧齿锥齿轮"等关键词与它的 IPC 号"B23F9/"进行布尔搜索，检索、下载到 176 个相关专利，检索策略如表 34-9-3 所示。通过对其摘要进行逐一阅读并分析，筛选出 Gleason 齿制的原型专利 US4981402 作为规避目标专利。

表 34-9-3　专利检索背景表

搜索范围	检索内容
搜寻公司	Gleason 公司
搜寻国家	美国
搜寻年份	1985～2009
搜寻权位	Title-TTL，Abstract-ABST，Claims-ACLM，SPEC，IPC-ICL(B23F 9/)
搜寻语言	英文
数据库名称	USPTO（http://www.uspto.gov/patft/index.htm）
关键词	"gear milling machine""spiral bevel gears""spiral bevel gear""gleason spiral bevel gears"
检索语法	ICL/(B23F 9/$) AND [ABST/("gear milling machine" OR "spiral bevel gears" OR "spiral bevel gear" OR "gleason spiral bevel gears") OR ACLM/("gear milling machine" OR "spiral bevel gears" OR "spiral bevel gear" OR "gleason spiral bevel gears") OR TTL/("gear milling machine" OR "spiral bevel gears" OR "spiral bevel gear" OR "gleason spiral bevel gears") OR SPEC/("gear milling machine" OR "spiral bevel gears" OR "spiral bevel gear" OR "gleason spiral bevel gears")]

在明确规避设计对象之后，首先建立该专利的功能模型来描述产品、组件和超系统以及它们之间相互

关系；分析产品与所需性能水平之间的关系，定义每个功能为有用作用或有害作用。有用作用包括标准作用、不足作用和过度作用。不足作用、过度作用和有害作用均是现有产品中存在的问题和需要重新设计或改进的地方。

如图 34-9-16 所示，在专利 US4981402 中，可动坐标轴包括三个直线运动轴（X，Y，Z）和三个回转轴（T，W，P）。一种操作方法是利用计算机控制可动轴（X，Y，Z，T，W，P）对应建立通用斜齿轮和准双面齿轮加工机床及加工参量。它主要包括立柱 12，工作支架 14，刀具箱 18，刀架 22，刀轴 24，摇台 26，床鞍 28，工件箱 32，工件轴 36，三直线导轨（16，20，30）及弧形导轨 34，另外还有驱动六轴运动的伺服电动机等。

9.3.2 建立主要元件之间的关系

铣齿机的功能主要是实现刀具与工件之间的相互运动，将运动分解为六轴的组合联动来实现要求的齿形。所以定义第一对作用的功能类型为辅助作用，而第二对为基本作用（实现 Z 轴的进给运动）。依据专利说明书描述的技术实施方案建立各组件之间的关系，

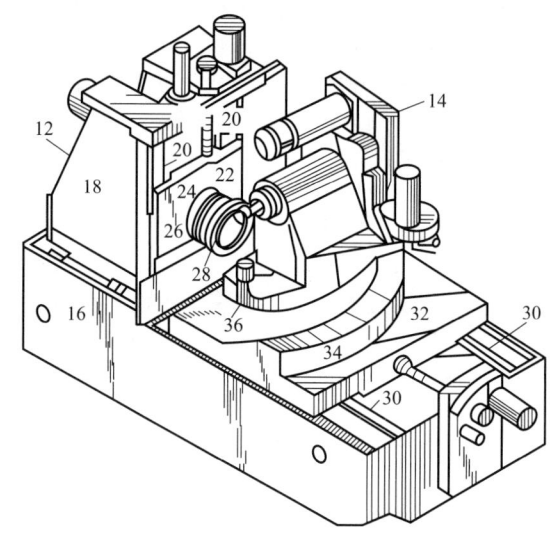

图 34-9-16　Gleason 六轴五联动铣齿机模型

如机身 10 对立柱 12 的关系表示为机身 10→支撑→立柱 12，而导轨 30 对床鞍 28 的关系为导轨 30→导向→床鞍 28。以此类推，建立如表 34-9-4 所示的主要元件之间的关系。

表 34-9-4　铣齿机组件的主要功能关系

组　件	作用	对象	功能类型	功能等级
机身 10	支撑	立柱 12	辅助功能	满足
	支撑	床鞍 28	辅助功能	满足
	支持	导轨 16	辅助功能	满足
	支持	导轨 30	辅助功能	满足
立柱 12	支撑	工作支架 14	辅助功能	满足
	支持	导轨 20	辅助功能	满足
床鞍 28	支持	弧形导轨 34	辅助功能	满足
	支撑	摇台 26	辅助功能	满足
导轨 16	导向	工作支架 14	辅助功能（X）	满足
导轨 30	导向	床鞍 28	辅助功能（Z）	满足
工作支架 14	支持	导轨 20	辅助功能	满足
导轨 20	导向	刀具箱 18	基本功能（Y）	满足
弧形导轨 34	导向	摇台 26	基本功能（P）	过度
摇台 26	支持	工件箱 32	辅助功能	满足
摇台 26	支撑	工作主轴台 38	辅助功能	满足
刀具箱 18	支撑	刀架 22	辅助功能	满足
工件箱 32	支撑	工件轴 36	辅助功能	满足
工作主轴台 38	支持	工作主轴台 38	辅助功能	满足
	支撑	工件轴 36	辅助功能	满足
	安装	工件毛坯	辅助功能	满足

续表

组 件	作用	对象	功能类型	功能等级
工件轴36	旋转	工件毛坯	基本功能(W)	满足
刀架22	支撑	刀轴24	辅助功能	满足
	安装	铣刀盘	辅助功能	满足
刀轴24	旋转	铣刀盘	基本功能(T)	过度

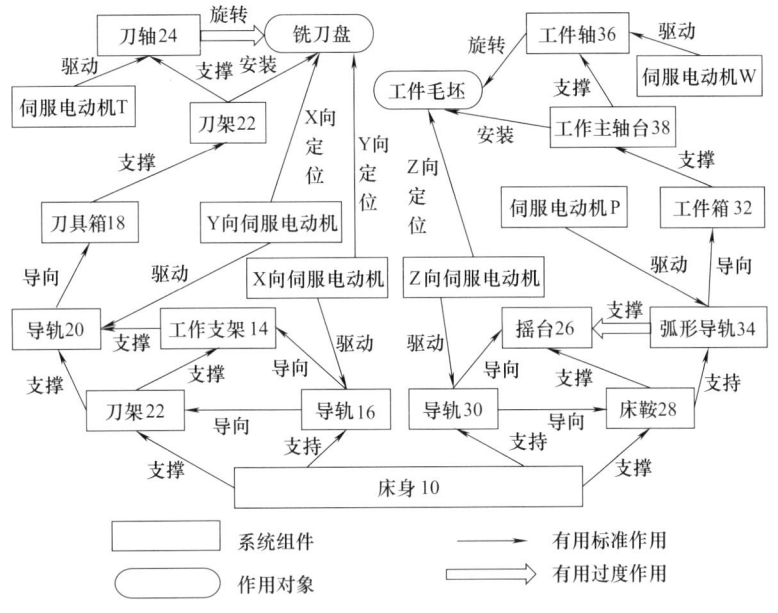

图 34-9-17 全驱动弧齿锥齿轮铣齿机功能模型

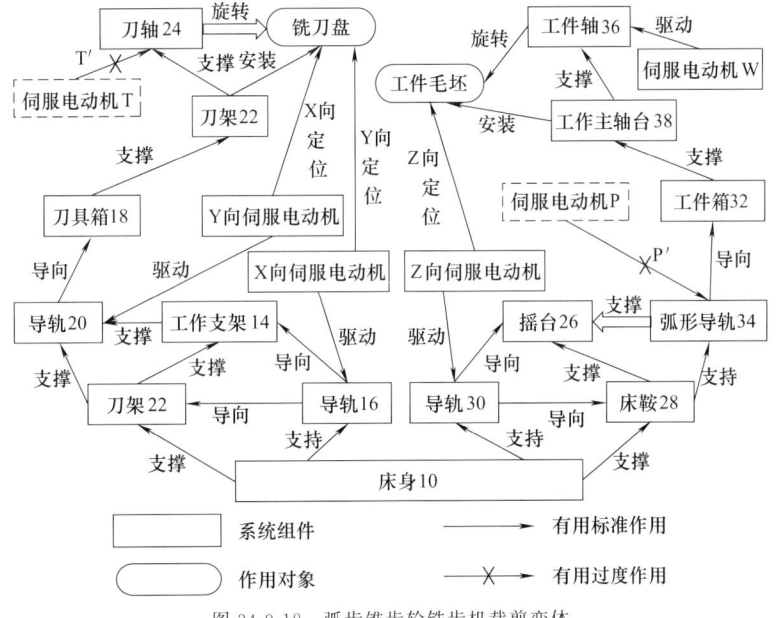

图 34-9-18 弧齿锥齿轮铣齿机裁剪变体

从图 34-9-17 中可以看到对于刀具主轴的伺服驱动是过度的作用,采用选择法进行裁剪,并试想用现有技术实现其功能 T'（问题1）;另外对于工件箱安装角的控制,伺服电动机 P 的作用也是过度的,采用删除法去掉,但出现的问题2是如何实现调整安装角（功能 P'）。因而得到裁剪变体,如图 34-9-18 所示。

9.3.3 根据裁剪变体进行设计方案的细化

由于原作用为过度作用,裁剪之后得到的模型产生了两个问题。分别用矛盾分析和物场分析将它们转换为 TRIZ 理论问题。

(1) 应用 TRIZ 理论中 39 个工程参数描述问题1,需要改善的参数为 32 可制造性,恶化的工程参数为 38 自动化程度。查找矛盾矩阵的结果可采用创新原理为 1 分割、8 质量补偿、28 机械系统的替代。根据发明原理会引发不同的设计方案,如原理 28 机械系统的替代会引导设计者寻找已有成本低且不影响可靠性的资源。

(2) 对于问题2应用物场模型来描述其冲突,S_0 表示成本,S_2 表示伺服电动机,S_1 表示弧形导轨,它们之间的场为 F_{EM},S_2 对 S_1 的作用为过剩作用,从而导致 S_2 对 S_0 的作用为有害作用,如图 34-9-19 所示。因为对于第三物质 S_0 的有害作用是由于 F_{EM} 引起的,所以首先要考虑与"场的改变"相联系的标准解。如 No.10,改变已有物质 S_2 去除有害作用,从而破坏原有的场 F_{EM},引入一种新场 F_{Me},得到图 34-9-20 所示新的物-场模型。

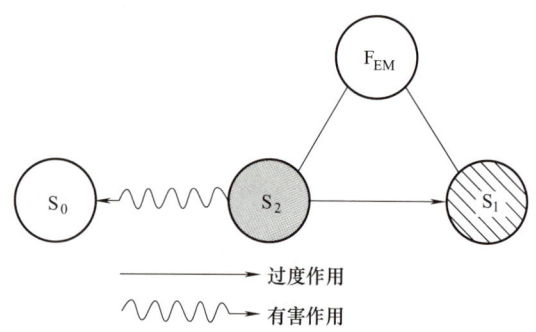

图 34-9-19 问题2的物-场模型

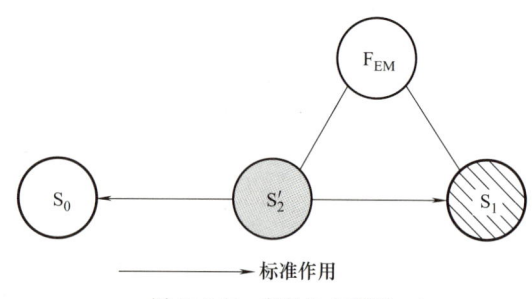

图 34-9-20 新的物-场模型

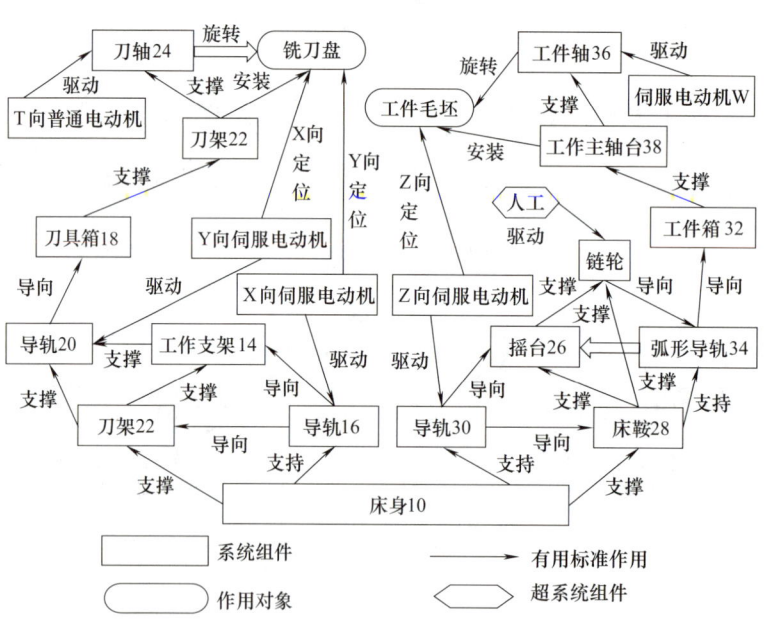

图 34-9-21 全驱动弧齿锥齿轮铣齿机功能模型

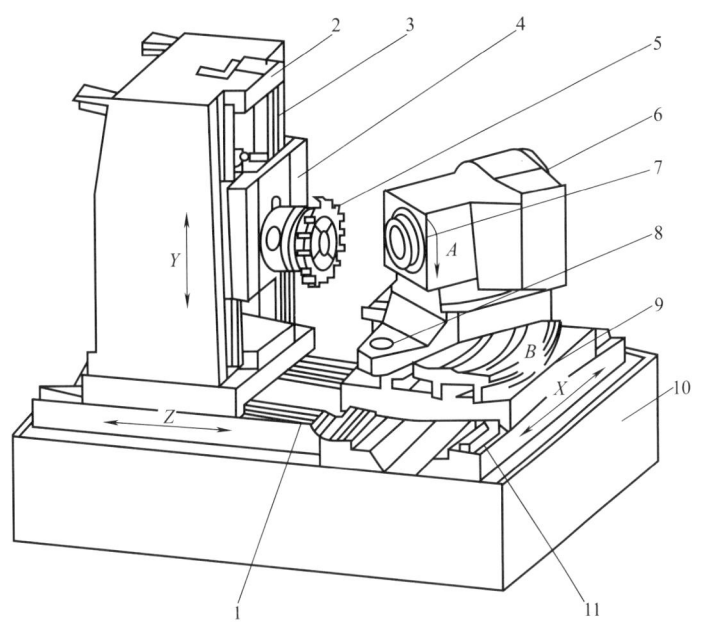

图 34-9-22 四轴四联动铣齿机
1—Z 轴直线导轨；2—立柱；3—Y 轴直线导轨；4—刀具箱；5—刀盘；
6—工件箱；7—工件主轴；8—回转轴；9—床鞍；10—床身；11—X 轴直线导轨

根据 TRIZ 理论的原理解进行弧齿锥齿轮铣齿机的技术方案设计。对于问题1，将伺服电动机用普通的电动机替代实现其旋转运动，分齿运动可由工件的伺服运动 W 与 X、Y 轴的联动来完成，从而满足了刀具的加工运动要求，保证了加工精度且成本大大降低；对于问题2，考虑在摇台 26 和床鞍 28 之间用链条啮合组件替代原伺服电动机来实现安装角的调节（功能 P'），这样得到的结果操作方便，成本大幅降低，能够满足客户的需求。因此得到新的功能模型如图 34-9-21 所示。天津精诚机床制造有限公司开发出了四轴联动的弧齿锥齿轮铣齿机设计方案，符合图 34-9-21 所示的最终技术方案，成功地规避了专利保护，该产品专利号为 CN200810054176.X，如图 34-9-22 所示。

该方案针对 Gleason 公司所设计的五轴联动铣齿机中分度调节这一过度功能，通过利用链轮链条传动进行手动调节来规避专利 US4981402 中的专利保护范围。确定了四轴联动的加工方式，并以此工作原理进行全新的弧齿锥齿轮铣齿机开发。此设计方案既吸取了原专利的技术优势，又针对其功能过度进行了改进，在不侵犯现有专利保护范围的前提下实现了弧齿锥齿轮加工，同时大大降低了铣齿机的成本。该方案是我国具有独立知识产权的弧齿锥齿轮铣齿机，打破了美国 Gleason 公司对我国机床技术所设置的技术壁垒和贸易垄断，赢得市场主动权。以此专利技术为基础，天津精诚机床制造有限公司开发了系列化弧齿锥齿轮加工设备，这些产品不仅填补国内空白，同时出口到伊朗、西班牙等国家，与美国 Gleason 公司展开了国际竞争。

附 录

附录 1　冲突矩阵表

附表 34-1-1　冲突矩阵表
（扫码阅读或下载）

附录 2　76 个标准解

附表 34-2-1　76 个标准解类别及数量

类　　别	子系统个数	标准解个数
第一类:建立或完善物-场模型的标准解系统	2	13
第二类:强化物-场模型的标准解系统	4	23
第三类:向双、多、超级或微观级系统进化的标准解系统	2	6
第四类:测量与检测的标准解系统	5	17
第五类:应用标准解的策略与准则	5	17
合计		76

附表 34-2-2　第一类：建立或完善物-场模型的标准解系统组成

子系统	标准解法
S1.1　建立物-场模型	S1.1.1　建立完整的物-场模型 S1.1.2　引入附加物 S_3 构建内部合成的物-场模型 S1.1.3　引入附加物 S_3 构建外部合成的物-场模型 S1.1.4　直接引入环境资源,构建外部物-场模型 S1.1.5　构建通过改变环境引入附加物的物-场模型 S1.1.6　最小作用场模式 S1.1.7　最大作用场模式 S1.1.8　选择性最大和最小作用场模式
S1.2　消除物-场模型的有害效应	S1.2.1　引入现成物质 S_3 S1.2.2　引入已有物质 S_1（或 S_2）的变异物 S1.2.3　在已有物质 S_1（或 S_2）内部（或外部）引入物质 S_3 S1.2.4　引入场 F_2 S1.2.5　采用退磁或引入一相反的磁场

附表 34-2-3　第二类：强化物-场模型的标准解系统组成

S2.1　向复合物-场模型进化	S2.1.1　引入物质向串联式物-场模型进化 S2.1.2　引入场向并联式物-场模型进化
S2.2　加强物-场模型	S2.2.1　使用更易控制的场替代 S2.2.2　分割物质 S_2（或 S_1）结构,达到由宏观控制向微观控制进化 S2.2.3　改变物质 S_2（或 S_1）,使成为具有毛细管或多孔的结构 S2.2.4　增加系统的动态性 S2.2.5　构造异质场或持久场或可调节的立体结构场替代同质场或无结构的场 S2.2.6　构造异质物质或可调节空间结构的非单一物质替代同质物质或无组织物质
S2.3　利用频率协调强化物-场模型	S2.3.1　场 F 与物质 S_1 和 S_2 自然频率的协调 S2.3.2　合成物-场模型中场 F_1 和 F_2 自然频率的协调 S2.3.3　通过周期性作用来完成 2 个互不相容或 2 个独立的租用

续表

S2.4 引入磁性添加物强化物-场模型	S2.4.1 应用固体铁磁物质,构建预-铁-场模型 S2.4.2 应用铁磁颗粒,构建铁-场模型 S2.4.3 利用磁性液体构建强化的铁-场模型
S2.4 引入磁性添加物强化物-场模型	S2.4.4 应用毛细管(或多孔)结构的铁-场模型 S2.4.5 构建内部的或外部的合成铁-场模型 S2.4.6 将铁磁粒子引入环境,通过磁场来改变环境,从而实现对系统的控制 S2.4.7 利用自然现象和效应 S2.4.8 将系统结构转化为柔性的、可变的(或可自适应的)来提高系统的动态性 S2.4.9 引入铁磁粒子,使用异质的或结构化的场代替同质的非结构化场 S2.4.10 协调系统元素的频率匹配来加强预-铁-场模型或铁-场模型 S2.4.11 引入电流,利用电磁场与电流效应,构建电-场模型 S2.4.12 对禁止使用磁性液体的场合,可用电流变流体来代替

附表 34-2-4　第三类：向双、多、超级或微观级系统进化的标准解系统组成

S3.1 向双系统或多系统进化	S3.1.1 系统进化1a:创建双、多系统 S3.1.2 改进双、多系统间的链接 S3.1.3 系统进化1b:加大元素间的差异性 S3.1.4 双、多系统的进化 S3.1.5 系统进化1c:使系统部分与整体具有相反的特性
S3.2 向微观级系统进化	系统进化2:向微观级系统进化

附表 34-2-5　第四类：测量与检测的标准解系统组成

S4.1 间接方法	S4.1.1 改变系统,使检测或测量不再需要 S4.1.2 应用复制品间接测量 S4.1.3 用2次检测来替代
S4.2 建立测量的物-场模型	S4.2.1 建立完成有效地测量物-场模型 S4.2.2 建立合成测量物-场模型 S4.2.3 检测或测量由于环境引入附加物后产生的变化 S4.2.4 检测或测量由于改变环境而产生的某种效应的变化
S4.3 加强测量物-场模型	S4.3.1 利用物理效应和现象 S4.3.2 测量系统整体或部分的固有振荡频率 S4.3.3 测量在与系统相联系的环境中引入物质的固有振荡频率
S4.4 向铁-场测量模型转化	S4.4.1 构建预-铁-场测量模型 S4.4.2 构建铁-场测量模型 S4.4.3 构建合成铁-场测量模型 S4.4.4 实现向铁-场测量模型转化 S4.4.5 应用于磁性有关的物理现象和效应
S4.5 测量系统的进化方向	S4.5.1 向双系统和多系统转化 S4.5.2 利用测量时间或空间的一阶或二阶导数来代替直接参数的测量

附表 34-2-6　第五类：应用标准解的策略与准则

S5.1 引入物质	S5.1.1 间接方法 S5.1.2 将物质分裂为更小的单元 S5.1.3 利用能"自消失"的添加物 S5.1.4 应用充气结构或泡沫等"虚无物质"的添加物
S5.2 引入场	S5.2.1 首先应用物质所含有的载体中已存在的场 S5.2.2 应用环境中已存在的场 S5.2.3 应用可以创造场的物质

续表

S5.3	相变	S5.3.1 相变1：变换状态
		S5.3.2 相变2：应用动态化变换的双特性物质
		S5.3.3 相变3：利用相变过程中伴随的现象
		S5.3.4 相变4：实现系统由单一特性向双特性的转换
		S5.3.5 应用物质在系统中相态的变换作用
S5.4	利用自然现象和物理现象	S5.4.1 应用由"自控"实现相变的物质
		S5.4.2 加强输出场
S5.5	通过分解或结合获得物质粒子	S5.5.1 通过分解获得物质粒子
		S5.5.2 通过结合获得物质粒子
		S5.5.3 兼用S5.5.1和S5.5.2获得物质粒子

附录3 解决发明问题的某些物理效应表

附表34-3-1　　　　　　　　解决发明问题的某些物理效应表

序号	要求的作用、用途	物理现象、效应、因素、方法
1	测量温度	热膨胀及由其引起的固有振荡频率的变化；热现象；辐射光谱物质的光、电、磁特性的变化；经过居里点的转变；霍普金斯及巴克豪森效应
2	降低温度	相变；焦耳-汤姆逊效应；兰卡效应；磁热效应；热电现象
3	提高温度	电磁感应；涡流；表面效应；电介加热；电力加热；放电；物质吸收辐射；热电现象
4	稳定温度	相变（其中包括经过居里点的转变）
5	指示物体的位置和位移	引进可标记的物质，它能改造外界的场（如荧光粉）或形成自己的场（如铁磁体），因此易于发现；光的反射和发射；光效应；变形；伦琴和无线电辐射；发光；电场及磁场的变化；放电；多普勒效应
6	控制物体位移	磁场作用于物体和作用于与物体相结合的铁磁体；以电场作用于带电的物体；用液体和气体传递压力；机械振动；离心力；热膨胀；光压力
7	控制液体及气体的运动	毛细管现象；渗透压；汤姆斯效应；伯努利效应；波动；离心力；威辛别尔格效应
8	控制气性溶胶流（灰尘、烟、雾）	电离；电场及磁场；光压
9	搅拌混合物形成溶液	超声波；空隙现象；扩散；电场；与铁磁性物质相结合的磁场；电泳；溶解
10	分解混合物	电分离与磁分离；在电场和磁场作用下液体分选剂的视在密度发生变化；离心力；吸收；扩散；渗透压
11	稳定物体位置	电场及磁场；在电场和磁场中硬化的液体的固定；回转效应；反冲运动
12	力作用、力的调节 形成很大压力	磁场通过铁磁物质起作用；热膨胀；离心力；改变磁性液体或等电液体在磁场中的视在密度使流体静压力变化；应用爆炸物；电水效应；电水效应；渗透压
13	改变摩擦	约翰逊-拉勃克效应；辐射作用；克拉格尔斯基现象；振动
14	破坏物体	放电；电水效应；共振；超声波；汽蚀现象；感应辐射
15	蓄积机械能与热能	弹性变形；回转效应；相变
16	传递能量：机械能，热能，辐射能，电能	形变；振动，亚历山大罗夫效应；波动，包括冲击波；辐射；热传导；对流；光反射现象；感应辐射；电磁感应；超导现象
17	确定活动（变化）物体与固定（不变化）物体间的相互作用	利用电磁场（从"物质"的联系过渡到"场"的联系）
18	测量物体的尺寸	测量固有振动频率；标上磁或电的标记并读校
19	改变物体尺寸	热膨胀；形变；磁致与电致伸缩；压电效应
20	检查表面状态和性质	放电；光反射；电子发射；穆亚洛维效应；辐射
21	改变表面性质	摩擦；吸收；扩散；包辛海尔效应；发电；机械振动和声振动；紫外辐射
22	检查物体内状态和性质	引进标记物质，它改变外界的场（如荧光粉）或形成取决于被研究物质状态及性质的场（如铁磁体）；改变取决于物体结构及性质变化的比电阻；与光的相互作用；电光现象及磁光现象；偏振光；伦琴及无线电辐射；电子顺磁共振和核磁共振；磁弹性效应；经过居里点的转变；霍普金斯效应及巴克豪森效应；测量物体的固有振动频率；超声波；缪斯鲍艾尔效应；霍尔效应

续表

序号	要求的作用、用途	物理现象、效应、因素、方法
23	改变物体空间性质	电场及磁场作用下改变液体性质（视在密度、黏度）；引进铁磁性物质及磁场作用；热作用；相变；在电场作用下电离；紫外线；伦琴射线、无线电波辐射；扩散；电场及磁场；包辛海尔效应；热电；热磁及磁光效应；汽蚀现象；光电效应；内光电效应
24	形成要求的结构；稳定物体结构	波的干涉；驻波；穆亚洛维效应；电磁场；相变；机械振动和声振动；汽蚀现象
25	指示出电场和磁场	渗透压；物体电离；放电；压电及塞格涅尔电效应；驻极体；电子发射；光电现象；霍普金斯效应及巴克豪森效应；霍尔效应；核磁共振；回转磁现象及磁光现象
26	指示出辐射	光声效应；热膨胀；光电效应；发光；照片底片效应
27	产生电磁辐射	约瑟夫逊效应；感应辐射现象；隧道效应；发光；汉思效应；切林柯夫效应
28	控制电磁场	屏蔽；改变介质状态，如其导电性的增加或减少；改变与场相互作用的物体的表面形状

附录4 科学效应总表

附表 34-4-1　　科学效应总表

效应名称	注解与说明
1. 3D Printing 三维打印（3D打印）	使用材料打印机依据电子文件创建三维物体的过程，与纸面上印刷图像相似。这个效应与分层激光烧结增材制造技术最密切相关，目标对象是由连续的材料层堆砌而成的
2. Ablation 烧蚀	烧蚀是指因为气化等其他腐蚀作用，导致某物体表面有物质脱落的现象。这种技术在航天器返程、冰川研究、医药研制和被动消防等领域中尤其重要。在航天器设计中，烧蚀用于冷却并保护可能被极端高温造成严重损害的机械部件和/或装载物
3. Abrasion 研磨	在擦除、刮除、磨掉等使表面发生脱落变形的处置过程中，可以有意识地使用一种研磨剂来控制这个处置过程
4. Absorption（Physical） 吸收（物理）	一种原子、分子或离子进入一些体相——即气体、液体或固体物质的物理或化学现象或过程。这是一个与吸附不同的过程，因为吸收过程中的分子融入新物质，而不是表面的吸附
5. Absorption（EM Radiation） 吸收（电磁辐射）	量子能量一般被物质的微电子所吸收，转换成另一种能量，例如热能
6. Absorption Spectroscopy 吸收光谱	通过与样品的作用，根据辐射的频率或者波长来测量辐射吸收比率的光谱技术
7. Absorptive Filter 吸收型过滤器	该过滤器在传送入射波的同时，能吸收其中某些波长的辐射波
8. Accelerometer 加速度测量仪	一个通过反作用力来测量加速度和重力加速度的仪器
9. Accumulator（energy） 储能器	用一些方式来储存能量的各种装置。诸如可充电的蓄电池或是液压式的储能器。可以是电的、流体的或是机械的。有时将一个小的连续的能源转换成一个短期能量激增的能源，或反之亦然。其他的例子包括电容器、蒸汽储能器、飞轮和水轮机发电站等
10. Acoustic Cavitation 声空化（声气蚀）	由气蚀引起的声场。通常存于液体中的微观气泡由于所施加的声场的作用将被强制振荡。如果声波的强度足够高，气泡的体积将首先变大，然后迅速破裂引起高功率超声波。通常用微观真空气泡的惯性空化处理液体和泥浆表面
11. Acoustic Emission 声发射	材料中局域源快速释放能量产生瞬态弹性波的现象。声发射（AE）现象可能在材料开始崩坏时迅速发生。声发射常见的研究包括疲劳裂纹的复合材料的延伸，或纤维断裂。AE是关系到能量的不可逆释放，并且可以从源头开始研究。不涉及材料失效，但包括摩擦、气蚀和冲击影响
12. Acoustic Len 声透镜	一种机械装置，被用于扬声器的设计和超声成像，还被用于指示和修改声波，其方式与光透镜类似
13. Acoustic lubrication 声润滑	声音带来的振动造成滑动面（或一系列粒子之间）之间分离。这个频率的声波正好能带来最佳的振动，此时就会引起声波润滑效应。所需的声音的频率，随粒子的大小而变化（高频率将会对砂砾产生作用，低频率将会对岩石产生作用）

续表

效应名称	注解与说明
14. Acoustics 声学	声学是使用机构产生振动或机械波,并进行波的传播和接收
15. Acousto-optic Effect 声光效应	声光效应是光弹性学中的一种特殊情况,在这种情况下物质的介电常数会发生改变。这种改变源于声波引发的机械应变,而声波是由透明介质改变折射率引发的。这个过程中创造了一种衍射光栅,它的速度由声波在媒介中的传播决定。此过程中会使光形成非常显著的衍射图样
16. Activated Alumina 活性氧化铝	指进行过加工的氧化铝(三氧化二铝),加工后具有纳米多孔结构
17. Activated Carbon 活性炭	活性炭具备很多微孔,通过这种方式来增大炭的表面积,使它具备吸附功能或者能够进行化学反应。由于具备很多微孔,仅 1g 活性炭的表面积就超过 $500m^2$。通过很大的表面积达到有效的激活水平,而进一步的化学处理常常能够提高其吸附性能
18. Added Mass 附加质量	或称虚拟质量。因为加速或减速的物体必须移动(或偏转),周围一些量的流体移动通过它,系统的惯性被添加
19. Adhesive 胶黏剂	胶黏剂是来源于天然的或是合成的化合物,可以将两个物体黏附或胶合在一起。现代的一些胶黏剂的吸附力非常强大,因此在现代建筑和工业中变得越来越重要
20. Adiabatic Cooling 绝热冷却	当物质自身的压力降低,并对周围环境做功时,便发生绝热冷却过程。绝热冷却不需要涉及流体
21. Adiabatic Heating 绝热升温	当周围物体做功导致气压上升时,绝热升温过程便出现,例如活塞运动。柴油机在压缩冲程时正是靠绝热升温原理来给燃烧室内的混合气体点火的
22. Adsorption 吸附作用	气体或液体的溶质在固体或液体(吸附剂)表面上积累,形成分子或原子(吸附质)薄膜的过程。大多数工业吸附剂分为三大类:①含氧化合物(硅胶和沸石);②碳基化合物(例如活性炭和石墨);③聚合物
23. Advection 平流	在化学和工程学中,平流是传送物质的一种手法。因为流体基本是以一种特有的方向运动的,因此平流又是流体的一种守恒属性。例如,河流中的淤泥或污染物的传送
24. Aeolipile 汽转球	有类似火箭的、一个气密室(一般是球体或圆柱体)喷气发动机,在同一个轴承上旋转。由于设计的喷嘴是弯曲或弧形的(叶端喷口),蒸汽垂直于轴承喷出,依据火箭原理(牛顿第三定律),产生一种推力,使该装置得以发生自转
25. Aeration 曝气	曝气是指空气循环通过流体或物质,被混合或被溶解的这个过程,即在液体等物质中加入空气的过程。在这种情况下,总的比重是气体/液体混合的比重
26. Aerobic Digestion 好氧降解(好氧消化)	好氧消化是微生物在有氧的环境中进行生物降解的一系列过程
27. Aerodynamic Heating 气动加热	彗星、导弹或飞机等物体运动时周围的流体(如空气)在其周围通过从而产生的固体升温。这是一种强制对流传热模式,因为流场是由力作用而不是热功过程产生的
28. Aeroelastic Flutter 气动弹性颤振	颤振是一种自馈式的和潜在的破坏性振动,一个对象上的空气动力与其结构的固有振动结合产生快速的周期性运动。任何对象在强烈的液(气)流中,其结构的固有振动与空气动力之间出现正反馈的情况下,都可能发生颤振
29. Aerofoil 机翼	横截面为翼或者叶片(螺旋桨、旋转体或者涡轮机上面的)或者帆的形状。机翼形的物体在通过流体时,会受到一个垂直于运动方向的升力
30. Aerogels 气凝胶	气凝胶是密度为最低的多孔性固体制造材料,在这种凝胶中液体成分已被替换为气体,是一个非常低密度的热绝缘固体
31. Aerophonics 气动声学	利用圆柱形管中空气的振动产生的声音。典型的情况是音乐会上用的管乐器
32. Aerosol 气雾剂	由固体或液体小质点分散并悬浮在气体介质中形成的胶体分散体系,又称气体分散体系。天空中的云、雾、尘埃,工业上和运输业上用的锅炉和各种发动机里未燃尽的燃料所形成的烟,采矿、采石场磨材和粮食加工时所形成的固体粉尘,人造的掩蔽烟幕和毒烟等都是气溶胶的具体实例
33. Air Entrainment 夹带空气	在加工泡沫混凝土时故意混入的空气(或者在其他材料中)。该气泡是在具有流动性、不硬化的混凝土搅拌过程中引入的,且大多气泡都成为混凝土中的一部分。夹带空气的主要目的是为了提高硬化混凝土的耐久性,特别是在气候回暖冰融化时;次要目的是为了在塑性状态下提高混凝土的可加工性

续表

效应名称	注解与说明
34. Aggregated Diamond Nanorod 聚合钻石纳米棒	或简称 ADNR，超大钻石，在已知的材料中，钻石形的纳米晶体被认为是最硬的、最小可压缩的，作为不可压缩系数度量标准
35. Alternating Magnetic Field 交变磁场	在一定空间区域内连续分布的矢量场，磁铁周围的磁力线都是从 N 极出来进入 S 极，在磁体内部磁力线从 S 极到 N 极。每个矢量场（磁场）必须有 N、S 两极。交变磁场是 N、S 不断的交替变化。一般情况下只有通以交流电的电磁线圈才产生交变磁场
36. Ampère's Circuital Law 安培环路定律	表征恒定磁场基本特征的定律，它描述磁场强度的环路积分特性
37. Ampère's Force Law 安培力定律	安培力定律描述了两个载流导线之间的吸引或排斥的力
38. Amphiphiles 两亲化合物	化学化合物同时具有亲水性和疏水性能。肥皂和洗涤剂是常见的两亲性物质
39. Anaerobic Digestion 厌氧降解	微生物在缺氧的条件下，分解可生物降解材料的一系列处理过程。被广泛地用于泥泞的污水和有机的污水（废物）处理
40. Angle of Repose 休止角	或保持静止的临界角，与斜面有关，指使斜面上物体处于即将滑动的临界状态的斜面倾角。当大量颗粒状物质倒在水平面上，该物质将形成圆锥形的堆，圆锥表面和水平面的内角就是休止角，休止角与该物质的密度、表面积、颗粒形状以及摩擦系数都有关系
41. Angular Momentum 角动量	角动量是动量的旋转对应。一个旋转的飞轮有角动量
42. Angular Momentum Conservation 角动量守恒	在一个密闭系统中角动量是恒定的。当溜冰的人在旋转时把他的胳膊和腿移近旋转的垂直轴时，他的角速度会加速，这种现象就可以用角动量守恒来解释。通过把身体的一部分移近轴心，减小了身体的惯性力矩。由于角动量是恒定的，所以溜冰者的角速度（旋转速度）就一定会增加
43. Anisotropy 各向异性	晶体结构中有方向性的属性，不同方向上的质点排列方式不同，沿不同轴测量时，一些材料的物理特性（吸光率、折射率、密度等）的差异。例如光通过偏光透镜的现象
44. Annealing 退火	退火是冶金和材料科学中为改变材料性能，如强度和硬度的一种热处理方法。该方法的过程是：将它们加热到所要求的温度，并维持一个适当的温度，然后给以冷却。利用退火诱发可锻性、消除内应力、改善结构和提高冷加工性能
45. Anodising 阳极氧化	一种电解钝化过程，用于增加金属部件表面的自然氧化层的厚度。阳极氧化增强耐腐蚀性和耐磨损性，并为底层油漆和胶粘剂提供比裸金属更好的附着力。阳极氧化膜也可以用一些美容效果，如可以吸收染料的厚的多孔涂层，或是增加反射光的干涉效应的薄的透明涂层
46. Antibubble 阻气泡	阻气泡是指气体的球面被薄层液体所包围，它与小液滴被薄层的气体所包围是相对立的。当液滴或流体紊动地进入同样的或另一种流体时，就会形成阻气泡。它们可以是通过液体的表面如水（即水珠），或是完全地直接潜入在液体中。阻气泡与气泡相比，以不同的方式反射光，因为它们是水滴，光进入水滴后以同样的方式朝向光源反射产生"虹"，由于这种反射，阻气泡具有明亮的外观
47. Antifoam 消泡剂	稳定反泡沫液滴集合体（反泡泡：由气体薄膜包围的液滴，与气泡相反，球形状的气泡周围包围的是液体薄膜）
48. Antifuse 防熔丝	一种电气元件，它执行与熔丝相反的功能。熔丝具有低电阻并可以永久性地破坏导电路径（通常是当路径上的电流超过规定极限时），而反熔丝具有高电阻并且可以永久性地创建导电路径（典型的发生条件是当加在熔丝上的电压超过一定水平时）
49. Arc Evaporation 电弧蒸发	阴极的表面引人注目的低电压高电流，产生一个小的发射高能量高温汽化区（阴极辉点），阴极材料以较高的速度汽化喷射，留下一个坑斑点。阴极斑点在很短的时间内自我熄灭，汽化区重新在一个靠近前面的坑斑点的新区域产生。这种行为会导致明显的弧线运动
50. Arch 拱	拱是弯曲的结构，变所有的力为压应力，从而消除了拉伸应力，跨越了空间，同时支持重量
51. Archimedes' Principle (Buoyancy) 阿基米德原理（浮力）	物理学中力学的一条基本原理。浸在液体（或气体）里的物体受到向上的浮力作用，浮力的大小等于被该物体排开的液体的重力。其公式可记为 $F_{浮}=G_{排}=\rho_{液} \cdot g \cdot V_{排液}$

续表

效应名称	注解与说明
52. Archimedes Screw 阿基米德螺旋	在圆筒内有一个旋转的螺杆形叶片结构装置。可用于输送液体、粉状或粒状形式的半流体固体,如煤炭和谷物
53. Argon Flash 氩气闪光	这是利用氩气或惰性气体的冲击波产生一种非常短暂的和非常明亮的闪烁光的一种方法。该装置由装满氩气的桶(容器)和装有一次性的固体炸药组成。爆炸产生的冲击波使气体加热到非常高的温度(超过1040K),于是气体发出强烈的可见闪烁和紫外线辐射。炸药量可以控制闪烁光的强度
54. Auger Effect 欧杰效应	以发现者法国人Pierre Victor Auger的名字命名的,是原子发射的一个电子导致另一个电子被发射出来的物理现象。当一个处于内层的电子被移除后,留下一个空位,高能级的电子就会填补这个空位,同时释放能量。通常能量以发射光子的形式释放,但也可以通过发射原子中的一个电子来释放。第二个被发射的电子叫作Auger电子。被发射时,Auger电子的动能等于第一次电子跃迁的能量与欧杰电子的离子能之间的能差。这些能级的大小取决于原子类型和原子所处的化学环境。欧杰电子谱,是用X射线或高能电子束来产生欧杰电子,测量其强度和能量的关系而得到的谱线。其结果可以用来识别原子及其原子周围的环境。Auger复合是半导体中一个类似的Auger现象:一个电子和空穴(电子空穴对)可以复合并通过在能带内发射电子来释放能量,从而增加能带的能量。其逆效应称作碰撞电离
55. Autofrettage 预应力处理	一种金属加工技术,加工过程中一个压力容器受到巨大压力引发内部部件断裂破碎,并导致内部有压缩的残余应力。预应力处理的目的是增强最终产品的耐用度。这项技术通常用于制造高压泵缸,以及战舰、坦克炮筒和柴油发动机的燃油喷射系统
56. Auxetic Materials 拉胀材料	拉胀材料指一种拉伸时在所施力的垂直方向上变厚的材料,也就是说,这种材料有负的泊松比。这样的材料有特殊的力学性能,如高能量吸收性和抗断裂性。可以在诸如以下场合应用,如防弹衣、填充材料、护膝和护肘、强防振材料和海绵拖把等
57. Auxetic Structures 拉胀结构	当材料被拉伸时,垂直施加的力变得增强,即它们有一个相反的泊松比。它们可包括复合材料、楔形的砖块构件、微孔聚合物、拉胀泡沫材料和蜂窝状物
58. Auxetic Voids 拉胀空隙	拉胀空隙材料含有孔、气孔、空腔或其他空隙的拉胀或结构。与传统的材料或结构相比,拉胀空隙材料在被拉伸时反应不同。例如,拉胀材料中的气孔或拉胀材料蜂窝孔中的巢室在受拉伸时会在横向和延展方向同时打开
59. Avalanche Breakdown 电子雪崩击穿	电子雪崩击穿是发生在绝缘体和半导体(固体、液体和气体)材料中的现象,该现象将引起绝缘体和半导体材料中流过大电流。在该现象中,材料中的电场强度足够大,以加速自由电子,自由电子撞击原子,以释放更多自由电子,不断循环,这样,自由电子的数量很快达到一定水平,形成大电流
60. Axle 轴(中心轴)	中心轴为一个旋转的轮子或齿轮的中心线
61. Balance 秤	比较两个对象的重量(通常的质量)的仪器或方法
62. Ball 球(滚珠)	通常呈球形,但有时是卵形,有多种用途
63. Ball Bearing 滚珠轴承	一个环状轴承,包含大量的排成轨道的滚珠
64. Ballistic Pendulum 冲击摆	用于测量子弹的动量,它是可以计算的速度和动能的装置
65. Barkhausen Effect 巴克豪森效应	巴克豪森发现铁的磁化过程的不连续性,铁磁性物质在外场中磁化实质上是它的磁畴存在逐渐变化的过程,与外场同向磁畴不断扩大,不同向的磁畴逐渐减小。在磁化曲线的最陡区域,磁畴的移动会出现跃变,尤其硬磁材料更是如此。 当铁受到逐渐增强的磁场作用时,它的磁化强度通过不是连续平衡地而是以微小跳跃的方式增大的。发生跳跃时,有噪声伴随着出现。如果通过扩音器把它们放大,就会听到一连串的"咔嗒"声,这就是"巴克豪森效应"。后来,人们认识到铁是由一系列小区域组成的,而在每个小区域内,所有的微小原子磁体都是同向排列的,巴克豪森效应才最后得以说明 每个独立的小区域,都是一个很强的磁体,但由于各个磁畴的磁性彼此抵消,所以普通的铁显示不出磁性。但是当这些磁畴受到一个强磁场作用时,它们会同向排列起来,于是铁便成为磁体。在同向排列的过程中,相邻的两个磁畴彼此摩擦而发生振动,噪声就是这样产生的。只有所谓"铁磁物质"具有这种磁畴结构,即这些物质具有形成强磁体的能力,其中以铁表现得最为显著
66. Barnett Effect 巴涅特效应	当铁磁体绕轴自旋时,铁磁体磁化,出现平行于旋转轴的磁力线

续表

效应名称	注解与说明
67. Barus Effect 巴拉斯效应	即黏弹性效应。流体通过喷嘴挤出时,流体的直径变得比喷嘴大的现象
68. Basset Force 巴色特力(巴吉力)	伴随着在流体中运动物体相对速度(加速度)的变化,造成边界层滞后扩展的力
69. Battery (Electricity) 蓄电池(电)	两个或多个存储能被转化成电能的电化学电池的组合
70. Bauschinger Effect 包辛格效应	包辛格效应就是指原先经过变形,然后在反向加载时弹性极限或屈服强度降低的现象,特别是弹性极限在反向加载时几乎下降到零,这说明在反向加载时塑性变形立即开始了。包辛格效应在理论上和实际上都有其重要意义。在理论上由于它是金属变形时长程内应力的度量(长程内应力的大小可用X射线方法测量),可用来研究材料加工硬化的机制。工程应用上,材料加工成型时首先需要考虑包辛格效应,包辛格效应大的材料,内应力较大 包辛格效应分直接包辛格效应及包辛格逆效应。直接包辛格效应指拉伸后钢材纵向压缩屈服强度小于纵向拉伸屈服强度;包辛格逆效应在相反的方向产生相反的结果
71. Bernoulli Effect 伯努利效应	非黏滞不可压缩流体作稳恒流动时,流体中任何点处的压强、单位体积的势能及动能之和是守恒的,流体的速度增加的同时,流体压强或重力势能将减少
72. Betavoltaics 射线电池	实际上是蓄电池式的电流发生器。其使用的能源来自发射β粒子(电子)放射源。常用的能源是使用氢的同位素——氚。β电压使用非热的转换过程,这是与核动力源最大的不同。射线电池是特别适合作为长期工作低功率电器应用中的能量源
73. Binder 黏结剂	使两个或更多的混合物成分结合在一起的其他材料。它的两个主要属性是胶黏性和内聚力
74. Bi-Metallic Strip 双金属片	由两种不同的金属条带沿其整个长度连接。当钢带被加热或冷却时,由于两种金属条热膨胀的差异,导致金属条带弯曲
75. Bingham Plastic 宾汉姆塑料	一种黏塑性材料,在低受力作用下充当刚性体,但是在高受力作用下充当黏性流体。例如一般情况下牙膏是不会被挤出来的,只有在向管子施加一定的压力后,牙膏就像固态的堵塞物被推出,而它被挤出来之后牙膏口处的牙膏就变回一个固体塞
76. Bioluminescence 生物发光	指生物体发光或生物体提取物在实验室中发光的现象。它不依赖于有机体对光的吸收,而是一种特殊类型的化学发光,化学能转变为光能的效率几乎为100%,也是氧化发光的一种。生物发光的一般机制是:由细胞合成的化学物质,在一种特殊酶的作用下,使化学能转化为光能
77. Biot-Savart Effect 毕奥-萨伐尔效应	毕奥-萨伐尔效应(Biot-Savart Law)以方程描述,电流在其周围所产生的磁场。采用静磁近似,当电流缓慢地随时间而改变时(例如当载流导线缓慢地移动时),这定律成立,磁场与电流的大小、方向、距离有关。毕奥-萨伐尔效应适用于计算一个稳定电流所产生的磁场。这电流是连续流过一条导线的电荷,电流量不随时间而改变,电荷不会在任意位置累积或消失
78. Birefringence 双折射	光束入射到像方解石晶体或氮化硼等向异性的晶体,分解为两束光(普通光或者非常光)的效应。它们是振动方向互相垂直的线偏振光,光在非均质体中传播时,其传播速度和折射率值随振动方向不同而改变,其折射率值不止一个。双折射是否发生取决于光的偏振度。这种效应只会在各向异性的材料中产生(定向依赖)
79. Blanching 酸洗	酸洗的目的是增白金属表面,通过各种手段,例如用酸浸泡或用锡涂覆。这个术语常用于硬币,在图像被印在硬币上之前,赋予表面亮泽和光彩
80. Blinovitch Limitation Effect Blinovitch限制效应	一种虚构的物理时间行程意义的原理(和、像这样、不予认真对待)
81. Block and Tackle 滑轮组	用绳索或钢索穿过两个或更多个滑轮的系统。通常用它来提拉重物
82. Boiling 沸腾	相变的一种形式。通常当液体被加热到沸点温度时,液体的蒸气压与周围环境对液体施加的压力相等,液体就会快速汽化
83. Bolometer 测辐射热计	一种用于测量入射电磁辐射能量的装置。它包括一个吸收器,吸收器通过绝缘连杆吸收器连接到一个散热器(恒定温度的区域)。其结果是,被吸收体吸收的任何辐射都会使其温度高于该散热器的温度。能量被吸收得越多,温度就越高

续表

效应名称	注解与说明
84. Bong Cooler 钟状冷却器	钟状冷却器借助于蒸发冷却,能使冷却水的温度降至环境温度以下
85. Boundary Layer 边界层	边界层是指最邻近边界表面的流体层。边界层效应出现在所有的变化过程,发生在流动型态的场效应区。边界层会影响周围的非黏性流动
86. Boundary Layer Suction 附面层吸	用一台气泵抽取机翼或进气口处提取边界层的技术。以此改善气流,降低气流阻力
87. Bourdon Spring 布尔登弹簧	一种螺旋盘管,由于压力变化从而使盘管交替出现伸展或压缩
88. Boyle's Law 波义耳定律	又称 Mariotte's Law;在定量定温下,理想气体的体积与气体的压强成反比。是由英国化学家波义耳(Boyle),在 1662 年根据实验结果提出的:"在密闭容器中的定量气体,在恒温下,气体的压强和体积成反比关系。"这是人类历史上第一个被发现的"定律"
89. Bragg Diffraction 布拉格衍射	布拉格衍射是三维周期性结构晶体中的原子,从不同的晶面反射的波之间的干扰的结果,该衍射类似于光栅衍射
90. Brayton Cycle 布雷顿循环	布雷顿热力循环,描述燃气涡轮发动机的工作原理,也是喷气发动机和其他发动机的基础
91. Brazil Nut Effect 巴西果效应	摇动含有不同大小颗粒的混合物,最终最大的颗粒将会上升到最上方,也称为麦片效应
92. Brazing 钎焊	填料金属或合金加热和熔化后,通过毛细作用焊接在两个或两个以上的部分之间的接合过程。薄薄的一层基体金属与熔融填充金属和焊剂相互作用,冷却后形成一个高强度的、密封的接头。根据定义,钎焊合金的熔点大致为上比被接合材料的熔点低
93. Brewster's Angle 布儒斯特角	也就是偏振角,是特定的偏振光的入射角,完全地透过电介质表面,没有反射。当非偏振光在这个角度入射时,从表面反射的光会完全极化
94. Brillouin Scattering 布里渊散射	当介质(如空气、水或晶体)中的光随着时间相关性的光密度差异相互作用时,会发生布里渊散射,布里渊散射会改变光的能量(频率)和传播路径
95. Brinelling 布氏硬度试验	布氏硬度标尺装载在材料试验片上,通过硬度计压头的压入压痕比例来展示材料硬度的特性。适用于铸铁、非铁合金、各种退火及调质的钢材,不宜测定太硬、太小、太薄和表面不允许有较大压痕的试样或工件
96. Brinell Scale 布氏硬度标尺	布氏硬度标尺装载在材料试验片上,通过硬度计压头的压入压痕比例来展示材料硬度的特性
97. Brownian Motion 布朗运动	悬浮在液体或气体中的分子或颗粒的随机运动
98. Brownian Motor 布朗原动机	用激活热(化学反应)的方法,控制和用于在空间产生定向的运动,以及做机械功或电动功的一种纳米级或分子级组成的装置
99. Brush 刷	一种用猪鬃、线或者其他细丝制作的工具,用于清扫、修理的毛状物。利用液体可进行如刷上油漆、密封表面的缝隙、清理毛口以及其他类型的表面修整。一把带电刷给相对运动的对象之间提供导电,也可以为相对运动对象之间提供一个电气开关
100. Bubble 气泡	这是存在于另一种物质中的小球体,一般指液体中的气体。由于马兰戈尼效应,泡沫可以保持完整无缺地到达浸入的液体表面上
101. Bubble Viscometer 气泡(泡沫)黏度计	用于快速确定已知的液体中气泡上升所需要的时间,如树脂和清漆的运动黏度。气泡上升所需要的时间与液体黏度成反比,气泡上升越快,黏度越低
102. Buckypaper 巴克纸	它是由许多碳纳米管集聚而成的一个薄片,是用仅有人的头发五万分之一重量的分子制造的。最初,它被作为一种处理碳纳米管的方法,但它现在也被几个研究小组研究和发展到其他应用中,有希望作为装甲车的装甲、个人盔甲和下一代电子显示设备
103. Calorimetry 量热仪	热量测量是热力学的一个分支,测量化学反应或物理变化释放出的热量的科学。并据热效应研究物理和化学变化的规律的学科。测量热效应所用的仪器统称为量热仪或热量计
104. Cam 凸轮	凸轮可以是一个简单的齿,用于提供运动的脉冲,突出部的旋转轮或轴撞击在其圆形路径的一个或多个点上的杠杆,例如蒸汽锤功率的脉冲,或推动偏心盘或其他形状,产生一个平滑的往复运动。这种装置可把圆形运动变为往复式运动(或振荡)

续表

效应名称	注解与说明
105. Capacitance 电容效应	指装置或介质由于电势存储电荷。电荷存储设备最常见的形式是两板电容器。在输电线中因为传送地点的遥远,输电线的长度相当长,而输电线是并架、并行在一起的;此时这两根输电线就相当于电容器的两块导电电极,因此随着输电线间的距离不断拉长,在输电线上的电容效应就越明显。一句话:电容效应就是指因输电线的距离遥远,导致输电线上的电容增大,从而影响输电线的传输效率。"电容效应"在学术文献中的解释:抬高电容电压的这种现象称为电容效应。对于输电线路而言,除了线路感性阻抗外,线路对地的电容也不能忽略;对于电缆线路,除了对地电容还要考虑相间电容
106. Capillary Action 毛细作用	含有细微缝隙的物体与液体接触时,浸润的液体在缝隙里上升或渗入,不浸润的液体在缝隙里下降的现象,称为毛细现象。这是液体和物质间黏附分子间作用力强(或弱)于液体内部分子间作用力的结果,在液体接触表面形成的凹(或凸)的液面。可引起液体的升高或降低(例如玻璃中的汞)
107. Capillary Condensation 毛细冷凝	通过该过程将蒸汽态从多分子层吸附到多孔介质中,使蒸汽态变为充满孔隙空间的冷凝液体。毛细管冷凝的独特性在于,在纯液体的饱和蒸汽压下就能发生凝结。可以影响固体之间的接触以及改变宏观附着力和摩擦性能
108. Capillary Electrophoresis 毛细管电泳	一种根据它们的大小,在小的毛细管内部填充电解质来进行化学物质分离的技术
109. Capillary Evaporation 毛细管蒸发	液体在毛细管系统(例如一块多孔材料)内部的运输和随后在表面发生的蒸发。毛细蒸发器从热源吸收热量,尤其是在高热流条件下从热源吸收热量。毛细蒸发器包括一个具有多个肋的壳体,所述肋与现有的热源进行热交换
110. Capillary Porous Material 毛细多孔材料	通过毛细作用吸收或输送流体的一种多孔材料
111. Capillary Pressure 毛细管压力	毛细管中由弯曲液面上表面张力的合力形成的管内外两侧的压强差。是在毛(细)管中产生的液面上升或下降的曲面附加压力。该压力差与表面张力成正比,与界面的有效半径成反比
112. Capillary Wave Effect 毛细波效应	在两股流体之间移动的波。其动力受表面张力影响而不断变化。毛细波(表面张力波)通常被称为波纹(细浪),其波长通常小于几个厘米。在流体界面上的毛细波受表面张力和重力的影响外,还受流动惯性(惰性)的影响
113. Carbonitriding 碳氮共渗	碳氮共渗用于增加金属表面的硬度和弹性模量,在这个过程中,碳和氮原子以扩散进入金属原子的空隙金属,从而减少磨损。通常适用于廉价的、容易加工的低碳钢
114. Carburizing 渗碳	渗碳是一种热处理方法,在铁或钢被加热这过程中,分解的碳原子扩散进入金属空隙,铁或钢的外表面会比原来的材料具有较高的碳含量。当铁或钢通过淬火快速冷却,碳含量较高的外表面变硬,而核心保持柔软、强韧
115. Catalysis 催化作用	化学反应的速率通过催化剂的作用而增加。不同于其他参与化学反应的试剂,催化剂不会被消耗。通过降低反应的活化能,催化剂能显著提高反应速率。结果是产物的生成更迅速,反应也更快达到平衡状态
116. Carnot Cycle 卡诺循环	卡诺热机是一个特定的热力循环,是最有效的周期循环,可用于给定数量的热、冷能量转换工作
117. Casimir Effect 卡西米尔效应	由量子场产生的物理力。在真空中,间隔几个微米放两块不带负荷的金属板,板之间引起一个电磁场排斥力,自始至终出现卡西米尔的排斥时,外部没有任何电磁场
118. Case Hardening 表面硬化	通过注入合金元素到低碳钢材料的表面,形成一层薄薄硬化的金属表面
119. Catapult Effect 弹射效应	一股电流穿过在磁场中两根松散连接起来的导线,由于导线和磁场的自身作用下,使松散的导线发生弹射,水平地离开磁场
120. Cathodic Arc Deposition 阴极电弧沉积	阴极电弧沉积或 Arc-PVD 的物理气相沉积技术,在该技术中使用电弧气化阴极靶材料。气化的材料凝结在基片上,形成薄膜。该技术可用于沉积金属、陶瓷和复合薄膜。阴极电弧沉积广泛用于合成极其坚硬的膜,保护刀具的表面,并能显著延长它们的使用寿命。可以通过此技术,将氮化钛、氮化铝钛、氮化铬、氮化锆和 TiAlSiN 合成各种各样的薄而硬的膜和纳米复合涂料
121. Cathodoluminescence 阴极发光	物质表面在高能电子束的轰击下发光的现象称为阴极发光。不同种类的宝石或相同种类、不同成因的宝石矿物在电子束的轰击下会发出不同颜色及不同强度的光,并且排列式样有差别,由此可以研究宝石矿物的杂质特点、结构缺陷、生长环境及过程。阴极发光仪是检测和记录阴极发光现象的一种光学仪器,主要由电子枪、真空系统、控制系统、真空样品仓、显微镜及照相系统构成。宝石学中可利用该仪器区分天然与合成宝石

续表

效应名称	注解与说明
122. Cat Righting Reflex 猫正位反射	猫正位反射是猫与生俱来的能力,猫在弯曲和相对平动、旋转时肢体部分的组合,使它们自己调整到相对安全的着陆方向
123. Cavitation 空化、气穴	在流动的液体中,液体压力下降到低于蒸气压力的区域里有蒸气气泡形成的过程。通常分为两类反应。真空或气泡在液体中迅速崩解时会惯性(或瞬态)气蚀,产生冲击波。非惯性空穴作用是流体中的气泡,例如由于声场的能量输人,在大小或形状上产生强制振荡的过程
124. Centrifugal Force 离心力	离心力,指由于物体旋转而产生脱离旋转中心的力,也指在旋转物体中的一种惯性力,它使物体离开旋转轴沿径向向外的力,数值等于向心力但方向相反。当物体在做非直线运动时(非牛顿环境,例如圆周运动或转弯运动),因物体一定有本身的质量存在,质量造成的惯性会强迫物体继续朝着运动轨迹的切线方向(原来那一瞬间前进的直线方向)前进,而非顺着接下来转弯过去的方向走
125. Centrifugal Separation 离心分离、离心离析	利用在工业或实验室中装备的离心力来分离混合物的一种工艺过程。混合物中较致密的部分远离离心机的转轴,而混合物中较少致密的部分则向转轴迁移
126. Centrifuge 离心机	离心机是利用离心力,分离液体与固体颗粒或液体与液体的混合物中各组分的机械。主要用于将悬浮液中的固体颗粒与液体分开;或将乳浊液中两种密度不同,又不相溶的液体分开(例如从牛奶中分离出奶油);它也可用于排除湿固体中的液体,例如用洗衣机甩干湿衣服
127. Centrifugal Governor 离心调速器	一种特殊类型的调速器,通过调节燃料量(或工作流体)控制发动机的转速,它采用比例控制的原则。不管负载或燃料供给条件,保持接近恒定的速度
128. Ceramic Foam 泡沫陶瓷	一种陶瓷制成的结实的泡沫,有着广泛的应用。如隔热系统,隔音系统,环境污染物的吸收,熔融金属合金的过滤,作为需要较大的内表面积的催化剂的基板。现在已经作为结实的轻型结构材料,专门用于支持反射望远镜的镜面
129. Chain 链	链是一系列连接的链路
130. Cheerio Effect 车仁奥效应	小的可润湿漂浮物体倾向相互吸引的一种现象,是表面张力与浮力共同作用的结果
131. Chemical Beam Epitaxy 化学束外延	化学束外延(CBE)是半导体晶片(基质)层系统中一类重要的沉积技术。这种外延生长是在超高真空系统中进行。此反应中,反应物处于活性气体的分子束形式,尤其常见的为氢化物或有机金属
132. Chemical Bonding 化学键	原子间以及分子间相互吸引的物理过程。该过程使得双原子、分子与多原子等化合物能稳定存在。一般情况下,化学键常由原子间共用电子对形成。分子、晶体和双原子气体分子和大多数我们周围的物质通过化学键结合在一起
133. Chemical Transport Reactions 化学品运输反应	一种用于非挥发性固体的纯化和结晶的方法,指非挥发性元素和化合物以及其挥发性衍生物之间的可逆转换。挥发性衍生物在密封的反应器内迁移,反应器通常是一个在管式炉中加热的真空玻璃管。管内不同位置保持在不同的温度,挥发性衍生物恢复到原固体的中间物质会被释放
134. Chemical Vapour Deposition 化学气相沉积	反应物质在气态条件下发生化学反应,生成固态物质沉积在加热的固态基体表面,进而制得固体材料的工艺技术,用于生产高纯度、高性能的固体材料的化学过程。这种工艺常在半导体工业中用于生产薄膜。在典型的化学气相沉积工艺中,晶片(基质)被暴露在一种或多种挥发性前驱物中,通过反应和分解在基质的表面生成所需的沉淀。经常会同时生成挥发性副产物,被通过反应室的气体流除去
135. Chemiluminescence 化学发光	光的释放(发光),仅伴随少许的热量,是化学反应的结果。由于吸收化学能,使分子产生电子激发而发光的现象。化学反应放出的热量(即化学能)可转化为反应产物分子的电子激发能,当这种产物分子产生辐射跃迁或将能量转移给其他发光的分子,使分子再发生辐射跃迁时,便产生发光现象。但是多数的反应所发出的光是很微弱的,而且多在红外线范围,不容易被观测。产生化学发光的反应通常应满足以下条件:必须是放热反应,所放出的化学能足够使反应产物分子变成激发态分子;具备化学能变为电子激发能的合适化学机制,这是化学发光最关键的一步;处于电子激发态的产物分子本身会发光或者将能量传递给其他会发光的分子
136. Chemisorption 化学吸附(吸收)	吸附的一种,指分子通过化学键的形成附着在物体表面,与产生物理吸附的范德华力相反。化学吸附则类似于化学键的力相互吸引,其吸附热较大。例如许多催化剂对气体的吸附(如镍对H_2的吸附)属于这一类。被吸附的气体往往在很高的温度下才能解脱,而且形状上有变化。所以化学吸附大都是不可逆过程。同一物质,可能在低温下进行物理吸附,而在高温下为化学吸附,或者两者同时进行

续表

效应名称	注解与说明
137. Cherenkov Effect 切伦科夫效应	电磁辐射发射时的带电粒子(例如电子)穿过绝缘体的速度大于光在该介质中的传播速度
138. Cholesteric Liquid Crystal 胆甾相液晶	或称手性向列相液晶体。液晶具有螺旋结构(因此是手性型的)。带定向轴层面的排列方式随边界层变化。实际上,定向轴的变化往往是周期性的,随温度有各种各样的变化周期,并且,也可以被交界条件所影响 由于胆甾相液晶分子的排列方式会随着温度而变化,因此会反射不同波长的光,这种颜色随温度而变化的特性,常用于温度传感器上
139. Christiansen Effect 克里斯坦森效应	这是一种用于狭窄的带通或单色的滤光片,是填充了包括经粉碎的物质(例如玻璃)和液体(多半是有机的)的一种光电管
140. Chromatography 色谱法、色谱分析法	色谱法(又称层析法)是实验室用的一种分离和分析方法,在分析化学、有机化学、生物化学等领域有着非常广泛的应用。色谱法利用不同物质在不同相态的选择性分配,以流动相对固定相中的混合物进行洗脱,混合物中不同的物质会以不同的速度沿固定相移动,分离出需要被检测的分析物。色谱法可用于制备,也可以用于分析
141. Close Packing 晶粒致密堆积(密排)	原子和离子都具有一定的有效半径,因而可以看成是具有一定大小的球体。密堆积结构是指球体无限地、有规律地紧密排布。有两个简单的排布能达到最高的平均密度:面心立方(也称为立方密堆积)和六方堆积。两者都基于每层的球体中心分布在等边三角形的顶点,不同之处在于各层之间的堆叠方式
142. Coacervate 凝聚层	来自周围液体分类的各种有机分子(特别是脂类分子)的微小球形液滴被疏水性的力吸附在一起
143. Coagulation 凝血	凝血是一个复杂的血液形成血块的过程,它是止血(停止损坏血管内的血液流失)的重要环节,其中血液形成凝块,血小板和纤维蛋白含有血块修复受损的血管壁,受损的血管壁停止出血
144. Coanda Effect 康恩达效应	流体有离开本来的流动方向,改为随着具有一定曲率的物体表面流动的倾向,康恩达效应同时也适用于粉状固体
145. Coatings 镀膜加工	在基片表面用液体、气体或固体盖上一层材料,如用浸渍、喷涂或旋涂等。应用镀膜加工的目的是提高疏松材料的表面性能,通常被称为基板,可以提高外观、黏合性、润湿性、耐腐蚀性、耐磨损性、耐擦伤性等
146. Coffee ring effect 咖啡环效应	是指当一滴咖啡或者茶滴落桌面时,其颗粒物质就会在桌面上留下一个被染色的环状物,而且环状物的颜色是不均匀的,边缘部分要比中间更深一些。宾夕法尼亚大学物理学家揭开了"咖啡环"效应,主要原因是液渍颗粒外形的影响以及流动方向的问题
147. Cohesion 凝聚	一种相互吸引的行为或属性,比如分子的相互吸引。这是由组成该物质的分子的结构和形状造成的物质的固有属性。当分子间相互靠近时,分子的形状和结构影响轨道电子,使得分子间产生电引力,此属性使物质保持宏观结构,比如一滴水
148. Coherent Light 相干光	相干光又叫同调光源,相干光应满足三个条件:频率相同;振动方向相同;相位差恒定。产生相干光的方法:①波阵面分割法把光源发出的同一波阵面上两点作为相干光源,产生干涉的方法,如杨氏双缝干涉实验;(2)振幅分割法——一束光线经过介质薄膜的反射与折射,形成的两束光线产生干涉的方法,如薄膜干涉、等厚干涉等;(3)采用激光光源,频率、相位、振动方向、传播方向都相同
149. Coilgun 线圈炮(感应线圈枪)	线圈炮为一种同步线性电动机,包括一个或多个电磁线圈,它可将磁弹加速到高速度
150. Cold-forming 冷成形	一种在低于其再结晶温度的温度下加工金属成形的方法,通常在室温下进行。冷成形技术通常分为四大类:挤压、弯曲、拉伸和剪切
151. Colloid 胶体	是一种均匀混合物,在胶体中含有两种不同状态的物质,一种分散,另一种连续。胶体能发生散射光(丁达尔)现象,产生聚沉,具有电泳现象,渗析作用,吸附性等特性。如日常生活中可利用明矾形成的胶体净水
152. Colloidal Crystal 胶体晶体(胶质晶体)	它的长度可以形成在一个很长的范围(从几毫米到1cm)、颗粒高度有序的阵列中,而这类似于它们的原子或分子的同行。其中这种现象的最好的天然例子可以在珍贵的蛋白石(猫眼)上被发现,其美丽的纯光谱色区是二氧化硅(或硅石)的无定形胶体球紧密堆积的结果
153. Colloid Vibration Current 胶体振动电流	当超声波通过一个非均质的流体如分散体和乳化液时,产生的电信号

续表

效应名称	注解与说明
154. Comb 梳子	一个用来打理头发的齿状的装置,能够矫直并且清洁头发或者其他纤维。更多时候是一个有像梳子一样的排列的装置
155. Combustion 燃烧	燃烧是一系列复杂放热反应,燃料和氧化剂发生反应将放热或同时发光(产生火焰或辉光)。大气氧直接燃烧是一种自由基反应,因此当燃烧放出的热量达到自由基生成的高温时,可导致热失控
156. Composting 堆肥	好氧生物降解的有机物分解,产生堆肥。主要指兼性和专性好氧细菌、酵母菌和真菌的分解。一些较大的生物,如跳虫、蚂蚁、线虫和寡毛类环节蠕虫,堆肥在其初始和结束阶段有帮助
157. Compression 压缩	材料屈从于压缩应力,导致体积减小。与压缩力对应的是张力。简单来说,压缩是一种推力
158. Composite Materials 复合材料	由两种或两种以上不同物化性质的材料构成,并在宏观上保持结构内材料的独立性的工程材料
159. Compton Scattering 康普顿散射	当它与物质相互作用时,X射线或伽马射线的光子的能量减少(增加波长)
160. Concentrated Photovoltaics 聚光光伏	聚光光伏系统是聚集阳光到小区域光伏材料上来发电。与传统常用平板系统不同,因为聚光提供许多小区域太阳能电池,所以发电所需太阳能平板系统面积更小,CPV系统往往更便宜
161. Condensation 冷凝(凝结)	物质从气相到液相的物理聚集状态的过程
162. Conduction (Electrical) 传导(电)	带电粒子通过传输介质(电导体)的运动。电荷的运动产生电流。电荷传输可能会导致电场的响应,或产生电荷密度梯度
163. Conduction (Thermal) 传导(热)	热传导,是热能从高温向低温部分转移的过程,是一个分子向另一个分子传递振动能的结果。它也可以被描述成:热能通过直接接触从一个物质向另一个物质传递
164. Conic Capillary Effect 圆锥毛细管效应	锥形毛细管使弯液面具有不同的曲率,这将导致液体向具有更大的曲率的弯液面的方向流动
165. Conservation of Momentum 动量守恒	在一个封闭的系统中(与外界没有任何物质交换,不发生作用,不受外力的系统),其总动量是守恒的(常数)
166. Convection 对流	对流是流体(液体和气体)热传递的主要方式。热对流指的是液体或气体由于本身的宏观运动而使较热部分和较冷部分之间通过循环流动的方式相互掺和,以达到温度趋于均匀的过程。对流可分自然对流和强迫对流两种。自然对流是由于流体温度不均匀,引起流体内部密度或压强变化而形成的自然流动,例如气压的变化、空气的流动、风的形成、地面空气受热上升、上下层空气产生循环对流等;而强制对流是因外力作用或与高温物体接触,受迫而流动,例如,由于人工的搅拌或机械力的作用(如鼓风机、水泵)等,完全受外界因素的促使而形成的对流
167. Converse Piezoelectric Effect 逆压电效应	当施加一个应力产生电力时,材料显示正向压电效应;当施加一个电场产生应力和/或应变时,材料显示逆压电效应。例如,锆酸盐钛酸盐晶体显示最大的形变大约是原有尺寸的0.1%
168. Cooling 冷却	降低温度的一种行为
169. Coprecipitation 共沉淀	一种沉淀物质从溶液中析出时,引起某些可溶性物质一起沉淀的现象
170. Corbino Effect 科宾诺效应	一个类似于霍尔效应的现象,出现在盘状的金属平面上,磁盘会产生一个"圆"的环形电流
171. Coriolis Force 科里奥利(科氏)力	也称作哥里奥利力,简称为科氏力,是对旋转体系中进行直线运动的质点由于惯性相对于旋转体系产生的直线运动的偏移的一种描述。科里奥利力来自于物体运动所具有的惯性。例如,地球表面上可自由移动的物体受科里奥利力,并在北半球向右侧偏离,在南半球向左侧偏移

续表

效应名称	注解与说明
172. Corona Discharge 电晕放电	电晕放电是气体介质在不均匀电场中的局部自持放电,是最常见的一种气体放电形式。在曲率半径很小的尖端电极附近,由于局部电场强度超过气体的电离场强,使气体发生电离和激励,因而出现电晕放电。发生电晕时在电极周围可以看到光亮,并伴有咝咝声。电晕放电可以是相对稳定的放电形式,也可以是不均匀电场间隙击穿过程中的早期发展阶段,但是不足以引起完整的电击穿或飞弧
173. Corrugation 波纹成形(起皱)	一个物体或表面形成平行的脊和槽的形状
174. Cotton-Mouton Effect 克顿-莫顿效应(双折射效应)	在物理光学中,克顿-莫顿效应是指液体在恒定的横向(与光波传播方向垂直的)磁场作用下,使光发生双折射的现象。所有物质在横向电磁场中都会发生折射率的改变,但液体的变化率最大
175. Couette Flow 库爱特气(液)流	在两个平行板面之间的空间内,一个相对于另一个运动的黏滞流体的层流。借助于作用在流体上黏滞阻力和施加在平行于板面上的压力梯度驱动流体流动 库爱特流也被称为拖曳流动。在聚合物材料的加工程序中,由于加工成型方式不同,流体受到各种外力的作用,形成了相应的流动方式,拖曳流动就是其中的一种流动方式,它是一种剪切流动 在拖曳流动过程中,由于流体液层间黏性阻力以及和运动边界的摩擦力使得相邻液层间流体在移动方向上产生速度差,即形成一个速度梯度,靠近运动边界的流体运动速度快而远离运动边界,即靠近固定边界的流体运动速度慢
176. Coulomb Damping 库仑阻尼	库仑阻尼是一种能量会在其运动过程中损耗的机械阻尼,彼此压靠的两个表面的相对运动产生的摩擦是能量耗散源。在一般情况下,阻尼是能量从一个振动系统中的动能由摩擦转化为热的耗散。库仑阻尼是发生在机械运动中常见的阻尼机制
177. Coulomb's Law 库仑定律	静止点电荷相互作用的规律,在真空中两个静止点电荷之间的相互作用力与距离平方成反比,与电量乘积成正比,作用力的方向沿连线,同性相斥,异性相吸。数学表述为 $f = kq_1q_2/r^2$
178. Coulter Counter 库尔特计数器	一种用于计数和筛分颗粒和细胞的装置,比如测量细菌、原核细胞和组成空气的分子等物质的直径大小的分布情况。当含有细胞的流体通过小孔时,计数器将检测到小孔电导度的变化。细胞等非导电颗粒改变了导电通道的有效面积,从而改变了小孔的电导度
179. Crankshaft 曲轴	曲轴是车轴、传动轴或在垂直于传动轴端部楔形臂的一个弯曲的部件。来自曲轴的运动可以被传递或被接受,一般是用于将活塞的直线往复运动转换为部件的旋转运动。反之亦然
180. Creaming 乳液分层	乳液的分散相在浮力的影响下的迁移。颗粒向上浮动或下沉,这取决于分散相的大小,分散相与连续相的相对密度大小以及连续相的黏性或触变大小。只要粒子之间保持分离,该过程就被称为乳液分层
181. Creep 蠕变	在应力影响下,固体材料缓慢永久性的移动或者变形的趋势称为蠕变。它的发生是低于材料屈服强度的应力长时间作用的结果。当材料长时间处于加热当中或者在熔点附近时,蠕变会更加剧烈。蠕变常常随着温度升高而加剧。这种变形的速率与材料性质、加载时间、加载温度和加载结构应力有关
182. Creeping Wave 蠕变波(爬行波)	蠕变波是当波前通过障碍物时,散开进入阴影区的波。蠕变波在电磁学或声学中,是围绕着如同球体的一个光滑实体阴影面衍射的波
183. Crevice Corrosion 缝隙间腐蚀	腐蚀发生在内部和外部的缝隙。如部件之间的缝隙或连接区、垫片或密封面下、内部裂纹和接缝内。一般由缝隙中高浓度的杂质(如氯化物、酸或碱),或缝隙内外差别的电解质化学反应(如一个单一的金属部件被浸泡在两种不同的环境)引起
184. Crookes Radiometer 克鲁克斯辐射计	也称光磨机,是提供定量测试电辐射强度的一种装置。由一个含有部分真空的密闭的玻璃球管组成,内侧主轴上安装有一组叶片。当受到曝光时,叶片便旋转,光越强烈,旋转就越快
185. Cryogenics 低温学	在非常低的温度下(通常低于-150℃、-238°F或123 K)的材料的表现
186. Cryolysis 冻释	通过低温引起破坏(通常应用在医疗方面)
187. Cryptophanes 超分子	主要是对有机超分子化合物类合成分子封装和识别的研究。有机超分子化合物的一种潜在用途是为燃料电池汽车封装和储存氢气,也可以作为有机化学的反应容器用,如果用一般容器,运行反应将会是很困难的

续表

效应名称	注解与说明
188. Crystallisation 结晶	饱和溶液冷却后,溶质以晶体的形式析出的过程叫结晶
189. Curie Point (Ferromagnetic) 居里点(铁磁性)	居里点是指铁磁性物质失去铁磁特性能力的临界点温度。铁磁性物质在居里点出现"相变"时,释放热量形式的能量(或放热) 居里点也称居里温度或磁性转变点,是指磁性材料中自发磁化强度降到零时的温度,是铁磁性或亚铁磁性物质转变成顺磁性物质的临界点。低于居里点温度时该物质成为铁磁体,此时和材料有关的磁场很难改变。当温度高于居里点温度时,该物质成为顺磁体,磁体的磁场很容易随周围磁场的改变而改变。这时的磁敏感度约为 10^{-6}。居里点由物质的化学成分和晶体结构决定
190. Curie Point (Piezoelectric) 居里点(压电)	压电材料失去自发极化特性与压电特性时的温度值称为压电居里点
191. Curve of Constant Width 恒宽曲线	也称定宽曲线,指的是平面形状呈凹凸状的曲线,其宽度按两条清晰的平行线之间的垂直距离确定,恒定不变。每一条曲线与边界线至少有一个点交会,但不触及内部,与上述的曲线取向无关。例如滚轴就是个固定宽度的横截面
192. Cyanoacrylate 万能胶、氰基丙烯盐酸酯	氰基丙烯盐酸酯是以氰基丙烯酸盐为基的快速黏合剂,如甲基-2-氰基丙烯酸酯,乙基-2-氰基丙烯酸酯(通常出售的商品名有强力胶等),正丁基腈丙烯酸酯(兽医使用和用于皮肤的胶水)
193. Cyclone Separation 旋风分离	不使用过滤器,通过旋涡分离的方法,从空气、气体或水流中去除颗粒,再用旋转效应和重力,分离混合物中的固体和液体
194. Cyclotron Radiation 回旋加速辐射	回旋加速器移动带电粒子,通过磁场偏转,发射的带电粒子发出电磁辐射。在磁场中运动的所有带电粒子均能产生回旋辐射
195. Damping 阻尼	阻尼的作用是降低系统振荡的振幅
196. Debye-Falkenhagen Effect 德拜-法尔肯哈根效应	当施加非常高频率的电压时,电解液的电导率增加
197. Decomposition (Biological) 腐烂、分解(生物)	死亡后生物体组织分解为更简单形式的物质
198. Deflagration 爆燃	爆燃是描述亚声速燃烧的技术术语,一般通过导热(燃烧着的热的材料加热下一层的冷材料,然后被点燃)来传播。日常生活中用到的大部分"火"来自于爆燃。爆炸是一种不同的爆燃,爆炸是超声速和通过冲击压缩传播的
199. Deformation 形变	由于对物质施加了某种力,可能是拉力、压缩力、剪力、弯曲力或扭矩力,导致物质在形状和尺寸上发生变化。这种变化通常在技术术语上称之为形变
200. De Laval Nozzle 德-拉瓦尔喷嘴	即渐缩渐扩喷管,一种中间凹陷、均衡非对称沙漏形状的管子。管子用于加速已被压缩且加热后的气体。管子能使气体的流动速度达到超音速,并且在气体扩张时,能处理废气流以使用于推动气流的热能最大限度地转化为定向的动能。管子常被用于一些蒸汽轮机、火箭发动机和超音速喷气发动机
201. Deliquescence 潮解性	潮解性物质(主要是盐)对于湿气有很强的亲和力,潮解性物质如果暴露于气体中,将会从大气中吸收水分,形成液态溶液
202. Dellinger Effect 德林格效应	由于太阳耀斑导致电离层(D区)电离作用的增加而产生的一种短波收音机的收音间断现象
203. Delta-E Effect 三角接地效应	磁化引起弹性材料的弹性模量发生改变。也可以反过来,弹性模量引起磁化的变化
204. Density Gradient 密度梯度	只针对流体而言,由于流体的密度差异会引发液体或气体的流动。在空气动力学中有一个名词叫水平气压梯度力,即单位水平距离内的气压差。同理:单位水平距离内的流体密度差异也可称之为密度梯度,并形成与之相应的密度梯度力。流体之间的密度差异越大,由密度差异产生的密度梯度力也越大
205. Deposition (Physical) 沉积(物理)	沉积是气体转化成固体的过程(又称凝华)。沉积的反面是升华。沉积的一个例子是在低于冰点的空气,水蒸气没有先成为液体,直接成为雪和霜以及冰。通过将气体以固体形式储存,物质可以比气体状态时更不易受破坏

续表

效应名称	注解与说明
206. Depressurisation 减压(降压)	减少压力。快速减压可以用来建立压力差
207. Depth of Field 景深	在光学中,尤其是在电影和摄影中,景深是指在图像所呈现的场景中最近和最远物体间的距离
208. Desiccant Material 除湿材料	一种引起或保持其附近场合干燥状态(脱水)的吸湿性物质
209. Desorption 解吸	指一种物质从表面或通过表面分离的过程。这是吸着(即吸附和吸收)的逆过程。这发生在一个处于流体相(即流体、气体和液体溶液)和吸附表面(固体或分离的两种液体的边界)间平衡状态的系统中。当流体相中的物质的浓度(或压力)降低,一些吸附的物质脱离原表面
210. Diamagnetism 抗磁性	抗磁性是一些物质的原子中电子磁矩互相抵消,合磁矩为零。但是当受到外加磁场作用时,电子轨道运动会发生变化,而且在与外加磁场的相反方向产生很小的合磁矩。这样表示物质磁性的磁化率便成为很小的负数(量)。磁化率是物质在外加磁场作用下的合磁矩(称为磁化强度)与磁场强度之比值,符号为κ。尽管超导体显示出了很强的抗磁性,但是抗磁性通常在大多数材料中是一种非常弱的效应。一般抗磁(性)物质的磁化率约为负百万分之一
211. Diamond Anvil Cell 金刚石压砧	科学实验用的人造尖端设备。设备的构件允许压缩得很小(尺寸不足 1mm),最终的压力可以超过 300 万个大气压(300GPa)。该设备已被用于重现行星内部的巨大压力,创造在正常环境下不能观测到的物质和状态
212. Diamond-like Carbon 类金刚石结构碳	DLC 存在于 7 种不同的非晶性结构形式的碳材料中。所有这 7 种非晶性结构都拥有大量 sp3 杂化的碳原子,具有天然钻石的一些独特特性,通常作为另一种材料的涂层用。类金刚石结构碳在任何已知的固体材料中,具有最低的摩擦系数、优良的硬度和耐磨性
213. Dielectric 电介质	一种不导电(或者弱导电)的物质(绝缘体)
214. Dichroic Filter 分色镜	分色镜是利用光的干涉原理制成的滤色镜。分色镜用于选择性地透过频率在某一小范围的有色光,而反射其他色光
215. Dielectric Heating 电介质加热	又称电子加热、射频加热、高频加热,是无线电波或微波电磁辐射使介电材料升温的现象,尤其是因电偶极跃迁引起的升温
216. Dielectric Mirror 介质镜(绝缘镜)	一种由多薄层介电材料组成的反射镜,通常被置于玻璃的衬底或其他光学材料上。通过仔细选择介电层的种类与厚度,便可设计出对不同波长的光具有特定反射率的光学涂层
217. Dielectric Permittivity 介电常数	在介质中形成电场时用于度量受到阻力大小的常数。换句话说,介电常数是用来度量电场是如何在电介质中发挥作用和受到影响的,它是由物质在电场中的极化能力强弱决定的,且能减少物质内部的总电场。因此,介电常数与材料传输电场的能力相关
218. Diffraction 衍射	波在传播过程中经过障碍物边缘或孔隙时所发生的传播方向弯曲现象。当波在传播时,所在介质性能的改变也会引发非常相似的现象,例如光波折射率的变化或者是声波阻抗的变化,这些同样被称为衍射效应
219. Diffraction Grating 衍射光栅	借助于一个有规则的光栅,将一束光分割成若干个向不同方向传播光的光学器件。这些光束传播的方向与光栅的间距和光的波长有关,光栅的作用就像是一个分散的部件,因此,常被用于单色仪和光谱仪上。实际应用的衍射光栅通常是在表面上带有沟槽或刻痕的平板
220. Diffusion 扩散(散射)	化学方面:物质分子从高浓度区域向低浓度区域转移,直到均匀分布的现象。扩散的速率与物质的浓度梯度成正比。物理方面:指一种物质的分子扩散到另一种物质的分子中,最后均匀分布
221. Diffusion Barrier 扩散阻隔膜	一种薄层金属(通常为微米级厚度),通常放在另两种金属之间。这被作为屏障以保护其中任一种金属免受另一种的腐蚀
222. Diffusion Welding 扩散焊	使两种不同的金属能够结合在一起固态焊接过程。扩散是部件之间的原子由于浓度梯度而发生迁移。两种材料被紧压在一起,之后升高温度,通常达到熔点的 50%~70%
223. Dilatant 膨化(剪切增稠)	(也称为剪切增稠)的黏度随剪切速率增稠的材料。这种剪切增稠流体,也称为 STF,是一个非牛顿流体的例子
224. Diode 二极管	一种允许电流通过一个方向(称为正向偏压条件)并阻碍电流从相反的方向通过(反向偏压条件)的器件。实际的二极管不具备那样完美的开关方向性,但是具有一种更加复杂的非线性电学特性,这个特性根据不同的二极管类型而不同。许多的使用是应用其整流的功能二极管还有很多其他的功能,它们不是为实现这个开关操作而设计的

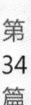

续表

效应名称	注解与说明
225. Dispersion (of waves) 色散	在光学中,色散是一种现象,其波的相速度与波的频率有关。具有这种特性的介质被称为色散介质。色散最常用来叙述光波,但也能用于描述与介质之间发生相互作用或传播过程中通过非均匀几何形状物体的任何波
226. Displacement 排量	当一个物体被浸入流体中,将流体推出并占据它的位置时将产生排量。流体的排量体积与物体浸入的体积相等。当物体沉底或完全浸入时,流体的排量等于其总体积
227. Distillation 蒸馏	一种基于不同成分在沸腾液体中具有不同挥发性特点的分离混合物的方法。它利用混合液体或液-固体系中各组分沸点不同,使低沸点组分蒸发,再冷凝以分离整个组分的单元操作过程,是蒸发和冷凝两种单元操作的联合
228. Dopants 掺杂物	掺杂物,也被称为掺杂剂和涂料,是一种加入晶体与半导体晶格中的低浓度的杂质元素,用以改变半导体的光电特性。将掺杂剂引入半导体的过程称为掺杂
229. Doppler Effect 多普勒效应	是波源和观察者有相对运动时,观察者接收到波的频率与波源发出的频率并不相同的现象。远方疾驰过来的火车鸣笛声变得尖细(即频率变高、波长变短),而离我们而去的火车鸣笛声变得低沉(即频率变低、波长变长),这就是多普勒效应的现象
230. Dorn Effect 多恩效应	又名沉积电位,颗粒运动穿过水,引起电位差。颗粒运动通常由重力或离心分离引起,该运动破坏了颗粒平衡对称的双层结构,颗粒周围的黏性流带动扩散层的离子,使离子在表面电荷与电子扩散层之间发生微小位移,使颗粒产生偶极矩,产生电场
231. Drag 阻力	阻力(有时也被称为流体阻力)是阻碍物体在流体(气体、液体)中相对运动所产生与运动方向相反的力。最常见的阻力形式是摩擦力,平行于物体的表面;以及压力,垂直作用于物体的表面
232. Driven Harmonic Oscillation 受迫谐振	受迫谐振子是一种阻尼谐振子,该谐振子受到外部施加的作用力的影响较大
233. Dufour Effect 杜福尔效应	由浓度梯度引起的热量传递现象,它与热扩散现象正好相反。它是1872年由杜福尔(Dufour L.)发现的。与热扩散系数类似,当存在浓度梯度时,热通量也由两部分构成:一是傅里叶定律的贡献,正比于温度梯度;二是达福尔效应,正比于浓度梯度
234. Earthing 接地	导电体连接到地面或大地,为来自其他电压的电路测量提供一个电压基准点,或作为电路的公共回路,或直接连接大地的一个物理接线 将电路接地的原因: 当绝缘体损坏时,易与外界接触部件,会因为累积电荷而使得电位升高。为了安全的目的,主要电力设备必须连接到地面 保护电路的绝缘体,会因过量的电位而遭到损坏,所以必须限制电路与大地之间的电位升高 当处理易燃物或修理电子仪器时,静电很容易引燃易燃物或损坏电子仪器。因此,必须限制静电的增长 有些电报器材或电力传输电路会使用大地为导体,称为幻像电路(Phantom Loop)。可以省去安装另外一条导线为回程导体的费用 为了测量目的,将大地当作一个固定参考电位。根据这个参考电位,可以测量出其他电位。为了保持参考电位为零,一个电气接地系统应该拥有足够的电流载流能力 在电子电路理论里,接地通常被理想化为一个无穷电荷电源或电荷吸收槽,可以无限制地吸收电流,同时保持电位不变
235. Eccentric 偏心轮	一个旋转的物体(一般是环形),它的中心与旋转轴不重合,偏心率用来描述轨道的形状,用焦点间距离除以长轴的长度可以算出偏心率。偏心率一般用 e 表示。它可以将旋转运动转换成直线的往复运动
236. Echo 回声波、反射波	一种声音的反射。回声到达听众比直接到达听众的声音要晚。典型例子是通过井的底部、建筑物或者一个封闭房间的墙壁产生的回音。回音是声源产生的单次反射。声音延迟的时间等于额外的距离除以声速
237. Eddy Currents 涡流	当块状金属置于变化的磁场中时,在变化磁场的激发下,块状金属中将产生感应电动势,从而在金属中引起感应电流。由于块状金属中电流形状如水中涡旋一样,因而得名涡电流,简称涡流
238. Eddy Current Damping 涡流阻尼	涡流的应用提供了一个阻尼效应

续表

效应名称	注解与说明
239. Efflorescence 风化	含水的或者溶剂化的盐在空气中失去结晶水(或溶剂)的过程
240. Effusion 泄流	在化学中,泄流是指单个分子流过小孔而不与其他分子发生碰撞的过程。泄流发生的条件是小孔的直径远小于分子的平均自由程
241. Ekman layer 埃克曼层	在标准的边界层理论中,黏滞流体扩散效应通常是被传递的惯性所平衡。然而,当流体旋转时,控制平衡可以用扩散效应和科里奥利力之间的碰撞来替代,这就是所述的埃克曼层。埃克曼层除了在器壁层界面实施零速度外,还可以控制大范围流体的属性。经搅拌后的一杯茶,如何从旋转到静止就是一个日常实践的经典实例
242. Elasticity 弹性	在外力的作用下,物体发生形变,当外力撤销后,就会恢复到原来状态的一种物理特性,其变形量被称为应变。线性弹性是弹性的规范特征,表示应力和应变之间的线性关系
243. Elastic Recovery 弹性恢复	指对某物除去作用力之后,该物体恢复到原来的形状
244. Electric Sonic Amplitude 电动声波振幅	电动声波振幅出现在振荡电场作用下的胶体、乳剂和其他非均质的流体中。这些场领域的粒子相对于液体运动,从而产生超声
245. Electret 驻极体	将电介质放在电场中就会被极化。许多电介质的极化是与外电场同时存在同时消失的。驻极体是一个带有准永久性电荷或偶子极化的电介质材料。驻极体具有体电荷特性,即它的电荷不同于摩擦起电,既出现在驻极体表面,也存在于其内部。若把驻极体表面去除一层,新表面仍有电荷存在;若把它切成两半,就成为2块驻极体。这一点可与永久磁铁相类比,因此驻极体又称永电体。驻极体的发现不是太晚,但至今对它的研究仍不够深入,它的生成理论也不完善,应用上只是刚开始。虽然如此,驻极体已逐渐显示出它作为一种电子材料的潜力
246. Electric Field 电场	电荷或随时间变化的磁场的存在使得周围空间存在电场(也可以等同于电通量密度)。电场能对电场内其他带电物体施加电场力
247. Electric Glow Discharge 电动辉光放电	电动辉光放电是指在低压下的气体(通常是氩气或其他惰性气体),被在100V至几kV下的电流通过而形成的一类等离子体。在很多产品中可以找到,例如:荧光灯和等离子屏幕电视等产品,以及在等离子物理和分析化学领域
248. Electric Magnet 电永磁	电永磁是一种可由电力控制的磁铁。它只需在充磁或退磁时需要电力,之后不需电力即可保持磁力。电永磁是由永久磁铁和电磁铁组合而成的
249. Electrical Accumulator 电能储存器	指一种储存电能的装置
250. Electrical Discharge Machining 电火花加工	也称为电火花腐蚀、燃烧、刻模或电线侵蚀,使用放电(火花)获得所需的形状的制造过程。通过由电解液和电压分离的两个电极之间放电,产生一系列的迅速反复的电流,将物质从工件上去除
251. Electrical Impedance Tomography 电阻抗层析成像	医学成像技术,意味着测量带电物体表面,人体部分的电导率或介电常数的成像。通常,把导电电极连接到物质的表层,并在所有的或部分的电极上施加交流电,从而测得其电势量。并且,该过程可以重复进行,且可以配置不同的电流
252. Electrical Resistance 电阻	物体对于电流通过的阻碍能力,根据欧姆定律,导体两端的电压(U)和通过导体的电流强度(I)成正比。由U和I的比值定义的$R=U/I$称为导体的电阻,其单位为欧姆,简称欧(Ω)。电阻的倒数$G=I/U$称为电导,单位是西门子(S)
253. Electrical Resistivity Tomography 电阻率层析成像	医学成像技能,意味着测量带电物体表面,人体部分的电导率或介电常数等的电的测量推导出的成像。通常,把导电电极连接到物质的表层,并在所有的或部分的电极上施加少量的交流电,从而测得其电势量。并且,该过程可以重复使用,为许多不同的构造形式施加电流
254. Electro-Osmosis 电渗	电渗透也被称为电内渗现象。显示在施加电场的影响下,极性流体通过一层薄膜或其他能渗水结构物的移动现象。通常,沿着任意形状的表面变化,并也通过有离子晶格和允许吸附水的非大孔的材料,后者有时被称之为"化学孔隙度"材料
255. Electro-Osmotic Flow 电渗流(电渗效应)	电渗流或电渗效应是指通过对毛细管、微通道或其他流体管道两端施加电压时造成的流体流动。电渗流是化学分离技法中的一个重要组成部分,特别是对小尺寸管道流体的流动(例如毛细管电泳)意义尤为重大。电渗流既可以在固有的未经过滤的水中,也可以在缓速溶液中出现

续表

效应名称	注解与说明
256. Electric Arc 电弧	电弧是一种气体放电现象,指电流通过某些绝缘介质(例如空气)所产生的瞬间火花。当用开关电器断开电流时,如果电路电压不低于 10～20V,电流不小于 80～100mA,电器的触头间便会产生电弧
257. Electrocaloric Effect 电热效应	在应用现场材料展示出可逆温度变化的现象,通常被认为是热电效应的物理反转。效应的根本原理并未被完全确定,但是同任何孤立的(绝热的)温度变化一样,电热效应源于电压提升或降低系统的熵。类同于磁致热效应
258. Electrochemiluminescence 电致化学发光	电致化学发光是指溶液在电化学反应期间,产生发光的一种现象。在电致化学发光的过程中,电化学产生的媒介物进行强烈的做功反应促使产生电子激发态,于是发光
259. Electrochromism 电致变色	是电光效应的一种类型。在物质中,随电场中的某些波长相应形成的吸收光束导致颜色的变化。即:在外加电场的作用下,当给荷载施加一个脉冲时,使有些化学类的物质显示了可逆变化的颜色的一种现象 由于颜色改变的持久稳固且仅在产生改变时需要能量,电致变色材料被用于控制允许穿透窗户("智能窗")的光和热的总量,也在汽车工业中应用于根据各种不同的照明条件下自动调整后视镜的深浅。紫罗碱和二氧化钛(TiO_2)一起被用于小型数字显示器的制造。它很有希望取代液晶显示器,因为紫罗碱(通常为深蓝)与明亮的钛白色有高对比度,因此提供了显示器的高可视性 电致变色智能玻璃在电场作用下具有光吸收透过的可调节性,可选择性地吸收或反射外界的热辐射和内部的热的扩散,减少办公大楼和民用住宅在夏季保持凉爽和冬季保持温暖而必须消耗的大量能源。同时起到改善自然光照程度、防窥的目的。解决现代不断恶化的城市光污染问题,是节能建筑材料的一个发展方向。目前,电致变色调光玻璃已经在一些高档轿车和飞机上得到应用
260. Electrochromism 电化学	电和化学反应相互作用可通过电池来完成,也可利用高压静电放电来实现(如氧通过无声放电管转变为臭氧),这会引起颜色的变化。二者统称电化学
261. Electrodeposition 电沉积	使用电流的方法,通过沉积金属的导电性物体的阳离子材料层不同的属性,以赋予所需的属性(例如:耐磨损和耐腐蚀保护,润滑性,美感等)。另一种是用电镀给尺寸较小的部分增加厚度
262. Electrodynamic Bearing 电动轴承	基于在一个旋转的导体上感应的涡流而产生非接触式电动悬浮的旋转轴的系统。当导电材料在磁场中运动时,在导体中产生的电流将阻碍磁场的变化(称为楞次定律)。电流产生的磁场方向与原磁场方向相反。因此导电材料可以作为磁镜
263. Electrohydrodynamics 电水动力学、电流体	粒子和流体的转换包括有下列各种不同的类型:机械、电泳、电动力、电介质电泳、电渗透以及电旋转。总的说来,是与电能转换成动力能有关的现象;反之亦然
264. Electrohydrodynamic Thruster 电流体动力推进器	高压直流电场(EHD)推进器基于离子流体推进作用,工作时没有运动部件,仅使用电能的推进装置。EHD 推进器有两个基本组成部分:一个离子发生器和离子加速器。EHD 推进器并不限于空气作为其主要推进的流体,其他流体(如油)也能很好地工作
265. Electrohydrogenesis 电致氢解	电解制氢或生物催化电解是用细菌分解有机物质产生氢气的特定名称
266. Electroluminescence 电致发光(场致发光)	电致发光,也称场致发光,是利用直流或交流电场能量来激发发光,在消费品生产中有时被称为冷光 电致发光与来自热辐射作用(灼热)、化学作用(化学发光)、声的作用(声致发光)、机械作用(机械致发光)的发光是不同的 电致发光实际上包括几种不同类型的电子过程。一种是物质中的电子从外电场吸收能量,与晶体相碰撞时使晶格离化,产生电子-空穴对,复合时产生辐射;也可以是外电场使发光中心激发,回到基态时发光,这种发光称为本征场致发光。还有一种类型是在半导体的 PN 结上加正向电压,P 区中的空穴和 N 区中的电子分别向对方区域注入后,成为少数载流子,复合时产生光辐射,称为载流子注入发光,亦称结型场致发光。用调制电磁辐射的场致发光称为光控场致发光。电致发光物质有:掺杂了铜和银的硫化锌、蓝色钴石(含硼)、砷化镓等 利用场致发光现象,可提供特殊照明,制造发光管,用来实现光放大和储存影像等。目前电致发光的研究方向主要为有机材料的应用,已有的应用为电致发光显示器(ELD)

续表

效应名称	注解与说明
267. Electrolysis 电解法	使用电流将靠化学键合的元素或化合物分离的方法称为电解,电解使得电流通过熔融状态或溶解于适当溶液中的离子性质,从而在电极上发生化学反应。在电解槽中,直流电通过电极和电解质,在两者接触的界面上发生电化学反应,以制备所需产品的过程。电解池是由分别浸没在含有正、负离子的溶液中的阴、阳两个电极构成。电流流进负电极(阴极),溶液中带正电荷的正离子迁移到阴极,并与电子结合,变成中性的元素或分子;带负电荷的负离子迁移到另一电极(阳极),给出电子,变成中性元素或分子。广泛用于有色金属冶炼、氯碱和无机盐生产以及有机化学工业
268. Electrolyte 电解质(电解液)	电解质是指可以产生自由离子而导电的化合物。通常指在溶液中导电的物质,但熔融态及固态下导电的电解质也存在。电解质通常分为强电解质和弱电解质 强电解质指能完全或基本完全电离成为离子的化合物,通常包含三类物质:①强酸,如硫酸、硝酸、盐酸等;②强碱,如氢氧化钠、氢氧化钾;③大多数的盐,如氯化钠、氯化钾 弱电解质指能部分电离成为离子的化合物,通常包含四类物质:①弱酸,如醋酸、硅酸;②弱碱,如水合氨、氢氧化铜,但氢氧化镁为强电解质;③极少数盐:如醋酸铅、氯化亚汞、氯化汞;④水
269. Electromagnet 电磁铁	一种磁场由电流激发的磁铁。当电流中断时,磁场消失。电磁铁非常广泛用作电气设备,如电动机,发电机,继电器,扬声器,硬盘,MRI 设备,科学仪器,磁分离设备,以及作为工业起重电磁铁
270. Electromagnetic Induction 电磁感应	电磁感应现象是指放在变化磁通量中的导体,会产生感应电动势。此电动势称为感应电动势或感生电动势,若将此导体闭合成一回路,则该电动势会驱使电子流动,形成感应电流(感生电流),这一过程被称为电磁感应
271. Electromechanical Film 机电薄膜	是厚度与电压有关一层薄膜,它可以用于压力传感器、麦克风或扬声器。它也可以产生如同一个制动器的作用,将电能转换振动能
272. Electromethanogenesis 微生物电解池	一种由微生物直接通过捕获电子、还原二氧化碳转化产生甲烷的电燃料
273. Electron Beam 电子束	是在真空管中观察到的电子流,即真空的玻璃管,配备至少两种金属的电极(阴极或负极性电极,阳极或正极),向电极施加电压时可以观察到电子流。电子经过汇集成束,具有高能量密度。它是利用电子枪中阴极所产生的电子在阴阳极间的高压(25～300kV)加速电场作用下被加速至极高的速度(0.3～0.7倍光速),经透镜会聚作用后,形成密集的高速电子流
274. Electron Impact Desorption 电子碰撞解吸、电脉冲解析	由于电子碰撞产生的解析引起吸附表面的断裂,表面上的分子也可能被电子碰撞化学性地转换成其他分子形式
275. Electro-Optic Effects 电光效应	材料在变化的电场中,光频率比缓慢地变化。这包含一系列不同的变化,可以细分为①吸收的变化(电吸收,弗朗兹-凯尔迪什效应,量子局限史塔克效应,电致变色效应);②折射率指数的变化(泡克耳斯效应、克尔效应、电致旋光效应)
276. Electroosmotic Pump 电渗泵	用于转移通道中、气体扩散层中或者质子交换膜上(位于质子交换膜燃料电池 EMA 的膜电极)形成的液态水。该泵用二氧化硅纳米球或亲水性多孔质玻璃制成。泵的形成机理与双电层以及施加于双电层的外电场有关
277. Electron Impact Desorption 电子碰撞解吸	电子碰撞引起吸附物表面断键,产生解吸(去吸附)作用。由于电子碰撞,表面上的分子也被化学地转化为其他分子
278. Electromethanogenesis 电产甲烷	以电为燃料,使二氧化碳直接生物转化产生甲烷的方式
279. Electrophoresis 电泳	在空间电场的作用下,分散粒子在流体中发生移动的现象 1809 年俄国物理学家 Peйce 首次发现电泳现象。他在湿黏土中插上带玻璃管的正负两个电极,加电压后,发现正极玻璃管中原有的水层变浑浊,即带负电荷的黏土颗粒向正极移动,这就是电泳现象。影响电泳迁移的因素有以下四种: 1)电场强度:电场强度是指单位长度(m)的电位降,也称电势度 2)溶液的pH值:溶液的pH值决定被分离物质的解离程度和质点的带电性质及所带净电荷量 3)溶液的离子强度:电泳液中的离子浓度增加时会引起质点迁移率的降低 4)电渗:在电场作用下液体对于固体支持物的相对移动称为电渗

续表

效应名称	注解与说明
280. Electrophoretic Deposition 电泳沉积	工业生产过程中一个运用广泛的术语,其中包括电泳涂漆,阴极电泳,电泳涂覆,电泳涂装。在此过程中的一个主要特征是:在电场的影响下,悬浮在液体介质中的胶体粒子发生迁移(电泳),并放电沉积在电极上形成沉积层
281. Electroplating 电镀	指用电流从溶液中减少所需材料的阳离子,以及给一个导电物体覆上一层较薄的材料,例如金属。主要用于给缺乏所需性能(如耐磨性、防腐性、润滑性和美感度等)的材料表面沉积一层材料。另一种应用是用电镀给尺寸稍小的部分增加厚度
282. Electrorheological Effect 电流变效应	电流变(ER)流体是极细的非导电颗粒(直径可达 $50\mu m$)在绝缘流体中的悬浮液。电流变流体的表观黏度能够在电场的作用下产生高达 100000 倍的可逆变化。一个典型的电流变流体的黏度能够迅速地从液体级别迅速变成凝胶级别,响应的时间为毫秒级。电流变效应有时也被称为温斯洛效应
283. Electrostatic Deposition 静电沉积	用静电力将液体喷到基质表面。过去常用于实现表面涂层
284. Electrostatic Discharge 静电放电	在两个不同的电势的对象之间产生的突发性和瞬时放电
285. Electrostatic Induction 静电感应	在外电场的作用下,导体中电荷在导体中重新分布的现象。这个现象由英国科学家约翰·坎林顿和瑞典科学家约翰·卡尔·维尔克分别在 1753 年和 1762 年发现。如橡胶棒 X 原已带有负电荷,可称为施感电荷,若导体 D 接近带电体 X 时,由于同性电荷相斥、异性电荷相吸,于是 X 上的负电荷在 D 中所建立的电场将自由电子排斥至 D 的远棒一边,并把等量的正电荷遗留在 D 的近棒一边,直至 D 中电场强度为零。如果有一条接地引线接触到导体 D,则会有若干电子流向大地。导体 D 因失去电子而带正电荷,这种电荷称为感生电荷
286. Electrostatics 静电场	静电场是静止电荷产生的电场,又叫库仑场。基本特征是对置于场中的电荷有作用力
287. Electrostatic Len 静电透镜	一种用于聚焦或瞄准电子束的设备
288. Electrostatic Fluid Accelerator 静电流体加速器	静电流体加速器抽吸流体,例如空气,没有任何运动部件,通过使用电场来推进带电荷的空气分子。流体加速器过程的三个基本步骤:电离空气分子,利用这些离子在所需的方向推动更多的中性分子,然后再俘获和中和离子以消除任何净电荷
289. Electrostriction 电致伸缩	所有非导体或电介质都有的一种属性:能在电场的作用下改变形状。所有的电介质表现出一定的电致伸缩,但某些工程陶瓷,如弛豫铁电体,具有非常高的电致伸缩常数,其成分有铅镁铌酸盐(PMN)、铌酸铅镁-钛酸铅(PMN-PT)、锆钛酸铅镧(PLZT)
290. Electroviscous Effect 电黏滞效应	由于强静电场导致的液体的黏度变化
291. Electrowetting 电致润湿	或电毛细管效果,施加的电场引起的疏水性表面的润湿性改性。例如,改变疏水性表面的润湿性的过程
292. Ellipse 椭圆形	椭圆是平面上到两定点的距离之和为常值的点之轨迹,也可定义为到定点距离与到定直线间距离之比为一个小于 1 的常值的点之轨迹。它是圆锥曲线的一种,即圆锥与平面的截线。椭圆有一些光学性质:椭圆的面镜(以椭圆的长轴为轴,把椭圆转动 180°形成的立体图形,其内表面全部做成反射面,中空)可以将某个焦点发出的光线全部反射到另一个焦点处;椭圆的透镜(某些截面为椭圆)有汇聚光线的作用(也叫凸透镜),老花眼镜、放大镜和远视眼镜都是这种镜片
293. Emulsion 乳化液	乳化液是液体的混合物,其中一种液体(分散相)分散在另一中(连续相),在浮力的影响下迁移。颗粒漂浮向上或下沉,取决于它们的尺寸大小、密度高低。只要颗粒保持分离,该过程被称为形成乳化液
294. Endothermic Reaction 吸热反应	这个概念经常用于化学、物理科学,如化学反应中热能(热)转换为化学键能量
295. Entrainment 夹带	一个流体的运动是由于另一个流体的运动
296. Entropic Explosion 熵爆炸	爆炸反应物发生大的体积变化,而不会释放出大量的热量

续表

效应名称	注解与说明
297. Enzyme 酶	酶在生物细胞中有足够的活性。酶的反应不同于大多数的催化剂,因为它们有高度的特异性。酶影响蛋白质产生的速率。几乎所有的生物化学反应需要有酶
298. Epicyclic Gearing 即行星齿轮传动装置	即行星齿轮系统,它由一个或多个外齿轮(或行星齿轮),一个旋转围绕中心(或太阳齿轮)构成。典型情况下,行星齿轮安装在一个可动臂或载体上(载体可相对太阳齿轮旋转)。周转轮系也可以合并使用啮合行星齿轮的外部环形齿轮或环形带
299. Epitaxy 外延	在原有单晶衬底(芯片)上长出新单晶膜的方法。外延膜可以从气体或液体的前体中生长,因为基板可作为晶种,沉积膜将呈现基板相同的晶格结构和取向
300. Ericsson Cycle 爱立信循环、埃里克森循环	理想的燃气轮机布雷顿循环的限定,采用多级中间冷却压缩和利用过热和再生的多级膨胀。布雷顿循环与爱立信循环相比较,布雷顿循环是绝热压缩和膨胀,爱立信循环是等温压缩和膨胀,因此,每个冲程能产生更多的净功。在爱立信循环中使用再生,通过减少所需的热输入,也就使效率得到提高
301. Erosion 侵蚀(风化)	侵蚀的过程是运动的固体(泥沙、土壤、岩石及其他颗粒)在自然环境中,通常由于风、水或冰下土壤和其他材料在蠕变力、重力的作用下,或由活的有机体生物(如穴居动物)产生的侵蚀
302. ESAVD (Electro static Spraying Auxiliary Vapor Deposition) 静电喷涂辅助气相沉积	静电喷涂辅助气相沉积是一种技术,化学前体在静电场作用下,向上对加热的基板喷洒,进行受控的化学反应,在衬底上沉积所需的涂层
303. Escapement 棘轮(擒纵装置)	一种将连续的旋转运动转化为摆动或往复运动的装置。通常组成一个钟表或手表计时器中的主要部件,一个摆锤或一个摆轮,就是擒纵装置
304. Espresso Crema Effect 咖啡克雷马效应	在材料学中,咖啡克雷马效应是变更表面材料的一个模拟模型。经历了某一变换过程,诸如风化作用可以影响接近物质表面的物理性质和化学成分,不影响介质下面的大部分;提高孔隙度可以提高光的折射率、反射度和散射度,从而使介质材料表面与介质的其他大部分相比,在亮度方面,增添了化学差异性
305. Ettingshausen Effect 厄廷好森效应	一种热电(或热磁)现象。当磁场存在时,该现象将影响导体中的电流,使导体上产生电势差。该现象一般既与磁场方向有关也与电流方向有关。此外,该现象使导体上产生温度梯度。该效应与能斯特效应相反
306. Evaporation 蒸发	物质从液相到气相(或简单的状态)的物理状态的变化
307. Expansion 膨胀	通常是指外压强不变的情况下,大多数物质在温度升高时体积增大,温度降低时体积缩小。在相同条件下,气体膨胀最大,液体膨胀次之,固体膨胀最小。也有少数物质在一定的温度范围内,温度升高时,其体积反而减小 物体因温度改变而发生膨胀现象叫"热膨胀"。因为物体温度升高时,分子运动的平均动能增大,分子间的距离也增大,物体的体积随之而扩大;温度降低,物体冷却时分子的平均动能变小,使分子间距离缩短,于是物体的体积就要缩小。又由于固体、液体和气体分子运动的平均动能大小不同,因而从热膨胀的宏观现象来看亦有显著的区别
308. Exothermic Reaction 放热反应	化学上把有热量放出(反应前总能量大于反应后能量)的化学反应叫作放热反应
309. Explosion 爆炸	一个极端的方式突然增加的体积和释放的能量,通常用产生高温和释放膨胀的气体
310. Explosive Lens 爆炸透镜	几种爆炸药组成的一种装置。它们的成形是以改变通过冲击波的形状方式。概念上与光学上的一台光学透镜的效果相类似
311. Explosive Welding 爆炸焊接	一种固相焊接方法,利用炸药爆炸产生的冲击力造成工件迅速碰撞而实现焊接的方法。通常用于异种金属之间的焊接。如钛、铜、铝、钢等金属之间的焊接,可以获得强度很高的焊接接头。而这些化学成分和物理性能各异的金属材料的焊接,用其他焊接方法很难实现
312. Extrusion 挤压	一个用于创建具有固定横截面形状的物体的过程。通过制作所期望物体的模具将材料压或拉,得到期望的实物。该方法可以用来创建非常复杂的横截面

续表

效应名称	注解与说明
313. Fabry-Perot Interferometer 法布里-珀罗干涉仪	光谱分辨率极高的多光束干涉仪。由两个平行反射表面组成的系统，该系统可以使经过两个反射表面多次反射的光发生干涉，也被称为标准仪。由法国物理学家C.法布里和A.珀罗于1897年发明
314. Falling Sphere Viscometer 落球黏度计	落球黏度计用于测量液体黏度。液体在一个垂直玻璃管中。已知大小和密度的球体通过液体下降，测量所花费的时间转换为液体黏度
315. Fan 风扇	机械旋转叶片式风扇是用来使气体（原则上应是一种流体）产生流动的一种装置，在设计中应用非常广泛。用来移动空气的风扇主要有以下三种类型：轴流式、离心式（又称径向式）和横流式（又称切向式）
316. Faraday Cage 法拉第笼（机壳体）	由导电材料网丝构成的、能阻挡外部静电场一种笼式机壳。如果导体足够厚，以及任何孔都明显地小于辐射波长的话，在很大程度上，它们的内部也能屏蔽来自外部的电磁辐射
317. Faraday Effect 法拉第效应（磁旋转）	也称磁致旋光，是在介电材料中，光和磁场的相互作用。偏振片的旋转与磁场在光束方向上的分量的强度成比例。在处于磁场中的均匀各向同性媒质内，线偏振光束沿在磁场方向传播时，振动面发生旋转的现象。1845年M.法拉第发现在强磁场中的玻璃产生这种效应，以后发现其他非旋光的固、液、气态物质都有这种效应。假设磁感应强度为B，光在物质中经过的路径长度为d，则振动面转动的角度为$\phi=VBd$，其中V为费尔德常数
318. Farnsworth-Hirsch Fusor 法恩斯沃思-赫希费瑟装置	相对比较简单的、建立在约束惯性静电基础上的一种核聚变装置。该装置主体是一个内部呈真空状态的大球，四面布置上电极，在里面有一个带高压静电的金属网格组成的小球，将氘离子导入其中，在静电的约束下，离子碰撞，发生聚变反应。目前这种装置的输出功率远小于输入功率，还不能作为能源，但是可以用作实际的中子源
319. Fast Ion Conductor 快离子导体（固体电解质，超离子导体）	快离子导体导电的原因在于离子在晶格空隙（或空晶体位置）之间穿行。在导体的结构中，阴阳离子必须能自由运动，起到电荷载体的作用
320. Fatigue 疲劳	材料作为循环负载时发生的渐进的和局部的损坏。材料所受的最大应力值应小于极限拉伸应力值，而且有可能比材料的应力屈服极限小
321. Feedback 反馈	一个环形的因果循环过程，系统的输出量按一定比例反馈到输入量，通常是用于控制系统的动态行为
322. Fermentation 发酵	在工业领域中，发酵是指对有机物的分解与重组成其他物质。复杂的有机化合物在微生物的作用下分解成比较简单的物质。其中固态发酵多指在没有或几乎没有自由水存在的情况下，在有一定湿度的水不溶性固态基质中，用一种或多种微生物发酵的一个生物反应过程。白酒和陈醋生产工艺就属于典型的固态发酵，将粮食中的糖转化成酒精，继而转化成醋
323. Ferrofluid 磁流体	磁流体又称磁性液体、铁磁流体或磁液，是由强磁性粒子、基液（也叫媒体）以及界面活性剂三者混合而成的一种稳定的胶状溶液。该液体在静态时无磁性吸引力，当外加磁场作用时，才表现出磁性 为了使磁流体具有足够的电导率，需在高温和高速下，加上钾、铯等碱金属和加入微量碱金属的惰性气体（如氦、氩等）作为工质，以利用非平衡电离原理来提高电离度
324. Ferromagnetic Powder 铁磁性粉末	铁磁材料的粉末或细碎状的形式。铁磁材料（如铁）形成的永久磁铁与磁铁表现出强烈的相互作用。铁磁材料在高于其特性的温度（居里点）会失去以上铁磁特性
325. Ferromagnetism 铁磁性	物质中相邻原子或离子的磁矩由于它们的相互作用而在某些区域中大致按同一方向排列，当所施加的磁场强度增大时，这些区域的合磁矩定向排列程度会随之增加到某一极限值的现象
326. Filter (electronic) 过滤器（电子式）	电子过滤器是执行信号处理功能、以除去不需要的信号分量和/或加强需要的信号分量的电子电路。主要是通过移除不需要的频率以及/或者噪声来实现
327. Filter (optical) 过滤器（光）	光学过滤器选择性地透射具有某些特性的光，同时阻挡其余的光。光学过滤器一般有两类，最简单的是从物理上来吸收过滤的，而另外一类则是干涉滤光片或双色向滤光镜，这一类在结构上可能会相当复杂
328. Filter (physical) 过滤器（物理）	过滤是指分离悬浮在气体或液体中的固体物质颗粒的一种单元操作，用一种多孔的材料（过滤介质通常是一个膜或片状、袋状物）使悬浮液（滤浆）中的气体或液体通过，截留下来的固体颗粒（滤渣）存留在过滤介质上形成滤饼。过滤操作既可用于分离液体中的固体颗粒，也可用于分离气体的粉尘（如袋式过滤器）

续表

效应名称	注解与说明
329. Fin 鳍状物（散热片）	鳍状物（散热片）是对象的平面延伸部分，通常用于增加表面面积，提高刚度或用于获得与外部的相对移动的流体动力或气流散热作用
330. Flash Evaporation 闪蒸（急骤蒸发）	闪蒸发是一个饱和液体流通过一个节流阀或其他节流装置，经过压力降低时发生的局部汽化。如果节流阀或装置位于在压力容器中，使闪光的蒸发发生在容器内，容器通常称为作为闪蒸鼓
331. Flocculation 絮凝	在接触和黏附的过程中使液体中悬浮微粒集聚变大的簇状体
332. Flow Battery 液流电池	一种可充电电池，其中电解液含有一种或多种溶解的电活性物质，在电源电池/电抗器内流过这个过程中化学能被转换为电能。电池外部存储额外的电解质，通常泵送通过反应器中的单元格。这个电池可以迅速地更换电解质（类似于可再填充的燃料箱），同时能回收使用过的材料加以充电
333. Flow Separation 流动分离（分流器）	实心物体通过流体（或静止的物体暴露在运动着的流体中，两者任其一），当边界层相对于逆压梯度行进足够远，使得边界层的速度几乎下降到零时，将发生流动分离。流体与物体的表面脱离，取代呈现的是涡流和漩涡
334. Fluid Hammer 水锤、流体锤	当运动的流体被强迫截止或突然被强迫改变运动方向时，压力骤增（动量的变化）。管道系统末端的阀门突然关闭时常引起水锤作用，此时压力波动将沿着管道传播
335. Fluidisation 流体化	流体化过程与液化过程相似，是一个将颗粒状物质从静止的类似固态转换成类似液态状的过程。当流体（液体或气体）向上运动透过颗粒状物质的时候，流化过程就会出现，当流化的时候，固态小颗粒将产生与流体一样的运动
336. Fluid Spray 流体雾化	当流体被分散成一连串雾状液滴时被称之为雾化。使用雾化喷嘴主要为实现两大功能：为加强蒸发以加大流体的表面积；为使流体的分布遍及一个区域
337. Fluorescence 荧光	又称"萤光"，是指一种光致发光的冷发光现象。当某种常温物质经某种波长的入射光（通常是紫外线或X射线）照射，吸收光能后进入激发态，并且立即激发并发出一个更长波长（更少能量）的光子的现象。吸收和激发的光子的能量差最终转化为分子的转动、振动或者热能。有时候这个被吸收的光子是在紫外线范围内，激发出的光在可见光范围
338. Fluorographeme 氟化石墨烯	氟化石墨烯是完全氟化的石墨烯，基本上是特氟隆（聚四氟乙烯）在二维上的改型，具有类似的化学惰性和热稳定性等特性
339. Flywheel 飞轮	具有适当转动惯量、起储存和释放动能作用的转动构件。是发动机装在曲轴后端的较大的圆盘状零件，它具有较大的转动惯性
340. Foam 泡沫	使气泡分散在液体或固体中形成的物质。泡沫聚合物是气体分散于固体聚合物中所形成的的聚合体。它的热传递作用主要是传导传递，不发生对流作用，辐射传递很小。它的热导率主要决于气泡内部气体的热导率，在低温条件下，其热导率进一步降低，因此具有很好的保温隔热功能
341. Focusing 聚焦、对焦	一列波的波前（如辐射）成一个球形或圆柱形状聚集。聚焦在光学系统中使用，也可应用到任何辐射或波
342. Foil (fluid mechanics) 箔（流体力学）	在给定的条件范围内，为了最大化升力（垂直于流体流动方向的力）同时最小化拖拽力（流体流动方向的力）而设计的平面。箔被设计成可以在任何流体内操作，例如空气或者水
343. Folding 折叠	使板状材料或结构弯曲，通常沿一条直线将材料折成180°角
344. Force 力	力能使有质量的物体获得加速度。力既有大小和方向，即它是一个向量。一个具有恒定质量的物体的加速度与它所受合力成正比，与自身质量成反比（或在物体上所受合外力等于其动量的变化率）。力可以使物体旋转或变形，或导致压力变化
345. Forced Convection 强制对流	在强制对流中，热量转移形成于其他力所导致的流体运动，比如风扇或水泵，而不是自然力量（浮力）引起的对流
346. Ford Viscosity Cup 福特黏度杯	一个简单的重力装置，该装置能使具有已知体积且流过杯顶部的小孔的液体随着时间而变化。在理想情况下，这个流动变化率与动力黏度（单位：厘泊和泡）成正比。动力黏度取决于排出液的比重。然而简单流杯的条件很少达到理想状态，所以不用于黏度的真实测量
347. Fractal Forms 分形	分形一般是可以被分成几部分粗糙或零碎的几何形状，其中每一个基本上都是原来形状的缩小版，这种属性叫做自相似性。数学分形时基于迭代方程，即一种基于递归形式的反馈

续表

效应名称	注解与说明
348. Fractionation 分馏	分馏是根据特定的属性梯度差异的变化,将混合物(固体、液体、溶质、悬浮或同位素)定量分离的过程。在该过程中被划分、收集成较小属性差异的组合物
349. Fractoluminescence 断口发光	放射的光来自晶体的裂痕,而不是来自摩擦。晶体的合成取决于原子和分子,当晶体断裂时会发生电荷分离,使断裂晶体的一侧是正荷载,另一侧是负荷载。至于摩擦发光,如果电荷离析产生一个足够大的电势,可能会在间隙或接口间的气槽中发生放电
350. Fracture Mechanics 断裂力学	断裂力学是一种改善材料和部件的力学性能的重要工具。它将物理学中的压力和张力(特别是弹性力学和塑性力学)用于在实际材料中发现微观晶体缺陷,以预测机身的宏观机械故障
351. Franz-Keldysh Effect 弗朗茨-凯尔迪什效应	当施加电场时,半导体光吸收会发生变化,用于制作电吸收调制器
352. Free Convection 自由对流	由于流体温度梯度发生的密度差,液体(或气体)的分子发生自然运动
353. Free Fall 自由落体	只在重力作用下或者重力是主导力量引发的物体的运动(至少在最开始)
354. Free Surface Effect 自由液面效应	使船会变得不稳定和倾覆的几种机制之一。它指的是液体和小型固体,如种子、砂石或粉碎的矿石的聚合物(可以像液体一样流动),响应海浪和风力引发的作用于船体的状况,在船的货舱、甲板或液体储罐中发生的姿势改变的倾向
355. Freeze Casting 冷冻铸造	或冷冻凝胶,制造复杂的陶瓷物质不需要高温烧结,用溶胶-凝胶的方法。一般将硅溶胶与填料粉末混合,利用润湿剂使填料分散在溶胶中,当振动模具时,使触变性的混合物液化,释放出被捕集到的空气,冻结模具使溶胶中的二氧化硅沉淀,制造的黏合填料的凝胶像是一个由绿色干燥熔炉成形的烧结物。通常冷冻铸造形成的物质的致密性比传统方法加工制造成的物质稍小
356. Freeze Drying 冷冻干燥	也称为冻干法,通过减少冻结材料周围的压力,并增加足够的热量,以便使材料中的固相水直接升华为气体的脱水处理
357. Freezing 凝固(冻结)	当温度低于其凝固(冻结)点时液体变为固体的相变化。通俗地说用于描述水的凝固(冻结),但在学术上它适用于任何液体。所有除了液态氦以外的已知液体,都将在当温度足够低时凝固(冻结)
358. Fresnel Diffraction 菲涅耳衍射	或称近场衍射,指的是当光波通过一个小孔后,在场的附近发生的衍射现象。观察其产生的衍射图的大小和形状,取决于小孔与投影物之间的距离。在衍射波的传播中,距离短就会出现菲涅耳衍射,当距离加大后,衍射波就成了平面型的,并且出现菲涅耳衍射
359. Fresnel Lens 菲涅耳透镜	相比传统的球面透镜,菲涅耳透镜通过将透镜划分为一系列理论上无数个同心圆纹路(即菲涅耳带)达到相同的光学效果,同时节省了材料的用量。其中的每个菲涅耳带的总厚度减小,打破了常规的连续表面透镜标准而变为有一系列相同曲率的不连续的表面。这将以降低成像质量为代价下减少镜片的厚度(重量和体积)
360. Friction 摩擦力	在流体与物体表面(空气与航空器或水与管道)和两个物体表面接触处产生的阻止相对运动的力
361. Friction Coefficient 摩擦系数	用于描述两物体之间摩擦力与压力之间的大小关系的无量纲标量值。摩擦系数取决于物体的材料。比如冰与钢接触处的摩擦系数较小,橡胶与路面接触处的摩擦系数较大
362. Friction Welding 摩擦焊接	通过一个运动工件与一个固定部件之间的机械摩擦产生热量的一种固态焊接过程。为了排气和塑性材料融合,施加一个横向力,称作是"锻造力"。学术上,由于并没有融化出现,所以摩擦焊接不是一个传统意义上的焊接过程,而是一种锻造技术
363. Froth Floatation 泡沫浮选	泡沫浮选是选择性地分离亲水性的疏水性材料的方法。精细研磨的原料与水混合,以形成浆料。加入所需的矿物的疏水性的表面活性剂,浆料中有空气或氮气,形成气泡,疏水性粒子附着于气泡,气泡上升到浆料表面上,对泡沫可以选择性地分离,以便进一步精炼
364. Fuel Cell 燃料电池	将燃料具有的化学能直接变为电能的发电装置,是一种将存在于燃料与氧化剂中的化学能直接转化为电能的发电装置。燃料和空气分别送进燃料电池,产物流出,电解质保留在内部,只要必要的物质保持下去,实际上燃料电池可以持续运作,电就被奇妙地生产出来。它从外表上看有正负极和电解质等,像一个蓄电池,但实质上它不能"储电"而是一个"发电厂"

续表

效应名称	注解与说明
365. Fullerenes 富勒烯	碳族,碳的同素异形体,分子完全由碳以空心球体、椭圆形、管状或平面的形式组成
366. Funnel 漏斗状物	漏斗是一个广口的,通常由圆锥形的漏嘴和一个细玻璃管组成,用于将液体或细粒物质引流到一个小口容器中。若不使用漏斗将会发生较大的溅出。漏斗效应是指当流体从管道截面积较大的地方运动到截面积较小的地方时,流体的速度会加大,类似水流过漏斗时的现象。对于定常流,其密度 ρ、速度 v 和管道截面积 S 的关系如下:$\rho_1 v_1 S_1 = \rho_2 v_2 S_2$,事实上,这也正是流体力学中连续性方程的体现
367. Fusible Alloy 易熔合金	易熔合金是一个能够熔化,即加热液化的合金。例如:伍德合金,菲尔德金属,铅铋锡易熔合金,镓铟锡合金,钠钾共晶合金等
368. Galvanlmeter 电流计、检流计	有限制电弧产生旋转偏移,用以应答电流通过感应线圈的一种模拟机电转换装置
369. Garshelis effect 伽世利斯效应	该效应的特征是:沿圆周方向磁化的磁致伸缩材料棒,随着施加的转矩而产生一个轴向的磁场
370. Gas Compressor 气体压缩机	气体压缩机是一种机械装置,由于气体是可压缩的,气体通过增加压力减少它的体积。压缩机同泵相似:增加了流体的压力,可以通过管道输送流体。对不可压缩液体,泵的主要作用是输送液体
371. Gear 齿轮	齿轮是旋转机器的一部分,它具有长牙或嵌齿,与其他带齿的部分啮合,以传递转矩。以串联方式工作的两个或更多的齿轮被称为传动装置,并且能够通过齿轮比产生机械优势,因此这也可以被认为是一个简单的机器。齿轮传动装置可以改变速度、振动幅度和动力的方向
372. Gecko-Foot Bristle Array 壁虎脚鬃刚毛阵列	壁虎脚趾可以抓着到各种表面上,而无需使用液体或通过表面张力。壁虎与接触面间的抓着力,由细碎分割的铲状镶刃刚毛(刚毛阵列)和表面之间的范德华吸附力构成
373. Gel 凝胶	凝胶是一种固态果冻状物质,性能可从软而低强度到硬而高强度。凝胶可定义为互相连接的系统,该系统在稳态时没有流动性。在重量上,凝胶主要是液体,但它们形成了空间网状的类似固体的结构。正是流体这样相互交联的特性导致了凝胶的结构特点(硬度)和黏性(黏着性)
374. Geometry 几何	以形状、大小和相对位置等具有空间属性的问题为研究对象的数学分支
375. Gettering 吸气、除气、吸杂	除去杂质的方法,在烧结过程中吸收或化合烧结气氛中对最终产品有害的物质的材料。也称消气剂,是用来获得,维持真空以及纯化气体等,能有效地吸着某些(种)气体分子的制剂或装置的通称。有粉状、碟状、带状、管状、环状、杯状等多种形式。吸气起源于真空(vacuum)管,其中 Ti 的吸气剂用于微量残余气体。现在,吸杂在从硅集成电路去除不需要的残余元素(通常是金属)方面有重大作用
376. Gimbal 万向节	让一个物体绕单一的轴线旋转的枢轴。一组万向节(其中一个安装在另一个上使它们的转轴正交)可使无论其支撑轴怎样运动,安装在最内层的万向架保持不动
377. Glassy Carbon 玻璃碳	也称为非晶态碳,一种将玻璃和陶瓷的性能与石墨结合的非石墨化碳。这种材料最重要的性能是耐高温、耐强化学腐蚀,以及对气体和液体的抗渗性。玻璃碳在电化学中被广泛地当作电极材料使用,也被用作高温坩埚和一些假肢器官的部件
378. Goos-Hänchen Effect 古斯-汉欣效应	一种光现象,表现为线性极化光在全反射的过程中经历一小段平行于传播方向的位移。这是英伯特-费多罗夫效应(Imbert-Fedorov Effect)的线偏振模拟。这种现象会发生是因为有限大小的光束会沿着横向对平均传播方向的线进行干扰
379. Grain Boundary Strengthening 晶界强化	指一种通过改变平均晶粒大小来加强材料的方法。它基于晶界阻碍位错运动,且晶粒中的位错数对位移穿过晶界和在晶粒间传递的难易度有影响。改变晶粒大小可以影响位错运动和屈服强度
380. Graphene 石墨烯	指一种由碳原子以 sp2 杂化轨道密集地组成蜂巢状晶格的单原子厚度的平面薄膜。它可以看作是由碳原子和它们的键组成的原子级铁丝网。这个名字来源于石墨+烯,石墨本身由许多堆叠的单层石墨组成。石墨烯有高强度,这与其他性能相结合可提供多种应用,例如显示屏。石墨烯也能抵抗强酸和碱金属的攻击

续表

效应名称	注解与说明
381. Gravitation （万有）引力	有质量的物体会相互吸引的自然现象。在日常生活中，引力被广泛认为是将重量赋予有质量物体的"中介"
382. Gravitational Convection (non heat) 重力对流（非热）	在重力场中不同的浮力造成对流可能是流体密度差异源头引发的，而不是由热产生的源头，例如可变的成分引发的。例如，由于盐水比淡水重，会产生干盐向下扩散浸入潮湿土壤的现象，干盐作为源头材料发生了扩散
383. Gravitational Redshift 引力红移	位于强引力场中的波源发出的光或其他形式的电磁波（可以说"离开"引力场）被弱引力场中的观察者接收时，具有比原来更长波长的现象。从光的波长来看，表现为光的频谱整体向红色端（能量和频率较低、波长较长）移动
384. Gravitational Lensing 引力透镜	当从一个非常遥远的、明亮的光源（如类星体）发出的光线在光源和观察者之间被一个质量巨大的物体（如星团）"弯曲"时，一个引力透镜就形成了。该过程被称为引力透镜效应，是爱因斯坦的广义相对论的预言之一
385. Groove 槽	槽是零件表面的一个长而窄的压痕，一般允许其他材料或零件遵循它的目的在凹槽内移动
386. Ground Effect 地面效应	飞机可能会受到多个地面的效果的影响，或者，由于飞行体的贴地飞行而产生的空气动力学效应
387. Guided Rotor Compressor 引导式转子压缩机	正位移旋转气体压缩机。压缩量由安装在偏心驱动轴处的旋转摆线转子决定
388. Gunn Effect 耿氏效应	也称为电子转移装置（TED），一种在高频电子中使用二极管的形式。与半导体的能带结构有关：砷化镓导带最低能谷 1 位于布里渊区中心，在布里渊区边界 L 处还有一个能谷 2，它比能谷 1 高出 0.29eV。当温度不太高时，电场不太强时，导带电子大部分位于能谷 1，能谷 1 曲率大，电子有效质量小。能谷 2 曲率小，电子有效质量大（$m_1 = 0.067m_0$，$m_2 = 0.55m_0$）。由于能谷 2 有效质量大，所以能谷 2 的电子迁移率比能谷 1 的电子迁移率小，即 $u_2 < u_1$。当电场很弱时，电子位于能谷 1，平均漂移速度为 $u_1 E$；当电场很强时，电子从电场获得较大的能量由能谷 1 跃迁到能谷 2，平均漂移速度为 $u_2 E$。由于 $u_2 < u_1$，所以在速场特性上表现为不同的变化速率（实际上 u_1 和 u_2 是速场特性的两个斜率。即低电场时 $dvd/dE = u_1$，高电场时 $dvd/dE = u_2$）。在迁移率由 u_1 向 u_2 变化的过程中经过一个负阻区。在负阻区，迁移率为负值。这一特性也称为负阻效应。其意义是随着电场强度增大而电流密度减小
389. Gyroscope 陀螺仪	基于角动量的原理的该装置是一个旋转的转轮或转盘，根据角动量的原理，其车轴自由采取任何方位，用于测量或维持取向。这种定பtions应于一个给定的外部转矩与陀螺仪的高旋转速率的变化多少
390. Haidinger's Brush 海丁格电刷	一种内视现象。很多人能感受到光的偏振。人观察的视场的中心在蓝天的映衬面对远离太阳的同时，通过偏光太阳镜在视野中央可观察到黄色的单杠或领结形状的图像。该图像为蝴蝶尾部，故名"刷"
391. Hall Effect 霍尔效应	是电磁效应的一种，这一现象是美国物理学家霍尔（A. H. Hall, 1855—1938）于 1879 年在研究金属的导电机制时发现的。当电流垂直于外磁场通过导体时，在导体垂直于磁场和电流方向的两个端面之间会出现电势差，这一现象就是霍尔效应。这个电势差也被称为霍尔电势差
392. Halbach Array 哈尔巴赫阵列	一种特殊的永磁体的磁体单元的排列，能增强磁场一个方向上的场强，同时将另一方向的磁场降至接近零。它有许多应用，从平凡的冰箱磁铁、无刷交流电动机和磁耦合等工业应用，到扭摆磁铁粒子加速器和自由电子激光器等高科技的应用
393. Harmonic Oscillator 谐波振荡器	当偏离其平衡位置时会受到一个与位移成比例的回复力的系统。机械方面的例子包括翻车机（小角位移）和弹簧振子
394. Heating 加热	随着加热温度上升的行为
395. Heat Engine 热力发动机	利用热源和冷源之间的温度梯度差将热能转换成机械功的一个系统。热量从热源通过发动机转移到冷源，并在此过程中，通过利用工作物质（通常是气体或液体）的属性，将一些热量转换为功

续表

效应名称	注解与说明
396. Heat Exchanger 换热器	也称为热交换器或热交换设备,用来使热量从热流体传递到冷流体,无论介质间是否有固体防护隔开(防止其混合或直接接触),以满足规定的工艺要求的装置
397. Heat Pipe 热管	封闭的管壳中充以工作介质并利用介质的相变吸热和放热进行热交换的高效换热元件。热管技术是1963年美国洛斯阿拉莫斯(Los Alamos)国家实验室的乔治·格罗佛(George Grover)发明的一种称为"热管"的传热元件,它充分利用了热传导原理与制冷介质的快速热传递性质,通过热管将发热物体的热量迅速传递到热源外,其导热能力超过任何已知金属的导热能力
398. Heat Sink 散热器	散热器是一个组件,利用热传导原理与制冷介质,如空气或液体,将组件内产生的热量迅速传递到热源外
399. Heat Treatment 热处理	指一种通过加热或冷却(通常达到极端温度)来改变材料的物理或化学性质的方法,从而实现所需的材料硬化或软化。热处理技术包括退火、表面硬化、沉淀强化、回火和淬火
400. Helix 螺旋	是一种特殊的空间曲线,即三维空间中的一条光滑的曲线。螺旋线上的任何点的切线与一条固定直线的角度为常数。是螺旋输送机的基本零件,由螺旋轴和焊接在轴上的螺旋叶片组成。根据功的原理,在动力 F 作用下将螺杆旋转一周,F 对螺旋做的功为 $F2\pi L$。螺旋转一周,重物被举高一个螺距(即两螺纹间竖直距离),螺旋对重物做的功是 Gh。依据功的原理得 $F=(h/2\pi L)/G$。因为螺距 h 总比 $2\pi L$ 小得多,若在螺旋把手上施加一个很小的力,就能将重物举起。螺旋因摩擦力的缘故,效率很低。即使如此,其力比 G/F 仍很高,距离比由 $2\pi L/h$ 确定。螺旋的用途一般可分紧固、传力及传动三类
401. Heterodyne 外差	在无线电和信号处理领域中,外差是两个新频率的振动波形通过混合或相乘产生的。在信号的调制、解调以及将信息存储在一定频率范围内的波形中具有重要作用
402. Hinge 铰链	用来连接两个固体,并允许两者之间做转动的机械装置
403. Hole 孔	孔就是指一个实体上所缺失的、并且封闭的部分
404. Homodyne Detection 零差检测	指一种用于检测与一个基准频率非线性混合的频率的辐射的方法,其原理与外差检波相同
405. Hook 钩	持有弯曲钩以悬挂或拉东西的机械装置
406. Hooke's Law 胡克定律	胡克定律是力学基本定律之一。适用于一切固体材料的弹性定律,它指出:在弹性限度内,物体的形变跟引起形变的外力成正比。胡克定律的表达式为 $F=kx$ 或 $\Delta F=k\Delta x$,其中 k 是常数,是物体的胡克定律劲度(倔强)系数。在国际单位制中,F 的单位是牛,x 的单位是米,x 为形变量(弹性形变),k 的单位是牛每米。刚度系数在数值上等于弹簧伸长(或缩短)单位长度时的弹力。弹性定律是胡克最重要的发现之一,也是力学最重要基本定律之一。在现代,仍然是物理学的重要基本理论。胡克的弹性定律指出:弹簧在发生弹性形变时,弹簧的弹力 F 和弹簧的伸长量(或压缩量)x 成正比,即 $F=-kx$。k 是物质的弹性系数,它由材料的性质所决定,负号表示弹簧所产生的弹力与其伸长(或压缩)的方向相反
407. Hopkinson Effect 霍普金森效应	处于低强度磁场中的铁磁材料的磁导率是随温度变化的函数,可用来测量温度。温度最大值小于材料的居里点
408. Hot Chocolate Effect 热巧克力效应	将可溶性溶剂加入装有热液体的杯子中,轻敲杯壁可以听到声音频率上升。将巧克力粉加入一大杯热牛奶中搅拌,用勺子轻敲搅动中的牛奶杯底,可以观察到这个现象。轻敲杯子的声音频率会逐渐上升。随后的搅拌声音频率会降低音高。这是由于气泡密度对液体中声速的影响。注意听到的是液柱高度影响固定波长的频率
409. Hot Isostatic Pressing 热等静压、均衡的热冲压	在热等静压制造工艺中,可以减少金属陶瓷材料的孔隙率、提高机械性能。HIP工艺是将制品放置到密闭的高压容器中,向制品施加各向同等的压力,同时施以高温
410. Hydrate 水合物	气体或挥发性液体与水相互作用过程中形成的固态结晶物质。化合物从其组成离子的水溶液中结晶出来时,所得到的晶体往往是水合物。在无机化学中,水合物有束缚于金属中心的或与金属络合物结晶的水分子。在有机化学中,水合物是一种由水或它的元素添加到主体分子中形成的化合物。在无机化学中,水合物含有束缚于金属中心的或与金属络合物结晶的水分子。这类水合物也被认为是含有"结晶水"或"化合水"
411. Hydraulic Accumulator 液压蓄能器	一种能量储存装置,一种压力储存器,在储存器中不可压缩的液压流体由外源在压力下保存。外源可以是,例如一根弹簧、一个举起的重物或压缩气体

续表

效应名称	注解与说明
412. Hydraulic Ram 液压缸	液压缸(活塞)的功能作为一个液压变压器,能源是循环水泵(油泵),以液体作为工作介质来传递动力,输出不同的液压头和流率的水(油)
413. Hydride Compressor 氢压缩机	氢压缩机工作原理是利用金属氢化物在低压状态时吸收氢气,在高压状态(通过外加热,比如热水床或电动线圈,升高温度)时解吸氢气的特性
414. Hydraulic Press 液压机	液压机是以液压传动。液压传动用液体的压力能来传递动力。一个完整的液压系统由五个部分组成,即能源装置、执行装置、控制调节装置、辅助装置、液体。液压由于其传动力量大,易于传递及配置,应用广泛。液压系统的执行元件液压缸和液压马达的作用是将液体的压力能转换为机械能,而获得需要的直线往复运动或回转运动
415. Hydraulic Jump 水跃	当液体以极高的速度排放到液体速度较低的区域时,液体表面将会显著上升(一个梯级或驻波)。液体速度突然减慢和液面的增高使流体的初始动能转换成势能,由于热湍流损失一些能量。在明渠中,这表现为急流迅速放缓同时水深增加
416. Hydrodynamic Cavitation 水力空化(气穴、气蚀)	声波在液体中传播,基于系统特定的几何形状(局部缩颈),在时空上产生低于静态压力的负压现象。在液体的负压区域,液体中的结构缺陷(空化核)会逐渐成长,形成肉眼可见的微米级的气泡,这就是声空化现象。微气核空化泡在声波的作用下振动,当声压达到一定值时空化泡将会长大和剧烈地崩溃,释放高能,产生剧烈的破坏作用
417. Hydrogel 水凝胶	水凝胶是一种亲水性(它们可以包含超过 99.9% 的水)聚合物链形成的网状结构物,呈凝胶态,其中的水起到分散质的作用。由于含有大量水分,水凝胶具有类似于天然组织的灵活性
418. Hydrogenation 氢化(加氢)	氢化是通过化学反应在物质中添加氢原子的过程。该过程可以用来增加或减少有机化合物的饱和度。通常,氢化过程会在分子中添加一对氢原子
419. Hydrolysis 水解	一种化学反应。在该化学反应过程中,一个或者多个水分子被分解成氢离子和氢氧根离子。这些离子可以参与进一步的反应
420. Hydrogen Peroxide 过氧化氢(双氧水)	过氧化氢溶液,化学式为 H_2O_2,其水溶液俗称双氧水,外观为无色透明液体,是一种强氧化剂,因此,作为消毒剂、氧化剂和防腐剂使用,并作为火箭助燃剂。过氧化氢的氧化能力十分强,被认为是高活性氧化物
421. Hydrometer 比重计	比重计是一种仪器,用于测量液体的比重或相对密度(该液体的密度比水的密度)
422. Hydrophile 亲水性	带有极性基团的分子,对水有大的亲和能力,可以吸引水分子,或溶解于水。这类分子形成的固体材料的表面,易被水所润湿。具有这种特性就是物质的亲水性。金属板材如铬、铝、锌及其生成的氢氧化物,以及具有毛细现象的物质都有良好的亲水效果。两个不相溶的相态(亲水性对疏水性)将会变化成使其界面的面积最小时的状态。此一效应可以在相分离的现象中观察到
423. Hydrophob 疏水性	疏水性指的是一个分子(疏水物)与水互相排斥的物理性质。疏水性分子偏向于非极性,因此会溶解在中性和非极性溶液(如有机溶剂)中。水中的疏水性分子经常聚集形成胶团。疏水面上的水表现出高交汇角。疏水性分子包含烷烃、油、脂肪和多数含有油脂的物质
424. Hygrometer 湿度计	一种用于测量环境中水含量的仪器。湿度测量仪器通常是测量物体吸收水分后其温度、压强、质量或者其他机械电气量的变化
425. Hyperboloid 双曲面	双曲线绕其对称轴旋转而生成的曲面即为双曲面。双曲面是三维空间中的二次图形。双曲线绕其短半轴旋转可以得到单叶双曲面。单叶双曲面的轴为 AB,曲面上的点为 P,则 $AP\text{-}BP$ 为一常数,其中 AP 是 A 与 P 之间的距离,点 A 与 B 是双曲面的焦点。在现实中,许多发电厂的冷却塔结构是单叶双曲面形状。由于单叶双曲面是一种双重直纹曲面(Ruled Surface),它可以用直的钢梁建造,这样会减少风的阻力,同时也可以用最少的材料来维持结构的完整
426. Hysteresis 磁滞、滞后	磁滞现象在铁磁性材料中是被广泛认知的。当外加磁场施加于铁磁性物质时,其原子的偶极子按照外加场自行排列。即使外加场被撤离,部分排列仍保持:此时,该材料被磁化。准确地说,具有滞后现象的系统具有路径独立性,或者"独立记忆率"
427. Imbert-Fedorov Effect 英伯特-费多罗夫效应	一种光学现象,当圆或椭圆偏振光完全在内部发生反射时,会产生小的偏移且会横向传播。这种效应是古斯-汉欣效应的圆极化模拟
428. Lewis 起重爪	一种用来从上方提升大型石块的起重装置。在石头中心的正上方,一个特别配置的槽或"装置",起重爪从石头的顶部的正上方插入。它应用杠杆原理操作,石头的重量作用在杠杆的长臂上,转换在杠杆短臂上产生非常高的反应力和摩擦力,使槽的内侧与石头保持接触,防止石头下滑

续表

效应名称	注解与说明
429. Impact Force 冲击力	在很短的时间内产生巨大的碰撞力。施加这样的力或加速度有时比长时间施加较小的力具有更大的影响
430. Impeller 叶轮	用于增加流体的压力和流量的一种旋转组件,是离心式泵的典型组件。将能量从驱动该泵的电动机传输到被加速流体,使其从旋转中心向外加速运动。流体的运动被泵壳所限制时,叶轮使流体获得的速度将转变成对泵壳的压力
431. Incandescence 炽热	炽热是由于热体的温度发射的光(可见的电磁辐射)产生的
432. Inclined Plane 斜面	一个平坦的表面上,但其端点在不同的高度(不是完全垂直)所以是倾斜面。在斜面上移动一个对象的能源(是一个倾斜平面上的位置函数)是引力
433. Induction Heating 感应加热	通过电磁感应,导电物体(通常是金属)被加热的过程,例如通过电磁感应产生涡流,电阻产生焦耳热
434. Inductor 电感应器	一种无源电气元件,可以由通过它的电流产生的磁场中储存能量。一个电感器通常是把导线做成线圈状,依据安培定律,这些通电的导线环能够在圈内产生强大的磁场。因为线圈内的磁场的变化的,因此根据法拉第电磁感应定律会产生感应电场电压,同时也遵循楞次定律抵抗电压的改变
435. Inertia 惯性	惯性是任何有形物体反对运动状态改变的特性。惯性的大小和对象的质量成比例
436. Infrared Radiation 红外辐射	红外(IR)辐射是电磁辐射,其波长比可见光(400~700nm)长,但短于太阳辐射(3~300μm)和微波(约30000μm)。红外辐射跨越大约三个数量级(750nm 和 1000μm)
437. Injector 喷射器	喷射器使用缩扩喷嘴的文丘里效应,形成一个低压区吸入流体,并将流体的压力能转换为速度能的类似于泵的设备。混合流体通过喷射器的喉部之后,扩散的速度降低,通过流体速度能量转换为流体压力从而再次压缩
438. Interference 干扰	两个或两个以上的波的叠加产生一个新的波。干扰通常是指彼此相关或相干波的相互作用,可能是因为它们从相同的源发出,或是因为它们具有相同的或几乎相同的频率
439. Intumescent Materials 发泡(膨胀)材料	膨胀材料在受高温时可引发一种能促使材料膨胀的化学进程,从而体积增大,密度减小。膨胀材料通常用于被动消防
440. Invar 殷钢	殷钢是一种镍钢的高合金钢 FeNi36(64FeNi 美国),其特性是低的热膨胀系数
441. Inverse Compton Scattering 逆康普顿散射	当 x 射线或 γ 射线的光子与物质发生相互作用时,光子的能量会增加(波长减小)
442. Inverse Faraday Effect 逆法拉第效应	与法拉第效应相反,外部振荡电场引起静态磁化
443. Inverse Peltier Effect 逆珀耳帖效应	1834 年,法国科学家珀耳帖发现:当两种不同属性的金属材料或半导体材料互相紧密联结在一起的时候,在它们的两端通直流电后,只要变换直流电的方向,在它们的结头处,就会相应出现吸收或者放出热量的物理效应,于是起到制冷或制热的效果,这就叫作"珀耳帖效应"。珀耳帖冷却是运用"珀耳帖效应",即组合不同种类的两种金属,通电时一方发热而另一方吸收热量的方式。因此,应用珀耳帖效应制成的半导体制冷器,就能制造出不需要制冷剂、制冷速度快、无噪声、体积小、可靠性高的绿色电冰箱
444. Ion Beam 离子束	离子束是一种由离子组成的粒子射线。离子束受到外界的作用射向固体材料,并能停留在固体材料中,这一过程就叫离子注入
445. Ion Exchange 离子交换	借助于固体离子交换剂中的离子与稀溶液中的离子进行交换,以达到提取或去除溶液中某些离子的目的,是一种属于电解质分离过程的单元操作。离子交换是可逆的等当量交换反应。目前,离子交换主要用于水处理(软化和纯化);溶液(如糖液)的精制和脱色;从矿物浸出液中提取铀和稀有金属;从发酵液中提取抗生素以及从工业废水中回收贵金属等
446. Ion Implantation 离子注入	当真空中有一束离子束射向一块固体材料时,离子束把固体材料的原子或分子撞出固体材料表面,这个现象叫作溅射;而当离子束射到固体材料时,从固体材料表面弹了回来,或者穿出固体材料而去,这些现象叫作散射;另外有一种现象是,离子束射到固体材料以后,受到固体材料的抵抗而速度慢慢减低下来,并最终停留在固体材料中,这一现象就叫作离子注入
447. Ion Repulsion 离子斥力(引力)	带相反电荷的离子间的吸引力或带有负电荷的离子之间的排斥力

续表

效应名称	注解与说明
448. Ionisation (Ionization) 电离	原子是由带正电的原子核及其周围的带负电的电子所组成的。由于原子核的正电荷数与电子的负电荷数相等,所以原子是中性的。原子最外层的电子称为价电子。所谓电离,就是原子受到外界的作用,如被加速的电子或离子与原子碰撞时使原子中的外层电子特别是价电子摆脱原子核的束缚而脱离,原子成为带一个(或几个)正电荷的离子,这就是正离子。如果在碰撞中原子得到了电子,则其成为负离子
449. Isoelectric Focusing 等电子聚焦	也称为电子聚焦,一种利用分子间的电荷差异分离不同分子的技术。这是一种区带电泳法,通常在凝胶中进行,该方法利用了分子所带电荷量会随着周围环境的 pH 值的变化而变化的特点
450. Ion Wind 离子风	当电场强度(尤其是尖锐导体产生的强电场)超过电晕放电所需的起始电压时,在尖端处空气被电离,形成一个等离子体喷射现象,从而形成离子流。空气分子被电离后,与尖锐端具有相同极性的离子云受到排斥力的作用,同时由于极性相同的离子间相互排斥,离子云会发生扩散,形成电"风",并且发出嘶嘶声(压力变化造成)
451. Iridescence 彩虹色	彩虹色也称为虹彩,指某些物体表面属性导致视觉上的改变而出现颜色的改变。如果观测物体表面的角度改变,色彩也随之改变,这样一种光学现象就叫作虹彩现象,即彩虹色,是来自多层次的反射、半透明表面相位移和反射调节入射光的干扰引起的。彩虹色常见于肥皂泡、蝴蝶翅膀、贝壳等物体
452. Janka Hardness Test 詹卡硬度测试	詹卡硬度测试法用于测量木材的硬度。方法是用一个 11.28mm(0.444in) 的钢球嵌入到钢球直径的一半处时,测量其所需的力,这种方法会在木材表面留下一个面积为 $100mm^2$ 的压痕。它是测量木质耐压缩和耐损耗率的最好方法,也是检验木质造成锯子和钉子如何费力的指示器
453. Jet 喷射	一种连贯的流体流(例如气体或液体),从一些喷嘴或孔束射到周围的介质中
454. Jet Damping 射流阻尼	或推力阻尼,是火箭焰从火箭的横向角运动中消除能量的效应。如果火箭进行俯仰运动或偏移运动,那么必须在气体喷出排气管和喷嘴时进行横向加速。一旦排气离开喷嘴运载工具将失去这个横向动力,从而有助于抑制横向振动
455. Jet Erosion 射流冲蚀(侵蚀)	液体/气体的磨料物质的混合物,使用具有极高的速度和压力束射出混合物射流,使材料产生冲蚀
456. Johnsen-Rahbek Effect 约翰逊-拉别克效应	在经过金属表面和半导体材料表面间边界处加一电势(电压),此二表面间就会出现一吸引力,此力的大小和所加的电压与所包含材料的特性有关。1920 年,约翰逊和拉别克发现,抛光镜面的弱导电物质(玛瑙、石板等)的平板,会被一对连接着 220V 电源、邻接的金属板稳固地固定。而在断电情况下,金属板可以很轻易地移开 对此现象的解释如下:金属和弱导电物质,两者是通过少数的几个点相互接触的,这就导致了过渡区中的大电阻系数,金属板间接触的弱导电物质与金属板自己本身的小电阻系数(由于大的横截面),所以在金属和物质间的如此狭小的一个转换空间内,存在着电场,将会发生巨大的压降,由于金属和物质之间的微小距离(大约 1mm),此空间就产生了很高的电位差
457. Josephson Effect 约瑟夫森效应	电流通过两个弱的耦合的超导体时,被一个非常薄的绝缘屏障分离的现象
458. Joule-Lenz Effect 焦耳-楞次效应	1840 年,焦耳把环形线圈放入装水的试管内,测量不同电流强度和电阻时的水温。通过这一实验,他发现:导体在一定时间内放出的热量与导体的电阻及电流强度的平方成正比。同年 12 月焦耳在英国皇家学会上宣读了关于电流生热的论文,提出电流通过导体产生热量的定律,由于不久之后,俄国物理学家楞次也独立发现了同样的定律,该定律被称为焦耳-楞次定律
459. Joule-Thomson Effect 焦耳-汤姆逊效应	指气体通过多孔塞膨胀后所引起的温度变化现象。气体经过绝热节流膨胀过程后温度发生变化的现象,称为"焦耳-汤姆逊效应"。当气流达到稳定状态时,实验指出,对于一切临界温度不太低的气体(如氮、氧、空气等),经节流膨胀后温度都要降低;而对于临界温度很低的气体(如氢),经节流膨胀后温度反而会升高。在通常温度下,许多气体都可以通过节流膨胀使温度降低,冷却而成为液体。工业上就利用这种效应制备液化气体 正焦耳-汤姆逊效应:在焦耳-汤姆逊系数 $\alpha>0$ 时,气体通过节流,凡膨胀后温度降低者,称为"正焦耳-汤姆逊效应",亦称制冷效应 负焦耳-汤姆逊效应:在焦耳-汤姆逊系数 $\alpha<0$ 时,气体通过节流,凡膨胀后温度升高者,称为"负焦耳-汤姆逊效应"

续表

效应名称	注解与说明
460. Kalina Cycle 卡里纳循环（周期）	一种将热能转化为机械能的热力学循环，与散热片（或环境温度）相比，热源能在相对较低的温度下得到优化使用。该循环的工作流体由两种或两种以上液体构成的混合物（通常为水和氨），且系统不同部分，液体之间的混合比率不同，以此来提高热力可逆性和总体热力学效率。卡利纳循环具有多种形式的变体
461. Kármán Vortex Street 卡门涡街	在一定条件下，正常的层流流体绕过某些物体时，物体两侧会周期性地形成旋转方向相反、排列规则的双列线涡，经过非线性作用后，形成卡门涡街。这解释了电话线或电源线发出的声音，以一定速度振动的汽车天线等现象
462. Kaye Effect 凯伊效应	合成液体的一种属性，常用在剪切变稀的液体中（液体在剪切应力情况下会变稀）。当把这种液体喷淋在表面时，表面突然喷出的液体与即将到来的下行的液体溶合。普通家用液体洗手液、洗发水、无滴漏油漆等都具体这种属性。然而，这种效果通常被人们所忽视，因为它持续时间很短，大约不会超过 300ms
463. Kelvin-Helmholtz Instability 凯尔文-亥姆霍兹不稳定性	两种流体作平行相对运动，由于沿流速方向的小扰动，运动流体是不稳定的。比如风吹过水面时，产生的波就是水面不稳定的表现。更普遍的是，云、海洋、土星带和日冕都反映了这种不稳定
464. Kerr Effect 克尔效应	材料对电场的响应导致材料的折射率发生变化。克尔效应指与电场二次方成正比的电感应双折射现象。放在电场中的物质，由于其分子受到电力的作用而发生偏转，呈现各向异性。结果产生双折射，即沿两个不同方向物质，对光的折射能力有所不同。这一现象是 1875 年 J.克尔发现的。后人称它为克尔电光效应，或简称克尔效应
465. Knoop Hardness Test 努氏硬度试验	努氏硬度测试是一种显微硬度测试，该机械硬度测试的测试对象是非常脆的材料与薄板，该测试只需要一个小压痕就可以达到目的。用一个已知的力将一个锥体金刚石压入被测材料的抛光表面，停留一段规定时间，然后用显微镜测量得到缩进量
466. Knot 绳结（结、节）	指一种结绳方法，用系结或交织来扣紧或固定活动的线性材料，如绳子
467. Knurling 滚花	一种制造工艺，通常在车床上进行，通过切削或滚压在金属表面产生有视觉吸引力的菱形（十字形）的花纹。有时，滚花图案是一系列直脊线或螺旋式的直脊线，而不是常见的十字纹
468. Lagrangian Point 拉格朗日点	拉格朗日点是指轨道结构上的五个位置，在这些点上仅受重力作用的一个小物体理论上可以与两个较大的物体保持相对静止（如卫星与地球和月球）。拉格朗日点上两个较大物体产生的万有引力的合力恰好提供了围绕它们旋转所需的向心力
469. Lamella 薄片（瓣）	一种鳍形结构：细片材料保持彼此相邻而且在两者之间存在流体的结构。它们出现在生物学和工程学中，如过滤器和热交换器。在骨骼的微观结构和珍珠层是材料科学意义上的薄片
470. Lamination 层压（叠片结构）	能将两层或多层结合成一个整体层叠的材料过程叫作层压
471. Laminar Flow 层流	层流是流体的一种流动状态。当流速很小时，流体分层流动，互不混合，称为层流，或称为片流。这种变化可以用雷诺数来量化。雷诺数较小时，黏滞对流场的影响大于惯性力，流场中流速的扰动会因黏滞力而衰减，流体流动稳定，为层流。层流与紊流相反。通俗地说，层流是"平滑的"，而紊流是"粗糙的"
472. Laser 激光	激光是通过受激发射的光（电磁辐射）。准分子激光（Excimer laser）是指受到电子束激发的惰性气体和卤素气体结合的混合气体，使材料的分子向其基态跃迁，从而发射出所产生的激光
473. Laser Ablation 激光烧蚀	激光烧蚀是用激光束照射固体（或偶尔是液体）的表面以去除材料。在低激光通量作用下，该材料吸收激光能量被加热而蒸发或升华。一般，激光烧蚀法是指用脉冲激光去除材料。在高的激光通量作用下，该材料通常是转换成等离子体。如果激光的强度足够高，材料可能连续被激光束烧蚀
474. Laser Beam Welding 激光束焊接	通过使用激光连接多个金属件的焊接技术。激光是一个集中的热源，适用于窄处、深处焊接，同时焊接率也很高。激光束焊接经常用于大批量生产中，如汽车行业

续表

效应名称	注解与说明
475. Laser Doppler Velocimetry 激光多普勒测速仪	使用激光束的多普勒频移来测量透明或半透明液体的流动速度,即可反射且不透明的表面上的直线运动速度或振动运动速度。粒子(天然存在或合成)由流体携带,通过两个由单色激光束形成的干涉条纹,此时,反射光强度波动,波动的频率等于入射光与反射光之间的多普勒频移,且该频率正比于粒子的运动速度
476. Laser Doppler Vibrometry 激光多普勒振动计	一种非接触式的表面振动测量技术。激光束由LDV发出,指向被测物体表面。由于表面振动,激光束频率发生多普勒频移,从而得知表面振动的振幅和频率
477. Laser Peening 激光喷丸	或称为激光冲击强化(LSP),采用强大的激光硬化或喷丸金属的过程。激光喷丸可以使表面受到一层残余压应力,表面受力深度为常规喷丸硬化方法的4倍。所用涂料通常为油漆或黑色胶带,以吸收能量。短脉冲能量被聚焦,使涂料烧蚀爆炸,产生冲击波。随后激光束被重新定位,重复该过程,以形成被压缩且具有一定深度的微小凹痕阵列
478. Laser Surface Velocimeter 激光表面测速仪	一种非接触式光学传感器,采用激光多普勒原理,评估移动物体散射回来的激光,测量表面移动的速度和长度。它们被广泛用于工业生产过程的工艺和质量控制
479. Latent Heat 潜热	潜热是一种化学物质的状态变化(即固体、液体或气体),或相变过程中释放或吸收的热量
480. Leidenfrost Effect 莱顿弗罗斯特效应	液体在近距离接触温度远高于其沸点的强热源后,产生蒸汽绝缘层防止该液体猛烈沸腾的现象。这种情况常见于将水滴掠过一个非常热的金属表面
481. Lenard Effect 勒纳德效应	也称电力喷雾或瀑布效应,电荷随着水滴的空气动力的中断而分解
482. Length Contraction 长度收缩(尺缩效应)	当物体相对观测者以非零速度运动时,观测者测得的长度将比物体静止时的实际尺寸小的物理现象。尺缩效应只有在物体运动速度接近光速时才能明显观察到;且尺缩方向与观察者运动方向平行
483. Len 透镜	拥有完美或近似轴对称属性的光学设备,用来传播或者折射光线,汇聚或发散光束
484. Lever 杠杆	刚性物体,选取合适的支点或枢轴点后可以放大机械力的作用,以施加到另一个物体上
485. Lewis 起重爪(吊楔)	一种用来从上方吊起大石块的起重装置。它被插入到一个专门的孔槽(在大石块质心上方)。它的操作是根据杠杆原理:石头的重量作用在可旋转的杠杆长臂上,在杠杆短臂与石块孔槽上产生一个非常高的反作用力和摩擦力,从而防止打滑
486. LIDAR 激光雷达	激光雷达是一种光学遥感技术装置,可通过测量分散光的性质来查找远距离目标的范围和其他信息。使用激光脉冲时,常用这种技术方法来确定目标或表面的距离。和使用无线电波的雷达技术相似,这种技术是分析脉冲发射和检测返回信号的时间差来决定目标的范围的
487. Light 光	人眼可见的波长从约380~400nm到约760~780nm的范围内的电磁辐射
488. Light Emitting Diode 发光二极管	发光二极管是一种固态半导体材料PN结发光二极管,只允许电流由单一方向流过。当LED电路被施加电流,由固体材料的PN结发出窄谱光和非相干光
489. Linear Motor 直线电机	本质上是一个通过其定子展开的多相交流(AC)电动机,这样,它不是产生旋转力矩,而是产生一个沿其长度方向的线性力
490. Liquid Crystals 液晶	物质展示出传统液体和固体之间的一种物质相态
491. Liquid-Liquid Extraction 液-液萃取	即液-液提取法,是一种分离过程,用于分离化合物,此方法基于化合物相对两种不可混溶的液体之间的溶解性,通常为水和有机溶剂。这种提取方法令物质能由一种溶液移至另一种溶液
492. Liquid Membrane 液膜	液膜是一种活性成分液态的膜,其活性成分是乳剂形式或支撑在一些装置的轴孔中
493. London Dispersion Force 伦敦色散力(散射力)	伦敦色散力是量子引起的瞬时偶极化的原子和分子间微弱的作用力,因此分子之间没有永久的多极矩

续表

效应名称	注解与说明
494. Lonsdaleite 蓝丝黛尔石	又称六角形钻石,是六角晶格碳的同素异晶体。在自然界中,它由撞击地球时的陨石中的石墨形成。六方碳可能比钻石硬58%
495. Loop Heat Pipe 回路热管	两相热交换装置。利用毛细管作用,将热从热源处转移到散热器或冷凝器中,与热管相似,但它具有可以长距离可靠地操作和克服重力的能力。设计规格可以有大功率大型管、小型管(微型环路热管)。广泛应用于地表面和空间技术中
496. Lorentz Force 洛仑兹力	电磁场对点电荷的作用力。载流导线被放置在磁场中时,形成电流的每个电荷在移动过程中都受到洛仑兹力,它们一起在导线上可以产生一个宏观力(有时称为拉普拉斯力)。洛仑兹力的公式是:$f=qvB\sin\theta$,式中 q、v 分别是点电荷的电量和速度;B 是点电荷所在处的磁感应强度;θ 是 v 和 B 的夹角。洛仑兹力的方向循右手螺旋定则垂直于 v 和 B 构成的平面,为由 v 转向 B 的右手螺旋的前进方向(若 q 为负电荷,则反向)。由于洛仑兹力始终垂直于电荷的运动方向,所以它对电荷不做功,不改变运动电荷的速率和动能,只能改变电荷的运动方向使之偏转
497. Lotus Leaf Effect 荷叶效应	是指荷叶表面具有超疏水性以及自洁的特性。荷叶的微观结构和表面化学特性意味着不会被水弄湿;水滴在叶片表面就如水银一般,并且可以带走污泥、小昆虫及污染物。然而,水滴在芋头叶子亦有相似的行为。一些纳米科技学家正在开发一些方法,使涂料、屋瓦、纺织品和其他表面可保持干燥和干净,就如荷叶表面的方式相似。通常使用氟化物或硅处理表面可达此效果;利用葡萄糖和蔗糖化合成聚乙二醇亦可达此效果。有自洁效应的新涂料,目前已被开发出来,甚至有自洁功能的玻璃板已经走上了市场,使用于温室的屋顶等
498. Lubrication 润滑	润滑是通过插入润滑剂,来减少两个紧密接触且发生相对移动的负载(产生压力)表面间的磨损的技术方法,插入的润滑剂可以是固体(如石墨)的固/液分散体、液体、液体分散液(润滑脂)或一些特殊气体
499. Luminescence 发光(发冷光)	发光是冷辐射体的一种形式,光的产生通常发生在低的温度下。它可以通过化学反应、电能、亚原子交换或晶体上的应力引起。区别于由高温引起的白热发光
500. Lyot Filter 莱奥特滤光器	是一种双折射光学过滤器,能产生发送波长的一个狭小通频带
501. Maggi-Righi-Leduc Effect 马吉-里齐-勒迪克效应	在磁场中放置一个导体时,导体的热传导率的变化
502. Maglev 磁悬浮	使用磁力产生悬浮、引导和驱动车辆(主要是火车)运行运输系统
503. Magnetic Circular Dichroism 磁圆二色性	指材料在强磁场作用下,电子跃迁到不同的激发态。这些激发态对左旋和右旋圆极化光吸收是不同的,使材料出现磁圆二色的性质。一般情况下的做法是:在一块大的电磁铁中,缠绕上一个圆形的二色测量计。磁性圆二色性是由于材料分子的螺旋结构造成左和右圆极化光的吸收不同,磁性圆二色性的仪器一般选在紫外段,而磁性圆二色性则选在近红外:300~2000nm 区段 磁圆二色性是能用来观察电子的基态和激发态的电子结构的光学技术,也是吸收谱仪的一种强有力的补充手段。它可以观察到普通光吸收谱很难看到的电子跃迁;能研究顺磁性和系统中电子对称性等
504. Magnetic Field 磁场	在永磁体或电流周围所发生的力场,即凡是磁力所能作用的空间,或磁力作用的范围,叫作磁场;所以严格说来,磁场是没有一定界限的,只有强弱之分。与任何力场一样,磁场是能量的一种形式,它将一个物体的作用传递给另一个物体。磁场的存在表现在它的各个不同的作用中,最容易观察的是对场内所放置磁针的作用,力作用于磁针,使该针向一定方向旋转。自由旋转磁针在某一地方所处的方位表示磁场在该处的方向,即每一点的磁场方向都是朝着磁针的北极端所指的方向。如果我们想象有许许多多的小磁针,则这些小磁针将沿磁力线而排列,所谓的磁力线是在每一点上的方向都与此点的磁场方向相同。磁力线始于北极而终于南极,磁力线在磁极附近较密,故磁极附近的磁场最强。磁场的第 2 个作用便是对运动中的电荷所产生的力,此力始终与电荷的运动方向相垂直,与电荷的电量成正比
505. Magnetic Hysteresis 磁滞	磁滞现象在铁磁性材料中是被广泛认知的。当外加磁场施加于铁磁性物质时,其原子的偶极子按照外加磁场自行排列。即使当外加磁场被去除时部分原子排列仍保持,发生滞后效应。磁滞损耗引起热效应。这个效应被应用到烹饪上,交变的磁场引起铁氧体直接发热,而不是通过一个外部的热源加热
506. Magnetic Pulse Welding 磁脉冲焊接	一种焊接工艺,使用磁力将两个工件连接并焊接在一起。这种焊接方法与爆炸焊接相似程度高

续表

效应名称	注解与说明
507. Magnetic Refrigeration 磁制冷	又称绝热去磁、磁热效应，绝热去磁是产生1K以下低温的一个有效方法，即磁冷却法，这是1926年德拜提出来的。在绝热过程中顺磁固体的温度随磁场的减小而下降。将顺磁体放在装有低压氦气的容器内，通过低压氦气与液氦的接触而保持在1K左右的低温，加上磁场(量级为10^6 A/m)使顺磁体磁化，磁化过程时放出的热量由液氦吸收，从而保证磁化过程是等温的。顺磁体磁化后，抽出低压氦气而使顺磁体绝热，然后准静态地使磁场减小到很小的值(一般为零)
508. Magnetic River 磁河	一层薄导电板覆盖在一个交流线性感应电动机上组成的电动磁悬浮装置，横向的磁力线(磁通)和几何结构使其具有提升力、稳定性和驱动力。磁悬浮是5轴稳定，而第6轴中性稳定，或者偏离之后可以以任一沿电动机的方向加速，即可以制动沿着电动机任何方向的加速。在侧面，会呈现出"河岸"效应，即向一旁移动板(横盘)导其上升，进而它在重力作用下设法返回到中心线
509. Magnetic Saturation 磁饱和	某些磁性材料如铁、镍、钴和它们的合金，达到磁饱和状态后，即使增加外部磁场水平，材料的磁化不进一步增加，运用铁磁材料的这一特点，制造磁饱和铁芯变压器，用于弧焊，铁磁饱和变压器作为电压调节器来限制电流。当初级电流超过一定值时，铁芯进入其饱和区，限制二次电流的进一步增加
510. Magnetic Shape Memory 磁性形状记忆	磁性形状记忆合金(MSM，Magnetic Shape Memory)，或铁磁性形状记忆合金(FSMA，Ferromagnetic Shape Memory Alloys)，是一种在马氏体相变引起的外加磁场作用下形状和大小会表现出较大变化的铁磁材料
511. Magnetism 磁性	一种材料对其他材料施加吸引力或排斥力的现象。一些众所周知的材料，表现出易于检测的磁特性，称为磁铁，包括镍、铁、钴及它们的合金，然而，所有的材料在磁场的中都会受到或多或少的影响
512. Magnetocaloric Effect 磁致热效应	绝热过程中铁磁体或顺磁体的温度随磁场强度的改变而变化的现象。合适的材料置于变化的磁场中引起温度的可逆变化。也被称为绝热退磁。可用于达到极其低的温度(远低于1K)，也可以达到和普通冰箱一样的温度范围
513. Magnetoelastic Effects 磁致弹性效应	磁弹性效应包括磁致伸缩(或焦耳磁致伸缩)、Δ-E效应、威德曼效应、电磁容积效应，以及它们的逆效应：维利效应、Δ-E效应、马泰乌奇效应和长冈本田效应等一系列效应。当弹性应力作用于铁磁材料时，铁磁体不但会产生弹性应变，还会产生磁致伸缩性质的应变，从而引起磁畴壁的位移，改变其自发磁化的方向
514. Magnetohydrodynamic 磁流体动力	磁场在移动的导电流体中产生感应电流，从而对导体产生力的作用也改变磁场本身
515. Magnetohydrodynamic Effect 磁流体(力学)效应	例如永磁磁性微粒(磁流体)通过界面活性剂高度分散于载液中而构成的稳定胶体状体系。它既有强磁性又有流动性，在重力、电磁力作用下能长期稳定存在，不产生沉淀与分层。当置于磁场中时，流体的表观黏度将大大增加，直到成为黏弹性固体。在它的活性为"开"的状态时，流体的屈服应力可以通过改变磁场强度而非常精确地控制，因此，可以通过电磁铁控制流体传递力的能力，从而产生许多可能的建立在这种控制之上的应用
516. Magneto-Optic Effects 磁光效应	由磁场引起的物质光学特性发生改变的效应，电磁波传过已被准静态磁场改变了的一些介质的现象。包括法拉第效应和磁光克尔效应
517. Magneto-Optic Kerr Effect 磁光克尔效应	指与电场二次方成正比的电感应双折射现象。放在电场中的物质，由于其分子受到电力的作用而发生取向(偏转)，呈现各向异性，结果产生双折射，即沿两个不同方向物质对光的折射能力有所不同。这一现象是1875年J.克尔发现的。后人称它为克尔电光效应，或简称克尔效应
518. Magnetometer 磁力仪(磁强计)	用于测量磁场的强度和/或方向的仪器
519. Magnetoresistance 磁阻	威廉·汤姆逊(开尔文勋爵)在1856年首次发现，由于外加磁场引起物质电阻变化的效应。所谓磁电阻效应，是指对通电的金属或半导体施加磁场作用时会引起电阻值的变化。其全称是磁致电阻变化效应
520. Magnetorheological Fluid 磁致变流体(液)	承载纳米级悬浮物颗粒的流体通常是一种油类。当受磁场时，显示流体的黏度大大地提高，直到成为一个黏弹性固体。当流体的活性处于"开放"状态时，流体的屈服应力通过改变磁场强度得以非常精确地控制。因此，电磁可以用来控制流体的传送力
521. Magnetostriction 磁致伸缩	铁磁性材料的一种性质。磁化过程中铁磁材料能够改变形状和大小。由于所施加的磁场改变，材料的磁化强度发生变化，而导致磁致伸缩应变，直到达到其饱和值。这种效应会导致易感铁磁芯摩擦产热

续表

效应名称	注解与说明
522. Magnetotellurics 大地电磁法	大地电磁法是电磁地球物理成像的方法,通过测量地球表面电场和磁场的自然变化形成地表下层的图像。探测深度从地下300m到10000m或更深(通过记录更高的频率或用更长周期的探测)
523. Magnetovolume Effect 磁致容积效应	磁弹性效应中的一种。铁磁物质(磁性材料)由于磁化强度的改变,其尺寸、体积发生变化,最明显的是在居里温度附近
524. Magnus Effect 马格努斯效应	指一种现象,一个在流体中转动的物体在其周围产生漩涡,并受到垂直于运动方向、背离旋转方向的力。总体表现类似气流中的机翼,其中气流不是由机翼运动产生,而是由机械旋转而产生的
525. Marangoni Effect 马朗格尼效应	或称吉布斯-马朗格尼效应(Gibbs-Marangoni effect)。由于表面张力的不同,物质在流体层上或在流体层中传递。最熟悉的实例是肥皂膜,马朗格尼效应使形成稳定的肥皂膜
526. Maser 微波激射器	指一种通过放大受激辐射产生相干电磁波的设备。激光器(镭射)是一种光学微波射器,作为高精密频率标准,是原子钟的一种形式
527. Matteucci Effect 玛特尤茨效应	是逆磁致弹性效应中的一种。当磁致伸缩物质受到转矩时,产生螺旋形各向异性的磁化效应
528. Mechanical Accumulator 机械蓄能器	一种储存能量的机械装置。例子包括弹簧和液压蓄能器
529. Mechanical Advantage 机械优势(增益)	是通过使用工具、机械装置或机器系统来实现力的扩增的度量。理想情况下,设备保持了输入功率,简单地折中抵抗运动的力,并获得所需的输出力的放大。该模型的典范是杠杆定律。机器组件被设计成以这种方式来管理力和运动,称为机构。一个理想的机构传递功率,而不会对其进行增减。这意味着理想的机制不包括动力源,而且没有摩擦,刚体不发生变形或磨损。相对于该理想系统,一个实际系统的性能在效率因子的表示上要考虑到摩擦、变形和磨损
530. Mechanical Fastener 机械紧固件	机械紧固件是将两个或多个物体机械连接或粘贴组合在一起的设备
531. Mechanical Force 机械力	机械力是一种导致物体产生加速度的机械性的力
532. Mechanocaloric Effect 机械致热效应	指一种效应,由于氦Ⅱ的温度梯度总是伴随着相反的压力梯度而造成。例子是喷泉效应,当液氦在一个容器里加热时,一部分液氦通过小孔喷出
533. Mechanoluminescence 机械致发光、力致发光	指任何由固体上的机械运动造成的发光。它可以通过超声波或其他手段产生
534. Meissner Body 迈斯纳体	指宽度恒定的表面,由用弯曲的贴片替代鲁洛克斯四面体的三条边缘构成,从而形成圆弧状旋转的表面。已有猜测(但尚未证实)迈斯纳体是宽度恒定的体积最小的三维形状
535. Melting 熔化	熔化是指物质由固态转变为液态的一个过程。固体物质的内部能量(通常是吸收的热量)增加,到一特定的温度(所谓的熔点),引起物质从固相到液相的转变
536. Memory Foam 记忆海绵	记忆海绵是黏弹性聚氨酯泡沫体,由聚氨酯与其他增加其黏度的化学品构成,在低温下黏弹性增加,能精密记忆本身的形状,在高温时黏弹性较低,对压力敏感,这使得它能够在几分钟内将自己塑造成模具的形状
537. Metal Foam 泡沫金属	一种由固体金属,通常是铝,组成的蜂窝状结构,含有大量的充气气孔。气孔可以被密封(即闭孔泡沫),或它们可以组成一个互联的网络(即开孔泡沫)
538. Metastability 亚稳态	亚稳态是描述了微妙的平衡状态的科学概念。一个系统处于亚稳态时,它处于平衡状态(不随时间变化),但易受轻微的交互作用陷入低能量状态。这类似于在一个小山谷的底部,而附近有一个更深的山谷
539. Meyer Hardness Test 迈耶硬度测试	迈耶硬度测试是一种很少使用的测试方法,它基于一种达到压痕的投影面积所需的平均压力。这是比基于压痕表面积的硬度测试方法更基础的一种硬度测量。该测试的原理是,测试材料达到压痕面积所需要的平均压力,即是该材料的测量硬度
540. Microbial Fuel Cell 微生物燃料电池	微生物燃料电池(MFC)或生物燃料电池是一种生物电化学系统,通过模仿自然界中已发现的细菌的相互作用来驱动电流
541. Microemulsion 微乳液	微乳液是油、水和表面活性剂形成的均一、稳定、各向同性的液体混合物,经常与助表面活性剂相结合。与普通乳液相比,微乳液形成于简单的成分混合且不需要普通乳液的形成时通常需要的高剪切条件。微乳液的两种基本类型是直接的(油分散在水中,O/W)和反转的(水分散在油中,W/O)

续表

效应名称	注解与说明
542. Microelectromechanical System 微机电系统(MEMS)	MEMS是非常小的、纳米尺度的机电系统,融入了纳米电机械系统(NEMS)和纳米技术。微机电系统是由1～100μm大小(即0.001～0.1mm)的部件组成,且微机电系统器件的尺寸范围通常为20μm(米的百万分之二十)到1毫米
543. Microsphere 微球体	微球体是一个术语,用于描述直径在微米范围(通常为1微米到1毫米)的小球形颗粒,在化妆品中,不透明的微球体用来掩盖皱纹和颜色
544. Microwave Radiation 微波辐射	微波是波长范围为1mm～1m的电磁波,或等价的、频率为300～300MHz(0.3千兆赫)的电磁波
545. Mineral Hydration 水合化	矿物的晶体结构加入结晶水的无机化学反应,通常会形成一种新的矿物,称为水合物。水合作用有两种主要方法,一种是氧化物转化成氢氧化物,例如氧化钙(CaO)转化为氢氧化钙[Ca(OH)$_2$]的转换,另一种是让水分子直接进入矿物的晶体结构,例如长石的黏土矿物的水合。水合是普通硅酸盐水泥提高强度的一种途径
546. Misznay-Schardin Effect 米斯奈-沙尔丁效应	广阔的平面板引爆的爆炸不像圆筒形装药引爆的爆炸,其特征是:爆炸扩展的冲击波直接远离垂直于爆炸的表面
547. Mixed Convection 混合对流	自由对流和强迫对流共同导致的液体或气体(或液体或气体所携带的颗粒)的运动
548. Möbius Strip 莫比乌斯带	只有一个表面和一个边界组分的带。莫比乌斯带常被认为是无穷大符号的创意来源,因为如果某个人站在一个巨大的莫比乌斯带的表面上沿着他能看到的"路"一直走下去,他就永远不会停下来
549. Moiré Effect 莫尔效应	当两个网格在某个角度重叠时,或是当网格尺寸略有差异时产生的一种干涉图像
550. Molecular Sieve 分子筛	一种含精确的、统一尺寸微孔的材料,用于气体和液体的干燥、纯化、分离和回收。是天然或人工合成具网状结构的化学物质,如沸石等。当作为层析介质时,可按分子大小对混合物进行分级分离。分子筛吸湿能力极强(被广泛地用作干燥剂),用于气体的纯化处理。其晶体结构中有规律而均匀的孔道,孔径为分子大小的数量级,它只允许直径比孔径小的分子进入,因此能将混合物中的分子按大小加以筛分
551. Montmorillonite 蒙脱石	蒙脱石是一个非常软的层状硅酸盐黏土,通常形成微小晶体,含水量是可变的,它吸收水分后体积会极大地膨胀
552. Nagaoka-Honda Effect 长冈本田效应	磁弹效应的一种。容积的变化会引起的磁性性能变化,与电磁容积效应相反
553. Nanocomposite 纳米复合材料	纳米(nm)表示10^{-9}米。纳米大小的东西用肉眼是看不到的。在纳米尺度下,物质中电子波性依据原子之间的相互作用将受到尺度大小的影响。在这个尺度时,物质会出现完全不同的性质,就好像生物进化一样,产生无穷的变化。即使不改变材料的成分,纳米材料的基本性质,诸如熔点、电学性能、力学性能和化学活性等都将与传统材料大不相同,呈现出用传统模式和理论无法解释的独特性能。纳米复合材料指一种多相固体材料,其中一个相有一维、两维或三维小于100nm,或一种由不同相间有重复的纳米尺度的距离来组成材料的结构,可以包括多孔介质、胶体、凝胶和共聚物,但更多地用于指由块状基质和纳米级物质构成的固体组合
554. Nanofoam 纳米泡沫	一种纳米结构的多孔材料,包含大量直径小于100nm的孔。气凝胶是纳米泡沫的一个例子。纳米泡沫可以作为一种非常有效的绝热材料
555. Nanoindentation 纳米压痕技术	用于测量纳米级材料的硬度(或其他机械性能)的技术,具有精确的尖端形状、高空间的分辨率,在压痕过程中提供实时的荷载(进入表面)数据
556. Nanopore 纳米孔(纳米通道)	电绝缘薄膜中的小孔(通道),可以作为单分子检测器。纳米孔是更小的粒子的库尔特计数器。它可以是双层的生物蛋白通道,也可以是固态薄膜中的细孔。检测原理是施加电压时,监测通过膜纳米孔的离子电流
557. Nanoporous Material 纳米多孔材料	纳米多孔材料是由常规的有机或无机的材料组成的,具有有规律的毛孔,孔直径大致在纳米范围内
558. Nano-Velcro 纳米魔术贴	一种铺满了端部带钩的碳纳米管,每个横截面只有百万分之一毫米直径,可重复使用
559. Nap 绒毛	使在一定品种的织物(如似天鹅绒的织物)或其他材料的表面上凸起细绒毛
560. Néel Temperature 尼尔温度	使反铁磁性材料变成顺磁性的温度。也就是说,热能大到足以破坏材料内的宏观磁序。尼尔温度类似于铁磁材料的居里温度

续表

效应名称	注解与说明
561. Negative Thermal Expansion 负热膨胀	物理化学的过程中多数材料加热时产生膨胀,有些材料加热时产生负热膨胀,两种类型材料混合可能会导致零膨胀复合材料的产生。这种不寻常的材料有一系列潜在的工程应用
562. Nernst Effect 能斯特效应	指霍尔效应伴生的副效应,在产生霍尔电压 V_h 的同时,还伴生有四种副效应,副效应产生的电压叠加在霍尔电压上,造成系统误差
563. Nesting 嵌套	一种机械元件的组合方式,例如一个或多个元件嵌入另一个内,或者将元件移入一个腔体内。可伸缩的天线就是嵌套的常见例子
564. Neutron Diffraction 中子衍射	一种用中子来确定材料的原子和/或磁性结构的方法。它可用于研究结晶固体、气体、液体或非晶态材料。待检验的样品放在热或冷中子束中,样品周围的布格衍射强度图案给出有关材料结构的信息
565. Newton's Rings 牛顿环	指由光在球面和相邻平面间反射所产生的干涉图案。当用单色光观察时,它表现为一系列同心的、明暗交替的、中心在两表面间的接触点上的环。当用白色光观察时,它形成彩虹色的同心环图案,因为不同波长的光在两表面间不同厚度的空气层处发生干涉
566. Nitriding 氮化、渗氮	在一定温度下一定介质中使氮原子渗入工件表层的化学热处理工艺,生成硬化的表层。主要用于对钢,但也对钛、铝和钼合金金属表面的硬化。经氮化处理的制品具有优异的耐磨性、耐疲劳性、耐蚀性及耐高温的特性
567. Non-Newtonian Fluids 非牛顿流体	指其流动性不能一个恒定黏性值描述的流体。在非牛顿流体中,剪切力与应变率之间的关系是非线性的,甚至可以是随时间变化的。因此,无法定义一个恒定的黏度系数
568. Nuclear Fission 核裂变	原子的原子核分裂成几部分(较轻的原核),往往产生自由中子和其他较小的核,最终还可能会产生光子(以 γ 射线的形式)。重元素的核裂变反应是放热反应,可以释放大量的能量,形式有电磁辐射和碎片的动能(裂变发生加热散装物料)
569. Nucleation 成核现象	成核,也称形核,是相变初始时的"孕育阶段"。天空中的云、雾、雨、燃烧生成的烟、冰箱中冰的结晶,汽水、啤酒的冒出的泡等的形成,均为成核现象。在饱和蒸汽中形成液滴也是通过成核作用。大多数成核过程是物理过程,而不是化学过程,但也有少数例外,比如电化学成核
570. Nuclear Fusion 核聚变	核子融合在一起,形成一个较重的原子核而产生能量的过程
571. Oblique Shock Wave 斜冲击波	斜冲击波像一个普通的波,它承载的能量可以通过介质(固体、液体、气体或等离子体)传播,如电磁波。斜冲击波的热力学特征在于介质的特性突然的不连续的变化,相关联的压力、温度和密度的迅速崛起。以比普通波更高的速度冲击穿过大多数的介质
572. Ohm's Law 欧姆定律	欧姆定律指出:通过两个点之间的电流与电位差或电压成正比,和它们之间的电阻成反比
573. Oloid Oloid 曲面	一种可展曲面。将两个半径相同的凸圆形状磁盘彼此垂直相交,两圆盘间距等于它们的半径,形成一个三维的立体。当滚动时,可展为球状体组件的整个表面
574. Onnes Effect 昂内斯效应	超流态液体跨过较高的障碍物的能力。昂内斯效应由支配重力和黏性力的毛细作用力实现
575. Optical Fibre 光纤	能沿其长度方向传播光的纤维(通常由玻璃或塑料制成的)
576. Optical Tweezers 光镊	利用聚焦的激光束提供吸引力或排斥力(通常为微牛顿力的数量级)的科学仪器。这取决于折射率与物理上保持或移动微观电介质物体位置的不匹配。光镊在研究各种生物系统方面卓有成效
577. Opto-hydraulic Effect 光电液压效应	光电液压效应指:当激光脉冲被液体吸收时,将产生高功率的声脉冲和高静压力,导致液体向激光束的方向喷射
578. Organic Light-emitting Diode 有机发光二极管	也称为发光聚合物(LEP)或有机电致发光(OEL),指一种发光二极管(LED),其发射的电致发光层由一层有机化合物组成。该层通常包含聚合物,允许相适应的有机化合物能够沉积。它们通过一个简单的"印刷"工艺以行和列的形式沉积在平面载体上。所产生的像素矩阵可以发射不同颜色的光
579. Origami 折纸	指一种传统的日本折纸艺术。这种艺术的目标是用几何折叠创造一个物体,且折叠方式尽量少用胶水或剪切纸张,并且只用一张纸。折纸只用较少的不同的折叠,但可以通过多种方式的组合实现复杂的设计

续表

效应名称	注解与说明
580. Oscillator 振荡器、加速器	振荡器是用来产生重复电子信号(通常是正弦波或方波)的电子元件。其构成的电路叫振荡电路,能将直流电转换为具有一定频率交流电信号输出的电子电路或装置。主要有由电容器和电感器组成的 LC 回路,通过电场能和磁场能的相互转换产生自由振荡
581. Osmosis (液体)渗透	渗透作用指分离不同浓度的两种溶液的物理过程。该过程中没有能量的输入,溶剂移动通过半透膜(溶剂运动,而非溶质)。渗透作用释放能量,可对外做功。两种不同浓度的溶液隔以半透膜(允许溶剂分子通过,不允许溶质分子通过的膜),水分子或其他溶剂分子从低浓度的溶液通过半透膜进入高浓度溶液中的现象,或水分子从水势高的一方通过半透膜向水势低的一方移动的现象。植物细胞的液泡充满水溶液,将液泡膜、细胞质及细胞膜称为原生质层,则细胞与细胞之间,或细胞浸于溶液或水中,都会发生渗透作用。实际上,生物膜并非理想半透膜,它是选择透性膜,既允许水分子通过也允许某些溶质通过,但通常溶剂分子比溶质分子通过要多得多,因此可以发生渗透作用。植物细胞中有细胞壁,细胞壁有保护和支持作用,可以产生压力而逐渐使细胞内外水势相等,细胞停止渗透吸水,所以植物细胞放在水中一般不会破裂,动物细胞如红细胞放入水中则会因吸水而破裂
582. Osmotic Pressure 渗透压	将溶液和水置于 U 形管中,在 U 形管中间安置一个半透膜,以隔开水和溶液,可以见到水通过半透膜往溶液一端跑,假设在溶液端施加压强,而此压强可刚好阻止水的渗透,则称此压强为渗透压,渗透压的大小和溶液的质量摩尔浓度、溶液温度和溶质解离度相关
583. Ostwald Ripening 奥斯特瓦尔德熟化	奥斯瓦尔德熟化(或奥氏熟化)是一种可在固溶体或液溶胶中观察到的现象,其描述了一种非均匀结构随时间所发生的变化:溶质中的较小型的结晶或溶胶颗粒溶解并再次沉积到较大型的结晶或溶胶颗粒上
584. Ouzo Effect 茴香烈酒效应(乌佐效应)	乌佐效应(也称悬乳效应或自发乳化)是当水被兑入某些茴香风味力娇酒或烈酒中时产生一种乳白色悬乳状的水包油型微颗粒的反应。乌佐酒、拉克酒、中东亚力酒和苦艾酒都会发生乌佐效应。当微乳液只有较少的混合且高度稳定时发生
585. Oxidation 氧化	一种涉及电子的损失或在氧化态上增加分子、原子或离子的化学反应
586. Ozone 臭氧	臭氧(O_3)是一个三原子分子,由三个氧原子组成。是一种比双原子同素异形体(O_2)不太稳定的三原子同素异形体的氧气。可利用臭氧的强氧化作用去除杂物,如用臭氧去除轮船底部的锈迹
587. Parachute 降落伞	拖放降落伞,通过产生拉拽,或冲压空气,或气动升力,以减缓物体通过大气降落的运动速度
588. Parallax 视差	沿着两条不同视线观察到的物体明显的位移或视位的不同,可通过两条线之间全角或半角的倾斜测量。从不同位置观察,近的物体比远的物体有更大的视差,因此视差可用于确定距离
589. Parasitic Capacitance 寄生电容	电感、电阻、芯片引脚等在高频情况下表现出来的一种不可避免的电容特性,且通常是有害的。本来没有在那个地方设计电容,但由于布线之间总是有互容,互感就好像是寄生在布线之间的一样,所以叫寄生电容
590. Parylene 聚对二甲苯	聚对二甲苯是多种化学气相沉积的聚酯(对苯二甲)聚合物的商品名,用作防潮层和电绝缘体。主要有 Parylene N(聚对二甲苯)、Parylene C(聚一氯对二甲苯)和 Parylene D(聚二氯对二甲苯)三种。其中,聚对二甲苯最受欢迎,因为它兼具有阻隔性能、成本和其他制造的优势。主要用作薄膜和涂层,用于电子元器件的电绝缘介质、保护性涂料和包封材料等
591. Particle Image Velocimetry 粒子成像测速仪	指一种流动可视化的光学方法,用于获取流体中的瞬时速度测量值和相关的属性。流体中接种足够小的示踪微粒,被假定为完全遵循流体动力学。夹带微粒的流动被照亮,使微粒可见。夹带颗粒的运动被用于计算正在研究的流动的速度和方向(速度场)
592. Pascal's Law 帕斯卡定律	或称为流体压力的传输原理,在密闭容器内,施加于静止液体上的压强将以等值同时传到各点,使得整个流体压力比(初始差异)保持相同
593. Peltier Effect 珀尔帖效应	又称为热电第二效应,是指当电流通过 A、B 两种金属组成的接触点时,除了因为电流流经电路而产生的焦耳热外,还会在接触点产生吸热或放热的效应,它是塞贝克效应的逆反应。即两种不同的金属构成闭合回路,当回路中存在直流电流时,两个接头之间将产生温差
594. Pendulum 摆锤	指从一个枢轴悬挂下来的重物,其可以自由摆动
595. Penning Effect 潘宁效应	由于少量的另一种惰性气体或其他杂质的存在,而产生的惰性气体电离电压的下降。在霓虹灯管中充入两种以上的混合气(混合气的混合比有很严格的要求),气体被击穿的电位明显低于单纯气体的击穿电位从而大大地降低了启动电压,这一现象就是潘宁效应

续表

效应名称	注解与说明
596. Peristaltic(Peristalsis) 蠕动	径向的对称收缩和肌肉放松在肌肉中的传播
597. Peristaltic Pump 蠕动泵	一种用于抽运各种液体的容积式正排量泵
598. Permeation (固体)渗透	渗透物(如液体、气体或蒸汽)穿过固体的过程。渗透总是通过三个步骤从高浓度向低浓度进行:①吸附(在界面处);②扩散(通过固体);③脱附(作为气体吸附离开固体)。被半透膜所隔开的两种液体,当处于相同的压强时,纯溶剂通过半透膜而进入溶液的现象称为渗透。渗透作用不仅发生于纯溶剂和溶液之间,而且还可以在同种不同浓度溶液之间发生。低浓度的溶液通过半透膜进入高浓度的溶液中。砂糖、食盐等结晶体之水溶液,易通过半透膜,而糊状、胶状等非结晶体则不能通过 渗透现象:在生物机体内发生的许多过程都与渗透作用有关,如各物浸于水中则膨胀;植物从其根部吸收养分;动物体内的养分透过薄膜而进入血液中等现象都是渗透作用产生的现象
599. Pervaporation 渗透汽化	一种分离液体混合物的方法,该方法先使混合物通过多孔或者非多孔的膜,然后使混合物部分汽化,因此得名。该方法被多种工业采用并应用于多种不同的工艺,包括纯化和分析,这主要取决于该方法的简单性和易于流程化操作的特点
600. Phase Change 相变	物质从一种相转变为另一种相的过程。物质系统中物理、化学性质完全相同,与其他部分具有明显界面的均匀部分称为相。与固、液、气三态对应,物质有固相、液相、气相
601. Phase Modulation 调相	一种调制的形式,以载波的瞬时相位的变化表现信息。与调频不同,调相并不被广泛使用,因为它往往需要更复杂的接收设备,且易产生歧义问题,例如确定信号相位改变了+180°或-180°
602. Phononic Crystal 声子晶体	声子晶体是一种具有声子阻带的材料,防止所选取频率范围内的声子通过材料传播
603. Phosphorescence 磷光现象	一种特定类型与荧光相关的光致发光。不同于荧光,磷光材料并不立即重新释放它吸收的辐射,磷光是由温度达到某个临界点而引发的
604. Phosphor Thermometry 磷测温法	磷测温法是用光学测量表面温度的方法。该方法利用荧光体材料的发光。荧光粉是细白或柔和色的无机粉末,任何一种发光装置的刺激即发光。随温度的变化所射出光的某些特性,包括亮度、色度和余晖持续时间。这一现象可用于温度测量
605. Photoacoustic Doppler Effect 光声多普勒效应	一种特定的多普勒效应,当强度调制的光波粒子以特定频率运动时,产生光声波现象。所观察到的频移可以用于检测受照的运动粒子的速度。一种潜在的生物医学应用是测量血流量
606. Photochromism 光致变色	光致变色是基于光照的颜色的可逆变化。光致变色是指一个化合物 A,在适当波长的光辐照下,可进行特定的化学反应或物理效应,获得产物 B,由于结构的改变导致其吸收光谱(颜色)发生明显的变化,而在另一波长的光照射或热的作用下,产物 B 又能恢复到原来的形式
607. Photoconductivity 光电导性	指一种光学和电学现象,材料由于吸收电磁辐射(如可见光、紫外光、红外光或 γ 射线)导电性变强。类似光纤的光信号导体,基本是用有机玻璃做光的传导介质,能有效地传播信号
608. Photoelasticity 光测弹性学	指一种通过由压力引起的双折射变化来确定材料中的应力分布的方法。光弹性是某些均质透明固体在应力作用下发生双折射的性质。光线通过各向同性的透明介质时,由于介质中的微粒或分子的作用,产生散射光。垂直于传播方向的散射光,是平面偏振光。它的光强度和入射光的性质、材料的散光性能以及观察方向有关。入射为自然光时,在传播轴的所有垂直方向的散射光的光强度相等。利用这种物理性质可以在偏振光镜下通过观测等色线和等倾线,定量研究应力的分布形式
609. Photoelectric Effect 光电效应	指电子从物质(金属和非金属固体,液体或气体)中被激发的现象,这是物质从短波(例如可见光或紫外线)的电磁辐射中吸收能量的结果。使物体内部的受束缚电子受到激发,从而使物体的导电性能改变,这就称为内光电效应。光导管(又称光敏电阻)就是利用内光电效应制成的半导体器件
610. Photogrammetry 摄影测量法	根据摄影影像来确定物体几何特性的一种通常做法
611. Photography 摄影	指一种从摄影图像确定物体的几何性质的做法。用对辐射敏感的介质(如照相胶片或电子图像传感器)记录图像的过程

续表

效应名称	注解与说明
612. Photoionisation 光致电离	电离作用，即物质中原子被电离，在粒子通过的路径上形成许多离子对。光致电离是物理过程，是指不带电的粒子在(激)光作用下，变成了带电的离子的过程
613. Photoluminescence 光致发光	一种发光方法，其中一种物质吸收光子(电磁辐射)，然后重新辐射光子。量子力学说明可将物质激发到更高的能量状态，然后返回到更低的能量的状态，伴随着一个光子的发射。有多种形式的发光，并通过光(子)激发)区分。 物体依赖外界光源的照射来获得能量，产生光子激发导致发光的现象，它大致经过吸收、能量传递及光发射三个主要阶段，光的吸收及发射都发生于能级之间的跃迁，都经过激发态。而能量传递则是由于激发态的运动。紫外辐射、可见光及红外辐射均可引起光致发光，如磷光与荧光
614. Photo-oxidation 光致氧化	在光照下进行的氧化反应，氧化促进辐射能量，如UV光或人造光。这个过程通常是聚合物的自然风化的最重要的组成部分
615. Photophoresis 光泳	悬浮在气体(气体溶胶)或者液体(凝胶)物质中的小颗粒在足够强度的光照下产生迁移。这种现象是指光照下流体介质中的粒子随温度的非均匀分布
616. Photon Sieve 光子筛	用光的衍射和干涉进行聚焦的一种装置。它包括布满有序小孔洞的平板材料，与菲涅尔波带片相似，但是光子筛能使光线聚集在更小的焦点
617. Photonic Crystal 光子晶体	光子晶体是纳米光学结构材料，特性是周期性的光学(纳米)结构，会影响电磁波的传播，可用于控制和操纵光线流
618. Photoplastic Effect 光塑性效应	在物理学中，塑性是指在应力超过一定限度的条件下，材料或物体不断裂而继续变形，在外力去掉后还能保持一部分残余变形，又称塑性。光塑性法是实验应力分析方法的一种。偏振光通过透明的弹塑性变形模型时，会产生双折射效应。用这种原理研究物体的塑性变形的实验分析方法，称为光塑性法。它可模拟原型结构或构件的塑性变形过程，并利用塑性变形时记录所得的应力图像，解决超过弹性极限时的应力分析问题。用光塑性法还可以研究塑性流动的一些物理现象，如流动和破坏的观察，研究残余应力、蠕变和松弛等问题光塑性法主要有两种：非晶态模型材料的光塑性法，凡是有明显塑性变形和双折射效应的透明塑料，都可选为光塑性模型材料。例如，硝化赛璐珞比较适用于模拟强化材料；聚碳酸酯适用于模拟理想塑性材料
619. Photopolymerisation 光致聚合	暴露在光或紫外线辐射下而导致的聚合。光化学反应是物质一般在可见或紫外线的照射下而产生的化学反应，是由物质的分子吸收光子后所引发的反应。分子吸收光子后，内部的电子发生能级跃迁，形成不稳定的激发态，然后进一步发生离解或其他反应
620. Photosynthesis 光合作用	植物和其他生物捕获太阳能，转换为化学能，可用于为生物体的活动供能
621. Photovoltaic Effect 光生伏打效应 （光伏效应）	物质暴露在光线下产生电压(或相应的电流)的现象。虽然直接与光电效应相关，但这两个过程是不同的，应加以区别。光电效应中电子暴露于足够的能量辐射从物质表面喷射。光伏效应所产生的电子在不同频带(即从价导带)的材料间转移，从而在两个电极之间产生电压的积累。1839年，法国物理学家A.E.贝克勒耳意外地发现，用两片金属浸入溶液构成的伏打电池，受到阳光照射时会产生额外的伏打电势，他把这种现象称为光生伏打效应。 1003年，有人在半导体硒和金属接触处发现了固体光生伏打效应。后来就把能够产生光生伏打效应的器件称为光伏器件。 由于半导体PN结器件在阳光下的光电转换效率最高，所以通常把这类光伏器件称为太阳能电池，也称光电池。太阳能电池又称光电池、光生伏打电池，是一种将光能直接转换成电能的半导体器件。现主要有硅、硫化镓太阳能电池
622. Physical Containment 物理控制(隔离)	指用某些物理介质部分或完整地包围、隔离物体或物质，通常目的是保护或限制物体运动
623. Physical Vapour Deposition 物理气相沉积	物理气相沉积是运用汽化形式的物质，通过冷凝沉积到不同物质的表面变成薄膜的方法
624. Physisorption 物理吸附	物理吸附是以分子间作用力相吸引的，吸附热少。如活性炭对许多气体的吸附属于这一类，被吸附的气体很容易解脱出来，而不发生性质上的变化。所以物理吸附是可逆过程。常见的吸附剂有活性炭、硅胶、活性氧化铝、硅藻土等。电解质溶液中生成的许多沉淀，如氢氧化铝、氢氧化铁、氯化银等也具有吸附能量，它们能吸附电解质溶液中的许多离子吸附性能的大小取决于吸附剂的性质、吸附剂表面的大小，吸附质的性质和浓度等，以及温度的高低等。由于吸附发生在物体的表面上，所以吸附剂的总面积愈大，吸附的能量愈强。活性炭具有巨大的表面积，所以吸附能力很强。一定的吸附剂，在吸附质的浓度和压力一定时，温度越高，吸附能力越弱。所以，低温对吸附作用有利。当温度一定时，吸附质的浓度或压强越大，吸附能力越强

续表

效应名称	注解与说明
625. Piezoelectric Accelerometer 压电加速计	指一种加速计,它利用某些材料的压电效应来测量机械变量中的动态变化(例如加速度、振动和机械冲击)
626. Piezoelectric Effect 压电效应	由物理学知,一些离子型晶体的电介质(特别是晶体、某些陶瓷、生物物质,如骨、DNA和各种蛋白质、石英、酒石酸钾钠、钛酸钡等)不仅在电场力作用下,而且在机械力作用下,都会产生极化现象。即: 1)在这些电介质的一定方向上施加机械力而产生变形时,就会引起它内部正负电荷中心相对转移而产生电的极化,从而导致其两个相对表面(极化面)上出现符号相反的束缚电荷 Q,且其电位移 D(在 MKS 单位制中即电荷密度 σ)与外应力张量 T 成正比。当外力消失,又恢复不带电原状;当外力变向,电荷极性随之而变,这种现象称为正压电效应,或简称压电效应 2)若对上述电介质施加电场作用时,同样会引起电介质内部正负电荷中心的相对位移而导致电介质产生变形,且其应变 S 与外电场强度 E 成正比。这种现象称为逆压电效应或称电致伸缩
627. Piezoluminescence 压致发光	通过对某些固体施加压力而产生发光
628. Piezomagnetism 压磁效应	一些反铁磁晶体中观察到的现象。它的特点是由一个线性系统的磁性极化和机械应变之间的耦合。压磁效应中,通过施加磁场施加物理压力,或物理变形很可能会引起自发磁化。压磁不同于相关磁致伸缩的属性 当铁磁材料受到机械力作用时,在它的内部产生应变,从而产生应力 σ,导致磁导率 μ 发生变化的现象称为压磁效应。磁材料被磁化时,如果受到限制而不能伸缩,内部会产生应力。同样在外部施加力也会产生应力。当铁磁材料因磁化而引起伸缩(不管何种原因)产生应力 σ 时,其内部必然存在磁弹性能量 E_σ,分析表明 E_σ 与 $\lambda_m \times \sigma$ 之积成正比,其中 λ_m 为磁致伸缩系数,并且还与磁化方向与应力方向之间的夹角有关。由于 E_σ 的存在,将使磁化方向改变,对于正磁致伸缩材料,如果存在拉应力,将使磁化方向转向拉应力方向,加强拉应力方向的磁化,从而使拉应力方向的磁导率 μ 增大。压应力将使磁化方向转向垂直于应力方向,削弱压应力方向的磁化,从而使压应力方向的磁导率减小。对于负磁致伸缩材料,情况正好相反。这种被磁化的铁磁材料在应力影响下形成磁弹性能,使磁化强度矢量重新取向,从而改变应力方向的磁导率的现象称为次弹效应或压磁效应
629. Piezoresistive Effect 压阻效应	压阻效应是由于施加的机械应力,而产生的半导体的电阻率的变化
630. Pin 销	一个使物体结合在一起的简单的机械装置
631. Plasma 等离子体	等离子体是指物质原子内的电子在高温下脱离原子核的吸引,使物质呈现为正、负带电粒子状态存在。等离子态是一种普遍存在的状态。宇宙中大部分发光的星球内部温度和压力都很高,这些星球内部的物质差不多都处于等离子态。只有那些昏暗的行星和分散的星际物质里才可以找到固态、液态和气态的物质。等离子体的用途非常广泛,从我们的日常生活到工业、农业、环保、军事、宇航、能源、天体等方面,它都有非常重要的应用价值
632. Plasma Enhanced Chemical Vapour Deposition 等离子体增强化学气相沉积	等离子体增强化学气相沉积法(PECVD)是在化学反应的过程中,使用反应气体的等离子体,增强从气体状态(蒸气)向固体状态在基板上沉积为薄膜的过程
633. Plasma Spray 等离子喷涂	等离子喷涂是使用等离子射流的热喷涂涂料的方法,涂料材料包括金属、陶瓷、聚合物和复合材料。可以使部件表面覆盖上从微米到几毫米厚的涂料材料
634. Plenoptic Camera 全光相机(光场相机)	使用微透镜阵列的一种能够捕获场景中 4D 光场信息的相机。这些光场信息可以被用于提高计算机的图形和视觉相关的问题的解决能力
635. Plasticity 塑性形变	施加于材料的力使其发生不可逆的形状变化。例如,一块金属或塑料等可塑性材料形状被弯曲或畸形成新的形状,内部本身会发生永久性的变化
636. Plastometer 塑性计	塑性计是用来测定塑性物料流动性的一种工具
637. Pleochroism 多色性	指一种光学现象,物质从不同角度看呈现出不同的颜色,尤其是在偏振光下
638. Pockels Effect 普克耳斯效应	一个不变或者一个变化的电场导致光学介质产生双折射效应。平面偏振光沿着处在外电场内的压电晶体的光轴传播时发生双折射,且两个主折射率之差与外电场强度成正比,这种电光效应即为普克耳斯效应。可用于制造普克尔斯盒(一种压控波板)

续表

效应名称	注解与说明
639. Poisson's Effect 泊松效应	泊松效应是指物体在一个方向上被压缩,它通常倾向于在垂直于压缩方向的两个方向上扩大
640. Polarisation 极化(偏振)	描述波的振幅的取向的特性。对于电磁波这样的横向波,它描述了垂直传输方向平面的振幅取向。振幅可能是取向一个方向的(线偏振),或者振动方向随着光的传播而发生旋转(圆偏振或者椭圆偏振)
641. Polytetrafluoroethylene(PTFE) 聚四氟乙烯(PTFE)	是一种合成的含氟聚合物,使用了氟取代聚乙烯中所有氢原子的人工合成高分子材料。碳氟化合物不容易发生物理吸附,具有抗酸抗碱、抗各种有机溶剂的特点,几乎不溶于所有的溶剂。同时,聚四氟乙烯具有耐高温的特点,它的摩擦系数极低,所以可作润滑作用之余,也成为易洁镬和水管内层的理想涂料
642. Pool-Frenkel Effect 普耳-弗兰克普尔效应	或称为弗兰克普尔排放量,通过给于一个强电场的环境,使电绝缘体可以导电
643. Porosity 孔隙率	多孔的特性。即在一个固体物质内部有许多可以保存液体的孔或间隙。孔隙率指散粒状材料堆积体积中,颗粒之间的空隙体积占总体积的比例。材料孔隙率或密实度大小直接反映材料的密实程度。材料的孔隙率高,则表示密实程度小。孔隙率(Porosity)在多孔介质中的定义为:多孔介质内的微小空隙的总体积与该多孔介质的总体积的比值
644. Porosimetry 孔隙率计	用于确定材料多孔率的各种量化方面,如孔径、总的孔体积、表面积、体积和绝对密度的分析技术。该技术涉及使用高压,迫使非浸润液体(通常是汞)通过孔隙率计侵入某种材料,可以测量出孔的大小。检测材料内部空隙的无损检验方法,主要有软 X 射线法和超声 C 扫描法
645. Potential Well 势阱	某一有限范围内势能局部最小的区域。势阱中的势能无法转换为另一种形式的能量(如在重力势阱中重力势能无法转换为动能),因为势阱中局部势能最小值可能不能继续成为全局势能最小值,从而自然会倾向于保持熵
646. Prandtl-Glauert Singularity 普朗特-格劳尔奇点	也称为蒸汽锥、冲击领或休克蛋,在适当的大气条件下,由空气压力突然下降创建一个可见的凝聚云,例如通过飞机以超音速的情况下飞行
647. Precession 进动(旋进)	旋转物体的轴线方向的改变。有两种类型:无转矩进动和转矩进动。有关对象旋转的轴线与其稳定旋转轴线略有不同是会发生无转矩进动。转矩进动(陀螺进动)是其中一个旋转对象(例如,陀螺仪的一部分),当施加一个转矩时,它产生不稳定"摆动"
648. Precipitation 沉积(沉淀)	在溶液中生成固体或在化学反应期间内部生成固体沉积于另一种固体
649. Precipitation Hardening 沉淀硬化	也称为时效硬化,一种热处理技术,用于加强有延展性的材料,包括大多数铝、镁、镍和钛的结构合金,及一些不锈钢。它依赖于随温度变化的固体溶解度来析出杂质中的细颗粒,从而阻碍位错运动,或避免晶体晶格的缺陷
650. Preservative 防腐剂	指一种添加到如食物、药品、涂料、生物样本、木材等产品中的天然或合成的物质,用于防止由于微生物的生长或不良的化学变化引起的分解腐烂
651. Pressure Drop 压降	物体表面被施加力时,会产生压力的效应。压力被传递到固体边界或任意区段,和正常流体的任意部分之中。快速压降是施力或破坏拆分对象的一个有用的技术
652. Pressure Gradient 压力梯度	沿流体流动方向,单位路程长度上的压力变化。可用增量形式 $\Delta P/\Delta L$ 或微分形式 dP/dL 表示,式中 P 为压力; L 为距离。流体(气体或液体)内的压力梯度会导致从高压力区指向低压力区的净力(压力梯度力)
653. Pressure Increase 压力增加	当力施加在某一表面上时产生的效果,压力被传递到流体的固体边界或任意点的截面
654. Pressurization 加压(增压)	压力在给定情况和环境下的一种应用,更多的情况下是指将孤立或半孤立状态下的大气环境维持一定大气压力状态的过程
655. Pressure-Sensitive Paint 压敏涂料	PSP 测量技术是一种非接触式光学测量方法。它是利用光致发光材料的某些光物理特性来进行实验模型表面的压力测量,可在接近传统压力测量精度的前提下,获得测量表面全域的压力分布,且准备过程也相对简便,只需将 PSP 覆盖于模型测量面并开设必要的测压孔即可开展实验测量,时间和经济效益显著提高。PSP 测量技术的作用机理是基于光致发光的高分子氧猝灭效应。将一种含光致发光探针的压力敏感涂料喷涂到模型表面,在特定波长激光的照射下,可发出荧光或磷光。由于其发光强度与风洞中气流马赫数即氧浓度成反比,使压力敏感涂料具有类似压力传感器的功能特点。使用高分辨率的科学级电荷耦合器件(Charge-Coupled Device, CCD)相机摄取表面光强图像,经计算机图像处理,即可得到模型表面气流流态及压力分布

续表

效应名称	注解与说明
656. Pressure Swing Adsorption 变压吸附	是一种技术,用来根据某种类的分子特性和对吸附材料的亲和性,在压力下从气体混合物中分离某些气体。特殊的吸附材料(如沸石)被用作分子筛,在高压下优先吸附目标种类气体。然后调至低压以解吸吸附材料
657. Prism 棱镜	棱镜是一个透明的光学元件,平整、抛光的表面折射光。棱镜表面之间的精确角度依赖于应用程序。传统的几何形状是具有三角形底座和矩形侧面的三角形棱镜,通常说的"棱镜"就是指这种类型
658. Pseudoelasticity 伪弹性变形	或称为超弹性,对由晶体的马氏体和奥氏体间的相位变换引起的相对高压的弹性回应(暂时的)。这种性质在记忆合金中表现出来。超弹性合金属于记忆合金的大家族。与记忆合金不同的是,超弹性合金不需要温度变化来恢复其初始形状
659. Pseudo Stirling Cycle 伪斯特林循环	也称为绝热斯特林循环,是以一个绝热工作容积、等温加热器和冷却器构成的一个热动力循环。与具有一个等温工作容积的斯特林循环相比,工作流体不影响伪斯特林循环的最大热效率
660. Pulley 滑轮 Block and Tackle 滑轮组	指在其圆周上的两个法兰盘之间有凹槽的轮子。钢绳或传动带通常在凹槽内滑动。滑轮用来改变所施加的力的方向,传递回转运动,或实现运动的线性,或实现回转系统的机械优点
661. Pulsed Laser Deposition 脉冲激光沉积	一种薄膜的物理气相沉积技术。在该技术中,高功率脉冲激光束聚焦于真空室内来轰击目标混合物。蒸发的靶材料将在衬底上沉积成为薄膜,以取得所需的组合物
662. Pulsed Magnet 脉冲磁体	脉冲的磁铁可以远远超过常规磁铁产生的磁场强度,有两种类型:破坏性和非破坏性的
663. Pulse Tube Refrigerator 脉管制冷器	一种发展中的技术,与其他热声场领域的创新成果一起出现于20世纪80年代。与其他的制冷机(即斯特林深冷机和吉福德-麦克马洪冷却器)相比,此制冷机在低温中的部分没有运动的部件,致使该装置适用的范围非常广泛
664. Pump 泵(抽吸)	用于移动的流体(如液体、气体或浆体)的装置,按构造及对液体施压方式的不同,可分机械回转式、往复式和离心式
665. Purification 净化(提纯)	使某些东西变纯粹的过程,也就是清理外来元素
666. Pycnometer 比重计	也称比重瓶,通常是带有配合紧密的毛玻璃塞的一个烧瓶。塞子上有一根毛细管通过,以使设备中的气泡可以从这里逸出。通过一个与工作流体相适应的参照物,例如水或汞,使用分析天平,就可以精确地得到流体的密度值
667. Pyroelectric Effect 热释电效应	某些材料被加热或冷却时产生电势的能力。这种变化的温度的结果是正、负电荷通过迁移移动到相对的端部(即材料变得极化),因此建立了一个电势
668. Pyrolysis 热解(高温分解)	热解(高温分解)是有机材料的热化学分解,在没有氧存在和温度高于430℃(800°F)时导致热分解。热解通常会发生在一定压力下
669. Rack and Pinion 齿条和齿轮	齿条和齿轮是一对用于将旋转运动转换成线性运动的齿轮(反之亦然)。圆齿轮啮合在齿条上,齿轮的旋转运动将导致机架移动,直到其行程的极限
670. Radar 雷达	一种使用电磁波的物体检测系统,以确定范围、高度、方向、速度、移动和固定物体,如飞机、轮船、汽车、天气形成和地形
671. Radiation 辐射	辐射指能量以电磁波或粒子(如阿尔法粒子、贝塔粒子等)的形式向外辐射。自然界中的一切物体,只要温度在绝对温度零度以上,都以电磁波和粒子的形式时刻不停地向外传送热量,这种传能量的方式被称为辐射。一般可依其能量的高低及电离物质的能力分类为电离辐射或非电离辐射
672. Radiation Pressure 辐射压力	辐射压力是电磁辐射对被照射的物体所施加的压力。对暴露于电磁辐射的任何表面,电磁辐射都能施加压力。如果吸收,压力是功率通量密度除以光速。如果被完全反射,辐射压力增一倍
673. Radioactive Decay 放射性衰变	不稳定的原子核自发地通过发射电离的粒子和辐射失去能量
674. Radioluminescence 辐射发光	发光材料中产生电离辐射的现象,如β粒子的轰击。例如用在手表表盘和枪瞄准器的氚发光涂料

续表

效应名称	注解与说明
675. Railgun 电磁炮	电磁炮是一个纯粹的电子枪,使导电弹丸沿着一对金属导轨加速,采用直线电动机相同的原则加速弹丸
676. Rankine Cycle 兰金循环	兰金循环是一种将热转换成功的热力循环。热量从外部供给到闭合回路中,通常用水作为工作介质。这个循环约产生全世界使用的所有电力中的80%,包括几乎所有的太阳能、生物质能、煤炭和核电站
677. Ranque-Hilsch Effect 兰克-赫尔胥效应	兰克-赫尔胥涡流管(或涡管)是一种机械装置,气体从切线方向进入管子形成涡流而产生冷效应。它能将压缩的气体分离成冷暖两流,没有可动部件,加压的气体被注入涡流室,切向加速到高的旋转速度。由于上面管子端部的锥形喷嘴,只有外层的压缩气体能在此处逸出。剩余气体被强制输送回到外涡内直径减小的内涡
678. Rarefaction 稀疏(稀薄)	减少介质的密度,或与压缩意义相反。有多种诱发因素,如声波穿过气体,地球随海拔高度对大气引力的递减效应
679. Ratchet 棘轮	允许仅在一个方向的线性运动或旋转运动,同时能阻止相反方向运动的一种机械装置
680. Rayleigh-Bénard Convection 瑞利-贝纳德对流	从下方加热液体层,当对流发生时会产生宏观有序的格子结构,是分散固体在流体中的传播
681. Rayleigh Scattering 雷利散射	也称为受激辐射效应(Stimulated Radiation Effect)。由于场效应的作用,处于高能态的粒子受到感应而跃迁到低能态,同时发生光的辐射,这种辐射称为受激辐射。这种辐射又感应其他高能态的粒子发生同样的辐射,即产生受激辐射效应。受激辐射的特点是辐射光和感应它的光子同方向、同位相、同频率并且同偏振面
682. Rayleigh-Taylor Instability 雷利-泰勒不稳定性	在两种不同密度的流体中,当较轻的流体推动较重的流体时,导致这两种不同密度流体之间出现不稳定的界面
683. Reaction (Physics) 反作用(物理)	在经典力学中,牛顿第三定律指出,力总是成对出现的,被称为作用力和反作用力。这两个力大小相等方向相反。作用力和反作用力的任何一个动作可以被认为是作用力,在这种情况下,另一个(对应的)力就是反作用力
684. Reaction Wheel 反应轮、反作用轮	一种主要用于飞船改变其角动量的飞轮,而无需使用火箭燃料或其他反应设备。由于反作用轮只占飞船总质量的一小部分,其易容掌控的速度能提供非常精确的角度变化。因此,它保证了飞船在姿态上做出非常精确的调整的能力,出于这个原因,反作用轮也用于相机或望远镜瞄准航天器
685. Redox Reactions 氧化还原反应	氧化还原反应描述所有参与反应的原子的化合价(氧化态)改变的化学反应。这可以是一个简单的氧化还原过程,如碳的氧化得到二氧化碳(CO_2);或碳的还原得到糖类($C_6H_{12}O_6$)、甲烷(CH_4);或其他复杂的过程,例如人体中氢发生的一系列复杂的电子转移过程
686. Reduction 还原(减少)	分子、原子或离子在氧化态下发生的得到电子或化合价降低的一种化学反应
687. Redundancy 冗余	为达到提高系统可靠性的目的,通常在系统保险装置或失效保护方面的关键部件做好备份。在故障产生的条件下使用
688. Reflection 反射	波的反射:波由一种媒质到达与另一种媒质的分界面时,返回原媒质的现象。例如声波遇障碍物时的反射,它遵从反射定律。在同类媒质中,由于媒质不均匀亦会使波返回到原来密度的介质中,即产生反射 光的反射:光遇到物体或遇到不同介质的交界面(如从空气射入水中)时,光的一部分或全部被表面反射回去,这种现象叫作光的反射,依据反射面的平坦程度,有单向反射及漫反射之分。人能够看到物体正是由于物体能把光"反射"到人的眼睛里,没有光照明物体,人也就无法看到它
689. Refraction 折射	波在传播过程中,由一种媒质进入另一种媒质时,传播方向偏折的现象,称波的折射。在同类媒质中,由于媒质本身不均匀,亦会使波的传播方向改变,此种现象也是波的折射 绝对折射率:任何介质相对于真空的折射率,称为该介质的绝对折射率,简称折射率(Index of Refraction)。对于一般光学玻璃,可以近似地认为以空气的折射率来代替绝对折射率
690. Refractory Material 耐火材料	在高温下能保持其强度的一种材料(通常为非金属)。耐火材料通常被当作炉衬材料用于熔炉、窑炉、焚化炉及电抗器等。它们也会被用于制造坩埚

续表

效应名称	注解与说明
691. Regelation 复冰现象	复冰现象指的是在受压的情况下熔化,一旦压力降低时,再一次冻结的现象。例如冰,在冻结时具有体积膨胀的特性,可以通过提高外部的压力降低它们的熔点。用手捧起一堆雪,使劲捏紧给雪施加压力,在加压的情况下,熔点降低使雪熔化,一旦松手后,因压力消失,熔化的雪又会再次凝结
692. Relay 继电器	一个电开关,通过此开关控制另外一个电路。传统的形式是通过磁体控制闭合、断开一个或者多个连接。因为一个继电器能控制一个比输入电路更高功率的输出电路,它可以从广义上被认为是电子放大器的一种形式
693. Resonance 共振(谐振)	共振是物理学上的一个运用频率非常高的专业术语。共振的定义是两个振动频率相同的物体,当一个发生振动时引起另一个物体振动的现象。共振在声学中亦称"共鸣",它指的是物体因共振而发声的现象,如两个频率相同的音叉靠近,其中一个振动发声时,另一个也会发声。在电学中,振荡电路的共振现象称为"谐振"
694. Resonant-Macrosonic Synthesis 共振强声合成器	一种通过特殊形状的封闭腔共鸣产生非常强力的声驻波的技术
695. Reticulated Foam 网状泡沫	一种多孔、低密度的固体泡沫。网状泡沫是非常开放的泡沫,也就是它有极少的,如果有的话,完整的气泡或细胞窗口。与此相反,由肥皂泡沫形成的泡沫只由完整的(完全封闭的)气泡组成。在网状泡沫中只有线性边界处的气泡保持完整
696. Retroreflector 后向反射器	能够以最低的散射将光或者其他辐射反射回其源头的装置或者平面
697. Reuleaux Triangle 鲁洛三角形	分别以等边三角形三个顶点为圆心,等边三角形边长为半径所作三段60度圆弧围成的曲边三角形。鲁洛三角形某条边上的任一点到该边相对顶点的距离相等
698. Reverberation 混响	特定空间内,原始声音消失后,声音的延续。混响是当声音在封闭空间内引发大量的增强声音的回声然后由于墙和空气的吸收声音慢慢衰退的现象。在声音源头停止但是回声继续,并伴随着振幅减小,直到再也听不到声音为止的过程中,这现象非常显著
699. Reverse Diffusion 反向扩散	介质中粒子(原子或分子)向较低的浓度梯度区域运输的情况,与扩散过程中所观察到的相反。这种现象发生在相分离中
700. Reverse Osmosis 反向渗透	又称RO逆渗透或反渗透,是一种净化水的办法,将清水(低张溶液)和咸水(高张溶液)置于一管中,中间以一只允许水通过的半透膜分隔开来,可见水从渗透压低(低张溶液)的地方流向渗透压高(高张溶液)的地方,这就是渗透。如果在高张溶液处施加力,则可见水由渗透压高的地方流向渗透压低的地方。逆渗透是"正渗透"的反向,通常比正渗透的自然过程要耗费更多的能量
701. Rheometer 流变仪	流变仪是用于测量液体、悬浮液或浆料,在施加剪切力之后变化的实验室设备。有些液体不能用单一黏度表示,因此需要更多的参数和测量方式,流变仪正是应用于此
702. Rheopecty 或 Rheopexy 触变性	或称振凝性,指某些非牛顿流体的一种少见的性质,表现在黏度依赖于时间的变化。液体经受剪切力的时间越长,黏度越高。振凝流体,如一些润滑剂,在摇动时变稠或凝结(相反的表现,流体经受剪切时间越长,黏度越低,这被称为触变性,更常见)
703. Richtmyer-Meshkov Instability 瑞克迈耶-梅什科夫不稳定性	不同密度的流体突然加速时,它们之间的界面干扰造成了不稳定性。例如,通过一个冲击波的通道
704. Rifling 膛线(来复线)	膛线是火器枪口上的螺旋细槽,在子弹通过时,使子弹围绕其长轴旋转的过程。借此能够在回旋旋转上稳定子弹,提高子弹的空气动力学方面的稳定性和精度
705. Righi-Leduc Effect 里吉-勒杜克效应	沿导体的温度梯度垂直的方向上施加磁场,则导体在和原有温度梯度和磁场平面垂直的方向又形成一个新的温度梯度。产生这种效应的物理原因是导体的温度梯度的"热"电子在磁场所产生的络仑兹作用下,向垂直温度梯度和磁场合成的平面方向运动,冲击晶格点阵而形成的新的温度梯度。其原理和霍尔效应的原理相似,只不过霍尔效应产生的电场梯度是由于电流的电子受络仑兹力的作用,而里吉-勒杜克效应受络仑兹作用的是"热流"电子。因此,里吉-勒杜克效应也可看成热霍尔效应
706. Rigid Origami 刚性折纸	刚性折纸是折纸的一个分支,它是注重研究通过铰链连接平硬片而形成折叠结构。它是折纸的数学研究的一部分。它可以被认为是一种类型的机械联动装置,并且具有很大的实用意义。没有要求起始结构为平板,例如购物袋与平底和安全气囊,都可以作为刚性折纸研究的一部分

续表

效应名称	注解与说明
707. Rocket 火箭	通过使用推进剂形成高速推进喷射的喷气发动机。火箭启动发动机引擎，根据牛顿第三定律获得推力。因为它们不需要外部的物质用于形成喷气，火箭可以作为航天器的推进器，也可以用于地面设备，如导弹。虽然非燃烧形式也存在，但最常用的火箭发动机是内燃机
708. Roller 辊	绕其主轴旋转的圆筒形的机械装置，通常是一对辊子来压缩金属板，以此进行有效的工作
709. Rollin Film 罗林薄膜	罗林薄膜，以 Bernard V. Rollin 的名字命名，是氦的氦Ⅱ状态的 30nm 厚的液膜。它在跟以往薄膜面(波传播)一样，延伸表面时，会出现"爬行"的效果。氦Ⅱ可从任何非密闭容器中，通过表面不可思议地沿 10^{-7} 到 10^{-8} 米或更大的毛细管蒸发逸出
710. Rotational Viscometer 旋转黏度计	旋转黏度计的设计理念是：旋转一个在液体中物体所需要的转矩就是该液体黏度的代数化表现。它们在一个已知速度的流体中，测量旋转磁盘或锤所需的转矩
711. Rubber Band Thermodynamics 橡皮筋带热力学	拉伸橡皮筋带，会导致橡皮筋带释放热量。然后，已被伸长的橡皮筋带会吸收热量，使其周围的温度降低。加热使橡皮筋带收缩，冷却使橡皮筋带伸展
712. Ruled Surface 直纹曲面	规定一个面积 S，如果整个 S 面上的每个点是一根直线的话，就称为直级曲面。最熟悉的例子就是圆柱形或圆锥形的平面和曲面。一个规定面，总是(至少是局部的)可以被说成是由一根直线运动过的线集。例如：保持直线一端是固定点，直线的另一段以一个圆形作运动，就形成了一个锥形体
713. Sagnac Effect 萨尼亚克效应	或称萨格奈克干扰，就是因受到旋转而诱发产生干扰的一种现象，是环干涉仪的基础。一束光线被分裂成两束光以跟踪一个轨迹沿两个相反的方向包围一个区域(通常使用的反光镜)。返回入口点的光允许离开该装备，这样就获得了一幅干扰图。干扰条纹带的方位取决于装备的角速度
714. Saltation (geology) 跃移(地质学)	是特定种类的颗粒物质被风或水等流体跳跃搬运的现象。这种现象发生于岩床表面松散的物质被流体移动离开表面，搬运一段距离以后再回到表面的状况。典型的例子就是鹅卵石被河水搬运、沙漠表面上的风沙、土壤被风吹离地表、甚至是北极或加拿大草原地区的雪被风吹离地表
715. Scanning Probe Microscopy 扫描探针显微镜	扫描探针显微镜是显微镜的一个分支，是用物理探针试样形成的平面成像。通过机械式的移动探针使光栅一行一行地扫描试样而获得平面影像，并记录所述探针表面相互作用位置处的函数。影像分辨率主要取决于探针的大小(通常在纳米的范围)
716. Scattering 散射	某些形式的辐射，例如光、声波或者移动的粒子在介质中传播时，由于局部的非均匀性，使其被迫偏离直线轨道的常见的物理过程。根据反射定律，包括有角度的反射辐射的偏离
717. Scintillation 闪烁	离子化过程引发的透明材质中光的闪现
718. Screw 螺纹	螺纹是表面具有斜面呈螺旋线形条纹的圆柱体或圆孔体。可以将旋转运动变换为直线运动、将旋转力(转矩)变换为线性力，反之亦然。作用力可以被放大，施加较小的旋转力可以变换为较大的轴向力。螺距是两条邻近螺纹之间的轴向距离。螺距越小，则能越高，即输出力与输入力的比值越大
719. Second Sound 第二声音	第二声音是指热交换发生波浪状运动，而不是普通的机械扩散。热量会在普通声波下产生压力，所以有非常高的热率，它被称为"第二声音"，因为热量的波动是类似于声音在空气中的传播
720. Seebeck Effect 塞贝克效应	指温差直接变成电能的转换，是热电效应的一种(见珀耳帖效应和汤普森效应)。由于两种不同的金属或半导体间温差的存在而产生热电动势(电压)。如果它们形成一个完整的回路，这将在导体中引发一个连续的电流。利用塞贝克效应，可制成温差电偶(Thermocouple，即热电偶)来测量温度
721. Sedimentation 沉降(沉淀)	在外力(重力、离心力或电场力)的作用下造成溶液或悬浮物中粒子的运动。沉淀可能涉及各种大小的粒子，从灰尘和花粉颗粒，到单分子蛋白质和肽，到细胞悬浮液中的细胞
722. Segmentation 分割	将物体划分成多个部分。操作细则是：1)将物体分割成相互独立的部分；2)将一个物体分成可组合的几部分；3)提高物体的分割程度和分散程度
723. Segner Turbine Segner 森纳涡轮机	这是一种简单的水轮机，利用来自成形喷嘴喷射的水力的作用来驱动

续表

效应名称	注解与说明
724. Selective Laser Sintering 分层激光烧结	这是一种添加剂快速制造技术。用一种高功率的激光器(例如二氧化碳激光器),将塑料、金属的小颗粒或玻璃粉分层熔化烧结,创建三维物体
725. Semipermeable Membrane 半透膜	是一种对不同物质分子、粒子或离子透过具有选择性的薄膜。例如细胞膜、膀胱膜、羊皮纸以及人工制的薄膜等。透过的速率依赖于分子或溶质的压力、浓度、温度,以及各溶质的膜的渗透性
726. Senftleben-Beenakker Senftleben-Beenakker 效应	Senftleben-Beenakker 效应依赖于磁场或电场对多原子气体的传输性质(如黏度和热导率)。Senftleben-Beenakker 效应类似于多原子气体的中性粒子的热霍尔效应
727. Settling 沉淀	微粒通过该过程沉降到液体的底部,并形成沉淀物。粒子在力的作用下(无论是由于重力或离心运动)会朝着该力所指定的方向运动。重力沉降,这意味着该粒子将趋于下降到容器底部,在容器底部形成淤浆
728. Shadow 阴影	由于物质的阻挡,光源不能直接照射(或其他辐射)的区域。影子的横截面是阻碍光线(或其他辐射)的物质的二维轮廓或者反向投影
729. Shadowgraph 影像图、X 光摄影	一种揭示了透明介质,例如空气、水或玻璃中的非均匀性的光学方法。原则上,我们不能直接观察到温差、不同的气体或透明空气中的冲击波。然而,这些干扰使光线发生折射,这样它们就可以投射阴影。例如,热空气从火中升起,可以通过它的影子被均匀太阳光投射在附近表面观察到
730. Shaking 摇动	物体迅速从一侧到另一侧移动
731. Shaped Charge 聚能装药	聚能装药能够集中炸药的爆炸性能量。被应用于切割和塑造金属,启动核武器,穿透装甲,以及在石油和天然气行业的一些方面。一个典型的现代穿甲弹,能穿透的装甲钢厚度达到穿甲弹直径的 7 倍以上,甚至 10 倍以上也是可能的
732. Shape Memory Alloy 形状记忆合金	指具有一定形状的固体材料,在某种条件下经过一定的塑性变形后,加热到一定温度时,材料又完全恢复到变形前原来形状的现象,即它能记忆母相的形状。形状记忆效应可以分为三种:1)单程记忆效应;2)双程记忆效应;3)全程记忆效应
733. Shape Memory Polymer 形状记忆聚合物	高分子智能材料,能够在外部刺激,如温度变化下,从变形状态(临时的形状)回到它们原来的形状(永久的形状)。形状记忆聚合物可以记忆两种甚至三种形状,而且这些形状间的转变由温度、电场、磁场、光或溶液引起
734. Shear Thickening (or Dilitant) 剪切增稠(增强)	或称胀流性,指物体的一种性能,黏度随剪切力的增大而增加。这种剪切增稠流体,也被称作 STF,是非牛顿流体的一个例子
735. Shear Thinning (or Pseudoplasticity) 剪切稀化(或假塑性)	表示物质的一种属性;该物质的黏度随着剪切速率的增加而降低。有些复合的溶液例如番茄酱、鲜奶油、血液、油漆和指甲油等具有这种属性。它也是高分子溶液和聚合物熔体的共同性质
736. Shear Stress 剪应力	平行或切向施加在材料表面的应力,与垂直施加的普通应力不同
737. Shock Hardening 冲击硬化	用于强化金属和合金的一种方法:一个冲击波在材料的晶体结构中产生原子级的缺陷。如在冷加工中,这些缺陷干扰正常的加工过程,使材料更硬,但更脆
738. Shock Wave 冲击波	一种传播的干扰。像普通的波一样,它承载能量而且可以通过介质(固体、液体、气体或等离子体)传播或通过一个场(如电磁场)传播。其介质特性有突然而几乎不连续变化的特征。经过激波,气体的压强、密度、温度都会突然升高,大多数冲击波以比普通波更高的速度传播
739. Shore Durometer 邵氏硬度计	指一种硬度测量,通过测量由标准化压头在材料上产生压痕的深度来测量硬度
740. Shot Peening 喷丸硬化	一种用于产生压缩残余应力层和强化金属的机械性能的加工方法。它需要喷丸足够大的冲击力(圆形金属、玻璃或陶瓷颗粒)以产生塑性变形。它和喷砂类似,不同之处在于它运用了塑性机理而不是磨损。在实际中,这意味着加工移除更少的材料,产生更少的灰尘。喷丸硬化是广泛采用的一种表面强化工艺,其设备简单、成本低廉,不受工件形状和位置限制,操作方便,但工作环境较差。喷丸广泛用于提高零件机械强度以及耐磨性、抗疲劳和耐腐蚀性等。还可用于表面消光、去氧化皮和消除铸、锻、焊件的残余应力等

续表

效应名称	注解与说明
741. Shunt 分流器	分流器是电子学中允许电流在电路中某点进行分发的一种器件
742. Siemens Cycle 西门子循环(周期)	是用来冷却或液化气体的一种方法。经压缩后的气体温度升高(根据伽利里定律中压力与温度的关系)。随后,被压缩的气体通过一个热交换器,于是被冷却,让被压缩的气体再压缩,进一步冷却(再一次根据伽利里定律),最终,使气体(或液化的气体)在同样的压力下,获得比最初更低的温度
743. Sintering 烧结	烧结是使用材料的粉末,通过加热材料(低于其熔点),直到其颗粒彼此黏结(固态烧结)。传统上用于制造陶瓷物件,许多非金属物质,如玻璃、氧化铝、氧化锆、二氧化硅、氧化镁、石灰、氧化铍、三氧化二铁,及各种有机聚合物也可以烧结。大多数金属也可以烧结,尤其是在真空中纯金属表面不会受到污染
744. Skin Effect 集肤效应	集肤效应是指交变电流(AC)在导体表面附近的密度大于在其核心的密度。也就是说,电流趋向于在导体的"皮肤"流动。集肤效应导致导体的有效电阻随电流频率变化。产生集肤效应的原因主要是变化的电磁场在导体内部产生了涡旋电场,与原来的电流相抵消
745. Smoke 烟	烟是由材料经燃烧或热解时,急速的化学变化转化或分解放射出的微粒,并由大量空气夹带的或以其他方式混入空气中的固体和液体颗粒、气体的物质。不同颜色的烟代表其含有不同的成分,燃烧测试法是实验室内经常使用的方法
746. SODAR 声雷达	用于声波探测和测距(Sonic Detection And Ranging),是一种气象仪器,也被称为风廓线雷达,它测量大气湍流声造成的声波散射。声雷达系统用于测量地面以上不同高度的风速,以及较低层大气的热力学结构。声雷达系统和雷达系统的原理是一样的,除了使用的是声波而不是无线电波
747. Sol 溶胶	溶胶是一种胶体悬浮液,在液体中的固体颗粒(1~500nm 大小)。实例包括血液、着色油墨和油漆
748. Solar Energy 太阳能	收集或利用来自太阳的能量
749. Soldering 焊接软、钎焊	焊接是通过加热或加压或两者并用,并且用或不用填充材料,使工件的材质(同种或异种)达到原子间的结键而形成永久性连接的工艺过程。钎焊是焊接的一种,是使用比工件熔点低的金属材料作钎料,将工件和钎料加热到高于钎料熔点、低于工件熔点的温度,利用液态钎料润湿工件,填充接口间隙并与工件实现原子间的相互扩散,从而实现焊接的方法。当焊剂熔点较低时,叫作软钎焊,如锡焊;当焊剂熔点较高时,叫作硬钎焊,如铜焊
750. Solenoid 螺线管	(电磁)螺线管是个三维线圈。在物理学里,术语螺线管指的是多重绕的导线,卷绕内部可以是空心的,或者有一个金属芯。当有电流通过导线时,螺线管内部会产生均匀磁场。螺线管是很重要的元件,很多物理实验的正确操作需要有均匀磁场。螺线管也可以用作电磁铁或电感器
751. Solid Solution Strengthening 固溶体强化	固溶体强化技术的工作原理是将一种合金元素的原子添加到另一合金晶格中,形成固溶体,使纯金属的强度提高
752. Soliton 光孤子	是一种自我增强的孤波(波束或脉冲波)。当它以恒定的速度移动时,其形状保持不变。孤子光波是由于在介质中非线性和色散效应被删除而发生的。术语"色散效应"指的是某些系统的波的速度随频率的变化而变化的属性。例如:在光纤中的光孤波
753. Solvation 溶剂化	俗称溶解,指溶剂的分子和溶质的分子或离子相吸引和结合的过程。随着离子溶入溶剂,离子散开并被溶剂分子包围。离子越大,溶剂分子越容易包围它并使它溶剂化
754. Sonar 声呐	声呐是一种利用水下声波在海底搜寻其他对象的机器。声呐可以通过发送声音和聆听的回声(主动声呐),或侦听从它试图找到的对象所发出的声音(被动声呐)
755. Sonic Anemometer 声波风速计	声波风速计利用了超声波,根据传感器之间音波脉冲的行程时间来测量风速。来自耦合传感器的测量可以是 1 维、2 维或 3 维合并的流量流速的测量。声波风速能够以优良的瞬时清晰度(20Hz 或者更高)进行测量,这使得它非常适合湍流的测量
756. sonic boom 声震	也叫作音爆或声爆。是飞机以超音速飞行时就会产生声震。飞机前的空气被压缩,产生冲击波。冲击波以锥形形状向飞机后方传播。观察者所听到的冲击波便是声震。声震与音障之间存在联系,飞机导致音障产生后被人察觉到的一种声音结果

续表

效应名称	注解与说明
757. Sonochemistry 声化学	声化学主要是指利用超声波加速化学反应,提高化学产率的一门新兴的交叉学科。声化学反应主要源于声空化——液体中气泡的形成、振荡、生长、收缩,直至崩溃,及其引发的物理、化学变化。声化学解释了如超声、声波降解法、声致发光和声波的空化等现象
758. Sonoluminescence 声致发光	1934年,德国科隆大学两位科学家在一次实验中向水中射入超声波,用以研究军用声呐雷达,结果在水中产生了一种蓝色的跃动光斑,当声波穿过液体的时候,如果声音足够强,而且频率也合适,那么会产生一种"声空化"现象——在液体中会产生细小的气泡,气泡随即坍塌到一个非常小的体积,内部的温度超过10万摄氏度,在这一过程中会发出瞬间的闪光。这种现象被称为"声致发光"。科学家认为,如果产生的气泡更大,那么它坍塌后的温度就越高——甚至可能高达1000万摄氏度。这个温度足以引发核聚变反应。不过,核聚变是这个现象最惊悚的理论解释
759. Sonomicrometry 微声测法	一种根据听觉信号通过介质的速度来测量压电晶体之间的距离的技术。一单元的晶体可以产生一单元的声脉冲,它可以穿过晶体间的间隔并被其他晶体所探测到——此过程所用的时间被用来计算晶体间的距离
760. Sorption 吸附与吸收	Sorption 指同时发生吸收和吸附的动作,也就是气体或液体会结合到另一种不同状态的材料上,或者黏附到另一种分子的效应。吸收是一种状态的物质结合到另一种状态的物质(例如液体被固体吸收,或气体被液体吸收)。吸附是离子和分子在另一种分子表面上的物理附着或黏结
761. Sound 声音	声音是一种机械诊断波,也就是通过的固体、液体或气体的压力振荡,由听觉和足以听到的频率范围组成
762. sound barrier 音障	音障是一种物理现象,当物体(通常是航空器)的速度接近音速时,将会逐渐追上自己发出的声波。声波叠合累积的结果,会造成震波的产生,进而对飞行器的加速产生障碍,而这种因为音速造成提升速度的障碍称为音障。突破音障进入超音速后,从航空器最前端起会产生一股圆锥形的音锥(巨大的能量以冲击波的形式释放出来),在旁观者听来这股震波有如爆炸一般,称为声震
763. sound vibration 声振动	当低密度气体稳定地横向流过管束时,在与流动方向及管子轴线都垂直的方向上形成声学驻波。这种声学驻波在壳体内壁(即空腔)之间穿过管束来回反射,能量不能往外界传播,而流动场的漩涡脱落或冲击的能量却不断地输入。当声学驻波的频率与空腔的固有频率或漩涡脱落频率一致时,便激发起声学驻波的振动,从而产生强烈的噪声,同时,气体在壳侧的压力降也会有很大的增加
764. Spark Plasma Sintering 放电等离子烧结	放电等离子烧结 SPS(现场辅助烧结技术 FAST,或脉冲电流烧结 PECS)的主要特点是:在试样导电的情况下,脉冲直流电不仅直接通过石墨模具,也通过粉末压块,因此,其内部产生的热量促使一个非常高的加热和冷却的速率(高达1000K/min),烧结过程一般是非常快速的(在数分钟内)
765. Spanish Windlass 西班牙卷扬机	一种可以提供把两个物体拉拢在一起的拉力的简单器械。由传送物体的绳索的连续环圈和一个通过环圈正中间的梁栋(比如棍子)构成。梁栋围绕着环圈轴心的转动使环圈围绕自身旋转,这有效地缩短了绳索的长度,将物体拉到一处
766. Spatial Filter 空间滤波(光、色)器	一种光学装置,它使用傅里叶光学的原理来改变相干光或其他电磁辐射的光束的结构
767. Speed of Sound 声速	指单位时间内声波通过弹性介质传送的距离
768. Sphericon 扭曲双锥	具有一个面、两条边的三维实体。可以由一个有着90度顶点的双锥体演化而成,通过将双锥体沿着一个平面分开,将两半分别旋转90°,并重新连接而形成。当在平坦的表面上滚动时,在它的表面上每个点都与滚动平面接触
769. Spheroid 球状体	一种将椭圆围绕着其中一条轴线旋转一周得到的二次曲面,换句话说,指相有两个相同的半、直径的椭圆体。如果椭圆围绕着长轴旋转,会得到一个扁长(加长)的球体,其形状和橄榄球相似。如果椭圆围绕着短轴旋转,会得到一个扁平(变平)的球体,其形状和扁豆相似。如果椭圆本身是一个正圆,那么会得到一个球体
770. Spin Coating 旋涂	指将相同的溶液薄层涂在平整的基层板面上的过程。简单来说,过量的溶液被放置在基层板面上,之后,高速旋转使液体由于离心力被旋涂到基层板上

续表

效应名称	注解与说明
771. Spirit Level 水平仪	指用来指示一个平面是否水平的器材
772. Sponge 海绵	指包括多孔材料组成的工具或洁具
773. Spray 喷雾	当液体分散为一连串的小水珠(雾化),这被称为喷雾。喷嘴有两个基本的用途:增加液体的表面积以增强蒸发;把液体在整个区域内散布开来
774. Spring 弹簧	弹簧是一个通常由金属制成的(钢制居多)器件。该金属可以被压缩(挤压)。当压缩力被移除时,弹簧会返回到其原始长度。材质通常选用弹簧钢,它紧密地绕圈,有很多不同的用途与尺寸和类型的,例如一些弹簧已经被设计用于拉动,而不是推动;气弹簧经常被用来制作车辆后挡板
775. Sputtering 溅射	由于高能离子轰击使原子从固体靶材料溅出的过程。它通常用于薄膜沉积,以及蚀刻和分析技术
776. Static Friction 静摩擦	或称为静态阻力,静摩擦是指两个固体物质彼此压紧(但没有滑动)。为了克服静摩擦,需要有一个平行于接触表面的临界力。静摩擦力是一个临界值,不是一个连续的力
777. Stewart Platform 斯图尔特平台	一种并列机器人,包含了六个棱柱形作动器,通常是液压起重器。这些成对的作动器是机构的基础,穿过顶板上的三个上升点。顶板上的装置可以进行六个自由度的移动,在这其中可以使自由悬挂的物体移动
778. Stick-slip Phenomenon 黏滑现象	两个物体互相滑过时出现的自发的冲击运动
779. Stirling Cycle 斯特林循环	描述通用类斯特林装置的热力循环。该循环是可逆的:如果提供机械功率,它可以作为热泵加热或冷却,或低温冷却。该循环是一个封闭(流体永久包含于热力学系统内)可再生的(使用内部热交换器)气态流体的循环
780. Stirring 搅拌	流体中使用重复动作的搅动。其中重复动作的典型是旋转。搅拌的目的通常是混合或者阻止流体和一些固体的特定部分的连续接触
781. Stockbridge Damper 架空线减振器	一种用于压制由于风而绷紧的缆绳(比如空中的输电线)引起的振动的调频质量阻尼器。这个哑铃形状的设备包括一根短缆绳或者柔性杆和在其两端的两个重物,重物的中心夹住主缆绳。减振器可以降低主缆绳中振动的能量使其达到一个可接受的水平
782. Stoddard Engine 斯托达德引擎	一种利用真空管和单相气态工作流体的外燃机(换言之,是一种"热空气发动机")。内部的工作流体原本是空气,不过在现代版本中,其他气体比如氦气和氢气也可以使用
783. Stokes Drift 斯托克斯漂移	一种特定的流体块的运动,由于波动导致的流体流动的运动
784. Stress Relaxation 应力松弛	一个弹性材料在恒定的应变和变形下应力随时间减小
785. Stroboscopic Effect 频闪效应	当连续的运动由一系列短暂或者瞬时的取样表示出来的一种直观现象。这样一种直观现象引起的视觉现象被称为频闪效应。正在观看移动物体的连续视线被一系列短暂而分离的取样所代替,而这个运动物体正处于运动速度和抽样接近的转动或其他周期运动时,此效应会发生
786. Sublimation 升华	聚集态(或单一状态)的物质,不通过中间的液相,直接从固相到气相的物理状态的变化
787. Sulphur-Microwave Lamp 微波硫灯	一种高效的全谱无电极照明方式,它的光由硫电离子在微波辐射刺激下产生
788. Suction 吸入	流体进入局部真空或低压区域,该区域与周围环境之间的压力梯度使物质向着低压区域推进
789. Sun and Planet Gear 太阳和行星齿轮	往复运动和旋转运动之间的转换方法
790. Superconductivity 超导电性	某些材料在特定温度以下发生电阻恰好为零的现象。类似铁磁性和原子谱线,超导是一种量子力学现象。这种现象被称为迈斯纳效应,指超导体过渡到超导状态时从内部会发出的任何较弱磁场

续表

效应名称	注解与说明
791. Super Black 超级黑	一种表面处理(建立在用针和酸类在金属板上蚀刻镍磷合金的基础上),能比传统不光滑的黑色涂料反射更少的光。传统黑色涂料能够反射 2.5% 左右的入射光。超级黑则吸收了大概 99.6% 的正射光。而对于其他入射的角度,超级黑甚至表现得更为有效
792. Supercavitation 超空化	指利用空化效应在液体中制造一个大型气泡,允许物体在完全被气泡包裹的情况下快速通过液体。这个空洞(气泡)减少了物体上的阻力而这使超空化成为一项有吸引力的技术;水中的阻力通常是空气中的 1000 倍左右
793. Supercooling 过冷	也称为低温冷却,指将液体或气体的温度降至其凝固(冻结)点以下,且不变成固体的过程。一种低于其标准凝固(冻结)点的液体会在晶种或周围可形成晶体结构的核存在的情况下结晶。若没有任何相关的核,液相可以保持不变,一路降至晶体发生均匀核化的温度
794. Superdiamagnetism 超抗磁性	超抗磁性是某些材料在低温环境下出现的一种现象。超抗磁性物质的磁导率完全不存在(即磁化率 $v=-1$),并且超抗磁性物质的内部磁场与外在环境隔离。超抗磁性是超导性的一种特征。超导体的磁悬浮作用亦是由于其超抗磁性排斥磁铁的磁场;由于磁通锁定作用,磁铁被固定于空中不会飘走
795. Superfluidity 超流体性	超流体性是物质的一种状态,其特点是:黏度完全消失,而热传导变得无限大。这种不寻常现象可以从典型的氦-4 或氦-3 流体中观察到。在表面相互作用克服摩擦的阶段(被称作为氦-4 温度和压力的"拉姆达点"),这些流体的黏度变为零。如果将超流体放置于环状的容器中,由于超流体完全缺乏黏性,没有摩擦力,它可以永无止尽地流动。能以零阻力通过微管,甚至能从碗中向上"滴"出而逃逸
796. Superheating 过热	有时称为沸点的迟滞,或沸点延迟,指液体被加热到高于其沸点的温度而没有沸腾的现象。过热是通过加热在一个干净的容器中的均质物质来达到的。免除成核位点,同时注意不要打扰液体
797. Superhydrophilicity 超亲水性	在光的照射下,水滴落到二氧化钛上没有接触角(角度接近零),被称为超亲水性效应。其用途例如:去雾玻璃、用水能够清除掉油污、汽车用的门镜、建筑用的涂料、自洁式玻璃等,污垢通过光致分解的自洁特性的其他方面的应用,诸如将有机化合物吸附在表面上的应用
798. Supercritical Fluid 超临界流体	在接近温度和压力临界点时,例如液态氦在 -271℃ 以下时,它的内摩擦系数变为零,这时液态氦可以流过半径为十的负五次方厘米的小孔或毛细管,这种现象叫超流现象(Superfluidity),这种液体叫超流体(Superfluid),接近临界点时,压力或温度的轻微变化会导致密度较大的变化
799. Supercritical Drying 超临界干燥	通过变成气体的形式来去除液体,不跨越任何相边界而是通过超临界区域的一种工艺过程。此处的气体与液体之间的差别不再存在
800. Supercritical Fluid Extraction 超临界流体萃取(分离)	超临界流体萃取(SFE)是一种将超临界流体作为萃取剂,把一种成分(萃取物)从另一种成分(基质)中分离出来的技术。其起源于 20 世纪 40 年代,20 世纪 70 年代投入工业应用,并取得成功。使用这种技术时基质通常是固体,但也可以是液体。SFE 可以作为分析前的样品制备步骤,也可以用于更大的规模,从产品剥离不需要的物质(例如脱咖啡因)或收集所需产物(如精油)。二氧化碳(CO_2)是最常用的超临界流体
801. Superlubricity 超光滑	指摩擦力消失或极其接近消失的运动规则。当两个结晶面在干燥的接触环境下互相滑动时,超光滑(也叫作结构性光滑)可能会发生。这种超低的摩擦力的状态也可能发生在当一个锋利的尖端滑过平面,而它加加的负载低于一定的界限的情况下。"超光滑的"界限取决于尖端和平面的相互作用以及相接触的材料的硬度
802. Superplasticity 超塑性	在材料科学,超塑性是指固体结晶物质变形远远超出了一般在拉伸变形期间的断裂点,通常拉伸变形约 200%。通常是在一半的绝对熔点温度时,即可获得这种状态。超塑性材料的例子是一些细粒的金属和陶瓷。其他非结晶性材料(非晶态)如石英玻璃("熔融玻璃")和聚合物也同样地变形,但称为超塑性,因为它们是不结晶的,它们的变形通常被描述为牛顿流动
803. Supersaturation 过饱和	指溶液已溶解了足够多的溶质(达到溶解度),以至于不能再溶解更多该溶质的状态。它也可以指达到蒸汽压的某种蒸汽继续被施加较大压力时的状况
804. Surface Acoustic Wave 表面声波	一种沿着具有弹性材料表面传播的声波,该声波的振幅随着衬底的深度呈指数衰减。这种波被用于 SAW 器件中,从而应用于电子电路

续表

效应名称	注解与说明
805. Surface of Constant Width 宽度恒定的表面	凸形的,不考虑这两个平行平面的方向,其宽度,通过两个相对应的平行平面触摸它的边界之间的距离测量是相同的,恒定宽度的曲线三维类似物,两个相平行的切线之间距离是恒定宽度的二维形状。球体显然是固定宽度的表面,但还有其他的形状如迈斯纳体
806. Surface Tension 表面张力	表面张力是液体表面层由于分子引力不均衡而产生的沿表面作用于任一线上的张力。在表面的水分子,因上层空间气相分子对它的吸引力小于内部液相分子对它的吸引力,所以该分子所受合力不等于零,其合力方向垂直指向液体内部,结果导致液体表面具有自动缩小的趋势,这种收缩力称为表面张力。表面张力是物质的特性,其大小与温度和界面两相物质的性质有关
807. Surfactant 表面活性剂	表面活性剂能更容易扩散而且降低两种液体之间的表面张力的润湿剂,并提高有机化合物的可溶性。表面活性剂范围十分广泛(阳离子、阴离子、非离子及两性),为具体应用提供多种功能,包括发泡效果、表面改性、清洁、乳液、流变学、环境和健康保护。表面活性剂在许多行业配方中被用作性能添加剂,如个人和家庭护理,以及无数的工业应用中:金属处理、工业清洗、石油开采、农药等
808. Suspension 悬浊液	指能沉淀的固体颗粒的非均匀流体。颗粒通常大于 $1\mu m$。内相(固体)通过某些赋形剂或助悬剂进行机械搅动,分散于外相的各处(流体可能是液体或气体)
809. Swashplate 旋转斜盘	旋转斜盘是在机械工程发动机设计中替代曲轴的装置,可以用来将旋转轴式的运动转换成往复式运动,或将往复运动转换成旋转运动
810. Synchrotron Radiation 同步辐射	电磁辐射时,带电粒子在坐标轴上沿径向加速的过程称为同步辐射发射。它产生于使用弯曲磁铁,波荡和(或)扭摆磁铁同步加速器。它类似于回旋加速器辐射,除了同步加速器辐射是由通过磁场的带电粒子产生的相对加速。同步辐射能人为地在同步加速器或储存环中实现,或者自然地在电子通过磁场时出现以这种方式产生的辐射,具有偏振特性,可以在整个电磁波谱频率范围内产生
811. Syphon 虹吸管	通常是一个倒 U 形管,它允许液体不通过泵就能向上流动,穿越障碍物,然后再在一个比原始容器水面低的位置上流出。实际的虹吸管由于重力的作用,管的下游端的压力明显高于周围,因此液体从管中流出到大气中或到一个静水压力低于第一管的第二蓄水池
812. Temperature Gradient 温度梯度	温度梯度是温度随距离的变化。自然界中气温、水温或土壤温度随陆地高度或水域及土壤深度变化而出现的阶梯式递增或递减的现象
813. Tea Leaf Paradox 茶叶悖论	指一杯茶中的茶叶会在搅拌后迁移到茶杯中间和底部而不是在离心力的作用下分布在茶杯边缘
814. Tensarity 张力空气梁	使用充气的弹性构件横梁和/或通过抗拉的刚性构件的相互连接,有助于获得轻质机械工程基础结构的机械增益
815. Tensegrity 张拉整体	通过一个有限的压缩网络、拉力所连接的刚性元件或弹性元件,使形成一个总体完整的结构富勒(Buckminster Fuller),创造了"Tensegrity(张拉整体)"这个词,它由"Tensional(张拉的)"和"Integrity(整体)"两个词的英文缩写组合而成。富勒把张拉整体结构比喻成:受压的孤岛分布于拉力的海洋之中。莫特罗对张拉整体结构作了更为确切的定义,他认为:张拉整体结构是一种稳定的自平衡结构体系,它由离散的受压构件包含于一组连续的受拉构件内部构成
816. Tension 张力	通过一根绳索、电缆、链条或在其他固体上施加的拉力。它与压力是相对立的
817. Terminal Velocity 终端速度	终端速度就是物体在下落运动时所能达到的最大速度。不同的物体下落速度不同
818. Tesla Turbine 特斯拉涡轮机	或称为边界层涡轮机、黏附型涡轮机、普朗特层涡轮机,是一种无叶片的离心式水流涡轮扩管装置。使用边界层效应,而不是像传统的涡轮机流体冲击在叶片上。它是由一组光滑的圆盘组成,喷嘴向圆盘的边缘施加流动的气体。由于黏滞性和气体表面层的吸附作用,使气体被拖曳在圆盘上。当气流放慢和圆盘的能量增加时,气流螺旋上升进入中心排气口。由于转子没有突出部分,所以该装置非常坚固
819. Tesla Valvular Conduit 特斯拉瓣膜管道	一种没有活动件的单向瓣膜,利用水道的几何学来改变液体的流向,目的为它自身以一个方向运动,另一个方向提供很小的阻力
820. Tessellation 曲面细分	也称"镶嵌化处理技术"。一个曲面的细分是一个平面图形的集合,由所有平面图形不重叠并且无间隙地结合形成

续表

效应名称	注解与说明
821. Theremin 塞里明(特雷门)	1928年由苏联科学家Leon Theremin教授发明的特雷门琴,是一种不需要演奏者接触和对其进行控制的电子乐器。其原理是利用天线和演奏者的手构成电容器,天线接在一个带有放大电路和扬声器的LC回路上。通过天线感受手的位置变化来发出声响
822. Thermal Contraction 热收缩	物体响应温度变化或者在冷却时体积缩小的一种趋势
823. Thermal Energy Storage 蓄热	一类将能量储存在热库中供以后重复使用的技术
824. Thermal Expansion 热膨胀	指物质由于温度改变或被加热时有改变体积的趋势。实际应用中,有两种主要的热膨胀系数,分别是:线性热膨胀系数(Coefficient of Linear Thermal Expansion,简称CLTE线胀系数)和体积热膨胀系数
825. Thermal Hall Effect 热霍尔效应	热霍尔效应是霍尔效应的热模拟,在这实验中跨越固体而生是一个热场而不是磁场。当施加磁场时,生成正交梯度温度
826. Thermal Insulation 绝热	用于减少热传递的材料,或用于减少热传递的方法和过程
827. Thermal Radiation 热辐射	物体由于具有温度而从表面辐射电磁波的现象
828. Thermal Shock 热冲击(骤冷骤热)	指剧烈的温度变化导致的破裂。当热变化率造成一个物体的各部分不同程度地膨胀时,就产生了热冲击。这种有区别的膨胀可以被理解为是由于压力或者拉力。在某个时间点,这种压力或者拉力,超出了材料本身的强度,使得材料产生了裂缝。如果不阻止裂缝的扩大,最终物体的结构会被破坏
829. Thermionic Emission 热离子(电子)发射	又称爱迪生效应,指热振动能导致的电子或离子的发射。与气体分子相似,金属内自由电子作无规则的热运动,其速率有一定的分布,在金属表面存在着阻碍电子逃脱出去的作用力,电子逸出须克服阻力做功,称为逸出功。一般当金属温度上升到1000℃以上时,动能超过逸出功的电子数目极具增多,大量电子由金属中逸出,这就是热电子发射
830. Thermionic Energy Conversion 热离子能量转换	指由热电子发射产生的热能直接提供的电能
831. Thermistor 热敏电阻	也称为电热调节器。一种电阻器,与普通电阻器相比,其电阻随着温度变化而变化的幅度大得多
832. Thermoacoustic 热声学	指热动力学和声学现象的相互作用,比如说压力变化和温度变化的关系。变化的压力会产生变化的温度,反之亦然
833. Thermoacoustic Engine 热声(发动)机	指利用高振幅的声波来输送热量,或利用热能差来引起高振幅的声波的热声设备。可以分成驻波设备和行波设备。这两种设备又可以分为两个热力学等级,一个原动力(或者叫热发动机)和一个热力泵。原动力用热能制造动能,热力泵用动能制造或转移热能
834. Thermo-capillary Convection 热毛细对流	由于温度梯度引起的表面张力梯度,由于表面张力梯度而产生的物质转移,热毛细对流发生在两流体界面处
835. Thermochromic Paint 热致变色涂料	一种建立在变色色素基础上的涂料。它涉及了液晶或者隐色染料技术的应用。在吸收了一定量的光线后,色素的晶体或者分子结构可逆地改变了,这使得它开始吸收和放射一种不同于低温状态下吸收和放射的波长的光。热致变色涂料颜色的变化来指示涂装物温度的变化和分布情况
836. Thermochromism 热色现象	热色现象指某些物质在受热或受冷时所发生的颜色的变化。热色现象是几种着色异常现象中的一种。此现象的两种基本途径是使用液晶或隐色染料
837. Thermocouple 热电偶	两种不同金属构成的连接,根据温度差提供电压。热电偶是一种应用广泛的温度传感器,用来测量和控制温度,也可以将热能转换成电能
838. Thermography 热成像	热成像仪的辐射检测围在红外电磁光谱区(约9000~14000nm或9~14μm),产生辐射图像(称为温谱图)
839. Thermoluminescence 热释光法	一种通过某些晶体材料发光的方式(如某些矿物质),该材料先前从电磁辐射或其他电离辐射中吸收的能量,在光加热该材料的过程中,被再次释放出去。这种现象与黑体辐射截然不同

续表

效应名称	注解与说明
840. Thermolysis 热（分）解（散热）	或称为热分解，由热所引起的热化学分解。该反应通常是吸热的，需要打破化学键使化合物发生分解。如果分解充分放热，则会创建正反馈回路产生热失控并可能导致爆炸
841. Thermomagnetic Convection 热磁对流	铁磁流体可用于传递热量，由于在这样的磁性流体内热量和质量的传输可通过外部磁场来控制。这种形式的热传递可以是在传统的对流未能提供足够的热量传递的情况下施用，例如，在精密微型器件或低重力条件下的情况下非常有用
842. Thermo-magnetic Motor 热磁电机	热磁电机的工作是通过把磁铁材料加热到居里点以上（这个过程它变为非磁性），然后将它冷却到低于其临界温度。现有的实验只能生产效率极其低下的原型电机
843. Thermomechanical Effect 热机械效应	超流体的性质中最壮观的成果之一被称为热机械或"喷泉效应"。如果毛细管被置到超流氦浴中，然后加热，即使在上面照上光，超流氦也能通过管从顶部流动起来
844. Thermophoresis 热泳	也称为热扩散或索雷特效应，对多组分（或同位素）的颗粒混合物在温度梯度下的效应（即粒子从较热部分运动到较冷部，反之亦然）。粒子运动从热到冷时，被视为"正"分子运动，"负"时的情况正好相反。通常混合物中较重/大的组分表现出正效应，而更轻/小的组分表现出负效应
845. Thermo-resistive Effect 温阻效应、热敏电阻效应	金属和半导体的电阻随温度变化的现象
846. Thermosyphon 热虹吸管	一种基于自然对流的被动热交换的方法，它不需要机械泵就能完成液体循环。虹吸现象是液态分子间引力与位能差所造成的，即利用水柱压力差，使水上升后再流到低处，由于管口水面承受不同的大气压力，水会由压力大的一边流向压力小的一边，直到两边的大气压力相等，容器内的水面变成相同的高度，水就会停止流动
847. Thompson Effect 汤姆逊效应	1856年，汤姆逊发现第三热电现象：电流通过具有温度梯度的均匀导体时，导体将吸收或放出热量（这将取决于电流的方向），这就是汤姆逊效应。由汤姆逊效应产生的热流量，称为汤姆逊热。汤姆逊热是焦耳热之外的一种热。原理上，"逆汤姆逊效应"也是可能的；随着交替的温度梯度，导体中的电势差也会出现。但是，这种效应是否存在，还没有得到实验上的证实
848. Thin Films 薄膜	材料薄层的厚度范围从一个纳米级到几个微米级。电子半导体器件和光学涂层是从薄膜结构中受益的主要应用
849. Thoms Effect 托马斯效应	管道的中心为紊流核心，它包含了管道中的绝大部分流体；紧贴管壁的是层流底层；层流底层与紊流漩涡之间为缓冲区，层流的阻力要比紊流的阻力小 1948年，英国科学家B.Thoms发现，在液体中添加聚合物可以使管内流动从紊流转变成层流，从而大大降低输送管道的阻力，这就是摩擦减阻技术。然而，Thoms的发现真正得到重视是在1979年，美国大陆石油公司生产的减阻剂首次商业化应用于横贯阿拉斯加的原油管道，获得了令人吃惊的效果：在使用相同油泵的情况下，可以输送的原油量增加了50%以上。在取得巨大成功之后，减阻剂被应用于海上和陆上的数百条输油管道。这次应用的成功激发了学术界和工程界对该技术的研究热潮
850. Tidal Power 潮汐发电	将潮汐能转换成电能或其他有用形式的能
851. Time Dilation 时间膨胀	在相对论中，时间膨胀是指通过观察来测量在两个情况（彼此相对的运动或是位于不同的重力物质的运动）之间实际时间差。在广义相对论中，在引力场中拥有较低势能的时钟都走得较慢 在狭义相对论中，时间膨胀效应是相互性的：从任一个时钟观测，都是对方的时钟走慢了（假定两者相互的运动是等速均匀的，两者在观测对方时都没有加速度）。相反，引力时间膨胀却不是相互性的：塔顶的观测者觉得地面的时钟走慢了，而地面的观测者觉得塔顶的时钟走快了。引力时间膨胀效应对于每个观察者都是一样的，膨胀与引力场的强弱与观察者所处的位置都有关系
852. Time of Flight 飞行时间、行程时间	取对象、粒子或声音，测量它们的电磁波或其他波通过一段介质所用时间的方法。可以使用时间标准器（如一个原子钟）来测量的方法，如同测量速度或通过给定介质的路径长度的方法；或如同查明关于粒子或介质的组成或流速方法
853. Tomography 断层摄影技术	通过使用任何一种穿透波穿过部分或分层切片来成像的技术。该方法用于放射学、考古学、生物学、地球物理学、海洋学、材料科学、天体物理学和其他科学

续表

效应名称	注解与说明
854. Torque 转矩（力矩）	是一种使物体绕轴或支点或中心点旋转的力的倾向。正如一个力理解为推或拉，转矩可以想象为扭或拧。转矩是旋转的力
855. Total Internal Reflection 全内反射	当一束光以比一个特定角度大的入射角照射到介质分界面上产生的光学现象。如果另一侧的折射率较低，没有光能够通过。这个关键角就是发生全内反射的入射角
856. Torque Oscillator 转矩振荡器	使振荡器移位或复位的是一个非线性的力矩（例如用弹簧悬挂物体）。平衡力弹簧是个很好的例子
857. Torsion Spring 转矩弹簧	一种可伸缩的弹性物体，当被旋转时储存机械能。它所产生的作用力（实际是转矩）与它旋转的圈数成正比。转矩弹簧通常是由金属或橡胶制成的线材、条板或带状物。更精致的转矩弹簧是用丝绸、玻璃或适应纤维制成的
858. Townsend Discharge 汤森放电	一种气体电离的过程，一个最初极少量的自由电子通过一个足够强的电场加速，穿过气体提升电传导产生由雪崩倍增效应。当自由电荷数减少或电场变弱时，该现象不再产生
859. Transpiration 蒸腾	蒸腾作用是指水分从植物表面散失的现象。特别是在植物的叶片部分，但是在茎部、花和根部也都有。叶片表面遍布敞开的被称为聚合性的气孔，叶片通过气孔发生蒸腾，并由于气孔的敞开需要有关的"耗费"，让来自空气中的二氧化碳扩散进行光合作用。蒸发也冷却植物和实现使大量的矿物养分和水从根部流向芽部
860. Tribocorrosion 摩擦腐蚀	一种由于腐蚀和磨损的综合效应引起的材料的降解。摩擦腐蚀表示由摩擦学和腐蚀学结合的基本学科
861. Triboelectric Effect 摩擦电效应	摩擦起电效应，也就是通过摩擦的方式使得物体带上电荷。摩擦起电的步骤，是使用两种不同的绝缘体相互摩擦，使得它们的最外层电子得到足够的能量发生转移
862. Triboluminescence 摩擦发光	某些固体受机械摩擦、振动或应力时的发光现象。例如蔗糖、酒石酸等晶体受挤压、粉碎时发出闪光；合成的磷光体 $CaPO \cdot Dy$ 经划伤、磨损，可观察到很强的发光等
863. Tritium 氚	氢的放射性同位素。氘的原子核中包含一个质子和两个中子，而氕的核（迄今为止最丰富的氢同位素）包含一个质子和中子。氚 β 衰变后变为氦-3
864. Trompe 水风筒	一种以水为动力的气体压缩机，在电动压缩机未出现前经常被使用。一根垂直的管或轴连通一个分离腔，一根管子从分离腔引出，使得水能从低位流出，另一根管子从腔内引入，使得压缩空气可以根据需要来调节排出
865. Tuned Mass Damper 调谐阻尼器	为克服因谐波振动而产生激烈振动的一种稳定装置。利用相对较轻量级的调谐阻尼器来降低系统的振动，以致最坏的情况下振动也很少剧烈。大体上讲，对于一个实际系统，不是把主要的振动模式调到远离麻烦的干扰频率，就是对共振加一个阻尼。然而，直接的阻尼的方法是困难的，或是代价昂贵的
866. Turbine 涡轮机	从流体流中提取能量的旋转式发动机。最简单的涡轮机有一个可移动部件的转子组件，这是附加的叶片的轴。移动流体作用在叶片上或叶片的转动的相互作用，使它们旋转和传递到转子的能量。早期的涡轮机的例子是风车和水车
867. Turbulence 湍流	湍流一般相对"层流"而言。当流速增加到很大时，流线不再清楚可辨，流场中有许多小漩涡，称为湍流，又称为涡流、扰流或紊流。若雷诺数较大时，惯性力对流场的影响大于黏滞力，流体流动较不稳定，流速的微小变化容易形成、增强紊乱、不规则的湍流流场
868. Two-Phase Flow 两相流	通过弯月面将两相（气体和液体）分离的系统
869. Tyndall Effect 廷德尔氏效应	光通过有胶体颗粒或有颗粒的悬浮液中产生散射的现象
870. Ultrasonic Capillary Effect 超声波毛细管效应	由于高强度超声场造成的液体及其对于毛细管道渗透程度的异常快速增长。这是由毛细管入口处空泡的崩溃引起的。崩溃的气泡会产生一种液体的微喷，从而渗透进入毛细通道使毛细管液相柱的高度增加。这种增量总和增加是超声波作用下毛细管内的液体高度和速度上升的原因
871. Ultrasonic Vibration 超声波振动	在超声波频段的振动
872. Ultrasound 超声波	超声波是频率高于 20000Hz 的声波，它方向性好，穿透能力强，易于获得较集中的声能，在水中传播距离远，可用于测距、测速、清洗、焊接、碎石、杀菌消毒等。在医学、军事、工业、农业上有很多应用。超声波因其频率下限大约等于人的听觉上限而得名

续表

效应名称	注解与说明
873. U-Tube Viscometer U 形管式黏度计	在固定温度中垂直悬起的 U 形玻璃管。在 U 形管中的一个臂有精确的毛细管部分，上面有一个玻璃球。另一个球在另一臂的较低处。液体通过抽吸被抽入上部玻璃球，并能够流过毛细管进入下部玻璃球。液体通过上部玻璃球每一侧的标记（表示一个已知的体积）所耗费的时间与其运动黏度成正比
874. Vacuum 真空	一定量的基本没有物质的空间，因此它的气体压力远小于大气压。完美或理想的真空中没有任何粒子，但这在实践中是不可能实现的。物理学家经常讨论一些发生在完美真空中的完美的测试结果，他们简单的称呼完美真空为真空或者自由空间，并且使用术语局部真空来指代真实的真空。真空是一种不存在任何物质的空间状态，是一种物理现象。粗略地说，真空是指在一区域之内的气体压力远远小于大气压。理想的真空不带任何粒子，声音因为没有介质而无法传递，但电磁波的传递却不受真空的影响。物理学家经常讨论理想的测试结果应出现在理想的真空中，他们简单称呼"真空"或"自由空间"，并用术语局部真空认为是真实的真空 目前在自然环境里，只有外太空堪称最接近真空的空间
875. Vacuum Distillation 真空蒸馏	真空蒸馏是一种使待分离液体上方压强小于其蒸汽压（通常比大气压还小）的蒸馏方法。这种方法适用于蒸汽压大于环境压力的液体
876. Vacuum Plasma Spraying 真空等离子喷涂	真空等离子喷涂是一种技术，用于蚀刻和表面改性，以创建具有高再现性的多孔层，以及对塑料、橡胶、天然纤维的清洗和表面工程。此表面工程可以提高物体的性能，如摩擦性、耐热性、表面导电性、润滑性、膜的黏合强度或介电常数等，也可以使材料亲水或疏水
877. Valve 阀门	一种通过开、关或者部分阻碍不同管道的方式控制流体（气体、液体、流态化固体或者浆体）流速的器件
878. van der Waals Force 范德华力	也叫作范德瓦尔斯力，分子间（或在同一分子之间的部分）由于共价键，或离子与离子或中性分子之间的静电力而产生的吸引力或排斥力的相互作用的总和。包括定向力、诱导力和伦敦色散力
879. Vapour Pressure 蒸汽压	蒸汽压也称作饱和蒸汽压，指的是这种物质的气相与其非气相达到平衡状态时的压强。任何物质（包括液态与固态）都有挥发成为气态的趋势，其气态也同样具有凝结为液态或凝华为固态的趋势。在给定的温度下，一种物质的气态与其凝聚态（固态或液态）之间会在某一个压强下存在动态平衡。此时单位时间内由气态转变为凝聚态的分子数与由凝聚态转变为气态的分子数相等。这个压强就是此物质在此温度下的饱和蒸汽压。蒸汽压与物质分子脱离液体或固体的趋势有关。对于液体，从蒸汽压高低可以看出蒸发速率的大小。具有较高蒸汽压的物质通常说其具有挥发性
880. Velcro 维克牢尼龙搭扣	织物钩环扣件的品牌名。它由两层组成：一侧是"钩"，是一块织物覆盖的与小钩，一侧是"环"，其上覆盖更小的"毛茸茸"环。当双方被压在一起，钩和环结合使物件结合在一起。当它们分开时，会发出特征性的"抓取"的声音
881. Velocity Ratio 速率比	在一台机器中，衡量由移动力点运动到负载点引起的位移的比值
882. Venturi Effect 文丘里效应	文丘里效应，也称文氏效应。这种现象以其发现者，意大利物理学家文丘里（Giovanni Battista Venturi）命名。这种效应是指在高速流动的气体附近会产生低压，从而产生吸附作用。利用这种效应可以制作出文氏管
883. Vibration 振动（振荡）	在一个平衡点附近的机械振荡。振荡是周期性的如钟摆的运动，或者是随机的如运动轮胎在砂石路上。
884. Vibrational Viscometer 振动式黏度计	让电谐振器浸在液体中振荡，测量待确定液体的黏度的仪器。该谐振器一般是转矩弹簧扭转或横向地振荡（作为悬臂梁或音叉）。黏度越高，施加于所述谐振器的阻尼越大
885. Vickers Hardness Test 维氏硬度试验	一种用于使用特殊形状的钻石硬度计压头来测量硬度的方法
886. Villari Effect 维拉利效应	或称为逆磁致伸缩效应，是一种材料的磁化率变化时，受到机械应力的作用结果。在铁磁质中磁化方向的改变会导致介质晶格间距的变化，因而使得铁磁质的长度和体积发生变化，即：磁致伸缩现象，也称为威德曼效应，其逆效应为维拉利效应
887. Viscoelasticity 黏弹性	物体发生变形时，表现出黏性和弹性的特性

续表

效应名称	注解与说明
888. Viscometer 黏度计	黏度计是测量流体黏度的物性分析仪器。根据液体不同的黏度与流动条件,使用相应的流变仪。黏度计只有在一种特定的流动条件下才能进行测量
889. Viscous Damping 黏滞阻尼	黏性流体通过小孔或其他限制(如润滑部件之间的间隙)形成的流路阻尼系统
890. Vitrification 玻璃化	指把物质转化成玻璃样无定形体(玻璃态)。通常,这通过玻璃转化时液体快速冷却来实现。某些化学反应也能引起玻璃化
891. Voigt Effect 沃伊特效应	一种磁光现象,浸渍在磁场的蒸汽单元垂直于光束方向定向通过时,光发生偏振方向发生旋转
892. Voitenko Compressor Voitenko Voitenko 压缩机	聚能装药,原本的目的是穿透厚钢甲,改造后用来完成加速冲击波的任务。和风洞有点类似
893. Vortex Generator 涡流发生器	由小叶片组成气动力面,可以产生涡流。涡流发生器可在许多设备中找到,但在飞机设计中最为常用。涡流发生器可以用于汽车外表面,车辆气流的分离是一个潜在的问题,而涡流发生器可以延迟气流分离
894. Walking 行走	行走被定义为"倒立摆"的步态。在这种步态中每一步,身体成弯曲状,跃过僵硬的肢体。无论肢体的数量是多少——甚至是有六条、八条或者更多肢体的节肢动物,都可以应用这个定义
895. Water Turbine 水轮机	也叫水流涡轮机,由水流提供动力的旋转引擎
896. Waveguide 波导	一种传导波的结构,例如电磁波或者声波。对于不同的波,波导的类型也不一样,例如电场波、光波、声波
897. Wave Power 波浪能	转移海洋表面波浪能量,并去获取这种能量做有用的事,例如用于发电、海水淡化或抽水(入水库)
898. Waveguide (optics) 波导(光学)	在光频使用的波导是典型的介质波导,其结构中的介电材料,具有高介电常数,因而有高折射率,四周材料则有较低的介电常数。该结构通过内部全反射引导光波。最常见的光导是光纤
899. Weak Point 弱点	开发利用系统或结构中天生的或特意引入的弱点。例如:电气熔丝或安全销
900. Wear 磨损	通过一个表面的运动来磨损另一个材料的表面
901. Weathering 风化	地面的岩石、土壤和矿物与该行星的大气直接接触发生分解。风化发生在原位,本体"没有移动",因此不应该与侵蚀相混淆,侵蚀涉及例如水、冰、风和重力这样的介质引起的岩石和矿物的运动
902. Wedge 楔	一个三角形状的工具,是复合式和便携式的斜面。它可以用来分离两个对象物体(或一个物体的各部分),举起一个物体,或支持平面上的一个物体。它将作用于广角端的力转换为垂直于倾斜面的力
903. Weightlessness 失重	或称零重力,是指远离的行星、星星或其他飞行在环路外侧的庞大的物体,在任何情况下承受相当小的或没有加速或没有重力作用。物体对支持物的力(或对悬挂物的拉力)小于物体所受重力的情况称为失重现象。遵循加速和重力作用的等效原理,在地球轨道外失重的物体,在自由落体中,也遭受失重
904. Weissenberg Effect 韦森堡效应	一个旋转杆被放置到液体聚合物的溶液中发生的现象。聚合物溶液或熔体中聚合物链沿快速旋转轴慢慢上爬,而不是被向外抛出
905. Welding 焊接	接合材料过程中,通常是金属或热塑性塑料,通过熔融工件后添加填充材料,以形成的熔融材料(熔池)冷却之后成为一个高强度的接口。有时通过其本身被热熔合,以产生焊缝。与铜焊和锡焊不同,铜焊和锡焊会熔化工件之间的熔点低的材料,而不熔化工件本身
906. Wetting 润湿	指液体与固体表面保持接触的能力,产生两个分子被放到一起时分子间的相互作用。润湿的程度是由附着力和凝聚力之间平衡的力决定。液体和固体之间的附着力会导致液滴在整个表面扩散。液体内的凝聚力导致液滴聚合,并避免表面接触

续表

效应名称	注解与说明
907. Wheatstone Bridge 惠斯登电桥	通过平衡两条支腿的桥式电路来测量未知电阻的一种仪器,其中包括一条腿的未知电阻量。其操作与早期的电位计相似,不同的是电位计电路上使用的表是一个敏感的检流计。在许多情况下,测量未知电阻的意义是测量有关影响的一些物理现象,例如力、温度、压力等,通过惠斯登电桥可以间接地测得这些参数
908. Wheel 滚轮、车轮	一个圆形的装置能够绕其轴旋转,通常有利于移动,同时支持负载,或执行有用的工作
909. Wheel and Axle 轮轴	一个简单组成的车轮转动的轴的扭力倍增器(或车轴转动车轮)
910. Wiedemann Effect 威德曼效应	一种磁效应。磁性材料在施加螺旋磁场时产生的扭转
911. Wiegand Effect 韦根效应	经特殊加工的金属丝在磁场中移动产生的电脉冲。该金属丝有跟磁场的反应不同的两个磁性区域;外壳需要一个强大的磁场以扭转其磁极;而核心将在弱场条件下恢复原状。导线的极性转变非常迅速,产生强烈的短脉冲(波长 $10\mu m$ 以内),无需额外的外部电源
912. Wind 风	空气或其他气体组成的大气流动构成风
913. Wind Chill 风寒指数	风寒指数是指暴露于皮肤上明显感觉到的温度,是空气温度和风速的函数。由于风也会影响我们对冷的感觉,以致温度计的读数有些时候与人们对冷暖的感觉有明显的差别。风寒温度(通常俗称的寒风因素)总是会比空气温度低,但在较高的温度,风寒被认为是不太重要的
914. Wind Power 风力发电	风能向有用形式的能源的转换,如使用风力发电产生电力,用风力涡轮机产生机械动力,用风泵抽水或排水,用帆驱动船舶
915. Wing in Ground Effect 翼地效应	能在地球表面附近水平飞行的交通工具,因机翼和地表(地面效应)之间的气动干扰产生的高压空气缓冲而成为可能
916. X-Ray X-射线	波长介于紫外线和 γ 射线间的电磁辐射。由德国物理学家 W.K.伦琴于 1895 年发现,故又称伦琴射线。波长小于 0.1Å 的称超硬 X 射线,在 $0.1\sim 1\text{Å}$ 范围内的称硬 X 射线,$1\sim 10\text{Å}$ 范围内的称软 X 射线 射线具有很强的穿透力,医学上常用作透视检查,工业中用来探伤。长期受 X 射线辐射对人体有伤害。X 射线可激发荧光、使气体电离、使感光乳胶感光,故 X 射线可用电离计、闪光计数器和感光乳胶片等检测。晶体的点阵结构对 X 射线可产生显著的衍射作用,X 射线衍射法已成为研究晶体结构、形貌和各种缺陷的作用手段
917. Yarkovsky Effect 雅可夫斯基效应	因热光子的各向异性发射产生的作用于太空中旋转体的力,带有冲量。它通常被认为与流星体或小行星(直径在约 10cm 到 10km 之间)有关,因为它的影响是这些太空物质里最为显著的
918. Zahn Cup 扎恩杯(察恩杯)	广泛用于涂料行业中作为测量黏度的装置。通常是用一个不锈钢杯,在杯的底部中央钻有一个微孔,在不锈钢杯内装满需要确定黏度的液体,然后让液体从微孔中逐渐向外流出,直至流尽。测量其所用的时间,经转换后,就得到该液体的运动黏度
919. Zeeman Effect 塞曼效应	原子的能级和光谱在静态磁场存在的情况下发生几种分裂的现象。人们把塞曼原来发现的现象称为正常塞曼效应,更为复杂的则称为反常塞曼效应。正常塞曼效应是自旋为零的原子能级和光谱线在磁场中的分裂,反常则是总自旋不为零的原子能级和光谱线在磁场中的分裂。塞曼效应有非常重要的应用,如核磁共振光谱、电子自旋共振谱、磁共振成像(MRI)和穆斯堡尔谱。它也可用于提高原子吸收光谱法的精度
920. Zeolite 沸石	通常作为商业吸附剂的多微孔铝硅酸盐矿物。在工业领域内,广泛地被用于为水的净化,作为催化剂,促进现代各种材料的制备和核材料再处理。沸石用作分子筛,可以吸取或过滤其他物质的分子。虽然沸石只是分子筛的一种,但是沸石在其中最具代表性
921. Zero Themal Expansion 零热膨胀	指不随温度变化膨胀或收缩的材料、结构或系统
922. Zone Plate 波带片	一种用于聚焦电磁波(包括光)的装置,该设备采用衍射,而不是折射的方法。它由一组径向对称的半透明的环组成。入射波在波带片附近衍射可以被分隔,衍射后,波在某一焦点处发生干涉,并在焦点处显示出图像

参 考 文 献

[1] 张武城. 技术创新方法概论. 北京：科学出版社，2009.
[2] 檀润华. 创新设计——TRIZ 发明问题解决理论. 北京：机械工业出版社，2002.
[3] 张性原. 设计质量工程. 北京：航空工业出版社，1999.
[4] 尹成湖等. 创新的理性认识及实践. 北京：化学工业出版社，2005.
[5] 李祖扬，柳洲. 创新原理与方略. 天津：天津人民出版社，2007.
[6] 赵新军. 技术创新理论（TRIZ）及应用. 北京：化学工业出版社，2004.
[7] 赵敏，胡钰. 创新的方法. 北京：当代中国出版社，2008.
[8] 陶学忠. 创新创造能力训练. 北京：中国经济出版社，2005.
[9] 冯志勇，李文杰，李晓红. 本体论工程及其应用. 北京：清华大学出版社，2007.
[10] 檀润华等. 基于 QFD 及 TRIZ 的概念设计过程研究. 机械设计，2002，9：1-4.
[11] 檀润华等. 发明问题解决理论：TRIZ——技术冲突及解决原理. 机械设计，2001（专集）.
[12] 克里斯·弗里曼，罗克·苏特. 工业创新经济学. 北京：北京大学出版社，2004.
[13] Stoneman-P. Handbook of the Economics of Innovation and Technological Chang. Oxford：Blackwell，1995.
[14] Sternberg J R. The Nature of Creativity：Contemporary Psychological Perspectives. New York，1983.
[15] Amabile T M. The Social Psychology of Creativity. New York，1983.
[16] [美] 奇凯岑特米哈依. 发现和发明的心理学. 夏镇平译. 上海：上海译文出版社，2001.
[17] 罗玲玲主编. 创意思维训练. 北京：首都经济贸易大学出版社，2008.
[18] 黄志坚. 工程技术思维与创新. 北京：机械工业出版社，2006.
[19] 刘晓宏. 创新设计方法及应用. 北京：化学工业出版社，2006.
[20] Altshuller G S. Creativity as an Exact Science. Gorden and Breach Science Publishers Inc.，1984.
[21] Altshuller G S. The Innovation Algorithm，TRIZ，Systematic Innovation and Technical Creativity. Worcester：Technical Innovation Center，INC，1999.
[22] Semyon D Savransky. Engineering of Creativity. CRC Press，2000.
[23] John Terninko. Systematic Innovation. St，Lucie Press，1998.
[24] Geoff Tennant. Design for Six Sigma. Gower Publishing Limited，2002.
[25] Genichi Taguchi. Robust Engineering. McGraw-Hill，1999.
[26] Genichi Taguchi. The Mahalanobis-Taguchi System. New York，1996.
[27] Taguchi. System of experimental design：Engineering methods to optimize quality and minimize costs. White Plains，N. Y.：UNIPUB/Kraus International Publications，1987.
[28] 唐五湘. 创新论. 北京：高等教育出版社，1999.
[29] 夏国藩. 技术创新与技术转移. 北京：航空工业出版社，1993.
[30] 张性原等. 设计质量工程. 北京：航空工业出版社，1996.
[31] 黄纯颖等. 机械创新设计. 北京：高等教育出版社，2000.
[32] 阿里特舒列尔ΓC著. 创造是精确的科学. 魏相，徐明泽译. 广州：广东人民出版社，1987.
[33] Karl T Ulrich 著. 产品设计与开发. 杨德林译. 大连：东北财经大学出版社，2001.
[34] John Terninko. The QFD，TRIZ and Taguchi Method Connection. TRIZ Journal，1998.
[35] Michael Schlueter. QFD by TRIZ. The TRIZ Journal，2001.
[36] Domb E. 40 Inventive Principles With Examples. The TRIZ Journal，1997，(7).
[37] John Terninko. The QFD，TRIZ and Taguchi Connection：Customer-Driven Robust Innovation. The Ninth Symposium on Quality Function Deployment，1997.
[38] Mann D L，Stratton R. Physical Contradictions and Evaporating Clouds. The TRIZ Journal，2000.
[39] Yoji Akao. QFD：Past，Present and Future. International Symposium on QFD'97，Linkoping，1997.
[40] Ellen Domb. Dialog on TRIZ and Quality Function Deployment. The TRIZ Journal，1998.
[41] Amir H M. Empowering Six Sigma Methodology via the Theory of Inventive Problem Solving（TRIZ）. The TRIZ Journal，2003.
[42] Timothy G Clapp. Design and analysis of a method for monitoring felled seat seam characteristics utilizing TRIZ Methods. The TRIZ Journal，1999.
[43] Darrell Mann. Case Studies In TRIZ：A Re-Usable，Self-Locking Nut. The TRIZ Journal，1999.

[44] Severine Gahide. Application of TRIZ to Technology Forecasting Case Study: Yarn Spinning Technology. The TRIZ Journal, 2000.
[45] Nathan Gibson. The Determination of the Technological Maturity of Ultrasonic Welding. The TRIZ Journal, 1999.
[46] Sanjana Vijayakumar. Maturity Mapping of DVD Technology. The TRIZ Journal, 1999.
[47] Michael Slocum. Technology Maturity using S-curve Descriptors. The TRIZ Journal, 1998.
[48] Victor R Fey. Guided Technology Evolution (TRIZ Technology Forecasting). The TRIZ Journal, 1999.
[49] Jörg Stelzner. TRIZ on Rapid Prototyping——a case study for technology foresight. The TRIZ Journal, 2003.
[50] 牛占文等. 发明创造的科学方法论——TRIZ, 中国机械工程, 1999, (1): 3-7.
[51] 科茨 V 等. 论技术预测的未来. 国外社会科学, 2002, (2): 99-100.
[52] 赵长根. 德国的技术预测研究. 政策与管理, 2001, (5): 16-17.
[53] 钟鸣. 日本的技术预测研究. 政策与管理, 2001, (10): 26-27.
[54] 黄旗明等. 基于 AGENT 的协同 TRIZ 研究. 中国图像图形学报, 2001, (5): 507-509.
[55] 马怀宇, 孟明辰. 基于 TRIZ/QFD/FA 的产品概念设计过程模型. 清华大学学报: 自然科学版, 2001, (11): 56-59.
[56] 郑称德. TRIZ 的产生及其理论体系（Ⅰ）. 科技进步与对策, 2002, (1): 112-114.
[57] 郑称德. TRIZ 的产生及其理论体系（Ⅱ）. 科技进步与对策, 2002, (1): 88-90.
[58] Domb E. 40 Inventive Principles With Examples. The TRIZ Journal, July 1997.
[59] Miniature surface mount capacitor and method of making same: US Patent 6144547. 2000.
[60] Zhao Xinjun. Research on New Kind of Plough by Using TRIZ and Robust Design. TRIZ Journal June, 2003, (6): 47-51.
[61] Zhao Xinjun. Develop New Kind of Plough by Using TRIZ and Robust Design. TRIZCON, 2003, (3).
[62] Zhao Xinjun. Design Quality Control and Management: Integration of TRIZ and QFD. Proceeding of 2002 ICMSE, 2002, (10).
[63] 赵新军. QFD 与 TRIZ 在产品设计过程中的集成. 疲劳与断裂工程设计, 2002, (10).
[64] 赵新军. 产品研发过程中田口方法与 TRIZ 的比较. 机械设计与研究（专集）, 2002, (10).
[65] 赵新军. 基于 QFD、TRIZ 和田口方法的设计质量控制技术. 机械设计（专集）, 2002, (8).
[66] 林晓宁. 源头质量设计——质量功能展开应用评述. 依诺维特杯学术会议文献咨询网, 2003, (5).
[67] 侯明曦. 产品技术预测方法的分析与研究. 依诺维特杯学术会议文献咨询网, 2003, (5).
[68] 赵敏, 张武成, 王冠殊. TRIZ 进阶及实战: 大道至简的发明方法 [M]. 北京: 机械工业出版社, 2015.
[69] 李海军, 丁雪燕. 经典 TRIZ 通俗读本 [M]. 北京: 中国科学技术出版社, 2009.
[70] 姚威, 朱凌, 韩旭. 工程师创新手册: 发明问题的系统化解决方案 [M]. 杭州: 浙江大学出版社, 2015.
[71] 曹国忠. 基于 TRIZ 的效应研究及其软件实现 [D]. 天津: 河北工业大学, 2003.
[72] 刘书凯. "自加热" 握笔手套创新设计——TRIZ 理论应用案例 [J]. 家电科技, 2012 (11): 30-31.
[73] 成思源, 周金平, 郭钟宁. 技术创新方法: TRIZ 理论及应用 [M]. 北京: 清华大学出版社, 2014.
[74] 邢清, 张莉娟, 朱爱斌, 等. TRIZ 理论常用分析工具及应用 [J]. 中国科技信息, 2009 (14): 62-64.

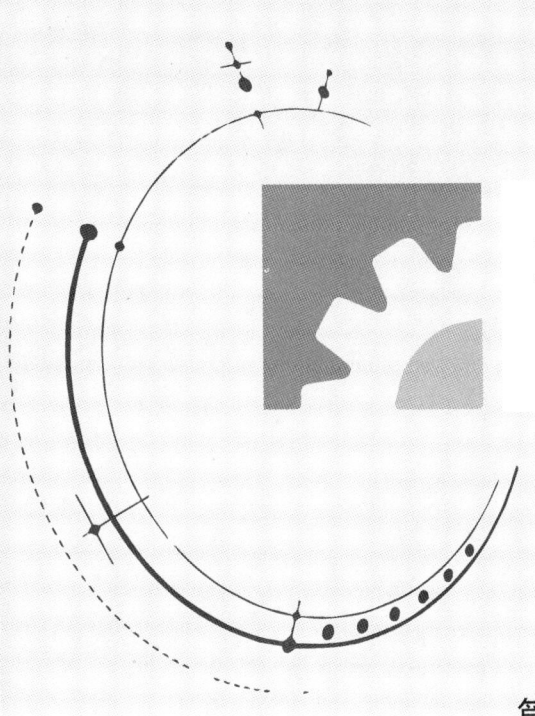

第 35 篇
绿色设计

篇 主 编：张秀芬

撰　　稿：张秀芬　蔚　刚

审　　稿：胡志勇

第1章 绿色设计涉及的基本问题

1.1 绿色产品与绿色设计的内涵

绿色产品（green product，GP），又称环境协调产品，是由政府部门、公共或民间团体依照一定的环保标准，向申请者颁发并印制在产品和包装上绿色标志的产品，用以向消费者证明该产品从研制、开发到生产、运输、销售、使用直到回收利用的整个过程都符合环境保护标准，对生态环境和人类健康均无损害。各国的绿色标志设计有所区别，典型的绿色标志如表35-1-1所示。

表35-1-1　典型绿色标志

绿色标志	名　称	备　注
	中国的绿色标志	环境标志的图形由中心的青山、绿水、太阳及周围的十个环组成。图形的中心表示人类赖以生存的环境，外围的十个环紧密结合，环环紧扣，表示公众参与，共同保护环境。整个标志寓意为"全民联合起来,共同保护人类赖以生存的环境"
	北欧"白天鹅"	北欧委员会以白天鹅为象征，上部有以瑞典语、挪威语、芬兰语表达的"环境标志"字样
	美国"绿色徽章"环保标签	"绿色徽章"组织是一个独立的非营利性组织，其主要任务包括美国国内环境标准的制定、产品标签以及公共教育。"绿色徽章"组织创建于1989年，是一个第三方团体机构，其宗旨是为创造一个清洁的世界而推动环保产品生产、消费及开发。美国国内外的公司均可申请该标签
	"能源之星"	"能源之星"计划于1992年由美国环保署（EPA）和美国能源部（DOE）所启动，目的是为了降低能源消耗及减少温室气体排放。该计划是自愿性质的。能源之星标准通常比美国联邦标准节能20%～30%，目前已推广到电脑、电机、办公室设备、照明、家电、建筑等
	欧洲"欧盟之花"	欧盟环境标志自1992年4月开始正式公布实施，采用自愿参与方式，推行单一标志亦可减少消费者及行政管理者的困扰。各会员国设有一主管机关来管理、审查环境标志申请案。将同一类产品按照对环境的影响排名，只有排名在前10%～20%的产品才可申请到环境标志
	加拿大环境选择标志	该环境标志中一片枫叶代表加拿大的环境，由三只鸽子代表三个主要的环境保护参加者：政府、商业和工业
	日本的生态标志	该标志代表着人类用自己的双手保护地球的渴望。标志上部的日语意为"与地球亲密无间"，下半部分图案"e"代表"Environment"（环境）"Earth"（地球）"Ecology"（生态）
	韩国环境标签计划	韩国环境标签计划始于1992年,以ISO 14024生态标签和声明为基础,旨在鼓励企业和消费者加入与环境密切相关的生产和消费行列,以实现可持续的生产与消费
	德国"蓝天使"环境标志	"蓝天使"环境标志中的人形图案代表渴望高贵生活环境的人类和"为人类规划和保存适宜的居住环境"的环境政策的契合

表 35-1-2　　　　　　　　　　　常见绿色产品类别

类　型	举　例
可回收利用型	经过翻新的轮胎，可回收的玻璃容器，再生、可复用的运输周转箱(袋)，用再生塑料和废橡胶生产的产品，用再生玻璃生产的建筑材料，可复用的磁带盒和可再装上的磁带盘，以及再生石制的建筑材料等
低毒低害型	非石棉垫衬、低污染油漆和涂料、锌空气电池、不含农药的室内驱虫剂、不含汞和镉的锂电池、低污染灭火剂等
低排放型	低排放的雾化燃烧炉、禁烧炉、低污染节约型燃气炉、凝汽式锅炉等
低噪声型	低噪声割草机、低噪声摩托车、低噪声建筑机械、低噪声混合粉碎机、低噪声低烟尘城市汽车等
节水型	节水型清洗槽、节水型水流控制器、节水型清洗机等
节能型	燃气多段锅炉、循环水锅炉、太阳能产品及机械表和高性能隔热玻璃等
可生物降解型	以土壤营养物和调节剂合成的混合肥料，易生物降解的润滑油、润滑脂等

绿色设计（green design，GD）也称生态设计（ecological design，ED）、环境设计（design for environment，DFE）、环境意识设计（environment conscious design，ECD）等，也有学者认为绿色设计是可持续设计的初级阶段，生态设计是可持续设计的第二阶段。产品绿色设计是一种基于产品整个生命周期，并以产品的环境资源属性为核心的现代设计理念和方法，在设计中，除考虑产品的功能、性能、寿命、成本等技术和经济属性外，还要重点考虑产品在生产、使用、废弃和回收的过程中对环境和资源的影响，以废弃物减量化、产品寿命延长化、产品易于装配和拆卸、节省能源为目的。

通过绿色设计可以设计出绿色产品。目前，并没有明确的绿色产品的定义。"绿色"是一个相对的概念，很难有一个严格的标准和范围界定，它的标准可以由社会习惯形成、社会团体制定或法律规定。本质上，绿色产品是指在其整个生命周期中，符合特定的环保要求，对生态环境无害或危害很小，资源利用率很高，能源消耗低的产品。常见的绿色产品类别如表 35-1-2 所示。绿色产品要对环境友好，具有宜人的使用方式，为人们的健康生活方式服务，倡导绿色消费文化。绿色产品在传统产品的基础上，使产品与环境（自然环境和社会环境）、产品与消费者的关系更加密切。

1.2　绿色设计的一般流程

产品典型的设计流程包括方案设计、技术设计、施工设计三个阶段，具体如图 35-1-1 所示。

确定设计要求是产品开发的第一阶段。对新产品的评估、决策不仅仅是企业领导的责任，设计人员必须积极研究社会、市场和客户需求，学习新技术，掌握产品生命周期的规律，预测新产品品种的结构、组成、功能、性能、产品的生命周期及市场占有率等；结合新技术、新材料、新工艺，研究本企业的状况，细化设计任务，与有关人员一起研究，明确设计中的要求，其中需要向有关部门了解相关信息，如产品设计单位需要提供新技术（专利、新产品等）、新材料、新工艺、本厂产品、设计法规、设计工具等。

方案设计是设计中的主要阶段，决定了一个项目的投资成本、主要因素。方案设计涉及设计者的知识水平、经验、灵感、想象力等，是一个极富创造性的设计阶段。该阶段主要从分析需求出发，确定实现产品功能和性能所需要的总体对象（技术系统），决定技术系统，画功能结构图进行功能分析，实现产品的功能与性能到技术系统的映射，并对技术系统进行初步的评价与优化。

技术设计就是根据原理解答方案，按照设计要求确定产品的全部结构、选定材料、设计构形、定出主要参数，最后输出设计总图及部件总图。方案基本确定后，设计人员还应该根据设计经验估算成本。

施工设计旨在获得产品设计的全部技术资料，包括图样、设计计算说明书、使用手册、相关资料。重点是产品的结构设计（包括零部件的结构形状、装配关系、材料、技术要求等），该阶段必须充分考虑生产能力、生产设备、生产成本、生产周期、技术水平等，保证产品设计的可加工性、可装配性等。

绿色设计总体流程仍然遵循图 35-1-1 所示的产品设计流程。绿色设计是一种多学科交叉的设计方法，设计过程中，首先进行绿色设计需求分析，形成产品总体设计方案，然后运用生命周期设计、并行工程、模块化设计等方法对产品功能、材料选择、结构及包装进行详细设计，形成详细设计方案，通过生命周期分析评估产品设计方案的技术性能、环境性能、资源性能、能源性能及经济性，反馈评价结果，如果不满足设计需求，则需要进行设计改进，直到满足设计需求为止。具体流程如表 35-1-3 所示。

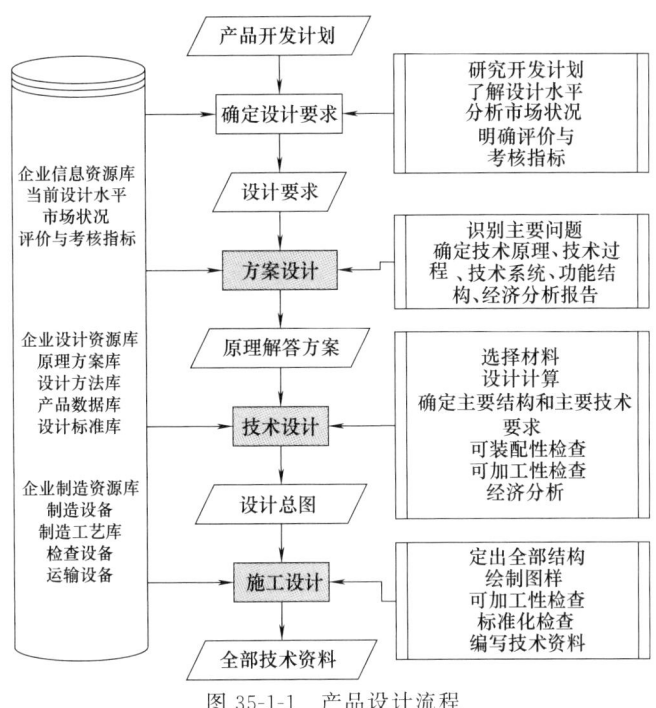

图 35-1-1　产品设计流程

表 35-1-3　绿色设计流程

阶段		任　　务
产品规划	绿色设计准备阶段	企业决策层认可,确定产品目标,成立绿色设计小组,进行培训和辅导
	绿色需求分析	选择绿色设计对象及参照,进行产品综合分析,如市场资讯、产品信息、法律法规等
	初步确定绿色设计策略	应用生命周期流程法、绿色设计主体分类法、产品类别法等进行产品核查清单的建立,合理运用绿色设计工具,确定绿色设计策略
概念开发		根据设计需求,应用头脑风暴法,进行生命周期分析,形成可评估的目标,提出新的设计概念
系统设计		制定产品绿色设计方案
详细设计		从绿色材料选择、绿色结构设计、包装设计等方面开展产品绿色设计
测试与完善		对方案实施情况进行分析与评价,一般应用绿色设计评价工具和方法,如生命周期评价法,对产品的经济效益、环境效益、社会效益等进行评价分析,反馈改进意见,完善设计直至满意

第 2 章 绿色设计方法与工具

2.1 概述

产品绿色设计是一种系统性的方法,涉及产品全生命周期各个阶段,需要综合利用材料、结构、计算机等多学科领域知识,目前并没有通用成熟的绿色设计方法。常用的几种绿色设计方法详见表 35-2-1。

表 35-2-1　　常用的绿色设计方法

绿色设计方法	内容
生命周期设计方法	生命周期设计是面向产品全生命周期过程(需求分析、设计构思、产品设计、制造、使用以及废弃和回收)的设计。面向生命周期设计强调在产品概念设计阶段就充分考虑产品全生命周期对环境的影响,即提高能源、资源的利用率,减少不可再生资源的使用,减少制造过程中废气、废物和废液的排放,减少使用过程中能源、资源的使用,提高产品零部件的回收和再利用率
并行设计	并行设计是一种先进设计技术,需要设计工程师、工艺工程师、销售人员、服务人员、操作人员、材料工程师、环境工程师、用户等在产品设计过程中进行并行协调、交叉作业,将产品生命周期全过程中的各类信息的获取、表达、表现和操作工具等集成为一体并组成统一的产品信息模型和产品数据管理系统。并行设计使得产品从概念形成到寿命终结后的回收处理形成一个闭环过程,满足了产品生命周期全过程的绿色要求
模块化设计	详见 2.2 节内容

2.2 模块化设计方法

2.2.1 绿色模块化设计步骤

模块是指具有独立功能和结构的要素,是具有不同用途(或性能)和不同结构且能互换的基本结构单元,它可以是零件、组件、部件或系统,如机床卡具、联轴器等可以为模块。模块化设计方法是在综合考虑产品系统的基础上,把其中含有相同或相似功能的结构单元分离出来,用标准化规则进行统一、归类和简化,从而形成模块,并以通用单元的形式储存,通过各模块的不同组合、替换可以构成不同功能规格的产品的设计过程。模块化设计与产品标准化设计、系列化设计密切相关,即所谓的"三化"。"三化"互相影响、互相制约,通常合在一起作为评定产品质量优劣的重要指标。

1992 年,美国斯坦福大学的 Kosuke Ishii 教授提出了绿色模块化设计的基本思想:综合考虑产品零部件的材料、拆卸、维护、回收、能耗等因素,对产品结构进行模块化设计,以符合绿色设计的要求。绿色模块化设计的具体步骤详见表 35-2-2。不同的模块化设计方法,其模块划分方法、模块组合方法有所不同。

表 35-2-2　　绿色模块化设计步骤

步骤名称	内容
需求分析	分析、获取和处理用户需求或市场需求,如需求数量、价位、寿命、升级性、可行性等
参数定义	合理确定尺寸、运动及动力参数,完成从功能域到物理域再到模块域的映射
系列型谱制定	合理制定产品种类、规格型号等,模块化设计型谱见表 35-2-3
模块划分	根据一定的准则进行模块划分,将零件聚到不同的模块,准则见表 35-2-4,常用方法见表 35-2-5
模块组合	不同的子模块组合成具有特定功能的模块或系统,具体方式见表 35-2-6
分析计算	分析校验产品的各种性能指标
模块组合评价	分析模块互换性、接口等是否符合要求

表 35-2-3　模块化设计型谱

名称	内容
横系列模块化设计	在基型产品的基础上,通过变更、增减某些可互换的特定模块而形成变型产品,特点是不改变基型产品的动力参数等主参数,仅仅改变某些功能、结构、布局、控制系统或操纵方式。例如,端面铣床的铣头,可以加装立铣头、卧铣头、转塔铣头等,形成立式铣床、卧式铣床或转塔铣床等
纵系列模块化设计	在某一规格的基型产品的基础上,对不同规格的产品进行模块化设计。特点是主参数不同(如功率),从而导致结构形式或尺寸的不同。例如不同功率的减速器
跨系列及全系列模块化设计	产品在横(纵)系列模块化的基础上兼顾部分纵(横)系统模块化的设计称为跨系列模块化设计。例如,德国沙曼机床厂生产的模块化镗铣床,除可发展横系列的数控及各型镗铣加工中心外,更换立柱、滑座及工作台,即可将镗铣床变为跨系列的落地镗床 产品在全部纵、横系列范围内的模块化设计则称为全系列模块化设计。全系列模块化设计实现难度较大。例如,德国某厂生产的工具铣,除可改变为立铣头、卧铣头、转塔铣头等形成横系列产品外,还可改变床身、横梁的高度和长度,得到三种纵系列的产品

表 35-2-4　模块划分准则

准则	子准则	内容
零件合并准则	产品工作过程中,零件相互接触、无相对运动且有刚性连接	通过将某些零件合并为一个新的零件,可以将零件间的功能、信息和物质等交互作用转化为零件内部的交互作用,达到节约材料和便于废弃后的重用、回收与处理的目的
	零件使用同种材料,或改进后使用同种材料	
	零件中没有标准件、通用件和外购外配件	
	零件合并后不会影响到产品的装配与拆卸性能	
功能准则	结构交互准则	初始设计所产生的零件主要考虑的是其功能的实现,为了从系统的角度全面考察、区分和识别零件间相互作用的种类和大小,准确地将其划分到不同的模块中,制定相应的功能准则非常必要。两零件间的这五种交互作用越大,它们划分在同一模块中的概率就越高
	能量交互准则	
	物质交互准则	
	信号交互准则	
	作用力交互准则	
绿色准则	重用性准则	在模块划分中应尽可能考虑提高产品的可重用性、易升级性、易维护性、可回收性和易处理性,将性能相近的零件尽可能划分在一个模块中。这样有利于提高产品的资源和能源利用率、降低产品生命周期成本和环境污染程度
	升级性准则	
	维护性准则	
	回收性准则	
	处理性准则	

表 35-2-5　模块划分方法

方法	原理
面向功能的模块划分	对产品基本组成单元进行定性或定量的相关性分析与计算,通过聚类划分模块,将产品的总功能分解为一系列子功能,并按照一定的相关性影响因素进行聚类分析
面向结构的模块划分	基本原理同上。直接针对产品结构布局和结构部件的组成及其之间的连接方式进行相关性分析,聚类划分模块。例如,基于原子理论的方法将零部件映射为原子核或电子,原子核为连接接口较多的零部件,将产品结构、装配约束、绿色约束等融入库仑力计算公式,根据同性相斥、异性相吸的原理,将不同零部件聚类为模块
面向结构和功能的模块划分方法	同时兼顾产品功能和结构等方面的影响,通过定性或定量分析零部件间的相似程度,进而聚类形成模块划分方案
面向生命周期的模块划分方法	考虑可回收、可重用、可升级、可拆卸、可再制造等目标,定性或定量交互分析产品的功能和结构间的相似程度,形成模块划分方案

表 35-2-6　　　　　　　　　　　　　　　组合方式

组合方式	内容
直接组合式	按模块化系统提供的组合方式，直接进行模块间的组合。对于属于同一模块化系统的产品系列型谱中的产品，一般可采用直接组合方式。这种组合最合理、最紧凑、最经济，是最理想的一种组合方式
集装式	把若干种不同规格的功能模块装入一定的结构模块中，再装入整机。这时一般需对结构模块作某些改进设计，改造或增加支撑不同模块的构件。也常采用集装方式形成规模不同的集成模块，以简化整机结构。这种集成模块的接口具有尺寸互换性，便于整机的组装
改装组合式	一些外购的模块，其机械结构及电气互连的接口结构与所要连接的模块不匹配，这时则需对该模块的接口进行改装，换用本机的结构模块或接口构件。例如，对外购的电源进行改装，然后作为一种专用模块参加整机组装
间接组合式	设计专用连接构件，按总体要求把各模块固定在相应的位置上。适用于两种情况：一是根据产品布局要求，不宜于采用直接组合方式的情况；二是采用不属于本模块系统的外购模块，不可能进行直接组合的情况
分立组合式	各个参加组合的模块，一般都是自成体系的独立产品/装置，分立组合就是将它们各自分立安置，不直接进行机械性的组装

模块化产品是由模块构成的组合式结构，其组合方式详见表 35-2-6。

通过接口设计将各主要功能模块组合起来形成模块化产品。其中，接口是模块间的结合部分，是模块内用于与外界环境（其他模块或自然物体）进行结合的特征集合。模块接口技术的研究主要包括两方面：一是接口本身的设计加工技术，包括接口的可靠性、可装配性和加工工艺等；二是接口的管理技术，包括标准化、编码、接口数据库管理和模块组合测试等。

模块化产品的接口设计除一些常规的要求外，应着重注意以下几个问题。

① 抑制或减少设计内部干扰。在将模块组装成一个产品时，应注意模块间各种功能的相互干扰。各自模块的性能一般是好的，但有时在组装和连接后却会变坏，甚至无法正常工作。其主要原因是总体布局和布线不合理，形成设备内部的相互干扰。

干扰类型及防止方法主要有：运动零部件或操作的相互机械性干扰，可采用作图法进行干涉检验；发热部件所带来的温升，导致相邻构件的热膨胀，或对相邻电子元器件性能（尤其是热敏元件）的影响，这需要通过热设计进行温度控制；模块互连及布线所引起的相互间的各种性质的电磁干扰，这需要进行电磁兼容性（屏蔽、接地）设计和试验验证。

② 接口的可靠性。接口设计中应充分考虑和论证机械连接（固定连接、活动连接、可拆卸连接）和电气连接（固定连接和插接连接）的可靠性。接口系统的寿命应高于各模块的寿命。

③ 接口的工艺性和效率。针对不同的接口部件采用不同的接口结构，例如在电气连接中，分别选用锡焊、绕接、压接；采用高效的接口结构，如采用卡、扣、嵌等结构进行连接，减少螺钉数量，用快锁连接代替螺钉连接等。充分考虑维修空间及维修的方便性和效率。另外，还应考虑提高接口的统一性，以提高接口工作效率，减少接口构件和材料的品种。

为了便于模块信息的描述，用一个具有充足信息的、易于计算机和人识别与处理的编号唯一地标识模块，并称之为模块编码。模块编码将产品各功能模块的从属关系、规格、属性参数等相关信息根据系统管理的需要加以组织，并予以定义、命名，确定其内容、范围、表示方法等，通过模块编码可以将产品各个模块的从属关系、规格、功能等信息表示为唯一的代码。常用的编码方法包括隶属制编码、事物分类编码。

为了便于模块编码的自动生成，应遵循以下原则：

① 唯一性原则：编码和模块对象必须一一对应。

② 完整性原则：模块编码尽量完整地表达模块相关信息，为模块选择、组合、制造提供管理服务。

③ 合理性原则：编码必须在准确科学地描述模块对象信息的同时遵循相关行业分类标准和产品划分标准，便于设计人员理解、识别和掌握。

④ 简洁性原则：码位在满足需要的前提下应尽可能最少。

⑤ 继承性原则：在满足模块化设计需要的前提下，使模块编码对产品编号、图纸编号等工厂标准改动最小。

通用性是用来评价产品模块化的一般手段，它是描述一个产品族中共享模块或部件通用程度的标准。通用程度可以从以下两个方面获得：

① 生产所有变型产品所需的部件数/生产线上的

所有部件数。此时最坏的情况是此值为1,即所有变型产品都需要不同的部件。

② 产品变型数/所有部件数。此值越高说明通用程度越高。

2.2.2 基于原子理论的模块化设计方法

基于原子理论的模块化设计方法由台湾学者 Shana Smith 和 Chao-Ching Yen 提出,是一种计算简单、可操作性强的方法。该方法的基本思想是将产品中的模块映射为原子,具有较多接触关系的节点(零件或部件)映射为带正电荷的原子核,与原子核相邻节点映射为带负电荷的电子,通过计算零部件间的库仑力进行模块划分,并给出了模块合并方案,具体步骤详见表 35-2-7。

表 35-2-7 基于原子理论的模块化设计步骤

参数	内容	示例
库仑力	$F_{ij} = -(k_i k_j Q_i Q_j)/D_{ij}^2$ (35-2-1) 式中 Q_i, Q_j——组件 i 和 j 的电荷 D_{ij}——组件 i 与 j 间的距离 k_i, k_j——组件 i 和 j 的常系数	(示意图:带编号1-6的矩形组件布局,含坐标轴 +x, +y)
接触矩阵 T	$T = [T_{ij}]$ (35-2-2) $T_{ij} = \begin{cases} 0, \text{组件 } i \text{ 与 } j \text{ 不接触} \\ 1, \text{组件 } i \text{ 与 } j \text{ 接触} \\ 0, \text{其他} \end{cases}$	$T = \begin{bmatrix} 0 & 0 & 1 & 0 & 0 & 1 \\ 0 & 0 & 1 & 1 & 0 & 0 \\ 1 & 1 & 0 & 1 & 0 & 1 \\ 0 & 1 & 1 & 0 & 1 & 0 \\ 0 & 0 & 0 & 1 & 0 & 0 \\ 1 & 0 & 1 & 0 & 0 & 0 \end{bmatrix}$
总体接触矩阵 TT	$TT = [TT_i]$ (35-2-3) $TT_i = \sum_{j=1}^n T_{ij}$ (35-2-4) 式中 n——产品的组件数	$TT = [2 \ 2 \ 4 \ 3 \ 1 \ 2]^T$
化合价矩阵 Q	用户设定原子核组件,令 $Q_i = TT_i$,其余取 -1	$Q = [-1 \ -1 \ +4 \ -1 \ -1 \ -1]^T$
距离矩阵 D	$D = [D_{ij}]$ (35-2-5) $D_{ij} = \begin{cases} 1, \text{组件 } i \text{ 与 } j \text{ 接触} \\ 2, \text{组件 } i \text{ 与 } j \text{ 不接触} \\ 0, \text{其他} \end{cases}$ 注:对于紧固件,仅仅考虑首次接触的零件 根据模块划分准则,设计绿色约束矩阵,例如回收约束矩阵 R 定义如下 $R = [R_{ij}]$ (35-2-6) $R_{ij} = \begin{cases} 1, \text{组件 } i \text{ 与 } j \text{ 回收决策一致} \\ 0, \text{组件间回收决策不一致} \\ \text{其他} \end{cases}$ $D_{ij} = D_{ij} \otimes R_{ij}; \text{if} \begin{cases} D_{ij} R_{ij} = 1, D_{ij} = 1 \\ D_{ij} R_{ij} \neq 1, D_{ij} = 2 \\ D_{ij} = 0 \end{cases}$	假设 1,2,3,6 必须回收,4,5 不回收,则 $R = \begin{bmatrix} 0 & 1 & 1 & 0 & 0 & 1 \\ 1 & 0 & 1 & 0 & 0 & 1 \\ 1 & 1 & 0 & 0 & 0 & 1 \\ 0 & 0 & 0 & 0 & 1 & 0 \\ 0 & 0 & 0 & 1 & 0 & 0 \\ 1 & 1 & 1 & 0 & 0 & 0 \end{bmatrix}$ 距离矩阵 ⊗ 回收约束矩阵 = 更新距离矩阵 $\begin{bmatrix} 0 & 2 & 1 & 2 & 2 & 2 \\ 2 & 0 & 1 & 2 & 2 & 2 \\ 1 & 1 & 0 & 1 & 2 & 1 \\ 2 & 2 & 1 & 0 & 1 & 2 \\ 2 & 2 & 2 & 1 & 0 & 2 \\ 2 & 2 & 1 & 2 & 2 & 0 \end{bmatrix} \otimes \begin{bmatrix} 0 & 1 & 1 & 0 & 0 & 1 \\ 1 & 0 & 1 & 0 & 0 & 1 \\ 1 & 1 & 0 & 0 & 0 & 1 \\ 0 & 0 & 0 & 0 & 1 & 0 \\ 0 & 0 & 0 & 1 & 0 & 0 \\ 1 & 1 & 1 & 0 & 0 & 0 \end{bmatrix} = \begin{bmatrix} 0 & 2 & 1 & 2 & 2 & 2 \\ 2 & 0 & 1 & 2 & 2 & 2 \\ 1 & 1 & 0 & 2 & 2 & 1 \\ 2 & 2 & 2 & 0 & 1 & 2 \\ 2 & 2 & 2 & 1 & 0 & 2 \\ 2 & 2 & 1 & 2 & 2 & 0 \end{bmatrix}$
力矩阵 F	$F = [F_{ij}]$ (35-2-7)	$F = \begin{bmatrix} 0 & -0.25 & 4 & -0.25 & -0.25 & -0.25 \\ -0.25 & 0 & 4 & -0.25 & -0.25 & -0.25 \\ 4 & 4 & 0 & -0.25 & -0.25 & 4 \\ -0.25 & -0.25 & 1 & 0 & -1 & -0.25 \\ -0.25 & -0.25 & -0.25 & -1 & 0 & -0.25 \\ -0.25 & -0.25 & 4 & -0.25 & -0.25 & 0 \end{bmatrix}$

（续）

参数	内容	示例
最大力矩阵 MF	$MF_i = \max(F_{ij})$	$\boldsymbol{MF} = [+4 \ +4 \ +4 \ +1 \ 0 \ +4]$ 产品划分为 3 个模块：$[1,2,3,6]$、$[4]$、$[5]$
模块组合	原子中正电荷数与负电荷数的总和为 1，称为满载；反之，称为非满载。通过组合非满载模块以减少总模块数。例如，右图中两个非满载模块通过组合后形成一个新的满载模块	

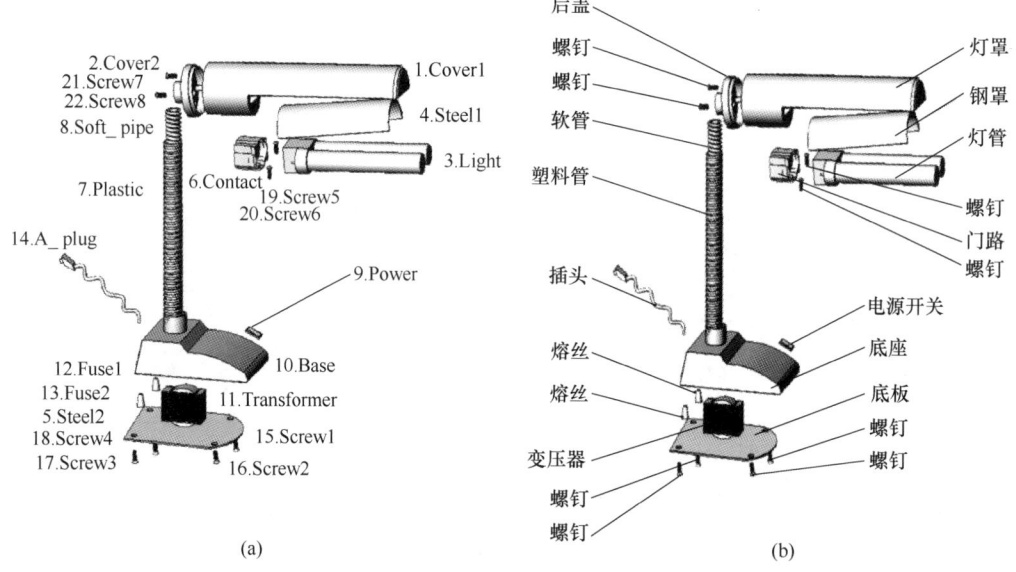

图 35-2-1　台灯爆炸图 [(a) 为原图，(b) 为注释过的图]

2.2.3　绿色模块化设计案例

图 35-2-1 所示为一台灯，下面以该产品为研究对象，应用 Simith 和 Yen 的基于原子理论的绿色模块化设计方法对其进行分析。

根据表 35-2-7 所示方法流程，获得台灯的接触矩阵 T、总体接触矩阵 TT 和化合价矩阵 Q，详见表 35-2-8。原子核数决定模块数，模块数过多过少都不合适，用户可以根据情况确定一个合理的模块数，本例中将接触数大于 3 的模块作为原子核，分别为 1，2，5，6，10，14 号零件，由此确定了模块数为 6。其余组件的化合价赋予 -1。

本例子中含有 8 个紧固件（15～22 零件），根据首次接触原则确定接触数，其余根据实际情况判定，获得的距离矩阵 D 见表 35-2-9。

根据化合价矩阵 Q，零件 1，2，5，6，10，14 为原子核，化合价为接触总数，其余零件为电子，化合价为 -1。将上述参数带入库仑力计算公式计算零件间的力矩阵，其中常数 k 一般取 1，对于零件 1 和 5 的化合价都为 5，因此，令 $k_1 = 1$，$k_5 = 2$。同理，令 $k_2 = 1$，$k_6 = 2$，$k_{14} = 3$。其余零件的 k 值取 1。获得的力矩阵详见表 35-2-10。

根据力矩阵，获得最大力矩阵 $\boldsymbol{MF} = [5, 4, 8, 5, 6, 8, 9, 9, 9, 9, 12, 12, 12, 12, 6, 6, 6, 6, 6, 8, 8, 4, 4]^T$。

由此获得模块划分结果，如图 35-2-2 所示。

表 35-2-8　　台灯的接触矩阵 T、总体接触矩阵 TT 及化合价矩阵 Q

零件序号	1	2	3	4	5	6	7	8	9	10	11	12	13	14	15	16	17	18	19	20	21	22	**TT**	**Q**
1	0	1	0	1	0	1	0	0	0	0	0	0	0	0	0	0	0	0	0	0	1	1	5	5
2	1	0	0	0	0	0	0	1	0	0	0	0	0	0	0	0	0	0	0	0	1	1	4	4
3	0	0	0	0	0	1	0	0	0	0	0	0	0	0	0	0	0	0	1	1	0	0	3	−1
4	1	0	0	0	0	0	0	0	0	0	0	0	0	0	0	0	0	0	0	0	0	0	1	−1
5	0	0	0	0	0	0	0	0	0	1	1	0	0	0	1	1	1	1	0	0	0	0	6	6
6	1	0	1	0	0	0	0	0	0	0	0	0	0	0	0	0	0	0	1	1	0	0	4	4
7	0	0	0	0	0	0	0	1	0	1	0	0	0	0	0	0	0	0	0	0	0	0	2	−1
8	0	1	0	0	0	0	1	0	1	0	0	0	0	0	0	0	0	0	0	0	0	0	3	−1
9	0	0	0	0	0	0	0	0	0	0	1	0	0	0	0	0	0	0	0	0	0	0	1	−1
10	0	0	0	0	1	0	1	1	1	0	0	0	0	1	1	1	1	1	0	0	0	0	9	9
11	0	0	0	0	1	0	0	0	0	0	0	0	0	1	0	0	0	0	0	0	0	0	2	−1
12	0	0	0	0	0	0	0	0	0	0	0	0	0	1	0	0	0	0	0	0	0	0	1	−1
13	0	0	0	0	0	0	0	0	0	0	0	0	0	1	0	0	0	0	0	0	0	0	1	−1
14	0	0	0	0	0	0	0	0	0	1	1	1	1	0	0	0	0	0	0	0	0	0	4	4
15	0	0	0	0	1	0	0	0	0	1	0	0	0	0	0	0	0	0	0	0	0	0	2	−1
16	0	0	0	0	1	0	0	0	0	1	0	0	0	0	0	0	0	0	0	0	0	0	2	−1
17	0	0	0	0	1	0	0	0	0	1	0	0	0	0	0	0	0	0	0	0	0	0	2	−1
18	0	0	0	0	1	0	0	0	0	1	0	0	0	0	0	0	0	0	0	0	0	0	2	−1
19	0	0	1	0	0	1	0	0	0	0	0	0	0	0	0	0	0	0	0	0	0	0	2	−1
20	0	0	1	0	0	1	0	0	0	0	0	0	0	0	0	0	0	0	0	0	0	0	2	−1
21	1	1	0	0	0	0	0	0	0	0	0	0	0	0	0	0	0	0	0	0	0	0	2	−1
22	1	1	0	0	0	0	0	0	0	0	0	0	0	0	0	0	0	0	0	0	0	0	2	−1

表 35-2-9　　台灯的距离矩阵 D

零件序号	1	2	3	4	5	6	7	8	9	10	11	12	13	14	15	16	17	18	19	20	21	22
1	0	1	2	1	2	1	2	2	2	2	2	2	2	2	2	2	2	2	2	2	2	2
2	1	0	2	2	2	2	2	1	2	2	2	2	2	2	2	2	2	2	2	2	1	1
3	2	2	0	2	2	1	2	2	2	2	2	2	2	2	2	2	2	2	1	1	2	2
4	1	2	2	0	2	2	2	2	2	2	2	2	2	2	2	2	2	2	2	2	2	2
5	2	2	2	2	0	2	2	2	2	1	1	2	2	2	1	1	1	1	2	2	2	2
6	1	2	1	2	2	0	2	2	2	2	2	2	2	2	2	2	2	2	1	1	2	2
7	2	2	2	2	2	2	0	1	2	1	2	2	2	2	2	2	2	2	2	2	2	2
8	2	1	2	2	2	2	1	0	2	1	2	2	2	2	2	2	2	2	2	2	2	2
9	2	2	2	2	2	2	2	2	0	1	2	2	2	2	2	2	2	2	2	2	2	2
10	2	2	2	2	1	2	1	1	1	0	2	2	2	1	1	1	1	1	2	2	2	2
11	2	2	2	2	1	2	2	2	2	2	0	2	2	1	2	2	2	2	2	2	2	2
12	2	2	2	2	2	2	2	2	2	2	2	0	2	1	2	2	2	2	2	2	2	2
13	2	2	2	2	2	2	2	2	2	2	2	2	0	1	2	2	2	2	2	2	2	2
14	2	2	2	2	2	2	2	2	2	1	1	1	1	0	2	2	2	2	2	2	2	2
15	2	2	2	2	1	2	2	2	2	1	2	2	2	2	0	2	2	2	2	2	2	2
16	2	2	2	2	1	2	2	2	2	1	2	2	2	2	2	0	2	2	2	2	2	2
17	2	2	2	2	1	2	2	2	2	1	2	2	2	2	2	2	0	2	2	2	2	2
18	2	2	2	2	1	2	2	2	2	1	2	2	2	2	2	2	2	0	2	2	2	2
19	2	2	1	2	2	1	2	2	2	2	2	2	2	2	2	2	2	2	0	2	2	2
20	2	2	1	2	2	1	2	2	2	2	2	2	2	2	2	2	2	2	2	0	2	2
21	2	1	2	2	2	2	2	2	2	2	2	2	2	2	2	2	2	2	2	2	0	2
22	2	1	2	2	2	2	2	2	2	2	2	2	2	2	2	2	2	2	2	2	2	0

表 35-2-10 台灯的力矩阵

零件序号	1	2	3	4	5	6	7	8	9	10	11	12	13	14	15	16	17	18	19	20	21	22
1	1	-20	1.25	5	-7.5	-40	1.25	1.25	1.25	-11.3	1.25	1.25	1.25	-15	1.25	1.25	1.25	1.25	1.25	1.25	1.25	1.25
2	-20	1	1	1	-6	-8	1	4	1	-9	1	1	1	-12	1	1	1	1	1	1	4	4
3	1.25	1	1	1	1.5	8	-0.25	-0.25	-0.25	2.25	-0.25	-0.25	-0.25	3	-0.25	-0.25	-0.25	-0.25	-0.25	-0.25	-0.25	-0.25
4	5	1	1	-0.25	1.5	2	-0.25	-0.25	-0.25	2.25	-0.25	-0.25	-0.25	3	-0.25	-0.25	-0.25	-0.25	-0.25	-0.25	-0.25	-0.25
5	-7.5	-6	1.5	1.5	1	-12	1.5	1.5	1.5	-54	6	1.5	1.5	-18	6	6	6	6	1.5	1.5	1.5	1.5
6	-40	-8	8	2	-12	1	2	2	2	-18	2	2	2	-24	2	2	2	2	8	8	2	2
7	1.25	1	-0.25	-0.25	1.5	2	1	-1	-0.25	9	-0.25	-0.25	-0.25	3	-0.25	-0.25	-0.25	-0.25	-0.25	-0.25	-0.25	-0.25
8	1.25	4	-0.25	-0.25	1.5	2	1	1	-0.25	9	-0.25	-0.25	-0.25	3	-0.25	-0.25	-0.25	-0.25	-0.25	-0.25	-0.25	-0.25
9	1.25	1	-0.25	-0.25	1.5	2	-0.25	-0.25	1	9	-0.25	-0.25	-0.25	3	-0.25	-0.25	-0.25	-0.25	-0.25	-0.25	-0.25	-0.25
10	-11.3	-9	2.25	2.25	-54	-18	9	9	9	1	2.25	2.25	2.25	-108	2.25	2.25	2.25	2.25	2.25	2.25	2.25	2.25
11	1.25	1	-0.25	-0.25	6	2	-0.25	-0.25	-0.25	2.25	1	-0.25	-0.25	12	-0.25	-0.25	-0.25	-0.25	-0.25	-0.25	-0.25	-0.25
12	1.25	1	-0.25	-0.25	1.5	2	-0.25	-0.25	-0.25	2.25	-0.25	1	-0.25	12	-0.25	-0.25	-0.25	-0.25	-0.25	-0.25	-0.25	-0.25
13	1.25	1	-0.25	-0.25	1.5	2	-0.25	-0.25	-0.25	2.25	-0.25	-0.25	1	12	-0.25	-0.25	-0.25	-0.25	-0.25	-0.25	-0.25	-0.25
14	-15	-12	3	3	-18	-24	3	3	3	-108	12	12	12	1	3	3	3	3	3	3	3	3
15	1.25	1	-0.25	-0.25	6	2	-0.25	-0.25	-0.25	2.25	-0.25	-0.25	-0.25	3	1	-0.25	-0.25	-0.25	-0.25	-0.25	-0.25	-0.25
16	1.25	1	-0.25	-0.25	6	2	-0.25	-0.25	-0.25	2.25	-0.25	-0.25	-0.25	3	-0.25	1	-0.25	-0.25	-0.25	-0.25	-0.25	-0.25
17	1.25	1	-0.25	-0.25	6	2	-0.25	-0.25	-0.25	2.25	-0.25	-0.25	-0.25	3	-0.25	-0.25	1	-0.25	-0.25	-0.25	-0.25	-0.25
18	1.25	1	-0.25	-0.25	6	2	-0.25	-0.25	-0.25	2.25	-0.25	-0.25	-0.25	3	-0.25	-0.25	-0.25	1	-0.25	-0.25	-0.25	-0.25
19	1.25	1	-0.25	-0.25	1.5	8	-0.25	-0.25	-0.25	2.25	-0.25	-0.25	-0.25	3	-0.25	-0.25	-0.25	-0.25	1	-0.25	-0.25	-0.25
20	1.25	1	-0.25	-0.25	1.5	8	-0.25	-0.25	-0.25	2.25	-0.25	-0.25	-0.25	3	-0.25	-0.25	-0.25	-0.25	-0.25	1	-0.25	-0.25
21	1.25	4	-0.25	-0.25	1.5	2	-0.25	-0.25	-0.25	2.25	-0.25	-0.25	-0.25	3	-0.25	-0.25	-0.25	-0.25	-0.25	-0.25	1	-0.25
22	1.25	4	-0.25	-0.25	1.5	2	-0.25	-0.25	-0.25	2.25	-0.25	-0.25	-0.25	3	-0.25	-0.25	-0.25	-0.25	-0.25	-0.25	-0.25	1

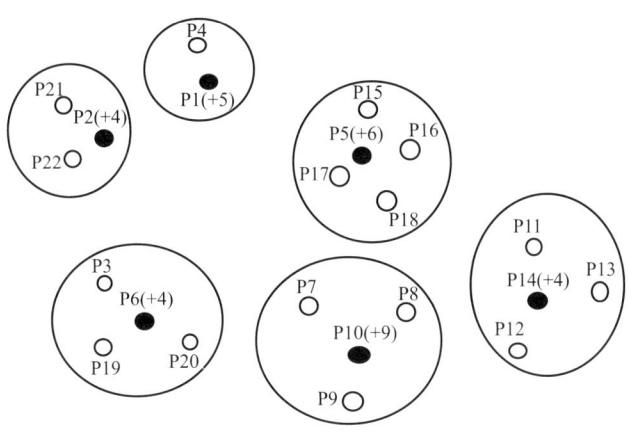

图 35-2-2　台灯模块划分结果

由图 35-2-2 可知，模块零件 5，6，14 为原子核聚类的模块，为满载；其余非满载，需要进行模块组合，组合结果如表 35-2-11 所示。

表 35-2-11　台灯的模块划分结果

方案	结　　果	模块数
方案 1	【1,4】,【2,21,22】,【3,6,19,20】,【7,8,9,10】,【5,15,16,17,18】,【11,12,13,14】	6
方案 2（组合后）	【1,2,4,21,22】,【3,6,19,20】,【7,8,9,10】,【5,15,16,17,18】,【11,12,13,14】	5
方案 3（组合后）	【1,2,4,7,8,9,10,21,22】,【3,6,19,20】,【5,15,16,17,18】,【11,12,13,14】	4

针对上述模块划分方案，添加绿色约束，如令零件 3 必须被回收以缩短拆卸时间和降低难度。则更新距离矩阵后，获得最终模块划分结果，详见表 35-2-12。

参考上述模块划分结果，设计者可以将若干零件合并为一个模块（零件），从而增加产品的互换性，减少拆卸时间。

表 35-2-12　方案 2 的绿色模块划分结果

方案	结　　果
原始模块（方案 2）	【1,2,4,21,22】,【3,6,19,20】,【7,8,9,10】,【5,15,16,17,18】,【11,12,13,14】
绿色模块	【1,2,4,21,22】,【3】,【6,19,20】,【7,8,9,10】,【5,15,16,17,18】,【11,12,13,14】

2.3　典型的绿色设计工具

绿色设计方法和工具仍在不断地发展中，例如，材料-能源消耗和有毒物质排放（MET）矩阵考虑了 2 个矩阵：①环境方面（材料周期、能耗、有毒物质排放）和三个生命周期阶段（生产、使用、处理）矩阵；②影响程度（低、中、高）和环境方面（材料周期、能耗、有毒物质排放）矩阵。十条黄金法则是一个将合理的环境需求集成到产品开发过程中的工具，通过总结归纳主要的设计准则获得十条规则，可用于改进产品的环境性能。表 35-2-13 列出了其中的一部分，以供设计人员进行参考。

图 35-2-3 所示为维也纳理工大学（Vienna University of Technology）开发的产品绿色设计软件工具 ECODESIGN，该工具分别从材料设计、使用过程、制造、运输、末端处理等全生命周期对产品绿色性能进行评估，并给出合适的策略来改善产品的绿色性能。

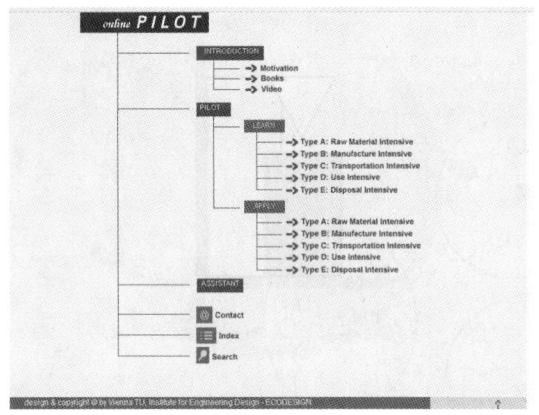

(a) 工具架构

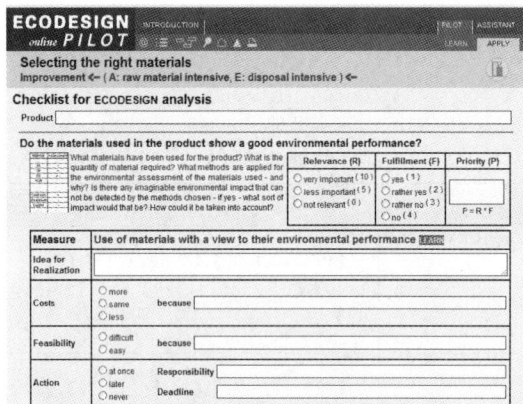

(b) 绿色性能分析的数据输入界面

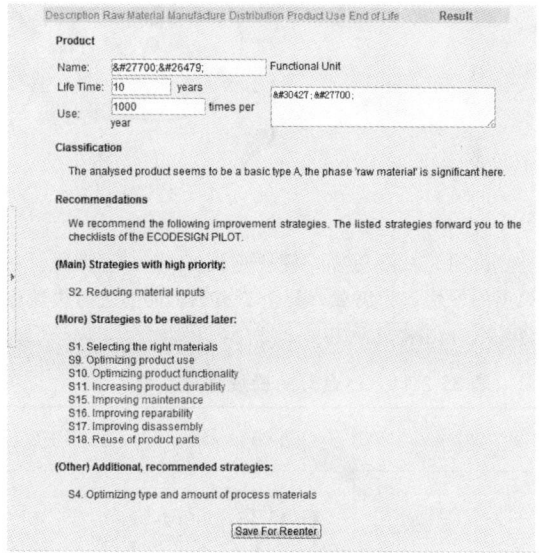

(c) 评价结果和反馈界面

图 35-2-3　某绿色设计软件工具

表 35-2-13　　　　　　　　　　　绿色设计方法工具

方法名称	产品开发阶段	网络公开
累积能量需求	概念和系统设计	是
环境意识检查表	概念设计与详细设计	是
清洁技术替代评估	概念设计	是
环境设计协同工作台	详细设计	否
拆卸分析	概念和系统设计阶段	是
生态策略轮	概念设计	是
生态设计指南	产品规划与概念开发	是
EcoPaS	产品概念、系统、详细设计阶段	是
环境影响分析(EEA)	概念设计	是
环境目标配置(environment objectives deployment)	概念设计	否
环境准则(EPAss)	产品规划和概念设计阶段	是
环境意识产品评估矩阵	概念设计	是
功能分析	产品概念设计	是
环境质量屋(house of enviromental quality)	概念设计	是

续表

方法名称	产品开发阶段	网络公开
IdeMat	概念设计、系统设计、详细设计	是
生命周期评估(LCA)或简化的生命周期评估(SLCA)	产品规划、生产	是
生命周期设计策略轮(life-cycle design strategies wheel)	产品规划、概念开发	是
材料-能源-化学物质-其他物质(MECO)矩阵	概念设计、系统设计	是
材料-能源消耗-有毒物质排放(MET)矩阵	概念设计、系统设计	是
单位服务单元材料输入(MIPS)	概念设计、系统设计	是
产品理想树(PIT)	概念设计	是
面向环境的质量功能配置(QFDE)	产品规划、概念设计	是
十条黄金法则	概念设计、系统设计、详细设计	是
绿色设计中的TRIZ方法	概念设计、系统设计	是
工业产品环境设计(EDIP)	产品规划、生产	是
ECODESIGN	概念设计、系统设计、详细设计	是
环境意识产品/过程评价矩阵(ERP)	概念设计、系统设计	是

第3章 绿色材料选择设计

3.1 绿色材料

绿色材料（green materials，GM）是指在原料提取、产品制造使用、再循环利用以及废物处理等环节中与生态环境和谐共存并有利于人类健康的材料，它们要具备净化吸收功能和促进健康的功能。

绿色材料必须根据性能和环境协调性方面的指标体系进行评价，要求材料同时具有优良的使用性能和环境协调性。材料的环境协调性强调材料从设计、制造、使用到报废的全过程都要考虑到与环境的友好性。绿色材料的特征包括：①节约资源和能源；②减少环境负荷，即减少环境污染，避免温室效应、臭氧层破坏，等；③容易回收和循环再生利用。绿色材料的主要概念包括材料本身的先进性（优质、生产能耗低）、生产过程的安全性（低噪声、无污染）、材料使用的合理性（节省、可回收）、符合现代工学的要求等。由绿色材料的定义可知，绿色材料不仅要考虑其良好的环境属性，还应具有与传统材料一致的优秀的使用性和经济性等，而且绿色材料是相对具有较低环境负荷的材料。

绿色材料的性能由基本性能、环境适应性、舒适性组成，如表35-3-1所示。

常见的绿色材料分为环境相容性材料、可降解材料、可再循环利用材料、环境工程材料，具体如表35-3-2所示。

目前绿色材料的研究仅仅局限于材料的回收再利用工艺和技术、环境净化型材料、减少三废的技术和工艺、降低生态环境污染性的代替材料、可降解材料等方面。绝对绿色的材料很少存在，也很难达到生产这种绝对绿色材料的能力。材料的总的发展趋势为：金属材料、无机非金属材料与高分子材料间的相互替代、复合使用，材料不断更新，大力研制功能材料。如汽车金属类结构材料将有10%～13%被新型的高分子材料替代，飞机金属类结构材料将有80%被复合材料替代。

表35-3-1　　绿色材料的性能

属　性	描　述
环境适应性	无害化、回收再生性、易处理性、低制造能耗
基本性能	力学性能、物理性能、化学性能，例如强度（弹性模量、拉压强度、弯扭剪强度等）、疲劳特性、刚度、稳定性、平衡性、抗冲击性等
舒适性	色彩感、触觉、味觉、卫生性、防噪性

表35-3-2　　绿色材料分类

绿色材料	分　类	相　关　产　品
环境相容材料	纯天然材料	木材、竹材、石材
	仿生材料	人工骨、人工关节和脏器
	绿色包装材料	草编织袋
	生态建材	无毒装饰材料、环境相容性涂料
可降解材料		聚乳酸（PLA）、淀粉塑料、聚乙烯醇
可再循环材料		再生纸、再生塑料、再生金属、再循环利用混凝土
环境工程材料	环境修复材料	治理大气污染的吸附、吸收和催化转化材料；治理水污染的沉淀、中和、氧化还原材料
	环境净化材料	过滤、分离、消毒、杀菌材料，替代氟利昂的制冷剂材料
	环境替代材料	替代氟利昂的新型环保型制冷剂材料；工业和民用的无机磷化学品材料；用竹、木等天然材料替代那些环境负荷较大的结构材料等

3.2 绿色材料的选择

3.2.1 绿色材料选择原则

绿色设计中，材料的选择不仅要满足产品设计的一般原则，还应该考虑产品的绿色属性，具体选择原则可参考表 35-3-3。

表 35-3-3　　　　　　　　　　　　　　　绿色材料选择原则

原则	具体要求	解释
使用性原则	产品功能要求	所需材料要满足产品的功能和使用寿命要求
	产品结构要求	材料应符合产品结构要求
	使用安全要求	材料选择应充分考虑各种可预见性的危险
	工作环境适应性要求	符合产品工作环境的影响，如冲击和振动、温度和湿度、腐蚀性等
加工工艺性原则	零件的可加工性	所选材料必须具备易于加工制造的性能，如对于形状复杂的薄壁零件首先选用铸铁，需要进行焊接的零件选用焊接性能好的低碳钢，需要锻压和注塑成形的零件宜用塑性较好的材料，需要热处理的零件选用加工热处理性能较好且能保证化学性能的合金钢或优质碳素钢材料
经济性原则	材料成本最低	材料选择要利于企业生产能力，降低生产成本。在满足产品的使用性、工艺性及其他特殊性能要求下，优先选用性价比高的材料
环境性原则	选择兼容性好的材料	兼容性好的材料便于一起回收，可减少零部件的拆卸工作量和成本。常用塑料材料的兼容性见表 35-3-4
	材料的种类最小化	减少材料种类，便于产品退役后的回收处理
	无毒无害原则	材料选择中必须考虑材料生产和使用过程中是否对人体和环境无毒无害。比如含铅、汞、六价铬等对人类危害的重金属材料是 RoHS 指令禁止使用的，所以在产品材料选择过程中应该尽量不选择这些禁止的材料
	低能耗原则	各种材料在提炼和加工过程中所需的能量相差极大，绿色设计中应该优先选择制造加工过程中能量消耗少的材料。常用材料的提炼加工能量消耗如表 35-3-5 所示
	所选材料应易于回收、再利用或降解，优先选择可再生材料	采用易于回收的材料，如塑料、铝等，不但可以节约资源，还可以减少不可再生资源造成的环境污染，材料的回收难易度如表 35-3-6 所示
	对材料进行必要的标识	有利于产品退役后的回收处理。常用塑料的回收标识如表 35-3-7 所示，其他材料的回收再利用标志如表 35-3-8 所示
	避免选用加涂层、镀层的原材料	带有涂层的材料回收困难，且涂层材料有毒，涂层工艺的环境影响性大

表 35-3-4　　　　　　　　　　　　　　　常用塑料材料的兼容性

	ABS	ASA	PA	PBT	PC	PE	PET	PMMA	POM	PP	PPO	PS	PVC	SAN	TPU	LLDPE
ABS	●	●	○	○	◎	○	⊙	○	◎	⊙	○	○	◎	●	●	○
ASA	●	●	○	○	◎	○	⊙	○	⊙	⊙	○	○	○	●	⊙	○
PA	○	○	●	○	○	⊙	⊙	○	⊙	⊙	○	○	○	⊙	●	○
PBT	○	○	○	●	●	⊙	⊙	○	⊙	⊙	○	○	○	○	⊙	○
PC	◎	◎	○	●	●	⊙	◎	◎	⊙	○	○	○	○	◎	⊙	○

续表

	ABS	ASA	PA	PBT	PC	PE	PET	PMMA	POM	PP	PPO	PS	PVC	SAN	TPU	LLDPE
PE	⊙	⊙	⊙	⊙	⊙	●	○	○	○	●	○	○	○	○	⊙	○
PET	○	○	○	⊙	●	○	●	○	○	⊙	○	⊙	○	●	⊙	○
PMMA	◎	◎	○	○	◎	○	○	●	⊙	○	○	⊙	○	⊙	⊙	○
POM	⊙	⊙	⊙	⊙	○	○	⊙	⊙	●	○	○	○	○	⊙	⊙	—
PP	○	○	○	○	○	●	○	○	○	●	○	○	○	⊙	○	●
PPO	○	○	○	○	○	○	⊙	⊙	⊙	○	●	●	○	⊙	⊙	—
PS	○	○	○	○	○	○	○	⊙	○	○	●	●	○	⊙	○	○
PVC	◎	◎	○	○	⊙	○	⊙	⊙	○	○	○	○	●	●	●	○
SAN	●	●	⊙	●	●	●	●	●	○	○	○	⊙	●	●	⊙	○
TPU	●	●	●	⊙	⊙	⊙	⊙	⊙	○	○	○	○	●	⊙	●	○
LLDPE	○	○	○	○	○	○	○	—	○	○	○	○	○	○	○	●

注：●——优秀；◎——好；⊙——一般；○——不兼容。

表 35-3-5　　　　　常用材料提炼加工能耗　　　　　MJ·kg^{-1}

材料类型		能耗	材料类型		能耗	材料类型		能耗
金属材料	铁	23.4	塑胶材料	PC	118.7	其他材料	合成橡胶	70.0
	铜	90.1		PS	105.3		天然橡胶	60.0
	锌	61.0		ABS	90.3		木材	35.0
	铅	51.0		EPS	82.1		书纸	40.2
	锡	220.0		HDPE	79.9		包装纸	35.8
	铬	71.0		PP	77.2		平板玻璃	22.0
	钢	30.0		PET	76.2		硬纸板	12.5
	镍	167.0		PVC	70.5		瓦楞纸	24.7
	铝	198.2		LDPE	66.2		卫生纸	19.7
	镉	170.0					玻璃	9.9
	钴	1600.0						
	钒	700.0						
	钙	170.0						

表 35-3-6　　　　　常用材料回收难易度

回收性能好	贵金属	金、银、钯、铂
	非铁金属	锡、铜、铝合金
	铁金属	钢及合金
回收性能中等	非铁金属	黄铜、镍
	塑料	热塑性塑料
	非金属	木纤维制品、纸、玻璃
回收性能差	非铁金属	铅、锌
	塑料	热固性塑料
	非金属	陶瓷、橡胶
	其他	涂层、镀层、铆接材料、粘接材料、镶嵌材料等

表 35-3-7　常用塑料的回收标识

回收标识	说　　明	图　例
① PETE	"1号"聚对苯二甲酸乙二醇脂(PET 或 PETE),常用于矿泉水瓶、碳酸汽水瓶等饮料瓶 　标识说明:耐热至70℃易变形,只适合在短时间内装常温水或饮料,装高温液体或加热则易变形,有对人体有害的物质溶出,不能放在汽车内晒太阳;也不宜装酸碱性饮料或酒、油等,不适合循环使用	
② HDPE	"2号"高密度聚乙烯(HDPE),常用于白色药瓶、清洁用品、沐浴产品 　标识说明:这些容器通常不好清洗,容易残留原有的内容物,变成细菌的温床,不适合用作水杯,最好不要循环使用	
③ V	"3号"聚氯乙烯(PVC,又称"V"),常用于塑料瓶、雨衣、建材、塑料膜、塑料盒等 　标识说明:可塑性优良,价钱便宜,故使用很普遍,只能耐热81℃;高温时容易有不好的物质产生,甚至连制造的过程中都会释放,很少被用于食品包装;难清洗易残留,不要循环使用	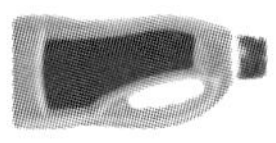
④ LDPE	"4号"低密度聚乙烯(LDPE),常用作保鲜膜、塑料膜 　标识说明:别包在食物表面进微波炉使用。LDPE耐热性不强,合格的PE保鲜膜通常在温度超过110℃时会出现热熔现象,会留下一些人体无法分解的塑料制剂,可能引起乳腺癌、新生儿先天缺陷等疾病	
⑤ PP	"5号"聚丙烯(PP),常用作微波炉餐盒、奶瓶餐盒、豆浆瓶、优酪乳瓶、果汁饮料瓶等 　标识说明:熔点高达167℃,是唯一可放进微波炉的塑料盒,可在小心清洁后重复使用。需要注意,一些微波炉餐盒盒体以5号PP制造,但盒盖却以1号PE制造,故不能与盒体一并放进微波炉	
⑥ PS	"6号"聚苯乙烯(PS),常用于碗装泡面盒、快餐盒 　标识说明:该材料不能放进微波炉中,也不能用于装强酸(如柳橙汁)、强碱性物质,因为会分解出对人体不好的物质,容易致癌。因此,不要用它打包滚烫的食物,也别用微波炉煮碗装方便面	
⑦ OTHER	"7号"其他塑料(OTHER),常用于水壶、太空杯、水杯及奶瓶 　标识说明:目前奶瓶材质一般有PC、PP和PES,后两种都不含双酚A(BPA)。PP材料耐酸碱的性能比PC高很多,PC材料如存放于酸或碱性环境中会产生有害物质。这类容器如果有破损,应该停止使用,因为它们表面的细微坑纹容易隐藏细菌。百货公司常用这样材质的水杯当赠品,很容易释放出有毒的物质,对人体有害。使用时不要加热,不要在阳光下直晒	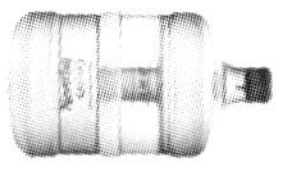

表 35-3-8　其他材料回收再利用标志

电池	
*8 铅	铅酸蓄电池
*9 或 *19 碱	碱性蓄电池
*10 NiCD	镍镉电池
*11 NiMH	镍金属氢化物电池
*12 Li	锂电池
*13 SO(Z)	银氧化电池
*14 CZ	锌碳电池
纸	
*20 CPAP(PCB)	卡纸
*21 PAP	其他纸,混合纸(杂志、邮件等)
*22 PAP	报纸
*23 PBD(PPB)	纸板(贺卡、冷冻食品盒、书籍封面)
金属	
*40 FE	钢
*41 ALU	铝
有机材料	
*50 FOR	木材
*51 FOR	软木(瓶塞、席子、建材)
*60 COT	棉
*61 TEX	黄麻纤维
*62—69 TEX	其他纺织品
玻璃	
*70 GLS	混合玻璃容器/多部件容器
*71 GLS	透明玻璃
*72 GLS	绿玻璃
*73 GLS	深色玻璃
*74 GLS	浅色玻璃
*75 GLS	浅色含铅玻璃(电视机、高端电子显示器玻璃)
*76 GLS	含铅玻璃(旧电视、烟灰缸、旧饮料瓶)
*77 GLS	铜混合/铜背玻璃(电子、液晶显示屏、钟表、手表)
*78 GLS	银混合/银背玻璃(镜子)
*79 GLS	金混合/金背玻璃(计算机玻璃)

3.2.2　绿色材料的选择步骤

绿色产品设计的材料选择以材料为对象,以产品功能属性与环境属性为原则,综合考虑材料的基本性能、经济性能、环境性能,得到适于绿色产品设计的材料。

材料的基本性能包括材料的力学-物理性能、材料的热学特性和电气特性、使用性能要求、结构性能要求。材料的力学-物理性能是材料选择必须满足的首要条件,具体包括材料的强度、疲劳特性、刚度、稳定性、平衡性、抗冲击性等,根据经验公式及图表进行选择。材料的热学特性和电气特性主要包括热传导性、电阻率等。材料的使用性能要求,即产品使用状态下应该具有的功能、结构要求、安全性、抗腐蚀性等。

经济性能包括材料生产成本、报废后材料回收处理成本。

环境性能包括:①环境需求,如冲击与振动、温度与湿度、气候影响、噪声等;②环境保护因素,如有毒有害物质的排放、能源的消耗和回收性能等。

绿色设计中材料的选择是个递进的过程,具体步骤如下。

(1) 零件对材料的性能要求及失效分析

零件对材料的性能要求包括力学性能、物理性能、化学性能及工艺性能。首先分析零件工作条件,根据材料力学、弹性力学和实验应力分析方法计算零件的强度、刚度、稳定性,进而选择材料和尺寸。绿色设计中的零件失效形式分析主要是在设计和选材阶段预先对零件失效形式进行判断和预测,从材料和结构两方面保证零件的性能需求。

(2) 材料的筛选

确定了零件对材料性能的具体要求,进一步将性能要求进行分类后,即可进行材料筛选。筛选中,根据产品市场需求和企业现状,以材料的各项经济指标和环境指标为材料选择依据,以工程材料作为选择对象进行筛选。

(3) 对可供选择的材料进行评价

通过上一步获得材料选择集,材料选择集中的材料都能满足使用要求,但是各种材料的环境性能指标不同,所以该阶段的任务就是从材料选择集中选择最佳材料。

(4) 最佳材料确定

上步评价结果获得的最佳材料可能多于1种,所以产品设计人员可以利用经验判断和决定既满足性能需求又能满足环境性能需求的材料。

(5) 验证所选材料

为了避免零件在用户使用时发生早期失效而造成不必要的经济损失,一般成批大量生产的零件和重要零件需要在企业内先进行试生产,然后进行台架试验、模拟试验,最后再投放市场。

3.2.3 绿色材料选择方法

基于绿色材料选择原则进行选材是一种定性的方法，传统的材料选择方法为经验法和半经验法，定量的现代选材法包括价值分析法、目标函数法、三维分析法、基于环境意识的选材法、基于材料能量因素的材料选择图法等，具体详见表 35-3-9。

表 35-3-9　　常用的绿色材料选择方法

方　　法	内　　容
三维分析法	① 根据客户需求，确定材料的全部性能要求，从材料库中选择出备选材料 ② 根据产品需求和企业实际情况，明确经济性与环境性的重要程度，根据较重要的指标从备选材料集合中进一步选择材料，可以使用的方法包括层次分析法、模糊评价法、灰色系统分析法、集对理论等 ③ 进一步根据剩余指标进行材料选择
目标函数法	① 根据产品功能要求，确定备选材料集 ② 从材料手册或相关数据库获取备选材料集中材料的物理属性、经济性、环境性等评价指标的量化数值，其中材料环境属性的量化可采用 Eco-indicator99 法 ③ 建立材料选择的多目标优化决策模型，详见表 35-3-10，设定初值 ④ 采用神经网络、遗传算法、蚁群算法、PSSA、TOPSIS 等进行多目标优化问题的求解
价值分析法	① 根据产品功能要求，确定备选材料 ② 将材料基本属性、环境属性映射为功能，并确定重要度系数 ③ 计算各备选材料的成本系数 ④ 应用公式"价值＝功能/成本"进行备选材料综合性能的评估排序

表 35-3-10　　材料选择的多目标优化决策模型

属　　性	函　　数
物理性能	$$P_B = \min\left[\dfrac{1}{\sum_{i=1}^{n} W_i P_{iM}(x)}\right] \quad (35\text{-}3\text{-}1)$$ $$P_{iM} \geqslant P_{iD}, \sum_{i=1}^{n} W_i = 1 \quad (35\text{-}3\text{-}2)$$ 式中　n——材料物理性能数目，由产品设计确定 　　　P_{iM}——材料的第 i 项物理性能 　　　P_{iD}——材料的第 i 项设计最低物理性能 　　　W_i——材料的第 i 项物理性能权值
生命周期成本	$$\min C = \min_{x \in \Omega}(C_p + C_m + C_r) \quad (35\text{-}3\text{-}3)$$ 材料直接成本　　　$C_p = W_D C_p(x)$ 　　　(35-3-4) 材料的加工制造成本　$C_m = \sum_{i=1}^{m} W_D C_{iM}(x)$ 　(35-3-5) 材料回收成本　　　$C_r = W_D C_r(x)$ 　　　(35-3-6) 　　　　$C_r(x) = C_{\text{lnc}}\mu_1 + C_{\text{ldf}}\mu_2 + C_{\text{mtr}}(1-\mu_1-\mu_2)$ 　(35-3-7) 式中　W_D——产品的设计质量，kg 　　　$C_p(x)$——材料的单位质量直接成本，元/kg 　　　m——材料的加工制造工艺过程数目 　　　$C_{iM}(x)$——第 i 个工艺过程中的单位材料加工成本，元/kg 　　　$C_r(x)$——材料的单位质量回收成本，元/kg 　　　C_{lnc}——单位质量的焚烧回收成本，元/kg 　　　C_{ldf}——单位质量的填埋成本，元/kg 　　　C_{mtr}——单位质量的材料回收成本，元/kg 　　　μ_1, μ_2——焚烧回收与填埋的回收百分比
最小环境影响	$$\min E_i = \min_{x \in \Omega} W_D E_i(x) \quad (35\text{-}3\text{-}8)$$ 式中　$E_i(x)$——材料的环境影响因数，表示单位材料的生命周期环境影响 　　　W_D——产品的设计质量，kg

3.3 绿色材料选择案例

3.3.1 FA206B型梳棉机锡林绿色材料选择

梳棉机主要用于加工棉纤维和化学纤维，将棉或纤维卷或有棉箱供给的棉（纤维）层进行开松、梳理、除杂、混合并排除一些短绒和杂质后，集束成一定规格的棉条有规律地圈放在条筒内方便并条工序使用。FA206B型梳棉机是传统梳棉机的改进，改进后结构的精度更高，不变形，稳定性好，运行速度可以变频调节。FA206B型梳棉机的锡林两端轴承采用高精度的自动调心滚珠轴承支撑。根据改进后的锡林的转速和转动惯量重新布置了筋板的数目及厚度和高度，且包针布的两端不需要进行磨斜处理等。图35-3-1所示是梳棉机外观和锡林结构。

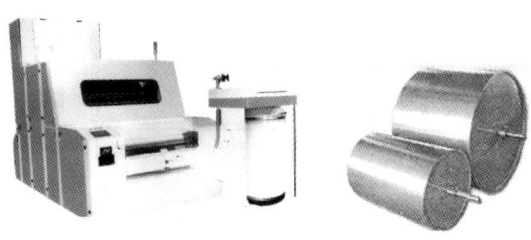

图 35-3-1　梳棉机外观和锡林结构

材料选择步骤如下。

步骤1：根据梳棉机锡林的使用性能和工艺性等所必须满足的基本属性，取各基本属性指标的交集，从备选集 M_1 中初选出符合条件的材料，构成备选集 M_2 = {45钢、铸铁HT200、木材、不锈钢}。

步骤2：判断经济性和环境性的重要程度，根据选材原则，结合梳棉机的市场要求，得出产品的环境性比经济性重要的判断结果。

步骤3：选定四种环境属性，并对 M_2 材料集中的备选材料进行专家打分，如表35-3-11所示。

表 35-3-11　锡林备选材料的环境属性打分

材料名称	重用性	处理性	能耗性	污染性
45钢	7	9	7	5
铸铁HT200	8	10	7	6
木材	2	3	6	6
不锈钢	2	5	8	7

利用层次分析法得出四个环境属性的权重，如表35-3-12所示。

表 35-3-12　环境属性的权重

指标	重用性	处理性	能耗性	污染性	权重	一致性
重用性	1.0	1.0	0.55	1.5	0.22	
处理性	1.0	1.0	1.0	0.35	0.16	0.086
能耗性	2.0	1.0	1.0	1.5	0.30	
污染性	1.0	3.3	1.0	1.5	0.32	

一致性检验为0.086，符合条件。

然后将备选集 M_2 中的四种材料逐一进行加权求和，乘以质量系数，得出材料45钢、铸铁HT200、木材、不锈钢的环境性能指数分别为7.9、6.6、4.8、5.8。从中可以看到，45钢的环境性能指数最大，因此，备选材料集 M_3 包含45钢。

步骤4：根据经济性指标，对备选材料集 M_3 进行经济性比较，获得经济性最好的材料；该案例中 M_3 只包含45钢一种材料，所以最佳材料为45钢。

实际市场上大部分梳棉机锡林都采用铸铁材料，而不是45钢，原因在于梳棉机生产厂商在进行梳棉机锡林材料选择时优先考虑了经济性能。

3.3.2 减速器高速轴的绿色材料选择

该减速器高速轴的工作载荷为中等，工作环境为常温。利用机械设计理论中经验性校核公式计算获得满足力学性能要求的材料集 M_1 = {45钢、40Cr、42SiMn、20CrMnTi、QT600-3}。由于轴的主要破坏形式为弯曲疲劳破坏，在力学性能因素集中，需要考虑弯曲疲劳极限 σ_{-1}；轴的材料多为钢材，需要考虑材料的塑性极限 σ_s；同时在实际工作中都希望零件具有一定的耐磨性和韧性，因此，需要考虑硬度HRC和冲击韧性 a_k 的影响；工艺性能因素集中需要考虑热处理变形及切削加工性要求；经济性因素集中需要考虑材料的成本、加工成本、回收处理成本；环境属性因素集中需要考虑回收再利用、能源消耗和环境污染的影响。

步骤1：建立因素集。

$U = \{U_1, U_2, U_3, U_4\}$ = {力学性能, 工艺性能, 经济性能, 环境属性}

$U_1 = \{u_{11}, u_{12}, u_{13}, u_{14}\}$ = {疲劳强度, 塑性, 耐磨性, 韧性}

$U_2 = \{u_{21}, u_{22}\}$ = {热处理变形, 切削加工性}

$U_3 = \{u_{31}, u_{32}, u_{33}\}$ = {材料成本, 加工成本, 回收处理成本}

$U_4 = \{u_{41}, u_{42}, u_{43}\}$ = {回收再利用, 能源消耗, 环境污染}

步骤2：一级模糊综合评判。

力学性能因素集中,由于轴的主要失效形式为弯曲疲劳破坏,因此弯曲疲劳极限的权重系数取大些,材料多为钢,塑性极限权重系数稍大些。由参考资料查得材料的性能指标,评价权重集为 $A_1 = \{0.5, 0.3, 0.1, 0.1\}$。

单因素评价矩阵为:

$$R_1 = \begin{bmatrix} 0.51 & 0.61 & 0.61 & 1 & 0.41 \\ 0.42 & 0.59 & 0.53 & 1 & 0.44 \\ 0.76 & 0.88 & 0.85 & 1 & 0.93 \\ 0.57 & 0.57 & 0.43 & 1 & 0 \end{bmatrix}$$

故 $B_1 = A_1 \cdot R_1 = \{0.514, 0.627, 0.592, 1.000, 0.430\}$

归一化处理后,$\widetilde{B_1} = \{0.163, 0.198, 0.187, 0.316, 0.136\}$。

工艺性能因素集中,由于轴对切削性能要求较高,对热处理变形要求低,根据专家打分法获得工艺性能单因素评价矩阵。

评价权重集为:
$$A_2 = \{0.4, 0.6\}$$

单因素评价矩阵为:

$$R_2 = \begin{bmatrix} 0.6 & 0.6 & 0.6 & 0.2 & 0.6 \\ 0.8 & 0.6 & 0.6 & 0.2 & 0.8 \end{bmatrix}$$

故 $B_2 = A_2 \cdot R_2 = \{0.72, 0.60, 0.60, 0.20, 0.72\}$

经归一化处理,$\widetilde{B_2} = \{0.254, 0.211, 0.211, 0.070, 0.254\}$。

经济性因素集中,根据专家打分法建立经济性单因素评价矩阵,评价权重为 $A_3 = \{0.3, 0.4, 0.3\}$。

单因素评价矩阵为:

$$R_3 = \begin{bmatrix} 0.8 & 0.4 & 0.4 & 0.2 & 0.8 \\ 0.8 & 0.4 & 0.4 & 0.2 & 1 \\ 0.8 & 0.4 & 0.4 & 0.2 & 0.8 \end{bmatrix}$$

故 $B_3 = A_3 \cdot R_3 = \{0.8, 0.4, 0.46, 0.2, 0.88\}$

归一化处理后,$\widetilde{B_3} = \{0.292, 0.146, 0.168, 0.073, 0.321\}$。

环境属性因素集中,根据专家打分法构建环境属性因素评价矩阵评价权重集为 $A_4 = \{0.2, 0.4, 0.4\}$。

单因素评价矩阵为:

$$R_4 = \begin{bmatrix} 0.8 & 0.4 & 0.4 & 0.2 & 0.8 \\ 0.8 & 0.2 & 0.4 & 0.2 & 1 \\ 0.8 & 0.4 & 0.6 & 0.4 & 0.8 \end{bmatrix}$$

故 $B_4 = A_4 \cdot R_4 = \{0.80, 0.32, 0.48, 0.28, 0.88\}$

归一化处理后,$\widetilde{B_4} = \{0.290, 0.116, 0.174, 0.101, 0.319\}$。

步骤 3:二级模糊综合评价。

材料选择的原则是首先满足力学性能,再考虑工艺性能,最后兼顾经济性和环境属性,合理评价每种材料,选择最优材料方案。

二级模糊综合评价的权重集定义为 $A = \{0.4, 0.3, 0.15, 0.15\}$。

二级模糊综合评价矩阵为 $R = \begin{bmatrix} \widetilde{B_1} & \widetilde{B_2} & \widetilde{B_3} & \widetilde{B_4} \end{bmatrix}^T$。

评价结果为 $B = A \cdot R = \{0.2287, 0.1818, 0.1894, 0.1735, 0.2266\}$。

由结果可知 45 钢的综合性能指数 0.2287 最高,因此该案例中宜选择 45 钢。

3.3.3 洗碗机内胆材料选择

洗碗机是用来自动清洗碗、筷、盘、碟、刀、叉等餐具的设备,按结构可分为箱式和传送式两大类。便于减轻劳动强度,提高工作效率,并增进清洁卫生。图 35-3-2 所示是全自动洗碗机的结构和内胆外观。

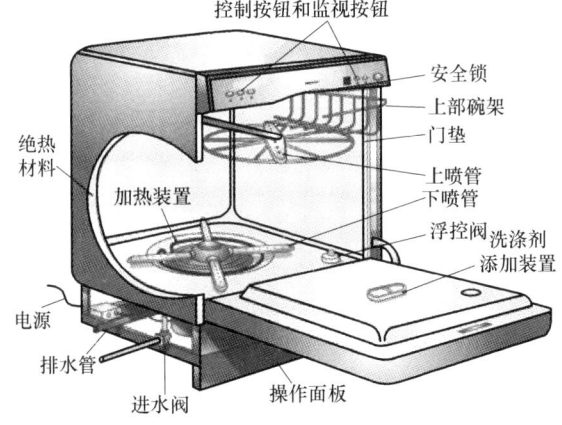
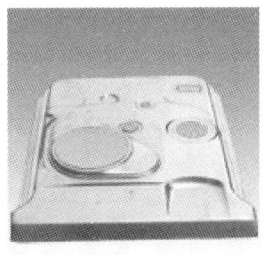

图 35-3-2　全自动洗碗机结构和内胆外观

表 35-3-13　材料性能指标之间的权重比较矩阵

材料性能指标	受力分析	跌落仿真	传热性能	材料成本	材料生产过程环境影响	材料加工过程环境影响
受力分析	1	3	1/5	1/3	1/4	5
跌落性能	1/3	1	1/7	1/5	1/6	3
传热性能	5	7	1	4	3	9
材料成本	3	5	1/4	1	1/3	6
材料生产过程环境影响	4	6	1/3	3	1	8
材料加工过程环境影响	1/5	1/3	1/9	1/6	1/8	1

洗碗机内胆常用的材料为 ABS、PP、PC、不锈钢。为了从该备选材料集中选择最佳材料，步骤如下：

步骤 1：采用有限元分析软件 ANSYS 对上述材料的洗碗机内胆进行受力分析和跌落仿真。

受力分析结果表明，上述材料集均没有超出材料的屈服应力，满足受力要求，变形量方面的优先顺序为不锈钢＞PC＞PP＞ABS。跌落仿真可以反映冲击载荷对不同材料内胆产生的影响。仿真结果表明，各种材料的最大应力小于屈服应力，没有发生塑性变形，各材料在冲击载荷下的性能优先级为 PP＞ABS＞PC＞不锈钢。

步骤 2：传热性能（热损失）比较。

洗碗机在工作过程中需要对洗涤水进行加热，洗涤水通过喷臂旋转并喷洒到餐具上，从而对餐具进行冲刷洗涤。洗碗机内胆的内壁受到喷臂喷出的洗涤水和餐具迸溅的水连续冲刷，而其下部处于洗涤热水的浸泡中，因此，洗碗机内胆可以看作处于一个恒温环境中。一次洗碗时间通常为 120min，洗碗机的内胆损失热量不可忽略。利用 ANSYS/Thermal 模块对不同材料的洗碗机内胆在单位时间内的换热量进行计算分析，设内部温度为 60℃，外壁温度为 25℃，根据各自材料的换热系数和内胆内表面积计算出不同材料单件内胆热损失率和每次洗完热损失。结果表明，4 种材料的热损失从大到小依次为不锈钢＞PC＞ABS＞PP。

步骤 3：材料成本分析。

忽略加工成本，只考虑原材料成本。根据各种材料内胆的质量和当时价格估算原材料成本，结果表明各种材料成本由高到低依次为：不锈钢＞PC＞ABS＞PP。

步骤 4：环境性能分析。

采用环境影响评价软件 GaBi4 对洗碗机内胆各备选材料生产过程和材料加工过程的环境影响进行分析，评估标准采用 CML2001 方法体系，考虑了材料和能源的消耗、污染（温室效应、臭氧层耗竭、人类毒性、生态毒性、酸化等）和损害。结果表明，各种备选材料的生产过程的环境影响性能指数排序为不锈钢＞PC＞ABS＞PP，材料加工过程的环境影响性能指数排序为 PC＞ABS＞PP＞不锈钢。

步骤 5：总体评价。

确定各指标的评价权重，从大到小排序为：传热性能＞材料生产过程的环境影响＞材料成本＞力学性能＞跌落性能＞材料加工过程的环境影响。据此进行专家打分得出相对权重，如表 35-3-13 所示。

按照层次分析法中的一致性检验，得出一致性指数为 0.069＜0.10，满足一致性要求。

进行综合评价，获得各种备选材料的综合评价优先级分别为 ｛不锈钢，ABS，PP，PC｝＝｛0.2257，1.1373，2.9130，0.5863｝。根据性能指标综合评价结果，PP 材料的综合性能最佳，因此该案例应该选择 PP 材料为洗碗机内胆。

3.4　电冰箱壳体的多目标选材

某款电冰箱壳体材料设计要求选材具有一定硬度、强度，且质量轻、耐磨性好、价格低、环境属性好、能适应中批量生产。应用人工神经网络和遗传算法对问题进行多目标优化，具体步骤如下。

步骤 1：根据功能设计及校核，确定的备选材料包括：不锈钢、铝、PP、玻璃钢、苯乙烯-丙烯腈共聚物（SA）、聚丙烯（PPE）等。

步骤 2：从材料手册及相关数据库获得上述备选材料集合中各材料的基本属性数据，其中，PP 材料的属性数据详见表 35-3-14。

表 35-3-14　PP 材料的基本属性数据

项目	属性	属性值
物理属性	密度 $\rho/kg \cdot m^{-3}$	890～900
	弹性模量 E/MPa	896～1240
	切变模量 G/MPa	315～435
	泊松比 μ	0.41～0.42
	布氏硬度（HB）	62～90
	耐压强度 N/MPa	25～55
	疲劳极限 F/MPa	11～15
	最高工作温度 T/K	350～370
	热膨胀 $L/10^{-6} K^{-1}$	122～170
经济属性	原材料成本 $G/元 \cdot kg^{-1}$	11～14
环境属性	总计生态指数值/$Pt \cdot kg^{-1}$	146.5

步骤3：依据表35-3-10所列公式计算各材料的属性值初始值。

材料的多目标优化决策模型为：$\min_{x \in \Omega}(P_B, C, E_i)$。

将按表35-3-10所列公式计算出的各属性值代入下面的公式进行归一化处理。

$$x_n = \frac{I_n - I_{\min}}{I_{\max} - I_{\min}} \quad (35\text{-}3\text{-}9)$$

式中　x_n——材料在第 n 个影响因素方面初始化后的值；

$I_{\min}$，$I_{\max}$——材料集合中的最小值与最大值。

步骤4：根据上述决策目标，随机设定各节点的连接权值和阈值，应用人工神经网络模型进行编码，产生初始种群 $Q = \{q_1, q_2, \cdots, q_i, \cdots, q_n\}$，$q_i = \{W_i, V_i\}$ 为备选材料的属性指数，由权值向量和阈值向量组成，n 为种群规模。

步骤5：根据随机产生的权值向量和阈值向量，通过网络结构计算出神经网络的实际输出值 Y，进一步获得网络的全局误差 $E = \frac{1}{2}\sum_{i=1}^{n}(Y-T)^2$，并以此作为遗传算法的适应度，应用遗传算法进行方案寻优。

步骤6：结果输出，图35-3-3为备选材料的选定度示意图。

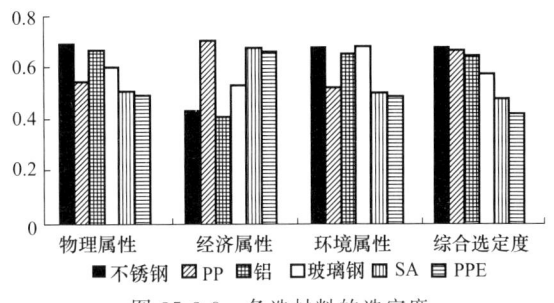

图35-3-3　备选材料的选定度

可行解的优先顺序为：不锈钢＞PP＞铝＞玻璃钢＞SA＞PPE。

第 4 章 结构减量化设计

4.1 结构减量化设计准则

产品结构是工厂或企业进行产品设计、生产组织的重要依据与标准，一般意义上的产品结构是指由产品一系列图纸上的零部件明细表组成的一种树状结构，这种树状结构是立体的，它反映了企业的活动主线，通过产品结构这种直观的表现形式，可以实现企业的各个部门（如计划、设计、生产、材料、采购、质量和销售等）在同样数据基础上从不同的视角和空间看待产品。

结构设计包括功能结构设计和总体布置设计，是概念设计与详细设计间的桥梁，通过结构设计可以实现抽象功能需求，满足性能、成本等约束。结构设计的任务是选择与确定结构件的形状、相互位置、选择材料、分析计算、绘制图纸、对结构方案进行评价与修改，在结构设计方案解域中寻找最优化的结构方案。

结构设计是整个设计过程中的重要环节，结构方案决策对于产品全生命周期将产生重大影响。良好的结构设计是机械产品便于制造、装配、拆卸、回收再利用的基础，结构设计首先必须保证刚度、强度、稳定性，往往需要理论计算或实验。凡是符合绿色设计思想观念、可以提高产品绿色度的结构设计方案和技术均可以称为绿色结构设计。绿色结构设计是在满足上述基本要求的基础上使得产品的结构具有环保性，以标准化、系列化、通用化等为原则进行设计，目前的绿色结构设计大部分是在传统结构设计的基础上进行的改进。结构减量化设计就是实现绿色结构设计的方法之一。

为实现机电产品结构减量化，在设计时应遵循以下准则，详见表 35-4-1。

4.2 结构减量化设计方法

目前，实现减量化设计的途径主要有材料选择和结构优化两个方面，具体详见表 35-4-2。

表 35-4-1　　　结构减量化设计准则

准则	内容	举例
尽量使产品小型化	在不影响产品功能的情况下，尽量使产品小型化，以节省材料和能源，实现产品结构减量化	移动电话在 1989 年刚问世时产品质量为 303g，通过技术改进，如使用锂电池、外壳采用高强度铝、电路板采用小型化封装器件等使得移动电话质量降至 50g
简化产品结构	通过产品结构的简化有效地减少零件数量等，以实现产品结构减量化	在汽车前端组件的设计中，减少了零件数量，通过生命周期分析，与以往零件相比，可使二氧化碳排放量削减到原来的 62%
合理设计截面形状	提高截面抗弯模量 W/截面积 A 的比值	W/A 可以衡量受弯构件截面的合理性和消耗材料的经济性。其比值越大，截面形状越合理。因此，在受弯构件的设计中工字钢、中空结构是较为常用的截面形状。如果存在双向受力（有侧向力）的情况，工字钢也会因翼缘窄、侧向刚度不够而增加支撑或加大型号，目前国外普遍采用 H 型钢替代工字钢
	合理设计材料抗拉、压强度不等的构件截面形状	对于脆性材料，如铸铁等，由于其抗压性能优于抗拉性能，因此在设计受弯构件时，应根据受力和变形情况，将材料特性和应力分布结合起来考虑。对于钢材，一般认为抗拉、抗压强度相等。但对于承受交变应力作用的构件，拉应力更易形成疲劳损坏

表 35-4-2　　　减量化设计方法分类

方法	原理	特点
采用新型材料	采用新型轻量化材料，如铝合金、高强度钢、工程塑料、复合材料、镁合金、钛合金等代替常规材料实现产品的减量化，常见轻量化材料如表 35-4-3 所示，材料性能如表 35-4-4 所示	成本高、被动
结构合理优化	以结构布局、结构尺寸、结构外形等参数为设计变量，以结构的刚度、强度、应变能、质量等物理参数为约束条件或优化目标，将结构设计问题的物理模型转换为数学模型进行优化求解，按照设计变量和求解问题的不同分为尺寸优化、形状优化和拓扑优化。形状优化属于概念设计阶段，拓扑优化属于基本设计阶段，尺寸优化属于详细设计阶段。典型的结构优化设计方法如表 35-4-5 所示	过程复杂，成本低

表 35-4-3　　常见的轻量化材料

材料名称	分类		力　学　性　能
高强度钢	普通高强钢（HSS）	无间隙原子钢（IF）	屈服点范围为 180～260MPa 最大抗拉强度为 440MPa 性能高度稳定、性能参数分散度小、屈强比低、塑性应变比 r 值和应变硬化指数 n 值高
		冷轧各向同性钢	屈服点范围为 210～300MPa 最大抗拉强度为 440MPa 成形性和抗时效性较好，适于制造汽车外板
		烘烤硬化钢	屈服强度一般为 140～220MPa 最大抗拉强度为 500MPa
		高强度低合金钢	屈服点范围为 340～420MPa 最大抗拉强度为 620MPa 用于对强度和防撞要求较高的部件，但其成形度不高
	先进高强度钢（AHSS）	双相钢（DP）	强度为 500～1500MPa 先进高强度钢具有屈强比低、应变分布能力好、应变硬化特性高、力学性能分布均匀、回弹量波动小、碰撞吸能性较好和疲劳寿命较长的特点
		相变诱导塑性钢（TRIP）	
		马氏体钢（MS）	
		热成形钢（HF）	
陶瓷	特种陶瓷		其强度和硬度高，密度低，耐腐蚀、耐磨和耐热性好，抗拉和弯曲强度可与金属相比，但加工困难、质脆、成本高、可靠性差
	纳米陶瓷		纳米陶瓷较特种陶瓷强度、韧性和超塑性大为提高，加工和切削性优良，生产成本下降，且耐磨性、耐高温高压性、抗腐蚀性、气敏性优良
	陶瓷基复合材料		在陶瓷基体中加入强化材料构成的复合材料，具有较好的综合力学性能，主要用在耐磨、耐蚀、耐高温以及对强度、比强度有较为特殊要求的部件中
工程塑料	热塑性塑料		工程塑料具有柔韧性较好、耐磨、避振和抗冲击性好等优点，且复杂的制品可一次成型，生产效率高，成本较低，经济效益显著，如果以单位体积计算，生产塑料制件的费用仅为有色金属的 1/10。工程塑料对酸、碱、盐等化学物质的腐蚀均有抵抗能力，如硬聚氯乙烯可耐浓度达 90% 的浓硫酸、各种浓度的盐酸和碱液
	热固性塑料		
	橡胶塑料		
纤维增强材料	玻璃纤维增强塑料（GFRP）	片状/块状模压复合塑料（SMC/BMC）	其与钢质零件相比，生产周期短，质量较轻，耐用性和隔热性好，但不可回收，污染环境，因此，一次性投资往往高于对应的钢质件
		玻璃纤维毡增强热塑性材料（GMT）	GMT 是一种以热塑性树脂为基体、以玻璃纤维毡为增强骨架的复合材料。GMT 主要用于生产电池托盘架、保险杠、座椅骨架、前端组件、仪表板、门模块、后举门、挡泥板、地板、隔声板、发动机罩、备胎箱、气瓶阁板、压缩机支架等。其具有轻质高强、耐腐蚀、易成型的特点，与 SMC 相比，韧性好、成型周期短、生产效率高、加工成本低且可回收利用
		树脂传递模塑材料（RTM）	其为在模具型腔中预先放置玻璃纤维增强材料，闭模锁紧后，注入树脂胶液浸透玻纤增强材料，固化得到的复合材料。其与 SMC 相比，模具成本降低，力学性能更好；方向性和局部性增强，污染小。其生产效率低于 SMC，一般情况下较适于制造多品种、小批量的产品
	碳纤维增强塑料（CFRP）		具有较好的强度和刚度、耐蠕变性能、耐腐蚀性能、耐磨性、导电性、X 射线穿透性、电磁屏蔽性等特点
	纤维增强金属（FRM）	铝基复合材料	具有比强度和比刚度高、耐磨性好、导热性好、热膨胀系数小等特性。在汽车上主要应用于汽车制动盘、制动鼓、制动钳、活塞、传动轴以及轮胎螺栓等。铝基复合材料应用于刹车轮，使质量减少了 30%～60%，导热性好，最高使用温度可达到 450℃
		镁基复合材料	

表 35-4-4　　　　　　　　　　　　　常用轻量化材料性能比较

材料	密度/g·cm^{-3}	拉伸/弯曲强度/MPa	杨氏模量/MPa	硬度
铝合金	2.6~2.7	246	70500	106HB
镁合金	1.8	280	45000	84HB
钛合金	4.4	1000	108500	313HV
陶瓷	3.2	899	230000	1530HK
复合材料	1.8	240	51020	

表 35-4-5　　　　　　　　　　　　　典型结构优化设计方法

方法	解释	备注
尺寸优化与形状优化	尺寸优化指在给定结构的类型、材料、布局和形状的情况下，优化各个组成构件的截面尺寸，得到最轻或最经济的结构的方法 形状优化指通过修改结构轮廓几何形状来改善结构性能的方法	①构建优化模型 例如，某光滑弹性体结构（见下图）进行有限元网格离散化近似原结构，共包含102个三角形单元，68个节点 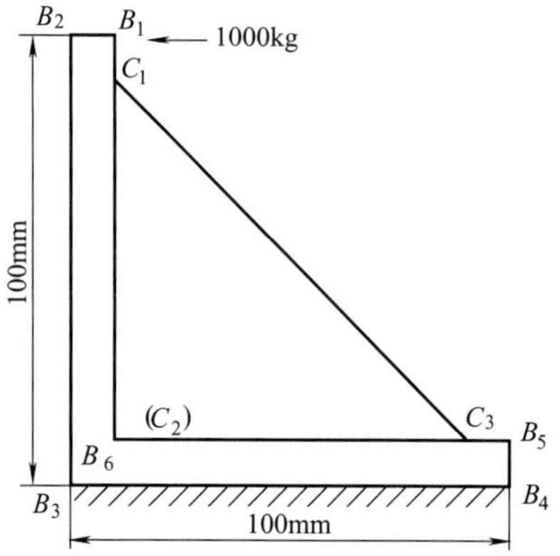 优化模型为： $$\min W = \gamma \sum_{i=1}^{N} V_i \quad (35\text{-}4\text{-}1)$$ 约束： $$P_{\max} \leqslant 1 \quad (35\text{-}4\text{-}2)$$ $$P = [(\sigma_1-\sigma_2)^2+(\sigma_2-\sigma_3)^2+(\sigma_3-\sigma_1)^2]/(\sqrt{\sigma}\tau_{ys})^2 \quad (35\text{-}4\text{-}3)$$ 式中　W——结构物体的质量 　　　γ——材料的密度 　　　N——单元个数 　　　V_i——第i个单元的体积 　　　$P_{\max}$——最大当量应力和屈服应力的比值 　　　$\sigma_1、\sigma_2、\sigma_3$——主应力 　　　τ_{ys}——材料的剪切屈服应力 ② 优化求解 以结构的整体应变能为评价形状减量化的一个重要指标，采用有限元法进行优化求解 常用的结构优化方法包括数学规划法，如可行性方向阀（MFD）、序列线性规划法、序列二次规划法、禁忌搜索法、遗传算法、模拟退火算法、蚁群优化算法、人工神经网络等 ③ 必要时进行灵敏度方向和误差计算

续表

方法	解 释	备 注
拓扑优化	以结构材料最佳分布或结构的最佳传力途径为对象,具有更多设计自由度,能够获得更大的设计空间,是结构优化最具发展前景的方向之一	1904年Michell准则的诞生是结构拓扑优化设计理论研究的一个里程碑。Michell提出的桁架理论只能用于单工况并依赖于选择适当的应变场,直到1964年基结构法的提出才使得结构拓扑优化理论可以应用于工程实践,步骤如下 ①把给定的初始设计区域离散成足够多的单元,形成由这些单元构成的基结构 ②按照某种优化策略和准则从这个基结构中删除某些单元,用保留下来的单元描述结构 采用基结构的拓扑优化方法主要有均匀化方法、变厚度法、变密度法、ICM法和渐进结构优化方法(ESO),具体详见表35-4-6 发动机罩内板拓扑优化如下: 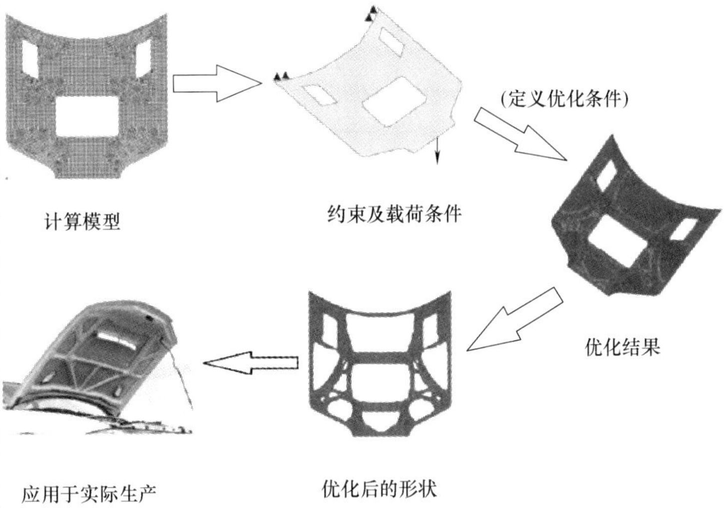 计算模型 → 约束及载荷条件 (定义优化条件) → 优化结果 → 优化后的形状 → 应用于实际生产

表 35-4-6　　　　　　　　　　　　　常用拓扑优化方法

名　称	说　明
均匀化方法	属材料描述方式,基本思想是在拓扑结构的材料中引入微结构,微结构的形式和尺寸参数决定了宏观材料在此点的弹性性质和密度。优化过程中以微结构的单胞尺寸作为拓扑设计变量,以单胞尺寸的消长实现微结构的增删,并产生由中间尺寸单胞构成的复合材料以拓展设计空间,实现结构拓扑优化模型与尺寸优化模型的统一和连续化
变厚度法	属几何描述方式,基本思想是以基结构中单元厚度为拓扑设计变量。将连续体拓扑优化问题转化为广义尺寸优化问题,通过删除厚度为尺寸下限的单元实现结构拓扑的变更。该方法简单,适用于平面结构(如膜、板、壳等),推广到三维问题有一定的难度
变密度法	以连续变量的密度函数形式显式地表达单元相对密度与材料弹性模量之间的关系,该方法基于材料的各向同性性,不需要引入微结构和附加的均匀化过程,它以每个单元的相对密度作为设计变量,人为假定相对密度和材料弹性模量间的某种对应关系,程序实现简单,计算效率高
ICM法	以结构重量为目标,以应力、位移、频率等为约束的连续体结构拓扑优化法。基本思想是以一种独立于单元的具体物理参数变量(即拓扑变量)来表示单元的"有"与"无"。在求解模型的过程中,通过构造过滤函数和磨光函数,把0~1的离散变量映射到[0,1]上的连续变量,在求得连续变量解的基础上,将拓扑变量反演成离散变量,得到最优解
渐进结构优化方法(ESO)	通过将无效的或低效的材料一步步去掉,剩下的结构也将趋于优化。在优化迭代中,该方法采用固定的有限元网格,对存在的材料单元,其材料数编号为非零的数,对不存在的材料单元,其材料数编号为零,当计算结构刚度矩阵等特性时,不计材料数为零的单元特性。通过这种零和非零模式实现结构的拓扑优化。特别是,该方法可采用已有的通用有限元分析软件,通过迭代过程在计算机上实现。算法通用性好,不仅可解决尺寸优化,还可同时实现形状与拓扑优化(主要包括应力、位移/刚度、频率或临界应力约束问题的优化),而且结构的单元数规模可成千上万

常用于求解拓扑优化的优化算法包括：基于直觉的准则法（OC）、移动渐进线法（MMA）、SIMP法、序列线性规划法（SLP）等。OC法是把数学中最优解应满足的K-T条件作为最优结构应满足的准则，用优化准则来更新设计变量和拉格朗日乘子。MMA法是用一显式的线性凸函数来近似代替隐式的目标和约束函数，由事先确定的左、右渐进点和原函数在各点的导数符号来确定迭代准则即每一步的近似函数。如果左、右渐进点分别趋近负无穷大和正无穷大时，MMA法就等同于用SLP法近似。其优点是该法是全局收敛的，并且对解的存在性有重要的理论依据，对初值不敏感，比较稳定，缺点是计算效率低。SIMP法更多地同密度法结合使用，在优化过程中引入惩罚因子。

4.3 减量化设计案例

4.3.1 高速机床工作台的减量化设计

高速机床要求机床运动部件质量小、刚性高，而传统的机床结构设计中，工作台筋板往往呈平行、井字、米字形或简单组合排列布置方式，以经验类比设计为主，不符合减量化需求。

某机床工作台为铸铁材料，弹性模量为207GPa，泊松比为0.288，密度为7800kg/m³。当工作台工作时，底部的4个滑块安装面固定不动，限制其全约束。初级安装面承受的电磁力为16800N，方向垂直向下。采用20节点的单元类型进行有限元分析，原型工作台质量为252.441kg，最大变形区域位于初级安装面的中间及两端，最大变形为4.396μm。该工作台底面筋板形式及静力学分析见图35-4-1。

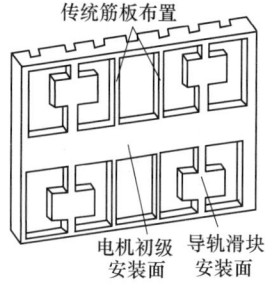

(a) 工作台底面筋板　　(b) 工作台底面筋板静力学分析

图35-4-1　工作台底面筋板形式及静力学分析

对原型工作台进行仿生设计，通过在约束区域与受力区域之间布置筋板、最大变形区域增加筋板密度、小变形区域减少材料、采用环形筋与对角筋相结合、变形梯度方向设置对角筋等方法形成6种轻量化结构方案，如图35-4-2所示。采用多层优化策略，即采用零阶优化与等步长搜索法相结合的方法进行结构参数优化。ANSYS分析结果显示，如图35-4-2（b）、（c）所示结构方案的变形分别减少了20.95%和21.5%，即应在初级安装面两侧增加筋板。6种结构方案的工作台质量均有所降低，其中图35-4-2（d）所示方案的质量减少4.59%，质量最小。

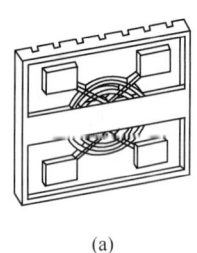 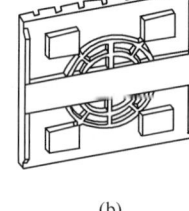 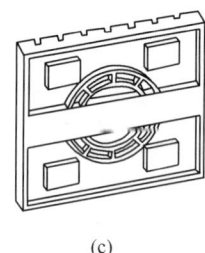 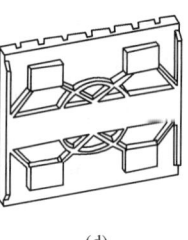

(a)　　　　　(b)　　　　　(c)　　　　　(d)

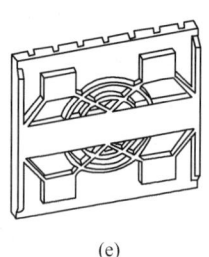 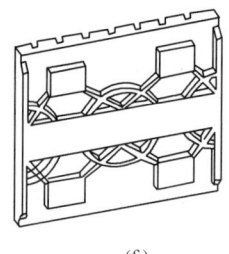

(e)　　　　　(f)

图35-4-2　工作台底部筋板轻量化结构方案

4.3.2 曲轴的减量化设计

曲轴协同连杆将作用于活塞上的气体压力转化为旋转的动力，传递给底盘的传动机构、配气机构及其他辅助装置，是发动机中的重要零件。曲轴承受气体压力、惯性力、惯性力矩等交变负荷的冲击作用，曲轴必须满足刚度、强度、耐磨性、抗冲击等要求，因此，曲轴的减量化设计是一个多目标优化问题。

笔者对长安汽车动力研究院康黎云等 2016 年发表于《西南汽车信息》的《曲轴轻量化设计的要点及案例分析》进行整理，梳理出了曲轴减量化设计的方法和流程。

已知发动机的排量、功率或者转矩值、缸数等，先确定缸径 D 和冲程 S。现代发动机冲程缸径比选择范围在 1.1～1.2 之间。缸心距取决于缸体的加工制造水平，主流的发动机缸间壁厚控制在 7mm 左右。缸径及缸心距决定了曲轴的长度，缸径的大小决定了作用于活塞顶部的压力。

（1）曲轴减量化目标的确定

图 35-4-3 为曲轴结构图，由图可知，曲轴的结构主要由主轴颈、曲轴臂、连杆轴颈、飞轮组成，由此构成了曲轴减量化的目标。

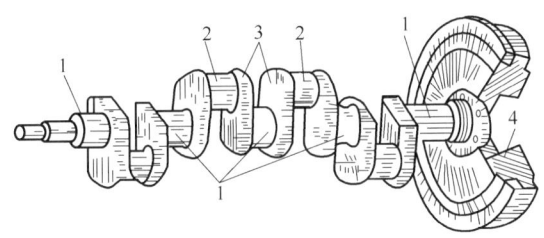

图 35-4-3　曲轴结构
1—主轴颈；2—连杆轴颈；3—曲轴臂；4—飞轮

（2）曲轴减量化设计方案

根据前述减量化设计准则，选择轻量化材料，通过结构优化，减小轴颈直径、曲轴臂宽度、曲轴臂厚度等。

采用轻量化材料将降低曲轴的扭转刚度，例如采用球墨铸铁材料，其弹性模量比钢低约 20%；小轴颈直径也会降低曲轴的扭转刚度。曲轴刚度低会增大前端带轮在中、高转速下的波动幅值，对飞轮端无影响。曲轴刚度不足将引起前端皮带轮的力矩波动峰值增加，从而增加曲轴中心螺栓的紧固风险；加大减振器的耗散功，导致减振器橡胶老化加剧。因此，只要刚度满足前端轮系、中心螺栓及橡胶的要求，对应的减量化设计方案就可行。

轴颈直径对摩擦损失影响较大，可以通过曲轴臂重量进行调整。

曲轴以承受弯曲作用为主，提高曲轴安全系数可以有效降低其弯曲应力。抗弯模量与曲轴臂厚度的平方成正比，与曲轴臂宽度成正比。例如，设曲轴臂尺寸为 70mm×60mm×20mm，70mm 为垂直高度，60mm 为宽度，20mm 为厚度，体积为 84000mm³，其抗弯模量 W 为 4000mm³；当厚度减少为 18mm，体积保持不变，宽度需要增加到 66.66mm，此时抗弯模量为 3600mm，抗弯能力下降 10%。反之，若增加厚度为 20mm，体积不变，抗弯能力提高 10%。因此，保持抗弯能力不变，可以通过减少更多的宽度实现减量化。

（3）减量化结果分析

图 35-4-4 所示为三款增压发动机的曲轴，分别命名为 A、B、C。表 35-4-7 为三款曲轴的主要参数对比表，由表可知，曲轴 A 的材料为密度相对较低的球铁材料，轴颈直径小，曲轴臂材料堆积部位设计讲究；曲轴 B 选择钢材及大的轴颈直径，保证了弯曲和扭转刚度，曲轴臂宽度小，使得整体质量比较低；曲轴 C 的材料为密度相对较低的球铁材料，其他没有减量化设计的特点。

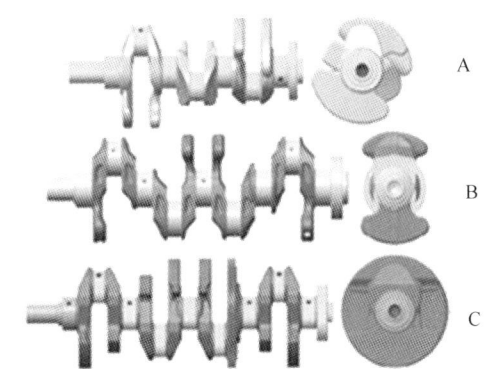

图 35-4-4　对标曲轴结构

表 35-4-7　对标曲轴主要参数

基本参数	A	B	C
曲轴材料	球铁	钢	球铁
曲轴总长度/mm	326.4	415.85	490.6
曲轴总质量/kg	6.494	9.4	17.286
缸径/mm	71.9	74.5	87.5
缸心距/mm	78	82	94
冲程/mm	81.88	80	83.1
主轴颈直径/mm	44	48	52
连杆颈直径/mm	40	48	52
重叠度/mm	1.06	8	10.45
曲柄臂厚度(含凸台)/mm	19.25	19.9	24

第 5 章 可拆卸设计

5.1 可拆卸设计准则

拆卸是将产品系统分离为组件的过程。拆卸操作是拆卸过程里面的基本动作,拆卸工艺由拆卸操作组成。根据拆卸深度可以将拆卸工艺分为完全拆卸和选择性拆卸,其中完全拆卸是将产品分解为相应的零件,装配是完全拆卸的逆过程;而选择性拆卸是根据拆卸需求从产品中分离出目标组件的过程,拆卸深度与目标组件在产品中所处的位置有关,一般在维修维护、再制造中应用。根据拆卸操作的逻辑顺序可以将拆卸分为串行拆卸和并行拆卸,其中串行拆卸是传统研究中默认的拆卸方式,指每次只能拆卸一个零件;而并行拆卸是多个操作者同时并行地执行不同的拆卸任务的拆卸方式,同时可以拆卸多个零件。

可拆卸设计指的是产品设计过程中将可拆卸性作为设计目标之一,使产品的结构不仅便于装配、拆卸和回收,而且也要便于制造和具有良好的经济性,以达到节约资源和能源、保护环境的目的。可拆卸设计是绿色设计中的重要内容。

拆卸工艺数据主要包括拆卸工具、拆卸时间、拆卸费用、拆卸可达性、拆卸能量、拆卸过程中有害成分的排放量、装配约束等,可拆卸设计需要综合考虑上述信息,即遵守一定的设计准则。可拆卸设计准则的具体内容详见表 35-5-1。

表 35-5-1   可拆卸设计准则

设计准则	内容		
	说明	改进前	改进后
结构可达性准则	拆卸部位应可达,即拆卸过程中操作人员的身体的某一部位或借助工具能够接触到拆卸部位	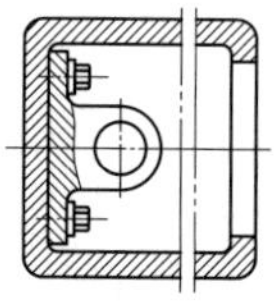	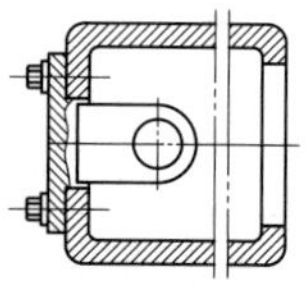
	拆卸工具可达,即应有足够的拆卸工具操作空间	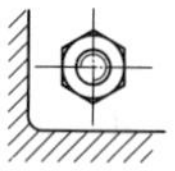	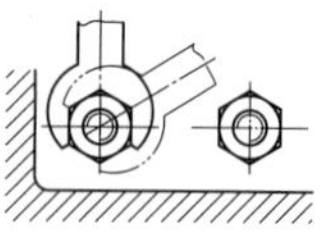
	视觉可达,即拆卸操作应全部可见	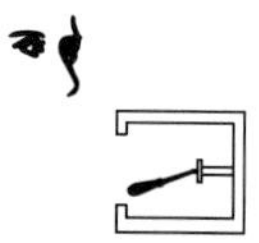	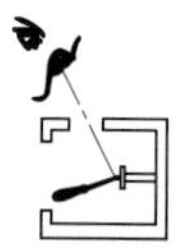
结构易于拆卸	元器件和零部件结构设计中应该在零件表面预留可抓取和拆卸的结构 改进前,衬套难以拆卸,改进后增加了螺孔,便于拆卸	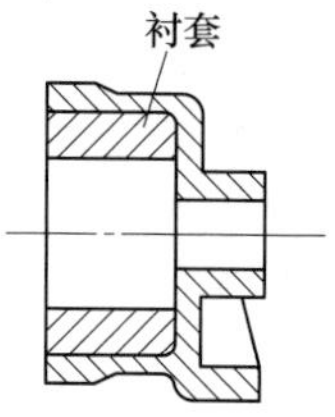	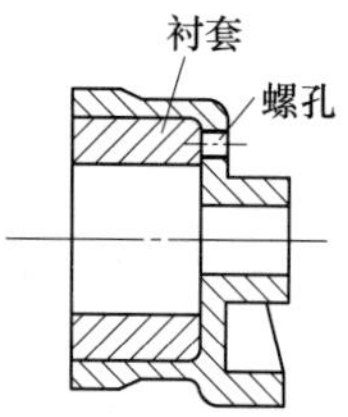

续表

设计准则	内 容		
	说 明	改进前	改进后
多个零件尽可能设计成模块或装配单元	采用模块化设计将产品按照功能划分为若干个子模块,并统一模块之间的连接结构和尺寸,以便于拆装、回收等 改进前轴上齿轮大于轴承孔,需在箱内装配;改进后,轴上各零件可组装后再一起装入箱体内,便于拆卸和更换	大于箱体孔的齿轮需在箱体内安装 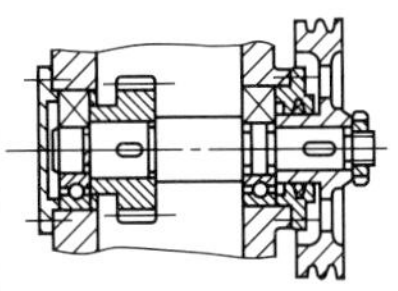	箱体孔大于齿轮,可将齿轮和皮带轮作为一个装配单元 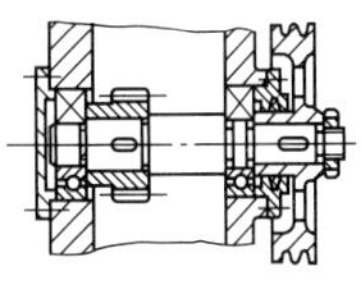
废液排放安全无污染	对于含有部分废液的废旧产品,应在设计时预留出排放点,便于这些废液安全无污染地排出后再进行拆卸		
采用快速装卸机构	可拆卸性要求在产品结构设计时改变传统的连接方式,代之以易于拆卸的连接方式。合理使用快速装卸和锁紧机构可以提高产品的可拆卸性 右图所示是一种快速装卸销,该快速装卸销的销体上铆接有止动块和便于装卸的拉环。当止动块和销体轴线一致时,销体可以插入或拆下,止动块与销体轴线垂直时为锁紧状态	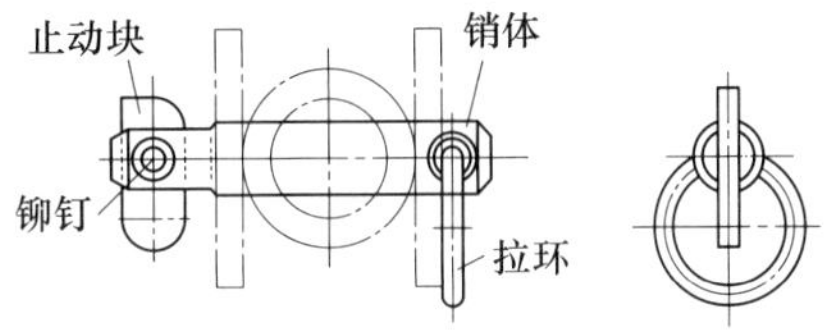 止动块 销体 铆钉 拉环	
紧固件标准化和紧固件种类最少化	产品设计中应尽量采用规格统一的、标准化的紧固件。改进前采用了不同规格的标准件,拆卸和安装过程中需要更换工具,改进后,采用统一规格的标准件简化了拆装过程		
零件数量和材料种类最少化	尽量减少产品中零件的数量和材料的种类。例如,右图中所示改进前的机架包含4种材料、66个零件;改进后,只有1种材料、17个零件,大大方便了后续的拆卸和回收过程		
连接结构易于拆卸准则	尽量采用可拆卸性好的连接结构,如螺纹连接、卡扣连接等,尽量避免使用焊接、粘接等。连接方式的分类见表35-5-2,常用连接方式的拆卸性能见表35-5-3		
结构可预测性准则	产品报废后会与原始状态产生较大的不同,为了减少产品报废后结构的不确定性,设计时应避免将易于老化或易腐蚀的材料与可回收材料的零件组合,采用防腐蚀连接等		
易于分离准则	表面最好采用一次加工而成,即避免二次电镀、涂覆、油漆等加工;此外,为了便于产品分离,采用模块化和标准化设计准则		

表 35-5-2 连接方式的分类

分类标准	类 型	实 例
连接原理	刚性连接	铆接、销连接、键连接、锁连接等
	摩擦连接	磁性连接、魔术贴、螺栓连接、弹性卡扣连接、弹簧连接等
	材料连接(焊接、粘接)	利用电能的焊接(电弧焊、埋弧焊、气体保护焊、点焊、激光焊) 利用化学能的焊接(气焊、原子氢能焊、铸焊等) 利用机械能的焊接(锻焊、冷压焊、爆炸焊、摩擦焊等) 黏合剂粘接、溶剂粘接

分类标准	类型	实例
结构的功能和部件的活动空间	静连接	不可拆卸固定连接：焊接、铆接、粘接等
		可拆卸固定连接：螺纹连接、销钉连接、弹性形变连接、锁扣连接、插接等
	动连接	柔性连接：弹簧连接、软轴连接
		移动连接：滑动连接（导轨和滑块）、滚动连接
		转动连接
是否可拆卸	可拆卸连接	螺栓连接、销钉连接、键连接等
	不可拆卸连接	铆接、焊接、粘接等

表 35-5-3　常用连接方式的拆卸性能

		材料连接		摩擦连接					刚性连接					
		塑料金属胶接	焊接	磁性连接	魔术贴	螺纹连接	塑料螺纹连接	弹簧连接	铆接	曲杆连接	四分之一圈锁紧扣	按钮旋转锁紧	按钮锁紧	锁连接
承载能力	静态强度	◎	●	◎	○	●	◎	◎	●	●	◎	◎	◎	●
	疲劳强度	◎	●	◎	○	●	◎	○	●	◎	◎	◎	◎	●
连接成本	连接	◎	◎	●	◎	◎	◎	◎	●	●	◎	●	●	●
	指导	○	○	◎	◎	◎	◎	◎	●	◎	◎	●	●	●
分离成本	非破坏性拆卸	◎	○	●	●	◎	◎	◎	○	●	◎	●	●	●
	破坏性拆卸	◎	◎	◎	●	◎	◎	◎	●	◎	◎	●	●	●
回收性能	产品回收	○	○	◎	◎	◎	◎	●	○	●	◎	●	●	●
	材料回收	◎	●	◎	○	●	◎	●	●	●	◎	●	◎	●

注：●——好；◎——中；○——差。

5.2 基于准则的可拆卸设计方法

基于准则的可拆卸设计基本思想是将可拆卸设计准则融入产品设计过程中以提高产品的可拆卸性能。在设计新产品时，依据上述准则可以有效地提高产品的可拆卸性。例如，美国通用汽车公司应用上述设计准则，减少了 Buick Skylark 车型保险杠的零件数量与紧固件数量，如图 35-5-1 所示。

5.2.1 设计流程

可拆卸设计的关键技术包括拆卸设计建模、拆卸序列规划、可拆卸性评价等方面，可拆卸设计的流程详见表 35-5-4。

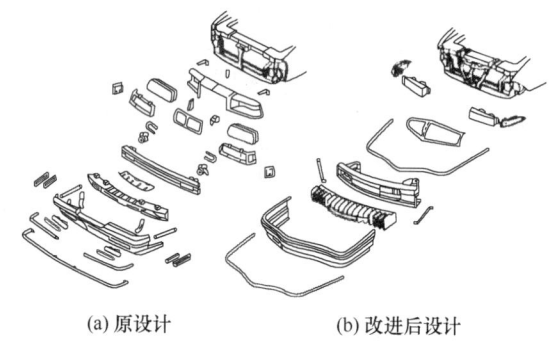

(a) 原设计　　　(b) 改进后设计

图 35-5-1　减少汽车保险杠零件及紧固件数

表 35-5-4　可拆卸设计流程

设计阶段	内容	常用方法
可拆卸设计信息建模	用于描述产品连接、拆卸等相关信息的数据结构	有向图、无向图、AND/OR 图、Petri 网、拆卸树等及其派生模型（如拆卸混合图模型）。表 35-5-5 所示为拆卸混合图模型的详细定义

续表

设计阶段		内容	常用方法
拆卸序列规划	串行拆卸序列规划	拆卸序列的好坏不仅可以缩减资源（如时间和成本）的消耗，而且可以提高拆卸的自动化程度以及回收的零部件（或材料）的质量。拆卸序列规划是根据产品结构、装配关系等信息，推理出满足一定约束条件的最优化拆卸顺序的过程	拆卸序列规划方法主要分为两类。一类是基于图搜索的拆卸序列生成方法，如组件－紧固件图法、AND/OR图法、Petri网法、拆卸树法、割集法等。这类方法通过产品中零部件之间的几何拓扑信息来得到产品的拆卸序列，适合不太复杂产品的拆卸序列规划。另外一类是智能搜索法，如遗传算法、蚁群算法、模拟退火法等。这类方法应用启发式规则迭代寻优，速度快，适用于复杂产品
	并行拆卸序列规划		
可拆卸性评价与反馈		可拆卸性指产品拆卸的难易程度。可拆卸性评价用来度量产品的可拆卸性能，通过可拆卸性评价获得产品可拆卸性能信息，通过迭代反馈不断改进设计方案以实现可拆卸设计	时间因子法、基于拆卸能和拆卸熵的量化评价法、多粒度评价法等
可拆卸结构改进		通过连接结构改进、结构优化等方法提高结构的可拆卸性	模块化设计、TRIZ法、嵌入式设计等

表 35-5-5 **拆卸混合图模型**

表示方法	内容
图形	拆卸混合图模型可以定义为一个四元组 $G=(V,E_f,E_{fc},E_c)$，其中，顶点 $V=(v_1,v_2,\cdots,v_n)$ 表示最小拆卸单元，如产品的零部件、子装配体等，n 为最小拆卸单元个数；顶点 v 的邻域 $\Gamma(v) \xrightarrow{\nabla} \{u \in V(G) \mid u$ 与 v 相邻$\}$ 在 v 的邻域里，比 v 拆卸优先级低的顶点构成其后继域 $\Gamma^+(v)$，其余顶点集合为 v 的前趋域 $\Gamma^-(v)$，且 $\Gamma(v)=\Gamma^+(v)\cup\Gamma^-(v)$；约束关系定义为图的有向边 $\langle v_1,v_2\rangle$ 或者无向边 (v_1,v_2)，如果约束是通过紧固件或其他方法使得两个最小拆卸单元直接接触产生的，且存在强制的拆卸优先关系，则定义为强物理约束，记为 $E_{fc}=(e_{fc1},e_{fc2},\cdots,e_{fcm})$，用带箭头的实线表示；如果最小拆卸单元间虽直接接触，但没有强约束关系，则定义为物理约束，记为 $E_f=(e_{f1},e_{f2},\cdots,e_{fk})$，表示为实线段；如果虽不直接接触但存在约束优先关系，则定义空间约束，记为 $E_c=(e_{c1},e_{c2},\cdots,e_{ck})$，用虚箭头线表示 例如，下图中 A、B、C、D、E 分别表示产品的最小拆卸单元；连接及紧固件等作为约束，分为强物理约束、空间约束、物理约束三种。强物理约束是两节点接触且箭头节点拆卸优先级低于箭尾节点；物理约束是两节点接触且两节点拆卸优先级相同；空间约束是不接触但箭头节点拆卸优先级低于箭尾节点。例如，EA 为强物理约束，E 的拆卸顺序优先于 A 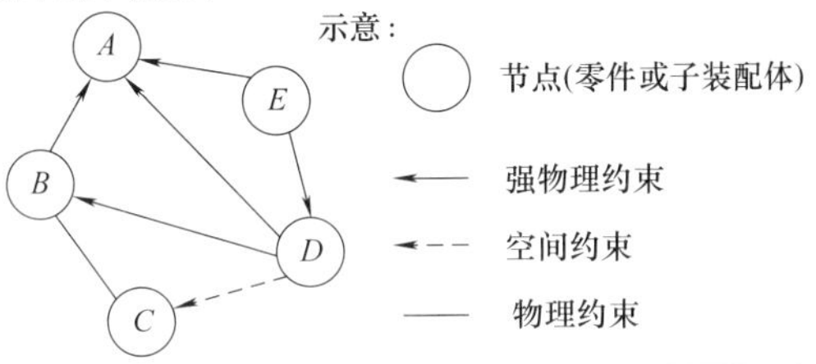 示意：○ 节点（零件或子装配体）　　⟵ 强物理约束　　⤎ 空间约束　　— 物理约束
矩阵	$$M_g=\langle R_{ij}\rangle=\begin{bmatrix} r_{0,0} & r_{0,1} & \cdots & r_{0,n-1} \\ r_{1,0} & r_{1,1} & \cdots & r_{1,n-1} \\ \vdots & \vdots & \ddots & \vdots \\ r_{n-1,0} & r_{n-1,1} & \cdots & r_{n-1,n-1} \end{bmatrix} \quad (35\text{-}5\text{-}1)$$ 其中 $$r_{ij}=\begin{cases} 1, & \text{if}\langle i,j\rangle \in E_f \text{ or}\langle j,i\rangle \in E_{fc}, \text{and } i\neq j \\ -1, & \text{if}\langle i,j\rangle \in E_c \text{ or}\langle i,j\rangle \in E_{fc} \\ 0, & \text{其他} \end{cases}$$ 对 M_g 进行分解得到邻接矩阵和拆卸约束矩阵 邻接矩阵 $$M_{\text{link}}=\{ml_{ij}\}_{n\times n} \quad (35\text{-}5\text{-}2)$$

续表

表示方法	内 容
矩阵	$$ml_{ij} = \begin{cases} 1, \langle i,j \rangle \in \boldsymbol{E}_{\mathrm{f}} \text{ or } \langle i,j \rangle \in \boldsymbol{E}_{\mathrm{fc}} \text{ or } \langle j,i \rangle \in \boldsymbol{E}_{\mathrm{fc}} \\ 0, \text{其他} \end{cases}$$ 拆卸约束矩阵 $\boldsymbol{M}_{\mathrm{cons}} = \{mc_{ij}\}_{n \times n}$ $$mc_{ij} = \begin{cases} -1, \langle i,j \rangle \in \boldsymbol{E}_{\mathrm{c}} \text{ or } \langle i,j \rangle \in \boldsymbol{E}_{\mathrm{fc}} \\ 0, \text{其他} \end{cases} \quad (35\text{-}5\text{-}3)$$ 假设产品由 N 个单元构成，则当最小拆卸单元 j 不受强物理约束和空间约束时，满足拆卸可达性条件，可描述为 $$\sum_{i=0}^{N-1} mc_{ij} = 0 \quad (35\text{-}5\text{-}4)$$ $$\sum_{i=0}^{N-1} ml_{ij} \geqslant 1 \quad (35\text{-}5\text{-}5)$$ 在拆卸完一个单元后，需要对邻接矩阵和约束矩阵进行更新，将已拆卸的单元与其他单元的关联和约束关系置零，则可拆卸性约束条件为式(35-5-4)和式(35-5-5)的交集

5.2.2 可拆卸连接结构设计

可拆卸连接结构设计的目的是设计出拆卸性能好的连接结构，主要通过对传统连接结构的改进或创新设计完成。可拆卸连接结构设计应该满足以下准则：

① 拆卸操作易于开展；

② 连接结构工具可达、视觉可达；

③ 优先选用可拆卸连接，如卡扣、螺纹连接等，尽量避免使用焊接、铆接、粘接等不可拆卸连接；

④ 连接件数量和类型尽量少；

⑤ 拆卸过程产生的噪声、有害物质尽量少，消耗的能量尽可能地少。

常见的连接结构改进设计案例见表35-5-6。

表 35-5-6　　连接结构改进设计案例

连接结构	改进前	改进后	说　明
键连接结构可拆卸设计	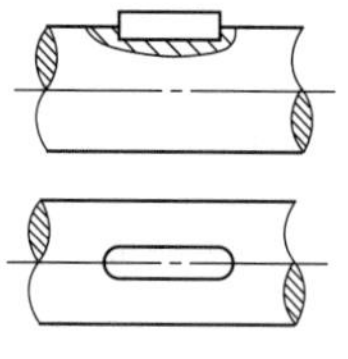	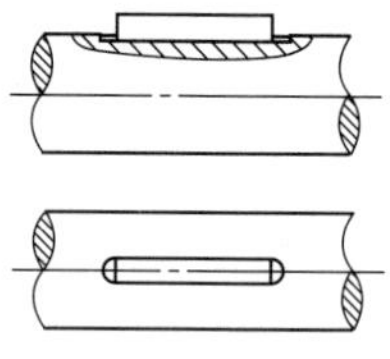	键连接结构应可拆卸性好、装拆工作量少。改进前的键与轴为配合关系，装拆工作量较大；而改进后的键槽大于键，装拆方便快捷
不合理的连同拆卸连接结构设计改进	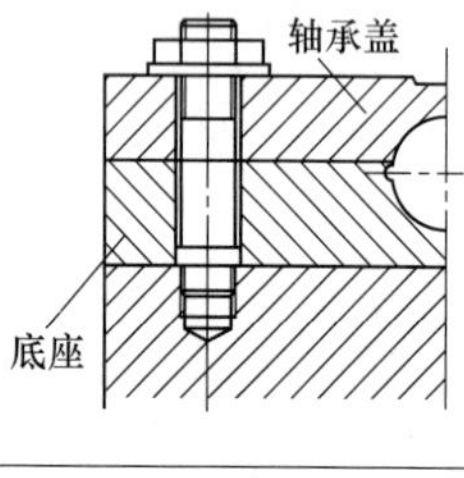	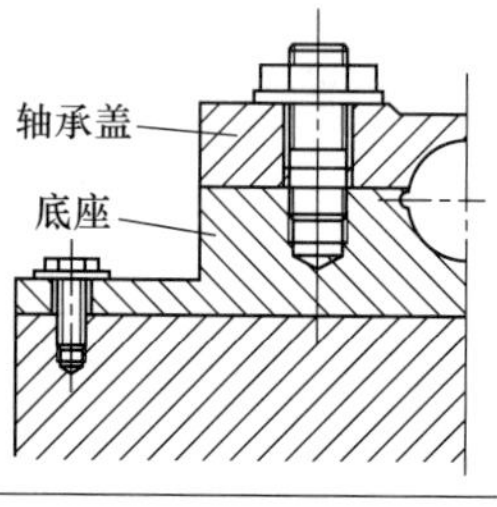	改进前，要拆卸轴承盖，底座同时也被拆卸下来，在调整轴承间隙时底座的位置也需要重新调整。改进后，轴承盖可单独拆卸，不影响底座，不足之处是紧固件个数增加
过盈连接可拆卸设计	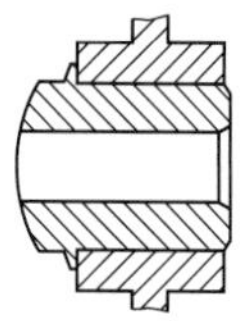	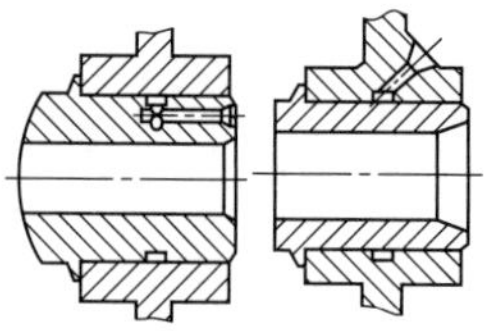	改进前的过盈配合结构难以拆卸，改进后增加了压力油注入孔，将压力高达150～200MPa的液压油注入配合面，使被连接的轴和孔产生弹性变形，从而便于拆卸

续表

连接结构	改进前	改进后	说 明
紧固件装拆位置可达	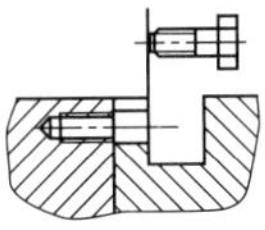	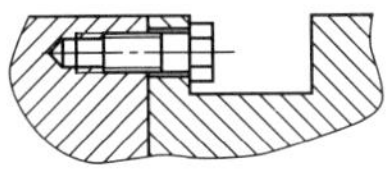	设计紧固件连接结构时,要保证紧固件在安装位置具有一定的操作空间。改进前螺钉难以拆卸,改进后增加了槽的长度,便于拆装
螺纹连接沉孔结构的改进设计	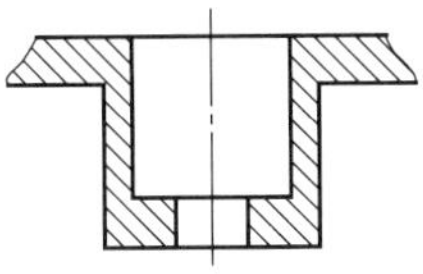	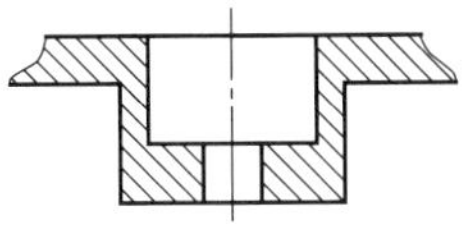	改进前,沉孔过深,拆卸时,视觉和操作空间可达性差;改进后,提高了拆卸性能的同时还可节省材料
电脑光驱连接结构的改进设计	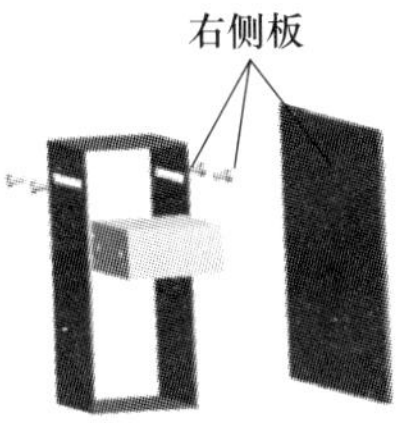	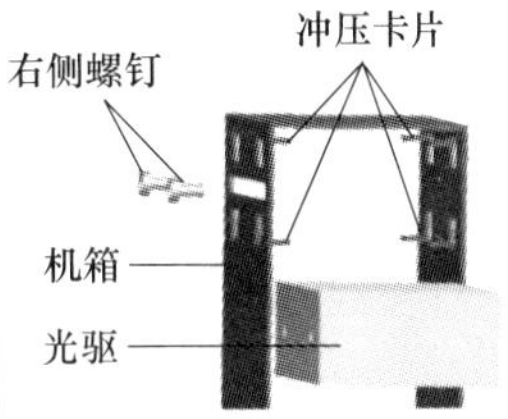	改进前,光驱通过四个螺钉连接在机箱肋板的左右两侧,连接件数量较多,为了保护主板,右侧板一般不进行拆卸,右侧螺钉拆卸可达性差。改进后,在机箱左右两侧增加了用于支撑光驱的冲压卡片,只需左侧两个螺钉即可将光驱固定在机箱内
插销式快速连接结构	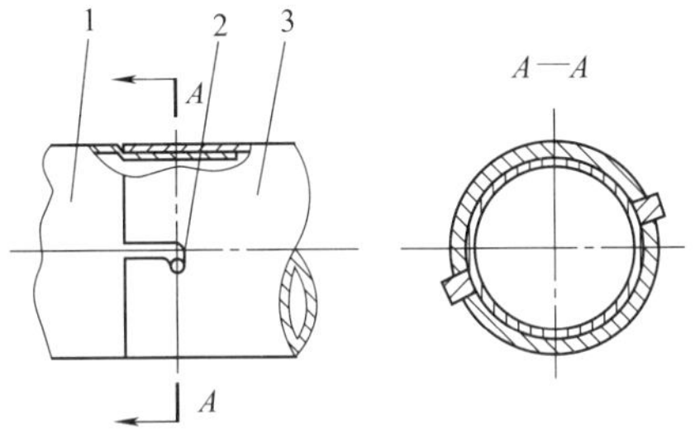		管接头1上固定两个销轴2,在管接头3上开口,销轴插入缺口后旋转一角度,将两管连接在一起,拆卸时,只需要反方向旋转一定角度即可
带光孔螺母的快速拆卸连接结构	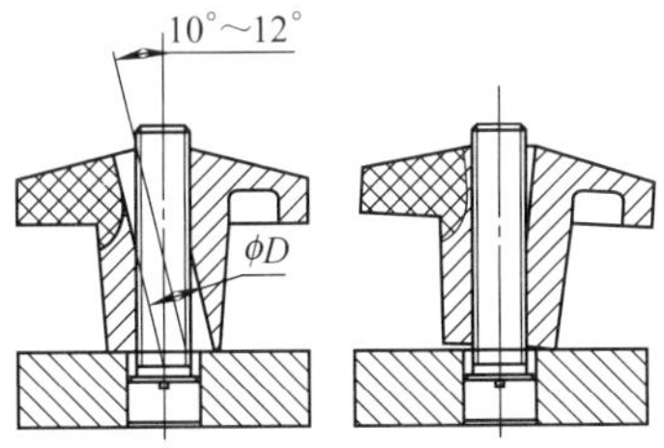		在螺母螺孔M内斜钻一个直径略大于螺纹大径的光孔。螺母斜向套入螺杆后,将螺母摆正,螺母螺杆啮合,处于工作状态,如图(a)所示。图(b)所示为螺母装配或拆卸时的状态。该结构适用于轻型工作时的快速连接
弹性开口螺母的快速拆卸连接结构	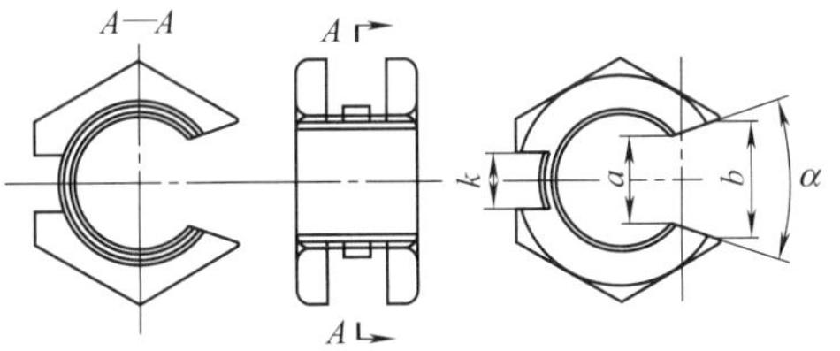		螺母上开有与螺母轴心线成 α 角的横向穿通螺纹的缺口,缺口内端宽度略大于螺纹内径,外端宽度略大于螺纹外径。缺口对面开一宽度为 k 的槽,使得螺母在安装时具有较好的弹性。槽的宽度和深度根据螺母两半弹性变形的条件而定。在螺母外表面设有环形槽,槽中设有弹性卡圈,弹性卡圈在螺母旋紧后装入,以增加螺母紧固后的刚度和防松。安装时将弹性开口螺母卡装到连接零件的螺杆上,并径向转动螺杆,使得螺母的两半先弹性松开,然后再与螺杆啮合收紧,再在环形槽上装上弹性卡圈。这种结构较适用于细牙螺纹的连接

续表

连接结构	改进前	改进后	说 明
搁置式重力快速拆卸连接结构	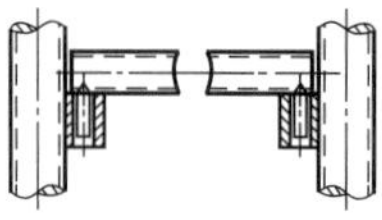 图(a) 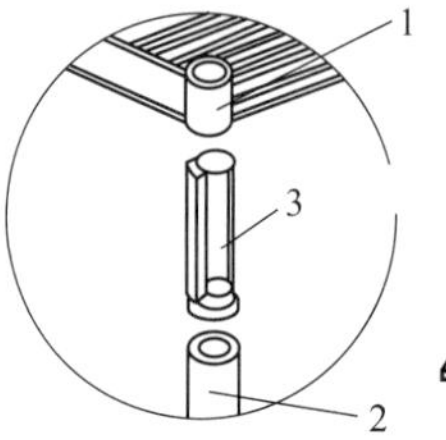 图(c)	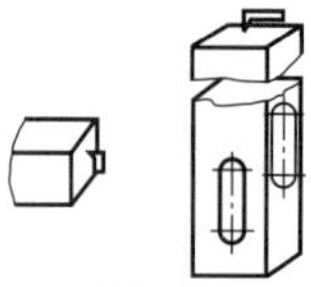 图(b) 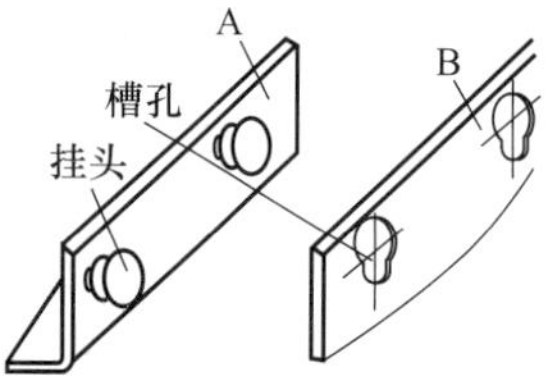 图(d)	用于连接插头仅在竖直方向受有重力,并要靠重力维持其稳定的结构,接头的两部分将一接头搁置在另一接头中。例如,图(a)所示为一圆管构架上的横撑与立柱连接,横撑上附设的锥形凸柱直径搁置在立柱附设的锥形凹孔中。图(b)所示为方管构架中横撑与立柱的连接,横撑端部钩形件插入立柱长孔后,可直接搁置在长孔上;立柱上四面设有长孔,可搁置四杆横撑。此外,立柱顶部也设有钩形件,而横撑上设有长孔,可在立柱顶部搁置横撑。图(c)中所示连接件1为内锥体,连接件2为外锥体,中间设有一个竖向开缝的内壁和外壁均为锥形的套管3,开缝套管3套在连接件2上,连接件1又套在开缝套管3上。在搁置重力作用下,开缝套管因收缩产生弹力,产生与连接件1和2的摩擦力,保证连接可靠牢固。图(d)所示结构中,B件上开有葫芦形槽孔,A件靠重力挂装在B件上
销连接	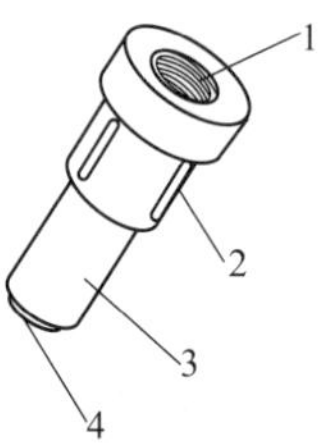		销帽1中心有内螺纹,件2为均布于销轴上的凸起,件3为圆柱杆,销轴末端4封闭且有导电性。该销轴特别适用于硒鼓废粉仓与感光鼓的连接。安装时,凸起2与硒鼓废粉仓的注塑件圆孔中的卡槽吻合,圆柱杆3插接于感光鼓的非齿轮端起固定作用,轴销末端4与感光鼓铝筒内的导电片接触。拆卸时,将螺杆旋入销帽1的螺孔内,用力拉出即可
便于拆卸的螺纹销轴	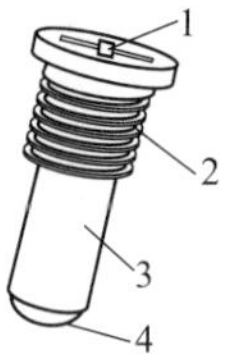		销帽1顶部有一字或十字的花式凹槽,另一部分有直径稍小的圆盘相连,圆柱杆3上部有螺纹2,轴销末端为小直径锥体4。安装时,对准螺纹孔旋转;拆卸时,用螺丝刀(螺钉旋具)反向旋转销帽即可

5.3 主动拆卸设计方法

主动拆卸(active disassembly,AD)是一种采用智能材料(如形状记忆合金)或智能结构的紧固件代替传统紧固件,通过外界触发使得产品自我拆卸的一种方法。外界触发原理包括机械式、热能、化学能、电磁、电等,不同的触发原理对应不同的实现机构。该方法可以高效、清洁、非破坏地分离零部件,实现高效率回收。

采用智能材料的主动拆卸技术适用于以塑料为主的产品及有可重用零部件的电子电器产品,主要包括利用形状记忆合金 SMA(shape memory alloy)或形状记忆高分子材料 SMP(shape memory polymer)的主动拆卸结构。

主动拆卸设计方法流程如下。

步骤1:设计出产品初始结构。

步骤2:根据产品结构和使用环境选择和设计主动拆卸结构,常见的主动拆卸结构见表35-5-7。

步骤3:将主动拆卸结构布置在产品合适位置,并通过优化完成产品结构和外观设计,保证不降低产品使用性能、连接结构可靠等。

表 35-5-7　典型的主动拆卸结构

主动拆卸结构	激发前	激发后	解释
气动主动拆卸	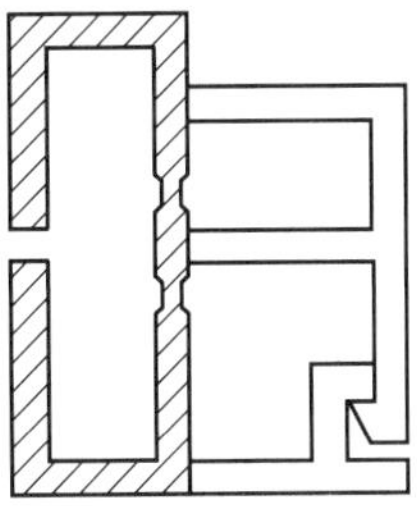	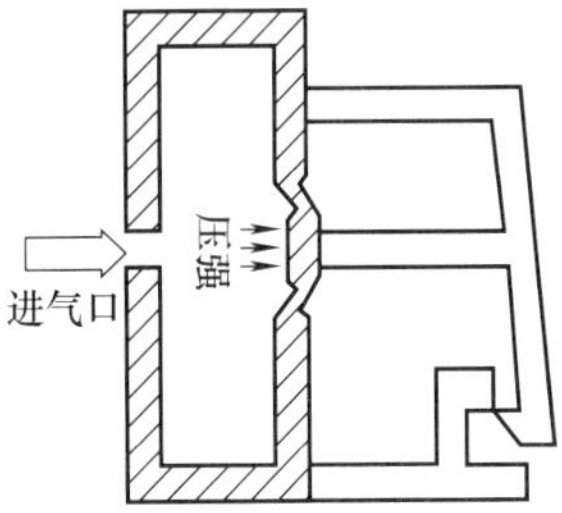	利用气动触发拆卸的主动拆卸结构，激发前为正常工作状态，当废弃后拆卸时，充入空气，在气体压力下卡扣连接主动拆开
水冻结触发的主动拆卸结构	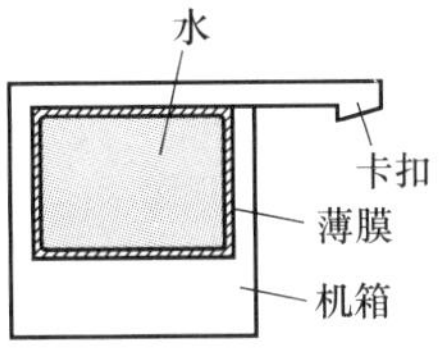	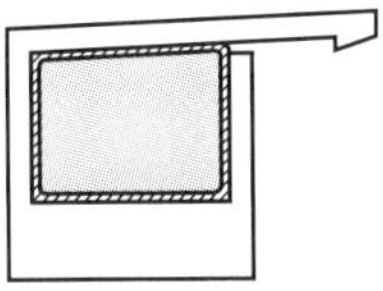	工作状态时，液体水充满薄膜；当需要拆卸时，冷冻使水冻结成冰，主动拆卸掉卡扣
MPL(mechanical property loss)螺钉	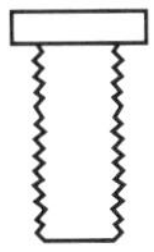	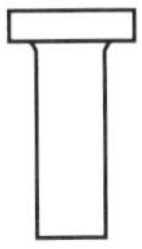	当所处环境温度高于某一温度时，螺钉螺纹消失，丢失连接效能
通电改变物体形状	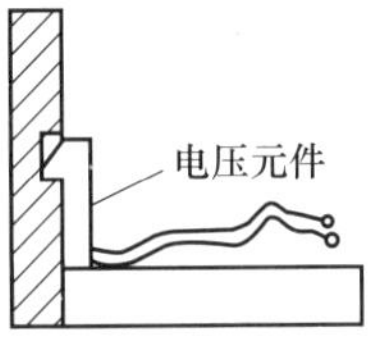	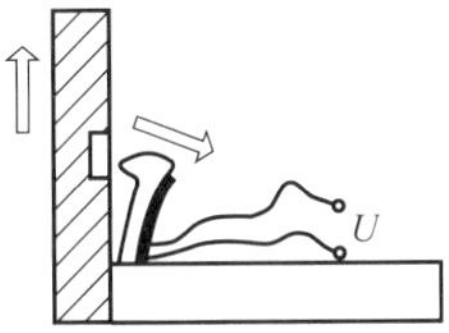	当卡扣不通电时，电压元件呈现原始形态，卡扣起到连接作用。通电后电压元件形状改变，使得卡扣实现自我拆解
SMA 弹簧	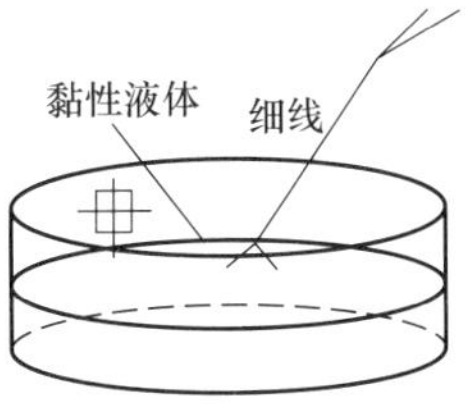	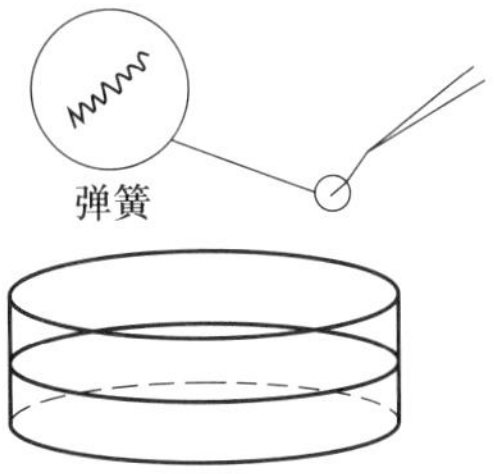	开始时，弹簧弹性系数较小，几乎不产生弹力，加热后，弹性系数变大，相同变形量产生的弹力变大，形成主动拆卸所需的激发条件
SMA 螺钉	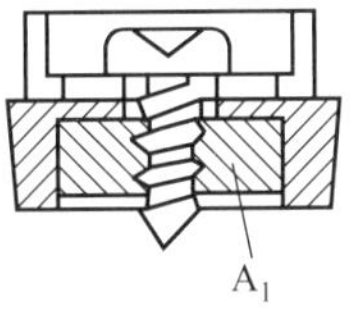	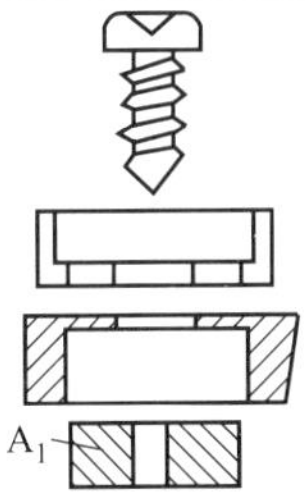	结构 A_1 见水溶解。拆卸时，将产品放入水中，A_1 内部螺纹溶解，螺钉可直接拔出，实现了螺钉的主动拆解
SMA 圆管	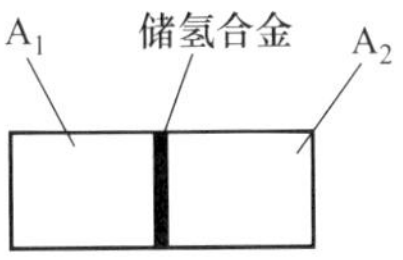	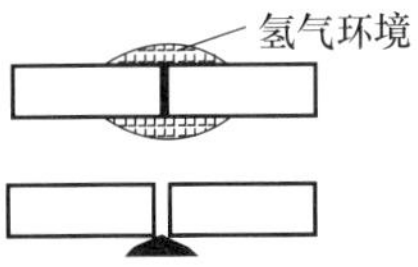	圆管 A_1、A_2 由储氢合金连接，当连接处处于氢气环境下时，储氢合金溶解，圆管 A_1、A_2 分离

续表

主动拆卸结构	激发前	激发后	解释
压敏元件			当压敏元件周围压强低于大气压时,体积变大,使得1与2两部分分离
基于压力的紧固件			装配简单 在压力作用下紧固件变形,上、下两部分脱离,完成主动拆卸

5.4 可拆卸设计案例

5.4.1 静电涂油机的可拆卸结构设计

一般零件之间的连接方式有焊接、粘接、铆接、螺栓连接、卡接、插接等。从产品整体性看,焊接和铆接较好;应用可拆卸设计准则进行产品设计时,在满足基本设计要求的基础上,螺纹连接、卡接、插接可拆卸性好,因此,在静电涂油机结构设计中尽量采用了螺纹连接、卡接、插接。

图35-5-2所示为高压电缆连接部位结构设计,考虑绝缘、使用寿命等要求,其中使用了金属零件(3、5、8～11),也使用了非金属零件(1、2、4、6、7)。应用可拆卸设计思想,支板1和卡板2采用了螺栓连接,卡板2和高压电缆4采用卡接方式,而高压电缆4、内套6、滑套8和顶头9之间采用插接。这样产品退役后,零件回收和处理较为容易,而且便于对铁和塑料等不同种类零件材料进行拆卸、分类,节省了回收和处置成本。

图35-5-3所示是活动导板机构设计,其中大量使用了标准件,既有金属零件(1～5、7),也有非金属零件(6、8),采用可拆卸设计思想,将涂油室1和气缸座2、铰链座5和气缸座2、支座7和活动导板8之间采用螺纹连接,而气缸座2与气缸3、气缸3与连杆4、连杆4与铰链座5、铰链座5与拨叉6、拨叉6与支座7等之间采用卡接或销接,如此设计之后,拆卸时间和维护费用大大缩减。

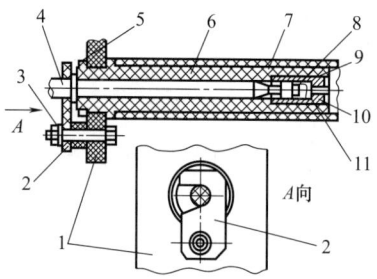

图35-5-2 高压电缆连接部位结构设计
1—支板;2—卡板;3—螺栓;4—高压电缆;
5—锁紧螺母;6—内套;7—外套;8—滑套;
9—顶头;10—簧座;11—弹簧

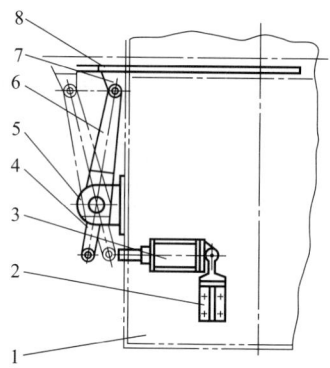

图35-5-3 活动导板机构设计
1—涂油室;2—气缸座;3—气缸;4—连杆;
5—铰链座;6—拨叉;7—支座;8—活动导板

5.4.2 Power Mac G4 Cube 的可拆卸设计

Power Mac G4 Cube是苹果电脑公司生产的电脑主机(图35-5-4),该模型包含10个主要组件[图35-5-5(a)],用体素法对组件进行简化表示,如图35-5-5(b)所示。表35-5-8是该模型组件的材料组成列表。

根据上述已知条件，应用多目标遗传算法对原设计进行改进，根据优化目标的不同生成 5 种优化结果，如图 35-5-6 所示。图 35-5-7 所示是设计结果 R3 的最优化拆卸序列之一。R_3 和 R_5 空间布局十分相似，R_3 设计方案中使用了 3 个螺钉，R_5 设计方案中将组件 A 和 B 之间的螺钉连接替换为槽连接。

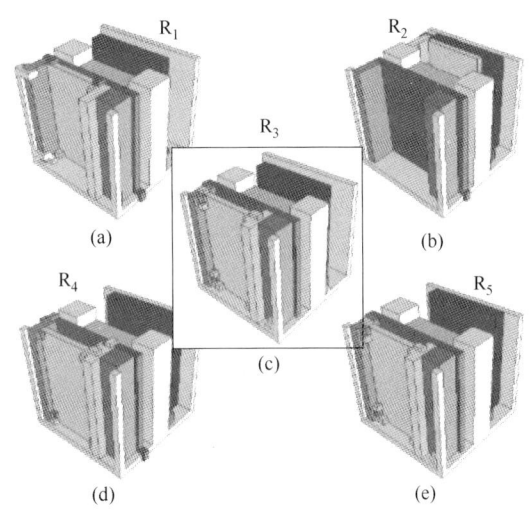

图 35-5-6 5 种优化结果

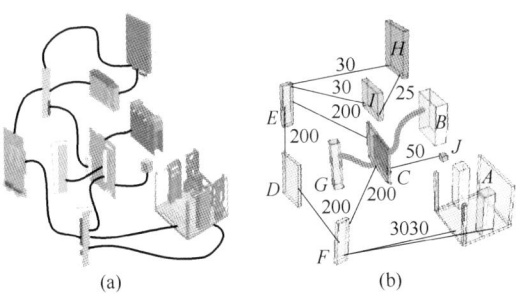

图 35-5-5 组件连接关系

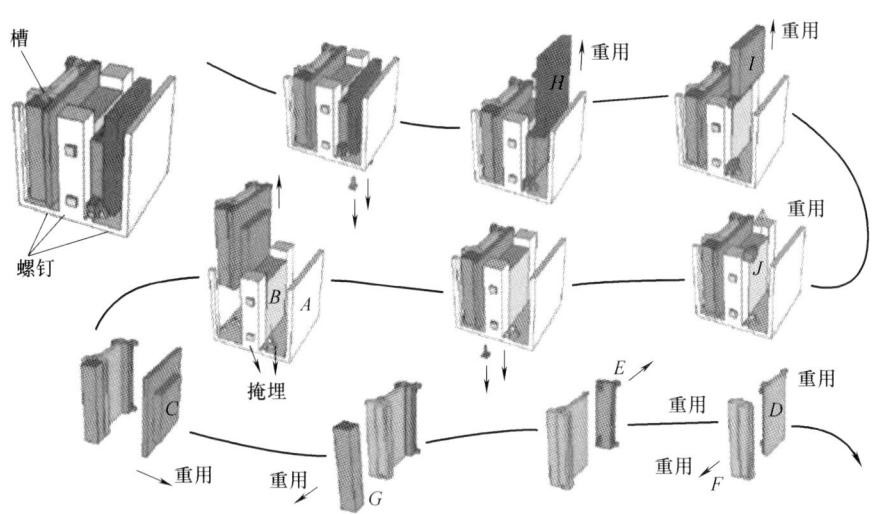

图 35-5-7 设计结果 R_3 的最优化拆卸序列

表 35-5-8　　　　　　　　　　　　　　模型组件材料组成　　　　　　　　　　　　　　kg

组件	铝	钢	铜	金	银	锡	铅	钴	锂
A(框架)	1.2	0	0	0	0	0	0	0	0
B(散热槽)	0.6	0	0	0	0	0	0	0	0
C(电路板)	1.5×10^{-2}	0	4.8×10^{-2}	7.5×10^{-5}	3.0×10^{-4}	9.0×10^{-3}	6.0×10^{-3}	0	0

续表

组件	铝	钢	铜	金	银	锡	铅	钴	锂
D(电路板)	1.0×10^{-2}	0	3.2×10^{-2}	5.0×10^{-5}	2.0×10^{-4}	6.0×10^{-3}	4.0×10^{-3}	0	0
E(电路板)	4.0×10^{-3}	0	1.3×10^{-2}	2.0×10^{-5}	8.0×10^{-5}	2.4×10^{-3}	1.6×10^{-3}	0	0
F(电路板)	5.0×10^{-3}	0	1.6×10^{-2}	2.5×10^{-5}	1.0×10^{-4}	3.0×10^{-3}	2.0×10^{-3}	0	0
G(内存)	2.0×10^{-3}	0	6.4×10^{-3}	2.0×10^{-5}	4.0×10^{-5}	1.2×10^{-3}	8.0×10^{-4}	0	0
H(光驱)	0.25	0.25	0	0	0	0	0	0	0
I(硬盘)	0.10	0.36	6.4×10^{-3}	1.0×10^{-5}	4.0×10^{-5}	1.2×10^{-3}	8.0×10^{-4}	0	0
J(电池)	8.0×10^{-5}	0	1.4×10^{-3}	0	0	0	0	3.3×10^{-3}	4.0×10^{-3}

5.4.3 转盘式双色注塑机合模装置的可拆卸设计

注塑机是注塑成形机的简称,是一个机电一体化很强的机种,主要由注射部件、合模部件、机身、液压系统、加热系统、控制系统、加料装置等组成。图 35-5-8 是 HTS 系列转盘式双色注塑机实物图。此处针对合模部件进行分析,图 35-5-9 所示为转盘式双色注塑机合模部件实物及其线框模型,包括尾板、头板、动模板、拉杆、调模装置、合模油缸、顶出装置等零部件,具体组成零部件信息详见表 35-5-9。

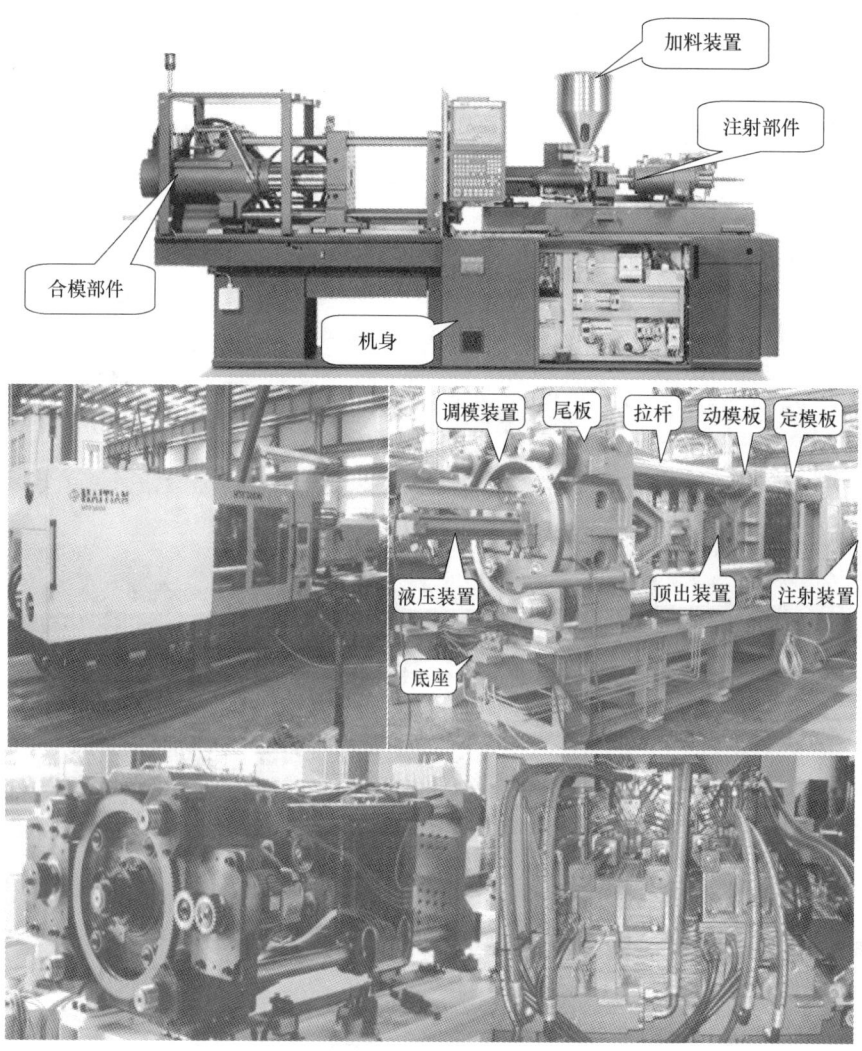

图 35-5-8 HTS 系列转盘式双色注塑机实物图

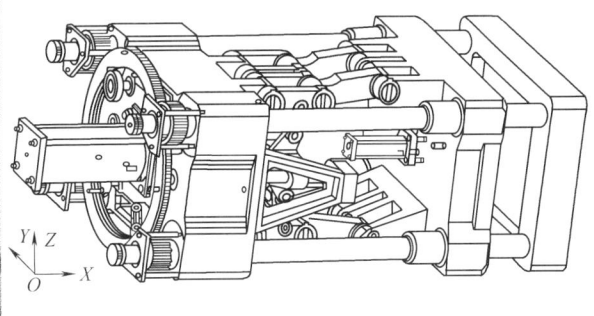

图 35-5-9　转盘式双色注塑机合模部件实物与线框模型

表 35-5-9　　　　　　　　　注塑机合模部件零部件信息

编号	零件名称	数量	拆卸工具	拆卸方向	连接类型(连接数/个)
01	尾板	1	无	无	无
02	拉杆	4	起吊机	$-X$ 或 $+X$	螺纹连接(2)
03	挡板	4	扳手	$-X$	螺纹连接(3)
04	齿轮螺母	4	专用扳手	$-X$	螺纹连接(1)
05	大齿圈	1	起吊机	$-X$	齿轮啮合(定位滚轮定位)
06	头板	1	无	无	无
07	二板	1	起吊机	$-X$ 或 $+X$	销轴连接(4)
08	连杆	4	螺丝刀	$-Y$	销轴(2)
09	曲肘	8	螺丝刀	$-Y$	销轴(4)
10	小连杆	4	螺丝刀	$-Y$	销轴(2)
11	滑块	1	扳手/螺丝刀	$+X/-Y$	螺纹连接(1)/销轴(2)
12	滑块杆	2	扳手	$+X$	螺纹连接(2)
13	合模油缸体	1	扳手	$-X$	螺栓连接(4)
14	合模油缸活塞	1	扳手	$+X$	弹性连接(1)
15	合模油缸导向套	1	专用工具	$-X$	弹性连接(1)
16	合模油缸压盖	1	扳手	$-X$	螺栓连接(4)
17	合模油缸后壁	1	扳手	$-X$	螺栓连接(4)
18	顶出油缸体	1	扳手	$-X$	螺栓连接(4)
19	顶出油缸活塞	1	扳手	$+X$	弹性连接(1)
20	顶出油缸压盖	1	扳手	$-X$	螺栓连接(4)
21	顶出油缸后壁	1	扳手	$-X$	螺栓连接(4)
22	顶出杆	1	扳手	$+X$	螺纹连接(1)
23	顶出油缸导向套	1	专用工具	$-X$	弹性连接(1)
24	套筒	12	手	$-X$	销轴连接(12)

图 35-5-10 所示为注塑机合模部件的拆卸模型生成过程与结果。图 35-5-11 所示为注塑机合模部件拆卸序列规划分析过程与结果，图 35-5-11（a）所示为完全拆卸序列规划过程与结果，图 35-5-11（b）所示为目标选择性拆卸序列规划结果。

在序列规划的基础上，利用多粒度可拆卸性评价方法对注塑机合模部件进行可拆卸性评价，详见图 35-5-12。其中，图 35-5-12（a）所示是粗粒度评价，假设用户阈值为 100，由于粗粒度评价结果大于该阈值，因此需要进行下一步细粒度评价，评价结果如图 35-5-12（b）所示，其可视化表示如图 35-5-12（c）所示。

评价结果显示该注塑机合模装置中调模装置处的齿轮螺母与挡板之间的套筒可拆卸性较差，其次是大齿圈。根据可拆卸设计准则对调模装置进行改进，通过减少零件数量提高可拆卸性，改进后的调模装置结构如图 35-5-13 所示。其中，调模齿轮螺母 5 置于尾板 1 左端孔内，齿轮凸缘外表面与尾板内孔为间隙配合，以挡板 3 进行轴向定位，改进后的结构减少了套筒零件。

在连接元可拓物元模型的支持下，设计改进后再进行拆卸建模时只需要在已有模型的基础上对调模装置部分（08，09，13，11）进行变更即可，在拆卸模型的基础上重复进行序列规划、可拆卸性评价等过程，直至设计结果符合要求为止。

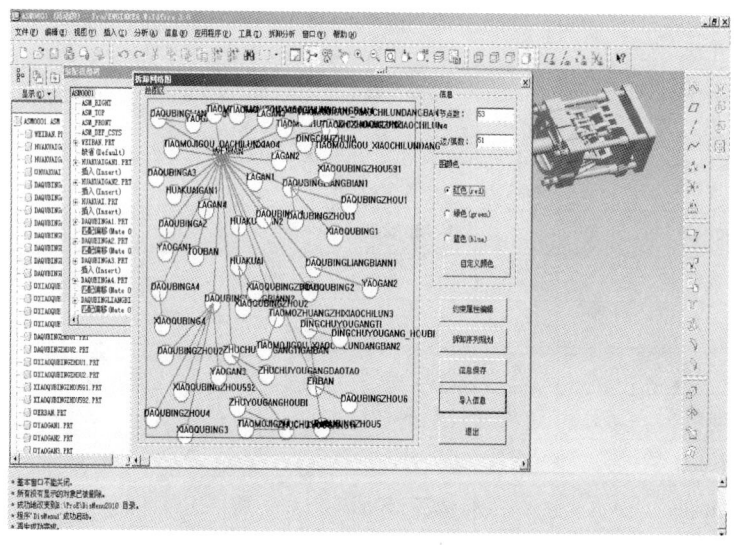

图 35-5-10 拆卸模型生成过程与结果

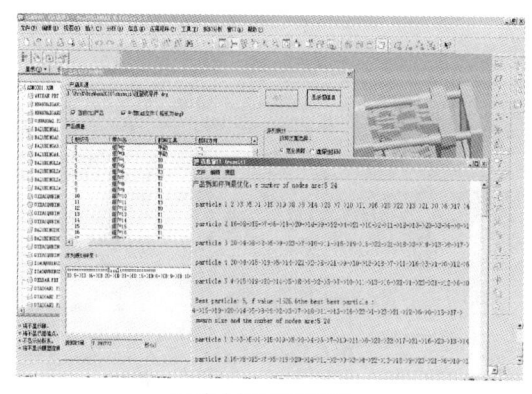

(a) 完全拆卸序列规划

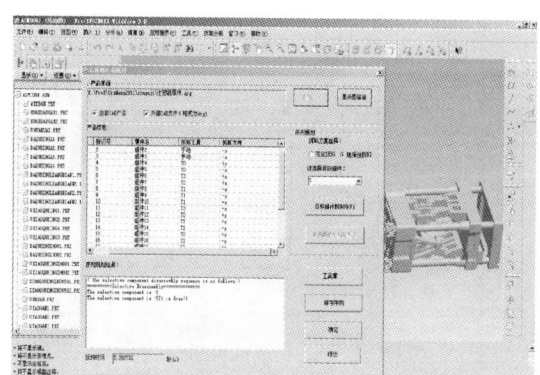

(b) 目标选择性拆卸序列规划

图 35-5-11 注塑机合模部件拆卸序列规划过程与结果

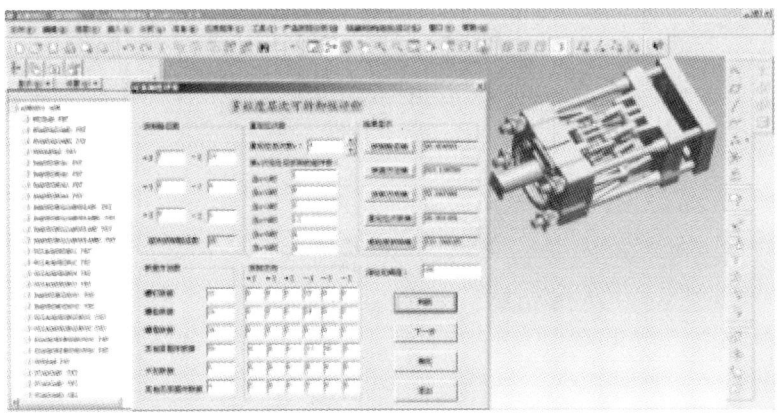

(a) 粗粒度评价

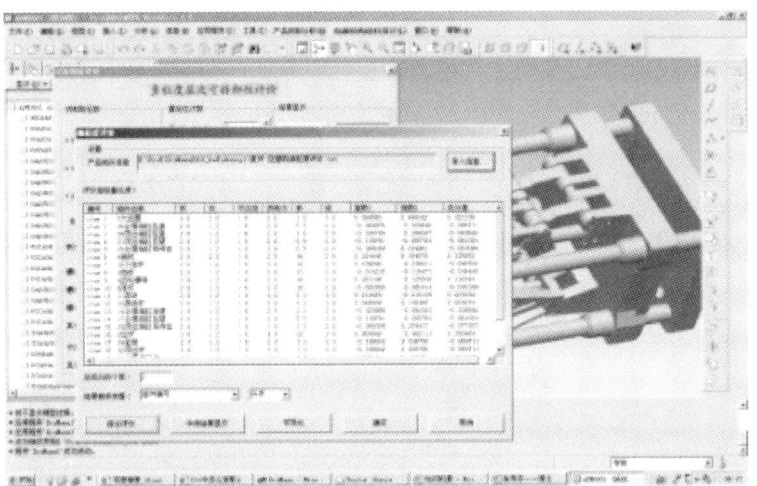

(b) 细粒度评价

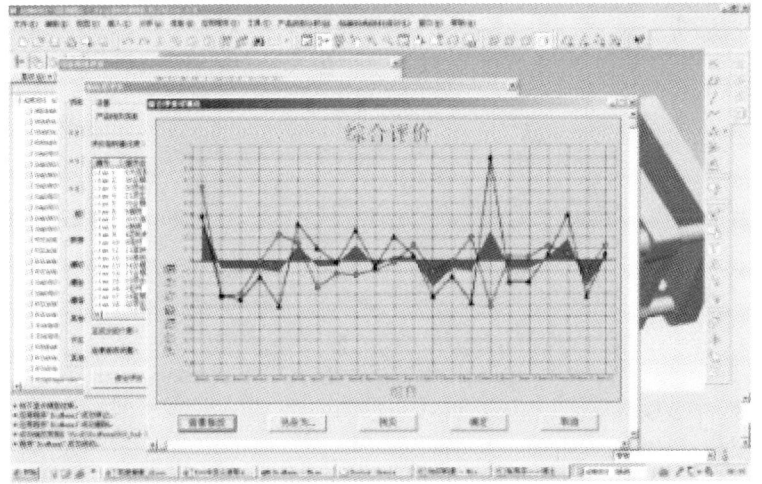

(c) 评价结果可视化

图 35-5-12　注塑机合模部件多粒度层次可拆卸性评价

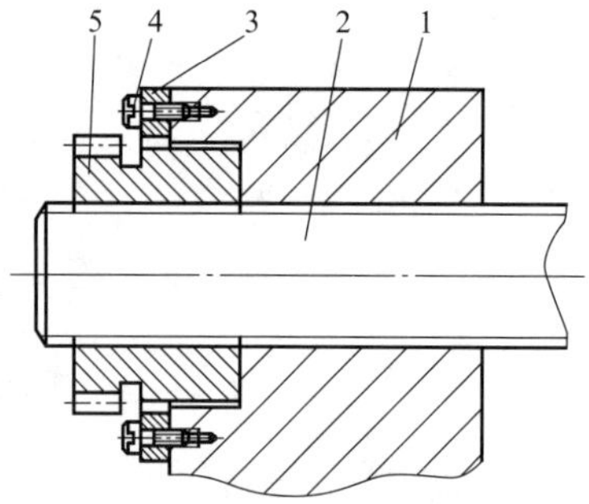

图 35-5-13　改进后的调模装置结构

1—尾板；2—拉杆；3—挡板；4—螺钉；5—调模齿轮螺母

第 6 章 再制造设计

6.1 再制造设计准则

再制造设计准则是为了将系统的再制造性要求及使用和保障约束转化为具体的产品设计而确定的通用或专用设计准则,以此进行设计和评审,确保产品再制造性要求落实在产品设计中,并实现这一要求。新产品的设计是一个综合功能、经济、环境、材料等多种因素的过程,基于准则的再制造设计方法是目前最为有效和常用的方法。

这些准则包括材料、结构、紧固和连接方法准则等,参考 Yang 等的分类进一步根据再制造工艺过程对这些设计准则进行了总结归纳,详见表 35-6-1。

表 35-6-1 产品再制造设计准则

准则	再制造需求	内 容
易于回收准则	产品的基本描述	产品信息应以标签、图形等形式放置在产品表面,以便了解产品是否适合再制造
		产品结构设计时尽量减少产品体积
	避免运输中损坏	提供足够的抓取空间和支撑
		避免不规则凸出结构
易于拆卸准则	内部拆卸区域可达	最小化为达到内部拆卸区域而移除零件的时间
	紧固件和连接件易于拆卸	紧固件个数尽量少
		减少永久性连接
		连接可达
		紧固件易于识别
	拆卸工具更换次数少	拆卸工具类型尽量统一
		连接件类型、零件尽量标准化
	拆卸过程中避免零件损坏	损坏的连接个数尽量少
		易于损坏部分单独设计
	避免零件腐蚀	使用不可腐蚀材料
	清晰的拆卸步骤指示说明	提供拆卸步骤指示
易于分类和检测性准则	组件易于分类	组件结构统一或相似零件进行标记
		相似零件进行颜色分类编码
		零部件尽量标准化
	更多的客观检测方法	组件和连接个数尽量少
		指定检测方法
	易于检测磨损和腐蚀	清晰标识组件信息(生命周期、组成、磨损指标等)
		简单的零件测试
		检测点可达
	组件状况易于评估	提供生命周期、组成、磨损指标等产品信息

续表

准则	再制造需求	内 容
易于清洗准则	内部组件可达	难以清洗的死角(如凹坑、拐角)数量尽量少
	清洗方法简单	表面光滑
		内外表面简单
		选择合适的材料类型和零部件形状
	清洗方法标准	指定清洗方法
	废弃物少且清洗过程环保	使用的清洗材料尽量少
		产生的废弃物尽量少
	标签和指示牌在清洗过程中不易损坏	标签和指示牌能够在清洗过程中不损坏
易于再制造加工准则	零部件稳健性好	保留足够的强度冗余
		表面具有抗磨性
	替换的零部件尽量少	循环使用的生命周期次数尽量多
		废弃的组件个数少
		可再制造加工零部件个数多
	可再修复	磨损和失效部位易于定位
		维修的组件个数少、成本低
		组件模块化
		组件可升级
		包含产品周期追踪的方法
易于升级准则	易于调整	调整次数少
	能够并适合升级	再装配时间要尽量短
	测试方法简单	最后测试时间短,提升结构装配性能

6.2 再制造设计方法

传统的产品设计主要考虑产品的功能、装配、维修、测试等设计属性,造成产品退役后无法再制造或不宜再制造,为了提高产品末端时易于再制造的能力,需要综合设计产品的再制造性。

6.2.1 基于评价的再制造设计方法

基于评价的再制造设计方法的基本思路是,在产品设计阶段全面考虑再制造过程并确定产品设计方案中再制造性能影响因素,分析产品设计方案的再制造流程,预测和评价设计方案的再制造性,构建产品再制造设计反馈机制,以此优化设计因素,提高关键零部件良好的再制造性能,实现再制造流程的初步预测和控制,提高产品资源利用率,具体方法流程如表35-6-2 所示。

表 35-6-2 基于评价的再制造设计方法流程

步骤	方 法
再制造性影响因素识别	根据 Bras 和 Hammond 的研究,选取拆卸、清洗、检测、再制造加工、再装配、零部件替换、维修、整机测试等再制造工艺过程作为产品再制造性影响因素,同时将这些因素作为评价产品再制造性的技术性评价指标。为了消除这些指标间的信息冗余,将技术性指标分为两个层次,指标1为关键零部件的替换指标,指标2由四个部分组成:①零件连接,包括拆卸和再装配两个评价准则;②质量保证,包括整机测试和检测两个评价准则;③损坏修复,包括基本零部件替换和再制造加工两个准则;④清洗准则。技术性评价指标的详细结构见表 35-6-3

续表

步骤	方 法	
理想零件的识别	Bras 和 Hammond 认为理想零件应该满足以下条件之一：①零件移动范围要求足够大；②零件要达到设计要求必须采用特定的材料，即对材料特性有特殊要求；③零件必须方便拆卸或装配；④零件要能将其磨损转移到价值相对比较低的零件上	
评价指标量化	关键零部件替换指标 $$\mu_1 = 1 - n_{kr}/n_k \quad (35\text{-}6\text{-}1)$$ 式中 n_{kr}——需要替换的关键零部件个数 　　　n_k——总的关键零部件个数	关键零部件指产品中价值较高的零部件，如果不可再制造的关键零部件数增多，则需要替换的关键零部件数也增多，此时，则由于经济原因，产品不可再制造。因此，理想的产品应该是所有关键零部件可以直接回收重用的产品
	零件连接指标 $$\mu_{21} = \bar{\omega}_d t_d n/T_d + \bar{\omega}_a t_a n/T_a \quad (35\text{-}6\text{-}2)$$ 式中 $\bar{\omega}_d$——拆卸指标权重 　　　$\bar{\omega}_a$——装配指标权重 　　　n——理想零件个数 　　　T_d, T_a——拆卸和再装配所用的实际时间 　　　t_a, t_d——零件理想装配时间和拆卸时间，一般 $t_a = 3s, t_d = 1.5s$	零件连接指标包括拆卸和再装配两个子指标。拆卸与再装配相似，但是彼此独立，易于装配并非易于拆卸，例如卡扣连接便于装配，但是拆卸却很困难
	质量保证指标 $$\mu_{22} = \bar{\omega}_i n_1/(零件总数 - 替换零件数) + \bar{\omega}_t t_t n_t/T_t \quad (35\text{-}6\text{-}3)$$ 式中 $\bar{\omega}_i, \bar{\omega}_t$——检测指标权重和整机测试指标权重 　　　n_1——理想的检测零件个数 　　　t_t——平均每个零件测试的理想时间，一般 $t_t = 10s$ 　　　n_t——总的需要测试的零件个数 　　　T_t——整机测试时间	再制造产品质量必须得以保证，质量保证指标由整机测试和检测两个再制造性评价指标组成。检测指标用来评估产品再制造过程对零部件失效的检验性，整机测试指标则用来评估安装后的再制造产品性能
	损坏修复指标包括零件再制造加工指标和零件替换指标，零件再制造加工指标评估产品再制造过程中产品的修复性能，零件替换指标评估非关键零部件的互换性。损坏修复指标定义如下 $$\mu_{23} = \bar{\omega}_m (1 - n_m/N) + \bar{\omega}_r \left(1 - \frac{n_r - n_{kr}}{N}\right) \quad (35\text{-}6\text{-}4)$$ 式中 $\bar{\omega}_m$——零件再制造加工指标权重 　　　$\bar{\omega}_r$——零件替换指标权重 　　　n_m——需要再制造加工的零件数 　　　N——总的零件数 　　　n_r——替换的零件数 　　　n_{kr}——关键零件替换数	再制造过程中，损坏的零件必须通过维修或再制造加工恢复性能，对于严重损坏的零件必须进行替换。再制造中希望尽可能多的原零件可以循环重用，因此在产品设计中应该将易于损坏失效的部分与有价值的零部件分离，这样通过替换再制造价值不大的易损件可以节省再制造成本。因此，设计中应尽量使有价值的零部件避免失效，即使可重用的零件数最大化
	清洗指标 $$\mu_{24} = s_1 n_c/s \quad (35\text{-}6\text{-}5)$$ 式中 s_1——最理想的清洗分值，一般 $s_1 = 1$ 　　　n_c——理想的需要清洗零件个数 　　　s——实际清洗分值 清洗过程中理想的情况是所有零部件仅仅需要吹或刷洗，且需要清洗的零件个数最少	清洗用于除去零部件表面的油污、水垢、锈蚀、腐蚀等，是再制造过程中重要的程序，清洗过程需要大量的资金投入来保证清洗过程符合环境法律法规和废弃物处理要求。一般清洗工艺包括四类：吹、擦、烘、洗。不同的清洗工艺，资源投入均不同，根据投入资源相对大小，评价指标等级分为 1、3、5、1/3、1/5 五个等级，即分别表示行列所示的两种清洗工艺投入资源一样多、多、比较多、少、比较少，量化后的清洗工艺指标相对重要性分值详见表 35-6-4

续表

步骤	方　　法
综合评价	根据表35-6-3，由指标1和指标2可以获得总的再制造性技术指标 $$\mu = \mu_1 \Big/ \sum_{i=1}^{4}(\bar{\omega}_{2i}/\mu_{2i}) \qquad (35\text{-}6\text{-}6)$$ 式中　$\bar{\omega}_{2i}$（$i=1,2,3,4$）——分别代表零件连接指标权重、质量保证指标权重、损坏修复指标权重、清洗指标权重
设计反馈	将综合再制造性技术评价指标值反馈给产品设计人员，采取相应策略进行产品设计修改以提高产品的再制造性

表 35-6-3　　　　　　　　　再制造技术性评价指标

一级指标	二级指标	权重	三级指标	权重
指标1	关键零部件的替换			
指标2	零件连接	30%	拆卸	30%
			再装配	70%
	质量保证	5%	整机测试	80%
			检测	20%
	损坏修复	40%	替换（基本）	20%
			再制造加工	80%
	清洗	25%		

表 35-6-4　　　　　　　　　清洗工艺分值

清洗工艺	吹	擦	烘	洗	分值	相对重要性	清洗工艺分值
吹	1.0	0.3	0.2	0.2	1.7	6%	1
擦	3.0	1.0	0.3	0.3	4.7	18%	3
烘	5.0	3.0	1.0	1.0	10.0	38%	6
洗	5.0	3.0	1.0	1.0	10.0	38%	6
合计					26.4	100%	

6.2.2　基于准则的再制造设计方法

基于准则的再制造设计方法的基本思路是，在产品设计阶段以再制造设计准则为指南，通过替换材料、优化结构等方法提高产品及其关键组件的再制造性能。表35-6-1所示的再制造设计准则为产品面向再制造设计提供了方法指南，然而，面向准则的再制造设计方法存在诸多不足，如设计过程中不可能考虑所有的设计准则、设计准则间存在冲突和设计准则不完善等。在再制造设计中，为了合理应用这些准则进行设计，需要注意以下问题：

① 并非所有准则都需要满足，不同的产品考虑的重点不同，应根据产品特点选择合适的几条准则进行设计；

② 这些准则仅仅提供了设计方向，实施过程中需要根据产品实际情况进一步细化。

因此，基于准则的再制造设计过程如下：

① 分析产品再制造性的影响因素，确定设计目标；

② 根据设计目标选择相应的再制造设计准则；

③ 对设计准则进行进一步细化，并给出相应的设计策略。

为了精准定位设计目标，一般可以采用失效分析法针对产品或其组件的失效模式，推断出失效原因，由此获得再制造设计影响因素，然后选择合适的设计准则进行设计。常见的再制造设计策略举例见表35-6-5。

表 35-6-5　再制造设计策略举例

优化策略	举例		备注
	失效前	改进	
通过结构优化改善再制造性能	失效的曲轴	曲轴应力云图	以发动机曲轴为例,其主要失效形式为疲劳断裂和磨损损伤。零部件结构强度不足是影响产品再制造的一个重要因素,进一步对曲轴最大压力工况的应力云图进行分析,发现最大应力出现在油孔处,特别是应力集中主要发生在油孔、连杆轴颈处圆角等位置,在产品设计时适当增加强度冗余量可以有效提高零部件的可再制造性能
替换易于失效部分	卡扣的失效形式	替换的零件　重用部分　失效处	以某墨盒上的卡扣连接为例,其失效形式为断裂,这种失效形式导致无法经济地进行再制造。因此,在产品设计过程中在易于失效的特征与零件主体间设置分离点,这些分离点往往是零件失效时的断裂位置,在零件失效后,将这部分易于失效的部位进行替换,而零件的其他部分重用

6.3 再制造设计案例分析

6.3.1 基于准则的再制造设计案例

6.3.1.1 手持军用红外热像仪的再制造设计

手持军用红外热像仪是一种全天候观测、跟踪装备。热像仪技术含量高,材料特殊,电气系统复杂,价格昂贵。手持军用热像仪的设计是一个综合的系统工程,需要综合分析功能、经济、环境、材料等多种因素,必须将产品末端的再制造考虑作为整体的一部分。根据再制造设计准则对手持红外热像仪进行再制造设计。

（1）易于拆卸、分类和清洗准则

拆卸是再制造的关键步骤,在设计过程中应尽量减少接头数量,例如,热像仪壳体分为主壳体及前后盖三部分,设计时,采用经济实用的螺钉连接能大大提高拆解效率。

有资料表明,零件分类的正确与否可影响再制造周期和费用,直接关系到再制造产品的质量。在热像仪的设计中,为了缩短再制造总体时间,核心部件均采用通用组件。通用组件是成套的光学和电子学的"标准部件",全机由六个组件组成,分别为热像仪壳体、望远镜组件、扫描器组件、电子组件、制冷组件、目镜组件。热像仪外形如图 35-6-1 所示。

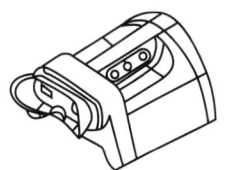

图 35-6-1　热像仪外形

采用标准化组件,减少零件种类,增强互换性,能大大缩短再制造过程中零件分类时间。

易于清洗的零件可以提高再制造的经济性和环保性。在热像仪的设计过程中,通过材料选取和零件表面设计确保易于清洗。例如,热像仪的壳体采用碳纤维材料,碳纤维是一种随航空、原子能等尖端工业发展的需求而研发的一种新材料,该材料碳纤维强度高,能够减小壳体表面在清洗过程中损伤的概率,并且在设计中尽量采用平整表面,使得该壳体易于清洗整理。

（2）易于装配和运输准则

热像仪的模块化和标准化设计,明显有利于拆卸和装配；另外，在热像仪的设计阶段还应考虑末端产品的运输问题，所以在设计上通过尽量减少热像仪的突出部分等措施增强其运输性，保证将来废旧产品的质量和数量。

(3) 易于修复和升级准则

对原产品进行修复和升级是再制造的重要组成部分，在设计研发阶段考虑产品将来的修复和升级能使产品随着科学技术的进步不断实现性能改进、升级，体现产品与时俱进的特点。

手持军用红外热像仪是一种科技含量很高的军用装备，在结构设计上热像仪的核心部件采用标准化组件和模块化设计，以保证将来可通过替换模块来修复和升级再制造产品。同时，在热像仪中预留模块接口，例如，预留 GPS 全球定位系统接口，以增强热像仪的升级性能。

电源是热像仪的重要结构，在本型号热像仪中，根据热像仪的各项功能参数，选用一款常用的镍氢电池，并设计了与之配套的电池壳，如图 35-6-2 所示。电池壳与热像仪外壳采用螺钉连接，便于拆卸，易于更换，同时，电池壳体内的定位块，能保证电池与主体连接牢靠，减少磨损，以延长寿命和增强零部件的再利用率。

6.3.1.2 基于拆卸准则的 QR 轿车变速箱的再制造设计

刘志峰等以 QR 轿车的两种变速箱为例，研究了

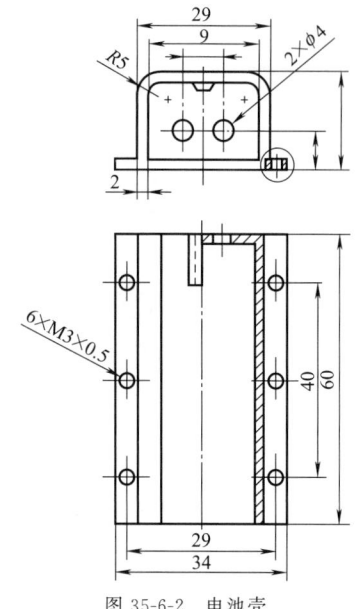

图 35-6-2 电池壳

基于拆卸分析的再制造设计方法和实施，给出了 QR 轿车的两类变速箱的输入轴部件装配图，分为方案 A 和方案 B，详见图 35-6-3。通过分析输入部分的再制造拆卸性能，识别出影响再制造拆卸特性的设计因素，从而进行优化设计改进，设计流程如图 35-6-4 所示。

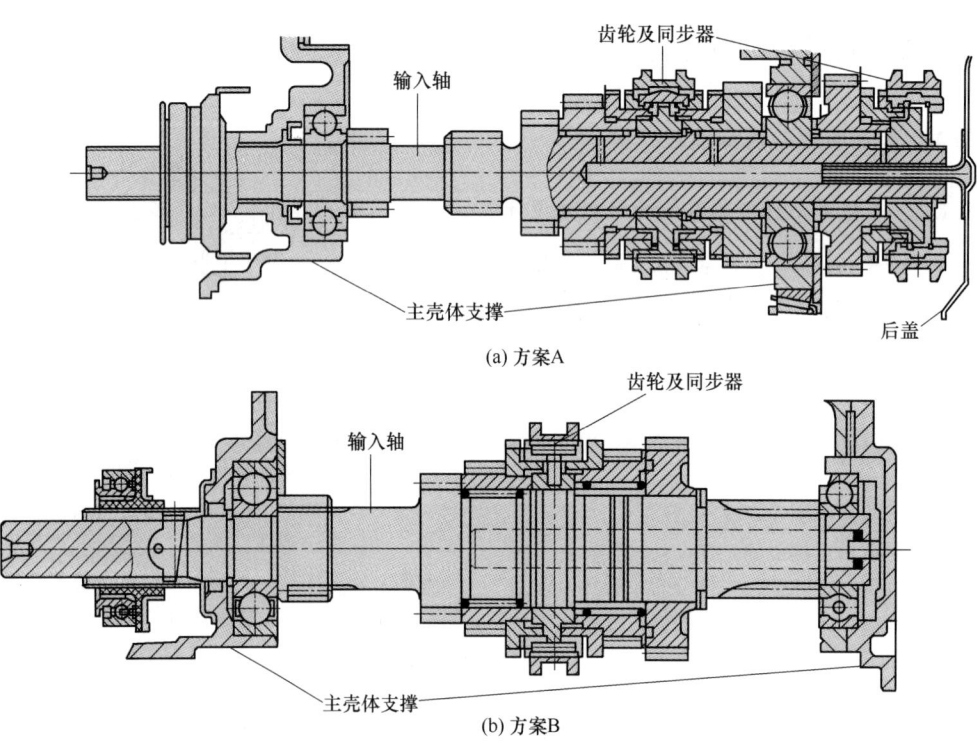

图 35-6-3 QR 轿车的两类变速箱

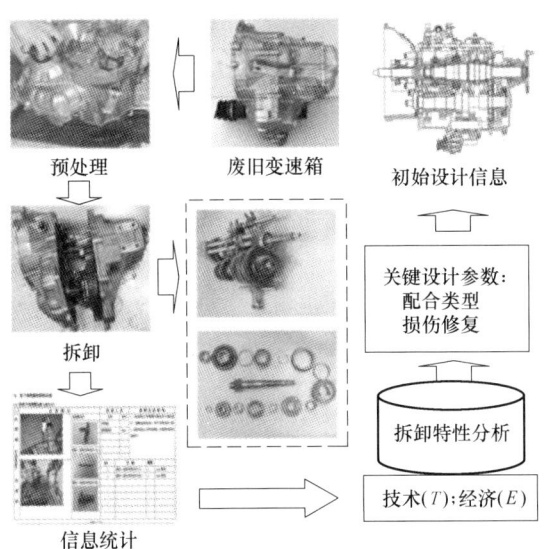

图 35-6-4 优化设计流程

这两类输入轴部件皆为合金结构钢,再制造拆卸及修复的工艺技术及工具类型基本相同。输入轴的设计,方案 A 和方案 B 都采用了齿轮轴的布局,只有齿轮面的设计略有不同。其他部件装配方式的选择在两种方案中各不相同,具体装配方式和拆卸数据详见表 35-6-6 和表 35-6-7。

表 35-6-6 方案 A 的装配结构和拆卸数据

连接零件	连接方式	拆卸损伤	拆卸时间/s
壳体螺钉			120
前轴承	压装	结合面精度	10+20
一挡从动齿轮	齿轮		
倒挡中间齿轮	齿轮		
二挡从动齿轮	齿轮		
滚针轴承	过盈	结合面磨损	2
三、四挡转接齿毂	花键	花键精度	15+30
卡环	卡槽		10
滚针轴承	过盈	结合面磨损	2
后轴承	压装	结合面精度	10+20
后盖螺钉			60
衬套	压装		2
五挡转接齿毂	花键	花键精度	15+30
锁紧螺母	螺纹	螺纹磨损	40+20

表 35-6-7 方案 B 的装配结构和拆卸数据

连接零件	连接方式	拆卸损伤	拆卸时间/s
壳体螺钉			120
卡环	卡槽		10
前轴承	压装	结合面精度	10+20
一挡从动齿轮	齿轮		
二挡从动齿轮	齿轮		
滚针轴承	过盈	结合面磨损	2
三、四挡转接齿毂	花键	花键精度	15+30
衬套	压装	结合面精度	2
五挡主动齿轮	花键	花键精度	2
止推板	卡槽		15
倒挡中间齿轮	齿轮		
后轴承	压装	结合面精度	10+20
卡环	卡槽		10

由表 35-6-6 和表 35-6-7 中数据可以看出,方案 A 和方案 B 整体相似,但是零件结构布局及部件组合方式有所不同,由此造成拆卸过程也不相同。

变速箱设计中对零部件的尺寸要求较高,方案 A 中将输入轴的五挡主动齿轮和相应同步器安置于主壳体外部,需要进行两次壳体上螺钉的拆卸,增加了主壳体内零部件拆卸时的调整和装夹等准备时间,而且需要消除端部锁紧螺母的锁紧部分,耗费了部分准备时间。方案 B 的相应零部件皆在主壳体内,拆卸方式较为单一,相应的调整时间也较短。

对于方案 A 和方案 B 中的输入轴零件来说,基于目前的表面修复工艺,其拆卸破坏面的修复工艺主要是在去除残余应力后,利用堆焊及机械加工使表面恢复至原尺寸,为了便于比较结构设计,假定方案 A 和方案 B 中相同功能的零部件接合面具有相同的尺寸。

假设压装拆卸平均拆卸成本为 e_Y;螺母锁紧部分拆卸采用专用夹具进行破坏性拆卸,平均拆卸成本为 e_S;单位面积堆焊效率及成本分别为 t_R 和 e_R;磨削单位面积效率及成本为 t_{RM} 和 e_{RM};铣削花键单位长度效率及成本为 t_{RX} 和 e_{RX};车螺纹单位长度效率和成本为 t_{RC} 和 e_{RC}。

滚针轴承装配面应用堆焊和模型加工进行修复,齿毂装配面采用堆焊和铣削加工修复,轴承装配面采用堆焊、磨削和精磨削加工修复。在上述数据的基础上,两种变速箱设计方案的输入轴再制造拆卸特性计算结果如表 35-6-8 所示。

表 35-6-8　　输入轴再制造拆卸特性计算结果及比较

再制造拆卸特性		方案 A	方案 B
拆卸	技术性指标	406s	266s
	经济性指标	$406E_M + 100e_Y + 40e_S$	$266E_M + 70e_{TY}$
修复	技术性指标	$14t_{RC} + 10102t_{RM} + 36t_{RX} + 10235t_{RD}$	$7612t_{RM} + 35t_{RX} + 7485t_{RD}$
	经济性指标	$14e_{RC} + 8418e_{RM} + 36e_{RX} + 10235e_{RD}$	$6344e_{RM} + 35e_{RX} + 7485e_{RD}$

通过分析比较表 35-6-8 所示两种方案的再制造性指标结果，发现方案 B 的输入轴再制造拆卸特性比方案 A 优秀。原因在于：①方案 A 中输入轴上零件在主壳体内外均有分布，拆卸过程需要增加对后盖的拆卸操作，零件的拆卸也需要分布装夹两次，大大降低了输入轴的拆卸效率，同时使用两次压装拆卸工具，增加了拆卸成本；②方案 A 中由于锁紧螺母锁紧部位去除困难，导致拆卸效率低下，且拆卸过程中锁紧部位易于发生拆卸损伤，修复成本增加；③方案 B 将一部分五挡同步器机构移到输出轴上，减少了输入轴上的连接零件，大大简化了拆卸工艺，且大大避免了拆卸同步器齿毂产生的拆卸及损伤修复成本，显著提高了方案 B 的再制造拆卸能力；④方案 B 中将三、五挡主动齿轮之间采用轴套式连接，避免了方案 A 中卡环结构的使用，减少了拆卸步骤。

根据上述再制造拆卸特性分析，将设计方案中的各项设计因素与再制造拆卸特性进行映射关联，获得花键面数量、动载荷数量、螺纹面数量、卡环数量、零部件拆卸准备时间、修复面面积等设计参数与再制造拆卸特性间的函数。为使得关键零部件再制造拆卸性能尽量最高，可以采用以下设计改进措施：

1) 减少零件数。设计输入轴时尽量减少关键零部件所连接的零部件个数，必要时可以将其设置到其他非再制造零件上，以提高关键零部件拆卸效率，并减少修复成本。

2) 避免使用螺纹和卡环固定。轴类关键零件的紧固件尽量避免使用螺纹紧固件，因为这类零件拆卸往往为破坏拆卸，会增加修复成本；另外，减少卡环数量可以有效提高拆卸效率，保证轴上零件的一次性拆卸。

3) 减少非重要零件连接面，以减少关键零部件本身连接面的修复成本。

6.3.1.3 基于材料准则的发动机盖的再制造设计

再制造过程中，并不是所有产品的组件都可以再制造，一般高潜在价值、长技术寿命周期或耐久性好的组件具有潜在再制造性能。

Yang 等基于材料准则进行发动机盖的再制造设计。发动机盖是发动机的关键零件，用于容纳发动机的各种组件。早期的发动机盖多以铸铁合金制造，其优点是强度高、成本低。图 35-6-5 所示为一个 14.6L V8 柴油机的铸铁发动机盖外形，其净重约为 408kg。

图 35-6-5　发动机盖外形

步骤 1：定义评价准则和备选的材料。

备选材料的选择需要参考材料手册、网络资源、再制造专家意见等。为了减轻发动机重量，近年来一些制造商开始使用轻合金，例如铝合金，其与铸铁的密度比仅仅为 0.37。由于铝合金抗拉强度较低，为了实现与铸铁相同的功能、性能，往往需要更多的铝。实际中用 1kg 铝代替 2kg 的铸铁。近年来，镁合金、紧密石墨铸铁（CGI）也被应用于制造发动机盖。因此，该案例给出四种不同类型的备选材料，即灰铸铁 ASTM A48、铝合金 A356-T6、镁合金 AMC SC1 T6、压缩石墨铸铁 ASTM A482。

步骤 2：构建材料性能矩阵。

r_{ij} 用于表示第 i 种材料性能相对于第 j 个评价准则的性能等级，$X_1 \cdots X_m$ 为备选材料，$A_1 \cdots A_n$ 为评估准则，则材料的性能矩阵 R 定义如下：

$$R = \begin{matrix} & \begin{matrix} X_1 & \cdots & X_i & \cdots & X_m \end{matrix} \\ \begin{matrix} A_1 \\ \vdots \\ A_j \\ \vdots \\ A_n \end{matrix} & \begin{bmatrix} r_{11} & \cdots & r_{i1} & \cdots & r_{m1} \\ \vdots & & \vdots & & \vdots \\ r_{1j} & \cdots & r_{ij} & \cdots & r_{mj} \\ \vdots & & \vdots & & \vdots \\ r_{1n} & \cdots & r_{in} & \cdots & r_{mn} \end{bmatrix} \end{matrix} \quad (35\text{-}6\text{-}7)$$

步骤 3：计算权重因子。

产品或组件由不同的用户用于不同的场合，具有不同的设计约束，因此，材料评估准则的重要度彼此不同。第 j 个权重因子 w_j 计算公式如下：

$$w_j = \frac{\alpha_j \beta_j}{\sum_{j=1}^{n}(\alpha_j \beta_j)} \quad j=1,\cdots,n \quad (35\text{-}6\text{-}8)$$

式中 α_j——通过熵方法获得的权重；
β_j——由再制造领域专家决定的主观权重；
j——准则个数；
n——准则总数。

由熵方法获得的权重集合：熵方法使用已定义的材料性能矩阵 $\boldsymbol{R}$ 的信息和似熵理论推导评估准则的相对重要性；首要原则是评估信息中的不确定性，因为有共识认为分布越宽广，其不确定性大于峰顶。该方法包括下列步骤：

（1）决策矩阵 $\boldsymbol{R}$ 的规范化

$$P_{ij} = \frac{r_{ij}}{\sum_{i=1}^{m} r_{ij}}$$

$$i=1,2,\cdots,m; j=1,2,\cdots,n \quad (35\text{-}6\text{-}9)$$

式中 i——备选解；
m——总备选解个数；
P_{ij}——规范化的材料性能矩阵。

（2）计算第 j 个准则的规范化值的熵 E_j，熵取值范围为 0～1。

$$E_j = -\left(\frac{1}{\log_2 m}\right) \sum_{i=1}^{m} P_{ij} \log_2 P_{ij}$$

$$i=1,2,\cdots,m; j=1,2,\cdots,n \quad (35\text{-}6\text{-}10)$$

（3）计算第 j 个准则的熵的权重 α_j

$$\alpha_j = \frac{|1-E_j|}{\sum_{j=1}^{n}|1-E_j|}, j=1,2,\cdots,n$$

$$(35\text{-}6\text{-}11)$$

如果第 j 个准则的 P_{ij} 取值范围广，其取得的 E_{ij} 值较小，将导致较大的权重因子 α_j。

因此，本案例中选定 16 个评价准则，主观权重由再制造领域专家确定，每个评价准则的权重根据步骤 3 计算。根据主观权重及权重给出备选材料的性能等级，详见表 35-6-9。

步骤 4：使用模糊 TOPSIS 对备选材料排序。

表 35-6-10 列出了每种材料的分离方法 S_i^+、S_i^- 和相对亲密度 C_i^+。由此，备选材料的再制造性由高到低为压缩石墨铸铁、灰铸铁、铝合金、镁合金。

表 35-6-9　　发动机盖备选材料性能等级

准 则	主观权重	权重	灰铸铁 ASTM A48	铝合金 A356-T6	镁合金 AMC SC1 T6	压缩石墨铸铁 ASTM A482
抗腐蚀	M	0.010	F	MG	MG	F
抗磨损	H	0.134	G	MP	F	G
抗疲劳	VH	0.125	MG	F	MP	G
抗清洗影响性能	H	0.094	MG	F	MP	MG
易于移除杂质和沉积物	VH	0.094	F	MP	MP	F
易于机加工	H	0.046	MG	G	G	F
易于增材制造	H	0.020	F	MG	MG	F
易于调整	H	0.066	MG	F	MP	MG
可靠性	VH	0.166	MG	MP	MP	MG
原材料稀有性	M	0.068	G	G	MP	G
有毒有害排放物	L	0.006	MG	F	F	MG
可回收性	M	0.002	G	MG	MG	G
毒性	M	0.019	G	G	G	G
美联邦/欧盟指令/日本等环境法律法规符合程度	VL	0.004	G	G	F	G
原材料成本	H	0.063	G	F	MP	G
密度	VL	0.082	MP	MG	G	MP

注：VL——较低；L——低；M——中等；H——高；VH——较高；P——差；MP——中等差；F——一般；MG——中等好；G——好。

表 35-6-10　　　　　　　　　　相对亲密度和备选材料的排序结果

	S_i^+	S_i^-	C_i^+	排序
灰铸铁 ASTM A48	0.523	4.079	0.886	2
铝合金 A356-T6	2.875	1.723	0.375	3
镁合金 AMC SC1 T6	3.980	0.615	0.134	4
压缩石墨铸铁 ASTM A482	0.355	4.234	0.923	1

6.3.1.4　基于强度准则的发动机曲轴再制造设计

零部件本身的结构强度对于决定再制造是否可行具有重要意义，因此，基于强度准则的再制造设计的思想就是在设计阶段增加强度冗余以提高产品的再制造性能。宋守许等以某型号的发动机曲轴（材料为 42CRMoA，弹性模量为 206GPa，泊松比为 0.3）为例进行了再设计，该方法主要包括量化分析、参数优化、反馈验证三个阶段。

步骤 1：量化分析。

该曲轴的主要失效形式为疲劳断裂和磨损损伤，疲劳又分为弯曲疲劳和扭转疲劳，因此，取弯曲疲劳强度 I_1、扭转疲劳强度 I_2、磨损量 I_3 为强度指标。为了简化计算，取四缸发动机曲轴的 1/4 为研究对象，建立曲轴的三维模型。对曲轴最大压力这一工况进行分析，得其最大应力出现在油孔处，应力集中主要发生在油孔、连杆轴颈下半部分过渡圆角以及主轴颈上半部分过渡圆角处。以曲轴一个循环的应力作为载荷序列，应用 FE-SAFE 软件获得该曲轴的疲劳寿命最短的位置位于油孔处，为 9.4×10^3 h。设现行汽车报废里程为 30 万千米，则曲轴的一个寿命周期约为 6×10^3 h，则弯曲疲劳强度冗余因子 $r_1 = (9.4 \times 10^3 - 6 \times 10^3)/(6 \times 10^3) \approx 0.57$。

同理，获得扭转载荷下曲轴的扭转疲劳寿命为 14.1×10^3 h，则冗余因子 $r_2 = (14.1 \times 10^3 - 6 \times 10^3)/(6 \times 10^3) \approx 1.35$。

假设该曲轴的极限修复尺寸为 1.5mm，而发动机每行驶 1000km 主轴颈磨损强度为 $0.52\mu m$，因此，可得磨损量冗余因子 $r_3 = \left(1500 - 0.52 \times 3 \times \dfrac{10^5}{1000} + 0.52 \times 3 \times \dfrac{10^5}{1000}\right) \Big/ (0.52 \times 3 \times 10^5/1000) \approx 9.6$。

$r = \min(r_1, r_2, r_3) = 0.57 < 1.25$，所以该曲轴初始设计方案在服役一个寿命周期后不具有可再制造性。

步骤 2：参数优化。

通过上述冗余因子的大小可知曲轴强度指标的薄弱环节为弯曲疲劳强度，为了提高弯曲疲劳强度，其对应的设计要素集合为：

$$E = \{E_1, E_2, E_3, E_4, E_5, E_6, E_7\} \quad (35\text{-}6\text{-}12)$$

式中　E_1——材料性能，包括材料成分、组织状态、S-N 曲线等；

E_2——零件表面状态，包括表面硬度、表面粗糙度、表层组织结构、表层应力状态以及热处理状况；

E_3——零件的尺寸参数，包括轴径、圆角、油道尺寸以及轴肩高度等；

E_4——应力集中、缺口效应等；

E_5——载荷状况，包括载荷类型、载荷大小、加载频率、平均应力及载荷波形等；

E_6——工作条件，包括零件服役温度、环境介质等；

E_7——再制造工艺，包括再制造修复技术、再制造流程等。

利用德尔菲法和模糊层次法确定其影响权重集合，归一化后得 $\boldsymbol{\omega} = \{\omega_1, \omega_2, \omega_3, \omega_4, \omega_5, \omega_6, \omega_7\} = \{0.182, 0.121, 0.273, 0.151, 0.212, 0.061, 0\}$

由此可见，影响弯曲疲劳强度的主要设计要素包括尺寸参数、载荷状况、材料性能等。

步骤 3：反馈验证。

此处主要从尺寸参数入手进行设计改进，将曲柄臂宽度增加 3mm，连杆轴颈直径增加 2mm，过渡圆角半径增加 2mm，油孔直径减少 1mm。改进后，该曲轴的弯曲疲劳强度冗余因子比初始方案增大了 14%，提高了可再制造性。

6.3.2　基于评价的柯达相机的再制造设计

Bras 和 Hammond 利用评价工具对某柯达相机进行了再制造设计。该柯达相机外观及组成如图 35-6-6 所示，产品信息及相关数据通过调查，由设计人员填写，结果详见表 35-6-11 和表 35-6-12。

并不是所有零件都需要测试，只有电池、闪光装置总成、快门组件和缠绕轮等 3 个零部件需要在总装后进行测试，总的测试时间为 40s。

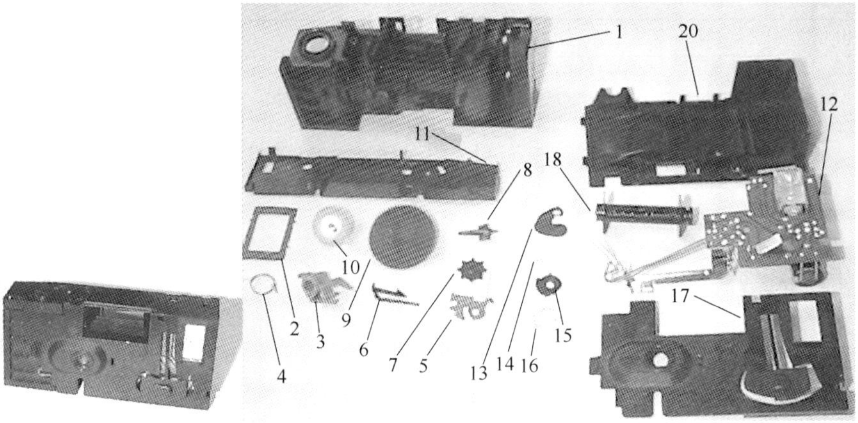

第6章 再制造设计

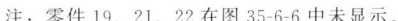

图 35-6-6 柯达相机（不含胶卷、电池和包装）

表 35-6-11 产品信息

零件序号	零件名称	数量/个	运动空间是否足够大	对材料是否有特殊要求	是否要求便于拆卸或装配	是否需要避免磨损	是否有潜在价值	零件是否疲劳失效	零件是否需要调整	涂层是否可去除	磨损的表面是否可修复	拆卸中损坏能否修复	理论最小零件数/个	再制造加工的零件数/个	替换的零件总数/个	理想检测零件数/个	关键零件数/个	替换的关键零件数/个
1	相机机身	1	否	否	是	否	是	否	否				1	0	0	1	1	0
2	内光圈	1	否	否	否	否	否	否	否				0	0	0	0	0	0
3	操纵杆	1	是	否	否	否	否	否	否				1	0	0	1	0	0
4	弹性操纵杆	1	否	是	否	否	否	否	否				1	0	0	1	0	0
5	凸轮从动件	1	是	否	否	否	否	否	否				1	0	0	1	0	0
6	触发感应器	1	否	否	否	否	否	否	否				0	0	0	0	0	0
7	胶片推进轮	1	否	否	否	否	否	否	否				1	0	0	1	0	0
8	胶片推进凸轮	1	否	否	否	是	否	否	否				1	0	0	1	0	0
9	胶卷缠绕轮	1	否	否	否	否	否	否	否				1	0	0	1	0	0
10	胶片定位轮	1	是	否	否	否	否	否	否				1	0	0	1	0	0
11	上盖	1	否	否	否	否	否	否	否				1	0	0	1	0	0
12	闪光装置总成	1	否	否	是	否	是	否	是				1	1	0	1	1	0
13	快门	1	是	否	否	否	否	否	否				1	0	0	1	0	0
14	快门弹簧	1	否	否	否	否	否	否	否				1	0	0	1	0	0
15	外光圈	1	否	否	否	否	否	否	否				0	0	0	0	0	0
16	镜头	1	否	是	否	否	否	否	否		否		1	0	1	0	0	0
17	前盖	1	否	否	否	是	否	否	否				1	0	0	1	0	0
18	胶卷轴	1	是	否	否	否	否	否	否				1	0	0	1	0	0
19	胶卷	1	否	否	否	否	是	否	否				1	0	0	1	1	0
20	后盖	1	否	否	否	否	否	否	否				1	0	0	1	0	0
21	AA 电池	1	否	否	是	否	是	否	否				1	0	0	1	1	0
22	包装	1	否	否	否	否	否	否	否			否	0	0	1	0	0	0
合计		22											18	1	2	17	4	0

注：零件 19、21、22 在图 35-6-6 中未显示。

表 35-6-12　　产品再制造相关数据

零件序号	零件名称	数量/个	零件拆卸时间/s	零件装配时间/s	清洗分值
1	相机机身	1	1.0	1.0	6
2	内光圈	1	2.1	1.7	1
3	操纵杆	1	1.8	2.2	1
4	弹性操纵杆	1	1.0	1.8	1
5	凸轮从动件	1	1.3	2.5	1
6	触发感应器	1	0.8	2.7	1
7	胶片推进轮	1	0.8	1.4	1
8	胶片推进凸轮	1	1.2	3.0	1
9	胶卷缠绕轮	1	0.5	1.2	1
10	胶片定位轮	1	0.5	1.5	1
11	上盖	1	3.3	3.7	1
12	闪光装置总成	1	2.5	6.2	1
13	快门	1	2.3	2.0	1
14	快门弹簧	1	2.1	4.5	1
15	外光圈	1	0.5	0.8	1
16	镜头	1	0.5	1.0	0
17	前盖	1	2.7	2.8	1
18	胶卷轴	1	2.1	1.9	1
19	胶卷	1	1.0	15.0	1
20	后盖	1	5.6	4.2	1
21	AA 电池	1	2.0	3.8	1
22	包装	1	4.9	10.0	0
合计		22	40.5	74.9	25.0

注：零件 19、21、22 在图 35-6-6 中未显示。

将上述数据代入式（35-6-1）～式（35-6-6）计算柯达相机的再制造技术性指标，计算结果见表 35-6-13。

根据上述计算过程及结果数据得知，拆卸和装配指标分值较高，说明该相机易于拆卸和装配；同理，清洗指标 0.720 也比较高，所以，再制造过程中需要清洗的零部件数目少，工艺简单。而且所需再制造加工的零部件个数少，最终获得的总的再制造技术性评价指标值为 0.829，从产品本身结构角度考虑，该相机设计良好，可以再制造，无需进一步改进设计。实践中，该相机是否可以再制造，还要考虑环境性指标、社会性指标、经济性指标等外部因素。

表 35-6-13　　柯达相机再制造技术性评价结果

总指标值	一级指标	指标值	二级指标	值	权重	三级指标	权重	值
0.829	指标 1	1.00	关键零部件的替换	1.000				
	指标 2	0.829	零件连接	0.809	30%	拆卸	30%	0.758
						再装配	70%	0.832
			质量保证	0.768	5%	整机测试	80%	0.750
						检测	20%	0.850
			损坏修复	0.945	40%	替换(基本)	20%	0.909
						再制造加工	80%	0.955
			清洗	0.720	25%			0.720

第 7 章 绿色包装设计

7.1 绿色包装设计准则

包装是产品绿色设计的重要环节，绿色包装指对生态环境和人类健康无害，能重复使用和再生，符合可持续发展的包装。绿色包装涵盖了保护环境和资源再生两个方面的意义。因此，理想的绿色包装除了具备包装的一般特性（保护商品、方便商品存储运输、促进商品销售）之外，还应当具有安全卫生、环境保护、节约资源三个条件。归纳起来，绿色包装的重要内涵为"4R+1D"，即减量、重复利用、回收再生、再填充使用及可降解，具体如表 35-7-1 所示。

绿色包装分为 A 级和 AA 级。A 级绿色包装指废弃物能够循环重复使用、再生利用或降解腐化，有毒物质含量在规定限量范围内的适度包装。AA 级绿色包装是指满足 A 级绿色包装的基本条件下，包装在产品整个生命周期内对人体及环境不造成危害的适度包装。

绿色包装的内涵体现了包装绿色化的途径，这些途径包括包装材料选择、减量化、回收再利用三个方面，即绿色包装设计准则。

7.1.1 包装材料选择

包装材料是形成商品包装的物质基础。绿色包装材料指在制造生产过程中，能耗低、噪声小、无毒性并对环境无害的材料及材料制成品。绿色包装材料的性能见表 35-7-2。

材料选择是绿色包装设计中的重要内容之一，具体选择方法参考第 3 章，此处针对包装，表 35-7-3 列出了常用的绿色包装材料，供设计人员参考。

表 35-7-1 绿色包装的内涵

内 涵	内 容
减量化（reduce）	满足基本使用要求的基础上，尽可能减少包装材料
重复利用（reuse）	包装可以重复再利用多个周期，如采用玻璃瓶的啤酒包装可反复使用
可降解（degradable）	废弃的包装物可以自行分解，不污染环境
回收再生（recycle）	优先选用可回收再生材料，废弃后通过回收材料、生产再生制品、焚烧利用热能、堆肥化改善土壤等措施，提高再利用率，减少环境污染
再填充使用（refill）	重用和重新填装的包装可以延长产品包装的使用寿命，从而减少其废弃物对环境的影响。如可填充的喷墨盒、炭粉盒等

表 35-7-2 绿色包装材料性能

性 能	解 释
保护性	包装能够保护内装物，对于不同的内装物，能防潮、防水、防腐蚀、耐寒、耐热、耐油、耐光等
加工操作性	材料易加工的性能，如刚性、平整性、光滑性、韧性等
外观装饰性	材料是否易于进一步美化和整饰，具体指印刷适应性、光泽度、透明度、抗吸尘性等
经济性	性能价格比合理
优质轻量性	性能好，密度低
易回收处理	废弃后易于回收处理和再生利用

表 35-7-3 常用的绿色包装材料

包装材料	具体内容	举 例
可降解包装材料	纸制品材料	光降解、氧降解、生物降解、光氧双降解、水降解等材料包装及生物合成材料，如土豆泥制作的盛物盘
	可降解塑料	麦当劳公司的"Mater-Bi"餐具
	蛋白质薄膜	

续表

包装材料	具体内容	举 例
天然植物纤维包装材料	天然植物编制的容器	除树木以外的天然植物如蔗渣、棉秆、谷壳、玉米秸秆、稻草、麦秆等与废纸的纤维制成的容器;稻草袋、竹篓等
	植物叶片包装	荷叶、竹叶、苇叶等包装
可回收再用或再生的材料	纸制容器	卡纸及纸浆成形包装、瓦楞纸箱、粘贴纸盒、折叠纸盒等
	塑料容器	PP、PE、PVC、PET 及 PS 等制成的容器,用于电子零件包装
	积层彩艺包装	调理食品、农产加工食品、糖果、化妆品、粉末类、调味酱等的包装
	软管容器	洗面奶、牙膏等包装
	玻璃瓶	食品或医药包装
	袋类容器	纸质、PVC、PE、尼龙等制成的袋子,如米袋、砂袋、饲料袋、太空袋、购物袋等
	金属容器	铁或铝罐、铝箔、马口铁、铝合金等
可食性包装材料	包装纸	糯米纸及玉米烘烤包装杯、胡萝卜纸等
	包装膜	淀粉膜、改性纤维素膜、动植物胶膜、壳聚糖膜、胶原薄膜、谷物质基薄膜等
其他	铝箔成形容器	食品类、感光器材、高度防湿、防气等的包装
	保鲜、防潮包装	食品、医药或其他防潮的包装,材料为硅藻土、硅胶和生石灰等
	代木包装材料	塑木复合材料、竹胶板

表 35-7-4　　　　　　　　　　　　　包装减量化方法

方 法	内 容
适度包装	避免过度包装,商品包装空隙率小于 55%,包装层小于 3 层,包装占商品价值的比例为 15%
简化结构	合理设计包装结构,减少包装材料用量,如八角形的盒子比方盒子可以节省 10% 的包装材料
选用绿色材料	选用新材料或改进材料性能,减小产品包装重量或体积
无包装设计	完全无包装难以实现,目前的无包装指采用天然环保无能耗的包装材料的包装
化零为整的包装	产品尽量散装或加大包装容积

绿色包装材料的选择应遵循以下原则:
① 优先选用可再生材料,尽量选用可回收材料;
② 选用可再循环利用的材料;
③ 尽量选用低能耗、少污染的材料;
④ 尽量选择环境兼容性好的材料,避免使用有毒、有害和有辐射特性的材料;
⑤ 尽可能减少材料使用;
⑥ 使用同一种包装材料以提高包装物的回收和再利用性能。

7.1.2　包装减量化

包装减量化是在保证包装基本强度和功能的基础上,通过表面处理、内部结构设计、添加辅助材料等手段缩减包装的质量、体积,降低消耗,在消耗中减少污染和垃圾。在包装设计上应遵循适度原则。具体减量化方法见表 35-7-4。

7.1.3　包装材料的回收再利用

包装设计之初就应该考虑包装材料的回收再利用问题,设计人员必须了解各种材料的回收性能才能恰当地选择包装材料。表 35-7-5 所示为常用包装材料的回收再利用方法,以便设计人员查阅参考。

表 35-7-5　　包装材料的回收

包装材料		回收方法	具体内容
金属包装	钢铁桶	重用	按用途和规格分类,污染严重、变形大的桶需要进行翻新处理,进行除锈、清洗、烘干和喷漆
		材料回收	无法修复的钢铁包装废弃物直接回炉冶炼
	铝及其合金	重用	对于失效和污染轻度者直接回收再利用
		材料回收	方法包括: ①回炉冶炼:通过逆流两室反射炉、外敞口熔炼室反射炉等熔炼,获得可锻铝合金、铸造铝合金和可供冶炼钢铁合金的用的脱氧剂 ②浸出法或干法:从浮渣和熔渣中回收铝粒
		开发新产品	如聚合氯化铝,用于生活或工业用水的净水剂
	锡制品	回收再利用	①锈蚀、污染不严重者,通过改制成小五金制品再利用 ②回炉冶炼降低钢铁中的锡含量,改善铸铁的性能
纸包装		回收再生造纸	碎解、净化、筛选、浓缩为纸浆,废纸浆经过过网、压榨、干燥、压光,制成筒纸或平板纸
		开发新产品	如将无杂物的废纸浆通过真空造型、液压造型、空气压缩造型等方法,快速均匀地沉积到网状模型上,压缩烘干而成纸浆模塑制品
		生产复合材料板	将废纸和酚醛或脲醛等树脂共同压制而成强度较高的胶合硬纸板;将废纸、棉纱头、椰子纤维和沥青等原料模压而成沥青瓦楞板
		废纸发电	将废纸用烘干压缩机压制成固体燃料,在中压锅炉内燃烧,产生 2.5MPa 以上的蒸汽,推动汽轮机发电
木包装		生产新产品	将碎木片与胶黏剂等混合,经过 120℃ 以上的热压合制成人造板材
玻璃包装		包装复用	废旧玻璃包装回收清洗消毒后改装为同种物品或其他物品的包装
		回炉再造	破损严重无法直接重用的废旧玻璃包装可用于同类或近似包装瓶再制造
		原料回收	废弃玻璃捣碎,高温熔化后,快速拉丝制成玻璃纤维;应用机械法将玻璃废弃物破碎待用
塑料包装	聚氯乙烯	重用	直接用于同类或其他产品的包装使用
		制造沥青毡和塑料油膏	添加相应的增塑剂、稳定剂、润滑剂、颜料等辅助材料
	聚苯乙烯	再加工重用	通过直接发泡法和可发性粒粒法回收材料并直接重用
		制作建筑水泥制品	将聚苯乙烯塑料颗粒、水泥、碎木丝、水等混合搅拌,模塑成轻质水泥隔板
	聚烯类	再制造重用	收集到废旧聚丙烯塑料编织袋清洗、晾干、粉碎,掺入到新的聚丙烯中制作新的聚丙烯塑料编织袋
		制作钙塑材料	在聚乙烯、聚丙烯和聚氯乙烯等废旧塑料中,加入大量无机填料,制成钙塑材料
	聚氨酯泡沫塑料	人造土壤	在开孔性软质聚氨酯泡沫塑料中加水、化肥用于植物栽培
		模塑法回制新品	将废旧的聚氨酯用胶黏剂黏结成新品;利用机械方法将聚氨酯切割为小片、颗粒或磨成粉末,放入模具中,加热至 200℃ 热压成半成品或成品
	热固性塑料	活性填料	成本低,易于粉碎,可用作填料使用
		塑料制品	粉碎后,混入黏合剂形成新的塑料制品

7.2 绿色包装设计方法

绿色包装设计需要同时满足基本功能需求和废弃后的回收再利用需求,即必须遵循 4R+1D 的原则,具体如下。

包装功能分析,具体包括:①量化定义包装的功能价值,标识对应于功能价值的基本参数;②针对包装功能列出其目标及理论和实测参数;③评估每单位功能上材料和能源的消耗;④分析比较新包装和参考包装,优化包装设计。

包装材料设计,具体包括:①优先选用绿色环保材料和回收再利用的材料;②同时保证所选材料具有较好的加工性能、成形能力、印刷着色性能等;③所选材料来源足、价格低、可回收再利用、废弃后易于分解处理等。

包装的减量化结构设计,具体包括:①避免过度包装,一般情况下产品包装为 2 层;②优先采用"化零为整"包装,加大散装和包装容积等;③合理设计包装结构;④设计可重复利用的包装。

在上述原则的指导下,绿色包装设计的具体步骤见表 35-7-6。

表 35-7-6 绿色包装设计步骤

步骤	内容
形成设计方案	根据产品包装需求和环境性能需求收集详实准确有效的资料,制定产品包装初步设计方案
包装材料的选择	包装材料的选择,应满足:①所选包装材料在有效期内不会对产品产生化学反应等不良影响;②所选包装材料应具有良好的加工性能、成形性能、印刷着色性能;③尽量选用标准规格的绿色包装材料,成本低、来源足;④包装材料不含有毒有害物质;⑤包装材料易于回收重用
包装造型设计	明确包装类型和用途以及内装产品的类别、形态、规格、档次、容量等,确定包装的类别是多件包装、配套包装、系列包装还是单件包装
包装结构设计	根据类型,确定包装结构的组成部分,相互位置,连接方式,确定各部分的结构特点和特殊要求,且考虑与包装容器造型的协调。尽量减少包装材料的使用和消耗,且包装便于产品存储和运输
包装装潢设计	根据产品级别、档次、价值、整体结构等特性,准确鲜明地传递产品信息和企业形象,同时考虑货架效应和图形色彩。绿色包装装潢设计应简洁明快,主题突出,尽量避免繁杂奢华的设计,尽可能减少油墨用量
包装方案评价	应用价值分析法、层次分析法等对包装设计方案进行评价优化

7.3 绿色包装设计案例分析

表 35-7-7 绿色包装设计案例

案例	图例	技术要点解析
灯泡包装设计	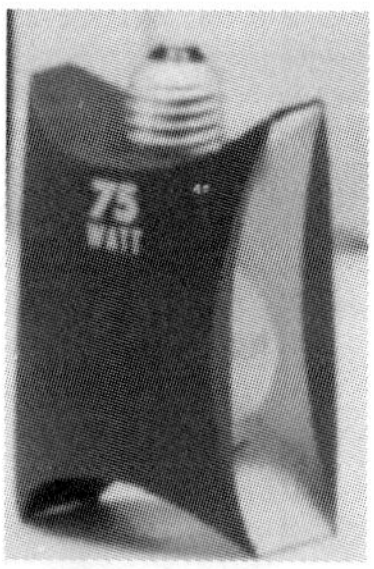	利用整纸设计,四角折痕凸起的设计用于保护易碎品,纸的黄色给人以自然温馨感,整体包装符合减量化要求
无印良品糖果设计	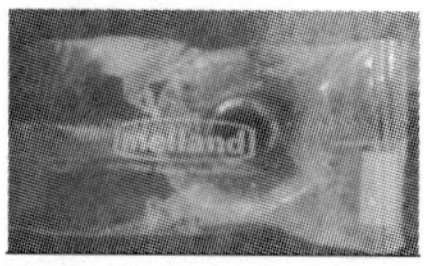	包装采用简洁透明的可降解包装材料,以单个包装,节省了外包装盒设计

续表

案 例	图 例	技术要点解析
"火炬"牌火花塞包装设计	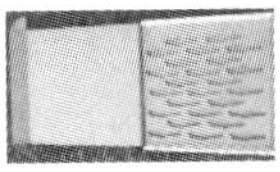 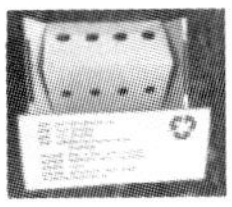 	包装采用了可回收再利用的瓦楞纸材料,设计了单个、四个、六个、十二个等系列化包装,兼顾了包装的成本、安全性、环保性等
快餐包装	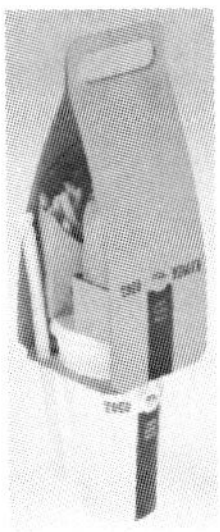	采用一个纸板提供了纸杯饮料携带的稳定性和装下一人份快餐的容积
100%可循环回收纸浆模塑猫砂包装	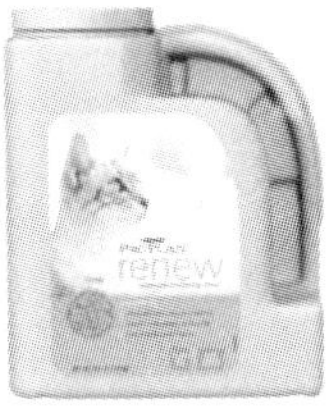	左图所示为 Nestle Purina PetCare 公司与 Ecologic Brands 公司共同推出的一款绿色环保包装。该包装的瓶身、瓶盖均采用100%可循环回收纸浆为原料,瓶身使用的压敏纸标签和胶黏剂并不是以可循环材料为原料,但是均可回收。包装的提手处采用了专门的压制工艺,结构符合人体工程学,方便手提,且异常坚固
可降解包装瓶	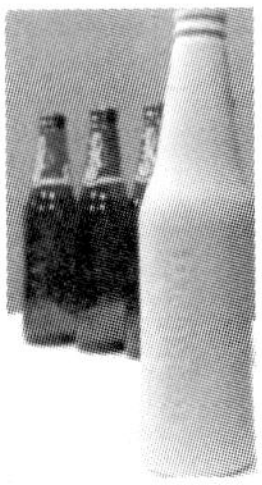	左图所示为嘉士伯啤酒公司开发出的一款零污染包装瓶,该包装瓶以可持续发展木材(指来源于砍伐后在一定时间内可再次砍伐的木材)为原料,辅以生物技术,实现包装的100%可降解

第8章 绿色设计评价

产品绿色设计是一个复杂的多解问题,绿色设计评价就是对设计问题的方案解进行比较、评定,确定各方案的价值,判断优劣,筛选出最佳方案并反馈结果的过程。方案是个广泛的概念,包括原理方案、概念方案、结构方案、造型方案等,载体包括零件图、装配图、模型、样机、产品等。绿色设计评价要考虑从材料选用、生产制造、包装运输、使用维修和回收处理等整个生命周期各阶段各环节的资源和能源消耗、对生态环境的影响情况,并力求找出改善设计的途径。

8.1 绿色设计评价指标体系

绿色设计评价用于界定产品绿色程度,为了定性或定量地描述产品的绿色性,需要建立合理的产品绿色设计评价指标体系,具体选择原则详见表35-8-1。

根据上述原则,绿色设计评价指标包括环境指标、能源指标、资源指标、经济性指标等,具体评价指标体系如图35-8-1所示。

环境指标可衡量产品在整个生命周期对环境的影响程度,包括大气污染、水体污染、固体废物和噪声污染等。

能源指标包括能源使用类型、再生能源使用比例、能源利用率、使用能耗和回收处理能耗等。清洁能源和可再生能源的使用可以提高产品的绿色性能。

资源指标指生成产品时所投入的资源,包括材料资源、设备资源、人力资源、信息资源等。材料资源是资源指标中较为重要的部分,材料的绿色特性和有效利用程度对于产品的绿色性影响重大。材料资源指标一般以材料利用率、材料种类、材料的回收利用率、有毒有害材料的比例等来描述。设备资源是衡量产品生产组织合理性的指标,包括设备的利用率、设备的资源优化配置等。人力资源包括生产的管理人员、技术人员、生产服务人员等,具有支配性、自控性、消耗性等。信息资源包括绿色战略决策信息、绿色技术信息生产管理等,对企业绿色形象的建立和绿色产品的开发具有重要意义。

经济性指标用以评价产品在其生命周期中成本消耗情况,包括生产成本、使用成本、生命周期末端处理成本、成本收益比率等。

表 35-8-1　　　　　　　　　　　　评价指标选取原则

原则	说　　明
综合性	指标体系应该能全面反映评价对象的情况,应能从技术、经济、生态三方面进行评价,充分利用多学科知识以及学科间交叉综合知识,以保证综合评价的全面性和可信度
科学性	力求客观、真实、准确地反映被评价对象的绿色属性
系统性	要有反映产品资源属性、能源属性、经济性、环境属性的各自指标,并注意从中抓住影响较大的因素,要充分认识到与社会经济发展过程有不可分割的联系,反映这几大属性之间的协调性指标
动态指标与静态指标相结合	评价指标受市场及用户需求等的制约,对产品设计的要求也将随着工业技术和社会的发展而不断变化。在评价中,既要考虑到现有状态,又要充分考虑到未来的发展
定性指标与定量指标相结合	绿色设计评价指标应尽可能量化,对于某些难以量化的指标(如环境政策指标、材料特性等)也可采用定性指标来描述,便于从质和量的角度对评价对象做出科学的评价结论
可操作性	绿色设计的评价指标必须有明确的含义,具有一定的现实统计作为基础,因而可以根据数量进行计算分析。指标项目要适量,内容要简洁,在满足有效性的前提下尽可能使评价简便
独立性	绿色设计的评价指标项目众多,尽可能避免相同或含义相近的变量重复出现,做到简明、概括、具有代表性
层次性原则	绿色设计的评价指标体系为产品设计人员、管理部门及消费者提供了设计决策、产品检查及绿色产品消费选择的依据。由于评价对象不同,需要在不同层次采用不同的指标。如管理部门,需要知道的产品设计总体指标对需求的满足程度,该层次的指标应着重于其整体性和综合性;设计人员需要知道所选的具体方案满足特定要求或功能的程度,这时的指标应更细致、明确,即不同层次上应有不同的指标

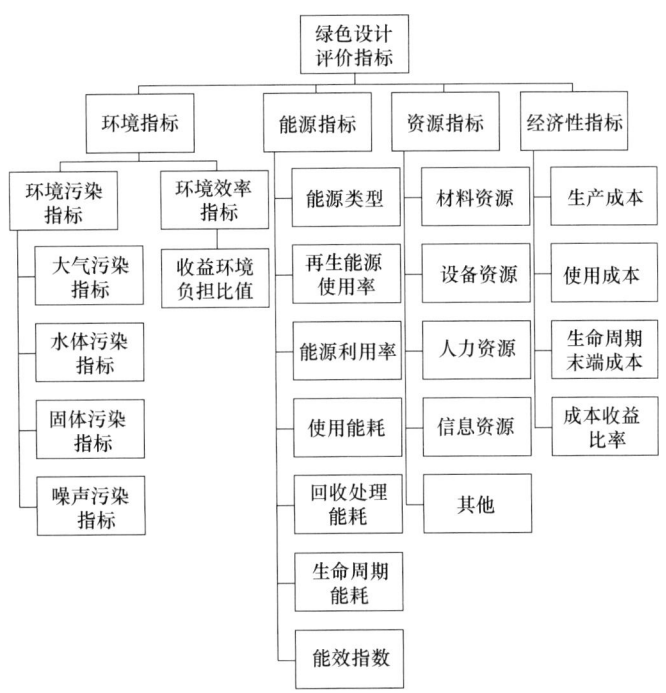

图 35-8-1 评价指标体系

8.2 绿色设计评价方法

常用的评价方法包括专家咨询评价法、线性加权法、模糊综合评价法、灰色聚类评价法、生命周期评价法等，具体详见表 35-8-2。

生命周期评价是现今产品发展与设计所需参考的一项重要指标方针，对于生命周期评价并没有统一的定义。美国环境保护协会（EPA）、环境毒物学和化学学会（SETO）和国际标准化组织（ISO）将生命周期评价定义为一个衡量产品生产或人类活动所伴随之环境负荷的工具。不仅需要了解整个生产过程的能量原料需求量及环保排放量，还要对这些能源及排放量所造成的影响予以评估，并提出改善的机会与方法。ISO 对生命周期评价的定义是：汇总和评估一个产品（或服务）体系在其整个寿命周期中的所有投入及产出对环境造成的潜在影响的方法。虽然生命周期评价的定义不统一，但是其内涵基本一致，归纳如下。

表 35-8-2 常用的评价方法

方法名称	说　　明
专家咨询评价法	通过收集有关专家的意见对评价方案进行评定
线性加权法	通过为每个衡量指标分配一个权重，将设计方案各项指标的取值进行无量纲化处理以统一量纲，通过极性转换达到极性统一，再将各指标的处理结果与其权重的乘积求和，作为设计方案的定量评价结果
模糊综合评价法	通过确定评价因素集（评价指标体系）、决策评价集（评语等级的模糊尺度集合），确定各因素的权重，然后按评价等级尺度进行单因素模糊评价，即根据评价因素和评价等级尺度建立隶属度函数，计算评价对象的综合评定结果，确定综合评定等级。该方法适用于被评价对象的评价等级之间关系模糊的情况
灰色聚类评价	利用灰色理论来分析与综合某个评价方案各指标的实现程度，根据评价标准得出综合性的评价结论。具体包括建立评价指标体系，制定具体评价指标各灰类的评分等级标准，确定各评价指标的权重，针对各设计方案确定评价值矩阵，确定评价灰类的等级数，灰类的灰数，建立灰类的白化函数，计算各灰类的灰色评价权得灰色评价权矩阵，进行灰色聚类得综合评定结果，并确定评价灰类等级。灰色聚类评价法用于评价信息不充足、不确切的情况
生命周期评价	以资源使用、人类健康和生态后果为评价指标，通过辨识和量化产品从原材料的获取、产品的生产制造、运输、销售、使用、回收、维护、退役处置整个生命周期阶段中能量和物质的消耗以及环境释放来评价这些消耗和释放对环境的影响，一般用于评估产品、工艺或活动在其整个生命周期中对环境的影响程度

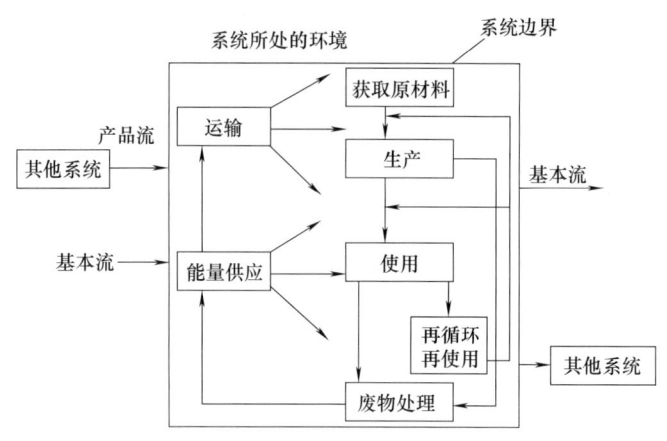

图 35-8-2 产品系统示例

① 生命周期评价方法着眼于产品生产过程中的环境影响，这与产品质量管理和控制等方法是完全不同的，即生命周期评价要求考虑各种产品系统或服务系统造成的环境影响，而不是评估空间意义上的环境质量。

产品系统是由提供一种或多种确定功能的中间产品流联系起来的单元过程的集合。图 35-8-2 所示是产品系统示例，产品系统包括单元过程、通过系统边界（输入或输出）的基本流和产品流及系统内部的中间流。其中，基本流指在给定产品系统中为实现单位功能所需的过程输入输出量。

产品系统可以进一步细分为一组单元过程，单元过程之间通过中间产品流和（或）待处理的废物相联系，与其他产品系统之间通过产品流相联系，与环境之间通过基本流相联系，详见图 35-8-3。

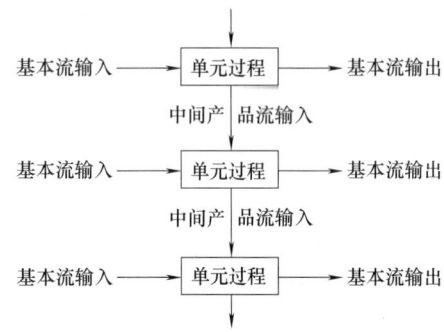

图 35-8-3 产品系统内的一组单元过程

② 生命周期评价的评估范围要求覆盖产品的整个寿命周期，而不只是产品寿命周期中的某个或某些阶段。生命周期的概念是生命周期评价方法最基本的特性之一，是全面和深入地认识产品环境影响的基础，是得出正确结论和做出正确决策的前提。

③ 生命周期评价的主要思路是通过收集与产品相关的环境编目数据，应用生命周期评价定义的一套计算方法，从资源消耗、人体健康和生态环境影响等方面对产品的环境影响做出定性和定量的评估，并进一步分析和寻找改善产品环境表现的时机与途径。其中环境编目数据，就是在产品寿命周期中流入和流出产品系统的物质。物质流既包含产品在整个寿命周期中消耗的所有资源，也包含所有的废弃物以及产品本身。生命周期评价是建立在具体的环境编目数据基础之上的，这也是生命周期评价方法最基本的特性之一，是实现其客观性和科学性的必要保证，是进行量化计算和分析的基础。

典型的生命周期评价方法详见表 35-8-3。

ISO 14040 标准把生命周期评价的实施步骤分为目标和范围界定（goal and scope definition）、清单分析（life cycle inventory analysis，LCI）、影响评价（life cycle impact assessment，LCIA）和结果解析（life cycle interpretation）四个部分，流程如图 35-8-4 所示。

评价目标定义必须清楚说明开展生命周期评价的目的、原因和研究结果预期的应用领域。

范围界定需要考虑产品系统功能的定义、产品系统功能单元的定义、产品系统的定义、产品系统边界的定义、系统输入输出的分配方法、采用环境影响评估方法及其相应的解释方法、数据要求、评估中使用的假设、评估中存在的局限性、原始数据的数据质量要求、采用的审核方法、评估报告的类型与格式。范围界定随研究目标的不同变化很大，没有一个固定的模式可以套用，但必须要反映出资料收集和影响分析的根本方向。另外，生命周期评价是一个反复的过程，根据收集到的数据和信息，可能修正最初设定的范围来满足研究的目标。在某些情况下，由于某种没有预见到的限制条件、障碍或其他信息，研究目标本身也可能需要修正。

表 35-8-3　　典型的生命周期评价方法

名称	内容
EPS 方法	EPS 方法是由瑞典环境科学研究院和沃尔沃公司共同研究并提出的,该方法旨在对各种产品从所消耗材料的角度来进行生命周期评价,从而设计了一种材料综合评价体系。EPS 法将环境影响分为生物多样性、生态健康、人类健康、资源价值和美学价值五个环境影响类别,根据价值观念对环境影响因素进行评价,获得一个总的环境指标。EPS 法的生命周期评价步骤为分类、特征化和加权三个阶段,和其他方法的一个很大的差别是它没有归一化过程 该方法综合性强,从影响的强度、时间范围、干扰单位对干扰流的贡献程度等多方面综合考虑环境与健康的影响,但 EPS 方法的环境负荷指标中生态、经济和社会影响相互耦合
CML 方法	CML 生命周期评价方法是由荷兰莱顿大学环境科学中心提出的。CML 方法的总体思想是将总的环境影响分为若干个影响子类别,分别对子类别进行计算,采用专家打分等主观评价的方式对各影响子类别进行重要度排序。具体过程是首先将所有环境影响因素根据其产生的环境影响效应进行分类,比如将所有造成温室效应的环境影响因素归到一类,为了区分其中的各个环境影响因素的不同影响程度,需要设置加权因子,为了更直观地了解影响的程度需要将结果标准化处理,最后综合形成单一的评价指数。整个评价过程分为:分类特征化、标准化和影响三个步骤 该方法采用影响进行分类,避免了结果耦合失真的情况,但是加权因子的设置主观性较强,人为因素对评价结果影响大
生态指数法	生态指数法(Eco-indicator 99)是在荷兰和瑞士共同资助下开发的基于环境损害原理对产品生命周期进行环境影响评价的方法。该方法建立了影响因子和环境影响类别间的定量化模型,以具体的数值表示影响因子在环境影响类别中的重要性。环境影响类别包括资源、人类健康、生态系统质量等。资源指地球上无生命的物质资源的影响,如各种物质材料来源的消耗、能源的枯竭等,主要以开采矿石、化石资源所需能量进行表示,单位为 MJ。人类健康指环境条件变化所引起的各种社会问题、疾病,以及对处在这一环境中的人类的影响,具体包括致癌物、可吸入性有机物、可吸入性无机物、气候变化、辐射、臭氧层破坏等。该指标以因故突然死亡或身体功能受损而损失的寿命年数进行描述,单位为 DALYs(伤残生命折算,disability adjusted life year)。生态系统质量主要包括除人类以外的生命物种的影响,通过产品对生物物种多样性与物种生存环境的影响进行描述,如生态毒性物质、酸雨/富营养化等,以在特定时间、地点内的环境负荷所引起的物种损失表示。该方法包括特征化、损害评估、标准化、加权、单一计分五个步骤

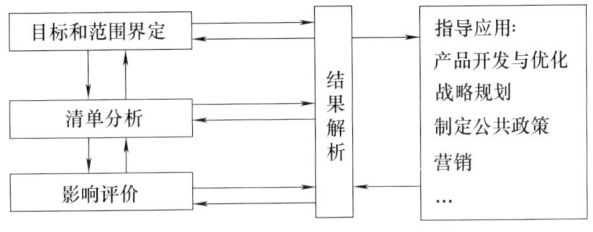

图 35-8-4　生命周期实施步骤

清单分析是对产品在其整个生命周期内的能量与原材料需要量及对环境的排放进行以数据为基础的客观量化过程。清单分析包括生命周期所有阶段每一个单元过程物质与能量消耗、废弃物排放等数据的收集与处理。清单分析是一个反复的过程,当收集到一批系统数据以及了解到更多的信息之后,可能会找出新的数据要求,从而修正收集程序使之满足研究目标。

在 LCA 中,影响评价是对清单分析中所辨识出来的环境负荷的影响作定量或定性的描述和评价。影响评价方法目前正在发展之中,一般都倾向于把影响评价作为一个"三步走"的模型,即影响分类、特征化和量化评价。

实施步骤具体内容详见表 35-8-4。

表 35-8-4　　　　　　　　　　　　　生命周期实施步骤

步骤		内　　容
目标和范围界定	确定评价目标	生命周期评价的评价目标一般包括：①与竞争对手比较，看谁的产品更具有环境优势；②通过分析研究，找出产品的长短处；③帮助政府部门制定某类产品的生态标志或有关的环境政策法规
	评价范围界定	生命周期评价范围按不同的特性可以分为五类：①生命周期范围；②细节标准范围，如采用5%规则对产品材料范围进行界定，即忽略材料比重小于5%的材料；③自然生态系统范围，如木材发电过程，工业部分是木材燃烧和收获，自然部分是木材量的形成和收获废料的微生物分解，有些评价只考虑了工业部分；④空间和时间；⑤范围的选择
清单分析	根据清单分析的目的和范围进行数据收集的准备工作	
	明确数据质量目标	数据质量指的是分析中所用数据来源和数据值的可靠性。数据质量目标用于确定最终结果的精确性和代表性。数据质量目标指示了何处数据质量优先性高，以及为了获得满意的数据质量需要付出多大的努力。确定数据质量目标需要先确定清单分析使用的单个数据源中的数据质量水平、清单分析参数集中或整个清单分析的数据质量水平
	确定数据的来源和种类	数据的来源包括工厂报告、政府文件、报告、杂志、参考文献、产品和生产过程说明书等。总体可以分为原始数据和间接数据两类。清单分析数据集包含的数据随着数据来源是原始的还是间接的、数据类型以及数据集合的改变而进行相应的调整
	建立数据质量的指示器	数据质量指示器作为一种基准来对数据进行定性和定量分析，来确定数据质量是否满足要求。表35-8-5所示是一些常用的数据质量指示器
	设计数据调查表	设计数据调查表用于获取重要数据，必须与数据质量密切相连。通过调查表收集的数据越多，就越可以确定数据质量是否能达到要求
	进行数据收集	需要和设计与制造人员合作绘制详细目录流程图解，用以描绘所有需要建立模型的单元过程和他们之间的相互关系。详细表述每一个单元过程，并列出与之相关的数据类型，编制计量单位清单，针对每种数据类型，进行数据收集技术和计算技术的表述。目录流程图解详细地描述了系统的输入输出流，为清单分析奠定基础。清单分析需收集系统边界内每一单元过程中要纳入清单中的数据。数据包括定量数据和定性数据。常用的数据收集方法包括：自行收集、现有生命周期分析数据库和知识库、文献数据、非报告性数据。例如对于产品生产制造数据的收集，一般借助于企业生产流程图，将产品整个生产过程划分为若干个便于数据收集的单元过程。一个单元过程包括一个或若干个工艺过程，具体大小根据数据收集方便性确定。通过基本流与自然环境直接相连，进入每个单元过程的基本流包括矿石、煤、原油、沙子、风能、太阳能等自然资源，离开每一个单元的基本流包括三废、射线、噪声等，中间品则是基础材料或零部件等。单元过程确定之后，可对每个单元过程输入、输出的各种物料、能源和环境排放数据进行收集、计算，然后按照功能单位进行换算即可获得该单元过程的清单数据。汇总后获得该产品生产阶段的清单数据

续表

步骤			内　　容
清单分析	分析数据的有效性	运用数据质量指示器来分析数据源	数据质量指示器分析数据时受到数据质量目标、数据类型(原始数据还是间接数据等)、数据的处理(是外推的还是内插替换)、数据质量分析方法类型(是在 LCI 分析过程中还是分析已存在的 LCI)影响
		评价数据的质量	LCI 数据质量的评价是合理解释 LCI 结果的前提,优秀的数据质量得到的 LCI 结果较为精确,反之亦然。数据质量评价的一种方法是用数据质量工作表对核心数据源进行评价,其中需要确定数据源的指示器的适合度以及数据的质量等级;另外一种方法是利用谱系矩阵对数据质量指示器进行半定量化的表征
		对数据缺失和缺乏时的处理	数据缺失和缺乏时情况发生的原因可能是不能从事先确定的工厂或生产线或产品或生产过程中得到所需的数据、无法获得某一产品的全部数据、调查表响应不详等。当核心数据源经过指示器确定并评价时,根据数据值对 LCI 结果的影响确定数据源和相应的数据是否满足数据质量目标的要求。如果不满足,则需要进行如下选择:①收集其他质量好且能满足要求的数据;②重新确定数据质量目标;③重新检查并在有可能的情况下重新确定 LCI 的目标和范围;④放弃这个 LCI;⑤运用数据补偿方法解决数据问题。常用的调整数据缺失和缺乏数据集的方法包括代替和权重。代替是用一种合理的替代值代替缺失值,可用于调整多种数据缺失的情况。经过经验或逻辑推理得到的特殊值、经过经验模型产生的预测值都可以作为替代值。通过逻辑替换、演绎推理替代、平均值代替总体情况、随机值代替总体情况、回归分析替代等方法进行数据处理
	将数据与单元过程和功能单位关联		产品系统可以划分为单元过程,单元过程之间、单元过程和其他系统之间、单元过程和环境之间都是通过流来联系的。由于流形式、单位等不统一,必须确定一个基准流(如 1kg 材料),然后才能计算出单元过程的定量输入和输出数据。通过基准流的确定就可以实现数据与单元过程的关联
			根据流程图和系统边界将各单元过程相互关联,以统一的功能单位作为该系统所有单元过程中物流、能流的基础,通过计算获得系统中所有的输入和输出数据
	完善系统边界		生命周期评价是个反复的过程,需要根据敏感性分析所判定的数据重要性来决定数据的取舍,从而对初始分析结果加以验证。而初始产品系统边界必须依据确定范围时所规定的划界准则进行修正完善
影响评价	影响分类		将从清单分析得来的数据归到不同的环境影响类型。影响类型通常包括资源耗竭、人类健康影响和生态影响 3 大类。每一大类下又包含有许多小类,如在生态影响下又包含有全球变暖、臭氧层破坏、酸雨、光化学烟雾和富营养化等。另外,一种具体类型可能会同时具有直接和间接两种影响效应
	特征化		特征化是以环境过程的有关科学知识为基础,将每一种影响大类中的不同影响类型汇总。特征化就是选择一种衡量影响的方式,通过特定的评估工具的应用,对补贴的负荷或排放因子在各种形态的环境问题中的潜在影响进行分析。目前完成特征化的方法有负荷模型、当量模型、固有的化学特征模型、总体暴露-效应模型等,重点是不同影响类型的当量系数的应用,对某一给定区域的实际影响量进行归一化,这样做是为了增加不同影响类型数据的可比性,然后为下一步的量化评价提供依据

续表

步骤		内容
影响评价	量化评价	量化评价是确定不同影响类型的相对贡献大小,即权重,以便能得到一个数字化的可供比较的单一指标。对在不同领域内(如气候变化、臭氧层空洞和毒性)的影响进行横向比较,目的是为了获得一套加权因子,使评价过程更具客观性。数据标准化反映了各种环境影响类型的相对大小,但是,不同影响类型标准化后即使值相同也不意味着他们的潜在环境影响一样,因此,需要对不同影响类型的重要性进行排序,即赋予权重。将各种不同影响类型综合为单一指标,便于对不同产品、产品系统的环境影响进行比较
	改善评价	根据一定的评价标准,对影响评价结果做出分析解释,识别出产品的薄弱环节和潜在改善机会,为达到产品的生态最优化目的提出改进建议
结果解释		清单分析结果需要根据研究目的和范围进行解释,主要包括敏感性分析、不确定性分析、系统功能和功能单位的规定是否恰当、系统边界的确定性等。敏感性分析主要用于确定一个模型的输入参数变化后对整个模型结论的影响。一般在数据源可信度不高、待评价的产品系统具有较高的可变性、某一成分的数据丢失或缺乏时需要进行敏感性分析。敏感性分析方法包括一条路敏感性分析法、图表分析法、比率分析法。其中,图表分析法最适合单个系统的敏感性分析,而比率分析法适用于两个系统 LCA 间的比较 不确定分析用来确定各种输入参数的不确定性对模型结果的影响。不确定性来源于收集和分析数据时测量和取样方法的随机误差和系统误差、自然变异性、建模的近似性

表 35-8-5 **常用数据质量指示器**

数据质量指示器	定 义
可接受度	数据源经过一个可接受的标准评价或经过专家的评定的程度
偏差	使数据平均值总是高于或低于真实值的系统误差程度
比较性	不同的方法、数据体系能被视为相近或相等的程度
完备性	相比所需要的数据总量我们能得到的用于分析的数据量的比率
数据收集方法和局限性	描述数据收集方法(包括与数据收集相联系的局限性)的信息的水平
精确度	变异性或分散的程度
参考性	数据值参考原始数据源的程度
代表性	数据能代表分析所要表达内容的程度

8.3 生命周期评价工具

生命周期评价过程复杂,已有商业化软件,比较常用的生命周期评价软件详见表 35-8-6,设计人员可以利用这些工具进行设计。

表 35-8-6 **常用的生命周期评价工具**

名称	简 介
GaBi	GaBi 是德国 Institut fur Kunststoffprufung und Kunst stoffkunde 所开发出的环境影响评估软件,所含的评价方法主要有 CML、EI、EDIP 和 UBP 等。其数据库由 PE-GaBi、PlasticsEurope、Codes、Eco Inventories of the European Polymer Industry(APME)与 BUWAL 等数据库联合组成,包括全球地理、欧洲化工业生态冲击与包装材料等数据。GaBi 数据库包括 800 种不同的能源与材料流程,数据库有能源与物质流及生产技术两大项。每一种流程又可以让使用者自行发展出一套子系统。数据库中也提供 400 种的工业流程,归纳在十种基本流程中,如工业制造、物流、采矿、动力设备、服务、维修等。GaBi 软件可用于生命周期评价项目、碳足迹计算、生命周期工程项目(技术、经济和生态分析)、生命周期成本研究、原始材料和能流分析、环境应用功能设计、二氧化碳计算、基准研究、环境管理系统支持(EMAS Ⅱ)等。GaBi 软件的功能详见表 35-8-7

续表

名称	简 介
SimaPro	SimaPro 软件是由荷兰莱顿大学于 1990 年开发的用于收集、分析、监测产品和服务环境信息的生命周期评价集成软件工具,目前已发展到 SimaPro 8 版本。该软件由 Dutch Input Output Database95、Data Archive、BUWAL250、ETH-ESU 96 Unit process、IDEMAT、Eco Invent Data、Danish Food data、Franklin USA data、IO-database for Denmark 1999、USA input output data 等多个数据库联合组成,包括能源与物料的投入产出、20 世纪 90 年代初期各项数据、包装材料数据、油品与电力等各种产业数据及环境冲击、全球变暖、温室效应等数据,可提供使用者进行分析时需要的足够的参考依据,是数据库最丰富的生命周期评价软件之一 SimaPro 的画面依照 LCA 理论编排,分成盘查分析、冲击评估、阐释、案例底稿与产品普通数据,使用上只要依照 LCA 流程,找到 SimaPro 对应的项目即可开始操作。SimaPro 软件的功能详见表 35-8-8
LCAIT	LCAIT(LCA inventory tool)乃是瑞典 Chalmers Industriteknik 所开发出的软件,它仅提供有限的数据库,包括能源、生产燃料及物流、化学物质、塑料、纸浆及纸制品等内容,其优点是可外接其他数据库,适合具有物质能量流动概念的非专业技术的初学者使用
PEMS	PEMS(Pira Environmental Management System)系由英国 Pira International 公司所研发出来的软件,可以选择 109 种材料、49 种能源、37 种废弃物管理及 16 种物流等,来计算影响评估程度,参数主要采用欧洲的资料,且不可自行修改或编辑,输出资料可选择采用文字或图表。初学者及专业人士皆可使用该软件
TEAM	TEAM 系由法国 Ecobalance 公司所开发的软件,其数据库分为 10 大类及 216 个小类个别资料文档。10 大类分别为:纸浆造纸、石化塑料、无机化学、铜、铝、其他金属、玻璃、能量转换、物流、废弃物管理等 TEAM 软件的树结构功能优良,具有制作图表、感应度分析、误差分析、情景分析等功能,使用者可自行定义及编辑资料或单位。该软件具有主要的库存管理程序和控制技术的评价方法,数据库形态为单元式程序

表 35-8-7　　　　　　　　　　　　　GaBi 软件的功能

功能	说 明
清单分析建模	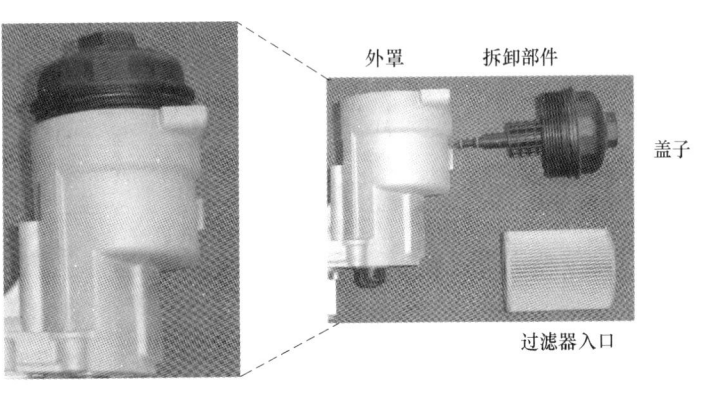 该示例为汽车上的一个机油滤清器装配部件,以该装配部件为研究对象 生命周期评价所需要的信息包括装配部件和元件构成的结构信息、元件的质量、原材料类型、生产工艺、元件制作生产过程中的运输及原料损耗等,这些信息可以由下图所示材料单获得 名称　　　　　　质量　　　原料　　　　工序 机油滤清器　　　3.6kg 　└外罩　　　　2.4kg　　　铝　　　　　铸件 　└盖子　　　　0.5kg　　　聚乙烯　　　喷射模塑法 　└过滤器入口 0.7kg 　　└过滤器　　0.4kg　　　纸 　　└机架　　　0.3kg　　　钢铁　　　　深冲压(金属板坯加工)

续表

功能	说 明
清单分析建模	应用 GaBi 软件创建机油滤清器的工艺流程图模板，下图所示为机油滤清器生产阶段的模型 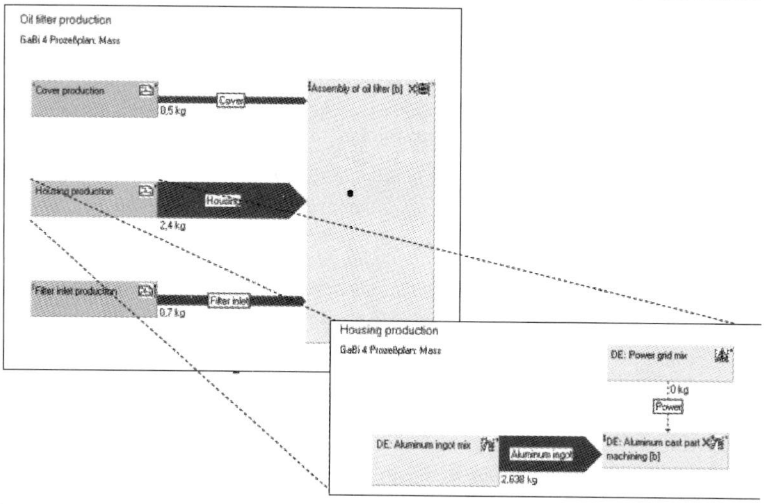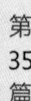
影响评价分析	GaBi 包括 9 种环境影响评价方法，并支持用户自定义环境影响评价方法。GaBi 软件可以自动计算复杂流程图并显示各单元名称及流量，流程进行层次化结合，使生命周期流向结构清晰
分析和解释评价结果	GaBi 软件的平衡分析是进行分析和解释评价结果的起点，通过平衡视图以百分比或绝对值显示评价结果。该软件提供了阶段分析、参数变更、敏感度分析、蒙特卡洛分析等分析方法，可进行敏感度分析、冲击分析与成本分析，并由数据质量指数加强数据可靠性
数据库管理	GaBi 的主数据库为 GaBi 数据库和大量的 PE/LBP 数据，约 1000 个工艺。GaBi 软件包括辅助对比、辅助合并等智能工具，可以有效帮助用户轻松高效地管理数据库，该软件的数据库的分类整理完善，容易找到数据
存档	GaBi 使用基于浏览器的数据存档系统，与欧盟委员会的 ILCD 手册类似。每一条 GaBi 数据集与一个 HTML 文档链接，该文档包含全面的过程描述信息、分配原则、数据来源、流程图、范围等，支持用户添加自己的存档文件

表 35-8-8　　SimaPro 软件的功能

功能	内 容
清单分析建模	SimaPro 可以用于对两种或多种产品系统进行对比分析，SimaPro 通过向导式建模方式引导用户构建产品的生命周期模型。该软件可以用于系统过程或单元过程分析，每一个过程数据都可以定义多输出，输入输出的参数可以由用户自定义。每条过程数据的排放可以细分为空气排放、水体排放、土壤排放和固体废弃物排放
环境影响评价	SimaPro 包含 10 多种环境影响评价方法，几乎包括了世界上大多数主流的环境影响评价方法，另外，这些评价方法可以编辑和扩展，也支持用户自定义新的环境评价方法。SimaPro 软件中制造阶段的数据库最为详尽，且其可以选择图文输出方式。除了具有生命周期查询的资料外，同时也给予环境影响的评估，并可比较在不同程序集原料中对于环境所产生大小的冲击。该软件除了针对各种环境影响可以建立一个环境指标外，还以树状图清楚地表示环境负荷，借由树状图清楚地表现出各个输入的能量与材料的分支，并在各项分支的子系统中以衡量的方式，依据类似温度计的表达方式，快速地判断该材料及能量对环境的影响
分析和解释评价结果	清单分析结果以表格形式表达，环境影响评价结果则以表格或图形方式表达，同时提供特征化、标准化、权重值分析结果。双击图形可以进一步得到对该影响类型的物质明细
数据库管理	SimaPro 软件整合不同的数据库，将不同来源的数据分级并以库项目的方式组织，可以用于所有工程，用户可以定义任何数量的工程，数据可以在不同库项目和工程之间复制。该软件还可使用其他生命周期软件开发的数据。SimaPro 数据库为主数据库，包括了所有的库项目和评价方法
存档	SimaPro 软件可以将清单数据进行存档，同时，环境影响评价方法也存档于数据库中

8.4 生命周期评价案例

生命周期评价方法已经被广泛应用于制造业环境影响评价，下面以几个具体案例论述生命周期评价的过程。

8.4.1 电动玩具熊的生命周期评价

研究对象为一个电动玩具泰迪熊，移动身体时可以唱歌、讲故事，使用普通的碱性电池。该泰迪熊由一家西班牙公司设计，在中国制造，并出口到欧洲、美国、非洲。生命周期评价包括了所有中国制造的组件、海陆运输、使用、退役等阶段。根据 ISO 14044 标准对电动玩具熊进行生命周期评价，为玩具熊的绿色设计提供改进方向。

（1）目的和范围的确定

① 目的 研究目的包括：a. 评价电动玩具熊整个生命周期的环境影响；b. 识别环境热点，为将来进行设计改善提供方向。

② 产品系统和功能单元 在生命周期评价中，产品系统往往作为评价的功能单元。本项目中产品功能单元为一个会唱歌和讲故事的电动玩具熊，假设服务寿命为 2 年，具体如图 35-8-5 所示。该产品由主角泰迪熊和塑料底座组成，移动熊的身体和头时，它会唱歌和讲故事。该玩具由 6 个主要部分（见表 35-8-9），大约 30cm 高，净重 0.73kg，含包装重 1.05kg。

该玩具的设计开发在西班牙巴塞罗那的塔拉萨总部完成，大批量的组件生产制造在我国福建省完成。就材料组成而言，玩具中的塑料（特别是 ABS 和涤纶）占总重量的 52%，包装占 31%，黑色金属占 11%，其他金属（铜、锡、陶瓷等）占 6%。

玩具以娱乐为主，面向年龄大于 18 个月的孩子。除了这个主要的功能，退役阶段提供了额外的材料回收和能源回收功能。鉴于该案例并不与同类产品比较，因此，没有必要扩展该系统除去额外功能造成的环境负担。

③ 系统边界 该项目中，电动玩具熊的生命周期过程包括基本材料的生产、材料的运输、组件加工、装配、产品销售、电池的生产、废弃物的管理等阶段，考虑了所有组件的环境影响，但是不包括基础设施的生产。具体的产品系统如图 35-8-6 所示。

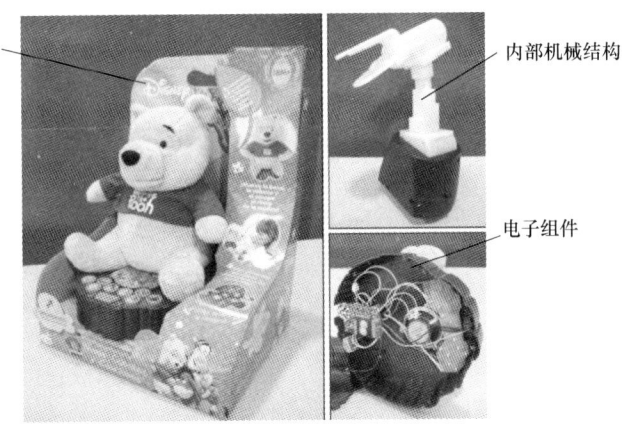

图 35-8-5 电动玩具熊

表 35-8-9 功能单元详细规格

组件	重量/g	备注
包装	313	由 2 个大硬纸板箱、几个小紧固件组成
主角	137	由毛绒、红色 T 恤、塑料眼睛、填充物组成
底座	227	由塑料箱体和按钮组成
机械系统	125	由几个内部结构件、齿轮等组成
电子系统	167	由印刷电路板、集成电路、电缆、电动机、扬声器、开关等组成
LR6 电池(3 个)	72	
合计	1047	

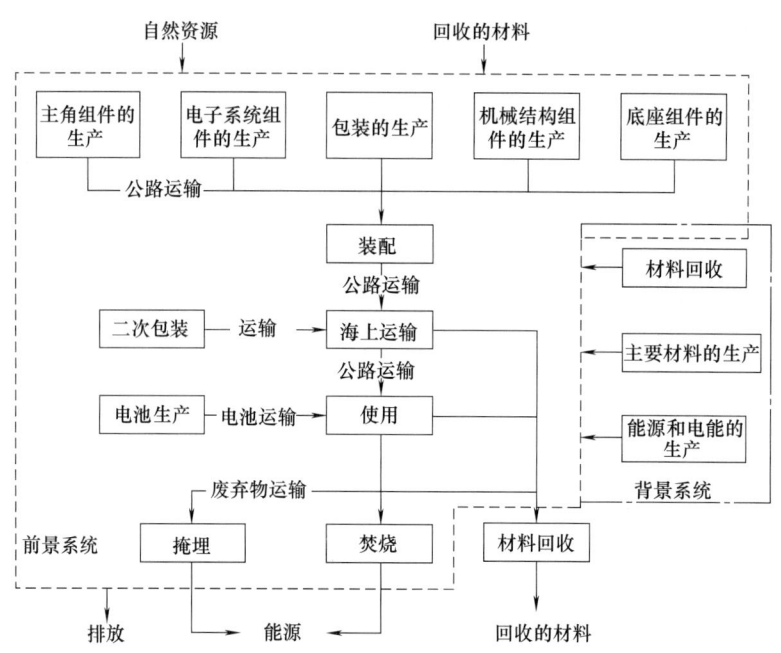

图 35-8-6 产品系统

(2) 生命周期清单（LCI）

LCI 是一种定性描述系统内外物质流和能量流的方法。通过对产品生命周期每一过程负荷的种类和大小进行登记列表，从而对产品或服务的整个周期系统内资源能源的投入和废物的排放进行定量分析。

本项目中 LCI 输入包括电动玩具熊产品自身需要的材料，制造过程中需要的辅助材料，生产制造、使用和退役后处置过程中需要的能源和其他自然资源；输出包括电动玩具熊产品、各种空气和水体污染物、固体废弃物。

背景系统根据国际 PE 公司的 LCA 数据库构建，采用了 GaBi4.2 软件系统。玩具制造商提供了物料清单和完整的组件清单（100 个），以及产品物流和能源效率信息。组件的生产和装配在中国福建省完成，因此，从厦门港口通过海上运输到出口国。根据制造商提供的信息，93% 运输到欧洲（61% 运输到西班牙），6% 运送到拉丁美洲，1% 出口到非洲。

公路运输和能源消耗主要发生在中国，数据类型为二次数据。热能消耗以煤炭替代计算，而电能消耗采用 2005 年国际能源署有关中国的报告数据。

包装材料和电池由发达国家独立收集和回收，相关数据采集困难。由于许多国家没有建立废弃玩具的回收途径，此处将玩具与其他家电产品统一回收并处置。根据欧洲国家统计数据，玩具掩埋和焚烧的比重分别为 77% 和 23%。在拉丁美洲和非洲，由于没有详细的废弃物管理数据，掩埋被认为是唯一的回收处置方法。

进行这项研究时，只有国际 PE 公司提供的包括电子电器组件的 LCA 数据库可用，为了弥补数据不充分的不足，在该数据库开发者的帮助下进行了部分假设，例如，数据库仅仅包括表面贴装设备（SMD），而玩具使用的是深孔加工设备。

最重要的数据鸿沟是缺乏背景清单数据和有关常规电池的 LCA 研究文献。为此，本研究采用来自西班牙电池回收公司的原材料组成成分粗略模拟该玩具熊中碱性电池生产的数据清单，表 35-8-10 给出了电池的组成成分。电池的生产以这些组成原材料的生产替代。这种假设仅仅适用于一次性使用的电池。关于使用期间电池的消耗量通过假设计算获得，按照 2 年的使用寿命，每周使用 1 小时计算，根据玩具的能效，减去初始试用模式下的 LR6（AA）电池消耗量，大约需要 39 个 LR14（C）碱性电池。

表 35-8-10 碱性电池近似成分

碱性电池材料	组成/%
水	6～9
碳	3～5.5
钢	17～23
锌	14～18
二氧化锰	34～42
氢氧化钾	3～6.8
塑料和纸	2.5～4.3
杂质	<1

(3) 生命周期影响评价（LCIA）

1) 生命周期影响评价方法学　LCIA 是根据清单分析（LCI）过程中列出的要素对环境影响进行的定量和定性分析。LCIA 分析的目的是根据清单分析的结果对潜在环境影响的程度进行评价。该研究中的 LCIA 采用 SETAC 生命周期评价工作组提出的方法论，包括分类、特征化和评价三个步骤。

由于 LCI 数据不足，该项目中 LCIA 仅仅考虑五种环境影响类型：非生物的损耗（abiotic depletion potential，ADP）、酸化潜能（acidification potential，AP）、全球变暖（global warming potential，GWP）、富营养化（eutrophication potential，EP）、光化学烟雾（photochemical oxidants formation potential，POFP）。

特征化是将清单分析的结果根据分类结果转化为相应的环境影响，根据不同类型的环境影响采用不同的特征化模型，该项目采用莱顿大学 CML 的特征化模型。由此，将生命周期清单结果转化为环境影响。

2) 生命周期影响评价结果　图 35-8-7 列出了电动玩具熊的绝对 LCIA 分值和各个生命周期阶段的相对权重。图中将生产阶段划分为 5 个组件集合：基座、主角、电子系统、机械系统、包装。生产阶段造成的环境影响占总影响的 24%～40%，该阶段各组组件彼此相关，主角占 7%～12%，基座占 4%～12%，电子系统占 4%～9%。由图 35-8-7 可知，销售和使用这两个阶段最为重要，其中，销售阶段造成 14% 的 GWP 和 16% 的 EP，这主要是由中国经过海上运输销往国外造成的，单程运输距离约为 16500km，而且，空集装箱也将沿途返回。

使用阶段的环境影响占 48%～64%，该阶段的环境影响源于电池生产和处置过程。然而，由于使用阶段具有较大的不确定性，因此进行了敏感性分析。以最为悲观的情况为例，假设初始的 LR14（C）电池用完后，消费者再没有替换电池并使用该玩具熊。这样，经过分析发现使用阶段的环境影响由 48%～59% 降低到 2%，具体比较详见表 35-8-11。

表 35-8-11 中，ADP 和 AP 指示值在最悲观的情况下出现负值，这是由于避免了回收电池 LR6（AA）的环境影响。

玩具回收处置阶段最为不重要，其环境影响仅仅为 EP 的 6%。退役阶段只考虑了掩埋和焚烧，材料回收分配到下游产品考虑。

由于电子系统的复杂性，其详细的分析结果见图 35-8-8。由图 35-8-8 可见，环境影响最大的组件是电动机，约占总 EP 的 50%，其次为电路板（占总 ADP 的 47%）。

(4) 结果

根据评价结果，给出了设计改进建议，详见表 35-8-12。由表 35-8-12 可知，11 条设计改进建议中只有 2 条由于不可行被否决，其中，5 条可在短期应用。

表 35-8-11　　两种使用模式下的环境影响分析　　　　　　%

使用模式	ADP	AP	EP	GWP	PFOP
最乐观的情况：2 年的使用寿命内，每星期使用 1h，总共消耗 39 个电池	54	59	54	60	48
最悲观的情况：耗尽出厂配置的电池后没有再使用，总共消耗 3 块电池	-0.3	-0.17	1.2	1.8	0.2

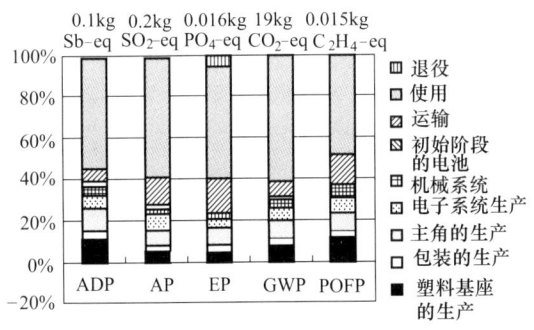

图 35-8-7　电动熊的环境影响评估结果

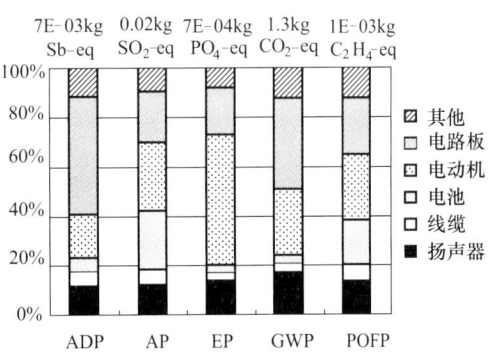

图 35-8-8　电动玩具熊电子系统的环境影响评估结果

表 35-8-12　　　　　　　　　　　　　　　绿色设计策略和评价结果

序号	设计策略	技术可行性	经济相关性①	环境相关性①	顾客接受度	优先级
1	电子组件由穿孔转变为表面贴装	是	2	1	2	中等
2	改变包装形状减少原材料消耗	是	2	1	2	中等
3	替换毛绒和 T 恤材料为有机棉	否				拒绝
4	使用回收材料作为填充物	是	1	1	2	长
5	使用回收的塑料制作隐藏组件	是	2	1	2	中等
6	使用可充电池	是	3	2	2	短
7	减少使用模式下的能源需求	是	3	3	3	短
8	减少包装材料种类	是	3			短
9	避免包装回收时材料不兼容	是	3			短
10	电池适配器由 ABS 替换聚丙烯	是	3			短
11	包装塑料进行符号标记	否				拒绝

① 相关性等级分为 0，1，2，3，其中 0 表示最低相关性，3 表示最高相关性。

8.4.2 碎石机的生命周期评价

（1）目标和范围的确定

美国国家机械制造厂 Nordberg 委托生态平衡研究项目组对其产品型号为 HP400 SX 的碎石机进行生命周期评价研究，研究的最终目的是识别碎石机整个生命周期所造成的环境影响，以及对环境产生影响最大的生命阶段，以帮助有关产品设计和提高能源利益效率等方面的决策工作。为实现这一目标，就需要对碎石机整个生命周期进行定量的环境影响评价，包括原材料的开采和生产，碎石机的制造、使用、运输、分配和最终处理。研究按照 SETAC 和 ISO 制定的生命周期框架和指南对碎石机实施生命周期评价，研究采用 TEAMTM——由生态平衡研究中心开发的生命周期评价软件模型。

（2）碎石机的系统边界和模型

生命周期评价是对产品系统或者工艺整个生命周期的物质和能源流（流入和流出环境，包括空气排放物、水体排放物、固体废弃物、能源和资源的消耗）进行定量化评价的工具。整个生命周期包括原材料的提取和加工，产品的制造、运输、分配、使用和最终处理。图 35-8-9 描述了延伸系统边界的一般原则。所有系统内部的物流都视为代表一个功能单元，这样有利于对具有相同功能的不同工业系统进行比较分析。

碎石机的系统边界见图 35-8-10。碎石机的系统边界包括：产品构件的生产、使用、终端处理和运输阶段。定义碎石机的功能为将巨型冰川岩石碾碎为直径小于 3.2cm 的碎片。因此，碎石机生命周期评价

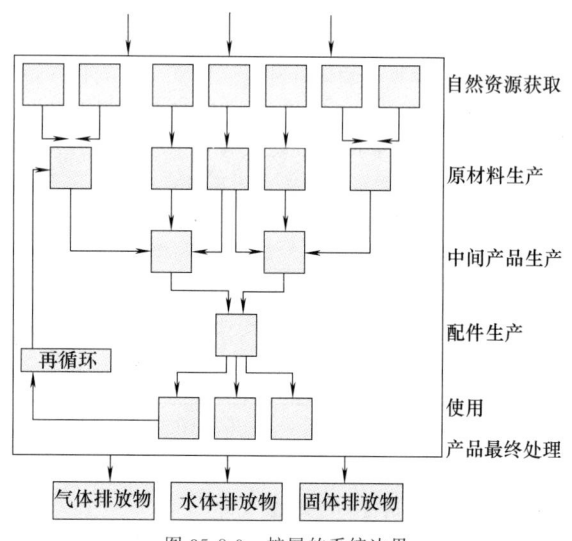

图 35-8-9　扩展的系统边界

的功能单元为将 1000t 巨型冰川岩石碾碎为直径小于 3.2cm 碎片的碎石机。

碎石机生命周期过程中材料生产阶段包括收集碎石机自身使用的原材料的主要材料信息。碎石机的材料组成见表 35-8-13。碎石机原材料以及消耗的其他能源和资源的开采和生产数据来自于环境分析管理数据库（DEAM）。假定所消耗的钢铁的 50% 为一次钢铁（在基本氧化炉中生产的原始钢铁），50% 为二次钢（再循环钢）。由于缺乏数据，一次钢采 50/50/BOF/EAF 组合数据。假定碎石机的使用期限为 25 年，使用阶段包括动力能源、石油和润滑剂消耗以及碎石机由于磨损而需要的部分替代物质。HP400 SX 的碎石机实际使用的数据由用户提供，表 35-8-14 列出实

表 35-8-13　　　　　　　　　　HP400 SX 碎石机材料组成

材料	质量/kg	质量分数/%	材料	质量/kg	质量分数/%
钢	20684	87	环氧树脂	80	0.3
铁	1733	7.3	铝	17	0.07
青铜	338	1.3	黄铜	0.64	0.003

表 35-8-14　　　　　　　　　　HP400 SX 碎石机的特征

粉碎岩石的类型	冰川岩石
粉碎输出	直径3.2cm的碎片
标准功率/m·t·h^{-1}	454
碎石机生产力/h·年$^{-1}$	5000
电力消耗/MJ·年$^{-1}$(kW·h·年$^{-1}$)	5850000(1625000)
备件("备用")名称和质量/kg	衬砌,703
磨损部件("磨损")名称和质量/kg	机套,1089
	碗状衬砌,1075
	切割环(torch ring),6.8
	每7年换一次磨损部件
润滑油/L	568(每两年换一次)

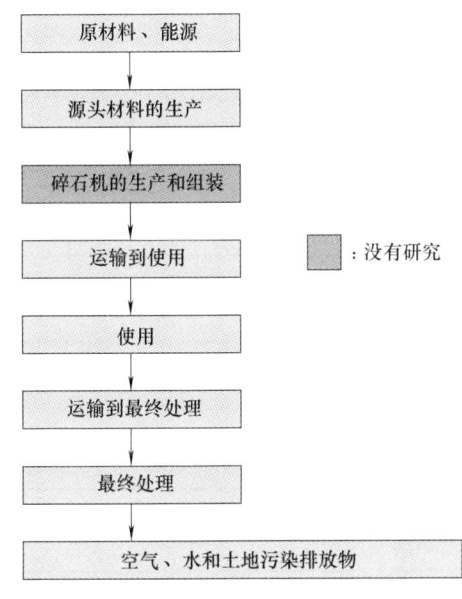

图 35-8-10　碎石机的系统边界

际使用数据和 Nordberg HP400 SX 制造厂提供的规格说明书数据。考虑到使用和说明书数据,应该注意:①Nordberg HP400 SX 是 Nordberg 碎石机的最新型号,在收集数据时仅仅在公司内部使用4~5个月,数据基于说明书和有限的使用;②为获取一天的电力总消耗量,监测8h工作时消耗的动力;③25年

有限生命期限总磨损和总余料质量为397354kg,假定余料和磨损物质为 50/50/BOF/EAF 混合钢材。

碎石机每功能单元的动力消耗为 2340MJ,也即 650kW·h。由于缺乏数据,不考虑碎石机磨损和老化带来的能源利用效率降低的问题。

假设碎石机的金属构件在碎石机生命终端得以全部再循环和恢复,恢复的金属在碎石机系统边界以外使用,因此,由材料恢复和一次钢材生产的抵消引起的再循环能源、材料消耗和排放物不属于本次研究的对象。

运输包括装配厂到制造厂之间的运输以及制造厂到再循环厂之间的运输,运输使用重型柴油汽车(标准最大载重为20t),运输距离见表 35-8-15。

表 35-8-15　　运输距离

生命周期阶段	距离/km
装配工厂到碎石厂	1287
碎石厂到二次金属制造厂	81

生命周期评价可能会包括一些公用材料,如混凝土和钢材的生产和运输等,本研究不考虑这些材料。

① 电力生产模型　美国能源信息署(EIA)提供有关电力生产中使用的燃料能源配比。根据 EIA 提供的数据,五类主要燃料比例总和为100%,模型包括这些燃料能源的生产、燃烧和燃烧后处理的数据。

② 钢材生产模型 原始钢材生产包括铁矿石开采、煤炭化(无氧蒸馏),也包括烧结和鼓风过程。二次钢材生产模型包括钢材碎片在电弧熔炉(EAF)中的处理过程。电力、天然气和煤炭作为燃料能源,也包括在模型中。

③ 数据来源 提供所有数据资源(如物质生产、电力、柴油等)并不是本研究的目的。因此,项目中使用的数据主要来自于美国和欧盟出版的数据文献,包括 EPA、EIA 和其他 US DOE 来源,以及生态平衡 DEAM 数据库数据资源。

(3) 讨论

① 生命周期 表 35-8-16 列出了 Nordberg 公司碎石机每一生命周期阶段的生命周期评价结果。项目考虑的物流包括 NO_x、SO_x、CO_2、颗粒物质、铁、能源,如表 35-8-22 中所示,每一行结果合计为 100%。如表 35-8-16 所示,使用阶段决定了铁矿石和能源消耗以及空气污染物的环境影响,对这些类型的环境影响的总贡献大约为整个生命周期总影响的 94%。碎石机使用的钢材和铁看起来好像对整个生命周期环境影响有较大的作用,但是在碎石机 25 年有效使用期限内由于磨损需要的钢材和铁的补给物(约为 4.0×10^5 kg)远远超过了原始钢材和铁的使用量(约 2.3×10^4 kg)。

② 使用阶段 表 35-8-17 列出了使用阶段从电力、磨损和润滑油消耗三种主要模型组分进行分析的详细生命周期评价结果,反映了使用阶段实际物流以及上述三种组分中的每一种对整个环境影响的贡献比例。从表 35-8-17 中可以看出,电力消耗是使用阶段最主要的组分,也暗示了碎石机整个生命周期磨损替代物产生的环境影响与能源消耗相比是很微不足道的。电力组分和颗粒物值得重点关注。颗粒物环境影响贡献总和小于 100%,其他的颗粒物来自于工厂自身,而不是表中列出的组分。

(4) 结论

根据数据和假设,从评价结果可以看出,使用阶段,特别是电力的消耗,是碎石机生命周期环境影响产生的决定性因素。因此,Nordberg 公司的环境工程师和设计人员对碎石机的使用阶段投入较多的关注,而不是产品的生产阶段。在对碎石机的生命周期评价项目研究开始之前,Nordberg 公司的公司策略是通过改善能源使用率而提高生产力,同时降低操作费用。该公司采用这种提高生产力的策略改革了碎石机的生产模型,开发出新的高性能产品模型,如 HP400 SX。因此,HP 系列产品作为下一代碎石产品开发的基准,包括提高单位能源消耗下的破碎率和总体能源利用率。

8.4.3 基于 GaBi 的汽车转向器防尘罩的生命周期评价

本案例选自秦雪梅等发表在《重庆理工大学学报(自然科学)》2013 年第 27 卷 10 期的文章,根据生命周期评价方法,运用 GaBi 软件对两种材料的汽车转向器防尘罩进行环境影响评价,探索基于 GaBi 分析的生命周期评价方法在产品设计变更决策中的应用。

表 35-8-16   粉碎 907t 物料的碎石机的生命周期评价结果

项目	物质	总量	源头金属生产/%	使用/%	终端处理/%	运输/%
输入	铁(Fe,矿石)	4.0kg	6	94	—	—
输出	二氧化碳	586333g	0.1	100	0	0
	氮氧化合物	1902g	0		0	0
	硫氧化合物	3261g	0.1		0	0
	颗粒物	3410g	0.1		0	0
能量	总能量消耗	8906MJ	0.1	100	0	0

注:0% 表示小于 0.1%;— 表示缺乏数据。

表 35-8-17   粉碎 907t 物料的碎石机使用阶段生命周期评价结果

项目	物质	总量	钢/%	电力/%	润滑油/%
输入	铁(Fe,矿石)	3.7kg	100	—	—
输出	二氧化碳	585530g	1.3	99	0
	氮氧化合物	1899g	1	99	0
	硫氧化合物	3257g	0.7	99	0
	颗粒物	3405g	2.0	66	0
能量	总能量消耗	8894MJ	1.1	99	0.3

注:0% 表示小于 0.1%;— 表示缺乏数据。

汽车转向器是完成旋转运动到直线运动（或近似直线运动）的一组齿轮机构，同时也是转向系统中的减速传动装置。转向器防尘罩用在汽车转向系统上，与汽车转向拉杆连接，其主要作用是防尘和密封润滑脂，同时将刚性连接转变成柔性连接，其外形详见图35-8-11。防尘罩的关键尺寸是防尘罩与转向拉杆球头销座之间的配合尺寸。对防尘罩的技术要求是防摩擦、防尘以及保证骨架内孔尺寸与精度。

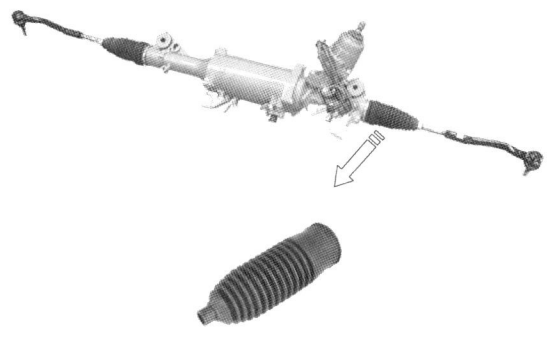

图 35-8-11　汽车转向器与汽车转向防尘罩外形

（1）目标与范围的确定

分别选用材料为橡胶和塑料的同一款汽车转向器防尘罩作为研究对象，目的是通过两种材料防尘罩的生命周期评价，对比两种材料防尘罩生命周期阶段的能源和环境影响差异，为产品设计人员选用产品材料提供参考依据。

根据研究目的确定研究范围，重点是防尘罩生命周期中的原材料、制造、使用和回收处理等阶段。由于销售和运输阶段对环境的影响较小，因此此处忽略不计。

根据重庆某汽车厂数据显示，橡胶防尘罩和塑料防尘罩单件防尘罩质量分别为 0.12kg 和 0.075kg，生产工艺分别为模压硫化成形和吹塑成形。生命周期评价的功能单位确定为单件防尘罩的产品质量（kg）。

（2）清单分析

① 原材料及其生产阶段　由于防尘罩生产的配方保密，此处只列出部分原材料数据。单件防尘罩所需原材料见表 35-8-18。

表 35-8-18　单件防尘罩原材料

零件名称及质量/kg	原材料名称及质量/kg	备注
橡胶防尘罩（0.120）	丁腈凝炼胶（0.135）	按丁腈橡胶计算
	炭黑（0.038）	按普通炭黑计算
	增塑剂（0.017）	按邻苯二甲酸二异壬酯计算
塑料防尘罩（0.075）	TPV（0.079）	配方保密，按聚丙烯/三元乙丙橡胶混合物计算

注：TPV 为动态交联型热塑性弹性体，其主要基材是 EPDM（三元乙丙橡胶）和 PP（聚丙烯）。

② 制造阶段　橡胶防尘罩采用模压硫化成形，其工艺流程为：原材料→配料系统→炼胶机→预成形机→硫化机→修边机→防尘罩成品。运用 GaBi6 软件对生产过程进行建模，如图 35-8-12 所示。

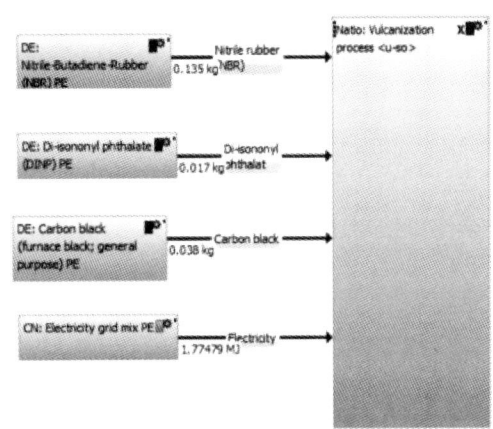

图 35-8-12　橡胶防尘罩生产过程的 GaBi6 软件模型

从所建立的软件模型可以看出橡胶防尘罩制造阶段消耗的电能为 1.77479MJ。单件橡胶防尘罩制造阶段的输入和输出情况如表 35-8-19 所示。

表 35-8-19　单件橡胶防尘罩制造阶段的输入和输出情况

输入	输出
丁腈混炼胶（0.135kg）	橡胶防尘罩产品（0.12kg）
炭黑（0.038kg）	
邻苯二甲酸二异壬酯（0.017kg）	
电能（1.77479MJ）	

塑料防尘罩采用吹塑成形，工艺流程为：原材料→除湿干燥供料机→吹塑机→防尘罩成品。运用 GaBi6 对生产过程进行建模，如图 35-8-13 所示。

从图 35-8-13 所示模型可以看出塑料防尘罩制造阶段消耗的电能为 1.99078MJ。单件塑料防尘罩制造阶段的输入 0.079kg PP/EPDM 和 1.99078MJ 电能，输出 0.075kg 塑料防尘罩成品。

③ 使用阶段　两种防尘罩在汽车使用寿命期间一般不会出现中途更换的情况。由于防尘罩在使用过程中不产生负面的环境影响，暂且忽略该阶段的环境影响。

④ 防尘罩回收阶段　由于汽车产量和用量的快速增长，汽车橡胶件和塑料件的回收利用对资源与环

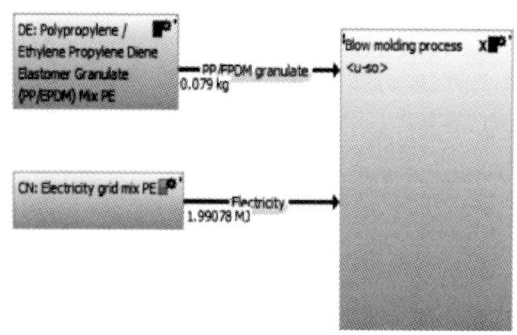

图 35-8-13　塑料防尘罩生产过程模型

境的影响已日益凸显。汽车的回收再生包括废弃汽车整车的回收再生和制造过程中产生的不合格废品与边角料的回收再生两类。制造过程中产生的废料较易回收再生，而在废弃整车处理时的材料回收是汽车回收再生的重点。

废旧橡胶属于固体废弃物，其来源主要有报废的橡胶制品和制造过程中产生的边角料与废品，可以通过直接回收重用和物理化学加工重用实现橡胶的回收。塑料废弃物是伴随着树脂的生产、成形、加工、应用和废弃而产生的。TPV 作为一种通用热塑性弹性体，具有热塑性，可反复利用，废弃物回收比较容易，只是热塑性弹性体产品数量少，在废弃物收集和分类方面存在问题。

(3) 影响评价

运用生命周期评价软件 GaBi6 对橡胶防尘罩和塑料防尘罩进行生命周期评价，得到两种防尘罩的生命周期阶段对能源与环境的影响评价结果。

① 初级能源消耗对比　从分析结果可以得出两种材料防尘罩的初级能源消耗情况见表 35-8-20。两种防尘罩的初级能源消耗总量为 38.6746MJ，橡胶防尘罩的初级能源消耗所占比重为 69%。从节能的角度考虑，塑料防尘罩比橡胶防尘罩更节能。

表 35-8-20　两种防尘罩的初级能源消耗对比

MJ

生命周期阶段	橡胶防尘罩	塑料防尘罩
原材料提取阶段	20.91818	5.75462
制造阶段	26.57490	12.09980

② 两种防尘罩的污染物排放对比　选择对环境影响较大的气体 CO、CO_2、NO、NO_2 和 SO_2 作为主要的污染物考虑。表 35-8-21 列出了两种防尘罩的主要污染物排放数据，图 35-8-14 所示为两种防尘罩的污染物排放对比分析数据。结果显示：橡胶防尘罩的 CO_2 排放值远大于塑料防尘罩，橡胶防尘罩对环境的影响远大于塑料防尘罩。

表 35-8-21　两种防尘罩的污染物排放对比

kg

污染物排放	橡胶防尘罩	塑料防尘罩
一氧化碳(CO)	0.002768650	0.000676848
二氧化碳(CO_2)	1.245100	0.649364
一氧化氮(NO)	1.605756×10^{-6}	3.36808×10^{-7}
二氧化氮(NO_2)	1.72436×10^{-7}	3.82498×10^{-8}
二氧化硫(SO_2)	0.00273206	0.00204188

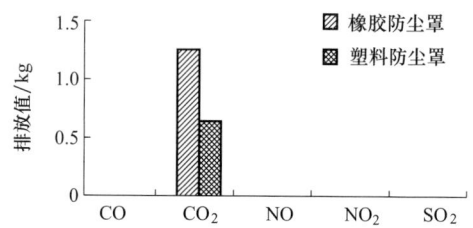

图 35-8-14　两种材料防尘罩的污染物排放对比

③ 酸雨（AP）、富营养化（EP）、臭氧分解（ODP）和温室效应（GWP）等环境影响的对比　图 35-8-15 所示为两种材料防尘罩的环境影响结果对比，图中数据来源于 GaBi6 软件数据库。分析结果显示，橡胶防尘罩的环境影响值大于塑料防尘罩，其中，温室效应的影响较为显著。

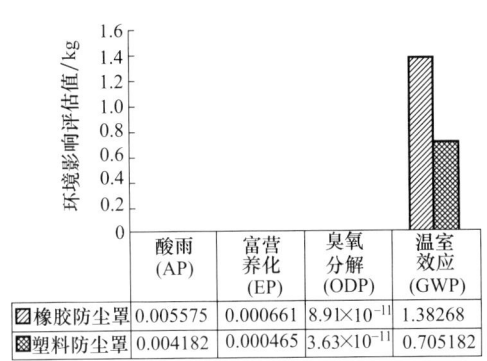

图 35-8-15　两种材料防尘罩的环境影响对比

TPV 材料防尘罩的质量小于丁腈材料防尘罩，为汽车减重和节能做出了贡献。在两种防尘罩的原材料提取阶段和加工制造阶段，TPV 材料防尘罩的环境影响小于丁腈材料防尘罩。虽然 TPV 材料防尘罩在制造阶段的电能消耗大于丁腈材料防尘罩，但在总的能源消耗方面，TPV 材料防尘罩远小于丁腈材料防尘罩。由于塑料是省资源、节能型的材料，因此 TPV 材料的回收利用性能也优于丁腈材料。在进行汽车转向器防尘罩材料设计变更时，不考虑两种材料产品的成本因素，而只考虑产品的节能性、环保性和质量可靠性。通过对两种材料零件进行生命周期评价对比分析，表明 TPV 材料零件的整体性能优于丁腈材料零件。

第9章　产品绿色设计综合案例

9.1　鼠标的绿色设计案例分析

本案例以中国台湾福华电子公司生产的计算机鼠标为例进行介绍。

9.1.1　目标产品

以福华电子公司生产的滚轮式 3D 光学计算机鼠标 FDM-28USO 为研究对象，规格为 11.2cm（长）× 6.1cm（宽）×3.6cm（高），其材料明细见表 35-9-1。该鼠标的主要销售地区为日本，需要符合日本生态标签的要求。该鼠标的预计年产量约为 15000 只。

9.1.2　产品基本资料分析

研究对象为 FDM-28USO 计算机鼠标，规格为 11.2cm（长）×6.1cm（宽）×3.6cm（高），主要零部件包括外壳组件（ABS）、光学透镜（PC）、连接线（无毒 PVC）、印制电路板、3D 转轮、包装材料、垫片、标签，上下盖以卡扣连接。

该产品的主要工程特征包括：

① 结构简单，质量小；
② 大小适中；
③ 塑料外壳采用同种材料（ABS）设计，简化材料种类；
④ 除一般鼠标操作及左右键功能外，同时具有 3D 转轮及中间键功能；
⑤ 表面光滑，符合人机工程学要求；
⑥ 能耗小。

研究对象的生命周期清单见表 35-9-2。

表 35-9-1　福华鼠标材料明细表

序号	零件名称	材料	备注
1	上盖、下盖、按键、球盖	ABS	使用再生材料(40%以上)，不添加卤素、卤化有机物、阻燃剂 PBB、镉、铅、IARC(international agency for research on cancer)所列的致癌性物质等
2	光学透镜	PC	不可回收材料，不得添加卤素、卤化有机物、阻燃剂 PBB、PBDE 及氯化石蜡、铅、镉、IARC 所列致癌性物质等
3	3D 转轮(轴心) 3D 转轮(外套)	PC、ABS 橡胶	规范同零件 1 可回收
4	滚球(外套)	硅	规范同零件 2
5	转盘惰轮	聚甲醛(POM)	规范同零件 2
6	电线(外套) 电线(芯线)	PVC 铜	模压处采用无毒 PVC，由协作企业制作 可回收、无特别规定
7	弹簧	不锈钢线	可回收、无特别规定
8	鼠标垫	超高分子聚乙烯(UPE)	可回收、无特别规定
9	单层 PCB	酚醛树脂纸基材	UL94 标准中 HB 以上的阻燃等级，不添加 PBB、PBDE 等
10	说明书	模造纸	使用再生纸、满足生态标志的要求(印制用纸)
11	包装盒	瓦楞纸板	符合 ISO 11469 的规定，采用再生纸，不含有 CFCs、HCFCs 等
12	协作企业		生产流程不得有 CFCs、HCFCs 等 需遵守当地的环境法规 需取得当地环境部门的认可

表 35-9-2　　　　　　　　　　　　　　　　鼠标的生命周期清单

(1) 制造阶段

项目	零部件/材料	数量	单位	来源	运送方式	单位：每项产品制造的投入与产出量(质量、kW…)
原材料	塑料外壳/ABS	200	g/个	奇美	货车	BOM 表为附件
	光学透镜/PC	80	g/个			
	基板/纸质酚醛	50	g/个			
	树脂铜箔基板					
	连接线/无毒 PVC					
	3D 转轮外套/橡胶					
辅助原料	助焊剂、稀释剂、焊锡丝、酒精					

项目	步骤名称		零部件描述	操作时间/s			
装配动作	①装配基板		下盖	10			
			光学透镜	3			
			基板半成品	10			
	②上下盖嵌合		下盖半成品，上盖组(含按键)	3			
	③贴脚垫		鼠标，四个脚垫				
	④贴标签		鼠标，标签				

项目						
能源/资源消耗	自来水	电能/kW·h·年$^{-1}$	天然气/m^3·年$^{-1}$	燃料油/L·年$^{-1}$		说明厂内直接用于制造所需使用的水量与能源 办公室照明、空调、室外照明、水电解不属于直接制造用途
污染排放						说明厂内每天制造产品所生产的空气、水体、废弃物等污染量
其他	①产品合格率 ②不合格品的处理方法					①不合格品：包括生产过程中产生的不合格品以及经销商退回的产品 ②处理方式请逐项说明，如拆解再利用或整个废弃等

(2) 使用阶段

平均使用年限		2 年
能源消耗		耗电量：40mA
维护情形	维护项目	无须维护

(3) 废弃阶段

项目	处理者	处理方式	回收率	最终去向	若有部分可回收材料应单独列出，并说明回收渠道与实际回收比例
外壳组件	经销商	回收使用			
电路板	经销商	废弃			

(4) 国内外相关法规、规范、规格

重要性	法规名称
必须符合	WEEE
注意事项	有害物质限制使用，不采用含铅工艺等

9.1.3 建立核查清单

参照中国台湾工业技术研究院环境安全中心、澳大利亚皇家墨尔本理工大学（RMIT）及加拿大国家研究委员会（NRC）等绿色设计研究机构常用的核查清单，列出的鼠标检查项目有100多项。参照这些检查项目列出该鼠标的核查清单，详见表35-9-3。

产品种类不同，用到的核查清单也不同，常用的核查清单建立步骤如下：

① 将常用的产品绿色设计准则汇总成检查总表。
② 由核查小组与生产企业进行沟通协调，若核查小组人数2/3认定该检查项目为重要准则，即将检查项目纳入鼠标设计核查表单中。
③ 针对这些检查项目给出产品的绿色设计建议。

9.1.4 绿色设计策略和方案

在产品绿色设计小组对产品进行综合分析的基础上，通过绿色设计评估，确定影响鼠标绿色设计的因素并制订绿色设计策略，详见表35-9-4。

在绿色设计策略的基础上，需要制订详细的绿色设计方案。该公司利用其良好的研发与设计能力，采用的绿色设计方案见表35-9-5。

表35-9-3 福华公司的鼠标核查清单

检查大分类	检查小分类	检查内容	说　明
原料	原料识别	可回收再生的原料是否易于识别	如将可回收的ABS材料标示在明显位置
	原料的使用量	能否在设计时减小零部件尺寸 是否可通过改进技术方法减少原料使用	如主机造型小型化 如改进结构强度
	原料的来源	原料对生态环境是否有重大影响	
	原料的危险性	零部件中的原料是否具有危害人体健康的潜在威胁	如含有过量的重金属
生产过程	组装与拆卸	是否易于拆卸	
包装运输	减量设计	包装体积是否减至最低 包装是否有良好的回收渠道	如设计的产品可折叠 如与附近回收机构协作
使用过程	适当的使用	是否提供消费者废弃处理及回收再生信息	如产品说明书中有清楚的描述
废弃及回收	能源与资源回收	不可回收再生的原料是否容易与可回收再生原料分离	如改进结构
		设计时是否考虑用最少的拆卸和分类活动即可完成资源与能源的回收	如废弃显示器玻璃的回收利用
		废弃产品是否能再利用或用于制造新产品	如采用单一材料制造产品零部件

表35-9-4 鼠标绿色设计策略

检查项目	绿色设计策略	备 注	执行状况
可回收再生的原料是否易于识别	将回收标志模压到零部件上		按照ISO 11469规定进行了回收符号标示
可回收再生的材料是否易于分离	可回收材料/零部件易拆卸设计	哪些材料可回收	主要回收的零部件为塑料外壳ABS，连接方式采用卡扣结构，易于拆卸
能否减小零部件尺寸			部分标签固定内容，蚀刻在下盖上
是否可通过技术改进减少原料使用	减小外壳壁厚	2mm	外壳表面采用蚀刻或镂空方法刻印产品标志或图案等，减少材料0.5g
使用的原料是否会对生态环境造成影响			
零部件中的原料是否具有危害人体健康的潜在威胁	避免有害成分	如铅、镉、汞、六价铬等	

续表

检查项目	绿色设计策略	备注	执行状况
拆卸动作是否简单方便	卡扣设计		已执行
包装体积是否减至最小	包装材料单一化 包装材料再利用 包装材料印制单色化 采用回收材料	包装材料单一化,便于回收 单色印制比较环保	
包装是否有良好的回收渠道	包装上注明包装材料的回收方式	如与纸类一同回收	
是否给消费者提供了废弃处理及回收再生信息	在产品包装中注明		
废弃产品是否可再利用或做成新产品	外壳再利用 芯片及其他元器件的再利用 发光元件的再利用	如手机架、肥皂盒等 手机发光饰品等	
是否可用最少的拆卸和分类即可完成回收	有害成分集中设计 有害成分(主机板)易拆解设计 可(拟)回收原料、零部件易于分类		
其他替代材料的使用	可否使用其他替代材料 记忆材料的使用 外壳回收材料百分比提高	如木屑压制成的外壳或其他塑料的使用等 如可随个人手型调整与记忆 可回收材料 ABS 的百分比约为 25%	

表 35-9-5　　　　　　　　　　　　　　鼠标的绿色设计方案

方案	内容
采用模压式的标签设计	将标签上的产品名称、公司标志、电磁兼容性、检验证明及安全规定等固定内容蚀刻在鼠标的下盖上,大大减少了标签纸用量,可节省约 2/3 的印制油墨
蚀刻与减少壁厚的减积设计	将鼠标上盖蚀刻或镂空,在保持产品结构强度的基础上,将鼠标的壁厚减小 2mm,大大节省了原材料的使用
卡扣设计	以前的鼠标是上下盖采用螺钉连接,为了便于拆卸,该鼠标采用卡扣连接,大大降低了拆卸、装配成本
建立零件的绿色材料表	产品设计阶段也确定了零部件的组成材料,按照企业污染预防和清洁生产的相关规范,选择绿色环保材料

9.2　产品绿色设计成功案例赏析

搜集了一系列绿色设计的优秀作品,汇编成表 35-9-6,以供设计人员参考。

表 35-9-6　　　　　　　　　　　　　　经典案例赏析

案例名称	图例	说明
AQUS 污水系统	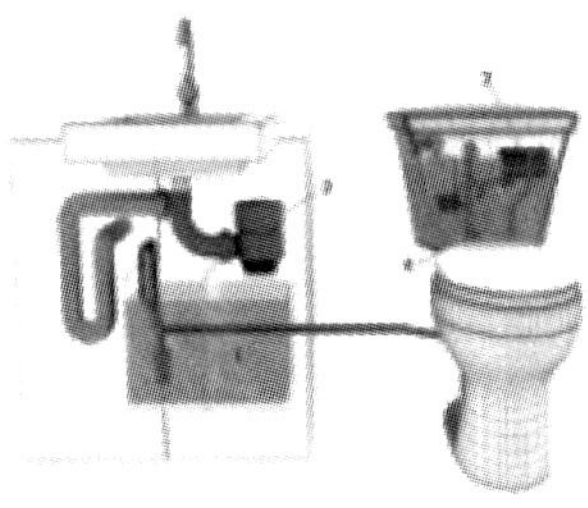	家庭中大部分水冲进厕所,AQUS 污水系统将洗菜池的水收集起来并转移到马桶,每人每天节约了 7gal(1gal=3.78541dm³)水 该系统的工作原理如下:水槽下面的 P 形夹子将水槽的污水导入 5.5gal 罐 1,水槽的水通过含有溴和氯片的分配器 2 进行杀菌。填充控件 3 使厕所控制箱保持阀浮起,将淡水注入水箱。相反,污水通过两个管 4 进入水箱

续表

案例名称	图例	说明
绿色迷你台式机		Dell Studio Hybrid 是由戴尔（DELL）公司推出的一款迷你台式机，其绿色性体现在以下几个方面： ① 该台式机尺寸大小是 196.5mm × 71.5mm × 211.5mm（含外套），比普通的迷你台式机小 80% ② 其外壳材料为竹子 ③ 其耗电量比普通的迷你机的 70% 还少，其功率不超过 65W ④ 在外包装材料使用方面，其和能源之星（Energy Star）4.0 标准相比，重量减轻 30%，95% 是可回收的，里面的材料（手册类）也减轻了 75%，另外还增加了回收工具包
环保车轮		环保车轮由麻省理工学院的研究学者设计，这款自行车车轮可以将乘骑时使用手闸等设备产生的制动力储存起来，然后在上坡或者加速的时候提供动力辅助。除了贴心的辅助设计，它还能将沿途的路况、空气质量和其他乘骑信息进行统计，并将结果发送至客户的手机上。根据其变化的数据，客户可以更加合理地安排出行计划，选择空气更加舒适的时段出行
人力洗衣机	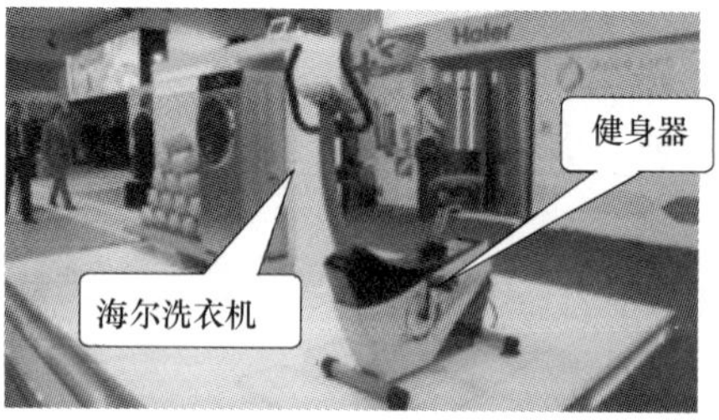	这款人力洗衣机是海尔公司在 2010 年柏林国际电子消费品展销会上展出的产品。这款环保洗衣机可以将配套的动感自行车健身器材在使用时所产生的能源，用于驱动洗衣机清洗衣物。20min 的运动可以支持洗衣机用冷水清洗一次常量衣物，算得上是一款从侧面督促用户健身、保持健康生活状态的实用家电了
太阳能无线键盘		罗技公司推出了世界上第一款太阳能无线键盘，这款键盘顶部装有一排太阳能光电板，可以通过阳光或普通灯光为其充电。当电量充满时，它可以在黑暗的情况下连续工作长达 3 个月的时间。键盘上还附有光照量提示，能随时随地告诉用户当前的照明强度。此外，这款键盘采用可回收塑料制成，在保证产品质量与寿命的同时，也体现罗技的节能、环保理念

续表

案例名称	图 例	说 明
环保电池	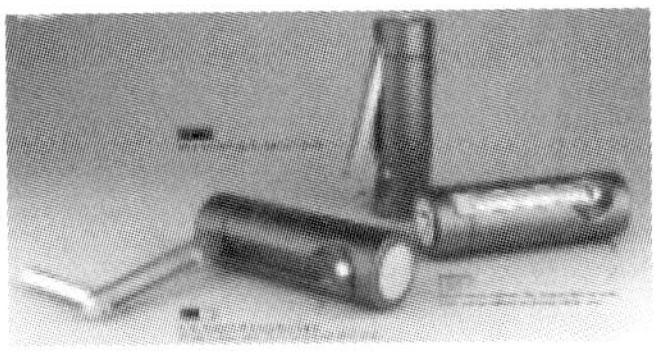 图(a) 外观图 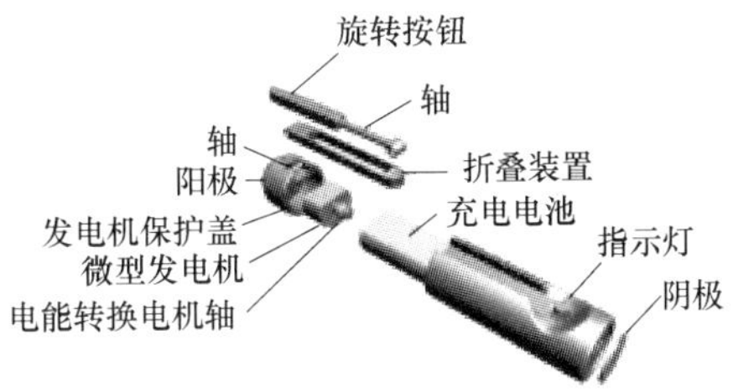 图(b) 爆炸图（旋转按钮、轴、折叠装置、充电电池、指示灯、阴极、阳极、发电机保护盖、微型发电机、电能转换电机轴） 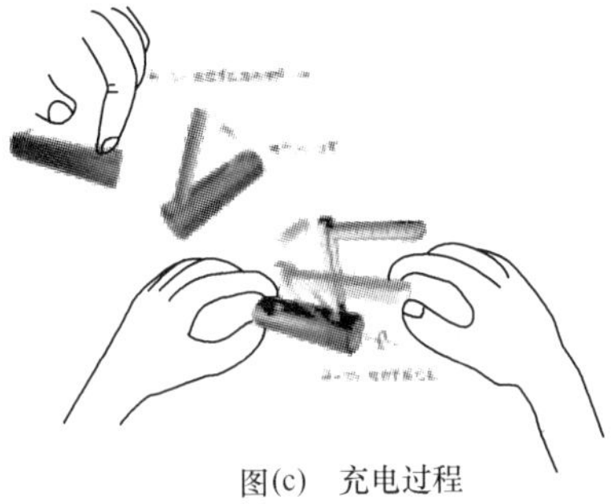 图(c) 充电过程	这款环保充电电池的外观如左图(a)所示，电池组成结构如左图(b)所示，当电池没电的时候，只需打开把手，将其顺时针转动即可给电池充电，详见左图(c)，只需持续摇动20min 就能让耗尽电量的电池恢复饱满活力。而电池把手下方还有小灯提示，如果小灯显示黄色则表示电池电量不满，需要充电
丰田汽油电力混合驱动轿车 Prius	 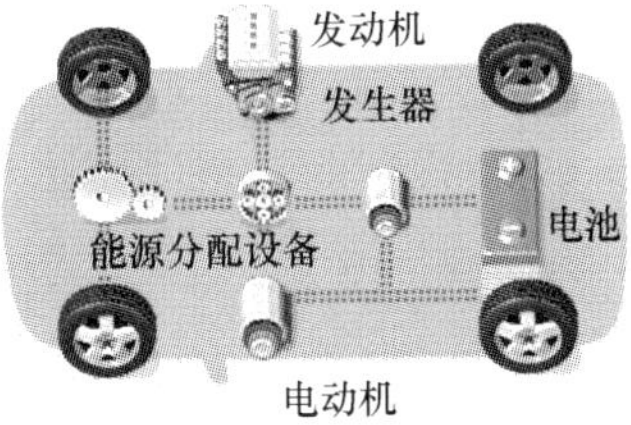 （发动机、发生器、能源分配设备、电池、电动机）	该轿车配置了高达500V的混合协同驱动系统，使得汽油机和电力两种动力系统通过串联与并联相结合的形式进行组合工作，达到低排放的效果。由于电动机的输出转矩要比汽油机大很多，因此，当汽车处于起步、加速、上斜坡等高负荷状态时，电动机工作，使得高负荷状态下的废气排放得以进一步降低，比普通内燃发动机尾气排出的废气降低了90%左右 Prius 造型也颇具匠心，使得该汽车空气动力学特性较好，风阻系数仅仅为0.26，为降低燃油消耗和车内噪声做出了贡献

续表

案例名称	图 例	说 明
Thonet 椅子	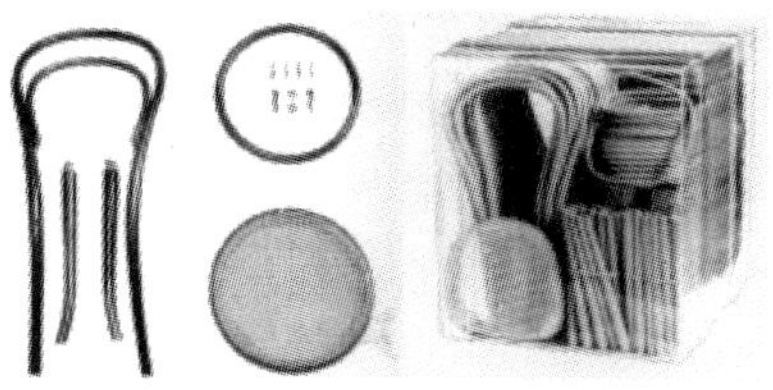	左图所示为 1859 年由奥地利索耐特（Michael Thonet）所设计的第一把可以组装并得到量产的椅子。该椅子利用蒸汽曲木技术制作，所有零部件均可拆装，方便运输及工业化生产
可拆卸的电脑主机机箱		该电脑主机机箱设计的创新点在于其可拆卸性好，通过徒手按一键即可开箱，便于产品的维修维护和回收利用
可重复利用的电视机包装	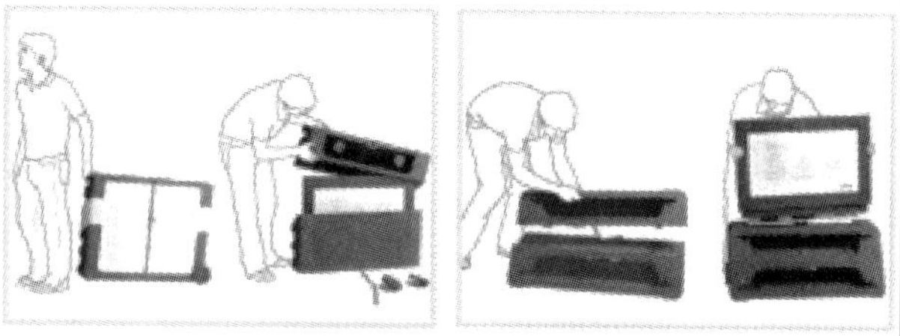	该产品的外包装通过简单组装可以作为电视柜使用，实现了包装的整体重用
GIGS.2.GO 手撕 U 盘	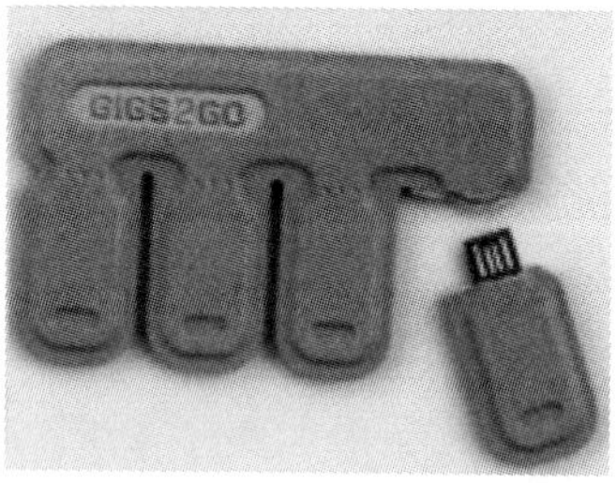	该作品来自 BOLT 集团的产品设计师 Kurt Rampton 之手，包装为四个 U 盘一组，大小只有信用卡那么大。这款手撕 U 盘外壳采用 100％ 可回收的纸浆做成，可降解、质轻、价廉。使用时只需撕下一块，然后就可以插到电脑上使用，还可以把备注信息写在 U 盘的包装纸上
Flexible Love 沙发		Flexible Love 沙发是由中国台湾设计师 Chishen Shiu 利用 100％ 可回收的硬纸板材料制作的，椅子中间的部分就像手风琴一样灵活，可以任意展开、弯曲和收缩，也即它可以通过自身的调节来适应很多种场合和环境
可拆卸的简易圆规	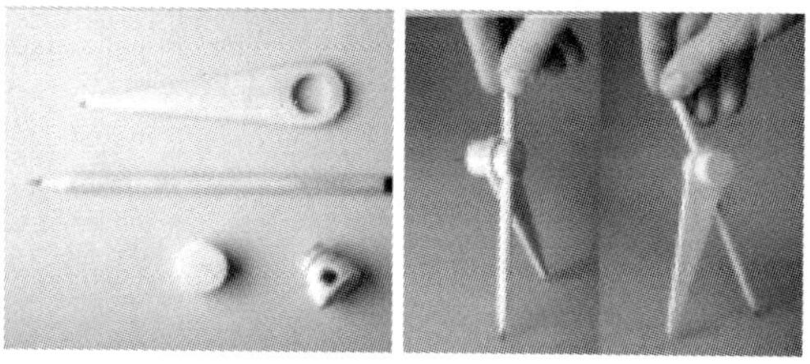	该圆规巧妙地将铅笔作为一个可替换的模块融入圆规结构中，零部件只有四个，便于拆卸和组装

续表

案例名称	图　例	说　明
蒸发式滤水器	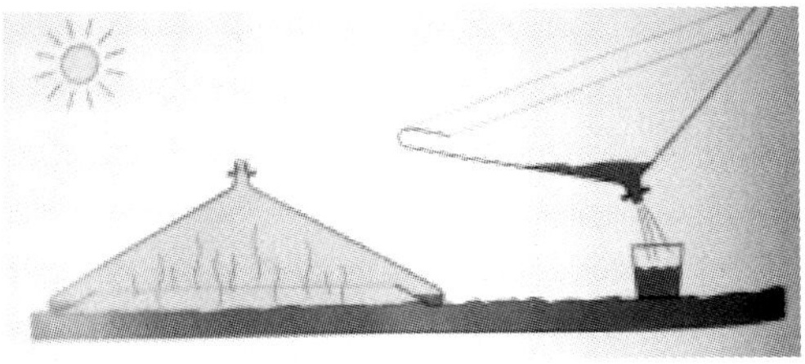	该产品利用液体受热蒸发的原理实现了水资源的过滤，充分利用了太阳能，节能环保，设计原理简单，便于推广使用

参 考 文 献

[1] Carrell J, Zhang H C, Tate D, et al. Review and future of active disassembly [J]. International Journal of Sustainable Engineering, 2009, 2 (4): 252-264.

[2] 崔秀梅,张清锋,张靖. 面向再制造的某些手持军用红外热像仪的设计研究 [J]. 机械设计与制造, 2007, 5: 40-41.

[3] Duflou J R, Willems B, Dewulf W. Towards self-disassembling products design solutions for economically feasible large-scale disassembly [J]. 2006: 87-110.

[4] 杜彦斌,曹华军,刘飞,等. 面向生命周期的机床再制造过程模型 [J]. 计算机集成制造系统, 2010, 16 (10): 2073-2077.

[5] 邓南圣,王小兵. 生命周期评价 [M]. 北京: 化学工业出版社, 2003.

[6] Farag M M. Quantitative methods of materials substitution: application to automotive components [J]. Materials and Design, 2008, 29: 374-380.

[7] 费凡,仲梁维. 基于TRIZ的绿色创新设计 [J]. 精密制造与自动化, 2008, 2: 47-50, 56.

[8] 高全杰. DFD技术及其在静电涂油机结构设计中的应用 [J]. 湖北工程学院学报, 2002, 17 (2): 168-169.

[9] 官德娟,朵丽霞,陶泽光. 机械结构轻量化设计的研究 [J]. 昆明理工大学学报, 1997, 22 (4): 62-67.

[10] 高洋. 基于TRIZ的产品绿色创新设计方法研究 [D]. 合肥: 合肥工业大学, 2012.

[11] 黄海鸿. 基于环境价值分析的设计改进理论与方法研究 [D]. 合肥: 合肥工业大学, 2005.

[12] 黄海鸿. 绿色设计中的材料选择多目标决策 [J]. 机械工程学报, 2006, 42 (8): 131-136.

[13] Ijomah W L, McMahon C A, Hammond G P, et al. Development of design for remanufacturing guidelines to support sustainable manufacturing [J]. Robotics and Computer-Integrated Manufacturing, 2007, 23: 712-719.

[14] Jahan A, Ismail MY, Sapuan SM, et al. Material screening and choosing methods: a review [J]. Materials and Design, 2010, 31 (2): 696-705.

[15] 康黎云,郭丽,尹秀婷,杨武. 曲轴轻量化设计的要点及案例分析 [J]. 西南汽车信息, 2016, (11): 15-19.

[16] Lily H. Shu, Woodie C. Flowers. Application of a design-for-remanufacture framework to the selection of product life-cycle fastening and joining methods [J]. Robotics and Computer Integrated Manufacturing, 1999, 15 (3): 179-190.

[17] Lund R, Denny W. Opportunities and implications of extending product life [J]. Symp on Product Durability and Life, Gaithersburg, MD, 1977: 1-11.

[18] 卢建鑫. 基于碳足迹评估的产品低碳设计研究 [D]. 南京: 江南大学, 2012.

[19] 刘涛,刘光复,宋守许,等. 面向主动再制造的产品可持续设计框架 [J]. 计算机集成制造系统, 2011, 17 (11): 2317-2323.

[20] 刘志峰. 绿色设计方法、技术及其应用 [M]. 北京: 国防工业出版社, 2008.

[21] 刘志峰,柯庆镝,宋守许,等. 基于拆卸分析的再制造设计研究 [J]. 数字制造科学, 2008, 6 (1): 40-56.

[22] 刘志峰,李新宇,张洪潮. 基于智能材料主动拆卸的产品设计方法 [J]. 机械工程学报, 2009, 45 (10): 192-197.

[23] 刘志峰,张磊,顾国刚. 基于绿色设计的洗碗机内胆材料选择方法研究 [J]. 合肥工业大学学报, 2011, 34 (10): 1446-1451.

[24] 刘志峰,胡迪,高洋,等. 基于TRIZ的可拆卸联接改进设计 [J]. 机械工程学报, 2012, 48 (11): 65-71.

[25] 侯亮,唐任仲,徐燕申. 产品模块化设计理论、技术与应用研究进展 [J]. 机械工程学报, 2004, 40 (1): 56-61.

[26] Peeters J R, Bossche W V D, Devoldere T, et al. Pressure-sensitive fasteners for active disassembly [J]. International Journal of Advanced Manufacturing Technology, 2015: 1-11.

[27] Rao R V. A decision making methodology for material selection using an improved compromise ranking method [J]. Materials and Design, 2008, 29: 1949-1954.

[28] 石全. 维修性设计技术案例汇编 [M]. 北京: 国防工业出版社, 2001.

[29] Shu L, Flowers W. Considering remanufacture and other end-of-life options in selection of fastening and joining methods [J]. A IEEE Int Symp on Electronics and the Environment, Orlando, F L: IEEE, 1995: 1-6.

[30] Shu L, Flowers W. Application of a design-for-remanufacture framework to the selection of product life-cycle fastening and joining methods [J]. Journal of Robotics Computer Integrated Mfg (Special Issue on Remanufacturing), 1999, 15 (3): 179-190.

[31] 谢卓夫著. 设计反思: 可持续设计策略与实践 [M]. 刘新,覃京燕,译. 北京: 清华大学出版社, 2011.

[32] Smith S, Yen C C. Green product design through product modularization using atomaic theory [J]. Robotics and Computer-Integrated Manufacturing, 2010, 26: 790-798.

[33] Song J S, Lee K M. Development of a low-carbon product design system based on embedded GHG emissions [J]. Resources, Conservation and Recycling, 2010, 54 (9): 547-556.
[34] Suga T, Hosoda N. Active disassembly and reversible interconnection [C]. IEEE International Symposium on Electronics and the Environment. IEEE, 2000: 330-334.
[35] 宋冬冬, 芮执元, 刘军, 等. 机床床身结构优化的轻量化技术 [J]. 机械制造, 2012, 50 (573): 65-69.
[36] 宋守许, 刘明, 柯庆镝, 等. 基于强度冗余的零部件再制造优化设计方法 [J]. 机械工程学报, 2013, 49 (9): 121-127.
[37] 孙凌玉. 车身结构轻量化设计理论、方法与工程实例 [M]. 北京: 国防工业出版社, 2011.
[38] Takeuchi S, Saitou K. Design for product embedded disassembly [J]. Studies in Computational Intelligence, 2008, 88: 9-39.
[39] 唐涛, 刘志峰, 刘光复, 等. 绿色模块化设计方法研究 [J]. 机械工程学报, 2003, 39 (11): 149-154.
[40] Wang C C, Zhao Y, Purnawali H, et al. Chemically induced morphing in polyurethane shape memory polymer micro fibers/springs [J]. Reactive & Functional Polymers, 2012, 72 (10): 757-764.
[41] Willems B, Dewulf W, Duflou J R. Active snap-fit development using topology optimization [J]. International Journal of Production Research, 2007, 45 (18-19): 4163-4187.
[42] 王树宝. 一种便于拆卸的金属轴销: CN202275266U [P]. 2012-06-13.
[43] 闻邦椿. 机械设计手册 (单行本) -创新设计与绿色设计 [M]. 第5版. 北京: 机械工业出版社, 2014.
[44] 吴会林. 机械产品并行设计理论与方法学的研究及其工程应用 [D]. 天津: 天津大学, 1996.
[45] 吴雄. "火炬" 牌火花塞包装结构安全设计 [D]. 株洲: 湖南工业大学, 2015.
[46] Yang S S, Ong S K, Nee A Y C. Handbook of manufacturing engineering and technology [M]. London: Spring-Verlag London, 2015.
[47] Yang S S, Nasr N, Ong S K, et al. Designing automotive products for remanufacturing from material selection perspective [J]. Journal of Cleaner Production, 2017, 153: 570-579.
[48] 姚巨坤, 朱胜, 时小军, 等. 再制造设计的创新理论和方法 [J]. 中国表面工程, 2014, 27 (2): 1-5.
[49] 阳斌. 变速箱再制造设计冲突解决方法研究 [D]. 合肥: 合肥工业大学, 2010.
[50] 赵岭, 陈五一, 马建峰. 高速机床工作台筋板的结构仿生设计 [J]. 机械科学与技术, 2008, 27 (7): 871-875.
[51] 张丹丹. 绿色设计中材料选择关键技术研究 [D]. 青岛: 山东科技大学, 2011.
[52] 张明魁. 再制造产品智能拆卸和评估系统 [D]. 南昌: 南昌大学, 2007.
[53] 张晓璐. 简化生命周期评价方法及其案例研究 [D]. 广州: 广东工业大学, 2013.
[54] Zhang Xiufen, Zhang Shuyou. Product cooperative disassembly sequence planning based on branch-and-bound algorithm [J]. The International Journal of Advanced Manufacturing Technology, 2010, 51 (9-12): 1139-1147.
[55] Zhang Xiufen, Zhang Shuyou, Hu Zhiyong, et al. Identification of connection units with high GHG emissions for low-carbon product structure design [J]. Journal of Cleaner Production, 2012, 27: 118-125.
[56] 张秀芬, 张树有, 伊国栋, 等. 面向复杂机械产品的目标选择性拆卸序列规划方法 [J]. 机械工程学报, 2010, 46 (11): 172-178.
[57] 张秀芬, 胡志勇, 蔚刚, 等. 基于联接元的复杂产品拆卸模型构建方法 [J]. 机械工程学报, 2014, 09: 122-130.
[58] 张秀芬. 复杂产品可拆卸性分析与低碳结构进化设计技术研究 [D]. 杭州: 浙江大学, 2011.
[59] 周春锋. 基于LCA的船舶环境影响评价方法研究与应用 [D]. 武汉: 武汉理工大学, 2009.
[60] 周长春, 殷国富, 胡晓兵, 等. 面向绿色设计的材料选择多目标优化决策 [J]. 计算机集成制造系统, 2008, 14 (5): 1023-1028, 1035.
[61] 周淑芳. 绿色设计中材料选择决策方案的模糊综合评价 [J]. 机械制造与自动化, 2008, 37 (5): 7-9, 11.
[62] 朱胜, 姚巨坤. 再制造设计理论及应用 [M]. 北京: 机械工业出版社, 2009.